ANGOL—MAGYAR
MŰSZAKI ÉS TUDOMÁNYOS
SZÓTÁR

ENGLISH-HUNGARIAN
DICTIONARY
OF TECHNOLOGY AND SCIENCE

ENGLISH-HUNGARIAN DICTIONARY OF TECHNOLOGY AND SCIENCE

FIRST VOLUME

A—K

AKADÉMIAI KIADÓ
1993

ANGOL–MAGYAR MŰSZAKI ÉS TUDOMÁNYOS SZÓTÁR

ELSŐ KÖTET

A—K

AKADÉMIAI KIADÓ
1993

SZERKESZTŐK

MAGAY TAMÁS KISS LÁSZLÓ

DÉCSI GYULA
TARDOS KATALIN
VÉGH BÉLA
VÉRTES LÁSZLÓ

MUNKATÁRSAK

BERKA ANDRÁSNÉ
DOROGMAN GYÖRGY
PÁLFFY ÉVA

ISBN 963 05 6480 7 I—II. kötet
ISBN 963 05 6481 5 I. kötet

Kiadja az Akadémiai Kiadó, Budapest
Első kiadás: 1993

A kiadásért felelős az Akadémiai Kiadó és Nyomda Vállalat igazgatója
A szerkesztésért felelős: Zigány Judit
Műszaki szerkesztő: Szakács Sándorné
A kötésterv Maczó Péter munkája
A szerkesztés számítógépes támogatása és a szedés a Scriptum Kft., Szeged munkája
Felelős vezető: Dr. Vas Zoltán
Terjedelem: 75,79 (A/5) ív
Nyomdai táskaszám: 21610

Akadémiai Kiadó és Nyomda Vállalat, Budapest — Felelős vezető: Zöld Ferenc

Printed in Hungary

ELŐSZÓ

Szótárunk nem csupán új kiadása az először 1951-ben megjelent, majd 1959-ben átdolgozott Angol—magyar műszaki szótárnak, hanem alapjaiban új szótár, amely — mint a címe is utal rá — nem szorítkozik a szigorúan műszaki, azaz technológiai fogalmakra, hanem gazdagon merít a tudományos nyelvnek a műszaki tudományokhoz közel álló, azokat támogató tudományágaiból (mint pl. atomfizika, geológia, kémia, matematika stb.) is. Bár szóanyaga jelentősen bővült elődeiéhez képest — mintegy 300 000 angol szótári adatot, vagyis címszót, összetételt, ill. szókapcsolatot tartalmaz —, még így is csak válogatás. Egy általános, politechnikai szótár nem is lehet más, hiszen annak a mintegy 80 szakterületnek, ill. szaktudománynak, amelyet felölel, nem adhatta meg a teljes terminológiáját, mert akkor tíz kötetnél is nagyobb lenne.

Igyekeztünk a legfontosabb szakterületek legfontosabb angol szakszavait, szakkifejezéseit regisztrálni, de teljességre a már említett okoknál fogva nem törekedhettünk.

Igyekeztünk továbbá a korszerűség és időszerűség követelményeinek is eleget tenni, amennyiben feldolgoztuk a műszaki tudományok legújabb területeit is, úgymint automatizálás, irányítástechnika, informatika, robottechnika, számítástechnika, videotechnika stb. és az ezek alapjául szolgáló tudományágakat, az atomfizikától a rendszerelméletig.

Tudnunk kell azonban, hogy egy szótár már a megjelenésének pillanatában elavult. S ha még azt is hozzávesszük, amire már utaltunk, hogy mint más hasonló szótár, ez is csupán válogatás, már előre elnézését kérjük a használónak, ha nem talál meg szótárunkban minden keresett adatot. Ilyenkor nagy segítség — és ezt kérjük is —, ha kiadónk címére (Akadémiai Kiadó, Szótárszerkesztőség, 1519 Budapest, Pf. 245) megírják a hiányolt vagy kifogásolt adatot, mert ezeket egy további kiadásban feltétlenül figyelembe vesszük.

Tapasztalata azonban szerkesztőségünknek, hogy a használók gyakran olyasmit is hiányolnak a szótárból, ami benne van, csak nem találják meg. Ezért kérjük, gondosan olvassák el a szótár használatára vonatkozó legfontosabb tudnivalókat.

Budapest, 1992 decemberében *A kiadó*

KÖSZÖNETNYILVÁNÍTÁS

Köszönetet mondunk mindenekelőtt azoknak, akik az anyaggyűjtés és értelmezés munkájában segítették szerkesztőségünket, így BODA ISTVÁNNAK (általános műszaki tudományok), BOGNÁR GÉZÁNAK (biotechnológia), BRÜCKNER HUBÁNAK (számítástechnika), FOGARASI GYULÁNAK (magas- és mélyépítés), JÁNOVSZKY LÁSZLÓNAK (repülés, űrtechnika) és SAJÓ ERNŐNEK (atomfizika).

Köszönettel tartozunk továbbá mindazoknak, akik közvetve, kiadónknál korábban megjelent műveiken keresztül járultak hozzá ahhoz, hogy szótárunk minél teljesebb és korszerűbb lehessen.

Végül köszönet jár azoknak, akik a különféle szakterületekről származó adatok magyar megfelelőinek megadásában, ill. azok ellenőrzésében nyújtottak segítséget, így DR. HORVÁTH PÉTERNEK (atomfizika, fizika, elektronika) és MOZSÁR ISTVÁNNAK (járműgépészet).

Itt kell megemlékeznünk arról az áldozatkész és magas szakmai színvonalú munkáról is, melyet a SCRIPTUM Kft. vezetőjétől, Dr. Vas Zoltántól és munkatársaitól a szerkesztés számítógépes támogatása révén kaptunk. Segítségük nélkül aligha boldogultunk volna ennek a hatalmas anyagnak a feldolgozásával.

A szerkesztők

TUDNIVALÓK A SZÓTÁR HASZNÁLATÁHOZ

A szótár *címszavai* egyszerű szavak (pl. **carburettor, electron**) vagy egybeírt összetételek (pl. **printout, sawtooth, semitrailer**), csak egészen kivételesen szerepelnek a címszavak sorában kötőjeles összetételek, mint pl. **direct-current, on-line, see-saw**. A különírt vagy kötőjeles szóösszetételeket, jelzős szókapcsolatokat, ill. alakulatokat — amelyek egyébként a szótár zömét alkotják — elvszerűen első elemük alatt szótároztuk. Például a **sedimentation rate**-et a **sedimentation** címszó alatt, annak szócikkében („bokrában") találhatjuk meg.

A címszavak több szófajhoz tartozhatnak, úgymint főnév, ige, melléknév, határozó, elöljáró. Többszófajúság esetén az egyes szófajokat római számmal különböztetjük meg.

A *szócikk felépítése* igen egyszerű. Először megadjuk az egyes szófajok legáltalánosabb jelentéseit, ill. azok magyar megfelelőit, majd szakterületek szerint, a szaknyelvi rövidítések (*el, geol, fiz, koh* stb.) ábécérendjében az egyes szakterületek saját jelentéseit.

A szójelentések felsorolása után következnek a már említett összetételek, többszavas alakulatok, sőt igei kifejezések is (pl. **draw out, take off**) ábécérendben.

Közismert tény, hogy az angol nyelvben *a szavak egybeírása, különírása,* ill. *kötőjelezése* rendkívül ingadozó, még egyazon nyelvterületen (pl. a brit angolságon) belül is, különösen azonban brit/amerikai viszonylatban. Nagy általánosságban azt mondhatjuk: a brit angolság sokkal gyakrabban él a kötőjellel, mint az amerikai, az utóbbi pedig hamarabb és sűrűbben ír egybe. Mi nem tehettünk mást, úgy szótároztuk az angol adatokat, ahogy forrásainkban találtuk. Erős ingadozás esetében mindkét, sőt nem egy esetben mindhárom változatot megadjuk utalás (→) segítségével. A **saw** címszó alatt szerepel például a **~-tooth** kötőjeles összetétel, ahonnan nyíl utal a **sawtooth** címszóhoz. Ez történhet fordítva is: **saddleback** címszónál utalást találunk **saddle-back**-hez, ami azt jelenti, hogy **saddle** címszó alatt kell keresni.

Különben csak azt tudjuk ajánlani, ha a használó nem talál meg valamit egybeírt címszóként, keresse az összetétel első eleme alatt.

Mint a legtöbb szótárban, a *tilde* (~) helyettesíti a címszót egy-egy szócikken, ill. szóbokron belül.

A címszavak utáni *cezúra* (|) azt jelenti, hogy a szócikkben a tilde csak a cezúra előtt álló címszórészt helyettesíti.

A címszavak sorában néha azonos alakú, de egymástól gyökeresen eltérő jelentésű szavakkal találkozunk. Ezek az ún. *homonimák,* amelyeket felső indexszámmal különböztetünk meg (pl. **bank**^{1}, **bank**^{2}, **post**^{1}, **post**^{2}).

Szótárunk angol nyelvi anyaga a *brit angol helyesírást* tükrözi. Rendszeresen megadjuk azonban az ettől eltérő amerikai *(US)* írásváltozatokat is (**centre/center, colour/color,**

disc/disk, gauge/gage stb.), néha csupán az eltérést jelentő betű zárójelbe tételével, pl. **cent(e)ring, mo(u)ld, analog(ue)** stb.

A szótár mintegy 80 *szakterületi rövidítést* használ, de ezek a rövidítések sokkal több szakterületet fednek. Általában ott tettünk ki rövidítést, ahol egy angol szónak vagy szóalakulatnak több jelentése van, ill. több szakterületen használatos. A magától értetődő esetekben gyakran mellőztük a szakjelzést (pl. **computer, fission** számos összetételében). Néha több szaknyelvi jelzés is áll egy-egy angol szó vagy szóalakulat után, jelezve ezzel azt, hogy gyakran átfedés van az egyes szakterületek között. S azzal is tisztában kell lennie a használónak — és itt megértésére számítunk —, hogy sok esetben rendkívül nehéz volt megállapítani, hogy az adott szaknyelvi fogalom minősítése (rövidítése) kizárólagos-e, hiszen éles határvonal nem húzható meg például *at* (atomfizika) és *fiz* (fizika), *el* (elektronika) és *távk* (távközlés), *rak* (rakétatechnika) és *űr* (űrkutatás) között. A **laser** alapvetően fizikai fogalom, tehát *fiz* rövidítés minősíti. Ám a gyakorlatban több szakterületen alkalmazzák, az atomfizikától a nyomdászaton és orvostudományon át a videotechnikáig. A szakjelzéseket tehát nem szabad abszolutizálni, azok sokszor csupán azt a szerepet töltik be, mint a közlekedésben az útirányjelző táblák.

Végül szólnunk kell a *szinonimákról*, vagyis mind az angolban, mind a magyarban az azonos jelentésű szaknyelvi fogalmak változatairól. A műszaki nyelvben sem igaz ugyanis, hogy egy angol szakszónak egy magyar szakszó felel meg. Számos angol adatnak sokszor több magyar megfelelője, ill. szinonimája van. Például **scanner:** *szt* letapogató, lapolvasó, átolvasó, dekódoló, scanner. Vagy **secondary memory:** *szt* másodlagos memória/tároló, háttérmemória, háttértároló, másodlagos tár, külső memória, programháttér. Ilyen esetekben nem tehettünk mást, mint hogy a sorrendiséggel próbáltuk kifejezni fontosságukat, gyakoriságukat a szinonimáknak. De azt, hogy az adott szövegösszefüggésben melyik ekvivalenst/szinonimát válassza, már a használóra bízzuk.

A szerkesztők

RÖVIDÍTÉSEK ÉS JELEK

a	*adjective* = melléknév
adv	*adverb* = határozó
alak	forgácsmentes alakítás; porkohászat
any	anyagvizsgálat; az anyag tulajdonságai
ásv	ásványtan
at	atomfizika, atomtechnika; atomenergia; atomerőművek, reaktortechnika
aut	automatizálás; (folyamat)szabályozás; (folyamat)irányítás, vezérlés; robottechnika
bány	bányászat
biot	biotechnika, biotechnológia
bőr	bőr- és szőrmeipar
cu	cukoripar
csill	csillagászat, asztrofizika
csom	csomagolástechnika; anyagmozgatás; raktározás; (anyag)szállítás
el	elektrotechnika; elektronika
élip	élelmiszeripar; malomipar
em	emelőgépek
en	energiaszolgáltató ipar; erőművek
ép	építészet; építőmérnöki tudomány/munka; építőipar; épületgépészet, épületgépesítés, építőanyag- és szilikátipar
fa	faipar, faipari gépek; erdészet
félv	félvezetők
film	filmtechnika
finm	finommechanika
fiz	fizika; lézerkutatás, lézertechnika
forg	forgácsolás, gépi megmunkálás (csiszolás, köszörülés, gyalulás, fúrás, vésés, marás stb.)
foto	fényképészet
GB	brit angol helyesírás/szóhasználat
geod	geodézia
geof	geofizika; mélyfúrás
geol	geológia
gép	gépészet, gépészmérnöki tudomány; gép(szerkezet)tan; műszaki mechanika, mechanikai technológia
gépk	belső égésű motorok; gépkocsi; erőgépek; járműgépészet
gumi	gumiipar
gyógyv	gyógyszervegyészet
hajó	hajózás; hajóépítés
hang	hangtan; akusztika; hangrögzítés; hanglemezgyártás
heg	hegesztés; forrasztás
heng	hengerlés
hidr	hidrológia; vízépítéstan; vízgépek (szivattyúk, turbinák); vízgazdálkodás

hők	hőkezelés
hőt	hőtechnika; gőzerőgépek; tüzeléstechnika; kazánok
hűt	hűtőipar; hűtőgépek; kriotechnika
ip	ipargazdaságtan; üzemgazdaságtan; management
irgép	irodagépek; irodatechnika
kat	hadtudomány; haditechnika
ker	kerámiaipar
kh	kötő- és hurkolóipar
koh	kohászat, fémkohászat
környv	környezetvédelem
közl	közlekedéstan; közlekedésgépészet
krist	kristálytan
mat	matematika; geometria
mech	mechanika
met	meteorológia
metr	metrológia, méréstan; mérőműszerek; mértékegységek
mt	megmunkálási technika
műa	műanyagipar; műanyagok
mzg	mezőgazdasági gépek
n	*noun* = főnév
nyom	nyomdaipar
ol	olajbányászat, olajipar
opt	optika; fénytechnika; világítástechnika; száloptika
óra	óraipar; ötvösség
orv	orvosi műszerek és gépek; röntgenológia; sugárbiológia
önt	öntészet; formázás
pa	papíripar
pl	*plural* = többes szám
pl.	például
prep	*preposition* = elöljáró
rád	rádiótechnika
rak	rakétatechnika
rendsz	rendszerelmélet; operációkutatás; hírközléselmélet
rep	repülés; repülőgépipar
ruh	ruházati ipar
stat	statisztika, matematikai statisztika
sug	ionizáló sugárzás; radiológia
szell	szellőzéstechnika; portechnika
szer	szerelőipar
szersz	szerszámok; szerszámgépek
szt	számítástechnika, mikroprocesszorok
talt	talajtan, talajmechanika
távb	távbeszélőtechnika, telefónia; távírótechnika
távk	távközlés (telekommunikáció); rádiólokáció (radar)
tex	textilipar
tv	televízió
US	amerikai angol helyesírás/szóhasználat
űr	űrrepülés, űrkutatás, űrtechnika
üveg	üvegipar
v	*verb* = ige

v.	vagy
vák	vákuumtechnika
vasút	vasúti technika, vasútgépészet
vegy	vegyészet; vegyipar
vid	videotechnika
vki	valaki
vmi	valami
~	tilde: a címszót helyettesíti
|	cezúra: lezárja azt a szót, amelyet a további szókapcsolatokban a tilde helyettesít
/	vagylagossági jel
→	utalás: lásd ott (is)
,	szinonimákat választ el
;	az egyes szakterületeket, ill. egy szakterületen belül az eltérő jelentéseket tagolja

A

A → ampere; → argon; → atomic weight; ~ **and B electrods** *geof* A-B elektródok; ~**-battery** *rád, el* fűtőtelep; ~ **blade** *ép* elfordítható lemez/tolólap *(tológépé)*; ~**-bomb** atombomba; ~ **dash** *mat* A', A vonás/vessző; ~**digit** *félv* első számjegy; ~**-digit hunter/selector** *távb* primer szelektor; ~**-display** *el* radar/A-típusú indikátor, A-szkóp, A-típusú kép; ~**-double dash** *mat* A", A két vonás/vessző; ~ **drill rod** *ol* A fúrórudazat; ~**-flute** *pa* durva hullám; ~**-frame** *ép* A-keret, vakláb; *gép* bak, gúla; ~**-frame granite** bomlott gránit; ~**-gas** → aviation gasoline; ~**-horizon** *geol* A-szint; *talt* felszíni humuszos réteg; ~**-mast** *ol* A-fúróárboc; ~**-oil** → aviation oil; ~ **rod bit** *ol* gyémántfúró; ~**-segregation** *koh* A-dúsulás; ~**-type headframe** *bány* bakdúcos szállítóállvány; ~**-Z test** *hidr* Knöpp-féle teszt

a/c → absolute ceiling; → account

A/D → analogue-to-digital; ~ **converter** *szt* A/D konverter, analóg-digitális átalakító

A/F → air/fuel ratio; → air freight

A/N → alphanumeric(al)

AA → absolute altitude; → acetic acid; → acrylic acid; → aerial advertising; → air-to-air; → ammonium acetate; → anti-aircraft; → approximate absolute temperature scale; → arithmetic average; → ascorbic acid; → audible alarm

AAA → amino-acetic acid

AAB → anti-aircraft battery

AAC → aeronautical approach chart; automatic amplitude control

AAD → anti-aircraft defence/defense

AAg → anti-aircraft gun

AAGM → anti-aircraft guided missile

AAI → angle-of-approach indicator; → angle-of-attack indicator

Aalenian *geol* aléni emelet

AAM → air-to-air missile; → anti-aircraft missile

AAR → aircraft accident report

a. a. r. → against all risks

AASL → antiaircraft searchlight

AASR → airport and airways surveillance radar

AB → afterburner; → air base; → air blast; → airborne; → automated bibliography

abac → abacus

abaca *tex* manilakender

aback *hajó* árbochoz szorítva; hátrafelé

abaculus *ép* mozaikkocka; mozaiklemez, mozaiklap

abacus golyós számológép; számolótábla; *bány* aranymosó szér; *ép* oszlopfejlemez, oszlopfőtalp, abakusz; *mat* léptékes nomogram

abaft *hajó* hajó farán, hajófar/tat irányában; *rep* hátul, törzsvégen

abandon elhagy, otthagy; *bány* bezár *(aknát)*, felhagy *(aknát, bányát)*; *rep* kiugrik

abandoned | **call** *távb* korai bontás; törölt beszélgetés/hívás; ~ **place** *bány* felhagyott/kiművelt munkahely; ~ **well** *bány* felhagyott fúrás; ~ **working(s)** *bány* felhagyott művelés, régi lemővelt bányaterület

abandonment elhagyás *(munkahelyé)*; félbehagyás; fúrólyuk/akna felhagyása; ~ **of a roadway** *bány* vágatfelhagyás; ~ **pressure** *ol* felhagyási rétegnyomás

abate csökkent, mérsékel, leszállít; csökken, mérséklődik, lecsillapodik; gyengít; ~ **pollution** szennyezést elhárít/leküzd

abatement csökken(t)és, mérséklés, leszállítás; engedmény; *fa* gyaluforgács, anyagveszteség; *koh* fogyaték, káló; ~ **means** (növény)védőszer

abatis *kat* akadály; spanyollovas

abat-jour *ép* felülvilágító, szelelőlyuk; rézsútos ablak, tetőablak

abattoir vágóhíd

abat-vent *ép* kéményfej; zsalugáter

abat-voix hangernyő, hangfal, terelő; *ép* hangvető, hangterelő *(szószék mögött)*

abaxial tengelyen kívüli

abb *tex* gyenge minőségű gyapjú; szövőcédula; vetülék(fonal)

Abbe | **coefficient** *opt* Abbe-szám; ~ **refractometer** Abbe-refraktométer

abbozzo monokróm-aláfestés

abbreviate (le)rövidít

abbreviated | **address calling** *távb* rövidített című hívás; ~ **addressing** *szt* rövidített címzés; ~ **dial(l)ing** rövidített tárcsázás; ~ **entry** rövidített ismertetés; ~ **form of message** *rep* rövidített közleményforma; ~ **multiplication** *mat* rövidített szorzás; ~ **number** *távb* rövidített hívószám; ~ **subtraction** *mat* rövidített kivonás; ~ **visual approach slope indicator system** *rep* egyszerűsített optikai siklópályajelző rendszer

abbreviation rövidítés

ABC → adaptable board computer; → atomic, biological, chemical (weapons); → automatic bass control; → automatic brightness control; ~ **warfare** *kat* ABC-hadviselés; ~ **weapons** *kat* ABC-fegyverek

abeam (ABM) *rep* haránthelyzetben, oldalra merőlegesen; „traverzen"

Abel | **flash-point** *ol* Abel—Pensky-lobbanáspont; ~ **integral equation** *mat* Abel-féle integrálegyenlet; ~ **polynomial** *mat* binomiális polinom, Abel-polinom; ~ **test** *ol* Abel—Pensky-lobbanáspont; ~ **test ablution** *ol* mosás, öblítés

Abelian *mat* Abel-; ~ **algebra** Abel-algebra; entropikus algebra; ~ **differential of the first kind** elsőfajú Abel-differenciál; ~ **field** Abel-féle test; ~ **field extension** Abel-féle (test)bővítés, Abel-féle bővített test; ~ **function (field)** Abel-féle függvénytest; ~ **functor** Abel-funktor; ~ **group** Abel-féle/kommutatív csoport; ~ **groupoid** kommutatív grupoid; ~ **quasi(-) group** entropikus félcsoport; ~ **semigroup** kommutatív félcsoport

abend → abnormal end

aber folyótorkolat

aberrant rendellenes, szabálytól eltérő; ~ **device behaviour** *szt* hibás/anomális működés *(részegységé)*

aberrate irányból kitér

aberration eltérés, rendellenesség, aberráció; *csill* aberráció, elhajlás, eltérülés, normális helyzet elhagyása; *foto* torzítás; *opt* aberráció, leképezési hiba, optikai lencsehiba; ~ **blur circle** aberrációs szórási

kör; ~ **constant** aberrációállandó; ~ **of lens** lencse leképzési hibája; ~ **of light** *csill* fényaberráció
abietic acid *vegy* abietinsav
abietine gyantaolaj, abietin
ability képesség; ~ **for keeping dirt in suspension** *tex* szennyezésemulgáló képesség; ~ **of being repaired** javíthatóság; ~ **testing** alkalmassági vizsgálat, képességvizsgálat; ~ **to be magnetized** mágnesezhetőség; ~ **to detonate** *bány* detonációképesség; ~ **to follow in the oscillation** együttrezgési/rezonálási képesség
abiuret biuret-reakciót nem adó
ablating hőfelvevő; ~ **cone** *rak* hőálló pajzs
ablation *bány* öblítés, elmosás, lemosás; *el* tömegveszteség, fogyási folyamat; *geol* lehordás, letarolás; *rak* leégés, leolvadás; ~ **material** *rak* hővédő anyag; ~ **shield** *rak* hővédő pajzs
ablative → ablating
ablatograph lehordás mérvét feljegyző műszer
ablimation szolidifikálás
ablution mosás, öblítés
ABM → abeam; → antiballistic missile
ABN → aerodrome beacon; → airborne
Abney | **colour sensitometer** Abney-féle színintenzitásmérő; ~ **level** *geod* kézitükrös magassági szögmérő; ~ **mounting** Abney-féle fényelhajlító rácskeret/elrendezés/foglalat
abnormal abnorm(ál)is, rendellenes; anomáliás; ~ **anticlinorium** fordított antiklinorium; ~ **end (abend)** *szt* elszállás, abnormális leállás, szabálytalan befejeződés; ~ **glow discharge** anomális parázsfénykisülés; ~ **hyperfine splitting** anomális hiperfinom felhasadás; ~ **landing** *rep* rendellenes leszállás; ~ **loading** rendellenes terhelés; ~ **polarity** *geof* abnormális *v.* északi-felszínközeli polaritás; ~ **polarization** *távk* anomáliás polarizáció; ~ **reflection(s)** rendellenes visszaverődés *(ionszféráé)*; ~ **refraction** anomáliás sugártörés; ~ **scour** *hidr* abnormális kimosódás; ~ **spin** *rep* szabálytalan dugóhúzó; ~ **termination** *szt* befejezés nem várt módon; ~ **water level** *hidr* kivételes/abnormális vízszint
abnormality rendellenesség; eltérés a szabványelőírásoktól; rendellenes statisztikai adateloszlás
abnormally | **early failure** szokatlanul korai meghibásodás; ~**-polarized wave** nem teljesen merőleges irányban polározott hullám
aboard I. *a rep* fedélzeti; **II.** *adv* hajón, fedélzeten, fedélzetre; *rep* fedélzeten; ~ **ship** hajóba rakva
abolish eltöröl, megszüntet, hatálytalanít
abort I. *v* idő előtt megszakít; *szt* leállít (programot); programfutást megszakít, kilő; **II.** *n* normális üzemmenet megszakítása/megszakadása; rendszerhiba; ~ **analysis** hibaelemzés; ~ **control** repülés vészmegszakításának irányítása; ~ **instruction function** *szt* stoputasítás függvény; ~ **of mission** feladat végrehajtásának félbeszakítása/sikertelensége; ~ **timer** *szt* átvitelmegszakítás-időzítő
abortive idő előtti
aboutsledge hammer kovácskalapács, keresztfejű kalapács, ráverőkalapács
above | **all clouds** *rep* felhők felett(i); ~**-earth potential** *el* földhöz viszonyított potenciál; ~**-grade** mértéken/osztályon felüli; ~**-grand structure** *ép* magasépítmény; ~**-ground** föld/talaj feletti; *bány* felszíni, külszíni; ~**-ground masonry** terepszint feletti falazat; ~**-ground (pipe)line** terepszint feletti (cső)vezeték; ~**-ground tank** felszíni tartály; ~**-level working** *ép* járószint feletti munka; ~ **sea level** tengerszint felett; ~**-synchronous** *el* ultraszinkron; ~**-the-wing** *rep* szárny feletti; ~**-water (a. w.)** *hajó* víz(szint) feletti
abradant → abrasive
abrade ledörzsöl, lehorzsol, lecsiszol, lekapar, lekoptat; kopik; *bőr* levakar, lenyúz; *élip* hámlaszt; hántol; *geol* abradál; hullámzó vízzel kimos *(kőzetet)*
abraded *ásv* lecsiszolt
abrader *gumi, műa* koptatóanyag, koptatóeszköz; koptatógép, kopáspróbagép; *mzg* koptatógép
abrading koptató; ~ **device/machine** *műa, gumi* koptatógép, kopáspróbagép
Abrams' fineness modulus Abrams-féle finomsági modulus *(betonadalék-anyagé)*
abrase lekapar, levakar; *bőr* levakar, lehúsol; *ép* érdesít
abraser csiszolóanyag
abrasion (le)dörzsölés, (le)horzsolás; kopás, koptatás, lecsiszolás; kaparék, vakarék; *bány* tönkösödés; *élip* héjeldörzsölés, hántolás; *fa* leköszörülés, lecsiszolás; *félv* ledörzsölés, erózió; *geol* letarolás, abrázió; *gumi* lekopás, elhasználódás; ~ **chamber** *ásv* csiszolókamra; ~ **coefficient/factor** kopási együttható *(hordalékké)*; ~ **data** kopásadat; ~ **drill** *ol* rotari fúrás; ~ **figure** kopási index/szám; ~ **hardness** *any* kopási szilárdság; ~**-jet drilling** *ol* abráziós rotari-fúrás; ~**-jet perforating/perforation** *ol* abráziós perforálás; ~ **machine** *any, gumi, műa* koptatógép; ~ **marks** → abrasive marks; ~ **pattern** *gumi* futófelületi kopáskép; ~ **peeling** *élip* koptatóhámozás; ~**-proof** kopásálló; ~ **resistance** *any, gumi* kopásállóság, koptatási szilárdság; *önt* morzsalékonyság *(kokszé, formáé, magé)*; *pa* dörzsállóság; ~**-resistant alloy** kopásálló ötvözet; ~**-resistant cast iron** kopásálló öntöttvas; ~ **(sand) energy cloth** csiszolóvászon; ~ **terrace** *bány* tönkfelszín; ~ **test** *any* kopáspróba, koptatási vizsgálat; koptatópróba, csiszolópróba; ~ **tester** *gumi, műa* dörzsgép, koptatógép; ~**-testing machine** *any* koptatógép; ~ **value** kopási érték *(kőzet, adalékanyag)*
abrasite abrazit, alundum
abrasive I. *a* csiszoló, koptató; (le)dörzsölő, levakaró; *gumi* koptató; *nyom* szemcsés; **II.** *n* csiszolóanyag, koptatóanyag, köszörülőanyag; köszörűkorong; ~ **airless blasting** *önt* sörétszórás; ~ **belt** *alak* csiszolószalag; *fa* szalagcsiszoló gép; ~ **belt machine** kézi szalagcsiszoló gép; ~ **blasting process** szemcseszórás; ~ **casting** *önt* koptatócsillag; ~ **cleaning** *önt* homoksugaras tisztítás, lefúvatás homokkal; ~**(-coated) cloth** csiszolóvászon, dörzsvászon; ~ **cut-off machine** kézi darabológép; ~ **cutting-off machine** leszúró köszörű(gép); ~ **diamond** csiszológyémánt; ~ **disk** köszörűkorong, csiszolókorong, dörzskorong, koptatókorong; ~ **file** csiszolóreszelő; ~ **grain/grit** csiszolószemcse; csiszolópor; ~ **hardness** *any* (Mohs-féle) karcolási keménység(i szám); ~**-jet lapping** folyadéksugaras tükrösítés; ~**-jet perforating** → abrasion-jet perforating; ~ **marks** *foto* dörzsnyomok; ~ **material** csiszolóanyag; ~ **paper** csiszolópapír; ~ **paste** csiszolópaszta; ~ **pencil** *foto* negatívretusáló (koptató)irón; ~ **planer** *fa* simítógép, ab-

richter; ~ **powder** csiszolópor; ~ **power** *bány* koptató hatás; koptatóképesség; ~ **sand** csiszolóhomok; *önt* fúvóhomok; ~ **segment** csiszoló körívbetét; ~ **soap** homokszappan; ~ **stick/stone** köszörűkő, köszörűrúd; csiszolórúd; ~ **trimming** *félv* értékbeállítás, jusztírozás, trimmelés csiszolással *(vastagrétegelemben)*; ~ **water** *bány* letakarítóvíz, letarolóvíz; ~ **wear** kopás, koptatás, lecsiszolás; ~**-wheel** daraboló köszörűgép

abraum salts *ásv* fedősó

abreast párhuzamosan; *hajó* egyvonalban

abreuvoir *ép* vakolathézag *(boltozókövek között)*

abridge lerövidít, tömörít; csökkent, (meg)rövidít

abridged (le)rövidített; ~ **multiplication** rövidített szorzás; ~ **notation** rövidített jelölésmód; ~ **spectrophotometry** durva/vizuális/szubjektív spektrofotometria; ~ **subtraction** rövidített kivonás; ~ **symbolic notation** rövidített szimbolikus jelölésmód; ~ **trial load method** *hidr* egyszerűsített terhelésmegosztási módszer

abridgement rövidítés, csökkentés; kivonat, tömörítvény; ~ **of table** összevont táblázat

abroach keverve, felkavarva; *élip* (meg)csapolt állapotban

abrupt hirtelen, meredek *(esésű)*; ugrásszerű; hirtelen *(változású)*; ~ **change of cross section** hirtelen keresztmetszet-változás; ~ **change of the picture** *tv* hirtelen képváltozás; ~ **control** hirtelen/gyors vezérlési művelet; ~ **curve** *közl* éles kanyar; *mat* meredek görbe; ~ **discharge** *el* pillanatnyi kisülés; ~ **distribution** retardált eloszlásfüggvény; ~ **junction** *félv* ugrásátmenet; ~ **stress** hirtelen terhelés; ~ **taper** *gép* erős kúposság

abruption hézag; *el* megszakítás; *mech* szakadás

ABS → acrylonitrile-butadiene-styrene; → anti-blak braking system; ~ **polymers/plastics** *műa* ABS-polimerek, ABS-műanyagok

abscess *önt* gázzárvány, gázhólyag

abscissa *mat* abszcissza; metszék; ~ **of absolute convergence** abszolút konvergencia abszcisszája

absence kimaradás, hiány; hiányzás; kioltás; ~ **card** rendezetlen kártya; ~ **of correlation** korreláció hiánya, korrelálatlanság; ~ **of cracks** repedésmentesség; ~ **of current** áramkimaradás, áramhiány; ~ **of eddies** örvénymentesség; ~ **of failures** hibamentesség; ~ **of feedback/interaction** visszahatás-mentesség; ~ **of gravity** súlytalanság (állapota); ~ **of light** fénymentesség; ~ **of pattern** rendszerezetlenség, rendezetlenség, szabályozatlanság; ~ **of strain** belső feszültségek hiánya, feszültségmentesség; ~ **of vortices** örvénymentesség

absent távollévő, hiányzó; ~ **reflections** *ásv* kioltott reflexiók; ~ **subscriber service** *távb* telefonüzenetközvetítés, megbízószolgáltatás

absinth(e) *élip* abszint

absolute I. *a* abszolút, feltétlen; meghatározott, pontos; *mat* dimenzió nélküli, abszolút; *vegy* abszolút, vízmentes; **II.** *n mat* abszolút alakzat; abszolút érték *(hálószerűen rendezett csoport eleméé)*; ~ **acceleration** *mech* abszolút gyorsulás; ~ **accuracy** abszolút pontosság; ~ **activity** *at* abszolút aktivitás; ~ **address** *szt* abszolút cím; ~ **addressing** *szt* abszolút címzés; ~ **age** *geol* abszolút (geológiai) kor; ~ **alcohol** vízmentes/abszolút alkohol; ~ **altimeter** abszolút magasságmérő; ~ **altitude (AA)** *rep* tengerszint feletti magasság, QNH-magasság; ~ **amplification** abszolút nagyítás; ~ **angle of attack** *rep* szárnyhúrhoz viszonyított állásszög; ~ **annual range of temperature** hőmérséklet évi abszolút ingása; ~ **apparatus** abszolút skálájú műszer; ~ **artesian well** *hidr* abszolút artézi kút; ~ **assay** abszolút mintavétel/elemzés; ~ **assembler** *szt* közvetlen assembler; ~ **atmospheric humidity** *met* abszolút légnedvesség; ~ **atomic weight** *mat* abszolút atomsúly; ~ **black body** *fiz* abszolút fekete test; ~ **block** *ép* habarcsba rakott kőfal; *hidr* azonos szintű részekre felosztott terep *(öntözéshez, árkokkal)*; *közl* teljes forgalmi zárlat; *vasút* abszolút térköz; önműködő térköz-biztosítási rendszer; ~ **bolometric magnitude** abszolút bolometrikus fényrend/nagyság; ~ **calibration** abszolút hitelesítés; ~ **ceiling (a/c, AC)** *rep* abszolút/elméleti csúcsmagasság; ~ **class field** *mat* abszolút osztálytest, Hilbert-féle osztálytest; ~ **clearance pressure** túlnyomás a hézagokban; ~ **code** *szt* abszolút kód, utasításkód gépi nyelven; ~ **cohomology** *mat* abszolút kohomológia; ~ **configuration** *ásv, vegy* abszolút konfiguráció; ~ **convergence** *mat* abszolút konvergencia *(sorozat)*; abszolút/normális konvergencia *(Banach-térben)*; ~ **coordinate system** abszolút vonatkoztatási rendszer; ~ **counter** *at* abszolút számláló; ~ **cross-section** *el* abszolút hatáskeresztmetszet; ~ **curvature vector** *mat* abszolút görbületi vektor; ~ **dating** *geof* abszolút kormeghatározás; ~ **decay/desintegration rate** *at* abszolút bomlási sebesség; ~ **delay** abszolút késés/késleltetés; ~ **determination** abszolút meghatározás; ~ **different** *mat* abszolút differens; ~ **differentiation,** ~ **differential calculus** abszolút differens; Ricci-kalkulus, abszolút differenciálkalkulus, tenzorkalkulus; ~ **drift** *rep* abszolút szélelterítés; ~ **dry** abszolút száraz; ~ **efficiency** abszolút hatásfok; ~ **electrometer** *fiz* abszolút elektrométer; ~ **elongation** abszolút nyúlás; *any* megnyúlás; ~ **error (AE)** *szt* abszolút hiba; ~ **estimate** abszolút becslés; ~ **expression** abszolút kifejezés; ~ **extremes** *met* abszolút szélsőségek; ~ **fix** *rep* tényleges helyzetpont; ~ **frequency** *hidr* gyakoriság; *mat, stat* abszolút frekvencia; ~ **future of the event** abszolút jövő; ~ **gas flow rate** *ol* abszolút gázhozam; ~ **ga(u)ge** abszolút nyomásmérő; ~ **geometry** abszolút geometria; ~ **hardness** abszolút keménység; ~ **H-magnetometer,** ~ **horizontal magnetometer** abszolút horizontális magnetométer/mágnességmérő; ~ **humidity** abszolút nedvesség(tartalom); ~ **humidity detector with lithium chloride** litium-kloridos abszolút légnedvesség-érzékelő; ~ **idele class group** *mat* abszolút idélosztály-csoport; ~ **inclinometer** *geof* abszolút/mágneses lehajlásmérő; ~ **increment** abszolút növekedés/növekmény; ~ **index of refraction** törésmutató; ~ **inequality** *mat* feltétlen/abszolút egyenlőtlenség *(változók között)*; ~ **instability** *met* abszolút instabilitás/labilitás; ~ **instruction** abszolút utasítás; ~ **intensity** abszolút intenzitás; ~ **jump** *szt* abszolút ugrás; ~ **level** abszolút (teljesítmény)szint; teljesen sík/egyenletes; ~ **linearity** abszolút linearitás; ~ **loader** *szt* abszolút címes betöltőprogram; ~ **luminosity** abszolút fényesség; ~ **magnitude** abszolút fényesség/magnitúdó; ~ **manometer** abszolút nyomásmérő; ~ **maximum** abszolút maximum; ~ **measurement** abszolút mérés; ~ **minimum** *mat* abszolút minimum, minimum, globális minimum; ~ **mode address (AMA)** *szt* egyedül álló programok címzése, közbenső hivatkozás nélküli címzés, AMA; ~ **monotonicity/monotony** *mat* teljes (abszolút) monotonitás; ~ **motion** *mech* abszolút mozgás; ~ **number** abszolút/konkrét szám; el nem nevezett (absztrakt, nevezetlen) szám; ~ **past of the event** abszolút múlt; ~ **path** *mech* abszolút pálya; ~ **paths** *hidr* abszolút nyomvonal; ~ **permeability** abszolút mágneses permeabilitás; ~ **permeability of free space,** ~ **permeability of vacuum** vákuum permeabilitása; ~ **permittivity** dielektromos állandó, permittivitás; ~ **permittivity of the vacuum** vákuum dielektromos állandója; ~ **porosity** *ol* abszolút porozitás; ~ **power level** abszolút teljesítményszint; ~ **pressure** abszolút nyomás; ~ **pressure ga(u)ge** abszolút nyomásmérő; ~ **program** abszolút program; ~ **programming** *szt* abszolút címes programozás; ~ **pyrheliometer** abszolút pirheliométer/napsugárzásmérő; ~ **pyrheliometry** *met* abszolút pirheliometria; ~ **quadric** *mat* abszolút másodrendű felület (alakzat); ~ **reference frame** abszolút vonatkoztatási rendszer; ~ **refractive index** törésmutató; ~ **rest** *mech* abszolút nyugalom; ~**-rest precipitation tank** *hidr* csillapító medence; ~ **scale** abszolút skála; ~ **sensitivity** (abszolút) érzékenység; ~ **skip** *szt* abszolút ugrás; ~ **stability** abszolút stabilitás; ~ **stability margin** abszolút stabilitáshatár; ~ **standard barometer** abszolút standard barométer; ~ **stellar brightness/magnitude** abszolút fényesség/magnitúdó; ~ **system** *vasút* önműködő térközbiztosítási rendszer; ~ **system of units** abszolút mértékrendszer, c.g.s. (CGS)-rendszer, centiméter-gramm-szekundum-rendszer; ~ **temperature (abs.t.)** abszolút hőmérséklet, Kelvin-hőmérséklet; ~ **temperature scale (of Kelvin)** abszolút/termodinamikai hőmérsékleti skála; Kelvin-féle hőmérsékleti skála; ~ **term** *mat* konstans/állandó tag; *szt* abszolút kifejezés; ~ **threshold of luminance** fénysűrűség küszöbértéke; ~ **time** abszolút idő, Newton-féle mechanika abszolút ideje; ~ **topography** *met* abszolút topográfia; ~ **unit** abszolút mértékegység; ~ **value** *mat* nagyság, hosszúság, hossz, abszolút érték, modulus, (euklideszi) norma; *szt* abszolút érték; **in** ~ **value** abszolút értékben; ~**-value circuit** abszolút értékképző kör; ~ **value computer** *szt* abszolút értékekkel dolgozó számítógép; ~ **value of the vector** vektor hossza; ~ **value representation** abszolútérték-ábrázolás; ~ **value sign** abszolút érték jele; ~ **velocity** *mech* abszolút sebesség; ~ **viscosity** abszolút/dinamikai viszkozitás; ~ **voltage level** abszolút feszültségszint; ~ **zero (of temperature)** abszolút nullapont/zéruspont, hőmérséklet abszolút nullapontja

absolutely | **algebraic field of finite degree** véges fokú algebrai test; ~ **continuous measure** abszolút folytonos mérték; ~ **continuous transformation** abszolút folytonos transzformáció; ~ **convergent** abszolút konvergens; ~ **convergent continuous fraction** abszolút konvergens lánctört; ~ **convergent (improper) integral** abszolút konvergens improprius integrál; ~ **discontinuous function** teljesen szakadásos függvény; ~ **integrable** abszolút integrálható; ~ **prime ideal** abszolút prím ideál; ~ **unbiased estimator** abszolút torzításmentes becslés

absorb abszorbeál, beszív, felszív, elnyel, magába vesz/szív; beiszik *(folyadékot)*; csökkent *(terhet, feszültséget)*; *opt, vák* abszorbeál, beszív, felszív, elnyel, magába vesz/szív; *távk* kiszűr, elnyel *(impulzust)*; *vegy* abszorbeál, elnyel; ~ **the dye** *tex* színezéket elnyel/felhúz

absorbability *vegy* abszorpcióképesség, felszívhatóság; elnyelhetőség, abszorbeálhatóság; felszívóképesség, elnyelőképesség

absorbance *fiz, vegy* abszorpcióképesség, abszorbancia

absorbancy → ansorbency

absorbed elnyelt, abszorbált; ~ **dose** *at* elnyelt (sugár)dózis; ~ **dose built-up factor** *at* elnyelt dózis felgyülemlési tényezője; ~ **dose rate** *at* elnyelt dózisteljesítmény; ~ **energy** elnyelt/felvett energia; ~ **neutron** *at* elnyelt/abszorbeált neutron; ~ **power** *en, gépk* felvett teljesítmény; ~ **radiation** elnyelt sugárzás; ~ **radiation dose** elnyelt (sugár)dózis; ~ **radiation energy** elnyelt sugárzási energia; ~**-striking energy** *el* elnyelőképesség *(túlfeszültség-levezetőé)*; ~ **water** *talt* abszorbeált víz

absorbency felszívóképesség, abszorbeálóképesség; *pa* szívóképesség

absorbent I. *a* felszívó; hangnyelő; *opt, vák, vegy* abszorbens; *pa* szívóképes; **II.** *n* felszívó/abszorbens anyag; *at* elnyelőközeg, elnyelőanyag; ~ **coating** hangnyelő burkolat; ~ **cotton** higroszkópos vatta; ~ **formation/ground** *geol* porózus kőzetképződmény; ~ **material** abszorbeáló/elnyelő anyag; ~ **oil** *ol* abszorbeáló/elnyelő/lehajtó/felvevő olaj, mosóolaj; ~ **paper** itatóspapír, szívópapír, szívóképes papír

absorber abszorber, elnyelő/nedvfelszívó anyag; *at* elnyelőközeg, elnyelőanyag; *ol* abszorber, abszorpciós kolonna/torony; ~ **circuit** *távk* nyelőáramkör *(billentyűzött adóban)*; szívókör; ~ **head** *ol* abszorpciós kolonna teteje/feje; ~ **material** *fiz* abszorbens, elnyelő anyag; ~ **off-gas** *ol* abszorberből távozó (tisztított) gáz; ~ **rod** *at* szabályozórúd; ~ **spring** *gép* lökhárító rugó; ~ **test** *el* szikraoltó vizsgálat/próba

absorbing I. *a* felszívó, abszorbeáló, abszorbens, elnyelő; **II.** *n* beszívás, felszívás, elnyelés; *vegy* abszorpció, abszorbeálás; ~ **agent** abszorbens; ~ **board** *pa* szívólemez; ~ **capacity** *fiz, opt, vegy* felvevőképesség, elnyelőképesség, abszorpcióképesség; *pa* (fel)szívóképesség; ~ **complex** *talt* kicserélődési/abszorpciós komplex; ~ **layer** *csill* fénygyengítő réteg *(Tejúton)*; *vegy* abszorpciós réteg; ~ **material** abszorbens, abszorbeáló/elnyelő anyag; ~ **medium** abszorbens; abszorpciós/elnyelő közeg/anyag; ~ **paper** itatóspapír, szívópapír, szívóképes papír; ~ **power** beszívóképesség, felszívóképesség, elnyelőképesség, abszorpcióképesség; *műa* felvevőképesség; *vegy* fajlagos abszorpció; ~ **rod** *at* szabályozórúd; ~ **substance** abszorbens; ~ **vessel** *vegy* elnyeletőedény; ~ **wedge** fénykioltó/fénycsökkentő/fénygyengítő ék; ~ **well** *bány, hidr* nyelőkút

absorptance *fiz* elnyelési/abszorpciós tényező; *opt* abszorpciós/fényszűrési együttható

absorptiometer folyadékabszorpció-mérő, elnyelésmérő, abszorpcióméter

absorptiometry abszorpciómetria, abszorpciómérés

absorption beszívás, felszívás, elnyelés; felszívódás *(pl. festéké)*; *at* abszorpció, elnyelés, befogás; gyengítés; *fiz, távk* elnyelés, abszorpció; *foto* fényszűrés; *opt, vegy* elnyelés, felszívás, abszorpció; *önt* felvétel, „hozzáégés"; *szt* jelelnyelés; *vák* abszorpció, abszorbeálás *(is)*; ~ **analysis** *at* abszorpciós analízis; ~ **axis** *ásv* abszorpciós tengely; ~ **band** *at* elnyelési hullámhossz; *fiz, met, távk* abszorpciós sáv; nyelősáv; ~ **band model** *fiz* abszorpciós sávmodell; ~ **basin** *hidr* vízenergia-csökkentő medence; ~ **bottom** *ol* abszorpciós fenéktermék; ~ **bulb** *vegy* elnyelőpipetta; ~ **by lattice imperfections** *ásv* rácshibahely-abszorpció; ~ **by the wall** *távk* falelnyelés, falfelvétel; ~ **capacity** *fiz, opt, vegy* felvevőképesség, elnyelőképesség, abszorpcióképesség; *hidr* turbina víznyelése; ~ **cell** *ol* abszorpciós cella/küvetta; ~ **centre/center** *ásv* abszorpciós centrum; ~ **circuit** *távk* nyelőáramkör *(billentyűzött adóban)*; szívókör; ~ **coefficient** *at, met, vegy* abszorpciós tényező; *ép* hangelnyelési fok/tényező; *fiz* abszorpciós együttható; ~ **column** *ol* abszorber, abszorpciós kolonna/oszlop; ~ **complex** abszorpciós vegyület; ~ **control** *at* abszorpciós szabályozás; ~ **cooling** *hőt* abszorpciós hűtés; ~ **cross section** *at* elnyelési/abszorpciós hatáskeresztmetszet; ~ **cross section (of an antenna)** *távk* antenna hatásos felülete; ~ **curve** *at* abszorpciógörbe; ~ **discontinuity** → ~ edge; ~ **dynamometer** fékdinamométer; ~ **edge** *ásv* abszorpcióél; *at* abszorpciós szakadás/csúcs; ~**-emission pyrometer** abszorpciós-emissziós pirométer; ~ **error** *ásv* abszorpcióhiba; ~ **extraction** *at* abszorpciós extrahálás; ~ **factor** *at* abszorpcióhányados; *fiz, met* abszorpciós tényező/erő; elnyelőképesség; ~ **factor for X-rays** *ásv* röntgenabszorpciós tényező; ~ **flame photometry** abszorpciós lángfotometria; ~ **flaw detector** *any* abszorpciós defektoszkóp; ~ **frequency meter** abszorpciós frekvenciamérő; ~ **gasoline** *ol* abszorpciós gazolin/gázbenzin; ~ **gasoline process** *ol* abszorpciós gazolinleválasztás; ~ **half-value layer/thickness** *at* abszorpciós/elnyelési/gyengítési félértékvastagság *v.* felezési rétegvastagság; ~ **hygrometer** *met* abszorpciós higrométer; ~ **in air** *ásv* levegőabszorpció; ~ **index** *fiz* abszorpciós tényező; ~ **jump** *at* abszorpcióugrás, abszorpciócsúcs; ~ **law** elnyelési szabály; ~ **length** *at* elnyelési úthossz; *félv* abszorpcióhossz; ~ **limit** *ásv* abszorpcióél; *at* abszorpciós diszkontinuitás/határ; ~ **line** *fiz* abszorpciós vonal; ~ **loss** *hidr* abszorpciós veszteség; ~ **losses** *hidr* szivárgás, veszteség; ~ **machine** abszorpciós hűtőgép; ~ **mean free path** abszorpciós szabad úthossz; ~ **measurement** abszorpciómetria, abszorpciómérés; ~ **measuring method** abszorpciómetrikus/abszorpcióméréses módszer; ~ **method** *geof* abszorpciós módszer; ~ **modulation** *rád* abszorpciós moduláció; ~ **modulation method** abszorpciómodulációs módszer; ~ **naphtha recovery** *ol* abszorpciós benzinkinyerés/gazolinkinyerés; ~ **of charged particles** *at* töltött részecskék befogása; ~ **of electromagnetic radiation** *távk* ionoszféra-elnyelés; ~ **of energy** *at* energiafelvétel; ~ **of heat** hőfelvétel, (hő)elnyelés; ~ **of light** fényelnyelés; ~ **of moisture** nedvességfelszívás, nedvességelnyelés; ~ **of neutron** *at* neutronbefogás; ~ **of radiant heat** sugárzott hő elnyelése; ~ **of rays** sugárzáselnyelés; ~ **of sound** hangelnyelés, akusztikus abszorpció; ~ **of the bath** (színezék-)fürdőabszorpció, „flotta"-abszorpció; ~ **of thermal neutrons** *at* lassúneutron-befogás; ~ **of vibration** rezgéscsillapítás, lengéscsillapítás; ~ **oil** abszorbeáló olaj, elnyelőolaj, lehajtóolaj, felvevőolaj; *ol* mosóolaj; ~ **path** *at* abszorpciós úthossz; ~ **photometer** abszorpciós fotométer/fénymérő/megvilágításmérő; ~ **plane** abszorpciós felület; ~ **plant** *ol* abszorpciós üzem/egység; ~ **power** *at* abszorpcióképesség, elnyelési képesség; ~ **probability** abszorpciós/elnyelési valószínűség; ~ **process** *ol* abszorpciós eljárás; ~ **rate** abszorpciós tényező; *ol* öblítési veszteség; ~ **refrigerator** abszorpciós hűtőgép; ~ **spectrochemical analysis using X-rays** röntgenabszorpciós színképelemzés/spektrálanalízis; ~ **spectrophotometer** abszorpciós/elnyelési spektrofotométer; ~ **spectrum** abszorpciós/elnyelési színkép/spektrum; ~ **system** abszorpciós hűtőberendezés; ~ **test** *any* vízfelvételi kísérlet; ~ **tower** *ol* abszorber; *vegy* abszorpciós torony; ~ **trap** *rád* abszorpciós (hullám)csapda, szűrőcsapda; *vák* abszorpciós csapda; ~ **unit** *ol* abszorpciós üzem/egység; ~ **value** jódszám; ~ **wavemeter** abszorpciós hullámmérő; ~ **wave trap** abszorpciós hullámcsapda

absorptive beszívó, felszívó, elnyel(et)ő, abszorpciós; *gép* lengéscsillapító; ~ **attenuator** *távk* abszorpciós/veszteséges csillapító; ~ **capacity** → absorption capacity; ~ **cell** hangelnyelő cella; ~ **power** *at* abszorpcióképesség, elnyelési képesség; *vegy* fajlagos abszorpció, abszorpciós tényező; ~ **terrace** *hidr* vizet tartó terasz

absorptivity abszorptivitás; abszorpcióképesség, felszívhatóság; *műa* beszívóképesség, felszívóképesség, elnyelőképesség; *vegy* fajlagos abszorpció, abszorpciós tényező; ~**-emissivity ratio** abszorpció-emisszió viszony

abs. t. → absolute temperature

abstract I. *v* elvon, kivon, elválaszt, különválaszt; absztrahál; kivonatot készít; *bány* vizet elvezet/elvon; **II.** *a mat* absztrakt, elvont; **III.** *n* absztrakt; kivonat; ~ **algebraic geometry** absztrakt algebrai geometria; ~ **alphabet** elvonatkoztatott ABC; ~ **automaton** elvonatkoztatott/absztrakt automata; ~ **code** *szt* pszeudokód, absztrakt kód; ~ **computer** *szt* absztrakt számítógép; ~ **deterministic automaton** absztrakt determinisztikus automata; ~ **linear systems and spaces** absztrakt lineáris rendszerek és terek; ~ **mathematics** tiszta matematika; ~ **neuron** absztrakt neuron; ~ **number** dimenziómentes/dimenziónélküli mennyiség; absztrakt/nevezetlen *v.* el nem nevezett szám; ~ **object** absztrakt objektum; ~ **object with finite memory** véges memóriájú absztrakt objektum; ~ **of balance sheet** mérlegkivonat; ~ **publication** referálókiadvány; ~ **section** referálórovat; ~ **service** referálószolgálat; ~ **set** *film* studiódekor; ~ **stochastic automaton** absztrakt sztochasztikus automata; ~ **symbol** *szt* alkalmi jelkép

abstracted fat *élip* lefölözött zsír

abstraction elvonás, kivonás, absztrakció; elvonatkoztatás; *bány* lefejtés, kifejtés; ~ **drawal of water** *bány* vízelvonás; ~ **of pillars** *bány* pillérvisszafejtés

absurd proposition abszurd állítás

absurdity abszurditás, intuicionista negáció

abt → air-blast transformer

Abt rack *vasút* Abt-féle fogasléc *(fogaskerekűn)*

abundance bőség, sokaság; eloszlás; előfordulás; *at* (izotóp)gyakoriság; ~ **of elements** elemek százalékos eloszlása a földkéregben; ~ **of water** *hidr* vízbőség; ~ **ratio** *at* előfordulási hányad; relatív (izotóp)gyakoriság

abundant bő(séges), gazdag; *mat* abundáns, redundáns; ~ **number** *mat* abundáns/bővelkedő szám; ~ **year** *csill* bővelkedő/abundáns/tökéletes év

ab-unit *el* abszolút egység

abuse I. *v* visszaél vmivel, kihasznál vkit; megtéveszt; **II.** *n* visszaélés; rongáló használat; ~ **of trademark** védjegy jogtalan használata

abusive visszaélésszerű, törvénytelen; helytelen; túlzott; ~ **activity** visszaélésszerű/jogsértő tevékenység

abut érintkezik, csatlakozik, összeér; felfekszik; *fa* összeilleszt, összeereszt; *geod* elhatárol; *gumi* végtelenít; ~ **against/(up)on** határos (vmivel); ~ **winning** *bány* fografejt; határig fejt

abutment mezsgye, határ; *bány* felfekvési lap, válltámasz, pillér(váll), támfal; *ép* ablakdúc, ablakfélfa; alap(test); boltváll, pillérlábazat, gyámoszlop; ellenfal; gyámpont, gyámfal; hídfal, hídfő; parti pillér; szemöldökfa; talpsaru; támasz, alátámasztás, megtámasztás; töltéscsatlakozás; vállpárkány; *fa* egyenes illesztés, bütüillesztés; gyámkötés; *gép* alátámasztás; talp; ütközőszem; *hidr* határfal *(vízi műtárgyakban)*; parti pillér *(duzzasztóműé)*; *kat* csőfenék; *távk* szálak homlokillesztése *(optikai átvitel)*; *vasút* ütköző; ~ **arch** *ép* támasztóív; ~ **bay** *ép* parti hídnyílás; ~ **bulk** partfal; ~ **hinge** *ép* csuklós alátámasztás; ~ **index** *önt* illesztési méret; ~ **joint** *ép* bütüillesztés; tompaillesztés; vállhézag, csatlakozó/felfekvési hézag; ~ **line** *mech* záróvonal; *opt* záróoldat; ~ **pier** támpillér; ~ **pressure** *bány* támasznyomás, vállnyomás, talpnyomás, pillérnyomás; ~ **screw** ütközőcsavar; ~ **springing** boltváll, pillérlábazat, gyámoszlop; ~ **stone** *ép* támpillérkő; ~ **tool block** *forg* billenő késtartó *(gyalugépen)*; ~ **wall** *bány, ép* szárnyfal; *ép* ellenfal

abuttal határ, mezsgye; *bány* támfal, pillér; *geod* határvonal(ak) érintkezése

abutting kiálló, kiugró; konzolosan túlnyúló; ~ **collar** csőperem; ütközőváll *(tengelyen)*; ~ **end** csatlakozóvég, illeszkedővég; ~ **joint** *ép* csatlakozóhézag; *fa* tompaillesztés, ütközőillesztés, bütüillesztés; *távk* szálak homlokillesztése *(optikai átvitel)*; ~ **wall** ellenfal, gyámfal

abyssal mélytengeri; *geol* mélység(bel)i, abisszális, abisszikus, plutói, plutónikus; ~ **depth** abisszikus mélység; ~ **region** mélytengeri/abisszális zóna; ~ **rock** abisszális/mélységi/abisszikus kőzet; ~ **sediment** abisszikus üledék; ~ **zone** mélytengeri/abisszális zóna

Abyssinian well *hidr* abesszin kút, Norfon-kút, vert kút

Ac → actinium; → alto-cumulus

AC → acoustic coupler; → alternating current; → absolute ceiling; → adaptive control; → aerodrome control; → aerodynamic centre; → aircraft carrier; → aircraft; → aircraft commander; → alternating current; → approach control; → arctic circle; → asphalt concrete; → autocollimator; → automatic control; → admiralty coefficient; → air-cooled

a.c. → alternating-current; → alternating current

acacia *fa* akác; ~ **gum** arab mézga, gumiarábikum; *gyógyv* akáciagumi; ~ **mucilage** *gyógyv* gumiárabikum-nyák

Acadia *geol* acadiai emelet

acajou *fa* akazsu, mahagóni

acanthite *ásv* akantit

acanthus *ép* akantusz

acaricide(s) *pl vegy* atkairtó szer(ek)

acaustobiolith *ásv* akausztobiolit

ACB → automatic circuit-breaker

ACC → air control centre; → area control centre; → automatic chroma control; → automatic colo(u)r control

accelerant *gumi, műa, vegy* gyorsító(szer), gyorsító(anyag), gyorsítóközeg, akcelerátor

accelerate felgyorsít, meggyorsít, siettet; *gép, mech* gyorsul, felfut; ~ **away** *rep* gyorsított kilépést végez; ~**-stop distance** *rep* gyorsítás-fékezési úthossz; ~ **up to full speed** *gép* teljes sebességre/fordulatszámra felfut

accelerated | ageing *gumi, műa* (mesterségesen) gyorsított öregítés; ~ **ageing test** *gumi, műa* gyorsított öregítési vizsgálat; ~ **amortisation** gyorsított amortizáció; ~ **card feeding** gyorsított kártyabetáplálás; ~ **carrier return** írófej gyorsított visszafutása; ~ **combustion** gyorsított égés; ~ **commutation** hiperkommutáció, gyorsított/erőltetett kommutáció; ~ **cooling** *vák* gyorshűtés; ~ **creep** *ásv* gyorsult kúszás; ~ **current** részecskeáram; ~ **erosion** *talt* gyorsított erózió; ~ **filtration** gyorsszűrés; ~ **light ageing test** *gumi, műa* gyorsított fényöregítési vizsgálat; ~ **motion** gyorsuló mozgás; ~ **particle** *at* gyorsított részecske; ~ **particle storage ring** *at* tárológyűrű, felgyorsított részecskéket tároló gyűrű; ~ **return stroke** *forg* gyors(ított) hátramenet; ~ **stock** *gumi* gyorsítót tartalmazó keverék; ~ **tests** *any* gyorsított vizsgálatok; ~ **weathering,** ~ **weathering test** *gumi, műa* gyorsított időjárás-állósági vizsgálat

accelerating | ability gyorsító/(fel)gyorsulási képesség; ~ **admixture/agent** *ép* kötésgyorsító (adalék); ~ **anode** *el* gyorsítóanód; ~ **area** *at* gyorsítózóna; ~ **cavity** *el* gyorsító üregrezonátor; ~ **chamber** *at* gyorsítókamra, gyorsítótér; ~ **circuit** *el* gyorsítóáramkör; ~ **coil** *el* gyorsítótekercs; ~ **creep** *ásv* gyorsult kúszás; ~ **cycle** gyorsítóciklus; ~ **electrode** *el* gyorsítóelektród; ~ **energy** *at* gyorsítóenergia; ~ **field** *el* gyorsítótér; ~ **force** *mech* gyorsítóerő; ~ **gap** *at* gyorsítórés; ~ **grid** *el* gyorsítórács; ~ **impact** *at* gyorsítóütközés; ~ **machine** *el* gyorsító(berendezés); ~ **moment** gyorsítónyomaték; ~ **nozzle** *gépk* gyorsítófúvóka; ~ **operation** *el* gyorsítóműködés; ~ **period** gyorsítási periódus; ~ **potential** gyorsítófeszültség; ~ **pump** keringető szivattyú; ~**-pump discharge valve** *gépk* gyorsítószelep; ~**-pump piston** gyorsítódugattyú; ~ **relay** léptető/indító/gyorsító jelfogó/relé, impulzusjelfogó, impulzusrelé; ~ **secondary-electron multiplier** szekunderemissziós elektronsokszorozó; ~ **slit** gyorsítórés; ~ **space** *el* gyorsítótér; ~ **tube** gyorsítócső; ~ **unit** gyorsító(berendezés); ~ **valve** gyorsítószelep; ~ **voltage** gyorsítófeszültség

acceleration (fel)gyorsulás; (fel)gyorsítás, gyorsaság fokozása; *at* részecskegyorsítás; *finm* siettetés; *mech* (menet)gyorsulás; gyorsulásvektor; *rep* nekifutás; ~ **along the path** pályagyorsulás; ~ **coil** gyorsítótekercs; ~ **constant** gyorsulási állandó, átviteli tényező; ~ **controller** gyorsulásszabályozó; ~ **curve** gyorsulási görbe; ~ **diagram** *mech* gyorsulásábra; ~ **due to gravity** nehézségi/gravitációs gyorsulás; ~ **error** gyorsulási eltérés/hiba; ~ **error-coefficient** gyorsulási hibatényező; ~ **factor** gyorsítási/gyorsulási tényező; ~ **field** gyorsítótér; ~ **force** gyorsítóerő; ~ **from dead stop,** ~ **from rest** gyorsulás álló helyzetből; ~ **from steady speed** gyorsulás meghatározott sebességről; ~ **ga(u)ge** gyorsulásérzékelő, gyorsulásmérő; ~ **generator** *at* gyorsítógenerátor, van de Graaff generátor; *aut* gorsulásra érzékeny szabályzógenerátor; ~ **indicator** gyorsulásindikátor, gyorsulásjelző műszer; ~ **in pitch** *rep* bólintási szöggyorsulás; ~ **in roll** *rep* bedőlési szöggyorsulás; ~ **instrument** *rep* gyorsulásjelző, gyorsulásindikátor; ~ **in yaw** *rep* legyezőmozgási szöggyorsulás; ~ **lag** gyorsuláskésleltetés; *aut* gyorsítási késés; ~ **lane** *közl* gyorsítósáv; ~ **measurement** gyorsulásmérés; ~ **misalignment** gyorsulási elszabályozódás; ~ **of gravity** nehézségi/gravitációs gyorsulás; ~ **of hardening by heat** szilárdulásgyorsítás hőérleléssel; ~ **of setting** kötésgyorsítás *(hidraulikus kötőanyagoknál)*; ~ **of tape** szalaggyorsulás; ~ **of the Earth** földi nehézségi gyorsulás; ~ **pickup** gyorsulásérzékelő, gyorsulásmérő; ~ **pressure** gyorsítónyomás; ~ **radiation** szinkrotronsugárzás, ciklotronsugárzás, Schwinger-sugárzás; ~ **sensitive element** gyorsulásérzékelő elem/szerv; ~**-sensitive switch** gyorsulásra érzékeny kapcsoló; ~ **space** gyorsítótér; ~ **step** gyorsulásugrás; ~ **time** *szt* indulási idő, felgyorsulási idő; ~ **tolerances** *rep* gyorsítási tűréshatár; ~ **transducer** gyorsulásátalakító; ~ **valve** gyorsítószelep; ~ **vector** gyorsulásvektor; ~ **well** *gépk* gyorsító csővezeték; pótporlasztócső

accelerationless gyorsulásmentes

accelerator *at* gyorsító(berendezés); részecskegyorsító; *el* gyorsítóelektród; *ép* kötésgyorsító; *gép, közl* gyorsítószelep *(légfékben)*; *gépk* töltésszabályozó *(dízelmotoron)*; *gépk, gép* gázpedál, gázemeltyű; *gumi* gyorsító, akcelerátor; *hidr* keringetőszivattyú *(gyorsításra)*; *szt* (programozás)gyorsító; *vegy* gyorsító, akcelerátor; ~ **anode** gyorsítóanód; ~ **grid** gyorsítórács; ~ **jet** *gépk* gyorsítófúvóka; ~ **master batch** *gumi, műa* gyorsítóval készített előkeverék; ~ **nozzle** *gépk* gyorsítófúvóka; ~ **pedal** *gépk* gázpedál, gázemeltyű; ~ **pedal spindle** gázpedál tengelye; ~ **pin** *kat* zárgyorsító rögzítőcsap; ~**-pin spring** *kat* zárgyorsító rögzítőcsaprugó; ~ **plate** *el* eltérítőlemez; ~ **pump** gyorsítószivattyú; ~ **stop** *kat* zárgyorsító-határoló

accelerogram gyorsulásmérő görbéje, akcelerográfgörbe

accelerograph akcelerográf, regisztráló gyorsulásmérő, gyorsulásíró (készülék)

accelerometer gyorsulásmérő, akcelerométer; ~ **tube** gyorsulásmérő elektroncső

accentuate kiemel, kihangsúlyoz

accentuation kihangsúlyozás; *távk* előkiemelés, preemfázis; ~ **of contrast** *tv* kontrasztkiemelés

accentuator *távk* kiemelőkör, kiemelőkapcsolás

accept átvesz, (el)fogad; felvesz, hord, visel *(terhet)*; *távb* előjegyez; ~ **the call** *távb* hívást fogad

acceptability elfogadhatóság, átvehetőség

acceptable elfogadható, megengedhető; ~ **acceleration level measure** megengedett gyorsulásérték kritériuma; ~ **defect level measure** megengedett hibahatár kritériuma; ~ **deviation** megengedhető szabályozási eltérés; ~ **failure rate (AFR)** megengedhető meghibásodási gyakoriság; ~ **malfunction level (AML)** megengedhető működési hibaszint; ~ **mean life** üzemzavarmentes működés elfogadható középideje; ~ **noise level** megengedhető zajszint; ~ **product** műszaki előírásokat kielégítő termék; ~ **program** elfogadható program; ~ **quality level (AQL)** *any, mat* átvételi hibaszint; *szt* elfogadható minőségszint; *távk* elfogadható jósági szint; ~ **strategy** *mat* elfogadható stratégia; megengedett tiszta stratégia; ~ **variation** megengedett variáció

acceptance átvétel, elfogadás; átvétel helye; jóváhagyás, beleegyezés; *szt* elfogadási teszt; ~ **angle** *rád* vételi térszög; ~ **band** *el* áteresztősáv; ~ **check-out** átvételi vizsgálat; ~ **check-out equipment (ACE)** ellenőrző berendezés átvételi vizsgálathoz; ~ **conditions** átvételi feltételek; ~ **cone** *távk* befogadási kúp *(optikai útvitel)*; ~ **control** *any* átvételi ellenőrzés; átvételi ellenőrzővizsgálat; ~ **control chart** átvételi ellenőrzőkártya; ~ **cost** átvételi vizsgálat költsége; ~ **criterion** átvételi kritérium; ~ **flight** *rep* berepülés *(átvételi próbánál)*; ~ **ga(u)ge** átvételi idomszer; ~ **inspection** átvételi vizsgálat, minősítéses mintavétel; ~ **limit** átvételi tűrés(határ), ellenőrzőtűrés; ~ **of a single** egyedi tétel átvétele; ~ **of batch** gyártmánytétel-átvétel; ~ **of data** adatátvétel; ~ **of goods/deliveries** áruátvétel; ~ **of work** *ép* építményátvétel, épületátvétel; ~ **plan** átvételi vizsgálati terv; ~ **probability** elfogadási valószínűség; ~ **procedure** átvételi eljárásmód; ~ **program** átvételi program; ~ **region** elfogadási tartomány; ~ **reliability** elfogadható megbízhatóság; ~ **reliability level (ARL)** elfogadható megbízhatósági szint; ~ **report** átvételi jegyzőkönyv; ~ **sampling** átvételi mintavétel; ~ **scheme** átvételi vizsgálati terv; ~ **specification** átvételi előírás; ~ **stamp** átvételi bélyegző; ~ **test** → ~ inspection; ~ **tolerance** → ~ limit; ~ **without inspection** átvétel ellenőrzés nélkül

accepted átvett; ~ **defective cost** hibás gyártmány átvételéből adódó költség; ~ **load** felvett/hordott teher; ~ **lot** átvett tétel; ~ **stock** *pa* tisztított pép, kádkészpép

acceptor átvevő; *félv* akceptor; p-típusú szennyezőanyag; *vegy* akceptor; ~ **centre/center** akceptorközpont; ~ **circuit** *távk* impulzusválasztó kör; soros rezonanciás kör; ~ **density** akceptorsűrűség; ~ **handshake** *szt* fogadóoldali összeköttetési módszer *(IEEE-488 sínszabvány funkciója)*; ~ **impurity** akceptorszennyezés, p-típusú szennyezőanyag; ~ **level** *fiz* akceptor(-energia)szint; akceptornívó; ~ **material** akceptoranyag; ~ **of electrons** elektronakceptor/elektronfelvevő (anyag); ~ **of free radicals** *műa, vegy* gyökfogó (anyag); ~ **resonance** soros p-feszültségrezonancia; ~ **substance** akceptoranyag; ~**-type impurity** p-típusú szennyezés/szennyezőanyag

access bejárat, bejutás; belépés, bemenet; megközelítés; *gépk* bejárás, beszállás; *szt* elérés, hozzáférés, kiolvasás; ~ **address** *szt* elérési/hozzáférési/kiválasztási cím; ~ **arm** *szt* pozicionáló kar; ~ **balcony** körfolyosó *(több lakásbejárathoz)*; ~ **barred** *szt* egy irányban engedélyezett *(átvitel)*; ~ **board** *ép* (fel)járópalló; feljáródeszkázat, közlekedőpadlózat, állvány(zat); *hidr* áthidaló palló, járópalló; gyaloghíd, bürü; ~ **coding** *szt* elérés kódolása; ~ **control** *szt* hozzáférés-vezérlés; ~ **cycle** *szt* hozzáférési/elérési ciklus; ~ **door** beszállóajtó; tisztítónyílás *(csapófedlappal)*; ~ **duct** bemenőcsatorna; ~ **eye** tisztító/ellenőrző nyílás; ~ **file attribute** *szt* fájlelérési jelző; ~ **for operand selection** hozzáférés operandus kiválasztáshoz; ~ **gully** *hidr* figyelőakna, kémlelőakna; ~ **hole** vizsgálónyílás, kezelőnyílás; kémlelőlyuk; figyelőablak; *gépk* szerelőnyílás *(karosszérián)*; ~ **hook** hágcsóvas; ~ **inoperable** *szt* elérhetetlen, hozzáférhetetlen; ~ **instruction** *szt* kommunikációs utasítás; ~ **line** *szt* átviteli vonal; ~ **mechanism** *szt* elérési/kiolvasási mechanizmus; ~ **method** hozzáférési/elérési módszer; ~ **only** *közl* célforgalmi/átmenő forgalom tilos; ~**-oriented methods** *szt* hozzáférés-orientált módszerek; ~ **plate** nyílás fedőlapja; ~ **plug** *gépk* állítónyílás-zárócsavar *(befecskendező szivattyún)*; ~ **point** *ép* felhajtó pont *(autópályán)*; *szt* elérési/hozzáférési pont; ~ **ramp** felhajtó rámpa, feljáró *(autópályán)*; ~ **rate** *szt* elérési sebesség; ~ **request** *szt* elérési követelmény; ~ **road** *ép* felvonulási út *(építési munkahelyre)*; bekötőút, feljáróút; *heng* bevezető görgőasztal; *közl* gyorsítóút; ~ **selector** *távk* csatlakozó választó(gép), primer szelektor; ~ **shaft** tisztítóakna *(csatornán)*; ~ **speed** elérési/hozzáférési sebesség; ~ **station** *szt* elérési/hozzáférési állomás; ~ **switch** áramkörkapcsoló gép; ~ **technique** *szt* elérési technika; ~ **time** *szt* elérési/hozzáférési idő; ~ **trunk** léghajógondola-átjáró; ~ **tunnel** *ép* bejáró alagút, építési (segéd)alagút; szerelőalagút *(padló alatt)*

accessibility hozzáférhetőség, megközelíthetőség; *szt, távk* elérhetőség

accessible hozzáférhető, megközelíthető, elérhető; ~ **part** hozzáférhető rész *(készülékben)*

accession belépés, csatlakozás; állománygyarapítás; ~ **number** *szt* hozzáférési szám

accessorial costs járulékos ráfordítások

accessories tartozékok; ~ **for mechanical handling** *ép* teherfelvevő szerkezet; ~ **of stairs** lépcsőkiegészítő szerkezet

accessory I. *a* kiegészítő, járulékos, mellék(es), pót; **II.** *n* tartozék; kellék; *kat* felszerelőcikk; *szer* (szerelési) segédanyag; szerelvény, armatúra, szerelvények; *talt* járulékos elegyrész(ek); ~ **force** *mech* járulékos erők; ~ **ingredient** *geol* mellékes elegyrész; ~ **mineral** *geol* járulékos ásvány; ~ **part** alkatrész; ~ **plate** kiegyenlítő lemez; ~ **shaft** *gép* melléktengely; *vasút* szerelvényhajtó tengely

accidence baleset(veszély), üzemzavar(veszély); *nyom* akcidensmunka; ~ **of ground** terepalakulat, terepegyenetlenség

accident baleset, sérülés; *csill* felület szabálytalansága/rendellenessége; *talt* talajfelszín egyenetlensége; ~ **danger** balesetveszély; ~ **of seam** *geol* telepzavargás; ~**-sensitive** zavarérzékeny

accidental véletlen, mellékes; random, véletlenszerű, statisztikus; ~ **coincidence** véletlen(szerű)/random koincidencia, álkoincidencia; ~ **coincidence correction** véletlenkoincidencia-helyesbítés; ~ **current** kóboráram; ~ **earth** földzárlat; testzárlat; ~ **earth fault** véletlen földzárlat; ~ **error** véletlen hiba; ~ **inclusion** *ásv* exogén zárvány; zárványkő, sillimanit, xenolit; ~ **printing** *távk* másolási effektus; ~ **variations** véletlen ingadozások

acclimate → acclimatize

acclimatization meghonosítás, akklimatizálás, meghonosodás, akklimatizálódás

acclimatize meghonosít, (meg)szoktat, akklimatizál

acclivitous → acclivous

acclivity emelkedő, emelkedés; lejtősség; *bány* lejtős művelés dőlése

acclivous *geol* meredek, emelkedő, felfelé menő

accommodate hozzáilleszt, összeegyeztet, helyreállít, (hozzá)alkalmaz, elhelyez; kiegyenlít, kompenzál

accommodation akkomodáció, illesztés; hozzáalkalmazás, alkalmazkodás; berendezés, elhelyezés, helyiség; *ép* lakótér; *opt* akkomodáció, akkomodációs szélesség; ~ **coefficient** akkomodációs együttható; ~ **coefficient for condensation** kondenzációs együttható; ~ **density** laksűrűség; ~ **hulk** lakásul szolgáló (lehorgonyzott/szerelt) hajó; ~ **ladder (AL)** támasztólétra; ~ **road** (magán) bekötőút, feljáróút; ~ **room** *hajó* lakótér; ~ **trailer** lakókocsi; ~ **train** helyi vonat; ~ **width** *opt* akkomodációs szélesség

accommodometer akkomodációmérő

accompaniment kíséret

accompanying kísérő, csatlakozó; ~ **mineral** kísérőásvány; ~ **sound** *távk* saját hangcsatorna

accord I. *v* összhangban van, összhangzik; **II.** *n* összhang, egyetértés; *hang* akkord

accordance összhang, egyetértés; (meg)egyezés; *távk* összehangolás, összehangoltság; ~ **of summit levels** *geol* magassági szintek egyezése

accordant egyező (réteg)dőlésű, megfelelően irányított; ~ **connection** *távk* illesztett csatlakozás; ~ **junction** *hidr* egyszínvonalbeli betorkollás *(szivattyún)*; ~ **river** rétegek dőlését követő folyó; ~ **to** szerint; ~ **to sample** *tex* minta szerint; ~ **to schedule** menetrendszerűen; ~ **valley** *geol* rétegdőléssel megegyező lejtésű *v.* konkordáns völgy

accordion *ép* harmonikaajtó, összehajtható ajtó/válaszfal; *hang* harmonika, akkordeon; ~ **door** *ép* összehajtható ajtó, harmonikaajtó; ~ **fold(ing)** *szt* leporellóhajtogatás

account (a/c) számla; beszámoló; ~**-book paper** könyvelési papír; ~ **card** könyvelési karton; *szt* számlakártya; ~ **card feed** *szt* kartonbetáplálás; ~ **detector** *szt* számlakiválasztó, számlakereső; ~ **form of the balance sheet** forgalmi szemléletű mérleg; ~ **number** számlaszám; *szt* felhasználóhoz rendelt elszámolási szám (UIC); ~ **of checking** ellenőrző számítás; ~ **of stock** *bány* (érc)készletbecslés

accountancy számfejtés

accounting számvitel, könyvelés; ~ **amounts** könyvelési összeg; ~ **automaton** *szt* könyvelőgép automata; ~ **calculation** számviteli számítás; ~ **carriage** *szt* könyvelőgép kocsija; ~ **computer** könyvelő számítógép; ~ **detail card** mozgáskártya, tételkártya; *szt* forgalmi kártya; ~ **form** könyvelési nyomtatvány; ~ **information** könyvelési adat; ~ **machine** *szt* könyvelőgép; ~ **method** számviteli/könyvelési módszer; ~ **of checking** *szt* ellenőrző számítás; ~ **sheet** *szt*

könyvelési nyomtatvány; ~ **surplus** számlaaktívum; ~ **system** könyvelési/számviteli rendszer; ~ **technique** *szt* számviteltechnika
accoutrement katonai felszerelés; *gépk* gépkocsifelszerelés; *szer* csőarmatúrák
accrete ránő, összenő
accreting | **bank** *hidr* domború part; ~ **channel** *hidr* mederemelkedés
accretion növedék, növekedés, növelés, szaporulat; *bány* elmosott kőzet lerakódása; *ép* bevonat, lerakódás, kéreg, tapadék; *geol* körkörös rétegződéses hozzánövelés, feltöltődés, leülepedés; *hidr* mederemelkedés; ~ **of interstellar matter** interstelláris anyag befogása; ~ **of level** *hidr* vízszintnövekedés; ~ **of silt** *hidr* iszapfelhalmozódás
accretive crystallization *ásv* akkumulációs kristályosodás
accrue I. *v* növekszik, szaporodik; *ép* hozzáépül, felszaporodik; **II.** *n* növekmény
accumulate gyűjt, felhalmoz; tárol, elraktároz; felhalmozódik, gyülemlik, összesítődik *(hiba)*; torlódik
accumulated összegződött, felhalmozódott; ~ **dose** *at* összegzett/kumulatív dózis, teljes dózis; ~ **drift** *rep* összegzett/teljes széleltérítés; ~ **error** *mat* halmozott hiba; ~ **measurement error** halmozott méréshiba; ~ **production** összes termelés; ~ **quality of radiation** *met* hőösszeg; ~ **temperature** *met* hőmérsékletösszeg, akkumulált hőmérséklet; ~ **value** halmozott érték
accumulating → accumulation; ~ **counter** *szt* összeadás-számláló
accumulation felhalmozás, felhalmozódás, felgyülemlés; tárolás, gyűjtés; *geol* akkumuláció, gyűjtőterület; *mat* halmozódás; *vegy* feldúsulás; ~ **chamber** gyűjtőkamra; ~ **coefficient** felhalmozási/akkumulációs együttható; ~ **factor** *mat* halmozott hiba; ~ **layer** *félv* feldúsulási/akkumulációs réteg; ~ **limit** *mech* összegeződő tűrések; ~ **mode** *met* akkumulációs modus; ~ **of electrical charges** elektromos töltésfelhalmozódás; ~ **of heat** hőtorlódás; ~ **of mud** *bány* bányatér beiszapolása; ~ **of petroleum** *ol* kőolaj-felhalmozódás, kőolaj-akkumuláció; ~ **outlet** *hidr* vízelvezetés felszíni távozással; ~ **point** torlódási pont; ~ **rate** *ol* akkumulációs tényező
accumulative gyűjtő, felgyülemlő, akkumulatív; tároló(képes); ~ **area** *hidr* kiszolgált terület; ~ **dimension** *gép* méretlánc végmérete; ~ **dosimetry** félvezetős dozimetria; ~ **escaping power** *hidr* halmozott járulékos kapacitás; ~ **multiplication** akkumulatív szorzás; ~ **organism** *biot* akkumulatív/fogyasztó szervezet, konzumens; *környv* akkumulatív szervezet; ~ **process** *félv* (fel)dúsulási folyamat; ~ **rainga(u)ge** *met* totalizatőr *(csapadékmérő)*
accumulator gyűjtő *(tartály)*, akkumulátor; *bány* zsomp; *el* akkumulátor, telep; *gép* energiatároló (berendezés); *ol* párlatgyűjtő, szedőedény; *önt* nyomástároló, akkumulátor; *szt* akkumulátor, (adat)tároló; elosztóregiszter, gyűjtőregiszter; összeadó berendezés; ~ **acid** akkumulátorsav, töltősav; ~ **box** akkumulátorláda, akkumulátorszekrény; ~ **can** akkumulátortartály; ~ **car** villamos targonca; elektromos hajtású gépkocsi; ~ **casing** *el* akkumulátorszekrény, akkumulátordoboz; ~ **cell** akkumulátorcella; ~ **charging equipment/unit** akkumulátortöltő berendezés; ~ **contents** akkumulátortartalom; ~ **drive** akkumulátoros hajtás; ~ **indicator** *gépk* akkumulátorcella-vizsgáló; ~ **installation** akkumulátortelep; ~ **lead** akkumulátorólom; ~ **locomotive** *vasút* akkumulátoros mozdony; ~ **plant** akkumulátortelep; akkumulátortöltő telep/állomás; ~ **plate** akkumulátorlemez; ~ **(plate) separator** akkumulátorelválasztó lemez; ~ **pump** energiatároló szivattyúja; ~ **railcar** *vasút* akkumulátoros jármű/motorkocsi; ~ **register** *szt* tárolóregiszter; ~ **shift** *szt* helyeltolás az akkumulátorban; ~ **switch** *el* cellakapcsoló, akkumulátorkapcsoló; ~ **switchboard** akkumulátorkapcsoló-tábla; ~**-switch regulator** akkumulátorszabályozó kapcsoló; ~ **terminal** akkumulátorsaru, akkumulátorcsatlakozó; ~ **tester** akkumulátorfeszültségmérő villa, akkumulátormérő villa
accuracy pontosság; szabatosság; *kat* (találati) pontosság; *mat, szt* számítási pontosság, számítás pontossága; ~ **analysis** pontosságelemzés; ~ **attained** elért pontosság; ~ **check** pontosság ellenőrzése; ~ **checking** pontossági ellenőrzés; ~ **class** hibaosztály, pontossági osztály; ~ **figure (AF)** pontossági mutatószám; ~ **grade** pontossági osztály; ~ **life** pontossági élettartam; ~ **limit (factor)** pontossági határ (tényező); ~ **of adjustment** beállítási pontosság; ~ **of analysis** elemzés pontossága; ~ **of control** szabályozási pontosság; ~ **of estimate** becslés helyessége; ~ **of finish** készre munkálás pontossága; ~ **of fire** *kat* tűzpontosság; ~ **of forecast** előrejelzés pontossága; ~ **of instrument** műszerpontosság; ~ **of level(s)** felszín simasága, egyenessége (és ennek tűrése); ~ **of manufacture** megmunkálási/gyártási pontosság/tűrés; ~ **of measurement** méréspontosság; ~ **of observation** megfigyelési pontosság, megfigyelés pontossága; ~ **of reading** leolvasási pontosság; ~ **of registration/repeat** *tex* mintaismétlődés/ „rapport" pontossága; ~ **of roll adjustment** *heng* (henger)állítási pontosság; ~ **of shoot** *kat* lőszabatosság; ~ **rating** pontossági osztály; ~ **surfacer** pontossági gyalu; ~ **to size** mérettartás
accurate pontos, szabatos; kalibrált, beméretezett; ~ **adjustment** finombeállítás; ~ **current range of a meter** ampermérő legnagyobb mérési pontosságának tartománya; ~ **grinding** precíziós csiszolás; ~ **programming** *szt* pontos programozás; ~ **scanning** finom letapogatás/mintavételezés; ~ **solution** pontos megoldás; ~ **to dimension/ga(u)ge/size** méretpontos, mérethű; ~ **to the decimal place** tizedes pontosságú; ~ **to the mm** milliméter pontosságú; ~ **wire drawing** *heng* precíziós dróthúzás/huzalhúzás; ~ **within 0,001 mm** 0,001 mm-re pontos; ~ **yarn quadrant** *tex* precíziós fonal(finomság)-mérleg
AC-DC → alternating-current—direct-current
ACE → acceptance check-out equipment; → automatic check-out equipment
acenaphthene *vegy* acenaftén, naftilénetilén
acerbity savanyúság; szúrósság, csípősség; fanyarság
acescent savanyodó
acetal *vegy* acetál, acetaldehid-dietilacetál
acetaldehyde *vegy* acetaldehid, etanal
acetaldol *vegy* acetaldol
acetaldoxime *vegy* acetaldoxim
acetamide *vegy* acetamid, ecetsavamid
acetamidine *vegy* acetamidin

acetate *tex* acetát végtelen szál; *vegy* acetát, ecetsavas só/észter; ~ **continuous filament** acetátselyem, filamens; ~ **disc/disk** *hang* acetáthanglemez; ~ **dye** acetátszinezék; ~ **fibre/fiber** *műa, tex* acetát(mű)szál; ~ **film** acetátfilm, acetilcellulóz film; ~ **lacquer** cellulózacetát-lakk; ~ **rayon** acetát(mű)selyem; ~-**rayon fibre/fiber** acetát elemiszál; ~ **(rayon) staple** *tex* acetát vágottszál; ~ **rayon yarn** acetátfonal; ~ **silk** *tex* acetátműselyem; ~ **yarn** acetátfonal

acetic *vegy* ecet-; ~ **acid (AA)** ecetsav, etánsav, jégecet; ~-**acid anhydride** ecetsavanhidrid; ~-**acid rubber** ecetsavval koagulált kaucsuk; ~ **aldehyde** acetaldehid, etanal; ~ **anhydride** ecetsavanhidrid; ~ **ether** eceté(sz)ter, etilacetát; ecetsavas etilészter; ~ **fermentation** ecetsavas erjedés, ecetesedés

acetification *vegy* ecetesítés, ecetesedés, ecetsavas erjedés

acetifier *vegy* ecetképző

acetify *vegy* ecetesedik; ecetesít

acetimeter *vegy* ecetsavmérő, ecetfokoló

acetimetry *vegy* oldatok ecetsavtartalmának meghatározása

acetin *vegy* ecetsavglicerid, acetin, glicerin-monoacetát

aceto-acetic *vegy* acetecet-; ~ **acid** *vegy* acetecetsav; ~ **ester** *vegy* acetecetészter, acetilecetsav-etil-észter

acetolysis acetolízis

acetometer → acetimeter

acetone *vegy* aceton, dimetil-keton, propanon; ~-**benzol process** *ol* aceton-benzolos paraffinmentesítés; ~ **body** *vegy* acetontest; ~ **dicarboxylic acid** acetondikarbonsav; ~-**dissolved acetylene** *heg* disszugáz; ~ **extract** *vegy* acetonextrakt; ~-**formaldehyde resin** *műa* aceton-formaldehid műgyanta; ~-**furfural resin** *műa* aceton-furfurol műgyanta; ~ **number** acetonszám; ~ **number test** *ol* acetonszámpróba; ~ **oil** *vegy* acetonolaj; ~ **resin** acetongyanta; ~ **test** *ol* acetonvizsgálat, acetonpróba

acetonic *vegy* aceton-

acetonitrile *vegy* acetonitril, metil-cianid, ecetsavnitril

acetonyl *vegy* acetonilgyök; ~ **acetone** acetonil-aceton; hexán-2,5-dión; ~ **urea** acetonil-karbamid

acetophenone *vegy* acetofenon, metil-fenil-keton, Hypnon

acetous *vegy* ecetes, ecetsavas

acetyl *vegy* acetil, acetilcsoport, acetilgyök, ecetsavgyök; ~ **acetic acid** acetecetsav; ~ **acetone** acetil-aceton; ~ **bromide** acetil-bromid; ~ **cellulose** acetil-cellulóz, cellulóz-acetát; ~ **chloride** acetil-klorid; ~ **choline** acetil-kolin; ~ **number** acetilszám; ~ **oxide** ecetsavanhidrid; ~ **radical** acetilcsoport, acetilgyök; ~-**salicylic acid** acetilszalicilsav, aszpirin; ~ **value** acetilszám

acetylate *vegy* acetilez, acetilál

acetylation *vegy* acetilezés

acetylene *vegy* acetilén, etin; ~ **apparatus** acetilénfejlesztő (készülék); ~ **black** acetilénkorom; ~ **bond** acetilénkötés, hármaskötés; ~ **bottle** acetilénpalack; ~ **burner** acetilénégő, karbidégő; *heg* acetilénpisztoly; ~ **compressor** acetiléntöltő berendezés; ~ **cylinder** acetilénpalack; ~ **cylinder pressure ga(u)ge** acetilénpalack-nyomásmérő; ~-**dicarboxylic acid** acetilén-dikarbonsav; ~ **dichloride** acetilén-diklorid, diklór-etilén; ~ **flame** acetilénláng; ~-**flare light** karbidlámpa; acetilénlámpa; ~ **gas** *heg* acetiléngáz; disszugáz; ~ **gas generator** acetiléngáz-fejlesztő; ~ **generator** acetilénfejlesztő (készülék); ~ **hydrogenation** *ol* acetilénhidrogénezés; ~ **lamp** *bány* karbidlámpa; ~ **line** acetilénvezeték; ~ **pipeline** acetiléncsővezeték; ~ **pressure ga(u)ge** acetilénnyomás-mérő; ~ **removal/separation** *ol* acetiléneltávolítás, acetilénleválasztás; ~ **soldering equipment** acetilén-forrasztóberendezés; ~ **soldering torch** acetilén-forrasztópáka; ~ **storage cylinder** acetiléntároló palack; ~ **torch** *heg* acetilénpisztoly; ~ **valve** acetiléngáz-palack szelepe; ~ **welding** *heg* acetilén-hegesztés; oxi-acetilén-hegesztés, autogénhegesztés; ~ **welding torch** *heg* oxi-acetilén hegesztőpisztoly

acetylization acetilezés, acetilálás

acetylize acetilez, acetilál

ACG → airborne coordinating group; → air cargo glider; → angiocardiogram

achievable megvalósítható, véghezvihető; ~ **reliability** elérhető megbízhatóság

achieve teljesít, végrehajt, befejez, megvalósít, elér

achieved megvalósított, elért; ~ **intrinsic availability/reliability** *távk* intervallum-készenléti tényező; ~ **reliability** elért megbízhatóság

achievement teljesítés, elvégzés; teljesítmény

achromate *opt* akromát(lencse)

achromatic *opt* akromatikus; színhibamentes, színi eltérítés nélküli; színtelen; *távk* frekvenciafüggetlen; ~ **colo(u)r** akromatikus szín; *tex* színtelen árnyalat; ~ **indicator** *opt* kiegészítőszínes indikátor; ~ **lens** akromatikus lencse/objektív; ~ **locus** színtelen/akromatikus hely/tartomány, Planck-féle hely, feketetest kisugárzási helye; ~ **system** színérzéketlen rendszer

achromatism *opt* akromatizmus, színhibamentesség; ~ **of magnification** nagyítási akromatizmus; ~ **of position** képhelyzet-akromatizmus

achromatization akromatizálás, színhibára korrigálás

achromic színtelen, akromikus

ACIA → asynchronous communications interface adapter

acicular tűs, tű alakú; *koh* acikuláris, tűs, tűkristályos; *mat* hegyes; ~ **bismuth** tűérc, aikinit, patrinit; ~ **crystal** *ásv* tűkristály; ~ **habit** *ásv* tű alak; ~ **iron** tűs/tűkristályos (szerkezetű) öntöttvas; ~ **iron ore** tűs/tűkristályos vasérc; goethit; ~ **martensite** tűs/tűkristályos martenzit; ~ **structure** *koh* tűs szerkezet/szövet

aciculite *ásv* aikinit

acid I. *a* savanyú, savas; **II.** *n* sav; ~ **accumulator** savas akkumulátor, ólomakkumulátor; ~ **ageing** *tex* savas gőzölés; ~ **agitator** savazóagitátor, savagitátor; ~ **alizarin black** *tex* savas alizarinfekete *(színezék)*; ~ **amide** savamid; ~ **anhydride** savanhidrid; ~ **azide** savazid; ~-**base indicator** *vegy* hidrogénion-koncentráció-indikátor, pH-indikátor; ~ **battery** savas akkumulátor; ~ **Bessemer converter** *koh* Bessemer-konverter; ~ **Bessemer pig iron** Bessemer-nyersvas; ~ **Bessemer steel** Bessemer-acél; ~ **bleaching earth** *ol* savanyú/savas derítőföld; ~ **boiling** *tex* savas lefőzés; ~ **bottle** savballon; *ol* savas üvegcső *(lyukferdeség meghatározására)*; ~ **brick** saválló tégla; ~ **brittleness** *any* savas ridegség; ~ **calcium phosphate** primer kalcium-foszfát, kalcium-dihidrogén-foszfát; ~ **casein** *élip* savkazein, savas kazein; ~ **catalyst** savkatalizátor; ~**-chambered hole** savégette/savmarási lyuk/üreg; ~ **chloride** *vegy* savklorid; ~ **chlorine bleach** *tex* savas klórosfehérítés, klóros fehérítés savfürdőben; ~ **colo(u)r** *bőr* maró festék, savas színezék; ~ **concentration** savkoncentráció; ~ **consumption** savfelhasználás, savfogyasztás; ~ **converter** *koh* Bessemer-konverter; ~ **converter process** Bessemer-eljárás; ~ **corrosion (of concrete)** savas korrózió *(betoné)*; ~**-covered electrode** savas elektród; ~ **cure** *gumi* hideg vulkanizálás; ~ **decomposition** savas bontás; ~ **density** savsűrűség; ~ **determination** acidimetria, savmérés; ~ **digestion** *pa* savas feltárás; ~ **dye** savanyú festék/színezék; *tex* savas színezék; ~ **dyestuff** *tex* savas festék; ~ **egg** *vegy* savnyomótartály, „montejus"; ~ **electrolyte** savanyú elektrolit; ~**-fast (AF)** saválló; ~**-fast bacterium** saválló baktérium; ~ **fastness** savállóság; ~**-fast staining** saválló festés; ~ **fermentation** savas erjedés; ~ **flux** savas hegesztőpor; ~ **fondant** *élip* invertcukorral készült fondant; ~ **formation** savképződés; ~**-free** savmentes; ~ **fume** savköd, savgőz; ~ **gas** savas/savanyú gáz, kéntartalmú gáz, kén-hidrogén- és szén-dioxid-tartalmú (föld)gáz; ~ **gas stripping** *ol* savanyú/savas gázok kigőzölése *(sztrippelés)*; ~ **halide** *vegy* savhalogenid; ~ **hearth** *koh* savanyú bélésű fenék/medence; ~ **heat test** ásványolaj-felmelegedés vizsgálata; ~ **hose** saválló tömlő; ~ **hydrolysis** *vegy* savas hidrolízis; ~**-hydrolyzable** *élip* savval bontható; ~**-leach process** savas kilúgozási eljárás; ~**-leach slurry** savas lúgzású zagy; ~**-lined furnace** *koh* savas/savanyú bélésű kemence; ~ **lining** *koh* savas/savanyú bélés; ~ **liquor** savas mosófolyadék; ~ **loss** savveszteség; ~ **medium** savas/savanyú közeg; ~ **milling** *tex* ecetsavas kallózás; ~ **milling fastness** savas kallózásállóság; ~ **mixture** savkeverék; ~ **mordant dye** *tex* savas pácszínezék; ~ **neutralisation** *koh* savközömbösítés; ~ **number** savszám; ~ **of sugar** *vegy* oxálsav; ~ **oil** savas/savazott olaj; ~ **open hearth furnace** *koh* savas Siemens-Martin-kemence; ~ **open-hearth process** savas Martin-eljárás; ~ **open-hearth steel** savas Martin-acél; ~ **penetration (depth)** *ol* savbehatolás(i mélység); ~ **phosphate** savanyú foszfát; ~ **plant** savgyártótelep, savgyár; ~ **polishing** *üveg* savas fényesítés; ~ **potassium acetate** kálium-hidrogén-acetát; ~ **potassium oxalate** kálium-hidrogén-oxalát; ~ **potassium tartrate** borkő, kálium-hidrogén-tartarát; ~**-printed** *tex* savas színezékkel nyomott; ~ **process** *koh* savas eljárás; ~**-proof** saválló; ~**-proof case** saválló doboz; ~**-proof casting** saválló öntvény; ~**-proof cement** *ép* saválló kitt; ~**-proof clothing** saválló védőruha; ~**-proof coating** saválló bevonat; ~**-proof enamel** saválló lakk; ~**-proof lining** saválló bélés; ~**-proof mastic** *ép* saválló aszfalt; ~**-proof paint** saválló bevonat/festék/festés; ~**-proof paper** saválló papír; ~**-proof steel** saválló acél; ~**-proof varnish** saválló lakk; ~ **pump** savszivattyú; ~**-radical** *vegy* savgyök; ~ **rain** *környv, met* savas eső; ~ **reaction** *vegy* savanyú kémhatás; savas reakció; ~ **reclaim** savvisszanyerés, savregenerálás, savas regenerát(um); ~ **reclaiming** pácfeldolgozás, páclévisszanyerés; ~ **recovery-plant** savregeneráló berendezés; ~ **reduction** savas redukálás; ~**-refined oil** savval *v.* kénsavas kezeléssel finomított olaj; ~ **refractory** savanyú tűzálló anyag; ~ **regeneration** savregenerálás; ~ **removal by atomizing roses** *hidr* szórórózsás savtalanítás; ~ **resin** *ol* savgyanta; ~ **resistance** savállóság; ~**-resistant** saválló; ~**-resistant adhesive** *ép* saválló műanyagkitt; ~**-resistant alloy** saválló ötvözet; ~**-resistant brick** *ép* saválló tégla; ~**-resistant casting** saválló öntvény; ~**-resistant coating** saválló bevonat; ~**-resistant lining** *koh* saválló bélés; ~**-resistant mortar** *ép* saválló nátronvízüveges habarcs; ~**-resisting** saválló; ~**-resisting coating** saválló bevonat; ~**-resisting paint** saválló festék(réteg); ~ **rock** *bány* savanyú kőzet; ~ **rutile-coated electrode** rutilbevonatú savas elektród; ~ **salt** savanyú só, hidrogénsó; ~ **saponification** savas elszappanosítás; ~ **shock bath** *tex* savsokkos/savlökéses színezékfürdő; ~ **shock padding method** savsokkos/savlökéses fulárdozási eljárás; ~ **siphon** savszívó, savszifon; ~ **slag** savas/savanyú salak; ~**-slagging** *koh* savas/savanyú salakot képző; ~ **slag practice** *koh* savas salakvezetés; ~ **sludge** *ol* savkátrány, savgyanta, savgudron; ~ **sludge combustion** *ol* savgyanta-elégetés; ~ **soil** savanyú talaj; ~ **splitting** savas hasítás; ~ **stage** savasság foka; ~ **steel** *koh* Bessemer-acél; savanyú acél; ~ **steelmaking process** *koh* savas eljárás; ~ **steeping** *tex* savas merítés; ~ **strength** titer, oldaterősség, savfok; ~ **sulphate/sulfate** savanyú szulfát, hidrogén-szulfát; ~ **sulphite/sulfit** hidrogén-szulfit; ~ **sulphite/sulfite process** *pa* biszulfit-eljárás; ~ **sweetening** *ol* savas, „édesítés"/merkaptánmentesítés; ~**-swollen** *bőr* savas duzzadású; ~ **tar** *környv* savgyanta; ~ **tar combustion** *ol* savgyantaelégetés; ~ **test** savpróba; ~ **tower** *pa* savtorony; ~**-treated oil** savas/savazott olaj; ~**-treating/treatment** savazás, savas kezelés; ~ **value (AV)** savassági fok *(acidimetriás meghatározásnál)*; ~ **wash** *tex* savas kezelés, savazás; ~ **waste** savkátrány, savgyanta, hulladéksav; ~ **water** savanyúvíz; *bány* savas víz

acidate megsavanyít

acidation *vegy* savazás, savas kezelés

acidic savas, savanyú; ~ **brine** savas páclé; ~ **fraction** savas frakció; ~ **medium** savas/savanyú közeg; ~ **rainfall** savas eső; ~ **resin** *környv* savgyanta; ~ **sewage** savas szennyvíz; ~ **smog** savas szmog; ~ **tar** *környv* savgyanta; ~ **waste-water** *környv* savas szennyvíz

acidiferous savas, savtartalmú, savhordozó

acidification *vegy* savanyítás; savasítás; savazás, savas kezelés

acidifier savképző, savasító, savanyító

acidify (meg)savanyít, savaz; savasít

acidifying savanyító; savasító; ~ **machine** savazógép

acidimeter *vegy* savmérő, acidiméter

acidimetry acidimetria, savmérés

acidity aciditás, savasság, savfok; savanyúság; ~ **index** *ásv* szilikátmodulusz

acidize *ol* savaz; ~ **wells** fúrólyukat savaz

acidizing *ol, vegy* savazás, savas kezelés

acidless → acid-free

acidness aciditás, savasság, savfok; savanyúság, savasság

acidolysis savas hidrolízis

acidometer savmérő, acidométer

acidophile *vegy* acidofil, savkedvelő

acidosis acidózis
acidulate → acidify
acidulation *élip* savanyú íz beállítása, savanyítás
acidulous savas, savanyú, savanykás; ~ **mineral water** savanyúvíz, savanykás/savanyú ásványvíz; ~ **spring** savanyúvízforrás
acidylate → acylate
acidylation → acylation
acierage *heg, koh* (felület)acélozás, acélbevonás; *nyom* klisébevonás acélréteggel
acierate acéloz, acéllal bevon
acinose *ásv* szemcsés; ~ **ore** szemcsés érc
ACK → acknowledge character
ack-ack légvédelmi; légvédelem; ~**-emma** repülőgépszerelő
Ackermann steering *gépk* tengelycsonkkormányzás
ackey kénsavas-salétromsavas pác
acknowledge elismer; *távk* igazol, nyugtáz *(választ)*; ~ **character (ACK)** *szt* nyugtázás, ACK *(vezérlőkarakter)*
acknowledgement vételnyugtázás; *szt* pozitív nyugtázás, elfogadás; ~ **signal** *at* ellenőrzőjel; *távk* nyugtázójel
acknowledging nyugtázás; ~ **circuit** *távk* vigyázóáramkör; ~ **contactor** *el* készenléti kontaktor; ~ **relay** vevőjelfogó; nyugtázójelfogó; készenléti relé; ~ **signal** nyugtázójel; ~ **switch** *távk, vasút* nyugtázókapcsoló
ACL → audit command language
acline mágneses ekvátor/egyenlítő
aclinic, aclinal *geol* horizontális, vízszintes, aklinális; ~ **line** aklinikus görbe, zéróizoklina
acme csúcs(pont), tető(pont), kuliminációs pont; orom; felsőrész; ~ **(screw) thread** *gép* trapézmenet, Acme-menet *US*
acmite *ásv* akmit
ACN → automatic celestial navigation
acnode *mat* elszigetelt görbepont
ACOE → automatic check-out equipment
acolyte *csill* társcsillag
aconic acid akonsav
aconitic acid akonitsav
acorn törpe/miniatűr elem; ~ **nut** sapkás anya, kalapanya; ~ **oil** makkolaj; ~ **tube/valve** makkcső, acorncső
acoustic(al) hangtani, akusztikai, akusztikus, hallható, hallási, hang-; ~ **absorber** hangelnyelő anyag; ~ **absorption** hangelnyelés, akusztikus abszorpció/elnyelés; ~ **absorption coefficient/factor** elnyelési fok; ~ **absorptivity** elnyelési fok; ~ **admittance** akusztikus admittancia/vezetőképesség; ~ **alarm** *távk* akusztikus riasztás; riasztó hangjelző/hangjelzés; ~ **altimeter** akusztikus magasságmérő; ~ **anemometer** akusztikai szélsebességmérő; ~ **antinode** *hang* duzzadóhely; ~ **attenuation logging** *ol* akusztikuscsillapítás-szelvényezés; ~ **baffle** hangfal, hangernyő, terelő, baffle; ~ **beam** hangkéve, hangsugár; ~ **blanket** hangelnyelő/szigetelő paplan; ~ **board** hangszigetelő lemez, műfalemez; ~ **branch** *ásv* akusztikus ág; ~ **branch of lattice vibration** akusztikus rácsrezgések, fononok rezgése; ~ **calibrator** akusztikus/akusztikai hitelesítő berendezés; ~ **capacity** hangteljesítmény; ~ **casing** *ép* zajcsökkentő verőköpeny; ~ **cavitation** ultrahang okozta kavitáció, akusztikus kavitáció; ~ **centre/center** akusztikai középpont; ~ **channel** akusztikai csatorna; ~ **click** akusztikus sokk; ~ **compliance** akusztikai befogadóképesség; ~ **concentration** hangfókuszolás; ~ **condition** *ép* akusztikai állapot; ~ **control** zajszabályozás, zajvédelem; ~ **coupler (AC)** *szt* akusztikus csatoló, AC; ~ **damping** akusztikai csillapítás; ~ **dazzle** *hang, rád* akusztikai zavar, süketítő zaj; ~ **deflection circuit** akusztikai eltérítőkör; ~ **delay** *távb* hangkésés; ~ **delay line** akusztikus/ultrahangos késleltető vonal; ~ **density** akusztikus sűrűség; ~ **detector** *kat* fülelő, lehallgatókészülék; ~ **device** *kat* zajgerjesztő bója, hangosbója; ~ **diffraction** *hang* akusztikai szórás; ~ **diffraction grating** *hang* akusztikai rács; ~ **dipole** akusztikai dipól(us); ~ **direction finder** akusztikus rádióiránymérő; ~**-direction finding** akusztikus iránykeresés; ~ **dispersion** hangszóródás, hangdiszperzió; ~ **efficiency** akusztikai hatásfok; ~ **energy** hangenergia; ~ **engineering** hangtechnika; műszaki akusztika; ~ **fatigue life** kifáradási szilárdság akusztikai terheléskor; ~ **feedback** akusztikai visszacsatolás; Larsen-effektus; *film* hangrövidzárlat; ~ **field** hangtér; ~ **frequency** hangfrekvencia; ~ **funnel** hangtölcsér; ~ **gas analyzer** akusztikai gázanalizátor; ~ **generator** hangforrás, akusztikus generátor/hangsugárzó; ~ **grating** akusztikus rács; ~ **heating** akusztikus fűtés; ~ **holography** akusztikus holográfia; ~ **homing** akusztikai célrepülés; ~ **horn** hangtölcsér, akusztikai cső; ~ **ice nuclei counter** *met* akusztikus jégmagszámláló; ~ **image** akusztikus kép/leképezés; ~ **impedance** akusztikai impedancia, látszólagos/akusztikai ellenállás; ~ **impedance measurement** akusztikai impedanciamérés; ~ **indicator** *szt* hangkijelzés; ~ **inductance** akusztikai indukciós ellenállás/tömeg; ~ **inductive reactance** akusztikai indukciós ellenállás/tömeg; ~ **inertance/inertia** akusztikai inertancia/tömeg; ~ **input** hangintenzitás *(mikrofoné)*; ~ **instrumentation** akusztikai mérőműszerek; ~ **insulating structure** hangszigetelő szerkezet; ~ **insulation material** hangszigetelő anyag; ~ **interferometer** akusztikus/akusztikai interferométer; ~ **irradiation** hangosítás; ~ **labyrinth** *hang, rád* labirintushangsugárzó; ~ **lattice vibration** akusztikus rácsrezgések, fononok rezgése; ~ **leak(age)** hangszórás, veszteség; ~ **lens** akusztikai lencse; ~ **line** ultrahangvonal *(számítógépen)*; ~ **linkage** *rád* akusztikus csatolás; ~ **logging** *ol* akusztikus szelvényezés; ~ **mass** → ~ inertance; ~ **memory** *szt* akusztikai/akusztikus memória; ~ **monopole** pontszerű hangforrás; ~ **ohm** akusztikai ohm; ~ **oscillation** hangrezgés; ~ **output** hangintenzitás *(hallgatóban)*; ~ **panel** hangelnyelő lemez/lap; ~ **particle velocity** részecskesebesség; ~ **perspective** *rád* plasztikus hallás; ~ **phonon** akusztikus fonon; ~ **pick-up** akusztikus hangszedő; ~ **plaster** hangszigetelő vakolat; ~ **power** hangteljesítmény; ~ **power level** hangteljesítményszint; ~ **pressure** hangnyomás; ~ **pressure level** hangnyomásszint; ~ **proofing** hanggátlás, hangszigetelés; ~ **protection** hallásvédelem; zajvédelem; ~ **pulse** hangimpulzus; ~ **pyrometer** hangpirométer; ~ **quantity** hangerősség, hangintenzitás; ~ **radiation meter** akusztikai sugárzásmérő; ~ **radiation pressure** akusztikai sugárnyomás; ~ **radiation resistance** hanghullámellenállás; ~ **radiator** hangsu-

gárzó; ~ **radiometer** akusztikai sugárzásmérő; ~ **ray** hangsugár; ~ **reactance** akusztikai reaktancia; ~ **reciprocity** akusztikai megfordíthatóság; ~ **reduction** *ép* hangszigetelés, hanggátlás; ~ **reflection** hangvisszaverődés; ~ **reflection coefficient/factor** visszaverődési fok; ~ **refraction** hangtörés; ~ **regeneration** akusztikus visszacsatolás; ~ **relay** akusztikai relé/jelfogó; ~ **resistance** akusztikai ellenállás/rezisztencia; ~ **resolving power** akusztikus felbontóképesség; ~ **resonance** akusztikai rezonancia; ráhangzás; ~ **scattering** hangszóródás, hangdiszperzió; akusztikai szórás/diffrakció; ~ **sensitivy** akusztikai érzékenység; ~ **shadow** hangárnyék; ~ **shock** akusztikus sokk; ~ **shock-absorber** akusztikus sokkelhárító; ~ **short circuit** akusztikai rövidzár; ~ **signal** hangjelzés; *vasút* akusztikus/hallható jelzés; ~ **similarity principle** akusztikus hasonlósági elv; ~ **sonic logging** *ol* akusztikus szelvényezés; ~ **sounder,** ~ **sounding apparatus** akusztikus mélységmérő, szonius echolot; ~ **sounding** akusztikus szondázás, hangszondázás; ~ **source** hangforrás, akusztikus forrás; ~ **spectrometer** hangspektrométer; ~ **spectroscopy** hangspektroszkópia; ~ **spectrum** hangszínkép, hangspektrum, hallható frekvenciájú spektrum; ~ **stiffness** akusztikai merevség, hangkeménység; ~ **storage** *szt* akusztikus memória; ~ **strain ga(u)ge** akusztikai nyúlásmérő műszer; ~ **surface wave filter** akusztikai felületihullám-szűrő; ~ **survey of fluid level** *ol* akusztikus szívómérés; ~ **temperature** akusztikus hőmérséklet; ~ **thermometer** akusztikus hőmérő; ~ **tracking** akusztikai célkövetés; ~ **transducer** akusztikus generátor/átalakító; ~ **transit/travel time** akusztikus futási/terjedési idő; ~ **transmission** átvezetési fok; ~ **transmission line** akusztikus hullámvezető; ~ **transmitter** akusztikus adó; ~ **trauma** akusztikai trauma; zajártalom; ~ **treatment** *ép* hangszabályozás; ~ **unit** akusztikai mértékegység; ~ **vault** hangelnyelő-tompító boltozat; ~ **velocity** hangterjedési sebesség, hangsebesség; ~ **vibration** hangrezgés; ~ **volume velocity** hangenergia-áram; ~ **wave** akusztikai hullám, hanghullám; ~ **wavelength** hanghullámhossz; ~ **wave logging** *ol* akusztikus hullámkép felvétele; ~ **well logging** *ol* akusztikus sebességszelvényezés, szonikus szekvényezés

acoustically akusztikusan, akusztikailag; hang-; ~ **shielded** hangárnyékolt; ~ **soft** akusztikusan lágy

acoustics akusztika; hangtan; ~ **of buildings** *ép* épületakusztika; teremakusztika; ~ **of enclosed spaces** teremakusztika

acoustimeter *hang* fonométer; hangerő(sség)mérő, akusztikamérő; zajmérő

acoustipulp *ép* hangelnyelő vakolat

acoustochemistry akousztokémia

acousto-electric akusztoelektromos; ~ **amplifier** akusztoelektromos erősítő; ~ **effect** akusztoelektromos effektus

acoustolith tile hangelnyelő műkő

acousto-optical akuszto-optikai

acquire elsajátít, (meg)szerez, nyer; *kat* elfog, befog

acquisition megszerzés; megvétel; *szt* (adat)gyűjtés; ~ **and tracking laser radar** iránymérő és célkövető lézerradar; ~ **of information** információgyűjtés; ~ **of nitrogen** nitrogénfelvétel; ~ **of orbit** *rak* pályára állás

acquittance *távb* vételigazolás, nyugtázás

ACR → airfield control radar; → approach control radar

acre (A) acre *(= 4046,873 m²)*

acreage rent *bány* területbér, terrágium

acrid csípős, fanyar

acridine *vegy* akridin; ~ **dye** akridinszínezék; ~-**orange** akridinoranzs; akridinnarancs, 3,6-bis-dimetil-amino-akridin; ~-**yellow** akridinsárga, diamino-dimetil-akridin

acrobatic *rep* műrepülő

acrobatics *rep* műrepülés

acrolein *vegy* akrolein, akrilaldehid

acroporit *ép* akroporit *(építőanyag)*; *geol* agancs alakú fosszilis korall

acrospire *élip* malátacsíra, „csíra"

across I. *a* átmenő *(furat)*; **II.** *adv* át, keresztül; ~ **pitch** *bány, geol* csapásban; ~ **the grain** *fa* rostra merőlegesen, bélsugárirányban; *heng* szemcsékre merőlegesen, hengerlésre keresztirányban; ~-**the-line motor** *el* hálózatról közvetlenül indítható motor; ~-**the-line starter** *el* közvetlen indító; ~-**the-line starting** közvetlen indítás; ~ **the pitch** *bány* csapásirány; ~-**the-slope system** *hidr* keresztirányú talajcsőhálózat

acrylaldehyde akrilaldehid, akrolein

acrylamide *vegy* akril-amid, akrilsavamid

acrylate akrilát, akrilsavészter; *műa* akrilátműanyag, akrilgyanta; ~ **plastic** akrilátműanyag, akrilgyanta; ~ **resin** akrilátgyanta, akrilátműanyag

acrylic *vegy* akril-; ~ **acid (AA)** *vegy* akrilsav; ~-**acid series** akrilsavsorozat; ~ **aldehyde** *vegy* akrilsavaldehid, akrolein; ~ **amide** → acrylamide; ~ **ester** akrilát, akril(sav)észter; *műa* akrilát műanyag, akrilgyanta; ~ **fibre/fiber** *tex* akril(mű)szál; ~ **glass(es)** *műa* akrilüveg, átlátszó akrilgyanta; ~ **plastic** akrilát műanyag, akrilgyanta; ~ **plastics** → glasses; ~ **resin** akril-polimer, akrilgyanta; ~**s** *műa* akrilát műanyagok, akrilgyanták

acrylonitrile *vegy* akrilnitril, akrilsavnitril, vinil-cianid; ~-**butadiene-styrene polymers/plastics (ABS polymers/plastics)** *műa* akrilnitril-butadién-sztirol (ABS)-polimerek/műanyagok

ACS → adaptive control system; → address code system

act I. *v* cselekszik; működik, tevékenykedik; hat *(gyógyszer)*; **II.** *n* cselekedet, cselekvés, tett; cselekmény; törvény; ~ **of deciding/decision** döntési aktus, döntéshozatal, döntés; ~ **of God** vis major; ~ **on/upon** *v* hatással van vmire, hat vmire; ~ **on environmental protection** környezetvédelmi törvény

acting I. *a* ható, dolgozó, hasznos; effektív; **II.** *n* működés; cselekvés; ~ **element** működtető elem; ~ **force** támadó/ható erő; ~ **in opposite direction** ellentétes/ellenkező irányban ható; ~ **manager** ügyvezető (igazgató)

actinic aktinikus, sugárzó; ~ **radiation** *vegy* aktinikus *v.* kémiailag aktív sugárzás; fotokémiai hatású sugárzás; ~ **screen** fluoreszkáló ernyő, képernyő, világítóréteg, fényporréteg; ~ **spectrum** fotokémiai színképtartomány

actinide elements/group/series aktinoidák, aktinoida csoport elemei

actinism aktinizmus, sugárzás vegyi hatása

actinium (Ac) *vegy* aktínium
actino|-dielectric *fiz* fotokonduktív, fényvezető; **~-dielectric effect** *el* belső fényvillamoshatás; **~-uranium** *at* aktino-uránium, uránium 235-ös izotópja
actinogram *met* aktinogram, sugárzásíró regisztrátuma
actinograph *met* sugárzásíró (készülék)
actinolite *ásv* aktinolit
actinometer sugárzásmérő, aktinométer; *foto* fényerőmérő
actinometric sugárzásmérési
actinometry aktinometria, fénysugárzásmérés; *met* sugárzásmérés; sugárzástan
actinon aktinon, radon 119-es izotópja
actinophonic aktinofón, sugárzásra hangot adó
actinoscope sugárzásvizsgáló készülék
actinoscopy *any* aktinoszkópia, sugárzásvizsgálat
action cselekvés, működés, (be)hatás, befolyás; hatás, művelet, szabályozási művelet, akció; működési mód; *gép* szerkezet; üzem *(működés, járás)*; *hang* mechanika *(hangszer belső berendezése)*; *mech* akció, hatás; *vegy* hatás *(energia x idő)*, behatás; „~" vigyázat! felvétel! csendet kérünk! adás!; **~ acceptor** akcióakceptor; **~-at-a-distance theory** távolhatáselmélet; **~ blading** *hőt* akciós lapátozás; **~ chain** hatáslánc; **~ chart** műveleti ábra; *szt* működési diagram; **~ constant** Planck-féle hatáskvantum; **~ control** szabályozóhatás; **~ correction** hatáshelyesbítés, hatáskorrekció; **~ current** *el* működési/működtető áram; **~ cycle** működési/műveleti periódus; **~ finding** *távb* önműködő vonalkeresés *(szelektor útján)*; **~ frame** *szt* válaszoldal *(videotex)*; **~ impulse** *távb* impulzusműködtetésű vonalkeresés; **~ integral** *mat* hatásfüggvény, hatásintegrál, Hamilton-függvény; **~ limited by absolute value** abszolút értékkel korlátozott (be)hatás; **~ line** hatáslánc; **~ message** *szt* operátori beavatkozásra felhívó üzenet *(számítógéptől)*; **~ of a clock** óraszerkezet; **~ of light** fényhatás; **~ of points** *el* csúcshatás; **~ of radiation** sugárhatás; **~ of the spring** rugózás, rugóhatás; **~ of the walls** falhatás; **~ photography** mozgásfényképezés; **~ potential (AP)** akciós potenciál; **~ quantify** hatásnagyság; *aut* beavatkozási jellemző; **~ quantum** Planck-állandó, hatáskvantum; **~ radius** *gépk* hatósugár; **~ signal** végrehajtó jel; **~ spectrum** spektrális érzékenység(i görbe); **~ speed** *film* mozdulatsebesség; **~ spot** letapogatási pont; **~ still** *foto* állófénykép, standfotó; **~ turbine** *hidr* szabadsugár-turbina; *hőt* akciós turbina; **~ wave** hatáshullám
activate aktivál; hatékonyít, (meg)indít, mozgásba/működésbe hoz; üzembe helyez; *at* aktivál, gerjeszt; *kat* élesít; *vegy* aktivál, reakcióképessé tesz; **~ button** *szt* indítógomb
activated aktivált, aktív; **~ adsorption** kemoszorpció, kemiszorpció, aktivált/kémiai adszorpció; **~ alumina** *ol* aktivált bauxit; **~ atom** aktivált atom; **~ bentonite** aktivált bentonit; **~ bleaching earth** aktivált derítőföld; **~ carbon** aktív szén; **~ carbon filter** *hidr* aktívszén-szűrő; **~ carburizing** felszenítés aktivizált sófürdőben; **~ charcoal** aktív szén; **~ clay** aktív anyag; *ol* aktivált derítőföld; **~ coal plough/plow** *bány* aktív széngyalu; **~ molecule** aktivált/gerjesztett molekula; **~ silica** *hidr* aktivált kovasav; **~ sludge** eleveniszap; *ol* aktív/bioaktív iszap; **~ sludge basin** *hidr* eleveniszapos medence; **~ sludge installation** *ol* aktíviszapos (szennyvíztisztító) berendezés; **~ sludge process** *hidr* aktíviszapos/eleveniszapos eljárás; **~ state** *koh* aktivált állapot; **~ stock** *gumi* erősített baba; **~ water** *at* radioaktívvá vált víz
activating aktiváló, aktivációs; működtető; kioldó; **~ isotope** *at* aktivációs izotóp; **~ reagent** *vegy* aktiváló anyag/reagens/szer; **~ signal** kioldójel, indítójel
activation hatékonyítás; működésbe hozás; aktiválás, aktívvá tétel; *at* aktiválás, gerjesztés; *el* katódformálás; *félv* formálás; **~ analysis** aktivációs analízis/elemzés, neutronaktivációs elemzés; **~ cross-section** *at* (fel)aktiválási hatáskeresztmetszet; adott reakcióra vonatkoztatott hatáskeresztmetszet; **~ curve** aktiválási görbe; **~ detector** aktivációs detektor; neutronfluxussűrűség-detektor; **~ energy (AE)** *at* gerjesztési energia; *vegy* aktiválási energia; **~ energy of vacancy formation** lyukképződés aktivációs energiája; **~ fire** *at* aktiváló fólia; **~ free enthalpy** *vegy* aktiválási szabadentalpia; **~ heat** aktiválási hő; **~ integral** aktiválási integrál; **~ method** aktiválási módszer; **~ neutron** *at* gerjesztőneutron; **~ number** *vegy* aktiválási szám; **~ overvoltage** aktiválási túlfeszültség; **~ potential** aktiválási potenciál; **~ probe** *at* aktivációs szonda
activator *ép* aktivátor; *foto* serkentő; *koh* aktiváló anyag/reagens; *távk, vegy* aktiválószer; aktivátor
active hatékony, hatóképes, aktív; hatásképes *(klórtartalom)*; tevékeny, tevőleges, működő; *at* radioaktív; *hőt* élő *(tűz)*; *szt* aktív, futó; *távk* ohmos; *vegy* aktív, reakcióképes; **~ absorption** aktív abszorpció; **~ aerial/antenna** aktív antenna; **~ area** aktív/hatásos/hatékony felület/terület; *at* korlátozott hozzáférhetőségű *v.* tiltott terület; **~ area of cooling pond** *en* aktív hűtőtófelület; **~ balance return loss** aktív hibacsillapítás; **~ black** aktív korom; **~ blading** *hőt* akciós lapátozás; **~ buffer address** *szt* aktív puffercím; **~ capacity** *hidr* hasznos tározótér; **~ carbon/charcoal** aktív szén; **~ catch** *gép* kényszerkapcsolódás; **~ centre/center** *vegy* aktív centrum; **~ channel** aktív csatorna; **~ chlorine content** *hidr* aktív klórtartalom; **~ circuit** aktív áramkör; **~ clay** aktív agyag; *ol* aktivált derítőföld; **~ coating** *el* aktív réteg/bevonat; **~ cold front** *met* előnyomuló légbetörési front; **~ communication satellite** aktív távközlési műhold; **~ component** *at* aktív részegység; *el* ohmos/hatásos/valós/wattos összetevő; *távk* aktív alkatrész; **~ computer** működő számítógép; **~ control** aktív ellenőrzés; **~ core** *at* reaktormag, aktív/hasadási zóna; **~ cross-section** aktív hatáskeresztmetszet; **~ current** wattos/hatásos/hasznos áram; **~ day** *csill* aktív nap; **~ deposit** *at* aktív maradék; radioaktív lerakódás; **~ deterrence** *kat* aktív elrettentés; **~ device** *szt* aktív eszköz; **~ dipole** sugárzó dipól, dipólsugárzó; **~ earth pressure** *talt* aktív földnyomás; **~ effluent disposal** *at* radioaktív hulladék elhelyezése; **~ effluents** *at* radioaktív (szilárd/folyékony/gáznemű) hulladék *(reaktorból távozó)*; **~ electrode** hatásos/aktív elektród(a); kisütő elektród; **~ element** *aut* aktív elem/tag; *el* hatásos áramköri elemek; *félv* aktív elem; **~ energy** wattos/hatásos energia; **~-energy meter** wattóramérő, fogyasztásmérő; **~ face** *bány* fejtés alatt álló munkahely; *forg* működő homlokfelület; **~ failure** *at* aktív részegység működési hibája *v.* meghibásodá-

sa; ~ **fall-out** *at* radioaktív csapadék/hamu/eső; ~ **file** *szt* aktív állomány; ~ **filler** *gumi* aktív töltőanyag; ~ **fire** nyílt tűz; ~ **force** *mech* aktív erő; ~ **four-pole** *távk* aktív négypólus; ~ **four-terminal network** aktív négypólus; ~ **front** *met* (ciklonálisan) aktív front; ~ **guidance** aktív vezetés; ~ **hemisphere** aktív félgömb; ~ **homer** aktív irányító/célkereső; ~ **homing** aktív irányítás/célkeresés; ~ **homing guidance** aktív célrepülés/irányrepülés; ~ **horse power** hasznos teljesítmény LE-ben; ~ **infrared detection system** aktív infravörös sugaras érzékelő/felderítő rendszer; ~ **infrared system** aktív infravörös rendszer; ~ **infrared tracking system** aktív infravörössugaras követőrendszer; ~ **ingredient** *gyógyv* hatóanyag *(gyógyszerben)*; ~ **in lowering surface tension** *tex* felületaktív, kapilláraktív; ~ **interference filter laser amplifier** aktív interferencia-szűrős lézererősítő; ~ **laser homer** aktív lézeres célkereső; ~ **laser homing head** aktív lézeres célkereső fej; ~ **laser tracking system** aktív lézeres (cél)követő rendszer; ~ **lattice** *at* reaktormag, aktív/hasadási zóna, aktív zónaszelvény és reaktormag; ~ **laundry** *at* radioaktív anyaggal szennyezett ruhanemű; ~ **layer** aktív réteg; ~ **level** aktív jelszint; ~ **line** aktív sor; ~ **load** ohmos terhelés; ~ **marker** aktív irányjeladó; ~ **material** *at* (radio)aktív anyag; ~ **matrix** *szt* aktív mátrix rendszerű folyadékkristályos megjelenítő; ~ **medium gain** erősítés az aktív lézerközegben; ~ **memory** *szt* aktív/operatív memória; ~ **metal** aktív fém; ~ **mine** *bány* üzemelő bánya; ~ **mixer** *koh* aktív nyersvaskeverő; ~ **movement** sajátmozgás, aktív mozgás; ~ **network** *távk* aktív négypólus/hálózat; áramforrást tartalmazó hálózat; ~ **one-port** aktív kétpólus; ~ **optical component** aktív optikai elem/komponens; ~ **page register (APR)** *szt* lapra mutató regiszter, APR; ~ **part** *el* aktív rész; ~ **part of base region** bázszóna aktív része; ~ **pig iron mixer** *koh* aktív nyersvaskeverő; ~ **plate** *vegy* tényleges tányér *(kolonnában)*; ~ **plough** *bány* aktív széngyalu; ~ **poison** *at* radioaktív reaktorméreg; ~ **polar surface of a magnet** aktív pólusfelület *(mágnesé)*; ~ **portion** *el* aktív rész; ~ **power** hatásos/wattos/effektív teljesítmény; ~-**power meter** aktív teljesítménymérő; ~-**power relay** aktív teljesítményjelfogó; teljesítményrelé; ~ **power schedule** *en* wattos menetrend; ~ **principle** *vegy* fiziológiailag aktív hatóanyag; ~ **product** *at* radioaktív bomlástermék; ~ **production capacity** *bány* aktív termelési kapacitás; ~ **profile** *gép* profil aktív része; ~ **program** működő program; ~ **RC filter** aktív RC szűrő; ~ **RC (network) synthesis** aktív RC (hálózat)-szintézis; ~ **redundancy** *mat* melegtartalék; *távk* aktív tartalékolás; ~ **reflector** *távk* gerjesztett reflektor; ~ **region** *at* aktív zóna; *el* aktív tartomány; ~ **repair time** aktív javítási idő; ~ **resistance** hatásos rezisztencia; ~ **return loss** aktív hibacsillapítás; ~ **sampling equipment** *at* radioaktívmintavevő készülék; ~ **satellite** *távk, űr* aktív/jeladó mesterséges hold; ~ **section** *at* aktív zóna; önfenntartó láncreakció zónája; ~ **singing point** aktív füttypont; ~ **solvent** *műa* aktív hígító; *vegy* aktív oldószer; ~ **source** *at* radioaktív sugárforrás; ~ **state** aktív állapot; ~ **state of plastic equilibrium** *talt* aktív képlékeny határegyensúlyi állapot, plasztikus egyensúly aktív állapota; ~ **step** *tex* mintázólépés, dolgozólépés; ~ **storage** *hidr* hasznos tározótér/térfogat; ~ **Sun** *csill* aktív Nap; ~ **sunspot prominence** *csill* aktív (napfolt)protuberancia; ~ **surface** *forg, gép* munkafelület; működő felület; *met* aktív felszín; *ol* felszíni/felületi/külszíni művelés; *vegy* aktív felület; ~ **system** aktív rendszer; ~ **take-up** *tex* folyamatos szövetfelhengerlés; ~ **temperature** *met* aktív hőmérséklet; ~ **transducer** aktív alkatrész/jelváltó; ~ **transition** aktív jelátmenet; ~ **transport** *hőt* aktív transzport; ~ **trip** gyorskioldó; ~ **two port** ~ **two-terminal network** aktív kétpólus; ~ **two-terminal-pair network** aktív négypólus; ~ **valency** aktív vegyérték; ~ **value** *szt* aktív érték; ~ **voltage** hatásos/aktív feszültség; ~ **warm front** *met* felsiklási front; ~ **water protection** *hidr* aktív vízvédelem; ~ **wire** *el* aktív menet; ~ **working,** ~ **working-face** *bány* működő munkahely; ~ **zone of well** *hidr* kút hatásterülete/vízgyűjtője

activeness → activity

activity cselekvés, tevékenység, aktivitás; hatékonyság; *fiz* (radio)aktivitás, radioaktív sugárzás intenzitása; *mech* hatóerő, működő erő; *szt* aktivitás; *távb* aktivitás; *vegy* aktivitás, reakcióképesség; ~ **analysis** tevékenységelemzés, aktivitáselemzés; aktivitásanalízis; ~ **card** *szt* mozgáskártya; ~ **coefficient** *vegy* aktivitási együttható/koefficiens; ~ **constant** *vegy* aktivitási állandó; ~ **curve** *at* aktivitási görbe; ~ **cycle** naptevékenység ciklusa/időperiódusa; ~ **decay** aktivitáscsökkenés; ~ **factor** hatékonysági tényező; ~ **file** *szt* változó adatfájl; ~ **in progress** folyamatban levő művelet; ~ **loading** *szt* adattárolási eljárás (melynél a leggyakrabban használt rekordok elérése a legegyszerűbb); ~ **oriented** *szt* működésorientált; ~ **output** hasznos/tényleges teljesítmény, tényleges teljesítőképesség; ~ **rate/ratio** változásgyakoriság; *szt* használati gyakoriság mutató *(adatállományoknál)*

actor kémiai hatóanyag; *félv* donor

actual tényleges, igazi, való(di), valóságos; jelenlegi, mostani; ~ **accuracy** tényleges pontosság; ~ **acidity** aktív savasság; ~ **address** *szt* aktuális/valódi cím; ~ **air need** *ép, koh* tényleges/gyakorlati levegőszükséglet; ~ **argument** *szt* tényleges paraméter; ~ **code** *szt* aktuális kód; ~ **combination** *mat* valódi kombináció; ~ **count** *tex* valóságos szám *(finomsági)*; ~ **current** *el* tényleges/hatásos szám; ~ **cut** *forg* pillanatnyi fogásmélység; ~ **cut-off** tényleges/valódi/valóságos töltés *(gőzé)*; ~ **density of soil** *talt* talaj tényleges sűrűsége; ~ **depth** *geof* valódi mélység; ~ **deviation** tényleges (méret)eltérés; ~ **dimension** tényleges/kivitelezett méret; ~ **displacement** *hőt* lökettérfogat; *mech* tényleges elmozdulás; ~ **domain** *mat* valódi kombináció; ~ **draught/drawing** *tex* tényleges/valóságos nyújtás; ~ **drilling time** *bány* tiszta fúrási idő; ~ **efficiency** tényleges/effektív teljesítmény/hatásfok; ~ **elongation** *tex* tényleges nyúlás; ~ **evaporation** *met* tényleges evaporáció; ~ **evapotranspiration** *met* tényleges evapotranszpiráció; ~ **flue gas quantity** *ol* tényleges égéstermék-mennyiség; ~ **flux density** *el* valóságos erővonalsűrűség/fluxussűrűség; ~ **horse-power** féklóerő; ~ **instruction** *szt* tényleges/effektív utasítás; ~ **inventory** tényleges állapot; ~ **level** valóságos szint; ~ **lift** *hidr* tényleges emelőmagasság/szállítómagasság/nyomómagasság; *rep* tényleges felhajtóerő; ~ **live load** *csom* hasznos teher; ~

load hasznos teher; *el* ohmos terhelés; ~ **mass** nettósúly; ~ **measurement** 1:1 léptékű *v.* tényleges méretű mérés; ~ **mining** *bány* fejtési munkaütem; valóságos kitermelés; ~ **monitor** aktív/kimeneti/képellenőrző monitor, főmonitor; ~ **operation** elvégzendő művelet; ~ **output** hasznos/leadott teljesítmény/teljesítőképesség; mért/tényleges/effektív teljesítmény; ~ **parameter** aktuális/tényleges/hasznos paraméter; ~ **parameter list** *szt* aktuális paraméterlista; ~ **path** valódi röppályagörbe; ~ **payload** hasznos teher; ~ **porosity** *ol* valódi/tényleges porozitás/likacsosság; ~ **power** hatásos/wattos/effektív teljesítmény; ~ **pressure** tényleges nyomás; *aut* ellenőrző nyomás; ~ **quality level** tényleges minőségszint; ~ **radius** *at* tényleges sugár; ~ **range** tényleges hatótávolság; ~ **reliability** tényleges megbízhatóság; ~ **selsyn** tényleges értékadó szelszin; ~ **size** tényleges méret; természetes nagyság; ~ **specific thrust** *rep* fajlagos tolóerő tényleges értéke; ~ **speed** *mech* valóságos sebesség; *rep* tényleges sebesség, levegőhöz viszonyított sebesség; ~ **stress** tényleges feszültség; ~ **swing** *forg* tényleges átfordulási átmérő; ~ **tare** valóságos göngyölegsúly; ~ **thickness** *ol* tényleges (réteg)vastagság; ~ **thrust** *rep* tényleges tolóerő; ~ **time line** aktuális idővonal; ~ **time of arrival (ATA)** *rep* tényleges érkezési idő; ~ **time of departure (ATD)** *rep* tényleges indulási idő; ~ **ton-kilometre** haszontonna-kilométer; ~ **track** *rep* tényleges mágneses térképirányszög; ~ **transpiration** *met* tényleges transpiráció; ~ **twist** *tex* tényleges sodrat; ~ **value** aktuális/tényleges/valódi érték; *aut* pillanatérték; *szt* aktuális/pillanatnyi érték; ~ **value transmitter** aktuálisérték-adó; *aut* pillanatérték-adó; ~ **weather** *rep* tényleges időjárás; ~ **weld voltage** tényleges hegesztőfeszültség; ~ **width** *tex* tényleges/valódi szélesség

actuality való(di)ság; *geol* maiság elve

actuarial biztosítási matematikai; ~ **mathematics** biztosítási matematika; ~ **statistics** biztosítási statisztika

actuary biztosítási matematikus

actuate mozgásba/működésbe hoz, mozgat, működtet; *kat* aktivizál, működésbe hoz; élesít

actuated működtetett; mozgásba hozott; meghajtott; ~ **by switch-rod** kapcsolórúddal működtetett; ~ **mine** *kat* éles akna

actuating működtetés, kezelés; ~ **air** *rep* működtető levegő; ~ **arm** működtetőkar; ~ **cam** *gép* működtetőbütyök, kapcsolóbütyök *(vezérművön)*; vezértárcsa; ~ **card** *távb* kártya; ~ **coil** működtetőtekercs, behúzótekercs; ~ **current** működtető áram, üzemáram; ~ **cylinder** *gép* működtetőhenger; ~ **device** működtető berendezés/szerkezet; ~ **drive** *aut* beavatkozó(szerv); ~ **error** rendelkezőjel; ~ **flux of current** működtető/hajtó áramfluxus; ~ **flux of voltage** működtető feszültségfluxus; ~ **lever** működtetőkar, működtetőemeltyű; ~ **motor** működtetőmotor, vezérmotor; ~ **order** rendelkezés; ~ **path** hatásvonal *(irányítási és szabályozási rendszerekben)*; ~ **pressure** *aut* működtető nyomás; ~ **pulse** működtető impulzus; ~ **quantity (relay)** működtető érték (relé); ~ **signal** *aut* rendelkezőjel; ~ **system** működtetőrendszer; ~ **unit** beavatkozó/működtető egység/szerv; ~ **valve** *bány* működtető szelep; ~ **variable** beavatkozójel

actuation mozgásbahozás, mozgatás, működtetés; ~ **by cam** excenterhajtás; ~ **time** megszólalási/meghúzási idő

actuator *aut* működtető szerv; szabályozó(szerv), vezérlő elem/tag; szervomotor(os működtető szerv); *gép, mech* indítókar; indítószerkezet; *kat* elsütőbillentyű; ~ **motor** *rep* indítómotor

ACU → automatic calling unit

a-cu → alto-cumulus

acuity hegyesség, élesség; ~ **control** élességállítás, élességszabályozás; ~ **meter** élességmérő műszer; ~ **of hearing** hallásélesség

acuminate kihegyezett, hegyes, csúcsos

acuometer hallásélesség-mérő készülék

acutance → acuity

acute I. *a biot* heveny, akut; *szersz* éles, hegyes, szúrós; **II.** *n nyom* éles ékezet; ~ **angle** hegyesszög; ~**-angle bevel drive** hegyesszögű kúpkerékhajtás; ~**-angled** hegyesszögű; ~**-angled triangle** hegyesszögű háromszög; ~ **arch** *ép* csúcsív; ~ **bisectrix** *ásv* hegyes biszektrix; ~ **exposure** *at* rövid tartamú erős expozíció, akut expozíció; ~ **hammer** hegyes kalapács, vágókalapács; *bány* réselőkalapács, fejtőkalapács; ~ **mixture** *hang* akuta *(orgonán)*; ~ **poisoning/intoxication** heveny/akut mérgezés; ~ **triangle** hegyesszögű háromszög

acutely hegyesen, hegyben végződően; hegyes szögben; *hang* élesen; ~ **folded** *geol* erősen gyűrött

ACV → air cushion vehicle

acyclic *el* aperiodikus; *vegy* aciklikus, nem gyűrűs; ~ **dynamo/generator** *el* unipoláris/homopoláris generátor; ~ **graph** *mat* körmentes gráf

acyl *vegy* acilcsoport; acilgyök; ~**-group** acilcsoport

acylate I. *v vegy* acilez; **II.** *n* acilezési termék

acylation *vegy* acilezés

acyloin *vegy* aciloin; ~ **reaction** aciloinkondenzáció, aciloinreakció

ad → advertisement, advertising; ~ **page** hirdetési rovat

AD → air-dried; → air-dry; → alloy-diffused (transistor); → average deviation

A-D → analogue-to-digital

Ada *szt* Ada *(magas szintű programnyelv)*

adamant *ásv* gyémántkeménységű anyag/kő; *bány* (acél)fúrósörét

adamantine I. *a any* gyémántkeménységű, nagyon kemény; *krist* gyémánt-, gyémántrácsos; gyémántszerkezetű *(kristályrács)*; **II.** *n* admantin, korund; ~ **compound** *vegy* gyémánt(-kristály)szerkezetű vegyület; ~ **drill** *bány* gyémántfúró; ~ **spar** *ásv* korund

adamellite *ásv* adamellit

Adams|-Bashforth method/process *mat* Adams-féle interpolációs eljárás, Adams-módszer; ~**-Moulton method** *mat* Adams-féle interpolációs eljárás, Adams-módszer; ~**('s) interpolation method** *mat* Adams-féle interpolációs eljárás, Adams-módszer

adapangia silk *tex* bengál nyersselyemféle

ADAPSO (Association of Data Processing Service Organisations) *szt* Nemzetközi Számítástechnikai Szolgáltató Szervezet

adapt (hozzá)alkalmaz, hozzáilleszt, „pászít"; adaptál; átalakít; alkamazkodik, beilleszkedik

adaptability alkalmazkodóképesség, adaptációs képesség; alkalmazhatóság, alkalmazási lehetőség,

hozzáilleszthetőség, (be)illeszthetőség; felhasználhatóság
adaptable alkalmazható, illeszthető; ~ **board computer (ABC)** *szt* ABC számítógép; ~ **system** illeszthető/alkalmazható/hozzáigazítható rendszer
adaptation adaptáció; illeszkedés, adaptálás; alkalmazás; hozzáalakítás, hozzáalkalmazás; alkalmazkodás, beilleszkedés; *ép, gép* illesztés; ~ **brightness** *opt* adaptációs fényerő; ~ **damping** *el* illesztési csillapítás; ~ **luminance** *opt* adaptációs fényerő; ~ **matrix** *at* adaptációs mátrix; ~ **of circuits** áramkörillesztés; ~ **of the rods** pálcikák adaptációja (a szemben); ~ **process** *opt* adaptációs folyamat; ~ **time** alkalmazkodási/adaptációs idő
adapted adaptált, hozzáigazított; illesztett; ~ **basis** *mat* adaptált bázis; ~ **load** *távk* lezárás, lezáró; ~ **ring transformer** *távk* toroidtranszformátor; ~ **to synchronization** *távk* szinkronizálható
adapter betét; tartó; adapter, illesztőegység, (kiegészítő) előtét; *el* adapter; elosztó; *forg* illesztőhüvely; *foto* adapter, rátét, lemezszekrény; kazetta; *gép* illesztő(darab), csatlakozódarab, toldalékcső; szűkítőbetét, átmeneti keret; *kat* hernyólánc *(kerekeshernyótalpas gépé)*; *szt* adapter, csatolóelem; analóg-digitális jelátalakító; *távk* tápvonalátmenet; ~ **base** *közl* illesztőalap; ~ **bearing** *gép* szorítóhüvelyes gördülőcsapágy; ~ **bend** *ép* torlóív, reduktor *(betonszivattyúé)*; ~**-casing flange** *ol* (cső)szűkítőkarmantyú, kisebbítőperem; ~ **pipe** *gép* csőillesztték; ~ **plate** *műa* szerszámfelfogó lap; ~ **ring** *műa* szerszámtartó gyűrű; ~ **ring for lens** *film* objektívtartószűkítőgyűrű; ~ **sleeve** *gép* gördülőcsapágy szorítóhüvelye
adapting → adaptive; ~ **pipe** *gép* csőillesztték
adaptive adaptív; adaptációs; alkalmazkodó; illeszt(het)ő; ~ **algorithm** *szt* adaptív algoritmus; ~ **behavio(u)r** adaptív viselkedés; ~ **character reader** *szt* adaptív olvasókészülék; ~ **colo(u)r shift** *fiz* adaptációs színeltolódás; ~ **control (AC)** *aut* adaptív/alkalmazkodó irányítás; ~ **control system (ACS)** *aut* önbeállító/adaptív/alkalmazkodó irányítási rendszer *v.* vezérlőrendszer; ~ **element** *aut* adaptív tag; ~ **filter** *szt* adaptív szűrő; ~ **learning controller** alkalmazkodó/adaptív tanulóirányítás; ~ **metallurgy** *koh* adaptív kohászat; ~ **model** adaptív modell; ~ **process** *szt* adaptív/alkalmazkodó folyamat; ~ **quality control** adaptív minőségellenőrzés; ~ **regulation** adaptív/alkalmazkodó szabályozás; ~ **speed control (ASC)** alkalmazkodó fordulatszám-szabályozás; ~ **system (ASM)** adaptív rendszer, tanulórendszer; ~ **threshold elements** adaptív küszöbszintelemek
adaptivity adaptivitás, alkalmazkodóképesség
adaptometer *opt* adaptométer, (szem)fényérzékenység-mérő
adaptometry *opt* (szem)fényérzékenység-mérés
adaptor → adapter
adaptronics *el* adaptronika
ADAR → advanced design array radar
adarce ásványvízforrások szénlerakódása
adatom *vegy* adszorbeált atom; ~ **concentration** *krist, vegy* adatomkoncentráció
ADC → analogue-to-digital converter
Adcock | **antenna-system** *el* Adcock-antenna; ~ **direction-finder** *el* Adcock-féle iránykereső antenna
add I. *v* hozzátesz, hozzáad; összead; kapcsolódik, addicionálódik; *koh* adalékol; *mat* hozzáad, összead; *vegy* addicionál, hozzáad *(reagenst)*; **II.** *n* összeadás; hozzáadás, hozzátétel; addíció; ~**-a-plant technique** építőszekrény-eljárás; ~ **carry** összeadásátvitel; ~ **command** összeadási utasítás; ~ **drop by drop** *v* csepenként adagol; ~ **gate** összegező kapuáramkör; ~ **gradually** *v* fokozatosan adagol; ~ **impulse** összegző/összeadási impulzus; ~ **in** *v* hozzászámít, beleszámít; ~ **instruction** összeadási utasítás; ~**-on** kiszélesítés, megnagyobbítás; súlynövekedés; *szt* bővítő; ~**-on capability** megnagyobbíthatóság, ráépíthetőség; ~**-on component** kívülről kötendő áramköri elem; ~**-on conference feature** *szt* telefonkonferencia-rendszer; ~**-on cooler** kiegészítő hűtő, tartalékhűtő; ~**-on instruction** *szt* összeadó utasítás; ~ **opening material** *v ker* kiégő adalékot adagol; ~ **order** összeadási utasítás; ~**-punch machine** összeglyukasztó; ~ **sound** *v film* hangosít; szinkronizál; ~ **statement** → ~ instruction; ~ **time** összeadási idő; ~ **to** *v* hozzáad, összead; növel; *vegy* addicionálódik; ~ **up** *v* összead; kitesz *(összeget)*; *el* sorosan kapcsol
added hozzáadott, hozzátett, hozzátoldott; pót-, kisegítő; ~ **circuit** összegező (áram)kör; ~ **entry** *szt* másodlagos belépési pont; ~ **head** *gép* fejtoldat, toldatfej; ~ **heat** *hőt* bevezetett hő *(termodinamikai körfolyamatban)*; ~ **loss** járulékos veszteség; ~ **metal** *heg* hozaganyag, töltőfém; *koh* fémadalék, adalékolt fém
addend *mat* összeadandó, tag *(összegé)*, összeg második tagja; ~ **register** összeadandóérték-regiszter
addendum, *pl* **addenda** függelék, toldalék; kiegészítés, pótlás; *gép* fogfej *(fogaskeréké)*, fejmagasság *(fogé)*; ~ **angle** fejszög *(kúpfogaskeréké)*; ~ **circle** *gép* fejkör *(fogaskeréké)*; ~ **cone** *gép* fejkúp; ~**-cone angle** *gép* fejkúpszög; ~ **diameter** *gép* fejkörátmérő; ~ **height** *gép* fogfejmagasság; ~ **line** *gép* fogfejkör
adder *el* összeadó áramkör; *mat* összegmű, összeadó szerkezet/mű; *szt* összeadó (egység), szummátor; *távk* összeadó; ~ **circuit** *szt* összeadó áramkör; ~ **gate** *szt* összeadókapu; ~ **order** *szt* összeadómű állása; ~ **output** *szt* összeadómű kimenete; ~ **stage** *szt* összeadási fokozat/helyzet, összeadási hely; ~**-subtractor** *szt* összeadó-kivonó; ~ **vector** *szt* összegező vektor
adding összeadás; hozzáadás, hozzáillesztés; ~ **circuit** *szt* összeadó áramkör; ~ **jump** *szt* összeadó ugrása; ~**-listing machine** nyomtatóműves összeadó gép; ~ **machine** *szt* összeadógép; ~ **network** összeadókör, összeadókapcsolás; ~ **of filler** *ép* fillerhozzáadás, filleradagolás, töltőanyag-hozzáadás; ~ **of liquid** *ép* hozzáöntés, felöntés/feltöltés folyadékkal; utánöntés, utántöltés; ~ **punch** *szt* összeadógép kártyalyukasztóval; ~ **relay** *aut* összegező relé; ~ **together** *mat* összegzés; ~ **unit** összeadóegység; ~ **up** összegzés; ~ **wheel** *szt* összeadókerék
addition hozzátétel, kiegészítés, pótlás; *ép* többletmunka; *koh* elegyrész, adalék; hozaganyag; *mat* hozzáadás, összeadás, egyesítés; *vegy* adalék; hozzáadás, addíció, addíciós reakció; **1,4** ~ *műa* 1,4-addíció; ~ **agent** *koh* adalék; ~ **by mixing** hozzákeverés, hozzáadás (keveréssel); ~ **cascade** összegező/összeadási fokozat; ~ **colo(u)r** additív/kiegészítő szín; ~ **compound** *vegy* adduktum, addíciós vegyület; ~ **con-**

stant *geod* összeadóállandó; ~ **copying machine** *tex* addírozógép *(filmnyomás)*; ~ **energy** addíciós energia; ~ **formula** *mat* addíciós/összegzési tétel/formula; ~ **formulas** *mat* összegképletek; ~ **key** *szt* összeadóbillentyű; ~ **mixed crytal** *krist* addíciós elegykristály/szilárdoldat; ~ **of fundamental and harmonics** *hang* alaphullám és felharmonikusok összetétele; ~ **of heat** *hőt* hőközlés, hőbevezetés, hőátadás; ~ **of lime** *pa* mészadalék; ~ **of strength** *mech* szakítószilárdság növekedése; ~ **of water** *hidr* vízadagolás; ~ **polymer** *műa* addíciós polimer; ~ **polymerization** *vegy* addíciós polimerizáció; ~ **power** *krist, vegy* addícióképesség; ~ **product** *vegy* addíciós termék; ~ **reaction** *vegy* addíciós reakció; ~ **sign** *mat* összeadási jel, összeadás jele, pluszjel, +; ~ **term by term** *mat* tagonkénti összeadás; ~ **theorem** *mat* addíciós/összegezési tétel/formula; ~ **theorem of probabilities/probability** *mat* valószínűségek összeadási tétele; ~ **theorems** *mat* összegképletek

additional pót(ló), kiegészítő, toldalékos, járulékos; komplementer; mellék-, külön; ~ **agent** hozzátétanyag; ~ **air** pótlevegő, szekunder/másodlagos levegő; hamis levegő; ~**-air regulator** pótlevegőt adagoló szabályozó; ~ **air valve** *gépk* pótlevegőszelep; ~ **amplifier** *el* segéderősítő; ~ **apparatus** kiegészítő/kisegítő felszerelés/berendezés; tartalékberendezés; ~ **average noise factor** járulékos zajtényező; ~ **brake** *vasút* kiegészítő fék; ~ **building** melléképület; toldaléképület; ~ **cell** akkumulátor pótcellája; ~ **charge** súlytöbblet, terheléstöbblet, pótdíj; *el* utántöltés, feltöltés *(akkumulátoré)*; ~ **circuit** *el* segédáramkör; ~ **code** *aut* kiegészítő/komplemens kód; ~ **condition** *mat* kiegészítő feltétel; ~ **cooler** utánhűtő; ~ **core store attachment** *szt* kiegészítő mágnesmag-csatlakozás; ~ **cost** költségtöbblet; járulékos ráfordítás; ~ **coupling** járulékos/kiegészítő csatolás; ~ **current** *el* járulékos áram; ~ **dot** *tex* erősítőpont; ~ **drag** *rep* járulékos ellenállás; ~ **equipment** járulékos felszerelés, pótfelszerelés; ~ **error** járulékos hiba; ~ **expenses** többletköltségek; ~ **filament heating by anod current** *el* anódáram által okozott járulékos izzítás; ~ **firing** *koh* póttüzelés; ~ **groundwork** *geod* kiegészítő terepmunka; ~ **implement** → ~ apparatus; ~ **inductance** *fiz* járulékos induktancia; ~ **instruction** *szt* kiegészítő utasítás; ~ **instrument** kiegészítő műszer, tartalékműszer; ~ **load** többletteher; ~ **loss** járulékos veszteség; ~ **machine** tartalékgép, segédgép; ~ **mineral ingredient** *geol* mellékes elegyrész; ~ **noise** *rád* mellékzörej; ~ **panel** *közl* kiegészítő (jelző)tábla; ~ **parts/pieces** *gép* pótalkatrészek; ~ **product** járulékos termék; ~ **program cycle** *szt* kiegészítő programciklus; ~ **propping** *bány* aláácsolás; ~ **repeater** járulékos erősítő, póterősítő; ~ **resistance** járulékos ellenállás; előtét-ellenállás; *el* sorba kapcsolt ellenállás; ~ **spot noise factor** *hang* járulékos színképi zajtényező; ~ **tape attachment** *szt* kiegészítő szalagcsatlakozás; ~ **telephone service** járulékos telefonszolgáltatások; ~ **term** *mat* kiegészítő tag; ~ **twist** *tex* utósodrat; ~ **underpinning** *bány* aláácsolás; ~ **voltage** *el* járulékos/kiegyenlítő feszültség; ~ **wing** *ép* toldalékszárny(-épület)

additive I. *a mat, opt, távk* additív, addíciós; kapcsoló; összetevődő, összegező; **II.** *n ép, koh, mt* adalék; *vegy* adalékanyag; ~ **character** *mat* additív karaker; ~ **code** additív kód; ~ **colo(u)r system** additív színes rendszer; ~ **complementary colours** *opt* kiegészítő/komplementer színingerek; ~ **composition** *mat* additív művelet; ~ **constant** *geod* összeadó-állandó; ~ **depletion** *ol* adalék kimerülése; ~ **exciter** *félv* addíciós gerjesztő; ~ **filler wire** *heg* hozaghuzal, töltőfémhuzal; ~**-free oil** *ol* adalékmentes olaj; ~ **function** *mat* additív függvény; ~ **group** *mat* additív csoport; ~ **inverse** *mat* additív inverz, az összegezés inverz eleme; ~ **mixer** *opt* additív/összegző keverő; ~ **mixing (of colo(u)rs)** *opt* additív keverés; összeadó/additív színkeverés; ~ **mixture of colo(u)r stimuli** *opt* additív színkeverés; ~ **net** *mat* szövet, három görbeseregből álló hálózat; ~ **number theory** *mat* additív számelmélet; ~ **oil** *ol* adalékolt olaj; ~ **polarity** *el* fordított polaritás; ~ **printed wiring board** *félv* additív/felhordási eljárásos nyomtatott áramkör; ~ **process** *félv* additív/felhordási eljárás; *tv, űr* additív színkeverés; *vegy* addíciós/additív folyamat; ~ **property** *vegy* additivitás; ~ **reaction** *vegy* addíciós reakció, addíció; ~ **synthesis** *opt, tv* additív színkeverés; ~ **term** *mat* összeadandó, tag

additively | **closed** *mat* additív zárt; ~ **colo(u)red crystal** *krist* additív színeződött kristály

additivity additivitás, additív jelleg, összegeződés; ~ **of brightness sensations** látásérzés/fényérzékelés additivitása; ~ **of irradiation effect** *at* besugárzási hatások összegződése; ~ **relation** additivitási reláció/viszony

additron *el* additron

address I. *v szt* címez, irányít; **II.** *n szt* cím, címzés, címszó; ~ **accumulator** címakkumulátor; ~ **addend register** címösszeadó regiszter; ~ **adder** címösszeadó; ~ **algorithm** címzési algoritmus; ~ **arithmetic** címaritmetika; ~ **arithmetic unit** címkiszámító aritmetikai egység; ~ **array** címmező; ~ **assignment** címhozzárendelés; ~ **bit** címbit; ~ **blank** cím helye; ~ **bus** címbusz, címsín; ~ **calculation** címmeghatározás, címszámítás; ~ **capacity** címkapacitás, címezhető memóriakapacitás; ~ **card** címkártya; ~ **chain** címlánc; ~ **change** címmódosítás, címváltozás; ~ **character** címjel, címkarakter; ~ **check** címellenőrzés; ~ **code** címkód; ~ **code system (ACS)** címkódrendszer; ~ **comparing** cím-összehasonlítás; ~ **computation** címkiszámítás, címmeghatározás; ~ **constant** címállandó, címkonstans; ~ **conversion** címátalakítás; ~ **counter** címszámláló; ~ **decoder** címdekóder, címdekódoló; ~ **delay time** cím kiszámítására fordított (késleltetési) idő; ~ **error** címzéshiba; ~ **field** címmező; ~ **file** címállomány, címregiszter; ~ **format** címformátum, címszerkezet; ~ **incrementation** ciklikus címmódosítás; ~ **interpretation** címértelmezés; ~**-label paper** címkepapír; ~ **level** futócím; ~ **linkage** címlánc; ~ **mapping** címtérképezés; ~ **mark (AM)** címjelző; ~ **mark detection** címzésjelismerés; ~ **marker area** címjelző mező; ~ **mark gate** címzésjelkapu; ~ **mark line** címjelvezető sor; ~ **match** címpárosítás; ~ **mode** címzési mód; ~ **modification** címmódosítás, címváltoztatás; ~ **operation** címművelet; ~ **order** címezési utasítás; ~ **part** címrész; ~ **plate** címlemez; ~ **pointer** címmutató; ~ **program** címprogram; ~ **range** címtartomány; ~ **register** címregiszter; ~ **search** címkeresés; ~ **selection device** címkiválasztó berendezés; ~ **selection switch** címválasztó-kapcsoló; ~ **selector** címszelektor; ~ **sorting** cím szerinti rendezés; ~ **space** címtartomány; ~ **start register** címindítási regiszter; ~ **substitution** címhelyettesítés, átcímzés, címcsere; ~ **switch** címkapcsoló; ~ **table** címtábla; ~ **tape** címszalag; ~ **track** címsáv, címcsatorna; ~ **transfer** címátadás; ~ **transfer sequence** címátadás-követés; ~ **translation** címfordítás; ~**-wire** címvezeték

addressability *szt* címtartomány, címezhetőség

addressable *szt* címezhető; ~**-clock adapter** átalakító címezhető órához; ~ **core memory** címezhető központi memória; ~ **data** címezhető adat; ~ **data track** címezhető adatcsatorna; ~ **drum error** címezhető dobhiba; ~ **memory** címezhető memória/tár; ~ **memory cell** címezhető memóriarekesz; ~ **memory clock** címezhető óra; ~ **storage position** címezhető memóriahely; ~ **store** címezhető tároló/memória; ~ **word** címezhető szó

addressed *szt* címzett; ~ **byte** címzett bájt; ~ **core** címzett központi memória; ~ **device** címzett berendezés; ~ **field** címzett terület; ~ **memory** címezhető/címzett memória; ~ **message** üzenet; ~ **storage** címzett tárolás; ~ **word position** címzett szóhely

addressee címzett

addressing *szt* címezhetőségi elv, címzés; ~ **capacity** címkapacitás, címezhető memóriakapacitás; ~ **in delay store** késleltetett memória címzése; ~ **in primary memory/store** belsőmemória-címzés; ~ **method** címzési módszer; ~ **operation** címzési művelet; ~ **program** címzési program; ~ **scheme** címkiszámítási rendszer; ~ **signal** címzési jel; ~ **system** címképzési/címzési rendszer; ~ **with prefixing** prefixumkódos címzés

addressless instruction *szt* cím nélküli utasítás

addressness *szt* címrendszer

adduct *ol* klatrát, okklúziós vegyület, addukt; *vegy* addukt(um), addíciós vegyület; ~ **polymer** *műa* addukt polimer; ~ **splitting** *ol* adduktbomlás, adduktbontás

adduction *ol, vegy* adduktképz(ő)dés

adele *mat* adél

adenine *vegy* adenin, 6-amino-purin

adenosine *vegy* adenozin; ~ **diphosphate (ADP)** adenozin-difoszfát, adenozin-difoszforsav; ~ **monophosphate (AMP)** adenilsav, adenozin-monofoszfát; ~ **triphosphoric acid (ATP)** adenozin-trifoszforsav, adenozin-trifoszfát

adenylic acid → adenosine monophosphate

adequacy megfelelés; megfelelőség; elegendőség

adequate (követelményeknek) megfelelő, adekvát, kellő; elegendő; használható; ~ **accuracy** elfogadható pontosság; ~ **definition** adekvát definíció; ~ **information** elégséges/megbízható információ

adequation egyenérték; kiegyenlítés; ~ **of stress** *mech* feszültségkiegyenlítés

ader-wax *ásv* földviasz, ozokerit

ADF → automatic direction finder

adflation reklámtelítettség

adhere (oda)tapad, (oda)ragad, hozzátapad; köt; hozzátapaszt

adherence adhézió, tapadás, hozzátartozás, betartás, megtartás, *(mérete, előírásé)*; *gumi, műa* (oda)tapadás, (oda)ragadás; *hidr* csatlakozás; *koh* tapadás; ~ **of spatter** szétfröcsenő cseppek feltapadása; ~ **pressure** *vasút* áramszedő-nyomóerő; ~ **time** *vák* tapadási/felületentartózkodási idő; ~ **to specification** műszaki előírások pontos betartása

adherent I. *a* csatlakozó, hozzátartozó; tapadó, ragadós; kötött *(talaj)*; hozzácsatolt, összekapcsolódott; **II.** *n* csatlakozóelem, hozzátartozó elem; ~ **(load) lifting device** tapadó teheremelő szerkezet; ~ **nappe** nyomott/tapadó vízsugár; ~ **overfall** *hidr* nyomott átbukás; ~ **water** kötött/holt víz

adhering adhézió, tapadás, hozzátartozás, betartás, megtartás, *(mérete, előírásé)*; ~ **capacity** *mech* adhézió, tapadóképesség; ~ **force** tapadóerő; ~ **mo(u)lding material** ragadó formázóanyag; ~ **nappe** nyomott/tapadó vízsugár; ~ **power** tapadóképesség, kötőerő

adhesion adhézió, tapadás, tapadósság; ~ **between concrete and reinforcement** *ép* kötőhatás; ~ **coefficient** *mech* adhéziós/tapadási tényező/együttható; ~ **disc/disk** *gép* dörzskerék; ~ **force** tapadóerő, adhéziós erő; ~ **friction** *talt* tapadósúrlódás; ~ **gear** *gép* dörzskerék; ~ **haulage** *bány* adhéziós szállítás; ~ **heat** adhéziós hő; ~ **mass** tapadóanyag; ~ **pressure** tapadási nyomás; ~ **promoter** adhéziónövelő hatóanyag, tapadóképesség-javító (anyag); ~ **railway** adhéziós vasút; ~ **strength** *önt* tapadási erő; ~ **stress** *ép* tapadás; tapadófeszültség *(vasbetét és beton között)*; ~ **tension** *fiz* adhéziós feszültség; ~ **tester** *pa* ragasztóképesség-vizsgáló, ragasztóerő-mérő; ~ **traction** *vasút* adhéziós üzem/vontatás; ~ **weight** *vasút* adhéziós súly, tapadási súly; ~ **wheel** *gép* dörzskerék, frikciós kerék

adhesive I. *a* ragadó(s), tapadó(s); enyves; enyves hátú; **II.** *n* ragasztó(anyag), csiriz, kötőanyag; *műa* ragasztó; ~ **agent** ragasztó; ~**-applying machine** *cipő* ragasztóanyag-felvivő gép, ágózógép; ~ **binding** *nyom* ragasztás, ragasztókötés; ~ **bonded joint** *ép* ragasztott hézag; ~**-bonded (oil) film** *ol* adhéziós viszszatartás; ~ **bonding** ragasztás, ragasztott kötés; ~ **bonding of metals** fémragasztás; ~ **capacity** kötési képesség, tapadóképesség *(ragasztóé)*; ~ **coat** ragasztóanyag-bevonat; *ép* ragasztóbevonat; ~ **construction** ragasztott szerkezet; ~ **culture** *gyógyv* cseppkultúra; ~ **film** tapadó (olaj)film/(olaj)hártya; ~ **foil/film** *műa* ragasztófólia; ~ **force** adhéziós erő, ragasztóerő, tapadási szilárdság; ~ **for metals** fémragasztó; ~ **for soles** *cipő* talpragasztó; ~ **joint** ragasztott kötés; ~ **label** tapadócímke; ~ **lamination of foam** *tex* habanyag ragasztásos rétegezése; ~ **layer (coating)** *tex* ragasztóréteg *(kasírozáshoz)*; ~ **measuring tape** ragasztós mérőbélyeg; ~ **patch** *gyógyv* ragtapasz; ~ **plaster** *gyógyv* leukoplaszt, ragtapasz; ~ **power** adhéziós erő, tapadási szilárdság; tapadóerő, ragasztóerő; tapadóképesség, kötőerő; ~ **property** adhézió, tapadás, hozzátartozás, betartás, megtartás, *(mérete, előírásé)*; tapadóképesség, kötőerő; ragasztóképesség; ~ **putty** tapadókitt; ~ **resistance** (tulajdonképpeni) tapadás *(vasbetonszerkezetben)*; ~ **shear strength** tapadó-nyírószilárdság; ~ **slate** *ásv* litográfkő, tapadó pala; *nyom* litográfiai kő; ~ **spot welding** *heg* ragasztó ponthegesztés, ponthegesztés ragasztással; ~ **strength** ragasztóerő, ragasztószilárdság, tapadószilárdság, tapadóerő, adhézió(s erő); ~ **stress** adhéziós feszültség; ~ **surface** ragasztási/tapadási felület; ~ **tape** ragasztószalag; szigetelőszalag; ~ **tension** adhéziós feszültség; *mech*

érintőleges tapadási feszültség; ~ **tractive force** adhéziós vonóerő; ~ **tyre/tire** talajhoz tapadó gumiabroncs; ~ **water** *ol, talt* tapadóvíz, hártyavíz, filmvíz; ~ **water test** tapadóvíz-meghatározás; ~ **weight** *vasút* adhéziós súly, tapadási súly
adhesiveness tapadóképesség, tapadósság, kötőerő
adhesivity adhéziós erő, tapadási szilárdság; tapadósság, ragadósság, tapadóképesség
adiabat *fiz, met* adiabata
adiabatic *fiz, met* adiabatikus, hőcserementes; ~ **air temperature gradient** *met* adiabatikus léghőmérsékleti gradiens; ~ **atmosphere** *met* (száraz) adiabatikus/konvektív légkör; ~ **capacity** *fiz* adiabatikus kapacitás; ~ **change of state** *fiz* adiabatikus állapotváltozás; ~ **chart** *met* termodinamikai/aerológiai diagram, adiabatalap; ~ **column** adiabatikus kolonna/oszlop; ~ **compression** *en* adiabatikus állapotváltozás; *fiz* adiabatikus/hőcserementes sűrítés/kompresszió; ~ **condensation pressure** *met* (adiabatikus) kondenzációs nyomás; ~ **condensation temperature** *met* (adiabatikus) kondenzációs hőmérséklet; ~ **curve** *fiz* adiabata; ~ **diagram** → ~ chart; ~ **efficiency** *hőt* adiabatikus hatásfok; ~ **equation of state** *fiz* adiabatikus állapotegyenlet; ~ **equilibrium** *mat* adiabatikus/konvektív egyensúly; ~ **equivalent temperature** *hőt* adiabatikus ekvivalens hőmérséklet; ~ **expansion** *fiz* adiabatikus állapotváltozás/expanzió; ~ **invariant** adiabatikus invariáns; ~**-jacket microcalorimeter** adiabatikus mikrokaloriméter; ~ **lapse rate** *met* adiabatikus hőmérsékletcsökkenés; ~ **law** adiabatikus törvényszerűség; ~ **line** *met* adiabata; ~ **magnetization** adiabatikus mágnesezés; ~ **microcalorimeter** *fiz* adiabatikus mikrokaloriméter; ~ **model (of the nucleus),** ~ **nuclear model** *at* adiabatikus magmodell; ~ **process** *met* adiabatikus folyamat/állapotváltozás; *ol* adiabatikus eljárás; ~ **pseudo wet-bulb temperature** *met* pszeudonedves hőmérséklet; ~ **region** *met* adiabatikus/konvektív tartomány; ~ **saturation pressure** → ~ condensation pressure; ~ **screen** adiabatikus árnyékoló ernyő; ~**-shell microcalorimeter** adiabatikus mikrokaloriméter; ~ **system** adiabatikusan zárt rendszer; ~ **wet-bulb temperature** *met* adiabatikus nedves hőmérséklet
adiabaticity adiabatikusság
adiabatism adiabatikusság
adiactinic *fiz* adiaktinikus, fotokémiailag aktív sugárzást át nem bocsátó
adiaphanous át nem látszó/tetsző
adiathermic hőátnemeresztő, adiatermikus, atermán
ad infinitum *mat* a végtelenségig, ad infinitum
ad interim ideiglenes(en), átmeneti(leg)
adion *vegy* adion, adszorbeált ion
adipamide *vegy* adipin-diamid, adipinsav-diamid
adipate *vegy* adipát, adipinsav-észter, adipinsav-só
adipic *vegy* zsírnemű, olajos; ~ **acid** *vegy* adipinsav; ~ **ester** *vegy* adipinsav-észter
adipose I. *a* zsíros, zsírtartalmú, zsír-; **II.** *n* (állati eredetű) zsiradék; ~ **tissue** zsírszövet
a-dipping *geol* lejtőirányban dőlt *(réteg)*
adit átjáró, bejárat; *bány* (al)táró, folyosó; *ép* építési (segéd)alagút; *talt* szállítótáró, szállítóvágat; ~ **collar** *bány* tárószáj; ~**-cut mining** bányászat; ~ **end** *bány* táró vájvége, tāróvég; ~ **level** *bány* tárószint; ~ **mouth/opening** *bány* tárószáj, tárónyílás; ~ **window** *bány* bányaablak; táró
adjacency határosság, szomszédosság, mellette fekvés; *szt* (szó)kapcsolat szerinti keresés adatbázisból; ~ **effect** szomszédhatás; ~ **matrix** *mat* szomszédsági mátrix
adjacent határos, szomszédos, mellette fekvő; *bány* közvetlen *(fedü, fekü)*; ~ **angle** *mat* szomszédos *v.* mellette fekvő szög, kiegészítő szög, mellékszög; ~ **arc** *mat* csatlakozó/szomszédos él, irányított csatlakozó él; ~ **carbons** *vegy* szomszédos/vicinális szénatomok; ~ **channel** *távk* szomszédcsatorna; szomszédos csatorna; ~**-channel attenuation** *távk* szomszédoscsatorna-csillapítás; ~**-channel interference** *távk* szomszédoscsatorna-áthallás, szomszédoscsatorna-zavarás, oldalsáv interferencia, áthallási zavar; ~ **channel selectivity** *távk* szomszédoscsatorna-szelektivitás; ~ **domain** *szt* szomszédos tartomány; ~ **edge** *mat* csatlakozó él; ~ **exchange** *távk* csatlakozó központ; ~ **face** *krist* szomszédos lap; ~ **mode beat frequency** *el* szomszédhullám-típusú lebegési frekvencia; ~ **mullion** *ép* segédoszlop; ~ **nodes** *szt* szomszédos csomópontok; ~ **picture carrier** szomszédos képvivő/vivőhullám, szomszédos videocsatorna; ~ **plank** *fa* betétléc; ~ **position** *vegy* szomszédos/vicinális helyzet; ~ **punching columns,** ~ **punchings** *szt* szomszédos lyukasztási oszlopok; ~ **quad** *távb* szomszéd érnégyes; ~ **rock** *bány* mellékkőzet; ~ **side** szomszédos *v.* mellette fekvő oldal; ~ **sound carrier** szomszédos hangvivő; ~ **span** *ép* melléknyílás *(hídé)*; ~ **strata** *bány* kísérőrétegek; közvetlen feküréteg; ~ **stratum** *bány* közvetlen fedőréteg *(hasznosítható ásvány felett)*; ~ **strip** *ép* szomszédos/csatlakozó sáv; ~ **supplementary angles** *mat* mellékszögek; ~ **turns** *el* szomszédos menetek; ~ **vertex** *mat* összekötött/szomszédos pont; ~ **vision carrier** szomszéd(os) képvivő; ~ **wave** *mat* adjungált (mátrix)
adjective *vegy* adjektív, közvetett; ~ **dye** *pa, tex* pácfesték, pácszínezék, közvetett színezék
adjoin csatlakozik; mellette/szomszédosan fekszik; érintkezik, csatlakozik, összeér; hozzáerősít, hozzáfűz, hozzákapcsol, hozzáköt, hozzátesz
adjoined csatlakozó, hozzátartozó; *mat* adjungált; ~ **homogeneous system** adjungált homogén rendszer
adjoining szomszédos, mellette fekvő, határos; ~ **angle** *mat* mellékszög; ~ **rail** *vasút* ütközősín; ~ **rock** *bány* mellékkőzet
adjoint I. *a mat* adjungált; **II.** *n mat* adjungált mátrix, adjungált; ~ **eigenvector** *mat* adjungált sajátvektor; ~ **equation** *mat* adjungált egyenlet; ~ **flux** *at* adjungált fluxus; ~ **form** *mat* adjungált forma; ~ **function** *mat* adjungált függvény; ~ **integral equation** *mat* adjungált integrálegyenlet; ~ **matrix** *mat* adjungált mátrix, adjungált; ~ **system** *mat* adjungált rendszer
adjournment elhalasztás, elnapolás, haladék; ~ **sine die** elnapolás bizonytalan időre
adjudication versenykiírás
adjunct I. *a* hozzátartozó, járulékos, tartozékszerű; *mat* adjungált; **II.** *n* tartozék; *mat* adjungált
adjunction *mat* adjunkció, (algebrai) bővítés; adjungálás; ~ **theorem** adjunkciós tétel
adjust beállít, (be)igazít, (be)szabályoz, pontosan beállít, beszerel, felszerel; becsiszol; eligazít, megigazít; megjavít; kiegyenlít, kompenzál; (össze)egyeztet;

utánmunkál; *tex* hozzászab, hozzáilleszt; ~ **bath** összeállít *(színezőfürdőt)*; ~ **dints** *alak* horpadást eltüntet, (ki)kalapál; *ép* dudort habarccsal elsimít; ~ **feed-back** visszacsatol; ~ **for current** *el* áramerősségre beállít; ~ **for wear** kopást utánállít; ~ **the ignition** *gépk* gyújtást beállít; ~ **the number of picks** *tex* vetüléksűrűséget beállít *(szövőgépen)*; ~ **to** vmre beállít/szabályoz; ~ **to zero** nullára/zérusra állít

adjustability beállíthatóság, szabályozhatóság; *rád* hangolhatóság

adjustable (be)igazítható, szabályozható; (hozzá)illeszthető; (át)állítható, beállítható; *bány* engedékeny, változtatható *(tám)*; *opt* kihúzható; *rád, távk* hangolható; ~ **angle lamp** állítható lámpa; ~ **area nozzle** *rep* szabályozható keresztmetszetű fúvóka; ~ **axle** önbeálló tengely; ~ **bail roll** *szt* állítható írókorong; ~ **bar** *ép* utánfeszíthető rúd; ~ **bearing** *ép* állítható saru; ~ **blade** *hidr* állítható lapát; *tex* állítható penge *(Jacquard-gépen)*; ~**-blade propeller turbine** állítható lapátú propellerturbina, Kaplan-turbina; ~**-blade runner** állítható lapátos járókerék; ~**-blade turbine** állítható szárnylapátos turbina; ~ **board support** *szer* padszolga; ~ **boom** *em* terheletlenül billenthető gém; ~ **bracket** *ép* állítható konzol; ~ **brake-release device** *vasút* átváltószerkezet; ~ **braking** *vasút* fokozatos oldhatóság *(féké)*; ~ **capacitor** *el* állítható kondenzátor, változtatható kapacitású kondenzátor; ~ **charge** *kat* rész(let)töltet; ~ **choke** *ol* ellennyomás-szabályozó fúvóka; szabályozható fúvóka; ~**-cistern barometer** állítható csészés barométer; Fortin-féle barométer; ~ **clamp** csavaros szorító, csavarszorító, „satu"; ~ **contact** *el* (be)állítható érintkező; ~ **controller** *aut* beállítható/behangolható/illeszthető szabályozó; ~ **counter-balance** *aut* állítható (helyzetű) ellensúly; ~ **cramp** *szer* gyors csavarszorító; ~ **crank** *gép* állítható (sugarú) forgattyú; ~ **delay circuit** *el* állítható késleltető vonal; ~ **delay helical line** *el* helix típusú változtatható késleltetésű vonal; ~ **die** *alak* állítható húzószerszám; ~ **directivity antenna** *távk* állítható irányhatású *v.* irányítható antenna; ~ **drill** *szer* állítható telibefúró szerszám; ~ **drilling-machine** *szer* állítható orsós fúrógép; ~ **dumping mechanism/device** *em* beállítható billentőszerkezet; ~ **electric contact thermometer** beállítható elektromos érintkezős hőmérő; ~ **electrode** *el* állítható/szabályozható elektród; ~ **friction(al) damper** *gépk* motorkerékpár elsővilla-lengéscsillapítója *(súrlódásos, állítható)*; ~ **gain amplifier** *el* változtatható erősítésű erősítő; ~ **gas pliers** *szer* állítható szerelőfogó; ~ **gib** *gép* állítható ék; ~ **hack-saw frame** *szer* állítható fémfűrészkeret; ~ **headstock** *gép* elállítható szegnyereg; ~ **inducting variometer** *el* variométer, változtatható induktivitású tekercs; ~ **jib** *em* billenőgém, terheletlenül billenthető gém; ~ **jib tower crane** *em* billenőgémes toronydaru; ~ **lever** *mech* változtatható hosszúságú emelő; ~ **mouthpiece** *gépk* beállítható szájdarab; elágazó fúvóka; ~ **multiple-spindle drilling machine** *szer* orsóállítású többorsós fúrógép; ~ **nut wrench** nyomatékmérő csavarkulcs; ~ **oil brake** *gép* katarakt; szabályozható/állítható olajfék; ~ **parallel** *alak* állítható oszlop; ~ **parallelogram-type ripper** *ép* állítható talajlazító; ~ **parameter** *at* beállítható/változtatható paraméter; ~ **pipe tongs** *szer* gyors csőfogó; ~**-pitch airscrew/propeller** *rep* (földön) beállítható (emelkedésű) légcsavar; ~**-pitch sheave** *gép* állítható ékszíjtárcsa; ~ **point** *aut* (be)állítható tizedespont; ~ **port** *gép* átszerelhető ajtó; ~ **prop** *bány* állítható tám; ~ **propelling nozzle** *rep* állítható fúvóka; ~ **ratio autotransformer** szabályozó autotranszformátor; ~ **reamer** *szersz* állítható dörzsár; ~ **resistance** *el* szabályoz(hat)ó ellenállás, reosztát; ~ **resistor** *el* szabályozható/állítható ellenállás; ~ **rigid prop** *bány* állítható merev tám; ~ **ring** *kat* (be)állítógyűrű, szabályozógyűrű; ~ **runner** *hidr* állítható járólapát; ~ **scale** *szersz* beállítható skála; ~ **shield canopy** *bány* állítható pajzstető; ~ **short circuit** *el* állítható rövidzár; ~ **skew fillister plane** *szersz* ferde ajgyalu; ~ **spanner** állítható csavarkulcs, franciakulcs; ~ **spark-gap** *gép* beállítható szikraköz; ~**-speed motor** *gépk* fokozat nélküli sebességváltós motor; ~ **spot lamp** *opt* kereső fényvető; ~ **stop** állítható ütköző; ~ **striking** állítható leütés *(elektromos írógépen)*; ~**-tension drier** *tex* szabályozható feszítésű szárító; ~ **time constant** *aut* beállítható időállandó; ~ **troll(e)y jib** *em* futómacskás billenőgém; ~ **voltage control** *el* változtatható/állítható feszültségszabályozás; ~**-voltage divider** *el* potenciométer; ~ **voltage regulator** *el* beállítható feszültségszabályozó; ~ **wood cramp** *szer* csavarszolga fából; ~ **wrench** állítható csavarkulcs, franciakulcs

adjusted szabályozott; helyesbített; *fa* bütüzött, méretre vágott; ~ **coperiodical group** szabályozott koperiodikus csoport; ~ **data** helyesbített adatok; ~ **fire** *kat* pontos/helyesbített tűz

adjuster szabályozó *(személy/szerv/szerkezet)*; illesztő, (be)állító; *szer* szerelő, beigazító *(személy)*, beállítószerkezet, beállítóberendezés, összekötő tag; ~ **board** *gép, önt* beállítólap; *ol* himbahajtó rúd csapágya; *szer* egyengetőlap; ~ **bolt** állítócsavar *(fejes)*; feszítőcsavar; ~ **cotter** beállítóék

adjusting I. *a* (be)állító, (be)szabályozó; **II.** *n* beállítás, beigazítás, beszabályozás, beszerelés, felszerelés; becsiszolás; eligazítás, megigazítás, megjavítás; kiegyenlítés; összeegyeztetés; utánmunkálás; ~ **bolt** állítócsavar *(fejes)*; feszítőcsavar; ~ **capacitor** beállító kondenzátor; ~ **characteristic** beállítási jelleggörbe; ~ **coil** *el* szívófojtótekercs *(transzformátoré)*, feszültségosztó, kiegyenlítőtekercs, hangolótekercs; ~ **device** beállítókészülék, beállítószerkezet, utánszabályozó szerkezet; ~ **ear** *el* feszítőcsiga; ~ **element** *aut* végrehajtó szerv; ~ **ga(u)ge** *forg* beállító idomszer; ~ **gear** beállítómechanizmus, szabályozómechanizmus; ~ **gib** *gép* állítóék, szabályozóék; ~ **head** *gép* beállítófej; ~ **key** franciakulcs; állítóék, szabályozóék; beállítókulcs; ~ **knob** *gép* állítógomb, szabályozógomb; ~ **lath** *geod* helyesbítőléc; ~ **link** illesztőelem, illesztőtag; helyesbítőelem, helyesbítőtag; ~ **machine** beállítógép; *tex* kikészítőgép; ~ **mark** beállítójegy, beállítójel; ~ **nut** állítóanya; *kat* zárócsavar, magassági irányzógépházhoz csatlakozó fülecs; ~ **of a machine** gépbeállítás; ~ **pin** *geod* igazítótű; *gép* (illesztő)orsó, (illesztő)tű; ~ **plate** *gép* alátétlemez; *opt* egyengetőlap; ~ **pliers** *pl szersz* beállítófogó, szabályozófogó, hangolófogó; ~ **potentiometer** *el* állító potenciométer; ~ **resistance** *el* beállító/kiegyenlítő ellenállás; ~ **ring** *kat* beállítógyűrű, szabályozógyűrű; ~ **rod** beállítórúd; *finm* rugófeszültséget beállító műszer; *hidr* járókerékállító rúd

(*Kaplan-turbinában*); ~ **screw** *szer* állítócsavar, szabályozócsavar, beállítócsavar, igazítócsavar (*műszeren*), ellenmenetes csavarhüvely; ~ **shop** szerelőműhely; ~ **sleeve** *gépk* szabályozóhüvely; ~ **slider** szabályozócsuszka (*vezérlőkészüléken*); *tex* tolattyú; ~ **spindle** *gép* állítóorsó; menetes állítórúd; ~ **spring** *gép* beállítórugó; ~ **the cycle** *aut* ciklusszabályozás; ~ **triangulation** *geod* kiegészítő/helyesbítő háromszögelés; ~ **valve** *gép* szabályozószelep; ~ **wedge** *ép* beállító ék; *gép* állítóék, szabályozóék; ~ **wheel** *forg* (be)állító kézikerék; ~ **wrench** *szersz* beállítókulcs

adjustment behangolás, pótlás (*veszteségé*); (be)szabályozás (műszeré), kalibrálás, kalibráció, kiegyenlítés; beigazítás, kiigazítás, hozzáigazítás, hozzáillesztés; beállítás, jusztírozás; *bány* támbeverés, támfelállítás; *em* elfordíthatóság (*emelőé*); *geod* jusztírozás, kiegyenlítés; *gép* állítóberendezés, gépbeállítás, (gép)szerelés; *pa* kikészítés; ~ **button** *szer* fókuszolócsavar, állítócsavar; ~ **curve** *aut, el* hangolási/beszabályozási görbe; ~ **facility** eltolási lehetőség, eltolhatóság, állíthatóság; ~ **fire** *kat* (tüzérségi) belövés; ~ **for length of stroke** *gépk* lökethossz-beállítás; ~ **in range** *kat* távolsághelyesbítés; ~ **knob** beszabályozógomb; hangológomb; ~ **mark** beállójel, beállítójegy; ~ **nut** *gép* állítóanya; *kat* magassági irányzógép, házhoz csatlakozó fülecs; zárócsavar, magassági irányzógépházhoz csatlakozó fülecs; ~ **of alkali solution** *koh* lúgbeállítás; ~ **of collimator** *fiz* kollimátorbeállítás, kollimátorbeszabályozás; ~ **of coordinates** koordináta-kiegyenlítés; ~ **of direct observations** közvetlen mérések kiegyenlítése; ~ **of fire** *kat* belövés, lövéshelyesbítés, tűzhelyesbítés; ~ **of measuring canals** mérőcsatornák beállítása (*távmérő berendezésben*); ~ **of rolls** *koh* hengerállítás; ~ **of stroke** *gépk* löketbeállítás; ~ **of tappet** *gépk* szelephézag-állítás; ~ **of the electrodes** *el* elektródállítás, elektródszabályozás; ~ **of the ga(u)ge** *gép* sablonbeállítás; *önt* méretbeállítás; *szersz* idomszer-beállítás; *vasút* nyomtávigazítás; ~ **of the loss** gépállásveszteség megszüntetése; ~ **of the resistance** ellenállás-beállítás, ellenállás-szabályozás; ~ **ring** *gép* állítógyűrű; ~ **sign** *el* beállítójel, beállítójegy; ~ **to size** *metr* méretbeállítás

adjuvant adalék(anyag); *gyógyv* hatáserősítő adalék

Adk → awning deck

ADL → annual dose limit

adler ribbon sima bársonyszalag

Adler tube Adler-cső

admag hirdetési újság, reklámújság

adman reklámszakember

admeasure (le)mér, felmér, kimér; kalibrál

admeasurement mérték, méret; mérés

administration igazgatás; adminisztráció; kormányzat; ~ **building** igazgatási épület, irodaház

administrative igazgatási; ~ **authority** államigazgatási hatóság; ~ **building** irodaház; ~ **case** államigazgatási ügy; ~ **conference** ügyviteli értekezlet; ~ **measures** hatósági tevékenység; ~ **procedure** államigazgatási eljárás

admiralty haditengerészetnél előírt/használt; tengerészeti; ~ **alloy/bronze** *koh* hajóbronz; ~ **brass** sósvízálló sárgaréz; ~ **coefficient (AC)** *hajó* admiralitási szám; ~ **gun metal** ágyúbronz; ~ **metal** tengerészeti sárgaréz; ~ **mile** tengeri mérföld

admissible megengedhető, megengedett, maximálisan lehetséges; ~ **chart** megengedett térkép; ~ **colo(u)ration** megengedett színezés; ~ **control** megengedett vezérlés; ~ **deviations domain/region** megengedhető/szabályozási eltérés tartománya; ~ **domain** megengedett tartomány; ~ **error** megengedett hiba; ~ **estimate** megengedhető becslés; ~ **load** megengedett teher; ~ **operation** megengedett művelet; ~ **perturbation** megengedett zavarás; ~ **policy** *mat* megengedett stratégia; ~ **production rate** *ol* megengedett kúthozam; ~ **pure strategy** *mat, rendsz* megengedett tiszta stratégia; ~ **solution** *mat* megengedhető/lehetséges megoldás; ~ **state** *rendsz* megengedett állapot; ~ **static suction head** *hidr* megengedett sztatikus szívómagasság; ~ **strategy** *mat, rendsz* megengedett stratégia; ~ **stress** megengedett feszültség; ~ **subalgebra** *mat* megengedett részalgebra; ~ **value** megengedett (legnagyobb) érték; ~ **wear** *any* megengedett kopás

admission engedély (*belépési*); belépés, bemenet; beengedés; befogadóképesség; *gép* beömlés; *hőt* (gőz)beömlés, (gőz)bebocsátás, szívás, (gőz)töltés, hozzávezetés; ~ **box** szívószelepház; ~ **cam** *gép, hőt* szívószelep bütyke, töltésszabályozó bütyök (*gőzgépen*); ~ **camshaft** *gép* szívóbütykös tengely; ~ **controller** *gép* beömlésszabályozó, adagszabályozó; ~ **edge** *gép* beömlő él (*kagylós tolattyún*); ~ **gear** *gép* szívóoldal vezérműve; ~ **hopper** *koh* adagológarat; beömlőtölcsér, adagolótölcsér; ~ **lead** előbeömlés (*gőzé*); ~ **line** *hők* beömlési vonal (*indikátordiagramon*); ~ **manifold** beömlőnyílás; ~ **of air** levegőbevezetés, levegőellátás; ~ **opening** beeresztőszelepnyílás; ~ **piece** bebocsátó/hozzávezető csőcsonk; ~ **pipe** *gép* beömlőcső; ~ **port** beömlőcsatorna; ~ **pressure** *hőt* töltési/beömlési nyomás; *ol* belépőnyomás; ~ **slot** *hőt* beömlőrés; ~ **space** töltő térfogat; ~ **stroke** szívólöket; ~ **valve** *gép* szívószelep; *hőt* bebocsátószelep; bebocsátótolattyú, beömlőtolattyú; beömlőszelep

admit beenged; befogad, bebocsát; megenged; ~ **air/atmosphere** lelevegőzik

admittance feltevés, feltételezés; beengedés; engedély (*belépési*), beengedés, hozzájárulás, jóváhagyás, feltevés, feltételezés, hozzáférés, hozzájutás; belépés, bemenet; *el, fiz* komplex vezetőképesség, admittancia, reciprok impedancia, akusztikus admittancia/vezetőképesség; *ép* bejárás, beszállás; **no** ~! belépni tilos!; ~ **function** *mat* admittanciafüggvény; ~ **of driving-point** *fiz* bemeneti admittancia, bemenőadmittancia; ~ **operator** *el, fiz* komplex vezetőképesség (*vektor*); ~ **parameters** *el* admittanciaparaméterek

admitted megengedett; bebocsátott; ~ **region of deviations** eltérés megengedett tartománya, megengedett eltéréstartomány

admitting → admittance; ~ **pipe** beömlőcső; ~ **port** *hidr* beömlőnyílás; szívónyílás; *koh, önt* betöltőnyílás, beömlőnyílás

admix hozzákever

admixture hozzákeverés, hozzáadás (*idegen anyagé*); kiegészítés, pótlás, ráadás; *ép* adalék hozzáadása, adalékolás; *félv* szennyeződés, szennyezőanyag, adalék, idegen anyag; *koh, műa* adalékanyag; *ol* adalék, keverék; ~ **for concrete** *ép* betonadalékanyag; ~ **of scrap** *koh* hulladék(vas) adalék

admovies *pl* filmreklám

adobe I. *a* agyagtéglából/vályogtéglából épült; **II.** *n* agyag *(felszíni mészdús, porózus)*; *ép* vályog(tégla), vályogépítmény; ~ **brick** *ép* napon szárított tégla, vályogtégla; ~ **clay** vályog

adopt átvesz, felvesz; elfogad; bevezet, alkalmaz; rendszeresít; *geod* felvesz *(pontot)*

adopted elfogadott; bevezetett; alkalmazott; rendszeresített; ~ **scale** *geod* választott méretarány *(lépték)*

adorn díszít, ékesít, dekorál

adornment dísz(ítés), ék(esítés)

ADP → adenosine diphosphate; → automatic data processing

ADPS → automatic data processing system

ADQ code → almost differential quasiternary code

ADR → air traffic advisory route

adragant adragantmézga, tragantmézga

adrenal *gyógyv* mellékvese-

adrenaline *vegy* adrenalin

adrift *hajó* (tehetetlenül) hányódó/sodródó

adsorb *fiz, vegy* adszorbeál, felületen megköt, magához szív, felületileg elnyel

adsorbability *fiz, vegy* adszorbeálhatóság, adszorpcióképesség

adsorbable *fiz, vegy* adszorbeálható, adszorbeálódó

adsorbate *fiz, vegy* adszorbeátum, adszorbátum, adszorptívum, adszorbeált anyag

adsorbed *fiz, vegy* adszorbeált; elnyelt, abszorbált; ~ **layer** adszorpciós réteg; ~ **substance** *vegy* adszorbeált anyag, adszorbátum, adszorptívum; ~ **water** *geol* adszorbeált víz

adsorbent *fiz, vegy* adszorbens, adszorbeáló anyag

adsorber *fiz, vegy* adszorbens, adszorber

adsorbing *fiz, vegy* adszorbeálás, adszorpció; ~ **agent/material** adszorbens, adszorbeálószer; ~ **substance** adszorbens, adszorbeáló anyag

adsorptiometry *fiz, vegy* adszorpciómérés, adszorpciometria

adsorption *fiz, vegy* adszorpció, adszorbeálás, felszívódás, felületi elnyelés; ~ **analysis** *fiz, vegy* adszorpciós analízis; ~ **capacity** *fiz, vegy* adszorpciós kapacitás; ~ **catalysis** *fiz, vegy* adszorpciós katalízis; ~ **charcoal** *vegy* aktív szén; ~ **chromatography** *vegy* adszorpciós kromatográfia; ~ **clay** *ol* derítőföld; ~ **heat** adszorpcióhő, adszorpciós hő; felületi elnyelési hő; ~ **isobar** *met* adszorpciós izobár; ~ **isostere** adszorpciós izosztéra; ~ **isotherm** *vegy* adszorpciós izoterma; ~ **law** adszorpciós törvény; ~ **layer** *vegy* adszorpciós réteg; ~ **loss** *vegy* adszorpciós veszteség; ~ **measurement** adszorpciómérés, adszorpciometria; ~ **measurements with membrane electrodes** membránelektródás adszorpciómérések; ~ **mixed crystal** *krist* adszorpciós elegykristály; ~ **plant** *ol* adszorpciós üzem/egység; ~ **potential** *vegy* adszorpciós potenciál; ~ **spectrometer** adszorpciós spektrométer; ~ **step** *ol* adszorpciós lépés; ~ **trap** *vák* adszorpciós csapda; ~ **unit** *ol* adszorpciós üzem/egység; ~ **vacuum gauge** *vák* adszorpciós vákuummérő; ~ **water** *hidr* adszorpciós burok

adsorptive *fiz, vegy* adszorpciós, adszorpció-; ~ **capacity** *vegy* felületi elnyelési *v.* adszorbeáló képesség; ~ **treatment of sewage** *hidr* adszorpciós szennyvíztisztítás

adsorptivity felületi elnyelésképesség, (fajlagos) adszorpcióképesség

adstringent I. *a gyógyv* adsztringens, összehúzó; **II.** *n* adsztringens (anyag)

adular → adularia

adularescence kékes fény *(féldrágaköveken, pl. opálon)*

adularia *ásv* adulár

adulterant *élip* hamisítószer; *félv* szennyeződés, szennyezőanyag, adalék, idegen anyag; *tex* hígító(szer)

adulterate I. *v* hozzáad *(idegen anyagot)*; *élip* (meg)hamisít; *műa* hamisít, hígít, „megvág"; *vegy* hamisít, hozzáad *(idegen anyagot)*; **II.** *a* hamis(ított); ~ **wine** *v* bort felvizez/hígít

adulterated hamis(ított); *geol* érckísérőkkel szennyezett

adulterating agent *műa* hamisítószer, hígítószer, „megvágószer"

adulteration hamisítás; hamisítvány; hozzáadás/hozzákeverés *(idegen anyagé)*; minőségrontás

adulterous hamisított; *élip* pancsolt; ~ **substance** pótanyag, hamisítószer

adumbrate (fel)vázol, körülír, ábrázol; körvonalaz; árnyékol

adumbration (fel)vázolás; vázlat, skicc; árnyalás

adunc(ous) horgos, görbe

adurol *foto* adurol

adust aszalt; megperzselt; naptól perzselt; perzselő, égető

advance I. *v* besűrít *(festéket)*; (előre)halad; fokoz; előnyomul; előreigazít *(órát)*; *bány* hajt; *el* siettet *(fázist)*; *forg* előtol; *kat* előnyomul; **II.** *n* előhaladás, előremozgás, megelőzés; *bány* előtolás; vágathajtás; *el* fázissietés; *forg* előtolás, fogásvétel; *kat* előnyomulás; *koh* előresietés; *műa* besűrítés *(festéké)*; *óra* sietés; *vasút* biztonsági határjeltávolság; ~ **angle** *el* előresietési szög; *gépk* előbefecskendezési szög *(dízelen)*; előgyújtási szög; ~ **ball** kiegyenlítőgolyó *(hanglemez-felvételhez)*; továbbítógolyó *(diktafonhoz)*; ~ **calculation** előkalkuláció; ~ **classification track** *vasút* rendezési gyűjtővágány; ~ **coefficient** *hajó* sebességi tényező *(propellernél)*; ~ **control** előgyújtás-szabályozás; ~ **copy** *nyom* előzetes/műszaki példány; ~ **direction** előtolási irány; ~ **early warning radar** távolfelderítő rádiólokátor/radar; ~ **heading** *bány* elővájás; ~ **in coal (deposit)** *bány* szenelés; vágathajtás szénben; ~ **in full** *bány* hajtás teljes szelvénnyel *(vágaté)*; ~ **in rectilinear direction** *v* egyenes vonalban terjed; ~ **in synchronism** *bány* egyidejű haladás; ~ **in the art** műszaki haladás; ~ **lever** *gép* előreigazító kar; ~ **line** *bány* fejtési homlokok vonala; ~ **of a signal** *vasút* biztonsági határjeltávolság; ~ **of face** *bány* munkahely/front haladása; ~ **of perihelion** *csill* perihéliumprecesszió; ~ **of phase** *el* fázissietés szöge, fáziskésési szög; ~ **of the carriage** *tex* szelfaktorkocsi előrehaladása; ~ **of the spindle** *forg* orsóelőtolás; ~ **order** előjegyzéses vásárlás; előjegyzés; ~ **order price** előjegyzési ár; ~ **per attack** *bány* előrehaladás egy fogásra, fogásmélység; ~ **per round** *bány* előrehaladás ciklusonként; ~ **pulse** sietőimpulzus; ~ **rate** kedvezmény előrendelésnél; *bány* előrehaladási sebesség; ~ **ratio** *rep* haladási fok; ~ **sheet** *ép* tetőfedő lemez, aszfaltlemez; *nyom* mintaív, mintapéldány; ~ **signal** *közl* vasúti előjelző; *vasút* előrehaladási/áthaladási jelzés; kijárati jelző; ~ **slot** *gépk* előgyújtás-szabályozó rés/horony; ~ **sparking** előgyújtás; ~ **stoping** fejtés határ felé; ~ **stud** *gépk* előgyújtás-rögzítő ászokcsavar; ~ **the ignition** *v gépk* előgyújtást ad; ~ **the room** *v bány* kamrát hajt; ~ **the speed** *v* sebességet fokoz; ~ **timbering** *bány* előtűző biztosítás; ~**-to-diameter ratio** *rep* viszonylagos emelkedés *(légcsavaré)*; ~ **to the rise** *bány* dőlésben felfelé egyenesen (befelé) haladó művelés; ~ **work** előrehajtás, cseglyemunka, cseglyézés; ~ **working** *bány* egyenesen/érintetlen mezőbe haladó művelés; előkészítő vágatok; feltárás

advanced haladó, előrehaladott; fejlett, korszerű; ~ **BASIC (BASICA)** *szt* bővített BASIC programozási nyelv, BASICA; ~ **calculus** felsőbb matematika; ~ **decay** *fa* mély korhadás; ~ **design** modern formatervezett; ~ **design array radar (ADAR)** ADAR; ~ **dike/dyke** előgát; ~ **drying stenter** *tex* előadagolásos szárítókeret; ~ **flying** *rep* műrepülés; ~ **flying school** *rep* iskola a repülőkiképzés tökéletesítésére; ~ **ignition** *gépk* előgyújtás; ~ **mathematics** felsőbb matematika; ~ **opening** *gépk* előnyitás *(szelepé)*; ~ **peer-to-peer networking (APPN)** *szt* eseményeket követő hálózatkezelés, APPN; ~ **potential** avanzsált potenciál; ~ **pressurized water reactor** *at* javított nyomottvizes reaktor; ~ **priority scheduling** prioritás szerinti üzemezés; ~ **sewage treatment** *hidr* teljes víztisztítás; ~ **stall** *rep* kifejlődött átesés; ~ **technology** csúcstechnika; ~ **trainer** *rep* korszerű gyakorló-repülőgép; ~ **wave** avanzsált hullám

advancement (előre)haladás, előmenetel, előremozgás; *forg* előtolás, fogásvétel

advancer fázistoló

advancing I. *a bány* egyenesen haladó; **II.** *n* (elő)haladás; *bány* egyenesen (befelé) haladás, fejtés/művelés határ felé; *forg* előtolás, fogásvétel; ~ **blade** *rep* előrehaladó rotorlapát; ~**-load stress** *ép* feszültség dinamikus terheléstől; ~ **longwall** *bány* egyenesen haladó frontfejtés; ~ **mining** egyenesen *v.* mezőhatár felé haladó művelés; ~ **on strike** *bány* egyenesen (befelé) haladó művelés csapásban; ~ **system** *bány* egyenesen (befelé) haladó művelés; ~ **to the dip** *bány* dőlésben egyenesen (befelé) haladó művelés; ~ **to the rise** *bány* dőlésben felfelé egyenesen (befelé) haladó művelés; ~ **wave** *met* haladó/progresszív hullám; ~ **working** *bány* mezőbe haladó fejtés

advantage előny; ~ **of the lever** *gép* emelő áttételi aránya

advantageous előnyös; ~ **allele** *at* kedvező allél

advectiometer *met* vízszintes légáramlásmérő

advection *met* advekció, vízszintes levegőszállítás; ~ **fog** *met* advekciós/áramlási köd

advectional advekciós, vízszintesen haladó; ~ **current** *met* vízszintes légáramlás/légáramlat

advective *met* advektív; ~ **cooling** *met* szél okozta *v.* advekciós lehűlés; ~ **region** *met* advektív/szeles terület; ~ **thunderstorm** *met* advektív zivatar; ~ **warming** *met* szél okozta melegedés

advent megérkezés, megjelenés

adventitious idegen, esetleges; mellékes, véletlen

adventive adventív; járulékos; *csill* váratlanul fellépő; *mzg* vadon termő; ~ **crater** *geol* parazitakráter

adventure *bány* bányaüzem, bányatársulat; ~ **share** *bány* bányarész, kuxa

adversary ellentétes; ~ **grade** *bány* ellenlejtő; ~ **tracks** *vasút* keresztező (veszélyes) vágányok

adverse ellenkező, ellentétes; szembenálló; ~ **conditions** kedvezőtlen (munka)feltételek; ~ **effect** *foto* ellentétes képhatás; *távk* káros (be)hatás; ~ **furnace condition** kemence-üzemzavar; ~ **grade** *bány* ellenlejtő; ~ **weather conditions** *rep* kedvezőtlen/bonyolult időjárási feltételek; ~ **weather lamp** *gépk* ködlámpa; ~ **weather warning lamp** hátsó ködlámpa; ~ **wind** *met* ellenszél

advertise hirdet, értesít; reklámoz; nyilvánít

advertised hirdetett; reklámozott; ~ **load** nyilvántartott terhelés

advertisee reklámalany

advertisement reklám; hirdetés, tudósítás; ~ **board** *pa* hirdetőtábla; plakátkarton(lemez); ~ **cardboard** reklámkarton; ~ **illumination** reklámvilágítás; ~ **panel** szalaghirdetés; ~ **paper** (plakátnyomó) papír; ~ **pillar** hirdetőoszlop; ~ **sheet** hirdetési melléklet; ~ **sticker** ragasztócímke; ~ **type** *nyom* reklámbetű; ~ **wrapper** reklám-csomagolópapír

advertiser hirdető, reklámozó; ~**'s copy** bizonylati példány

advertising hirdetés, reklámozás; reklámtevékenység; ~ **agency (network)** reklámügynökség(i hálózat); ~ **aids** reklámanyag; ~ **aimed at social strata** rétegreklám; ~ **allocation** reklámkeret; ~ **appeal** reklámerő, reklám vonzó erejének felhasználása; ~ **appropriation** → ~ allocation; ~ **art** reklámgrafika; ~ **artist** reklámgrafikus; ~ **bag** reklámtáska, reklámszatyor; ~ **bill** (reklám) plakát; ~ **branch** reklámszakma; ~ **brochure** reklámbrosúra; ~ **budget** → ~ allocation; ~ **business** reklámipar; ~ **by phone** telefonreklám; ~ **campaign** reklámkampány; ~ **carry-over** távlati/áthúzódó reklámhatás; ~ **character** reklámfigura; ~ **claim** (reklám)állítás; ~ **column** hirdetési rovat; reklámhasáb; ~ **communication** fizetett sajtóközlemény; ~ **company** reklámvállalat; ~ **constant** reklám változatlan eleme; ~ **consultant** reklámszakember; szaktanácsadó reklámügyben; ~ **contractor** hirdetési ügynökség, hirdetésitér-közvetítő; ~ **control** eredményvizsgálat *(reklámé)*; ~ **copy** reklámszöveg; ~ **costs (per unit)** (fajlagos) reklámköltség; ~ **decay** reklámhatás csökkenése/kopása/csillapodása; ~ **designer** → ~ artist; ~ **effect** reklámhatás; ~ **efficiency** reklámhatékonyság; ~ **field experiment/test** helyszíni (hatás)vizsgálat *(reklámé)*; ~ **film** reklámfilm; ~ **folder** hirdetési melléklet; ~ **gift** reklámajándék; ~ **goal** reklámcél; ~ **graphics** → ~ art; ~ **idea** reklámötlet; ~ **industry** reklámipar; ~ **input** reklámráfordítás; ~**(-)intensive** reklámigényes; ~ **leaflet** szórólap; ~ **letter** reklámlevél; ~ **market** reklámpiac; ~ **media** (reklám) média; ~ **medium** reklámeszköz; reklámhordozó; ~ **mix** médiakiválasztás; ~ **motto** szlogen, reklámjelmondat; ~ **novelty** reklám(ajándék)tárgy; ~ **office** hirdetőiroda, hirdetővállalat; ~ **of public invest** közérdekű reklám; ~ **outlay** reklámráfordítás; ~ **page** hirdetésoldal, hirdetési oldal; ~ **picture** → ~ film; ~ **pillar** → ~ column; ~ **psychology** reklámpszichológia; ~ **rate** hirdetési tarifa/díjszabás; ~ **rate card/sheet** hirdetési árjegyzék; ~ **record** reklám értékelése; ~ **response (function)** reklámhatár (görbéje); ~ **result/returns** reklámeredmény; ~ **sales agency** reklámügynökség, hirdetési képviselet; ~ **sample** reklámminta; ~ **schedule** reklámterv; ~ **seal** (reklám) záróbélyeg; ~ **space** hirdetési tér; ~ **speciality** reklám(ajándék)-tárgy; ~ **spot** spothirdetés; ~ **stamping** postai reklámbélyegzés; ~ **sticker** *pa* ragasztócímke, „nyalóka"; ~ **strip** könyvszalag; ~ **supplement** hirdetési melléklet; ~ **text** reklámszöveg; ~ **van** reklámautó; ~ **vehicle** reklámhordozó; ~ **wear-out** → ~ decay; ~ **zone** szórási terület

advice tanács; értesítés; értesülés

advise tanácsot ad; értesít, tudósít

adviser , advisor tanácsadó

advisory tanácsadó; ~ **airspace** *rep* tanácsadói (szolgálattal biztosított) légtér; ~ **approach** *rep* megközelítés/bevezetés légiforgalmi tanácsadói szolgáltatással; ~ **board** felügyelőség, gondnokság, kuratórium; ~ **message** *rep* légiforgalmi tanácsadó közlemény; ~ **service** tanácsadó szolgálat; ~ **warning indicator** *rep* ellenőrző-riasztó jelzőkészülék

ADW → array descriptor word

ADX → automatic data exchange

adze I. *v* bárdol; kinagyol; kifarag; **II.** *n* bárd, szinlőbárd; fejsze; ~**-plane** lapológyalu

adzer *vasút* talpfakapcsoló

adzing ga(u)ge *vasút* talpfakapcsoló minta

ae → air escape; → anode efficiency

AE → absolute error; → activation energy; → air engineering

aegirine *ásv* egirin; ~**-augite** *geol* egirin-augit

aegirite *ásv* egirit, akmit

aeolation *geol* defláció, elmállás

aeolian *geol* eoli(kus); *met* aeol-, eol-; ~ **clay** eoli(kus) agyag; ~ **erosion** defláció, szélerózió; ~ **rocks** eoli sziklák; ~ **sand** *talt* futóhomok; ~ **soil** *talt* szélhordta (lerakódott) talaj; ~ **soil removal** *talt* defláció; ~ **vibration** *el* szél okozta lengés

aeolic → aeolian; ~ **generator** szélgenerátor; *rep* szélkerékhajtású dinamó/generátor

aeolight modulálható glimmlámpa/parázsfénycső, többszínű villólámpa

aeolotropic *fiz* anizotróp, eolotróp

aeolotropism → aeolotropy

aeolotropy *fiz* anizotrópia; *talt* eolotrópia

AEPEM → Association of Electronic Parts and Equipment Manufacturers

aerate levegőztet, (ki)szellőztet; levegő/gázok hatásának kitesz; *élip* lazít *(tésztát)*, szénsavval telít *(pl. ásványvizet)*; *vák* lelevegőztet

aerated *élip* levegővel kevert; szénsavas; *tex* légszárított; ~ **burner** keveréses égő, légkeveréses gázégő; ~ **concrete** gázbeton, sejtbeton; ~ **lake** *hidr* levegőztetett tó; ~ **plastic** *műa* habműanyag, műanyaghab; ~ **solid** lebegő részecske *(a levegőben)*; aeroszol; ~ **spring** *geol* szénsavas forrás; ~**-water machine** szódavízgép, szikvízgép; ásványvíztelítő gép; ~ **yarn** üreges (szálú) műselyemfonal, celta-műselyem

aerating levegőztetés; aerálás; ~ **pipe/tube** levegőztető cső; ~ **system** *tex* légszárító/levegőztető rendszer

aeration aerálás; átszellőz(tet)és, levegőztetés; átfúvatás levegővel, légellátás; levegő behatolása; *bány* légtelenítés; *élip* szénsavas telítés, lazítás *(tésztáé)*; *önt* átszellőzés; ~ **basin** *hidr* levegőztető medence/tartály; ~ **by chemical means** kémiai lazítás *(tésztáé)*; ~ **by mechanical means** fizikai lazítás *(tésztáé)*; ~ **drainage** *talt* szellőztető talajcsőhálózat; ~ **jet** levegőnek kitett folyadéksugár; ~ **of the sand** *önt* (homok)lazítás; ~ **tank** *hidr* levegőztető tartály/medence; ~ **with compressed air** légbefúvás

aerator levegőző, szellőző, aerátor; levegőztető berendezés; *élip* lazítószer; *mzg* gázfertőtlenítő készülék, szénalazító; *ol* szellőztető, aeráló; *önt* homokszóró, homokröpítő

aeremia keszonbetegség

aerial I. *a* függő, függesztett; légi, levegőben levő; *bány* külszíni; *el* föld feletti, szabad, lég- *(vezeték)*; *ép* külső, külszíni; *kat* légi, levegőben levő; *rep* légi, repülő; **II.** *n* → antenna *is*; *el, rád* antenna, légvezeték; ~ **advertising (AA)** légi reklám; ~ **aperture** *távk* antennanyílásszög; ~ **application** *rep* légi alkalmazás/felhasználás; ~ **arch** *geol* sziklahíd; ~ **attenuator** antennacsillapító; ~ **balance** antennakiegyenlítés; ~ **barrage** *kat* légi zár; ~ **bomb** *kat* repülőbomba; ~ **booster** *távk* antennaerősítő; ~ **cable** *távk* légkábel, szabadkábel, föld feletti kábel; ~ **cableway** *em* függőpálya; függővasúti kábeldaru; kötélpálya; ~ **camera** légifényképező kamera; ~ **car** magasvasúti kocsi; léggömbkosár, léggömbgondola; ~ **cargo** *rep* légiszállítmány, légi teheráru; ~ **choke** *távk* antennafojtó; ~ **circuit** antennakör; ~ **coil** antennahosszabbító tekercs; ~ **collision** *rep* összeütközés a levegőben; ~ **condenser** *távk* antennahangoló kondenzátor; ~ **conductor** *távk* légvezeték, szabadvezeték; ~ **control table** *távk* antennakapcsoló tábla; ~ **conveyer** *bány* függesztett szállítószalag *(külszíni szállításra)*; *heng* függő drótkötélpálya; ~ **conveyer of telpher type** *vasút* egysínű függővasút *(futómacskás)*; ~ **crop dusting** *mzg* repülőgépes porozás/permetezés; ~ **crossing/cross-over** *vasút* felsővezeték-keresztezés; munkavezeték-keresztezés; ~ **cross-talk** *el* antennaáthallás, keresztmoduláció; ~ **current** *távk* antennaáram; ~ **cut-out** *távk* antennakikapcsoló; ~ **defense** *kat* légvédelem; ~ **drainage** *szell* légcsövezés; ~ **drive** *el* antennakivezérlés; ~**-drop spraying** *mzg* légi permetezés; ~ **dusting** *mzg* repülőgépes porzás/permetezés; ~ **earth conductor** *el* védővezető; ~ **element** *el* antennaelem, antennatag; ~ **eliminator** *távk* antennapótló; ~ **extension** antennaépítmény; *el* légvezetékes hálózat; *távb* légvezetékes mellékállomási vonal; ~ **fairlead** *rep* antennabevezetés, antennabevezető; ~**-feed impedance** *el* bemenő antennaimpedancia; ~ **ferry** függőkomp, függőátkelő; ~ **film** *foto* légifilm; ~ **flooding** területi kiszorítás; ~ **folds** *pl geol* laza redő; ~ **frame** *távk* keretantenna; ~ **frog** kötélpálya váltója/elágazása; ~ **funicular** kötélpálya, kötélvasút; ~ **grounding** *el* antennaföldelés; ~ **guidance** légi távirányítás; ~ **head** antennafej; ~ **hijacking** repülőgép-eltérítés, légi kalózkodás; ~ **impedance** *távk* antennaimpedancia; ~ **inductance coil** *távk* antennahosszabbító tekercs; ~ **input** *távk* antennabemenet, antenna bemenőteljesítménye, antennába táplált teljesítmény; ~ **inspection** *rep* légi ellenőrzés; ~ **ladder** tolólétra; ~ **leading-through** antennaátvezetés; ~ **line** *el* szabadvezeték, légvezeték; *rep* légvonal; *vasút* felső munkavezeték; ~ **(line) lead-in** *el* légvezeték-bevezetés; ~**-loading coil** *rád* antennahangoló tekercs; ~ **magnetometer** *fiz* légi magnetométer; ~ **map** repülőtérkép; légi térkép, fototérkép, légi fényképekből készült térkép; ~ **mapping** légi térképezés; légi fotogrammetria; ~ **mapping camera** légi fotogrammetriai kamera, mérőkamera; ~ **mosaic** légifénykép-mozaik, nyers légitérkép, légi fénytérkép/fototérkép; ~ **navigation** repülési/légi navigáció; ~ **network** *el* légvezeték-hálózat; ~ **output** *távk* antenna kimenőteljesítménye; ~ **perspective** légi távlat; ~ **photo** légi felvétel/fénykép; ~ **photograph** *foto, rep* légi felvétel, aerofotogrammetriai/légifénykép-mérési *v.* légi fotogrammetriai felvétel; ~ **photographic surveying** *geod* felmérés légi fényképezéssel; ~ **photo interpretation** légifelvétel-kiértékelés; ~ **port of debarkation (APOD)** kihajózási repülőtér; ~ **position finding** *távk* légi navigáció; ~ **power** *távk* antennateljesítmény; ~ **rail** drótkötélpálya; ~ **railway/railroad** magasvasút; függővasút; ~ **range** *távk* antenna-hatósugár, antennahatótáv; ~ **reconnaissance** *kat* légi felderítés; ~ **refuel(l)ing** *kat, rep* levegőben történő üzemanyagfeltöltés; ~**-repeat dial** *távk* antennaállás-mutató skála; ~ **rod** *el, rád* botantenna; ~ **rope** tartó/felső kötél; ~ **ropeway** (drót)kötélpálya, függőpálya; ~ **ropeway for passenger traffic** függővasút személyszállításra; ~ **route** *rep* légi útvonal; ~ **row** *távk* antennasor; ~ **screen** áttetsző színpadi vetítőernyő; ~ **search pattern** *rep* légi kutatási eljárás; ~**s for radio astronomy** rádiócsillagászati antenna; ~ **shooting** *geof* légrobbantás; ~ **shortening condenser** *el* antennarövidítő kondenzátor; ~ **sketchmaster** légi fotogrammetriai rajzoló/komparátor; ~ **socket** *távk* antennahüvely; ~ **sounding line** akusztikai magasságmérő; ~ **spacing** *távk* antennatávolság; ~ **spotting** *kat* légi tüzérfelderítés; ~ **spraying** *mzg* repülőgépes permetezés/porozás; ~ **spud** *em* kotrógépmozgató kötél; ~ **strand** antennahuzal; ~ **strip survey** légi fotogrammetria; ~ **structure** föld feletti építmény/építkezés/szerkezet; *el, távk* felsővezeték-szerkezet; ~ **survey** légi felderítés/kutatás; aerofotogrammetriai felvétel; ~ **survey camera** (aerofotogrammetriai) mérőkamera; ~ **survey film** légifilm; ~ **survey photograph** → view; ~ **survey work** *rep* légi felderítő munka; ~ **syntonizer** *távk* antennahangoló berendezés; ~ **syntonizing gear/mean** antennabehangoló berendezés; ~ **system** antennarendszer; ~ **table** → ~ control table; ~ **tanker** *kat* üzemanyag-utántöltő repülőgép; ~ **target drone** *rep* légicélvontató repülőgép; ~ **temperature** *távk* antennahőmérséklet; ~ **terminal** antennakapocs; ~ **trailer** *rep* függő antenna; ~ **train** légivonat; ~ **tramway** drótkötélpálya, függővasút; ~ **transformer** antennatranszformátor; ~ **transport(ation)** légi közlekedés/forgalom; *kat* légi szállítás; ~ **triangulation** *geol* légi háromszögelés; ~ **trunk** *távk* antennaátvezető; ~ **tuning** antennahangolás; ~**-tuning capacitor (ATC)** antennahangoló kondenzátor; ~**-tuning house/hut** antennahangoló ház; ~**-tuning inductance/inductor** *rád* antennahangoló tekercs; ~**-turning motor (ATM)** *távk* antennaforgató motor; ~ **view** légi felvétel, aerofotogrammetriai/légifénykép-mérési *v.* légi fotogrammetriai felvétel; ~ **weight** *távk* uszályantennasúly; ~ **winch** antennacsörlő; ~ **wire** légvezeték, felső vezeték; ~ **wire-ropeway** drótkötélpálya; ~ **work** *rep* munkarepülés; ~ **yard** antennatámasz

aeriferous levegőtartalmú

aeriform légnemű, gáznemű, gáz alakú

aerify levegővel telít/tölt; levegővel kever; elgázosít; gáznemű halmazállapotba átvisz

aerifying levegőztetés; aerálás

aeroacoustics *rep* aeroakusztika

aeroballistics *rep* aeroballisztika

aerobat műrepülő, mesterrepülő

aerobatic *rep* műrepülő; ~ **manoeuvre** műrepülő figura

aerobatics *rep* műrepülés

aerobe aerob *v.* oxigént igénylő szervezet

aerobic *vegy* aerob, oxigént igénylő; ~ **degradation** aerob lebomlás/lebontás; ~ **digester** *hidr* iszaptó; ~ **fermentation** *környv* aerob fermentáció; ~ **organism** *környv* aerob szervezet; ~ **ret** aerob (len)áztatás; ~ **sewage** → ~ waste-water; ~ **sludge treatment** *környv* aerob iszapkezelés; ~ **waste-water cleaning** *környv* aerob szennyvíztisztítás

aerobiologic(al) aerobiológiai

aerobiology aerobiológia

aerobiont aerobionta

aerobridge *rep* utashíd, teleszkópos utasfolyosó

aerocamera aerofotogrammetriai kamera, mérőkamera

aerocartograph aerokartográf, sztereoszkopikus légitérképező aerofotogrammetriai komparátor

aerocasting *hők* cianidálás kalciumcianid-fürdőben

aerochronometer repülőgépóra *(időmérő)*, repülőkronométer

aeroclimatologic(al) aeroklimatológiai

aeroconditioner levegőkondicionáló

aerocover repülőgépkerék-köpeny

aerocrete *ép* sejtbeton; ~ **concrete** *ép* légbeton, lyukacsos/porózus/könnyű beton

aerodrome *rep* repülőtér, légikikötő; ~ **beacon (ABN)** repülőtéri jeladó/fényadó; ~ **chart** repülőtértérkép; ~ **circling** iskolakör; ~ **climatolotable** repülőtér-éghajlati táblázat; ~ **control (AC)** repülőtéri vigyázószolgálat; ~ **control radar** repülőtéri ellenőrző radar; ~ **control radio station** repülőtéri irányító állomás; ~ **control service** repülőtéri irányító szolgálat; ~ **control tower** repülőtéri irányítótorony; ~ **elevation** repülőtér tengerszint feletti magassága; ~ **flight information service (AFIS)** repülőtéri repüléstájékoztató szolgálat (AFIS); ~ **forecast** repülőtéri (időjárás-)előrejelzés; ~ **identification sign** repülőtér-azonosító jelzés; ~ **lights** repülőtér-világítás; ~ **meteorological office** repülőtéri meteorológiai szolgálat; ~ **obstruction chart** repülőtér akadálytérképe; ~ **taxi circuit** repülőtéri gurulóút-hálózat; ~ **traffic zone** repülőtér-forgalmi körzet

aeroduct *rep* rezgőszelepes torlósugárhajtómű

aerodusting por(o)zás repülőgépről

aerodynamic aerodinamikai; aerodinamikus; légerőtani; *gépk* áramvonalas; ~ **balancing** aerodinamikai kiegyenlítés; ~ **body** áramvonalas felépítmény/karosszéria; ~ **braking** dinamikus/aerodinamikai fékezés; ~ **centre/center (AC)** nyomásközéppont, neutrális pont, aerodinamikai középpont; ~ **coefficient** aerodinamikai tényező/együttható; ~ **controller** *rep* aerodinamikai kormányszerv; ~ **controls** vezérsíkok; ~ **disturbance** *rep* széllökés; ~ **downwash** *met* aerodinamikai lecsapódás; ~ **drag** (levegő-)közegellenállás, aerodinamikai ellenállás, légellenállás; ~ **force** légerő, aerodinamikai erő; ~ **heat-**

(ing) *rak, rep* aerodinamikai melegedés; ~ **interference** *rep* aerodinamikai kölcsönhatás; ~ **lift** aerodinamikai felhajtóerő; ~ **lifting surface** *rep* aerodinamikai hordfelület; ~ **load** aerodinamikai terhelés, légerőterhelés; ~ **moment** légerőnyomaték; ~ **radar** repülőtéri ellenőrző radar; ~ **resistance** közegellenállás, aerodinamikai ellenállás, légellenállás; ~ **rocket** szárnyas rakéta; ~ **stagger** aerodinamikai lépcsőzés; ~ **trail** *rep* kondenzcsík, aerodinamikai csík; ~ **twist** aerodinamikai elcsavarás; *rep* aerodinamikai elcsavarás; ~ **wind tunnel** aerodinamikai szélcsatorna

aerodynamically poor *rep* rosszul áramvonalazott

aerodynamicist aerodinamikus *(személy)*, aerodinamikai szakember

aerodynamics repüléstan, aerodinamika; légerőtan

aerodyne repülőgép, levegőnél nehezebb légijármű; *rak* repülőtest

aeroelastic | **divergence** *rep* aeroelasztikus jelenség; ~ **effect** *rep* aerodinamikai deformáció hatása

aeroelasticity *fiz* aeroelaszticitás

aeroembolism *orv* légembólia *(keszonmunkásé)*, keszonbetegség

aeroengine repülőmotor

aeroengineer repülőmérnök, fedélzeti technikus

aerofoil → airfoil

aerogation *rep* léginavigáció

aerogator *rep* navigációs tiszt

aerogel *vegy* aerogél

aeroglide légpárnás szállítóeszköz

aerogram *met* aerogram, Refsdal-diagram, légállapotgörbe; *rep* légi távirat, repülő-rádiótávirat

aerograph *ép* aerográf, szórópisztoly, légecset; *met* aerográf, meteorográf; *pa* légpermetező; *szersz* dukkózópisztoly, szórópisztoly

aerography *met* aerográfia, légtan

aerohydrodynamic áramlástani, aerohidrodinamikai

aerohydrodynamics aerohidrodinamika

aerohydrous *geol, krist* aerohidrális

aerolite *csill* meteorit, kőmeteor

aerological légkörkutató; aerológiai; ~ **diagram** aerológiai/termodinamiai diagram; ~ **measurement** *met* aerológiai felszállás; ~ **slide** meteorológiai számoléléc; ~ **sounding** *met* légkörkutatás, szondázás, kutatófelszállás; ~ **station** magaslégköri szinoptikus állomás, aerológiai állomás

aerology *met* aerológia, légkörkutatás

aeromagnetic légi mágneses; ~ **exploration** *geof* légi mágneses kutatás; ~ **map** *geof* légi mágneses térkép; ~ **method** légi mágneses eljárás; ~ **survey** *geof* légi mágneses felmérés

aeromagnometer *geof* légi magnetométer

aeromarine tengeri-légi

aeromechanic(al) aeromechanikai, repülésmechanikai

aeromechanics aeromechanika, repülésmechanika

aerometeorograph (aero)meteorográf

aerometer aerométer, sűrűségmérő

aerometric aerométeres, aerometriai

aerometry légsűrűségmérés, gázsűrűségmérés, aerometria

aeromobile légpárnás jármű

aeromodelling, *US* **aeromodeling** repülőmodellezés

aeromotor repülőmotor

aeronaut léghajós

aeronautic(al) repülésügyi, légügyi, légi, repülő; ~ **approach chart (AAC)** *rep* léginavigációs megközelítési térkép; ~ **beacon** légiforgalmi irányfény/fényjeladó; ~ **broadcasting service** légiforgalmi körözvényadó szolgálat; ~ **chart** léginavigációs térkép; ~ **climatological information** légiforgalmi éghajlattani információ; ~ **climatology** repülésklimatológia; ~ **engineer** repülőmérnök, repülőgép-technikus, repülőgép-mechanikus; ~ **engineering** repüléstechnika *(repülőgép-tervezés, -gyártás és -karbantartás)*; ~ **equipment** repülőműszaki berendezés; ~ **fixed circuit** légiforgalmi állandó helyű állomások köre; ~ **fixed service (AFS)** légiforgalmi állandó helyű szolgálat; ~ **fixed telecommunication network (AFTN)** légiforgalmi földi távközlési szolgálat, AFTN; ~ **ground light** légiforgalmi földi fény; ~ **ground mark** *rep* léginavigációs földi azonosítójel; ~ **ground radio station** *rep* légiforgalmi földi rádióállomás; ~ **industry** repülőgépipar; **A ~ Information Publication (AIP)** *rep* Légiforgalmi Tájékoztató Kiadvány; ~ **information service** repüléstájékoztató szolgálat; ~ **light** légiforgalmi fény; ~ **light beacon** légiforgalmi fényjeladó; ~ **map** léginavigációs térkép; ~ **meteorological station** repülésmeteorológiai állomás; ~ **meteorology** repülésmeteorológia; ~ **mobile-satellite service** műholdas légi mozgószolgálat; ~ **mobile service** légiforgalmi mozgószolgálat; ~ **point-to-point network** légiforgalmi helyközi távközlő szolgálat; ~ **radionavigation-satellite service** műholdas légi rádiónavigációszolgálat; ~ **radionavigation service** légiforgalmi rádiónavigáció-szolgálat; ~ **radio (service) (AR)** légiforgalmi rádió(szolgálat); ~ **route chart** léginavigációs útvonaltérkép; ~ **station** földi rádióállomás; ~ **telecommunication** légi/repülőgépes telekommunikáció/távközlés; ~ **telecommunication network** *rep* légiforgalmi távközlő hálózat; ~ **timber** repülőgépipari fa; ~ **wind tunnel** aerodinamikai szélcsatorna

aeronautics léghajózás; repülés(ügy), aviatika

aeronavigation léghajózás; légi navigáció, repülés

aer(o)oil repülőolaj

aerophare *rep* irányfény

aerophone *hang* kombinált halló és beszélő fültölcsér, Edison-féle hangerősítő

aerophore *bány* aerofor, légző-mentőkészülék

aerophotogram aerofotogrammetriai *v.* légi fotogrammetriai felvétel

aerophotogrammetry *geod* aerofotogrammetria, légi fotogrammetria *(légi fényképes területfelmérés)*

aerophysics aerofizika *(légnemű testek fizikája)*

aeroplane repülőgép, levegőnél nehezebb légijármű; ~**-beaching trolley** vízirepülőgép-csúszdakocsi; ~ **carrier** repülőgép-anyahajó; ~ **effect** *el, fiz* uszályantenna-hatás; ~ **fabric** szárnyvászon; ~ **headlight** *rep* helyzetlámpa; ~ **mooring kit** repülőgép-lehorgonyzó készlet; ~ **parachute** repülőgép-ejtőernyő *(géphez kötött)*; ~ **position finding apparatus** repülőgép helyzetét meghatározó készülék; ~ **rigging** repülőgéphuzalozás; ~ **sounding** meteorológiai kutatórepülés; ~ **spraying** permetezés repülőgépről; légi permetezés/porzás; ~ **stall warning device** repülőgép átbillenését ellenőrző készülék; ~ **supercharger** repülőmotor-feltöltő, repülőmotor-kompresszor; ~ **towing** repülőgépvontatás; ~ **trim** *rep* trimmelés, egyensúlyi helyzet; ~ **wood** repülőgépgyártási faanyag

aeropulse *rep* szakaszosüzemű/lüktető sugárhajtómű
aeroscope légmintavevő készülék, aeroszkóp
aeroscopic légmintavételi, aeroszkópos
aeroscopy aeroszkópia *(légkör állapotának/változásainak figyelése)*, légmintavétel
aeroseal *rep* levegőtömítés
aerosil *gyógyv* aeroszil *(tabletta-segédanyag)*; *műa* aeroszil *(kovasavpehely-töltőanyag)*
aerosite *ásv* pirargirit
aeroslide légcsavaros szán
aerosol aeroszol (palack); *vegy* aerokolloid rendszer; emulzifikáló szer; ~ **bomb** *kat* aeroszol bomba; ~ **container** aeroszol palack/tartály; ~ **electricity** aeroszolvillamosság; ~ **filtration** *at* aeroszolszűrés, aeroszolszűrődés; ~ **OT** *gyógyv* nedvesítő por; ~ **pack** aeroszol csomagolás; ~ **particle** (légköri) aeroszol részecske; ~ **pressure cell** aeroszol(os szóró)palack; aeroszol bomba; ~ **spray** aeroszol spray; aeroszol, „bomba"
aerospace lég(i)tér; (világ)űr; űrrepülés; ~ **engineering** űrrepüléstechnika; űrtechnológia; ~ **ground equipment (AGE)** (űrrepülési) földi állomás; ~ **guidance** repülőgép-rávezetés; ~ **industry** űrrepülőgép-ipar; ~ **plane** űrrepülőgép
aerospatial űrrepülési
aerostat aerosztát *(léggömb v. léghajó)*, levegőnél könnyebb légijárómű; ~ **stabilizer** kötött léggömb vezérsíkja
aerostatic(al) aerosztatikai; ~ **force** *rep* aerosztatikai felhajtóerő
aerostatics aerosztatika
aerostation léghajózás; aerosztatika; léggömbsport; léghajókezelés, léggömbvezetés; léggömbépítés
aerostructure *rep* repülőgép-szerkezet
aerosurveying légi térképészet
aerotechnics aerotechnika, repüléstechnika
aerothermal aeroterm
aerothermochemistry aerotermokémia, levegő termokémiája
aerothermodynamic(al) aerotermodinamikai; ~ **duct** torlósugár-hajtómű
aerothermodynamics aerotermodinamika, levegő termodinamikája
aerothermoelasticity aerotermoelaszticitás, levegő termoelaszticitása
aerotopography *geod* légi topográfia/terepfelmérés, aerotopográfia
aerotow *rep* légi vontatás; ~ **flight** *rep* vontató repülés
aerotrain *vasút* légpárnás vonat
aerotriangulation *geod* légi háromszögelés, aerotrianguláció
aerotronics aerotronika
aeruginous nemes rozsda színű
aerugo rézrozsda; patina
AES → Auger electron spectroscopy
aeschynite *ásv* aeschynit
aether → ether
aetite *ásv* etit, saskő; *bány* vasércgumó, limonitgumó
AEV → automatic expansion valve
AEWR → airborne early warning radar
AF → accuracy figure; → acid-fast; → Air Force; → audio frequency; → automatic fault finding; → automatic following
AFA. → audio frequency amplifier
AFC → automatic flight control; → automatic frequency control
AFCE → automatic flight control equipment
AFCS → automatic flight control system
affect I. *v* hat, befolyásol, érint; megtámad; **II.** *n mat* affektus; ~ **function** affektusfüggvény
affected érintett, befolyásolt; ~ **quadratic** *mat* általános másodfokú egyenlet; ~ **zone** hatásterület
affection befolyás, hatás
afferency afferencia
afferent odavezető
affiliation csatlakozás
affinade *cu* affinált cukor
affinage *élip* affinálás, cukormosás; *koh* frissítés, finomítás, tisztítás; válatás; ~ **furnace** finomítókemence
affinated sugar *cu* affinált cukor
affination → affinage
affine I. *v cu, élip* affinál; *koh* frissít, finomít, tisztít; **II.** *n* affin; ~**-connected manifold** *mat* affinösszefüggő sokaság; ~ **connected space** *fiz, mat* affinösszefüggő tér; ~ **connection** *fiz, mat* affintranszformáció, affinleképezés, affinitás; ~ **differential geometry** *mat* affin differenciálgeometria; ~ **presentation** *mat* affinábrázolás; ~ **principal curvature** *mat* affin főgörbület; ~ **space** *mat* affintér; ~ **transfer/transformation** *mat* affintranszformáció, affinleképezés, affinitás
affinely *mat* affin-; ~ **connected manifold** *mat* affinösszefüggő sokaság; ~ **connected space** affin-összefüggő tér
affinity *mat* affinitás, affinkapcsolat; *vegy* (kémiai) rokonság, affinitás; ~ **group charter** *rep* különjárat szakmai csoportok részére; ~ **residue** *vegy* remanens affinitás; ~ **to the fibre** szálaffinitás
affinograph affinpantográf
affinor *mat* tenzor, affinor; ~ **differential equation** *mat* tenzor-differenciálegyenlet, tenzorális differenciálegyenlet
affix I. *v* (rá)csatol, hozzáerősít; ráakaszt, rákötöt; rögzít; **II.** *n* affixum
affixed ráakasztott, ráerősített, rákötött; ~ **coat-isolation** *talt* ragasztottlemez-szigetelés
affluent befolyó, hozzáfolyó; ~ **(river)** mellékfolyó
afflux *bány* vízbetörés; *hidr* vízbevezetés, hozzáfolyás; *kat* gőzbevezetés
afforest *fa* erdősít
afforestation *környv* fásítás; ~ **of denuded land** kopárfásítás
AFIPS → American Federation of Information Processing Societies
AFIS → aerodrome flight information service
aflame égő, lángoló, lángokban álló, lángra lobbanó
aflat azonos szinten, laposan
afloat I. *a hajó* szabadon úszó; *hidr, rep* lebegő; **II.** *adv* vízen, tengeren; lebegve; ~ **evaporimeter** úszó párolgásmérő
AFM → antifriction metal
AFMR → antiferromagnetic resonance
afocal *opt* afokális
AFR → acceptable failure rate; → automatic format recognition
AFS → aeronautical fixed service
aft[1] *hajó* hajófaron (levő), farhátsó; ~ **bay race** *hidr* alvízcsatorna; ~ **body** *rep* a törzs farokrésze; ~ **capstan** *hajó* fargugora; ~**-engined** *hajó* farmotoros;

~-fan drive *gép* burkolt/köpenyes hajtómű; **~-fan gate** *hidr* alsókapu, alsó zsilipkapu; **~ gate** alsó kapu *(hajózsilipen)*; **~ hold** *hajó* hátsó raktár
aft² → audio-frequency transformer
after után(a), azt követően; utó-; utóbbi, későbbi; hátulsó; **~ perpendicular (AP)** *hajó* hátsó farfüggély
afterabsorption utóabszorpció
afteracceleration utángyorsítás
afteradmission *hőt* utóbeömlés
afteraerial *rád* farantenna
afterbake utósülés; *ker* utóégetés; *műa* utókeményítés, utósütés, utánkeményítés, utólagos bakelizálás
afterbay *hidr* alsó zsilipkamra; alvíz, vízlépcsőt követő szakasz
afterblow *koh* utánfúvás, átfúvás
afterbody hajótest hátsó félrésze; repülőgép-farokrész; *rak* rakéta leváló fokozata; **~ effect** *rep* fenékellenállás
afterbrightening *tex* utólagos avivälás
afterburner (AB) *gépk, rep* utánégető/utóégető kamra; **~ flow control** utánégetett üzemanyagfogyasztás-szabályozó; **~ nozzle** utánégető fúvóka
afterburning utánégetés; *gépk* utóégetés *(befecskendezés után, dízel)*; *rep* utánég(et)és *(gázturbina után)*
aftercharging *koh* utántöltés, feltöltés *(akkumulátoré)*
afterchrome-process dyeing színezés krómutánkezeléssel
afterchroming utókrómozás
aftercombustion utánégetés
aftercontraction *any* utólagos kontrakció; *ker* utánzsugorodás
aftercooler utóhűtő
aftercooling utóhűtés
aftercrystallization utókristályosodás
aftercure *gumi* utóvulkanizálás; *műa* utókeményedés
aftercurrent *el* utóáram
afterdamp *bány* égési gázok *(robbanás után)*, sújtólégrobbanás utáni gázkeverék
afterdeck *hajó* hátsó fedélzet
afterdraft *tex* utónyújtás
afterdripping utáncsöpögés
afterdulling *tex* utánmattírozás
aftereffect utóhatás; *el* remanencia, utóhatás, memóriaeffektus, tehetetlenségi hatás, „emlékezés"
afterend *hajó* hátsó vég, hátsó rész, far, tat
afterexpansion utóexpanzió, utótágulás
afterfilter utánszűrő
afterfinish *tex* utókezelés
afterfiring *gépk* utóégés, öngyúlás, berobbanás *(kipufogódobban)*
afterflow *ol* utánáramlás; *szt* utánvilágítás *(megjelenítőknél)*; **~ analysis** *ol* utánáramlás-vizsgálat
afterframe *hajó* farborda
aftergases *pl bány* robbanási utógázok
aftergeneration utófejlesztés *(gázé)*
afterglow utánégés; utófénylés; **~-diffusion equation** *at* életkor-diffúzió egyenlet; *fiz* utánvilágítás, perzisztencia; *gépk* utánizzás; *koh* utánizzás *(öntvényé)*; *met* alpi fény; szürkületi égboltpír; *tv* utánvilágítás, perzisztencia; **~ duration** utánvilágítás(i idő), perzisztencia; **~ measurement** utánvilágítás-mérés; **~ screen** utánvilágító ernyő; **~ time** utánvilágítási idő
afterglueing utóenyvezés
afterhardening utószilárdulás, utókeményedés *(acélé)*
afterhatch (AH) *hajó* hátsó fedélzeti nyílás
afterheat *at* utóhő, utólagos hőfelszabadulás
afterhold *hajó* (leg)hátsó raktár
afterignition utángyújtás
afterimage *opt, tv* utókép; *szt* változtatás utáni lapállapotok naplózása
aftermachining *mt* utánmegmunkálás
aftermixing-type gas burner utókeveréses gázégő
afterneutralization *koh* utósemlegesítés
afterpeak (AP) *hajó* farkamra *(far előtti leghátsó helyiség)*
afterpolymerization *vegy* utópolimerizáció
afterpouring *önt* ráöntés, utánöntés
afterpower maradékteljesítmény
afterproduct *cu* másodtermék, utótermék
afterpulse *el, fiz* utóimpulzus, követőimpulzus
afterpunching *szt* utánlyukasztás
afterpurification utántisztítás
afterraise *tex* utánbolyhoz
afterripening utóérlelés *(emulziógyártás)*
afterrun utópárlat
aftersaponification *tex* utólagos elszappanosítás
aftershock *geol* utórezgés, utólökés, utórengés; **~ sequence** *geol* utórengéssorozat; **~ wave** utórengési hullám
aftershrinkage *műa, önt* utólagos zsugorodás
afterspring *hajó* kikötőkötél *(hátrafelé tartó)*
afterstrut *rep* hátsó merevítődúc
aftertack *műa* utólagos/maradék ragadósság *(lakké)*
aftertaste *élip* utóíz
afterteeming *koh, önt* utánöntés, ráöntés, utántáplálás, tápfej utántöltése
afterthreshold behavio(u)r *aut* küszöbérték feletti lézerállapot
aftertreating aftertreatment utókezelés; utómegmunkálás
aftertwist *tex* utósodrat
afterwelt *kh* harisnyaszegély-erősítés
afterwing *rep* hátsószárny *(kacsarepülőgépé)*
afterworking rugalmas utóhatás
AFTN → aeronautical fixed telecommunication network
Ag → silver
AG → air-to-ground; → assault gun; → automatic gun
against all risks (a.a.r.) minden kockázat esetére
agalite *ásv* agalit, rostos talkum
agalmatolite *ásv, bány, geol* agalmatolit, pagodit, kínai zsírkő, szappankő
agar(-agar) *élip* agar-agar; **~-meat infusion** húspeptonos agar; **~ medium** agar-táptalaj
agate *ásv* achát; **~ carnelian** achátkarneol; **~ edge** *geof* achátél; **~ jasper** jaspachát; **~-marble tissue-paper** achátselyempapír; **~ point** kartonmásoló tű *(freskórajzhoz)*; achátcsúcs *(csapágyhoz)*; **~ prism** achátprizma; **~ roller** *bőr* acháthenger
agateware zománcozott vasáru
agathic *műa* agatinsav *(kopálban)*
agatized wood *geol* faopál
AGC → automatic gain control
age I. *v* öregszik, érik; elhasználódik, elkopik; elavul; öregít, érlel; *bőr* öregít *(bőrcserzés)*; *élip* érlel; *gumi, műa* öregít, öregszik; *hők* öregít, nemesít, kikemé-

nyít; **II.** *n* kor, korszak; öregség; öregedés; időtartam; *at* kor, élettartam; *geol* korszak, periódus; ~ **coating** *el* elfeketedés *(lámpáé)*; ~ **determination** kormeghatározás, datálás; ~ **equation** *at* Fermi-paraméter, Fermi-kor, Fermi-féle álidő, Fermi-terület; ~ **factor** *bány* kortényező; ~**-harden** *v hők* öregítéssel keményít, öregít; ~**-hardenable alloy** *koh* kiválásosan keményedő ötvözet; ~ **hardening** *any* (természetes) öregedés; *krist* precipitációs keményedés, öregedés, hideg keményedés; *önt* keményítés, öregítés, kiválásos keményedés; ~**-independent reliability** használati időtől független megbízhatóság; ~ **limit** élettartam határértéke; ~ **number** *geol* korszám; ~ **of stand** *geol* nyugodt kor; ~ **of the beds** *ol* rétegek kora; ~**-reliability relationship** életkor és megbízhatóság közötti viszony; ~ **resistor** *gumi* öregedést gátló szer; ~**-strength relation** *any* összefüggés öregedés és szilárdság között; ~ **the magnet** *v* mágnest mesterségesen öregít; ~**-theory model** *at* életkor-modell; ~ **to absorption** *at* befogásig eltelt idő

AGE → aerospace ground equipment

aged *gumi, műa* öregített; ~ **black** *tex* oxidációs fekete

ageing, *US* **aging** *any* öregedés, (el)kopás, leromlás, anyagkifáradás, avulás, öregítés, avulás, öregedés; *el* öregedés, öregbítés; öregítés; stabilizálás; *ép* avulás, öregedés, betonkezelés; *gumi, műa* öregedés, öregítés; *hők* öregítés, öregedés, nemesítés *(könnyűfémé)*; *ker* áztatás; *koh* hevertetés; *önt* keményítés, öregítés, öregedés, diszperziós/kiválásos keményedés; *tex* érlelés, pihentetés; *vegy* gyantaképző hajlam *(benziné)*; ~ **alloy** öregedő ötvözet; ~ **apparatus** öregedésvizsgáló készülék; ~ **at room temperature** *krist* öregedés, hideg keményedés; ~ **behavio(u)r** öregedési jellemző; ~ **brittleness** öregedési ridegség; ~ **chamber** érlelőkamra; ~ **characteristic** öregedési jellemző; ~ **crack** *önt* öregedési repedés; ~ **dye** *tex* szálon kapott színezék; ~ **hardness** keménység öregítés után; ~ **machine** *tex* gőzölő-szárító kamra; ~ **mechanism** öregedés mechanizmusa; ~ **of a magnet** mágnes (el)öregedése; ~ **of lubricating oil** kenőolaj-öregedés, kenőolaj-öregítés; ~ **of the tyre/tire** *gépk* gumiabroncs öregedése; ~ **oven** *gumi, műa* hőöregítő szekrény; ~ **process** öregítési eljárás; ~ **rack** *rád* csőpróbapad; ~ **resistance** *any* öregedéssel szembeni ellenállás, öregedésállóság; ~ **retarder/resistor** öregedésgátló (szer); ~ **steel** öregedő acél; ~ **test** *any* öregítés(i próba); *el, rád* öregítés, égetési vizsgálat; *gumi, műa* öregítési vizsgálat; *ol* öregítési próba; ~ **tower** érlelőtorony

agency ügynökség; *vegy* hatás, behatás

agent ügynök; tényező; *vegy* szer, (ható)közeg, (ható)anyag, vegyszer, reagens, adalék; ~ **of fusion** *koh* folyasztó(anyag), ömlesztőanyag; **A**~ **Orange** *vegy* Agent Orange *(lombtalanító)*

agential cselekvő; tevékeny, tevőleges, működő

ager *tex* érlelőkamra, gőzölő-szárító kamra

agglomerant *koh* összesülést/összeállást előidéző anyag

agglomerate I. *v* (fel)halmoz; összegyűjt, csomókba gyűjt; összeprésel; összesüt; összeáll, összepréselődik, összetömörödik; összeragad; összesül; *koh* agglomerál, tömörít *(ércet)*; darabosít; pelletizál; *műa, vegy* tömörít, összesüt, összeáll, tömörül, összesül, agglomerálódik; **II.** *a* felhalmozott; összeállt; **III.** *n* halmaz, halmozódás; *bány* agglomerátum; *geol, koh* agglomerátum, szinter; zsugorítvány, tömörítvény; *met* összeállt részecskék; *műa* agglomerátum, részecskehalmaz; ~ **cell** brikettelem; agglomerálócella

agglomerated összeállt, agglomerált, szinterelt, zsugorított; ~ **alloy flux** *heg* keramikus/szinterezett ötvözőpor; ~ **cake** zsugorított lepény; ~ **flux** keramikus hegesztőpor; ~ **submerged-arc flux** *heg* keramikus por fedettívű hegesztéshez

agglomeratic *geol* agglomerátumszerű

agglomerating agglomeráló, szinterelő; ~ **agent** *koh* agglomeráló (ható)anyag; ~ **index** zsugorítási mutatószám; ~ **plant** *bány, koh* (érc)zsugorító/tömörítő/pörkölő berendezés

agglomeration összeragadás; felhalmozódás, összegyülemlés; darabosítás; összetömörülés; agglomerálódás, agglomeráció; *ép* agglomeráció; *geol* töredékhalmaz *(vulkanikus)*; *gumi, műa* agglomerálódás, agglomerálás, összetömörülés, csomósodás; *hőt* szénösszesülés; *koh* zsugorítás, agglomerálás, szinterezés; *met* (részecske)összeállás; ~ **of settlement** *ép* települési halmaz

agglutinant I. *a* összeragasztó; ragadó; *tex* összeragadó; **II.** *n* tompító hatású fixálóanyag

agglutinate I. *v* (össze)ragaszt, (össze)tapad, megalvad, csomósodik; *vegy* megalvad, agglutinálódik, agglutinál, köt; **II.** *a* összeragadt; agglutináló

agglutination megalvadás, agglutinálódás, agglutinálás, összetapadás, csomósodás; összesülés; agglutináció; *tex* összeragadás; *vegy* megalvadás, agglutinálódás, agglutinálás, összetapadás, csomósodás, összeállás

agglutinative *tex* összeragadó

agglutinin *gyógyv* agglutinin

aggradation *geol* terepalakítás hordaléklerakással, aggradáció; *talt* feltöltés; ~ **plain** *geol* feltöltött síkság *(magaslat lábánál)*

aggrade feltölt, felhord

aggrading feltöltő, felhordó, lerakó; ~ **river** hordalékot lerakó folyó

aggravate súlyosbít, növel; megnehezít

aggregate I. *v* aggregál; csoportosít; összegyűjt, csomókba gyűjt; összeállít; egyenesít; egybeépít; aggregálódik; csoportosul; összeáll, összepréselődik, összetömörödik; *műa* aggregál, aggregálódik, összeáll; **II.** *a* összes; halmozott; felgyülemlett; tömegbe egyesített; **III.** *n bány, geol* aggregátum; ásványkonkréció, ásványösszenövés; *ép* adalék(anyag); töltőanyag; *fiz* halmazállapot; *gép* aggregát(um), (egybeépített) gépcsoport; *mat* aggregátum; halmaz, halmozódás; *stat* aggregát; statisztikai sokaság *(alapsokaság, sokaság, populáció)*; ~ **bin** *ép* adalékanyag-siló; ~ **bituminizing plant** *ép* aszfaltkeverő berendezés; ~ **capacity** teljes/összesített teljesítmény; ~ **chart** összetett statisztikai táblázat; összesített táblázat; ~ **classifier** *hidr* kavicsosztályozó; ~ **condition** *fiz* halmazállapot; ~ **error** kumulatív hiba; ~ **grader** *ép* több-betétes rosta; *hidr* kavicsosztályozó; ~ **hopper** *ép* adalékanyag-siló; ~ **in braces** *v* zárójelbe tesz, zárójelez, bezárójelez; ~ **in brackets** *v* (szögletes) zárójelbe tesz; ~ **in parentheses** *v* (kerek) zárójelbe tesz, zárójelez, bezárójelez; ~ **of simple events** elemi események halmaza; ~ **preparation/production plant/installation** *ép* előkészítő mű; ~ **processing plant** előkészítő mű; ~ **ray** *fa* álbélsugár; ~ **room** *hajó* aggregáthelyiség; ~ **spreader** *ép* zúzalékterítő; ~ **star storage** csillagtároló; ~ **thickness** *bány, geol* összvastagság *(telepé/rétegé)*; ~**-volume** *ép* halmaztérfogat; ~ **weigher,** ~ **weigh-batcher,** ~ **weighing batcher (with scale)** *ép* adalékanyag-mérleg

aggregation halmaz, halmozódás; felhalmozás, felhalmozódás, felgyülemlés; csoportosulás; halmozódás, tömörülés; kicsapódás *(túrósodás, tömörülés)*; alkotóelemek egyesülése; morzsaképződés; aggregáció; aggregálás

aggressive támadó hatású, agresszív (hatású); vegyileg aktív; ~ **carbonic acid** *hidr, környv* agresszív szénsav; ~ **ground-water** *hidr* agresszív talajvíz; ~ **magma** *geol* aktív/intenzív magma; ~ **slag** *koh* agresszív salak; ~ **water** agresszív/támadó víz; korróziót előidéző víz

aggressivity *környv* agresszivitás

aging → ageing

agitate (fel)kavar, felkever; összekever, összeráz; *ép* (lapáttal) megforgat

agitated crystallizer keverős kristályosító; *ép* (fel)kevert, rázott; átmozgatott, megforgatott *(anyag)*

agitating kavarás, (fel)kavarás, (fel)keverés; összekavarás, összerázás; ~ **arm** keverőkar; ~ **bin** motoros betonátkeverő gép; ~ **lorry** kavaróműves billenőteknős gépkocsi; agitátor-gépkocsi; utánkeverő gépkocsi; ~ **machine** keverőgép, rázógép; ~ **mixer** rázókeverő; ~ **(rotational) speed** agitátor-fordulatszám; ~ **truck** agitátor-gépkocsi; ~ **vane** keverőgép szárnya/lapátja

agitation keverés, kavarás; *at* gerjesztés, aktiválás; *hők, koh* fürdőmozgatás; ~ **cell** *bány* agitációs cella; ~ **leaching** *koh* kavarólúgzás; ~ **of the molten pool** *heg* hegesztőfürdő-mozgás; ~ **quenching** *hők* edzés átkeverhető fürdőben; ~ **vat** keverőszerkezetes kád

agitator keverőedény, agitátor; *bány* zagykeverő; *ép* agitátor-gépkocsi; *hidr* keverő *(pelyhesítő medencékben)*; *koh* keverő; *ol* keverőedény, agitátor; *tex* keverő(rúd); *vegy* keverő(mű), keverő(szerkezet); ~ **blade** keverőkar, keverőszárny, keverőlapát; ~ **drive** *élip* keverőhajtás; ~ **lorry** *ép* utánkeverő gépkocsi; ~ **paddle** *élip* kavarókar; ~ **sprocket** *mzg* rázókerék, rázólánckerék; ~ **truck** *ép* kavaróműves billenőteknős gépkocsi, utánkeverő gépkocsi; ~ **vessel** *ép* agitátor

AGM → air-to-ground missile

agon *vegy* agon, koenzim

agone *fiz* agonikus vonal, zérus deklinációjú vonal

agonic *fiz* agonikus, zérus deklinációjú; ~ **line** agonikus vonal, zérus deklinációjú vonal, mágneses elhajlás nélküli vonal

agraffe csat, vaskengyel *(pezsgőgyártás)*

agranulocytosis *at* agranulocitózis

agree megállapodik, egyetért, hozzájárul; összeillik

agreed megállapodott, egyetértett; összeillő; ~ **levels of armaments** *kat* megállapodás szerinti fegyverkezési szint; ~ **reporting point** *rep* egyezményes jelentő pont

agreement megállapodás; **as per** ~ megállapodás/szerződés szerint

agrément agrément, hozzájárulás; ~ **confirmation** hozzájárulás megerősítése

agricolite *ásv* agrikolit

agricultural mezőgazdasági, földművelési; ~ **block of plots** *mzg* mezőgazdasági tömb; ~ **bolt** *gép* recés szárú csavar; ~ **chemistry** mezőgazdasági kémia, agrokémia; ~ **climatology** *met* agroklimatológia; ~ **drain** mezőgazdasági alagcső; ~ **economics** mezőgazdasági üzemgazdaságtan; ~ **engineering** mezőgazdasági gépészet; ~ **fork** *mzg* gazdasági vasvilla, szénavilla, trágyavilla; ~ **implement(s)** mezőgazdasági eszköz(ök); ~ **insecticides** mezőgazdasági rovarirtó; ~ **labo(u)r** mezőgazdasági munka; ~ **lime** *mzg* talajjavítási mész; ~ **machine industry** mezőgazdasági gépgyártás; ~ **machinery** mezőgazdasági gépek; ~ **meteorological station** agrometeorológiai állomás; ~ **meteorological station for specific purposes** különleges meteorológiai állomás; ~ **meteorology** agrometeorológia; ~ **produce** mezőgazdasági termék; ~ **technique** mezőgazdasági technika, agrártechnika; ~ **timber** gazdasági szerfa, szerszámfa; ~ **waste** mezőgazdasági hulladék; ~ **water uses** mezőgazdasági vízhasznosítás

agriculture mezőgazdaság, földművelés

agriculturist agronómus

agrimotor mezőgazdasági motor, traktormotor; mezőgazdasági vontató

agrochemical mezőgazdasági vegyszerek

agrochemistry agrokémia

agrochemization agrokemizálás

agrometer *geod* földmérő

agronomist agronómus, okleveles mezőgazda

agronomy agronómia, mezőgazdaságtan

agrotechnical soil conservation agrotechnikai talajvédelem

agrotiller *mzg* talajmaró

aground megfeneklett *(hajó)*

AGS → alternating-gradient synchrotron

aguilarite *ásv* aguilarit

ah, Ah → ampere-hour

AH → afterhatch

ahead elöl, előre; ~ **running/speed** előremenet

Ahm → ampere-hour meter

AI → artifical intelligence

aid I. *v* segít; segédkezik; támogat; előmozdít; **II.** *n* segítség, támogatás; segédeszköz; ~ **and rescue transport helicopter** mentőhelikopter; ~**s** *szt* segédeszközök; ~ **to air navigation** *rep* navigációs rádióberendezés; ~ **to landing** *rep* leszállási segédeszköz

aided támogatott, segített; félautomatikus; ~ **laying** *távk* félönműködő irányítás; ~ **range tracking** félautomatikus célkövetés; ~ **tracking** *aut* önműködő beszabályozás; *rak* félautomatikus pályakövetés; *rep* félautomatikus útvonalkövetés; ~**-tracking mechanism** félautomata szervoszerkezet

AIDS → automated information dissemination system

aigrette sugárnyaláb; *el* kisülési pamat/fénynyaláb; *ép, szer* körfúró; *geol* tű alakú szikla

AIL → amber indicating lamp

aileron *rep* csűrő, csűrőkormány, csűrőlap; ~ **angle** *rep* csűrőkitérítés szöge; ~ **area** *rep* csűrőfelület; ~ **balance** *rep* csűrőkiegyenlítés; ~ **balancing surface** *rep* csűrőkiegyenlítő lap; ~ **cable** *rep* csűrőkormánymozgató kábel; ~ **chord** *rep* csűrő húrja; ~**-connecting strut** *rep* csűrőmozgató rudazat *(kétszárnyú gépen)*; ~ **control** *rep* csűrőkormány-vezérlés; csűrőkormányzás; ~-**control lever** *rep* csűrőmozgató kar; ~-**control shaft** *rep* csűrőkormányrúd; ~ **cutout** *rep* csűrőorrkivágás; kivágás a csűrő számára; ~ **deflection** *rep* csűrőkitérés; ~ **depth** *rep* csűrőhúrhossz, csűrőszárnymélység; ~ **displacement/droop** *rep* csűrőkitérés; ~ **flutter** csűrőrezgés; ~ **follow-up index** *rep* csűrőkitérést jelző mutató; ~ **linkage** *rep* csűrőkormányrúd; ~-**link tubing** *rep* csűrőkormánymozgató csőrudazat; ~ **rib** *rep* csűrőborda; ~ **roll** *rep* csűréssel történő bedöntésszög-változtatás; orsózás csűréssel; ~ **spar** *rep* csűrő(fő)tartó; ~ **tab** *rep* csűrőkiegyenlítő felület/lap; ~ **trimmer** *rep* csűrőkiegyenlítő lap

ailsyte *ásv* amfibolporfir

aim I. *v* céloz; irányít; törekszik, célul tűz ki; *geod* megirányoz, beirányoz; **II.** *n* cél; célzás; irányítás; *kat* irányzék, célgömb; ~ **circle** *geod* busszolaszögmérő; ~ **off** *v kat* célpontot áthelyez; ~ **rifle** céllövő puska

aiming célzás; irányítás; megirányzás; *kat* célzás; ~ **axis** irányvonal; ~ **device/mechanism/contrivance** *kat* célzószerkezet; ~ **disc/disk** célzógyűrű; ~ **line** irányvonal; ~-**off** *kat* célpontáthelyezés; ~ **point (AP)** célpont; *geod* iránypont; ~ **post** *geod* irányKaró; ~ **rule** *geod* irányzóvonalzó; ~ **telescope** irányzótávcső; ~ **tube** gyakorlófegyvercső

AIP → Aeronautical Information Publication

air I. *v* szellőztet; szárít; szárad; levegőzik; *vák* lelevegőzik; **II.** *n* levegő; *(összetételekben)* lég-; légkör; könnyű szellő; *finm* (csap)játéktér; *szersz* nyomás alatti levegő; ~ **above cloud** *met* a légkör felhők feletti rétegei; ~ **accumulator** légtároló, légakkumulátor; ~-**acetylene gas torch** acetilén-levegő gázpisztoly; ~ **activator** *em* pneumatikus szállítóberendezés; ~ **actuator** *aut* pneumatikus működtető szerv; ~ **admission** levegőbevezetés, levegőellátás; *gép* levegőbeszívás, levegőbeeresztés; ~ **admission/admittance valve** *vák* lelevegőző szelep; ~ **agreement** *rep* légügyi egyezmény; ~ **allowance** légmennyiség; ~ **apron** *kat* léggömbzár, léggömbgát; ~ **arm** légierő(k); ~ **assault** *kat* légi deszant (rohama); ~-**assisted feeder** levegőrásegítéses adagolóberendezés; ~-**assisted gravity spout** *élip* levegővel segített futócső; ~ **atomization spray system** pneumatikus festékszórás; ~-**atomizing spray gun** pneumatikus szórópisztoly; ~ **avalanche** *met* léglavina, lebukó légtömeg; ~ **baffle** *rep* légterelő lap; ~(-)**bag** légzsák; *gépk* légzsák *(üzemanyag-vezetéké)*; levegővel telítődő védőzsák; *gumi* vulkanizáló tömlő; *hidr* úszózsák *(felfújt)*; *hőt* fűtőtömlő; *rep* légpárna; ~-**bag base** vulkanizáló tömlő magja; ~-**bagged** *gépk* légköpenyes; ~ **balance** légkiegyenlítés; ~ **balloon** *rep* léggömb; ~ **ball vibrator** pneumatikus golyósvibrátor; ~ **barrage** *kat* légizár; ~ **barrier** *bány* léggát; ~ **base (AB)** *kat* légi támaszpont, repülőtámaszpont, légibázis; ~-**base line** *rep* légi felvételi alapvonal; ~ **bath** *vegy* légfürdő, szárítókamra; ~ **beacon** *rep* légiforgalmi irányfény/jeladó; ~ **bearing** *el* aerosztatikus csapágy *(magnó)*; légcsapágy; ~ **bearing gyroscope** *rep* levegőcsapágyas pörgettyű; ~ **bell** *pa* habfolt *(papíron)*; légbuborék; *üveg* levegőbuborék; ~-**belt purifier** *élip* zártlevegő-körforgású daratisztító; ~-**bend die** hajlítószerszám; ~ **bending** *alak* szabadkézi hajlítás; ~ **bill** *rep* fuvarlevél, rakománylevél; ~ **blast (AB)** légfúvás, légsugár; kényszerhuzat; *bány* robbanási léghullám, préslégáram; *forg* préslégsugár; *gép* töltés, hűtőlégáram; *koh* fúvószél, fújtatás; levegő(be)fúvás; *mzg* légáramlás, szelelő, szelelőrosta; *rep* légsugár, légáramlat; ~-**blast** *el* kényszerszellőzésű; ~-**blast circuit-breaker (switch)** *el* (nyomó)légmegszakító; ~-**blast connecting/connection pipe** *koh* (fúvó)szélvezeték; ~-**blast engine** feltöltött/kompresszoros motor; ~ **blasting** *koh* fúvószél, fújtatás; ~-**blast moisture control** fúvószél nedvességének ellenőrzése; ~-**blast nozzle** fúvószélfúvóka; ~-**blast quenching** fúvottlevegős edzés; ~-**blast system** *pa* szelelő, légosztályozó; ~-**blast temperature** *koh* fúvószél-hőmérséklet; ~-**blast transformer (abt)** *el* kényszerszellőzésű transzformátor; léghűtéses/léghűtésű/száraz transzformátor *(kényszerhűtésű)*; ~-**bleed** *gép* levegőnyílás, levegőrés *(porlasztóé)*; *rep* kompresszorlevegő megcsapolása; ~-**bleed cock** *hőt* légtelenítő csap; ~-**bleed hole** levegőkieresztő nyílás; ~-**bleed press** *pa* levegős víztelenítő prés; ~-**bleed valve** légtelenítő szelep; ~ **blower** *film* szélgép; *gép* kisnyomású kompresszor; *gépk* feltöltő, sűrítő; *koh* fúvógép; *szell* fúvó(gép), szellőző, ventilátor; ~ **blowhole** *önt* levegőzárvány, légzárvány, léghólyag; ~ **blowing** *koh* (levegő)fúvatás; átfúvatás levegővel, légellátás; *ol* légbefúvatás, fúvatás; ~ **blow(ing) pistol/gun** *ép* levegőlefúvó pisztoly; ~-**blown asphalt** *ép* fúvatott bitumen; oxidált bitumen; ~-**blown core** *önt* fúvásos mag, magkészítés homokfúvással, homokfúvással készített mag; ~-**blown producer** légfúvásos gázgenerátor; ~ **(blow) spray gun** *koh* porlasztó fúvóka; ~ **boat** *rep* csónakos vízirepülőgép; repülőcsónak, repülőhajó; ~ **body** *met* légtömeg; ~-**bond** *műa* levegőn keményedő, levegőn kötő; ~-**borne** → airborne; ~ **bottle** légtartály; sűrítettlevegő-palack; *műa* légakkumulátor; ~-**bound** léggel telt; *rep* felszállásra előkészített/kész; ~ **box** *bány* szellőzőcső, légcső *(fából)*; *koh* szélszekrény; ~(-)**brake** *gép* légfék, sűrített levegős fék; *rep* zuhanófék; ~-**brake control** légfékvezérlés; ~-**brake cylinder** *gépk* légfék munkahengere; ~-**braked** légfékes; ~-**brake dynamometer** légfékes dinamométer/erőmérő; ~-**brake flap** *rep* zuhanóféklap; ~-**brake governor** *gépk* légfék nyomásszabályozója; ~-**brake test rack** *gép* légfékpróbapad; ~-**braking** *vasút* levegőfékezés; ~ **brattice** *bány* légfüggöny, léggát; légpalánk; ~ **break** *vasút* szakaszlégszigetelő; ~-**break** *el* lég-, ívfúvós; ~-**break contactor** *el* légkontaktor; ~(-)**breaker** *el* légmegszakító; *ép* pneumatikus bontókalapács; ~ **breaking** *bány* préslégfejtés; sűrítettlevegős jövesztés; ~-**break switch** *el* légmegszakító, száraz megszakító; ~-**breathing** *gépk* levegőt beszívó; *rep* sugárhajtású; ~ **breathing engine** *rep* sugárhajtómű, külső levegőt felhasználó hajtómű; ~ **brick** *ép* légszáraz/nyers/égetetlen tégla; soklyukú/üreges tégla; ~ **bridge** *bány* léghíd *(felső vágata)*; ~ **brush** festékszóró pisztoly/készülék; *pa* légecset, szórópisztoly, aerográf; légkefe; ~-**brush coater** *műa, pa* légkefés kenőgép; ~-**brush coating** *pa* légporlasztós mázolás, mázolás légkefével; ~ **brush colo(u)r/spray** porlasztott festék, szórópisztollyal felvitt festék *(dukkó)*; ~ **brushing** *ép* aerográfia, légtan; *tex* permetező (szövet)nyomás; ~ **bubble** *ker, önt* levegőbuborék, légbuborék, léghólyag, légzárvány; ~-**bubbler system** *hidr* légbuborékos rendszer *(gereb jégmentesítésére)*; ~ **buffer** *gép* légpárna, légzsák *(szivattyúban)*; *rep* pneumatikus/szelepes lökhárító *(futóművön)*; *vasút* (fojtószelepes) léglökhárító; légpárnás ütküző; ~**-burst** robbantás levegőben, légrobbanás; ~ **cable** légkábel, szabadkábel, föld feletti kábel; ~ **call** rádióhívás; ~ **cam** befúvást vezérlő bütyköstárcsa; ~ **camera** *geod* légifényképező kamera; *rep* légi kamera; ~**-cap** *élip* légkamra; ülepítőtér; ~ **capacitor** *el* légkondenzátor, légdielektrikumú/légszigetelésű kondenzátor; ~ **carbon-arc process** széníves fúvottlevegős eljárás; ~**-carburet(t)ed** *gépk* légporlasztásos; ~ **cargo** *rep* légi teheráru; ~ **carrier** *rep* légiszállítási vállalat; ~ **case** *hajó* légszekrény; ~ **casing** *rep* égőtér burkolata; ~ **cataract** légcsillapító; ~ **cavity** *hang* légrezonátor; ~ **cell** *élip* légkamra *(tojásban)*; *gépk* légkamra *(dízel)*; ~**-cell battery** *el* légdepolarizátoros telep; ~**-cell engine** *gépk* légkamrás (dízel)motor; ~**-cell piston** *gépk* légkamrás dugattyú; ~**-cement gun** *ép* cementágyú; ~ **chamber** *ép* keszonkamra; légüst; *hajó* légszekrény, légkamra; levegőtartály; *hang, hőt, rád* légkamra; *hidr* bura, harang; hidrofor; *koh* levegőkamra *(SM kemence)*; *ol, hidr* légüst; ~ **change** légcsere; ~ **channel** légcsatorna; levegőcsatorna; légvezeték, szabadvezeték; *bány* (kihúzó) szellőzőcső; *önt* szellőzőcsatorna; ~ **charge** *gépk* levegőtöltés; ~ **checker arch** légelőmelegítő kamra boltozata; ~ **chill** *hők* edzés levegőn; ~ **chimney** szellőztetőkürtő; *ép* szellőzőkémény; ~ **chipper** légnyomásos/pneumatikus véső, préslégvéső; ~ **choke** *gép* fojtószelep; ~ **chuck** *szer* préslégtokmány, pneumatikus tokmány; ~**-chute** *rep* ejtőernyő; ~ **circulating oven** *koh* levegőkeringetéses kemence; ~ **circulation** levegőkeringetés; *bány* légáram(lás); ~ **classifier** *bány, ép* légáramlásos osztályozó, légszér; szélosztályozó, légszabályozó; *koh* légszeparátor; ~**-cleaned** lefúvatott, levegővel letisztított; ~ **cleaner** *gép* légszűrő; ~ **cleaner and silencer** *gépk* hangtompítós légszűrő; ~**-cleaner elbow** *gépk* légszűrő csőcsonk; ~ **cleaning** légtisztítás, portalanítás; *bány* pneumatikus dúsítás; ~ **clutch** *gépk* pneumatikus tengelykapcsoló; ~ **cock** légszelep; légelzáró csap; ~ **collision** *rep* repülőgépek összeütközése a levegőben; ~ **column** légoszlop; levegőoszlop; ~ **compartment** *bány* légosztály *(aknában)*; ~ **compass** repülőgép-irányjelző; ~ **compressing pump** légkompresszor; ~**-compression stroke** levegősűrítő löket; ~ **compressor** (dugattyús) légkompresszor, légsűrítő; ~ **concrete placing** *ép* pneumatikus betonszállítás; ~ **concrete tamper** pneumatikus betondöngölő; ~ **concussion** *met* levegőütközés; ~ **condenser** *hőt* légkondenzátor, légdielektrikumú/légszigetelésű kondenzátor; ~**-condition** *v* klimatizáló berendezéssel ellát, légkondicionál; ~**-conditioned** légkondicionált, kondicionált levegőjű, klimatizált; *vasút* légjavítós; ~**-conditioned room** klimatizált helyiség; ~**-conditioned test chamber** klímavizsgáló szekrény; ~ **conditioner** klímaberendezés; levegőkondicionáló; klimatizáló; ~**-conditioning** levegőkondicionálás; klimatizálás, klimatizáció, légkondicionálás, klímaszabályozás; *szell* klímaberendezés; légszabályozás, levegőszabályozás, légjavítás; ~**-conditioning centre/center of building-block type** építőelemes klímaközpont; ~**-conditioning control** légkondicionáló berendezés vezérlése; ~**-conditioning device** légjavító/légkondicionáló berendezés; ~**-conditioning equipment** klímaberendezés; légnedvesség-szabályozó; ~**-conditioning plant** klímaberendezés; klimatizáló/légjavító berendezés; ~**-conditioning unit** egyedi klímakészülék; ~**-condition sounding** *met* légkörkutatás, szondázás, kutatófelszállás; ~ **conduction** *hang* légvezetés; ~ **conductivity** *met* légkör/levegő vezetőképessége; ~ **conductor** *el* légvezeték, szabadvezeték; ~ **conduit** *bány* légcsőcsonk; levegőjárat, légvezeték, levegőt vezető cső; ~ **connection** *bány* légkapcsolat, légáttörés, légösszekötő (vágat); ~ **consumption** levegőfogyasztás; ~ **container** légüst; légtartály; ~ **contaminant material/matter** légszennyező anyag; ~ **content** *fa* levegőtartalom; ~ **control** *rep* légiforgalmi irányítás; ~ **control centre/center (ACC)** *rep* körzeti irányító központ, ACC; ~ **controller** *rep* körzeti légiforgalmi irányító központ; légiforgalmi irányító tiszt; ~ **controls** *rep* repülőműszerek; aerodinamikai kormányszervek; ~ **conveyer** *bány* pneumatikus szállítómű/szállítóberendezés; ~ **conveying system** nyomóüzemű szállítóberendezés; ~**-cool** *v* levegővel hűt; ~ **coolant** hűtőlevegő; ~**-cooled (AC)** léghűtéses, léghűtésű; ~**-cooled compressor** léghűtésű kompresszor; ~**-cooled condenser** léghűtésű kondenzátor; ~**-cooled engine** léghűtéses motor; ~**-cooled graphite moderated reactor** *at* levegővel hűtött grafitmoderált reaktor; ~**-cooled TIG torch** léghűtéses AVI-pisztoly; ~**-cooled transformer** léghűtéses/léghűtésű/száraz transzformátor *(kényszerhűtésű)*; ~ **cooled tube/valve** léghűtéses cső; ~ **cooler** léghűtő; ~ **cooler unit** (egyedi) léghűtő készülék; ~ **cooler with direct expansion refrigeration** közvetlen elpárologtatású léghűtő; ~ **cooling** léghűtés, levegőhűtés; ~ **cooling and ventilating (system)** szellőztető léghűtés; ~ **cooling channel** hűtőlégcsatorna, hűtőlégvezeték; ~**-cooling equipment of building-block type** építőelemes léghűtő berendezés; ~**-cooling system** léghűtő berendezés; ~ **core** *el* vasmag *(forgórészé)*; *hajó* horgony magja; *rád, rep* légmag; ~**-core cable** *el* lég-papírszigetelésű kábel; ~**-core choke coil** *el* légmagos fojtótekercs; ~**-core coil** *el* légmagos tekercs; ~**-core(d)** *el* légmagos; ~**-cored instrument** légmagos műszer; ~**-core reactor** légmagos fojtótekercs; ~**-core transformer** légmagos transzformátor; ~**-core tyre/tire** légkamrás (féltömör) gumiabroncs; ~ **corridor** *rep* légifolyosó; ~ **counterbalanced pumping unit** *ol* pneumatikus mélyszivattyúegység; ~ **course** *bány* légfeltörés; szellőzővágat, légvezetés, légvágat; ~**-course opening** *bány* légvágat; ~ **cover** *kat* légi biztosítás; ~ **crossing** *bány* léghíd; légkeresztezés, krosszing; ~**-cured** levegőn tárolt; ~ **current** léghuzat; *met* légáramlás, szelelő, szelelőrosta; ~ **curtain** légfüggöny, léggát; ~ **curtain blasting** *bány* légfüggönyzáras robbantás; ~ **cushion** *gép, hang* légpárna; ~**-cushion accumulator** *koh* légpárnás akkumulátor; ~**-cushion brake** pneumatikus fék; ~**-cushion craft/vehicle** légpárnás jármű; ~**-cushioned damper** *rep* légpárnás lengéscsillapító *(futószerkezeté)*; ~**-cushioned seat** *gépk* légpárnás ülés; ~**-cushion hammer** *koh* légpárnás kalapács; ~**(-)cushioning** légrugózás; ~ **cushion vehicle (ACV)** *rep* légpárnás jármű; ~**-cycle** *gép, hőt* levegő-körfolyamat; levegőkörforgás; ~ **cylinder** *gép* pneumatikus henger; ~ **damper** *hőt* levegőretesz, levegőszabályozó csappantyú; ~ **damping** légcsillapítás; ~ **danger** *rep* légiveszély; ~ **dash-pot** *hidr* légüst; ~ **data** *rep* fedélzeti repülési adatok; ~ **data computer** *rep* repülési adatok számítógépe; ~ **deckle** *pa* levegőszélhatároló *(papírgépen)*; ~ **decomposition/desintegration plant** *koh* levegőbontó berendezés; ~ **deduster** *bány* légszeparátor; ~ **defense** légvédelem; ~ **deflector** *el* hűtőlégterelő lap; ~ **degritter** *hidr* tölcséres homokfogó; ~ **dehumidifier** légnedvesség-csökkentő berendezés; ~ **dehumidifying apparatus/system** légnedvesség-csökkentő készülék/berendezés; ~ **delivery** légszállítás, levegőszállítás; ~ **demand** levegőszükséglet; ~ **density** *fiz* levegő sűrűsége; ~**-deposited** *geol* eoli(kus); ~**-deposited clay** levegő porából keletkezett agyag, eoli(kus) agyag; ~ **depot** repülőbázis; ~ **depression** légnyomáscsökkenés; ~**-derived** levegőből származó; ~ **dielectric** *fiz* levegődielektrikum; *rád* légszigetelő; ~**-dielectric waveguide** *rád* légszigetelésű hullámcső; ~ **discharge** *ép* légtelenítés; *met* légvillám; ~**-discharge cock** légtelenítőcsap; ~ **discharge pipe** légtelenítővezeték, légvezeték; ~ **discharging tank** légtelenítőedény; ~ **discharging valve** légtelenítőszelep; légbeszívó szelep; ~ **disintegration plant** *koh* levegőbontó berendezés; ~ **displacement** levegőkiszorítás; *ol* levegő-visszanyomás *(kitermelt szénhidrogén helyettesítése)*; ~ **distance** *el* légút; ~ **distance recorder** *rep* repülési távolságot rögzítő készülék; ~ **distribution** levegőelosztás; levegővezetés; elosztócsatorna; ~ **dose** *at, sug* besugárzási adag/dózis, levegődózis; levegőben elnyelt dózis; ~ **draft** léghuzat; ~ **drag** *rep, űr* aerodinamikai ellenállás; légellenállás; ~ **drain** *ép* légcsatorna; ~ **drainage** *ép* szellőzés légcsatornával *(alapozáshoz)*; *met* hideg levegő levezetése; ~ **draught** léghuzat; ~**-dried (AD)** levegőn szárított; *fa* faraktárban szárított; *fa, pa, talt* légszáraz; ~**-dried paper** légszárított papír; ~**-dried size** *metr* méret légszáraz állapotban; ~**-dried skin** légszáraz nyers (apró) bőr; ~ **drier** → ~ dryer; ~ **drifter** *bány* pneumatikus *v.* sűrített levegős fúró *(vágathajtáshoz)*; ~**(-)drill** pneumatikus kőfúró; ~ **drill hammer** pneumatikus fúrókalapács; ~**-drilling** *ol* légöblítéses fúrás, levegőfúrás; ~ **drive** *bány, gép* sűrítettlevegős hajtás; *ol* levegő-elárasztás; ~**-driven** léghajtásos, pneumatikus hajtású; ~**-driven vibrator** pneumatikus vibrátor; ~ **driving plant** *ép* pneumatikus cölöpverő; ~ **droppable** *rep* levegőből ledobható; ~ **drum** légdob; ~**-dry (AD)** légszáraz; levegőn szárított; ~ **dryer/drier** *el, ép* légszárító; ~ **drying** *ép* légszárítás; *fa* természetes szárítás; ~**-drying** *műa* levegőn száradó; ~**-drying machine** légszárító kamra; ~**-drying resin** levegőn száradó gyanta; ~ **dry pulp** légszáraz cellulóz; ~**-dry strength** szilárdság légszáraz állapotban; ~ **duct** szellőzőcsatorna; *bány* légcsatorna; légcső; *bány, ép* légakna, légvezeték; *ép* légcsatorna; levegőcsatorna, levegőjárat; szellőzőcső, légcső *(fából)*; *ol* levegőcső; ~ **duct filter** légcsatornaszűrő; ~ **ducts** *pl* légcsatorna-hálózat; ~ **duct-work** *ép* légcsatorna-hálózat; ~ **dumper** *ép* pneumatikus billencs *v.* billenőplatós kocsi; ~ **duster** *szell* porzókészülék; sűrített levegővel portalanító berendezés; ~**-earth current** *geof* lég-földáram, függőleges vezetőképességi áram; ~ **eddy** légörvény; turbulenciaelem; ~ **ejector** *hidr* légejektor, léglövettyű; légsugárszivattyú; ~**-ejector gap** *hidr* légszivattyúzó nyílás; ~**(-)elutriator** → ~ classifier; ~**-endway** *bány* szellőzővágat, kihúzó légvágat; ~ **engine** pneumatikus motor; kompresszor, fúvógép; ~ **engineering (AE)** légtechnika; ~ **enrichment** *koh* fúvószél dúsítása oxigénnel; ~**-entrained concrete** légbuborékos/légpórusos beton; ~**-entraining agent** *ép* légbuborékos (adalék); légpórusképző (adalék) *(betonhoz)*; ~**-entraining cement** légbuborékos cement; ~**-entraining material** *ép* légbuborékképző anyag; ~ **equipment** pneumatikus berendezés; *rep* légi felszerelés; ~**-equivalent** *at* levegőekvivalens, levegőegyenérték; ~ **escape (ae)** légtelenítés; *gumi, műa* légelvezető nyílás/furat *(formán)*; ~**-escape cock** légtelenítő csap; ~**-escape valve** légtelenítő szelep; ~ **excess** levegőfelesleg; légfelesleg; ~ **excess factor/number** *hőt, koh* légfelesleg-tényező; ~ **exhauster** exhausztor, szívó-szellőző, légelvonó berendezés; ~ **exhaustion** levegőelszívás; ~**-expansion lightning-arrester** *el* expanziós túlfeszültség-levezető; ~ **express** *rep* légi gyorsáru; ~ **expulsion** légtelenítés; ~ **extract grill** szellőzőrács; ~ **extractor** légelvonó berendezés; *ép* elszívóberendezés; ~ **factor** légfelesleg-tényező; ~ **feed** légtáplálás; pneumatikus adagolás; ~**-feed drill** pneumatikus kézifúró; ~**(-)feeder** levegőadagoló tartály; légszívó csonk; ~**-feed stoper** *bány* pneumatikus fúrókalapács; ~ **file** kézi reszelőgép; ~**-filed flight plan** *rep* levegőből benyújtott repülési terv; ~ **filter** *ép, gépk* légszűrő, levegőtisztító (készülék); levegőszűrő; ~**-filter cell** légszűrő cella; ~**-filter element** *gépk* légszűrőbetét; ~**-filter intake silencer** levegőszűrő hangtompítója *(szívónyílása)*; ~**-filtration element** légszűrőbetét; ~ **flap** (levegő)-csappantyú, levegőretesz; ~ **flapper** *vasút* szemaforjelző; ~**-floated magnetic head** *szt* légpárnás mágnesfej; ~ **floated powder** levegővel osztályozott por; ~ **floating** *pa* szelelő *(légosztályozó)*; ~ **flooding** *ol* levegőelárasztás, levegővel való kihajtás; ~ **flotation** *bány* pneumatikus szérelés, légszérelés; ~ **flow** légáram(lás); levegőáram; ~ **flow indicator** légmennyiségmérő; ~**-flow measurement** átáramló légmennyiség mérése; ~**-flow meter** légfogyasztásmérő, átáramlásmérő; ~ **flow per hour** légmennyiség; ~**-flow switch** zászlós kapcsoló; ~**-flow waste removal** *környv* légáramos hulladékelhordás; ~**-flow wattmeter** *rád* légsugárwattmérő; ~ **flue** szellőzőcső, légcső *(fából)*; légjárat; ~**-foam** léghab; ~**-foam rubber** habgumi, sejtgumi, szivacsgumi, szivacsos/expandált/pórusos (sejt)gumi; ~ **force** *fiz* levegősúrlódás, ellenállás légáramlással szemben; *kat* légierő; ~**-forging hammer** légkalapács; légvéső; pneumatikus vésőgép; ~ **fraction** levegőtartalom *(papíré)*; ~**-free ager** *tex* levegőmentes szárító; ~ **freight (A/F)** *rep* légifuvar, légi teheráru; ~ **freight bill** *rep* légifuvarlevél; ~ **freighter** *rep* teherszállító repülőgép; ~ **freight lift** *rep* légi teherszállítás; ~ **freight terminal** *rep* légifuvarozási célrepülőtér; ~ **friction** légsúrlódás; ~**-friction dynamometer** szárnyas dinamométer; ~**-fuel mixture** tüzelőanyag-levegő keverék; ~**-fuel ratio (A/F)** *gép* levegő-tüzelőanyag viszony, keverési arány; ~ **funnel** *bány* légakna, légvezeték; léggurító; légrés, szellőzőkürtő, szellőzőrés; ~ **furnace** *koh* szélkemence; természetes huzatú kemence; *önt* lángkemence; sugárzókemence *(ólomolvasztásra)*; ~**(-)gap** légnyílás; légrés; *el* légszigetelő hézag;

szikraköz; ~-gap choke coil *el* légréses fojtótekercs; ~-gap clearance *el* légrés *(gépben)*; szikraközméret; ~-gap commutator légszigetelésű kommutátor; ~-gap diameter *el* armatúraátmérő; ~-gap induction *el* légrésindukció; ~-gap leakage légszórás, kettős kapcsolódású szórás, légrés szórt indukciója; ~-gap lightning-arrester légréses villámhárító; ~-gap line légrésvonal; ~-gap method légrésmódszer; ~ gas léggáz; *gép* levegő-gáz keverék; ~-gas torch gáz-levegő égő; ~ gate *bány* szellőzővágat, légvágat, légajtó, légzsilip; *önt* légcsatorna; ~ ga(u)ge manométer, feszmérő; légnyomással működő idomszer; ~ gig *bány* légszér, pneumatikus ülepítőgép; ~ governor légnyomásszabály(o)zó; ~ grating szellőzőrács; ~ grid szellőzőrács; ~-ground communication *rep* levegő-föld rádió-összeköttetés; ~-ground data link system *rep* levegő-föld adatláncrendszer; ~(-)gun → airgun; ~ hammer fúrókalapács; légkalapács, pneumatikus (bontó)kalapács; *bány* fejtőkalapács; légkalapács; *ép* pneumatikus (kőzetfúró) kalapács; pneumatikus cölöpverő; *koh* légkalapács; ~ handling levegő-előkészítés, levegőkezelés, légkezelés, légkondicionálás; ~ handling system légtechnikai berendezés; ~ handling unit légtechnikai készülék; ~ harbo(u)r vízirepülőgép-kikötő; ~-hardenable steel levegőn önedződő acél; ~-hardened steel önedző/légedzésű acél; ~ hardening *koh* légedzés; ~-hardening *ép* levegőn szilárduló; *hők* önedző, légedző; ~-hardening alloy önedződő ötvözet; ~-hardening steel (levegőn) önedződő acél; ~-head → airhead; ~ heading *bány* légtárló, légfolyosó; ~ heading opening *bány* légvágat; ~ heater léghevítő, kalorifer; hőlégfúvó; légfűtő berendezés; *koh* léghevítő, Cowper; *műa* légmelegítő; ~ heater for breathing air tisztalevegős hőlégfúvó; ~ heater unit egyedi légfűtőkészülék; ~ heating and ventilating (system) szellőztető légfűtés; ~ hoist *em* pneumatikus csigasor; pneumatikus emelőgép/vitla; ~ holder *bány* légtartály; ~ hole be nem fagyott terület *(jégmezőn)*; *bány* légakna, légvezeték; légfeltörés(i fúrólyuk), léglyukasztás; szellőztető fúrólyuk; *önt* légüreg; ~ horn *gépk* levegőkürt; ~ hose légtömlő; ~ humidifier légnedvesítő (készülék/berendezés); ~ humidifier of building-block type építőelemes nedvesítőberendezés; ~ humidifying légnedvesítés; ~-humidity levegő-páratartalom, levegőnedvesség; ~-humidity detector/indicator nedvességérzékelő; légnedvességmérő; ~-hydraulic pneumo-hidraulikus, lég- és folyadéknyomásos; ~-hydraulic accumulator *műa* légakkumulátor; ~-hydraulic press pneumatikus-hidraulikus prés; ~ impact machine légüzemű ütőgép; ~ impactor *pa* légkefe *(simító)*; ~ impact wrench ütőműves csavarbehajtó gép; préslevegős csavarkulcs; ~ impeller ventilátorszárny; ~-impermeable légmentes, léghatlan; ~-in bemenőlevegő; ~ inductance *el* légrésindukció; ~ inflation indicator abroncsnyomásmérő; ~ injection *gépk* légporlasztásos befecskendezés *(dízelmotorban)*; levegőbefúvás; *ol* levegőbesajtolás; ~-injection aerator légbefúvásos levegőztető; ~-injection engine kompresszoros (dízel)motor; ~-injection gate *hidr* injektoros zsilip; ~-injection sand catcher/trap légbefúvásos homokfogó; ~ inlet befúvószerkezet, levegőbefúvó szerkezet; levegőbevezetés, levegőellátás; ~ inlet grill szellőzőrács; ~ inlet valve légbeszívó szelep; *vák* lelevegőző szelep; ~ input bevitt levegő mennyisége; (bemenő) légteljesítmény; ~ insulation *el* légszigetelés; ~ intake *gépk, rep* légbeszívás; légbeszívó nyílás, szívónyílás *(porlasztón)*; ~ intake cooler *rep* levegő-beömlőnyílás hűtőberendezése; ~-intake filter *gépk* légszűrő; ~-intake grill szellőzőrács; *gépk* hűtőburkolat; ~-intake heater *gépk* szívócső-melegítő; ~-intake thermometer szívócső-hőmérő; ~ interception radar vadászlokátor; ~ ionization levegőionizáció; ~ jacket légköpeny; ~ jarring mo(u)lding machine rázórendszerű pneumatikus formázógép; ~ jet *gépk* légfúvóka; légsugár; ~-jet bulk *tex* hurkos nagyterjedelmű fonal; légfúvókával terjedelmesített fonal; ~-jet conveyor légsugaras szállítógép; ~-jet mill *koh* légsugármalom; ~ jig *bány* pneumatikus ülepítőgép, légszér; *forg* levegővel működő fúrókészülék; ~ kiln *fa* (lég)szárítókamra; ~-knife *pa* légkaparó; légkefe; ~-knife coater *műa, pa* légkefés/légsugaras kenőgép; ~-land battle légi-földi hadművelet; ~-land exercise légierő és szárazföldi csapatok közös gyakorlata; ~ lane légi útvonal; ~ lane light *rep* útvonaljelző fény; ~ launch *kat* légi indítás; ~-launched repülőgép-fedélzetről indított; levegőben indított; ~-launched ballistic missile (ALBM) levegőből indított ballisztikus rakéta; ~-launched cruise missile (ALCM) levegőből indított cirkálórakéta; ~-lay drying machine recirkulációs légszárító kamra; ~ layer légréteg; ~ leak légelfolyás, légelillanás; *gép* hamis levegő *(porlasztáskor)*; ~ leakage légveszteség, légszökés; ~ leaks légbetörés; ~ leg *bány* pneumatikus (fúró)láb/fúrótámasz; ~ lens levegőlencse; ~ level *bány* légszint, légvágat, légtáró, levegőszint, szellőzőszint, (felső) légvágat; *geod* szintezőlibella; ~(-)lift *ép, ol* drótkötélpálya; légnyomásos vízemelő; szifon, szivornya; *hidr* mamutszivattyú, mélyszivattyú; *kat, rep* légihíd, légi szállítás; *vasút* légrés *(nyitott féké)*; ~-lift agitator légsugaras keverő; ~-lift beet pump *cu* mamutszivattyú, mélyszivattyú; ~-lift bioreactor *biot* air lift bioreaktor; ~-lift drilling *ol* légemeléses fúrás; ~-lift flotation cell *bány* légemelős flotálókészülék; ~-lift pump *ép* légnyomásos vízemelő; mamutszivattyú, mélyszivattyú; ~-lift TCC plant/unit *ol* „Thermofot'' katalitikus krakküzem, katalitikus krakküzem pneumatikus katalizátorszállítással; ~ light *csill* albedo; *met* levegőfény; ~ line légvezeték *(búváré)*; légvonal *(egyenes vonal)*; *el* légvezeték, szabadvezeték; → airline; ~ line system *aut* pneumatikus rendszer; ~ load aerodinamikai terhelés, légerőterhelés; ~-loaded head box légpárnás felfutószekrény; ~-lock *bány, hidr* légzsilip; *ép* leszállózsilip, légkamra, zsilipkamra, keszon; *gép* légzsák; *gumi* levegőt át nem eresztő *(pl. tömítés)*; *hőt* levegőzárvány *(tüzelőanyag-csőben)*; *vák* zsilip; → airlock; ~-lock door *bány* kettős zsilipajtó; *ép* kettős légajtó *(keszonban)*; ~ locomotive *bány* sűrített levegővel hajtott mozdony; ~ loss légveszteség, légszökés; ~ mail → airmail; ~ main *koh* szélvezeték; ~ manoeuvres repülőgép kormánymozdulatai; ~ map repülőtérkép; légi térkép, fototérkép, légi fényképekből készült térkép; ~-marker *rep* marker(adó), (légiforgalmi) útvonaljelző; ~ mass (Ams) *met* légtömeg; ~-mass analysis *met* légtömeganalízis; ~-mass classification *met* légtömeg-osztályozás; ~-mass clima-

tology *met* légtömeg-klimatológia; **~-mass fog** *met* légtestköd; **~-mass shower** *met* helyi zápor; **~-mass source region** *met* légtömeg-eredőhely; **~-mass thunderstorm** *met* légtömegen belüli zivatar; **~-mass transformation** légtömeg-transzformáció; **~ measurement** *bány* légmérés; **~-melted alloy** levegőn olvasztott ötvözet; **~ meter** *fiz* légfogyasztásmérő, átáramlásmérő; *met* lapátkerekes/propelleres szélmérő; **~ mile** *rep* légvonali mérföld; **~-mileage unit** *rep* automatikus útvonalmérő készülék; **~-mixing box/chamber** keverődoboz; **~-mixing chamber** *gépk* porlasztókamra; **~-mixture control** levegőkeverék adagolásának szabályozása; **~-moist apparatus** *film* légpárásító; **~-moistener** *bány, pa* légnedvesítő; **~(-)moistening** *pa* légnedvesítés; **~ moisture** légnedvesség; **~ monitoring** *at* levegőminőség felügyeleti vizsgálata; **~ monitoring station** *környv* levegővizsgáló állomás; **~ motion** *met* levegőmozgás, légmozgás; **~ motor** *aut* légmotor, pneumatikus henger; **~ movement** *rep* légi mozgás; légiszállítás; **~ navigation (AN)** repülőgép-hajózás, navigáció; **~ navigation aids** *rep* földi navigációs berendezések; **~ navigation chart** *rep* léginavigációs térkép; **~ navigation map** *rep* léginavigációs térkép; **~ navigation protractor** *rep* navigációs szögmérő; **~ navigation radio aid** *rep* léginavigációs rádióberendezés; **~ navigator (A Nav)** *rep* hajózó navigátor, navigációs tiszt; **~ nozzle** *ép, gép* levegőfúvóka; porlasztófúvóka; *gépk* légfúvóka; légsugár; *rep* légfelvevő nyílás; **~ nutrunner** csavarbehajtó gép; **~ observation** *kat* légi megfigyelés; **~-oil heater/heating unit** olajtüzelésű hőlégfúvó; **~-oil separator** *ol* fúvókás habtalanító, levegő-olaj szeparátor; **~-oil shock strut** *rep* levegő-olajos rugóstag; **~-operated** levegővel működtetett; sűrített levegővel hajtott, présléghajtású, pneumatikus hajtású; **~-operated amplifier** pneumatikus erősítő; **~-operated butt welder** levegővel működtetett tompahegesztő gép; **~-operated control** *aut* pneumatikus szabályozás; **~-operated control system** pneumatikus szabályozási rendszer; **~-operated controller** pneumatikus szabályozó; **~-operated digital computer** pneumatikus digitális számítógép; **~-operated drive** pneumatikus hajtás; **~-operated logical element** pneumatikus logikai elem/tag; **~ operated power cylinder** pneumatikus szervomotor/munkahenger; **~-operated ram** légkalapács medvéje; **~-operated remote transmission** pneumatikus távátvitel; **~-operated spot welder** levegővel működtetett ponthegesztő gép; **~-operated system** pneumatikus rendszer; **~-operated telemetering system** pneumatikus távmérő rendszer; **~-operated vice** préslégsatu; **~ operator** *aut* légmotor, pneumatikus henger; **~-out** kilépő levegő; **~-outlet** légkijárat; levegőkivezetés; szellőzőnyílás; **~ output** (kimenő) légteljesítmény; **~ oven** *ép, hőt* kalorifer; kondicionáló kemence; légfűtő berendezés; léghevítő; szárítókemence *(próbákhoz)*; *műa* légfűtésű szárítószekrény; **~-over-hydraulic brake** *gép* levegő-olaj fék, pneumohidraulikus fék; **~ oxidation process** *ol* levegőoxidációs eljárás; **~ park** *rep* repülőgép-tároló hely; **~-particle detector** *pa* levegőellenőrző detektor; **~ partition** *bány* légválasz, légfüggöny, szellőzést elosztó válaszfal; **~ pass** *bány* légvágat; **~ passage** légcsatorna; szellőzőcsatorna; *bány* légfeltörés, légösszekötő; *met* légtömeg-átvonulás; *rep* légijárat, légivonal; **~ patenting** *hők, koh* légpatentozás; **~ pavment breaker/hammer** *ép* pneumatikus bontókalapács; **~ permeability** *ép, koh, műa* légáteresztő képesség; **~-permeable** levegőáteresztő; **~ photo** légi felvétel, aerofotogrammetriai/légifénykép-mérési *v.* légi fotogrammetriai felvétel; **~ photogrammetry** aerofotogrammetria, légi fotogrammetria, légi fényképes területfelmérés; **~ pick** *bány, ép* pneumatikus bontókalapács; sűrítettlevegős kalapács; *gép* préslégkalapács; **~ pile drawer/extractor/puller** *ép* pneumatikus kihúzó; **~ pile driving plant** *ép* pneumatikus cölöpverő; **~ pile hammer** pneumatikus verőkalapács; **~ pilot-valve** szervoszelep *(présléggel működtetett)*; **~ pipe** levegővezeték, légvezeték; *bány* légvezeték, levegőt vezető cső; *koh* (fúvó)szélvezeték; *koh, ol* levegőcső; **~-pipe ducting** *bány* légcsőrakat; **~ piping** *ép* légvezeték, szabadvezeték; **~ piston** légmotor, pneumatikus henger; **~ plan** fotogrammetriai térkép; **~ plasma arc cutting** plazmavágás *(levegővel)*; **~ plot** légi helyzetjelentés; **~ plug** *hajó* búvónyílásra csavarható zárófedél; **~ pneumatic sizing** *bány* légosztályozás; **~ pocket** *gép, hidr* légpárna; légzsák *(szivattyúkban)*; *koh, műa* légbuborék; légzárvány, levegőzárvány; *met, rep* légzsák, légtölcsér; **~ pollutants** (lég)szennyező anyagok; **~ pollution** légszennyezés, levegőszennyezés; légszennyeződés; **~ pollution climatology** diffúzióklimatológia; **~ pollution episode** *met* levegőkatasztrófa; **~ pollution index** *környv* légszennyezési index; **~ pollution measuring** *környv* légszennyezésmérés; **~ pollution meteorology** légszennyeződés-meteorológia; **~ pollution of natural origin** *környv* természetes légszennyeződés; **~ pollution potential** légszennyeződési potenciál; **~ pollution processes** légszennyeződési folyamatok; **~(-)pore** légpórus; **~ port** *gép* szellőzőnyílás; *koh* levegőcsatorna; → airport; **~ position** *rep* légihelyzet; **~ position indicator (API)** *rep* légihelyzetkijelző műszer/indikátor; **~ power** *kat* légi hatalom; **~-powered mounted breaker** *ép* függesztett pneumatikus bontókalapács; **~ preheater** léghevítő, Cowper; levegő-előmelegítő; **~ pressure** *met* légnyomás, légköri/barometrikus nyomás; **~-pressure-balancing tank** légcsökkentő tartály, szélkazán; **~-pressure brake** *gépk* nyomólégfék; **~-pressure brake cylinder** *gépk* légnyomásos főfékhenger; **~-pressure controller** légnyomásszabályozó; **~-pressure correction** *geof* légnyomási javítás/korrekció; **~-pressure crane** *em* légmotoros/pneumatikus emelő; **~-pressure ga(u)ge** *gépk* légnyomásmérő *(légfékhez)*; *met* légnyomásmérő készülék; **~-pressure head** barometrikus magasság; **~-pressure-heat test** *gumi* meleg légnyomásos (öregítés)próba; **~-pressure line** levegőcsővezeték *(nyomó)*; **~-pressure process** légpárnás sajtolási eljárás; **~-pressure reducer** légnyomáscsökkentő berendezés; **~-pressure switch** *el* légnyomásos kapcsoló; nyomólégmegszakító; pneumatikus megszakító; **~-pressure tester** légnyomásmérő; **~-proof** hermetikusan/légmentesen zárt; légátnemeresztő, légmentes(en zárt); **~-proof case** *ép* keszon; **~ protection** *környv* levegővédelem; **~-pulsated jig** *bány* pneumatikus ülepítőgép, légszér; **~(-)pump** vákuumszivattyú; légszivattyú *(dugattyús)*; levegőszivattyú, légsűrítő, légritkító; *hajó* légtelenítő szivattyú; **~ punching-machine** pneumatikus lyukasztógép; ~ **quality** *környv, met* levegőminőség; ~ **quality criteria** levegőminőségi kritériumok; ~ **quality limits** levegőminőségi határértékek; ~ **quality management** *met* levegőminőség tervezése; ~ **quality norm** *met* levegőminőségi norma; ~ **quenching** *hők* légedzés; ~ **radiator** léghűtő; ~ **raft** felfújható tutaj/csónak; ~**(-)raid (AR)** légitámadás; ~**-raid precaution** légoltalmi óvintézkedés; ~**-raid shelter** légoltalmi óvóhely; ~ **rammer** pneumatikus döngölőgép; ~ **ratio** légfelesleg-tényező; ~ **reactor** *el* légmagos indukciós tekercs; ~ **receiver** *ép* légüst; *hidr* légtartály; ~ **recirculation** *élip* levegő újrakeringetése; ~ **recuperator** *kat* légfékes ismétlő; *koh* léghevítő, kalorifer; ~**-refined steel** levegőfrissített/szélfrissített acél; ~ **refining** levegővel való frissítés; ~ **refrigerating machine** léghűtőgép; ~ **refueling** *rep* tüzelőanyagfeltöltés a levegőben; ~ **regulator** *bány* levegőszabályozó; ~**-release bleeder** *gépk* légtelenítő csavar *(gázolajszűrőn)*; ~ **release valve** *gép* biztonsági légszelep; légzsilip *(önműködő)*; *vák* lelevegőző szelep; ~ **relief cock** levegőkieresztő csap; ~ **report** *met, rep* fedélzetről leadott jelentés, AIREP; ~ **repressuring** *ol* levegővisszanyomás; ~ **requirement** levegőszükséglet; ~ **rescue** *rep* légi mentési művelet; ~ **reservoir** légtartály; ~ **resistance** közegellenállás, aerodinamikai ellenállás, légellenállás; ~ **resource** *met* levegőkészlet; ~ **resource management** *met* levegőkészlet-gazdálkodás; ~ **retention** levegőtartás *(gumitömlőé)*; ~ **return** *bány* kihúzó/visszatérő légáram, fáradtlevegő; ~ **riveter** (pneumatikus) szegecselőkalapács, préslégszegecselőkalapács; ~ **riveting hammer** szegecselőkalapács; ~ **rock drill (hammer)** pneumatikus kőzetfúró kalapács; ~ **room** légvágat, légáttörés; ~ **route** *rep* légi útvonal; ~ **route network** *rep* légi útvonalhálózat; ~ **route surveillance radar (ARSR)** *rep* légi útvonali légtérellenőrző radar; ~ **route traffic center** *rep* útvonal-irányító központ; ~ **rudder** repülőgépkormányfelület; ~**-saddle** *bány, geol* légnyereg *(gyűrődésben)*; ~ **safety** *rep* repülésbiztonság; ~ **sampler** levegőmintavevő; ~ **sampling** levegőmintavételezés; ~ **sand blower** homokfúvó készülék; ~**-sand mixture** levegő-homok keverék; ~**-sand process** dúsítás levegő-homok közegben; ~ **saturator** légnedvesítő; ~ **scatter** *at* atmoszferikus visszaszóródás; ~ **scattering** levegőszórás; ~ **scavenger** *kat* lőporgázkifúvó berendezés; ~ **scavenging** *gépk* levegőöblítés *(dízel)*; ~ **scoop** *rep* szívószáj, szívótorok; ~ **scuttle** hajóablak *(kerek)*; ~ **seal** légelzárás, hermetikus elzárás; ~**-sea rescue** tengeri—légi mentés; ~**-sea rescue service** *rep* tengeri-légi kutató- és mentőszolgálat; ~**-seasoned (AS)** *fa, geol* légszáraz; ~**(-)seasoning** *fa* érlelés/szárítás levegőn, légszárítás; ~ **separator** szélosztályozó, légszabályozó; légszeparátor; *bány* légszér, pneumatikus ülepítőgép; *mzg* szelelő *(cséplőgépen)*; ~**-separator mill** *élip* szeleltető, osztályozómalom, szelelőmalom; ~ **services** *rep* légijárat; légiközlekedés; ~**-setting** *műa* levegőn száradó, levegőn keményedő; ~**-setting sand** levegőn kötő formázókeverék; ~ **shaft** *bány* légakna, légvezeték; *ép* légudvar; szellőzőakna; ~**-shed** *rep* hangár; ~**-shelter** *ép* légvédelmi óvóhely; ~**-shooting method** *geof* légrobbantásos/Poulter-féle módszer; ~**-short-circuit** légrövidzárlat; ~ **shower** *at* atmoszferikus zápor; ~ **shrinkage** térfogatcsökkenés kiszáradáskor; *fa* beszáradás; ~ **shutter** *gépk* levegőszabályozó tolattyú; ~**-side** *rep* indulási/beszállási oldal; ~ **sinker** *bány* aknamélyítő fúrókalapács; ~**-slanked lime** *ép* döglött mész; ~ **slide** *élip* levegővel folyékonyított pneumatikus szállítás; *ép* aerációs csatorna; közepes nyomású szállítóberendezés; ~ **slide-valve** levegőtolattyú; ~**-slip forming** vákuumformázás sűrítettlevegős előnyújtással; ~ **slot** *bány* légrés, légvágat; ~ **sluice** *bány* légszívó csatorna; *ép* légkamra, légzsilip; ~**-sonde** ballonszonda, vizsgáló léggömb; ~ **sounding** mérőszondás légkörkutatás; ~**(-)space** *bány, ép, kat* légtér; *el* légrés, hézag; ~**-space block** *rep* légtérszakasz; ~**-space cable** *el* két ágból sodort vezeték; lég-papírszigetelésű kábel; ~ **space capacity** légtér áteresztő képessége; ~**-space control** *kat* légtérellenőrzés; ~**-spaced coil** *el* ritkított tekercs *(légközös)*; ~**-spaced paper insulation** *el* papír-levegő szigetelés; ~**-space insulation** *el* légűrszigetelés; ~**-space measuring** légtérmérés; ~**-space paper core cable (ASPC)** papír-légűr szigetelésű kábel; ~**-space ratio** *talt* léghézagtényező; léghézagtérfogat; ~ **space restrictions** légtérkorlátozások; ~**-space sector** *rep* légtérrész; ~ **speed (AS)** *rep* légsebesség; levegőhöz viszonyított sebesség; ~**-speed indicator (ASI)** *rep* légsebességmutató, légsebességmérő, sajátsebesség-mérő; ~**-speed recorder** légsebesség-feljegyző műszer; sebességrögzítő; ~**-speed static tube** *rep* statikusnyomás-mérő cső; ~**-speed tube** *rep* légnyomásvevőfej; Pitot-cső; ~ **split** *bány* szellőzéselosztó válaszfal, légválasztó; ~ **spotting** *kat* légi tüzérfelderítés; ~ **spray** szórópisztollyal felvitt festék; sűrítettlevegős szóróberendezés; ~ **spray gun** (nagynyomású) szórópisztoly; ~ **spray gun with cup** függőedényes szórópisztoly; ~ **spraying** pneumatikus festékszórás; *gépk* befúvás sűrített levegővel; *mzg* permetezés repülőgépről; ~**-spray work** festékszórás; ~ **spring** *gépk* levegőrugó; ~ **squeezing core machine** pneumatikus öntödei magsajtoló gép; ~ **stack** *bány* szellőzőkürtő; ~ **stagnation** *bány* légpangás; ~ **stain** *tex* elszíneződés, „fakulás" *(levegő hatására)*; ~**-standard cycle** szabványos körfolyamat; ~**-standard efficiency** *gépk* szabványos levegőkörfolyamat hatásfoka; ~ **starter** *rep* sűrített levegős hajtóműindító; ~**-starting** *gépk* levegőindítás, légindítás; ~ **station (AS)** repülőállomás; ~ **steering control** kormánymű pneumatikus szervomechanizmusa; ~ **stopping** *bány* léggát; légrekedés; ~**-storage chamber** *gépk* légkamra, léggyűjtő kamra *(hengerfejben/dugattyúban)*; ~**-storage park** repülőgéptároló hely; ~**-storage tank** légtartály, levegőtartály, léggyűjtő; ~ **stove** légfűtő berendezés; kalorifer; léghevítő kályha; ~ **strainer** légszívó szűrő, légszűrő; légszűrő szekrény; ~ **stratum** *met* légréteg; ~ **streak** *opt* levegőslir; ~ **stream** légáram(lás); levegőáram; ~**-stream mill** *koh* légsugármalom; ~**-stream-rated motor** kényszerszellőzésű motor; ~ **stria** *opt* levegőslir; ~ **strike** *kat* légitámadás, légicsapás; ~ **strip** *rep* leszállóhely; ~ **stub** levegőcsonk; ~ **suction** levegőelszívás; ~ **superiority** *kat* légi fölény; ~**-supplied mask** frisslevegő-álarc; ~ **supply** táplevegő; primer levegő; levegőadagolás, levegőellátás, levegőpótlás, levegővezetés; ~**-supply control** levegőszolgáltatás-szabályozás; ~**-supply device** *aut* pneumatikus tápegység, redukálóállomás; ~**-supply governor/regulator** *gépk* levegőadagolás-szabályozó; ~-**supply tube** légszívó cső; levegő-hozzávezető cső; ~ **support** *kat* légi támogatás; ~ **supremacy** *kat* légi fölény; ~ **surveillance radar (ASR)** *rep* légtérellenőrző radar; ~ **survey** *geod, kat* aerofotogrammetriai felvétel; *kat* légi felderítés/kutatás; ~ **suspension** *gépk* levegőrugózás; ~ **suspension gyroscope** szabadfelfüggesztésű pörgettyű; ~-**swallowing engine** *rep* sugárhajtómű; ~-**swept screen** légsugárszita; ~ **swirl** légörvény *(motorhengerben)*; ~ **switch** *el* légmegszakító; nyomólégkapcsoló; ~ **system** pneumatikus rendszer; ~-**tail warning radar** repülőgépfarokban elhelyezkedő riasztóradar/jelzőradar; ~ **tamper** *ép* pneumatikus döngölő; ~ **tank** légtartály, levegőtartály, léggyűjtő; ~ **tap** levegőkieresztő csap; ~ **target indication** légi céltárgykijelzés; ~ **task force** *kat* taktikai légierő; ~ **taxi flight** *rep* légitaxijárat; ~ **temperature (AT)** *met* léghőmérséklet; levegőhőmérséklet; ~ **temperature gradient** léghőmérsékleti gradiens; ~ **tempering furnace** levegőközegben lágyító kemence; ~ **terminal** *rep* repülőtéri forgalmi épület; terminál *(reptéri)*; városi iroda; ~ **termination** *el, ép* felfogó; villámcsúcs; ~ **testing station** *környv* levegővizsgáló állomás; ~ **throttle** levegő-fojtószelep, levegőretesz; *rep* fojtószelep, szabályozószelep; gázkar, motorszabályozó kar; ~ **tight (AT)** légzáró; ~ **tint** oxidhártya *(fémen)*; *hők* futtatási szín; ~-**tinting** *hők* futtatási; ~-**to-air (AA)** *rep* levegő-levegő *(rakétalövedék)*; ~-**to-air combat** légiharc; ~-**to-air homing** levegő-levegő típusú (célra)irányítás; ~-**to-air laser range finder** levegő-levegő rendszerű lézeres távolságmérő; ~-**to-air missile (AAM)** levegő-levegő rakéta; ~-**to-air ranging** levegő-levegő típusú lézeres táv(olság)-mérés; ~-**to-fuel ratio** *rep* légfelesleg-tényező; ~-**to-ground (AG)** *rep* levegő-föld *(rakétalövedék)*; ~-**to-ground communication** *rep* levegőből a földre irányuló rádió-összeköttetés; ~-**to-ground laser range finder** levegő-föld típusú lézeres táv(olság)mérés/táv(olság)mérő; ~-**to-ground missile (AGM)** levegő-föld rakéta; ~ **tool** *ép, szersz* pneumatikus kéziszerszám; ~-**to-petrol ratio** *gépk* levegő-tüzelőanyag viszony, keverési arány; ~ **torch** levegő-gáz rendszerű hegesztőégő; ~-**to-sea missile (ASM)** levegő-tenger rakéta; ~-**to-surface ballistic missile (ASBM)** levegő-föld ballisztikus rakéta; ~-**to-surface vessel radar (ASV-radar)** fedélzeti radarkészülék hajók érzékelésére; ~ **touring** *rep* légi turisztika; ~ **tower** *gépk* levegőtöltő (állomás); ~ **track** *rep* légi útvonal; ~ **traffic** légi forgalom/közlekedés; ~-**traffic advisory route (ADR)** *rep* ajánlott útvonal; ~-**traffic advisory service** *rep* repülésirányító tanácsadó szolgálat; ~-**traffic chart** *rep* repülési szolgáltatási vázlat; ~-**traffic clearance** repülésvigyázói/felszállási/forgalmi engedély; ~-**traffic control (ATC)** repülésbiztosítás; repülésvigyázó szolgálat; légiforgalom-irányítás; ATC; ~-**traffic control centre/center (ATCC)** légiforgalom-irányító központ, repülésirányító központ, ATCC *(polgári és katonai légiforgalmi egyesített központ)*; ~-**traffic control clearance** *rep* repülésirányítói engedély; ~-**traffic controller** légiforgalmi irányító, repülésirányító; ~-**traffic control radar (ATCR)** repülésirányítói radar; ~-**traffic control service** repülésirányítói szolgálat; ~-**traffic hub** központi repülőtér; légiforgalmi csomópont; ~ **traffic service (ATS)** *rep* repülési szolgálat; ~-**traffic signal light** légiforgalom-biztosító jelzőfény; ~ **train** légivonat; ~ **trajectory** *mech* légellenállásos röppálya; *met* szélpálya; ~ **transmission** *bány* légszállítás, levegőszállítás; ~ **transport (AT)** légi közlekedés/forgalom; ~ **trap** *bány* légelzáró (berendezés); *ép* bűzelzáró, szagelzáró szifon; *hidr* légelválasztó; *hőt* kondenzedény; ~ **trunk** szellőzőcsatorna; *bány* akna légosztálya; akna szellőző csővezetéke, légcsatorna; *élip* szélcső, fő légvezeték; ~ **tube** légtömlő; *bány* légcsatorna; *élip* szélcső, légvezető cső; ~-**tube cooler** légcsöves hűtő; ~-**turbine** légturbina; ~ **turbulence** *fiz, gép* légörvénylés; ~-**turbulence atomizing** *gépk* légörvényes porlasztás; ~ **turbulence detector** (lézeres) levegőturbulencia-detektor/légörvénylés-detektor, légörvénylés-érzékelő, levegőturbulencia-érzékelő; ~ **turnover mo(u)lding machine** *önt* pneumatikus körasztalos formázógép; ~ **tyre/tire** *gépk* kerékköpeny *(tömlővel)*; ~ **uptake** *bány* szellőzőakna; *koh* levegőcsatorna; ~ **valve** légcsappantyú, légszelep; ~ **vane** szélkakas, szélkerék; *met, rep* széljelző készülék; ~ **vehicle** repülőeszköz; ~ **velocity meter** anemométer; ~ **vent** légtelenítő csap/szelep; *bány* légcsatorna, szellőzőcsatorna; *hőt* légtelenítő csap; *önt* levegőzőhorony, levegőelvezető csatorna; ~ **vent of die** *önt* kokillalevegőzés; ~-**vent screw** *gépk* légtelenítő csavar *(gázolajszűrőn)*; ~-**vent tube** levegőcső; ~ **vessel** *bány* légkazán; *ép, gép* légbura *(szivattyún)*; légüst; ~ **vessel conveying system** *ép* nyomótartályos szállítóberendezés; ~ **vibrator** *gép* pneumatikus vibrátor; ~ **volume** levegőtérfogat; ~ **volume control** levegőmennyiség szabályozása; ~-**wall ionization-chamber** *at* levegőekvivalens ionizációs kamra; ~ **washer** *ép* légmosó; levegőmosó berendezés; nedves hőcserélő kamra; porlasztókamra; ~ **washer for dehumidifying** nedves léghűtő; ~ **watch** *kat* légitérmegfigyelés; ~ **wave** *met* léghullám; ~ **weather service** *rep* repülésmeteorológiai szolgálat; ~ **well** szellőzőkút; ~ **wing** szélmotor, szélkerék, szélturbina; *mzg* szélkerék; *rep* repülőgépszárny; ~ **wire** *el* felsővezeték; *rád* antenna, légvezeték; ~ **wood** levegőn szárított fa

airbase → air base

airborne (AB, ABN) *fiz, met* levegő által hordott; levegőben lebegő, levegő által magával ragadott; *kat* ejtőernyős, légideszant; légi úton szállított; repülőgépfedélzeti; *rep* fedélzeti; felszállt; ~ **altimeter** fedélzeti magasságmérő; ~ **armament control** fedélzeti fegyverzet irányítása; ~ **contamination** *at* radioaktív légszennyezés; *fiz* levegőszennyeződés; ~ **digital control-system** digitális fedélzeti irányítórendszer; ~ **direction finding equipment** fedélzeti iránymeghatározó berendezés; ~ **dust** *bány* szállópor; ~ **early warning radar (AEWR)** fedélzeti távolfelderítő radar/lokátor; ~ **exploration** *geof* légi *v.* repülőgépről végzett kutatás; ~ **foil** (repülőgépről leszórt) lokátorzavaró csík; ~ **gas/gaseous laser** fedélzeti gázlézer; ~ **gravimeter** légi graviméter; ~-**guidance** rávezetés repülés közben; ~ **guidance computer** fedélzeti navigációvezérlő berendezés; ~-**gun-laying radar,** ~-**gun-sight radar** fedélzeti tűzvezető radar/lokátor; ~ **interception radar** fedélzeti repülőgép-befogó *v.* repülőgép-lehallgató radar/lokátor; ~ **laser beacon** fedélzeti irányító lézersugár; ~ **laser camera** fedélzeti lézerkamera; ~ **laser radar** fedélzeti lézerradar; ~

laser terrain avoidance radar repülőgépfedélzeti lézerradar a földfelülettel való összeütközés elkerülésére; ~ **lidar** fedélzeti lézerlokátor; ~ **magnetometer** légi magnetométer; ~ **magnetometry** *geof* légi magnetométeres mérés; ~ **moving-target indicator (AMTI)** *rep* fedélzeti mozgócélpont-indikátor, AMTI; ~ **navigation computer** fedélzeti navigációs számítógép; ~**-particle detection** *at* levegőben lévő radioaktív részecskék észlelése, légköri radioaktivitás-mérés; ~ **particles** *at* levegőben lebegő (radioaktív, szilárd/folyékony) részecskék; ~ **pick-up** *rep* levegőből történő felszedés *(postáé)*; ~ **pictorial plotter** *rep* fedélzeti útvonalrajzoló készülék; ~ **prospecting** *geof* repülőgépről végzett kutatás; ~ **radar** *rep* fedélzeti radar/lokátor; ~ **radio-activity** *at* radioaktív légszennyezés, légköri radioaktivitás *(poré)*; ~ **radio equipment** fedélzeti rádióberendezés; ~ **radio installation (ARI)** légi rádióállomás; ~ **radiosonde recorder** rádiószonda fedélzeti adatrögzítője; ~ **range** *rád, rep* légi hatósugár; ~ **rocket** repülőgépről kilőtt rakéta; ~ **S-band beacon** *rep* S-hullámsávú (deciméteres tartományú) fedélzeti válaszadó; ~ **scanner** fedélzeti letapogató; ~ **search radar (ASR)** *rep* fedélzeti felderítő radar; ~ **sound** *hang* léghang; ~ **station** fedélzeti rádióállomás; ~ **threat** fenyegetés a légtérből; ~ **transceiver** *rep* fedélzeti adó-vevőkészülék; ~ **transponder** fedélzeti válaszjeladó; ~ **warning and control system (AWACS)** repülőfedélzeti riasztó- és ellenőrzőrendszer

airbus légibusz

Airco process „Airco" hegesztési eljárás

Aircomatic CO_2 welding process CO_2-védőgázas fogyóelektródos ívhegesztő eljárás

aircraft (AC) *rep* repülőgép, levegőnél nehezebb légijármű; ~ **accident** *rep* repülőesemény; ~ **accident report (AAR)** *rep* repülőeseményről szóló jelentés; ~ **antenna** repülőantenna; ~ **assisted fire control** *kat* légi úton irányított tűzvezetés; ~ **avionics** repülési elektronika; ~ **call sign** légijármű-hívójel; ~ **carrier (AC)** repülőgép-anyahajó; ~**-check report** átvételi jelentés; ~ **clearence** repülési engedély; ~ **commander (AC)** *rep* légijármű-parancsnok; ~**-compass** repülőiránytű; ~ **construction** légijármű-szerkezet, légijármű-építés; ~**(-)constructor** repülőgép-konstruktőr, repülőgép-szerkesztő; ~ **control without visibility** műszeres repülés, vakrepülés; ~ **design** repülőgép-szerkesztés, repülőgép-tervezés; ~ **designer** repülőgép-tervező, repülőgép-szerkesztő; ~ **detecting and ranging** *szt* rádiólokátor, radar; ~ **detection lidar** repülőgép-felderítő lézerlokátor; repülőgép-érzékelő lidar; ~ **dispatcher** *rep* repülésvezető; ~ **echo** repülőgépvisszhang; ~ **engine** *rep* repülő(gép)motor, repülőgép-hajtómű; ~ **engineer** *rep* repülőmérnök, repülőtechnikus; ~ **engine oil** repülő(gép)motor-olaj; ~ **equipment** fedélzeti felszerelés; ~ **fabric** szárnyvászon; ~ **facility** *rep* légiközlekedési berendezés; ~ **fitter** repülőgép-szerelő; ~ **flash** *rep* légijármű felvillanó jele (radarernyőn); ~ **flutter** *el* térerősség-ingadozás; *tv* képremegés, képhullámzás; repülőgéphatás; ~ **generator** repülőgép-generátor; ~ **ground time** légijármű állásideje; ~ **handling** légijárművek kiszolgálása/kezelése/vezetése/irányítása; ~ **hangar** repülőgéphangár; ~ **hour** repülőgépóra *(repült idő)*; ~ **icing**, ~ **ice accretion** repülőgép-jegesedés; ~ **in distress** veszélyben lévő légijármű; ~ **industry** repülőgépipar; ~ **instrumentation** *rep* fedélzeti berendezés/készülékek; légijármű műszerezettsége; ~ **intercept control system** repülőgépelfogás-irányító rendszer; ~ **jack** repülőgép-emelő; ~ **landing system** repülőgép-leszállító rendszer; ~**-launched rocket** repülőgépről kilőtt rakéta; ~ **lighting** repülőgép-világítás; ~ **log** fedélzeti napló; ~ **machine** repülőgépszerelő; repülőgép-műszerész, repülőgép-mechanikus; ~ **maintenance** légijármű karbantartása; ~ **meteorological station** *met* repülőgép-fedélzeti meteorológiai állomás; ~ **navigation** repülőgép-navigáció; ~ **navigation lights** repülőgép-helyzetlámpák; ~ **noise** *rep* repülőgépzaj; ~ **observation** *met* repülőgépes megfigyelés; ~ **plotter** *rep* helyzetrajzoló; ~ **power check pad** *rep* hajtóműpróbahely; ~ **production** repülőgépgyártás; ~ **radio controller** fedélzeti rádiókészülék-vezérlő tábla; ~ **radio station** *rep* fedélzeti rádióállomás; repülő-rádióállomás, repülőadóvevő; ~ **radio transmitter** fedélzeti adó, (fedélzeti) repülőgépadó; ~ **recognition** *rep* légijármű látás utáni felismerése; ~ **rocket** repülőgépről kilőtt rakéta; repülőgép-fedélzeti rakéta; ~ **roll axis** légijármű hosszirányú tengelye; ~ **seating** a légijármű üléshelyeinek száma *v.* utas-befogadóképessége; ~ **shed** repülőgépszín, hangár; ~ **shielding** *rád* repülőgép árnyékolása; ~ **simulator** *rep* légijármű-szimulátor; ~ **sounding** *met* repülőgépes szondázás; ~ **spotting** *kat* tüzérségi tűz helyesbítése repülőgépről; ~ **spray** *mzg* repülőgépről leszórt permetezőanyag; ~ **stand** *rep* légijárművek álláshelye; ~ **steel** repülőgépacél; ~ **step unit** fedélzeti utaslépcső; ~ **structure** repülőgépszerkezet; ~ **tail warning (ATW)** repülőgép-faroklokátor; ~ **tender (AT)** *kat* repülőgép-anyahajó *(nem repülőgéphordozó)*; ~ **tie-down point** *rep* légijármű nyűgözési pontja; ~ **transceiver** repülőgépadóvevő; ~ **tyre/tire** repülőgépkerék-abroncs, repülőgépkerék-köpeny; ~ **warning (AW)** repülőgép-felderítés

aircrew *rep* repülőszemélyzet, hajózószemélyzet; ~ **personnel** hajozó személyi állomány, hajózószemélyzet

airdox *bány* airdox *(robbantószer)*

airdrome → aerodrome; → airfield; → airport

airdrop teher ledobása

airfast légmentes, légtartó, légzáró

airfield *rep* repülőtér, leszállási mező; ~ **control communication** repülőtéri mozgást ellenőrző és irányító távközlő-rendszer; ~ **control radar (ACR)** a repülőtéri forgalmat ellenőrző és irányító radar; ~ **fire-crash tender** repülőtéri tűzoltógépjármű; ~ **floodlight** repülőtéri fényszóró; ~ **floodlight system** repülőtéri világítóberendezés; ~ **fuel servicing truck** repülőtéri üzemanyagtöltő gépkocsi; ~ **handling capacity** repülőtér átbocsátóképessége; ~ **lighting** repülőtérvilágítás; ~ **surface movement indicator (ASMI)** gurítóradar, ASMI; ~ **surfacing** repülőtéri felület burkolata

airflow → air flow

airfoil *rep* szárnyszelvény, szárnymetszet; ~ **cascade** szárnyszelvényrács; ~ **drag** *rep* profilellenállás; ~ **of delta shape** deltaszárny; ~ **section** szárnyszelvény; szárnyprofil, szárnymetszet; ~ **theory** hordozószárny-elmélet

airframe *csill, met* földi atmoszféra sajátvilágítása, (éjszakai) égboltfény; *rep* repülőgépsárkány, repülőgépváz
airgun légpuska, légfegyver; *szersz* dukkozópisztoly, préslégpermetező; porlasztófúvóka
airhead *bány* légvágat; *kat* légi hídfő
airing szellőzés, levegőzés; szárítás levegőn; száradás; *bány* kiszellőztetés; *hidr* légtelenítés *(szivattyúé)*; *koh* kéntelenítés; *önt* levegőelvezetés, levegőzés; ~ **valve** *vák* levegőzőszelep
airless levegőtlen, szellőzetlen; légmentes, légüres; *bány* szellőztetés nélküli, szellőzetlen; *hidr* légmentes *(szivattyú)*; levegőmentes; ~ **electrostatic spray(ing) gun** levegő nélküli elektrosztatikus szórópisztoly; ~-**injection engine** kompresszor nélküli motor; befecskendező szivattyús motor; ~ **(paint) spraying** sűrített levegő nélküli festékszórás; ~ **spray gun** levegő nélküli szórópisztoly; ~ **spraying** sűrített levegő nélküli festékszórás; ~ **spraying gun** levegő nélkül működő szórópisztoly, rezgődugattyús szórópisztoly; ~ **spray outfit/equipment** levegő nélküli festékszóró berendezés
airlift → air lift
airliftable *rep* légi úton szállítható
airline → air line; *rep* légijárat, légiforgalmi útvonal; ~ **company** légiközlekedési/légiforgalmi vállalat/társaság, légitársaság; ~ **distance** légi útvonalszakasz hosszúsága; ~ **fleet** légiforgalmi vállalat repülőgépparkja; ~ **network** légiforgalmi hálózat; légijáratok hálózata
airliner *rep* utasszállító/közforgalmi repülőgép; ~ **transport pilot** *rep* légiforgalmi repülőgépvezető
airlock I. *a* lég(el)záró; **II.** *n at* légzár; *hajó* légzsilip
airlocked hermetikus, lég(el)záró
airlog *rep* fedélzeti napló
airmail (AM) légiposta; ~ **paper** légipostapapír
airman repülő, pilóta
airmanship repülőszaktudás, repülőképesség
airmobile *kat* légimozgékony(ságú)
airmobility *kat* légimozgékonyság
airometer *met* légáramlási sebességmérő
airplane *US* **(AP)** → aeroplane; → aircraft
airpoise *fiz* légsúrlódásmérő készülék
airport (AP) repülőtér, légikikötő; → air port; ~ **and airways surveillance radar (AASR)** *rep* repülőtéri és útvonalellenőrző radar; ~ **beacon** repülőtéri jelzőtorony, fényjeladó; ~ **bus** repülőtéri autóbusz; ~ **climatic data** repülőtér éghajlati adatai; ~ **control** közelkörzeti irányítás; ~ **control area** közelkörzet; ~-**control panel** *rep* repülőtér-vigyázói kapcsolóasztal; *távk* hátoldalon huzalozott szerelőlap; ~-**control sector** *rep* repülőtéri repülésirányító szektor; ~-**control tower (APT)** repülőtéri irányítótorony; ~ **danger beacon** (repülőtéri) figyelmeztetőfény; repülőtéri veszélyjelző fényjeladó; ~ **handling counter** repülőtéri utasnyilvántartó és poggyászokmányokat kitöltő munkahely; ~ **of entry** belépő-repülőtér; vámrepülőtér; ~ **reference letter** repülőtér osztályát jelző betű; ~ **runway** repülőtéri kifutópálya; ~ **surface detection equipment/radar** kifutópálya-ellenőrző radar; ~ **surface-movement equipment** repülőtéri földi mozgásirányító berendezés; ~ **surface-navigation equipment** repülőtéri földi navigációs berendezés; ~ **surface traffic** *rep* gurulómezőny-forgalom; ~ **surveillance radar (ASR)** repülőtéri légtérellenőrző radar; ~ **traffic control** repülőtéri forgalomirányító szolgálat; repülőtér-körzeti repülésirányítás; ~ **traffic control tower** *rep* repülőtéri irányítótorony
AIRS → automatic image retrieval system
airscape madártávlatból felvett kép
airscrew *rep* légcsavar; ~ **balancing apparatus** légcsavar-kiegyenlítő berendezés; ~ **blade** *rep* légcsavarszárny; ~-**blade incidence** *rep* légcsavarlapát állásszöge; ~-**blade speed** a légcsavarlapát kerületi sebessége; ~ **circle** *rep* légcsavarkör; ~ **control** a légcsavar állásszögének vezérlése; ~ **covering** légcsavarvédő-burkolat; ~ **de-icing control** légcsavar-jégtelenítő berendezés szabályozása; ~ **disc/disk** légcsavarkör; ~ **disc load** légcsavarkör terhelése; ~ **flange** *rep* légcsavaragy-karima; ~ **flutter** légcsavarszárny rezgése; ~ **governor** *rep* légcsavar-szabályozó; ~ **hub** légcsavaragy; ~ **output** légcsavar effektív teljesítménye; ~ **path** légcsavarút, légcsavarpálya; ~ **pitch** *rep* légcsavar emelkedési szöge; ~-**pitch control** *rep* emelkedésszabályozás; légcsavarszállító szerkezet; ~ **power** légcsavar-teljesítmény; ~ **reverse rotation** légcsavar visszaforgása; ~ **shaft** *rep* légcsavartengely; ~ **slip** légcsavarszlip, légcsavarcsuszamlás; ~ **test stand** légcsavarpróbapad; ~ **thrust** légcsavar-vonóerő; ~ **thrust-bearing** légcsavartalpcsapágy; ~ **torque** légcsavar ellentétes irányba ható forgatónyomatéka; ~ **wash** légcsavar kísérő örvénye/áramlása; légcsavarszél
airship *rep* léghajó; ~ **back** léghajó felső része; ~ **base** *rep* léghajókikötő; ~ **body** *rep* léghajótörzs; ~ **car** *rep* léghajógondola; ~ **dope** léghajóburkolat-lakk; ~ **hull** léghajóburkolat, léghajótörzs; ~-**mooring mast** léghajókikötő árboc; ~ **stabilizer** léghajó vezérsíkja
airsickness *rep* légibetegség
airspace *rep* → air space
airstrip *rep* leszállópálya, felszállópálya
airtight légmentes(en záró/záródó), légátnemeresztő, légmentesen/hermetikusan zárt, hermetikus; ~ **joint** légzáró kötés; ~ **machine** *el* nyomásállóan zárt gép; ~ **partition** *bány* légmentes gát; ~ **seal** légmentes tömítés; ~ **sealing** *vák* hermetikus lezárás
airway *bány* (kihúzó) légvágat; légcsatorna; légút; *rep* légi folyosó; légi útvonal, légiút; ~ **beacon** földrajzi helyjeladó, távolkörzeti jeladó; ~ **bill** légi fuvarlevél; ~ **climatic data** légi útvonal éghajlati adatai; ~ **communications station** légiforgalmi rádióállomás; ~ **forecast** időjárás-előrejelzés légi útvonalra; ~ **ground mark** légvonal földi jelzése; ~ **light** *rep* útvonaljelző fény; ~ **man** *bány* szellőztetési felelős; ~ **marking** légi útvonal kijelölése; ~ **meteorological data** légi útvonali időjárási/meteorológiai adatok; ~ **obstruction marker** útvonali akadályjelzés; ~ **radio station** légi útvonalakat kiszolgáló rádióállomás; ~ **reporting station** légi útvonali kötelező helyzetjelentő pont; ~**s** → airline; ~ **surveillance radar** légiútvonal-ellenőrző radar/lokátor; ~ **system** légiforgalmi/légiközlekedési hálózat; légiút-hálózat; ~ **traffic** légi útvonali forgalom; ~ **traffic control area** útvonalirányítói körzet; ~ **traffic control centre/center** légiforgalom-irányító központ, repülésbiztosítási ellenőrző szolgálat központja; ~ **weather (AW)** *rep* légi útvonal időjárási viszonyai

airworthiness repülési alkalmasság *(gépé)*; repülőképesség; ~ **certificate** légialkalmassági bizonyítvány
airworthy repülésre alkalmas
Airy | **disk** *opt* szóródási korong; ~ **points** *fiz, opt* Airy-pontok; ~**'s integral** *fiz* Airy-integrál; ~ **spirals** *fiz* Airy-spirális; ~ **stress-function** Airy-feszültségfüggvény
aisle *ép* átjáró, bejárat; épületszárny; folyosó; fűtőgaléria; oldalhajó; ~ **wall** *ép* szárnyfal; ~**-way** *rep* átjáró, folyosó
Aitken | **code** *szt* Aitken-kód; ~ **counter** *met* Aitken-számláló, Aitken-féle magszámláló; ~ **nuclei** *met* Aitken-magvak, Aitken-féle magvak; ~ **process** *mat* Aitken-iterációgyorsító módszer, Aitken-folyamat; ~**'s interpolation method** *mat* Aitken-féle interpolációs rendszer
ajar kissé nyitott
ajawa/ajowan oil oman-olaj; ajván-olaj
Ajax hammer *koh* Ajax-kalapács
akermanite *ásv* akermanit
Al → aluminium
AL → accommodation ladder; → Approach and Landing; → artificial line
ALA → American Library Association; ~ **print train** *szt* ALA nyomtatólánc *(bibliográfiai tételekhez)*
alabandite *ásv* alabandit, mangánszulfid, mangánfény(le)
alabaster *ásv, ép* alabástrom; alabástromgipsz; ~ **cardboard** alabástromkarton; ~ **glass** *ép* alabástromüveg; ~ **quarry** alabástrombánya; gipszbánya
alabastrian alabástrom(ból való)
alabastrine → alabastrian
alactacid *vegy* tejsavmentes
alalite *ásv* alalit
alamosite *ásv* alamozit
alanine *vegy* alanin, amino-propionsav
alarm I. *v* riaszt; **II.** *n* figyelmeztető jel adása; riasztás, riadó; riasztójelzés, alarm; vészjelző készülék; riasztóberendezés, riasztókészülék; ébresztőóra; ~ **bell (alm)** vészcsengő; ~ **circuit** riasztóáramkör; ~**-clock** ébresztőóra; ~**-cord** *el* vészcsengő zsinórja; *vasút* vészfék *(zsinórja)*; ~ **device** riasztóberendezés, riasztókészülék; ~ **dosemeter** *at* alarmdoziméter, figyelmeztető doziméter; ~ **flag** *el, távk* zászló, optikai jelző; ~ **function** zavarjelzés; *szt* riasztás; ~ **fuse** riasztóberendezéses olvadóbiztosító; ~ **ga(u)ge** riasztó mérőkészülék; ~ **lamp** jelzőlámpa; ~ **manometer** jelző feszmérő/nyomásmérő; ~ **message** *szt* hibaüzenet; ~ **monitor** vészjelző berendezés, riasztóberendezés; ~ **plan** *bány* riasztási terv; ~ **pressure** megengedhető legnagyobb nyomás; ~ **relay** riasztórelé; ~ **scanning** letapogató riasztó/vészjelző berendezés; ~**-setting hand** ébresztőmutató *(óráé)*; ~ **signal** riasztójel(zés); riasztás, alarm; *rep* vészjel; ~ **spring** csengőrugó *(óráé)*; ~ **stud** *távk* riasztópecek; ~ **system** riasztóberendezés, riasztókészülék; ~ **table** jelzőtábla; ~ **thermometer** hangjelzéses hőmérő; ~ **time** vészjelidő; ~**-trunk system** *távk* távriasztó rendszer; ~ **wire** riasztóvezeték
Alaska yarn fésültgyapjú pamutfonal
alaskaite *ásv* alaskait
alba *gyógyv* sztearinsav
alban *gumi* alban
albany grease gépzsír
albata réz-cink-nikkel ötvözet
albedo *fiz* albedo; sugárzásvisszaverő-képesség; ~ **of snow** hó albedoja; ~ **of the Earth** Föld albedoja; ~ **tensor** *at* albedotenzor
albedograph *fiz* albedoíró
albedometer *fiz* albedomérő
albert *pa* levélpapírméret *(6"x3 7/8")*
albertate *műa* modifikált fenolgyanta Al-sója
albertol resin *műa* modifikált fenolgyanta, albertol, műkopál
albescent fehéres
Albian stage *geol* albai emelet
albine *ásv* albin
albite *ásv* albit, nátronföldpát, nátrium-aluminium-szilikát; ~ **law** *krist* albit ikertörvény, albittörvény
ALBM → air-launched ballistic missile
albolite *ép* albolit *(cementanyag)*
albronze *koh* aluminiumbronz
albumin *vegy* albumin; fehérje
albuminoid albuminoid
albuminous *vegy* fehérje-
albumose *vegy* albumóz
alburn *fa* szíjács
albutannin *gyógyv* tannalbin
ALC → aluminium casting; → automatic level control
alcatron *el* alcatron
alclad *heng* duralplat
ALCM → air-launched cruise missile
alcogas motorhajtó benzin-alkohol elegy, „motalkó"
alcohol *vegy* alkohol, etilalkohol, etanol; szesz; ~**-blended fuel** alkohollal kevert üzemanyag; ~ **burner** spirituszégő; ~ **diluted lacquer** szeszlakk, spirituszlakk; ~ **dyeing** *tex* spirituszoldatos színezés; ~ **engine** alkoholmotor; ~ **ga(u)ge** alkoholos nyomásmérő; ~ **lamp** szeszlámpa; ~ **of potatoes** *élip* burgonyaszesz; ~ **soluble** alkoholban oldódó; ~ **thermometer** *met* alkoholos hőmérő
alcoholate alkoholát
alcoholature *élip, vegy* alkoholos kivonat
alcoholic alkoholos, alkoholtartalmú; szeszes, szesz-; ~ **extract** *élip, vegy* alkoholos kivonat; ~ **fermentation** *élip* szeszes erjedés; *vegy* alkoholos erjedés; ~ **strength** alkoholtartalom *(százalékban)*
alcoholimeter → alcoholometer
alcoholization szeszlepárlás; alkoholtelítés
alcoholize szesszé lepárol; alkohollal telít
alcoholometer szeszmérő, szeszfokoló
alcoholometry alkoholometria, szeszmérés, szeszfokolás
alcoholysis *vegy* alkoholízis
alcotest *közl* szondázás
alcove *ép* alkóv, benyíló; hajófülke
ALD → automated logic diagram
aldehyde *vegy* aldehid; ~ **resin** aldehidgyanta
Alden brake Alden-féle teljesítménymérő fék
alder bark *bőr* égerfakéreg
Aldis lamp *rep* Aldis jelzőlámpa
aldoform *vegy* formaldehid *(vizes oldata)*
aldohexose *vegy* aldohexóz
aldol *vegy* aldol, β-hidroxi-butiraldehid; ~ **condensation** aldolkondenzáció, aldolpolimerizáció
aldolactol *vegy* aldolaktol
aldonic acid *vegy* aldonsav
aldose *vegy* aldóz

aldoxime *vegy* aldoxim
aldrey *koh* aldrey *(Al-Si-Mg)*
aldrine *mzg* aldrin
ale ale(sör) *(világos sör)*
aleatory random, véletlenszerű, statisztikus; ~ **variable** valószínűségi/véletlen/sztochasztikus változó
alee *rep* szélárnyékos oldalon; széltől védett
alembic lombik
aleph-0 *mat* alef nulla
alert I. *v* riaszt; *rep* vészjelet ad; **II.** *n kat* riadó, harckészültség; *rep* (korai) riasztás; veszély jelzése; *szt, távb* figyelmeztető jel, riasztás, riasztójelzés; ~ **launching** *rak* azonnali indítás; ~ **phase** *rep* riasztási fázis
alerting message *rep* riasztóközlemény
alette *ép* lizéna, kis kiugrású pillértagozat
aleurite *ásv* aleurit
aleurometer lisztvizsgáló készülék
aleurone *élip* sikér; ~ **cell** *élip* aleuronsejt; ~ **layer** *élip* aleuron réteg
Alexanderson alternator *rád* Alexanderson-féle gépadó *(nagyfrekvenciás)*
alexandrite *ásv* alexandrit
alexipharmic *vegy* ellenméreg-hatású
alfa *ip* alfarost, eszpartórost; ~**-grass** tengeri fű; alfafű, eszpartófű; ~ **scutcher** alfafűtiloló
Alfene plant/unit *ol* „Alfene" üzem/egység
alfenide *koh* argentán, kínaezüst, alpakka
alfol *heng* alumíniumfólia
Alfol process *ol* Alfol-eljárás
Alford (loop) antenna *távk* Alford-keretantenna
Alfvén | number *fiz, mat* van Alfvén-szám, mágneses Mach-szám; ~ **wave** *fiz* van Alfvén-hullám
alga *pl* **algae** alga; ~ **bloom** vízvirágzás; ~ **test** algateszt
algebra *mat* algebra; elemi algebra, betűszámtan; ~ **of automata** automataalgebra; ~ **of constants** konstansalgebra; ~ **of events** eseményalgebra; ~ **of logic** logikai algebra; Boole-algebra; ~ **of sets** halmazalgebra; ~ **of tensors** tenzoralgebra; ~ **with an involution** csillagalgebra, involucióval ellátott algebra, szimmetrikus/önadjungált algebra
algebraic(al) *mat* algebrai; előjeles; ~ **algebra** algebrai algebra; ~ **calculus** elemi algebra, betűszámtan; ~ **complement** algebrai komplemens/komplementer; ~ **conjugate** konjugált, konjugált algebrai szám; ~ **curve of (the) second degree/order** kúpszelet, másodrendű (algebrai) görbe, másodrendű síkgörbe, pontkúpszelet; ~ **curve of the fourth degree/order** negyedrendű görbe; ~ **curve of the sixth degree/order** hatodfokú/hatodrendű algebrai (sík)görbe; ~ **curve of the third degree/order** harmadfokú/harmadrendű görbe; ~ **equation** algebrai egyenlet; ~ **equation of (the) fifth degree** ötödfokú egyenlet; ~ **equation of (the) fourth degree** negyedfokú egyenlet; ~ **equation of (the) sixth degree** hatodfokú egyenlet; ~ **error correcting code** algebrai hibajavító kód; ~ **field** algebrai test; ~ **form** algebrai alak; ~ **fraction** algebrai tört; ~ **function** algebrai függvény; ~ **language** *szt* algebrai nyelv; ~ **lattice** algebrai háló; kompakt elemekkel generált háló; ~ **magnitude** előjeles nagyság/érték; ~ **manifold** algebrai sokaság; ~ **method** algebrai módszer; ~ **norm** norma, abszolút érték négyzete; ~ **number** relatív/előjeles/algebrai szám; ~ **number field** algebrai számtest; ~ **number theory** algebrai számelmélet; ~ **operation** (algebrai) művelet; ~ **plane curve of the fourth degree/order** negyedfokú síkgörbe; ~ **plane curve of the sixth degree/order** hatodfokú/hatodrendű algebrai (sík)görbe; ~ **plane curve of the third degree/order** harmadfokú/harmadrendű síkgörbe; ~ **root** algebrai gyök; ~ **sign** előjel; ~ **sign control circuit** előjel-ellenőrző (áram)kör; ~ **space** algebrai tér; ~ **surface of the first order** sík; ~ **theory of numbers** algebrai számelmélet; ~ **variety** algebrai sokaság
algebraicity algebraiság
algebraization algebraizálás
algebroid function algebrai függvény
algicide *vegy* algicid
alginate *vegy* alginát; ~ **fibre/fiber** *műa* alginát műszál
alginic | acid *vegy* alginsav, polimannuronsav; ~ **fibres/fibers** alginát műszálak
alginite *ol* alginit
algol algol *(festék)*; ~ **red** *vegy* algolvörös, dibenzol-1,4-diaminoantrakinon
Algol *csill* Algol; ~**-type eclipsing binary;** ~ **variable** *csill* Algol csillag, fedési változó csillag
ALGOL *szt* ALGOL, Algol; ~**-68** *szt* Algol-68 (nyelv)
Algonkian period *geol* algonkium
algorism → algorithm
algorithm *mat, szt* algoritmus; ~ **collection** *mat, szt* algoritmusgyűjtemény; ~ **convergence** *mat, szt* algoritmuskonvergencia; ~ **elaboration** *mat, szt* algoritmuskidolgozás; ~ **for division** *mat, szt* osztás algoritmusa; ~ **for pattern recognition** *szt* alakfelismerési algoritmus; ~ **theory** *mat, szt* algoritmuselmélet; ~ **translation** *szt* algoritmusfordítás
algorithmic *mat, szt* algoritmus-, algoritmikus; ~ **insolubility** *mat, szt* algoritmikus megoldhatatlanság; ~ **language** *szt* algoritmikus (gépi) nyelv
algorithmically *szt* algoritmikusan; ~ **unsolvable problems** *szt* algoritmikusan megoldhatatlan feladatosztály
algorithmization *szt* algoritmizáció, algoritmizálás
algosol *vegy* algozol *(festékoldó szer)*
algraphy *nyom* algráfia
alhidade → alidade
alicyclic *vegy* aliciklusos; ~ **compound** *vegy* aliciklusos vegyület; ~ **hydrocarbon** aliciklusos szénhidrogén; ~ **nucleus** *vegy* aliciklusos gyűrű
alidade *csill, geod* alhidádé; ~ **circle** alhidádé-körosztás; ~ **level** alhidádelibella; ~ **rule;** ~ **with telescope** *geod* távcsöves vonalzó
alien idegen, esetleges; ~ **tones/frequencies** *el, hang* zavaró zörejek
alight[1] leszáll *(levegőből, járműről stb.)*; leesik
alight[2] égő, lángoló, lángokban álló, lángra lobbanó; megvilágított
alighting *rep* leereszkedés, leszállás; vízre szállás; ~ **deck** repülőgép-anyahajó felszállófedélzete; ~ **gear** leszállási berendezés; ~ **on ground** földre szállás; ~ **on the moon** holdra szállás; ~ **run** kifutópálya; leszállás utáni kifutás
align egyenget; központosít; egyenesbe állít/hoz; egyenest kitűz; szintbe/síkba hoz; vonalba/sorba állít; beirányít *(egy vonalba)*; felsorakozik; sorba áll; *távk* behangol
aligned egyenesbe/sorba állított/hozott; beirányított; *távk* behangolt; ~ **end** *távk* sorbafejtett (zsinór)vég;

~ **grids** *rád* fedett rácsok; ~**-grid tube/valve** fedettrácsos cső

aligning felsorakoztatás; egyengetés; sorba állítás; egyenesbe/szintbe/vonalba állítás/hozás; kiigazítás; *ép* kitűzés, egyenesbe állítás; *mt* központba hozás, központosítás; ~ **bar** *gép* egytengelybe-állító tövis; ~ **condenser/capacitor** *el* finombeállító kondenzátor; ~ **gear** *gép* hitelesítő/beállító szerkezet; ~ **into the pulse stream** besorolás az impulzusfolyamba; ~ **jig** *gép* beállítókészülék, beállítószerkezet, utánszabályozó szerkezet; ~ **of girders** *ép* tartók szintbe hozása; ~ **pin** *gép* egyenesbe állító csap; ~ **plug** illesztőcsap *(elektroncsövön)*; ~ **pole** *geod* kitűzőrúd; ~ **reamer** *forg* kaliberfúró *(két koaxiális furathoz)*; ~ **strip** *gép* beállítólemez; ~ **stud** *gép* egyenesbe állító csavar; ~ **table** *heng* gyűjtő görgősor; ~ **tool** *távk* hangolókulcs, behangoló szerszám *(nem mágneses)*

alignment kiegyenesítés; egyenesbe/vonalba hozás/állítás; irány; *at* irányítottság; *ép* földmunka kitűzése; síkba állítás; *félv* orientálás *(kristályé)*; *geod* egyeneskitűzés; *geof* egy vonalba esés; meghosszabbítás, folytatás; viszonylagos elhelyezkedés; *hidr* vonalozás *(töltésé, csatornáé)*; *műa* szerszám-központosítás; *rád* behangolás, pótlás *(veszteségé)*; kiegyenlítés; ~ **chart** *mat* pontsereges nomogram; ~ **curvature** *geof* átlagos fázisvonal görbülete, reflexiósidő-hiperbola; ~ **of the navigation canal** *hidr* hajócsatorna vonalvezetése; ~ **oscillator** *el* hangolóoszcillátor; ~ **procedure** beállítási eljárás/művelet; ~ **section** kiegyenlítő tag; ~ **survey** *hidr* helyszínrajzi vonalvezetés; ~**-type nomograph** *at* vonalsereges nomogram

alignreaming I. *a forg* főtengelycsapágy-fúró; **II.** *n forg* csatlakozó furatok együttes dörzsárazása; egytengelyű dörzsölés *(dörzsárral)*; főtengelycsapágyak együttes feldörzsölése

alimentary *élip* étkezési; tápláló-; ~ **pastas** *élip* tésztaáruk, száraztészta

alios *geol* ortstein, aliosz

aliphatic *vegy* alifás, aciklikus, nyílt szénláncú *(vegyület)*; ~ **amino-acid** alifás aminosav; ~ **aromatic sulphonic acid** alifás-aromás szulfonsav; ~ **compound** alifás vegyület, nyílt szénláncú vegyület; ~ **ether** alifás éter; ~ **hydrocarbon** alifás szénhidrogén, nyílt láncú szénhidrogén

aliquant *mat* nem osztó *(valamely számé)*

aliquation réteges elválás

aliquot I. *a mat* egyenlő részekre osztott; maradéktalan; **II.** *n mat* aliquot rész; osztó; ~ **divisor (part)** osztó, szám osztója; ~ **part** aliquot rész; osztó; ~ **quantity** aliquot mennyiség; ~ **register** *hang* felhangjáték *(orgonán)*; ~ **scaling** *hang* rezonanciahúrozás

ALIS → automated library information system

alite *ép, vegy* alit *(trikalcium-szilikát)*; ~ **cement** *ép* alitcement

alitize *vegy* alitál

alitizing *vegy* alitálás, alumíniumozás; ~ **furnace** *koh* alumíniumozókemence

alive élő, élénk; *el* feszültség/terhelés alatt levő; *gép* működő

alizarin *vegy* alizarin, 1,2-dioxi-antrakinon; ~ **amide** *vegy* alizarinamid; ~ **blue** *vegy* alizarinkék, alizarinkinolin; ~ **bordeaux** *vegy* alizarinbordó, 1,2,5,8-tetraoxi-antrakinon; ~ **brown** *vegy* alizarinbarna, 1,2,3-trioxi-antrakinon; ~ **colo(u)r** alizarinfesték; ~ **cyanine** *vegy* alizarincianin, 1,2,4,5,8-pentaoxi-antrakinon; ~ **dyestuff** *vegy* alizarinfesték; ~ **orange** alizarinoranzs, 1,2-dioxi-3-nitro-antrakinon; ~ **red R** *vegy* alizarinvörös R, 3-alizarinszulfosavas nátrium; ~ **yellow** *vegy* alizarinsárga, trioxi-benzofenon

alkalescence *vegy* lúgosság, lúgos jelleg

alkalescent *vegy* gyengén lúgos

alkali *vegy* alkáli, lúg; ~**-aggregate reaction** *ép* alkálihatás *(beton adalékanyagában)*; ~ **amphibole** *ásv* alkáliamfibol; ~**-bauxite ratio** *koh* lúg-bauxit arány; ~ **blue** *vegy* alkálikék, trifenil-p-rozanilin-monoszulfonsav; ~ **cellulose** *tex* lúgban megdagadt cellulóz; *vegy* cellulóz-alkáli; ~**-earth metal** *vegy* alkáliföldfém; ~ **element** alkálifém; ~**-enolate** *vegy* alkálienolát; ~ **fusion** alkalikus ömlesztés; ~ **halide colo(u)r centre/center** alkálihalid színcentrum; ~ **injury** káros lúgos hatás; ~**-insoluble** lúgban oldhatatlan; ~ **liquor** lúg; ~ **lye** marólúg; ~ **metal** alkálifém; ~ **metal alloy** alkálifém-ötvözet; ~ **poisoning** lúgmérgezés; ~ **process** *gumi* lúgos regenerálás; *önt* A-eljárás; alkáli-eljárás; ~**-proof** lúgálló; ~ **province** *geol* alkálitartomány; ~ **ratio** *pa* aktív lúg hányada a száraz fa százalékában; ~ **reclaim** lúgos regenerátum, visszanyert lúg; ~**-refined linseed-oil** *műa* lúgosan tisztított lenolaj; ~ **refining** lúgos finomítás; ~ **resist** *tex* lúgos rezerva; ~ **resistance** *any* lúgállóság; *műa* alkáliállóság; ~**-resistant** alkáliálló; lúgálló; ~**-resisting diaphragm** lúgálló membrán/diafragma; ~ **resisting paints** *ép* lúgálló festékek; ~**-soluble** lúgban oldható; ~ **solution** lúg; ~ **staining** *pa* lúgos elszíneződés; ~ **starch** lúgos keményítő; ~ **wash** lúgos mosás; lúgos mosófolyadék; kilúgozás; ~ **waste** *vegy* nyersszóda kilúgozása után visszamaradó hulladék; ~ **works** *vegy* szódagyár, nátrium-karbonát gyár

alkalify *vegy* lúgosít

alkalimeter *vegy* lúgmérő, alkáliméter

alkalimetric *vegy* lúgmérő, alkalimetriai

alkalimetry *vegy* lúgmérés, alkálimetria

alkaline *geol* szikes *(talaj)*; *műa* bázikus; *tex* lúgképző; *vegy* lúgos, bázikus, alkalikus; ~ **accumulator** *el* lúgos akkumulátor; ~ **bicarbonate water** *vegy* alkálihidrogén-karbonátos víz; ~ **catalyst** *vegy* bázikus katalizátor; ~ **cell** *el* Edison-akkumulátor, lúgos elem; ~ **char** *vegy* lúggal aktivált szén; ~ **condensate** *koh* alkalikus kondenzvíz; ~ **digestion** *pa* lúgos feltárás; ~**-earth** *vegy* lúgos föld-, alkáliföld-; ~ **earth metals** *vegy* alkáliföldfémek; ~ **electrolyte** lúgos elektrolit; ~ **element** *vegy* alkálifém; ~ **filler** *pa* lúgos töltőanyag; ~ **flooding** *ol* lúgos elárasztás; ~ **fusion** *vegy* alkalikus ömlesztés; ~ **granite** bázikus gránit; ~ **land** szikes föld; ~ **leaching** *at* lúgos feltárás, kilúgozás; ~ **metal** alkálifém; ~ **number** *vegy* lúgszám; ~ **photoelectric cell** *foto* lúgos akkumulátoros fotocella/fényelem; ~ **plating process** *vegy* lúgos galvanizáló eljárás; ~ **process** *pa* lúgos feltárás; ~ **reaction** *vegy* lúgos kémhatás/reakció; ~**-resistant rubber cloth** lúgálló gumiruha; ~**-resisting** lúgálló; ~ **soil** szikes talaj; ~ **storage battery** *el* lúgos akkumulátor

alkalinity *geol* szikesség; *vegy* alkalitás; lúgosság, bázikusság; ~ **number** *vegy* lúgszám; ~ **of water** *ol* vízalkalinitás

alkalinize → alkalize

alkalization lúgosítás; *talt* szikesedés
alkalize *vegy* lúgosít
alkaloid *vegy* alkaloid
alkaloidal *vegy* alkaloid (hatású)
alkamine *vegy* alkamin, alkoholamin, aminoalkohol; ~ **paper** *vegy* Böttger-féle indikátorpapír
alkane alkán; ~ **hydrocarbons** paraffin-szénhidrogének, metán-homológok; paraffinok; alkánok
alkanesulphonic, *US* **alkanesulfonic acid** *vegy* alkánszulfonsav
alkanet alkannagyökér; alkanna *(festékanyag)*
alkanization → alkylation
alkannin *vegy* alkannin
Alkar plant/unit *ol* „Alkar" üzem, „Alkar" egység
alkathene *műa* polietilén
Alkazid desulphurization/desulfurization *ol* „Alkacid" (aminoalkoholos) kénmentesítés
alkene *vegy* alkén
alkine *vegy* → alkyne
alkoxide *vegy* alkoholát
alkoxylate *műa* éterifikál
alkoxylation éterifikálás
alkyd resin *vegy* alkidgyanta
alkygas motorhajtó benzin-alkohol elegy, „motalkó"
alkyl *vegy* alkilcsoport, alkilgyök; ~ **aluminium chloride** alkil-alumínium-klorid; ~ **bromide** alkil-bromid; ~ **carbonate** alkil-karbonát, szénsavalkilészter; ~ **chloride** alkil-klorid; ~ **disulphide/disulfide** alkil-diszulfid; ~ **ether** alkiléter; ~ **group** alkilcsoport, alkilgyök; ~ **halide** alkil-halogenid, alkil-haloid; ~ **hydrogen sulphate/sulfate** alkil-hidrogén-szulfát; ~ **hydrosulphide/hydrosulfide** alkil-hidrogén-szulfid, merkaptán; ~ **iodide** alkil-jodid; ~ **lead** ólomalkil; ~ **magnesium halide** alkil-magnézium-halogenid; ~ **nitrite** alkil-nitrit; ~ **polysulphide/polysulfide** *műa* poliszulfid műanyag, tioplaszt, tiokol; ~ **radical** alkilgyök, alkilcsoport; ~ **residue** alkilcsoport, alkilmaradék; ~ **sodium sulphate/sulfate** nátrium-alkil-szulfát; ~**-substituted** alkilezett, alkilhelyettesített; ~ **sulphate/sulfate** alkil-szulfát; ~ **sulphhydrate/sulfhydrate** alkil-szulfhidrát, merkaptán; ~ **sulphide/sulfide** dialkil-szulfid, alkil-tioéter; ~ **sulphocyanide/sulfocyanide** alkil-rodanid; ~ **sulphone/sulfone** dialkil-szulfon; ~ **sulphonic/sulfonic acid** alkil-(mono)-szulfósav; ~ **thiourea** alkil-tiokarbamid; ~ **urea** alkil-karbamid
alkylate I. *v vegy* alkilez; **II.** *n vegy* alkilát, alkilezett termék; ~ **bottoms (polymer)** *ol* nehézalkilát, alkilezési fenéktermék
alkylated *vegy* alkilezett, alkilhelyettesített
alkylating agent *vegy* alkilezőszer
alkylation *vegy* alkilezés; ~ **acid** alkilező sav; ~ **process** alkilezési eljárás, alkilálás
alkylene *műa* olefin; *vegy* alkiléncsoport; ~ **halohydrin** *vegy* alkilén-halogén-hidrin; ~ **polysulphide/polysulfide** *műa* poliszulfid műanyag, tioplaszt, tiokol
alkyne *vegy* alkin, acetilén-szénhidrogén; ~ **soil** szikes talaj
all I. *a* összes; egész; teljes; mind(en); **II.** *adv* egészen, teljesen; ~**-adhesion locomotive** *vasút* minden tengelyén hajtott mozdony; ~**-alpha alloy** alfa-ötvözet; ~**-alpha titanium alloy** alfa-fázisos szerkezetű titánötvözet; ~**-altitude** *rep* minden magasságban érvényes; ~ **around welding** *heg* körvarrathegesztés; ~ **band tuner** *el* univerzális csatornaválasztó; ~ **basic furnace** *koh* teljesen lúgos bélelésű kemence; ~**-beta alloy** *koh* béta-ötvözet; ~ **burnt** *rak* égésvég; ~**-burnt acceleration** *rep* tüzelőanyag teljes elégetéséig történő felgyorsítás; ~ **burnt velocity** *rak* égésvégi sebesség; ~ **cargo aircraft** *rep* teherszállító légijármű; ~**-channel** *rád* univerzális, univerzál-, egyetemes, összes/minden hullámhosszra; ~**-channel decoder** *távk* egyetemes kódváltó; ~**-channel receiver** *el* univerzális vevő; ~**-concentric (triode)** *el* koncentrikus trióda; ~**-cotton** *tex* tiszta pamut; ~**-day efficiency** napi hatásfok; ~**-electric** *el* teljesen villamosított, villamos berendezésű; ~**-electric receiver** *rád* hálózati vevő; ~**-electric signalling** *vasút* teljesen villamosított jelzőrendszer; ~ **engine takeoff** *rep* valamennyi működő hajtóművel történő felszállás; ~**-face cent(e)red** *ásv* lapcentrált, lc, lapközéppontos, lk; ~**-flotation process** *koh* tisztán flotálással dolgozó dúsítás; ~**-flying tailplane** *rep* állítható állásszögű vízszintes vezérsík; ~**-geared drive** *gép* fogaskerékáttétel-átkapcsolású sebességváltós hajtómű; ~**-geared headstock** *forg* (fogaskerék)sebességváltós orsóház; ~**-glass** színüveg; ~**-glass tube/valve** *el* színüveg cső; ~**-heart tie** *vasút* zárt/teljes szívű talpfa; ~**-hydraulic crane** *ép* teljesen hidraulikus daru; ~**-hydraulic dragline (excavator)** *ép* teljesen hidraulikus vonóvedres kotró; ~**-hydraulic excavator** *ép* teljesen hidraulikus kotró; ~**-inertial guidance** *aut* teljesen inerciális irányítás; ~**-in-one-piece** egyrészes; ~**-in tariff** *közl* egységes díjszabás; ~**-level sample** többréteges próba; *ol* átlagminta; ~**-linen** *tex* tiszta len; ~**-mains** *el* egyen- és váltakozóáramú, univerzális; ~**-mains receiver** *el* univerzális hálózati vevő; ~**-metal** tiszta fém, teljesen fémből készült; ~**-metal body** *gépk* fémkarosszéria; ~**-metal inlet system into a mass spectrometer** tiszta fém bevezető rendszer tömegspektrométerhez; ~**-metal tube** *rád* fémcső; ~**-metal valve** *vák* tiszta fém szelep; ~**-mine pig-iron** *koh* tisztán ércből nyert nyersvas; ~**-night circuit** *el* éjszakai közvilágítási áramkör; ~**-optical computer** *szt* teljesen optikai rendszerű számítógép; ~**-or-none data** *szt* minden vagy semmi adat; ~**-or-none law** *szt* minden vagy semmi törvény; ~**-or-none response** *szt* minden vagy semmi válasz; ~**-or-nothing piece** *óra* minden vagy semmi rugó *(ütőórában)*; ~**-or-part switch** *el* csoportkapcsoló; ~**-out (nuclear) war** totális (atom)háború; ~**-pass** mindent áteresztő; ~**-pass element** *el* csillapításmentes késleltető tag; ~**-pass filter** *el* csillapításmentes szűrő; frekvenciafüggetlen/univerzális szűrő; mindent áteresztő szűrő/tag, fáziskiegyenlítő szűrő/hálózat; ~**-pass network** *el* mindent áteresztő hálózat; ~**-pass transducer** *el* frekvenciafüggetlen rezgésátalakító; mindent áteresztő szűrő; ~ **points addressable (APA)** *szt* pontonként címezhető, APA; ~**-position arc welding** *heg* ívhegesztés minden helyzetben; ~**-power-units performance ceiling** *rep* az összes hajtómű magassági teljesítménye; ~**-purpose** sokoldalú, sokcélú; univerzális, egyetemes; kombinált; általános rendeltetésű; ~**-purpose adhesive** általános/univerzális/egyetemes ragasztó; ~**-purpose aircraft** *rep* többfeladatú légijármű; ~**-purpose blanket** *tex* többrendeltetésű takaró; ~**-purpose controller** *aut* univerzális/egyetemes szabályozó; ~**-pur-**

pose electrode *el* egyetemes elektród; ~**-purpose excavator** *ép* univerzális kotró; ~**-purpose flux** *vegy* általános rendeltetésű folyósítószer; ~**-purpose instrument** *metr* egyetemes mérőműszer; ~**-purpose machine** többfeladatos/egyetemes gép; ~**-purpose meter** *metr* egyetemes mérőműszer; ~**-purpose oil** *ol* univerzális olaj; ~**-purpose tractor** *mzg* univerzális traktor; ~**-purpose vehicle** egyetemes jármű; ~**-regime controller** *aut* egyetemes szabályozó; ~**-relay interlocking-machine** *el* villamosfüggésű állítómű; ~**-round** → all-purpose; ~**-round looking radar** *távk* légtérellenőrző radar; ~**-rowlock wall** *ép* nyerstégla fal(azás); ~**-scrap process** *koh* törtvasolvasztó eljárás; ~**-season oil** *ol* téli-nyári olaj; ~**-silk** *tex* tiszta selyem; ~**-sliming process** mindent iszapoló eljárás; ~**-solid-propellant rocket** *rak* (csak) szilárd hajtóanyagú rakéta; ~**-steel** *koh* színacél-, teljesen acélból készült; ~**-steel body** *gépk* teljesen acélból készült kocsiszekrény; ~**-synchromesh gear** *gépk* teljesen szinkronozott sebességváltó; ~**-terrain** *kat* terepjáró; ~**-tests-pass category** *gép* összes vizsgálaton átesett alkatrészek osztálya; ~**-the-way guidance** *rep* rávezetés az egész repülési időtartam alatt; ~**-ups** *bány* vegyes aknaszén; ~**-up weight (AUW)** *rep* repülősúly, teljes repülési tömeg; ~**-watt motor** beépített Scherbius-féle fázissiettetőjű indukciós motor; ~**-wave** *távk* minden hullámhosszra alkalmas *(antenna)*; ~**-wave oscillator** *el, rád* széles sávú oszcillátor; ~**-wave receiver** *el, rád* univerzális vevő; ~**-weather (AW)** időjárásálló, időjárástól független; *kat* minden időben alkalmazható; ~**-weather car** *gépk* csukott-nyitott gépkocsi; ~**-weather fighter** *kat, rep* nehéz vadászrepülőgép; ~**-weather fighter aircraft** éjjeli/nehéz vadászgép; ~**-weather interceptor** időjárástól független vadászrepülő/vadászrakéta; ~**-weather landing capability** *rep* időjárástól független leszállásra való képesség; ~**-weather operations** *rep* időjárástól független repülőüzem; ~**-weld deposit** *heg* tiszta varratfém; ~**-welded frame** hegesztett lemezgépágy; ~**-weld metal** ömlesztett fém; ~**-weld-metal strength** *heg* tiszta varratfém szilárdsága; ~**-weld-metal test specimen** *heg* varratanyag-próbatest; ~**-wheel cross-country towing vehicle/tractor** *ép* terepjáró vontató; ~**-wheel driven vehicle** *ép, gépk* összkerék-meghajtású jármű; ~**-wing aeroplane** *rep* csupaszárny-repülőgép; ~**-wing aircraft** *rep* „csupaszárnyas" repülőgép; ~**-wool (a.w.)** *tex* tiszta gyapjú; ~**-worsted** *tex* tiszta fésűsgyapjú-; ~**-year** minden évszakban üzemeltethető; ~**-year air conditioning** hűtő és fűtő légszabályozó

allanite *ásv* allanit, ortit

allantoin *vegy* allantoin

allay tompít *(hatást)*; felhígít; ~ **the dust** *bány* szálló port megköt/leülepít

allayer tompítószer, nyugtatószer

allegation állítás

allele *at* allél

allelism *at* allelizmus

allemontite *ásv* allemontit

Allen | key/wrench *szersz* imbuszkulcs; ~**'s loop test** *el* Allen-féle hurokpróba

allene *vegy* allén, propadién

allergen allergén

allergenic allergén; ~ **agents** allergének

allergy *orv* allergia

alleviator *gép* rugalmas regulátor *(szivattyún)*

alley *bány* folyosó; *ép* fasor; folyosó; gyalogút; sétány; *gép* átjáró(hely) *(gépé)*; ~**-boy** *tex* seprő *(fiú)*; ~**-girl** *tex* seprő *(leány)*; ~**-stone** *ásv* websterit

alleyway *hajó* szűk folyosó

alliaceous odo(u)r *ásv, vegy* fokhagymaszag

alliance szövetség

allied egyesített; egyesült; rokon-; ~ **rocks** *geol* genetikailag összefüggő kőzetek

alligation *any* keverékszámítás, keveréktulajdonságok kiszámítása; összekötés; ötvözés; ötvözet; ~ **of gold** karátozás; ~ **of gold and copper** vörös karátozás; ~ **of gold and silver** fehér karátozás; ~ **of gold with copper and silver** vegyes karátozás

alligator I. *v műa* finoman megreped/zsugorodik; **II.** *n bány* önürítő bödön; pofástörő, daru; *ép* kőtörő; *koh* fogas öntecsfogó; ~ **clip** krokodilcsipesz; *gép* hajtószíjkapocs; ~ **crack** *koh* finom repedés; ~ **cutter** → ~ shears; ~ **dog** *szersz* csőfogó; ~ **pipe-wrench** *ép* csőfogó, fogazott csőcsavarkulcs; ~ **ring** alligátorgyűrű; ~ **shears** *szersz* alligátorolló, gépi hajtású olló, táblaolló, lemezolló, Petz-olló; csuklós daraboló; emeltyűs olló; ~**-skin effect** *heng* foltosodás, olajfolt *(fémeken mélyhúzás után)*; ~ **snips** → ~ shears; ~ **tip** *talt* „alligátorszáj"; ~ **wrench** *szersz* csőfogó, csőkulcs, gázkulcs

alligatoring I. *a műa* ráncosodó, repedező; **II.** *n ép* szakadó lakkozás; táskásodás *(festésen)*; *heng* teknősség

allobar(ic) *fiz* allobár, allobarikus; ~ **wind** *met* (iz)allobarikus szél

allocate I. *v* kijelöl, beoszt; eloszt; *szt* lefoglal, kioszt, kiutal; **II.** *n* kiutalás; kijelölés; elhelyezés; ~ **the transmission bands** *v távk* átviteli sávokat elhelyez

allocating I. *a* kijelölő, elosztó; kiutaló; **II.** *n* tárolókijelölés, tárolóelosztás; → allocation

allocation felosztás, elosztás; allokáció; *szt* kiutalás; ~ **counter** felosztásszámláló; ~ **of addresses** címfelosztás; ~ **of priorities** elsőbbségelosztás; ~ **of redundancy** tartalékok elosztása; ~ **of sample** minta elosztása; ~ **problem** elosztási probléma; ~ **system** kiutalási rendszer

allocator elosztóegység; ~ **routine** hozzárendelő program

allochroism *fiz* csillámlás; színváltoztatás

allochroite *ásv* allokroit

allochromatic *krist* allokrómás; fényelektromos *(kristály)*; színváltoztató, szennyezéstől mentes; ~ **crystal** allokrómás kristály

allochthonous *geol* allochton; allogénikus; nem helyben keletkezett

alloisomerism *vegy* geometriai izoméria

allomeric *vegy* allomer

allomerism *vegy* alloméria

allomerous *krist, vegy* allomer

allomorph(ic) *krist, vegy* allomorf

allomorphite *ásv* súlypát

allomorphous *krist, vegy* allomorf

allomorphy *krist, vegy* allomorfia

allophane *ásv* allofán

allophite *ásv* allofit

allosteric *biot* alloszterikus; ~ **enzyme** alloszterikus enzim

allot kioszt, helyet kiutal/kijelöl; eloszt; részekre oszt; *ép* kimér, parcelláz
allotment kiosztás, juttatás; *mzg* (bérleti) telek; *vegy* adagolás, dózis; ~ **of frequencies** *távk* frekvenciaelosztás; ~ **of water resources** *hidr* vízelosztás; ~**s in kind** természetbeni juttatások
allotriomorphic *krist* allotriomorf; ~ **crystal** allotriomorf kristály
allotrope *vegy* allotrop (módosulat)
allotropic allotrop; ~ **form/modification/phase** allotrop módosulat; ~ **transformation** allotrop átalakulás
allotropism *vegy* allotrópia
allotropy *vegy* allotrópia
allotted kijelölt; átadott; engedélyezett; ~ **area** telkesített terület; ~ **frequency** *távk* kijelölt frekvencia; ~ **speed** előírt/engedélyezett sebesség
allotter *távk* híváselosztó áramkör; ~ **switch** *távk* előkereső
allow megenged, engedélyez; hagy; ~ **for** számításba/tekintetbe vesz, ráhagy; ~ **for grinding** *szersz* köszörülésre ráhagy; ~ **to fill** *tex* felhúzni hagy *(színezéket fürdőben)*; ~ **to set** hagyja, hogy (meg)kössön; ~ **to stand** *tex* állni hagy, pihentet
allowable megengedhető, megengedett, maximálisan lehetséges; megengedett; ~ **acceleration** megengedett/megengedhető gyorsítás; ~ **bearing value** *talt* megengedhető talaj-igénybevétel; ~ **cargo mass** *rep* rakomány megengedett tömege; ~ **charge** megengedett terhelés; ~ **defects** megengedhető hibaszám; ~ **emission** emisszió megengedhető mértéke; ~ **engine operating time** *rep* hajtómű megengedett élettartama; ~ **error** megengedett/megengedhető hiba; ~ **for machining** *mt* megmunkálási ráhagyás; ~ **load** *mech* megengedett igénybevétel; ~ **loading** → ~ charge; ~ **production rate** *ol* megengedett kúthozam; ~**s** *ol* megengedett kúthozam; ~ **soil pressure** *talt* → ~ bearing value; ~ **stress** *mech* megengedett igénybevétel
allowance térítés; juttatás, járadék; engedmény; engedélyezés; *cipő* felsőrész foglalási ráhagyása/többlete; *gép* játék; tűrés; *ip* előírt/megengedett készlet; *mat* elhanyagolás; *mt* (megmunkálási) ráhagyás; ~**-coal** *bány* szénjárandóság; ~ **cost** megengedhető selejtből adódó költség; ~ **for bark** *fa* kéreglevonás; ~ **for forging** *koh* kovácsolási ráhagyás; ~ **for machining** *koh, mt* megmunkálási ráhagyás; ~ **for measure** *fa* méretráhagyás, túlméret; ~ **for shrinkage** *fa* méretráhagyás *(száradási összeaszásra)*
allowed megengedett; ~ **band** *at, félv* megengedett (energia)sáv; ~ **l-forbidden transition** *fiz* nem megengedett átmenet; ~ **orbit** *fiz* megengedett pálya; ~ **spectrum** *fiz* megengedett spektrum; ~ **transition** *fiz* megengedett átmenet
alloxan *vegy* alloxán, mezoxalil-urea
alloxanic acid *vegy* alloxánsav
alloy I. *v koh, önt* elegyít; keveréket készít; ötvöz; **II.** *n koh, önt* keverék; ötvözet; ~ **aging** ötvözetkeményedés, ötvözetöregedés; ~ **austenite** ötvözött ausztenit; ~**-bearing flux** ötvözött hegesztőpor; ~ **bit** fúrókorona/reselőköröm ötvözött acélból; ~ **building** ötvözés, ötvözetkészítés; ~ **burn-out** ötvözőanyag kiégése; ~ **carbon martensite** széntartalmú ötvözött martenzit; ~ **cast(-)iron** ötvözött öntöttvas; ~ **composition** ötvözet-összetétel; ~ **composition adjustment** *koh* ötvözetbeállítás; ~**-diffused transistor (AD transistor)** ötvözött-diffundált tranzisztor; ~**-dressing floor** ötvözetelőkészítő részleg; ~ **electrode** ötvözött elektród; ~ **elements** ötvözőelemek; ~ **flux** ötvözött hegesztőpor; ~**-fortified flux** ötvözőpor; ~ **front** ráötvözött/beötvözött felület; ~ **hardener** ötvözetszilárdító elem; ~ **junction** *félv* ötvözött átmenet; ~**-junction transistor** ötvözött tranzisztor; ~ **martensite** ötvözött martenzit; ~ **ordering** ötvözetrendezettség; ~ **steel** ötvözött acél; ~**-steel casting** ötvözött acélöntvény; ~ **structure** ötvözet szerkezete; ~ **transistor** ötvözött tranzisztor; ~**-treated steel** különleges adalékanyagokkal kezelt acél
alloyage *koh* ötvözés
alloyed *koh* ötvözött; ~ **cast iron** ötvözött öntöttvas; ~ **coating** ötvözött bevonat; ~ **core wire** ötvözött béléshuzal; ~ **junction** *félv* ötvözött átmenet; ~ **steel** ötvözött acél; acélötvözet; ~ **steel tube** ötvözött acélcső; ~ **transistor** ötvözött tranzisztor
alloying *koh* ötvözés; ~ **addition** *koh* ötvözőanyag; ~ **basket** *koh* ötvözőkosár; ~ **constituent** ötvözőelem; ~ **depth** (rá)ötvözési/(be)ötvözési mélység; ~ **element** *koh* ötvözőalkotó, ötvözőelem; ~ **elements for forming of ferrite** *koh* ferritképző ötvözőelemek; ~ **factor of oxidation** oxidáció ötvözési tényezője; ~ **front** *félv* ötvözési front; ~ **furnace** *félv* ötvözőkályha; ~ **metal** *koh* ötvözőfém; ~ **salt** *koh* ötvözősó; ~ **technique/method** *félv* ötvözési eljárás
allspice *élip* szegfűbors, piment; ~ **oil** szegfűborsolaj, pimentolaj
Allström relay *el* kombinált mágneses-fotocellás relé, Allström-relé
alluvial *geol* alluviális; hordalékos; ~ **aquifer** *ol* alluviális víztároló; ~ **channel** *hidr* mozgó határfelületű meder, alluviális meder; ~ **clay** *geol* folyami agyag; ~ **cone/fan** *geol* hordalékkúp, törmelékkúp; ~ **fan deposit** *geol* hordalékgarmada; *hidr* üledéklerakódás; ~ **formation** *geol* alluviális képződmény; ~ **gold** *bány* mosóarany; *koh* torlati arany; ~ **meadow roll** *talt* réti öntéstalaj; ~ **mining** *bány* alluviális torlaszbányászat; ~ **plain** ártéri síkság; ~ **river/stream** alluviális/hordalékos folyó; ~ **slope spring** *hidr* törmelékkúp-forrás; ~ **soil** alluviális/hordalékos talaj; ~ **tin** *koh* torlati ón; ~ **well** alluviális kút
alluviate alluviumot lerak; alluvium lerakódik
alluviation *geol* lerakódás/ülepedés *(vízből)*; *hidr* feliszapolódás; mederemelkedés; üledékképződés, üledéklerakódás
alluvion *talt* hordalék
alluvium *bány* kavics, homok, iszap; *geol* alluviális képződmény/üledék; folyami lerakódás, hordalék; ~ **grouting** *talt* szemcsés talaj injektálása
allyl *vegy* allilcsoport, allilgyök; ~ **alcohol** *vegy* allilalkohol; ~ **benzene** allil-benzol; ~ **chloride** allil-klorid, 3-klór-propén-(1); ~ **resin** allilgyanta
allylchloride *vegy* allil-klorid
allylene *vegy* allilén, metil-acetilén, propin
allylic *vegy* alliles, allil-; ~ **rearrangement** *vegy* allilátrendeződés
alm → alarm bell
almandine *ásv* almandin, vasgránát; ~ **spinel** *ásv* almandinspinell
almandite → almandine

almond *élip* mandula; ~ **furnace** *koh* fémtisztító kemence; ~ **meat** mandulabél; ~**-milk** *gyógyv* mandulatej; ~ **oil** *vegy* mandulaolaj
almost majdnem; ~ **bounded function** *mat* lényegében korlátos függvény; ~**-closed set** majdnem zárt halmaz; ~ **convergent sequence** majdnem konvergens sorozat; ~ **differential quasiternary code, ADQ code** *távk* ADQ kód; ~ **equivalent** majdnem ekvivalens; ~ **linear system** kvázilineáris rendszer; ~ **periodic function (APF)** *mat* kváziperiodikus függvény; ~ **periodicity** kváziperiodikusság; ~ **periodic solution (APS)** kváziperiodikus megoldás; ~**-poly-minimax group** majdnem poliminimax csoport; ~ **prime** majdnem prím(szám); ~ **significant** majdnem szignifikáns
Alnico, alnico *önt* alniko, alumínium-nikkel-kobaltötvözet
Alodine process *koh* Alodine eljárás
aloe hemp agáverost, aloérost
aloft *hajó* fedélzet felett magasan; *rep* levegőben
along mentén; mellett; irány(á)ban; ~ **an axis** tengely mentén; ~ **the grain** *fa* rosttal párhuzamosan; szálirányban; ~ **the strike** *bány* csapásirányban, csapásban
ALP → automated language processing
alpaca *önt* alpakka, újezüst ötvözet; *tex* alpaka(gyapjú); ~ **cloth** alpakaszövet; ~ **hair** alpakakecskeszőr; ~ **taffeta(s)** *tex* félselyemtaft
alpach *met* aperszél
alpax (alloy) *koh* szilumin
alpha *félv* alfa (α) *(áramerősítési tényező)*; ~ **alloy** alfa-ötvözet; ~**-amylase** *élip* alfa-amiláz; ~ **bar** szövegíró kar *(statisztikai gépen)*; ~ **brass** *önt* alfa-sárgaréz; ~**-bronze** alfa-bronz; ~ **cellulose** alfa-cellulóz; ~ **chamber** *at* alfa-ionizációs kamra; ~ **constituent** alfa-fázis; ~ **counter (tube)** alfarészecskeszámláló (cső); ~**-creep region** *krist* alfa-folyás tartománya; ~ **current gain factor** *félv* alfa áramerősítési tényező; ~ **cut-off (frequency)** *félv* alfa levágási frekvencia; ~ **decay** *at* alfa-bomlás; ~ **decay energia** *at* alfa-bomlás bomlási energiája; ~**-derivative** alfaszármazék; ~ **detection instrument** alfa(-)detektor; alfasugárzás-érzékelő készülék; ~ **digit** betűhelyettesítő számjegy; ~ **disintegration** alfa-bomlás; ~ **doublet resolution** *krist* alfa-dublett feloldás; ~ **emitter** alfa-sugárzó; ~**-error** *mat* elsőfajú hiba; ~ **ferrite** alfa-ferrit; ~**-ionization manometer** alfa-ionizációs nyomásmérő; ~**-iron** alfa-vas; ferrit; ~ **martensite** alfa-martenzit; ~ **modification** alfa-módosulás; ~**-particle, α-particle** alfa-részecske, α-részecske; ~**-particle detector** alfarészecske-detektor, alfarészecske-érzékelő; ~**-particle disintegration** alfabomlás; ~**-particle emission** alfa-emisszió; ~**-particle model** alfarészecske-modell; ~**-particle radiation** alfa-sugárzás; ~**-phase** alfa-fázis; ~**-phase alloy** alfa-fázisú ötvözet; ~ **pulp** *pa* alfa-cellulóz; ~ **radiation** alfa-sugárzás; ~ **radiator** alfa-sugárzó; ~**-radioactive nucleus** alfa-sugárzó mag; ~ **radioactivity** alfa-(radio)aktivitás; ~ **range** alfa-tartomány; ~ **ratio** *at* alfa-hányados *(radioaktív befogási és hasadási hatáskeresztmetszet hányadosa)*; ~ **ray** alfa-sugár; ~**-ray emitter** alfa-sugárzó; ~**-rays** alfasugarak; alfa-sugárzás; ~**-ray spectrometer** alfa-spektrométer; ~ **rhythm** alfa-ritmus; ~**-risk** elsőfajú kockázat; ~**-stabilizer** alfa-stabilizátor; ~ **unsaturation** alfa-telítetlenség, telítetlenség a szénlánc kezdetén; ~ **uranium** alfa-urán
alphabet ábécé, betűrend; írás; ~ **generator** ABC-generátor; ~ **length** *szt* karakterszélességi méret; ~ **No. 2** *távk* CCITT 2 sz. abc; ~ **No. 5** *távk* CCITT 5 sz. abc
alphabetic(al) ábécérendi, betűrendes, alfabetikus; ~ **accounting machine** alfabetikus (betűs) táblázógép; ~ **character** *szt* alfabetikus karakter/jel; ~ **code** alfabetikus kód; ~ **coding** betűrendes kódolás; ~ **collecting device** alfabetikus összerendező; ~ **file** *szt* alfabetikus fájl; ~ **information** alfabetikus információ; ~ **interpreter** kártyafeliratozó gép; ~ **item** betűrendes adatszó; ~ **key** *n szt* betűkód, betűbillentyű; ~**-numeric** → alphanumeric(al) ~ **order** betűrend, ábécérend; ~ **punch** alfanumerikus lyukasztó; ~ **register** *szt* alfabetikus regiszter ~ **sequence** betűrend, ábécérend; ~ **signal** alfabetikus jel; ~ **sorting** *szt* alfabetikus rendezés; ~ **storage** betűrendes tárolás; ~ **telegraphy** alfabetikus távírórendszer; ~**-type bar** szövegíró kar *(statisztikai gépen)*; ~ **verifier** szövegellenőrző gép
alphageometric *szt* alfageometrikus
alphameric *szt* → alphanumeric(al)
alphamosaic *szt* alfamozaik
alphanumeric(al) (A/N) alfanumerikus; ~ **accounting computer** *szt* alfanumerikus könyvelési számítógép; ~ **address** *szt* alfanumerikus cím; ~ **character** alfanumerikus karakter/jel; betű-szám jelcsoportok; ~ **code** alfanumerikus kód; ~ **command** alfanumerikus utasítás; ~ **data acquisition** alfanumerikus adatgyűjtés; ~ **display** alfanumerikus kijelző/display; ~ **instruction** alfanumerikus utasítás; ~ **keyboard** alfanumerikus billentyűzet; ~ **logging system** *szt* alfanumerikus adatgyűjtő rendszer; ~ **operator** alfanumerikus operátor; ~ **optical reader** *szt* alfanumerikus optikai olvasó; ~ **printer** *szt* alfanumerikus nyomtató; ~ **reader** alfanumerikus olvasó; ~ **representation** alfanumerikus ábrázolás; ~ **sorting** alfanumerikus rendezés
alphatization, alphatizing *vegy* alfatizálás *(nagyhőmérsékletű diffúziós krómozás)*
alphatopic *vegy* alfatóp
alphatron *fiz* alfatron, ionizációmérő; ~ **ga(u)ge** radioaktív vákuummérő
alphazurine *vegy* alfazurin *(festék)*
alphitite *ásv* alfitit
alpine alpi, alpesi; ~ **geosyncline** *geol* alpi geoszinklinális; ~ **glow** alpesi fény; ~ **orogenic belt** *geol* alpi orogén öv; ~ **tectonic cycle** *geol* alpi tektonikai ciklus; ~ **type** *geol* alpi típus
ALS → automated library system
ALSTG → altimeter setting
altar *koh* füstgát, füsthíd; ~**-cloth** *tex* oltárruha
altazimuth *csill, geod* altazimut; ~ **mounting** altazimut, vertikális kör
alter megváltoztat, átváltoztat; megváltozik, átváltozik; módosít
alterant változást okozó
alteration változás; (meg)újítás; átalakulás; *geol* kőzetátalakulás; *vegy* anyagváltozás; ~ **of call/subscriber's number** számváltozás; ~ **of concentration** koncentrációváltozás

altered megváltoztatott, megváltozott, módosított; ~ **amygdaloidal basalt** melafír

alternant I. *a* változó; alternáló; **II.** *n mat* determináns

alternate I. *v* váltakozik, megváltozik; felcserél; váltogatja egymást; váltogat, felváltva használ/alkalmaz; **II.** *a* váltakozva; váltó-; ~ **aerodrome/airfield** *rep* kitérő repülőtér; ~ **angles** *mat* váltószögek; ~ **bending specimen** *any* hajlító-fárasztó próbatest; ~ **bending strength** hajlító kifáradási határ; ~ **bending test** hajtogatópróba; ~ **descend path** *rep* párhuzamos süllyedési útvonal *v.* repülési pálya; ~ **design** tervváltozat, alternatív terv; ~ **double bonds** *vegy* váltakozó kettős kötések; ~ **exterior angles** külső váltószögek; ~ **form of binomial formula** binomiális tétel (a—b)-re; ~ **frequency** *távk* tartalék frekvencia; ~ **immersion test** *koh* váltakozó bemerítéses vizsgálat; ~ **instruction** ugróutasítás, elágazási utasítás; ~ **interior angles** *mat* belső váltószögek; ~ **landing area** *rep* szükségleszállóhely; ~ **load** *fiz* lengőfeszültség, lengő igénybevétel; ~ **mark inversion code (AMI code)** *távb* AMI kód, bipoláris kód; ~ **mark inverted signal** *távb* váltakozó előjelű impulzusfolyam; ~ **motion** *fiz* ide-oda mozgás; váltakozó mozgás *(irányú)*; ~ **obstacle fishway** *hidr* váltakozó akadályos hallépcső; ~ **pace** *bány* váltólépés; ~ **path** párhuzamos/második út, kitérő; ~ **pitting** *fa* alternált gödörkézettség; ~ **program** *szt* cserélhető program; ~ **routing** *aut* kerülő irányítás; ~ **runways** *rep* különböző irányú futópályák; ~ **side of taxiway** *rep* kiegészítő gurulóút; ~ **strain** *fiz* lengőfeszültség, lengő igénybevétel; ~ **stress** *fiz, mech* fárasztó igénybevétel; lengőfeszültség, lengő igénybevétel; váltakozó feszültség; ~ **stress-strain strength** *any, mech* kifáradási határ; ~**-stress test** *any* fárasztóvizsgálat; ~ **tape** *szt* cserélhető szalag; ~ **tape drive (unit)** *szt* cserélhető szalagegység; ~ **track** *el* cserélhető csatorna; ~ **transverse strength** *any* hajlító-fárasztó szilárdság, hajlító kifáradási határ

alternately felváltva, váltakozva

alternating váltakozó, alternáló; ~ **bending test** *any* hajtogatóvizsgálat; ~ **chain** *mat* alternáló lánc; ~ **cold and warm treatment** *tex* váltakozó hideg- és melegkezelés; ~ **component** váltakozó (áramú) összetevő/komponens; ~ **contact** *el* átváltó érintkező; morzeérintkező; ~ **copolymerization** *műa* kopolimerizáció alternatív beépüléssel; ~ **copolymers** alternatív kopolimer; ~ **current (AC, a.c.)** *el* váltakozó áram; ~**-current** → alternating-current *(külön címszó)*; ~ **device** *foto* képcserélő; ~ **discharge** *el* váltakozó kisülés; ~ **electric field** *el* váltakozó elektromos tér; ~ **exploitation** *mzg* váltógazdálkodás; ~ **field (ALTF)** *el* váltakozó áramú tér/mező, lüktető tér; váltakozó tér; ~ **flux** *el* váltakozó fluxus; ~ **force** *mech* váltakozó előjelű *v.* alternáló erő; ~ **function** *mat* alternáló függvény; ~**-gradient synchrotron (AGS)** *fiz* váltakozó gradiensű *v.* erős fókuszolású szinkrotron; ~ **harmonic series** *mat* Leibniz-sor, váltakozó előjelű harmonikus sor; ~ **impact test** *any* váltakozó irányú ütőpróba; ~ **impact-tester** *any* váltakozó irányú ütőgép; ~ **light** *hajó* váltakozó fényű/színű világítótorony/világítóhajó/világítóbója; *opt* színváltó fény; ~ **light beacon** *hajó* váltakozó fényű/színű világítópéce; ~**-light buoy** váltakozó fényű világítóbója; ~ **load** *mech* lengőfeszültség, lengő igénybevétel; váltakozó teher; ~ **loading** *mech* lengőterhelés, lengő igénybevétel; ~ **magnetic field** *el* váltakozó mágneses tér; ~ **matrix** ferdén szimmetrikus mátrix; ~ **motion** *fiz* ide-oda mozgás; ~ **notch bending test** *any* kifáradási hajtogatóvizsgálat *(bemetszett próbatesten)*; ~ **part of direct current** *el* váltakozó áramú összetevő/komponens; ~ **perforation** cikcakklyukasztás; ~ **permutation** alternáló permutáció; ~ **plough/plow** *mzg* váltvaforgató eke; ~ **polarity** *el, fiz* váltakozó polaritás; ~ **potential** *el* váltakozó feszültség; ~ **quantity** váltakozó *v.* periodikusan változó mennyiség; ~ **saw** *szersz* kézifűrész; ~ **sequence** *mat* alternáló sorozat; ~ **series** *mat* váltakozó előjelű *v.* alternáló sor; ~ **strain** → ~ stress; ~ **stress** *any* lengőfeszültség, lengő igénybevétel; váltakozó fárasztó igénybevétel; ~ **stress failure** *any* fáradttörés, kifáradási törés; ~ **tension-compression fatigue strength** *any, mech* húzó-nyomó kifáradási határ; ~ **torsion fatigue test** *any* csavaró fárasztóvizsgálat; ~ **tree** *mat* alternáló fa; ~ **voltage** *el* váltakozó feszültség; ~ **voltage component** *el* váltakozó feszültségű összetevő

alternating-current (AC, a.c.) *el* váltakozó áramú; ~ **amplifier** váltakozó áramú erősítő; ~ **balancer** *aut* váltakozó áramú kompenzátor/szabályozó; ~ **bridge** váltakozó áramú mérőhíd; ~ **cable** váltakozó áramú kábel; ~ **commutator motor** váltakozó áramú kommutátoros motor; ~ **component** váltakozó áramú összetevő/komponens; ~ **convertor** váltakozóáram-átalakító; ~ **coupling** váltakozó áramú csatolás; ~—**direct-current (AC—DC)** *el* egyen- és váltakozó áramú; ~ **distribution** *en* váltakozó áramú elosztás; ~ **drive** *el* váltakozó áramú hajtás; ~ **electroluminescent display** *szt* AC típusú elektrolumineszcens megjelenítő; ~ **electromagnet** *el* váltakozó áramú mágnes; ~ **engineering** *el* váltakozó áramú technika; ~ **erasure** *el* nagyfrekvenciás törlés *(jelrögzítés)*; ~ **exciter** *el* váltakozó áramú gerjesztő; ~ **field** váltakozó elektromos tér; ~ **flame lamp** *el* ívlámpa; ~ **for power** ipari (váltakozó) áram; ~ **furnace** *el, koh* váltakozó áramú villamoskemence; ~ **generator** váltakozó áramú generátor; ~ **hum** váltakozó áramú búgás; ~ **long-distance dialling** *távb* váltakozó áramú távválasztás; ~ **machine** *el, gép* váltakozó áramú gép; ~ **mains** *el* váltakozó áramú hálózat; ~ **motor** *el, gép* váltakozó áramú motor; ~ **plasma-display panel** *szt* AC típusú plazmapaneles megjelenítő; ~ **potentiometer** *el* váltakozó áramú kompenzátor; ~ **power** *el* váltakozó áramú teljesítmény; ~ **relay** *el* váltakozó áramú jelfogó; ~ **resistance** *el* (elektromos) impedancia, váltakozó áramú/látszólagos ellenállás; ~ **selection** *el* váltakozó áramú választás; ~ **servomechanism** *aut* váltakozó áramú szabályozás/szervomechanizmus; ~ **signalling system** *el* váltakozó áramú jelzésrendszer; ~ **source** *at* ívforrás; *en* váltakozó áramú energiaforrás; ~ **supply** *el* váltakozó áramú táplálás; ~ **value** *el* váltakozóáramnagyság; ~ **voltage** *el* váltakozó feszültség

alternation változás; váltakozás; változtatás; váltási sorrend; *el* félperiódus; pólusváltás; váltakozás, változás; *mat* kizáró vagy, ekvivalencia negációja, (kizáró) diszjunkció; *távb* váltójel; ~ **of polarity** pólusváltás, póluscsere; ~**s** *bány* rétegzett település

alternative I. *a* vagylagos, alternatív; egymást felváltó; választható; **II.** *n* változat, variáns; *mat* alternatíva, kettősség; kizáró vagy, ekvivalencia negációja, (kizáró) diszjunkció; ~ **branching** *szt* alternatív elágaztatás; ~ **connection** *el* alternatív kapcsolás; ~ **cost method** *ip* alternatív költségmegosztási módszer; ~ **current arc** *el* váltakozó áramú ív; ~ **current arc weld** *heg* váltakozó áramú ívhegesztéssel készült varrat; ~ **current arc welding** *heg* váltakozó áramú ívhegesztés; ~ **current meter** *el* váltakozó áramú mérőműszer; ~ **field** *el* váltakozó áramú tér/mező, lüktető tér; ~ **hypothesis** alternatív hipotézis; ~ **justifiable cost/expenditure method** *ip* indokolható alternatív költségmegosztási módszer; ~ **mode** *szt* többfelhasználós üzemmódtípus; ~ **normal form** *rendsz* alternatív normálalak; ~ **optimum** *rendsz* alternatív optimum; ~ **route** *közl* segédútirány; ~ **routing** *távb* kerülőút; ~ **strategies** *rendsz* alternatív stratégiák; ~ **switching** *rendsz* alternatív kapcsolás; ~ **trunking** *távb* vonalkiosztás

alternator *el* szinkrongenerátor; váltakozó áramú generátor; ~ **relay** *el* generátorrelé

ALTF → alternating field

altigraph *fiz* altigráf, magasságmérő, regisztráló magasságmérő; *met, rep* magasságíró *(műszer)*

altimeter *fiz* magasságmérő, altiméter; ~ **control equipment** *aut* magasságméréses vezérlés; ~ **converter** magasságérték-átalakító; ~ **corrections** *rep* magasságmérő korrekciói; ~ **lag** *rep* magasságmérő (készülék) késése; ~ **scale error card** magasságmérő helyesbítő táblázata; ~ **setting (ALSTG)** *rep* magasságmérő-skálabeállítás *(megadott alapra)*

altimetric *fiz, rep* magasságmérő-, altiméter-; ~ **barometer** magasságmérő barométer; ~ **corrector** *rep* magassághelyesbítő *(önműködő)*; magasságmérő-beállító; ~ **measurement** *fiz, rep* magasságmérés; ~ **survey** *fiz, geod* magassági felmérés

altimetry *geod* magasságmérés

altiscope *kat* lövészárok-periszkóp

altitude *csill* magasság *(tengerszinttől számítva)*; *geod* magasságjegy *(szintezésnél)*; *mat* applikáta, z koordináta, kóta, magasság; tengely; *rep* (repülési) magasság; tengerszint feletti QNH-magasság; ~ **adjustment of carburetter** *rep* porlasztó magassági helyesbítése; ~ **airscrew** *rep* magassági légcsavar; ~ **assignement** magasságkiosztás *(repülőgépek közt)*; ~ **barometer** magasságmérő barométer; ~ **chamber** *rep* magassági kamra; ~**-code challenger** *távk* magasságjelző adóvevő; ~ **control** *rep* magassági gázkar; magasságvezérlés; ~ **converter** *aut, távk* magasságérték-átalakító; ~ **curve** *fiz* izohipsza, (magassági) szintvonal; magassági görbe, magasság görbéje; ~**-data unit** *kat* magasságmérő egység *(célelemmérőben)*; ~ **effect** *at* magassági hatás; ~ **error** *fiz* magassági hiba; ~ **flight** *rep* magassági repülés; ~ **ga(u)ge** *fiz, rep* magasságmérő, altiméter; ~**-grade gasoline** *ol* magas hegyvidéken használt kisebb gőznyomású motorbenzin; nyári benzin; ~ **indicator** *rep* magasságmérő, altiméter; ~ **instrument** *geod* magasságmérő műszer/eszköz; ~ **lead** magassági előretartás *(ballisztikában)*; ~ **level** *geod* magassági libella; ~ **line** *fiz* izohipsza, (magassági) szintvonal; ~ **meter,** ~ **measuring instrument** *fiz, rep* magasságmérő, altiméter; ~ **performance** *rep* magassági teljesítmény; ~ **radar** *rep* magasságmérő lokátor; ~ **range** *rep* magasságtartomány; ~ **research** *met* magaslégkör-kutatás; ~ **selector** *rep* magassági átkapcsoló; ~ **separation** *rep* függőleges *v.* magasságok szerinti elkülönítés; magassági lépcső; ~**-setting lever** *rep* magasságbeállító kar *(bombacélzó készüléken)*; ~ **sickness** *rep* magassági betegség; ~ **slide** *rep* magasságmérce; ~ **supercharging** *rep* magassági feltöltés *(sűrítős motoré)*; ~ **theorem** *mat* magasságtétel; ~ **transmitting equipment (ATE)** *kat* magassági lőelem-továbbító/jelközlő *(lőelemképzőn)*; ~ **unit** *rep* célmagasság-meghatározó egység

alto|-castellatus *met* bástyafelhő; ~**-cumulus (a-cu, Ac)** *met* altocumulus, párnafelhő; középmagas gomolyfelhő, középmagas gomolyos rétegfelhő; ~**-stratogenitus** *met* altostratogenitus; ~**-stratus (AS)** *met* altostratus, magas lepelfelhő, középmagas rétegfelhő

altocumulus → alto-cumulus

altometer *geod* magasságmérő, altiméter

altostratus → alto-stratus

altrose *vegy* altróz, aldóz

ALU → arithmetic and logic unit

aludel *koh* higanygőzhűtő *(kerámiai)*; ~ **furnace** *koh* higanyércpörkölő aknakemence

aludur *koh* aludur, kemény alumínium

alum *ásv, vegy* timsó; ~ **ammonia** *vegy* ammóniatimsó; ~**-and-salt-tanned glove-leather** glaszékesztyűbőr; ~ **cake** *vegy* nyers alumínium-szulfát; ~ **dressing** *bőr* timsós cserzés; ~ **earth** *ásv* timföld, alunit; ~ **feather** *ásv* alunogén; ~ **kid** glaszébőr, kesztyűbőr, timsós cserzésű gidabőr; ~ **leather** timsós cserzésű bőr; ~ **rock** *ásv* alunit; ~ **shale** alumittartalmú agyagpala; ~ **solution** *bőr* timsós (cserző)lé; ~ **stone** *ásv* alunit, bázisos káliumalumínium-szulfát; timsókő; *koh* alunit; ~ **tannage** *bőr* timsós cserzés; ~**-tanned** timsós cserzésű; ~ **tanner** fehértímár; ~ **tanning (process)** fehér/timsós cserzés; ~ **tawing** timsós cserzés

alumel *koh* alumel

alumen → alum

alumetize alumíniummal fémez/beszór

alumetizing fémezés alumíniummal

alumina *vegy* timföld, alumínium-oxid; ~ **covering** *koh* timföldtakarás; ~ **feeder tank** *koh* timföldadagoló tartály; ~ **for ceramic purposes** kerámiai timföld; ~ **for chromatographic purposes** kromatográfiás timföld; ~ **for corundum purposes** korundtimföld; ~ **for fireproof purposes** tűzállóanyag-ipari timföld; ~ **for polishing purposes** polírtimföld; ~ **gel** *ol* aktivált alumínium-oxid; ~ **modulus** *ép* alumíniummodulusz; ~ **plant** *koh* timföldgyár; ~ **production** *koh* timföldgyártás; ~ **silo** *koh* timföldsiló

aluminate *vegy* aluminát

aluminic *vegy* alumínium-; ~ **acid** *vegy* alumíniumhidroxid

aluminiferous timföld tartalmú

aluminite *ásv* aluminit

aluminium, *US* **aluminum (Al)** *vegy* alumínium; ~ **acetate** *vegy* alumínium-acetát; ~ **alkoxyde** *vegy* alumínium-alkoholát; ~ **alkyls** *vegy* alumínium-alkilek; ~ **alloy** *önt* alumíniumötvözet; ~ **alloy piston** *gép* alumíniumdugattyú; ~ **alloy welding** *heg* alumíniumötvözet-hegesztés; ~ **alloy weldment** *heg* alumíniumötvözetből hegesztett szerkezeti elem; ~ **ammonium sulphate/sulfate** *vegy* ammónium-alumínium-szulfát; ~ **antimonide** *el, vegy* alumínium-antimonid; ~ **arc welding** *heg* alumínium ívhegesztése; ~ **backed screen** *el* aluminizált ernyő; ~ **backing** aluminizálás, fémborítás; ~ **block** *koh* alumíniumtömb; ~**(-)brass** *koh* alumíniumbronz; ~ **brazing** alumínium keményforrasztása; ~ **bromate** *vegy* alumínium-bromát; ~ **bromide** *vegy* alumínium-bromid; ~ **bronze** *gép, koh* alumíniumbronz; ~ **cable** *el* alumíniumkábel; ~ **casting (ALC)** *koh* alumíniumöntvény; ~ **cathode** *el* alumíniumkatód; ~ **chlorate** *vegy* alumínium-klorát; ~ **chloride** *vegy* alumínium-klorid; ~**-clad distributing switch-board,** ~**-clad distribution centre/center** *el* alumínium tokozású elosztóberendezés; ~**-clad iron sheet** *el* alumíniummal plattírozott vaslemez; ~**-coated screen** *el* aluminizált ernyő; ~ **cold mill** *heng* alumínium hideghengersor; ~ **conductor cable** *el* alumínium vezetőjű kábel; ~**-copper alloy** *koh* alumínium-réz ötvözet; ~ **ethoxide** *vegy* alumínium-trietilát; ~ **ethylate** *vegy* alumínium-etilát; ~ **flake** *vegy* alumíniumpehely; ~ **fluoride** *vegy* alumínium-fluorid; ~ **foil** *csom, ép* alufólia; alumíniumfólia; ~**-foil backing paper** *pa* alumínium ívkasírozó papír; ~**-foil insulation** *ép* alumíniumfóliás szigetelés; ~ **foundry** alumíniumöntöde; ~ **gas tungsten-arc welding** *heg* alumínium volframelektródos védőgázas hegesztése; ~ **gold** *koh* alumíniumbronz; ~ **G.-P. zone alloy** *koh, önt* Guignet-Preston övezetű alumíniumötvözet; ~ **hydride** *vegy* alumínium-hidrid; ~ **hydroxide** *vegy* alumínium-hidroxid; ~ **iodide** *vegy* alumínium-jodid; ~**-manganese alloy** *koh* alumínium-mangán ötvözet; ~ **metallurgy** *koh* alumíniumkohászat; ~ **nitrate** *vegy* alumínium-nitrát; ~ **nitride** *vegy* alumínium-nitrid; ~ **oxide** *vegy* alumínium-oxid; ~ **pig** *koh* alumíniumtömb; ~ **potassium sulphate/sulfate** *vegy* → alum; ~ **ribbon** alumíniumszalag, alumíniumcsík; ~ **rod** alumíniumrúd; ~ **scrap** *koh* alumíniumhulladék; ~ **sheet mill** alumíniumlemez-hengersor; ~ **sheets** *ép* alumíniumlemez táblafedés; ~ **silicate** *vegy* alumínium-szilikát; ~**-silicon alloy** alumínium-szilícium ötvözet; ~ **smeltery** *koh* alumíniumkohó; ~ **soap** *vegy* alumíniumszappan; ~ **soldering** alumínium lágyforrasztása; ~ **spot welding** alumínium ponthegesztése; ~**-steel cable** *el* acél-alumínium kábel; ~ **strip** alumíniumszalag, alumíniumcsík; ~ **sulphate/sulfate** *vegy* alumínium-szulfát; ~ **sulphide/sulfide** *vegy* alumínium-szulfid; ~ **triethyl** *vegy* alumínium-trietil; ~ **weld deposit** *heg* alumínium varratfém; ~ **welding flux** alumíniumhegesztő por; ~ **weldment** *heg* alumíniumból hegesztett szerkezeti elem; ~ **weld metal** *heg* alumínium varratfém; ~ **wire** alumíniumhuzal, alumíniumvezeték

aluminize *félv, vák* aluminizál; *hők* alumíniummal bevon, alitál

aluminized *félv, vák* alitált; alumíniummal bevont; aluminizált; ~ **asbestos fire-suit** alumíniumfóliás azbeszt tűzoltóruha; ~ **screen** aluminizált ernyő; ~ **steel** alumíniumozott acél

aluminizing *félv* aluminizálás; *hők* alumíniumozás, alumíniummal való bevonás, alitálás; ~ **furnace** *koh* alumíniumozókemence

aluminogoethite *ásv* aluminogoethit

aluminon *vegy* aluminon

alumino-silicates *vegy* alumínium-szilikátok

aluminosis *környv* aluminózis

aluminothermic *vegy* aluminotermiás, aluminotermikus, termites; ~ **grey iron welding** *heg* aluminotermiás szürkeöntvény-hegesztés; ~ **reduction** aluminotermikus redukció; ~ **welding** *heg* termithegesztés, aluminotermikus hegesztés

aluminous *vegy* alumínium/timföld tartalmú; ~ **abrasive** timföld tartalmú csiszolóanyag; ~ **cement** *ép* aluminátcement, bauxitcement; ~ **clay** *ásv* timföldes agyag; ~ **slag** timföldsalak, alumíniumsalak; ~ **water** *bőr* timsós víz/oldat

aluminum *US* → aluminium

alundum *ker, vegy* alundum, műkorund, alumínium-oxid; ~ **filter** *gyógyv* alundumszűrő

alunite *vegy* alunit, timsókő, bázisos kálium-alumínium-szulfát

alunogen *ásv* alunogén

alunogenite *vegy* alumínium-szulfát

alure *ép* nyitott galéria

alveograph curve *élip* alveogram

alveolar üreges; *bány* likacsos; *geol* kavernás; ~ **disc/disk** *élip* sejtes tárcsa *(triőré)*; ~ **ore** likacsos érc

alveolate sejtszerű; méhsejt-felépítésű; *rep* szendvicsszerkezetű

alveole *ép* méhsejt; *geol* kaverna

ALVEY *szt* Alvey-program

always mindig; ~ **identically/logically true sentence** *mat* általánosan/azonosan igaz formula, érvényes/logikailag igaz formula; ~ **safe geometry** *at* abszolút biztonságos geometria; ~ **true** *mat* általánosan igaz

Am → americium; → ammonium radical; → ampermeter; → amplitude; → amplitude modulation; → amyl radical

AM → address mark; → air mail; → amplitude modulation; ~ **spacing** *ol* AM-távolság

A-m → ampere-minute

AMA → absolute mode address; → automatic message accounting

amadaure → amadowry

amadowry *tex* egyiptomi gyapot, amadowry-gyapot

am.alc. → amyl alcohol

amalgam *vegy* amalgám, foncsor; ~ **decomposer** *koh* amalgámbontó; ~ **metallurgy** *koh* amalgámmetallurgia; ~ **retort/still** *koh* foncsorleűző retorta; ~ **trap** foncsorfogó

amalgamate foncsoroz; egybeforraszt; amalgámoz; elvegyül; *nyom* kever

amalgamating foncsorozó; ~ **drum** *koh* foncsorítódob; ~ **(refining) process** *koh* higanyos eljárás; ~ **table** *bány* foncsor(ozó)asztal; *koh* foncsorítószér

amalgamation amalgámozás, foncsorozás; *mat* amalgamáció, amalgámozás

amalgamator foncsorozókád, amalgámozó (készülék); *vegy* keverő(gép)

amalgamize → amalgamate

amaranth *vegy* amaránt

amarantite *ásv* amarantit

amateur | **bands** *rád* amatősávok; ~ **(frequency) band** *rád* CB-frekvenciasáv; ~ **operator** *rád* adóamatőr; ~**-(satellite) service** *távk* (műholdas) amatőrszolgálat

AMB → asbestos millboard

ambari hemp *tex* kenáfrost

amber *ásv* borostyánkő, succinit, világos ámbra; *közl* sárga (fény); ~ **acid** borostyánkősav; ~ **blanket** *gumi* világosbarna blankettkaucsuk; ~ **indicating lamp (AIL)** *gépk* narancssárga lámpa; ~ **light** *közl* sárga fény; ~ **mica** *ásv* flogopit; ~**s** ámbrakaucsuk; ~ **varnish** borostyánlakk
amberglass borostyánüveg
ambergris ámbra *(festék)*
amberoid szintetikus ámbra
ambiance, ambience környezet; környezeti tényezők
ambiency környezet; környezeti tényezők
ambient környezeti, környező; körülvevő; ~ **air** környezeti levegő; *koh* külső levegő; ~ **air humidity** környező/szobai légnedvesség; ~ **air quality** *környv* környezeti levegőminőség; ~ **atmosphere** külső levegő; ~ **conditions** környezeti feltételek; ~ **light** *tv* (káros) térmegvilágítás; ~ **light filter** szürke üveg; ~ **light illumination** fénykapás idegen fényforrástól; ~ **medium** környezet, környező/körülvevő közeg; ~ **noise** *környv* környezeti zaj; ~ **pressure** környezeti nyomás; ~ **stress(ing)** környezeti/külső igénybevétel; ~ **temperature** környezeti hőmérséklet, szobahőmérséklet
ambiguity bizonytalanság; meghatározatlanság; ambiguitás, többértelműség; kétértelműség; ~ **diagram** bizonytalansági/határozatlansági diagram; ~ **error** *szt* hibás beolvasás; ~ **of relay characteristic** reléjelleggörbe bizonytalansága/többértékűsége
ambiguous kétértelmű, félreérthető; *mat* többértelmű, többértékű; ~ **keyword** *szt* kétértelmű/félreérthető kulcsszó; ~ **grammar** *szt* nem egyértelmű grammatika
ambilateral kétoldali, bilaterális
ambiophony *hang* ambiofónia *(hangátvitel)*
ambipolar ambipoláris; ~ **diffusion** *at* ambipoláris diffúzió
amblygon *mat* tompaszögű háromszög
amblygonite *ásv* ambligonit
amblystegite *ásv* amblisztegit
ambroid → amberoid
ambulance mentőautó, betegszállító kocsi; egészségügyi szállítás/szállítmány; elsősegély-állomás, ambulancia; ~ **airplane** mentőrepülőgép; ~**-box** mentőláda; ~ **car** mentő(gép)kocsi; ~ **station** ambulancia, elsősegély-állomás
ambulatory I. *a* mozgó; **II.** *n ép* fedett sétány; fedett templomi körfolyosó, kerengő
ambush I. *v* csapdába ejt; **II.** *n* lesállás; csapda
ameliaroside *vegy* picein, szalinigrin
ameliorate *talt* javít *(talajt)*, öntöz
amelioration *talt* feljavítás; melioráció, talajjavítás
amenable *bány* elérhető, megközelíthető, hozzáférhető, járható; ~ **ore** minőségi előírásoknak megfelelő érc; ~ **to sg** hajlik/hajlamos/alkalmas vmire
amendment javítás, kiigazítás, korrekció; módosítás; ~ **display** adatfeltüntetés kiegészítése
amenities komfort, lakhatóság
amenity *ép* alkalmasság, adottság
American | **bond** amerikai falazás *(téglakötés)*; ~ **caisson** *ép* felhúzható keszon; ~ **cloth** vízhatlan pamutszövet; ~ **compass** *geof* amerikai bányászkompasz; ~ **Federation of Information Processing Societies (AFIPS)** *szt* Amerikai Információfeldolgozó Társaságok Szövetsége, AFIPS; ~ **filter** *koh* tárcsás szűrő; ~ **gold** amerikai arany *(900-as finomságú)*; ~ **heel** *cipő* amerikai sarok; ~**-Indian hemp** *tex* kanadai kender; ~ **leather** viaszosvászon; ~ **Library Association (ALA)** *szt* Amerikai Könyvtárosok Szövetsége, ALA; ~ **malleable cast iron** grafitosított ferrites temperöntvény; ~ **meson** müon, μ-mezon, műmezon; ~ **National Standards Institute (ANSI)** *szt* Amerikai Nemzeti Szabványügyi Hivatal, ANSI; ~ **Patent (AP)** amerikai szabadalom; ~ **reed-count** *tex* amerikai bordasűrűségi szám; ~ **reference volume** *hang* hivatkozási terjedelem; referenciaterjedelem; ~ **roll drafting** *heng* amerikai üregezés; ~ **Standard (Am Std.)** amerikai szabvány; ~ **Standard Association (ASA)** *szt* Amerikai Szabványügyi Társaság, ASA *(adatfeldolgozási)*; ~ **Standard Wire Gage** American Standard Wire Gage *(huzalmérték)*; ~ **Standard Code for Information Interchange (ASCII)** *szt* amerikai szabványos információcsere-kód, ASCII; ~ **transit** amerikai teodolit; ~**-type compound needle** *kh* szemáthelyező tű; ~ **water/type turbine** Francis-turbina
americium (Am) ameríicium
ameripol SN rubber szintetikus növényi kaucsuk, ciszpoliizoprén *(márka)*
amesite *ásv* amezit
amethyst *ásv* ametiszt
AMI code → alternate mark inversion code
amianthus *ásv* antigorit, rostos azbeszt
amic acid *vegy* amidsav
amicable békés, barátságos; ~ **arrangement** békés egyezség; ~ **numbers** *mat* barátságos számok
Amici | **Bertrand-lens** *krist* (Amici-)Bertrand lencse; ~ **prism** tetőélprizma, Amici-prizma
amicron amikron
amid → amidships
amidate aminez, aminál
amidation *vegy* aminezés, aminálás, amidálás
amide *vegy* amid
amidine *vegy* amidin
amidol *vegy* amidol, 2,4-diamino-fenol
amidopyrine *vegy* dimetil-amino-antipirin, piramidon, amidopirin
amidosulphonic, *US* **amidosulfonic acid** szulfaminsav, amidokénsav, amidoszulfonsav
amidosulphuric, *US* **amidosulfuric acid** szulfaminsav, amidokénsav, amidoszulfonsav
amidoxime *vegy* amid-oxim
amidships, *US* **amidship** hajó/repülőgép közepén
aminate *vegy* aminez, aminál
amination *vegy* aminezés, aminálás, amidálás
amine *vegy* amin; ~ **absorption** *ol* aminos/etanol-aminos abszorpció; ~ **absorption process** *ol* aminos abszorpciós eljárás, etanol-aminos gáztisztítás; ~ **black-green** *vegy* aminfeketészöld; ~ **nitrite** *vegy* amin-nitrit; ~ **process** *ol* aminos mosás
amino *vegy* amino-; ~**-acetic acid (AAA)** glikokoll, amino-ecetsav; ~**-acetone** amino-aceton, acetonilamin; ~ **acid** aminosav; ~ **alcohol** aminoalkohol; ~**-anthraquinone** *vegy* amino-antrakinon; ~**-azobenzene** amino-azo-benzol; anilinsárga; ~**-benzaldehyde** amino-benzaldehid; ~**-benzamide** aminobenzamid; ~**-benzene** amino-benzol, anilin; ~**-benzophenone** amino-benzofenon; ~**-butyric acid** amino-vajsav; ~**-caproic acid** amino-kapronsav;

~-**caprolactam** *műa* amino-kaprolaktám; ~-**cinnamic acid** *vegy* amino-fahéjsav; ~-**diethylaniline** amino-dietil-anilin; ~-**dimethylaniline** amino-dimetil-anilin; ~-**diphenyl** amino-difenil; ~-**diphenylamine** amino-difenil-amin; ~-**ethyl alcohol** amino-etilalkohol; ~-**ethylbenzene** amino-etilbenzol; ~-**formic acid** karbaminsav; ~-**G acid** amino-G-sav, 2-naftilamin-6,8-diszulfonsav; ~-**glutaric acid** glutaminsav; ~ **group** aminocsoport; ~-**guanidine** amino-guanidin; ~-**guanidovaleric acid** arginin, amino-guanidino-valeriánsav; ~-**naphtol** amino-naftol; ~-**naphtol-sulphonic acid** amino-naftol-szulfonsav; ~-**nitrogen** amino-nitrogén; ~-**phenol** amino-fenol; ~-**purine** amino-purin, adenin; ~-**pyridine** aminopiridin; ~-**R-acid** amino-R-sav, 2-naftilamin-3,6-diszulfonsav; ~-**radical** aminocsoport; ~-**salicylic acid** amino-szalicilsav; ~-**succinamic acid** aszparagin; ~-**succinic acid** aszparaginsav; ~-**thiazol** amino-tiazol; ~-**thiophene** amino-tiofén; ~-**toluene** amino-toluol, toluidin; ~-**uracil** amino-uracil; ~-**valeric acid** amino-valeriánsav; ~-**xylene** amino-xilol, xilidin

aminoplast *műa* aminoplaszt; ~ **resin** aminoplaszt műgyanta

amitrole *vegy* amitrol

AML → acceptable malfunction level

AMM → anti-missile missile

ammeter *el* ampermérő; ~ **shunt** ampermérő sönt

ammo → ammunition

ammonal *bány, vegy* ammonal, ammónium-nitrát

ammonia *vegy* ammónia; ~ **absorber** *vegy* ammónia-abszorpciós torony, ammónia-abszorber; ~ **ash** *vegy* ammoniákszóda; ~ **chloride refrigerant** *vegy* ammónium-klorid hűtőoldat; ~ **condenser** *hőt* ammóniakondenzátor; ~ **dynamite** *bány, vegy* ammonal, ammónium-nitrát; ~ **maser** *aut* ammóniamézer; ~ **oxidation process** *vegy* ammóniaoxidáció; ~ **permissibles** *bány* sújtólégbiztos robbanóanyag; ~ **saturator** *vegy* ammóniatelítő; ~ **scrubber** *vegy* ammóniamosó-torony; ~ **soda** *vegy* ammóniaszóda; ~-**soda ash** *vegy* nyers ammóniákszóda; ~ **soda process** *vegy* ammóniaszóda-eljárás; ~ **spirit** *vegy* szalmiákszesz; ~ **still** *vegy* ammóniatorony; ~ **synthesis gas** *vegy* ammóniaszintézis-gáz

ammoniacal *vegy* ammóniás, ammónia-; ~ **brine** szalmiáksóoldat; ~ **liquor** szalmiákszesz, gázvíz *(gázgyári)*; ~ **water** szalmiákszesz, agancsszesz

ammoniate *vegy* ammóniával telít

ammoniated *vegy* ammóniával telített; ~ **latex** *vegy* ammóniákgumi; ~-**mercury** *vegy* amidohigany-klorid; ~ **superphosphate** *vegy* ammónium-szuperfoszfát

ammonification *vegy* ammonifikáció

ammonify *vegy* ammóniával telít

ammonifying *vegy* ammóniás telítés

ammonium *vegy* ammóniumcsoport; ~ **acetate (AA)** ammónium-acetát; ~ **acid carbonate** ammónium-hidrogén-karbonát; ~ **alum** ammóniumtimsó; ~ **aluminium sulphate/sulfate** ammónium-alumínium-szulfát; ~ **benzoate** ammónium-benzoát; ~ **bromide** ammónium-bromid; ~ **carbamate** ammónium-karbamát; ~ **carbonate** ammónium-karbonát; ~ **chlorate** ammónium-klorát; ~ **chloride** ammónium-klorid; ~ **chromate** ammónium-kromát; ~ **cyanate** ammónium-cianát, ciánsavasammónium; ~ **cyanide** ammónium-cianid; ~ **dichromate** ammónium-dikromát; ~ **fluoride** ammónium-fluorid; ~ **hydrogen fluoride** ammónium-hidrogén-fluorid; ~ **hydrogen oxalate** ammónium-hidrogén-oxalát; ~ **hydrogen selenate** ammónium-hidrogén-szelenát; ~ **hydrogen sulphate/sulfate** ammónium-hidrogén-szulfát; ~ **hydrogen sulphite/sulfite** ammónium-hidrogén-szulfit; ~ **iodate** *vegy* ammónium-jodát; ~ **iodide** *vegy* ammónium-jodid; ~ **muriate** *vegy* szalmiáksó, ammónium-klorid; ~ **nitrate (AN)** *vegy* ammónium-nitrát, ammonsalétrom; ~ **nitrate explosives** *bány* ammoniumnitrát alapú robbanóanyagok; ~ **nitrate limestone (ANL)** *vegy* mészammónsalétrom *(műtrágya)*; ~ **nitrite** *vegy* ammónium-nitrit; ~ **oxalate (AO)** *vegy* ammónium-oxalát; ~ **perchlorate** *vegy* ammónium-perklorát; ~ **peroxydisulphate/-sulfate** *vegy* ammónium-peroxi-diszulfát; ~ **phosphate** *vegy* ammónium-foszfát; ~ **phosphite** *vegy* ammónium-foszfit; ~ **radical (Am)** ammóniumgyök; ~ **rhodanate/rhodanide** *vegy* ammónium-rodanid, ammónium-tiocianát, ammónium-szulfocianát; ~ **sulphate/sulfate** *vegy* ammónium-szulfát; ~ **sulphate-nitrate (ASN)** *vegy* ammónium-szulfát-nitrát; ~ **sulphide/sulfide** *vegy* ammónium-szulfid; ~ **sulphite/sulfite** *vegy* ammónium-szulfit; ~ **superphosphate** *vegy* ammónium-szuperfoszfát; ~ **tartrate** *vegy* ammónium-tartarát, borkősavas ammónium; ~ **tellurate** *vegy* ammónium-tellurát; ~ **tetraborate** *vegy* ammónium-tetraborát; ~ **thiocyanate** *vegy* ammónium-tiocianát, ammónium-rodanid; ~ **thiosulphate** *vegy* ammónium-tioszulfát, gyorsfixáló só; ~ **vanadate** *vegy* ammónium-vanadát

ammonolysis *vegy* ammonolízis

ammono-system *vegy* ammonorendszer

ammonoxidation *vegy* oxidatív ammonolízis, ammonoxidáció

ammophos *vegy* ammónium-foszfátos műtrágya

ammoxidation *vegy* → ammonoxidation

ammunition *kat* lőszer, muníció, (hadi) robbanóanyag; *pa* papíralak *(24"x19")*; ~-**bag** *kat* lőszerhordó zsák; ~ **belt** *kat* heveder; ~ **board** *pa* kartácslemez; ~ **box** *kat* töltényláda; ~ **gun** *kat* ismétlőpuska; ~ **magazine** *kat* tölténytár; ~ **paper** *kat* tölténypapír; ~ **pouch** *kat* tölténytáska; ~ **rack** *kat* lőszerrakasz; ~-**rounds counter** *rep* lövéssorozat-számláló; ~ **vehicle** *kat* lőszerszállító jármű

among|-groups *stat* statisztikai adatcsoportokon belüli; ~-**means** *stat* átlagértékeken belüli

amorphous *krist* alaktalan, amorf; ~ **carbon** *vegy* amorf szén; ~ **semiconductor** *félv* amorf félvezető; ~ **state** *krist* amorf állapot; ~ **structure** *krist* amorf szerkezet; ~ **sulphur/sulfur** *vegy* amorf kén; ~ **wax** *vegy* mikrokristályos paraffin *(képlékeny)*

amortisseur *el* csillapítótekercs; *gép* olajfék, lökhárító, ütköző, rugós tag; ~ **winding** *el* csillapítótekercselés

amortization *hajó* lengéscsillapítás; *ip* elhasználódás, amortizáció

amortize amortizál; leír

AMOS → automatic meteorological observation station

amosite *ásv* amozit, rombos azbesztamfibol

amount I. *v* elér, felmegy; kitesz *(értéket)*; **II.** *n* összeg, mennyiség; anyagmennyiség; mérték, érték; *bány* napi összes széntermelés; *met* fok, mennyiség, mérték *(felhőzeté, borultságé)*; ~ **field** összegmező; ~ **keyboard** összegbillentyűzet; ~ **of air (per hour)** *ép* légmennyiség; ~ **of clouds** *met* felhőmennyiség; ~ **of cold** *geol* hidegmennyiség; ~ **of contraction** *önt* zsugormérték; ~ **of cooling medium** *hűt* hűtőközegmennyiség *(léghűtésnél)*; ~ **of copper** *koh* réztartalom; ~ **of creep (of prop)** *bány* csúszási út; ~ **of energy** *en* energiamennyiség; ~ **of energy contained** *fiz* energiatartalom, potenciális energia; ~ **of heat** *hőt* hőmennyiség; ~ **of infeed** *forg* fogásvétel nagysága; ~ **of information (per symbol)** *szt* információmennyiség, átlagos információtartalom; ~ **of matter/material** anyagmennyiség; ~ **of moisture allowed** *gép* megengedett nedvesség; ~ **of precipitation** *met* csapadékmennyiség; ~ **of radiation** *at* sugárzásmennyiség, sugárzási szint; ~ **of settled matter** *ép* ülepedés mértéke; ~ **of shrinkage** *tex* zsugorodás nagysága; ~ **of silicon** *el* szilíciumtartalom; ~ **of size** *tex* íranyagtartalom; ~ **of spatter** *önt* fröcskölődés mérve; ~ **of stock** anyagmennyiség; ~ **of substance** anyagmennyiség; ~ **of taper** kúposság mértéke; ~ **of testing** vizsgálat terjedelme; ~ **of twist** sodratszám; ~ **of water** *hidr* vízforgalom; ~ **of water required** *hidr* vízigény

AMP → adenosine monophosphate

amperage *el* amperszám, áramerősség *(amperben)*, zárlati/rövidrezárási áram *(telepé)*

ampere (A) *el* amper (A); ~ **conductor** *el* ampervezető; ~ **density** *el* áramsűrűség; ~**-hour (Ah)** *el* amperóra; ~**-hour capacity** *el* amperóra-kapacitás; ~**-hour efficiency** *el* amperóra-hatásfok; ~**-hour meter (Ahm)** *el* amperóra-számláló; ~**-minute (A-m)** *el* amperperc; ~**-second (AS)** *el* amperszekundum (As), ampermásodperc; coulomb(egység), C; ~**-turn (AT)** *el* ampermenet(szám); ~**-turn coefficient** *el* ampermenetszám-együttható; ~**-voltmetry** *el* áramerősség és feszültségmérés; ~**-winding** *el* ampermenet

Ampere's formula/law *el* Ampère-féle elemi törvény, Biot—Savart-törvény

amperemeter (Am) → ammeter

amperite tube *el* áramszabályozó

amperometric *vegy* amperometriás; ~ **titration** *vegy* amperometrikus/amperometriás titrálás

amperometry *vegy* amperometria

Ampex *vid* Ampex *(képrögzítés)*

amphibian I. *a* kétéltű; **II.** *n rep, gépk* kétéltű jármű, amfíbia-repülőgép, amfíbia-gépkocsi; ~ **assault** tengeri deszant roham; ~ **bulldozer** kétéltű tológép; ~ **caterpillar** kétéltű tológép; ~ **craft** kétéltű (vízi)jármű; ~ **tank** *kat* kétéltű/úszó harckocsi; ~ **truck** amfíbia/kétéltű tehergépkocsi; ~ **vehicle** *gépk* kétéltű jármű

amphibious → amphibian

amphibole *ásv* amfibol, hornblende

amphibolite *ásv* amfibolit

amphibolous kétértelmű, félreérthető; bizonytalan

amphi-position *vegy* amfi-helyzet *(naftalingyűrűben)*

amphitheatre *ép* amfiteátrum

amphodelite *ásv* amfodelit

ampholyte *vegy* amfolit, amfoter elektrolit

ampholytics *vegy* felületaktív anyagok

ampholytoid *vegy* amfolitoid, amfoter kolloid

amphoteric *vegy* amfoter *(savas és bázisos)*; ~ **electrolyte** *el* amfoter elektrolit; ~ **ion** *el* amfoter ion; ~ **ion exchange resin** *vegy* amfoter ioncserélő gyanta; ~ **metal** *vegy* amfoter fém; ~ **property** *vegy* amfoter jelleg; ~ **salt** *vegy* amfoter só

amphotericity *vegy* amfoter jelleg

ample kiterjedt, terjedelmes, tágas, bő(séges); ~ **penetration** *heg* elegendő beégés

amplidyne *el* amplidin, erősítőgép; ~ **drive** amplidines hajtás; ~ **generator** amplidin generátor

amplification (ki)bővítés, nagyítás; *el* erősítés, amplifikáció, felerősítés; *opt* nagyítás; *vasút* nyombővítés; ~ **by electron multiplier** *el* (elektron)sokszorozós erősítés; ~ **by R-C coupling** *el* RC-erősítés; ~ **chamber** *el* kölcsönhatási tér/hatáskamra; ~ **classes** *el* erősítőosztályok, erősítő-üzemmódok; ~ **constant** *el* erősítési tényező/fok; ~ **control** *el* erősítésszabályozó; ~ **factor** *el* erősítési tényező; ~ **of light** *opt* fényerősítés; ~ **of sound** *hang* hangerősítés; ~ **of ultrahigh frequencies** *el* mikrohullám-erősítés; ultranagyfrekvenciás erősítés; ~ **relay** *el* erősítő jelfogó; ~ **stage** *el* erősítőfokozat

amplifier *el, távk* erősítő, (hang)erősítő, hangszóró, erősítő szerv; ~ **characteristic** *el* erősítési jelleggörbe; ~ **circuit** *el* erősítőkör; ~ **element** *el* erősítőtag, erősítőelem; ~ **input circuit** *el* erősítő bemeneti áramköre, erősítő-bemenetiáramkör; ~**-inverter** *el* fordító erősítő; ~**-inverter stage** *el* fázisfordító erősítőfokozat; ~ **noise** *el* erősítési zaj, erősítőzaj; ~ **scheme** *el* erősítőkapcsolás; ~ **stage** *el* erősítőfokozat; ~ **tube/valve** *el* erősítőcső; ~ **winding** *el* erősítőtekercs; ~ **with automatic sensitivity control** *el* automatikus szelektivitású erősítő; ~ **with bell shaped response** *el* haranggörbe-erősítő; ~ **with highest selectivity** *el* ultraszelektív erősítő; ~ **with inductive tuned anode circuit** *el* induktívhangolt anódáramkörű erősítő; ~ **with paramagnetic crystals** *el* paramágneses kvantumos kristályerősítő; ~ **with periodic keying** *el* periodikus nyitású és zárású erősítő

amplify *el* erősít, (fel)erősít, nagyít, bővít

amplifying I. *a* erősítő, (hang)erősítő, hangszóró, erősítő szerv; **II.** *n* erősítés, amplifikáció, felerősítés; ~ **control** *el* felerősítő szabályozás; ~ **device/element** *el* erősítőeszköz; ~ **klystron** *el* klisztron; ~ **regulation** *el* (fel)erősítő szabályozás; ~ **signal converter** *el* erősítő jelváltó/jelátalakító; ~ **valve** *el* erősítőcső; ~ **vibrograph** *el* erősítő rezgésíró készülék, rezgésíró erősítővel

amplistat *el* öntelítő mágneses erősítő, amplisztát

Amplitron *el* Amplitron *(mikrohullámú erősítőcső)*

amplitude (Am) amplitúdó, bőség, nagyság; *csill* égitest szögtávolsága, csillagászati hosszúság; *el, fiz, mech* (kilengési) csúcsérték, amplitúdó, kilengés *(ingáé)*; *kat* lőtávolság; *mat* amplitúdó; argumentum, arcus, fázis; *metr* amplitúdó, kitérés *(műszeré)*; ~ **adjustment** *el, fiz* amplitúdó(be)állítás; ~**-amplitude distortion** *távk* amplitúdó-amplitúdó torzítás; ~ **analyzer** *el* (impulzus-)amplitúdóanalizátor; ~ **characteristic** *fiz* amplitúdóérzékenység, amplitúdómenet, amplitúdókarakterisztika; ~ **clipper** *el* amplitúdóhatároló; amplitúdókiválasztó; ~ **clipping** *el, fiz* impulzusamplitúdó-korlátozás, amplitúdólevágás; ~ **comparator** *el* amplitúdókomparátor; ~ **con-**

traction *el* amplitúdócsökken(t)és; ~ **control** *el, távk* erősítésszabályozás; *félv* amplitúdóváltoztatás, amplitúdóbefolyásolás; ~ **cosine** *mat* amplitúdókoszinusz, elliptikus koszinusz; ~ **cotangent** *mat* amplitúdókotangens, elliptikus kotangens; ~ **demodulation** *el* amplitúdódemodulálás; ~ **demodulator** *el* amplitúdódemodulátor; ~**-density spectrum** *fiz* amplitúdósűrűség-spektrum; ~ **discriminator** *el, tv* amplitúdódiszkriminátor; ~ **distortion** *el* fázisamplitúdótorzítás; ~ **double sideband modulation** *el* kétoldalsávos amplitúdómoduláció; ~ **excursion** amplitúdóváltozás; amplitúdólöket; ~ **factor** *el, fiz* csúcstényező, amplitúdófaktor, amplitúdótényező; ~**-frequency characteristic** *el* amplitúdó-frekvencia-jelleggörbe; ~**-frequency correction** *el* amplitúdófrekvencia-jelleggörbe korrekciója; ~**-frequency distortion** *el* amplitúdófrekvencia-torzítás; ~**-frequency response** *el* amplitúdó(frekvencia-)jelleggörbe; ~**-frequency response characteristic** *el* amplitúdó-frekvenciakarakterisztika, amplitúdóérzékenység; ~**-frequency spectrum** *el* amplitúdóspektrum; ~ **function** *mat* amplitúdófüggvény; ~ **hologram** *mat* amplitúdóhologram; ~ **increase** *fiz* amplitúdónövekedés; ~ **keying** *távk* amplitúdóbillentyűzés; ~ **limiter** *tv* amplitúdólimitáló, amplitúdókorlátozó, amplitúdóhatároló; ~**-limiter circuit** *el* amplitúdóhatároló áramkör; ~**-limiting amplifier** *el* amplitúdóhatároló erősítő *(középfrekvenciás fokozat)*; ~ **locus** *mat* amplitúdó-helygörbe; ~ **logging** *ol* amplitúdószelvényezés; ~ **lopper** *fiz* amplitúdólimitáló, amplitúdókorlátozó, amplitúdóhatároló; ~ **margin** *fiz, mat* amplitúdótartalék; ~ **meter** *metr* lengésmérő *(műszer)*; ~**-modulated** *el, távk* amplitúdómodulált; ~**-modulated carrier** *el, távk* amplitúdómodulált vivő; ~**-modulated pulse** *el, távk* amplitúdómodulált impulzus; ~**-modulated signal tracer** *el, távk* amplitúdómodulációs jelkövető; ~**-modulated transmitter** *el, távk* amplitudómodulált adó; ~ **modulation (AM, Am)** *el, távk* amplitúdómoduláció; ~ **modulation compression** *el, távk* AM elnyomás; ~ **modulation detector** *el, távk* AM detektor; ~**-modulation noise** *távk* amplitúdómodulációs zaj; ~ **modulation suppression** *távk* AM elnyomás; ~ **modulation with vestigial sideband (AM-VSB)** *távk* csonka/részleges oldalsávos amplitúdómoduláció; ~ **noise limiter** *el, távk* zajamplitúdó-korlátozó; ~ **of accomodation** *fiz* akkomodációs szélesség; ~ **of a symmetrical alternating quantity** *el* szimmetrikus váltakozó mennyiség amplitúdója/csúcsmértéke; ~ **of beat** *el* üttetési amplitúdó, interferenciaamplitúdó; ~ **of fluctuation** *el* lüktetési amplitúdó; ~ **of fluctuation of the luminous intensity** *opt* szabályos fényingadozás; ~ **of rotary oscillations** *mech* torziós lengések amplitúdója; ~ **of stress** *mech* feszültségamplitúdó, feszültség csúcsértéke; ~ **of voltage** *el* feszültség csúcsértéke; ~ **permeability** *el* amplitúdópermeabilitás; ~ **quantization** *aut* szintkvantálás; ~ **ratio** *el, fiz* amplitúdóviszony; ~**-ratio anomaly** *geof* amplitúdóviszony-anomália; ~ **resonance** *fiz* amplitúdórezonancia; ~ **response** *el, fiz* amplitúdó(-frekvencia) jelleggörbe/karakterisztika; amplitúdóviszony; ~ **scale factor** *fiz* amplitúdóléptékezési tényező; ~ **selector** *el* amplitúdószelektor; ~**-separation circuit** *távk* amplitúdószelektor áramkör; ~ **separator** *el* amplitúdószelektor; ~ **sine** *mat* amplitúdószinusz, elliptikus szinusz; ~ **spectrum** *fiz* amplitúdóspektrum; spektrális amplitúdósűrűség; ~**-stabilized coherent output** *el* amplitúdóstabilizált koherens kimenőjel; ~ **stabilized laser** *el* amplitúdóstabilizált lézer; ~**-stabilized output** *el* amplitúdóstabilizált kimenőjel; ~ **step** *el* amplitúdólépcső; ~ **swing** *el* amplitúdólöket, amplitúdóváltozás; ~ **tangent** *mat* amplitúdótangens; ~ **telemetering system** *el* amplitúdórendszerű távmérőrendszer

ampoule *gyógyv* ampulla; ~ **filled under aseptic conditions** *gyógyv* aszpektikus/steril töltésű ampulla; ~**-filling machine** *gyógyv* ampullatöltő gép; ~ **sealing** *gyógyv* ampullaforrasztás; ~ **tubing** ampullacsőanyag; ~**-washing machine** *gyógyv* ampullamosó gép

AMR → automatic message registering; → automatic message routing

Ams → air mass

Am Std. → American Standard

Amsterdaamsch Peil *geod* amszterdami szint

AMTI → airborne moving-target indicator

amtrac, amtrak *kat* kétéltű vontató(gép)

amu → atomic mass unit

AMU → antenna matching unit

Am V → armoured vehicle

AM-VSB → amplitude modulation with vestigial sideband

AMX → automatic message exchange

amygdale *geol* hegyes mandulakő

amygdalin *vegy* amigdalin

amygdal(in)ic acid *vegy* amigdalinsav, mandulasavgentiobiozid

amygdule *geol* (kisebb) mandulakő

amyl *vegy* amilcsoport, pentilcsoport, amilgyök; ~ **acetate** amil-acetát; ~ **acetic ester** amil-acetát; ~ **alcohol (am. alc.)** amil-alkohol, pentanol; ~ **ether** amiléter; ~ **group** amilcsoport; ~ **mustard oil** *vegy* amilmustárolaj, amil-izotiocianát; ~ **nitrate** amilnitrát; ~**-phenol resin** *műa* fenol műgyanta; ~ **radical (Am)** amilcsoport, pentilcsoport, amilgyök; ~ **sulphate/sulfate** amil-szulfát

amylaceous *vegy* keményítő-, keményítőszerű

amylase amiláz, diasztáz, ptialin

amylene pentén

amylic alcohol amil-alkohol, pentanol

amylo-cellulose *pa* keményítőcellulóz

amylodextrin *gyógyv* amylum solubile

amylogen *gyógyv* amylum solubile

amyloid *műa* keményítőszerű cellulózfajta *v.* cellulózalapú műanyag

amylolytic *élip* keményítőbontó; ~ **enzyme** *vegy* keményítőbontó enzim; ~ **fermentation** *vegy* keményítőbontó erjedés

amylopectin *vegy* amilopektin, vízoldhatatlan keményítő

amylopsin *vegy* pankreász-amiláz, amilopszin

amylose *vegy* amilóz, vízoldható keményítő

amylum *vegy* keményítő

amylundecanoate *vegy* undekánsav-amilészter

amytal *vegy* amital, izoamil-etilbarbitursav

An → normal atmosphere

AN → air navigation; → ammonium nitrate; → Ångström

an. → anode

anabatic *met* felfelé haladó, felszálló, anabatikus; ~ **front** *met* anafront, anabatikus/felsiklási front; ~ **wind** *met* anabatikus szél
anabolism *vegy* anabolizmus, asszimiláció, építő anyagcsere
anabranch *hidr* mellékág, fattyúág
anacamptics *opt* katoptrika, fényvisszaverődés-tan, reflexióelmélet
anaclasimeter *opt* szemészeti refraktométer
anaclastics *opt* fénytöréstan, dioptrika
anaclinal *geol* anaklinális
Anaconda system (of electrical connection) *koh* Anaconda-kapcsolás
anaerobe anaerob baktérium
anaerobic *biot* anaerob; anoxibiotikus; ~ **decomposition/degradation** anaerob bomlás; ~ **digestion** *hidr* anaerob iszapkezelés; savas rothadás; ~ **fermentation** anaerob fermentáció; ~ **organism** anaerob szervezet, anaerobionta, anoxibionta; ~ **oxidation** anaerob lebontás/lebomlás; ~ **process** anaerob folyamat/bomlás/fermentáció; ~ **sewage cleaning/purifying** *környv* anaerob szennyvíztisztítás; ~ **sludge digestion/rotting** *környv* anaerob iszaprothasztás; ~ **stabilization lake** anaerob stabilizációs tó; ~ **wastewater cleaning/purifying** *környv* anaerob szennyvíztisztítás
anaerobiont *biot* anaerob szervezet, anaerobionta, anoxibionta
anaesthetic, US anesthetic érzéstelenítő (szer), anesztetikum; ~ **ether** *vegy* aether pro narcosi
anaesthetist, US anesthetist aneszteziológus, altatóorvos
anafront *met* anafront, anabatikus/felsiklási front
anagalactic *csill* tejútrendszeren kívüli, tejúton kívüli, extragalaktikus
anaglyph *foto* térhatású képpár, anaglifa
anaglyphic method *foto* anaglif módszer
anaglyphoscope *film, foto* térhatású szemüveg
anaglyptograph *nyom* féldombornyomatot előállító gép
analcime → analcite
analcite, analcidite *ásv* analcit, analcimit
analgesic *gyógyv* analgetikus/fájdalomcsillapító (szer)
anall(c)tic *geod* anall(k)tikus
analog → analogue
analogous analóg, megfelelő; ~ **column** analóg oszlop; ~ **pole** *ásv* analóg sarok; ~ **poles** *pl el* egynemű pólusok
analogue, US analog *szt* analóg, megfelelő; ~ **adder** analóg összeadó; ~ **amplifier** *el* analóg erősítő; ~ **averager** *aut* analóg középértékképző; ~ **channel** *szt* analóg csatorna; ~ **circuit/circuitry** *el* analóg kör; ~ **computer** *szt* analóg számítógép; ~ **computer electronic gate** *szt* elektronikus kapu analóg számítógéphez; ~ **computer logical element** *szt* analóg számítógép logikai eleme; ~ **computer output unit** *szt* analóg számítógép kimeneti egysége; ~ **computer program** *szt* analógszámítógép-program; ~ **computer simulation** *szt* analóg számítógépes modellezés/szimuláció; ~ **computer technique** *szt* analóg számítógéptechnika; ~ **control** *aut* analóg szabályozás; ~ **controller** *aut* analóg szabályozó; ~ **converter** *aut, szt* analóg jelátalakító; ~ **data** *szt* analóg adatok; ~ **data recorder** *szt* analóg adatíró; ~**-digital** → ~-to-digital; ~**-digital character recognition system** *szt* analóg-digitális jelfelismerő rendszer; ~ **display** *aut, szt* folyamatos/analóg ábrázolás/display; ~ **group converter (for induction transmitters)** *aut, szt* analóg csoportátalakító (induktív jeladók számára); ~ **input** *szt* analóg bemenet; ~ **integrated circuit** *el, szt* analóg integrált áramkör; ~ **machine** *szt* analóg számítógép; ~ **measurement** *szt* analóg mérés; ~ **memory** *szt* analóg memória; ~ **model** *aut, szt* analóg modell; ~ **models of digital control circuits** *aut, szt* digitális szabályozási körök analóg modelljei; ~ **multiplier** *el, szt* analóg szorzó, multiplikátor; ~ **output** *szt* analóg kimenet; ~ **picture/image** *met* analóg kép; ~ **process computer** *szt* analóg folyamatirányító számítógép; ~ **quantity** *szt* analóg mennyiség/érték; ~ **sampling filter** *szt* analóg mintavételező szűrő; ~ **signal** *szt* analóg jel; ~ **simulation** *szt* (fizikai) analóg szimuláció; ~ **solution of system linear-algebraic equations** *aut, mat* lineáris algebrai egyenletrendszerek analóg megoldása; ~ **switch(ing circuit)** *el, szt* analóg kapcsolóáramkör; ~ **systems** *szt* analóg rendszerek; ~ **telecommunication system** *távk* analóg hírközlő rendszer; ~ **telemetering** *távk* analóg távmérés; ~**-to-digital (A/D, A-D)** analóg-digitális; ~**-to-digital computer** *szt* analóg-digitális számítógép; ~**-to-digital conversion** *szt* analóg-digitális átalakítás; ~**-to-digital conversion unit** *szt* analóg-digitális konverter/átalakító, A/D átalakító; ~**-to-digital converter (ADC)** *szt* analóg-digitális jelátalakító/konverter, A/D konverter; ~**-to-digital encoder** *szt* analóg-digitális kódoló; ~ **transducer** *szt* analóg jelátalakító; ~**-voltage divider** *el* analógiás osztómű; ~ **weighing system** *aut, metr* analóg (működésű) mérlegelőrendszer
analogy *mat* hasonlóság, analógia; ~ **of electric and hydromechanic phenomena** elektro-hidrodinamikai analógia
analyse, analysing → analyze, analyzing
analyser → analyzer
analysis kiértékelés, (adat)feldolgozás, elemzés; analízis; *mat* analízis, felsőbb mennyiségtan; *vegy* analízis, elemzés; vegyi összetétel; ~ **by absorption** *vegy* elnyeléses elemzés; ~ **by elutriation** *vegy* kilúgozó elemzés; ~ **centre/center** *met* analízisközpont; ~ **meter** *távb* forgalomregisztráló; ~ **of a function** függvényvizsgálat, függvénydiszkusszió; ~ **of a mixture (by X-rays)** *ásv* keverékanalízis; ~ **of blastfurnace gas** *koh* kohógázelemzés; ~ **of control system** *aut, rendsz* irányítási/vezérlési/szabályozási rendszer analízise; ~ **of covariance** *mat* kovarianciaanalízis; ~ **of defects** hibaelemzés; ~ **of energy levels** *fiz* termanalízis, energiaszintek analízise; ~ **of oxygen** *koh* oxigénmeghatározás; ~ **of periodicity** *hidr* periódus-elemzés; ~ **of pH-control** *vegy* pH-szabályozás vizsgálata; ~ **of regression** *fiz* regresszióanalízis, regressziószámítás; ~ **of stochastic interfering signals** *aut, el* sztohasztikus/véletlenszerű zavarójelek analízise; ~ **of the dye** *tex* színezékelemzés; ~ **of the oscillation** *fiz* rezgésanalízis, oszcillációanalízis; ~ **of the valve current** *el* csőáram-analízis; ~ **of the valve tension** *el* csőfeszültség-analízis; ~ **of variance** *stat* varianciaanalízis; ~ **of weave** *tex* szövetelemzés; ~ **situs** *mat* topológiai analízis, analysis situs; ~ **with instrument** műszeres elemzés

analyst (munka)elemző (szakember), analizátor, vegyész; **~'s workbench** *szt* rendszertervezést segítő program
analytic(al) analitikai, analitikus; **~ balance** analitikai mérleg; **~ chemistry** analitikai kémia; **~ continuation** *mat* analitikus folytatás; **~ control** *aut* analitikus irányítás/vezérlés/szabályozás; **~ design** *aut* analitikus tervezés; **~ engine** *szt* analitikus gép; **~ equipment** elemző műszer; **~ factorial** *mat* analitikus faktoriális; **~ form** *mat* zárt alakban való előállítás, zárt alak; **~ function** *mat* analitikus függvény; **~ geometry** analitikus geometria; **~ grammar** analitikus grammatika; **~ mechanics** *mech* analitikus mechanika; **~ method** analitikus eljárás/módszer; **~ parameter determination** *krist* analitikus paraméter-meghatározás; **~ proof** analitikus bizonyítás; **~ reagent (AR)** *vegy* analitikai vegyszer; **~ set** *mat* analitikus halmaz; **~ weight** *metr* analitikai súlysorozat
analytically analitikailag; analitikusan; az analitikus geometria módszerével
analyticity valaminek analitikus volta *(pl. függvényé)*
analyze elemez, megvizsgál, analizál
analyzer elemzőkészülék, mérőkészülék; analizátor; *tv* képbontó; **~ of the probability density distribution of random processes** *aut* véletlen folyamatok valószínűség-sűrűségeloszlását meghatározó analizátor; **~ window** *fiz* analizátor ablaka
analyzing I. *a* elemző; **II.** *n* elemzés, megvizsgálás, analizálás; *tv* képbontás; **~ nicol** *opt* elemző nikol
anamesite *geol* anamezit
anamorphic → **~** anamorphotic; **~ lens** *film* anamorf/torzító objektív
anamorphism *geol* kőzetváltozási/átalakulási folyamat(ok); *opt* anamorfizmus, szándékolt torzítás
anamorphogram *geol* anamorfogram
anamorphose *film, opt* torzítással ábrázol
anamorphosis *ásv* torzult fejlődés; *geol* (fokozatos) átalakulás; *opt* anamorfizmus, szándékolt torzítás; torzított ábrázolás
anamorphotic *geol* fokozatosan átalakuló; *opt* torzultan átalakított, anamorf; **~ attachment** anamorfot berendezés; **~ lens** → anamorphic lens; **~ mirror** anamorfot tükör; **~ system** anamorfot rendszer
anamorphous → anamorphotic
anaphase *at* anafázis
anaphoresis *fiz, vegy* anaforézis
ana-position *vegy* ana-helyzet *(naftalingyűrűben)*
anastatic *nyom* anasztatikus; **~ printing process** *nyom* anasztatikus másolás
anastigmat *opt, foto* anasztigmát; **~ lens** *opt* anasztigmát lencse
anastigmatic *opt* anasztigmát; anasztigmatikus
anastigmatism *fiz, opt* anasztigmatizmus
anastomosis *geol* anasztomózis, egybefolyás, egybeömlés, egybetorkollás, közlekedés, folyamatos érintkezés
anatase *ásv* anatáz *(titán-dioxid)*
anatexis *geol* anatexis, helyi gránitosodás
anauxite *ásv* anauxit
A Nav → air navigator
anchor I. *v* biztosít, leköt, megerősít; (le)horgonyoz; *ép* kihorgonyoz; *gép* biztosít, (oda)köt; **II.** *n* horgony, mágneszár, armatúra, forgórész; *bány* (kőzet)-horgony, feszke, kifeszítés, kimerevítés, feszkézett biztosítás; *el* horgony, mágneszár, armatúra, forgórész; kihorgonyzás *(oszlopé)*; mágnesfegyverzet; *ép* lehorgonyzás, leankerolás, kőhorgony, (kő)kalapács; *finm* horgony, anker; *hajó* horgonykar, horgony, kimerevítés, kikötés, kihorgonyzás; *hidr* horgonyzsámoly *(nyomócső alatt)*, horgonytömb; *rep* légcsavar vasalása/borítása; **~ arm** *hajó* horgonyág, horgonykar; **~ block** *hajó* horgonytömb; **~ bolt** *ép* horgonycsavar, ankercsavar, kőcsavar, lehorgonyzó csap, alapozási csavar; *geod* gúlalábrögzítő csap; *gép* alapzatcsavar, kőcsavar; **~ buoy** *hajó* horgonybója; **~ cable** *hajó* horgonykötél, horgonylánc; *mech* merevítőkábel; **~ capstan** *hajó* horgonyemelő/horgonyfelvonó gép; horgonykikötő csörlő; **~ casing** *bány* főtehorgonyzás; **~ chain** *hajó* horgonylánc; **~ clamp** *el* szorítósaru, végszorító; **~ clutch** *el* rotortalp; **~ column** *ép* horgonyoszlop *(hídé)*; **~ davit** *hajó* horgonydaru; **~ ear** *el, gép, hajó* feszítőfül, feszítőgyűrű; **~ equipment** *hajó* horgonyemelő berendezés; **~ escapement** *óra* kapocsjárat; **~ escapement watch** *óra* horgonyjáratú óra; **~ fluke** *hajó* horgonykapa; **~ gap** *el* védő szikraköz *(antennáé)*; **~ hole** *gép* lehorgonyzó üreg *(csavarnak)*; **~ ice** *hidr* fenékjég, üledékjég; **~ jack** *bány* feszítőtám, kifeszítő tám, kikötőtám; **~ knot** *hajó* halászbog; **~ light** *hajó, rep* horgonylámpa, lehogonyzást jelző lámpa; **~ line** *bány* feszke; *hajó, ol* horgonykötél, horgonylánc; *ol* feszítőkötél; **~ link** *mech* láncrögzítő csavar; **~ log** *ép* fakihorgonyzó/betonkihorgonyzó cölöp/karó; horgonytönk; **~ mast** kikötőpózna; *el* feszítőoszlop; **~ mooring** *hajó* kikötés horgonnyal; **~ nut** *ép* alapozási lehorgonyzó csavaranya; **~ palm** *hajó* horgonykapa; **~ picket** *ép* leerősítő/lehorgonyzó cölöp; *hidr* kikötőoszlop; **~ pier** *ép* kihorgonyzó pillér; *hidr* horgonytömb, horgonyzsámoly *(vízerőmű nyomócsöve alatt)*; **~ pin** *gépk* fékpofacsapszeg; *hajó* horgonyszár; **~ pipe** *bány* horgonycső; *ol* horgonycső, támasztócső; **~ plate** *ép* horgonylemez, lehorgonyzólemez, alaplemez, lehorgonyzólap; *gép* kötőlemez, alaplemez; **~ pole** *el* feszítőoszlop; **~ post** kikötőoszlop; **~ prop** *bány* kifeszkéző tám, vasember; **~ ring** *mat* tórusz(felület), gyűrűfelület; **~-ring shackle** *hajó* horgonyfélszem; **~ rope** merevítőkötél; **~ screw** alapcsavar, horgonycsavar; *ép* kőcsavar; **~ shackle** *hajó* horgonyfélszem; **~-shackle bolt** *hajó* horgonyfélszem-csapszeg; **~ shank** *hajó* horgonyszár; **~ stake** *hajó* kikötőkaró, kikötőcölöp; **~ stay** *el* kihorgonyzófeszítő; *ép* vezérkötél, kihorgonyzókötél; **~ stirrer** *tex* keverőlapát, ankerkeverő; **~ stock** *hajó* horgonyszár; **~ strut** *ép* kihorgonyzórúd *(csapóhidon)*; **~ tie-beam** *ép* kihorgonyzógerenda; **~ tower** *el* feszítőoszlop; *em* portáldaru egyik tornya/oszlopa; *ép* kihorgonyzótorony; **~-type corner pole** *el* sarokfeszítő oszlop; **~ wheel** *szersz* kilincskerék; **~ windlass** *hajó* horgonycsörlő, horgonyemelőgép
anchorage *bány* kőzethorgonyfészek; kőzethorgonyzás; *ép* kihorgonyzás, kifeszítés, rögzítés; *gép* lekötés; *hajó* lehorgonyzás, horgony(zó)hely, horgonyemelő berendezés; *kat* horgonykötél-merevítés *(pontonhídon)*; *rep* lepányvázás, kicövekelés, lerögzítés; *talt* kihorgonyzás; *távk* lehorgonyzás, leankerolás, kőhorgony, (kő)kalapács; **~ chamber** *ép* lánckamra *(hídon)*

anchored *el, ép, hajó* lehorgonyzott, kihorgonyzott; lekötött; megerősített, feszített; ~ **bulkhead** kihorgonyzott támfal *(hídon)*; ~ **drive** *bány* kifeszkézett hajtómű; ~ **filament** horogra függesztett izzószál
anchoring I. *a* horgony-; **II.** *n* (le)horgonyzás, biztosítás, lekötés, megerősítés; *el, ép* kihorgonyzás, kifeszítés, rögzítés; *hajó* (le)horgonyzás, horgonyvetés; *rep* kikötés, kipányvázás, kicövekelés; *talt* kihorgonyzás, kifeszítés, rögzítés; ~ **bolt** kötőcsap, leerősítőcsap, lehorgonyzócsap(szeg), lehorgonyzóhorog; ~ **bracket** feszítőkengyel; ~ **clip** szorítókapocs, rögzítőkapocs; ~ **fascine** *hidr* rőzsealap; ~ **lug** horgonycsavar-megerősítő fül; ~ **screw** alapcsavar, horgonycsavar; kőcsavar; ~ **strength** adhéziós erő *(ágyazásé)*; ~ **wall** *ép* horgonyfal; lehorgonyzófal; ~ **wire** *el* feszítőhuzal
anchorman *tv* műsorvezető, vitavezető
ancient | continent *geol* ősi kontinens; ~ **monument** *ép* műemlék
ancillary I. *a* alárendelt, mellékes, segéd-, mellék-, járulékos; **II.** *n műa* (detergens)adalék(-anyag); ~ **circuit** *el* segédáramkör; ~ **device/equipment** *el, gép* kiegészítő/kisegítő készülék/berendezés/felszerelés; ~ **industries** háttéripar; ~ **jack** *távk* kereső kapcsolóhüvely; ~ **staff** segédszemélyzet; ~ **statistics** segédstatisztika
ancon, *pl* **ancones** *ép* falkiugrás, párkányoszloptartó konzol; *hidr* folyamkanyar; ~ **truss** *ép* párkánytámasztó konzol
AND *szt* ÉS; ~ **circuit** ÉS kapu; konjunktor; ~**-element** ÉS elem/tag; ~ **gate** ÉS kapu; ~ **logic element** ÉS kapu; ~**-NOT gate** NEM-ÉS kapu, inhibitor, tiltóelem; ~ **operation** ÉS művelet, konjunkció; ~**-operator** ÉS operátor, ÉS; ~**-OR circuit/gate** ÉS-VAGY kapu; ~**-to-AND circuit** ÉS-ÉS áramkör; ~**-to-OR circuit** ÉS-VAGY áramkör
andalusite *ásv* andaluzit
Anderson bridge *el* Anderson-híd, induktivitásmérő híd
andesine *ásv* andezin
andesite *geol* andezit
andiron *ép* kandallóvas, vasablak *(kandallóban)*
andorite *ásv* andorit
andradite *ásv* andradit, közönséges gránát
andreasbergolite *ásv* andreasbergolit
andreolite *ásv* andreolit
andrewsite *ásv* andrewsit
Andromeda nebula *csill* Andromeda-köd
anechoic *hang* visszhangmentes; ~ **cabinet/chamber** süketszoba, visszhangmentes szoba; ~ **enclosure** süketláda; ~ **room** süketszoba, visszhangmentes szoba; ~ **sound chamber** süketszoba, visszhangmentes szoba
anechoism *hang* visszhangmentesség
anelasticity *fiz* anelaszticitás
anelectric *el* nem villanyozható (anyag), nem dörzsvillamos
anemoarenyte *geol* eolikus homok, futóhomok
anemobiograph *met* anemobiográf, széllökésíró
anemoclastic rock *geol* üledékes/eolikus kőzet *(lösz)*
anemoclinograph *met* anemoklinográf
anemoclinometer *met* anemoklinométer
anemodispersibility légáramban való szétszórhatóság
anemoelectric generator szélgenerátor
anemogram *met* anemogram szélíró regisztrátuma
anemograph *met* szél(sebesség)író, anemográf, regisztráló anemométer
anemolastic *geol* üledékes, törmelékes
anemology *met* légmozgástan, széltan, anemológia
anemometer *met* szélmérő, légsebességmérő, anemométer; *metr* gázsebességmérő, gázárammérő; ~ **level** *met* szélmérés szintje; ~ **mast/tower** *met* szélmérő árboc/torony; ~ **with ionization chamber** *met* ionizációkamrás anemométer
anemometric *met* szélméréstani, anemometriai; szélmérő, légsebességmérő, anemométer
anemometry *met* szélméréstan, anemometria
anemoscope *met* szélmutató, szélirányjelző, szélzsák; *rep* szélsebességjelző
anemostat *aut, ép* anemosztát, légszabályozó
anemotachometer *met* szélsebességmérő
anemotachometry *met* szélsebességmérés
anemousit *ásv* anemuzit
aneroid I. *a* folyadékmentes; **II.** *n met* aneroid barométer, fémbarométer; ~ **altigraph** *met* légnyomási magasságíró; ~ **barometer** *met* aneroid barométer, fémbarométer, szelencés légnyomásmérő; ~ **capsule/chamber** aneroid szelence, Vidie-doboz; ~ **disc/disk** *met* aneroid szelence, Vidie-doboz; ~**-liquid statoscope** *met* folyadéksztatoszkóp; ~ **manometer** *met* aneroid manométer; ~ **statoscope** *met* sztatoszkóp
anesthesine *vegy* anesztezin, 4-amino-benzoesav-etilészter
anesthetic → anaesthetic
anethole *vegy* anetol
aneurin B_1-vitamin, aneurin, tiamin
anfleurage *vegy* anflörázs, illóolajkivonás
anfractuous sokgörbületű, kanyargós, tekervényes
angelic acid *vegy* angelicasav, cevadcin
angiocardiography *orv* angiokardiográfia
angiography *orv* angiográfia
angle I. *v* szögbe beáll; szögbe beállít/hajlít; (szög alakban) meghajlít; elhajlít; szögben fordul; horgászik; **II.** *a* átlós; ferde; szög-, szögben csatlakozó; **III.** *n* szög, szöglet, sarok, kiszögellés; *bány* átlós vágat; *el* parazita visszavert jel *v.* reflexió; *ép* sarokvas; *forg* felfogószöglet *is*; *foto* felvétel szöge, kamera látószöge; *heng* L-acél; sarokacél; szögidom *(helytelenül)*; szögvas; *mat* szög, szöglet, sarok, kiszögellés; ~ **adjustment** szög alatti elrendezés; ~ **argument** *mat* argumentum, arcus, fázis; ~ **at centre** *mat* középponti szög; ~ **at circumference** *mat* kerületi szög; ~ **at the vertex** *mat* csúcsszög; ~ **bar** *ép* L acél; sarokacél; szögletvas; ~ **bead** *ép* sarokvédő vas; *tex* csomó *(fonalban)*; ~ **belt** ékszíj; ~ **bending machine** *gép* sarokelem-hajlító/sarokszelvény-hajlító gép; ~ **between sides of thread** *gép* csavarmenet profilszöge; ~ **between two edges** *mat* élszög; ~ **bevel** *fa* ferdeségmérték; menedékvonalazó; ~**-blade dozer** *em* elfordítható lemezű lánctalpas tológép; ~ **block** *ép* éktuskó; fabetét(rész) *(ácsolt illesztések merevítéséhez)*; ~ **board** *ép* átlós (sarok)merevítés deszkából; ferdén elhelyezett deszkázat; szögmérték deszkából; ~**(-)brace** *ép* átlós merevítő; hónaljfajta, feszítődúc; sarokmerevítő dúc; *ép, szersz* sarokfurdancs, szögletfurdancs; szegletfúró, sarokfúró; szögvasfúró; ~ **bracket** *ép* bekötő szögvas; szögvasmerevítő, ereszsarokgyám, ferde gyám/falikar; ~ **brackets** *pl mat,*

nyom hegyes/csúcsos zárójel; ~ **change** *mech* szögelfordulás, szögváltozás; ~ **clip** *ép* sarokheveder; ~ **closer** *ép* sarokzáró tégla *(téglakötésé)*; ~ **cock** *gép* sarokcsap, sarokszelep; *vák* sarokcsap, sarokszelep; ~ **coder** szögkódoló; ~ **comparator** szögösszehasonlító; ~ **computer** *rep* szögmegoldó tárcsa; ~-**conduit box** *el* sarokdoboz; ~ **correlation** *mat* szögkorreláció; ~-**course beam** *ép* sarokgerenda, szélső gerenda; ~ **crane** *em* háromszögvázas bakdaru; ~(-)**cut** átlósan/diagonálisan vágott; ~ **cutter** *fa* ferde kés; *forg* szögmaró; ~-**cutting** *pa* átlós/diagonál vágás; ~ **cutting-machine** *pa* átlós vágógép; ~-**cutting tool** *pa* ferde kés; ~-**data transmitter** *távk* szögnagyságátvivő, szögadó; ~ **diameter** középátmérő *(csavaré)*; ~ **distribution function** *krist, mat* szögeloszlási függvény; ~-**dozer** → angledozer; ~ **draught/draft** *tex* ék alakú nyüstbefűzés; ~-**dressing machine** *gép* szögvasleélező gép; ~ **drift** *szersz* kiverővas *(tokmányból fúrókiütéshez)*; ~ **drill** *ép* sarokfúró gép; ~ **drilling attachment** *ép* sarokfúró-előtét; ~ **drive** *gép* szöghajtás; ~ **drive grinder/sander** *ép* kézi sarokcsiszoló gép; ~ **error** *gép, rep* szöghiba; ~ **face** *bány* átlós irányú front; ~ **feedback** *aut* szögvisszacsatolás; ~ **file** *szersz* háromélű reszelő; ~ **fish-plate** *vasút* szögheveder; ~-**fitted** *gép* szögben illeszkedő; ~ **flange** *gép* L-acélkarima; L-acélszár; ~ **float** *ép* szögletlapát; ~ **formed by the direction and meridian line** *bány* csapásszög; ~ **ga(u)ge** *geod, opt* szögmérő, goniométer; *szersz* szögmérő eszköz; ~ **gear** *gép* kúpfogaskerék; ~ **grinder** *ép, szersz* kézi sarokcsiszoló gép; ~ **grinder with cut-off wheel** *ép, szersz* kézi darabológép; ~ **head** *gép* gázégőfej csőcsonkja; *műa* ferde extruderfej; ~ **hinge** *ép* sarokpánt; ~ **holder** *forg* hajlított késtartó; ~ **impact wrench** *ép* ütőműves sarokcsavar-behajtó gép; ~(-)**iron** szögvas, sarokvas, L acél/vas; ~-**iron bending machine** szögvashajlító/sarokvashajlító gép; ~-**iron frame** *hajó* szögvas borda; ~-**iron shearing machine** sarokvasvágó gép; ~ **joint** *bány* Kapp-rendszerű sarokkötés; *fa, gép* sarokkötés, sarokillesztés; ~ **leg** *ép* szögvas szára; *mat* szögszár; ~ **lever** *gép, mech* szögemelő; ~-**lever mechanism** *el* könyökemeltyűs szerkezet *(kapcsolókészüléké)*; ~-**lever shears** *pl szersz* könyökös-emeltyűs olló; ~ **lighting (fitting)** *opt* ferdén sugárzó (lámpatest); ~ **mark** *távk* szögpozíció-jelzés; ~ **measurement** *geod* szögmérés; ~ **measuring grid** *geod* szögmérő rács; ~ **measuring instrument** *geod* goniométer; ~(-)**meter** *geod* klinométer, szögmérő; lejtésmérő; *gépk* torziós lengéseket jelző készülék; ~ **modulation** *távk* fázisszög-moduláció; szögmoduláció; ~ **nut-runner** *ép* sarok-csavarbehajtó gép; ~ **of 360** teljes szög, 360 fokos szög; ~ **of action** *fiz* hatásszög; *gép* kapcsolószög; ~ **of advance** *el* fáziselősietési szög; *gép* felékelési szög; *gépk* előgyújtás szöge; *hőt* elősietés szöge; ~ **of aperture of drawing hole** *heng* húzókúpszög; ~ **of approach** *gép* kapcsolószög belépő része; *kat* beesési szög; *rep* leszállási/siklási/megközelítési szög, siklószög; ~-**of-approach indicator (AAI)** *rep* siklópályajelzés; siklószög-fényrendszer; ~ **of approach light** *rep* bevezető fény szöge; siklópályafény; ~ **of arrival** *opt, távk* beesési szög; ~ **of ascent** *rep* emelkedési szög; ~ **of aspect** *opt* látószög; ~ **of attack** *gép, hajó, rep* állásszög; ~-**of-attack indicator (AAI)** *rep* állásszög-jelző; ~-**of-attack of maximum lift** *rep* kritikus állásszög; ~ **of back slope** *forg* hátszög; ~ **of bank** *rep* bedöntési szög; vízszintes tengely körüli elfordulás szöge; ~ **of bedding** *bány, geol* réteg/telep dőlésszöge; rétegzettség iránya; ~ **of bite** *heng* befogási szög; ~ **of camera** *foto* kameraszög; ~ **of capillarity** *fiz* peremszög, határszög; ~ **of centre/center** *forg* csúcsnyílásszög; *szersz* pontozó csúcsszöge; ~ **of climb** *rep* emelkedési szög; ~ **of connecting-rod** *gép, hőt* hajtókarszög; ~ **of contact** *fiz* illeszkedési szög; *forg* forgácsívszög; *gép* kapcsolószög; *heng* befogási szög; peremszög, határszög; *krist* kontaktszög, érintkezési szög; ~ **of convergence/convergency** *geod* konvergenciaszög; összetartási szög; ~ **of coverage** *tv* képmezőszög; ~ **of crab** *rep* eltérítési szög; ~ **of crease recovery** *tex* gyűrődési szög; ~ **of crest clearance** *kat* fedezékszög; ~ **of current flow** *el* vezetési szög; ~ **of curvature** *ép* kanyarszög; ~ **of cut-off** *opt* fénykúpalkotó vízszintessel bezárt legnagyobb szöge *(fényszórón)*; *távk* lezárási szög; ~ **of cutting edge** *forg* vágóélszög; *ol* fúróvésőékszög, fúróvéső vágóélének szöge; ~ **of decalage** *rep* terpesztési szög; ~ **of declination** *fiz* mágneses deklináció/elhajlás; ~ **of deflection** *el, fiz* elhajlási szög; eltérítési szög; szögkitérés; *kat* vízszintes irányzás szöge; ~ **of departure** *kat* indulószög, indulási szög; *opt* kilépési szög; *távk* magassági szög, elevációszög; ~ **of descent** *fiz, opt* beesési szög; *rep* süllyedési szög; ~ **of deviation** *fiz* eltérítési szög; *rep* mágneses elhajlás szöge; ~ **of die taper** *koh* fúvási szög; ~ **of diffraction** *fiz* diffrakciós szög; ~ **of digs** *rep* mágneses lehajlás szöge; ~ **of dip** *bány, geol* dőlésszög; ~ **of dispersion** *fiz* szórásszög; ~ **of displacement** *bány* elmozdulási szög; ~ **of distortion** *fiz* nyírási szög; ~ **of dive** *rep* zuhanási szög; ~ **of divergence** divergenciaszög, széttartási szög; ~ **of downwash** *rep* leáramlás szöge; ~ **of drift** eltérési szög; ~ **of drive** *gépk* kardántengely állásszöge; ~ **of elevation** *bány* emelkedés szöge *(dőlésszög)*; *fiz, geod* magassági/elevációs szög, elevációszög; *kat* célzószög, lőszög, irányzási szög; *rep* magassági szög; ~ **of emergence** *távk* kilépési szög; ~ **of emergency** *hajó* kritikus/borulási (dőlés)szög; ~ **of emission** *el* emissziószög; ~ **of entry** *fiz* beesési/becsapódási/belépési szög; ~ **of fall** *fiz* beesési szög; *kat* találati szög, becsapódási szög; ~ **of flare** *mech* kiszélesedés szöge; ~ **of flow** *el, fiz* áramlási szög; ~ **of friction** *fiz, gép* súrlódási szög; ~ **of glide** *rep* siklópálya szöge; siklószög; ~ **of gradient** *fiz, mech* lejtőszög; ~ **of grazing** *kat* pásztázási szög; ~ **of groove** *hang* hangbarázda nyílásszöge; ~ **of guide** *gép, mech* terelőszög; ~ **of hade** *geol* vető hajlásszögének kiegészítő szöge; ~ **of heel** *hajó* dőlésszög; *rep* vízi repülőgép oldalra dőlési szöge *v.* dőlésszöge; ~ **of helix** *rep* (csavar)emelkedési szög; ~ **of incidence** *bány* dőlésszög; *fiz* beesési/becsapódási szög; *gép* állásszög; *rep* a szárny beállítási szöge; *távk* beesési szög; ~-**of-incidence templet** *rep* állásszög-ellenőrző sablon; ~ **of inclination** *bány, geol* dőlésszög, inklináció; *krist* hajlási szög; inklinációs szög; *rep* dőlésszög; ~ **of inclination of drawing holes** *heng* húzószög; ~ **of indraft** *met* izobárok és a szélirány közötti szög; ~ **of inlet** *hidr* beömlési szög; ~ **of internal friction** *fiz* belső súrlódási szög; ~ **of intersection** *mat* metszésszög, hajlásszög; ~ **of jump** *kat* kirepülési szög; ~ **of keenness** *forg* ékszög; ~ **of lag** *el* (fázis)késési szög, fáziselmaradás szöge; ~ **of landing** *rep* siklópálya hajlásszöge; ~ **of lead** *el* fázissietés/előresietés szöge; kefeeltolási szög; ~ **of light** *opt* fénysugár-beesési szög; ~ **of lock** *gépk* kormányozhatósági szög; ~ **of nip** *bány* kötélbefogási szög; *heng* befogási/behúzási szög; ~ **of nozzle** *koh* fúvási szög; ~ **of obliquity** *ép* lejtőszög; *gép* foggörbeérintő szöge *(főpontban)*; *gépk* dugattyúrúd elhajlási szöge; *mat* lejtőszög, hajlásszög; ~ **of phase displacement** *el* fáziseltolódás szöge; ~ **of phase lag** *el* fáziskésési szög; ~ **of phase lead** *el* fázissietési szög; ~ **of pitch** *bány* dőlésszög; *rep* bólintási szög; ~ **of polar arc** *el* pólusívszög; ~ **of polarization** *opt* sarkítás/polarizáció szöge; ~ **of position** *kat* terepszög, célhelyszög; ~ **of protection** *el* védelmi tér; ~ **of pull** *mech* eltolási szög; *tex* (fonal)húzási szög; ~ **of radiation** *távk* (ki)sugárzási szög, sugárzási főirány; ~ **of rake** *forg* homlokszög; ~ **of recess** *gép* kapcsolószög kilépő része *(fogaskeréké)*; ~ **of reflection** *fiz* visszaverődési szög; ~ **of refraction** *fiz* törés szöge, törőszög; ~ **of repose** *mech* csúszó határszög; nyugalmi súrlódás határszöge; súrlódási szög; természetes hajlásszög, rézsűszög; ~ **of resistance** *mech* súrlódási szög; ~ **of rest** *bány* nyugalmi rézsűszög; ~ **of retarded closing** *gép* utánzárási szög *(gőzgépen)*; ~ **of rigging** *rep* beállítási szög; szárnyhúr vízszintessel bezárt szöge; ~ **of rise** *any* emelkedés/kilengés szöge *(Charpy-féle ütőmű ingájánál)*; *távk* impulzushomlok emelkedési szöge; ~ **of roll** *rep* hossztengely körüli elfordulás szöge; orsózószög; ~ **of roof** *ép* tető hajlásszöge/lejtésszöge; ~ **of rotation** *mech* elfordulási szög; ~ **of safety** *kat* biztonsági/veszélytelenségi szög; ~ **of scattering** *fiz, krist* szórási/szóródási szög; ~ **of shift** *kat* tűzáthelyezés szöge; ~ **of shock** *mech* ütközési szög; ~ **of shock wave** *rep* lökéshullám szöge; ~ **of sideslip** (meg)csúszási/farolási szög; ~ **of sight (A of S, AS)** *kat* célhelyszög; *távk* magassági/elevációs szög, elevációszög; ~**-of-sight scale** *kat* szintezőskála; ~ **of site** *kat* helyszög, célmagassági szög; ~**-of-site instrument** *kat* célhelyszög bemérésére szolgáló műszer; ~ **of slide** *bány* csúszási szög; ~ **of slope** *ép* lejtőszög; *geol, talt* rézsű hajlásszöge; ~ **of splash** *kat* találószög, találkozási szög *(vízben)*; ~ **of splay** *ép* éllecsapási szög; ferde levágás szöge; kirézsútolás szöge; ~ **of stagger** *rep* (szárny)lépcsőzés szöge; ~ **of stall** *rep* átesési/kritikus állásszög; ~ **of straggling** *mech* szögeloszlás; ~ **of strike** *mat* csapásszög; ~ **of sweepback** *rep* szárny hátranyilazási szöge; ~ **of sweep-forward** *rep* szárny előrenyilazási szöge; ~ **of swing** *geod* elfordulási szög *(fotogrammetriában)*; ~ **of thread** *gép* csavarmenet emelkedési szöge; ~ **of throw** *bány* elvetés szöge; vető dőlésszöge; ~ **of tilt** *fiz, geod* dőlésszög, hajlásszög; kitérési szög; *krist* hajlási szög; inklinációs szög; *távk* impulzusemelkedési szög; ~ **of toothback** *szersz* fűrészfog hátszöge; ~ **of total polarization** *krist* teljes polarizáció szöge; ~ **of total reflection** *krist* totálreflexió szöge; ~ **of train** *kat* vízszintes irányzás szöge; ~ **of traverse** *mech* oldalirányzási határszög; ~ **of trim** *rep* kiegyenlítési szög; ~ **of twist** *any, gép, mech* csavarási szög; elcsavarodási szög; *tex* sodrat emelkedési szöge; sodratszög, sodrásszög; ~ **of twist per unit length** *mech* fajlagos (közepes) elcsavarodási szög; ~ **of valence** *vegy* vegyértékszög, kötési szög; ~ **of Vee** *gép, mech* nyílásszög; ~ **of view** *foto, tv* látószög, képszög; ~ **of visibility** *rep* rálátási szög; ~ **of vision** *opt* látószög; ~ **of wall friction** *geol* földnyomás eredőjének irányszöge; ~ **of wrap** *em, gép* átfogási szög; ~ **of yaw** *hajó* irányból kicsapódás szöge; *met* szélszög; *rep* szélszög, legyező szög; ~ **opening** *bány* átlós betörés *(kamarakezdés)*; ~ **paper cutter** *pa* átlós vágógép; ~**-pedestal bearing** *gép* ferde osztósíkú csapágy; ~ **piece** *gép* könyök, könyökcső; szöglet; *vák* csőív; könyökdarab; ~ **pipe** *gép* csőív, ívcső, könyökcső; *vák* csőív; könyökdarab; ~ **plane** *fa* szöggyalu; *forg* felfogó szöglet; felfogó szögvas *(siktárcsán)*; ~ **plug** *távk* szögcsatlakozó; ~ **pole** *el* sarokoszlop; ~ **polisher** *ép* kézi sarokfényező gép; ~**-preserving mapping** *mat* konform leképezés/transzformáció; ~**-preserving projection** *mat* szögtartó/konformis vetület/leképezés; ~ **press** *műa* szegletprés; ~ **protractor** *fiz, geod* kontakt goniométer/szögmérőműszer; ~ **pulley** *gép* terelőcsiga, terelőtárcsa; ~ **rafter** *ép* sarokszarufa; ~ **reamer** *forg* sarokdörzsár; ~ **reflector** *opt* szögtükör; ~ **ridge** *ép* tetőélgerenda; ~**-ring** *ép, gép* szögvasgyűrű; ~**-ring stiffening** *ép* szögvasgyűrű-merevítés; ~ **sander** *ép* kézi sarokcsiszoló gép; ~ **screen** *mzg* szögszita, szögrosta; ~**-screen separator** *mzg* ferdeszitás osztályozó; ~ **section** *gép* L alakú szelvény; *rep* szögszelvény; ~**-setting tool** *szersz* szögbeállító szerszám; ~ **shears** *pl* könyökös olló; ~**-sheet paper** derékszögben vágott papír; ~ **sleeker** *önt* formázó-szögsimító; szögletsimító; ~ **splice-bar** *ép* szöghevedér; ~**-staff** *ép* sarokvédő léc; ~ **station** szögállomás *(drótkötélpályán)*; ~ **steel** *ép, gép* L (idom)acél; sarokacél; szögacél; szögletacél; szögvas; ~ **stone** *ép* boltkő, falsarokkő; ~ **stop** *bány* csillefogó; *forg, gép* ütközőszöglet; ~ **straggling** *mech* szögeloszlás; *stat* véletlen/statisztikus szögszórás; ~ **stripper** *tex* fordítóhenger; ~ **strut** *ép* sarokmerevítő; ~ **subtended at the centre** *mat* középponti szög; ~ **support** *el* sarok(tám)oszlop; ~ **templet** *ép* szögsablon; ~ **tester** *geod* szögmérő, goniométer; ~ **tie** *ép* sarokkötő gerenda; *gép, tex* sarokkötés, sarokillesztés; ~**-time curve** *fiz* szögfelfordulás-idő görbe; ~**-to-digit converter** *aut* szögszámjegy átalakító; ~ **toolholder** *ép* hajlított késtartó; szögletbefogó fej; ~ **tower** *el* sarokoszlop; ~ **track** *em* szállítószalag/konvejorpálya vezető szögvasa; ~**-tracking** *távk* szögkövetés; ~**-tracking unit** *távk* szögkövető egység; ~ **trough** *bány* sarkos zagyárok; ~ **tube** *vák* csőív; könyökdarab; ~**-type trolley** *em* sarokmacska; ~ **valve** *ép, gép* ferde ülékű szelep, sarokszelep; *vák* sarokszelep; ~ **valve with ball float** *ép, gép* pisztolyszelep; ~ **washer** *gép* kúptárcsa, kúpos alátét; ~ **weight** *mech* rugalmas súly/erő; ~ **wrench** *szersz* hajlított szárú csavarkulcs

angled sarkos, szögletes; ~ **blade** *em, mzg* szögben beállított lapát/lemez *(földtolóé)*; ~ **draught/draft** *tex* ék alakú nyüstbefűzés; ~ **ground sample** *félv* ferde csiszolat; ~ **microsection** *félv* ferde csiszolat; ~ **polished sample** *félv* ferde csiszolat; ~ **reflector antenna** *távk* sarokreflektoros antenna; ~ **twill** *tex* sávoly *(halszálka)*

angledozer *ép* ferdelapátos buldózer, földtoló gép; rézsűegyengető tológép; *ép, mzg* elfordítható tolótalpú buldózer, elfordítható lemezű lánctalpas tológép; ~ **blade** *ép* elfordítható/állítható/oldalrakodó tolólap

anglesite *ásv* anglezit, vitriolólomérc *(ólomszulfát)*
angling szögbe beállás/beállítás; horgászat; ~ **blade** elfordítható tolólap; ~ **blade bulldozer,** ~ **dozer** *ép* elfordítható lemezű lánctalpas tológép; ~ **drill-hole** *ol* ferde fúrólyuk; ~ **hole** *bány* ferde fúrólyuk; ~**-snubbing hole** ferde betörőlyuk
angola *tex* kártolt rendszerrel font fonal *(gyapjú, pamut v. más keverékből)*; pamutlánc és angolavetülékből készült szövet; ~ **yarn** félgyapjú fonal
angora *tex* angóranyúlszőr
angstrom, angström (Å, AN) *fiz, metr* angström; ~ **pyrheliometer** *met* Ångström-típusú pirheliométer
angular szögletes; ferde, elfordítható, szögben elforduló; könyökös; *mat, mech* szög-, szögben csatlakozó; szöget bezáró; ~ **acceleration** *mech* szöggyorsulás; ~ **acceleration vector** *mech* szöggyorsulásvektor; ~ **accelerometer** *mech* szöggyorsulásmérő; ~ **accuracy** *mech* szögpontosság; ~ **advance** *gépk* előbefecskendezési szög *(dízelen)*; előgyújtási szög; ~ **aperture** *opt* szögnyílás; ~ **ball bearing** ferde hatásvonalú golyóscsapágy; ~ **beam misalignment** *opt* sugár hibás szögbeállítása; ~ **belt** *gépk* ékszíj; ~ **belting** *gép* félig keresztezett szíjhajtás; ~ **bevel** *heg* éltörési/leélezési szög; ~ **bevel gear** *gép* ferde fogazású kúpkerékhajtás; ~ **brace** *ép* átlós merevítő; sarokmerevítő dúc; *szersz* sarokfurdancs, szögletfurdancs; ~ **coefficient** *mat* iránytényező, iránytangens, meredekség; ~ **constans** *krist* szögállandók; ~**-contact bearing** *gép* ferde hatásvonalú csapágy, radiax-csapágy; ~ **coordinates** *mat* szögkoordináták; ~ **correction** *geof* ferdeségi javítás/korrekció; ~ **correlation** *at* szögkorreláció; ~ **cutter** → ~ milling cutter; ~ **data** szögkoordináták; ~ **deflection** *fiz* szögeltérés, szögelfordulás; *rep* szögeltérés; ~ **degree** *mat* (szög)fok, régi fok, ívfok; ~ **dependence** *at, fiz* irányított jelleg, szög függvényében való változás; szögfüggés, szögfüggőség; ~ **dependence of scattering** *at* szórásszögfüggőség; ~ **deviation** *mat* szögeltérés; ~ **diameter** *csill* látszólagos szögátmérő; ~ **displacement** *el* szögeltérés, terhelési szög; *fiz* szögelfordulás, elfordulási szög; ~ **distance** *csill, mat* szögtávolság; ~ **distortion** *geod* szögtorzulás; *mech* szögváltozás; ~ **distribution** *at, fiz* szögeloszlás, irányeloszlás; *hang* iránybeli eloszlás; ~ **divergence** *fiz* irányszéttartás, divergencia; széttartási szög; ~ **domain** *mat* szögtartomány; ~ **drive** *gép* szöghajtás; ~ **elevation** *fiz, gép* (szög)emelkedés; ~ **error** *gép* szöghiba; ~**-error curve** *rep* szögmérés-helyesbítő görbe; ~ **excess** *geod* szögfelesleg; ~ **factor** *el* szögtényező; ~ **feed** *forg* körelőtolás, szögelőtolás; ~ **field** *foto* látószög(tér), képszög *(lencséé)*; *opt* nyílásszög *(objektívé)*; ~ **file** *szersz* háromélű reszelő; ~ **flow pump** *hidr* félaxiális szivattyú; ~ **flux** *mech* vektorfluxus; ~ **force** *mech* forgatónyomaték; ~ **frequency** *fiz* szögfrekvencia, körfrekvencia, szögsebesség; ~ **ga(u)ge** *gép, mt* szögidomszer; ~ **gear** *gép* kúpfogaskerék; ~ **grain** *geol* szögletes szemcse; ~**-grained sand** *geol* élesszemcsés homok; ~ **hole** *mt* sokszögű keresztmetszetű furat; ~ **impulse** *at* szögimpulzus; ~ **instrument** *geod* szögmérő műszer; ~ **jerkmeter** másodrendű szöggyorsulásmérő; ~ **joint** *ép, fa, gép* sarokkötés, sarokillesztés; ~ **kinetic energy** *at* forgási kinetikai energia; ~ **limit of visibility** *geod* látószöghatár; *rep* látástávolság szöge; ~ **magnification** *fiz* szögnagyítás; ~ **measurement** *geod* szögmérés; ~ **milling** *forg* ferde marás, sarokmarás; ~ **milling cutter** *forg* szögmaró; ~ **milling head** forgatható marófej; ~ **minute** *mat* perc, szögperc, ívperc, régi perc; ~ **misalignment** *gép* helytelen szögbeállítás; ~ **momentum** *at, fiz, mech* impulzusmomentum, impulzusnyomaték, perdület; ~ **momentum conservation law** impulzusmomentum/impulzusnyomaték megmaradásának törvénye, impulzusnyomaték-megmaradás (törvénye); ~**-momentum type mass flowmeter** *metr* forgócsatornás menynyiségmérő; ~ **momentum vector** impulzusmomentum, impulzusnyomaték, perdület; ~ **motion** *fiz* szögmozgás, körmozgás, elfordulás; ~ **oscillation** *mech* szöglengés; ~ **point** *mat* szögpont, sarokpont *(görbéé)*; töréspont; ~ **position** szögállás, szöghelyzet; ~ **quantum number** *at* mellékkvantumszám; ~ **reamer** *forg* sarokdörzsár; ~ **reference** szögbeli vonatkoztatás; ~ **region** *mat* szögtartomány; ~ **resolution;** ~ **resolving power** szögfeloldás *(rádió-irány-meghatározás)*; ~ **resonant frequency** *el, távk* rezonancia-körfrekvencia; ~ **rotation** *mech* szögelfordulás *(tartószerkezeté)*; ~ **second** másodperc, szögmásodperc, ívmásodperc, régi másodperc; ~ **sensitivity** *fiz* irányérzékenység, szögérzékenység; ~ **separation** *mat* két irány által bezárt szög; szögtávolság; *távk* szögfeloldás; ~ **setting** *forg, nyom* szögbeállítás; ~ **shift** szögeltolódás; ~ **slip** *gép* csúszás szögmértéke; ~ **spacing** *gép* szögosztás, szögtávolság; ~ **speed** *fiz* szögsebesség; ~ **spread** *fiz* irányszéttartás, divergencia; *hang* nyílásszög; ~ **subtense** *mat* nyílásszög; ~ **test** *any, mech* hajlítási próba; ~ **thread** *forg* élesmenet; ~ **tool** *szersz* könyökös kés; ~ **tooth** *gép* kilincsfog, kampósfog; ~ **transformation** *mat* szögtranszformáció, anguláris transzformáció; ~ **unconformity** *geol, mat* szögeltérés; ~ **valve** *vák* sarokszelep; ~ **variation** *el* terhelési szög; ~ **velocity** *fiz, mech* szögsebesség; szögsebességvektor; *rep* hossztengely körüli elfordulás/szögsebesség; ~ **velocity indicator** *fiz, mech* szögsebességmérő; ~ **velocity in pitch** *rep* bólintás szögsebessége; ~ **velocity pulsation** *fiz* körfrekvencia, szögfrekvencia; ~ **wheel** *gép* kúpkerék; ~ **width** *gép* szögköz; ~ **width of the beam** *opt* sugárdivergencia, sugárszétterjedés, sugárszéttartás; ~ **wire ga(u)ge** *mt* hasítékos huzalmérő idomszer
angularity ferdeség; szögletesség
anharmonic *el* anharmonikus; ~ **oscillator** anharmonikus oszcillátor
anhedral I. *a geol* xenomorf; *krist* allotriomorf; elmosódott szemcséjű; *rep* fordított V-állású; **II.** *n rep* negatív/fordított V-állás *(szárnyé)*; ~ **crystal** *krist* allotriomorf kristály; ~ **wing** *rep* fordított V-állású repülőgépszárny
anhedron *krist, mat* oldallap nélküli *v.* allotriomorf kristály, anhedron
anholonomic *mech* anholonom
anhydride *vegy* anhidrid
anhydrite *ásv* anhidrit, vízmentes kalcium-szulfát; ~**-alumina cement** *ép* anhidrit-aluminátcement
anhydroglucose *vegy* glukózanhidrid
anhydrous *vegy* kristályvizet *v.* kötött vizet nem tartalmazó; vízmentes, száraz, abszolút; ~ **alcohol** *vegy* vízmentes/abszolút alkohol; ~ **carbonic acid** *vegy* szén-dioxid; ~ **solvent** *vegy* vízmentes oldószer

anhysteretic *el, fiz* hiszterézismentes; ~ **magnetization curve** *fiz* ideális/hiszterézismentes mágnesezési görbe
anilide *vegy* anilid
aniline *vegy* anilin, amino benzol; fenil-amin; ~ **black** *vegy* anilinfekete; ~ **dye** anilinfesték, anilinszínezék; ~**-formaldehyde (resin)** *müa* anilingyanta; ~ **oil** *vegy* anilinolaj; ~ **point** anilinpont; ~ **printing** *nyom* anilinnyomás, flexográfia; ~ **resin** *müa* anilingyanta; ~ **salt** *vegy* anilinsó; ~ **yellow** *vegy* anilinsárga, p-aminoazo-benzol
anim gum/resin kopál, animgyanta
animal I. *a* állati; állat-; **II.** *n* állat; ~ **and plant quarantine** *rep* állat- és növénykarantén; ~ **biomass** állati biomassza, zoomassza; ~ **black** *gyógyv* állati szén, carbo animalis; ~ **bones** csontliszt műtrágya; ~ **charcoal** *vegy* állati szén, vérszén, carbo animalis; ~ **debris** állati maradványok; ~ **fat** *élip* állati zsiradék; ~ **fibre/fiber** állati szőr/rost; ~ **glue** állati eredetű enyv; ~ **husbandry** állattenyésztés; ~ **kingdom** állatvilág; ~ **oil** állati olaj, folyékony állati zsiradék; ~**-protein factor (APF)** *élip* állatifehérje-tényező; ~ **size** állati enyv; ~**-sized paper** állati enyvvel enyvezett papír; ~ **starch** állati keményítő, glikogén; ~ **tar** csontkátrány; ~ **tunnel** *at* állatkísérlet-csatorna; ~ **waste** állati hulladék; ~ **wax** állati viasz
animated | cartoon *film* animációs film; rajzfilm; trükkfilm; ~ **cartoon filming/shooting** rajztrükkfelvétel; ~ **title** *film* rajzos főcím
animation életre keltés *(rajzfilmben)*; ~ **table** *film* rajzasztal
animator rajzfilmkészítő
anime *vegy* kopál, animgyanta
animolite *ásv* animolit
anion *fiz, vegy* anion; ~ **exchange** anioncsere; ~ **exchanger** *koh* anioncserélő anyag; *vegy* anioncserélő; ~ **exchange resin** *vegy* anioncserélő (mű)gyanta; ~**-reversible electrode** *el* másodfajú elektród; ~ **vacancy** *krist* anionhibahely
anionic *fiz, vegy* anionos; ~ **collector** anionos gyűjtőreagens; ~ **coordination mechanism** *müa* koordinációs anionos (reakció)mechanizmus; ~ **coordination polymerization** *müa* koordinációs anionos polimerizáció; ~ **detergent** *vegy* anionos detergens; ~ **mechanism** *müa, vegy* anionos (reakció)mechanizmus; ~ **polymerization** *müa* anionos polimerizáció; ~ **wetting agent** anionaktív nedvesítőszer
anionite *fiz* anioncserélő (gyanta)
anionotropy *fiz* anionotrópia, anionvándorlás
anisaldehyde *vegy* ánizsaldehid, p-metoxi-benzaldehid
anise *élip* ánizs; ~ **camphor** *vegy* anetol, l-metoxi-4-propenilbenzol; ~ **oil** *vegy* ánizsolaj, karvon
anisic *vegy* ánizsos, ánizs-; ~ **acid** *vegy* ánizssav, p-metoxi-benzoesav
Anisic stage *geol* anizuszi emelet
anisobaric *met* anizobár
anisochronous *fiz* anizokron; ~ **data network** *el* anizokron adathálózat; ~ **data transmission** *el* anizokron átvitel; ~ **digital signal** *el* anizokron digitális jel
anisodesmic *ásv* anizodezmikus; ~ **structure** *krist* anizodezmikus szerkezet
anisole *vegy* anizol, fenol-metil-éter, metoxi-benzol, metil-fenil-éter
anisomeric *vegy* anizomer
anisometric *ásv* anizometrikus, nem köbös; *mat* aszimmetrikus
anisometry *mat* anizometria, aszimmetria
anisotropic *fiz, krist* anizotrop, eolotrop; ~ **absorption** *krist* anizotrop abszorpció; ~ **conductivity** *fiz* anizotrop vezetőképesség; ~ **conductor** *el, fiz* anizotrop vezető; ~ **consolidation** anizotrop konszolidáció; ~ **distortion** anizotrop torzítás; ~ **emission** *at* anizotrop emisszió; ~ **liquid** *vegy* anizotrop folyadék, folyékony kristály; ~ **material** *mech* anizotrop anyag; ~ **medium** *geol* anizotrop közeg; ~ **melt** mezofázis; mezomorf fázis; kristályos folyadék, folyékony kristály; parakristály; ~ **metal** anizotrop fém; ~ **rock** *ol* anizotrop tárolókőzet; ~ **steel** irányított szemcseszerkezetű acél; ~ **structure** anizotrop szerkezet; ~ **temperature correction** anizotrop hőmérsékleti korrekció; ~ **temperature factor** anizotrop hőmérsékleti tényező; ~ **thermal motion** anizotrop hőmozgás; ~ **thermal vibration** anizotrop hőrezgés
anisotropization *fiz* anizotroppá válás
anisotropy *fiz, vegy* anizotrópia; ~ **coefficient** *geof* anizotrópia-együttható; ~ **constant** anizotrópiaállandó; ~ **energy** anizotrópiai energia; ~ **factor** anizotrópiatényező; ~ **of crystal structure** kristályanizotrópia; ~ **of diffuse thermal scattering** diffúz termikus szórás anizotrópiája
anistic acid *vegy* ánizssav, p-metoxi-benzoesav
anisyl *vegy* anizilgyök; ~**-boric acid** *vegy* anizilbórsav, metoxi-fenil-bórsav
ankerite *ásv* ankerit
ankle strap bokaszíj *(cipőn)*
ANL → ammonium nitrate limestone; → automatic noise limiter
annabergite *ásv* annabergit
anneal lágyít, izzít; *hőt* izzít *(fémet)*; lágyít *(acélt)*; megereszt *(edzés után)*; temperál *(vasat)*; *ker, üveg* temperál, edz *(üveget)*; ~ **a substance to critical temperature of demagnetization** lemágnesező anyagot kiizzít; ~ **blank** fényesre lágyít; ~ **fully** teljesen kilágyít; ~ **low** részlegesen lágyít
annealed *hők* izzított; lágyított; megeresztett; ~ **casting** lágy(ított) öntvény; ~ **cast-iron** temperöntvény; ~ **copper** lágy(ított) réz; ~ **sheet iron** lágyított vékony lemezacél; lágyított vasbádoglemez; ~ **steel** lágyacél; ~ **strip** lágy(ított) szalagacél; ~ **tying wire** *ép* kötöző lágyvashuzal *(vasbeton-szereléshez)*; ~ **wire** lágy huzal
annealing I. *a* izzító; lágyító; **II.** *n* megeresztés; feszültségmentesítés; izzítás, lágyítás; lágyító izzítás; *hők* izzítás *(fémé)*; lágyítás *(acélé)*; temperálás *(öntöttvasé)*; *müa* beégetés, utólagos hőkezelés; temperálás; ~ **bell** *koh* izzítóbura; ~ **box** *koh* izzítóláda; ~ **can** lágyítóláda; ~ **carbon** izzítási szén, temperszén; ~ **colo(u)r** üvegfestési festék; futtatási szín; *hők* izzítási szín; ~ **conditions** lágyítási viszonyok; ~ **cup** *koh* aranyizzító tégely; ~ **curve** izzítási görbe; ~ **cycle** lágyítási ciklus; ~ **duration** lágyítási időtartam; ~ **from hot-forming temperature** *hők* lágyítás a melegalakítás hőmérsékletéről; ~**-furnace** *hők* izzítókemence; lágyítókemence; *müa* beégetőkályha; *üveg* hűtőkemence; ~ **furnace with air circulation** *hők* légkavarásos hőkezelt kemence; ~ **hood** *hők* izzítóharang; ~**-in-line plant** folyamatos működésű lágyí-

tóberendezés; ~-in-line process folyamrendszerű lágyítási eljárás; ~ **lacquer** beégetőlakk; ~ **of lattice imperfections** rácshibák eltüntetése hőkezeléssel; ~ **oil** edzőolaj, megeresztőolaj *(acélgyártásban)*, kvencselőolaj, gyorshűtőolaj; ~ **operation** lágyítási művelet; ~ **ore** *hők* temperálóérc; ~ **oven** *hők* lágyítókemence; ~ **pig iron** nyersvas temperöntvényhez; ~ **pit** lágyítóakna; ~ **point** megeresztési hőmérséklet, feszültségtelenítési pont; ~ **pot** *önt* lágyítóedény; ~ **practice** *hők* lágyítási technológia; ~ **rack** *hők* állvány lágyításhoz; ~ **region** *hők* lágyítási hőmérséklet-tartomány; ~ **sticker** *hők* lemezanyag-fennakadás lágyításkor; ~ **temperature** *hők* lágyítási/izzítási hőmérséklet; ~ **time** *hők* lágyítási/izzítási időtartam; ~ **twin** *ásv* rekrisztallizációs iker; ~ **varnish** beégetőlakk; beégetős lakk/fénymáz; ~ **weld** *heg* kilágyítható varrat; ~ **with protective gas** *heg* védőgázas lágyítás

annerodite *ásv* annerodit

annex I. *v* (hozzá)csatol, (hozzá)kapcsol, hozzáfűz, hozzáakaszt; hozzáépít, hozzátold; egyesít; **II.** *n ép* épületszárny, toldalékszárny; melléképület; *rep* függelék

annexed csatolt(an)

annihilate elpusztít, megsemmisít; szétsugárzik

annihilation megsemmisülés, megsemmisítés; *at* annihiláció, szétsugárzás; ~ **gamma-quantum** *at* annihilációs gamma-kvantum; ~ **photon** *at* annihilációs foton; ~ **radiation** *at, fiz* annihilációs/megsemmisülési sugárzás; ~ **star** szétsugárzási/annihilációs csillag

annihilator megsemmisítő; *mat* annihilátor

anniversary wind *met* passzátszél

annotation *nyom* jegyzet, magyarázat; *szt* annotáció, megjegyzés; ~ **routine** *szt* annotációs rutin

annotator hírmagyarázó

announce bejelent; ~ **(a call)** felajánl *(hívást)*

announcement bejelentés; *távk* bemondás; ~ **of requests to tender** felhívás ajánlattételre; árlejtési kiírás, tenderkiírás; ~ **of the time** *távk* időjelzés

announcer *rád, tv* bemondó, műsorközlő

annoyance *hang* kellemetlenség; zajterhelés

annual évi, éves; ~ **aberration** *csill* évi aberráció; ~ **closure** *hidr* évi üzemszünet; ~ **consumption** évi fogyasztás/felhasználás; ~ **cost of lifted unit discharge** *hidr* vízszállítás évi fajlagos költsége; ~ **coup/cope** *fa* éves vágásmennyiség; ~ **depletion rate** *hidr* éves készletcsökkenés; ~ **dose limit (ADL)** *at* éves megengedett dózishatár; ~ **equation** *csill* évi egyenlet; ~ **felling** → ~ coup; ~ **fixed charges** állandó évi költségek; ~ **flood** *hidr* évi legnagyobb vízhozam; ~ **flood peak series** *hidr* éves árvízi csúcsadatsor; ~ **inspection** évi műszaki ellenőrzés; ~ **intensity** *hidr* éves kihasználtság; ~ **limit of intake** *at* beépülés/felvétel éves megengedett felső határa; ~ **load diagram** *en* terhelésmegoszlási ábra; ~ **march** *met* évi menet; ~ **mileage** *gépk* évi mérföldteljesítmény; ~ **permissible area** *hidr* évenként engedélyezett/kiosztott terület; ~ **production** *ol* évi termelés *(t vagy m^3/év)*; ~ **repairs** *pl* éves javítás; ~ **ring** *fa* évgyűrű; ~ **storage** *hidr* éves tározás; ~-**storage reservoir** *hidr* éves kiegyenlítő tározó; ~ **throughput** *at* friss üzemanyagtöltet éves mennyisége; ~ **variation (AV)** éves változás; ~ **weeds** *hidr, mzg* egyéves gyomok; ~ **yield of drainage basin** *hidr* vízgyűjtő terület éves hozama; ~ **zone** *fa* évgyűrű

annul *távb* érvénytelenít, töröl

annular gyűrűs, gyűrű-, (kör)gyűrű alakú; ~ **aerial** *távk* gyűrűantenna; ~ **air scoop** *rep* gyűrűs levegőbeömlés; gyűrűs levegőbeömlőnyílás; ~ **area** *ol* csőköz területe/felszíne; ~ **ball-bearing** gyűrűs/radiális golyóscsapágy; ~ **barrel bearing** gyűrűs hordógörgős csapágy; ~ **bar space** *hőt* rostélyrácshézag; *ol* csőköz, gyűrű alakú térköz; ~ **bearing** gyűrűs csapágy; ~ **bit** *ép, ol* koronafúró, fúrókorona, magkorona, magfúró-korona, magfúró; ~ **borer** *bány, ép* koronafúró, fúrókorona, magkorona, magfúró-korona; ~ **cascade** gyűrűs szelvényrács; ~ **classifier** *bány, koh* gyűrűs szér/szeparátor; ~ **coil** toroid(tekercs), gyűrűstekercs; ~ **counter** *at* gyűrűs számláló; ~ **cowl** *rep* gyűrűs motorburkolat; ~ **crucible** gyűrű alakú tégely; ~ **cryotron amplifier** kriotrongyűrűs erősítő; ~ **cutter** *forg* körmaró; ~ **diaphragm** *foto* gyűrűblende; ~ **eclipse** *csill* gyűrűs fogyatkozás; ~ **electromagnet** gyűrűs elektromágnes; ~ **furnace** körkemence; ~ **gear** *gép* fogaskoszorú; fogazott gyűrű; ~ **groove** gyűrűs horony; ~ **guard ring** *félv* csatornamegszüntető gyűrű; ~ **heating nozzle** gyűrű alakú melegítőfúvóka; ~ **holder** *alak* ráncfogó; ~ **jet** gyűrű alakú gázsugár; ~ **kiln** *ker* körkemence; ~ **lens condenser** *opt* gyűrűlencse, gyűrűlencsés kondenzátor; ~ **magnet** *el* gyűrűs mágnes; ~ **micrometer** gyűrűs mikrométer; ~ **milling cutter** *forg* körmaró; ~ **nebula** *csill* gyűrűs/planetáris köd; ~ **oil-channel** *gépk* gyűrűs olajcsatorna; ~ **pipe flow** *ol* áramlás a gyűrűs térben; ~-**plate valve** gyűrűs lemezes szelep; ~ **preventer** *ol* gyűrűs kitörésgátló; ~ **projection** *heg* gyűrű alakú dudor; ~ **ring** → ~ holder; ~ **saw** koronafűrész, hengeres fűrész; ~ **slide-valve** gyűrűs tolózár; ~ **space** *bány, ol* gyűrű alakú tér; gyűrűs tér; ~ **space flow** → ~ pipe flow; ~ **spring** *mech* gyűrűs rugó; ~ **stop** *foto* gyűrűblende; ~ **toothed** *gép* belső fogazású; ~ **vault** *ép* dongaboltozat; ~-**wedge coupling** *em* ékgyűrűs kötélkapcsoló; ~ **wheel** gyűrűs kerék

annulate → annular

annulated column gyűrűkből álló *v.* gyűrűzött oszlop

annulet *ép* gyűrűs díszítés *(oszlopon)*

annulum *ol* gyűrűs tér *(béléscső és termelőcső között)*; ~ **flow** *ol* áramlás a gyűrűs térben

annulus, *pl* **annuli** *el* toroid(tekercs), gyűrűs tekercs; *foto, opt* gyűrűblende; *gép* bolygómű-külsőgyűrű *(belső fogazású)*; *mat* körgyűrű; *ol* csőköz, gyűrű alakú térköz; gyűrűs tér; ~ **drive** belső fogaskerékáttétel, fogaskerékhajtás; ~ **effect** gyűrűhatás; ~ **pressure** *ol* csőközi nyomás

annunciator *el* elektromágneses jelzőberendezés; *vasút* akusztikus jelzőberendezés; ~ **board** *el, távb* esőlemezes kapcsolótábla; ~ **clock** *el* időjeladó-óra; ~ **disc/disk** *el, távb* jelzőkorong, jelzőtábla; ~ **drop** *el, távb* hívó esőlemez; ~ **relay** *el, távb* esőlemezes jelfogó

annus abundans *csill* bővelkedő/abundáns/tökéletes év

anodal *el* anódos, anód-; ~ **light** anódfény(lés)

anode (an.) *el* anód; antikatód *(röntgencsőben)*; ~ **alloy** anódötvözet; ~ **and grid correction** *el* anód- és rácskorrekció; ~ **area** *el* anódkeresztmetszet; ~ **arm** anódtartó henger, anódkar; ~-**balancing coil** *el* anódkiegyenlítő tekercs; ~ **bar** *el* anódsín; ~ **battery** *el* anódtelep; ~ **bend** *távk* anódkönyök *(jelleg-*

görbén); ~**-bend detection** *távk* anódkönyök-egyenirányítás; ~ **bend detector** *távk* anódkönyök-egyenirányító; ~**-bend rectification** *távk* anódkönyök-egyenirányítás; ~**-bend rectifier** → -bend detector; ~ **block** *el* anódhenger, anódblokk *(magnetroné)*; blokkanód; ~ **bottom** *el* anódtalp; ~ **breakdown voltage** *el* anód-gyújtófeszültség, kritikus gyújtófeszültség; ~ **bridge** *el* anódhíd; ~ **brighten** *el* elektrolitikusan políroz; eloxál; ~ **cap** *el* anódsapka; ~**-casting machine** *gép* anódöntő/elektródöntő gép; ~ **chamber** *el* anódtér; ~ **choke** *el, félv* anódfojtótekercs; ~ **circuit** *el, távk* anódkör; ~ **circuit oscillator** *el* anódkörös oszcillátor; ~ **clamp** *el* anódkengyel, anódbilincs; ~ **cleaning** *el* anódos zsírtalanítás; ~ **collecting bar** *el* anódgyűjtősín; ~ **compartment** *el* anódtér; ~ **consumption** *el* anódfogyás; ~ **copper** *el* anódréz; ~ **corrosion** *el* anódkorrózió; ~ **coupling** anódcsatolás; ~ **crumbling** *el* anódpergés; ~ **current** *el* anódáram; ~ **current distortion** *el* anódáram-torzítás, túlvezérlési torzítás; ~ **current-grid voltage characteristic** *el* anódáram-rácsfeszültség jelleggörbe; ~ **current-voltage characteristic** *el* anódáram-anódfeszültség jelleggörbe; ~ **cycle** *el* anódperiódus; ~ **dark space** *el* anódsötéttér; ~ **dissipation** *el* anóddisszipáció, anódveszteség; ~ **drop** *el* anódesés; ~**-drop furnace** anódesésű kemence; ~ **earthing** *el, ol* anódföldelés *(korrózióvédelem)*; ~ **effect** *vegy* anódeffektus, anódhatás; ~ **efficiency (ae)** *el* anódhatásfok, anódkihozatal; ~ **fall** *el* anódesés; ~ **filtering/filtration** *el* anódszűrés; ~ **fin** *el* anódhűtőborda; anódhűtőszárny; ~**-follower** *el* anódkövető áramkör; ~ **for starting the arc** *el* gyújtóanód, gyújtóelektród; ~ **generator** *el* anódáramforrás; ~ **glow** *el* anódparázsfény; ~ **hum** anód-búgásfeszültség; ~ **impedance** *távk* belső ellenállás, csőimpedancia; ~ **input power** *el* (egyenáramú) anódteljesítmény; ~ **lead** *el* anódkivezetés; ~ **leading-in wire** *el* anódbevezetés, anódátvezetés; ~ **life** *el* anódperiódus; ~ **light** → ~ glow; ~ **line** *távk* anódterhelő vezeték; ~ **load resistance** *el* anód-munkaellenállás; ~ **lug** *el* anódfül; *távk* anódhüvely; ~**-modulated** *el, távk* anódmodulációs; ~ **modulation** *el* anódmoduláció; ~ **mud** *koh* anódiszap; ~ **mutual conductance** *el* anódmeredekség; ~ **neck** *el* anódnyak; ~ **paste** *koh* anódmassza; ~ **potential** *el* anódfeszültség; ~ **potential drop/fall** *el* anódfeszültség-esés; ~ **process** *el* anódos leválasztás; ~ **rating** *el* anódterhelés, anódterhelhetőség; ~ **rays** *el* anódsugarak, csősugarak; ~ **reaction** *el* anódfolyamat; ~ **rectification** *el* anódegyenirányítás; ~ **region** *el* anódtér; ~ **rejector circuit** *el* anódzárókör; ~ **residue** *el* anódmaradvány; ~ **resistance** *távk* belső ellenállás, csőimpedancia; ~ **rest(ing) current** *el* nyugalmi anódáram; ~ **rod** *el* anódrúd; ~ **screen** *el* anódárnyékoló ernyő; ~**-screening grid** *el* árnyékoló segédrács, anódvédőrács; ~ **sheath** *el* anódparázsfény; ~ **shield** *el* anódsapka; ~ **slime/sludge** *koh* anódiszap; ~ **space** *el* anódtér; ~ **spot** *el* anódfolt; ~ **sputtering** *el* anódporlasztás; anódporlódás; ~ **stem** *el* anódcsap; ~ **stopper** *el* stabilizáló szűrő; ~ **strap** *távk* anódrövidzáró; ~ **strip** *el* anódáthidalás; ~ **supply** *el* anódáramforrás; ~ **support** *el* anódtartó; ~ **tank circuit** *el* hangolt anódkör; ~ **tap** *el* anódleágazás; ~ **target** *el* antikatód; ~**-to-cathode distance** *el* pólustávolság; ~**-to-cathode ratio** *el* anód-katód arány; ~ **transconductance** *el* anódmeredekség; ~ **voltage** *el* anódfeszültség; ~ **voltage before breakdown** *el* átütés előtti anódfeszültség; ~ **voltage decay time** *félv* átkapcsolási idő; ~ **voltage drop** *el* anódfeszültség-esés; ~**-voltage supply** *el* anódfeszültség-forrás; ~ **weld pool** *heg* anódosan kapcsolt alapanyag, anódra kapcsolt hegfürdő

anodic *el* anódos, anód-; ~ **current density** *el* anódáram-sűrűség; ~ **degreasing** anódos zsírtalanítás; ~ **depolarizer** *el* anódos depolarizátor; ~ **etching** *koh* anódos maratás; ~ **gas** *koh* anódgáz; ~ **metal** anódfém; ~ **oxidation** *vegy* anódos oxidáció; eloxálás; ~ **polarization** *vegy* anódos polarizáció; ~ **precipitation** *el* anódos kiválás/leválasztás; ~ **protection** *el* anódos védelem; ~ **treatment** → anodizing; ~ **voltage drop** → anode voltage drop

anodically anódosan, anód-; ~ **passivated metal** anódosan passzivált fém

anodize *vegy* anódosan oxidál, eloxál

anodizing *vegy* anódos oxidáció, eloxálás; formálás *(elektrolitkondenzátoré)*; ~ **plant** anódosan oxidáló berendezés

anogene *geol* anogén

anolyte *vegy* anolit, anódtérben levő elektrolit

anomalistic | **month** *csill* anomalisztikus hónap; ~ **year** *csill* anomalisztikus év

anomaloscope *fiz* anomaloszkóp; rendellenesség-vizsgáló készülék

anomalous rendellenes, anomális, szabálytalan; *met* anomalikus; ~ **crystal growth** anomális kristálynövekedés; ~ **dispersion** *fiz* anomális diszperzió; ~ **dispersion of refractive indices** törésmutatók anomális diszperziója; ~ **displacement current** fennmaradó áram; ~ **E-layer** anomális Heavyside—Kenelly réteg *v.* E-réteg; ~ **Hall effect** anomális Hall-effektus; ~ **interference colo(u)r** anomális interferenciaszín; ~ **line** *met* anomalikus vonal; ~ **liquid** *vegy* anomális folyadék *(cseppfolyósodáskor asszociáló folyadék)*; ~ **magnetic moment** *at* anomális mágneses nyomaték; ~ **mixed crystal** *krist* anomális elegykristály; ~ **propagation (AP)** *fiz* terjedési anomália, anomális terjedés/propagáció; ~ **propagation of sound** *hang* rendellenes hangterjedés; ~ **reception** *távk* vételi anomália; ~ **refraction** *fiz* anomális sugártörés; ~ **scattering** *fiz, krist* anomális szórás; ~ **transmission** *krist* anomális transzmisszió/áteresztés; ~ **trichromatic vision,** ~ **trichromatism** *opt* anomális trikromázia

anomaly rendellenesség, szabálytalanság, anomália; ~ **belt** *geof* anomáliazóna; ~**-contour map** *geof* anomáliatérkép, izoanomál térkép; ~ **curve** *geof* anomáliagörbe; ~ **profile** *geof* anomáliaszelvény

anomer(ic) *vegy* anomer

anomerism *vegy* anoméria

anomerize *vegy* anomerizál

anomite *ásv* anomit

anon *vegy* ciklohexanon

anoptic *opt* anoptikus, optikai elemet nem tartalmazó

anorganic *vegy* szervetlen

anorthic *krist* háromhajlású; triklin; ~ **lattice** triklin rács; ~ **system** triklin rendszer, háromhajlású/triklin kristályrendszer

anorthite *ásv* anortit, mészföldpát, kalcium-alumínium-szilikát

anorthoclase *ásv* anortokláz, nefelin
anosma *ásv* anozma
another hand approach *rep* megismételt bevezetés/megközelítés
anoxybiont *biot* anoxibionta, anaerobionta, anaerob szervezet
anoxybiotic *biot* anoxibiotikus, anaerob-
ANSI → American National Standards Institute
answer I. *v* válaszol, felel; megfelel *(vmnek)*; *fiz* reagál *(vmre)*; **II.** *n* válasz, felelet; *mat* megoldás; *távb* vétel *(hívásé)*; **~-back signal** *távb* ellenőrző jel, válaszjel; nyugtázó jel; **~-back unit** *távk* névadó; **~ on the circuit** *v* belép a vonalba; **~ print** *film* munkakópia; vágottkópia, snittkópia; **~, send and receive (ASR)** *szt* számítógéphez kapcsolt terminál, ASR; **~ signal** *távb* hívott „jelentkezett" jel, válaszjel, jelentkezési jel; **~ the helm** *v hajó* jól kormányozható, engedelmeskedik a kormánynak
answerback *szt* beszédes válasz *(előre rögzített üzenet)*
answering válaszadás, felelés; *távb* jelentkezés; **~ cord** *távb* kérdőoldali zsinór; **~ equipment** kezelői beszélőkészlet; **~ jack** válaszolóhüvely; **~ key** kérdőkulcs; **~ machine** üzenetrögzítő; **~ plug** kérdődugó; válaszdugasz; **~ position** A munkahely; kezelői munkahely; **~ wire** kérdőzsinór
answerphone *távb* üzenetrögzítő
anta *ép* anta, lizéna, sarokpillér
antagonism ellentét; antagonizmus
antagonistic antagonisztikus, ellentétes hatású; *gép* ellenható, visszaállító; **~ game** *mat* antagonisztikus játék; **~ pairs** *fiz* ellenszínek, ellentétszínpár
antapex *csill* antapex *(Napé)*
antarctic *met* antarktikus; **~ air** *met* antarktikus levegő; **~ circumpolar current** *met* antarktikus cirkumpoláris áramlás; **~ front** antarktikus front; **~ sea smoke** *met* antarktikus párakőd, antarktikus tengeri füst
antecedent I. *a* megelőző, előtte való; **II.** *n* előzmény; premissza, előzmény, feltevés; *mat* aránypár első tagja; **~ precipitation** *hidr* előkészítő eső; **~ precipitation index (API)** *hidr* megelőző csapadékok mutatója; **~ river** ősfolyó
antechamber *ép* belépő, előszoba, előcsarnok; *gépk* előkamra *(dízelmotorban)*; *talt* légzsilip; **~ compression ignition engine** előkamrás dízelmotor; **~-type engine** előkamrás motor
antefixae *pl ép* antefixek *(levéldíszek)*
antenna, *pl* **antennas** *távk* antenna, légvezeték; antennavezeték; sugárzó; → aerial *(is)*; **~ absorption cross section** antenna hatásos felülete; **~ adapter** antennapótló; **~ amplifier** antennaerősítő; **~ array/arrangement** irányított antenna(rendszer)/sugárzásrendszer; **~ array losses** antennarendszer veszteségei; **~ attenuation** antennacsillapítás; **~ attenuator** antennacsillapító; **~ base impedance** antenna talpponti impedanciája; **~ base insulator** antenna-talpszigetelő; **~ beam** *rep* antenna-sugárnyaláb; **~ bearing** antennairányszög; **~ booster** antennaerősítő; **~ capacitance/capacity** antennakapacitás; **~-change-over switch** antennaátkapcsoló, antennaátváltó kapcsoló; **~ circuit** *el* antennaáramkör; **~ coupler** antennacsatoló tekercs; **~ coupling** antennacsatolás; **~ coupling unit** antennacsatoló egység; **~ cross-talk** *távk* antennaáthallás, keresztmoduláció; **~ curtain** felületi antenna; **~ damping/decrement** antennacsillapítás; **~ diplexer** diplexer, keverőszűrő, szűrőváltó, félterplexer; **~ directional/directive gain** antenna irányítási nyeresége; **~ directivity** antenna-irányhatás; **~ discharger** antennatúlfeszültség-levezető; **~ downlead** antennalevezető; **~ downlead cable** antennakábel; **~ duct** antennaátvezetés; **~ effect** antennahatás; **~ effective area** antenna hatásos felülete; **~ efficiency** antennahatásfok; **~ eliminator** antennapótló; **~ energy** antennateljesítmény; **~ extender** antennahosszabbító; **~ fairlead** *rep* antennabevezetés, antennabevezető; **~ feed** *távk* gerjesztett dipól(us); **~ feeder** antenna-tápvezeték; **~ field gain** antennanyereség, antennaerősítési tényező; **~ field strength** antenna-térerősség; **~ fuse** villámvédő automata; **~ gain** antennanyereség, antennaerősítési tényező; **~ impedance** antennaimpedancia; **~ input** antennabemenet, antenna bemenő teljesítménye, antennába táplált teljesítmény; **~ jack** antennahüvely; **~ lead** *távk* antenna-tápvezeték; **~ lead-in** antennabevezetés, antennabevezető; **~ lobe** *el, távk* antennahurok; **~ loss damping** *távk* antenna veszteségi csillapítása; **~ mast** antennaárboc; **~ matching unit (AMU)** antennaillesztő berendezés/egység; **~ misalignment** antennaelhangolódás; **~ model** antennamodell; **~ mount** antennaállvány; **~ mounting** antennatalp, antennaállvány; **~ noise temperature** antenna zajhőmérséklete; **~ pole** antennarúd; **~ positioning** antenna iránybeállítása; **~-positioning system** antennairányító rendszer; **~ power** antennateljesítmény; **~ power gain** antenna teljesítménynyeresége; **~ radiation** antenna sugárzása; **~ radiation diagram/pattern** antenna sugárzási diagramja; **~ radiation resistance** antenna sugárzási ellenállása; **~ reel** antennacsörlő; **~-relay unit** antennarelé; **~-repeat dial** antennaállás-mutató skála; **~ rotator** antennaforgató; **~ section** antennaág; **~ selector switch** antennakombinátor; **~ socket** antennahüvely; **~ spinner** antennaforgató; **~ switch** antennakapcsoló; **~ switching unit** adó-vevő váltó, duplexer; **~ tower** antennaárboc; **~-transfer switch** antennakapcsoló; **~-turning unit** antennaforgató berendezés; **~ two-way splitter** → **~** diplexer; **~ winch** antennacsörlő; **~ with homogenous azimutal radiation** vízszintesben körsugárzó antenna; **~ with several tuning elements** többszörös hangolású antenna
antennafier → antenna amplifier
anteport *ép* külső ajtó
anterior előbbi *(idő)*; elülső *(tér)*; **~ end** *geol* mellső perem; **~ pump** előtétszivattyú; **~ shutter** *foto* előtétzár
anteroom *ép* előszoba; előtér
antesolarium *ép* nap felé tájolt kiugró; napozóterasz
antevolute *mat* antievoluta
anthelion *csill* anthelion; melléknap
antherea silk *tex* vadhernyóselyem
Anthes checkerboard *any* Anthes-féle tábla
anthochroite *ásv* antokroit
anthophyllite *ásv* antofillit
anthosin *vegy* antozin
anthracene *vegy* antracén; **~ carboxylic acid** *vegy* antracén-karbonsav; **~ dihydride** *vegy* dihidro-antracén; **~ dye** *vegy* antracénszínezék; **~ perhydride** *vegy* perhidro-antracén

anthracite *ásv, geol* antracit; ~ **culm** *bány* antracitpor; ~ **ramming mass/paste** *koh* antracitos döngölőmassza
anthraconite *ásv* antrakonit, bitumenes mészpát
anthragallol *vegy* antragallol, alizarinbarna, 1,2,3-trihidroxi-antrakinon
anthrahydroquinone *vegy* antrahidrokinon, 9,10-dihidroxi-antracén
anthranil *vegy* antranil, 3,4-benzo-izoxazol
anthranilic acid *vegy* antranilsav
anthranol-colo(u)rs *vegy* antranolfestékek
anthraquinone *vegy* antrakinon; ~ **dye** *vegy* antrakinonszínezék; ~ **vat dye** antrakinon csávaszínezék
anthrol *vegy* antrol, hidroxi-antracén
anthrone *vegy* antron, 9-oxo-9,10-dihidro-antracén; ~ **dye** *tex* antronszínezék
anthropogenic antropogén; ~ **trace constituents** antropogén nyomanyagok
antiacid paper kábelpapír
anti-ageing öregedésgátló
antiager öregedésgátló szer
anti-aircraft (AA) *kat* légelhárító; légvédelmi; ~ **barrage** légvédelmi zár; ~ **battery (AAB)** légvédelmi üteg; ~ **defence/defense (AAD)** légvédelem; ~ **director** légvédelmi ágyú tűzvezető készüléke; ~ **guided missile (AAGM)** irányítható légvédelmi rakéta; ~ **gun (AAg)** légvédelmi löveg; ~ **map** légvédelmi térkép; ~ **missile (AAM)** légvédelmi rakéta; ~ **mounting** légvédelmi állvány *(géppuskáé)*; ~ **ordnance** légvédelmi lőszer; ~ **range finder** légvédelmi távmérő; ~ **searchlight (AALS)** légvédelmi fényszóró; ~ **shell** légvédelmi lövedék
antianalytic function antianalitikus függvény
antiarmo(u)r *kat* páncéltörő
anti-backing lock *gépk* hátramenetzár
anti-backlash gear *gép* hézagmentes/holtjátékmentes fogaskerék/áttétel
antibacterial *gyógyv* baktericid, baktériumölő/baktérium elleni szer; ~ **finish** baktériumölő/baktericid kikészítés
antiballistic | missile (ABM) ballisztikus ellenrakéta *v.* rakétaelhárító rakéta; ~ **missile launcher** ballisztikusellenrakéta-kilövő szerkezet
antiballoon *tex* ballongátló lemez *(gyűrűs fonógépen)*, fonalszeparátor
antiballooning | ring *tex* ballongátló gyűrű; ~ **separator** *tex* ballongátló berendezés
antibarrelling, *US* **antibarreling** *opt* hordótorzítás-korrekció
anti-beri-beri vitamin B_1-vitamin, aneurin, tiamin
antibiotic I. *a gyógyv* antibiotikus; **II.** *n gyógyv* antibiotikum
anti-block brake, ~ **braking system (ABS)** *gépk* blokkolásgátló rendszer
antiblushing agent *műa* megfolyásgátló szer
antibody *gyógyv* ellenanyag, antitest; ~ **titer** antitest-titer
anti-bounce *gépk* lökéscsillapító
anticapacitance switch *el* kapacitásmentes kapcsoló
anticatalyst *vegy* antikatalizátor, katalizátorméreg; inhibitor
anticatalyzer → anticatalyst
anticathode *el* antikatód; ~ **block** *el* antikatódblokk, röntgencsőanód; ~ **cooling** antikatódhűtés; ~ **mirror** antikatódlemez; ~ **neck** antikatódnyak; ~ **target** antikatódlemez; ~ **tube** antikatódcső
anticement felszenesedés ellen védő bevonat
anticer → anti-icer
antichain *mat* antilánc, összehasonlíthatatlan elemek halmaza
antichamber előkamra *(motoron)*
antichlor *vegy* antiklór, nátrium-tioszulfát
anticipate előre lát; vár; előbbre hoz
anticipated előre várható/látható; ~ **accuracy** várható pontosság; ~ **operational occurrance** várható üzemszerű események; ~ **value** várható/várt érték; matematikai remény
anticipating control *aut* megelőző szabályozás; *távk* elővezérlés
anticipation megelőzés, anticipáció; ~ **mode** megelőzéses módszer
anticipative anticipáló, megelőző; ~ **system** anticipáló rendszer
anticipatory anticipáló, megelőző; ~ **actions** megelőző rendszabályok; ~ **circuit** *el* előzési kör; ~ **control** *aut* elővezérlés; ~ **puffering** előtárolás; ~ **staging** *szt* adatok blokkos átvitele gyorsabb tárolóegységbe
anticlinal *geol* antiklinális; ~ **axis** *ol* antiklinális tengelye; ~ **bowing** *geol* antiklinális ívelés; ~ **closing** *geol* brachiantiklinális; ~ **fold(ing)** *geol* antiklinális gyűrődés; ~ **limb** *geol* antiklinálisszárny; ~ **line** *ol* antiklinális tengelye; ~ **reservoir** antiklinális (olaj)-tároló/(olaj)telep; ~ **ridge** *geol* boltozatgerinc; ~ **structure** *geol* antiklinális szerkezet, nyereg alakú szerkezet; ~ **theory** *ol* antiklinális elmélet; ~ **turn** *geod* antiklinális tetőpont
anticline *geol* antiklinális
anticlinorium *geol* antiklinális gyűrődés; antiklinorium; *talt* legyezős redő
anticlockwise óramutató járásával ellenkező irányú; balmenetes; balraforgó; ~ **direction/sense** *mat* óramutató járásával ellentétes irány/értelem, pozitív irány/értelem
anti-clutter *távk* zavarjelszűrő
anticoagulant *vegy* koagulálást/véralvadást gátló szer
anti-coal-breakage device *bány* szénaprózódást gátló berendezés
anti-coincidence *el, fiz* antikoincidencia; ~ **analyzer** *el* antikoincidenciaanalizátor; ~ **circuit** *el* antikoincidenciakapcsolás, antikoincidenciakör, antikoincidenciafokozat; ~ **counter** *el* antikoincidenciaszámláló; ~ **counting** *el* antikoincidenciaszámlálás; ~**-indicator tube** *el* antikoincidencia-számlálócső; ~ **method** *el* antikoincidenciaeljárás; ~ **selector** *el* antikoincidenciaválasztó; ~ **shielding** *el* antikoincidenciaernyő; ~ **stage** *el* antikoincidenciakapcsolás, antikoincidenciakör, antikoincidenciafokozat; ~ **unit** *szt* kizáró ÉS logikai áramkör
anticollision *rep* összeütközést elhárító; ~ **beacon/light** repülőgép-villogófény; ~ **device** veszélyes megközelítést jeltő készülék
anti-colour centre antiszíncentrum
anticommutativity *mat* antikommutativitás
anticompound *el* ellenkompaundált
anti-condensation paint *ép, műa* párásodásgátló festék
anticorrelation *mat* antikorreláció, antireciprocitás
anticorrosion *vegy* korróziógátló; ~ **coating** korróziógátló bevonat

anticorrosive *vegy* korróziógátló/korrózióvédő szer, rozsdamentesítő szer; ~ **agent** korróziógátló/rozsdagátló szer; ~ **grease** saválló zsír; ~ **paint** *műa* korrózióálló festék
anticosine *mat* árkusz koszinusz, Arc/arc cos
anticotangent *mat* árkusz kotangens, arc/Arc ctg
anticracking *ol* kopogásgátló; ~ **agent** *ol* kopogásgátló adalék
anti-creaming *vegy* fölösödésgátló, bőrösödésgátló
anti-crease *tex* gyűrődésgátló; ~ **finish** *tex* gyűrhetetlen/gyűrődésmentes kikészítés
anti-creasing *tex* gyűrődésgátló
anticreep baffle/barrier *félv* migrációs csapda
anticreepage *vasút* sínvándorlásgátló
anticreeper kúszást gátló; ~ **bug/clip** *ép* sínvándorlást gátló kengyel; ~ **strap** *vasút* sínvándorlást gátló szerkezet/szorítóheveder
anticrepuscular *met* szürkületi; ~ **arch** *met* szürkületi ellenív/fényív; ~ **rays** *met* szürkületi ellensugarak
anticrop weapon termést elpusztító fegyver
anticrustator *koh* kazánkőgátló szer
anticyclogenesis *met* anticiklogenesis
anticyclolysis *met* anticiklolízió
anticyclone *met* nagynyomású képződmény/terület/zóna, légnyomási maximum, anticiklon
anticyclonic *met* anticiklonális; ~ **circulation** anticiklonális cirkuláció; ~ **curvature** anticiklonális görbület; ~ **horizontal shear** anticiklonális horizontális nyírás; ~ **rotation** anticiklonális forgás; ~ **vertical shear** anticiklonális vertikális nyírás
anticyclotron *el* anticiklotron
anti-damping *at* anticsillapítás
antidazzle *opt* fénytompító; ~ **lamp** vakításmentes lámpa; ~ **light** tompított fény; ~ **mirror** *gépk* vakításmentes tükör; ~ **pedal** fényváltó lábkapcsoló; ~ **switch** tompítottfény-kapcsoló
antidazzling screen *gépk* fényellenző
antidegradant öregedésgátló szer
antiderivation *mat* antideriválás
antiderivative *mat* határozatlan integrál; primitív függvény, törzsfüggvény
anti-deteriorant öregedésgátló; konzerváló
antidetonant *gépk, ol* kopogásgátló
antidetonation dope *gépk, ol* kopogásgátló adalék
anti-D.F. → anti-direction-finding
antidim | **compound** *vegy* páramentesítő anyag *(gázálarchoz)*; ~ **set** páramentesítő készlet *(gázálarchoz)*
antidimming disc/disk nem párásodó *v.* páramentes üveg *(gázálarcon)*
anti-direction-finding (anti-D.F.) iránymérés-zavaró *(radar)*
antidive control bukdácsolásgátló berendezés
antidotal *vegy* méregközömbösítő
antidote I. *a vegy* méregközömbösítő; **II.** *n* ellenméreg; antidotum
antidrag | **ring** *rep* ellenállás-csökkentő burkológyűrű; ~ **wire** *rep* keretmerevítő huzalok
antidribble cseppképződésgátló; ~ **injector** *gépk* utócseppenés-mentes porlasztó
antidromic *krist* antidromikus; ~ **end of isogyre** *krist* izogir antidromikus vége
anti-dumping *ép* billenésgátló
anti-dune *talt* ellendűna, antidűne
antidust porvédő; ~ **cover** porvédő sapka
anti-electron *el* pozitron, pozitív elektron, antielektron
antiemetic *gyógyv* hányás elleni szer
antienergistic *fiz, mech* ható energiával ellentétes irányú
antienzym antienzim, antifermentum
anti-epicentre, *US* **anti-epicenter** *geol* antiepicentrum
anti-equi-inclination | **diagram** *krist* anti-ekviinklinációs diagram; ~ **method** *krist* anti-ekviinklinációs módszer
anti-evolute *mat* antievoluta
anti-extrusion ring *gép* kitüremlésgátló gyűrű
antifading *el, távk* antifading, fadingmentes; ~ **antenna** *távk* antifadingantenna; ~ **regulation** *el* automatikus erősítésszabályozás/hangerőszabályozás
antifalsification paper *pa* biztonsági papír
antifatigue *any* fáradásgátló
antifebrin *gyógyv* „antifebrin", acetanilid
antifelt finishing *tex* nemezelődésgátló kikészítés
antifelting *tex* nemezelődésgátló (szer)
antiferment *vegy* erjedésgátló szer
antiferroelectricity *el* antiferroelektromosság
antiferromagnet *fiz* antiferromágneses anyag
antiferromagnetic *fiz* antiferromágneses; ~ **Néel temperature** *krist* antiferromágneses Néel-hőmérséklet; ~ **resonance (AFMR)** *fiz* antiferromágneses rezonancia
antiferromagnetism *fiz* antiferromágnesség
antiferromagnon *fiz* antiferromágnon, spinhullám antiferromágneses anyagban
anti-flame lángmentes(ített), tűzbiztos
anti-flare coating *opt* reflexiócsökkentő réteg, T-réteg
anti-fluorite structure/type *krist* antifluorittípus, antifluoritszerkezet
anti-flutter *rep* szárnyrezgésgátló; *tv* villogásgátló
antifoam | **additive** *ol* habzásgátló adalék; ~ **agent** *ol* habzásgátló (szer, adalék)
antifoaming *ol* habzásgátló; ~ **agent** *műa* habzásgátló anyag
anti-focal point *fiz* antifókusz
anti-fogging ködtelenítő, köd elleni
antifouling *fa* korhadásgátló; ~ **agent** *ol* lerakódásgátló adalék; ~ **composition** *ép, hajó* lerakódásgátló festék; ~ **paint** *koh* benövésgátló festék; *vegy* üledékmentesített festék
anti-fraying *tex* kopásgátló
antifreeze *vegy, gépk* fagyálló folyadék; fagyásgátló (szer/inhibitor); ~ **compound** *gépk* fagyálló (hűtő)folyadék; ~ **solution** *ol, vegy* fagyásgátló adalék/szer, fagyálló (hűtő)folyadék; ~**-solution extinguisher** *ol* fagyálló töltésű vízzel oltó készülék
antifreezing fagyálló, hidegálló; ~ **agent** *ol* fagyásgátló inhibitor; *vegy* fagyásgátló adalék/szer, fagyálló (oldat); ~ **lubricant** fagyálló kenőanyag; ~ **property** fagyállóság, hidegállóság; ~ **solution** fagyálló/fagyásgátló/fagyvédő szer; ~ **thermostat** *ép* fagyvédő termosztát
anti-Frenkel | **defect/disorder** *krist* anti-Frenkel-defektus; ~ **type** anti-Frenkel-típus
antifriction *mech* csapágykiöntő *(fém)*; gördülő *(csapágy)*; súrlódásmentes, súrlódásgátló, súrlódáscsökkentő; ~ **alloy** antifrikciós ötvözet; *gép* csapágyfém, perselyfém, fehérfém; ~ **centre/center** *szersz* golyóscsapágyas befogócsúcs; ~ **metal (AFM)** csapágyfém, fehérfém; ~ **trunnion** *gép* kopásálló tengelycsap

antifrost | **salve** fagykenőcs; ~ **screen** (fagyásgátló) ablakmelegítő
antifroth *pa* habzásgátló; ~ **preparation** *pa* habzásgátló (készítmény)
antifungal *vegy* gombásodásgátló, fungicid
anti-g *rak* nehézkedési erő elleni; ~ **suit** *rak* űrszkafander
antigas overboots *kat* gázharisnya
antigelling agent *műa* gélesedést gátló szer
antigenus *mat* átellenes pont, antipódus
antiglare *opt, gépk* vakításmentes, matt; ~ **paint** fénytompító/matt festék; ~ **shield** *gépk* napellenző *(vezető előtt)*
antigorite *ásv* antigorit, szerpentin
anti-gravity *fiz* antigravitációs; súlyerő ellen ható, felhajtó; *rep* gyorsuláscsökkentő, anti-g; ~ **filtration** szűrés alulról felfelé
antigumming agent *vegy* fagyásgátló adalék/szer, fagyálló oldat
antihalation *foto* fényudvar-mentesítés; ~ **backing/coating** *foto* fényudvar-mentesítő bevonat
anti-hole *félv* antilyuk, antihibahely
anti-homomorphism *mat* antihomomorfizmus
anti-hum *távk* búgásgátló, zavarszűrő; ~ **capacitor** *el* búgásgátló kondenzátor
antihunt *távk* túlszabályozásgátló; ~ **circuit** *el* lengésgátló áramkör; ~ **transformer** stabilizáló transzformátor/átalakító
antihunting *távk* túlszabályozásgátló; ~ **action** *távk* stabilizáló hatás; ~ **control** lengésgátló kompenzáció; ~ **transformer** lengéscsillapító transzformátor
antihyperbolic *mat* inverz hiperbolikus, area-; ~ **function** *mat* areafüggvény, inverz hiperbolikus függvény; ~ **sine** *mat* area szinusz hiperbolikusz
anti-ICBM guidance *rak* ellenrakéta-rávezetés interkontinentális ballisztikus rakétára
anti-ice *rep* jégtelenítő, jegesedésgátló
anti-icer *rep* jégtelenítő, jegesedésgátló; ~ **rheostat** *rep* jégtelenítő fűtőellenállás
anti-icing *rep* jegesedésgátló; ~ **additive** jegesedésgátló adalék
anti-incrustator *gép, vegy* kazánkőképződés-gátló szer
anti-induction *el, távk* indukciómentes; ~ **cable** *el* indukciómentes kábel; ~ **device** *el* induktív védelem, indukció elleni berendezés
anti-inductive protection induktív védelem, indukció elleni berendezés
anti-infective *orv* fertőzésgátló, infekció elleni; ~ **and growth-promoting vitamin** *gyógyv* A-vitamin
anti-interference *távk* zavarszűrő; ~ **capacitor** *távk* zavarszűrő kondenzátor; ~ **component parts** *távk* zavarszűrő (elektronikus) alkatrészek; ~ **condenser** *távk* zavarszűrő kondenzátor
anti-inversion *krist* antiinverzió
anti-involution *mat* antiinvolúció
anti-isomorphic *mat* antiizomorf; ~ **lattice** *mat* duális háló
anti-isomorphy *mat* antiizomorfia
anti-isotypism *krist* antiizotípia
antijam *kat, távk* zavarmentes, zavarmentesítő, zavarelhárító
antijamming *kat* harc aktív rádiózavarás ellen; *távk* zavarkiküszöbölés, zörejkiküszöbölés; zavarójelek elleni védelem; ~ **circuit** *távk* zavarás elleni kapcsolás; ~ **unit** *távk* radarzavarást elhárító berendezés; zavarszűrő egység
anti-kick circuit jelfogó tartását biztosító áramkör *(adójelfogó átváltása alatt)*
antiknock *gépk, ol* kopogásgátló (szer); ~ **additive/agent/component,** ~ **fuel dope** kopogásgátló szer/adalék, oktánszámnövelő adalék; ~ **property** *gépk, ol* kopogásgátló tulajdonság; ~ **quality** *gépk, ol* kopogásállóság, kompressziótűrés; ~ **value** *gépk, ol* kopogásállóság, oktánszám, teljesítményszám
antiladder course *tex* reteszelősor
antileak cement tömítőgyurma
antilinear *fiz* antilineáris
antilog, antilogarithm *mat* logaritmus numerusa, antilogaritmus, numerus logarithmi, antlog, logaritmus inverze
antilogism *mat* antilogizmus
antilogous pole *krist* antilóg sarok/pólus
antimagic square *mat* antibűvös négyzet
antimagnetic *fiz* nem-mágneseződő, antimágneses; ~ **steel** antimagnetikus acél
anti-material weapon *kat* felszereléspusztító fegyver
antimatter *fiz* antianyag
antimer *vegy* antimer, enantiomorf, tükörképizomer
antimeric(al) *fiz* tükörszimmetrikus, enantiomorf, optikusan izomer
antimeson *fiz* antimezon
antimetal *vegy* nemfém, metalloid
antimetric strain *mech* antimetrikus alakváltozás
anti-microbial baktériumellenes; ~ **finish** *tex* baktériumellenes kikészítés
antimicrophonic *távk* hangérzéketlen, mikrofóniamentes; ~ **holder** *távk* rugós (cső)foglalat
anti-mildew compound penészedésgátló
anti-missile missile (AAM) *rak* rakétaelhárító rakéta, antirakéta
antimode *mat* antimodusz
antimodule *mat* antimodulus
antimonial *vegy* antimon-; antimonos; ~ **glass** *ásv* antimon-triszulfid, antimonit, antimonérc; ~ **lead** *ásv* keményólom; ~ **lead ore** bournonit; ~ **tube** vörös gumitömlő
antimonic antimon(V)-; ~ **acid** *vegy* antimonsav; ~ **oxide** *vegy* antimon-pentoxid
antimonious → antimonous
antimonite *ásv, vegy* antimonit, sztibnit
antimonous *vegy* antimon(III)-; ~ **acid** *vegy* antimonossav; ~ **chloride** *vegy* antimon(III)-klorid, antimon-triklorid, antimonvaj; ~ **oxychloride** *vegy* antimonil-klorid; ~ **sulphide/sulfide** *vegy* antimon-szulfid
antimonsoon *met* antimonszun
antimony (Sb) *vegy* antimon; ~ **black** *vegy* antimonit, antimon(III)-szulfid, antimon-triszulfid; ~ **blende** *ásv* antimonfényle; ~ **bloom** *ásv* antimonérc; *vegy* antimonvirág, antimon(III)-oxid; ~ **butter** *vegy* antimonvaj; ~ **cinnabar** antimoncinóber; ~ **crudum** *vegy* krudum; ~ **electrode** *el* antimonelektród; ~ **ethoxide** *vegy* antimon(III)etilát; ~ **glance** *ásv* antimonit, sztibnit; ~ **golden sulphide/sulfide** antimonpentaszulfid; ~ **grey** *ásv* antimonit, sztibnit; ~ **(III) sulphate/sulfate** *vegy* antimon(III)-szulfát; ~ **lead** antimon-ólom ötvözet; ~ **needles** *ásv* antimonérc; ~ **ochre/ocher** *ásv* antimonokker; ~ **orange** *műa* an-

timonnarancs; ~ **ore** *ásv* antimonit, sztibnit; ~ **oxide** *vegy* antimon-oxid; antimonfehér; ~ **pentachloride** antimon(V)-klorid; ~ **pentafluoride** antimon(V)-fluorid; ~ **pent(a)oxide** antimon-pentoxid, antimon(V)-oxid; ~ **red** antimonvörös, antimon(III)-oxiszulfid; ~ **resist** *tex* antimonos rezerva; ~ **sulphide** *vegy* krudum; ~ **tetraoxide** *vegy* antimon-tetraoxid, antimon(III,V)-oxid; ~ **tribromid** antimon(III)-bromid; ~ **trichloride** antimon(III)-klorid, antimonvaj; ~ **triethyl** antimon-trietil; ~ **trifluoride** antimon(III)-fluorid; ~ **trioxide** antimon-trioxid; ~ **triselenide** antimon-triszelenid, antimon(III)-szelenid; ~ **trisulphide/trisulfide** antimon(III)-szulfid, antimon-triszulfid; ~ **vermilion** antimonvörös, antimon(III)-oxiszulfid; ~ **white** antimonfehér, antimon(III)-oxid; ~ **yellow** antimonsárga, bázisos ólomantimonát

antimonyl *vegy* antimonilgyök; ~ **sulphate/sulfate** antimon-szulfát, antimon(III)-dioxiszulfát

antimycotic gombásodásgátló, baktériumszaporodásgátló; ~ **finish** gombásodásgátló szer

antineuritic vitamin *gyógyv* aneurin, B_1-vitamin; tiamin

antineutrino *at* antineutrínó; ~ **operator** antineutrínóoperátor

antineutron *at* antineutron

antinodal point *fiz* amplitúdópont, rezgési haspont

antinode *el* haspont; *fiz* amplitúdópont, legnagyobb kilengés/rezgés helye, szélső érték helye; maximumhely; *hang* interferenciás zavarmaximum

antinoise *távk* zavarszűrő

antinomy *mat* antinómia, paradoxon

antinuclear *at* atomfegyver elleni, antinukleáris

antinucleon *at* antinukleon

antioptic weapon *kat* optikai eszközt lefogó eszköz/fegyver

antioxidant *műa* öregedésgátló; *vegy* oxidációgátló adalék/szer, antioxidáns; ~ **additive (agent)** oxidációgátló adalék, antioxidáns

antioxygen *fiz* antioxidáns

antiozidant ózon ellen védő szer *(öregedésgátló)*

antiparallax *foto* parallaxiskiküszöbölő (berendezés)

antiparallel antiparal(l)el, párhuzamos és ellentétes irányú; ~ **bridge** *félv* ellenpárhuzamos hidak; ~ **combination of control loop elements** tagok ellenpárhuzamos kapcsolása a szabályozási körben; ~ **connection** *félv* ellenpárhuzamos kapcsolás; ~ **coupling** *félv* ellenpárhuzamos csatolás; ~ **valves** *félv* ellenpárhuzamos szelepek

antiparallelogram *mat* antiparallelogramma

antiparalysis pulse *el, fiz* kapuzóimpulzus, nyitóimpulzus

antiparasite zavarmentes, zavarmentesítő, zavarelhárító; parazitaszűrő; ~ **circuit** *el* vadrezgésgátló

antiparasitic *távk* vadrezgésgátló, káros rezgés elleni

antiparticle *fiz* antirészecske; ~ **of electron** *el* pozitron, pozitív elektron, antielektron

antipathy of minerals *ásv* ásványantagonizmus, negatív paragenezis

anti-pellagra vitamin *gyógyv* B_1 és B_6 vitamin

antipersonnel *kat* gyalogsági; ~ **bomb** *kat* repeszbomba; ~ **mine** *kat* gyalogsági akna

antiphase *el, fiz* ellenfázis, fordított fázis; ~ **boundary** *krist* antifázishatár; ~ **domain** antifázisdomén, antifázistartomány; ~ **limit** antifázishatár; ~ **nucleus** antifázisgóc; ~ **range** antifázisdomén, antifázistartomány

anti-pipe *önt* szívódásgátló, lunker elleni; ~ **compound** *önt* lunkerpor, lunkercsökkentő adalék

anti-pitting *tex* göbösödésgátló; ~ **finish** *tex* pittingesedésgátló/göbösödésgátló szer

antipleion *met* átlag alatti terület

antiplug relay *vasút* áramlökés-csillapító relé

antipodal point *mat* átellenes pont, antipódus

antipode I. *a fiz* antipoláris, ellenpólusú; *mat* átellenes; **II.** *n geol* ellenlábas, antipódus

antipole *mat* antipólus

antipollution *környv* környezetkímélő, környezetbarát, természetbarát; szennyezésgátló; ~ **control** környezetvédelem

antipriming *hőt* keveredésgátló

antiprojection *mat* antiprojekció

antiproton *at* antiproton

anti-pumping device *aut* lengészáró szerkezet

anti-putrefactive *vegy* rothadásmentesítő, csíraölő

antipyrene *vegy* antipirin, fenazon, 1-fenil-2,3-dimetilpirazolon; ~ **salicylate** *vegy* antipirin-szalicilát, szalipirin

antipyretic *gyógyv* lázcsillapító (szer)

antipyrine *vegy* → antipyrene

antiquarian *pa* papíralak *(31"x53")*

antiquark *at* antikvark

antique *nyom* antikva; világos; ~ **finish** *pa* antik felületű/simaságú kikészítés; durvára simított; ~ **paper** antikpapír

antiraconite *ásv* antrakonit, bitumenes mészpát

antiradar *távk* antiradar; ~ **chaff** *kat, távk* lokátorzavaró sztaniolcsík/fémszalag; ~ **covering** *távk* lokátorzavaró álcázás

antiradiation *sug* sugárzásgátló, sugárvédő

antirattle *gép* kotyogásgátló; ~ **spring** *gép* rázkódást gátló rugó

antirattler *gép* rázkódásgátló rugó/csillapító

antireaction device *távk* visszacsatolás-gátló kapcsolóelem/kapcsolás

antireciprocity *mat* antikorreláció, antireciprocitás

antireducer *tex* redukálásgátló szer *(színnyomásban)*

antireflection *krist, opt* antireflexió; ~ **coating** *opt* tükrözésgátló/reflexiócsökkentő réteg, T-réteg; ~ **film** *csill* fényvisszaverődés-csökkentő/fényvisszaverődés-gátló bevonat

antireflex (AR) coating *foto, opt* reflexiócsökkentő réteg, T-réteg

antiresonance I. *a* rezonanciagátló; **II.** *n el, fiz* párhuzamos rezonancia, antirezonancia; ~ **circuit** *el* párhuzamos rezgőkör

antiringsticking agent *gépk* dugattyúgyűrű besülését/beragadását gátló adalékanyag

antirivel(l)ing agent *műa* ráncosodásgátló anyag

antiroll bar *gépk* (kereszt)stabilizátor

antirolling tank *hajó* lengéscsillapító tartály

antirot *vegy* fertőtlenítő/rothadásgátló (szer)

antirotation *krist* antirotáció, anti-Schottky-defektus

anti-runback | **(coarse)** *kh* reteszelősor *(harisnyaszegélyen)*; ~ **device** *em* visszafutást gátló szerkezet

antirust *vegy* rozsdagátló, rozsdavédő; ~ **agent** *vegy* rozsdagátló szer/adalék; ~ **coating** rozsdagátló/rozsdamentesítő bevonat; ~ **composition** *vegy* rozsdagátló szer/vegyszer; ~ **paper** rozsdavédő papír

antirusting paint rozsdagátló festék
antisag bar *ép* gerinc-székoszlop
anti-satellite | **laser beam** *fiz, kat* szatellitaelhárító/műholdelhárító lézersugár; ~ **weapon (ASAT)** *kat* műholdromboló fegyver; szatellitatámadó/szatellitaelhárító fegyver
anti-scale *vegy* kazánkőoldó; ~ **fluid** *vegy* kazánkőoldó (folyadék)
anti-Schottky | **defect/disorder** *krist* anti-Schottky-rendezetlenség; ~ **type** *krist* anti-Schottky-típus
antiscorbutic skorbut elleni; ~ **vitamin** aszkorbinsav, C-vitamin
antiscorch *gumi* vulkánozáslassító, túl korai vulkanizáció elleni szer
antiselena *csill* antiszelena, mellékhold, ellenhold
antisepsin *vegy* antiszepszin, aszepszin, brómacetanilid
antiseptic I. *a* fertőtlenítő, csíraölő, antiszeptikus; *fa* korhadásgátló, rothadásellenes; **II.** *n* csíraölő szer, fertőtlenítőszer; óvószer *(penész, rothadás stb. ellen)*; *gyógyv* antiszeptikus/fertőtlenítő hatású (anyag/szer)
anti-set-off *nyom* porozás; ~ **spray** porozóanyag
anti-ship missile *kat* (tengeri) hajó elleni rakéta
anti-shrink *tex* zsugorodásgátló; ~ **process** *tex* dekatáló/beavatási eljárás
antiside-tone (AST) | **circuit** *távb* önhangcsökkentő kapcsolás; ~ **connection** *távk* teremzajmentes kapcsolás
antisimilitude *met* antihasonlóság; ~ **circle** antihasonlósági kör, antihasonlóság köre
antisine arkusz szinusz, Arc/arc sin
antisinging antimikrofonikus; ~ **device** *távk* gerjedészár
anti-siphonage pipe lefolyószellőző, ejtőcsőszellőző
antiskeleton form *ásv* antivázforma
antiskid *gépk* csúszásmentes; ~ **control** csúszásgátló szabályozás; ~ **creeper** csúszásgátló; ~ **treatment** érdesítés; ~ **tyre/tire** *gépk* csúszásgátló köpeny
antiskinning agent *műa* bőrösödésgátló (szer)
antislip csúszásmentes; ~ **agent** *tex* csúszásgátló szer; ~ **creeper** csúszásgátló; ~ **finish** *tex* csúszásgátló kikészítés
antismog antiszmog, füst elleni; ~ **additive** *ol* füstcsökkentő adalék
antisnag | **finish** *tex* bolyhosodásgátló kikészítés; ~ **finishing** *kh* szemlefutásgátló/szembiztos kikészítés; ~ **treatment** *tex* csomósodás elleni kezelés
anti-snarl device *tex* hurkolódásgátló (készülék)
anti-snarling motion *tex* hurokgátló (berendezés)
anti-softener lágyulásgátló anyag
antisoiling finish *tex* szennyezéstaszító kikészítés
antisolar *csill* antiszoláris; nappal szembenálló; ~ **point** szoláris ellenpont, Nap ellenpontja; ellennappont; antiszoláris pont
antispasmodic *gyógyv* görcsoldó szer
anti-spatter compound fröcskölésmentesítő anyag
anti-spattering szóródásgátló, porladásgátló
antispectroscopic *fiz* akromatikus
anti-spot finish *tex* szennyeződésálló kikészítés
antispray film *el* buborékfogó olajréteg
anti-squeak packing felt *gépk* zajcsökkentő nemez *(karosszériában)*
anti-stall *rep* átesésgátló, túlhúzásgátló; ~ **additive** jegesedésgátló adalék; ~ **characteristic** átesésgátló tulajdonság; ~ **gear** *rep* átesésbiztos futómű
antistalling → anti-stall
antistatic *el* feltöltődésgátló; *műa* antisztatikus, feltöltődés ellen védett; ~ **agent** *műa* feltöltődést gátló szer, antisztatikum; ~ **antenna** *távk* árnyékolt levezetésű *v.* zavarmentes(ített) antenna; ~ **cartridge** *el* (sztatikus töltést) levezető betét; ~ **finishing** *tex* antisztatikus szer, sztatikus feltöltődésgátló szer
anti-sterility vitamin *gyógyv* E-vitamin
antisticking tapadásgátló
antistress mineral rideg ásvány
antistripping agent leválást gátló szer, tapadást javító adalék
antisubmarine (AS) *kat* tengeralattjáró elleni, tengeralattjáró elhárító; ~ **bomb** vízibomba; ~ **missile** tengeralattjáró-elhárító rakéta; ~ **rocket (ASR)** tengeralattjáró-elhárító rakétatorpedó; ~ **warfare (ASW)** tengeralattjáró elleni harc; ~ **weapon (ASW)** tengeralattjáró-elhárító fegyver
antisudorific *vegy* izzadás elleni szer
antisun → antisolar
antiswelling agent duzzadásgátló szer
antisymmetric(al) *fiz* antiszimmetrikus; ~ **graph** *mat* antiszimmetrikus gráf; ~ **in time** idő-antiszimmetrikus, időben antiszimmetrikus; ~ **matrix** ferdén szimmetrikus mátrix; ~ **tensor** antiszimmetrikus tenzor
antisymmetrization antiszimmetrizálás
antisymmetry antiszimmetria; ferde szimmetria; ~ **operation** antiszimmetriaművelet
antitank (AT) *kat* páncélelhárító; páncéltörő; ~ **ditch** *kat* harckocsiárok; ~ **grenade** páncéltörő (puska)gránát; ~ **guided missile** irányítható páncéltörő rakéta; ~ **guided weapons (ATGW)** tankelhárító irányított fegyverek; ~ **gun (ATGn)** páncéltörő ágyú/löveg; ~ **mine** harckocsiakna; ~ **missile (ATM)** páncéltörő rakéta; ~ **rifle** páncéltörő puska; ~ **rifle-grenade** páncéltörő puskagránát; ~ **rocket** páncéltörő rakéta(lövedék); ~ **tank** páncéltörő harckocsi, harckocsivadász
antitarnish | **paper** rozsdavédő papír; ~ **tissue** ezüstvédő selyempapír
antitheft lock *gépk* biztonsági zár *(lopás ellen)*
antithixotropy *fiz* antitixotrópia
antitone, antitonic sequence *mat* fogyó/csökkenő sorozat, monoton fogyó sorozat, nem növekedő sorozat
antitorque | **moment** forgással ellentétes nyomaték; ~ **rotor** *rep* nyomatékkiegyenlítő farokcsavar/farokrotor *(helikopteren)*
antitoxic antitoxikus
antitoxin antitoxin; ~ **unit** immunitásegység
antitrade wind *met* antipasszát
antitranslation *ásv* antitranszláció
anti-transmit-receiver (ATR) | **box** ultranagyfrekvenciás átkapcsoló, ATR-doboz; ~ **switch** *távk* adásvétel-kapcsoló, adásvételváltó; ~ **tube, ATR tube** ATR-cső
antitrigonometric(al) *mat* inverz trigonometrikus; ~ **function** arcusfüggvény, ciklometrikus függvény, inverz trigonometrikus függvény
antitriptic *met* antitriptikus

antitwilight ellenszürkület; szürkületi ellenfény; ~ **arch** *met* szürkületi elleniv *(keleten)*
antivalence unit *szt* antivalencia egység, kizáró VAGY logikai áramkör
antivibrating rezgésmentes, rezgésgátló
antivibration antivibráció, rezgésmentesség; ~ **device** lengéscsillapító; ~ **mica** rezgésgátló csillám; ~ **mounting** *gép* rezgésgátló/rezgésmentes szerelés/ágyazás
antivibrator rezgésgátló, csillapító
antixerophthalmic vitamin A-vitamin
antizymotic enzim ellen ható, enzimellenes
antlerite *ásv* antlerit
antlog antilogaritmus, numerus logaritmi, antlog, logaritmus inverze
antrimolite *ásv* antrimolit
anvil I. *v* kovácsol, üllőn kalapál/megmunkál; **II.** *n* üllő; ütközőcsap, talp; *el* álló érintkező; *metr* tapintó mérőcsap; *távk* kulcs alsó érintkezője; ~ **beak** *alak* üllőcsőr, üllőorr, üllőszarv; ~ **bed/block** *alak* üllőalátét, üllőtőke; ~ **chisel/cutter** kovácsvágó, kovácsvéső; ~ **cinder** *mt* üllőreve, vasreve; ~ **cloud** *met* cumulo-nimbus-ernyő, ernyőfelhő, zivatarernyő; incus, üllőfelhő; ~ **contact point** megszakítóérintkező, állóérintkező *(relée)*; ~ **cushion** üllőalj(zat), üllőtőke; ~ **electrode** üllőelektród; ~ **face** üllőhát, üllőlap; ~ **for slaters** *szer* palafedő híd; ~ **hardy** vágó üllőbetét; ~ **horn** üllőszarv, üllőorr; ~ **plate** üllőlap, üllőfelület; ~ **smith** kézikovács; ~ **stake** üllőtőke; ~ **tool** üllőbetét; alátartó szerszám; ~ **vice** padra szerelt üllős satu
AO → ammonium oxalate; → atomic orbital; ~ **spacing** *ol* AO-távolság
A of S → angle of sight
AP → action potential; → afterpeak; → after perpendicular; → aiming point; → airplane; → airport; → American Patent; → anomalous propagation; → arithmetic progression; → armour-piercing; → atomic power; → attached processor
a.p. → automatic pistol
APA → all points addressable
apartment *ép* lakosztály; többszobás lakás; ~ **house** *ép* többlakásos ház, bérház
apatite *ásv* apatit
APC → approach control; → automatic phase control
apeak közel függőlegesen, függőlegesre meghúzva; felállítva
aperient *gyógyv* hashajtó (szer); ~ **water** *geol* keserűvíz
aperiodic *fiz, távk* nem időszakos, aperiodikus; szabálytalan; szakasz nélküli; *távk* csillapított; ~ **adjustment** aperiodikus szabályozás; ~ **aerial** aperiodikus antenna; ~ **amplification** aperiodikus/szélessávú erősítés; ~ **amplifier** aperiodikus erősítő; ~ **antenna** aperiodikus antenna; ~ **circuit** aperiodikus áramkör; ~ **compass** lengésmentes/csillapított iránytű; ~ **damping** túlcsillapítás; ~ **element** aperiodikus tag/elem; ~ **frame** aperiodikus keretantenna; ~ **instrument** aperiodikus műszer; ~ **loop** aperiodikus keretantenna; ~ **motion** aperiodikus mozgás; ~ **network** aperiodikus hálózat/négypólus; ~ **regeneration** aperiodikus/hangolatlan visszacsatolás; ~ **regime** aperiodikus üzemállapot/üzemmód; ~ **signal** aperiodikus jel; ~ **vibration** aperiodikus változás
aperiodically damped instrument *metr* aperiodikus csillapítású mérőműszer
aperiodicity periódusnélküliség; aperiodicitás
aperitif → appetizer; ~ **wines** étvágygerjesztő fűszeres borok
apertometer apertométer, fénynyílásmérő
aperture nyílás, rés; *bány* mélyfúrólyuk; *élip* szitalyuk; *ép* hídnyílás; *film* képablak; *foto, opt* lencsenyílás, rekesznyílás, apertúra, blende; *hang* hangrés; *pa* szitacsomó; *távk* (sugárzási) apertúra; *vák* szívónyílás, szívócsonk; ~ **aberration** *opt* szferikus aberráció/elhajlás; ~ **angle** nyílásszög; ~ **antenna** nem körsugárzó antenna, nem meghatározott sugárzási szögű antenna; ~ **card** filmlyukkártya; ~ **colo(u)r** szabad szín/színérzet; ~ **disc/disk** lyuktárcsa, Nipkow-tárcsa; ~ **distortion** szferikus hiba; ~ **effect** apertúraeffektus, Stiles—Crawford-effektus; ~ **illumination** apertúra-térerősségeloszlás; ~ **law** bányanyitási törvény; ~ **lens** *el* lyuklencse; ~ **mask** *film* képablakmaszk; *fiz* perforált betét/maszk, árnyékolómaszk; ~ **number** *foto* blendeszám, (fény)rekesz (értéke), f szám; ~ **of a beam** nyílásszélesség, sugárnyaláb-szélesség; ~ **plate** *film* képablak; *foto* fényrekeszlemez; ~ **ratio** viszonylagos nyílás; relatív apertúra; ~ **width** lyukbőség
apertured réselt, réssel ellátott; lyukas; perforált; ~ **diode** árnyékolt anódú dióda; ~ **disc/disk** lyuktárcsa, Nipkow-tárcsa; ~ **shadow mask** perforált betét/maszk, árnyékolómaszk
apex tetőpont, csúcspont; apex; *bány* külszínhez legközelebbi telep; nyereg; telérkibúvás; *ép* taréj; *geol* élvonal *(antiklinálison)*; hegygerinc; *mat* görbecsúcs; *távk* hegyesszögű csúcs *(rombuszantennán)*; ~ **angle** *geol* vetődési csúcsszög; *mat* csúcsnál lévő szög *(egyenlőszárú háromszögben)*; ~ **distance** *gép* alkotóhossz; ~ **face** *ásv* csúcslap; ~ **stone** csúcskő
APF → almost periodic function; → animal-protein factor
aphanitic *geol* afanitos, felzites
aphatron ga(u)ge radioaktív vákuummérő
a.ph.c. → automatic phase control
aphelion *csill* aphelium, naptávol(pont)
aphotic region *geol* afotikus zóna
aphrizite *ásv* afrizit
aphrolit *ásv* tömbláva
aphrometer afrométer
aphrometry afrometria
aphronitre *ásv* falsalétrom, afron
aphrosiderite *ásv* afroszid erit
aphthonite *ásv* aftonit
API → air position indicator; → American Petroleum Institute; → antecedent precipitation index; ~ **cement class** *ol* API cementosztály; ~ **density** *ol* API sűrűség; ~ **test pit** *ol* API hitelesítő kút; ~ **units** *ol* API egységek
apical *ép* csúcstéri, csúcsirányú, tető-; ~ **angle** *mat* csúcsnál lévő szög *(egyenlőszárú háromszögben)*
apiculture méhészet
apiece darabszám, egyenként
apjohnite *ásv* apjohnit
APL (A Programming Language) *szt* APL programnyelv
aplanate *opt* képhibamentes/aplanát lencse/objektív

aplanatic *opt* aplanatikus, aplanát; ~ **reflecting telescope** *opt* aplanatikus tükörteleszkóp, kómamentes tükrös távcső
aplanatism *opt* aplanázia, képhibamentesség
aplite *ásv* aplit
apoatropine *vegy* atropamin
apochromate *fiz, opt* apokromát
apochromatic *opt* apokromát; ~ **lens** *opt* kromatikus hiba nélküli lencse, apokromát lencse; ~ **objective** apokromát (objektív)
APOD → aerial port of debarkation
apoenzyme apoenzim, apofermentum
apogee *csill* apogeum; *rak* csúcsmagasság, apogeum
apolarity apolaritás
apollonian *mat* apollónioszi
Apollonius' circle *mat* Apollóniosz-féle kör
apolune *csill* apolunium, holdtávol(ság)
apomecometer *csill, geod* távolságmérő
apomorphine *gyógyv* apomorfin
apophyllite *ásv* apofillit
apophysis *geol* apofízis
apostilb *opt* apostilb
apothem *mat* apotéma
APP → auxiliary power plant
apparatus készülék, berendezés, szerkezet; szerelvény, armatúra, szerelvények; műszer; ~ **curve** *csill* apparátushatás *(görbéje)*; ~ **distortion** *távk* készüléktorzítás; ~ **for automatic measurement of cable lengths** automatikus kábelhosszmérő; ~ **for determining fastness to washing and milling** mosás- és kallózásállóságot vizsgáló készülék; ~ **for dyeing stapple fibre** műszálszínező készülék; ~ **for pulling crystals** kristályhúzó berendezés; ~ **for remote measurements** távmérő(műszer), távmérő-berendezés, teleméter, távkapcsolású mérő- és ellenőrző műszer; ~ **for uncurling the edges of fabric** kelmeszél kisodró szerkezet; ~ **plug** érintkeződugó, készülékdugó; ~ **room** kapcsolóterem; ~ **switch** készülékkapcsoló
apparel ruházat, felszerelés
apparent nyilvánvaló, világos, látható; *fiz* látszólagos; *opt* virtuális; ~ **bearing** *rep* látszólagos irányszög; ~ **brightness** *opt* látszólagos fényesség; ~ **cohesion** látszólagos kohézió; ~ **conduction (of heat)** turubulens/látszólagos (hő)vezetés; ~ **contact surface** látszólagos érintkezési felület; ~ **current** *el* látszólagos áram; ~ **day** *csill* valódi szoláris nap; ~ **deceleration** *mech* látszólagos lassulás/sebességcsökkenés/fékezés; ~ **density** térfogatsúly, látszólagos sűrűség; töltősúly; ömlesztett súly; ~ **density of humid air** nedves levegő látszólagos sűrűsége; ~ **depression** *csill* látszólagos depresszió; ~ **depth** *geof* látszólagos mélység; ~ **dip** *bány* áldőlés; *geol* látszólagos dőlés; ~ **drag** *rep* látszólagos ellenállás; ~ **efficiency** látszólagos hatásfok; ~ **elastic limit** *any, mech* rugalmassági határ; ~ **energy** látszólagos energia/munka; ~ **energy meter** látszólagosteljesítmény-mérő; ~ **equilibrium** látszólagos egyensúly; ~ **equilibrium constant** látszólagos egyensúlyi állandó; ~ **extinction** látszólagos kioltás; ~ **force** fiktív/látszólagos erő, álerő; ~ **form of the sky** égbolt látszólagos alakja; ~ **heat conduction** turbulens/látszólagos (hő)vezetés; ~ **horizon** látszólagos látóhatár/horizont; ~ **impedance** *fiz* impedancia, látszólagos impedancia/ellenállás; ~ **inductance** *el* látszólagos induktivitás; ~ **lift** *rep* látszólagos felhajtóerő; ~ **load** látszólagos terhelés; ~ **motion** *mech* látszólagos mozgás; ~ **mo(u)ld hardness** *önt* látszólagos öntőforma-keménység; ~ **noon** *csill* valódi dél; ~ **ohmic resistance** *el* teher *(áramváltó)*; ~ **optic axial angle** *opt* látszólagos optikai tengelyszög; ~ **output** *mech* látszólagos teljesítmény; ~ **pitch** *gép* homlokosztás; ~ **porosity** *bány* látszólagos porozitás; ~ **power** látszólagos teljesítmény; ~**-power meter** látszólagosteljesítmény-mérő; ~ **reliability** *mech* látszólagos megbízhatóság; ~ **remanence** *fiz* látszólagos remanencia; ~ **resistance** *el* (elektromos) impedancia, váltakozóáramú/látszólagos ellenállás; ~ **sky shape** *csill, met* az égbolt látszólagos alakja; ~ **solar time** *csill, met* napállás szerint becsült idő; valódi/szoláris idő, valódi helyi idő; ~ **specific gravity** (száraz) térfogatsúly; ~ **specific volume of humid air** nedves levegő látszólagos fajtérfogata; ~ **stimulation capacitance** látszólagos gerjeszthetőség; ~ **temperature** effektív hőmérséklet, bolometrikus sugárzási hőmérséklet; ~ **thickness** *ol* látszólagos rétegvastagság; ~ **throw** törés/vetődés rétegtani magassága *(amplitúdója)*; ~ **thrust** légcsavar látszólagos vonóereje; ~ **time (AT)** *csill* napállás szerint becsült *v.* valódi idő; ~ **unbalance** *távk* látszólagos aszimmetria; ~ **value** effektív érték; látszólagos érték; ~ **velocity** *hidr* szivárgási/névleges sebesség; *mat, mech* látszólagos sebesség; ~ **viscosity** *ol* látszólagos viszkozitás; ~ **volume** ömlesztett térfogat; ~ **warm sector** *met* látszólagos melegszektor; ~ **wind** *met, rep* látszólagos/relatív szél; ~ **work** látszólagos energia; ~ **yield value** látszólagos folyáshatár
appear feltűnik, láthatóvá válik; megjelenik; feltör *(olaj, forrás)*; *bány* megjelenik, jelentkezik (külszínen)
appearance külszín, külső kép, látszat; megjelenés, előfordulás; ~ **of bead** varratfelület kinézése; ~ **of surface sparking** kúszó szikrakisülés; ~ **of the goods** árukép; ~ **potential** *el* küszöbpotenciál; ~ **test** küllalak-ellenőrzés
appearing *nyom* szedéstükör
appease lecsendesít, lenyugtat; lecsökkent
appendage géptartozék; nyúlvány; ~ **pump** *vák* függelékszivattyú
appendix toldalék, függelék; *rep* töltőszáj *(léggömbön)*
appetizer étvágygerjesztő *(ital)*; ~ **wines** étvágygerjesztő fűszeres borok
applauseograph *hang* tapsíró
apple alma; ~**-and-pear wrap** gyümölcsgöngyölő papír; ~ **butter** *élip* almavelő; ~**-cider** *élip* almabor; ~ **essence** almaolaj; ~ **grater** almaaprító/almareszelő gép; ~ **juice** almalé; ~ **nuggets** *pl* almadara *(szárított)*; ~**-seed file** *finm* kis háromszögletű reszelő; ~ **wine** almalé, almabor
Applegate diagram elektronikus helyzetdiagram
Appleton layer *met* Appleton-réteg, F_2-réteg
appliance alkalmazás; szerkezet; készülék, berendezés, szerkezet; eszköz; kellék, felrakás *(festéké)*; *gép* szerelvény, armatúra, szerelvények; ~ **(branch) circuit** háztartási áramkör; ~ **load** *en* háztartási készülék okozta terhelés; ~ **plug** dugós csatlakozó, dugaszoló(aljzat), dugasz; dugaszaljzat, konnektor
applicability alkalmazhatóság, alkalmazási lehetőség, hozzáilleszthetőség, (be)illeszthetőség; ~ **of a rule**

szabály alkalmazhatósága; ~ **of ducts and wiring** *ép* vezetékek beépíthetősége; ~ **of floor materials** *ép* padozatok beépíthetősége

applicable alkalmazható, illeszthető; felhordható *(festék)*; ~ **strategy** elfogadható stratégia

applicant pályázó; jelölt; (szabadalom)bejelentő

applicate *mat* applikáta, *z* koordináta, kóta, magasság; ~ **axis** applikátatengely, *z*-tengely

application alkalmazás; használat, felhasználás; felrakás, rárakás, felhordás; ráhelyezés, rátét; beadvány, kérvény; pályázat; ~ **category** alkalmazási csoport; ~ **date** bejelentés időpontja; ~ **documents** bejelentés dokumentumai; ~ **entity** *szt* alkalmazási entitás; ~ **environment** alkalmazási környezet; ~ **factor** *mech* terhelési együttható; ~ **force** *gépk* kifejtett fékerő; ~ **form** felhasználási forma; bejelentési űrlap, jelentkezési lap; ~ **layer** alkalmazási réteg; ~ **management** alkalmazásmenedzselés; ~ **magnet** jelzőmágnes; ~ **of a force** *mech* erőtámadás, erőhatás; ~ **of colo(u)rs/paints** színfelhordás, színfelvitel; festékfelhordás; ~ **of load** *ép* terhelés felhordása; ~ **of the break** fékezés, fék működtetése; ~ **of the carbonate coating by brushing** katódkenés; ~ **of the dye on both sides** kétoldali színezés; ~ **package** *szt* alkalmazási programcsomag; ~ **printing** *tex* direktnyomás, hengernyomás; ~ **program** felhasználói/alkalmazói program; ~ **programmer** *szt* felhasználói/alkalmazói programozó; ~ **rate** esőintenzitás *(öntözés)*; felhordási/terhelési sebesség; ~**s engineering** felhasználási/alkalmazási terv(ezés); **A~ Technology Satellites (ATS)** ATS műholdak *(amerikai műholdsorozat)*; ~ **temperature** *ép* alkalmazási hőmérséklet; ~ **terminal** *szt* felhasználói terminál; ~ **without contact** *tex* érintésmentes felvitel *(színeké)*

applicator felhordó/felrakó (készülék); *ép* hézagkiöntő berendezés; *önt* héjformázó gép; ~ **roll** *műa, pa* kenőhenger

applied *el* alkalmazott, betáplált; ~ **aerodynamics** *rep* alkalmazott aerodinamika; ~ **art** iparművészet; ~ **bituminous coating** plasztikus bituminbevonat-fedés; ~ **chemistry** alkalmazott kémia; ~ **climatology** mikroklimatológia, alkalmazott klimatológia; ~ **economics** üzemgazdaságtan; ~ **electromotive force,** ~ **e.m.f.** *el* rákényszerített elektromotoros erő; ~ **force** *mech* támadóerő, hatóerő; ~ **geophysics** alkalmazott/gyakorlati geofizika; ~ **hydraulics** vízépítés; ~ **load** *mech* felhordott teher; hatóerő, működő erő; alkalmazott terhelés; ~ **mathematics** alkalmazott matematika; ~ **mechanics** alkalmazott/műszaki mechanika; ~ **meteorology** alkalmazott meteorológia; ~ **moment** *mech* alkalmazott/ható/támadó nyomaték; ~ **potential** *el* rákapcsolt feszültség; ~ **power** bevezetett teljesítmény; ~ **research** alkalmazott kutatás; ~ **voltage** *el* rákapcsolt feszültség

appliqué *tex* rátűzés; ~ **lace** rátűzött csipke

apply alkalmaz, használ; felrak, felhord, felken *(festéket)*; felvisz *(színeket)*; ráad *(feszültséget, terhelést, feszítőerőt feszített betonszerkezetre)*; *mat* vonatkozik; ~ **boring tests** próbafúrásokat végez; ~ **drop-by-drop** cseppenként adagol; ~ **for** kérvényez; megpályáz; szabadalmaztatásra bejelent; ~ **load** *mech* terhel; ~ **paint** festéket felhord; ~ **size** *tex* íranyagot felvisz; ~ **tension** *el, távk* feszültséget ráad; ~ **the brake** *gépk* fékez; ~ **voltage** *el* feszültség alá helyez, feszültséget ráad/rákapcsol

applying alkalmazás, használat; felrakás, felhordás, felkenés; ráadás; *mat* vonatkozás; ~ **of brakes** fékezés; ~ **of the welding pressure** *heg* hegesztési nyomás alkalmazása

APPN → advanced peer-to-peer networking

appoint meghatároz; megállapít

appointment megállapodás; (lak)berendezés; ~**s** *pl* berendezési tárgyak

apportion arányosan/megfelelő részekre feloszt; arányosan adagol

apportioning (arányos) felosztás/adagolás/dózis

appraisal felbecsülés, értékelés; becslés, szakértői vélemény; kiértékelés, (adat)feldolgozás, elemzés; ~ **plan** értékelési terv; ~ **well** *ol* értékelő/megerősítő fúrás; lehatároló kutatófúrás

appraise felbecsül, (ki)értékel

appreciate értékel; méltányol; ~ **card** *szt* kiértékelő kártya

appreciation értékelés; értékemelkedés, értéknövekedés

apprehensible észrevehető, megérthető, felfogható

apprentice ipari tanuló; gyakornok; ~ **gallery** *bány* oktatótáró, tanulótáró

apprenticeship gyakornokság; képzési/tanulási idő; ~ **training** iparitanuló-képzés

approach I. *v* (meg)közelít; közeledik; *rep* rárepül; **II.** *n* megközelítés; közeledés; *ép* feljáró; útátjáró/útcsatlakozás kiegyenlítése, átmeneti ív; *forg* fogásvétel; *mat* approximáció, (meg)közelítés; megközelítési mód; *rep* rárepülés; *vasút* blokkvégmező; mellékvágány; ~ **adit** építési alagút/tárna; bejáróalagút, bejárótárna; ~ **aids** *rep* bevezető rádiónavigációs berendezések; ~ **and landing (AL)** megközelítés és leszállás; ~ **angle** megközelítési szög; siklószög; ~ **area** bevezetési légtér; ~ **beacon** bevezető rádióirányadó; ~ **beam** bevezető sugárnyaláb; rárepülést irányító sugár; ~ **circuit** *vasút* vonatközlekedési sínáramkör; ~ **clearance** *rep* megközelítési engedély; bevezetési engedély; ~ **control (APC, AC)** bevezető irányítás; ~ **control radar (ACR)** bevezetőlokátor; rárepülést irányító radar; ~ **control tower** bevezető irányítótorony; ~ **control zone** vigyázói légtér; ~ **cut** *forg* fogáshoz állás; méretközelítő fogás; ~ **cutting** *bány* előbetörés, előresiető betörés, előfúrás; ~ **day marking system** *rep* nappali megközelítésjelző rendszer; ~ **embankment** *ép* (híd)feljárótöltés; ~ **end of runway** *rep* futópálya megközelítés felőli vége; ~ **flap** *ép* parti csapószárny *(csapóhídon)*; ~ **glide** *rep* bevezetés közbeni siklás; ~ **heading** bevezetés irányszöge; ~ **incline** *ép* feljárat, felhajtó, rámpa; ~ **indicator** *rep* iránysáv-siklópálya jelzőműszere; *vasút* vonat-előjelentő készülék; ~ **ladder** *ép* kimászólétra; ~ **lights** *pl* *rep* bevezető fénysor/fényrendszer; leszállási jelzőfény; ~ **locking** *vasút* váltólezárás *(vonatközlekedéskor)*; ~**-marker beacon** *rep* bevezető jelkapu; ~ **noise measurement point** megközelítési zajmérő pont; ~ **of cloud system** *met* felhőrendszer felvonulása; ~ **parapets** *hidr* hídfeljárókorlát; ~ **path** *rep* bevezető/megközelítési/leszállási útvonal; ~ **pattern** bevezető útvonalrendszer; ~ **ramp** *ép* csatlakozópálya; feljáróút; ~ **road** *ép* felhajtóút, behajtóút, bekötőút, bevezetőút; *rep* feljáróút; ~ **roller table** *heng* bevezető görgősor; etető-görgős asztal; ~ **sequence** *rep* bevezetési/megközelítési sorrend; ~ **span** szélső (híd)nyílás(ok); parti nyílás; ~ **speed margin** *rep* megközelítési sebességhatár-tartalék; ~ **surface** akadálymentes berepülési felület; megközelítési felület; ~ **table** *heng* bevezető/beetető görgősor; ~ **the surface of the earth** *v bány* kibúvik *(telér, telep)*; ~ **transition** *hidr* belépési/felvízi átmenet; ~ **under IFR** *rep* berepülés műszeres leszálláshoz; ~ **velocity** *rep* megközelítés/bevezetés közbeni repülési sebesség; ~ **zone** *rep* bevezetési légtér

approaches *pl ép* kétoldali feljáró

approaching (meg)közelítés, közeledés; ~ **passage** *műa* olvadékcsatorna *(extruderszerszámban)*; ~ **vehicle** szembejövő jármű

approachment *el* megközelítés *(erős- és gyengeáramú vezetékek között)*

approbation jóváhagyás, engedélyezés

appropriate I. *v* költségvetésileg biztosít/előirányoz; **II.** *a* megfelelő, alkalmas; hozzátartozó, járulékos, tartozékszerű; ~ **airworthiness requirement** *rep* megfelelő légialkalmassági előírások; ~ **protection** megfelelő védelem

approval jóváhagyás, beleegyezés; ~ **requirements** átvételi előírások; ~ **test** átvételi vizsgálat; alkalmassági/ellenőrző/jóváhagyási vizsgálat

approve jóváhagy, engedélyez

approved jóváhagyott; engedélyezett; *bány* biztonsági; ~ **cable** *bány* robbanásbiztos kábel; ~ **cruising level** *rep* engedélyezett utazószint; ~ **gas detector** *bány* biztonsági gázindikátor; ~ **lamp** *bány* biztonsági lámpa; ~ **maintenance organization** *rep* engedélyezett üzembentartó szervezet; ~ **type certificate** *rep* repülésre jóváhagyott típusalkalmassági bizonyítvány

approximability *mat* approximálhatóság

approximate I. *v mat* (meg)közelít; közeledik; **II.** *a mat* közelítő (pontosságú), megközelítő, hozzávetőleges, approximatív; *távk* egyszerűsített *(kapcsolás)*; ~ **absolute temperature scale (AA)** közelítően abszolút hőmérsékleti skála; ~ **calculation/computation** közelítő számítás/becslés; ~ **construction** *mat* közelítő szerkesztés; ~ **formula** közelítő formula/képlet; ~ **from above to** *v* felülről közelít; ~ **from below to** *v* alulról közelít; ~ **integration** *mat* közelítő integrálás; ~ **limit** approximatív limesz, közelítő határérték, lim ap; ~ **method** közelítés, approximációs/közelítő módszer; ~ **observation** közelítő (pontosságú) észlelés; ~ **sensitive element** közeledésérzékelő elem; ~ **solution** *mat* közelítő megoldás; ~ **value** közelítő érték; közelítés, approximáció

approximately equal *mat* közelítőleg egyenlő

approximating közelítő; ~ **function** *mat* közelítőfüggvény, approximálófüggvény; ~ **straight line** közelítőegyenes

approximation approximáció, (meg)közelítés; közeledés; ~ **calculus** közelítő számítás; ~ **error** közelítés hibája; ~ **formula** közelítő/approximációs képlet/formula; ~ **function** közelítő függvény, approximáló függvény; ~ **hypothesis** közelítő feltevés; ~ **in the frequency domain** közelítés a frekvenciatartományban; ~ **in the time domain** közelítés az időtartományban; ~ **method** közelítő módszer; ~ **of algorithms** algoritmusok approximációja; ~ **of automata** automaták approximációja; ~ **of the distance-velocity lag transfer function** valódi holtidő átviteli függvényének közelítése; ~ **problem** approximációs feladat; ~ **theory** approximációelmélet

approximative közelítő; ~ **computation** közelítő becslés; ~ **solution** *mat* közelítő megoldás

appulse *csill* együttállás

appurtenance kellék, hozzávaló, tartozék; szerelék

appurtenant hozzávaló, hozzátartozó, tartozék-; ~ **works** melléklétesítmény(ek)

APR → active page register

apricot kernel oil barackmagolaj

a priori a priori; ~ **distribution** a priori eloszlásfüggvény; ~ **entropy** a priori entrópia; ~ **error** *szt* öröklött hiba; ~ **estimate** a priori becslés

apron ellenző; kötény; *bány* csapolócsőr; farbőr; surrantó, választólemez; *cipő* vonal; *em* szállítószalag; *ép* (terelő)ernyő, terelőlap, terelőlemez; ereszcsatorna-lemez, vízterelő, víz(le)vezető bádog; köpenyfal, bélésfal; közfal; lizéna, védőszegély; mellvéddeszka; merev/haránt tolólap, tolólemez *(dózer, szkréper, földmunkagép)*; proszcénium; szélvédő; *forg* lakatszekrény, szánszekrény; pajzs; *geol* alluviális terasz; *gép* védőlap, védőpajzs; *hajó* belső orrtőke; *hidr* előfenék, utófenék; fenékbiztosítás; kőszórás; pajzs; terítés; *mzg* vályú, csúszda; *rep* hangárelőtér, betonkifutó; *tex* „bőrnadrág"; előfonal-tömörítő tömlő; nyújtóműszíj; *vasút* csapóhíd; ~ **belt** *bány* lemeztagos szállítószalag; ~ **board** *ép* mellvédő deszka; ~ **conveyor/conveyer** *em* csuklótagos szalagos adagoló; *ép* lemezes/csuklós/(acél)tagos/csuklótagos szállítószalag; tasakos szállítógép, táskás elevátor; ~ **cut-off** *geol* kivájás, kivésés; *hidr* szádfalazás; ~ **dryer/drier** szalagos szárító(berendezés); ~ **elevator** *bány* lemeztagos szállítómű; ~ **feeder** *em* csuklótagos szalagos adagoló; *ép, koh* adagolószalag; hevederes/lemeztagos adagoló; ~ **flashing** *ép* vízlevezető bádog; ~ **flood-light** repülőtéri fényszóró; ~ **lathe** szánszekrényes eszterga; ~ **lever** szánszekrényfogantyú; ~ **machine** *élip* zabtöretosztályozó; ~**-plain** *geol* kimosott völgy; ~ **plate** *bány* foncsorasztal foncsorlemeze; ~ **roller** *bány* szállítószalag-görgő; ~ **rolls** futószalaggörgők; ~ **sand cooler** *önt* szalagos homokhűtő; ~**-taxi light** *rep* előtérhatárfény; ~**-type mechanical feeder** csuklótagos szalagos adagoló; ~**(-)wall** *ép* köpenyfal, bélésfal; lezárófal *(hídon)*; szárnyfal; *geol* völgymedence *(nyitott)*

aprotic *vegy* protonmentes, aprotikus; ~ **solvent** *ol* protonmentes/aprotikus oldószer

APS → almost periodic solution; → armour-piercing shell

apse *csill, mat* apszispont; *ép* apszis

apsides → apsis

apsis, *pl* **apsides** *csill, ép* apszis, apszispont

apt alkalmas, képes; ~ **for registration** lajstromozható; ~ **to be granted** engedélyezhető

APT → airport (control) tower; → automatic picture transmission; → automatically programmed tools

aptitude alkalmasság, képesség, megfelelés *(vmlyen célra)*; ~ **for rolling** *heng* hengerelhetőség

APU → auxiliary power-unit

apyrogenic water *gyógyv* pirogénmentes víz

apyrous tűzálló, tűzbiztos, éghetetlen

AQL → acceptable quality level; → average quality level
aq.sol. → aqueous solution
aquadag *vegy* vizes kolloidgrafit, aquadag
aquagel fúróiszap
aqualung légzőkészülék *(könnyűbúváré)*
aquamarine *ásv* akvamarin
aquaplaning *gépk, rep* vízen csúszás *(keréké)*, akvaplaning
aquarium akvárium; *hang* süketszoba *(hangosfilm hangkeveréséhez)*; ~ **reactor** *at* átlátszó falú medencereaktor, „úszómedence" típusú reaktor, „swimming pool" reaktor
aquate *vegy* hidratál
aquathruster pulzométer, vákuumszivattyú
aquatic vízi; ~ **environment** vízi környezet; ~ **food chain** víz-táplálék lánc; ~ **vegetation/flora** vízinövényzet
aquatint I. *v nyom* akvatintát készít; **II.** *n foto, nyom* akvatinta (eljárás/metszet), foltmaratás
aquation hidratáció
aqua | **ammonia** *vegy* ammóniaoldat, szalmiákszesz; ~**-car** kétéltű autó/gépkocsi; ~**-cast process** *önt* Aquacast-eljárás, színesfémek kiolvadómintás öntése; ~ **coating** *gép* akvadagbevonat; ~ **fortis** *vegy* tömény salétromsav, választóvíz; ~ **heat exchanger** *ép* oldathőcserélő; ~ **pulper** *pa* vízszintes tengelyű anyagoldó; ~ **pump** *ép* oldatszivattyú; ~ **regia** *vegy* királyvíz
aqueduct *bány* víztáró; *ép* akvedukt; *hidr* csatornahíd, akvedukt; ~**-cum-fall** bukóaknás bújtató/áteresz; ~ **tunnel** *talt* csatornaalagút
aqueoglacial *geol* fluvioglaciális
aqueo-igneous *geol* hidrato-pirogén, pneumatolitos
aqueous vizes; vízi (eredetű), akvatikus; *geol* hidratogén; ~ **deposit** *geol* vízi eredetű lerakódás/üledék; ~ **differentiation** vizes differenciálás; ~ **dye dispression** *tex* színezék vizes diszperziója, vízben diszpergált színezék; ~ **extract** vizes kivonat; ~ **fusion** kristály megolvadása saját kristályvizében; ~ **lava** sárfolyó *(vízzel kevert vulkáni hamuból)*; ~ **medium** *gyógyv* vizes közeg; ~ **phase** vizes fázis, vízfázis; ~ **reactor** *at* vizes sóoldatos reaktor *(homogén)*; ~ **rock** *geol* üledékes kőzet; ~ **slurry** *at* vizes zagy; ~**-slurry reactor** *at* vizesszuszpenziós reaktor; ~ **solution (aq.sol.)** vizes oldat; ~ **tension** vízgőznyomás; ~ **vapo(u)r** pára
aquiclude *geol* akviklud kőzet; vízzáró réteg
aquiculture vízművelés
aquifer *bány* vizes *(vágat)*; *geol* vízhordozó, víztároló, víztartó, vízvezető *(réteg/talaj)*; *geol, ol* akvifer; ~ **cleaning** *ol* rétegtisztítás; ~ **complex** *geol* vízadó összlet; ~ **gas storage** *ol* akvifer-gáztároló; ~ **skeleton** *ol* rétegváz; ~ **testing** *ol* víztárolókőzet megnyitása
aquiferous víztartó, vízvezető; víztartalmú
aquifuge vízátnemeresztő (kőzet)réteg; vízzáró képződmény
Aquitanian stage *geol* akvitáni emelet
aquobase *vegy* akvobázis, hidrolitikusan képződött bázis
aquoluminescence akvolumineszcencia
aquosity vizesség, nedvesség; vizes konzisztencia
aquosystem *vegy* akvorendszer

Ar → argon
AR → aeronautical radio; → air raid; → analytical reagent; → antireflex (coating); → aspect ratio; → automatic rifle; → lightning-arrester
Ar. → aryl radical
arabesque *ép* arabeszk
arabesquitic texture *geol* arabeszkszerkezet, arabeszkszövet
Arabian arch *ép* mórív, patkóív
Arabic figure/numeral *mat* arab szám
arabinose arabinóz
arable (meg)művelhető, szántó-; ~ **land/soil** szántóföld
arachis *élip* földimogyoró, arachisz; ~ **nut** *élip* amerikai mogyoró; ~ **nut oil** arachiszolaj
aragonite *ásv* aragonit
Arago('s) point *csill* Arago-pont
araldite *műa* araldit, epoxigyanta *(márka)*
aramayoite *ásv* aramayoit
aranaceous texture *geol* homokos/pszammitos szerkezet
arbelos *mat* sarlózat, arbelosz
arbitrarily tetszőlegesen, önkényesen (választott); ~ **great/small** tetszőlegesen nagy/kicsi
arbitrary önkényes, önhatalmú; tetszés szerinti, tetszőleges; ~ **assumption** önkényes feltevés; ~ **constant** tetszőleges/integrációs állandó; ~ **element** tetszőleges/általános elem; ~ **function** tetszés szerinti függvény, önkényes függvény; ~ **grid** *geod* független hálózat; ~ **mean** *mat* felvett közép, választott középérték; ~ **phase angle power relay** *el* szabad fázisszögű teljesítményrelé; ~**-sample test** szúrópróbás vizsgálat; ~ **selection** önkényes kiválasztás; ~ **sequence** tetszés szerinti *v.* önkényes sorrend; ~ **sequence computer** *szt* explicit sorrendű számítógép; ~ **test** döntővizsgálat
arbitration döntőbírósági eljárás; szakértői véleményezés; ~ **board** egyeztetőbizottság, egyeztetőszerv; ~ **test** döntővizsgálat
arbor *US* → arbour
arboreous faszerű
arborescence *mat* fenyő, gyökerezett fa
arborescent (fa módjára) elágazó/szétágazó, ágas-bogas, fa alakú; *ásv, koh* dendrites; ~ **crystal** dendrit (kristály); ~ **structure** dendrites szerkezet
arborized *ásv, koh* dendrites
arbour, *US* **arbor** *forg* befogótüske, felfogótüske; *gép* (fő)tengely; *opt* pálca *(izzólámpa része)*; *önt* magvas; *tex* orsó; ~ **press** besajtolóprés; ~ **Saturni** „ólomfa"; ~ **support** tüsketámasz, marócsapágy; ~**-support bearing** *forg* szemcsapágy *(marógépen)*; ~**-type (milling) cutter** feltűzhető maró; ~ **wheel** tüskés kerék
ARC → automatic range control
arc I. *v. el* (át)ível, ívet húz; **II.** *n el* ív; ívkisülés; *ép* ív; *kat* fogasív, körív; *koh* villamos ív; *mat* arkusz, arcus; ív, görbeív, körív; ívmérték, radiánmérték; *met* cirruszív, felhőív; fényív; *távk* (gép)ív; ~ **absorber** *el* ívoltó; ~ **action** *fiz* ívhatás; ~**-air cutting** *heg* ívvágás fúvott levegővel; ~**-air gauging** *heg* fúvottlevegős szénelektródás ívmegmunkálás; ívgyalulás; ~ **amperage** íváramerősség; ~**-and-spark stand** *fiz* ív- és szikragerjesztő állvány; ~ **anode** *heg* ív anódja; ~ **arrester** *el* ívoltó berendezés; ~**-back** *el*

visszagyújtás; ~ **blow** *heg* ívfúvás; ~ **brazing** *heg* ívforrasztás, keményforrasztás ívvel; ~ **breakdown** *el* átívelés; ~ **breaking strength** *el* ívfényátütési szilárdság; ~ **burning** ívégés, ív égése; ~**-cast** ívkemencében olvasztott; ~ **cathode** ívkatód, ív katódja; ~ **chamber** *el* ívoltó kamra, oltókamra; ~ **characteristic** ívjelleggörbe; ~ **chute** *el* ívoltó kamra, oltókamra; *vasút* ívvédő tölcsér; ~ **chute with longitudinal/axial blow-out** *el* hosszfúvásos ívoltó kamra; ~ **chute with narrow gap** *el* réskamra, keskenyrésű ívoltó kamra; ~**-chute with transverse/press blow-out** *el* keresztfúvásos oltókamra; ~ **constricting nozzle** *heg* ívszűkítő hüvely; ~ **control** *el* ívképződés/szikrázás megakadályozása; *heg* ívszabályozás; ~**-control device** *el* ívoltó szerkezet; oltókamra; ~ **converter** *el* ívgenerátor; ~ **core** *heg* ívoszlop, ívcsatorna; ~ **cosine** *mat* árkusz koszinusz (arccos); ~ **cotangent** *mat* árkusz kotangens (arcctg); ~ **cracking** *ol* elektrokrakkolás, krakkolás villamos ívben; ~ **crater** *heg* ívkráter; ~ **current** *el* íváram; ~ **cut-off gate** *ép* forgótolattyú, forgószegmens tolózár; ~ **cutting** *heg* ívvágás; ~ **cutting electrode** *heg* ívvágó elektród(a); ~ **cutting-machine** *heg* ívvágó gép; ~**-damping** *el* ívoltó; ~ **deflection** *heg* (mágneses) ívelhajlás; ~ **deflector** *el* ívoltó érintkező; ívstabilizáló *(ívlámpában)*; ~ **deposit** *heg* ívhegesztés varratféme; ~ **discharge** *el* ívkisülés; ~**-discharge thyratron** *félv* ívkisüléses tirátron; ~ **disturbance** *heg* ívszóródás, ívörvénylés; ~ **drop** *el* ívfeszültségesés; ~**-drop losses** ívkisülési veszteségek; ~**-drop voltage** ívhúzási feszültségesés, ívfeszültségesés; ~ **duration** *el* ív égési ideje; ívidő; ~ **energy** *el* ívenergia; ~ **energy input** *heg* bevitt ívteljesítmény, ív energiafelvétele; ~ **eye** *heg* felvillanás, szemvillanás; ~ **flux** *heg* folyósítószer ívhegesztéshez; ~ **furnace** *el* ívfényes kemence; ívkemence; ~ **gap** *heg* ívhézag; ~ **gas** *heg* ívben képződő gáz; ~**-gas welding** *heg* védőgázas ívhegesztés; ~ **gate** íves fedél *(búvónyíláson)*; ~ **generator** *távk* ívgerjesztő; Poulsen-generátor; ~ **heating** *el* ívfényes hevítés; ívfűtés; ~ **hum** *fiz* éneklő ív; ~**-hyperbolic** *mat* inverz hiperbolikus, area-; ~**-hyperbolic function** *mat* areafüggvény, inverz hiperbolikus függvény; ~ **ignition** *el* ívgyújtás, ívhúzás; ~ **impedance** *el* ív impedanciája, ív látszólagos ellenállása; ~ **impingement** *heg* ív keletkezése; ~ **initiation** → ~ ignition; ~ **instability** *heg* ív instabilitása; ~ **intensity** *heg* ív intenzitása; ívérősség; ~ **interruption** *heg* ív megszakadása; ~ **jaw** ívszéntartó; ~ **lamp** *opt* ívlámpa; szenes lámpa; ~**-lamp carbon** *el* ívlámpaszén; *film* vetítőszén; ~**-lamp rectifier** *film* széníves fényforrás-egyenirányító; ~ **length** *fiz* ívhosszúság; *fiz, heg, mat* ívhossz; ~ **lengthening** ív megnyúlása, ívhosszabbodás; ~**-light** *el* ívfény, elektromos/villamos ív; ~ **lighting** *el* ívlámpavilágítás; ~ **light resistance** *el* ívfényátütési szilárdság; ~ **line** *at* atomvonal, ívvonal; ~ **machining** *heg* ívmegmunkálás, ívfaragás; ~ **manipulation** ív vezetése; ~ **melting** ívolvasztás, átolvasztás villamos ívvel; ~ **migration** *el* ívvándorlás; ~ **modulation** *opt* fényforráserősség modulálása; ~ **noise** *fiz* éneklő ív; ~ **of an angle** könyökív; ~ **of bite** *alak* befogási ív; ~ **of circle** *mat* körív; ~ **of contact** *alak* befogási ív; *gép* kapcsolóív(hossz); ~ **of cycloid** *mat* cikloisív; ~ **of excess** excesszuskör *(szextánson)*; ~ **of fire** *kat* tüzelési/belövési övezet/sáv/szektor, belövési ív; tűzkörzet; ~ **of folding** *geol* gyűrődési ív; ~ **of rotation** *el* elfordulási ív; ~ **of trajectory** *kat* röppályaív; ~ **oscillation** *fiz* ívrezgés, ívlengés; ~ **outage** → ~ interruption; ~**-over** *el* átívelés; átütés; ~**-over length/gap** *el* átívelési távolság; ~**-over voltage** *el* átívelési feszültség; ~**-oxygen cutting** *heg* oxigénívvágás; ~**-oxygen torch** *heg* oxigénes ívvágó égő; ~**-oxygen type electrode** *heg* oxigénes ívvágó elektróda; ~ **plasma** *heg* ívplazma; ~**-plasma-machine** ívplazmagépek; ~ **plasma propulsion unit** *rak* ívplazmahajtómű; ~ **plot** ívdiagram, ívgörbe; ~ **plug welding** *heg* ívszegecshegesztés, ívponthegesztés; ~ **power** *el* ívteljesítmény; ~ **protection** *el* átívelés elleni védelem; ~**-protection fitting** *el* ívterelő/ívvédő szerelvény; ~ **quench(ing)** *el* ívoltás; ~ **quenching medium** *el* ívoltó anyag; ~**-reading watch** ívleolvasó óra; ~ **rectifier** *el* ívegyenirányító; ~ **region** *heg* ívövezet, ív övezete; ~ **resistance** *el* ívellenállás, (villamos) ívállóság, ívmentesség, ívhúzási szilárdság; ~**-resistance furnace** *koh* kombinált ívkemence és ellenálláskemence; ~**-resisting** *el* íválló; ~ **rod** *heg* ívelektróda; ~ **root** *heg* ív gyöke/alappontja; ~**-seam weld** *heg* ívhegesztéssel készült varrat; ~ **secant** *mat* arcsec; arcus secans; ~ **self-adjustment** ív önszabályozása; ~**-shearer** *bány* ívelő réselőgép; ívréselő gép; ~ **shears** *pl szersz* ívvágó/ívkéses olló; ~ **shield** *bány* köríves pajzs; *el* ívoltó (azbeszt)pajzs *(kapcsolón)*; ~ **shielding** *heg* ívárnyékolás, ívvédelem; ~ **shooting** ívlökés; ~ **sight** *geol, kat* íves irányzék; ~ **sin** *mat* arc sin, árkusz szinusz (arcsin), arcus sinus; ~ **sine law** *mat* árkuszszinusz-törvény; ~**s of Lowitz** *mat* Lowitz fényívei; ~ **space** ívtér; ~ **spacing** *el* ívtávolság; ~ **spark** *el* szikraív, ívkisülési szikra; ~ **spectrum** *fiz* ívszínkép; ~ **spot** *el* ívtalppont; ~ **spot welding** *heg* ívponthegesztés; ~ **stability** ívstabilitás; ~ **stabilizer** ívstabilizátor, ívstabilizáló; ~**-stabilizing ingredient/material** ívstabilizáló anyag; ~ **start** *el* ívgyújtás, ívhúzás; ~ **start current** *el* ívgyújtó áram; ~ **starter** *el* ívgyújtó berendezés; ~ **starting characteristics** *el* ívgyújtási jellemzők; ~ **stream** *heg* ív(gáz)-oszlop; ~**-stream voltage** *el* ívoszlop feszültsége, ívfeszültség; ~**-stream voltage drop** feszültségesés az ívoszlopban; ~ **strike** *el* ív gyújtási helye/pontja; ~ **striking** → ~ ignition; ~**-striking mechanism** *el* ívhúzó szerkezet; ~ **stud weld(ing)** *heg* ívcsaphegesztés; ~ **stud welding machine** ívcsaphegesztő gép; ~**-suppressing earthing/grounding** *el* ívoltó földelés; ~ **suppression** ívoltás; ~**-suppression coil** ívoltó/kompenzáló tekercs; oltótekercs; ~**-suppression transformer** Bauch-transzformátor, ívoltó transzformátor; ~ **suppressor** ívoltó; ~ **tangent** *mat* árkusz tangens, (arctg); ~ **terminal** *távb* érintkező ívcsúcs; ívpont; ~ **theory** ívelmélet; ~**-through** *el* közvetlen begyújtás/átütés/ívhúzás; *félv* (le)zárási hiba; ~ **time** *el* ívégési idő; ívtartam; ~ **timing** ív égési idejének beállítása; ~**-to-chord reduction** *bány* irányredukció; ~ **transmitter** *távk* ívlámpaadó; ~ **travel speed** *el* ív haladási sebessége; ~ **triangle** *mat* ívháromszög, körívekből álló háromszög, görbe vonalú háromszög; ~**-type elevating mechanism** *kat* íves magassági irányzógép; ~ **vacuum process** *koh* LBV-eljárás; ~ **voltage** *el* ívfeszültség; ~**-voltage amplifier** *el* ívfeszültség-növelő, ívfeszültség-erősítő; ~**-voltage peak** *el* ívfeszültségcsúcs; ~ **wall** *bány* ívelt homlok, „arcwall"; ~-**wall coal cutter** szénvágathajtó/elővájási réselőgép; ~-**wall face** ívhomlokú munkahely; ~-**wall machine** ívelő/, „arcwall" réselőgép; ~ **wander** → ~ migration; ~ **wattage** → ~ power; ~ **weld** *heg* ívhegesztett varrat; ~ **weldability** *heg* ívhegeszthetőség, hegeszthetőség ívvel; ~ **weld bead** ívhegesztett varrat domborulata; ~-**welded construction** ívhegesztett szerkezet; ~-**welded deposit** ívhegesztés varratféme; ~-**welded joint** ívhegesztett kötés; ~ **welder** ívhegesztő gép/berendezés; ~ **welding** ívhegesztés; ~-**welding alternator** *heg* ívhegesztő generátor; ~-**welding circuit** ívhegesztő áramkör; ~-**welding converter** ívhegesztő (áram)átalakító; ~-**welding electrode** ívhegesztő elektróda; ~-**welding hand shield** kézi hegesztőpajzs/kézvédő (ívhegesztéshez); ~-**welding head** ívhegesztő fej; ~-**welding machine** ívhegesztő gép; ~-**welding rectifier** ívhegesztő egyenirányító; ~-**welding seam** ívhegesztett varrat; ~-**welding torch** ívhegesztő pisztoly/fej; ~ **welding with consumable electrode** leolvadóelektródás ívhegesztés; ~ **weld pool** ívhegesztési fémfürdő; ~ **weld process** ívhegesztő eljárás

arcade I. *v ép* árkádosít; **II.** *n* árkád(os galéria), boltozatsor

arcadian *vegy* ammóniumcsoport

arcatom welding *heg* arcatom hegesztés, hidrogénvédőgázas hegesztés

arch I. *v* ível, ívelten/ívesre kiképez, (át)boltoz, domborít; (át)boltozódik, (fel)boltozódik; (át)ívelődik; *bány* acélívvel biztosít; *bány, koh* fennakad, boltozódik *(betöltött érc, szén)*; **II.** *a* fő; **III.** *n* íveltség, domborulat, boltozat; ív; *bány* acélív, hajtvány, boltozatos/íves biztosítás; ívácsolat; *ép* (híd)ív; alagútboltozat; boltív, boltöv, bolthajtás, (kör)ív; boltozott áteresz; ív, ívtartó, boltozat; *geol* antiklinális; *gép* kereszttartó, ívgerenda; *hőt, ker, koh* boltozat; ívtartó; kemenceboltozat; *mzg* íves rúd; *pa* ív; *üveg* előkályha; *vasút* füstszekrény; ~ **abutment** *bány* nyomásboltozat válla; *ép* boltozat ellenfala; ívhíd ellenfala; ~ **action** *ép* boltozathatás; ívhatás, boltozati hatás; ~ **barrel** *ép* ferde boltozat; ~-**bearing** *ép* ívtámasz; ~ **bend** *geol* nyereghajlat; ~ **block** *ép, koh* boltozatidomkő; ~ **board** *hajó* fartükör; ~-**bond** *ép* boltozatkötés; ívkötés; ~-**boom** *ép* ívtartó öve; ~-**bound commutator** *el* kúpos feszítőgyűrűs kommutátor; ~ **brick** *ép, koh* boltozattégla; ~ **bridge** ívhíd, boltozott híd; ~ **buttress** *ép* gyámív, támasztóív; ~ **camber** *bány* biztosítóív behajlása/nyílmagassága; ~ **cent(e)ring** *ép* boltöv alátámasztása/dúcolása/zsaluzása; ~ **centre/center** *bány* mintaállvány; ~ **core** boltívmag; ~ **covering** *ép* átboltozás; ~ **culvert** boltozott áteresz; ~ **dam** *hidr* íves (völgyzáró) gát; ~ **falsework** *ép* ívmintaállvány; ~-**form hammer** *koh* kétállványos kalapács; ~ **frame** *gép* íves alváz; ~-**girder** *ép* ívtartó; ~-**gravity dam** *hidr* átmeneti típusú támfalszelvényű völgyzáró gát; ~ **hinged at the abutments** *ép* kétcsuklós ív; ~ **in trellis work** *ép* mérműves/rácsos boltív; ~-**key(stone)** *ép* (ív)zárókő; boltozat záróköve; ~ **limb** *bány* antiklinális szárnya; *geol* ívelt gyűrődés; ~ **lining** *bány* acélíves biztosítás; ívbiztosítás; ~ **of chamber** *koh* kamraboltozat; ~ **of discharge** *ép* teherhárítóív; ~ **of effect** *ép* igénybevett/működő ív; ~ **of flour** *élip* lisztív, liszt ívképződése; ~ **of foot** *cipő* láb hajlata/íve; ~ **of indentation** *any* benyomódás ívhossza; ~ **of vault** *ép* boltozat homlokíve; ~-**pillar** *bány, ép* ívpillér; ~ **pitch** *mech* ívmagasság; ~ **press** *alak* ívállványos sajtó; ~ **pressure** *talt* boltozati nyomás; ~ **rib** *ép* ívborda, ívtartó; ~ **rise** *bány* biztosítóív behajlása/nyílmagassága; *ép* ívemelkedés, ívszár; ~ **span** *ép* ív(pillér)köz, ívnyílás; ~ **stair(case)** *ép* íveslépcső, ívlépcső; ~ **stone** *ép, koh* boltozatidomkő; ~ **support** *bány* ívbiztosítás; ívhajtvány; ~ **template/templet** *ép* mintaív, mintapéldány; ~ **thin-shell** *ép* héjboltív, héjboltozat; ~ **thrust** boltozatnyomás *(hídépítésnél)*; ~ **timbering** *bány, ép* poligonácsolat; ~ **truss** *ép* rácsos ívtartó; ~ **tube** *hőt* lángbolttartó cső; ~-**type** *ép* (bolt)íves; ~-**type hammer** *alak* állványos kalapács; ~ **way** → archway; ~ **with three articulations** *bány* háromcsuklós ív

Archean *geol* archei

arched boltozatos, (bolt)íves, ívelt, ív alakú; kupola alakú; ív-; *bány* ívekkel/hajtvánnyal biztosított; *ép* íves, boltozott; *geol* kupolás; *hajó* domború; ~ **air way** *bány* boltozott légvágat; ~ **bent** íves gerendájú keret; ~ **buttress** gyámív, támasztóív; ~ **covering** *ép* boltozott födém; ~ **deck** *hajó* domború fedélzet; ~ **district** dombos vidék; *bány* (fel)boltozott terület; ~ **falsework** ívmintaállvány; ~ **flight stairs** *ép* íves karú lépcsők; ~ **floor** *bány* talpív; *ép* boltozott födém; ~ **girder** *bány* ívbeemelő szerkezet; ~-**head piston** domború fenekű dugattyú; ~ **lining** *bány* ívesbiztosítás; ~ **plate** *heng* dongalemez; ~ **rib** *ép* ívborda, ívtartó; ~ **roof** *bány* főteboltozat; ~ **sluice gate** *hidr* ívestáblás zsilip; ~ **stair(case)** *ép* íves lépcső, ívlépcső; ~ **support** *bány* ívbiztosítás; ívhajtvány; ~ **switch** *bány* ívesített kitérő; ~-**top piston** domború fenekű dugattyú; ~-**up folds** *geol* íves hajlatok

archeozoic era *geol* archeozoikum

Archer *csill* Nyilas

Archie saturation equation, Archie's formula *ol* Archie-féle szaturációegyenlet

archil orseille (algákból kivont vörös festék)

Archimedean archimedesi; ~ **buoyant force** *fiz* (hidrosztatikai) felhajtóerő; ~ **drill** ívfúró, furdancs; ~ **principle** *fiz* archimedesi törvény; ~ **screw** archimedesi csavar; *hidr* csigaszivattyú; ~-**screw pump** csigaszivattyú; ~-**screw water lift** csigaszivattyú; ~ **spiral** *mat* archimedesi csavarvonal/spirális

Archimedes' principle/theorem *mat* archimedeszi törvény

arching I. *a* ívelt, boltozott, boltozatos; **II.** *n* ívelés, domborítás, íves kiképezés, (ív)hajlítás, átboltozás, felboltozás; (át)ívelődés, (át)boltozódás, felboltozódás; *bány* ívbiztosítás beépítése; íves biztosítás; *ép, koh* boltozatképződés, hídképződés; *geol* átboltozódás; *talt* boltozathatás

architect (tervező) építész; építészmérnök; építőművész; tájrendező; ~ **engineer** építészmérnök; ~**'s drawing paper** pauszpapír; ~**'s scale** *ép* léptékes mérce

architectonic építészeti, szerkezeti, architektonikus, architektonikai; ~**(s)** építésmód, felépítés, architektonika; építészet

architectural építész(et)i; ~ **acoustics** *pl* építészeti akusztika; teremakusztika; ~ **concrete** esztétikus kialakítású beton falpanel; ~ **finish** (esztétikus) felületképzés *(betoné)*; ~ **plan** építészeti terv

architecture építészet; építőművészet; architektúra; felépítés, szerkezet
architrave *ép* övgerenda, hevedergerenda, architráv, gerendapárkány, hevederpárkány
archival storage *szt* archív tár, háttértár
archive *szt* adatmegőrzés; ~ **diskette** *szt* mágneslemez, hajlékony lemez
archivolt *ép* ívgerenda; ívpárkány, gerendaív
archway *ép* árkád (alatti út/átjáró); árkádos út, árkádsor; boltíves folyosó/átjáró
archy ívelt, íves; boltozatos, boltozott
arcing I. *a el* íves, ív-; **II.** *n el, fiz* (át)ívelés, ívképződés, ívhúzás; íves kisülés; ~ **air-gap** ívterelő szikraköz; ~ **contact** *el* ívhúzó/ívoltó érintkező; ~ **control** ívképződés/szikrázás megakadályozása; ~ **current** ívgyújtó áram, íváram; ~ **distance** szikraköz; ~ **earth** átíveléses földzárlat; ~ **fault** átíveléses zárlat; ~ **fitting** ívterelő szerelvény; ~ **ground** átíveléses földzárlat; ~ **horn** ívterelő szarv; ~ **horns** *pl* szarvas szikraköz; ~ **I^2t value** *félv* oltási I^2t érték; ~**-over** *el* átívelés, ívkisülés; ~ **period** ív égési időszaka; ~ **ring** *el* ívterelő gyűrű; védőgyűrű; ~ **shield** *el* szikrázógyűrű, ívhúzó gyűrű; ~ **step** *heg* ívlépés; ~ **terminal** *el* ívcsúcs; ~ **time** ívtartam; ~ **time factor** ívgyújtási időtényező; ~ **tip** *el* ívhúzó érintkező; ~ **voltage** *el* ívfeszültség, átívelési feszültség
arcless *el, heg* ív nélküli, ívmentes; ~ **welding process** *heg* ív nélküli hegesztőeljárás
arcogene welding *heg* gázívhegesztés, arcogén hegesztés
arconograph hegesztőív-regisztráló (készülék)
arcose *geol* földpátos homokkő
arctic *geol, met* sarkvidéki, arktikus; ~ **air** arktikus levegő; ~ **anticyclone** *met* arktikus anticiklon/magasnyomás, poláris magasnyomás; ~ **circle (AC)** északi sarkkör; ~ **desert** arktikus sivatag; ~ **front** *met* arktikus front; ~ **frontal zone** arktikus magassági frontálzóna; ~ **haze** arktikus köd; ~ **high** → ~ anticyclone; ~ **sea smoke** párakö d, arktikus tengeri füst; ~ **smoke** jégköd; ~ **sperm oil** sarkvidéki spermacetolaj; ~ **suite** arktikus/boreális kőzetcsoport
arctrigonometric(al) function *mat* arcusfüggvény, ciklometrikus függvény, inverz trigonometrikus függvény
arcual ív-, ívben mért
arcuate I. *v* ível, ívesre hajlít; **II.** *a* ívelt, íves, ívszerű, ív alakú, ívben hajlított, ív-; ~ **recess** boltozatos mélyedés
arcuated boltíves, bolthajtásos
arculite *ásv* arkulit
ardennite *ásv* ardennit
ardometer *hőt* ardométer; összsugárzásmérő pirométer
ardometry *hőt* ardometria, mérés összsugárzó pirométerrel
arduous súlyos, nehéz; ~ **duty** nehéz/súlyos üzem(viszony)
are ár *(területmérték)*
area terület; felület, felszín; körzet, öv(ezet), térség; sáv; hely; terep; tér; *bány* mező, körzet; *ép* alap(terület); belső tér(ség)/udvar; *mat* terület (nagysága); *nyom* tükör; *rep* légtér, útvonal; *szt* mező; ~ **blasting** *bány* területrobbantás; ~ **bombing** *kat, rep* területbombázás; ~**-border ratio** hidraulikus modulus; ~ **code** *távb* körzeti hívószám; ~ **computation** *mat* területszámítás; ~ **control** zónaszabályozás; *rep* légtérellenőrzés; ~ **control centre/center (ACC)** *rep* körzeti irányító központ, ACC; ~**-control radar** légtérellenőrző radar/lokátor; ~ **control service** *rep* körzeti irányító szolgálat; ~ **coverage system** *rep* légtérfelderítő rendszer; ~ **defence** területvédelem; ~ **definition** *szt* meződefiniálás; ~ **efficiency** *távk* terület besugárzásának hatásfoka *(antennával)*; ~ **element** *mat* területelem; ~**-elevation curve/distribution** *geol* hipszometrikus görbe; ~**-equivalent** területhű, területtartó; ~ **expansion ratio** fúvóka nyúlásviszonya; fúvóka tágulási tényezője; ~ **flowmeter** állandó nyomásesésű áramlásmérő; ~ **forecast** *met* területi időjárás-előrejelzés; ~ **forecast centre** *met* területi/körzeti előrejelző központ; ~ **for reservation** rezervátum, tájvédelmi körzet; ~ **for water protection** vízvédelmi terület; ~ **geophysicist** munkaterületen működő geofizikus; ~ **histogram** *mat* hisztogram; ~**-hyperbolic function** *mat* areafüggvény, inverz hiperbolikus függvény; ~**-hyperbolic sine (Ar sh)** *mat* area szinusz hiperbolikusz; ~ **in advance** előtér; ~ **moment** *mech* nyomatéki ábra területe, nyomatéki terület; ~ **monitor** *at* területellenőrző dózismérő, helyi monitor, helyiségsugárzás-monitor; ~ **monitoring** *at* helyiségsugárzás-ellenőrzés; helyszíni sugárszint-ellenőrzés; ~ **navigation (RNAV)** *rep* területi navigáció (RNAV); ~ **navigation capability** *rep* területi navigációs lehetőség; ~ **navigation equipment** *rep* területi navigációs berendezés; ~ **navigation route** *rep* területi navigációs útvonal; **of equal** ~ területhű, területtartó; ~ **of adhesion** *mech* tapadási felület; ~ **of beam** *távk* sugárkeresztmetszet; ~ **of bearing** *ép* támaszkodó felület; *mech* támaszidom; ~ **of common use** *ép* közterület; ~ **of crystal** *krist* kristálydomén, kristálytartomány; ~ **of draw** *bány* törési terület; ~ **of extraction** *bány* lefejtett felület; ~ **of face** *bány* fejtési felület; munkahely munkatere; ~ **of faulting** *geol* vetődési terület; ~ **of fracture** *geol* törésfelület; ~ **of hazard** *távk* biozóna; ~ **of interest** *kat* figyelési körzet; ~ **of maximum precipitation** *met* záporgóc; ~ **of moments** *mech* nyomatéki ábra területe, nyomatéki terület; ~ **of passage** *vasút* áteresztő (űr)szelvény; ~ **of permissible errors** megengedett hibatartomány; ~ **of pressure** *mech* nyomásfelület; ~ **of production** *ol* termelőterület; ~ **of public and basic services** *ép* kiszolgálási terület; ~ **of section** keresztmetszeti terület; ~ **of separation** *rep* áramlásleválási övezet; ~ **of settlement** *ép* települési terület; ~ **of shooting** *kat* térségi tűz; ~ **of special use** *ép* különleges terület; ~ **of subsidence** *bány, ép* besüppedési/omlásos terület, süllyedés/(külszín)süppedés területe; ~ **of the sphere** *mat* gömb felszíne, gömbfelszín; ~ **of wing** *rep* szárnyfelület; ~**-preserving** területhű, területtartó; ~**-preserving mapping** területtartó leképezés; ~ **protect feature** *szt* mezővédelem; ~ **radiator** *hang* felületi sugárzó; ~ **ratio** *rep* keresztmetszeti felületarány; ~**s described by the radius voltage** vezérsugár által letapogatott felületek; ~ **search** *szt* kategória/mező szerinti keresés; ~ **source** *met* területi forrás; ~ **to be built up** (be)építési/beépítendő terület; ~ **to be drained** belvízgyűjtő terület; ~ **to be irrigated in one turn** *hidr* egy ütemben öntözhető terület nagysága; ~ **to be overprinted** *tex* felülnyomandó felület; ~ **unit**

felületegység; ~ **way** → areaway; ~ **weight controlling instrument** területsúly-szabályozó készülék; ~ **without an outlet** *hidr* lefolyástalan terület
areal területi, felületi; helyi; ~ **array** *geof* területi/kétdimenziós geofoncsoport/töltetcsoport; ~ **deformation** *mech* felületi alakváltozás; ~ **density** *at* felületi sűrűség; ~ **displacement efficiency** *ol* hálózati kiseprési/kiszorítási hatásfok; ~ **element** *mat* felületelem, elemi felület, felszínelem; területelem; ~ **eruptions** *pl geol* regionális erupció; ~ **geology** regionális földtan; tájgeológia; ~ **injection** *ol* területi besajtolás; ~ **map** *bány* települési térkép; ~ **pattern** *geof* területi/kétdimenziós töltetcsoport/geofoncsoport; ~ **structure** *geol* térségi szerkezet; ~ **survey** *geof* területi felmérés/kutatás; ~ **velocity** *mech* területsebesség
areaway *ép* alagsori bejárat; alagsori világítóudvar
arenaceous homokos; homoktartalmú; pszammitos; ~ **limestone** homokos mészkő; ~ **rock(s)** *geol* homokkő; ~ **shale** homokpala
arenes *pl* kőzettörmelék
arenicolous → arenaceous
Arenigian stage *bány* skiddavi emelet
arenous homokos
areometer areométer, sűrűségmérő; fajsúlymérő
areometry sűrűségmérés
areopycnometer areopiknométer
areopycnometry areopiknometria
arete gerinc; tagozott hegyhát
arfvedsonite *ásv* arfvedsonit
arg → argument
ARG → arresting gear
Argand | diagram *el* Argand-diagram; *mat* komplex (szám)sík, Gauss-féle számsík; síkvektorábra; ~ **plane** *mat* komplex (szám)sík, Gauss-féle számsík
argent ezüst(ös)
argental ezüstös; ezüsttartalmú, ezüst-; ~ **mercury** természetes ezüstamalgám
argentan újezüst, argentán, alpakka
argentic ezüsttartalmú, ezüst-; ezüst-; ezüstfényű, ezüstfehér; *vegy* ezüst(II)-; ~ **chloride** ezüst-klorid; ~ **sulphide/sulfide** argentit
argentiferous *ásv* ezüsttartalmú, ezüst-; ~ **ore** ezüst(tartalmú) érc
argentine ezüst(ös), ezüstszerű
argentite *ásv* argentit, ezüstfény(le)
argentol *gyógyv* argentol
argentometer argentométer
argentometric *vegy* argentometriás, ezüst-nitrátos; ~ **titration** ezüst-nitrátos titrálás, argentometria
argentometry argentometria, ezüst-nitrátos titrálás
argentopyrite *ásv* ezüstkovand, argentopirit
argentous *vegy* ezüst(I)-
argil agyag; fazekasagyag; *ker* fehér agyag
argilla *ásv* kaolin
argillaceous agyagból való; agyagos; agyagdús; *geol* agyagtartalmú; ~ **bottom** *bány* agyagos talp; ~ **marl** agyagos márga; ~ **ore** agyagos érc; ~ **schists/slate/shale** *talt* agyagpala; ~ **texture** *geol* agyagos/iszapos/pelites szerkezet
argilliferous agyagtartalmú, agyag-
argillite *ásv* argillit, agyagpala
argillization agyagosodás
argillo-arenaceous agyag- és homoktartalmú
argillo-calcareous agyag- és mésztartalmú
argillous → argillaceous
arginase *vegy* argináz
arginine *vegy* arginin, 2-amino-5-guanidino-valeriánsav
argol *vegy* nyers borkő
argon (Ar) *vegy* argon; ~ **arc** *heg* argonív, argonnal védett ív; ~ **arc furnace** *koh* argongázas ívkemence; ~**-arc machine** AVI hegesztőgép; ~**-arc spot welding** argonníves ponthegesztés, AVI-ponthegesztés; ~**-arc welder** → ~-arc machine; ~**-arc welding** argonvédőgázos ívhegesztés; argonarkhegesztés, AVI-hegesztés; argonívhegesztés; argongázas hegesztés; ~**-arc welding head/torch** AVI-hegesztőfej; ~**-arc weld metal** argonívhegesztésű varratfém, AVI-varratfém; ~ **atmosphere** *koh* argonatmoszféra; ~ **atmosphere weld** argongázas hegesztett varrat; ~ **carrier gas** argonhordozó gáz; ~ **cover** *heg* argongázburok; ~ **cylinder** argongázpalack; ~ **filled noise diode** gázkisüléses zajcső; ~ **flowmeter** argongázmennyiség-mérő; ~ **flow rate** argonáramlási sebesség; ~ **instability** *vák* argoninstabilitás; ~ **lamp** argoncső; ~ **laser** argonlézer; ~ **metal-arc welding** fémíves argonvédőgázas hegesztés, AFI-hegesztés; ~ **nozzle** *heg* argonfúvóka; ~ **plasma** argonplazma; ~**-shielded arc** *heg* argonnal védett ív, argonív; ~**-shielded fine-wire welding process** vékonyhuzalos/mikrohuzalos argoníves hegesztés; ~**-shielded metal-arc welding** → ~ metal-arc welding; ~**-shielded TIG/tungsten-arc welding** argonvédőgázas volfrámelektródos ívhegesztés, AVI-hegesztés; ~ **shielding gas** *koh* argon védőgáz; ~ **shroud** → ~ cover; ~ **stability** *vák* argonstabilitás; ~ **tank** → ~ cylinder; ~ **thyratron** *félv* argontöltésű tiratron; ~ **tungsten-arc welding** → ~ -shielded TIG welding
argonian *ásv* argontartalmú
argument *mat, szt* argumentum, arcus, fázis; független változó; ~ **association** paraméter-hozzárendelés; ~ **form** nyitott mondat, ítéletfüggvény, állításséma; ~ **function** argumentumfüggvény; ~ **of a function** függvény argumentuma; ~ **of latitude** szélességi fok
argyrodite *ásv* argirodit
argyrometry finom súlymérés *(nemesféméké)*; ezüstmérés
ARI → airbone radio installation
arid száraz; arid; puszta, terméketlen; ~ **climate** *met* arid klíma, száraz éghajlat; ~ **zone** arid zóna
aridity szárazság, ariditás; ~ **factor/index** *met* ariditási tényező
arise (fel)emelkedik; keletkezik, támad, ered; → rise
arithlog diagram *mat* féllogaritmikus/szemilogaritmikus diagram
arithmetic(al) I. *a* aritmetikai, számtani; **II.** *n* aritmetika, számelmélet; számtan; ~ **accuracy** számtani pontosság; ~ **and logic unit (ALU)** *szt* aritmetikai és logikai egység, ALU; ~ **assignment statement** *szt* aritmetikai hozzárendelési utasítás; ~ **average (AA)** számtani átlag, számtani/aritmetikai közép; ~ **bit** *szt* aritmetikai bit; ~ **book** számtanfüzet; ~ **check** próba, behelyettesítés, számítás próbája, numerikus ellenőrzés; ~ **circuit** aritmetikai áramkör, számoló(áram)kör; ~ **computing machine** alapműveletekkel dolgozó számítógép; ~ **crystal class** *ásv* aritmetikai kristályosztály; ~ **distribution** diszkrét eloszlás; ~ **element** aritmetikai/számolási elem; aritmetikai egy-

ség; ~ **expression** aritmetikai kifejezés; ~ **fixed-point operation** fix-pontos aritmetikai művelet; ~-**geometric mean** számtani-mértani közép; ~-**geometric progression/sequence** számtani-mértani sorozat; ~-**geometric series** számtani-mértani sor; ~ **IF statement** aritmetikai HA/IF utasítás; ~ **instruction** aritmetikai utasítás, aritmetikai műveletre vonatkozó utasítás; ~ **mean** számtani közép; ~ **number** pozitív valós szám; ~ **operation** *mat* alapművelet, számtani művelet; *szt* aritmetikai művelet; ~ **organ** → ~ element; ~ **problem** aritmetikai feladat, számtanpélda; ~ **progression (AP)** számtani/aritmetikus sor; számtani haladvány; ~ **proportion** számtani arány; számok aránya, aritmetikai arány; ~ **quotient** számok hányadosa, aritmetikai hányados; ~ **range** számtani haladvány; ~ **root** aritmetikai gyök; ~ **section** *szt* aritmetikai egység; ~ **sequence** számtani sorozat; ~ **series** számtani/aritmetikus sor; ~ **shift** aritmetikai léptetés/eltolás, helyiérték-eltolás; ~ **space** euklideszi/aritmetikai tér; ~ **subtraction** számok kivonása, aritmetikai kivonás; ~ **triangle** Pascal-féle háromszög; ~ **unit** aritmetikai egység; ~ **zone segment** *ásv* aritmetikus zónametszet

arithmetico-geometric → arithmetic-geometric

arithmetics aritmetika, számelmélet; számtan

arithmometer aritmométer

arizonite *ásv* arizonit

ark bárka

arkansite *ásv* arkanzit

arkose *ásv* arkóza

ARL → acceptable reliability level

arm I. *v* felfegyverez; felszerel *(vmvel)*; megvasal, megerősít, (ki)merevít; *el* páncéloz; pólusfejekkel/armatúrával/fegyverzettel ellát; *kat* (fel)fegyverkezik, felszereli magát; élesít; **II.** *n* kar; szár; ág, elágazás; *bány* ferde tám, tartókar; *el* kereszttartó, ívgerenda; *em* puttonyszár; *forg* ellentartó *(marógépen)*; szárny *(fúrógépen)*; *gép* bolygótartó híd/kar; emeltyű; gém; *gépk* tengelyvégcsap; *hajó* horgonyág, horgonykar; *kat* fegyver; fegyvernem, erő(k); *mat* szögszár; *szt* (program)ág; *távb* hídszárak *(duplex táviratozás)*; ~ **brace** *forg* támasztóolló *(marógépen)*; ~ **bracket** *forg* ellentartó; ~ **branch** *el* elágazás; ~-**chair** karosszék; ~ **clamp** szárnyrögzítés *(fúrógépen)*; ~ **clamping** *gép* fúrószárnyrögzítés; ~ **coalcutter** *bány* rudas réselőgép; ~ **crane** *ép* konzolos daru; ~ **file** taszítóreszelő *(nagyméretű)*; ~ **for direction-indicator** irányjelzőkar, index; ~ **hole** *ruh* karkivágás; karöltő; ~ **length** karkinyúlás *(hegesztőgépé)*; ~ **mixer** *gép, önt* (kéttengelyes) lapátos keverő(gép); ~ **of couple** *mech* erőkar, emelőkar; erőpár karja; ~ **of sea** folyódelta ága; ~ **of the bridge** *metr* hídág, mérőhíd ága; ~ **of the force** *mech* erő karja, erőkar, emelőkar; ~ **pointer** karos irányjelző; ~ **programme** fegyverkezési program; ~ **race** fegyverkezési verseny; ~ **rest** *gépk* kartámasz; könyökpárna; ~-**saw** kézifűrész; ~**s-control** fegyverzet-ellenőrzés; ~**s embarge** fegyverembargó; ~ **shaft** *gép* kartengely; ~ **sleeve** *gép* fúrószárnygyűrű; ~**s limitation** fegyverzetkorlátozás; ~ **staker** *bőr* törővas, puhítóvas; ~ **stirrer** lapátos keverő; ~ **stroke** fúrószárny állítása; ~ **way** *forg* fúrószárnyvezeték

armament *kat* fegyverzet; ~ **artificer** fegyvermester; ~ **infrared control system** infravörös fegyverirányító rendszer; ~ **rocket** rakétafegyver, rakétalövedék; ~ **works** hadianyaggyár

armature *el* armatúra, forgórész; fegyverzet; páncél; *ép* (vas)váz; vasalás, erősítés; *gép* (cső)szerelvény; mágneszár; *kat* fegyverzet, páncélzat; *távk* delejzár; ~ **band** *el* armatúraabroncs, armatúrabandázs; ~ **bar** *el* forgórészrúd; ~ **bracket** *távk* delejzártartó; ~ **coil** *el* forgórésztekercs, forgórész-tekercselés, armatúratekercs(elés); ~ **conductor** forgórészvezető; ~ **control** armatúrafeszültség-szabályozás, Leonard-szabályozás; ~-**controlled motor** Leonard-szabályozású motor; ~ **copper** tekercselőréz; ~-**core disc/disk** armatúralemez *(vastesthez)*; ~ **current** armatúraáram; ~ **ducts** armatúra-szellőzőrések; ~-**end connection** tekercsfa(bekötés); ~ **end plate** armatúra-zárólemez; ~ **excitation** armatúragerjesztés; ~ **extension** *távk* delejzártoldat; ~ **flux** *el* forgórészfluxus, armatúrafluxus; ~-**gap** *el, távk* horgonylégrés; légrés *(motoré)*; ~ **growler** *gépk* forgórészvizsgáló; ~ **head** *el* armatúra-zárólemez; ~ **hinge** *távk* horgonypántlemez; ~ **key** *el* armatúraék, armatúraretesz; ~ **leakage** armatúraszórás; ~ **loop** armatúratekercselem; ~ **paper** szigetelőpapír; ~ **pinion** forgórész-fogaskerék; ~ **plate** armatúralemez *(vastesthez)*; ~ **quill** *vasút* küllős csőtengely; ~ **reactarance** *el* armatúrareaktancia; ~ **reaction** *el* armatúravisszahatás, armatúrareakció; ~-**reaction welding set** *heg* keresztmezős hegesztődinamó; ~ **resistance** *el* armatúra-ellenállás; ~ **resisting switch system** armatúraköri átkapcsolás; ~ **shaft** forgórésztengely; ~ **slot** forgórészhorony, armatúrahorony; ~ **spider** armatúracsillag, csillag alakú forgórész, rotoragy; ~ **spring** *távk* delejzárfeszítő rugó; ~ **stamping** → ~ plate; ~ **stroke** *el* horgonyút; ~ **tester** forgórészvizsgáló berendezés; ~ **travel** horgonyút; ~ **voltage control** armatúrafeszültség-szabályozás, Leonard-szabályozás; ~ **winding** armatúratekercselés

armco-iron *koh* armcovas

armed karos; *el* armatúrás; *ép* merevített; *kat* éles *(lőszer)*; fegyveres; ~ **forces** fegyveres erők; ~ **interrupt** *szt* rögzített megszakítás

armful nyalábnyi

arming felfegyverzés; felszerelés *(vmvel)*; vasalás, merevítés, (meg)erősítés; *el* fegyverzet; *kat* élesítés; fegyverzet, páncélzat; ~ **pin** *kat* biztosítószeg; ~ **press** *nyom* fedélprés, táblaprés; ~ **vane** *kat* szélkerekes gyutacs *(bombáé)*; ~ **wire** *rep* bombagyutacshuzal

armor(ed) → armour(ed)

armour, *US* **armor I.** *v* felszerel; burkol, páncéloz, vértez; *el* páncéloz; *ép, mt* vasal; **II.** *n* fegyverzet; páncél(zat), vért(ezés); búvárruha; *el* páncél; tokozás; *ép* vasalás, erősítés; → arm; → armouring; ~ **bulkhead** *bány* páncélozott válaszfal; ~-**clad** *el* tokozott, páncélozott; ~-**clad switch** *el* tokozott kapcsoló; ~-**clad switchgear** *el* tokozott kapcsolóberendezés; ~ **clamp/grip** *el* páncélbilincs, páncélhuzal-szorító; ~ **gland** *el* páncélozott vezeték tömszelencéje/zárófeje; ~-**piercing (AP)** *kat* páncéltörő; ~-**piercing/AP bomb** páncéltörő bomba; ~-**piercing ammunition** *kat* páncéltörő lövedék; ~-**piercing bullet** *kat* páncéltörő lövedék; ~-**piercing incendiary bullet** *kat* páncéltörő gyújtólövedék; ~-**piercing rocket** páncéltörő rakétalövedék; ~-**piercing shell (APS)** páncéltörő lövedék/gránát; ~ **plate** *heng* páncéllemez; ~**-plate mill** *heng* páncéllemez-hengersor; ~**-plate rolling-mill** *heng* páncéllemez-hengermű; ~ **protection** páncélvédettség; ~ **rod** rezgéscsillapító rúd

armoured, *US* **armored** *el, ép, gép* fémborítású, fémpáncélzatú; páncél-; páncélos, vértes; tokozott; vasbetétes, fémbetétes; vasveretes, fémveretes; ~ **cable** *el* páncélozott kábel, páncélkábel; ~ **car** *kat* páncél(gép)kocsi; ~ **cavalry** *kat* páncélos felderítők; ~ **concrete** vasbeton; ~ **conveyer** *bány* páncélcsúszda; ~ **deck** *kat* páncélfedélzet; ~ **glass** *üveg* drótüveg, huzalüveg, páncélüveg, huzalbetétes üveg; ~ **hose** páncélozott tömlő, páncéltömlő, fémtömlő; ~ **infantry vehicle** *kat* páncélozott csapatszállító jármű; ~ **line** fémtömlő; ~ **personnel carrier** *kat* páncélozott csapatszállító jármű; ~ **reconnaissance car** *kat* felderítő páncélgépkocsi; ~ **strong room** páncélterem, széf; ~ **thermometer** fémhüvelyes hőmérő; ~ **train** páncélvonat; ~ **turret** páncélozott torony; ~ **vehicle (Am V)** *kat* páncélozott jármű; ~ **wire cable** *el* árnyékolt erű kábel; ~ **wood** abroncsolt/fémbetétes fa

armourer fegyvermester

armouring felszerelés (vmvel); vértezés, vértezet; *el* burkolás, fokozás; páncélozás; *ép, mt* szerelvény, vasbetét; vasalás, erősítés; ~ **machine** kábelpáncélozó gép

Armstrong | circuit *távk* visszacsatoló kör; ~ **discriminator** Riegger-kör *(fázisdiszkriminátorban)*; ~ **oscillator** hangolt anódú és rácsú oszcillátor; ~**'s acid** Armstrong-sav, naftalin-1,5-diszulfonsav

armure *tex* kis ismétlésű kötés, arműr

army (had)sereg; ~**-and-navy fabric** *tex* katonaszövet; ~ **aviation** csoportrepülők; ~ **cloth** katonaposztó; ~ **clothing** katonai (egyen)ruházat; ~ **clothing fabric** *tex* katonaszövet; ~ **grey** *tex* pamut katonainganyag; ~ **package reactor** hordozható/mozgatható teljesítményreaktor

Arnolds motor *gép* repulziós indítású indukciós motor

aroma aroma

aromatic I. *a vegy* aromás; **II.** *n* aromás vegyület; ~ **amines** *vegy* aromás aminok; ~ **amino acid** aromás aminosav; ~ **compounds** aromás vegyületek; ~ **ether** aromás éter; ~ **hydrocarbon** aromás szénhidrogén; ~ **nitrocompounds** aromás nitrovegyületek; ~ **nucleus** aromás mag; ~ **ring** aromás gyűrű; ~ **sulphuric/sulfuric acid** aromás helyettesítésű kénsav

aromaticity *vegy* aromás jelleg

aromatics | extraction *ol* aromás extrakció; ~ **fractionation** *ol* aromás frakcionálás; ~ **recovery** *ol* aromás elválasztás, aromás kinyerés

aromatization *élip* zamatosítás; *vegy* aromatizálás

aromatize *élip* zamatosít; *vegy* aromatizál

aromatized *élip* zamatosított; *vegy* aromatizált; ~ **meal** *élip* zamatosított liszt

aromatophore szagos

Aromax process *ol* „Aromax" eljárás

Aron | connexion kétwattmérős kapcsolás, Aron-kapcsolás; ~ **meter** *el* Aron-féle kilowattóra-mérő

around-the-clock éjjel-nappal; folyamatosan

aroyl *vegy* aroilgyök

ARPANET (Advanced Research Projects Agency Network) *szt* ARPANET *(számítógép-hálózat)*

ARQ → automatic repeat on request

arrange berendez, (el)rendez; megszervez; rendelkezik; *el* szerel; ~ **in ascending** *mat* növekvő hatványok szerint elrendez; ~ **the design** *tex* mintát tervez

arrangement elrendezés, elrendeződés, elhelyezkedés; beosztás, rendszer; berendezés, elhelyezés, helyiség; szerkezet; készülék, berendezés, szerkezet; *el* kapcsolásmód; *ép* elrendezés, elrendeződés, elhelyezkedés; terv; *geof* terítés; *geol, vegy* elrendeződés; szerkezet; *met* permutáció, átrendezés; *vasút* rendezés; ~ **according to size** nagyság szerint rendezés; ~ **in parallel** *el* párhuzamos kapcsolás; ~ **in two contiguous rows** *el* elhelyezés két párhuzamos sorban; ~ **of crystals in lattices** *ásv* rácselrendeződés; ~ **of mining bit spacing** *bány* jövesztőkés-kiosztás; ~ **of points** *krist* pontelrendeződés; ~ **of reinforcement** *ép* vasalási terv, vaskiosztás; ~ **of rolls** *élip* hengerbeállítás; ~ **of the electrolytic cells** *koh* elektrolizálókádak kapcsolása; ~ **of the wiring** *el* huzalozási terv; ~ **plan** szabályozási terv *(városé)*; ~ **with repetitions** *mat* ismétléses variáció

arranging → arrangement; ~ **station** *vasút* rendezőállomás

array I. *v* elrendez, beoszt; **II.** *n* elrendezés, rendszer; szkéma; *el* elrendezési terv; *geof* geofoncsoport, lövéscsoport, töltetcsoport; terítés; *mat* mátrix; táblázatos elrendezés; *szt* (adat)tömb, mátrix; *távb, rep* antennarendszer, antennasor(ozat); ~ **antenna** antennarendszer; ~ **calculation** *szt* tömbszámítás; ~ **declarator** *szt* tömbdeklarátor, tömbkijelölő; ~ **descriptor word (ADW)** *szt* tömbleíró szó, ADW; ~ **element** antennaelem, antennatag; ~ **element successor function** *szt* tömbelem-követési funkció; ~ **expression** *szt* tömbkifejezés; ~ **identifier** *szt* tömbazonosító; ~ **of counters** *el* számlálócső-elrendezés; ~ **of points** *krist* pontelrendeződés; ~**-position switch** *távk* antennairány-átkapcsoló; ~ **processor** *szt* tömbprocesszor; ~ **variable** *szt* tömbváltozó

arrest I. *v* megállít, leállít, megakaszt, lefog, feltart, visszatart; lefékez, meggátol; lezár; rögzít, arretál; **II.** *n* megállítás, leállítás, megakasztás, lefogás, feltartóztatás, visszatartás, (le)fékezés, arretálás, rögzítés; megállító, arretáló, (záró)kilincs; ~ **point** *hők, koh* kritikus pont, átalakulási hőmérséklet; *krist* megállási pont

arrested *geol* záródott *(antiklinális)*; ~ **anticline** *geol* záródott antiklinális; ~ **stoping** *geol* megfogott omlás

arrester megállító/rögzítő/megakasztó/fékező/gátló/arretáló (berendezés/készülék/szerkezet); *el* szikraköz; túlfeszültség-levezető, villámhárító; *rep* repülőgép-lefékező berendezés; ~ **board** villámhárító földelőlemeze; ~ **brake** rögzítő fék; ~ **catch** ütköző/arretáló/leállító berendezés, záróberendezés, ütköző; záróretesz; ~ **gear** *gép* gátló/leállító készülék, kilincsmű; *rep* leszálló fogókészülék *(anyahajón)*; ~ **hook** *rep* lefékezőkampó; ~ **latch** záróretesz; ~ **net** *rep* fékezőháló

arresting fék-; ~ **cam** fékbütyök; ~ **device** arretálóberendezés, rögzítőberendezés; reteszelőszerkezet; ~ **gear (ARG)** reteszelőmechanizmus; ~ **hook** *rep* lefékezőkampó; ~ **lever** *vasút* állítókar; ~ **mechanism** *geof* arretálóberendezés, rögzítőberendezés; ~ **system** fékberendezés

arrestment arretálás, rögzítés; megállítás, leállítás, megakasztás, lefogás, feltartóztatás, visszatartás, (le)fékezés, rögzítés; *vegy* arretálás, rögzítés
arrestor → arrester
Arrhenius equation *fiz* Arrhenius-egyenlet
arrhythmic aritmikus; *távk* start-stop rendszerű
arris *ép* (él)gerinc, kiugró él, tetőél, tetőgerinc, párkányél, vápa; ~ **beam** taréjszelemen, gerincszelemen; ~ **gutter** *ép* V alakú ereszcsatorna; ~ **purlin(e)** gerincszelemen; ~ **rafter** *ép* élszarufa; ~ **rail** *ép* kerítésoszlopra erősített rúd; ~**-wise** átlósan, rézsútosan; *ép* cserépfedés irányában
arrival (meg)érkezés, beérkezés; ~ **and departure board** *rep* a légijárművek érkezéséről és indulásáról információt adó munkahely; ~ **curve** *távk* vételi görbe; ~ **platform** *közl* érkezési peron/oldal; ~ **process** *szt* beérkezési folyamat; ~ **rate** *szt* beérkezési ráta; ~ **station** *vasút* célállomás; ~ **time** *geof* beérkezési idő; *vasút* érkezési idő; ~ **track** *rep* érkező légijárművek útvonala
arrow nyíl; *geod* mérőláncletűző szeg; *mat* morfizmus, nyíl; ~**-and-cross indicator** *rep* „tilos-szabad"-jelző; ~ **engine** W-motor, kettős V-motor; ~**-head** nyílhegy; *gép* méretnyíl; ~**-head drill** szívfúró; ~**-head scraper** *bány* nyilasvégű saraboló; ~**-head twin** *ásv* fecskefark alakú iker; ~**-pan** *foto* vörösérzékeny film; ~ **plot** *ol* ebihal-ábrázolás, nyílábra, tadpole-plot; ~ **point** mutatóhegy, nyílhegy
arrowroot starch *gyógyv* arrowroot-keményítő
arroyo *hidr* kis csatorna
arsanilic acid arzanilsav, p-amino-fenil-arzonsav
arsenal *kat* fegyverraktár, arzenál; haditengerészeti arzenál; hajóműhely, hajógyár; lőszer(rak)tár; szertár
arsenate *vegy* arzenát
arsenic (As) I. *a vegy* arzén(V)-; **II.** *n vegy* arzén; ~ **acid** *vegy* arzénsav; ~ **anhydride** arzén-pentoxid; ~ **bloom** arzénvirág; ~ **butter** arzénvaj; ~ **compounds** arzénvegyületek; ~ **curing** *bőr* arzénes tartósítás; ~ **curing of hide** arzénes nyersbőrtartósítás; ~ **disulphide/disulfide** *ásv* realgár; *vegy* arzén-diszulfid; ~ **flowers** *pl ásv* arzenit; ~ **glass** *vegy* arzénikum, arzén-(III)oxid; ~ **hydride** arzén-hidrogén, arzin; ~ **iron** *ásv* arzénpirit; ~ **lime** *bőr* arzénes meszes; ~ **monosulphide/-sulfide** *vegy* arzén-szulfid, arzén-monoszulfid; ~ **nickel** *koh* arzén-nikkel; ~ **pentachloride** *vegy* arzén-pentaklorid, arzén-(V)klorid; ~ **pentoxide** arzén-pentoxid; ~ **powder** fehér arzenikum; ~ **red** arzén-diszulfid; ~ **trioxide** arzén-trioxid; ~ **white** fehér arzenikum
arsenical *vegy* arzéntartalmú; ~ **antimony** *vegy* allemontit, arzén-antimonid; ~ **copper** arzénrézérc; ~ **iron** *ásv* löllingit; ~ **mundic** *ásv* arzénkovand, arzenopirit; ~ **nickel** *ásv* arzénnikkel; nikkelin; ~ **pyrite** *ásv* arzénkovand, arzenopirit; *vegy* arzéntartalmú szerek; ~ **silver** *ásv* arzénezüst
arsenide *vegy* arzenid
arseniopleite *ásv* arzeniopleit
arseniosiderite *ásv* arzeniosziderit
arsenious acid *vegy* arzénes sav
arsenite *vegy* arzenit
arseniuretted *vegy* arzén tartalmú *(hidrogén)*
arseno *vegy* arzeno-; ~**-benzene** arzenobenzol; ~**-compound** arzenovegyület; ~**-group** arzéncsoport
arsenolite *ásv* arzenolit
arsenopyrite *ásv* arzenopirit
arsenous *vegy* arzén(III)-; ~ **sulphide** *vegy* arzén-triszulfid, arzén(III)-szulfid
Ar sh → area hyperbolic sine
arsine *vegy* arzén-hidrogén, arzin
arsinic acid *vegy* arzinsav
arsonate *vegy* arzonát
arsonic acid *vegy* arzonsav
arsonium *vegy* arzóniumgyök; ~ **halide** *vegy* arzóniumhalogenid
arsphenamine *vegy* arzfenamin, szalvarzán
ARSR → air route surveillance radar
art művészet, tudomány; mesterség; (mesterségbeli) ügyesség/jártasság; ~ **and science of mining** *bány* bányaműveléstan; ~ **ceramics** művészi kerámia; ~ **director** *film* művészeti vezető; ~ **embroiderer** műhímző; ~ **gallery** *ép* műcsarnok, képtár; ~ **of war** hadművészet; ~ **of weaving** szövés; ~ **paper** műnyomó papír; ~ **parchment** okmánypergamen; ~**-printing board** *pa* műnyomó karton; ~**-printing paper coating machine** műnyomópapírgép; ~ **publication** díszkiadás; ~**s and crafts** iparművészet
ART → automatic range tracking
artefact (mű)termék
arterial | **art** *bány* szétágazó *(telér)*; ~ **drainage** csatornahálózat; ~ **highway** → ~ road; ~ **road** fő közlekedési út; főútvonal; ~**s** *közl* főútvonalak
artesian *geol, talt* artézi; ~ **aquifer** artézi víztároló; ~ **condition** *talt* artézi (nyomás)viszonyok; ~ **deep well** *geol* negatív artézi kút; ~ **flowing well** *hidr* pozitív artézi kút; ~ **head** artézi nyomómagasság; ~ **pressure** artézi nyomás; ~ **spring** artézi kút; *bány* felszálló forrás; ~ **water** *talt* artézi víz; feszített tükrű talajvíz; ~ **well** artézi kút, nyomás alatti kút; ~ **well water** *bány* artézi víz
artic → articulated lorry
article cikk *(írás)*; (áru)cikk; gyártmány; vámtétel-(szám); ~ **for teaching** tanszer; ~ **of fashion** *tex* divatcikk; ~ **of virtue** műtárgy *(művészeti)*
articulate I. *v* ízenként összeilleszt/összeköt, egyesít; csuklósan köt; tagol; **II.** *a* csuklós; tagolt
articulated *gép* csuklósan mozgó/összekapcsolt; *gépk* csuklós *(jármű, busz stb.)*; *távb* érthető; ~ **band** csuklós szalag; ~ **bar** *bány* csuklós süveg; ~ **belt joint** csuklós hevederkapcsolás; ~ **bucket** *em* szétnyitható rakodókanál; ~ **car** *vasút* csuklósan kapcsolt kocsi; ~ **column** *ol* csuklós rögzítésű termelési fedélzet; ~ **coupling** *gép* csuklós tengelykapcsoló/tengelykötés; ~ **crane handling equipment** konténerautódaru; ~ **deck** *em* csuklógémes szerelőkosár; ~ **dummy bar** *koh* hajlítható/láncos kristályosítórúd; ~ **flat-bed trailer** nyerges tréler; ~ **frame wheel-dozer** csuklós tológép; ~**-frame wheel-loader** csuklós (homlok)rakodó; ~ **gate culvert** *hidr* csuklós csőzsilip; ~ **grader** kétmotoros földgyalu; ~ **jack** *ép* ollós emelő; ~ **jib with crab** futómacskás csuklós gém; kombinált gém; ~ **joint** *gép* csuklópántos/csuklós illesztés/kapcsolat/kötés; ~ **link** *gép* csuklós tag; ~**-link belt** *kat* töltényheveder *(géppuskához)*; ~**-link drive** csuklós mechanizmusos hajtás; ~ **link gearing** kényszermozgású áttétel, zárt kinematikai láncú áttétel; ~ **loading shovel** csuklós (homlok)rakodó; ~ **locomotive** *vasút* csuklósan tagolt mozdony; Mallet-

rendszerű mozdony; ~ **lorry** *gépk* kamion; ~ **nipple** *gép* csuklós közdarab; ~ **pipe** *hidr* csuklós cső; ~ **platform** → ~ deck; ~ **rack** *gép* csuklós fogasléc; ~ **rear-dump lorry/truck** *ép* csuklós hátrabillenő gépkocsi; ~ **rod** *gép* csuklós rúd; *gépk* mellékhajtórúd; ~ **shaft** *gépk* csuklós tengely; ~ **shovel loader** *ép* csuklós (homlok)rakodó; ~ **strut** *rep* csuklós merevítőrúd; ~ **suspension** *gép* csuklós/tagolt felfüggesztés; kardánfelfüggesztés; ~ **tanker** *gépk* nyerges tartálykocsi; ~**-tank locomotive** *vasút* csuklósan tagolt szertartányos mozdony, tenderes mozdony; ~ **tower** *ol* csuklós rögzítésű termelési fedélzet; ~ **trailer** *ép* félpótkocsi; nyerges pótkocsi; ~ **troll(e)y jib/boom** *ép* futómacskás csuklós gém; kombinált gém; ~ **truck crane train** *ép* csuklós autódaru-szerelvény; ~ **vehicle** *gépk* nyerges vontató- és pótkocsi; ~ **wheel loader** *ép* csuklós (homlok)rakodó; ~**- yielding arch lining/support** *bány* csuklós íves biztosítás

articulation *gép, gépk* csukló, pánt; csuklóforgópont; csuklós kapcsolás/kapcsolat; *távk, távb, távk* beszédérthetőség; logatomérthetőség, szótagérthetőség; ~ **loss** *távb, távk* érthetőségi csillapítás; ~ **point** tagolási pont; ~**-reference equivalent** *távb, távk* érthetőségi egyenérték; ~ **score** *hang* érthetőségi százalék

articulite *geol* artikulit

artifact → artefact

artifice ügyesség; (megoldási) készség; ügyes megoldás/szerkezet

artificer kézműves; mester(ember), iparos

artificial mesterséges; mű-; szintetikus; utánzott; ~ **aeration** mesterséges levegőztetés; ~ **aerial** *távk* műantenna; ~ **ag(e)ing** öregbítés; mesterséges öregítés; *any, műa* mesterséges keményítés/nemesítés; ~ **almond oil** *vegy* nitrobenzol; ~ **antenna** *távk* műantenna; ~ **atmosphere** kondicionált levegő; mesterséges légkör; ~ **casing** *élip* műbél; ~ **channel** *hidr* mesterséges vízfolyás; ~ **climate** mesterséges éghajlat; ~ **cooling** mesterséges hűtés; kényszerhűtés; ~ **cotton** papírvatta, cellulózvatta; ~ **crude** *ol* szintetikus/mesterséges kőolaj/ásványolaj; ~ **crystal** mesterséges/növesztett kristály; ~ **daylight** *opt* mesterséges megvilágítás; ~ **dewatering** *hidr* mesterséges víztelenítés; ~ **dielectric** *el* mesterséges dielektrikum; ~ **disintegration** *at* mesterséges bomlás; ~ **distributor** *mzg* műtrágyaszóró (gép); ~ **draught** *szell* mesterséges kéményhuzat/szellőzés; ~ **drilling island** *ol* fúrósziget; ~ **drive** *ol* mechanikai termelés; ~ **dyestuff** *tex* mesterséges színezék; ~ **ear** *hang, távk* műfül; ~ **earth** *távk* ellensúly; ~ **earth(ing) electrode** *távk* mesterséges földelő; ~ **Earth's satellite** *űr* (Föld) mesterséges bolygó(ja), szputnyik, műbolygó; ~ **environment** mesterséges környezet; ~ **fertilizer** *mzg* műtrágya; ~ **fibre/fiber** *tex* műszál; ~ **field** *geof* mesterséges erőtér; ~ **filter screen** *ol* ragasztott kavicsszűrő; ~ **flag** *ép* mesterséges burkolókő; ~ **flesh** *önt* műfánc, mesterséges fánc; ~ **gastric fluid** *gyógyv* mesterséges emésztőnedv/gyomornedv; ~ **ground** *távk* ellensúly; mesterséges földelő; műföldelés; ~ **head** *el* műfej; ~ **horizon** *csill, rep* mesterséges horizont, pörgettyűhorizont; ~ **horn** *műa* műszaru; ~ **intelligence (AI)** *szt* mesterséges intelligencia; ~ **irradiation** *at* mesterséges besugárzás; ~ **kidney** *orv* művese, dializátor; ~ **language** *szt* mesterséges nyelv; *távk* műnyelv; ~ **latex** *vegy* mesterséges latex; ~ **layer** *el* mesterséges réteg; ~ **leather** műbőr, bőrhelyettesítő *(műanyag)*; ~ **light** *opt* mesterséges fény; ~ **lighting** *opt* mesterséges világítás; ~ **limb** *orv* művégtag, protézis; ~ **line (AL)** *távk, távb* művonal, mesterséges vonal; vonalutánzat; ~ **load** *el* műterhelés; ~ **magnet** mesterséges mágnes; ~ **manure** *mzg* műtrágya; ~ **marble** műmárvány; ~ **medicinal water** *hidr* mesterséges gyógyvíz; ~ **method** *ol* mesterséges termelési mód; ~ **mouth** *el* műszáj; ~ **offshore drilling island** *ol* fúrósziget; ~ **paper-flower** művirág, papírvirág; ~ **parchment** *pa* pergamenpótló; ~ **programming language** *szt* mesterséges programnyelv; ~ **radio-activity** *at* mesterséges radioaktivitás; ~ **recharge** *hidr* vízdúsítás; ~ **resin** műgyanta; ~ **resin adhesive** *önt* műgyantaragasztó; ~ **reverberation** *hang* mesterséges utánzengés, zengetés; ~ **roof** *bány* műfőte; ~ **rubber** műgumi; ~ **satellite** mesterséges hold/bolygó, műhold; ~ **seasoning** *fa* mesterséges szárítás; ~ **selection** *távk* műválasztás; ~ **shaping line** *távk* jelformáló művonal; ~ **silk** műselyem; ~ **slate (asbestos-cement) roofing** mesterséges (azbesztcement) palalemezfedés; ~ **stone** műdrágakő; *ép* műkő; *pa* (facsiszoló) műkő; ~ **sunlight** *opt* ibolyántúli lámpa; ~ **sweetener** *élip* mesterséges édesítőszer; ~ **system** *rendsz* mesterséges rendszer; ~ **temperature factor** mesterséges hőmérsékleti tényező; ~ **test** mesterséges vizsgálat; ~ **throat** *hang* műgége; ~ **traffic** *távk* mesterséges forgalom; ~ **transmission line** *el* művonal, mesterséges vonal; ~ **transmutation** *at* mesterséges atomátalakítás; ~ **transmutation of elements** *at* elemek mesterséges átalakítása; ~ **voice** *távk* mesterséges hang; műhang; ~ **watercourse** *hidr* mesterséges vízfolyás; ~ **waterway** *hidr* mesterséges víziút; ~ **weathering** *tex* mesterséges időjáráshatás; ~ **weather modification** *met* időjárásmódosítás; ~ **well operation method** *ol* mechanikai termelés; ~ **wool** tépett gyapjú; ~ **year** polgári év

artificially mű-; mesterségesen, mesterséges úton; ~ **aged condition** mesterséges öregítési állapot; ~**-grown tree** magról termelt fa; ~ **radioactive element** *at* mesterséges radioaktív elem; ~ **radioactive nucleus** *at* mesterséges radioaktív mag; ~ **ruled grating** mesterséges/optikai rács

Artigue's process *foto* szénnyomatmódszer *(közvetlen)*

artillery tüzérség; ~ **barrage** tüzérségi zárótűz; ~ **battalion** tüzérosztály; ~ **board** *kat* ütegmérőasztal; ~ **caisson** *kat* tüzérségi lövedékláda; ~ **emplacement** lövegállás; ~**-observation aircraft** tüzérségi megfigyelő-repülőgép; ~ **piece** löveg; ~ **range** *kat* tüzérségi lőtér; ~ **rocket** tüzérségi rakéta(lövedék); ~ **shell** tüzérségi lövedék; ~**-spotter aircraft** tüzérségi felderítő-repülőgép; ~ **support** tüzérségi támogatás; ~ **train** tüzérségi lőszervonat

Artinskian stage *geol* artinski emelet

artisan kézműves(mester), mesterember, (kis)iparos; mechanikus, műszerész

artist művész; kézműiparos; ~**'s canvas** képvászon, festővászon; ~**'s cardboard** festőkarton *(lemez)*; ~**'s donkey** műterembak; ~**'s paint** művészfesték; ~**'s proof** *nyom* mesterlevonat

artistic művészi, mű-; ~ **mo(u)lding** művészi formázás/dombormű

artotype *nyom* krómzselatinos közvetlen képnyomás
artwork *nyom* grafika *(kiadványé)*; *szt* mesterrajz *(integrált áramköré)*; ~ **master** kliséeredeti, mesterminta
ARU → audio response unit
aryl *vegy* aril, arilgyök, arilcsoport; ~ **arsonic acid** *vegy* arilarzonsav; ~ **halide** *vegy* aril-halogenid, arilhaloid; ~ **radical (Ar.)** *vegy* arilgyök; ~**-substituted** arilezett, arillel helyettesített
arylene *vegy* ariléncsoport
as ahogy, (a)mint; ~ **a function of time** *mat* időfüggő, időben változó, idő függvényében, nem állandó, reonóm; ~ **annealed** *any* közvetlenül lágyítás után(i állapotban); ~**-cast alloy** nyers ötvözet; ~**-deposited weld metal** *heg* varratfém hegesztett állapotban; ~**-drawn condition** *heng* húzott állapot; ~ **received/supplied (condition)** szállítási állapot; ~**-rolled condition** *heg* hengerelt állapot; ~ **welded** hegesztett (állapotban)
As → arsenic; → ampere-second
AS → air-seasoned; → air speed; → air station; → alto-stratus; → American Standard; → angle of sight; → antisubmarine
ASA → American Standards Association
asaprobic, asaprobiotic aszaprobikus
Asarco furnace *koh* Asarco-kemence
ASAT → anti-satellite weapon
asbeferrite *ásv* azbeferrit
asbestine azbesztin
asbeston pamutazbesztfonal
asbestos *ásv* azbeszt; ~ **apron** *heg, önt* azbesztkötény; ~ **board** *pa* azbesztlemez *(karton)*; ~ **cardboard** azbesztkarton; ~ **cement conduit** azbesztcement-védőcső; ~**-cement sheeting** *ép* azbesztcementlap, eternitlap; ~ **cloth** azbesztszövet; ~ **clothing** azbeszt védőöltözet; azbesztruha, azbesztruházat; ~ **cord** azbesztzsinór; ~ **felt** azbesztnemez; *pa* azbeszt (szárító)nemez; ~ **fibre/fiber** azbesztszál; ~ **filter** *gyógyv* azbesztszűrő; ~ **gloves** *pl* azbesztkesztyű; ~**-insulated** *ép* azbesztszigetelésű; ~ **loom** azbesztszövő gép; ~ **lumber** *pa* azbesztcementlemez; ~ **millboard (AMB)** azbesztlemez; ~ **mittens** → ~ gloves; ~ **packing** *ol* azbeszttömítés; ~ **paper** azbesztpapír; ~ **shingle** *ép* azbesztpala; ~ **slate** *ép* eternit; műpala, azbesztpala; ~ **spray** *ép* hangnyelő vakolat; ~ **suit** azbesztöltözet; ~ **wall-board** *ép* azbeszt-építőlemez; ~ **wool** *ép* azbesztgyapot; ~ **yarn** azbesztfonal
ASBM → air-to-surface ballistic missile
asbolane, asbolite *ásv* asbolán
ASC → adaptive speed control; → automatic sensitivity control
ascend emelkedik, felmegy, felfelé halad; felszáll; *rep* felemelkedik *(léggömb)*
ascendable felmenő, felszálló; ~ **chimney** *ép* lépcsős kémény
ascendant felmenő, felszálló; aszcendens; ~ **current** *met* felszálló légáramlat
ascending I. *a* felszálló, felmenő; felemelkedő; **II.** *n* emelkedés, felszállás; *bány* felfelé haladó fejtés; ~ **air current** *met* felszálló légáramlás; ~ **branch** emelkedő/felszálló ág *(röppályáé)*; ~ **entry** *bány* emelkedő vágat; ~ **horizontal slicing** *bány* szintes szeletes fejtés alulról felfelé; ~ **induction** *mat* felszálló indukció (... mely szerint), (... szerinti) felszálló indukció; ~ **letter** *nyom* sorból kiemelkedő betű; ~ **limb of hysteresis loop** hiszterézishurok felszálló szára/ága; ~ **method** *bány* (szeletes) művelés alulról felfelé; ~ **node** *csill* felszálló csomó; ~ **part of the trajectory** röppálya felszálló ága, felszálló pályaszakasz; ~ **path** *rep* emelkedési útvonal; ~ **pipe** *gép* felszállócső; ~ **power series** *mat* hatványsor; ~ **reduction** *mat* legnagyobb közös nevezőre hozás; ~ **solution** aszcendens oldat; ~ **spring** *geol* felszálló forrás; ~ **step** *bány* főtepászta; ~ **stope** *bány* felfelé haladó fejtés; ~ **stroke** dugattyúlöket alsótól felső holtpontig; ~ **ventilation** *bány* felszálló szellőztetés; ~ **working** *bány* emelkedésben haladó művelések; feltörések
ascension (fel)emelkedés; felszállás
ascensional (fel)emelkedő, felszálló; ~ **cast/casting** *önt* dagadó/emelkedő/alsó öntés; ~ **motion** emelkedő mozgás, felfelé haladó mozgás; ~ **power** felhajtóerő; ~ **ventilation** *bány* felszálló szellőztetés
ascent emelkedő, emelkedés; emelkedés, felszállás; hegymenet *(járműé)*; *rep* felemelkedés; ~ **of the miners** *bány* kiszállás *(bányából)*
ascertain megállapít, megerősít
ascertaining I. *a* megerősítő; **II.** *n* megállapítás, megerősítés
ascertainment azonosítás
ascharite *ásv* ascharit
aschistic *geol* asisztikus
ASCII (American Standard Code for Information Interchange) *szt* ASCII *(az információcsere amerikai szabványos kódja)*; ~ **character** *szt* ASCII-karakter; ~ **code** *szt* ASCII-kód
ascorbic | acid (AA) *gyógyv* aszkorbinsav, C-vitamin; ~ **oxydase** *vegy* aszkorbináz
ascribing *mat* hozzárendelés; kijelölés, attribúció
ASDIC (Allied Submarine Detection Investigation Committee) *hang* hangradar
aseismic *geol* aszeizmikus; ~ **region** *geof* földrengésmentes/aszeizmikus terület
aseptic *gyógyv* aszeptikus, csírátlan, baktérium nélküli; ~ **conditions** *gyógyv* aszeptikus feltételek; ~ **filling** *gyógyv* aszeptikus/steril töltés; ~ **paper** steril papír; ~ **precaution** *gyógyv* aszeptikus/steril előfeltétel; ~ **technique** *gyógyv* aszeptikus munkamódszer
ASFX → assembly fixture
ash I. *v* (el)hamvaszt; hamuval behint/beszór; *mt* rongykoronggal políroz/áttöröl; **II.** *n* hamu; *geol* tufa; ~ **bar** *hőt* hamutorlasztó; ~ **bin** szemétláda; hamuláda; ~ **blending** átlagosítás a hamutartalom szerint; ~ **cave** hamugödör; ~ **composition** hamuösszetétel; ~ **cone** *geol* tufakúp; ~ **container** salaktároló; ~ **content** hamutartalom; ~ **cooler** szódaszárító hűtő; ~**-damper** hamulocsoló berendezés; ~ **dump** hamuhányó; ~**es** *pl* hamu; ~**-grey** hamuszürke; ~**-handling drum** *hőt* salaklevezető dob; ~**-hoist gear** salakcsörlő; ~**-hole** hamuzó/salakozó nyílás; ~ **hopper** *en* salaktölcsér; ~ **melting point** salakfolyási pont; ~**-pan** *hőt, vasút* hamuláda; *pa* hamuszekrény; ~ **pan damper** *hőt* hamuláda-légcsappantyú; ~**-pan dump** hamuláda-salakürítő csappanytú; ~**-pan scraper** hamukotró lapát; ~**-pit** hamugödör; salaktároló; ~**-pit damper** rostély alatti huzatszabályozó tolózár; ~ **pot** salaktároló; ~ **pump** *en* zagyszivattyú; ~ **quenching** salakoltás; ~ **removal** hamueltakarítás; ~**-removing plant** *hőt* hamueltávolító beren-

dezés; ~ **roaster** szódakalcináló rostély; ~ **separation** pernyeleválasztás; ~ **slate** *geol* tufapala; ~ **softening point** salaklágyulási pont; ~ **stop** hamufogó; ~ **structure** *geol* tufás szerkezet; ~**-wood** kőrisfa
ashen hamuval borított, hamut tartalmazó; *fa* kőrisfa anyagú, kőrisfából való; kőrisfa-
ashing (el)hamvasztás; hamuval való beszórás; *műa* polírozás, fényezés; ~ **dish** *vegy* roncsolócsésze
ashlar *ép* faragott kő; kockakő; ~ **arch** kőboltozat; ~ **breaker** kváderkőfaragó *(munkás)*; ~ **brick** burkolótégla; ~ **facing** faragottkő burkolat; ~ **line** külső falsík, „flucht"; ~ **masonry** faragottkő-falazás; ~ **quarry** falazókőbánya, terméskőbánya; ~ **stone** burkolókő; ~ **vault** kőboltozat; ~ **wall** kőfal; ~ **walling** kőfalazás
ashlaring *ép* székoszlop-beállítás *(padlásszoba kiképzéséhez)*
ashless hamumentes; ~ **paper** hamumentes papír
ashlike hamuszerű
ashmara jute gyenge jutarost
ashore parton, partra
ashy hamuszerű
ASI → air-speed indicator
aside félre, oldalt, oldalvást
askew I. *a* lejtős, rézsútos; ferde, görbe; **II.** *adv* ferdén, rézsútosan; ~ **arch** ferde boltvállú boltozat
aslant lejtősen, rézsút, ferdén
aslope lejtősen, rézsút, ferdén
ASM → adaptive system; → air-to-sea missile; → air-to-surface missile
asmanite *ásv* asmanit
ASMI → airfield surface movement indicator
ASN → ammonium sulphate-nitrate
asparacemic acid *vegy* aszparaginsav, amino-borostyánkősav
asparaginase *vegy* aszparagináz
asparagine *vegy* aszparagin, aszparaginsavamid
asparagus stone *ásv* apatit, sárgászöld színű apatitféleség
aspartic acid *vegy* aszparaginsav, amino-borostyánkősav
aspasiolite *ásv* aszpaziolit
ASPC → air space paper core cable
aspect szemszög, nézőpont; szempont; oldal, aspektus; szemlélet; látszat, külső; tekintet; *ép* fekvés *(házé)*; ~ **angle** *távk* látószög; ~ **charge** *távk* radarjelingadozás; ~ **ratio (AR)** *hajó* oldalviszony, oldalarány; *rep* szárnykarcsúság, (szárny)oldalviszony; *tv* képoldalarány, képméretarány; ~**s** *csill* bolygóállások
aspen match-wood *fa* gyufagyártási rezgőnyárfa
asperity határozottság *(hangé)*; *távk* hangélesség
aspero cotton perui gyapot
asphalt I. *v* aszfaltoz, aszfalttal borít; **II.** *n* *ép* aszfalt; bitumen; *geol* földiszurok, aszfalt; *ol* szurok, kőolajbitumen, kőolajaszfalt; ~ **and coated macadam mixing plant** *ép* aszfaltkeverő berendezés; ~**-base** *ol* aszfaltbázisú; ~**-base crude** *ol* aszfaltbázisú nyersolaj; ~**-base petroleum** *ol* aszfaltbázisú (kő)olaj; ~ **block** *ép* aszfaltgerenda; ~ **block pavement** aszfaltkockaburkolat; ~ **board** *pa* aszfaltlemez; ~ **cement** *ép* útépítési bitumen; *ol* aszfaltbeton, aszfaltcement, aszfaltgitt; ~ **concrete (AC)** aszfaltbeton; ~ **concrete overlay** *ép* aszfaltbeton-fedőréteg; ~ **conduit** aszfaltcsővezeték; ~ **damp-proofing** *ép* aszfaltszigetelés *(nedvesség ellen)*; ~ **distributor** bitumenszóró gép; aszfaltozó (gép); ~ **distributor trailer** vontatott bitumenszóró gép; ~ **factory** aszfaltgyár; ~ **filler** aszfalt hézagkitöltő *(anyag)*; ~ **finish** aszfaltburkolat; ~ **finisher** aszfaltbedolgozó gép; ~ **flux** *ol* aszfalthígító (szer), bitumenhígító (szer); ~ **from petroleum oil** kőolajaszfalt, kőolajból készített bitumen, kőolajbitumen; ~ **grout** *ép* aszfalthabarcs, aszfaltkiöntés; ~ **gunite equipment** *ép* bitumenszóró gép; ~**-laminated paper** többrétegű bitumenes papír; ~ **mastic** *ép* aszfaltmasztix; ~ **mica foil** *el* aszfalt-mikafolium; ~ **mixer** *ép* aszfaltgyúró/aszfaltkeverő gép; ~ **of pitch groove joint** *ép* hézagtömítő aszfalt; ~ **oil** *ol* aszfaltos maradványolaj; ~ **paste** *el* aszfalt kompaundmassza; ~ **pavement** *ép* aszfaltburkolat; ~ **paver** → ~ finisher; ~ **plank** aszfaltpalló; ~ **plant** aszfaltbetonkeverő készülék; ~ **plant for bituminous mix** aszfaltkeverő berendezés; ~ **primer** aszfaltos alapmáz; ~ **pump** bitumenszivattyú; ~ **putty** *ol* aszfaltbeton, aszfaltcement, aszfaltgitt; ~ **rag felt** *ép* fedéllemez rongypapírból, aszfaltos rongypapírlemez; ~ **rock** *geol* természetes aszfalt; ~ **seepage** *ol* aszfaltkibúvás; ~**-sheathing paper** aszfaltszigetelő papír; ~ **shingle** *ép* aszfaltzsindely; ~ **still** *ol* aszfaltlepárló/bitumenlepárló/aszfaltdesztilláló (berendezés); ~ **surface heater** *ép* aszfaltburkolat-melegítő; ~ **tar** *ol* ásványolajmaradék, godrun; ~**-topped road** *ép* aszfaltburkolatú út; ~ **topping** *ép* aszfaltburkolat; ~ **varnish** aszfaltlakk; ~ **works** aszfaltgyár
asphalted *ép* aszfaltozott, bitumenes, aszfaltos; ~ **felt** kátránylemez, kátránypapír; ~ **wire** *el* kátrányozott huzal
asphaltene *vegy* aszfaltén; keményaszfalt
asphaltic *ol* aszfalttartalmú; ~ **base crude (oil)** aszfaltbázisú nyersolaj/kőolaj; ~ **bitumen** *ép, ol* ásványolajaszfalt; aszfaltbitumen, aszfalt; ~ **bitumen distributor** *ép* bitumenszóró gép; ~ **bitumen gunite equipment** *ép* bitumenszóró gép; ~ **body** *vegy* aszfaltvegyület, aszfalttest; ~ **cement** *ép* aszfaltos/bitumenes kötőanyag; ~ **concrete** *ép* aszfaltbeton, aszfaltcement, aszfaltgitt; ~ **concrete mixer** *ép* aszfaltkeverő gép; ~ **concrete mixing plant/installation** *ép* aszfaltkeverő berendezés; ~ **concrete paver** *ép* aszfaltbedolgozó gép; ~ **distributor trailer** *ép* vontatott bitumenszóró gép; ~ **limestone** *geol* aszfaltmészkő; ~ **lining** *hidr* fekete szigetelés; ~ **pavement heater** *ép* aszfaltburkolat-melegítő; ~ **residue** *ol* aszfaltos/bitumenes maradék; ~ **roofing-board** *ép* kátrányfedőlemez; ~ **sandstone** *geol* aszfalthomokkő
asphaltite *ásv* aszfaltit
asphaltization aszfaltosodás; *ol* elkátrányosodás
asphaltous acid *ol* aszfaltogén sav
asphaltum aszfaltbarna *(festék)*; aszfalt
aspherical aszferikus; ~ **mirror** aszferikus tükör; ~ **surface** *fiz* aszferikus felület
aspherize *opt* aszferikussá tesz
aspherizing machine *opt* aszferikus csiszológép
asphyxiant *vegy* fojtóanyag, fojtószer; ~ **gas** fojtógáz
aspic oil levendulaolaj
aspirant pipe *gépk* szelelőcső
aspirate szív, beszív, kiszív; felszív; *élip* szellőztet
aspirated (be)szívott, felszívott; ~ **dust** *bány* poros termék; ~ **engine** feltöltés nélküli motor; ~ **psychro-**

meter → aspiration psychrometer; ~ **volume** *gépk* beszívott térfogat
aspirating szívó; ~ **dredger** *hidr* szívókotró; ~ **hole** szívónyílás; ~ **mouth** *bány* légzőnyílás, szívónyílás; ~ **stroke** szívólöket
aspiration szívás, beszívás, kiszívás; felszívás; *bány* szívótömlő; *koh* elszívás; ~ **channel/duct** *hidr* szívócsatorna; ~ **psychrometer** *met* légszívós nedvességmérő/páramérő; ~ **worm** *élip* szellőztetőcsiga
aspirator szívókészülék; exhausztor, szívószellőző; légelszívó; *élip* aspirátor, tarár; *mzg* gabonaszelelő, fúvó; ~ **bottle** szívóüveg; Deville-palack; ~ **pump** vízsugárszivattyú
aspirin *vegy* aszpirin, acetil-szalicilsav
Asplund pulp *pa* Asplund-cellulóz
aspwood *fa* rezgőnyár(fa)
ASR → airborne search radar; → airport surveillance radar; → air surveillance radar; → answer, send and receive; → antisubmarine rocket; → automatic send-receive set
ass csepegtetődeszka, lefolyó
Ass → assistant
assanation *mzg* asszanáció
assault I. *v* rohamoz; **II.** *n* rohamcsapás; ~ **boat** *kat* rohamcsónak; ~ **gun (AG)** *kat* rohamlöveg
assay I. *v* becsül, vizsgál, mennyiségileg elemez *(ércet)*; finomsági jeggyel ellát; **II.** *n* becslés, szakértői vélemény; vizsgálat; *any* ércelemzés; próba, minta, elemzési minta; *bány* kémlés; ~ **balance** *vegy* analitikai mérleg; becsüsmérleg; ~ **crucible** *koh* próbatégely; ~ **flask** ülepítőpohár *(kúpos)*; ~ **furnace** *koh* minőségvizsgáló kemence; ~ **lead** próbaólom; ~ **of ore** *bány* ércpróba; ~ **pound** *metr* kísérleti font *(súlyegység nemesfém-vizsgálathoz)*; ~ **slag** *koh* fémkémlészeti salak; ~ **value** *bány* ércpróba fémtartalma
assayer *koh* próbamester; ~**'s tongs** *pl koh* próbafogó
assaying *bány* ércvizsgálat; *vegy* elemzés, analízis; próba, behelyettesítés, számítás próbája, numerikus ellenőrzés; titrálás; ~ **of gold/silver** arany/ezüst fémjellel ellátása
Assel | elongator *heng* Assel-hengersor; ~ **(rolling) mill** *heng* Assel-hengersor
assemblage (össze)szerelés, összeállítás; összerakás, összegyűjtés; illesztés; szerelés; *ép* összeépítés; *ép, gép* illesztés; *környv* állomány; ~ **of curves** *mat* görbesereg; ~ **of lodes** *geol* teléregyesülés; ~ **of points** *mat* ponthalmaz; ~**-theoretic** *mat* halmazelméleti
assemble I. *v gép* (össze)szerel, (össze)illeszt; összegyűlik; összerak, összegyűjt, összeállít *(gépet)*, felszerel; *kat* összeállít, gyülekezik; *szt* fordít; **II.** *n* összeszerelés, összeállítás; ~ **die** *nyom* szerelhető bélyegző; ~ **of numbers** *mat* számhalmaz
assembled battery *el* száraztelep, szárazelem
assembler *szt* assembler, (alacsony szintű) fordító; ~ **card deck** *szt* assembler-kártyacsomag; ~ **language** *szt* assembler nyelv
assembling I. *a* → assemble; **II.** *n* felszerelés, összeszerelés, összeillesztés; összerakás, összegyűjtés; összeállítás *(gépé)*; összegyülemlés, összetömörülés; ~ **die** *alak* összetett szerszám/matrica; ~ **ga(u)ge** szerelési űrméret; ~ **jig** *ép* szerelőállvány; ~ **press** *alak* szerelőprés, szerelősajtó; ~ **pressure** összeillesztő nyomás, szerelőnyomás
assembly (assy) összeállítás, (össze)szerelés, összeépítés; *ép* összeépítés *(paneleké)*; *gépk* összeszerelés, összeállítás; *mat* halmaz, sokaság; *mt* alkatrészcsoport; gépcsoport *(aggregát)*; szerelvény, armatúra, szerelvények; szerkezeti részegység; *szt* összeállítás, halmaz, assembly; ~ **adhesive** *mt* szerkezeti ragasztó; ~ **band/belt** *mt, gép* szerelőszalag; ~ **conveyor** szerelőszalag; ~ **department** szerelde, szerelőműhely; ~ **dolly** mozgó szerelőpad; ~ **drawing** összeállítási rajz; szerelési rajz; ~ **fixture (ASFX)** szerelőkészülék; ~ **floor** *mt* szerelőtér; ~**-holding block** *forg* szerelőtönk; ~ **inspection** ellenőrzés a szerelés szakaszában; ~ **jig** *ép* szerelőállvány; ~ **language** *szt* assembler-nyelv; ~ **line** *gép* futószalag; szerelősor; szerelőszalag, szerelővonal; ~**-line control** szerelőszalag-vezérlés; ~ **list** összeállítási jegyzék; ~ **of beams** *ép* gerenda-összeszerelés; ~ **plant** *gépk* összeszerelő üzem; ~ **program** assembler; ~ **room/shop** *gép, gépk* összeszerelő üzem; szerelde, szerelőműhely, szerelőcsarnok; ~ **truck** szerelőfekvőpad; ~ **unit** szerelvény *(szerelési egység)*; ~ **weld** *heg* fűzővarrat; ~ **welding** *heg* szerelőhegesztés, fűzőhegesztés
assertion *mat* állítás
assess értékel, felbecsül
assessed értékelt, (fel)becsült; ~ **failure rate** becsült meghibásodási ráta; ~ **gamma-percentile life** becsült gamma-százalékos élettartam; ~ **mean life** becsült átlagos élettartam; ~ **mean time between failures,** ~ **MTBF** becsült átlagos meghibásodások közötti idő; ~ **mean time to failure,** ~ **MTTF** becsült átlagos működési idő; ~ **reliability** becsült megbízhatóság; ~ **survival probability** becsült hibamentes működés valószínűsége
assessment értékelés, (fel)becslés; ~ **criterion** becslési/értékelési kritérium; ~ **of damage** rongálódás (fel)becslése; ~ **of rounding errors** kerekítési hibák becslése
assessor szakértő, becslő
assets (rendelkezésre álló) technika; eszközök; vagyon(tárgyak); tőke; kinnlévőségek, követelések
assign átruház, átutal; kijelöl, meghatároz, megállapít; kioszt, helyet kiutal/kijelöl; *mat* hozzárendel; ~ **a mission** *kat* feladatot szab; ~ **a right** jogot megszorítás nélkül átruház
assignable | cause meghibásodás megállapítható oka; ~ **licence/license** átadható licencia
assigned *mat* hozzárendelt; *távk* kiosztott, nemzetközileg elosztott, kijelölt; ~ **flight path** *rep* kijelölt repülési pálya; ~ **frequency** *távk* kijelölt frekvencia; ~**-term indexing** *szt* állományok indexelése hozzárendelt címkével; ~ **track** *rep* kijelölt útirány
assignment átruházás, kiutalás; kijelölés; rendeltetés; kiosztás, juttatás; attribúció; feladat; *mat* hozzárendelés; ~ **instruction** *szt* hozzárendelési utasítás; ~ **key** *távb* hívókulcs; ~ **of frequencies** frekvenciaelosztás; ~ **problem** hozzárendelési/kijelölési probléma; ~ **process** hozzárendelési eljárás; ~ **statement** rendeltetésmeghatározás, előirányzás; *szt* hozzárendelési utasítás; ~ **symbol** *szt* hozzárendelési szimbólum
assignor engedményező *(szabadalomé)*
assimilate asszimilál, (át)hasonít; (át)hasonul
assimilation *biot* asszimiláció, feldolgozás; *geol* asszimiláció *(kőzeté)*; ~ **of carries** átvitelillesztés

assise *ép* hengeres kőtömb *(oszlop egyik köve)*; *geol* rétegsorozat
assist segédkezik, kisegít; részt vesz, hozzájárul; ~ **loop** *gépk* kapaszkodófogantyú
assistance segítség, támogatás; segédanyag; ~ **code** *távb* kezelőt hívó szám
assistant I. *a* segéd-, helyettes; **II.** *n* gyakornok; segéd; asszisztens; segédanyag; ~ **brake** rásegítő fék; ~ **driller** *geof, geod* segédfúrómester; ~ **driver** *gépk* segédvezető; ~ **for dyebath** *tex* színezési segédanyag; ~ **operator** *geof* segédészlelő
assisted segített; ~**-running locomotive** *vasút* előfogat *(mozdony)*; ~**-shield method** *ép* elővájással kombinált pajzshajtás *(alagútépítésben)*; ~ **take-off** *rep* segített felszállás *(gyorsító rakétával)*; ~**-take-off rocket (engine)** felszálló-segédrakéta
assisting engine *vasút* előfogatmozdony
Assman psychrometer *met* Assman-féle pszichrométer/nedvességmérő
associate I. *v* asszociál, társít; összekapcsol, összeköt; kapcsolatba hoz, azonosít, korrelál; **II.** *a* kisegítő; társ-; **III.** *n* munkatárs; tag *(tud. társaságé)*
associated kísérő, csatlakozó; társult; másodlagos; asszociált; ~ **aircraft systems** *rep* fedélzeti kiegészítő rendszerek; ~ **constituent** *geol* konkréció; *mech* kapcsolt komponensek; ~ **corpuscular emission** *at* másodlagos korpuszkuláris sugárzás; ~ **dike** *geol* melléktelér; ~ **emission** *at* kísérő emissziós jelenség; másodlagos/szekunder sugárzás; ~ **gas** *ol* kőolajkísérő gáz; ~ **ion pair** ionpár; ~ **malfunction** másodlagos meghibásodás; ~ **matrix** *mat* ekvivalens mátrix; ~ **number** *mat* hozzárendelt szám; ~ **particles method** *at* társrészecske-módszer, együtt keletkező részecske megfigyelésének módszere; ~ **quadric** *mat* asszociált másodrendű felület; ~ **sheets** *geol* együttesen előforduló rétegek; ~ **signal(l)ing** *távb* összerendelt jelzésátvitel; ~ **topology** *mat* asszociált topológia; ~ **wave** kísérőhullám; *at* kötött/kapcsolt hullám
association egyesülés, társulás; *fiz, szt, vegy* asszociáció, kapcsolat; ~ **heat** *fiz, vegy* asszociációs hő; ~ **of mineral** paragenezis; ~ **of trademarks** védjegykapcsolás
associative társuló, kapcsolódó; *mat* asszociatív; ~ **binary operation** asszociatív (kétváltozós) művelet; ~ **commutative ring** kommutatív-asszociatív gyűrű; ~ **element** asszociatív elem, A elem; ~ **law** asszociatív szabály; ~ **memory** asszociatív memória; ~ **operation** asszociatív (kétváltozós) művelet; ~ **storage/store** asszociatív memória; ~ **syntactic calculus** asszociatív szintaktikai kalkulus
associativeness *mat* asszociativitás
associativity *mat* asszociativitás; ~ **law** asszociatív szabály/törvény
assonance együtthangzás, asszonancia
assonant együtthangzó, összecsengő
assort osztályoz, csoportosít; fajtáz, minősít; *nyom* (össze)válogat
assorted válogatott, osztályozott; vegyes
assorting osztályozás, csoportosítás; fajtázás, minősítés; *nyom* (össze)válogatás; ~ **sieve** osztályozórosta
assortment mintagyűjtemény, választék, készlet; osztályozás, csoportosítás; féleség, fajta; ~ **of shades** *tex* színárnyalat-választék
assume elfogad; feltételez; feltesz; vállal; *mat* elér, felmegy; felvesz
assumption feltételezés, feltevés; *mat* feltétel, premissza; ~ **diagram** *mat* elméleti/konstruktív diagram; ~**-free estimator** feltételezésmentes értékelés; ~ **of load** *mech* terhelésfelvétel
assurance szavatolás, jótállás; biztosíték, garancia; ~ **coefficient** biztonsági tényező; ~ **level** szavatolt minősítés; ~ **of compatibility** összeférhetőség biztosítása; ~ **of no-defectives** hibátlanság biztosítása
assure biztosít
assy → assembly
AST → antiside-tone
astable astabil; ~ **circuit** instabil (áram)kör; *távk* astabil rezgőkör; ~ **multivibrator** astabil *v.* szabadon futó multivibrátor
astatic *fiz* asztatikus, közömbös egyensúlyi állapotban levő; sarkítatlan *(mágnestű)*; ~ **balance** asztatikus gravitációmérő műszer; ~ **controlled system** nem önbeálló szakasz; ~ **controller** integrálszabályozó, I típusú *v.* asztatikus szabályozótag; ~ **device** asztatikus készülék; ~ **galvanometer** *geof* asztatikus galvanométer; ~ **gravimeter** asztatikus graviméter; ~ **instrument** asztatikus műszer; ~ **magnetometer** asztatikus magnetométer; ~ **microphone** irányérzéketlen *v.* irányhatás nélküli mikrofon, gömbkarakterisztikájú mikrofon; ~ **suspension** asztatikus *v.* közömbös egyensúlyi felfüggesztés; ~ **system** közömbös egyensúlyú rendszer
astaticism, astatism asztatika; ~ **of the n-th order** n-ed rendű integráló viselkedés
astatics *mech* asztatika
astatine (At) *vegy* asztácium
astatize asztatizál; külső irányítóerő befolyásától mentesít
astatizing asztatizáló; ~ **mechanism** *geof* asztatizáló berendezés/szerkezet
asteria *ásv* aszteria
asteriated sapphire *ásv* aszteria
asterisk csillagalak, csillagforma; csillag; *nyom* csillag(jelzés)
asterism *any, fiz* aszterizmus; csillageffektus; *csill* csillagcsoport, csillagkép; *nyom* három csillag
astern I. *n hajó* hátramenet; **II.** *adv* hajó hátsó részén *v.* farán; hátul, törzsvégen; *rep* törzsvégen; ~ **drum** hajóturbina hátramenetrésze; ~ **running** hátramenet; ~ **steam-turbine** hátrameneti gőzturbina; ~ **unit** hátrameneti gépegység
asteroid *csill* kisbolygó, aszteroid(a)
asterolith *geol* aszterolit
asthenosphere *csill* asztenoszféra, gyenge öv
astigmatic *opt* asztigmatikus; ~ **focus(s)ing** vonalfókuszálás; ~ **light beam** asztigmatikus fénysugárnyaláb
astigmatism *opt* asztigmatizmus; ~ **control** asztigmatizmusszabályozás; ~ **in grating** *fiz* rácsasztigmatizmus
astigmatizer *opt* pontvonalasító készülék, asztigmatizátor
astochite *ásv* asztochit
Aston | dark space *el* Aston-féle sötéttér; ~ **whole-number rule** Aston-izotópszabály
astragal *ép* asztragál, „póka", mélyedés, hornyolás az oszlopfőn/oszlopábon; ~ **cutter/plane** *szersz* botgyalu; ~ **mo(ul)ding** *ép* párkány, övasztragál

astrakanite *ásv* asztrakánit, blödit
astrakhan asztrakán *(bárányбőr)*; *tex* asztrakán szövet; ~ **wool** *tex* karaküljuh gyapja
astral asztrál-, csillag-; ~ **ray** plazmaszál, húzófonal
astringency *élip* fanyarság
astringent I. *a* összehúzó; fanyar; **II.** *n vegy* asztringens, összehúzó szer
astrionic *rak* asztrionikus, űrelektronikai
astrionics *rak* űrhajózási elektronika, asztrionika
astroaz → astronomical azimuth
astrobleme *geol* becsapódási kráter
astrocamera asztrográf
astrochemistry kozmokémia
astrocompass *rep* csillagtájoló
astrodome *csill, rep* csillagvizsgáló-kupola
astro-fix *rep* csillagászati helymeghatározású helyzetpont
astrogeology asztrogeológia, planetológia
astrogeophysics asztrogeofizika
astrograph asztrográf
astrographic *csill* asztrografikus, csillagleíró; ~ **camera** asztrográf; ~ **doublet** doublett-asztrográf; ~ **refractor/telescope** asztrográf
astrographics asztrográfia, csillagleírás
astrography asztrográfia, csillagleírás; csillagtérképezés
astro-hatch *csill* kupolarés
astroid *mat* asztrois
astrolabe *csill* asztrolábium
astromechanics *csill* égi mechanika
astrometeorology asztrometeorológia, csillagászati meteorológia
astrometrical *csill* asztrometrikus, pozíciós csillagászati; ~ **instrument** asztrometrikus műszer
astrometry asztrometria, pozíciós csillagászat
astronaut űrhajós, asztronauta
astronautic(al) űrhajózástechnikai, asztronautikai; ~ **craft** űrhajó
astronautics űrhajózás, asztronautika
astronavigation csillagászati navigáció, asztronavigáció
astronomer csillagász
astronomical csillagászati, asztronómiai; ~ **azimuth (astroaz)** azimut; ~ **clock** csillagászati óra; ~ **eyepiece** asztronómiai okulár; ~ **horizon** csillagászati horizont; ~ **navigation** csillagászati navigáció; ~ **photometry** asztrofotometria, csillagfotometria; ~ **season** csillagászati évszak; ~ **sunshine duration** *met* csillagászatilag lehetséges napfénytartam; ~ **telescope** csillagászati távcső, Kepler-féle távcső; ~ **triangle** *csill* poláris/navigációs háromszög; ~ **twilight** csillagászati szürkület; ~ **unit (AU)** *csill* csillagászati/asztronómiai egység, AE; ~ **year** csillagászati év
astronomy csillagászat, asztronómia
astrophotograph csillagfénykép
astrophotography csillagfényképezés, asztrofotográfia
astrophotometer csillagszati fénymérő
astrophotometry asztrofotometria, csillagfotometria
astrophyllite *ásv* titánszilikát, asztrofillit
astrophysical asztrofizikai, csillagfizikai
astrophysics asztrofizika, csillagfizika
astroposition line *rep* csillagászati helyzetvonal
astrospectroscope asztrospektroszkóp, csillagspektroszkóp
astrospectroscopy asztrospektroszkópia, csillagászati spektroszkópia
astro-tracker csillagkövető, bolygókövető (készülék)
astrovision *tv* asztrovízió
astylar *ép* oszlop nélküli
ASV-radar → air-to-surface vessel radar
ASW → antisubmarine warfare; → antisubmarine weapon
asylum switch *el* biztonsági fedéllel elzárt kapcsoló
asymmeter *el* aszimméter
asymmetric(al) aszimmetrikus; ~ **alternating current** aszimmetrikus váltakozó áram; ~ **alternating voltage** aszimmetrikus váltakozó feszültség; ~ **anastigmat** aszimmetrikus anasztigmát; ~ **breaking** *el* aszimmetrikus megszakítási teljesítmény; ~ **breaking capacity** aszimmetrikus megszakítóképesség; ~ **breaking current** aszimmetrikus megszakítási áram; ~ **carbon atom** aszimmetriás szénatom; ~ **conductivity** *távk* irány szerint változó vezetőképesség; ~ **conductor** aszimmetrikus vezető, ellenkező áramiránynál különböző ellenállású *v.* szelephatású vezető; ~ **control** aszimmetrikus vezérlés; ~ **curve** aszimmetrikus/szabálytalan görbe; ~ **deflection** aszimmetrikus kitérés; ~ **distortion** *távb* egyoldalas torzítás; ~ **distribution** *mat* aszimmetrikus/ferde eloszlás; ~ **duplex** aszimmetrikus duplex *(adatátvitel)*; ~ **etch figures** *ásv* aszimmetrikus maródási figurák; ~ **four-terminal network** aszimmetrikus négypólus; ~ **graph** *mat* antiszimmetrikus gráf; ~ **groove weld** *heg* aszimmetrikus horonyvarrat; ~ **gyroscope** *rep* aszimmetrikus pörgettyű/giroszkóp; ~ **heterostatic circuit** aszimmetrikus heterosztatikus áramkör/kapcsolás; ~ **input amplifier** aszimmetrikus bemenetű erősítő; ~ **kink band** *ásv* aszimmetrikus törési sáv; ~ **laccolith** *geol* aszimmetrikus tömzs; ~ **lighting fitting** *opt* aszimmetrikus lámpatest; ~ **low beam** *gépk* aszimmetrikus tompított fény; ~ **luminous distribution** *opt* aszimmetrikus fényeloszlás; ~ **magnetic cycle** aszimmetrikus mágnesezési ciklus; ~ **method** *geof* aszimmetrikus elektródaelrendezés módszere; ~ **modulation** aszimmetrikus moduláció; ~ **network** aszimmetrikus négypólus; ~ **non-linearity** aszimmetrikus nemlinearitás; ~ **polyphase system** aszimmetrikus többfázisú rendszer; ~ **powder method** *krist* aszimmetrikus pormódszer; ~ **refractor** *el* aszimmetrikus lencsés fényszóró; ~**-sideband transmission** *távk* csonkoldalsávos *v.* aszimmetrikus oldalsávos átvitel; ~ **system** *krist* triklin rendszer, háromhajlású/triklin kristályrendszer; ~ **top** *fiz* aszimmetrikus pörgettyű; ~ **two-terminal-pair network** aszimmetrikus négypólus
asymmetrically aszimmetrikusan; ~**-reversed stress** aszimmetrikus lengő igénybevétel
asymmetry aszimmetria; részaránytalanság; ~ **effect** *távk* aszimmetriahatás; ~ **potential** aszimmetriapotenciál
asymmorphical, asymmorphous *ásv* aszimmorf; ~ **group** *ásv* aszimmorf csoport; ~ **space group** *ásv* aszimmorf tércsoport
asymptote *mat* aszimptota; főérintő
asymptotic aszimptotikus; ~ **behavio(u)r** *mat* aszimptotikus viselkedés, aszimptotika; ~ **circle** aszimpto-

takör; ~ **cone** aszimptotakúp; ~ **curvature** aszimptotikus görbület; ~ **curve** aszimptotikus vonal; ~ **distribution** *mat* határeloszlás; ~ **expansion** aszimptotikus kiterjedés; ~ **flux distribution** *at* aszimptotikus neutronáram-megoszlás; ~ **limit** aszimptotikus határ; ~ **line** aszimptotikus vonal; ~ **model** → ~ universe; ~ **neutron flux density** *at* aszimptotikus neutronfluxus; ~ **plane** aszimptotasík; ~ **point** aszimptotikus pont; ~ **relation** aszimptotikus viszony; ~ **solution** aszimptotikus megoldás; ~ **stability** aszimptotikus stabilitás; ~ **stability in the large** nagyban való aszimptotikus stabilitás; ~ **surface** aszimptotikus felület; ~ **universe** világegyetem (első/másodfokú) aszimptotikus modellje; ~ **value** aszimptotikus érték

asynchronism aszinkronizmus

asynchronous aszinkron(-); aszinkrón; ~ **alternator** aszinkrongenerátor; ~ **communications interface adapter (ACIA)** *szt* aszinkron kommunikációs interfész adapter; ~ **computer** aszinkrón működésű számítógép, aszinkron-számítógép; ~ **connection** *met* aszinkrón kapcsolat; ~ **discharger** aszinkronszikraköz; ~ **excitation** aszinkrongerjesztés; ~ **generator** aszinkrongenerátor; ~ **(induction) motor** *el* aszinkronmotor, indukciós motor; ~ **machine** aszinkrongép, aszinkronmotor; ~ **mode** *szt* aszinkron üzemmód; ~ **network** aszinkrón hálózat; ~ **operation** aszinkrón működés; ~ **quenching** aszinkrón csillapítás; ~ **sequential circuit/network** aszinkrón/szekvenciális hálózat; ~ **time division multiplexing** *távb* aszinkrón időmultiplex eljárás; ~ **transmission** aszinkrón átvitel

asynoptic *met* aszinoptikus; ~ **information** *met* aszinoptikus információ

At → astatine

AT → aircraft tender; → air temperature; → air-tight; → air transport; → ampere-turn; → antitank; → apparent time; → attenuator; → automatic transmitter

ATA → actual time of arrival

atacamite *ásv* atacamit

atactic ataktikus; ~ **polymer** *műa* ataktikus polimer

Atane series *geol* grönlandi felsőkréta sorozat

ataxic *geol* ataxikus, nem réteges, rendezetlen szerkezetű

ataxite *geol* ataxit

ATC → aerial tuning capacitor; → air-traffic control; → automatic temperature compensator; → automatic time corrector; → automatic tuning control

ATCC → air-traffic control centre

ATCR → air-traffic control radar

ATD → actual time of departure

ATE → altitude-transmissing equipment; → automatic testing equipment

atebrin *gyógyv* atebrin

atectonic movements *geol* atektonikus mozgások

atelene *ásv* nem tökéletes, fejlődésben zavart *(kristály)*

atelestite *ásv* atelestit

atelier műterem, stúdió

atelite *ásv* atelit

ATGN → anti-tank guided weapons

AT Gn → anti-tank gun

athermal *hőt* atermális

athermanous *fiz* hőáthatlan; hőátnemeresztő, adiatermikus, atermán

athermic *hőt* atermikus; ~ **solution** *vegy* atermikus oldat

athrogene rock *geol* vulkanikus törmelékes kőzet

at.ht. → atomic heat

athwart ferdén, rézsút, keresztben; *hajó* vmnek/vmn haránt; ~**-hawse** más hajók orra előtt keresztben; ~ **sea** keresztirányú hullámzás; ~**-ships** haránt

athyweld *heg* arkatomhegesztés, atomos hidrogén ívhegesztés

Atkinson cycle *gépk* Atkinson-ciklus

ATL → automated/automatic tape library

Atlantic cable *távk* tengerentúli kábel

atlas térképgyűjtemény; atlasz; *ép* kariatid, atlasz; *pa* térképpapír; *tex* atlasz, szaténkötés; ~ **folio** papíralak *(66x83/86 cm)*; ~ **paper** térképpapír; ~ **silk** *tex* szatén

atm → atmosphere

ATM → aerial-turning motor; → anti-tank mine; → anti-tank missile

atmoclastic *geol* atmoklasztikus

atmogenic *geol* széltől keletkezett, eoli(kus); *met* atmogenetikus, légköri; atmoszferikus

atmograph atmográf, evaporigráf, párolgásíró; *foto* atmográfia

atmolysis *vegy* atmolízis

atmometer *vegy* atmométer; evaporiméter, párolgásmérő készülék

atmometry *vegy* párolgásmérés

atmoradiograph *met* atmoradiográf, légköri kisüléseket mérő műszer

atmosphere (atm) *fiz* atmoszféra; környezet; légkör; *koh* kemenceatmoszféra; ~ **condenser** permetező kondenzátor; ~**-entry control** *rak* légkörbe belépés irányítása; ~ **of argon** *heg* argonatmoszféra; ~**s** *pl bány* bányalevegő

atmospheric atmoszferikus, légköri; ~ **absorption** *met* légköri abszorpció; *távk* atmoszferikus elnyelés; ~ **acoustic phenomena** légköri hangjelenségek; ~ **acoustics** légköri/meteorológiai akusztika; ~ **aerosol humidity** aeroszolos légnedvesség; ~ **air** légköri levegő; ~**-aspirated** *gépk* túltöltés nélküli; ~ **assimilation** atmoszferikus asszimiláció; ~ **attenuation** *at* légköri abszorpció; ~ **belt** *met* légköri zóna; ~ **braking** *rak* atmoszferikus/légköri fékezés *(nyomással történő)*; ~ **burner** *ép* atmoszferikus égő; ~ **chemistry** *met* levegőkémia, légköri kémia; ~ **circulation** *met* légköri cirkuláció; ~ **circulation system** légköri mozgásrendszer, légköri cirkulációs rendszer; ~ **condensation** légköri csapadék; atmoszferília; ~ **condenser** permetezett kondenzátor; ~ **conditions** időjárási/légköri/meteorológiai viszonyok; időjárás; ~ **constituent** *met* légkör elegyösszetevője; ~**-controlled tube furnace** *koh* szabályozható atmoszférájú csőkemence; ~ **cooling tower** nyitott hűtőtorony; ~ **corrosion** atmoszferikus/légköri korrózió; ~ **counter-radiation** *met* légköri visszasugárzás; ~ **crack** levegő okozta repedés; ~ **cracking** felrepedezés szabad levegőn; ~ **crude (oil) (distillation) column/tower** *ol* atmoszferikus nyersolaj-desztilláló *v.* nyersolajlepárló kolonna/torony; ~ **cycle** *met* légköri körforgalom; ~ **depression** légritkulat; kis barometrikus légnyomású terület; ~ **diathermancy** *met* légkör hőátbocsátó képessége; ~ **diffraction** légköri fényelhajlás, diffrakciós jelenség; ~ **diffusion** atmoszferikus/légköri diffúzió; ~ **dilution** *at* atmoszferikus/légköri hígulás; ~ **discharge** légköri kisülés; ~ **dispersion** atmoszferikus/légköri diszperzió/terjedés; ~ **distillation** *ol* atmoszferikus desztilláció/lepárlás; ~ **disturbances** *met* légköri diszturbancia/háborgás; *rep, távk* légköri zavarok; ~ **drag** *rep* légköri ellenállás; ~ **duct** atmoszferikus csatorna(képződés); ~ **electricity** légköri elektromosság/villamosság; ~ **electrophysics** légköri villamosságtan; ~ **explosions** *kat* légköri robbantások; ~ **extinction** *met* légköri fénykialvás/extinkció; ~ **fading** *távk* atmoszferikus elhalkulás/fading; ~ **fall-out** *at* atmoszferikus/légköri kihullás; ~ **feeder** *önt* atmoszferikus tápfej; ~ **gas oil** atmoszferikus gázolaj; ~ **haze/gloom** száraz légköri homály, porfüstréteg, szárazköd; ~ **humidity** levegő-páratartalom, levegőnedvesség; légnedvesség; ~ **influence** légköri behatás; ~ **infrared attenuation** légköri/atmoszferikus csillapítás az infravörös tartományban; ~ **interference** *távk* atmoszferikus zavar; ~ **ionization** légköri ionizáció; ~ **laser return** atmoszferikus/légköri lézervisszhang; ~ **layers** *met* légkör rétegei; ~ **line** *hők* légköri nyomás vonala *(indikátordiagramban)*; ~ **moisture** → ~ humidity; ~ **motion** *rep* légáramlás, szél; ~ **motion system** → ~ circulation system; ~ **nuclear weapon testing** *kat* légköri nukleáris kísérleti robbantás(ok); ~ **optical attenuation** fényhullámok atmoszferikus/légköri csillapítása; ~ **optics** légköri/meteorológiai optika; ~ **oscillation** *met* légköri árapály; ~ **perturbance** → ~ disturbances; ~ **physics** légkörfizika, fizikai meteorológia; ~ **polarization** légköri polarizáció; ~ **pollution** *met* légszennyezés, légköri szennyeződés; ~ **pressure** *met* légnyomás, légköri/atmoszferikus/barometrikus nyomás; *vák* atmoszferikus nyomás; ~ **pressure head** barometrikus magasság; ~ **radiation** légköri sugárzás; ~ **radiation attenuation** *at* atmoszferikus/légköri sugárzásgyengülés; ~ **radio noise** légköri eredetű (vételi) zavarok; ~ **refraction** légköri fénytörés/refrakció; ~ **regions** → ~ layers; ~ **reservoir** → ~ tank; ~ **residue desulphurization/desulfurization process** *ol* atmoszferikus maradék kénmentesítési eljárása; ~ **resistance** légkör elektromos ellenállása; ~ **riser** → ~ feeder; ~ **rocket** *rep* meteorológiai rakéta; ~ **sciences** *pl* elméleti meteorológia, légkörtan, légköri tudományok; ~ **scrubbing** *at* atmoszferikus/légköri kimosódási folyamat; ~ **shell** légréteg, a föld légköre; ~ **stability** *at* atmoszferikus/légköri stabilitás; *rep* légköri stabilitás; ~ **storage** *ol* atmoszferikus tárolás; ~ **stratification** *met* légköri rétegződés; ~ **streak/stria** *opt* levegőslir; ~ **tank** *ol* atmoszferikus tárolótartály; ~ **tide** *met* légköri árapály; ~ **transmittance** *at* atmoszferikus/légköri átbocsátási hányad; ~ **transport** *at* atmoszferikus/légköri transzport/terjedés; ~ **tunnel** légköri nyomással működő szélcsatorna; ~ **turbidity** *met* légköri homály; ~ **turbulence** légköri turbulencia; ~ **valve** légszelep; légelzáró csap; ~ **vortex** légörvény; ~ **wave** *távk* visszavert hullám; ~ **window** (légköri) ablak; vízgőzablak; ablak az atmoszférában

atmospherical → atmospheric

atmospherics *távk* atmoszferíliák; légköri zavarok

at.no. → atomic number

atoll *geol* korallgyűrű, gyűrűs zátony, atoll; ~ **lake** atoll-laguna

atom *at* atom; ~ **bomb** atombomba; ~**-bound electron** atomhoz kötött elektron; ~**-core destruction** atommagrombolás; ~**-form amplitude** atomalakamplitúdó, atomforma-amplitúdó, atomszórási tényező, atomtényező, atomfaktor; ~ **model** atommodell; ~ **nucleus** atommag; ~ **physics** atomfizika; elektronhéjfizika; ~ **site** rácshely, rácspont; ~ **smasher** részecskegyorsító; ~ **smashing** atomrombolás; ~ **structure** atomszerkezet

atomic *at* atom-; atomi, atomfizikai; ~ **absorption coefficient** atomi abszorpciós tényező; ~ **absorption flame photometry** atomabszorpciós lángfotometria; ~ **absorption spectroscopic/spectral analyis** atomabszorpciós színképelemzés; ~ **absorption spectroscpoy** atomabszorpciós spektroszkópia; ~ **absorption spectrophotometry** atomabszorpciós spektrofotometria; ~ **accelerator** részecskegyorsító; atomgyorsító (berendezés); ~ **arc welding** arkatomhegesztés, atomos hidrogénív-hegesztés; ~ **arrangement** atomkonfiguráció, atomelrendezés; ~ **atillery** atomtüzérség; ~ **battery** radioaktív feszültségforrás/telep; ~ **beam** atomsugár; ~**-beam maser** atomsugármézer; ~**-beam source** atomsugárforrás; ~ **binding/bond** atomkötés, kovalens kötés, homopoláris kötés, unipoláris kötés; ~ **bomb** atombomba; ~ **bomb explosion** atombomba-robbantás; ~ **bond** *at, vegy* atomkötés, kovalens kötés, homopoláris kötés, unipoláris kötés; ~ **Boolean algebra** atomos Boole-algebra; ~ **bridge** *vegy* áthidaló atom; ~ **centre/center** atomi góc/centrum; ~ **charge** atommagtöltés; rendszám, magtöltésszám, Z; ~ **clock** atomóra; ~ **cloud** radioaktív füst- és porfelhő; atomfelhő; ~ **configuration** atomkonfiguráció, atomelrendezés; ~ **constant** atomi/atomfizikai állandó; ~ **coordinate** atomkoordináta; ~ **core** atom és zárt elektronhéjai; ~ **cross section** atomi hatáskeresztmetszet; ~ **crystal** *krist* atomrácsos kristály; ~ **decay** bomlás, atommag bomlása, nukleáris/radioaktív bomlás; ~ **defect (in the lattice)** atomi rácshiba; ~ **density** atomsűrűség; ~ **diameter** atomátmérő; ~ **dimensions** atomi méretek; ~ **disintegration** bomlás, atommag bomlása, nukleáris/radioaktív bomlás; ~ **dispersion** atomdiszperzió; ~ **electron** héjelektron, atomhoz kötött elektron; ~ **electron shell** atomburok, elektronburok; ~ **element** atom; ~ **emission spectroscopy** emissziós atomszínképelemzés; ~ **energy** atomenergia; ~ **energy agreement** atomenergia-egyezmény; ~ **energy law** atom(energia-)törvény; ~ **energy level** atomi energianívó/energiaszint; ~ **energy storage battery** radioaktív feszültségforrás/telep; ~ **envelope** atomburok, elektronburok; ~ **event** atomi esemény; ~ **excitation function** gerjesztési hatáskeresztmetszet-függvény; ~ **explosion (ATXPL)** atomrobbanás; nukleáris robbanás; ~ **explosive** nukleáris robbanóanyag; ~ **field** atom tere, atomtér; gyenge kölcsönhatás tartománya; ~ **fission** maghasadás; ~ **form factor** atomalakfaktor, atomalak-tényező, atomformafaktor, atomforma-tényező; ~ **formula** szerkezeti képlet; ~ **fragment** atomtöredék; ~ **frequency** atomi frekvencia; ~ **frequency standards** atomi/atomos frekvenciaetalon; ~ **fuel** nukleáris fűtőanyag; ~ **furnace** atommáglya, atomreaktor; ~ **g-**

faktor Landé-faktor; atomi g-faktor; ~ **group** atomcsoport; ~ **heat (at.ht.)** atomhő; ~ **heating** fűtés atomenergiával; ~**-hydrogen (arc) welding** arkatomhegesztés, atomos hidrogén-ívhegesztés; ~**-hydrogen (arc welding-)torch** arkatomhegesztő(-égő); ~ **imperfection** atomi rácshiba; ~ **interaction** atomi kölcsönhatás; ~ **interrupter** állítható szaggató; ~ **interspace** atomok közti tér; ~ **kernel** *vegy* atomtörzs, vegyérték-elektronjaitól megfosztott atom; ~ **lattice** atomos kristályrács, atomrács; *mat* atomos háló; ~ **lattice defect** atomi rácshiba; ~ **level** atomi energianívó/energiaszint; ~ **line** atom színképvonala; ~ **link(age)** atomkötés, kovalens kötés, homopoláris kötés, unipoláris kötés; ~ **magnetic moment** atommag mágneses momentuma; ~ **mass** atomtömeg; ~ **mass conversion factor** (atomi) tömegkonverziós tényező; ~ **mass unit (amu)** atomi/atomfizikai tömegegység; ~ **model** atommodell; ~ **moderation ratio** moderálási arány/hányados; ~ **nucleus** (atom)mag; ~ **number (at.no.)** rendszám, protonszám, magtöltésszám Z; ~ **orbit** atompálya, vegyértékállapot; ~ **orbital (AO)** atompálya, elektron-pályafüggvény; ~ **order** atomi méretek; ~ **packing** atomok összetömörülése, pakolás; tömötté válás; ~ **paramagnetic moment** atommag mágneses momentuma; ~ **parameters** atomtávolság *(kristályrácsban)*; ~ **particle** atomi részecske; ~ **particle accelerator** részecskegyorsító; ~ **percent** atomszázalék; ~ **photoelectric effect** fotoionizáció; ~ **physics** atomfizika; elektronhéj-fizika; ~ **pile** atomreaktor, atommáglya; ~ **pile catastrophe** atomreaktor-szerencsétlenség; ~ **plane** atomsík; *fiz* hálózati sík, rácssík; ~ **plant power/station** atomerőmű; ~ **polarization** atompolarizáció; ~ **power (AP)** atomenergia; ~ **power station** atomerőmű; ~ **projectile** nukleáris lövedék, atomgránát; ~ **radiation** atomi/ionizáló sugárzás; ~ **radius,** *pl* **radii** atomsugár; ~ **ratio** atomszámarány; ~ **reactor** atomreaktor, atommáglya; ~ **reactor catastrophe** atomreaktor-szerencsétlenség; ~ **refraction** atomrefrakció; ~ **rocket** atomrakéta, nukleáris hajtóanyagú rakéta; ~ **scattering** atomszórás; ~ **scattering amplitude** atomalak-amplitúdó, atomforma-amplitúdó, atomszórási tényező, atomtényező, atomfaktor; ~ **scattering coefficient/factor** atomszórási tényező; ~ **second** atomszekundum; ~ **shell** atomburok, elektronburok; ~ **shell structure** atomhéjszerkezet; ~ **ship** nukleáris hajtású hajó; ~ **site** *fiz* rácshely, rácspont; ~ **space lattice** atomos kristályrács, atomrács; ~ **species** nuklid; ~ **spectroscopy** atomspektroszkópia; ~ **spectrum** atomszínkép, atomspektrum; ~ **state** atomállapot, atom energiaállapota; ~ **stopping power** lassításerélyesség, mikroszkopikus lassítási hatáskeresztmetszet; ~ **structure** atomszerkezet; ~ **submarine** atom-tengeralattjáró; ~ **theory** atomelmélet; ~ **timing device** atomóra; ~ **transformation/transmutation** atommag-átalakulás, magátalakulás; ~ **transposition** molekulán belüli átrendeződés; ~ **underground burst** föld alatti atomrobbantás; ~ **underwater burst** víz alatti atomrobbantás; ~ **volume (at.vol.)** atomtérfogat; ~ **warfare (AW)** atomháború; ~ **weapon** atomfegyver; ~ **weapon test** atomfegyver-kísérlet; ~ **weight (A, at.wt., a.w.)** atomsúly; ~ **welding** arkatomhegesztés, atomos hidrogénív-hegesztés

atomical → atomic

atomicity *at* atomicitás, atomok száma a molekulában; atomosság; *vegy* atomos állapot; vegyérték

atomics atomisztika

atomism atomizmus, atomisztika

atomistic atomos, atomisztikus; ~ **Boolean algebra** atomos Boole-algebra; ~ **lattice** atomos háló; ~ **structure** atomos (anyag)szerkezet

atomization porlasztás, pulverizálás; felaprítás

atomize felaprít, atomizál; porlaszt

atomized porlasztott, atomizált; ~ **lubrication** porlasztott olajozás/kenés

atomizer porlasztó; habködpermetező, porlasztó, permetező; *gépk* porlasztó, befecskendező fúvóka; ~ **lubrication** porlasztott olajozás/kenés; ~ **sprayer** légáramlásos permetezőgép; *mzg* habködpermetező (gép)

atomizing felaprítás; porlasztás, atomizálás; ~ **electrostatic spray(ing) gun/pistol** elektrosztatikus szórópisztoly; ~ **scrubber** *ol* porlasztásos mosótorony

atomless atom nélküli, nem atomos; ~ **Boolean algebra** nem atomos Boole-algebra

atomology atomtan

atonal *hang* hangnem nélküli, atonális

atonality *hang* atonalitás, hangnemnélküliség

atonic hangtalan

atopite *ásv* atopit

atoxyl *vegy* atoxil, arzanilsav nátriumsója

atoxylic acid *vegy* arzanilsav, p-amino-fenil-arzonsav

ATP → adenosine triphosphoric acid

ATR → anti-transmit-receiver; ~ **tube** *távk* ATR-cső

a.-tr. → autotransformer

atrazine *mzg, vegy* atrazin

atrophic *hidr* atrofikus

atropine *vegy* atropin, DL-hioszciamin

ATS → air-traffic services; → application technology satellite; → automatic telephone set; ~ **airspace** *rep* ATS légtér; ~ **direct speech circuit** *rep* ATS közvetlen beszédáramkör; ~ **route** *rep* ATS útvonal

attach felerősít, hozzáerősít, ráerősít, odaerősít; hozzáfűz, hozzáköt; (hozzá)csatol, mellékel; kapcsol; kapcsolódik, addicionálódik

attachable hozzáerősíthető, hozzáfűzhető, hozzákapcsolható; csomózható

attached odakötött, rögzített, ráerősített; csatolt; ~ **column** *ép* falból kiugró oszlop; ~ **foundry** *koh* vertikumi öntöde; ~ **ground water** kötött talajvíz; szerkezeti víz *(talajban)*; ~ **pier** támpillér; ~ **plate vibrator with adapter** függesztett adapteres lapvibrátor; ~ **processor (AP)** *szt* csatolt processzor, AP; ~ **pump** *hajó* kapcsolt szivattyú *(motorra szerelt)*; *vák* függelékszivattyú; ~ **shock (wave)** *távk* kapcsolt lökéshullám; ~ **support processor** *szt* csatolt kisegítő processzor; ~ **test bar** *önt* hozzáöntött/ráöntött próbadarab; ~ **thermometer** barométerhőmérő, belső hőmérő; ~ **vibrational system** *mech* kötött lengőrendszer; ~ **water** megkötött víz; kötött nedvesség

attaching felerősítés, hozzáerősítés, odaerősítés, hozzáfűzés, hozzákötés; kapcsolás, kapcsolódás; ~ **clamp** rögzítőbilincs; ~ **parts** összekötő alkatrészek; ~ **task** kapcsolódó feladat

attachment hozzáerősítés, összefűzés, egybekötés; bekötés, csatlakozás; tartozék; feltét, rátét, toldalék, függelék; *em* (kiegészítő/függesztett) munkaszerelék;

forg készülék *(szerszámgépen)*; *vegy* kötés, kapcsolódás; ~ **bolt** kötőcsavar; ~ **box** *távb* mellékszekrény; ~ **clip** rögzítőkengyel, rögzítőbilincs; ~ **coefficient** addíciós/befogási koefficiens; ~ **for excavators** *em* kotrószerelék; ~ **interruption** *szt* figyelmeztető megszakítás; ~ **plug** készülékcsatlakozó; vasalócsatlakozó; ~ **screw** rögzítőcsavar; ~ **wheel** halasztókerék

attack I. *v* (meg)támad; marat; kimar, korrodál; *bány* megtámad; *vegy* vegyileg megtámad, korrodál; **II.** *n* (meg)támadás; maratás; kimarás; korrózió; vegyi támadás; *bány* fogás *(vágathajtásnál)*; *gumi* elhasználódás, amortizáció; ~ **aircraft** csatarepülőgép; ~ **bomber** csatarepülőgép; ~ **helicopter** harci helikopter; ~ **of insects** *tex* férgesedés; ~ **polish** *any* maratva polírozás; ~**s-point** *mech* erő támadási pontja; ~ **the plate** *v nyom* lemezt marat; ~ **time (reaction period)** berezgési/meghúzási/megszólalási idő

attackable megtámadható; *any* rozsdásodó, marható

attain felvesz, elér

attainable elérhető, megközelíthető, hozzáférhető, járható; ~ **accuracy** *mat* elérhető pontosság

attained elért; ~ **reliability** elért megbízhatóság

attapulgite *ol* attapulgit

attar virágkivonat, virágolaj; ~ **of roses** rózsaolaj

attemper gyengít *(vegyítéssel)*; szabályoz *(hőmérsékletet)*

attemperation hőmérséklet-szabályozás, termoreguláció

attemperator hőmérséklet-szabályozó készülék; gőzhűtő; ~ **refrigeration** lehűtés jéggel telt úszóval

attempt I. *v* megkísérel, megpróbál; **II.** *n* kísérlet, próba

attend ápol, gondoz; kiszolgál, kísér

attendance ápolás, gondozás, ellátás, kezelés; karbantartás; gépgondozás, gépkezelés; kiszolgáló személyzet; látogatottság, nézőszám, rész(t)vevők; *bány* kiszolgálás; munkaerő; munkáslétszám; ~ **button** *távk* készenléti (nyomó)gomb, kezelőgomb; ~**-card** blokkolókártya; ~ **time** készenléti idő

attendant I. *a* gondozó, kiszolgáló; kísérő, vele járó; **II.** *n* gondozó, kezelő *(személy)*, gépkezelő *(munkás)*; rész(t)vevő, látogató; teremőr; felügyelő; ~**-operated control** vezérlés állandó vezetővel; ~**-operated elevator** kezelőkísérésű felvonó; ~**-operated lift** kézi kormányzású felvonó; ~ **operation** *em* kézi kormányzású üzem *(felvonóé)*; ~ **parking** ellenőrzött parkoló; ~ **service** *em* felvonókezelős üzem; ~**'s station** *távb* közvetítőkezelői készülék; *távk* felügyeletes állomás

attended | operation felügyeletes üzem; ~ **station** *távk* felügyeletes állomás; ~ **substation** *távb* kézi kezelésű alközpont; *távk* felügyelt/felügyeletes alállomás

attending kiszolgálás, gondozás, (gép)ápolás, kezelés

attention figyelem; ellátás, kiszolgálás *(gépé)*; gépgondozás, gépkezelés; készenléti állapot; ~ **command** figyelmeztető utasítás; ~ **key** figyelmeztető billentyű; ~ **time** készenléti idő

attentional signal figyelmet felhívó jelzés

attenuate (el)vékonyít, keskenyít; ritkít; egyszerűsít *(csökkent)*; *hang, opt* tompít; *távk, el* gyengít, csillapít; *tex* finomít, vékonyít; *vegy* csökkent, mérsékel, leszállít

attenuated csillapított; ~ **field** *el* csillapított tér/mező; ~ **mode** *el* eltűnő módus

attenuating | control gyengítő szabályozás; ~ **medium** csillapítóközeg; ~ **regulation** gyengítő szabályozás

attenuation elvékonyítás, hígítás; csökkenés, csökkentés; finomítás; *at* abszorpció, abszorbeálás; gyengítés; gyengülés; *el* csillapodás, csillapítás; *film* hangtompítás; *fiz* kicsengés; *hang* csillapodás, csillapítás; *távk* feszültségosztás, leosztás, gyengítés; gyengülés; *tex* finomítás, vékonyítás; ~ **along the line** vonalcsillapítás; ~ **box** csillapításszekrény; ~ **by clouds** felhők által okozott csillapítás; ~ **by fog** köd által okozott csillapítás; ~ **by lack of visibility** *távk* akadálycsillapítás; ~ **by rain** eső által okozott csillapítás; ~ **characteristic** csillapítási jelleggörbe; ~ **coefficient** csillapítási/gyengítési tényező; ~ **compensation** csillapításkiegyenlítés; ~ **constant** *távk* közegcsillapítási állandó; *távk, el* csillapítási tényező; ~ **control circuit** *távb* csillapításvezérlő áramkör; ~ **correction** csillapításkiegyenlítés; ~ **cross-section** *at* gyengítési hatáskeresztmetszet; ~ **distance** *at* csillapítási távolság; ~ **distortion** *távk* amplitúdó-frekvencia torzítás; ~ **due to losses (by reflection and interaction)** *távk* veszteségi csillapítás; ~ **equalization** csillapításkiegyenlítés; ~ **equalizer** csillapításkiegyenlítő; ~ **equivalent** *távk* alapcsillapítás; ~ **factor** *at* gyengítés, gyengítési tényező/hányados; *távk* csillapítási tényező; ~ **function** csillapításfüggvény; ~ **half thickness** *at* gyengítési félvastagság; ~ **law** csillapítási törvény; ~ **length** *at* exponenciális lassítási hossz; *távk* csillapítás; ~ **loss** csillapítási veszteség; ~ **measurement** csillapításmérés; ~ **network** csillapítótag; művonal, mesterséges vonal; ~ **of obstruction** akadálycsillapítás; ~ **of reflection** *távk* visszaverődési csillapítás; ~ **of sound** *el, távk* hangcsillapítás, hangtompítás; ~ **of X-rays** *sug* sugárzásgyengítés; ~ **pad** *távk* csillapításszekrény; ~ **parameter** csillapítási paraméter; ~ **peak frequency** csillapító csúcsfrekvencia; ~ **pole** csillapításpólus; ~ **range** *távk* csillapítási tartomány; ~ **rate** csillapítási tényező; ~ **ratio** *el* csillapítási tényező; ~ **response** *távk* csillapításkarakterisztika; ~ **tenth-value thickness** *at* gyengülési tizedvastagság; ~ **time** csillapítási idő; ~ **zero** csillapítászérus

attenuator (AT) *at* gyengítőanyag; gyengítőernyő; *el* csillapító (tag); csillapító(ellenállás), feszültségosztó; csillapítószekrény; rezgéscsillapító; *gépk* hangtompító; *hang* hangtisztító (berendezés); *távk* csillapító; ~ **box** *távk* csillapítódekád, csillapításszekrény; ~ **pad** *távk* csillapítótag

Atterberg | cylinder Atterberg-henger; ~ **grade scale** *talt* Atterberg-skála

atterration *geol* leülepedés

attest tanúsít

attestation tanúsítás; ~ **of conformity with the order** rendelésazonossági gyártási bizonylat

attic *ép* attika; legfelső emeletsor; oromzat; padlásszoba; ~ **fan** mennyezetventilátor; ~ **oil** *ol* padlásolaj; ~ **stairs** *pl* padláslépcső

attire I. *v* öltöztet; **II.** *n* ruházat, öltözék

attitude magatartás; *bány* helyzet; *geol* fekvés; *rep* repülőgéphelyzet; ~ **control** repülőgéphelyzet-szabályozás; ~ **control system** *rep* a levegőben lévő repülőgép helyzetét kormányző szervek rendszere; ~ **director** *rep* helyzetvezérlő műhorizont; ~ **director indicator** vezérszint; ~ **display** *rep* helyzetindikátor; ~ **jet** helyzetszabályozó fúvóka; ~ **level** *geod* indexlibella; ~ **measurement** helymeghatározás; ~ **of flight** *rep* repülőgép térbeli helyzete; ~ **of working** *bány* vágatok elhelyezése; ~ **reference** *rep* a térbeli helyzetről szóló adat; ~ **stabilization** *rak, rep* helyzetstabilizálás; ~**-stabilized satellite** *rak* helyzetstabilizált műhold

attitudinal control térbeli helyzet vezérlése

attle *bány* beomlott művelet; meddő; meddőtelér; meddőtömedékelés; omlás kőzete; szegény érces kőzet

attract vonz; *távk* elhúz *(frekvenciát)*; ~ **armature** *el, távk* behúz *(horgonyt)*

attractant *mzg* atraktáns *(inszekticid)*

attracted meghúzott, behúzott; ~**-disc electrometer** elektrosztatikus mérleg

attracting groin *hidr* vonzósarkantyú

attraction vonzóerő, vonzás; *at* vonzás, vonzóhatás; ~ **force** *fiz* vonzóerő, vonzás; *rep* vonzási erő; ~ **of parallel currents** párhuzamos áramok vonzó összetartó hatása; ~ **power** vonzóerő, vonzás

attractive vonzó; ~ **crystal** *ásv* (optikailag) pozitív kristály; ~ **effect** *mech* vonzóhatás; ~ **energy** *at* vonzási energia; ~ **force** vonzóerő, vonzás; ~ **force of magnet** mágneses vonzóerő; ~ **power** vonzóerő, vonzás

attribute I. *v* tulajdonít; **II.** *n* jellemző tulajdonság/sajátság; *mat* kvalitatív tulajdonság; ~ **acceptance** átvétel minőségi ismertetőjelek szerint; ~ **byte** *szt* kijelölő bájt; ~ **characteristic** minőségi jellemző; ~ **chart** minőségi ismertetőjeleket ellenőrző kártya; ~ **data** minőségre vonatkozó adatok; ~**s sampling** minőségellenőrző mintavétel

attribution kijelölés, attribúció, hozzárendelés

attributive járulékos, vmihez tartozó; vminek tulajdonítható; *mat* attributív

attrite (le)dörzsöl, (össze)dörzsöl; (le)koptat *(dörzsölés által)*; lemorzsol; *gyógyv* (szilárd testet) összemorzsol/pulverizál/szétdörzsöl

attrition (el)kopás, (le)kopás; (le)koptatás, (ki)dörzsölés; (le)dörzsölődés; *geol* attríció; kopás *(dörzsöléstől)*; *gyógyv* szétdörzsölés; *kat* veszteségek; ~ **grinding** *bány* attritálás; ~ **mill** *élip* köves malom; ~ **test** *any* koptatóvizsgálat; ~ **tester** *any* dörzsölési kopásvizsgáló gép

attritor *bány* attritor

attritus *ásv* attritusz

at.vol. → atomic volume

ATW → aircraft tail warning

Atwood's | formula *hajó* Atwood-képlet; ~ **machine** *any* Atwood-féle ejtőgép

at.wt. → atomic weight

ATXPL → atomic explosion

Au → gold

AU → astronomical unit; ~ **diode** backward dióda

aubepine *vegy* ánizsaldehid, obepin

aubrites *geol* aubritek, ensztatikus achondritek

auburn barnaszínű, gesztenyeszínű; ~**-type disc/disk** mélységhatároló tárcsa *(tárcsásboronáé)*

audibility hallhatóság, hangosság; *rep* hallgatóság; ~ **current** *távb* hallhatósági küszöbáram; ~ **limit** hallásküszöb; ~ **meter** hangerősségmérő, fonométer; ~ **zone** hallhatósági tartomány

audible hallható; ~ **alarm (AA)** hallható riasztás; ~**-busy signal** *távb* foglaltsági jel, vonal „foglalt" jel; ~ **cab indicator** *vasút* hangjelzést adó mozdonysátorjelző; ~ **call** *távb* csengős/akusztikai hívás; ~ **Doppler enhancer** Doppler-frekvenciaerősítő; ~ **frequency** hangfrekvencia; ~ **indicator** akusztikus jelzőberendezés; ~ **range** *hang* hallhatósági övezet/sáv; *távk* hangfrekvenciás tartomány; ~ **reception** fóniás vétel; ~ **ringing tone** csengetési visszhang; ~ **signal** csengetési visszhang; hallható jelzés; ~ **sound** hallható hang; ~ **spectrum** *hang* hallható frekvenciatartomány; hangspektrum, hallható frekvenciájú spektrum; ~ **threshold** *hang* hallásküszöb; ~ **warning** hangjelzés; ~ **warning device** hangjelző berendezés

audience hallgatóság; ~ **absorption** *hang* hallgatóság okozta hangelnyelés; ~ **rating** *távk* hallgatási/nézettségi szám

audio *hang* audio-; hang-; hangfrekvenciás; ~ **amplifier** hangfrekvenciás/audiofrekvenciás erősítő; hangerősítő; ~ **amplifying equipment** hangosítóberendezés; ~ **band** hangfrekvenciás sáv; ~ **cassette** magnókazetta; ~ **channel** hangfrekvenciás/audiofrekvenciás csatorna; ~ **compressor-expander** hangdinamikai szűkítő-bővítő; ~ **control engineer** hangmérnök; ~ **detection** hangfrekvenciás egyenirányítás; ~**-disc/disk** hanglemez; ~ **engineer** hangmérnök; ~ **frequency (AF)** hangfrekvencia; ~**-frequency amplification** hangfrekvencia-erősítés; ~**-frequency amplifier (AFA)** hangfrekvenciás erősítő; ~**-frequency band** hangfrekvenciás sáv; ~**-frequency filter** hangfrekvenciás szűrő; ~**-frequency generator** hanggenerátor; ~**-frequency multiplex system** hangfrekvenciás multiplex rendszer; ~**-frequency oscillator** hangfrekvenciás generátor, hanggenerátor; ~**-frequency (power) output** hangfrekvenciás teljesítmény; ~**-frequency range** hangfrekvencia-tartomány, hangfrekvenciás tartomány; ~**-frequency signal** hangfrekvenciás jel; ~**-frequency signal generator** hangfrekvenciás generátor, hanggenerátor; ~**-frequency stage** hangfrekvenciás fokozat; ~**-frequency transformer (AFT)** hangfrekvenciás transzformátor; ~**-frequency volume control** hangfrekvenciás hangerő-szabályozó; ~ **gain** hangfrekvenciás erősítés; ~ **generator** hangfrekvenciás generátor, hanggenerátor; ~ **impedance tester** hangfrekvenciás impedanciamérő; ~ **method** *geof* fejhallgatós módszer; ~ **mixer** hangkeverő asztal/pult; ~ **modulation** hangfrekvenciás moduláció; ~**-noise meter** zajmérő; ~ **oscillator** hangfrekvencia-generátor; ~ **peak limiter** hangintenzitás-korlátozó; ~ **range** hangfrekvencia-tartomány, hangfrekvenciás tartomány; ~ **response unit (ARU)** hangkimeneti egység; ~ **sound** hallható hang; ~ **spectrum** hangspektrum, hallható frekvenciájú spektrum; ~ **tape** magnószalag; ~ **tape-machine** magnó; ~ **transformer** hangfrekvenciás transzformátor; ~ **trap** hangzárókör; ~**-visual** → audiovisual

audiofrequency → audio-frequency

audiogram *hang* hallás(küszöb)görbe, audiogram

audiohowler sziréna

audiology audiológia, hallástan

audiometer audiométer; hallásmérő

audiometrics audiometria
audiometry audiometria, hallásképesség-mérés; műszeres hallásvizsgálat
audiomonitor *távk* hangellenőrző készülék
audiomonitoring hangellenőrzés
audion *távk* detektorcső, (rádiócső-)audion; ~ **circuit** audionkapcsolás; ~ **detection** rácsköri egyenirányítás; ~ **receiver** audionvevő; ~ **tube** audioncső
audiovisual audiovizuális
audit I. *v* (hites könyvvizsgálói) revíziót végez; **II.** *n* (hites könyvvizsgálói) revízió, rovancsolás; ~ **command language (ACL)** *szt* magas szintű programnyelv, ACL; ~ **for quality** minőségellenőrzés; ~ **recorder** jegyzőkönyvíró berendezés; ~ **trail** könyveléseellenőrző; *szt* eseménynapló
audition hallás; hallóképesség; meghallgatás; ~ **limits** *hang* hallhatósági határ *(fülé)*; ~ **time** lejátszási idő
auditive hallási, halló, hallásra vonatkozó
auditone hangelnyelő farostlemez
auditorium *ép* előadóterem, auditórium; nézőtér; ~ **lighting** teremvilágítás, nézőtéri világítás; ~ **loudspeaker** nézőtéri/teremhangosítási hangszóró; teremhangszóró; ~ **noise level** nézőtéri zajszint; ~ **volume control** teremhangerő-szabályozó, nézőtéri hangerő-szabályozó
auditory *hang* hallásbeli, hallási, halló; ~ **acuity** hallásélesség; ~ **pathway** hallásmechanizmus lefolyási útja; ~ **perspective** sztereofónia; ~ **response characteristic** hallásgörbe; ~ **sensation** hangérzet; ~ **sensation area** hallástartomány *(fülé)*
Auer metal Auer-fém, tűzkő
auerlite *ásv* auerlit
aufwuchs *hidr* élőbevonat
augend első összeadandó, összeg első tagja
auger *bány* földfúró, kanálfúró, csigafúró; *bőr* ár; *ép* (nagy) kézifúró; fúró(szerszám); fúrókanál; kanalas fúró; *mzg* (szállító)csiga; *ol* kanálfúró, csigafúró; *talt* szelepes fúró, spirálfúró, turzófúró; ~ **bit** pergőfúróbetét, furdancsfúró; *bány* csigafúrófej; *ol* földfúró, kanálfúró, csigafúró; ~**-bit file** fúróbetét-reszelő; ~ **bore** *fa* csaplyuk; ~ **borer** *geol* fúró; ~ **box** csavaros keverővályú; ~ **brick-machine** csigahajtású szalagprés *(cserépgyártáshoz)*; ~ **dredger** forgó iszapkorong; ~ **drill** csigafúró; ~ **elevator** *mzg* csigás emelő/szállító; ~ **gouge** *forg* kanalasfúró; ~ **ground** *bány* lágy kőzet; ~ **hole** *geof* kézifúrású lyuk; *szersz* fejsze(nyél)lyuk; ~ **machine** *bány* perforátor, fúrógép; ~**-shaped penetrometer** *ép* fúrószonda, szondafúró; ~ **steel** csigafúróacél; ~ **stem** *bány* fúrórúd; *ol* fúrókos *(kötélfúráshoz)*; ~**-type twist drill** csigafúró; ~ **with valve** *bány* iszapkanál *(szelepes)*
Auger | coefficient *at* Auger-arány; Auger-hányad; ~ **effect** *at* Auger-jelenség, Auger-effektus; ~ **electron** Auger-elektron; ~ **electron spectroscopy (AES)** Auger-elektron spektroszkópia; ~ **shower** Auger-elektroncső, Auger-zápor; ~ **transition** Auger-átmenet; ~ **yield** Auger-elektronhozam
auget *bány* gyújtóhüvely, zsinórbegyújtó, gyutacs; gyújtólyuk
augite *ásv* augit; ~**-porphyry** *geol* fekete porfír
augitite *ásv* augitit
augment nagy(obb)ít, (meg)növel; növekszik, nagyobbodik
augmentation nagy(obb)ítás, növelés; nagyobbodás, növekedés; ~ **distance** *at* extrapolációs távolság
augmented megnövelt, megnagyított; ~ **interval** *hang* bővített hangköz; ~ **jet engine** *rep* tolóerőt növelő berendezéssel ellátott sugárhajtómű; ~ **matrix** *mat* kibővített mátrix; ~ **thrust** *rep* megnövelt tolóerő
augmenter növelő, fokozó, serkentő, szaporító
aura *el* elektromos szél
aural hallási, halló, hallásra vonatkozó; füli; fül-; akusztikai; akusztikus; ~ **alarm** akusztikus riasztás; ~ **broadcasting** rádió-műsorszóró szolgálat; ~ **comparison** hallás útján való összehasonlítás; ~**-controlled landing** *rep* szóval irányított leszállás; ~ **course** *rep* hangjeles iránysáv; ~ **critical band** *hang* kritikus sáv; ~ **dazzling** *hang, távk* akusztikai zavar, süketítő zaj; ~ **detection** akusztikai érzékelés; ~ **detector** *kat* fülelő, lehallgatókészülék; ~ **harmonic** fülben keletkező felhang; ~ **homing** *rep* hangjelzéses rárepülés; ~ **masking (effect)** *hang* hangelfedés; zavarás hanggal, akusztikai zavarás; ~ **null** → ~ zero; ~ **presentation** *rep* adatközlés hangjelzéssel; ~ **radio range** *rep* hangjelzéses rádióterosztó; ~ **reception** *távk* fónikus vétel; hallás utáni vétel; ~ **signal** *távk* hallható jel; ~**-type beacon** *rep* hangjelzéses jeladó; ~ **zero** *távk* hangfrekvenciás nullasáv *(iránymérőn)*; hangminimum *(hidáramkör hangolásakor)*; ~ **zone** hallhatósági övezet/sáv/tartomány
auralite *ásv* auralit
auramalgam *ásv* aranyamalgám
auramine auramin; aranysárga *(festék)*; ~ **dye** auraminfesték, színezék
aureole, aureola *ásv* zárvány körüli udvar, aureola; *bány* fénykoszorú *(biztonsági lámpán)*; *csill* aureola; *met* cirkumszoláris sugárzás; fénylés, fénykoszorú; fényudvar; *tex* tisztított folt körüli udvar
aureomycin *gyógyv* aureomicin
auric aranyos, aranyból való, arany(-); *vegy* auri-, arany(III)-; ~ **acid** → ~ hydroxyde; ~ **chloride** arany(III)-klorid; auri-klorid; ~ **cyanide** arany(III)-cianid; ~ **hydroxide** arany(III)-hidroxid, aranysav; ~ **oxide** arany(III)-oxid; ~ **sulphide/sulfide** arany(III)-szulfid
auriferous *ásv* aranytartalmú; ~ **gravel** *bány* aranytorlat; ~ **ore** aranytartalmú érc; ~ **quartz** aranytartalmú kvarc
aurine *vegy* aurin, p-rozolsav; ~ **dye** aurinszínezék
auripigment *vegy* auripigment, arzén-triszulfid
auripigmentum *bány* auripigment
auro- → aurous
aurocyanide ciano-aurát(I)
aurora *met* sarki fény; ~ **australis** déli fény; ~ **borealis** északi fény; ~ **polaris** sarki fény
auroral sarki fény-; ~ **arc** ív alakú sarki fény; ~ **bands** sávos sarki fény; ~ **belt** sarkifényöv; ~ **corona** korona alakú sarki fény; ~ **draperies/curtains** függönyszerű sarki fény; ~ **rays** sugaras sarki fény; ~ **storm** sarki fény hatására keletkezett mágneses vihar; ~ **zone** sarki fényövezet
aurous aranyos, aranytartalmú; *vegy* auro-, arany(I)-; ~ **bromide** arany(I)-bromid; ~ **chloride** arany(I)-klorid; ~ **cyanide** arany(I)-cianid; ~ **hydroxide** arany(I)-hidroxid; ~ **oxide** arany(I)-oxid; ~ **sulfide** arany(I)-szulfid

ausforming *hők, heng* auszforming
austempering *hők* ausztemperálás; izotermás edzés; sófürdős edzés
austenite *koh* ausztenit; ~ **conditioning** ausztenesítés; ~ **grain** ausztenitszemcse; ~ **grain growth** ausztenitszemcse-növekedés; ~ **hardener** ausztenitszilárdító elem; ~ **matrix** ausztenites alapszövezet; ~ **microstructure** ausztenites mikroszerkezet; ~ **recrystallization** ausztenit újrakristályosodása; ~ **region** ausztenittartomány; ~ **state** ausztenitállapot
austenitic *koh* ausztenites; ~ **alloy** ausztenites ötvözet; ~ **cast iron** ausztenites öntöttvas; ~ **condition** ausztenites állapot; ~ **deposit** *heg* ausztenites varratfém; ~ **electrode** ausztenites elektród(a); ~**-ferritic weld** ausztenit-ferrites varrat; ~**-ferritic weld metal** *heg* ausztenit-ferrites varratfém; ~ **range** ausztenittartomány; ~ **stainless steel** ausztenites rozsdamentes acél; ~ **steel** ausztenites acél; ~ **structure** ausztenites szerkezet; ~ **weld** *heg* ausztenites hegesztési varrat; ~ **welding** ausztenites hegesztés; ~ **welding electrode** ausztenites hegesztőelektród(a); ~ **weld joint** ausztenites hegesztett kötés
austenitization *koh* ausztenitesítés
austen(it)izing *koh* ausztenitesítés; ~ **alloy elements** *koh* ausztenitképző ötvözőelemek
austerity car népautó, olcsó törpeautó/kisautó
austral *csill* déli; ~ **(axis) pole** geomágneses Déli Sark
Australian | **cinnabar** krómvörös; ~ **low** *met* ausztráliai nyári depresszió
Austrian | **orogeny** *geol* ausztriai orogén fázis; ~ **system** *talt* alagútépítés szaruzatos ácsolattal *(osztrák módszer)*
authentic eredeti, valódi, hiteles, autentikus; ~ **text/wording** hiteles szöveg
authigenous *geol* autochton, autigén; ~ **breccia** *geol* autigén breccsa; ~ **rock** *geol* endogenetikus kőzet
authoritative hiteles, mértékadó, mérvadó, irányadó; ~ **building-line** *ép* irányadó építési vonal *(városépítés)*
authority (fenn)hatóság; (szak)tekintély
authorization felhatalmazás; meghatalmazás; engedély(ezés); *távb* hívásjogosítás; ~ **code** *szt* felhasználót azonosító kód(rendszer)
authorize felhatalmaz; meghatalmaz; engedélyez; *kat* rendszeresít
authorized meghatalmazott, jogosult, illetékes; ~ **loss allowance** megengedhető veszteségnorma; ~ **pressure** *hőt* engedélyezési nyomás
auto gépkocsi, autó
autoacting önműködő, automatikus, automata, ön-
autoactivation önaktiválás
autoagglutination autoagglutináció
autoalarm automata riasztó(készülék); ~ **signal** *hajó* önműködő rádiójelzés-felvevő készülék
autobarotropy *met* abszolút barotrópia, autobarotrópia
autobias circuit önműködő előfeszültség-beállító áramkör
autobody sheet *koh* karosszérialemez
autobond *távk* autotranszformátoros csatolás
autobrader *távk* ellenállásnyomtató gép
autobrecciation *geol* automatikus breccsaképződés
autobulb autóizzó, gépkocsiizzó; autólámpa
autocapacity, autocapacitance coupling *el* autokapacitív/közöskapacitású csatolás
autocar gépkocsi, automobil
autocatalysis *vegy* autokatalízis, autokatalitikus folyamatok
autocatalytic *vegy* önkatalizáló, autokatalitikus; ~ **reaction** *vegy* autokatalitikus reakció
autocent(e)ring chuck önbeállító központosító szorítótokmány
autochange(r) *hang* lemezváltó(s lemezjátszó)
autochrome *foto* autokróm; autokróm lemez; *nyom* autokróm lemezről készült nyomat
autochthonous *geol* autogenikus; képződési helyén előforduló, helyben termett, autochton; ~ **rock** *geol* elsődleges fekvésű *v.* autochton kőzet
autoclastic *geol* autoklasztikus
autoclave I. *v* autoklávban kezel; autokláv kezelésben részesül; nagyobb nyomáson főz; **II.** *n vegy* autokláv; ~ **press** préskazán; ~ **test** *ép* cement-gőzpróba, autoklávpróba; ~ **train** *koh* feltárósor; ~ **treatment** kezelés autoklávban
autoclaving kezelés autoklávban; csírátlanítás *(autoklávban)*
autocleaning öntisztulás, természetes tisztulás
autococking weapon *kat* ismétlőfegyver
autocode *szt* autokód
autocoder *szt* autokódoló
autocoding *szt* autokódolás
autocollimating *fiz, opt* autokollimációs; ~ **grating spectroscope** *fiz* autokollimációs rácsos spektroszkóp; ~ **telescope** autokollimációs távcső
autocollimation *fiz, opt* autokollimáció
autocollimator (AC) *opt* autokollimációs távcső
autoconnected *el* autotranszformátoros; ~ **transformer** *el* autotranszformátor
autocontrol önszabályozás
autoconvection *met* autokonvekció
autoconvective *met* autokonvekciós, autokonvektív; ~ **instability** autokonvektív instabilitás; ~ **lapse rate** autokonvekciós vertikális hőmérséklet-grádiens
autocopser *tex* vetülékcsévélő automata
autocorrection autokorrekció
autocorrelation *mat* autokorreláció; ~ **coefficient** *mat* autokorrelációs együttható; ~ **function** *mat* autokorrelációs függvény
autocorrelator *mat* autokorrelátor
autocoupler *rep* robotpilótát az automatikus leszállítóberendezéssel összekapcsoló egység
autocoupling *távk* autotranszformátoros csatolás
autocovariance *mat* autokovariancia; ~ **function** *mat* autokovariancia-függvény
autocrack *heg* melegrepedés *(a varrat fémjében)*
autocue (tv-)súgógép
autocutout → automated cut-out
autocycler automatikus ciklusadó
autodecomposition *vegy* spontán bomlás
autodegausser automata lemágnesező
autodialler *távb* automatikus hívó/tárcsázó;
autodialling *távb* automatikus tárcsázás
autodiffusion öndiffúzió
autodragline *ép* automatikus forgógémes kotróláda
autodyne *távk* önrezgő keverő; ~ **circuit** autodin kapcsolás; ~ **detector** autodin detektor; ~ **frequency meter** autodines frekvenciamérő; ~ **reception** autodinvétel; ~ **wave meter** autodines hullámmérő
autoelectronic emission téremisszió, hidegemisszió

autoelevator autófelvonó
autoemission *el* hidegemisszió; téremisszió
autoenriching *gépk* önműködő dúsítás
autoexcitation *el* begerjedés; gerjesztett állapot; öngerjedés
autoexciting *el* öngerjesztésű
autofeed *forg* automata előtolás; *gép* önműködő etetés
autofeeder önműködő etető *(berendezés, szerkezet)*
autofermentation *vegy* önerjedés
autoflammability öngyulladás
autoflare *rep* automatikus kilebegtetés; ~ **landing** *rep* leszállás automatikus kilebegtetéssel
autoflow control automatikus adagolásszabályozás
autofocus *foto* autofókuszoló, önműködő gyújtópontbeállító
autofollowing *rak* automatikus követés; ~ **laser radar** automatikusan követő lézerradar/lézerlokátor
autoformer autotranszformátor, takaréktranszformátor
autofrettage *alak* önabroncsozás; *kat, koh* autofrettázs, csőszorítás
autogeneration of program *szt* automatikus programgenerálás
autogenic autochton; autogenikus
autogenous önmagától lett, autogén; ~ **cutting** *heg* autogénvágás; lángvágás; ~ **cutting machine** lángvágó gép; ~ **cutting torch** vágóégő, vágópisztoly; ~ **gas cutting** oxi-acetilén lángvágás; ~ **grinder** *koh* autogénmalom; ~ **ignition** öngyulladás; ~ **mill** *koh* autogénmalom; ~ **pipe cutter** autogén csőlevágó berendezés; ~ **pressure welding** oxi-acetilén préshegesztés; ~ **smelting (process)** *koh* autogénolvasztás; ~ **TIG process** AVI-eljárás hozaganyag felhasználása nélkül; ~ **TIG welding** AVI-hegesztés hozaganyag felhasználása nélkül; ~ **weld** autogénhegesztéssel készült varrat; ~ **welding** autogénhegesztés, gázhegesztés, lánghegesztés; ~ **welding torch** autogénhegesztő égő, oxi-acetilén lánghegesztőégő
autogiro *rep* autogiró; szélmalom-repülőgép
autographic öníró, regisztráló; ~ **apparatus** feljegyzőműszer; ~ **film** kézírásos film
autography *nyom* autográfia, autolitográfia
autoguidance *rep* célrarepüléses irányítás, önirányítás, homing
autogyration önmagától forgás, autorotáció
autogyro → autogiro
autoignition öngyulladás
autoindexing automatikus indexelés
autoinductive autoinduktív, induktív keresztcsatolású; ~ **coupling** autotranszformátoros csatolás, induktív keresztcsatolás
autoionization önionizáció, önionizálás
autojack kocsiemelő, autóemelő
autojigger rázógép; *el* nagyfrekvenciás autotranszformátor
autokerning *nyomd* automatikus betűillesztés *(fényszedőgépeknél)*
autolanding *rep* automatikus leszállás; ~ **system** ILS-rendszer, automatikus leszállási rendszer
autolathe *forg* esztergaautomata
autolean mixture *gépk* önműködően szegényített keverék
autolift autófelvonó
autolith *geol* autolit
autoload *szt* automata betöltő; ~ **cartridge** automata betöltőkazetta
autoloading *foto, kat* öntöltő
autolysis *biot* autolízis
autolytic *biot* autolitikus; ~ **enzyme** autolitikus/sejtoldó enzim
autolyzate autolízistermék
autolyze *biot* autolizál
automanual félautomata; félönműködő; ~ **exchange** gépi-kézi kapcsolású távbeszélő központ; ~ **gas-shielded arc welding** félautomatikus védőgázas ívhegesztés
automat automata *(pénzbedobós)*; automatabüfé; ~ **algebra** automataalgebra
automate automatizál
automated automatizált; automatikus; ~ **bibliography (AB)** *szt* számítógépes bibliográfia, AB; ~ **construction/design/engineering** automatizált tervezés; ~ **control chart** kártya automatikus ellenőrzéshez; ~ **data interchange system** *rep* automatizált adatváltó rendszer; ~ **dictionary** *szt* automatikus szótár *(gépi fordításhoz)*; ~ **information dissemination system (AIDS)** *szt* automatikus információterjesztő rendszer, AIDS; ~ **language processing (ALP)** *szt* automatikus nyelvfeldolgozó, ALP *(programnyelv)*; ~ **library information system (ALIS)** *szt* automatizált könyvtári információs rendszer, ALIS; ~ **library system (ALS)** *szt* automatikus könyvtári rendszer, ALS; ~ **logic diagram (ALD)** *szt* automatizált logikai diagram, ALD; ~ **logic design** *szt* automatikus logikai tervezés; ~ **posting** automatizált könyvelés/számvitel; ~ **projection welder** *heg* dudorhegesztő automata; ~ **projection welding** *heg* automatikus dudorhegesztés; ~ **rolling of sheet steel** acéllemezek automatizált hengerlése; ~ **tape library (ATL)** automatizált szalagkönyvtár; ~ **teller** bankautomata; ~ **tin can production** automatizált konzervgyártás; ~ **warehouse** automatikus raktár(ház)/áruszín; ~ **welding** automatizált hegesztés
automatic I. *a* önműködő, automatikus, automata, ön-; **II.** *n* automata mosógép; *gépk* automata seb(esség)váltós (gép)kocsi; *kat* önműködő fegyver, ismétlőpisztoly; *szersz* automata szerszámgép; ~ **accounting** automatikus könyvelés/számvitel; ~ **address selector** automatikus címválogató; ~ **address substitution** automatikus címcsere/átcímzés; ~ **adjusting/adjustment** önbeállítás, önműködő/automatikus beállítás; ~ **adjustment of exposure** *foto* automatikus megvilágításbeállítás; ~ **adjustment of the speed regulator** sebességszabályozó automatikus beállítása; ~ **adjustment to ambient light** *tv* automatikus fényerő-szabályozó; ~ **advance** automatikus gyújtásállítás; ~ **aiming** automatikus célzás; ~ **air/ground communication system** *rep* automatikus lég-föld adatátvivő rendszer; ~ **aircraft control** automatikus repülőgép-irányítás; ~ **aircraft-position reporter** önműködő repülőgép-helyzetjelző; ~ **alarm** riasztóautomata, önműködő vészjelző; ~ **alarm transmitter** automatikus vészjelző/riasztójeladó; ~ **alternating-current bridge** önműködő váltakozó áramú mérőhíd; ~ **altitude sensor parachute unit and test set** ejtőernyős kidobóállvány automatikus sugárgáz-érzékelő és ellenőrző készülék; ~ **altitude sensor staging unit** automatikus sugárgázos érzékelő berendezés; ~

amplitude control (AAC) automatikus amplitúdóvezérlés; ~ **analysator of matter composition** automatikus anyagösszetétel-analizátor; ~ **analytical equipment** automata elemzőberendezés; ~ **and continuous control** automatikus és folyamatos ellenőrzés; ~ **answering** automatikus hívásfogadás; ~ **anti-aircraft gun** *kat* légvédelmi gépágyú; ~ **aperture diaphragm** önműködő nyílásrekesz/apertúrarekesz/fényrekesz; ~ **approaching maneuvre** automatikus közelítési manőver; ~ **arc welding** automatikus ívhegesztés; ~ **argonarc welding equipment** AVI-hegesztőautomata; ~ **assembling machine** automatikus szerelőgép; ~ **atomic-hydrogen welding** automatikus arkatomhegesztés; ~ **back bias** automatikus visszaszabályozó feszültség; ~ **balance** *geof* önműködő/automata inga; ~ **balancing** automatikus/önműködő kiegyenlítés/korrekció; ~ **balancing electric measuring instrument** önkiegyenlítő elektromos mérőkészülék; ~ **balancing of rotors** rotorok/forgórészek automatikus kiegyensúlyozása; ~ **bare-electrode,** ~ **bare-wire welding** csupaszhuzalos/csupaszelektródás automatikus hegesztés; ~ **bass control (ABC)** automata kisfrekvencia-szabályozás; ~ **batch plant** *ép* nagy teljesítményű betongyár; tömegbetongyár; ~ **belt transport in mines and metallurgical works** automatikus szállítószalagos szállítás bányákban és kohóművekben/vasgyárakban; ~ **bevel(l)ing machine** (sarok)élmaró automata; ~ **bias** automatikus előfeszültség; ~ **bill feed** *szt* számlakártyás automata; ~ **billing machine** *szt* számlázóautomata; ~ **black-level control** *tv* automatikus feketeszint-szabályozás; ~ **blank character** *szt* automatikus üreshelyjelző; ~ **block** *vasút* önműködő térbiztosításköz, önműködő block *(biztosítóberendezésekben)*; ~ **block signal** *vasút* önműködő térközjelző; ~ **boiler control** *hőt* automatikus vízmelegítő-szabályozás; ~ **boom dragline scraper** automatikus forgógémes kotróláda; ~ **boost control** automatikus szívótérnyomás-szabályozás; ~ **brazing machine** forrasztóautomata; ~ **breech mechanism** *kat* önműködő zár *(ágyúé)*; ~ **brightness control (ABC)** *tv* automatikus fényerő-szabályozó; ~ **broadcasts** *rep* automatikus műsorszórás; ~ **bucket feedback** automatikus kanálvisszavezetés; ~ **butt weld** automatikusan hegesztett tompavarrat; ~ **butt welder** automatikus tompahegesztő gép; ~ **cable-handling device** *bány* automatikus kábelvezetés; ~ **calibration** önműködő hitelesítés; ~ **calling** automatikus híváskezdeményezés; ~ **calling and answering** automatikus híváskezelés; ~ **call(ing) device** *távk* automatikus hívóberendezés; ~ **calling unit (ACU)** *szt, távb* automatikus hívóegység; ~ **camera** *foto* automatikus fényképezőgép; ~ **car** automata sebességváltós kocsi; ~ **carbon-arc welder** szénívhegesztő automata; ~ **carbon-arc welding** automatikus szénívhegesztés; ~ **carbon dosing analyzer** automatikus szénadagolás-elemző; ~ **carbonic acid welding process** automatikus szénsavas hegesztési eljárás; ~ **card ejector** *szt* automatikus kártyakioldó; ~ **card feeder** *szt* automatikus kártyaadagoló; ~ **card-programmed rolling mill** programvezérlésű automatikus hengersor; ~ **cargo loading device** automatikus hajórakodó berendezés; ~ **carriage** *csill* önműködő kameratalp *(asztrofotográfiában)*; *nyom* nyomtatványtovábbító szerkezet; ~ **cartridge loader** automatikus kazettatöltő; ~ **catathermometer electrically heated with recorder** automatikus katatermométer elektromos fűtéssel és regisztrálóberendezéssel; ~ **celestial navigation (ACN)** automatikus csillagászati navigáció; ~ **cement batcher scale,** ~ **cement weigher** automatikus cementmérleg; ~ **cent(e)ring** *gép* automatikus központosítás; ~ **cent(e)ring with insert socket** *gép* hengeres korongos kényszerközpontosítás; ~ **change-over (communications)** *rep* automatikus átváltás *(távközlés)*; ~ **character recognition** *szt* automatikus jelfelismerés; ~ **check** automatikus ellenőrzés/vizsgálat; ~ **checking of filled bottles closing** (meg)töltött palackok lezárásának automatikus ellenőrzése; ~ **checking of processes in the blast furnace** folyamatellenőrzés automatizálása nagyolvasztókban; ~ **check-out equipment (ACOE, ACE)** automatikus ellenőrzőberendezés; ~ **check sorter** automatikus csekkosztályozó készülék; csekkrendező/csekkosztályozó automata; ~ **chemical analyzer** automatikus kémiai analizátor; ~ **chroma control (ACC)** automatikus színszabályozás; ~ **chucking machine** *forg* tokmányautomata; ~ **circuit-breaker (ACB)** automata megszakító; megszakítóautomata; önkioldós megszakító; ~ **circumferential weld** automatikusan hegesztett körvarrat; ~ **circumferential welder** körvarrathegesztő automata; ~ **classification** önműködő osztályozás; ~ **clearing** *szt* automatikus törlés; ~ **clearing apparatus** *távk* önműködő bontású készülék; ~ **clearing indicator** *távb* készülék önműködő végjelzéssel; szabad vonalat jelző készülék; ~ **closed loop servosystem** önműködő zárt hurkú szervoberendezés; ~ **coal heating plant** automatikus széntüzelésű fűtőberendezés/fűtőtelep; ~ **coding** automatikus kódolás; ~ **colo(u)r control (ACC)** *tv* automatikus színszabályozás; ~ **combustion control in grate furnaces** *aut* automatikus égésszabályozás (nyílt) rostélytüzelésnél; ~ **communication** *rep* automatikus távközlés/átvitel; ~ **compensation** automatikus kiegyenlítés; ~ **compensator for temperature measurement** önműködő kompenzátor hőmérsékletméréshez; ~ **component-testing** automatikus alkatrészvizsgálat; ~ **concrete throwing device** automatikus betonszóró berendezés; ~ **continuous-process control** folytonos folyamat automatikus szabályozása; ~ **control (AC)** önműködő/automatikus vezérlés/irányítás/szabályozás; ~ **control assembly** *at* automata szabályozószerelvény; ~ **control circuit** önműködő szabályozókör; ~ **control engineering** önműködő/automatikus szabályozástechnika; ~ **control gear** önműködő szabályozóberendezés; ~ **control gear of hydraulic horizontal extrusion presses** hidraulikus-horizontális rúdsajtó/csősajtó automatikus vezérlése; ~ **controlled artificial limbs** automatikusan vezérelt mesterséges tagok *v.* protézisek; ~ **controller** *aut* automatikus szabályozóegység/vezérlő; önműködő/automatikus szabályozó; szabályozó automata; ~ **controller of arc furnace electrodes** *aut* ívfénykemencék elektródáinak önműködő szabályozója; ~ **control loop** önműködő szabályozási kör; ~ **control of band thickness** *heg* önműködő szalagvastagság-szabályozás; ~ **control of billet cross-section** *heng* önműködő bugakeresztmetszet-szabályozás; ~ **control of billet cutting** *heng* bugalevágás automatikus vezérlése; ~ **control of brak-**

ing pressure at airplane landing fékezőnyomás automatikus vezérlése repülőgép leszállásakor; ~ **control of coke ovens** kokszolókemencék automatikus szabályozása; ~ **control of concrete-boring machine** koordináta-fúrógép automatikus vezérlése; ~ **control of concrete-siloworks** cementsiló-berendezések automatikus vezérlése; ~ **control of constant water level** *bány* automatikus vízszinttartás; ~ **control of diaphragm-type evaporator with freely hanging film** szabadon függő filmes membrános elpárologtató önműködő szabályozása; ~ **control of exposure time** automatikus megvilágításidő-beállítás; ~ **control of flying apparatus** repülőszerkezetek automatikus vezérlése; ~ **control of flying shears** *heng* repülőollók automatikus vezérlése; ~ **control of hydroseparators** *bány* hidroszeparátorok automatikus vezérlése; ~ **control of marine apparatus** víz feletti tengerészeti objektumok automatikus vezérlése; ~ **control of soaking pits** mélykemencék automatikus szabályozása; ~ **control of submarine apparatus** víz alatti tengerészeti objektumok automatikus vezérlése; ~ **control of the adjustment of rolls of the blooming stand** *heng* hengerállás automatikus vezérlése blokkhengerállványokban; ~ **control of thermal regime of regenerative heat exchangers** *hőt* regeneratív hőkicserélők hőfolyamatainak önműködő szabályozása; ~ **control of tightening the screws** csavarmeghúzás automatikus szabályozása; ~ **control structures** *hidr* önműködő műtárgyak; ~ **control system** *aut* automatikus teljesítményszabályozó rendszer; ~ **control system of band thickness** automatikus szalagvastagság-szabályozó rendszer; ~ **control theory** szabályozáselmélet, automatikus vezérléselmélet; ~ **control valve** önműködő szabályozószelep; ~ **control with laser beam** lézersugaras automatikus vezérlés; ~ **conveying** automatikus szállítás; ~ **conveyor-type furnace** automatikus szállítószalagos kemence; ~ **core-setter** *önt* magberakó automata; ~ **correction of temperature and pressure of flowmeters** vízmennyiségmérők hőmérsékletének és nyomásának automatikus korrekciója; ~ **course and distance calculator** automata irány- és távolságszámító tárcsa, automata háromszögmegoldó tárcsa; ~ **crankshaft turning lathe** forgattyústengely-esztergáló automata; ~ **crowding** *em* automatikus puttonyszár-előtolás; ~ **cut-out** *el* automata kioldó/lekapcsoló/kikapcsoló, hálózati védőkapcsoló; önműködő kikapcsolás; ~ **data conversion** *szt* automatikus adatátalakítás/adatkonverzió; ~ **data exchange (ADX)** *szt* automatikus adatátvitel, ADX *(hálózaton)*; ~ **data input** automata adatbevitel; ~ **data processing (ADP)** automatikus/elektronikus adatfeldolgozás; ~ **data retrieval** automatikus adatkeresés; ~ **data transfer equipment** automatikus adatátvivő berendezés; ~ **decimal alignment** *szt* számok automatikus pozicionálása *(szövegszerkesztésnél)*; ~ **decrab signal** *rep* automatikus iránytartási jel; ~ **degaussing control system** automatikus mágnestelenítésvezérlő rendszer; ~ **deicing** automatikus jégtelenítés; ~ **delivery** *pa* önműködő lerakó, önkirakó, önlerakó; ~ **demagnetization device** lemágnesező automata; ~ **depth of focus indicator** automatikus mélységélesség-jelző; ~ **design** automatikus tervezés/szerkesztés; ~ **determining the average value of variables** *aut* változó mennyiségek középértékének automatikus meghatározása, automatikus középérték-meghatározás; ~ **dew point measurement** automatikus harmatpontmérés; ~ **diaphragm setting** automatikus blendebeállítás/rekeszállítás; ~ **die sinking machine** automatikus süllyesztékmásoló marógép; ~ **dimension check** automatikus méretellenőrzés; ~ **direction finder (ADF)** *rep* automatikus rádióiránymérő; ~ **discharge** önkiürítés; automatikus ürítés; ~ **discharge hopper car** *koh* önürítő kocsi; ~ **disconnection of the supply** aktív érintésvédelem; ~ **dispensing of liquids** automatikus folyadékadagolás; ~ **ditch vibrator** *ép* automatikus árokvibrátor; ~ **doffing** automatikus leszedőberendezés; ~ **door** önműködő ajtó; ~ **door closer** (önműködő) ajtózár; ~ **dosing device for concrete mixing** önműködő/automatikus adagolóberendezés betonkeveréshez; ~ **down-feed** gépi fúróelőtolás; ~ **dressing of weaving warp** *tex* láncfonal automatikus appretúrája; ~ **drill** „amerikáner"; ~ **drilling** *ol* automatikus fúrás; ~ **drilling rig** *ol* automatikus fúróberendezés *(rotary)*; ~ **drop** *el* billenőrelé; *gépk* fényvillantó relé; ~ **drop forging** *el* automatikus préskovácsoló/odorkovácsoló üzem; ~ **drum filter for river water purification** automatikus (forgó)dobos szűrő folyóvíz tisztítására; ~ **dual-head welder** kétfejes hegesztőautomata; ~ **duckbill** *bány* önműködő rakodókacsacsőr; ~ **dumper** *bány* önműködő buktató; ~ **eccentric clicking machine** *cipő* önműködően kikapcsoló csákozógép; ~ **edge sander for curved furniture components** automatikus szegélycsiszoló/élcsiszoló gép görbített bútorrészekhez; ~ **egg sorting and packing machine** automatikus tojásosztályozó és -csomagoló berendezés; ~ **ejection** automatikus kidobás/kilökés/kivetés; ~ **electric continuous-heating furnace** automatikus villamosfűtésű tolókemence; ~ **electric drive** automatikus villamos hajtás; ~ **electro-network regime control** villamos energiarendszerek automatikus vezérlése; ~ **electronic control** elektronikus ellenőrzőautomata *(csőgyártásban)*; ~ **electroslag welder** villamos salakhegesztő automata; ~ **electroslag welding** automatikus villamos salakhegesztés; ~ **elevation measurement** *geod, rep* automatikus magassági irányszögmérés; ~ **encryption** *szt* automatikus titkosítás; ~ **equipment for alumina feeding** *koh* automatikus timföldadagoló; ~ **equipment for measuring oil-production** automatikus olajtermelésmérő berendezés; ~ **error correction** *rep* automatikus hibahelyesbítés; ~ **error detection** automatikus hibakeresés; ~ **exchange** *távb* automata központ; ~ **exchanger of samples for X-ray routine analysis work** automatikus próbadarabcserélő röntgensugaras rutinszerű (széria)vizsgálathoz; ~ **exhaust machine/system** *vák* szivattyúautomata; ~ **expansion valve (AEV)** automatikus expanziós szelep; ~ **exposure** *foto* automatikus megvilágítás/expozíció(beállítás); ~ **exposure meter** *foto* automatikus megvilágításmérő; ~ **exposure timer** *foto* automatikus megvilágítási időmérő; ~ **failure-detection** automatikus hibaérzékelés; ~ **fault finding (AF)** automatikus hibakeresés; ~ **feed** *forg* gépi előtolás; *mt* automatikus betáplálás; *ol* automatikus fúró-utánengedő berendezés; *tex* önműködő etetés; ~ **feeder** *tex* önműködő etetőberendezés; ~ **feed grate** *hőt* láncrostély önműködő adagolással; ~ **feed hopper** automatikus adagolórekesz; ~ **feeding of calves** automatikus borjúetetés; ~ **feedwater control system** automatikus tápvízszabályozó rendszer; ~ **fertilizer spreader** automatikus trágyaszóró szerkezet; ~ **field switch** *el* mezőgerjesztés automatikus átkapcsolása; ~ **fillet submerged-arc welder** fedettívű hegesztőautomata sarokvarrathegesztéshez; ~ **film threading** automatikus filmbefűzés; ~ **filtering in dyeing technology** festéstechnológiai automata-szűrés; ~ **filter rate control** *hidr* szűrőszabályozás; ~ **firearm** → ~ gun; ~ **fire director** *kat* automata lőelemképző; tűzvezető; ~ **fire extinguishing armature/equipment** önműködő zuhanyberendezés, sprinklerberendezés; ~ **fire-system** önműködő tűzoltó berendezés; ~ **flame-cutting machine** *heg* lángvágó automata; ~ **flap-control** *rep* automatikus fékszárnyállítás; ~ **flare-out landing** *rep* automatikus kilebegtetéses leszállás; ~ **flash butt welder** leolvasztó tompahegesztő automata; ~ **flash point tester/analyzer** *ol* automatikus lobbanáspont-meghatározó; ~ **flash shot** automatikus villanófényes felvétel; ~ **flash welder** leolvasztó tompahegesztő automata; ~ **flight control (AFC)** *rep* automatikus repülésirányítás/repülésvezérlés; ~ **flight control equipment (AFCE)** *rep* automatikus kormányberendezés; ~ **flight control system (AFCS)** *rep* automatikus kormányrendszer; ~ **flight-path control** automatikus repülőgép-irányítás előírt pályán; ~ **flow control** *hidr* automatikus átfolyásszabályozás; ~ **focus(s)ing** automatikus fókusz(be)állítás/fókuszolás; ~ **following (AF)** *rep* automatikus célkövetés; ~ **force-path measuring instrument** automatikus erő-út mérőkészülék; ~ **forging roller** automatikus kovácshenger; ~ **format recognition (AFR)** *szt* automatikus dokumentumfelismerés, AFR; ~ **frequency control (AFC)** automatikus frekvenciaszabályozás; ~ **fuel economizing device** automatikus tüzelőanyag-előmelegítő; ~ **fusion welding** automatikus ömlesztőhegesztés; ~ **gain control (AGC)** automatikus erősítésszabályozás; ~ **gas analysis** automatikus gázanalízis; ~ **gas-cutting machine** *heg* lángvágó automata; ~ **gas metal-arc welding** automatikus AFI-hegesztés; ~ **gas refrigerating machine** önműködő gázhűtőgép; ~ **gas-shielded arc welding** automatikus védőgázas ívhegesztés; ~ **gas tungsten-arc equipment** AVI-hegesztőautomata; ~ **gas tungsten-arc welding torch** automatikus AVI-hegesztőfej; ~ **gate** önműködő kapu; ~ **gate lock** önműköd kapuzár; ~ **ga(u)ge** önműködő mérőkészülék; *heng, koh* ~ **ga(u)ge control** vastagságszabályozás; szalagvastagság-szabályozás; ~ **gear** *gépk* automata/önműködő sebességváltó; ~ **gear-box** *gépk* automata/önműködő sebességváltó; ~ **girth welder** körvarrathegesztő automata; ~ **glu(e)ing of brake linings** fékpofabetétek automatikus ragasztása; ~ **grab** önműködő markoló; ~ **grab crane** automatikus markolódaru; ~ **grader blade control** *ép* automatikus tolólapvezérlés; ~ **grading** automatikus osztályozás; ~ **grate** → ~ feed grate; ~ **grid bias** *el* automatikus rácselőfeszültség; ~ **grinding circuit control** őrlési körfolyamat automatikus szabályozása; ~ **gun (AG)** *kat* automata fegyver; ismétlőpuska, sorozatlövő kézifegyver; ~ **gyropilot** *rep* (önműködő pörgettyűs) kormánykészülék; (önműködő pörgettyűs) robotpilóta; kormányautomata; ~ **header check** automatikus fejlécellenőrzés; ~ **high-precision machinery for internal grinding** automaták a legnagyobb precizitású belső köszörülésre; ~ **hobbing machine** automatikus lefejtő marógép; ~ **homing** *rep* automatikus célra repülés *v.* célrepülés/irányrepülés; ~ **hopper scale** önműködő tartálymérleg; ~ **hot-gas welder** forrógázhegesztő automata; ~ **idle control** automatikus üresjárati fordulatszám-szabályozás; ~ **image retrieval system (AIRS)** *szt* automatikus képvisszakereső rendszer, AIRS; ~ **indication** automatikus indikáció/kijelzés; ~ **indicator** automatikus indikátor; ~ **inert-gas tungsten-arc welder** védőgázas volfrámelektródos ívhegesztő automata; ~ **in-line sampler** *ol* automatikus mintavevő; ~ **input** automatikus adatbemenet; ~ **inspection** automatikus ellenőrzés; ~ **installation for washing motor cars** gépjárműmosó automata; ~ **instrument landing** *rep* automatikus műszeres leszállás; ~ **interference refractometer** automatikus interferencia-refraktométer; ~ **interlocking** *gép* önműködő reteszelés; *vasút* önműködő jelzőrendszer; ~ **interpreter** *szt* kártyafeliratozó gép; ~ **inverse-time overload tripping** *el* áramtól függően késleltetett túláramkioldó; ~ **invoicing machine** számlázóautomata; ~ **ironing machine** automatikus vasalógép; vasalóautomata; ~ **isolating valve** önzáró szelep; ~ **knocking-off** *tex* önműködő kikapcsolás; ~ **landing** *rep* automatikus leszállás; ~ **landing control** *rep* leszálló légijármű automatikus vezérlése; ~ **lathe** automata eszterga; ~ **lease station** *ol* automatikus kútközpont; ~ **lens cent(e)ring machine** automatikus lencseközpontozó gép; ~ **level** *geol* kompenzátoros szintezőműszer; ~ **level control (ALC)** automatikus szintszabályozás; ~ **level-gear planer** automatikus kúp(fogas)-kerék-gyalugép; ~ **level(l)ing** *ép* automatikus egyengetés; ~ **level recorder** (automatikus) szintíró; ~ **lift** nyomógombos vezérlésű felvonó; ~ **lifting beam** *ép* önbeálló emelőgerenda; ~ **light control by computer flash unit** automatikus fényadagolás számítógépes villanólámpával; ~ **line counter** automatikus sorszámláló; ~ **line wiring scheme (for switching systems)** automatikus huzalozási séma (kapcsolómezők számára); ~ **loader** *szt* automatikus betöltő; ~ **loading ramp/platform** önműködő rakodóhíd/átjáróhíd/emelőhíd/járműrakodóhíd; ~ **load-sustaining brake** *gép* kilincskerekes teherhordó fék; ~ **lockout** automatikus zárás; ~ **locomotive control** automatikus mozdonyvezérlés; ~ **logging** eredményregisztrálás; ~ **logon** *szt* automatikus kapcsolatfelvétel (intelligens terminálοknál); ~ **long-distance service** *távb* automata helyközi szolgálat; ~ **long-distance traffic** *távb* automata helyközi forgalom; ~ **loom** automata szövőgép; ~ **loop radio compass** *rep* automatikus keretantennás rádióiránytű; ~ **lot-packing arrangement** *csom* automatikus tételcsomagoló berendezés; ~ **lubrication** *gép* kényszerkenés; ~ **machine gas tungsten-arc welding** gépi AVI-hegesztés; ~ **machine tool control** automatikus szerszámgépvezérlés; ~ **machine welding** automatikus hegesztés; ~ **maintenance** beütemezett karbantartás; ~**-manual exchange** gépi-kézi kapcsolású távbeszélő központ; ~ **measuring point selector switch** automatikus mérőhelyválasztó kapcsoló; ~ **measuring station** mérőautomata; ~ **measuring station on glaciers** automatikus mérőállomás gleccsereken; ~

message accounting (AMA) *távb* automatikus számlázás; ~ **message exchange (AMX)** *távk* automatikus üzenetkapcsolás; ~ **message registering (AMR)** automatikus üzenetrögzítés; ~ **message routing (AMR)** *szt* automatikus üzenetirányítás, AMR; ~ **metal-arc gas-shielded welding** automatikus AFI-hegesztés; automatikus védőgázas fedettíves hegesztés; ~ **metal feeding** *önt* folyékonyfém-adagolás; ~ **meteorological observation station (AMOS)** automata meteorológiai állomás; ~ **MIG welding** automatikus AFI-hegesztés; ~ **mixing and dosage of liquids** folyadékok automatikus keverése és adagolása; ~ **mixing plant with proportionate dosing control** automatikus keverőberendezés mennyiségszabályozással/arányszabályozással; ~ **(molten-)metal feeding** *koh* folyékonyfém-adagolás; ~ **monitoring** automatikus ellenőrző berendezés; ~ **motor control gear** *gépk* automatikusan vezérelt sebességváltómű *(motorhoz)*; ~ **mo(u)lding and casting installation** automatikus formázó- és öntőberendezés; ~ **navigational installation** *hajó, rep* automatikus navigációs berendezés; ~ **needle** *kh* kanalas/nyeles tű; ~ **network voltage regulator** automatikus hálózati feszültségszabályozó; ~ **noise limiter (ANL)** automatikus/önműködő zajhatároló; ~ **oil-fired core backing tower** automatikus olajtüzelésű magszárító (torony); ~ **oil-fired steam generator** automatikus olajtüzelésű gőzgenerátor; ~ **oil furnace with optic flame controller** automatikus olajtüzelés optikai lángőrrel; ~ **operation** automatikus működésmód/üzemmód; ~ **optimizer** automatikus optimalizátor; ~ **oxyacetylene hardfacing machine** automatikus oxi-acetilénfelrakó hegesztőgép; ~ **oxyacetylene welding** automatikus oxi-acetilén hegesztés; ~ **oxygen-cutting machine** lángvágó automata; ~ **packaging** automatikus csomagolás; ~ **packaging machine** csomagolóautomata, automatikus csomagológép; ~ **palletising machine** *em* egységrakomány-képző gép; rakodólap-megrakó gép; ~ **paper carriage** *irgép* automatikus papírtovábbítás; ~ **parallel submerged-arc welding machine** párhuzamos huzalos fedettívű hegesztőautomata; ~ **parcel conveyor** automatikus csomagszállító berendezés; csomagszállító automata; ~ **parking system** automatikus parkolási rendszer; ~ **path control** *rep* a repülési pálya automatikus vezérlése; ~ **pattern recognition** automatikus alakfelismerés; ~ **phase adjustment** *el* automatikus fázisbeállítás; ~ **phase comparison circuit** *el* automatikus fázisösszehasonlító kapcsolás; ~ **phase control (a.ph.c., APC)** *el* automatikus fázisszabályozás, fázis-önszabályozás; ~ **phase control loop** *el* önműködő fázisszabályozó hurok; ~ **phase-shifting** *el* automatikus/önműködő fázistolás; ~ **pH-control** automatikus pH-szabályozás; ~ **picture control** automatikus képszabályozás; ~ **picture transmission (system) (APT)** APT, automatikus képtovábbító rendszer; ~ **pilot** *rep* kormánygép; robotpilóta; ~ **pilot control** *távk* automatikus pilotszabályozás; ~ **pipe welder** csőhegesztő automata; ~ **pistol (a.p.)** automata/önműködő pisztoly; ~ **plotter** automatikus görberajzoló; *rep* automatikus útvonalrajzoló, helyzetrajzoló készülék; ~ **pneumatic-piston drive** automatikus pneumatikus-dugattyús hajtás; ~ **pole-changeover switch** automatikus pólusváltó-kapcsoló; ~ **position plotter** *rep* útvonalrajzoló; ~ **potentiometer with electronic circuit** (elektromos) potenciométer, automatikus kompenzátor elektronikus erősítővel; ~ **power peak limitation** teljesítménycsúcs-határoló automatika; *koh* teljesítménycsúcs-határoló automatika; teljesítménycsúcs-határoló automatika; ~ **powerplant-control** automatikus erőmű-irányítás; ~ **power reduction** *at* automatikus baleseti teljesítménycsökkentés; ~ **precision calorimeter** automatikus precíziós kaloriméter; ~ **precision welding** automatikus precíziós hegesztés; ~ **prepunching** automatikus előlyukasztás; ~ **priority control** *szt* automatikus elsőbbségi vezérlés; ~ **process control** automatikus/önműködő folyamatirányítás/folyamatszabályozás/folyamatvezérlés; ~ **process correlator** automatikus/önműködő folyamatkorrelátor; ~ **process cycle controller** önműködő folyamatciklus-szabályozó; ~ **processing of flight information** *rep* repülési információk automatikus feldolgozása; ~ **production welder** nagy termelékenységű hegesztőautomata; ~ **program(me) control** önműködő menetrendi szabályozás, önműködő programszabályozás; ~ **program(me)-controlled machine tool** automatikus programvezérelt szerszámgép; ~ **programming** automatikus programozás; ~ **projection welder** dudorhegesztő automata; ~ **projector** *film* vetítőautomata; ~ **propeller** *rep* automatikusan változtatható állásszögű légcsavar; ~ **protection (of crossings)** önműködő útátjáró-védelem; ~ **pulse control** *el* automatikus impulzusvezérlés; ~ **pulverising and drying plant** automatikus őrölve szárító berendezés *(cementgyártásban)*; ~ **pumping unit** *vák* automatikus szivattyúegység; ~ **puncher** automatikus lyukasztó; ~ **quick acting voltage regulator** automata feszültség-gyorsszabályozó; ~ **radar tracking** automatikus rádiólokációs (cél)követés; ~ **radialscraper** *em* automatikus forgógémes kotróláda; ~ **rail clamp** önműködő sínfogó; ~**-ram pile-driver** *ép* csörlős cölöpverő; ~ **range control (ARC)** önműködő határérték-szabályozás; ~ **range measurement** *rep* automatikus távolságmérő; ~ **range tracking (ART)** *rep* automatikus távolságkövetés; ~ **reading of dash ciphers** vonalakból álló (írás)jelek automatikus felismerése; ~ **recall** *távb* automatikus visszahívás; ~ **reclosing (auto.recl.)** önműködő visszakapcsolás; ~ **reclosing circuit-breaker** önműködő visszakapcsolású megszakító; ~ **record changer** automata lemezváltó; ~**-recording ga(u)ge** *hidr* önműködő rajzoló vízmérce; ~ **recording microbalance** *aut* önműködően író mikromérleg; ~ **recording of pressure distribution in a field of flow** nyomáseloszlás automatikus regisztrálása áramlási mezőkben; ~ **recording spectrophotometer** önműködő színképfotométer; ~ **record of wagon circulation** vasútikocsi-forgalom önműködő regisztrálása; ~ **rectifier** *geod* önműködő képtranszformátor; ~ **reduction crushing** automatikus kőzetaprítás; ~ **regulation** automatikus szabályozás; ~ **regulator** önműködő szabályozó; *hidr* automatikus zsilip; ~ **relay installation** automatikus átjátszóberendezés; ~ **release** önműködő kioldás; önkioldás; önkioldó; ~ **repeat on request (ARQ)** *távb* ARQ-rendszerű hibajavítás; ~ **repetition** *távb* automatikus ismétlő-rendszer; Verdan-rendszer; ~ **reporting** *rep* önműködő visszajelzés; ~ **reset** automatikus beállás a kiindulási értékre, automatikus visszaállítás; ~ **resilience of picture counter** képszámláló automatikus visszaugrása; ~ **resistance welder** ellenálláshegesztő automata; ~ **retransmission** automatikus közvetítőadó; ~ **rifle (AR)** önműködő puska; ~ **ring-back** automatikus újrahívás; ~ **ring trip** *távb* automatikus csengetéslekapcsolás; ~ **rocker** *film* himbálóberendezés; ~ **roller** festőhengeres szórófej; ~ **roll-forming mill** automatikus görgőalakító hengersor; ~ **rolling and cutting-machine** *pa* automatikus tekercsvágó gép; ~ **routiner** hibaellenőrző automata; ~ **routine test equipment** *távb* automata rutinvizsgáló berendezés; ~ **sample changer** automatikus próbaváltó/mintaváltó; ~ **sampling** automatikus mintavétel; ~ **sandblast machine** homokfúvó/szemcsefúvó automata; ~ **scan** automatikus letapogatás/mintavételezés; ~ **schedule storage of adjustment of rolls** henger(be)állítás automatikus programtárolása; ~ **scraper** *em* automatikus forgógémes kotróláda; ~ **screw-head slotting cutter** automatikus csavarfejhornyoló marógép; ~ **screw machine** menetvágó automata; ~ **search circuit** automatikus kereső(áram)kör/keresőberendezés; ~ **search jammer** *kat* automatikus zavarkereső; ~ **seat reservation** *rep* automatikus helyfoglalás; ~ **selective reply** *rep* automatikus szelektív válasz; ~ **selector switch** automatikus (mérőhely)átkapcsoló/mérőhelyválasztó kapcsoló; ~ **self-continued pulse control** *el* automatikus impulzusvezérlés; ~ **sender** önműködő adóállomás; ~ **sending** *távk* gépadás; ~ **send-receive set (ASR)** *szt* automatikus adó-vevő egység, ASR; ~ **sensitivity control (ASC)** automatikus/önműködő érzékenységszabályozás; ~ **separation procedure in ion-exchange column** automatikus elválasztási eljárás az ioncserélő oszlopokban; ~ **sequence control** automatikus sorrendi vezérlés/irányítás/szabályozás; ~ **sequence manufacture** automatikus sorozatgyártás; ~ **sequencing** programvezérlés; ~ **sheet-counting machine** automatikus lemezszámláló gép; ~ **sheet-feeder** *nyom* önműködő laplerakó; ~ **shielded arc-welding stage** védőgázas revolverhegesztő automata; ~ **shutter** *film* önműködő (forgó)fényzárszektor; ~ **signal-confirmation** automatikus jelmegerősítés; ~ **signalling** *vasút* önműködő jelzési rendszer; ~ **sizing grinder** automatikus méretellenőrző berendezéssel felszerelt köszörű; ~ **slit control** önműködő résszabályozás *(fotometrikus méréshez)*; ~ **slot** *rep* önműködő rés *(szárnyé)*; ~ **small parts comparator** automatikus komparátor kis (alkat)részek/(munka)darabok számára; ~ **soil compactor** *ép* automatikus árokvibrátor; ~ **soldering line** automatikus lágyforrasztó sor; ~ **soldering machine** lágyforrasztó automata; ~ **sorption isotherm measurement** gravimetrikus szorpciós automata; ~ **sorting of documents in banking establishments** automatikus bizonylatosztályozás pénzintézetekben; ~ **space laboratory** automatikus űrlaboratórium; ~ **space navigation** automatikus űrnavigáció/űrhajózás; ~ **speech processing** *szt* számítógépes beszédfeldolgozás; ~ **speed control system** automatikus sebességszabályozó rendszer; ~ **speed limiting brake** automatikus sebességkorlátozó fék; ~ **spillway gate** *hidr* dobos gát; ~ **spiral-ratchet screwdriver** *szersz* pergőcsavarhúzó; ~ **spot welder** ponthegesztő automata; ~ **spot welding** automatikus ponthegesztés; ~ **spraying/spray-painting machine** festékszóró/lakkszóró automata; lakkozóautomata; ~ **spray(ing) gun** automata szórópisztoly; ~ **spreader** *em* automatikus konténermegfogó keret; *tex* automata lerakókészülék; ~ **stabilization** értéktartó szabályozás; ~ **staircase switch** automatikus lépcsőházi kapcsoló; ~ **starter** *el* automatikus indító-ellenállás; *gépk* önindító; ~ **start-marking device** automatikus startjelző berendezés; ~ **star tracking** *rep* automatikus csillagkövetés; ~ **steam generator** gyorsgőzfejlesztő; gőzfejlesztő automata; ~ **steel** automataacél; jól forgácsolható acél; ~ **steel level control** *önt* automatikus fürdőszint-szabályozás; ~ **steerer** automatikus kormány; ~ **steering gear** automatikus kormánymű; ~ **stitching machine** *pa* fűzőautomata; ~ **stoker** *hőt* mozgórostélyos tüzelőberendezés; ~ **stop** *szt* automatikus leállás hiba esetén; ~ **stop device** *em* zárfék *(felvonóé)*; *vasút* menetlezárás; ~ **stop-down of feed pumps** tápszivattyúk automatikus leállítása; ~ **stopping of cold strip mills** hideghengerművek automatikus leállítása; ~ **stream line of dyeing and inductive drying** automatizált folytonos gépsor festésre és indukciós szárításra; ~ **strip level(l)ing instrument** automatikus sávszintező; ~ **strip-straightening machine** automatikus szalagegyengető gép; ~ **strip thickness regulation** *heng* szalagszélesség automatikus szabályozása; ~ **stud driver** szögbelövő készülék; ~ **submarine control** automatikus tengeralattjáró-irányító rendszer; ~ **submerged-arc welding** automatikus fedettívű hegesztés; ~ **submerged-arc welding machine** fedettívű hegesztőautomata; ~ **superheat control** automatikus túlhevítés-szabályozás; ~ **supervision rooms** automatikus ellenőrzőtermek; ~ **surfacing machine** felrakó-hegesztő automata; ~ **switch** önműködő váltó; ~ **switching** automatikus/gépi kapcsolás; ~ **switch of measuring points** automatikus mérésihely-átkapcsoló; ~ **switch-over** *film* vetítőgépváltás; ~ **synchronizer** szinkronizáló automatika; *el* szervóelem; ~ **system** *távb* automata/gépkapcsolású rendszer; ~ **tab** *rep* önműködő kiegyenlítőlap; *szt* számok automatikus tabulálása; ~ **tandem operation** *távb* automata tandemüzem; ~ **tandem submerged-arc welding machine** tandemelrendezésű fedettívű hegesztőautomata; ~ **tap-changing equipment** *el* automatikus feszültségszabályozó (transzformátoron); ~ **tape-controlled gas tungsten-arc spot welding machine** numerikus vezérlésű *v.* szalagvezérelt AVI-ponthegesztő automata; ~ **tape delete** automatikus szalagtörlés; ~ **tape library (ATL)** automatizált szalagkönyvtár; ~ **tare unit** automatikus tárázóegység; ~ **target recognition** automatikus célfelismerés; ~ **telecommunication log** *rep* automatikus távközlő napló; ~ **telephone exchange** automata telefonközpont; ~ **telephone set (ATS)** tárcsás telefonkészülék; ~ **telephone system** automatikus telefonrendszer; ~ **television image translation** automatikus televíziókép-átvitel; ~ **telpher** *bány* félautomatikus függőpálya; ~ **temperature compensator (ATC)** *ol* automatikus hőmérséklet-korrektor; ~ **tester** mérőautomata; ~ **testing** automatikus ellenőrzés/tesztelés; ~ **testing equipment (ATE)** automatikus vizsgálóberendezés; ~ **test(ing) station** mérőautomata; ~ **thermal power plant** önműködő hőerőmű; ~ **throttle** *rep* automatikus gázszabályozó; ~ **throttle control** *rep* automatikus tolóerő-szabályozás; ~ **throttle control system** automatikus gázszabályozó vezérlőrendszer; ~ **ticket checking** automatikus menetjegyellenőrzés; ~ **ticket-machine** *vasút* jegykiadó automata; ~ **ticket printer** *távb* beszédjegynyomtató; ~ **tide ga(u)ge** automatikus dagálymérő műszer; ~ **TIG welding torch** automatikus AVI-hegesztőfej/hegesztőpisztoly; ~ **time announcer** pontosidő-bemondó; automatikus/gépi időjelző; ~ **time corrector (ATC)** *távk* időalap-korrektor, ATC; ~ **time element compensator** *tv* Ampex-időalap-korrektor; ~ **timer** automatikus programszabályozó berendezés; ~ **timing control** *gépk* automatikus (elő)gyújtás-szabályozás; ~ **tipping bucket** *bány* önürítő bödön; ~ **titrating apparatus** automatikus titrálókészülék; ~ **titration equipment** titrálóautomata; ~ **toll service** *távb* automata helyközi szolgálat; ~ **tracking** *rep* automatikus célkövetés; ~ **tracking laser radar** automatikus célkövető lézerradar; ~ **tracking lidar** automatikus (cél)követő lidar; ~ **tracking loop** automatikus célkövető rendszer; ~ **tracking radar** automatikus célkövető radar; ~ **trailer brake** *gépk* ráfutó pótkocsifék; ~ **transformer** kiegyensúlyozó transzformátor; ~ **transformer equipment** transzformátorautomatika; ~ **translation** *szt* automatikus fordítás; ~ **transmission** *gépk* automata/önműködő sebességváltó; ~ **transmitter (AT)** *távk* önműködő adó(állomás); ~ **traverse** *forg* önműködő előtolás; ~ **tripping** *el* önműködő kioldás/kikapcsolás; ~ **tuned direction finder** *rep* automatikusan hangolt rádióiránymérő; ~ **tungsten-arc welding** automatikus AVI-hegesztés, automatikus volfrámelektródos ívhegesztés; ~ **tuning control (ATC)** *távk* automatikus élesre hangolás; ~ **turret lathe** automatikus revolvereszterga; ~ **ultrasonic testing device** automatikus ultrahangos vizsgálókészülék; ~ **vacuum lifter** *em* önműködő szívófejes emelő; ~ **valve** önzáró szelep; ~ **vertical index** *bány* automatikus magassági index; ~ **viscosity controller** automatikus viszkozitásszabályozó; ~ **voltage reduction** passzív érintésvédelem; ~ **voltage regulator (AVR)** automata feszültség-gyorsszabályozó *v.* feszültségszabályozó; ~ **volume control (AVC)** *rep, távk* automatikus/önműködő hangerő-szabályozó; ~ **volume control amplifier** *félv* szabályozóerősítő; ~ **volume expander** önműködő/automatikus expander; ~ **warning device** *rep* automatikus riasztó készülék; ~ **warp-stop motion** *tex* láncfonalőr; ~ **washing-machine** automata mosógép; ~ **water flushing armature** *ép* nyomóöblítő; ~ **water-quality recording** *hidr* automatikus vízminőség-regisztrálás; ~ **water table control/stabilization** automatikus vízszinttartás; ~ **water weigh(ing) system with rapid discharge** *ép* gyorsürítő vízmérő automata; ~ **weather station (AWS)** *met* automata meteorológiai állomás; ~ **weft replenisher** *tex* önműködő vetülékváltó berendezés; ~ **weighing** automatikus mérlegelés; ~ **weighing charging-machine** önműködő adagológép; ~ **weld** automatikusan hegesztett varrat; gépi hegesztővarrat; ~ **welded fillet weld** automatikusan hegesztett sarokvarrat; gépi hegesztésű sarokvarrat; ~ **welding (AW)** automatikus hegesztés; ~ **welding fixture** automatikus hegesztőkészülék; ~ **well testing (AWT)** *ol* automatizált kútmérés; ~ **wet cleaning machine** automatikus nedvestisztító gép; ~ **wheat dampener** *élip* önműködő búzanedvesítő

automatically automatikusan, önműködően; ~ **adjusting** *gép* önbeállító, önkikapcsoló, önkioldó, önműködő; ~ **controlled multichannel changeover switch** automatikusan vezérelt többcsatornás átkapcsoló; ~ **controlled projector** automatikus vezérlésű vetítőgép/projektor; ~ **controlled sluice** automatikus vezérlésű zsilip; ~ **controlled surface milling machine** automatikusan vezérelt hosszmarógép; ~ **leve(l)ling instrument** *bány* kompenzátoros szintezőműszer; ~ **locking rewind release knob** automatikusan záró visszatekercselés-kioldó; ~ **operated painting plant** automatikusan dolgozó lakkozóberendezés; ~ **operating gas analyzer** automatikus működésű gázanalizátor; ~ **programmed tools (APT)** *szt* automatikusan programozható eszközök, APT~ **registered electronic photocamera** automatikusan regisztráló elektronikus fényképezőgép

automatics automatika; irányítástechnika

automation automatizálás; ~ **elements for production lines** automatizálási elemek gyártósorokhoz, gyártósor-automatizálási elemek; ~ **in production of miniature resistors** automatizálás a miniatűrellenállások gyártásában, miniatűrellenállás-gyártás automatizálása; ~ **means in measuring circuits** automatizálási eszköz mérőkörökben; ~ **of blast-furnace charge** nagyolvasztó adagolásának/berakásának automatizálása; ~ **of coal combines** szénkombájnok automatizálása; ~ **of contact reactors** kontakt reaktorok automatizálása; ~ **of discontinuous processes** szakaszos folyamatok automatizálása; ~ **of evaluating the graphic record** grafikus regisztrátum kiértékelésének automatizálása; ~ **of market research** piackutatás automatizálása; ~ **of mine pumping stations** *bány* szivattyúállomások automatizálása; ~ **of parts cleaning in engineering production** alkatrészek tisztításának automatizálása a gépgyártásban; ~ **of rotary furnace** forgókemence automatizálása; ~ **of the production process in rolling mills** gyártási folyamat automatizálása hengerművekben; ~ **of the regime at the electric arc furnace** ívkemence munkafolyamatainak automatizálása; ~ **of thermal power plants** hőerőművek automatizálása; ~ **used in selling of goods** automatizálás az árueladásban

automatism automatizmus; gépiesség

automatization automatizálás; ~ **in mail handling** automatizálás a postaüzemben; ~ **of magnetic measurements** mágneses mérések automatizálása

automatize atomatizál

automatized automatizált; automatikus; ~ **adjustment of rolls** automatikus henger(be)állítás; ~ **production of resistances arranged in layers** rétegellenállások automatizált gyártása; ~ **working place** automatizált munkahely

automaton automata; ~ **grammar** *szt* véges állapotú grammatika; ~**s for chemical cleaning of clothes** vegyi ruhatisztító automaták

automechanic autószerelő, gépkocsiszerelő

automicroradiogram automikroradiogram

automicroradiography automikroradiográfia

automobile automobil, gépkocsi, gépjármű; ~ **body iron (sheet)** karosszérialemez; ~ **bumper** gépkocsiütköző; ~ **cloaking** kocsikárpitszövet; ~ **engine** autómotor; *hőt* magánjáró gőzgép; ~ **inner tube** gumiabroncstömlő, gumiabroncsbelső; ~ **radio set** gépkocsi-rádióvevő készülék, autórádió; ~ **railway car** sínautó, vágánygépkocsi; ~ **registration** forgalmi engedély; ~ **steel** gépjárműacél; ~ **trailer** utánfutó, gépjárműpótkocsi; ~**-tyre/tire fabric** abroncsszövet; ~**-tyre/tire paper** gumiabroncs-csomagoló papír; ~ **wag(g)on** tehergépkocsi

automobilism automobilizmus, gépkocsiipar és -közlekedés, gépkocsizás, gépkocsisport

automonitor *el, távk* automatikus monitor

automonitoring automatikus ellenőrzés; ~ **routine** futásellenőrző program

automorphic *geol* zavartalan képződésű, automorf

automorphism *mat* automorfizmus

automorphy *geol* automorfia

automotive I. *a* gépkocsi-, gépjármű-; **II.** *n* magánjáró, önjáró *(motoros jármű)*; ~ **crane** önjáró daru; ~ **electronics** gépjármű-elekronika; ~ **engine** gépkocsimotor; ~ **engineer** gépkocsimérnök; járműgépész; ~ **fuel** gépkocsi-üzemanyag; ~ **industry** gépkocsiipar; ~ **vehicle** önmozgó jármű

automower *mzg* önjáró kaszálógép

autonavigation autonavigáció, automatikus navigáció

autonomous autonóm, önmagát kormányzó; ~ **car** *vasút* motoros hajtány; ~ **inverter** öngerjesztésű inverter; ~ **organization** autonóm szervezés; ~ **relay system** autonóm/független relérendszer; ~ **system** autonóm rendszer

autoonverter *el* autokonverter

autooscillation önrezgés, önfenntartó rezgés; ~**s in servosystems** önlengések szervorendszerekben/követőrendszerekben

autooxidation *vegy* autooxidáció, önoxidáció

autopanel paper karosszériapapír

autoparatopism autoparatópia

autopatch(ing) automatikus programjavítás/programhelyesbítés

autophasing automatikus fázisszabályozás, fázis-önszabályozás

autophotic fotoelektromos, fényvillamos

autopiler automatikus fordítóprogram

autopilot robotpilóta, kormánygép; robotkormány; ~ **approach coupler** *rep* robotpilóta, „leszállító" adaptere; ~ **computer** robotpilóta-számítógép; ~ **control** repülőgép-vezetés robotpilótával; ~ **controller** *rep* robotpilóta vezérlőpultja; ~ **mode selector** *rep* robotpilóta üzemmódját kiválasztó kapcsoló; ~ **response charcteristics** *rep* robotpilóta átviteli jelleggörbéje; ~ **speed** *rep* kormánygéphasználatban megengedett sebesség; ~ **with approach coupler** *rep* robotpilóta automatikus megközelítést végző egységgel

autoplotter *szt* számítógép vezérlésű rajzgép

autopolling automatikus lekérdezés

autopolymer *vegy* autopolimer, önmagában polimerizálódó

autopolymerization *vegy* önpolimerizáció, önmagában gyorsuló polimerizáció

autoproportioner automatikus adagoló

autoprotective tube *el* sugárzásvédő cső

autopulse pump *gépk* AC-pumpa, elektroszivattyú

autopurification *hidr* (természetes) öntisztulás; természetes tisztulás

autoracemation *vegy* autoracemizálódás

autoradar plot *rep* automatikus radarcél-megjelölés

autoradiogram autoradiogram

autoradiography autoradiográfia

autoratch automatikus helyesbítés

autoreception gépvétel *(távírón)*

auto.recl. → automatic reclosing

autoreclose circuit-breaker *el* önműködő/visszakapcsoló megszakító

autoreduction önredukció

autoregeneration automatikus visszacsatolás

autoregression autoregresszió

autoregressive process autoregresszív folyamat

autorepair shop autójavító/gépkocsijavító (műhely)

autorichening *gépk* önműködő (keverék)dúsítás

autorotation autorotáció; önpergés, önpörgés

autoscaler *at* önműködő átszámító készülék

autoscore *szt* automatikus szövegaláhúzás

autoscrap roncsautó, autóroncs

autoset önbeállító, önszabályozó; ~ **lever** *geol* ingás szintező

autosliding grate bolygatórostély

autoslot *rep* önműködő résszárny

autospares autóalkatrészek

autostability önstabilitás

autostabilizer önműködő stabilizátor

autostarter *el* autotranszformátoros indító

autosteam generator *ép* gőzfejlesztő automata; gyorsgőzfejlesztő

autostoker önműködő tüzelőberendezés

autostoper *bány* légtámos fúrókalapács

autosynchronous önszinkronizált, önszinkronozó; ~ **motor** önszinkronozó motor

autotank engine *vasút* szertartányos mozdony

autothermal autotermikus, önhevítő; ~ **dehydrogenation** *ol* autotermikus dehidrogénezés

autothermic piston *gép* korlátozó betétes dugattyú

autothrottle *rep* automatikus gázszabályozó

autotire *US* → autotyre

autotool kit autószerszám-készlet, gépkocsiszerszámkészlet

autotransductor autotranszduktor, önműködő mágneses erősítő

autotransformer (a.-tr.) autotranszformátor, takaréktranszformátor; ~ **starter** *el* autotranszformátoros indító; ~ **starting** autotranszformátoros indítás

autotransmitter *távk* önműködő adóállomás

autotroph autotróf szervezet/organizmus; ~**-aerobe microorganisms** autotróf-aerob mikroorganizmusok

autotrophic autotróf

autotrophy *hidr* autotrófia

autotruck teherautó, tehergépkocsi; ~ **crane** darugépkocsi; ~ **with drum agitator** dobagitátoros gépkocsi

autotune *távk* önműködő hangolás; ~ **transmitter** önhangoló rádióadó-készülék

autoturned automata esztergán megmunkált

autotype *nyom* autotípia

autotyre, *US* **autotire** gépjárműabroncs, gépjárműköpeny

autovac *gépk* vákuumos üzemanyag-felszívó; vákuumtartály

autovalve | arrester túlfeszültség-levezetős villámvédelem; ~ **lightning-arrester** szelepes túlfeszültség-levezető

autovulcanizing stock önvulkanizáló keverék
autoweakening *gépk* önműködő keverékszegényítés
autowinder *film, foto* automata felcsévélő
autowreck → autoscrap
autoxidation önoxidáció
autumn equinox *csill* őszpont
autumnal őszi; ~ **equinox** *csill* őszi napéjegyenlőség/ekvinokcium/aequinoctium; ~ **equinox point** *csill* őszpont
Autunian stage *geol* autuni emelet
autunite *ásv* autunit
AUW → all up weight
AUX → auxiliary
auxiliaries *pl* segédanyagok, kisegítőanyagok; *el* segédüzemi berendezés; → auxiliary
auxiliary (AUX) I. *a* kisegítő, kiegészítő, pót-, mellék-, segéd-; *el* segédüzemi; **II.** *n* segédanyag; *szt* számítógép külső csatlakozója; ~ **aerial** segédantenna; ~ **aiming point** *kat* kisegítő cél; ~ **air** *koh* pótlevegő, szekunder/másodlagos levegő; ~ **anode** *el* gyűjtőelektród, segédanód; ~ **antenna** segédantenna; ~ **arrangement** segédberendezés; ~ **base** *geod* kisegítő alapvonal; ~ **bench mark** *hidr* őrpont; ~**-block mechanism** *vasút* blokk-készülék a blokkőrhelyen; ~ **bond** *vegy* kiegészítő vegyértékkötés; mellékkötés; ~ **boom** *em* segédgém; ~ **bracket** segédkengyel; ~ **brake** segédfék, pótfék, tartalékfék, kisegítőfék; ~ **brake-pipe** *vasút* pótfékvezeték, kisegítő fékvezeték; ~ **cable** *vasút* tartósodrony; ~ **calculation** mellékszámítás; ~ **carrier modulation** segédvivő-moduláció; ~ **cathode** segédkatód; ~ **choke** *gépk* segédtorok *(Stromberg-karburátor)*; ~ **circuit** segédáramkör; ~ **coil** *el* árammentes/kiiktatott tekercs; *geof, el* segédtekercs; ~ **column** *vegy* segédoszlop; ~ **connecting rod** mellékhajtórúd; ~ **contact** *el* segédérintkező; ~ **corrector** segédszabályozó; ~ **crab** segédmacska *(emelőn)*; ~ **cruiser** segédcirkáló; ~ **curve** *geof* segédgörbe; ~ **deck** *bány* segédpadozat; ~ **devices** kisegítő berendezés/megoldások; ~ **drive** *gép* mellékhajtás; ~ **earth** segédföldelő; ~ **earthmoving machine** *bány* földmunka-segédgép; ~ **electrode** segédelektród(a); ~ **energy** kiegészítő energia, segéderő; ~ **engine** segédmotor, segédgép; ~ **equation** *mat* szekuláris/karakterisztikus egyenlet; ~ **equipment** segédberendezés; ~ **exchange** kisegítő telefonközpont; ~ **face labo(u)r** *bány* munkahelyi segédmunkások; ~ **fan** *bány* külön szellőztetés ventilátora; segédventilátor; ~ **feature** *szt* segédpuffer, kérdésközvetítő puffer; ~ **field** kitérő-repülőtér; ~ **force** *mech* segéderő; ~ **for finishing** *tex* kikészítési segédanyag; ~ **framework for spreader** *em* konténermegfogó segédkeret; ~ **function bit** *szt* segédfüggvénybit; ~ **gantry** *ép* segédállványzat; ~ **gear-box** *gépk* osztómű *(terepjáró gépkocsin)*; ~ **grid** segédrács; ~ **grid transconductance** segédrácsmeredekség; ~ **grid voltage** segédrácsfeszültség; ~ **ground** segédföldelő; ~ **haulage** *bány* közbülső szállítás; segédszállítás; ~ **head** tehermentesítő kúp *(szelepen)*; ~ **horizon** *geod* segédhorizont; ~ **implement** pótfelszerelés, segédberendezés; ~ **initiating laser** kisegítő lézer; ~ **jack** *el* próbalámpa-csatlakozó; *távk* kereső kapcsolóhüvely; ~ **jib** *em* segédgém; ~ **landing gear** *rep* segédfutómű; ~ **level** *bány* segédszint; ~ **level drift** segédszinti vágat; ~ **level winning** segédszintes művelés; ~ **line** *el* segédvezeték; *mat* segédvonal; ~ **load** *mech* járulékos teher/terhelés; ~ **locomotive** *vasút* segédmozdony; ~ **machine** segédgép; ~ **magazine spring** *kat* póttárrugó; ~ **magnet** *geof* segédmágnes; ~ **manipulated variable** kisegítő beavatkozó jel; ~ **memory** → ~ storage; ~ **messenger** *hajó* segédkötél; ~ **metal** *alak* kötőfém; ~ **mirror** kistükör, másodlagos tükör, segédtükör; ~ **mud-pump** *ol* tartalék iszapszivattyú; ~ **phase** segédfázis; ~ **plant** segédberendezés; *en* háziüzem; ~ **pole** segédpólus; ~ **power** segédenergia; ~**-power engine** indító segédmotor; ~ **power plant (APP)** tartalékerőmű; ~ **power supply** segédenergia-forrás; ~ **power-unit (APU)** *rep* fedélzeti segédhajtómű; ~ **processor** *szt* segédprocesszor; ~ **products** segédanyagok, kisegítőanyagok; ~ **profile** *geof* segédszelvény; ~ **prop** *bány* segédtámfa; ~ **relay** *el* segédjelfogó; segédrelé; ~ **repeater station** *távk* segéderősítő állomás; ~ **rocket** segédrakéta; ~ **rocket engine** *rep* segédrakétahajtómű; ~ **route** kerülőáramkör; ~ **safety devices** *at* tartalék/kisegítő biztonsági berendezések; ~ **sailplane** segédmotoros vitorlázó repülőgép; ~ **set** kiegészítő műszer, tartalékműszer; ~ **shaft** *bány* segédakna; ~ **shop** melléküzem; ~ **spar** *rep* segédtartó; ~ **spark-gap** segédszikraköz; ~ **spring** *gépk* tehermentesítő rugó; ~ **station** *met* kisegítő állomás; *távk* távtáplált/függő állomás; ~ **storage** *szt* háttérmemória, külső memória/tároló, kiegészítő tár; ~ **supply** tartalék-áramforrás; ~ **support** *bány* segédácsolat; ~ **switch** *el* segédkapcsoló; szekunder kapcsoló; ~ **symbol** *szt* segédszimbólum; ~ **tank** kisegítő tartály/rezervoár; *gépk* légféksegédtartály *(pótkocsin)*; *rep* póttartály; ~ **thyristor** *félv* segédtirisztor; ~ **track** *vasút* ideiglenes vágány, szükségvágány; ~ **transformer** segédtranszformátor; ~ **transmission** segédátvitel, segédáttétel; pót-sebességváltószekrény; ~ **turbine** tartalékturbina; *rep* segédhajtómű; ~ **tuyere** *koh* segédfúvóka; ~ **unit** segédegység; ~ **unit for incorporation** *gép* beépítendő aggregát; ~ **valence** mellékvegyérték; ~ **variable** *mat* segédváltozó; ~ **view** segédvetület; ~ **winding (AW)** *el* kiegészítő tekercselés; ~ **wing fuel tank** *rep* szárnypóttartály
auxochrome *vegy* auxokróm, színrögzítő
AV → acid value; → annual variation
availability elérhetőség; rendelkezésre állás; használhatóság, alkalmasság, használhatósági/alkalmassági fok; *en* üzemkészség; *távk* kihasználtság *(kábeleké)*; *vegy* asszimilálhatóság *(műtrágyáé)*; ~ **assurance** üzemkészség biztosítása; ~ **characteristic** (üzem)készségi jellemző; ~**-cost arrangement** üzemkészségre fordított költségek megoszlása; ~ **factor** készenléti tényező; ~ **ratio** hozzáférési viszonyszám
available alkalmas, használható, hasznosítható; hozzáférhető, megközelíthető, elérhető; rendelkezésre álló; kapható; szállítható *(áru)*; *bány* járható, megközelíthető; ~ **accuracy** elérhető pontosság; ~ **capacity** *en* igénybe vehető teljesítőképesség; *ip* rendelkezésre álló *v.* szabad kapacitás; ~ **chlorine** *vegy* aktív/szabad klór; ~ **current amplification/gain** *el* rendelkezésre álló áramerősítés; ~ **energy** *en* rendelkezésre álló energia; ~ **head** *hidr* kihasználható/kiépíthető *v.* rendelkezésre álló esés/nyomómagasság; ~ **heat** *en* aktív hő; ~ **information** rendelkezésre álló információ; ~ **list** *szt* hozzáférési lista, szabad lista; ~

mineral *geol* hasznosítható ásvány; ~ **moisture** *hidr* hasznos víz/nedvesség; ~ **nutrient** *mzg* hozzáférhető/felvehető/hasznosítható/asszimilálható tápanyag; ~ **oxygen** *en* aktív oxigén; ~ **phosphates** *mzg* asszimilálható foszfátok; ~ **power** kivehető teljesítmény *(generátoré)*; rendelkezésre álló teljesítmény; hasznos teljesítmény; ~ **power gain** *távk* rendelkezésre álló teljesítményerősítés; ~ **seat miles** *rep* rendelkezésre álló férőhelymérföld; ~ **surface** hasznos felület; ~ **thrust** *rep* rendelkezésre álló tolóerő; ~ **time** *szt* rendelkezésre állási idő; ~ **ton-miles** *rep* rendelkezésre álló tonna-mérföld; ~ **voltage amplification/gain** rendelkezésre álló feszültségerősítés; ~ **water reserve/resources/supply** *hidr* szabad/hasznosítható vízkészlet

avalanche *at* (ion)lavina; *geol, met* lavina; *met* hócsuszamlás; ~ **baffle works** *pl* lavinatörő fal/mű; ~ **breakdown** *félv* lavinaletörés, avalanche-letörés, avalanche-hatás; ~ **diode** *félv* lavinadióda, avalanche-dióda, lavinahatású dióda; ~ **discharge** *félv* lavinakisülés; ~ **effect** *szt* lavinasokszorozódás ~ **excitation/effect** *félv* lavinasokszorozódás; ~ **gallery** *ép* lavinakarzat, lavinaalagút; ~**-like increase** lavinaszerű növekedés; ~ **material** *geol* mállott kőzet; ~ **multiplication** *félv* lavinasokszorozódás; ~ **noise** *félv* lavinazaj; ~ **quenching** *at* ionlavina-kioltás; ~ **rectifier** *félv* kontrollált letörésű egyenirányító elem; ~ **region** *at, rád* lavinatartomány; ~ **shelter** *ép* lavinatető, lavinaalagút, lavinamenedék; ~ **thyristor** *félv* kontrollált letörésű tirisztor; ~ **transistor** *félv* lavinahatású tranzisztor; lavinatranzisztor; ~ **transistor pulse generator** lavinatranzisztoros impulzusgenerátor; ~ **transit time diode** *félv* lavinadióda, avalanche-dióda, lavinahatású dióda; ~**-type transistor** → ~ transistor; ~ **wind** *met* lavinaszél

avant-corps *ép* homlokzatoldali épületrész

avasite *ásv* avazit

AVC → automatic volume control

av.eff. → average efficiency

aventurine *ásv* aventurin; ~ **feldspar** *ásv* aventurinföldpát; ~ **quartz** *ásv* aventurinkvarc

avenue *ép* sugárút, fasor; ~ **for products** értékesítési/eladási lehetőség/irány; ~ **of advance** *kat* előnyomulat iránya; ~ **of attack** támadás iránya

average I. *v mat* átlagot számít, átlagosít; középértéket levezet, középértékel; **II.** *a* átlagos, közepes; átlag-; **III.** *n* átlag(érték); közép(érték); számtani átlag, számtani/aritmetikai közép; *hajó* hajókár, havária; ~ **acceleration** közepes/átlagos gyorsulás; ~ **access time** *szt* átlagos elérési idő; ~ **age (by area)** *fa* átlagos (területi) korosztály; ~ **aircraft capacity** *rep* légijármű átlagos kapacitása; ~ **amount of inspection** ellenőrző vizsgálat átlagos terjedelme; ~ **behavio(u)r** átlagos rezsim/működés/viselkedés/üzemviszony/üzemmód; ~ **binding energy per nucleon** (egy nukleonra jutó) átlagos kötési energia; ~ **boring footage** *bány* fúrási teljesítmény; ~ **brightness** közepes fényerő/világosság, közepes felületi fényesség; közepes képfényesség/képfényerő; ~ **calculating speed** átlagos számítási sebesség; ~ **candle-power** közepes fényerő; ~**-capacity compressor** középkompresszor; ~**-case analysis** átlagos eset elemzése; ~ **chart** átlagérték-ellenőrző kártya; ~ **compaction curve** *geol* átlagos tömörítési görbe; ~ **component reliability** alkatrész átlagos megbízhatósága; ~ **computing device** átlagértéket számoló berendezés; ~ **concentration** átlagos koncentráció; ~ **cooling rate** átlagos hűtési sebesség; ~ **cross-section** közepes hatáskeresztmetszet; ~**-deflection error** *kat* oldalirányú középső eltérés *(ballisztika)*; ~ **degree of polymerization** *műa* átlagos polimerizációs fok; ~ **determination** átlagolás, átlag/középérték meghatározása/kiszámítása, átlagképzés; ~ **deviation (AD)** átlagos/közepes eltérés; ~ **diameter of grain** *hidr* közepes szemcseátmérő; ~ **duration of holding time** *távb* átlagos tartásidő; foglaltság átlagtartama; ~ **efficiency (av.eff.)** átlagos hatásfok; ~ **energy** *at* átlagos/közepes energia; ~ **engineering cost level** *rep* a műszaki karbantartási költségek átlagos szintje; ~ **error** átlagos hiba; ~ **excitation energy** *at* átlagos gerjesztési energia; ~ **execution time** *szt* átlagos végrehajtási idő; ~ **fare per passenger-mile** *rep* utas-mérföldenkénti átlagos viteldíj; ~ **field** *geof* átlagerőtér; ~ **forming pressure** átlagos alakítási nyomás; ~ **graining** átlagos szemcsézet; ~ **haulage** *geol* átlagos szállítási távolság; ~ **heating rate** *koh* átlagos hevítési sebesség; ~ **holding time** *távb* átlagos tartásidő; foglaltság átlagtartama; ~ **impulse power** közepes impulzusteljesítmény; ~ **information content** *mat* információforrás entrópiája, átlagos információtartalom, (negatív) entrópia; ~ **information content (per symbol)** átlagos információmennyiség; ~ **in question** keresett számtani középarányos; ~ **length (av.l.)** átlagos hosszméret; ~ **life** *at* átlagos élettartam; ~ **load** átlagos/közepes terhelés/igénybevétel; ~ **log** *fa* átlagos méretű fűrészrönk; ~ **milk** *élip* elegytej, elegyített tej *(egy tehéné)*; ~ **molecular weight** átlag molekulasúly; ~ **noise factor** átlagos/közepes zajtényező; ~ **operation time** *szt* átlagos műveleti idő; ~ **orientation angle** *bány* középtájékozási szög; ~ **out** *v* közepel; ~ **output** átlagos teljesítmény; ~ **over an area** *hidr* területi átlag; ~ **particle size** átlagos részecskeméret; ~**-position action** ingásszabályozás; ~ **power** átlagteljesítmény; ~ **pulse amplitude** impulzus középértéke; ~ **quality cost** minőség biztosítására fordított átlagos költség; ~ **quality level (AQL)** átlagos minőségszint; ~ **radius of rated coverage** *rep* névleges fedésterület közepes sugara; ~ **rating** átlagos teljesítmény; ~**-reading detector** átlagdetektor, középérték-detektor; ~ **reliability** közepes/átlagos megbízhatóság; ~ **revenue rate** átlagos jövedelem mértéke; ~ **roll pressure** *heng* átlagos hengerlési nyomás; ~ **sample** átlagminta; ~ **scattering** *at* átlagos szórás; ~ **sewage** *hidr* közepes töménységű szennyvíz; ~ **shading** *tv* átlagos takarás, közepes elsötétülés; ~ **slope of the drainage network** *hidr* vízrendszer esése; ~ **speed** átlagsebesség; ~ **stack height** *met* átlagos kéménymagasság; ~ **stage** átlagos vízállás; ~ **tank-temperature transducer** *ol* tartály átlaghőmérséklet-mérője; ~ **tape speed** *távk* átlagos szalagsebesség; ~ **thickness** *ol* átlagos vastagság; ~ **traffic flow** *távb* átlagos forgalom; ~ **value** átlagérték, középérték; ~**-value method** *geof* átlagértékmódszer; ~ **variability** *met* átlagos változékonyság; ~ **velocity** átlagsebesség, középsebesség; ~ **velocity at a vertical** *hidr* függély-középsebesség; ~ **voltmeter** átlagoló voltmérő; ~ **waiting time** átlagos várakozási idő; ~ **water demand** *hidr* átlagos vízigény; ~ **width (av.w.)** átlagos szélesség

averager közepelő, átlagoló
averaging I. *a* közepelő, átlagoló; **II.** *n* átlagolás, közepelés; átlag/középérték meghatározása/kiszámítása, átlagképzés; ~ **circuit** közepelő/átlagoló áramkör; ~**-out** átlagolás, átlag/középérték meghatározása/kiszámítása, átlagképzés
Averill stadiagraph *geod* Averill-féle szögfelrakó
averuncator *mzg* nyesőolló
AVF → azimuthally varying field
avgas *rep* széles frakciójú repülőgépbenzin, repülőbenzin
aviate repül, repülőgépet vezet
aviation aviatika, repülésügy; *kat* légierő, repülők; *rep* repülés; ~ **channel** *távk* repülésbiztosítási csatorna; ~ **channels** *rep* légiforgalmi frekvenciák; ~ **climatology** repülésklimatológia; repülési éghajlattan; ~ **communication** repülőrádió-összeköttetés, repülőtávközlés; ~ **depot** repülőbázis, repülőraktár; ~ **engine** repülőgép-hajtómű; ~ **engineering** repülőtechnika; ~ **equipment** repülőberendezés, felszerelés; ~ **forecast** *met* repülési előrejelzés; ~ **fuel** tüzelőanyag; ~ **gas** repülőbenzin; ~ **gasoline (A-gas)** széles frakciójú repülőgépbenzin, repülőbenzin; ~ **grease** repülő minőségű kenőzsír; ~ **kerosene** kerozin; ~ **lubricant** repülőmotor-olaj; ~ **map** repülőtérkép; légi térkép, fototérkép, légi fényképekből készült térkép; ~ **medicine** repülőegészségügy; ~ **meteorological service** repülésmeteorológiai szolgálat; ~ **meteorology** repülésmeteorológia; ~ **oil (A-oil)** repülőgépolaj; ~ **pathology** repülés-patológia *(kórtan)*; ~ **radio** repülő-rádióberendezés; ~ **repair shop** *rep* repülőjavító műhely; ~ **routine weather report** *rep* rendszeres repülésmeteorológiai jelentés; ~ **spirit** (széles frakciójú) repülőgépbenzin; ~ **task force** *kat* alkalmi légikötelék; ~ **turbine fuel (AVTUR)** repülőmotorolaj; ~ **weather service** repülésmeteorológiai szolgálat
aviator repülő, aviatikus, pilóta
avidity *vegy* (gyors) reakciókészség
avigation repülésnavigáció
avigraph *rep* útvonalíró készülék
avionics repülési elektronika; repülőelektronika, avionika; repülőgép elektronikus berendezése; *rep* repüléselektronikai berendezések
avis d'appel *távb* meghívás; ~ **call** beszélgetés meghívással
avitaminous vitaminmentes
avivage *tex* élénkítés, aviválás
av. l. → average length
avocado *élip* avokádó; ~ **oil** avokádóolaj
Avogadro's | constant/number Avogadro-szám; ~ **hypothesis/law** Avogadro-törvény
avoid *el* kikerül, elkerül, megkerül
avoidable elkerülhető; ~ **losses** elkerülhető veszteségek
avoiding | reaction *vegy* kitérési reakció; ~ **signal** *hajó* kitérésjelző
avometer volt-ohm-ampermérő; amper-voltmérő
AVR → automatic voltage regulator
avtag repülőgép-üzemanyag *(alacsony oktánszámú)*
AVTUR → aviation turbine fuel
avulsion *hidr* elmosás, lemosás; kanyaráttörés
av.w. → average width
AW → aircraft warning; → airway weather; → all-weather; → atomic warfare; → automatic welding; → auxiliary winding
a.w. → above water; → all wool; → atomic weight
AWACS → airborne warning and control system
award kártérítés; ~ **of the contract** ajánlat/tender elfogadása
awaruite *ásv* awaruit
awash vízmosta; víz színén úszó
away el, tovább
aweigh *hajó* felszedett horgonnyal; függőlegesen
awl *bőr* (cipész)ár, (nyerges)ár; *hajó* bontófa, fatőr, bújtatófa; kötélbontó vas/fa
awn *mzg* pelyvaszálka, bajusz; *tex* pozdorja; ~ **half-and-half** *bány* váll-laposodás irányára 45 fokos fronthomlok
awner *mzg* toklászoló, szálkátlanító
awning *ép* markíztető; védőtető; *gépk* sátorponyva; *vasút* kocsifüggöny; ~ **curtain** *hajó* (függő) napellenző ponyva; ~ **deck (Adk)** *hajó* sátortetőfedélzet; védfedélzet
awry I. *a* ferde; **II.** *adv* ferdén, rézsútosan
AWS → automatic weather station
AWT → automatic well testing
axe I. *v* szekercével/bárddal/baltával/fejszével megdolgoz; **II.** *n* fejsze, balta, bárd; szekerce; *ép* ácsfejsze; tűzoltóbalta; ~ **blade** fejszelap, fejszepenge; ~ **eye** fejszenyélrés; ~ **hammer** csákányfejsze, csákánybalta; ~ **handle** bárdnyél, baltanyél, fejszenyél; ~ **head/poll** fejszefok; ~ **quary stones** *v* követ nagyol/doroszol; ~ **stones** *v* követ megfarag
axed megfaragott *(fa, kő)*; lenagyolt (kő)
axes *pl* → axis
axial tengelyirányú, tengelymenti, axiális; ~ **adjustment** axiális/tengelyirányú beállítás; ~ **admission** *hőt* tengelyirányú beömlés; ~ **angle** tengelyszög; *ásv* optikai tengelyszög; ~ **bearing** *gép* axiális csapágy; ~ **bearing play of the turbodrill** *ol* fúróturbina csapágyhézaga; ~ **borer** *forg* axiálfúrógép; ~ **bracing** *rep* tengelyirányú merevítés; ~ **canal** *geol* hosszcsatorna; ~ **clearance** *gép* tengelyirányú/hosszanti játék; ~ **compression** *mech* tengelyirányú nyomás, kihajlító igénybevétel; ~ **compressor** *mech* axiálkompresszor; ~ **cone** *gép* kúpos tengelyvég, tengelycsapkúp; ~ **coordinates** axiális koordináták; ~ **diffusion coefficient** *at* axiális diffúziós tényező; ~ **displacement** *ásv* axiális eltolódás; ~ **duct** *el* axiális hűtőréscsatorna/légcsatorna; *gép* tengelyirányú vezeték; ~ **engine** soros motor; axiális motor; ~ **fan** axiálventilátor; *bány* axiális szellőztető; ~ **feed** *forg* tengelyirányú előtolás; ~ **field** axiális/tengelyirányú tér; ~ **float** tengelyirányú játék; ~**-flow** *rep* tengelyirányú áramlás; ~**-flow blower** axiális ventilátor; *koh* axiálfúrógép; ~**-flow compressor** axiális (forgólapátos) kompresszor; ~**-flow fan** axiális szellőző/ventilátor, axiálventilátor; ~**-flow jet (engine)** *rep* axiálkompresszoros gázturbinás sugárhajtómű; ~**-flow pump** axiális szivattyú; ~**-flow pump with adjustable vanes** szárnylapátos szivattyú; ~**-flow turbine** *hidr, rep* axiális (átömlésű) turbina, tengelyirányú átömlésű turbina; ~**-flow turbojet** *rep* axiálkompresszoros gázturbinás sugárhajtómű; ~ **force** axiális/tengelyirányú erő; ~ **girder** *ép* hosszmerevítő főgerendázat; ~ **gyro** pör-

gettyű-irányjelző, útiránypörgettyű; ~ **head** *műa* egyenes extruderfej; ~ **intercept** *ásv* axiális metszet, tengelymetszet; ~ **jet** *rep* axiális gázsugárhajtómű; ~ **lead** *gép* tengelyirányú kapcsolás; ~ **lead-out wire** axiális kivezető; ~ **load** *mech* tengelyirányú erő, rúdtengely irányába eső teher; ~ **loading** *mech* normális igénybevétel; ~ **magnet** rúd alakú mágnes; ~ **motion** tengelyirányú mozgás; ~ **nozzle** *rep* axiális fúvóka/porlasztó; ~ **offset** *at* axiális kitérési paraméter; ~ **peak flux** *at* tengelyirányú legnagyobb fluxus; ~ **peaking factor** *at* axiális csúcstényező; ~ **pigtail wire** axiális kivezető; ~ **piston pump** axiális dugattyús szivattyú; ~ **plane** *geol* (redő)tengelysík; *gép* tengelysík, tengelyen áthaladó/átmenő sík; *krist* optikai tengelysík; ~ **play** *gép* axiális/tengelyirányú ütés; oldalütés; ~ **plunger pump** axiális dugattyús szivattyú; ~ **porosity** *önt* tengelymenti fogyási üreg; ~ **pressure** *gép* tengelyirányú nyomás, kihajlító igénybevétel; ~ **pump** axiális szivattyú; ~ **quantum number** mágneses kvantumszám; ~**-radial-flow turbine** *hidr* radiál-axiális átömlésű turbina; ~ **radiating antenna** tengelymenti/axiális sugárzási antenna; ~ **ratio** *ásv* tengelyarány; *távk* axiális arány; ~ **ray** központi sugár, tengelysugár; ~ **region** *at* axiális övezet/tartomány; ~ **rotation** saját tengelye körüli forgás; ~ **run-out** *gép* axiális/tengelyirányú ütés, homlokütés; ~ **seal** *vák* axiális tömítés; ~ **section** hosszmetszet, tengelyirányú metszet, tengelymetszet; ~ **strain** tengelyirányú alakváltozás; hossznyúlás; ~ **stress** axiális/normális igénybevétel; tengelyirányú feszültség; ~**-symmetric flow** *hidr* hengerszimmetrikus áramlás; ~ **symmetry** tengelyszimmetria; ~ **termination** → ~ pigtail wire; ~ **thrust** *rep* tengelyirányú tolóerő; ~ **tilt** *at* axiális dőlési paraméter

axially axiálisan; ~ **displaced/shifted** *ásv* axiálisan eltolt; ~ **offset** egymástól tengelyirányban eltolt; ~ **symmetric** tengelyszimmetrikus; tengelyesen szimmetrikus; *ásv* axiálisan szimmetrikus; ~ **symmetric magnetic field** tengelyszimmetrikus mágneses tér

axifugal centrifugális

axinite *ásv* axinit

axiom *mat* axióma; sarkigazság; ~ **of complete induction** teljes indukció axiómája, indukciós axióma; ~ **system** axiómarendszer

axiomatic *mat* axiomatikus, axióma-; ~ **method** axiomatikus módszer; ~ **rank** rang(szám); ~ **system** axiómarendszer

axipetal centripetális

axis *pl* **axes** tengely; *mat* (centrális/középponti) tengely; mértani tengely; polártengely, kezdőirány, nullirány; szimmetriatengely, tükrözés/alakzat tengelye; ~ **angle** *opt* axiális szög, tengelyszög; ~ **fold** *geol* redőtengely; ~ **light** *opt* tengelyvilágítás; ~ **line of pressure/thrust** *mech* támaszvonal, nyomásvonal; ~ **of abscissae** abszcisszatengely, x-tengely; ~ **of advance** *kat* támadás/előnyomulás főiránya; ~ **of anticyclone** *met* anticiklontengely; ~ **of a waveguide** hullámvezető tengelye; ~ **of bending** *mech* hajlítás tengelye; ~ **of bore** *kat* csőtengely; ~ **of coil** tekercstengely; ~ **of collimation** *opt* kollimációtengely, (távcső) irányvonal(a); ~ **of communication** távközlési fővonal; ~ **of constant moment** *rep* állandó nyomaték tengelye; ~ **of contraction** *met* kontrakciós tengely; ~ **of convergence** *mat* konvergenciatengely, konvergenciaegyenes; ~ **of coordinates** *mat* koordinátatengely; ~ **of crystal** kristálytengely, krisztallográfiai tengely; ~ **of depression** *met* ciklontengely; ~ **of dilatation** *met* dilatációs tengely; ~ **of flotation/floating** *hidr* úszási tengely; ~ **of folding** *bány* redőtengely; ~ **of gravity** súlyvonal, súlypontos áthaladó tengely; ~ **of guide** *gép* iránytartó tengely, vezetőtengely; ~ **of homology** *mat* kollineációtengely; ~ **of incidence** *hang, opt* beesési merőleges; ~ **of inertia** *mech* tehetetlenségi tengely; ~ **of instantaneous accelerations** *mech* pillanatnyigyorsulás-tengely; ~ **of isotropy** izotrópiatengely; ~ **of ordinates** *mat* ordinátatengely; Y-tengely; ~ **of oscillation** rezgéstengely, lengéstengely; ~ **of pitch** *rep* kereszttengely; ~ **of precession** *csill* precessziótengely; ~ **of projection** *mat* vetítési/projekciós tengely; ~ **of reals** *mat* valós tengely; ~ **of reference** *rep* hivatkozási koordinátatengely; ~ **of reflection** *mat* szimmetriatengely, tükrözés/alakzat tengelye; ~ **of refraction** sugártörés tengelye, törőtengely; ~ **of revolution** forgástengely; ~ **of ridge** *met* gerincvonal; ~ **of ring laser** gyűrűlézer tengelyvonala; ~ **of roll** *rep* bedőlés tengelye; ~ **of rotation** *fiz* forgástengely; *krist* elsőfajú szimmetriatengely/gir; ~ **of sight** *geod* irányvonal; ~ **of streaming** *hidr* áramlási tengely, folyamsodor, Halweg; ~ **of suspension** felfüggesztési tengely; ~ **of symmetry** *gép, krist* szimmetriatengely, tükrözés/alakzat tengelye; ~ **of symmetry of the first kind** *krist* elsőfajú szimmetriatengely *v.* forgási tengely *v.* gir; ~ **of the celestial sphere** világtengely; ~ **of the gyroscope** *mech* pörgettyűtengely; ~ **of the image** *geod* képkoordináta-tengely; ~ **of the order of 6** *krist* hatfogású tengely, hexagir; ~ **of the weld bead** hegesztési varratréteg tengelyvonala; ~ **of the welding torch** hegesztőpisztoly tengelyvonala; ~ **of thrust** *rep* tolóerő hatásvonala; ~ **of trough** *geol* tektonikus völgy tengelye; *met* teknővonal; ~ **of twist** *rep* elcsavarás tengelye; ~ **of vibration** rezgéstengely, lengéstengely; ~ **of vision** látástengely, optikai tengely; ~ **of yaw** *rep* legyezőmozgás tengelye; ~ **pin** *gép* tengelycsap(szeg); ~ **plane** *geol* (redő)tengelysík; *gép* tengelysík, tengelyen áthaladó/átmenő sík; ~**-test disc/disk** *geod* látótengelyvizsgáló tárcsa

axisymmetric(al) *mat* tengelyesen szimmetrikus, egyenesre vonatkozólag szimmetrikus; tengelyszimmetriás; tengelyszimmetrikus; ~ **circulation** *met* tengelyszimmetrikus cirkuláció

axle tengely *(támasztó)*; keréktengely; ~ **aligner** *gépk* kerékpárhuzam-ellenőrző készülék; ~**-and-shaft lathe** tengelyeszterga; ~ **base** *közl* tengelytáv; ~ **bearing** *gép* tengelycsapágy, ágytok; ~**-bearing clearance** *vasút* csapágyjáték; ~ **bed** *gép* tengelyágyazás; ~ **box** *vasút* (csap)ágytok, csapágy; tengelyágy, ágytok; ~**-box cellar** *vasút* tengelyágykenő edény *(ellenágy)*; ~**-box guide** *vasút* ágyvilla; ~**-box slide** *vasút* tengelycsapágyház-vezeték; ~**-box wedge** tengelycsapágyék; ~ **brass** tengelycsapágypersely; csapágybetét, csapágyfém; ~ **cap** tengelysapka; ~ **casing** *gép* tengelytok, tengelyház; ~**-clamp bolt** kerékagycsapszeg; ~ **cutting-off machine** *forg* tengelyleszúró eszterga; ~**-drive bevel pi-**

nion *gépk* tengelyhajtó kúpkerék *(nyeles)*; ~**-driving shaft** *gépk* kerékféltengely; ~ **elevator** *vasút* kerékpáremelő, kerékpársüllyesztő; ~**-end nut** *kat* lövegtengely-véganya; ~ **fairing** vasúti kocsitengely háza; ~ **for pintle traverse** *kat* lövegtengely sarokcsapos oldalirányzógéphez; ~ **fracture** *gép* tengelytörés; ~ **gear** *gépk* tányér- és kúpkerék; ~ **generator** *vasút* tengelyről hajtott generátor; ~ **grease** tengelykenőcs; ~ **guard** *vasút* ágyvilla, csapágyvezeték; ~ **head** tengelyfej, tengelyvég; ~ **housing** *gépk* hátsó híd; ~**-hung** *vasút* marokcsapágyas; ~**-hung motor** *vasút* marokcsapágyas motor; ~ **journal** *gép* tengelycsap; ~**-journal lathe** tengelycsapeszterga; ~**-kilometre,** ~**-kilometer** *vasút* tengelykilométer; ~ **lathe** tengelyeszterga; ~ **load** tengelyterhelés, tengelynyomás; ~**-load ratio** tengelynyomás-megoszlás; ~**-middle lathe** tengelyközép-eszterga; ~ **oil** tengelykenőolaj; tengelyolaj, vulkánolaj; ~ **pad** *gép* tengelypárna *(rugózó)*; ~ **pin** *gép* állócsap; forgócsap; sasszeg; tengelyrögzítő csap(szeg); ~ **pinion** fogastengely; ~ **play** tengelykotyogás, tengelyjáték; ~ **ratio** *gépk* hátsóhídáttétel; ~ **ring** *gépk* tengelygyűrű; ~ **shaft** tengely; *gépk* féltengely; ~**-shaft retaining washer** féltengelyrögzítő alátét; ~ **skewing** tengelyferdülés *(vízszintes síkban)*; ~ **sleeve** tengelyburkolat; tengelycsappersely; tengelytok, tengelyház; ~ **spacing** tengelytávolság; ~ **spindle** *kat* lövegtengelyvég; ~ **spring mounting,** ~ **springing** tengelyrugózás, tengelyfelfüggesztés; ~ **steel** *heng* tengelyacél; ~ **stirrup** *gép* csapágyvezeték, ágyvilla; ~ **streamlining** *rep* áramvonalas tengelyburkolat *(futóműé)*; ~ **stub** tengelycsonk; ~ **suspension** *gépk* tengelyfelfüggesztés; ~ **suspension motor** marokcsapágyas motor; ~**-to-axle distance** *vasút* tengelytáv; ~ **traverse** *kat* orsós oldalirányzógép; ~ **tree** (kocsi)keréktengely; ~ **tube** csőtengely; ~**-turning shop** tengelyesztergáló műhely; ~**-type traversing mechanism** *kat* orsós oldalirányzógép; ~ **washer** lövegtengelyvég-tömítőkarika; ~ **weight** *gépk, mech* tengelynyomás; *mech* tengelymenti terhelés

axman *geod* tereptisztító segédmunkás

Axminster | carpet *tex* Axminster-szőnyeg, mokett, velúrszőnyeg; ~ **weave** *tex* Axminster-kötés

axoid, axode axoid, tengelyfelület

axon axon, idegrost

axonometric *mat* axonometrikus

axonometry *mat* axonometria

axonomous *krist* tengelyirányban hasadó

Ayrton|-Mather galvanometer vasmag nélküli galvanométer; ~ **resistor** Ayrton-ellenállás; ~**'s ammeter** lágyvasas ampermérő; ~ **shunt** univerzális sönt

azeotrope *vegy* állandó forrpontú elegy, azeotrop elegy

azeotropic *rep* azeotrop; ~ **distillation** *vegy* azeotrop lepárlás/desztilláció; ~ **mixture** azeotrop *v.* állandó forrpontú elegy

azide *vegy* azid

azido radical *vegy* azidogyök

azimuth *csill* azimut; *geod* azimut, irányszög; *távk* oldalszög; vízszintes irányszög; ~ **accuracy** *rep* irányszögbeli pontosság; ~ **adjustment** résmerőlegesség állítása *(mágneses jelrögzítés)*; ~**-and-elevation output** *távk* oldalszög és emelkedési szög leolvasott értékei; ~ **angle** irányszög, azimutális szög, azimut; ~ **antihunt** *távk* oldalszögirányú túlszabályozás-gátló; ~ **band width** *távk* oldalszögbeli sávszélesség; ~ **beam** *távk* oldalszögbeli sugárnyaláb; ~ **bearing** *távk* oldalirányszög; ~**-blanking tube** *távk* oldalszögkioltó cső; ~ **calibrator** *távk* oldalszög-hitelesítő; ~ **change** *geof* azimutváltozás; ~ **circle** *geod* azimutkör, limbuszkör; *távk* oldalszögosztókör; ~ **circle instrument** limbuszos szögmérő műszer; ~ **commutator** *távk* azimutkapcsoló; ~ **compass** bemérő iránytű, iránymérő tájoló; azimutkompasz; ~ **computer** *távk* oldalszögszámító berendezés; ~ **control** *távk* irányszögbeli vezérlés; ~**-control voltage** *távk* oldalszögvezérlő feszültség; ~ **coverage** *távk* oldalszögbefogás terjedelme; ~ **determination** *geod* irányszög-meghatározás; ~ **deviation** *kat* oldaleltérés; ~ **dial** *geod* azimutális kör *(szögmérő műszer)*; ~ **direction** irányszög; irányvonal; ~ **disc/disk** limbuszkör; ~ **drive** *távk* oldalirányú hajtás/állítómű; ~**-elevation indicator** *rep* oldal- és magassági szögindikátor; ~ **equidistant projection** *rep* egyenlő távolságú oldalszögbeli vetület; ~ **finder** *rep* azimutbemérő, azimutkereső; ~ **gyro** *rep* irányszögpörgettyű; ~**-indicator gear** *kat* azimutmutató/oldalszögmutató hajtófogaskerék; ~ **instrument** → ~ finder; ~ **micrometer** *kat* oldalosztás-finombeállító csavar; ~**-micrometer index** *kat* oldalosztás-finombeállító csavar leolvasójele; ~ **mounting** *foto* függőleges tengely körüli forgó elrendezés/szerelés; ~ **of the coil axis** *geof* tekercstengely szöge; ~ **of the gap** résmerőleges *(mágneses jelrögzítés)*; ~ **picture** *csill* azimutmegjelölés; ~ **planetary gear** *távk* oldalszög-beállító bolygókerék; ~ **position** *rep* oldalszögbeli helyzet; ~ **potentiometer** *távk* azimutkompenzátor; ~ **range** *távk* oldalszög-méréshatár; ~ **rate** *távk* oldalszög változási sebessége; ~ **reference** *rep* irányszöginformáció; ~ **resolution** tetőponti szög szerinti felbontóképesség; ~ **ring** *geod* azimutkör; ~ **scale** *geod* azimutskála; *kat* oldalosztásgyűrű; ~**-scale clamping ring** *kat* oldalosztásdob; ~**-scale index** *kat* oldalosztásgyűrű-leolvasójel; ~ **selector** *rep* irányválasztó; ~**-stabilized display** azimutstabilizálás; azimutstabilizált ábrázolás *(térképező indikátoron)*; ~**-stabilized plan position indicator** *rep* irányszögben tájolt, síkhelyzet-kiértékelő radarernyő; ~**-stowing lock** *távk* oldalszögrögzítő zár; ~**-stowing switch** *távk* oldalszögrögzítő kapcsoló; ~ **sweep** *film, tv* oldalszög szerinti letapogatás; *rep* a repülőgép irányára merőlegesen; ~**-sweep circuit** azimutletapogató kör; ~ **tangent-screw** *geod* limbuszcsavar; ~**-tracking unit** *távk* oldalszögkövető egység; ~**-transmitting synchro** *távk* oldalszögátvivő szinkró; ~ **traverse** tájékozott/tájolt sokszögvonal; ~ **worm knob** *kat* oldalosztás-durvabeállító csavar

azimuthal *geod* azimutális; ~ **alignment** *ásv* azimutális orientáció; ~ **angle** *csill* azimutszög; irányszög, azimutális szög, azimut; ~ **asymmetry** *at* azimutális aszimmetria; ~ **guidance** *rep* szögbeli irányítás; ~ **projection** vízszintes vetület; ~ **stabilization** oldalszög szerinti stabilizálás

azimuthally | varying-field (AVF) azimutálisan változó (mágneses) tér; ~ **varying field accelerator** *at* AVF-gyorsító, azimutálisan változó (mágneses) terű gyorsító

azine *vegy* azin; ~ **dye** azinszínezék
azlon *tex* fehérjealapú szál
azo *vegy* azo-; ~ **compound** *vegy* azovegyület; ~**-dye** azoszínezék; ~**-flavine** azoflavin *(festék)*; ~**-group** azocsoport; ~ **mauve** azomályva *(színezék)*; ~**-radical** *vegy* azogyök
azoic *geol* azoikum; ~ **colo(u)r** azofesték; ~ **dye** azofesték, azoszínezék; ~**-printing colo(u)r** *tex* azonyomó színezék
azoimide *vegy* hidrogén-azid, nitrogén-hidrogénsav
azole *vegy* azol
Azores high *met* azori magasnyomás/anticiklon
azotic nitrogéntartalmú; ~ **acid** *vegy* salétromsav
azotizing *hők* nitridálás
azotobacter *biot* azotobacter
azoxy|-benzene *vegy* azoxibenzol; ~**-radical** *vegy* azoxigyök
azuline anilinkék *(színezék)*
azure égszínkék, azúrkék; ~ **blue** azúrkék, királykék, leideni kék, Thénard-kék; ~**-laid paper** kékes írópapír
azurite *ásv* azurit, rézlazúr *(bázisos rézkarbonát)*
azygous páratlan
azymic erjedést nem keltő

B

b → bar; → barn

B → bel; → boron; ~**-battery** *el* anódtelep; ~**-certificate** *rep* közforgalmi szakszolgálati engedély; ~**-digit selector** *távb* másodlagos szelektor; ~**-display** *el* B típusú indikátor, B-szkóp *(radar)*; ~**-eliminator** *rád* anódpótló; ~**-horizon** *talt* sókban gazdagabb talajszint, feldúsult talajszint, B-szint; ~ **operator** *távb* B-munkahely kezelője; ~ **pattern on radar scape** *távk* B-típusú ábrázolás; ~ **position** *távb* B-munkahely, B-munkaközpont; ~ **power supply** *el* anódáramforrás; ~**-register** indexregiszter, módosító regiszter; ~ **resin** *műa* B állapotú gyanta, rezitol; ~**-scan** *távk* B típusú indikálás; ~**-scope** *távk* B típusú indikátor, B-szkóp; ~**-stage** *műa* B állapot; ~**-store** *szt* közbenső tároló, puffermemória; ~ **subgroup** *fiz* b alcsoport

b/c → bulk cargo

b/d → barrels per day

B/H curve *fiz* mágnesezési görbe

B6ZS → bipolar code with 6 zeros substitution

Ba → barium

BA → balloon astronomy; → blind approach; → bomb aimer; → bombing altitude; → Born approximation; → breathing apparatus; → buffer amplifier

B.A. → British Association

babbitt I. *v* csapágyfémmel bélel; **II.** *n koh* Babbitt-fém, csapágyfém; ~ **lining** fehérfémkiöntés, csapágyfémkiöntés; ~ **metal (Bb)** *koh* Babbitt-fém, csapágyfém

babbitting babbittelés; *koh* csapágykiöntés; ~ **jig** *mt* csapágykiöntő készülék; ~ **mandrel** *koh* csapágykiöntő tüske

babble többszörös áthallás, babble

Babcock-Wilcox boiler *hőt* Babcock—Wilcox (ferdecsöves) kazán, B-W rendszerű kazán

Babinet | compensator *opt* Babinet-kompenzátor; ~**'s principle** *opt* Babinet-elv

babingtonite *ásv* babingtonit

BABS → blind approach beacon system

baby I. *a* apró, kicsi, miniatűr; kis teljesítményű; **II.** *n* ellensúly *(szivattyún)*; ~ **Bessemer converter** *koh* kiskonverter; ~ **bloomer** *heng* apró előnyújtósor; ~ **bulldozer** kis tológép; ~ **calf** *bőr* sima (fényezett) könnyű boxcalf; ~ **car** *gépk* törpegépkocsi, kisautó; ~ **dryer** *pa* előszárító henger; ~ **net-connector** *rád* miniatűr csatlakozó; ~ **press** *pa* előszárító, előrakosó prés; ~ **satellite** kis műszeres mesterséges hold; ~ **tripod** *foto* bébiállvány

BAC → bellow all clouds

Bach's formula *mech* Bach-képlet, Bach-formula

bacillary structure *any* rostos/szálas szerkezet

bacillicide *vegy* baktériumölő (szer), bacilusölő (szer)

bacillus of cement *ép* cementbacillus

bacitricin *gyógyv* bacitricin *(antibiotikum)*

back I. *v* hátráltat, késleltet; *bány* alátámaszt, kitámaszt; betömedékel, berakatot készít; *ép* alátámaszt, dúcol; *gépk* hátrál, farol, hátrafelé megy; *nyom* (fel)-kasíroz, bélel; hátoldalt nyomtat; könyvgerinccel szerel, hátat felhúz; *vegy* kicsap, leülepít; **II.** *a* hátsó; túloldali; **III.** *n* hátoldal; fordított oldal; hát(lap); alsó rész; *bány* főte(oldal); váll-lapsík; *cipő* hátrész; *forg* késhát; *foto* (automatikus) ismétlés; *geol* csapásirányú/hosszanti hasadás; *hajó* hajócsavarszárny hátoldala; *ruh* hát; *szersz* fej, fok; hátsó rész *(tűé)*; *tex* fonák(oldal); ~ **action** visszahatás; ~**-alley** gép mögötti átjáró; ~ **ampere turn** *el* lemágnesező ampermenet; ~**-and-forth** oda-vissza; ~**-and-forth motion/movement** ide-oda mozgás, ingamozgás; ~ **and restore utility (BRU)** *szt* lemezkimentő és -visszatöltő segédprogram, BRU; ~ **angle** *forg* hátszög; ~ **away** *v* elvezet, visszahúz; ~ **axle** *gépk* hátsó tengely; ~**-back control** *aut* tartalékvezérlés; ~ **balance** ellensúly; *bány* egyvágányú sikló *(ellensúllyal)*; ~**-bar** karfa; *tex* hátsó fonalvezető rúd; ~ **battery** *szt* tartalék elem; ~ **bead** *heg* gyökoldali támasztóvarrat; ~ **beam** *rep* kivezetősugár; *tex* előhenger *(láncirezésre)*; felvetőhenger; ~**-beaming method** *tex* szakaszos felvetés; ~ **beam track** *rep* hátsó sugárnyalábos megközelítési repülési pálya; ~ **beam track guidance** *rep* hátsó sugárnyalábos megközelítés navigációs információja; ~ **bearing** *geod* hátrametszés; *rep* ellentétes oldalszög; ~ **bed** *kh* hátsó tűágy; ~ **belt** *mech* irányváltó szíj; ~ **blading** *talt* háttöltés, (támfal mögötti) visszatöltés; ~ **blast** *kat* visszafújás; ~ **blending** viszszakeverés; ~ **block** *bány* bélelés; ~**-blow** *gépk, kat* visszafújás; ~ **brace** ágyazatállvány *(fúrógépé)*; ~ **bridle** *bőr* krupon *(lószerszámhoz)*; ~ **brusher** *bány* omlasztóvájár; ~ **cal(l)iper** fogasíves tapintókörző; ~**-cantilevered bar** *bány* hátultartó cseglyekaró/süveg; ~ **casing** *bány, ép* ideiglenes ácsolat; ~ **centre/center** *szersz* hátsó nyeregszegcsúcs; ~ **chain** visszatartó lánc; ~ **characteristic** *el* záróirányú jelleggörbe, visszáram-jelleggörbe; ~ **chipping** *heg* (varrat)gyökfaragás; ~ **cleaning** *tex* fonákoldali tisztítás; ~ **cloth** *tex* alapszövet, bélelőszövet, együttfutó szövet; ~**-cloth weave** *tex* bélelő/alsó szövetkötés mintája; kettős szövet alapkötése; ~**-coat** *ép* vakolat-alapréteg, alapvakolat, alapvakolás; ~**-coming** *bány* hazafelé haladó; ~ **conductance** *el* záróirányú vezetőképesség; ~ **cone** *gép* pótkúp; ~**-connected instrument** *el* hátul bekötött műszer; ~**-connected switch** *el* hátsó bekötésű kapcsoló; ~ **contact** *távk* nyugalmi/nyugvóáramú érintkező; támasztóérintkező; ~**-coupled** visszacsatolt; ~ **coupling** *rep* visszavezetés; *távk* visszacsatolás; ~**-coupling condition** visszacsatolási feltétel; ~**-coupling connection** visszacsatoló vezeték; ~ **course sector** *rep* hátsó irányszektor *(ILS)*; ~**-crank pumping** kettős mélyszivattyúzás; ~**-current** *el* záróirányú áram; *hidr* visszaáramlás; ~**-current brake** *el* rekuperációs fék(ezés); ~**-current regulator** *gépk* töltésszabályozó *(dinamóhoz)*; ~**-current relay** *el* irányrelé; ~ **cylinder cover** *gép* hengerfenék; ~ **diffusion** → ~ scattering; ~ **digger** *bány* hátralapátoló; ~ **discharge** *el* visszagyújtás; ~ **draft** *US* → ~ draught; ~ **dragging** háttöltés *(támfal mögött)*; *ép* visszatöltés; ~ **drain** *ép* hátszivárgó; ~ **draught/draft** *bány* megfordított légáram; *gépk* visszaszívás; *heng* visszafelé húzás; *hőt* hátsó huzat; *önt* alámetszés; ~ **drilling** *forg* aláfúrás; ~ **drive** *gép* visszaállító hajtás; ~ **eccentric** *gép* hátramenet körhagyótárcsája; ~ **echo** *rep* fordított visszhangjel; ~ **edge** hátsó él/szél; *el* impulzuslefutás; *fa* hátlap *(szalagfűrészé)*; *heng* hengerlési gyűrődés; ~ **edging** *ép* hátlap kifaragása *(téglán)*; ~ **electromotive force (b.e.m.f.)** *el* ellenelektromo(toro)s erő; ~ **electron** *el* visszatérő elektron; ~ **elevation** *ép* hátsó nézet/rajz; hátsó/udvari homlokzat/front; ~ **elevation drawing** *ép* hátulnézet(i rajz); ~ **end** hátsó oldal/rész; *bány* pillér lefejtetlen része; *vegy* utópárlat, desztilláció maradéka; ~**-end network** *v szt* háttérhálózat; ~ **end (plate)** *hőt* hátsó kazánfenék/kazánfal/kazánvég; ~ **entry** *bány* járófeltörés; ~ **extraction** *koh* reextrakció; ~ **extruded metal** *koh* visszafelé fröccssajtolt fém; ~ **fairing** *rep* hátsó áramvonalazás; ~ **feed-roll** *élip* hátsó táphenger; ~ **filter** *pa* szennyvízszűrő; ~**-finish** *tex* fonákoldali kikészítés; ~**-finishing** *nyom* hátgyalulás; ~**-finishing machine** *tex* fonákoldali kikészítőgép; ~**-flame boiler** *hőt* visszaterelő-tűzcsöves kazán; ~ **flap** *bány* torlócsappantyú; ~**-folding** felhajtható; ~ **fork** *gépk* hátsó(kerék)villa; ~ **gap** *hang* hátsó rés *(mágnesfejen)*; ~ **garden** *ép* belső kert; ~ **ga(u)ge** *ép* szegecs-gyöktávolság, övlemez-szegecslyuk távolsága gerinclemeztől; visszamérés; ~**-ga(u)ging** *heg* gyökoldali kivésés, varratgyökfaragás; ~ **gear (BG)** *gép* irányváltómű, előtéthajtómű, előtétkerék, előtéthajtás; ~**-geared motor** beépített reduktoros motor; ~**-gear lever** *forg* hátsó váltókar; ~**-grey** *tex* futó, kendő, együttfutószövet; ~**-grey guidance** *tex* együttfutószövet-vezérlés; ~**-grey roller** *tex* együttfutószövet-henger; ~**-grey washing plant** *tex* együttfutószövet-mosoda; ~**-guide** *tex* hátsó fonalvezető; ~**-guy** feszítőkötél; visszatartó kötél; ~**-haulage** *bány* üres csilleszállítás; *csom* visszáruforgalom; ~**-haul cable/line** *bány* csillefogó/visszahúzó kötél; ~**-head** *hőt* állókazán-hátfal; ~ **header** *hőt* hátsó vízkamra; ~**-heading** *bány* légvágat; ~ **hearth** *ép* kandalló tűztérpadozata; ~ **heating** *távk* visszafűtés; ~**-hoe** → backacter; ~ **hole** *bány* főte alatt fúrt lyuk; főtébe fúrt robbantólyuk; ~ **indication** *el* visszajelzés; ~ **iron** *szersz* gyalufedővas; ~ **joint** *ép* lépcső illesztőhornya; ~ **knotter** *pa* pótcsomófogó; ~ **land** *kat* hátország; mögöttes terület; ~ **lath** *bány* előtűző biztosítás; *ép* hátsó lécezés; ~**-layer photocell** *el* hátsóréteges fényelem; ~**-layer remover** *film* hátrétegtörlő; ~ **leg** *em* kétlábú kotró tartókötele; *ép* könyökfa, gyámoszlop, dúc; ~ **leg instrument landing** *rep* hátsó irányról történő műszeres leszállás; ~ **lens** *opt* képoldali lencse; ~ **licence/license plate** *gépk* hátsó rendszámtábla; ~ **light** *film* ellenfény; *vasút* ellenőrzőlámpa; hátrafelé világító jelzőfény; ~ **lighting** *el* visszagyújtás; *foto* hátsó megvilágítás; ~**-line paper** fekete-fehér fénymásoló papír; ~ **liner** *pa* alsó fedőréteg *(többrétegű kartoné)*; ~ **lining** *koh* hátfalbélelés *(martinkemencéé)*; ~ **lobe** *rep* hátulsó szirom/hurok; ~ **locking** *vasút* egyidejű reteszelés; ~ **loop** *kh, tex* fonákszem, bal oldali szem; ~ **margin** *nyom* belső szél; ~ **mark** *pa* ránc; ~ **mill table** *heng* henger mögötti átemelő asztal; ~ **mixing** *ol* visszakeverés; ~ **motion** *gép* hátrafelé (irányuló) mozgás; ~**-moving** visszahúzó, visszaállító; ~**-moving spring** visszatérő rugó; ~ **nut** *gép* ellenanya; ~ **of arch** *ép* bolthát, extradosz; ~ **of dam** *hidr* gát homlokfala; víz felőli rézsű; ~ **off** *v* csavart old/utánaenged; *el* nulláz; *forg* hátraesztergál, hátraköszörül; *szt* visszatart; ~**-off** → backing-off; ~ **off by milling** *v forg* hátramar; ~ **of lode** *bány* telep/telér napszinti része; ~ **of the hole** *bány* fúrólyuktalp; ~ **of the lay** *tex* bordaláda hátsó fala; ~ **panel** *távk* hátlap *(készüléké)*; ~**-pay** utólagos fizetés; ~ **pick** *tex* bélelő/alsó vetülék(fonal), bélésfonal; ~**-piece** *ép* koszorúfa; ~ **pitch** *el* kommutátorral ellentétes oldali tekercslépés; *gép* szegecssorosztás, szegecssortávolság; ~ **plane** csatlakozó tartópanel, csatlakozóblokk, hátlap; ~ **play** *bány* üresjárás; *gép* holtjárat, kotyogás; ~ **ply** *fa* alsó furnérréteg; ~ **porch** *tv* hátsó (fekete)váll; ~ **pouring** *önt* kokilla öntése tápfejig; ~ **pressure (BP)** ellennyomás; ~**-pressure control (BPC)** szívónyomás-szabályozás; ~**-pressure flap** → ~ flap; ~**-pressure regulator** szívónyomás-szabályozó; ~**-pressure test** ellennyomásos kútvizsgálat; ~**-pressure turbine** ellennyomásos/ellennyomású turbina; ~**-pressure valve (BPV)** visszacsapószelep; *heg* vízzár; *hidr* torlócsappantyú; ~**-pressure valve on the tubing hanger** *ol* termelőcsőfej-visszacsapószelep; ~**-pressure well test** *ol* ellennyomásos gázkútvizsgálat; ~**-print** *v nyom* gerincnyomással/hátnyomással ellát; ~ **projection** *film* háttérvetítés; *mat* hátsó vetület; ~ **prop** ferde (árok)dúc; ~ **propping** *bány* főtealátámasztás; ~ **pull** *heng* visszafelé húzás; *koh* ellenhúzás; ~ **pull drawing** ellenfeszítéses; ~ **pull wire-drawing machine** ellenfeszítésű huzalhúzó gép; ~ **rake** *forg* homlokszög; ~ **rake angle** *szersz* terelőszög; ~ **reed** *tex* borda *(szakaszos felvetőn)*; ~**-reflection** *any* hátsó/hátoldali visszaverés/reflexió, hátreflexió; ~ **release** *távb* hívott oldali bontás; ~ **resistance** *el* záróellenállás, záróirányú ellenállás; ~ **rest** *forg* nyeregszeg; *gépk* háttámla; ~ **ridge** *mzg* bakhát; ~ **ring** *rep* forgattyúházfedél *(csillagmotoron)*; ~ **rip** *bány* ismételt főteszedés átácsolással; ~ **ripper** hátrameneti talajlazító; ~ **roller** *gép, szersz* elvezetőgörgő; *tex* hátsó henger *(nyújtóműben)*; ~ **rounding** *nyom* gerincgömbölyítés; ~ **run** *hőt* gőzvisszafúvás; ~ **running** *gép* ellenjárat; hátramenet; ~**s** → backs; ~ **saddle** *geol* nyereghát; ~ **scatter** → backsatter; ~ **seat** *gépk* hátsó ülés; ~**-seat flight control** *rep* repülőgépvezetés a hátulsó pilótafülkéből; ~ **setting** távolsági beállítás; ~**-shaft** *gép* előtéttengely; *tex* hátsó tengely, kocsikihúzó tengely *(szelfaktoron)*; ~**-shaft scroll** *tex* csigaszerkezet *(szelfaktoré)*; ~ **shielding** *heg* gyökvédelem, varratgyökoldali védelem; ~ **shift** esti műszak; *bány* éjjeli váltás/műszak; ~ **shore** *ép* alsó dúc *(épületfal-kitámasztó dúcsoré)*; ~**-shot** → backfire; ~**-shot (water) wheel** *hidr* felülcsapott vízikerék; ~**-shunt** *vasút* bajuszkitérítő *(csonkavágány)*; ~**-shunt keying** *rád* leterhelő billentyűzés; ~**-skin** *bány* farbőr; ~ **slab** *ép* túlnyúló lemez; ~ **spar** *rep* hátsó (szárny)főtartó; ~**-starched** *tex* fonákoldalon keményített; ~**-starching** *tex* fonákoldalú keményítés; ~**-steam** *hőt* ellengőz; ~ **step** *heg* ráklépés; ~**-step weld** *heg* ráklépésben hegesztett varrat; ~**-stock** *önt* visszatérő anyag; ~ **stop** → backstop; ~**-stope** *bány* fejtés munkahelye; főtepászta; ~**-stoping** *bány* magazinfejtés, főtepásztafejtés; ~**-strap** *cipő* hátsó szíj; ~**-stream(ing)** *vegy, hidr* visszaáramlás, visszafutó áramlás, reflux; ~-

streaming of pump fluid vapo(u)r *el* hajtóközeg-visszaáramlás; **~-stream of electrons** *el* visszáram; **~-sucking** *ép* visszaszívás; **~-supporting pressure** *mech* ellennyomás; **~-surge** visszalökés; visszacsap(ó-d)ás; **~-surge reflux** *hidr* dagály visszaáramlása, visszafolyása; **~-sweetening** *ol* „visszaédesítés"; **~-swept** *rep* hátranyilazott; **~-swept wing** *rep* hátranyilazott szárny; **~-table** *fa* lefutóasztal; **~-tail** *el* impulzuslefutás, impulzushát, esőél, lefutóél, hátsó él; **~-tanned dyeing** *tex* csersavas páccal utánkezelt színezék; **~-tanning** *tex* csersavas utánkezelés; **~-taper** *forg* fordított/hátsó kúposság; **~ tender** *pa* kalanderkezelő, szárítómunkás; **~-tension drawing** *heng* ellenfeszítéses húzás; **~-texture** *tex* hátoldal mintázat, bal oldal *(szöveté)*; **~-throw** *gépk* visszavágás *(indítókaré)*; **~-titration** *vegy* visszatitrálás; **~-to-back (B to B)** háttal egymásnak állított; **~-to-back beacon display** *távk* két ellentétes irányban adó irányjelző berendezés; **~-to-back connection** *el* keresztkapcsolás *(egyenirányítóké)*; **~-to-back counter** *at* kettős számláló; **~-to-back fireplaces** két helyiséget fűtő kandalló; **~-to-back ionization-chamber** *at* kettős ionizációs kamra; **~-to-back machine** *bány* iker réselő-rakodó gép; **~-to-back method** szembeállításos módszer; **~-to-back saw-tooth** *távk* szimmetrikus fűrészfog; **~-to-back test** kölcsönös terhelési próba *(két gépé)*; **~ tool** *nyom* filéta; **~ tool-post** *forg* hátsó késtartó; **~-type parachute** *rep* háternyő; **~ unloading shovel overhead** fej feletti rakodógép; **~ up** *v* (fel)duzzaszt *(vizet)*; eltöm, eldugít *(csövet)*; *bány, ép* hátrál, hátramegy; *el* segédfeszültséget rákapcsol; **~-up** támasz; (alá)támasztás; (alá)támasztó; *ép* dúcolás; *hidr* felduzzasztás *(vízé)*; *kat* kiegészítés; *nyom* hátfelhúzás; *szt* (biztonsági) tartalék; **~-up bed of flux** *heg* hegesztőpor-ágyazat; **~-up chain tongs** *szersz* megtámasztható láncos fogó; **~-up circuit-breaker** *el* második védelem megszakítója; **~-up control** *aut* tartalékvezérlés; **~-up lamp** *gépk* hátramenetlámpa, tolatólámpa; hátsó fényvető; **~-up light** *gépk* hátramenetlámpa, tolatólámpa; *vasút* hátsó jelzőlámpa; zárlámpa; **~-up lining** konverterbélés merevítőrétege; **~-up protection** *el* fedővédelem; tartalékvédelem; **~-up relay** *távk* tartalékjelfogó; tartalékrelé; **~-up roll** *koh* támhenger; **~-up roll bending** *koh* nyomógörgős hajlító eljárás; **~-up weld** *heg* alátétvarrat, gyökoldali támasztóvarrat; **~ vergence** *el* képoldali sugármenet; **~ voltage** → backward voltage; **~-wall** *ép* hátfal; **~-wall (photovoltaic) cell** *el* hátsóréteges fényelem; **~-wall plane** *szer* hátfalgyalu; **~ warp** *tex* hátsó lánchenger; **~ wave** *távk* hátrálóhullám; visszahullám; **~ weave** *tex* fonákoldalkötés; **~-weft** *tex* alsó vetülék; erősítő pótvetülék; **~ weld** → ~ step weld; **~ wheel** hátsó kerék; **~ wind film** visszaforgató berendezés, visszacsévélő; *rep* hátszél; *tex* visszacsévélés; **~-winding** *kh* felfejtés; *tex* fonal lefejtése *(csévéről)*; **~-wire** *vasút* vonóvezeték *(karosjelzőhöz)*; **~-wool** *tex* hátgyapjú; **~-work** *bány* hazafelé haladó fejtés; visszafejtés

backacter *ép* mélyásó kotró *(földmunkagép)*; **~ attachment** mélyásószerelék; **~ bucket/dipper** mélyásó puttony; **~ excavator** mélyásó kotró(gép); **~ with cleaner plate** tisztítólemezes mélyásó puttony

backacting excavator/shovel mélyásó kotró

backband *bőr* hátszíj, málhaszíj; *ép* ajtótokborítás; *nyom* gerincfűzés

backboard *ép, fa* deszkahátfal, támasztódeszka; *hajó* bal oldal; palánk; *vasút* háttértábla

backbone gerinc; *közl* vasúthálózat gerincvonala; **~ frame** *gépk* gerincalváz *(középső főtartóval)*; **~ pipe line** gerinc(cső)vezeték

backbye *bány* munkahely és akna közt(i); **~ deputy** vágatfenntartó bányaács; **~ working** *bány* vájvég és akna közötti vágat

backdrop *foto* háttéranyag

backed (hátoldalán) megtámasztott; támlás; *cipő* bőralátétes; *ép* hátfallal ellátott; *gumi* két oldalt gumival bevont; *tex* fonákján mintázott; **~ butt joint** *heg* alátétes tompakötés; **~ cloth/fabric** *tex* bélelt/kétoldalas szövet; **~-off cutter** *szersz* hátraesztergált maró; **~ saw** *fa* támasztott fűrész; **~ stamper** negatív nyomólemez *(hanglemezgyártáshoz)*; **~ type of mill** *heng* kvartó hengerállvány

backfall *ép* hátradőlés; *pa* (hollandi)nyereg

backfill I. *v* behint; *bány* tömedékel; *ép* betemet; feltölt, betölt *(földdel/kővel)*; visszatölt *(földet)*; *tex* telít; **II.** *n* talajjavítás *(forgatással)*; *ép* behányás; visszatöltés *(kiemelt földé)*; *hidr, ép* háttöltés *(műtárgyé)*; újrafeltöltés; **~ chute** *bány* tömedékgurító; **~ compactor** *ép*ároktömörítő gép; **~ concrete** kitöltőbeton; **~ crown** feltöltési magasság/szint; **~ curve** *geol* visszatöltődési görbe; **~ rammer/tamper** feltöltésdöngölő, visszatöltés-döngölő, feltöltéstömörítő

backfilled *tex* fonákoldalon vetülékkel bélelt; **~ finish** *tex* fonákoldalon telítő kikészítés

backfiller *bány* hátralapátoló/hátrarakodó lapát; *ép* visszatöltő

backfilling *bány* (hát)tömedékelés; kipárnázás; tömedék; *ép* feltöltés *(kitermelt anyaggal útépítéskor)*; visszatöltés *(kiemelt földé)*; *tex* egyoldalú nehezítés; fonákoldalú bélelés; **~ machine** *tex* szövetfonákoldalt kikészítő gép; **~ of mostar** *bány* falhátkiöntés; **~ trencher** *ép* árokásó (gép)

backfin *heng* hengerlési gyűrődés

backfire I. *v el* visszagyújt; *gépk* visszalő, visszavág, visszarobban; **II.** *n* begyulladás *(gázé)*; ellentűz *(erdőégéskor)*; *el* visszagyújtás; *gépk* visszavágás, visszagyújtás, visszarobbanás, utórobbanás; *heg* visszagyújtás, visszaégés, lángvisszacsapás; **~ counter** *el* visszagyújtás-számláló; **~-proof, ~-resisting** *heg* lángvisszacsapás-biztos; **~-proof blowpipe** lángvisszacsapás-biztos égő; **~ screen** *rep* kipufogó-lángfogó ernyő

backfiring *hőt* hátsó tüzelés, lángvisszacsapás; **~ anode** *el* visszagyújtó anód; **~ in the silencer/muffler** *gépk* utóégés a kipufogódobban

backflash → backfire

backflow *hidr, rep* visszaáramlás; *műa* érintőirányú visszahaladó anyagmozgás, tangenciális visszaáramlás *(extruderben)*; **~ check valve** *heg* vízzár

background háttér; kiinduló adatok; *at* háttéreffektus; *film* háttér; **~ activity** *at* háttéraktivitás; **~ brightness** *opt* alapfényerő; **~ computing** *szt* csekély prioritású feladatmegoldás; **~ correction** *vegy* háttérhelyesbítés, háttérkorrekció; **~ count** *at* háttérbeütésszám, háttérszint; háttérszámlálás, parazitaszámlálás; **~ counting rate** *at* háttérszámlálási sebesség; ~ **diapositive** *film* állóképről vetített háttér; ~ **electrolyte** *vegy* háttérelektrolit, alapelektrolit, vezetősó; ~ **electron** *at* káros/zavaró elektron, háttérelektron; ~ **exposure** *foto* háttér-megvilágítás; ~ **fall-away** *foto* halvány háttér; ~ **film** háttérvetítő film; ~ **hiss** *távk* sziszegés *(szénmikrofoné)*; ~ **ink** *szt* háttérszín; ~ **level** *at* háttérsugárzási szint; *hang* (háttér)zajszint; ~ **measurement radiometer** *at* háttérsugárzás-mérő; ~ **monitor** *at* háttérmonitor, háttérellenőrző monitor; ~ **negative** *film* háttérnegatív; ~ **neutron** *at* háttérneutron; ~ **noise** háttérzaj; *geof* zavarnívó, zavarháttér; *távk* háttérzaj, alapzaj; ~ **noise level** *ép* alapzörejszint; *távk* háttérzajszint; ~ **particle density** *at* háttér(részecske-)sűrűség; ~ **photo** *film* háttérfotó; ~ **pollution** *környv* háttérszennyeződés; ~ **positive** *film* háttérpozitív; ~ **processing** *szt* háttérfeldolgozás, háttérüzemmód; ~ **program** *szt* háttér(ben futó program); ~ **program area** *szt* háttérprogrammező; ~ **projection** *film* háttérvetítés; ~ **projection tunnel** *film* háttérvetítő alagút; ~ **pulse rate of nuclear radiation detector** *at* nukleáris sugárzásdetektor háttérszámlálási sebessége; ~ **radiation** *at* (természetes) háttérsugárzás/háttérszint; ~ **rate** *at* háttérszint; ~ **scattering** háttérszórás; ~ **storage** *szt* háttértároló; ~ **trick shot** *film* háttérvetítéses trükkfelvétel

backhand method *heg* jobbrahegesztési eljárás

backing I. *a* hátsó; alap-; alátét-; **II.** *n* ülepítés; késleltetés; emulzióhordozó, filmhordozó; segítés; visszatartás; *bány* bélésdeszka; berakat (készítése); főtebiztosítás; kipárnázás; merevített vágatbiztosítás; tömedék(elés); *bány, ép, gép* alátámasztás; *ép* alapkőletétel; aljzat; bélés; dúcolás; hátfalazat *(boltozott hídé)*; kitöltő falazat; ráfalazás, hátfalazás; *forg* háttámasztás; *foto* háttérvetítés; *geol* kiválasztás; *gépk* hátramenet, hátrálás; *heg* (varrat)alátét; *met* szél visszafordulása; *nyom* beakasztás, enyvezés; hátnyomás, viderdruk; *ruh* kabátbélés; *szersz* (alá)támasztás; *távk, el* bélés *(páncél alatt)*; biztosító/kitámasztó (meg)erősítés; hátramozgatás; süvegfa *(gyámba és gyámrésbe befogva)*; ~ **board** *pa* ragasztókarton; ~ **chock** *ép* alátét; ~ **concrete** aljzatbeton, magbeton; ~ **deal** *bány* borítódeszka; vágat bélelése; ~ **electrode** alátételektród, támasztóelektród; ~ **fabric** alapszövet *(linóleumhoz stb.)*; *műa* textilalátét *(szövetkenésnél)*; ~ **for the molten pool** *heg* hegesztőfürdő-biztosítás; ~ **gas** *heg* gyökoldalt védő gáz; ~ **gas coverage** → back shielding; ~ **hammer** *szersz* gömbvégű kovácskalapács; ~ **lamp/light** *közl* zárlámpa; *vasút* hátsó jelzőlámpa; ~ **line** *el* elővákuum-vezeték; ~**-line trap** *el* elővákuum-csapda; ~ **machine** enyvezőgép *(gépszőnyeg enyvezéséhez)*; ~ **material** kitöltő formázókeverék; ~ **memory** *szt* háttérmemória; ~ **metal** *gép* csapágykiöntő fém; ~**-off** *ép* hátfalazás; leszélezés; *forg* hátraesztergálás, hátramarás, hátraköszörülés; *gép* utánaengedés *(csavaré)*; *ol* lecsavarás; *szt* visszatartás; *tex* lecsévélés *(szelfaktoron)*; ~**-off angle** *forg* hátraesztergálási szög; ~**-off clearance** *szersz* forgácsolószerszám hátszöge; ~**-off cone clutch** *tex* legombolyító kúpkerékkapcsoló; ~**-off cone wheel** *tex* legombolyító kúpfogaskerék; ~**-off grinding** *forg* hátraköszörülés; ~**-off lathe** *forg* hátraesztergáló eszterga; ~**-off motion** *tex* lecsévélő berendezés; ~ **of wind** *rep* a szél balra forgása; ~**-out** *vasút* kitolás *(érkezési állomáson)*; ~**-out punch** *szersz* szegecsszárkiverő; ~**-out switch** *em* tartalék vezérkontroller; ~ **oven** szárítókemence; ~ **paper** *pa* kasírozópapír; ~ **pressure** *el* előnyomás; ~ **pump** *el* előszivattyú; elővákuum-szivattyú; ~ **ring** *heg* alátétgyűrű; ~ **roll** *műa* támasztóhenger; ~ **run** *heg* alátétvarrat, gyökoldali támasztóvarrat; ~ **sand** *önt* töltőhomok, öntőhomok; ~ **storage/store** *szt* háttérmemória, háttértár, külső tár; ~ **store instruction** *szt* háttérmemória-utasítás; ~ **strap** *heg* alátét; ~ **strip** *gép* alátámasztó-szalag; merevítő alátétdarab; *heg, gép* alátétszalag; ~ **thread** *tex* bélelőfonal; ~**-up** → back-up; ~**-up screw** támasztócsavar, ütközőcsavar; ~ **vacuum** *el* elővákuum; ~ **valve** *el* elővákuumszelep; ~ **volume** *el* elővákuumtartály; ~ **wheel** *kh* bélelőkerék; ~ **yarn** *tex* bélelőfonal

backlash *bány* visszacsapás; *gép* foghézag; hézag, játék; holtjáték, kotyogás; ~ **clearance** *gép* holtjáték, kotyogás; ~ **error** *gép* holtjátékhiba; *metr* hézagból eredő hiba; ~ **in the steering** *gépk* kormánymű holtjátéka; ~ **liner** *nyom* gerincsajtoló, felsütő; ~ **of valve train** *gépk* szelephézag

backlog of needs pótlólagos igény

backpack háti...; ~ **camera** *tv* hordozható (telepesadós) kamera; ~ **parachute** háton hordott ejtőernyő, háternyő

backplane *szt* hátlap, csatlakozó tartópanel

backplate *ép* talplemez; *hőt* ellenzőlemez *(tűzszekrényé)*; ~ **electrode** *el* ellenelektród; ~ **(lamp)holder** fali/mennyezeti lámpafoglalat; ~ **latch-pin** *kat* tokhátsófal-rögzítő csapszeg

backs *pl bány* vágat főtéjében levő érc; *fa* vakfurnér

backsaw *szersz* gerinces rókafarkfűrész

backscatter *távk* visszaszórás, back scatter *(rádiónavigáció)*; ~ **effect** *at, hang* visszaszórás, visszaszóródás, visszaszórási jelenség; ~ **factor** visszaszórási tényező; ~ **ga(u)ging** visszasugárzás-mérés; ~ **phenomenon** visszaszórás, visszaszóródás, visszaszórási jelenség; ~ **ultraviolet spectrometer (BUV)** *fiz* visszaszóródott ultraibolya sugárzást mérő spektrofotométer

backset ellenáramlás; akadály; visszafordítás; ~ **holdback** késleltetés

backsetting sima szegélyű szemcsés burkolókő; hátrahelyezés; *cu* távolságbeállítás *(répavágó késé)*

backside hátoldal, fonákoldal; *pa* fényezetlen oldal; ~ **of fabric** szövet bal oldala; ~ **protection** → back shielding

backsight (BS) *geod* hátrairányzás; hátrametszés; *kat* irányzék, nézőke; ~ **axis-pin** *kat* irányzéktengelycsap; ~ **bead/bed** *kat* nézőkekeret-talp; ~ **board** *tex* feketedeszka-készülék, szeriplán; ~ **leaf** *kat* irányzékkeret

backsizing *gumi* fonákoldali gumizás

backslide visszacsúszás

backslope *ép* rézsű; útkorona-domborulat; *forg* terelőszög

backsloper *ép* rézsünyeső pajzs; útkorona-domborító (útgyalu)

backspace I. *v szt* visszaléptet; **II.** *n irgép* visszaváltó; ~ **character (BS)** *szt* visszaléptetés, BS *(vezérlőkarakter)*; ~ **key** visszaváltó/visszaléptető (billentyű); ~ **pawl** visszaléptető kilincs; ~ **statement** visszaállító utasítás

backspacer *irgép* visszaváltó billentyű
backspin I. *v rep* háton dugóhúzózik; **II.** *n* ellenirányú forgás/pörgés; *rep* háton dugóhúzó
backsquare *szersz* talpas szögmérő
backstand | belt *gép* csúszó/visszamaradó hajtószíj; ~ **idler** szíjfeszítő tárcsa
backstay *bány* csillefogó; hegytámasz; *ép* bakdúc; *hajó* árbocfeszítő oldalkötél; *szersz* lünetta
backstitch *tex* fonáköltés
backstop *em* visszafutás elleni retesz/fék; *ép* visszáramlásgátló; *gép* végütköző; *távk* támasztólemez *(szaggatóé)*; ~ **motion** *tex* hátsó szalagőr
backstroke *gép* alsó holtpont felé haladó löket; *gépk* visszalöket
backward I. *a* hátrairányuló, ellenirányú; **II.** *adv* hátra; hajófar felé; ~**-acting regulator** visszahatás-szabályozó; ~**-and-forward extrusion** *koh* kombinált fröccssajtolás/folyatás; ~ **attenuation** *távk* záróirányú csillapítás; ~**-bent** *hidr* hátragörbített; ~**-bent blade/vane** *hidr* hátragörbített lapát; ~ **bias** *el* záróirányú előfeszítés *(egyenirányító)*; *szt* záróirányú előfeszítés; ~**-blade** *hidr* hátragörbített szárnyú; ~**-blade fan** hátragörbített lapátozású szellőző; ~ **blocking thyristor** záró(irányú) tirisztor; ~ **busying** *távb* kimenőoldali blokkolás; ~ **chaining** *szt* visszafelé láncolás; ~ **channel** *távk* visszirányú/ellenirányú csatorna; ~ **compatibility** *szt* lefelé kompatibilitás; ~ **copies** *szt* biztonsági másolatok; ~ **counter** *el* visszaszámláló, hátraszámláló; ~ **creep** *koh* visszamaradás; ~ **current** *el* záróirányú áram; ~**-curved blades** *hidr* hátrahajló lapátozás; ~ **difference method** hátra-differenciamódszer; ~ **differences** *szt* retrográd differenciák; ~ **diode (BD)** *el* backward dióda; ~ **direction** *el* záróirány; ~**-dumping** hátrabillenő; ~ **erosion** hátráló erózió *(vízfolyásnál)*; ~ **extrusion** *koh* indirekt folyatás; *műa* fordított irányú fröccssajtolás; ~ **feeding** *el* ellenáramú táplálás; *gép* ellenirányú adagolás; ~ **file** *szt* biztonsági állomány; ~ **flow** ellenáram; ~ **ignition of the burner** *ép* égő visszagyulladása, lángvisszagyulladás; ~ **impulse** *távk* hátrajelzés; ~ **jet** *rep* hátra irányuló gázsugár; ~ **lead** *el* visszatolás *(keféké)*; ~ **leading thyristor** *el* záróirányban nyitó tirisztor; ~ **loss** *távk* záróirányú csillapítás; ~ **motion** → back motion; ~ **position** *gép* hátramenethelyzet; ~ **pressure** ellennyomás; ~ **pulse** *távb* hátrajelzés; ~ **read** *szt* visszafelé olvasás; ~ **reasoning** *szt* visszafelé haladó; ~ **recovery** *szt* korábbi állapot visszaállítása; ~ **resistance** *el* záróirányú ellenállás, záróellenállás; ~ **running** hátramenet; ~ **saturation current** *el* záróirányú telítési áram; ~ **scattering** *at* hátraszórás, visszaszórás; ~ **sequence** fordított sorrend; ~ **short-circuit current** *el* záróirányú rövidzárási áram; ~ **signal(ling)** *távb* hátrajelzés; visszimpulzus; ~ **slip** *koh* visszamaradás; ~ **spring** *gép* elhúzó rugó; ~ **stage of development** kivitelezési lemaradás; ~ **stop dog** *forg* hátramenet-kikapcsoló ütköző; *gép* üresjáratról munkamenetre átváltó ütköző; ~ **stream of the flue gas** *ép* égéstermék-torlódás; ~ **stroke** *gép* alsó holtpont felé haladó löket; *gépk* visszalöket; ~ **system** *szt* tartalék rendszer; ~ **thrust** *rep* hátra irányuló tolóerő; ~ **tilt** *rep* hátradőlés; ~ **transfer characteristic** *távk* visszacsatolás átviteli karakterisztikája; ~ **voltage** *el* záróirányú feszültség, zárófeszültség, inverz feszültség; ~ **wave (BW)** *el* hátrálóhullám; ~ **wave oscillator (BWO)** *el* hátrálóhullámú oszcillátor; ~ **wave power amplifier (BWPA)** *el* hátrálóhullámú teljesítményerősítő; ~ **wave tube** *el* hátrálóhullámú cső, karcinotron; ~ **welding** jobbrahegesztés
backwards hátra; ~ **impulsing** *távb* visszaimpulzálás
backwash utánöblítés *(galvánozáskor)*; *ol* utánmosás; visszaöblítés; *rep* kísérőörvény; *talt, hidr* kimosás; *tex* fésülés utáni zsírtalanítás; *vegy, hidr* reflux; viszszaáramlás, visszafutó áramlás
backwasher *tex* „liszőz" simító; mosógép
backwashing *ol* visszaöblítés; *tex* hátonmosás; ~ **worsted** háton mosott fésűsgyapjú
backwater (BW) *hidr* duzzasztott víz; szennyvíz; viszszaduzzasztás; visszahányt víz *(pl. hajókeréké)*; *pa* körvíz; ~ **curve** *hidr* duzzasztási görbe; ~ **effect** *hidr* (be)duzzasztás; ~ **effect of bridge pier(s)** *hidr* hídpillérduzzasztás; ~ **gate** *bány* visszacsapó szelep; ~ **level** *hidr* duzzasztott vízszint; ~ **limit** *hidr* (be)duzzasztás határa; ~ **profile** *hidr* duzzasztási görbe; ~ **pump** *pa* szitavízszivattyú, szennyvízszivattyú, retúrszivattyú, cirkulációs vízszivattyú; ~ **surface** *hidr* duzzasztott felszín
backyard hátsó udvar
bacon *élip* csemegeszalonna; ~ **curing** szalonnakikészítés; ~ **hog** baconsertés; ~ **paper** zsírpapír
baconer baconsertés
bacteria *pl* baktérium; ~ **attack** baktériumos fertőzés; ~ **bed** *hidr* csepegtetőtest; ~ **contamination** baktériumos szennyezés; ~ **filter** biológiai szűrő *(szennyvíztisztítás)*; ~ **inhibitor** baktériumszaporodást gátló (szer); baktériuminhibitor; ~**-proof filter** *gyógyv* baktériumszűrő; ~ **resistance** baktériumállóság; ~ **treatment** biológiai szennyvíztisztítás; ~ **vat** enzimcsésze
bacterial baktérium-; ~ **filter** baktériumszűrő; ~ **spoilage** *élip* baktérium okozta romlás
bactericidal baktériumölő, csíraölő; ~ **finish** baktériumölő kikészítés; ~ **lamp** csíraölő/germicid lámpa
bactericide baktériumölő *(anyag)*; baktericid
bacteriological weapons (BW) bakterológiai/biológiai fegyverek
bacteriology bakteriológia
bacteriostatic baktériumszaporodást gátló
bacterium baktérium; → bacteria
bacterize *élip* baktériumokkal kezel/módosít
bad rossz, hibás; ~ **batch** hibás gyártmányokból álló tétel; ~**-bearing sector** pontatlansági szög *(rádióiránymérésben)*; ~ **cast** *tex* vastagodás *(selyemfonalhiba)*; ~ **conductor** *el* rossz vezető; ~ **contact** *el* gyenge/rossz érintkezés/érintkező; ~ **geometry** *at* kedvezőtlen geometria *(reaktúra)*; ~ **ground** *bány* nehezen jöveszthető kemény kőzet; ~ **knot** *tex* szabálytalan csomó; ~ **matter** *nyom* rossz kézirat/szedésanyag/lenyomat; ~ **place** *bány* erősített ácsolást igénylő bányavágat; *tex* szövési hiba; ~ **roof** *bány* omlásfőte; ~ **top** *bány* gyenge főte; ~ **utility** *szt* hibás blokkot megállapító segédprogram; ~**-weather flight** *rep* kedvezőtlen időjárási viszonyokban történő repülés; ~ **weld** hibás hegesztési varrat; ~ **weldability** rossz hegeszthetőség
baddeleyite *ásv* baddeleyit, brazilit
Badenian stage *bány* bádeni emelet

badge jelvény; *at* személyi doziméter; ~ **column** bizonylat rovata; ~ **plate** *gép* (gép)pajzs; ~ **punch** bizonylatlyukasztó; ~ **reader** bizonylatolvasó
badger borzbőr *(kikészített)*; hajecset *(borzszőr)*; ~ **plane** *szersz* (széles) horonygyalu; ~ **softener** (festék)oszlató ecset
badigeon gipszhabarcs
badly rosszul; ~ **cured** rosszul tartósított *(nyersbőr)*; ~ **mistuned** *rád* durván elhangolt
badtrack *szt* hibás terület *(mágneslemezen)*
baff|(-)edge *fa* sima él *(deszkáé)*; ~**(-)ends** *bány* hosszú faékek *(aknabiztosításhoz)*
baffle I. *v* (el)terel; **II.** *n aut* torlólemez; *bány* bordázat *(dúsító berendezésen)*; gát; *el* csapda, trap; *ép* energiaelnyelő; lavinafogó fal; *gép* visszaverő lap; *hang* hangernyő, hangfal, terelőlap, baffle; terelőközfal, terelőlemez; visszaverő ernyő; *hidr* energiatörő *(utófenéken)*; merülőfal; terelőfal, vezetőfal; vezetőlapát; *hőt* huzatszabályozó; lángterelő; tűzpart; vízszintes füstjárat; *koh* rókatorok; *opt* visszaverő ernyő; *pa* elosztólemez; *rep* levegőterelő lap; ~ **blade** keverőlapát; ~ **blanket** *hang* hangtompító függöny; ~ **board** *ép* elválasztó lemez *(kéregbetonhoz)*; *hang* terelőfal, vezetőfal; *hidr* terelőtábla; ~ **chamber** hangtompító; ~ **column mixer** *vegy* ütközőlemezes keverőkolonna; ~**-dam stone** *hőt* tűzszekrényboltozat, tűzpart; ~**-enclosed cylinder** *gépk* terelőlemezes henger *(léghűtéses motoré)*; ~**-feed heater** terelőlemezes előmelegítő; ~**-gate top pouring** *önt* zuhanólapkás öntés/beöntőrendszer; ~ **paint** *rep* védőfestés; ~**(-)pier** *ép* ütközőtömb *(gáté)*; *hidr* energiatörő gát/pillér; közbenső küszöb *(gátutófenéké)*; vezetőküszöb, terelőküszöb, vezetőpillér, terelőpillér; ~ **pin** *gép* késleltetőpecek, késleltetőtű; ~ **plate** ütközőlemez, ütközőlap; terelő(lemez), terelőlap; védőlemez; szélvédő lap/lemez; *el* eltérítőlemez, eltérítőlap; elválasztólemez, akadályozólemez; *gép* eltérítőlemez, eltérítőlap; *gépk* légkamra toroklemeze; *hőt* tűzpart; *opt* fényvisszaverő lemez; *rep* tűzbiztos válaszfal; ~**(-)plate column mixer** *vegy* terelőernyős/terelőlapos keverőtorony; ~**-plate converter** *távk* terelőlapos hullámmód-átalakító; ~ **ring** *gép* tömítőgyűrű; zsírfogó gyűrű; ~ **ring relay** *aut* torlógyűrűs jelátalakító; ~ **separation** terelőlapos leválasztás; ~ **separator** ütközőfelületes folyadékleválasztó; ~ **shield** árnyékolás, árnyékolólemez; ~ **sill** *hidr* hordalékterelő küszöb; ~ **surface** *hidr* ütközőfelület, terelőfelület; ~ **tube** *gép* szűkített cső *(szivattyúé)*; *ker, hidr* terelőcső; *koh* gázlehűtő cső; ~**-type incubator** hengerdobos inkubátor; ~ **valve** *el* olajterelő szelep; ~ **wall** *hidr* merülőfal; uszadékfogó; ~ **washer** terelőlapos mosó; ~ **works** védőfal, terelőfal
baffled árnyékolt; ~ **impact-type stilling basin** *hidr* csillapítómedence; ~ **mixing basin** *hidr* terelőfalas keverőmedence; ~ **piston** *gépk* terelőgátas/terelőlemezes dugattyú; ~ **tube** → baffle tube
baffler *gép, vegy* hárítólemez, hárítófal; *gépk* hangtompító; *hőt* torlasztó
baffling elterelés; *hidr* fojtószelepes beszabályozás; *rep* terelés; ~ **wind** *rep* változó irányú szél
bag I. *v* zsákol; **II.** *n* (kézi)táska; fészek *(ércé)*; (szűrő)zsák; *bány* homoktöltény *(robbantólyukhoz)*; *csom* csomag; tasak; zacskó; *pa* (csomagoló)papíralak *(20"x24")*; ~**-and-spoon** *ép* faltisztító készlet; ~**-and-spoon dredger** *em* kotrózsák; ~**-chancery paper** irodai tasakpapír; ~**-closing machine** *élip* zsák(le)záró gép; ~ **cloth** zsákszövet; ~ **conveyer** zsákszállító szalag; ~ **dust filter** *ép* zsákos porszűrő; ~ **elevator** *mzg* zsákemelő; ~ **filter** zsákszűrő, zsákos/tömlős porszűrő; ~ **hides** *pl bőr* hajlékony növényi cserzésű marhabőr; ~ **holder** zsáktartó; ~ **hose** tömlőszűrő; ~ **house** portalanítófülke; ~ **leather** táskabőr; ~**-liner paper** *pa* zacskókasírozó papír; ~**-loading belt-conveyor** zsákrakodó szalag; ~ **loom** zsákszövő gép/szék; ~ **machine** → bagging machine; ~ **mo(u)ld** *gumi* gumitömlő-vulkanizáló forma; *műa* (gumi)zsákforma; ~ **mo(u)lding** *műa* zsákos formázás; ~**-net** erszényháló; ~ **pack** *bány* (zsákokból rakott) tömedékborda, részleges tömedék; ~**-paper** *pa* zacskópapír, zsákpapír; ~ **piler** zsákrakodó, zsákemelő, zsákrakatoló, zsákmáglyázó; ~ **process** *koh* portalanítás *(kemencegázoké)*; ~ **scraper** szűrőzsákkaparó, szűrőzsáktisztító; ~ **sealer,** ~ **sealing machine** *csom* zacskólehegesztő gép; ~**-seal tester** tasakzáróvarrat-vizsgáló; ~ **split** hasítékbőr *(táskához)*; ~ **stacker** zsákrakodó/zsákmáglyázó/zsákszállító mű; ~ **storage/store** *élip* zsákraktár, zsákos lisztraktár; ~ **tank** *rep* puha falú tüzelőanyag-tartály; ~ **tannage** *bőr* zsákcserzés, bálacserzés, tobakos cserzés; ~ **trier** *mzg* zsákból mintát vevő szonda; ~ **truck** zsáktalicska; ~**-type** *el* zacskós depolarizátorú *(elem)*; ~**-type preventer** *ol* gyűrűs kitörésgátló
bagasse *élip* kilúgozott cukornád/cukorrépa, bagassz; ~ **furnace** kisajtoltcukornád-tüzelésű kemence
baggage *US* poggyász, csomag; ~ **carrier** poggyásztartó, csomagtartó; ~ **cart** *rep* poggyásztargonca; ~ **check** *rep* poggyászellenőrző-jegy; ~ **clearance** *rep* poggyászkezelés; poggyászkezelő munkahely; ~ **elevator/lift** csomagfelvonó; ~ **hold** *rep* poggyásztér, csomagtér; ~ **mailcar** *vasút* poggyászkocsi, málhakocsi, csomagpostakocsi; ~ **tag** *rep* poggyászcímke; ~ **trolley/truck** poggyásztargonca, kofferkuli; ~ **way** *rep* csomagszállító szalag
bagged zsákszerűen lelógó; ~ **cement** zsákolt cement; ~ **tyre/tire** kamrás gumiabroncs
bagger *ép* kotrógép, marógép; *mzg* zsákoló; ~ **screen** *mzg* osztályozóhenger *(cséplőn)*
bagging zsákvászon, zsákszövet; csomagolóvászon; zsákolás; csomagolás *(zsákba/vászonba)*; vulkanizáló tömlő elhelyezése *(köpenyben)*; ~ **machine** *cipő* bélésvarró gép; *mzg* csomagológép, zsákológép; ~**-off unit** *mzg* zsákolóberendezés; ~ **plant** zsákolóüzem; ~ **platform** *mzg* zsákolóállás *(arató-cséplőn)*; ~ **scale** *élip* zsákolómérleg; ~ **spout** *élip* zsákolócsőcsonk
baggy hasas; redős
bagpipe *hang* duda
bagrationite *ásv* bagrationit
baguet(te) *ép* gyöngysor
baikalite *ásv* bajkálit
bail I. *v* kimer(eget) *(vizet)*; *ol* kanalaz; **II.** *n* vízmerítés; vederfül; kezesség(i összeg); óvadék; *bány* bödön; *gép* fül, kengyel; ív; *hajó* szapoly; *közl* járom; *ol* edény; kanál; ~ **board** *fa* megosztódeszkázat; ~ **ladle crane** öntödei üstdaru; ~ **out** *v rep* kiugrik *(ejtőernyővel)*; ~ **scoop** merítőveder; merőedény; ~ **tripod-head** *geod* golyós/gömbcsuklós állványfej

bailer *bány, ol* (iszap)kanál; furadékkanál, merítőkanál; fúrólyukszivattyú; kanálfúró, kanalas fúró; veder; *geol* dugattyús magevő; ~ **grab** merítőkanál-fogó; ~ **sample** fúrókanálminta; furadékpróba, kanálpróba, kanállal vett iszapminta; ~ **swivel** iszapkanál perselyének kengyele

Bailey | **bridge** *ép* Bailey-híd; ~ **metal** *koh* Bailey-fém

bailing *bány, ol* vízemelés, vízkimerés bödönökkel; *ol* kanalazás, merítés; ~ **drum** vízmerő bödön; ~ **ladle** merítőedény; ~ **ring** vízgyűjtő gyűrű/koszorú; ~ **(rope) line** *ol* kanalazókötél, kanálkötél, iszapkötél *(pennsylvaniai fúrásban)*; ~ **skip** *bány* vízemelő szkip; ~ **tank** *bány* vízemelő/iszapmerítő (billenő)-bödön; vízmentesítő tank; ~ **test** *ol* kanalazási kísérlet/próba; ~**-up** *bány* vízemelés, vízkimerés bödönökkel; ~ **well** *ol* kanalazással termelő kút

Bailow formula *mech* kazánképlet

Baily furnace *heng* bugahevítő villamos kemence, Baily-kemence

bainite *koh* bénit; ~ **hardness** *any* bénitkeménység; ~ **microstructure** bénites mikroszerkezet

bainitic *önt* bénites; ~ **hardening** *koh* bénites edzés; ~ **steel** bénites acél

Bairstow's method *szt* Bairstow-eljárás

bajada breccia *geol* (pusztai) iszapár

Bajocian stage *geol* bajóci emelet

bake I. *v élip* aszal; kisüt; *ép* megkeményít *(fagyasztással)*; *ker* éget; *koh* zsugorít, pörköl; *műa* aszalódik; beéget; keményít; kiszárad; megkeményedik; megpörkölődik; összesül; **II.** *n élip* sütemény; sütés; ~**-house** sütöde; aszaló; ~**-out** *el* kifűtés *(vákuumtechnika)*; ~**-out furnace/oven** *el* kifűtőkályha; ~ **oven** *élip* aszaló; ~ **oven department** szárítókemence-részleg; ~ **thoroughly** *v hőt* kiizzít, kilágyít; *ker* előizzít *(porcelánt)*

bakeable *el* kifűthető *(vákuumtechnika)*

baked kisütött, megsütött; (meg)szárított; ~ **clay** *ker* terrakotta; ~ **coating** *koh* beégetett bevonat; ~ **cocoon** *tex* szárított gubó; ~ **core** *önt* szárított öntőmag; ~ **loaf** *élip* kisült kenyér/cipó; ~ **mo(u)ld** *önt* szárított öntőforma; ~ **strength** szilárdság száraz állapotban

bakelite *műa* bakelit; ~ **base** *el* bakelitfej; ~ **derivative** préselt bakelit, présbakelit; ~ **resist** *tex* fenolformaldehides rezerva; ~ **strip** *el* bakelit(kapocs)léc

bakelized paper bakelitpapír, papírbakelit

baker *élip* pék; sütő(munkás); *gumi* szárítókamra, szárítóberendezés; ~**'s flour** *élip* kenyérliszt; ~**'s oven** *élip* sütőkemence; ~**'s wrap** kekszcsomagoló papír; ~**'s yeast** sütőélesztő, pékélesztő

baking *élip* (ki)sütés; aszalás; kiszárítás, túlszárítás; száradás; *ép* fagyasztás *(kútsüllyesztéshez)*; *ker* (ki)égetés *(tégláé)*; előégetés; hőkezelés; *koh* beégés; izzítás; *önt* sütés; *tex* erős hevítés; ~ **coal** (össze)sülő szén; ~ **enamel** *ker* beégetőzománc; ~ **furnace** *el* kifűtőkályha; ~ **of electrodes** elektródaszárítás; ~ **of varnish** lakkszárítás (kályhában); lakkbeégetés; ~**-out** → bake-out; ~ **oven** *el* kifűtőkályha; *élip* sütőkemence; *koh* égetőkemence; ~ **oven with coal firing** széntüzelésű sütőkemence; ~ **oven with oil firing** olajtüzelésű sütőkemence; ~ **powder** *élip* sütőpor; ~ **quality** *élip* sütőképesség; ~ **soda** *élip* sütőszóda, nátrium-hidrogén-karbonát; ~ **temperature** *műa* beégetési hőmérséklet *(festéké)*; ~ **test** próbasütés; ~ **varnish** beégetőlakk

balance I. *v* (ki)egyensúlyoz; egyensúlyban tart; egyensúlyba hoz; mérlegel, lemér, mázsál, egyensúlyban van; *el* kompenzál, kiegyenlít; szimmetrizál, nullára állít; *rep* kiegyenlít; **II.** *n* mérleg, egyensúly; *el* szimmetria; *fiz* egyensúly, stabilitás; *foto* színkiegyenlítés; *gép* egyensúlyozó kar/rúd/emeltyű; kar, himba; *ip* egyenleg; *metr* ellensúly, egyensúly; mérleg; *óra* órabillegő, balansz(kerék); *rep* egyensúly; *távk* szimmetrizálás; ~ **arm** emelőkar, mérleg karja; ~**-arm file** csekély magasságú háromszög keresztmetszetű reszelő; ~ **attenuation** *távk* hibacsillapítás; ~ **barometer** mérlegbarométer, mérleglégsúlymérő; súlyterhelésű barométer; ~ **beam** *gép* himba, lengőkar; ~ **bob** *hidr* ellensúlykar; himbakar, lengőkar; *metr* tológömb *(kézimérlegé)*; ~**-bob plane** *bány* féksikló; ~ **boss** *gép* himbapersely; ~ **box** *em* feszítősúlyszekrény; ~ **bridge** *ép* emelőhíd, felhúzható híd; ~ **brow** *bány* csilleállványos sikló; ~**-bush** himbapersely; ~ **car** feszítőkocsi; *bány* ellensúlykocsi; ~ **card** egyenlegkarton, készletkártya; ~ **chamber** *kat* hidrosztatikus kamra *(torpedóé)*; ~ **check** *el* nullapont-kiegyenlítés; ~ **cock** mérlegnyelv; ~ **coil** szívó fojtótekercs *(transzformátoré)*; feszültségosztó; ~ **control** *ip* egyenleg-ellenőrzés; *rád* szimmetriaszabályozó; ~ **converter** *távk* koaxiális *v.* szalagkábel-átalakító; ~ **counter** *szt* egyenlegező gép; ~ **crane** *ép* ellensúlyos daru; *önt* mérlegdaru; ~ **data** *rep* súlyponthelyzet/tömegközéppont-helyzet adatai; ~ **detecting instrument** egyensúlymutató műszer; ~ **detector** kiegyenlítésdetektor, nulladetektor; ~ **element** kiegyenlítőtag; ~ **error** kiegyenlítési hiba; ~ **filter** *távk* művonaloldali szűrő; ~ **force** kiegyensúlyozó erő; ~ **gate** *ép* ellensúlyos ajtó/kapu; ~ **gear** *gép* kompenzátor; *gépk* differenciálmű; *rád* kiegyenlítésjelző *(műszer)*; ~ **hoist** *bány* kiegyensúlyozott aknaszállító gép *(ellenkassal)*; ~ **indicator** egyensúlymérő műszer; ~ **jewel** *óra* billegőcsapágykő, járatkő; ~ **level** *geod* ingás szintezőműszer; ~ **mass** kiegyensúlyozó tömeg, ellensúly; ~ **meter** *el* nullázóműszer, zéruspontjelző, zéruspont-indikátor; ~ **method** *geof* mágneses egyensúlymódszer; ~ **moment** kiegyensúlyozó nyomaték; ~ **of energy** *en* energiamérleg; ~ **of gases** *el* gázháztartás *(vákuumtechnika)*; ~ **of heat** hőgazdálkodás; hőháztartás; ~ **of mo(u)lding materials** *önt* formázóanyag-mérleg; ~ **of phases** *el* fázisegybeesés, fázisegyidejűség; ~ **of reserve** *bány* ásványvagyonmérleg; ~ **of the capacities** *bány* kapacitás-egyensúly; ~ **out** *v* beállít, kiegyenlít; bejátszik, beáll *(mutató)*; ~ **peel** *koh* adagolókar, adagológép karja; ~ **photometer** kompenzációs fotométer; ~ **pipe** *gépk* kiegyenlítőcső; ~ **piston** kiegyensúlyozott dugattyú; ~ **pit** *em* ellensúlyakna; ~ **pitch** *gép* tolattyú-tehermentesítő lap; *szersz* támasztópont; ~ **plate** *geof* torziósinga-regisztrátum; *gép* kiegyensúlyozott lemez; *hőt, vasút* tolattyú-tehermentesítő lap; ~ **plough** billenőeke; ~ **pointer** mérleg nyelve/mutatója; ~ **return loss** *távk* hibacsillapítás; utánzatveszteség; ~ **rider** (mérlegkar)lovas; ~ **rim file** órabillegő-reszelő; ~ **rope** *bány* irányítókötél, vezetőkötél *(elővájó réselőgépen)*; *em* ellenkötél; *hajó, rep* farkötél; ~ **rope suspension clamp** *bány* alsókötél-felfüggesztő; ~ **sash** → balanced sash; ~ **schedule** *rep* súlypont-meghatározási lap; tömegközéppont-meghatározási lap; ~ **screw** kiegyensúlyozó csavar, állítócsavar; ~**-screw cutter** *finm* billegőcsavarfej-maró; ~**-spring** *finm, óra* hajszálrugó; ~ **staff** *óra* billegőtengely; ~ **step** *ép* kiegyenlítő lépcsőfok; ~**-stopper yoke** *óra* billegőlefogó karom; ~ **strip** tolattyú-tehermentesítő léc; ~ **tab** *rep* magassági kormány kiegyenlítő lapja, trimmlap; ~ **tank** *élip* kiegyenlítő tartály; ~ **theory** *at* egyensúlyi elmélet; ~ **to earth** földszimmetria; ~ **tongue** mérlegnyelv; ~ **transformer** differenciáltranszformátor; ~ **truck** *bány, vasút* egyensúlykocsi; ~**-unbalance matching section** *távk* szimmetrizáló tag; ~**-unbalance transformer (balun)** balun, szimmetrizáló transzformátor; ~ **weight** ellensúly; kiegyensúlyozó nehezék; ~ **weight lever** egyensúlyozó/ellensúlyos emelőkar; ~ **wheel** *gép* lendkerék; *óra* (óra)billegő; ~ **wheel file** → ~ rim file; ~ **window** bukóablak

balanced tehermentesített; arányos; egalizált; *el* kiegyenlített, kompenzált; *távk* szimmetrikus; szimmetrizált; ~ **Adcock direction finder** *távk* (szimmetrikus) Adcoock-féle (irányhatású/rádió-iránymérő) antenna; ~ **adjustment** *távk* szimmetrikus beállítás; ~ **aileron** *rep* kiegyenlített csűrőlap; ~ **amplifier** *el* szimmetrikus erősítő; ~ **antenna** *távk* ellensúlyos/kiegyenlített/szimmetrikus antenna; ~**-beam relay** *távk* polarizált középállású relé/jelfogó; ~**-bias detector** *távk* kompenzált előfeszültségű detektor; ~ **blast cupola** *koh* kiegyensúlyozott fúvószeles kupolókemence; ~ **block** *stat* súlyozott statisztikai adatcsoport; ~ **bridge** *el* kiegyenlített (mérő)híd; ~ **bridge circuit** kiegyenlített hídkapcsolás; ~ **brilliance** *foto* kiegyensúlyozott fényesség; ~ **cable** *távk* szimmetrikus/kiegyenlített kábel; ~ **chemical equation** sztöchiometrikus (kémiai) reakcióegyenlet; ~ **circuit** *távk* szimmetrikus/ellenütemű kapcsolás; ~ **cloth** kvadratikus szövet; ~ **control** kiegyenlített szabályozás; ~ **controls** *rep* kiegyenlített kormányszervek; ~ **core** *önt* kiegyensúlyozott (öntödei) mag; ~ **crank** *gép* ellensúlyos/kiegyensúlyozott forgattyú; ~ **current** *el* szimmetrizált áram; ~**-current telemetry system** *el* szimmetrizált áramú távmérőrendszer; ~ **design** *ép* méretezés egyenlő biztonságra *(tartószerkezeté)*; ~ **dog** *forg* kiegyensúlyozott menesztő; ~ **drilling** *ol* szabályozott nyomású fúrás; ~ **engine** *el* kompenzált motor; ~ **error** *szt* kiegyenlített hiba; ~ **excavation** tömegkiegyenlítés(es) földmunka; ~ **feeder** *távk* párhuzamos/szimmetrikus tápvonal; ~ **feed-gate** kiegyensúlyozott tápcsappantyú; ~ **field length** *rep* kiegyenlített pályahossz; ~ **filters** *fiz* kiegyensúlyozott szűrők; ~ **flame** *heg* semleges láng, normálláng; ~ **gate** (kiegyensúlyozott) billenőajtó; ~ **hoisting** *bány* kiegyensúlyozott (akna)szállítás; ~ **hole** *bány* homlokra merőleges fúrólyuk; ~ **hypergraph** *mat* kiegyensúlyozott hipergráf; ~ **ingot** *önt* zsugorodási üregtől mentes öntecs; ~ **input** *el* szimmetrikus bemenet; ~ **lighting** *foto* oldófény; ~ **line** *el* szimmetrikus vezeték/tápvonal; ~ **line system** *el* szimmetrikus vezetékrendszer/vonalrendszer; ~ **load** *el* szimmetrikus terhelés; ~ **method** *metr* kiegyenlítési/kompenzációs módszer; ~ **mill** *heng* felső vonszolthengeres duólemezsor; ~ **mixer** *távk* szimmetrikus keverő; ~ **modulator** kiegyensúlyozott modulátor; ~ **network** *el, távk* szimmetrikus hálózat; ~ **oscillator** ellenütemű oszcillátor; ~ **output** *el* szimmetrikus kimenet; ~ **pair** *távk* szimmetrikus érpár; ~ **pedal** regiszterkapcsoló pedál *(orgonáé)*; ~ **phase discriminator** *távk* szimmetrikus fázisdiszkriminátor; ~**-pressure torch** *heg* kiegyenlített nyomású pisztoly; ~ **projection** kiegyenlített vetület *(térképen)*; ~ **quadripole** *távk* szimmetrikus négypólus; ~ **reaction** egyensúlyi reakció; ~ **reinforcement** *ép* határvasalás *(vasbetoné)*; ~ **relay** *el* különbözeti relé; ~ **rudder** *hajó* balanszkormány; *rep* kiegyensúlyozott kormányfelület; ~ **running** *gép* egyenletes futás; ~ **runway** *rep* vízszintes futópálya; ~ **sash** *ép* ellensúlyos csúszó ablakkeret; ~ **sash window** kiegyensúlyozott (függőleges) tolóablak; ~ **stairs** fordulókaros lépcső; ~ **steel** *koh* félig csillapított/megnyugtatott acél; ~ **stuffing-box** *gép* tehermentesített tömszelence; ~ **termination** *el* szimmetrikus lezárás; ~**-to-earth,** ~**-to-ground** *el* földszimmetrikus; ~**-to-unbalanced transformer** szimmetrizáló transzformátor, balun; ~ **transformer** szimmetrikus transzformátor; ~ **transmission-line** *távk* szimmetrikus vonal; ~ **twill** *tex* kétszeres sávoly; ~ **twist** kiegyensúlyozott sodrat; ~ **two-terminal-pair network** *távk* földszimmetrikus négypólus; ~ **valve amplifier** *el* szimmetrikus erősítő; ~ **water level** *hidr* kiegyenlített vízszint; ~ **water-pressure** *hidr* kiegyenlített víznyomás; ~ **welding flame** *heg* semleges hegesztőláng

balancer *el* kiegyenlítő berendezés; *élip* mázsáló, mázsamester; *ép* tömegkiegyenlítésű csigasor; *gép* kiegyensúlyozó gép; *mech* kiegyenlítő; *rád* feszültségosztó; *rep* egyensúlyozó, stabilizátor; ~ **booster** *el* kiegyenlítő feszültségemelő

balancing I. *a* kiegyenlítő; kiegyensúlyozó; **II.** *n* tehermentesítés; (ki)egyensúlyozás; *el* kompenzálás, kiegyensúlyozás, kiegyenlítés; szimmetrizálás; *önt* egyensúlyozóhorog; *talt* elegyengetés; *távk* szimmetrizálás; ~ **action** *el* pufferhatás, stabilizáló/kiegyenlítő hatás; ~ **air tank** *ép* kiegyenlítő légtartály; ~ **arm** *gép* himba, lengőkar; ~ **battery** *el* (feszültség)kiegyenlítő telep; puffertelep; ~ **blade** *foto* kiegyenlítőpenge; ~ **bridge circuit** *el* kiegyenlítő hídkapcsolás; ~ **capacitance** *távk* kiegyenlítő kapacitás; ~ **capacitor** kiegyenlítő kondenzátor; antennaegyensúly; ~ **cell** kiegészítő elem, szabályozóelem *(akkumulátortelepben)*; ~ **circuit** szimmetrizáló tag; ~ **coil** → balance coil; ~ **condenser** → ~ capacitor; ~ **device** kiegyensúlyozó szerkezet; ~ **dynamo** kiegyenlítő motorgenerátor; ~ **dynamometer** mérlegkaros erőmérő/dinamométer; ~ **effect** *el* pufferhatás, stabilizáló/kiegyenlítő hatás; ~ **flap** *rep* kiegyenlítőfékszárny; kiegyenlítőlap; ~ **force** kiegyensúlyozó erő; ~ **hole** *gép* kiegyensúlyozó furat/üreg; ~ **indicator** kiegyenlítésindikátor; ~ **lever** himba, lengőkar; ~ **load** *rep* kiegyenlítő terhelés; ~ **machine** kiegyensúlyozó gép; ~ **method** *el* nullamódszer, kiegyenlítő módszer; ~ **moment** kiegyensúlyozó nyomaték; ~ **network** *távk* művonal, vonalutánzat, kiegyenlítő vonal; szimmetrizáló áramkör/tag; ~ **of grades** *vasút* pályaemelkedés kiegyenlítése; ~**-out** *metr* beállás *(mutatóé)*; *rád* szimmetrizálás; ~ **pit** *gép* kiegyensúlyozó furat; ~ **plane** *rep* kiegyensúlyozó felület; ~ **potentiometer** kiegyenlítő potenciométer; ~ **rack** *távk* művonalkeret; ~ **resistance** kiegyenlítő ellenállás; ~ **section** szimmetrizáló áramkör; ~ **speed** kiegyenlítési sebesség; *vasút* állandósult/egyensúlyi sebesség; ~ **stand** *gép, rep* kiegyensúlyozó pad; ~ **tester** *távk* kiegyenlítésvizsgáló készülék; ~ **thermopile** *el* differenciál-hőelem; ~ **transformer** szimmetrizáló transzformátor, balun; ~ **variable** kiegyenlítő változó; ~ **ways** *pl gép* kiegyensúlyozó vezeték; ~ **wheel** kiegyensúlyozó kerék/korong

balas (ruby) *ásv* spinell, balaszrubin

balata *gumi* balata; ~ **belt** balataszíj

balayage *el* letapogatás; *mat* kisöprés *(potenciálelmélet)*

Balbriggan stitch *kh* sima egyszínoldalas kötés

balcony *ép* erkély

bald | tyre/tire lefutott *v.* simára kopott gumiabroncs; ~ **wheat** *mzg* tarbúza

baldachin *ép* baldachin

bale I. *v* kötegel, csomagol; bálákba rak; → bail; **II.** *n* bála, csomag; → bail; ~**-and-guide** *bány* keret és vezeték; ~ **breaker** *tex* bálabontó; ~ **capacity** *hajó* bálaférőhely; ~**-clamp lift-truck** *csom* bálafogópofás rakodótargonca; ~ **cutter** *gumi* bálavágó gép; ~ **dyeing** *tex* színezés nyers állapotban; ~ **loader** *mzg* bálarakodó; ~ **of flongs** matricabála; ~ **opener** ~**-opening machine** *tex* bálabontó gép; ~ **out** *v* → bail out; ~**-out** (keverék)elosztó; ~**-room** *tex* bálabontó terem; ~**-sled attachment** *mzg* bálagyűjtő *(bálázógéphez)*; ~**-sledge** *mzg* bálarakó szán; ~**-splitting machine** *gumi* bálavágó gép; ~ **tag** bálajegy

baled | news *pl pa* kötözött újságpapír *(hulladékpapírféleség)*; ~ **scrap** *koh* bálázott hulladék; hulladékbála

baler *mzg* bálázó; ~ **twine** bálakötöző zsineg

baling *csom* bálacsomagolás; bálázás; ~ **of scrap** *koh* hulladékanyag-kötegelés; ~ **paper** bálacsomagoló papír; ~ **press** *mzg* bálasajtó, bálázó; ~ **strip** *koh* kötözőszalag; ~ **wire** *koh* kötöződrót

balk I. *v* meghiúsít, megakadályoz; eltéveszt, elmulaszt; **II.** *n* gerenda; összekötő kötés *(halászhálóké)*; *bány* félfatám; kivékonyodás, kiékülés *(széntelepé)*; *ép* hosszgerenda *(hídszerkezetben)*; kötőgerenda; összekötő gerenda *(pontonhídon)*; *mzg* műveletlen földsáv; *tex* emelőrúd; gépleállító rúd; ~ **fitting** *ép* gerendavasalás; ~ **iron** *ép* gerendavas, kötővas; ~ **of reed** *tex* bordafedél; ~**s** *pl ép* padlástér *(kötőgerendák felett)*; ~ **structure** *ép* gerendaszerkezet

balked landing *rep* sikertelen leszállás, átstartolás

ball I. *v* összetömörül; golyóvá alakul; darabosít, tömörít; golyóvá alakít; **II.** *n* labda; golyó; gombolyag; *ép* dóm; *fa* kéziszerszám *(kivájásra)*; *gyógyv* ampullagömb; *kat* lövedék, golyó; *koh* lupa; *mat* (tömör) gömb; *önt* rög *(formázóhomokban)*; *szersz* csősatu; *tex* fonalgombolyag; ~ **adapter** *el* elosztófoglalat; ~**-and-disk integrator** *szt* golyós integrálókészülék; golyós-tárcsás integrátor; ~**-and-line float** kapcsolt úszó *(vízmérőé)*; ~**-and-pebble mill** *ép* cementőrlő malom; ~**-and-ring test** *műa* lágyuláspontvizsgálat; ~**-and-seat-pilot (valve),** ~**-and-seat-restriction** gömbszelep; ~**(-)and(-)socket** *gép* golyóscsap, golyóstengelycsap; ~**(-)and(-)socket attachment** gömbcsuklós kapcsolás; ~**(-)and(-)socket bearing** gömbcsészés csapágy; ~**(-)and(-)socket gear control** gömbcsuklós kapcsolás *(sebességváltónál)*; ~**(-)and(-)socket hinge** gömbcsuklós pánt; ~**(-)and(-) socket joint** *geol* gömbcsuklós csatlakozás *(műszerállványon)*; *gép* gömbcsukló; ~**(-)and(-)socket manipulator** *at* fogós manipulátor; ~**(-)and(-)socket type trailer connection/coupling** *gépk* gömbcsuklós vonószerkezet; ~**-and-spigot joint** *gép* gömbcsuklós/gömbkarmantyús kapcsolat; ~ **antenna** *távk* gömbantenna, szférikus/izotróp antenna; ~**-arm** *gép* golyóskar *(regulátoré)*; ~ **arrester** *el* gömbszikraköz; ~ **bearing (bb)** *gép* golyóscsapágy; golyóscsésze; ~**-bearing axle-box** *gép* golyós tengelycsapágy; ~**-bearing block** *gép* golyóscsapágyház; ~**-bearing cage** golyókosár; ~**-bearing cap** golyóscsapágyház; ~**-bearing extractor** golyóscsapágy-lehúzó készülék; ~**-bearing housing** golyóscsapágyház; ~**-bearing retainer** golyókosár; ~**-bearing screw** *forg* golyós vezérorsó; ~**-bearing steel** *koh* golyóscsapágyacél; ~**-bearing with taper clamping** *gép* kúposhüvelyes golyóscsapágy; ~**-blasting** *önt* sörétszórás, sörétfúvatás, sörétezés; ~ **bolt** golyós csap, gömbfejű csapszeg; ~ **bond** *el* golyós/gömbös kötés; ~ **breaker** *ép* bontógömb(súly); ~**-burnish** golyóscsiszolás; ~**-burst attachment** *tex* golyós szakítófeltét; ~**-burst jaw** *any* befogópofa *(golyónyomó készülékben)*; ~**-cage** *gép* golyóskosár; ~ **cartridge** *kat* éles töltény; ~**-catch** *gép* golyósretesz; ~ **check (valve)** *gép* golyós visszacsapószelep; ~ **chuck** *gép* tokmány gömbölyű tárgyak befogására; ~ **clay** *ker* képlékeny agyag; ~ **cock** → ballcock; ~ **compression valve** *gép* golyós nyomószelep; ~ **condenser** *hűt* gömbhűtő; ~ **coupling** *gép* csuklós tengelykapcsoló; ~**-crank** *gép* golyóskar, gömbcsuklós (hajtó)kar; ~**-crank lever** szögemelő; ~ **crusher** *mt* golyósmalom; ~**-cup** gömbcsapfészek, gömb(csukló)csésze; ~ **cutter** *forg* golyómaró; ~**-elevator** *em* görgős elevátor; ~**-end** gömb alakú végződés; ~ **end,** ~**-ended spindle** *gép* golyós csap, gömbcsap; ~**-face hammer** *szersz* fényezőkalapács, simítókalapács; ~**-face socket** kerekfejű kézi üllő; ~ **finial** fejgömb; ~ **float** gömbúszó, golyós úszó, úszógolyó; ~**-float (steam) trap** úszószelepes kondenzedény; ~**-forming machine** golyósajtoló gép; ~**-forming rest** *forg* gömbesztergáló szán; ~**-gap** *el* gömbszikraköz; ~ **gate** *önt* kerek beömlőcsészе; ~ **gear lever** *gépk* gömbcsuklós sebességváltó kar; ~ **governor** *gép* golyós regulátor/szabályozó; ~ **grain** *cu* összetapadt (cukor)kristály; ~**-grinder** *mt* golyósmalom; ~ **grinding** golyós(malom)őrlés; ~**-grinding machine** golyóköszörű; ~ **gudgeon** *gép* gömbcsap; ~**-hardness** → Brinell hardness; ~ **head** gömbvég, gömbfej; centrifugális szabályozó feje; ~**-holder** *gép* golyókosár; ~ **impression/imprint/indentation** *any* benyomódás *(keménységméréskor)*; ~ **inclinometer** *rep* golyós hosszdőlésmérő; ~**-indentor** *any* Brinell-keménységmérő, golyós keménységmérő; ~ **iron** golyóacél; *koh* agyagos vasérc; ~**(-)joint** *mech* (térbeli) csukló; gömbcsukló; ~ **joint coupling** csuklós tengelykapcsoló; ~**-jointed rocker bearing** *gép* gömbcsuklós billenősaru; gömbcsuklós/csapos saru; gömbnyakcsapágy; ~**-jointed screw** gömbcsuklós csavar; ~**-jointed spray-head** gömbcsuklós zuhanyfej; ~**-journal** *gép* golyós csap, gömbcsap; ~**-level safety valve** *hidr* golyós szintbiztosító szelep; *hőt* karos/gömbsúlyos biztosítószelep; ~**-lever** *gépk* gömbülésű emelőkar; ~**-lightning** *met* gömbvillám; ~**-lock** *élip* palackozógolyó; *gép* golyós kilincsmű/

retesz; *gépk* golyós zár *(zsírzófejé)*; ~ **lubricator** *gép* golyós kenőszelence; ~ **mill** *mt* → ~ crusher; ~ **nut** *gép* gömbanya; ~ **of black ash** nyersszódaömledék; ~ **of foot** *cipő* bütyökrész; ~ **of trailer coupling** utánfutó-kapcsoló/utánfutó-csatlakozó fej; ~**-pane hammer** bőrkalapács; ~ **peen** *szersz* félgömbölyű kalapácsfej; ~**-peen hammer** *szersz* gömbvégű kovácskalapács; ~ **pen** golyóstoll; ~ **penetrator** *any* golyós behatolásvizsgáló berendezés; ~ **pin** golyócsap, gömbfejű csap; *gépk* gömbfejű csapszeg; ~ **pitch** gömbvégződésű csúcs; ~ **pivot** *gép* golyós sarkcsap; golyós/gömbös csap; ~ **plug ga(u)ge** *gép* golyós furatidomszer; ~ **point** golyós vég/csúcs, gömbvég(ződés); ~**-pointed screw** gömbvégű csavar; ~**-point (pen)** golyóstoll; ~**-point setscrew** gömbvégű (be)állítócsavar; ~ **pump** *hidr* gömbszivattyú; ~ **race** *gép* golyópálya; golyóscsapágygyűrű; ~ **race groove** golyóhorony, golyópálya; ~ **reamer** *forg* félgömb alakú dörzsár; ~ **reeler** *tex* gombolyítómunkás; ~**-retainer ring** *gép* (csapágy)golyókosár; ~ **seat** *gép* golyósszelepülés; ~ **separator** *gép* golyókosár; ~**-shaped** golyó/gömb alakú; ~**-shaped cold trap** *el* gömbös kifagyasztó; ~**-shaped coupling** gömbcsuklós csatlakozás; ~ **sizing** *tex* írezés szalagban; motringírezés; ~**-sizing machine** *tex* láncszalagírező/motringírező gép; ~ **socket** *ép* gömbcsukló, gömbcsap; *gép* golyófészek, golyóülés; gömbcsuklócsésze; ~**-socket bearing** golyócsészés csapágy; ~ **spark-gap** gömbszikraköz; ~**-stage microscope** *any* gömbmikroszkóp; ~**-structure parting** *geol* gömbös elválás; ~ **stud** *gép* gömbfejű csapszeg, gömbcsapszeg; ~**-stuff** *ép* habarcs tűzálló falazathoz; ~ **supported turntable** *vasút* golyóscsapágyas fordítókorong; ~ **table** golyóspálya; ~ **tap** gömbcsap; ~ **test** *any* golyónyomáspróba, Brinell-próba; golyós keménységi próba, Brinell-vizsgálat; ~ **tester** *any* golyós keménységmérő; ~**-thrust apparatus** Brinell-keménységvizsgáló; ~**-thrust bearing** tárcsás golyóscsapágy; ~**-top attachment** *vegy* golyós feltét; ~**-top of steeple** *ép* (templom)toronygomb; ~ **track** *gép* golyóhorony, golyópálya; ~ **trap** dobógép, labdakilövő/golyókilövő szerkezet; *ép* golyós bűzelzáró; ~**-turning** golyóesztergáló; ~**-turning chuck** gömbesztergáló/golyóesztergáló tokmány; ~**-turning lathe** golyóeszterga; ~**-turning rest** golyóesztergaszán; ~**-type interlock** *gépk* sebességváltó golyós biztosítása; ~**-type joint** golyóscsukló, gömbcsuklós kapcsolás; ~**-type lubricating nipple** golyós zsírzógomb; ~**-type steering swivel** *gépk* gömbcsuklós tengelycsonkcsap(szeg); ~**-type valve** → ball valve; ~ **valve** *aut* gömbszelep, gömbcsap; *gép* golyósszelep; *hidr* gömbzár; úszógolyós csap; *ol* golyós csap; ~ **valve housing** golyósszelepház; ~ **vein** *bány* ércvese; ~ **warp** *tex* láncfonalgombolyag; ~ **warp-beaming machine** *tex* gombolyagfelvető gép; ~ **winder** *tex* gombolyagcsévélő *(munkás)*; ~**-winding machine** gombolyagcsévélő/gombolyító gép

ballas *ásv* ballas

ballast I. *v* kavicsol; kőzúzalékkal alapoz, kavicságyat készít; megterhel; *hajó, rep* megrak, stabilizál *(ballaszttal/fenéksúllyal)*; **II.** *n el* fénycsőelőtét; *ép* alapréteg; kavicsozás; zúzott kő, adalékanyag; *hajó* fenéksúly; *hajó, rep* ballaszt; nehezék; *opt* előtét; *vasút* kavicságy, útalapzat; ~ **bed** *ép* ágyazati réteg, kavicságy, kavicstakaró; *vasút* zúzottkő ágyazat; ~ **car** *vasút* kavicsszállító/földszállító kocsi; ~ **cinder** *ép* kazánsalak *(pályaágyazáshoz)*; ~ **cleaning machine** *vasút* kavicságytisztító gép; ~ **concrete** *ép* kavicsbeton; zúzalékkal készített beton; ~ **cylinder** *em* kiegyensúlyozó/kiegyenlítő henger *(kötélpálya tartókötélzetéé)*; ~ **digging** kavicsbányászat; ~ **distributor** *ép* zúzottkőterítő, ágyazatterítő; ~ **elevator** *ép* kavicskotró elevátor; ~ **hammer** *ép* krampácsoló/aláverő csákány; ~ **hopper car** *vasút* önürítő kavicsszállító kocsi; ~ **lamp** *el* baretter, baréter; ~ **of track** *vasút* kavicságy, útalapzat; ~**-pig** *hajó* ballasztvas; *hidr* ellensúly; ~ **pit** *ép* kavicsbánya, kavicskivételi hely; ~ **plough** *ép* kavicságyeke; ~ **pocket** *ép* süllyesztő terhelésrekesz *(alapozószekrény lesüllyesztéséhez)*; ~ **pump** *hajó* ballasztszivattyú; ~ **quarry** → ~ pit; ~ **resistance** *ép, vasút* ágyazat-ellenállás; ~ **resistor** *el* előtét-ellenálllás, ballaszt; terhelő-ellenállás; *gépk* izzítógyertya-előtétellenállás; ~ **road** kavicsolt út; ~ **rope** *bány* alsókötél; *em* ellenkötél; ~ **sand** *hajó* nehezékhomok; ~ **screening machine** *vasút* kavicságytisztító gép; ~ **shoulder** *ép, vasút* ágyazatkorona; ~ **slag** *ép* ágyazósalak; ~ **stone** zúzalék, zúzott kő, ágyazatkavics; ~ **tamper** *vasút* talpfaaláverő gép; ~ **tank** *el* elővákuum-tartály, pufferedény; *hajó* ballasztvíztartály; ~ **truck** zúzottkőszállító kocsi; ~ **trunk** *rep* nehezéktartály; ~ **tube** → ~ lamp; ~ **vessel** → ~ tank; ~ **wagon** kavicságyazat-szállító vagon; ~ **weight** *önt* terhelősúly

ballasted (kő)zúzalékkal alapozott, kavicsolt, ágyazott; *hajó* megterhelt; ~ **floor** *vasút* hídpályalemez átvezetett zúzottkő ágyazattal

ballasting *ép, vasút* ágyazat *(anyag, réteg)*; kavicsolás, kavicsterítés; *hajó* terhelés *(fenéksúllyal)*; *hajó, rep* megterhelés; ~ **material** *ép, vasút* ágyazási anyag

ballcock *gép* golyós szelep; ~ **device** úszógolyós zárószerkezet

balled gömbölyű; összecsomósodott

balling darabosítás; tömbösítés; gombolyítás, gombolyagba szerelés; *gyógyv* labdacskészítés; *koh* lupakészítés; rögösítés; *önt* vasgolyóöntés; *tex* fonalgombolyítás; ~ **carriage** *tex* csévekocsi, csévefűzér; ~ **frame** *tex* gombolyító/gombolyagcsévélő gép; ~ **furnace** *koh* lupakemence; ~ **head** *tex* gombolyítószerkezet; ~ **machine** *tex* gombolyítógép; ~ **press** *bány* brikettezőprés, brikettezősajtó

ballistic *kat* lövéstani, lövedékmozgástani, ballisztikai; *rep* ballisztikus; ~ **camera (BC)** ballisztikus (mérő)kamera; ~ **cap** *kat* ballisztikai lövedékkúp; ~ **cap shell** szélsisakos gránát; ~ **circuit-breaker** *el* pillanatkapcsoló, pillanatmegszakító; ~ **classification of waste** *környv* ballisztikus hulladékosztályozás; ~ **correction** *kat* ballisztikai javítás/helyesbítés; ~ **curve** ballisztikus görbe; ~ **data** lőelemek; ~ **density** *met* ballisztikus légsűrűség; ~ **determination** *geof* szuszceptibilitás ballisztikus meghatározása; ~ **effect** *el* túllövés, túllengés; ~ **factor** *el* ballisztikus tényező; ~ **factor of measuring instrument** mérőműszer csillapítási tényezője; ~ **galvanometer** *geof* ballisztikus galvanométer; ~ **instrumentation** műszerezés ballisztikus mérésekhez; ~ **measurement** ballisztikai jellemzők mérése; ~ **method** *el* ballisztikus módszer; ~ **missile (BM)** *kat* ballisztikus lövedék/rakéta; ~**-missile submarine** ballisztikus rakétával felszerelt ten-

geralattjáró; ~ **mortar** ballisztikus ingamozsár; ~ **pendulum** *mech* ballisztikus inga; ~ **reentry** *kat, rak* ballisztikus újrabelépés; ~ **rocket** *kat* ballisztikus rakéta; ~ **switch** pillanatkapcsoló, pillanatmegszakító; ~ **table** *kat* ballisztikai táblázat; ~ **temperature** *kat* ballisztikus hőmérséklet; ~ **tester** *tex* ballisztikus dinamométer; ~ **wave** ballisztikai hullám; ~ **wind (BW)** ballisztikus szél
ballistician ballisztikus
ballistics *fiz, rak* ballisztika; *kat* lövéstan, lövedékmozgástan, ballisztika
ballistite ballisztit *(lőpor)*
ballize felületet söréttel megmunkál, sörétez
ballon(n)et légzsák; ~ **ceiling** *rep* légzsákkal biztosítható emelkedési magasság; ~**-fullness indicator** *rep* légzsáktelítettség-jelző; ~ **man-hole** légzsákbúvónyílás; ~ **rip-panel** légzsákfeltépő szelvény; ~**-ripping cord** légzsákfeltépő zsinór
balloon I. *v* felfúj; kidagad, kihasasodik; **II.** *n* léggömb, ballon; *gépk* nagy légterű gumiabroncs; *met* szélmérő léggömb; *tex* fonatballon; *vegy* ballon(palack); gömbölyű üveg; ~ **astronomy (BA)** *csill* léggömbcsillagászat; ~ **barrage (BB)** *kat* léggömbzár; ~ **basket** (léggömb)gondola, (léggömb)kosár; ~ **bed** *rep* léggömbkikötőhely; ~**-borne rocket** léggömbről indított rakéta; ~ **cloth** ballonvászon; ~ **cluster** *met* léggömbvonat, léggömbfürt; ~ **cover/envelope** léggömbburkolat; ~ **fabric** ballonszövet; ~**-flying** léggömbtartó; ~**-flying cable** léggömbtartó kötél; ~ **gas-bag** léggömbgázzsák; ~ **hull** légggömbburkolat; ~ **in** *v* nagy repülősebességgel kilebegtet; ~ **insulation** *el* ballonszigetelés; ~ **net** léggömbháló; ~ **on bearing** *met, rep* szélmérőléggömb; ~ **on bearings** *kat, rep* kötött léggömb; ~ **rigging** léggömbkötélzet; ~ **satellite** *met* ballonhold; ~**-sonde** ballonszonda; ~ **sounding** léggömbszondázás; ~ **studies** *rep* szondás légkörkutatás; ~**-supported rocket** → ~-borne rocket; ~ **theodolite** *met* szélmérő teodolit; ~ **tyre/tire** ballonabroncs; kisnyomású gumiabroncs; ~ **winch** léggömbcsörlő
ballooning léggömbrepülés; *tex* ballonképződés
balm balzsam; ~ **oil** citromfűolaj
Balmer | series *fiz* Balmer-sériesz, Balmer-sorozat; ~**'s law of series** szériatörvény
balsa *fa* balzafa; ~ **wood** balzafa *(hangszigetelő faanyag)*
balsam balzsam; ~**-wool felt** hangelnyelő nemezborítás
balsting cap crimper gyutacsfogó
Baltic flax orosz/balti len
baltimorite *ásv* baltimorit
balun → balance-unbalance transformer
baluster *ép* baluszter; korlátfa, korlátbáb; ~ **railing** balusztrád, bábos korlát
balustrade *ép* balusztrád, mellvédkorlát; karfa; mellvéd
balvraidite *ásv* balvraidit
bamboo bambusz; ~ **pulp** bambuszcellulóz
Banach space *mat* Banach-tér
banana *élip* banán; ~ **fibre** banánrost; ~ **jack** *el* banándugó; ~ **oil** *tex* amil-acetát, körteolaj; ~ **pin/plug** *el* banándugó
banatite *ásv* banatit
Banbury (mixer) *gumi* gumidagasztó; *műa* Banbury-keverő

band I. *v* átköt, összeköt; *ép* összekapcsol; **II.** *n* földrajzi övezet; szalag, abroncs; köteg, nyaláb; szegély; *bány* pad, réteg; vékony érccsík, szelet; *el* sáv; *ép* pánt, kötés; szalag, abroncs; *fa* abroncs *(hordón)*; *film* szalag, abroncs; *fiz* kiterjedés; tartomány, sáv, csík; zóna; *geod* mérőszalag; *geol* közbetelepülés, vékony rétegben lerakódott agyag; *gép* heveder; *hang* szalag, abroncs; *koh* aknamerevítő abroncs; pánt, gyűrű, szalag; zóna; *szt* sávcsoport; *tex* pamutzsinór; *vegy* egykomponenssáv *(abszorbensoszlopon)*; ~ **adjustment** *aut* tartománybeállítás, sávbeállítás; ~ **and gudgeon** *ép* ajtópánt; ~**-armo(u)red cable** *el* szalagos páncélozású kábel; szalagpáncélozású kábel; ~ **articulation** *távk* érthetőségtartalom *(frekvenciasávé)*; sávérthetőség; ~ **brake** szalagfék; ~ **builder** *gumi* betétbeépítő gép *(köpenyfelépítésnél)*; ~ **carrier** szalagvezetés *(papírgépen)*; ~ **casting** *koh* szalagöntés; ~ **centre/center frequency** közepes átviteli frekvencia; ~ **chain** *geod* mérőszalag; *gép* lapos lánc; ~ **chart** sávdiagram; szalagdiagram; ~ **clay** *bány* agyagbeágyazás; ~ **clutch** (súrlódó)szalagos tengelykapcsoló; ~ **connector** *bány* kapcsoló lánctag; ~ **conveyor/conveyer** szállítószalag; ~ **coupling** *gép* szalagos tengelykapcsoló *(hajlékony)*; ~ **cut-off** sávlevágás; ~ **cutting** *bány* réselés beágyazáson; ~ **driving** *tex* szalaghajtás; ~ **dryer/drier** szárítószalag; ~ **elevator** szalagfelvonó; ~**-elimination filter (BE)** sávzáró/sávvágó szűrő; ~ **endless saw** szalagfűrészgép; ~**-exclusion filter** sávzáró/sávvágó szűrő; ~ **feeding** szállítószalag-etetés; ~ **filter** *rád* sávszűrő; ~ **focus** csíkszerű gyújtópont; ~**-foresight block** *kat* célgömbtalp; ~ **gap** energiarés; ~ **gap laser action** lézerhatás övezetek közötti átmenetkor; ~ **grinder** *fa* szalagfűrész-köszörű; ~ **head** sáv eleje; ~ **heater** *műa* palástfűtőtest; ~ **hinge** *ép* kapuvasalás; szalagvaspánt; ~ **inversion** *távk* sávfordítás; ~ **iron** *heng* abroncsacél; kötegelőpánt, vaspánt; szalagvas; *pa* bálaabroncs; ~ **iron ore** *ásv* szalagos vasérc; ~ **joint** *gép* csuklópánt; ~**-knife** *bőr* szalagkés, szalaghasító kés; ~**-knife splitting machine** szalagkéses bőrhasító gép; ~**-limited (BL)** *távk* sávhatárolt; ~**-limited channel** korlátozott sávú csatorna; ~**-limited white noise** sávhatárolt fehérzaj; ~ **loss** *el* abroncsveszteség, bandázsveszteség; ~ **loudspeaker** szalaghangszóró; ~ **matrix** *mat* szalagmátrix; ~ **microphone** szalagmikrofon; ~ **mill** *fa* szalagfűrész(üzem); ~ **of fire** *kat* tüzelési sáv; ~ **of secondary slip** *ásv* másodrendű csuszamlás sávja; ~ **origin** *fiz* sávkezdet; ~ **out** *v gumi* szalaggá egyesít; ~ **pass (BP)** *rád* sáváteresztő szűrő; *távk* áteresztési (frekvencia)tartomány; ~**-pass amplifier** sávszűrő-erősítő, sáverősítő; ~**-pass coil** *rád* sávszűrőtekercs; ~**-pass filter (BPF)** *rád* sáváteresztő szűrő; sávszűrő; ~**-pass filter coupled amplifier** sávszűrős erősítő; ~**-pass filter coupling** sávszűrőcsatolás; ~**-pass response** *rád* sávszűrő frekvenciagörbéje; sávszűrő-jelleggörbe; ~**-pass switching** *rád* sávhangolás; ~**-polishing** *mt* szalagcsiszoló; ~**-polishing machine** szalagcsiszoló gép *(finom)*; ~ **pressure level** sávnyomásszint; ~ **progression** *el* sávkövetkezés; ~ **pulley** szalagtárcsa, szíjtárcsa; ~ **radiation pyrometer** *aut* sávsugárzásos pirométer; ~ **rejection filter** *rád* sávzáró/sávvágó szűrő; ~ **resaw** *fa* hasító szalagfűrész; ~ **rope** lapos kötél, szalagkötél; ~ **sampling** *bány* beágyazás megmintázása; ~(-)**saw, -sawing machine** szalagfűrész(gép); ~ **selector** *rád* sávválasztó, sávátkapcsoló; ~ **solder** szalagforrasz; ~ **spectrum** sávos színkép; ~ **spot** szalaghiba; ~**-spread(ing)** *rád* sávhangolás; sávnyújtás *(URH-n)*; ~**-spreading block** sávnyújtó/sávhangoló egység/blokk; ~**-spread receiver** nyújtott sávú vevő; ~ **steel** abroncsacél, szalagacél; ~ **stock** *pa* szalagtekercs; ~ **stop** *rád* zárókör; ~**-stop filter** sávzáró/sávvágó szűrő; ~ **structure** *fiz* sávszerkezet; ~ **sulphur/sulfur** szalagkén; *bány* kénbeágyazás, kénzárvány; ~ **switch** *rád* sávkapcsoló, hullámváltó kapcsoló; ~ **switching** mérési tartomány átkapcsolása; ~ **theory (of metals)** sávelmélet, energiasávok elmélete; ~ **transporter** szállítószalag; ~ **tyre/tire** tömör gumiabroncs; ~ **wheel** szalagtárcsa, szíjtárcsa; *gép* szalagféktárcsa; *tex* zsinórtárcsa; ~(-)**width** *távk* sávszélesség; ~**-width compression** frekvenciasáv-szűkítés, frekvenciasáv-kompresszió; ~**-width control** sávszélesség-szabályozás; ~**-width limitation** sávszűkítés; ~**-width limiting amplifier** frekvenciasáv korlátozó erősítő; ~**-width narrowing** → ~-width compression; ~**-width restriction** sávszűkítés; ~**-width switch** sávszélesség-(át)kapcsoló; ~**-willow** *fa* kötözőfűz

bandage *el* bandázsolás; lekötés, bandázs; *gumi* (kordszövet)pólya; poket, betétpár; *gyógyv* kötszer, kötés, bandázs; ~ **cloth** pólyaszövet

bandaging tape *el* bandázsolószalag

banded | **arrangement** *geol* beágyazásos/pásztás/réteges szerkezet; ~ **clay** *talt* szalagos agyag; ~ **coal** *bány* palás szén; rétegezett szén; ~ **ingredient** *geol* beágyazott ásványalkatrészek; ~ **marble** *ásv* travertinc; ~ **ore** *ásv* réteges/sávos/szalagos érc; ~ **spectrum** *fiz* sávos színkép; ~ **structure** *ásv* szalagos szerkezet; *fiz* sávos szerkezet; sávszerkezet; *koh* soros szövet; ~ **vein** *el* szalagszigetelésű kábelér; *geol* szalagos/zónás telér

bander *tex* betétvarró

banderol(e) *ép* tekercsdísz; *geod* kitűző/irányjelző karó

banderoling machine *pa* szalagtekercselő/csomagolótekercsvágó gép

banding *csom* kötözőzsineg; *el* abroncsozás, bandázsozás; *geol* rétegezettség, rétegeződés, szalagosodás; *tex* (fonó)gépzsinór; gépzsinórozás; ~ **machine** *nyom* címszalagozó gép; *tex* zsinórcérnázó gép; ~ **steel** *csom* bálázóacél; ~ **structure** *koh* soros szövet

bandless beater roll *pa* köteg nélküli hollandi dob

bandy görbe; sávos; ~ **clay** szalagos agyag

bang robbanási dörej, hangos zaj, hangrobbanás; ~**-bang** *el* két rögzített állapotú relé; ~**-bang control** *aut* bangbangszabályozás; ~**-bang servo** állásos *(v.)* nem folytonos szabályozás, kétállású szabályozás

bangboard *vasút* terelődeszka

banister *ép* karfa, korlát(báb)

banjo *hang* bendzsó; ~ **axle** *gépk* hátsóhídház *(osztatlan torokkal)*; ~ **bolt** üreges csavar; ~ **lubrication** centrifugális/sugárirányú olajozás/(kényszer)kenés; ~ **oiler** centrifugális olajozó; ~ **signal** jelzőtábla; *vasút* tárcsajelzés

bank[1] **I.** *v* töltéssel/sánccal körülvesz; (be)dönt (járművet); *bány* kidönt, kiürít; *rep* becsűr; bedönt; *távk* csoportosít, egyesít; *vasút* kocsielegyet rendez; **II.** *n* (föld)rézsű; lejtő, oldal *(dombé, szakadéké)*; töltés *(út, vasút)*; (szikla)zátony; *bány* (fejtési) lépcső *(nyílt fejtésen)*; bányatelep, bányaterület, széntelep *(külfejtésben)*; fejtési pad/front/pászta/szintmérő; külszíni aknarakodó, aknaszáj; perem, ereszke; *fa* 5-10 hüvelyk átmérőjű gömbfa; *geol* érckibukkanás, érckibúvás, rétegpad; *gép* gépcsoport; sor; *gépk* hengersor; *hidr* (parti föld)pad; árvédelmi töltés, gát; homokpad, zátony; part *(vízfolyásé)*; *met* taréj *(felhőé)*; *ol* olajpad; *rep* (haránt)dőlés; bedöntött forduló; *távk* érintkezőív; *tex* csévetartó tábla, pad; *vasút* gurító(domb); töltés; ~ **against** *v* tölt és planíroz/egyenget *(földet)*; ~**-and-climb gyro knob** *rep* hossz- és kereszteződést szabályozó pörgettyű gombja; ~**-and-pitch indicator** *rep* dőlés- és bólintásjelző; ~**-and-turn indicator** *hajó, rep* dőlés- és elfordulásjelző; ~ **angle** → banking angle; ~ **cable** *el* multiplex kábel; ~ **chain** *geol* vízfolyással konkordáns hegylánc; ~ **coal** aknaszén; ~ **contact** *távb* ívcsúcs; ~ **control** *rep* dőlésszög-szabályozás; *távk* gyűjtővezérlés; ~ **cylinders** *gépk* hengersor; ~ **displacement** *rep* bedőlés, bedöntés; ~ **engine** *bány* (külszíni) aknagép; ~ **excavation** széntelep művelése; ~**-filtered water resources** *hidr* parti szűrésű vízkészlet; ~ **gravel** *bány* kavicspad; *ép* natúr kavics *(betonhoz)*; ~ **head** *bány* ereszke/sikló felső kezelőtere; *hidr* eltérítősarkantyú, (fenék)sarkantyú; ~ **in** *v* körülgátol, elrekeszt gáttal; ~ **indicator** *rep* dőlésmutató; ~ **level** *bány* alapszint; ~ **line** *hidr* partvonal; ~**-line profile** *hidr* védőtöltés/parttöltés hossz-szelvénye; ~ **locomotive** *vasút* tolómozdony; ~ **measure** *talt* helyszíni agyagtérfogat; ~ **of boilers** kazáncsoport, kazánsorozat; ~ **of clouds** *rep* felhőfront, felhőcsoport; ~ **of contacts** *el* érintkezőmező, érintkezősorozat; ~ **of cylinder** *gépk* hengersor; ~ **of keys** *távb* billentyűzet; kulcsdeszka; *távk* kulcssorozat; ~ **of knives** *pa* késsor(ozat); ~ **of lamps** *film* felületi világítás; *távb* jelzőlámpasáv; ~ **of pipes/tubes** csőnyaláb; ~ **of relays** *el* relésor, jelfogólánc; ~ **of resistors** *el* ellenálláscsoport, ellenálláslánc; ~ **of spray nozzles** porlasztókeret; ~ **of stock** *gumi* szakáll; ~ **of the river** folyó partja; ~ **out** *v* halomba rak *(kitermelt szenet)*; meddőre hány; ~ **paving** *hidr* partburkolás; ~ **pier** *ép* hídfő; parti ellenfal; ~ **position** *rep* bedőlési helyzet; ~ **protection** *hidr* partbiztosítás; partvédelem; *talt* rézsűbiztosítás; ~ **protection work** *hidr* partvédő mű; ~ **revetment** *hidr* partburkolat; partvédőmű; ~**-run gravel** *ép* bányakavics, görgetegkavics; folyami kavics; *hidr* kavicszátony; ~ **sand** kevés agyagtartalmú homok; ~ **scale** *rep* dőlésmutató leolvasási skálája; ~ **slope** *geol* rézsűhajlás; *hidr* partlejtő, partrézsű; ~ **sluice** *hidr* csőzsilip; ~**'s shift** zátonyvándorlás; ~ **stabilization** *hidr* partmegerősítés; ~ **storage** *hidr* parti tározódás; ~ **strengthening** *hidr* parterősítés; ~ **the fire** *v koh* tüzet csillapít/lefojt *(oltás nélkül)*; ~ **tip** *hidr* parti hányó (kotrási feltöltésnél); ~**-to-bank** *bány* váltás munkahelyen; ~**-to-bank system** *bány* melegcsákányrendszer; ~ **width** töltésszélesség *(út, vasút)*; ~ **with ailerons** *rep* csűrőkkel végzett bedöntés; ~ **with rudder** *rep* oldalkormánnyal végzett bedöntés; ~ **work** *bány* talppásztafejtés; ~ **yards** zavartalan állapotú töltés térfogata köbyardokban *(út, vasút)*

bank[2] bank; pénzintézet; ~**-note dispenser** bankjegyszámoló automata; ~**-note paper** *pa* bankjegypapír; ~**-paper** *pa* bankpostapapír; ~ **post** → ~-paper; ~

proof machine *irgép* bankügyviteli/csekkelszámoló gép; ~**s** *pa* bankpostapapír; ~ **statement** folyószámlakivonat; ~ **stock** *pa* bankjegypapír; ~ **vault** páncélszekrény(szoba)

Banka tin *koh* bankaón

banked csoportosított; *geol* pados; ~ **battery** *el* párhuzamos elemekből álló akkumulátortelep; ~ **blast furnace** lefojtott nagyolvasztó; ~ **cleavage** *geol* pados elválás; ~ **crown** *ép* túlemelt útkorona *(ívben)*; ~ **fire** lefojtott tűz; ~ **position** *rep* bedöntött helyzet; ~ **position/turn** *rep* bedöntött helyzet/forduló; ~ **winding** soros/főáramköri/egyszerű/lépcsős tekercselés

banker *bány* aknacsatlós; *hajó* halászhajó

banket homokpad, zátony; *geol* aranyat tartalmazó torlat/konglomerátum/törmelékkőzet

bankfull | **bed** *hidr* telt meder; ~ **stage** tetőző vízállás időszaka

banking *en* pangó üzem; *ép* földfeltöltés, földhányás, feltöltés; *geol* feltöltött talaj; oldal; *gépk, rep* bedőlés; bedöntött kanyar *(versenypályán)*; *hidr* part; *kat* körülsáncolás; *koh* kemence hőntartása üresjáratban; lefojtás; *óra* kilengés; *szt* rossz pozicionálás *(optikai karakterolvasónál)*; ~ **angle** *rep* bedőlési szög; ~ **file** *finm* háromélű órásreszelő; ~ **level** *bány* ürítőpadozat *(aknamélyítéshez)*; ~ **locomotive** *vasút* tolómozdony; ~ **loss** *hőt* fojtott tüzelés vesztesége; ~ **on-line teller system** *szt* on-line pénzkiadó rendszer; ~ **out** *bány* csillekitolás a kasból; ~ **period** *koh* kifúvatás nélküli idő(tartam); ~ **pin** *óra* határszeg; ~**(-)up** *bány, ép, gép* aládúcolás; alátámasztás; *tex* csévefeltűzés

bankman *bány* csilletoló; felvigyázó; osztályozó felvigyázó; pásztázó munkás *(külfejtésen)*

banner *vasút* jelzőzászló; lengőjelző tárcsája; ~ **cloud** *met* zászlófelhő

bannocking *bány* betörés, főtereselés; fejtési fogás

banquette padka *(árvédelmi töltésé, depóniáé, útépítésnél)*; lépcsőzött töltés- vagy bevágásoldal vízszintes szakasza; *ép* földhányás

bantam tube *el* bantamcső, szabványfoglalatú kis burájú elektroncső

bar[1] **(b)** *fiz* bar *(nyomásegység)*

bar[2] **I.** *v* elzár, bezár, (el)reteszel; **II.** *n* rúd; pálca; vonalzó; súlyzó; feszítőrúd; *any* próbapálca; *bány* bontórúd; fúróláb, fúróoszlop; réselőkar; *cipő* cipőpánt; *el* kommutátorszelet; sín; tekercsrúd; *ép* (védő)korlát; betonacél, acélbetét; feszítőrúd, emelőrúd, bontórúd; keresztfa; osztóléc *(üvegtáblában)*; rúd, tartó, gerenda; rúdelem; sorompó; *fa* heveder; korlát; retesz; *finm* írógépbetűkar; *geol* deltazátony; torkolati homokzátony; *gumi* ütőléc, bütyök *(próbagépdobon)*; *heng* rúdanyag; *hidr* fenékgát, fenékküszöb; zátony; *kh* csíkosság *(szövethiba)*; *koh* rúdacél; szál; *mat* fölülhúzás *(mint zárójel)*; vonás, felülvonás *(mennyiség fölött mint matematikai jel)*; *nyom* ferde vonal; ütemvonal; *pa* kés *(őrlőgépben)*; *rád* vékony rács *(mikrofoné)*; *ruh* gomblyukretesz; *távk* (kristály)rúd; *tv* sáv, csík *(monoszkópban)*; ~**-and-cake cutter** (szappangyári) rúdvágó és -daraboló gép; ~ **antenna** *távk* rúdantenna; ~ **armature** *el* rúdtekercses forgórész, rudasarmatúra; ~ **automatic** *forg* rúdanyag-megmunkáló automata; ~ **bender,** ~ **bending machine** *mt* betonacélhajlító gép; szalagvashajlító/rúdhajlító gép; ~ **capacity** *forg* legnagyobb befogható rúdméret, rúdátmérő-kapacitás; ~ **capstan** *hajó* kézicsörlő; ~ **case breaker** *koh* gerendás kéregtörő; ~ **chain** *mech* rúdlánc; ~**-chamfering machine** *mt* rúdleélező gép; ~ **chanel(l)er** *szersz* horonyvéső, barázdavéső; ~ **chart** *mat, szt* blokkdiagram, hisztogram, oszlopdiagram; ~ **clamp** *fa* csavarszolga; ~ **coal-cutter** *bány* rudas réselőgép; ~ **code** *szt* vonalkód; ~**-code character** *szt* vonalkódjel; ~**-code density** *szt* információsűrűség (vonalkódnál); ~ **code optical scanner** *szt* optikai vonalkódolvasó n; ~ **code reader** *szt* vonalkódolvasó, árcédula-olvasó, személyikártya-olvasó eszköz; ~ **code scanner** *szt* vonalkód olvasó; ~**-collet chuck** patronos/rúdbefogó tokmány; ~ **connection** *ép* rácsos tartó rúdelemének kötése, rúdcsatlakozás; ~ **copper** rézrúd, rézszalag; ~ **coupler** *el* sínkapcsoló, sínáthidaló; ~**-cropping machine** betonacélvágó gép; ~ **current transformer** *rád* rúdáramváltó, sínáramváltó; ~ **cutting machine,** ~ **cutter** *bány* rudas réselőgép; *ép* betonacélvágó gép; *koh* blokkbugaolló; *mt* rúdvágó gép; ~ **cutting shears** *ép* kézi betonacélvágó; ~ **diagram** *mat* blokkdiagram, oszlopdiagram; hisztogram; ~ **down** *v* lefeszeget *(kőzetet, ércet, feszítővassal)*; ~ **drawing** húzás hosszú tüskén; ~ **drawing bench/machine** *heng* rúdhúzó pad; ~ **drill** *bány* rúdfúró, rudas fúró; ~ **electromagnet** *el* rúdelektromágnes; ~ **exchanging** *mech* rúdpótlás; ~ **fabric** betonacél háló; ~ **feed** *forg* rúd(anyag-)előtolás; ~ **feeder** *forg* rúdelőtoló berendezés; ~**-feed tube** *mt* anyagelőtoló cső; ~**-feed tube support** anyagelőtolócső-támasz; ~ **font** *szt* vonalkódfont; ~ **force** *mech* rúderő; ~ **frame** *hőt* rostélytartó; *vasút* gerendakeret *(mozdonyé)*; ~ **gate** *cu* répatolózár; ~ **generator** *tv* csíkjelgenerátor; ~ **grab** *ép* merevrudas hidraulikus markoló; ~ **graph** oszlopos/hasábos diagram/grafikon; ~ **grizzly** *ép* rúdrosta; *hőt* rostély; ~ **guide** *mt* csúszósín(vezetés), csúszósínpálya; ~ **gun** → ~ **pistol**; ~ **head** rúdfej; ~**-head plate** *bány* réselőkar borítólapja; ~ **hold** *mt* kovácsdarab fogóoldala; ~ **in compression** *mech* nyomott rúd; ~ **in tension** *mech* húzott rúd; ~ **iron** *ép* korlátvas, rúdvas; laposvas; ~ **joint** → ~ connection; ~ **keel** *hajó* gerendatőke, rúdgerinc; tömör hajógerinc; ~ **lamp** rúdlámpa; ~ **lathe** (kis) rúdeszterga; hántolóeszterga; ~ **lead-in** *el* sínátvezetés; ~ **lights** *rep* fénysorompó; kereszt fénysor; ~ **link** *gép* lengő/himbás kulissza; ~ **link motion** *gép* kétrudas kulissza; ~ **longwall machine** karos fejtési réselőgép; ~ **loom** *tex* szalagszövőszék; ~ **machine** *forg* rúdautomata; *mt* rúdfeldolgozó gép; ~ **magnet** rúdmágnes; ~ **marks** *pl tex* csíkosság, vetülékcsíkok; ~**-mat** *ép* hegesztett vasbetétháló; ~**-mat reinforcement** (betonacél)hálós vasalás; ~ **metal** rúdfém; ~ **migration** *hidr* zátonyvándorlás; ~ **mill** *heng* rúd(henger)sor; ~ **mo(u)ld** *műa* tolattyús szerszám; ~ **of chocolate** *élip* táblacsokoládé; ~ **off** *v* korláttal körülvesz/elzár, válaszfallal elválaszt; ~ **of grid** *el* rácsgerinc; ~ **of hexagonal section** hatszögletű keresztmetszetű rúd; ~ **of mo(u)lding-box** *önt* formaszekrény-merevítő borda/rúd; magvas; ~ **of soap** szappanrúd; ~ **on tyre test rig** *gumi* ütőléc, bütyök *(próbagépdobon)*; ~ **pattern** *tv* sávábra; ~ **peeling shop** *mt* rúdhántoló üzem; ~ **photometer** optikai pad; ~ **pistol** *ép* toldatos szórópisztoly; ~ **pointer** *mt* rúdhegyező gép; ~-**polishing machine** rúdfényező gép; ~ **printer** *szt* betűkaros nyomtató; ~ **reinforcement** rúdvasalás *(betonhoz)*, rudas megerősítés; ~-**rigged drifter** *bány* oszlopos fúrógép; ~-**rolling mill** *heng* rúdhengersor; ~**s** rácsozat; ~ **screen** *hidr* álló mechanikus gereb, (uszadék- és hordalékfogó) rács; *koh* rácsszita; ~ **shaft** *koh* sínakna; ~ **shears** *pl*, ~ **shearing machine** rúdvágó olló; ~ **shoe** pántos/spangnis (fél)cipő; ~ **sight** *gép* rúdirányzék; ~-**skimming machine** *forg* rúdhántoló eszterga; ~ **solder** rúdforrasz; ~ **spacer** betonacél távtartó; ~ **spring** *gépk* torziós rúd; ~ **steadier** *mt* tüskerúdtámaszték *(csőgyártáshoz)*; ~ **steel** *koh* rúdacél; ~ **stock feed/carrier** *forg* rúdadagoló; ~ **stock lathe** rúdeszterga; ~-**straightening machine** rúdegyengető gép; ~ **stress** *mech* rúderő; ~ **stretcher** *bány* feszke; ~ **strip** *bány* réselőkar fedőlemeze; ~ **support** *forg* rúdtámasztó; ~ **suspension** *ép* gerendafelfüggesztés; *vasút* jármos felfüggesztés; ~ **tension** → ~ stress; ~-**tension nut** *bány* réselőkar-feszítő anya; ~ **test pattern** *tv* sávvizsgáló ábra; ~ **timbering** *bány* (tám nélküli) főtebiztosítás főtegerendával; *ép* tetőlécezet; ~ **tin** rúdón, tömbón; ~-**to-bar voltage** *el* szeletfeszültség; ~ **tool holder** szerszámtartó rúd; ~ **tracer** rúdérzékelő; ~ **tracery** *ép* bordás kőmunka *(gótikus ablakdíszítésben)*; ~-**turning machine** → ~-skimming machine; ~-**type transformer** → ~-current transformer; ~ **velocity** hosszirányú terjedési sebesség; ~ **wimble** *ol* rudas csapfúró; ~ **winding,** ~ **wound armature** *el* rúdtekercselés

baras camphor *ásv* borneol

barb I. *v* lesorjáz, lereszel; **II.** *n* szakáll; horogszakáll; *mt* csorba; sorja, fánc, sörte; *önt* bajusz; sorja, fánc, sörte; *rep* irányfelület *(repülőgépen)*; keresztvonalozás *(szélirány rajzán)*; nyílhegy *(mérőműszer mutatóján)*; *tex* fésűgát; ~ **bolt** tüskés csavar

barbecue *élip* nyárson süt

barbecuing brikettezés

barbed kampós, horgas; *heng* szeges, szöges *(huzal)*; ~ **fork** *ol* ellenhorogvilla, kötélfogó villa; ~ **nail** szegesdrótszeg; horgos szeg; ~ **nipple** *gép* dugós zsírzófej; ~ **wire** szegesdrót, tüskésdrót; ~-**wire entanglement** *kat* tüskésdrótakadály, spanyollovas; ~-**wire scratch** *bőr* szegesdrótkarcolás *(nyersbőrhiba)*

barberry juice borbolyakivonat

barbette *hajó* lövegtorony; ~ **carriage** *kat* beépített lövegtalp

barbican *ép* barbakán

barbital *vegy* 5,5-dietil-barbitursav, Barbiturál, Veronál, Barbitál

barbiturate *vegy* barbiturát

barbituric acid *vegy* barbitursav, N,n'-malonil-karbamid

barbotage átbuborékoltatás, átfúvatás levegővel; átöblítés; ~ **plate** *vegy* buboréksapkás/buborékoltató tányér

barbotine *ker* agyagpép, slikker

barchan *geol* barkán

barchent *tex* barchentáru

bard I. *v* páncéloz, vértez; **II.** *n* páncél, vértezet

Bardeen-Cooper-Schrieffer-theory (BCS-theory) *fiz* Bardeen-Schrieffer-elmélet, BCS-elmélet *(szupravezetés)*

bare I. *v* hántol, lekopaszt; *bány* feltár; *el* lecsupaszít *(vezetéket)*; *tex* átkoptat; **II.** *a* üres, puszta; fátlan *(terep)*; csupasz, fedetlen, bevonatmentes; **III.** *n* pala csupasz része; ~-**back packing** *csom* csomagolás láda nélkül, láda nélküli csomagolás; ~ **bobbin** *tex* üres cséve; ~ **brick work** nyersfalazott építmény; ~ **cable** *el* csupasz kábel; ~ **ceiling** → ~ floor; ~ **cloth** üres/ritkaszövésű/fonalhiányos szövet; ~ **conductor** → ~ line wire; ~ **core** *at* reflektor nélküli aktív zóna; ~ **cylinder** *at* reflektor nélküli henger; ~ **electrode** *heg* csupasz elektród; ~(-)**electrode (metal-arc) welding** csupaszelektródos (ív)hegesztés; ~-**exchange capacity/properties** *ol* kationcserélő kapacitás; ~ **filler wire** csupasz hegesztőhuzal; ~ **floor** nyers(tégla) födém; ~ **gas welding rod** csupasz pálca autogénhegesztéshez; ~ **ground** *bány* külfejtéssel lefejtett terület; ~ **hull** *rep* kizárólagos törzsbérlet; ~ **line wire** csupasz vezeték, szigetelés nélküli vezeték; ~ **mass** mechanikai tömeg; ~ **metal** csupasz fém; ~ **mo(u)lding** *gumi* mintázathibás formázás, tompaélű/hiányos futómintázat; ~ **nucleon** *at* nukleonmag; ~-**packing** csomagolás nélküli szállítás; ~ **particle** *at* csupasz részecske; ~ **pipe** szigetelés nélküli cső; sima végű *(v.)* végmenet nélküli cső; ~ **reactor** *at* reflektor nélküli reaktor; ~(-)**slab reactor** reflektor nélküli lapos lemezreaktor; ~ **soil** *met, talt* csupasz talaj; ~ **spot** *tex* átkoptatott hely; ~(-)**spot fermentation** *élip* csupaszfoltos erjedés; ~(-)**tube heat exchanger** sima csövű hőcserélő; ~ **weight** üres súly, önsúly; ~ **welding electrode** csupasz hegesztőelektród; ~ **welding rod** csupasz hegesztőpálca; ~ **welding wire** csupasz hegesztőhuzal; ~ **wire** csupasz huzal; csupaszított vezeték, szigetelés nélküli huzal; ~-**wire electrode** csupasz huzalelektród; ~-**wire metallic arc** *heg* csupasz huzallal képzett ív; ~ **wiring** *távk* csupasz vezetékezés

bared *bány* feltárt; *el* lecsupaszított; *hidr, talt* alámosott, kiüregelt

bareface *tex* sima felületű *(áru)*

barefaced tenon *fa* egyvállas eresztték

barège *tex* hálószerű ruhaszövet

baren festékkenő labdacs; tampon

bareness *tex* (áru)üresség, ritkásság; sávosság, szalagosság

barette *ép* rövid gerenda; ~ **file** *szersz* félgömbölyű finomreszelő

baretter → barretter

bargain *bány* szakmány, csapatmunka

bargaining problem *mat* alkudozási probléma

barge (folyami) bárka; dereglye; *hidr* uszály; ~ **board** *ép* homlokdeszka; oromvédő deszka; ~ **carrier** *hajó* bárkaszállító hajó; ~-**chute** *hidr* dereglyezsilip; ~ **couple** *ép* kiugró oromszaruzat; ~ **course** *ép* fallezáró álló *(v.)* oromfalat lefedő téglasor; ~ **loader** uszályrakodó; ~-**pole** *hidr* csáklya; ~ **pontoon** *hajó* dereglye; ~ **propelling tug** tolóhajó; ~-**stone** *ép* ék alakú tetőcserép; ~ **to** *v* beúsztat

baric *fiz* barometrikus; súlyos, súlyra vonatkozó; *vegy* báriumtartalmú, bárium-; ~ **analysis** *met* bárikus analízis; ~ **gradient** bárikus gradiens; ~ **wind law** bárikus széltörvény, Buys—Ballot-törvény

barilla *koh, vegy* barilla, szennyezett nátrium-karbonát

baring *bány* (telep)feltárás; fedőközet *(hasznosítható ásványé)*; fedőszelet eltávolítása; letakarítás; *ép* aláüregelés, kimosás; ~ **hardness** fúrási keménység
barings *pl* apró szén, réspor
barion *fiz* barion
barite → barytes
barium (Ba) *vegy* bárium; ~ **carbonate** bárium-karbonát; ~ **chloride** bárium-klorid; ~ **chromate** báriumkromát; ~ **compounds** báriumvegyületek; ~ **concrete** nehézbeton; ~ **ferrite** *el* bárium-ferrit; ~ **film cathode** *el* báriumgőzkatód; ~ **fluoride laser** báriumfluorid lézer; ~ **fluoride substrate** bárium-fluorid hordozóréteg; ~ **getter** *el* báriumgetter; ~ **glass** baritüveg; ~ **hydroxide** *vegy* bárium-hidroxid; ~ **meal** *orv* báriumkása; ~ **oxide** bárium-oxid; baritföld; ~ **peroxide** bárium-peroxid; ~ **release** *rak* báriumfelhő; ~ **sulphate/sulfate** bárium-szulfát; ~ **sulphide/sulfide** bárium-szulfid; ~ **tetracyanoplatinate** bárium-[tetraciano-platinát(II)], (elavult nevén: bárium-platin-cianűr); ~ **titanate** bárium-titanát; ~ **titanate ceramics** *el* bárium-titanát (fém)kerámia; ~ **tungstate** bárium-volframát; ~ **vapo(u)r cathode** *el* báriumgőzkatód; ~ **white** baritfehér, bárium-szulfát; ~ **yellow** baritsárga
bark I. *v* kérgez, kérgel, hántol, leháncsol; **II.** *n bőr* bőrkéreg; *fa* cser *(cserkéreg)*; kéreg; *hajó* bárka; *önt* bugakéreg; ~ **breaker** *bőr* cserkéregtörő; ~ **cutter** *fa* kéregvágó kés; ~**-fibre stripping** *tex* dekortikálás; ~ **fissure** *fa* kéregbenövés; *geol* repedés, hasadék, fiszszura; ~ **ga(u)ge** *fa* kéregmérce; ~ **in patches** *v fa* foltonként kérgel; ~ **in places** *v fa* csipkéz; ~ **liquor** *bőr* cserlé; ~ **meal** *fa* fakéregliszt; ~ **mill** kéreghántoló gép; kéreghántó gép; ~ **paper** *pa* háncspapír, kéregpapír; ~ **patches** *fa* kéregfoltok; ~ **peeler** *fa* kérgelőszerszám; ~**-peeling iron** *fa* kéreghántoló vas; ~**-peeling machine** késes hántológép; ~ **pit** *bőr* cseres kád; ~ **plait** háncsfonadék; ~ **rubber** kéregkaucsuk; ~ **scraps** *pl* fakéregről lekapart kaucsuk, „bark"-kaucsuk; ~ **specks** *pl* kéregszennyeződés; ~ **split** növényi cserzésű hasítékbőr; ~ **spud** *fa* kérgelőkés; ~**-stripping machine** *fa* kérgezőgép, kéreghántoló; ~**(-tanned) side leather** növényi cserzésű marhafelsőbőr *(cipőfelsőrészhez)*; ~ **tanner** cserzővarga, cserhásvarga; ~ **tanning** vöröscserzés; ~ **thickness** *fa* kéregvastagság
barker *fa* kéreghántoló dob; kérgelőgép
Barker's wheel/mill *hidr* Sequar-kerék
barkery *bőr* cseres műhely
barkevicite *ásv* barkevikit
Barkhausen | **effect** *fiz* Barkhausen-jelenség, Barkhausen-hatás; ~ **formula** Barkhausen-képlet; ~**-Kurz field oscillation** Barkhausen—Kurz-féle rezgés
barking kérgelés, hántolás; ~ **drum** *fa* lekérgelő dob, hengeres kérgelőgép; *pa* hántolódob; ~**-iron** *fa* kérgelőkés; ~ **loss** kérgelési veszteség; ~ **machine** *bőr* kéreghántoló gép; *fa* kérgelőgép; *pa* hántológép
barkometer *bőr* cserzőlésűrűség-mérő fokolókészülék
barley árpa; ~ **bearder** toklászoló, magfejtő; ~ **feed** *élip* árpatakarmányliszt; ~ **steep** árpaáztató (kád); ~ **straw** *pa* árpaszalma
barm *élip* élesztő; komlóélesztő, sörélesztő; kovász
barman kőfejtő (munkás)
barmaster bányamester
Barmen machine *tex* csipkeverő gép
barmy erjesztő, kovászos
barn[1] **(b)** *at* barn *(magkeresztmetszet egysége)*
barn[2] **I.** *v* tárol; **II.** *n ép* fészer; hombár; istálló, pajta, csűr; magtár; mezőgazdasági épület; szín *(helyiség)*
barnacle béklyó *(állatra)*; (orrszorító) pipa
barney *bány* kötélvontatású alváz *(csillékhez)*; *vasút* szenescsille
baroclinic *met* baroklin; ~ **disturbance** baroklin diszturbáció/hullám; ~ **instability** baroklin instabilitás; ~ **model/wave** baroklin modell
baroclinity, baroclinicity, barocliny *met* baroklinitás
barocyclonometer aneroid ciklonométer
barogram *met* légnyomásgörbe; ~ **chart** légnyomásíró szalagja
barograph légnyomásíró; *rep* barográf; regisztráló magasságmérő, magasságíró műszer
baroluminescence barolumineszcencia, lumineszcencia nagy nyomás hatására
barometer légnyomásmérő, barométer; ~ **box/case** barométerszekrény; ~ **cistern** barométercsésze; ~ **elevation** barométerrel meghatározott magasság; ~ **ga(u)ge** barométer; ~ **reading** barométerállás
barometric(al) *fiz, met* barométeres, barométer-; ~ **altimeter** magasságmérő barométer; ~ **altimetry** barométeres magasságmérés; ~ **altitude** barometrikus magasság; ~ **chamber** Torricelli-űr; ~ **check** barométerkalibrálás; ~ **coefficient** barometrikus/nyomásváltozási együttható; ~ **column** higanyoszlop; ~ **condenser** *vegy* barometrikus kondenzátor; ~ **control** nyomásmérés; ~ **correction table** *met* légnyomás-korrekció táblázat; ~ **discharge pipe** *fiz* külső és belső nyomást kiegyenlítő cső; *met* barométerlégtelenítő cső; ~ **gradient** nyomásgradiens, bárikus/légnyomási gradiens; ~ **gravimeter** gravitációs magasságmérő; ~ **height** barometrikus (relatív) magasság; ~ **height formula** barometrikus magassági formula/magasságképlet; ~ **leg** ürítőcső vákuumbiztosító szelepekkel; *met* barométercső; ~ **level(l)ing** → ~ altimetry; ~ **maximum** *met* nagynyomású terület/zóna, légnyomási maximum, anticiklon; ~ **measurement of altitude/height(s)** barometrikus magasságmérés; ~ **method** *geof* barometrikus módszer; ~ **minimum** *met* ciklon, alacsony nyomású terület, barometrikus/légnyomási minimum; ~ **pipe** → ~ leg; ~ **pointer** barometrikus nyomásmutató; ~ **pressure (BP)** légnyomás, légköri/barometrikus nyomás; ~ **rate** *rep* a légnyomásváltozás sebessége/üteme; ~ **reduction table** *met* légnyomás-redukciós táblázat; ~ **sensor cutter** *kat* magasságérzékelő és vágó; ~ **slope** *met* izobárfelület; ~ **tail** → ~ leg; ~ **tendency** nyomástendencia, bárikus/barometrikus tendencia; ~ **trough** *met* barometrikus minimum, kisnyomású csatorna, légnyomáscsatorna; ~ **variation** légnyomásingadozás, légnyomásváltozás; ~ **wave** barometrikus hullám
barometrograph légnyomásíró, barográf
barometry légnyomásmérés(tan)
baroscope légnyomásmutató
barosphere baroszféra
barostat barosztát, nyomáskapcsoló
baroswitch nyomáskapcsoló
barothermograph *met* barotermográf, légnyomás- és hőmérsékletíró

barotrauma *rep* erős légnyomáscsökkenéskor fellépő sérülés
barotropic *fiz* barotrop; ~ **disturbance** barotrop diszturbáció/hullám; ~ **equation** barotrópiaegyenlet; ~ **instability** barotrop instabilitás; ~ **model** barotrop modell; ~ **pressure function** barotrop nyomásfüggvény; ~ **vorticity equation** barotrop örvényességi egyenlet; ~ **wave** → ~ disturbance
barotropy barotrópia, zérus baroklinitás
barque *hajó* bárka, uszályhajó
barrack(s) bódé, barakk; *ép* felvonulási épület, (felvonulási) munkásszállás
barrage torlasz; elreteszelés, elhatárolás *(elzárás)*; *hidr* (duzzasztó)gát; duzzasztómű; mozgatható (duzzasztó)gát; vízlépcső; völgyzáró gát; zárógát; *kat* zár(ótűz); *rád* rádiózavarás; ~ **balloon** *kat* záróléggömb; ~ **cell** → ~ photocell; ~ **dam** *hidr* (völgy)zárógát; ~ **fixe** *hidr* zárógát(fal); ~ **jamming** *rád* akadályozó zavarás; széles sávú zavarás; vételbénítás; ~ **line** *kat* léggömbzárvonal; ~ **mobile** *hidr* zárógát táblás zsilippel; ~ **photocell** *el* (záróréteges) fényelem/fotocella; ~ **plant** *hidr* tározómedence(mű); ~ **power(-)station** völgyzáró gátas vízerőmű; vízlépcsőerőmű; ~ **reception** *rád* széles sávú vétel; ~ **rocket (BR)** *kat* légvédelmi zárótűzrakéta; ~**(-type) spillway** *hidr* mozgógátas árapasztó; ~ **wall** *hidr* zárógátfal(azat); ~ **weir with lock** *hidr* partvédőmű; ~ **width** *rád* zavarás sávszélessége
barranco *geol* barranco-sugaras (csapadékvíz vágta) lávavölgyek
barrandite *ásv* barrandit
barré *kh* csíkos *(szövethiba)*; ~ **effect** *tex* csíkos hatás, csíkosság *(szövetben)*
barred elzárt, elreteszelt; *tex* csíkos; ~ **hours** *pl el* terhelési völgy
barrel I. *v élip* vízzel feltölt *(sörgyártás)*; *mt* dobban koptat, „sájeroz"; **II.** *n* hordó, hengeres hordó/tartály; dob; kád; *el* sodrás, vezetéksodrat; *gép* henger; hengeres ház; hüvely *(belső)*; persely; *gépk* porlasztó-levegőtorok, diffúzor; *hajó* csörlődob; *heng* hengertest; *hidr* átmeneti/szűkítő idomcső; *hőt* kazándob, köpeny; *kat* puskacső, lövegcső; *műa* csigaház *(extruderen)*; fröccshenger *(fröccsgépen)*; *ol* barrel *(térfogategység)*; *óra* rugótok, rugóház; *önt* koptatódob; ~ **amalgamation** amalgámozás forgódobban; ~ **anodizing** dobos eloxálás; ~ **arbor** *óra* rugómag, rugóháztengely; ~ **arch** *ép* dongaív; köríves boltív; ~ **assembly** *kat* cső- és lövegzár; ~ **bearing** *kat* csőrögzítő; ~**(-)bearing nut** *kat* csőrögzítő anya; ~ **bed** *kat* csőágy; ~ **boiler** *hőt* hengeres kazán, dobkazán; ~ **bridge** *hidr* hordóhíd, hordókra épített (úszó aljzatú) híd; *óra* rugóházhíd; ~ **buoy** hordó alakú bója; ~ **burnish** *v önt* dobban tisztít; ~ **burst(ing)** *kat* csőrobbanás; ~ **bushing** *kat* csőrögzítő; ~ **cam** *forg* palástgörbe, görbe alkotó; *gép* bütykös/vezérhornyos/görbehornyos dob *(szerszámgépen)*; ~**-casing** *kat* csőburkolat, csőköpeny; ~ **centre/center** *óra* fogazott rugómag; ~ **change-lever** *kat* csőrögzítő kamó; ~ **controller** *el, vasút* bütykös menetkapcsoló/vezérkapcsoló, kontroller; ~ **converter** *koh* dobkonverter; ~**(-)cooling ring** *kat* csőköpenyáttöret; ~ **coupling** *kat* csőösszekapcsoló szerkezet; ~ **coupling nut** *kat* csőkapcsoló anya; ~**-coupling screw** *kat* csőösszekapcsoló csavar; ~**-crozing machine** hordócsinvágó gép; ~**-distorted** *opt, tv* hordótorzítású; ~ **distortion** *opt, tv* hordótorzítás; ~ **elevator** hordófelvonó, hordóelevátor; ~ **engine** forgattyú nélküli motor, dobmotor; ~ **erosion** *kat* csőelhasználódás, csőelkopás; ~ **extension** töltényűr; ~ **extruder** *műa* extrudercsiga; ~ **file** *óra* derékszögű keresztmetszetű tompa orrú finomreszelő; ~ **galvanization** dobgalvanizálás; ~ **ga(u)ge** *gép* dugós idomszer; ~ **head** hordófenék; ~**-head rivet** *gép* hordófejű szegecs; ~ **hinge** *kat* csőkampó; ~ **hoist** *em* hordóemelő; ~ **hook** *kat* csőakasztó; *óra* rugóhorog; ~ **hook-eye** *kat* csőakasztó fülecs; ~ **hoop** hordóabroncs; ~ **howel** bognárgyalu; ~ **jacket** *kat* csőköpeny; ~ **latch** *kat* csőrögzítő; ~ **latch-spring** *kat* csőrögzítő rugó; ~ **length** *koh* (henger)testhossz; ~ **lifter** *em* hordóemelő; ~**-liner paper** hordóbéléspapír; ~**(-)locking pin/stud** *kat* csőrögzítő csap; ~**(-)locking spring** (rugós) csőzárretesz; ~ **lump** csőtoldat, csőcsonk, toldalékcső; ~ **maker** kádár, bodnár; ~ **mill** *műa* csiszolódob/koptatódob; ~ **mixer** *vegy* dobkeverő; keverődob; ~ **mouthpiece** *kat* (cső)torkolatvédő; ~ **nipple** egyenes csőkötő csavar; menetes csőkapcsoló; ~ **nut** szorítóanya, feszítőanya; lehúzóanya; hengeres anya; *élip* hordózáró anya; ~ **of a bolt** csavarorsó, csavarszár; ~ **of a telescope** tubus; ~ **of roll** hengertest; henger bombírozott része; ~ **packing** *kat* csőtömítés; ~ **pallet** hordó-rakodólap; ~ **pin** *kat* csőcsap; ~ **plating** forgódobos bevonás; *koh* dobgalvanizálás; ~**(-)plunger spring** záródugattyú-visszalökő rugó; ~ **port** *kat* gázelvezető nyílás, gázfurat; ~ **process** körforgó tisztítóeljárás; dobban tisztítás; ~ **radiator** *rep* dobhűtő; ~ **rail** *kat* csősín *(puskáé)*; ~ **recoil** *kat* lövegcső hátrasiklása; ~ **reflector** *kat* csővizsgáló tükör; ~ **removal** *kat* csőcsere; ~**(-)return spring** *kat* csőhelyretoló rugó; ~ **roll** *rep* paláston végzett orsó; ~ **rolling device** hordógurító; ~ **roof** dongaboltozatú tető; ~**(-)shaped** hordó alakú; ~**(-)shaped bearing** önbeálló görgőscsapágy; ~**(-)shaped furnace** dobkemence; ~**-shaped roller** *gép* hordó alakú görgő; ~ **sheet** kazánköpenylemez; ~ **shell** hordóköpeny; tartály hengeres köpenye; ~ **shutter** *film, foto* dobpilla, dobzár; ~ **sleeve** *kat* csőköpeny, csőburok; ~ **sleigh** *kat* csőszán; ~ **sling** *hajó* láncbrága hordórakodáshoz; ~**s per day (b/d)** *ol* barrel per nap; ~ **switch** dobkapcsoló; ~**(-)tape crankcase** *gépk* osztatlan *v.* alagút típusú forgattyúház/forgattyúszekrény; ~ **throat** csőtorkolat; ~**(-)type** dob alakú; ~**-type converter** *koh* dobkonverter; ~**(-)type furnace** dobkemence; ~ **vault** *ép* dongaboltozat; ~ **vaulted roof** dongaboltozatú tető; ~ **washer** *élip* dobmosó, forgódobos mosó; ~ **welding** hordóhegesztés; ~ **wheel** *finm* fogazott rugóház; ~**-wood** hordódonga
barrelled, *US* **barreled** hordózott; hordó (alakú); *ép* ívelt, bakhátas *(út)*; ~ **asphalt** hordózott bitumen; ~ **space** *mat* hordótér; ~ **square** *el* csavart négyes (szabadvezeték)
barrelling, *US* **barreling** öblösödés, hasasodás; hordócsomagolás; *élip* hordóba fejtés; *mt* forgódobos tisztítás; koptatás; ~ **spanner** hordókulcs, dugócsavarkulcs
Barremian stage *geol* barrémi emelet
barren I. *a* kiaszott, steril; *bány, koh* ércmentes, fejtésre alkalmatlan, meddő, telepmentes; *mzg* meddő *(ta-*

laj); terméketlen, kopár; **II.** *n* meddő talaj; művelésre alkalmatlan terület, pusztaság; ~ **drilling** *bány* meddőfúrás; ~ **gang(ue)** meddő kőzet; ~ **ground** *geol* vakszint; ~ **guest mineral** *geol* érckísérő ásvány; ~ **limestone plateau** karszt fennsík; ~ **measures** *bány* meddőrétegek; telepmentes rétegösszlet; ~ **of oil** *geol* olajmentes, nem olajtartó, olajtalan *(réteg)*; ~ **rock** *bány* meddő; ~ **sand** *ol* steril/száraz homok, nem olajtartó homok; ~ **solution** *vegy* kimerült oldat; ~ **tributary mineral** *bány* érckísérő ásvány; ~ **vein** *bány* meddő telér; ~ **well** *ol* száraz (fúró)lyuk

barrenness *bány* szegénység; *geol* meddőség; *mzg* szárazság; *tex* csíkosság, felhősség

barrette (of lights) *rep* hosszúkás világítótest

barretter | **(tube)** *el* áramstabilizátor/áramstabilizáló cső; baretter, baréter; huzalbolométer; ~**-type wattmeter** bolometrikus teljesítménymérő

barricade I. *v* eltorlaszol, gátat épít; **II.** *n* torlasz; (út)elzárás; *bány* gát; *ép* földhányás

barrier gát, akadály; *at* védőfal, terelőfal; *bány* határpillér, kőporöv, kőporláda; *el* potenciálgát, potenciálfal, potenciálugrás; *ép* kerítés; korlát; útelzáró (korlát); *film* osztásvonal, osztásmező, kádervonal; *fiz* potenciálgát, potenciálfal, potenciálküszöb; *foto* takart sáv; *közl* sorompó; *vák* csapda, trap; ~ **box** *el* tokozott szekrény, tokozás; ~ **capacitance** *el* átmenetkapacitás; ~ **container** *bány* kőporláda; ~ **effect** *el* záróhatás; ~ **electrode** *el* záróelektród; ~ **establishing** *bány* pillér visszahagyása; ~ **factor** *fiz* áthatolási tényező, alagútjelenség valószínűsége; ~ **film** záróréteg; ~**-film cell** → ~-layer cell; ~ **grid** fékezőrács; ~**-grid electrostatic store** *szt* fékezőrácsos elektrosztatikus tároló; ~ **grid tube** rodechon emlékezőcső/raktározócső; ~ **guard** *el* védőrács; ~ **height** *fiz* potenciálgát-magasság; ~ **impact speed** *gépk* ütközési sebesség; ~ **island** *geol* szigetgát; ~ **layer** záróréteg; ~**-layer capacitance** záróréteg-kapacitás; ~**-layer photoelectric/photovoltaic cell** záróréteges fényelem/fotocella; ~**-layer potential** záróréteg-potenciál; ~**-layer rectification** záróréteg-egyenirányítás, kontakt-egyenirányítás; ~**-layer rectifier** záróréteg-egyenirányító, kontakt-egyenirányító; ~ **line** *közl* záróvonal; ~ **material** *pa* védőanyag *(áthatlan papír)*; ~ **of energy** energiaküszöb, energiafal, küszöbenergia; ~ **penetrability/penetration** potenciálfal „átlátszósága"; potenciálfalon való áthaladás; ~ **pillar** *bány* benthagyott pillér; gyám; ~ **potential** *el* záróréteg-potenciál; ~ **reef** *geol* korallzátony, korallfal; szirtgát; ~ **spring** *hidr* duzzasztott forrás; ~ **system** *kat* akadályrendszer; ~ **theory of cyclons** ciklogenezis akadályelmélete; ~ **transparency** → ~ penetrability

barring *bány* járomfa, járomgerenda, járomácsolat, főteerősítés, pótácsolat, tetőácsolat, segédácsolat; meddőválogatás; ~ **bolt** *gép* zárócsapszeg; ~**-down** *koh* ércleeresztés; ~ **engine** indítómotor; ~ **gear** *hidr* átforgató szerkezet, forgatóberendezés; ~ **motor** *gépk* indítómotor; ~**-off attachment** *mzg* töltőszerelvény *(külön jobbra és balra forgató ekével)*; ~**s** *koh* salaktörmelék

barrow domb, halom; talicska, targonca, kézikocsi; hordágy; *bány* (meddő)hányó, palahányó; meddő kőzet; ~**(-)man** csillés; ~ **pit** kézi szállítású kőbánya; *bány* leművelt külfejtés; *ép* anyaggödör, kubikgödör, anyagnyerő hely; ~**-run** *ép* deszkapalló, talicskázópalló; ~ **tongs** *pl vasút* sínfogó; ~ **tram** talicskarúd; ~**-truck** poggyásztaliga, kétkerekű kézi taliga; ~ **way** *bány* járópalló

barry I. *a tex* csíkos *(szövethiba)*; lánccsíkos *(műselyem szövetben)*; préscsíkos *(gyapjúszövethiba)*; **II.** *n tex* kallócsík *(gyapjúszövethiba)*; ~ **dyeing** csíkos színezés

„Barry" longwall csillés frontfejtés

Bartlett's theorem *el* Bartlett-tétel

Bartonian *geol* bartoni emelet

barwood szantálfa

barycentre, *US* **barycenter** *mech* tömegközéppont, súlypont

barycentric súlyponti; ~ **velocity** baricentrikus/tömegközépponti sebesség

barye mikrobar

baryon barion; ~ **charge/number** bariontöltés, barionszám; ~ **field** bariontér

barysilite *ásv* bariszilit

barysphere *geol* bariszféra

baryta *vegy* bárium-oxid, baritföld; ~ **board** *pa* baritkarton; ~ **coating** *foto* bárium-szulfátos bevonat; ~**-coating machine** *pa* baritálógép; ~ **concrete** baritbeton; ~ **glaze** *ker* baritmáz; ~ **hydrate** *vegy* bárium-hidroxid; ~ **yellow** baritsárga

barytes *ásv* barit, súlypát, bárium-szulfát

barytocalcite *ásv* baritokalcit

BAS → basic airspeed

basal fő-, alap-, alaplap-; ~ **cleavage** *bány* fő vállapirány; *geol* alaprétegeződés; ~ **conglomerate** *geol* alapkonglomerátum; ~ **face** *ásv* alapsík; ~ **face-cent(e)red (monoclinic) lattice** alapcentrált (monoklin) rács; ~ **face-cent(e)red orthorhombic lattice** alapcentrált rombos rács; ~ **moraine** *geol* morénás takaróréteg; ~ **part of a seam** *bány* talp, fekü; ~ **pinacoid** *ásv* bázispinakoid; ~ **plane** *ásv* bázisalap; *geod* magsík; ~ **section** főtengelyre merőleges *v.* alapvonallal párhuzamos metszet; ~ **wreck of volcano** vulkáni maradvány

basals *geol* bazáliák; bazális lemezek

basalt *ásv* bazalt; ~ **chip concrete** bazaltzúzalékos beton; ~ **columns** *pl geol* bazaltorgona; ~ **fitting** bazaltburkolat; ~ **glass** trachibazalt; ~ **(paving) sett** bazaltkockakő; ~ **wool** bazaltgyapot

basaltic *geol* bazalt-; bazaltos; ~ **hornblende** *geol* bazaltos amfibol; ~ **layer** bazalttakaró; ~ **tuff** bazalttufa; ~ **wacke** bazaltkavics

basaltiform *geol* bazaltszerű, bazalt alakú; oszlopos

basanite *ásv* bazanit

bascule *ép* csapószárny, billenőszárny; fedél, csappantyú, billenőtábla; *gép* kétkarú mérleg; *kat* zárótest *(puskán)*; ~ **bearing** *gép* csuklós felfekvés; ~ **bolt** tolózár, retesz, tolóka, rúdzár; ~ **bridge** *ép* billenőhíd, (ellensúlyos) csapóhíd; ~ **door** *ép* ingaajtó; ~ **leaf** *ép* csapószárny *(hidé)*

base I. *v* alapít, alapoz, (fel)épít; *el* fejel *(csövet, izzót)*; **II.** *n bány* alapszint, alapvonal; alátámasztás; fekü; *el* (lámpa)fej; alaplemez, szerelőlap; csőfej, csőláb; hordozó; *el, nyom* alaplemez, nyomott lemez *(szitanyomás, nyomtatott áramkör)*; *ép* alap(ozás), alapzat; alapréteg *(pl. vakolat)*; alaptest; alátámasztás *(hidé)*; aljzat, talp(azat); lábazat; *fa* fatő; *félv* bázis; szigetelőhordozó; *film, foto* bázisanyag; *forg* gépágy; késszáralapsík; *foto* alapozó zselatinréteg; *geod* alapvonal, bázis(vonal), magassági fixpont/alappont; *geol* ágyazat; *gép* (gép)alap; alátámasztás; beállítási fixpont; ékorr, ékfej; gépkeret; méretbázis; talplemez; *gyógyv* alapanyag; *hajó, rep* bázis, támaszpont; *kat* lövedékfenék(lap); lövegalapzat; *koh* alapozás; főalkotó, alapalkotó; *mat* alap(lap); alapkör; alapszám, alap *(logaritmusrendszeré)*; bázis; hatványalap; kezdőpont, origó, támadási pont; *műa* alap; pigment *(színezékben)*; *tex* festőpác; *vasút* síntalp; *vegy* bázis, lúg; ~ **address** *szt* alapcím; ~ **address register** *szt* bázisregiszter; ~ **adjustment** *geod* alapvonal-beállítás; ~ **angle** *kat* alapszög; *mat* alapon fekvő szög; ~ **antenna** *távk* központi antenna; ~ **area of roof cavity** *bány* fedüáttörés; ~ **assertion** *mat* alapkijelentés; ~ **attribute** bázisjelző; ~**(-)band** *hőt* talpas könyökcső; *szt* alapsáv; *távk* alapsáv; ~**(-)band LAN** *szt* alapsávú helyi hálózat; ~ **bias (voltage)** *el* bázis-előfeszültség; ~ **bid** főajánlat; ~ **board** *el* szerelőlap; *ép* alapdeszka, deszkaalapzat; lambéria; szegőléc, szegélyléc; *gép* alaplap; *opt* tárgylemez; *pa* nyerslemez, nyerskarton; ~ **bulk resistance** *el* bázisellenállás; bulkellenállás; ~ **burner** *hőt* örökégőkályha *(tartaléktartállyal)*; *koh* alsó égő; ~ **burster** *kat* fenékgyújtó; ~ **cap** *kat* csőfar; ~**(-)cap socket** *kat* csőfargombágyazat; ~ **cell** *szt* alaprekesz, bázisrekesz; ~**-cent(e)red** *ásv* alapcentrált; ~ **chamber** *gépk* forgattyúház; ~**-change correction** *geof* bázisérték-változási javítás/korrekció; ~ **charge (BC)** *bány* lábtöltet; *félv* bázistöltés; *geof, ol* alaptöltet; *hidr* alapdíj; *kat* fenéktöltet; ~**-check method** *geof* bázisellenőrzési módszer; ~ **circle** *geof* alapkör, báziskör; *gép* alapkör; ~ **circle (of explosion funnel)** *bány* kivetési kúp talpköre; ~ **circuit** → basic circuit; ~ **circuit resistance** *el* bázisellenállás; ~ **cloud** *kat* bázisfelhő *(atomfelhő)*; ~ **coat(ing)** alapozás, alapmázolás; ~ **collector function** *félv* bázis-kollektor átmenet; ~ **component** *szt* báziskomponens; ~ **concrete** *ép* alapbeton; aljzatbeton, betonalap; ~ **cone** *gép* alapkúp *(kúpfogaskerék)*; ~**-cone generatrix** *gép* alapkúpalkotó; ~ **connection** *el* fejbekötés; *gépk* testelés; ~ **contact** *félv* báziscsatlakozás; báziskivezetés; ~ **coordinate** *ásv* báziskoordináta; ~ **correction** *geof* báziskorrekció; ~ **course (BC)** *bány* alapkeret, tartókeret *(aknában)*; *ép* falazat alsó rétege, kőréteg *(talajon)*; teherviselő/alsó réteg, hordóréteg *(útburkolaté)*, útalap; *kat* lövedéktalplap; ~ **covered with adhesive (flocking)** *tex* ragasztóanyaggal bevont alap *(pehelynyomáshoz, flokkírozáshoz)*; ~ **crude** *ol* nyersolaj; ~ **current** *félv* bázisáram; *rád* talpponti áram *(antennáé)*; ~ **cylinder** *gép* alaphenger *(homlokfogaskerék-áttételé)*; *szt* báziscilinder; ~ **days** → ~ period; ~ **design** alaptervezet, alapkoncepció; ~ **diagram** *el* csőfejbekötési rajz; ~ **diameter** *fa* alapkörátmérő; *gép* fatőátmérő; ~ **diffusion** *félv* diffúzió, diffundáltatás; ~ **diffusion isolation technique** *félv* diffundáltatási/diffúziós technika; ~ **distance** *geod* műszermagasság; ~ **doping** *félv* adalékolás, doppolás; ~**-driven antenna** *távk* talppontban gerjesztett *v.* alulgerjesztett antenna; ~**-ejection smoke shell (BESS)** füstgyertya-kihajító gránát; ~ **electrolyte** háttérelekrolit, alapelektrolit, vezetősó; ~ **element** → basic element; ~ **emitter junction** *félv* bázis-emitter-átmenet; ~ **emitter saturation voltage** bázis-emitter maradékfeszültség; ~ **energizing** *távk* talpponti gerjesztés *(antennáé)*; ~ **exchange** *geol* báziskicserélődés; *vegy* báziscsere; ~ **-exchange capacity (BEC)** *talt* kationcserélő/báziskicserélési kapacitás; ~ **exchanger** *vegy* kationcserélő; ~ **fabric** gerendarács *(alapozás)*; ~ **failure** *ép* alámetsző részsúcsúszás; *talt* talajtörés; ~ **fault** *geol* alapvető; ~ **feed** *távk* talpponttáplálás *(antennáé)*; ~ **flagstone** *ép* lábazatkő; ~ **flange** *vasút* síntalp; ~ **flow** → basic flow; ~ **fog** → ~ veil; ~ **for coated fabric** *tex* alapszövet ragasztott kelméhez; ~ **forming** *vegy* bázisképző; ~ **for plastering** vakolat alatti falazat, vakolathordozó; ~ **frame** *gép* alapkeret, tartókeret *(aknában)*; ~ **frequency** *hang* alapharmonikus, alapfrekvencia; ~**-ground transistor** *félv* földelt bázisú tranzisztor; ~ **growth temperature** *met* bázishőmérséklet; ~ **helix** alapcsavarvonal; ~**-helix angle** *gép* menettő-csavarvonal emelkedési szöge; ~ **identifier** *szt* bázisazonosító; ~ **ignition (BI)** *kat* fenékgyújtás; ~ **-ignition shell** *kat* fenékgyújtós gránát; ~ **impedance** *távk* talpponti impedancia *(antennáé)*; ~ **insulation level** szigetelési alapszint; ~ **insulator** szigetelőtalp; ~ **laminate** fémfelrakású hordozó *(nyomtatott áramkör)*; ~ **layer** *ép* alapréteg, hordóréteg; *félv* bázistartomány; ~ **lead** *félv* báziskivezetés; ~ **lead bullion** finomítatlan ólomöntecs; ~ **lead (power) plant/station** *en* alaperőmű, alapterhelést vivő erőmű; ~ **leakage** *rád* fejátvezetés; ~ **leg** *rep* (leszállás előtti) rövid fal; ~**-leg turn** *rep* a végső egyenesre történő forduló; ~ **length** *geod* alapvonalhossz; ~ **level** *ásv* alapnívó, alapsík; *bány* táró talpa; *talt* erózióbázis; ~ **level concentration** *met* alapterhelés *(háttérszennyezettségi átlagérték)*; ~**-levelling** *geod* alappontszintezés; ~ **level of erosion/stream** *geol* erózióbázis; ~ **limiter** *távk* alsó határoló; ~ **line (BL)** *geod* alapvonal, bázis; *geof* bázisvonal, alapvonal; kiindulási vonal; *mat* alapvonal, bázis(vonal), magassági fixpont/alappont; *szt* alapkonfiguráció, alaprendszer; *távk* időtengely *(katódsugárcső ernyőjén)*; ~ **line stabilization** *el* nullapont-stabilizáció; ~ **load** *en, el* alapterhelés; ~ **load (power) plant/station** *en* alaperőmű, alapterhelést vivő erőmű; ~ **machine** alapgép; ~ **map** alaptérkép, bázistérkép; ~ **material** alapanyag; *foto* emulzióhordozó, filmhordozó; ~**-measuring apparatus** *geod* alapvonalmérő készülék; ~ **metal** *bány* nem nemesfém; *heg* alapfém; ~ **metal hot cracking** *heg* melegrepedés-képződés az alapanyagban, alapanyag-repedés; ~ **metal-like wire** *heg* alapanyaggal egyező huzal; ~**-metal loss** *koh* alapfémveszteség; ~ **metal melting** *heg* alapanyag-megömlés; ~ **metal weld pool** anódra kapcsolt hegfürdő; ~ **mix** alapkeverék; ~ **model** alapmodell; ~ **moment** *mech* talpnyomaték; ~ **moraine** *geol* fenékmoréna, alapmoréna; ~ **mo(u)lding** *ép* faltőpárkány, talppárkány; talpazati párkány; ~ **mounted** alapzatra szerelt; ~ **mounting** alapzatra szerelés; ~ **net** *geod* alapvonalat fejlesztő hálózat; ~ **notation** *szt* alapábrázolás; ~ **number** *mat* alapszám *(számrendszeré)*; ~ **objective** *foto* alapobjektív; ~ **of a column** oszloptalp, oszloplábazat; ~ **of a gear tooth** fogláb, fogtő; ~ **of alloy** *önt* alapfém; ~ **of an excavator** kotróalváz, exkavátoralváz; ~ **of a seam** *bány* talp, fekü; ~ **of basin** *geol* medencealjzat; ~ **of bobbin** csévetalp; ~ **of code** *szt* alapszám, radix; ~ **offer** főajánlat *(ten-derben)*; ~ **of groove** *koh* üregfenék; ~ **of logarithm** alap *(logaritmusé)*; ~ **of low clouds** *mat, rep* felhőalap magassága; ~ **of the notch** *hidr* bukónyílás koronája/küszöbe; ~ **of the pulse** impulzusszélesség; ~ **of the rail** síntalp; ~ **of the trajectory** *kat* torkolatszint *(ballisztika)*; ~ **of the wedge** *gép* ékorr, ékfej, ékhát; ~ **of the weld** *heg* varratfém alapja, varratalap; ~ **of verification** *geod* ellenőrző alapvonal; ~ **oil** *ol* alapolaj; ~ **page** *szt* bázislap *(sávszervezésnél)*; ~ **panel** *el, távk* alaplemez; ~ **paper** *pa* alappapír, nyerspapír; papíralap *(vulkánfibergyártáshoz)*; ~ **paver** *ép* zúzalékterítő; ~ **period** alapidőszak; *hidr* öntözési időszak/idény; ~ **pin** *el* csőcsap; érintkezőcsap *(csőfejé)*; ~ **pitch** *gép* alaposztás, alapkörön mért fogosztás; ~ **plane** *ásv* bázisalap; ~ **plate (b.p.)** *el* szerelvénylap; *ép* alaplemez, fenéklemez, alátétlemez; sarulemez; *félv* bázislemez; szigetelőhordozó; *gép* alaplemez, talplemez; aljlemez, fenéklemez; *hidr* fenéktapintó; *ol* alapperem; *önt* alsó lap *(öntőszerszámban)*; *szt* adapter *(elektronikus írógép szövegszerkesztővé alakításához)*; *tex* támasztólap; *vasút* (sín)alátétlemez; ~**-plate electrode** hordozóelektród; ~**-plate handle** *kat* talplemez-hordfogantyú; ~**-plate rib** *kat* talplemezborda; ~ **plug** *kat* fenékcsavar; ~ **plus fog density** *foto* alapfátyol; ~ **point (BP)** *geod, geof* alappont, bázispont; *távk* talppont; ~ **potential divider** *félv* bázisosztó; ~ **pressure** alapnyomás; *bány, ép* talpnyomás; *mech* talpfeszültség; ~ **printing** *tex* bázikus nyomás; ~ **projection** *geod* alapvonal vetülete; ~ **prong** → ~ pin; ~**-pulse generator** időjel-generátor *(adatátvitel)*; ~ **radius** *gép* alapkörsugár; ~ **ratio** *geod* alapvonalviszony; ~ **reclaiming** *rád* csőátfejelés; ~ **record** *szt* alaprekord; ~ **regime** *at* alapterheléses üzem(mód); ~ **region** *félv* bázistartomány; ~ **register** *szt* bázisregiszter, címregiszter; ~ **resistance** *félv* bázisellenállás; ~ **resistant** lúgálló; ~ **rim** *kat* (töltény)fenékperem; ~ **ring** *bány* alapkoszorú; *gép* alapzati gyűrű, beállítógyűrű; *gumi* peremgyűrű; ~**-ring register** *gumi* formagyűrű-osztályozó; ~ **rock** *geol* alapkőzet; ~ **rotational speed** alapfordulatszám; ~ **saturation (BS)** bázistelítettség; ~ **saturation current** *félv* telítési áram; ~ **sedimentation survey** *hidr* előzetes hordalékvizsgálat; ~ **series resistor** *félv* báziselőtét-ellenállás; ~ **sheet** *el, nyomd* alaplemez, nyomott lemez *(szitanyomás, nyomtatott áramkör)*; *félv* bázislemez; *pa* nyersapapírív; ~ **shield** *rád* csőfejárnyékolás; ~ **side** *foto* hordozóoldal; ~ **soil** *rep* ágyazóréteg; ~ **solution** *vegy, tex* törzsoldat; ~ **speed** alapsebesség; *el* alapfordulatszám; ~ **spreading resistance** *félv* bázisellenállás; ~ **station** *geof, rep, távk* bázisállomás; ~**-station correction** *geof* bázisállomás-korrekció; ~**-station magnetometer** bázisállomás-magnetométer; ~ **stock** *foto* hordozóréteg-anyag; *ol* alapolaj; *pa* nyerspapír; *vegy* alapanyag, nyersanyag; ~ **stock control** alapállomány ellenőrzése; ~ **store** *szt* alaptároló; ~ **surface** alapfelület; *mat* alap(kör) *(körkúpé)*; alaplap *(kúpé, gúláé, hengeré)*; ~ **surface curve** *hidr* alapvízszint; ~ **surge** → ~ cloud; ~ **tangent length** *gép* többfogméret; ~**-tar** kátrányszurok; ~ **temperature** *félv, met* bázishőmérséklet; ~ **terminal** *félv* báziskivezetés; ~ **tie rod** *vasút* nyomközbiztosító/nyomtávbiztosító rúd; ~ **time** *ip* alapidő; ~ **time/timing sequencing** *aut* időbeli sorrend vezérlése; ~ **value** alapérték; hivatkozási érték; *geof* bázisérték; ~ **vector** *ásv* bázisvektor; *mat* bázisvektor, alapvektor; ~**-vector reduction** *geof* bázisvektor zsugorítása; ~ **veil** *film* alapfátyol; ~ **voltage** bázisfeszültség; ~ **voltage divider** *félv* bázisosztó; ~ **width** *félv* bázisszélesség; *hidr* fenékszélesség; talpszélesség; ~ **with pins** *el* csapos (cső)foglalat; ~ **zone** *félv* bázistartomány

basement *bány* alap, alapozás; fekü(kőzet); *ép* alagsor, pince; alapozás, alapmázolás; alapzat; alépítmény; oszlopalj; *geol* alaphegység; *gép* alap *(gépé)*; ~ **air shaft** pince-szellőzőakna; ~ **car park** föld alatti garázs; ~ **ceiling** *ép* pincefödém; ~ **complex** *geol* alaphegység; őskőzet; ~ **concourse** föld alatti szint *(középületé)*; ~ **drainage** pincevíztelenítés; ~ **excavation** pincetömb-kiemelés; ~ **floor** pince feletti födém; ~ **level** *geol* fenékszint; ~ **light well** (pince-)világítóakna; ~ **rock** *bány* alátelepült kőzet; fekükőzet, mélyfekü; *geol* alaphegység(i kőzet); ~ **rock complex** → ~ complex; ~ **shelter** pinceóvóhely; ~ **slab** *talt* alaplemez, nyomott lemez *(szitanyomás, nyomtatott áramkör)*; ~ **wall** *ép* alapfal(azat)

baseness *any* rossz minőség

bash I. *v bány* tömedékel; **II.** *n bány* ülepítőgép

bashing *bány* elzárás, elgátolás *(bányatűzé)*; tömedékelés

basic alap-; kiindulási; elemi; névleges; *vegy* bázisos, bázikus; ~ **access** *szt* alaphozzáférés; ~ **airspeed (BAS)** *rep* helyesbített műszeres repülési sebesség; ~ **ambiguity factor** *ásv* alap-többértelműségi tényező; ~ **anhydride** bázisanhidrid, fémoxid; ~ **arithmetic(al) operation** alapművelet, számtani művelet; ~ **assembler** alapasszembler, alap-összeszerkesztő; ~ **Bessemer pig-iron** Thomas-nyersvas; ~ **Bessemer process** Thomas-eljárás; ~ **Bessemer steel** Thomas-acél; ~ **Bessemer steel converter** Thomas-konverter; ~ **Bessemer steel works** Thomas-acélmű; ~ **block** programblokk *(FORTRAN)*; ~ **boom** *em* alsógém; ~ **brick** *ép* bázikus tűzálló tégla; lúgálló tégla; ~ **capacity** alapkapacitás, alap-teljesítőképesség; ~ **carrier** *távb* terciervivő, mestercsoportvivő; ~ **characteristics** *pl* alapvető paraméter; ~ **charge** *koh* alapadag(oldás); alapdíj; ~ **circuit** *el* alapkapcsolás, elvi kapcsolás; *szt* alapkapcsolás; ~ **circuit block** alapkapcsolási egység; ~ **circuit diagram** kapcsolási/szerelési/bekötési vázlat/rajz; ~ **coated electrode** → ~ electrode; ~ **code** *szt* alapkód; ~ **coding** gépi nyelvi programozás; ~ **colo(u)r** alapszín; ~ **commodities** alapanyagok, nyersanyagok; elemi fogyasztási cikkek; ~ **component** alapanyag; ~ **computing element** számoló alapelem; ~ **concept** alapfogalom, alapvető fogalom; ~ **cone dimensions** névleges kúpméret; ~ **connection** alapkapcsolás; ~ **constant** alapállandó; ~ **converter** *koh* Thomas-konverter, Thomas-körte; ~ **converter pig iron** *koh* Thomas-nyersvas; ~ **converter process** *koh* Thomas-eljárás; ~ **converter steel** *koh* Thomas-acél; ~ **current** alapáramlás; ~ **curve** *bány, koh* alapgörbe; *hidr* α görbe, alfa-görbe; ~ **data** alapadatok, kiinduló adatok; *kat* kezdőelemek *(ballisztikában)*; ~ **deflection** *kat* alapirányszög; ~ **design** alapváltozat; *rep* alapszerkezet; ~ **design data** *mech* méretezési alapadatok; ~ **detail card** alkatrésztörzskártya; ~ **diagram** elvi rajz; ~ **dimension** *gép* bázisméret, alapméret; névleges méret; ~ **direct access method (BDAM)** közvetlen elérésű módszer;

~ **document** alapbizonylat; ~ **doping** *félv* alapszennyezés; ~ **dye** *tex* bázikus színezék; ~ **electrode** *heg* bázikus elektród(a); ~ **electrode covering** bázikus (elektród)bevonat; ~ **element** alapelem; *aut* alaptag; *el* alap-építőelem; ~ **engine** alapmotor *(segédberendezések nélkül)*; ~ **equalizer** *távk* alapkiegyenlítő; ~ **equations of dynamics** *fiz* dinamikai alapegyenletek; ~ **equations of hydrostatic** *hidr* hidrosztatikai alapegyenletek; ~ **equipment** alapfelszerelés; ~ **error rate** alaphibaarány; ~ **ester** bázisos észter; ~ **flat** *szersz* bázissík; levágott csúcs; ~ **flow** *hidr* alapvízhozam; *met* alapáramlás; ~ **flow chart** *szt* alap-folyamatábra; ~ **flux** bázikus hegesztőpor/folyósítószer; ~ **flying school** *rep* alapfokú repülőiskola; ~ **form** alapalak, alapforma; ~ **forms of roof** egyszerű tetőformák; ~ **formula** alapképlet, alapegyenlet; ~ **four-pole** általános négypólus; ~ **fraction** *ol* bázikus frakció; főfrakció, bázisfrakció; ~ **frequency** *hang* alapharmonikus, alapfrekvencia; *távk* alapfrekvencia; ~ **gradient of climb** *rep* emelkedés alapgradiense; ~ **grid** alapraszter, alaprács *(nyomtatott áramköri)*; ~ **group** *távb* alapcsoport; ~ **hole** alapfurat, alaplyuk *(illesztéshez)*; ~**(-)indexed sequential access method** szekvenciális indexű elérési módszer; ~ **industry** kulcsipar; alapanyagipar; ~ **input/output system (BIOS)** *szt* adat be- és kivitelt kezelő operációs modul, BIOS; ~ **instruction** *szt* alaputasítás; ~ **instrumentation** alapműszerezés; ~ **instrument flight trainer** *rep* alap-műszerrepülést gyakorló szerkezet; ~ **intake rate** *talt* talaj állandó víznyelési sebessége; ~ **invention** alaptalálmány; ~ **ion** kation; ~ **iron** *koh* bázikus nyersvas; ~ **isotope dilution** *at* közvetlen izotóphígítás; ~ **jib** *em* alsógém; ~ **lattice** *ásv* alaprács; elemi rács; ~ **lead carbonate** *koh* ólomfehér; ~ **lead sulphate/sulfate** *koh* bázisos ólom-szulfát; ~ **lined furnace** bázisos bélésű kemence; ~ **lining** *koh* bázisos/bázikus bélés; ~ **load** *en* alapterhelés; ~ **logic element** logikai alapelem; ~ **luminance** redukált fénysűrűség; ~ **machine** alapgép; ~ **machine cycle** *szt* elemi ciklus, alapciklus *(gépidő)*; ~ **map** alaptérkép, bázistérkép; ~ **material** → basic material; ~ **mathematical sign** (matematikai) jel; ~ **mesh size** *bány, ép* alapszemnagyság; ~ **metal** → base metal; ~ **mode** *távk* alaprezgési mód; ~ **mode link control** *szt* adatkapcsolati vezérlés; ~ **modular dimension** építési modul; ~ **motion time (BMT)** alapmozgásidő; ~ **network** *távk* alaphálózat; alapművonal; ~ **noise** alapzaj; ~ **note** *távb* alaphang; ~ **number** *mat* alapszám *(számrendszeré)*; ~ **numbering plan** *távb* számozási terv; ~ **open-hearth furnace (BOH furnace)** bázisos martinkemence; ~ **open-hearth steel (BOH steel)** bázisos martinacél; ~ **operating system (BOS)** *szt* alapoperációs rendszer, BOS; ~ **operation** *gép, mat* alapművelet, számtani művelet; ~ **oscillation** alaprezgés; ~ **overhaul time limitation** *rep* javítások közötti, hivatalosan jóváhagyott üzemidő; ~ **oxide** *vegy* bázikus oxid; ~ **oxygen furnace (BOF)** *koh* konverter; ~ **oxygen furnace nose** *koh* oxigénkonverter-garat; ~ **oxygen furnace steel** *koh* konverteracél; ~ **oxygen (steelmaking) process** *koh* oxigénes konvertereljárás; ~ **paper** → base paper; ~ **path attenuation** *távk* alapvető szakaszcsillapítás; ~ **pattern** *tex* alapminta; ~ **phase** *koh* alapfázis; ~ **phosphate** *koh* bázisos liszt; ~ **physics** általános fizika; ~ **pig** *koh* Thomas-nyersvas; ~ **pig-iron** nagy foszfortartalmú nyersvas; *koh* acélnyersvas; ~ **pigment** *műa* bázisos pigment/színezék; ~ **principle** alapelv; ~ **printed wiring (board)** szereletlen nyomtatott lemez/lap; ~ **protective insulation** üzemi szigetelés; ~ **punch card** alaplyukkártya, törzslyukkártya; ~ **quaternary group** *távb* alapfőmester-csoport; kvarter alapcsoport; ~ **rack** *gép* alapfogasléc; ~ **rate** alapdíj; alap-előfizetési díj; ~ **raw material** kiinduló nyersanyag; ~ **read data flow** adatbeolvasási alapfolyamat; ~ **refractory** bázisos tűzálló anyag; ~ **repair** nagyjavítás; ~ **representation** *mat* bázis-előállítás, bázisreprezentáció; ~ **research (BR)** alapkutatás; ~ **rocks** *pl geol* bázisos kőzet, bázit; ~ **section** alapmetszet; *rep* alapprofil; szárnytőmetszet; ~ **sediment** bázikus üledék; ~ **sequence** alapsorrend; ~ **sequential access method (BSAM)** *szt* soros hozzáférésű mód, BSAM; ~ **set-up** alapfelépítés; ~ **shade** *tex* alapszínárnyalat; ~ **shaft** *gép* alapcsap *(illesztés)*; ~ **signal** *távk* alapsávi jel; ~ **size** *pa* kereskedelmi alak; névleges méret; ~ **slag** *koh* bázisos/bázikus salak; őrölt Thomas-salak; ~ **slag grinding-plant** Thomas-salakőrlő malom; ~ **slag practice** *koh* bázikus salakvezetés; ~ **solution** *vegy* bázismegoldás; kezdőoldat; ~ **span** közepes oszlopköz; ~ **speed** alapsebesség; *el* alapfordulatszám; ~ **stage flow** hivatkozási hozam; ~ **statement** alaputasítás; ~ **steel** *koh* bázisos acél, Thomas-acél; ~ **stimulus** *opt* középponti színinger; ~ **structure** elvi felépítés; *ásv* alapszerkezet; ~ **substance** kiindulási anyag, alapanyag, kulcsanyag; ~ **sulphate/sulfate** bázisos szulfát; ~ **supergroup** *távb* alapfőcsoport; ~ **supermaster group** *távb* alapfőmester-csoport; ~ **symbol** *mat* alapjel; *mat, szt* alapszimbólum, alapjelölés; ~ **synoptic map** *met* szinoptikus alaptérkép; ~ **system** *mat* alaprendszer; ~ **teleprocessing access method (BTAM)** *szt* távfeldolgozás alapmódja, BTAM; ~ **terms** alapfogalmak; ~ **time** alapidő; ~ **tolerance** *gép* alaptűrés; jellemző tűrés; ~ **top blowing furnace** oxigénfúvásos konverter; ~ **training** *rep* alapkiképzés; ~ **training aeroplane** gyakorló repülőgép; ~ **transistor circuit** tranzisztor-alapkapcsolás; ~**(-)type single/double-tier formwork** egysoros/kétsoros csúszózsaluzat alaptípusa; ~ **unit** alapgép; ~ **value** alapérték; hivatkozási érték; ~ **value of a parameter** paraméter alapértéke; ~ **variable** *mat* bázisváltozó, függő változó; ~ **water and sediments** *hidr* víz- és lebegtetett hordalékok; ~ **wave** alaphullám; ~ **weaves** alapkötések; ~ **wing** *rep* szárnyszerelvény, szárnyegység; ~ **wiring (diagram)** elvi kapcsolás(i vázlat); ~ **zinc sulphate/sulfate** bázisos cink-szulfát

BASIC (Beginner's All-purpose Symbolic Instruction Code) *szt* BASIC programozási nyelv *(kezdők általános célú szimbolikus utasításkódja)*; ~**-in-ROM** *szt* ROM-ban tárolt BASIC *(fordító)*

BASICA → advanced BASIC

basicity *vegy* bázikusság; bázisosság; lúgosság; ~ **of slag** salak bázikussága

basil *bőr* bazil; cseres (natúr) juhbőr; *gép* leélezés, élszalag, fazetta; ~ **oil** bazsalikomolaj

basilica *ép* bazilika

basin medence, folyadéktároló, tartály; *bány* kézi szér; *ép* kagyló, csésze; *geol* (tektonikus) teknő; *geol, hidr* medence, folyadéktároló, tartály; *hidr* tartány; vízgyűjtő (terület); *önt* beömlőcsésze; fenékrész *(formáé)*; ~ **facies** *geol* medencefáciesz; ~ **fold** *geol* szinklinális medence, tektonikus tál; ~ **for ultrasound treatment** *orv* ultrahangkezelő kád; ~ **irrigation** *mzg* árasztásos/kalickás öntözés; ~ **irrigation system** medencés öntözőrendszer; ~ **listing** *mzg* szakaszos barázdahúzás; ~ **lock** medencés zsilip; ~ **method** medencés/kazettás beszivárogtatás módszere; ~ **method of irrigation** medencés öntözőmódszer; ~ **pooling** vízgyűjtő-hasznosítás; ~ **range** *geol* vetődéses/rögös hegylánc; ~ **recharge** vízgyűjtő-feltöltődés; ~**(-)type spreading project** medencés beszivárogtató berendezés

basing *el* fejelés; *kat* telepítés; ~ **coating material** *foto* alapozó fedőanyag; ~ **machine** *el* csőfejelő gép

basining *geol* horpadásképződés

basis bázis; alap; alapozás, alapmázolás; *gép* bázisalkatrész; ~ **factorization** bázisfaktorizáció; ~ **for invoicing** számlázási/elszámolási alap; ~ **for n-dimensional state space** n-dimenziós állapottér bázisa; ~ **function** bázisfüggvény; ~ **of a sentence** *szt* mondatbázis; ~ **of open sets** *mat* nyílt bázis; ~ **points** *szt* alappontok; ~ **rank** *mat* bázisrang; ~ **solution** bázismegoldás; ~ **surface** *gép* bázisfelület; ~ **transformation** bázistranszformáció; ~**-upward strategy** *szt* alulról felfelé építkező stratégia; ~ **vector** *mat* bázisvektor, egységvektor, alapvektor; ~ **weight** *pa* rizsmasúly

basket kas; kosár(fonat); *bány* markoló; puttony; *ép* (szállító)kas; bödön; fonatmintás díszítés; *finm* betűkosár *(írógépé)*; centrifugakosár; *hidr* kotrógépkosár; *koh* kosár; *met* ballonkosár, gondola; *ol* egyszerű gyűrűs magcső; rugós magfogó; ~ **anodizing** *koh* kosaras anódálás/eloxálás, tömegesanódos oxidáció; ~ **arch** *ép* kosárív(es bolthajtás/boltozat); ~ **barrel** egyszerű magcső durva fogazású ajakkal; ~ **cap** erős csomagolópapír; ~ **car** *bány* billenőfenekű csille; ~ **centrifuge** dobos szűrőcentrifuga; ~ **charging** *koh* kosaras/teknős adagolás; ~ **cloth** *tex* panamaszövet; ~ **coil** *el* kosártekercs; ~ **connection** *el* keresztezett tekercsfejbekötés; ~ **core lifter** rugós magfogó/magszedő; ~ **crib** *ép* nyitott alapozóköpeny; ~ **effect** *tex* panama kötésű minta; ~**(-)handle vault** → ~ arch; ~ **jig** *bány* mozgóvályús teknős ülepítőgép; ~ **lifter** → ~ core lifter; ~ **of a capital** (korinthoszi) oszlopfő levélkoszorúja; ~ **pouring** öntés teáskanna-rendszerű öntőüstön keresztül; ~ **press** *élip* kosárprés; ~ **protector for lamps** lámpavédő kosár; ~ **ring** léggömbkosárgyűrű; ~ **shell** centrifugadob; ~ **sub** *bány* fúrógallér; ~**tube** egyszerű magcső; ~**(-)type nut** szárnyas anya; ~ **weave** többszörös sodronyháló; *tex* panamakötés; sejtkötés

basketwork kosáráru

basque *ép* bélésfalazás; *koh* kemencebélés, kemencefalazás

bas-relief *ép* féldombormű

bass[1] *hang* basszus; ~ **boost** *távk* mélyhangkiemelés; ~ **booster** mélyhangerősítő; ~**-boosting circuit** mélyhangkiemelő kapcsolás; ~ **compensation** mélyhang-kiegyenlítés; ~ **control** mélyhangbeállítás, mélyhangkiemelés; ~ **cut** mélyhangvágás, mélyhangszűrés; ~ **cut filter** mélyhangvágó, mélyhangszűrő; ~ **lift** → ~ boost; ~ **loudspeaker** mélyhangú hangszóró; ~ **reflex speaker cabinet** (mély)reflexdoboz; ~ **response** mélyhangvitel, mélyhangvisszaadás; ~**-treble control** mély- és magashang-beállítás

bass[2] → bast

basset I. *v bány, geol* kibúvik, felszínre bukkan; **II.** *n bány* kibúvás *(teléré, telepé)*; *geol* rétegfej; *ol* megjelenés külszínen; ~ **edge** kibúvás

Basset process *önt* Basset-eljárás

basseting *geol* kibúvás

bast *bány* kemény agyag; kompakt olajpala/égőpala; *fa* háncs, kéreghéj; rost; szál; ~ **fibre/fiber** háncsrost; ~ **flax** rostlen; ~ **layer** háncsréteg; ~ **mat** háncsszőnyeg, gyékényszőnyeg; ~**(-)rope** háncs(rost)kötél

bastard I. *a* nem szabványos, szabálytalan alakú; durva; kemény; hamisított; mesterséges, mű-; *élip, mzg* hibrid; *nyom* fattyú, felemás *(betű)*; **II.** *n bány* meddő beágyazás/közkő; *bány, geol* beágyazódás, betelepülés; *bőr* durva gyapjas juhbőr; *cu* hibrid répa; *szersz* előreszelő; ~ **amber** mesterséges borostyánkő; ~ **coal** hamudús *v.* nagy hamutartalmú *v.* kis értékű szén *(a fedüből)*; ~ **cop** *tex* középnagyságú kopsz; nagyobb méretű vetülékcséve; ~ **cut** *fa* félrevágás; rosszul/helytelenül fűrészelt fa; *szer* félsimító vágat, középvágat *(reszelő)*; ~ **file** előreszelő; középródalású reszelő; ~ **flatting** fénytelen/matt lakkbevonat; ~ **fount** *nyom* basztard/idegen betű/írás; ~ **jute** *tex* kenáf; ~ **machine** *forg* kombinált gép; ~ **masonry** vegyesfalazat; ~ **oval pass** *koh* torzkör üreg; ~ **pick-up** *távk* közvetlen (parazita) vétel; ~ **reed** *tex* egyenlőtlen fogsűrűségű borda; ~**s** *élip* nyerscukor *(lefolyószirupból)*; ~ **shale** palás kőszén; ~ **size** nem szabványos méret; ~ **slag** kevert salak; ~ **thread** *gép* imbolygó/támolygó menet, nem szabványos csavarmenet; ~ **title** *nyom* szennycím; ~ **vat** *tex* selejtes csáva; ~ **yarn** férc(elő)fonal

baste *tex* fércel

baster *ruh* fércelő (személy)

Bastian meter *el* elektrolitikus ampermérő

basting *ruh* fércelés; *tex* férc; ~ **cotton** fércpamut; fércfonal; ~ **ladle** *ker* mer(ít)őkanál; ~ **machine** *tex* fűzőgép; ~ **stitch** tűzőöltés; ~ **thread/yarn** fércfonal

bastion *ép* bástya

bastite *ásv* bastit, csillogópát

bastose *pa* jutacellulóz

bat I. *v* ver; *tex* lazít, porol; **II.** *n ásv* agyagpala, (ásvány)pala, fekete szenespala; szénpala; *bány* hamudús szén; *ép* (kézzel faragott) zárókő, fejkő (boltívben); „brokni"; tört tégla; záró szádpalló; *ker* égetési törmelék; égetőlap, égetési alátét; masszaanyag *(korongozáshoz)*; *mzg* terelőléc *(aratógép-motolláné)*; *szersz* ólomalátét; *tex* tiloló(szerszám); ütőszerszám; ~ **antenna** → batwing antenna; ~**(-)handle switch** *el* karos kapcsoló, billenőkapcsoló; ~ **wool** vatta

batardeau *hidr* betétgerendás elzárás; jászolgát, járógát

batavia *tex* könnyű selyemszövet; ~ **twill** kettős sávoly *(négyfonalas)*

batch I. *v ép, gumi* adagol, etet; *tex* olajjal meghint, (olajozással) puhít; **II.** *a* szakaszos; **III.** *n bány* egyszerre kezelt anyagmennyiség; meddőhányóhalom; *élip* egy sütet kenyér; *ép* adag, keverék; *fa* papírhalom, rakat; *gép* készlet, sorozat; *gumi* gumicsomag; *gyógyv* sarzs, charge; *ker* keverék; *koh* (betét)adag, elegy, betét; *mat* tétel *(vizsgálati)*; *ol* adag, sarzs; *szt* köteg; programcsomag; *tex* szövethenger; *üveg* elegy; keverék; ~ **analysis** *koh* adagelemzés; ~ **annealing** szakaszos lágyítás (kamrás kemencében); ~ **belt scale** → batching belt scale; ~ **blending** (folyadékok) szakaszos keverése; ~ **box** bemérőedény, adagolóedény; ~ **bulk processing** *szt* kötegelt feldolgozás; ~ **charging** *koh* adagolásos töltés; szakaszos adagolás; ~ **computing** → ~ processing; ~ **conveyor** → ~ worm; ~ **conveyor/conveyer belt scale** szalagos adagolómérleg; adagoló(csigás) szalagmérleg; ~ **conveyor/conveyer belt scale with feed belt** feladószalagos adagoló szalagmérleg; ~ **counter** → ~ recorder; ~ **crushing** *bány* szakaszos aprítás; ~ **diffusion** *élip* szakaszos diffúzió; ~ **distillation** *vegy* szakaszos desztilláció/lepárlás; ~ **dryer** *mzg* szakaszos szárító; ~ **dying** *tex* tételenkénti színezés; ~ **fractionating tower** szakaszos lepárlótorony; ~ **fractionation** *vegy* szakaszos desztilláció/lepárlás/frakcionálás; ~ **freezer** szakaszosan működő fagylaltkészítő; ~ **furnace** kamrás kemence; szakaszos üzemű kemence; ~ **galvanizing** darabban galvanizálás/horganyozás; ~ **grease** gépzsír; ~ **hopper** *bány* rakodótartály, rakodógarat; *élip* beöntőgarat; ~ **installation** adagolóberendezés; ~ **jute** áztatott/lágyított juta; ~ **leaching** *koh* szakaszos lúgzás; ~ **loader skip** anyagfelvonó puttony; ~ **lorry** adagszállító kocsi; ~ **meter** mérőadagoló; *ép* adagmérő; ~ **mill** szakaszos üzemű őrlő; ~ **mixer** szakaszos működésű/üzemű keverőgép, szakaszos/adagolós betonkeverő; ~ **mode** kötegelés; ~ **moulding** *önt* emeletes öntés; ~ **number** gyártási szám, tételszám; ~ **of cards** *szt* kártyacsoport; ~ **of concrete** betonelegy; ~ **off** *v gumi* hengerről levág *(kész anyagot)*; ~ **of flux** *heg* hegesztőporadag; ~ **of glass** üvegkeverék; ~ **of programs** programcsomag; ~ **of rubber** *gumi* előkeverék; ~ **operation** szakaszos működés; *ép, koh* szakaszos adagolás; ~ **pasteurizer** szakaszos pasztőröző; ~ **patenting** *hők* mártó patentálás; ~ **plant** adagolóberendezés; ~ **pneumatically** *v* pneumatikusan bemér/adagol; ~ **process** szakaszos folyamat/eljárás, szakaszos (eljárású) üzem; ~ **processing** szakaszos eljárás; *szt* batch-üzemmód; kötegelt/csoportos feldolgozás; ~ **production** szakaszos termelés; ~ **pugmill** szakaszos kényszerkeverő *(betoné)*; ~ **pulper** *pa* szakaszos rostosító/pépesítő; ~ **quantity analysis** árutételenkénti elemzés; ~ **recorder** adagszámláló, sarzsszámláló; keverékszámláló; ~ **roasting** *koh* szakaszos pörkölés; ~ **roller** (cukorgyurma)sodró gép; ~ **rubber** gumibaba; ~ **sampling** mintavétel tételből; ~ **scale** adagolómérleg; ~ **screw conveyor/conveyer** csigás mérőadagoló; ~**(-)setting** *tex* tétel összehasonlítása; ~ **silo** adagolósiló; ~ **star wall** → batching star; ~ **steam distillation** szakaszos vízgőzdesztilláció; ~ **terminal** csoportfeldolgozó terminál; ~ **testing** *koh, mech* adagvizsgálat; ~ **total** *szt* csoportvégösszeg; ~ **tower** adagolótorony; ~ **trough conveyor** adagolócsúszda, adagolóvályú, feladócsúszda; ~ **truck** *US* → ~ lorry; ~ **type concrete mixer** *ép* szakaszos működésű keverőgép; ~**-type drying stove** szakaszos működésű szárítókemence; ~**-type kiln** időszakos működésű kemence; ~ **unit** adagolóegység, bemérőegység; ~ **up with no selvedge overlap** *v tex* áruszélpontosan felhengerel szövetet; ~ **variation** adagminőség-szóródás; ~ **wag(g)on** *tex* (bunda)tekercsszállító kocsi; ~ **wall with clover-leaf silos** *ép* lóheresilós adagolófal; ~ **water meter** vízadagoló (mérleg); ~ **weigh gear** adagolómérleg; ~ **weighing equipment** adagbemérő berendezés; ~ **winder** *tex* matringoló; ~ **work** szakmánymunka; ~ **worm** csigás mérőadagoló

batched szakaszos; adagolt; *szt* kötegelt; ~ **aggregate** *ép* szárazbeton; ~ **bread** szorosan bevetett kenyér; ~ **compilation** kötegelt fordítás; ~ **job** *szt* kötegelt feldolgozás; ~ **jute** → batch jute; ~ **material** → ~ aggregate; ~ **numbering** kötegelt számozás

batcher *ép* adagoló(gép); adagolóberendezés, mérőberendezés; betonmérő láda; napszámos; ~ **bin** anyagadagoló láda; ~ **holding bin** adagolóbunker; ~ **plant** adagolókészülék; ~ **scale** adagolómérleg

batching mérőadagolás; *gumi* felhengerlés; *ip* tételek szerinti válogatás; *ol* adagolás, beadagolás, betöltés, sarzsírozás; *önt* adag, keverék; csapolás (egy szakaszban előállított folyékony fém mennyisége); *tex* (juta)lágyítás, (juta)olajozás; feltekerés, rátekerés; ~ **and mixing plant** *hidr* betonkeverő telep; ~ **and rolling machine** *tex* hajtogató és felhengerlő gép; ~ **belt scale** adagolócsigás szalagmérleg; ~ **box** mérőláda *(betonozáshoz)*; ~ **by volume** térfogat szerinti mérés/adagolás/keverés/mérőadagolás; ~ **by weight** súly/tömeg szerinti mérés/adagolás/keverés; ~ **cart** mérőkocsi, adagolókocsi; ~ **conveyor belt scale** → batch conveyor belt scale; ~ **device** *tex* csévélőszerkezet; felhengerlő készülék *(dekatáláskor)*; ~ **drum** *ép* adagolódob; *tex* szövethenger; ~ **equipment** adagolóberendezés; ~ **gate** adagolócsappantyú; ~**(-)house** *tex* jutalágyító osztály; ~ **installation** adagolóberendezés; ~ **machine** *tex* szövettekercselő gép; ~**-off** *gumi* gumikeverék levágása hengerről lemezekben; *tex* betekercselés; ~ **of the rolls** *tex* szövethengerlés; ~ **plant** *ép* adagolótelep; betonkeverő gép/telep/üzem; *ol* adagolóberendezés; ~ **scale** adagolómérleg; ~ **screw conveyor/conveyer** csigás mérőadagoló; csigás mérő-adagoló-szállító berendezés; ~ **selector** mérőadagolási programválasztó; ~ **star (wall)** adagolófal; mérő-adagoló csillag, betonkeverő adalékanyag-elválasztó szektorfalai; ~ **table** adagolóasztal; ~**-up** *gumi* felcsavarás *(lemezé)*; ~**-up roller** *gumi* felcsavaróhenger; ~ **wall with clover-leaf silos** lóheresilós adagolófal; ~ **weigh gear** adagolómérleg; ~ **worm conveyor/conveyer** csigás mérőadagoló

batchwise adagonként, töltetenként, tételenként; ~ **distillation** *vegy* szakaszos desztilláció/lepárlás/frakcionálás; ~ **exhaustion method** *tex* szakaszos kihúzási eljárás *(színezés)*; ~ **fractionation** → ~ distillation

bate I. *v* csökkent, lenyom, kisebbít; *bány* fűrészfogason fejt; talpat utánvesz/vágatol; *bőr* pácol; **II.** *n* bőrpác; *geol* hasadozottság *(palában)*; ~ **barrel** *bány* utolsó (már nem tele) puttony *(zsomptisztításkor)*; ~ **pit** *bőr* túlpácolástól eredő bemélyedés; ~ **pricks** túlpácolástól eredő maródások; ~ **stain** pácfoltok

batement light *ép* lépcső emelkedését követő küszöbvonalú ablak

bath kád, fürdő(kád); *tex* fürdő, rezerva, oldat; ~ **analysis** (fém)fürdőelemzés; ~ **area** *koh* fürdőfelület; ~ **carburizing** felszenítés fürdőben; sófürdős karbonizálás; ~ **cyaniding** *koh* ciánfürdős edzés; ~ **furnace** fürdős kemence; ~ **insoluble** fürdőben/elektrolitban nem oldódó; ~ **level** *önt* fürdőszint; ~ **life** fürdő élettartama; ~ **lubrication** gyűrűs olajozás; ~ **motion/movement** *koh* fürdőmozgás; ~ **nitriding** folyadékos nitridálás; ~ **note** *pa* papíralak *(8"x14" v. 8"x7")*; ~ **of molten metal** hegesztőfürdő; ~ **paper** *pa* finom levélpapír; ~ **patenting** *koh* folyadékos patentálás; mártópatentozás; ~ **plate** *koh* fenéklap; ~ **ratio** fürdőarány, flottarány; ~ **sharpening** *tex* színezőoldat megerősítése; ~ **socle** *ép* kádtalpazat; ~ **soldering** mártóforrasztás; ~ **solution** fürdő(oldat), elektrolit; ~ **stone** laza szövetű mészkőfajta; ~ **temperature** *koh* fürdőhőmérséklet; kádhőmérséklet; ~ **vapour** *heg* fürdőpárna; ~ **voltage** fürdőfeszültség, fürdő üzemi feszültsége, fürdő elektródjaira kapcsolt feszültség

bathe bemárt, fürdet, fürdik, alámerít

bathochrome, bathochromic *vegy* batokróm; ~ **effect** batokróm hatás

bathochromisme → bathochrome effect

batholith *ásv* batolit

batholitic *geol* batolitos

bathometer → bathymeter

Bathonian stage *bány* bathi emelet

bathroclase *geol* batrokláz, vízszintes repedés

bathroom fürdőszoba; ~ **fitting** fürdőszoba-szerelvény; ~ **tissue** toalettpapír; kéztörlő papír

bathtub fürdőkád; ~ **capacitor** dobozos/tokozott kondenzátor

bathyal mélytengeri; ~ **deposit** batiális/mélységi üledék; ~ **region** batiális/mélytengeri öv(ezet); ~ **zone** kontinentális talapzat és mélytenger közötti övezet

bathygenic *geol* batigén, mélységi

bathygraphical curve *hidr* mélységvonal

bathymeter vízmélységmérő (műszer), batometer

bathymetric batometrikus, batométeres; ~ **chart/map** tengermélység izobattérképe, batométeres térkép; ~ **curve** batimetrikus vonal; mélységvonal

bathymetry mélytengeri mélységmérés; batimetria

bathyscaph(e) tengerfenékjáró, batiszkáf

bathysphere batiszféra, mélytengeri megfigyelőgömb

bathythermograph (BT) öníró mélytengeri hőmérő

batic batik; ~ **printing** batiknyomás; ~ **resist** batikrezerva, viaszos rezerva

bating csökkentés, lenyomás, kisebbítés; *bőr* pác(olás); ~ **drum** pác(oló)hordó; ~ **paddle** pácolómotolla

batiste *tex* batiszt; patyolat

bat's wing → batwing

batt *bány* agyagpala, szénpala, fekete szenespala; *tex* kártolási fátyol *v.* laza szálak bundává rétegezése; tiloló(szerszám)

battalion *kat* zászlóalj, tüzérosztály

batten I. *v fa* léccel rögzít; lécekkel biztosít/lezár; *fa, hajó* pallózásba/pallókba foglal; vízszintesen lezár; **II.** *n el* szoffita; *ép* (tartó)léc; alátétfa, alátétléc *(többsoros tároláshoz)*; képléc *(falon)*; padlószegély; székléc; *hajó* palló; *tex* bordaláda; ~**(-)board** deszkamagú asztaloslap/bútorlap; ~ **cap** bordaládafedél; ~ **ceiling** *hajó* raktári oldalburkolat, izzasztódeszka; ~ **conveyor/conveyer** *em* lemezes szállítószalag; ~ **door** (megerősített) lécajtó; ~ **down** *v hajó* deszkázattal lezár; ~ **ends** *ép* (padló)szegélyléc; *fa* rövidléc, rövidpalló *(fűrészáru)*; ~ **holder** fali lámpafoglalat; ~ **nail** zsindelyszeg; ~ **pin** vezetőkeret csapja *(kétprizmás jacquard-gépen)*; ~ **plate** hevederlemez, merevítőlemez; *tex* letolólemez; ~ **roofing with aluminium sheets** alumíniumlemezes léctető; ~**s** → ~ ends; ~**s-in-sails** *hajó* vitorlalécek; ~ **spring** *tex* kulissza *(jacquard-gépen)*; vezérlőrugó; ~ **system** átnézéses (kártya)ellenőrző rendszer; egymásra fektetéses módszer; ~ **wall** *ép* lécfal

battening *ép* (cserép)lécezet; deszka válaszfal; lécezés; *hajó* palánkolás; *tex* vetülékbeverés *(szövetszélhez)*

batter I. *v ép* behorpaszt; elvékonyít; felfelé befelé hajlik, összehajlik; lejtet, lesarkít; *nyom* összezúz; **II.** *n bány* dúc; *élip* folyékony tészta; *ép* falkiugrás, (falsíkból kiálló) erősítő oszlop/pillér; ferde/lejtős falsík, rizalit; gyúrt agyag; habarcskeverő; rézsű; *finm* kikalapálás; *koh* nagyolvasztó munkaterének dőlésszöge; *nyom* sérült betű/szedés; *szersz* fakalapács; ~ **board** *ép* tűzőpalló *(rézsűkitűzéshez)*; zsinórállás; ~ **end** *vasút* ütközősínvég; ~ **even** *v mt* kikalapál, kiver, kidomborít; ~ **ga(u)ge** profilozóminta, lécprofil *(rézsűkitűzéshez)*; ~ **level** *bány* lejtésmérő; *geol, rep* dőlésmérő, klinométer; ~ **of curb** *ép* szegélykő rézsűje; ~ **pile** *ép* ferde cölöp; ~ **sheet piling** ferde szádfal(azás); ~ **templet** → ~ gauge; ~ **wall(ing)** *ép* ferde fal(azás)

battered ferde, behajló/összehajló, rézsű(s); lejtős, rézsútos; elkopott; ~ **leg tower** lejtős oldalfalú oszlopszerkezet; ~ **pier** *ép* lejtőoldalú pillér; ~ **pile** *ép* ferde cölöp; ~ **prop** *bány* ferde tám; ~ **set** *bány* ajtókötés *(ferde támos)*; ~ **type** *nyom* elkoptatott betű

battering szétnyomás, szétverés; kihasasodás; elhasználódás; *kat* pergőtűz; *mt* kalapálás; ráömlesztés; tömörítés; ~ **piece** *kat* ostromlöveg; ~ **ram** verőkos; ~ **rule** *ép* lejtőmérce, lécprofil; ~ **train** ostromtüzérség; ~ **wall** *ép* dőlt/vastagodó fal, lejtős falú fal, támfal, ferde hátú fal; ~ **willow** porolófarkas

battery *bány* deszkával körülkerített rekesz; gurítónyílás-fedél; gyújtógép *(robbantáshoz)*; kideszkázott gurítónyílás; munkaállás; munkapadozat *(meredek dőlésű telepeken)*; zúzómű, zúzónyílcsoport; *el* (akkumulátor)telep; elemsor; száraztelep; *ép* csaptelep; készletrakodó; rakodóhíd; rámpa; *gép* készüléksor, (több azonos egységből álló) gépcsoport; *kat* üteg; *tex* csévetár; ~ **acid** akkumulátorsav; ~ **and mains (operated) receiver** telepes és hálózati vevő; ~ **angle** *kat* ütegszög; ~ **assay** *bány* zúzóműpróba, zúzóműminta-vizsgálat; ~ **bar** gyűjtősín *(akkumulátortelepben)*; ~ **bell** egyenáramú csengő; ~ **board** (száraz)elemlemez; ~ **boiler** *hőt* csoportos kazán; ~ **booster** *el* töltőbuszter; ~ **box** akkumulátordoboz, akkumulátorláda, akkumulátorszekrény, telepszekrény; ~ **breast method** *bány* tárolós kamara/pillér/fejtés; ~ **bus-bars** *el* telepvezeték; ~ **cable** akkumulátorkábel; ~ **call** *távb* telephívás; ~ **capacity** telepkapacitás, töltéskapacitás, akkumulátorkapacitás; ~ **car** elektromos kocsi/jármű; ~ **carrier** *el* teleptartó állvány; *gépk* akkumulátortartó (doboz); ~ **cart** akkumlátorkocsi; ~ **casing** → ~ box; ~ **cell** akkumulátorcella; ~ **chamber** *foto* elemtér; ~ **charge** teleptöltés; ~ **charger** *el* akkumulátortöltő (berendezés); *tex* csévetártöltő *(szerkezet)*; ~**-charging equipment** akkumulátortöltő berendezés; ~**-charging indicator** *gépk* töltésellenőrző lámpa; ~**-charging lorry** akkumulátortöltő gépkocsi; ~ **charging room/station** akkumulátortöltőállomás; ~ **charging switch** töltőkapcsoló; ~ **chute** *el* teleplàda, telepakna, földbe süllyesztett telepszekrény; ~ **circuit noise** *távb* telepzaj; ~ **clip/clamp** *el* akkumulátorsaru, telepszorító; ~ **connector** két akkumulátort összekötő vezeték; ~ **container** *el* akkumulátorláda; *ép* battériaszállító tartály; ~ **cradle** akkumulátortartó; ~ **cupboard** akkumulátorláda, akkumulátorszekrény; ~ **current** telepáram; ~ **cut-out** visszáramkapcsoló; ~ **dialling** *távb* távhívás *(helyi telepről)*; ~ **die** *alak* összetett szerszám; ~ **discharge** akkumulátorkisütés; ~**-driven** akkumulátoros, telepről táplált; ~ **elevator** *el* telepkiemelő; ~ **eliminator** anódpótló; ~**-fed** akkumulátorról táplált; ~ **filler** *el* szeparátor(lemez) akkumulátorban; *tex* csévetártöltő *(szerkezet)*; ~**-filling plug** celladugó; ~ **frame** *tex* kerettár, csévetartó dob; ~ **garages** *pl* sorgarázs; ~ **ga(u)ge** → ~ tester; ~ **hand** *tex* csévetártöltő; ~ **health** akkumulátor állapota; ~ **heating** telepes fűtés; ~ **ignition** *gépk* akkumulátorgyújtás; ~ **jar** akkumulátoredény; ~ **jumper cable** *gépk* akkumulátortöltő repülőhuzal; ~ **lamp** kisfeszültségű (izzó)lámpa; ~ **lead** telepvezeték; ~ **locomotive** akkumulátoros mozdony; ~ **main switch** *gépk* akkumulátor főkapcsoló; ~ **meter** *el* akkumulátor-amperóramérő; ~ **method** *bány* fejtés munkapadról *(meredek dőlésű vékony telepben)*; ~ **mo(u)ld** *ép* csoportzsalu *(falpanelgyártáshoz, betonelemgyártáshoz)*; ~ **mud** *el* akkumulátorüledék; ~ **of boilers** kazáncsoport, kazánsorozat; ~ **of cocks** csaptelep; ~ **of condenser** kondenzátortelep; ~ **(of) formworks** csoportzsalu *(betonelemgyártás)*; ~ **of landing flood lights** *rep* leszállópálya-világítás; ~ **of silos** silósor; ~ **of siphons** *hidr* szifoncsoport, szifontelep; ~ **of wells** *hidr* kútcsoport, kútsor; ~**-operated** akkumulátoros (meg)hajtású; ~**-operated tube/valve** telepes (fűtésű) cső; ~ **operation** telepes üzem; ~**-pasting paper** akkumulátorpapír; ~ **plate** akkumulátorlemez; ~ **pliers** *pl gépk* akkumulátorfogó; ~ **pole** telepsarok *(akkumulátoré)*; ~ **position** középhelyzet; ~ **powered device** akkumulátor-hajtotta szerkezet/készülék; ~ **rack** telepállvány; ~ **rail-car** *vasút* akkumulátoros jármű/motorkocsi; ~ **receiver** *távk* telepes vevőkészülék; ~ **ringing** *el* telepes csengetés; ~ **room** akkumulátorhelyiség; ~ **scrap** akkumulátorhulladék; ~ **shoe** telep kapcsaiba csatlakozó saru; ~ **stand** telepállvány; ~ **stop** telepcsatlakozó; ~ **stulls** *pl bány* gárdaácsolat, orgonaácsolat; sűrű/soros ácsolat, sortámaszfa; ~ **supply** telepes üzemeltetés/táplálás/fűtés; ~ **supply bridge** táphíd; ~ **switch** *el* cellakapcsoló; *gépk* akkumulátorkapcsoló; ~ **syringe** *any* mintavételi pipetta; *gépk* akkumulátorsav-mérő; ~ **tank** → ~ box; ~ **terminal (clamp)** telepkapocs, pólussaru; ~**-terminal post** akkumulátorpólus; ~ **tester** (akkumulátor)cellavizsgáló; savmérő; ~ **torch** *bány* akkumulátoros kézilámpa; ~ **traction** *bány, vasút* akkumulátoros mozdonyvontatás; ~ **tray** akkumulátoredény; ~ **tube** telepes fűtésű (elektron)cső; ~**-type** telepes *(típusú)*; ~**-type roller-mill** *élip* hengerszékcsoport, csoportos hengerszékek; ~**-type spot welder** telepes ponthegesztő gép; ~ **valve** telepes (fűtésű) cső; ~ **vault** *bány* telepszekrény boltozatos teteje; ~ **vehicle** → ~ car; ~ **voltage** telepfeszültség; ~ **waste-water** *élip, cu* szeletvíz, diffúziós szennyvíz; ~ **working** telepes üzem

batting verés; *ép* ütve megmunkálás *(kőfaragás)*; *tex* (ruha)vatta, vatelin; porolás, lazítás; tilolás; ~ **machine** vattakészítő gép; gyapjúbunda-készítő gép; verőgép, tilológép; ~ **tool** *ép* széles (kőfaragó) véső

battle|-deck floor hídpályatábla *(párhuzamos tartókon nyugvó hegesztett lemezekből)*; ~**-plane** harci gép/repülőgép; ~ **ship** *hajó* csatahajó; ~**-sight** *kat* nézőke

battlecraft *kat* harcedzettség, harci jártasság

battlefield harctér; ~ **laser rangefinder** harctéri lézeres távolságmérő; ~ **nuclear weapons** nukleáris taktikai fegyverek

battlement *ép* falvégződés, bástyavégződés, oromfog, tetőpárkány

batwing | aerial/antenna *tv* lepkeszárnyantenna; ~ **burner** *hőt* pillangólángú/kétlyukú égő, pillangóégő; ~ **package** *el* műanyag kapcsolódoboz

Bauck-transformer Bauck-transzformátor, oltótranszformátor

baud *szt, távb* baud; ~ **rate** *szt* baudráta, bitsebesség

baud(e)kin baldachin

baudelot cooler *vegy* csörgedeztető hűtő

Baudot code Baudot-kód, ötcsatornás teletype-kód

bauge *ép* vályog

baulk *bány* kiékülés; *ép* (kereszt)gerenda; *hidr* betétgerenda, betétpalló; ~ **foundation** talpas alapozás; ~ **of reed** *tex* bordadorong

baulked-landing climb *rep* pillanatnyi emelkedőképesség *(elhibázott leszállásnál)*

Baum | box/jig/washer *bány* (Baum-féle) ülepítőgép; ~ **jig** *bány* Baum-féle ülepítőgép; ~**'s acid** *vegy* Schaffer-sav, 2-naftol-6-szulfonsav

Baumann figure/print *any* Baumann-lenyomat

Baumé | (hydrometer) scale Baumé-skála; ~ **test** Baumé-fokolás

baumhauerite *ásv* baumhauerit

Bauschinger effect *any, mech* Bauschinger-hatás

bauxite *ásv* bauxit; ~ **cement** *ép* bauxitcement; ~ **formation** *geol* bauxitformáció; ~ **forming** *geol* bauxitképződés; ~ **preparation** *koh* bauxit-előkészítés; ~ **pulp/slurry** *koh* bauxitzagy; ~ **refractory** *koh* bauxitkő

bauxitization *geol* bauxitosodás

bavalite *ásv* chamosit

bave *tex* hernyóselyemszál *(nyers, kettős)*

bavella silk *tex* florettselyem

Baveno | law *ásv* bavenoi ikertörvény; ~ **twin** bavenoi iker

bay *bány* meddőbordák közötti térköz; pillértérköz; tömedékborda, berakatborda; *el* kapcsolócella; kezelőtér; *ép* (ablak)fülke; (födém)mező; gerendaköz, oszlopköz; hídnyílás, hídív; járom; mező, szakasz; öböl, kiöblösödés; támaszköz, (híd)nyílás; *geof* kisebb mágneses háborgás, „öböl"; *geol* (tenger)öböl; *hidr* gátnyílás, pillérköz; öböl, öblözet; vízgyűjtő; *kat* rekesz, fülke, kamra; *koh* medence, folyadéktároló, tartály; *közl* járműosztályozó; *önt* (formázó)részleg; öntőtér; *rep* rekesz; *távk* keret *(szerelt)*; műszertartó állványsor; *vasút* kocsielőtér; peron; ~ **bar** *geol* földnyelv; *hidr* tengeröböl előtti harántzátony; ~ **between joints** → ~ of joints; ~ **bolt** *gép* alapcsavar; ~ **bracing** *bány* merev biztosítás; ~ **division** keresztbeosztás *(hídon)*; ~ **head** öbölbejárat; ~ **layout** *távk* keretbe ültetés, keretfelépítés; ~ **length** *ép* főszaruállások távolsága; ~**-mouth bar** *hidr* torkolati zátony; ~ **of dipole arrays** *távk* dipolsík; ~ **of joints** *ép* tartók közötti tér *(hídon)*; ~ **of overflow** *hidr* átbukómedence; ~ **of overflow-section** *hidr* túlfolyófülke; ~ **of rack** *hidr* gerebfülke; ~ **partition** *ép* téglamező *(vázas falban)*; ~ **pitch** *ol* aszfaltgödör; ~ **rail** *ép* kötőheveder; ~**-row** *távk* keretsor; ~ **salt** nagy szemű kristályos konyhasó; bepárolt/tengeri só; fürdősó; ~ **sequence** *távk* keretsor-elrendezés; ~ **suite** állványsor; ~ **terminal strip** keretforrcsúcssáv; ~**-type storm** *geof* fokozatos kezdetű mágneses vihar; ~ **well** *gépk* szerelőakna; ~ **width** *ép* keretosztás, nyíláskiosztás; nyílásköz; ~ **window** zárt erkély

Bayard-Alpert ga(u)ge *vák* Bayard-Alpert mérőcső

bayat(t) *bány* fadúc

Bayer | acid *vegy* Bayer-sav, 2-naftol-8-szulfonsav; ~ **letters** *csill* Bayer-féle betűzés; ~ **process** *koh* Bayer-eljárás

bayerite *vegy* bayerit, alumínium-oxid

Bayes | method *mat* Bayes-módszer; ~ **postulate** Bayes-posztulátum, Bayes-féle hipotézis; ~ **strategy** *opt* Bayes-féle stratégia; ~ **theorem** *mat* Bayes-tétel, okok valószínűségi tétele, inverz valószínűségek tétele

Bayesian → Bayes

bayleaf *élip* babérlevél

bayonet *el* pecek; *kat* szurony, bajonett; ~ **base** *el* szuronyzáras fej, bajonettfej; ~ **blade** *kat* szuronypenge; ~ **boss** *kat* szuronymarkolat; ~ **cap (BC)** *el* bajonettfej; bajonettzáras/szuronyzáras fej; ~ **catch** *el* bajonettzár; *kat* szuronyrögzítő; ~**-catch spring** *kat* szuronyrögzítő rugó; ~ **clutch** *gép* szuronyzáras kapcsoló; ~ **connector** bajonettzáras dugaszoló (csatlakozó); ~ **coupling** *gép* szuronyzáras tengelykapcsoló; ~ **fixing** → ~ catch; ~ **frame** szuronyzáras gépváz; ~ **frog** *kat* szuronytartó; ~ **ga(u)ge** olajszintmérő; ~ **grip** *kat* szuronymarkolat; ~ **guard** *kat* szuronynyak; ~ **holder** szuronyzáras foglalat; ~ **joint** bajonettzár; szuronyzár; ~**-lamp holder** szuronyzáras lámpafoglalat; ~ **lock** bajonettzár; ~ **locking** → ~ catch; ~ **locking connector** → ~ connector; ~ **mount** → ~ catch; ~ **pin** vezetőcsap, vezetőlemez *(lámpafejen)*; ~ **socket (BS)** bajonettfoglalat, szuronyzáras foglalat; ~**-socket outlet** *rep* bajonettzáras/szuronyzáras csővégződés; ~ **stack** *gépk* hangtompítós kipufogóedény; ~ **unit** → ~ joint; ~ **work** *tex* bajonettminta

bayou *US hidr* holtág; ~ **storage** *hidr* holtmeder-tározás

Bazin-type sharp-crested weir *hidr* Bazin-bukó

bazooka *kat* bazuka, páncélelhárító rakéta; páncélököl; *távk* (negyedhullámú) szimmetrizáló transzformátor

bb → ball bearing; → beacon buoy

Bb → Babbit metal

BB → balloon barrage; → bomb bay; → bulletin board

BBC → British Broadcasting Corporation; → bromobenzylcyanide; ~**-Brusa process** *koh* BBC-Brusa-eljárás

BBD → bomb-bay door; → bucket brigade device

b.b.h. → best-best hammered

BC → ballistic camera; → basic charge; → basic course; → bayonet cap; → beam catcher; → binary counter; → bottom dead centre; → broken clouds; → bubble chamber; → bulk cargo

b.c. → body centered

b.c.c. → body-centered cubic

BCD → binary coded decimal

BCDC → binary coded decimal code

BCDD → binary coded decimal digit

BCS-theory → Bardeen-Cooper-Schrieffer-theory

BD → backward diode; → blowing dust; → bomb disposal; → bulk density

b.d. → bone dry

BDAM → basic direct access method

BDC → bottom dead centre

BDV → breakdown voltage

Be → beryllium; → biplane

Bé → Baumé

BE → band-elimination filter; → binding energy; → braking energy; ~ **statistic** Bose—Einstein-statisztika

beach I. *v hajó* partra fut, megfeneklik; partra/zátonyra futtat/visz; **II.** *n geol* fövenyes tengerpart; vízpart; *hidr* hullámtér; ~ **accretion** *hidr* partfeltöltés, partfeliszapolás; ~ **barrier** partvédő gát; ~ **building** *hidr* partképződés; ~ **cloth** strandszövet; ~ **cobbles** (tenger)parti kavics; ~ **combing** *bány* parti homok mosása; ~ **deposit** parti lerakódás; ~ **drifting** *geol* turzás; ~ **obstacle** partvédő akadály; ~ **placer** *geol* part menti lerakódás; ~ **rock** tengeri/kagylós homokkő; ~ **wear** *ruh* strandruha; ~ **yarn** *tex* kókuszrostfonal

beaching *hajó* felfutás, megfeneklés; *hidr* hordalék; kőrakat, kőszórásos partbiztosítás; ~ **gear** *rep* vízre gurító berendezés *(vízirepülőgéphez)*

beacon I. *v hajó* pécéket kirak/lehorgonyoz; **II.** *n hajó* péce; világítótorony; *távk, rep* marker(adó) *(ILS rendszerben)*; ~ **antenna/aerial** irányadó keretantenna; ~**-beating oscillator** irányjellel interferáló oszcillátor; ~ **buoy (bb)** *hajó* világítóbója; ~ **course** *rep* egyenletes jelövezet *(ILS rendszerben)*; rádióirányadó szerinti irányszög; ~ **delay** *távk* irányadójel-késés; ~ **leg** *rep* térosztó sáv; ~ **light** irányfény; ~ **range** *rep* rádió-irányadó hatótávolsága; ~ **receiver up** (fedélzeti) irányadóvevő; ~ **satellite** navigációs műhold; ~ **surmounted buoy** → ~ buoy; ~ **system** irányadórendszer; ~ **tracking** *rak, rep* (rádió)irányadós/iránysugaras követés; ~ **transmitter** *rep* irány(jel)adó, iránysugáradó; ~ **transponder/responder** válasz jeladó, transzponder *(radar)*

beaconing *hajó* kitűzés, kipécézés, kitűzőjelekkel ellátás; *rep* irányfény-elhelyezés, irányfényrendszer

bead I. *v* (gyöngy)szemeket felfűz; *alak* peremet/szegélyt behajt/hajlít/visszahajt; *cipő* áthajt, kifordít, stircel *(cipőfelsőrészt)*; *ép* díszítőlécet kiképez; párkánylécet felerősít; *gumi* széthengerel; *pa* becsavar, behajt; **II.** *n* vastagodás *(vonalé)*; göb, heg, var; gyöngy(sor); (gyöngy)csepp; *alak* sajtolt dudor/perem/borda; *ásv, koh* regulusz; *bány, koh* nemesfémgömb, nemesfémgolyó, nemesfémszemecske; *cipő* dudor; *élip* (hab)buborék; *ép* díszléc, gyöngyléc, tojásléc, hézagtakaró profilléc; gyöngytagozat; sarokdísz; *fa* félgömbölyű fazongyalu; *gép* perem, ereszke; *gépk* abroncsperem, abroncsszegély; *gépk, gumi* köpenyperem; *heg* hernyóvarrat, varratréteg; *önt* merevítőborda, merevítőléc; *szt* kis programmodul; *távk* dielektromos tárcsa *(tápvonalban)*; *tex* vastagodás; ~ **apex core/strip** → ~ filler; ~ **appearance** *heg* varratfelület kinézése; ~ **bend test** *heg* hernyóvarrathajlítópróba; ~ **cable** *gumi* peremdrót; ~ **core** *gumi* peremmag; ~ **cover** *gumi* perembecsavaró/peremburkoló (szövet); ~ **cross section** *heg* varratkeresztmetszet; ~ **filler** *gumi* peremgumianyag; peremgumizsinór; ~ **heel** *gumi* köpenyperemsarok; ~ **interface** *heg* varratdomborulat-átmenet; ~**-lock ring** *gépk* peremtávgyűrű; ~ **mo(u)ld(ing)** *ép* gyöngysör *(asztragálon)*; ~ **of rim** *ép* kerékpántperem; ~ **of solder** *heg* forrasztógyöngy, forrasztóbuborék; ~ **of welding** *heg* hegvarrat; hegesztési gyöngy; ~ **of weld metal** *heg* varratfémréteg; ~**-on-plate run/weld** *heg* hernyóvarrat, ráhegesztett varrat; ~**-on-plate specimen** hernyóvarratpróba; ~**-on-plate test** vizsgálat hernyóvarrattal; ~ **over** *v* peremez, szegélyez; ~ **penetration** *heg* beolvadás; ~ **polymer** *műa* gyöngypolimer; ~ **polymerization** *műa* gyöngypolimerizálás; ~ **region** *gumi* perem, ereszke; ~ **ripple** *heg* varratpikkely; ~ **run** *heg* varratréteg; ~ **seal** üvegcsepplezárás, üveggyöngy-bevezetés; ~ **seat** *gumi* peremülés; ~ **seat ring** *gumi* kúpos peremgyűrű; ~ **setting** *gumi* peremfelrakás; ~ **shape** *heg* varratalak; ~ **sole** *gumi* peremtalp; ~**-strings** *tex* gyöngypaszomány; ~ **test** *any* reguluspróba; *vegy* boraxgyöngypróba, foszforgyöngypróba; ~ **thermistor** *félv* gyöngytermisztor; ~ **toe** *gumi* peremorr; ~ **transistor** *félv* gyöngytranzisztor; ~**-type weight** *rep* csepp alakú antennasúly; ~ **warp** *tex* gyöngylánc(fonal); ~ **weld** *heg* vonalvarrat, egyenes varrat; ~ **welding** varratréteg-hegesztés; ~ **wire** *gumi* peremhuzal; ~ **yarn** *tex* gyöngyfonal

beaded gyöngy-, perem-; ~ **cable** *távk* gyöngyszigetelésű kábel; ~ **edge** *alak* peremezett él, felhajtott perem; ~ **edge rim** *gumi* perempánt; ~ **edge tyre/tire** gumiperemes abroncs; ~ **ferrule** *hőt* (karimázott *v.* peremezett) tűzcsőgyűrű; ~ **fitting** *gép* peremes csőkapcsoló; ~ **flats** ~ **flat steel** *ép* bulbaacél; ~ **insulation** tárcsás szigetelés *(kábelben)*; ~ **iron** ablakkeretszegély-acél; ~ **joint** ráhegesztett peremes kötés; ~ **lightning** *met* gyöngysorvillám; ~ **material** *tex* gyönggyel hímzett *v.* gyöngyszövet; ~ **plug** peremes dugó; ~ **rim** *gumi* pánt gumiperemhez; ~ **screen** *foto* gyöngyvászon (vetítőernyő); ~ **support** *távk* szigetelőgyöngyös tartó; ~ **trough** *bány* szélesített csúszdateknő; ~ **tyre/tire** *gépk* gumiperemes abroncs; *gumi* peremes köpeny; ~ **yarn** *tex* (meg)vastagodott fonal; fonalvastagodás

beader *gumi* fekvő, „baba"; *hőt* kazáncsőprés; *szersz* peremező

beading *alak* karima, perem; peremezés; *cipő* beöltőcsík; bőráthajtás; dudor; kidomborítás; *ép* domborítás *(merevítőborda)*; gyöngydísz; *fa* félgömbölyű díszítő hornyolás, „rundstáb"; *gép* perem, ereszke; *heg* varratrakás, (több hernyóval kitöltött) varratkészítés; *műa* gyöngyözés, cseppképződés *(mártólakkozás)*; *tex* szegélydísz; ~ **die** *alak* peremezőszerszám, peremhajlító gép; ~ **fillet** *fa* félkörös léc, szegletdíszléc; ~ **joint** *heg* ráhegesztett peremes kötés; ~ **machine** *alak* korcológép; peremezőgép; ~ **of shield tail** *ép* pajzsfarok tömítő szűkülete; ~ **of tube edges** *gép* csőszélperemezés; ~ **plane** idomgyalu, profilgyalu; ~ **press** *alak* peremezőprés; ~ **roll** peremezőgörgő; ~**s** *cipő* bevont ráma; ~ **tool** peremezőszerszám, peremhajlító gép; ~ **weld** vonalvarrat, egyenes varrat

beadless *gépk* egyenes szélű, perem nélküli, sima szélű *(gumiabroncs)*; ~ **tyre/tire** perem nélküli köpeny

beadlet *ásv, koh* fémszem, regulus(z); ~**s** *tex* (csillogó) gyöngyruhadíszek

beak *ép* csurgó, vízvető; *geol* fok; szirt; *gép* csőr; *hajó* hajóél; orrtőke elé kinyúló hajóorr; *szersz* üllőszarv; ~ **anvil** *szersz* szarvasüllő; ~ **iron** *óra* pohárüllő; ~ **of the shuttle** *film* villahegy, villafog; ~ **plough/plow** *mzg* éles orrú rétfeltörő eke

beaker (műanyag) pohár/kehely; *vegy* főzőpohár; ~ **glass** *vegy* főzőpohár; ~ **sampling** *any* pohárpróbavétel; ~ **tongs** *foto* csőrös fogó

beam I. *v* sugároz, emittál; *bőr* tőkére húz *(nyersbőrt)*; *fiz* (hullámokat) kisugároz; *tex* felhengerel; felvet *(szalagban)*; **II.** *n bány* acéltám; főtefa; süveg(gerenda); *bőr* (tímár)tőke; *en* kinyúlókar, darukar; *ép* főtartó, hossztartó; gerenda, tartó; *fa* hídfa; *fiz* részecskenyaláb; sugár(nyaláb), sugárkéve; *geof* ingarúd; *gép* mérlegkar, himba; *gép, mech* gerenda, tartó; *hajó* fedélzeti gerenda; legnagyobb szélesség; *hőt* himba, lengőkar; *mzg* geredely; *ol* fúróhimba, fúrógém; *opt* fénykéve, fénynyaláb, fénysugár; *óra* ingarúd; *rep* iránysáv, sugársáv; *távk* sugárzásburok *(antennáé)*; vezetősugár; *tex* (felvető)henger, (lánc)henger; felhengerlés; ~**-addressed metal-oxide semiconductor memory (BEAMOS)** *félv* sugárcímzésű MOS félvezető memória; ~ **aerial** irányított antenna; ~ **alignment** sugáreltolás; ~ **analyzer** sugárnyaláb-letapogató; ~**-and-crank mechanism** *gép* forgó lengőforgattyú; ~**-and-girder construction** *ép* fiókgerendás szerkezet; ~ **and scales** → ~ scale(s); ~ **angle** *távk* nyalábnyílásszög; ~ **antenna** irányított antenna; ~ **aperture** *ép* gerendafészek *(falban)*; *opt* sugárnyílásszög, nyalábapertúra; ~ **approach** *rep* sávirányadós bevezetés/megközelítés; ~**-approach beacon** *rep, távk* sávirányadó; ~**-approach beacon system (BABS)** *rep, távk* sávirányadós bevezetés irányadó rendszere, BABS *(vakleszálló navigációs rendszer)*; ~ **area** hatásos/effektív antennafelület; ~ **array** *távk* irányított antennarendszer; ~ **a tub** *v fa* folyós hordót dongaduzzasztással tömít; ~ **axis** (antenna)huroktengely; ~ **axle** *gépk* (merev) első tengely; ~ **balance** himbakaros mérleg, hídmérleg; ~ **bar** *ép* gerendaalátét-rúd; ~ **barrier** *közl* terelőkorlát; ~ **bearing** *ép* gerendatámasz, gerendaágyazás; *tex* lánchengercsapágy; ~ **bend** *rep, távk* sugárzási sáv hajlása; ~ **bender** *el* ioncsapda; ~ **bending** *tv* sugárnyaláb-eltérítés; ~ **blank control** *tv* kioltásvezérlés; ~ **blanking** *tv* kioltás; ~ **blanking during flyback** *tv* visszafutás alatti kioltás; ~ **bleaching** *tex* lánchenger-fehérítés; ~ **boundary** sugárhatárfelület; ~ **bridge** gerendatartós híd; ~**-bridging lintels** gerendaáthidalás; ~ **building** *bány* fedühorgonyzás; ~ **calliper** rudas körző; ~ **carrier** *tex* lánchengertartó; ~ **catcher (BC)** *at* sugárcsapda; ~ **cathode** sugárkatód; ~ **central** *rep, távk* sugárnyaláb középszektora; ~ **centre** fénykéve középpontja; ~ **centring** *at* sugárnyaláb-központozás; ~ **channel** *heng* U tartó, U gerenda; ~ **communication** *rep, távk* irányított távközlés/összeköttetés; ~ **compactor with vibrator** *ép* lehúzóvibrátor, simító pallóvibrátor; ~ **compactor with vibrator unit** pallóvibrátor, útvibrátor, vibrációs palló, vibropalló; ~ **compas(es)** rúdkörző, rudas körző; *ép* kitűző alapvonal-gerenda; ~ **confining electrode**

sugár(nyaláb)határoló elektród; ~ **control** → brightness control; ~ **controlling computer** sugárnyalábot vezérlő számítógép; ~ **convergence** (sugár)nyalábkonvergencia; ~ **counterbalance/counterweight** *ol* himbaellensúly; ~ **coupling** sugárcsatolás; ~**-coupling factor** sugárcsatolási együttható; ~ **creel** *tex* felvetőhenger-állvány; festékezőhenger-állvány; ~ **cross-over** *távk* katódleképzés; sugármetszéspont, legkisebb sugárkeresztmetszet; ~ **current** *tv* sugáráram; ~ **current modulation** *aut* sugáráram-moduláció; ~ **deflection** *geof* ingarúd-kitérítés; *tv* sugáreltérítés; ~ **deflection (amplifier) tube** sugáreltérítéses erősítőcső; ~ **deflector** *aut* szabadsugaras elem; ~ **deflector switch** *gépk* tompítottfény-kapcsoló; ~ **density** *fiz* részecske(nyaláb)sűrűség; *tex* fonalsűrűség *(lánchengeren)*; ~ **direction** *távk* sugárnyaláb iránya; ~ **direction indicator** sugárzásindikátor; ~ **divergence** sugár(nyaláb)divergencia, sugár(nyaláb)széttartás; ~ **divergence angle** sugárnyaláb-széttartási szög; ~ **divider** rudas körző, kitűzőkörző; ~ **doffer** *tex* lánchengerleszedő készülék; ~ **drill** radiális *v.* szárnyfúrógép; ~ **dyeing** *tex* festés/színezés lánchengeren; ~ **edge** *opt* sugárkéve széle; ~ **effect** *hang* nyalábba foglalás; ~ **efficiency** *távk* fajlagos sugárteljesítmény; ~ **emission** *távk* sugárnyaláb-emisszió; ~ **energy** sugárnyaláb-energia; ~ **feeler** *tex* lánchengertapintó; ~ **fitting** gerendavasalás; ~ **fixed at both ends** két végén befogott gerenda; ~ **flange** *bány* főtefa bütüje; *rep* tartóöv; *tex* felvetőhenger-tárcsa, lánchengertárcsa; ~ **floors** gerendás födémek; ~ **floor with upper and lower boarding** fordított gerendafödém; ~ **flux** teljes fényáram *(vetítőé)*; ~ **flyback** *tv* (sugár)visszafutás; ~ **focus(sing)** (sugár)nyalábfókuszolás, (sugár)nyalábélesség; ~ **follow guidance** *rep* navigációs információ a sugárnyaláb követésére; ~ **footing** *ép* gerendatartó alapozása; ~ **force** *mech* hossztartó irányában ható erő; ~ **forming electrode** *távk* sugárnyaláb-formáló elektród; ~ **formula** *mech* hajlítás alapképlete; ~ **for the pile warp** *tex* szakáll-lánchenger, bársonylánchenger; ~ **gate** *tv* sugárkioltás; ~ **girder** *ép* kettős T tartó; ~ **grid/grill(ag)e** gerendarács; ~**-gudgeon** *tex* hengercsap; ~ **half angle** nyalábnyílásszög; ~ **hanger** *ép* gerendatartó kengyel; ~ **head** *ép* gerenda támaszkeresztmetszete, gerendafej; *tex* felvetőhenger-tárcsa, lánchengertárcsa; ~ **hole** *at* besugárzási csatorna *(reaktorban)*; sugárkivezető ablak; ~ **hole shielding** *at* besugárzási csatorna sugárvédelme; ~ **identification** *rep* sugárnyaláb azonosítása; ~ **knee** *fa* gerendakönyök; keresztgerenda; *hajó* fedélzeti gerenda saroklemeze; ~**-knife** *bőr* húsolókasza; ~**-lead** *félv* beam-lead, tartóvezeték *(integrált áramkör)*; ~ **lead attachment technique** *el* beam-lead/tartóvezetékes kivitel; ~ **lead integrated circuit** tartóvezetékes integrált áramkör; ~ **lifter** *bány* ácsológép, süvegfaemelő gép; ácsolókocsi; ~ **like lead** *félv* tartóvezetékes kivezetés *(csipen)*; ~ **limiter** sugárhatároló, (határoló) lyukelektród; ~ **load** *ép* tartóterhelés; *távk* sugárterhelés; ~ **loading** → ~ power tube; ~**-measuring support** *geod* alapvonal-mérőállvány; ~ **mill** *heng* gerendasor, tartósor; ~ **misconvergence** *távk* hibás sugárkonvergencia; ~**-mo(u)lding machine** gerendagyártó gép; ~ **octode** sugároktóda; ~ **of a frame** *ép* gerendakeret; ~ **of constant depth** *ép* párhuzamos övű gerenda; ~ **of light** fénykéve, fénysugár; ~ **of one/single span** *ép* egynyílású gerenda; ~ **of rays** sugárnyaláb, sugárkéve, sugárkúp; ~ **of slide rule** logarléc; ~ **of sound** hangkéve, hangsugár; ~ **of the plough** *mzg* ekegerendely; ~ **of uniform strength** *ép* egyenszilárdságú tartó; ~ **opening** → ~ width; ~ **orifice** *opt* fénykibocsátó nyílás; ~ **parametric amplifier** *el* Adler-cső, ciklotronhullámcső; ~ **path** *at* sugárút, sugárpálya; *opt* optikai átviteli út *(optikai átvitel esetén)*; sugármenet; ~ **pattern** *távk* sugárzási diagram; ~ **pike** *tex* lánchengercsap; lánchengeremelő rúd; ~ **pivot** *ép* gerendacsap; *tex* lánchengercsap; ~ **plasma amplifier** plazmasugár-erősítő; ~ **plough** *mzg* mankós eke; ~ **pocket** gerendafészek *(falban)*; ~ **positioning** *tv* nyalábvezetés; ~ **post** *bány* acéltám; ~ **potential** *el* gyorsítófeszültség *(magnetronban)*; ~ **power density** sugárzási teljesítménysűrűség; ~ **power tetrode** sugártetróda; ~ **power tube/valve** sugárelektróda; ~ **pumping unit** *ol* himbaegység; ~ **pumping unit prime mover** *ol* himbaegység-hajtómotor; ~ **radiator** *rád* sugárvető antenna; ~ **radio station** mikrohullámú összeköttetés; *rep, távk* irányított sugárzású rádióállomás; ~ **reception** irányított vétel; ~ **relay** billenőrelé, átkapcsoló relé/jelfogó; ~ **retrace/return** (elektron)sugárvisszafogás; ~ **rider** *rak* vezérsugárral/vezetősugárral irányított lövedék/szerkezet; ~**-rider guidance** ~ **riding** *rak* vezetősugaras/vezérsugaras irányítás; ~ **roll** *tex* lánchenger; ~ **rolling mill** *heng* gerenda(henger)sor; ~**s** *hajó* fedélzet; gerendázat; ~ **scale(s)** tolósúlyos/himbakaros mérleg; hídmérleg; ~ **scanning** sugáreltérítéses letapogatás; ~**-scanning tube** → ~ deflection tube; ~ **seat** gerenda felfekvése, tartó felfekvési helye; ~ **shape in elevation** sugárnyaláb formája magassági helyzetszögnél; ~ **shaping** → ~ forming electrode; ~ **shear** hajlításból származó nyírás *(tartóban)*; ~ **simply supported** kéttámaszú gerenda/tartó; ~ **sizing** *tex* láncírezés; ~ **slide** *tex* lánchengercsapágyszán; ~ **softening** *rep, távk* sugárelhajlási érzékenység; ~ **spacing** gerendakiosztás; ~ **splitter (BS)** *foto* fénytörő lencse/tükör; *opt* sugárosztó; ~ **splitting** *foto* fénynyaláb megosztása; ~ **spot** *tv* fénypont; ~ **spread** sugárdivergencia, sugárszétterjedés, sugárszéttartás; ~ **spread angle** *távk* nyalábnyílásszög, sugárszóródási szög; ~ **steam-engine** himbás gőzgép; ~ **stiffness** *távk* eltérítési érzékenység; ~ **stop** → ~ limiter; ~ **storage rack** *tex* lánchengerállvány; ~ **store** *szt* elektronsugaras tároló; ~ **strength** *ép* tartószilárdság; ~ **structure** *ép* gerendaszerkezet; ~ **suppression (during flyback)** *tv* (visszafutás alatti) kioltás; ~ **sweep** *távk* (elektromos) letapogatás *(radartechnika)*; ~**-swinging antenna** forgónyalábos antenna; ~ **switching** *rep* sugárnyaláb-átkapcsolás; ~**-switching tube (BST)** sugárkapcsoló cső; ~ **system** *ép* gerendaszerkezet; *távk* irányított adás; ~ **tester** hajlítópad; gerendahajlító gép; ~ **tetrode** sugártetróda; ~ **thread** *tex* láncfonal; ~ **tie** *ép* gerendakötő vas; ~**-to-beam sizing** *tex* írezés hengerről hengerre; ~**-to-column connection** *ép* oszlop és gerenda kapcsolata; ~ **touching the wall** *ép* szélső kötőgerenda; ~ **trammel** *szer* rúdkörző, rudas körző; ~ **transmission** *távk* irányított adás; ~ **transmitter** irányított adó; ~ **transmitter radar** *rep* irányított sugárzású radar; szektorozó radar; ~ **transome** *hajó* fedélzet-támszerkezet; ~ **trap** → ~ catcher; ~ **tube/valve** elektronnyalábcső; ~ **vibrator** → ~ compactor with vibrator unit; ~ **voltage** gyorsító (egyen)feszültség; ~ **warping** *tex* felvetés szakaszos felvetőn *v.* láncengerre, lánchengerfelvetés; ~ **warping-machine** *tex* szakaszos felvetőgép; ~ **waveguide** optikai hullámvezető; ~ **welding** *el* hegesztés sugárral; *heg* varratréteg hegesztése; ~ **well** *ol* (mély)szivattyús kút; ~ **wheel** *tex* hajtókerék *(lánchengeren)*; ~ **width** *hajó* legnagyobb szélesség; *opt, távk* sugárnyílás; sugárszélesség, nyalábszélesség; ~ **with fixed ends** → ~ fixed at both ends; ~**-work** *bőr* húsolás, megmunkálás tímártőkén

beamed localizer *rep, távk* iránysávadó

beamer *bőr* húsoló; *tex* felvető; lánchenger

beamhouse *bőr* vizesműhely, meszesműhely; ~ **weight** *bőr* ázósúly; pőresúly

beaming *távk, fiz* (ki)sugárzás, nyalábolás; *tex* (láncfonal)felhengerelés; felvetés *(szalagban)*; ~ **appliance** *tex* felhengerlő berendezés; ~ **creel** *tex* lánchengertartó, lánchengerlő állvány; ~ **frame (machine)** *tex* felhengerlő berendezés; ~ **machine minder** *tex* lánchengerlő gép; ~ **paper** *pa* csévepapír; *tex* béléskarton *(lánchengerlés)*; ~ **slide** felhengerlő állvány

beamless floor *ép* (fej nélküli) gombafödém

BEAMOS → beam-addressed metal-oxid semiconductor memory

beams → beam

bean *bány* diószén; *ol* fúvóka; ~ **drill** *mzg* babvető gép; ~ **ore** babérc, limonit, barnavasérc; ~**-pole** *fa* babkaró; ~ **shot** *koh* rézgranália; ~**-straw pulp** babszárcellulóz

bear I. *v bány* feltár; *bány, ép* (be)tájol; dúcol, (ki)támaszt; hord, hordoz; tart, (el)visel; *geol* fekszik, vonul; *hajó* tájolást felvesz, irányt mér *(rádióval)*; **II.** *n alak* kézi lyukasztósajtó; *koh* fenékmeredvény; medve; tapadvány; *tex* szövőborda fűzésmódja; ~ **a charge** *v vegy* töltése van; ~ **against** *v gép* felfekszik; ~ **frame** *gép* tartókeret; ~ **in** *v bány* szénpillért aláácsol; szénpillért kitámaszt/megtámaszt alulról/oldalról, alárésel, betör; ~ **of blast-furnace** nagyolvasztó-tapadvány; ~ **on** *v* nyom; ~ **out** *v* kiugrik, kinyúl; vmn túlnyúlik; ~ **paper** nátronpapír, erőpapír, kraftpapír; ~ **punch** kézi lyukasztó(gép); ~ **the top** *v bány* főtét biztosít; ~ **trap shutter/gate/weir** *hidr* nyerges gát; ~ **up** *v gép* felfekszik, támaszkodik

beard csipkéződés; csorba, kicsorbulás; csorbultság, csorbaél; *fa* deszkaszakáll, szőrös deszka; *hang* hangolórudacska; szakáll *(orgonasípban)*; *kh* horgastűkampó; *nyom* hús; *szer* kulcstoll; ~ **hair** *tex* felszőr *(gyapjúban)*; ~ **of the needle** *kh* tűhorog, tűtoll; ~**-type radiator** *rep* lógó típusú hűtő

bearded *fa* gyalulatlan, szőrös; ~ **needle** *kh* horgas tű; ~ **timber** szőrös (gyalulatlan) deszka

bearder *élip* szakálltörő

beardless wheat *mzg* tarbúza

bearer aljzat; hordozó, tartó; állvány; *bány* segédácsolat; támasz, gyám, pillér, főtebiztosító (szén)pillér; *ép* alátámasztás, falikar; hordszerkezet, tartógerenda; tám(aszték)fa; *forg* ágy, pofa; *heng* hengerállvány, hengerszék; *nyom* futógyűrű; nyomóhengervezető gyűrű; *távk* széles sávú csatorna; ~ **arm** *pa* függesztőmű; ~ **bar** *ép* támasztórúd; ~ **cable** *em* tartókötél; *hajó* függesztőkötél; ~ **carriage** *fa* rönktartó kocsi, alvázkocsi *(keretfűrészhez)*; ~ **frame** motortartó keret; hordozókeret; ~ **ring** *nyom* nyomóhenger-vezető gyűrű; ~ **tube** *rep* üreges tartó, csőtartó

bearing I. *a ép* (teher)bíró, teherhordó, teherviselő; tartalmazó; **II.** *n* támkarika; felfekvés, felfekvési felület; *bány* hordképesség; *ép* saru; talp, fekü; támasz, alátámasztási mélység/szélesség/felület; támaszték, gyám; *geol* csapásirány; *gép* (csap)ágyazás; csapágy-(persely); siklócsapágy; támasztási/csapágyazási pont; *hajó* irányhelyzet; iránylat, tájolat; *ol* iránymérés, bemérés; *óra* csúcságy; *távk, rep* azimut(szög), vízszintes irányszög, peleng; ~ **accuracy** *rep, távk* iránypontosság, iránymérési pontosság; ~ **alarm** *gép* csapágymelegedés-jelző; ~ **alignment** *gép* csapágybeállítás; ~ **alloy** csapágyfém, fehérfém; ~ **and anchorage of beams** *ép* gerendafelfekvés és lehornyozás; ~ **and distance method** *bány* poláris pontmeghatározás; ~ **angle** *rep* irányvonal; *rep, távk* azimutszög, vízszintes irányszög; ~ **area** *ép, gép* felfekvési terület/felület, munkafelület, hord(ozó)felület, teherhordó felület, felfekvőfelület; ~ **axle** *gép* ágyazócsap; hordtengely; ~ **bar** *ép* tartórúd, tartógerenda; *rep* oldalszögvonal; ~ **base** csapágybak, csapágytörzs; ~ **bed** *bány* termelőréteg; *ép* teherbíró réteg; ~ **block** *bány* szénpillér, ércpillér; *ép* saru alatti tömb; *gép* csapágyház; ~ **block cover** *gép* csapágyfedél; ~ **body** → ~ box; ~ **bolt** tartócsavar; ~ **boot** gumifoglalat *(csapágyé)*; ~ **box** csapágyház, csapágytok; ~ **bracket** csapágykar, csapágybak, csapágykonzol; ~ **brass** *gép* csapágycsésze; ~ **bronze** *koh* csapágybronz; ~ **bush(ing)** *gép* csapágybélés; (csapágy)persely; ~ **by a radio station** *rep, távk* navigáció földi rádióirányítással; ~ **cage** csapágykosár; ~ **cap** *gép* csapágyfedél; ~ **capacity** *ép* teherbíró képesség, teherbírás; *gép* csapágy-terhelhetőség; hordképesség, szállítóképesség; *hajó* rakodóképesség; rakodótér; ~ **carrier** *bány, gép* alátámasztás, csapágytámasz; ~ **chair** → ~ block; ~ **circle** *rep* azimutkör; ~ **clearance** *ép* sarumozgástér, sarumozgás-tartomány; ~ **column** *koh* keretoszlop; ~ **compass** tetőirányzék, tetőponttájoló; bemérőiránytű; ~ **cone** *gép* kúpgörgő; ~ **counterpressure** *mech* támasztónyomás; ~ **crib/curb** *bány* járomkoszorú; *ép* aknapapucs; ~ **cup** *gép* csapágycsésze; ~ **cup ball-bearing** golyóscsapágycsésze; ~ **cursor** → ~ marker; ~ **data** bemérési/tájolási adatok; ~ **discrimination** *távk* azimutális felbontás *(radarernyőn)*; irányválasztás; ~ **disk** alátéttárcsa, alátétgyűrű; támasztókorong; ~ **distance** *ép* fagerenda szabad nyílása; gerenda/tartó támaszköze; ~ **distance computer** *rep* háromszögmegoldó tárcsa; ~ **door** *bány* szellőzőajtó; ~ **drill press** *gép* csapágyfúró gép; ~ **edge** *ép* gerenda támasztóvége/felfekvése, fagerenda felfekvőlapja; *gép* támasztóél, késcsapágy; ~ **end pressure** csapágyélnyomás; ~ **error** *rep* irányhiba, iránymeghatározási hiba, pelenghiba; ~ **field** célrepülést irányító mező; ~ **finder** rádió-iránymérő; ~ **fit** csúszóilleszkedés, csúszóillesztés; ~ **flange** *gép* támkarima, támperem, támasztóperem; ~ **foot** *ép* teherelosztó aljzat; *gép* csapágytalp; ~ **force** *mech* igénybevehetőség, igénybevétel; ~ **friction** *mech* csapágysúrlódás; ~ **hanger** függőcsapágytartó; ~ **housing** csapágyfészek; csapágyház; *el* csapágypajzs; ~**-in** *bány* betörés mélysége, fogásmélység; résmagasság; ~ **indication** irányjelzés, irányindikálás; ~**-in shot** betörési fúrólyuk; ~ **journal** *gép* (csapágyazott) tengelycsap; ~ **leg** → ~ foot; ~ **length** *gép* profilhordozóhossz; ~ **light** *rep* irányfény; ~ **line** *rep* irányvonal; ~ **liner** *gép* csapágybetét, csapágypersely; ~ **lock** *ép* sarurögzítő; ~ **luboil/lubricant** → ~ oil; ~ **marker** *távk* markerjel; ~ **measurement** irány(szög)mérés; ~ **metal** csapágyfém, Babbit-fém; ~ **meter** *távk* irányszögjelző; ~ **neck** → ~ journal; ~ **number** csapágyszám; ~ **of beams** gerendafelfekvés; ~ **of bridge** *ép* hidalátámasztás; ~ **of emission** sugárzási irány; ~ **of the eccentric shaft** *gép* excentertengely-csapágy, körhagyótengely-csapágy; ~ **oil** csapágyolaj; ~**-out** *ép* kiugró; ~**-out masonry** *ép* kiugró/kinyúló/túlnyúló falazat; ~ **packing** csapágytömítés; ~ **pad** *ép* sarulemez, alátétlemez, alátétcsík, alátétszalag; *gép* csapágyház; csapágynemezbetét *(kenéshez)*; ~ **pad of Michell bearing** csapágyszegmens *(Michell-csapágyban)*; ~ **partition** teherhordó közfal/válaszfal; ~ **pedestal** *gép* bakcsapágy; ~ **picket (BP)** *geod* helyrajzi oszlop; iránycövek; ~ **pile** *ép* alapozási cölöp; tartócölöp; ~ **pillow** csapágyház; ~ **plate** *ép* talplemez; tartólemez, sarulemez; ~ **play** *gép* csapágyjáték; ~ **power** *mech* teherbírás; terhelhetőség; *rep* teherbíró képesség; ~ **power of hydraulic prop** *bány* hidraulikus tám teherbírása; ~ **pressure** *ép* palástnyomás; *gép* csapnyomás; *mech* alátámasztási nyomás/reakció; talpnyomás; ~ **projector** *rep* irányjelző fényszóró; ~ **pulley** *em* támasztótárcsa, támasztógörgő, támasztócsiga, tartógörgő; ~ **race** *em* futópályaköríy; *gép* (csapágy)futógyűrű; ~ **race of one side rim** egyvállú (futó)gyűrű; ~ **race without lips** váll nélküli (futó)gyűrű; ~ **rail** *ép* alátámasztó sín *(hídon)*; ~ **ratio** *ép, talt* CBR érték *(teherbírás)*; ~ **recess** *gép* csapágyfészek; ~ **remover** golyóscsapágy-lehúzó készülék; ~ **resolution** *távk* irányfelbontó képesség; ~ **rib** *gép* csapágyváll; ~ **ring** *bány* járomkoszorú, alapkeret; tartókeret; *ép* támgyűrű, támasztógyűrű; *vák* tartógyűrű; ~ **rod** *gép* támkar; ~ **roller** csapágygörgő; ~ **seats** csapágytalp, csapágybak; ~ **segment** csapágyszegmens; ~ **set** → ~ crib/curb; ~ **shell** csapágycsésze; ~ **sleeve** csapágypersely; ~ **socket** *ép* aljzat; ~ **spacer** persely-közbetétlemez; ~ **spring** *gép* hordórugó; ~ **step** → ~ foot; ~ **stool** *ép* saru alatti tömb, sarutest *(hídon)*; ~ **stor(e)y** *ép* kiugrás, kiszögellés, nyúlvány; ~ **strand for overhead lines** légkábelfüggesztő huzal; ~ **strap** *bőr* tartószíj; *gép* csapágykengyel; ~ **stratum** teherbíró réteg; ~ **strength** *ép, talt* felületi nyomószilárdság; *rep* teherbíró képesség; ~ **stress** → ~ pressure; ~ **strip** hosszúkás tartólemez; *gép* csapágypersely-betétlemez; ~ **stud** *vasút* tám(asztó)tuskó; ~ **support** csapágybak, csapágytörzs; csapágyazás; ~ **surface** → ~ area; ~ **swing** *rep* rádióirányszög-keresés; ~ **test** próbaterhelés; hordképesség vizsgálata; ~ **throat** → ~ journal; ~ **timber** *bány* tartóácsolat; ~ **transmission unit** iránymérő indikátor(egység); ~ **transmitter** iránymérő adó; ~ **tube** *távk* azimutcső; irányszög-indikátor; ~ **unit** irányszögmérő egység *(célelemmérőben, lokátorban)*; ~ **unit stress** *ép* palástnyomás fajlagos értéke; ~**-up** feszítő; ~**-up jockey** feszítő szíjtárcsa; ~**-up karst water body** *bány* támaszkodó karsztvíz; ~**-up pulley** feszítőgörgő, feszítő szíjtárcsa; ~**-up shot** betörési fúrólyuk; ~**-up stop** *bány* kasfogó léc; kasszék; levegőelosztó; ~ **value** *mech* megengedett nyomás/nyomóerő; ~ **wall** *ép* főfal, tartófal, támaszfal, teherhordófal, hordozófal, szerkezeti fal; ~ **width** csapágyszélesség; ~ **wing area** *rep* hordfelület; ~ **yoke** csapágyrögzítő híd

bearingizing csapágyhordfelület-tömítés

beat I. *v* sulykol; üt, ver; *alak* kikovácsol; *bány* fűrészfogasan fejt; *ép* döngöl; *mzg* csépel; tilol; *pa* foszlat; lazít, porol; *rád* üttet, lebegtet; *tex* tilol, ver; **II.** *n* ütés; *bány, geol* feltörés, telepkibúvás, telérkibúvás; *fa* természetes faerezet, „veret"; *gép* ütés *(külpontosságból eredő)*, ütődés; *hang* lebegés; ütem, beat; *metr* kilengés *(mutatóé)*; *rád* interferencia; lebegés *(amplitúdóingadozás)*; ütés, beat; ~ **amplitude** lebegésamplitúdó; lebegési amplitúdó; ~ **away** *v bány* kézifűrással jöveszt; ~**-away** *bány* jövesztés ékkel; ~ **axe** kapa; ~ **buzzer** heterodin oszcillátor/hanggenerátor; ~ **cob-work** *ép* csömöszölt/vert fal; ~ **cycle** → ~ period; ~ **down** *v ép* bedöngöl, tömörít, bever, besulykol; *pa* őröl; ~**-drop valve** gyorsan vezérelt gőzgépszelet; ~ **frequency (BF)** lebegési frekvencia, lebegésszám; ~**-frequency marker** bóbitás marker; ~**-frequency meter** lebegésifrekvencia-mérő; ~**-frequency oscillator (BFO)** beat-oszcillátor, helyi/heterodin oszcillátor; ~**-frequency wavemeter** heterodin hullámmérő; ~ **in** *v* bever *(szöget)*, behajt *(tüskét stb.)*; ~ **indicator** interferenciamérő; ~ **loose** *v* (ütéssel) leválaszt/lazít *v.* szabaddá tesz; *mzg* kicsépel; *nyom* lehúz *(kefelevonatot)*; ~ **marker** lovas marker; ~ **method** *geof* egybevetési módszer, koincidencia-módszer; *távk* lebegtetéses/üttetéses módszer; ~ **note** lebegési (frekvencia)hang/frekvenciaérték; ~ **note receiver** frekvenciaváltó/szuperheterodin/transzponáló vevő, szupervevő; ~ **of beat** lebegés lebegése, kettős üttetés; ~ **of the reed** *tex* bordabeverés; ~ **out** *v alak* (ki)mélyít, domborít, éleket lever *(lemezen)*; egyenget; kinyújt, kikalapál, lapít; ~ **out dents/humps** *v* kikalapál, kiegyenget; ~ **period** lebegési idő; ~ **rags** *v pa* rongyot foszlat/őröl; ~ **rate** → ~ frequency; ~ **receiver** → ~ note receiver; ~ **reception** heterodin (távíró)vétel; ~**s** interferencia; ~ **tone** → ~ note; ~ **to pieces** *v* darabokra ver, szétver; ~ **up** *v tex* bever *(vetüléket)*; ~**-up** *tex* bordabeverés, bordabeütés; csomószám *(szőnyegben)*; vetülékbeverés; ~ **whistle** interferenciafütty

Beata pulper *pa* anyagoszlató (pulper) oldalsó lapáttal

beaten vert, döngölt; ~ **aluminium** alumíniumhártya, alumíniumfüst; ~**-cob construction** *ép* döngölt vályogos építésmód; ~ **cob-work** *ép* vert/csömöszölt fal; ~ **gold** vert arany; ~ **iron plate** vasbádog; ~ **stuff tester** *pa* őrlésfokmérő; ~ **wall** → ~ cob-work; ~ **zone** *kat* találatsáv

beater mozsártörő; *bány* sulykolóbunkó; töltővessző; *élip* habverő; keverőlapát, verőléc; verőszerszám; *ép* (kézi) döngölő, sulykoló; habarcskeverő; verőgép, tilológép; verőkar; *fa* farostfoszlató/farostőrlő gép; *hidr* tömősulyok, verősulyok; *mzg* kalapácsmalom; szalmaterelő dob *(kombájné)*; verő *(cséplőgépé)*; *pa* őrlőhollandi, foszlatóhollandi; rostőrlő verőhenger; *szersz* nagy ráverőkalapács, kétkézkalapács, egyágú kalapács; *tex* kallózókalapács; verőléc, pamuttisztító gép, verőgép; *vasút* krampácsoló, talpfaalávérő; ~ **additive** *pa* hollandi adalék; ~ **arm/bar** *tex* verőgépléc; ~ **bedplate** *pa* hollandi alapmű; ~ **blade** *mzg, pa* hollandi kés; ütőkar; *tex* verőbütyök, verőléc, verőorr; vetősín; ~**-coloured** *pa* anyagban festett; ~ **crusher** (rongyhulladék)poroló és dezintegrátor; *bány* ütőtörő; ~ **dyeing** *pa* pépfestés; ~ **engine** *élip, mzg* zúzógép; *pa* (őrlő)hollandi; ~ **filling** *pa* hollandi betét, hollandi (fel)töltés; ~ **glue** *pa* hollandienyv; ~ **house** hollandi terem; ~ **knife** *mzg* dobléc, dobsín; verőléc; *tex* lentiláló bárd/kalapács; ~ **loading** *pa* hollandi behordás, hollandi töltőanyag beadása; ~ **mill** *bány* ütközéses/pneumatikus malom; *élip* ütőmalom, verőmalom; verőléces daráló; ~ **mixer** *pa* keverőhollandi; ~ **opener** *tex* Crightonbontógép, verő-bontó gép, lazítógép; ~ **pick** tömőcsákány, tömékelőcsákány, aláverő csákány; ~**-plate** *pa* (hollandi) alapmű; ~ **roll** *pa* hollandidob, késhenger; ~ **room** → ~ house; ~ **stick** → ~ arm; ~ **striker** → ~ blade; ~ **trough/tub** *pa* hollandikád

beating I. *a* verő, ütő; **II.** *n* ütés; *cipő* kalapálás; *fa* farostőrlés; *nyom* egyengetés; *pa* (papír)őrlés; hollandiőrlés; *rád* lebeg(tet)és, üttetés; *tex* gubóseprűzés, gubóverés; ütés, tilolás; verés, bontás; ~ **about** *hajó* lavírozás; ~ **arm** *mzg* dobsín; verőléc, pamuttisztító gép, verőgép; ~ **brush** *nyom* nyomatolókefe, levonatoló kefe; ~ **by pressure** *tex* bordabeütés nyomással; ~ **cross** *mzg* verőkereszt *(kalapácsos darálóban)*; ~ **current** *el* lüktetőáram; ~ **degree** *pa* őrlésfok; ~ **machine** *tex* porológép; verőgép, ütőgép, mángorlógép; ~ **material** *pa* őrlendő/őrlési anyag; ~ **of piles** *ép* cölöpverés; ~ **opener** *tex* porolófarkas; ~ **oscillator** → beat frequency oscillator; ~ **rate** *pa* őrlésarány, őrlésfok növekedése; ~ **shoe** *bány* zúzósaru; ~ **tester** *pa* őrlési fokmérő, őrlésifok-vizsgáló; ~ **the wool** *tex* gyapjúporolás; ~ **time** *félv* kapcsolási ütem; ~ **tool** *tex* beverőszerszám; ~ **up** *tex* beverés *(vetüléké)*; ~ **vat** *tex* sulykolókád

Beaufort | **number** *met* Beaufort-fok(ozat); ~ **scale** Beaufort-skála, szélerősskála

beaumontage *ép* áthúzótapasz, egyengetőtapasz, festékezőtapasz

beaver *bőr* hódprémbőr; ~ **board** *ép* keményfarostlemez; ~ **finish** *tex* hódszőrkikészítés; ~**-type dam** hódgát

beavertail beam kis nyílásszögű sugárnyaláb

BEC → base exchange capacity

beche, bèche *ol* fúrófogóharang, mentőtüske

beck I. *v* tágít; **II.** *n* nagyméretű üst; *hidr* sziklás medrű patak; *tex* kád; ~ **fitted with rollers** hengeres színezőkád; ~ **iron** *alak, szersz* üllőszarv

beckacite *műa* bekacit, modifikált fenolgyanta

Becke line *ásv* Becke-vonal

becket *hajó* hám *(futókötelek szabadon tartására)*; kampó, hurok; kötélcsatszem; ~ **loop** sodronyhurok, huzalhurok

becking tágítás, öblösítés; ~ **mill** *heng* (cső)tágító hengermű/hengersor

Beckmann | **rearrangement** *vegy* Beckmann-féle átrendeződés; ~ **thermometer** Beckmann-hőmérő

beckon int, jelekkel irányít

beco, BECO → booster engines cutoff

become válik/lesz vmvé; ~ **air-borne** *rep* felszáll, felemelkedik; ~ **deformed** *mech* alakváltozást szenved; ~ **fluffy** *tex* bolyhosodik; ~ **infinite** végtelenhez tart; ~ **inoperative** *gép* megáll, működése megszűnik; ~ **magnetic** mágneseződik, mágnessé válik; ~ **moist** *koh* izzad; ~ **of worse quality** (el)romlik; ~ **resinified** gyantásodik; ~ **rotten** (el)rothad, korhadásnak indul, elkorhad; ~ **stuck** *ol* (fúrószár) beékelődik/befeszül; ~ **tendered** meggyengül *(szövet)*

Becorit system *bány* egysínű függővasút *(szállításhoz)*

becquerel *metr* becquerel

Becquerel | **cell** *fiz* Becquerel-elektrolitcella; ~ **effect** Becquerel-effektus; ~ **radiation** gamma-sugárzás

bed I. *v* beágyaz, beilleszt; *ép* habarcsba rak; **II.** *n alak* üllőtőke, sabót; *bány* kőzetfekü, telepfekü; telep, réteg; ülepítőágy; *élip* alsó malomkő; *ép* ágy, ágyazat, alapágyazás; alapozás *(mázolásé)*; alapréteg; kavicságy, útalapzat; rakott kőalap; *fa* ácsolat; ágy, pofa; *foto* nyomatágy; *geol* lerakódás; medence, folyadéktároló, tartály; réteg; *gép* állvány; gép szerelési helye; gépágy; *hidr* (folyó)meder; *kh* tűágy; *koh* alapozás, alapmázolás; fenékkő; téglasor; *mzg* ágyás, sor, vetőbarázda; *mzg, hidr* bakhát; *nyom* fenéklap; kocsi *(gyorssajtóé)*; *ol* (tároló)réteg; *önt* formaágy; öntőgödör; *rep* ágyazat; *vasút* plánum; úttest, pályatest; ~ **beaching** → ~ pitching; ~ **beam** *ép* talpgerenda *(hídon)*; ~ **bearer** *nyom* futóléc; ~ **box** *forg* szekrényláb; ~ **building stage of river** *hidr* mederképző vízállás; ~**-built** *ép* ágyazási hézaggal készült; ~ **charge** *bány* telepkitöltés, rétegkitöltés; *koh* (üresjárati) kemenceadag; ~ **coke** *koh* alapkoksz, töltőkoksz; ~ **course** *ép* ágyazat(i réteg); ~ **depth** *hidr* bakhátmagasság; ~ **die** *alak* alakmás; alsó/álló szerszámrész, matrica; *nyom* matrica; ~ **distension** *bány* ülepítőágy-nyílás; ~**-dried sludge** *hidr* szikkadt iszap; ~ **drop** *hidr* fenékszintkülönbség; ~ **factor** *hidr* fenéktényező; ~ **fall** → ~ drop; ~ **fitting** ágyvasalás; ~ **frame** *ép* talpkeret *(cölöpverőn)*; *gép* gépkeret, gépágy; ~ **friction** *bány* fenéksúrlódás; ~ **gap** *forg* hídbetét, ágybetét; ~ **gradient** *bány* fenékesés; ~ **groins** *hidr* ideiglenes fenékküszöb; ~ **groyne** *hidr* fenéksarkantyú; ~ **guard** *forg* vezetékvédő; ~ **in** *v el* becsiszol *(kommutátoron kefét)*; *ép* bedöngöl, (be)tömörít, (be)sulykol; fektet, ágyaz; habarcsba rak; *gép* beágyaz, beilleszt; bejáródik; csapot csapágyba illeszt; ~ **in mortar** *v* habarcsba rak/fektet; ~ **in pumps** *v* szivattyút ágyaz/csapágyaz; ~ **joint** *ép* felfekvési hézag; vízszintes/fekvő hézag; *fa* ágyereszték; ~ **knife** *pa* alapműkés; ~ **knives** *pa* fenékkések, alapmű *(hollandin)*; ~ **level(s)** *hidr* mederfenékszint(ek); ~ **like jointing** *geol* padosodás, pados elválás; ~ **load** *hidr* (görgetett) hordalék; hordalékhozam; ~ **load carriage** hordalékszállítás; ~ **load carried per second** fajlagos hordalékhozam; ~ **load equation** görgetetthordalék-szállítási egyenlet; ~ **load feeder** hordalékadagoló; ~ **load function** görgetetthordalék-szállítási összefüggés; ~ **load movement** hordalékmozgás, hordalékszállítás; ~ **load sampler** görgetetthordalék-mintavevő; ~ **material** *hidr* mederanyag; ~ **material load** mederanyag-hordalék; ~ **material sampler** mederanyag-mintavevő; ~ **mortar** *ép* ágyazóhabarcs, fektetőhabarcs; ~ **of a ditch** *ép* árokfenék, munkagödörfenék; ~ **of fall** *hidr* bukófenék; vízesés medre; ~ **of flux** hegesztőpor-ágyazat; ~ **of mortar** *ép* habarcságy; ~**-of-nails fixture (tester)** *el* vizsgálóadapter, mérőadapter *(nyomtatott áramköri kártyákhoz)*; ~ **of sedimentation** *geol* üledékes réteg; ~ **of sight** *kat* céltömb; ~ **of the lock**

hidr zsilipkamra-fenéklemez; ~ **outcropping** *bány* telepkibúvás, telérkibúvás; ~ **over a horizontal stratum** *bány* fedü; ~ **pier** *ép* mederpillér; ~ **pitching** *hidr* fenékbiztosítás; ~ **plate** *bány* szitaszekrény *(ülepítőben)*; *ép* ágyazat; alaplemez, fenéklemez, alátétlemez; sajtolófej, présfej *(brikettgyártáshoz)*; teherelosztó/ágyazati lemez; *geol* horpadás; *gyógyv* asztal *(tablettázógépen)*; *hidr* fenéklemez; *koh* fenéklemez *(nagyolvasztóé)*; *pa* alapsín, alapmű; hollandifenékmű; *távk* szerelőlap; *vasút* alátétlemez; ~**-plate bearing** *ép* lemezes alátámasztás; ~ **plate box** *pa* alapműszekrény; ~ **plate of double-head rails** *vasút* sínszék; ~ **plough/plow** ágyeke; ~ **prism** *forg* prizmás vezeték; ~ **resistance** *hidr* mederellenállás; ~ **ripples** *hidr* homokhullámok, fenékfodrozódások; ~**-rock** *bány* fekükőzet, mélyfekü; *geol* ágykőzet, ágyszikla; alaphegység; alapkőzet, termett kőzet; *ol* szálban álló kőzet; ~**-rock contour** *geof* alapkőzetszintvonal; ~ **s** *bány* település rétegei; ~ **section** *hidr* mederszelvény; ~ **sediment** → ~ material; ~ **sedimentation** *hidr* fenékfeltölt(őd)és; ~ **separation** *bány* rétegszétválás; ~ **sheeting** *tex* lepedővászon; ~ **silt** *hidr* üledék, fenékhordalék; ~ **slope** *hidr* fenékesés; ~ **spread** *tex* ágytakaró; ~ **stability** *hidr* medertartás, mederstabilitás; ~**-stone** *élip* ágykő, alapkő; alsó/nyugvó malomkő; padkő, állókő; *ép* alátétkő; szerkezeti kő *(hídé)*; talpkő; *koh* fenékkő; ~ **stout/ticking** inlet, matraccsinvat; (ágyhuzat)sávoly; ~ **track/way** *forg* vezeték(felület), ágyvezeték; ~ **treatment** *ol* (tároló)rétegkezelés; ~**-type milling-machine** *forg* merev marógép; ~ **vein** *bány* telér; *geol* teleptelér; ~ **waves** *hidr* hullámbarázdák; ~ **width** *forg* hídbetét, ágybetét; *hidr* bakhátszélesség; mederszélesség

bedded beágyazott; bedolgozott; *bány* szabályosan települt; telepes, réteges, rétegezett; *geol* réteges; ~ **deposit** *bány* telepes előfordulás; ~ **face** *ép* ágyazott felület; ~ **joint** *ép* süllyesztett illesztés; ~ **vein** *bány* teleptelér

bedder *élip* alsó/nyugvó malomkő; *mzg* barázdanyitó

bedding alapozás, ágyazás; *bány* alépítmény; ülepítőágy; *bány, geol* (meddő)beágyazás; rétegződés, rétegzettség; település; *ép* beágyazás; befalazás, ágyazat; gerendafelfekvés; *hidr* bakhátas művelés; rétegezett település; *önt* (homok)ágy *(magé)*; ~ **angle** *geol* dőlésszög; ~ **cleavage** rétegződéssel megegyező repedésképződés/vállapképződés; ~ **course** *ép* ágyazati réteg, kavicságy, kavicstakaró; homokágyazat *(úté)*; ~ **course mortar** ágyazóhabarcs, fektetőhabarcs; ~ **depth** *geol* települési mélység; ~ **equipment** *mzg* sornyitó szerelvény; ~ **factor** *geol* ágyazási együttható; ~ **fault** *geol* rétegződéssel megegyező vető; *hang* hanglemez-nyomáshiba; ~**-in** berakás, beillesztés; *önt* mintabehegesztés; ~**-in enamel** zománcba ágyazás; ~ **joint** *geol* rétegződéssel megegyező hasadék; ~ **layer** közbenső csillapítóréteg *(útban)*; *koh* rostélyvédő anyag; ~ **line** *geol* rétegződési vonal; ~ **map** *geol* települési térkép; ~ **of carbon brushes** *el* szénkefe-becsiszolás; ~ **of engine** motorágyazás; ~ **of pipes** csőágyazat; ~ **plane** *bány* rétegződési/települési sík; ~**-plane deposit** *geol* réteges telep; ~ **plane fault** *geol* rétegződéssel megegyező vető; ~ **putty** üvegezőgitt, üvegragacs; ~ **value** → ~ factor

Bedford cord *tex* hosszanti csíkos szövet, hosszcsíkos kord

bee safety technology *környv* méhkímélő technológia

beechnut oil bükkfaolaj, bükkmakkolaj

beechpitch bükk(fa)szurok

beechtar bükkfakátrány

beechwood chips *élip* bükkfaforgács *(ecetgyártás)*

beef I. *v* hízlal; **II.** *n* szarvasmarha; marhahús; ~ **cattle** húsmarha; ~ **dropper** marhafelvonó, vágóhídi felvonó; ~ **fat/dripping/suet** marhafaggyú; ~**(-)tea** *élip* erőleves; húskivonat; ~ **up** *v* merevít, megerősít *(tömítést)*

BEEF → Business and Engineering Enriched FORTRAN

beehive *vegy* bettétest; ~ **coke** méhkaskemencéből nyert koksz; ~ **kiln** körkemence; ~ **oven** méhkaskemence

beele *ép* kétélű csákány; ~ **socket** csákánynyél hüvelylemeze

beeline *rep* légvonal(távolság)

beep *kat* kis jeep; *távk* bip

beer[1] *élip* sör; ~ **barrel** söröshordó; ~ **brewing** sörfőző (üzem); ~ **carbonation** sör szénsavazása; ~ **coaster** söralátét(lemez); söröspohár-alátét; ~ **cooler** sörhűtő bárka; ~ **fermentation** erjesztés *(sörgyártásban)*; ~**-glass mat** → ~ coaster; ~ **lorry** söröskocsi, sörszállító kocsi; ~ **mat** → ~ coaster; ~**-mat paper** söralátétpapír; ~ **on draught** csapolt sör; ~ **plaque** → ~ coaster; ~ **truck** → ~ lorry; ~ **wort** sörlé, sörcefre

beer[2] *tex* egy felvetési menet; láncfonalköteg *(számítási egység)*

beeswing *élip* röpkorpa

beet *cu, mzg* (cukor)répa; ~**-and-water wheel** *élip* répakiemelő kerék; ~ **ball** répagomoly; ~ **bin** *cu* répaúsztató; ~ **blocker** répafejező (gép); ~ **cellar** répaprizma; ~ **chips** *cu* friss répaszelet(ek); ~ **cleaner-loader** répamosó és -rakodó gép; ~ **cleaning machine** → ~ washing machine; ~ **drag** répakiemelő; ~ **dryer/drier** répaszelet-szárító; ~ **dump** répatároló (hely); ~ **end** *cu* nyersoldal; ~ **feeder** *cu* cellás kerék; ~ **flume** répaúsztató; ~ **fork** répavilla; ~ **gapper** répaegyelő (gép); ~ **harvester** répakombájn; ~ **hopper** *cu* répabunker-gyűjtőtölcsér; ~ **knife** *cu* répaszeletelő kés; ~**(-)leaf catcher** répafejfogó; ~**(-)leaf chopper** *mzg* répalevél-aprító (gép); ~ **lifter** *mzg* répakiemelő *(szerkezet)*; ~ **pile** *cu* répahalom; ~ **plough/plow** répakiemelő eke; ~ **potash** cukorgyári mésziszap; ~ **pricker** *cu* mintavevő; ~ **puller** répakiemelő (szerkezet), répaszedő gép; ~ **pulp** *cu* répapép; *mzg* préselt répaszelet; ~ **pump** *cu* répaszivattyú; ~ **reception** *cu* répaátvétel(i hely); ~ **sampler** → ~ pricker; ~ **screw (conveyer)** csigás szállító; ~ **shed** répaprizma; ~ **silo** *cu* répasiló; ~ **slicer** *cu* répavágó/répaszeletelő gép; ~ **slicer disc/disk** répavágó korong; ~ **slices** → ~ chips; ~ **slicing capacity** répafeldolgozó kapacitás; ~ **spirit** répaszesz; ~ **sugar** répacukor, szacharóz; ~ **tail catcher** répavégfogó; ~ **top** répafej; ~ **topper,** ~ **topping machine** répafejelő gép; ~ **washer,** ~ **washing machine** *cu* répamosó gép; ~ **weigher** *cu* répamérleg; ~ **wheel** répakiemelő gép

beetle fasulykoló, furkó; döngölő, fabunkó; *bány* kis (pneumatikus hajtású) bányamozdony; *ép, rak* kézi cölöpverő (kos); sulyok, verőkos; ~ **boat** *kat* lapos

fenekű deszantcsónak; *szersz* kos, lökőfej; *tex* puhítókalander; sulykosmángorló; ~ **calender** puhítókalander; ~ **finish** *tex* mángorlókikészítés; ~**-head** *ép* verőkos, verőmedve
beetled sulykolt, döngölt; ~ **finish** → beetle finish; ~ **hemp** tört/csépelt kender
beetling *ép* cölöpözés kézi cölöpverő kossal; *tex* bordás kalanderezés, selyemfény-kalanderezés; ~ **bench** polírozógép; ~ **engine/mill** *tex* sulykolókalander, ütőgép, mángorlógép *(kikészítésé)*
beetroot *cu, mzg* cékla; cukorrépa; répa(gyökér); ~ **alcohol** répaszesz; ~ **harvester** répaszedő gép; ~ **pulp** répapép; ~ **shredding/slicing machine** répaszeletelő gép; ~ **spirit** répaszesz; ~ **topping machine** → beet topper
beewax *vegy* méhviasz; sárga viasz
before előbb; előtt; ~**-and-after test** *at* besugárzási teszt; ~**-breast** *geol* homlokréteg; ~**-threshold behaviour/behavior** küszöbérték alatti lézerállapot
begin kezdet; ~ **of transmission (BOT)** *szt* átvitel, kezdete, BOT
Beginner's All-purpose Symbolic Instruction Code (BASIC) *szt* kezdők általános célú szimbolikus utasításkódja, BASIC programozási nyelv
beginning kezdés, kezdet; ~ **column** *nyom* kezdőhasáb; ~ **marker** *szt* szalagkezdetjel; ~ **of cycle fuel mass** *at* kezdeti fűtőanyagtömeg; ~ **of information marker (BIM)** *szt* információ kezdetének jele, BIM; ~ **of life core configuration** *at* aktív zóna kezdeti konfigurációja; ~ **of (operational) life** működési idő kezdete; ~ **of rust formation** rozsdásodás kezdete; ~**-of-tape (BOT)** *szt* szalagkezdetjel, BOT; ~ **point** *geod* kezdőpont, origó, támadási pont
begohm *el* 10^3 megohm
behaviour, *US* **behavior** viselkedés; tulajdonság; ~ **against overload** *félv* túlárammal szembeni viselkedés; ~ **as a condenser** *félv* kapacitív viselkedés *(diódáé)*; ~ **curve** *félv* szabályozási görbe; *mat* görbe menete/lefutása/pályája; ~ **index** *ol* n-kitevő; ~ **of coke in blast furnace** koksz viselkedése a nagyolvasztóban; ~ **of sample** minta viselkedése; ~ **of shade** *tex* színárnyalat viselkedése; ~ **strategy** *mat* viselkedésstratégia, viselkedési stratégia; ~ **under long period stressing** *mech* kifáradási viselkedés; ~ **under radiation** *at* sugárterhelés alatti viselkedés
beheaded lefejezett; ~ **river** *hidr* foglalt forrású folyó; ~ **stream** *hidr* lefejezett folyó
beheading (of spring) *hidr* forrásfoglalás, vízfolyás elfogása elvezetés céljából
behenic acid *vegy* behénsav, dokozánsav
behenin *vegy* behénsavglicerid
behenolic acid *vegy* behenolsav, dokozinsav
Beilby layer Beilby-réteg *(polírozáskor)*
being on open circuit *el* üresjárás(i feltétel)
bel (B) *metr* bel
BEL → bell character
belay *hajó* kötéllel kiköt; rögzít, odaerősít
belaying | cleat *hajó* kötélvilla; ~ **pin** *bány* kötélbak; *hajó* kötélrögzítő szarv
belfry *ép* (harang)torony, harangláb; ~ **clock** toronyóra
Belgian | method *ép* belga (alagútépítési) módszer; ~ **mill** *heng* belga sor; ~ **printings** belga famentes nyomópapír; ~ **truss** *ép* Fink-tartó
belief line megbízhatósági szint
belite *ásv* belit
bell csengő, (jelző)harang; csésze *(harangé)*; öblösödés, hasasodás; *bány* „koporsófedél"; kupola alakú főte; omladékkupola; *ép* kupola; levelek nélküli korinthoszi oszlopfő; *geol* előre ugró kőzet; *gép* tok; tokos *v.* harang alakú karmantyú/csővég; *koh* (merítő)harang; öntőtölcsér; *ol* menetvágó harang; *pa* (kisméretű) habfolt; ~**-and-flange elbow** karimás tokos könyök; ~**-and-flange pipe** tokos karimás cső; ~**-and flange reducer** tokos karimás szűkítő; ~**-and-hopper** torokzár(ó szerkezet); ~**-and-spigot joint/coupling** *gép* tokos-csapos csőkapcsolat/csőkötés; ~ **bath** *önt* harangfürdő; ~ **beam** *gép* himbakar, lengőkar; *koh* (adagoló) haranghimba; ~ **bronze** *koh* harangbronz; ~**-buoy** *hajó* harangos bója; ~ **button** *vasút* csengőbillentyű, ébresztőbillentyű *(biztosítóberendezésen)*; ~ **centre/center** *forg* központozócsésze, központozóharang; ~ **centre/center punch** *forg* önbeálló harangvezetésű központozó; ~ **character (BEL)** *szt* hangjelzés, BEL *(vezérlőkarakter)*; ~ **chuck** *forg* csészés (szorító)tokmány; harangtokmány; ~ **clapper** *el* csengőkalapács; ~ **counter (tube)** *at* (harang alakú) végablakos számláló; ~ **crank** *el* csengőműködtető fogantyú; *gép* könyökemelő, szögemelő; ~ **crank brake** szögemelős fék; ~ **crank drive** könyökemeltyűs hajtás; ~**-crank gear** könyökemelős áttétel; ~**-crank governor** könyökös karú szabályozó; ~**-crank lever** könyökemelő, szögemelő; ~**-crank link motion** szögemelős kulissza; ~**-crank relay** szögemeltyűs jelfogó; ~**-crank system** könyökemelő rendszer; ~**-crank trough** *bány* alsó vályú *(kaparószalagon)*; ~ **crusher** *bány* harangőrlő; ~**-ended valve** tokos végű tolózár; ~ **foundry** harangöntöde; ~ **furnace** harangkemence, süvegkemence; ~**-hammer** harangnyelv; *el* csengőkalapács; ~ **hoist** *koh* harangemelő szerkezet *(kemencetoroké)*; ~ **hole** *szer* karmantyúüreg *(csővezetékhez)*; ~ **indentation test** *any* golyónyomáspróba, Brinell-próba; ~ **item counter** csengős darabszámláló; ~ **jar** üvegbura, üvegharang; *vák* (vákuum)harang; ~ **manometer** harangmanométer; ~ **metal** harangbronz; ~ **mount** *kat* géppuskatorony; ~ **mouth** tölcsérszerű csőperem/csőszáj; *hang* hangtölcsér; *hidr* harangszáj; ~**-mouth centre/center plate** *gép* kúpsüveges forgótányér; ~**-mouth die** *alak* kúpsüveges sajtolószerszám; ~**-mouth drum** kúposra *v.* harang alakúra kopott fékdob; ~**-mouthed** öblös, tölcsérszerű, tölcséresen kiképzett; tölcsérszerűen kiszélesedő; ~**-mouthed portal** *hidr* harangszáj alakú nyílás; ~**-mouth entry** szívótölcsér *(szivattyúé)*; ~ **muzzle** *kat* csőtorkolat harang alakú megvastagítása; ~ **of blast furnace** *koh* záróharang (nagyolvasztóé); ~**-operated pressure sensing unit** *el* harangos nyomásérzékelő szerv; ~ **out** *v* tölcsérszerűen kitágul/kiszélesedik, öblösödik; ~**-out** *bány* tölcsérszerű kiszélesedés *(vágaté)*; ~ **pepper** *élip* csemegepaprika; ~ **pit** *koh* garat, tölcsér; ~ **pit mining** *bány* tölcséres fejtés; ~**-pressure ga(u)ge** harangmanométer; ~ **push** csengőgomb, nyomógomb; ~ **ringer** jelzőharang-mozgató kar; ~ **ringing transformer** → ~ transformer; ~ **rope** *bány* jelzőhuzal; ~**s** *vasút* harangjelző berendezés; ~**-safety rod** elzárókúp biztonsági rúdja *(nagyolvasztóé)*; ~ **sands** sívó homok; ~ **seam** *heg* U var-

rat; ~ **section** *bány* harangszelvény; ~ **set** *távk* csengetőegység; ~**-shaped** harang alakú; ~**-shaped curve** *mat* hibagörbe, hibaeloszlás görbéje, Gauss-görbe, normális hibagörbe, normális eloszlás görbéje, haranggörbe; ~**-shaped die** *alak* harang alakú sajtolószerszám; ~**-shaped insulator** *el* harangszigetelő; ~**-shaped magnet** harangmágnes; ~**-shaped pulse** *távk* harangimpulzus; ~**-shaped transfer characteristic** *tv* haranggörbe; ~**-shaped valve** harangszelep; ~ **signal** harangjel; ~ **socket** *hidr* szűkítőkarmantyú; *ol* fogóharang; ~ **spigot** (karmantyús) csőkötés tokos fele; ~ **spirometry** harangspirometria; ~ **striker** *távb* csengőkalapács; ~**-swipe** *óra* csengőkalapács; ~ **transformer** *el* csengőtranszformátor; ~ **trap** *hidr* harang alakú szennyvízszivornya; ~ **tube** tokos cső; ~**-type annealing furnace** *koh* harangkemence, süvegkemence; ~**-type bend** *gép* tokos ív; ~**-type cross** *gép* kettős tokos elágazás; ~**-type differential pressure manometer** *aut* harangos nyomáskülönbségmérő; ~**-type elbow** *gép* tokos könyök; ~**-type ga(u)ge** harangnyomásmérő; ~**-type manometer** harangmanométer; ~**-type Y-piece** *gép* tokos nadrágcső; ~ **winch of blast-furnace** *koh* záróharangvitla *(nagyolvasztó-torokban)*; ~ **wire (b.w.)** *bány* jelződrót; ~ **work** tölcséres művelés *(vasérctelepen, alulról felfelé)*; ~ **yoke** harangláb; *vasút* igás jelzőharangtartó

Bell | **code** *nyomd* fényszedési parancsok kódja; ~**'s bund** *hidr* vezetőmű, terelőmű; ~**'s tackle** *em* kettős csigasor

Belleville | **disc/disk** *gép* Belleville-tárcsa; ~ **sealing washer** Belleville tömítőgyűrű; ~ **spring** Belleville-rugó, tányérrugó

bellied hasas(odott), kidudorodó, megdagadt; ~ **core** *önt* két végén elvékonyodó mag; ~ **file** *szersz* domborúreszelő

Bellini-Tosi | **direction finder** *távk* Bellini-Tosi iránymérő; ~ **system (BT)** keresztkeretes helymeghatározás

Bellman | **equation** *szt* Bellman-egyenlet; ~**'s principle of optimality** Bellman-féle optimalitási elv

bellow(s) fújtató, fúvó; gumiharang; *aut, ol* csőmembrán, szilfonmembrán; *foto* harmonikaszerű bőrkihuzat; *gépk* harmonika *(gumiból, bőrből)*; *mech* csőrugó *(szivattyún)*; ~**-blowing tube** *el* dinamóporfúvó; ~ **camera** kihúzhatós fényképezőgép; ~**-element ga(u)ge** szilfonos nyomásmérő; ~ **expansion joint** *en* lencsekompenzátor; ~**-framed door** harmonikaajtó; ~ **gangway** *vasút* redős átjáró *(kocsik között)*; ~ **ga(u)ge** aneroid/szelencés barométer, fémbarométer; szelencés nyomásmérő/manométer; ~ **manometer** szilfonos nyomásmérő; ~**-operated pressure sensing unit** *el* aneroid (harmonikaműködtetésű) nyomásérzékelő; ~ **pocket** *ruh* nagyméretű belső zseb; ~ **pressure ga(u)ge** → ~ ga(u)ge; ~ **seal** *gép* hullámmembrános tengelytömítés; ~ **sealed valve** *vák* csőmembrános (tömítésű) szelep; ~ **tongue** redőzött cipőnyelv; ~**-type expansion joint** harmonikázó csődilatáció; ~**-type pressure ga(u)ge** → ~ ga(u)ge; ~ **wool** hasgyapjú

belly I. *v* felpuffad; kihasasodik; **II.** *n* has, kihasasodás; bőrhasrész; *bány* kihasasodott/megvastagodott telér/telep; telepduzzadás, aláréselt szén; *bőr* „afer"; hasszelet, hasszél(bőr); *geol* harang alakú zárvány; *hang* has *(vonós hangszer felső lapja)*; *koh* szénpoha; *ol* fúrólyuk-kiöblösödés; *rep* repülőgéptörzs alsó része; *tex* hasgyapjú; ~ **board** hangszerfa; ~ **brace** mellfúró, mellfurdancs; fúróforgattyú; ~ **buster** biztonsági öv, biztosítóheveder; *ol* védőrács; ~ **core** *önt* két végén elvékonyodó mag; ~ **diameter** *koh* szénpohaátmérő; ~ **discharge/dump(ing)** fenékürítő; ~ **guy** *ép* középtámasz; ~ **hammer** *szersz* domborúkalapács; ~ **intake** → ~ scoop; ~ **landing** *rep* leszállás behúzott kerekekkel, hasleszállás; ~ **of a blast furnace** *koh* nyugvó, nyugasz *(helytelenül)*; ~ **of rail** *vasút* sín halhasa; ~ **scoop** *rep* a repülőgéptörzs alsó részében lévő szívószáj; ~ **stock** → ~ brace; ~ **tank** *rep* ledobható (üzemanyag)tartály; törzs alatti *v.* külső póttartály

below alatt; ~ **all clouds (BAC)** *rep* felhők alatt; ~ **and above the ground** felszín alatt és fölött; ~ **deck** *hajó* alsó fedélzet; ~**-par weighting** *tex* pari alatti nehezítés; ~ **stairs** alagsor(ban), alagsori; ~**-threshold laser mode** küszöbérték alatti lézerhullámtípus; ~**-threshold operation** küszöbérték alatti működés

belt öv; (derék)szíj, övszíj; heveder; szíj, szalag; *ép* övpárkány, koszorúpárkány; *geol* sáv, övezet; tengerszoros; vidék, terület; *gép* hajtószíj; *gépk* merevítő fonalbetét/szövetbetét; *kat* töltényheveder; ~ **armo(u)r** *hajó, koh* övpáncél; ~ **beading** *bány* szalagvágat; ~ **box** *kat* töltényszalagláda; *pa* övdoboz; ~ **brake** szalagfék; ~ **bridge** (szállító)szalaghíd; ~ **canal/channel** *bány* övcsatorna; ~ **carrier** szíjvezető tárcsa; ~ **cement** szíjragasztó; ~ **chain** szállítólánc; ~**-charged** szalagadagolású; ~ **cleaner** kocsizóeke, ledobóeke; ~ **cleaning equipment** szalagtisztító berendezés; ~ **cone** lépcsős szíjtárcsa; ~ **conveying** szalagszállítás; ~ **conveyor/conveyer** (hevederes) szállítószalag; ~ **conveyor/conveyer bridge** (szállító)szalaghíd; ~ **conveyor carrying structure/frame** szalagváz; ~ **conveyor installation/line/system** szállítószalag-rendszer; ~ **conveyor road** *bány* szalagvágat; ~ **conveyor with drum-engine** *bány* dobmotoros szállítószalag; ~ **coupler** szalagfűző kapocs; ~ **coupling** *gép* bőrszalagos tengelykapcsoló; ~ **course** szíjpálya; ~ **creep** szíjcsúszás; ~ **discharge** szállítószalag kihordása/kirakása; ~**-discharge pulley** szállítószalag kihordófeje/kihordóhengere; ~ **ditch** *bány* (külfejtési) övárok; *ép* övárok; ~**-ditch network/system** *bány* övárokrendszer; ~**-dressing composition** *gép* szíjkenőcs; ~ **drive** szíjhajtás; hevederhajtómű; ~**-driven** szíjhajtású, szalaghajtású; ~**-driven hammer** szíjhajtásos kalapács; ~ **drive with tight and loose pulleys** visszakapcsolható szíjhajtás; ~ **drop hammer** hevederes ejtőkalapács; ~ **drum** szalagdob; szíjdob; ~ **dryer** *élip* szalagszárító; ~**-duck** *tex* szalagszövet; ~ **dynamometer** fékszalagos dinamométer; ~ **elevator** lejtős szállítószalag; felhordószalag, rakodószalag; ~ **endless splicing** hevedervégtelenítés; ~ **extending** hevedertoldás; ~ **fastener** szíjkapcsoló; szíjvarró fonal; *bány* szalagfűző kapocs; ~**-fastener screw** csavaros szíjkötés; ~**-fed machine-gun** hevederadagolású géppuska; ~**-fed rocket** hevederadagolású rakétalövedék; ~ **feed** szalagadagolás, adagolás szalaggal; ~ **feeder** *bány* felhordószalag; *em, ép* feladószalag; szalagos adagoló; *ép, koh* adagolószalag, hevederes adagoló; ~ **feeder scale** szalagos adagolómérleg; ~**-feed lever** *kat* adogatókar *(géppuskáé)*; ~**-feed pawl**

kat adogatóemelő; ~-**feed slide** *kat* adogatócsúszka; ~ **filler** szíjkenőcs, szíjtelítő kenőcs; ~-**filling machine** *kat* töltényheveder-töltő gép; ~ **filter** szalagos szűrő; ~ **fork** szíjterelő villa, váltóvilla; *élip* szíjfelrakó; ~ **gear** *gép* szíjhajtás; ~ **gearing** szíjáttétel; ~ **generator** *el* elektrosztatikus generátor; van de Graaff-generátor; ~ **grinding attachment** szalagcsiszoló fej; ~ **grinding machine** *forg* szalagcsiszoló gép, szalagos csiszoló(gép); ~ **guard** szíjvédő (rácsozat/deszkázat/borítás/burkolat); ~ **guide** *gép* szíjterelő villa, váltóvilla; *kat* hevederterelő (villa); ~-**guide cover** hevederterelő fedél; ~ **guider** szíjvilla, szíjvezető; ~ **hammer** → ~-driven hammer; ~ **heading** *bány* szalagvágat; ~ **hoist** *ép* géphajtású csörlős emelőgép; gépi hajtású csörlő/vitla; ~ **hoister** *bány* (lejtős) szalagakna; lejtős szalagszállító berendezés; ~-**holding pawl** szíjkötés; *kat* hevederakasztó; ~-**holding pawl-pin** *kat* hevederakasztó csapszeg; ~ **hole** szíjnyílás *(födémben)*; ~ **hook** szíjvarró kampó/kapocs; ~ **idler** szalagfeszítő görgő; ~ **idler resistance** görgőellenállás; ~ **insulation** *el* övszigetelés *(kábelen)*; ~ **jack** (csavaros) szíjösszehúzó; ~ **joint** *gép* szalagkapocs; szalagvarrat *(csuklólemezes összekapcsolás)*; ~-**joint apron** *em* szalagösszekötő elem/tag; ~ **lace** szíjfűző, kötőszíj, varrószíj; ~ **lacing** bőrvarró szíj; ~-**lacing machine** *bőr* szíjvarró/szíjfűző gép; ~-**lifting** *bány, em* szalagfeszítő; *gép* szíjlehúzó; ~-**lifting arrangement** szalagfeszítő/szíjfelrakó berendezés; ~ **line** *vasút* körvasút; ~ **loader** *bány* hordozható szállítószalag *(gólya/külszíni)*; *em* rakodószalag; *ép* tárcsakéses felrakó földgyalu; ~ **lubricant** szíjkenőcs; ~ **magnetic separator** (mágneses) szeparátorszalag; ~ **mo(u)lding** díszléc, gyöngyléc, tojásléc, hézagtakaró profilléc; ~ **of fluctuation** *geol* ingási öv; ~ **of fluctuation of water table** *hidr* talajvízingadozás zónája; ~ **of high pressure** *rep* nagy légnyomású zóna; ~ **of phreatic fluctuation** *hidr* talajvíz-ingadozás zónája; ~ **of soil water** *hidr* evapotranszpirációs zóna; ~ **of transition** *geol* átalakulási/átmeneti öv; ~ **of weathering** *geol* mállási övezet; ~ **ply** szalagréteg; *bány* hevederbetét; ~ **pole** szíjfelrakó rúd; ~ **polishing machine** szalagcsiszoló gép, szalagos csiszoló(gép); ~ **power** hajtószíjjal átvitt teljesítmény; ~ **press** szalagprés; ~ **pull** szíjfeszültség, szíj húzóereje; ~ **pulley** szíjtárcsa; *bány, em* szalagdob; ~-**pulley flywheel** lendítő szíjkerék; ~-**pulley lathe** szíjhajtású eszterga; ~-**pulley wiper** *önt* dobtisztító; ~ **punch** *bőr* szíjlyukasztó; ~ **rail** *gépk* karosszéria-deréköv; ~ **railway** → ~ line; ~ **reverser** szíjeltoló szerkezet *(fordulatirány-váltó)*; ~ **reversing** szíjirányváltás; *bány* szalagreverzálás; ~-**reversing gear** irányváltó szíjhajtás; ~ **rivet** szíjszegecs; ~ **roller** *em, bány* szállítószalag-görgő; *gép* szíjgörgő, tartógörgő; ~**s** *csill* övek; ~ **sander,** ~ **sanding machine** *fa* szalagcsiszoló gép, szalagos csiszoló(gép); ~ **saw** *fa* végtelenített szalagfűrész; ~ **scale** *bány* szalagmérleg; ~ **scanner** *el* képbontó dob; ~ **scraper** *bány* hevedertisztító; *ép* ledobóeke, kocsizóeke; ~ **screen** *bány* szalagszita; ~ **screw** szíjzárcsavar; ~ **seat** *rep* bekötőhevederes ülés; ~ **section** *bány* szalagszakasz, szalagosztály; ~ **sheave** szíjtárcsa; ~ **shifter,** ~ **shifting device** szíjterelő villa, hajtószíjváltó/hajtószíjkapcsoló villa; ~-**shifter cam** szíjváltó fogasléc, fogazott szíjváltó rúd; ~ **shifting** *bány* szállítószalag-áttolás; ~-**shifting fork** hajtószíjkapcsoló/hajtószíjváltó villa; ~ **shortener, shortening apparatus/device** *bány* hevederrövidítő; ~ **shortening** *bány* szalagrövidítés; ~ **side** szíjág; ~ **slip** szíjcsúszás; ~ **slope** *bány* szalagereszke; szalagszállítású lejtőakna; ~ **speed** szíjsebesség; szalagsebesség; ~ **speed loss** szíjcsúszás; ~ **stretcher** → ~ tensioner; ~ **striker,** ~ **striking gear** (hajtó)szíjváltó/(hajtó)szíjkapcsoló villa; ~ **take-up (gear/set)** hevederfeszítő/szalagfeszítő szerkezet; ~ **tension** szíjfeszültség, szíj húzóereje; heveder-húzóerő; ~-**tension differential gear** hevederfeszültség-kiegyenlítő; ~ **tensioner,** ~ **tensioning device/roll** szalagfeszítő/szíjfeszítő *(szerkezet)*; hevederfeszítő; ~ **tension ratio** feszültségviszony; ~ **tightener** → ~ tensioner; ~-**tightening pulley** szalagfeszítő tárcsa; ~ **training idler** szalagirányító/szalagterelő görgő; ~ **transmission** szíjhajtás, szíjáttétel; ~ **transport** szalagos szállítás; ~ **transporter** szállítószalag; ~ **travel** *bány* szalagmenet; ~ **tripper** → ~ wiper; ~-**type austempering salt bath** *koh* szállítószalagos sófürdő izotermás edzéshez; ~-**type (bucket) elevator** serleges emelő(szalag); ~-**type generator** *at* Van de Graaff-generátor, szalaggenerátor; ~-**type heating furnace** szállítószalagos izzítókemence; ~ **velocity** szalagsebesség; ~ **vulcanizer** szalagvulkánozó; ~ **weaving** hevederszövés; ~ **weigher** szalagmérleg; ~ **width** *bány* szalagszélesség; ~ **wiper** szalagtisztító kés; szalagkaparó; hevedertisztító; ledobóeke, lekotróeke; ~-**wire stitching machine** szíjtűző gép

belting *bány, em* szállítóheveder; szállítószalag; *ép* szalagsimítás *(betonfelületen)*; *gép* hajtószíj; ~ **butt** *bőr* gépszíjkrupon; ~ **course** *ép* fedőkősor alatti tagozat/réteg *(pilléren)*; ~ **duck** *tex* gépszíjanyag; szalagszövet; ~ **leather** gépszíjbőr

beltman *bány* szalagszállítógép-kezelő

beltway külső körgyűrű

BEM → boundary element method

b.e.m.f. → back electromotive force

Bénard cell *met* Bénard-cella, konvekciós cella

Benardos (welding) process Benardos-féle (hegesztési) eljárás

bench I. *v ép* földpadot készít; gátat emel; *hidr* lépcsőz, teraszosít *(árterületet)*; **II.** *n* (munka)pad, (munka)asztal; mérőpad; szerelőpad; *bány* (szén)pad; előresiető vágat; fejtési lépcső/szelet/pászta; kőfejtő pászta; talp, fekü; *ép* alapárok; rézsűpad *(töltés, bevágás vízszintes része)*; szint, nívó; *fa* padszolga; *geod* állandósított alappont; *geol* kimosási padka; terasz; *gép* gépágy; munkapad, munkaasztal; *heng* (drót)húzópad; *hidr* (nyomó)padka; *önt* formázópad; *rep* motorfékpad; munkapad; *szersz* bak(állvány); *vasút* alagútszelvény; *vegy* (gázgyári) retortacsoport; ~-**and-bench work** szeletes fejtés; szeletfejtés; ~ **anvil** gyalupadüllő; asztali üllő; ~ **assembly** összeállítás szerelőpadon; ~ **at top of ditch** *ép* árokpadka; ~ **blasting** *bány* pados robbantás *(külfejtésben)*; ~ **block** *alak* egyengetőlap; kovácslyuktábla; ~ **centre/center** *forg* padcsúcs *(tusírozásra)*; ~ **centre/center lathe** asztali eszterga; ~ **chisel** (lakatos)vágó; véső; ~ **clamp** *fa* gyalupad, gyaluszolga; *forg* padlefogó, padszorító; ~ **cut** *bány* pásztás fejtés/művelés; ~ **die** *alak* munkapadon használt peremező; ~ **dog** *szersz* gyalupadvas; ~ **drawing** húzás padon; ~ **drill**

szersz asztali fúrógép; ~ **drilling** *bány* lépcsőzetes/teraszos fúrás; padfúrás; pados fúrás *(külfejtésben)*; *gép* asztali fúrás; ~ **drilling machine** → ~ drill; ~ **excavation** *bány* padfejtés; *ép* alapárokásás; ~ **flume** vízvezető facsatorna; ~**-gravel** *geol* teraszos lerakódás; ~ **grinder** asztali köszörű(gép); ~ **hammer** lakatoskalapács; ~ **hole** *bány* fejtési lépcsőbe függőlegesen fúrt robbantólyuk, padfúrólyuk; ~ **hook** munkapadra szerelt rögzítőpofa/rögzítővályú/ütközőpofa/ütközővályú; ~ **inkometer** asztali festékviszkozitást mérő műszer; ~ **insulator** *el* támasztószigetelő; ~ **jig** *mt* asztali készülék; ~ **land** homokzátony; ~ **lathe** műszerészeszterga; ~ **level(l)ing** *geod* szintezés magassági jelek között; ~ **mark (BM)** *bány* magassági pontjel; ~ **milling-machine** asztali marógép; ~ **mining** pados művelés; ~ **mo(u)ld** *önt* kézi forma; ~ **mo(u)lder** kézi formázó; ~ **mo(u)lding** *önt* kézi formázás; ~ **of a coal seam** *bány* szénpad; ~ **performances** *gépk* műszeres/mérőpadi vizsgálati adatok; ~ **photometer** asztali fénymérő; ~ **placer** teraszlelőhely; ~ **plane** eresztőpadgyalu, simítógyalu, univerzális gyalu; ~ **plate** *gép* mérőlap; pontossági egyengetőlap, tusírlemez; ~ **press** asztali sajtó; ~ **revolutions per minute** *rep* percenkénti fordulatszám fékpadon; ~ **roller** *orv* asztali hengerlőgép *(fogtechnikusé)*; ~ **run test** *rep* fékpados vizsgálat; ~ **saw** asztali körfűrészgép; ~ **screw** satupadcsavar; ~ **shear(s)** állványos (lemez)olló; ~ **sink** *ép* laboratóriumi tölcsér; ~ **slope** rézsűhajlás; ~ **spot welder** asztali ponthegesztő gép; ~ **stoping** *bány* alsó padfejtés; függőleges pados fúrás; lépcsős fejtés/művelés; ~ **test** fékpadi/próbapadi vizsgálat; fékpadpróba; laboratóriumi próba; mérőpados próba/vizsgálat; ~**-test reliability** próbapadi vizsgálat megbízhatósága; ~**-type** *forg* asztali *(gép)*; ~**-type seat** *gépk* üléspad, díványszerű (egybefüggő) ülés; ~ **up** *v ép* aláfog, szilárdít; ~ **vice** (kovács)satu, gépsatu; csavarsatu; ~ **working** *bány* főtepásztázás; szeletfejtés; talppásztafejtés, pásztás fejtés/művelés

benchboard *el* kiszolgálóasztal, vezérlőasztal, műszerpad, műszerpult, műszerasztal; vezérlőpult

benched lépcsős; ~ **foundation** *ép* lépcsőzött alapozás

benching *bány* betörés, főtereselés; főpásztázás, lépcsős/pásztás fejtés; pados fúrás; sávos külfejtés; szénpadfejtés; ~ **bank** *bány* kőfejtő pászta; ~**-up** *bány* feltörés, gurítóhajtás; szeletes fejtés alulról felfelé

benchmark *élip* szintjelző; *geod* alappont, bázispont; *ip* árlimit; *szt* benchmark, teljesítményértékelés, „gépnyúzás"; ~ **program** *szt* teljesítményvizsgáló program; ~ **tablet** *geod* feliratos magassági (alap)pont, magassági tábla; ~ **testing** *szt* nyúzópróba

benchwood asztalos faanyag

bend I. *v* hajlít, felhajlít, behajlít, lehajlít, meghajlít; meggörbít; (meg)hajlik; (meg)görbül; **II.** *n* hajlás; hajlat, görbület; ív; *bőr* talpkrupon; *ép, gép* (cső)hajlat; *gép* (tokos) ívcső, csőív, könyök(cső); *hidr* (folyó)kanyar; kanyarulat; *közl* kanyar, ív; *talt* redő; *tex* takácscsomó, takácsbog; *vák* csőív; könyökdarab; ~ **allowance** *ép, alak* hajlítási tűrés/ráhagyás *(betonacél)*; ~**-allowance chart** *alak* visszaugrási táblázat *(hajlításhoz)*; ~**-allowance formula** *alak* visszarugózási képlet; ~ **angle** *alak* hajlítási szög; *mech* behajlási szög; *tex* kvadráns hajlásszöge *(szelfaktoron)*; ~ **antenna** L-antenna; ~ **at right angles** *v* könyökszerűen behajlít/ráhajlít/görbít; ~ **back** *v* visszahajlít; ~ **beam** *gép* hajlítókar; ~ **block** → bending block; ~ **brake** lemezhajlító prés; ~ **cold** *v alak* hidegen hajlít; ~ **connector** *gép* összekötő könyökcső; ~ **coupling** ívdarab, ívcső, könyökcsatlakozás; ~ **down** *v* lehajlít, legörbít; ~ **ductility** *mech* képlékenység hajlító igénybevételkor; ~ **elbow** könyökhajlat; ~**-face plate** *vasút* íves csúcssín talplemeze; ~ **fixture** *alak* hajlítókészülék; ~ **head** hajlítógép nyomófeje; ~**-header joint** (íves) vízkamra-csőösszekötő; ~ **horse** *fa* hajlítóbak; ~ **hot** *v alak* melegen hajlít; ~ **inward** *v* lehajlít, befelé hajlít; ~ **jaw** hajlítópofa; ~ **knot** *tex* kettős csomó *(hálókötésnél)*; ~ **leather** *bőr* színbőr, talpbőr; talpkrupon (félkrupon); ~ **line (BL)** behajlási görbe; ~ **loss** *hidr* kanyarulati veszteség/ellenállás; ~ **meter** *hidr* mérőkönyök; ~ **of a river/stream** *hidr* folyókanyar; ~ **of chimney** *ép* kéményelhúzás; ~ **of strata** *geol* réteghajlás, réteghajlat; ~ **of the characteristic** jelleggörbe könyökpontja; ~ **outward** *v* kihajlít, kifelé hajlít; ~**-over test** hajlítópróba *(kovácsolásnál)*; ~ **pipe** *vák* könyökdarab, csőív; ~ **pliers** (cső)hajlító fogó; ~ **point** *mat* extremális pont; ~ **radius** legömbölyítési sugár; ~ **roll** nyomó-hajlító görgő *(lemezhajlító gépen)*; ~ **round** *v* körbehajlít, (be)göngyölít; ~ **round a mandrel** *v gép* tüske körül hajlít; ~**s** légembólia, keszonbetegség; ~ **test** → bending test; ~ **the spring** *v* rugót (meg)feszít; ~ **trestle** *fa* hajlítóbak; ~ **up** *v* felhajlít; belóg *(pl. vezeték)*; ~ **with branch connection** elágazásos ívcső; ~ **wrong/wry** *v* meggörbít

bendable *alak* hajlítható

bendalloy *alak* csőhajlító töltőfém

bendback visszagörbülés

bended tube *koh* ívcső

bender *alak* hajlítóberendezés, hajlítógép, hajlítóprés; hajlítósüllyeszték, hajlítóodor; *ép* köracélhajlító gép; *pa* hajlításra szilárd karton

bending (be)hajlás, belógás; *alak* (fel)hajlítás; meghajlítás; *ép* görbülés *(tartóé)*; *fiz* elhajlás, diffrakció; ~**-and-forming press** *alak* hajlító- és formázósajtó; ~**-and-straightening press** *heng* hajlító-egyengetőprés; ~**-and-unbending test** hajtogatópróba, hajtogatóvizsgálat; ~ **angle** hajlítási szög; ~ **beam type jib/boom** *em* billenőgém; ~ **block** *alak* hajlítóexcenter, hajlítószerszám, hajlítótüske; *ép* befogóblokk hajlításhoz; *fa* hajlítóforma; ~ **capacity** hajlíthatóság; ~ **couple** *mech* hajlítónyomaték; ~ **crack** *any* hajlítási repedés; ~ **cycles** *ép* hajlítgatási szám *(betonacélé)*; ~ **deflection** *mech* behajlás, alakváltozás hajlító igénybevételkor; ~ **device** → ~ fixture; ~ **die** *alak* hajlítószerszám; sajtolószerszám; ~ **endurance** *mech, pa* hajlítószilárdság; ~ **failure** *mech* hajlítási törés; ~ **fatigue** *mech* hajlítókifáradás, fárasztás hajlító igénybevétellel; ~ **fatigue strength** *any* hajtogatási szám; ~ **fixture** *alak* hajlítókészülék; ~ **force** *mech* nyíróerő, hajlítóerő; ~ **frequency** *mech* hajtogatási frekvencia; ~ **glide** *mech* hajlítási csuszamlás *(kristályszerkezetben)*; ~ **head** hajlítógép nyomófeje; ~ **horse** *fa* hajlítóbak; ~ **impact test** *mech* ütőhajlító próba; ~ **in two planes** *mech* ferde hajlítás; ~ **iron** *alak* lemezhajlító fogó; *ép* betonvashajlító kulcs; ~ **jig** hajlítókészülék; ~ **load** hajlító igénybevétel; ~ **machine** *alak, heng* hajlítógép; ~ **mandrel** hajlítótüske *(betonacélhoz)*; ~ **moment (BM)** *mech* hajlítónyomaték; *rep* héjnyomaték; ~ **moment diagram** *mech* hajlítónyomatéki ábra; ~**-off press** *alak* élhajlító sajtó; ~ **of the strand** *koh* szálhajlítás *(folyamatos öntőgép)*; ~ **pass** *heng* hajlítóüreg; ~ **pliers** → ~ iron; ~ **point** *mat* extremális pont; ~ **press** *koh* hajlítósajtó; ~ **rigidity** *mech* hajlító merevség; ~ **roll** hajlítóhenger; ~ **rolls** → ~ machine; ~ **schedule** *ép* hajlítási jegyzék *(vasalási tervhez)*; ~ **shear** *mech* hajlítónyírás, hajlításból származó nyírás; ~ **stiffness** *mech* hajlítómerevség; ~ **strain** *mech* alakváltozás hajlító igénybevételnél; ~ **strength** *mech* hajlítószilárdság; ~ **stress** *mech* hajlítófeszültség; ~ **test** *any* hajlítási próba; hajlítópróba; hajlítóvizsgálat; ~**-test piece** próbatest hajlítóvizsgálathoz; ~ **tool** → ~ fixture; ~**-under-tension test** hajlító-szakítópróba; ~ **value** hajtogatási szám; ~ **vibration** *ép* kihajlási lengés/rezgés; *mech* hajlítólengés, hajlítórezgés; ~ **wrench** (lemez)hajlítófogó; ~ **yield limit** hajlítási folyási határ

Benedict's solution *vegy* Benedict-féle oldat/reagens

beneficial use of water *hidr* vízhasználat

beneficiate dúsít, előkészít, kohósít *(ércet)*

beneficiation ércelőkészítés; dúsítás *(széné)*

benefit haszon; ~ **building society** építési szövetkezet; ~ **of invention** találmányból eredő haszon

bengaline félselyem szövet, bengalin *(szövet)*

benign *orv* jóindulatú; ~ **group** *mat* nyájas csoport

benitoite *ásv* benitoit

benjaminite *ásv* benjaminit

benne oil szezámolaj

Benne clutch *gép* Benn-kapcsoló

Bennett-Redhead type mass spectrometer *at* nagyfrekvenciás tömegspektrométer

benomile *vegy* benomil

Benoto piling plant *ép* Benoto cölöpkészítő

bent I. *a* (meg)hajlott, hajlított; görbe, görbült; könyökös; lejtős, rézsútos; **II.** *n bány* főtebesüppedés, főtebehajlás; *ép* előregyártott rácsos tartó; keret, merevítő keretszerkezet *(acélszerkezet)*; *geol* domboldal; lejtő, oldal *(dombé, szakadéké)*; *szersz* hajlított véső; ~**-back occlusion** *met* visszahajlott okklúzió; ~ **clamp** *gép* szorítóbilincs; ~ **cleavage** *bány* ívelt/hullámos váll-lap; *geol* hajlított/hullámos hasadás/rétegezettség; ~ **course** *rep* elhajlott iránysáv *(térosztóé)*; ~ **crystal** hajlított kristály; ~ **dent** *tex* hajlított bordafog; ~ **dipole** hajlított dipólantenna; ~ **dislocation** *ásv* görbült diszlokáció; ~ **electron gun** *tv* ferde elektronágyú; ~ **fold** *geol* hajlított redő; ~ **frame** *gépk* ívelt alváz; ~ **lever** szögemelő; ~ **link** hajlított/golyvás láncszem; ~ **mirror** gömbtükör; ~ **pin** *tex* (hajlított végű) osztószeg; ~ **pipe** *gép* könyökcső, ívcső; ~ **planing-tool** *szersz* hajlított gyalukés; ~ **ply-wood** *fa* hajlított rétegelt lemez; ~ **quarter** *gépk* görbített saroküveg; ~ **rail** *vasút* ívsín; ~**-rail crossing** *vasút* ívsínkeresztezés; ~ **rib** *ép* íves gerenda; ~ **roof** *bány* behajló főte; ~ **round-nose pliers** *szersz* hajlított kerek csőrű fogó; ~ **shaft** *gép* könyöktengely; ~**-shank tap** hajlított anyamenetfúró; ~ **socket** *szersz* hajlított kéziüllő; ~ **spanner** *szersz* könyökös csavarkulcs; ~ **spar** *rep* hajlított főtartó; ~ **spring** *tex* fonalfék; ~ **sub** *ol* ferdítőátmenet; ~**-tail dog** *forg* hajlított szárú menesztőszív; ~ **tee** *gép* toldócső; ~ **timber** *hajó* hosszmerevítőket összekötő fa; ~ **tool** könyökös esztergakés; ~ **transit instrument** *csill* könyökszereléses passzázsműszer; ~ **tube** könyökcső, ívcső; ~**-tube boiler** *hőt* meredekcsöves kazán; ~**-tube condenser** *hőt* hajtűcsöves kondenzátor; ~**-up bar** felhajlított/nyíró vasalás/betonacél; ~**-up railfoot** *vasút* felhajlított síntalp; ~**-ware** hajlított faáru; ~ **wrench** *szersz* könyökös csavarkulcs

benthic fenéki

benthos *geol* bentosz; tengerfenéki flóra és fauna

bentonite *ásv* bentonit; ~ **grouting** bentonitbesajtolás; ~ **suspension** bentonit szuszpenzió/zagy

bentwood hajlított faanyag; ~ **furniture** hajlított fabútor

benzal → benzylidene; ~**-acetone** *vegy* benzál-aceton; ~**-acetophenone** *vegy* benzál-acetofenon, kalkon

benzalchloride *vegy* benzál-klorid, benzilidén-klorid

benzaldehyde *vegy* benzaldehid

benzamide *vegy* benzamid, benzoesavamid

benzamine benzamin; ~ **blue** *tex* benzaminkék *(színezék)*

benzaminic acid aminobenzoesav

benzanthracene *vegy* benzantracén

benzanthrone *vegy* benzantron; ~ **dye** benzantron-színezék

benzene *vegy* benzol; ~**-azo-benzene** azo-benzol; ~ **carbon amide** benzoesavamid, benzamid; ~ **hexachloride (BHC)** benzol-hexaklorid, hexaklór-ciklohexán; ~ **hexahydride** ciklohexán; ~ **nucleus** benzolmag, benzolgyűrű; ~ **precursor** *ol* benzolprekurzor; ~ **ring** benzolgyűrű; ~ **sulphonamide/sulfonamide** benzol-szulfamid, benzolszulfonsav-amid

benzenedisulphonic, *US* **benzenedisulfonic acid** *vegy* benzol-m-diszulfonsav

benzenesulphonic, *US* **benzenesulfonic acid** *vegy* benzol-szulfonsav

benzenesulphonyl, *US* **benzenesulfonyl chloride** *vegy* benzol-szulfo-klorid

benzenoid *vegy* benzolszerkezetű

benzenyl → benzylidene

benzidine *vegy* benzidin, 4,4-diamino-difenil; ~ **brown** benzidinbarna; ~ **dye** benzidinszínezék

benzil *vegy* benzil, difenil-glioxál

benzilic acid *vegy* benzilsav, difenil-glikolsav

benzimidazole *vegy* benzimidazol

benzine, *US* **benzin** benzin; gyógybenzin, sebbenzin; *vegy* (motor)benzin; ~ **blowlamp** benzin-forrasztólámpa; ~ **medical grade** sebbenzin; ~ **soap** sebbenzin; benzin tartalmú szappan; ~**s with specified boiling range** speciálbenzinek

benzo|-copper dye benzorézszínezék; ~**-dyestuff** *vegy* benzofestmény, benzotinktúra; ~**-fast-red** benzovalódivörös *(színezék)*

benzoate *vegy* benzoát

benzochromes benzoszínezékek

benzoflavine *vegy* benzoflavin

benzofuran *vegy* benzo-furán, kumaron

benzoic | acid *vegy* benzoesav; ~ **anhydride** benzoesavanhidrid; ~ **sulphinide/sulfinide** szacharin

benzoin *vegy* benzoin; ~ **condensation** benzoinkondenzáció; ~ **gum** benzoegyanta

benzol(e) *vegy* → benzene

benzoline benzolkeverék

benzonitrile *vegy* benzo-nitril, benzoesav-nitril

benzophenanthrene *vegy* krizén, 1,2-benzfenantrén

benzophenone *vegy* benzofenon, difenil-keton; ~ **oxide** xanton
benzopyrolle *vegy* indole, benzopiorol
benzoquinone *vegy* benzokinon
benzothiophene *vegy* 2,3-benzo-tiofén, tionaftén
benzotiazole *vegy* benzo-tiazol, benztiazol
benzotrichloride *vegy* benzo-triklorid, fenil-kloroform
benzoyl *vegy* benzoil-; ~ **acetic acid** benzoil-ecetsav; ~ **benzoic acid** benzoil-benzoesav; ~ **carbinol** benzoil karbinol; ~ **chloride** benzoil-klorid, benzoesavklorid; ~ **glycine** benzoil-glicin, benzoil-glikokoll, hippursav; ~ **group** benzoilcsoport; ~ **hydrogen peroxide** benzopersav, perbenzoesav; ~ **peroxide** benzoil-peroxid; benzoil-szuperoxid, dibenzoil-peroxid; ~ **radical** benzoilcsoport
benzozone *vegy* acetil-benzoil-peroxid
benzpyrene *vegy* benzo-pirén, benzpirén
benzyl *vegy* benzilcsoport; ~ **acetate** benzil-acetát; ~ **alcohol** benzilalkohol, fenil-karbinol; ~ **aniline** benzilanilin; ~ **benzoate** benzil-benzoát; benzoesavas benzilészter; ~ **bromide** benzil-bromid; ~ **butyrate** benzil-butirát; ~ **cellulose** benzil-cellulóz; ~ **chloride** benzil-klorid; ~ **chlorocarbonate/chloroformate** klór-szénsav-etil-észter, klór-hangyasav-etil-észter; ~ **cyanide** benzil-cianid, fenil-aceto-nitril, fenil-ecetsav-nitril; ~ **ether** benzil-éter, dibenzil-éter; ~ **formate** benzil-formiát, hangyasavas benzilészter; ~ **mustard oil** benzin-mustárolaj, benzil-izo-tiocianát; ~ **penicillin potassium** *gyógyv* kálium-benzil-penicillin; ~**-phenylhydrazine** benzil-fenil-hidrazin; ~ **radical** benzilcsoport; ~ **salicylate** benzil-szalicilát, szalicilsavas benzilészter
benzylamine *vegy* benzil-amin
benzylbenzene *vegy* diferilmetán
benzylidene *vegy* benzilidéncsoport; ~ **chloride** benzilidén-klorid, benzál-klorid; ~ **radical** benzilidéncsoport, benzálcsoport
benzylideneacetophenone *vegy* benzal-acetofenon, kalkon
benzylmagnesium chloride *vegy* Grignard reagens
berberine *vegy* berberin
Berek compensator Berek-kompenzátor *(kristályoptika)*
beresite *ásv* berezit
beresowite *ásv* berezovit
berg jéghegy; ~ **till** jéghegyhordta agyag
Berg-Barrett method *ásv* Berg—Barrett-módszer
bergamaskite *ásv* bergamaszkit
bergamol *vegy* bergamol
bergamot bergamott; ~ **oil** bergamottolaj
Bergeron | diagram *el* Bergeron-diagram; ~**-Fiudeisen theory** *met* jégkristályelmélet, Bergeron—Fiudeisen-féle elmélet; ~**'s method** *távk* Bergeron-módszer
Bergius process *vegy* Bergius-eljárás
Bergmann tube bergmanncső
bergmehl *ásv* diatómaföld; hegyi liszt; infuzóriaföld; kovaföld; *geol* diatómapala
Berkefeld filter *gyógyv* Berkefeld-szűrő
berkelium (Bk) *vegy* berkélium
berlin *gépk* berlina *(karosszéria)*; ~ **black** fekete vaslakk; ~ **blue** acélkék, ásványi kék, berlini kék; vas(III)-vas(II)-cianid; ~ **glove** *tex* pamutkesztyű; ~ **green** berlini zöld, vas(hexaciano-ferrát); ~ **ware** finom vaslakk öntöttvas dísztárgyakhoz
berm(e) *hidr* padka *(csatornáé, ároké)*; párkány, perem; rézsűlépcső vízszintes szakasza; *közl* leállósáv, parkolósáv; ~ **trimming** padkalefaragás
berming *hidr* padkásodás, padkaképződés
Bernal chart Bernal-hálózat
Berne | list *rád* berni állomásjegyzék; ~ **rectangle** *vasút* berni négyszög *(kocsirendező részére)*
Bernhard rotating beacon, Bernhardine Bernhard-féle forgó irányadó *(német rádiónavigációs rendszer)*
Bernold-type reinforced concrete lining *bány* Bernold-féle aknabiztosítás(i módszer)
Bernoulli | constant *mat* Bernoulli-konstans, Bernoulli-állandó; ~ **(differential) equation** Bernoulli-egyenlet, Bernoulli-féle differenciálegyenlet; ~ **numbers** *mat* Bernoulli-számok; ~ **polynomials** *mat* Bernoulli-polinomok; ~**'s law/theorem** *hidr* Bernoulli-egyenlet; ~**'s lemniscate** *mat* hiperbolikus/Bernoulli-féle lemniszkáta; ~**('s) paradox of Petersburg** *mat* pétervári paradoxon
Bernoullian Bernoulli(-féle); ~ **polynomial** *mat* Bernoulli-polinom
Berriasian stage *geol* berriasi emelet
berry *élip* mag, szem; ~**-box board** bogyócsomagoló karton; ~ **oil** gaulteriaolaj; ~ **wine** gyümölcsbor
berth *gépk* karosszék; párnázott ülés; *hajó* (hajó)ágy; horgonyzóhely; rév; *hajó, vasút* hálóhely; *rep* repülőgépek éjszakai állóhelye; ~ **charge** *rep* hálóhelyhasználati díj; ~**-ladder** *hajó* ágylétra
berthage *hajó* lehorgonyzási hely
berthierine *ásv* chamosit
berthierite *ásv* berthierit
berthing *hajó* kikötés
berthonite *ásv* berthonit
bertrandite *vegy* bertrandit
beryl *ásv* berill
beryllia *vegy* berillium-oxid
beryllian *ásv* berilliumtartalmú
beryllium (Be) *vegy* berillium; ~ **aluminate** berillium-aluminát; ~ **bronze** *koh* berilliumbronz; ~ **carbide** berillium-karbid; ~**-moderated reactor** *at* berillium-moderátoros reaktor; ~ **oxide** berillium-oxid; ~ **steel** berilliumacél; ~ **weld** berillium hegesztési varrat; ~ **welding** berilliumhegesztés; ~ **window** *at* berilliumablak
beryllonite *ásv* berillonit
berylometer *bány* berillométer
berzelianite *ásv* berzelianit
berzeliite *ásv* berzeliit
berzeline *ásv* berzelin
beset díszít
besmear megken, beken, bezsíroz; bepiszkol
besmearing bemázolás
besprinkle befröcsköl, vízzel meghint
BESS → base ejection smoke shell
Bessel | function *mat* Bessel-függvény, hengerfüggvény; ~ **function of the first kind** elsőfajú Bessel-függvény; ~ **functions of the third kind** Hankel-függvények; ~**'s interpolation** Bessel-interpoláció
Bessemer | converter *koh* Bessemer-konverter; ~ **heat** Bessemer-adag; ~ **pig iron** Bessemer-nyersvas; ~ **plant** Bessemer-üzem; ~ **process** Bessemer-eljárás; ~ **steel** Bessemer-acél
bessemerize *koh* bessemerez; konverterez

best | **approximation** *mat* legjobb közelítés; ~**-best hammered (b.b.h.)** teljesen átkovácsolt; ~ **climb angle** *rep* optimális emelkedési szög; ~ **climbing angle of attack** *rep* leggyorsabb emelkedés állásszöge; ~ **coal** darabos szén; ~ **cokes** erősen horganyzott fehérbádoglemez; ~ **estimate** legkedvezőbb becslés; ~ **estimator** legkedvezőbb értékelés; ~ **fit curve** *mat* regressziós görbe; ~ **fit straight line** regressziós egyenes; ~ **performance curve** legjobb teljesítménygörbe; ~ **setting** optimális beállítás; ~ **straight line** → ~ fit straight line; ~ **work** *koh* választóérc

beta *at* béta-áramerősítési tényező; béta-részecske; béta-sugárzás; ~ **absorption** *at* béta-abszorpció, bétaelnyelés; ~**-acid** béta-sav, antrakinon-2-szulfonsav; ~ **active** *at* béta-sugárzást kibocsátó, béta-aktív; ~**-activity** *at* béta-aktivitás; ~ **alloy** *koh* béta-ötvözet; ~ **backscattering** *at* béta-visszaszórás; ~ **carbon** sorban második szénatom; ~ **chamber** *at* béta-ionizációs kamra; ~ **constituent** *koh* béta-fázis; ~ **counter** *at* béta-számláló; ~**-creep** béta-kúszás; ~ **current amplification/gain factor** *félv* béta-áramerősítési tényező; ~ **cut-off frequency** *félv* béta-levágási frekvencia; ~ **decay** *at* béta-bomlás; ~ **decay series** *at* béta-bomlási sor; ~ **density ga(u)ge** → ~ gauge; ~**-derivative** *vegy* béta-származék; ~ **disintegration** *at* béta-bomlás; ~ **distribution** *mat* béta-eloszlás; ~ **emission** *at* béta-kibocsátás; ~ **emitter** béta-bomló mag; ~**-error** *mat* másodfajú hiba; ~ **ferrite** *koh* béta-ferrit; ~ **function** *mat* béta-függvény, Euler-féle béta-függvény, elsőfajú Euler-integrál; ~ **ga(u)ge** *at* béta-(sugárzás)mérő készülék; ~ **instability** *at* béta-instabilitás; ~ **iron** béta-vas; ~ **maximum energy** béta-csúcsenergia; ~**-minus decay** *at* negatronbomlás; ~**-minus particle** negatron, béta-bomlási elektron; ~**-minus radioactive nuclide** negatronbomló radioaktív mag; ~ **modification** *koh* béta-módosulás; ~ **particle** béta-részecske; ~**-particle disintegration** *at* béta-bomlás; ~**-particle spectograph** *at* béta-spektográf; ~ **phase alloy** béta-fázisú ötvözet; ~ **plane** *met* béta-sín; ~**-plus-active nuclide** pozitronbomló mag; ~ **plus decay** *at* pozitronbomlás; ~**-plus particle** *at* pozitron; ~ **process** izobár magátalakulás; ~ **radiation** *at* béta-sugárzás; ~**-radiator** *at* béta-sugárzó; ~ **radioactivity** *at* béta-aktivitás; ~ **range** *koh* béta-tartomány; ~ **ray** *at* béta-sugár; béta-sugárzás; ~**-ray emission** *at* béta-emisszió; ~**-ray spectrometer** *at* béta-spektrométer; ~ **reflection** *at* béta-visszaszórás; ~ **rhythm** *mat* béta-ritmus; ~ **screen** *at* béta-ernyő; ~ **source** béta-forrás; ~**-spectrometer** *at* béta-spektrométer; ~ **spectrum** *at* béta-spektrum; ~**-stable** *at* béta-stabil, béta-bomlással szemben stabil; ~ **structure** *koh* béta-fázis szerkezete; ~**-thickness ga(u)ge** *at* béta-sugaras vastagságmérő; ~ **transformation** *at* béta-átalakulás; ~ **treatment** *at* béta-urániumelőállítás; ~ **uranium** béta-urán; ~**-waves** *orv* béta-hullámok

betaine *vegy* betain, trimetil-glikokoll

betanol *gyógyv* emulzifikálószer

betatopic *at* betatóp

betatron *at* betatron, indukciós gyorsító; ~ **effect** betatronhatás; ~ **examination** betatronos vizsgálat/hibakeresés; ~ **gammagraphy** *any* gammasugaras defektoszkópia; ~ **particle capture** betatronbefogás, részecskebefogás; ~ **radiation** betatron-sugárzás; ~ **radiography** *any* betatron-radiográfia, defektoszkópia betatron segítségével

Bethe|**-aperture coupler** *távk* Bethe-csatoló; ~ **cycle,** ~ **-Weizsäcker progressive reaction** *at* Bethe-Weizsäcker-ciklus, szén-nitrogén-ciklus, Solarphoenix-ciklus

Bethlehem beam széles talpú kettős T tartógerenda

beton beton; → concrete *(is)*; ~ **bus** betonszállító

betterment tökéletesítés, korszerűsítés; ~**s** melioráció

betty *ép* bontórúd; *szer* álkulcs

between között; ~**(-)decks** *hajó* fedélzetköz; ~**-lay paper/wrapping** *nyom* belövőpapír, betétpapír; ~**-the-lens shutter** *foto* központi zár

beudantite *ásv* beudantit

BeV → billion electronvolts; → gigaelectronvolt

bevatron *at* bevatron

bevel I. *v bőr* „sirfol"; *cipő* ferdén vág *(rámavéget)*; *ép* szádal; *fa* ferdén fűrészel; gérel; *mt* fazettál, élet letör; lesarkít, kúposít; rézsútol, rézsel; **II.** *n* ferdeség; rézsútosság; rézselés, kúpos levágás/szél; fazetta, éltörés, élszalag; ferde síkú szél/vágás/él; síkok/vonalak által bezárt hegyesszög; hegyesszögű él *(szerszámon)*; *cipő* bőrszéltisztítás, szélszedés; *fa* ferdevágás; *mat* hegyesszög; ~ **angle** *heg* éltörési/leélezési szög; ~ **bit** *ol* kúpos magfúró/koronafúró/fúrókorona/magkorona; ~ **box** *gépk* differenciálház; ~ **brick** *ép* vállkő; ~ **cant** letompított/lesarkított él; *heng* éllegömbölyítés, lekerekítés; ~ **clutch** kúpos tengelykapcsoló; ~ **cut** ferde vágás; ~ **cutting** leélezés (láng)vágással; ~ **drive** kúpkerékhajtás; ~**-driven** kúpkerékhajtású; ~ **drum friction drive** *gép* tárcsás-kúpos dörzshajtás; ~ **edge** *ép* letompított/lesarkított él; ~ **end** ferdére vágott szél/vég; ~**-epicyclic gear** bolygókúpkerekes áttétel; ~ **face** rézsútos felület; ~**-face wheel** kúpos peremű tárcsa; ~ **flame cutting** *heg* leélezés lángvágással; ~**-friction gear** kúpos dörzskerékáttétel; ~**-friction gear drive** *gép* kúpos dörzshajtás; ~ **ga(u)ge** *mt* kúpos idomszer; szögmérő, kúpidomszer; *tex* kúpprofilminta *(felvetőhöz)*; ~**-ga(u)ge protractor** (állítható szárú) szögmérő; ~ **gear (b.g.)** kúp(fogas)kerék; ~ **gear cutter** kúpkerékfogazó gép; ~**-gear differential** *gépk* kúp(fogas)kerekes differenciál/kiegyenlítőmű; ~ **gear drive** *gép* kúpkerékhajtás; *heng* kúpfogaskerék-hajtás *(vertikális hengereké)*; ~**-gear generator** *forg* lefejtő kúpkerékmaró gép; ~**-gear hobbing attachment** *forg* kúpkerékmaró (készülék); ~ **gearing** kúpkerékáttétel; kúpfogaskerék-hajtás; ~**-gear planer,** ~**-gear planing machine** *forg* kúp(fogas)kerék-gyalugép; ~**-gear train** kúpfogaskerék-sorozat; ~**-gear wheel** kúpkerék; ~**-grinding attachment** kúpköszörülő készülék; ~ **groove** *heng* ferde üreg; ~**-groove joint** *heg* leélezett kötés; ~ **head** kúpos szegecsfej; ~**-head rivet** alacsony fejű kúpos szegecs; ~ **joint** (ferde) átlapolás *(ácsolaté)*; ~ **pinion** (kis) kúpfogaskerék; ~ **protractor** *geod* klinométer, dőlésmérő; szögmérőfelrakó *(rajzeszköz)*, szögtranszportőr; ~ **roller bearing** kúpgörgős csapágy; ~ **scale** *geod* szögfelrakó osztásos vonalzója; ~**-shoulder tenon** ferde csap; ~ **siding** *ép* deszkaburkolat; szádalt deszkaborítás; ~ **sliding rule** szögmérték, szögvonalzó; ~ **splicer** *hang* kettős élű vágó-ragasztó készülék *(magnószalaghoz)*; ~ **square** *ép* kézi szögmérő, derékszögvonalzó;

lejtmérő; ~-**system gear** kúpfogaskerék-áttétel; ~ **tie** *ép* sarokkötés; ~ **tool** leélező szerszám; ~ **washer** *gép* kónikus csavaralátét; kúpos alátétlemez; ~ **welding** sarokhegesztés; ~ **wheel** kúpkoszorús kerék *(frikciós hajláshoz)*; kúpfogaskerék

bevella silk *tex* florettselyem

bevelled, *US* **beveled** rézsútos; ferde, behajló, összehajló, rézsű(s); szádalt *(faanyag)*; *bány* lesarkazott; *bőr* leélezett, „sirfolt"; *ép* lecsapott, rézsűs; *szersz* kúpos; ~ **brick** ferde élű cserép/tégla; ~ **circular saw** kúpos körfűrész; ~-**corner halving** ferde sarokrálapolás; ~ **cutter** *forg* élmaró; ~ **halving** ferde fogazott lapolás; ~ **joint** *fa* szádolt/ferde illesztés; *heg* leélezett kötés; ~ **milling cutter** *forg* élmaró; ~-**off** vágott szélű, ferdén vágott; ~ **plate** *ép* ék alakú lemez; ~ **slot** ferde horony; ~ **washer** kónikus (csavar)alátét; ~ **weld** *heg* leélezett/élletöréses varrat

bevelling, *US* **beveling** *fa* ferde levágás; gérelés; szádalás; *forg* ferdére munkálás; *heng* rézselés, kúpos levágás/szél; ~ **board** rézsútosan szélezett deszka; ~ **machine** *heg* lemezlerézselő/lemezleélező gép; *opt* fazettálógép; *pa* élezőgép

Beverage antenna *távk* Beverage-antenna

beyond|-**the-veil** *geof* némazóna; ~-**visual-range radar** horizonton túli rádiólokátor-állomás

bezel I. *v* élt tör/tompít; élszalagot készít; **II.** *n forg* élszalag, vezetőszalag; vágóélfelület; *metr* ellenőrzőablak; fedőüveggyűrű; fedőüvegkeret; zárófedélgyűrű; *mt* éles él/perem; hegyesszögű vágóél/vágólap; *opt* üvegtartó horony *(keretben)*; *óra* óraüvegkeret; ~ **lock** óraüvegfoglalat-horony, számlaprögzítő csavar; ~ **of headlamp** fényszórófoglalat; ~ **of the plane knife** *szersz* gyalukés vágóéle

Bezold-Brücke phenomenon Bezold-Brücke-jelenség

bf → bold-face

BF → beat frequency; → burst factor

BFO → beat-frequency oscillator

BFP → boiler feed(ing) pump

BFW → boiler feed water

bg → bearing

Bg → broad ga(u)ge (railway)

BG → back gear

b.g. → bevel gear

BGRV → boost-glide re-entry vehicle

BH → boiler house; → Brinell hardness

BHC → benzene hexachloride

BHN → Brinell hardness number

BHP → brake horse power

bhpr → brake horse-power-hour

Bi → bismuth

BI → base ignition

biacetyl *vegy* diacetil

biadditive *mat* biadditív; ~ **map** *mat* biadditív leképezés

biangle *mat* kétszöghold, gömbkétszög

biard *bány* járomkoszorú

bias I. *v* elhajlít, behajlít; oldalt hajlik; *ép, távk* előfeszít; *félv* kivezérel; *fiz* előmágnesez; **II.** *a* ferde, rézsútos, dőlt; egyoldalas *(ferde)*; átlós; aszimmetrikus; **III.** *n* ferde sík; ferdeség, rézsútosság; *el* (rács)előfeszültség; aszimmetria, torzítás; előfeszítés; határáram; mellékáram; *ép* egyoldalas dőlés/hajlat/lejtő; ferdeség, dőlés; *hang* előmágnesezés; *mat* szisztematikus/rendszeres hiba; torzítás; *mech* előterhelés; kiegészítő igénybevétel; *rep* rácsfeszültség; *szt* torzítás, hiba; *távb* egyoldalas torzítás; *tex* átlós varrat; ~ **adjustment** *el* előfeszültség-állítás; ~ **angle** *gumi* kordfonál dőlési szöge *(betétben)*; ~ **battery** előfeszültség-telep; ~ **bleeder** előfeszültség-leosztó ellenállás; ~ **buff** *gép* polírozógyűrű; ~ **cell** → ~ battery; ~ **circuit** munkapont-beállító áramkör; ~ **control** *aut* előfeszültség-szabályozás, eltolódás-szabályozás; ~ **current** *el* előmágnesező áram; működtetőáram, vezérlőáram; *távb* húzatóáram; *távk* előfeszítő áram; ~ **cutter** *gumi* átlós vágógép; ~ **distortion** → ~ telegraph distortion; ~ **error** *szt* torzulási hiba; ~ **field** előmágnesező erőtér; ~ **generator** *el* mellékáram-gerjesztő; ~ **input** előfeszültség-bevezetés; ~ **in sampling** mintavételi torzítás; ~ **lighting** háttérvilágítás; ~ **magnetization** előmágnesezés; ~ **oscillator** előmágnesező oszcillátor; ~ **ply carcass** diagonálkarkasz; ~ **point** munkapont *(görbén)*; ~ **rectifier** rácselőfeszültség-egyenirányító; ~ **resistance** *távk* előfeszítő ellenállás; ~ **resistor** katódellenállás; ~ **telegraph distortion** *távb* jelrövidülés, jelhosszabbodás; ~ **theorem in real domain** eltolási tétel a valós tartományban; ~ **voltage** *félv* kapcsolófeszültség, vezérlőfeszültség; *távk* (rács)előfeszültség; ~ **voltage supply** előfeszültség-forrás; ~ **winding** előfeszítőtekercs

bias(s)ed *el, ép* átlós; előfeszített; ferde, rézsútos, dőlt; *hang* előmágnesezett; *mat* torzított; *mech* előterhelt; *távb* egyoldalas; ~ **AGC** késleltetett AGC *v.* automatikus erősítésszabályozás; ~ **error** *szt* torzulási hiba; ~ **estimator** torzított értékelés; ~ **field** *el* eltolt mező/tér; ~ **flip-flop** sarkított billenőkapcsoló; ~ **gain-control** → ~ AGC; ~ **linear amplifier** torzított lineáris impulzuserősítő, küszöbimpulzus-erősítő; ~ **relay** polározott/sarkított jelfogó; ~ **sampling** torzult mintavétel; ~ **twill** *tex* sávoly

bias(s)ing elhajlítás; *el* előmágnesezés; *távk* előfeszítés; ~ **circuit** munkapont-beállító áramkör; *távb* húzatókör; ~ **current** előmágnesező áram; ~ **potential** záróirányú előfeszítés

biat *bány* aknatartó keret, tartókeret, járomkoszorú

biauricular *hang, orv* biaurikuláris

biax → biaxial

biaxial kéttengelyű; ~ **bending** *mech* kéttengelyű/ferde hajlítás; ~ **compression** kéttengelyű nyomás; ~ **crystal** *ásv* kéttengelyű kristály; ~ **indicatrix** *ásv* kéttengelyű indikátrix; ~ **interference figure** *ásv* kéttengelyű interferenciakép; ~ **magnetic element** *szt* biax/kétsarkú mágneses elem; ~ **optical symmetry of laser** lézer kéttengelyű optikai szimmetriája; ~ **rubber-tyred/rubber-tired roller** *ép* kéttengelyes gumiabroncsos henger; ~ **spherical harmonic (function)** *mat* kéttengelyű gömbfüggvény; ~ **state of stress** *mech* síkbeli/kéttengelyű feszültségállapot; ~ **storage** *szt* biax tároló; ~ **strain ga(u)ge** kéttengelyű nyúlásmérő; ~ **stress** kéttengelyű/síkbeli feszültség

biaxiality kéttengelyűség

bib ívelt kifolyócső; *önt* tokos kemence elzárólemeze; ~ **cock** → bibcock; ~ **nozzle** *ép* árboccsőr; ~ **tap** *ép* csapoló; ~ **with silk basin** *ép* falicsap kagylóval/lefolyóval

bibble *ker* flintkő, őrlőkő

bibcock (kifolyó)csap, falicsap; leeresztőcsap

bibenzyl *vegy* dibenzil, 1,2-difenil-etán

Bible paper biblianyomó papír
bibliofilm mikrofilm
bibliographic database *szt* bibliográfiai adatbázis
bibulous paper itatóspapír, szívópapír
bicable kétköteles, kétkábeles; ~ **ropeway** kétköteles függővasút/kötélpálya
bicarbonate *vegy* hidrogén-karbonát
bicartesian square *mat* csodás négyzet
bicategory *mat* bikategória, multiplikatív kategória
bicentric orbital *at* kétcentrumú elektronpálya
bicharacteristic *mat* bikarakterisztika
bichromate *vegy* bikromát, dikromát; ~ **cell** *el* Grenet-elem, krómsavas elem
bichrome *vegy* kálium-dikromát, kálium-bikromát
bickern → bick-iron
Bickford fuse *bány* Bickford-(gyújtó)zsinór
bick-iron *szersz* bádogos-szarvasüllő
bicoil kettőstekercs; ~ **coiler** *tex* kétszalagos szalaglerakó; ~ **drawing-frame** *tex* szalagnyújtó gép
bicolour(ed), *US* **bicolor(ed)** kétszínű; ~ **group** feketefehér csoport
bicomplex | **function** *mat* bikomplex függvény; ~ **number** bikomplex szám; ~ **quantity** bikomplex mennyiség
biconcave *opt* bikonkáv, homorú-homorú; ~ **lens** bikonkáv/kétszerhomorú lencse
biconditional *mat* bikondicionális, ekvivalencia *(mint igazságfüggvény)*; ekvivalenciajel
biconical kettős kúpos; ~ **antenna** *távk* kettőskúp-antenna; ~ **gate** *szt* kizáró NOR-kapcsolat; ~ **horn** *távk* kettőskúp-sugárzó; ~ **operation** *mat* ekvivalenciakapcsolat
biconnected *mat* kétszeresen összefüggő; ~ **graph** kétszeresen pontösszefüggő gráf; tagolatlan *(v.)* csillag alakú gráf; ~ **space** kétszeresen összefüggő tér
bicontinuous mapping *mat* homomorfizmus, topológiai izomorfizmus
biconvector *mat* bikonvektor
biconvex *opt* bikonvex, domború-domború; ~ **lens** bikonvex/kétszerdomború lencse
bicorn kétszarvú görbe
bicovector *mat* bikovektor
bicrepe yarn *tex* kétágú kreppsodratú fonal
bicrystal *ásv* kettős kristály; ~ **interface** kettős kristály köztes felülete
bicubic equation *mat* hatodfokú egyenlet
bicursal curve *mat* elliptikus görbe
bicurvature *mat* kettős görbület
bicuspid kétcsúcsú
bicycle kerékpár; ~ **ergometer** kerékpár-ergométer; ~ **undercarriage** *rep* kerékpár típusú futómű
bicylindroconical kettőshengeres kúpos; ~ **drum hoist** *bány* kettőshengeres kúpos-dobos aknaszállítás
bid ajánlat, felhívás ajánlattételre; ~ **bond/quarantee** ajánlati garancia/biztosíték; ~ **on contract** pályázati kiírásra tett ajánlat; **put out for a** ~ versenytárgyalás tárgyává tesz, versenytárgyalásra kiír
bidder ajánlattevő (cég/személy)
bidding ajánlattétel; ~ **combination** ajánlattevő munkaközösség/cégcsoport; ~ **problem** *opt* levélprobléma, licitprobléma; ~ **procedure** ajánlattételi kiírás/versenyfelhívás
bidecimal bináris-decimális
bidet *ép* bidé
bidimensional kétdimenziós
bidirectional kétirányú; kétoldalú; kétállású; ~ **characteristic** antenna-iránykarakterisztika; ~ **counter** reverzibilis/kétirányú számláló; ~ **diode thyristor** kétirányú dióda, diac, diak; ~ **drive** kétirányú/irányváltós hajtás; ~ **flow** *szt* kétirányú folyamat; ~ **microphone** kétoldalas mikrofon, nyolcas karakterisztikájú mikrofon; ~ **printing** *szt* kétirányú nyomtatás; ~ **pulse** bipoláris impulzus; ~ **scanning** *szt* kétirányú olvashatóság *(vonalkódnál)*; ~ **shearer** *bány* kétoldalas működésű réselőgép; ~ **transceiver element (BTE)** *szt* kétirányú adó-vevő (átviteli) elem, BTE; ~ **transducer** kétirányú jelváltó; ~ **transistor** szimmetrikus/kétirányú tranzisztor; ~ **triode-thyristor** kétirányú trióda, triac, triak; ~ **valve** *vák* kétutas szelep; ~ **(wind) vane** *met* kettős tengelyű széliránymérő, bivane, kétzászlós szélsebességmérő
BIE → bill of entry
bieberite *ásv* bieberit
biedge *mzg* kétélű
bielectrolysis kettős elektrolitikus fémleválasztás
biennial kétévenként ismétlődő, kétévenkénti, kétéves
biergol *rak* diergol, kétkomponensű rakétahajtó anyag
bifactorial *mat* bifaktoriális; kéttényezős; ~ **model** *mat* kétfaktormodell, bifaktormodell
bi-FET, BIFET → bipolar field effect transistor
bifilar bifiláris, kétszálas; ikerszálas; ~ **bulb** *el* két(izzó)szálú lámpa, biluxlámpa; ~ **coil** bifiláris tekercs; ~ **conductor** kéterű vezeték; ~ **electrometer** kétszálas Wulf-féle elektrométer; ~ **gravimeter** kétszálas/bifiláris graviméter; ~ **oscillograph** hurkos oszcillográf; ~ **suspension** bifiláris/kétszálas felfüggesztés; ~ **winding** *el* bifiláris (indukciómentes) tekercselés; bifiláris tekercs
bifilm projector ikerfilmvetítő
bifocal *opt* bifokális; kétfókuszú; ~ **glasses** bifokális szemüveg; ~ **lens** bifokális lencse; ~ **tube** kettős fókuszú cső
bifolium *mat* bifolium, Riemann-féle felület lapja/levele
bifuel *gépk* két üzemanyaggal járatható; ~ **rocket** *rak* kétfolyadékos rakéta
bifunctional *vegy* bifunkciós, kétértékű
bifurcate kétfelé ágazik
bifurcated kétfelé ágazó, kettős, villás; ~ **box** *el* kábelelágazó szerelvény; ~ **chute** kétágú surrantó; ~ **contact** *el* elágazó érintkező; ~ **cylinder** *gépk* ikerhenger; ~ **launder** *koh* nadrágcsatorna; ~ **ligature needles** *orv* villás ligatúratű; ~ **pipe** kétágú cső, nadrágcső(idom); ~ **rivet** hasított szárú szegecs; ~ **shock (wave)** szétágazó lökéshullám, lambda-típusú lökéshullám; ~ **spout** *élip* kétágú futócső, lefolyócső
bifurcating kétfelé ágazó, villásan elágazó; *geol* bifurkáló; ~ **box** *el* kéterű kábelvégelzáró
bifurcation keveredés, kétfelé ágazás; elágazás, szétválás, bifurkáció; ~ **gate** *hidr* osztómű; ~ **theory** *mat* elágazáselmélet
bifurcational value kettéágazási érték
big nagy, erős, kövér; *hang* hangos, erős; ~ **bang** *csill* big bang, nagy robbanás; ~ **compressor** óriás kompresszor; ~**-end bearing** *gépk* forgattyúcsapágy *(hajtókaron)*; hajtórúdcsapágy; ~**-end bolt** forgattyúfejcsavar; ~**-end-down ingot** *önt* lefelé szélesedő öntecs;

~-end-down mo(u)ld lefelé szélesedő kokilla; **~ end of connecting rod** *gép* forgattyúfej, hajtórúd forgattyúvége; **~-end-up ingot** felfelé szélesedő öntecs; **~-end-up mo(u)ld** felfelé szélesedő kokilla; **~-hole drilling** nagy átmérőjű fúrás; **~ impurities** *élip* nagy/goromba keverékesség; **„~ little man"** tranzisztor; **~ mill** *heng* előnyújtósor, buga(henger)sor; **~ package** *tex* nagyméretű kiszerelés; **~ plaster board** *ép* emeletmagas gipszpanel; **~-scale meteorology** *met* kontinentális/makroszinoptikus meteorológia, grosswetterkunde; **~-screen receiver** nagyernyőjű televízióvevő; **~-stone bit** *ol* gyémánt magfúrókorona

Big Blue *szt* Kék Óriás, az IBM cég *(kék márkajelzése)*

bight hurok; hajlás; *ép* szöglet; *geol* (kis) öböl; *hajó* kötélhurok; *közl* kanyar, ív

bigit *szt* bit

bigrade equation *mat* másodfokú egyenlet

bigrid kétrácsos *(cső)*

biharmonic biharmonikus; **~ amplifier** biharmonikuserősítő; **~ function** *mat* biharmonikusfüggvény

bihexagonal tizenkét szögletű/lapú; **~ head bolt** *gép* tizenkét szögletű/lapú csavar

Bijvoet | difference *ásv* Bijvoet-differencia; **~ pair** Bijvoet-pár

bilateral kétoldalú; kétoldali; *ép* kétméretű; **~ absorption** kétoldalú abszorpció *(minimummal)*; **~ air transport agreement** *rep* kétoldalú légügyi egyezmény; **~ antenna** *távk* kétfelé irányított/két irányba sugárzó antenna; forgatható dipólantenna; **~ area track** *hang* kétoldali amplitúdóírásos/transzverzális hangsáv; **~ derivative** *mat* kétoldali derivált; **~ edge-perforated card** kétoldalú peremlyukkártya; **~ hole** szimmetrikus furatrendszer; **~ impedance** *el* szimmetrikus impedancia; **~ Laplace transformation** *mat* kétoldali/bilaterális Laplace-transzformáció; **~ limit** plusz-mínusz tűrési határok; **~ matching** *távk* kétirányú illesztés; **~ microphone** nyolcas karakterisztikájú *(v.)* kétoldali mikrofon; **~ scanning** kétoldalú letapogatás; **~ system** kétoldali rendszer; **~ transducer** kétirányú/bilaterális átalakító/jelváltó; **~ transistor** *szt* bilaterális/szimmetrikus tranzisztor; **~ transmitter** → **~ microphone**; **~ water hazard** kétoldali vízveszély; **~ welding** kétoldali hegesztés

bilaterally bilaterálisan, kétoldalról; **~ bounded sequence** *mat* mindkét oldalról korlátos sorozat; **~ symmetric** bilaterálisan szimmetrikus

bildschirmtext *tv* képújság

bile epe; **~ acid** epesav; **~ pigment** epefesték, bilirubin

bilens kettőslencse

bilevel kétszintű, kétszintes; **~ car** *vasút* emeletes kocsi; **~ inventory control** raktárállomány-ellenőrzés két szinten; **~ rack car** *US vasút* kétszintes gépkocsiszállító kocsi/vagon

bilge (ki)dudorodás, kidomborodás, kihasasodás; hordó hasa; *hajó* fenékvíz; medersori árok; **~ and ballast pump** fenékvíz- és ballasztszivattyú; **~ block** tőkecönk, gerinccönk; **~ bracket** *hajó* kettős fenék medersori támlemeze; **~ cock** fenékvízcsatorna csapja; **~-distribution box** fenékvízszívó-elosztószekrény; **~ keel (Bil.K.)** oldalgerinc; lengéscsillapító borda/gerinc; **~ keelson** oldalsó fenékhossz-merevítő; mederhossz-merevítő; medersori hosszmerevítő; **~ line** fenékvíz-csővezeték; **~ pipe** fenékcsővezeték; **~ pipe system** fenékvízcsőrendszer; **~ plating** medersor-lemezelés; **~ pump** fenékvízemelő szivattyú; fenék(víz)szivattyú; **~ strake** medersor, hajlássor; medersoros lemezsor; **~ stringer** medersorhosszmerevítő; **~ suction/pipe** fenékvízszívó cső; **~ valve** fenékvízvezeték szelepe; **~ water** fenék(csatorna)víz; **~ ways** hajócsúszda; sópálya

bilinear *mat* bilineáris, kettősen lineáris; **~ equation** bilineáris egyenlet; **~ form** bilineáris alak; **~ mapping** bilineáris leképezés

bilinearity bilinearitás

bilirubin bilirubin

biliverdin biliverdin

Bil.K. → bilge keel

bill[1] *bány* csőr; *szersz* balta, fejsze; szekerce

bill[2] számla; bankjegy, kimutatás, jegyzék, plakát; **~ band** *pa* kötszalag; **~ explosion** darabjegyzék lebontása; **~ feed** *nyom* nyomtatványetető szerkezet; **~-feed** *szt* egyenkénti papíradagoló; **~-feed printer** *szt* számlakártya-feliratozó; **~-head paper** számlapapír; **~ of delivery** szállítólevél; **~ of entry (BIE)** *rep* vámnyilatkozat; **~ of fount** *nyom* öntőcédula; **~ of lading (BL)** *hajó* hajófuvarkötvény, hajórakjegy; *rep* rakománylevél; **~ of materials** *ép* anyagjegyzék, anyagkimutatás; **~ of quantities** mennyiségkimutatás *(anyag- és munkaerőszükségleti ajánlatban)*; **~ paper** váltópapír; **~-posting/sticking** plakát(fel)ragasztás; **~ stamp** okménybélyeg; **~ strap** *pa* bankjegyátragasztó szalag

billboard hirdetőtábla, (hirdető)palánk; *hajó* horgonykapa-támaszték; **~ array** *távk* dipólsík, dipólfüggöny, táblaantenna; **~ paper** plakátpapír

billet *alak* nyersdarab; *bány* rövid, vastag gerenda/támfa; *bőr* kantárszár csatos része; *ép* tömb; tönk, sáv; *fa* hasáb, rönk; *heng* (négyzetes) buga, hengertuskó; félkész rúdanyag; platina; *koh* (négyzetes) buga; tuskó, öntecs; **~-bank** *heng* bugatisztító; **~ chipping** bugafaragás; **~ chute** kilépőcsúszda; **~ cradle** öntecsadagoló; **~ elevator** bugarakodó asztal; **~ entering** öntecsbevezetés; **~ heater** bugahevítő berendezés; **~ lathe** hántolóeszterga; **~ manipulator** bugafordító berendezés; **~ mill** buga(henger)sor; **~ nose** bugafej; **~ note** papíralak *(8"x6")*; **~ rack** *heng* bugaállvány; **~ reheating furnace** bugahevítő kemence; **~ roll** *heng* bugahenger; *koh* nagyolóhenger; **~-rolling mill/train** → **~ mill**; **~ saw** *koh* tuskófűrész; **~ shears** *alak* táblaolló; *heng* bugaolló; **~ steel** acélbuga; **~ switch** bugaelosztó; **~ trolley** *heng* bugaszállító kocsi; **~-wood** fahenger

billeteer *forg* durva nagyológép/hántológép

billey *tex* fonókannás előfonógép

billiard-ball collision *fiz* rugalmas ütközés

billing számlázás; *ép* szakipari munkák összeállítása; **~ machine** számlázógép; **~-machine paper** számlázógéppapír; **~ machine with punched tape output** lyukszalag kiírású számlázógép

billion | *GB* billió (10^{12}); **~** *US* milliárd (10^{9})

billon silány nemesfémötvözet

billot *fa* tuskó, hasáb; *koh* rövid rúdarany

billow (víz)hullám; **~ cloud** undulatus, hullámfelhő

billy *ásv* világosszürke kvarcit kemény válfajta; *tex* kártoltpamut-szelfaktor; **~-boy** *hajó* gömbölyű farú bárka

bilux *gépk* bilux, kétszálas; ~ **bulb** biluxizzó
BIM → beginning of information marker
bimagic square *mat* duplán bűvös négyzet
bimanual kétkezes
bimatrix game bimátrixjáték
bimetal *koh, el* kettősfém, bimetall (szalag); ~ **casting** *koh* bimetallöntés; bimetallöntvény
bimetallic kettősfémes, bimetall-; ~ **actinometer** kettősfém-sugárzásmérő; ~ **corrosion** *fiz* galvanikus/elektrolitikus korrózió; *koh* kétfémkorrózió; ~ **electrode** bimetallelektród, ikerfémelektród; ~ **element** ikerfém, kettősfém, bimetall; ~ **instrument** kettősfém műszer; ~ **pyrometer** bimetall/termoelemes pirométer; ~ **rectifier** száraz egyedirányító; ~ **relay** kettősfém relé; ~ **starter** kettőfémes indító; ~ **strip** *el* bimetall; bimetall termosztát; kettősfém szalag; ~**-strip relay** kettősfém relé; ~ **thermometer** bimetall hőmérő; lemezes hőmérő; ~ **type catalyst** *ol* kétfémes katalizátor; ~ **wire** kettősfém huzal
bimetallism *geof, ol* bimetallizmus
bimodal *mat* kettős csúcsú, kétmaximumú, kétmódusú, kétpúpú; ~ **distribution** *mat* kétcsúcsos/bimodális eloszlás; ~ **motion system** *met* bimodális mozgásrendszer
bimolecular *vegy* bimolekuláris, bimolekulás; ~ **reaction** bimolekuláris reakció
bimorph crystal/cell *hang* kompenzált kristály *(mikrofon)*
bimotor(ed) *rep* kétmotoros
bin I. *v élip* palackban érlel; **II.** *n* tartály; *élip* cella, kamra; siló; *em, koh* bunker; *ép* tartály, bunker; ~ **compartment** tartályrekesz; ~ **discharge device/carriage** *ép* bunkerürítő kocsi; ~ **discharge gate** tartályelzáró; ~ **drier** szekrényes szárító; ~ **feed** *forg* bütykös vezérlésű előtolás; táras adagolás; ~ **gate** cellatolózár; *ép* bunkerelzáró; silóelzáró; tartályelzáró; *koh* bunkerzár; ~ **hopper** *élip* cellatölcsér, kamragarat; ~ **level detector** *ép* tartálytöltésszint-jelző; ~ **level indicator** *élip* cellaszintmutató; ~ **lock** → ~ gate; ~ **outlet** adagoló garat; ~ **scorch** tárolás alatti elővulkánozás/elővulkanizálódás; ~ **storage** *élip* silóraktározás, siló; ~ **storey** *élip* cellák fölötti emelet; ~ **unloader** *ép* szórótartály *(útépítés)*; ~ **weigh(ing) batcher scale** *ép* silómérleg, függőpályás mérleg *(adalékanyagé)*
binary I. *a koh, önt* kétalkotós, biner; *mat* bináris; kettes számrendszerű/alapú; kétváltozós; *szt* bináris, kettes számrendszerbeli; *tex* kétkomponensű; *vegy* biner, kétkomponensű; **II.** *n* kettőscsillag; ~ **adder** *szt* bináris összeadó; ~ **addition** *szt* bináris összeadás; ~ **alloy** *önt* kétalkotós ötvözet; ~ **arithmetic** *mat* kettes számrendszerben történő számolás; *szt* bináris aritmetika; ~ **arithmetic operation** *szt* bináris aritmetikai művelet; ~ **base** *szt* bináris ábrázolás alapja; ~ **Boolean operation** *szt* diadikus Boole-művelet; ~ **card** *szt* bináris lyukkártya; ~ **cell** *szt* bináris cella/rekesz; ~ **chain** *el* multivibrátorlánc; *szt* bináris lánc; ~ **channel** *szt* bináris csatorna; ~ **character** *szt* bit, bináris karakter; ~ **chemical artillery projectile** *kat* bináris vegyi tüzérségi gránát; ~ **chop** *szt* bináris keresés; ~ **chopping** *mat* regula falsi, húrmódszer; ~ **code** *szt* bináris kód; ~ **code conversion** *szt* bináris kódátalakítás/kódkonverzió; ~ **coded** *szt* binárisan kódolt; ~ **coded address** *szt* binárisan kódolt cím; ~ **coded character** *szt* binárisan kódolt karakter; ~ **coded decimal (BCD)** *szt* binárisan kódolt decimális, BCD; ~ **coded decimal code (BCDC)** *szt* binárisan kódolt decimálkód, BCD-kód; ~ **coded decimal digit (BCDD)** *szt* binárisan kódolt decimális jegy; ~ **coded number** *szt* binárisan kódolt szám; ~ **coded octal** *szt* binárisan kódolt oktális; ~ **coding** *szt* bináris kódolás; ~ **command** *aut, szt* bináris utasítás; ~ **complement** *szt* bináris komplemens; ~**-component alloy** *koh* kétalkotós ötvözet; ~ **composite colo(u)r** *nyom* két alapszínből kevert szín; ~ **computer** bináris számítógép; ~ **connective** *mat* kétváltozós logikai műveletjel; ~ **conversion** *szt* bináris konverzió/átalakítás; ~ **conversion matrix** *szt* bináris-konverzió-mátrix; ~ **counter (BC)** *szt* bináris számláló; ~ **data word** → ~ item; ~**-decimal code** *szt* BCD-kód; ~ **digit** → bit; ~ **digital path** bináris digitális út; ~ **division** bináris osztás; ~ **electrolyte** *fiz* biner elektrolit; ~ **element,** ~ **elementary unit** *szt* bináris elem; ~ **element signal** *szt* bináris jel; ~ **eutectic** *szt* kétalkotós eutektikum; ~ **eutectoid** *önt* kétalkotós eutektoid; ~ **fibre/fiber mixture** *tex* kétkomponensű szálkeverék; ~ **fission** *at* két részre történő hasadás; ~ **fixed point word** *szt* fix tizedesvesszős bináris szó; ~ **form** *mat* biner/kétváltozós alak; ~ **full adder** *szt* teljes bináris összeadó; ~ **function** *mat* kétváltozós függvény; *szt* bináris függvény; ~ **granite** *ásv* kétcsillámú gránit; ~ **information** *szt* bináris információ; ~ **input** *szt* bináris input/bevitel; ~ **item** *szt* bináris adatszó; ~ **logic** *szt* bináris/kétértékű logika; ~ **memory cell** *szt* bináris memóriarekesz; ~ **multiplication** *szt* bináris szorzás; ~ **noise** *aut* bináris zaj; ~ **notation** *mat* bináris előállítás; kettes számrendszerbeli előállítás; *szt* bináris (szám)ábrázolás; kettes/bináris számrendszer; ~ **number** *mat* kettes számrendszerben felírt szám, bináris/diadikus szám; *szt* bináris szám; ~ **number notation** *mat* kettes számrendszerbeli előállítás, bináris előállítás; ~ **number system** *mat* kettes/diadikus/bináris számrendszer; ~ **operation** *szt* kétoperandusú művelet, diadikus művelet, Boole-művelet; ~ **operator** *szt* kétoperandusú művelet; ~ **ore** *koh* kétalkotós érc; ~ **output** *szt* bináris kimenet/output; ~ **phase shift keying (BPSK)** *távk* bináris fázisbillentyűzés; ~ **place** *szt* bináris pozíció/hely; ~ **point** *mat* tizedesvessző *(kettes számrendszerben)*; *szt* bináris pont; ~ **position** → ~ place; ~ **program** *szt* bináris program; ~ **propositional connective** *mat* kétváltozós logikai műveletjel; ~ **pulse code modulation** *távk* bináris impulzus-kódmoduláció/PCM; ~ **quantic** *mat* biner/kétváltozós alak; ~ **reaction** *at, vegy* kétalkotós reakció; ~ **representation** *mat* kettes számrendszerbeli előállítás, bináris előállítás; *szt* bináris számábrázolás; ~ **salt** *vegy* kettős só; ~ **scale** bináris skála; *szt* kettes számrendszer; ~ **scaler (BS)** *at* kettes számrendszerű leosztó/scaler; *szt* bináris számláló; ~ **search** *szt* bináris keresés; ~ **shift register** *szt* bináris léptetőregiszter; ~ **signal** *szt* bináris jel; ~ **source** *szt* bináris forrás/adó; ~ **star** *csill* kettős csillag; ~ **steam engine** kettős gőzgép; ~ **symmetric(al) channel (BSC)** *távk* bináris szimmetrikus csatorna, BSC; ~ **synchronous communications (BISYNC, BSC)** *szt* bináris szinkron kommunikáció, BISYNC, BSC; ~ **system** *ásv* biner rendszer, két anyagból álló rendszer; *koh, vegy* kétal-

kotós rendszer; *szt* bináris/kettes (szám)rendszer; ~ **system of numbers** *szt* kettes/bináris számrendszer; ~**-to-decimal conversion** *szt* bináris-decimális átalakítás/konverzió; ~**-to octal conversion** *szt* bináris-oktális átalakítás/konverzió; ~ **tree** *szt* bináris fa; ~ **weight** *szt* bináris helyérték; ~**-weighted (position) code** *szt* bináris helyértékű (pozíció)kód

binaural *hang* binaurális, két füllel hallott, kétfülű; *rád* kéthangcsatornás; ~ **beat** *hang* két füllel észlelt lebegés; ~ **effect** *hang* sztereofónia; ~ **hearing** kétfülű hallás

bind I. *v* megköt *(anyagot)*; *el* befűz, kiold *(kábelt)*; *ép* (meg)köt; leköt; összeerősít, megkeményedik; összeköt; *nyom* beköt; *ol* megszorul, lyukfalra tapad, beragad, fúrószár befeszül/beékelődik *(lyukfalba)*; *szt* címet hozzárendel; értéket ad *(változónak)*; **II.** *n* pánt, kötés; *bány* agyagos meddő; palaréteg, palaburkolás; *ép* keresztgerenda; ~**-clay** *bány* agyagos meddő; ~ **in board** *v nyom* kartonál; ~ **in paper-cover** *v nyom* brosíroz, fűz; ~ **in position** *v ép* kötöz *(betonvasalást)*; ~ **of a variable** *szt* értékadás; ~ **off** *v* láncol, ketliz; ~ **up** *v nyom* egybeköt; ~ **wood** pintérfa

binder kötözőzsineg; pánt, kötés; *bány* kötőanyag; palaréteg, palaburkolás; *ép* binder *(útépítés)*; fogófa, mestergerenda; kötőanyag, habarcs; *gép* kengyel, bilincs; *hang* szalagragasztó; *koh* kötőfém; *műa* üvegszál kötőanyag; *mzg* kévekötő aratógép; *rep* kötőelem; *tex* kötözőfonal; ~ **attachment** *mzg* kévekötő szerkezet; ~ **board** könyvkötőlemez, könyvkötőkarton; ~ **bolt** → binding bolt; ~ **bridge** *önt* kötőanyaghíd; ~ **canvas** *mzg* szállítóponyva; ~ **case** gyűrűskönyv; ~ **content** *koh* kötőanyag-tartalom; ~ **cooker** bitumen- és kátrányfőző, bitumen-és kátrányolvasztó *(útépítés)*; ~ **course** binderréteg *(útépítés)*; ~ **dent** *tex* bordatámasz; ~ **film** *önt* kötőanyagfilm; ~ **kettle** → ~ melting kettle; ~ **lever** → binding lever; ~ **melting kettle** bitumen- és kátrányolvasztó; ~ **metal** fém kötőanyag; ~ **of mo(u)lding sand** *önt* mintázóhomok-kötőanyag; ~ **of screenings** makadám binderrétege; ~ **phase** *alak* kötési fázis *(porkohászat)*; ~ **rail** *ép* falkötő vas; ~**s** *ép* gyűrűvasalás *(vasbetoné)*; körülkengyelezés, kengyelvasalás, keresztirányú vasalás; ~**'s board** → ~ board; ~ **screw** állítócsavar, szorítócsavar; ~ **thread** *élip* cukorspárga; *gép* kötőmenet; *tex* kötözőfonal, kötőzsineg; ~ **twine** kötözőfonal, zsineg; ~**-type mower** *mzg* kévekötő aratógép; ~ **warp** → binding warp; ~ **waste** *nyom* kötészeti eselék

bindery könyvkötészet

bindicator *élip* cellaszintmutató

binding I. *a* kötöző, kötő; **II.** *n* (meg)kötés, összekötés; *cipő* szegés; *el* kötelék; lekötés, bandázs; *ép* (körül)kengyelezés; kötés; *gép* berágódás, megakadás; vasalás; *heng* kötegelés; *nyom* tábla, fedél; *tex* kötőrétegképzés *(csévén)*; ~ **agent** kötőanyag, habarcs; ~ **arch** *ép* pilleív; ~ **attachment** → binder attachment; ~ **band** *el* armatúraabroncs; ~ **beam** *ép* kereszttartó; mestergerenda; ~ **bolt** *ép* horgonycsavar, kötőcsavar; ~ **capacity** kötőképesség; ~ **chain** *gép* emelőlánc; *tex* mintázólánc; ~ **clip** szorítókengyel, szorítóbilincs; ~ **cloth** könyvkötővászon, kalikó; ~ **coal** összesülő/kokszolható szén; ~ **course** *ép* kötőréteg; kötősor; ~ **design** *nyom* kötési minta; ~ **effect** *at* kötési (erő)hatás; ~ **electron** *at* valenciaelektron, külső héj elektronja; ~ **energy (BE)** *at* kötési energia; ~ **face** *gép* felfekvési felület *(kötésé)*; ~ **force** *vegy* kötési/kohéziós erő; kötőerő, kötéserősség; ~ **fraction** átlagos kötési energia *(egy nukleonra jutó)*; ~ **girder** *ép* kötőgerenda, mestergerenda; ~ **head screw** lapos félgömbfejű csavar; ~**-in** *el, nyom* bekötés; ~ **in boards** *nyom* kartonkötés; ~ **in half calf** *nyom* félbőr kötés; ~**-in sewer** *ép* házi bekötőcsatorna; ~ **intertie** → ~ girder; ~ **jack** *távk* kapcsolóhüvely; ~ **joint** *távk* vezetékes összeköttetés; ~ **joist** *ép* kötőgerenda; ~ **lever** *gép* rögzítőemeltyű, záróemeltyű; ~ **machine** *cipő* (kézi) mintabeszegő készülék cipőfelsőrész-mintához; *mzg* kévekötő-arató gép; ~ **material** kötőanyag, habarcs; ~ **nut** *gép* szorítóanya, összekötő anya; ~ **of core spindle** *önt* magorsóbevonás; ~**-off machine** *tex* láncesomózó gép; ~ **of screen** *élip* rosta eltömődése; ~ **of the dust** *bány* porlekötés; ~ **pick** *tex* alapvetülék; ~ **piece** *ép* foglalatrögzítő kődarab; fogófa, fogópár; *fa* csatlófa; *gép* szorítóbetét; ~ **place** *tex* kereszteződés *(lánc- és vetülékfonalé)*; ~ **post** *el* csatlakozókapocs, szorítókapocs; szorítószerelvény; ~ **power** → ~ capacity; ~ **press** *nyom* könyvkötő prés; ~ **property** → ~ capacity; ~ **rafter** *ép* szelemen; ~ **rail** *ép* falkötő vas; ~ **ring** szorítógyűrű, állítógyűrű; ~ **rivet** kötőszegecs; ~ **screw** kötőcsavar; ~ **screw clamp** kötőcsavaros bilincs; ~ **stone** *ép* horgonykő, bekötőkő, alapkő; ~ **strength** → ~ capacity; ~ **strip** bálázópánt; ~ **tape** ragasztószalag; szigetelőszalag; ~ **thread** *el* kábelkötöző zsineg; *élip* cukorspárga; *gép* kötőmenet; *tex* kötözőfonal, kötözőzsineg; ~ **warp** *tex* kötőlánc, tűzőlánc; ~ **wire** *el* kötözőhuzal; *ép* kötöződrót *(vasbetonhoz)*; *heng* kötöződrót, kötözőhuzal; ~ **yarn** *tex* kötőfonal; ~ **yarn hank** *tex* fonalmatring-kötözés

bing I. *v bány* hányón tárol; vagont megrak; **II.** *n bány* hányó; ~ **ore** dús ólomérc; ~ **place** meddő

Bingham | **body** *mech* Bingham-testek; ~ **flow** Bingham-féle képlékeny/plasztikus folyás; ~ **plastic fluid** Bingham-plasztikus folyadék; ~ **yield point** Bingham-féle gélerősség

binistor *el* binisztor, bistabil multivibrátor; négyrétegű dióda

binit *szt* binit

binnacle folyóelágazás; *gépk* felhajtható vezetőfülke; *hajó* iránytűtartó

binnite *ásv* binnit

binocular *opt* binokuláris, kétszemű; ~ **body** *opt* binokuláris tubus; ~ **camera** *foto* sztereofényképezőgép; ~ **field of view** *orv* binokuláris látótér; ~ **head lens** *orv* binokuláris homloklupe; ~ **telescope** binokuláris távcső; ~ **viewing system** binokuláris optikai rendszer; ~ **visual field** binokuláris látótér

binoculars *pl* binokuláris távcső

binodal *mat* binodális, kétcsomópontú *(görbe)*; ~ **curve** binodális görbe, görbe két csomóponttal; ~ **standing wave** kétcsomós állóhullám

binode *el* binóda, kettős dióda

binomial *mat* binom, kéttag(ú kifejezés); binomiális; ~ **adaptor** *távk* binomiális antenna/átmenet; ~ **array** *mat* Pascal-féle háromszög; ~ **coefficient** *mat* binomiális együttható; ~ **differential equation** binomiális differenciálegyenlet; ~ **distribution** (Bernouilli-féle) binomiális eloszlás; ~ **equation** binom egyenlet; ~ **expansion** binomiális kifejezés; ~ **expression** binom, kéttagú kifejezés; ~ **integral** binomiális integrál; ~ **number** binomiális együttható; ~ **polynomial** binomiális polinom, Abel-polinom; ~ **series** binomiális sor

binormal *mat* binormális; második normális

binucleate *vegy* kétmagvú

bioacoustics bioakusztika

bioaeration *hidr* elevenítettiszap-eljárás

bioassay *hidr* biológiai vizsgálat/teszt, víz(minta)vizsgálat

bioastronautical bioasztronautikai

bioastronautics bioasztronautika, űrhajózási biológia

biocatalyst biokatalizátor, ergon

biocatastrophe biokatasztrófa

biochemical biokémiai; ~ **catalyst** biokatalizátor, ergon; ~ **decomposition** biokémiai elbomlás; ~ **larval control** biokémiai *v.* mesterséges vegyi szúnyogirtás; ~ **oxygen demand (BOD)** biokémiai oxigénigény, BOI

biochemistry biokémia

biochip *szt* biocsip

biocide biocid

bioclimatic bioklimatikus; ~ **law** *met* bioklimatikus törvény

bioclimatologic(al) bioklimatológiai

bioclimatology bioklimatológia

biocolloid biokolloid

bioconcentration *környv* biokoncentráció

biocontrolled biológiailag vezérelt/szabályozott

biocrystal biokristály

biocrystallography biokrisztallográfia

biocybernetics biokibernetika, bionika

biodegradability biológiai lebonthatóság

biodegradable *vegy* biológiailag lebontható

biodegradation biológiai lebontás/lebomlás; biodegradáció

biodosimeter biológiai dózismérő/doziméter

biodynamic biodinamikai

biodynamics biodinamika

bioelectric(al) bioelektromos; ~ **arm prothesis/appliance** *orv* bioelektromos karprotézis; ~ **current** bioelektromos áram, bioáram; ~ **generator** bioelektromos generátor; ~ **phenomena** *pl* bioelektromosság; ~ **potential** bioelektromos potenciál; ~ **transducer** bioelektromos érzékelő

bioelectricity bioelektromosság

bioelectronics *szt* bioelektronika

bioenergetics bioenergetika

bioengineering biotechnika; ~ **invention** biotechnikai találmány; ~ **patent** biotechnikai szabadalom

biofacies *geol* biofáciesz

biofilter baktériumszűrő; biológiai csepegtetőtest; bioszűrő

biofiltration *hidr* biológiai szűrés

biogas biogáz

biogeneous biogén

biogenetic biogenetikai; ~ **law** biogenetikai alaptörvény

biogenic biogén; ~ **rock** *bány* biogén kőzet; *geol* biolit, organikus eredetű kőzet

biogenous biogén; parazita; ~ **aeration** *hidr* biogén szellőzés

biogeocenosis *környv* biogeocönózis

biogeochemical biogeokémiai

biogeochemistry biogeokémia

biogeocoenosis biogeocönózis

bioindicator *hidr* bioindikátor

bioinstrumentation bioműszerezettség

biokinetics biokinetika

biolite, biolith *geol* biolit, organikus eredetű kőzet

biological biológiai; ~ **aberration** biológiai aberráció; ~ **activity** *környv* biológiai hatékonyság; ~ **agent of warfare** biológiai harcanyag; ~ **bank protection** *hidr* élő partvédelem; ~ **character of water** *hidr* biológiai vízminőség; ~ **chemistry** biokémia; ~ **clarification/cleaning** *hidr* biológiai derítés; ~ **classification of water** *hidr* biológiai vízminősítés; ~ **control** biológiai védekezés; ~ **cybernetics** biokibernetika, bionika; ~ **decomposition** biológiai lebontás; ~ **degradation** → biodegradation; ~ **dose** biológiai dózis; ~ **effectiveness/efficiency** biológiai hatékonyság; ~ **effect of radiation** *at* biológiai sugárzás; ~ **epuration** → ~ clarification; ~ **equilibrium** *hidr* biológiai egyensúly; ~ **facies** → biofacies; ~ **film** biológiai hártya; ~ **half-life/half-period** biológiai felezési idő; ~ **hole** *at* biológiai csatorna; ~ **loading** biológiai terhelés; ~ **manganese removal** *hidr* biológiai mangántalanítás; ~ **mode of action** *környv* biológiai hatásmód; ~ **oxygen demand (BOD)** biológiai oxigénigény; ~ **pellicle** → ~ film; ~ **percolating body/filter** → biofilter; ~ **plastic** biológiai készítmények beágyazására szolgáló műanyag; ~ **pollution** *környv* biológiai szennyeződés; ~ **protection** biológiai sugárvédelem; ~ **purification of sewage/waste-water** *környv* biológiai szennyvíztisztítás; ~ **reactor** *koh* bioreaktor; ~ **recuperation** *koh* biológiai fémkinyerés; ~ **sewage treatment** biológiai szennyvíztisztítás; ~ **shield** *at* biológiai védelmi ernyő *v.* sugárvédelem/sugárvért; ~ **shielding** → ~ protection; ~ **shield(ing) concrete** sugárvértbeton; ~ **soil conservation** *hidr* biológiai talajvédelem; ~ **test** biológiai teszt; ~ **treatment** *hidr* biológiai tisztítás/szennyvíz-utókezelés; ~ **waste (water) treatment** biológiai szennyvíztisztítás; ~ **water classification/qualification** *környv* biológiai vízminősítés; ~ **water pollution** biológiai vízszennyeződés; ~ **water quality** biológiai vízminőség; ~ **weapons (BW)** biológiai fegyverek; ~ **weed control** *hidr* biológiai gyomirtás

biology biológia; ~ **of polluted waters** szennyvízbiológia; ~ **of saprobic waters,** ~ **of the sewage** szaprobiológia

bioluminescence biolumineszcencia

biomass biomassza

biomechanic(al) biomechanikai

biomechanics biomechanika

bio-medical orvosbiológiai; ~ **alloys for implantation** gyógyászati fémötvözetek; ~ **electronics** orvosbiológiai elektronika; ~ **reactor** radiobiológiai (besugárzó)reaktor, orvosbiológiai célokra használt reaktor

biometallurgy *koh* biometallurgia

biometeorologic(al) biometeorológiai

biometeorology biometeorológia

biometric(al) biometriai

biometrics, biometry biometria
bionic(al) bionikai; ~ **arm** elektronikus karprotézis; robotkar; ~ **simulation** bionikus modellezés/szimuláció
bionics bionika
bionucleate *vegy* kétmagvú
biooxidation biooxidáció, oxidációs lebomlás; ~ **pond** *hidr* szennyvíztó
biophysical biofizikai
biopollution biológiai szennyeződés
biopotential bioelektromos potenciál
biopsy biopszia; ~ **curet(te)** biopsziás kanál
biorthogonal biortogonális; ~ **system of vectors** biortogonális vektorrendszer
BIOS → basic input/output system
biosensor biológiai érzékelő, bioérzékelő
bioshield → biological shield
biosphere *geol* bioszféra; ~ **reserve** *környv* bioszférarezervátum
biostatistics biostatisztika, biometria
biosynthesis bioszintézis
Biot-number *bány* Biot-szám
biotechnics biotechnika
biotechnological biotechnológiai
biotechnology biotechnológia; ergonómia
biotecton *környv* biotekton, élőbevonat
biotelemeter biológiai távmérő
biotelemetry biotelemetria
biothermal waste treatment *környv* biotermikus hulladékkezelés
biotic biotikus; ~ **factor** biotikus tényező
biotite biotit, fekete csillám
biotope *biot* biotóp, élőhely
biowaste biológiai hulladékok
bioxid *vegy* dioxid
bipack kétszínfilm
bipartite kettéosztott; kétrészes; ~ **graph** *mat* páros gráf; ~ **needle** *kh* kétrészes/csöves tű
biperiodical regime kétperiódusú folyamat
biphase *vegy, el* kétfázisú; ~ **half-wave rectifier** kétfázisú egyutas egyenirányító; ~ **rectifier** kétutas/kétoldalas egyenirányító
biphenyl *vegy* difenil, fenil-benzol
biplane (Be) kétszárnyú repülőgép; ~ **cellule** *rep* kétszárnyú sárkány; ~ **fluoroscopy** *orv* kétszínű átvilágítás; ~ **interference** *rep* szárnyközi interferencia
biplug *el* kétsarkú/kettős dugaszoló
bipod kétlábú állvány; *kat* villaállvány; ~ **catch** *kat* villaállvány kapcsolófülecse; ~ **mast** *hajó* bipodárboc; ~**-mounting lug** villaállvány-rögzítőhorony; ~ **shoe** *kat* villaállványtalp
bipolar *el* kétpólusú *(forgógép)*, kétsarkú *(készülék)*; *fiz, mat, vegy* bipoláris; ~ **axis** *ásv* bipoláris tengely; ~ **centre/center** *fiz* bipoláris tartomány/centrum; ~ **code with 6 zeros substitution (B6ZS)** *szt* B6ZS kód; ~ **conduction** *el* bipoláris áramvezetés; ~ **co-ordinates** *mat* bipoláris koordináták; ~ **CPU slice** *szt* bipoláris mikroprocesszor-bitszelet; ~ **electrode** *el* bipoláris elektród; ~ **field** *el* bipoláris gerjesztőtér; ~ **field effect transistor (bi-FET, BiFET)** *félv* BI-FET, bipoláris térvezérelt tranzisztor; ~ **field emission** *el* bipoláris téremisszió; ~ **input** *szt* bipoláris bemenet/input; ~ **integrated circuit,** ~ **IC** *szt* bipoláris integrált áramkör; ~ **lead** *orv* bipoláris elvezetés; ~ **machine** *el* bipoláris gép; ~ **memory** *szt* bipoláris tároló; ~ **pulse** *távk* bipoláris impulzus; ~ **region** *fiz* bipoláris tartomány/centrum; ~ **rule** *szt* bipoláris szabály; ~ **transistor** *félv* bipoláris tranzisztor; ~ **violation** *távk* bipoláris eltérés; ~ **violation meter** *távk* bipoláris hibaszámláló; ~ **winding** *el* bipoláris tekercselés
biprism *opt* biprizma
bipropellant *rak* bipropellens, kétalkotós hajtóanyagú, diergol; kétkomponensű rakétahajtó anyag; ~ **liquid rocket** bipropellens/diergolos/kéthajtóanyagú rakéta
bipyramid *ásv* bipiramis; *mat* kettős gúla
bipyramidal *ásv* bipiramisos
biquadratic *mat* bikvadratikus; ~ **equation** bikvadratikus/negyedfokú egyenlet; ~ **number** negyedik hatvány, egy egész szám negyedik hatványa, bikvadratikus szám
biquartz *ásv* bikvarc; ~ **wedge** *opt* bikvarc ék
biquinary *szt* bikvináris; ~ **code** *szt* bikvináris kód; ~ **notation** *szt* bikvináris számábrázolás
biradical *vegy* kétszeresen szabad gyök, biradikális
birational biracionális; ~ **group** *mat* biracionális csoport; ~ **map/transformation** biracionális leképezés
birch *fa* szemes nyír, nyírfa; ~ **bark** nyírfakéreg; ~ **camphor** betulin; ~ **oil** nyírfaolaj; ~ **tar** nyírfakátrány; ~**-tar oil** *bőr* bagariaolaj, nyírfakátrányolaj
bird *geof* vontatott légi magnetométer-tartály; ~**-dung bate** madárürülékpác; ~ **flight** csapkodószárnyas repülés; ~ **guard** *el* madár elleni védőrács; ~ **nest structure** rendezetlen diszlokációk felhalmozódása; ~**'s eye** *tex* köper; ~**'s eye view** madártávlati kép; ~**'s eye weave** *tex* madárszemkötés; ~ **strike hazard** *rep* madárral ütközés veszélye; ~**-walking weather** repülésre kedvezőtlen idő
Bird centrifiner *pa* Bird-csomófogó
birdbath kátyú
birdcage kalitka; *at* hasadóanyag-tartály és az azt körülvevő rács *(biztonsági tárolótartály)*; *bány, em* acélsodronykötél szétsodródása; *rep* pörgettyűs géptengely-irányjelző; ~ **antenna** hengerantenna
birdsmouth attachment → birdsmouthing
birdsmouthing *ép, fa* kecskelábú horgolás
bireflectance, bireflection kettős reflexió, bireflexió, reflexiós pleochroizmus
birefractive → birefringent
birefringence *ásv, opt* kettős törés; ~ **compensation** kettős törés kompenzációja
birefringency → birefringence
birefringent *opt* kettős(en) törő
birotary *gépk* forgóhengeres; ~ **engine** forgóhengeres motor; ~ **turbine** *hidr* ellenirányban forgó tárcsás turbina
birr impulzus, szél ereje, gép zúgása
birth keltés, képzés, generálás; keletkezés; ~ **defect** gyártási hiba; ~ **of a spot** *tv* foltképződés; ~ **rate** *mat* születési arányszám/ráta
biscalar *mat* biskalár
bischofite *ásv, vegy* bischofit, magnézium-klorid
biscuit fémszivacs, fémtapló; *élip* biszkvit; *élip, koh* lepény; *ker* biszkvit, máz nélküli porcelán; zsengélt kőedény; *önt* sajtolási maradvány/pogácsa, fémmaradvány; ~ **baking** *ker* biszkvitégetés, zsengélés; ~ **cutter** *ol* ütőfúrómagcső; ~ **firing** *ker* biszkvitégetés,

zsengélés; ~ **flour** *élip* kekszliszt; ~ **furnace** előmelegítő kemence; ~ **kiln** *ker* zsengélőkemence; ~ **of rubber** gumipogácsa; ~ **oven** → ~ kiln
bisect kétfelé vág; ~ **a line** vonalat felez; ~ **an angle** *mat* szöget felez
bisected kettéosztott; ~ **coil** kétrészes tekercs; ~ **vertical bar** *szt* két részből álló függőleges vonás
bisecting, bisectional osztó, felező; ~ **compasses** *geod, szersz* osztókörző; ~ **plane** *mat* felezősík; ~ **point** felezőpont, középpont
bisection kettéosztás, felezés; két (egyenlő) részre osztás
bisector *mat* felező, felezővonal; szögfelező; ~ **(of the angle)** szögfelező; ~ **of triangle** háromszög szögfelezője, szögfelező
bisectrix *mat* biszektrix, szögfelező; ~ **interference figure** *fiz* interferenciakép; ~ **of triangle** *mat* háromszög szögfelezője, szögfelező
biserial *mat* kétsoros
Bishop's ring *met* Bishop-gyűrű, vörösbarna napgyűrű
bisilicate diszilikát
bismuth (Bi) *vegy* bizmut; ~ **barley** *koh* bizmutkiolvasztás maradéka; ~ **blende** *ásv* bizmutinit; ~ **dross** *koh* bizmutos fölzék; ~ **glance** *ásv* bizmutfényle; fénybizmut; ~ **hydroxide** *vegy* bizmut-hidroxid; ~ **nitrate** *vegy* bizmut(III)-nitrát; ~ **ochre/ocher** *ásv* bizmut; ~ **oxychloride** *vegy* bizmut(III)-oxi-klorid; ~ **pentoxide** *vegy* bizmut(V)-oxid, bizmut-pentoxid; ~ **removal** *koh* bizmuttalanítás; ~ **skimming** *koh* bizmutos fölzék; ~ **solder** bizmut lágyforrasz; ~ **spiral** bizmutspirális; ~ **sulphate/sulfate** *vegy* bizmut(III)-szulfát, bizmut-triszulfát; ~ **sulphide/sulfide** *vegy* bizmut(III)-szulfid, bizmut-triszulfid; ~ **trichloride** *vegy* bizmut(III)-klorid, bizmut-triklorid; ~ **trioxide** *vegy* bizmut(III)-oxid, bizmut-trioxid
bismuthic *vegy* bizmut(V)-; ~ **acid** bizmutsav; ~ **oxide** bizmut-pentoxid
bismuthiferous bizmuttartalmú
bismuthine *vegy* bizmutin, bizmut-hidrogén
bismuthinite → bismuth glance
bismuthous *vegy* bizmut(III)-; ~ **oxide** bizmut-trioxid
bismuthyl *vegy* bizmutil-csoport
bisphenoid *ásv* biszfenoid
bisphenol *műa, vegy* dián, difenilol-propán
bispherical coordinates *mat* biszferikus *(v.)* térbeli bipoláris koordináták
bispinor *mat* biszpinor
bisque → biscuit
bistable *el, mech, távk* átbillenő; bistabil, kétstabil állapotú; ~ **circuit** bistabil áramkör; ~ **element** flipflop, billenőkör, billenőhálózat; ~ **light emitter** bistabil fénysugárzó; ~ **memory circuit** tárolóáramkör; ~ **multivibrator** bistabil *(v.)* két stabil állapotú multivibrátor; ~ **optoelectronic element** bistabil optoelektronikus elem; ~ **pulse relay** bistabil impulzusrelé; ~ **trigger circuit** bistabil áramkör, flip-flop
bistandard television/televisor receiver kétnormás tv-készülék
bister → bistre
bistoury *orv* szike
bistre mangánbarna, biszter
bisulphate, *US* **bisulfate** *vegy* hidrogén-szulfát
bisulphide, *US* **bisulfide** diszulfid
bisulphite, *US* **bisulfite** *vegy* hidrogén-szulfit
bisulphiting, *US* **bisulfiting** *bőr* szulfitálás
bisursal curve *mat* elliptikus görbe
biswitch *félv* kétirányú billenődióda; ötrétegű dióda
BISYNC → binary synchronous communications
bit[1] (binary digit) *mat* kettes számrendszerű jegy; *szt* bináris számjegy/karakter, bit; ~ **access** *szt* bitelérés; ~**-by-bit** *szt* bitfolytonos; ~**-by-bit encoding** *távk* bitenkénti kódolás, iteráló kódolás; ~ **configuration** *szt* bitelrendezés; ~ **density** *szt* bitsűrűség; ~ **error** *távk* bithiba; ~ **error rate** bithibaarány; ~ **interleaving** *távk* bitenkénti besorolás, iteráló kódolás; ~ **inversion** *távk* bitinverzió; ~ **location** *szt* bittároló rekesz; ~**-manipulating operation** *szt* bitművelet; ~ **map** *szt* bittérkép; ~ **parallel** *szt* bitenként párhuzamos; ~ **pattern** *szt* bitmintázat; ~ **per inch (bpi)** hüvelykenként tárolt bitek száma, bit/hüvelyk, bpi; ~ **per second (bps)** *szt* másodpercenként továbbított bitek száma, bit/másodperc, bps; ~ **position** *szt* bitpozíció; ~ **rate** *távk* bitátvitel sebessége; bitsebesség; ~ **serial** *szt* bitenként soros; ~ **sequence** → ~ stream; ~ **sequence independence** *távk* bitsorozatfüggetlenség; ~**-slice microprocessor** *szt* bitszeletmikroprocesszor; ~ **stream** *távk, szt* bitfolyam; ~ **string** *szt* bitfüzér; ~ **stuffing** *szt* bitbeszúrás; ~ **time** *szt* bitidő; ~ **train** → ~ stream
bit[2] *bány* (réselő)köröm; fúró, fúrófej, fúróhegy, fúrókorona; jövesztőkés; véső; *ép* (kőműves)véső; fog *(útburkolat-felszakítóé)*; *fa* (fúró)él, fúrófej, fúróhegy, fúrókés, fúrókorona, fúróbetét/forgácsolóbetét feje/hegye/vége; *forg* (fülecses) csigafúró; vágóél; *gép* köröm, karom; *gépk* szelepcsiszoló készülék; *heg* forrasztópákafej; *közl* zabla; *ol* (korona)fúró; magfúró, véső; *szer* (kulcs)fazon, kulcstoll; *szersz* fúróhegy; gyalukés, gyaluvas; satupofa, szorítópofa; szerszámhegy; ~ **brace** *szersz* furdancs, kézifúró; ~**-brace tap** menetfúró furdancshoz; ~ **breaker** *ol* fúrólazító; ~ **change** fúrócsere; ~ **core** előfúró; ~ **count** *ol* gyémántszám *(fúrókoronán)*; ~ **crown** gyémánt magfúró (korona); ~**-cutting angle** fúrófej élszöge; ~ **diameter** *szersz* vésőátmérő, fúróvéső-átmérő; ~ **disk** *ol* (kúp)görgős fúró; ~ **drag** *ol* lapos (fúró)véső; ~ **dressing** *bány, ol* fúróélesítés, fúrófej-élesítés; ~**-dressing crane** emelődaru *(fúróvésőhöz)*; ~ **edge** *bány, ol* fúróél; fúrófej éle; ~ **end** *ol* magcsőcsatlakozó; ~ **face** *ol, bány* fúrókorona vágóéle; ~ **face angle** fúróél homlokszöge; ~ **footage** *ol* fúrónkénti előrehaladás; fúróteljesítmény; ~ **ga(u)ge** *ol* fúrókaliber; *szersz* (szabványos) fúróméret, gyalukésméret; mélységhatároló *(fafúrón)*; ~ **head** fúrófej, fúróhegy, fúrókorona; ~**-heart** *önt* feketemagvas *(temperöntvény)*; ~**-heart malleable cast-iron** *önt* sötétszürke temperöntvény; ~**-hood** *ép* pajzsellenző; ~ **hook** *bány* mentőhorog; *ol* állítóhorog, szerencsefogó *(mentéshez)*; ~ **insert** *ol* keményfémél; ~ **life** *ol* fúró élettartama; ~ **load** *ol* fúróterhelés; ~ **meterage** → ~ footage; ~ **nozzle** *ol* fúrófúvóka; ~ **penetration** *bány* fúrás haladási/behatolási sebessége; ~ **performance** → ~ life; ~ **pilot** *ol* pilótafúró, pilotfúró, lépcsős fúró; ~ **pin** *ol* csap, fúróvéső csapja; ~ **pincers** *szersz* görbe pofájú fogó; ~ **plate** *heng* feketelemez; ~ **pressure** előtolási nyomás; ~ **punch** *bány* tisztítótövis; ~ **reamer** *bány, ol* fúrólyukbővítő, fúrólyukegyengető véső/szerszám; ~ **reconditioning** fúróélezés; ~ **resharpening** *bány* fúróélesítés; ~ **ring** magfú-

rókorona; ~ **run rate/speed** *ol* fúrómenet-sebesség; ~**s** satupofapár; ~ **sample** *bány* vésőminta *(fúróvésőre ragadt kőzetminta)*; *ol* fúróminta; ~ **setter** *ol* fúrókoronagyémánt-berakó (munkás); koronabetétkészítő (munkás); ~ **setting** *bány* fúróillesztés; ~ **shank** vésőnyak; (fúrókorona-)menetcsap; fúróváll; ~ **sharpener** szerszámélező; ~ **slug** → ~ insert; ~ **stop** *forg* gyalukésütköző; mélységhatároló *(fúrón)*; *gép* határolóütköző; ~ **taper** *bány, ol* élszög; ~ **tool** betétvégű kés/szerszám; ~ **wear** vésőkopás; fúrókopás; ~ **weight** *ol* fúróterhelés; ~ **weight indicator** *ol* terhelésmérő; ~ **wing** fúróél; ~ **with wings/blade** *ol* szárnyas véső

bitartrate *vegy* hidrogén-tartarát

bitch *ol* mentőszerszám

bite I. *v* megfog, megragad; összeszorít; (bele)kapaszkodik, bekap; belemarkol; rögzít, odaerősít; *forg* befog, megszorít; *gép* (be)kapaszkodik, bevágódik, beakad; beakaszkodik; kapcsolódik; *heng* befog, behúz; *nyom* benyúlik a szedésbe; *vegy* (bele)mar, beleeszi magát, kimar; **II.** *n* bemetszés, befogás; *forg* befogópofa; *gép* (be)kapaszkodás, bevágódás, bekattanás; (egymásba) fogás; egymásba akaszkodás; egymásba nyúlás; *heng* befogás; *nyom* sarokbeütődés; *pa* felületi markírozás; *rep* légcsavar által egy fordulat alatt hátradobott levegő mennyisége; *tex* fogásvonal *(hengerpáré)*; ~ **in** *v* bekap, belekap, beakaszkodik; *gép* kapcsolódik; *vegy* (bele)mar, kimar; ~ **of acid** savmarás; ~**-off mo(u)ld** *műa* vágószerszám

biting *heng* befogás; ~ **angle** *kat* legnagyobb páncélátütési szög; ~**-in** *nyom* maratás

bitstock fúróforgattyú; fúró befogóhüvelye

bitt I. *v* bakra kiköt; **II.** *n hajó* kikötőbak; ~ **a cable** *v hajó* kötelet/láncot bakra vesz

bitter keserű; ~ **almond** *gyógyv* keserű mandula; ~ **almond oil** keserűmandula-olaj; ~ **earth** *ásv* keserűföld; ~ **mineral water** keserűvíz; ~ **orange** *élip* keserűnarancs; ~ **salt** *ásv* epsomit; *vegy* keserűsó; magnézium-szulfát; ~**-sour** keserű-savanyú; ~ **spar** kalcium-magnézium-karbonát; ~ **water** keserűvíz

Bitter bands *ásv* Bitter-féle sávok

bittern sófőző anyalúg; *élip* keserítő *(sörhöz)*

bittersweet *élip* kesernyés, keserédes; *tex* szádképzésmeghatározás

bitumastic enamel *ép* aszfaltlakk

bitumen *ép* aszfalt; bitumen; bitumen-barna *(festék)*; ~**-and-tar blending** bitumen-kátrány keverék; ~**-asbestos mastic** bitumen-azbeszt bevonat; ~ **atomizing device** kézi bitumenszóró gép; bitumenpermetező gép; ~ **BAM** *ol* BAM bitumen *(benzol-acetonmetilalkohol elegyében oldódó)*; ~ **boiler** bitumenfőző/bitumenmelegítő/bitumenolvasztó berendezés; ~ **cement concrete** *ép* aszfaltbeton; ~ **coated chip(ping)s carpet** bitumenes zúzottkő burkolat; ~ **coating** bitumenes korrózióvédő bevonat *(pl. csövön)*; ~ **concrete** aszfaltbeton; ~ **deck surfacing** híd aszfaltburkolata; ~ **distributor** bitumenszóró gép; ~ **distributor trailer** vontatott bitumenszóró gép; ~ **emulsifier** bitumenemulgátor; ~ **felt** *ép* bitumenlemez, szigetelő (fedél)lemez, bőrlemez; ~ **felt flame burner/heater** bitumenlemez-hegesztő lángszóró; ~ **for roadmaking** útépítési bitumen; ~ **grouted macadam surfacing** bitumennel itatott makadámburkolat; ~ **gunite equipment** bitumenszóró gép; ~ **hand sprayer/distributor** kézi bitumenszóró gép; bitumenpermetező gép; ~ **heater** → ~ boiler; ~ **heater with agitator** kavaróműves bitumenfőző berendezés; ~ **heating kettle** → ~ boiler; ~**-impregnated insulating fibre-board/fiberboard** bitumentelítésű szigetelő farostlemez; ~**-impregnated paper** bitumenes papír/lemez, kátránypapír; ~**-latex coating** bitumenes-latexes burkolás; ~ **lining** → ~ coating; ~ **macadam** aszfaltmakadám; bitumenes makadám; ~ **melting tank** → ~ boiler; ~ **membrane** bitumenes szigetelőréteg; ~ **pavement** aszfaltburkolat; ~ **peat** bitumenes tőzeg; ~ **preparation** bitumenkészítmény; ~ **pump** bitumenszivattyú; ~ **pump heating kettle** szivattyús bitumenfőző/bitumenolvasztó berendezés; ~ **ratio** *ol* bitumenkoefficiens; ~ **roofing felt,** *US* ~ **rag felt** bitumenes papírlemez; ~ **roof sheeting with layer of glass fibre/fiber fleece** üvegfátyol-erősítésű vízszigetelő lemez; ~ **shale** égőpala, olajpala; ~ **sheet** szigetelőlemez, (szigetelő) fedéllemez; ~**-solving agent** bitumenoldószer; ~**-spreading (truck)** bitumenszóró gép(kocsi); ~ **tank plant with indirect heating system** indirekt fűtésű bitumentároló; ~**-tar mix** → ~-and-tar blending; ~ **transporter** bitumenszállító kocsi; ~ **varnish** bitumenmáz

bituminate *ép* bitumenez

bituminiferous bitumentartalmú

bituminite bituminit

bituminization bitumenezés

bituminize *ép* aszfaltoz, bitumenez

bituminized bitumenezett, bitumen-; ~ **board/felt** *ép* bitumenlemez, szigetelő (fedél)lemez, bőrlemez; ~ **fibre/fiber** *el* bitumennel telített (üveg)szál; ~ **paper** *ép* bitumenes papírlemez; szigetelő fedéllemez; ~ **road** aszfaltburkolatú út

bituminous *ép* bitumenes; *ol* bitumentároló; ~ **carpet** aszfalt útburkolat; ~ **cement** bitumen alapú kitt, bitumenkitt, bitumenes kitt; ~ **clay** szenes agyag; ~ **coal** bitumenes/zsíros szén; gázszén; *koh* sülőszén; ~ **concrete** aszfaltbeton; ~ **emulsion** *ép* bitumenemulzió; ~ **felt** *ép* bitumenes papírlemez, szigetelő (fedél)lemez, bőrlemez; ~ **finisher** → ~ paver finisher; ~ **grout** bitumenhabarcs; ~ **lacquer** *ép* bitumenmáz; ~ **layer** aszfaltburkolat; ~ **limestone** büdösmészkő; ~ **macadam** bitumennel átitatott makadám; ~ **mastic** bitumenragacs, aszfaltmasztix; ~ **mastic concrete** öntött aszfalt, masztixaszfalt; ~ **paint** *vegy* aszfaltlakk; ~ **paper** bitumenes papírlemez; ~ **paste** *ép* bitumenes kitt; ~ **pavement** → ~ layer; ~ **paver-finisher** aszfaltbedolgozó gép, aszfaltbeton-bedolgozó gép; ~ **paving machine** → paver-finisher; ~ **prime coating** bitumenes alapmázolás; ~ **road surfacing finisher** → ~ paver-finisher; ~ **rock** *bány* bitumenes kőzet; ~ **rock consolidation** *bány* kőzetbitumenezés; ~ **seal/schist** *ép* bitumenes tömítés/szigetelés; fekete szigetelés; ~ **shale** égőpala, olajpala; ~ **sheet** *ép* bitumenes (papír)lemez; szigetelőlemez, (szigetelő) fedéllemez; ~ **soil stabilization** bitumenes talajszilárdítás; ~ **spreading-and-finishing machine** → ~ paver-finisher; ~**-state agreement** bitumintartalom szerinti szénipari tarifaegyezmény; ~ **surface/wearing course** bitumenes kopóréteg; ~ **varnish** bitumenmáz; ~ **wood** fás szerkezetű lignit

biurea *vegy* hidrazo-dikarbon-amid
biuret *vegy* biuret; ~**-reaction** biuretreakció; ~**-test** *vegy* biuretpróba
bivalence *mat* kétértékűség; *vegy* két(vegy)értékűség
bivalent *vegy* két vegyértékű
bivalve *geol* kéthéjú; *gépk* kétszárnyú
bivariant bivariáns, két szabadságfokú
bivariate *mat* kétdimenziós; kétváltozós; ~ **data** kétváltozós adatok; ~ **distribution** kétváltozós/kétdimenziós eloszlás; ~ **normal distribution** kétváltozós/kétdimenziós normális eloszlás; ~ **point distribution** *mat* pontfelhő, pontdiagram, szóródási diagram; ~ **population** kétváltozós/kétdimenziós sokaság/populáció
bivector *mat* bivektor
bivibrator tárolóáramkör
bivinyl *vegy* divinil, butadién
biweekly inspection kéthetenkénti műszaki ellenőrzés
bjelkite *ásv* bjelkit
Bjuström chart *ásv* Bjuström-hálózat
Bk → berkelium
BL → band-limited; → base line; → bend line; → bill of lading; → bottom layer
black I. *v* feketít; *nyom* festékez; *opt* (be)kormoz; *önt* fekecsel; **II.** *a* fekete; **III.** *n* fekete szín; korom; *at* tökéletes sugárelnyelő; *nyom* nyomdafesték; *önt* fekecs; *pa* fekete csomagolópapír; ~ **absorber rod** *at* tökéletes sugárelnyelő rúd; ~ **alkali soils** *talt* szikes talajok; ~ **alum** aluminium-szulfát és aktív szén keveréke; ~ **amber** *ásv* fekete borostyánkő; ~**-and-white (BW)** fekete-fehér *(film, tévé)*; ~**-and-white channel** fekete-fehér csatorna; ~**-and-white developing** *foto* fekete-fehér film előhívása; ~**-and-white film** *foto* fekete-fehér film; ~**-and-white-group** *ásv* fekete-fehér csoport; ~**-and-white kinescope** *tv* fekete-fehér képcső; ~**-and-white lattice** *ásv* fekete-fehér rács; ~**-and-white picture** *tv* fehér-fekete kép; ~**-and-white print** *foto* fekete-fehér másolat/kép; ~**-and-white print paper** → ~-print paper; ~**-and-white reception** *tv* fekete-fehér vétel; ~**-and-white symmetry** *ásv* fekete-fehér szimmetria; ~**-and-white television** fekete-fehér televízió; ~**-and-white television picture tube** fekete-fehér képcső; ~**-and-white travel(l)ing matte process** *film* fekete-fehér vándormaszk-eljárás; ~ **annealing** *hők* feketelágyítás; ~ **ash** *vegy* nátrium-karbonát; nyers szóda; ~**-ash cake** *vegy* szódaolvadék; ~**-ash furnace** *pa* szódakemence; ~**-ash liquor** szódaolvadéklúg; ~**-ash revolver** Leblanc-szódakemence *(forgó)*; ~**-ash vat** szódalúgozó tartály; ~**-ash waste** szódakáló; ~**-band** *ásv* sziderit, vaspát; ~**-band ironstone** szénvasérc *(itabirit)*; ~**-base foundation** *ép* útalap soványaszfalt-betonból; ~ **bat** *ásv* (fekete szén)pala; ~ **block** *gép* alátétlemez; alátéttömb; *hidr* hátsó padka; ~ **body** *at* tökéletes sugárelnyelő közeg; *fiz* (abszolút)feketetest; *opt* feketesugárzó; ~**-body constant** Stefan-Bolzmann-állandó; ~**-body furnace** abszolút feketelyuk; ~**-body photocell** mindent elnyelő *v.* összsugárzást felvevő fényelem; ~**-body radiation** fekete(test)sugárzás; ~**-body radiator** abszolút feketetest; ~**-body temperature** feketetest-hőmérséklet, Planck-hőmérséklet; ~ **bog** *talt* tőzeg; ~ **bolt** *gép* nyers csavar; ~**-bordered paper** gyászjelentéspapír; ~ **box** feketedoboz, black box; ~**-box method** feketedoboz-módszer; black box-módszer; ~ **boy gum** akaroidgyanta; ~ **brand (dye)** *tex* feketeszínezék-márka; ~**-bulb thermometer** feketegömb-hőmérő, sugárzáshőmérő; ~ **centre/center** *ker* kiégetlen mag; ~ **chalk** *ásv* földes grafit; ~ **coal** fekete(kő)szén; ~**-coal pitch** feketekőszénszurok; ~ **coating** *csill, opt* kormozás; ~ **compression** *tv* feketeszint-kompresszió; ~ **content** *opt* fekete(szint)tartalom; „~" **control rod** *at* leállító szabályozórúd; ~ **copper (ore)** *ásv* réz-oxid, tenorit, feketerézérc; ~**-cored malleable cast iron** *önt* feketemagos temperöntvény; ~**-damp** *bány* fojtógáz, utógáz; fojtólég; ~ **diamonds** *ol* carbonado, carbon; fekete gyémánt, fúrógyémánt; ~ **drop** *csill* Baily-féle/fekete csepp; ~**-drum** *tex* szeriplántábla; ~ **earth** *geol* feketeföld, csernozjom; ~ **faced** *nyom* kövér; ~ **fall** *pa* nyereg *(hollandi kádban)*; ~ **field illumination** *opt* sötétterű megvilágítás; ~ **finish(ing)** *hők* acélfeketítés, barnítás; ~ **flange** *gép* vakkarima; ~ **flow preventer** *ol* visszalobbantást gátló szerelvény; ~ **flux** hamuzsírolvadék; ~ **for outlines** *tex* kontúrfekete; ~ **frame** fekete filmkocka; ~ **furnace** *koh* begyújtás előtt álló kemence; ~ **garnet** andarit; ~ **hardware-paper** fekete fémcsomagoló papír; ~ **heart** *önt* fekete töretű, fekete magvas; ~**-heart malleable cast-iron** fekete töretű *v.* amerikai temperöntvény; ~ **hot** *koh* sötéten izzó; ~ **iron** *heng* feketelemez; feketemagvas öntöttvas; ~ **iron mica** *ásv* biotit, fekete csillám; ~ **iron ore** mágnesvasérc; ~ **jack** → blackjack; ~ **japan** japán lakk; ~ **lake** *vegy* fekete pigment; ~ **land plough/plow** *mzg* eke kötött talajhoz; ~ **lead** *ásv* grafit; ~**-lead crucible** *önt* grafittégely; ~**-lead lubrication** *gép* grafitkenés; ~ **lead ore** fekete ólomérc; ~**-lead spar** ólom-karbonát; ~ **letter** *nyom* fraktúr(a); ~ **level** *tv* feketeszint; ~ **level alignment/clamping** *tv* feketeszint-helyreállítás; ~ **level diode** *tv* feketeszint-helyreállító/alapszint-visszaállító dióda; ~ **level modulation/restoration** *tv* feketeszint-helyreállítás; ~ **light** *opt* ibolyántúli fény; ~ **lighting** vakításmentes/ibolyántúli világítás; villámnyom *(fényképlemezen)*; ~ **light lamp** sötét burás lámpa; ~**-line print** tusrajz; ~ **liquor** *koh* vaspác; *környv* szennylúg; ~ **malt** sötét maláta; ~ **manganese** barnakő; ~ **manganese ore** piroluzit; ~ **master** *gumi* kormos előkeverék; ~ **master-batch** *gumi* korom-előkeverék; ~ **mordant** vaspác; ~ **mortar** *ép* salakhabarcs; ~ **mo(u)ld humus** *talt* fekete televénytalaj/televényföld, feketeföld; ~ **mustard-oil** fekete mustármagolaj; ~ **needle paper** tűpapír, tűcsomagoló papír; ~ **nut** *gép* nyers anya; ~ **of vault** *ép* bolthát, extradosz; ~ **oil** *ol* lepárlási maradék, aszfalttartalmú maradvány; pakura; ~ **out** *v kat* elsötétít; *rep* elveszti eszméletét/látóképességét *(gyorsulás miatt)*; *távk* zavar, elnyom; *tv* kiolt; ~ **patch** *koh* revefolt; ~ **peak** *tv* feketejel csúcsérték; ~ **phosphorus** fekete foszfor; ~ **pickling** *koh* előpácolás; ~ **pitch** *ol* szurok; ~**-plastered construction** *ép* rabicháló-betétes választófal-szerkezet, rabicfal; ~**-plaster wall** *ép* rabicfal; ~ **plate** *heng* feketelemez, nyersbádog; ~ **platinum** → spongy platinum; ~**-positive paper** *foto* fényvédő papír; ~ **powder** fekete lőpor; ~**-powder igniter** *kat* hajtóműbegyújtó fekete lőpor; ~**-print paper** fekete-fehér fénymásoló papír; ~ **products** *ol* fekete termékek, maradványolajok; ~ **rot** *mzg* feketerothadás; ~**s** *pl ásv* agyagpala, (ásvány)pala, fekete szenespala; ~

salt nyers hamuzsír, fekete só; ~ **sand** *önt* fekete (magnetites) homok; ~ **saturation** *tv* feketetelítettség; ~ **screw** *gép* nyers csavar; ~ **sheet** *heng* feketebádog, vasbádog, feketelemez; ~ **sheet-iron** *heng* feketelemez, vasbádoglemez; ~ **signal** fekete részek továbbításánál képződő jel *(telefaxnál)*; *tv* feketejel; ~ **silver ore** sztefanit; ~ **smoke** *ol* korom; ~ **soil** *talt* csernozjom; ~ **spotter** *távk* zavarvédő/zavarszűrő dióda; ~ **squall** *met* fekete felhőktől kísért szélroham/zivatar; záporfront; ~ **start-up** *at* automatikus v. nem ellenőrzött megfutás; ~ **stock** *gépk* koromkeverék; ~ **stone** *ásv* feketeszénpala; ~ **strap** *élip* (nádcukor)melasz; ~ **substitute** *nyom* barna faktisz; ~ **thread** *tex* olajszennyezett fonal; ~ **tone** *foto* sötét másolási hatás; ~ **top** *ép* bitumenburkolat, feketeburkolat; ~**-top paver** feketeburkolat-finiser; ~**-topped** *tex* fekete fürtű *(merinógyapjú bunda)*; ~ **tourmaline** *ásv* schörl; ~ **uranium oxide** *at* fekete urán-oxid; ~ **walnut oil** amerikaimogyoró-olaj; ~ **wash** *önt* fekecs, formabevonó anyag; ~ **washer** *gép* nyers alátét

blackboard feketetábla, falitábla, tábla; *szt* munkatábla; ~ **architecture** *szt* munkatábla-architektúra

Blackburn pick *tex* felsővetés

blackdamp → black-damp

blacken *nyom, önt* (be)feketít, megfeketít, feketére fest; vasporoz, grafitoz; *opt* bekormoz; *önt* fekecsel

blackened (be)feketített; *önt* fekecselt; ~ **bulb thermometer** feketegömb-hőmérő, sugárzáshőmérő

blackening *el* elsötétedés; kormozódás; *film, opt* feketedés; *hők* feketítés, barnítás; *opt* optikai sűrűség, (be)kormozás; *önt* fekecselés; *pa* szalonnásra simítás; ~ **brush** *önt* fekecselőecset

blacker | **than black** feketénél feketébb; ~**-than-black level/region** *tv* feketénél-feketébb szint *(képjel fekete irányú túllövési szintje)*

blacking *ásv* feketedés; *cipő* feketére festés, befeketítés *(talpé, talpszélé)*; *nyom* sverc(e); *önt* fekecs; fekecselés *(formáé)*; ~**-in** *forg, opt* festékpróba; ~ **mill** *önt* grafitőrlő malom

blackish feketés

blackjack *ásv* cinkfényle, szfalerit, cink-szulfid; *bány* csillekenőcs; *élip* karamell; romlott zöldkávé

blackout (BO) I. *v el* fennakad *(relé)*; *kat* elsötétít; **II.** *n* elsötétedés; *kat* elsötétítés; *távk* féding, elhalkulás; lezárás; *tv* kioltás; ~ **cap** *gépk* elsötétítő burkolat/előtét/sapka; ~ **effect** teljes elhalkulás/fading; ~ **hood** *gépk* elsötétítő berendezés *(fényszóróra)*; ~ **interval** elsötétedési intervallum; ~ **paper** elsötétítő papír; ~ **point** *tv* sugárkioltó feszültség; ~ **pulse** *tv* kioltóimpulzus; ~ **signal** *tv* kioltójel; ~ **unit** kioltóegység; ~ **voltage** kioltófeszültség; kioltási/kialvási feszültség

blacksmith (patkoló)kovács; ~**'s anvil** kézi üllő; ~**'s cold chisel** hidegvágó; ~**'s flatter hammer** simítókalapács; ~**'s hammer** kovácskalapács; ~**'s punch** tüske; ~**('s) shop (BS)** lakatosüzem; ~**'s straight plane sledge** ráverőkalapács, kétkézkalapács, öregkalapács, nagyolókalapács; ~**'s tap** kovácsmenetfúró; ~**'s tongs** *szer* tűzifogó; ~**'s tongs for rivets** szegecsfogó; ~**'s tool** vaskovácsszerszám, kovácsolószerszám; ~**'s welding** kovácsolóhegesztés; ~**'s work** kovácsolás, kovácsmunka

blacksmithing kovácsolás, kovácsmunka; ~ **work** (kézi) kovácsmunka

bladder *gumi* belső gumi *(labdáé)*; *pa* hólyag(ocska); ~ **green** pisztáciazöld

bladdery fermentation *élip* habos erjesztés

blade vágólap, vágótárcsa; *el* érintkezőkés; mozgórész *(megszakítóban)*; reléhorgony, zárójárom, kés *(relén)*; *élip, ép* keverőlapát; *ép* markolópofa/markolócsésze/ markolólapát (eleme); vágólap, tolólemez *(útgyalu)*; *fa* fűrészlap; *foto* lemez *(íriszrekeszé)*; *gép* nyelv; *hajó* hajócsavarszárny; toll *(evezőlapáté)*; *hidr* (turbó)lapát; szárny *(szellőzőé)*; *mt* gyalukés, gyaluvas; kés, penge, betétkés; *műa* gyúrókar; *mzg* ekevas; fogazott tárcsa *(tárcsás boronán)*; *önt* lapát *(szórókeréken)*; *rep* légcsavarszárny, légcsavarlapát; *ruh, tex* penge; *szersz* (kör)fűrészlap; *vák* forgólapát; *vasút* jelzőkar; ~ **activity factor** *rep* hatásos lapátállás; ~**-adjusting** *hidr* (szárny)lapátállító; ~ **adjustment** *hidr* lapátállítás; ~ **agitator** *élip, ép* lapátos keverő; ~ **angle** *rep, hidr* lapátállásszög; ~ **area** *hajó, rep* lapátterület, légcsavarszárny-felület; ~ **axis** *rep, hidr* lapáttengely; ~ **bank** *hidr* lapátcsoport; ~**-base block** *hidr* lapátbefogó; ~ **bearing** *gép* késélű csapágy; ~ **beater** *tex* léces verőgép; ~ **block** lapátöntvény, nyerslapát; ~ **carrying rail** *mt* késtartó gerenda; ~ **chord** *rep* lapáthúr; ~ **clearance** *hidr* lapátrés; ~ **coating** *nyom* festékterítő/festéksimító kés/rákel; ~ **contact** *el* késérintkező; késes érintkező; ~ **control** *rep, hidr* (csavar)lapát-állásszög szabályozása; ~ **damper** *ép* zsalu; ~ **disintegrator** *gép* verőléces malom; ~ **drag** *rep* légcsavarlapát homlokellenállása; ~ **drop below ground** *ép* nyesési mélység *(földmunkagépé)*; ~ **edge** *hidr* lapátél; ~**-edge tipping** *rep* légcsavarperem-vasalás; ~ **element** *rep* légcsavarlapát-elem; ~**-file** *szersz* hézagreszelő; ~ **flapping** *rep* szárnylapát csapkodó mozgása *(forgószárnyú gépé)*; ~ **force** *rep, hidr* lapáterő; ~ **frequency** lapátfrekvencia *(szellőző zajában)*; ~ **grader** *ép* tolólemezes útgyalu/földgyalu; ~**-grip** *vasút* jelzőszárnytartó horony; ~ **holder** *alak* késtartó; pengetartó; ~ **holder of a saw** *szersz* fűrészkengyelvas; ~ **incidence** *gép* lapátállás; *rep* légcsavarlapát állásszöge; ~ **inertia number** *rep* légcsavarlapát tehetetlenségi nyomatéka; ~ **load** *hidr* lapátteher, lapátterhelés; ~ **lock** *forg* betétrögzítés; ~**-locking annulus** *rep* légcsavarszárny rögzítőgyűrűje; ~ **loss** *rep* lapátveszteség; ~ **mixer** lapátos keverőgép; ~ **of a dozer** *ép* tológép egyengetőlemeze; ~ **of cloth shears** *tex* szövetnyíró penge; ~ **of the squeegee** *tex* színezéklehúzó kés, „rakli"; ~ **pitch** *forg* késosztás; *hidr* lapátosztás; *rep* lapátemelkedés; ~ **pitch indicator** *rep* lapátemelkedés indikátora/jelzőműszere; ~ **plan form** *rep* légcsavarlapát síkbeli alakja; ~ **pressure** *rep, hidr* lapátnyomás; ~ **profile** *rep, hidr* lapátszelvény; ~**-retaining nut** lapátrögzítő anya; ~ **retention** lapátrögzítés; ~ **ring** *hidr* lapátkoszorú; ~ **root** *rep, hidr* lapáttő; ~ **row** *hidr* lapátrács, szárnyrács; ~ **scrapers** *ép* földnyeső; ~ **section** *rep* (légcsavar)lapát-szelvény, lapátmetszet; ~**-setting angle** *rep, hidr* lapátbeállítási szög; ~ **shank** *rep* légcsavarlapáttő; ~ **sleeve** *rep* lapáthüvely; ~ **spacing** *hidr* lapátosztás; ~ **surface** *rep* lapátfelület; ~**-surface development** *rep* légcsavar/szárnyfelület síkbafejtése; ~ **sweep** *rep* légcsavarlapát tengelyének oldalirányú eltolása; ~ **sweep area** *rep* légcsavarlapát forgásterülete; ~ **switch** *el* késérintkező, késes érintkező; ~ **thickness** *rep* légcsavarlapát vastagsága; ~ **tilt** *hidr* turbinalapát elhajlása/elcsavarása; ~ **tip** lapát hegye; *forg* betétél; *rep* légcsavarlapát csúcsa; ~**-tip vortex** *rep* légcsavarvégörvény; ~ **twisting** *rep* lapátelcsavarás; ~**-type potato digger** *mzg* répakiemelő eke; ~**-type shovel** *mzg* gyomirtó kapa; ~**-type snow plough/plow** *ép* hókotró szerelék; ~ **wheel** *hidr* járókerék; *rep* lapátkerék; ~ **width** lapátszélesség; ~**-width ratio** *rep* légcsavarlapát méretoldal-viszonya

bladed lapátos, lapátozású, lapát-; ~ **crystal** *ásv* lemezes kristály; ~ **habit** *ásv* oszlopos (léc)habitus; ~ **stator** *hidr* vezetőkerék; ~ **structure** *ásv* oszlopos (hosszúkás) lemezes szerkezet; ~ **wheel** *gépk, hidr* futókerék, lapátkerék; *hidr* járókerék; *kh* lapátkerék

blader *ép* földgyalu

blading *ép* útgyalulás, földnyesés; *hidr* lapátozás *(turbináé)*

blae(s) *ásv* lágy agyagos pala

Blake|-(jaw) crusher Blake-(féle pofás) törő; kétingás törő; ~**-sewn shoe** *cipő* keresztülvarrott cipő; ~ **thread** cipővarró cérna/fonal; ~ **type twin-jaw crusher/breaker** *ép* kétingás törő

blameless kifogástalan, feddhetetlen

blanc fixe *vegy* blankfix, blanc fix

blanch I. *v* kiszív, kifakít *(nap)*; *élip* előfőz; fehérít; lehámoz; *koh* ónoz, vékony ónréteggel bevon; **II.** *n ásv* más ásvánnyal kevert ólomérc

Blanchard lathe Blanchard-eszterga

blanchards *tex* fehéráruk, fehérített fonalból készített lenvászonáruk

blanchimeter blanchiméter, fehérítésmérő

blanching *élip* előfőzés; fehérítés; *koh* ónozás; *tex* fehérítés, blansírozás; ~ **pan** ónozóüst

bland *élip* enyhe, édeskés

blank I. *v* elődarabol; *alak* kivág, „stancol", kiszúr; *ép, hőt* lezár *(vezetéket)*; *foto* fényt elzár; *kat* elhallgattat; *nyom* ritkítva szed; *tv* kiolt; **II.** *a el* csupasz, fedetlen, bevonatmentes; *foto* blank, fehér; *gép* fényes, sima; vak *(csőszerelvény)*; *hang* törölt *(mágnesszalag)*; üres, felhasználatlan; *ip* felhasználatlan; kitöltetlen, üres, sima; *szt* üres, tiszta *(hely, karakter)*; *tex* halvány; **III.** *n* üres hely, köz, hézag; *alak* hidegsajtolt/kivágott darab; kivágás, szelvény; megmunkálatlan/nyers előkovácsolt darab; *fa* erdei nyiladék; *film* blankfilm, csupaszfilm; *gumi* (előformált) nyersgumi; *hang* felvételre kész viaszlemez; *heng* előhengerelt buga; *kat* céltábla; vaktöltény; *ker* nyers üveg; töltőforma; *mt* nyersdarab, nyerstárcsa; nyerskerék *(fogazáshoz)*; *nyom* (forma)nyomtatvány; rés, blank, space, üres tér, térköz; *pa* (merev nyomható) papírlemez; *szt* szóköz (FORTRAN); üres hely, blank; üres, tiszta; *vegy* vakpróba; ~ **address** *szt* üres cím; ~ **ammunition** *kat* vaktöltény; ~ **annealing** *koh* fényes/revementes izzítás; ~ **arch** *ép* ál(bolt)ív, álboltozat, álboltöv, vakív, díszítő ív; ~ **bath** *tex* vakfürdő, vakminta; ~ **boiling** szálrafőzés; ~ **bolt** fényes/esztergált csavar; ~ **carburizing** *hők* vakedzés; ~ **card** *szt, tex* lyukasztás nélküli kártya, üres kártya, vakkártya; ~ **cartridge** *kat* vaktöltény; ~**-casing bit** *ol* koronás béléscsősaru; ~ **cassette** *hang* üres kazetta; ~ **character** *szt* üres karakter; ~ **column** üres oszlop *(táblázatban)*; ~ **column detection device** *szt* üres oszlopot kereső berendezés; ~ **cycle** üresjárás, üres ciklus; ~ **detail specification** részletes specifikációs űrlap; ~ **diameter** nyers átmérő; ~ **door** vakajtó; ~ **experiment** *tex* szúrópróba; *vegy* eredménytelen próba; ~ **file** megvágatlan/nyers reszelő; ~ **film** *film* (tej)blankfilm; ~ **flange** *gép* vakkarima; zárókarima; *gép, vák* vakperem; *pa* fehérített cellulóz; ~ **form** *ip* nyomtatvány, űrlap; ~ **groove** néma rovátka *(hanglemezen)*; ~ **hardness test** hitelesítő darabon végzett keménységvizsgálat; ~ **holder** *alak* nyerstárcsa-leszorító (gyűrű/csap); ráncfogó; ránctartó *(gyűrűn)*; ~ **hole** *ol* betétcső nélküli fúrólyuk; száraz/meddő fúrólyuk; ~ **instruction** *szt* üres utasítás; ~ **key** *el* hézagbillentyű; vakbillentyű; *ép* nyerskulcs; ~ **material** *nyom* vakanyag, vakelem, tértöltő; ~ **medium** *szt* üres adathordozó; ~ **news** *pa* fatartalmú hulladékpapír; nyomatlan újságpapír; ~ **nitriding** *hők* vaknitridálás; ~ **off** *v* kiiktat, kikapcsol; ~**-off flange** *vák* vakperem; ~ **off the beam** *v tv* (sugarat) kiolt; ~ **out** *v alak* „kivág, stancol", kiszúr; ~ **page** *nyom* nyomatlan/üres oldal, vákát(oldal); szennycímlap; ~ **panel** *el* bevonattal el nem látott alaplemez; ~ **paper** *nyom* előnyomás, sőndruck, schöndruck; *pa* falragaszpapír, hirdetéspapír; ~ **pipe** *ol* perforálatlan béléscső; ~ **plug** furat nélküli dugó; kezelőnyílás-dugó; ~ **polarogram** vakpróba polarogramja; ~ **powder** lőpor vaktöltéshez; ~ **press** *alak* kivágógép; ~ **reaming shell** *ol* gyémánt nélküli utánfúró; ~ **reciprocal lattice** *ásv* üres reciprok rács; ~ **roundel** *mt* nyerstárcsa; ~ **row** *szt* üres sor; ~ **run** *gép* üresjárati próba; ~**s** *nyom* „anslág"; támaszsor, védősor; ~ **screw** fényes/esztergált csavar; ~ **sheet** *nyom* defektív, defektben hagyott ív; ~ **shot** lövés vaktölténnyel; vaklövés; ~ **sleeve** (egyik végén zárt) hüvely; ~ **space** üres hely, üresség; *nyom* spácium; ~ **stock** *ol* kiindulási elegy; ~ **tape** *hang, szt* üres szalag; ~ **test** ellenőrző kísérlet, vakpróba; vakvizsgálat; ~**-to-blank ticket** biankó vasúti jegy; ~ **trial** → ~ test; ~ **tyre/tire** sima kerékabroncs; *vasút* sima kerék; ~ **vat** *tex* vakcsáva *(színezék nélkül)*; ~ **wall** *ép* ablaktalan fal; csupasz fal; vakfal; ~ **washer** esztergált/fényes alátét; ~ **weight** nyerssúly; ~ **window** vakablak

blanker *alak* előkovácsoló süllyeszték; kivágószerszám(-üreg); *koh* elősüllyeszték

blanket I. *v rep* leárnyékol; *távk* elfed, elnyom; interferál; lezár, kiolt; *tv* kiolt; **II.** *a bány, geol* vízszintesen települt; **III.** *n* fedő, lepel; burkolat; takaró; felszínszigetelés, felületszigetelés; *at* primer burok; tenyésztőburok; *bány* szérponyva; *ép* borítás; szigetelőpaplan; *geol* felületi réteg; kis dőlésű takaróréteg; lerakódás, üledék; vízszintes telér; *gép* nemezalátét; *gumi* blankettkaucsuk; *hidr* ágyazat; vízzáró szőnyeg/terítés/paplan; *met* felhőernyő; felhőtakaró; *műa* préspárna; *nyom* nyomókendő; *pa* nemez; *rep* bombaszőnyeg; *tex* terítő, takaró; ~ **area** *távk* üzemi átviteli terület, hatáskörzet; ~ **assembly** *at* (tenyésztő)burokrendszer; ~ **basalt** *geol* fedőbazalt; ~ **carding machine** *tex* takaróbolyhozó gép; ~ **conveyor** *em, ép* nyomóhevederes szállítószalag; ~ **course** *hidr* kapilláris vízmegszakító réteg; szennyeződés elleni *(v.)* tisztasági réteg; ~ **cylinder** *nyom* (gumikendős) nyomóhenger; ~ **finish** *pa* nemezmarkírozás; ~ **for calico printing** *tex* nyomókendő hengernyomáshoz; ~ **formation** *bány* lapos (dőlésű) *(v.)* szintes (fekvésű) telep, telepes előfordulás; ~ **gas** *heg* védőgáz; ~ **grouting** *hidr* terület(elő)injektálás, szőnyeginjektálás; ~ **loom** *tex* takarószövő gép; ~ **mark** *pa* nemezmarkírozás; ~ **of inert dust** *bány* semleges kőporréteg; ~ **of inert gas** *heg* semleges gázköpeny; ~ **of slag** *heg* salakfedőréteg; ~ **out** *v tv* kiolt; ~ **overflight clearance** általános átrepülési engedély; ~ **power** *at* burokteljesítmény; ~ **ratio** *vasút* díjszabás; ~ **roller** *tex* együttfutó henger; ~ **rubber** másodrendű kaucsukfajta; ~ **sand** *geol* alluviális homokos hordalék; ~ **soldering** védőgáz alatti forrasztás; ~ **structure** *geol* réteges szerkezet; ~ **subassembly** *at* tenyészburokelem; ~ **table** *bány* aranyszér; ~ **vein** *bány* réteges ér; ~ **vessel** *at* buroktartály; ~ **wool** *tex* szőnyeggyapjú

blanketed area *rep* aerodinamikailag árnyékolt felület

blanketing *bány* ponyvás szérelés, aranymosás ponyvás széren; *hidr* fagyvédelmi öntözés; *rep* farokfelület árnyékolása; *távk* elfedés, elnyomás *(jelé)*; lezárás; *tv* kioltás

blanking halványítás; *alak* kivágás, kiszúrás; „stancolás", csákozás; *tv* kioltás; ~ **circuit** *tv* kioltóáramkör; ~ **die** *alak* hidegsajtoló szerszám; kivágómatrica; ~ **fixture** csákozókészülék; ~ **interval** *tv* kioltási intervallum; ~ **level** *tv* kioltószint; ~ **machine** *alak* kivágógép; ~**-off** *el, távk* lezárás, lekapcsolás; *hidr* bedugaszolás *(szivattyúé)*; eltömődés; ~ **oscillator** *távk* lezáróoszcillátor; ~ **period** *el* kioltási periódus; ~ **predestal** → ~ level; ~ **press** *alak* kivágósajtó; ~ **pulse** *tv* kioltóimpulzus; ~ **punch** *alak* kivágóbélyeg, kivágótüske; ~ **signal** *tv* kioltójel; ~ **steel** kivágószerszám-acél; ~ **time** *tv* kioltási idő; ~ **tool** *alak* kivágószerszám, alakos vágószerszám; ~ **voltage** *tv* kialvási feszültség; kioltófeszültség, kioltási feszültség

blast I. *v* fúvat, fújtat; *bány* lő, robbant; *el* ívet elfúj; *élip, koh* fúvat, fújtat; *hőt* lefúvat *(tüzet)*; *kat* felrobban(t); *mt* lefúvat *(homokkal)*; *önt, vegy* fúvat, fújtat; *távb* túlvezérel *(mikrofont)*; **II.** *n* (mesterséges) légáram(lás); *bány* gázkifúvás, gázkitörés; lövés, robban(t)ás; robbanótöltet; *el* ívfúvás; *gépk* dudálás; töltőlevegő; *hőt* kényszerhuzam, kényszerhuzat; *kat* (nukleáris) robban(t)ás; *koh* (alá)fúvatás, átfúvatás; (fúvó)szél, fúvólevegő, fúvottlevegő; *met* (szél)lökéshullám; heves széllökés; *rep* sugárkiáramlás; *szt* beégetés, memóriabeégetés; *vegy* fúv(at)ás; ~ **air loss** *koh* fúvószélveszteség; ~ **apparatus** *koh* fúvógép; ~ **area** *kat* torkolati kúp; *rak* biztonsági övezet; ~ **blowing** *tex* száraz kikészítés *(effektszöveteké)*; ~ **booth,** ~ **box** *koh* fúvókas *(nagyolvasztón)*; *önt* homokfúvó fülke; ~ **burner** nyomással működő égő, fúvókás gázégő; ~ **cabinet** festékszóró kamra; ~ **capacity** *koh* szélmennyiség; ~ **chamber** *koh* fúvószekrény; ~ **cleaning** *önt* szemcseszórásos/sörétszórásos revétlenítés, szórásrevétlenítés; ~ **cleaning on site** helyszíni revétlenítés; ~ **conditioning** *koh* fúvószél kondicionálás; ~ **conduction** *koh* szélvezeték; ~ **connection** *hidr* fúvócsőtoldat, légvezető-csatlakozás, légvezetőtömlő *(szivattyúé)*; *koh* fúvószerelvény; ~ **cupola** *koh* kupolókemence; ~ **cylinder** *hidr* fúvóhenger *(szivattyúé)*; ~ **damp** → ~ fumes; ~ **dampening** *koh* gőzbefúvás; ~ **descaler** *önt* szemcseszórásos revétlenítő, sörétszóró gép; ~ **descaling** *önt* szemcseszórásos revétlenítés; ~ **duct** *koh* (fúvó)szélvezeték; ~ **engine** *koh* fúvógép; ~ **fan** nyomóventillátor; *önt* fúvógép; ~ **feeding pipe** *koh* szélvezeték; ~ **fence** *rep* sugárkiáramlást csökkentő terelőrács; ~**-free** *kat* atombiztos, atommentes; ~ **from explosion** *kat* robbanási lökéshullám; ~ **fumes** *pl bány, kat* robbantási (füst)felhő; ~ **furnace** *koh* nagyolvasztó; ~**-furnace armo(u)r** kemencepáncélzat; ~**-furnace blast** (nagyolvasztó-)fúvószél; ~**-furnace blower,** ~**-furnace blowing engine** (nagyolvasztó-)fúvógép; ~**-furnace bottom** nagyolvasztófenék; ~**-furnace bottom lining** nagyolvasztó fenékbélése; ~**-furnace brickwork** nagyolvasztó-falazat; ~**-furnace campaign** nagyolvasztókampány; ~**-furnace charging equipment** nagyolvasztó-adagoló berendezés; ~**-furnace charging gallery** adagolópódium, adagolószint, torokpódium; ~**-furnace cinder** nagyolvasztósalak; kohósalak; ~**-furnace coke** kohókoksz; nagyolvasztókoksz; ~**-furnace coke yield** kohókoksz-kihozatal; ~**-furnace coolant** kohóhűtőközeg; ~**-furnace damping-down** nagyolvasztó-lefojtás; ~**-furnace dust** szállópor; ~**-furnace elevator** nagyolvasztó emelőkocsija; elegyfelvonó; ~**-furnace flue dust** torokgázpernye, nagyolvasztópernye; ~**-furnace flux** kohászati folyósítóadalék/folyósítószer; ~**-furnace foamed slag** habosított kohósalak, (kohó)habsalak; ~**-furnace framework** nagyolvasztó-állványzat; ~**-furnace fuel** nagyolvasztó tüzelőanyaga; ~**-furnace gas** torokgáz, kohógáz; ~**-furnace gas-driven blower** torokgázhajtású fúvó; ~**-furnace gas main** torokgázfővezeték; ~**-furnace gas temperature** torokgáz-hőmérséklet; ~**-furnace gun** dugaszológép; tömőgép; ~**-furnace hearth** nagyolvasztó-medence; ~**-furnace heat balance** nagyolvasztó hőmérlege; ~**-furnace hoist** elegyfelvonó; nagyolvasztóadagoló-felvonó; ~**-furnace hopper** nagyolvasztóadagoló-tölcsér; ~**-furnace lines** nagyolvasztóprofil; kohóprofil; ~**-furnace lintel plate** nagyolvasztó-hordgyűrű; ~**-furnace man** kohász; ~**-furnace masonry** → ~-furnace brick work; ~**-furnace metallurgist** → ~-furnace man; ~**-furnace mixture** elegy; ~**-furnace mouth** torok; ~**-furnace operation** (nagyolvasztó)járat; ~**-furnace operator** → ~-furnace man; ~**-furnace plant** nagyolvasztómű, kohómű; ~**-furnace platform** nagyolvasztó-torokszint, nagyolvasztó-adagolópódium; ~**-furnace Portland cement** → ~-furnace slag cement; ~**-furnace practice operation** → ~-furnace operation; ~**-furnace production campaign** → ~-furnace campaign; ~**-furnace pumice-stone slag** → ~-furnace foamed slag; ~**-furnace ring** (nagyolvasztóakna-)hordgyűrű; ~**-furnace scrap** kohóhulladék; ~**-furnace shell** nagyolvasztóköpeny; ~**-furnace slag** nagyolvasztósalak, kohósalak; ~**-furnace slag cement** (kohó)salak-portlandcement; ~**-furnace slag lime-mortar** mészkohósalak-habarcs; ~**-furnace stack** nagyolvasztóakna; ~**-furnace steel framework** → ~-furnace framework; ~**-furnace steel jacket** → ~-shell; ~**-furnace steel structure** → ~-furnace framework; ~**-furnace tapping** (nyers)vascsapolás; ~**-furnace throat/top** nagyolvasztótorok; ~**-furnace trouble** kohóüzemzavar; ~**-furnace tuyère** → blast tuyère; ~**-furnace waste** kohóhulladék; ~**-furnace with open breast** nyitott medencéjű nagyolvasztó; ~**-furnace worker** → ~-furnace man; ~ **gas** → ~-furnace gas; ~ **gate** fúvószéltolattyú; *rep* légsűrítő fojtószelepe; ~ **ga(u)ge** *bány* robbantófúrólyuk; *koh* nyomásmérő *(fúrószélhez)*; ~ **gun** *önt* fúvópisztoly; ~ **heater** *koh* fúvószél-előmelegítő; léghevítő; *önt* levegő-előmelegítő; ~ **heating** *koh* fúvószél-előmelegítés; ~ **heating apparatus** → ~ heater; ~ **hole** *bány, geof* (robbantó)fúrólyuk, robbantólyuk; *koh* fenékfúvóka, konverterfúvóka; ~**-hole charge** *bány* robbantótöltet; ~**-hole drill** *bány* robbantólyukfúró; *ol* légöblítéses fúró; ~**-hole drilling** *bány, geof* robbantólyukfúrás; *ol* légöblítéses fúrás; ~ **hole kettle** *bány* katlan; ~**-hole rig** robbantólyukfúró gép; ~**-hole ring** robbantólyuk-koszorú; ~ **humidity** → ~ moisture; ~ **indicator** *hőt* huzatjelző, huzatmérő; ~ **inlet** *koh* fúvónyílás; ~ **intensity** → ~ pressure; ~ **joint** *ol* eróziós közdarab *(külső erózió ellen)*; vastag falú termelőcső; ~ **machine** → ~ engine; ~ **main** *koh* (fúvó)szélvezeték; ~ **mark** *kat* pörkölődési nyom; torkolati kúp; ~ **meter** *hőt* huzatmérő; ~ **moisture** *koh* fúvószél-páratartalom; ~ **nozzle** *gép* fúvókafej, fúvócső; *koh* fúvóforma, fúvóka, fúvókas; ~ **of wind** *met* széllökés; ~ **out** *v bány* repeszt, (el)robbant, szétrobbant; ~ **oxygen** *koh* fúvószéloxigén; ~ **pipe** *gép, gépk* kipufogócső; *gép, mot, rak* fúvóka; *koh* fúvócső, szélvezeték; *rep* légfúvócső; ~ **pipe neck** *rak* fúvókanyak; ~ **plate** *koh* adatlap, adattábla; ~ **preheater** → ~ heater; ~ **pressure** szellőzőnyomás, fúvónyomás; *bány, kat* robbanási légnyomás; *koh* (fúvó)szélnyomás; ~ **pressure indicator** *koh* fúvószélnyomás-mutató műszer; ~ **pressure recorder** *koh* fúvószélnyomás-regisztráló műszer; ~ **primer** gyártási mázolóanyag/mázolóréteg; ~ **process** *önt* szélfrissítés; ~**-proof** robbanásellenálló, robbanásbiztos; ~ **rate** → ~ volume; ~ **reducer** *kat* torkolattűz-tompító; ~ **requirement** *koh* fúvószélszükséglet; ~**-resistant civil defense structures** robbanás(i hullám) ellen védő; légvédelmi építmény; ~ **roasting** *koh* oxidáló/fúvószeles pörkölés; zsugorítás; ~ **room** *önt* homokfúvó kamra; ~ **sand** *önt* fúvóhomok; ~ **screen** *rep* sugárkiáramlást csökkentő rács; ~ **shield** *at* atomrobbanás elleni védelem; robbanási hullám elleni védelem; *rep* sugárkiáramlás ellen védő pajzs; ~ **side** *koh* fúvószéloldal; ~ **sintering** *koh* átfúvásos zsugorítás; ~ **sinter roasting** *koh* átfúvásos zsugorítópörkölés; ~ **smelting** olvasztás légáramban; ~ **stove fillers** *koh* cowper/kauper/léghevítő szerelvényei; ~ **supply** *koh* fúvószél-hozzávezetés; ~**-supply line** → ~ main; ~ **system** *koh* fúvószél-adagoló rendszer; ~ **tuyère/tuyer** → ~ nozzle; ~ **volume** *koh* (fúvó)szélmennyiség; ~ **volume control/regulator** *koh* szélmennyiség-szabályozó; ~ **waves** *at, fiz, met* robbanási hullámok; ~ **welding** robbantásos hegesztés; ~ **wheel** (festék)szórótárcsa; szórókerék; ~ **with delayed detonator** *kat* időzített gyújtás

blasted *bány* megrobbantott; *hang* túlvezérelt *(mikrofon)*; ~ **corn** *mzg* üszögös gabona

blaster *bány, geof* robbantókészülék; robbantómester, lőmester; ~ **barrel** *bány* gyújtózsinórt vezető acélcső; ~ **log** *bány* fúrósablon; ~ **shot** *bány* robbantás fogazásos fejtéshez

blasting *bány* lövés, robban(t)ás; robbantómunka, repesztőmunka; *hang* dübörzaj *(lemezjátszóé)*; túlvezérlés *(mikrofoné)*; *koh* befúvás; kifúvás; *rád* túlvezérlés; *rep* átfúvatás; *távk* dübörgés; zörgő búgás; ~ **abrasive** *el* szórószemcse; ~ **agent** → ~ material; ~ **by chambering** *bány* katlanos robbantás; ~ **by popshot** *bány* batározás; ~ **cap** gyutacs; ~ **cartridge** *bány* robbantótöltény; ~ **charge** robbantótöltet; ~ **cord** robbanózsinór; ~ **device** robbantó szerkezet; ~ **down** *bány* lerobbantás; ~ **equipment** *geof* robbantóberendezés; ~ **firing** *bány* provokációs robbantás; ~ **fumes** *bány* robbanási utógázok; ~ **fuse** gyújtózsinór *(robbantáshoz)*; ~ **gear** *bány* robbantófelszerelés; ~ **gelatin** robbanózselatin; ~ **grit** *önt* fúvatószemcse; szórószemcse; ~ **hook-up** *bány* robbantóhálózat; ~ **ignition cable** gyújtókábel; ~ **machine** *bány* lövőgép; robbantógép; ~ **material** *bány* robban(t)óanyag; ~ **needle** *bány* töltőtű; ~**-off the solid** *bány* pillérrobbantás, robbantás réselés nélkül, telibe robbantás; ~ **of profiles** *bány* szelvénytartó robbantás; ~ **oil** nitroglicerin; ~ **on the cleats** *bány* vállapra robbantás; ~ **on to the conveyor** *bány* rárobbantás; ~ **operation** *bány* robbantómunkálatok; ~ **paper** robbanópapír; ~ **pipe** *bány* repesztőcső; ~ **powder** lőpor; ~ **process** sugárzásos festékszórás(i eljárás); ~ **unit** *bány* lövőgép; villamos robbantóberendezés; ~ **with chambered hole(s)** *bány* katlanos robbantás

blastoporphyric *geol* blasztoporfír(os)

blatt *geol* repedés, hasadék, fisszúra; vetődés

blaugas *vegy* blaugáz

blausand *talt* blausand

blaze[1] **I.** *v* ég, lobban, tüzel; **II.** *n* (lobogó) láng; fény; ~ **off** *v* leéget, lepörköl; *hők* rugót megereszt; ~**-off** *hők* rugók megeresztése; ~ **off device** lepörkölődő/leégető berendezés

blaze[2] **I.** *v fa* fát megjelöl *(kéreg lefejtése helyén)*; **II.** *n fa* fajelzés

blazing[1] égés; lobbanás

blazing[2] *fa* famegjelölés *(kéreglefejtéssel)*

BLC → boundary-layer control

blea *fa* álszijács

bleach I. *v* (ki)fehérít, fakít; színtelenít, halványít; *ol, vegy* derít *(derítőfölddel)*; kifehéredik, elszíntelenedik; **II.** *n vegy* fehérítőszer; ~ **earth** derítőföld, kallózóföld, fullerföld; ~ **field** *tex* gyepes fehérítőterület; ~ **goods** *tex* fehéráru; ~**-mixing plant** *pa* fehérítőlúgkészítő berendezés; **„~-out" process** *foto* fotokémiai kihalványodás, bleach-out process; ~ **scale** *pa* folt *(fehérítőanyagtól)*; ~ **test** *ol* derítési próba; ~ **wash** *tex* fehérítés *(viszkózé)*; ~ **works** → bleaching house

bleachability *pa, tex* fehéríthetőség

bleached (ki)fehérített; ~ **beewax** fehér méhviasz; ~ **goods** *tex* fehérített áru; ~ **kraft** *pa* fehérített kraftcellulóz/erőcellulóz; ~ **lined folding boxboard** *pa* műkromokarton; ~ **oil** derített olaj; ~ **soil** *talt* kilúgozott talaj

bleacher *tex* fehérítőkád; fehérítőmunkás; *vegy* derítőkád

bleachery *pa, tex* fehérítőüzem

bleaching I. *a* fehérítő; **II.** *n* halványítás, fehérítés, színtelenítés; *bőr* bőrhalványítás; *foto, nyom* halványodás; *nyom* elvágás; *tex* fehérítés; *vegy* derítés *(finomítás)*; ~ **action** *tex* fehérítőhatás; ~ **agent** *tex* fehérítőszer; ~ **apparatus** *tex* fehérítőberendezés; ~ **assistances** *tex* fehérítő segédanyagok; ~ **bath** *tex* fehérítőfürdő; ~ **boiler** *tex* fehérítőkazán; ~ **chest** *pa* fehérítőkád; ~ **clay** kaolin, fehérítőagyag; ~ **depart-**

ment *pa, tex* fehérítőüzem; ~ **dye for brightening** *tex* optikai fehérítő; ~ **earth** → bleach earth; ~ **engine** *pa* fehérítőhollandi; ~ **house** *pa, tex* fehérítőüzem; ~ **kier** *pa, tex* hollandi, fehérítőkazán; ~ **lime** fehérítőmész; ~ **liquid** fehérítőlé; ~ **liquor/lye** *pa, tex* fehérítőlé, fehérítőlúg, fehérítőflotta; ~ **plant** *pa, tex* fehérítőüzem; ~ **powder** *vegy* klórmész, fehérítőmész; ~ **pulp** fehérítőcellulóz; ~ **stoving** *tex* fehérítés *(kénezéssel)*; ~ **tank** *tex* fehérítőkád; ~**-tower** *pa* fehérítőtorony; ~ **works** → ~ house

bleak *met* szélnek kitett; zord

Blears effect *vák* Blears-jelenség

bleary életlen, elmosódott

bleb *önt, üveg* (kis) (lég)buborék, hólyag

blebby *önt, üveg* hólyagos; ~ **bead** üvegszerű gyöngy, üveggyöngy

bled steam elvett/megcsapolt/fáradt gőz

bleed I. *v* kicsepegtet; kifolyat; kiürít; kivezet; leereszt *(folyadékot)*; víztelenít *(légvezetéket)*; légtelenít (féket); vizét leadja; szivárog, izzad; *bány* vizet/gázt vezet *(réteg)*; *el* leoszt *(feszültséget)*; *élip* kipereg; *ép* kivirágzik *(beton)*; szétkeveredik; *fa* lefestődik; *gép* leereszt; *gépk* levegőt csapol/elvesz; ürít; *hőt* lefúvat; megcsapol; *nyom* átüt (festék); kivérzik; *pa* tompít *(festést)*; *tex* „befog" *(színezés, nyomás)*; vérzik; *vasút* levegőt kiereszt *(légfékből)*; **II.** *n* víztelenítés *(légvezetéké)*; szivárgás; *ép* szétkeveredés, kivirágzás *(betoné)*; *foto, nyom* nyomatszél sérülése; *gép* rozsdásodás *(dörzshatás következtében)*; *gépk, hőt* megcsapolás; *rep* levegőmegcsapolás; *szt* tintaszétfolyás *(karakterkép kontúrjainál)*; *tex* vérzés; *vasút* víztelenítés *(féklégtartályé)*; ~ **gas** *vák* öblítőgáz; ~ **hole** csepegtetőlyuk; kieresztőnyílás, kifolyónyílás; *gumi* lecsapolónyílás; ~ **ingot** *koh* folyékonymagos tuskó; ~ **of boundary layer** *rep* határréteg lefúvatása; ~**-off** *gép* nyomásesés *(hidraulikában)*; ~**-off line** *ol* lefúvatórendszer; ~**-off valve** *ol* lefúvatótoló; ~ **point** *hőt* gőzelvétel helye; ~ **screw** légtelenítő/üreges/furatos csavar; ürítőcsavar; ~ **valve** csapolószelep

bleeder *bány* (gáz)kifúvó; vízeresztő repedés; *el* védőellenállás, levezető ellenállás; *gép* ürítőnyílás, légtelenítő csap/szelep; vízleeresztő szelep; *gépk* csapolószelep, megcsapolóvezeték; *hőt* adagolószelep; páralecsapoló csővezeték; *ol* lefúvató toló; *távk* feszültségosztó; *tv* söntszabályozó; ~ **entry** *bány* menekülővágat; ~ **heater** *hőt* megcsapolt gőzzel fűtött előmelegítő; ~ **pipe** *bány* szippantócső *(tűzelfojtáshoz)*; ~ **port** *gépk* lefolyónyílás; ~ **resistance** *távb* feszültségosztó ellenállás; műterhelés tápegyenirányítón; ~ **screw** *gépk* leeresztőcsavar; *hőt* kifúvatócsavar; lefúvatócsavar; ~ **tap** *koh* csapolónyílás; ~**-tube voltage-regulation** *tv* söntszabályozás; ~ **turbine** közbenső gőzelvételes *v.* megcsapolt turbina; ~ **valve** robbanóajtó *(tartályon, csővezetéken)*; *ol* lefúvató toló; ~ **well** *ép* megcsapolókút, negatív kút *(vízszintsüllyesztéshez)*; ~ **winding** *el* mellékáramkörű tekercselés, sönttekercselés

bleeding I. *a* lefolyó, leeresztő, lefúv(at)ó; kibocsátó; *tex* levérző, elfolyó; **II.** *n* bitumen kiizzadása/kicsapódása *(útépítés)*; *bány* metánkifúvás; *élip* kivéreztetés, vérzés; *ép* vízkicsapódás, cementtej felszínre szivárgása; *gép* leeresztés *(vízé)*; légtelenítés, víztelenítés *(csővezetéké)*; nyomásesés *(hidraulikában)*; rozsdásodás *(dörzshatás következtében)*; *gépk* csapolás *(levegőé)*; *hidr* átszivárgás; blíding, megcsapolásos tápvíz-előmelegítő rendszer; izzadás *(szivatytyúé)*; *műa* kivérzés; *ol* olajkiválás zsírokból, kenőzsírok szinerézise/kivérzése; *önt* kifolyás *(kokillából)*; *pa* színtelenítés; *tex* elfolyó színeződés; festékfolt *(szövethiba)*; kivérzés *(festési hiba)*; lefestődés; ~ **belt** csapolási öv/zóna; ~ **coil** szívó fojtótekercs; ~ **cycle** *hőt* elvételes körfolyamat; ~ **line** *ol* lefúvatórendszer; ~ **of concrete** *ép* beton vérzése; ~ **of dyestuff** *tex* színezék lefogása/kivérzése; ~**-off** *gumi* lecsapolás; ~ **of the brake** *gépk* fék légtelenítése; ~ **operation** *hőt* megcsapolásos üzem; ~ **point** *el* megcsapolás; *hőt* gőzelvételi hely; ~ **pump** *hidr* blídingszivattyú; ~ **rock** *talt* vízvezető homokkő; ~ **test** *tex* kivérzési próba *(festésé)*; ~ **valve** *gép* csapolószelep, megcsapolóvezeték

blemish I. *v* elront, eltorzít; **II.** *n* folt, pecsét; felületi (anyag)hiba; selejt; *élip* hiba, hiány, rendellenesség; *fa* szépséghiba; *hang* (mágnesszalag) hibahely(e); *szt* tárolási hiba *(szalagon, diszken)*

blend I. *v* összeolvad; vegyül; (egymásba) keveredik, összekeveredik, elkeveredik; homogenizál; elegyít; vegyít; kever *(olajokat, színt)*; összekever; *bány* (fokozatosan) átmegy *(agyag márgába)*; *élip* házasít *(bort)*; *koh* betétet összeállít; *műa* hígít, vág *(festéket)*; *nyom* szemcséssé tesz; *tex* keveréket készít; *vegy* hígít *(alkoholt)*; **II.** *n* keverék, elegy; *bőr* (cserzőanyag)keverék; futtatás *(szőrmefestésben)*; ~ **burner** szulfidércpörkölő kemence; ~ **gas** pörkgáz, szulfidpörkölő kemence gáza; ~ **in** *v film, tv* fokozatosan átúsztat; *távk* bekever; ~ **ores** *v koh* ércelegyet előkészít; ~ **smoothly** *v* simán átmegy *(egymásba)*; ~ **tank** *ol* (össze)keverőtartály, elegyítőtartály

blendability *tex* keverhetőség

blende *ásv* cink-szulfid; fény(le); szfalerit; ~ **cinder** szulfid(érc)pörk

blended vágott, kevert; keverékelegyített; hígított; ~ **cement** kevert cement, keverékcement; ~**-colo(u)r** *tex* kevert szín; ~**-colo(u)r fabric** tarkán szőtt áru; ~ **fabric** kevert anyagú szövet; ~ **frit** *ker* keverékfritt, kevert üvegmassza; ~ **fuel** kevert tüzelőanyag/fűtőanyag; ~ **gasoline** motorbenzin *(több komponensből elegyített)*; ~ **lamp** kevert fényű lámpa; ~ **mo(u)lding sand** szintetikus formázóhomok; ~ **oil** kenőolaj *(több komponensből elegyített)*, kompaundált/zsírosított olaj; ~ **yarn** *tex* kevert anyagú fonal

blender keverőecset; *ép* keverőszivattyú; *ép, foto* keverő; *tex* nyersanyagkeverő gép

blending I. *a* keverő, keverék-, elegy-; **II.** *n* elegyítés; *élip* (el)keverés, vegyítés; hígítás, elegyítés; *ép, ker* (hozzá)keverés; *film, tv* (fokozatos)átúsztatás/áttűnés; bekeverés; *koh* betét-összeállítás; *ol* hígítás, keverés, elegyítés; *önt* elegyítés, betét-összeállítás; *talt* szemcsenagyság-eloszlás; *tex* keverék-összeállítás; *vegy* hígítás, elegyítés; ~ **agent** *vegy* adalékanyag; ~ **basin** *ker* keverőmedence; ~ **batch** *ker* szakaszos/fokozatos keverékmódosítás; ~ **bin** *ép* homogenizálósiló; *ker* keverőbunker; ~**-chest** *pa* keverőkád; ~ **colo(u)rs** egymásba olvadó szín(ek); ~ **feeder** keverőadagoló; ~ **hopper** egyenlítőtartály, keverőgarat; ~**-in** *távk* bekeverés; ~ **installation** *élip* keverőberendezés; ~ **machine** keverőgép; ~ **naphtha** hígítóbenzin; ~ **octane-number/octane-value** keverési oktán-

szám; ~-**out** *távk* kikeverés, blending out; ~ **practice** *koh* betét-összeállítási technológia; ~ **problem** keverési probléma/feladat; ~ **room** *tex* keverőkamra, keverőüzem; ~ **tank** *ol* keverőtartály, elegyítőtartály
blib → blip
blibe *ker* kis buborék *(üvegben)*
Bligh number *hidr* Bligh-szám
blight *mzg* lisztharmat
blighted kernels *élip* romlott szemek
blimp *film* zajcsökkentő burkolat, blimp; *rep* kis megfigyelő-léghajó; ~ **camera** zajcsökkentő burkolatú (kézi)kamera *(szinkronfelvételhez)*
blind I. *v* (el)vakít; *ép* eldugaszol; elfojt; kiegyenlítőréteggel ellát; murvával takar/feltölt *(utat)*; takar; *hidr* megvakul, eldugul (szűrő); **II.** *a* homályos; fénytelen, matt; láthatatlan, nem látható, rejtett; vak, üres; kijárat nélküli; zsák- *(utca, furat)*; *szt* vak, üres; **III.** *n bány* vakakna; *el* ellenző; *ép* ablaktábla; ablakzsalu; roletta, ernyő; spanyolfal; vízlevezető árok; *foto* fénysapka; objektívsapka; *geol* vakér; *kat* álcázás; füstfüggöny; *nyom* vaknyomás; *opt* diafragma, blende, változtatható nyílású fényrekesz; *szt* lefedés, szelektív vételkizárás; *tex* függöny, redőny; ~ **abutment** *ép* rejtett ellenfal/hídfő; ~ **alley** zsákutca; ~ **angle** *közl* holtszög; ~ **apex** *bány, geol* ki nem futó telérkibúvás; ~ **approach (BA)** *rep* műszeres megközelítés; ~ **approach beacon/beam system (BABS)** *rep* repülőtér-megközelítő és műszeres leszállási rendszer, sávirányadós/impulzusüzemű vakbevezető rendszer, BABS; ~-**approach indicator** *rep* műszeres repülőtér-megközelítő jelzőberendezés; ~ **arch** vakív; ~ **area** holttér; ellenőrzés szempontjából hozzáférhetetlen felület; ~ **a satellite** *v kat* műholdat/szatellitát megvakít; ~ **balustrade** tömör korlát; ~ **beam floor board** vakgerendás borított gerendafödém; ~ **bend** *közl* be nem látható kanyar; ~ **bit** *ol* (tömör) fúró; ~ **blocking** *nyom* dombornyomás, vakdombor; ~ **bond** *ép* kanálfalazás, vakkötés; süllyesztett kötés *(angol téglakötési mód)*; ~ **borehole process** föld alatti elgázosítás; ~-**brake sack** *foto* (fény)rekesz, diafragma; ~ **bushing** *gép* zsáklyukba helyezett persely; ~ **chimney** *bány* vakfeltörés; ~ **coal** láng nélküli *v.* lángmentes/sovány szén; ~ **corner** → ~ bend; ~ **creek** kiszáradt patak, üres patakmeder; ~ **current** meddő *v.* watt nélküli áram; ~ **dam** *hidr* elvezetés nélküli gát; ~ **die** *alak* merev süllyeszték; ~ **drain** *hidr* fedett/zárt lecsapolóárok/lecsapolócsatorna; ~ **drainage area** *hidr* zárt/lefolyástalan öblözet; ~ **drift** *bány* szellőzetlen betörés; vakvágat, tömedékvágat; ~ **drilling** *ol* vakfúrás, fúrás geológiai előkészítés nélkül; ~ **driving** *ép* vakhajtás, hajtás zárt homlokú pajzzsal; ~ **end** *ol* vezeték vak/holt vége; ~-**end cylinder** *gépk* blokkhenger; ~ **ends** *tex* zárószegély nélküli darabok; ~ **flange** *gép* vakkarima; *vák* vakperem; ~ **flight/flying** műszeres repülés, vakrepülés; ~-**flying instrument** *rep* vakrepülőműszer; ~ **glass** homályos/matt/maratott üveg; ~ **heading** *bány* nem összekötő *v.* vak fejtési közle; ~ **hole** *at* fenékfurat; vakcsatorna; *el* üres furat, vakfurat *(nyomtatott áramkörön)*; *gép* zsákfurat, vakfurat; *ol* iszapveszteséges fúrólyuk/fúrás; ~ **hood** vakrepülés-gyakorló függöny; ~ **intersection** *közl* be nem látható keresztezés; ~ **joint** *bány* elmosódó/rejtett rétegezettség/rétegeződés; ~ **keyboard** *szt* vakbillentyűzet; ~ **landing** *rep* vakleszállás; ~ **landing runway** vakleszállópálya; ~ **lane** zsákutca; ~ **lantern** tolvajlámpa; ~ **lead** → ~ lode; ~ **level** *bány* osztószint, vakszint; szikkasztóvágat, vízlevezető/vízapasztó vágat; *ép* vakszint, emeletközi segédszint; *rep* mesterséges horizont; ~ **lock** vaklakat; rejtett zár; ~ **lode** → ~ apex; ~ **nipple** vakcsavaros kötés; ~ **nut** vakanya, sapkás *v.* kalapanya; ~ **outcoop** → ~ apex; ~ **P** *nyom* bekezdésjel; ~ **pass** *heng* vakszúrás, üres szúrás; vaküreg *(triósoron)*; zárt üreg; ~ **pipe** *hidr* vak cső; ~ **pit** *bány* vakakna; *fa* vakgödörke; ~ **pit leading downward** *bány* ereszke; ~ **pit leading upward** *bány* feltörés, telepkibúvás, telérkibúvás; ~ **power** *el* meddő teljesítmény, watt nélküli teljesítmény; ~ **ram(s)** *ol* telezáró kitörésgátló pofa; ~ **region** → ~ zone; ~ **rivet** vakszegecs; ~ **rivet driver,** ~ **riveter** *szersz* vakszegecselő pisztoly; ~ **riveting** vakszegecselés; ~ **rivet with thread locking** csavarfejű szegecs; ~ **road** *bány* tömedékben visszahagyott vágat; tömedékvágat; ~-**road stowing** *bány* tömedékelés tömedékvágatból; ~ **roaster** *koh* aknás pörkölőkemence; ~ **room** *bány* vakvágat, ki nem lyukadt fejtés; ~**s** *pl* ablakredőny, függöny; ~ **sag** *vasút* sínbesüllyedés *(áthaladó vonat alatt)*; ~ **sample** *at* vakminta; ~ **sap** *ép* fedett futóárok; *kat* fedett lövészárok; ~ **sector** *távk* árnyékzóna, néma övezet; ~ **shaft** vakakna; ~ **shell** vaktöltetű lövedék; fel nem robbant lövedék; ~ **sieve** *pa* merevtárcsa; ~ **speed** *távk, rep* vaksebesség; ~ **splicing** láthatatlan kötéltoldás, acélkötél végeinek tőrözése/végtelenítése; ~ **spot** eldugult szitarész; *gép* holtpont; *távk* süket zóna; *tv* beégés *(képernyőn)*; ~ **stitch** *tex* láthatatlan öltés; ~ **stop** *ép* ablakzsalu-ütköző; ~ **storey** *ép* trifórium, ablak nélküli emelet; ~ **strap** redőnyheveder; ~ **transmission** *rep* vakadás; ~ **tuyère** *koh* eldugaszolt fúvóka; ~ **tyre/tire** *vasút* nyomkarima nélküli abroncs; perem nélküli kerék(abroncs); ~ **valley** zárt völgy; ~ **vault** *ép* vakboltozat; ~ **vein** *bány* vakér; *bány, geol* ki nem búvó telér; ~ **velocity** *rep* vaksebesség; ~ **wall** *ép* telefal; ~ **weir** *hidr* bukógát; fix gát; ~ **working** *bány* vakvágat, ki nem lyukadt fejtés; ~ **zone** *geof* árnyékzóna, vakzóna, árnyékolt zóna; *távk* holtövezet
blindage *kat* fedezék, óvóhely; *opt* szemellenző
blinded (meg)vakított; eltakart; eldugaszolt; eldugult; feltöltött; ~ **with sand** *hidr* homokkal feltöltött/iszapolt
blinding *ép* kőtörmelék *(úttöltéshez)*; *foto* fokozatos sötétítés; *hidr* beiszapolódás; *nyom* vakdombor; *tex* csíkosság *(szövethiba)*; fénytelenedés; színárnyalati eltérés *(szövethiba, pamuthiba)*; ~ **glare** vakítás, vakító fény; ~ **layer of concrete** aljzatbeton, szerelőbeton
blink I. *v el* csillámlik; időnként felvillan; villant; villog, villan; **II.** *n* villanás, villogás; vibrálás; jégcsillogás; ~ **comparator/microscope** *csill* blinkkomparátor
blinker (nap)ellenző; *gépk* villanó/villogó irányfény/irányjelző; ~ **light/beacon** villanófény; ~ **relay** villanórelé, villogórelé; ~ **separator** *tex* leválasztó osztófésű
blinking villogás; villogó; ~ **light** légiforgalmi villogófény; ~ **method** *geod* váltakozó vetítés; ~ **unit** *gépk* villogó irányjelző

blip *szt* jelzés; zavar a képernyőn; *távk* blip, visszavert jel *(indikátor ernyőjén)*; felvillanás; ~ **counting** *szt* pozícióérzékelési eljárás; ~ **ratio** *rep* felvillanás/letapogatás aránya

blistar → blister

blister I. *v* hólyagot húz; hólyagossá válik; (fel)hólyagosodik; **II.** *n* buborék, hólyag *(anyagban)*; felhólyagosodás *(anyagon)*; felfúvódás; *fa* feltáskásodás; préselési hiba *(rétegelt falemezen)*; szűcs *(enyvezett lemezen)*; *geol* föld alatti vízjárat, vízmosta üreg; *gépk* áramvonalas burkolat; *rak* radom, antenna-védőburok; *rep* géppuskatorony; ~ **cloth** *tex* klokéanyag; ~ **copper** nyersréz; *koh* konverterréz; ~**-free** gázhólyagmentes; ~ **gas** *kat* hólyaghúzó gáz; mustárgáz; ~ **light** süllyesztett pályafény; ~ **pack** *gyógyv* fóliacsomagolás; *műa* hólyagcsomagolás; ~ **steel** csillapított acél; ~ **test** *ker* hólyagosodásvizsgálat; *pa* zsírállósági vizsgálat *(pergamené)*

blistered hólyagos; felhólyagzott; *önt* porózus, üreges; ~ **casting** gázhólyagos öntvény

blistering *bány* aprítás; *műa* (fel)hólyagosodás; *önt* hólyagképződés

blitter *szt* tárolóstrukturáló áramkör

blitzed site clearence törmelékeltakarítás

blitzkrieg villámháború

blizzard *met* blizzard; *rep* hóvihar

bloat (fel)dagaszt; (meg)duzzaszt; felduzzaszt; expandál; felfúj; felfúvódik; felpuffad; kihasasodik; (meg)dagad, (fel)duzzad; *élip* megfüstöl

bloated (meg)duzzasztott, expandált; ~ **clay** *ker* duzzasztott agyag

bloater *élip* füstölt hering

bloating (meg)dagadás, (meg)duzzadás; (fel)duzzadás; felhasadás, felfúvódás; ~ **clay** *ker* duzzadóagyag; ~ **clay aggregate** duzzasztott agyagkavics/agyag-adalékanyag *(könnyűbetonhoz)*; ~ **shale** duzzasztott agyagpala

blob folt, pecsét; csepp, golyócska; rögöcske; *at* blob *(magemulzióban)*; ~ **density** *at* blobsűrűség; ~ **of slag** *hőt* salaklepény

blobby cseppszerű, csepp-; ~ **transfer** cseppszerű anyagátmenet

Bloch | band *at* energiasáv; ~ **susceptibility** dinamikus szuszceptibilitás, Bloch-szuszceptibilitás; ~ **wall** Bloch-fal

block I. *v* eldugaszol; akadályoz, útjában áll; zár, torlaszol; eltöm, eldugít *(csövet)*; eltömődik, eldugul; elkerít, elrekeszt; *alak* előkovácsol; *bány* feldarabol, tömbökre hasít/vág *(szenet)*; *el* reteszel, biztosít; *ép* aláékel; *fa* leszab, méretre vág; *geod* kitűz, felvázol; vázlatot készít *(térképhez)*; *gép* blokkol; rögzít, reteszel; *gépk, rep* kiékel, rögzít; *gyógyv* blokkol; gátol; *kat* blokíroz, leköt; *ker* levegőbuborékoltatással kever; *közl* (el)reteszel, eltorlaszol, elzár(ódik); *mt* rögzít, befog; *műa* összetapad *(fólia)*; *nyom* domború nyomással nyom; *önt* reteszel *(magot)*; *tex* formáz *(kalapot)*; *vasút* blokkol; *vegy* gátol; semlegesít; **II.** *n alak* buga; verőfej, medve; *at* (reaktor)blokk; *aut* tag *(hatásláncé)*; *bány* ék, résék, réstuskó; ereszkés és siklós tábla; fejtésre előkészített mező/pillér; meg nem támadott széntelep; támpapucs; *el* blokk, egység; lemezcsomag *(gépé)*; reteszelés; *em* (gyűrű)-blokk; (kötél)csiga; horogszerkezet; *ép* (ház)tömb; állvány; blokktégla; falazóelem; kockakő; nagyméretű építőkő, falazóblokk; *ép, el* alapterhelés; *fa* (bárdolt)rönk; (fa)tőke, fatörzs, tuskó; fahenger, (gyufagyártási) szalagtömb; *forg* késfej; tömb; *geol* rétegösszlet *(két vető között)*; rög, kőtömb, kőzettömb; *gép* ágyazat, alátét; csapágyház; közönséges csiga; kulisszakő; tömb, gumituskó; *gépk* hengerblokk; hengeröntvény; *gumi* kisebb elem futómintázatban; *hajó* állítóék; csigahenger; *heng* buga; dróthúzó dob; *hidr* (vízelosztási) tömb; záródugó; zöm, betonozási tömb *(gáttestben)*; *hőt* kazánturbinablokk; *ip* csoport; *ker* szárítóállvány *(téglagyártás)*; *koh* buga; regenerátor-homokfal; *közl* forgalmi zárlat; keréksaru *(fogatos jármű)*; térköz, blokk; *mat* blokk; statisztikai adatcsoport; tag; tégla(test), derékszögű parallelepipedon; *nyom* magasító faalátét; nyomódúc, klisé; *önt* (alumínium)tömb, kohótömb; *pa* jegyzetpapírtömb; *rep* hengerblokk *(motoré)*; útszakasz *(légiforgalmi vonalon)*; *szersz* tőke; *szt* blokk; *tex* fékpofa; nyomólemez, nyomóhenger; *üveg* üvegolvasztó kád; *vasút* akadály(ozás); alátétsaru; féktuskó; vonalblokk; ~ **access** *szt* blokkonkénti hozzáférés; ~ **action** *vasút* blokkszakasz; ~ **adaptation** *aut* tag illesztése; ~ **address** *szt* blokkcím; ~**-and-cross bond** *ép* tömb- és keresztkötés; ~ **and tackle/pulley** (kötél)csigasor; csigasor kötélzettel; ~ **antenna** *távk* közösségi antenna; ~ **anvil** *szersz* üllő; ~ **arch** *ép* idomkőboltozat; ~ **assembly** *ip* blokk-(össze)szerelés; ~ **a street** *v ép* utcát lezár; ~ **base** → ~ mount; ~ **bearing** *ép* sarukő *(hídon)*, vállkő, gyámkő *(boltozatban)*; *gép* előtétcsapágy; közönséges siklócsapágy; ~ **board** *ép, fa* (enyvezett) bútorlap; boules-áru, boules-deszka; tönkáru, tönkdeszka; ~ **bond** *ép* közönséges téglakötés; ~**-bottom bag** *pa* talpas zacskó; ~ **brake** *vasút* tuskós/kétpofás fék; ~ **briquette** tégla alakú brikett; ~ **cage** *em* emelőcsigaház; ~ **capacitor** *el* blokk-kondenzátor; levezetőkondenzátor, zárókondenzátor; ~ **capital** *nyom* verzál (betű); ~**-cast (type) engine** öntött hengerblokkos motor; ~ **caving** *bány* érctömbomlasztási rendszer; fejtés beomlasztása; omlasztásos művelés/pillérfejtés; szintomlasztás; ~ **chain** csuklós lánc; *em* csigán futó lánc; ~ **check character** *szt* blokkellenőrző karakter; ~ **clutch** *gép* (súrlódó)pofás tengelykapcsoló; ~ **coal** *bány* kockaszén, darabos szén; ~ **coat** védőbevonat, védőmázolat *(korrózióvédelem)*; ~ **code** *távk* blokk-kód *(adatátvitel)*; ~ **code error control** *távk* blokk-kódos hibavédelmi rendszer; ~ **coefficient** *hajó* hasábos teltség; teltségi fok; ~ **command** *szt* blokkutasítás; ~ **condenser** tömbkondenzátor; ~ **conduit** *távk* tömbcsatorna; ~ **contract** *ip* keretszerződés; ~ **control board** *at* blokkvezénylő asztal; ~ **control effected mechanically** *vasút* kireteszelő vágányzár; ~ **copolymer** *műa* szakaszos kopolimer, blokk-kopolimer; ~ **course** *ép* választópárkány; ~ **crane** *koh* bugarakodó daru; ~ **crane for building pies** *ép* nagy teljesítményű rakodódaru *(híd- és metróépítéshez)*; ~ **design** *mat* blokkelrendezés; ~ **development** *hidr* tömbösítés; ~ **diagram** *aut* folyamatdiagram; hatásvázlat, blokkvázlat, blokkdiagram; szerkezeti vázlat; *el* kapcsolási rajz; *geol* tömbszelvény; *mat* blokkdiagram, hisztogram, oszlopdiagram; *rep* blokkséma; *szt* programvázlat; tömbvázlat; ~ **diagram compiler** *szt* fordítóprogram/compiler blokkorientált programnyelvekhez;

~ **die** blokkszerszám; ~ **dog** *koh* bugafogó; ~ **end signal** *távk* blokkvége-jel; ~ **equipment** *vasút* blokkberendezés; ~ **error rate** *távk* blokkhibaarány; ~ **faulting** *geol* tömbvetődés; ~ **file** *szersz* négyélű (taszító)reszelő; ~ **flooring** *ép* béléstestes/idomtestes födém; ~ **floors with alternate joist spacing** *ép* különböző bordatávolsággal építhető idomtestes födémek; ~ **form** *mat* particionált alak; ~ **format** *nyom* szedésalak; ~ **foundation body** *ép* pilléralaptest, tömbalaptest; talapzat, lábazat; ~ **freezing** *geol* tömbfagyás; ~ **gap** *szt* blokkok közti üres rész; ~ **gate** *el* záró kapuelektróda; ~ **ga(u)ge** *gép* Johannson-hasáb; mérőhasáb; ~ **gin** *em* teheremelő csigasor; ~ **grab** *em* szorítóvilla; ~ **hammer** *mt* ejtőkalapács; ~ **hanger** *vasút* féktuskófüggesztő rúd; ~ **head** (épületlábazatot befejező) választópárkány; ~ **hole** *bány* betörőfúrás, betörőfúrólyuk *(robbantáshoz)*; ~**-holing** *bány* kőzettömb felaprítása robbantással; ~ **in course** *ép* gondosan megmunkált kváderfalazat; ~**-in-course masonry** rétegelt faragottkő-falazat; ~ **indicator** *vasút* térfoglaltság-mutató; ~ **installation** *vasút* biztosítóberendezés; ~ **instruction** → ~ command; ~ **interlocking** *vasút* önműködő/automata blokk, önműködő térközbiztosítás; ~ **irrigation** *hidr* bolgár öntözés; kalitkás/táblás árasztó öntözés; ~ **joint** *vasút* szigetelt sínkötés/sínillesztés *(biztosító berendezéshez)*; ~ **key** reteszelőbillentyű; ~ **keyboard** reteszelőbillentyűzet; ~ **latch** *kat* lövegzár-biztosító; zárbiztosító; *vasút* váltóemeltyűzár; ~ **lava** *geol* bazaltláva, rögös láva; ~ **layer** *bány* vágányfektető; *ép* blokkfalazó kőműves; ~**-laying** *ép* falazótömb beépítése; ~ **length** → ~ size; ~ **letters** nyomtatott nagybetűk; ~**-lever latch** *vasút* jelzőemeltyűzár; ~ **line** *ol* fúrókötél; ~ **lining** *en* nagyfogyasztó; *hidr* tömbburkolat *(csatornában)*; ~ **machine** *ép* téglasajtoló; ~ **maker** *nyom* klisékészítő, nyomódúckészítő; ~ **making** *ép* blokkgyártás; *nyom* klisékészítés, nyomódúckészítés; ~ **making machine** *ép* blokkgyártó gép; kőmegmunkáló gép; ~ **making machine compacting by vibration** vibroprés *(blokkgyártógép)*; ~ **meter-rate tariff** *vasút* távolsági blokkdíjszabás; ~ **mica** *ásv* nyers csillám/mica; ~ **mill** *bány* görgős járat, kollerjárat; ~ **mining** tömbomlasztás(os művelés); tömbfejtés; ~ **mining with stowing** tömedékes kamrafejtés; ~ **motor** blokkmotor; ~ **mo(u)ld** *ker* egyrészes forma; *önt* osztás nélküli forma; ~ **mount** *nyom* nyomódúcalátét, kliséalátét(lemez); ~ **mountain** tömbhegység, röghegység; ~ **mounting** *em, szer* blokkszerelés; ~ **movement** *bány* főtebeomlás a fejtési térségbe; ~ **name** *szt* blokknév; ~**-nut** *gép* rögzítőanya; ~ **of buildings** épülettömb; háztömb; ~ **of coal** *bány* szénláb; ~ **of data** *szt* adatblokk; ~ **of flats** *ép* többlakásos ház; ~ **of houses** → ~ of buildings; ~ **of instructions** utasításblokk; ~ **of multiple coupled rotary pumps** *vák* többtornyos/többszörös forgószivattyú; ~ **of number(s)** *mat* számcsoport; ~ **of plates** *el* lemezszerelvény *(akkumulátorban)*; ~ **of plots** telektömb; ~ **of punch pins** *szt* lyukasztótűmátrix; lyukasztótűtömb; ~ **of rock** *bány* batár; kőzettömb; ~ **order** → ~ command; ~**-order place** *vasút* blokkvezénylő hely; ~**-oriented random access memory (BORAM)** *szt* blokkszervezésű RAM; ~ **out** *v bány* feldarabol, pillért feldarabol/feloszt vágatokkal; *nyom* lefed *(szitanyomás)*; tussal lefed; *szt* blokkol; ~**-out** *ép* lyuk, (takarék)üreg; *foto* vázlat; ~**-out medium** *nyom* fedőanyag, fedőlakk *(szitanyomáshoz)*; ~**-panel system** *bány* táblás fejtés rövid pillérekkel; ~ **parity check** *szt* blokkellenőrzés; ~ **pavement** kockakő burkolat; ~ **pillar** *bány* pillér a fejtési térségben; ~ **plane** *ép* tömegszelvény; ~ **polymer** *műa* tömbpolimer, blokkpolimer; ~ **post** *vasút* térköz(őr)hely; ~ **post panel** *vasút* blokkmező, blokkelem; ~ **power station** *en* egységes/összefüggő erőtelep; ~ **press** *műa* blokkprés; ~**-printed fabric** *tex* fasablonnal nyomott kelme; ~ **printing** *tex* dúcnyomás, kézinyomás; ~**-printing machine** *tex* perrotingép; ~ **product** *mat* blokkok szerinti sorozat, hipermátrixok sorozata; ~ **proving** *vasút* követési függőség; ~ **pulley** csigaház, görgőház; ~ **punch** *alak* lyukasztó blokkszerszám; ~ **rate (tariff)** *távb* zónadíjszabás; ~**-reef** *bány* változó vastagságú tömzs; ~ **relay** *el* reteszelőrelé; *vasút* blokkjelfogó; ~ **release** *szt* blokkfelszabadítás; ~ **reliability** *ip* szerkezeti részegység megbízhatósága; ~ **retransmission** *szt* blokk ismételt átvitele; ~ **rubber** tömbkaucsuk; ~ **rubble** kőtömb; ~**s** *hidr* energiatörő hasábok/tömbök; ~**s-and-falls** *em* csigasor; ~ **scheme** működési/szerkezeti vázlat; ~ **section** *geol* tömbszelvény; *vasút* térközszakasz, blokkszakasz; ~ **sector** *gép* köves kulissza; ~ **sequence welding** *heg* szakaszos többrétegű hegesztés; ~ **shears** *alak* táblaolló; *heng* bugaolló; ~ **sheave** *em* csigasor tárcsája; ~**-ship** torlaszolóhajó, blokírozóhajó; ~ **signal** *vasút* térközjelző; ~**-signal** *v vasút* „megállj"-jelt ad; ~ **signalling** *vasút* vonalbiztosító berendezés, blokkjelzési rendszer; ~ **size** *szt* blokkhossz; ~ **slag** *koh* salakmaradvány, salaktapadvány, pogácsa *(tőkén)*; ~ **slicing machine** *műa* tömbvágó gép; ~ **space** *vasút* blokktávolság, térköztávolság; ~ **speed** *rep* szakaszsebesség; ~ **stamp** *nyom* dombornyomó lemez; présnyomólemez, sajtolólemez; ~ **starting address** *szt* blokkkezdőcím; ~ **start signal** *távk* blokk-kezdet jel; ~ **station** → ~ post; ~ **step** kúszóvas, hágóvas; ~ **stitching machine** *nyom* fűzőgép; ~ **stone** *ép* (kézi) zárókő; ~ **stop** *gép, vasút* ütközőtömb, ütközőtuskó; ~ **structure** *geol* rögös szerkezet; *szt* blokkstruktúra; ~ **summary** *szt* tömbösszeg; ~ **surface** *geol* rögfelszín; ~ **switch** *vasút* blokk-kapcsoló; ~ **system** *bány* kamarás fejtés; *ép* faltömbös/blokkos építési rendszer; *vasút* térközbiztosítási rendszer, blokkrendszer; ~ **system of stoping and filling** *bány* főtepásztafejtés; ~ **tackle** *em* csigasor; ~ **tag** *szt* blokkjelző; ~ **take-off** *ép* felszedőgép; ~ **test** fékpadi/próbapadi vizsgálat; ~**-testing stand** motorvizsgáló próbapad, fékpad; ~ **the tube** *v távk* csövet lezár; ~ **time** *rep* blokkidő; ~**-to-block** *rep* blokkidőtől blokkidőig; ~ **tongs** *koh* bugafogó; ~ **tool** *alak* blokkszerszám; ~ **transfer** *szt* blokkátvitel; ~ **transfer order** *szt* blokkátviteli utasítás; ~ **transmission system** *távk* blokkátviteli rendszer; ~ **truck** kétkerekű targonca; *önt* bugaszállító kocsi; ~ **type** *nyom* blokkírás; vastaggroteszk, újsággroteszk *(betű)*; ~ **tyre/tire** tömörgumi abroncs; ~ **up** *v* eldugul, eltöm(ődik), eltorlaszol; *ép* befalaz; ~**-up** *vasút* blokknyitás; ~ **welding** *heg* szakaszos többrétegű hegesztés; ~ **wire stitching machine** *nyom* tömbfűző gép; ~**-wood** *ép* fakocka *(útburkolathoz)*; *fa* fatömb, fatönk; ~ **work** blokkfalazat; ~**-yard** *ép* blokkgyártó tér

blockade blokkol; lezár, eltorlaszol
blockage boltozódás *(tárolt anyagé)*; ~ **effect** → blocking effect
blocked lezárt, blokkolt; gátolt; reteszelt; eltorlaszolt; kikovácsolt; ~ **capacity** *em* kitámasztott daru teherbírása *(autódarué)*; ~**-grid keying** *távk* lezárt rácsú billentyűzés; ~ **impedance** *el* üresjárási impedancia; ~ **line** *távb* blokkolt vonal; ~**-off charter** *rep* feloldott charter légijárat *(kereskedelmi megkötés alól)*; ~**-out metal beam barrier** *közl* kettős acél terelőkorlát; ~**-out ore** ércvagyon *(feltárt és fejtésre előkészített)*; ~ **space agreement** *rep* helylekötési egyezmény; ~ **toe** *cipő* cipőorr-merevítő; kaplikeménység; ~ **vamp** *cipő* ványolt fejrész
blocker *alak* előkovácsoló odor; *bány* aknacsatlós; *koh* elősüllyeszték; *tex* (szalag)nyomógép
blockette *szt* blokkrész
blockhouse *ép* (épület)tömb; blokkház; gerendaház, ácsolt faház; *kat, rep* bunker; *vasút* térközőrhely
blocking I. *a* reteszelő; (le)záró; blokkoló; **II.** *n alak, koh* előkovácsolás; *bány* lábazás; papucs beverése *(tám és kőzet közé)*; rés megékelése; *el* lezárás; *ép* aláékelés, alápaklizás; aláékelő fa, fapakli; eltömődés, elzáródás; párkány feletti falazás; *gép* blokkolás; elzárás, lezárás, (el)reteszelés; rögzítés; *gyógyv* gátlás, blokkolás; *koh* elkapás; előkovácsolás; *közl* útelzárás; *met* blocking(helyzet); *műa* összetapadás *(fóliagyártás)*; *rep* elzárás, kikapcsolás, hajtómű-leállítás; *szt* blokk-képzés; blokkolás, lefulladás, reteszelődés; *távb* blokírozás; *távk* lefulladás *(erősítőfokozaté)*; lezárás; rögzítés; *vasút* blokkolás, térközbiztosítás; *vegy* blokkolás *(funkciós csoportok hatástalanítása kémiai reakcióval)*; ~ **ability of the anode-cathode way** *félv* záróképesség az anód-katód áramúton; ~ **ability of the gate** *félv* záróképesség a vezérlési áramúton; ~ **action** *met* blockinghatás; *távk* záróhatás, levágási hatás; ~ **anticyclone** *met* blokáló/lezáró anticiklon; ~ **bias** *félv* zárófeszültség; ~ **board** *pa* blokkolókarton, stancolólemez; ~ **capability** *félv* záróképesség; ~ **capacitor** levezetőkondenzátor, zárókondenzátor; blokk-kondenzátor; ~ **cell** zárókamra; ~ **characteristic** *félv* zárási jelleggörbe; ~ **circuit** *távk* zárókör; ~ **condenser** → ~ capacitor; ~ **contact** záróérintkező, reteszelőérintkező; ~ **current** *el* légzésgátló/paralizáló áram; *félv* záróáram; ~ **current rise** *félv* záróáram-növekedés; ~ **device** térközbiztosító berendezés; ~ **diode** *félv* záróréteges dióda; ~ **direction** *el* záróirány; ~ **effect** lezáróhatás, blokkolóhatás, reteszelőhatás; ~ **electrode** záróelektród; ~ **element** reteszelőelem; ~ **generator** → ~ oscillator; ~ **high** → ~ anticyclone; ~ **impulse** → ~ pulse; ~ **junction** *félv* záróirányú átmenet; ~ **layer** *el* záróréteg; ~ **layer (photo)cell** záróréteges fényelem/fotocella; ~**-layer rectifier** záróréteges egyenirányító; ~**-layer width** záróréteg-vastagság; ~ **lever** *gép* reteszelőemeltyű; ~ **magnet** reteszelőmágnes, zárómágnes; ~ **of street** *ép* útelzárás; ~ **oscillator (Bo)** (ön)záróoszcillátor, blocking-oszcillátor; ~**-oscillator trigger circuit** *félv* blockingoszcillátoros gyújtó; ~**-out** *bány* kilábazás; ~ **period** *félv* (le)zárási/blokkolási idő/periódus, kapuzatlan idő; ~ **piece** záródarab; ~ **plate deflection system** *tv* korrekciós és árnyékoló lemezpáros eltérítő rendszer *(Gábor-cső)*; ~ **point** lágyulási pont; ~ **pulse** *távk* záróimpulzus; ~ **ratio** *félv* zárási viszony; ~ **relay** reteszelőrelé, zárójelfogó; ~ **signal** (le)zárójel; ~ **switch** *távk* adás-vétel kapcsoló; ~ **test** *félv* záróirányú próba; ~ **time** *távk* lezárási idő; ~**-up** *hidr* eltömődés; ~ **voltage** (le)zárófeszültség
blödite, bloedite *ásv* asztrakanit, blödit
blond metal *ásv* agyagos hematit
Blondel oscillograph egyhurkos oszcillográf
blondin kábeldaru
blood vér; ~ **analysis** véranalízis; ~ **bank** vérbank; ~ **cabinet** konzervvértartó szekrény; ~ **cell** → ~ corpuscle; ~ **cell counter** vérsejtszámláló; ~ **coagulation time** véralvadási idő; ~ **corpuscle** vértestecske; ~ **count** vérsejtszámlálás; vér(kép)vizsgálat; ~ **counting chamber** vérsejtszámláló kamra; ~ **drawing and transfusion needle** vérvételi és transzfúziós kanül; ~ **examination** vér(kép)vizsgálat; ~ **film** vérkenet; ~ **flow** → ~ stream; ~ **gas analysis** vérgázanalízis; ~ **gas measurement** vérgázmérés; ~**-group enzyme** vércsoportanyagot bontó enzim; ~ **grouping** vércsoport-meghatározás; ~ **lancet** oltólándzsa; ~ **lavage** vérclearence-tényező; ~ **letting needle** vérvételi tű; ~ **letting tube** vérvételi cső; ~ **meal** *élip* vérliszt; ~ **picture** vérkép; ~ **poisons** vérmérgek; ~ **preservation** vérkonzerválás, vértartósítás; vértárolás; ~ **pressure cuff** pneumatikus mandzsetta; ~ **pressure measuring** vérnyomásmérés; ~**-proof paper** *pa* zsírpapír; ~ **rain** *met* véreső; ~ **sample** vérminta; ~ **sampling needle** vérvételi tű; ~ **sedimentation apparatus** vérsüllyedésszámláló készülék; ~ **sedimentation rate** vérsüllyedési sebesség; ~**-stream** véráram(lás); ~ **sugar pipette** vércukorpipetta; ~ **system** *tex* amerikai gyapjúosztályozási rendszer; ~ **tissues pH** vér pH-értéke/pH-ja; ~ **transfusion apparatus/equipment** vérátömlesztő készülék; ~ **volume meter** haematometer
bloodstone *ásv* hematit, vörösvasérc; vérkő
bloody vérvörös
bloom I. *v bőr* kivirágzik; *élip* (el)szürkül, szürke lesz *(csokoládé)*; kivirágzik; *gumi* kikénez; *heng* előnyújt, blokkbugát készít; *műa, vegy* kivirágzik, kiizzad; *opt* T-réteggel ellát; **II.** *n ásv, bány* kivirágzás *(ásványoké)*; *bány* bagó *(népies)*; mállott szén; *bőr* bőrkivirágzás, cserzősav-kivirágzás; *cu* kivirágzás; *el* fényvisszaverő réteg *(lámpán)*; *élip* (zsír)kivirágzás, szürkülés *(csokoládén)*; küllem *(húsé)*; *foto* reflexfény; *gumi* kikénezés; *heng* blokkbuga, (tömb)buga, négyzetes buga; előhengerelt buga; *koh* (vas)lupa; kovácstuskó; *műa* futtatott szín, futtatás, (fehéres) fátyol(osodás); *ol* opaleszkálás, fluoreszkálás; *opt* T-réteg, tükrözésgátló réteg; *önt* kovácstuskó; *tex* élénk szín(ezés); *tv* reflexió, visszaverődés; *vegy* elfénytelenedés; ~ **crop** *heng* bugavéghulladék; ~ **feeder** bugabevezető; ~ **reheating furnace** *heng* bugautánmelegítő kemence; ~ **roll** *heng* előnyújtó henger; ~ **rolling-mill** előhengermű; ~ **scrap** nehéz hulladék; ~ **shears** *heng* blokkbugaolló; ~ **side** *bőr* szőrös oldal; ~ **slab** *heng* lemezbuga, laposbuga, bramma; ~ **steel** *koh* acélbuga; ~ **tongs** *koh* bugaemelő; ~ **trolley** *heng* bugaszállító kocsi
bloomary → bloomery
bloomed *opt* bevonattal ellátott; ~ **ingot** *heng* blokksoron hengerelt tuskó
bloomer *heng* blokksor; *rep* radarképtorzítás; ~**-pit** *bőr* cserzőkád *(ültetőcserzéshez)*

bloomery *koh* bucakemence; ~ **fire** lupatűz, friss tűz; ~ **hearth** *koh* bucakemence; ~ **iron** frissített/friss vas; ~ **process** *koh* frisstűzi eljárás; katalánolvasztás
blooming *bőr, gumi, műa* kivirágzás; *élip* elszürkülés, szürke bevonatképződés, kivirágzás *(csokoládén)*; *film, foto* reflexfény, virágzás; *heng* blokksor; előnyújtás; *opt* reflexiócsökkentő réteggel bevonás; T-bevonat, T-réteg, reflexcsökkentő bevonat; T-rétegezés; *távk* hamis jel; *tv* fényfolt-kivilágosodás; reflexió, visszaverődés; ~ **hearth** → bloomery; ~ **mill** *heng* blokksor; ~ **mill stand** blokkhengerállvány; ~ **of the lens** lencse reflexiócsökkentő réteggel való bevonása; ~ **pass** *heng* blokksori üreg/kaliber; ~ **rolls** blokkhengersor; ~**-slabbing mill** blokk-brammasor; ~ **train** blokksor
bloomy hamvas; ~ **lustre/luster** *tex* gyengéd fény
bloop *film, hang* ragasztás okozta kattogás
blooper *távk* begerjedt vevő; zavaróadó
blooping *film, hang* (hang)szalag-retusálás, zörejtörlés
blossom *bány* kibúvás(nál elmállott szén); ~ **rock** *bány* kibúvási kőzet; kitermelt érckészlet
blot I. *v* felitat; áthúz, (ki)töröl; *nyom* elken, bemocskol, szennyez; elkenődik, elmaszatolódik, kveccselődik; lehúzódik *(festék ív hátán)*; *pa* átüt; *tex* itat; **II.** *n* folt, pecsét; gyenge/hibás pont; *tex* (zsíroktól eredő) folt, nyírásfolt
blotch folt, pecsét; (szabálytalan) foltosság; *tex* színfolt; ~**-print** *tex* foltnyomással nyom; ~ **print pattern** *tex* foltnyomásos minta; ~ **scrouring** *tex* folttisztítás
blotched foltos; *nyom* elkenődött; maszatos
blotchy foltos
blotter szórt zúzalék *(útépítéshez)*; *pa* itatóspapiros
blotting *nyom* lehúzódás *(összerakott íveken)*; ~ **capacity** szívóképesség; ~ **paper** itatóspapír, szívópapír
blow I. *v* fúj, felfúj, kifúj; fújtat, fúvat; *bány* kiseprűsödik *(telér)*; *el* kiég, kiolvad *(biztosító)*; *gépk* feltölt, elősűrít; *hőt* felszít *(tüzet)*; *kat* (fel)robban(t); *koh* frissel, készel, színít; fúvat, fújtat; *tex* tisztít; *vegy* aszfaltot fúvat; **II.** *n* lökés; ütés; *alak* löket; *bány* (telér)kibúvás; gázkiáramlás, gázkitörés, gázkiömlés; kivastagodás *(ércen)*; robbantás; telepkihasasodás; *ép* csurgás, szivárgás *(gáté)*; ütés, verés *(cölöpverő)*; vetőtávolság; *fa* szűcs *(hajlítottbútor-fáé)*; *forg* löket *(vésőfejé)*; *hidr* hidraulikus talajtörés; *koh* (alá)fúvatás, átfúvatás; (be)fúvás; konverteradag; *műa* fúvás; *óra* ütés *(ütőóráé)*; *önt* gázfúvatás, gázöblítés; levegőzárvány, légzárvány, léghólyag; oxigénfúvatás; *szt* beégetés, kiolvadás; *talt* folyás *(iszapé, homoké)*; *üveg* fúvás; *vegy* fúvatás; ~ **a fuse** *v el* kiéget/kivág biztosítót; *gépk, kat* visszafúj; *gépk, rep* visszavág; *kat* visszarúg, visszalök; ~ **and blow machine** *ker, üveg* fúvó-fúvó gép; ~**-and-brazing lamp** benzin-forrasztólámpa; ~**-back** *el, tv* képnagyítás katódsugárcsővel; mikrofilmfelvétel felnagyított másolata; *gépk, kat* visszafújás; *gépk, rep* visszavágás, visszagyújtás, visszarobbanás, utórobbanás; *hőt* lángvisszacsapás; *kat* visszalökés *(fegyveré)*; visszarúgás; ~**-back automatic weapon** *kat* nyílt zárú automata fegyver; ~**-back bolt** *kat* reteszeletlen závár; ~**-bending test** *any* ütve hajlító próba; ~ **by** *v gép, hőt* átfúj; átömlik; kifúj *(vmi mellett)*; ~**-by** *gép* átfújás, átfúvás; *gépk* kifúvás *(kopott dugattyúgyűrű mellett)*; *hőt* gázömlés; gázszökés *(tűztérből)*; ~ **case** *élip, vegy* nyomatóedény *(monte-jus)*; ~ **down** *v bány* lerobbant; *gép, hőt* lebocsát, lefúvat; *hidr* (le)iszapol, iszaptalanít; *koh* készre frissít *(konverter)*; lefúvat, kifúvat; ~**-down** *at* lefúv(at)ás; *em* lebocsátás, leiszapolás, lefúvatás *(vízrendszerből)*; lefújás *(túlnyomásé)*; *en* lúghűtő; *koh* kifúv(at)ás; *ol* lefúvatás; *rep* hajtóművizsgálat utáni hidegindítás/átfúvatás; ~**-down fan** nyomóventilátor; ~**-down firing** *rep* hajtómű hideg átforgatása, autorotáció; ~**-down pressure** *hőt, ol* zárónyomás; ~**-downs** *fa* széldöntés; ~**-down tank** *ol* lefúvató (vész)tartály; ~**-down tower** *ol* lefúvatókolonna, lefúvatótorony; ~**-down valve** *em, hőt* lefúvatószelep; ~**-down wind tunnel** *rep* sűrített levegővel működő szélcsatorna; ~**-egg** *vegy* folyadéknyomó tartály; ~ **figure** *ásv* ütési alakzat; ~ **forging press** *gép* ütőprés; ~ **head** *műa* fúvófej; ~ **in** *v koh* megindít, üzembe helyez *(nagyolvasztót)*; *koh, vegy* (be)fúvat; ~**-in** *koh* befúv(at)ás; ~ **joint** ólomcsőforrasztás; ~**-lamp** forrasztólámpa; ~ **magnet** fúvómágnes; ~ **mo(u)ld** *műa* fúvószerszám; ~**-mo(u)lded glass** *üveg* fúvott üveg; ~**-mo(u)lded parts** *műa* üreges test; ~ **mo(u)lding** *műa* fúvás; ~ **mo(u)ldings** fúvott tárgy, üreges test; ~ **nozzle** *műa* fúvókás szerszámtüske; ~ **off** *v hőt* átfúj; elolt, kiolt; kifúj, kifúvat; lefúj *(kazán biztosítószelepe)*; ~**-off** leeresztőmedence *(gőzgépen)*; *at* kifúvatás; *en* lefújás; *gépk* gumidefekt; *hidr* kieresztő *(bújtatón)*; tisztítószelep *(csővezetéken)*; *hőt* légtelenítő készülék *(csővezetéken)*; ~**-off cock** lefúvatócsap; *gépk* iszapleeresztő csap; ~**-off cyclone** *koh* lefúvatóciklon; ~**-off grid** *el* kilépőrács; ~**-off nozzle** átfúvó fúvóka; ~**-off pipe** lefúvatócső; ~**-off tank** biztonsági tartály, lefúvatótartály; ~**-off torch** *ol* lefúvatófáklya; ~**-off valve** lefúvatószelep; ~ **of the air stream** *ép* vetőtávolság; ~ **out** *v bány* kibúvik *(telér)*; kiseprűsödik; *el* ívet fúj; kiolvad, kivágódik *(biztosító)*; *gépk* kipukkad *(tömlő)*; *hőt* elolt, kiolt; kifúvat, lefúvat *(kazánt)*; kitisztít *(átfúvással)*; *koh* kifúj *(nagyolvasztót)*, kifúvat; ~**-out** *bány* el nem ment/robbant fúrólyuk; fúrólyuk kifúvatása; kifúvórobbanás; kőzetkilökés; telér gombaszerű kivastagodása; vastag kibúvás *(teléré)*; *el* biztosító kiégése; ívfúvás; *ép* légkitörés, nyomásesés, légszökés *(keszonban)*; *geol* szélfútta dűne; *gép* robbanás *(nyomótartályé)*; *gépk* kipukkadás *(gumitömlőé)*; *hidr* buzgár(képződés); *koh* kifúvás; *ol* kitörés *(olajé, gázé)*; ~**-out cock** átfúvatócsap; leeresztőcsap; ~**-out coil** *el* fúvótekercs; ~**-out downs/dunes** *geol* szélfútta dűnék; ~**-out magnet** *el* fúvómágnes; ~**-out preventer (BOP)** *ol* kitörésgátló; ~**-out preventer control unit** *ol* kitörésgátló-működtető egység; ~**-out preventer stack** *ol* kitörésgátló egység; ~**-out shot** kifúvólövés; ~**-out well** *ol* olajszökőkút; ~**-over cooling** külső/szellőzős hűtés; ~**-over fan** átfúvó ventilátor; ~**-pit** *pa* lefúvatómedence, mosómedence; ~ **pressure** *műa* fúvónyomás; ~**-roll** *pa* hólyaghenger; ~**-room** *tex* pamutfonó-előkészítő üzem; ~ **sand** *talt* futóhomok; ~ **through** *v* átfúvat; ~**-through** átfúv(at)ás; ~**-through pipe** *hidr* átfúvatócső *(szivattyúban)*; ~**-tube** fúvócső; forrasztócső; *üveg* üvegfúvó pipa; ~ **up** *v bány* (fel)repeszt; (fel)robban(t); *cu* derít; *ép* duzzaszt *(cementet)*; *foto* felnagyít; *gépk* felfúj *(tömlőt)*; *kat* (fel)robban(t); *műa* felfúj *(üreges testet, fóliatömlőt)*;

~-up *bány* (fel)repesztés, (fel)robbantás, kőzetrobbantás; *el, tv* felnagyítás *(képeké)*; *foto* nagyítás; táblatörés *(dilatációs felboltozódás következtében)*; **~-up pan** *élip* cukorderítő üst; **~ valve** *gépk* fúvószelep; *hőt* átfúvatószelep; *pa* főzőlefúvató tolattyú

blowability *koh* fúvathatóság

blower *bány* fúvóventilátor; gázkifúvás; gázkifúvó; gázkitörés; kőporszóró gép, kőporzó; *film* szélgép; *gépk* átégett szelep; feltöltő, töltőkompresszor; *koh* fúvógép, ventilátor; olvasztár; *önt* fúvóberendezés; *szell* légsűrítő, légkompresszor; ventilátor, légfúvó; *tex* bontó(gép); szőrfúvó gép *(kalapiparban)*; *üveg* üvegfúvó; **~ coil** *el* ívoltó tekercs; **~-cooled** *gép* ventilátorhűtésű, kényszerhűtésű; *pa* fúvókával hűtött; **~ fan** *bány* csőszellőztető; *szell* fúvógép; fúvóventilátor; **~-gear ratio** *gépk* sűrítési áttétel, kompresszoráttétel; **~ impeller** sűrítőkeverék; **~ motor** fúvómotor; **~ outlet** *gépk* sűrítő kivezetőcsöve; **~ pipe** *gép* (lég)fúvócső; **~ rotor** kompresszorforgósín, sűrítőforgórész; **~ shaft** sűrítőtengely, kompresszortengely; **~ stream** fúvókalégáram; **~ throttle** *gépk* kompresszor-fojtószelep; **~-type delivery** *mzg* fúvószállítás, pneumatikus szállítás; **~-type snow plough/plow** hómaró gép; hómaró-hószóró

blowgun *műa* lefúvató pisztoly; *önt* porlasztófúvóka

blowhole *any, ker* hólyag; *bány* gázkiömlő csatorna; *geol* hullámverési kaverna/üreg; *koh* fogyási/zsugorodási üreg, bunker; gázzárvány; *önt* gázbuborék; levegőzárvány, légzárvány, léghólyag; **~ segregation** *önt* gázhólyagos/golyós *v.* nyomás alatti kiválás

blowing I. *a* fúvó, fújtató, lefúvató; szellőző; *bány, önt* duzzadó; **II.** *n* lefúv(at)ás; kifúv(at)ás; átfúv(at)ás; *bány* kitörés; *el* átégés, kiolvadás *(biztosítóé)*; *koh* fúvás, frissítés; fúvatás; *üveg* fúvás; *vegy* fúvatás, oxidálás; **~ action** *hang* fújtatómű *(orgonán)*; **~ agent** *élip* duzzasztóanyag, hajtóanyag, habosítóanyag; *ép, vegy* gázképző anyag; *gumi, műa* hajtóanyag; *koh* fúvatóanyag; **~ and drifting snow** *met* hófúvás; **~ a well (clean)** *ol* kútlefúvatás; **~ bench** *bány* duzzadóréteg; **~ capacity** *rep* lefúvatási kapacitás; **~ cone** *geol* lávakúp, salakkúp; **~ cooler** *szell* áramlólevegő-hűtő; **~ current** *bány* fúvott légáram; *el* kiolvadási áramerősség; **~ cylinder** légszivattyúhenger; **~-down** → blow-down; **~ dune** *talt* vándordűne; **~ dust (BD)** *met* porfelhő, porvihar; **~ engine/fan** *koh* fúvógép; **~ flap** *rep* sugárfékszárny; **~ furnace** üvegkidolgozó kemence; **~ head** *önt* fúvófej, lövőfej; **~-in** *koh* befúvatás; **~-in burden** *koh* ráfúvás; **~ iron** *üveg* üvegfúvó pipa; **~ jet** *koh* fúvatási sugár; **~-line brattice** *bány* légosztó gát, vitorlagát; **~ machine** *bány, szell* fúvógép; *tex* verőgép, tisztítógép; **~ magnet** *film* fúvómágnes; **~ motor** fúvómotor; **~ mo(u)ld** *műa* fúvószerszám; **~ noise** *koh* fúvatási zaj; **~ of a mine** *bány* elrobbantás *(aknáé, nagykamráé)*; **~-off** *hőt* (gőz)lefúvatás; **~-off pressure** fúvónyomás; **~-off the core** *önt* maglefúv(at)ás, magkifúvás; **~-off the mo(u)ld** *önt* formakifúvatás; **~-on** *koh* ráfúvás; **~-out** *bány* kiégés; kifúvó lövés; robbantás utáni szellőzés; *koh* kifúvás; **~-out a/the well (clean)** *ol* kútlefúvatás; **~-past** *gépk* átfúvás; **~ period** *koh* fúvatási idő/periódus; **~ pipe** *ker, üveg* fúvópipa; *koh* fúvócső; **~ plant** *gép* légfúvótelep; sűrítőberendezés; **~ plate** *önt* lövőlap; **~ rate** *koh* fúvatási intenzitás; **~ road** *bány* behúzó légvágat; **~ room** *bány* légvágat; *tex* bálatörő és bálabontó üzemrész; verőüzem; **~ sand** → **~** dust; **~ snow** hóvihar; **~ still** *vegy* kifúvatható retorta; **~-through** *koh* átbuborékoltatás, gázöblítés; *önt* átöblítés; gázfúvatás, gázöblítés; **~ time** *koh* fúvatási idő; **~-type sintering** *koh* átfúvásos zsugorítás; **~ ventilation** *bány* fúvó szellőztetés; **~ well** *ol* vadkitöréses kút

blown *ép* (meg)dagadt; duzzadt, (meg)duzzasztott; *gépk* feltöltött; *ker, koh, műa* fúvott, likacsos, hólyagos; porlasztott; *műa* felfújt; *önt, üveg* fúvott, likacsos, hólyagos; **~ asphalt/bitumen** *ép* fúvatott aszfalt/bitumen; **~ can** *élip* bombásodott konzervdoboz; *tex* fonókanna; **~ casting** lyukacsos öntvény; **~ castor oil** fúvatott ricinusolaj; **~ core** *önt* fúvott mag; **~-extrusion method** *műa* fúvás-extrudálás; **~ film** *műa* fúvott fólia; **~ flap** *rep* határréteg-lefúvású fékszárny; **~ glass** fúvott üveg; **~ glass building-stone** *ép* üreges fúvott üvegtégla; **~ ingot** gázhólyagos tuskó; **~ latex foam** *műa* duzzasztott latex; **~ oil** fúvatott (stand)olaj; **~-out** *bány* kárbaveszett *(lövés)*; *el* kiégett, kiolvadt *(biztosító)*; *gépk* leeresztett, kipukkadt *(abroncs)*; **~-out hole** *ol* furatvég; **~-out shot** *bány* kifúvólövés; **~-out tyre/tire** *gépk* leengedett (nyomású) köpeny; leengedett/kipukkadt gumiabroncs; **~ sand** futóhomok; *fa* kettős szíjács; **~ space** *aut* fogyási/zsugorodási üreg, lunker; **~-up** *foto* nagyított; **~-up ratio** *műa* felfúvási arány

blowpipe *bány* fúv(ató)cső; *heg* forrasztócső, forrasztópisztoly; hegesztőpisztoly; *koh* égő; *vegy* izzítócső; **~ analysis** *vegy* izzítócsöves analízis; **~ bead** regulus; **~ burner** *koh* égőfej befúvócsővel; **~ flame** *heg* forrasztóláng; **~ test** *heg* forrasztócsőpróba

blowtorch *heg* forrasztólámpa

blowy *koh, önt* (gáz)hólyagos, (gáz)zárványos; **~ ingot** *koh* gázhólyagos tuskó

blub (fel)püffed, (fel)dagad; (fel)dagaszt, (fel)duzzaszt

blubber bálnazsír, bálnaszalonna; halzsír; **~ oil** bálnaolaj

blue I. *v* (meg)kékül, kéklik; kékít, kékre fest; *hők* kékre izzít/futtat; **II.** *a* kék, kékes; **III.** *n* kék festék/szín; **~ adder** *tv* kék keverő; **~-annealed steel/sheet** kékre futtatott acél/lemezbádog; **~ annealing** *hők* kékre futtatás/lágyítás; **~ asbestos** krokidolit; **~ billy** *koh* piritpörkbrikett; **~ brick** klinkertégla; **~ brittle bend test** *any* kéktörő próba; **~ brittleness** *önt* kéktörékenység; **~ brittle range** *any* kéktörékenységi övezet; **~ cap (of safety lamp)** *bány* fénypamat, aureola; **~ casse** *élip* feketetörés; **~ cast** *foto* kékes árnyalat; **~ ceramic stain, ~ colo(u)ring body** *ker* kék színezőanyag; **~ channel** *tv* kékszíncsatorna; **~ clay** *ker* kék agyag; **~ copper** *ásv* rézlazúr; **~ copperas** → **~** vitriol; **~ discharge** *tex* kékmarás, kékremarás; **~ electron gun** *tv* kék elektronágyú; **~ filter** *foto* kékszűrő; **~ fining** *cu* kékderítés; **~-finished** *koh* kékfuttatású; **~ flame** *fiz* Bunsen-láng, nem világító láng; **~ flash** *csill, met* kék fény; **~ flax** *tex* kékvirágú len; **~ flour** *élip* kék liszt; **~ fox** kékróka *(prémbőr)*; **~ gas** vízgáz; **~-glow** *el* katódparázsfény; **~ ground** *bány* gyémánttartalmú anyakőzet/kimberlit; **~-headed tack** kárpitosszeg; **~ heat** *koh* kék izzás; **~ image** *tv* kék kép; **~ indigo** *tex* indigókék; **~ inner cone** *heg* belső kékes lángkúp; **~ iron-ore/iron-earth** *ásv* vivianit; **~-jack** *ásv* rézgálic; **~ john** folypát; **~ key** *foto* kéktónus, kékskála; **~-laid** *pa* kékbordázott; **~-laid**

paper *pa* kékbordás vízjeles papír; ~ **lead** *ásv* fémólom; *bány* aranytartalmú homok; ~ **light** *hajó* kék fény *(révkalauz hívására)*; ~**-line print** *nyom* kékmásolat, kékkópia; ~ **magnetism** déli mágnesség; ~ **malachite** *ásv* azurit; ~ **metal** *ásv* rézmatte; *geol* (kék) agyagpala; devonkori homokkő; ~ **Moon** *met* kék Hold; ~**-mo(u)ld** *élip* kékpenész; ~ **mud** *bány, ép, geol* kék agyag *(mélyvízi)*; pirites agyag; ~ **oil** présolaj; ~ **ointment** higanykenőcs; ~ **paper** pauszpapír; ~ **powder** cinkpor; ~ **primary colo(u)r signal** *tv* B alapszintjel; ~ **print** *foto* fénymásolat; ~ **ray** → ~ flash; ~ **reflectance factor** *pa* fehérségfok; ~ **resist** *tex* kék rezerva; ~ **ribbon program** *szt* első futtatáskor hibátlanul működő program; ~ **sap** *fa* kékrevesedés, kékkorhadás; kékült szíjácsfa; ~ **sector** *rep* kék térjel; ~**-short** *hők* kéktörékeny; ~ **shortness** → ~ brittleness; ~ **spar** *ásv* kékpát; ~ **spot** *fa* kékfolt; ~ **stain** → ~ sap; ~**-stained** *fa* megkékült; ~ **steel** kékre futtatott acél; ~ **stellar object (BSO)** *csill* kék csillag, csillagszerű galaxis, kvazág; ~ **stone** → ~ vitriol; ~ **stroggler** *csill* csavargó, kék vagabundus; ~ **Sun** *met* kék Nap; ~**-tempered** *hők* kékre futtatott/megeresztett; ~**-temper heat** *hők* kékfuttatási hőfok; ~ **toner** *foto* kék színezőfürdő; ~ **tracing-paper** kékmásoló papír; ~ **vat** *tex* kék csáva; ~**-veined cheese** *élip* kékpenészsajt; ~ **verdigris** rézpatina, bázisos réz(II)-acetát; ~ **verditer** azurkék, bázisos rézkarbonát; ~ **vitriol** *ásv* kalkanit; *vegy* kékkő, kékgálic; réz(II)-szulfát-pentahidrát

blued *hők* kékre futtatott/megeresztett; ~ **sugar** kékített cukor

blueing *élip, tex* kékítés; *fa* kékesedés; *hők* kékre futtatás/izzítás; *műa* kékfuttatás; ~ **bath** *tex* kékítőfürdő; ~ **ga(u)ge** *hők* futtatási színskála; ~ **material** *tex* kékszínező anyag; ~ **paper** kékítőpapír

blueish → bluish

blueness *tex* kékség

blueprint (BP) *foto, nyom* (előzetes) terv/program, tervrajz; fénymásolat; kékmásolat, kéknyomat; *tex* indigónyomás; ~ **paper** fénymásolópapír; ~**-printing machine** fénymásoló/kékmásoló gép

bluff I. *a geol* meredek(en emelkedő); **II.** *n ép* meredek lejtő/partfal; *geol* magas meredek sziklafal; szakadékfal; *távk* (adás)megszakadás; ~ **body** *rep* rosszul áramvonalazott test; ~ **bowed/headed** *hajó* tompa orrú; ~ **stream** nagyesésű vízfolyás

bluish kékes; ~ **grey** acélszürke; ~ **tinge** *hők* kékre izzítás

blunder durva hiba, melléfogás

blunge *ker* (agyagot) zurbol

blunger *ker* agyag(massza)keverő tartály; agyagkeverő/agyagvágó gép

blunt I. *v szersz* életlenné válik; eltompít, életlenné tesz, elveszi az élét vminek; **II.** *a* életlen, tompa; *ép* tompán kiképzett, legömbölyített; ~ **angle** *mat* tompaszög; ~ **chisel** *szersz* vágóvéső; ~ **cut-water** → ~ nose cutwater; ~ **edge** tompa (vágó)él/szél; ~**-ended body** *rep* letompított farokrészű test; ~**-ended spur** *hidr* tompa végű sarkantyú; ~ **file** tompa végű laposreszelő; ~ **kink** *tex* tompa hajlás *(fonalhullámon)*; ~**-mill file** párhuzamos tompa végű reszelő; ~ **nose cut-water** *hidr* lekerekített pillérorr; ~**-nosed body** *rep* letompított orr-részű test; ~**-round file** tompa végű *v.* kerek reszelő; ~ **scraper** *forg* lapos hántoló; ~**-square file** tompa végű négyélű reszelő; ~ **start screw** kúpos végű csavar

blur I. *v* beszennyez, bepiszkít; bemocskolódik; *foto* elmosódik, életlen lesz; elmozdul; *nyom, pa* elkenődik, szétkeverődik; *vegy* felkavar, felkever; zavarossá válik/tesz; **II.** *n* folt, szenny(eződés); *at, foto* (mozgási) életlenség; *hang* mellékzörej; zavaróhang; *opt, tv* (kép)életlenség; *távk* parazitarezgések; zavaró/káros rezgések; ~ **circle** szórási kör; ~ **factor** *hang* zavarási tényező

blurb fül(szöveg); *nyom* (behúzott) szórólap; reklámcédula; reklámszöveg

blurred *foto, opt* életlen, elmosódott, homályos; elmozdult; ~ **contour of fast moving object** *távk, foto* nagy sebességű tárgy képéletlensége/elmosódottsága; ~ **image** elmosódott/homályos/életlen kép; ~ **mask** *foto* életlen maszk/kitakarás; ~ **outline** *foto* elmosódott kontúr/körvonal; ~ **picture** *tv* életlen kép; ~ **trace** elmosódott nyom *(katódsugárcső ernyőjén)*; ~ **voice** *távk* érthetetlen/torzított beszéd

blurring *foto* elmozdulás; *opt, tv* életlenség; ~ **effect** *távk* hangelkenő hatás

blush *műa* bevonódik, befuttatódik; kifehéredik, homályosodik *(lakkbevonat hibája)*; lecsapódás képződik *(lakkfelületen)*; *tex* elszíneződik

blushing *foto, műa* fátyolképződés, fátyolosodás; *műa* bepárásodás, lecsapódás; *tex* elszíneződés

BM → ballistic missile; → bench mark; → bending moment; → boundary marker; → breech mechanism

BMEP → brake mean effective pressure

BMMG → British Microcomputer Manufacturers' Group

BMT → basic motion times

BO → blackout; → blocking oscillator

board I. *v* zsaluz; *bány, ép* zsaluz; *bőr* barkáz, mángorol, recéz; *ép* bedeszkáz, kideszkáz; deszkával/fával (be)borít/bélel/burkol/kirak; fával szegélyez; kilécez; *hajó* felszáll *(utas)*; megcsáklyáz; *koh* formáz; *műa* hőformáz; *nyom* kartonál; *rep* beszáll *(utas)*; *tex* hőformáz; **II.** *n* deszka, lap; *bány* fejtési kamra/vágat; feltáróvágat, szállítóvágat; folyosó; keskeny homlokú munkahely; légfeltörés, légösszekötő; vágathajtás magszelvénnyel; *cipő* cipőmintalemez; *el* (kapcsoló)tábla; *ép* (fali)tábla; faborítás; palló; *fa* (farost)lemez; deszka *(10-35 mm vastagságú)*; *hajó* gerendázat; *hajó, rep* fedélzet; *ip* bizottság, szerv, tanács; *önt* lap; *pa* (fényképészeti) karton; papírlemez; újságpapírlemez, szürkelemez; *szt* kártya *(nyomtatott áramköré)*; szerelőlap, vezérlőmű; ~**-and-batten work** *fa* deszka- és lécfűrészüzem; ~**-and-linen cutter** *nyom* lemez- és vászonvágó (gép); ~**-and-pillar method/work** *bány* kamrapillérfejtés; ~**-and-stall working** *bány* fejtés (széles) vágatokkal; ~**-and-wall** *bány* omlasztásos pillérfejtés; ~ **bell** *távb* kapcsolótábla csengője; ~ **cleat** *bány* repedés a vállapsíkon; ~ **coal** fás rostú *v.* rostos/rétegezett szén; ~ **computer** fedélzeti számítógép; ~ **converter** *pa* papírlemez-feldolgozó; ~ **cover** *nyom* kartonfedél; ~ **disc/disk** *pa* lemezkorong; ~**-down** *bány* ereszke; ~ **drag** *hidr* bakhátkészítő; ~ **drive** *bány* vágathajtás magszelvénnyel; ~**-drop hammer** *alak* suhanókalapács, deszkakalapács; ~ **facing** deszkaburkolat; ~**-felt** *pa* leszedőnemez, nedves nemez; ~**-fence** deszkakerítés; ~ **fenders** *hajó* csónakdörzsléc, csónakpárna, csónakcsisza; ~-**foot measure** *fa* köbmennyiség *(fűrészárué)*; ~ **for covers** *pa* borítékkarton; ~ **for lace-making** *pa* paszománykarton; ~ **for making ready** *nyom* kitöltő papírlemez/kartonlemez; ~ **game** videojáték; ~ **gate** *bány* fejtési osztóvágat, pászta, folyosó, összekötővágat; ~-**glazed paper** *pa* fényezett kasírozópapír; ~-**glazing** *pa* fedőréteg-simítás; ~ **installation** *rep* fedélzeti berendezés; ~ **instrument** *rep* fedélzeti műszer; ~ **irrigation** *hidr* táblás árasztó öntözés; ~-**level compatibility** *szt* áramkörikártya-szintű kompatibilitás; ~-**like** *tex* merev *(forgású)*; ~ **liner** *pa* kasírozógép, (karton)ragasztó gép; ~ **lining** *ép* deszkabélelés, deszkaborítás, deszkaburkolat; ~ **lining machine** → ~ liner; ~ **machine** *pa* kartongép; kézilemezgép; ~-**maker** *pa* kézilemezmunkás; ~ **mark** *ép* zsaluzás lenyomata *(betonon)*; ~-**marked** nyersbeton *(fazsaluzattal készített)*; ~ **measure** *fa* deszkalábstandard; ~ **mechanic** hajószerelő; ~ **mill** *pa* kartonlemezgyár, kézilemezgyár; ~-**mo(u)ld** *pa* merítőkeret; papírlemezalak, kézilemezalak; ~ **of customs** *rep* vámhivatal; **B~ of Trade Unit (BTU)** *GB el* kilowattóra; ~ **packing** *csom* katoncsomagolás; ~ **pressing machine** *tex* csomagoló présgép; ~ **radar** fedélzeti radar; ~ **roofing** *ép* deszkafedés; ~ **run** *bány* réselési mélység; ~ **runway** *ép* járópalló; ~**s** → boards; ~ **saw** deszkahasító/furnérhasító fűrész; ~-**setting** *tex* méretállandósítás, méretrögzítés, stabilizálás; ~-**setting process** *tex* méretállandósítási eljárás; ~ **size** *tex* formázónagyság; ~ **sole** *cipő* talplemez *(papírból)*; ~ **spot** *vasút* lejtésmutató ívjelző tábla; menetirányzék; ~ **stall** *bány* fejtési közle; ~-**up** *bány* feltörés, telepkibúvás, telérkibúvás; ~ **walk** *ép* deszkajárda; járódeszka; ~ **way** → boardway

boarded *bőr* barkás, recés; *ép* (fa)borításos, deszkás, deszkázott, pallós; kazettás; ~ **ceiling** *ép* kazettás mennyezet; ~ **floor(ing)** *ép* deszkapadló; padlóborítás, padlóburkolat *(hídon)*; ~ **panel** szádfal, burkolófal; ~ **parquet** táblás parkett; ~ **partition** deszkafal

boarding *bány* (főte)bélésdeszka, béléspalló; *bőr* barkázás, aláhúzás; *ép* (deszka)borítás, faborítás, (deszka)burkolat, faburkolat; deszkázat, deszkabélés, (ki)deszkázás; palánkkerítés, deszkakerítés *(építési terület körül)*; *fa* széldeszka; *kh* formázás *(harisnyáé)*; méretállandóság biztosítása rögzítéssel; *nyom* kartonkötés, papírkötés; *tex* hőformázás; ~ **board** *bőr* barkázóasztal, mángorlóasztal, recézőasztal, barkázódeszka, mángorlódeszka, recéződeszka; ~ **car** *vasút* lakókocsi, szerelőkocsi; ~ **fence** *ép* palánkkerítés, deszkakerítés *(építési terület körül)*; ~ **joist** *ép* mestergerenda, padlógerenda; ~ **ladder** *rep* fedélzeti létra; ~ **machine** *bőr* barkázógép; *opt* fazettálógép; ~ **mix** *gumi* kemény keverék; ~**s** → boards

boardroom *bány* vállapsíkkal párhuzamos fejtés; ~ **man** *bány* fenntartóvájár

boards *pl bány* előkészítő vágatok *(pillérfejtéshez)*; *ép* faburkolat, deszkázat; zsaluzat; *fa* szelvényáru *(2"-nél = 51 mm-nél vékonyabb)*; **in** ~ *nyom* kartonált

boardway course *bány* vállapsíkra merőleges fejtés/irány

boardy feel *tex* merev fogású, kemény tapintású, nagy appretúratartalmú

boart *ásv* bort, ipari gyémánt

boast *ép* doroszol, követ nagyolva megmunkál

boaster *szersz* kőművesvéső; nagyológyalu; nagyolóvéső, doroszolóvéső

boasting *ép* doroszolás, rovátkolás; ~ **chisel** doroszolóvéső

boat hajó; csónak; *bány* kőszállító csúszólap; *el* lámpatok *(több izzó fényét szóró, üveglapos)*; *tex* pászmára eső sodratszám; ~ **beam** fedélzeti gerenda *(kis hajókon)*; ~ **boom** *hajó* bumm; ~ **bridge** pontonhíd, hajóhíd; ~-**builder** csónaképítő; ~ **chock** *hajó* csónakbölcső, csónaknyereg; ~ **compass** fedélzeti iránytű; ~ **davit** csónakdaru; ~ **deck** *hajó* csónakfedélzet; ~ **fenders** *hajó* dörzsléc, párna, csisza *(csónakon)*; ~ **form** *vegy* csónakalakzat; ~ **hoist (engine)** csónakemelő csörlő; ~ **hook** (csónak)csáklya; csónakemelő horog; ~-**house** csónakház; ~ **ladder** *hajó* csónaklétra; ~ **lashing** csónaklekötő szerelvény; ~ **lift** csónaklift; ~-**loading installation** hajórakó daru; ~ **lock** *hidr* csónakzsilip; ~ **pan** csónak alakú üst; ~-**rudder** hajókormány; ~ **scaffold(ing)** *ép* függőállvány, függőállás; mozgóállvány; ~**'s crane** *hajó* csónakdaru; ~ **seaplane** *rep* hidroplán; ~ **skids** csónakütközők; ~ **spike** *ép* ácsszeg, állványszeg; ~**'s rig** csónak-árbockötélzet, csónakcsarnakzat; ~**'s shed** csónakház *(műhellyel)*; ~-**tail body** *rep* csónakfarokrészű test; ~-**tailed shell** kúpos fenékrészű gránát; ~ **varnish** csónaklakk; ~ **winch** csónakcsörlő; ~ **with outboard motor** farmotoros/oldalmotoros csónak

boatswain *hajó* vitorlamester, fedélzetmester

bob I. *v* leng, lötyög; kóválygog; ide-oda csúszik; *mt* rongykoronggal políroz/áttöröl; *tex* nemezel, kallóz, ványol; **II.** *n bőr* fiatal borjú; *fa* rönkfejszánkó; *forg* (rongykorongos)fényezőtárcsa, polírozókorong; *foto* orsótengely; *gép* könyökös forgattyúkar; *hajó* függőón; szonda, vízmélységmérő; *úszó (horgászzsinóron)*; *ker* kőagyagcsomó; *mech* súlyos pont; *mt* köszörűszemcsés korong; *óra* ingalencse, ingasúly; ~-**weight** ellensúly, kiegyenlítő súly; függőón; *óra* órasúly

bobbin I. *v* (fel)csévél, tekercsel; **II.** *n* csévetest; cséve, orsó; *bány* (szállító)kötéldob; bobina; kocsifék *(siklóban, csörlőlejtőn)*; *el* (huzal)tekercs; csévetartó, tekercstartó, tekercstest; depolarizátoros pozitív elektród *(szárazelemben)*; *film* (film)tekercsmag, bobi, bobbin; *forg* fatüske; *foto* filmcséve; *heng* cséve, orsó; dróthengersori motolla, huzalmotolla; *pa* bobina, keskeny papírtekercs; *tex* alsószálcséve; fényezett cérna; ~ **balance** *tex* cséveegyensúly(ozottság); ~ **base** csévealap; ~ **bay** → ~ frame; ~ **board** csévedeszka, csévetartó; ~ **box** cségyűjtő/csévetartó láda; ~ **cage** vetülék(cséve-)tartó; ~ **capacity** cséve fonaltartalma; ~ **carrier** csévehordozó (munkás); csévetartó, tekercstartó, tekercstest; ~ **carrier frame** csévevilla, csévetartó állvány; ~ **case** (cséve)hüvely; ~-**changing loom** cséveváltós szövőszék; ~ **core** *el* tekercsmag; ~ **cradle** *tex* csévélőállvány; orsóállvány, orsótartó; ~ **creel** cséveállvány, csévetartó állvány; csévekeret; ~ **cup** csévetölcsér; ~ **doffer** cséveleszedő (munkás); ~ **drawing** nyújtó tömörítővel; tömörítő nyújtás; ~ **driving** csévehajtás; ~-**driving drum** csévélődob; ~ **ejector** orsókidobó (szerkezet); ~ **feeder** csévefeltűző; ~-**feed gear** cséveadagoló/orsóadagoló, cséveetető/orsóetető szerkezet; ~ **flange**

(cséve)tárcsa, csévekarima; ~ **frame** csévemező, cséveállvány; ~ **groove** csévélőhorony; ~ **head** (cséve)fej, csévetárcsa; ~**-head guide** csévefejterelő; ~ **height** tekercshossz; ~ **hoist(ing) machine** *bány* bobinás (akna)szállítógép; ~ **holder** → ~ carrier; ~ **internal diameter** *el* belső (tekercs)átmérő; ~ **lace** *tex* vert/fonatos/gépi csipke; ~ **lace machine** csipkeverő gép; ~ **layer-on** → ~ setter; ~ **loading** cséveadagolás; ~ **machine** csévetisztító gép; ~ **mill** *fa* orsógyár; ~ **net** *tex* (függöny)tüll; ~ **net frame** hálókészítő/hálóburkoló gép; ~ **overall diameter** *el* külső tekercsátmérő; tekercsfőátmérő; ~ **peg** *tex* csévehordozó (munkás); csévetartó, tekercstartó, tekercstest; ~ **plate** csévetartó lemez; ~ **rack** csévetartó állvány; ~ **rail** csévekocsi, csévefűzér; ~ **setter** csévefeltűző *(munkás)*; ~ **shaft** cséveforgató tengely; ~ **skewer** tűzorsó; ~ **soaker** fonalnedvesítő; ~ **spacing** cséveköz; ~ **spinning** sodrat nélküli felcsévélés; ~**-stop handle** orsóleállító/cséveleállító fogantyú; ~ **stripper** csévetisztító gép; ~ **support** csévetartó állvány; ~ **table** csévetartó tábla, pad; ~ **tablet** csévetartó állvány; ~ **thread** *bőr* alsó szál *(tűzéshez)*; ~ **tube** → ~ case; ~ **waste** *tex* csévehulladék; ~ **winder** csévélő; kopszcsévélő gép; ~ **winding** *el* huzalgombolyítás; *tex* csévélés; ~ **work** *tex* csipkeverő munka; fonatos áru

bobbinet *tex* hálószövet; tüll, bobinetkelme; ~ **and net lace machine** bobinettüll- és csipkeverő gép; ~ **frame** bobinetgép, tüllszövőszék; ~ **machine** függönyszövetverő/tüllverő gép; ~ **weaver** tüllszövő/hálószövő gép

bobbing *met* (hirtelen) barométerállás-változás; *mt* rongykoronggal polírozás/áttörlés; *távk* nullavonalhullámzás

bobby prop *bány* erősítőtám(fa), könyökös tám; segédtám; sortám

bobierrite *ásv* bobierrit

bobstay *hajó* élkötél; orrárboc alsó feszítőkötele

bobtail derékszögű kampó; nyerges vontató (félpótkocsi nélkül); ~ **shovel** *ép* föld alatti homlokrakodó

bobwire szögesdrót

BOC → branch-on condition

bocasine *tex* merevítővászon *(gyapjúfonalból)*

bocca *geol* bocca; *koh* munkanyílás

bock I. *v tex* mészvízben fehérít; **II.** *n bőr* kecskebőr

bod *koh* dugaszolómassza, tömőmassza; dugó

BOD → biochemical oxygen demand; → biological oxygen demand

Bode | diagram/plot Bode-diagram; ~ **method** Bode-módszer

bodger *ép* csőgyűrűmeghúzó szerszám

bodging *tex* foltozás

bodice *ruh* fűző(derék)

bodied oil *vegy* polimerizált olaj

bodily testi; ~ **rotation** *at* plazmatestforgás; ~ **(seismic) wave** térhullám

bodkin lyukasztó; *bőr* (tőr)ár, szíjvarró tű; *nyom* punktúrtű, felszúrótű; *tex* befűzőtű; zsinórozótű, eregetőtű; ~ **point** *pa* tűzőhegy

body I. *v* besűrít *(száradó olajokat, festéket fedéshez)*; **II.** *n* test; *bány* érctest; meddőtömb; szénpillér, ércpillér; *el* készülékház; munkatest *(termisztoré)*; test; *élip* szárazanyag-tartalom; *ép* állvány(zat); hosszhajó *(templomban)*; *fa* (erdő)állomány, (fa)állag; *foto* kameraház; *gép* ház, gépváz; test, törzs; *gépk* (kocsi)szekrény; billen(t)őteknő *(tehergépkocsin, szállító járművön)*; felépítmény, karosszéria; *gyógyv* ampullatest, ampullatöltőűr; *heng* hengertest; *kat* hengeres rész *(gránáté)*; tok; *ker* massza; *koh* kemencetest; konvertertest; *könyv* csepegtetőtest; *mat* (geometriai) test; tartó *(láncé, algebrai topológiában)*; *nyom* betű(törzs)vastagság; betűtest; *rep* törzs; *ruh* derék; *tex* fonóanyag, szálasanyag; főgumizás; szövött anyag, szövettest *(szél nélkül)*; *vák* csapház, csaptest; *vegy* (alap)anyag; testtartalom, teltség *(festéké)*; ~ **acid** fősav; ~ **apron** *orv* ólomkötény; ~ **base drag** *rep* fenékellenállás; ~ **bearer** *gépk* gépkocsiszekrény-tartó; ~ **board** *pa* karosszériakarton (lemez)); ~ **bound rivet** *gép* feszítőszegecs; ~ **bracket** *gépk* kocsiszekrénytartó; ~ **brick** *ép* vörös tégla; ~ **builder** *gépk* karosszériakészítő; ~ **burden** *at* szervaktivitás; *orv* teljestestdózis; ~ **capacitance/capacity** *távk* testkapacitás; ~ **carrier** *gép* billenőteknő; ~ **cavity dosimeter** testüreg-doziméter; ~ **cavity protective treatment** *gépk* üregvédelem; ~ **cement** *gépk* karosszériakitt; ~**-cent(e)red (b.c.)** tércentrált; ~**-cent(e)red cubic (b.c.c.)** tércentrált köbös; ~**-cent(e)red cubic lattice** *ásv* tércentrált köbös rács; ~**-cent(e)red orthorhombic lattice** tércentrált rombos rács; ~**-cent(e)red tetragonal lattice** tércentrált négyzetes/tetragonális rács; ~ **clearance** *forg* hátsó kúp; ~ **colo(u)r** fedőfesték; ~ **contact** *el* földzárlat; testzárlat; ~ **contact terminal** testelőkapocs; földelőkapocs; ~ **contour** *hajó, rep* törzskörvonalrajz; ~ **current** *el* testáram; ~ **diagonal** *mat* testátló, térbeli átló; ~ **drag** *rep* légijárműtest homlokellenállása; ~ **effect** *rád* testhatás; ~ **enamel** *gépk* karosszérialakk; ~ **end** *tex* alapszál; ~ **fault** *el* testzárlat; ~ **finish** → ~ enamel; ~ **fit screw/bolt** *gép* illesztőcsavar; ~ **fitting** *gépk* karosszériaszerelvény; ~**-fixed system (of coordinates)** *mat* testhez rögzített (koordináta)rendszer; ~ **for boxing** rekeszagyag, tokagyag; ~ **force** *mech* térfogati erő; ~ **forming machine** *élip* dobozperemező gép; ~ **frame** *gépk* kocsiszekrénykeret; *kh* törzsméretű (síkhurkoló) gép; *rep* törzsváz; ~ **frame-work** *gépk* karosszériaváz; ~ **grating** *ásv* térközpontos rácsozat; ~ **in** *v* alakot ad, megformál; utolsó (festék)réteggel áthúz; ~**-interior adhesive** *gépk* kárpitragasztó *(kocsiszekrényhez)*; ~ **ironer** karosszérialakatos; lemezlakatos; ~ **leakage** *el* testátvezetés; ~ **lean** motorkerékpár dőlése; ~ **length** *gép* működő rugóhossz; *heng* (henger)testhossz; ~ **lifting jack** *gépk* bedugós kocsiemelő; ~ **line mo(u)lding** *gépk* díszléc *(karosszérián)*; ~ **linen** *tex* (testi) fehérnemű; ~**-locking pin** *kat* tokrögzítő csap; ~ **maker** *élip* konzervdoboz-készítő; *gépk* karosszériakészítő; ~ **noise** *hajó* testhang; ~ **of a bell** harangtest; ~ **of a column** oszloptörzs; ~ **of a furnace** *hőt* tűztér; *koh* kemencetest; ~ **of a through tipping wagon** billenőteknő; ~ **of axle** *gép* tengelyközéprész; ~ **of coal** szén éghető része; ~ **of crank** *gép* forgattyúkar; ~ **offset** *hajó* mérettáblázat; ~ **of headlamp** fényszóróház; ~ **of masonry** *ép* falazott blokk/tömb; faltömb; ~ **of paint** *nyom* festék sűrűsége/konzisztenciája/testessége; ~ **of pass** *heng* pálya; ~ **of revolution** *mat* forgásszimmetrikus test; forgástest; ~ **of rod** *geol* kőzettest; ~ **of roll** *koh* hengertest; ~ **of screw** → ~ of the bolt; ~ **of the bolt** *gép* csavarorsómag; ~ **of the book** *nyom* könyvtest, könyvtömb; ~ **of the roll** *heng* hengertest; ~ **of the tube** *opt* tubus; ~ **of the wave** *fiz* hullám(test); ~ **of varnish** lakk testessége; ~ **of water** *bány* víztároló réteg; *hidr* víztömeg, vízelőfordulás, víztest; ~ **painter** *gépk* fényező *(munkás)*; ~ **panel** *gépk* karosszérialemez; *rep* repülőgéptörzs padlózata; ~ **paper** alappapír, nyerspapír *(vulkánfíber-gyártáshoz)*; ~ **parts** *gépk* karosszériaelemek; ~ **plain** *heng* lapospálya; ~ **plan** keresztmetszet; *hajó* vonalrajzi bordametszetek rajza; ~ **port/post** *hajó* fartőke; ~ **reference area** *rep* a törzs legnagyobb keresztmetszetének területe; ~ **retention** *at* maradékaktivitás *(szervezetben)*; ~ **sand** *önt* töltőhomok, öntőhomok; ~ **section radiography/ roentgenography** rétegfelvétel, tomográfia; ~ **semi-trailer** oldalfal nélküli félpótkocsi; ~ **sheet** karosszéria(-mélyhúzó)lemez; ~**-side panel** *gépk* karosszériaoldallemez; ~ **size** *szt* karakterméret; ~**-size drill** *forg* átmenőfúró; ~ **spring** *gép* hordrugó, tengelyrugó; ~ **squeak** *gépk* karosszérianyikorgás; ~ **stock** papíralapanyag; ~ **system (of coordinates)** *mat* testhez rögzített (koordináta)rendszer; ~ **track** *vasút* szerelvényvágány; ~ **type** *nyom* szövegbetű, folyóbetű; ~ **up** → ~ in; ~ **warp** *tex* alaplánc(fonal); ~ **wave** *geof* anyagon át terjedő *v.* nem felületi hullám; *kat* térhullám

bodying *vegy* olajsűrítés

bodyless tok/ház nélküli; *rád* foglalat/aljazat nélküli

bodywork *gépk* gépkocsi belső berendezése; karosszéria; kocsiszekrény-építés, karosszériakészítés

boehmite *ásv* böhmit

BOF → basic oxygen furnace

boff diode *el* töltéstároló dióda

BOFX → boring fixture

bog mocsár; zsombék, láp; *ép* emésztőgödör; szivárgóakna, leszívógödör; *geol* síkláp; ~ **body** *geol* mocsárérctest, mocsárérctömeg; tömb; ~**-butter** *hőt* tőzegláp-felületi olajos anyag; ~ **canal** *hidr* láplecsapoló csatorna; ~ **coal** algás/mocsári barnaszén; ~ **drainage** mocsárlecsapolás; ~ **gley soil** gleiszint(i talaj); ~**-hole** *ép* emésztőgödör; ~ **iron-ore** mocsárérc; barna vasérc; gyepvasérc; ~ **lime** *talt* tavikréta; ~ **manganese** *ásv* mangán-hidroxid; ~ **marl** tavi/réti márga; ~ **moss** tőzegmoha, tőzegláp; ~ **muck** tőzeg; ~ **ore** → ~ iron-ore; ~ **peat** mohás tőzeg

bogey → bogie

boggs *pl* darabos szén

boggy, boggish mocsaras; ~ **ground** *talt* tőzeges talaj, tőzegtalaj

boghead coal → boghedite

boghedite boghead-szén, algaszén

bogie *bány* csille; *gép* forgózsámoly, forgóváz, (jármű)alváz, futómű; zsámolykocsi; ~ **axle** *kat* lekapcsolható futógörgőtengely; ~ **balance** *vasút* forgóállványbölcső; forgóállványhimba; ~ **bolster** forgóállvány-keresztgerenda; ~ **brake** forgóállványfék; ~ **casting** *koh* kocsiöntés *(tuskóé)*; ~ **crane** mozgódaru; ~ **engine** *vasút* hajtott forgóállványos mozdony, Garrat-mozdony; ~ **frame** *vasút* forgóállványkeret; ~ **hearth furnace** *koh* mozgófenekű kemence; ~ **ladle** üstkocsi; ~**-lifting mechanism** *kat* futógörgő-lekapcsoló szerkezet; ~**-lifting screw** *kat* futógörgő-lekapcsoló csavar; ~ **of moving hearth furnace** *hők* kemencekocsi; ~ **pin/pivot** *vasút* forgócsap; ~ **side member,** ~ **sole bar** *vasút* forgóváz-oldalkeret; ~ **truck** *bány* kéttengelyű/többtengelyű csille; többtengelyű taliga; *csom* önjáró rakodókocsi; *fa* rönkkocsi *(két v. többtengelyű)*; *vasút* forgózsámoly, forgóváz, (jármű)alváz, futómű; ~**-type drying stove** mozgófenekű szárítókemence; ~**-type mount** *kat* futógörgő típusú lövegtalp; ~ **undercarriage** *rep* hernyótalpas/ zsámolyos futómű; ~ **vehicle** forgóvázas jármű; ~ **wagon** *vasút* forgózsámolyos vagon; ~ **wheel** *kat* futógörgő; *vasút* beálló kerékpár; futókerék, lapátkerék

bogier *bány, ép* csillés

bogus *pa* utánzott manilapapír, makulatúrapapír; ~ **wrapping paper** szürke csomagolópapír

BOH → basic open-hearth; → break-off height

Bohemian | **chrysolite** cseh szokerit; ~ **glass** csehüveg; ~ **ruby** *ásv* rózsakvarc

Bohr | **atom** Bohr-atom, Bohr-féle atommodell; ~ **magneton** Bohr-magneton; Bohr-féle mágneses momentum; ~ **orbit** Bohr-pálya, Bohr-héj; ~ **radius** *at* Bohr-rádiusz, Bohr-sugár; ~ **unit** → ~ magneton

boil I. *v* (fel)forral; főz *(olajat)*; besűrít *(forralva)*; (fel)forr; **II.** *n hang* idegen hang *(lemezen)*; *hidr* buzgár; *ker* hólyag; *talt* folyás *(iszapé, homoké)*; ~ **briskly** *v* buborékol(va forr); ~ **down** *v* felfőz, befőz; bepárol; főzéssel besűrít; elpárologtat; leegyszerűsít; ~ **dry** *v* szárazra bepárol; ~**-fast** *tex* főzésálló; ~**-fast glued** főzésállóan ragasztott; ~ **gently** *v* lassan fő(z)/forr(al); ~ **in** *v* → ~ stingproof; ~ **off** *v* beforral, bepárol; *tex* hámtalanít; *vegy* forralással lepárol/ lehajt; ~**-off** *tex* folyamatos lefőzés; hámtalanítás; *vegy* párolgási/főzési veszteség; ~ **out** *v tex* kigőzöl; ~**-out** *tex* kifőzés; kioldás *(főzéssel)*; ~ **over** *v* felfőz, forral; túlfő; túlforr, kifut *(folyadék)*; ~ **rate** elgőzölgési/elpárolgási/főzési arány(szám); ~ **soap to grain** *v* szappant magra főz; ~ **soap upon spent lye** *v* szappant anyalúgon főz; ~ **stringproof** *v cu* szálra főz; ~ **sugar to grain** *v cu* cukrot kristályra befőz

boiled (le)főzött; besűrített; ~ **borax** égetett borax; ~**-in** főzéssel besűrített; ~**-in syrup** sűrű szirup; ~ **linseed oil** lenolajkence, standolaj; ~**-off** *tex* főzött; hámtalanított; ~**-off liquor** *tex* hámtalanítási folyadék, visszamaradt szericin; ~**-off silk** *tex* hámtalanított selyem; ~ **oil** (olaj)kence; oxidált ásványolaj; ~ **plaster of Paris** égetett gipsz; ~ **salt** párolt só, bepárlással nyert konyhasó

boiler *cu* forralóüst, főzőüst; *el* bojler, vízmelegítő; kiűző *(hőcserélőben)*; melegvíztároló, forróvíztároló; vízforraló; *hőt* (gőz)kazán, gőzgenerátor; *pa* főző; *tex* (főző)kazán; *vák* forralóedény; ~ **acceptance test** *hőt* kazánátvételi próba/vizsgálat; ~**-and-heating plant** kazánház; ~ **appurtenances** *hőt* (durva) kazánszerelvények; ~**-back tube sheet** tűzszekrénycsőfa; ~ **bank** *hőt* kazáncsőfal, kazáncsőrendszer; ~**-barrel** kazánköpeny, kazándob; ~ **battery** kazántelep; ~ **bearer** *hőt* kazánalapzat; kazánnyereg; ~ **body** *hőt* kazánköpeny, kazánpalást; ~ **bottom** kazánfenék; ~ **brace** *hőt* kazánaljzat; kazánfelfüggesztés, kazánrögzítés; ~ **bracket** *vasút* kazántartó, kazánaljzat, kazánláb, kazángyám; ~ **breathing** kazánterjeszkedés; kazánlélegzés; ~ **brickwork** *hőt* kazánfalazás, kazánbél(el)és; ~ **brickwork setting** kazán(-tégla)falburkolat; ~ **case** (gőz)kazánborító lemez; (gőz)kazánköpeny; ~ **casing/cleading** kazánburkolat; ~-**check flange** kazántápfej-karima; ~ **check valve** kazántápfej-visszacsapó szelep; ~ **clothing** kazánburkolat; ~ **coal** kazánszén, ipari szén; ~ **coaling plant** kazánszénellátó szállítóberendezés; ~ **composition/compound** *hőt, tex* kazánkőoldó szer *(tápvízadalék)*; ~ **construction** kazánépítés; ~ **control system** kazánszabályozó rendszer; ~ **covering** kazánburkolat; kazán felső hőszigetelése; ~ **cradle** kazánbölcső, kazánbak; ~ **cramp** *szer* kazáncsőszorító; ~ **crust** kazánkő; ~ **deposit** kazániszap, kazánlerakódás, kazánkő; ~ **drilling-machine** kazánfúró gép; ~ **drum** *hőt* kazándob, köpeny; kazánköpeny, kazántest; ~ **efficiency** kazánhatásfok; ~ **efficiency test by input-output method** közvetlen kazánhatásfok-vizsgálat; ~ **end** → ~ bottom; ~ **engineering** kazánismeret, kazántechnika; ~ **evaporative capacity** kazánteljesítmény; ~ **exit/flue gas** távozó füstgáz; ~ **expansion** kazánterjeszkedés, kazándilatáció; ~ **explosion** kazánrobbanás; ~ **face** kazánhomlokfal; ~ **feed(ing) pump,** ~ **feeder (BFP)** kazántápszivattyú; ~ **feed make-up** tápvíz-előkészítés; ~ **feed regulator** kazántápvíz-szabályozó; ~ **feed valve** kazántápfejszelep; ~ **feed water (BFW)** kazántápvíz; ~ **feed water treatment** kazántápvíz-előkészítés; ~ **firing system/plant/equipment** kazánfűtés, kazántüzelés(i rendszer/berendezés); ~ **first course** *gép* hengerkazán első öve; ~ **fitting** kazánszerelvény; ~ **floor grating** *en* kazánjárda; ~ **flue** *gép* füstjárat, lángcső; ~ **forge** kazánkovácsüzem; ~-**front** *önt* üsthomlokoldal; ~ **fuel burning plant** → ~ firing system; ~ **furnace** kazántűztér; ~ **gallery** → ~ floor grating; ~ **grate** (kazán)rostély; ~ **head** kazánfenéklemez; ~ **heating surface** kazánfűtőfelület; ~ **house (BH)** kazánház; ~-**house bunker** kazánházi hombár; ~ **incrustation** kazánkő; ~ **inspection** kazánvizsgálat; kazánellenőrzés; ~ **instrument** kazánellenőrző műszer; ~ **lagging/jacket/insulation** kazánburkolat, hőszigetelés, lemezburkolat *(kazánon)*; ~ **log** kazánvizsgálati jegyzőkönyv; ~ **lug** kazán-alátámasztó láb; ~ **maker** kazánkészítő; ~ **masonry** kazánfalazás, kazánbél(el)és; ~ **master** *pa* főzőmester; ~ **mounting** → ~ appurtenances; ~ **off-gas** (távozó) füstgáz; ~ **oil** fűtőolaj, mazut, pakura; ~-**patch bolt** kazánfoltozó csavar; ~ **pick** kazánkőleverő kalapács; leverőkalapács; ~ **plant** kazántelep, kazánberendezés; ~ **plate (BP)** kazánlemez; ~-**plate edge-planing machine,** ~-**plate planer** kazánlemezgyalugép; ~-**plate rivet** kazánszegecs; ~ **pressure (BP)** kazánnyomás; ~-**proving pump** kazánvizsgáló szivattyú; ~-**reamer** *forg* kazándörzsár; ~ **rivet** kazánszegecs; süllyesztett (magas) fejű szegecs; magas fejű kúpos szegecs; ~-**roof sheet** állókazán-tetőlemez; ~ **room (BR)** *ép* fűtőtér; *hőt* kazán gőztere; kazánház; *vasút* fűtőház; ~ **saddle** *hőt* kazánbak, kazánnyereg, kazánláb; ~ **salt** → ~ deposit; ~ **scale** kazánkő; ~ **scale promoting agent** kazánkőképző (anyag); ~ **scaler** *szersz* kazánfaltisztító kefe; ~-**scaling hammer** *szer* kazánkőleverő kalapács; ~ **set** kazánbefalazás; ~ **setting** kazán (be)falazása/alátámasztása; ~-**shell ring** kazángyűrű, kazánöv, külső kazánköpeny; ~ **shop** kazánkovácsüzem; ~ **silt/slurry/sludge** → ~ deposit; ~ **slag** kazánsalak, kazánhamu; ~-**smith** kazánkovács; ~ **stay** kazánkötés, kazántámasz; belső merevítő kitámasztás; ~ **steam** kazángőz; ~ **steam rating/output,** ~ **steaming capacity** → ~ evaporative capacity; ~ **stone** kazánkő; vízkő; ~ **stool** kazántalpazat; ~ **strake** kazángyűrű, kazánöv, külső kazánköpeny; ~ **support** kazántalp; ~-**tap** *szersz* kazánmenetfúró; ~ **testing** → ~ inspection; ~-**throat sheet** állókazán-rákfallemez; ~-**to-evaporator connecting pipes** kazánnyak; ~ **trial** → ~ efficiency test; ~ **tube** *hőt* forrcső; kazáncső; ~-**tube cutter** forrcsőkivágó készülék; ~ **valves and fittings** (finom) kazánszerelvények; ~ **water** *környv* kazánvíz; ~ **water level teleindicator** kazánvízállás-távjelző; ~ **welding** kazánhegesztés; ~ **with corregated flues** hullámcsöves kazán; ~ **with large water space** nagy űrtartalmú vízkazán

boiler plate *szt* szabványos bekezdésméret *(szövegszerkesztésnél)*

boiling I. *a* forró, forrásban lévő; **II.** *n* forralás, főzés; elpárolgás; forrás; *el* heves gázképződés, pezsgés *(akkumulátorban)*; *hajó* kigőzölés; *hidr* buzgárképződés; *koh* fővés; ~ **apparatus** főző; *vák* vákuumrendszer; ~ **bowl/action loading** ládás földgyalu/szkréper rakodási/működési rendszere; ~ **chip** kazánkő; ~ **constant** *vegy* moláris forráspont-emelkedés *(oldószeré)*; ~ **cooling** hűtés elpárologtatással; ~ **copper** szappanfőző üst; ~-**down** *vegy* bepárlás; ~-**down pan** bepárlócsésze, bepárlóedény, bepárlóserpenyő; ~ **end point** *ol* végforr(ás)pont; ~ **flask** hosszú nyakú gömblombik; ~ **heat** *pa* főzőhő; ~ **heat transfer** *at* hőátadás forrással; ~ **kier** *tex* főzőkazán, főzőüst, gőzölőkazán; ~ **limit** *vegy* párlathatár; ~ **lye** főzőlúg; ~-**off** *tex* hámtalanítás; lefőzés, kifőzés; ~-**off agent** *tex* hámtalanító *(szer)*; ~-**off bath** *tex* befejezőfürdő, hámtalanítófürdő *(selyemé)*; ~ **of sand** *talt* homokfolyás *(talajtörés)*; ~ **of soap** elszappanosítás; ~ **of the juice** *cu* léfelfőzés; ~ **of the topsoil** *hidr* fedőréteg elfolyósodása; ~ **pan** főzőüst; (selyem)hámtalanító üst; ~ **period** *koh* fővési szakasz; ~ **plate** *el* főzőlap; *pa* főzőtégla; ~ **point (BP)** forráspont; ~ **point curve/diagram** forráspontgörbe; ~ **point elevation/rising** forráspont-emelkedés; ~ **point method** forráspontmódszer; ~-**point spread** forrástartomány; ~-**point thermometer** hipszométer; ~ **pot** főzőüst; ~-**proof** → boil-fast; ~ **range** *vegy* forrásköz, forrponttartomány; forrpontköz; ~ **range analysis** *vegy* forráspont-analízis; ~ **reactor** *at* forralóvizes reaktor; ~ **resistance** főzésállóság; ~**s** *koh* salak föle; ~ **size** *tex* forró írezőanyag; ~ **table** *el* elektromos tűzhely; főzőlap; ~ **tail** *vegy* nehézfrakció; ~ **tank** vízforraló üst, főzőkazán; ~ **temperature** forr(ás)pont; ~ **test** főzőpróba *(cement térfogat-állandósága)*; főzőkísérlet; ~ **to string-proof** *cu* szálra főzés; ~ **trough** főzőmedence; ~ **under pressure** *tex* főzés nyomás alatt; ~ **vessel** főzőüst; ~-**water irradiation loop** *at* forróvíz-besugárzási hurok; ~-**water reactor (BWR)** → ~ reactor

boilproof → boil-fast

boke *bány* telérzsinór, ércér

bolar bolusz- *(vasvörösszerű)*

bold feltűnő; *nyom* (fél)kövér; ~ **design** *ép* merész konstrukció; ~-**face(d) (bf)** *nyom* (fél)kövér; fett; ~-**face(d) type** *nyom* (fél)kövér/fett betű; ~ **Roman type** *nyom* kövér álló/antikva (betű)

bole *ásv* bolusz; pecsétföld; vörös vas-oxid; *fa* (vastag) fatörzs

bolection *fa* lécezet, pártázat
boleite *ásv* boleit
bolide *csill* tűzgömb, bolida
boll *mzg* gubó *(gyapoté stb.)*; *tex* magtok; ~ **breaker** toktörő *(gyapoté)*
bollard *hajó* kikötőbak, kikötőcölöp
Bollman extractor *élip* Bollman-rendszerű extrakciós készülék
bolly cotton *tex* kurák
bologram(me) bologram, bolométerregisztrátum
bolograph *fiz* bolográf, bolométer-felvétel
bolometer bolométer, ellenállás-hőmérő; ~ **bridge** bolométerbe épített Wheatstone-híd; ~ **flux meter** bolométeres fluxmérő; ~ **mount** bolométeres teljesítménymérő fej; ~ **power-meter/wattmeter** bolométeres teljesítménymérő
bolometric *fiz* bolométeres; ~ **instrument** *finm* bolométeres műszer; ~ **magnitude** *csill* bolometrikus magnitúdó/fényrend; ~ **method** bolométeres módszer; ~ **radiation temperature** bolometrikus sugárzási hőmérséklet; ~ **stellar magnitude** → ~ magnitude
bolson *hidr* töbör
bolster I. *v* párnáz; alátámaszt, dúcol; **II.** *n* ütköző; alátét; párna; aljzat; *alak* alsó szerszámtartó, matrica; *ép* ászokfa; párnafa, nyeregfa; sarutest *(hídon)*; *gép* befogólemez, befogólap; felfogólap; *hajó* ékpárna; *heng* szélesacél, univerzálacél; *hidr* kőzsák; rőzsehenger; *koh* szélfokozó; *műa* szerszámköpeny, szerszámkeret; *vasút* bölcsőgerenda; forgózsámoly, forgóváz, (jármű)alváz, futómű; ~ **of an anvil** *alak* sabótbetét, süllyesztéktartó; ~ **of the chisel** *szersz* vésőváll; ~ **plate** ötödik kerék, mellső tengely forgólapja *(lófogatú kocsin)*; *gép* párnalemez, alaplemez, alátétlemez; ~ **spring** csapágyrugó
bolt I. *v élip* rostál, szitál *(lisztet)*; *ép* ékel, csapoz; *gép* (össze)csavar(oz); csavarral összeköt, csapszeggel összekapcsol; felcsavar *(műszert)*; leszegez; *kat* zár, torlaszol; *tex* szűr; **II.** *n el* tartóvas *(szigetelőé)*; *foto* filmkapu; *gép* (fejes) csavar; anyás csavar; csap(szeg); kallantyú; menetes csap; pecek; tolózár, retesz, tolóka, rúdzár; *hidr* sugár *(vízé)*; *kat* gyújtószeg; závár; *met* villámcsapás; *mzg* rosta; *tex* szövettekercs, szövetdarab; ~**-action rifle** *kat* zárdugattyús puska; ~ **and nut** anyás csavar, átmenőcsavar; ~**-assembly** *kat* zárszerkezet; ~**-bearing property** *mech* palástnyomás *(szegecsen)*; ~ **body** *kat* zártest; ~ **cam** *kh* süllyesztőlakat; ~ **carrier,** ~**-carrying slide** *kat* zárvezető; ~ **chain** *gép* csaplánc; ~ **chisel** *szersz* keresztvéső; ~ **circle** *gép* lyukkör; ~ **clipper** *szersz* csapszegvágó; ~ **connection** *gép* csavarkötés; ~ **coupling** *gép* csapos tengelykapcsoló; ~ **cutter** *forg* csavarvágó gép; *gép* köracélvágó gép; ~ **die** *forg* menetmetsző pofa; *szersz* csavarfejező szerszám; ~ **down** *v* lecsavaroz; csavarral rögzít; ~ **driver** *szersz* csavarbehajtó; ~ **end** (túlnyúló) csavarvég; ~ **eye** *gép* csavarszem, szemnyúlás; ~ **firing tool** *szersz* szegbelövő (szerszám); ~**-forging machine** csavarsajtó; ~ **for railway ties** *vasút* szorítólemez-csavar; ~ **frame-shackle** *gépk* rugókengyelcsapszeg; ~**-guide spring** *kat* zárvezető rugó; ~**-gun** *kat* zárdugattyús puska; ~ **handle** *kat* (zár)fogantyú(rész); ~ **head** csavarfej; *kat* zárfej; ~ **header** csavarorsófej-sajtoló; csavarfejező; ~ **heading** csavarfejzömítés; ~ **hole** *bány* légáttörés, légfúrólyuk; léglyukasztás; *gép* csapszegfurat; csavarlyuk; ~**-hole circle** → ~ circle; ~**-hole projection** *gépk* akkumulátorfül; ~ **knob** *kat* zárfogantyúdob; ~ **lock** egynyelves zár; tolózár, retesz, tolóka, rúdzár; *kat* reteszelőpofa; ~ **lock-pin** *kat* ütőszeg; ~ **nut** csavaranya; ~ **of cloth** *tex* szövetbála; ~ **of lock** zárnyelv; ~ **of pulpwood** *fa* papírfakivágás; ~ **of spring** rugócsapszeg; ~ **of wall paper** tapétahenger; ~ **pin** *gép* csapszeg; ~ **pitch circle** → ~ circle; ~ **press** csavar- és csavaranya-alakító prés; ~**-ring** *finm* rugós gyűrű; ~ **rope** vitorlaszegély-kötél; ~ **staple** *gép* csaptartó kapocs; ~ **stock** *koh* csavaracél; csavarhuzal; ~**-stop** *kat* zárhatároló csap; ~**-stop plate** *kat* zárhatároló lap; ~ **stress** *mech* csavarfeszültség; ~ **threading machine** *forg* csavarvágó gép; ~ **tongs** csapfogó *(pecekfogó)*; ~ **tooth** csapfog, pálcásfog; ~ **torque** csavarfeszítő/csavarmeghúzó nyomaték; ~ **up** *v* csavarral összeköt, csapszeggel összekapcsol; ~ **washer** csapszegalátét; ~ **with bright/machined head** fényes fejű csavar; ~ **with nut** anyacsavar, anyás csavar; ~ **with reduced shaft** gyengített szárkeresztmetszetű csavar; ~ **with small hexagon head** kislaptávú csavar; ~**-yarn** vitorlavászon-varrófonál
bolted *gép* (össze)csavarozott, csavarkötésű; csapolt; elreteszelt; ~ **connection** *ép* csapos kötés; *gép* csavarkötés *(átmenőcsavarral)*; ~ **frog** *gép* békaszorító; csavarszorító; ~ **gland joint** tömszelencekötés; ~ **joint** *gép* csavarkötés; *hőt* csavaros csőkötés; *vák* peremes csatlakozás; ~ **mo(u)lding box** szerelt/csavarkötésű formaszerkény/formázószekrény; ~**-on** felcsavarozott; csavarral ráerősített/felerősített; ~ **rigid frog** *vasút* csavarkötéses keresztezés; ~ **tank** *ol* csavarozott tartály
boltel *ép* kerek tagozat *(oszlopfőn)*
bolter síkszita; rosta; *élip* körszitáló gép; *pa* zacskó
bolting *bány* kőzethorgonyzás, kőzetcsavarozás; *élip* rostálás; szitálás; *gép* csavarkötés; felcsavarás; leszegezés; összecsavarozás; összekapcsolás *(csavarral, csappal)*; ~ **cloth** szitaszövet; *tex* szűrőszövet; ~ **cylinder** *élip* hengerszita; ~ **floor** *élip* szitapad; ~ **hutch** finomszitakeret; ~ **machine** *élip* rázószita; ~ **silk** selyemszitaszövet; *tex* malomszitaszövet *(selyemből)*; ~ **surface** *élip* szitafelület; szitálófelület; ~ **work** *élip* szitaszerkezet
Boltzmann | (atomic) constant Boltzmann-állandó; ~ **distribution** Boltzmann-eloszlás; ~ **equation** Boltzmann-egyenlet; ~ **statistics** Maxwell—Boltzmann-féle statisztika
bolus *pa* kaolin, fehérítőagyag
bomb I. *v* bombáz; **II.** *n geol* vulkáni bomba; *kat* bomba; *szt* elszállás, programvesztés; ~ **aimer (BA)** *rep* bombavető célzókészülék; ~ **bay (BB)** *rep* bombakamra, bombatár; ~**-bay door (BBD)** *rep* bombatárajtó; ~ **calorimeter** *fiz* kaloriméterbomba; ~ **core** atombombamag; ~ **disposal (BD)** bomba hatástalanítása; ~**-disposal operator** tűzszerész; ~ **door** *rep* bombatárajtó; ~ **fuse** bombakanóc; ~ **magazine** *rep* bombatár; ~ **oven** Karius-kemence, csőforrasztó kemence; ~ **pod** függesztett bombatár; ~**-proof** bombabiztos; ~**-proof shelter** bombabiztos óvóhely; ~ **rack** *rep* bombafelfüggesztő; bombarakasz; ~ **release control** bombakioldó vezérlése; ~ **shelter** óvóhely; ~**-sight (BS)** *rep* bombacélzó irányzék; ~ **store (BS)** *rep* bombatár; ~**-sway brace** *rep* bombafelfüg-

gesztő kar; ~ **tamper** *kat* reflektor *(atombomba robbantásakor)*; ~ **tube** *fiz* bombacső, forraszcső, lezárt/beforrasztott cső

bombard *at* bombáz; *kat, rep* bombáz, bombát vet

bombarded bombázott; ~ **particle** bombázott részecske, célrészecske, targetrészecske

bombarding bombázó; ~ **electron beam** bombázó elektronsugár; ~ **energy** *at* bombázó (részecske)-energia; ~ **particle** bombázó/beeső részecske; ~ **voltage** bombázási feszültség

bombardment *at* besugárzás; *at, kat* bombázás; ~ **by electrons** *at* elektronbombázás; ~ **damage** *at* sugárkárosodás; *kat* bombázás okozta kár; ~ **evaporation/evaporator source** *vák* elektronsugaras (fűtésű) párologtatóforrás

bombasine, bombazine *tex* barhend; könnyű gyapjúszövet

bomber (Br) *kat* bombázó; ~ **aircraft** bombázó (repülőgép)

bombing I. *a kat* bombázó; **II.** *n kat* bombázás; ~ **aircraft** bombázó (repülőgép); ~ **altitude (BA)** bombavetési magasság

bombonne *vegy* elnyelőoszlop, abszorber

bonanza *bány, geol* dús érctelér

bond I. *v el* kontaktoz, köt, kötést létesít; kontaktozási fémezést készít; *ép* faelemet beköt; köt *(követ, téglát)*; *gumi* rávulkanizál; *műa* behegeszt, összehegeszt; egyesít, ragaszt; **II.** *n at* metallurgiai kötés *(fűtőanyagelemben)*; *bány* szállítókas; *el* (villamos)összekapcsolás, összekapcsolás; tappancs, kontaktozási felület *(chipen, félvezető elemen)*; *ép* acélbetét kötése betonban; átfedő kötés; falkötés; felületi kötés; kőbekötés; kötés; kötés(fedés) *(tetőcserépé)*; kötő(kő)sor; kötőanyag, habarcs; téglakötés, falazati kötés; *fa* enyvezés *(rétegelt falemezé)*; fakötés; illesztés; *koh* kötőanyag *(pelletezéshez)*; *műa* ragasztó(réteg); *vegy* kapcsol(ód)ás; kötés; ~ **all leads to the bumped chip simultaneously** *v* minden vezetéket egyidejűleg köt a tappancsra; ~ **angle** *vegy* vegyértékszög, kötési szög; ~ **between the resist and the silicon water** *el* (foto)reziszt bevonat tapadása a szilíciumlapkára; ~**-breaking** *el* kötésoldás *(csipé)*; *ép* tapadásgátlás *(feszített betonban)*; ~ **brick** *ép* kötőtégla; ~ **coat** *gumi* ragasztóbevonat; ~ **conductor** *vasút* vezetősín-illesztő heveder; ~ **content** kötőanyag-tartalom; ~ **count** *el* kötéshelyek száma; tappancsszám; ~ **course** *ép* kötőréteg; ~ **direction** *vegy* valenciairány; vegyértékirány; ~ **directly to the substrate** *v* közvetlenül az alaplemezre/szubsztrátra köt; ~ **distance** *ép* túlnyújtási/tapadási hossz; *vegy* kötéstávolság, kötéshossz; ~ **energy** *vegy* kötésenergia, kötési energia; kötéserősség; ~ **face down to the substrate** *v el* kivezetéseket lefelé fordítva rögzíti a hordozóra/szubsztrátra; ~ **failure** *ép* tapadás-tönkremeneteli törés *(vasbeton szerkezeté)*; ~ **flux** → bonded flux; ~ **in** *v* beköt; ~ **index** *ol* cementkötési index; ~ **length** *ásv* kötéstávolság, kötéshossz; *ép* bekötési hossz; tapadási hossz *(betonacélé)*; ~ **moment** *vegy* kötésnyomaték; ~ **orbital** → bonding orbital; ~ **paper** bank(jegy)papír; ~ **plug** betétdarab fémes kapcsolású sínütközéshez; ~ **pull test** *el* tappancshúzópróba; ~ **slip** *ép* megcsúszás, tapadás tönkremenetele *(betonacélé)*; ~ **strength** *el* tappancsszilárdság; *ép* tapadószilárdság *(vasbetété)*; *fa, műa* kötési/ragasztási szilárdság *(rétegek között)*; *gép* kötési szilárdság; *vegy* kötési erősség; ~ **stress** *ép* tapadófeszültség *(vasbetét-beton között)*; ~ **structure** → bonding structure; ~ **system** *ásv* kötésrendszer; ~ **test** *any* tapadásvizsgálat; ~ **tester** *vasút* ellenállás-ellenőrző készülék; ~ **the chip to the header** *v el* közvetlenül a fémes hordozóra köt *(chipet)*; ~ **the ioner leads of the tape pattern** *v el* belső vezetékrendszert a fóliával összeköti; ~ **the separated chips to the film carrier** *v* egyes chipeket a fóliával készült huzalozási lemezre köti; ~ **timber** *ép* kötőgerenda; ~ **type** *vegy* kötéstípus, kötésmód; ~ **vector** *ásv* kötésvektor; ~ **wire** *vasút* sínáramkör, vágányáramkör *(biztosítóberendezésé)*; ~ **with an adhesive** *v tex* kötőanyaggal ragaszt

Bond albedo *fiz* szferikus albedo, Bond-albedo

bonded *bány* brikettezett; *el* kötési fémezésű, tappancs-; *ép* kötőanyaggal készült; tapadásos; *vegy* kötött; ~ **area** zárt felület; *at* ellenőrzött övezet; ~ **brick** *ép* kötőtégla; ~ **by thermocompression** *el* termokompressziós kötésű/tappancsozású; ~ **by ultrasonic** *el* ultrahangkötésű; ~ **course** *ép* kötőréteg *(falazatban)*; ~ **fabric** *tex* elemi szálakból ragasztott anyag; nemszövött/ragasztott szövedék; ~ **flux** keramikus hegesztőpor; ~ **flux for electroslag welding** szinterelt por villamos salakhegesztéshez; ~ **flux for submerged arc welding** szinterelt por fedett ívű hegesztéshez; ~ **fuel element** *at* metallurgiai kötésű üzemanyagelem/fűtőanyagelem; ~ **girder** *ép* vegyes tartó; ~**-glass cloth** *üveg* présüveg; ~ **gravel filter** *ol* ragasztott kavicsszűrő; ~ **joint** *vasút* áthidalt sínütközés; ~ **mix** *ép* kötőkeverék; ~ **negative resistance diode** *szt* alagútdióda; ~ **powder** *ásv* kötött/pasztillázott por; ~ **store** *rep* vámraktár; ~ **strain ga(u)ge** nyúlásmérő bélyeg; ~ **tendon** *ép* kiinjektált/tapadó (feszítő)betét; ~ **wall** *ép* kötésben épített fal

bonder *ép* falvastagságnyi hosszúságú kötőtégla; kőkötő; kötőtégla; összekötő szarufa

bonderize *koh* bonderez, foszfátoz, foszfatál

bonderizing *koh* bonderezés, bonderizálás, foszfátozás, foszfatálás

bonding I. *a* (össze)kötő-; ragasztó; **II.** *n bány* kőzet megszilárdítása; *el* kontaktozás, kötési fémezés; köpeny átkötése, tartós érintkezés/testelés; *ép* kötés; ragasztás, enyvezés; tapadás, tapadószilárdság *(betonacélé)*; *fa* (fa)ragasztás; *félv* kontaktálás, kötés; *műa* (gumi)felragasztás(a) *(idegen anyagra)*; egyesítés; vulkanizálás *(gumié fémre)*; *rep* lemezek kötése; *szt* kötés, kapcsolódás; *távk* sajtolás; *tex* elemi szálakból álló bunda; ~ **additive** tapadásfokozó adalék; ~ **agent** kötőanyag, habarcs; *műa* ragasztószer; *tex* kötőanyag ragasztott kelméhez; ~ **anisotropy** *ásv* kötési anizotrópia; ~ **braid** *tex* kábelszigetelő zsinór; ~ **capacity** kötőképesség; ~ **cement** *műa* gitt, kitt; ragasztó; ~ **clay** kötőanyag, habarcs; ~ **clip** *el* testelőkapocs; ~ **electron** *at* kötési elektron; valenciaelektron, külső héj elektronja; ~ **electron-pair** kötő elektronpár; ~ **emulsion** *ép* tapadásnövelő emulzió; ~ **form** *ép* kötésmód; ~ **island** *félv* kontaktolási sziget/korong; ~ **jumper** testkötés, testelő kötés; ~ **layer** kötőréteg; ~ **machine** enyvezőgép; ~ **material** kötőanyag, habarcs; ~ **of concrete** *ép* beton kötése az acélbetéthez; ~ **of metals** *koh* fémragasztás; ~ **of (the) plaster** *ép* (gipsz)vakolat tapadása; ~ **orbital** *at* kötési pálya, közös elektronpálya; ~ **pad** *el* kontaktozási fémezés; tappancsozás; ~ **power of mo(u)lding-sand** *önt* mintázóhomok kötőképessége; ~ **resin** *műa* ragasztógyanta *(rétegelt anyagok ragasztására)*; ~ **ring** *at* gyűrűs kötés; *távk* gyűrűs csatlakozó; ~ **sheet** *műa* ragasztófólia; ~ **solution** *tex* kötőoldat; ~ **strength** *ép* tapadószilárdság; *fa, műa* kötési/ragasztási szilárdság; ~ **strip** kötődarab; ~ **structure** *vegy* kötési szerkezet; ~ **technique** *el* kötéstechnika, kontaktozási technika; ~ **unit** kötőelem; ~ **with wedge shaped tool** *el* ékes kötés

bondstone → bonder

bone I. *v élip* kicsontoz; *geod* megirányoz; szintez; **II.** *n* csont; *bány* (ránőtt) meddő; agyagos szén; szénpala; ~ **ashes** *vegy* csonthamu; széntartalmú kálium-foszfát; ~**-band** *bány* szénpala-beágyazás; ~**-bed** *geol* csontbreccsa; ~ **black** csontfekete *(festék)*; *vegy* aktív szén; ~ **black filter** *vegy* szénszűrő; ~ **calciner** csontégető; ~ **char(coal)** aktív szén; állati szén, csontszén; ~**-charring kiln** csontszénégető kemence; ~ **china** *ker* csontporcelán; ~ **coal** agyagos szén; ~ **conduction** *hang* csontvezetés; ~ **conduction headphone/receiver** csontvezetéses hallgató; ~ **crusher** → ~ grinder; ~ **cutter** csontesztergályos; ~ **dry (D.d.)** csontszáraz, abszolút száraz; ~ **dry weight** abszolút száraz anyag súlya; ~ **dust** csontliszt; ~ **earth** csontfoszfát; ~ **fat** csontzsír; ~ **fertilizer** csontlisztrágya; ~ **flour** csontliszt; ~ **glass** opálüveg, tejüveg; ~ **glue** csontenyv; ~ **grease** csontzsír; ~ **grinder** csontőrlő; ~ **in** *v geod* beirányoz; ~ **lace** vert csipke; ~ **manure** csontlisztrágya; ~ **marrow** csontvelő; ~ **meal** csontliszt *(durva szemcsés)*; ~ **mill** csontőrlő malom; ~ **oil** csontolaj; ~ **ore** barna vasérc, mocsárvasérc, limonit; ~ **phosphate** csontfoszfát; ~ **picker** *bány* ércválogató; ~ **powder** csontliszt; ~ **scintiagram** *at, orv* csontszcintigram; ~ **scintigraphy** *at, orv* izotópos csontvizsgálat; ~ **seeker** *at, orv* csontkereső; ~ **tallow** csontzsír, csontfaggyú; ~ **tolerance dose** *at, orv* csonttolerancia-dózis

boned *élip* (ki)csontozott; ~ **ham** *élip* csontozott sonka

bonette fejpárkány *(földhányásmellvéd szegélyén)*

boney roll *bány* hengeres finomtörő

boning I. *a* szintező, irányzó, kitűző; **II.** *n ép* függőzés, falak függőlegességének ellenőrzése; szintezés, szintbeállítás; *geod* megirányzás; szintezés *(fakeresztekkel)*; ~ **board** *ép* kitűzőkaró; ~**-in** *geod* beirányzás, megirányzás; ~ **rod** *geod* szintező keresztléc

Bonjean curve *hajó* Bonjean-görbe

Bonner sphere *at* moderátorgömb, Bonner-gömb

bonnet kupak; burkolat; *bány* aknafedél; bödönfedél; szállítókasfedél; védőfedél *(biztonsági lámpán)*; *bány, ép* süvegfa; szénpad *(főtében)*; *ép* zsaluzódeszka; *ép, hőt* kürtősüveg, kürtőfedél, kéménysisak; *gép* süveg; *gépk* motorháztető, motorházfedél; *hajó* ballonvitorla; *hidr* szelepfedél; *tex* sapka; *vasút* perontető; szikrafogó; ~ **bolt** *gép* fedélcsavar; ~ **catch** *gépk* köpenyretesz; motorháztető-rögzítő; ~ **fastener** *gépk* motor(ház)tető-kapocs; ~**(-fastening) clip** *gépk, gép* motorháztető-leszorító csavar; ~ **handle** *gépk* motorburkolat-fogantyú; ~ **hinge** motorháztető-csukló; ~**-hip tile** → ~ tile; ~ **louver** *gépk* szellőzőrés, hűtőlégvezeték; ~ **release** *gépk* motorháztetőoldókapcsoló *(a vezetőülésben)*; ~ **rest** *gépk* motorháztető feltámasztója; ~ **screw** *gép* fedélcsavar; ~ **sealing** *gépk* motorháztető-zörgésmentesítő szalag; ~ **tile** *ép* taréjcserép, kupacserép

Bonnet mean value theorem *mat* integrálszámítás második középértéktétele

bonneted fedéllel/kupakkal ellátott; ~ **radiator** burkolatos hűtő; ~ **vehicle** motorházas normál tehergépkocsi

bonnette → bonette

bonstay *bány* vakakna

bont emelőberendezés; *bány* felvonóberendezés; szállítókas; *geol* telér-elvékonyodás

bontle *bány* személykas

bonus prémium; ~ **target date** prémiumos határidő, prémium-határidő

bony csontkemény; *bány* agyagos; palás; szenes pala; ~ **coal** *bány* összenőtt szén; ~ **ingot** átégett öntecs

booby trap *kat* rejtett robbanó(töltet)

boogie box pneumatikus injektálógép

booje pump (cementhabarcs-)injektálóberendezés

book I. *v* könyvel; bevezet *(pl. mérési eredményt)*; **II.** *n* könyv; *szt* nagyobb tárterület, utasításcsoport; *tex* nyersselyemköteg; ~ **block** könyvtest, könyvtömb; ~ **capacitor** *rád* (kétlemezes) trimmerkondenzátor; ~ **clay** leveles agyag; ~**-cover paper** könyvborítópapír; ~**-edge marbling** *nyom* könyv márványozása; ~**-end** könyvtámasz; ~**-fold** *tex* réteges/hajtogatott csomagolás; ~**-hoist** könyvtári felvonó, könyvlift; ~ **ink** nyomdafesték; ~ **in sheets** krúdában hagyott *v.* fel nem kötött könyv; ~ **jacket** *nyom* könyvborító lap/tábla; ~ **message** *szt* több címre küldött üzenet; ~ **muslin** *nyom* (finom) könyvkötővászon; *tex* organtin; ~ **of plates** *nyom* illusztrált könyv; ~ **pad** → ~ block; ~ **paper** *pa* könyvnyomtató/regénynyomó papír; ~**-plate** ex libris; ~ **printer** könyvnyomdász; ~**-printing paper** könyvnyomópapír; ~ **shears** könyvvágó/papírvágó gép; ~ **size** *nyom* könyvméret; ~**-stitching machine** könyvfűzőgép; ~ **structure** *geol* leveles szerkezet; ~ **thread** könyvkötőfonal; ~ **trimming machine** vágógép; ~ **type** *nyom* szövegbetű, folyó betű; ~**-type** **mo(u)ld** amerikai formaszekrény; ~ **wrapper** könyvborító

bookbinder könyvkötő; ~**'s board** *pa* könyvkötőlemez, könyvkötőkarton; szürkelemez; ~**'s cloth** könyvkötővászon, kalikó

bookbinding I. *a nyom* könyvkötő, kötészeti; **II.** *n* könyvkötészet; ~ **leather** könyvkötőbőr

bookcase könyvszekrény

bookcloth könyvkötővászon, kalikó; ~ **headband** *nyom* fejszalag

booked passanger *rep* előjegyzett jeggyel rendelkező utas

booking *rep* helyfoglalás; *távk* előjegyzés *(hívásé)*; ~ **cardboard** gépkönyvelőkarton; ~ **carriage** könyvelőgép kocsija; ~ **hall** *rep* jegyelőjegyző előcsarnok/hall; ~ **of a call** híváselőjegyzés; ~ **of seats** *rep* helyfoglalás; ~ **of space** *rep* helyfoglalás áruszállításra; ~ **paper** gépkönyvelőpapír; ~ **time** *távb* előre megrendelt *v.* meghívási beszélgetési idő

bookkeeping könyvelés; ~ **department** könyvelés; ~ **machine** könyvelőgép; ~ **statement** könyvelési kimutatás

bookshelf *fa* könyvespolc

booktile *ép* hornyos-eresztékes tégla/cserép

Boolean Boole-féle, Boole-; ~ **algebra** Boole-algebra, kapcsolásalgebra, logikai algebra, Boole-háló; ~ **algebra of sets** halmazalgebra; ~ **calculus** Boole-algebra; ~ **(en)coding** Boole-kódolás; ~ **function** Boole-függvény; ~ **lattice** → Boole algebra; ~ **matrix** átmenetmátrix *(gráfé)*; ~ **multiplication** Boole-szorzás; ~ **operation** Boole-féle művelet; ~ **operation table** Boole-műveletek igazságtáblája; ~ **operator** Boole-operator; ~ **subalgebra/sublattice** rész-Boole-algebra, rész-Boole-háló; ~ **tribe** → ~ lattice; ~ **variable** Boole-változó, logikai változó

boolstrap *szt* előprogram

boom I. *v* zúg; dörög; döng; *hang, rád* búg; **II.** *n bány* jövesztőgém; kihordó *(rakodógépé)*; réselőkar; *em* gém *(darué, földmunkagépé)*; *ép* árboc; hosszú gerenda; öv *(gerendáé, tartóé)*; tartóöv *(hídé)*; *film, tv* (mikrofon)gém; *hajó* úszófa *(rögzített)*; vitorlafa, vitorlarúd, bumm; *hang* utózengés; *hidr* uszadékterelő tutaj; *mzg* szórórúd *(permetezőé)*; *ol* (fúró)kar *(fúrókocsié)*; *rep* faroktartó; hangrobbanás; *távk* antennaárboc; *vegy* zsiráf, karcolódás *(emulzióban)*; ~ **angle** *ép* hevederszögvas; övszögvas; ~ **brace** *em* árbockikötő; gémfeszítő, gémrögzítő szerkezet; *hajó* öregfa; ~ **bracing** *ép* övmerevítés; ~ **crab** *em* konzolosdaru-futómacska; ~ **crane** *em* konzolos daru; ~**-dragline** *ép* vonóvedres/vonóköteles kotró; ~ **dragline scraper** *ép* forgógémes kotróláda; ~ **extension** *em* segédgém; ~ **for heavy load** nehézteheremelő gém; ~ **guy** *hajó* vitorladaru-rögzítő kötél; vitorlafa pányvája; ~ **hoist** *em* darugémvitla; ~ **line** *em* darugémárboc; ~ **member** *em* gémtag; *ép* övrúd *(rácsos tartóé)*; ~**-mounted ripper** *ép* gémre szerelt felszakító; ~**-mounted ripping tooth/tine** → ~-mounted ripper; ~ **of arch** *ép* ívtartó öve; ~**-out** *em* maximális gémkinyúlás; ~ **pin** *em* gémtalpcsap; ~ **plate** *ép* övlemez *(tartóé, hídé)*; ~ **point** *em* gémcsúcs; ~ **position** *em* gémállás; ~ **pressure** *rep* hangrobbanás légnyomása; ~ **raising and lowering** *em* gémbeállítás; gémbillentés; ~ **reach** *ép* kotrókar hatósugara; ~**s** *hajó* farfák; ~ **scraper** *ép* forgógémes kotróláda; ~ **section** *em* gémtag; ~ **sheave** *em* gémterelő csiga; ~ **sheet** zárólemez; *ép* lapos gerenda; ~ **sprayer** *mzg* permetező; ~ **sprinkler** *hidr* konzolos esőztető; ~ **stacker** *bány* kotró; *em* gémes rakodó/elevátor; ~ **stand** *el* gémes mikrofonállvány; ~ **stiffening** *ép* övmerevítés *(tartóé)*; ~ **support guy** *em* feszítőkötél; ~**-suspension rope** *em* tartókötél; ~ **swing** → ~-out; ~**-swinging gear** *em* darugém forgatógépezete; ~ **tackle** *em* gémemelő csigasor; ~ **tie** *ép* rúdcsomópont; ~**-type ditcher** *ép* vedersoros árokásó; ~ **type shovel** *ép* kanalas/hegybontó kotró; ~ **type trenching machine** vederláncos/vederlétrás kotró; ~ **up** *v bány* keresztrúddal alátámaszt

boominess *rád* dobozhang; üregrezonancia

booming dörgés; döngés; *bány* hidraulikus jövesztés; vágathajtás előtűző biztosítással; *hang, rád* búgás; zúgás

boomy kongó *(terem)*; ~ **sound** tompa hang

boon *tex* kendertörek, lentörek; pozdorja

boorga *met* burga

boort(z) → boart

boose *bány* ércbehintéses mellékkőzet; érces meddő

boost I. *v* fokoz; növel; *el* feszültséget emel; *gépk* elősűrít; tölt; **II.** *n* fokozás; erősítés; *el* feszültségfokozás; *gépk* túltöltés; *hidr* nyomásfokozás *(szivattyúban)*; *rak* gyorsítócső; *rep* gyorsító nyomásfokozás; szívótérnyomás; ~ **amplifier** *el* búsztererősítő; ~ **and buck connection** *el* ellen-hozzákapcsolás, hozzá-ellenkapcsolás; ~ **charge** *el* gyorstöltés *(akkumulátoré)*; ~ **cluster** *rep* gyorsítóegység; gyorsítósorozat, indítórakétaszakasz-sorozat; ~ **control** *gépk* feltöltésszabályozás; nyomásszabályozás, nyomásszabályozó *(szívótérnyomásé)*; túltöltésszabályozás; ~**-control unit** *gépk, rep* szívótérnyomás-szabályozó; ~**-glide re-entry vehicle (BGRV)** *rep* (légkörbe visszatérő) rakétahajtású siklógép; ~ **motor** *rep* rakétagyorsító; ~ **power plant** *rep* segédhajtómű; ~ **pressure** *gépk* feltöltőnyomás, szívótérnyomás; *rep* gyorsító nyomásfokozás; ~**-pressure controller** *gépk, rep* (fel)töltő-nyomásszabályozó, szívótér-nyomásszabályozó; ~**-pressure ga(u)ge** *gépk, rep* (fel)töltőnyomásmérő; szívótér-nyomásmérő; ~**-pressure indicator** → ~-pressure gauge

boosted *gépk* feltöltős; ~ **carburetter engine** feltöltős/sűrítős/kompresszoros porlasztós motor; ~ **circuit** *el* feltranszformált feszültségű áramkör; ~ **flight** *rep* működő gyorsítórakétával történő repülés; ~ **rocket** indító segédfokozatos rakéta; ~ **voltage** megnövelt feszültség

booster *at* neutronsokszorozó; *aut* nyomáserősítő, áramláserősítő *(pneumatikában)*; *bány* brizánsság-növelő adalék; indítótöltet; robbanóanyag; *el* feszültségemelő transzformátor; feszültségerősítő; pótgenerátor, búszter; *gép* segédindító; segédkompresszor, segédszerkezet; *gépk* búszter; töltő; *gumi* gyorsítószer; *kat* robbanó préstest; *önt* nyomásfokozó *(nyomásos öntéshez)*; *rak* rakéta első fokozata; segédhajtás; segédindító; segédrakéta; *szell* segédszívó; *szt* erősítő; *távk* kiemelőerősítő; *tv* videoerősítő; *vák* búszterszivattyú; ~ **adjuster** *gépk* túltöltés-szabályozó; ~ **alternator** *el* feszültségemelő generátor; ~ **amplifier** *távk* utóerősítő; ~ **battery** kisegítőtelep; ~ **brake** *gépk* rásegítőfék, szervofék; ~ **cable** *távk* kiegyenlítő/kiegészítő kábel; ~ **capacitor** *tv* búszterkondenzátor; ~ **cavity** *kat* robbanópréstest-hüvely; ~**-cavity thread** *kat* robbanópréstest-hüvely menete; ~ **charge** *bány* erősítő töltet; *koh* pótadag; *rak* indítótöltet; ~ **circuit** *el* segédáramkör; ~ **coil** *gépk* indítótekercs, búsztertekercs; ~ **control** szervovezérlés; ~ **diode** *távk* búszterdióda; *tv* csillapítódióda; ~ **duration** *rep* felgyorsuló berendezés működési időtartama; ~ **dynamo** → ~ generator; ~ **element** *at* xenonmérgezettség-kiegyenlítő üzemanyagelem; ~ **fan** *bány* segédventilátor, segédszellőztető; ~ **ga(u)ge** töltőnyomásmérő; ~ **generator** *el* pótgenerátor, búszter; segédgenerátor; ~**-lead** *kat* csappantyús gyutacs; ~ **light** *foto* segédfényforrás, kisegítő világítás; ~ **line** erősítővezeték; ~ **locomotive** *vasút* tolómozdony, segédmozdony; ~ **magneto** *gépk* indítómágnes; ~ **of a detergent** tisztítószer-erősítő *(adalék)*; ~ **oscillator** búsztergenerátor; ~ **plant** → ~ station; ~ **pump** *en* előtétszivattyú, előkapcsolt szivattyú; *hidr* előszivattyú; közvetítőszivattyú, közbenső szivattyú; *ol* átmenő/nyomásfokozó szivattyú; *rak* hajtóanyag-pótszivattyú; *rep* töltőszivattyú; *vák* búszterszivattyú; ~ **pumping plant/station** *hidr* nyomásfokozó szivattyútelep; ~ **pump station** szivattyúállomás; ~ **radiator** *hőt* pótfűtőtest; ~ **re-**

lay *aut* pneumatikus teljesítményerősítő *(helytelenül: gyorsszabályozó)*; *el* erősítőrelé; ~ **resistance/resistor** *el* pótellenállás, járulékos ellenállás; ~ **rocket** *rak* gyorsítórakéta; indító segédrakéta; indítórakéta egy lépcsője; ~ **rod** *at* reaktivitásszabályozó rúd; ~ **set** búszter, tartalékgépcsoport; ~ **stage** *rak* indítórakéta-lépcső; ~ **station** *hidr* nyomásnövelő szivattyúállomás; *ol* átmenő/nyomásfokozó/átemelő szivattyúállomás; *rád, távk* erősítőállomás; ~ **switch** *rád* kiegészítő kapcsoló; ~ **thrust** *rep* felgyorsuló berendezés tolóereje; ~ **transformer** póttranszformátor, feszültségnövelő transzformátor; ~ **transmitter** kisegítő adó; ~ **type diffusion pump** → ~ pump; ~ **vacuum pump** *vák* búszterszivattyú; ~ **voltage** *tv* búszterfeszültség

boosting I. *a* fokozó, erősítő; járulékos, kisegítő; **II.** *n* fokozás; erősítés; *en, el* teljesítményfokozás; *gépk* feltöltés; *rep* szívótérnyomás növelése; *távk* feszültség-visszatáplálás; ~ **battery** *el* póttelep, segédtelep; ~ **charge** → boost charge; ~ **coil** *el* búsztertekercs; ~ **voltage** *el* pótfeszültség

boot bakancs, csizma, magas szárú cipő; *em* alsó tárcsa *(elevátoré)*; *ép* karimás csőburkolat, védőkarmantyú; *gép* ütköző; *gépk* csomagtartó; szekrényrész; *gumi* karmantyú *(abroncsé)*; *kh* harisnyaszár; *szt* behúzás; *üveg* csizma; ~ **board** *pa* cipészlemez; ~ **box** *pa* cipődoboz; ~ **cardboard** cipészlemez; talpbéléslemez; ~ **fitting** cipőveret; ~**-last** → boot-tree; ~ **lid** csomagtartó fedele; ~**-lining** cipőbélésszövet; ~ **loading elevator** *em* centrifugális ürítésű elevátor; ~ **money** szennyezési pótlék; ~ **of a gasoline pump** *ol* töltőcsaptartó *(benzintöltő állomáson)*; ~**-polish** cipőkenőcs; ~ **powder** zsírkőpor; ~ **protector** *cipő* védővasalás; ~ **pulley** *élip* alsó felvonókorong; ~**s** *rep* jégtelenítő gumitömlők; ~ **tank** *üveg* fazékolvasztó kád; ~ **tree** csizmakaptafa; ~ **twine/yarn** cipészfonal

booth (fa)bódé; *el* fülke; házikó

booting *at* manipulátorkivezetés védőharangja

bootjack *bány* kasfogó, mentőharang

bootlace cipőzsinór, cipőfűző

bootleg csizmaszár; *bány* kifújt lövés; *koh* könyök *(nagyolvasztóban)*; *távb* kábelvégzáró

bootstrap I. *v szt* először betölt, előprogrammal betölt; **II.** *n szt* bootstrap, behúzóprogram, (program)behúzó, előprogram, „csizmahúzó"; *távk* utánhúzás, feszültség-utánhúzás; ~ **amplifier** *rád* feszültség-utánhúzó erősítő; ~ **circuit** feszültség-utánhúzó kapcsolás; ~ **driver** *távk* feszültség-utánhúzó kivezérlőfokozat; ~ **integrator** *rád* katódcsatolási integráló kapcsolás; ~ **program** *szt* elsődleges beviteli program, „behúzó" program; ~ **routine** *szt* bootstrap, behúzóprogram, előprogram, „csizmahúzó"; ~ **technique** *távk* bootstraptechnika, feszültség-utánhúzó technika; ~ **test** *ép* cölöpterhelési próba

booze → boose

BOP → blow-out preventer

bora *met* (karszt)bóra

boracic acid → boric acid

boracite *ásv* boracit

boral boral, bór-alumínium ötvözet; ~ **liner** *at* boráltok

BORAM → block-oriented RAM; → block-oriented random access memory

borane *vegy* bór-hidrogén, borán

borate *vegy* borát, bór(III)-oxid; ~ **slag** *koh* borátsalak; ~**-spar** *ásv* boracit

borated bór-, bórtartalmú, bórral bevont

boratofluoric acid *vegy* tetrafluoro-bórsav

borax *vegy* bórax, trikál, nátrium-tetraborát, nátrium-piroborát; ~ **bead** bóraxgyöngy; ~ **bead test** bóraxgyöngypróba; ~ **glass** bórüveg; ~ **lake** *geol* bóraxtó

bord → board

bordeaux bordóvörös; ~ **mixture** *mzg* bordói lé; ~ **turpentine** francia terpentin

border I. *v* beszeg(élyez); határol; szélez; ér valahová; közel esik vmhez; *mat* szegélyez; *szer* (be)peremez; behajlít; korcol; recéz; **II.** *n* szegély; szél; perem, ereszke; határ; *ép* padlóléc, szegélyléc; szegélykő; *hidr* terelőtöltés; *mat* perem *(halmazé)*; *nyom* keretdíszítés *(vonalas)*; ~ **check irrigation** *hidr* savós csörgedeztető öntözés; ~ **contrast** *tv* képszegélyélesség; ~ **disc/disk** *hidr* bakháttáska; *mzg* tölt(öget)őtárcsa *(kultivátoré)*; ~ **ditch irrigation** → ~ check irrigation; ~ **drag** *hidr* bakhátaló, bakhátkészítő; ~ **drawing** *nyom* keretrajz; ~ **edge** *heng* él; ~ **element** *mat* határpont; ~ **gate** *hidr* kieresztő tiltó; ~ **hem** *tex* szegélyvarrás, kivarrás; ~ **in** *v alak* behajlít; behajt; ~ **irrigation** → ~ check irrigation; ~ **lag** *tex* szegélymintakártya; ~ **lake** lagúna; tengerparti tó; ~ **levee** *mzg* bakhát; ~ **light** határfény; ~**-line** → borderline; ~ **method** → ~ check irrigation; ~ **moraine** oldalmoréna; ~ **of a domain** *fiz, mat* tartomány/domén határa; ~ **of cloud** *rep* felhőperem; ~ **of formation** *geol* képződményhatár; ~ **on brown** *v* barnába megy át; ~ **pattern** *tex* szegélyminta; ~ **pile** *ép* vezércölöp *(szádfalé)*; ~ **piling** *ép* szádfal, burkolófal; ~ **plane** *fa* élezőgyalu; ~ **punched card** *szt* peremlyukkártya, lyukszalagkártya; ~ **rim** *ép* szegélypárkány; ~ **spring** *hidr* törmelékkúpforrás; ~ **square** *szersz* ácsderékszög; ~ **steaning** kútkáva; ~ **stone** *ép* szegélykő; ~ **strip** *hidr* öntözősáv; terelőárok; ~ **thread** *tex* szélfonál; ~ **tie** *tex* szabályozó nyüstzsinórok; ~ **tile** *ép* szegélycserép, szegélyező/szélső cserép; ~ **up** *v alak* felperemez; szélet behajlít; ~ **zone** *rep* határzóna

bordered peremes, szegélyezett, szegett, határoló, (le)szélezett; ~ **element** *mat* (halmazhoz tartó) határpont; ~ **fabric** *tex* szegett darabáru; ~ **matrix** *mat* szegélyezett mátrix

borderer peremező

bordering I. *a* határos; szomszédos; **II.** *n* szélezés; szegélyezés; *alak* behajlítás; foglalat, keret; korcolás; peremezés; *heng* szélezés; *mat* határ, övezet, szegély, határolótartomány *(geometria)*; szegélyképzés *(mátrixé)*; *nyom* bekeretezés; *tex* paszomány; szegély(dísz), beszegés; ~ **anvil** peremezőüllő; ~ **machine** *alak* peremezőgép, korcológép; *heng* drótbújtató gép; ~ **press** *alak* kazánfenékprés; peremezősajtó, peremezőprés; ~ **tool** *alak* peremezőszerszám, peremhajlító gép; ~ **wall** *ép* határfal

borderline határvonal; szegélyvonal; keretvonal *(térképen)*; ~ **case** határeset, extrém eset; ~ **curve** határvonalgörbe; ~ **knock curve** *ol* kopogási határgörbe

bore I. *v* kifúr, felfúr; mélyít *(lyukat, kutat)*; áthatol; *forg* előfúrt lyukat fúr; furatot esztergál, felfúr *(esztergán)*; *ol* fúródik; lefúr, lemélyít *(fúrólyukat)*; **II.** *n* *bány* fúrás; fúrólyuk, robbantólyuk; fúrómester; *ép* alagútvágat-hajtás; *hajó* dagályhullám; *hidr* nyitási hullám; *kat* cső, kaliber; *mt* furat; furat falvastagsága; fúrólyukátmérő; kaliber; *ol* (mély)fúrólyuk, robbantólyuk; ~ **again** *v* utánfúr, felfúr, lyukat tágít; ~ **a well** *v ol* fúrólyukat lefúr/lemélyít; ~ **axis** *kat* csőtengely; ~**-bit** *mt* betétfúrókés; fúróél, fúróvéső; fúrólapka; ~ **by percussion** *v* ütve fúr; ~ **casing (tube)** *ép* (cölöp)fúrócső; ~ **chip(s)** fúróforgács, spén; ~ **comparator** *any* elektromos furatmérő; ~ **crown** *ol* magfúró, koronafúró, fúrókorona, magkorona; ~ **diameter** *mt* furatátmérő, belső átmérő; ~ **dust** *bány* kőpor *(furatból)*; *gép* fúrási por; ~ **frame** *gép* fúró(gép)állvány; ~ **ga(u)ge** *gép* lyukmérő idomszer; *kat* csőfurat-ellenőrző műszer; ~ **hammer** fúrókalapács; ~**-hole** *bány* (mély)fúrólyuk; robbantólyuk, robbantó fúrólyuk; *ép* talajba fúrt lyuk; *geof, ol* fúrólyuk; *gép* furat; *hidr* fúrt kút; vizsgálati fúrás, próbafúrás; *kat* űrméret, öb, kaliber; ~**-hole caliper measurement** *bány* lyukbőség-szelvényezés; ~**-hole casing** béléscső; ~**-hole compensated log** *ol* fúrólyukhatásra kompenzált szelvényezés; ~**-hole condition** *geof* fúrólyuk-karakterisztika; ~**-hole end** *bány* fúrtlyuk/furat talpa; ~**-hole fluid** *ol* fúróiszap; ~**-hole for cementing/grouting** *bány* cementezőlyuk; ~**-hole for throw-down shot** *bány* lecsapólyuk; ~**-hole for water** *bány* vízkutató fúrás; ~**-hole gravimeter** *geof* (fúró)-lyukgraviméter; ~**-hole inclination measurement** *bány* lyukferdeségmérés; ~**-hole investigation** *geof* fúrólyukvizsgálat; ~**-hole log** *bány* fúrási szelvény; *ép, ol* fúrólyukszelvény; ~**-hole logging** karottázs, fúrólyuk-szelvényezés; ~**-hole logging apparatus** *bány* kutatószonda; ~**-hole measuring according to gamma(-gamma) radiation method** *geof* (gamma-)-gammasugár-módszeres fúrólyukmérés; ~**-hole measuring according to neutron radiation method** *geof* fúrólyukmérés neutronsugaras módszerrel; ~**-hole mouth/opening** *ol* fúrtlyukfej; ~**-hole packer** *bány* fúrólyuktorlasz; ~**-hole producing by flow** szabadonszökő/felszálló forrás; ~**-hole profil** *bány* fúrási szelvény; ~**-hole pump** *bány* artézi szivattyú, öblítőszivattyú; mélykút(-turbina)szivattyú; ~**-hole radiolog** *at* mélységi radiometria; ~**-hole sample** *bány* fúrólyukminta; ~**-hole seal** *ép* fúrólyukelzáró; *ol* pakker, tömítő; ~**-hole sealing** *ol* fúrólyuklezárás; ~**-hole shaft-driven (centrifugal) pump** mélykútszivattyú, fúrólyukszivattyú; ~**-hole side tracking** *ol* fúrólyukferdítés; ~**-hole slant** *ol* fúrólyukferdeség, fúrólyukelhajlás; ~**-hole survey** *geof* fúrólyuk-szelvényezés; ~**-hole surveying** *geof* fúrólyukak térképezése; ~**-hole television** *ol* fúrólyuk-televízió; ~**-hole trace** *bány* lyuknyom; ~**-hole tubing** *ol* béléscsövezés; ~**-hole utilization** *bány* fajlagos fúrólyuk-felhasználás; ~ **internal ga(u)ge** *gép* lyukmérő idomszer; ~ **log** *geol, ol* fúrásszelvény; ~ **meal** *bány* fúrópor; ~ **mud** *ol* öblítőiszap; ~ **of a drawing pellet** *heng* húzóüveg; ~ **of boss** *gép, em* agyfurat; ~ **of the bearing** *gép* csapágyfurat; ~ **of the slow-speed nozzle** *gépk* üresjárati fúvóka; ~ **open** *v* felfúr; ~ **out** *v bány* fúrólyukat kifúr; *forg* kiesztergál; *gép* kifúr, fúrással eltávolít; ~**- pattern** *bány* fúrólyuk-telepítés; ~**-per-stroke ratio** *gép* furat-löket viszony; ~ **pile** *ép* fúrt cölöp; ~ **pit** *bány* fúróakna; ~ **plug** *bány, ol* fúrási kőzetminta; ~ **relief** *gép* kenőpárna; ~**-rod** *bány* fúrórúd, fúrószár; ~**-safe** *kat* csőrobbanásbiztos; ~**-safety mechanism** *kat* csőben történő robbanást meggátoló szerkezet, zárszerkezet; ~**-scope** fúrólyukvizsgáló; ~ **shell** *geol* fúrókagyló; ~ **sight** *kat* irányzóvonal, célvonal; ~ **sighting** *távk* antennairányítás, antennatájolás; ~ **sighting telescope** *kat* irányzótávcső; ~ **size** furatátmérő, furatlyukátmérő; ~**- spacing** *bány* fúrólyuktávolság; ~ **specimen** *ép* fúrási talajminta; *ol* fúróminta; ~ **spoon** *ép* fúrókanál; ~ **surface** furatfal, furatfelület; ~ **through** *v* átfúr, keresztülfúr; ~ **up** *v* → ~ again; ~ **well** artézi kút; száraz fúrású kút; ~ **with the jumper** *v* → ~ by percussion

boreal északi; *geol* boreális; *met* északi félgömbi

bored fúrt; ~ **casing tube** *ép* (cölöp)fúrócső; ~ **cast-in place/situ** *ép* fúrt cölöp; ~ **pile** *ép* fúrt cölöp; ~ **reinforced-concrete pile** *ép* vasbeton fúrt cölöp; ~ **roll** *gumi, műa* tengelyfuratos kalanderhenger; ~ **shaft** *bány* fúrt akna; *gép* üreges tengely; ~ **spindle** *gép* üreges orsó; ~ **well** *ol* ásott kút

Borel field of events *mat* Borel-féle eseményalgebra

borer fúró *(munkás, szerszám)*; *bány* fúrórúd, fúrószár; ~ **fork** *bány* fúróvilla; ~**'s mallet** *bány* kalapács kézifúráshoz

borian *ásv* bórtartalmú

boric bór-, bórtartalmú; ~ **acid** bórsav; ~ **acid ester** bórsavészter; ~ **anhydride/oxide** bór-trioxid, bór(III)-oxid, bórsavanhidrid; ~ **ointment** bórkenőcs; ~ **spar** *ásv* boracit, bórpát

boride *vegy* borid; ~ **cathode** *el* boridkatód

boriding boridálás

borine *vegy* borán, bór-hidrid, bór-hidrogén

boring I. *a* fúró, fúrási, furat-; **II.** *n* fúrás; *bány* fúrópadozat; *bány, ép* fúrópor; robbantó fúrólyuk; talajfúrás; *ép* verés, (le)hajtás *(pl. cölöpé)*; *forg* áthatolás; befúródás; esztergafúrás; felfúrás; fúróliszt; *ol* (mély)fúrás; ~**-and-milling machine** *forg* fúró-maró gép; ~**-and-mortising machine** *fa* hosszlyukfúró- és maró gép; ~**-and-turning lathe** *forg* furatesztergá; ~**-and-turning machine** *forg* fúró-maróмű; ~**-and-turning mill** *forg* karusszeleszterga; ~ **bar** *mt, bány* fúrórúd, fúrószár; ~ **bench** fúrógép; ~ **bit** *bány, ol* kanalas fúró; üreges fúró, csőfúró; véső *(ütőfúráshoz)*; ~ **blade** *forg* furatkés; ~ **block** → ~ frame; ~ **by diamond drill** *ol* gyémántfúrás; ~ **by means of a rod** *ép* rudazatfúrás; ~ **by means of a rope** *bány* kötélfúrás; ~ **casing** *ol* béléscső, béléscsövezés, béléscsövezet *(kitörésgátlóé v. fúrólyuké)*; ~ **chips** *bány* fúrópor; ~ **chisel** *szer* fúróvéső; ~ **clamshell** *ép* fúrómarkoló; ~ **crown** *ol* fúrókorona; magfúró, magkorona(fúró); ~ **cutter** *forg* furatkés; ~ **cutter block** *forg* fúrókésfej; ~ **depth** (fel)fúrási mélység; ~ **dust** *bány* fúróliszt, fúrópor; ~ **facing-and-milling machine** *forg* vízszintes fúró-maró mű; ~**-feed range** *forg* fúró-előtolatási tartomány; ~ **fixture (BOFX)** *forg* furatesztergáló készülék; ~ **frame** *bány* fúrókeret; *ép, ol* fúróállvány; *gép* fúró(gép)állvány; ~ **friction** *mech* perdülősúrlódás; ~ **grease** fúrózsír; ~ **hammer** *bány* fúrókalapács; ~ **head** *forg* fúrófej *(késes)*; *ol* forgatófej, fúrófej; ~**-head bridge** *forg* fúrófejasztal; ~ **instrument/implement** fúrókészülék, fúrófelszerelés; ~ **island** *ép* fúróállás; ~ **jig** *forg* fúrókészülék *(esztergára)*; ~ **journal** *ol* fúrónapló, fúrási napló; ~ **kernel** *bány, ol* fúrómag, magminta; ~ **lathe** *forg* vízszintes fúró-maró mű; ~ **log** *ép, ol* fúrási jegyzőkönyv, fúrási (napi) jelentés; ~ **machine** *fa* fafúrógép; *forg, ép* fúrógép; ~ **master** fúrómester; ~**-meal** *bány* fúrópor; ~ **mill** *forg* fúró-maró mű; függőleges eszterga; ~ **mud** *bány* fúrózagy; ~ **oil** *forg, ol* fúróolaj, vágóolaj, hűtő-kenő folyadék/emulzió; ~ **on the rake** *ép, ol* ferde fúrás; ~ **operation** fúrás(i munka); ~ **pipe-box** *ol* fúrócsőbéklyó, fúrócsőbilincs, fúrócsőfogó; ~ **plan** *geof* kúthálózat; ~ **platform** *ép, ol* fúróállvány, fúrótorony; ~ **record** → ~ log; ~ **rig** *ol* fúróárboc, fúrótorony; ~**-rod** *bány, ol* fúrócsőoszlop *(öblítéses fúrás esetén)*; fúrórúd, fúrórudazat; ~**s** fúrási forgács; ~ **sampling** *ép* mintavétel fúróval; ~ **silt** *ol* furadék, öblítőiszap, (fúró)iszap; ~ **slide** karusszeleszterga-szán; ~ **speed** *forg, gép* furatkésfordulatszám; ~**-speed range** fúrófordulatszám-tartomány; ~ **spindle** *forg* fúróorsó; ~ **system** *ol* fúrási eljárás/rendszer; ~ **templet** *bány* fúrósablon; ~ **tool** *ép* kőzetfúró szerszám; *forg* furatkés; ~ **tool proper and drill-rod** *ol* fúrószerszám; ~ **trestle** *ép, ol* (mozgó) fúróállvány, fúrókocsi; ~ **tripod** *ép* fúróállvány, háromláb; ~ **truck** *ol* fúrókocsi; ~ **unit** *szersz* fúrókészlet; ~ **wheel** *forg* fúró(orsó)fej; késfej *(gyalugépen)*; ~ **work** → ~ operation

borize bórsavval tartósít

Born | approximation *fiz* Born-közelítés; ~**-Haber cycle** *vegy* Born—Haber-körfolyamat, Born—Haber-ciklus

Borneo | camphor *vegy* borneol; ~ **crude (oil)** borneói nyersolaj

borneol *vegy* borneol, borneókámfor

bornite *ásv* bornit

bornological *mat* bornologikus *(topológia)*

bornology *mat* bornológia

bornyl acetate *vegy* bornil-acetát, borneol-acetát

borocalcite *ásv* borokalcit

boro-carbon resistance bór-karbon ellenállás

boroethane *vegy* bór-hidrid, bór-hidrogén, borán

borolon műkorund

boromagnesite *ásv* szájbélyit

boron (B) *vegy* bór; ~**-bearing alloy** bórtartalmú ötvözet; ~ **carbide** bór-karbid; ~ **chamber** *at* bórkamra; ~**-coated electrode** bórbevonatú elektród; ~ **control** *at* bóros szabályozás; ~ **counter tube** *at* bór-trifluoridos számláló(cső); bórbevonatos/bórtöltésű számlálócső; ~**-lined ionization chamber** *at* bórral bevont falú ionizációs kamra, bórkamra; ~ **poisoning** *at* bórmérgezettség; ~ **rod** *at* (elektronelnyelő) szabályozórúd; ~ **steel** bóracél

boronated *at* bórral bevont; bórtartalmú; ~ **concrete** *at* bórbeton

boronatrocalcit *ásv* ulexit, bróm-natrokalcit

boroscope *any* boroszkóp

borosilicate *vegy* boroszilikát; ~ **glass** boroszilikát üveg; ~ **glass mask** *félv* boroszilikátmaszk

borrow I. *v* kölcsönöz; kölcsön vesz; **II.** *n ép* (föld)kitermelés; *hidr* féregjárat; *szt* áthozat, átvitel *(kivonásnál)*; ~ **area** *ép* talajkivételi hely; ~ **digit** *szt* áthozat(jegy); ~ **material** *ép* kitermelt (töltés)anyag/föld; ~ **pit** *bány, ép* anyagárok, anyaggödör

borrowed kölcsön vett; ~ **light** *ép* belső ablak *(közfalon)*; *opt* közvetett/beszivárgó világítás; ~ **material** → borrow material

bort, bortz → boart

BOS → basic operating system

bosco *tex* alaktalan gubó, boszkó

Bose|-Chaudhuri code *távk* Bose—Chaudhuri kód; ~**-Einstein particle** bozon, Bose-részecske; ~**-Einstein statistics** Bose—Einstein-statisztika; ~ **gas,** ~**-Einstein (perfect) gas** Bose-gáz, bozongáz

bosh *gumi* kifőzőedény; *hők* hűtőtartály; hűtővályú, kád; *koh* nyugvó *(helytelenül: nyugasz)*; ~ **angle** *ép* tartószög, vállszög; *koh* nyugvóhajlásszög; ~ **band** *koh* nyugvógyűrű; ~ **brickwork** nyugvó téglafalazata; ~ **casing** nyugvópáncél; ~ **jacket** nyugvóköpeny; ~ **lining** nyugvóbélés; ~ **parallels** szénpoha; ~**-plate** → ~ jacket; ~ **wall** nyugvófal

boshing tisztítás; ~ **machine** *önt* tisztítógép

bosjemanite *ásv* bosjemanit

bosom *ruh* mellrész

boson *at* bozon, Bose-részecske; ~ **field** bozontér; ~ **spectrum** mezonspektrum, bozonspektrum

boss I. *v alak* domborít; zömít, fejel; **II.** *n* kiemelkedés, vastagítás, dudor; *alak* alakos üllő; sajtolóbélyeg; süllyeszték, odor; süllyesztékes kalapács; *bány* aknász; köpüfenék; lefejtett terület; zúzópapucs; *ép* dudor; habarcsláda; relief; *félv* csatlakozófelület; golyó; *geol* batolit, tömzs; *gép* munkaléc; nyúlvány, agy(rész); tengelyvastagítás; *hajó* hajócsavaragy; *hajó, rep* agyperem; *heg* hegesztőüllő; *önt* agy, szem; dudor *(öntvényhiba)*; tápfej, felöntés; ~ **bore** *ép* (alagút)fúrás; *gép* agyfurat; *ol* fúrás; kút; szonda, vízmélységmérő; *tex* szövéshiba; ~ **driver** *bány* szállítási felvigyázó; ~ **eddy** légcsavaragynál keletkező örvény; ~ **hammer** *ép* kőfaragó kalapács; *szersz* fejezőkalapács; nagykalapács; ~ **head** állványfej; ~ **process** folyamatos ezüstfoncsorozás; ~ **puzzle** *mat* 15-ös türelemjáték; ~ **rod** tengely *(emelőkaró)*; ~ **roller** *heng* hengermester; ~ **stone** *ép* oszlopfő, kapitél; ~ **welding** *heg* dudorhegesztés

bossage dudor, kidudorodás, kiszögellés; *ép* doroszolt/érdesített kő(falazat); rusztika

bossed dudoros, göcsörtös; görbült; púpos; ~ **bridge** *ép* púpos híd

bossing I. *a* mintázó, alakító; **II.** *n alak* domborítás; zömítés, fejelés; *bány* aláréselés; betörés *(fekübe)*; *ép* ólomidomítás *(szabálytalan felület fedéséhez)*; *gumi* felületi mintázat, dessin; ~ **mallet** ólomidomító (fa)-kalapács; ~ **stick** alakítófa *(ólom v. horganylemez munkához)*

bossy domború, dudoros; doroszolt; gerezdezett kővel díszített

Boston | caisson *ép* teleszkopikus cölöp; ~ **rod** *geod* egyszerű tárcsás léc

bosun *hajó* vitorlamester, fedélzetmester, vitorlás

bot → bott

BOT → begin of transmission; → beginning of tape

botany *tex* (extra)finom fésűsgyapjú(fonal); ~ **twill** finom sávoly; ~ **wool** finom minőségű gyapjú; merinógyapjú; ~ **worsted flannel** *tex* fésűs flanellszövet; ~ **worsted suitings** fésűsgyapjú ruhaszövet; ~ **yarn** merinó-fésűsgyapjú fonal

both mindkét, mindkettő; ~ **open and closed set** *mat* nyílt-zárt halmaz; ~ **right and left** *mat* kétoldali; ~ **sides (b.s.)** kétoldali; ~ **sides arranged conductor layers** *félv* kétoldali vezetőréteg; ~ **sides submerged-arc welding** *heg* kétoldali fedett ívű hegesztés; ~ **sides weld** kétoldali hegesztett varrat; ~**-way** kétirányú;

~-way circuit *távb* kétirányú áramkör; ~-way line *távb* kétirányú vonal; ~-way operation *távb* kétirányú üzem

botryogen *ásv* botriogén

botryoid(al) szőlő alakú, fürtszerű, fürtös; ~ **blende** eres szfalerit; ~ **iron-ore** kagylós vasérc; ~ **structure/texture** *geol* fürtös szerkezet

botryolite *ásv* botriolit

bott *koh* (csapolónyílás)dugó; (üst)dugó; *tex* csipkeverő vánkos

botter rod *koh* dugórúd

botting *koh* csapolónyílás elzárása/eltömése

bottle I. *v alak* alaksajtol; rászorít *(süllyesztéket)*; *élip* palackban/üvegben tart; palackoz, lefejt *(üvegbe)*; **II.** *n élip* palack, üveg; *heg* (gáz)palack; *koh* formaszekrény; *mzg* szénaköteg; ~ **battery** *el* folyadéktöltésű telep; ~**-blowing machine** *üveg* palackfúvó gép; ~ **bobbin** *tex* palackcséve; ~**-bright** *élip* palackérett; ~**-cap board** *pa* palackkupakkarton; palackzárókarton; ~ **capping machine** *élip* palackkupakoló gép; ~ **case** *élip* üvegrekesz; ~ **charger** *élip* palacktöltő gép; ~ **chock** *bány* (kötél)terelő korong; ~ **coal** gázszén, gázdús szén; vitrit; ~ **corking machine** palackdugózó gép; ~ **fermentation** *élip* palackerjesztés *(pezsgőé)*; ~ **filler** *élip* palackozógép; ~ **foil** *élip* palackkupak; ~**-green slag** zöld salak; ~ **house** *élip* palackozóüzem; ~ **jack** *gépk* (palack alakú) csavaros emelő; ~ **label** *élip* palackcímke; ~**-labelling paper** palackcímkepapír; ~**-neck** → bottleneck; ~ **opener** *élip* palacknyitó; ~**-packing board** *pa* palackcsomagoló karton; ~ **paper** *élip* palackjelző cédula; ~**-shaped bobbin** *tex* palackcséve; ~**-shaped package** *tex* palackcséve-kiszerelés; ~ **shutter** palackzár; ~ **soaker** *élip* palackáztató/palacknedvesítő gép; ~ **stone** *ásv* pszeudokrizolit; ~ **stopper** *élip* palackdugó; ~ **tannage** *bőr* zsákcserzés, bálacserzés, tobakos/tömlős cserzés; ~**-tissue paper** palackcsomagoló selyempapír; ~**-top mo(u)ld** *koh* palack nyakú kokilla; ~**-type waste/siphon trap** *ép* buraszifon; ~ **wrappers** palackcsomagoló papír

bottled palackozott; ~ **gas** palackozott gáz, palackgáz, sűrített gáz *(acélpalackokban)*

bottleneck torlódás; útszűkület; szűk keresztmetszet; *bány* szűk szelvény; *szt* szűk keresztmetszet; ~ **installed capacity** *en* rendelkezésre álló beépített teljesítőképesség; ~ **power** *en* szűk keresztmetszeti teljesítmény; ~ **principle** *vegy* legszűkebb keresztmetszet elve

bottlenose oil *vegy* spermacetolaj, delfinolaj

bottling palackozás; *mech* harántösszehúzódás; ~ **apparatus** *élip* lehúzógép, lefejtőgép; ~ **machine** *élip* palackozógép, palacktöltő gép

bottom I. *v bány* feküt elér; *el* leül *(feszültség)*; *ép* alapoz *(kaviccsal, kővel)*; talpasít; *félv* túlvezérel, túlterhel; *gép* fenékig/ütközésig benyom; teljesen összenyom *(rugót)*; *koh* feneket kirak/kitapaszt; *ol* fúrólyukat kiváj, kiképez; *tex* alapoz, előpácol; **II.** *a* alsó; legalsó; **III.** *n* alap(ozás), fenék, talp; alsó él/felület; legmélyebb pont; *bány* aknarakodó; legalsó (munka)szint; talp, szénteleppad *(feküben)*; *cipő* aljaanyag, alsórészanyag, cipőalsórész; *élip* (hordó)üledék *(söré)*; *ép* alapozás, alapmázolás; talp *(alagúté)*; *félv* tok feneke *v.* alsó része; *geol* üledék, fenékhordalék; *gép* fogláb, fogtő; *hajó* fenék; *hang* mély hang; *hidr* fenék *(vízfolyásé)*; *hőt* kazánfenék; *koh* (kemence)fenék, fenékkő; alsó tuskóvég; *ol* (kút)talp, fúrólyuktalp; *önt* fenék; *vasút* kavicságy, útalapzat; kocsifenékfa; *vegy* derítési maradék; fenéktermék, maradvány *(edényé, toronyé)*; ~ **a hole** *v* furatfeneket oldalaz; ~ **anchor** *ol* talprögzítő; ~ **anvil** alsó üllő, sabot *(gépkalapácsé)*; ~ **bank** *hidr* gázló; ~ **bar** *bány* alsó kar *(fejtőgépen)*; alsó vasalás; ~ **bed** *bány* külszíni művelőszint; ~ **belt conveyor/conveyer** *em* alsó ágon szállító szalag; ~ **bench (of the seam)** *bány* alsó pad; ~ **bend** *távk* anódkönyök; ~**-bend detection** *rád* anódkönyök-egyenirányítás; ~ **bevel brick** *bány* sarokkő; ~ **blade** *mt* alsó kés; ~ **blowing (process)** *koh* fenékfúvatásos eljárás; ~**-blown/blowing converter** fenékfúvatásos konverter; ~**-blown oxygen converter** fenékfúvatásos oxigénes konverter; ~ **board** *koh* fenéklemez; *önt* alaplap; *tex* platinadeszka; ~ **boarding** *hajó* fenékdeszkázat; ~ **board of cask** hordófenék; ~ **boom** *ép* alsó öv *(tartóé)*; ~**-boom member** alsó övrúd *(hídé)*; ~ **box** *ép* kotróveder; *gép* fenékszelence; *önt* alsó formázószekrény; ~ **box for cops** fonalláda *(csévélőgépen)*; ~ **brick** *koh* fenéktégla; ~**-buffing machine** *cipő* talpcsiszoló gép; ~ **bush** *gép* tömítőpersely; tömszelence; ~ **bushing** alsó csapágycsésze; ~ **cager** (fenék)deszkázó; *bány* aknacsatlós *(talpon)*; ~ **camber** *rep* íveltség szárnymetszet alsó részén; ~ **carriage** *forg* ágyszán, szupport; *kat* alsó lövegtalp; ~**-carriage axle** *kat* alsólövegtalp-tengely; ~**-carriage pintle** *kat* alsólövegtalp-sarokcsap; ~ **casting** *önt* dagadóöntés, alsó/emelkedő/felszálló öntés; ~ **ceiling** *hajó* padlóburkolat; ~ **cementing** *ol* talpcementezés; ~ **chamber** *gép* forgattyúház; ~ **channel** *hidr* zúgó, folyóka *(fenékboltozaton)*; ~ **charge** *bány* fenéktöltet; ~ **chisel** *alak* alsóvágó; kovácsvéső, fenékvágó/lapos véső; *ép* doroszoló; ~ **chord** *ép* alsó öv *(tartóé)*; ~ **circuit pattern** *félv* alsó vezetőmintázat *(nyomtatott áramkörön)*; ~ **clack** fenékszívószelep; ~ **clamp plate** *műa* hátsó szerszámfelfogó lap *(fröccsgépen)*; ~ **clearance** *gép* radiális fejhézag; ~**-closed shedding** *tex* alsó szádképzés; ~**-cloth weave** alsó szövet kötése; ~ **coal** *bány* rés alatti szén; ~ **component** *cipő* aljanyag; ~ **concrete** → ~ course concrete; ~ **contact** *félv* alsó tokkivezetés *(kontaktozáshoz)*; ~**-contact cap** *el* alsó érintkezős lámpafej; ~ **contour** *geof* fenékszintvonal, fenékszintgörbe; ~ **contraction** *koh* fenékürítés, fenékkontrakció; ~ **cooling** *koh* fenékhűtés; ~ **course** *ép* binder(réteg) *(feketeburkolaté)*; ~ **course concrete** *ép* aljzatbeton, magbeton; ~ **cover** *em* futóoldal, tárcsával érintkező oldal *(szállítószalag, szíjon)*; *ép* alsó fedés; *hidr* fenékburkolat; ~ **crop** *tex* pamut alsó magtokokból; ~ **cross-cut** *bány* szinti harántvágat; ~ **cup** *kat* csappantyús csavar; ~ **current** *fiz* földi/tellurikus áram; ~ **cut** *bány* alsó rés; talprés; ~ **dead centre/center (BC, BDC)** *fiz* alsó holtpont; ~ **delivery roller** *tex* alsó kiadóhenger/szállítóhenger; ~ **dewatering outlet** *hidr* fenékürítő zsilip; ~ **diameter** *gép* fenékátmérő; ~ **die** *alak* alsó/álló szerszámrész; *nyom* matrica; ~ **discharge** *ép, vasút* fenékürítés(ű), alsó ürítés(ű); ~ **discharge batch loader,** ~ **discharge hopper** *ép* fenékajtós-ürítésű felvonóputtony; ~ **discharge bit** *ol* kettős magcső; ~ **discharge car/truck** → ~ discharger; ~ **discharger** *bány* fenékürítésű kocsi/csille; ~ **discharge skip** *bány* fenékürítésű/fenékürítő szkip/szállítóedény; ~ **discharge tractor-trailer** *ép* fenékürítésű (földszállító) kocsi; ~ **discharge valve** *ép* fenékürítő csőzár; ~ **discharge wag(g)on** fenékürítős kocsi, önürítős vasúti kocsi; ~**-discharging car/truck** → ~ discharger; ~ **door** fenékajtó, padlóajtó; ~ **draw cut** *bány* talprés; ~ **drill collar** *ol* alsó súlyosbító (rúd); ~ **dump** *ép* fenékkiürítéses/fenék(ki)ürítésű puttony/serleg; ~**-dump bucket** *ép* fenékürítéses kanál/veder; szétnyitható rakodókanál; ~**-dumper** fenékürítésű (földszállító) kocsi; ~**-dumping** *ép* fenékürítés(ű), alsó ürítés(ű); ~**-dumping car** *ép* fenékürítésű/fenékürítős csille/kocsi; ~**-dump mixer skip** fenékajtós ürítésű felvonóputtony; ~**-dump skip** fenékürítéses szállítóedény; ~**-dump tractor-truck/tractor-tailer/wag(g)on** → ~-dumper; ~**-dump wag(g)on semi-trailer** nyerges földszállító kocsi; ~ **dyening** *tex* alapszínezés; ~ **echo** *ol* fenékvisszhang; ~ **edge** alsó szél/él; ~ **edge map** *geol, ol* talptérkép; ~ **ejection** *műa* alsó kidobás; ~ **ejector** *műa* kidobó *(sajtolószerszám alsó részében)*; ~ **ejector plate** *önt* kilökőfedőlap *(kokillából)*; ~ **electrode** *el* fenékelektród; *heg* alsó hegesztőelektród; ~**-electrode arc furnace** fenékelektródos ívkemence; ~**-end bearing** *gép* hajtórúd alsó csapágya; ~ **end of face** *bány* alsó fejtéshomlok; ~ **equipment** *ol* fúrószerszámok; ~ **eye** *bány* aknarakodóablak; ~ **fauna** *hidr* fenékfauna; ~ **feed** *gép* alsó adagoló/etető; ~ **felt** *pa* alsó nemez; ~ **fermentation** *élip* alsó erjedés/erjesztés; fenékerjedés, fenékerjesztés; ~ **fermentation beer** fenékerjesztésű sör; ~ **fermenting** *élip* alsó erjesztésű, fenékerjesztésű; ~ **filler** *cipő* lábizombetét-anyag, talpüveganyag, balnianyag; talpizomkitöltő gyurma; ~ **filling** *cipő* talpkeret-kitöltés; talpüreggyurma; ~ **finishing** *cipő* aljafényezés; ~**-fired furnace** alsó tüzelésű kemence; ~**-fired pan** alul fűtött üst; ~**-fired soaking pit** alsó tüzelésű mély kemence; ~ **flange** *ép* alsó öv(lemez) *(tartóé)*; *ol* fenékleeresztő; ~**-flange angle** *ép* (híd) alsó szögvas(a); ~ **flap** *em* billenőfenék, lehajtható fenék, csapófenékajtó; *mzg* fenékcsappantyú; ~ **flask** *önt* alsó formázószekrény; ~ **flat** *bány* aknarakodó; ~**(-)flue** *hőt* alsó huzatú *(tüzelés)*; *önt* fenékcsatorna; ~**-fluted detaching roller** *tex* alsó recézett elválasztóhenger; ~ **force** *műa* alsó bélyeg; *óra* alsó alakozó/verődúc; ~ **friction** *bány* fenéksúrlódás; ~ **fuller** aláverőcsákány; ~ **gate** *bány* alapfolyosó; *önt* alsó megvágás; ~ **gear** *gépk* első sebesség(fokozat); ~ **girder** *hajó* fenék-hosszmerevítő; ~ **growth** aljnövekedés; ~ **hair** *geod* alsó szál *(távmérőn)*; *tex* alsó szál; pehelyszőr *(gyapjúé)*; ~ **half mo(u)ld** *önt* alsórész, alsó formafél/formarész; ~ **heading** *bány* talpvágat; *ép* talptáró *(alagúté)*; ~ **heater** *műa* alsó fűtőlap *(sajtológépen)*; ~ **heating** *koh* alsó fenékmelegítés; medencemelegítés alulról; *mzg* üvegházi pótfűtés *(melegágyak alatt)*; ~**-heating furnace** fenékfűtésű kemence; ~**-heating plate** *műa* alsó fűtőlap *(sajtológépen)*; ~ **hold-down** → ~ anchor; ~ **hole** *bány* (légösszekötő) feltörés; talplyuk; *koh* fenékfúvóka, konverterfúvóka; *ol* fúrólyuktalp; kúttalp; ~**-hole choke** *ol* talpfúvóka; ~**-hole differential pressure** *ol* talpi depresszió; ~**-hole drive rotary** *ol* talpi hajtású rotarifúrás; ~**-hole flowing pressure** *ol* termelési/áramlási talpnyomás; ~**-hole heater** *ol* talpi olajmelegítő; ~**-hole orienting** *ol* talpi fúrásirányítás; ~**-hole packer** *bány* fúrólyuktömítés; *hajó* fenéknyílástömítő; *ol* pakker, packer; ~**-hole pressure** talpnyomás; ~**-hole pump** *ol* mélyszivattyú; ~**-hole sample** *ol* talpminta; ~**-hole sampler** *ol* mélységi mintavevő; ~**-hole screw pump** *ol* csavarszivattyús mélyszivattyú; ~**-hole temperature** *ol* (kút)talphőmérséklet; ~**-hung sash** *ép* bukóablak(szárny); ~ **ice** *hidr* fenékjég; ~ **improvement** *hidr* fenékbiztosítás; ~ **initiation** *bány* fordított indítás; ~ **jet** *hidr* felszín alatti sugár; ~ **joint** *geol* (majdnem) vízszintes rétegeződési sík; ~ **kerf** *bány* alsó rés, talprés; ~ **land** *gép* elemi fogárokszélesség; fenékszalag; *hidr* mélyföld; ~ **lattice** *tex* alsó léces etetőheveder; alsó léces szállítóasztal *(bontón)*; ~ **layer (BL)** *bány* alsó pad, feküoldal (meredek telepben), fekü; *félv* (leg)alsó réteg; *gumi* alákenés, alátétréteg; *talt* alsó réteg, fenékréteg; ~ **layout** *bány* alsó aknarakodó tér; ~ **lead** *koh* fenékólom; ~ **lease** *tex* alsó fonalkereszt *(felvetőkereten)*; ~ **leather** *cipő* aljbőr, (növényi cserzésű) talpbőr; keményáru; ~**-leather butt** *cipő* talpbőrkrupon; ~**-leather side** *cipő* lábas talp; ~ **level** *bány* főszint; talpszint; *koh* kemencefenék-réteg; ~ **lever** *kat* hátsó csukló; ~ **lift** *bány* legalsó szint; ~ **lifting** *bány* talpmegcsapolás; ~ **limit** alsó határ; ~ **line** *geol* fenékvonulat; *gép* fenékvonal; ~ **lining** *hidr* fenékburkolat; *koh* fenékkibélelés; ~**-loading conveyer** → ~ belt conveyor; ~ **log** *fa* tőrönk (első ágig), tuskós gömbfa; ~ **longitudinal** *hajó* fenékhosszborda; ~ **man** *bány* aknacsatlós, (fenék)deszkázó; ~ **margin** *nyom* alsó szél; ~**-mill separator** *koh* süveggerenda *(alsó)*; ~ **mo(u)lding box** alsó formaszekrény/formázószekrény; ~ **mounting plate** *műa* alsó szerszámfelfogó lap *(sajtológépen)*; *önt* alaplap; alsó döngölőlap; kokillaalátét; ~ **of a page** *nyom* lap alja; ~ **of a seam** *bány* telep alsó padja; ~ **of bed** *hidr* mederfenék; ~ **of bore-hole** *ol* fúrólyuktalp; ~ **of formation** *bány* formáció/telep feküje; ~ **of groove** *em* kötélhoronyalj; ~ **of ingot** *heng* alsó tuskóvég; ~ **of streambed** mederfenék; ~ **of the cut** *ép* munkagödör fenékszintje; ~ **of the hole** *ol* fúrólyuktalp; ~ **of the pool** *heg* hegfürdő alja; ~ **of the shaft** *bány* aknazsomp; ~ **of the weld** *heg* varratfém alapja, varratalap; ~ **opening (concreting) skip** *ép* fenékürítéses szállítóedény; ~ **opening-type bucket** *ép* szétnyitható rakodókanál; ~ **outlet slide valve** *hidr* fenékürítő tolózár; ~ **outlet works** *hidr* fenékürítő; ~ **padding roller** *tex* alsó fulárdhenger; ~ **painting** *cipő* aljafestés; ~ **part** *önt* alsó rész *(formáé, mintáé)*; ~ **pass** *heng* alsó üreg/kaliber; ~ **photomask** *félv* alsó (foto)maszk; ~ **pillar** *bány* akna védőpillére; alappillér; ~ **pitching** *ép* út kőalapja; ~ **planks** *hajó* (külső) fenékdeszkák; ~ **plate** *cipő* talplemez; *ép* alaplemez, fenéklemez, alátétlemez; *gép* alaplemez, fenéklap; *heng* alapgerenda, Erdmann-gerenda; *koh* alaplap, kokillaalátét; fenéklemez *(kemencéé, üsté)*; *mt* alsó présasztal; *műa* alaplap, alsó szerszámfelfogó lap *(sajtológépen)*; *önt* alátétlap *(formáé, magé)*; öntőlap *(alsóöntéshez)*; ~ **plating** *hajó* fenéklemezelés; ~ **plug** *hajó* fenékdugó; *koh* konverterfenék; *műa* csésze; *ol* elődugó, első dugó *(cementezéskor)*; ~**-poured ingot** alulról öntött tuskó; ~ **pouring** *önt* alsó öntés; ~**-pouring ladle** dugós üst; ~ **pouring plate** *önt* öntőlap; ~ **pressure** *bány, ép, ol* talpnyomás; *bány, hidr* fenéknyomás; ~ **price** (leg)utolsó ár; ~ **print(ing)** előnyomás, alapnyomás; alapozás *(színnyomásnál)*; ~ **prism** *bány* fenékprizma; *talt* földék; ~ **product** *ol* fenéktermék, maradvány; ~ **pump** *bány* zsompszivattyú; *hidr* fenékszivattyú; ~ **punch** *alak* matrica; *gyógyv* bélyegzőalj; ~ **rake** *forg* hátszög; ~ **ram** *műa* alsó bélyeg; ~ **ramming machine** *koh* fenékdöngölő gép; ~**-ram press** *műa* alsó nyomású prés; ~ **reflector** *at* alsó reflektor, fenékreflektor; ~ **reinforcement** *ép* alsó vasalás; ~ **resist layer** *félv* alsó (foto)rezisztréteg; ~ **revetment** *talt* fenékburkolat; ~ **ring** *bány* tübbingkoszorú; vágósaru; *gép* fenékgyűrű; *hidr* alapgyűrű; ~**-ring-bending machine** *gép* székülésgyűrű-hajlító gép; ~**-ripping shot** *bány* talputánvét-robbantás; ~ **roll** *heng, tex* alsó henger; ~ **roller** *hidr* fenékhenger; *tex* leválasztóhenger; ~ **roll pressure** *heng* alsó henger nyomása; alsó nyomás; ~**-run** *koh* alsó/felszálló öntésű; ~**-runner** alsó beöntésű rendszer; ~**s** *bány* aknarakodó; talp *(telepé)*; *bány, geol* üledék *(iszap)*; *élip* seprő, hordóalja; *vegy* desztillációs maradék; ~ **sampler** talajmintavevő; ~ **scouring** *cipő* aljacsiszolás; ~**-scouring machine** *cipő* bimzelőgép; talphorzsoló/aljahorzsoló gép; ~**-screen degritter** *hidr* fenékréses homokfogó; ~**s cut** *ol* fenéktermékfrakció; ~ **seal** küszöbtömítés, fenéktömítés; ~ **seam** fenékkorc; ~ **seaming machine** fenékkorcoló gép; ~ **seasoning** *bőr* első appretúra; ~ **section** *geol* talpszelvény; ~ **sediment (BS)** *bány, geol* fenéküledék; *ol* olajüledék; ~ **set bed** *hidr* fenéklerakódás *(tározóban)*; ~**s fraction** *ol* fenéktermék(frakció) *(a legnehezebb)*; ~ **shade** *tex* alapszín; ~ **sheathing** *hajó* fenéklemezelés; ~ **shed** *tex* alsó száď; ~ **shedding dobby** *tex* alsószádas nyüstösgép; ~ **shell** *gép* alsó csapágypersely; ~ **shot/short** *tex* alsó vetés; alsó vetülék (kettős szövetben); ~ **sill** *ép* talpgerenda *(alagúté)*; *hidr* küszöb; ~ **sleeper** *vasút* talpgerenda; ~ **slewing crane** *em* forgóoszlopos daru; ~ **slice** *bány* alsó szelet; ~ **slicing** *bány* omlasztásos szeletfejtés; ~ **slide** *bány* slide; *forg* alsó csúszószán; ~ **slide-drawing press** *alak* mozgóasztalos mélyhúzó sajtó; ~ **slide of the saddle** *forg* ágyszán; ~ **slitter/slitting** *pa* alsó körkés; ~ **slitting-shaft** *pa* alsó körkéshenger; ~ **slope** *hidr* fenékesés; ~**-slot layer** *el* tekercselés alsó/belső rétege; ~ **sludge** *hidr* fenékiszap; ~ **socket** fenéküllő; ~ **splash** *heng* ránc, redő; ~ **sprag** *bány* papucs, talpfeszke; támalátét; támbocskor; ~ **sprocket (wheel)** *film* felcsévélés előtti adagológörgő; ~**s product** *ol* fenéktermék, maradvány *(edényé, tornyé)*; ~**-squeeze mo(u)lding machine** alsó sajtolóformázó gép; ~ **stage** alsó/első fokozat; ~**-staining and polishing machine** *cipő* talpszínező és -fényező *v.* talpfestő és -kefélő gép; ~ **stamp** alsó nyomófej; ~ **standing wave** *fiz* fenékhenger, vízfenéken levő örvénylő mozgás; ~ **stay** talpgerenda; ~ **step** *ép* indulófok, legalsó lépcsőfok; ~ **stock** alsóanyagkészlet; ~ **stock department** *cipő* csákozóműhely; ~ **stoping** *bány* talp(pászta)fejtés; ~ **strake** *hajó* fenéksor *(lemezsor)*; ~ **stuff** cipőalsórész; *koh* fenékmassza; ~ **surface** *bány, geol* fekü; ~ **surge** *bány* talpduzzadás; ~ **swage** *alak* üllőbetét; ~ **swage for iron rod** *alak* kerekidomverő üllőbetét; ~ **swage for square iron** *alak* négyszögidomverő üllőbetét; ~ **taking** *bány* talputánszedés; talputánvét; ~ **tank** *hajó* fenéktartály; ~**-tap ladle** *koh* dugós üst; ~ **tappet** *gép* gömbölyű talpú szelepemelő; ~ **tapping** *koh* fenékcsapolás; ~ **teeming** → ~ casting; ~ **tool** *szersz* alátartó szerszám, üllőbetét; ~ **trough** → ~ box; ~ **tumbler** *ép* alsó motolla *(keresztkotrású vedersoros kotróé)*; ~**-up design** *szt* lentről felfelé irányuló tervezés; ~**-up strategy** *szt* alulról felfelé stratégia; ~ **valve** *hajó* fenékszelep; ~ **velocity** *hidr* fenéksebesség; ~ **view** *mat* alsó nézet(rajz), alulnézet; békaperspektíva; ~ **wall** *bány* fekü(oldal); talp(oldal)vető levetett szárnya; ~ **water** *fiz* mélyvíz; *ol* talpi víz, feküvíz; ~ **width** *hidr* fenékszélesség; ~ **wing** *rep* alsó szárny *(kétszárnyú gépen)*; ~ **yeast** *élip* fenékerjesztésű élesztő; ~ **yield** *bány* talpduzzadás

bottomer *bány* aknacsatlós

bottoming *el* leülés *(feszültségé)*; *ép* alapozás, alapmázolás; rakott (terméskő)alap; *út* kőlapja, útlap, kavicságy, kavicsbeágyazás; *forg* fenékoldalazás; *gép* fogtőkapcsolódás *(hajtófogaskeréké)*; rugóbehajtás *(illeszkedésig)*; *koh* fenék újrakészelés; fenékkitapasztás; *rád* lezárás körüli üzem; *szersz* talpasítás; *tex* alapos mosás; alapozás, pácolás *(festés előtt)*; *vasút* kavicságy, útalapzat; ~ **cap** fenékdugó, fenéksapka *(szivattyún)*; ~ **die** *alak* alsó süllyeszték/odor; idomverő üllőbetét; ~ **machine** *pa* fenékhajtogató gép; ~ **material** kemencefenék-anyag; fenéksor; ~ **operation** *távk* leültetett üzemmód; ~ **reamer** *forg* simító dörzsár; ~ **tap** *cipő* talpfolt; *forg* készrevágó menetfúró, menetcsiszoló tüske; ~ **top** *cipő* cipősarokfolt; ~ **voltage** *távk* leültetési feszültség

bottomland *hidr* hullámtér; ~ **forest** *hidr* ligeterdő

boucherize rézgáliccal telít; *fa* nedvkiszorítással tartósít

bouclé *tex* buklé *(szövet)*; ~ **yarn** buklėfonal, gömbfonal

boudoir papíralak *(5,5"x4")*

Boudouard reaction *koh* Boudouard-reakció

bought scrap *koh* vásárolt hulladék

bougie viaszgyertya; *ép* háttérinjektáló tartály; *orv* szonda, katéter

Bouguer | **anomaly** *geof* Bouguer-féle rendellenesség/anomália; ~ **correction** *geof* Bouguer-féle javítás/korrekció; ~ **effect** *geof* Bouguer-féle hatás; ~ **gravity** *geof* Bouguer-féle nehézségi erő, Bouguer-gravitáció; ~ **map** *bány* Bouguer-térkép; ~ **reduction** *geof* Bouguer-féle redukció

boulangerite *ásv* boulangerit

boulder *bány* érctömzs; muglya; *geol* leomlott szikla; simára kopott szikla; vándorkő; ~ **base** *ép* terméskőágyazat; ~ **chert/flint** flintkő, őrlőkő; ~ **clay** *bány* görgeteges agyag; *geol* morénaagyag, glaciális agyag; ~ **drift** erratikus hordalék; ~**s** *geol* hordalékkő; kőgörgeteg, hordalék; nagyszemű kavics; ~**s bed load** *hidr* fenékhordalék, görgetett hordalék; ~**s movement transport** *geol* hordalékmozgás; ~ **stone** *geol* görgeteg; ~ **till** → ~ clay; ~ **well** *hidr* görgeteget megcsapozó kút

boule *fa* boule, rönkfa; *vegy* mesterséges drágakő

Boule dam *hidr* Boule táblás gát

boullework Boulle-berakás *(bútoron)*

boullion tuskó *(nemesfémé)*

bounce I. *v* (vissza)pattan, visszaugrik; *ép* visszapattan *(cölöpverés)*; *gépk, mzg* (fel)ágaskodik; *távk, el* pereg, vibrál, pattog *(érintkező)*; **II.** *n bány, geol* hegyrengés; szénkiomlás, szénkihullás; *el* feszültségugrás; *fiz* (rugalmas) (neki)ütődés, (neki)ütközés; visz-

szaverődés; *rep* ugrálás *(leszálláskor)*; *távk* pergés, vibrálás *(érintkezésé)*; verődés *(jelfogóé)*; ~ **of the armature** *távb* delejzár pergése
bounced landing *rep* pattogós leszállás, leszállás többszöri földet éréssel
bouncing felpattanás, visszapattanás, visszaugrás; *gépk, mzg* ágaskodás; *rep* ugrálás; *távk, el* pergés, pattogás, prell *(érintkezőé, kapcsolóelemeké)*; *tv* táncolás, függőleges bizonytalanság; ~ **mine** *kat* ugróakna; ~**-pin** *gépk* kopogásmérő/robbanásfokmérő tű; *gépk, tex, vegy* rezgőtű
bound[1] **I.** *v* határol, korlátoz; **II.** *a* bekötött, megkötött, összekötött, kötött; *mat* (előjel)korlátozott; **III.** *n* sorompó; határ; korlát; *el* polarizációs/kötött töltés; *mat* korlát *(halmazé, szorzaté, mátrixé)*; ~ **atom** *at* kötött atom; ~**-bound transition** *at* energianívók közötti átmenet; ~ **crops-section** *at* kötött atomon való szórás/szóródás hatáskeresztmetszete; ~ **decision variable** *mat* korlátozott/előjel-korlátozott (döntési) változó; ~ **differentiability** *mat* kötött differenciálhatóság; ~ **electron** *at* kötött elektron; ~ **energy** *fiz* kötött energia; ~ **for error-detecting code** *szt* hibafelderítőkód-határ; ~**-free transition** *at* ionizáció; ~ **level** *at* kötött állapotú részecske (energia)szintje; ~ **magnetism** kötött mágnesség; ~ **masonry** *ép* kötésben rakott falazás; ~ **of a set/sequence/matrix** *mat* korlát *(halmazé, sorozaté, mátrixé)*; ~ **osculating space** *mat* kapcsolt simulótér; ~ **pair** *mat* perempár, korlátpár; ~ **pair list** *mat* korlátpárlista *(index)*; ~ **particle** *at* kötött részecske, potenciáldobozban levő részecske; ~ **pile** (karimás) vasbeton cölöp; ~ **rubber** *gumi* (koromhoz) kötött kaucsuk; ~ **settler** *geod* geodéta, földmérő; ~ **sulphur/sulfur** kötött kén; ~ **variable** → ~ decision variable; ~ **vector** *mat* (egy ponthoz) kötött vektor; ~ **vortex** *rep* kötött örvény; ~ **vorticity** *rep* kötött örvényes állapot; ~ **water** kötött víz, kristályvíz
bound[2] **I.** *v* ugrik; **II.** *n* ugrás; ~ **against** *v* vmnek nekiütődik/nekiütközik/nekicsapódik; felcsapódik
bound[3] ~ **for** vmilyen rendeltetésű; vhová tartó; útban vmi felé
boundary *at* határfelület, határvonal; *bány* (bányakoncesszió) határ(a); fejtési határ; körülhatárolás; *fa* határfa; *geof* határfelület, határvonal; *kat* sávhatár; *mat* határ *(felületé, halmazé, tartományé)*; határ(felületek) *(csillagtesté)*; kerület, körvonal; perem *(pszeudosokaságé)*; perem, határ *(láncé, peremérték-feladaté)*; *mzg* mezsgye; *rep* forgalmi épület; kivezetés-csatlakoztatás; leszállás helye; végpont; *vegy* határfelület, határréteg; ~ **address block** *szt* szélső címblokk; ~ **alignment** *szt* behatároló rendezés; ~ **beacon** *rep* szegélyfényjeladó; ~ **box** → ~ address block; ~ **cell** *mat* határcella; ~ **condition** *mat* peremfeltétel; *mat, at* határfeltétel; *mat, mech* kerületi feltétel; ~ **cone** *rep* szegélyjelző; ~ **contrast** küszöbkontraszt; ~ **curve** *mat* határgörbe, határoló görbe, határvonal; ~ **density** *el* határfelületi sűrűség; ~ **diffusion** *any* szemcsehatár-diffúzió; ~ **displacement** *ásv* határeltolódás, faleltolódás; *fiz* doménhatár-eltolódás; ~ **element method (BEM)** *szt* határelemes módszer, BEM; ~ **equation** *mat* peremérték-feladat; ~ **fault** *geol* elsődleges vető; fővető(dés); ~ **fence** (körül)kerítés; ~ **film** *any* határréteg, szemcsehatáron levő vékony réteg; *hidr* lamináris hártya; *talt* (talajszemcsékre rakodó) vízhártya; ~ **film lubrication** → ~ lubrication; ~ **frequency** határfrekvencia; ~ **friction** *mech* határsúrlódás; ~ **interval** *mat* határszakasz; ~ **layer** *at, fiz* határréteg, szemcsehatáron levő vékony réteg; *félv* határfelület, határvonal; határfelületi réteg; *hajó, rep* határréteg; ~**-layer accumulation** *rep* határréteg megnövekedése; ~**-layer air** *rep* határrétegben lévő levegő; ~**-layer bleed-off,** ~**-layer blowing** *rep* határréteg-lefúvás; ~**-layer build-up** *rep* határréteg kialakulása; ~**-layer control (BLC)** *rep* határréteg-szabályozás; ~**-layer diffusion** határréteg-diffúzió; ~**-layer displacement** határréteg-eltolódás; ~**-layer drag** *rep* határréteggel kapcsolatos ellenállás; ~**-layer effect** *rep* határréteghatás; ~**-layer fences** *rep* határrétegstabilizátor-lemez; ~ **layer flow** határréteg-áramlás; ~**-layer flow with suction** *rep* elszívatáskor fellépő határréteg; ~**-layer profile** *rep* sebességi profil a határrétegben; ~**-layer removal** *rep* határréteg-elszívás; ~**-layer separation** határréteg-leválás; ~**-layer skin friction** *rep* felületi súrlódás a határrétegben; ~**-layer suction** *rep* határréteg-elszívás; ~**-layer theory** határréteg-elmélet; ~**-layer transition** határréteg-örvényrétegátmenet; ~ **light** *rep* repülőtér-szegélyfény; ~ **line** *bány* (bányamérő) határvonal, határszél; *mat* határvonal, határoló vonal, kerület *(síkbeli alakzaté)*, határegyenes, határoló egyenes; ~ **line of the mine claim** *bány* bányahatár; ~ **lubrication** határkenés; ~ **mark** *geod* határjel; *rep* belső jelkapu; ~ **marker (BM)** *rep* belső jelkapu; kirakó szegélyjel; ~**-marker beacon** *hajó* határjelző világítótorony; *rep* iránysávadó; ~ **maximum/minimum** *mat* maximum/minimum a tartomány/intervallum határán; ~ **member** *mech* peremelem; ~ **movement** *fiz* Bloch-falelmozdulás; ~ **obstruction light** *rep* akadályszegélyfény; ~ **of a face** *mat* határ *(gráfelmélet)*; ~ **of a star body** *mat* határ(felület) *(csillagtesté)*; ~ **of public administration** *ép* közigazgatási határ; ~ **opening** *bány* határvágat; ~ **operator** *mat* határoperátor *(algebrai topológia)*; peremoperátor *(differenciálegyenlet)*; ~ **parameter value** paraméter kerületi értéke *(peremértéke)*; ~ **patch** *mat* határdarab *(nyílt felületé)*; ~ **phase** *koh* peremfázis; ~ **pillar** *bány* biztonsági határpillér; ~ **plane** *bány* határfelület, határvonal; ~ **point** *mat* határpont *(konvex testé)*; ~ **potential** záróréteg-potenciál, határréteg/tértöltési tartomány potenciálja; ~ **problem** *mat* peremérték-feladat; ~ **radius** határsugár; ~ **range light** *rep* a leszállópálya szegélyét és végét kijelölő fényrendszer; ~ **river** *hidr* határfolyó; ~ **road** *hidr* ellenőrzőút, párhuzamos út; ~ **shear** *hidr* hordalékmozgató erő, elragadóerő; ~ **shrinkage stoping** *bány* szakaszos/tömbös magazinfejtés; ~ **spring** *hidr* törmelékkúpforrás; ~ **state** határállapot; kritikus állapot; ~ **stone (Bs)** határkő; ~ **surface** *ásv* (elválasztó) felület; *ásv, fiz* határfelület, határvonal; ~ **trench** *hidr* határárok; ~ **utility theory** határhaszon-elmélet; ~ **value** határérték; peremérték; kerületi érték; ~ **value problem** peremértékfeladat; peremérték-probléma; ~ **water** *hidr* határvíz; ~ **wave-length** *at* minimumhullámhossz, kvantumlimit; ~ **zone** *bány* külső réteg/övezet
bounded korlátozott, korlátos; ~ **above** *mat* felülről korlátos; ~ **above ordered set** felülről korlátos rendezett halmaz; ~ **above sequence** felülről korlátos soro-

zat; ~ **accuracy** korlátozott pontosság; ~ **below sequence** alulról korlátos sorozat; ~ **closed set** korlátos zárt halmaz; ~ **demain** korlátos tartomány; ~ **from below set** alulról korlátos halmaz; ~ **from below subset** alulról korlátos részhalmaz; ~ **function** korlátos függvény; ~ **input** *szt* korlátozott bemenet/bemenőjel; ~ **left Engel element** *mat* korlátos függvény; ~ **on the left set** alulról korlátos halmaz; ~ **output** *szt* korlátozott kimenet/kimenőjel; ~ **sequence** *mat* korlátos sorozat; ~ **set** korlátos halmaz; ~ **variable** korlátozott változó

boundedness *mat* korlátosság; ~ **from one side** *mat* féligkorlátosság

bounding *mat* határ, övezet, szegély, határoló tartomány; *tv* táncolás, függőleges bizonytalanság; ~ **manifold** *mat* határoló sokaság; ~ **surface** határfelület, határoló felület *(topológiában)*

bourd palack, üveg

Bourdon | **ga(u)ge manometer** Bourdon-csöves nyomásmérő; ~ **spring pressure ga(u)ge** Bourdon-csöves csőrugós nyomásmérő

bourette burett *(selyem, szövet)*, hulladékselyem, kócselyem; ~ **silk** *tex* burettselyem; ~**-spinning factory** *tex* burettfonoda

bourne *hidr* vadpatak

bournonite *ásv* fakóérc, bournonit

bourre *tex* állati szőr; cérnázási hulladék; straza; ~ **cloth** vászon kötésű pamutszövet

bourrelet *kat* központozó perem

bouse csigával felhúz/kiemel

bouser *rep* (repülőtéri) üzemanyag-szállító/tartálygépkocsi

bout *tex* szalag *(szakaszos felvetéshez)*

bow I. *v* ível, hajlít, görbít; *el* enged, behajlik; megereszkedik; *távk* elhajlik *(horganylemez)*; **II.** *n* ív(elés); kengyel, bilincs; karika, hurok; abroncs; görbe vonalzó; *cipő* csokordísz; *el* áthidalás; *ép* foglalógyűrű; *fa* fűrészkeret; *finm* szemüvegkeretszár; *gépk* ponyvatartó ív; *hajó, rep* orr, előrész; *hang* hegedűvonó; *mat* hajlás, inflexió; *óra* zsebóratokfül; *tex* íveltség, mintaferdülés; *vasút* áramszedő csúszókengyel; ~ **area** *geol* gyűrt terület; ~ **bay** *rep* orr-rekesz; ~ **beam** *ép* terpesztett gerenda; ~ **cable** *hajó* főhorgonykötél, főhorgonylánc; ~ **cap** *hajó, rep* orrsapka; ~ **chaser** *hajó* orrágyú; ~**-closing plier** (záró) óratokfül; ~ **collector** *vasút* íves/lírás áramszedő; ~ **compasses** *mat* betétes körző, mérőkörző; ~ **contact** *vasút* íves érintkező *(áramszedőhöz)*; ~**-ditch curve** *fiz* Lissajous-görbe; ~ **divider compass** osztókörző, szúrókörző; ~ **dividers** *mat* nullkörző; ~ **expander roller** *tex* ívelt szövetszélesítő henger; ~ **frame** *ép* íves tok/keret; *hajó* elülső bókony, hajó előrésze; orrtéri borda; *rep* elülső borda; orrkeret; *szer* ívkeret *(furdancson)*; ~**-frame saw** lombfűrész; ~ **girder** *ép* íves tartó; ívtartó; ~ **grace** hajóorrvédő *(úszó jég ellen)*; ~ **gun** fargéppuska *(harckocsin)*; ~ **heaviness** *rep* orr-rész túlterheltség; orrnehézség; ~**-heavy** *hajó* orrterhelt; *rep* orrnehéz, fejnehéz; ~ **jet rudder/thruster** *hajó* orrsugárkormány; ~**-leader** *geol* ív alakú vezetőér; ~ **line** → bowline; ~**-loader** *rep* orr-rakodós szállító repülőgép; ~ **member** *ép* ívborda; ~ **net antenna** *távk* varsaantenna; ~ **nut** kalapos anya, vakanya, zárt anya; ~ **pantograph** áramszedő líra, íves áramszedő; ~ **pen** nullakörző; ~ **piece** *alak* hajlítósablon; *gép* ívcső; *hajó* orrfegyverzet; ~ **piece pontoon** *ép* ívelemekből álló ponthíd; ~ **propeller** orrlégcsavar; ~ **radiator** *rep* orrhűtő; ~ **rib** *hajó* elülső bókony; ~ **ring** *rep* elülső borda, orrmerevítő gyűrű; ~ **rudder** *hajó* orrkormány; ~**-saw** kanyarítófűrész, rókafarkfűrész, lombfűrész; ~**'s bushing** *óra* tokfülbélés; ~ **screen** *ép* ívrosta; ~ **shaped** kengyel alakú; ~ **shock (wave)** *rep* fejhullám, homloklökéshullám; ~ **shuttle** *tex* íves vetélő; ~ **sieve** *ép* ívszita; ~ **spacer** tapintókörző, marokkörző, mérőkörző; ~ **spring** *gép* ívben hajlított, lemezes rugónyaláb; *tex* ívelt rugó *(vetélőben)*; ~ **stiffener** homlokmerevítő *(léghajóé)*; ~ **suspension** ostorozórugózás *(áramszedőn)*; ~ **trolley** *vasút* íves áramszedő; ~ **truss** *ép* vonóvasas rácsos tartó *(hídon)*; ~**-wave** *hajó* orrhullám; *kat* fejhullám, ballisztikai hullám; ~**-wave effect** *ép* orrhullám-jelenség; ~ **window** *ép* íves zárt erkély; ~**-wing skid** *rep* szárnyvégcsúszó

Bowden | **cable** Bowden(-huzal); ~**-cable nipple** Bowden-kábelszemölcs; ~ **ga(u)ge** *aut* pneumatikus nyomástávadó *(egyik fajtája)*; ~ **wire** → ~ cable

bowed domború, íves

bowel I. *v* kibelez; **II.** *n* bél; föld belseje

bowenite *ásv* bowenit

bower lugas; *hajó* főhorgony; ~ **anchor** *hajó* főhorgony

bowing ívelés, hajlítás, görbítés; *ép* ívgörbület; *távk* elhajlás *(horganylemezé)*

bowk szánka, bödön; faláda; *bány* aknamélyítő bödön/szkíp; ércemelő vastartály/fatartály; ropogás *(főtében)*; *ép* felvonóveder *(aknában)*

bowking *tex* fehérítés *(mésztejjel)*

bowknot *hajó* harmadoló csat, fogáscsat

bowl I. *v* gördít, gurít; gördül, gurul; **II.** *n* csésze, edény; bura, gömb, kupola; kád, tál; *bány* ércfelrakó teknő; vezetőharang; *ép* gyalupajzs *(talajgyalun)*; kagyló, csésze; nyesőláda *(földnyesőé)*; *gép* (tányér)görgő; kupak, süveg, köpeny; rugóbilincs; zárt dob *(centrifugán)*; *gépk* úszókamra; *gumi* (kalander)henger; *metr* mérlegserpenyő; *pa* papírhenger; *pa, tex* (kalander)henger; *tex* centrifugakosár; ~**-cake sediment** *élip* dobiszap; ~ **capital** *ép* serleg/csésze alakú oszlopfő; ~ **centrifuge** *gép* zárt dobú centrifuga; ~ **classifier** *bány, koh* tányéros/csészés osztályozó *(Dorr-féle)*; ~ **glazing** *pa* kalanderezés, simítás; ~ **grinding machine** *tex* hengercsiszoló gép; ~ **mangle** mángorló hengerszék; ~ **mill** őrlőgörgős malom; rugós gyűrűsmalom; ~ **mill crusher** *hőt* hengeres tálcásmalom; ~ **of a net** *élip* nagyháló úszója; ~ **of the Pelton wheel** *hidr* Pelton-kerék lapátja; ~ **of the scraper** *ép* szkréperláda, (föld)nyesőláda; ~ **paper** kalanderhenger-papír *(simítás előtt)*; hevertetett/simítatlan papír; ~**-shell wall** *tex* centrifugakosár fala; ~ **unloading with ejector** tolóajtós ürítés

bowline *hajó* tengerészcsomó; *mat* ívvonal; ~ **hitch** csathurok

bowling ring Fairbairn-gyűrű

bowser *rep* tartálygépkocsi, (repülőtéri) üzemanyag-ellátó

bowstring *ép, el* feszítőhuzal, feszítődrót, feszítősodrony; *mat* ívhúr; ~ **arch(ed) girder** *ép* vonóvasas ív(tartó); ~ **beam** *ép* ívmerevítő gerenda; ~**-bridge** *ép* vonóvasas híd; ~ **girder** *ép* vonóvasas tartó, terpesztett gerenda; ~**-suspension** *vasút* ívoszlopos felfüggesztés; ~ **truss** *ép* fa ív(tartó)

box I. *v bány* kiácsol; *csom* dobozol, dobozba rak/kiszerel; *ép* körülkerít, határol; *gép* perselyez; *hajó* vitorlát átfordít; *vasút* betöm, aláver/aláterít *(ágyazatot)*; **II.** *n* doboz, láda, szekrény; *bány* facsille; iszapárok, ülepítőszekrény; kézirakodású saraboló; szekrényes ácsolat; *csom* doboz, láda, szekrény; raktári láda/szekrény; tartály *(üzemen belüli szállításhoz)*; *el* kábelkarmantyú; tokos összekötő; *em* (felvonó)kas; *ép* bak; ház(ikó), bódé; páholy, box; rekesz, fülke, kamra; saroglya; *film* doboz, láda, szekrény; *forg* hengeres szerszámtartó/késtartó; *gép* (csap)ágy, persely, tok; menetes hüvely; *gépk* kocsiszekrény; *koh* berakóteknő; *mat* cella, mező *(Turing-gép)*; rovat, fej(léc); *nyom* rekesz *(betűszekrényben)*; *ol* karmantyú; *önt* formaszekrény; *távk* fülke, kabin; *tex* kód; **~-and-barrel layer** *pa* dobozrekesz-karton; **~-and-pin joint** *ol* karmantyús csőkötés; **~ annealing** *hők* lágyítás ládában; üstlágyítás; **~ annealing furnace** ládás izzítókemence; kamrás lágyítókemence; **~ argument** *mat* skatulyaelv; **~ baffle** *rád* hangterelő doboz; **~ bale** *tex* nagyméretű gyapotbála; **~ bar** *önt* borda *(formaszekrényben)*; **~ barrier** *bány* kőporgát; **~ barrow** csukott hordszék; **~ beam** *bány* máglyafa; *ép* szekrénygerenda; szekrénytartó; **~ bed** *gép* szekrényállvány; *hőt* salakágy, salaktér, salakgyűjtő; **~ bell** *ol* menetvágó harang; **~ blade** *tex* revolverfej nyelve; **~-board** *fa* ládadeszka; *pa* dobozkarton; **~-board lap** fapolírozó korong; **~ body** *gépk* szekrény; **~ bottoms** *bány* széndara, szénmorzsalék, aprószén; **~ bridge** *el* ellenállás-szekrényes mérőhíd; **~ caisson** *ép* süllyesztőszekrény; úsztatott keszon/szekrényalap; **~-calf** krómborjúbőr; (borjú)bokszbőr; **~ camera** *foto* boxgép; **~-car** → boxcar; **~ carburization** *hők* cementálás ládában; **~ case** *el* készülékdoboz, készülékház; *távb* telefonszekrény; **~ casting** *önt* (forma)szekrényes öntés; szekrénykiképzés; **~ cementation** *hők* cementálás ládában; **~-change repeat** *tex* váltakozó alapkötés; **~ charging** vályús etető; **~ chuck** *forg* kétpofás tokmány; **~ classifier** *bány* csúcskád; **~-clippings** *pa* dobozbevágás; **~ cloth** *tex* kallózott gyapjúszövet; **~ coil** elektromos (fűtőspirálos) hősugárzó; **~ column** *ép* vakoszlop; **~ column drilling machine** *forg* szekrényállványos oszlopos fúrógép; **~ compass** (mágneses) tájoló, busszola, iránytű, kompasz; **~ compound/composition** *gép* kiöntőanyag, tömítőanyag; **~ contactor** *el* tokos jelfogó; **~ cornice** *ép* szarufákat eltakaró párkány; **~ coupling** *gép* karmantyús/tokos kötés; osztott/tokos tengelykapcsoló; **~ cramp** *csom* ládaszorító pánt; **~ cross-head** *hőt* zárt keresztfej; **~ culvert** *ép* négyszelvényű/szekrényszelvényű/négyszögkeresztmetszetű áteresz; **~ cut** *bány* feltáróárok *(külszíni fejtés)*; **~ drain** *hidr* szekrényes drén, faduda *(cső)*; **~ drying machine** szárítószekrény; **~ dyeing** *tex* színezés kádban; **~ enamel-paper** egyoldalt sima dobozborító papír; **~ end** *csom* kapcsos vég *(doboz fedele)*; *gép* kengyeles hajtórúdfej, dugattyúrúd-keresztfej; *tex* hátsó fiókfal; **~-end wrench** → **~ spanner**; **~ flange** *vasút* ágytokvezeték; **~ flume** négyszögszelvényű héjcsatorna; **~ fold** *geol* boltozatos/szelencés gyűrődés; **~ folder** *pa* levélrendező; **~-folding machine** *pa* dobozhajtogató gép; **~ form** *önt* formázószekrény; **~ for repair** *pa* javítószekrény; **~ frame** *gépk* szelvényes alvázkeret; *mech* szekrényes/zárt keret; **~-frame motor** zárt házas motor; **~ freight car** *vasút* fedett tehervagon; **~ furnace** *koh* kamrás kemence; **~ fuse** *el* dobozos biztosító; **~ ga(u)ge** közlekedőedényes vízmérce; **~ girder** *hajó* szekrényes tartó; szekrénytartó; **~ groove** szekrényüreg; **~-grooved** *mt* recézett, rovátkolt; **~ guide** *gép* vezetőtok; **~ gutter** attikacsatorna, párkányon ülő csatorna; **~ hardening** *hők* (betét)edzés ládában; **~ hat** *önt* csizmaszár *(hiba)*; **~ haulage** *hajó* szapora fordulás; **~ head** *el* végelzáró doboz; *mat* fejléc, fej *(táblázaté)*; **~ header** *hőt* vízkamra; **~-header boiler** *hőt* osztatlan kamrás kazán; **~ heading** *mat* fejléc, fej *(táblázaté)*; **~ hole** *bány* gurítónyílás, gurítószáj; *heng* szekrényüreg; **~-hole borer** *bány* feltörésfúró gép; **~ hole for coal** *bány* széngurító; **~-hole raise** *bány* lyukasztás feltöréssel/fúrással; **~ holing** *bány* gurítózás; **~ impeller** tokos centrifugálszivattyú-járókerék; **~ in** *v nyom* (be)keretez, keretbe rak; szegélyez; **~ inlet drop spillway** *hidr* aknás túlfolyó; **~ iron** U-vas, U-gerenda; **~ jig** *forg* szekrényes készülék; **~ joint** *gép* karmantyús kapcsolás; tokos kötés, illesztés; **~-joint nippers/pliers** áttűzött fogó; **~ junction** *gép* karmantyú; *közl* burkolati jelekkel jelzett csomópont; **~ keel** *hajó* szekrényes gerincszerkezet; **~ key** *gép* dugókulcs; **~ kiln** kamrás/szakaszos kemence; **~ kite** *rep* szekrényes sárkány; **~ leg** *gép* szekrényes ácsolat *(gépágyhoz)*; **~ level** *geod* szelencés libella; *gép* tartályszint; **~-linings** *pa* dobozragszalag; **~ link** *gép* szekrényes kulissza; **~ loom** *tex* többvetélős/cséveváltós szövőgép; **~-loom fabric** *tex* tarkán szőtt áru; **~ loop** *távk* (szögletes) keretantenna; **~ lubricator** olajozószelence; **~ making** ládagyártás, ládaácsolás; **~-membrane** *finm* dobozmembrán, szilfon; **~ motion** *tex* bordaládamozgás; **~ motor** *el* tokozott/zárt motor; **~ mo(u)ld** *önt* szekrényes forma; **~ mo(u)lding** szekrényes formázás; **~-nailing machine** *fa* ládaszegező gép; **~ nut** vakanya, sapkás/kalapos anya; **~ of a dumper** billenőputtony, billenőszekrény; **~ off-take regulator** *hidr* négyszögszelvényű zárt vízkivétel; **~ of weight** súlykészlet(doboz); **~-out** *ép* üregképző doboz *(csúszózsaluzáshoz)*; **~ pallet** *csom* szekrényes rakodólap; **~ pass** *heng* négyszögüreg, szekrényüreg; **~ pastings** *pa* dobozragszalag; kartonázsragszalag; **~ pin** *önt* összerakócsap, tájolócsap, vezetőcsap; **~ piston** *gép* szekrényes dugattyú; **~-plane** *ép, fa* árkológyalu; **~ plate** *el* szekrénylemez *(akkumulátorban)*; **~ principle** *mat* skatulyaelv; **~ ramp** ürítőlemez *(sarabolón)*; **~ regulator** *bány* szellőzőablak; **~ relay** *távk* tokos jelfogó; **~ respirator** légzőtartály; **~ rib** *rep* rekeszborda, szekrényes borda; **~ roller** *tex* bundatekercs-szállító állvány; **~ rule** bejelölő szögvonalzó; **~ scoop** *bány* szekrényes saraboló; **~ scraper** *ép* szekrényes talajgyalu; *szersz* nyeles ládahántoló; **~ section** négyszögkeresztmetszet; szekrényes szelvény/keresztmetszet; **~-section chassis frame** *gépk* szekrényes alvázkeret; **~-section sheet pile** *ép* szekrényes szádpalló; **~(-section) siphon** *hidr* négyszögszelvényű bújtató; **~ settler** *bány* derítő csúcskád; **~ sextant** *csill* kis szextáns; **~ shear apparatus** *talt* nyíródoboz *(talajvizsgálat)*; **~ shook** *fa* ládadeszka; **~-shrouded impeller** *gép, hidr* tokos centrifugálszivattyú-járókerék; **~ shutters** *ép* belső ablakfatábla, spaletta; **~-sides** *bőr* marhaboxbőr; **~ slay** *tex* váltóláda; ~ **sluice** *bány* iszapárok, iszapvályú; ~ **spanner** *szersz* dugókulcs, csőkulcs; tűzőkulcs; ~-**spanner set** *szersz* csőkulcskészlet; dugókulcskészlet; ~ **spar** *rep* szekrénytartó; ~ **spinning** *tex* centrifugális fonás; ~ **spinning-machine** *tex* centrifugális fonógép; ~ **spreader,** ~ **spreading machine** *ép* terítőládás betonelosztó gép; ~ **staple** *ép* zárólemez *(zárban)*; ~ **stationery** *pa* levéldobozkarton; ~ **strap** *csom* ládapánt; ~ **strut** *ép* szekrényszelvényű/négyszögszelvényű rúd; ~ **switch** *el* dobozkapcsoló; szekrényes kapcsoló; ~ **table** *gép* szekrényes befogóasztal; ~ **tap** → ~ bell; ~ **terminal** *el* végelzáró doboz; ~ **thread** *gép* belső menet, anyamenet; ~ **timbering** *bány* szekrényácsolat; vájvégbedeszkázás; ~-**tip(ping) waggon** *vasút* billenőszekrényes kocsi; ~ **toe** *cipő* orrkeménység; ~ **tongs** *em* ládafogó; ~-**type** szekrényes; dobozos; ~-**type bed** *forg* szekrényes gépágy; ~-**type chassis** *gépk* szekrényes alvázkeret; ~-**type column** → ~ column; ~-**type delivery van** csukott szállítókocsi, furgon; ~-**type frame** → ~ frame; ~-**type heater** *ol* doboz/szekrény típusú hevítőberendezés/kemence; ~-**type magazine** *kat* íves tár; ~-**type (motor) lorry** billenőszekrényes gépkocsi; ~-**type scraper** → ~ scraper; ~-**type window** *ép* kötött ablak, kapcsolt gerébtokos/pallótokos ablak; ~ **van** csukott (karosszériás) tehergépkocsi; furgon; ~ **wag(g)on** *vasút* fedett/zárt teherkocsi; ~ **weight** göngyölegsúly; ~ **within a shell construction** *film* ház a házban; ~ **with rollers** *tex* hengeres színezőkád; ~ **wrench** → ~ spanner

boxcar *bány* vasalt csille, merev szekrényű csille, facsille; *vasút* fedett/zárt teherkocsi

boxed dobozos, dobozolt, szekrényes; ~ **gutter** *ép* attikacsatorna, párkányon ülő csatorna; ~ **head** *mat* fej(léc), tábla *(táblázatban)*; ~-**in ballast** rekeszes kavicságyazat; ~ **mode** *szt* keretezett megjelenítés *(teletextnél)*; ~ **stationery** dobozlevélpapír

boxer engine *gépk* boxermotor

boxing I. *a* becsomagolt; beépített; tokozott; **II.** *n bány* aknaácsolat; *csom* csomagolás dobozba, ládába; dobozolás; *heg* körülhegesztés; *vasút* ágyazás; aláverés; kavicságyazat, zúzottkő ágyazat; tömedékelés, betömés; ~ **for export** exportcsomagolás; ~ **for foreign shipment** tengeren túli szállításra csomagolás; ~ **material** *vasút* ágyazási anyag; ~ **material of small stones** *vasút* zúzottkő ágyazat; ~ **shutters** *ép* belső ablakfatábla, (belső) spaletta; zsalu; ~ **up** *vasút* aláverés

boxless *önt* szekrény nélküli; ~ **mo(u)ld** szekrény nélküli forma; ~ **mo(u)lding** szekrény nélküli formázás; ~ **mo(u)lding machine** szekrény nélküli formázógép

boy inas, tanuló; *tex* flanel

Boyle's law *fiz* Boyle—Mariotte-törvény

BP → back pressure; → band pass; → barometric pressure; → base point; → bearing picket; → blueprint; → boiler plate; → boiler pressure; → boiling point; → bright plating

b.p. → base plate

BPC → back-pressure control

BPF → band-pass filter

bpi → bit per inch

bps → bit per second

BPSK → binary phase shift keying

BPV → back-pressure valve

Br → bomber; → bromine

BR → barrage rocket; → basic research; → boiler room; → branching ratio; → briefing room; → bus request

brace I. *v ép* (ki)merevít, megerősít; kitámaszt, megtámaszt, kidúcol, kifeszít; rácsoz; *mat* zárójelbe tesz, (be)zárójelez; *nyom* kapcsos zárójellel összefog; **II.** *n bány* aknaszáj; feszíték; feszke; gyám, főtefa; *ép* ácskapocs; falkötővas, kihorgonyzóvas; kapocs(vas), összekötő (lemez/rúd/vas), (vas)heveder; mellfa *(mintaíven)*; merevítő(tartó), merevítő(rúd), feszítőgerenda, merevítés, dúc; rácsrúd; tám(asz), merevítő; *forg* ellentámasz, ellentartó; furdancs, csavarfúró; *hajó* keresztvitorla-fordító kötél; kormánytengelyágy; *mech* húzott rúd; *nyom* összefogójel, kapcsolójel, kapcsos zárójel; ~ **beam** *ép* nyíláskeret-gerenda; rácsgerenda, szorítógerenda; ~-**bit** *forg* furdancsbetét, furdancsfúró, (kézi)fúró; fúróél; fúróhegy; ~ **chuck** átmeneti fúrófej/tokmány; ~ **drill** kerepes/kereplős furdancs; ~ **for mechanics** lakatosmellfurdancs; ~ **head** *bány, ol* fúróforgató *(ütve fúráshoz)*; *ép* forgató farúd; ~ **key** *bány* kétcsavarorsós szorítókengyel; ~-**leather** övbőr; ~ **mo(u)lding** *ép* szalagdíszes párkány/léc; ~ **of a gutter** *ép* (eresz)-csatornakampó; ~ **of a pile grating** *ép* cölöprácsozat; ~ **of queen-post truss** *ép* feszítőgerenda kettős függesztőműn; ~ **plate** *ép* keresztkötő lemez; kétfalú szelvény átkötőlemeze *(hídon)*; merevítőlemez; *ép, fa, gép* erősítőlap; ~ **rod** *ép* köracél-merevítő; *gép* összekötőrúd; ~**s** heveder, tartószalag(ok), tartószíjazat; *ép* merevítés, merevítő rudazat/rácsozat; oszloplábazat-alátét; *forg* támasztó olló; ~ **spoon-bit** *forg* (furdancsba fogott) kanálfúró; ~ **strut** *ép* merevítődúc, gyámfa; ~ **tap** *forg* kézi menetfúró; ~ **together** *v* összeköt, összeerősít, összekapcsol; ~ **tube** *rep* csődúc; merevítőcső; ~-**twist bit** *forg* csigafúróbetét

braced merevített; *ép* rácsos; *rep* dúcolt, merevített; tagolt, rácsos; ~ **and battened door** *fa* deszkaajtó; ~ **arch** vonóvasas ív; ~ **arch(ed) girder** *ép* rácsos ívtartó; ~ **box frame** *ép* szekrényes merevítőkeret; ~-**chain suspension-bridge** *ép* rácsos függesztőövű függőhíd; ~ **girder** *ép* rácsos tartó; ~ **landing-gear** *rep* huzalmerevítésű futómű; ~ **strut** *rep* merevítődúc, ferde merevítő; ~ **timbering** merevítőácsolat; ~ **tread tyre/tire** *gumi* radiálabroncs; ~ **wall** lehorgonyzófal; ~ **wing** *rep* huzalmerevítésű szárny

brachyanticlinal, brachyanticline *geol* brachiantiklinális, tektonikus dóm

brachyaxis *ásv* brachitengely, brachiaxis

brachypinacoid *ásv* brachipinakoid

brachyseismical lassú szeizmikus; ~ **movement** *geol* lassú földrengési mozgás

brachystochrone *mat* brachisztokron(görbe) *(leggyorsabb esés görbéje)*

brachystochronic *mat* brachisztokron; ~ **principle** *geof* legrövidebb idő elve

brachysynclinal, brachysyncline *geol* brachiszinklinális, tektonikus tál

brachytelescope *csill* rövid teleszkóp

bracing I. *a* merevítő, tám(asztó); feszítő-; **II.** *n* (ki)merevítés, megerősítés, kitámasztás/megtámasztás; (ki)dúcolás, kifeszítés *(kábellal/huzallal)*; összekötés, összeerősítés, összekapcsolás; *bány* átlós/ferde kötés; bélésdeszkázás; bordafa *(bányabiztosításhoz)*; kidúcolás; *el* feszítés; *ép* állás, állvány; dúc, merevítő(rúd); keresztkötés *(állványzaton)*; kihorgonyzás *(oszlopé)*; kitámasztófa; merevítés, dúcolás; merevítő bordázat/rácsozat; összekötőfa; rácsozás; szélrácsozás; *rep* merevítés, merevítő rudazat/rácsozat; ~ **boom** *ép* merevítőgerenda; ~ **cable** *rep, el* feszítőhuzal, feszítődrót, feszítősodrony; feszítőkábel; ~ **member** *ép* merevítő(elem), merevítőrúd; ~ **of a boom/chord** *ép* hevedermerevítés, övmerevítés; ~ **piece** *ép* gyámfa, bekötőgerenda; ~ **slackness** *em* feszítésgyengülés; *ép* horgonyzáslazulás; ~ **spring** *szersz* feszítőrugó; ~ **strut** *ép* merevítőrúd, gyámfa; *rep* farokcsúszótartó; merevítődúc, ferde merevítő; ~ **tube** *rep* csődúc; merevítőcső; ~ **wire** *el, rep* átlós feszítőhuzal; ~**-wire sag** *rep, el* feszítőhuzal belógása; ~ **with H-piles** *ép* siemens-dúcolás; ~ **with poling board** *ép* előrehajtott pallós dúcolás; ~ **with steel sheeting** *ép* vaslemezes dúcolás; ~ **with verticals** *ép* függőleges dúcolás

brack hasadás; repedés, szakadás; selejt(es anyag); *geol* (föld)csuszamlás, omlás, lavina; *hidr* félsós víz, brakkvíz

bracker faosztályozó *(munkás)*

bracket I. *v* összeköt, összekapcsol; *kat* villáz, villába vesz; *mat, nyom* szögletes zárójelbe foglal/tesz; **II.** *n* oszlopkar *(lámpaoszlopé)*; *bány* (külszíni) rakodó pad(ozat); rakfelület; rakhely aknaszájnál; *ép* (cső)-konzol, (cső)bilincs; dúc, bak; gyám, tartókar; konzol; konzolkő, gyámkő; szelvénymagasbítás; *ép, fa* fejpánt, fejkötő; gerendakönyök, könyökfa; *forg* Norton-kerékvilla; sebességváltó olló; *gép* csapágybak, csapágytörzs; *hajó* csomólemez; saroklemez; térdfa; *kat* villa; *mat* határérték(pár); *mat, nyom* szögletes zárójel (egyik fele); *rep* konzol, támasz; *szer* falikar; kiálló szerelvény; *távk* kampós aranylemez; kengyel *(szaggatószerelvényen)*; *tex* felvetőborda-állvány; *vasút* felsővezeték-tartó kar; ~ **arm** *ép* függesztőbak kereszttartója; konzolkar; *vasút* vezetéktartó kar; ~ **cable** (felsővezetéken futó) közvilágításkábel; ~ **crab** *ép* falicsörlő; ~ **crane** *em* konzoldaru, konzolos daru; ~ **drilling-machine** konzolos fúrógép; ~ **floor** *hajó* fenékbordázat *(kettős fenékben)*; ~ **foresight** *kat* célgömbtalp; ~ **for holding reed** *tex* bordaállvány; ~ **insulator** *el* karos szigetelő; ~ **joint** *gép* hevederes sarokkötés; *vasút* szöghevederr; ~ **knee** *hajó* keresztgerenda-könyök; támaszlemez; ~ **nut** *kat* tartóanya; ~ **of a gutter** *ép* ereszcsatornakampó; ~ **operation** *mat* zárójelművelet, Lie-szorzás; ~ **plate system** *hajó* rekeszrendszer; ~ **pole** támvasoszlop; *el* karos oszlop; ~ **rim** *koh* aknatartó gyűrű; tartókoszorú; ~ **scaffolding** *ép* kidugóállvány; kiülőállvány; ~ **seat** felcsapható/felhajtható ülés; ~ **support** konzolos alátámasztás; ~**-type ammeter** *el* falikar-ampermérő; ~**-type bearing** *gép* bakcsapágy; ~ **winch** *ép* fali emelőcsiga; falicsörlő

bracketing összekötés, összekapcsolás; *kat* villázás, villába fogás; *mat, nyom* zárójelbe foglalás, összekapcsolás zárójellel; *rep* egyenlő jelű sugárzási zónába történő belépés

brackish félsós; ~ **water** brakkvíz, félig sós víz; *ol* kloridos víz

brackwater brakkvíz, félig sós víz; ~ **sediment** *geol* félsósvízi üledék, elegyesvízi lerakódás

brad pecek, (rögzítő)szeg; drótszeg, huzalszeg; *cipő* teksz; *hajó* nagy (hajó)szeg; *önt* homokszeg; ~ **nail** süllyesztett fejű *v.* fejetlen szeg, hegyes csap; ~ **point (of a drill)** *forg* központozócsúcs; ~ **setter** *cipő* szegtalpaló gép szegvezetéke

bradawl lyukasztóár; *cipő* tőrár; *szersz* szegfúró, csaplyukfúró

Bradford | breaker *bány* billenőszitás dob, Bradford-törő; ~ **spinning** *tex* Bradford-fonás

brae lejtő, ereszkedő; *bány* lejtős vágat, ereszke; *geol* dombos földfelület

Bragg | angle *ásv* Bragg-szög, tükrözési szög; ~**-Brentano method** Bragg—Brentano-módszer; ~ **case** Bragg-eset; ~ **condition** Bragg-kúp, Bragg-egyenlet; ~ **equation** Bragg-egyenlet; ~ **focusing** Bragg-fokuszolás; ~ **focusing condition** Bragg-fokuszolási feltétel; ~**-Gray principle/relation** *környv* Bragg—Gray-elv; ~ **indices** Bragg-indexek; ~ **ionization chamber** Bragg-ionizációskamra; ~ **mask** Bragg-maszk; ~ **method** Bragg-(forgókristály)módszer; ~ **reflection** Bragg-reflexió; ~ **reflection angle** Bragg-szög, tükrözési szög; ~ **relationship** Bragg-egyenlet; ~ **rotating crystal method** Bragg-forgókristálymódszer; ~ **rule** Bragg-szabály; ~ **scattering** Bragg-szórás; ~ **spectrometer** Bragg-spektrométer; ~ **spot** Bragg-reflexió

bragger *ép* kis gyámtartó

braggite *ásv* braggit

braid I. *v* összefon, tekercsel; zsinóroz; paszományyal díszít; (kötelet) ver; *el* (kábelt) elvarr; befon, körülfon; **II.** *n* zsinór; paszomány; díszzsinór *(cipőn)*; *el* befonás *(kábelé/huzalé)*; ~ **angle** sodrási szög; ~ **board** *el* kábelformadeszka; ~ **buck** durva gyapjú

braided fonott; *el* gumiszigetelésű és befont; ~ **cable** befont kábel; ~ **cable sleeving** *el* befont kábel/karmantyú; ~ **cord** fonatos gumizsinór; ~ **cotton** fonott pamut; ~ **goods** fonatos áruk; ~ **hose** *gumi* vert/fonatolt betétű tömlő; ~ **memory/store** *szt* összekötött/fix memória/tár; ~ **river** *hidr* fattyúágas folyó; ~ **rope** fonott kötél; ~ **shield** *rád* fonott árnyékolás; ~ **strap** *gépk* test(elő)vezeték; ~ **stream** *hidr* széles és sekély medrű folyó; ~ **wire** beszőtt/textil szigetelésű huzal; ~ **wire screening** szövött huzalárnyékolás

braider *tex* paszományverő gép/munkás

braiding I. *a* (zsinór)fonó, paszományfonó; **II.** *n* összefonás, tekercselés; zsinórozás; paszományozás; fonásmunka; (kötél)verés; tömlőbevonat; *el* beszövés; körülszövés *(kábelé/huzalé)*; *távk* pászma; *tex* fonat; fonatoló munkás; paszomány; ~ **bobbin** *tex* paszományverő cséve; ~ **device** paszományfelvarró, zsinórfelvarró; ~ **frame** *tex* zsinórverő/paszományverő gép; ~ **machine** *el* kábelfonó gép; *tex* fonatológép, zsinórverő gép; ~ **machine for ropes** kötélverő gép

brail *ép* átlós gerenda; ~ **pool** *hidr* emelőmedence

Braille paper vakírópapír

braird *bány* (szintes) rést szélesít

brairding *bány* résmagasság, résvastagság

braise *élip* párol

brait nyersgyémánt

braize → braise

brake I. *v gép* (le)fékez; *tex* tilol; **II.** *n aut* késleltetőelem, késleltetőtag; *bány* fék(fa); *élip* dagasztógép, gyümölcslésajtoló gép; *ép* korcológép, bádoghajlító készülék; *fa* fűzfavessző-hántoló kés; *gép* fék; szivattyúhajtó kar; *tex* tilolópad; ~ **actuated by counterweight** (ellen)súlyfék; ~ **actuation** fékműködtetés; ~ **adhesive** *gépk* fékbetétragasztó; ~ **adjuster** *gépk* fékállító kengyel; ~ **adjusting** fékállítás; ~**-adjusting cam** *gépk* fékállító körhagyó, fékpofaállító bütyök; ~**-adjusting gear** *vasút* fékvisszaállítás *(vészféké)*; ~**-adjusting lever** *gépk* fékkulcs; ~**-adjusting screw** fékállító csavar; ~ **adjustment** fékállítás; ~ **air** féklevegő; ~ **air conduit** *gépk* fékcső; *vasút* fékvezeték; ~ **air hose** féktömlő; ~ **anchorage** *gépk* féktartó lemez biztosítása; ~**-anchor pin** fékpofaforgócsap; ~**-anchor plate** *gépk* féktartó, fékpajzs; *vasút* féktuskó támasztótárcsája; ~ **application** fékezés, fékműködtetés; ~**-application force** fékezőerő; ~**-application valve** (lég)fékszelep; *gépk* légfékvezérlő szelep; ~ **arm** *bány* fékkar; *gépk* fékezőkar; ~ **assembly** fékberendezés; ~ **axle** *gépk* féktengely; *vasút* fékgerendely; ~**-backing plate** féktuskótartó lap/saru; *gépk* féktartó lemez; ~ **back-plate** → ~-anchor plate; ~ **band** *gépk* fékszalag; ~**-band clevis** fékszalagbefogó kengyel; ~**-band lining** *gépk* fékszalagbetét; ~ **bands** *nyom* szalagfék *(rotációs gépen)*; ~ **bar** fékrúd; ~ **beam** *gépk* fékhimba; *vasút* fékgerenda, fékgerendely; ~ **beams** fékrudazat; ~ **belt** → ~ band; ~**-belt anchor clip** *gépk* fékszalagbefogó; ~**-bleeder plug** *gép* fékfolyadék-kieresztő dugó; ~**-bleeder tube** *gépk* légtelenítő cső *(olajféken)*; ~ **block** *gépk, vasút* fékpofa, féktuskó; ~**-block ring** fékpofagyűrű; ~ **bolt** fékcsapszeg; ~ **booster** rásegítőfék, szervofék; féknyomásfokozó; ~ **bracket** féktartó bak; ~ **brow** *bány* (fék)sikló, fékakna; ~**-burn crack** *vasút* súrlódó féktuskó okozta hajszálrepedés; ~**-cabin** *vasút* fékház, fékbódé, fékállás; ~ **cam** fékbütyök; ~ **cam lever** fékbütyökkar; ~ **camshaft** fékbütyöktengely, fékdiótengely, bütykös féktengely; ~ **capacity** fékezésimunka-teljesítmény; ~ **car** fékes kocsi; ~ **carrier** fékfüggesztő; ~**-chain sheave** *vasút* féklánctárcsa; ~**-chain worm** *vasút* féklánccsiga; ~ **chamber** *gépk* fékkamra; ~**-chamber diaphragm** légfék-munkahenger membránja; ~ **chock** fékezőpofa; ~ **circuit** *el* fékezőáramkör; ~ **clearance adjustment** fékutánállítás; ~ **clevis** fékkulcs; ~ **clip** *gépk* fékszorító kengyel; ~ **compensating shaft** *gépk* fékkiegyenlítő tengely; ~ **compensator,** ~ **compensating (device)** fékkiegyenlítő; ~ **compressor** féklégsűrítő; ~ **cone** fékkúp; ~ **control** fék(ki)kapcsoló; ~ **controller** *vasút, el* fékkapcsoló; fékkontroller; ~ **control valve** *gépk* fékezőszelep; *rep* féklevegő-elosztó szelep; ~ **crank** *vasút* kézifék forgatókarja; kézifék forgattyú; ~ **current** *el* fékező ellenáram; ~ **cylinder** fékhenger; ~ **device** *bány* fékakna; *gép* fékberendezés; ~ **disc/disk** *bány* fék; *gép* féktárcsa; tárcsafék; ~ **drag** kerékalátét, féktuskó; *rep* fékezésből származó ellenállás; ~**-drag ratio** *gépk* fékerőmegoszlás; ~ **dressing** fékolaj; ~ **drum** fékdob; ~**-drum insert** *gépk* fékdobbetét; ~ **dynamo** *gépk* fékdinamó, fékgenerátor; ~ **dynamometer** fékdinamométer; ~ **eccentric** fékexcenter; ~ **effort** fékerő, fékezőerő; ~ **effort proportioning system** fékerőelosztó; ~ **electromagnet** fékmágnes, mágnesfék; ~ **energizer** → ~ booster; ~ **equalizer** fékkiegyenlítő (kar); ~ **expander** fékkulcs; fékpofaszorító bütyök; ~ **facing** fékbetét; ~ **fade/fading** fékpuhulás, fékerővesztés; fékfading, fékféding; ~ **failure** fékhiba; ~ **field** *el* fékerőtér; ~ **flange** *gépk* féktartó tárcsa; ~**-flange plate** féktartó lemez; ~ **flap** féklap; ~ **fluid** *gépk* fékfolyadék; ~ **fluid tank/reservoir** *gépk* fékfolyadéktartály; ~ **force** fékerő, fékezőerő; ~ **friction** féksúrlódás; ~ **gear** fékberendezés; ~**-gear adjuster** *vasút* fékrudazatutánállító; ~ **governor** fékregulátor, fékszabályzó; ~ **gripper** → ~ clip; ~**-handle** fékkar, fékemeltyű; ~ **hangers** *bány* fékfüggővas *(féktuskóval)*; fékpofák; ~ **head** féktuskó, fékpofa; *vasút* féktuskótőke; ~ **horsepower (BHP)** *gépk* féklóerő; fékteljesítmény; ~**-horsepower efficiency** fékpadon mért hatásfok; ~ **horsepower-hour (bhpr)** (fékpadon mért) effektív lóerőóra; ~ **hose** → ~ air hose; ~**-hose connecting nipple** → ~ hose joint; ~**-hose coupling** *vasút* féktömlőkapcsoló; ~**-hose joint** (lég)féktömlő-kapcsolókarmantyú, féktömlő-kapcsolóhüvely; ~**-hose pipe** *vasút* légféktömlő; ~ **housing** fékköpeny; ~ **incline** *bány* sikló, fékakna; ~ **intermediate shaft** fékközbetéttengely; ~ **judder** fékberezgés; fékrezonancia; ~ **lever** fékkar, fékemeltyű; ~**-lever connecting rod** *gépk* fékvonó rúd; *vasút* fékhúzó rúd; ~**-lever pawl** fékkarrögzítő kilincs; ~**-lever pin** fékkarrögzítő pecek; ~**-lever segment/sector** *gépk* fékfogasív; ~ **lifter** *el* féklazító, fékemelő; ~ **lifting magnet** *em, gép* féklazító mágnes; ~**(-)light** féklámpa; ~ **line** *gépk* fékvezeték; ~ **lining** *gépk* fékbetét; ~**-lining grinder** *gépk* fékbetétköszörű; ~**-lining wear indicator** *gépk* fékbetétkopás-jelző lámpa; ~**-link** fékvilla; ~ **linkage** → ~ hangers; ~ **loading weight** féksúly; ~ **magnet** → ~ lifting magnet; ~ **mean effective pressure (BMEP)** *gépk* effektív (fékezési) középnyomás; ~ **meter** fékmérő készülék; ~ **motor** fékállító motor; fékezőmotor *(jelrögzítés)*; ~ **notch** → ~ step; ~ **operating lever** fékműködtető kar; ~ **operation** fékezés, fékműködtetés; ~ **pad** fékpofa *(tárcsaféken)*; fékbetét; ~ **pad wear** *gépk* fékbetétkopás; ~ **parachute** fékernyő; ~ **pawl** fékkilincs, zárkilincs; ~ **pedal** fékpedál; ~**-pedal travel** pedálút, fékpedál útja; ~ **pinion** → ~-lever segment; ~ **pipe** → ~ air hose; ~ **piston** *gépk* fékdugattyú; ~ **piston-return spring** fékdugattyú-visszatérítő rugó; ~ **position** fékhelyzet; *vasút* fékállás; ~ **power** → ~ force; ~**-pressure (amplifier)** féknyomás(fokozó); ~**-pressure regulator** féknyomás-szabályozó; ~ **pulley** *bány, em* fékcsiga, fékező kötéltárcsa; ~ **pull rod/bar** fékrudazat; ~ **quadrant** fékív, fékszegmens; ~ **reaction** → ~ response; ~ **reel** fékcsörlő; ~**-release (device)** fék(ki)oldó; ~**-release pedal** *vasút* lábbal működő fékoldó szelep; ~**-release valve** *vasút* fékoldó szelep; ~ **reliner** fék-újrabetétező gép; ~ **response** fékműködés, fékválasz; ~ **rigging** fékrudazat; ~ **ring** fékgyűrű; ~ **rocket** fékezőrakéta; ~ **rod** *gépk* fékvonó rúd; *vasút* fékhúzó rúd; ~ **rods** fékrudazat; ~ **rubber** féktömlő; *vasút* fékvezeték; ~ **sack** *foto* diafragma, blende, változtatható nyílású fényrekesz; fényrekesz; ~ **scotch** fékezőrúd; ~ **scraper chain conveyor** *bány* fékláncos csúszda; ~ **screw** fékorsó; ~ **section/segment** → ~-lever segment; ~**-shaft** féktengely; ~ **sheave** féktárcsa; ~ **shoe** fékpofa, féksaru, féktuskó; *gumi* terelőpofa *(hengerszéken)*; ~**-shoe anchorage** *gépk* fékpofa rögzítőpontja; ~**-shoe clearance** *gépk* fékpofahézag; ~**-shoe hold-down spring** fékpofa-leszorító rugó; ~**-shoe plate** féktartó tárcsa; ~**-shoe pull-off spring** *gépk* fékpofa-visszahúzó rugó; ~**-shoes holder** *vasút* féktuskóbetét; ~ **shudder** fékberezgés; fékrezonancia; ~ **sieve** ülepítőszita; ~ **skid** fékkarcsúszás; *rep* fékezősarkantyú; ~ **slack** fékjáték; ~ **slider** féktolattyú; ~ **slipper** csúszósaru, csúszópapucs; ~ **solenoid** *em* féklazító mágnes; ~ **spanner** fékkulcs; ~ **spider** fékpofatartó lap; ~ **spindle** *vasút* fék(csavar)orsó; ~ **sprag** *vasút* fékdorong; ~ **spring** fékrugó; ~ **squeak/squeal** *gépk* fékcsikorgás; ~ **staff** → ~ spindle; ~**-step** *vasút, el* fékfokozat, fékezési fokozat; ~ **stop** fék(pedál)ütköző; ~ **stop-cock** *vasút* fékelzáró; zárváltó; ~ **strap** fékszalag; ~ **support** fékkorong, féktárcsa, féktartó; *vasút* fékgerenda *(vágányféké)*; ~ **suspension link** *vasút* fékfüggvas; ~**-switch chain** fékIánc; ~ **system** fékberendezés; ~ **tension rod** *rep* fékvonórúd; ~**-testing device** fékvizsgáló berendezés; ~ **toggle** *gépk* fékbütyök; ~ **toggle lever** féktengelykar; ~ **toggle shaft** fékbütyöktengely, fékdiótengely, bütykös féktengely; ~ **torque** → bracking torque; ~**-trial** *vasút* fékpróba; ~ **truss-bar** fékháromszög; ~ **valve** fékszelep; ~**-valve air reservoir** nyomáskiegyenlítő tartály *(féken)*; ~ **van** *vasút* fékes kocsi; ~**-weight** *vasút* féksúly; ~**-wheel** féktárcsa; ~ **winch** fékcsörlő; ~ **yoke** fékvilla

braked fékezett; ~ **vertical descent** *rep* fékezett függőleges süllyedés; ~ **weight** *vasút* fékezett vonatelegy/vonatsúly

brakejoints *ép* eltolt hézag *(falazatban)*

brakeman aknafelvonó gépész; fékes; *vasút* fékező; ~**'s cabin** fékház, fékbódé, fékállás

brakesman *bány* → brakeman

braking I. *a* fékezési, fékező; fék-; **II.** *n fiz* fékezés, fékműködtetés; lassítás; *tex* tilolás; ~ **action** fékhatás; ~ **axle** féktengely; ~ **clamp** kétrészes féktuskó; ~ **club** fékdorong; ~ **contact** fékkapcsolat; ~ **controller** → brake controller; ~ **couple** féknyomaték; ~ **curve** fékezési görbe; ~ **deceleration** féklassítás; ~ **decline** → ~ incline; ~ **device** fékberendezés; ~ **distance** fékút; ~ **effect** fékhatás; ~ **efficiency** → ~ ratio; ~ **energy** fékezési energia; ~ **fan** féklégcsavar; ~ **force** fékerő, fékezőerő; ~ **gear** fékberendezés; *bány* (sikló)fékmű; ~ **incline** *bány* féksikló; *gép* siklós fékmű; ~ **length** fékút; ~ **load** féksúly; ~ **magnet** *el* fékezőmágnes; ~ **mill (for hemp)** kendertörő, kendertiloló; ~ **moment** féknyomaték; fékezőnyomaték; ~ **notch** fékbütyök; fékállás *(kontrolleren)*; ~ **period** fékidő, fékezési idő, lefékezés ideje; ~ **power** fékteljesítmény; ~ **power regulator** féknyomás-szabályozó; ~ **pressure** fékezőnyomás *(légféké)*; ~ **radiation** *at* fékezési sugárzás; ~ **ratio** fékezési tényező/hatásfok; ~ **resistance** *el* fékellenállás; *gép* fékezési ellenállás; ~ **resistor** *el* → ~ resistance; ~ **rocket** *rak* fékezőrakéta; ~**-signal switch** *gépk* féklámpakapcsoló; ~ **surface** fékfelület, fékezési/súrlódó felület; ~ **system** fékberendezés; ~ **test** fékpróba, fékezési próba; ~ **time** → ~ period; ~ **torque** féknyomaték, fékezőnyomaték, fékezési nyomaték; ~ **traction** *rep* a futókerék tapadása a futópálya felületéhez fékezés közben; ~ **weight** *vasút* féksúly; ~ **work** fékezési munka

bran I. *v bőr* beáztat *(korpás vízben)*; pácol; **II.** *n élip* korpa *(dercéé)*; ~ **bath** *tex* korpás csáva; ~ **bread** korpás kenyér; ~ **brush** korpakefélő; ~ **cleaning** *élip* korpakiőrlés; ~ **drench** búzakorpapác; ~ **duster** *élip* korpatisztító; ~ **finisher** *élip* korpakefélő; ~ **flattener** *élip* korpalapító; ~**-grading reel** korpaosztályozó körforgó szita; ~ **packer** *élip* korpazsákoló gép; ~ **tub** tisztítódob *(tűgyártáshoz)*

brance pirit, kénkovand; ~**s** *geol* piritzárvány *(szénrétegben)*

branch I. *v* elágazik; *szt* elágaztat; **II.** *n* kar, himba; elágazás, szétválás, bifurkáció; leágazás; telepben kivájt vágat; *at* bomlási csatorna/ág; *bány* kísérő telérág; oldalvájvég; telérelágazás; telérzsinór, ércér; *el* ág, leágazás; elosztóvezeték; fázis; kimenővezeték; sönt, mellékáramkör; vezetékág; *ép* fiókboltív; *fa* ágcsomó; *gép* csőtoldat, csővég; elágazó csőidom; *hidr* leágazócső *(szivattyúhoz)*; szívóelem; *mat* ág *(görbéé)*; él; elágazási pont; *szt* ugrás, elágazás; ~ **a circuit** *v* áramkört leágaztat; ~ **address** *szt* elágazási cím; ~ **air passage** *rep* bekötővonal, bekötő légijárat; ~ **box** *el* elágazódoboz; ~ **canal** *hidr* bevezetőcsatorna; fürtfőcsatorna, mellékcsatorna; ~ **catcher** *pa* ágfogó; ~ **chuck** *gép* négypofás síktárcsa; ~ **circuit** *el* sönt, mellékáramkör; ~ **circuit connection** *el* leágazó vezeték; ~ **condition** *szt* elágazási feltétel; ~ **conductor** *el* leágazó vezeték, leágazóér; ~ **conduit** csővezeték-elágazás; ~ **conduit of the aerial line** légvezeték-leágazás; ~ **connecting pipe** összekötő elágazócső; ~ **connector** *el* elágazódoboz; elosztócsatlakozó; ~ **cross-cut** *bány* szállító keresztvágat; ~ **current** söntáram, mellékáramköri áram; áramelágazás; ~ **cut** *mat* vágás, elágazási vonal; ~ **cut off** *hidr* vízzáró mellékfal; ~ **decision** *szt* elágazási döntés; ~ **divisor** *mat* elágazási divisor; ~ **drain pipe** *hidr* ágcső, elágazócső; ~ **element** *mat* elágazási elem; ~ **exchange** *távb* alközpont; ~ **extension** *távb* alállomás; ~ **fault** *geol* másodrangú vető; szétágazó vetődés; ~ **head** *hidr* mellékcsatorna-fő, mellékcsatorna-vízkivétel; ~ **heading** *bány* kitérővágat; osztószint-előkészítő vágat; vágatelágazás; ~**-impedance matrix** *mat* ágimpedancia-mátrix; ~ **instruction** *szt* elágaztató utasítás, ugrási utasítás; ~ **joint** *el* leágazási csatlakozás/pont; ~ **line** *ép* ágvezeték; elágazás, szétválás, bifurkáció; *mat* elágazási vonal; *vasút* mellékvonal; szárnyvonal; ~**-litter** *fa* ágalom; ~ **lode** *bány* telérág; ~ **neck** csatlakozócsonk; ~ **nozzle** *hidr* elágazófúvóka; ~ **of a bridge** *el* hídág, mérőhíd ága; ~ **of a circuit** áramköri ág; ~ **of a curve** *mat* görbe ága; ~ **of a hyperbola** *mat* hiperbolaág, ág; ~ **off** *v* szétágazik; *el* leágaztat; ~**-off circuit** leágazási áramkör; ~ **office** *távb* alközpont; ~**-off point** *hidr* elágazási pont/hely; *hidr, el* elágazóhely; *vasút* (pálya)elágazás; ~**-on condition (BOC)** *szt* feltételes elágazás, BOC; ~ **on minus** *szt* negatív előjelű elágazás; ~ **on overflow** *szt* elágazás túlcsorduláskor; ~ **order** → ~ instruction; ~ **out** *v el* elágazik; leszakad; *tex* szádat képez; ~ **passage** *hidr* elágazó csővezeték; ~ **piece** *gép, hidr, el* elágazócső, leágazóidom, leágazócső, leágazás; ~ **pipe** *ép* mellékvezeték; *gépk, hidr* csatlakozócső; csőelágazás, elágazócső; leágazó/elágazó idomcső; ~ **piping** ágvezeték; ~ **point** *el* csomópont *(áramkörben)*; *mat, szt* elágazási pont; ~ **program/programming** *szt* elágazásos program/rutin; ~ **railway** *vasút* szárnyvonal; ~ **raise** *bány* elágazó feltörés; gurítóművelés; ~ **ravine** *geol* oldalvölgy; ~ **re-**

sistance *el* mellékáramkör ellenállása; ~ **road** *bány* elágazó vágat; kísérővágat; *ép* leágazó út; ~ **rot** ágkorhadás; ~ **sewer** *hidr* gyűjtőág; ~ **sleeve** *el* leágazókarmantyú; ~ **staunch** → ~ cutoff; ~ **structure** *hidr* ágazati szerkezet; ~ **stub** *pa* ágcsomó; ~ **surface** *mat* elágazási felület; ~ **switch** *el* fogyasztói kapcsoló; leágazási kapcsoló; világításkapcsoló; ~ **T/tee** *el* T (elosztó)doboz; *gép, hidr* T csőidom; T elágazás; ~ **T/tee saddle joint** korcos illesztésű T kötés; ~ **terminal** *el* leágazószorító, leágazási csatlakozó; ~ **timber** *fa* gallyfa; ~ **track** *vasút* oldalvágány, tolatóvágány; ~ **tunnel** *bány* elágazó vágat; ~ **type singularity** → ~ point; ~ **vein** *bány* telérág; vezetőér, szétágazó ér; ~ **vein joining the master lode** *bány* keresztező telér; ~ **wire** *el* mellékvezeték; ~ **wood** ágfa; ~ **works** segédüzem

branched elágazó, szétágazó; villás; *vegy, műa* elágazó láncú; ~ **chain** *vegy* elágazó (szén)lánc; *vegy, műa* elágazó molekulalánc; ~**-current distillation** *vegy* elágazóáramú desztilláció; ~ **distributor** *en* leágazásos/szárnyvonalas fővezeték; ~**-hole drilling** *ol* gyökérfúrás; ~ **molecule** szétágazó láncú molekula; ~ **polymer** elágazó polimer; ~ **raise** → branch raise; ~ **solution** *mat* elágazó megoldás

brancher *bány* kőbányász, meddőbányász

branchiness *fa* csomósság, csomorosság

branching I. *a* leágazó; elágazó, szétágazó; villás; **II.** *n* elágazás, leágazás; bomlási elágazás; szétválás, bifurkáció; *bány* vágányelágazás; *el* leágazás-csatlakoztatás; leágaztatás; *vegy* oldallánc; ~ **box** *távk, el* elosztódoboz; elosztószekrény; ~ **decay** *at* sokcsatornás/elágazásos bomlás; ~ **degree** *műa, vegy* elágazási fok; ~ **digital transmission station** *távk* digitális leágazóállomás; ~ **fraction** *at* bomlási csatorna maghányada; ~ **instruction** elágaztató/ugrási utasítás; ~ **jack** *távk* kapcsolóhüvely; ~ **of roadways** *bány* vágatelágazás; ~ **point** *hidr* elágazási/bifurkációs pont; *mat* elágazási pont *(Riemann-felületé)*; *távk* leágazás; ~ **process** *mat* elágazós folyamat; ~ **ratio (BR)** *at* bomlásimag-arány; ~ **road** *bány* elágazó vágat; ~ **station** leágazóállomás

branchless ágmentes

branchy ágas, sokágú; ~**-anticlinal dome** *geol* tektonikus dóm

brand I. *v* bélyeget/jegyet beéget; gyári jelzéssel ellát; **II.** *n* beégetés; gyári/beégetett jegy; ~**-mark** *bőr* beégetett jelölés; tűzbélyegzőnyom; *ip* gyári jegy/jel(zés)/márka; ~ **of cement** cementmárka, cementvédjegy, cementminőség; ~ **of dye** színezékmárka

brander I. *v* tetőgerendát keresztbe lécel; ellenlécez; sütőrácson süt; **II.** *n* bélyegző *(személy)*; *élip* sütőrács; *tex* pengeláda *(jacquard-gépen)*

brandering *ép* ellenlécezés

branding I. *a* beégető; **II.** *n* márkázás; gyári jegy (márka) beégetése; ~ **iron** *bőr, fa* beégetővas; *ép* fogas/recés henger *(aszfaltozáshoz)*; *szer* beégetőszám-készlet; ~ **machine** márkázógép, jelölőgép

brandy brandy, borpárlat

brank láncfelvető állvány *(szalagszövéshez)*

Branley-Lenard effect térfogati ionizáció, Branley—Lenard-jelenség

branning áztatás savanyú korpalében; ~ **machine** *élip* korpatisztító gép

brash I. *a* → brashy; **II.** *n fa* hulladékfa; *geol* töredezéses kőzet; *hidr* jégzajlás; *met* zápor, felhőszakadás; *önt* törmelékhalom

brashy törékeny

brasque I. *v* széntörmelékkel bélel *(tégelyt)*; **II.** *n* széntörmelék, szénpor (murva); porszén; *önt* kokszagyag keverék

brass I. *v* sárgarézzel bevon; rezesít; **II.** *a* sárgarézből való; sárgaréz-; **III.** *n* sárgaréz; rézedény; ~**-bobbin yarn** *tex* rézcsévére csévélt pamut vetülékfonal *(csipkeiparban)*; ~ **brazing** *heg* sárgaréz-keményforrasztás; ~ **bush** *gép* rézcsapágypersely; ~ **bushing** *gép* sárgaréz persely, sárgaréz betét; ~ **case** sárgaréz köpeny; ~ **casting** sárga(réz)öntvény; ~**es** *gép* csapágycsésze; vetülékkeret *(rézlapokból)*; ~ **foil** sárgaréz fólia; ~**-foil packing** sárgarézfólia-tömítés; ~ **founder** bronzöntő; ~ **foundry** sárgaréz- és bronzöntöde; ~ **mill** sárgarézhengermű; ~**-picking plant** réztisztító berendezés/fürdő; ~ **pipe** → ~ tube; ~ **plate** (sárga)rézlemez; ~ **plating** sárgaréz bevonás; ~ **rule** *nyom* rézlénia; ~**-sheathed insulation conduit** sárgaréz bevonatú szigetelőcső; ~ **sheet** → ~ plate; ~ **shruff** sárgaréz törmelék; ~ **solder** *heg* sárgaréz (kemény)forrasz; ~ **strip** sárgaréz szalag; ~ **tag-end** *kat* hevederbefűző; ~ **tube** sárgaréz cső; ~ **wire** sárgaréz huzal; ~ **wire cloth** *élip* sárgaréz/bronz szitaszövet

brassel, brassil *ásv* pirit, kénkovand; pirites szén

brassy rezes, (sárga)rézből való; pirites *(szén)*

brattice I. *v bány* eldeszkáz, deszkával/lécezéssel elválaszt; **II.** *n* deszkafal; *bány* (lég)gát; aknazsaluzás; légfal; légfüggöny; légvágat eldeszkázása; tömedékszekrény; *nyom* kiváltás; *vasút* fakorlát; famellvéd; ~ **cloth** → ~ sheeting; ~ **off** *v* bedeszkáz, kideszkáz; ~ **road** *bány* tömedékelővágat; ~ **sheeting** *bány* légfüggöny, légponyva; ~ **stopping** ponyvagát; ~ **up** *v bány* légpalánkot épít; zsaluz; ~ **way** főtevágat

bratticeman *bány* aknaács; bányakőműves, bányaács; gátaló; zsaluzóács *(iszaptömedékeléshez)*

bratticeway *bány* főtevágat

bratticing *bány* légpalánk

brattish → brattice

brattishing → bratticing

Braun'(s) tube katódsugárcső, Braun-cső

braunite *ásv* braunit

Bravais | indices *ásv* Bravais-indexek; ~ **lattice** Bravais-rács; ~ **law** Bravais-törvény

brawn *élip* disznósajt; megkérgesedett bőr

bray finoman elődörzsöl, porít; *élip* finoman őröl; *nyom* festéket szétdörzsöl; *tex* gyapjúszövetet ványol; ~ **stone** porózus homokkő *(lyukacsos)*

brayer festéktörő/festékdörzsölő kő, festéktörő henger

braying finomőrlés, porítás; szétdörzsölés, szétmorzsolás; *gép* aprítás, őrlés, darabolás; *tex* tilolás

braze I. *v heg* keményen forraszt; **II.** *a* keményforrasztott, keményforrasztásos; **III.** *n* keményforrasztás (helye); ~ **cladding** keményforrasztásos rétegfelrakás; ~**-free** forrasztóhegmentes; ~ **joint** keményforrasztott kötés; ~**-jointed** keményforrasszal/sárgarézzel forrasztott; ~ **on** *v* (keményforrasztással) felforraszt/ráforraszt; ~ **welded joint** → ~ joint; ~ **welding** keményforrasztó hegesztés

braz(e)ability keményforraszthatóság

braz(e)able *heg* keményforrasztható, keményforrasztásra alkalmas
brazed keményforrasztott, keményforrasztásos; ~ **flange** forrasztott perem; ~ **flanged nipple** *gép* forrasztottkarimás csőcsonk; ~ **joint** keményforrasztott kötés; ~ **structure** keményforrasztott szerkezet
brazen bronzból/sárgarézből való, rezes, bronz-
brazer forrasztó *(személy)*
brazier (sárga)rézkovács, rézműves; bronzöntő; sárgaöntő; kokszkosár, vaskosár *(parázshoz)*
Brazil(ian) | **law** *ásv* brazil ikertörvény; ~ **twin** braziliai iker; ~ **wood** *fa* brazilfa, vörösfa
brazilite *ásv* baddeleyit
brazing keményforrasztás; ~ **burner** *heg* forrasztópisztoly; ~ **by induction heating** indukciós keményforrasztás; ~ **filler metal** töltőfém *(keményforrasztáshoz)*; ~ **flux** keményforrasztó folyósítóanyag; ~ **furnace** keményforrasztó kemence; forrasztókemence; ~ **in furnace** keményforrasztás kemencében; ~ **in vacuum** keményforrasztás vákuumban; ~ **joining of wires** keményforrasztásos huzalkötés; ~ **joint** → brazed joint; ~ **machine** keményforrasztógép; ~ **metal** forrasztófém, keményforrasz; ~ **operation** keményforrasztás(i eljárás); ~ **outfit** felszerelés keményforrasztáshoz; keményforrasztó készülék; ~ **paste** keményforrasztó paszta; ~ **rate** keményforrasztás sebessége; ~ **rod** keményforraszrúd; ~ **seam** keményforrasztott varrat; ~ **solder** keményforrasz; ~ **test** keményforrasztási vizsgálat/próba; ~ **tongs** (kemény)forrasztó fogó; ~ **torch** keményforrasztó égő; ~ **under protective atmosphere** védőgáz alatti keményforrasztás; ~ **wire** keményforrasztó huzal
BRC fabric → British Reinforced Concrete fabric
breach I. *v* áttör; **II.** *n* rés; hézag; *any* repedés, hasadék, fisszúra; *bány* felszíni omlasztási tölcsér; külszíni horpadás; vájvég; *el* megszakítás; *ép* rés, repedés *(falban)*; talajtörés; ~ **and spire roof** *ép* sátor- és toronytető; ~ **leather** *bány* bőrkötény; ~ **roof** *ép* sátortető
bread *élip* kenyér; ~**-and-butter machine** kétoldali (felső és alsó) sajtolású formázógép; ~ **crumber** *élip* morzsadaráló; ~ **disease** kenyérbetegség; ~ **label** kenyércímke; ~ **slicer** kenyérszeletelő gép; ~**-tin** kenyérforma, kenyérsütő forma; ~ **toaster** kenyérpirító; ~ **value** sütőérték, sütőképesség; ~ **wrapper** kenyércsomagoló papír
breadboard I. *v* kapcsolási tervet készít; **II.** *n el* deszkamodell; kábelterv, ideiglenes kapcsolás; ~**-circuit** deszkamodell(-áramkör); ~ **construction** ideiglenes (lemezre készült) szerelés, dugaszolható áramköri lap
breadboarding (deszka)modellkészítés
breadth szélesség; *hajó* hajószélesség; *pa, tex* tekercspapír-szélesség; ~ **mo(u)lded** *hajó* szélesség a főbordán; ~ **of outcrop** *bány* telérkibúvás szélessége; ~ **of road** útszélesség
breadthways szélességben
breadthwise → breadthways
break I. *v* bomlik, mállik, szétesik; (el)törik; tör; megszakad; elpattan, megpattan, megreped, meghasad; összetör, széttör; (elő)aprít; összezúz; megőröl; *any* tép, szakít; *bány* fejt *(kőzetet)*; jöveszt; kitermel; *bőr* strekkol, nyújt; *el* kikapcsol, megszakít (áramkört), nyit; *élip* áttör, passzíroz; *ép* áttör, betör, kitör; *gép* szétszerel, szétszed; *gumi* masztikál; *hidr* (meg)tör(ik) *(hullám)*; *met* megváltozik; *nyom* behajt *(borítót, fedelet)*; *ol* bont *(rudazatkötést)*; tör *(magot)*; *opt* (meg)tör(ik); *távb* érintkezőt nyit; *távk* szétkapcsol, megszakít; *tex* tilol; tör *(lent)*; *vegy* megtör *(emulziót)*; szétbont; szétesik, felbomlik; **II.** *n* hasadás; törés; megszakítás; hasadék; *bány* (fejtési) repedés *(főtében)*; főtesüllyesztés; jövesztés; meddő-(mennyiség); oml(aszt)ás; szakadás; törés(vonal), hasadék; tűzgát; *bőr* puhítás; *el* érintkezőköz, érintkezőtávolság, érintkezők közötti légrés; feszültségkimaradás, áramkimaradás; megszakítás; *élip* (át)törés, passzírozás; (első) töret (hengerszéke); gyúrógép; *ép* hasadék; kiszögellés; töréspont *(hossz-szelvényben is)*; *forg* hídnyílás *(esztergán)*; *geof* beütés; *geol* tektonikus törés; *gépk* break; *ip* (munka)szünet; *mat* töréspont; *nyom* bekezdés; fejezet; gondolatjel; kifutás; *ol* törés; *önt* felületi játék; töret; *pa* félanyagőrlés; hulladék; papírszakadás; *rád* alapzajt áttörő jel; *távk* (adás)megszakítás; adáshiba; adáskimaradás; *vegy* abszorbens összeroppanása, abszorpciós küszöb; ~ **a linkage** *v vegy* kötést felbont; ~**-and-make switch** *el* bontó-záró kapcsoló; ~ **angular frequency** *aut* sarok-körfrekvencia; ~ **away** *v* elszabadul *(vagon)*; ~**-away** leválás, leszakadás; indulás *(gépé)*; *mzg* biztosító vonórúd *(fűkaszálón)*; ~**-away slide** *gépk* megfarolás/megcsúszás fékezéskor; ~**-away starting current** *el* meghúzási/megszólalási áram; ~**-away surface** *hidr* leválási felület; ~**-away when cornering** kitörés/farolás kanyarban; ~**-before-make contact** utánzáró érintkező; ~ **bulk** *v hajó* tehermentesít, kirakodik; ~ **chop** *élip* őrölt korpa; töret *(termék)*; ~ **circuit** *v* áramkört bont; ~ **circuit** megszakító érintkező; bontóérintkező; ~ **coal** *v bány* (szenet) jöveszt, kitermel, fejt; ~ **coarsely** *v* előaprít; ~ **contact** bontóérintkező, nyitóérintkező, nyugvóáramú/nyugalmi/megszakító érintkező *(reléé)*; ~ **core** *v önt* magot kilök; ~ **corner** *v mt* leélez, éltörést készít; ~ **corrugation** töretrovátkák; ~ **current** *el* megszakítási áram; ~ **distance** *el* megszakítási táv; ~ **down** *v* elromlik, meghibásodik, megrongálódik; letör(ik), megtör(ik); leáll; aprít; ledönt; összeomlik; *bány* beomlaszt, leenged *(főtét)*; jöveszt; kitermel; *el* átüt *(szigetelés)*; letörik *(feszültség)*; *ép* lebont; összeomlik; *fa* megmunkál, méretre vág; *félv, vák* letörik; *gép* meghibásodik; *gumi* letör/puhít, képlékenyít *(kaucsukot)*; *hang, opt* tompít; *heng* előnyújt, előhengerel; *távk* felbont *(csatornacsoportot)*; *vegy* elbont, elemekre bont; elroncsol; megőröl, aprít; ~**-down** → breakdown; ~ **dunst** töretderce; ~**-even load factor** *rep* megtérülési terhelési tényező; ~**-even point** *rep* megtérülési küszöb; ~ **fluor** töretliszt; ~ **frequency** *aut* sarokfrekvencia; ~ **(fresh) ground** *v mzg* feltör; ~**-gas** *ol* bontott gáz; ~ **ground** *v bány* aknát telepít; bányát nyit; bevág *(külfejtésben)*; rovátkol, résel; *ép* talajt kiemel; *hidr* megkezd *(kotrást)*; ~ **holing-through meausurement** *bány* lyukasztási mérés; ~ **impulse** nyitóimpulzus, bontóimpulzus; megszakítási lökőfeszültség/impulzus; ~ **in** *v bány* aláréssel; előfúr; ~**-in** *ép* (gerenda)fészek; *gépk* bejáratás; *távk* adásközti hívójel; ~ **induced current** *el* megszakítási/nyitási (túl)áram; ~**-in grade** lejtőátmenet; *geod* lejtéstörés; ~**-in key** *távk* adásvétel-kapcsoló, adásvétel-átváltó; ~**-in keying**

szünet nélküli rádiótávírás; ~-**in keying relay** *rep* vételátkapcsoló jelfogó/relé; ~-**in oil** bejáratóolaj; ~-**in operation** szünet nélküli rádió-táviratozási eljárás; ~-**in point** *rep* törzs kivágási helye; ~-**in relay** *rád* vételi jelfogó; ~ **in the succession** *geol* rétegtani hézag; ~ **jack** *távk* bontóhüvely, megszakítóhüvely, bontókapcsoló; ~-**jamb** szemöldökfa; *ép* ablakfélfa, ablakdúc; ~-**joint** eltolt hézag *(falazatban)*; ~ **joints** *v ép* eltolt hézagokkal falaz; ~-**joints** *bány, geol* repedések; ~-**key** *szt* megszakítógomb; *távk* bontóhüvely, megszakítóhüvely; ~ **large** *v bány* nagy darabokban leválaszt/lefejt; ~-**line** *bány* omlásvonal, törőél; törésvonal; *nyom* kimenet *(sor/szakasz vége)*; ~-**make** *távk* átkapcsoló jelfogó; nyitás-zárás *(impulzus alatt)*; ~-**make contact** *el* alternatív kapcsoló; ~-**mark** *tex* hiba jele *(szegélyen)*; ~ **mo(u)ld** *önt* egyszeri/veszendő forma; ~ **of a wall** *ép* megtörés *(falé)*; ~ **of banks** *hidr* partszakadás, partomlás; ~ **of clouds** *rep* felhőnyílás, felszakadozás a felhőzetben; ~ **of declivity** dőlésváltozás; ~ **off** *v* hirtelen abbahagy, abbamarad, megszűnik; letör(ik), megtör(ik); leáll; leszakad, elszakad; *bány* jöveszt, omlaszt; *el* megszakít/bont *(áramkört)*; ~-**off** *bány* harántvágat, osztóvágat; ~-**off error** megszakítási hiba; ~-**off height (BOH)** *rep* látvarepülésre történő áttérés magassága; ~-**off point** *rep* leválási pont; ~ **off runners** *v önt* tápfejet eltávolít; ~-**off seal** *vák* törőzár; ~-**off viscosity** *fiz* kritikus viszkozitás, határviszkozitás; ~ **of joint** → ~-joint; ~ **of load** *vasút* rakománysérülés; ~ **of roof** *bány* főteszakadás, főteomlás; ~ **on handling** *bány* aprózódás rakodás és szállítás közben; ~ **out** *v* kitör; *bány* jöveszt, fejt; utánszed *(talpat)*; vágatot bővít; ~-**out** (menet)lazítás, bontás; *koh, önt* (vas)kitörés, (vas)kiömlés *(kemencebélésen/páncélon át)*; *ol* menetlazítás; ~ **out a cloud base** *v rep* felhőzetet áttör; ~-**out cathead** *ol* bontófej, lazítófej; ~-**out tongs** *ol* rudazatkulcs, csőkulcs; ~-**over** *el* átbillenés; ~**(-)over current** *el* eltérítőáram; ~**(-)over limit** *félv* átbillenés/kibillenés határa váltóirányítóban; ~**(-)over voltage** *félv* nulla billenőfeszültség; ~ **package** *szt* törésponti programcsomag; ~ **pin** *gép* nyírószeg; törőcsap; ~**(-)point** → breakpoint; ~ **portion** nyitási idő; ~-**pressure reservoir** *hidr* nyomáscsökkentő aknamedence; ~-**prop** *bány* törőtám, orgonatám; ~-**refuse** *bány* törőhulladék; ~ **relay** *távk* megszakító jelfogó; ~ **release** töretkivonás; ~ **roller mill** *élip* darálómalom; ~-**row** *bány* törőácsolatsor; törőél; ~ **seal** *vák* törőzár; ~-**side traction** *bány* omlásoldali vontatás; ~ **sifter** töretsíkszita; ~ **sign** választójel; ~-**signalling system** *rád* szünetjel-berendezés; ~ **spark** → breaking spark; ~ **spring** *el* bontórugó; ~ **strain** *mech* törő igénybevétel, terhelés, törési feszültség; ~ **switch** megszakító; ~ **tailings** töretsíkszita felső átmenete; ~ **the joint** *v ol* fúrórudazatot meglazít; ~ **the minimum ceiling** *v rep* áttöri a minimum felhőalapot; ~ **the rivet joint** *v gép* szegecseket kiver/kiüt; szegecskötést old; ~ **through** *bány* áttör(ik); lyukaszt; ~-**through** → breakthrough; ~ **through the sound barrier** *v rep* hanghatárt áttöri, szonikus határt átlépi; ~-**thrust** *geol* antiklinális rátolódás; vetődés; ~-**timber** *bány* orgonatám, törőtám; ~ **time** *el* megszakítási idő; nyitási/bontási idő; ~ **top** *v bány* főtét omlaszt; ~ **up** *v* feldarabol, felhasít, felaprít; szétdarabol; feltör, felszakít *(talajt)*; feltép, felszed *(követet)*; ~-**up** feltörés, széttörés, felaprítás, szétaprítás; *geol* aprózódás; *hidr* jégzajlás; *opt* felbomlás, szóródás; *pa* feltárás; *tv* színszétesés; ~-**up of road surface** útfelfagyás; ~-**up value** ócskavasérték; ~ **voltage** *el* megszakítási feszültség; ~ **yard** *vasút* (vonatfeloszlató) rendező pályaudvar; rendezővágány-csoport

breakage törés, hasadás; szakítás; *any* törés; *bány* fejtési munka; jövesztés; kőzetmegbontás; törés, aprítás; törmelék; *fa* széldöntvény; *koh* aprítás; törés; *ol* csőtörés; *tex* szakadás; ~ **of a wheel** keréktörés; ~ **of rope** *bány* kötélszakadás; ~ **on handling** *bány* aprózódás *(rakodás és szállítás közben)*; ~ **rate** *tex* szakadásszám *(folyóméterre)*

breakdown leomlás, letörés; összedőlés; lerombolás; törés; meghibásodás, megrongálódás; defekt; üzemzavar, üzemkiesés; üzemleállítás; letörés, lehajtás *(puskáé)*; *at* üzemzavar/baleset *(reaktor részleges/teljes leállásához vezető)*; *el* átütés, letörés *(szigetelőn)*; zárlat *(kondenzátorban)*; *ép* mállás, lebomlás; *félv* átütés, letörés; begyújtás, vezetés *(tirátronban)*; üzemzavar, meghibásodás, fennakadás; *gumi* masztikálás; *heng* előnyújtó hengerlés; *vegy* (szét)bontás; bomlás; ~ **cable** tartalékkábel; folyami kábel; ~ **car** → ~ lorry; ~ **cell** *el* üzemzavaros kád; ~ **characteristic** *el* gyújtási jelleggörbe; ~ **coupling** *gépk* vontatókapcsoló; ~ **crane** mentődaru, segélydaru; ~ **diode** *félv* Z dióda, Zener-dióda; ~ **effect** letörési jelenség, átütés; ~ **electric field strength** *el* letörési térerősség; ~ **field strength** *el* átütési szilárdság/térerősség; dielektromos átütés; ~ **fuse** *el* átütőbiztosító; ~ **gang** mentőosztag; ~ **knee** *félv* Zener-könyök; ~ **localization** hibahely *(v.)* rongálódási hely azonosítása; ~ **lorry** autómentő/roncsszállító kocsi, műszaki segélykocsi; ~ **mill** *heng* előnyújtó hengerszék; ~ **of axle** tengelytörés; ~ **of intercrystalline cohesion** interkrisztallin törés, kristályhatár menti törés; ~ **of service** üzemzavar, üzemkiesés; ~ **overvoltage** *el* átütési/ívhúzási túlfeszültség; ~ **pass** *heng* előnyújtó üreg; ~ **path** *el* átütési vonal; ~ **plasma** *félv* átütési plazma; ~ **plug** megszakítódugasz; ~ **potential** *el* átütési feszültség; ~ **pressure** *vák* letörési nyomás; ~ **product** *vegy* bomlástermék; ~ **region** *félv* letörési tartomány; ~ **roll** *heng* előnyújtó henger; ~ **rolling** *heng* előnyújtás; ~ **service** autómentő szolgálat; ~ **speed** *el* kritikus/billenési sebesség; ~ **strength of turn** *el* tekercsátütési szilárdság; ~ **switch** *el* vészkioldó megszakító; ~ **test** átütési vizsgálat; átütésvizsgálat; szigetelésvizsgálat; ~ **torque** *any* törési forgatónyomaték; *el* billenőnyomaték; *gépk* maximális nyomaték; ~ **train** *heng* előnyújtó sor; *vasút* mentővonat; ~ **truck/van** → ~ lorry; ~ **voltage (BDV)** *el* átütési feszültség; gyújtófeszültség; villamos szilárdság; *félv* letörési/átütési feszültség; ~ **wag(g)on** *vasút* mentőkocsi; segélykocsi

breaker *bány* (elő)törő; (fejtő)vájár; dúsítómű; jövesztő; törőél *(ácsolaté)*; *el* bontóérintkező; kikapcsoló; megszakító; nyugvóáramú érintkező; *élip* törőgép; zúzómalom; *ép* (útfelszakító) kalapács, bontó; csapadékvíz-terelő borda; jégtörő; *ép, koh* törő(gép); *gumi* breker; futófelület-szövetbetét; *hajó* törőhullám; *koh* aprítógép, törő(gép); *pa* félanyag hollandi; mosóhollandi; rongyfarkasoló; rongytépő; *tex* bontófarkas; fonalőr; törő *(háncsrost feldolgozásához)*;

~ **anvil** *el* megszakítóüllő; ~ **arm** *el* szaggatókar, szaggatókalapács; ~ **beater** *pa* feloldóhollandi; ~ **block** *heng* törőbak; ~ **cam** megszakítóbütyök; ~ **card** *tex* előkártoló gép, előbontó kártoló(gép); ~ **contact** *el* megszakítóérintkező; ~ **contact screw** *el* érintkezőcsavar; ~ **core** *önt* törőmag; ~ **cushion** *gumi* párnaréteg; ~ **drum** *em* csillapítóhenger, ütközőhenger; ~ **engine** → breaking engine; ~ **fabric** *gumi* futószövet; ~ **in tires** *gumi* futó párnarétege, protektor, breker; ~ **jaw** *gép* törőpofa; ~ **joint** *el* ívoltó érintkező; ~ **lap** *tex* vattatekercs, pamutbunda; ~ **lever** gyújtáselosztó megszakítókalapácsa; ~ **plate** *gumi* fékezőlemez; *műa* törőlap, szűrőlap *(extruderben)*; ~ **ply** *gumi* futó szövetbetét; ~**-point gap** megszakítóérintkezők távolsága; ~ **props** *bány* orgonabiztosítás; tömőtámsor; ~ **refuse** törőhulladék; ~ **relay** *el* erősáramú relé; ~ **row** *bány* tömőtámsor; törő(ácsolat)sor, orgonatámsor; ~**s** hullámtörő; ~ **scutcher** szálazó és elősodró gép; ~ **spring** *távb* bontórugó; ~ **stack** *pa* csomótörő hengerpár; ~ **strip** *gumi* futó szövetcsík; ~ **switch** *el* bontóérintkező; kikapcsoló; megszakító; nyugvóáramú érintkező; ~ **timber** *bány* törőtám, orgonatám; ~ **trip-coil** *el* megszakító kikapcsolótekercse; ~**-vat** *pa* görgőjáratcsésze

breaking (el)tépés, elszakítás; zúz(ód)ás; (be)törés; megtörés, összetörés, széttörés; *bány* fejtés *(kőzeté)*; jövesztés; törés, aprítás; *bőr* nyújtás; *el* bontás; kikapcsolás(i művelet); megszakítás; nyitás; szigetelés letörése/átütése; *élip* aprítás; megőrlés; *ép* áttörés, betörés, kitörés; *félv* letörés, lehajtás *(puskáé)*; *koh* durvaaprítás; *nyom* behajtás *(borítóé)*; *pa* félanyagőrlés; *távb* érintkező nyitása; *tex* előbontás; tilolás; törés *(lené stb.)*; *vegy* demulgeálás, (emulzió) megtörés(e); felbomlás, szóródás; masztikálás; szétbontás; szétesés; ~ **back** *bány* utánhullás; ~ **ball** *ép* bontósúly, bontógolyó *(darus bontáshoz)*; ~ **band** *bány* átlós megszakítás; ~ **capacity** *el* megszakítóképesség, lekapcsolási/megszakítási teljesítmény, lekapcsolóteljesítmény; ~ **card** → breaker card; ~ **cone** *gép* törőkúp; ~ **current** *el* megszakítási (határ)áram; ~ **delay** *el* elengedési késedelem/késleltetés *(jelfogóé)*; ~**-down** meghibásodás, megrongálódás; *fa* felfűrészelés *(rönké)*; *félv, vák* letörés, lehajtás *(puskáé)*; *gépk* próbafutás, bejáratás; *heng* előnyújtás; *pa* szakadás *(papírpályáé)*; *rád* adásszünet; *talt* beomlás; *tex* törés *(kikészítéskor)*; ~**-down mill** (nagy) előnyújtó sor; ~**-down panel** *bány* omlasztott pillér, omlasztás alatti pillér; ~**-down pass** *heng* előnyújtás, előnyújtó/első szúrás; ~**-down tool** kovácsvéső, fenékvágó/lapos véső; ~**-down train** *heng* előnyújtó sor; ~ **elongation** *any* szakadási nyúlás; ~ **engine** aprítógép, törő(gép); *pa* félanyaghollandi; ~ **expansion** *pa* szakadási nyúlás; ~ **extension** → ~ elongation; ~**-glass station** törőablakos tűzjelző állomás; ~ **ground** *bány* aknatelepítés; jövesztés; ~ **hammer** zúzókalapács; ~ **hole** betörő fúrólyuk; ~**-in** *el* megszakítás; *gépk* bejáratás; ~**-in shot** *bány* betörőlövés; ~ **iron** *bőr* nyújtókasza, törővas; *mt* nyújtóvas; ~ **knife** *pa* foszlatókés, hollandi macska; ~ **length** *pa, tex* szakítóhossz, szakadási hossz; ~**-length tester** *pa* szakítógép; ~ **limit** *mech* szakadási/törési határ; ~ **load** *mech* törési határ; törési teher(bírás); *tex* szakítóterhelés; ~ **loss** *el* lekapcsolási veszteség; ~ **machine** zúzógép, törőgép; *bőr* nyújtógép; *tex* nyújtó-puhító gép; tilológép; ~ **mill** *bány* zúzógép; ~ **of cotton** pamutbontás; ~ **of coupling** *vasút* kapocsszakadás, vonatszakadás; ~ **of emulsion** *vegy* emulzió megtörése/megszűnése; ~**-off of a circuit** áramkör megszakítása; ~ **of local calls** *távb* erőszakos bontás; ~ **of rivet-joint** szegecsvarrat szétbontása; ~ **of rock** *bány* kőzetjövesztés; ~ **of the thread** *tex* fonalszakadás; ~ **pad** *koh* törőbak; ~ **period** *el* kapcsolási/megszakítási idő; ~ **piece** *heng* törődarab; ~ **pin** *gép* nyírószeg; törőcsap; ~ **plant** törőmű; ~ **plough/plow** szakítógyalu; ~ **point** *any* törési pont; *ép* eltolt hézag; *mech* törőszilárdság, szilárdsági határ; *vegy* abszorbens összeroppanása, abszorpciós küszöb; ~ **pressure** *vák* letörési nyomás; ~ **properties/property** *bány* réselhetőség; ~ **radiation** *at* fékezési sugárzás; ~ **rate** *mech* szakítási sebesség; ~ **relay** *el* bontórelé; ~ **ring** őrlőgyűrű; ~ **rock** *bány* kőzetfejtés; kőzetjövesztés; ~ **roller** *tex* törődob, törőhenger; ~ **scutcher** törőinga; ~ **spark** *el* megszakítószikra, megszakítási szikra; ~ **strain** *any* szakadási/szakítási/törési alakváltozás; *pa* szakadási nyúlás; ~ **strength** törőszilárdság, szilárdsági határ; *el* átütési szilárdság; *pa* szakítószilárdság; ~ **stress** *mech* törő igénybevétel, törőterhelés, törési feszültség; *tex* szakító igénybevétel; ~ **switch** *el* bontóérintkező; kikapcsoló; megszakító; nyugvóáramú érintkező; ~ **tenacity** *tex* szakadással szembeni szívósság; ~ **tester** *pa* szakítóhossz-vizsgáló, szakítógép; ~ **the joint** *önt* formanyitás; ~ **tooth** bontófog; ~**-up** (fel)darabolás; hasítás; zúzás; *ép* felszakítás *(vontatott talajlazítóval)*; *vegy* disszociáció, bomlás; ~**-up and floating of ice** *hidr* jégzajlás; ~**-up of sand** formázóhomok bomlása; ~**-up of the ice surface** *hidr* jégmegindulás; ~**-up of the rocket stage** *rak* fokozatok levál(aszt)ása; ~**-up zone** *bány* lazulási mag; ~ **voltage** *el* megszakítási feszültség; ~ **without explosive** *bány* robbantóanyag nélküli repesztés

breakpoint *el* csomópont; *fiz* abszorbens összeroppanása, abszorpciós küszöb; *mat* töréspont; *szt* megszakítási pont; *vegy* derítéspont; emulziószétválási pont; ~ **counting rate** *at* kritikus számlálási sebesség; ~ **halt** *szt* dinamikus stop, (program)töréspont; ~ **instruction** *szt* megállító/megállási utasítás, stoputasítás; ~ **interrupt** *szt* megszakítás a nyomkövetés céljaira; ~ **method** *geof* töréspontmódszer; ~ **order** → ~ instruction

breakstone kőtörmelék, kőzúzalék

breakthrough áttörés, átlyukasztás; *bány* légáttörés *(kamrák között)*; légösszekötő, légfeltörés; lyukasztás; összekötővágat, szellőzővágat; *félv* átgyújtás; *fiz* abszorbens összeroppanása, abszorpciós küszöb; ~ **capacity** *koh* áttörési kapacitás; ~ **curve** *fiz* áttörési görbe; ~ **of glide** *ásv* csuszamlás áttörése

breakwater (BWR) *hidr* hullámtörő (gát)

bream hajófeneket tisztít

breaming hajófenék letisztítása

breast *bány* fejtési szélesség; front/munkahely homloka; homlokszélesség, pásztaszélesség; *ép* karfa; korlát; mellvédfal; parapet, mellvéd; *koh* mellmedence; *mzg* kormánylemez *(ekén)*; ~**-and-bench** *bány* lépcsős főtepásztafejtés; ~**-and-pillar** *bány* fejtés vágatokkal; ~**-and-pillar work** *bány* kamrapillérfejtés; ~ **auger** *bány* mellfúró *(puha szénhez)*; ~**-beam** *ép* mellgerenda; *tex* mellhenger *(szövőszéken)*; *vasút* elülső/mellső kereszttartó, ütközőgerenda(-tartó) *(mozdonyon)*; ~ **board** *bány* mellgerenda; tűződeszka; *ép* deszkázat, deszkabélés, (ki)deszkázás; zálogdeszka, homlokdeszkázat, cseglyekaró *(alagútépítés)*; *hidr* mellvértezet, homlokdeszkázat; *mzg* kormánylemez *(ekén)*; ~ **borer** mellfúró, furdancs; ~ **box** *pa* (kisnyomású anyag)felfutószekrény; magas torlasztó; ~ **brace** mellfurdancs; ~ **cloth beam** *tex* → ~ beam; ~ **cylinder** *tex* előhenger; ~ **drill** *szer* mellfúró(gép); ~ **harness** *mzg* szügyhám; ~ **heads** *geol* elválási repedés; ~ **height** mellmagasság; *ép* mellvédmagasság, parapetmagasság; ~**-height diameter** *fa* mellmagasságban mért átmérő; ~**-hole** *bány* betörő fúrólyuk; ~ **hook** *hajó* merevítő hevederlemez; ~ **lead** *hidr* búvárszív; ~ **lining** *ép* faburkolat *(ablakdeszka és szegélyléc között)*; ~ **machine** *bány* réselőgép *(keskeny fejtéshez/homlokhoz)*; ~ **method** *bány* kamrapillérfejtés; ~ **mo(u)ldings** → ~ lining; ~ **of a cutting tooth** *forg* vágólap, vágófelület; ~ **of a worsted card** *tex* előhenger *(fésűsgyapjúhoz)*; ~ **of longwall working** *bány* frontfejtés szárnya; ~ **of window** *ép* ablak alatti mellvédfal; ~ **of work** *bány* frontszárny; ~ **pan** *koh* mellmedence; ~ **piece** *vasút* mellvas; ~ **plate** *szersz* tám(lap); ~**-plate transmitter** mellmikrofon; ~ **plough/plow** *mzg* (kézi) gyephántó eke; ~**-rail** *ép* mellvédkorlát; ~ **reliever** *orv* mellszívó (gumilabda); ~ **roll** *pa* mellhenger; ~ **roller** *heng* állványgörgő; *pa* anyagosztályozó; csomótlanító; *tex* előhenger; ~ **shot** *hidr* középen csapott (kerék); ~ **strap** *bőr* szügyelő, hámigaszíj; ~ **summer** *ép* küszöbgerenda; ~ **timber** *ép* feszítődúc; ~ **transmitter** mellmikrofon; ~**(-)wall** *ép* bélésfal; mellvédfal; támfal; *hidr* mellvédfal, homlokfal, ellenfal; ~**-wheel** *hidr* középen csapott (vízi)kerék

breasting *bány* ércfeltárás; hazafeléfejtés; szélesített szelvényű kihajtás; *bány, ép* homlokdeszkázat; *ép* mellvéd

breastwork *bány* begyezés; pásztafejtés; *ép* alagúthajtás; mellvéd; *hajó* korlát, mellvéd, habvéd

breastworker vágathajtó, alagútépítő (munkás)

breathalyser *közl* (alkoholellenőrző) szonda

breathe *tex* lélegzik *(szövet)*

breather *bány* védőkészülék, gázvédő készülék/felszerelés; *el* légzőnyílás, víznyelő, nedvességleválasztó *(transzformátoron)*; olajtöltő nyílás *(kábelen)*; *élip* repedés *(konzervdobozon)*; *ép* szellőző; *gép* szellőző *(forgattyúházon)*; *gépk* levegőszelep; *ol* légzőszelep; ~ **cap** *gépk* légzősapka; ~ **hole** *gépk* lélegzőnyílás; ~ **line** *ol* légzővezeték; ~ **screen** szellőzőszűrő, lélegzőszűrő; ~**-type tank** légzőtartály

breathing légzés; levegő elnyelése és kibocsátása; légtelenítés, víztelenítés *(csővezetéké)*; *gépk* lélegzés *(szelep rossz zárása)*; *műa* gázosítás, szellőztetés; ~ **apparatus (BA)** légzőkészülék; ~ **apparatus with air purifier** *bány* légtisztítással működő légzőkészülék; ~ **bag** vegyszerbetétes zacskó *(gázálarchoz)*; ~ **circuit** *bány* légzési körfolyamat; ~ **equipment** légzőkészülék, önmentő készülék; ~ **film** *műa* légzőfólia, áteresztőfólia; ~ **hose** *bány* légzőcső; ~ **inspirator** légzőkészülék; ~ **layer** *ép* lélegzőréteg; ~ **loss** *ol* kislégzés; ~ **machine/simulator** műtüdő; ~ **mask** védőálarc; ~ **resistance** *bány* légzési ellenállás; ~ **tank** *ol* légzőtartály; ~ **valve** *gép* szippantószelep; *ol* légzőszelep

breccia *geol* breccsa; ~ **structure** *geol* breccsaszövet

brecciated *geol* breccsás; ~ **ground** breccsás kőzet/formáció; ~ **ore** breccsás érc; ~ **vein** breccsás ér; ~ **zone** breccsaövezet

brecciation *geol* breccsaképződés

bredbergite *ásv* bredbergit

Bredt's formula *mech* Bredt-féle képlet/formula

breech *kat* csőfar; lövegzár *(ágyún)*; töltényűr *(puskáé)*; *tex* farok- és lágyékrészgyapjú; lábgyapjú; ~ **block** *kat* csavarzár; lövegzár; ~**-block-carrier** *kat* zárkeret; ~**-block-carrier hinge-pin** *kat* zárkeretcsuklócsap; ~**-block guide-shoulder** *kat* zártestvezetőváll; ~**-block-roller** zártestforgócsap; ~**-block-roller axis** *kat* zártest-forgócsaptengely; ~**-block-slide** *kat* zártestszán; ~**-block-slide spring** *kat* zártestszánrugó; ~**-block-slide spring guide** *kat* zártestszánrugóvezető; ~**-block-tray** *kat* zártestvályú; ~**-block-vent** *kat* zártestfurat; ~**-bolt** *kat* puskazávárzat; ~ **cavity** *kat* csőfarfészek; ~**-closing mechanism** *kat* zárcsuklószerkezet; ~**(-)end** *kat* csőfar, töltényűr; lövegcsőfarrész; ~ **loading** hátultöltés *(fegyveré)*; ~**-lock** *kat* zárkeret; ~**-lock pin** *kat* zárkeretszemölcs; ~**-lock-pin spring** *kat* zárkeretszemölcsrugó; ~ **mechanism (BM)** *kat* zárszerkezet, závárzat; ~**-operating crank/lever** *kat* zármozgató kar; ~**-operating handle** *kat* zármozgatókar-fogantyú; ~**-operating lever assembly** *kat* zármozgatókar-szerkezet; ~**-operating lever catch** *kat* zármozgatókar-akasztó; ~**-operating lever catch-spring** *kat* zármozgatókarakasztórugó; ~**-operating lever crankshaft** *kat* zármozgatókar-tengely; ~ **pipe** *gép* nadrágcső, Y idom; ~ **plate** *kat* lövegcső hátsó lapja; ~ **plug** *kat* záródugó; ~ **recess** *kat* csőfarfészek; ~ **ring** *kat* lövegcsőfargyűrű; ~**-ring hinge-lug** *kat* csőfarfülecs *(zárkereté)*; ~**-ring key** *kat* csőfarrögzítő csap; ~**-rotating cam** *kat* zárforgató váll; ~**-rotating cam screw** *kat* zárforgató vállcsavar; ~**-rotating mechanism** zárforgató szerkezet; ~ **screw** *kat* zárcsavar *(hátsó)*; ~**-screw handle** *kat* csavarzárfogantyú

breeches *pl ruh* térdnadrág, lovaglónadrág; ~ **chute** nadrágsurrantó; elosztógarat; ~ **piece** nadrágcső, Y idom; kétágú garat; ~ **pipe** nadrágcső, Y idom

breechface éklyuk *(ágyún)*; ~ **of gun** puskacső hátsó része, csőfar

breeching *en* füstcsatorna, füstjárat; hordóereszték; *ép, koh* kürtőcsatorna, rókatorok; *mzg* farhám

breed I. *v* tenyészt; okoz, létrehoz, előidéz; **II.** *n* fajta, faj; *geol* kőzetfajta

breeder *at* tenyészreaktor; ~ **end** *at* tenyészvég, urángyűrű; ~ **reactor** tenyészreaktor

breeding tenyésztés; létrehozás; előidézés; *at* tenyésztés, „breeding"; ~ **apparatus** *mzg* csirkekeltető, inkubátor; ~ **blanket** *at* tenyésztőburok; ~ **cycle** tenyésztési ciklus; ~ **fire** *bány* öngyulladás; ~ **gain** *at* tenyésztési nyereség; ~ **ratio** *at* egységnyinél nagyobb konverziós tényező; tenyésztési hányados

breeze[1] *bány* dara; kokszpor, kokszdara; kőszéntörmelék; salaktörmelék; szénpor *(réselési)*; *ép* rostált salak; ~ **brick** salaktégla; ~ **concrete** transzbeton, puzzolánbeton

breeze[2] *el* koronakisülés; *met* szellő

breezing *film* képéletlenség
Bréguet (hair)-spring Bréguet-hajszálrugó
Bremen blue *vegy* brémai kék, bázisos rézkarbonát
bremsspectrum *fiz* bremsspektrum, fékezési színkép
bremsstrahlung *at* bremsstrahlung; fékezési sugárzás; ~ **loss** *at* fékezési sugárzási veszteség; ~ **radiation** fékezési sugárzás; ~ **spectrum** *at* fékezősugárzás spektruma
brestsummer, *US* **bressummer** → breast summer
breton, bretonne (lace) breton csipke
brettice → brattice
brettis → brattice
bretty *bány* légpalánk
breunnerite *ásv* breunnerit
breunschluss *rak* égésvégi/kikapcsolási végpont
brevicite *ásv* radiolit
brevier *nyom* petit
brew I. *v* főz *(sört)*; **II.** *n* sör; főzet; ~ **kettle** sörfőző/komlófőző üst; cefrézőkád
brewer sörfőző; ~**'s copper** *élip* sörfőző rézveder; ~**'s grain** malátatörköly; ~**'s hose** sörtömlő; ~**'s malt** sörmaláta; ~**'s rice** sörfőző rizs; ~**'s yeast** sörélesztő
brewery, brewhouse sörfőzde, sörgyár
brewing sörfőzés, sörgyártás; ~ **industry** söripar; ~ **malt** sörmaláta
Brewster | angle Brewster-szög, polarizációs szög; ~ **law,** ~**'s law** Brewster-törvény
brewsterite *ásv* brewsterit
briar pipa *(hangafából)*; ~ **tooth** tépőfog, horgas fog; *fa* farkasfog; ~**-tooth saw** farkasfogú fűrész
bribes *pl tex* kivágás, szelvény; megsérült szövetvég
brick I. *v* téglával kirak/falaz; téglát rak; **II.** *n* tégla; ~ **abutment** *ép* téglaellenfal; ~**-and-a-half** másfél tégla (vastag); ~ **arch** *ép* téglaboltozat; ~ **attachment** *ép* kőcsap, kőkapocs; ~ **axe** kőfaragó kalapács; ~ **backing** hátfalazás, hátfalazat; kitöltőfalazat; ~ **baffle** füstgázterelő fal; ~ **ballast** *ép* téglaballaszt; ~ **bat** *ép* tégladarab, csorba/törött tégla, téglatörmelék; ~ **bond(ing)** téglakötés, falazati kötés; ~ **building** téglaépület; ~ **built** téglából épült; ~ **burner** téglaégető; ~ **casing** *ép* téglaburkolás, téglaburkolat; ~**-clay** *ép* légszáraz, égetetlen tégla; téglaagyag; vályog; ~ **colo(u)r** téglaszín(ű); ~ **corbel** téglapárkány; ~ **course** téglasor; ~ **course laid on edge** éltéglasor; ~ **dust** téglapor, téglatörmelék; ~**-field** téglagyár; ~ **floor** téglafödém; ~ **flooring** téglapadló, téglaburkolás; ~ **fork** → ~ attachment; ~ **fuel** (szén)brikett; ~ **hammer** *ép, szer* cserepezőkalapács; ~ **in** *v ép* befalaz; ~ **jointed** *ép* téglafalazás kötése; ~ **kiln** téglaégető (kemence); ~**-lined** téglafalazású, téglabélelésű; falazott; *bány* téglával biztosított; ~**-lined furnace door** *koh* falazott ajtó; ~**-lined hot-blast main** *koh* falazott forrószélvezeték; ~**-lined ladle** *koh* falazott üst; ~**-lined masonry** téglával burkolt falazat; ~ **lining** *bány* kifalazás; téglabiztosítás, falazott biztosítás; *ép, koh* téglaburkolat, téglabélés; ~ **made from refuse tans** *bőr* (kilúgozott) cserpogácsa; ~ **mason** kőműves; ~**-masonry** *ép* téglafalazás; téglafalazat; ~ **mo(u)lder** téglavető (munkás); ~**-mo(u)lding machine/press** *ker* téglasajtó, téglaprés; ~ **nogging** *ép* kifalazás *(favázas falé)*; ~ **of tin** öntömb; ~ **oil** *ker* formázóolaj *(téglaprésekhez)*; ~ **on edge** *ép* élére állított tégla, éltégla; ~**-on-edge coping** élére fektetés *(tégláé)*; ~**-on-edge course** *ép* éltéglasor; ~**-on-edge partition** éltégla válaszfal; ~**-on-edge paving** élére állított téglaburkolat; ~ **ore** téglarézérc; ~ **overcast** *bány* falazott keresztezés/léghíd; ~ **pallet** *csom* téglarakodólap; ~ **pavement/paving** *ép* klinkerburkolat; téglaburkolat *(úton)*; ~ **pier** *ép* téglapillér; ~ **rail** *ép* teherhárító ív *(ablak fölött)*; ~ **rattler** *any* téglakoptató dob; ~ **red** téglavörös; ~ **setting** *ép* (be)falazás; téglafektetés; ~ **shaft-lining** aknakifalazás téglával; ~**-soldier course** álló téglasor; ~ **stacker** téglarakodó gép; ~**-steel frame** *ép* téglakitöltésű acélvázas szerkezet; ~ **tea** *élip* préselt tea; ~ **trowel** kőművéskanál, vakolókanál; ~ **up** *v* téglával burkol; *ép* elfalaz; felfalaz; ~ **vault** téglaboltozat; ~ **veneer** *ép* homlokzati téglaburkolat; ~ **wall** *bány* téglagát, falazott gát; *ép* téglafal; ~ **walling** *bány* aknakifalazás; ~ **wall with air gap** légréteges téglafal; ~ **wall with air holes** légüreges téglafal; ~**-wood frame** *ép* favázas szerkezet téglakitöltéssel
bricking *bány* aknafalazás; *ép* téglabélelés, téglával kirakás, nyerstégla-építkezés; ~ **curb** *bány* aknaláb; ~ **scaffold** *bány* falazópad, falazóállás; ~**-up** *koh* téglabélés
bricklayer kőműves, falazó; téglarakó; ~**'s hammer** kőműveskalapács; ~**'s pick** *ép* kőművescsákány; ~**'s scaffold** falazóállvány, kőművesállvány
bricklaying *ép* (tégla)falazás, téglafalazat; téglarakás, téglafektetés
brickwork téglafal(azat), téglafalazás; ~ **bond/joint** téglafalkötés; ~ **bounded to the rock** *bány* kőzethez kötött falazat; ~ **lining** tégla(fal)bélés; ~**s** téglagyár
bride *tex* fűzőfonal *(csipkéhez)*
bridge I. *v* hidat ver, áthidal; **II.** *n bány* kihordólemez *(saraboló)*; lég(vágat)keresztezés, léghíd; *el* áthidalás; hídkapcsolás, (mérő)híd; *ép* áthidalás; híd; szemöldökgerenda; zálogdeszka, homlokdeszkázat, cseglyekaró *(alagútépítés)*; *gép* kengyel, bilincs; *gumi* tüsketartó híd *(csigaprésen)*; *hang* (húrtartó) láb; *hőt* rókatorok; *koh* lángküszöb; tűzhíd; tűzpart; *mat* elvágó él *(gráfban)*, híd; tag, komponens; *opt* nyereg *(szemüvegen, látcsőn)*; *önt* salakkoszorú; *távb* hálózatközi híd; telefonközpontokon belüli áthidalás *(konferenciabeszélgetésekhez)*; crossbar híd; *üveg* zárógát *(üvegolvasztó kemencében)*; *vegy* híd; ~ **abutment** *ép* parti hídpillér, hídfő, hídellenfal; ~ **access work** *ép* hídfeljáró; ~ **afflux** *hidr* hídduzzasztás; ~ **amplifier** *el* hídkapcsolású erősítő; ~ **anemometer** *fiz* hidas anemométer/szélmérő, hídkapcsolásos szél(sebesség)mérő; ~ **approach** *ép* hídfeljáró; ~ **aqueduct** nagy csatornahíd; ~ **arm** *el* hídág, mérőhíd ága; ~ **balance** *metr* hídmérleg; *távk* mérőhíd egyensúlya/kiegyenlítettsége; ~**-balanced d.c. amplifier** *távk* hídkapcsolású egyenáramú erősítő; ~ **baulk** *ép* hídgerenda; ~ **beam** *ép* hídtartó; ~ **bearing** *ép* hídsaru; ~ **boat** *hajó* hajóhídúszótag, ponton; ~ **bolt** *ép* hídcsavar; ~ **branch** *el* hídág, mérőhíd ága; ~ **breaker** *önt* salakkoszorú-törő; ~**-builders' wrench** *ép* hídszerelő csavarkulcs; ~**-building** hídépítés, hídszerelés; ~ **cable crane** *em* hídkábeldaru; ~ **camber** *ép* hídívelés; ~ **circuit** *el* hídkapcsolás, (mérő)híd; X tag, kereszttag; ~ **column** *ép* hídláb; ~ **connection** → ~ circuit; ~ **construction** hídépítés, hídszerelés; hídszerkezet; ~ **crane** *em* portáldaru, híddaru; széntéri daru; ~ **crane leg** *em* bakdaruhídláb; ~ **crane on rails** *em* sínen járó bakdaru; ~ **crane**

with cantilever boom *em* konzolos bakdaru; ~ **crane with hinged boom** *em* billenőkonzolos rakodóhíd; ~ **cross-coil measuring system** *el* kereszttekercses mérőrendszer; ~ **crossing** (vasúti) felüljáró; ~**-cum-fall,** ~**-cum-drop** *hidr* bukós híd; ~**-cum-regulator** zsilipes híd, híd elzárószerkezettel; ~ **deck** *hajó* (híd)fedélzet; középfelépítmény; *közl* hídpálya; ~ **diagonal** hídátló; ~ **diagram** *el* hídkapcsolási diagram/séma; *ép* híd hálózati/rácsozati rajza; ~ **die** *alak* kombinált matrica; összetett alakítószerszám; ~ **drainage** *ép* hídvíztelenítés; ~ **duplex** *távb* hidas duplex rendszer; ~ **element** *vegy* második rövid periódus elemei; ~ **engineer** hídmérnök; ~ **equipage** *kat* hídkészlet; ~ **feedback** *el, távk* hídvisszacsatolás; ~**-filter** *távb* differenciálszűrő; ~ **fire control** *kat* tűzvezetés parancsnoki hídról; ~ **floor** *ép* hídpadlózat, hídpálya; ~ **formation** *koh* boltosodás, boltképződés; ~ **for stream ga(u)ging** *hidr* mérőhíd; ~ **fuse** *el* csöves biztosító; ~ **girder** *ép* hídtartó; ~ **grafting** *mzg* áthidaló oltás; ~**-head** *ép* hídfő; ~ **hybrid** *távk* hibrid csatoló; ~ **impact** *ép* ütés, dinamikus hatás; ~ **joint** *vasút* lengő sínillesztés; ~ **key** áramforrás-kapcsoló *(mérőhídban)*; ~**-layer** *kat* hídverő, hídépítő; ~**-laying** *kat* hídverés; ~ **linkage** *vegy* hídkötés; ~ **mast** *vasút* jelzőhídi jelzőárboc; ~ **measurement** *el* hídmérés; mérés híddal; ~**-megger** *el* hídkapcsolású megger/ellenállásmérő; ~ **member** *ép* hídelem; hídtag; ~ **method** *el* (mérő)hídmódszer; ~ **modulator** *távk* hídmodulátor; ~ **motor** *em* daruhídmotor; ~ **network** *távk* hídkapcsolású szűrőnégypólus; ~ **of several bays** *ép* többnyílású híd; ~ **on piles** *kat* cölöphíd; ~ **on the bow-string principle** íves gerendahíd; ~ **opening** *ép* híd támaszköze/fesztávolsága; hídnyílás, hídív; ~ **over** *v bány* padoz, padozatot felrak; *el* hídba kapcsol; söntöl, megkerül; *ép* áthidal, felüljárót kiképez/átfed; ~ **over plug** *ol* kőzethíd; ~ **oxygen** *vegy* oxigénhíd; ~ **pier** *ép* hídpillér; ~ **pile** *ép* hídcölöp; ~ **pin** *kat* peremcsap; ~ **platform** hídpálya, hídfelszerkezet; ~ **plug** *ol* fúrható dugó; ~ **rail** *ép* hídvágány; ~ **railing/rails** *ép* hídkorlát; ~ **rail shifting machine** → ~-type rail shifter; ~ **ramps** hídrámpa, hídfeljáró; ~**-ratio** *el* hídáttétel; ~ **reamer** *forg* szegecslyukdörzsár; *hőt* kazándörzsár; ~ **rectifier** *el* Graetz-egyenirányító; hídkapcsolású kétutas egyenirányító; ~ **refuge** védőfülke hídon; ~ **reinforcement** *ép* hídерősítés; ~ **resistance** *el* hídellenállás; ~ **resistor** *el* hídellenállás *(építőelem)*; ~ **ring structure** *vegy* hídkötés; ~ **road** *ép* hídpálya; ~**s and tunnels** *ép* műtárgyak, műtárgyépítés; ~ **scale** *metr* hídmérleg; vasútikocsi-mérleg; ~ **seam weld** *heg* átlapolásos tömítővarrat; átlapolt vonalhegesztési varrat; ~ **seat** *ép* híd felfekvése; híd teherelosztó lemeze; ~ **set** *távb* áthidaló transzformátor; ~ **shoe** *ép* hídsaru; ~ **shoring** *ép* híd(be)állványozás, hídállvány; ~ **shuttering** *ép* hídzsaluzás; ~ **signal** *vasút* hídjelző; ~ **sleeper** *ép* hídfa, hídgerenda *(vasúti hídon)*; ~ **spanning the bed river** *ép* mederhíd; ~ **spans and freeboards** *ép* hídnyílások méretei; ~ **spar** *rep* rácsos főtartó; ~ **spot weld** *heg* áthidaló ponthegesztés, átlapolt pontsorhegesztés; ~**-stabilized oscillator** *távk* Meacham-oszcillátor, Meacham-rezgéskeltő; ~ **standard** *ép* hídtartó oszlop; ~ **steeper** *ép* hídfa *(vasúti hídon)*; ~ **stone** *ép* kis nyílást áthidaló kőlap; ~ **structure** *ép* hídszerkezet; ~ **superstructure** *ép* hídfelépítmény, hídfelszerkezet; ~ **support** *ép* hídpillér; ~ **the conveyor** *v bány* szállítószalagot átfed; ~ **the gap** *v el* légrést áthidal; ~ **tie** *ép* hídgerenda; ~ **transformer** *távk* villatranszformátor, hibridtranszformátor; ~ **truss** *ép* hídtartó; ~**-type contact** *távk* kétmegszakításos érintkező, hídérintkező; ~**-type hammer** *mt* hídállványos kalapács; ~**-type rail shifter** *vasút* hidas vágányszállító gép; ~ **type trap** *távk* hídszívókör; ~ **under** *v* aluljárót épít; ~ **wall** *ker* hídfal; *koh* alacsony válaszfal *(nagyolvasztóban)*; ~ **washer** szelephíd; ~ **water-conduit** *ép* hídcsatorna, akvedukt; ~ **way** → ~ road; ~ **welding** *heg* hevederes hegesztés; ~ **wire** *el* csúszóhuzal *(mérőhídé)*; izzószál *(gyújtóé)*; *ép* tartókábel; ~**-wire break** *geof* gyutacsidőjel; ~ **with piers** *ép* pilléres híd

bridged híd-; keresztezett; *el* söntölt, áthidalt *(áramkör)*; *ép* befedett *(nyílás)*; ~ **network** *távk* Y tag; ~ **T-network** *távk* áthidalt T tag; ~ **track** *ép* légzsilipajtó-elzáró lengőretesz; ~ **traffic route** áthidalt közlekedési út

bridgeman hídépítő munkás

bridgeware *szt* bridgeware, formátumkonvertálás

bridging *bány* áthidalás; boltosodás, fennakadás *(bunkerben, garitónyílásban)*; rakodóhíd; *el* söntölés, áthidalás; *ép* állvány(zat); áthidalás; hídverés; hosszhajó *(templomban)*; padló, padozat; *fa* széldeszka, zsaluzóléc; *geod* légi sokszögelés; *hidr* szemcseátboltozódás *(kútban)*; *koh* bolt(ozat)képződés; boltosodás; fennakadás; hídképződés; *mat* átvitel *(összeadásban, kivonásban)*; tízesugrás *(összeadásban)*; *szt* felismerhetetlen OCR karakterek; *vegy* áthidaló kötés (képződése), hídképződés; ~ **amplifier** *el* mérőerősítő; *távk* lehallgatóerősítő, monitorerősítő; ~ **beam** *ép* fogófa, átkötőgerenda; ~ **brush** *távk* áthidalókefe; ~ **capacitor** söntölőkondenzátor; ~ **chute** beeresztőcsúszda; ~ **circuit** áthidalókapcsolás, áthidalóáramkör; ~ **coil** *el* áthidalótekercs, párhuzamosan kapcsolt tekercs; ~ **condenser** söntölőkondenzátor; ~ **conductor** *vasút* vagonközi fővezeték; ~ **feeder** *el* kerülővezeték; ~ **filter** *távk* figyelőszűrő; ~ **floor** *ép* gerendafödém; ~ **gain** hídkapcsolási erősítés/nyereség; ~ **jack** *távb* párhuzamos hüvely; *távk* elágazóhüvely; ~ **joist** *ép* kereszttartó; mestergerenda; ~ **line** *távb* csoportos vonal; közös csatlakozás; ~ **lorry** *kat* pontonszállító gépkocsi; ~ **loss** *el* hídkapcsolási veszteség; *távk* átkötési csillapítás; ~ **piece** *el* áthidaló tag/elem; *ép* fogófa, fogógerenda; ~ **plug** *el* rövidre záró dugó; *ol* béléscsődugó; ~ **properties** *pl műa* résáthidaló képesség, réstömítő képesség; ~**s** *ép* zsaluzás, zsaluzat; ~ **set** *távb* áthidaló transzformátor; ~ **tank** utásztank; ~ **title** *film* összekötő főcím; ~ **wiper** *távb* átlapolókefe

Bridgman method/procedure *ásv* Bridgman-módszer, Bridgman-eljárás

bridle kengyel, bilincs; *bőr* kantár; zabla; *el* oldalmerevítő huzal *(légvezetéké)*; *forg* felfogókengyel; *gép* függesztőkeret; rugóbilincs, rugókengyel; *vasút* tolattyúkeret; ~ **bar** *vasút* váltóállító kar; ~ **butt** *bőr* krupon *(lószerszámhoz)*; ~ **cable** *ép* kihorgonyzókötél; ~ **chain** *bány* biztonsági függesztőlánc *(falazópadé, aknakasé)*; összekötőlánc; ~ **for the main spring** rugós kulcskantár; ~ **leather** *bőr* szíjazatbőr; ~ **of a contact wire** *vasút* felsővezeték-feszítő huzal; ~ **of a spring** rugókengyel; ~ **path** *hajó* vontatóút;

~ **ring** *el* vezetékfüggesztő gyűrű/kengyel; *távb* terelőgyűrű *(rendezőállványon)*; ~ **(stretcher) rod** *vasút* csúcssínösszekötő rúd; ~ **wire** *távk* átkötő *(szabadvezeték és kábel között)*; átvezetőhuzal

bridled anemometer *met* fékezett (forgókanalas) anemométer/szélmérő

brief I. *v kat, rep* eligazít; **II.** *n* fél irodai papíralak; rövid (alsó)nadrág; ~ **acceleration** *rep* rövid idejű gyorsulás; ~ **loss of radar contact** *rep* radar-összeköttetés átmeneti elvesztése

briefing *kat, rep* eligazítás; *rep* időjárási tájékoztatás; ~ **office** *rep* eligazító iroda; ~ **room (BR)** *rep* eligazító, repülés előtti tájékoztató helyiség

brigade csapat, brigád; *kat* dandár; ~ **aviation platoon** dandár repülőszakasz; dandár légi rohamcsoport; ~ **tactical operations centre/center** dandár harcálláspont

Briggs, Briggsian logarithm Briggs-féle logaritmus, 10-es alapú logaritmus, lg

bright fényes, ragyogó; izzó; erős fényű; világos; élénk *(szín)*; *gép* fényes, sima; *koh* revementes; ~ **adaptation** *opt* alkalmazkodás a környezet világosságához; világossághoz/fényhez adaptálás; ~ **annealed wire** *hők* fényes lágyhuzal; ~ **annealing** *hők* fényes/revementes lágyítás; reveszegény lágyítás/izzítás; ~**-annealing furnace** *hők* fényesre lágyító kemence; ~ **anodic oxide coating/layer** *koh* fényes anódos oxidréteg; ~ **anodizing** *hők* fényes eloxálás; ~ **bath** *koh* fényesítőfürdő; ~ **blue** búzavirágkék, világoskék; ~ **bolt** *gép* fényes/megmunkált csavar; ~ **brown coal** *geol* fényes barnakőszén; ~ **burning coal** lángszén, hosszú lángú szén; ~ **cherry-red (heat)** *hőt* világos cseresznyepiros (izzás); ~ **chromium-plated** fényesen krómozott; ~ **coal** fényes szén; ~ **colo(u)r** → ~ cherry-red heat; ~ **crystalline fracture** *any* durva szemcsés törés/töret; ~ **dip (bath)** polírfürdő; ~ **dipping** mártás polírozófürdőbe; ~ **display** nagy fényességű ernyő *(helytelenül: napfényernyő, radaré)*; ~ **drawing** *heng* fényesre húzás; ~**-drawn** *heng* fényesre húzott; ~**-drawn bar** *heng* fényesre húzott rúd; ~**-drawn steel (rod)** *heng* fényesre húzott acél(rúd); ~**-drawn wire** fényes huzal, fényesre húzott huzal; ~ **electroplating** fényes galvánréteg; ~ **emitter** *el* izzókatód; *fiz* izzó (fény)sugárzó; ~**-enamel paper** *pa* egyoldalt sima papír; ~ **field** *opt* világos tér; ~**-field condenser** *opt* világos látómezejű kondenzor/gyűjtőlencse; ~**-field illumination** *foto, opt* világos látóterű megvilágítás; ~**-field microscopy/observation** *opt* világos látóterű mikroszkópia; ~ **finish** fényesre munkálás; fényes felület; ~**-finished** fényes(re csiszolt/munkált); ~ **finishing** *forg* fényesre megmunkálás; ~ **fireball** *csill* fényes tűzgömb/bolida; ~ **flat steel** fényes laposacél; ~ **fracture** *any, ásv* fényes törés/töret; ~ **galvanizing** fényes horgany(o)zás; ~**-grain leather** *bőr* barkás tehénbőr; ~ **hardening** *hők* fényesedzés; revementes edzés; ~**-head** *bány* agyagos törési hasadék; sima törés/hasadék; sima töret *(szénben)*; *geol* rétegfelület, rétegződés felülete; vállap, repedés, hasadás; ~ **line** *ásv* Becke-féle vonal; ~**-lustre/luster sheet** *heng* különlegesen fényes lemez; ~ **nut** *gép* fényes anya; ~ **orange (heat)** világos narancsvörös (izzás); ~ **pickle** *v koh* fényesre pácol; ~ **plating (BP)** fényesre galvanizálás; ~ **rayon** fényes műselyem (szövet); ~ **red** élénkpiros; ~**-red heat** *hők* élénkvörös izzás; ~ **rolled** *heng* fényesre hengerelt; ~ **rope** (horgonyzott) fényes drótkötél; ~ **round steel** *heng* fényes köracél; ~**s** → brights; ~ **sheet** *heng* fényes lemez; ~ **side** *heng* fényes oldal; ~ **steel** *koh* fényesre húzott acél; ~ **stock** *ol* „bright stock", aszfaltmentes lepárlási maradék; hengerolaj-alapanyag; ~ **tin acid bath** fényes savas ónfürdő; ~ **turned washer** fényesre megmunkált alátét; ~ **wire** → ~-drawn wire; ~ **zinc coating** fényes horganyozás

brighten derít; világosít; fényesít; világosodik; *fa, pa* fényez; *tex* avivál; ~ **by bleaching** *tex* optikailag fehérít

brightener fényesítő adalék *(galvánfürdőhöz)*; *tex* élénkítő/aviváló szer

brightening *film* derítés; *opt* kivilágítás, megvilágítás; *óra* fényesítés; *tex* aviválás, élénkítés; ~ **addition** *koh* fényesítő adalék; ~ **bath/electrolyte** *koh* fényesítőfürdő; ~ **by bleaching** *tex* optikai fehérítés; ~ **pulse/impulse** *tv* kivilágosító impulzus; ~ **up** kivilágítás, megvilágítás

brightness világosság; ragyogás; élénkség *(színé)*; tűz *(drágakőé)*; *foto* fényesség, erős visszaverődő fény; *opt* (felületi) fényesség; világosság; *pa* fehérítési fok; *tex* fény; *tv* fényerő; ~ **contrast border** *tv* fényerő-határoló; ~ **control** fényerő-szabályozó; ~ **distribution** *opt* fénysűrűség-eloszlás; ~ **distribution curve** fényességeloszlási görbe; ~ **flicker** *el* fényességvillódzás; ~ **fluctuation** *el* fényességingadozás; ~ **jump** fényerőugrás; ~ **level** *foto* fényerőszint; ~ **meter** *foto* fénymérő; ~ **pyrometer** *opt* részsugárzást mérő pirométer; ~ **range control** fénysűrűség-szabályozás, fényerő-szabályozás; ~ **ratio** *szt* kontrasztátfogás; ~ **reversion** *pa* utánsötétedés; ~ **step** → ~ jump; ~ **temperature** *fiz* feketetest-hőmérséklet, Planck-hőmérséklet

brightray krómnikkel ötvözet

brights hámtalanított festett selyemfonal

brightwork *fa* (fafelület-)csiszolás

brillant | paper fémfóliára kasírozott papír; ~ **starch** fényezőkeményítő

brilliance ragyogás; (felületi) fény(esség)/fényerő; fény(esség) *(színé)*; *el* fényerő; *hang* csillogó hangszín; *opt* fényesség, erős visszaverődő fény; *pa* fény; ~ **control** *tv* fényerő-szabályozás; ~ **modulation** *tv* fényerő-moduláció

brilliancy → brilliance

brilliant I. *a* csillogó, fényes, ragyogó; *tex* élénk színű; **II.** *n ásv* briliáns; ~ **anodizing** *hők* fényes eloxálás; ~ **foil** fémmel kasírozott papír; ~ **fracture** briliáns törés; ~ **lustre/luster** igen erős fény; *ásv* gyémántfény; ~ **polish** finom polírozás, tükörfényezés, tükröző fényezés; ~ **scarlet** *vegy* brilliantbíbor *(sztilbénszínezék)*; ~ **view finder** *film* függőleges betekintésű képkereső; *foto* felülnézet-kereső; ~ **wool** *tex* fényes/fénylő gyapjú; ~ **yarns** *tex* selyemfonallal/gyapjúfonallal összesodort fémfonalak; ~ **yellow** *vegy* brillantsárga *(sztilbénszínezék)*

brilliantine *tex, vegy* brillantin

Brillouin | function *ásv* Brillouin-függvény; ~ **plane** Brillouin-sík; ~ **zone** *félv* Brillouin-zóna

brim I. *v* karimáig/teljesen/színültig megtölt; **II.** *n* karima, káva, perem, szegély, szél

brimstone *vegy* (darabos) terméskén; ~**-acid** *vegy* tiszta kén elégetéséből nyert (arzénmentes) kénsav; ~ **yellow** kénsárga
brin gubószál *(egyes)*
brindled tarka; *tex* pettyes, vonalas
brine I. *v vegy* besóz; megsóz, sóval kever/telít; **II.** *n* sós víz; *bőr, élip* sós lé; *hajó* tengervíz; *hőt* sós víz; *vegy* sólé, sóoldat; ~ **coil for cooling** közvetett léghűtő (sólével); ~ **concentrator** sóoldatbepárló; ~ **cooler** sóléhűtő; sópermetes hűtőgép; ~ **cooling** *élip, ép* sópermetes hűtés; ~ **ga(u)ge** sósűrűségmérő; ~ **injection control/regulation** páclé-befecskendezés szabályozása; ~ **pan** sóbepárló kád; ~ **pit** sófőző, sópárló (üzem); ~ **quenching** edzés sóoldatban; ~ **refrigeration** hűtés sólével; ~ **tank** sólétartály; ~ **temperature control/regulation** páclé hőmérséklet-szabályozása; ~ **valve** tengervízszelep
brined hide *bőr* sólében tartósított nyersbőr
brinell *any* brinellez, Brinell-féle keménységet mér; *gép* golyóbenyomódás miatt tönkremegy *(csapágy)*
Brinell | hardness (BH) *any* Brinell-keménység; ~ **hardness figure/number** *any* Brinell-féle keménység(i szám); ~ **hardness test** Brinell-féle keménységi próba; ~ **method** *any* Brinell-féle keménységmérő módszer; ~**'s machine** *any* Brinell-keménység mérő; ~**-transference number** *any* átszámítási szorzószám Brinell-féle keménységre
brinelling *any* brinellezés; *gép* golyóbenyomódás keletkezése
bring (el)hoz; *fa* kiközelít, vontat; ~ **about** okoz, létrehoz, előidéz; *vegy* létrehoz; ~ **back** visszahoz; *bány* hazafelé művel, visszahaladva művel; ~ **back to zero** *metr* zérusra/nullára visszaállít; ~ **down** *bány* fejt, jöveszt; *koh* kiolvaszt, beolvaszt; ~ **flush** szintez, egyenget, (ki)egyenesít; elsimít, kiegyenlít, egy szintre hoz; ~ **in** *nyom* behoz; *rep* fordulóba bevisz; hangárba vontat; ~ **in a well** *ol* fúrást levisz (termelő rétegig), kutat megindít *v.* termelésbe hoz; ~ **into (dye)** *tex* bevisz *(színezéket)*; ~ **into focus** *opt* fókuszol, fókuszba hoz/állít; ~ **into play** *gép* megindít, üzembe helyez *(nagyolvasztót)*; ~ **into step** *el* szinkronizál, szinkronoz; ~ **out** *nyom* kihoz; *rep* kihúz *(fordulóból)*; kivontat *(hangárból)*; ~ **to a standstill** *gép* leállít; ~ **together** összehoz, koncentrál; ~ **to grade** *ép* profiloz, szelvényt kitűz; ~ **to rest** *gép* megállít; ~ **to the boil** *tex* felforral; ~ **to the level** *ép* szintez, planíroz; vízszintbe hoz; ~ **to the pit eye** *bány* aknarakodóhoz szállít; ~ **to the required dimension** *forg* kívánt méretekre hoz; ~ **up** *geod* felmér; *koh* karbontartalmat növeli; ~ **up to brade** *ép* feltölt *(utat)*; ~ **up-to-date** korszerűsít; napra készre hoz *(számadást)*; ~ **up to grade** *ép* kitűzött szintbe feltölt/hoz; ~ **up to red heat** *hők* vörösizzásra hoz, vörösre izzít; ~ **up to shade** *tex* színárnyalatra színez; ~ **up to voltage** *el* üzemi feszültségre emel
bringing hozás, hozatal; *fa* kiközelítés; ~ **back** *bány* lábazás; pillérvisszafejtés; visszafelé/hazafelé haladó művelés; ~ **board** *hidr* áthidalópalló, járópalló, gyaloghíd, bürü; ~**-down** *koh* leszállás *(adagé)*; ~**-in of well** *ol* kútindítás; ~ **into production** *ol* kútindítás; ~ **into service** üzembe helyezés
brining besózás; megsózás; *bőr* sózás *(sós lében)*
briny sós
briquette I. *v* brikettez; brikettet présel; **II.** *n any* nyolcas alakú *v.* piskóta próbatest; *bány* préselt/sajtolt szén, szénpogácsa, brikett; *koh* préselt érc; ~ **chippings** brikettmorzsalék; ~ **made with a binder** kötőanyag-tartalmú brikett; ~ **mo(u)lder** brikettsajtoló; ~ **of scrap** sajtolt fémhulladék/ócskavas; ~ **press** brikettsajtoló, brikettezőprés; ~ **tensile strength** *ép* piskóta alakú próbatest húzószilárdsága; ~ **tester** cementpiskóta-szakító gép
briquetted *bány* briketté sajtolt, brikett-; brikettezett; ~ **concentrate** brikettezett koncentrátum; ~ **ore** brikettezett érc
briquetting *bány* brikettezés, brikettgyártás; *koh* brikettálás, sajtolás, tömörítés; ~ **asphalt** brikettipari bitumen, szén brikettezésére használt bitumen; ~ **machine** sajtolóprés, brikettezőprés; ~ **pitch** brikettszurok; ~ **plant** brikettezőmű, brikettgyár; ~ **press** sajtolóprés, brikettezőprés; ~ **with binder** *bány* kötőanyagos brikettezés; ~ **without binder** *bány* kötőanyag nélküli brikettezés
brisance *bány, kat* brizancia, brizánsság, brizáns jelleg, repesztőerő, robbantóerő
brisant *bány, kat* brizáns
bristle *tex* sörte, ebszőr; ~ **brush** sörteecset; ~**-like** *tex* sörteszerű; ~ **mark** *pa* kefemarkírozás
bristly sörtés
Bristol | (card)board *pa* brisztolkarton; ~ **Fourdrinier** *pa* natúrkarton; ~ **paper** → ~ (card)board; ~ **recorder** *bány* folyadéknyomás-író
Britannia | alloy/metal *koh* britanniafém; ~ **cell** *bány* sűrített levegős kamra *(flotáláshoz)*; ~ **splice** *el* Britannia-kötés
britch *tex* lábgyapjú, faroktőgyapjú
British | Assocation screw thread *gép* metrikus finommenet; ~ **Association ohm** angol ohm *(0.9866 nemzetközi ohm)*; ~ **board** *pa* szalmalemezpótló; ~ **gum** *élip* dextrin; ~ **horse-power** angol lóerő; ~ **meson** pi mezon, π-mezon, pion; ~ **Microcomputer Manufacturers' Group (BMMG)** Angol mikroszámítógépgyártók csoportosulása, BMMG; ~ **patent (Br.p.)** brit szabadalom; ~ **printing** famentes nyomópapír; ~ **Reinforced Concrete fabric (BRC fabric)** *ép* vasbetét háló; ~ **Standard (Br St, BS)** brit szabvány; ~ **Standard channel** *heng* szabványos U vas; ~ **Standard fine (screw) thread (BSF, BSFT)** brit szabványos finommenet; ~ **Standard Institution (BSI)** Angol Szabványügyi Hivatal, BSI; ~ **Standard pipe/gas thread (BSP)** Whitworth-csőmenet, Whitworth-gázmenet; ~ **Standard Whitworth thread (BSW)** brit szabványos; Whitworth-finommenet; ~ **Standard wire gauge (BSWG)** brit szabványos huzalméret-sorozat; ~ **Thermal Unit (BTU)** angol hőegység *(1,26 J)*
brittle *any* rideg, merev; *bőr* törékeny; *fa, talt* morzsolódó, revesedett; *talt* morzsolékony; *tex* merev; ~ **at blue heat** *koh* kéktörékeny; ~ **coating** *műa* rideglakkbevonat; szakadó lakkréteg; ~ **crack** rideg repedés; ~ **crack propagation** ridegrepedés-képződés; ~ **failure** → ~ fracture; ~ **feel** *tex* merev fogás; ~ **fracture** *any, hők* ridegtörés; ~ **fracture initiation** ridegtörésképződés; ~ **grain** *bőr* repedős barka; ~ **hairs** halott gyapjúszál; ~ **iron** melegen rideg vas; ~ **lacquer** karcolható/rideg lakk; ~ **material** rideg/morzsolódó

anyag; *mech* rideg test; ~ **metal** rideg fém; ~ **mica** merev csillám; ~ **point** *műa* ridegedési pont; ~ **rock** *talt* merev/rideg kőzet; ~ **silver ore** *ásv* ridegezüstérc; stefanit; ~ **temperature** *műa* ridegedési hőmérséklet; ~ **weld** rideg varrat; ~ **when cold** hidegtörékeny; ~ **when hot/red** melegtörékeny, vöröstörékeny; ~ **wood** revesedett fa; ~ **wool** durva/túlszárított gyapjú

brittleness *any* merevség, ridegség, törékenység; *ép* ridegség, rideggé válás; *talt* morzsalékonyság

briviskop *any* ernyőre vetítő műszer a Brinell-, illetve a Vickers-keménység meghatározására

brivisor *any* vizuális műszer a Brinell-, illetve Vickers-keménység meghatározására

Brixlegg process *koh* Brixlegg-eljárás

broach I. *v élip* megcsapol, csapra ver; *fa* csaposan illeszt; megcsapol; *forg* (ki)üregel *(tüskével)*; húzva mar; tüskéz; *mt* áthúz, (ki)töröl; átlyukaszt; kiszélesít; kivés; *ol* bővít; **II.** *n bőr* ár; *ép* pántcsap; *forg* húzómaró; lyukasztótüske; üregelő(tüske); *gép* zárcsap; *heng* tüske *(csőhúzáshoz)*; *tex* eregetőtű, zsinórozótű; ~ **ashlars** *v* (faragott) követ megmunkál; ~ **bit** *forg* üregelőtüske; *ol* bővítőfúró; ~ **elevator** *forg* tüskekiemelő *(üregelőgépen)*; ~ **file** *szersz* kerek tűreszelő; ~ **guiding (tray)** *forg* tüskevezeték; ~ **holder** üregelőtüske-tartó; ~ **inset** *forg* húzómaróbetét; ~ **lifter** *forg* tüskekiemelő; ~ **out** *v ép* kivés; ~ **post/piece** *ép* függesztőoszlop; sisakárbocfa *(tetősisaké)*; ~ **puller** *forg* üregelőtüske-tartó; ~ **reamer** *forg* kúpos dörzsár; ~ **shank** *forg* üregelőtüske-szár; ~ **to size** *v forg* végső méretre üregel

broached *ép* szemcsézett; *forg* üregelt, húzva mart; *ol* bővített; ~ **work** *ép* stokkolt kő; szemcsézés

broaching I. *a* áthúzó, üregelő; **II.** *n* áthúzás; átlyukasztás; *forg* húzómarás; üregelés; *ol* bővítés; ~ **bit** *forg* tolótüske, üregelőtüske; *ol* bővítőfúró; ~ **cut** *forg* üregelés, húzómarás; ~ **fixture/jig** *forg* üregelőkészülék; ~ **press machine** *alak* lyukasztósajtó; *forg* üregelőgép, húzómaró gép

broad I. *a* széles, tág(as), terjedelmes; **II.** *n* széles rész, kiszélesedés; *film* fényárlámpa; ~ **aisle** *ép* középhajó *(templomé)*; ~ **arrow engine** *gépk* V motor; ~ **axe** szekerce; ~ **balancing transformer** széles sávú szimmetrizáló transzformátor; ~**-base terrace** *hidr* széles alapú sánc; ~**-base tower** széles talpú távvezetékoszlop *(külön-külön lehorgonyzott lábakkal)*; ~ **beam** *fiz* kollimátor nélküli sugárnyaláb; széles (nyílású) (sugár)nyaláb; szórt sugárzás; ~**-beam absorption** széles nyílású (sugár)elnyelés; ~**-beam headlamp/headlight** széles sávú fényszóró; ~**-beam measurement** széles sugárnyalábú mérés; ~ **bran** *élip* gorombakorpa; ~ **chap hard vice** *forg* széles pofájú sikatytyú; ~ **chisel** *ép* peremező; *szersz* simítóvéső; ~**-crested fall/drop** *hidr* széles küszöbű/koronájú fenéklépcső; ~**-crested flood** *hidr* tartós árhullám; ~**-crested weir** *hidr* széles küszöbű gát/bukó; ~ **drawing machine** *tex* szélesre nyújtó gép; ~ **fabric** *tex* szélesáru; ~ **flange(d) beam** *ép* H gerenda; széles talpú/széles övű I gerenda/tartó; ~ **flange(d) T iron/bar/steel** *ép* széles talpú T szelvény/rúd/vas; ~ **fold** *nyom, pa* keresztirányban hajtogatott; ~ **folding** *nyom* albumhajtás; ~**-footed rail** *vasút* széles talpú sín; ~ **ga(u)ge (Bg)** *vasút* széles nyomtáv; ~**-ga(u)ge forklift/stacker truck** *em* terpesz emelőtargonca; ~**-ga(u)ge spur-track** *vasút* széles nyomtávú mellékvágány; ~ **goods** → ~ fabric(s); ~ **headed** *gép* széles fejű; ~ **irrigation** *hidr* öntözés szennyvízzel; szennyvizek kiöntözése; ~**-leaf tree** lombos fa; ~**-leaved** *fa* lomblevelű; ~**-leaved sawnwood** lombos fűrészáru; ~**-nosed** széles végű/élű; ~**-nose tool** *forg* széles nagyolókés; ~ **rigging chisel** doroszolóvas, rovátkolóvas; ~**-ringed** *fa* ritka évgyűrűzetű, széles évgyűrűs; ~**-rolled girder/section** *ép* széles talpú hengerelt tartó; ~ **set hammer** *szersz* (nyeles) simítókalapács/egyengetőkalapács/illesztőkalapács/lapítókalapács; ~ **siding pass** *koh* szélesítő szúrás; ~ **spur** *vasút* széles nyom(táv); ~ **stone** *ép* csiszolt burkolókő; kőkocka, kváderkő; ~ **strip** *koh* széles szalag; ~**-strip mill** *heng* szélesabroncsmű; szélesszalag-hengermű; ~**-strip train** *heng* szélesabroncssor; ~ **tail** *bőr* „breitsvanc"; ~ **tool** *ép* szélesacél, széles véső *(kőfaragáshoz)*; ~ **tuning** *távk* széles sávú hangolás; ~ **wall** *bány* (széles homlokú) frontfejtés; haladópászta-fejtés; longwall-fejtés; ~ **way** *közl* fő közlekedési út; ~ **window** üvegtábla; ~ **wool** *tex* íveltség és rugalmasság nélküli gyapjú

broadband *távk* széles sávú; ~ **amplification** *távk* széles sávú erősítés; ~ **amplifier** széles sávú erősítő; ~ **antenna** széles sávú antenna; ~ **carrier system** széles sávú vivőfrekvenciás rendszer; ~ **filter** széles sávú szűrő; ~ **LAN** széles sávú helyi hálózat; ~ **line** széles sávú vonal; ~ **message** közlemény; ~ **microvoltmeter** széles sávú mikrovoltmérő; ~ **network** *szt* rádióhálózat; ~ **quantum amplifier** széles sávú kvantumerősítő; ~ **recording** széles sávú felvétel; ~ **satellite** *szt* műsorszóró műhold; ~ **technique** széles sávú erősítési technika; ~ **transformer** széles sávú transzformátor

broadcast I. *v távk* rádión/televízión közvetít/ad, közvetít; sugároz, emittál; **II.** *n rep* rádióadás, rádióműsor-szórás; *távk* (rádió)közvetítés; hírszórás; műsorszórás; ~ **addressing** *szt* általános címzés; ~ **advertising** rádióreklám; ~ **band listener** rádióhallgató; ~ **by TV** *v* televízión ad/közvetít/sugároz/átvisz; ~ **channel** *rád* műsorközvetítő/műsorsugárzó csatorna; ~ **day** rádiónap *(napkeltétől éjfélig)*; ~ **listener** rádióhallgató; ~ **mode** *rep* adásmód; ~ **receiver** rádióvevő készülék; ~ **receiver licence holder** rádió-előfizető; ~ **reception** rádióvétel; műsorvétel; ~ **relay transmitter** közvetítőállomás; ~ **sound receiver** rádióműsor-vevő készülék; ~ **transmission** műsorközvetítés, műsorszóró adás; ~ **transmitter/transmitting station** rádióadó, műsorszóró adó; ~ **videotex** sugárzott videotex (teletext); ~ **videotext system** képújság; ~ **vision receiver** televízióműsor-vevő készülék; ~ **wave** rádióhírszóró hullám

broadcaster *mzg* szórva vető gép; trágyaszóró gép

broadcasting *távk* hírszórás, műsoradás, műsorszórás, rádióközlés, közvetítés; rádióadás; ~ **centre/center** rádióközpont; ~ **equipment** rádióberendezés; ~ **house** rádióstúdió; ~ **network** műsorszóró hálózat; ~**(-satellite) service** (műholdas) műsorszóró szolgálat; ~ **station (BS)** rádióadó; (műsorszóró) rádióállomás; ~ **technique** rádiótechnika; ~ **wave** adóhullámhossz

broaden kiszélesít, kiterjeszt; (ki)szélesedik, kiterjed

broadening kiszélesítés, kiterjesztés; kiszélesedés, kiterjedés

broadness szélesség

broadscale | **air current,** ~ **flow** *rep* nagy kiterjedésű légáram; ~ **perturbation** *rep* nagy kiterjedésű perturbáció
broadsheet *nyom* fekvőalak *(papírívé)*; *pa* falragasz, plakát
broadside *film, foto* (filmműtermi) reflektorsorozat; *kat* oldalsortűz *(hajóról)*; *nyom* (össze)hajtogatott nyomtatvány; egyoldalúan nyomott; *pa* harántalak, harántformátum; ~ **antenna/array** *távk* függönyantenna, síkantenna, felületi antenna; oldalsugárzó, broadside-antenna; ~ **dipole array** (félhullámú) dipólsor, dipólsík; ~ **directional antenna** → ~antenna/array; ~ **mill** *heng* szélesítő hengerállvány; ~ **rolling** *heng* szélesítés; ~ **shooting** *geof* szimmetrikus terítéssel végzett szeizmikus robbantás/mérés
brob *bány* ék, szeg *(ácsolat elcsúszásának megelőzésére)*; faék *(aláréselt szén alátámasztására)*; támfapapucs
brocade brokát(szövet); ~ **ribbon** *tex* brokátszalag; nehéz mintázott szalag
brocatel *ásv* katalán márvány
brochantite *vegy* brochantit
broché broszövet; ~ **weft** brosévetülék
brochure *nyom* brosúra, füzet; ~ **binding machine** brosúrakészítő gép; ~ **casing(-in) machine** brosúrabeakasztó gép; ~ **stitching machine** brosúrafűző gép
brog *szersz* furdancs, kézifúró
bröggerite *ásv* uraninit, cleveit, bröggerit
brogue *cipő* lyukaszt
broguing *cipő* bőrlyukasztás
broiding *tex* hímzés
broil I. *v ker* éget, hevít, süt; **II.** *n geol* érnyom, mállástermék *(összekeveredett kőzetben)*; ~ **ore** lefejtett érckészlet
broke → brokes
broken eltört, törött; tönkrement, megszakított, megszakadt; barázdált, megtört, széttört; *any* rideg, merev; törékeny; *bány* fejtés alatt álló, lefejtett, megbontott; töredékes; *koh* tört, aprított; *műa* megtört *(festék)*; *nyom* szaggatott; *tex* elszakadt; *vegy* nyílt *(lánc)*; ~ **and graded coke** rostált/válogatott koksz; ~ **arch** csúcsív, gótikus/emelt ív; ~ **back** *hidr* tört lap; ~ **back transition** *hidr* tört lapú *v.* sarkos átmenés *(műtárgyé)*; ~ **base** *ép* megtört alapvonal; ~ **blade** *hidr* tört profilú lapát; ~**-bladed conveyor** *em* csigalapátos szállító, keverőcsiga; ~ **bracket** *mat* hegyes zárójel; ~ **bricks** törmeléktégla, törött tégla, brokni; ~ **castings** *önt* öntvénytöredék; ~**-chord truss** *ép* poligonális övű tartó; ~ **chute** *geol* elágazó lejtő/lejtés; ~ **circuit** *rep* megszakadt áramkör; ~ **clouds (BC)** *met* szakadozott felhőzet; ~ **coal** *bány* 70-100 mm-es szén; rostált antracit; ~ **coke** koksztörmelék; ~ **colo(u)r** keverékszín, kevert szín; ~ **course** téglasor iránytörése; keresztsor *(téglakötésben)*; *tex* elszakadt vetülékfonal; ~ **diagonal** *mat* törött átló *(bűvös négyzetben)*; ~**-down coal** *bány* lejövesztett szén; ~**-down material** *bány* fejtmény; ~**-down roof** *bány* megbontott/málló főte; ~**-down rubber** masztikált kaucsuk; ~**-down slab** előhengerelt laposbuga; ~ **drafting** *tex* ugrásos befűzés; ~ **end** *tex* láncfonalszakadás; ~ **filling** vetülékfonalszakadás *(szövetben)*; ~ **flexure** megbontott áthajlás; ~ **folds** *geol* tört gyűrődés; ~ **grain** *bőr* repedt barka; ~ **grains separator** *mzg* vetőmagtisztító gép; ~ **hardening** lépcsőzetes edzés; ~ **hemp** tört/gépelt kender; ~ **iron** ócskavas, (vas)törmelék, vashulladék; ~ **joints** *vasút* váltakozó sínillesztés; ~**(-)line** tör(öt)t/szaggatott vonal, nyílt sokszög; tört vonalú; ~ **material** *bány* hányó; *mech* (aprítógépi) késztermék; osztályozatlan zúzott adalékanyag; ~ **matter** törmelék; ~ **mo(u)ld** *önt* kiolvadómintás (öntő)forma; ~ **number** *mat* törtszám; ~ **ore** *bány* érctörecs, fejtmény, tört érc; ~**-out section** *gép* (ki)törés *(részmetszet)*; ~ **over** *nyom* falcli(zás); szalagra ragasztott könyvhát; ~ **pass** ugrásos *v.* tört sorú befűzés; ~ **pattern** *tex* kötéshiba *(szövetben)*; ~ **pick** elszakadt vetülékfonal; ~ **ream** *pa* betört rizsma; ~ **rib** *tex* mintázott láncripsz; ~ **rock** *bány* meddőhányó; *ép* zúzalékkő; ~ **rock pavement** makadám burkolat; ~ **roof** *ép* manzárdtető; *tex* szabálytalan atlaszkötés; ~ **scrap** *koh* tört hulladék; ~ **section** részleges metszet; ~ **silk** *tex* motollálási selyemhulladék; ~ **sky** *rep* szakadozott felhős ég; ~ **soap** *tex* selyemről lefőzött szappan; ~**-space saw** *fa* lyukfűrész; ~**-star connection** *el* zegzugkapcsolás; ~ **stone** durva zúzottkő; ~**-stone ballast** *ép* zúzottkő ágyazat; ~**-stone bed** *ép* zúzottkő alap; ~ **surface** *talt* tört vonalú térszín; ~ **tea** törmeléktea; ~ **terrain** *geod* egyenetlen/átszelt terep; ~ **thread** *tex* fonalszakadás helye, fonalszakadásos hely; ~ **tile** kazánkő; ~ **tiles** cseréptörmelék; ~ **traffic line** *közl* terelővonal; ~ **transit instrument** *csill* könyökszerelés, passzázsműszer; ~ **twill** *tex* tört sávolykötés; ~ **type** *nyom* fraktúra; ~ **up** feltöredezett, felrepedezett; ~ **water** egymásba futó hullámokkal borított vízfelület; ~ **weather** *rep* labilis időjárás; ~ **wire** huzalszakadás; ~ **working** *bány* főteomlasztás(os fejtés); szénpillér kifejtése
brokes *pl pa* papírgyári selejt; *tex* haslábgyapjú; rövid gyapjúszálak
broking down/off *bány* jövesztés
bromate I. *v vegy* brómoz; **II.** *n vegy* bromát; ~ **ion** bromátion
bromellite *ásv* bromellit, berillium-oxid
bromian *vegy* brómtartalmú
bromic acid brómsav
bromide *vegy* bromid; ~ **emulsion** *foto* ezüst-bromid zselatin; ~ **emulsion coat** ezüst-bromid fotoemulzióréteg; ~ **paper** *foto* bróm-ezüstpapír, ezüst-bromidpapír; ~ **printing process** *nyom* bróm-ezüst fényképsokszorosítás(i eljárás)
brominate *vegy* brómoz
bromination *vegy* brómozás
bromine (Br) *vegy* bróm; ~ **water** brómos víz
bromite *ásv* brómargirit
bromize *foto* bromiddal bevon; *vegy* brómoz
bromlite *ásv* alstonit, brómlit
bromo-benzal *vegy* benzilidén-bromid
bromobenzene *vegy* bróm-benzol
bromobenzylcyanide (BBC) *kat* bróm-benzil-cianid *(könnyfakasztó gáz)*
bromoform *vegy* bromoform, tribróm-metán
bromoil | **process** *foto* olajpigmentes eljárás; ~ **transfer process** brómolaj(át)nyomás, brómolajeljárás
bromomethane *vegy* metil-bromid, bróm-metil
bromostyrene β-bróm-sztirol
bromothymol blue *vegy* brómtimolkék, dibróm-timolszulfonftalein
bromous brómos; ~ **acid** brómossav

bromphenol blue *vegy* bróm-fenolkék, tetrabróm-szulfoftalein
bromyrite *ásv* brómargirit
Brönner's acid Brönnersav, 2-naftil-amin-6-szulfinsav
bronopole *vegy* bronopol
brontograph *met* brontográf, zivatarjelző
bronze I. *v* bronzzal bevon; *hők* brüníroz; **II.** *n koh* bronz; ~ **bar** bronzrúd; ~ **bearing** bronz csapágy; ~ **bushing** bronzpersely; ~ **carbon** bronzszén; ~ **electrode** bronzelektróda; ~ **facing** *heg* felületi felrakás bronzzal; ~ **filler metal** *heg* bronz töltőfém; ~ **for bearings and bushes** csapágybronz; ~ **lacquer** → ~ varnish; ~ **metal printing** *tex* bronznyomás; ~ **paint** fémsópáclakk; ~ **pigment/powder** bronzfesték; ~ **printing** bronzolónyomás; ~ **ribbon** → ~ strip; ~ **rod** bronzrúd; ~ **strip** *el* bronzszalag; ~ **surfacing** → ~ facing; ~ **tube** *el* bronzcső; ~ **varnish** bronzlakk; ~ **weld** hegesztési varrat bronzon; ~ **weld deposit/metal** bronz varratfém; ~ **welding** bronzhegesztés; ~ **welding rod** bronz hegesztőpálca; ~ **welding wire** bronz hegesztőhuzal; ~ **wire** bronzhuzal
bronzine bronz színű, bronzos, bronz-
bronzing bronzolás; *hők* brünírozás; ~ **pickle** *hők* barnító pácfürdő
bronzite *ásv* bronzit
brooch *bány* vegyes érctartalmú kőzet
brooching *bány* lebontás, lefejtés *(kőzeté)*
brood *mzg* keltet *(keltetőgépben)*
brooder *mzg* csirkekeltető gép
brook *geol, hidr* csermely, patak, (víz)ér; ~ **culvert** patakáteresz; ~ **improvement/training** *hidr* patakszabályozás; ~ **retention basin** pataktisztító (ülepítő) berendezés
brookite *ásv* brookit
brooklet → brook
broom I. *v ép* feldurvít *(seprővel betonfelületet)*; söpör; *hajó* letisztít *(hajófeneket)*; **II.** *n* seprű; ~ **finishing** seprős durvítás *(betonfelületé)*
Broome gate *hidr* Broome-tábla
broomed pile *ép* szétvert fejű cölöp
brooming *ép* cölöpfej kirojtosodása; *hajó* fenék letisztítása; *közl* söprés, tisztítás *(söprőgéppel)*
broth *vegy* húsleves, erőfőzet *(baktérium-táptalaj)*
brothers *bány* kötélhurok
brouse *ép* támasztópalló *(alagútban)*
Brouwer fixed point theorem *mat* Brouwer-féle fixponttétel
brow homlok; *bány* aknabiztosítás felső gyűrűje; dőlésmenti vágat; ereszke(vég); feltörés, telepkibúvás, telérkibúvás; főtepásztalépcső; kiugrás, kiszögellés, nyúlvány; *ép* perem, ereszke; szemöldök; *geol* hegyperem; réteg gyűrődése; tektonikus takaró homlokrésze; ~ **leakage** *el* tekercsfejszórás; ~**-post** *bány* süveggerenda; *ép* áthidaló (gerenda); kereszttartó; ~**-up** *bány* fékpálya, sikló; feltörés, telepkibúvás, telérkibúvás
browing *ép* második sima réteg *(vakolaté)*
brown I. *v* (meg)barnít; (meg)barnul, lebarnul; sötétedik; brüníroz; **II.** *a* barna; természetes színű; **III.** *n* barna festék/szín; *bőr* cserzéstől megbarnult bőr; ~ **asphalt** gudronaszfalt; ~ **cardboard** bőrlemez; ~ **chalk** szürkemész; ~ **clay** vörösagyag; ~**-clay iron ore** agyagos limonit; ~ **clay iron ore/stone** agyagos barnavaskő; agyagvaskő; ~ **coal** barna(kő)szén; ~**-coal briquette** *koh* barnaszénbrikett; ~ **coal briquetting machine** barnaszén-brikettelő gép/sajtó; ~**-coal coke** *koh* barnaszénkoksz; ~ **coal fired power station** lignitre/barnaszénre épült erőmű, barnaszén-tüzelésű erőmű; ~ **coal low-temperature coke** lepárlási barnaszénkoksz, festőkoksz; ~ **coal opencast/opencut** barnaszén külszíni fejtése; ~**-coal pitch** barnakőszénszurok; ~ **coal tar** barnaszénkátrány; ~ **coat** *ép* második vakolatfelhordás; ~ **crepe/crèpe** *gumi* barna krepp; ~ **factice** barna faktisz; ~ **finishing** *koh* barnítás; ~ **fume** *koh* barnafüst; ~ **heart** *élip* barna elszíneződés; ~ **hematite** barnavasérc, limonit; ~ **iron-ore/iron-stone** *ásv* barnavasérc, limonit; ~ **lime** *ép* soványmész; ~ **linen** *tex* nyers lenvászon; ~ **madder** barna krapplakk; ~ **manganese ore** manganit; ~ **mechanical pulp** *pa* nyers faanyag/facsiszolat; ~ **ochre/ocher** okkerlimonit, barnaokker; ~ **ore** → ~ iron-ore; ~ **paper** csomagolópapír; ~**(-)print** *foto* szépia másolópapír; ~**-print paper** középfinom nyomópapír; ~ **rice** csiszolatlan rizs; ~ **rope paper** nyers manilapapír; ~**s** barna csomagolópapír; ~ **sediment** *élip* üledék *(söré)*; ~ **sheeting** nyers lepedővászon; ~ **size** barna enyv; ~ **sour** *tex* savas fürdő; ~ **spar** *ásv* barnapát; ~**-stained** *pa* barna csíkos *(faanyag)*; ~ **substitute** barna faktisz; ~ **sugar** sárgacukor, nyerscukor; ~ **uranium oxide** *at* barna uránoxid; ~ **vitriol** barna vitriol; ~ **ware** cserépedény
Brownian *fiz, vegy* Brown-féle; ~ **fluctuations** Brown-féle lüktetés; ~ **motion/movement** Brown-féle mozgás; ~ **particle** Brown-részecske
browning barnulás; barnítás; barna mázolás; *el* közvilágítás-csökkentés; *koh* barnítás; brunírozás; patinálás; ~ **reaction** barnulási reakció; ~ **rod** *ép* egyengetőléc, simítóléc; négyszög keresztmetszetű szintvonalzó
brownon Brown-részecske
Brown-Twiss interferometer Brown-Twiss (rádioasztronómiai) interferométer
Br.P. → British patent
Br Std → British Standard
BRU → backup and restore utility
brucine *vegy* brucin
brucite *ásv* brucit
bruise I. *v* (össze)zúz; (össze)tör; *alak* behorpaszt, benyom, eldudorít; *bőr* barkaoldalon barkáz; *élip* darabol; megdarál; zúz; *hajó* megtör *(hullám)*; *pa* szétken *(őrléskor)*; *vegy* eldörzsöl, szétdörzsöl, triturál; **II.** *n* sérülés; (össze)törődés, zúzódás; *alak* horpadás, egyenetlenség; *ásv* lágy belsejű zárvány; ~ **malt** *v élip* malátát zúz
bruised zúzott; őrölt; darált; horpadt; sérült; ~ **grain** *élip* töret; ~ **malt** *élip* zúzott/őrölt maláta
bruiser *mzg* vágógép, zúzógép; *üveg* optikai üvegcsiszoló
bruising *bőr* barkázás, aláhúzás; *élip* előtöretés, durva őrlés; *ép* előtörés; ~ **mill** *mzg* darálógép, zúzómalom
Brune's theorem *el* Brune-tétel
brunofix *hők* eljárás az acél kékrefuttatására
Brunswick | black fekete aszfaltlakk; ~ **blue** égszínkék; ~ **green** schweinfurti zöld
brunt ütés, lökés; taszítás; ~ **marl** *ép* égetett márga
Brunton | (compass) *bány* kézi bányakompasz/tájoló; ~ **sampler** *bány* Brunton-féle (mechanikus) ércmintavevő

brush I. *v* kefél, (meg)tisztít *(kefével)*; *bány* eltakarít *(lövés után)*; felhagyott fejtést felfrissít; utánszed; *ép* elegyenget; feltakarít; *fa* bokrosít; *műa, nyom* felken, szétken *(festéket ecsettel, kefével)*; *önt* letisztít *(öntvényt kefével)*; *pa* finomra őröl; *tex* (fel)kefél, bolyhoz; **II.** *n* bokor, bozót, cserje; kefe; *ásv* izogír(a); *bány* főteutánszedés, főteutánvét; tömedékelővágat, omlásban hajtott berakott vágat; *el* érintkezőkefe; kefe *(forgógépen)*; *ép* ecset *(festéshez)*; meszelő; *fa* ághulladék, levágott gally; *mzg* kefehenger *(fűrészes egrenálón)*; *szt* kefe *(lyukkártyaolvasó)*; *távb* kefeérintkező; ~ **adjustment** *távb* kefeelállítás; ~ **analyzer** *any* Brush-féle simaságmérő; ~**-and-spray discharge** *rep* koronakisülés fénynyaláb formájában; ~ **angle** → ~ shift; ~ **application of paint** ecsettel felhordott festék/bevonat; ~ **arc** *el* kefeív; ~ **arm** *el* kefetartó kar; ~ **assembly** *el* kefeszerelvény; ~ **back** *fa* kefehát; ~ **beater** *hidr* bokorirtó cséphadaró; ~ **bit** kefekötő fúró; ~ **blue** *tex* kefekék *(indigónyomás)*; ~ **box** *el* kefetartó gyűrű; *tex* kefeszekrény *(mercerezés)*; ~ **breaker** *ép* bokorirtó szerelék; *hidr* telkesítő eke; ~ **carriage** *el* kefeszán; kefetartó szán; *távb* forgókefe-szerelvény; ~ **carrier ring** *el* kefetartó gyűrű; ~ **chipper** *ép* ágaprító gép; ~ **clamp** *el* kefesaru, kefetartó szorító; ~ **cleaner** *élip* kefegép; *em* lehúzókefe *(szállítószalagon)*; ~ **coat** *bőr* második lakkréteg; ~**-coated** *pa* rákent, ecseteléssel felhordott *(réteg)*; ~ **coater** *műa* körkefés kenőgép; *pa* kefés mázológép; ~ **coating** *pa* felületi (kefe)mázolás; ~ **collector** *el* kefés érintkező, érintkezőkefe; ~ **contact** *távb* keféérintkező; ~**-contact losses** *el* kefeátmeneti veszteség; ~**-contact switch** *el* szénérintkezős kapcsoló; *távb* kefés érintkezős kapcsoló; ~ **corduroy** *ép* rőzseborítás *(úton)*; ~ **cutting** bozótirtás; ~ **cylinder** *tex* kefehenger, bolyhozóhenger; ~**(-)damper** *pa* kefenedvesítő; ~ **discharge** *el* koronakisülés, kefeszikrázás, kefekisülés; pamatos kisülés, pamacskisülés; ~ **discharge at anode** *el* anódfej; ~ **displacement** → ~ shift; ~**(-)doctor** *pa* forgó kefehenger; kefehengerkaparó; ~ **down** *v bány* meddőt leszed *(főtéből)*; utánavesz; ~**-down** *bány* utánszedés; ~**-dyeing** *bőr* festés kefével; ~**-enamel paper** *pa* egyoldalt mázolt papír; ~ **fibre/fiber** keferost; ~ **film** *el* kommutátorbevonódás, kommutátorpatina; ~ **finish** *pa* kefézett kikészítés; ~**(-)finish coating** *pa* kefével fényezett mázolás; ~ **for sweeping pipes** csőkefe, csőtisztító kefe; ~ **gear** *el* kefetartó szerkezet; ~ **handle** *fa* kefenyél; ~ **holder** *el* kefetartó; ~ **holder stud** *el* kefetartó csap; ~ **holder traverse** *el* kefetartó híd; ~ **hook** *mzg* bozótvágó, bozótirtó (kampó); ~ **insert** *gép* betéthüvely; ~ **lead** *el* kefeeltolás; kefekábel; ~**-lifter,** ~**-lifting device** *távb, el* kefeleemelő (szerkezet); ~ **lifting and short circuiting device** *el* rövidre záró és kefeleemelő szerkezet; ~**-lifting motor** *távb* kefeleemelős motor; ~ **light** *el* koronafény, koronajelenség; ~ **loss** *el* kefeveszteség *(gépen)*; koronaveszteség *(távvezetéken)*; ~ **machine** kefegyártó gép; ~**-making** kefegyártás; ~ **mark** *pa* kefemarkírozás; ~ **matting** *hidr* rőzseterítés *(erózió ellen)*; ~ **mattress** *hidr* rőzsepokróc; ~ **ore** *ásv* hematit, vörösvasérc; vérkő; ~ **out** *v* kikefél; kefével (ki)tisztít; ~**-out** felverés *(őrléskor)*; ~ **plough/plow** *ép* bozótirtó/erdőfeltörő gép; ~ **polishing** *pa* kefefényezés; ~ **position** *el* kefeállítás; kefehelyzet; ~ **potential** *el* kefefeszültség; ~ **pressure** *el* kefenyomás; ~ **proof** *nyom* kefelenyomat; ~ **rake** *ép* bokorirtó szerelék; gyökérszaggató/gyökérkitépő szerelék; *mzg* ág(as)gereblye; ~ **reading** *szt* kefés olvasó; ~**-removing coil** *el* kefebehúzó tekercs; ~ **resistance** *el* kefeellenállás; ~ **revetment** *hidr* rőzsepokróc; ~**-riding motor** *el* állandóan érintkező keféjű motor; ~ **rocker** *el* kefehíd; ~ **roll** *el* kefegörgő; *közl* hengeres úttisztító kefe; úttisztító kefehenger; *műa* hengeres körkefe; *nyom* tisztítóhenger; *pa, tex* kefehenger, bolyhozóhenger; ~ **scraper** *élip* hengertisztító kefe; ~ **scrubbing machine** *ép* seprősúroló gép; ~**-scrub cleaner** *ép* bokorirtó szerelék; ~ **selector** *távb* kiváltóorsó; ~ **sensing** kefés letapogatás; ~**-setting** *el* kefeállítás; ~**-setting controller** *el* kefeállító szerkezet; ~ **shift** *el* kefeeltolás; ~ **spindle** *el* kefetartó csap; ~ **spreader** *műa* körkefés kenőgép; ~ **spring** *távb* keferugó *(ívcsúcson, dinamóban)*; ~ **stainer** *élip* kefés szitálás; ~**-staining** *tex* száraz színezés *(kefével)*; ~ **stud** → ~ holder stud; ~ **suction cleaner** padlókefélő-felszívó gép; ~ **track** *el* kefecsatorna; ~ **trimmer** kefenyíró olló; ~**-type damp(en)ing system** *nyom* kefés nedvesítő; ~**-type distributor** *el* keferendszerű elosztó; ~**-type gin** *tex* kefés egrenálógép; ~ **vibration** *el* keferezgés; ~ **voltage characteristic** *el* kefegörbe; ~ **voltage drop** *el* kefefeszültségesés; ~ **wheel** *finm* csiszoló korongkefe *(kraccolókefe)*; körkefe; ~ **yoke** *el* kefetartó járom

brushed *tex* bolyhos; ~ **rayon** *tex* műselyem szövet

brusher *bány* utánszedő; *közl* utcaseprő gép; ~ **stowage** tömedékelés tömedékvágatból

brushing kefélés, tisztítás; *bány* (oldal)utánvét; elegyengetés; felfrissítés *(felhagyott fejtésé)*; feltakarítás; szellőztetés; utánszedés; *el* ágyazás *(kefeszerelvényé)*; koronakisülés; szikrakéve alakú kisülés; *önt* ecsetelés, kefélés; *pa* felverés; finomőrlés *(emelt hollandi dobbal)*; *tex* appretálás kefével; bolyhozás; gubóseprűzés, gubóverés; permetező (szövet)nyomás; ~ **and steaming machine** *tex* kefélő és gőzölő gép; ~ **attachment** *tex* kefélőszerkezet; ~ **discharge** *el* koronakisülés; ~ **kraft** *pa* növényvédő papír; ~ **lacquer** *műa* ecsetlakk; ~ **machine** *koh, pa* kefélőgép; kefés tisztítógép; ~ **machine with card wire** *tex* kárttűs bolyhozógép; ~ **mill** (kefés) tisztítógép; ~ **(of) the sides** *bány* oldalutánvét; ~**-on the carbonate coating** *el* katódkenés; ~ **paint** → ~ lacquer; ~ **pot** *heng* vizeskád; ~ **roller** *tex* kefélőhenger; ~ **worm** *élip* csigás kefélő

brushite *ásv* brushit

brushland disk-harrow rétfeltörő tárcsás borona

brushless *el* kefe nélküli; ~ **d.c. motor** *el* kommutátor nélküli egyenáramú motor; ~ **excitation system** *el* kefe nélküli gerjesztőrendszer

brushwood aljfa, rőzse(fa), bozót; ~ **clearer** bokorirtó szerelék; ~ **fascine** *hidr* rőzseköteg; ~ **mattress** *hidr* rőzsepaplan; ~ **rake** *ép* gyökérszaggató/gyökérkitépő szerelék; ~ **sausage** *hidr* rőzsekolbász; ~ **weir** *hidr* rőzsegát

brushwork ecsetbarázda; ecsetkezelés, textúra *(festményen)*; *hidr* rőzsemű

brushy bozótos; *any, tex* sörteszerű

brusque nyers, rideg, kemény

Brussels | **lace** brüsszeli csipke; ~ **sprout(s)** *élip* bimbóskel, kelbimbó

brusterite *ásv* brusterit

bruzze *forg* leszúrókés *(faesztergán)*
bryle *geol* vezérásvány, vezetőásvány
BS → backsight; → backspace character; → base saturation; → bayonet socket; → beam splitter; → binary scaler; → blacksmith shop; → bomb-sight; → bomb store; → bottom setdiment; → boundary stone; → British Standard; → broadcasting station
b.s. → both sides
BSAM → basic sequential access method
BSC → binary symmetrical channel; → binary synchronous communications
BSF → British Standard fine screw thread
BSFT → British Standard fine thread
BSI → British Standards Institution
BSO → blue stellar object
BSP → British Standard pipe thread; → business system planning
BST → beam switching tube
BSW → British Standard Whitworth thread
BSWG → British Standard wire gauge
BT → bathythermograph; → Bellini-Tosi system
BTAM → basic teleprocessing access method
BTE → bidirectional transceiver element
B-to-B → back-to-back
BTU → Board of Trade Unit; → British Thermal Unit
bubble I. *v* buzog, forr; pezseg, habzik; bugyborékol; *ker, koh, önt* felhólyagosodik; **II.** *n* buborék, hólyag *(anyagban)*; hólyagosság; *ásv* gázzárvány; *geod* libella; *ker, koh, önt* levegőbuborék, levegőhólyag; *műa* felfújt fóliatömlő *(fóliafúvás)*; levegőzárvány, „lunker"; *pa* (kisméretű) hólyag; ~ **aeration** buborékoltatásos telítés; ~ **cap** *ép* hagyma alakú oszlopfő; *ol, vegy* buboréksapka, buborékoltató sapka; ~**-cap plate** *ol, vegy* buboréksapkás tányér/tálca; ~ **casing** *geod* libellatok; ~ **cell** *geod* kamarás libella; ~ **chamber (BC)** *at* buborékkamra; ~ **column** *vegy* buborékkolonna, barbotálóoszlop; ~ **deck** *vegy* buboréktányér; ~ **flow** *ol* habáramlás; ~ **formation** *koh* hólyagképződés; ~ **free glass** buborékmentes üveg; ~ **gas** gázbuborék, gázhólyag; ~ **ga(u)ge** buborékszámláló, (gáz)buborékos áramlásmérő; nedves gázmérő; ~ **glass** *hidr* vízszintező, libella; ~**-hearth process** *koh* gázöblítéses eljárás; ~**-level** libella; libellás szintező, vízmérték; ~ **memory** *szt* buborékmemória; buboréktároló, buborékmemória; ~**(-)plate** *vegy* buboréksapkás tányér/tálca, buboréktányér; ~ **point** *ol* buborékpont; ~ **point curve** *ol* buborékpontgörbe; ~ **quadrant** *geod* libellás kvadráns; ~**-rocks** *geol* hólyagos vulkáni kőzetek; ~ **setting** buborék középre állítása *(libellán)*; ~ **shot** *pa* csomó faköszörületben; pulp merev zárványa; ~**-spirit glass** *geod* borszeszlibella; ~ **telescope** *csill* libellás teleszkóp; ~ **test** *vák* buborékos lyukkeresés; ~**-through device** *vegy* (pneumatikus) keverő; ~ **tray** *vegy* buboréksapkás tányér; ~ **trier** *geod* libellavizsgáló *(műszer)*; ~ **tube** *at* buborékcső; ~ **up** *szt* buborékos rendezési módszer n; ~**-up** buborékos rendezési módszer; ~**-up memory** listamemória
bubbler *vegy* (pneumatikus) keverő(mű); buborékoltató
bubbling buborékolás; pezsgés, forrás *(jelenség)*; *ker, koh, önt* felhólyagosodás; *koh* átbuborékol(tat)ás, átfúvás; buborékképződés, hólyagképződés; *műa* buborékosodás; ~ **bed** *vegy* forrásban lévő *v.* fluidizált katalizátorágy; ~ **through** átbuborékol(tat)ás, átfúvás; *koh* átöblítés
buccal szájon keresztüli, orális; ~ **tablet** szájban oldódó tabletta
buchholtzite *ásv* bucholzit
Buchholz relay *el* Buchholz-relé, gázrelé
Buchmann-Meyer pattern fénysávszélesség *(hangrögzítés)*
buck I. *v bány* aprít, tör; guritóz *(szenet)*; zúz *(ércet)*; *el* kommutátor körül kisül; leül, eltűnik *(feszültség)*; *ép* alábakol; *fa* dongát farag; méretre/rönkre vág; szétfűrészel *(gömbfát)*; *gép* szegecset ellene tart; *gépk* akadozik; megbokrosodik; rángatódzva halad; *tex* áztat, fehérít; kifőz; kilúgoz; **II.** *n* bak; *bőr* kecskebőr; *ép* (állvány)bak; *fa* fényezőasztal; fűrészbak; *tex* mosólúg; mosólúggal áztatott/főzött ruha; ~ **and boost connection** *el* ellen-hozzákapcsolás, hozzáellenkapcsolás; ~**-and-boost regulator** *el* kétirányú feszültségszabályozó; ~ **ashes** lúgkészítésre szolgáló hamu; ~**-boost generator** feszültségszabályozó generátor; ~ **bracing** andráskereszt-merevítés, andráskeresztkötés; ~ **leather** erős tehénbőr; szarvasbőr; ~ **quartz** meddő *v.* aranyat nem tartalmazó kvarc; ~ **scraper** kerekes földgyalu, szkréper; ~ **slate** *geol* málló/laza pala; ~ **up** *v bány* légpalánkot épít; zsaluz; *fa* kihossztol
bucker *bány* bontórúd; ércaprító kalapács, érckalapács; ércelőkészítő zúzdász; kötözőkalapács, színítőkalapács; *fa* bütüzőgép, bütülevágó gép; *gép* szegecselő ellenetartó; ~**-up** alátámasztó
bucket vödör; *bány* (mélyítő)bödön; (szállító)bödön; lapátkerékrekesz; sarabolószekrény; szállítóedény; vízláda; *el* felsővezeték-tartó kar; *em* (elevátor)serleg; kotróedény; markolókanál, markolóveder; *ép* kanál; puttony; rakodókanál; serleg; szekrény; vakolókanál; *gép* fészek, bölcső; *hidr* (szelepes) dugattyú *(szivattyún)*; kanál *(Pelton-turbináé)*; puttony; serlegsor; vízvető; *koh* (adagoló)kosár; *met* csapadékmérő tölcsére; *önt* adagolóedény, adagolóvödör; *rep* turbinalapát; *szell* szélkerék lapátja; *szt* memóriazóna; tárolóegység, blokktartó; ~ **apron** *hidr* vízvető utófeneke; ~ **arch** *hidr* vízvető íve; ~ **arm** *em* lengőkar; puttonyszár; ~ **backfiller** *ép* (árok)visszatöltő puttony/edény; ~ **belt conveyor loader** *em* serlegsoros rakodószalag; ~ **board** merítőlapát *(láncos kúton)*; ~ **bottom gate** *ép* fenékajtó, padlóajtó; ~ **brigade (circuit)** *el* vödörlánc(áramkör); ~ **brigade device (BBC)** BBD elem *(szilárdtestáramkör)*; ~**-brigade shift register** vödörlánc-léptetőregiszter; ~ **capacity** → ~ efficiency; ~ **car** *koh* billenőkocsi; ~ **chain** *ép* serleges emelőlánc/kotrólánc; ~**-chain dredger/excavator** láncvedres/vederláncos kotró; ~**-chain grit remover** *hidr* perselyes homokkotró; ~**-chain pump** serleges/vedres (láncos) szivattyú; ~ **charging** *koh* kosaras adagolás; ~**(-)conveyor** serleges (láncos) szállító; serleges felvonó; ~ **crab** futómacskás markolókotró; ~ **crane** markolókotró; ~ **ditcher** vederláncos árokásó/árokkotró; ~ **dredger** vedersoros (úszó)kotró; kanalas kotró; ~ **efficiency** serleg/veder töltési foka; ~ **elevator** *em* serleges/vedres felvonó, elevátor; ~**-elevator belt** elevátorszalag; ~ **elevator boot** *élip* serleges felvonóláb; ~**(-)elevator head** *élip* serleges felvonófej; ~ **elevator loader** serleges rakodógép; serlegelevátoros rakodó; ~ **excava-**

tor kanalas/vedres kotró; ~ **factor** → ~ efficiency; ~ **flight** meríték; ~ **for materials hoisting** *bány* anyagszállító bödön; ~ **gate** bunkerzár; *ép* fenékajtó, padlóajtó; ~ **guide** bödönvezeték; bödönvezető keret; ~ **guiding slide** *bány* vezetőszánkó; ~ **hoist** markolós csörlő; ~ **hook** bödönhorog; ~ **invert** → ~ arch; ~ **invert elevation** *hidr* vízvezető szintje; ~ **ladder** → ~ flight; ~**-ladder back-trencher** árokásó kotró(gép); ~**-ladder dredger** vedersoros/vederlétrás kotró/úszókotró; ~**-ladder excavator** vedersoros/merítéklétrás/vederlétrás kotró; keresztkotrású vedersoros kotró; ~**-ladder (slewing) excavator** vedersoros forgókotró; ~ **lift** *hidr* szivattyúakna szívórésze; ~ **line** kanalas heveder; *el* vödörlánc-erősítő; ~ **link** serlegeskotró-lánctag; ~ **lip** puttony vágóéle; *hidr* vízvezető orr; ~ **lip wall** *hidr* ellenlejtő; ~ **loader** serleges rakodógép; ~ **mounting** *hidr* szivattyútömítés; ~ **nose** kotróveder csőre; ~ **path** nyesőút *(földnyeső gépé)*; ~ **pump** → ~-chain pump; ~ **rod** (dugattyús) szivattyúrúd; ~ **scale** tartálymérleg; bunkermérleg; ~ **seat** *gépk* kagylóülés, pilótaülés; ~ **sheave** kanalazókötél-tárcsa; ~ **sort** *szt* sorbarendezési eljárás; ~ **spacing** *hidr* lapátosztás *(Pelton-turbinában)*; ~ **teeth** *hidr* vízvezető orron elhelyezett fogak; ~**-tipping device** *ép* serlegbuktató készülék; ~ **training wall** *hidr* vízvezető oldalfala; ~ **transporter** serleges szállító; ~ **trap** csapadékgyűjtő; kondenzedény; ~ **trencher** árokásó-kotró gép; ~ **trenching machine** puttonyos árokásó (gép); ~ **trip** kanálfenéknyitó *(földmunkagépé)*; ~ **trolley** *em* markolós futómacska; ~ **truck** *bány* csappantyús csille; ~**-type elevator** serleges elevátor/emelőmű; ~**-type energy dissipator** *hidr* sugárvetős energiatörő; ~ **unit** *mzg* fejősajtáregység *(fejőgépes)*; ~ **valve** dugattyúszelep; ~**-wheel** vederkerék; kanalas/lapátos/serleges kerék; merítőkerék; puttonyos/vedres vízemelő kerék; *hidr* kanalas kerék; marótárcsa; serleges kotrókerék *(kotrógépé)*; ~**-wheel blower** *szell* lapátos ventilátor; ~**-wheel dredger** marókerekes kotró(gép); ~**-wheel excavator** lapátkerekes/marótárcsás kotró(gép); ~**-wheel loader** vedertárcsás/serlegkerekes rakodógép; ~**-wheel washer** *bány* mosódob; *pa* merítődob; ~**-wheel with cells** *bány* rekeszes lapátkerék; *ép* cellás marótárcsa; ~**-wheel with half-cells** kombinált marótárcsa; ~**-wheel without cells** *bány* rekesz nélküli lapátkerék; *ép* cella nélküli marótárcsa; ~ **winch** puttonyemelő; „páternoszter"; ~ **with charging gate** tölcsérzáras fenékürítésű edény; ~ **with ejector/discharger** kitolólemezes mélyásó puttony; ~ **with side guides** *bány* oldalvezetésű szkip

bucketing *rep* műrepülés; *üveg* öblösödés, hasasodás

bucking hordás, cipelés; kompenzálás, kiegyensúlyozás, kiegyenlítés; *bány* aprítás kézi erővel; ércmosás, érczúzás; gurítózás; *el* feszültség leülése/eltűnése; kefekisülés; *ép* alábakolás; *fa* méretre vágás, hosztolás; *gépk* akadozás; *tex* fehérítés; kifőzés, kilúgozás; ~ **beetle** *ép* sulykoló zúzószerszám/törőszerszám; ~ **circuit** → balancing network; ~ **coil** *el* kompenzálótekercs; ~ **current** *ol* terelőáram; ~ **effect** *el* feszültségcsökkenés; ~ **hammer** geológuskalapács, ércválogató kalapács; ~ **iron** *bány* ércválogató/ércszemelő asztal; *tex* (tiloló)kés, tilolóbárd; ~ **kier** *tex* kifőzőkatlan *(fehérítés előtt)*; ~**-out system** *távk* kikompenzáló rendszer; ~ **plate** → ~ iron; ~ **ram** *bány* tőrőkos; ~ **saw** *fa* darabolófűrész; ~ **table** *any* érctörő asztal; *fa* kihozatali táblázat; *tex* mángorlógépasztal; ~ **voltage** kompenzálófeszültség; ~ **winding** lemágnesező tekercselés

bucklandite *ásv* bucklandit

buckle I. *v élip* púposodik; *ép, mech* (be)hajlít; alakváltozást szenved, deformálódik; kidomborodik; kihajlik, kihorpad; *fa* vetemedik; *film* megakad; *gép* rácsatol, ráköt; *tex* láncfonalat felvet; **II.** *n* cipőcsat; (bőr)csat; *el* csatolás, kötés *(távvezetéké)*; *ép, mech* horpadás, kihajlás; kibicsaklás; *geol* megrogyás; *gép* (szorító)kapocs, (fém)csőbilincs; kötő; rugópánt; *hajó* csat *(kötélen)*; *heng* hullám(osság) *(szalag közepén)*; *önt* pecsenye, var; *vasút* kocsicsatoló szerkezet; ~ **of cord** *gumi* kord(szövet)ránc, kord(szövet)-behajlás; ~ **plate** *bány* rugalmas alátét; *ép* teknőlemez (hídon); ~ **shoe** csatos félcipő; ~ **up** *v mech* behorpad; összecsuklik, összecsukódik, összeroppan

buckled (ki)hajlított; kihajlott; deformálódott; vetemedett; ~ **plate sheet piling** *ép* bordáslemez-szádfalazás, szádlemezelés; ~ **steel plate** bordás lemez

Buckley | **ga(u)ge** *el* Buckley-féle ionizációs vákuummérő; ~**-Leverett fractional curve** *ol* Buckley—Leverett frakciógörbe; ~ **opener** vízszintes (tengelyű) bálabontó

buckling kihajlás *(lemezé, rúdé)*, deformáció; (be)horpadás; *at* Laplace-operátor *(rácsé)*; *bány* ácsolattörés; *el* akkumulátorlemez elgörbülése; *fa* elgörbülés; megvetemedés; *film* fennakadás *(filmé)*; *geol* (át)-hajlás; *önt* elhúzódás, vetemedés; pecsenyésedés; ~ **coefficient** *mech* kihajlási tényező; ~ **condition** *mech* kihajlási/horpadási feltétel; ~ **factor** *at* buckling/görbületi faktor; reaktor Laplace-operátora; ~ **force** *mech* (kritikus) kihajlási erő; ~ **in linear area/range** *mech* rugalmas kihajlás; ~ **in non-linear area** *mech* maradó képlékeny kihajlás; ~ **in the camera,** ~ **of the film** *film* saláta; ~ **load** *mech* (kritikus) kihajlási teher; *műa* (kritikus) kihajlító igénybevétel/erő, meghajlító erő; ~ **measurement** *at* Laplace-transzformált mérése; ~ **of a plate/shell** *mech* horpadás *(lemezé)*; ~ **pitch** *geol* hajlás; ~ **pressure** kihajlító nyomás; ~ **resistance** *mech* kihajlási szilárdság/ellenállás; ~ **strain** *mech* kihajlási alakváltozás/deformáció; ~ **strength** *any* kihajlítási/megtörési szilárdság; ~ **stress** *mech* kihajlási feszültség; ~ **test** kihajlási próba; ~ **vector** *at* Laplace-vektor, görbületi paramétervektor

buckover *el* kommutátor körüli kefekisülés

buckrake *mzg* szénaszedő gereblye

buckram *tex* kanavász; szabóvászon, enyvezett bélésvászon; vitorlavászon-ponyva; ~ **canvas** *tex* kanavász

bucksaw *szersz* asztalosfűrész; bütüfűrész; félkézfűrész; keretfűrész, keresztfűrész; leszabófűrész

buckskin őzbőr *(irhás cserzésű)*; bukszkin; ~ **board** szarvasbőrlemez

buckstay *koh* kerettartó gerenda *(martinkemencén)*; tartóoszlop

buckwash *tex* kilúgoz, lúgban főz/mos *(pamutot)*

Bucky exposure/radiography *orv* Bucky-(rács)felvétel

bud *mzg* csíráztat; szemez

Buda marl budai márga

Budde's process *élip* buddizálás, tejtartósítás hidrogénperoxiddal

budding *mzg* szemzés; ~ **knife** *mzg* szemzőkés
buddle I. *v bány* ércet mos; szérel; **II.** *n bány* (vízöblítésű) besűrítőasztal; álló iszap(oló)szér; besűrítő szér
buddling szérelés
budge báránybőr
Buerger | function implikációs/Buerger-féle függvény; ~ **method** Buerger-módszer
buff I. *v bőr* felhorzsol; fényesít *(barkaoldalt)*; *forg* (rongykoronggal) políroz; tükörfényesre csiszol; *gép* ütést felvesz/csillapít; **II.** *a* őzsárga, drapp színű; **III.** *n bőr* fehér marhabőr; *gép* ütés tompítása; *szer* polírozókorong; simító; ~ **brick** narancssárga színű tégla; ~ **hide** *bőr* bikabőr; bivalybőr; könnyű tehénbőr; ~ **leather** velúrbőr; lecsiszolt/buffolt bőr; ~ **off** *v* fényétől megfoszt; lecsiszol; ~ **paper** *foto* chamois/sárgásbarna fotópapír; erezett papír; ~ **printing** natúrsárga nyomópapír; ~ **skin** (nyers) bivalyborjúbőr; ~ **swivel** *kat* hordkarika; ~ **wheel** bőrcsiszoló/polírozó textilkorong; textil-csiszolókorong
buffalo | calf *bőr* bivalyborjúbőr; ~ **chips** szárított bivalytrágyalepény; ~ **hide** bivalybőr; ~ **liming** talpbőrmeszezés *(meleg lében)*; ~ **strip** bivalybőr hajtószíj
buffed polírozott; ~ **grain** *bőr* csiszolt barkájú bőr; ~ **leather** velúrbőr; lecsiszolt/buffolt bőr
buffer I. *v* kiegyenlít; pufferez; *gép* (lökést) csillapít; *szt, vegy* pufferol, pufferez; **II.** *n bány* védőpajzs *(robbantáshoz)*; *ép* (ajtó)ütköző; folyadékütköző; puffer, kiegyenlítő, ütköző; smirgliző *(fémhez, fához)*; *forg* csiszoló(gép), csiszolókorong; *gépk* lökhárító; *gumi* vulkanizálótömlő-érdesítő gép; *kat* ütéscsökkentő *(géppisztolyé)*; *szt* tároló, puffer, leválasztó elem; *tex* vetőfejütköző *(szelfaktoron, szövőszéken)*; *vasút* ütköző; *vegy* puffer; ~ **action** *mech* lökéstompítás, lökéscsillapítás; pufferhatás; *vegy* pufferhatás, stabilizáló/kiegyenlítő hatás; ~ **address** *szt* tárcím; ~ **adjusting-screw** *kat* lökhárító-szabályozó csavar; ~ **amplifier (BA)** *rep* előütemű erősítő; *távk* leválasztó erősítő; ~**-and-drawn gear** *vasút* ütköző- és vonókészülék; ~ **attenuator** *távk* leválasztó csillapító; ~ **bar** *vasút* ütközőrúd; ~ **battery** *el* kiegyenlítő telep, puffertelep; ~ **beam** *bány* szakítógerenda; *vasút* mellvas; ~ **block** *távk* rugótám *(jelfogón)*; ~ **capacitor** pufferkondenzátor; ~ **capacity** *szt* pufferkapacitás; ~ **cascade** pufferfokozat, pufferlépcső, elválasztó fokozat; ~ **casing** *vasút* ütközőkosár, ütközőtok; ~ **channel** *szt* puffercsatorna; ~ **circuit** *távk* pufferkör; ~ **coat** *ép* szigetelővakolat; ~ **cover** *kat* lökhárítószerkezet-fedél; ~ **cylinder** lökéscsillapító henger; *kat* lökhárítóhenger; ~ **disc/disk** *kat* lökhárítótárcsa, ütközőtárcsa; *vasút* ütközőtányér; ~ **effect** *vegy* pufferhatás; ~ **filling plug** *kat* lökhárító-feltöltőnyílás dugasza; ~ **frame** ütközőkeret; ~ **function** *aut* közvetítő funkció/működés; pufferfunkció; ~ **gear** *vasút* ütközőkészülék; ~**-gland packing** *rep* lökhárító-tömítés; ~**(-)head** *kat* ütéscsökkentő; *vasút* ütközőtányér; ~ **index** *vegy* pufferkapacitás; ~ **layer** közbenső réteg; *rep* átmeneti/csillapító réteg; ~ **lever** *kat* lökhárítókar; ~ **liquid** *kat* ütközőszerkezet-folyadék; ~**-lock bushing** *kat* lökhárítózár-ágyazat; ~ **lock lever** *kat* lökhárítózár-szabályozókar; ~ **memory** *szt* átmeneti/közbenső tároló/memória; ~ **piston** ütköződugattyú; ~ **plate** ütköző; ~ **ram** *vasút* ütközőrúd; ~ **reagent** *el, vegy* puffer(vegyület); ~ **register** *szt* pufferregiszter; ~ **repeater** *távk* közbenső erősítő; ~ **resistance** *el, vasút* állandó motorelőtét-ellenállás; csillapító-ellenállás; ~ **rod** *tex* ütközőtengely; ~ **separator** *távk* fedőfokozat; ~ **shooting** *bány* párnázott fúrólyukrobbantás; ~**-slag process** *önt* közbenső salakfeldolgozás; ~ **solution** *vegy* pufferoldat; ~ **space** *el* közbenső tér; ~ **spring** *gép* tekercsrugó; *kat* ütéscsökkentő rugó; visszahúzó/visszaállító rugó; *rep* csillapítórugó *(futószerkezet)*; *távk* rugótám *(jelfogón)*; *vasút* ütközőrugó; ~ **spring guide** *kat* ütéscsökkentőrugó-vezető; ~ **stage** *geol* elválasztó szakasz; *távk* elválasztó fokozat; ~ **stock** tartalékkészlet, tartalékállomány; pufferkészlet, pufferállomány; ~ **stop** ütköző(bak); *bány* szakítógerenda; ~ **storage** *ol* puffertárolás *(szénhidrogéné)*; *szt* közbenső tár, puffertár; ~ **store** *szt* sebességillesztő tároló, ütközőtároló; ~ **vessel** *vák* szélkazán; ~ **zone** *rep* ütközőzóna
buffered | input/output *szt* pufferelt bemenet/kimenet; ~ **key-punch** *szt* táros lyukasztó
buffering *szt* pufferelés, tárolás; *vegy* pufferhatás, stabilizáló/kiegyenlítő hatás; ~ **capacity** *vegy* pufferkapacitás; ~ **technique** *szt* puffertechika
buffet I. *v gép* lök; üt, ver; *rep* berezeg, csapkod; **II.** *n gép* berezgés, rázkódás; ütés, verés; ~ **car** büfékocsi
buffeting *rep* berezgés, rázkódás; farokrezgés
buffing I. *a* csiszoló, polírozó; **II.** *n bőr* barkaréteg-csiszolás; buffolás; horzsolás; *forg* csiszolás, polírozás rongykoronggal; *gumi* felhorzsolás, recézés; ~ **attachment** *forg* polírozókészülék; ~ **barrel** polírozódob; ~ **cone** kúpos fényesítőkorong; *forg* csiszolótüske, fényezőtüske; ~ **disc/disk** (fényező) nemezkorong; ~ **machine** *bőr* bőrcsiszoló gép, buffológép *(barkaoldalhoz)*; ~ **mark** *gumi* kopási nyomok; ~ **ochre** polírozó vasoxid; ~ **paper** pehelykönnyű nyomópapír; bőrpapír; ~ **paste** fényezőpaszta, polírozópaszta; ~ **slicker** *bőr* barkahántoló vas; ~ **wheel** *bőr* bőrcsiszoló/polírozó textilkorong, textil-csiszolókorong
buffle bag *rep* poggyásztartó; poggyásztér, poggyászrekesz
bug üzemzavar, hiba; *bány* mentőharang; *hajó* villanó jelzőfény; *szt* hiba; *szt, távk* (időnkénti) hiba, (üzem)-zavar; *távb* morzekulcs; *távk* poloska; ~ **dust** *bány* réselőgép pora, réspor; ~**-duster** pormentesítő berendezés; *bány* poroltó, porkihordó; ~ **hole** *bány* odor; ~ **key** *távb* gyorsmorzekulcs; ~ **light** *bány* (elektromos) fejlámpa
buggy I. *v* csillén szállít; **II.** *n bány* (kis)csille, lóré; rakoncás kocsi; *ép* kézi billenőkocsi, japáner; *fa* fáscsille; *közl* egylovas hajtókocsi; kis kocsi; *vasút* munkáskocsi, szolgálati kocsi; ~ **away** *v ép* japánerrel elszállít; ~ **board** *pa* háttámlalemez; ~ **breast** *bány* kamarapillér *(kiscsillézésre)*; ~ **breast method** kamarapillér-fejtés(i rendszer) kiscsillézéssel; ~ **gangway** *bány* csillés szállítóvágat, kiscsillevágat; ~ **ladle** *önt* kocsiüst; ~ **man** *bány* szállító csillés; ~ **plough/plow** ülés-ses fogatos eke
buggying *ép* japáneres szállítás
bugle *gépk* kézikürt, jelzőkürt; *szer* trombita *(csatornák csatlakozásához)*
buhl saw lombfűrész, lyukfűrész
buhr kovakő, fenőkő; *ásv* kvarckő
buhrmill *bány* kőjárat; *élip* őrlőjárat

buhrstone fosszilis mészkő; ~ **mill** *élip* őrlőjárat
build I. *v* (fel)épít, elkészít; (le)gyárt, kivitelez; létesít, megteremt; **II.** *n* alkat, felépítés; stílus *(épületé)*; *tex* cséveképzés, csévefelépítés; ~ **a canal** *v* csatornát épít, csatornáz; ~ **a road** *v* utat épít; ~ **a tunnel** *v* alagutat épít/fúr; ~ **a wall** *v* falat felhúz, falaz; ~ **down** *v* leépül; *el* csökken, csillapodik; ~ **in** *v ép* beépít; besüllyeszt; *gép* beszerel; ~ **in corbic steps** *v* lépcsőz, ponkol; ~ **in masonry** *v* téglával falaz, téglából épít; ~ **in recesses** *v* lépcsőz, teraszosít *(árterületet)*; ~ **of apex** *ásv* fejkép; ~ **over** *v* felébe épít; ~ **the joint** *v ép* kihézagol; ~ **up** *v* felhalmoz; *bány* berakatot készít, berak; *el* berezeg, begerjed; *ép* befalaz *(ajtót)*; falaz; felépít; felhúz *(építményt, falat)*; *forg* bevonódik, élsisakossá válik *(él)*; *heg* hegesztéssel feltölt; ráhegeszt *(réteget)*; *rep* elér *(sebességet, magasságot)*; fokoz *(fordulatot)*; *távk* felépít *(kapcsolást)*; felépül *(kapcsolat)*; *vegy* képződik; ~**-up** felfutás, megfeneklés; kialakítás; felépítés, konstrukció; felépülés, növekedés; kumuláció, felhalmozódás; *ép* beboltozódás *(tárolt anyagé)*; betonlerakódás *(keverőben)*; *kat* összpontosítás, fejlesztés, felépítés; ~ **up a page** *v nyom* blokál; ~**-up electrode** elektród felrakó hegesztéshez; ~**-up heat** *koh* felépítéses adag; ~ **up in layers** *v* rétegez, rétegesen rak; ~**-up metal** *heg* felrakott varratfém; ~**-up of statics** *el* statikus feltöltődés; ~**-up of transient oscillations** *távk* átmeneti begerjedés; ~**-up period** *el* felépülési/növekedési idő *(berezgés)*; ~**-up process** *el* begerjedés; *rád* berezgés folyamata; ~**-up sequence** *heg* hernyóvarratok felrakási sorrendje; ~ **up the load** *v mech, el* fokozatosan terhel; ~**-up time** *el* felépülési/felnövési idő; felfutási/emelkedési/berezgési idő; feltöltődési idő *(kondenzátoré)*; ~ **up weld** *v* hegesztésre felrak/feltölt; ~**-up weld** felrakott hegesztési varrat; ~**-up welding** felrakó hegesztés; ~**-up wire** hegesztőhuzal felrakó hegesztéshez
builder építész; építőmunkás; építőmester; *vegy* képző, vázanyag; ~ **fabric** gumiabroncsba beépített szövet; ~ **motion** *tex* cséveképző szerkezet; ~**s' (air) compressor (set)** építőipari kompresszor; ~**s' air heater** kevertlevegős hőlégfúvó; ~**s' crane** építési födémdaru; ~**s' double hoist** ikerfelvonó; ~**s' estimate** költségbecslés; ~**s' hardware** épületvasalás *(nyílászáróké)*; ~**s' hoist** *ép* építési felvonó; *hajó* vitla; ~**s' knot** *ép* merev csomó; ~**s' level** kőműves-vízszintmérő, kőművesvízmérték; ~**s' lift** *ép* építési felvonó; ~**s' rivet** *ép* építéshelyi/helyszíni szegecs; ~**s' road** építési/felvonulási út; ~**s' staging** *ép* állványzat; ~**s' yard** *ép* építőanyag-telep, építési anyagtároló tér; *hajó* hajójavító műhely, hajógyár; ~**-up** bányaács; ácsolóvájár, tömedékelő vájár
building *bány* berakatborda, berakatpillér; kőzetpillér, tömedékpillér; *ép* építés; építkezés; épület, építmény; ház, gépváz; kivitelezés; magasépítés; *gumi* (latex)kiegyenlítődés; ~ **acoustics** építészeti akusztika; ~ **act** építés(ügy)i szabályzat; ~ **activity** magasépítési tevékenység; ~ **alteration** épületátépítés; ~ **and loan association** építési takarékpénztár/hitelintézet; ~ **area** építkezési terület, munkatér; ~ **authority** építési hatóság; ~ **ban** építési tilalom; ~ **berth** *hajó* sólya; ~ **block** *ép* építőelem, falazóblokk; *szt* építőkocka, építőszekrény; részegység, modul; szabványos statisztikai adatcsoport; ~ **block concept** *szt* blokkszervezés; ~**-block crane** egységesített daru; ~**-block element** építőkő; ~**-block elements sensitive to light** fényérzékeny építőelemek; ~**-block principle** *szt* építőkockaelv; építőszekrényelv; ~ **block system** építőkocka-rendszer; ~ **board** *fa* építőlap, építőlemez; ~ **brick** falazótégla; ~ **bye-laws** beépítési előírások; ~ **certificate** részletfizetési jogosultság igazolása; ~ **cleaning machine** épülettisztító gép; ~ **code** *US* beépítési előírások; ~ **code requirements (for reinforced concrete)** (vasbeton szerkezetek) építési (tervezési és kivitelezési) előírásai; ~ **condition** épületállag *(városépítésben)*; ~ **construction** magasépítés; ~ **construction and civil engineering** magas- és mélyépítés; ~ **contract** (magas)építési/kivitelezési szerződés; ~ **contractor** építési kivitelező; ~ **crane** épületdaru; ~ **density** beépítési sűrűség/arány; ~ **design** épületméretezés, épülettervezés; ~**-development in unbroken row** tömör térfalú beépítés, zárt sorú beépítési mód; ~**-development with enclosed courts** zárt udvaros beépítési mód; ~ **drawing** kiviteli terv; ~ **drum** *gumi* köpenyfelépítő dob; ~ **engineer** magasépítő mérnök; építésvezető; ~ **equipment** (épületgépészeti) berendezések/installáció; ~ **erection system** építésszerelési eljárás; ~ **failure** épületkárok; ~ **floor** épületfödém; ~ **frame** épületkeret; ~ **ground** építési hely/munkahely, építkezés területe; telek; ~ **height** beépítési magasság; párkánymagasság, épületmagasság; ~ **implement** építési szerszám; ~ **impost** ütközőillesztés; ~ **industry** (magas)építőipar; ~ **in series** sorozatgyártás; ~ **inspector** építési felügyelő/ellenőr; ~ **joiner** épületasztalos; ~ **journal** építési napló; ~ **labo(u)r** (magas)építési munkaerő; ~ **land** építkezési hely; ~ **legislation** építési jog; ~ **licence/license** építési engedély; ~ **line** épület határvonala, homlokzatvonal, építési vonal; ~**-machine** építőgép; ~ **material** építőanyag; ~ **mortar** mészhabarcs; ~ **official** *US* építési felügyelő; ~ **operation** építési folyamat/művelet; ~ **operations** (magas)építési munkák; ~ **ordinance** építésügyi szabályzat; ~**-out network** *el* impedanciamódosító hálózat; ~ **paper** szigetelőpapír; ~ **permit** építési engedély; ~ **physics** épületfizika; ~ **pit** munkagödör; ~ **pit closed by sheet-piling** szádfallal körülzárt munkagödör; ~ **plot** (építési) telek, házhely; ~ **project** építési létesítmény, építmény; ~ **pump** kézi szivattyú; ~ **regulation(s)** építési előírások; építésügyi szabályzat; ~ **rubbish** építési törmelék; ~ **rules** építésügyi szabályzat; ~ **service(s engineering)** épületgépészet; ~ **site** építési telek; építési helyszín/munkahely; fogyasztási hely; ~ **slip** *hajó* sólyatér; ~**(-)stone** *bány* tömedékelőkőzet; *ép* építőkő; faragott kő; ~ **structure** épület (tartó)szerkezete; ~ **substructure** alapítvány, alapozás; ~ **system** építési mód/rendszer; ~**-system crane** egységesített daru; ~ **treat** bokrétaünnep, koszorúünnep; ~ **type** beépítési jelleg; ~ **unit** *ép* építőelem, szerkezeti elem; *szt, távk* felépítési egység; ~**-up** *el* begerjedés; *forg* élsisakképződés; *heg* rétegkialakítás; *rád, távk* berezgés, rázkódás; ~**-up curve** növekedési görbe; *el* feltöltődési görbe *(kondenzátoré)*; ~**-up time** *el* tranziens/átmeneti periódus, felépülési/felfutási idő; ~ **waste** építőipari hulladék; ~ **yard** *ép* építőanyag-telep, építési anyagtároló tér; *hajó* hajójavító műhely, hajógyár; ~ **zone** építési övezet

built-in *ép* beépített; besüllyesztett; nem kiugró; *gép* beszerelt, beépített; ~ **activator** beépített aktivátor; ~ **antenna** beépített antenna; ~ **beam** két végén befalazott/befogott tartó; ~ **check** beépített/automatikus/önműködő ellenőrzés; ~ **chimney** beépített kémény; ~ **conduit** beépített csővezeték; ~ **cupboard** beépített szekrény; faliszekrény; ~ **device** beépített készülék; ~ **drive** *gép* beépített hajtómű; ~ **fan** *élip* beépített ventilátor; ~ **furniture** beépített bútor; ~ **laser cavity** beépített lézerrezonátor; ~ **lateral** *hidr* beépített szárnyvezeték; ~ **lighting** beépített világítás; ~ **loudspeaker** beépített hangszóró; ~ **magnet** beépített mágnes; ~ **memory** *szt* beépített tároló; ~ **minicomputer** beépített miniszámítógép; ~ **place pile** *ép* fúrt/vert lyukban készített cölöp; ~ **power fail protection** *szt* beépített hálózatkimaradási védelem; ~ **rack** *hidr* beépített rács; ~ **reactivity** *at* beépített/saját reaktivitás; ~ **repetition automatism** *aut* beépített ismétlőautomatika; ~ **sink** beépített mosogató; ~ **switch** *el* süllyesztett kapcsoló; ~ **test system** beépített ellenőrző rendszer; ~ **thermocouple** beépített termokereszt; ~ **tub** beépített kód

built-on rászerelt, ráépített; ~ **execution/type** ráépített/rászerelt kivitel/típus

built-up összerakott, összetett; többrészes; szerelhető; ~ **addressing** *szt* összetett címzés; ~ **area** beépített terület/terep; *közl* lakott terület; ~ **bead** *heg* felrakott varratréteg; ~ **beam** *ép* (szegecselt) többrészes tartó; ~ **box** *önt* szerelhető formaszekrény; ~ **bucket ladder** *ép* többtagú merítéklétra; ~ **crankshaft** *gép* többrészes főtengely; ~ **edge** *forg* élrátét, élsisak; ~ **frog** *vasút* sínekből összeállított keresztezési csúcsbetét; ~ **girder** több részből összetett gerenda/tartó; ~ **magnet** lemezelt mágnes; ~ **mica** mesterséges csillám, mikanit; ~ **mo(u)ld** *ép* összerakható zsaluzás; *önt* többrészes forma/szerszám; ~ **mo(u)lding box** *önt* többrészes szekrény; ~ **rim** *gépk* osztott kerékabroncs; ~ **roof(ing)** többrétegű lemezfedés *(lapos tetőn)*; ~ **rules** kombinációs vonalak; ~ **section** (több részből) összetett szelvény; *rep* összetett szárnyszelvény; ~ **shaft** többrészes tengely; ~ **structure** *bány* meddőberakat, téglaberakat; ~ **tappet** összeállítható excenter

bulb buborék, hólyag *(anyagban)*; duzzadás; hólyag; megvastagodott rész, vastagodás; *el* bura *(lámpáé)*; izzó(lámpa); *fa* (ki)dudorodás, kidomborodás, kihasasodás; csomó, gumó; *foto* kiváltólabda; *gép* csővastagítás; *gumi* körtefecskendő; labdafecskendő; *heng* bulba(vas); *metr* hőmérőgömb; *távk* ballon; bura *(elektroncsőé)*; *üveg* ballon; gömbölyű lombik; ~ **angle** *koh* duzzasztott fejű *(v.)* bulba szögidom/szögacél; ~ **bar** bulbaidomacél; ~ **blowing machine** burafúvó gép; ~ **changing** *gépk* izzólámpa cseréje; ~ **clamp** hőfokérzékelő szorítóbilincs; ~ **cutting machine** buravágó gép; ~ **face** képcsőernyő; katódsugárcső-ernyő; ~ **holder** lámpafoglalat; ~(-)**horn** *gépk* labdakürt, kézi duda/kürt; ~ **iron** *heng* bulbaidom; ~ **lifter** *mzg* gumótovábbító rostély; ~-**neck splicing machine** *el* buranyaklevágó gép; ~ **of pressure** *talt* feszültséghagyma *(alaptest alatt)*; ~ **pile** *ép* széles(ített) talpú cölöp; ~ **pipette** hasas pipetta; ~ **pressure** *talt* feszültséghalmozódás; ~ **rail** *vasút* duzzasztott peremű sín; ~ **section** *heng* duzzasztott (fejű) idomacél, bulbaidomacél; ~ **socket** lámpafoglalat; ~ **steel** *heng* duzzasztott (fejű) idomacél, bulbaidomacél; ~ **thermometer** golyós hőmérő; ~ **tubulating** balloncsővezetés; ~-**type dilatation thermostate** tágulórudas hőfokszabályozó/termosztát

bulbing duzzasztás, megvastagítás

bulbous *ép* duzzasztott/hagymaszerű kiképzésű; ~ **bow** *hajó* bulbaorr

bule *hidr* dugattyúgyűrű

bulge I. *v* (ki)dagad; kihasasodik; kidudorodik; kidomborodik; duzzad; felpuffad; felfúj; *bány* deformálódik; **II.** *n* dagadás; dudor; domborulat; (ki)hasasodás; kidomborodás; kitüremkedés; felfúvódás; *bány* duzzadás *(telepé, teléré)*; kivastagodás; *ép* kihasasodás, kidomborodás; *fa* ággyűrű; hordóhas; *geol* lávakupola; magaslat; *gép* kiálló fékezőpofa; szántalp; *hajó* behorpadás, kidudorodás *(hajótesten)*; hajófenék; sólyaszánkó; *hidr* duzzasztás, megvastagítás; ~ **electrode** vastagon bevont hegesztőelektród(a); ~ **forming** *szer* csőtágítás

bulged domború, domborodó; duzzadt, (meg)duzzasztott; ~-**in** beágyazott; benyomott, horpadt

bulging dagadás, kidudorodás; dudor(odás); megvastagodás; horpadás, benyomódás; *alak* tágító/bővítő nyomás; *bány* duzzadás; kivastagodás; *mech* horpadás; *önt* öblösödés, hasasodás; ~ **dies** domborítószerszám; ~ **lathe** *alak* nyomóeszterga; ~ **test** *any* tágítópróba, csőtágító próba

bulk I. *v* felhalmoz; halomba önt, egymásra halmoz; ömleszt; kidudorodik; kiemelkedik; fellazít, fellazul; **II.** *a* ömlesztett, rinfúza; **III.** *n* halom, rakás; nagyság; (nagy) mennyiség; főrész, zöm; (ömlesztett) tömeg; űrtartalom, köbtartalom, terjedelem; térfogat; (hajó)rakomány; *félv* bulk; tömb; *pa* fajlagos térfogat *(dm^3/kg)*; papírvastagság *(1/100 hüvelykben)*; ~ **activity** térfogati aktivitás; ~(-)**analyzis** *vegy* bruttóelemzés; ~ **article** tömegcikk; ~ **(asphaltic) bitumen distributor** bitumenszóró gépkocsi; ~ **batching** térfogat szerinti (mérő)adagolás/mérés; ~ **bed** *koh* anyagoszlop; ~ **boat** *hajó* tartályuszály; ~ **buying** tömeges lekötés/vásárlás; ~ **cargo (b/c, BC)** *rep* folyékony rakomány; ~ **carrier** ömlesztve fuvarozó jármű/hajó; ömlesztett árut szállító hajó; ~ **cement** ömlesztett cement; ~ **cement lorry** ömlesztettcement-szállító gépkocsi; ~ **cement tank(er) wagon** cementszállító vasúti kocsi; ~ **cement transporter/carrier** cementszállító jármű; ~ **cement truck** *US* ömlesztettcement-szállító gépkocsi; ~ **cement truck-and-trailer unit** cementszállító szerelvény; ~ **clearance** *gépk* szabad magasság, hasmagasság; ~ **concrete** *ép* tömegbeton; ~ **conductivity** térfogati vezetőképesség; ~ **consumer** nagyfelhasználó; ~-**conveyed traffic** *vasút* áruforgalom; ~ **conveying** *élip* ömlesztett szállítás; ~ **correction** tömeghelyesbítés; ~ **cross-section** *at* teljes effektív hatáskeresztmetszet; ~ **crystallization** térfogati kristályosodás; ~ **current** térfogati áram; ~ **density (BD)** *bány* testsűrűség; *ép* térfogatsűrűség, térfogatsúly; *geof, ol* légszáraz kőzetsűrűség; térfogati sűrűség; *koh* halmazsűrűség; ~ **detector** *aut* volumendetektor; ~ **distillate** *ol* széles párlat; ~ **elasticity** kompresszibilitás, térfogati rugalmasság, összenyomhatóság; ~ **eraser** hálózati törlő; gyorstörlő, törlőgép, törlőberendezés *(jelrögzítés)*; ~ **expansion coefficient** térfogati hőtágulási tényező; ~ **factor** térfogattényező; *műa* tömörödési tényező; ~ **fermentation** *élip* tésztakelesztés, tartályerjesztés *(pezsgőé)*; ~ **flotation** *bány* kollektív flotálás; ~ **flour storage** *élip* ömlesztett lisztraktározás; ~ **flow** ömlesztett tömeg áramlása; ~ **flow conveyor** *bány* rédler; ~ **freight** ömlesztett teheráru; ~ **getter** *vák* nem párologtatott getter, tükör nélküli getter; ~ **goods** tömegáru(k); ömlesztett áru; ~**-grain elevator** *mzg* magelevátor, magfelhordó *(cséplőgépben)*; ~**-grain hopper** gabonatartály *(arató-cséplő gépen)*; ~ **handling** *élip* (ömlesztett) tömeg mozgatása; **in** ~ ömlesztve, rinfúza; ~ **index** *pa* fajlagos térfogat; ~ **information** *szt* nagy információhalmaz; ~ **junction(-gate) field effect transistor** záróréteges/Shockley-féle térvezérlésű tranzisztor; ~ **lifetime** *el* átlagos élettartam *(homogén félvezetőben)*; ~ **magma** magmafészek; ~ **manufacture** tömeggyártás; ~ **material** ömlesztett anyag/áru; *műa* tömbpolimerizációval nyert anyag; ~ **material grab** ömlesztettanyag-markoló; ~ **material loader** ömlesztettanyag-rakodó; ~ **material storage ground** ömlesztettanyag-tároló; ~ **memory** *szt* háttértár, tömegtár; ~ **milk** *élip* elegytej; ~ **modulus** *mech* Poisson-féle tényező; ~ **modulus of elasticity** *mech* összenyomhatósági modulus; ~ **of a building** *ép* épület beépített köbtartalma; ~ **of crystals** kristálytömeg; ~ **oil** olajtöltet *(tartályhajókban)*; kiszereletlen olaj; ~**-oil cargo** tartályhajótöltés; ~**-oil circuit-breaker** *el* nagy olajterű megszakító; ~**-oil flotation** flotálás nagymennyiségű olajjal; ~**-oil tanker** tartályhajó, tankhajó; ~ **photovoltaic effect** térfogati fényelemhatás; ~ **polymerization** *vegy* tömbpolimerizáció; ~ **posting** címzetlen reklámküldemények (kézbesítése); ~ **processing** *szt* tömegfeldolgozás; ~ **product** ömlesztett termék/áru; ~ **production** nagyüzemi termelés; ~ **rail-car** vasúti tartálykocsi *(ömlesztett árura)*; ~ **resistance** *félv* áramköri ellenállás; ~ **resistance of base** *félv* báziselenállás; ~ **resistance of collector** *félv* kollektor-ellenállás; ~ **resonance** térfogati rezonancia; ~ **sample** megmunkálatlan/nyers minta/próba; ~ **sampling** mintavétel ömlesztett sokaságból; ~ **scattering** térfogati szórás; ~ **storage** *élip* ömlesztett raktározás; *szt* tömegtár; ~ **tariff** pausáldíjszabás; ~ **test** *at* makroszkopikus vizsgálat; sűrűségvizsgálat; ~ **throwing machine** szóró rakodógép; ~ **traffic flow** tömegforgalom; ~ **transfer** ömlesztett árurakodás/árumozgatás/anyagrakodás/anyagmozgatás; ~ **transmission of data** tömeges adatátvitel; ~ **transport** rinfúzaszállítás, ömlesztve szállítás; ~ **transporter with pneumatic drawdown** pneumatikus ürítésű cementszállító; ~ **trial** nagyüzemi kísérlet; ~ **update terminal** *szt* videotex oldalak tömeges felújításánál használt terminál; ~ **velocity** középterjedési sebesség; ~ **waggon** vasúti tartálykocsi *(ömlesztett áruhoz)*; ~ **weight** halomsúly; halmazsűrűség; ~ **zoning** (részleges) építési tilalom, építési korlátozás, védőövezet

bulkage → bulking

bulked nagy térfogatú; ~ **yarn** terjedelmes fonal

bulkhead I. *v bány* gátal; *hidr* szádfalaz; **II.** *n bány* (tűz)gát; aknaosztály elválasztó fala; kalitka, máglya *(biztosítás)*; válaszfal; védőpadozat; *ép* hídellenfal; padláselválasztó fal; szádfal, burkolófal; támfal; tűzfal; *hajó* vízhatlan válaszfal; *hidr* szádfal, töltészáró fal; *önt* salakgát; *rep* válaszfal; ~ **casting** *hajó* válaszfaláttörés; ~ **closure** szádfalas körülgátolás/körülzárás; ~ **deck** *hajó* válaszfalfedélzet; vízmentesen elzárható fedélzet(rész); ~ **draught/draft** *hajó* válaszfalmerülés; ~ **fitting** bányavilágítási szerelvény; ~ **sheet** *geol* ütközőréteg; ~ **stiffener** *hajó* válaszfal-merevítő

bulkheading *bány* gátalás; *hidr* szádfalazás

bulking I. *a* terjedelmes, nagy térfogatú; **II.** *n* duzzadás, kidomborodás; puffadás; (fel)duzzasztás; fellazulás *(kitermelt talajé)*; *gumi* vegyes eredetű latex összevegyítése; *vegy* oldószer térfogatának megnövekedése; ~ **board** *pa* voluminőz lemez; ~ **coefficient** lazulási tényező *(kitermelt talajban)*; ~ **equipment** *gumi* tárolóberendezés, elegyítőberendezés; ~ **paper** voluminőz papír; ~ **pressure** *pa* próbanyomás *(fajlagos térfogat méréséhez)*; ~ **sludge** *biot, hidr* duzzadóiszap *(szennyvízkezelés)*; ~ **syrup** *gyógyv* alapozószirup; ~ **thickness** *pa* látszólagos vastagság *(adott nyomáson)*

bulkload *közl* ömlesztett teher

bulky nagyméretű; nagy tömegű; terjedelmes, nagy térfogatú; kis fajsúlyú; tömeges; vastag fogású, voluminőz; ~ **paper** *pa* vastag nyomópapír

bull *alak* bika; ~ **block** húzópad; ~**-block drawing** *alak* húzópados dróthúzás; ~**-block wire-drawing machine** köves/pofás huzalhúzó gép; ~ **cable** szállítókötél; ~ **calf** *bőr* bikaborjú; ~ **chain** *bány* kastartó lánc; *fa* facsúsztató lánc; ~ **clam bucket** *ép* szétnyitható rakodókanál; ~ **engine** rudazatos szivattyúval kapcsolt gép; ~ **fibre/fiber** *pa, tex* lintersz; ~**(-)frog** *ép* döngölőbéka *(útépítéshez)*; ~ **gang** *bány* akkordban dolgozó csapat; vájárcsapat; ~ **gear** *forg* főfogaskerék, forgattyús kerék; hajtó nagyfogaskerék *(gyalugépen)*; ~**-gear clamp** *forg* zárócsap *(gyalugépen)*; ~ **grader** nehéz útgyalu; elfordítható lemezű lánctalpas tológép; ~**-head** *ép* bolt(ozat)zárókő; *heng* végállvány; *vasút* gombasínfej; ~**-head(ed) rail** *vasút* kettős gombafejű sín; ~**(-)header** *ép* lecsapott alsó élű kötőkő; ~**-head of continuous roller-mill** *heng* többszörös hengersor végállványa; ~**-head pass** *heng* kétfejű sín kalibere/ürege; ~**-head tee** hosszú szárú T-csőidom; ~ **horn speaker** irányított nagyhangszóró; ~ **ladle** nyeles kéziüst; *koh* darus üst; ~**-nose** lekerekített végperem; ~**-nose brick** tégla két lekerekített peremmel; ~**-nose plane** fémvázas gyalu *(gyalufejhez előretolt késsel)*; ~**-nose tool** nagyolókés; ~**(-)point** *bány* fúrórúd *(kőzetfejtéshez)*; ~ **press** *alak* egyengetősajtó; ~ **pump** rudazatos szivattyú *(forgattyú nélkül)*; ~ **quartz** *ásv* füstkvarc; ~ **reel** fúrókötéldob; ~**-ring** T-keresztmetszetű gyűrű *(középdugattyún)*; ~ **riveter** nehéz szegecselőgép; ~ **rod** *bány* fúrórúd, fúrószár; ~ **rope** *bány* szállítókötél; *em* felvonókötél; ~ **screen** rázóosztályozó; *pa* szilánkfogó; ~**'s eye** *el* jelzőlámpa; *ép* ökörszem(ablak), kerek/ovális oromfali ablak; *geol* piritkonkréció palában; *hajó* hajóablak *(kerek)*; *hidr* figyelőablak; *kat* céltábla középpontja; *közl* macskaszem; *opt* rövid gyújtótávú lencse; *üveg* üvegfúvópipa okozta hólyag/szem/csomó; ~**'s nose** → ~-nose; ~ **stop** *vasút* ütközőbak; ~ **stretcher** *ép* futótégla; ~ **switch** *film* világításkapcsoló; ~ **wheel** (meg)hajtólánckerék; *em* árbocforgató kerék *(darun)*; ~**(-)wheel drive** *forg* fogasléces hajtás *(gyalugépen)*; ~ **wheel drum** fúrókötéldob; ~ **wheel spool** *ol* fúrókötéldob *(pennsylvaniai fúráshoz)*; ~ **wrench** *ép* fogas csőkulcs

bullate hólyagos, hólyagszerű
bulldog *bány* siklóellensúly; *kat* nagy űrméretű pisztoly; ~ **clip** sodronykötélbilincs, sodronykötélkapocs; sodronykötél-szorító; ~ **plate** bulldoglemez *(kapcsolóelem)*; ~ **spear** *ol* csőfogó; ~ **wrench** *szersz* csőfogó, csőkulcs
bulldoze *bány* aprít *(kalapáccsal/robbantással)*; *ép* (földtolással) egyenget; bunkóz, döngöl
bulldozer *alak, mt* horizontál kovácsológép; nehéz zömítősajtó; *ép* (bul)dózer, földtoló gép; lemezhajlító gép, idomacél-hajlító gép; merevlapos tológép; tolólemez; tolólemezes gép, földtoló lapát/gép; ~ **blade** egyengető-támasztó lemez; merev tolólap; ~ **blade equipment** egyengetőlemez-szerelék; ~**-equipped track-type tractor** lánctalpas tológép; ~ **fitted to wheel tractor** gumikerekes tológép; ~**-ripper** hátrameneti talajlazító; ~ **with angling blade** elfordítható lemezű lánctalpas tológép; ~ **with tilting equipment** billenő tolólapos tológép; ~ **with U-blade** U-lemezes tológép
bulldozing *alak* lemezhajlítás; *bány* aprítás földtolóval; *ép* földtolás; nyesés; útegyengetés tolólemezes géppel; ~ **with dozer blade** nyesés
bullen *tex* pozdorja; ~ **nail** kátránylemezszeg; kárpitosdíszszeg
bullet *hajó* halászháló nehezéke; *kat* golyó; kézifegyver-lövedék; ~ **cone** *kat* repeszszóráskúp; ~ **connection** *távk* dugaszoló csatlakozás; ~ **jacket** *kat* lövedékköpeny; ~ **locator** *orv* fémtestkereső (készülék); ~ **mo(u)ld** golyóöntő forma; ~ **nozzle** gyűrűs fúvóka; ~ **perforator** lövedékes/golyós perforátor; ~**-proof (bull.pfr)** *kat* golyóálló, golyóbiztos; ~**-proof butt** golyófogó fal *(céltábla mögött)*; ~**-proof glass** páncélüveg, golyóálló üveg; ~ **shell** kézifegyver-lövedék köpenye; ~ **shield** *kat* lövegpajzs; ~ **splash** lövedék szétporlása *(becsapódáskor)*; ~ **valve** *gép* golyós szelep
bulletin board (BB) *szt* elektronikus hirdetőtábla
bullhead → bull-head
bulling *bány* robbantás kőhézagokban; tágítás lövéssel; ~ **rod** *bány* agyagfúró; döngölővessző; fojtásdöngölő rúd
bullion *bány, koh* aranyrúd, ezüstrúd; finomítatlan nemesfém; mosott arany; *tex* aranypaszomány-csipke, aranyrojtcsipke, aranyzsinórcsipke, aranyfonalcsipke; ezüstpaszomány-csipke; fémzsinór; *üveg* fúvópipa okozta hólyag/csomó; ~ **balance** aranyművesmérleg; ékszermérleg; ~ **fringe** aranyrojt, ezüstrojt; ~ **lead** kohóólom
bullock-hide *bőr* tinóbőr
bull. prf → bullet-proof
bullreel *ol* fúrókötéldob
bully fúrókalapács; bányakalapács, bányászkalapács
bulwark I. *v kat* elsáncol; erődít; **II.** *n ép* bástya; *hajó* habvéd, mellvéd; *hidr* védőgát; ~ **chock** *hajó* habvéd-kötélcsúsztató, mellvéd-kötélcsúsztató; ~ **plating** *hajó* habvédlemezelés; ~ **port** *hajó* vízkieresztő; ~ **stay** *hajó* mellvédtámasz
bump I. *v* zökken; nekirohan; összeütközik; nekiütközik; *hőt* egyenlőtlenül forr; **II.** *n* kidudorodás; puffanás, vágás; üt(őd)és, (össze)ütközés; *bány* bányaomlás; bányarengés; főteomlás, főtetörés; kőzetkihullás; *el* áramlökés, lökőáram; kipúposodás *(impulzusé)*; *félv* forraszgömböcske; gyors begerjedési anomália; kontaktozási fémezés; *hidr* kavitációs csattogás; *közl* zökkenő, huppanó *(útfelületen)*; *rep* légörvény, légzsák; ~ **against the curb** *v* szegélykőnek hajt; ~ **buffer** *gép* rugóhatároló; ~**-chip** *félv* flipcsip; kontaktusgömbös csip/morzsa; ~ **cotton** *tex* kőkemény gyapot/csomó, pamutcsomó; ~ **counter** *szt* ütközésszámláló; ~ **stop** rugóütköző *(gumiból, hordrugóban)*; ~ **stress** *gép* zökkenő okozta igénybevétel; ~ **stroke** *finm* ütőlöket; ~ **yarn** *tex* durva hulladékfonal
bumpcut pavement *ép* lecsiszolt betonútpálya
bumpcutting betonpálya-csiszolás, dudorcsiszolás
bumped domború, dudoros; domborodó; ~ **chip** *félv* kontaktgömbös csip/morzsa
bumper *fa* bunkó; *gépk* lökhárító; *vasút* ütközőbika, vasbika, ütköző; ~ **bag** *gépk* légrugós felfüggesztés; ~ **bar** *gépk* lökhárító; ~ **beam** → buffer beam; ~ **jar** → ~ sub; ~ **rider** *gépk* lökhárítódísz, lökhárítólovas; ~ **rod** ütközőrúd; ~ **stop** *vasút* ütközős vágányzár; ~ **sub** *ol* váltóolló, ütőolló
bumpiness *rep* széllökés, turbulencia
bumping *bány* hegyrengés; lövés; *gépk* frontális ütközés; megugrás; *műa* szerszámszellőztetés, gázosítás; *pa* lökés *(főzéskor)*; *rak* lökésszerű égés; *vasút* váltó átváltása/felvágása; ~**-and-jerking table** *bány* mozgó rázószér; ~ **hammer** korcoló/szegélyzáró kalapács; ~ **machine** *tex* kalapácsos nemezelőgép; ~ **table** *bány* osztályozóasztal
bumpkin *hajó* árboc, gerenda; kiálló fa; orrvitorla-kitámasztó rúd
bumpometer *gépk* impulzusmérő; lökésmérő
bumpy *bány* pattogzó *(szén)*; *ép* egyenetlen *(út)*; *rep* széllökéses, turbulenciás; ~ **air** *met* nyugtalan/széllökéses légtömeg; ~ **coal** könnyen fejthető szén; ~ **landing** *rep* durva leszállás; ~ **running** *gép* kihagyásos járás; *tex* lenpozdorja; ~ **weather** *rep* széllökéses időjárás
Buna *vegy* buna; ~**-N** *vegy* buna-N *(butadién-akrilnitril kopolimerizátum)*; ~**-S** *vegy* buna-S *(butadiénsztirol kopolimerizátum)*
bunch I. *v* csomóz, csomóba köt; kötegel, csomagol; *fa* kiközelít, vontat; *kh* felakad *(szem)*; *távk* csomósít, nyalábol; fókuszol; sebességmodulál *(klisztron)*; *tex* felduzzaszt; **II.** *n* csokor, köteg; huzalkarika; nyaláb, fürt; *bány* ércfészek, ércmag, érczseb; *el* pászma; *fa* kinövés, dudor; *geol* lyukacsos ér, érces vese; *tex* csomó, gumó; köteg, nyaláb; tartalékcsévék *(automatán)*; ~ **discharge** *el* koronakisülés; ~ **filament** *el* cikkcakk szerelésű izzótest; ~ **graph** hálónomogram; csoportgrafikon; ~ **knot** *tex* vastag csomó; ~ **light** *film* jupiterlámpa-csoport; ~ **of harness-cord** *tex* nyüstzsinórnyaláb; ~ **of radiation** *fiz* sugárnyaláb, sugárkéve, sugárkúp; ~ **of varieties** *mat* sokaságsereg; ~**-plater finish** *pa* simítás nyomással; ~ **suspension** *bány* kötegelt függeszték; ~ **up** *v gumi* összeáll
bunched kötegelt; kötéges; *fiz* csomósított, nyalábolt; ~ **beam** *távk* sebességmodulált nyaláb; ~ **cable** *ép, el* kábelköteg; kötegelt kábel; ~ **conductor** összecsavarással készült vezeték; sodrott vezető/ér; ~ **plated** kötegben/ívben simított; ~ **signalling** *távk* csoportos jelzésátvitel; ~ **synchronization** *távk* csoportos szinkronizálás

buncher *mzg* kévekötő gép; *távk* csomósító elektróda; modulálórés *(klisztronban)*; ~ **attachment** *mzg* marokgyűjtő/nyalábolό toldalék *(fűkaszálóhoz)*; ~ **grid** *távk* csomósítórács; ~ **resonator** *távk* csomósítórezonátor
bunching *el, távk* fázisfokuszálás, csomósítás; nyalábolás, bunching; ~ **characteristic** *távk* csomósítási jelleggörbe; ~ **machine** kötegelőgép; ~ **parameter** *távk* klisztronparaméter; ~ **space** csomósítási/nyalábosítási tér
bunchy csoportos; fürtös, fürtszerű; köteges, nyalábos; *fa* bütykös; *tex* csomós; ~ **yarn** csomós fonal
bund *hidr* rakpart, töltés; ~ **ditch** *hidr* sáncárok; ~ **dyke** *hidr* sánctöltés
bundle I. *v* csomagol; csomóba fűz/köt; összegöngyöl(ít); összecsomóz; *tex* köteggé egyesít; **II.** *n* csomag; kéve; köteg, nyaláb; *el, mat* nyaláb, fürt; *heng* köteg, nyaláb; tekercs; *pa* bála, csomag; papírcsomag *(50 font)*; *tex* matring, köteg; ~ **carrier** *mzg* kévegyűjtő rács; ~ **conductor** kötegelt vezető, kötegvezető; ~ **iron** kötegelőhuzal, fűződrót; ~ **loader** *mzg* kéverakodó; ~ **of curves** *mat* görbenyaláb; ~ **of faggots** rőzseköteg; ~ **of faults** *hidr* törésnyaláb; ~ **of fuel elements** *at* fűtőelem köteg; ~ **of light-rays** fénysugárnyaláb; ~ **of lines** *mat* egyenesnyaláb, sugárnyaláb; ~ **of optical fibres/fibers** száloptika; optikai szálköteg; ~ **of pipes** csőköteg; ~ **of planes** *mat* síknyaláb; ~ **of rays** *mat* egyenesnyaláb, sugárnyaláb; ~ **of reinforcement** *ép* vasalásköteg *(vasbetonban)*; ~ **of spheres** *mat* gömbök nyalábja, gömbnyaláb; ~ **of twigs** rőzseköteg; ~ **of wire** huzalkarika, huzaltekercs; ~ **press** *tex* fonalprés; ~ **strength** *műa, tex* szálkötegszilárdság; ~**-strength test** *tex* kötegszakító próba
bundled kötegelt; ~ **conductor** kötegelt vezető, kötegvezető; ~ **software** *szt* alapárban foglalt szoftver
bundler *heng, mzg* kötegelő
bundling *fa* tutajba kötés; *heng* kötegelés; ~ **of laminatories** *el* lemezelés; ~ **press** *tex* fonalprés
bung I. *v* bedugaszol; **II.** *n* bedugaszolás; eltömés; (hordó)dugó; *hajó* széntér; *hidr* szádfal, burkolófal; ~**-turning machine** *fa* hordódonga-eszterga
bungalow *ép* egyszintes lakóház, bungaló
bunghole hordónyílás, (hordó)szád; ~ **boring-machine** *fa* dugaszfúró/hordólyukfúró gép
bunk *hajó* fapad; hajóágy; széntér; ~**-house** *ép* fakitermelő-szállás, fakitermelő-telep; felvonulási épület, munkásbarakk
bunker I. *v hajó* üzemi szenet/olajat felvesz; **II.** *n* verem; rekesz *(raktárban)*; bunker; tartály; *kat* betonfedezék; *mt* tár, adagolótartály; ~ **C fuel** nehéz fűtőolaj, „Bunker-C" fűtőolaj; ~ **chute** bunkercsigacsúszda; ~ **in the ground** *ép* verem, mélybunker; ~ **lock** bunkerelzáró; ~ **oil** nehéz fűtőolaj, „Bunker-C" fűtőolaj; tüzelőolaj; ~ **scuttle** *hajó* szenelőnyílás; ~ **spiral chute** → ~ chute; ~ **wagon** *bány* bunkerkocsi; ~ **weigh-bridge** bunkerhídmérleg
Bunn | chart Bunn-hálózat; ~ **synthesis** hibaszintézis
bunny, bunney *geol* ércfészek, érctömb telér közelében
Bunsen | burner Bunsen-égő; ~ **funnel** Bunsen-tölcsér; ~ **photometer** Bunsen-féle fotométer
bunsenite *ásv* bunsenit
bunt I. *v* felfúvódik; **II.** *n hajó* has, kidudorodás *(vitorlán)*; *ker* domború üveg; üvegbuborék; *rep* fordított, „Immelmann", leborítás *(műrepülő-mutatvány)*; ~ **line** *tex* felhúzókötél
bunter *ép* ütközőbak; *geol* tarka homokkő; ~ **dog** *forg* lefogócsavar *(kalapácsfejű)*
bunting zászlószövet; vitorlavászon
bunton *bány* feszítőtám; feszke; osztógerenda; tartógerenda
buoy I. *v hajó* bójákkal kijelöl; bóját lehorgonyoz; felszínen tart/marad; fenntart *(vízen)*; **II.** *n hajó* bója; ~ **laying vessel** bójakihelyező (hajó); ~ **light** bójalámpa; ~ **line** bójakábel, bójakötél; ~**-rope knot** *hajó* úszószálbog
buoyage hajóút-kijelölés *(bójákkal)*
buoyancy lebegési képesség, úszóképesség; (hidrosztatikai) felhajtóerő; *hajó* vízkiszorítás; ~ **control** fenéksúlyozó rendszer vezérlése; ~ **correction** *any* súlymérés felhajtóerő figyelembevételével; ~ **equilibrium** úszási egyensúly; ~ **method** *geof* buborékmódszer; ~ **of the air** levegő felhajtóereje; ~ **pump** légnyomásos szivattyú; pneumatikus vízemelő (szivattyú); ~ **tank** *hajó* légszekrény; merülőtartály *(tengeralattjárón)*
buoyant rugalmas, hajlékony; diasztázedús *(söripar)*; *hajó* úszóképes; ~ **effect/force** (hidrosztatikai) felhajtóerő; ~ **gas** *rep* emelőgáz, felhajtógáz; *vegy* hordozógáz; ~ **mine** *kat* úszóakna; ~ **(rod string) weight** *ol* mélyszivattyú-rudazat (nedves) önsúlya; ~ **unit weight** *talt* víz alatti térfogatsúly
bur *tex* bogáncs; ~ **crusher** bogáncstalanító gép; ~ **extraction** bogáncstalanítás; ~ **oil** bojtorjánmagolaj
buran *met* burán, hóvihar; porvihar *(nyáron)*
buratine *tex* puplinszerű selyemszövet
burberry *tex* börberi, esőkabátszövet
burble I. *v* leválik *(áramlás)*; **II.** *n* leszakadás, leválás *(áramlásé)*; *rep* határréteg-leválás; ~ **angle** *rep* kritikus állásszög; ~ **point** *rep* áramlásleválási pont
burbling *rep* áramlás leválása/leszakadása, túlhúzás; leválás, leszakadás; ~ **zone** *rep* leválási övezet/zóna
burden I. *v* megterhel, megrak *(teherrel)*; ráral, (rá)rakódik; *koh* adagol, etet; elegyít; **II.** *n* teher, (meg)terhelés; súly; legkisebb ellenállás vonala; *bány* meddő takaróréteg; *bány, geof* (legyőzendő) kőzetellenállás; terheléselőtét *(robbantáskor)*; *el* teher *(áramváltóé)*; *ép* mérőadagolás; *geol* hordalék; *hajó* hordképesség; *ip* rezsi(költség); *koh* adagolás, beadagolás, betöltés, sarzsírozás; elegy, szilárd/hideg betét; kemencebetét; olvasztási adag; *orv* sugárterhelés; *talt* szétázott talaj; ~ **calculation** *koh* adagszámítás; elegyszámítás; ~ **carrier** teherszállító (elektromos) targonca; ~ **constituent** *koh* elegyalkotó; ~ **distribution** *koh* adageloszlás; ~ **house** *koh* anyagtér; ~ **of coke** kokszadag; ~ **of hole** *bány* fúrólyuk terhelése *(legkisebb ellenállás vonalán)*; ~ **on a line** *el* vezeték terhelése; ~ **on an instrument transformer** teher, terhelés *(áramváltóé)*; ~**-ore** *koh* ércelegy; ~ **preparation** *koh* elegy-előkészítés; ~ **ratio** *koh* elegyarány, elegyviszony; ~**-removing** *bány* letakarítás; takaróréteg eltávolítása; ~ **storage area** *koh* elegytér; ~ **weight** *koh* betétsúly; ~ **yield** *koh* elegyhozam
burdening *koh* adagolás; betétösszeállítás; elegyszámítás
Burdigalian stage *geol* burdigalai emelet
burdock bogáncs; ~ **oil** bojtorjángyökér-olaj
buret → burette

burette *vegy* büretta; ~ **holder/stand** bürettaállvány
burgee *hajó* árbocszalag, szalaglobogó; csücskös jelzőlobogó; → burgy
Burgers | circuit *koh* Burgers-kör; ~ **vector** *koh* Burgers-vektor
burgie → burgy
burglar|(-)alarm betörésjelző (berendezés); ~ **alarm system** betörésjelző rendszer/berendezés; ~ **proof** betörésbiztos
burgy szénpor; résdara; daraszén
burial ground/site izotóptemető, radioaktív hulladékok tárolóhelye
buried *el* falba ágyazott, süllyesztett *(vezeték)*; föld alatti; rejtett; *geol* települő; ~ **abutment** *ép* rejtett ellenfal; ~ **antenna** *rád* földantenna; ~ **asphalt membrane lining** *ép* rejtett aszfaltmembrán-burkolat; ~ **cable** föld alatti kábel; földkábel; ~ **cage** *el* mély szerelésű forgórész; ~ **contact** *geol* rejtett érintkezés; ~ **copper** *el* hornyokba helyezett réz, aktív réz; ~ **drain** *hidr* felszín alatti lecsapoló/drén/talajcső/alagcső; ~ **dump** *kat* földbe rejtett lőszerraktár; *ol* cementkanál, ürítőkanál; ~ **engine** *rep* beépített motor/hajtómű; ~ **fold** eltemetett gyűrődés; ~ **hills** *geol* látszólagos antiklinális; ~**-igneous intrusion** *geol* mély intrúzió; ~ **layer** *félv* rejtett réteg; ~ **line** föld alatti vezeték; ~ **outcrop** *bány* rejtett kibúvás *(teléré)*; *ol* föld alatti kibúvás; ~ **penstock** beágyazott nyomócső *(vízerőműé)*; ~ **pipe** *bány* védett cső *(aknában)*; *hidr, ol* betemetett/elhantolt *v.* földbe ágyazott/ásott/fektetett cső; ~ **placers** *geol* eltemetett lelőhely; ~ **switch** falba süllyesztett kapcsoló; ~ **timber** *bány* benn hagyott ácsolat; ~ **U-Adcock** *távk* földelt/betemetett U Adcock (antenna); ~ **wiring** *el* rejtett huzalozás; vakolat alatti vezetékek/vezetékrendszer, falba süllyesztett vezetékrendszer; *szt* rejtett huzalozás
burin *nyom* karcolótű, vésnöktű, sáber
burl I. *v* tisztít; *tex* eltávolít *(csomókat)*; **II.** *n fa* göcs; *tex* csomó, gumó; ~ **covering** *tex* csomó fedőszínezése *(gyapjúszövetben)*; ~**-dye** csomószínezék *(szövetben levő csomók színezéséhez)*; ~**-dyed cloth** csomóhibás festésű szövet
burlap zsákszövet; *bány* vászongát *(iszaptömedékeléskor)*; ~ **bag** jutazsák; ~ **finish** *pa* zsákszövetsimítás; ~**-lined paper** bitumenes textilbetétes papír; ~ **sealing** jutavászon-szigetelés; ~ **serving/wrapping** *el* jutaszövés, jutaszigetelés
burler *tex* csomótisztító gép; szövettisztító
burling *tex* csomótépés; tisztítás; ~ **and mending** csomótisztítás és kivarrás; ~ **ink** hibajelző színezék; ~ **machine** *tex* csomókicsípő gép
burn I. *v* (el)szenesít; kiéget, megéget; ég(et); eléget, leéget; *bány* morzsál, szétaprít *(túl nagy töltettel)*; *el* megfeketít, szikrázik *(galvanizálásnál)*; *heg* lánggal vág; *hők* túlhevít; *hőt* tüzel; *ker* éget; *koh* pörköl; **II.** *n* (el)ég(et)és, megégés; égési hely, beégés; *rak* gyújtás; *tv* ernyőbeégés; ~ **away/down** *v* leég(et); ~**-back** *el* visszagyújtás; *önt* béléskopás; ~ **in** *v* beéget *(pl. jelet)*; ~**-in** *szt* beégetés, kiolvadás; ~**-in characteristic** bejáratási jellemző; ~ **in enamel** *v* lakkot beéget; ~ **off** *v* kiéget, leég(et); *ol* fáklyázik, fáklyát használ; ~**-off** leégés; *ol* fáklyázás; ~**-off current** *heg* leolvasztóáram; ~**-off of the electrode** elektród leolvadása; ~**-off rate** leégés sebessége; *heg* leolvasztási sebesség; ~ **on** *v* odaég *(pl. tej)*, odakozmásodik; *heg* felhegeszt, hozzáhegeszt, ráhegeszt; hozzáforraszt, ráforraszt; *önt* ráég; ~**-on** *önt* ráégés; ~ **out** *v el* kiég *(biztosító)*; leég, kiég *(tekercs, cső)*; *félv* „megsüketül", „bedöglik"; *gépk* elizzik, elég, kiég *(pl. fékbetét)*; *rep* kihagy; ~**-out** kiégetés; kiégés; *bány* morzsoló betörés; *félv* megsüketülés; *önt* kiégés *(ötvözőké)*; *rád* kiégés *(csőé)*; *rak* égésvég; *tv* gradációvesztés; ~**-out altitude** *rak* égésvégi magasság; ~**-out cycle** *at* kiégési (kimerülési) ciklus; ~**-out furnace** kiégetőkemence; ~**-out indicator** *el* kiégésjelző; ~**-out of alloying elements** *koh* ötvözőelem kiégése; ~**-through** átégés, átolvadás *(hibás hegesztéskor)*; ~ **up** *v film, foto* túlexponál, eléget; ~**-up** *at* kiégetési/elégetési fok *(reaktorban)*; *hőt* kiégetési szint; ~**-up factor** *at* kiégési tényező
burnability éghetőség
burnable ég(het)ő; ~ **bone** *bány* égőpala, olajpala; ~ **material** *környv* éghető anyag; ~ **poisons** *at* kiégethető mérgek
burner égető; égő; *gépk* égőfej *(dízelmotoré)*; porlasztó; *heg* fújtatóégő *(forrasztólámpában)*; hegesztőpisztoly; lángvágó *(munkás)*; *hőt* tüzelőtér csöve *(gázturbinán)*; *rep* tüzelőtér; ~**-cup** égőcsésze; ~ **drag** *rep* tüzelőanyag elégésekor fellépő veszteség; ~ **fuel** olajégő-tüzelőanyag; ~ **head/jet** *heg* égőfej; ~ **nozzle** *heg* fúvókabetét; *hőt* égőfej(fúvóka); ~ **pliers** *szer* égőfogó; ~ **port** *önt* égőkő; ~ **pressure** égőnyomás; ~ **throat** keverőtorok, égőtorok; ~ **tip** égőcsúcs; *koh* égőfej, keverőfej; ~ **tube** gázosítócső *(előmelegítő lámpán)*
burning I. *a* izzó; égő; égető; **II.** *n* (el)ég(et)és, odaégés; pörzsölés, pörkölés; *bány, ol* fúrt lyuk kihasítása robbantás útján; *el* kiégés, átégés; *gumi* elővulkanizálás; *ker* égetés; *koh* beégés; *szt* beégetés *(ROM tárolóknál)*; ~ **capacity** égetőkapacitás *(szemétégetőműé)*; ~ **control** égésszabályozás; ~ **duration** *rep* égés időtartama; ~ **equipment** *környv* égetőberendezés; ~ **explosive** égő robbanóanyag; ~ **furnace** égetőkemence; ~ **glass** *opt* gyújtólencse, gyűjtőlencse; ~ **hours** égési idő, égetési óraszám; élettartam *(izzóé)*; ~**-in** *bőr* beégés, beégetés(es zsírozás); ~**-in kiln** *üveg* beégetőkemence; ~ **kerosene** világítópetróleum; ~ **kiln** *koh* égetőkemence; pörkölőkemence; ~ **mirror** *opt* homorú tükör; ~ **of clinkers** klinkerképződés; ~**(-)off** *koh* kiégés *(ötvözőelemeké)*; *ol* fáklyázás; ~ **of final gas** *környv* véggázégetés; ~**(-)off paint** (festék)leégetés, lángtisztítás; ~ **oil** lámpaolaj, petróleum, égőolaj; ~**-on** *önt* ráégés *(öntvényfelületen)*; ~**-out of alloying elements** *koh* ötvözőelem kiégése; ~ **out of the resistance** ellenállás-kiégés; ~ **oven** *ker* égetőkemence; *koh* pörkölőkemence; ~ **period** égési idő, égetési óraszám; ~ **point** *ol* gyulladási hőmérséklet, gyulladáspont; ~ **power** kiégetőképesség; ~ **process** égési folyamat; ~ **rate** *hőt* rostélyterhelés; ~**-rate constant** leégési sebességi állandó; ~ **retardant** *tex* gyulladásgátló szer; ~ **shrinkage** égési zsugorodás; ~ **speed** égési sebesség *(pl. gyújtózsinóré)*; ~ **system** *rep* égéskamra; ~ **test** égetési próba; *ol* égésvizsgálat; ~**-through** átégés, kiégés; ~ **time** ég(e-t)ési idő; ~ **tip** szikraharító; *el* ívoltó érintkező; ~ **tongs** forrasztófogó; ~**-up** kiégés, leégés; ~**-up of tap hole** *koh* lecsapolónyílás kiolvasztása; ~ **velocity** égési sebesség

burnish I. *v* simít; fényesít, csiszol; *alak* görgőzéssel fényesít, polírgörgőz; *cipő* talpat fényez; *heng* simára/fényesre hengerel; *hők* barnít; *pa* kalanderez; **II.** *n* fémes fény; *alak* fényesítés nyomással; fényezés, tükörpolírozás; *heng* fényezőhengerlés

burnished fényezett; ~ **edge** *nyom* fényezett metszés; ~ **finish** *hők* barnítás, kékítés; *pa* simítás; ~ **paper** túlsimított papír

burnisher padlófényesítő eszköz; *alak* fényesítőszerszám; *foto* tükörfényesítő gumihenger; *koh* futtatópác, kékítőpác, barnítópác; *nyom* (simító) egyengetőszerszám

burnishing I. *a* fényező, polírozó; **II.** *n* fényezés, tükörpolírozás; *alak* fényesítés (görgőzéssel), tükörpolírozás; *cipő* talpfényezés; *heng* fényező hengerlés, polírhengerlés; *hők* barnítás; *pa* simítás, kalanderezés; ~ **barrel** polírozódob; ~ **broach** *alak* polírozótüske; ~ **compound** polírozóanyag; ~ **die** *alak* borotválószerszám, kalibrálószerszám, borotválósüllyeszték; süllyeszték, odor; *nyom* fényezőprés; ~ **fixture** tüskézőkészülék *(csiszolásra, üregelőgépen)*; ~ **lathe** polírozóeszterga; ~ **machine** *cipő* talp- és sarokfényező gép *(polírozógép)*; ~ **pickle** *koh* barnítópác(fürdő); ~ **roll(er)** *gép* fényesítőgörgő; *heng* fényesítőhenger; ~ **stick** polírozórúd; *ép* simítófa; ~ **stone** *ker* vérkő; ~ **tool** simítószerszám; ~ **tooth** simítófog

burnout → burn-out

burnt égetett; kiégett, elégett, beégett; *élip* üveges *(maláta)*; *koh* melegtörékeny, vöröstörékeny; ~ **alum** égetett timsó; ~ **area** kiégett erdőterület; ~ **blende** cinkpörk; ~ **brass** rézszulfát; ~ **brick** égetett tégla; ~ **coal** természetes koksz; ~ **cook** fekete főzés/főzet; ~ **cut** *bány* hengeres morzsoló betörés; kanadai réselés; ~ **deposit** porózus bevonat; ~ **dolomite** *ép* égetett dolomit; ~ **gas** égéstermék; ~ **gypsum** égetett gipsz; ~**-in** beégetett; ~ **ingot** *koh* elégetett/átégett öntecs; ~ **iron** *koh* elégetett vas; ~ **lake** *vegy* égetett kármin; ~ **lime** égetett/oltatlan mész; ~ **magnesite** magnézium-oxid; ~ **metal** *koh* elégetett/túlhevített fém; ~ **ochre** *vegy* égetett okker, vas(III)-oxid; ~**-on core** ércesedett mag; ~ **ore** *koh* piritpörk; pörkölék; *vegy* vasokker, vas(III)-oxid; ~**-out** *el* kiégett, kiolvadt *(biztosító)*; *gép* kiolvadt; ~**-out bearing** *gép* kiolvadt csapágy; ~**-out wire** kiégett huzal; ~ **paper** túlszárított papír; ~ **sand** *önt* használt/öreg/visszajáró homok; ~ **sienna** égetett sziéna; ~ **slag** *koh* égetett salak; ~ **steel** elégett acél; ~ **stock** *gumi* megégett keverék; ~ **stone** *ép* égetett tégla; ~ **test specimen** *koh* égetett próbatest; ~ **timber** erdőben megégett fa; ~**-up** *foto* túlexponált; ~ **weld** *heg* átégett varrat

burr I. *v fa* leélez, legyalul; *mt* sorját levág/leszed/eltávolít; *önt* öntvényt tisztít; sorját képez; *tex* bogáncstalanít; **II.** *n bány* flintbeágyazás; *csill* fényudvar; holdudvar; *ép* összesült téglahalmaz *(kemencében)*; üveges felületű tégla; *fa* gömbfúró; gömbölyű csomó/göcs *(fán)*; *forg* sorja, fánc, sörte; spén; süllyesztő; *geol* szilikátos kőzetmag *(lágy ágyazásban)*; *gép* durva él; szegecs-alátétlemez; *hang* érdes szél *(hanglemezen)*; *mt* sorja, sodor, fánc; *műa* sajtolási varrat/ránc; *nyom* sorja, fánc, sörte; szakáll *(betűn)*; *orv* fogorvosi fúró; *önt* öntővarrat, sorja; varrat, ránc *(formától)*; *pa* facsiszoló-élesítő; *szer* csiszolókő; háromélű véső; *tex* bogáncs; ~ **crusher** *tex* bogáncstalanító farkas; ~ **extractor** *tex* bogáncskiválasztó gép; ~ **from rolling** *heng* hengerlési sorja/fánc; ~ **ga(u)ge** fúróidomszer, fúrókaliber; ~ **grinding** sorjátlanítás, sorjaeltávolítás, lesorjázás; ~ **mill** *élip* kőjárat; őrlőjárat; ~ **of casting** *önt* öntési fánc/sorja; ~ **off** *v* lesorjáz, lereszel; ~ **picker** *tex* gyapjútisztító, bogáncskiválasztó; ~ **picking** *tex* bogáncskiválasztás; ~ **removing** *mt* lesorjázás, fánc/sorja eltávolítása; ~ **removing machine** *mt* sorjázógép; *tex* bogáncstalanító/bogáncskiválasztó gép; ~ **up** *v alak* peremez, szegélyez, korcol; ~**-wheel machine** *kh* tárcsásplatinás kötőgép

burring I. *a mt* sorjázó; *tex* bogáncstalanító; **II.** *n* sorjaképződés; *mt* éltörés, sorjázás; sorja levágása/leszedése/eltávolítása; *tex* bogáncskiválasztó, bogáncskiválasztás; ~ **chisel** sorjavéső; ~ **machine** *mt* sorjázógép, szélezőgép, léelezőgép; *tex* bogáncstalanító gép/farkas; szőrmosó gép; ~**-off** lesorjázás, fánc/sorja eltávolítása; ~ **reamer** sorjázó dörzsár; kúpos süllyesztő *(csőleélezéshez)*; ~ **roller** *tex* bogáncstalanító henger; ~ **waste/refuse** hulladék; spén, lesorjázás

burrock kis rekesztőgát

burrow I. *v bány* kutat, feltár, kutatóaknát telepít; **II.** *n* egérlyuk, üreglyuk; *bány* kőzettörmelék; meddőhányó(kúp)

burry szálkás; *tex* bogáncsos; ~ **wool** bogáncsosgyapjú

burst I. *v* repeszt, megrepeszt, szétrepeszt; szakít; robban(t); megreped, szétreped; (szét)szakad; kipukkad *(gumiabroncs)*; **II.** *n* (szét)repesztés; robbantás *(levegőben)*; (szét)szakadás, robbanás; (szét)repedés, szakítás; *at* Hoffmann-féle lökés, burst; *bány* robbanás; robbantás, lerobbantás; *csill* rádiófrekvenciás kitörés/burst; *ép* robbanás, törés, repedés, szakadás *(csőé)*; *geol* kőzetlövés; *gépk* durrdefekt; *kat* sorozat; *ol* kitörés; *pa* repesztőszilárdság; *rep* rövid gázadás, „fröccs"; rövid impulzussorozat; *távb* kötegelés; *távk* (zavaró)impulzus; *tv* burst; ~ **a beam** *v tex* hengerről láncot lefejt *(lánchengerszínezés)*; ~ **asunder** *v* szétrobban; ~ **cartridge** → slug; ~ **centre/center** *kat* robbanópont; ~ **cloud** robbanási felhő; ~ **effect** robbanási hatás(fok); *at* tokozásrepedés; ~ **error** *szt* hibacsomó; ~ **factor (BF)** *fiz* repesztőszilárdság; *pa* repesztési szám/tényező *(cm/g)*; ~ **gating circuit** *tv* színszinkronozó vezérjelet kapuzó áramkör; ~ **in a water pipe/main** csőtörés; ~**-in spot** *tv* (ernyő)beégés; ~ **interval** *kat* (céltól való) robbanási távolság; ~ **into flame(s)** *v* fellángol, lángba borul, kigyullad; ~ **isochronous** *távb* szakaszosan izokrón *(adatátvitel)*; ~ **mode** *távb* burst mode, szakaszos módusz; *rep* folyamatos üzemmód; *szt* lökésszerű üzemmód; ~ **modem** *szt* adatköteget továbbító modem; ~ **off** *v* szétpukkad; ~ **of fire** *kat* géppuskasorozat, géppuskatűz; ~ **off the face** *v bány* lereped/leválik; leszakad a szénfalról; ~ **of information** zárt információlánc; ~ **on impact** *v kat* becsapódáskor robban; ~ **open** *v* felreped; *vasút* felvág, átvált *(váltót)*; ~ **out** *v* kirobban, kitör; fellángol, fellobban; ~**-out** kitörés; fellángolás, fellobbanás; *bány* kirobbantás-kifúvó; ~ **pulse corona** lökésszerű koronakisülés; ~ **range** robbantótávolság; ~ **ratio** → ~ factor; ~ **signal** *tv* színszinkronvezérjel; ~ **slug** *at* tokozásrepedés, tokozássérülés *(fűtőelemé)*; ~

slug detector *at* tokozásátütés-jelző, köpenyátütésjelző; ~ **test** *pa* repesztőpróba, repesztőszilárdságmérés; ~ **traffic** *szt, távb* kötegelt adatátvitel
burster kőtörő munkás; *bány* betörőrobbantás; fejtőgép; hidraulikus fúrólyuktágító; lángmentes biztonsági gyutacs; ~ **casing** *kat* szétrobbantó töltetburkolat; ~ **charge** (szét)robban(t)ó/szétvető töltet; ~ **chemical shell** szétrobbanó vegyi gránát; ~ **course** *kat* becsapódás ellen védő réteg
bursting I. *a* robbanó, robbantó; **II.** *n* repedés, megrepedés, szétrepedés; robbanás, szétszakadás; kipukkadás *(gumiabroncsé)*; *bány* robbantás; *pa, tex* (meg)repesztés; szakítás; szétrepesztés; ~ **action** robbantóhatás, repesztőhatás; ~ **altitude** *kat* robbanópont magassága; ~ **bog** *geol* (föld)csuszamlás, omlás, lavina; lápszakadás; ~ **chamber** *bány* robbantókamra; *el* pörgetőkamra; *hidr* pörgetési próbaakna *(turbinához)*; ~ **charge** *bány* gyújtótöltény; ~ **disc/disk** hasadótárcsa, szakadótárcsa; ~ **height** *kat* robbanópont-magasság; ~ **into flames** lángbaborulás, kigyulladás; ~ **of a dam** töltésszakadás, gátszakadás; ~ **pressure** szakítónyomás, törőnyomás, robbanónyomás; ~ **strength** *any, pa, tex* repesztőszilárdság, repedési szilárdság; *gép* cső szakítószilárdsága; ~ **stress** csőszakító feszültség; *tex* repesztőfeszültség; ~ **surface** *mech* repedési felület; ~ **test** *any, pa, tex* repesztőpróba, repesztőszilárdság-mérés; *el* pörgetési próba
burton *hajó* (kis) csigasor *(árbocdarun)*
burtonizing *vegy* lágy vizek keményebbé tétele
bury betemet; (el)süllyeszt, besüllyeszt; bemerít; *bány* munkahelyet előz; omlásban hagy *(ácsolatfát)*; *ép, el* földbe/vakolat alá helyez; *mzg* aláfordít *(rögöt)*
burying földbe helyezés, elrejtés; ~ **of cables** kábelfektetés *(földbe)*
bus I. *v el* gyűjtősínnel felszerel; **II.** *n* autóbusz; *el* gyűjtősín; izzófej-összekötő; *szt* sín, busz; ~**-bar** *el* gyűjtősín; izzófej-összekötő *(dízelmotorban)*; ~**-bar transformer** sínáramváltó; ~**-bar wire** négyzetes huzal; ~ **control signal** *szt* sínvezérlő jel; ~ **control unit** buszvezérlő/sínvezérlő egység; ~**-coupler** *el* sínáthidaló; ~**-coupler switch** *el* sínáthidaló megszakító; ~ **driver** *szt* buszmeghajtó, sínmeghajtó; ~ **duct** *el* csatornába szerelt gyűjtősín; gyűjtősíncsatorna; ~ **hub** elosztóhely *(statisztikai gépen)*; ~**-in** bemeneti gyűjtővezeték, adatbemeneti vezeték; ~ **isolator** gyűjtősín-szakaszoló; ~**(-)line** *el, vasút* gyűjtőkábel *(áramszedők között)*; ~ **request (BR)** sínkérés, gyűjtőkérés; ~ **rod** (gyűjtő)sín; ~ **section switch** gyűjtősínszakaszoló; ~ **shelter** (autóbusz)váró; ~ **support** síntartó szigetelő; ~ **tie breaker** sínáthidaló; ~ **tie reactor** gyűjtősínfojtó; ~ **tie switch** sínáthidaló megszakító; ~ **trailer** autóbusz-pótkocsi; ~ **way** sínelosztó; ~ **wire** gyűjtősín
bush I. *v gép* felperselyez; kiperselyez, persellyel ellát; **II.** *n* bokor, bozót, cserje; *el* szigetelőgallér, szigetelőcső; *gép* csapágypersely; foglalat, keret; gyűrű *(tömítés)*; hüvely, tok; kerékagy; persely; toldat; toldódarab; *óra* réz lyukbélés; *önt* vezetőpersely, tájolópersely *(formáé)*; *rep* turbinalapát foglalata; ~ **a bearing** *v* csapágyat kiperselyez; ~ **bearing** *gép* szemcsapágy, osztatlan csapágy; ~**-bearing temple** *tex* hengeres szélfeszítő; ~ **breaker** *ép* bokorirtó szerelék; ~ **chisel** sarabolóvéső; ~ **hammer** érdesítőkalapács, doroszolókalapács, koronakalapács, szemcsézőkalapács; stokkolókalapács *(kőfaragás)*; ~ **hammer finish** doroszolt/stokkolt felület *(kőfaragás)*; ~ **hammering** doroszolás *(kőé)*; *ép* stokkolás, rovátkolás *(betonfelületé)*; ~ **insulator** átvezető szigetelő; ~ **metal** csapágyfém; ~ **of jack** csatlakozóaljzat; csatlakozóhüvely; ~ **pile** *ép* többelemes cölöp; ~ **press** *gép* perselybesajtoló; ~ **ring** *el* gyűrűs érintkező, gyűrűsín; ~ **roll** *pa* facsiszolókő, élesítőgörgő; ~ **roller chain** gall-lánc
bushed *ép* doroszolt; *gép* perselyezett; ~ **chain** hüvelyes lánc; ~ **sheave** kiperselyezett kötélcsiga; ~ **stone** doroszolt kő
bushel bushel *(gabonamérték)*; ~ **weight** *élip* térfogati súly *(gabonáé)*
bushel(l)ing *koh* bálázás; ~ **furnace** *koh* kavarókemence
bushing I. *a el* átvezető; **II.** *n el* szigetelőhüvely, átvezetés, átvezető szigetelő; *gép* csapágycsésze; csőkötő átmeneti hüvely; kiperselyezés; persely; távolságtartó hüvely; *hajó* csapágypersely; *hidr* leveles rőzsemű; *távb* kapcsolóhüvely; ~ **capacitor/condenser** *távk* átvezetőkondenzátor; ~ **current transformer** *el* átvezető (szigetelőre szerelt) áramváltó; ~ **holder** *el* bevezetőkarima; *ol* forgatórúd-betéttartó; ~ **hole** dugattyúcsapszeg-furat; dugattyúcsapfurat; ~ **insulator** *el* átvezető szigetelő; ~ **metal** *koh* csapágyfém; ~ **shoulder** *gép* csapágyperem; ~ **transformer** átvezetőtranszformátor; ~**-type cable terminal** átfűzős végelzáró
Busignies direction finder *távk* forgókeret-antennás rádiókompasz, Busignies-féle rádiókompasz
business üzlet; ~ **activity** üzleti tevékenység; ~ **aircraft** *rep* szolgálati szállító-repülőgép; üzleti repülőgép; ~ **analysis** értékesíthetőségelemzés; **B~ and Engineering Enriched FORTRAN (BEEF)** *szt* a FORTRAN nyelv gazdasági és mérnöki célú bővített változata, BEEF; ~ **arithmetic** kereskedelmi számtan; ~ **calculating machine** irodai számológép; ~ **clothing** munkaruha; ~ **computer** üzleti/kereskedelmi feladatokra orientált számítógép; ~ **data** üzleti/kereskedelmi adatok; ~ **data processing** *szt* ügyviteli adatfeldolgozás; ~ **end** *szer* működő vég; ~ **end of tool** szerszám dolgozó vége; ~ **game** ökonómiai/gazdasági játék; ~ **system planning (BSP)** *szt* átvilágítási technika kézi módszerrel; ~ **telephone** közületi állomás/telefon
busk I. *v* felszerel; rendbe hoz; előkészül, előkészít; **II.** *n* halcsont, bálnacsont; *ruh* fűzőmerevítő
bussing gyűjtősínbekötés; sínrendszer; ~ **arrangement** *el* párhuzamos elrendezés
bust[1] mell(szobor); ~ **measurement** *ruh* mellbőség
bust[2] kedvezőtlen (gazdasági) eredmény; *szt* operátorhiba; ~ **hammer** szegecselőkalapács
buster *bány* feszítőék; lángmentes biztonsági gyutacs; *mzg* kiszántóeke, feltörőeke; *ol* heverőék; ~ **shot** *bány* betörőlövés
bustle pipe *koh* forrószél-körvezeték
bustrophedon printing *szt* kétirányú nyomtatás
busy *távb* foglalt; ~**-back** *távb* „foglalt" jel; ~**-back circuit** *távb* foglaltság-visszajelző áramkör; ~ **flash** (vizuális), „foglalt"-jelzés, „foglalt"-lámpa, jelzőlámpa telefonon; ~ **flash signal** előfizető „foglalt" jelzés; ~ **hours** *távb* forgalmas óra, főforgalmi idő;

~ **indicator** *távb* vizuális foglaltságjelző; ~ **jack** foglaltsági hüvely; ~ **lamp** foglaltsági lámpa; ~ **line** *szt* foglaltsági vonal; *távb* foglalt vonal; ~ **meter** foglaltságszámláló; ~ **reject** visszautasítás foglaltság miatt; ~ **relay** *távb* foglaltsági/, „foglalt" jelfogó; ~ **signal** *szt* foglaltsági jel; *távb* „foglalt" jel; foglaltsági jel(zés)/hangjel; ~ **test** *távb* (vonal)foglaltsági vizsgálat; ~ **tone** *távb* foglaltsági hangjel/jelzés, „foglalt" jel

busying foglaltság; ~ **relay** „foglalt" jelfogó

butadiene *vegy* butadién

Butamer process *ol* „Butamer" eljárás *(n-bután katalitikus izomerizálása)*

butanal *vegy* butanal, n-butiraldehid

butanamide *vegy* butiramid, vajsavamid

butane *vegy* bután; ~ **dehydrogenation** butándehidrogénezés; ~ **feed** kiindulási bután; **n-**~ normál bután, n-bután; ~ **recovery** butánkinyerés, butánleválasztás

butanol *vegy* butanol, n-butilalkohol

butanone *vegy* butanon, metil-etil-keton

butcher mészáros; ~ **cut** *bőr* vakmetszés; ~**s** vágóhídi bőrök, mészárosbőrök; ~**'s cleaver** mészárosbárd; ~**'s iron** *élip* krikli, tagló; ~**'s manila** zsírpapír; ~**'s steel** mészárosfenővas

butchery mészárszék; vágóhíd

butene *vegy* bután, butilén

butt I. *v bőr* kruponál; *ép* egymásba illeszt; told; tompán illeszkedik/illeszt; végével összeegyeztet, egymás mellé rak; **II.** *n* tompa végződés, (tárgyak nehezebb) vége, vég; *bány* bordás tömedék; fejtési folyosó, termelővágat, kihajtóvágat; meddőláda *(széren)*; *bőr* egész krupon; *ép* (ajtó)sarokvas; tartóvég, gerendavég *(hídon)*; véglap *(hídon)*; *fa* bütü; fatő, fatuskó; máglya homlokfala; máglyahomlokzat *(farakaté)*; rönk/gömbfa vastagabb vége; rövid gömbfa *(8 m-ig)*; *gép* rugó felfekvő felülete; tompa tengelyvég; *hajó* héjlemezelés keresztvarratai; *kat* cél(tábla); golyófogó; puskaagy; találatjelző fedezéke; tusa; *koh* horgastűláb; ~ **brand** *bőr* bőrbeégetés a farrészen; ~**-branded hide** beégető vassal színrészén bélyegzett bőr; ~ **cap** rövid járomfa/keresztdúc; *bány* nyújtott süvegfa/főtefa, előtűző süvegfa; ~ **carriage** *fa* rönkbefogó kocsi; ~ **cleat** *bány* másodlagos vállap; *geol* másodfokú rétegeződés; ~ **contact** *el* felfekvő érintkező; nyomóérintkező; ~ **coupling** *gép* karmantyús kapcsolás; ~**-cover plate** *ép, vasút* alátétlemez hevederkötésnél; ~ **electric welding machine** *heg* elektromos tompahegesztő gép; ~ **electroslag weld** villamos salakhegesztéssel készült tompavarrat; ~**(-)end** *ép* levágott vég; *fa* bütüs/összeillő vég, tönkvég; törzs alsó vége; *gép* tompaillesztésű vég; *távk* oszlopláb; ~ **entry** *bány* vállapirányú/fejtési vágat; ~**-fillet joint** *heg* tompa-sarokvarratos kötés; ~ **grasp/grip** *kat* tusanyak; ~ **heading** fejtési vágat; *bány* vállappal párhuzamos vágat; ~ **hinge** bútorpánt; ~ **howel** kádárbárd; ~ **in** *v ép* benyúlik vmibe; ~ **ingot** *koh* öntecs alsó vége, öntecsmaradék; ~ **joint** *bány* fejtési homlokra merőleges rétegezettség; *ép* tompa hegesztési kötés; tompaillesztés; ütközés; *gép* illesztési hézag; T illesztés; *távk* szálak homlokillesztése *(optikai átvitel)*; ~**-jointed** tompán illesztett; ~**-jointing** *ép* bütüillesztés, egyenes illesztés; tompaillesztés; ~**-joint iron** *gép* (átlapoló) heveder; ~**-joint strap** *gép* heveder; ~**-joint with cover** hevederes tompaillesztés; ~**-joint with dovetailed table** iszkábakötés; ~ **latch** *kat* tusarögzítő; ~ **latch-pin** *kat* tusarögzítő csap; ~ **latch-spring** *kat* tusarögzítő rugó; ~ **leather** *bőr* krupon, hátbőr; ~ **log** *fa* tőrönk (első ágig), tuskós gömbfa; ~ **of a needle** *kh* tűláb; ~ **of a pile** *ép* cölöp vastagabb vége; ~ **of a wooden pole** *távk* oszlopláb; ~ **of bobbin** csévetalp; ~ **of entry** *bány* vállapirányú vágat, fejtővágat; ~ **off** *v* hibás fatövet eltávolít; ~ **of formation** *bány* telep feküje; ~ **on** *v gép* felütközik; ~ **out** *v ép* kinyúlik vmiből; ~ **pier** *ép* sarokpillér; ~ **pillar** *bány* aknaláb; alappillér; ~ **plate** *gép* fedőlemez; *kat* tusaborító lemez; ~**-plate buffer spring** *kat* tusaborító lemez ütéscsökkentő rugója; ~**-plate screw** *kat* tusaborító lemez csavarja; ~ **resistance welding** *heg* ellenállás-tompahegesztés; ~ **riveting** *gép* tompaillesztésű szegecskötés; ~ **rivet joint** *gép* hevederes/tompaillesztésű szegecsvarrat; szegecselt tompakötés; ~ **roller** *bőr* taligás hengerlő, talpbőrhengerlő gép; ~**s** *pl* lőtér; ~ **seam** tompavarrat; ~ **seam weld** illesztő pontsorvarrat; ~ **seam welder** tompavarrat-hegesztő gép; ~ **seam welding** tompavarrat-hegesztés, zömítő tompahegesztés; ~ **split** cseres háthasítékbőr; ~ **stock** *fa* bunkó; *kat* puskatus; ~ **strap** *ép* illesztőheveder, hevederlemez; ~ **strip** *vasút* S-kapocs; talpfakapocs; ~**-swivel plate** *kat* hordkarikalemez; ~ **tang** *kat* tokrögzítő nyúlvány; ~**-tang screw** *kat* tokrögzítő nyúlvány csavarja; ~ **to butt** *gép* lapos illesztés; ~**-type joint** tompakötés; ~ **weld** illesztővarrat, tompavarrat; ~**-welded (b.w.)** tompavarrattal hegesztett; tompán hegesztett; ~**-welded connection/joint** hegesztett tompakötés; ~**-welded seam** tompavarrat; ~**-welded specimen** tompahegesztett kötés próbateste; ~**-welded tube** tompahegesztett cső; tompavarrattal hegesztett cső; ~**-welder** tompahegesztő gép; ~**-welder die** tompahegesztő elektród(a); ~**-welding** tompahegesztés; ~**-welding apparatus** tompahegesztő készülék; ~**-welding machine** → ~ welder; ~**-weld joint** hegesztett tompakötés

butted *cipő* összeeresztett *(felsőrész-alkatrészek)*; *ép* homloklapjával illesztett; *heg* tompaillesztett

butter I. *v* vajjal beken, megvajaz; folyósít *(betont)*; **II.** *n* vaj; ~**-carton board** *pa* vajcsomagoló karton; ~ **colo(u)rs** sárga vajszínezék; ~ **cream** vajkrém; ~ **fat** *élip* tejzsír; vajzsir(adék); ~ **milk** *élip* író; ~ **muslin** sajtmuszlin; ~ **of arsenic** arzén-triklorid; ~ **of tin** sztannin-klorid; ~ **of zinc** cink-klorid; ~ **oil** gyapotolaj; ~ **paper** vajcsomagoló papír; ~ **yellow** vajsárga, sárga vajfesték

buttercup yellow cink-kromát

butterfly *foto* selyem napellenző; *gép* szárnyas csavaranya; *hidr* kétszárnyú csőtorlasz; pillangószelep; ~ **antenna** lepkeantenna; ~ **bolt** szárnyas csavar; ~ **circuit** *rád* pillangó (alakú) rezgőkör; ~ **cock** pillangószelep; ~ **connection** *el* villás tekercsfejbekötés; ~ **curve** *fiz* pillangógörbe *(mágneses anyagé)*; ~ **damper** füstcsappantyú; ~ **gate** *gép* pillangószelep, fojtócsappantyú; ~ **governor** *gép* fojtócsappantyú; *hidr* fojtószabályozó; ~ **hand** *óra* liliommutató; ~ **loop** szilvamag-hurok *(mágnesezési görbén)*; ~ **nut** füles/szárnyas anya; ~ **roll pass design** *koh* pillangóüregezés; ~ **screw** szárnyas csavar; ~ **screw nut** szárnyas (csavar)anya; ~ **spindle** pillangószelep-tengely;

~ **tailplane** V alakú vezérsík; ~ **throttle** fojtó pillangószelep; ~ **valve** pillangózár, csapózár; *el* fojtószelep; *gépk* fojtócsappantyú; *hidr* átlapolt retesz; *ol* mellékáramszelep; ~**-valve shutter** fojtószelepes elzáró
Butterworth | amplifier *távk* széthangolt erősítő; ~ **filter** Butterworth-szűrő
buttery I. *a* vajszerű, kenőcsszerű; *önt* kásás, vajas; **II.** *n* éléskamra; ~ **concrete** *ép* nagyroskadású/folyós beton
butting egymás mellé rakás; lökdösés, célzás; célba dobás; *ép* járás, kerület; körzet *(városépítés)*; *fa* egymásba illesztés, tompaillesztés; tompailleszkedés; *geod* végződés, határ; ~ **angle** ütközési szög *(illesztésé)*; ~ **clay** *bány* szádalóagyag; *geol* agyagdugó; *vegy* tömőagyag; ~ **end** *ép, fa* bütüs/összeillő vég, tönkvég; tönkvég, levágott vég; törzs alsó vége; *gép* tompaillesztésű vég; ~ **face** *ép* csatlakozólap; ~**-off** hibás fatő eltávolítása
buttock *bány* aláréselt szénfal; szenelő-munkahelyi homlok; *hajó* farmetszet
button I. *v* gombol; **II.** *n* gomb; *bőr* kesztyű hosszát jelző egység; *cipő, gép* gomb; lencsefej *(csavaré)*; szeleptányér; záródugó; *ép* lovas; *hajó* koszorú *(evezőlapáton)*; *heng* dudor; *koh* regulusz; *műa* megvastagodás, dudor; *önt* üstmedve, üstmeredvény; *távb, el* billentyű, kapcsológomb; *tex* fakúp *(mintás kézi szövőszéken)*; ~ **board** *tex* rendező gombdeszka *(kézi szövőszéken)*; ~ **breaking machine** gombos törőgép/puhítógép; ~ **capacitor** *el* miniatűr kondenzátor; ~ **ga(u)ge** egyszerű szerkezetű rúdkörző; ~ **head** *gép* félgömbfej; ~**-head(ed) wire** gombozott/duzzasztott végű huzal; ~**-heading** gombozás, duzzasztás *(feszítőhuzalé)*; ~**-head rivet** félgömbfejű szegecs; ~**-head screw** félgömbfejű csavar; ~**-hole** gomblyuk; ~**-hole finisher** *ruh* gomblyukelvarró; ~**-hole marker** *tex* gomblyuklyukasztó *(munkás)*; ~**-hole microphone** *el* gomblyukmikrofon; ~**-hole punch** *cipő* gomblyuklyukasztó fogó; *szersz* peceklyuklyukasztó; ~**-hole twist** *tex* gomblyukcérna; ~ **hook** cipőgomboló; ~ **lac** szemcsés sellak; ~ **light** süllyesztett útburkolati jelzőlámpa; ~ **reverse** gombalátét *(cipőé)*; ~**-rope conveyer/conveyor** vonszolótárcsás szállító; ~ **shoe** férfi gombos cipő; ~ **sleeker** *szersz* félgömbölyű simító; ~ **spot weld** *heg* ponthegesztő varrat; ~ **stay** gomberősítő *(cipőgombé)*; cipőgombszeg; ~ **stem** *el* tárcsa; ~**-stop mechanism** nyomógombos elzárószerkezet; ~ **switch** *el* nyomógombos kapcsoló; ~ **table** *pa* homokfogó; ~ **thread** *tex* gombvarró cérna; ~ **trap** *pa* homokfogó; ~ **velvet** *tex* láncbársony; ~ **welding** *heg* dudorhegesztés; ~ **yarn** *tex* csomós fonal
buttoning gombolás; *tex* csomósodás
buttress I. *v bány, ép* alátámaszt, dúcol; **II.** *n* (tám)pillér, támfal; gyámfa, bekötőgerenda; kitámasztás, támasztógerenda; *bány* gyámoszlop, támfal; ütközőfal; *ép* ellenfal, dúc; gyámívtámasz; *gumi* pillér, erősítés a vállon; *hidr* (tám)borda, tám(asztó)pillér *(gáté)*; hídfőpillér; ~ **dam** *hidr* pillérsoros/bordás/pilléres gát; ~ **thread** *gép* fűrészmenet; ~ **wall** *ép* nyomott pillérekkel kitámasztott támfal, talpas támfal; támpillérekkel erősített fal; ~ **water power station** *hidr* pillérekre megosztott vízerőtelep; ~ **wing** *ép* szárnyfal
butty system szakmány, csapatmunka
butyl *vegy* butilcsoport; ~ **acetate** butil-acetát; **n-~ alcohol** n-butilalkohol, butanol-1; **t-~ alcohol** tercier butilalkohol, 2-metil-propanol-2; ~ **aldehyde** butilaldehid, vajsavaldehid; ~ **amine** butil-amin; ~ **bromide** butil-bromid, 1-brómbután; ~ **carbinol** butilkarbinol, pentanol-1; ~ **chloride** butil-klorid, 1-klórbután; ~ **iodide** butil-jodid, 1-jód-bután; ~ **mercaptan** butil-merkaptán, 1-butántiol; ~ **rubber** butilkaucsuk; ~ **sulfhydrate** butil-merkaptán, 1-butántiol; 1-butántiol
butylated butanozott; ~ **resin** butanolozott műgyanta
butylene *vegy* butilén, butén
butyramid *vegy* butiramid, vajsavamid
butyrase butiráz
butyrate *vegy* butirát
butyric | acid *vegy* vajsav, butánsav; ~ **anhydride** *vegy* vajsavanhidrid; ~ **fermentation** vajsavas erjedés
butyrin *vegy* butirin, vajsavglicerid
butyrometer *élip* butirométer
butyro-refractometer *élip* vajrefraktométer
BUV → backscatter ultraviolet spectrometer
buzz I. *v hang, távk* búg, zümmög; **II.** *n hang* teremdongás, csengő visszhang; zümmögés; ~ **plane** faipari gyalugép; ~**-saw** tűzifafűrész; ~ **track test film** *film* réskép-helyzetvizsgáló film
buzzard *bány* vékony (szén)réteg
buzzer *el* berregő, zümmögő; önműködő áramszaggató; *hang* lármagép; *szer* perforálókalapács; ~ **call** *távb* berregős hívás; ~ **interrupter** berregő/zümmögő áramszaggató; ~ **signal/tone** berregő hang
buzzing I. *a* zümmögő, búgó; **II.** *n* berregés, zümmögés; *távk* búgás, zümmögés; ~ **noise** búgó hang
BW → backward wave; → backwater; → bacteriological weapon; → ballistic wind; → biological weapon; → black and white
b.w. → bell wire; → butt welded
BWO → backward wave oscillator
BWPA → backward wave power amplifier
BWR → boiling-water reactor; → breakwater
byat(t) *bány* aknatartó koszorú; *ép* mellgerenda *(alagútácsolaton)*
by-effect mellékhatás, mellékjelenség
by-key *ép* álkulcs
by-lane kerülőösvény; mellékút, dűlőút
by-laws beépítési előírások
by-level *bány* segédszint, segédvágat; *geod* segédhorizont, összehasonlító sík
by-line *vasút* mellékvonal
by-mordant *tex* kisegítő pác
by-pass, bypass I. *v* megkerül; *el* söntöl, áthidal; *távk* hidegít; *vegy* készüléket kerülővezetékkel kikapcsol; **II.** *n* körüljárás, elkerülés, megkerülés; *bány* gyalogjáró *(bányavasút mellett)*; mellékvágat, kerülővágat, kitérővágat; *el* megkerülő (áram)út; mellékáramkör; mellékáramköri vezeték, áthidalás, sönt; mellékzár; *ép* átvágóút; kerülőút; mellékcsatorna; összekötő út; *gépk, hidr* megkerülővezeték; *hidr* átfolyás; kerülővezeték; kitérőszelep, áteresztőszelep; *ol* kerülővezeték; *szt* továbbítás; *vasút* megkerülővágány; ~ **accumulator** pufferakkumulátor, kiegyenlítő akkumulátor; ~ **anode** söntölőanód; ~ **canal/channel** megkerülőcsatorna; ~ **capacitor** *szt* átvezetőkondenzátor; ~ **cock** *hidr* kerülővezeték-csap; túl-

folyócsap, szabályozócsap; ~ **coil** sönttekercs; ~ **conduit** megkerülővezeték; ~ **control** megkerülőszabályozás, túlfolyószelep; ~ **convertor circuit element** áthidalószelep; ~ **duct** megkerülővezeték; ~ **engine** *rep* kétáramú gázturbinás sugárhajtómű; ~ **filter** mellékáramkörű szűrő; ~ **flow** *rep* másodáramlás; ~ **flue** *ép* körülfutó füstjárat; kürtőcsatorna, rókatorok; *hidr* megkerülőcső; *vasút* füstelvezető kémény *(fűtőházban)*; ~ **governing** megkerülőszabályozás, túlfolyószelep; szabályozás tehermentesítéssel; ~ **head regulator** *hidr* árapasztó felvizszabályozó; ~ **jet** *gépk* dúsítófúvóka; ~ **line** *ép* túlfolyócső(-vezeték); *vák* kerülővezeték; ~ **mechanism** *hidr* megkerülőszerkezet, megkerülővezeték; ~ **motorway** megkerülő autópálya; ~ **oil** *ol* visszamaradó készlet/olaj/gáz, maradékolaj; ~ **passage** *hidr* körülfutó csatorna/járat; megkerülőcsatorna, megkerülőjárat, megkerülővezeték *(műtárgyban)*; ~ **pipe** *hidr* áteresztőcső *(szivattyún)*; megkerülőcső, megkerülővezeték; *ol* kerülővezeték; ~ **pit** *bány* légakna, szellőzőakna; ~ **ratio** *el* mellékáramkör-viszony; ~ **resistor** áthidalóellenállás; söntölő-ellenállás; ~ **road** védőút, vendégút, kitérőút; *bány* kerülővágat; ~ **road section** elterelő útszakasz; ~ **route** kerülőáramkör; ~ **separator** indítóedény; ~ **spillway** megkerülőcsatornás árapasztó; ~ **starting** *vasút* kézi indítás *(áramhatároló hatálytalanításával)*; ~ **superheater** *koh* tehermentesített túlhevítő; ~ **switch** áthidalókapcsoló; ~ **system** bypass rendszer; ~ **taxiway** *rep* összekötő/kerülő gurulóút; ~ **transformer** csatolótranszformátor; ~ **turbo jet** *rep* kétáramú gázturbinás sugárhajtómű; ~ **valve** pillangószelep; áthidaló/tehermentesítő/kiegyenlítő/megkerülő szelep; üresjárati nyomáskiegyenlítő szelep; áteresztőszelep; segédszelep; vezetőszelep; nyitószelep *(megkerülőhűtő vízköréé)*

by-passable megkerülhető

by-passed oil *ol* visszamaradó készlet

by-passing cell/pot *koh* söntös kád

bypath mellékáramkör; söntáramkör

bypipe *hidr* áteresztőcső, elvezetőcső, könyökcső; elvezetés *(szivattyún)*

by-pit *bány* segédakna, légakna, szellőzőakna

by-product melléktermék; ~ **coking plant** kokszoló melléktermék-kinyeréssel; ~ **gas** desztillációs gáz, szárazlepárlás gáza; ~ **oven** *hőt* kokszkemence *(melléktermékek felfogásával)*, melléktermék-kemence

by-reaction másodlagos reakció, mellékreakció

by-road átvágóút, összekötőút

byssus *pa* cellulózvatta, kagylóselyem

byte *szt* bájt, byte; ~ **mode** *szt* bájt üzemmód; multiplex mód; ~ **mode serial transfer** *szt* bájtfolytonos átvitel; ~**-organized computer** bájtszervezésű számítógép

by-tone mellékhang, zavaróhang

by-wash *ép* oldalcsatorna; *hodr* megkerülőcsatorna

C

c → cubic
C → calorie; → capacitance; → carbon; → centigrade; → Coloumb; → concentration; ~ **band** 3,9—6,2 GHz-ig terjedő frekvenciasáv; ~**-battery** *el* előfeszültség-telep; *rád* rácstelep; ~**-bias detection** rácselőfeszültség detektálása; ~**-clamp** patkó alakú sikattyú; *mt* szorítócsavar, csavarszorító; ~**-class insulation** *el* C-osztályú szigetelés; ~**-conveyor** nyomóhevederes szállítószalag; ~**-curve** *koh* átalakulási diagram; C-görbe (idő—hőmérséklet) átalakulási diagram; ~**-display** C típusú indikátor, C-szkóp *(radar)*; ~**-flute** *pa* hullámlemez *(5/32" magas 42 hullám 1 lábra)*; ~**-format** *szt* házi számítógépeknél használt mágneskazetta; ~**-frame** *mt* C alakú állvány; egyállványos gépágy; ~**-horizon** *talt* C szint; termett talaj; ~**-language** *szt* C programnyelv; ~**-meter** *el* kapaciméter; ~**-network** *távk* C tag; C-alakú négypólus, C-négypólus
C/O logging *ol* karbon-oxigén-szelvényezés
c/s → cycles per second
ca → cathode; → circa
Ca → calcium
CA → calibrated altitude; → catch-all; → certificate of airworthiness; → civil aviation; → commercial aviation; → controlled atmosphere; → course angle; → crab angle
cab taxi; fogat; *bány* kotrógépész sátra; *em* kezelőfülke *(darun)*; *ép* felvonófülke; *gépk* vezetőfülke, vezetőülés; *vasút* gépészfülke, mozdonysátor; mozdonyvezető-állás; védház; ~**-apron** *vasút* védház hídlemeze; ~**-beside-engine (CBE)** motor mellett elhelyezett vezetőfülkéjű; ~ **control** *em* belső vezérélés; ~ **indicator** *vasút* mozdonyvezetői jelző; ~**-over-engine (COE)** motor felett elhelyezett vezetőfülkéjű; ~ **rank** taxi-várakozóhely, taxiállomás, droszt; ~ **roof** *vasút* mozdonysátortető; ~ **signal** *vasút* mozdonysátorjelző; ~**-tyre/**~**-tire cable** *el* tömlős kábel; ~**-tyre/**~**-tire sheathing** *el* merev gumiköpeny
cabane *rep* baldachin; ~ **bracing** baldachinmerevítés; ~ **radiator** baldachinhűtő; ~ **strut** baldachindúc
cabbage I. *v* (hidraulikus préssel) összenyom, összeprésel *(vashulladékot)*; **II.** *n* vashulladék, ócskavas; ~ **palmette** *ép* káposztamintájú díszítőelem; ~ **shredder** káposztagyalu
cabbaging press *bány* brikettező prés/sajtó, brikettsajtó; *koh* bálázó, bálasajtó
cabbing press → cabbaging press
cabble feldarabol, felaprít
cabin fülke; kunyhó; víkendház, faház, nyárilak *(fából)*; *el* kioszk; *ép* építésvezető irodája, építési iroda; *hajó* kabin, kajüt; *rep* pilótafülke; utasfülke; *vasút* (vasúti) őrház; gépészfülke, vezetőfülke *(villanyvonaton)*; mozdonysátor *(gőzmozdonyon)*; térközi szolgálati hely; ~ **air control** kabin/utasfülke levegőjének szabályozása; ~ **attendants** *rep* légiutas-kísérők; ~ **bag** *tex* fehérneműs zsák; ~ **baggage** *rep, hajó* kézipoggyász; ~ **blower** *rep* kabin légkondicionáló ventilátora; → ~ supercharger; ~ **boat** fülkés/kajütös (motor)csónak; ~ **class** *hajó* második osztály *(óceánjárón)*; ~ **conditioning control** kabin/utasfülke légkondicionáló rendszerének vezérlése; ~**(-)cruiser** kajütös motorcsónak; ~**-door contact** ajtóérintkező; ~ **heat control** kabin/utasfülke hőmérsékletének szabályozása; ~ **heating system** *rep* kabinfűtőrendszer; ~ **intercooler** *rep* utasfülke hűtőberendezése; ~ **package** *rep* kézipoggyász; ~ **parachute** *rep* utasfülke-ejtőernyő; ~ **pressure** *rep* utasfülke légnyomása; ~**-pressure controller/regulator** *rep* utasfülke nyomásszabályozója; ~ **substation** *el* transzformátorház; ~ **supercharger** *rep* utasfülke túlnyomás-létesítő *v.* légsűrítő berendezése; ~**-temperature control** kabin/utasfülke hőmérsékletének szabályozása; ~**-temperature controller** kabin/utasfülke hőmérséklet-szabályozója; ~ **trunk** hajóbőrönd; ~**-type aircraft** zárt fülkéjű repülőgép; ~**-type heater** doboz/szekrény típusú hevítőberendezés/kemence; ~**-type incubator** *mzg* szekrény alakú keltetőgép; *orv* hőszekrény; ~ **window** *hajó* kabinablak
cabinet (fiókos) szekrény, komód; okmányszekrény; vitrin, tárló; szekrény *(gépé)*; *ép* dolgozószoba; *műa* szárítószekrény; *nyom* akcidensregál; *pa* fotopapír: *(6"x4")*; papíralak *(4 1/4"x6 1/2")*; *rád, tv* doboz, káva, készülékház; ~ **base** *forg* szekrénylábas ágy; ~ **clamp** *szersz* asztalos-csavarszorító; ~ **drawing** *mat* kavalier-perspektíva; ~ **drier/dryer** *élip* kamrás szárító; ~ **file** (vékony, félkör-keresztmetszetű) asztalosráspoly; ~ **finish** *ép* furnérmezős/lakkburkolatos falkiképzés; ~ **incubator** → cabin-type incubator; ~ **loudspeaker** → ~speaker; ~**(-)maker** műbútorasztalos; asztalos; ~**-maker's bench** asztalosgyalupad; ~**-maker's wood** → ~ wood; ~ **photograph** kabinetfénykép; ~ **polish** bútorlakk, bútorpolitúr; ~ **rasp** *szersz* asztalosráspoly; ~ **resonance** *rád* szekrényrezonancia, kávarezonancia; ~ **scraper** *szersz* simítópenge; ~ **size** *foto* kabinetnagyság; ~ **speaker** *rád* hangdoboz; hangfal; ~ **switch** zárt kapcsoló; dobozon levő kapcsoló; ~**-type** *rád* szekrénybe épített; ~ **varnish** → ~ polish; ~ **wood** bútorfa; bútorasztalosfa, asztalosfaanyag
cable I. *v* kifeszít; lehorgonyoz, drótkötéllel kikötː kábelt/huzalt/sodronyt sodor; *el* kábelez; *távk* kábelez, (kábelen) táviratozik, sürgönyöz; **II.** *n* kábel; (vontató)kötél, sodrony; *el* kábel, többerű vezeték; *hajó* horgonylánc, horgonykötél; *tex* vastag selyemcérna; ~ **accessories** *el* kábelszerelvény(ek); ~**-actuated backacter attachment/equipment** *ép* mechanikus mélyásó szerelék; ~ **adjuster** *gépk* Bowden-kábelhosszállító csavar; ~ **anchor** *bány* kábelhorgony; ~**-and-rod hook-up** *gépk* kormánykapcsoló *(rudas kábeles)*; ~ **armo(u)ring** *el* kábelpáncél, páncélburkolat; ~ **armo(u)ring machine** kábelpáncél-tekercselő gép; ~**-armo(u)ring wire** *el* kábelpáncélhuzal; ~ **attenuation** *el* kábelcsillapítás; ~**-balancing network** *távk* kábelkiegyenlítő műyonal; ~ **bead** *gumi* drótperem; ~ **bearer** *el* kábelfüggesztő (bilincs); ~**-belt conveyor** *bány* kötélvontatású heveder; ~ **bolt** *bány* kábelhorgony; ~ **bolting** *bány* kötélhorgonyzás; sodronyköteles kőzethorgonyzás; ~ **bond** kábelkötés; *el* kábelszerelvény; ~ **boring** → ~ drilling; ~ **box** *el* elágazódoboz, kábelelosztó szekrény; kábel-

csatlakozó doboz; kábelvégelzáró; ~**-box splice** *el* kábelelágazó szekrény; ~ **bracing** merevítés kábellel/huzallal; ~ **bracket** kábeltartó; ~ **braiding** kábelbeszövés; ~ **branch** *el* kábelelágazás; kábelér; ~ **break** kábeltörés, kábelszakadás; ~ **breakdown test** kábelátütési próba; ~ **bridge** *ép* kötélhíd, kábelhíd; ~ **bundle** *el* kábeltörzs; ~ **buoy** *hajó* kábelbója; ~ **bushing** *el* kábelszigetelő/kábelvédő hüvely; *gépk* kábelvédő cső; ~ **butting** *el* kábelvég; ~**(-)car** sikló; drótkötélpálya-kabin, kötélpályakabin; ~ **card** *el* kábelkártya; ~ **carriage** *em* kábeldaru-futómacska; ~**(-)carrier** *bány* szállítóveder *(kötélpályán)*; *em* kábel(kötél)tartó; kábelvonó bütyök/csomó *(darun)*; markoló felvonó/rakodó; ~ **casting** *szt* kábeles információterjesztés; ~ **chain** *hajó* horgonylánc; ~ **chamber** kábelakna, bebúvóakna; ~ **channel** kábelcsatorna; ~ **charge** *bány* kábeltöltet; ~ **chute** függőleges kábelakna; kábel-felszállócsatorna; ~ **circuit diagram** *el* kábelkapcsolási/kábelezési/kábelfektetési rajz; ~ **clamp** *bány* kötélszorító (bilincs/zár); *el* kábelbilincs, kábelsaru; kábelkapocs, kábelszorító; kábelrögzítő szerelvény; ~ **clamshell** *ép* köteles markoló; ~ **cleat** *el* kábelrögzítő; ~ **clip** *el* csatlakozóvég, kábelsaru; kábeltartó; *em* drótkötélkarmantyú; sodronykötél-szorító, sodronykötélbilincs; ~**-clutch** *el* kábelköröm; ~ **code** *távb* kábelkód; ~ **collar** kábelkapocs, kábelszorító, kábelbilincs; ~ **compound** kábelmassza, kábelszigetelő/kábeltöltő/kábelkiöntő massza; ~ **conduit** kábelcsatorna; kábelvezetés; kábelcső; ~ **connecting box** *távk* kábelcsatlakozó (doboz) *(antennán)*; ~ **connection** kábelcsatlakozás; ~ **connector** (kábel)konnektor, kábelcsatlakozó; ~ **construction** *ép* kábelszerkezet, kötélszerkezet; ~ **conveyer/conveyor** sodronyköteles (függő)konvejor; ~ **cooling oil** kábelszigetelő/kábelhűtő olaj, kábelolaj; ~ **core** *el* kábelér, kábelnyaláb; *távk* kábellélek, kábelmag, kábelbél; ~ **count** szavak száma *(táviraté)*; ~ **coupling** *el* kábelcsatlakozó; ~ **covering** kábelburkolat; ~ **covering machine** kábelbevonó/kábelszigetelő gép; ~ **crane** *em* kábeldaru; ~**-crane crab** kábeldaru-futómacska; ~**-crane scraper** *ép* vonóvedres kotró; ~**-crane with head towers** állóoszlopos kábeldaru; ~ **current** kábeláram; ~**-current transformer** kábeláramváltó; ~ **cylinder** kábelhenger; ~ **derivation** *el* kábelmegcsapolás; ~ **detector** kábelkereső (készülék); ~ **dimensioning** *bány* kötélméretezés; ~ **dismantling and wire stripping machine** *el* kábelcsupaszító gép; ~ **dismantling knife** *el* kábelkés, szerelőkés; ~ **distribution box** *el* kábelelosztó szekrény; ~ **distribution head (CDH)** *el* kábelelosztó fej/szerelvény; ~ **ditch** *ép* kábelárok, kábelcsatorna; ~**-dragging device** *bány* köteles felvonógép; ~ **dredger excavator/scraper** *bány* vonóköteles kotró; ~ **drill** *bány* kötélfúró gép/szerszám; ~ **drilling** *bány, geof, ol* kábelfúrás, kötélfúrás; ütőfúrás; ~**-drilling bit** *ol* fúróvéső *(ütőfúráshoz)*; ~**-driven ingot buggy** *koh* kábeles öntecsszállító kocsi; ~**-driving engine** *bány* kötélhajtómű; ~ **drop** *el* kábelelágazás; ~ **dropper** *el* kábelelágaztató/kábelleágaztató vezeték; *távk* kábelfektető; ~ **drum** *el* kábeldob; *ol* fúrókötéldob *(pennsylvaniai fúrásnál)*; ~ **duct** *el* kábelcsatorna; kábelcső, kábelvédő cső; kábelvezetés; ~**-duct clip** kábelcsősaru; ~ **electrodrilling** *ol* villamos fúrás; ~ **end** *el* kábelvég(elzáró); ~**-end connector** kábelfejcsatlakozó; ~**-end piece** kábelvégelzáró; ~ **engineering** kábeltechnika; ~ **entry** kábelbemenet; ~ **excavator** *ép* kábelkotró, mechanikus kotró; ~ **excavator attachments** mechanikus kotrószerelékek; ~**(-)eye** *el* kábelsaru; *távk* kábelszem; ~**-eye stiffener** *bány, hajó* kötélszem, kötélszív; ~**-fairing** *el* kábelburkoló; ~ **fan** kábelvégfonadék; kábelvégkibontás; ~ **fault** kábelhiba, kábelszakadás; ~**-feeding ring** kábeltápgyűrű, kábelkörvezeték; ~**-ferry** *kat* köteles komp; ~**(-)filler** *el* kábelmagpapír; kábelmassza, kábelszigetelő/kábeltöltő/kábelkiöntő massza; ~ **fitting** kábelszerelvény; ~ **form** kábelforma; ~ **forming board** kábelformadeszka, kábelsablon; ~ **gear** kábelfektető berendezés; ~ **grease** *em* kábelzsír; sodronykötélkenőcs; ~**(-)grip** *el* kábelharisnya, kábelhúzó; kábelsaru; *heng* kábelhúzó (tömlő); kábelszorító; ~ **guide** *el* kábeltartó; *ép* kötélvezető szerkezet; *gépk* Bowden-huzal külső csöve; ~ **guide pulley/roller** *el* kábelvezető görgő *(kábelbehúzásnál)*; ~ **hanger** *el* kábelfüggesztő szerelvény/bilincs; ~ **harness** kábelforma; ~**(-)head** *el* kábelfej, kábelvégelzáró; *hajó* láncdió *(horgonyemelőn)*; ~ **hoist** *hajó* kábelvitla, kábelcsörlő; ~ **identification sign** kábelnyomjelző; ~ **impregnation** kábelimpregnálás; ~**-input plug** *el* kábelbemenő dugasz; ~ **insulating mass** kábelmassza, kábelszigetelő/kábeltöltő/kábelkiöntő massza; ~ **insulating oil** kábelszigetelő olaj, kábelolaj; ~ **joint** *el* kábelcsatlakozás, kábel forraszhelye; *hajó* kötélkapocs, sodronykapocs; ~ **joint bond** *el* kábelkötés, kábelösszekapcsolás; ~ **junction box** *el* kábelcsatlakozó doboz; ~ **kick** *geof* kábelbeütés, kábelimpulzus; ~ **lacing** kábelkötözés; ~ **lacing board** *el* kábelformadeszka, kábelsablon; ~**-laid** kábelsodratú; ~**-laid rope** kábelsodratú *v.* hármas sodratú kötél; ~ **layer** *el* kábelkoszorú; ~ **laying** kábelfektetés, kábelrakás; ~**-laying attachment** kábellerakó szerelék; ~**-laying machine** kábelfektető gép; ~ **layout** *távk* kábelfektetési terv; ~ **length** *metr* kötélhossz *(GB 185,5 m; US 219,45 m)*; ~**(-)lift bascule** gördülőszegmenses csapóhíd; ~ **lifter** kábelcsörlő; ~**-line** *el* kábelvezeték; *távk* kábelvonal; ~ **link** kábelcsatlakozás, kábelösszeköttetés; tápkábel; ~ **locator** kábelkereső (készülék); ~ **locker** *hajó* (horgony)láncszekrény; ~ **loss** *távk* kábelcsillapítás; ~ **lug** kábelsaru; ~ **lug press** kábelsarurprés; ~ **making machine** kábelkészítő/sodronykészítő gép, kábelgép; ~ **manhole** *el* kábelakna, bebúvóakna; ~ **map** kábelfektetési terv; ~ **matting** *tex* juta gyékényszövet; ~ **net** *ép* kötélháló; *tex* durva szemű függönyháló; ~ **network** kábelhálózat; ~ **noise** *geof* kábeláthatás; kábelzaj; ~ **oil** kábelolaj, kábelzsír; ~**-operated backacter/back-hoe dipper** *ép* mechanikus mélyásó puttony; ~**-operated back-hoe dipper equipment** mechanikus mélyásó szerelék; ~**-operated brake** *gépk* kábelfék; ~**-operated excavator** → ~ excavator; ~**-operated shovel bucket attachment** mechanikus hegybontó szerelék; ~**-operated shovel jib/boom** mechanikus hegybontó kotrógém; ~**-operated towed scraper** vontatott mechanikus földnyeső; ~ **pair** kábelérpár; ~ **paper** kábelpapír; ~**-plaiter** *tex* kábelsodró; ~ **pliers** *pl el* vezetékcsipesz; *szer* kábelhüvely-szorítófogó; ~ **pole-line** *el* légkábelvonal; ~ **pothead** *el* kábelcsatlakozó doboz; ~ **pressurization** túlnyomásos kábelvédelem; ~ **pro-**

tection tube kábelvédő cső; ~ **pulley** *hajó* kötélkorong, kötélgörgő, kötéltárcsa; ~ **pulling device** kábelbehúzó (készülék); ~ **puncture** *el* kábelzárlat; ~ **rack** *el* kábellétra; ~**-rail** *ép* (út)korlát *(sodronyból)*; ~ **railway/railroad** *bány* kábelvontatású csillepálya, kötélpálya; *vasút* drótkötélpálya; ~ **reel** kábeldob; ~**-reel locomotive** *bány* kábelmozdony; ~**-reel shuttle car** *bány* kábeles ingakocsi, önjáró szállítókocsi; ~ **relay** *távk* kábeljelfogó; ~ **release** *em* kábelkikapcsolás *(darun)*; *foto* fémkioldó *(fényképezőgépen)*; *hajó* lánckioldó (szerkezet); ~ **rig** *bány* fúrótorony; kötélállvány; ~ **road** *bány* kötélpálya; *vasút* sikló(pálya); ~ **roller** *em* kötélgörgő; ~**-rope drive** *gép* kötélhajtás; ~ **route** *el* kábelnyomvonal; ~ **running** *el* kábelvezetés; vezetékpálya; ~ **saddle** *ép* (kábel)nyereg, kábelfészek; ~ **sealing compound** kábelzsír; ~ **serving** kábel védőburkolata, páncélburkolat; ~ **shackle** *em, ép* kábelbilincs, kábellekötés, sodronykapocs; ~ **shaft** *bány* műakna; *el* kábelakna, bebúvóakna; *gép* hajlékony tengely; ~ **sheath** *el* kábelköpeny; ~ **sheathing** → ~ serving; ~ **sheathing and serving machine** kábelpáncélozó/kábelpáncél-tekercselő gép; ~**-sheathing foil** kábelfólia; ~ **sheath splitting knife** kábelkés, szerelőkés; ~ **sheave** *ol* megtörőcsiga; ~ **shelf** *el* kábeltartó; ~ **shield** kábelvezető karmantyú; ~ **ship** kábelfektető hajó; ~ **shoe** *bány* kötélsaru; *el* kábelsaru; ~ **short** *el* kábelzárlat; ~ **sleeve** kábelkarmantyú; ~ **socket** kábelsaru; ~ **sonde** *ol* kábelszonda; ~ **spinning** *em* drótkötélverés; ~ **splice** kábelkötés, kábel(össze)fonás; ~ **splice bond** → ~ joint bond; ~ **splice box** *távk* kábelelosztó fej; ~**-stayed bridge** kábelmerevítésű híd; ~ **stitch** *kh* keresztben átakasztott minta *(fonott)*; ~ **stitching** *cipő* goromba öltés; ~ **stocking** kábelhúzó; ~ **stopper** *hajó* (horgony)láncfék; ~**-strand** kábelnyaláb, kábelköteg; sodronypászma; ~**-stranding machine** kábelsodró/kábelfonó gép, huzalsodró berendezés; ~ **stretching** *bány* kötélnyúlás; ~ **stripping knife** kábelkés, szerelőkés; ~ **stub** kábelcsonk; ~ **support** kábeltartó; ~ **suspension(-)bridge** *ép* kábel(függő)híd; ~ **suspension(-)roof** *ép* (kábeles) függőtető; ~ **suspension wire** kábeltartó sodrony; ~ **system** *el* kábelhálózat; ~ **tapping** kábelmegcsapolás; ~ **television (CATV)** kábeltelevízió, CATV; ~ **tension regulator** kábelfeszítés-szabályozó; ~ **terminal/termination** *el* kábelfej, (kábel)végelzáró; ~ **test** kábelvizsgálat; ~**-testing set** kábelvizsgáló készülék; ~ **thimble** *el* kábelsaru; *gépk* gyújtókábel rézsaruja; ~ **thread** kábel(ér); ~ **tool** *ol* kötélfúró szerszám/berendezés; ~ **tool drilling** *ol* kötélfúrás; ~ **tool drilling machine** *ol* kötélfúró gép; ~ **tool rig** *ol* kötélfúró berendezés; ~**-tool well** kötélfúrás; kötélfúrással fúrt lyuk; ~ **tracer** *el* kábelnyomjelző; ~ **trench** kábelárok, kábelcsatorna; ~ **tunnel** kábelalagút; ~ **twist** kötélsodrat; ~ **unsheathing pliers** *pl* (kábel)csupaszító fogó; ~ **vault** (falazott) csatlakozási akna *(kábelcsatlakozáshoz)*; *távk* kábelistoly, kábelbevezető akna; ~ **vessel** → ship; ~ **wax** kábelviasz; ~ **weight indication** *ol* kábelterhelés-mérés; ~ **winch** (kábel)csörlő; ~ **winding** kábeltekercselés; ~ **wire** kábel(huzal), kötélhuzal; ~**-work** *el* kábelfektetés, kábelrakás; *em* (kábel)csörlő; ~ **working** *em* kötélvontatás *(emelőn)*; ~ **wrapping** *ép* függesztőkábel védőburkolata; kábelkötöző zsineg

cablecasting → cable television

cabled kifeszített, (drótkötéllel) kikötött; lehorgonyzott; *el* kábelezett, kábeles; ~ **thread/yarn** *tex* többágú *v.* többszörösen cérnázott cérna

cablegram *távb* kábeltávirat

cableless remote control *tv* kábel nélküli távvezérlés

cabler kábelkészítő/sodronykészítő gép

cablet *hajó* vékonyabb kötél *(három pászmából sodrott)*

cabletext *szt* kábeles teletext

cableway *em* kábeldaru; *ép, vasút* (drót)kötélpálya; ~ **car** kötélpályacsille; ~ **crane** kábeldaru; ~ **excavator** kábelkotró, mechanikus kotró; ~ **for passenger traffic** *vasút* személyszállító függővasút; ~ **plant** *ép, vasút* kötélpálya(-berendezés); ~ **scraper** *bány* kábelkotró(gép); ~ **with brake rope** *ép* siklófékes kötélpálya; ~ **with luffing masts,** ~ **with swivel towers** billenőoszlopos *v.* helyhez kötött kábeldaru; ~ **with parallel movement** párhuzamos pályán mozgó kábeldaru

cabling (össze)sodrás; *el* huzalozás; kábelezés; kábelfektetés, kábelvezetés; *ép* oszlopdíszítő motívum; *távk* kábelezés, táviratozás; *tex* végsodrás *(többszörös, cérnáé)*; ~ **diagram** *el* kábelkapcsolási rajz, kábelterv; ~ **plan** huzalozási terv

caboose *hajó* hajókonyha; hordozható tűzhely *(kis vitorlásokon)*; *vasút* zárfékező kocsi *(vonat végén)*; ~ **car** *vasút* személyzeti kocsi

cabotage *hajó* part menti hajózás, parti hajóközlekedés; *rep* belföldi/helyközi repülés

cabrage *rep* faroknehéz repülés

cabre *rep* felhúz, emel, felemel

cabretta birka készbőr

cabriolet *gépk* kabriolet; ~ **body** kabriolet karosszéria

CAC → constant-altitude control

ca'canny *ip* munkaütem-lassítás

cacao | butter *élip* kakaóvaj; ~ **moth** kakaómoly; ~ **pod** *élip* kakaófa gyümölcse/termése

cache (memory/storage) *szt* belső gyorsítótár, cache-memória

cachet ostya *(gyógyszerbevételre)*

cacholong *ásv* kasolong

cacodyl *vegy* kakodil(gyök); ~ **chloride** kakodil-klorid, dimetil-klórazin; ~ **oxide** kakodil-oxid

cacodylic *vegy* kakodil-; ~ **acid** *vegy* kakodilsav, dimetil-arzonsav

cacophony *hang* rossz hangzás, kakofónia

cacoxene *ásv* kakoxén

cacoxenite *ásv* kakoxénit

cactus | grab *ép* polimarkoló; ~**-proof tyre/tire** szegdefektmentes gumiabroncs

CAD → computer-aided design

CAD/CAM → computer-aided design and manufacturing

cadalene *vegy* kadalin, 1,6-dimetil-4-izopropilnaftalin

cadaster *geod* kataszter, telekkönyv; ~ **of land slopes** lejtőkataszter

cadastral *geod* kataszteri; ~ **data** kataszteri (térkép)adatok; ~ **map** kataszteri térkép; ~ **survey** kataszteri felmérés

cadastre → cadaster

cadaverine *vegy* kadáverin, 1,5-diamino-pentán, pentametilén-diamin

CADD → computer-aided design and drafting

cadence *távb* ütemjel, időjel
cadger kis olajozó
cadinene *vegy* kadinén *(biciklusos szeszkviterpén)*
cadmia *koh* cinkhab, horganytapadvány; *vegy* kadmium-oxid
cadmian *ásv* kadmiumtartalmú
cadmic *vegy* kadmium(II)-
cadmiferous *ásv* kadmiumtartalmú
cadmium (Cd) *vegy* kadmium; ~ **amalgam** kadmiumamalgám; ~ **cell** *el, opt* kadmium-normálelem, kadmiumcella; ~ **compounds** kadmiumvegyületek; ~ **cut-off** *at* kadmiumlevágás; ~ **cut-off energy** *at* kadmiumlevágási energia; ~ **orange** *vegy* kadmiumoranzs; ~ **oxide** *vegy* kadmium-oxid; ~ **pigments** kadmiumpigmentek; ~**-plate** *v* kadmiumoz; kadmiummal bevon; ~**-plating** kadmiumozás; ~ **powder** kadmiumpor; ~ **ratio** *at* kadmiumviszony; ~ **(rectification) column** *koh* kadmiumelválasztó torony; ~ **red** kadmiumvörös; ~ **regulator** *at* kadmium szabályozórúd; ~ **rod** → ~ strip; ~ **selenide** *vegy* kadmium-szelenid; ~ **shutter** *at* kadmiumzár; ~ **slime/sludge** *koh* kadmiumiszap; ~ **sponge** *koh* cementkadmium; ~ **strip** *at* kadmiumrúd; ~ **sulphide/sulfide** *vegy* kadmium-szulfid; ~ **sulphide/sulfide transistor** kadmium-szulfid tranzisztor; ~ **tungstate** *vegy* kadmium-volframát; ~ **yellow** kadmiumsárga
cadmous *vegy* kadmium(I)-
Cady test *pa* repesztőszilárdság-vizsgálat
CAE → computer-aided education; → computer-aided engineering
caesian, *US* **cesian** *ásv* céziumtartalmú
caesium (Cs), *US* **cesium** *vegy* cézium; ~ **acetate** cézium-acetát; ~ **alum** céziumtimsó; ~ **aluminium/aluminum sulphate/sulfate** cézium-alumínium-szulfát; ~**-antimony-type cathode** *el* cézium-antimon katód; ~ **bicarbonate** cézium-hidrogén-karbonát; ~ **bisulphate/bisulfate** cézium-hidrogén-szulfát; ~ **bromide** cézium-bromid; ~ **cathode** *el* céziumkatód; ~ **cell** céziumcella; ~ **chlorate** cézium-klorát; ~ **clock** céziumóra, cézium atomóra; ~ **dithionate** cézium-ditionát; ~ **hydroxide** cézium-hidroxid; ~ **-indium alum** cézium-indium-szulfát; ~ **iodide** cézium-jodid; ~ **pentasulphide/pentasulfide** cézium-pentaszulfid; ~ **periodate** cézium-perjodát
CAFD → contact analog flight display
caffeic acid *vegy* kávésav
caffein(e) *vegy* koffein; thein, 1,3,7-trimetil-xantin; ~**-free** *élip* koffeinmentes
caffeinic koffeines, koffeintartalmú
cage I. *v bány* kasba rakodik/ürít, kast megtölt (vmvel); **II.** *n* kalitka, ketrec; kosár; rekesz; *bány* (akna)kas; szállítókosár; *el* kalitka, ketrec; rövidre zárt forgórész; *em* kas, fülke *(emelőn)*; kezelőkosár; *ép* (felvonó)fülke, járószék, (felvonó)kabin; *gép* golyókosár, görgőkosár *(gördülőcsapágyban)*; kosár; *koh* (adagoló)kosár; gyűjtőkosár; *tex* centrifugakosár; csévegyűjtő láda; szitadob; ~ **aerial/antenna** *távk* hengeres antenna; varsaantenna; ~ **armature** → ~ rotor; ~ **arrester** *bány* kasfogókészülék; ~ **bar** *hőt* rostélyrúd; ~ **beam** felvonószekrény-tetőgerenda; ~ **bonnet** *bány* kasfedő, kasfedél; ~ **bottom** *ép* járószékpadló; ~ **box** *em* felvonókas; szállítóláda; ~ **coil** *rád* keresztcsévélésű tekercs, kosártekercs, méhsejttekercs; ~ **compartment** → ~ road; ~ **control** *em* belső vezérlés; ~**-controlled** *em* vezetőfülkéből irányított; ~ **cover** *bány* kasfedőpajzs; ~ **deck** *bány* kasemelet; ~ **dipole** *el* hengeres (elrendezésű) dipólussor; ~**-door (electric) contact** *ép* ajtóérintkező *(felvonón)*; ~ **drop device** *bány* kasejtő készülék; ~ **effect** *at* cellahatás; ~ **exchange crane** *bány* kascserélő daru; ~ **feeding** *bány* kaskiszolgálás; ~ **gate** *bány* kasajtó; ~ **ga(u)ge** *bány* kasnyomköz; ~ **grip** *bány* kasfogó készülék; ~ **guide** *em* kasvezeték *(emelőn)*; ~**-guide lash** *bány* vezetőgerenda-heveder; ~**-guide rail** *bány* vezetősín; ~**-guide roller** *bány* kasvezető görgő; ~**-guide shoe** *bány* kasvezető saru; ~**-guide thickening** *bány* vezetőgerenda-vastagítás; ~**-head cover** szállítókas teteje/fedele; ~ **hoisting** *bány* kasszállítás; ~**-hoisting mine** *bány* kasszállításos akna/bánya; ~ **landing** *bány* rakodópadozat; ~ **lift** *bány* kasemelési magasság; *ép* járószékes felvonó; ~ **lightning protector** kalitkás villámhárító; ~ **mill** *bány* verőpálcás malom; ~ **motor** kalitkás forgórészű *v.* rövidre zárt (aszinkron)motor; ~ **of valve** *gépk* szelepfészek; ~**-operated hoist** *ép* fülkekormányzású felvonó; ~ **parachute** *bány* kasfogó (készülék); ~ **relay** *el* tárcsás relé; ~ **rest** *bány* kasszék; ~ **road** *bány* szállítókasos osztály, szállítóosztály *(aknában)*; ~ **rocker-shaft** *bány* csillebetoló rúd; ~ **rotor** *el* kalitkás *v.* rövidre zárt forgórész; ~ **run-out distance** *bány* kaskifutási távolság; ~ **seat(s)** *bány* kasszék; ~ **sheave** *bány* kasszállító kötéltárcsa; ~ **shoe** *bány* kas saruja; ~ **stranding machine** *koh* kosaras sodrógép; ~ **structure** *any* kalitkaszerkezet; ~ **support** *em* járószéktámasz; ~ **swinging** *bány* kaslengés; ~ **swinging meter** *bány* kaslengésmérő készülék; ~ **track** *bány* kasnyomköz; ~ **track testing apparatus** *bány* kasnyomköz vizsgáló készülék; ~**-type resistor** *el* fémházas ellenállás; ~**-type strander** kosaras sodrógép; ~**-way** *bány* kasosztály; szállítóosztály *(aknában)*; ~ **wheel** *mzg* (rácsos) keréktalp-szélesítő; ~ **winding** *el* kalitkás tekercselés, rövidre zárt rúdtekercselés; ~ **winding (system)** *bány* kasszállítás; ~ **with side guides** *bány* oldalvezetésű kas; ~**-zone melting** kalitka-zónaolvasztás
caged *gépk* felül vezérelt, függő *(szelep)*
cageless *gép* kosár nélküli; ~ **roller-bearing** kosár nélküli görgőcsapágy
cager *bány* (akna)csatlós; csillebetoló (szerkezet); ~ **cylinder** csillapító léghenger; ~ **dog** csilleadagoló bütyök
caging rögzítés, blokkolás; *bány* csillebetolás; csilleváltás; kasszállítás; ~ **crew** aknarakodó csapat; ~ **device** *rep* rögzítőszerkezet
CAI → computer-aided instruction
CAIC → computer-assisted indexing and classification
CAIP → computer-assisted indexing program
cairn *geod* kőrakás, kőhalom *(tájékozódási pont)*; kunhalom
cairngorm *ásv* füstkvarc; skót/spanyol topáz
caisson *hidr, ép* keszon; süllyesztőszekrény; úszógát; záróponton; *kat* lőszer(fél)kocsi; lőszerszekrény, lőszerláda, lőszeresláda; ~ **chest** *kat* lőszereslâda, (töltény)rakasz; ~ **disease** keszonbetegség; ~**-float coffer-dam** *hidr* úszókeszon; ~ **foundation** *hidr* légnyomásos alapozás; ~ **gate** *hajó* tolókapu *(hajózsilipé)*; ~ **lock** előkamra, légzsilip; ~ **operation** keszon-

munka; ~ **pile** *hidr* teleszkopikus cölöp; ~ **sinking** keszonsüllyesztés; ~ **work** keszonmunka

CaJ → caulked joint

cake I. *v* megalvad, koagulál; sűrűsödik; összeéget, masszává tömörít; összeég, összesül; *geol* lesüpped; leülepszik, megkeményedik; **II.** *n* kalács; sütemény; (hal- stb.)pogácsa; darab, korong, tábla; összeállott/alvadt massza; préselvény; (kipréselt) szűrési maradék; (szűrő)lepény; préslepény; összeégett anyag; *hőt* összesült brikett; *koh* (koksz)cipó; olvasztási maradék; összesült üledék; *mzg* (olaj)pogácsa; *ol* iszaplepény, iszaplerakódás *(lyuk falán)*; *önt* (salak)cipó; *tex* kalács *(selyemiparban)*; *vegy* lepény; ~ **alum** timsódarab; ~ **board** *pa* kekszbetétlemez; ~ **copper** réztömb; ~ **core** lapos öntödei mag; ~ **cutter** szappandaraboló gép; ~ **ice** tömbjég; ~**-meal** *mzg* olajpogácsa-dara, olajpogácsaliszt; ~ **mill** *mzg* olajpogácsa-törő (gép); ~ **of clinker** *koh* salakcipó; ~ **of fusion** *önt* olvadék; ~ **of nitre/niter** *vegy* nátriumhidroszulfát, nátrium-biszulfát; ~ **of press** préspogácsa, préslepény; ~ **of seed** olajpogácsa; ~ **of soap** (darabos) szappan; ~**-pan paper** kekszbetétpapír; ~ **paper** süteménycsomagoló papír; ~ **spinning** *tex* centrifugális fonás; ~ **test** *ép* cementlepénypróba; ~ **thickness** *ol* iszaplepény-vastagság; ~ **tin** sütőforma, tepsi; ~ **wax** *hang* viaszlemez; ~ **wrapper** kekszcsomagoló papír

caked darabos; összesült; megsűrűsödött; ~ **mass** *koh* medve

caking *élip* összetapadás, csomósodás; *ker* rásülés, odasülés; *koh* (összesütő) brikettezés; ~ **capacity** *koh* sülőképesség; ~ **coal** sülőszén; kokszszén; ~ **index** összesülési mutatószám; ~ **of the granules** *hang* szemcseösszesülés

cal → calorie

Cal → kilocalorie

CAL → computer-assisted learning

calabash töklopó; tökből készített edény; edénykészítésre alkalmas tök

calacata *ép* kalakata *(márvány)*

calamine *US ásv* smithsonit, hemimorfit; ~ **cream** cinkalapú krém

calandria szerpentincső, csőkígyós hűtő, hűtőkígyó; ~ **pan** *élip* gőzkamrás bepárló; ~**-type evaporator** *élip* Robert-bepárló

calaveras *pl bány* metamorfizált kőszénfajták

calaverite *ásv* calaverit

calcar I. *a* mésszerű; **II.** *n ker* pörkölőkemence, égetőkemence, mészégető kemence; ~ **(arch)** *üveg* porzsolókemence, frittelőkemence

calcarenite *geol* mészhomokkő

calcareo-argillaceous *geol* meszes-agyagos

calcareous *geol* meszes *(kőzet)*; *geol, koh* mésztartalmú; ~ **algae** *geol* mészalgák; ~ **cement** *ép* aszfaltragacs; hidraulikus mész; meszes cement; ~ **dolomite** *ásv* meszes dolomit; ~ **fur** *koh* kazániszap; vízkő; ~ **hydraulic binder** *ép* hidraulikus mészhabarcs; ~ **ironore** *ásv* ankerit; ~ **iron stone** → ~ minette; ~ **marl** *geol* márgás mészkő; mészmárga; ~ **mica-schist** *geol* mészcsillámpala; ~ **minette** *ásv* mészkőtartalmú minett; ~ **ooze** *ásv* mésziszap; ~ **ore** mésztartalmú érc; ~ **sandstone** *geol* meszes homokkő, mészhomokkő tégla; ~ **shale/slate** mészpala; ~ **sinter** → ~ tuff; ~ **soil** meszes talaj; ~ **spar** *ásv* mészpát, kalcit; ~ **tuff** *ásv* mésztufa, travertínó

calcariferous → calcareous

calcedony *ásv* kalcedin

calcian *ásv* kalciumtartalmú

calcic *vegy* kalciumos, kalcium-, meszes, mész-

calciclase *ásv* anortit

calcicole → calcicolous

calcicolous mészkedvelő

calciferol *gyógyv* kalciferol, ergokalciferol, D_2-vitamin

calciferous *geol* meszes *(kőzet)*; mésztartalmú

calcification (el)meszesedés; (el)meszesítés

calcifuge → calcifugous

calcifugous mészkerülő

calcify elmeszesít; mésszé változtat; mésszé változik, elmeszesedik

calcimine I. *v* calciminnel *v.* meszes enyves festékkel fest; *US* meszel; **II.** *n* meszes enyves festék, kalcimin; *US* meszelés

calcinable mésszé égethető

calcinate I. *v* → calcine; **II.** *n* kalcinált anyag; pörk

calcinated → calcined

calcination (mésszé) égetés; kiégetés *(gipszé)*; *koh* pörkölés; *üveg* porzsolás, frittelés; *vegy* kalcinálás; ~ **of limestone** mészégetés

calcinator *ker* kalcinátor, égetőkemence; *koh* pörkölőkemence, égetőkemence, mészégető kemence; *vegy* kalcinálóberendezés

calcinatory *vegy* kalcinálótégely

calcine I. *v* (el)meszesedik; mésszé ég; kiég; (mésszé) éget, kiéget *(gipszet)*; *koh* pörköl; *üveg* porzsol, frittel; porzsolódik, frittelődik; *vegy* izzít; kalcinál; **II.** *n koh* pörk, pörkölék; pörkölt érc; rásülés, odasülés; ~ **limestone** *v* meszet éget

calcined égetett; ~ **alum** égetett timsó; ~ **alumina** *koh* kalcinált timföld; ~ **baryta** *vegy* baritföld, báriumoxid; ~ **cocoon** *tex* mészkóros gubó; ~ **gypsum** égetett gipsz; ~ **mica** kalcinált/égetett csillám; ~ **ore** *koh* pörkölt érc; ~ **petroleum coke** kalcinált petróleumkoksz/petrolkoksz, elektródkoksz; ~ **pyrite(s)** *koh* piritpörk

calciner *koh* égetőkemence, pörkölőkemence, mészégető (kemence); *vegy* égető-/kalcinálókemence

calcining → calcination; ~ **furnace** *koh* kalcinálókemence; *pa* meszezőkályha; szódakazán; ~ **kiln** → calciner; ~ **of ores** *koh* ércpörkölés; ~ **oven/plant** *koh* pörkölőberendezés

calcinol *vegy* kalcium-jodát

calciostrontianite *ásv* kalciostroncianit

calciothermic process *koh* kalciotermikus eljárás

calciothorite *ásv* kalciotorit, torokalcit

calciphile → calciphilous

calciphilous mészkedvelő

calciphobe → calciphobous

calciphobous mészkerülő

calcite *ásv* mészpát, kalcit; ~ **cleavage** kalcitos *v.* romboéder szerinti hasadás

calcium (Ca) *vegy* kalcium; ~ **acetate** kalcium-acetát, szürkemész; ~ **age** kalciumkor, kalciummódszerrel meghatározott geológiai kor; ~ **aluminate slag** *koh* kalcium-aluminát-salak; ~ **aluminate substrate** kalcium-alminát(ból álló) hordozóréteg; ~**-alu-**

min(i)um garnet *ásv* zöld gránát; ~ **base grease** *gép* kalciumbázisú kenőzsír; ~ **bisulphite/bisulfite** kalcium-hidrogén-szulfit, kalcium-biszulfit; ~ **brine** kalcium-klorid-oldat; ~ **carbide** kalcium-karbid; ~ **carbolate** kalcium-fenolát; ~ **carbonate** kalcium-karbonát; szénsavas mész; ~ **chloride** kalcium-klorid, klór-kalcium; ~**-chromium garnet** *ásv* uvarovit, krómgránát; ~ **compounds** *pl* kalciumvegyületek; ~ **cyanamide** kalcium-cián-amid, mésznitrogén; ~ **ethoxide** kalcium-etilát; ~ **flocculi** *pl* kalciumpehely, koagulált kalcium; ~ **fluoride** *ásv* fluorit; folypát; kalcium-fluorid; ~ **fluoride laser** kalcium-fluorid lézer; ~ **fluoride substrate** kalcium-fluorid(ból álló) hordozóréteg; ~ **hardness** kalciumkeménység *(vízé)*; ~ **hydride** kalcium-hidrid; ~ **hydrophosphate** kalcium-hidrogén-foszfát; ~ **hydroxide** kalcium-hidroxid, oltott mész; ~**-hypochlorite** kalcium-hipoklorit; ~**-iron garnet** *ásv* andradit; ~ **kiln-brick** *ép* mésztégla; ~ **lime** *ép* égetett mész; ~ **metal** fémkalcium; ~ **metaphosphate (CMP)** kalcium-metafoszfát; ~ **method** kalciummódszer; ~ **nitrate** kalcium-nitrát; mészsalétrom; ~ **orthosilicate** kalcium-ortoszilikát; kalcium-szinguloszilikát; ~ **oxide** kalcium-oxid; égetett mész; ~ **perchlorate** kalcium-perklorát; ~ **peroxide** kalcium-peroxid; ~ **silicide** kalcium-szilicid; ~ **soap** kalciumszappan; ~ **stearate** *gyógyv* kalcium-sztearát; ~ **tungstate** kalcium-volframát

calco-uranite *ásv* mészuráncsillám, autunit

calculable kalkulálható, (ki)számítható; ~ **mapping** *mat* kiszámítható leképezés

calculagraph *távb* időregisztráló, időszámláló

calculate (ki)számít; számol; kalkulál; méretez

calculated elméleti, számított; ~ **accuracy** *mat* vonatkoztatott pontosság; ~ **anomaly** *geof* elméleti anomáliaérték; ~ **curve** számított görbe; ~ **depth** elméleti mélység; (számításból nyert) mélységérték; ~ **energy yield** elméleti/számított energiahozam; ~ **gradient** *geof* elméleti gradiens; ~ **spindle efficiency** *tex* elméleti orsóhatásfok; ~ **value** számított/előirányzott érték

calculating számolás, számítás; kiszámítás, kalkuláció; méretezés; ~ **cylinder** számolóhenger; ~ **device** számológép; ~ **disc/disk** számolókorong; ~ **frame** számolótábla, abakusz; ~ **machine** számológép, kalkulátor; ~ **of the dynamic properties** *aut* dinamikus tulajdonságok számítása; ~ **of the lag-lead member of a servomechanism** szervomechanizmus differenciáló-integráló tagjának méretezése; ~ **of the measuring circuit** mérőkör méretezése; ~ **of the pressure dynamics** nyomásdinamika számítása; ~ **of the reliability of control systems** *aut* szabályozási rendszerek megbízhatóságának számítása; ~ **of the Z-transform using time function** *aut* a Z-transzformált meghatározása az időfüggvényből; ~ **punch** *szt* számolólyukasztó; ~ **rule** *mat* számolási/számítási/műveleti szabály; ~ **speed** *szt* számítási sebesség; ~ **technique** számítási technika; ~ **unit** számítóegység

calculation számolás, (ki)számítás; kiértékelés, (adat)feldolgozás, elemzés; költségvetés; ~ **of area(s)** területszámítás; ~ **of charge** *koh* adagszámítás; adagszámítás; elegyszámítás; ~ **of costs** költségszámítás; ~ **of ephemerides** *csill* efemeridaszámítás; ~ **of percentage** százalékszámítás; ~ **of reserves** *bány, ol* készletszámítás, készletbecslés; ~ **of resistance** ellenállás-számítás; ~ **of safe dimensions** méretezés; ~ **with limits** határérték-számítás; ~ **with logarithms** logaritmusszámolás, számolás logaritmussal; ~ **with powers** hatványszámítás, számolás hatványokkal; ~ **with roots** gyökszámítás, számolás gyökökkel

calculative számolási, számító, számítási

calculator *irgép* számológép, kalkulátor; *mat* nomogram; számítási kulcs/táblázat; szorzótábla; *szt* számolólyukasztó; zsebszámológép

calculous murvás, kavicsos, köves

calculus *mat* differenciál- és integrálszámítás; felsőbb mennyiségtan; formalizált nyelv, kalkulus; számításos/numerikus eljárás; ~ **of approximations** közelítő számítás; ~ **of errors** hibaszámítás; ~ **of (finite) differences** differenciaszámítás; ~ **of fractions** törtszámítás; ~ **of interpolation** interpolációs számítás; ~ **of matrices** mátrixalgebra; ~ **of probability/probabilities** valószínűségelmélet, valószínűségszámítás; ~ **of relations** többváltozós predikátumkalkulus, relációkalkulus, függvénykalkulus; ~ **of residues** reziduumelmélet; reziduumszámítás, reziduummódszer; ~ **of tensors** tenzorszámítás; ~ **of variations** variációszámítás; ~ **of vectors** vektorszámítás

Calcutta hemp *tex* Calcutta-kender

caldera *geol* kaldera; ~ **volcano** *geol* sáncvulkán

caldron → cauldron

Caledonian orogeny *geol* kaledóniai hegységképződési ciklus

caledonite *ásv* kaledonit

calefacient (fel)melegítő; izzásba hozó

calefaction izzítás; (fel)melegítés; hevítés

calefactory izzásba hozó; hőfejlesztő, hőkifejtő; (fel)melegítő, hevítő

calefy (fel)melegít, izzít; izzásba hoz

calendar naptár; ~ **age** *ip* bejegyzett használati idő; ~**-back board** *pa* naptárhátkarton; ~ **board** naptárkarton; ~ **month** naptári hónap; ~**-pad bond board** naptártömbkarton; ~ **watch** *óra* naptáras óra; ~ **year** naptári év

calender I. *v* kalanderez, mángorol; fényesít, políroz; *pa, tex* simít; szatinál; **II.** *n ép* úthenger; *gumi, műa* kalander; *pa* simítómű; *pa, tex* kalander; kalanderezés; mángorló, simítóhenger; ~ **blackened** simítási hibás; ~ **bowl** kalanderhenger; ~ **bowl paper** kalanderhengeres papír; ~ **coater** bevonókalander; ~**-colo(u)red paper** simítón (felületileg) festett papír; ~ **crush** *pa* simítási hiba; ~ **cuts** *pa* simítóráncok; ~ **delivery** szállítóhenger *(kalander)*; ~**-dyed** *pa* simítón felületileg festett; ~ **effect** *gumi* kalanderhatás; ~ **finish** kalanderes kikészítés; *tex* kalanderezés; ~**-finished** *pa* szatinált, simított; ~ **for crêping** *tex* kreppelőkalander; ~ **for knitted fabrics** *tex* trikókelmekalander; ~ **for scrooping** *tex* Schreiner-kalander, selyemfénykalander; ~ **grease** kalanderzsír; kalanderkenés; ~ **mark** *pa* simítógép-markírozás; ~ **roll** → ~ bowl; ~ **roller** *tex* mángorlóhenger, kalanderhenger; ~**-roll paper** kalanderhenger-papír; ~**-roll press** *pa* kalanderhenger; ~ **spots** *pl pa* kalanderezés okozta károsodás, simítási foltok; ~**(-)stack** *pa* kalanderállvány; kalanderhengersor; ~ **stack crumbs** *pl* kalanderpor; ~ **staining** *pa* simítva festés; ~ **train** kalandercsoport

calendered *pa, tex* fényezett; kalanderezett; ~ **coating** *műa* hengerelt/kalanderezett bevonat; ~ **paper** szatinált/simított papír; ~ **sheet** *gumi* kalanderezett *v.* kalanderen húzott lemez; *műa* kalanderen húzott fólia
calendering mángorlás, hengerlés; *gumi, műa* kalanderezés; *pa* kalanderezés, simítás *(kalanderen)*; *tex* kalanderezés, mángorlás; ~ **spots** *pl* kalanderezés okozta károsodás, simítási foltok
calenderman *pa* simítógépkezelő
calescence kőkiválás kritikus pontban
calf *bőr* (nyers) borjúbőr; *hajó* (jéghegyről levált) jégtömb; *kh* lábikra; ~ **binding** *nyom* borjúbőr kötés; ~ **bound** borjúbőr kötésű, egészbőr kötésű; ~**-dozer** *ép* kis tológép; kisebb útgyalu; ~ **leather** borjúbőr; ~ **line** *bány* csigasorkötél; ~ **split** borjúhasítékbőr; ~ **wheel** *bány* mélyfúró vitla; szállítódob
calfskin borjúbőr
caliber *US* → calibre
calibrate hitelesít; beosztással ellát, fokbeosztást/skálabeosztást készít; kalibrál; tárál; *geod* komparál; *heng* méretez; *kat* lövedék kezdősebességét meghatározza
calibrated hiteles(ített); kalibrált; ~ **absorber** *at* hiteles/kalibrált elnyelőanyag; ~ **accuracy** vonatkoztatott pontosság; ~ **airspeed (CAS)** *rep* műszerre helyesbített sebesség, levegőhöz viszonyított sebesség, indikált sebesség; ~ **altitude (CA)** *rep* műszerre helyesbített magasság; ~ **attenuator** *el* hitelesített csillapító/attenuátor; ~ **chain** *gép* kalibrált lánc; ~ **dial** hitelesített számtárcsa/skála; ~ **focal length** *foto* optikai kamerahossz, kameratényező, kamerafaktor; ~ **lamp** normálizzó(lámpa); ~ **leads** *pl el* kalibrált vezeték; ~ **leak** kalibrálólyuk; ~ **nozzle** kalibrált fúvóka; ~ **pressure altitude** *rep* műszerre helyesbített nyomásmagasság; ~ **shunt** *el* hiteles sönt; ~ **slide-wire** hitelesített mérőhuzal
calibrating hitelesítés, kalibrálás; *mt, műa* csőkalibrálás; ~ **device** kalibrálókészülék, hitelesítőkészülék; ~ **oscillator** *távk* hitelesítőgeneráor, etalongenerátor; ~ **oscillogram** hitelesítő/léptékes oszcillogram; ~ **potentiometer** *el* hitelesítő potenciométer; ~ **resistance** etalonellenállás; ellenállásetalon; ~ **signal** normáljel; normálhang; ~ **standard** *metr* hiteles mérték, etalon; kaliberszabvány; ~ **steam pressure ga(u)ge** hitelesítő/ellenőrző feszmérő
calibration hitelesítés, kalibrálás, bemérés; idomszerezés; (fok)beosztás, skála; súlybeosztás meghatározása *(mérlegkaron)*; (ki)tárálás; *geod* komparálás; *heng* méretezés, méretre hengerlés; *kat* löveg különhordásának kiszámítása *(tüzérségnél)*; *metr* skálakészítés, hitelesítés *(skálán)*; ~ **accuracy** hitelesítési pontosság; ~ **amplifier** hitelesítési erősítő, normálerősítő; ~ **by comparison** hitelesítés összehasonlítás útján, relatív hitelesítés; ~ **cable** *el* hitelesítőkábel; ~ **capacitor** hitelesítőkondenzátor, normál kondenzátor; ~ **card** hitelesítési/kalibrációs táblázat; helyesbítéstáblázat; ~ **cavity resonator** hitelesítő/vonatkoztató üregrezonátor; ~ **chart** rádióbemérési korrekciós táblázat; ~ **circuit** hitelesítő-áramkör, referencia-áramkör; ~ **coefficient** műszerállandó; ~ **constant** kalibrációs/hitelesítési állandó; ~ **curve** hitelesítési/kalibrációs görbe; ~ **data** kalibrációs/hitelesítési adatok; ~ **device** kalibrálókészülék, hitelesítőkészülék; ~ **error** hitelesítési hiba; ~ **factor** hitelesítési állandó; ~ **frequency** hitelesítőfrekvencia, etalonfrekvencia; ~ **impulse** hitelesítőimpulzus, kalibrációs impulzus; ~ **independence** mértékinvariancia; ~ **instrument** hiteles/hitelesítő műszer; ~ **line** *távk* csillapításszekrény; ~ **mark** kalibrálási/hitelesítési jel; ~**-marker block** *rep* irányszög-ellenőrző jelző; ~ **number** kalibrációs/hitelesítési érték; ~ **of hydraulic structures** *hidr* műtárgyak hitelesítése; ~ **oscillation** kalibrálórezgés, hitelesítőrezgés; ~ **pulse** kalibrációs impulzus; ~ **resistance** hitelesítési ellenállás, etalonellenállás; ~ **scale** etalonskála, hitelesítőskála, kalibrációs skála; ~ **station** rádióbemérési korrekciós adó, iránymérő adóállomás; ~ **tail** *ol* kalibrációs regisztrátum; ~ **tape** *hang* etalonszalag; ~ **temperature** hitelesítési hőmérséklet; ~ **test** *any* hitelesítővizsgálat; ~ **test piece** etalon; ~ **transmitter** → ~ station; ~ **value** hiteles/hitelesítési érték
calibrator kalibrálóeszköz; mérce, idomszer; *távk* hitelesítő műszer
calibre, *US* **caliber** kaliber, belső átmérő; (űr)méret; pontos méret; furat; hengerüreg; *ép* húzósablon; *ip* minőség; *kat* öb *(puskáé)*; ~**-finish** *pa* kalibráló simítás; ~ **ga(u)ge** *kat* lövedékátmérő-idomszer; ~ **grizzly** *bány* kaliberrács; ~ **vernier** *metr* nóniuszos tolómérce
caliche *ásv* caliche, természetes chilei salétrom; *geol* sivatagi mészkőpad
calico *tex* kalikó; karton; ~ **filtering tube** *élip* pamutvászon porszűrőtömlő; ~ **loom** vászonszövő gép; ~ **mill** vászonszövő gyár; ~ **paper** kalikópapír; ~ **printer** kartonnyomó; ~ **printing** kartonnyomás; ~ **weave** vászonszövés
California bearing ratio (CBR) *talt* CBR-érték, kaliforniai teherbírási tényező
Californian hatching pot *hidr* kaliforniai edény
californium (Cf) *vegy* kalifornium
caliper *US* → calliper
calk[1] *geod* átmásol, átrajzol
calk[2] → caulk
calk[3] **I.** *v* jégpatkót/jégvasat felver; **II.** *n* jégpatkó; jégszeg *(patkón)*; *cipő* jégvas *(cipőtalpon)*
calkin vaskapocs; sas *(lópatkón)*
calking[1] átrajzolás; átmásolás; pauszmásolat, rajzmásolat
calking[2] jégpatkó/jégvas felverése
call I. *v* hív; **II.** *n szt* behívás *(programé)*; hívás, hívási folyamat; *távb* beszélgetés; *távk* hívás; hívójel; ~ **address** *szt* hívási cím; hívócím; ~ **allotter** *távk* forgalmi elosztó *(központban)*; ~**-announcer indicator** *távb* akusztikus hívásindikátor; ~ **back** *v távb* visszahív; ~**-back set,** ~ **back telephone apparatus** *távb* visszahívó (telefon)készülék; ~ **bell** *bány* jelzőharang; *távb* hívócsengő; ~ **booth,** ~**(-)box** távbeszélőfülke, telefonfülke; *közl* segélyhívó (telefon); ~ **button** csengőgomb, nyomógomb; ~ **by name** *szt* név szerinti hívás; ~ **by value** *szt* érték szerinti hívás; ~ **charge** *távb* beszélgetési díj; ~ **charge printer** *távb* beszédjegynyomtató; ~ **circuit** *távk* szolgálati áramkör/vonal; ~ **clear down time** *távb* bontási idő; ~ **command** *szt* behívó utasítás; hívásutasítás, hívóutasítás; ~**-confirmation signal** *távk* hívásnyugtázó jel; ~**-connected signal** *távk* „kapcsolás kész” jel; ~ **control** *szt* hívásellenőrzés; ~ **control signals** *távb* hívás-

vezérlő jelek; ~ **control watch** *távb* hívásellenőrző óra; ~ **counter** *távb* beszélgetésszámláló, hívásszámláló; számlálóberendezés; ~**-count(ing) meter** → ~ counter; ~**-count record** *távb* forgalomszámlálás; ~ **director** *távb* (kézi kapcsolású központi) kezelői készülék; ~ **display** *távb* hívásjelző; ~ **distributor** *távb* híváselosztó; ~ **duration** *távb* hívás időtartama; ~ **finder** *távb* híváskereső; ~ **impulse** *távb* hívóimpulzus; ~**-in** *szt* behívás; ~ **indication** *távb* hívásjelzés; ~ **indicator** *távb* hívásjelző; ~ **installation** *szt* hívóberendezés; ~ **instruction** → ~ command; ~ **key** *szt* hívóbillentyű; ~ **kiosk** → ~ booth; ~ **letters** *pl távk* (kódolt) hívójel; ~ **library** *szt* hívási könyvtár; ~ **macro-instruction** *szt* hívási makroutasítás; ~ **meter** → ~ counter; ~ **minute** *távb* foglaltsági/beszélgetési idő percben; ~ **number** *szt* hívószám; ~ **office** nyilvános távbeszélő-állomás/telefonállomás; ~**-office kiosk** utcai telefonfülke *(pénzbedobós)*; ~ **point** tűzjelző állomás; ~ **pulse** *el* hívóimpulzus; ~ **rate** *távb* beszélgetési díj; ~ **receiving switch** *távb* híváselosztó; ~ **register** *szt* hívási regiszter; ~ **registering/registration** *ép* hívástárolás; ~ **relay** *szt* hívásrelé; *távb* hívójel, vonaljelfogó; ~ **release time** *távb* bontási idő; ~ **selectively** *v távb* szelektív hívással hív; ~ **selector** hívójelkiválasztó készülék; ~ **sender** *távb* hívómű; ~ **sign (CS)** *távk* hívójel; ~ **signal** *távb* hívásjelző; *távk* hívójel; ~ **sign prefixes** *rád* hívójel; ~ **statement** *szt* hívóutasítás; ~ **store** *távb* hívástároló; ~ **switch** *távb* híváskapcsoló gép; ~ **the operator** *v távb* (hívja a távbeszélőkezelőt és) beszélgetést bejelent; ~ **ticket** *távb* beszédjegy; ~ **time** *távb* hívásidő; ~ **time meter** hívásellenőrző óra; ~ **transfer** *távb* (hívás)közvetítés; vonalátadás; ~ **up** *US v távb* felhív, felcsenget; ~ **wire** *távk* szolgálati vonal; ~ **word** *szt* hívószó

CALL → computer-assisted language learning

Callaud cell Callaud-elem

called *szt, távb* hívott; ~ **exchange** hívott telefonközpont; ~ **party** hívott fél; ~**-party release** hívottoldali bontás; ~ **program** *szt* hívott program; ~ **subscriber** *távb* hívott előfizető; ~ **user** *szt* hívott felhasználó

caller *távb* hívó fél; ~ **chain** *szt* hívólánc

calligraphic plotter *szt* katódsugaras rajzgép

calling *ip* felhívás ajánlattételre; *távb* hívás; ~ **back** *távb* visszahívás; ~ **battery** *távb* hívótelep; ~ **code** hívójelkulcs; ~ **cord** *távb* hívózsinór; ~ **device** *távb* hívószerelvény; ~ **dial** *távb* (szám)tárcsa; ~ **disc/disk,** ~ **drop** *távb* (hívó)esőlemez; ~ **equipment** *távb* hívószerelvény; ~ **exchange** *távb* hívó központ; ~ **fault** *távb* téves hívás; ~ **for tender** *ip* pályázati kiírás, versenytárgyalás(i hirdetmény), ajánlattételi felhívás; ~**-in lamp** → ~ lamp; ~ **instruction** *szt* behívó utasítás; hívás; ~ **jack** *távb* válaszolóhüvely, hívó kapcsolóhüvely; ~ **key** hívóbillentyű, hívógomb; hívókulcs; ~ **lamp** *távb* hívólámpa; telefonlámpa; ~ **magneto(-generator)** *távb* hívóinduktor; ~**-on signal** *vasút* behívó jelző/jelzés; ~ **party** *távb* hívó fél; ~**-party release** *távb* hívó oldali bontás; ~ **plug** *távb* hívódugasz; ~ **program** *szt* hívóprogram; ~ **rate** *távb* hívási gyakoriság; ~ **register** *szt* hívási regiszter; ~ **sequence** *szt* hívási sorozat/sorrend; ~ **signal** *távb* csengetési visszhang, csengetőhang, „szabad" jelzés; *távk* hívójel, hívás; ~ **subscriber** *távb* hívó előfizető; ~ **user** *szt* hívó felhasználó

calliper, *US* **caliper I.** *v* kalibrál; mérőkörzővel/tapintókörzővel/tolómércével mér; vastagságot/kalibert mér; **II.** *n* (mérő)körző; kaliberkörző; tolómérce; tolómérő; *fa* marokkörző; vastagságmérő; *finm* keréktfuttató körző; *ol* lyukbőségmérő; *szer* központozó körző; vastagságmérő; ~ **depth ga(u)ge** mélységmérő tolómérce; ~ **ga(u)ge** tolómérce; tolómérő; *gép* villás/szájas idomszer; ~ **grease** *gép, vegy* kalipszol zsír; ~ **height ga(u)ge** magasságmérő tolómérce; ~ **log(ging)** *geof, ol* lyukbőségszelvény; ~ **rule** tolómérce; ~ **sonde** lyukbőségmérő; ~ **survey** *ol* lyukfalátmérő-mérés, kalibermérés

Callovian stage *geol* callovi emelet

callow I. *a geol* mocsaras, mocsár-; **II.** *n geol* (mocsaras) felületi réteg

callus-growth *fa* faseb átnövése

calm I. *v el* kiszűr, csillapít; stabilizál; **II.** *n met* szélcsend; ~**(-)belt** *met* szélcsendzóna, szélcsendes öv; ~ **down** *v met* lecsendesedik *(vihar, tenger)*, elül *(szél)*

CALM → catenary anchored leg mooring

Calmes | **method/process** *heng* Calmes-csőhengerlés, elongáló hengerlés; ~ **(rolling) mill** Calmes-féle elongátor

calming agent *vegy* dezoxidáló szer

calomel *vegy* kalomel, higany(I)-klorid; ~ **cell/ electrode** kalomelelektród, kalomelfélcella

Calor gas palackos gáz, butángáz

calorescence *fiz* izzás

caloric *hőt* kalorikus, termikus, hő-; ~ **balance** hőmérleg; ~ **conductibility** hővezető képesség; ~ **engine** hőlégmotor, hőléggép; ~ **power (CP)** *hőt* fűtőérték; ~ **radiation** hősugárzás; ~ **receptivity** hőkapacitás; ~ **treatment** *hők* kalorizálás, alitálás; ~ **unit** kalória; ~ **value** *hőt* fűtőérték

caloricity égéshő, felső fűtőérték; kalóriatartalom

calorie, *US* **calory (cal)** kalória

calorific hőtermelő, hő-; melegítő; ~ **balance** hőenergia-mérleg; ~ **capacity** hőkapacitás; ~ **energy** hőenergia; ~ **output** *hőt* hőleadás, leadott fűtési teljesítmény; ~ **power** → ~ value; ~ **requirement** kalóriaszükséglet; ~ **value (CV)** égésmeleg; (alsó) fűtőérték

calorifier *ép* kalorifer, léghevítő, melegítő; *hőt* hőközlő, hőcserélő; légfűtő

calorigenic *vegy* hőfejlesztő, hőkifejtő

calorimeter *hőt* hőmennyiségmérő; kalóriamérő; kaloriméter; ~ **bomb** *hőt* kaloriméter-bomba; ~ **method** kalorimetriás/kalorimetrikus módszer

calorimetering → calorimetry

calorimetric kalorimetriás, kalorimetrikus; ~ **apparatus** *hőt* kaloriméter; ~ **bomb** kaloriméter-bomba; ~ **measurement** kalorimetriás/kalorimetrikus mérés, hőmennyiségmérés; ~ **value** fűtőérték

calorimetry hőmennyiségmérés, kalorimetria

calorisator → calorizator

calority hőérték

calorization *hők* kalorizálás, alitálás

calorizator cukorgyári melegítő, kalorizátor

calorize *hők* kalorizál, alitál

calorizing → calorization

calory *US* → calorie

calotte *bány* vágatkorona; *ép* gerincboltozat *(alagútszelvényben)*; *mat* gömbsüveg; *rep* ejtőernyőkupola; ~ **shell** *ép* félkupola

calotype *foto* papírnegatív; ~**-paper process** *foto* kalotípia

calutron *at* elektromágneses uránizotóp-szétválasztó, kalutron; ~ **separation** elektromágneses izotópszétválasztási módszer

calvarium *ép* cseréptetőcsúcs

calve *ép* kiásásnál beomlik; *hajó* jéghegyről/jégmezőről leomlik

calx *ásv* kréta; *ép* mész; *koh* égetett ércanyag maradéka, fémhamu; *üveg* újraolvasztásra kerülő üvegcserép/üvegtörmelék

calyx *ol* ülepítőcső; ~ **drill** *bány* fogas fúrókoszorú, csőfúró

cam *geol* folypát, mészpát; *gép* alakos/bütykös tárcsa; bütyök, dudor; excenter; kényszerpálya; vezérgörbe, vezetőpálya, vezérlőpálya; *hőt* fésű; *kat* zárfejvezető test; *kh* lakat; *koh* fésű; ~ **action press** → ~ press; ~**-actuated** *gép* bütykös működtetésű; bütyök által vezérelt; ~**-actuated plunger** *gépk* szelepemelő; ~ **adapter** bütyökfelillesztő; ~**-and-roller-type freewheel** *gépk* szabadon futó agy *(görgősbütykös)*; ~**-and-toggle gear** *gépk* bütyökemeltyűs vezérmű; ~ **angle** *gép, gépk* bütyök nyílásszöge; ~ **assembly** *kh* lakat *(kötőgépen)*; ~ **barrel** → ~ drum; ~ **boss** *gép* bütyökagy; ~ **box** → ~ assembly; ~ **brake** *gépk, gép* bütykös/körmös fék; ~ **carriage** *kh* lakatház, lakatköpeny; *tex* szánkó; ~ **catch** → ~ nose; ~ **channel** *kat* zárószemölcsöket befogadó horony; ~ **cog** *ép* bütyökkarom; ~ **contactor** *el* bütykös érinkező; ~ **control** *gép* bütykös vezérlés; ~**-controlled** *gép* bütyökkel vezérelt, bütykös vezérlésű; ~ **controller** *vasút, el* bütykös kontroller/vezérkapcsoló; ~ **corrector** *rád* mechanikus kompenzátor; ~ **cutter** *forg* bütyökmaró; ~**-cutting embroidery lathe** *tex* hímzőborda; ~**-cutting lathe/machine** *forg* bütyökeszterga, bütyökmaró gép; ~ **disc/disk** *gép* bütykös tárcsa; *tex* görgővezető tárcsa; ~ **dobby** *tex* excenteres nyüstösgép; ~ **drive** *gép* bütykös hajtás/hajtómű; ~ **drum** *gép* bütykös vezérlődob; hengeres bütyök; ~**-face** *kat* ütőszeg-vastagítvány; ~ **fastener** *gép* bütykös anyazár; ~ **follower** *gépk* szelepemelő; ~**-follower guide** *gép* bütykös közlőfejvezeték/tolórúdvezeték; ~ **gear** bütykös hajtás/hajtómű; ~ **gearing** bütykös áttétel; ~**(-)grinding machine** *forg* bütykös-tengely-köszörű; idomköszörű, másolóköszörű; vezértengely-köszörű; ~ **groove** *gép* ívelt horony; ~**-groove engine** horonykényszerpályás gép; ~ **hammer** bütykös/excenteres kalapács; ~ **heel** *gép* vezérlőpálya sarka, bütyöksarok; ~ **hook** *fa* fordítókampó, rönkfordító kampó; ~ **hump** → ~ nose; ~ **lever** *gépk* bütykös kar; fékbütyökemeltyű; ~ **lift** *gépk* bütyökexcentricitás, bütyökemelkedés; ~ **lifter** → ~ follower; ~ **lobe** *gép* bütyökorr, bütyöknyúlvány; ~**-milling attachment** *forg* bütyökmaró készülék; ~**-milling machine** *forg* bütyökmaró gép; ~ **nose** *gép* bütyök(nyúlvány) *(tárcsán)*; bütyökorr, bütyöknyúlvány; ~**-notching chart** *távk* tárcsakivágási rajz; ~ **of inlet valve** *gépk* szívószelepet vezérlő bütyök; ~ **of variable lift** *gép* változtatható emelésű bütyök; ~**-operated gear/mechanism** *gép* bütykös mechanizmus; ~**-operated switch** *el* bütykös kontroller; *gép* bütykös kapcsoló; ~ **path** *gép* bütyökfelület, bütyökvezeték; vezérlő hornyospálya; ~ **pawl** bütyökmozgásgátló csap/kilincs; ~ **pitch** → ~ lift; ~**-plate** *gép* bütykös tárcsa; ~ **press** *alak* excenteres sajtó, excentersajtó; ~ **profile** bütyökprofil; ~**-profile grinding-machine** *forg* bütyökköszörű; ~**-profiling machine** *forg* (másoló)bütyökmaró gép; ~ **projection welding** *heg* dudorhegesztés; ~ **race** *kh* tűpálya; ~ **rate** *gép* bütyökemelkedés *(mm/fok)*; ~ **ridge engine** vezetőléc-kényszerpályás gép; ~**-ring (type of) chuck** bütykös tárcsás befogótokmány; ~ **rise** bütykös tárcsa emelkedő szakasza; ~ **roll** *gép* bütykös dob; bütyökgörgő; sántakerék; ~ **roller** *gép* bütyökemelő görgő; követőgörgő; ~ **section** *kh* lakatrendszer; lakattárcsa; ~ **shoe** *gép* bütyöksaru; szorítóbütyök; ~ **sleeve** *el* bütykös kapcsoló(hüvely); ~**-slide** *gép* bütyökkövető szán; ~**-slot** *gép* horonyvezetésű kényszerpálya, „negatív" bütyök; idomhorony; ~ **spindle** bütyökorsó, bütyöktengely; ~ **sprocket** *gépk* vezérműlánckerék *(bütykös tengelyen)*; ~ **switch** *el* bütykös megszakító; ~ **system** *kh* lakatrendszer *(kötőgépen)*; ~ **throttle control** *gépk* fojtószelep bütykös vezérlése; ~ **track** *gép* horonypálya; ~ **turning lathe** *forg* bütyökeszterga, bütyökmaró gép; ~**-type axial piston motor** axiáldugattyús szivattyú ferdetárcsával; ~**-type closure** *gépk* békazár; *tex* excenterzár; ~**-type control switch** → ~ controller; ~ **valve-gear** *gépk* bütykös szelepvezérmű; ~**-wheel** *gép* bütykös tárcsa

CAM → computer-aided manufacturing; → content-addressable memory

camacite *ásv* kamacit

camb *tex* nyüstszem; ~**s** *pl* nyüstszerkezet

camber I. *v* ível; (ívben) (meg)hajlít; öblösít; (ívben) meghajlik, ívben görbül, domborodik, ívet alkot; *gumi, koh* bombíroz; *közl* domborúra épít *(utat)*; *rep* íveltté tesz/alakít; **II.** *n* domborulat, ív(elés); behajlás, görbület; hajlat; *alak* domborítás; *ép* bogárhát *(útfelületen)*; túlemelés *(ívé)*; *gépk* kerékdőlés; *gumi* bombírozás; *hajó* harántdomborulat *(fedélzeté)*; kis dokk, kikötőmedence; *hidr* bogárhát; koronadomborítás; *koh* hengerdomborítás, bombírozás; *mat, mech* behajlási ívmagasság; *önt* elhajlás; *rep* íveltség; ~ **angle** *gépk* kerékdőlésszög; ~**-bar** *pa* vasalórúd; ~**-beam** *ép* íves süvegfa/gerenda; ~**-changing** *rep* íveltségváltoztató; ~**-changing flap** *rep* a szárnyszelvény-íveltséget megváltoztató fékszárny; ~ **diagram** hídívelés rajza; ~ **flap** *rep* ívelőlap; ~ **grinding** *forg* golyóköszörülés, gömbcsiszolás; ~ **height** *ép* ívmagasság; ~ **jack** *ép* íves emelő; ~ **line** *rep* szárny(szelvény) hajlásvonala; ~ **of arch** *ép* boltozatívelés; ívmagasság; ~ **of spring** *gép* laprugó ívmagassága; ~ **(-)slip** *ép* ívzsaluelem, ívsablon; *rep* ferdepalástú mintaív

cambered görbült, ív alakú; *rep* ívelt *(szelvény)*; ~ **airfoil** *rep* ívelt szárnyszelvény; ~ **axle** *gép* hajlított/görbe tengely; ~**-crown roll** *koh* bombírozott henger; ~ **deck** *hajó* domború/ívelt fedélzet; ~ **flatter** *alak* gömbölyű fejű egyengető kalapács; ~ **frame** hajlított keret; ~ **profile** *rep* ívelt szárnyszelvény; ~ **sheave** *gép* ívelt/bombírozott szíjtárcsa; ~ **surface** ívelt felület; ~ **wing** *rep* ívelt szárny; ~ **wing section** *rep* ívelt szárnyszelvény

cambering domborulat, ív(elés); domborítás; ívelés; görbület; hajlítás; *ép* bogárhát *(útfelületen)*; *gumi, koh* bombírozás; *koh* előhajlítás; ~ **attachment** *forg* golyóköszörű(gép); ~ **machine** *alak* hajlítógép; profilozógép; *vasút* sínhajlítógép

cambium *fa* kambium; ~ **layer** *fa* növekedési zóna
cambo *kh* lakatház, lakatköpeny
Cambrian I. *a* kambriumkori, kambriumi; **II.** *n geol* kambrium; ~ **period** kambrium
cambric I. *a tex* batiszt(-); **II.** *n* sűrű vászonszövet; batiszt; ~ **finish** *pa* vászonnyomás; ~ **insulation** *el* köpperszigetelés; ~ **muslin** *tex* batisztmuszlin; ~ **paper** vászon levélpapír, vászonpapír; selyempapír; ~-**schist** *ásv* rézpala; ~ **tape** *el* lakk(szövet)szalag, köpperszalag; ~ **tubing** *el* vászoncső
Cambric → Cambrian
Cambridge | India biblianyomó papír; ~ **roller** *mzg* Cambridge-henger
camel *bőr* tevebőr; *hajó* emelőtartály-berendezés; úszóláda, ponton; ~-**hair belt** *gép* teveszőr hajtószíj; ~-**hair yarn** teveszőr fonal; ~**'s hair brush** teveszőr ecset
camelback *gépk, gumi* futójavító szalag; ~ **compound** futójavító keverék; ~ **top(-)chord** tevehátú felsőöv *(hídépítésnél)*; ~ **truss** *ép* tevehátú rácsos tartó, Schwedler-tartó
camelbacked púpos; *gumi* újrafutózott
camelot teveszőrutánzat
cameo kámea; *pa* hamis vízjelzű papír
camera *ép* fülke; *film, tv* felvevőgép, filmfelvevő, kamera; *foto* fényképezőgép, kamera; *gép* kamera; *opt* camera obscura; ~-**aiming sign** *foto* kereső szálkereszt; ~ **alignment** kamerabeállítás; ~ **amplifier** *tv* kameraerősítő; ~ **angle** *foto* objektív látószöge; ~ **aperture** *foto* (fény)rekesznyílás; ~ **axis** *geod, tv* kameratengely; ~-**car rail** *film* kocsisín, fártsín; ~ **chain** kameralánc; ~ **constant** optikai kamerahossz, kameratényező, kamerafaktor; ~ **controller** kameravezérlő asztal; ~ **control unit (CCU)** kameravezérlő egység; ~ **(-)crane** *film* (felvevőgép)daru; *tv* felvevőkamera-daru; ~ **dolly** kamerakocsi; ~ **enlarger** nagyító fényképezőgép, nagyítókamera; ~-**flare** *film* felvevőgép fényingadozása; ~ **for electron diffraction** elektrondiffrakciós kamera; ~ **gun (CG)** sorozatfelvevő fényképezőgép; ~ **headlight** *film, tv* felvevőkamera-reflektor *(víz alatti)*; ~ **hood** *foto* ellenfényszűrő; kamerasisak; ~ **housing** kameraház; ~ **lifter,** ~ **lifting crane** *film, tv* kisdaru, dolly; ~ **line-up** kamerabeállítás; ~ **lorry** *kat* fotolaboratórium-gépkocsi; ~ **lucida** *opt* camera lucida, Abbe-rajzoló; ~ **microscope** kameramikroszkóp; ~ **monitor** kameramonitor, kameraellenőrző monitor; ~ **movement** *foto* felvevőszerkezet; ~ **obscura** *foto* sötétkamra; ~ **operator** *film, tv* operatőr; ~ **pan(ning)** *film, tv* kameraelforgatás, schwenk; panorámafelvétel; ~-**ready** *nyom* camera ready; ~-**ready copy (CRC)** *szt* kamerakész kópia *(szövegfeldolgozásnál)*; ~ **signal** *tv* kamerajel; ~ **silenta** *hang* csendes szoba; ~ **speed** *film, foto* felvételi sebesség; ~ **stand** *film, tv* kameraállvány, képkamerastatív; *foto* fényképezőállvány; ~ **station** *geod* felvételi pont *(a tárgylencse elülső főpontjának térbeli helye)*; ~ **telescope arrangement** távcsöves fényképezőberendezés; ~ **tripod** → ~ stand; ~ **truck** *film, tv* fártkocsi; kamerakocsi; ~ **tube** *tv* felvevőcső, képfelvevő cső; ~ **with built-in photomicrographic camera** *opt* kameramikroszkóp
cameraman *film, tv* operatőr; *foto* fotoriporter
camion teherautó, teherkocsi; kamion
camlet *tex* kecskeszőr szövet *(bélés)*; teveszőr szövet
cammed *gép* bütykös; ~ **interrupter** *távk* bütykös tárcsás megszakító/szaggató (szerkezet); ~-**pivot ring** *tex* vezetőgyűrű *(hullámosítón)*
camming *gép* bütykös tárcsás vezérlési rendszer; bütyökkiképzés; *kh* lakatrendszer
camograph *heg* önműködő lángvágó berendezés
camouflage I. *v* álcáz, leplez; ködösít; *kat* álcáz, leplez; füstfüggönyt alkalmaz; **II.** *n kat* álcázás; ~ **colo(u)r** tereptarka; ~ **helmet-net** álcázó sisakháló; ~ **material** álcázóanyag; ~ **net** álcázóháló; ~ **paint(ing)** álcázófestés; ~ **suit** álcázóruha
camouflaged tank *ol* álcázott (olaj)tartály *(légitámadás ellen)*
camouflet blasting *bány* kamuflet robbantás
camp tábor; szállás, telep; bányászkolónia; ~ **plate** *távk* tartólemez; ~ **sheathing/shedding** *hidr* partbiztosítás, földgát; ~ **sheeting** *ép* acél szádfal; *hidr* fa partfal; ~ **shop** *kat* tábori javítóműhely; ~-**shot** *hidr* földgát
campaign munkaidény; *cu* kampány; *geof* kutatási kampány, felmérés; *kat* kampány, hadjárat; *koh* (kemence)kampány
campan *ásv* pireneusi márvány
Campanian stage *geol* kampániai emelet
campanile *ép* (különálló) harangtorony, campanile
Campbell-Collpits bridge *el* váltakozó áramú híd *(kapacitásméréshez)*
campeachy wood *fa, tex* kékfa, vérfa
camphane *vegy* kamfán
camphene *vegy* kamfén
camphor *vegy* kámfor; ~ **oil** kámforolaj; ~ **processing** *film* kámforozás; ~ **spirit** *gyógyv* kámforspiritusz; ~ **tree** kámforfa
camphorate I. *v* kámforoz, kámforral telít/tölt; **II.** *n* kámforsav sója
camphoric acid *vegy* kámforsav
camphorsulphonic, *US* **camphorsulfonic acid** *vegy* kámforszulfonsav
campimeter látótérmérő műszer
camshaft *gép* bütykös tengely, excentertengely; *gépk* vezértengely; ~-**and-stirrup drive** excenteres hajtás; ~ **bearing** *gépk* bütykööstengelycsapágy, vezértengelycsapágy; ~ **controller** *gép* bütykös tengelyes szabályozó; ~ **gear** *gépk* vezérműhajtó fogaskerék; ~-**grinding machine** *forg* idomköszörű, másolóköszörű; vezértengely-köszörű; ~ **lathe** *forg* bütyköstengelyeszterga; ~ **wheel** *gépk* vezérmű-fogaskerék
can I. *v* tartósít, konzervál; dobozol; *at* (köpennyel) burkol, védőburkolattal ellát; tokoz *(uránrudat)*; **II.** *n* doboz, káva, készülékház; kanna, bödön; burkolat; konzervdoboz; bádogdoboz; (dobozos) konzerv; *at* köpeny, (védő)burkolat; tok; tokozás; *élip* szárítódob; *film* filmdoboz; *kat* vízibomba; *pa* belső csomagolás; *rep* egyedi égéskamra; lángszabályozó; *távk* ernyő; *tex* (fonó)kanna; ~ **anode** *el* fazékanód; ~ **board** *pa* dobozkarton, palackkarton; ~ **bouy** *hajó* henger alakú bója; ~ **box** *tex* dobozos nyújtómű; ~ **capacity** *tex* fonókanna befogadóképessége; ~ **dish wheel** *tex* szalagrakó alsótalp; ~ **dryer** *pa, tex* szárítóhenger, hengeres szárító; ~ **dumper** *élip* kannabuktató; ~ **fibre/fiber** → ~ board; ~-**flanging machine** konzervdoboz-peremező gép; ~ **frame** *tex* kannás előfonógép; ~ **gill** fonókannás gyapjúfésülő-

gép; ~ **hook** *élip* edényhorog; *hajó* kampópáros hordóemelő; ~ **ice** műjégtömb, tömbjég; ~ **material** *at* tokanyag, védőköpenyanyag; ~**-opener** konzervbontó, (konzerv)nyitó; ~ **rinser** *élip* tartálymosó gép; ~ **roving frame** → ~ frame; ~ **spinning** *tex* dobozfonás; ~ **spinning frame** dobozfonógép; ~ **tender** *tex* kannakezelő; ~ **welding** kannahegesztés, fémdobozhegesztés

CAN → cancel character

canaanite *ásv* kánaánit

Canada balsam *opt, vegy* kanadabalzsam

Canadian | asbestos *ásv* rostos szerpentin, krizotil(azbeszt); ~ **drilling** *ol* kanadai fúrás; ~ **turpentine** *opt* kanadabalzsam

canaigre *bőr* kanér *(amerikai cserzőgyökér)*

canal I. *v* csatornáz; **II.** *n* csatorna; *at* akna *(szennyvíznek)*; *bány* járat; *élip* vályú; *gép* vájat; ~ **(-)boat** csatornai hajó; csatornajárat(-hajó); ~ **bottom** *hidr* csatornafenék, csatornameder-fenék; ~ **branch** mellékcsatorna; ~ **bypass** *hidr* csatorna megkerülő vezetéke; ~ **capacity** *hidr* vízszállító képesség *(csatornáé)*; ~ **clogging** *hidr* csatornadugulás; ~**-conduct bridge** csatornahíd; ~ **cross section** *hidr* csatornaszelvény; ~ **discharge** *hidr* vízhozam, vízszállítás; ~ **dryer** *vegy* csatornás szárító, alagútszárító; ~ **due** *hajó* csatornahasználati díj; ~ **embankment** *hidr* csatornatöltés; ~ **fine** csatornabírság; ~ **for navigation** hajózócsatorna; ~ **guard** *hidr* csatornaőr; ~ **having a command** *hidr* magas vezetésű csatorna; ~ **having no command** *hidr* mélyvezetésű csatorna; ~ **head** *hidr* csatornafő; ~**-head gate** csatornabeeresztő zsilip; ~ **intake** csatorna vízkivételi műve; ~ **layout** csatornatervrajz; ~ **lock** csatornazsilip; ~ **mouth** *ép* csatornaszáj, csatornanyílás; ~ **network** *hidr* csatornahálózat; ~ **of metal-feeding** *koh* fémszállító csatorna; ~ **ray** *el* anódsugár; csősugár; ~**-ray analysis** anódsugár-elemzés; csősugárelemzés; ~**-ray tube** anódsugárcső; ~ **section** *ép, hidr* csatornaszakasz, csatornaszelvény; ~ **slide-valve** *gép* csatornás csúszótolattyú; ~ **system** csatornarendszer, csatornahálózat

canalization csatornaépítés; csatornázás; ~ **of a river** folyamcsatornázás, folyamszabályozás

canalize *ép* csatornáz; *kat* terel

canard | airplane *rep* kacsarepülőgép; ~ **configuration** *rep* „kacsaszerű" aerodinamikai kialakítás; ~**-type** *rep* orrkormányos; ~**-type plane** kacsa(repülő)gép

canary | stone *ásv* sárga kalcedon; ~ **yellow** kanárisárga

cancel I. *v* áthúz, érvénytelenít; megsemmisít; megszüntet; töröl, visszavon; stornóz; *fiz* közmbösít, semlegesít; *mat* (le)rövidít; egyszerűsít; *nyom* deleál, töröl; kicserél *(hibás oldalt/lapot)*; *szt* töröl, érvénytelenít; *vasút* kezel, (ki)lyukaszt *(jegyet)*; leállít, forgalmon kívül helyez; **II.** *n* áthúzás, törlés; érvénytelenítő bélyegző; *hang* feloldójel; hüvelykbillentyű *(trombitán)*; rekesz *(orgonán)*; *nyom* hibás ív, selejtív; *távb* törlés, érvénytelenítés; *vasút* jegylyukasztó fogó; ~ **a call** *v távb* töröl, visszavon *(hívást)*; ~ **booking** *v rep* törli az előzetes jegyrendelést; ~ **character (CAN)** *szt* érvénytelenítés, CAN *(vezérlőkarakter)*; ~ **key** *távb* törlőbillentyű; ~**-leaf** *nyom* hibás/cserélendő lap; ~ **out** *v mat* megsemmisítik egymást, kiesnek; ~**-page** *nyom* hibás/cserélendő oldal; ~ **request** *szt* érvénytelenítés kérése

cancellability, *US* **cancelability** *mat* egyszerűsíthetőség, rövidíthetőség

cancellable, *US* **cancelable** *mat* egyszerűsíthető *(tört)*

cancellated, *US* **cancelated** érvénytelenített, törölt; *any* rácsozott, rácsos/hálós (szerkezetű), rácsos(an mintázott), hálózatos

cancellation, *US* **cancelation** kompenzálás, kiegyensúlyozás, kiegyenlítés; stornírozás; áthúzás, érvénytelenítés, törlés; storno; *fiz* (sugárzás)kioltás, extinkció; *mat* egyszerűsítés *(törté)*; kiesés, kiejtés; *rep, vasút* helylemondás; ~ **charge** *rep* törlési díj; ~ **device** *vasút* feloldókészülék; ~ **law** *mat* egyszerűsítési szabály; ~ **message** *rep* törlési közlemény; ~ **of reservation** *rep* helyfoglalás törlése; ~ **request** *szt* érvénytelenítés kérése

cancelled → cancellated

cancelling, *US* **canceling** érvénytelenítés; törlés; *mat* egyszerűsítés; kiesés, kiejtés; ~ **key** kikapcsoló/kioldó billentyű; törlőbillentyű; ~ **operation** *szt* törlőművelet

Cancer *csill* Rák

cancerous growth *fa* farák

cancrinite *ásv* kankrinit

candela (cd) *opt* kandela; ~ **per square meter** kandela/m², cd/m², nit, nt

candelabra | base *el* gyertyalámpafej; ~ **lampholder/receptacle** *el* gyertyaizzó-foglalat; mignonfoglalat, gyertyafoglalat

candelilla wax kandelillaviasz

candid vakító fehér fényű; *foto* miniatűr, elrejthető; ~ **camera** rejtett kamera; kisfilmes/miniatűr fényképezőgép; ~**(-camera) photograph** *foto* pillanatkép *(rejtett kamerával)*

candidate key *szt* keresési kulcs *(relációs adatbázisoknál)*

candied *élip* cukrozott, cukorral bevont, kandírozott; ~ **citron peel** citronád, cukrozott/kandírozott (vastag) citromhéj; ~ **fruit(s)** cukrozott gyümölcs, szukát; ~ **sugar** kandiscukor, jegeccukor

candite *ásv* spinell

candle I. *v élip* lámpáz *(tojást)*; **II.** *n* gyertya; *opt* gyertya *(fényerősségegység, elavult)*; *rep* gyertya; ~ **balance** *opt* ernyős fotométer; ~ **coal** *bány* gázszén; lángkőszén; nem kokszolható szén; nem sülő szén; réteges szén, kannelszén, gázpala, gyertyaszén; ~ **filter** *vegy* szűrőgyertya; ~ **lamp** *el* gyertyalámpa, gyertyaizzó; ~ **standard** standard gyertya; ~ **tap** *gépk* gyújtógyertya-menetvágó; ~ **unit** Hefner-gyertya *(elavult)*; ~ **wrapping** gyertyacsomagoló papír

candlepower *opt* fényerő, fényintenzitás; ~ **meter** fényerősségmérő

candlewick gyertyabél, kanóc; ~ **yarn** *tex* durva hulladékfonal

candoluminescence *fiz* kandolumineszcencia, izzó szilárd test világítása

candy I. *v élip* cukorral bevon, kandíroz; cukorszörpben tartósít; jegecesedik *(cukor)*; **II.** *n cu* kandiscukor, jegeccukor; *élip* cukorka, édesség; ~**-bag paper** bonbonhüvelypapír; ~ **paper** bonbonpapír; ~**-slab paper** bonbonöntő papír; ~**-sugar** kandiscukor, jegeccukor; ~ **test** próbafőzés *(cukorkakészítés előtt)*; ~**-twisting paper** bonboncsomagoló papír

cane I. *v* náddal befon, nádaz *(széket)*; **II.** *n* nád(szál); cirokszál; venyige; *cu* cukornád; *ép* (mennyezet)nád;

tetőfedő nád; *fa* sétabot; széknád; ~ **brimstone** kénrúd; ~**-juice syrup** *cu* nyers cukornádlé; ~ **liquor** *cu* nádlé; ~ **of sulphur/sulfur** kénrúd; ~ **(-)plaiting** nádfonat; ~ **sugar** nádcukor, szacharóz; ~ **weave** nádfonat

canister I. *v* dobozba rak, csomagol; **II.** *n* fémdoboz, bádogdoboz; *bány* robbanóanyag-láda; *kat* kartács; respirátordoboz; szűrőbetét *(gázálarcé)*

cank *ásv* bazaltkőzet; *geol* halom

Canley furnace tégelykemence

cannabis kender; kenderszirom; *gyógyv* hasis

canned *at* tokozott; *élip* befőzött, konzervált, konzerv-; tartósított; ~ **cow** kondenzált tej, tejkonzerv; ~ **fish** halkonzerv; ~ **food** (dobozos) konzerv; ~ **heat** spirituszkocka; ~ **meat** húskonzerv; ~ **motor pump** *at* vákuum-motorszivattyú, szivárgásmentes motoros szivattyú; ~ **paragraphs** *szt* többszörösen felhasználható bekezdés *(képtárolásra)*; ~ **rotor pump** *at* védett forgórészű szivattyú

cannel coal → candle coal

cannelure bevágás, ródalás; vájolat, horony; *ép* kannelura; oszlophornyolás, rovátkolás

cannery konzervgyár

cannibalization *kat* használható alkatrészek kiszerelése és újrafelhasználása

cannibalize leszerel, szétszerel; kibelez *(járművet)*

cannikin kis kanna; *fa* vödör

canning tokozás, burkolás, tokba zárás; *at* tokozás *(uránrúdé)*; *élip* dobozolás; tartósítás, konzerválás; ~ **industry** konzervipar; ~ **machine** dobozológép, doboztöltő gép

cannon *gép* vastag falú üreges csőtengely; *kat* (tüzérségi) ágyú; löveg; nagyöbű ágyú *(repülőgépen)*; ~ **launched guided projectile** tüzérségi irányított lövedék; ~ **pinion** *óra* negyedes cső *(percmutató tüskéje)*; ~**-pinion pliers** *pl óra* negyedescső-leemelő; ~**-plane** *kat* ágyúval felszerelt repülőgép; ~**(-)plug** *kat* csődugó; *távb* hengeres dugasz; ~ **primer** *kat* elsütőzsinór, gyújtó; ~**-proof** ágyúgolyóbiztos; ~ **shot** *bány* kifúvólövés; ~ **stove** henger alakú kályha; ~**(-)transport wagon** *kat* csőkocsi; ~**(-)transport wagon winch** *kat* csőkocsicsörlő

cannula *orv* kanül

cannular cső alakú; ~ **burner** *rep* gyűrűs-csőalakú égéskamra; ~ **combustion chamber** *gépk* hengeres égéstér; *rep* csöves (elrendezésű) tüzelőtér

canon zsinórmérték, szabály; *nyom* 48 pontos betű, kánon

canonical *mat* kanonikus; ~ **average** kanonikus közép(érték); ~ **circuit** *el* kanonikus kapcsoló; ~ **curve** kanonikus görbe; ~ **equation** kanonikus/központi egyenlet, normálegyenlet; csúcsponti egyenlet *(kúpszeleté)*; ~ **factor analysis** kanonikus faktoranalízis; ~ **form** normálalak, kanonikus alak *(mátrixé)*; ~ **form of an LP problem** kanonikus alakú LP-feladat; ~ **form of state equation** állapotegyenlet standard/kanonikus alakja; ~ **hyperbolic system** kanonikus hiperbolikus rendszer; ~ **integral** kanonikus integrál/megoldás; ~ **path** *szt* kanonikus út; ~ **transformation** kanonikus transzformáció

canopy fedél, tető; *ép* baldachin, mennyezet; előtető, védőtető; markíz; sátortető, vászontető, ponyva; *gépk* amerikai tető; vezető feletti tető; *hidr* gépsátor; *rep* ejtőernyő-kupola; pilótafülke-tető; *szer* füsternyő, kürtő *(tűzhely felett)*; ~ **blind** vászon napellenző; ~ **frame** *gépk* feszítőváz *(vászontetőé)*; ~ **hood** elszívóernyő; ~ **hoop stick** vászontetőtartó ív/abroncs; ~ **of cloud** *rep* felhőtakaró; ~**-protected** *el* védőtetős; ~ **statics** *met, rep* Canopy statika

canroy frame *tex* felgombolyító/feltekercselő készülék

cant I. *v* megdönt, oldalt dönt; megbillent; lejtőssé tesz; felborít, felfordít; félrelök; hajlik, dől; ferdén/rézsútosan áll, lejt; megbillen; megdől, oldalára dől; feldől, felbillen; *fa* ferdén/rézsútosan/ferdére vág; lesarkít, (le)szélez; szögben dönt *(vezetőlécet)*; *kat* élére állít; **II.** *a* dőlt, ferde; lejtős; **III.** *n* ferdeség, rézsútosság; lejtés, dőlés; ferde/rézsútos lap/sík; *ép* külső sarok *(épületé)*, éltéglasor; *fa* élfa, kantfa; ferde él/szél, faél, kantni; négyszögletes fagerenda; *gép* billentő/billenő szerkezet; *kat* vont cső; *mat* elhajlás *(egyenes vonaltól)*; ferde sík; *opt* fazetta; *vasút* lejtésszög; ~ **a beam** *v* gerendát ferdén állít fel; gerendát ferdére vág; ~ **chisel** bognárvéső, kádárvéső; oldalazó/szélező véső; ferde lapvéső; ~**-dog** *fa* rönkfordító kampó, fahúzó csákány; ~ **file** háromélű reszelő; ~ **frame** *hajó* ferde borda; legyezőborda; ~ **(-)hook** *ép* emelőfa; *fa* rönkforgató horog; ~ **of rail** *vasút* síndőlés; ~ **scraper** *forg* háromélű hántoló; ~**-timber** *ép* fűrészelt/bárdolt élfa; kantfa; négyszögletes fagerenda; *hajó* végborda *(fahajókon)*

cantable *tex* fonókannatalp *(szalagrakón)*

canted döntött; ék alakú; *hajó* oldalra dőlt; ~ **shot** *film* billentett kamerával készült felvétel; ~ **station** *mt* elforgatott/ferde/dőlt megmunkálási helyzet

canteen kulacs; üzemi étkezde, menza; büfé

cantilever I. *v ép* szabadon/konzolosan szerel; túlnyúlik *(gerenda)*; **II.** *a ép* konzolos, konzol-; túlnyúló; *ép, mép, rep* szabadonhordó; **III.** *n bány* hónaljfa, ferdetám; *em* gém; *ép* (híd)konzol; falsíkból kiugró támasz; kar, konzol(tartó), konzolos/kiugró tartó; szabadszerelés *(hídé)*; *mech* egyoldalt befogott tartó; ~ **and suspended beam** *ép* csuklós tartó, Gerber-tartó; ~ **arm** *em* gém, darukar, kinyúlókar; ~ **beam** *bány* előtűző (ácsolati) gerenda; *ép* konzolos tartó/gerenda; ~ **bracket** *ép* karos alátámasztás, konzolos kar; ~ **bridge** *ép* konzolos híd; ~ **circuit** *távk* L-kör; ~ **crane** *ép* konzolos/karos bakdaru; ~ **fin** *rep* szabadonhordó függőleges vezérsík; ~ **frame** *ép* rácsos konzoltartó *(hídgép)*; ~ **girder** konzolos tartó; ~ **landing gear** *rep* konzolos (be nem húzható) futómű, szabadonhordó futómű; ~ **moment** konzolnyomaték; ~ **monoplane** *rep* szabadonhordó, egyszárnyas repülőgép; ~ **mounting** *ép* szabad szerelés; ~ **roof** *ép* konzolos tető; ~ **roof bar** *bány* nyújtott süveg; ~ **sheet-piles** *ép* szabadon álló szádfal *(kihorgonyzatlan)*; ~ **single-strut landing gear** *rep* egyszárú futómű; ~ **span** *ép* konzolos nyílás *(hídon)*; ~ **timbering** *bány* előtűző biztosítás; ~**-tower crane** *em* kalapácsdaru; ~ **truss** *ép* konzolos rácsostartó; ~**-type drilling mast** *ol* összecsukható fúróárboc; ~ **wall** *ép* konzolos túlnyúló falszakasz; ~ **wing** *rep* szabadonhordó szárny

cantilevered konzolos; túlnyúló; ~ **bar** *bány* túlnyúló süveg; ~ **beam** → cantilever beam; ~ **stairs** *pl ép* konzolos/lebegő lépcső; ~ **type steel dam** konzolos acélgát

cantilla felfércelt aranyszál/ezüstszál
canting *fa* ferde levágás; leélezés, leszélezés; lesarkalás, legömbölyítés; *kat* átforgatás; oldalfordítás; *rep* bedöntés; dőlés; *vasút* lejtés, dőlés; lejtősség; ~ **of the piston** *gépk* dugattyúbillegés; ~ **table** ferde asztal
cantle *bőr* hátsó kápa; *mat* szelet, karéj
Canton silk *tex* kantonselyem
Cantor | algebra *mat* Cantor-algebra; ~ **discontinuum/set** Cantor-féle diszkontinuum
cantrail *gépk* karosszéria-felsőöv; *vasút* oldalfal-tetőöv
cantwise ferdén, ferde szögben
canvas I. *v* vászonnal kibélel; **II.** *n* vászon; *nyom* festékezőrongy; *ruh* bélésvászon; *tex* kanavász; ponyvavászon, vitorlavászon; ~ **air conduit** *bány* szellőző csatorna *(vitorlavászonból)*; ~ **bag** → ~ covering; ~ **belt(ing)** kanavászszíj; vászonheveder; ~ **blind** *ép* vászon védőtető, markíz; ~**-board** vászonnal bevont karton; ~ **brattice** *bány* légválasztó *(vászonból)*; ~ **cloth** vitorlavászon ponyva; ~ **connection** vitorlavászon csatlakozás; ~ **conveyer** vászon szállítóheveder/szállítószalag; ~ **cover(ing)** vitorlavászon védőbevonat; ~ **curtain** *bány* légfüggöny; ~ **dam** *hidr* ponyvatiltó; ~ **drum** *gyógyv* vászonkeretes fényesítőüst; ~ **feed-belt** *kat* vászonheveder; ~ **gloves** *pl ol* bőrkesztyű *(fúrómunkásoké)*; munkakesztyű; ~ **hood** vászontető, vitorlavászon tető; ~ **hose** *tex* vászontömlő; ~ **hose chute** *bány, koh* vászontömlőcsúszda; ~ **layer** textilbetét *(szállítószalagban)*; ~ **lining** *ruh* vászonbetét, vászonbélés; ~ **packer** *bány* vitorlavászon fúrólyuktömítés; ~ **paper** kanavászpapír; ~ **pliers** *pl* festővászon-feszítő fogó; ~ **rudder** *rep* vitorlavászon borítású kormány; ~ **sheet** *tex* csomagolóvászon; ~**-shoe** vászoncipő, tornacipő; ~ **shoot** → ~ tubing; ~ **sleeve** → ~ covering; ~**(-)stretcher** feszítőráma *(festővászoné)*, vakkeret; ~ **table** *bány* ponyvás szér; ~ **top** → ~ hood; ~ **tubing** *bány* vászon légvezeték; ~ **tyre/tire** *gépk* szövetbetétes köpeny/gumiabroncs
canvass I. *v* mérlegel, megbeszél; megvitat; *ip* házal; rendelést gyűjt, ügynököl; **II.** *n* megvizsgálás, vizsgálat
canyon *geol* kanyon, szurdok(völgy)
CAO → computer-aided optimizing
CAOC → counter-air operations centre
caoutchouc *gumi* kaucsuk; ~ **breakage** kaucsukhulladék
cap I. *v* befed, lefed; kupakkal/sapkával/süveggel borít/ellát; fedőt/sapkát feltesz/ráhúz/ráillészt; burkol; megfejel; (ki)bélel; megvasal; *élip* kupakol; *ép* (deszkával) borít; *gumi* felújít, javít, vulkanizál *(futófelületet)*; *gyógyv* sapkásodik; *hidr* foglal *(forrást)*; **II.** *n* bura, kupak; süveg, védő; sapka; fedő, fedél; dugó; *bány* aureola *(bányászlámpáé)*; fedükőzet; főtefa; gyutacs; süveggerenda; telepfedő; *cipő* orr-rész, orrboríték; *el* (lámpa)fej; foglalat; szigetelősapka; *ép* ajtókeretsüveg; áthidaló gerenda; befedő, oszlopfedő; cölöpvédő süveg; derékfa; fejgerenda, süveggerenda; lábazati párkányzat; nyeregfa; pillérfej, áthidaló; pillérfejezet; *forg* rögzítősapka; *geol* fedőkőzet; *gép* karmantyú; szelepsapka, szelepfej; *gépk* szeleptányér; *gyógyv* levált tablettarész, „sapka"; *hajó* járomfa, szamárfej; kötélvégburkolat; *hőt* gőzdóm; *kat* gyújtófej *(lövedéken)*; gyutacs; *mat* gömbsüveg; *pa* (tekert) papírtölcsér *(árucsomagoláshoz)*; papíralak *(24"x19 1/2" csomagoló, 14"x17" író)*; *szer* zárcímer; *távk* kivezetés, kivezetősapka; *tex* harang *(harangfonóorsón)*; *üveg* kemenceboltozat; *vegy* lepárlósisak; lombikfedő; ~ **a fuse** *v bány* gyújtózsinórt élesít; gyutacsot gyújtózsinórra szerel; ~**-and-pin (type) insulator** *el* függőszigetelő, egysapkás/sapkás-nyelves szigetelő; ~**-and-rod insulator** *el, vasút* rúdszigetelő, hosszúrúd-szigetelő; ~**-bag** zacskópapír; ~ **band** *hajó* fejelőpánt; ~**-bar** *bány* főtefa, süvegfa, süveggerenda; ~ **barometer** Fortin-féle barométer; ~ **board** *pa* palackkupakkarton; ~ **bolt** *gép* fedélleszorító csavar; ~ **face** *ásv* csúcslap; ~ **fire hose coupling** tűzoltótömlő-kapocs, tömlőkapocs; ~ **fork** *bány* süvegvilla; ~ **for telephone lamps** telefonlámpafej; ~ **frame** *tex* harangorsós fonógép; ~ **gas** *ol* sapkagáz; ~ **growth** *any* sapkanövekedés; ~ **hub** *gépk* agysapka *(keréken)*; ~ **insensitive** *bány* nem gyutacsérzékeny; ~**-inserting** *bány* gyutacsbehelyező; ~ **insulator** *el* sapkás szigetelő; ~ **iron** *fa* (forgács)törővas *(gyalun)*; ~**-jewel** *finm* fedőkő; ~ **joint** *bány* süvegcsukló; ~ **key** ráhúzós kulcs; ~ **lamp** *bány* sisaklámpa, fejlámpa; ~ **nosepiece** *bány* süvegorr; ~ **nut** → capped nut; ~ **of a deposit** *bány, geol* burkolókőzet, fedőkőzet; ~ **of the tyre/tire** *gépk, gumi* futófelület; ~**-paper** *pa* borítékpapír; csomagolópapír; kalapcsomagoló papír; lezárópapír; srencpapír; vékony béléspapír; zacskópapír; ~ **peak** *ruh* sapkaellenző; ~ **piece** rátét; *bány* süvegfa; *ép* fej, sisak, süveg; *gép* csapágyfedél; ~ **plate** *ép* abakusz; ~ **plug** üreges dugó; ~ **rock** *bány, geol* burkolókőzet, fedőkőzet, zárókőzet; *geol* sziklasüveg; ~**s** *pl* csomagolópapír; → CAPS; ~ **screw** *gép* fejescsavar; sapkacsavar; zárócsavar (dugó); ~**-self-doffing frame** *tex* harangorsós fonógép automata leszedővel; ~**-sensitive** *bány* gyutacsérzékeny; ~ **sensitivity of explosive** *bány* gyutacsérzékenység; ~ **sheet** *pa* nyers fedéllemez; ~ **shroud** *hajó* vitorlaárboc közbenső feszítőkötele; ~ **shuttle** nyílásfedő, nyíláscsappantyú; ~ **sill** *ép* küszöbgerenda, tokgerenda; orompárkány; ~**-spinning** *tex* fonás harangorsón; harangorsós fonás; ~**-spinning frame** *tex* harangorsós fonógép; ~ **spool** *el* fejes tekercs; ~**-spun worsted yarn** *tex* fésűsgyapjúfonal harangorsós fonógépről; ~**-stone** *ép* burkolókő, fedőkő; ~ **the objective** *v foto* lencsét lefed; ~**-tin** *koh* ónföl(ö)zék; ~ **tool** *szersz* szegfejező; ~ **tray** *el* foglalatléc; ~**-type insulator** *el* sapkás szigetelő; ~ **wale** *hidr* járomgerenda; ~ **wedge** *bány* süvegék; ~ **wire** villamos gyújtóvezeték
CAP → computer-assisted production
capability képesség, teljesítőképesség; alkalmasság; *kat* harci technika; képesség, teljesítőképesség; *szt* teljesítményfokozat; ~ **of being spun** *tex* fonhatóság; ~ **of heat radiation** *fiz* hősugárzó képesség; ~ **of reacting** *vegy* reakcióképesség; ~ **of swelling** duzzadóképesség
capable képes; alkalmas; ~ **of absorbing** elnyelőképes, abszorbeáló; ~ **of addition reaction** *vegy* addícióra képes; ~ **of being chrome-developed** krómozható; ~ **of high quality** kiváló minőséget biztosító; ~ **of luminescence** lumineszcenciaképes
capaciformer *el* beépített transzformátoros mérőkondenzátor
capacious tágas, nagy térfogatú; terjedelmes; öblös

capaciousness *ép* nagy befogadóképesség
capacitance (C) *el* (elektromos) kapacitás, kapacitásérték; effektív kapacitás; kapacitív reaktancia/ellenállás; ~ **accelerometer** kapacitív gyorsulásmérő; ~-**box (with plugs)** (dugaszolható) kapacitásszekrény; ~ **bridge** kapacitásmérő híd; ~ **bushing** *el* kondenzátorátvezető; ~ **checker** → ~ bridge; ~ **coefficient** kapacitástényező; ~ **coupling** → capacitive coupling; ~ **current** maradékáram, kapacitív áram; ~ **decade (box)** dekadikus *v.* tízes osztású kapacitásszekrény; ~ **diode** *távk, aut* kapacitásdióda; ~ **disc** *szt* kapacitív lemez *(képtárolásra)*; ~ **earth** *távk* ellensúly *(antennarendszerben)*; ~ **feed-back** *rád* kapacitív visszacsatolás; ~ **-free** kapacitásmentes; ~ **ground** → ~ earth; ~ **meter** kapacitásmérő; ~ **of a cable** kábelkapacitás; ~ **of a capacitor** kondenzátorkapacitás; ~ **per unit length** hosszegységre eső fajlagos kapacitás; ~ **potentiometer** kapacitív potenciométer; ~ **pressure transducer** kapacitív nyomásátalakító; ~ **range** kapacitástartomány; ~ **reaction** kapacitív visszahatás; ~ **relay** kapacitív jelfogó/relé; ~-**resistance oscillator** RC-rezgéskeltő, RC-oszcillátor; ~ **standard** kapacitásetalon; ~ **strain ga(u)ge** kapacitív nyúlásmérő/tenzométer; ~ **transducer** kapacitív átalakító/transzduktor/feszültségváltó; ~ **unbalance** *távk* kapacitív kiegyenlítetlenség/aszimmetria; ~ **value** *el* kapacitásérték
capacitive (előre)siető, fázissiettető; *el* kapacitív; ~ **altimeter** elektrosztatikus magasságmérő; ~ **attenuator** kapacitív csillapítóegység; ~ **coupling** kapacitív csatolás; ~ **crosstalk** *távk* kapacitív áthallás; ~ **diaphragm** *távk* kapacitív írisz; ~ **feedback** kapacitív visszacsatolás; ~-**feedback multivibrator** kapacitív visszacsatolású multivibrátor; ~ **hat** kapacitív tető *(antennán)*; ~ **hum** kapacitív búgás; ~ **iris** → ~ diaphragm; ~ **level ga(u)ge** kapacitív szintmérő; ~ **load** kapacitív terhelés; ~ **loaded line** kapacitással terhelt kör; ~ **measuring cell** kapacitív mérőcella; ~ **photocell measurement** mérés kapacitív fotocellával; ~ **reactance** kapacitív ellenállás/reaktancia; ~ **reaction** kapacitív visszahatás; ~ **storage circuit** kapacitív tárolókör/memóriakör; ~ **stub** *rád* kapacitív csonk; ~ **susceptance** kapacitív reaktancia/szuszceptivitás; ~ **transducer** kapacitív jelátalakító/jelváltó; ~ **tuning** kapacitív behangolás/ráhangolás; ~ **videodisc** *szt* kapacitív videolemez; ~ **window** kapacitív ablak/rés
capacitively | coupled kapacitívan csatolt; ~ **loaded** kapacitív terhelésű, kapacitívan terhelt
capacitivity → capacitance
capacitometer kapacitásmérő
capacitor *el* kapacitív ellenállás, kapacitás *(alkatrész)*; kondenzátor; ~ **analyzer** kondenzátorbemérő; ~ **antenna** kondenzátorantenna; ~ **bank/battery** kondenzátortelep; ~ **bushing** kondenzátorátvezető; ~ **charging** kondenzátorfeltöltődés; ~ **discharge light** *rep* kondenzátorkisülési fény; ~-**discharge resistance** kisütő ellenállás; ~-**discharge welder** kondenzátorkisüléses hegesztőgép; ~-**discharge welding** kondenzátorkisüléses hegesztés; ~ **dosimeter** kondenzátor típusú doziméter, kondenzátordoziméter; ~-**energy-storage welding** kondenzátoros energiatárolású hegesztés; ~ **film** kondenzátorfegyverzet; ~ **for comparison** etalonkondenzátor, kiegyenlítő/összehasonlító kondenzátor; ~ **ignition** kondenzátoros gyújtás; ~ **impulse generator** lökésgerjesztő; ~ **loudspeaker** kondenzátor-hangszóró; ~ **microphone** kondenzátormikrofon; ~ **motor** (egyfázisú) kondenzátoros motor; ~ **of class X** X osztályú kondenzátor; ~ **of class Y** Y osztályú kondenzátor; ~ **of the grid circuit** rácsköri kondenzátor; ~ **oil** kondenzátorolaj; ~ **paper** kondenzátorpapír; ~ **pick-up** kondenzátoros hangszedő; ~ **radiation(-)meter** → ~ dosimeter; ~-**resistance meter** kondenzátorellenállás-mérő; ~ **start-and-run motor** → ~ motor; ~-**start motor** kondenzátorindítású motor; ~ **store** kondenzátoros tároló, kondenzátortároló; ~ **terminal** → ~ bushing; ~ **transformer** kapacitív feszültségváltó; ~-**transistor logic (CTL)** CTL logika, komplementer tranzisztorlogika; ~ **transmitter** → ~ microphone; ~-**type ignition** kondenzátoros gyújtás; ~-**type measuring cell** kondenzátoros mérőcella; ~-**type start** kondenzátoros gyújtás; ~ **value checker** kapacitásérték-vizsgáló; ~ **voltage divider** kondenzátorfeszültség-osztó
capacitron *at* kapacitron
capacity (befogadó)képesség; felvevőképesség; térfogat; űrtartalom, űrméret; teljesítőképesség, munkateljesítő képesség; munkaképesség; termelőképesség; (névleges) teljesítmény; *bány* kihozatal; *el* (elektromos) kapacitás, kapacitásérték; *em* teherbírás; *forg* megmunkálható legnagyobb darabméret; *gépk* hengerűrtartalom; *hidr* tározótér; *közl, vasút* hordképesség; raksúly; *távk* csatornakapacitás; információkapacitás *(csatornáé)*; szóhossz(úság); ~ **altimeter** elektrosztatikus magasságmérő; ~ **area (of the tank)** *hidr* ülepítőtér; ~ **balance** *el* kapacitív kiegyenlítés; ~ **bridge** *el* kapacitásmérő híd; ~ **charge** *en* beszerelt teljesítmény szerinti díjtétel; ~ **clause** *rep* férőhelymegkötés; ~ **control** *gép* teljesítményszabályozás; *rep* férőhely-szabályozás; ~-**coupled** kapacitív csatolású; ~ **coupling** kapacitív csatolás; ~ **curve** *hidr* tározási görbe; ~ **expenditure of idle operation** *koh* hengersor üresjárási teljesítményszükséglete; ~ **expenditure of lamination** *koh* hengerlés teljesítményszükséglete; ~ **factor** *el* kihasználási fok; ~ **factor of the cooling tower** hűtőtorony kihasználási tényezője; ~ **for absorbing water** *fa* vízfelvevő képesség; ~ **for heat** hőkapacitás; ~ **for heat treating** hőkezelhetőség; ~ **geophone** *geof* kondenzátorgeofon; ~ **lag** *aut, el* kapacitív késés; ~ **load** kapacitív terhelés; ~ **load factor** *el* csúcskihasználási tényező; ~-**loading planning** kapacitásterhelés tervezése; ~ **loss of continuous character** állandó jellegű hiányosság; ~ **loss of varying character** változó jellegű hiányosság; ~ **manometer** *aut* kapacitív manométer; ~ **measuring apparatus/device** kapacitásmérő; ~ **meter** kapacitásmérő; ~ **of a cable** kábelkapacitás; ~ **of a channel perturbed by an arbitrary type of noise** *távk* zajos csatorna kapacitása; ~ **of an oscillating circuit** *aut* rezgőköri kapacitás; ~ **of a well** *hidr* kút vízadó képessége, kútkapacitás; ~ **of connection** kapcsolási kapacitás; ~ **of giving-off water** vízleadó képesség; ~ **of heat** hőkapacitás; ~ **of heat transmission** hőátbocsátási képesség; ~ **of pores** hézagtérfogat; ~ **of remote-control systems** távirányítási rendszerek kapacitása; ~ **of resistance to wear** *any* kopásállóság; ~ **of the engine** *gépk* motor hengerűrtartalma; ~ **of**

two cylinders with common axis két koaxiális henger kapacitása; ~ **of tyre/tire** *gépk* (gumi)abroncs teherbíró képessége; ~ **oil level meter** kapacitív olajszintmérő; ~ **pick-up** *el* kapacitív jelváltó; ~ **radiometer** kapacitív gradiensviszony-mérő; ~ **rating** teljesítménymeghatározás; ~ **reactance** kapacitív ellenállás, kapacitás *(alkatrész)*; ~ **reaction** kapacitív visszacsatolás; ~ **regulating/reducing valve** *gépk* teljesítményszabályozó szelep; ~ **relay** *el* kapacitív jelfogó; ~ **seismometer** kapacitív szeizmométer; ~ **starting** *gép* kondenzátoros indítás; ~ **strain ga(u)ge** kapacitív nyúlásmérő/tenzométer; ~ **tank** *aut* pneumatikus tároló; *hajó, ol* kiegyenlítőtartály; ~ **to ground/earth** *rád, el* földkapacitás; ~ **ton miles** *rep* tonnamérföld-kapacitás; ~ **top** *rád* tetőkapacitás; ~ **top-loaded antenna** kapacitív terhelésű antenna; ~ **transducer** *el* kapacitív jeladó; ~**-type analog-to-digital converter** *el* kapacitív analóg-digitális konverter/átalakító; ~**-type gravimeter** kapacitív graviméter; ~**-type sensing element** kapacitív érzékelő elem; ~ **value** *el* kapacitásérték; ~ **variation diode** *aut, távk* kapacitásdióda, varikap, varicap; változtatható kapacitású dióda; ~ **vector** kapacitásvektor

cape *geol* (hegy)fok *(tengerbe nyúló földrész)*; ~ **chisel** keresztvéső, horonyvéső; ~ **ga(u)ge** *vasút* dél-afrikai nyomtáv *(1,067 m)*; ~ **rifle** kétcsövű fegyver

Cape-Brassert process Cape-Brassert eljárás *(vas közvetlen kinyerésére)*

caped fuse *bány* szerelt gyújtózsinór

capillar → capillary

capillaractive agent kapilláraktív anyag

capillaric force kapilláris erő

capillarimeter *talt, vegy* kapillariméter

capillarity *fiz* hajszálcsövesség, kapillaritás; ~ **correction** *met* kapilláris korrekció

capillaroscope kapilláris mikroszkóp

capillary I. *a fiz, talt* hajszálcsöves, hajszálfinom; kapilláris, hajszálcső-; **II.** *n ásv* hajszálér; *fiz, talt* hajszálcső, kapilláris; ~ **action** kapilláris hatás; ~**-active** *vegy* felületaktív, kapilláraktív; ~**-activity** *vegy* kapilláraktivitás; ~ **alum** *ásv* keramohalit, alunogén; ~ **analysis** *vegy* kapillárisanalízis, kapillarizálás, kapilláranalízis, kapillárelemzés; ~ **arc** kapilláris ív; ~ **attraction** hajszálcsövesség *(erő)*; ~ **channel** *ol* kapilláris csatorna; ~ **chemistry** kapillárkémia; ~ **chink/crack** *any* hajszálrepedés; ~ **condensation** *vegy* kapillárkondenzáció; ~ **constant** kapilláris állandó; ~ **crack** *koh* hajszálrepedés; ~ **depression** *vegy* kapilláris depresszió; ~ **drive** *ol* kapilláris kiszorítás; ~ **equilibrium** *ol* kapilláris egyensúly; ~ **extrusion rheometer** *műa* extrúziós viszkoziméter; ~ **feed** kapilláris olajadagolás; ~ **flow** kapilláris áramlás; ~ **force** kapilláris erő; ~ **friction** hajszálcsöves súrlódás; ~ **fringe** *geol, hidr, ol* kapilláris öv; ~ **fringe water** kapilláris víz; ~**-gravity wave** gravitációs kapilláris hullám; ~ **head** kapilláris nyomómagasság; ~ **height** *talt* kapilláris emelkedési magasság; ~**-inactive** *vegy* kapillárinaktív; ~ **interstice** *fiz* kapilláris hézag; *geol* kapilláris méretű hézag/likacs/csatorna; ~ **lift** → ~ rise; ~ **lubrication** *gép* kanócos kenés; ~ **microscope** kapilláris mikroszkóp; ~ **migration** *talt* kapilláris migráció; ~ **moisture** *hidr* kapilláris víz; ~ **pressure** kapilláris nyomás; ~ **pyrite** *ásv* millerit; ~ **rise** *talt* kapilláris emelkedés (magassága); ~ **soaking** *hidr* kapilláris átázás; ~ **soil water** *talt* kapilláris víz; ~ **superconductivity** *fiz* kapilláris szupravezetés; ~ **tube** *fiz, talt* kapilláris, hajszálcső; ~ **visco(si)meter** *műa, vegy* kapillárviszkoziméter, hajszálcsöves/kapilláris viszkoziméter; ~ **water** *fa* szabad víztartalom; *hidr* (függő/nyílt) kapilláris víz; ~ **wire** *koh* hajszálhuzal, finomhuzal, Wollaston-huzal; ~ **zone** *geol* kapilláris öv, kapilláris víz tartománya

capillator kalorimetriás pH-mérő

capillose *ásv* millerit

capital kéménysisak, kéménytoldat; *ép* oszlopfő; pillérfejezet; *nyom* kapitális, verzál(is) (betű), nagybetű; *vegy* desztillálósisak; ~ **letter** *nyom* kapitális, verzál(is) betű, nagybetű; ~ **letters (CAPS)** *szt* nagybetűk, CAPS; ~ **repair** nagyjavítás, generáljavítás; ~ **scrap** *koh* ócskavas; ~ **ship** *kat* (szuper)dreadnought, sorhajó, csatahajó; ~ **with foliage** *ép* leveles oszlopfő

capitalize *nyom* verzállal/nagybetűből szed

caplastometer kapilláris reométer/viszkoziméter, kapillárviszkoziméter

capmaker's straw board *pa* kalapos-szalmalemez

capnoscope füstsűrűségmérő

caponier *kat* harántmű, harántárok

capped *foto* takart; ~ **box** *pa* sapkadoboz; ~ **end** *távb* sarus/kikészített vég; ~ **fuse** *bány* élesített gyújtózsinór; ~ **ingot** *koh* kupakolt öntecs; ~ **(lubricator) nipple** *gép* sisakos zsírzógömb; ~ **nut** *gép* zárt/sapkás anya, kalapanya; ~ **pile** *ép* süveges cölöp; ~ **rail** *vasút* acélfejű sín; ~ **roof** *ép* tornyos tető; ~ **shell** *kat* szélsisakos (páncéltörő) lövedék; ~ **steel** *koh* mechanikusan csillapított acél

cappel *bány* kötélvéghorog

cappelenite *ásv* kappelenit

capper kupakozógép; kupakozó *(munkás)*; *élip* szivarborítólevél-lesimító; *heg* többrétegű varrat felső rétege

cappice *bány* főtefa, süvegfa, süveggerenda

capping befedés, lefedés; fedő/sapka feltevése; burkolás; (ki)bélelés; megfejelés; megvasalás; *bány* fedőréteg, meddő takaróréteg; meddőkőzet; vaskalap; *bány, kat* gyutacs ráerősítése *(gyújtózsinórra)*, élesítés; *élip* kupakolás; *ép* falegyen; legfelső fedősor; *fa* kerítésfedő lécezet; *geol* áradvány; fedőréteg, meddő takaróréteg; leülepedés; meddő takaróréteg, meddőkőzet; *gyógyv* leválás, sapkásodás; *heg* utolsó varratréteg felvitele; *hidr* forrásfoglalás/kútfoglalás; *ruh* sapkakészítés; *vegy* savkamrakeret; ~ **beam** *ép* korlátrúd; lefedő gerenda; süveggerenda; ~ **brick** *ép* fedőtégla *(fallezáráshoz)*; ~ **machine** *élip* kupakológép; *gép* fejelőgép; ~ **of fuse** *bány* gyújtózsinór gyutacsa; ~ **paper** üvegkupakpapír; ~ **thickness** *bány* takaró vastagsága; *fa* furnérréteg vastagsága; *geol* hordalékmagasság; ~ **tool** szegecsfejező

caprate *vegy* kaprinsav-észter

caprestance elektromos építőkocka *(kondenzátor + ellenállás)*

capric acid *vegy* kaprinsav, dekánsav

Capricorn *csill* Bak

caproaldehyde *vegy* kapronaldehid, hexanal

caproate *vegy* kapronsavészter

caproic acid *vegy* kapronsav, hexánsav

caprolactam *vegy* kaprolaktám

caprone *tex* kapron

caproyl radical *vegy* kaproilgyök

capryl radical *vegy* kaprilgyök

caprylic acid *vegy* kaprilsav, oktánsav

CAPS → capital letters; ~ **lock** *szt* tartós felsőállásmód *(billentyűzeten)*

capsaicine *vegy* kapszaicin

capsize *hajó, rep* felborul

capstan *bány* járgány; *el* főtengely, hajtótengely *(jelrögzítés)*; *em* csörlő; *forg* revolverfejszán; *hajó* függőleges tengelyű kikötőcsörlő; gugora, vitla; gugorafej, spillfej; horgonygép; *koh* húzódob; *tex* motolla; ~ **and turret lathe** → ~ lathe; ~ **bar** *hajó* járgányrúd; ~ **drive motor** *el* főmotor *(jelrögzítés)*; ~ **drum** *em* csörlődob; ~ **enige** *hajó* vitla, spill; ~ **head** *em* csörlődob; *forg* szános revolverfej; ~**-head bolt** palástfuratos hengeres fejű csavar; ~**-headed screw** többfuratos fejű csavar; ~ **idler** *el* gumigörgő *(jelrögzítés)*; nyomógörgő; ~ **lathe** *forg* revolveresztergа; ~ **nut** *em* csörlőcsavaranya; ~ **plough/plow** *ép* kétdobos árokásó; ~ **rest** *forg* revolverfej kettős szánja; ~ **saddle** *forg* revolverfej ágyszánja; ~ **screw** *forg* revolverfejszán vezérorsója; *geod* szálkeresztigazító csavar; ~ **servo system** főtengelyszervó, főtengely-szervórendszer; ~ **slide** *forg* revolverfej csúszószánja; ~ **tool rest** → ~ rest; ~**-turned** revolvergépen esztergált; ~ **wheel** *em* csörlő szabályozókereke; spillkerék; ~ **winch** *bány* vontatódob; *hajó* spill, függőleges tengelyű csörlő

capsular kupak alakú; ~ **forceps** *orv* lencsetokcsipesz

capsulation tokozás, tokba helyezés

capsule tok, szelence; zárókupak; *gyógyv* kapszula; *rep* (nyomásálló) tartály; űrkabin, űrhajósfülke; *vegy* csésze; próbatégely; ~ **diffusion** *félv* ampullás adalékolás; ~ **filler/filling** *gyógyv* kapszulatöltő; ~ **ga(u)ge** membrános nyomásmérő; ~ **paper** kapszulapapír; ~ **pressure switch** *el* membrános nyomáskapcsoló

captation (of natural spring) *hidr, ol* forrásfoglalás

caption képaláírás, képszöveg; *film* (film)felirat; *tv* (kép)felirat; ~ **noise** *tv* felirati zaj

captivate elveszthetetlenül hozzáerősít/rögzít *(alkatrészt)*

captive kötött, rögzített; ~ **balloon** kötött léggömb; ~ **balloon sounding** *met* kötött léggömbös szondázás; ~ **cable** rögzített kötél *(kötött léggömbhöz)*; ~ **flight (CF)** *rak* orbitális pálya, orbitális pályán keringés; ~ **mine** *bány* célbánya, fogyasztói *v.* nem piacra termelő bánya; ~ **screw** elveszthetetlen csavar

capture I. *v* befog, elfog; felfog; elfoglal; megragad; elnyel; *at* befog *(részecskét)*; *távk* felfog; **II.** *n at, vegy* befogás; *bány* foglalás *(bányajog)*; *csill* befogás *(égitesté)*; *hidr* befogás *(mellékfolyóé)*; kaptúra; ~ **area** elnyelési felület; ~ **coefficient** *at* befogási együttható/tényező; ~ **conditions** *at* befogási feltételek; *aut* szinkronozási feltételek; ~ **cross-section** *at* befogási hatáskeresztmetszet; ~ **effect** *rep* befogási hatékonyság; ~ **gamma-radiation** *at* neutronbefogási gamma-sugárzás; ~ **mean free path** (átlagos) befogási szabad úthossz; ~ **of data** *szt* adatgyűjtés; ~ **of dust** *környv* porleválasztás; ~ **of neutrons on a slow-time scale** *at* S-folyamat, lassúneutron-befogás; ~ **probability** *at* befogási valószínűség; *vák* megtapadási valószínűség; ~ **radiation** *at* befogási sugárzás; ~ **range** *távk* befogási tartomány; ~ **theory** *at* (kölcsönös) befogási elmélet; ~ **time** befogási idő

captured river *hidr* főfolyó által befogott mellékfolyó; völgyzáró gáttal elfogott vízfolyás

caput mortuum caput mortuum *(festék)*

capwise *bány* főtetartó irányában

car kocsi, jármű; (gép)kocsi, autó; vasúti kocsi, vagon; *bány* csille; *ép* felvonószék, felvonófülke, járószék; *rep* gondola *(léghajón)*; ~ **aerial/antenna** gépkocsiantenna, autórádió-antenna; ~ **annunciator** *ép* emeletjelző *(felvonón)*; ~ **axle** kocsitengely, keréktengely; ~ **badge** gépkocsi jelvény *(hűtőn)*; ~ **barn** *közl* kocsiszín; *rep* hangár; ~ **bit** *mt* egyélű fúrófej, fúróvéső feje; ~ **body** *bány* csilleszekrény; *gépk* kocsiszekrény, karosszéria; ~ **body sheet** kocsiszekrénylemez, karosszérialemez; ~**-bottom cupel(ling) furnace** *koh* angol űzőkemence; ~**-bottom furnace** *koh, önt* (kamrás) kocsis kemence; ~**-bottom hearth** *koh* kocsis fenék, kihúzható kemencefenék; ~ **breaker's yard** autótemető; autóbontó; ~ **cable** *vasút* kocsi-áramvezeték; ~ **capacity** *bány* csilletérfogat; ~ **carrier** *vasút* autószállító vagon; ~ **casting** *koh* öntés műhelykocsiról; ~ **catch** *bány* csillerögzítő; ~**(-)coupler** *vasút* kapcsolókészülék; kocsikapcsoló *(munkás)*; ~**-coupling** *vasút* kocsikapcsoló; ~ **deck** *hajó* kocsifedélzet; ~**-door** ajtó; gépkocsiajtó; ~**-door (electric) contact** ajtóérintkező *(autón, felvonón)*; ~ **dropper** *bány* csillelekapcsoló *(munkás)*; csilleürítő; ~ **dump** autótemető; ~ **dumper** *vasút* vagonbuktató berendezés; ~ **elevator** *gépk* (gép)kocsiemelő, gépkocsi-csavaremelő; *vasút* vagonemelő; ~**-end plate** csillehomlokfal; ~**-feed** *bány* csilleelőtolás; ~ **feeding** *bány* csillerak(od)ás; ~ **ferry** gépkocsiszállító/vasúti komp, komphajó; ~**-fill** *ép* tengelyen szállított feltöltőanyag; ~**(-)fleet** *bány* csillepark; ~**(-)float** vasúti komp; ~ **for the stopping** *bány* gátszék; ~ **frame** *ép* fülkeváz; *gép* (kocsi)alváz; ~ **gathering** tolatás; *bány* csillerendezés; ~ **grease** *gépk* gépzsír, kenőzsír; ~ **grip** csillefogás; ~ **handle** *bány* csillefogantyú; ~**-haul** kocsivontatás; *bány* csilletoló, rendezővitla; csörlő; ~ **haulage** *bány* csilleszállítás; csilletoló, rendezővitla; kötélszállítás *(csilléké)*; vontatóvitla; *vasút* vagonvontató; ~**-haul service** csilleszállítás; ~ **heap capacity** *bány* csille tetőzött befogadóképessége; ~ **hearth furnace** kihúzható fenéklapos kemence; ~ **heater** *gépk* gépkocsifűtő készülék/berendezés, fűtőtest, fűtőrendszer; ~ **heating** *gépk* fűtés; *vasút* kocsifűtés; ~ **hoist** kocsiemelő híd *(garázsban)*; ~ **jack** → ~ elevator; ~**-kilometre/kilometer** *közl* kocsikilométer; ~ **lift** *bány* csilleszállító/csilleemelő gép; *gépk* emelőpad; *vasút* vagonemelő; ~**(-)load** → carload; ~ **mechanic** gépkocsiszerelő, autószerelő; ~**-mile** *közl* kocsimérföld; ~ **park** *gépk* parkoló(hely); ~ **parking area** *rep* gépkocsik parkolóhelye; ~**-position indicator** *em* emeletjelző, felvonókasjelző; ~ **puller** *bány* csilletoló, csillevontató; ~ **pusher** *bány* csillebetoló; ~ **radiator** gépkocsifűtőtest; ~ **radio/receiver** autórádió; ~**-repair plant** gépkocsijavító telep; ~**-repair shop** *gépk* gépkocsijavító műhely, autójavító (műhely); *vasút* vasútikocsijavító műhely; ~ **replacer** *vasút* kocsivisszaemelő saru; ~ **retarder** *bány* csillefék; *bány, vasút* féksaru, csúszósaru *(lejtőn v. dombon)*; ~**-retarder mechanism** *vasút* kocsifékező szerkezet *(rendezéshez)*; ~ **scale** *bány* csillemérleg; ~ **service** gépkocsijavító és karbantartó szolgálat, (autó)szerviz; ~ **shed** (gép)-

kocsiszín; *vasút* kocsiműhely; ~ **shop** gépkocsijavító műhely; gépkocsira szerelt műhely; ~ **shovel** *élip* kocsiürítő géplapát; ~ **shunting** *vasút* tolatás; ~**-sleeper train** *vasút* autósvonat; ~**-spotting** *bány* csillerendezés; *vasút* szerelvény/vonat összeállítása; tolatás; ~**-spotting hoist** *vasút* (vonat)rendező vitla, tolatóvitla; ~**-spragger** *bány* csillefogó (sorompó); csillerögzítő; vágányzár; ~**-stake** *fa* lőcs; ~ **stamp** *környv* autózúzda; ~ **stop** *bány* csillefogó; *vasút* fémsaru; ~ **storage** *bány* csilletartalékolás; ~ **suspension** gondolafüggesztés *(léghajón)*; ~**-suspension tackle** függeszték *(kötélpályacsillénél)*; ~**-switch operation** *em* kézikarvezérlésű üzem *(felvonóé)*; ~ **telephone** autótelefon; ~ **tilter/tipper** *bány* csillebuktató; *koh* buktató; ~**-to-car communication** *vasút* kocsiközi összeköttetés; ~**-top** kocsitető; ~**-trimming** csilleutántöltés, csilleegyengetés; ~**(-)trip** autókirándulás; *ép* csillemenet; ~**-turn plate/table** *bány* csilleforgató korong; ~**-type furnace** *önt* kocsis kemence; mozgó fenekű tolókemence; ~**-type tunnel kiln** alagútkemence; ~ **unloader** vagon(ki)ürítő gép; ~ **vibrator** csillerázó *(széntömörítésre)*; ~ **volume** csille űrtartalma; ~ **weighbridge,** ~ **weighing machine** *vasút* hídmérleg; ~**-wheel boring-machine** *vasút* vagonkerék-fúrómű; ~**-wheel grinder** *vasút* kerékpárköszörű; ~**-wheel lathe** *vasút* kerékpáreszterga; ~**(-)window** (kocsi)ablak; ~ **wreck** autóroncs

CAR → computer-assisted retrieval

carabin(e) → carbine

caracole *ép* csigalépcső

caracul cloth perzsautánzat(-szövet)

Caradocian stage *geol* caradoci emelet

CARAM → content-addressable random access memory

caramel *élip* karamell, égetett cukor; karamella; ~ **malt** karamellmaláta, festőmaláta; malátafesték

caramelization *élip* karamellképződés, karamellesedés

caramelize *élip* karamellesedik; karamellesít

carane *vegy* karán

caranola *vegy* karanauolaviasz

carat *metr* karát

caravel → carvel

caraway *élip* köménymag; ~ **oil** köményolaj

carbamate *vegy* karbamát, karbaminsavas só/észter

carbamic acid *vegy* karbaminsav

carbamide *vegy* karbamid; ~ **resin** karbamidgyanta

carbamidic resin *vegy* karbamidgyanta

carbamidine *vegy* guanidin

carbamido radical *vegy* ureidogyök

carbamyl urea *vegy* biuret

carbanilide *vegy* karbanilid

carbanions *vegy* karbanionok, karbeniátionok

carbazole *vegy* karbazol

carbene *vegy* karbén; ~**s** *vegy* karbének

carbenium ion *műa* karbéniumion

carbide *forg* keményfém; *vegy* karbid; ~ **banding** *koh* karbidsorosság; ~ **bit** keményfémbetét; ~ **bored** keményfémmel kiesztergált; ~ **carbon** karbidszén; ~ **coating layer** keményfém bevonat; ~ **cutting edge** keményfém lapka; ~ **decomposition** *hők* karbidbontás; ~ **die** *koh* keményfém húzókő; keményfém matrica; ~ **electrolyte** *koh* karbidos elektrolit; ~**-faced** keményfémbevonatú, keményfémmel felhegesztett; ~ **facing** *mt* keményfémfelrakás; ~ **former** karbidképző; ~ **forming element** karbidstabilizáló elem; ~ **furnace** karbidolvasztó kemence; ~ **grain** karbidszemcse; ~**-insert bit** keményfémbetétes fúró; ~ **lamp** karbidlámpa; ~ **layer** karbidréteg; ~ **metal** keményfém; ~ **milling** marás keményfémbetétes szerszámmal; ~ **network** *koh* karbidháló; ~ **of iron** *koh* vas-karbid, cementit; ~ **precipitation** *koh* karbidkiválás; ~ **segregation** *koh* karbiddúsulás; ~ **slag** *koh* karbidsalak; ~ **soldering** karbidforrasztás; ~**-strengthened alloy** karbiddal szilárdított ötvözet; ~ **tip** keményfém lapka; ~**-tipped** *forg* keményfémlapkás; ~**-tipped (milling) cutter** *forg* keményfémlapkás maró; ~**-tipped tool** keményfémlapkás kés, keményfémbetétes szerszám; ~ **turning** finomesztergálás *(keményfémmel)*; ~ **whisker reinforced metal** karbid szálkristállyal merevített fém

carbidothermic process *koh* karbidotermikus eljárás

carbine *gép* tartógyűrű, rugóshorog, karabiner; *kat* karabély; ~ **swivel** kampózár, (biztonsági) rugóshorog, karabiner; *kat* hordkarika

carbinol *vegy* karbinol, metilalkohol, metanol

carboatomic ring *vegy* szénatomgyűrű

carbocycle *vegy* széngyűrű

carbocyclic *vegy* karbociklusos, izociklusos; ~ **compound** izociklusos/karbociklusos vegyület

carbodiimide *vegy* ciánsavamid, karbodiimid

carbodithioic acid *vegy* karboditiosav

carbogen *gyógyv* karbogén

carbohydrase *vegy* karbohidráz *(enzim)*

carbohydrate *vegy* szénhidrát

carbohydrogen *heg* karburált hidrogén *(lángvágáshoz)*

carboids *ol* karboidok

carbol fuchsin *vegy* fukszin

carbolate *vegy* fenolát; karbonsav sója/észtere

carbolated *vegy* karbolsavas

carbolic *vegy* karbol(sav)-, fenol-; ~ **acid** *vegy* fenol, karbolsav; ~ **oil** *ol* karbololaj

carbolize karbolsavval/fenollal lemos/átitat

carbon (C) szén; *el* ív(lámpa)szén, (elektród)szén; szénelektród; szénrúd, szénpálca; *pa* (átütéses) másolat; karbonpapír, másolópapír; *vegy* (elemi) szén, szénatom; ~**-14 dating** radiokarbon-kormeghatározás (^{14}C-izotóp alapján); ~ **analysis** *vegy* karbonmeghatározás; ~ **and zinc cell** szén-cink elem; ~ **arc** szénív, ív szénelektródok között; ~**-arc brazing** széníves keményforrasztás; ~**-arc cutting** széníves vágás; ~**-arc lamp** (szén)ívlámpa; ~**-arc welded joint** szénívvel hegesztett kötés; ~ **-arc welding** széníves hegesztés; szénelektródos ívhegesztés; ~ **atom** szénatom; ~ **balance** *vegy* karbonmérleg; ~ **battery** *el* szénelektródos elem; ~**-bearing alloy** széntartalmú ötvözet; ~ **bisulphide/bisulfide** *vegy* szén-diszulfid, szénkéneg; ~ **black** (olaj)korom, lámpakorom, koromfekete *(porfesték)*; *gumi, környv* gázkorom; *nyom* karbonfesték; *ol* aktív korom; ~ **black plant (unit)** koromgyártó üzem(egység); ~**-black stock** koromalapú elegy; ~**(-)block protector** *el* szénhasábos túlfeszültség-levezető; *távb* szén villámvédő; ~**-block thrust-bearing** *gépk* oldógyűrű; ~ **brick** *koh* karbontégla; ~ **bridge** gyújtógyertya elkormozódása; ~ **brush** *el* szénkefe; ~**-brush holder** *el* szénkefetartó; ~**-carbon double bond** *vegy* szén-kettős kötés, szén-szén kötés; ~ **cell** szénelektródos elem;

~(-)chain *vegy* szénlánc; ~ **coating machine** *nyom* karbonpapír-előállító gép, másolópapír-előállító gép; ~ **compound** *vegy* szénvegyület; ~ **consumption** *koh* karbonfogyás; ~ **contact** *el* szénérintkezés; szénérintkező; ~ **copy** másolat, átütés; ~ **copy paper** karbonpapír, átütő másolópapír; ~ **cycle** *vegy* szénciklus; ~ **dating** radiokarbon-kormeghatározás; ~ **deposit** *gépk* szénlerakódás, korom; ~ **diaphragm** vékony szénmembrán; ~ **dioxide** szén-dioxid; ~ **dioxide + carbon equilibrium reaction** *koh* Boudouard-reakció; ~(-)**dioxide breaking** *bány* folyékony szénsavas repesztés; kardoxrepesztés; repesztés szénsavpatronnal; ~(-)**dioxide flooding/drive (of oil)** *ol* szén-dioxidos elárasztás; ~(-)**dioxide (gas) extinguisher** szénsavas oltókészülék; ~-**dioxide ice** szárazjég, szilárd szén-dioxid; ~(-)**dioxide laser** szén-dioxid lézer; ~(-)**dioxide snow** szénsavhó; ~(-)**dioxide spring** *geol* szénsavas forrás; ~-**dioxide tender** szénsavoltó jármű; ~ **disulphide/disulfide** *vegy* szén-diszulfid, szénkéneg; ~ **drop** → ~ elimination; ~-**dust resistor** *rád* szénporellenállás; ~ **electrode** *heg, koh* szénelektród; ~ **elimination** *koh* frissítés; széntelenítés, dekarbonizálás; ~-**energy balance** *vegy* karbonenergia-mérleg; ~ **filament** *el* szénszál, szén izzószál; ~ **filament lamp** *el* szénszálas izzólámpa; ~ **film** vékony szénréteg, szénhártya; ~ **film potentiometer** *el* szénréteg-potenciométer; ~ **film resistor** *el* szénréteg-ellenállás; ~ **framework** *vegy* szénváz; ~-**free** szénmentes; ~-**free alloy** szénmentes ötvözet; ~ **gland** *gépk* széntömítőgyűrű; ~ **grains/granules** szénszemcsék, szemcsés szén; ~-**grain seismometer** szénszemcsés szeizmométer; ~-**granule/**~-**grain microphone/transmitter** *hang* szénmikrofon; ~ **hexachloride** *vegy* perklór-etán; ~ **hydride** *vegy* szénhidrogén; ~-**hydrogen estimation** *vegy* szén—hidrogén arány meghatározása; ~ **knock** *gépk* izzó korom okozta gépkopogás; ~ **lamp** szén izzószálas lámpa; ~ **layer** → film; ~ **light** ívfény; ~ **lightning arrester/protector** *távb* szén villámvédő; ~ **light source** szénives fényforrás; ~ **lining** *koh* grafitbélés, szénbélés; ~ **method** radiokarbon-módszer, radiokarbon-kormeghatározás; ~ **microphone** *hang* szénmikrofon, kontaktmikrofon; ~ **mix** *rád* szénkeverék; ~ **monoxide** *vegy* szén-monoxid, széngáz; ~ **monoxide detector** széngázjelző készülék; ~ **monoxide poisoning** szén-monoxid-mérgezés; ~ **monoxide utilization** *koh* szén-monoxid-kihasználás; ~-**nitrogen cycle** *at* szén-nitrogén ciklus; ~ **noise** szénszemcsezörej *(mikrofonban)*; ~ **oxide arc welding** CO_2-védőgázas ívhegesztés; ~ **oxychloride** *vegy* karbonil-diklorid, foszgén; ~ **oxyde arc** CO_2-védőgázas hegesztőív; ~ **oxysulphide/oxysulfide** *vegy* szén-oxiszulfid, szén-oxid-szulfid, karbonil-szulfid; ~ **paper** karbonpapír, indigó, másolópapír; ~ **pencil** *el* ívlámpaelektród; ~ **penetration** *koh* cementálás; ~ **pick-up** *hang* szén hangszedő; *koh* cementálás, szénfelvétel; karbonfelvétel; ~ **pile** *el* szénoszlop, széngyűrűs reosztát; ~ **pile voltage** szénoszlopos feszültségszabályozó; ~ **point** ívlámpaelektród csúcsa; ~ **potential** *koh* karbonpotenciál; ~-**powder microphone** → ~ microphone; ~ **printing** *foto* bikromátos másolóeljárás/másolás; *nyom* pigmentnyomás; ~ **protector** → ~(-)block protector; ~ **regulator** *el* széngyűrűs reosztát; ~ **residue** szénmaradék; *koh* kokszolási maradék; ~ **resistor** *el* szénellenállás; *távk* szénréteg-ellenállás; ~ **restoration** *koh* felkarbonizálás; ~ **rheostat** *ol* széngyűrűs reosztát; ~-**ribbon feed** írógépszalag-vezető; ~ **ring** *vegy* széngyűrű; ~-**ring gland** *gépk* széngyűrűs vízszivattyú-tömítés; ~ **rod** szénrúd; *at* grafitrúd; ~ **shale** *ásv* szenes pala, szénpala; ~ **silicide** *vegy* szilícium-karbid; ~ **silk** *nyom, szt* karbonszövet; ~ **skeleton** *vegy* szén(atom)váz; ~ **sliding/slip contact** *vasút* csúszó áramszedő, szén csúszóáramszedő; ~ **sol** szén kolloidális oldata, koromkolloid; ~ **steel (CS)** szénacél; ~ **suboxide** szénszuboxid; ~ **terminal** szénelektród(-szorító); ~ **tetrabromide** *vegy* tetrabróm-metán; ~ **tetrachloride** *vegy* szén-tetraklorid, tetraklór-metán; ~-**tetrachloride system** tetraklór-metánnal oltó berendezés; ~ **tetraiodide** *vegy* tetrajód-metán; ~ **tissue** *foto* szénfátyolpapír; ~-**to-carbon bond** *vegy* szén-szén kötés; ~-**to-metal bond** *vegy* fém-szén kötés; ~ **tool steel** ötvözetlen szerszámacél, szerszámszénacél; ~ **transmitter** *hang* szénmikrofon; ~-**tube resistance furnace** *koh* széncsöves kemence; ~ **voltage controller** *el* szénelektródos feszültségszabályozó; ~ **welding** szénelektródos ívhegesztés; ~ **welding electrode** szénelektród; ~-**zinc cell** szén-cink elem

carbonaceous széntartalmú; szénszerű; *bány* (kő)szén-; (kő)szenet tartalmazó, szenes; ~ **coal** félantracit; soványszén; ~ **ironstone** *bány* szénbe ágyazott vasas kőzet; ~ **refuse** széntartalmú (dúsítási) hulladék; ~ **shale** szenes pala, (kő)szénpala; égőpala

carbonado *ásv* karbonádó, fekete *v.* sötét színű gyémánt; *ol* fúrógyémánt; ~ **diamond** ipari/fekete gyémánt, karbonádó

carbonate I. *v* karbonizál; szaturál; (el)szenesít; (el)szenesedik; *élip* szénsavval telít; *tex* karbonizál; *vegy* karbonáttá alakít; **II.** *a geol* karbonátos; **III.** *n vegy* karbonát; ~ **anhydride** *vegy* szénsavanhidrid, széndioxid; ~ **hardness** *vegy* karbonátkeménység, változó keménység *(vízé)*; ~ **leaching** *at* karbonátos lúgozás; ~ **manganese ore** karbonátos mangánérc; ~ **of lead** *ásv* cerusszit; ~ **of lime** kalcium-karbonát; szénsavas mész; ~ **of sodium** nátrium-karbonát, szóda; ~ **ore** karbonátos érc; ~ **platform** *geol* karbonátplatform; ~ **rock** karbonátos kőzet; ~ **suspension** *el* katódmassza

carbonated *élip* szénsavas; ~ **wine** habzóbor

carbonating tower *vegy* karbonizálótorony, Solvay-torony

carbonation karbonizálás, elszenesítés; *cu* szaturálás; *élip* karbonizáció; *vegy* karboxilcsoport bevezetése *(szén-dioxidos reakcióval)*; szaturálás, szénsavas telítés; szénsavfeldúsulás; ~ **juice** *cu* iszapos lé; ~ **pan** *cu* szaturációs üst; ~ **process** *cu* derítőszaturálás

carbonatization *cu* mészlecsapás szén-dioxiddal

carbonator *élip* karbonátor, karbonizálókészülék

carbonic *bány* elemiszén-tartalmú; *geol* karbonkorszakbeli; *vegy* karbon-, szén-; ~ **acid** szénsav; ~-**acid drum** szénsavpalack, szénsavtartály; ~-**acid gas** szénsavgáz; ~-**acid hardening** szén-dioxidos edzés; ~ **anhydride** szén-dioxid; ~ **ester** szénsavészter; ~ **formation** *bány, geol* (karbonkori) kőszénformáció; ~ **hydrogen** *vegy* szénhidrogén; ~ **oxide** *vegy* szénmonoxid, széngáz; ~ **oxide cell** *el* szén-dioxid-elem; ~ **period** *geol* karbonkorszak; ~ **rock/series** → ~ formation

carboniferous *bány* (kő)szenet tartalmazó, szenes; széntartalmú, szén-; ~ **period** *geol* felső/produktív karbonkorszak; ~ **series** kőszénformáció
carbonification (el)szenesedés
carbonify (el)szenesít, karbonizál; feketít; (el)szenesedik
carbonite *ásv* kőszén, antracit; *bány* karbonit *(dinamitféleség)*
carbonitride *koh* karbonitrid
carbonitriding *koh* karbonitrálás, karbonitridálás
carbonium ion *vegy* karbóniumion
carbonization (el)szenesítés; (el)szenesedés; (fa)szenesítés; kokszolás; kokszosítás; kokszolódás, kokszosodás; karbidizálás; *geol* szénülés; *gépk* kormozódás *(gyertyáé)*; *ker* karbonizálódás; *tex, vegy* karbonizáció; karbonizálás, elszenesítés; ~ **at low temperatures** kis hőmérsékletű (kőszén)lepárlás, svélezés; ~ **chamber** *koh* kokszolókamra, kokszkamra; ~ **of turf** tőzegkokszolás; ~ **of wood** fa elszenesítése, faszénégetés; ~ **plant** karbonizálóüzem, szénlepárló üzem; *fa* szenítőtelep, falepárló telep
carbonize *fa* karbonizál, elszenesít; *koh* kokszosít, cementál *(acélt)*; *tex* karbonizál; *vegy* szenet szárazon lepárol
carbonized lignite barnaszénkoksz
carbonizer *koh* lepárlókemence, kokszolókemence; *tex* karbonizáló (gép/munkás)
carbonizing I. *a* karbonizáló; karbonizálási; **II.** *n* → carbonization; ~ **agent** karbonizálóanyag, karbonizáló vegyszer; ~ **bath** karbonizálófürdő; ~ **box** *koh* cementálóláda, szenítőláda; ~ **drum** *tex* karbonizálódob; ~ **fault** *tex* karbonizálási hiba; ~ **flame** *koh* szenítőláng; ~ **furnace** *koh* cementálókemence; szenítőkemence; ~ **oven** *fa* szenítőkemence, faszenítő kemence; *tex* karbonizálóberendezés; ~ **period** *koh* szenítési időszak; ~ **pot** cementálóláda; ~ **stain** *tex* karbonizálási folt; ~ **stove** *tex* karbonizálóberendezés; ~ **tissue-paper** karbon-nyersselyempapír
carbonless szénmentes; ~ **paper** *szt* indigó nélküli többmásolatos papír
carbonolites *bány* ásványi szenek és kátrányok
carbonometer karbonométer, szén-dioxidtartalommérő
carbonous széntartalmú, szén-
carbonyl *vegy* karbonilgyök; ~ **bromide** karbonil-bromid, szén-oxid-bromid; ~ **chloride** karbonil-klorid, szén-diklorid-oxid; foszgén; ~ **group** karbonilcsoport; ~ **iron** karbonilvas; ~ **monothio-acid** monotioszénsav; ~ **process** *koh* karbonilos eljárás; ~ **radical** karbonilgyök; ~ **resins** *műa* karbonilgyanták; ~ **sulphide/sulfide** → carbon oxysulphide
carbonylate *vegy* karbonilez
carbonylation *vegy* karbonilezés, karbonileljárás
carboranes *vegy* karboránok
carborundum karborundum, szilícium-karbid; ~ **brick** *koh* szilícium-karbid tégla; ~ **crucible** karborundumtégely; ~ **paper** karborundum csiszolópapír; ~ **stone** karborundum fenőkő; olajlehúzó kő
carbose *gyógyv* emuluzióképző szer, karboxi-metilcellulóz
carbostyril *vegy* karbosztiril
carbothermic | extraction of magnesium *koh* karbotermikus magnézium-előállítás; ~ **reduction** *koh* karbotermikus redukció
carbothioic acid *vegy* tiokarbonsav
carbothiolic acid *vegy* tiolkarbonsav
carbothionic acid *vegy* tionkarbonsav
carboxycellulose *vegy* karboxicellulóz
carboxyl group *vegy* karboxil csoport
carboxylase *vegy* karboxiláz
carboxylate I. *v vegy* karboxilez; **II.** *n* karboxilát
carboxylation *vegy* karboxilezés
carboxylic acid karbonsav
carboxymethylcellulose (CMC) *vegy* karboxi-metilcellulóz, cellulóz-glikolát
carboy *vegy* (sav)ballon; ~ **tilter** ballonbuktató
carbro (printing) process *nyom* carbronyomtatás
carbromal *vegy* adalin, bróm-dietil-acetil-karbamid
carburan *vegy* karburán
carburant *hőt, gépk* (karburátor-)üzemanyag
carburate → carburet
carburation *gépk* porlasztás, karburálás; *koh* (fel)karbonizálás; ~ **by evaporation** porlasztás elpárologtatással
carburet I. *v* karbonizál, szénnel vegyít/dúsít; *gépk* (el)gázosít, porlaszt; *koh* cementál, felszenít; karbonnal dúsít; *vegy* karburál; szénhidrogénnel dúsít/telít; **II.** *n* karbid; szénvegyület; ~ **of iron** → carburetted iron; ~ **of nitrogen** *vegy* cianogén
carbureted → carburetted
carbureting → carburetting
carburetion → carburation
carburetor → carburettor
carburetted karbonizált; *gépk* porlasztott; ~ **hydrogen** *vegy* acetilén; ~ **iron** *koh, vegy* vas-karbid, cementit; ~ **mixture** *gépk* éghető keverék, tüzelőanyag-levegő keverék; ~ **water gas** karburált/dúsított vízgáz
carburetter → carburettor
carburetting karburálás *(gázé)*; ~ **oil** gázolaj *(vízgáz karburálására)*
carburettor *gépk* porlasztó, karburátor; *hőt* (világító)-gázt karburáló készülék; ~ **adjustment** porlasztóbeállítás; ~ **air scoop** porlasztó levegőgyűjtője; ~ **barrel** levegőtorok *(porlasztóé)*; ~ **body** porlasztóház *(karburátoré)*; ~ **bowl** porlasztóúszóház; ~ **choke** porlasztó levegőtorka; szívató *(indításhoz)*; ~ **(-)choke (control) button/knob** *gépk* szívatógomb; ~ **connecting** porlasztó-csatlakozócsonk; ~**-control rod** gázpedálrudazat; ~ **detergent** porlasztótisztító detergens; ~ **engine** karburátoros/porlasztós *v.* külső keverékképzésű motor; ~ **flange** porlasztó-csatlakozóperem; ~ **float** porlasztóúszó; ~ **float(-)chamber** porlasztóúszóház; ~ **float spindle/needle/valve** porlasztóúszótű; ~ **fuel** porlasztótisztító detergens; karburátor-üzemanyag; ~ **icing** *gépk, rep* porlasztójegesedés; ~ **intake scoop** porlasztószívócsonk; ~ **jacket** porlasztóköpeny; ~ **jet** *gépk* fúvóka; ~ **jet pipe** porlasztócső; ~ **linkage** *gépk* porlasztórudazat; ~ **pre-heater** porlasztó-előmelegítő; ~ **throttle-control** porlasztó-fojtószelep szabályozása
carburization *el* karbidizálás; karbonizálás *(elektroncsöveké)*; *hőt* karburizálás, dúsítás *(gázé)*; *koh* cementálás; karbondúsítás; karbondúsulás; karbonizálás, (fel)szenítés; szénfelvétel; ~ **by gas** *koh* gázcementálás, cementálás gázban; ~ **by molten salts** sófürdős szenítés, cementálás sófürdőben; ~ **by pig-iron** karbonizálás/felszenítés nyersvas(adagolás)sal; ~ **zone** szenítő öv, karbonizáló zóna

carburize *hőt, koh* karburál, szénnel/szénhidrogénnel dúsít; *koh* cementál, felszenít; karbonnal dúsít; szenet vesz fel

carburized | **case** *koh* cementált/felszenített réteg; ~ **cathode** *el* karbidizált katód; ~ **layer** → ~ case; ~ **steel** cementált acél

carburizer karbonizálóanyag, karbonizáló vegyszer; cementálóközeg

carburizing I. *a* cementáló; szenítő; **II.** *n* → carburization; ~ **agent** *koh* cementálószer, karbonizálóanyag, cementálóközeg; ~ **bath** szenítőfürdő; ~ **box** cementálóláda; ~ **flame** szenítőláng; ~ **furnace** cementálókemence; felszenítőkemence; ~ **machinery** szenítőberendezés; ~ **medium** karbonizálóanyag, karbonizáló vegyszer; cementálóközeg; ~ **powder** cementálópor; ~ **steel** cementálható *v.* betétben edzhető acél

carburometer tüzelőanyag-elemző

carbylamine *vegy* izocianid; karbil-amin, izonitril

carcase váz, szerelőváz; gerendázat; állvány(zat), ácsolat; *el* állórész; burkolat; ház; keret; *élip* félmarha, félsertés; hasított/kizsigerelt állat; *ép* ácsozat, épületváz, nyerstégla építmény; vázszerkezet; *gép* szekrényváz, kocsiváz; *gumi* szövetváz, karkasz; *kat* gyújtóbomba(hüvely); *vasút* kocsiszekrény, karosszéria; ~ **meat** *élip* tőkehús

carcass → carcase

carcassing *ép* épületváz-készítés; *gumi* vázfelépítés; ~ **material** *ép* szerkezeti anyag

carcinogenic karcinogén, rákkeltő

carcinogens karcinogén anyagok

carcinotron *távk* karcinotron

card I. *v* kartotékol, kartotékoz; *tex* kártol; **II.** *n geol* kompasz, iránytűrózsa, tájolórózsa, szélrózsa; *ip, irgép* kártya; *mzg* vakaró; *pa* karton(lap); kártya, kártya(lap); *szersz* gereben; *tex* (minta)kártya; kártológép; kártolószerszám; kártyalap; ~ **alignment** *szt* kártyaütköztetés; ~ **batch** kártyacsoport; ~ **bed** *szt* kártyaút; ~ **breaker** *tex* kártolófarkas; ~ **brusher** *tex* kárttisztító; ~ **cabinet** kartoték(terem); ~ **can** *tex* szalagkanna *(kártológéphez)*; ~**-case** névjegytartó; ~ **catalog(ue)** kartotékkatalógus; ~ **chain** *tex* kártológéplánc; ~ **channel** kártyapálya; ~ **cleaner/clearer** → ~ brusher; ~ **cloth** kártszövet; ~ **clothing** *gumi, tex* kártgarnitúra; kártolóhenger-bevonat, kártbevonat; kártolószalag; ~ **clothing device** kártbevonatszerelő/kártszalagfelhúzó berendzés; ~ **code** *szt* lyukkártyakód; ~ **collator** *szt* kártyaválogató (berendzés); koincidenciajel; ~ **column** *szt* kártyaoszlop; ~ **compass** szélrózsás iránytű; ~ **computer** kártyás számítógép; ~ **controlled accounting machine** (lyuk)kártyavezérlésű könyvelőgép; ~ **cornering station** *szt* kártyaegyengető állomás; ~ **counter** *szt* kártyaszámláló (gép); ~**-counting sorter** lyukkártyarendező gép; ~ **covering** *tex* kártbevonat; ~ **cradle** *tex* kártyavezető; ~ **cutter** *tex* kártyavágó; ~**-cutting** *tex* kártyavágás, kártyakiverés; ~**-cutting department** *tex* kártyavágó műhely; ~**-cutting machine** *tex* kártyaverő/kártyavágó gép; ~ **cycle** *szt* kártyamenet; ~ **cycle total transfer** *szt* összegátvitel kártyamenetnél; ~ **cylinder** *tex* kártolódob; ~ **deck** *szt* kártyacsomag; ~ **deflector** *szt* kártyavezető lemez; ~ **design** *szt* lyukkártyatervezés; ~ **end** kártolt szalag; ~ **face** (lyuk)kártya első oldala; ~ **feed** *szt* kártyaadagoló; ~ **feed (device/mechanism)** kártyabevezető/kártyaadagoló (készülék); ~**-feed hopper** kártyaadagoló rekesz; ~**-feed sheet** *tex* kártológépetetőasztal; ~ **fettlings** kártolási hulladék; ~ **field** mező *(lyukkártyán)*; ~ **file** *szt* kartotékrendszer, kártyaállomány; ~ **filler** *tex* kártológép-etető; ~ **fillet(ing)** *tex* kártszalag; ~ **fitting** *tex* (kárt)bevonat, kártszalag; ~ **fixer** kárthenger-szabályozó; ~ **fly** szállópihe *(kártolásnál)*; ~ **for cover** *pa* könyvfedéllemez; ~ **format** *szt* kártyabeosztás; ~ **frame** *tex* kártológép; ~ **framing bend** léces kártológép fedélíve; ~**-front waste** szalaghulladék *(kártolásnál)*; ~ **ga(u)ge** (lyuk)kártyasablon; ~ **grinding** *tex* kártcsiszolás; ~ **(-)grinding machine** *tex* kártköszörülő gép; ~ **guide** *szt* kártyavezetés; ~ **guide deflector** → ~ deflector; ~ **holder** *távk* kád, rakasz; ~ **hopper** *szt* kártyabetöltő; ~ **index** kartoték *(nyilvántartás)*; ~**-index** *v* kartotékol, kartotékoz; ~ **input** kártyabeadagolás, kártyabemenet; ~ **input track** kártyabeadagoló pálya; ~ **insertion** kártyabevezetés; ~ **installation** *tex* kártbevonat, kártgarnitúra; ~ **interpreter** *szt* lyukkártya-feliratozó; ~ **in working position** kártya munkapozícióban; ~ **irons** *pl tex* kártyahuzal; ~ **jam** *szt* kártyabegyűrés; ~ **jam detector** kártyaelakadást jelző berendezés; ~**-label** címke; ~ **lacer** *tex* kártyafűző; ~**-lacing** *tex* kártyasorozat fűzése, kártyaösszefűzés; ~**-lacing machine** *tex* kártszalagfelhúzó gép; kártyafűző (gép); ~ **lever** kártyaemelő kar; ~ **line** (lyuk)kártyasor; ~ **loader** *szt* kártyás töltőprogram; ~ **magazine** *szt* kártyatár; ~ **magnet** rózsába beépített mágnes *(iránytűé)*; ~ **magnetic compass** szélrózsás/mágneses iránytű; ~**-marking machine** szelvénybélyegző gép; ~ **matching** *szt* kártyaösszeválogatás; ~ **matching device** *szt* csoportkereső; ~ **middles** karton betétpapír; kartonpapírbetét; ~ **-mounting machine** *tex* kártszalagbevonó/kártszalagfelhúzó gép; ~ **neps** kártolási csomók; ~ **of warping** *tex* felvető előírás; ~**-operated typewriter** kártyavezérlésű írógép; ~ **organization** *szt* lyukkártyás szervezés; ~**-oriented computer** (lyuk)kártyaorientált/(lyuk)kártyafeldolgozó számítógép; ~**-oriented data processing system** (lyuk)kártyaorientált adatfeldolgozó rendszer; ~ **passage** *szt* kártyaátfutás; ~ **path** *szt* kártyaút; ~ **pegger** *tex* kártyafűző; ~ **perforator** kártyalyukasztó gép; ~ **printer,** ~ **printing plant** kártyanyomtató; ~ **processing system** kártyás adatfeldolgozó rendszer; ~ **programmed calculator** *aut* lyukkártya-vezérlésű/lyukkártyaprogramozású számológép; ~**-programmed electronic calculator** *rep* lyukkártyával programozott elektronikus számítógép; ~**-proof puncher** → ~ verifier; ~ **proving machine** kártyaellenőrző gép; ~ **punch** *szt* kártyalyukasztó; ~ **punch attachment** kártyalyukasztó-csatlakozás; ~ **puncher** *szt* kártyalyukasztó gép, perforátor; *tex* kártyakészítő, kártyaverő; ~ **punching rate** kártyalyukasztási sebesség; ~**-punching unit** kártyalyukasztó egység *(számítógépen)*; ~ **punch memory/store** kártyalyukasztó memóriaegysége/tárolója; ~ **random access memory (CRAM)** *szt* CRAM tároló/memória; tetszőleges kiválasztású kártyamemória; ~ **reader** *szt* lyukkártyaolvasó; ~ **reader punch** kártyaolvasó-lyukasztó egység; ~ **read track** kártyaolvasó pálya; ~ **reconditioner** lyukkártya-felújító; ~**-repeating ma-**

chine *tex* mintamásoló gép; ~ **reproducer** kártyamásoló; ~ **reverser** kártyasorrend-fordító; ~ **roller** *tex* kártolóhenger; ~ **row** *szt* kártyasor; ~ **saver** *szt* kártyamentő; ~**-saving motion** *tex* kártyakímélő szerkezet; ~ **scanner** kártyaletapogató; ~ **selector** *szt* kártyaszelektor; ~**-sensing unit** kártyaérzékelő egység; ~ **setter** *tex* kártbeállító, kártyabeállító; ~ **setting** kártbeállítás; kártszalagfelhúzás; kárttűosztás; ~**-setting machine** *tex* kártszalagkészítő gép; kárttűző gép; ~ **slide** *szt* kártyaszán; ~ **sliver** *tex* kártolt szalag; ~ **sliver dryer** kártoltszalag-szárító; ~ **sorting** kártyaosztályozás; ~**s per minute (cpm)** *szt* kártya per perc, cpm; ~ **stacker** *szt* (kártya)lerakó; ~ **staple** *tex* kártolófog, kártolótű, kárttű; ~ **store** *szt* kártyatároló; ~ **stripper** kártszalag-tisztító; ~ **strips/sweeps** *pl* kártolási hulladék; ~**-summary punch** *szt* összegző kártyalyukasztó; ~ **tenter** kártoló *(munkás)*; ~**-to-card comparing** *szt* kártyaellenőrzés; ~**-to-card transceiving** *szt* átvitel kártyáról kártyára; ~**-to-print program** *szt* kártyanyomtató program; ~**-to-punch program** *szt* kártyaolvasó program, kártyalyukasztó program; ~**-to-tape converter** kártya-szalag konverter; ~**-to-tape program** *szt* kártyaszalag program; ~ **track** kártyapálya; ~ **verifier** *szt* lyukkártya-ellenőrző; ~ **waste** *tex* kártolási hulladék; ~ **willow** *tex* kártolófarkas; ~ **winder** *tex* kártszalagfelhúzó; ~ **wire** *tex* kártolófog, kárt(szalag)tű; ~**-wire brush** *tex* kártszalagtisztító kefe; ~**-wire raising machine** *tex* kárttűs bolyhozógép; ~ **wiring** *tex* kártszalagtűzdelés; ~ **with central punching** belsőlyukasztású kártya; ~ **wreck** → ~ jam; ~ **yarn** *tex* kártolt (pamut)fonal

cardan *gép* kardán(csukló); ~ **axle** kardántengely; ~ **casing** *gépk* kardánház; ~**-cross casing/housing** *gépk* kardáncsuklóház; ~ **drive** kardánhajtás; ~ **gear** kardánáttétel, kardánhajtás; ~ **joint** *gép* gömbcsuklós kötés; *gépk* (kardán)csuklós tengelykapcsoló; kardáncsukló; ~**(-)joint casing** *gépk* kardánharang; ~ **shaft** *gép* csuklóstengely, kardántengely; ~ **shaft flange** kardántengely-karima; ~ **suspension** kardánfelfüggesztés; ~**-suspension magnetometer** kardánfelfüggesztéses magnetométer; ~ **transmission** → ~ gear

cardanic kardáncsuklós, kardán-; ~ **mounting/suspension** kardánfelfüggesztés

cardboard *pa* karton(lemez), kartonpapír, kéregpapír; mélynyomókarton; papírlemez; *tex* rendeződeszka; ~ **binding** *nyom* kartonkötés, keménypapírkötés; ~ **box** kartondoboz, papírlemez doboz/(könyv)tok; ~ **felt** *pa* lemezgépnemez; ~ **for card-index/index-cards** kartotékkarton, regiszterkarton; ~ **for metal foil** *pa* fémfólia-alapkarton; ~ **for tissue** selyemkarton; ~ **machine** kartonázsgép, dobozkészítő gép; ~ **plate** papírlemez tányér; ~ **press** papírlemezprés; ~**-reel cutter** kartontekercsvágó gép; ~ **roof** *ép* (kátrányos/bitumenes) lemezfedésű tető; ~ **shears** *pl* papírlemezolló; ~**-tacking machine** dobozfűző gép; ~ **tube** kartoncső, papírlemez cső

cardbox karton(doboz); ~ **machine** → cardboard machine

carded *tex* kártolt; ~ **cotton yarn** kártolt pamutfonal; ~ **web** kártolt fátyol; ~ **worsted yarn** nyújtott fésűsfonal *(kártolt és nyújtott szalagból)*; ~ **yarn** kártolt (pamut)fonal

carder *tex* kártoló(munkás)

cardiac | **catheter** *orv* szívkatéter; ~ **pacemaker** *orv* ütemadó, pacemaker; ~ **stimulant** *gyógyv* cardiacum; ~ **synchronizer** szívműködés-szinkronizátor

cardiazol *gyógyv* kardiazol

cardigan *kh* kötött kabát, kardigán; ~ **cam/lock** szemfeltartó lakat; ~ **stitch** sima feltartott kötés

cardinal I. *a mat* kardinális, sarkalatos; **II.** *n mat* kardinális szám; alapszám, számrendszer alapszáma; ~ **of the continuum** kontinuumszámosság; ~ **point** *csill* világtáj, égtáj; *opt* kardinális pont; ~ **product** Descartes-szorzat, (direkt) szorzat; ~ **-red** bíborvörös; ~ **stimuli** *opt* meghatározó színingerek; ~ **winds** *rep* főirányú szelek

cardinality *mat* kardinális szám, tőszám; rend; számosság; ~ **function** számosságfüggvény

carding *tex* kártolás; ~ **effect** kártolási fok, kártoló hatás; ~**(-)engine** kártológép; ~ **leather** kártolóbőr; ~ **roller** *tex* tűs henger; ~ **tape of beater** *tex* tűs verőgép; ~ **willow** *tex* farkasológép; tépőgép

cardiogram kardiogram

cardiograph kardiográf

cardioid | **curve** *mat* kardioid, szívgörbe; ~ **diagram** *rád* szívgörbediagram; ~**(-)microphone** kardioid mikrofon; ~ **pattern** → ~ diagram; ~ **phasing** *rád* oldalhatás-fokozás *(rádióirány-mérésnél)*

cardiometer *orv* kardiométer, szívmérő

cardiostimulator *orv* kardiostimulátor, szív(működés)-stimulátor

cardiotachometer kardiotachométer, szívműködés-sebességmérő

cardox *bány* kardox, szénsavas robbantóanyag; ~ **blasting** *bány* Cardox-eljárás; ~ **cylinder** kardoxhenger

care I. *v* karbantart; **II.** *n gép* ápolás, karbantartás; ~ **of monuments** műemlékvédelem; ~ **of the hearth** *koh* fenékjavítás *(üzem közben)*

careen I. *v hajó* felborul, felfordul, oldalára billen; megdönt, oldalt dönt; oldalra *v.* gerinccel felfelé fordít; **II.** *n* erős dőlés *v.* oldalra billentés; gerinccel felfelé fordulás; *hajó* megdöntés *(javítás céljából)*

careening wharf hajófenék-javító telep

caret *nyom* kihagyási/beszúrási jel

Carey-Foster bridge *el* Carey—Foster-híd

cargo *hajó, rep* teher, szállítmány, rakomány; ~ **accounting advice** *rep* szállítmányelszámolási értesítvény; ~ **aeroplane/aircraft/airplane** (teher)szállító repülőgép; ~ **batten** *hajó* izzasztódeszka, hombárhosszpántok, raktári oldalburkolat; ~ **bin** árutér; rakodótér; ~ **block** *hajó* rakodócsiga; ~ **boat** → ~ ship; ~ **building** áruraktár; ~ **capacity** teherbefogadó képesség, rakodóképesség; teherbírás; ~ **carrier** → ~ aeroplane; ~ **charter flight** *rep* áruszállító különjárat; ~ **compartment** *hajó, rep* rakodótér, teherkabin; ~ **container** darabáru-szállítótartály, konténer; ~**-convertible** *kat* teherszállításra átalakítható; ~ **flat** *hajó* rakodólap; ~ **handling** *rep* árukezelés, teherkezelés; árumozgatás, tehermozgatás; ~ **handling facilities** *rep* árurakodó/teherrakodó eszközök; ~ **handling gear** *hajó* rakodófelszerelés, (be- és ki)rakodógépek és felszerelések; ~ **hatch** *hajó* raktárszád; ~ **helicopter** *rep* szállítóhelikopter; ~ **hold** *hajó* (hajó)raktár; fenékűr; *hajó, rep* rakodótér; ~ **hook** *hajó* teheremelő horog, rakodókampó; ~ **in transit** *rep* tranzitáru; ~ **light** *hajó* rakodófényszóró; ~ **load factor** *rep* áruterhelési tényező; ~ **loading chart** *rep* terheléselosztási terv; ~ **manifest** *hajó, rep* rakománykimutatás, rakományjegyzék; *rep* árunyilatkozat; ~ **meal** *élip* fehér rizsliszt; ~ **net** *rep* rakományrögzítő háló; ~ **operations** *rep* áruszállítások; ~ **parachute** *kat* teherernyő; ~ **passenger capacity** *rep* repülőgép teherbíró képessége áru- és utasszállításnál; ~ **plane** → ~ aeroplane; ~ **pump** *ol* töltőszivattyú; ~ **rate** *rep* árutarifa; ~ **rocket** teherszállító rakéta; ~ **sheet** *rep* árujegyzék; ~ **ship** teherszállító/áruszállító hajó; (kereskedelmi) teherhajó; ~ **space** → ~ hold; ~ **terminal** *rep* légiáruforgalmi épület; ~ **ton-mile** *rep* árutonnamérföld; ~ **trailer** *gépk* teherpótkocsi; ~ **turner** *ép* hidraulikus markolóforgató; ~ **vehicle** teherszállító jármű; ~ **vessel** teherszállító hajó; (kereskedelmi) teherhajó; ~ **winch** *hajó* csörlő, rakodócsörlő

cargoplan *hajó, rep* áruszállítási terv

carillon *hang* harangjáték(mű)

carinate *geol* gerinc alakú

cariole → carryall

Carius | **oven** Carius-kemence, csőforrasztó kemence; ~ **tube** *vegy* bombacső, forraszcső, lezárt/beforrasztott cső

carline *ép* tetőszarufa; *hajó* belsőtőke, (közép-)hosszmerevítő *(bordák közt)*; *vasút* védháztetőív

carling → carline

carload (CL) *bány* csillerakomány *(űrmérték)*; *közl* kocsirakomány, vagonrakomány; ~ **delivery** telecsille-előtolás; ~ **of coal** *vasút* egy vagon szén

carloader *bány* rakodóberendezés, rakodókocsi

carloading kocsirakomány, vagonrakomány; ~ **elevator** *bány* csillerakodó szalag; ~ **equipment** *vasút* vagonrakodó berendezés; ~ **height** csilletöltés magassága; ~ **spout** kocsirakó futócső

Carlsbad | **law** *ásv* karlsbadi (iker)törvény; ~ **twin** karlsbadi iker

carman *bány, ép* csillés; *gépk* gépkocsifuvarozó

carmine kármin(festék); ~ **red** kárminpiros

carminite *ásv* karminit

carnallite *ásv* karnallit, kálium-magnézium-klorid

carnation hússzín, testszín; hússzínű aláfestés

carnauba wax karnaubaviasz

carnaubic acid *vegy* lignocerinsav

carnaubyl alcohol lignocerin-alkohol

carnelian *ásv* karneol

carneol → carnelian

Carnian stage *geol* karni emelet

Carnot | **coefficient of performance (C.O.P.)** *fiz* ideális fajlagos hűtőteljesítmény; ~ **efficiency** *fiz* termodinamikai hatásfok; ~**' law,** ~**('s) theorem** Carnot-tétel; ~ **(working) cycle** Carnot-körfolyamat, Carnot-ciklus

carnotite *ásv* karnotit

Caro's acid *vegy* Caro-féle sav, peroxi-monokénsav

carotene *vegy* karotin

carotenoid *vegy* karotinoid

carotin → carotene

carotter *bőr* pácolómunkás

carousel | **memory/storage** *szt* karusszeltár(oló); ~ **separator** *bány* karusszelszeparátor

Carpathian | **Sandstone** *geol* kárpáti homokkő; ~ **stage** *geol* kárpáti emelet

carpenter ács; ~**'s auger (with spike)** *ép* csapszegfúró, furdancs(fúró); ~**'s axe** lyuktisztító, egyszerű ácskötőfejsze; ~**'s bench** gyalupad; ~**'s brace** asztalosfurdancs; ~**'s chisel** asztalosvéső; ~**'s clamp** asztaloscsavarszorító; ~**'s drawing knife** vonókés; ~**'s drilling machine** ácsfúrógép; ~**'s flat chisel** ácsvéső; ~**'s frame level** ácsvízmérték; ~**'s ga(u)ge** ácsmérce, vonós mérték; ~**'s hatchet** ácsbárd, ácsszekerce; ~**'s roofing hammer** tetőlécező kalapács; ~**'s roughing-out chisel** nagyoló ácsvéső; ~**'s rule** ácsvonalzó, famérő léc; ~**'s saw** ácsfűrész; ~**'s square** ácsderékszög; ~**'s twisted auger** kígyórúdfúró; ~**'s wood** *ép* épületfa; ~**'s work** *ép* ácsszerkezet; ~**'s yard** épületfatelep; *ép* ácstelep, ácsudvar

Carpenter's relay *távk* Carpenter-jelfogó

carpentry ácsipar, ácsmesterség; ácsműhely; ácsmunka; ácskötés; ~ **timber** ipari fa, ácsfa; ~**-type structures** ácsjellegű fedélszerkezetek

carpet I. *v* szőnyeggel borít/fed; *ép* bitumenez; burkol; kavicsol; **II.** *n* szőnyeg; fedőréteg *(burkolaté)*; ~ **backing** szőnyegalátét; ~ **bombing** *kat* szőnyegbombázás; ~ **brown** fedélbetétpapír; ~ **brush unit** szőnyegkefélő- és felszívógép; ~ **cable** szalagkábel; ~ **cleaning machine** szőnyegpadló-tisztító gép; ~ **cloth** futószőnyeg; ~**-covered** szőnyeggel fedett/borított, (be)szőnyegezett; ~ **felt** fedélbetétpapír; ~**-felt paper** szőnyegalátét-papír; ~ **floor** *ép* szőnyegpadló; ~ **fringer** rojtkészítő, szőnyegrojtozó; ~ **industry** szőnyegipar; ~ **knife** fonalhurokkés *(szőnyegszövésnél)*; ~ **loom** szőnyegszövő gép; ~ **mill** szőnyegszövő gyár; ~ **shampoo(ing) machine** szőnyegpadló-samponozó gép; ~ **shearing mashine** szőnyegnyírógép; ~ **shuttle** vetélő *(szőnyegszövéshez)*; ~ **warp** szőnyeglánc; ~ **weaving** szőnyegszövés; ~ **wool** szőnyeggyapjú

carpeted floor *ép* szőnyegpadló

carpeting *ép* kavicsolás, bitumenezés; szőnyegborítás; szőnyegpadló; *tex* szőnyeganyag, szőnyegáru; ~ **work** *ép* bitumenes útburkolat-kezelés

carpholite *ásv* karfolit

carphosiderit *ásv* karfosziderit

carphostilbite *ásv* karfosztilbit

carrag(h)een *gyógyv* karragén, gyöngyzuzmó, ír zuzmó

Carrara marble karrarai márvány

carreaux *tex* kockás selyemszövet

Carrel-Dakin solution *vegy* hígított nátrium-hipoklorit-oldat

carriage kocsi, jármű; kocsijárat; fuvardíj, tarifa; *bány* csille; csillealváz; fúrógéplafetta; futómű; kas, fülke (emelőn); *el* csúszka, csúszóérintkező, tolóérintkező; *em* futómacska, futókocsi; *ép* állványzat; *finm* varrógéphajó; *forg* (ágy)szán, csúszószán, orsószán; szupport; *gép* futókocsi, futómű; *gépk* alváz; *irgép* kocsi; *kat* (löveg)talp, ágyútalp; *közl* szállítás, fuvarozás; szállítmány, fuvar; *nyom* fenéklap, (kocsis) nyomóalap, kocsi *(gyorssajtón)*; *rep* futószerkezet; gondola; *szt* kocsi; *távk* távgépírókocsi; *tex* szelfaktorkocsi, kocsiszerkezet *(szelfaktoron)*; *vasút* gördülés *(vagoné)*; vagon, kocsi; ~ **apron** *forg* lakatszekrény, szánszekrény; ~**(-)beam** kocsirúd; ~**(-)body** *gépk* kocsiszekrény, karosszéria; *kat* lővegtalptest felső része; ~ **bolt** *ép* kapuheveder, kapupántcsavar; ~ **charge** *vasút* fuvardíj, tarifa; ~ **clamp** *forg* szánrögzítő kar; ~ **cloth** *tex* üléshuzatanyag; ~ **control (CC)** *koh, szt* kocsivezérlés; ~ **control tape** *szt* kocsivezérlő szalag *(nyomtatón)*; ~ **delivery** *nyom* kocsis ívkirakás; ~ **drag** *tex* nyújtás kocsimozgással *(szelfaktoron)*; ~ **draw spring** kocsihúzó rugó *(írógépen)*; ~**(-)drive** kocsiút; *nyom* nyomóalaphajtás; ~ **feeds** *pl* rönktoló kocsi *(fűrészkerethez)*; ~ **fitting** (kocsi)vasalás, kocsiveret; ~ **frame** *ép* görgőkeret *(csapóhídé)*; *vasút* kocsialváz; ~ **freight** fuvardíj, tarifa; ~ **fuse** *el* kocsibiztosító; ~**-gate** *ép* kocsibehajtó; ~ **gib** *forg* szupportvezeték-betétléc; ~ **grease** kocsikenőcs; ~ **grinder,** ~ **grinding machine** szánköszörűgép; ~ **guide** *forg* szánvezeték; ~ **handle** *forg* szupportfogantyú; ~ **in parts** *kat* szétszedhető lövegtalp; ~ **interlock** előtolás adagoló zárószerkezete; ~**-jack** *gépk* hévér, fogaskerekes/csavaros kézi kocsiemelő; ~ **lever** *irgép* kocsiemeltyű, írógépkocsiemeltyű; ~ **lock(ing)** *ép, koh, szt* kocsirögzítő, kocsizár; ~ **lock lever** *irgép* kocsirögzítő; ~**-maker's rabbet plane cutter** *szersz* bognárgyalukés; ~ **panel** karosszérialemez; ~ **plough/plow** *mzg* taligás eke; ~ **rack** *vasút* poggyásztartó; ~ **rail** *forg* szánvezeték; ~ **receding motion** *tex* kocsivisszatolás; ~ **rest** *tex* kocsifejrész; ~ **return** *irgép* kocsivisszafutás; *szt* kocsivissza; *távb* kocsiváltás; ~ **return character (CR)** *szt* kocsivissza, CR *(vezérlőkarakter)*; ~**-return clutch** *távb* kocsiváltó tengelykapcsoló; ~**-return key** kocsivisszafutási billentyű; ~ **return line feed (CRLF)** *szt* szövegállományok sorvégi jelpárja, CRLF; ~**-return spring** *távb* kocsihúzó rugó; ~ **rolling stock** → ~ stock; ~ **saddle** *forg* szán(nyereg); ~ **section** *kat* lövegtalprészleg; ~ **shop** kocsijavító műhely; ~ **side** *kat* lövegtalpoldal; ~ **skip** *szt* előtolás; ~ **spring** *vasút* kocsirugó *(lemezes)*; ~ **stock** *vasút* gördülőanyag, kocsiállomány; ~**-support bearing** *kat* lövegtalptámasztó felület; ~ **tape control** *szt* papírszalagos (formátum)vezérlés; ~ **tape punch** *szt* kézi szalaglyukasztó; ~ **tension spring** kocsihúzó rugó *(írógépen)*; ~**-transport wag(g)on** *kat* lövegtalpkocsi; ~ **truck** *vasút* nyitott teherkocsi

carriageable közlekedésre alkalmas; ~ **road** kocsival járható út

carriageway *közl* úttest, útpálya; ~ **jointing chamber,** ~ **man-hole** *távk, el* úttesti kábelakna; ~ **surfacing** *ép* útburkolat, (út)pályaburkolat

carrier keret; szállítóedény; hordozó, tartó, támasz; *el* oszlop; tartókötél; töltéshordozó; *ép* szalaggörgő; tartógerenda; *forg* csúszószán; esztergaszív; menesztő(hüvely); *foto* diakeret; *gyógyv* doboz, fiola; *hang* hangvezető; *kat* szállítójármű, repülőgép-anyahajó; závárzattartó; *közl* csomagtartó *(kerékpáron)*; hajtómű; *mat* alaphalmaz, tartóhalmaz; tartó; *mzg* keret *(ekéé)*; *nyom* közvetítőhenger; szorítóléc; *rak* hordozórakéta; *rep* szállítótársaság; *szt* vivő; *távk* levélhordó hüvely *(csőpostán)*; vivő(hullám), hordozóhullám; *tex* fonalvezető; szálduzzasztó/színezésgyorsító szer; *vasút* csigakengyel; *vegy* hordozó, tartó, támasz; hordozóanyag, oldóanyag; hordozógáz; ~ **aircraft** anyahajó-repülőgép; ~ **amplitude** vivőhullám-amplitúdó; ~ **arm** tartókar; ~ **attachment** *tex* fonalvezető ütköző; ~ **avalanche** töltéshordozó-lavina; ~**-bag** füleszacskó; bevásárlószatyor; ~ **bar** *ol* simarúd-szállítószék; ~**-based** → ~-borne; ~ **block** *kat* géppuskazávárzat; ~**-borne** *rep* anyahajón szállított; ~ **break-through** töltéshordozó-átütés; ~ **broadcasting system** vezetékes rádió; ~ **cable** *el* tartósodrony; ~ **canal** *hidr* szállítócsatorna, összekötőcsatorna; tápcsatorna; ~ **channel** *távk* vivőfrekvenciás/vivőhullámú csatorna; ~ **chassis with articulated steering,** ~ **chassis with center pivot steering** *ép* csuklós (kormányzású) járószerkezet; ~ **component** *távk* vivőösszetevő; ~ **compound** *vegy* hordozóvegyület; ~ **concentration** töltéshordozó-koncentráció; ~ **coupling** *gép* menesztőkapcsoló; ~ **current (CC)** *el* vivőáram; ~**(-)current channel** → ~ channel; ~**(-)current protection** vivőfrekvenciás (szakasz)védelem; ~**(-)current relaying** továbbítás vivőhullámú berendezéssel; ~**(-)current signal** vivőáramjel; ~**(-)current telegraphy** → ~ telegraphy; ~**(-)current telephony** vivőáramú telefónia/távbeszélő(-rendszer); ~**(-)current transmitter** vivőáramú adóállomás; ~ **curve** *mat* hordozógörbe, tartógörbe; ~ **density** töltéshordozó-sűrűség; ~ **diffusion** töltéshordozó-diffúzió; ~ **distribution** töltéshordozó-eloszlás; ~ **filter** *távk* vivőszűrő; ~ **fork** öntőüstszállító villa; ~ **free** töltéshordozó nélküli; *vegy* hordozómentes; ~ **free catalyst** *vegy* hordozómentes katalizátor; ~ **frequency (CF)** vivőfrekvencia; ~**-frequency amplification** vivőfrekvenciás erősítés; ~**-frequency amplifier** vivőfrekvenciás erősítő; ~**-frequency line** vivőáramú vezeték; ~**-frequency range** vivőfrekvencia-tartomány; ~**-frequency reduction** vivőfrekvencia-esés; ~**-frequency repeater** vivőáramú erősítő; ~**-frequency system** vivőáramú/vivőfrekvenciás rendszer; ~**-frequency technique** vivőfrekvenciás technika; ~**-frequency tolerance** vivőfrekvencia-eltérés *(megengedett)*; ~**-frequency transmission** vivőáramú/vivőfrekvenciás átvitel; ~ **gas** *ol* vivőgáz, munkagáz; ~ **idler** *gép* szalaggörgő; ~ **idler set** görgős alátámasztás; ~ **injection** injektálás, töltéshordozók belövellése; ~ **input** bemenőszint *(vivőfrekvenciáé)*; ~ **leakage factor** *távk* vivőszivárgás; ~ **level** vivőfrekvencia-szint, vivőszint; ~**-level deviation** vivőfrekvencia szinteltérése; ~ **lifetime** *félv* töltéshordozó élettartama; ~ **line section** vivőfrekvenciás vonalszakasz; ~ **mobility** *félv* töltésmozgékonyság; ~ **multiplication/multiplying** *félv* töltéshordozó-sokszorozódás; ~ **of charge** *el* töltéshordozó; ~ **of radiant energy** sugárzóenergia-hordozó; ~**-on-cable equipment** kábeles vivőáramú berendezés; ~**-operated device anti-noise (CODAN)** *rád* CODAN, vivőhullámtól függő zajzár; ~ **oscillation** vivőrezgés, vivőhullámrezgés; ~ **phase** vivőfázis; ~ **pin** *forg* menesztőcsap; *gép* tartócsap; ~ **plate** *gép* csatlótárcsa; menesztőtárcsa; *szersz* támlalemez; ~**-reference white level** *tv* fehérszint(maximum), legnagyobb megvilágításnak megfelelő vivőhullám-amplitúdó; ~ **ring** *koh* tartógyűrű, rugós horog, karabiner; ~ **rocket** hordozórakéta; ~ **rod** *gép* menesztőrúd; ~ **roller** *tex* irányítóhenger; ~ **rope** *pa* felvezetőkötél; ~ **scraper** szállító földnyeső; ~ **sense multiple access (CSMA)** *szt* vivőérzékelő időosztásos hozzáférés, CSMA; ~ **sense multiple access with collision detection (CSMA/CD)** *szt* vivőérzékelő időosztásos hozzáférés ütközésfigyeléssel; ~ **sheet** *tex* szállítóheveder; ~ **shift** vivőáram-elcsúszás, hordozóhullám frekvenciájának változási értéke; ~ **signal** *szt* vivőjel; ~**'s tariffs** *rep* szállítótársaság ártáblázata; ~ **stop** *kh* saru *(síkkötőn)*; *tex* fonalvezető-ütköző; ~ **storage** *félv* töltéstárolás; ~ **storage effect** *félv* töltéshordozó-felhalmozódás; ~ **storage time** *el* tárolási idő; *félv* töltéshordozó-felhalmozódási idő; ~ **stretcher** *orv* betegszállító hordágy; ~ **supply** vivőáramellátás, vivőfrekvencia-ellátás; ~**-supply change-over** *távk* vivőfrekvenciatápegység-átkapcsoló; ~ **suppression** *távk* hordozóhullám/vivőhullám kiszűrése; vivőáram-elnyomás; vivőhullám-elnyomás; ~ **suppressor** *távk* vivőszűrő; ~ **system** → ~ frequency system; ~ **technique** vivőfrekvenciás (átviteli) technika; ~ **telegraphy** vivőfrekvenciás távíró; ~ **telemetering** vivőfrekvenciás távmérés; ~ **telephone equipment** vivőáramú távbeszélő-berendezés; ~ **telephony system** → ~-current telephony; ~ **terminal** vivőáramú végberendezés; ~**-to-noise ratio (CNR)** vivőfrekvencia-zaj viszony; ~ **transmission** vivőáramú/vivőfrekvenciás átvitel; vivőfrekvencia-átvitel; ~ **trapping** töltéshordozó-befogás; ~ **tube** *tex* fonalvezető cső; ~**-type shell** *kat* füst- *v.* gáz- stb. anyaggal tölthető gránát, vegyilövedék, gázlövedék; ~ **vapo(u)r distillation** *ol* vivőgőzös desztilláció; ~ **vehicle** hordozórakéta; ~ **voltage** *el* vivőfeszültség; ~ **wave (CW)** *el, távk* vivőhullám, hordozóhullám; ~**-wave amplification** vivőhullám-erősítés; ~**-wave component** vivőhullám-összetevő; ~**-wave frequency** → ~ frequency; ~**-wave supply equipment** vivőfrekvenciás tápegység; ~**-wave telegraphy (CWT)** → ~ telegraphy; ~**-wave telephony** → ~-current telephony; ~ **wire** tartóhuzal

carrot *élip* sárgarépa, karotta; ~ **breaker** *mzg* magtörő; ~ **lifter** *mzg* répakiemelő, répakiszántó; ~**s** *pa* papírtekercsek; ~**-shaped coating** felülről vastagított elektródbevonat

carrousel → carousel

carry I. *n szt* átvitel; **II.** *v* (el)visz, (el)szállít, hord(oz); vezet *(hangot, áramot)*; megnyer; tárol; termel; visel; *kat* hord *(lőfegyver)*; *ol* szállít *(csővezetéken)*; *szt* átvisz; **III.** *n kat* röptáv(olság), hordás, hordtávolság (fegyveré); *mat* maradék; *szt* átvitel; ~ **bar** *gép* alátámasztó rúd; ~ **bit** *szt* átviteli bit; ~ **current** *v el* áramot vezet, áram alatt van; ~ **current on the line** *v el* vezetéket bekapcsol *v.* áram alá helyez; ~ **digit** *mat* ávitt számjegy; maradék; *szt* átviteli jegy; ~ **flag (CRY)** *szt* átviteljelző bit, CRY; ~ **flip-flop** *szt* átviteli/átviteltároló multivibrátor; ~ **for ... metres** *v* hordtávolsága ... méter, ... méterre hord; ~ **in** *v szt* bevisz, betáplál; ~ **off** *v* elvezet, elvisz; ~ **out** *v* kivitelez, végrehajt, végez; ~ **over** *v mat* átvisz *(egyenlet másik oldalára)*; *nyom* átvisz *(sorokat a következő oldalra)*; ~**-over** *mat* maradék; *ol* (csepp)áthordás; *szt* átvitel; ~**-over data** *szt* átviteli adatok; ~**-over factor** *ép, szt* átviteli tényező; ~**-over moment** *fiz* átvitt nyomaték; ~**-over register** *szt* átviteli regiszter; ~**-over reservoir** *hidr* többéves kiegyenlítésű tározó; ~**-over storage** *szt* átviteltárolás; ~**-over table** átviteli táblázat; ~ **pipes under a streat** *v* utca alatt vezetéket/csövet fektet le; ~ **storage** *szt* átviteltárolás; ~ **time** *szt* átviteli idő; ~ **to a temperature of . . . degrees** *v* . . . fokra felmelegít; ~ **to failure** *v any* törésig folytat *(vizsgálatot)*; ~ **to three decimal places** *v* három tizedesnyi pontossággal számol/kiszámít; ~ **traffic** *v közl* forgalmat visz/lebonyolít; ~ **up** *v ép* felhúz *(falat)*; ~ **water** *v* vizet tart, vizet nem ereszt át *v.* részben ereszt át

carryall *bány* vontatósaraboló; ~ **scraper** → carrying scraper

carrying hordás, vitel; *mat* átvitel; ~ **a current** *el* áramvezető, áramszállító, áram alatti, bekapcsolt; ~ **agent** *vegy* hordozóközeg; ~ **axle** *vasút* futótengely; ~ **bar** *mzg* főtartórúd *(kultivátoron)*; gerendely; ~ **cable** *el* tartósodrony; *em* hordkötél, hordozókötél; ~ **capacity** *el* maximális terhelhetőség; *ép* teherbírás; *hajó* hasznos szállítótér; *közl* hordképesség, raksúly; ~ **capacity of a conductor** vezető terhelhetősége; ~ **capacity of hydraulic prop** hidraulikus tám teherbírása; ~ **case** (szerszám)láda; *foto* felvevőgéptáska; ~ **chain** tartólánc; ~ **gangway** *hajó* teherhordó-feljáró; ~ **high voltage** *el* nagyfeszültségű, nagyfeszültség alatti; ~**-over** *mat* átvitel; ~ **pivot** hordozócsap; ~ **power** hatóerő; ~ **rail** *vasút* átmeneti sín; ~ **ring** *gép* menesztőgyűrű, terelőgyűrű; ~ **rod** *vasút* tartórúd; ~ **roll** *pa* támhenger; *tex* irányítóhenger; ~ **roller** *ép* szalaggörgő; *heng* támgörgő; vezetőhenger; ~ **scraper** *ép* nyerges vontatott földnyeső, vontatott egytengelyes földnyeső; ~ **side** munkafelület *(szállítószalagon)*; ~ **slat** *em* hordozólemez; ~ **sleeve** *gép* kerékfelerősítő tárcsa; ~ **spool** *foto* filmtovábbító orsó; ~ **strand** *bány, em* terhelt ág, hordóág, vivőág; ~ **strap** *kat* hordszíj; ~ **tongs** *pl* markolófogó, szállítófogó; *ol* csőfogó/csőszállító kulcs; ~ **wheel** *vasút* futókerék *(mozdonyon)*; ~ **yoke** *em* függesztőkengyel, függeszték

CARS → community antenna relay system

Carson's transformation *el, mat* Carson-transzformáció

carstone *geol* vastartalmú homokkő

cart I. *v* szállít; **II.** *n* (kétkerekű) szekér, kocsi; taliga; ~ **away** *v* elszállít *(taligán)*; elfuvaroz *(földet)*; ~ **rut** keréknyom

cartage fuvardíj, tarifa; fuvarozás *(tengelyen)*

cartella *tex* beteghernyós gubó, kartella

Carter | chart/diagram *el* Carter-diagram; ~ **disc/disk separator** *mzg* tárcsás triőr, carter-triőr; ~**('s) coefficient** *el* Carter-tényező

Cartesian *mat* Descartes-(féle); ~ **axes** Descartes-féle/derékszögű koordináta-rendszer tengelyei; ~ **coordinate system** Descartes-féle/derékszögű koordináta-rendszer; ~ **geometry** analitikus geometria; ~ **normal form** iránytényezős egyenlet *(egyenesé)*; ~ **product** Descartes-szorzat, direkt szorzat; ~ **space** euklideszi/aritmetikai tér

carting átrakás, áthordás, átszállítás (tengelyen); *bány* szénszállítás *(szánnal/teknőcsillével)*

cartload kubikostaliga-fuvar; kocsirakomány, vagonrakomány

cartogram kartogram, térképes ábrázolás

cartographer térképész, térképrajzoló, kartográfus

cartographic térképészeti, kartográfiai; ~ **correction** *geof* kartografikus korrekció, térképhatás-korrekció; kartografikus korrekció, térképhatáskorrekció; ~ **effect** *geof* térképhatás, kartografikus hatás

cartography térképészet, kartográfia

carton kartondoboz, papírlemez doboz/(könyv)tok; *kat* célfekete; *pa* kéregpapír, kartonpapír; ~ **label** dobozcímke; ~**-liner paper** béléspapír *(ládákhoz)*; borítópapír, kasírozópapír; ~ **pierre** *pa* kőkarton

cartoon rajzvázlat; karton *(freskóhoz, gobelinhez)*; *film* rajzfilm; trükkrajz; ~ **bench set-up** *film* trükkasztal
cartouch(e) töltet *(tűzijátéké)*; *ép* pajzsdísz, kártus; *kat* hüvely; kartács
cartridge *el* biztosítódugó; *foto* filmtekercs *(kazettában)*, kazetta(töltés); *hang* (kiszerelhető/cserélhető) pick-up, lejátszófej; kazetta; *kat* gránáthüvely; kartács; patron; petárda; töltény *(tölténytárban)*; tölténytár, magazin, gránáthüvely; töltés; *pa* papíralak *(26"x21")*; *szt* (mágnesszalag-)kazetta; ~ **base** töltényfenék; ~**-base flange** töltényfenékperem; ~ **bay** *kat* töltetzacskó; ~ **belt** *kat* töltényheveder; töltényszalag; ~ **board** *kat* patronlemez; ~ **brass** töltényhüvely-sárgaréz; ~ **carrier** *kat* tölténytáska; ~ **case** töltényhüvely, kartácshüvely; ~**-case base** *kat* hüvelyfenék; ~**-case deflector** hüvelykivető ütközőlemez; ~**-case extractor** (hüvely)kivető; ~**-case head** hüvelyperem; ~**-case neck** hüvelynyak; ~**-case perforation** hüvelyfurat; ~ **chamber** töltényűr; ~ **changer** kazettaváltó; ~ **clip** *kat* tölténykarima; töltőszerkezet; ~**-clip guide** töltőszerkezet-vezetősín; ~**-clip hook** *kat* töltőszerkezet-emelőhorog; ~ **density** *bány* robbanóanyag tölténysűrűsége; ~ **disc/disk/drum** *kat* dobtár; ~ **disk** *szt* kazettás lemez; ~ **disk memory** *szt* lemezkazettás tároló; ~ **ejector** *kat* tölténykivető; ~ **extractor** töltényhüvelyvonó; ~ **for cut-out** *el* biztosítódugó; ~ **fuse** *el* biztosítóbetét; „D" rendszerű biztosító; ~**-guard pin** töltényterelő csapja; ~ **guide** *kat* töltényvezeték, töltényterelő; ~**-guide spring** *kat* töltényterelő-rugó; ~ **hammer** *ép* nagy sebességű szögbelövő készülék; ütőfejes tolódugattyús belövőkészülék; ~ **heater** *el* fűtőrúd; merülőforraló; ~ **hook** *kat* töltényadogató; ~ **latch** *kat* rakétaágyú-zárszerkezet; ~ **latch-pin** rakétaágyúzártengely; ~ **oil filter** *gép* betétes olajszűrő; ~ **paper** töltény(hüvely)papír; szegcsomagoló papír; ~ **pliers** *pl bány* gyutacsfogó; ~ **pouch** tölténytáska; ~**-powered rivet-driver** *ép* tolódugattyús szögbelövő készülék; ~**-powered stud-driver** *ép* szögbelövő pisztoly; ~ **primer** *kat* gyutacs *(töltényfenék közepén)*; ~ **retractor** töltényvonó; ~ **shell** töltényhüvely, patronhüvely; ~**-spacer ring** tölténytartó gyűrű; ~ **starter** töltényes motorindító; ~ **stop** *kat* tölténygátló; ütközőváll *(az átmeneti kúpban)*; ~ **tray** tárcsás tölténytár; ~**-tube paper** töltényhüvelypapír; ~ **wire** *bány* gyutacsvezeték; robbantóhuzal
cartwheel (kocsi)kerék
cartwright bognár; ~**'s bench** bognárgyalupad; ~**'s chisel** bognárvéső, kádárvéső; ~**'s hatchet** bognártopor
carvacrol *vegy* karvakrol
carve I. *v* kifarag, kivés *(kőből)*; aprít, feldarabol; *bány* (ki)résel; *geol* elmállaszt; **II.** *n pa* elővágó
carved | **stone elements** *ép* faragottkő elemek; ~ **veneer** *fa* késelt furnér; ~ **wood** fafaragás
carvel deszkaborítás *(lapolás nélküli v. sima palánkolású)*; *hajó* karvel; sima borítású (verseny)hajó; ~ **-built** karvel építésű, csatlakozó palánkos sima felületi építésű; ~ **work** karvelépítés, karvelpalánkolás
carver vésnök; rézmetsző; *élip* húsvágó/húsdaraboló kés; *ép* asztalos(-faragó)penge; *fa* (fa)szobrász, fametsző; faragókés, faragópenge
carving faragvány; faragás, vésés; ~ **chisel** ferdevéső, szobrászvéső; ~ **knife** *élip* húsvágó kés; *fa* kádárkés; vonókés, faragókés; ~ **table** *élip* tőke, húsvágóasztal
carvone *vegy* karvon
caryocerite *ásv* kariocerit
CAS → calibrated airspeed; → civil air service; → close air support; → collision avoidance system
Casagrande | **liquid limit/LL** *bány* Casagrande-féle folyási határ; ~ **LL apparatus** *bány* Casagrande-csésze
cascadable counter *szt* kaszkádba kapcsolható számláló
cascade I. *v el, vegy* sorba/kaszkádba kapcsol; **II.** *n el* fokozat; kaszkád; kaszkádkapcsolás; *hidr* (lépcsős) vízesés; sellő, zuhatag; *rep* fokozat, szelvényrács; *vegy* kaszkád; ~ **action control** → ~ control; ~ **action controller** *aut* vezető szabályozó; ~ **aeration** *hidr* kaszkádos levegőztetés; ~ **amplifier** *el* fokozaterősítő, kaszkáderősítő, többfokozatú erősítő; ~ **assembly** *rep* fokozatos szelvényrácsos szerelvény; ~ **battery** *el* sorba kapcsolt telep; ~**(-)connected** *el* kaszkádba kapcsolt; sorba kapcsolt; ~ **connection** *el* kaszkádkapcsolás, kaszkád-összekapcsolás; lépcsős kapcsolás; soros kapcsolás, sorbakapcsolás; ~ **control** *aut* kaszkádszabályozás, kaszkádvezérlés; ~ **controller** *el* kaszkádszabályozó; ~ **control of a multiple street lighting system** utcavilágítási/közvilágítási berendezés kaszkádvezérlése; ~ **convertor/converter** *el* kaszkádátalakító; ~ **culvert** *ép* lépcsős áteresz; ~ **drive** kaszkádhajtás; ~ **dryer/drier** szakaszos szárítóberendezés; ~ **electrons** *at* kaszkádelektronok; ~ **electrooptic modulator** *aut* elektrooptikus kaszkádmodulátor; ~ **emission** *at* kaszkádsugárzás, kaszkádemisszió; ~ **fall** *hidr* zuhogó, lépcsős szabad z-ugó; ~ **flow** *rep* szelvényrács körüláramlása; ~ **grate** *hőt* kaszkádrostély; ~ **hyperon** *at* kszi-hiperon, kaszkádhiperon; ~ **impactor** *fiz* sorozatos ütközésmérő; *met* impaktor; ~ **joining/juncture** kaszkádösszekapcsolás; ~ **kiln** *ker* kaszkádkemence; ~ **method of comparison** *fiz* kis fokozatok módszere; ~ **method of freezing** fagyasztás kaszkádmódszerrel; ~ **motor** *el* kaszkádmotor; ~ **multiplier** *el* kaszkádgenerátor; ~ **network synthesis** *el* kaszkádszintézis; ~ **of separating units** *at* leválasztókaszkád, leválasztó készüléksorozat; ~ **particle** *at* kaszkádrészecske; ~ **phosphor screen** *tv* többrétegű ernyő, kaszkádernyő; ~ **principle** *fiz* kaszkádelv; ~ **process** *at* kaszkádfolyamat; ~ **quadrupler** *rád, távk* kaszkádfeszültségnégyszerező; ~ **radiation** *at* kaszkádsugárzás, kaszkádemisszió; ~ **screen** *tv* többrétegű ernyő, kaszkádernyő; *vegy* szűrősorozat; ~ **shower** *at* kaszkádzápor; ~ **sorting** *szt* kaszkádrendezés; ~ **spillway** *hidr* lépcsős túlfolyó, túlfolyókaszkád; ~ **starter** *el* kaszkádindító; ~ **synthesis** *el* kaszkádszintézis; ~ **system** *el* lánckapcsolás, kaszkádkapcsolás, lépcsős kapcsolás; *élip* kaszkád-összekapcsolás; kaszkádkapcsolás(ú hűtőgép); *vegy* kaszkádrendszerű kénsavtöményítés *(kénsavgyártás)*; ~ **transformer** *el* kaszkádtranszformátor; ~ **tray** *vegy* kaszkádtányér; ~ **tube** *orv* kaszkád-röntgensugárcső, kaszkádcső; ~**-type thrust reverser** *rep* kaszkádtípusú sugárfék; ~ **weir** *hidr* lépcsős bukó, kaszkádbukó; ~ **welding** kaszkádhegesztés
cascaded *el* több fokozatú, lépcsőzetes, kaszkád-; ~ **carry** *szt* lépcsőzetes/sorozatos átvitel, kaszkádátvi-

tel; ~ **circuit** kaszkádkapcsolás, lépcsős kapcsolás; ~ **connection** → cascade connection; ~ **laser** többfokozatú lézer

cascading *bány* önmorzsolódás, széthullás *(széné)*; *el* kaszkádkapcsolás, lépcsős kapcsolás; ~ **of insulators** *el* átívelés szigetelőláncon

casco hajótest

cascode *el, távk* kaszkódkapcsolás; ~ **amplifier** *el* kaszkóderősítő

case[1] eset, esemény, előfordulás; ~ **papers** *irogép* bizonylatok; ~ **selector** *szt* eseménykiválasztó

case[2] **I.** *v* (be)burkol, borít, bevon; ládáz, ládába csomagol/rak; tokba helyez; keretez; lenyúz *(bőrt)*; **II.** *n* burkolat, burkolás; tartály; külső (bőr) *(sportlabdáé)*; láda, tok; kéreg, burok; doboz, szelence; foglalat, hüvely *(külső)*; *bány* fúrólyukfoglalás; *ép* káva, (ajtó)tok, ajtóbélés; váz, szerelőváz; *félv* tokozás; *finm* óratok; *forg* mérőhüvely; patronbetét; szerszámtartó tok; víztartó; *gép* csapágyhüvely, csapágytok; fogaskerékház, motorház; gépház *(burkolat)*; ház, váz *(gépé, géprészé)*; karter; szekrény, köpeny; *gumi* abroncsszövetváz; *hők* (betét)edzett kéreg; kéreg, burok; *kat* töltényhüvely, kartácshüvely; *koh* elszívóburkolat; *nyom* betűszekrény; könyvtábla, könyvtok; *szer* lakatház, lakatköpeny; *szt* betűállás *(billentyűzeten)*; *távk* készülékdoboz, tok, ház; *tex* hüvely; ~ **a spring/well** *v hidr* forrást foglal; ~**(-)bay** térköz gerendák között, gerendaköz, gerendamező; ~ **breaking** *koh* kéregtörés; ~**-chilled** *hők, önt* kifehéredett, kéregöntésű; ~ **chisel** *szersz* ládabontó véső; ~ **depth** *hők* edzettkéreg-mélység, edzettkéreg-vastagság; ~**(-)ejection chute** *kat* hüvelykivető nyílás *(géppuskán)*; ~**(-)ejection tube** *rep* hüvelykivető/lövedékhüvely-kivető cső; ~ **fan** *gépk* motorház-ventilátor; ~ **for inner tubes** keréktömlőjavító táska; ~**-harden** *v hők* betétben/keményre edz *(fémfelületet)*, felületi edzést *v.* kéregedzést végez; ~**-hardening (CH)** *hők* betétedzés, betétben való edzés, kéregedzés; ~**-hardening steel** betétben edzhető acél; ~**-hardening thickness** → ~ depth; ~ **hardness** kéregkeménység *(acélé)*; ~**(-)liner** ládabélelés; ~ **lock** *szer* rászögezőzár; ~**(-)lot** *pa* papírköteg *(csomagolva)*; ~ **lug** ládafogantyú, ládaemelő fül; *gép* köpenyborda; ~ **marking** ládajelzés; ~ **mill** *bány* pálcás törőmalom; ~ **mouth** *kat* hüvelytorkolat; ~**-nailing machine** *fa* ládaszegező gép; ~ **of doors** *ép* ajtókáva, ajtótok; ~**-opener** *szer* ládabontó, (óra)toknyitó; ~ **over a surface with plaster** *v* felületet bevakol; ~**-room** *nyom* szedőterem; ~ **shift** *irgép* váltás; ~**-shot** *kat* kartács(-lövedék), szórógolyós lövedék; ~ **spring** *finm* óraműrögzítő rugó, tokrugó; tokrugó; ~ **temperature** *félv* bázishőmérséklet; bázistönkhőmérséklet; tokhőmérséklet; ~ **terminal** kivezetőkapocs *(dobozé)*

CASE → computer-aided software engineering

caseate *vegy* koagulál(ódik), sajtosodik

cased tokozott, ládába/tokba tett/csomagolt; ~ **frame** *ép* ablaktok *(tolóablaké)*; ~ **glass** többrétegű üveg; ~ **hole,** ~ **bore-hole** *geof, ol* béléscsövezett fúrólyuk; ~**-in** *ol* béléscsövezett; ~**-in blower** *ép* beépített ventilátor; ~ **mole drainage** *hidr* vakond-talajcsövezés; ~ **toe** cipőorr-merevítő, cipőorrkeménység; ~ **turbine** *hidr* zárt (házban elhelyezett) turbina; ~ **well** *geof, ol* béléscsövezett fúrólyuk/fúrás; *hidr* csövezett kút

casein *vegy* kazein; ~**-coated paper** kazeinmázú papír; ~ **coating colo(u)r** *bőr* kazein fedőfesték; ~ **fibre/fiber** *tex* kazeinszál; ~ **glue** kazeinenyv; ~ **paint** kazeinfesték; ~ **plastics** kazein(alapú) műanyagok; ~ **rayon** *tex* kazeinszál; ~ **wool** *tex* kazeinszál, kazein műszál, lanitál

casemaker tokkészítő

casemate *ép, kat* bombabiztos óvóhely; kazamata; *hajó* páncélos ágyúállás

casement *ép* ablakkeret, ablakráma, ablaktok, ablakosztás, ablakszárny; *tex* gyapot függönyanyag; ~ **fastener** ablakszárny-merevítő; ~ **hinge** ablakpánt; ~ **light** világítóablak; ~ **sash** ablakszárny; ~ **staple** ablakpillér; ~ **stay** ablakkitámasztó; ~ **window** szárnyasablak

caseous sajtszerű, sajtos

cash pénztár(készlet); készpénz; *bány* lágy pala; ~**-block** pénztárblokk; ~**-box** *távb* pénzszekrény, persely; ~**-box lock** pénzszekrényzár, wertheimzár; ~ **crop** *ip* piacra vitt termék; ~ **dispenser** bankautomata, pénzkiadó automata; ~ **register** pénztárgép; ~**-register paper** pénztár-regiszterpapír; ~**-register roll** pénztár(gép)tekercs

cashmere *tex* kasmír(szövet); ~ **wool** kasmírgyapjú

casing köpeny, tok; foglalat, doboz, szelence; burok, burkolat; keret; veret; béléscsőkötés, béléscsövezés; gyűrű *(cölöpgyűrű)*; fabélés, faburkolás; *at* tokozás; *bány* telért elhatároló réteg, béléscsövezés, zsaluzás; *élip* bél, (húsipari) burkolóanyag; *ép* (ajtó)borítás; deszkázat, zsaluzás; tok; tokborítás; *finm* tokba helyezés *(óráé)*; *geol* burkolóréteg; *gép* (gép)ház *(burkolat)*; béléscső; bevonat, váz; szekrény, karter; *gépk* motorház; *gumi* abroncsszövetváz; *hajó* akna; *koh* köpeny *(ívfényes kemencéé)*; *nyom* kartonkötés, keménypapírkötés; *ol* béléscső, béléscsövezet; béléscsövezés; *önt* lemezköpeny *(kemencéé)*; *pa* csomagolópapír; *távb* telefonház; *távk* készülék; készülékház; *tex* (ágynemű)huzat; *üveg* (színes borító) üveglemez; ~ **adapter** *hidr* védőcső; ~ **block** *finm* próbaállvány; ~ **cementing** *ol* béléscső-cementezés, elsődleges cementezés; ~ **centralizer** *ol* béléscső-központosító; ~ **clamp** béléscsőbilincs, béléscsőszorító, béléscsőkulcs; ~ **clevis** csőbeakasztó *(csapszeggel biztosított)*, béléscsőkulcs; ~ **collar locator** *ol* karmantyúlokátor, béléscsőkarmantyú-lokátor; ~ **coupling** béléscsőkarmantyú; ~ **cover** *gépk* forgattyúház-oldalfedél; ~ **cutter** *ol* béléscsővágó; ~ **depth** → ~ landing depth; ~ **design** *bány, ol* béléscső-méretezés; ~ **dog** *ép, hidr* csőfogó, csőmentő fogó; ~ **effect** *geof* béléscsőhatás; ~ **elevator** *ol* béléscső-elevátor; ~ **fitting** *ol* csőösszekötő idomdarab; ~ **float** *ol* visszacsapószelep *(béléscső úsztató beépítéséhez)*; ~ **formation testing (CFT)** *ol* béléscső-formációvizsgálat; ~ **guide** *szersz* burkolt vezeték, vezetőburkolat; ~ **gun** *ol* béléscsőlyukasztó, csőperforátor; *szersz* szájdarab; ~**-gun perforator** *ol* béléscsőlyukasztó, béléscső-perforátor; ~ **head** *bány, ol* béléscsőfej; *ol* béléscsőülésház; *szersz* szájdarab; ~**-head condensate** *ol* kútfejkondenzátum; ~**-head gas** *ol* csőközgáz; ~**-head gasoline** *ol* csőfejgazolin, béléscsőfej-gazolin, (föld)gázbenzin; kútfejkondenzátum; mezőkondenzátum; ~**-head pressure** béléscsőfejnyomás; ~ **hook** *gép* emelőhorog *(burkolaton)*; ~**-in** *nyom* kötés befejezése; ~**-in machine** *nyom* (könyv)beakasztógép;

~ **inspection log(ging)** *ol* béléscsőellenőrző szelvényezés; ~ **joint** *fa* burkolt eresztek; ~ **landing** *bány, ol* béléscsőültetés; ~ **landing depth** *ol* béléscsősaru-állás, béléscsősaru-mélység, béléscsőültetés mélysége; ~ **lid** burkolatfedél; ~ **liner** *fa* ládabélés; *gumi* gumiköpeny belső vászonfelülete; ~ **looseness** betételválás *(gumiabroncson)*; ~ **machine** *ép* csőlehajtó berendezés; ~ **of cock** zárócsaptok; ~ **of lock** *szersz* zártok, lakatház; ~ **of respirator** *bány* készülékház; ~ **operation** *ol* béléscsövezés; ~ **packer** *ol* béléscsőtömítő, béléscsőpakker; ~**-packing ring** *ol* béléscsőtömítés; ~ **paper** *pa* bevonópapír, csomagolópapír, kasírozópapír; dobozbéléspapír; ~ **patch** *ol* béléscsőfolt; ~ **pipe** *ol, koh* béléscső; ~ **ply** *gépk, gumi* szövetvázbetét, abroncsszövetváz; ~ **potential log** *ol* béléscső-potenciálszelvény; ~ **pressure (CP)** *bány, ol* béléscsőnyomás; ~ **program(me)** *ol* béléscsőterv; ~ **protector** *ol* protektorgumi, béléscsővédő/fúrócsővédő gumi; ~ **pump** *ol* béléscsőszivattyú; ~ **rip** *gép* köpenyborda, szekrényborda; ~ **ripper** *szersz* doboznyitó; ~ **roller** *ol* béléscsőtágító, béléscsőgörgő; ~ **running** *bány, ol* béléscsövezés; ~ **scraper** *ol* béléscsőkaparó; ~**(-)shoe** *hidr* koszorú; *ol* (bélés)csősaru; ~ **slip** *bány, ol* rotari-csőék, rotari-ék; ~**(-)spear** *ol* csőrák, csőmentő fogó; ~ **spider** *ol* béléscsőék háza, csőékház; ~ **splitter** *szersz* doboznyitó; ~ **starter** *ol* kezdő béléscső; ~ **strength** *gumi* köpenyszilárdság; ~ **string** *bány, ol* béléscsőoszlop; ~ **string design** → ~ design; ~ **swage/swedge** *ol* béléscsőkörte; béléscsőtágító; ~ **tester** *ol* (bélés)csővizsgáló; ~ **testing** béléscső-rétegvizsgálat; ~ **tightness test** *ol* béléscsőzárás-vizsgálat; ~ **tongs** *pl ol* béléscsőkulcs; ~ **tube** → ~ pipe; ~ **up** *nyom* hátfelhúzás; ~ **wag(g)on** *ol* csőtargonca; ~ **wrench** *ép, ol* csőfogó, csőmentő fogó

cask I. *v* hordóba tölt; **II.** *n* hordó; kádárfa, dongafa; *kat* sisak; ~ **body** *fa* hordópalást; ~ **brushing machine** hordótisztító/hordóöblítő gép; ~ **buoy** *hajó* hordó alakú bója; ~ **deposit** *élip* hordóüledék; ~**-filler** hordótöltő gép; ~ **head** hordófenék; ~**-head rounding machine** hordófenékvágó gép; ~ **of butter** vajhordó; ~**-planing machine** hordógyalugép; ~ **rinser** hordóöblítő készülék; ~**-turning machine** kádáreszterga(pad)

casking hordózás, hordóba töltés

casque *kat* sisak

Cassegrain | antenna Cassegrain-rendszerű antenna; ~ **telescope** *opt* Cassegrain-teleszkóp

Cassel brown/earth kasszeli barna, kölni föld *(festék, szín)*

casserole serpenyő, tűzálló edény/tál

cassette kazetta; *szt* (mágnesszalag-)kazetta; ~ **changer** kazettaváltó; ~ **drive** kazettameghajtó; ~ **storage** *szt* mágneskazettás tároló; ~ **tape recorder** kazettás magnó; ~ **video tape recorder** kazettás videomagnó

cassia oil *vegy* kassziaolaj, kémiai fahéjolaj

Cassinian curve/ellipse/oval Cassini-féle ellipszis/ovális

cassiopeium → lutetium

cassiterite *ásv* kassziterit, ónkő, ónérc

cast I. *v* dob, vet, hajít; old (kötelet); irányít, (ki)számol; *fa* (meg)vetemedik; *mt* (formába) önt, kiönt; **II.** *a* öntött; *ép* csömöszölt; *nyom* sztereotípiai; **III.** *n* értéktelen anyag; vetés, dobás; mozgás; irány; összeadás, összeszámlálás; *ép* vakolat; *fa* vetemedés; *geol* kövülethéj, kövületi váz; *hajó* kivetés, kivetett horgony; *koh* adag *(lecsapolt)*; hozzáöntés; olvadéktócsa; *műa* lenyomat, öntéssel készült tárgy; *nyom* kefelevonat; tömöntés; *önt* öntés; öntőminta; öntvény; *tex* árnyalat, színeződés; silány gyapjú; ~ **alloy** öntési ötvözet; ~ **alumin(i)um** alumíniumöntvény; ~**-away slag** *bány* hányósalak; ~ **block** *koh* hengeröntvény; ~ **brass (CB)** öntött sárgaréz; sárgaréz öntvény; ~**-coated paper** *pa* melegen mázolt papír, felületén olvadékkal nemesített papír; ~**-coating** *pa* felületi mázolás *(olvasztott)*; ~ **concrete** *ép* öntött beton, betonöntvény; ~ **concrete claddings** *ép* betonöntvény burkolatok; ~ **copper (CC)** öntödei réz; ~ **cylinder** *mzg* vetéssimító henger; ~ **electrode** öntött elektród; ~**-en-bloc** → ~ integral; ~ **explosive** *bány* öntött robbanóanyag; ~ **figures** *v mat* számokat összead; ~ **film** *műa* öntött/extrudált fólia, síkfólia; ~ **from bottom** *v önt* alsó/dagadó/emelkedő öntéssel önt; ~ **from top** *v önt* felülről *v* zuhanó öntéssel önt; ~ **gear** *gép* öntött/nyers fogaskerék; ~ **glass** öntött üveg; ~ **hardness** öntés utáni keménység; ~ **history sheet** *koh* adagjegyzőkönyv; ~ **house** *koh* öntőcsarnok; ~**-in** beöntött; ~**-in blade** *gép* kerékkel egybeöntött lapát; ~**-in block cylinder** *gépk* egybeöntött henger *(persely nélkül)*; ~**-in concrete reactor** *el* betonfojtótekercs; ~**-in insert** *koh* fémbetét; ~**-in-place** *ép* helyben készült/öntött, fúrt lyukba öntött; ~**-in-place concrete** *ép* helyszínen előállított beton; ~**-in-place pile** fúrt lyukba öntött cölöp; ~**-in-place piling** helyszíni cölöpkészítés; ~**-in-place piling equipment** helyszíni cölöpkészítő gép; ~**-in-situ** → ~-in-place; ~**-in-situ concrete monolithic wall construction system** *ép* öntöttfalas építési rendszer; ~**-in-situ walls building** *ép* öntöttfalas építési mód, öntöttfalú építésmód; ~ **integral** *önt* egy darabban öntött; ~ **in(to) mo(u)ld** *v* formába önt; ~ **iron (CI)** öntöttvas; ~**-iron arc welding** öntöttvas ívhegesztése; ~**-iron cutting** öntöttvas vágása; ~**-iron drainage pipe** *ép* könnyű/angol/öntöttvas lefolyócső; ~**-iron electrode** öntöttvas elektród; ~**-iron girder** öntöttvas tartó; ~**-iron lining** öntöttvas bélés; *ép* tübbing; ~**-iron pipe (CIP)** öntöttvas cső; ~**-iron thermit** öntöttvas-termit keverék; ~**-iron WC pan** continentál WC-csésze; ~**-iron welding** öntöttvashegesztés; ~ **off** *v* ledob, eldob, kiselejtez; *kh* leszeg, lever *(szemet)*; ~**-off** hulladék, selejt-; átcsúsztatás; *kh* leverés, leszegés; *szt* nyomtatási terjedelem megbecsülése; ~**-off burr** *kh* szemleverő kerék/tárcsa; ~**-off loop** *kh* átbuktatott/levert hurok/szem; ~**-off wheel** *kh* szemleverő kerék; ~**-on** ráöntött, beöntött; *kh* kezdő hurok készítése; ~**-on rib** (egybe)öntött borda; ~**-on test piece** öntvénnyel együtt öntött próbatest; ~**-on white metal** kiöntött fehérfém; ~ **plaster** *ép* öntött gipsz; *gumi, műa, önt* (öntött) massza; masszaöntvény *(mintás)*; ~ **plastic** önthető műanyag; ~ **product** öntvény; ~ **resin** *műa* öntőgyanta; ~ **roll** *koh* öntött henger; ~**-rolled coarse wire** *heng* öntvehengerelt durvahuzal; ~**-rolled narrow strip** *heng* öntvehengerelt keskenyszalag; ~**-rolled wide strip** *heng* öntvehengerelt szélesszalag; ~**-rolling** *heng* öntvehengerlés; ~ **scrap** *heng, önt* öntési hulladék, öntvénytöredék; ~ **seam** *önt* öntésvarrat, sorja, öntési él; ~ **sinker** kivetett mérőón; ~ **steel (CS)** *koh* acélöntvény; öntöttacél; ~ **stone** *ép* műkő; ~(-)**stone claddings** műkőlemez burkolatok; ~ **structure** *önt* öntött/öntési szövet; ~ **test block** próbaöntvény; ~ **tooth** *orv* öntött/nyers fog; ~ **to shape** *v önt* leönt, kiönt, megönt; ~**-to-size** végleges méretre öntött; ~ **up** *v mat* összead; ~**-up** *nyom* szedéselőkalkuláció; ~ **uphill/up-end** *v* → ~ from bottom; ~ **wall** öntött fal; ~ **weight** öntvénysúly; ~**-welded rail joint** öntvehegesztett sínkötés; ~ **welding** öntvényhegesztés, öntőhegesztés; ~ **without core** *v* mag nélkül önt; ~ **wood** *pa* műfa; ~ **wool** *tex* silány gyapjú

castability *önt* önthetőség; ~ **test** önthetőségi vizsgálat

castable önthető; ~ **alloy** önthető ötvözet; ~ **refractory** önthető tűzálló anyag

castellated fogazott, koronás; pártázott; ~ **filament** *el* fogas fűtőszál; ~ **nut** *gép* koronás (csavar)anya; ~ **shaft** *gép* bordás tengely; ~ **(steel) beam** *ép* takaréküreges tartó, Litzka-tartó; ~ **surface** csipkézett felület

castellation fogazás, csipkézés, pártázás

caster → castor; *gép* bútorlábgörgő; önbeáll(ít)ó kerék; *gépk* lengőcsapszeg hátradőlése; *nyom* öntőgép; *önt* öntő; ~ **action/effect** *gépk* utánfutás; ~ **angle** *gépk* utánfutási szög; ~ **steer** négykerékkormányzás *(teherkocsié, traktoré)*; ~ **sugar** *élip* porcukor; ~ **wheel** bútorlábgörgő; ~**-wheeled** (ön)beálló kerekű

casthouse öntőcsarnok, öntöde; ~ **control panel** öntőcsarnok vezérlő asztala; ~ **floor** öntőcsarnok munkaterülete; ~ **lighting** öntőcsarnok-világítás; ~ **runner system** öntőcsarnok csapolócsatorna-rendszere; ~ **scrap** öntödei hulladék; ~ **tool** öntőcsarnok-szerszám

Castile soap marseille-i szappan

castina, castine *önt* mészkőadalék

casting öntés, öntvény; átrak(od)ás; buktatás; *bány* átlapátolás, elhányás *(kiásott földé)*; döntés; meddőszállítás, kőszállítás; ürítés; *fa* (meg)vetemedés, görbülés; *koh* öntés; öntvény; szál; *műa* öntecs, öntéssel készült tárgy; *pa* öntött áru; ~ **alloy** öntészeti/önthető ötvözet; ~ **band** *önt* öntőlánc, tömböntő lánc, öntőszalag; ~ **bay** öntőcsarnok, öntőtér; ~ **bed** öntőágy; ~ **block** öntecs, tuskó; ~ **bogie** öntőkocsi; ~ **bottom** *önt* fenéklap, (kocsis) nyomóalap, kocsi *(gyorssajtón)*; ~ **box** *nyom* formázószekrény, kliséformázó szekrény; *önt* formázószekrény, formaszekrény; ~ **bridge** öntőcsarnok híddaruja; ~ **buggy** öntőkocsi; ~ **burr** *koh* öntési fánc/sorja; ~ **car** *koh* csapolótargonca; öntőkocsi; ~ **carriage** öntő, (üst)kocsi; ~ **cleaning machine** öntvénytisztító gép; ~**-cooling drum** *koh* forgódobos öntvénybillentyű; ~ **copper** finomított réz; ~ **crane** öntődaru; ~ **crucible** öntőtégely; ~ **crust** öntési kéreg; ~ **cut** *hidr* vezérárok; ~ **defect** öntési hiba, öntvényhiba; ~ **die** *önt* kokilla, fémforma; nyomásos öntőforma/öntőszerszám; ~ **flaw** öntési hiba *(felületi)*; ~ **form** öntőforma; ~ **frame** *nyom* öntőkeret; ~ **furnace** öntőkemence; ~ **furnace with charging device** *koh* adagoló-öntő kemence; ~ **gutter** öntőcsatorna; ~ **hall control system** öntőcsarnok vezérlési rendszere; ~ **house** öntőcsarnok, öntöde; ~ **in open** (nyitott) talajöntés; ~ **interval** két öntés közötti időköz; ~ **ladle** *koh* öntőkanál; öntőüst; *nyom* öntőkanál; ~**-ladle transfer car** öntőüstszállító kocsi; ~ **lap** öntvénygyűrődés; ~ **machine** öntőgép; ~ **matrix** öntvénymatrica; ~ **mo(u)ld** öntőforma; ~ **net** vetőháló, dobóháló, pöndörháló; ~**-off sinker** *kh* szemleverő platina; ~ **of ingots** *önt* tuskóöntés; ~**-on** *kh* bekezdés, kezdősor, szemleverés; *önt* felöntés, ráöntés; ~**-out** *mat* ellenőrzés *(szorzásé, összeadásé)*; *tex* platinák kiiktatása; ~**-out eights** *pl mat* nyolcaspróba *(oszthatóságra)*; ~**-over** *bány* tömedékelés, meddőátrakás *(exkavátorral)*; ~ **pit** *önt* öntőgödör, öntőhely; ~**-pit crane** öntőgödördaru; ~ **platform** öntőpadozat; ~ **property** önthetőség; ~ **rate** öntési sebesség; ~ **rejects** öntési hulladékanyagok; ~ **resin** *műa* öntőgyanta; ~ **rotary table** *önt* körpályás öntőgép; ~ **scrap** *önt* öntési hulladék, öntvénytöredék; ~ **screen** *ép* dobórosta; ~ **shell** (öntés)kéreg; ~ **shovel** *talt* kubikuslapát; ~ **skin** öntvény revekérge; (öntés)kéreg; ~ **speed** *önt* öntési sebesség; ~ **stand** öntőállvány; ~ **strain** öntési alakváltozás; ~ **stress** öntési feszültség; ~ **table** öntőasztal; ~ **temperature** öntési hőmérséklet; ~ **time** öntési idő; ~ **wax** öntőviasz; ~ **wheel** öntőkerék; ~ **wire besom** öntvénytisztító huzalseprő; ~ **with metal insert** fémbetétes öntvény; ~ **yard** öntőudvar, öntőtér; ~ **yield** előállított öntvénymennyiség

castle vár(kastély); ~ **chapel** kastélykápolna, várkápolna; ~**-ditch** várárok, vizesárok; ~ **nut** *gép* koronás anya; ~**-yard** várudvar

castoff → cast-off

castor → caster; *tex* kasztor *(szövet)*; ~ **beaver** *tex* kasztor, nehéz kabátszövet; ~ **oil** *gyógyv* ricinusolaj

castoreum *gyógyv* kasztóreum, hódpézsma

castoring önbeálló; ~ **tail wheel** *rep* önbeállító farokkerék

castorite *ásv* petalit

casual I. *a* alkalmi, eseti; **II.** *n* alkalmi munkás; ~ **inspection** esetenkénti/rendszertelen vizsgálat; esetenkénti műszaki ellenőrzés; ~ **labo(u)rer** alkalmi munkás; ~**-type** *cipő* egyszerű papucsforma

casualties *pl kat* (élőerő-)veszteség; *közl* (baleseti) sérültek, halálos áldozatok *(balesetkor)*

casualty *közl* halott, sebesült; sérült; ~ **agent** *kat* harcgáz; ~ **calf** *bőr* kényszervágású bőr; ~ **station** balesetvédelmi állomás

cat[1] **I.** *v hajó* (horgonyt)felhúz/felvon; **II.** *n bőr* macskaszőrme; *hajó* horgonykötél; ~ **block** *hajó* csiga *(emelőn)*, horgonyemelő csigasor; ~ **face** *fa* égési (nyílt) sebhely; ~ **fall** *hajó* horgonyemelő csigasor; ~ **gold** *ásv* biotit, „macskaarany"; ~**-head** → cathead; ~ **hole** *hajó* horgonyláncnyílás; ~ **ice** *hidr* kagylós jég; ~ **ladder** *ép* oromfal/tűzfal lépcsős kiképzése; ~ **rake** *szersz* kereplő, kilincsmű; ~**s back** *vasút* gurítódomb; ~**'s(-)eye** *ásv, közl* macskaszem; ~**'s(-)eye diaphragm** *opt* macskaszemrekesz; ~**'s(-)paw** sodort hurok; ~**'s(-)paw knot** *bány* kötélcsomó horograerősítéshez; ~**'s whisker** *rád* érintkezőrugó, érintkezőtű *(kristálydetektoron)*; ~ **tackle** *hajó* horgonyemelő csigasor; ~ **whisker** → cat's whisker

cat[2] → catalyst

CAT → civil air transport; → clear air turbulence; → computer-aided testing; → computer-aided translation; → computer-aided typesetting; → computer-assisted teaching; → cooled-anode transmitting valve

catabatic *met* katabatikus; ~ **front** katafront, lesiklási front
catabolism *vegy* katabolizmus, disszimiláció, bontó anyagcsere
catacaustics *opt* katakausztika
cataclase *geol* kataklázis
cataclasm → cataclase
cataclastic *geol* kataklasztos; ~ **structure** kataklasztos szövet
cataclinal *geol* kataklinális
catacomb katakomba
catadioptric | **lens** *opt* katadioptrikus lencse, tükörlencse-objektív; ~ **system** katadioptrikus rendszer
catadioptrics *opt* katadioptrika, fényvisszaverődés és törés tana
catadyne process *vegy* katadin eljárás, katadinezés
catafront *met* katafront, lesiklási front
catagenesis *ol* katagenezis
catalanguage *szt* tárgyprogramnyelv
catalase *vegy* kataláz
catalogue, *US* **catalog I.** *v* lajstromoz, katalogizál; *szt* katalogizál; **II.** *n* katalógus; *ip* gyártmányismertető; összesített darabjegyzék; *szt* katalógus; ~ **database** *v szt* katalógus-adatbázis; ~ **load** *gép* katalógusterhelés; ~ **of machines** *szt* gépkatalógus
catalyse → catalyze
catalyser → catalyzer
catalysis *vegy* katalízis
catalyst *vegy* katalizátor; ~ **age** katalizátor kora *(friss katalizátor betöltése óta eltelt üzemidő)*; ~ **bed** katalizátorágy, katalizátorréteg; ~ **carrier** katalizátorhordozó; ~ **chamber** katalizátorkamra, katalizátortér; ~ **deterioration** katalizátormérgeződés; ~ **inhibitor/poison** *vegy* katalizátorméreg; ~ **poisoning** katalizátor mérgezése/mérgeződése; ~ **ratio** *vegy* katalizátorarány; ~ **reactivation/regeneration** katalizátor regenerálása/reaktiválása; ~ **side injection gun** *ép* külső katalizátoradagolású szórópisztoly; ~ **support** katalizátorhordozó; ~ **tower** katalizátortorony; ~ **unit** kontakt katalizációs berendezés
catalytic *vegy* katalitikus, reakciógyorsító; ~ **activity** katalitikus aktivitás; katalizátor aktivitása; ~ **agent** katalizátor; ~ **chamber** → catalyst chamber; ~ **chlorination** katalitikus klórozás; ~ **converter** *gépk* katalizátor; ~ **cracking** *ol, vegy* katalitikus krakkolás; ~ **detector** *bány* katalitikus gázjelző; ~ **poison** *vegy* katalizátorméreg; ~ **reaction** katalitikus reakció; ~ **recombiner** katalitikus rekombinációs reaktor; ~ **reforming process** katalitikus reformálás; ~ **wave** katalitikus hullám *(polarográfiai)*
catalyze *vegy* katalizál
catalyzer → catalyst
catamaran *hajó* katamarán, kéttörzsű hajó
cataphoresis *vegy* kataforézis
cataphoretic *vegy* kataforetikus; ~ **action** kataforetikus effektus; ~ **coating** kataforetikus bevonás
cataplasm *gyógyv* kataplazma
catapleite *ásv* katapleit
catapult I. *v kat, rep* katapultál; katapulttal kiröpít/kilő/indít/kivet; **II.** *n rep* csörlő *(vitorlázó repülőgépet levegőbe húzó)*; katapult, röpítőberendezés, kilövőberendezés, (ki)vetőberendezés; ~ **aircraft** katapult indítású repülőgép; ~ **launcher** katapultszerkezet; ~ **launching** katapultindítás; ~ **seat** katapultülés, kivetőülés; ~ **strip** parittyagumi
cataract vízesés, zuhatag; *gép* folyadékfék; ~ **action** *el* csillapító *(fék)*; *hidr* hidraulikus szabályozó, zuhatag; katarakt(a)hatás; sellő, sellős folyószakasz
catarometer *metr* katarométer, hővezetőképesség-mérő
catarometry katarometria, hővezetőképesség-mérés
cataspillite *ásv* kataspilit
catastrophic | **error** *szt* a munka befejezését okozó végzetes hiba; ~ **failure/trouble/damage** *el, gép* katasztrofális meghibásodás; ~ **oxidation** *koh* katasztrofális oxidáció
catazone *geol* katazóna
catch I. *v* (meg)fog; felfog *(folyadékot)*; megköt *(anyagot)*; kapcsol; gátol, rögzít, biztosít, ütközik; kapcsolódik, becsattan, befogódik; *finm* arretál; *forg* berágódik; **II.** *n* befogás; felfogás; (meg)fogás; pecek, karom; horog, kilincs; rögzítőszerkezet; ütköző, akasztó; fogóbütyök; befogószerkezet, markolószerkezet; menesztő; *bány* kasszekrényfék, csillefogó; *el* biztosító; *em* fogókészülék; kampó; *ép* ablakszárny-kitámasztó; félfordító; tolózár; *finm* arretáló (szerkezet); *forg* berágódás; kapcsoló ujj/csap; *gép* csapózár; kallantyú, kamó; *kat* kapcsolófülecs; *rád* vákuumcsapda; *szer* csapda; csappantyú; kilincsnyelv; retesz; zár(nyelv), kallantyú; ~ **a cage** *v bány* kast kasszékre ültet; ~ **a failure** *v* hibát felderít; ~-**all** felfogóedény, felfogóteknő; ~-**all (CA)** *szt* mindent megvizsgáló program, CA; ~ **arrangement** *gép* biztosítószerkezet, zárószerkezet; ~ **basin** *ép* szennynyelő medence; ~ **bolt** kallantyú, kamó; becsappanó/beugró csapszeg; ~ **brake** rögzítő fék; ~ **button** *el* kioldógomb; ~ **cam** *gép* szorítóbütyök; ~ **carbon heat** *koh* karbonelkapásos adagvezetés; ~ **device** *forg, gép* kilincsszerkezet; rögzítőkészülék; ~ **drain** övcsatorna, övdrén, felfogócsatorna, felfogódrén; metszett drén; ~ **feeder** *mzg* öntözőcsatorna; ~ **fire** *v* meggyullad, lángra lobban/lobbant; ~ **fixing** *szersz* bajonettzár; ~ **frame** *gép, nyom* befogókeret; ~ **handle** *ép* félfordító fogantyúja; ~(-)**hook** fogókarom; *bány* visszatartóhorog; *ol* fogóhorog; ~ **iron** csapda; ~ **light** *foto* visszavert fény; ~ **lock** *ép* csapdazár; *szer* bajonettzár; kötéllakat *(emelőn)*; kötélzár, rögzítőzár; ~ **member** rögzítőrész, fogótag; ~ **net** védőháló *(erősáramú vezeték alatt)*; ~ **pan** szennyfogó; ~ **pawl** rögzítőkilincs; leállítókar; ~ **peg** *gép* rögzítőpecek; ~ **pin** zárószeg; ~(-)**pit** víznyelő; *ép* nyelőakna *(padlóban)*; *hidr* iszapfogó/szennyfogó akna; vízelvezető árok, gyűjtőárok; ~(-)**plate** *gép* akasztólap; csatlótárcsa; menesztőtárcsa; ütközőlap; ~(-)**point** fogáspont, támaszpont; ~-**points** *pl vasút* terelőváltó; ~-**pot** *szell* leválasztó; ~ **prop** *bány* ideiglenes tám, segédtámfa; ~ **pulley** *gép* kilincskerék; ~ **spring** akasztórugó; *ép* tolózárrugó, tolózárnyelv; *gép* rögzítőrugó, reteszrugó; ~ **tank** felfogótartály; ~ **thread** *tex* fogószál; szélfonal; ~ **trench** harckocsiárok; ~-**water drain** *bány* szivárgó; *ép* csatornaüst, vízgyűjtőüst; ~-**work** *hidr* elárasztó csatornarendszer; ~ **wrench** csőkulcs
catcher akasztóberendezés, leállítóberendezés, ütközőberendezés; rögzítőkészülék; fogó, kampó; *bány* csatlós; kastúlemelés-gátló; *em* túlemelésgátló horog

(felvonón); *ép* félfordító, ablakszárny-kitámasztó; *forg* löketkorlátozó; *ol* fogókészülék; mentő *(fúrásnál)*; *szell* leválasztó; *szer* fogó, kampó; *távk* bemenő üregrezonátor; rezonátorcsapda; ~ **grid** *el* fogórács, gyűjtőelektród; ~ **space** *el* kicsatolótér; *szt* befogadótér, csatolási tér
catchgear *bány* kasfogókészülék
catching *koh* elkapás; ~ **brake** *em* ejtőfék; fogófék; ~ **cop** *tex* lefogyás előtti vetélőcsere; ~ **device** *forg* rögzítőkészülék; ~ **of gas** gáz(próba)vétel
catchment *hidr* forrásfoglalás; vízbeszerzés talajvízből; vízgyűjtő (terület); ~ **area** vízgyűjtő (terület); ~ **basin** vízgyűjtő (medence); ~ **of spring** forrásfoglalás; ~ **roadway** *bány* vízgyűjtő vágat; ~ **wall** zárógát, völgyzáró gát
catchword kulcsszó; vezérszó; *nyom* címszó *(szótárban)*; élőfej
catechin *vegy* katechin
catechol *vegy* pirokatechin
catechu *vegy* katehu, kasu; ~**-tannic acid** katehucsersav
categorial | **component** *mat, szt* kategoriális komponens; ~ **grammar** kategoriális grammatika
categoric(al) *mat* kategorikus, monomorf; ~ **syllogism** kategorikus szillogizmus
categoricity *mat* kategorikusság, monomorfia
category kategória; **2-**~ *mat* bikategória, multiplikatív kategória; ~ **dissipation** *el* kategóriateljesítmény; ~ **of reserves** *bány* készletkategória; ~ **of slope** *hidr* lejtőkategória; ~ **temperature range** *el* üzemi (kategória-)hőmérséklettartomány; ~ **voltage** *el* kategóriafeszültség
catena láncolat; sorozat; *ép* kötés; *hidr* catena, talajlánc; *szt* lánc
catenarian láncolatos; *nyom* láncgörbés; ~ **arch** → catenary arch; ~ **curve** *mat* láncgörbe
catenary *ép* függesztő láncív; *mech* kötélgörbe, láncvonal, láncgörbe; *műa* lánctag; *vasút* hosszláncrendszerű felsővezeték; ~ **anchored leg mooring (CALM)** *ol* horgonylánc-kikötés; ~ **arch** *ép* lánc(görbe)ív; láncvonalboltozat; ~ **drive** *gépk* lánctalphajtás; vonóláncos hajtás; ~ **element** *mzg* hernyólánctag; ~ **flume** *hidr* parabolaszelvényű héjcsatorna; ~ **hanger** láncfelfüggesztés; ~ **lighting** láncvilágítás; ~ **machine** *bány* lánctalpas réselőgép; ~ **mounting** lánctalp-felfüggesztés; ~ **of uniform strength** *mech* egyenszilárdságú láncgörbe; ~ **string** bélhúr *(súlyhuzamú óráé)*; ~ **suspension** *vasút* hosszláncrendszerű (felsővezeték-)felfüggesztés; kötélfelfüggesztés; ~**-suspension contact-line** hosszláncrenszerű felsővezeték; ~ **tread** lánctalpnyomfelület; ~ **wire** *vasút* hosszláncrendszerű felsővezeték tartóhuzala; munkavezetéktartó huzal
catenate I. *v* láncba köt/fűz; összekapcsol; **II.** *n szt* lánckialakítás
catenation láncolás
catenograph katenográf
catenoid *mat* katenoid; láncgörbe
caterer problem *mat* szállítási probléma
catergol *rak* katergol
catering *rep* fedélzeti ellátás/élelmezés; ~ **industry** vendéglátóipar; ~ **truck** *rep* fedélzeti ellátó gépkocsi
caterpillar *mzg* lánctalpas traktor/vontató; *tex* hernyó; vetülékhurok *(hiba)*; ~ **band** *gépk, mzg* lánctalp, hernyótalp; ~**-band shot-blasting machine** *önt* hernyószalagos tisztítógép; ~ **chain** *gépk* hernyólánc; ~ **dredger** → ~ excavator; ~ **drive** *pa* hernyóhajtás; ~ **element** hernyólánctag; ~ **elevator** lánctalpas felvonó; ~ **excavator** hernyótalpas kotró; ~ **excavator track** *ép* lánctalpas kotró-járószerkezet; ~ **gate** *hidr* hernyótalpas tábla; ~ **grinder** *fa* folyamatos facsiszoló; ~ **paving mixer with spreading jib** elosztógémes lánctalpas útépítő keverőgép; ~ **track** *gépk, mzg* lánctalp, hernyótalp; *ol* hernyótalpas vontató; ~ **tractor** *ép* lánctalpas vontató; *mzg* lánctalpas/hernyótalpas traktor
catharometer katarométer, hővezetőképesség-mérő
catharometry katarometria, hővezetőképesség-mérés
cathead szélesfejű kalapács; csőtokmány; *bány* súrlódó cséve; *geof* macskafej; *geol* vaspátkonkréció kövesedéssel; *hajó* darutartó; horgonyemelő gerenda; kígyófej; *ol* macskafej; *rád* átkapcsoló bütyök; ~ **chuck** hengeres tokmány; szerszámkésfej; ~ **clutch** *ol* csévekapcsoló, spillkapcsoló; ~ **line** *nyom* zárósor; záróvonal; *ol* (be)emelőkötél, csévekötél, gugorakötél, spillkötél; ~ **shaft** csévetengely, spilltengely
cathedral *ép* katedrális, székesegyház; ~ **angle** *gép* felfelé csúcsos hegyesszög; ~ **glass** katedrálüveg
catheter *orv* katéter
cathetometer *aut, geod* katetométer, szintkülönbség-mérő
cathetron *távk* katetron, külsőrácsos trióda
cathode *el* katód; negatív sarok/elektród; ~ **alloy** katódötvözet; ~ **anchor** katódláb; ~ **assembly** katódszerelvény *(csőben)*; ~ **band** katódszalag; ~ **base metal** katódmagfém; ~ **beam** katódsugár, elektronsugár; ~ **beating time** katódfelfűtési idő; ~ **bias** katódköri előfeszültség; katódelőfeszítés; ~ **border** katódszegély, ~ **breakdown** katódbontás; ~ **busbar** *koh* katódgyűjtősín; ~ **capacitor** katódkondenzátor; ~ **chamber** *koh* katódtér; ~ **choke** katódfojtótekercs; ~ **circuit** katódáramkör; ~ **circuit modulation** katódmoduláció; ~ **cleaning** katódos tisztítás/zsírtalanítás; ~ **coal** katódszén; ~ **coating** katódbevonás; katódbevonat; ~ **compartment** katódtér; ~ **compensation** katódkompenzálás; ~ **conversion** katódbontás; ~ **copper** katódréz; ~**-coupled** katódcsatolású; ~**-coupled amplifier** katódcsatolású erősítő, katóderősítő, földelt anódú erősítő; ~**-coupled circuit** katódcsatolású (áram)kör; katódkövető (áramkör); ~**-coupled gate** *szt* katódcsatolású kapu; ~**-coupled multivibrator** katódcsatolt/katódcsatolású multivibrátor; ~**-coupled stage** katódcsatolású fokozat; ~ **coupling** katódcsatolás; ~ **current** katódáram; ~ **current density** katódáram-sűrűség; ~ **dark space** Crookes-féle/Hittorf-féle sötét tér; katódsötéttér; ~ **density** katódáram-sűrűség; ~ **desintegration** katódfogyás; ~ **dispersion** katódporlasztás; ~ **drop** katód(feszültség-)esés; ~ **emission efficiency** katódhatásfok; ~ **evaporation** katódelgőzöl(g)és; ~ **fall** katód(feszültség-)esés; ~**-fall arrester** katódeséslevezető; ~ **feedback circuit** katódvisszacsatoló áramkör; ~ **filament** katódszál; ~ **follower (CF)** közös/földelt anódú erősítő; *el* földelt anódú erősítő; katódkövető, közös/földelt anódú kapcsolás; *szt* katóderősítő, földelt anódú erősítő; ~ **glow** katódizzás; katódparázsfény; ~**-grid capacity** katódrácskapacitás; ~**(-)heater tube** közvetett fűtésű cső;

~(-)**heating time** katód felfűtési ideje; ~ **hum** katódzaj; ~ **image** katódkép; ~ **input circuit** *szt* katódbemenet-kapcsolás; ~ **insensitive against sudden exposure to atmospheric pressure** levegőbetöréssel szemben érzéketlen katód; ~ **interface layer** közbenső réteg *(elektroncsőben)*; ~ **layer** katódréteg; ~ **lead** katódvezeték; katódbevezetés; katódkivezetés; ~ **lens** *at* elektronágyú első lencséje; ~ **life** katódélettartam; katódperiódus; ~ **lining** *koh* katódbélés; ~ **liquor** → catholyte; ~**-loaded amplifier** katódterhelésű erősítő; ~ **luminescence** katódlumineszkálás, katódlumineszcencia; ~ **modulation** katódmoduláció; ~ **neck** katódnyak; ~ **noise** katódzaj; ~ **phase inverter** katódcsatolású fázisfordító; ~ **pickling** *koh* katódos pácolás; ~**-plate capacitance** *rád* anód-katód-kapacitás; ~ **potential** *el* katódfeszültség; ~ **preheating time** előfűtési idő *(izzókatódos csőnél)*; ~ **process** *koh* katódfolyamat; ~**-pulsed** katódmodulált; ~**-pulsed oscillator** katódköri impulzusmodulációs oszcillátor; ~ **ray (CR)** katódsugár, elektronsugár; ~**-ray accelerator** elektrongyorsító; ~**-ray artificial horizon** *rep* katódsugárcsöves műhorizont; ~**-ray camera** televíziókamera; ~**-ray current** elektronsugár-áram; ~**-ray direction finder (CRDF)** *rep* katódsugaras/katódsugárcsöves iránymérő; ~**-ray function generator** katódsugár-függvénygenerátor; ~**-ray oscillograph (CRO)** katódsugár-oszcillográf, katódsugaras oszcillográf; ~**-ray oscilloscope (CRO)** katódsugaras oszcilloszkóp; ~**-ray pencil** katódsugár(nyaláb), elektronsugár(nyaláb); ~**-ray radio-goniometer** katódsugaras rádiógoniométer; ~**-ray spot** katódsugárfolt; ~**-ray storage tube** katódsugaras tároló/utánvilágító cső; ~**-ray switch** katódsugár-kapcsoló; ~**-ray tube (CRT)** *szt* katódsugárcső, CRT; ~**-ray tube beam** katódsugár, katódsugárcső sugara; ~**-ray tube display** katódsugárcsöves kijelző, katódsugárcsöves megjelenítés/indikálás/visszaadás; ~**-ray tube for flying-spot scanner** képfelvevő cső; ~**-ray tube storage** *szt* katódsugárcsöves tároló; ~**-ray tube trace** *nyom* katódsugárcső-oszcillogram *(katódsugárcső ernyőjén)*; ~**-ray tuning indicator** *rád* hangolásjelző cső; ~**-ray voltmeter** katódsugaras voltmérő; ~ **rectifier** katód-egyenirányító; ~ **region** katódtér, katódkörnyezet; ~ **repeater** katóderősítő, földelt anódú erősítő; ~ **resistance** katódellenállás; ~ **resistant against sudden exposure to atmospheric pressure** levegőbetöréssel szemben érzéketlen katód; ~ **resistor** katódellenállás; ~**-return circuit** katódáram visszavezetési köre; ~ **ribbon** katódszalag; ~ **rod** *koh* katódrúd; ~ **screen** katódernyő; ~ **shell** *koh* katódszekrény; ~**-side turn-off circuit** *félv* katóddoldali oltókör; ~ **space** → ~ region; ~ **spot** katódfolt; ~ **spray(ing)** katódbeszórás; ~ **sputtering** katódporlasztás; katódporlódás; ~ **tab** katódszalag; ~ **transconductance** katódmeredekség; ~ **tube** katódcső; ~ **tuning** katódhangolás; ~ **wrecking** katódbontás

cathodic *el* katódos; katód-; ~ **bombardment** elektronbombázás; ~ **cleaning** katódos tisztítás/zsírtalanítás; ~ **corrosion** *koh* katódkorrózió; ~ **current** katódáram; ~ **current density** katódáram-sűrűség; ~ **etching** parázsfénykisüléses felülettisztítás; ~ **evaporation** katódelgőzöl(g)és; ~ **eye** *rád* hangolásjelző, varázsszem; ~ **inhibitor** *el* katódos inhibitor; ~ **polarisation/polarization** katódos polarizáció, katódpolarizáció; ~ **process** katódfolyamat; ~ **protection** katódvédelem, katódos (korrózió)védelem; ~ **reaction** katódos reakció, katódfolyamat; ~ **sputtering** katódporlódás

cathodoluminescence (CL) katódsugár keltette lumineszkálás, katódlumineszcencia

cathodophosphorence katódsugarak keltette foszforeszkálás, katódfoszforeszcencia, katódfoszforeszkálás

catholyte *vegy* katódfolyadék; katolit, katódtérben levő elektrolit

cation *el, vegy* kation; ~**-active** kationaktív; ~ **exchange** kationcsere; ~**-exchange capacity (CEC)** *talt* kationcserélő kapacitás, kicserélődési kapacitás; ~**-exchange column** kationcserélő oszlop; ~ **exchanger** kationcserélő, kationit; kationcserélő anyag; ~**-exchange resin** kationcserélő (mű)gyanta; ~**-reversible electrode** elsőfajú elektród; ~ **vacancy** kationhiány, kationhibahely

cationic *el, vegy* kationaktív; kationos; ~ **acids** kationsavak; ~ **agent** kationaktív anyag/szer/detergens; ~ **bases** kationbázisok; ~ **collector** kationos gyűjtőreagens; ~ **conduction** kationvezetés, kationos vezetés; ~ **conductor** kationvezető, kationos vezető; ~ **defect conduction** kationos defektvezetés, kationhiány-vezetés; ~ **detergent** → ~ agent; ~ **dyes** kationos színezékek; ~ **excess conduction** kationos többletvezetés, kation-többletvezetés; ~ **flotation** kationos flotálás; ~ **mechanism** kationos reakció/mechanizmus; ~ **polymerization** kationos polimerizáció; ~ **polymerization mechanism** kationos polimerizációs mechanizmus; ~ **surplus conduction** → ~ excess conduction; ~ **textile auxiliaries** kationaktív textilsegédanyagok; ~ **transfer process** kationcserélő eljárás; ~ **wetting agent** kationaktív nedvesítőszer

cationite kationcserélő, kationit

cationoid *el* elektrofil, kationoid, elektronakcepter/kationoid jellegű

cationotropy *vegy* kationotrópia

catkin tube *rád* fémházanódos színfémcső

catline → cathead line

catophorite *ásv* katoforit

catoptric *opt* fényvisszaverő, tükröző, reflektáló, katoptrikus

catoptrics *opt* katoptrika

catrigged *hajó* egyárbocos, egyvitorlás

catskin macskaprém

CATT → cooled-anode transmitting tube

cattle | **breeding** szarvasmarha-tenyésztés; ~ **cake** *élip* olajpogácsa; ~ **car** → ~ truck; ~ **clippers** *pl mzg* állatnyíró gép; ~ **crossing** *hidr* szarvasmarhagázló; ~ **guard** *mzg* bivalyhárító, keresztárok *(állatok védelmére)*; *vasút* (mozdony)lökhárító; ~ **hair** marhaszőr; ~**-loading ramp** *vasút* állatrakodó, élőrakodó; ~**-punch pliers** *pl* állatbélyegző fogó; ~**-shearing machine** állatnyíró/marhanyíró gép; ~ **truck** marhaszállító/állatszállító tehergépkocsi; *vasút* marhavagon

CATV → cable television; → community antenna television

catwalk (járó)palló; *el* világosítóhíd

Cauchy | **convergence criterion/test** *mat* gyökkritérium; ~ **convergence test of the second kind** hányadoskritérium; ~ **integral test (for convergence)** Cauchy-féle integrálkritérium; ~ **n-th root test** gyökkritérium; ~ **number** Cauchy-szám; ~ **problem** kezdetiérték-probléma, Cauchy-feladat, kezdetiérték-feladat; ~ **product** Cauchy-szorzat; ~ **radical test (for convergence)** gyökkritérium; ~ **ratio test** hányadoskritérium; ~**-Rayleigh low of similitude** Cauchy—Rayleigh-féle kismintatörvény; ~ **relation** *mech* Cauchy-féle egyenlet; ~ **residue theorem** *mat* reziduumtétel; ~**('s) condensation test (for convergence)** Cauchy-féle konvergenciatétel; ~ **sequence** Cauchy-féle sorrend

Cauer | filter *távk* Cauer-szűrő; ~**'s (two-port) synthesis** Cauer-féle szintézis

cauf *bány* bödön

caul *fa* furnírformázó prés; *műa* nyomáskiegyenlítő/nyomáselosztó lap; ~ **fat** *élip* csepleszzsír

cauldron üst; ciszterna, tartály; *bány* bödön; *geol* gleccserüst; katlan; katlan alakú omladék; *mzg* párlóüst; ~ **bottom** *bány* omladékkupola, koporsófedél

cauliflower | cloud *met* gomolyfelhő; ~ **head** *önt* duzzadt tápfej; ~ **ruche** *tex* lapos rüss

cauliflowering *koh, önt* duzzadt/porózus öntvény keletkezése; karfiolképződés

caulk I. *v* tömít *(nyomással)*, tömörít; zömít *(tömítést)*; eltöm; *hajó* dugaroz, iszkábál; tömköd; **II.** *n* tömítőkitt; ~ **in** *v ép, hajó* betöm, betömörít; tömít, rögzít; ~ **seam** *heg* tömítővarrat; ~ **weld** *heg* tömítővarrat; tömör hegesztett varrat

caulked|-in liner tömítően lezömített béléscső; ~ **joint (CaJ)** *heg* utánzömített varrat; ~ **weld** tömörített varrat

caulker *ép, hajó* tömítő/dugarozó szerszám

caulking I. *a* tömörítő; tömítő; **II.** *n* tömítés *(nyomással, ütéssel)*; tömörítés; zömítés *(tömítésé)*; *bány* főteutánvét; lépcsőszerű talpemelkedés/főteemelkedés; talputánvét *(talphágás szabályozására)*; *ép* rovás *(fakötés)*; *hajó* dugarozás, iszkábálás, tömködés; *heg* varrattömörítés; *vegy* ülepedés; ~ **chisel** tömörítőszerszám; tömörítővéső; ~ **compound** hajótömítő szer; ~ **die** dombornyomó szerszám; ~ **hammer** tömörítőkalapács; ~ **iron** tömörítőszerszám; ~ **joint** *hajó* dugarozóhézag; iszkábahézag; ~ **of tubes** duzzasztás *(szivattyúé)*; tömörítés *(csőé)*; ~ **pocket** csavartömítés fészke *(csőgyűrűn)*; ~ **ring** tömítő lágyfémbetét *(tokos csőkötéshez)*; ~ **stick** tömítőléc; ~ **tool** domborítószerszám

caunch I. *v bány* lépcsőt lefejt; **II.** *n bány* főteutánvét; lépcsőszerű talpemelkedés/főteemelkedés; talputánvét *(talphágás szabályozására)*; ~ **hole** *bány* robbantólyuk *(tömedékvágatban)*

causality *mat* kauzalitás, kauzális/okozati összefüggés/kapcsolat; okság

cause I. *v* okoz, létrehoz, indukál, kivált, befolyásol; **II.** *n* ok; ~ **for rejection** kiselejtezés oka; ~ **of excess voltage** *el* túlfeszültség-előidéző ok; ~ **of failure/trouble** meghibásodás oka; ~ **of fire-starting** tűzkeletkezési ok; ~ **variable** *mat* okváltozó, határváltozó

causeway I. *v* kövez *(úttestet)*; **II.** *n ép* gát, rőzsegát; gátút, töltésen vezető út; műút; töltésút; *hidr* burkolt gázló

caustic I. *a bőr* maró hatású *(festék)*; *geol* kausztikus; *vegy* maró, kausztikus; **II.** *n* maró hatású vegyszer/anyag, kausztikum, marószer; marószóda; *opt* kausztika, kausztikus görbe; ~ **alkali** *vegy* alkáli-hidroxid; ~ **ammonia** tömény szalmiákszesz; ~ **baryta** bárium-hidroxid; ~ **bath** maratófürdő; ~ **bottoms** *pl* aljlúg; ~ **brittleness** *koh* lúgridegség; ~ **cracking** *koh* lúgridegség; ~ **curve** *opt* kausztika, kausztikus görbe; ~ **developer** maróhatású előhívó; ~ **embrittlement** *koh* lúgridegség; ~ **flooding** *ol* lúgos elárasztás; ~ **lime** *ép* kövér mész; oltott mész; ~ **line** *opt* kausztika, kausztikus vonal; ~ **magnesia** magnézium-hidroxid; ~ **mud** mésziszap; ~ **oil of arsenic** arzénvaj; ~ **potash** marókáli, kálium-hidroxid; ~ **potash regulation** marókáli-szabályozás *(vákuumé)*; ~**s** csávázószerek; *vegy* kausztikus lúgok; ~ **scrubbing** → ~ treating; ~ **sludge** mésziszap; ~ **soda** marónátron; nátrium-hidroxid; ~**-soda cell** *el* lúgos elem; ~**-soda dissolving plant** lúgoldó; ~**-soda drum** *koh* lúgoshordó; ~**-soda losses** *pl koh* marónátronveszteség; ~ **stick/stone** lúgkő *(rúd alakú)*; ~ **treating** *ol* lúgos mosás/kezelés

causticity maróhatás, kausztícitás, kausztifikáltság

causticization *vegy* kausztifikálás

causticize kausztifikál; kausztikussá/maróvá tesz

causticizer kausztifikálóanyag; kausztifikálókészülék

causticizing → causticization; ~ **agitator** kausztifikáló keverőkészülék; ~ **tank line** *koh* kausztifikáló tartálysor

caustobiolith *geol* kausztobiolit

caustolith *geol* kausztolit

caustophytolith *geol* kausztofitolit

caustozoolith *geol* kausztozoolit

cautery *orv* kauterizálás, kiégetés; kiégetőműszer, kiégetőanyag

caution | area *ép* tiltott övezet; *rep* repülések számára tiltott körzet; ~ **board** figyelmeztetőtábla

cavalier projection *kat, mat* kavalier-perspektíva

cavalry twill *tex* lovaglónadrág-sávoly

cave I. *v alak* benyom; öblösít, bővít; *bány* (be)omlaszt; kiváj; **II.** *n bány* (be)omlás; omlasztás; szakadás; *geol* barlang, üreg; *ol* kaverna; ~ **effect** *ol* kavernahatás; ~ **in** *v bány* behorpad, besüpped; beomlik, beszakad, omlásba megy; *koh* beég; üreget éget; ~**-in** *bány* aknaösszeomlás; behorpadás, besüppedés; beomlás, beszakadás; főteszakadás; ~**-monastery** barlangkolostor, sziklakolostor; ~ **of karst area** *geol* karsztjárat; ~ **roof** *bány* beomlasztott *v.* törésbe ment fedő; ~ **searching** barlangkutatás; ~ **shelter** bányaóvóhely, föld alatti óvóhely

caved | debris/material *bány* omladék; ~ **ground** *bány, geol* leomlott kőzet; omlásos terület

Cavendish balance Cavendish-féle torziós inga

caver *bány* barlangkutató; ércorzó

cavern *geol* barlang, üreg *(kivájt)*; karsztüreg; *ol* kaverna; *önt* hólyag; ~ **flow** *hidr* járatbeli vízmozgás; ~ **limestone** *geol* üreges/karsztos mészkő; ~ **power station** föld alatti erőmű; ~ **storage** tárolás természetes üregekben; ~ **water** *geol* karsztvíz, üregvíz; *hidr* üregekben tárolt víz; ~ **water reservoir** *hidr* karsztvíztárolódás

cavernous *geol* üreges, barlangszerű; *ol* lyukacsos, üreges, kavernás; ~ **gas storage** *ol* üreges gáztároló; ~ **vein** *bány* ódoros telér

cavetto *ép* hajlat; negyedhorony; vájolat, horony; vájolt párkánytag; ~ **vault** tükörboltozat

cavil *hajó* fedélzeti veret *(kötélvég megkötésére)*

caving *alak* benyomás; horpadás, horpasztás; *bány* (be)omlasztás; boltozódás; fedüomlasztás; kivájás; *fiz* kavitáció(képződés), üregesedés, üregképződés; *hidr* rézsűcsúszás; ~ **formation** *ol* omlékony kőzet; ~ **method** *bány* omlasztásos (pillér)fejtés; ~**s** *bány, ol* omladék; *hidr* alámosás; partomlás; partszakadás; *ol* utánhullás *(furólyukban)*; ~ **system** *bány* omlasztásos fejtési rendszer; ~ **zone** *bány* omlási öv

cavitation *fiz* kavitáció, üregesedés, üregképződés; *koh* kimaródás; ~ **coefficient** *hajó, hidr* kavitációs tényező; ~ **corrosion** *koh* kavitációs korrózió; ~ **erosion** kavitációs erózió; ~ **induced by ultrasonics** akusztikus ultrahang okozta kavitáció; ~ **number** (Föttinger-féle) kavitációs szám; ~**-resistant steel** kavitációálló acél; ~ **shock wave** kavitációs lökéshullám; ~ **tunnel** kavitációs alagút

cavity üreg(esség), kiüregelés, kimélyülés; kimélyülés; űr, lyuk, kavitás; kaverna; *gép* bemélyedés, fészek; üreg; *önt* szívódási üreg, gázhólyag; *távk* üregrezonátor; ~ **antenna** *rád* üregrezonátoros antenna; ~ **band-pass filter** *el* üregrezonátoros sávszűrő, sávszűrő üreg; ~ **block** *műa* matrica, csésze; ~ **brick** *ép* üreges tégla; ~ **circuit** *rád* üregrezgőkör; ~ **concrete** *ép* fészkes/likacsos beton; ~ **coupling** *rád* üregrezonátor-csatolás; ~ **depth** *műa* üregmélység; ~ **drag** kavitációs *v.* kavitációval szembeni ellenállás; ~ **effect** üregrezonancia *(mikrofoné)*; ~ **formation** *fiz* kavitáció(képződés), üregesedés, üregképződés; ~ **frequency meter** *távk* üregrezonátoros frekvenciamérő; ~ **grid** *távk* rezonátorrács; ~ **ionization** *el* üregionizáció; ~ **magnetron** *távk* üreges/üregrezonátoros magnetron; ~ **maser** üregrezonátoros mézer; ~ **meter** *távk* etalon-üregrezonátor; ~ **piston** *gépk* üreges dugattyú; ~ **plug** *műa* szerszámcsésze, betétcsésze; ~ **potential** *el* gyorsítófeszültség; ~ **radiation** *fiz* fekete sugárzás; ~ **radiator** *fiz* fekete sugárzó; ~ **resonance** üregrezonancia; ~ **resonator** (üreg)rezonátor; endovibrátor; ~ **resonator wavemeter** → ~ wavemeter; ~ **retainer plate** *műa* szerszámtest-rögzítőlap; ~ **side** *műa* fúvóka felőli oldal *(fröccsszerszámokon)*; ~ **wall** *fa* légréteges/üreges fal; ~ **wavemeter** *távk* üregrezonátoros frekvenciamérő, hullámmérő-üregrezonátor; ~ **well** *hidr* üreges kút

CAW → channel address word

cawk *ásv* súlypát, barit, bárium-szulfát

CAX → community automatic exchange

cay zátonysziget, homokzátony

Cayley-Hamilton theorem Cayley-Hamilton-elv

cb → centibar; → cumulo-nimbus

CB → cast brass; → central battery; → centre of buoyancy; → centre of burst; → circuit breaker; → Citizens' Band (radio); → conduction band; → contact breaker; → control board; → control button; ~**-channel** *rád* amatőrsáv; CB-sáv; ~**-sender** amatőradó; CB-adó

CBE → cab-beside-engine

cbm → constant boiling mixture

CBM → continental ballistic missile

cbr → counterbore

CBR → California bearing ratio

CBS → central battery signalling; → central battery supply; → central battery system

CBT → central battery telephone; → computer-based training

CBU → cluster bomb unit

CBW → chemical and biological warfare

CBX → computerized branch exchange

cc → cast copper; → closing coil; → cloud chamber; → combined carbon; → concentric cable; → constant current; → cotton-covered; → cubic content

CC → carriage control; → carrier current; → central control; → ceramic capacitor; → close coupling; → combustion chamber; → communication centre; → compass course; → condition code; → connecting circuit; → continuous cooling; → continuous current; → control centre; → cyanogen chloride

CCD → charge-coupled device

CCD-RAM → charge-coupled RAM

cckw → counterclockwise

CCL → common command language; → console command language

ccm → cubic centimetre

CCP → cubic close packing

CCR → condition code register

CCS → continuous control system

CCSL → compatible-current-sinking-logic

CCTV → closed circuit television

CCU → camera control unit; → cluster control unit; → communications control unit

CCW → channel command word

cd → candela

Cd → cadmium

CD → civil defence; → compact disc; → countdown; → current density

CDA → collision detection and avoidance (system)

CDC → course-and-distance calculator

CDF → cumulative distribution function

CDH → cable distribution head

CDI → course deviation indicator

CD-I → compact disc interactive

CD-ROM → compact disc ROM

CDS → cold-drawn steel

ce → compass error; → current efficiency

Ce → cerium; ~**-glass** → cerium glass

CE → chemical engineer; → chief engineer; → Civil Engineer; → combustion engine; → common emitter; → communication electronics; → communication equipment; → consumer electronics

cease megszüntet, beszüntet, abbahagy; eláll; megszűnik; *rád* leszakad *(oszcilláció)*; ~ **fillings** *pl bány, geol* hasadékkitöltés

ceased|-number cicuit *távb* megszűnt előfizetői szám áramköre; ~ **patent** lejárt szabadalom

Cebu hemp *tex* manilakender

CEC → cation-exchange capacity

CED → cohesive energy density

cedar *fa* cédrus; ~**-leaf oil** tujaolaj; ~**-(nut) oil** cédrusolaj

cede electrons to the ring *vegy* átenged elektronokat a gyűrűnek

cedilla *nyom* cédille

cedrol *vegy* cedrol, cédruskámfor

CEEFAX (see facts) *szt* CEEFAX *(BBC teletext-szolgáltatás)*

ceil *ép* mennyezettel fed, fával burkol/borít; vakol

ceiled *ép* boltozattal fedett

ceiling mennyezet; födém, plafon; *ép* fával való burkolás/borítás; födém(zsaluzás) *(betonozásnál)*; menynyezetkészítés; mennyezettel való fedés; vakolás; *hajó* fenékburkolat *(raktáré)*; *mat* kerekítés felfelé, felkerekítés; *rep* felhőalap; felhőmagasság; felhőréteg magassága a föld felett, repülési csúcsmagasság; ~ **ballon** *met* pilotléggömb; ~ **beam** *ép* födémgerenda, födémtartó; mennyezetgerenda; párnafa *(padlóban)*; ~**(-)block** födémelem; födémtégla; mennyezettégla, mennyezetblokk; ~ **boarding** *ép* födémzsaluzás, födémdeszkázás, födémhéjalás; mennyezet/födém (alsó) deszkázása/borítása; ~ **countershaft** *gép* függő előtéttengely; ~ **crab/crane** mennyezeti futómacska; ~ **diffuser** *ép* mennyezeti befúvó szerkezet; ~ **duct** födémhorony *(huzalok részére)*; ~ **excitation** legerősebb gerjesztés; ~ **fan** mennyezeti ventilátor; ~ **fitting** mennyezeti lámpatest, mennyezetlámpa, mennyezeti szerelvény; ~ **folder** *nyom* függő rakodószerkezet; ~ **forecasting** *rep* felhőmagasság előrejelzése; ~ **girder** *bány* főtedeszka, főtedeszkázás, főtegerenda; ~ **grinder,** ~ **grinding machine** *ép* födémcsiszoló gép; ~**-hanger support** *bány* főtebiztosítás dúcolással; mennyezeti horog; ~ **heating** *ép* mennyezetfűtés; ~ **height** *rep* felhőalap magassága; ~ **height indicator** felhőmagasság-jelző, felhőmagasságmérő készülék; ~ **jack** *bány* csavaros/kifeszkéző tám; ~**-lamp** mennyezeti lámpa, mennyezetlámpa; ~ **light** *ép* mennyezetvilágítás, felső világítás; *rep* felhőfényszóró; ~ **lighting** *ép* mennyezetvilágítás, felső világítás; ~ **lining** *ép* mennyezetburkolat; *gépk* belső tetőlemez *(autóbuszon)*; ~ **margin** felső határeltérés; ~**-mounted** mennyezetre szerelt; ~ **of convection** *rep* konvekció magassága; ~**-pendant fitting** mennyezetfoglalat *(függőlámpához)*; ~ **plank** mennyezeti borítódeszka; ~ **projector** *met* felhőfényszóró; ~ **reflectance,** ~ **reflection factor** mennyezetreflexió mértéke; ~**s** *pl hajó* belső hajóburkolat; mennyezetborító deszkák; ~ **switch** *el* mennyezetkapcsoló, húzózsinóros kapcsoló; ~**-type heater** *ép* fűtőmennyezet; ~**-type heating** mennyezetfűtés; ~ **unlimited** *rep* felhőtlen égbolt; ~ **voltage** *el* maximális feszültség, csúcsfeszültség; ~ **with bays** *ép* kazettás/táblás mennyezet; ~ **zero** *rep* talajig érő magasságú felhőzet

ceilometer *met* felhőmagasság-mérő

celadon *ker* tengerzöld/szürkészöld porcelán; ~ **green** *ásv* glaukonit

celanese *tex* acetátműselyem

celerity gyorsaság, sebesség

celestial csillagászati; *csill* égi; ~ **blue** égszínkék; ~ **body** égitest; ~ **compass** csillagászati iránytű; ~ **equator** égi egyenlítő; ~ **fix** csillagászati helyzetpont; ~ **globe** éggömb; ~ **guidance** *hajó* csillagászati navigáció/irányítás, asztronavigáció; ~ **horizon** csillagászati horizont; ~ **mechanics** égi mechanika, asztrálmechanika; ~ **navigation** → ~ guidance; ~ **observation** csillagászati megfigyelés; ~ **pole** égi sark; ~ **position finding** csillagászati helymeghatározás; ~ **reference** csillagászati tájékozódási/vonatkozási pont; ~ **sphere** éggömb; ~ **system** *rep* csillagászati navigációs rendszer

celestine, *US* **celestite** *ásv* cölesztin

celite *ker* celit

cell cella; sejt; *bány* dúsítószakasz; *biot* sejt; *cu* diffuzőr; *el* (akkumulátor)cella; (galván)elem; egyenirányító elem; elektrolizáló kád; *ép* kamra, cella; rekesz; vájat *(üreges tégliában)*; *mat* mező; osztályintervallum, osztály, cella; *met* (légmozgási) cella; *opt* foglalat *(libellάé, lencséé)*; *szt* cella, bináris sejt; *távb* távbeszélőfülke, telefonfülke; ~ **address set** *szt* rekeszcím-elhelyezés; ~**-ageing oven** *gumi* rekeszes/cellás öregítőszekrény/öregítőedény/öregítőkemence; ~ **blower** *bány* Gellner-ventilátor; ~ **bottom** *koh* kádfenék; ~ **bucket** *el* akkumulátoredény; ~ **capability** *el* zárlati teljesítmény *(telepé)*; ~ **cavity** *koh* reakciótér; ~ **computer** *szt* sejtszámítógép; ~ **configuration** *biot* sejt szerkezete/felépítése; sejtes szerkezet; ~ **connecting-up** *koh* kádbekapcsolás; ~ **connector** *el* cellaösszekötő; ~ **constant** cellaállandó; ~ **construction** *koh* kádszerkezet; ~ **cover** *el* elemfedél; ~ **disconnection** *koh* kádkikapcsolás; ~ **electromotive force** belső elektromotoros erő, áramforrás elektromotoros ereje; ~ **failure** *koh* kádlyukadás; ~ **filter** cellás szűrő; sejtszűrő; ~ **fluid** sejtnedv; ~ **formation** *any* cellaképződés; ~ **for working current** munkaáramot szolgáltató elem; ~**-free fermentation** *biot* sejten kívüli erjedés; ~ **frequency** *mat* osztálygyakoriság, osztályközös gyakoriság, cellagyakoriság; ~**-growth** *biot* sejtszaporulat; ~ **heater** *élip* kalorizátor; ~ **hopper** *ép* csúcskád *(iszapleválasztó)*; ~ **insulator** *el* elemállvány; ~ **interval** *mat* osztályintervallum, osztály, cella; ~ **length** *mat* osztályköz, intervallum hossza, osztályszélesség, cellaszélessség; ~ **master** *koh* kádmester; ~ **membrane** *biot* sejtmembrán; ~ **memory** *szt* rekeszes memória; ~ **mounting** *el* cellás szerelés; ~ **nucleus** *biot* sejtmag, nukleusz, karion; ~ **number of a store** *szt* tároló rekeszszáma; ~ **perforation** *koh* kádlyukadás; ~ **permeability** sejtpermeabilitás; ~ **physiology** sejtélettan, sejtfiziológia; ~ **plate** *el* akkumulátorlemez; *mzg* cellás vetőelem, vetőkerék *(vetőgépben)*; ~**-pot-gas exhaustion** *koh* kohógázelszívás; ~ **range** → ~ length; ~**(-)sap** sejtnedv; ~ **sensitive to light** fényérzékeny cella; ~ **sink water-trap** *ép* pince-víznyelőakna, pincecsatornaszem; ~ **skylight** *ép* pince-felülvilágító; ~ **store** *szt* rekeszes tároló; ~**(-)structure** sejtszerkezet; *műa* sejtszerű *v.* rostos felépítésű szerkezet; ~ **switch** cellakapcsoló *(akkumulátoron)*; ~**-system** *koh* kádszabályozó; ~ **terminal** *el* galvánelem/akkumulátorcella szorítókapcsa; ~ **tester** cellavoltmérő *(akkumulátorhoz)*; ~**(-)tissue** → cellular tissue; ~**-type air washer** *ép* nedves hőcserélő kamra; ~**-type soaking pit** *koh* rekeszes mélykemence; ~**-type tank** *rep* rekeszes típusú tartály; ~ **voltage** *el* cellafeszültség; *koh* kádfeszültség; ~ **wall** sejtfal; ~**-wall pit** *fa* gödröcske a sejtfalban

cellar I. *v élip* pincében tart/tárol; **II.** *n* pince; olajedény; *ol* toronypince; *szt* zsáktároló, verem; ~**-door** *ép* pinceajtó; ~ **for freezing pipes** fagyasztópince; ~ **hatch** pincelejáró-ajtó; ~ **oil** *ol* pinceolaj; ~ **shelter** pinceóvóhely; ~ **staircase** pincelépcső; ~ **treatment** *élip* pinceműveletek; ~ **wall** *ép* pincefal; ~**-window** pinceablak

cellarage *élip* pincészet; pincetárolás

cellated *biot* sejtekből álló, sejtes, sejt-

cellbody *műa* mohaanyag

celled → cellated

celliform *biot* sejt alakú

cellite *pa* másodlagos cellulóz-acetát

cellobiose *vegy* cellobióz, cellóz

celloidin *vegy* celloidin; ~ **paper** *foto* celloidinpapír, napfénypapír
cellone varnish *vegy* cellonlakk
cellophane cellofán; ~ **cover** *nyom* cellofánborító, cellofán védőborító
cellose → cellobiose
cellotape → cellulose tape
cellucotton cellulózvatta
cellular rekeszes, üreges; sejt alakú, sejtes; *műa* hab(-), habszerkezetű, habosított; porózus, rostos; sejtszerű; ~ **abutment** *ép* üreges ellenfal; ~ **brick** *ép* sejttégla, üreges tégla; ~ **bucket wheel** *ép, gép* cellás marótárcsa; ~ **coffer-dam** *ép, hidr* sejtfalas zárógát, sejtzárógát, cellás/rekeszes/szekrényműves gát; ~ **concrete** *ker* sejtesített (könnyű)beton, habbeton, sejtbeton; ~ **conductor** *el* üreges/csöves vezető; ~ **crystallization** *koh, vegy* cellás kristályosodás; ~ **dolomite** *geol* sejtes dolomit; ~ **ebonite** porózus ebonit, szivacsos keménygumi; ~**-expanded concrete** → ~ concrete; ~ **filter** → cell filter; ~ **girder** *ép* üreges gerenda; ~ **glass** habüveg; ~ **horn** csatornás hangtölcsér; ~ **logic** *szt* rekeszlogika; ~ **material** *ép* habosított anyag; *műa* habanyag, (műanyag)hab; ~ **membrane** *fa* sejtfal; ~ **method** *fiz* cellamódszer; ~ **modem** *szt* cellarendszerű modem; ~ **network** *szt* cellarendszerű hálózat; ~ **physiology** → cell physiology; ~ **plastic insulation** *el, ép* habosítottműanyag-szigetelés; ~ **plastics** műanyaghab(ok), habosított műanyagok; ~ **radiator** *gépk* méhsejthűtő; ~ **radio** *szt* cellarendszerű rádiótelefónia; ~ **rubber** habgumi; ~ **space** *mat* sejttér; ~**-steel sheet pile** *ép* csőszelvényű vaszszádpalló; ~ **structure** cellás szerkezet; ~ **switchboard** cellás kapcsolótábla; ~ **switchgear** *el* cellás kapcsoló; ~ **telephone** *szt* cellatelefon; ~ **texture** *geol* sejtes szerkezet; ~ **tissue** *bőr, fa* sejtszövet; ~ **vault** *ép* cellás boltozat; ~ **wheel** *ép* forgócellás adagoló; vedres vízemelő kerék; ~ **wheel feeder** cellakerekes adagoló
cellulase *vegy* celluláz
cellulated sejtes, sejtekből álló
cellule cella, kis sejt
cellulith *pa* cellulit
celluloid *vegy* celluloid; ~ **box** celluloidedény, celluloidtartály; ~ **mo(u)lding** *nyom* celluloidnyomás; ~ **pattern chart** celluloidsablon; ~ **printing ink** *nyom* celluloidnyomó festék
cellulon papírzsineg *(nedvesen cérnázva)*
cellulose *műa, pa, vegy* cellulóz; ~ **acetate** cellulózacetát, acetilcellulóz; ~ **acetate butyrate,** ~ **acetobutyrate** *műa* cellulóz-aceto-butirát, cellulóz-acetát-butirát; ~ **acetate film** cellulóz-acetát fólia/film; ~ **acetate lacquer** cellulóz-acetát lakk; ~ **acetate propionate** *műa* cellulóz-aceto-propionát, cellulóz-acetát-propionát; ~ **acetate silk** cellulóz-acetát (mű)selyem; ~ **butyrate** cellulóz-butirát; ~ **coated electrode** cellulózbevonatú elektród; ~ **content** cellulóztartalom; ~ **derivative** cellulózszármazék; ~ **diacetate** cellulóz-diacetát; ~ **digester** *pa* cellulózfőző; ~ **dinitrate** cellulóz-dinitrát, dinitrocellulóz, kollódiumgyapot; ~ **ester** cellulózészter; ~ **ether** cellulózéter; ~ **factory** cellulózgyár; ~ **film** cellulózfilm; ~ **gum** cellulózenyv; ~ **hydrate** *pa* hidrát-cellulóz; ~ **lacquer** cellulózlakk; ~ **mill** cellulózgyár; ~ **nitrate** cellulóz-nitrát, nitrocellulóz; ~ **paper** cellulózpapír; ~ **point** cellulózfesték; ~ **propionate** *műa* cellulózpropionát; ~ **tape** cellulózszalag, cellux; *nyom* vékony cellulózpapír; ~ **trinitrate** cellulóz-trinitrát, lőgyapot; ~ **varnish** cellulózlakk; ~ **wadding** *pa* cellulózvatta; ~ **xanthate** cellulóz-xantát; ~ **yarn** cellulózalapú fonal
cellulosic I. *a* cellulóz(-), cellulózalapú; **II.** *n* cellulózszármazék, cellulózalapú műanyag/műszál; ~ **fibres/fibers** cellulózműszálak; ~ **material** cellulóztartalmú anyagok; ~ **paper** cellulózpapír
cellusuede bársonypapír
celolithe *pa* műanyag kevert farost
celonite *ásv* pleonaszt
celsian feldspar *ásv* celzián, báriumföldpát
Celsius (temperature) scale Celsius-skála, Celsius-féle hőmérsékleti skála
Celtic weave *tex* sávoly-panama kötés, panamakötés
celtium → hafnium
cement I. *v* ragaszt, köt; *ép* cementtel köt, cementez, cementtel bevon/kitölt/ragaszt/beerősít; *hők* cementál, felszenít; cementálódik; *koh* betétben edz; **II.** *n* ragasztó(szer), ragasztóoldat; ragasztóanyag; kitt, ragacs; kötőanyag, enyv; *ép* cement; cementhabarcs, cementtej; *koh* cementáló por/anyag; ~ **additive/admixture/agent** cementadalék; ~**-and-lime mortar** javított mészhabarcs/cementhabarcs; ~**-and-water grouting** cementlé-besajtolás; ~ **asbestos** azbesztcement; ~**-bagging machine** cementcsomagoló gép; ~ **barge** cementszállító hajó; ~ **batcher** *ép* cementadagoló; ~ **blower** cementfúvató *(cementsilóban)*; ~ **bond** cementkötés; ~**-bound** cementkötésű; ~**-bound index** *ol* cementkötési index; ~**-bound log** cementkötés-szelvényezés; ~**-bound macadam** cementmakadám; ~ **bulk transporter** ömlesztett cementszállító; ~ **burning** cementégetés; ~ **cadmium** *koh* cementkadmium; ~**-cavity factor** *ép* cementhézagtényező; ~ **chuck** → cementing chuck; ~ **class** cementosztály, cementminőség; ~ **clinker** cementklinker; ~**-coated** cementtel bevont; ~ **coating** cementbevonat; cementborítás; ~ **concrete** cementbeton, közönséges beton; ~ **concrete gunite machine** *ép* betonlövellő gép; kamrás szóróberendezés; ~ **concrete lining** betonburkolat; ~ **conforming to standards** normálcement, szabványcement; ~**-consistometer** cementkonzisztométer; ~ **constituents** cementalkotórészek; ~ **content** cementtartalom, cementtényező; ~ **conveyor screw** cementszállító csiga; ~ **copper** *koh* cementációs réz; ~**-cramp joint** *ép* (horgos) cementkőkapocs; ~ **distributor** → ~ spreader; ~**-dowel joint** *ép* (sima) cementkőkapocs; ~ **down** *v* ragaszt, köt; ~ **duct** betoncső; ~ **facing** cementvakolás, cementvakolat; ~ **felt** *ép* cementnemez; ~ **fineness** cementfinomság; ~ **finish** cementsimítás; ~ **flag** cementtel kötött burkolatkő; ~ **fondu** gyorsan kötő cement; ~ **grain** cementszemcse; ~ **grinding** cementőrlet; ~ **grit** cementdara; ~ **grout** cementhabarcs, cementtej; cementpép; ~**-grouting** cementinjektálás; cementbesajtolás; ~ **gun** *ép* betonágyú; cementágyú; torkrétgép; *koh* felszóróberendezés; ~ **gun concrete** lövellt beton, torkrétbeton; ~ **gun work** torkrétozás; ~ **haulage unit,** ~ **hauler** cementszállító jármű; ~ **hydration** cementhidratáció; ~ **injection** cementtej-injektálás; ~ **joint** *ép* cementes (cső)kapcsolás; ~ **kiln** cementégető kemence; ~**-lime mortar**

→ ~ -and-lime mortar; ~ **lining** *ép* cementvakolás, cementvakolat; ~ **lorry** cementszállító (gép)kocsi; ~ **macadam** cementtel kötött (makadám)burkolat; ~ **masonry** cementhabarcsba rakott falazat; ~ **metal** *koh* cementfém; ~ **mill** *ép, ker* cementőrlő malom; zúzómalom, cementgyár; ~ **mixer** *ép* cementkeverő/habarcskeverő (gép); ~ **mixer truck** betonszállító keverőkocsi; ~ **mortar** cementhabarcs, cementtej; ~**-mortar coating** cementabarcs bevonat; ~ **mortar (for lining)** *bány* bányászati falazóhabarcs; ~ **mo(u)lding** *koh* cementformázás; ~ **of plaster** gipszhabarcs; ~ **paste** cementpép; ~ **pat** cementlepény *(próbatest)*; ~ **plaster** cementvakolás, cementvakolat; ~**-plaster finish** cementvakolat-simítás; ~ **plug** *ol* cementdugó; ~ **plug cutting** *ol* cementdugó kiöblítése; ~ **rendering** cementvakolat; ~ **replacement** cementhelyettesítés; ~ **resistance** cementállóság; ~ **retainer** *ol* cementezőgát, béléscsőgát; ~ **rock** cementmárga; ~ **sand-bed** *ép* száraz ágyazás *(kövezet alá)*; ~**-sand grout** cement-homok injektálás; ~ **screw conveyor** cementszállító csiga; ~ **screw for steep conveying** meredek szállítócsiga; ~ **semitrailer** cementszállító nyerges pótkocsi; ~ **set(ting)** *ép, ol* cement kötése, cementkötés; ~ **setting accelerator** *ép, ol* cementkötés-gyorsító; ~ **setting retarder** *ép, ol* cementkötés-késleltető; ~ **silo** cementsiló; ~ **sludge** *koh* cementiszap; ~ **slurry** cementtej, cementiszap; ~ **spatula** cementsimító lapát; ~ **spreader** *ép* cementterítő; ~ **stabilization** cementes talajstabilizáció; ~ **stuff** cementvakolóhabarcs; ~ **subgrade** cementtel szilárdított altalaj; ~ **tanker** cementszállító jármű; ~ **tank(er) wagon** cementszállító vasúti kocsi; ~ **temperature log** *ol* cementhőmérséklet-szelvény; ~**-throwing jet** *ép* cementszóró fuvóka; ~ **tile** cementlap; ~**-tile floor** cementlap-padló; ~**-tile pavement** cementlap-(padló)burkolat; ~ **topping** cementkoptató réteg, simítóréteg; ~**-treated subbase (CTSB)** *ép* cementtel szilárdított alap(réteg); ~ **trowell** vakolókanál, cementvakoló kanál; ~ **truck** → ~ lorry; ~**-void factor** → ~ cavity factor; ~ **wash** *ép* felületi cementbevonás; ~**-water grout** cementtej *(injektáláshoz)*; ~**-water ratio** *ép* cement-víz tényező/arány; ~ **weigher** cementmérleg; ~ **weighing lever with movablae jockeys** tolósúlyos cementmérleg; ~ **weighing scale** cementmérleg; ~ **works** cementgyár; ~ **worm conveyor** cementszállító csiga

cementation cementinjektálás *(talajba)*; tömés/kötés cementtel; *bány, ép* cementbefecskendezés; *geol* cementáció; cementálódás *(kőzeté)*; *hők, koh* szenítés, cementálás; *műa* ragasztás; *ol* cementezés, cső megkötése cementtel; *talt* cementbesajtolás; ~ **agent** *hők* cementálószer, karbonizálóanyag, cementálóközeg; ~ **exponent** *geol* cementációs kitevő; ~ **furnace** cementálókemence; ~ **of bore(-)hole** *ol* béléscső-cementezés, elsődleges cementezés; ~ **process** szenítőeljárás, cementálás

cementatory tapasztó, ragasztó; *hők, koh* cementáló, cementációs; ~ **copper** *koh* cementációs réz

cemented ragasztott; *ép* (meg)kötött; cementezett; cementkötésű; *hők, koh* cementált, szenített; ~ **carbide** → cementite; ~ **fill** *bány* szilárduló tömedék; ~ **glass** ragasztott üveg; ~ **lens** *opt* ragasztott lencse; ~ **objective** ragasztott (lencséjű) objektív; ~ **(rock) formation/suite** *geol* eltömődött kőzetöv; ~ **shoe** ragasztott talpú cipő; ~ **steel** szenített acél; ~**- tipped** *bány* keményfém lapkás

cementer cementáló; szenítő; *cipő* ragasztóanyag-tartály *(gépen)*

cementing beragasztás, összeragasztás; *cipő* talpragasztás; *ép* beerősítés cementtel; borítás/burkolás cementtel; cementezés, cső megkötése cementtel; *hők, koh* szenítés, cementálás; ~ **agent** kötőanyag, enyv; cementálószer; ~ **basket** *ol* cementezőernyő; ~ **bath** *hők* betétedző fürdő; ~ **box/chest** *hők* betétszekrény, betétedző láda; ~ **casing-shoe** *ol* cementezősaru; ~ **chuck** ragasztótárcsa *(órásesztergán)*; ~ **furnace** *hők* cementálókemence; ~ **head** *ol* cementezőfej; ~**-in** beragasztás, összeragasztás; *ép* beerősítés cementtel; cementbe rakás; kiöntés cementtel; ~ **in advance** *bány* előzetes kőzettömítés; ~ **job** *ol* cementezés, cső megkötése cementtel; ~ **medium** *hők* cementálóközeg; szenítőközeg; ~ **outfit** *ol* cementezőegység; ~ **plug** *ol* cementeződugó; ~ **powder** cementálópor, szenítőpor; ~ **power** ragasztóképesség; ~ **property** *ker* kötőképesség; ~ **time** *ol* béléscső-cementezési idő; ~ **unit** *ol* cementezőegység

cementite *koh* cementit, vas-karbid; ~**-bearing** cementittartalmú; ~ **breakdown** cementitbomlás

cementitious material *geol* cementálóanyag *(kőzeté)*

CEMF → counter-electromotive force

cenomanian stage *geol* cenomán emelet

cenotypal *geol* kainozoikus

Cenozoic (era) *geol* kainozoikum

censoring *mat* cenzorálás; cenzúrázás; ~ **equipment** *rád* adásellenőrző berendezés

cent *hang* cent; ~ **indicator** százas jelző/számláló

cental *metr* cental

center *US* → centre

centesimal *mat* százados; százas beosztású/rendszerű; ~ **angular minute** újperc, új szögperc; ~ **angular second** új szögmásodperc; ~ **balance,** ~ **weighing machine** századosmérleg

centibar (cb) centibar *(légnyomásegység)*

centibel *hang* centibel

centigrade I. *a* százas osztású, századfokos; **II.** *n* Celsius-fok; ~ **heat/thermal unit (CHU)** kalória; ~ **(temperature) scale** századfokos/Celsius-féle (hőmérsékleti) skála

centile *mat* centilis; százalék

centilitre, *US* **centiliter (cl)** centiliter

centimeter *US* → centimetre

centimetre, *US* **centimeter (cm)** centiméter; ~**-gram-second units,** ~ **system of units (CGS)** *metr* CGS-(egység)rendszer, centiméter-gramm-szekundumrendszer, abszolút mértékrendszer; ~ **wave** *fiz* centiméteres hullám, centiméterhullám

centimetric centiméteres, centiméter-; ~ **wave** centiméteres hullám, centiméterhullám

centinormal *vegy* századnormál *(0,01 n)*; ~ **solution** századnormál-oldat, 0,01 n oldat

centipoise (cP) *metr* centipoise

centistokes (cSt) *metr* centistokes

central közép-, középső; központi, centrális; *mat* közép-, középponti, középpontos, centrikus; ~ **air supply** *bány* központi szellőztetés; ~ **aisle** *vasút* középátjárat; ~ **angle** *mat* középponti szög; ~ **angle of the meander** *hidr* folyókanyar központi szöge; ~ **area** városmag, városközpont; ~ **army group** *kat* központi hadseregcsoport; ~ **axis** *mat* (centrális/középponti) tengely; *mech* pillanatnyi csavartengely; ~ **axis of force system** erőrendszer centrális tengelye; ~ **back-pressure valve** *heg* központi vízzár; ~ **batching and mixing plant** központi *v.* nagy teljesítményű betongyár; ~ **battery (CB)** *távb* központi telep, CB; ~ **battery set** *távb* CB-készülék; ~ **battery signal(l)ing (CBS)** telefónia központi teleppel; ~ **battery supply (CBS)** *távb* központi telepes táplálás; ~ **battery system (CBS)** *távb* CB-rendszer, CB-üzem, központi telepes rendszer/üzem; ~**-battery telephone (CBT)** CB-rendszerű távbeszélő; ~ **bitumen mixing plant** aszfaltgyár; ~ **bobbin** karikahajó; központi orsó, orsótok *(varrógépen)*; *tex* központos cséve; ~ **body** *rep* középponti áramlásterelő tű; ~ **buffer** *vasút* középső ütköző; ~ **buffer coupling** *vasút* központi ütköző- és kapcsolókészülék; ~**-clock installation** óraközpont; ~ **concrete mixing plant** *ép* központi betontelep; ~ **condensation** *csill* sűrűségnövekedés a középpont felé; ~ **confidence interval** *mat* centrális konfidenciaintervallum; ~**-contact (lamp)holder** középérintkezős/középcsapos (lámpa)foglalat; ~ **control (CC)** központi vezérlés/szabályozás; ~ **control board/desk** központi vezérlőasztal; ~ **controller** központi vezérlőasztal; ~ **control panel** *el* fő kapcsolótábla; ~ **control platform** központi vezérlőpult/vezérlőállás; ~ **control room** *távk* központi kapcsolóterem; ~ **control station** irányítóközpont; üzemközpont; ~ **coordinates** *mat* geodetikus koordináták; ~ **current supply** áramszolgáltatás; központi áramelosztás; ~ **curve** *mat* centrális/középpontos görbe; ~ **data registration equipment** *szt* központi adatrögzítő berendezés; ~ **derivative** *mat* centrális derivált; ~ **difference quotient** középponti/szimmetrikus differenciahányados; ~ **differences** centrális/központi differenciák/különbségek; ~ **electrode** központi elektróda; ~ **electrode electron beam tube** centrálelektródos elektronsugárcső; ~ **entrance** *vasút* középfeljáró, középbejáró; **C**~ **European Time (CET)** közép-európai idő; ~ **exchange** *távb* telefonközpont, távbeszélőközpont; ~ **fan** *forg* porszívó; ~ **field** *mech* centrális erőtér; ~ **fill** *hidr* gátmag; ~ **force** *fiz* centrális erő; ~ **force field** centrális erőtér; ~ **gap** *at* középső légrés; ~ **gate** *önt* beömlőszár, (álló) beömlő; ~ **gathering station** *ol* főgyűjtőállomás; ~ **girder** *ép* mestergerenda, főgerenda; ~ **groove** *gép* középhorony; ~ **heating** *hőt* központi fűtés; ~ **heating plant** fűtőközpont, (központi) fűtőmű, fűtőerőmű; ~ **heating system** központi fűtés; ~ **hot-water supply system** központi vízmelegítő berendezés; ~ **hot-water supplying equipment** központi vízmelegítő berendezés; ~ **impact** *mech* centrikus/centrális ütközés; ~ **lease station** *ol* főgyűjtőállomás; ~ **limit theorem** centrális/központi határeloszlás tétele; ~ **line** *mech* rugalmas vonal; *távb* központi/előfizetői vonal, fővonal; ~ **locking** *gépk* központi (ajtó)zár; ~ **lubrication** központi kenés/olajozás; ~ **lubricator** központi olajozó; ~ **mining rescue** *bány* központi bányamentő állomás; ~ **mixing plant** *ép* keverőközpont, központi keverőtelep; központi betongyár; ~ **moment of inertia** centrális tehetetlenségi nyomaték/momentum; ~ **monitoring** *el* központi figyelés/felügyelet; ~ **motion** *mech* centrális mozgás; ~ **nave** főhajó; ~ **office** központ, telefonközpont; ~ **operation** *koh* központi járat; ~ **passage** *vasút* középátjárat; ~ **pattern** *tex* középső kötésminták *(jacquard-szöveten)*; ~ **pilot burner** *ép* központi gyújtólángégő; ~ **pivot** *em* királycsap; ~ **pivot carriage** *kat* középtalpcsapos lövegtalp; ~ **point** középpont, közép, centrum; *mat* centrálpont; ~ **porosity** *heng* tengelymenti fogyási üreg; ~ **potential** *mech* centrális erőtér potenciálja; ~ **power station** erőmű; ~**-pressure regulator** *heg* főszelep *(nyomáscsökkentőhöz)*; ~ **principal moment of inertia** centrális/fő tehetetlenségi nyomaték/momentum; ~ **processing element (CPE)** *szt* központi feldolgozó elem, CPE; ~ **processing unit (CPU)** *szt* központi egység, CPU; ~ **processor** *szt* központi egység; ~ **projection** centrális projekció/vetítés; ~ **quad of a cable** *em* kábelbél; ~ **rail** *vasút* középső sín; ~ **ray** merőleges/középponti/központi sugár, tengelysugár; ~ **remote control** központi távvezérlés; ~ **reservation/reserve** *közl* (középső) elválasztó sáv *(autópályán)*; ~ **rod** *gépk* sebességváltó kar; ~ **runner** *koh* beöntőtölcsér; ~ **shaft** *ép* gyűjtőakna; *gép* főtengely, hajtótengely *(jelrögzítés)*; ~ **shed** *tex* középszád; ~ **shedding** teljes szádképzés, középszádképzés; ~ **shutter** *foto* központi zár; ~ **soil mixing plant** *ép* központi talajkeverő berendezés; ~ **station** *el* központi erőmű; *hajó* vezérállás, hajóhíd; *távk* központ; távíróközpont; *vasút* főpályaudvar; ~ **station room (for the ventilators)** *ép* ventilátorgépház; ~ **station(-type) air-conditioning equipment/plant/system** központi klímaberendezés; ~ **station(-type) ventilation system/plant equipment** központi szellőztető berendezés; ~ **symmetry** centrális szimmetria; gömbszimmetria; ~ **time (CT)** *rep* középidő; ~ **treading** *tex* belső lábító; ~ **tube** *geol* központi csatorna; ~**-tubular frame** *gépk* középcső-csőfőtartós alváz; ~ **unit** központi egység; ~ **ventilating plant/station** *ép* szellőzőközpont; ~ **web** *tex* középső szövet *(háromszoros szövetben)*; ~ **workshop** főműhely; ~ **zero voltmeter** középállású zéruspontos voltmérő

centrality centralitás, központosság

centralization központosítás

centralize összpontosít, központosít

centralized központi, centrális; ~ **check** *aut* központi ellenőrzés; ~ **control** centralizált/központosított vezérlés; ~ **control(-)point** *vasút* vonali állítóközpont; ~ **control room** központi irányítóterem/vezérlőterem; ~ **control system** központosított vezérlőrendszer; ~ **database** *szt* központosított adatbázis; ~ **data processing** *szt* központi/központosított adatfeldolgozás; ~ **multi-point connection** *szt* központosított többpontos összeköttetés; ~ **random variable** *mat* centralizált valószínűségi változó; ~ **remote control** összpontosított távvezérlés; ~ **system** *szt* központosított rendszer; ~ **traffic control** *vasút* központi közlekedésirányítás/menetirányítás, központi forgalomvezérlés; ~ **variate** *mat* centralizált valószínűségi változó

centralizer *gép* konténervezető kosár; központosító; *mat* centralizátor, kommutáns

centrally központosan, központilag; ~**-mixed concrete** *ép* üzemben kevert transzportbeton; ~**-planned church** *ép* centrális templom; ~**-positioned lever** *gépk* kocsi hossztengelyében elhelyezett sebességváltó kar

centre, *US* **center I.** *v* központosít; központoz; *forg* csúcsok közé fog *(gépen)*; központfurattal ellát, csúcsfészket/központfuratot készít; *geod* középpontosít, központosít; középre állít *(libellabuborékot)*; pontra állít *(műszert)*; **II.** *n* központ, középpont; középső pont; góc; *el* (kábel)lélek; *élip* (cukorka)korpusz; *forg* befogócsúcs; központfurat, csúcsfészek; *geod* álló tengely; *geof* hipocentrum; *gép* agy; rövid tengely, csap(szeg); *mat* gráf centruma, centrum; hasonlósági középpont/pont/centrum; középpont; *pa* duda, hüvely; *távb* központ, középpont; ~ **adjusting** központosítás; ~ **aisle** (autóbusz-)középjárda, középső járdasziget; ~ **angle** középponti szög; ~ **barrier** elválasztó sáv *(autópályán)*; ~**-bay** középső hídnyílás; ~ **bearing** *gép* királycsap *(fordítókorongon)*; középső csapágy; *vasút* forgózsámoly-középtányér; ~**(-)bit** *forg* központfúró (betét); ~**-bit drill** központfúró; ~ **body nozzle** *rak* (egyszerű) kúpos fúvóka; ~**-bolt cup hole** *gép* magcsavarfurat *(laprugón)*; ~ **bore** központfurat, csúcsfészek; ~**-break pot** *koh* középtöréses kád; ~ **bushing** *gép* csúcspersely; központos perselyezés; ~ **cam** *kh* középlakat; ~ **chuck** *forg* menesztőtokmány; ~ **circle** *gép* lyukkör; ~**-closed shedding** *tex* középre zárt szádképzés; ~**-cock bit** *fa* csapos fúró(betét); ~ **conductor** *el* középső vezeték; ~**-contact cap** *el* középérintkezős lámpafej; ~ **cutting** *bány* középrés; ~ **distance** középtávolság, középponti távolság; *gép* csúcstávolság *(esztergapadon)*; tengelytáv(olság); *vasút* keréktáv; ~ **distance error** *gép* tengelytávhiba; ~ **distance for uncorrected toothing** *gép* elemi tengelytáv; ~ **distance increment** *gép* tengelytávnövekmény; ~**-dot** *v mt* kirnerez; pontoz, központoz; ~**-dotting** *mt* központozás; ~ **drain** úttengely alatti vízelvezetés; ~ **drill** → ~-bit drill; ~**-drilling machine** központfúró gép; ~ **drive** középső hajtómű/hajtás; ~**-driven antenna** → ~-fed antenna; ~ **expansion** *tv* képközép felnagyítása/széthúzása; ~**-fed antenna** középtáplálású antenna; ~ **feed** *távk* középponti betáplálás; ~ **flue** *fa* boksakürtő; ~ **frequency** *el* átlagos/közepes frekvencia; középfrekvencia; *hang* középponti frekvencia; ~**-frequency stabilization (CFS)** frekvenciamodulált rezgés vivőfrekvenciájának stabilizálása; ~ **ga(u)ge** középponthatározó (idomszer); ~ **girder** gerinchossz-merevítő *(kettős fenekű hajón)*; *ol* függőleges gerinc; középső fenékhosszmerevítő; ~ **grinder** csúcsköszörű; ~ **grinding** *mt* köszörülés csúcsok között; ~ **groove** *gép* középhorony; ~ **hair** *geod* középső szál *(távmérőn)*; ~ **head** központosító ütköző/villa; ~ **heading** *bány* tengelytáró, középtáró; ~ **height** csúcsmagasság *(esztergán)*; ~ **hole** *forg* központfurat, csúcsfészek; ~**-hook needle** *kh* középvonalú horgas/nyelves tű; ~**-hung sash window** *ép* billenőszárnyú ablak; ~ **insert** *gép* központbetét; ~ **journal** királycsap; ~ **keelson** gerinchossz-merevítő *(egyszerű fenekű hajóé)*; ~ **key** *ép* zárókő; *kat* (tölténytár)kamó; ~ **lathe** csúcsesztergа; ~**(-)line** tengely(vonal), középvonal; *ép* úttengely; *gép* középponti/centrális egyenes; középvonal, M-vonal *(simaságméréshez)*; *mat* centrális (egyenes); ~**(-)line angle** *gép* tengelyszög; ~**(-)line average height** átlagos érdesség; ~**(-)line camber** középvonal-íveltség; ~**(-)line deviation** *gép* tengelyferdeség; ~**(-)line keel** hajógerinc; ~**(-)line of thread** *gép* menetközépvonal; ~**(-)line peg** *geod* tengelycövek, tengelykaró; ~**(-)line-symmetrical flow** *hidr* hengerszimmetrikus áramlás; ~ **main plane** *rep* szárnyközéprész, baldachin; ~ **mark** központozási jel, kirnerjel; ~ **marks** *pl hidr* tengelyjelzés; ~ **of anallatism** *geod* anallatikus középpont; ~ **of area** *mat* súlypont; ~ **of attraction** *fiz* vonzási középpont/centrum; ~ **of a volute** *ép* volutaszem; ~ **of buoyancy (CB)** *hajó* felhajtóerő támadáspontja, térfogatsúlypont; vízkiszorítás/felhajtóerő/emelőerő középpontja; *hidr, ol* vízkiszorítás súlypontja, vízkiszorítási középpont; ~ **of burst (CB)** középső robbanópont *(ballisztika)*; ~ **of crystal(l)ization** kristálymag, kristálycsíra, nukleusz; ~ **of curvature** görbületi középpont; ~ **of dilatation** dilatációs/kiterjedési központ; ~ **of dispersion** szórásközéppont *(ballisztika)*; virtuális gyújtópont; ~ **of displacement** *hidr* vízkiszorítási középpont; ~ **of equilibrium** egyensúlypont; ~ **of force** erőközéppont; ~ **of gravity (cg)** *fiz* gravitációs középpont/centrum, nehézségi erő középpontja; tömegközéppont, súlypont, tehetetlenségi központ; *mat* súlypont *(háromszögé)*; ~ **of gravity line** *mat* súlypontok mértani helye, (általános) súlyvonal; ~ **of gyration** *mech* forgásköz(ép)pont; ~ **of image** *geod* képközéppont; ~ **of impact (CI)** középső találati pont *(ballisztika)*; *mech* ütközési középpont/hely; ~ **of inertia** → ~ of mass; ~ **of inflexions** inflekciós középpont; ~ **of instantaneous accelerations** *mech* gyorsuláspólus; ~ **of lift (CL)** *rep* felhajtóerő támadáspontja, térfogatsúlypont; ~ **of mass** *fiz* tömegközéppont, súlypont, test súlypontja, tehetetlenségi központ; ~ **of mass of a volume** térfogati középpont/súlypont; ~**-of-mass system (CS)** tömegközépponti/súlyponti rendszer; ~**-of-mass velocity** baricentrikus/tömegközépponti sebesség; ~ **of moment** nyomatéki középpont/nullpont; ~ **of motion** támaszpont; ~ **of origin** *geof* hipocentrum; ~ **of oscillation** *mech* rezgésközéppont; rezgőmozgás/lengőmozgás középpontja; ~ **of percussion** *mech* ütközési középpont, lökés középpontja; ~ **of pressure (CP)** *hidr* nyomásközéppont; *mech* neutrális pont; nyomásközéppont; *rep* aerodinamikai középpont; ~ **of radioactivity** sugárzásközpont, radioaktivitás központja; ~ **of rotary notion,** ~ **of rotation** forgási középpont, forgásközéppont; (nyomatéki) forgáspont; ~ **of similarity/similitude** *mat* hasonlósági középpont/pont/centrum; ~ **of symmetry** szimmetriaköz(ép)pont; ~ **of the circumscribed circle** körülírt kör középpontja; ~ **of the displaced fluid** *fiz* felhajtóerő támadáspontja, vízkiszorítás középpontja; ~ **of the inscribed circle** *mat* beírt kör középpontja; ~ **of thrust** vonóerő támadási pontja; ~ **of volume** *mech* térfogati középpont/súlypont; ~ **opening** középső nyílás *(hidé, tartóé)*; ~ **panel** *rep* szárnyközép; ~ **part** *nyom* összekötő betét; ~ **patterns** *tex* középső kötésminták *(jacquard-szöveten)*; ~**-piece** középrész, mag; keresztvilla; ~ **pin** (forgózsámoly-)középcsap *(vasúti kocsin)*; *em* királycsap; ~ **pin bearing** középcsapos felfekvés/saru; ~ **pinion** *finm* fogastengely *(perckeréké)*; ~ **pintle** *em* királycsap; ~ **pitch** *gép* osztás középtől középig; ~ **pivot** forgócsap; ~ **plane** *rep* baldachin, szárnyközéprész; ~**(-)plane radiator** *rep* baldachinhűtő; ~ **plate** központi lemez; *gép* forgótányér; talpcsapágyvánkos; *önt* talpcsapágy; *vasút* forgócsapágytányér; ~ **point** középpont;

óra központozócsúcs, középpontkereső; *szer* kirner; **~-pole suspension** *vasút* kétoldalas karos felfüggesztés *(felsővezetéké)*; **~ punch** *mt* (pontozó) kirner; **~-punch** *v* (köz)pontoz, kirnerez; **~-punch(ing)** központozás; középjelzés lyukasztással; **~ rail** *vasút* középső sín *(fogaskerékhez hegyivasúton)*; **~ reamer** *forg* homloksüllyesztő; **~ ring** központosító gyűrű; **~ riser** *önt* (be)öntőtölcsér; **~ roller** középső henger *(kalanderen)*; **~-row approach lighting** *rep* középsoros bevezető fénysor; **~ runner** *koh* öntőtölcsér; **~ runner brick** *koh* tölcsércső-idomtégla; **~ scaffolding** *ép* mintaállvány, boltozatállvány; **~ scope** *opt* középpontkereső; **~ second** középső másodpercmutató *(órán)*; **~ section** *mat* tengelykeresztmetszet; **~ section of wings** *rep* szárnytő; **~ shear** *bány* függőleges középrovátka; **~ shed** *tex* középszád; **~ sill** *vasút* középgerenda *(forgózsámolyos szerkocsié)*; **~ sleeve** *forg* szegnyereg, csúcstámasz; **~ split pipe** félkör alakú *v.* félbehasított cső; **~ spring** *geod* állótengely-tehermentesítő rugó; **~ square** *rep* időjelző-állomás körzete; *szer* központozó szögmérő; **~ stable (polar) relay** semleges állású *v.* stabil középállású polarizált relé/jelfogó; **~ staff** mutatótengely *(óráé)*; **~ stock** *pa* töltés; **~ studdle** *bány* középtámfa; **~ support** középső oszlop *(keretnél)*; *em* királycsapágy; *ép* középső támasz *(tartónál)*; **~ tap (CT)** *el* középleágazás; **~-tapped coil** középleágazású tekercs; **~-tapped connection** középpontkapcsolás; **~-tapped transformer** középleágazású transzformátor; **~ tapping** → **~ tap**; **~-tap reactor** középleágazásos fojtótekercs; **~ tester** *forg* központkitűző, központkereső; **~-to-centre distance** tengelytávolság, középtávolság; **~ to edge flooding** *ol* kontúron belüli vízelárasztás; **~-tooth attachment** lazítófog *(tárcsásboronán)*; **~-to-side variation** *tex* színeltérés (kelme) széle és közepe között; **~ valve** négyállású szelep; **~ wall** közép(fő)fal; **~ web** *tex* középső szövet *(háromszoros szövetben)*; **~ web disc/disk wheel** tárcsáskerék; **~ web (of a wheel)** keréktárcsa; **~-weft fork** *tex* középvetülék-villa; **~ wheel** középkerék; *finm* perckerék *(órán)*; **~ wing** *rep* szárnyközéprész, baldachin; **~-wing flap** *rep* szárnyközépféklap; **~-wing monoplane** középszárnyas repülőgép; **~ wing section** *rep* középső szárnyprofil; **~ wire** belső sodronyág; **~-zero instrument** nullközepes/középnullás műszer; **~ zero relay** központi nullapontú relé; **~-zero scale** középnullás skála

centreboard *hajó* hajótő, hajógerenda; tőkesúly, kiel; uszony

centred centrális; centrált; **~ and normed frequency function** *mat* standardizált gyakorisági függvény; **~ compressional wave** *fiz* centrált nyomáshullám, centrált kompressziós hullám; **~ line** *nyom* középre zárt sor; **~ random variable** → **~ variate**; **~ sequence** *mat* centrált sorozat; **~ system of sets** *mat* centrálhalmazrendszer; **~ variate** *mat* centralizált valószínűségi változó

centreless *forg* csúcs nélküli; **~ algebra** centrum nélküli algebra; **~ bar grinding machine** *koh* csúcs nélküli rúdcsiszoló gép; **~ grinder** csúcs nélküli köszörű; **~ grinding machine** csúcs nélküli köszörű

centric(al) középponti, központi, közép-, centrális; köz(ép)pontos, centrikus; **~ compression** központos nyomás; **~ eruption** *geol* centrális erupció; **~ load** központos teher; **~ texture** *geol* központos szerkezet

centricity *mat* centricitás

centrifiner *pa* csőosztályozó, centrifugálosztályozó

centrifugability pörgetési/centrifugálási viselkedés

centrifugal I. *a mech* centrifugális, röpítő; **II.** *n* centrifuga; **~ acceleration** *mech* centrifugális gyorsulás; **~ action** centrifugálás, szeparálás (centrifugálással); pörgetés *(csőgyártásnál)*; **~ apparatus** centrifuga; **~ aspirator** *élip* központfutó aspirátor; **~ basket** *gép* centrifugadob; **~-basket dryer** szárító centrifuga; **~ blower** *ép* centrifugálventilátor; *koh* radiálfúvógép; **~ box** *tex* fonószerszám; **~ brake** *gép* centrifugális fék; **~ casting** *önt* centrifugáló/pörgető öntés, centrifugálöntés; **~ casting die/mo(u)ld** pörgetőöntési/centrifugálöntési kokilla; **~ casting machine** pörgető öntőgép, centrifugál-öntőgép; **~ casting (of concrete)** *ép* pörgetéses betonozás *(csőgyártásnál)*; **~ chromatography** *vegy* centrifugál-kromatográfia; **~ clarifier** derítő centrifuga; **~ classifier** *ép* centrifugális osztályozó áramkészülék; ülepítőcentrifuga; **~ clutch** *gép* centrifugális tengelykapcsoló, centrifugálkapcsoló; **~ compressor** *rep* centrifugális kompresszor; **~ concentrator** dúsító centrifuga; **~ coupling** *gép* centrifugális tengelykapcsoló; **~ cream separator** *élip* tejszeparátor; **~ cutter** *önt* kerekes lazító; **~ dewatering** pörgetéses víztelenítés; **~ discharge elevator** *em* centrifugális ürítésű elevátor; **~ drainer** *pa* (szárító) centrifuga; **~ dressing machine** → **~ reel**; **~ drier** → **dryer**; **~ drill** lendkerekes fúrógép; **~ drum** *gép* centrifugadob; *pa* centrifugális dob; **~ dryer** szárító cmntrifuga; **~ dust collector** centrifugális porleválasztó; **~ effect** centrifugális hatás; **~ fan** radiális ventilátor, centrifugálventilátor; centrifugális *v.* radiális átömlésű szellőző; **~ faults** *geol* széttartó vetők; **~ flour dresser** *élip* hasábszita; **~ flow turbojet** *rep* centrifugál-kompresszoros gázturbinás sugárhajtómű; **~ force (CF)** *mech, rep* centrifugális erő, röpítőerő; **~ force acting roller mill** centrifugálmalom; **~-force tachometer** *gép* centrifugális inga; mechanikai fordulatszámmérő; **~ gas turbine** centrifugális-kompresszoros gázturbina; **~ governor** *gép* centrifugális fordulatszám-szabályozó; centrifugális/röpsúlyos szabályozó, centrifugálszabályozó; **~ head** *hidr* centrifugális nyomásmagasság; **~ hydroextractor** (szárító) centrifuga; **~ impeller** centrifugálszivattyú lapátkereke; **~-impeller mixer** turbinalapátos keverőgép; **~ lubrication** *gép* centrifugális/sugárirányú olajozás/(kényszer)kenés; **~ machine** centrifuga; **~ mass** lendítő tömeg; **~ mill** centrifugálmalom; **~ moment** *mech* centrifugális/eltérítő/deviációs nyomaték; **~ monsoon** *met* téli monszun; **~ nozzle** *gépk* centrifugális porlasztófej; **~ packing** *bány* röpítőtömedék(elés); **~ pendulum** *finm* kúpinga; *mech* centrifugális inga; **~ polymerization** *műa* centrifugális polimerizáció; **~ pouring method** → **~ casting**; **~ process** *ép* pörgetés, centrifugálás; **~ pump** turbószivattyú, örvényszivattyú; centrifugális szivattyú, centrifugálszivattyú; **~ reel** *élip* központfúró szita, centrifugálszita; **~ regulator** → **~ governor**; **~ relay** centrifugálrelé; centrifugál-jelfogó; **~ screen** *pa* centrifugális osztályozó; **~ scrubber** *tex* mosócentrifuga; **~ separator** centrifugális szeparátor; ~ **shifting-machine** → ~ reel; ~ **speed governor** *ép* centrifugális sebességszabályozó *(felvonóé)*; ~ **spinner broadcaster** *mzg* centrifugál/röpítőtárcsás műtrágyaszóró gép; ~ **spinning** *tex* centrifugafonás; ~ **spinning machine** *tex* fonócentrifuga; ~ **starter** centrifugális indító; ~ **stower** *bány* (röpítőasztalos) tömedékelőgép; *ép* szórószalag; ~ **stowing** *bány* röpítőtömedékelés; ~ **strainer** *pa* centrifugális osztályozó; ~ **supercharger** *gépk* centrifugális feltöltő/kompresszor; ~ **switch** *gép, el* centrifugális kapcsoló; ~ **turbine** centrifugális/radiális turbina; ~**-type jet engine** radiális/centrifugális sugárhajtómű; ~ **weight** lendítő/szabályozó súly, röpsúly

centrifugally | **cast concrete** pörgetett/centrifugált beton; ~ **cast pipe** pörgetett (beton)cső; ~ **cast transmission poles** pörgetett (beton) távvezetékoszlop

centrifugated concrete centrifugált/pörgetett beton

centrifugation centrifugálás, szeparálás *(centrifugálással)*, kipergetés

centrifuge I. *v* centrifugál; **II.** *n* centrifuga; (centrifugális) szeparátor; ~ **deduster** *bány* centrifugális porleválasztó; ~ **method** centrifugálásos módszer; ~ **microscope** centrifugális mikroszkóp; ~ **separator** centrifuga, centrifugális szeparátor; ~ **tube** centrifugakémcső

centrifuged (rubber) latex centrifugálással sűrített latex

centrifuging centrifugálás, pörgetés; ~ **operation** szeparálás *(centrifugálással)*

centring, *US* **centering** központozás; központosítás; *ép* mintaállvány, boltozatállvány; mintaív; *forg* központfúrás; *geod* középpontozás, központosítás; libellabuborék középre állítása; pontraállítás *(műszeré)*, központos/centrikus felállás; *gép* cent(r)írozás; központosítás; *távk* beállás; *tv* központosítás, centrírozás; ~ **adjusment** központosítás, központbeállítás; ~**-and-facing tool** központosító és homlokesztergáló szerszám; ~ **bolt** → ~ pin; ~ **chuck** központosító tokmány; ~ **control** képközpontozó beállítás; ~ **controller** központosító szabályozó; ~ **device** központozó/központosító szerkezet; ~ **diaphragm** központosító diafragma/fényrekesz/blende; ~ **diode** *tv* középre állító dióda; ~ **drill** *forg* központfúró; ~ **jaw** központosító pofa/bütyök; ~ **journal** központosító (hosszú) csap; ~ **lathe** centrírozógép; ~ **lens with ruled cross** szálkeresztes központosító lencse; ~ **machine** centrírozógép; központfúró gép; központosító berendezés; ~ **magnet** központosító mágnes; ~ **nut** központosítóanya; ~ **of arches** *ép* boltozatállványozás, boltozatzsaluzás; ~ **of the X-ray tubes** röntgencsövek központosítása; ~ **pin** központosító csap; ~ **ring** központosító gyűrű; ~ **slope** *kat* töltényűr középső szűkülete; ~ **tool** központfúró szerszám

centripetal *mech* centripetális; ~ **acceleration** *mech* centripetális gyorsulás; ~ **faults** *geol* összetartó vetők; ~ **flow** *mech* centripetális áramlás; ~ **force** *mech* centripetális erő; ~ **monsoon** *met* nyári monszun; ~ **press** sugárirányú sajtó; ~ **pump** centripetális beömlésű szivattyú

centrobaric *mech* baricentrikus; súlyponti, súlyponttól függő; ~ **method** Guldin-tételes térfogatszámítás

centroclinal *geol* centroklinális; ~ **dip** *geol* centroklinális lejtés; ~ **fold** *geol* tektonikus tál/medence

centrocline *geol* centroklinális redő

centrode *mech* centróda, középpontpálya

centroid *mat, mech* súlypont, tömegközéppont; ~ **factor** súlypontfaktor; ~ **method** súlypontmódszer; ~ **of the cross-section** keresztmetszet súlypontja

centroidal *mech* baricentrikus; súlyponti, súlyponttól függő; ~ **axis** súlyvonal, a súlyponton áthaladó tengely; ~ **centro-section strut** *rep* piramisdúc

centrosphere *geol* centroszféra

centrosymmetric(al) centrálisan/középpontosan szimmetrikus, centrálszimmetrikus, központi szimmetriájú, (közép)pontra nézve szimmetrikus

centrum *geof* hipocentrum

centurial year szekuláris év

century (év)század; száz tagú csoport

CEP → circular error probable

cephalins *vegy* kefalinok

cepheid (variable) Delta-Cephei típusú csillag, cepheida

ceraceous viasszerű, viaszos

ceramal → cermet

ceramic I. *a* kerámiai, keramikus; **II.** *n* kerámia, kerámiai anyag(ok)/termék(ek); ~ **barrier layer capacitor** *el* záróréteges kondenzátor; ~ **binding** keramikus kötés; ~ **body** égetett agyagáru, cserép; ~ **bond** *önt* keramikus kötés; ~ **capacitor (CC)** kerámiakondenzátor; ~ **capillary** kerámiai hajszálcső/kapilláris; ~ **case** kerámiatok, kerámiaköpeny, kerámiaház; ~ **claddings** *ép* kerámiaburkolatok; ~ **colo(u)r** *nyom* kerámiafesték; ~ **construction material** építőkerámia, keramikus építőanyag; ~ **core** *el* kerámiai csévetest; *önt* kerámiamag; ~ **cutting tooth** *forg* keramikus lapka; ~ **decal** *nyom* kerámia/beégetős lehúzókép; ~ **dielectric** kerámiai dielektrikum; ~ **disc/disk** kerámialemez, kerámiatárcsa; ~**-faced die** kerámia betétes matrica; ~ **ferroelectric** ferroelektromos kerámia; ~ **filter-pipe** kerámiaszűrő; ~ **flooring tile** keramikus padlóburkolólap; ~ **fuel (material)** *at* kerámiai fűtőanyag; ~ **glaze** kerámiamáz; ~ **hob** kerámia főzőlap; ~ **insulator** kerámiaszigetelő; ~ **material** kerámiai anyag; ~ **metal** *szt* kerámiafém, cermet; ~ **mo(u)ld** *önt* keramikus forma, kerámiaforma; ~ **mo(u)lding** keramikus formázás; ~ **mo(u)lding mix** kerámiai/keramikus formázókeverék; ~ **printing** *nyom* kerámianyomás; ~ **reactor** *at* kerámiai reaktor; ~ **shell mo(u)ld** *önt* keramikus héjforma, rétegelt keramikus forma; ~ **shell process** *önt* keramikus héjformázás; ~ **tile** (kerámia)csempe, (kerámia) burkolólap; ~ **tile adhesive** csemperagasztó; ~ **transfer (picture)** → ~ decal; ~ **tube** kerámiacső; ~ **welling** kerámiahegesztés

ceramicon kerámiakondenzátor; (kerámiai) átvezető kondenzátor

ceramics agyagművesség; kerámia, kerámiatermékek, kerámiák

cerargyrite *ásv* cerargirit, szaruezüstérc

cerasin(e) *vegy* kerazin

cerate *gyógyv* viaszos olaj *(kenőcs)*

ceration telítés viasszal

cere I. *v* viasszal itat; viaszoz; **II.** *n* viasz

cereal gabonanemű, gabona-; ~ **adjunct** *élip* gabonaadalékanyag; ~ **chemistry** gabonakémia; ~ **coffee substitute** gabonakávészer; ~**-grain mash** gabonacefre; ~ **laboratory** gabonalaboratórium, lisztvizsgáló állomás; ~**-puffing machine** gabonapuffasztó

gép; ~ s gabona; gabonaneműek, gabonafélék, cereáliák, szemestermények
cerebrosides *vegy* cerebrozidok, glikoszfingozidok
cerecloth viaszvászon; ~ **ink** *nyom* viaszvászon-nyomó festék
cerelose *élip* keményítőcukor
Cerenkov | counter *at* Cserenkov-számláló; ~ **radiation** *fiz* Cserenkov-sugárzás
cereous viaszos, viasszerű
ceresin (wax) *vegy* cerezin, ásványviasz, tisztított földi viasz
ceria *vegy* cérium(IV)-oxid
cerian *ásv* cériumtartalmú
ceric *vegy* cérium(IV)-; négy vegyértékű cériumot tartalmazó; ~ **oxide** cérium(IV)-oxid; ~ **sulphate/sulfate** cérium(IV)-szulfát
cerin *vegy* cerin; ~ **of bees-wax** cerotinsav
ceriometry *vegy* cériometria, titrálás cérium(IV)-szulfáttal
cerite *ásv* cerit; ~ **earth** ceritföld
cerium (Ce) *vegy* cérium; ~ **glass** cériumüveg; ~**-nitrate** cérium(III)-nitrát, cérium-trinitrát; ~**-treated cast iron** cériummal kezelt öntöttvas
cermet cermet; fémkerámia; *szt* kerámiafém, cermet; ~ **potentiometer** cermet-potenciométer; ~ **resistor** cermetellenállás
cerography *nyom* cerográfia, festés viaszos festékkel
cerotic acid *vegy* cerotinsav, hexakozánsav
cerous *vegy* cérium(III)-; ~ **sulphate/sulfate** *vegy* cérium(III)-szulfát, dicérium-triszszulfát
certain | basic element *szt* megbízható alapelem; ~ **data processing** megbízható adatfeldolgozás; ~ **event** biztos esemény
certainty *mat* bizonyosság; ~ **factor** *szt* bizonyossági tényező
certificate | of acceptance átvételi bizonylat; ~ **of airworthiness (CA)** *rep* (légi)alkalmassági bizonyítvány; ~ **of competency** alkalmassági bizonyítvány; ~ **of compliance** reklamációs jegyzőkönyv; ~ **of medical fitness** *rep* orvosi alkalmassági bizonyítvány; ~ **of registration of an aircraft** *rep* légijármű lajstromozási bizonyítványa
certificating hitelesítés, kalibrálás
certified magnetic tape *szt* felülvizsgált mágnesszalag
certifying hitelesítés, kalibrálás
cerulean égszínkék; ~ **blue** azúrkék, zöldeskék festék
ceruse *vegy* ólomfehér, bázisos ólomkarbonát
cerussite *ásv* cerusszit; fehér ólomérc
cervantite *ásv* cervantit, antimonokker
ceryl *vegy* cerilgyök; ~ **alcohol** *vegy* ceril-alkohol, cerotin
cesian *US* → caesian
cesium *US* → caesium
cessation leállás, szünet; ~ **reaction** *vegy* lánczáródás, láncszakadási reakció
cesspipe szennyvízlefolyó cső
cesspit → cesspool
cesspool *ép* emésztőgödör, pöcegödör, űrgödör; ~ **evacuator** emésztőgödör-szivattyú, szippantó
cess-water szennyvíz
CET → Central European Time
cetane *vegy* cetán; ~ **index/number/value** *gépk* cetánszám
cetene *vegy* cetén; ~ **number** *gépk* ceténszám
cetol *vegy* cetanol, cetil-alkohol
cetyl *vegy* cetilgyök, hexadecilgyök; ~ **alcohol** *vegy* cetil-alkohol, 1-hexadecanol, cetanol
CEX → charge exchange
Ceylon gelatin/isinglass/moss *vegy* agar-agar
ceylonite *ásv* ceylonit
Cf → californium
CF → captive flight; → carrier frequency; → cathode follower; → centrifugal force; → clearing field; → cold-finished; → complementary function; → constant frequency
c.f. → cubic foot
CFL → context-free language
CFR-engine *gépk, vegy* CFR-motor *(oktánszám megállapítására)*
cfs → cubic feet per second
CFS → centre-frequency stabilization
CFT → casing formation testing
cg → centigram; → centre of gravity
CG → camera gun; → chain gate
CGA → colo(u)r graphics adapter
cgs, CGS → centimetre-gram-second
CH → case-hardening; → compass heading; → conductor head
chabasite *ásv* kabazit
chad *at* chad; *bány* zúzalék, zúzott kő; *szt* konfetti; ~**s** *pl szt* lyukasztási hulladék
chaded paper tape *szt* kilyukasztott papírszalag
chadless tape *szt* konfettimentes (lyuk)szalag
chafe I. *v* dörgöl, dörzsöl *(melegítés céljából)*; izzít, hevít; (fel)dörzsöl, (el)koptat; (fel)dörzsölődik, súrlódik; felmelegszik, áttüzesedik *(dörzsöléstől)*; hőnfut *(csapágy)*, (el)kopik; *tex* foszlat; **II.** *n* dörzsölés; dörzsölődés, súrlódás; kopás
chafed tyre/tire egyoldalt lekopott gumiabroncs
chafer melegítőedény; ~ **fabric** *gumi* (perem)végszövet *(gumiabroncson)*; ~ **strip** *gépk* párnaöv *(radiálabroncson)*
chaff I. *v* szecskáz; pelyvával kever; **II.** *n* csepű, pelyva; szalmahulladék; szecska; törek; *távk* lokátorzavaró fémszalag/csík; *tex* pozdorja; ~ **cutter** *mzg* szecskavágó gép, szecskázó; ~**-cutter blade/knife** szecskavágó kés; ~ **dropping** *kat, rád* lokátorzavarás (fémszálakkal)
chaffer *mzg* állítható rosta *(cséplőgép-szemgyűjtő hátsó részén)*; szecskavágó
chaffing szecskázás; hulladék; pelyva, szecska; *élip* héjtalanítás; *vegy* faszénnel telt szárítóedény
chaffy pelyvás; ~ **flax** elfásodott len; ~ **grain** pelyvás gabona
chafing *gép* hőnfutás; összerágódás; súrlódás, kopás; *hajó* dörzsléc; *hang* kitörés *(hangfelvételen)*; *tex* dörzsölés *(emelőzsinóroké Jacquard-gépen)*; foszlatás; ~ **patch** *gumi* peremjavító folt; *rep* koptatórátét; ~ **strip** peremszalag
chagreen *bőr* chagrin, sagren
chain I. *v* megláncol, leláncol; lánccal lezár/megerősít/lerögzít/elzár; hozzáláncol, odaláncol, lánccal odaerősít; *ép* kihorgonyoz; *geod* mérőszalaggal mér; **II.** *n* lánc; kötelék; *at* (atom)lánc; *bány* láncvontatásos fejtés; vágathajtás láncszállítással; *ép* kötővas; *fiz* egymásra következés *(folyamatoké, hatásoké)*; folyamat, sorozat; *geod* mérőszalag; *geol* hegylánc; *hajó* (horgony)lánc; *kat* határolólánc; *mat* lánc; *rád*

(közös hullámú) állomáslánc; *szt* láncolat *(adatok egymáshoz rendelése mutatókkal)*; *távk* (állomás)hálózat; *tex* láncfonal; *vegy* (szén)lánc; reakcióláncz; ~ **adjuster** láncfeszítő *(kerékpáron)*; ~**-and-bucket elevator** *em* láncos serleges elevátor; ~**-and-staple link** merevítéssel osztott láncszem; ~ **bar** *bány* pajzs *(réselőgépen)*; ~**-bar drawing frame** *tex* szalagfésülő gép; ~ **barrel steering gear** kormányláncos kormánymű; ~**-beaming machine** *tex* kézi felvetődob; ~ **belt** csuklós szíj; görgős lánc; ~**-belt conveyor** láncos vonszoló/kaparó, kaparószalag; ~ **block** differenciálcsigasor; ~ **block (and tackle)** láncos emelő, lánccsigasor; ~ **board** *hajó* oldalkötélpad, csarnakpad; ~ **bolt** lánczáró csavar; ~ **bond** *ép* falkötővasas/falgerendás falazás; ~ **bowl** *tex* láncbütyök; láncfonal-felvető tárcsa; ~ **box** *gépk* lánchajtásszekrény; ~ **brake** *tex* láncfék; ~ **branching** *vegy* láncelágazás; ~ **breakage/breaking** *vegy* láncszakadás, láncreakció letörése; ~ **breast machine** *bány* elővájó láncos réselőgép; ~ **bridge** lánchíd; ~ **broadcasting** közös hullámú hírszórás; ~ **brow** *bány* láncpályás ereszke; ~ **bucket** *em, hidr* vederlánc, serlegsor *(emelőé, kotróé)*; ~ **bucket dredge(r)** *bány, ép* vederláncos/vedersoros kotró; ~ **bucket elevator** serleges emelő; ~ **bucket excavator** *ép* vedersoros forgókotró; ~ **bundles** *pl vegy* molekulalánc-köteg; ~ **cable** *hajó* horgonylánc; ~ **cager** *bány* láncos csilletoló; ~**-car lift** *bány* láncos csillefelvonó; ~**-carrrier** *vegy* láncvivő; ~ **case** *gép* láncszekrény, lánctok; ~ **cessation** *vegy* lánczáródási reakció; ~ **chair** lánchorgonybak *(lánchídé)*; ~ **cleavage** *vegy* láncszakadás, láncreakció letörése; ~ **coal-cutter** *bány* láncos réselőgép; ~ **code** *szt* lánckód; ~ **command** *szt* utasításlánc; ~ **condition** *mat* láncfeltétel; ~ **connection** *távb* lánckapcsolás, tandemkapcsolás; ~ **connector** *bány* lánclemez *(réselőgépen)*; ~ **contraction** *mat* láncösszehúzás; ~ **conveyer/conveyor** *em* lánc(szállító)pálya, lánckonvejor, láncos csúszda; szállítólánc; ~ **cooling bank** *koh* láncos hűtőpad; ~**(-)coupling** *vasút* lánckapcsolás, lánccsatolás; ~ **cover** láncvédő (burkolat); ~ **crab** *szer* amerikáner; ~ **creeper** láncpálya, láncszalag; ~ **cutter** *bány* láncos réselőgép; *forg* maróláncz; ~ **data** *szt* láncolt adatok; ~ **data address flag** adatláncolat címjele; láncolt adatok címjelölése; ~ **delivery device** *nyom* láncos kirakószerkezet; ~ **dog** rönkvontató horgos lánc; ~**-dotted** eredményvonalas, pontvonásos; ~**-dotted line** pontozott-szaggatott vonal, eredményvonal; ~ **drag** *élip* láncos szállító, rédler; ~ **drawer** láncfeszítő; ~ **drill** láncos pergőfúró; ~**(-)drive** *gép* lánchajtás; ~**-driven** lánchajtású; ~**-drive section** *bány* réselőfej; ~**-drop hammer** *koh* láncos ejtőkalapács; ~ **drum** láncdob; ~ **elevator** serleges emelő; ~ **ends** *vegy, műa* láncvégek; ~ **equivalence** *mat* láncekvivalencia; ~ **equivalent** *mat* láncekvivalens; ~ **event** *szt* láncesemény; ~ **eye** lánckapcsoló szem; ~ **failure** láncszakadás, láncreakció letörése; ~ **fall** láncvezető csiga, lánccsiga; ~**(-)feed** láncos adagolású; *fa* láncelőtolású; *gép* láncadagolás, láncetetés; ~ **(-)feeder** *bány* láncos csillehúzó; *ép* láncos feladó/etető; *gép* láncos adagoló; ~**-feed motion** *tex* láncmozgató szerkezet; ~ **fission yield** láncreakció összhozama, (mag)hasadási hozam; ~ **folding** *műa* lánchajtogatódás; ~ **formation** *vegy* lánckeletkezés, láncklalakulás; ~ **fraction** *mat* lánctört; ~ **gate (CG)** *ép* láncos elzáró; ~ **gate hoist** *hidr* Gall-lánc; ~ **ga(u)ge** *hidr* láncos mérce; vízállásmérő lánc *(kúthoz)*; ~ **gear** *gép* lánchajtás; lánckerék, csillagkerék; ~ **grate** *hőt* láncrostély; ~**-grate boiler** láncrostélyos kazán; ~**-grate stoker** *vasút* mozdonyfűtő berendezés önműködő láncrostéllyal; ~ **gripper (delivery)** *nyom* láncos ívfogó; ~ **growth** *vegy* láncnövekedés, láncfolytatódás; ~ **guard** láncvédő (burkolat), láncburkolat, lánсház; ~ **guide** *gép* láncvezető; ~**-gun** gépágyú; ~ **harrow** *bány* láncos kaparó; *mzg* láncborona; ~ **haulage** *bány* láncos csilletologatás/vontatás; ~ **hoisting device** láncos emelő(csiga); ~ **hook** *hajó* horgonyláncfogó horog, ördögköröm, láncnyűg; ~ **index (CI)** *szt* láncindex, CI; ~ **indexing** *szt* láncindexelés; ~ **inhibition** *vegy* láncgátlás; ~ **initation** *vegy* láncindító reakció; lánciniciálás, láncindítás; ~ **insulator** szigetelő lánc, láncszigetelő; ~ **intermittent weld** *heg* szimmetrikusan eltolt szakaszos varrat; ~ **isomerism** *vegy* láncizoméria; ~ **jack** *em* láncemelő, láncos vitla; ~ **jib** *bány* réselőlap *(réselőgépen)*; ~ **joint** lánckapcsoló (szem); lánckötés; ~ **knot** *hajó* kötélvéghúzásra oldódó bogozás; ~**-lacing** *gép* lánccsuklók beállítása, láncszerelés; ~ **length** *geod* szalaghossz; *vegy* lánchossz(úság); ~**-length dependent** lánchosszfüggő; ~ **lifting block** láncos emelő, lánccsigasor; ~ **link** láncszem, lánctag; ~**-link bending machine** láncszemhajlító gép; ~**-link cable** lánchíd tartólánca; ~**-link rigging** láncos felfüggesztés/felszerés; ~ **load** láncterhelés; ~ **loader** láncos rakodógép; ~ **lock** *gép* zárószem *(Gall-láncé)*; ~ **locker** *hajó* (horgony)láncszekrény, lánckamra; ~ **loom** nyüstös szövőszék; ~ **loop** akasztógyűrű *(láncon)*; *kh, tex* lánchurok; ~ **lug** lánckapcsoló szem; ~ **magnetic memory** *szt* láncolt mágneses memóriaelem; ~ **mark** *pa* vízjel; ~**-mat** *bány* láncfüggöny; ~ **memory** *szt* láncmemória; ~ **method** *mat* összetett hármasszabály, láncszabály; ~ **modifier** *vegy* láncmódosító szer; ~ **molecule** *vegy* láncmolekula; ~ **mortiser** *ép* láncmarógép, láncvésőgép; ~ **mortising-machine** *forg* lánchoronymarógép; ~ **motion** *gép* lánchajtás; ~ **mo(u)lding** *ép* láncszemdíszítés; ~ **net** *tex* valódi filé; ~ **of action** *aut* hatáslánc; ~ **of carbon atoms** *vegy* szénatomlánc; ~ **of cards** *tex* mintakártyalánc; ~ **of data** adatláncolat; ~ **of egg insulators** dió-szigetelőlánc; ~ **of gears** fogaskeréksor; ~ **of locks** *hidr* összefüggő lépcsőzés; zsiliplépcső(sor), zsilipcsoport; ~ **of machine** géplánc; ~ **of operation** hatáslánc; ~ **of polygone** *geod* sokszögelési láncolat; ~ **of potentials** *vegy, el* feszültségsor, potenciálsor; ~ **of relays** *távk* jelfogólánc; reléátvitellánc; ~ **of sets** *mat* halmazlánc; ~ **of substitutions** *mat* helyettesítési lánc; ~ **of towed boats** *hidr* hajóvonat; ~ **parameters** *mat, vegy* láncparaméterek; ~ **path** *távk* láncútvezetés, vonalvezetés; ~ **pillar** *bány* vágatbiztosító pillér; ~ **pin** (lánc)görgő, (lánc)pecek, (lánc)csap; ~ **pinion axle** láncfogas keréktengely; ~ **pipe** *hajó* horgonycső, láncсső; horgonyláncсső; ~ **pipe wrench** *szer* láncos csőfogó; ~ **pitch** *gép* láncosztás; ~ **plate** *hajó* (láncos) veretlemez; ~ **polymer** *műa* láncpolimer; ~ **polymerization** láncpolimerizáció; ~ **printer** *szt* láncos nyomtató; ~ **process** *vegy, fiz* láncfolyamat; láncreakció; ~ **propagation** *vegy* láncfolytatás, láncfolytatódás, láncnövekedési reakció; ~ **propagator**

→ ~-carrier; ~ **pulley** *bány, em* (fogazás nélküli) lánckerék, láncvezető kerék/görgő; ~ **pulley block** láncos emelőcsiga, láncos teheremelő csiga; ~ **pulley hoist** láncos emelő, lánccsigasor; ~ **pulley winch** lánccsörlő, láncvitla; ~ **pump** láncszivattyú; láncos/serleges vízemelő; ~ **race** *kh* láncpálya, láncszalag; ~ **radar beacon** lokátor-iránysugárlánc; ~ **railway** láncpálya *(futószerkezet)*; ~**-reacting mass** *at* kritikus tömeg; ~**-reacting pile** *at* kritikus reaktor; ~**-reacting state** láncreakcióra hajlamos állapot; ~ **reaction** *at, vegy* láncreakció; ~ **reactor** láncreaktor, láncreakciós atomreaktor; ~ **retarder** *bány* láncos csillefogó; láncos csillekésleltető; ~ **rim/ring** *gép* lánckerékkoszorú; ~ **riveting** párhuzamos soros szegecselés; ~ **road** láncpálya, láncszalag; ~ **rope** lánckihúzó kötél; ~ **rule** *mat* láncszabály; ~ **runner** *bány* kaparógépész; láncos csúszda kezelője; ~ **saddle** láncsaru *(hídé)*; ~**-saw (engine)** (motoros) láncfűrész; ~ **scission** *vegy* lánchasadás; ~ **scraper conveyor** *bány* láncos kaparó, kaparószalag; ~ **search** *szt* tételek láncolt visszakeresése; ~ **sheave** láncdob, lánckorong, láncgörgő, lánckerék; ~ **side** *gép* láncág; ~ **silicate** láncszilikát; ~ **sling** kötözőlánc; ~ **snips** *pl tex* láncvágó olló; ~ **sprocket** *gép* lánckerék; ~ **start(ing)** láncindító reakció; *vegy* láncindítás, láncreakció indítása; ~ **stitch** láncvarrat *(varrógépen)*; *cipő, tex* láncöltés; *tex* varrat; ~**-stitch seam** láncöltéses varrás; ~**-stitch sewer** cipővarró gép; ~**-stitch sole-sewing machine** *cipő* láncöltésű talpkeresztülvarró gép; ~ **stopper** *hajó* (horgony)láncfék; ~ **store** fiók(üzlet); *szt* láncmemória; ~ **strand** láncág; ~ **structure** *vegy* láncszerkezet; ~ **stud** láncpecek; ~ **survey** mérés mérőszalaggal; ~**-survey** *v geod* mérőszalaggal mér; ~ **suspension bridge** lánc(függő)híd; ~ **swivel** *gép* láncforgó *(csatlakozáshoz)*; *hajó* láncforgószem; ~ **table** *bány* láncos válogatószalag; ~**-tackle block** *em* láncos kézi emelőcsiga; ~ **tape** *geod* acélszalag; ~ **tappet loom** *tex* kéttűsoros lánchurkológép, Rachel-kötőgép; ~ **temple** *tex* szélfeszítő; ~ **tensioner** láncfeszítő; ~**-termination** *vegy* lánczáródási reakció; ~ **termination constant** *vegy* lánczárási reakcióállandó, záróreakció sebességi állandója; ~**-tightener** *ol* láncfeszítő; ~ **timber** *ép* falkötő gerenda; ~ **tongs** *pl ol* láncos csőkulcs/fogó; ~ **tooth** *gépk* vezérműláncfog; ~**-tooth saw** *fa* rönkvágó fűrész; ~ **track** lánctalp, hernyótalp; ~ **tramway** *bány* láncos szállítóberendezés; láncpálya, láncszalag; ~ **transfer** *vegy* láncátvitel; ~**-transfer agent** láncátvivő ágens/szer; ~**-transfer constant** láncátviteli állandó; ~ **transmission** *gép* láncáttétel; lánchajtás; ~ **truck** láncsaru *(hídé)*; ~ **tube** *hajó* láncnyelőcső; ~ **twisting** *tex* láncfonalcsomózás; ~**-type** *gép* lánchajtású; *gépk* lánctalpas, hernyótalpas; ~**-type dummy bar** *koh* láncos kristályosítórúd; ~**-type working process** *bány* láncszerű munkafolyamat; ~**-wales** *pl hajó* oldalkötélpad, csarnakpad; ~ **warp** *tex* láncolt láncfonal, alapláncfonal; ~ **weave** lánchatást adó szövésmód; ~ **weight** *tex* láncfonalsúly; ~ **welding** lánchegesztés; ~ **well** *hajó* láncszekrény, lánctok; *hidr* láncos kút; ~ **wheel** *gép* lánckerék; ~ **wheel hob** csigamaró lánckerék megmunkálásához; ~ **wild cat** *hajó* láncdió; ~ **winding** lánctekercselés; ~ **wrench** *ol* láncos csőkulcs; ~ **yarn** *tex* alapláncfonal; háromágú díszítőcérna

chained | **addressing** *szt* láncolt címzés; ~ **channel program scheduling** *szt* láncolt csatornaprogram-ütemezés; ~ **command** láncolt utasítás; ~ **list** *szt* láncolt lista; ~ **opening** láncolt/kapcsolt/soros megnyitás; ~ **system of sets** *mat* láncolt halmazrendszer

chainette *mat* láncgörbe, katenoid

chaining megláncolás; leláncolás; lánccal való bezárás/megerősítés; *ép* kihorgonyzás; *geod* hosszmérés lánccal/szalaggal, szalagmérés; *szt* láncolás; ~ **address** *szt* láncoláscím; ~ **check** *szt* láncolásellenőrzés; ~ **error** *szt* láncolási hiba; ~ **field** *szt* láncmező; ~ **instruction** *szt* kapcsolóutasítás, láncolóutasítás; ~ **pin** *geod* jelzőcövek *(hosszméréshez)*; letűzőszeg; ~ **search** *szt* láncolt keresés

chainman *geod* körzeti bányamérő; mérőszalag-kezelő

chainplate → chain plate

chair szék; tanszék, katedra; *ép* fedélszék; vasbetétemelés, pillérsaru; *üveg* fúvóbrigád; fúvópad, fúvószék; *vasút* sínsaru, sínszék; talpheveder; ~ **back** széktámla; ~**-bottom** széklap; ~ **cane** széknád; ~ **chute** → ~ parachute; ~**(-)clamp** *ép* asztalossikkatytyú, asztalosszorító; ~ **factory** székgyár; ~ **fillet** *ép* széklécc; ~ **form** *vegy* székforma, szék alakú elrendeződés; ~**-leg** székláb; ~**(-)lift** ülős felvonó/kötélpálya; függőszékes (drót)kötélpálya, széklift, libegő; ~ **of spring** *vasút* rugófészek; ~ **parachute** ülés típusú ejtőernyő; ~ **plate** széküléslap; *vasút* sínfék-alátétlemez; ~ **rail** *vasút* kettős (gomba)fejű sín; ~**s** *pl bány* kasszék; ~**-saw** rókafarokfűrész; ~**-seat board** *pa* ülőkelemez; ~**-web blade** *szersz* kanyarító-fűrészlap

chalcanthite *ásv* kalkantit

chalcedony *ásv* kalcedon

chalcocite *ásv* kalkocit, kalkozin

chalcodite *ásv* sztilpnomelán

chalcogen *vegy* kalkogén

chalcogenide *vegy* kalkogenid; ~**-semiconductor glass device** *félv* ovonikus eszköz

chalcography *nyom* rézmetszés

chalcolite *ásv* kalkolit, torbernit

chalcomenite *ásv* kalkomenit

chalcone *vegy* kalkon

chalcophanite *ásv* kalkofánit

chalcophilic element *geol, vegy* kalkofil elem

chalcophyllite *ásv* kalkofillit

chalcopyrite *ásv* kalkopirit, rézpirit

chalcosiderite *ásv* kalkosziderit

chalcosite → chalcocite

chalcostibite *ásv* kalkosztibit, wolfsbergit

chalcotrichite *ásv* kalkotrichit

chalder *hajó* kormánycsap

chalicosis *bány* szilikózis

chalk I. *v* (be)krétáz; (be)meszel; krétával/mésszel kezel, meszez; átmásol, átrajzol; *mzg* mésszel trágyáz; *pa* krétáz; **II.** *n geol* (író)kréta; *vegy* kréta, kalciumkarbonát; ~ **bench** *geol* krétapad; ~ **black** *ásv* fekete szenes agyag; ~**(-)line** krétavonal; *ép* csapózsinór, csaptató; ~ **paper** krétapapír; ~**-pit** krétabánya; ~ **stone** *ásv* kréta; *hőt* kazánkő

chalking (be)krétázás; (be)meszelés; meszezés; átmásolás; *ép* krétásodás, leporlás; *koh, műa* krétásodás, leporlás; *mzg* mésztrágyázás; *pa* krétázás

chalky krétás; ~ **clay** *geol* márga, krétás/meszes agyag; ~ **sandstone** *ép* meszes homokkő, mészhomoktégla

challenge *gyógyv* immunpróba; *rád, rep* felhívás; lekérdezés; ~ **frequency** *távk* kérdezőfrekvencia; ~ **switch** *távk* hívó kapcsológép
challenger *rád* kérdezőadó, interrogátor
chalmersite *ásv* kubanit
chalybeate *ásv, hidr* vasas, vastartalmú *(víz)*; ~ **spring** *geol* vasas forrás
chalybite *ásv* vaspát, sziderit
chamber I. *v* üregez; kamrásít, fülkésít; fülkébe/kamrába/üregbe foglal/zár; fülkékre/kamrákra/szobákra oszt; *bány* kibővít *(fúrólyukat)*; *kat* fegyvert megtölt, robbanókamrát felépít; *mt* kifúr, kiváj; kiüregel, üreget váj/fúr; üregesre megmunkál; **II.** *n* kamra, fülke; üreg; *aut* pneumatikus tároló; *bány* (fejtési)-kamra; (robbantó) aknakamra; feltörés; fülke; kiszolgáló kamra; légösszekötő; *ép* helyiség, kamra; szoba; *gép* olajkamra; *gépk* robbanótér; *hajó* iránytűház; *hidr* gátkamra; zsilipkamra; *kat* töltényűr; *koh* kamra *(kohóban)*; *ol* reaktor, reakcióedény, reaktorkemence; *vegy* kamra, cella; ~ **acid** kamra-(kén)sav; ~ **battery** *el* Daniell-elem; ~ **blasting** *bány* kamrás robbantás; ~**-cleaning brush** *kat* zártisztító kefe; ~ **collector** gyűjtőkamrás porleválasztó; ~ **cone** *kat* átmeneti kúp, tölténykamrakúp; ~ **cross-section** *rep* égőtér keresztmetszete; ~ **crystals** *vegy* kamrakristályok; ~ **dialyzer** *vegy* cellás dializátor; ~ **drying** *pa, tex* kamrás/rekeszes szárítás; ~**-drying oven** kamrás szárítókemence; ~ **envelope** *rep* égőtérköpeny; ~ **filter press** *bány* kamrás présszűrő/szűrőprés; ~ **floor** *hidr* zsilipkamrafenék; ~ **furnace** *koh, önt* kamrás kemence; ~ **gas lift** *ol* kamrás segédgázas termelés; ~ **inlet pressure** *rep* égőtér belépő nyomása; ~ **kiln** *ép* kamrás kemence; ~ **lock** *hidr* hajózsilip, kamrazsilip; ~ **mouth** *kat* töltényűrszáj; ~ **of lock** *hidr, ép* zsilipkamra; ~ **of manhole** mászóaknakamra, búvóaknakamra *(csatornáé)*; ~ **of ore** *bány* ércfészek; ~ **oven** *ker* kamrakemence; ~ **pan** *vegy* fenékserpenyő *(ólomkamránál)*; ~ **pipe** *ép* aknacső; ~ **press** kamrás prés; ~ **pressure** *rep* égőtérnyomás; ~ **process** *pa* kamrafehérítés; *vegy* kamraeljárás; ~ **surface area** *rep* égőtér belső felületének felszíni területe; ~ **tube** *ép* aknacső; ~**-tube furnace** *koh* kamrás kemence; ~**-type feeder** *bány* csőkamrás adagoló; ~ **vault** *koh* kamraboltozat *(kemencéé)*; ~ **weld** kamrában hegesztett varrat; ~ **welding** kamrában végzett hegesztés
chambered rekeszes, üreges; üreges, lyukacsos; ~ **core** *önt* felpuffadt mag
chambering *bány* kamrás robbantás; katlanozás; robbantólyuk bővítése; ~ **charge** *bány* katlanozó töltet; ~ **ga(u)ge** *kat* töltényűr-ellenőrző műszer; ~ **tool** belső üregeket felfúró szerszám
chameleon taffeta(s) *tex* színjátszó taft
chamfer I. *v ép* lesarkít *(45 fokban)*; *mt* (ki)hornyol, rovátkol; ferdén levág; leélez, (le)szélez; legömbölyít, lerézsűz; lesarkít; letompít; letör *(élt)*; süllyeszt; *nyom* (össze)gyalul; **II.** *n* horony, barázda; hornyolás, hornyolat; ferde levágás, lesarkítás; legömbölyítés; *ép* leélező zsalubetét *(betonozásnál)*; lesarkítás, leélezés *(45 fokban)*; vápa; *forg* süllyesztés; süllyesztőszerszám; vágókúp *(menetfúrón)*; *gép* él(le)törés; *koh* legömbölyítés; ~ **angle** *forg* éltörés szöge; ~ **cut** *forg* ferde/rézsútos vágás; ~ **edge** *gép* él(le)törés; ferdére vágott él; ~ **entabulature** *ép* kanellírozásos attikakiképzés; ~ **for picture frames** képkeretléc; ~ **groove** háromszögletű horony; ~ **plane** *szer* ferdére élező gyalu; ~ **window** *ép* kosárablak
chamfered ferde, 45 fokos élű; ~ **cylindrical pin** *gép* rögzítőszeg; ~ **edge** él(le)törés; ferdére vágott él; ~**-edge lap joint** *ép* leélezett átlapolt kötés; ~ **joint** *ép* ferde lapolás; leélezett kötés; ~ **weld** leélezett varrat
chamfering I. *a* horonyvágó; ferdén leélező; süllyesztő; **II.** *n* hornyolás, rovátkolás; le(sz)élezés, legömbölyítés; lesarkítás, éllemunkálás; él(le)tompítás, él(le)törés; *gépk* fékbetét végeinek leélezése/elvékonyítása; rézselés; *nyom* (össze)gyalulás; ~ **bit** süllyesztő; ~ **hob** rézsűzőgyalu; ~ **machine** leélezőgép; ~ **tool** éltörő esztergakés
chamois irhás cserzésű bőr; mosóbőr, szarvasbőr, zergebőr; ~ **buff** bársonybőr *(kesztyűbőr)*; ~ **dressing** *bőr* irhás cserzés, cserzés halolajokkal; ~ **leather** irhás cserzésű zergebőr; ablakmosó bőr
chamoisette szarvasbőrutánzat
chamosite *ásv* chamosit, bevalit
chamotte *ker* samott; ~ **brick** samott-tégla; ~ **sand** samott formázóhomok
champion load *bány* főtelér
chance véletlen; valószínűség; *mat* véletlen, esély; ~ **causes** véletlen jellegű okok; ~ **coincidence** véletlen-(szerű)/random koincidencia, álkoincidencia; **C**~ **cone** *bány* kúpos mosó, Chance-mosókúp, homokfolyadékos szénmosó kúp; **C**~**-cone agitator** *bány* kúpos mosó keverője; ~ **decision** *mat* véletlen döntés; ~ **error** véletlen hiba; ~ **failure rate** véletlen meghibásodások gyakorisága; ~ **machine** *szt* sztohasztikus *v.* véletlen kimenetelű gép, randomizátor; ~ **move** *mat* véletlen lépés; ~ **of acceptance** *mat* elfogadási valószínűség; **C**~ **process** dúsítás homokszuszpenzióban; ~ **variable** *mat* valószínűségi/véletlen/sztochasztikus változó
chancel *ép* szentély; ~**-arch** *ép* diadalív
chandelier karos gyertyatartó/lámpatartó; csillár; *hidr* rőzsekötő pad; ~ **switch** *el* csillárkapcsoló
chandelle *rep* gyertya *(figura)*
change I. *v* átalakít; (meg)változtat; pótol; vált; (fel)cserél; kicserél; (meg)változik; átalakul, (fel)cserélődik; **II.** *n* csere, kicserélés; fordulat; (meg)változás; váltás; megváltoztatás; átalakítás; *el* átkapcsolás, kommutáció; *geol* átalakulás; *gépk* sebességváltás; *ip* műszak, (műszak)váltás; ~ **back** *v rád* visszabillen; ~ **belt cone** *gép* lépcsős szíjtárcsa; ~**-box card** *tex* váltókártya; ~**-box motion** *tex* vetélőváltó/fiókváltó berendezés/szerkezet; ~**-coil instrument** cserélhető tekercses műszer; ~ **curve** átalakulási görbe; ~ **down** *v gépk* kisebb sebességre kapcsol, visszakapcsol; ~ **dump** *szt* tárváltozás-kiíratás; ~ **effect** *távk* cserehatás; ~ **equipment for roll housing** *heng* hengerállvány-cserélő berendezés; ~ **floor** kiszolgáló pad *(gépnél)*; ~ **gear** *forg* váltókerék, cserekerék; ~ **gearbox** sebességváltó (mű); ~**-gear bracket** fogaskerékváltó emeltyű, váltókeréktartó (villa); ~**-gear lever** sebességfokozat-átkapcsoló/sebességváltó kar; ~ **gears** *v gépk* kapcsol; sebességet vált; ~**-gear train** váltókeréksor; ~**-giving machine** pénzváltó automata; ~ **hammer** *tex* ütőkalapács; ~ **house** *bány* öltöző; ~ **in length** hosszváltozás; ~ **in sign** *fiz* polaritásfordítás, előjelfordítás; *mat* előjelváltás, előjel meg-

változtatása *v.* ellentétesre változása/változtatása; ~ **in slope** *geod* lejt(ő)törés; ~ **in tone** *nyom* (szín)árnyalatváltozás, tónusváltozás; ~ **level** *szt* változáslépcső, változásfokozat; ~**(-)lever** átállító/átkapcsoló kapcsolókar; *kat* tűzváltó kar; ~ **of base in logarithms** *mat* áttérés más alapú logaritmusrendszerre; ~ **of bit** *ol* fúrócsere; ~ **of call number** *távb* számváltozás; ~ **of chromatic adaptation** *opt* színáthangolódás, színadaptáció folyamata; ~ **of colo(u)rs** *ásv* színjáték; ~ **of co-ordinates** *mat* koordinátatranszformáció; ~**-of-current relay** áramirány-érzékeny relé; ~ **of direction** irányváltozás; irányváltoztatás; ~ **of engine** *vasút* mozdonycsere; ~ **of form** alakváltozás, deformáció; ~ **of frequency** frekvenciaváltás, frekvenciacsere; ~ **of gear** *gépk* sebességváltás, áttételváltozás; ~ **of gradient** *ép* lejttörés; ~ **of groove** *heng* üregváltás; ~ **of height in foundation levels** *ép* alapozási sík váltása; ~ **of metrics** *mat* átmetrizálás; ~ **of momentum** *mech* mozgásmennyiség-változás; ~ **of origin** kezdőpont/origó eltolása; ~ **of phase** → ~ of state; ~ **of resistance due to structural change** *el* ellenállásváltozás szerkezetváltozás folytán; ~ **of roll housing** *heng* állványcsere; ~ **of shed** *tex* szádváltás; ~ **of shore line** *hidr* partvonalváltozás; ~ **of sign** *mat* → ~ in sign; ~ **of stand** *heng* állványcsere; ~ **of state** *fiz* állapotváltozás; halmazállapot-változás, fázisátalakulás; ~ **of state of air** légállapot-változás; ~ **of structure** szerkezetváltozás; ~ **of subscriber's number** *távb* számváltozás; ~ **of the channel bottom gradient** *hidr* fenéktörés; ~ **of the flux denisty** *el* fluxussűrűség-változás; mágneses indukcióváltozás; ~ **of the rolls** *heng* hengercsere; ~ **of the variable** változóhelyettesítés, változótranszformáció, új változó bevezetése; ~ **over** *v* átalakít; átalakul, (fel)cserélődik; átállít; (át)vált; újrabeállít; *gép, el* átkapcsol; ~**-over** → changeover; ~ **pinion** *forg* váltókerék, cserekerék; ~ **point (CP)** *geod* szintezési pont két összevethető adattal; *koh* átkristályosodási hőfok/pont; *vegy* kritikus hőfok/pont; ~**-pole motor** pólusváltós motor; ~ **pulley** váltótárcsa; ~ **rate** átalakulási sebesség; ~**-side** *pa* befektető oldal; ~ **sign** *szt* változásjel; ~**s in level** *geol* szintváltozások; ~**(s) of words** *szt* szóhelyváltoztatás; ~**-speed box/gear** *gépk* sebességváltó; ~**-speed gear-box** váltókerékszekrény; ~**-speed lever** *gépk* sebességváltó kar; ~**-speed motor** *aut* szabályozható fordulatszámú motor; ~ **stand** *heng, vasút* váltóállvány, csereállvány; ~ **tape** *szt* változó/közbülső szalag; ~ **temperature** kritikus/átkristályosítási hőfok/pont; ~ **the polarity** *v* pólust vált; ~ **up** *v gépk* nagyobb sebességre kapcsol, felkapcsol; ~ **valve** *gép* háromállású szelep; ~ **wheel** soroskerék; *forg* váltókerék, cserekerék; ~**-wheel drive** váltókerekes hajtómű; ~**-wheel set** *forg* váltókerékkészlet; ~**-wheel train** váltókeréksor

changeable változtatható; változékony; *tex* színjátszó; ~ **effect** színjátszó hatás; ~ **lustre/luster** *tex* csillófény; ~ **(printing) ink** *nyom* reagens festék

changeant *tex* színjátszó; ~ **taffeta(s)** *tex* színjátszó selyemtaft

changed | number *távb* megváltozott hívószám; ~**-number circuit** megváltozott előfizetői szám áramköre; ~ **number interception** felügyeleti szolgálat; ~**-number tone** hívószámváltozást jelző hang

changeless változatlan

changeover áthelyezés; átalakítás; átalakulás; változás; áttérés, átállás, átállítás; *bány, ip* irányváltó kapcsoló; műszakváltás; *el* átváltó; *gép, el* átállítás; átkapcsolás, kommutáció; átváltás; újrabeállítás; ~ **cock** *gép* (át)váltócsap; ~ **contact** *el* átkapcsoló/átváltó érintkező; *távb* morzeérintkező; ~ **control system** *gép* changeover-szabályozási rendszer; ~ **device** váltócsappantyú; ~ **kit** javító szerszámkészlet; ~ **knob** *geod* váltógomb; ~ **lever for normal position** *szt* alapállás-átkapcsoló kar; ~ **mechanism** átkapcsoló-mechanizmus; ~ **period** átállási szakasz/idő; ~ **plate chute** *hidr* változólapos surrantó; ~ **plug** *el* átkapcsoló dugasz; ~ **point** átmeneti/inflexiós pont *(diagramon)*; *rep* átváltási pont; ~ **relay** *el* átkapcsoló jelfogó/relé; ~ **speed gear** sebességváltó; ~ **switch** *el* átváltó kapcsoló, átkapcsoló; kommutátor; ~ **switch controller** *el* átkapcsolós kontroller; ~ **switching** átkapcsolás, kommutáció; ~ **time** átállási idő; *el* átváltási idő; *műa* átállási idő *(feldolgozáskor egyik anyagról a másikra)*; ~ **to reception** *rád* adás-vétel-(át)kapcsoló; ~ **valve** *vasút* áttállító váltó/csap

changer átalakító; ~ **bar** váltóbillentyű; ~ **substation** fázisváltó állomás

changing|-bag *foto* fénymentes filmcserélő; ~ **cabin** öltöző; ~ **collar** *gép* cseregyűrű, váltógyűrű; ~ **latch** *forg* előtolásváltó kilincs; ~ **load** *mech* változó teher/terhelés; ~ **locomotive** tolatómozdony; ~ **magazine** *foto* cserélhető kazetta; ~ **of frequency** frekvenciaváltás, frekvenciaváltoztatás; ~ **room** öltözőhelyiség; ~ **stone** *pa* kőcsere *(facsiszolónál)*; ~ **tube** cserélhető tubus

channel I. *v* árkol, (ki)hornyol; bevág, barázdál; (be)rovátkol, kiváj; vájatot készít; csatornáz; *heng* hullámosít, redősít; **II.** *n* csatorna; *aut* jelvivő vezeték; *bány* kutatóárok; légcsatorna; mosóárok; szellőzőcső, szellőztető csatorna; *cipő* öltésárok, (talp)varratárok; *em* dobhorony, kötélhorony; *ép* U tartó; vájat; *ép, mt* barázda, bevágás; horony, rovátka; *fa* káva, (ajtó)tok, ajtóibélés, váz; rovaték; *film* hangcsatorna; *gép* olajcsatorna; *gépk* sebességváltó-fokozat; *hajó* oldalkötélpad, csarnakpad; *heng* U szelvényű hengerelt acél; U vas/acél; *hidr* csatorna, (lecsapoló)árok; hajóút; hajózási út *(egy vízfelületen belül)*; hajózócsatorna; lecsapolócsatorna; meder; öntözőárok; *koh* füstcsatorna; *önt* beömlő(csatorna); *rád* (hullám)sáv; *rep* leszállópálya *(vízi)*; *szt* csatorna; *távk* (adatátviteli/hírközlési) csatorna; elektroakusztikai lánc; *tv* csatorna; *vasút* hornyolt sín; ~ **address** *szt* csatornacím; ~ **address word (CAW)** *szt* csatornacímszó, CAW; ~ **amplifier** csatornaerősítő; ~ **area** *at* csatorna-keresztmetszet; csatornafelszín; ~ **axis** *hidr* hajózási út tengelye; ~**-bar** U gerenda/tartó/vas/acél; teknős vas; ~ **beam** → ~-bar; ~ **bed** *hidr* csatorna(meder-)fenék; ~ **black** alagútkorom; (olaj)korom *(csatornából)*; ~ **bottom** → ~ bed; ~ **brick** csatornatégla, csatornafalazó kő; ~ **buoy** *hidr* hajózásiút-jelző bólya; ~ **capacity** *hidr* meder vízszállító képessége; *szt, távk* csatornakapacitás, csatorna információkapacitása *v.* átviteli képessége/kapacitása; ~ **cementing** *cipő* öltésárok-beragasztás; ~ **check handler** csatornahiba-kereső rutin; ~ **check recorder** csatornahiba-feljegyző rutin; ~**-closing machine** *cipő* talpároktakaró gép, varratárok-takaró gép; ~ **command word (CCW)** *szt* csatorna-utasításszó, CCW; ~ **complex polymerization** *műa* csatornakomplex polimerizáció; ~ **contraction** *hidr* mederszűkület; ~ **control error** csatornavezérlési hiba; ~ **converter** csatornamodulátor; ~**-cooling arrangement** *koh* hűtőcsatorna-elrendezés; ~ **deposit** kavicsréteg; ~ **edge** *hidr* partél; ~**-edge laying** *cipő* öltésárokél-bedörzsölés; ~ **effect** *at, félv* csatornahatás, csatornajelenség, csatornaeffektus; ~ **electron multiplier** (egy)csatornás elektronsokszorozó; ~ **entry** *szt* csatornabemenet; ~ **equipment** *távk* csatornaegység; ~ **erosion** *talt* árkos erózió; ~ **filter** *at* csatornarekesz, csatornadiafragma; *távk* csatornaszűrő; ~ **fish-plate** U alakú alátétlemez; ~ **frame** U tartókból álló keret; ~ **frequency** *távk* rádiócsatorna frekvenciája; ~ **gate** *távk* csatornakapu; ~ **group** *szt* csatornacsoport; ~**(-)head** *ép* csatornaszem; kiöntő; tetőösszefolyó; ~ **history** *hidr* csatornatörzskönyv; ~ **hollow** vájat; ~ **improvement** *hidr* vízfolyásrendezés; ~ **induction furnace** *önt* csatornás indukciós kemence; ~ **interface** csatornacsatlakozás; ~ **iron** U vas/gerenda; ~**(-)laying** *cipő* öltésárok-takarás; öltésárokzárás; ~ **light** *hidr* úszólámpa, világítóbója; *rep* víztükörjelző fény; ~ **line** *hidr* hajózható csatorna/folyó dinamikus tengelye; sodorvonal; ~ **lining** csatornaburkolás; ~ **load(ing)** *szt* csatornaterhelés; ~ **maintenance** *hidr* mederfenntartás; ~ **marker** *rep* víztükör-szegélyjel; ~ **marking** *hidr* hajózóút-jelölés; ~ **modulation** *távk* csatornamoduláció; ~ **mo(u)ld** vályúelemsablon; ~ **of ascent** *geol* lávakiömlő csatorna, vulkántorok; ~ **of communication** távközlési csatorna; ~ **of karst area** *geol* karsztjárat; ~ **of the accompanying sound** *tv* hangcsatorna; ~ **pass** *heng* U tartó idomüreg; ~ **perturbed by an arbitrary type of noise** *távk* zajos csatorna; ~ **pin** hornyolt kúpos pecek *(huzaloknak sínekhez kapcsolására)*; ~ **process** csatornás gázkoromgyártás; ~ **prop** *bány* U (szelvényű) vastám; ~ **queue** *szt* sorban állás csatornáért; ~ **rail** *vasút* vályús sín; ~ **reach protection** *hidr* bögevédelem; ~ **ret(ting)** medenceáztatás; *tex* csatornaáztatás; ~ **ring** U-acél gűrű; ~ **runoff** *hidr* csatornavízhozam; ~**s** *koh* holt helyek *(konverterben)*; ~ **sample** *bány* réspróba; telepminta; ~ **section** *heng* U szelvény/profil/gerenda/acél/vas; U szelvényű hengerelt idomacél; ~**-section guard** szalagfűrész védőcsatornája; ~ **selection** *távk* csatornaelválasztás; ~ **selector** *rep* csatornakiválasztó *(pl. kapcsoló)*; *tv* csatornaválasztó (dobváltó); csatornaváltó; ~ **separation** *rep* csatornaelválasztás, csatornaelosztás; ~ **separation/spacing** *szt* csatornatávolság, csatornák közti távolság; ~ **sequence number** *rep* csatornasorszám; ~**s of decayed roots** *hidr* gyökérjárat; ~ **spacing** *rep* csatornaelválasztás, csatornaelosztás; ~ **span** csatornaáthidalás, csatornahídnyílás; ~ **spin** *at* csatornaspin; ~ **stability factor** *hidr* mederállandósági tényező; ~ **status table** *szt* csatornaállapot-táblázat; ~ **status word (CSW)** *szt* csatornaállapot-szó, CSW; ~ **steel** *heng* U acél; ~ **stone** *hidr* félkör keresztmetszetű betoncső/elem; ~ **storage** *hidr* hullámtéri tározás, medertározás; ~**-storage hydroelectric plant** *hidr* medertározásos vízerőmű; ~ **switch** csatornakapu, csatornakapcsoló; ~ **switching** *szt* csatorna(át)kapcsolás; ~**-threshold light** víztükör-küszöbfény; ~ **time slot** *távk* csatornaidőrés; ~**-to-channel connection** *szt* csatornától csatornáig összeköttetés; ~ **translating** *szt, távk* csatornaáthelyezés; ~ **translator** *szt, távk* csatornafordító; ~**-type induction furnace** *önt* csatornás indukciós kemence; ~**-type race** *hidr* üzemvízcsatorna; ~**-type spillway** árapasztócsatorna, árasztóberendezés; ~**-type tail race** alsó üzemvízcsatorna; ~ **ventilation** *ép* csatornaszellőztetés; ~ **wheel** *vasút* kétnyomkarimás/hornyostalpú kerék; ~ **width** *el* csatornaszélesség; *hidr* mederszélesség

channelization *hidr* művederépítés

channelizing *el* a frekvenciasávok elosztása az egyes csatornákra

channelled, *US* **channeled** U keresztmetszetű; ~ **plate** hullámosított lemez; recés lemez, bordalemez; *heng* hullámlemez; ~ **spectrum** *fiz* sávos színkép; ~ **surface** recézett felület

channeller, *US* **channeler** (kő)hornyológép

channelling, *US* **channeling** árkolás, bevágás, barázdálás; hornyolás, hornyolat; (be)rovátkolás; kivágás; *alak* (lemez)hullámosítás, lemezredősítés; *cipő* varratárok (ki)vájása; *ép* csatornázás; *fa* hornyolás, hornyolat; *fiz* csatornajelenség; *fiz, koh* csatornaképződés; *hidr* művederépítés; *pa* csatornaképződés; ~**-effect factor** *at* inhomogenitási tényező, csatornahatás-tényező; ~ **file** horonyreszelő; ~**-machine** *cipő* varratárokvágó/risztelő gép; *ép* árokásó (gép); ~ **of cement** *ol* cementpalást csatornásodása

channelon kanalon, csatornaenergia-kvantum

chanter *hang* szólamsíp *(dudán)*

chantlate *ép* szegélydeszka, ereszaljdeszka, eszterhéj; szegélyléc *(cserépfedésnél)*

chaotic | **motion** rendezetlen/véletlenszerű/statisztikus mozgás; ~ **motion of the molecules** molekulák véletlenszerű mozgása

chap I. *v* aprít, feldarabol; bevagdos; összehasogat, széthasít; összerepeszt *(felületet)*; összehasadozik, felhasad, meghasad, (meg)reped(ezik); **II.** *n* bőrrepedés; *fa* fagyrepedés

chapapote *ásv* természetes aszfalt, földi szurok

chape (szíj)kapocs, horog; (csat)kampó; *em* húzóvas; *ker, önt* formaszekrény

chapiter *ép* oszlopfő, kapitel

chaplet *em* serleges emelő, elevátor; *ép* füzérdísz(ítés); ~ **block** *önt* magtámasz

Chapman|-Kolmogoroff equation Chapman-Kolmogorov-egyenlet; ~ **layer** *rád* D réteg

chapter *ép* oszlopfő; *nyom* fejezet; *szt* szegmens; ~ **heading** *nyom* fejezetdísz

char I. *v* (el)szenesedik, szénné ég; elszenesít; karbonizál; *ép* doroszol; **II.** *n* állati szén; csontszén; faszén; faszénégetés; csontfekete *(festék)*; ~ **house** *vegy* álló vashenger *(aktívszenes szűréshez)*; ~**-pit method** *hidr* tönkszenesítés; ~ **wood** *v* faszenet éget

charabanc nyitott kiránduló gépkocsi

character I. *v* megjelöl; bemetsz, bevés; **II.** *n* megkülönböztető jel(leg), jelleg(zetesség); jellemző tulajdonság, sajátság; *mat* jellemző, karakter; *nyom* betű; írásjel; *szt* jel, szimbólum; jelcsoport, tárolt számcsoport; karakter; *távk* kódolt impulzuscsoport; ~**-at-a-time printer** *szt* soros nyomtató; ~ **byte** *szt* karakterbájt; ~ **chain constant** → ~ string constant; ~ **check** *távk* karakterellenőrzés; ~ **code** *szt* karakterkód; ~**-coded** jelkódolású; ~ **crowding** *szt* karakter-összezsúfolás; ~ **cylinder** nyomtatóhenger; ~ **density** *szt* jelsűrűség, karaktersűrűség; ~ **display** *szt* karaktermegjelenítő; ~ **display tube** kijelzőcső, displaycső; ~ **distortion** *szt* karakter/írásjel torzulása; ~ **encoding** *szt* karakterkódolás; ~ **error rate** *távk* karakterhibaarány, betűhibaarány; ~ **fill** *szt* karakterrel feltölt; ~ **generator** *szt* karaktergenerátor; ~ **group** *mat* karaktercsoport, duális csoport; ~ **key** *nyom* betűklaviatúra, betűtasztatúra, betűbillentyű(zet); ~ **light** kódolt fény; ~ **mode** *szt* karaktermód; ~ **modifier** *szt* karaktercím-módosító konstans; ~ **of being even-numbered** *mat* párosság; ~ **of discontinuity** *mat* szakadás jellege; ~ **organized computer** byte-szervezésű gép, karakterszervezésű/jelcímzésű számítógép; ~ **printer** *szt* karakternyomtató; ~ **reader** *szt* karakterolvasó; ~ **recognition** *szt* karakterfelismerés; ~ **recognition circuits** alakfelismerő (áram)kör; ~ **recognition font** *szt* géppel olvasható írás; ~ **recognition logic** alakfelismerő logika; ~ **reference line** *szt* karakterpozíciót kijelölő sor *(OCR-technikánál)*; ~ **repertoire** *szt* karakterválaszték; ~ **rule** *szt* jelszabály; ~ **set** *szt* karakterkészlet; ~ **skew** *szt* karakterelfordulás *(OCR technikánál)*; ~ **space** *szt* egy karakter által elfoglalt hely *(megjelenítésnél)*; ~ **spacing display** *szt* karakterek nyomtatás előtti megjelenítése *(elektronikus szedőrendszereknél)*; ~**s per minute (cpm)** karakter/perc, cpm; ~**s per second (cps)** *szt* karakter/másodperc, cps; ~ **storage tube** képtároló/jeltároló cső; ~ **string** *szt* karakterlánc, karakterfüzér; ~ **string constant** karakterlánc-állandó; ~ **string field** karakterláncmező; ~ **stroke** *szt* karakterpozíció-kijelölés *(OCR-technikánál)*; ~ **subset** *szt* karakteralkészlet; ~ **writing tube** kijelzőcső, displaycső

characteristic I. *a* jellegzetes, karakterisztikus; **II.** *n* jellegzetesség, jellemző (adat/tulajdonság); diagram; *gép* (dinamikus) karakterisztika/jelleggörbe, munkagörbe; *mat* karakterisztika, jelleggörbe; karakterisztikus görbe; *szt* karakterisztika; *távk* karakterisztika, jelleggörbe; ~ **acoustic impedance** hanghullámimpedancia; hanghullámellenállás; ~ **admittance** *el* karakterisztikus admittancia; *távk* hullámadmittancia; ~ **anode voltage** karakterisztikus anódfeszültség; ~ **appearance** *foto* jellegzetes (szín)hatás; ~ **band** *távk* jellemző frekvenciasáv; karakterisztikus sáv; ~ **condition** *mat* szükséges és elégséges feltétel; ~ **correction** korrekciós jelleggörbe; ~ **curve** *mat* karakterisztikus görbe, karakterisztika; *nyom* feketedési (jelleg)görbe/karakterisztika; ~ **curve of support** *bány* biztosítás jelleggörbéje; ~ **curve of the pipeline** *hidr* csővezeték jelleggörbéje; ~ **curve of water inflow** *bány* vízbetörési jelleggörbe; ~ **curves** jelleggörbesereg, karakterisztikasereg; ~ **curves of refrigeration compressor** hűtőkompresszor jelleggörbéi; ~ **curves of river regime** *hidr* vízjárási jelleggörbék; ~ **curve tracer** *távk* koordinátarajzoló, függvényregisztráló; ~ **data** jellemző(k); jellegzetes/jellemző adatok; *mech* anyagjellemzők; ~ **determinant** *mat* karakterisztikus determináns; ~ **differential equation** *mat* karakterisztikus differenciálegyenlet; ~ **distortion** *távk* karakterisztikus torzítás; ~ **energy** *at* karakterisztikus energia; sajátenergia, belső energia; ~ **envelope** *mat* karakterisztikus burkológörbe; ~ **equation** *fiz* állapotegyenlet, nyomás-térfogat-hőmérséklet összefüggés; *mat* karakterisztikus egyenlet; szekuláris egyenlet *(mátrixé)*; ~ **exponent** karakterisztikus kitevő; ~ **family** jelleggörbesereg, karakterisztikasereg; ~ **frequency** *fiz* karakterisztikus frekvencia; sajátfrekvencia; ~ **function** *mat* karakterisztikus függvény; ~ **group** *mat* karakterisztikus csoport; ~ **impedance** *távk* hullámellenállás; hullámvezető ellenállása; karakterisztikus impedancia; vezetékellenállás, vezeték hullámellenállása; ~ **impedance of free space** szabadtér/vákuum hullámellenállása; ~ **instant** *távk* jellemző időpont; ~ **line** → ~ curve; ~ **matrix** *mat* karakterisztikus mátrix; ~ **number** *mat* sajátérték; ~ **of the material** *mech* anyagjellemző; ~ **of the thermionic valve** áram-feszültség karakterisztika/jelleggörbe; ~ **parameter** jellemző; ~ **period** *el* sajátperiódus, sajátfrekvencia, önfrekvencia; ~ **plane** *mat* karakterisztikus sík, sajátsík; ~ **point** karakterisztikus/jellemző pont; ~ **polynomial** karakterisztikus polinom; ~ **radiation** karakterisztikus/jellemző sugárzás; fluoreszcens sugárzás; ~ **recorder** koordinátarajzoló, függvényregisztráló; ~ **root** sajátérték; *mat* karakterisztikus gyök; ~**s** *pl mat* jelleggörbe(sereg), karakterisztika(sereg); ~ **set of differential equations** karakterisztikus differenciálegyenlet-rendszer; ~ **solution** sajátfüggvény; ~ **state** *fiz, met* sajátállapot; ~ **subgroup** *mat* karakterisztikus részcsoport; ~ **time** jellemző idő; ~ **value** jellemző érték/adat; *fiz* állapotjelző, jellemző; *mat* jellemző érték; sajátérték, karakterisztikus érték; ~ **value problem** sajátérték-probléma; ~ **values of water discharge** *hidr* jellemző vízhozamértékek; jellemző vízhozamok; ~ **vector** sajátvektor; ~ **vibration** *fiz* önrezgés; rezgési módus, sajátrezgés; ~ **wave impedance** *távk* hullámvezető ellenállása; ~ **wave impedance at a given frequency** karakterisztikus hullámimpedancia; ~ **wave-length** karakterisztikus hullámhossz; ~ **X-rays/X-radiation** karakterisztikus röntgensugarak/röntgensugárzás

characterizing frequency → characteristic frequency

charactron *távk* betűíró katódsugárcső; karaktron

charcoal I. *v* szénnel befest/megjelöl, beszenez; széngázzal megfojt; **II.** *n* állati/növényi szén; faszén; csontszén; szénné égett fa; rajzszén; *vegy* aktív szén; ~ **bar** *koh* forraszvaslupa; ~**-black** *műa* faszénkorom; ~ **blacking** *önt* faszén(por); ~ **blast furnace** faszénnel üzemelő nagyolvasztó; ~**-burning** (fa)szénégetés; ~**-burning engine** faszéngáz-generátoros motor; ~ **drawing-paper** szénrajzpapír; ~ **heap** faszénégető boksa; ~**-hearth cast-iron** faszenes kéregöntvény, faszénnel kohósított öntöttvas; ~ **kiln** szénégető kemence/retorta; ~ **layer** *koh* faszénréteg, faszéntakaró; ~**-like** (fa)szénszerű; ~**-mound burner** faszénégető; ~ **oven** szenítőkályha; ~ **pig (iron)** faszenes nyersvas; ~ **pile** boksa; ~ **respirator** faszénbetétes/csontszénbetétes légzőkészülék; ~ **sheet** nyersvas lemez *(faszénnel kohósított)*; ~ **wood** szenítőfa

Chardonnet rayon/silk nitroműselyem; Chardonnet-műselyem

charge I. *v* (meg)terhel; adagol, etet; betáplál; berak, megrak; *bány* betölt *(fúrólyukat)*; tölt; töltetet elhelyez; *el* megterhel; tölt, feltölt, megtölt; *fiz* feltölt; *ip* felszámít; megterhel; *kat* (be)tölt; *műa* megrak *(töltőanyaggal)*; *rep* feltölt; **II.** *n* teher, (meg)terhelés; berak(od)ás, rakomány; (rak)súly; *at* töltés; *bány* (robbanó)töltet; fúrólyuk töltése; rakodás; *el, fiz* töltés; *gépk* robbanó(gáz)töltet, tüzelőanyag-keverék;

hidr hordalékhozam; *ip* (gyártási/feldolgozási) tétel; kiadás, költség, ár; *kat* töltény; töltet; *koh* (beadagolt) elegy, (elegy)adag; (kemence)betét; adagolás; betáplálás; elegytérfogat; feladás; rakat; *mat* térfogat; terület; végesen additív mérték; *műa* töltelék; *ol* kiinduló (lepárlási) anyag; táp; *önt* adag, betét; *pa* főzőtöltet, hollandi behordás; *rep* feltöltés; *vegy* töltés, töltet; ~ **advice** *távb* díjközlés; ~ **amplifier** *aut* töltéserősítő; ~ **analysis** *koh* adagelemzés; ~ **area** *távk* díjövezet; ~ **basket** *hők, önt* adagtartó/hőkezelő kosár; ~ **bogie** *koh* forgóvázas adagoló; ~ **bridge** *bány* rakodóállvány, rakodóhíd; *koh* adagolószint, pódium; ~ **build(ing)-up** *el, fiz* feltöltődés; ~ **bundle** *kat* gyűrűs póttöltet; ~ **calculation** *koh* adagszámítás, betétszámítás, elegyszámítás; ~ **capacity** *el* telepkapacitás; töltőkapacitás; ~ **carrier** *el* töltéshordozó; ~ **carrier avalanche** töltéshordozó-lavina; ~ **carrier break-through** töltéshordozó-átütés; ~ **carrier concentration** töltéshordozó-koncentráció; ~ **carrier density** töltéshordozó-sűrűség; ~ **carrier diffusion** töltéshordozó-diffúzió; ~ **carrier mobility** töltéshordozó mozgékonysága; ~ **cavity** *műa* töltőtér; ~ **chute** *hidr* töltősurrantó; ~ **cloud** *rep* zivatarfelhő, kumulonimbusz; ~ **coke** alapkoksz; ~ **column** *koh* anyagoszlop; ~ **compressor** nyomókompresszor; ~ **conjugation** *at* töltéskonjugáció, töltésinvariancia, C-invariancia; ~ **conjugation operation** *at* töltéskonjugáció, töltéstükrözés; ~ **conservation law** töltésmegmaradás törvénye; ~ **controlled transistor model** töltésvezérelt tranzisztormodell; ~**-coupled device (CCD)** *félv* töltéscsatolású/töltéscsatoló eszköz, CCD; ~**-coupled RAM (CCD-RAM)** *szt* CCD típusú RAM tároló, CCD-RAM; ~ **density** *el* (elektromos) töltéssűrűség; ~**-density image** töltéskép; ~ **device** behordó berendezés; ~**-discharge machine** bekirakó/töltő-ürítő gép; ~ **displacement** *at* töltéseltol(ód)ás; ~ **distribution** *geof* töltéseloszlás; *koh* adageloszlás, elegyelosztás; ~ **doublet** *at* izobárspin-dublett, izodublett, töltésdublett; ~ **drum** *ol* szedő, szedőtartály, felfogótartály, adagolótartály; ~ **equality** *at* töltésegyenlőség; ~ **exchange (CEX)** *at* töltéscsere, töltéskicserélődés, töltésváltás; ~**-exchange scattering** *at* töltés(ki)cserélő/töltésváltásos szór(ód)ás; ~ **floor** → ~ platform; ~ **for calls** *távb* beszélgetési díj; ~ **gallery** → ~ platform; ~ **gas compressor** *ol* beadagoló gázkompresszor; krakkgázkompresszor; ~**(-)hand** *ip* előmunkás; ~ **image** *tv* töltéskép; ~ **independence** *at* töltésinvariancia, töltésfüggetlenség; ~ **independent** *at* töltéstől független; ~ **indicator** *el* feszültségjelző; *koh* elegyösszetételt mutató műszer; ~ **indicator lamp** *gépk* töltésjelző lámpa; ~ **injection** töltéshordozók belövellése, injektálás; ~ **in through a vacuum lock** *v vák* bezsilipel; ~ **invariance** *at* töltésinvariancia, töltésfüggetlenség; ~ **level** *koh* adagszint, elegyszint; ~**-level indicator** *koh* adagszintmérő, elegyszintmérő, torokszintmérő, torokszonda; ~ **make-up area** *koh* elegytér; ~**-mass ratio** *fiz* fajlagos/specifikus töltés, töltés-tömeg viszony; ~ **material** *koh* betétanyag; ~ **migration** töltésvándorlás; ~ **neutrality** töltés semleges jellegge, töltéssemlegesség; ~ **number** *koh* adagszám; *vegy* töltésszám; ~ **of cautious blasting** *bány* kímélő töltet; ~ **of fracturing shots** *bány* lazító töltet; ~ **of the electron** elektron töltése, (elemi) elektromos töltés, elektrontöltés; ~ **parity** töltésparitás; ~ **particle** töltött részecske; ~ **pattern** → ~ image; ~ **pig-iron** elegynyersvas; ~ **platform** *koh* (adagoló)pódium, torokszint; adagolószint; ~ **platform for the mine hoist** *bány* rakodó(tér); ~ **preparation** *koh* adag-előkészítés; elegy-előkészítés; ~ **pump** *ol* betápláló szivattyú, tápszivattyú; ~ **quantum number** töltéskvantumszám; ~ **recorder** *távk* díjszabásnyomtató gép; ~ **reversal** töltésinvertálás, töltésinverzió; ~**s** *ip* költség(ek), terhek, illetékek; ~ **schedule** *koh* adag-összeállítás; ~ **separation** töltések szétválása; ~ **singlet** *at* izobárspinszingulett, izo(spin)szingulett; ~ **space** *at* töltéstér; ~ **stock** *vegy* betáplált alapanyag/nyersanyag; ~ **storage** töltéstárolás; ~ **storage diode** *szt* töltéstároló dióda; ~ **storage tube** töltéstároló cső; ~ **storage varactor** töltéstároló varaktor; ~ **symmetry** töltésszimmetria; ~ **the brake** *v gépk* fékfolyadékot utántölt; ~ **transfer (CT)** töltésátvitel, töltéstranszport; ~ **transfer device (CTD)** *félv* töltéstovábbító eszköz, CTD; ~ **transistor saw tooth generator** töltőtranzisztoros fűrészáramkör; ~ **transport** → ~ transfer; ~ **tube saw tooth generator** töltőcsöves fűrészáramkör; ~ **unit** *távb* díjszabási egység; ~ **up** *v* feltölt(ődik) *(kondenzátor)*; ~ **volume** *koh* elegytérfogat; feladás; ~ **wagon** *koh* berakócsille; elegykocsi; **without** ~ (elektromosan) semleges, töltés nélküli, zérus töltésű

chargeable (fel)tölthető; ~ **cadmium element** *szt* feltölthető kadmiumelem; ~ **call/conversation** *távb* díjköteles beszélgetés; ~ **distance** *vasút* díjszabási távolság; ~ **time clock** beszélgetésiidő-számláló; ~ **time indicator** beszédidőmérő óra

charged *at* töltött; *el* feltöltött; feszültség alatt álló/levő; ~ **carrier** *el* töltéshordozó; ~ **cell** feltöltött elem/cella; ~ **cloud** *at* töltésfelhő, elektronfelhő; ~ **condition** feltöltött állapot; ~ **meson** *at* töltött mezon; ~ **particle** *félv* töltéshordozó; ~ **particle accelerator** *at* töltöttrészecske-gyorsító; ~ **particle detector** töltött-részecske-detektor; ~ **particle equilibrium** töltött részecskék egyensúlya; ~ **pressure** *ol* töltési kamranyomás; ~ **resonator** terhelt rezonátor

chargeman *bány* lövőmester, lőmester; *ip* munkafelügyelő, csoportvezető

charger töltőgép, adagológép; *el* töltőberendezés; *koh* elegyberakó gép; *koh, önt* adagoló(berendezés); ~ **clip** *kat* töltényhüvelyperem; ~**-loading rifle** ismétlőfegyver, tártöltésű/tölténytáras puska; ~**-reader** *at* töltő-mérő/töltő-leolvasó készülék; ~ **transformer** töltőtranszformátor

charging I. *a* adagoló(-), berakó(-); rak-, rakodó(-); rakodási; terhelési-, töltő(-); töltési; táp-; **II.** *n* (be)adagolás, (be)rakás; megtöltés, (meg)terhelés; *cu* behúzás; *el* feltölt(őd)és; töltés; *ip* felszámítás, (rá)terhelés; *távb* díjszabás; ~**-and-drawing crane** be- és kirakó daru *(hengermű részére)*; ~ **apparatus/appliance** töltőberendezés; adagoló(berendezés), adagolókészülék; ~ **area** *koh* adagtér; ~ **bar** adagológép karja; ~ **barrow** *koh* elegytoló kocsi; ~ **basket** *koh* adagolóveder, torokveder; *önt* adagolókosár; ~ **bay** adagolónyílás; ~ **bin** adagolótartály; ~ **board** *el* terhelőtábla *(próbateremben)*; ~ **box** *koh* adagolókanál; berakóteknő, adagolóteknő; ~ **box handling crane** *koh* teknőbe rakó daru; ~ **bridge** *bány* rakodóállvány, rakodóhíd; *koh* adagolópódium; ~ **bucket**

→ ~ basket; ~ **bunker** adagolótartály; ~ **by batches** *koh* szakaszos adagolás; ~ **by night** *távb* éjjeli díjszabás; ~ **by time** időtarifa; ~ **cage** *önt* adagolókalicka; ~ **capacitance** töltőkapacitás; ~ **capacitor** töltőkondenzátor *(egyenirányítóhoz)*; ~ **capacity** *csom* rakképesség; *el* töltéskapacitás, akkumulátorkapacitás; *koh* elegyfelvevő képesség; ~ **car** *bány* csille; *koh* adagolókocsi; elegykocsi; ~ **chute** *ép* töltőgarat, etetőgarat, töltőcsúszda, etetőcsúszda; *koh* adagolócsúszda; ~ **circuit** töltőáramkör; ~ **column of blast-furnace** nagyolvasztó-adagolópódium; ~ **condenser** töltőkondenzátor; ~ **conduit** (tüzelőanyag-)adagolócső; ~ **cone** adagolótölcsér; ~ **connection** *el* töltőkapcsolás; ~ **control** adagolásellenőrzés; *kat* újratöltő fogantyú *(géppuskáé)*; ~ **crane** *koh* adagolódaru; berakódaru; ~ **current** *el* töltőáram(erősség); ~ **curve** *el, fiz* töltésgörbe; ~ **density** töltéssűrűség; ~ **device** adagoló(berendezés); *nyom, önt* berakóberendezés; *távk* díjszámláló; ~ **door** *koh* adagolóajtó; ~ **duration** *el* töltési idő; ~ **equipment** akkumulátortöltő egység/berendezés, töltőberendezés; ~ **face** *mt* berakóoldal; ~ **floor/gallery** → ~ platform; ~ **furnace** *koh* adagoló-öntő kemence; ~ **gear** rakodóberendezés, rakodókocsi; ~ **generator** töltődinamó, töltőgenerátor; ~ **grate** adagolórosta, adagolórács; ~ **handle** *kat* závárzatfogantyú, töltőfogantyú *(géppuskáé)*; ~ **hoist** *koh* adagfelvonó; ~ **hole** *koh* adagolónyílás, toroknyílás; ~ **hopper** *bány, koh* adagolótölcsér, adagológarat, töltőgarat; ~ **hose** töltőcső *(hűtőközeghez)*; ~ **ladle** *koh* adagolókanál; ~ **larry/lorry** *koh* adagolókocsi; elegykocsi; ~ **launder** *koh* öntőcsatorna; ~ **level** *koh* adagolószint, adagolópódium; ~ **lever** *kat* töltőfogantyú; ~ **lift** *koh* (adag)felvonó, elegyfelvonó, ferdefelvonó; ~**(-)machine** töltőgép, adagológép; *koh* adagoló(berendezés); ~ **material** *koh* betétanyag; ~ **of mix** keverék töltése adalékanyagokkal; ~ **pan** *koh* adagolóedény; ~ **peel** *koh* adagolókar, adagológép karja; ~ **pipe** adagolócső, tápcső; ~ **platform** *koh* adagolószint; torokpódium; ~ **plug** *el* akkumulátortöltő dugasz; ~ **prereduced iron ore** *koh* vasszivacs-adagolás; ~ **program(me)** *koh* adagolási/berakási program *(nagyolvasztóé)*; ~ **pump** töltőszivattyú, tápszivattyú; ~ **rack** *bány* töltőpad; ~ **rate** *el* töltőáram(erősség); *koh* adagolási sebesség; ~**-rate relay** *el* töltőrelé; ~ **rectifier** töltő-egyenirányító, töltőberendezés; ~ **resistance** töltési ellenállás *(akkumulátoré)*; ~ **resistor (CR)** töltőellenállás; ~ **scales** *pl koh* elegymérleg, adagmérleg; ~ **schedule/sequence** *koh* adagolási sorrend/szisztéma; ~ **set** akkumulátortöltő berendezés; ~ **shovel** *koh* adagolóteknő; ~ **side** *koh* berakóoldal; ~ **space** *bány* töltési tér; ~ **spout** *koh* adagolócsúszda; ~ **station** töltőállomás; ~ **stock** *vegy* betáplálásra kerülő *(v.)* betáplált alapanyag, nyersanyag; ~ **stroke** szívólöket *(szivattyú)*; ~ **stub** töltőcsonk; ~ **switch** töltéskapcsoló; ~ **tank** adagolótartány; ~ **time** *el* töltési idő; *koh* adagidő; berakási idő; ~ **time constant** töltési időállandó; ~ **transistor saw tooth generator** töltőtranzisztoros fűrészáramkör; ~ **tray** *műa* adagolótálca; ~ **unit** *koh* adagolóberendezés; ~ **up** *el* feltöltés; utántöltés, újratöltés; ~**-up circuit** utántöltő áramkör; ~ **voltage** töltőfeszültség

chark I. *v* (el)kokszosít, szenesít; **II.** *n* faszén; koksz

Charles's law Gay-Lussac-törvény

Charlton white *vegy* litopon

charm *at* sarm, charm, sarmszám

charmeuse *tex* tiszta selyem szövet, sarmőz

charnokite *ásv* charnokit, hiperszténgránit

Charpy | impact test *any* Charpy-próba, Charpy-féle (ütő)vizsgálat/ütőpróba; ~ **impact-tester** Charpy-féle ejtőkalapácsos ütőgép; ~ **specimen** Charpy-próbatest; ~ **V-notch test** Charpy-féle V vizsgálat

charred | cask *élip* belül elszenesített hordó; ~ **coal** koksz; ~ **slop** cefreszén

charring (el)szen(es)ítés, karbonizálás; faszénégetés; (el)szenesedés; roncsolás; ~ **chisel** *ép* doroszolóvas, doroszolókalapács; ~ **mound** faszénboksa; ~ **of wood in heaps** boksaszenesítés

chart I. *v* (fel)térképez; táblázatba foglal, táblázatot/grafikont készít; **II.** *n* (számítási) táblázat; diagrampapír, diagramlap; diagram; *hidr* vízrajzi/tengeri/hajózási térkép; *mat* diagram; függvénygörbe; grafikon; grafikus ábrázolás; nomogram, nomografikus leképezés; számolóábra; *met, ol* térkép; *nyom* grafikon; táblázat; *szt* folyamatábra, blokkdiagram; *tex* gépbeállítás előírása; kártya; ~**-bearing drum** *metr* indikátordob *(diagrampapír felvételére)*; ~ **board** *geod* térképrajzoló-asztal; ~**-comparison unit** *geod* térképösszehasonlító berendezés; *távk* kiértékelőberendezés, kiértékelőasztal *(rádiólokátorhoz)*; ~ **for performance control** teljesítményellenőrző kártya; ~ **horizontal-distance** *geof* vízszintestávolság-diagram; ~**(-)house** *hajó* navigációs fülke; ~ **matching** térképpel fedésbe hozás *(lokátoron)*; ~ **of symbols** jelmagyarázat; ~ **of temperature variations** hőmérsékletváltozás-diagram; hőmérsékleti térkép; ~ **paper** diagrampapír, milliméterpapír; *nyom* térképpapír, kartográfiai papír; ~ **recorder,** ~ **recording instrument** (papír)szalagos öníró műszer, diagramrekorder, diagramíró szerkezet; görberegisztráló készülék; ~ **room** → ~ house; ~ **scale** *hajó* (térkép)lépték; *mat* diagramskála, diagramlépték; ~ **showing occupation of tracks** *vasút* vágányfoglaltsági táblázat/ábra; ~ **speed** papírelőtolás (sebessége) *(műszerben)*

charted térképbe berajzolt/felvitt; ~ **landmark** *rep* térképen feltüntetett jellegzetes tájolási pont

charter *hajó* hajóbérlet; *rep* bérleti szerződés; ~ **flight** *rep* bérelt járat; különjárat, charterjárat; ~ **party (CP)** *hajó* hajóbérleti szerződés; ~ **service** *rep* bérleti légiszállítás

charting *hajó* menetirány térképre vétele; térképezés; *rep* térképezés, terepfelvétel

chase I. *v alak, finm* cizellál; domborít, trébel; vés, graviroz; *forg* (csavar)menetet vág; *gumi* (kettősen) kalanderez; *kat* huzagol; *mt* (be)rovátkáz, hornyol; **II.** *n* keret; *ép* falhorony; falmélyedés, fülke; folyóka; *fa* csaplyuk; *finm* (kő)foglalat; *forg* menetmetsző pofa; *foto* (nyomó)keret, ráma; *gép* próbaindítás; *kat* huzagolás; *mt* barázda, horony; bevágás, vájat; *műa* szerszámköpeny, szerszámkeret; *nyom* behajtás, falc; formakeret; szedőszekrény; *vegy* felső tér *(présszűrőé)*; ~**-bar** *nyom* keretvas; zárókeret-középstég; ~ **catch** *nyom* záróvas; ~ **frame** *nyom* zárókeret, ráma; ~ **paper machine** keretes papírgép; ~ **ring** *kat* torkolati szorítógyűrű

chased foglalt *(ékkő)*; ~ **thread** fésűskéssel vágott menet; ~ **work** *finm* domborított munka

chaser *bány* törőmalom, kollerjárat; *ép* falazathézagoló, falazatfugázó; falhoronymaró; *finm* dombormintázó; *forg* fésűs menetkés, menetfésű; *kat* vadász(repülő)gép; *szersz* véső; ~ **ball** *alak* egyengetőgolyó; ~**-grinding machine** *forg* menetfésű-élező gép; ~ **hob** menetvágó csigamaró; ~ **mill** *élip* keverő, melanzsőr; kollerjárat, görgőjárat

chasing *bány* feltárás; *finm* (fém)domborítás, trébelés; vésés, gravírozás, cizellálás; *forg* menetvágás; *gumi, tex* kettős kalanderezés; *mt* hornyolás, rovátkolás; ~ **attachment** menetvágó készülék; ~ **bar** fésűskéses menetvágó (készülék); menetfésűs fúrórúd; ~ **calender** *bőr* barkázókalander; *tex* kettős kalander; ~ **hammer** *finm* domborítókalapács, nyújtókalapács; trébelő/cizelláló fakalapács; ~ **jig** vezetőszerkezet (csavar)menetvágáshoz; ~ **lathe** (csavar)menetvágó eszterga; ~ **saddle** csavarmenetvágó szán; ~ **tool** menetvágó fésű, fésűs menetkés; ~ **work** *finm* trébelés

chasm *geol* hegyszakadék

chassis *el* alaplemez; fém szerelődoboz; szerelvénylap; *gép* (al)váz; *kat* lövegtalp; *szt* váz, sasszi; ~ **frame** *gépk* alvázkeret; ~ **lubricator** alvázolajozó (berendezés); ~ **pick-up** alvázzörejek

chassisless structure *gépk* önhordó karosszéria

chat *fa* cövek; ~ **roller** *koh* őrlőhenger; ~**s** *pl bány* ércbe keveredett meddő(kőzet); *koh* dúsított ólom- és cinkércek selejtje

chatillaine chatillaine műselyem

chatoyancy színjátszás, irizálás

chatoyant I. *a* színjátszó; csillogó, ragyogó; **II.** *n ásv* macskaszem; ~ **lustre/luster** sok színben játszás

chatter I. *v* kopog, zörög; ráz, rezeg, vibrál; egyenlőtlenül vág; **II.** *n* kopogás, zörgés; rázás; vibrálás; csikorgó hang; *el* pergés *(kontaktusé)*; *forg* (be)rezgés; ~ **mark** *el* pergőjel; *forg* rezgési nyom; ~ **vibration** *el* pergés; *forg* (be)rezgés

chattering *forg, gép* rezgés; *gép* kopogás, zörgés; ~ **slip** *vasút* rezgő csúszás

Chatterton's compound *el* Chatterton-féle kábelkiöntő massza, Chatterton-massza

Chattian stage *geol* felső oligocén, katti/kasszeli emelet, kasselien

chaulmoogra oil chaulmoograolaj

chaulmoogric acid *vegy* chaulmoograsav

chavicol *vegy* kavikol, p-allil-fenol

ChB → chemical battery

CHC → choke coil

Chebyshev | **approach/approximation** Csebisev-közelítés; ~ **filter** *távk* Csebisev-szűrő; ~ **method** *mat* Csebisev-féle egyenletmegoldó módszer; ~ **polynomials** Csebisev-polinomok; ~ **problem** *mat* Csebisev-probléma; ~ **quadrature** Csebisev-féle kvadratura

check I. *v* (át)vizsgál, megvizsgál; ellenőriz; igazol; (hirtelen) megakaszt; félbeszakít; (meg)akadályoz, gátol, (le)lassít, fékez; (le)lassít, fékez; berepeszt; bereped, repedezik *(lakk, festék)*; *gépk* szabályoz *(gyújtást)*; *hajó* betöm *(rést)*; *mzg* táblákra oszt; **II.** *a* ellenőrző; *tex* kockás, hálós; sakktáblaszerű; **III.** *n* késleltetés; vizsgálat, ellenőrzés; megakasztás; igazolás, (ellenőrző) utánmérés, (ellenrőrző) vizsgálat, ellenőrző számítás; ellenőrzőjegy; *bány* (csille)bárca; *ép* ajtóütköző/ablakütköző (tag); nyelvhorony; *geol* (hosszirányú) repedés; telér oldalfala; vetődés; *hidr* duzzasztózsilip; *hőt* visszacsapószelep; *ker* (felületi) repedés, hajszálrepedés, berepedés; *koh* repedés; *mat* behelyettesítés, numerikus ellenőrzés; próba *(műveleté)*; *ol* repedés; *szt* ellenőrzés, tesztelés; *tex* kockás mintázat/szövet; *vasút* irányítófej *(csatornás sínnél)*; ~ **a calculation** *v* utánaszámol, számítást ellenőriz; ~**-action fuse** *kat* inerciális gyujtó; ~ **analysis** ellenőrző elemzés; ~ **and drop structure** *hidr* ellenőrző fenéklépcső; ~ **and feed valve** visszacsapó- és tápszelep; ~**-back** visszajelentés, nyugtázás *(jelé)*; ~ **ball** szelepgolyó; ~**(-)band** fékszalag; ~ **bank irrigation** *mzg* árasztóöntözés; ~ **bearing** *rep* ellenőrző irányszög; ~ **bit** *szt* ellenőrző bit; ~ **border** *hidr* táblaelválasztó gát; ~ **by measurement** *v* méréssel *(v.)* mérés útján ellenőriz; ~ **cable** biztonsági kábel/kötél; ~ **calculation** ellenőrző számítás, utánszámolás; ~ **chain** *vasút* forgózsámoly biztonsági lánca; ~ **chamber** visszacsatolószelep kamrája; *hőt* rácskamra; ~ **channel** ellenőrző csatorna; ~ **character** *szt* ellenőrző karakter; ~ **chempure** vegytiszta; ~ **circuit** *el* ellenőrző kapcsolás/áramkör, vizsgálóáramkör; ~ **circuitry** *szt* ellenőrző kapcsolás; ~**(-)clamp** szorítóbilincs; támasztókapocs; ~ **cracks** *any* zsugorodási repedések; ~ **cylinder** *szt* ellenőrzőhenger; ~ **dam** *ép* hordalékfogó gát; *hidr* eróziós gát *(vízmosásban)*; ~ **digit** *szt* ellenőrző szám(jegy); ~ **digit procedure** *szt* ellenőrzőszámos eljárás; ~ **door** *bány* szellőzőajtó; ~ **drop** késleltetés; *hidr* ellenőrző fenéklépcső; ~ **flooding** → ~ irrigation; ~ **folio** *pa* fólió, ívrétalak *(24"x17")*; ~ **for looseness** *v önt* gázáteresztő képességet ellenőriz; ~ **gate** megfigyelőnyílás; *hidr* duzzasztó/terelő tiltó; mérőnyílás; ~ **ga(u)ge** *mt* ellenőrző idomszer; ~ **ga(u)ge assembly** idomszerellenőrző készülék; ~**-in** *rep* megjelenés, jelentkezés, utasok okmányainak kezelése; ~**-in counter/desk** *rep* utasfelvétel, utaskezelő munkahely; ~ **indicator** hibajelző berendezés, jelzőlámpa; ~**-in station** *rep* utaskezelő állomás; ~ **instrument** monitor, ellenőrző készülék/berendezés; ~**-in time** *rep* felvételi/megjelenési idő *(utasok részére)*; ~ **irrigation** *mzg* kalitkás/táblás árasztó öntözés; ~ **key** *el* vizsgálódugasz; ~ **label field** *szt* ellenőrző címkemező; ~**-lock** retesz, zárnyelv; biztonsági zár; ~ **loom** többvetélős/váltófiókos szövőgép; ~ **mark** *nyom* ellenőrző jel; ~ **meter** *el* ellenőrző műszer; ~ **number** ellenőrző szám; ~ **nut** biztosítóanya, ellenanya, rögzítőanya; ~**-off** → checkoff; ~ **of timings** *aut* időkésleltetések vizsgálata; ~ **of transmission** *távk* adásellenőrzés; ~ **on** *v* ellenőriz, megvizsgál; ~**-out** → checkout; ~ **output** *szt* kontrolloutput, kontrollkimenet; ~ **pattern** *tex* kockaminta; kockás minta; ~ **pawl** *gépk* zárókilincs, zárócsappantyú; ~ **peg** *gép* rögzítőpecek; ~ **piece** *gép* leállítópecek, ütközőpecek; támasztódarab; ~ **pin** rögzítőpecek; ~ **plate** *hidr* őrlemez; ~ **plot** *mzg* ellenőrző parcella *(trágyázási kísérleteknél)*; ~**-point** → checkpoint; ~ **post** *hajó* kikötőbak; ~ **problem** ellenőrzési probléma/feladat; ~ **program data** *szt* ellenőrzőprogram-adat; ~ **punched tape** ellenőrző lyukszalag; ~ **rail** terelősín *(kereszteződésnél)*; vezetősín *(kanyarban)*; ~ **ring** *gép* biztosítógyűrű/rögzítőgyűrű; ~ **rope** *hajó* kötélfék; ~ **ruling** keresztvonalazás, kockázás *(papíré stb.)*; ~**s** *hidr* kalitkák; ~**(-)sample** *élip* ellenőrző minta/próba; *ép* ellenőrző próbatest/darab; ~ **screw** biztosítócsavar, rögzítőcsavar; állítócsavar; szabályozócsavar; ~ **scroll** *tex* ellencsiga; ~ **sheet** *nyom* ellenőrző ív; ~ **shot** *ol* szeizmokarottázs; ~ **specimen** ellenőrző próbatest; ~ **spring** állítórugó; ~ **strap** *gép* határolószalag *(hordrugóé)*; *tex* vetélőfékező heveder; ~**-strap staple** *tex* fogószíjkapocs; ~ **structure** *hidr* vízhozamszabályozó (műtárgy); ~**(-)sum** *szt* kontrollösszeg; ~ **tape** *szt* ellenőrzőszalag; ~ **templet** ellenőrzősablon; ~ **test** ellenőrző próba; ellenpróba; ~ **the calibration** *v* utánhitelesít, újból hitelesít/kalibrál, utánkalibrál; ~ **the speed** *v* sebességet elér/ellenőriz; ~ **time** ellenőrzési idő; ~ **tone** ellenőrző hang; ~ **up** *v* ellenőriz; felülvizsgál; *ép* igazol *(statikailag)*; ~ **valve (CV)** *hidr, ol* visszacsapószelep, csappantyú, torlócsappantyú; ~ **valve pump** nyomással *v.* üléses szeleppel vezérelt szivattyú; ~ **washer** *gép* Grower-gyűrű, Grower-tárcsa, csavarbiztosító gyűrű

checked[1] ellenőrzött; ~ **baggage** *rep* feladott poggyász; ~ **draught/draft** *tex* tényleges nyújtás; ~ **input** ellenőrzött bemenet; ~ **manoeuvre/maneuver** *rep* ellenőrzött manőver

checked[2] repedezett *(lakk, festék)*; *tex* kockás, pepita; ~ **material** *tex* pepita/sottis szövet; ~ **paper** kockás papír

checker[1] ellenőrző műszer; számlálóhely, számlálóállás; *ip* ellenőr; *rád* vizsgálókészülék; *tex* fonalellenőr

checker[2] → chequer

checkerboard → chequerboard

checkered → chequered

checkerwork → checquerwork

checking ellenőrzés, megvizsgálás; igazolás, utánszámolás; fékezés, lassítás; gátlás; *ép* (meg)repedezés *(festékrétegé)*; *fa* repedezés, felületi hajszálrepedések képződése; *kat* csavaros lövegzártömítés; *mat* próba, behelyettesítés, számítás próbája, numerikus ellenőrzés; *rep, vasút* poggyászfeladás; ~ **automation of sewage and refrigeration waters** a szennyvíz- és hűtővíz-ellenőrzés automatizálása; ~ **by resubstitution** *mat* ellenőrzés visszahelyettesítéssel; ~ **calculation** ellenőrző számítás, utánszámolás; ~ **circuit** vizsgálóáramkör, ellenőrző áramkör; ~**-code time** kódellenőrzési idő; ~ **device/equipment** vizsgálóberendezés, ellenőrző berendezés; ~ **form** ellenőrző cédula/karton; ~ **ga(u)ge** *gép* ellenőrző idomszer; ~ **in data processing** *szt* adatfeldolgozás ellenőrzése; ~ **light** ellenőrző világítás; ~ **motion** *tex* vetélőfiók-váltó; ~ **nut** *gép* ellenanya; ~ **of shuttle** vetélőfékezés; ~ **of systems** rendszerellenőrzés; ~ **point** → checkpoint; ~ **program** *szt* ellenőrző program; ~ **rail** → check rail; ~ **routine** *szt* felügyelőprogram; ~ **sequence** ellenőrzési sorrend; ~ **station** ellenőrző állomás; ~ **subroutine** *aut* ellenőrző szubrutin/alprogram; ~ **system** ellenőrző rendszer; ~ **test** ellenőrző kísérlet, kontrollkísérlet; ~ **weight** súlyellenőrzés

checklist *szt* ellenőrzőlista

checkoff list ellenőrző jegyzék

checkout pénztár *(szupermarketben)*; *rep* induló utasok okmányainak ellenőrzése; ~ **area** ellenőrzési terület; ~ **equipment** ellenőrző berendezés; ~ **gate** *rep* (beszállító) kijárat; ~ **of programs** programellenőrzés; ~ **schedule** ellenőrzési ütemterv; ~ **sequence** ellenőrzési (műveleti) sorrend

checkout routine *szt* ellenőrző rutin

checkpoint *geod* tájékozópont, alappont; *kat* ellenőrző pont, tájékozódási pont; *rep* (kijelölt) jelentőpont; *szt* ellenőrző pont; ~ **dump** *szt* állapotkiírатás az ellenőrző ponton; ~ **restart** *szt* újraindítás az ellenőrző pontról

checkpointable *szt* időlegesen leállítható és ellenőrizhető (majd újraindítható) *(folyamat)*

checkpointing *szt* programfutás közben kimentés, kitelepítés prioritásnak megfelelően

checkroutine *szt* ellenőrző program

checkrow *mzg* négyzetes alak *(kukoricavetésnél)*; ~ **planter** (kukorica-)négyzetbevető (gép), négyzetes fészekbe vető gép

checksum *szt* ellenőrző összeg

checquer *koh* regenerátorrács; ~ **chamber** *koh* rácskamra

cheek arc; oldal; pofa; *bány* vágatoldal; *bőr* pofarész(bőr); *ép* ablakfélfa, ablakdúc; ablakszár(fa); ajtófélfa; falvastagság; oldalfal; *geol* gena, orca; *gép* fogantyúkar; gép oldala, oldalfal, oldalállvány; pofa; satupofa; *hajó* (árboc)pofa; *kat* lövegtalp oldala; *önt* háromrészes öntőforma középső szekrénye; *vasút* fogaslécpofasín *(fogaskerekű vasúton)*; ~ **board** *fa* oldaldeszka; ~ **of reed** *tex* bordatámasz; ~ **of rubber mill** *gumi* terelőpofa; ~ **rest** arctám(asz), fejtám(asz) *(vasúti kocsiban)*; ~**s of a lathe** esztergapad oldalfalai; ~ **stone** *ép* szegélykő; ~**-toggle lever** *gép* könyökös szögemelő kar

cheeking *bány* vágatoldal megbontása

cheese *élip* préselt törköly; sajt; sajtolt alma *(almaborkészítéshez)*; *tex* (talpas) cséve; keresztcséve, keresztorsó; menet, szakasz *(szalagfelvetésnél)*; ~ **aerial/antenna** csonkaparaboloid antenna, sajtantenna; ~ **box** *pa* sajtosdoboz; ~**-box still** *élip* bepárló kazán; *ol* nyersolajlepárló kazán; ~**-cloth** *tex* sajtvászon, kazeinműselyem szövet; ~ **cone** *tex* keresztcséve, keresztorsó; ~ **fly** *élip* sajtlégy; ~ **frame** *tex* keresztcsévélő gép; ~ **head** *gép* hengeres fej; ~**-head bolt/screw** fejescsavar; hengeres fejű csavar; ~ **hoop** *élip* sajtkáva; ~ **machine** *tex* keresztcsévélő (gép); ~ **making** sajtgyártás; ~ **mite** sajtkukac; ~ **of paraffin** paraffinpogácsa; ~ **press** sajtprés; ~ **vat** sajtüst; ~**-warping machine** *tex* keresztcsévés felvetőgép; ~ **whey** savó; ~ **winder,** ~ **winding-machine** *tex* keresztcsévélő gép; ~ **with tapered ends** *tex* kétkúpos cséve; ~ **yield** *élip* sajtkitermelés

cheesing *tex* átcsévélés; ~ **winder** keresztcsévélő (gép)

chelate *vegy* kelát; ~ **compound** kelát(vegyület); ~ **laser** kelátlézer; ~ **ring** kelátgyűrű

chelating *vegy* kelátképző; ~ **agents** kelátképzők

chelation *vegy* kelátképz(őd)és, keláció

chelatometry *vegy* kelatometria, komplexometria

chelen → chloroethane

Chelsea boots *pl* cúgos cipő

chemical vegyi, vegyészeti, kémiai; ~ **adsorption** kemoszorpció, kemiszorpció, kémiai adszorpció; ~ **affinity** kémiai affinitás, vegyrokonság; ~ **age** *at* kémiai kor; ~ **agent** kémiai/vegyi reagens; *kat* vegyi harcanyag; ~ **ammunition** *kat* füstgránát; vegyi lövedék, gázgránát; ~ **analysis** kémiai elemzés/analízis; vegyelemzés; ~ **analysis of sewage/wastes** *hidr* kémiai szennyvízvizsgálat; ~ **and biological warfare (CBW)** vegyi és biológiai hadviselés; ~ **and physicochemical sewage cleaning/purification** *környv* kémiai és fizikai-kémiai szennyvíztisztítás; ~ **assay** vegyvizsgálat, kémiai próba; ~ **balance** analitikai mérleg; ~ **bench** laboratóriumi asztal, kísérletezőasztal; ~ **binding force** (kémiai) kötőerő, kötéserősség; ~ **board** *pa* famentes karton; ~ **bond** kémiai kötés; ~ **brick** saválló tégla; ~ **capacitor** *távk* elektrolitkondenzátor; ~ **cleaning** kémiai tisztítás; ~ **coating** kémiai fémleválasztás; ~ **combination** vegyülés, vegyület; vegyületképződés; ~ **combustion** kémiai égés; ~ **composititon** vegyi összetétel; ~ **compound** vegyület; ~ **constitution** vegyi szerkezet; *foto* vegyi alapozás; ~ **corrosion** kémiai korrózió; ~ **cylinder** *kat* harcgáztartály; ~ **decomposition** vegyi bomlás; kémiai lebontás; ~ **defolation** *tex* vegyi levéltelenítés *(pamutcserjéé)*; ~ **degradation** kémiai lebontás; ~ **deoxidizing** *koh* kémiai oxidmentesítés; ~ **discharge** marópác; ~ **dosimetry** kémiai dozimetria; ~ **effect** kémiai/vegyi hatás; ~ **efficiency** kémiai hatásfok, kémiai hasznosítási fok; ~ **element** kémiai elem; ~ **energy** kémiai/vegyi energia; ~ **engineer (CE)** vegyészmérnök; ~ **engineering** vegyészmérnöki tudomány; kémiai technológia; vegyipari mérnöki technológia; vegyipari gépészet; ~ **entity** *vegy* vegyi reakcióban részt vevő elemi részecske *(molekula, atom, gyök, ion)*; ~ **equation** kémiai egyenlet, reakcióegyenlet; ~ **equilibrium** kémiai egyensúly; ~ **etching down** *félv* kémiai elvékonyítás; ~ **exchange** kémiai kicserélődés; ~ **exhaust** *rád* légtelenítés getterrel; ~ **extinguisher** (kézi) szárazoltó készülék; ~ **fade** *foto* vegyi halványulás; ~ **fibre/fiber** *tex* szintetikus szálasanyag; ~ **fire engine** száraz tűzoltó *v.* poroltó készülék; ~ **fixed heat** kémiailag kötött hő; ~ **flow metering** kémiai vízhozammérés; ~ **foam** *kat* elnyelő bevonat; ~ **focus** ibolyántúli sugarak metszőpontjai; ~ **fog** *foto* kémiai fátyol; ~**-free** *kat* vegyiharcanyagtól mentes; ~ **fusion** *at* kémiai fúziós reakció; ~ **glass** laboratóriumi üveg; ~ **goggles** *pl* vegyipari szemüveg; ~ **grouting** vegyi anyagok besajtolása; vegyi talajszilárdítás, szilikatizálás; ~ **heat treatment** *koh* termokémiai kezelés, vegyi hőkezelés; ~ **hygrometer** abszorpciós higrométer; ~ **implement** laboratóriumi eszköz; ~ **industry** vegyipar; ~ **inertness** vegyi/kémiai inaktivitás; ~ **injection** *ép* vegyi injektálás; ~ **injection method** *talt* vízüveges talajszilárdítás; ~ **integrating indicator** integráló kémiai indikátor; ~ **kinetics** *koh* reakciókinetika; ~ **label(l)ing** kémiai (meg)jelölés; ~ **land mine** *kat* vegyi akna; ~ **lead** vegytiszta ólom (99, 9%); ~ **make-ready** *nyom* kémiai/vegyi adjusztálás; ~ **nickelizing** *koh* kémiai nikkelezés; ~ **oxygen demand (COD)** kémiai oxigénigény (KOI); ~ **paper** *pa* cellulózpapír; famentes papír; ~ **passivity** kémiai passzivitás; ~ **patent** vegyészeti szabadalom; ~ **petroleum preparation** kémiai nyersolaj-előkészítés; ~ **physics** fizikai kémia; ~ **plant** kémiai/vegyi üzem/gyár; ~ **plant protection** *mzg* kémiai növényvédelem; ~ **plasticizing** *műa* belső lágyítás; ~ **plating** *koh* kémiai fémleválasztás; ~ **polishing** *koh* kémiai polírozás; ~ **pollution** kémiai szennyeződés; kémiai szennyezés; ~ **preservative** *élip* vegyi tartósítószer; ~ **process** kémiai/vegyi eljárás/folyamat; ~ **processing** kémiai/vegyi feldolgozás/kezelés; ~ **property** kémiai tulajdonság; ~ **propulsion** *rep* vegyi anyaggal történő meghajtás; ~ **protection (of radiation)** vegyi/kémiai sugárvédelem; ~ **pulp** *pa* cellulóz(pép); ~ **purification** vegyi tisztítás; ~ **purity** (kémiai/vegyi) tisztaság; ~ **reaction** kémiai/vegyi reakció; ~ **reactor** (kémiai) reaktor; ~ **reagent** (kémiai) reagens, kémszer; ~ **recovery** kémiai visszanyerés; ~ **rectifier** *rád* elektrolitikus egyenirányító; ~ **reduction** (kémiai) redukció; ~ **refrigeration** hűtőkeverékes hűtés; ~ **refuse** vegyi hulladék; ~ **reprocessing** *at* kémiai regenerálás; ~ **resistance** kémiai ellenállóképesség, vegyszerállóság; ~ **retting** *tex* vegyi áztatás; ~ **rock consolidation** *bány* kémiai kőzetszilárdítás; ~ **rocket** kémiai rakétahajtómű; ~**s** kemikáliák, vegyi anyagok, vegyszerek; ~ **seasoning** *ol* kémiai érlelés/öregítés; ~ **separation** kémiai/vegyi leválasztás; ~ **sewage treatment** *hidr* kémiai szennyvíztisztítás; ~ **shell** *kat* gázgránát, vegyi lövedék; ~ **soil solidification** *hidr* vegyszeres talajszilárdítás; ~ **stability** kémiai stabilitás; ~ **stability of explosive** *bány* robbanóanyag kémiai állandósága; ~ **stabilization of surface** *hidr* vegyi talajfelszínstabilizáció; ~ **standard** *vegy* elemzőetalon; ~ **stoneware** saválló kerámia; ~ **structure faults** kémiai szerkezeti hibák; ~ **structure retrieval** *szt* vegyületeket visszakereső rendszer; ~ **substance** vegyi anyag; ~ **symbol** vegyjel; ~ **thermodynamics** kémiai termodinamika, termokémia; ~ **thinning** *félv* kémiai elvékonyítás; ~ **toning** *foto* vegyi árnyékolás/színezés; ~ **topology** kémiai topológia; ~ **treatment** kémiai kezelés; ~ **vapo(u)r deposition (CVD)** kémiai rétegelőállítás gőzfázisból; ~ **wafer thinning** *félv* kémiai elvékonyítás; ~ **warfare (CW)** *kat* vegyi fegyverek tömeges alkalmazása; vegyi háború; ~ **warfare agent** vegyi harcanyag; ~ **waste** vegyi üzemi hulladék/szennyvíz; vegyipari hulladék; ~ **water analysis** *hidr* kémiai vízvizsgálat; ~ **water sampling** *hidr* kémiai vízmintavétel; ~ **water softening** *hidr* vegyszeres vízlágyítás; ~ **weapons (CW)** vegyi fegyverek; ~ **weathering** *bány* kémiai mállás; ~ **weed control** *mzg* vegyszeres gyomirtás; ~ **weed killer** gyomirtó vegyszer; ~ **wood-pulp** cellulóz, facellulóz

chemicalization kemizálás, kemizáció

chemically | **bonded** vegyileg kötött; ~ **bonded brick** *koh* vegyi kötésű tűzálló tégla; ~ **bonded sand** vegyi kötésű formázóhomok; ~**-correct mixture** *vegy* sztöchiometriai arányú keverék; ~ **disease/harm/hurt** *környv* kemizációs ártalom; ~ **excited molecular laser** vegyi gerjesztésű molekulalézer; ~ **pumped molecular laser** vegyileg szivattyúzott molekulalézer; ~ **pure (CP)** vegytiszta

chemick I. *v tex* fehérít; **II.** *n tex* klóros fehérítőoldat

chemicking *tex* (hipokloritos) fehérítés

chemicobiological biokémiai

chemicophysical fizikokémiai

chemicotechnology kémiai technológia

chemigrapher *nyom* klisékészítő

chemigraphic *nyom* kemigráfiai, cinkográfiai

chemigraphy *nyom* kemigráfia, cinkográfia

chemigum mesterséges kaucsuk *(márka)*

chemiluminescence kemilumineszcencia, kemolumiiniszcencia; kemilumineszkálás

chemipulper *pa* kemipulper

chemise *ép* falburkolat; kőburkolat; *önt* magorsó

chemism kemizmus

chemisorb vegyileg adszorbeál, kemiszorbeál(ódik)

chemisorbed *vegy* kemiszorbeált, kemiszorbeálódott

chemisorption *vegy* kemiszorpció, kémiai adszorpció
chemist vegyész, kémikus; gyógyszerész; **~'s label** gyógyszercímke; **~'s (shop)** gyógyszertár, patika
chemistry *vegy* vegytan, kémia, vegyészet; **~ laboratory** kémiai laboratórium; **~ of aliments** élelmiszerkémia; **~ of colloids** kolloidkémia; **~ of dyes** színezékkémia; **~ of metals** metallokémia
chemitype *nyom* vegyi úton előállított klisé
chemocline *hidr* metalimnion
chemolysis kemolízis
chemonuclear reactor radiokémiai reaktor
chemosmosis ozmózis
chemosphere *met* kemoszféra
chemosterilant vegyi sterilezőszer; kemosteriláns
chemosynthesis kemoszintézis
chemotherapy kemoterápia
chemotron *at* kemotron, elektrokémiai átalakító
chemotropism kemotropizmus, kemotrópia
chemurgy kemurgia, kemiurgia
chenille *tex* hernyófonal; zsenilia(fonal); **~ carpet** zseniliaszőnyeg, Axminster-szőnyeg; **~ loom/machine** zsenilia(fonal-)szövő gép; **~ weft** zseniliavetülék
chenise white *foto* cink-oxid-pigment
chequer, *US* **checker I.** *v* tarkít, mintáz; kockákra beoszt; *tex* kockásan mintáz; **II.** *n hőt* rácskamra, regenerátor; *koh* kamrarácsozat; **~ brick** *ép* burkoló lemeztégla; *koh* formakő; rácsozattégla; **~ bridge wall** regenerátorrácsozat hídfalazata; **~ coal** antracit *(négyszögletes darabkákban)*; **~ flue** *koh* regenerátor elvezető csatornája; regenerátor-fejkamra; **~ opening** rácsnyílás *(regeneratoré)*; **~ plate** *heng* bordáslemez; **~ wall** regenerátorrácsozat hordozófalazata
chequerboard *bány* méhsejtrendszerű pillérfejtés; rövidpilléres sakktáblás művelés; **~ bond** *ép* sakktáblakötés; **~ pattern** *tv* sakktáblaábra
chequered, *US* **checkered** *tex* sakktáblaszerű, sakktáblamintás, sakktábla alakban elhelyezett kockás, kockamintás; **~ coupling** *ol* sakktáblás csatolás/tolatmány
chequerwork, *US* **checkerwork** *ép* áttört falazat; kvadratúra, négyzethálós szerkezet; *hőt* rács(ozat), rácsfalazat, regenerátorrács *(regenerátoron)*; *tex* eltolt/sakktáblaszerű mintázat; **~ parquet(ry)** sakktáblamintás parkettapadló
Chernobyl accident/catastrophe *at* csernobili katasztrófa
chernozem *geol* csernozjom; feketeföld; **~ belt** *geol* feketeföld-terület, csernozjomöv(ezet)
cherry *fa* cseresznyefa; *forg* ujjmaró, szármaró, süllyesztékmaró; **~ cutter** (kisméretű) szármaró; **~ red (CR)** cseresznyepiros; **~ (red) heat** *koh* cseresznyepiros izzás
cherrying *forg* ívmarás; **~ attachment** ívmaró készülék
chert *ásv, bány, geol* csert, flintkő, szarukő
cherty *geol* kvarcos, kovás
chess *ép* pontonhídpalló; *pa* mosószita, fecskendővízvédő
chessboard pattern *tv* sakktáblaábra
chessy copper *ásv* azurit
chessylite *ásv* azurit
chest láda, doboz; szekrény, köpeny, tartály; *pa* kád, rakasz; **~ bellows** *pl* szekrényes fújtató; **~ electrode** *orv* mellkasi elektród; **~ microphone** *távk* mellmikrofon, kezelői mikrofon; **~ of drawers** fiókos szekrény, komód; **~ of drawers argument** *mat* skatulyaelv; **~(-)pack parachute** *rep* hasejtőernyő; **~-plate assembly** *távk* mellmikrofon, kezelői mikrofon; **~ radiography** *orv* tüdőfelvétel, mellkas-röntgenfelvétel; **~ steaming cottage** (szekrényes) gőzölőkemence/lepárlókemence
Chesterfield process acélszalag hőkezelése
chestnut *élip* gesztenye; **~ coal** diószén
chevaux-de-frise *kat* úteltorlaszoló rács *(hegyes rudakból)*
cheville silk (thread) *tex* fényezett selyemfonal, cheville-fonal
cheviot *tex* seviot(szövet), kártolt gyapjúszövet; **~s** *pl* seviothulladék; **~ serge** szerzsszövet seviotgyapjúból; **~ wool** seviotgyapjú; **~ yarn** seviotfonal
chevron *ép* zegzugos dísz; *mat* hegyes zárójel; **~ gear** nyílfogazású fogaskerék; **~(-type) baffle** *vák* zsalus olajterelő
chew *tex* foszlat; **~s** *pl* rostált szén; **~ test** *tex* foszlatási próba; **~ wax** rágóviasz
chewable *élip* rágható
Chézy | coefficient *hidr* sebességi tényező; **~'s formula** *hidr* Chézy-képlet
chi khi, $\varkappa$; **~-squared distribution** *stat* khi-négyzeteloszlás, $\varkappa^2$-eloszlás; **~-squared statistic** khi-négyzet statisztika, $\varkappa^2$-statisztika; **~-squared test** khi-négyzet próba, $\varkappa^2$-próba
chiaroscuro *foto* tárgymegvilágítással készült kép
chiastolite *ásv* kiasztolit
Chicago caisson/well *hidr* Chicago-rendszerű kút
chicken dung bate *bőr* tyúkürülékpác, csirketrágyapác
chicking reamer *forg* gépi dörzsár
chicle növényi kaucsuk; rágógumi-alapanyag; **~-gum** rágógumi
chicory | drying kiln cikóriaaszaló kemence; **~ (root)** *élip* cikória(gyökér)
chief fő; kiemelkedő; **~ beam** *ép* fedélkötő, kötőgerenda, főtartó; **~ bearing** *bány* főcsapás; **~ contractor** *ip* fővállalkozó; **~ engineer (CE)** főmérnök; **~ frame** *hajó* főborda, főbókony; **~ girder** → **~ beam**; **~ melter** főolvasztár; **~ operator's desk** *távk* ellenőrző asztal; **~ pilot** *rep* főpilóta, kapitány; **~ plane** *geol* fősík; **~ steel erector** szerelőmester *(acélszerkezet)*; **~ thrust-plane** *geol* fővetődés síkja; **~ tool pusher** *ol* fúrómester; **~ valency** fővegyérték
chiffon *tex* sifon; **~ twist** muszlinsodrat
chiffonette *tex* finom selyemsifon
Child-Langmuir(-Schottky) equation *el* Child-Langmuir-egyenlet
childrenite *ásv* childrenit
Chile nitre/niter/salpeter/salpetre *ásv* chilei salétrom
Chilean/Chilian mill kollerjárat, görgőjárat; szitásgörgős malom, Chile-malom
chill I. *v* (hirtelen) (le)hűt; (ki)fagyaszt; lehűl; megfagy; *fa* felhősödik *(festés)*; *hők* edz, lehűt; *önt* kokillába önt; **II.** *n hők* edzési réteg/kéreg; *koh* hűtőlap; *önt* hűtővas, hűtőelem; kérgesedés; **~ bar** *heg* hűtősín; **~ block** *önt* kérgesedési próba; **~ casting** *koh* kéregöntés; kéregöntvény; kokillaöntés; kokillaöntvény; **~ cast roll** *koh* kéregöntésű henger, kéreghenger; **~ cast sample** fémformában öntött minta; **~ coating** *koh* kokillamáz; **~ crystal** *koh* lehűlési kris-

tály; ~ **form** *önt* hűtővas, hűtőelem; ~ **gold** gyors hűtéssel keményített arany; ~ **iron** *önt* hűtővas, hűtőelem; ~ **mo(u)ld** *önt* öntöttvas/fém öntőforma, kokilla; ~ **nail** *önt* hűtőszeg; ~ **out** *v* kifagyaszt *(paraffint)*; ~ **plate** *önt* hűtőlemez; ~ **point** dermedéspont; ~ **roll** *élip, nyom* hűtőhenger, hűtődob; ~ **roll extrusion** *műa* extrudálás hűtőhengeres elvétellel; ~ **test** *önt* edzési próba; ~ **test piece** kérgesedési próba; ~ **time** *heg* lehűlési idő

CHILL → current hogging injection logic

chilled hűtött; ~ **casting** → chill casting; ~ **cast iron** nyugtatott öntöttvas, kéregöntvény; ~ **cylinder** → ~ roller; ~ **distillate** *ol* hűtéssel paraffinmentesített párlat; ~**-iron wheel** *vasút* kéregöntésű kerék; ~ **medium** hűtött közeg; ~ **pig-iron** kifehéredett nyersvas; ~ **roller** *koh* kéregöntésű henger, kéreghenger; ~ **water** hűtött víz; ~ **work** *önt* kéregöntés; kéregöntvény

chiller (ki)fagyasztókészülék; *ol* csiller; ~ **coil** hűtőkígyó

chilli *élip* cseresznyepaprika

chilling (hirtelen) lehűtés; *élip* hűtés, hidegkezelés; *hők* edzés; gyors lehűtés; kifagyasztás, befagyasztás; *koh* befagyás; kéményhatás; *önt* kéregöntés; kéregöntvény; *vegy* elhomályosodás, felfelhősödés *(festésen)*; zavarosodás *(lakké)*; ~ **of meat** hús hűtése; ~ **roll** *tex* hűtőkalander; ~ **tower** hűtőtorony

chimb *fa* hordócsin; ~ **hoop** szélső hordóabroncs

chime harangjáték *(óráé)*; *pa* karima; ~**s** *pl* összecsengés; dallamcsengő

chimney kémény; *bány* meredek lejtésű telér; *ép* felszálló akna; füstcső; kandalló; kémény; *geol* (vulkáni) kürtő; szélvájta oszlop; *hajó* kürtő; *hőt* füstcső, elszívócső *(füsthöz)*; *koh* kémény; *vák* felszálló gőzcső *(gőzsugárszivattyúban)*; ~**(-)back** *ép* (hátsó) kéményfal; tűzhely mögötti fal; *koh* kemencehát; ~ **base** *ép* koromzsák; ~ **black** koromfekete *(festék)*; ~ **board** *ép* kandallópárkány; kéményhuzat-szabályozó tolóretesz/tolózár; ~ **bond** *ép* kéményfalazás, kéménykötés; ~ **break** füstcsődugulás, kéménytömődés; ~**(-)breast** *ép* falazott *v.* falsíkból kiugró kéménytest; kéményfal; kéménypillér; ~ **brick** kéménytégla; ~ **brickwork** kéményfal; ~ **cap** kéménytoldó *(díszítő)*; ~ **capital** kéményfej; ~**-capital shaping** kéményfej-kialakítás; ~ **capping** kéményfedkő; kéményhuzat-szabályozó; ~ **casing** kéménybélés, kéményburkolat; ~ **cooler with natural draught** természetes huzamú hűtőkémény; ~ **cope/coping** kéményfedkő, kéményfedő kő; ~ **cowl** forgó kéménytoldat/kéménytoldó; ~ **damper** füstjáratszabályozó retesz; ~ **drain** *hidr* szivárgókürtő; ~ **draught/draft** *hőt* (természetes) (lég)huzat, kéményhuzat; ~ **effect** *ép, koh* kéményhatás; *fiz* kéményeffektus, elektromágneses tér csillapodása hullámvezetőben; ~ **flue** *ép* füstcsatorna; *hőt* füstjárat; kéményhuzat; ~ **funnel** kéménycső(toldat); ~ **head** kéményfej; ~ **height** *környv* kéménymagasság; ~ **intake** kémény bevezető füstcsatornája; ~ **jamb** kandalló belső fala; ~ **junction** kéménybekötés, kéménysíp; ~ **lid** → slide-valve; ~ **mantle** kéménykopeny; ~ **neck** *ép* kéménytörzs, kéménytest; *koh* rókatorok; ~**(-)netting** *vasút* kéményszita; szikraoltó; ~ **pot** kéménytoldat, kéménytoldó; ~**-pot coping** → ~ cope; ~**(-)pull** *ép* (füstelvezető) füstcső; *hőt* kéményhuzat; ~ **raft** kéményalap; ~ **recuperator** *koh* kéményrekuperátor; ~ **register** kéményhuzat-szabályozó tolóretesz; ~**(-)shaft** *ép* kéményoszlop, gyárkémény; kéménytörzs, kéménytest; ~ **slide-valve** füstjárat-szabályozó retesz; ~ **stack** tetőkémény, külső kémény *(házon)*; kürtő, (gyár)kémény; ~ **stalk** gyárkémény; ~ **sweep(er)** kéményseprő; ~**-sweeping** füstcsőtisztítás, kéményseprés; ~ **taper** kéményhajlás, kéménysudarasság; ~ **ventilation** természetes léghuzat; ~ **wall** kéményfal

chimneying *koh* adagoszlop egyenlőtlen levonulása

china *ker* porcelán; ~ **clay/stone** porcelánföld, kaolinit; *ásv* kaolin; ~ **sanitary ware** szaniterkerámia; ~ **slant** (lejtős fenekű) festékescsésze; ~**-ware** porcelánáru, porcelánedény

China | **blue** poroszkék, kínai kék/lazúr; ~**(-)crepe** *tex* krepdesin; ~ **grass** *tex* kínafű, rami(rost); ~ **grass cloth** ramiszövet; ~ **hemp** *tex* juta; ~ **ink** (kínai) tus; ~ **paper** batikpapír, kínapapír, valódi kínai papír; ~ **wood oil** *vegy* kínai faolaj, tungolaj

chine *geol* hegyhát, hegygerinc; szakadék, szurdok; ~**-angle step** *hajó* fenéklépcső; ~ **bar** *hajó* mederhossz-merevítő

chiné *tex* színesen nyomott selyemfonal; ~ **silk** *tex* motring/lánc alakban nyomott selyemfonal

Chinese | **anchor** *hajó* kővel töltött ládahorgony; ~ **blue** poroszkék, kínai kék/lazúr; ~ **gelatine** *vegy* agar-agar; ~ **hemp** *tex* juta; ~ **isinglass** agar-agar; ~ **lacquer** kínai lakk; ~ **landing** *rep* leszállás ellenszélben; ~ **linen** *tex* ramiszövet; ~ **oak silk** *tex* tuszszahselyem; ~ **red** *vegy* krómvörös, kínai vörös; ~ **Remainder Theorem** *mat* kínai maradéktétel; ~ **soapstone** *ásv* agalmatolit, pagodit, kínai zsírkő; ~ **vermilion** kínai cinóber; ~ **white** *vegy* horganyfehér, cinkfehér, cink-oxid

chink I. *v* hasít, szétrepeszt; **II.** *n* hasadás, rés, repedés; hézag *(falban)*; csörög, cseng; ~ **up a crack** *v* repedést/hézagot betöm

chinky hasadt

chinoline *vegy* kinolin; ~ **dyes** kinolinfestékek

chinse I. *v hajó* dugaroz, tömít; **II.** *n hajó* tömítés

chinsing *hajó* dugarozás, tömítés; ~ **iron** dugarozóvas, tömítővéső

chintz *tex* bútorkreton; nyomott pamutszövet

chiolite *ásv* kiolit

chip I. *v* kicsorbul; (fel)aprít, (szét)forgácsol, széttördel; lepattogzik, letöredezik; kifarag, megfarag; kicsorbít; *ép* méretre farag; *mt* lefarag; lereszel, lesorjáz; letördel; *pa* bekapar; **II.** *n* (fa)hulladék, fémhulladék; (fa)forgács, fémforgács; törmelék; darab(ka); szelet(ke), (fa)szilánk; *at* magtöredék; *bány* kőzetszilánk; *ép* zúzalék; *koh* forgács; *pa* (fa)apríték; integrált áramkör; *félv* lapka, csip; ~ **architecture** *félv* integrált áramkör felépítése; ~ **area** forgácskeresztmetszet; ~ **away** *v geol* elmállaszt; elmállik; ~**(-)axe** *fa* szekerce, faragóbalta, simítóbárd; ~ **blocking** *önt* forgácstömbösítés; ~**(-)breaker** *forg* forgácstörő; *pa* dezintegrátor; ~**-breaker notch** forgácstörő horony; ~ **briquet(te)s** *pl önt* forgácsbrikett, forgácstömb; ~ **capacitor** csipkondenzátor; ~ **card** *félv* mikroáramkörös kártya; ~ **charger** *pa* aprítéktartály; ~ **chute** *fa* forgácsfelfogó/forgácsgyűjtő csúszka/vájat; ~ **clearance** *gép* forgácselvezetés; forgácstér; ~ **crusher** *pa* zúzda, zúzógép; ~ **curl** *fa, forg* forgácstekercs; ~

deflector forgácsterelő; ~ **density** *félv* áramköri sűrűség; ~ **disposal** forgácseltávolítás, forgácselvezetés; ~ **extractor** forgácseltávolító berendezés; ~ **feeder** *pa* aprítékadagoló; ~ **formation** *fa, forg* forgácsképződés; ~ **former** *fa* forgácstekercselő; ~ **guard** forgácsvédő (pajzs), szilánkvédő; ~ **loft** *pa* aprítéksiló; ~**-mixing machine** szappanforgács-keverő gép; ~ **mounting in** *félv* csipbeültetés; ~ **off** *v* kicsorbul, letöredezik; lepattogzik *(zománc, festék)*; ~ **off the scale of a boiler** *v* kikalapálja/lehántja a kazánkövet; ~ **of silicon** *félv* szilíciumlapka, csip; ~ **pan** *forg* forgácstálca, forgácstepsi; ~ **pick-up** forgácsfennragadás; ~ **plant** *pa* faaprító üzem; ~ **removal** forgácseltávolítás, forgácselvezetés; ~**-removing process** forgácsoló megmunkálás; ~ **resistor** *félv* csipellenállás; ~ **ring** gyűrűs forgácsterelő; ~**s** *pl* apríték, forgács; *bány, ol* furadék; *élip* legkisebb korparészecskék; *koh* forgács; *szt* lyukasztási hulladék; ~ **screen** aprítékosztályozó dob; ~ **set** *félv* lapkakészlet; ~ **setting in** *félv* csipbeültetés; ~ **socket** *félv* lapkatok; ~ **space** → ~ clearance; ~ **syringe** *orv* fogorvosi kézi fújtató, puszter; ~ **to rough size** *v* kinagyol, durván kifarag/megfarag; ~ **tray** forgácstálca, forgácstepsi, forgácsgyűjtő/forgácsfelfogó tálca/teknő

chipboard *ép* faforgácslemez, műfaforgács lemez/lap, pozdorjalemez, farostlemez; *pa* szürke kartonlemez; szürkelemez

chipless forming/shaping *koh* forgácsmentes alakítás

chipped csorba; forgácsolt; ~ **grain** *fa* faköszörület; ~ **stone** *ép* durván faragott kő

chipper *ép* kőfejtő, „riccelő"; *heg* vésőkalapács; *mt* pneumatikus vágóvéső; sorjázó, sorjavéső; *önt* aprítógép; *pa* aprítógép, faaprító, baltázógép

chipping I. *a* lefaragási, forgácsolási; nagyolási, forgácsoló; **II.** *n* forgácsképződés; levágott/levert/lekalapált darabszelet(ke), repesz; lereszelés, lesorjázás; forgács(darab), szilánk; letördelés; tisztítás vésővel; durva reszelés; (fel)aprítás, elfarag(csál)ás; kicsorbítás; kifaragás, megfaragás; (szét)forgácsolás, széttördelés; lepattogzás, letöredezés; hasítás; hasadás, rés, repedés; *ép* (zúzalék)szórás; apró zúzottkő; kicsorbulás, lepattogzás *(kerámia)*; zúzalék; *gumi* csapolás *(gumifáé)*; *gyógyv* tapadás; *heg* tisztítás vésőkalapáccsal; *mt* (le)faragás; ~ **bed** öntvényfaragó állvány; ~ **bit** faforgácsoló gépkés; ~ **chisel** kézivéső, hidegvéső; *önt* sorjázóvéső; ~ **drum** *hidr* komminutor, aprítódob; ~ **hammer** *bány* fejtőkalapács; *ép, heg* vésőkalapács; *hajó* rozsdaverő/pikettáló kalapács; *önt* öntvénytisztító kalapács, sorjázó kalapács; ~ **iron** rövid gyalugépkés; ~ **machine** aprítógép; szappanforgácsoló gép; *cu* kockavágó; ~**-off** *önt* öntvénytisztítás; ~**-out** *bány* kifejtés, jövesztés; letörés; ~ **plane** *fa* nagyológyalu; ~**s** *pl* forgács, reszelék, törmelék, omladék; ~**s breaker** aprító, szemcséző, granuláló; *ker* granulátor; ~**s carpet** *ép* zúzalékterítés *(út)*; ~**s concrete** (vegyes)zúzalékos beton; ~**s crusher** zúzalékaprító gép; *ker* granulátor; ~**s from brick ruins** téglatörmelék-zúzalék; ~**s precoated with tar** kátránnyal/bitumennel vont zúzalék *(útépítéshez)*; ~**s spreader** zúzalékszóró berendezés; ~ **strip** *önt* munkalléc *(öntvény szélén illesztéshez)*

chippy *élip* száraz, morzsás; *tex* forgácsos; szilánkos; ~ **cage** kisegítő felvonókas

chirality *at, vegy* kiralitás

Chireix | **array** *el* Chireix-antenna; ~ **modulation** *el* Chireix-moduláció

chirp *távk* ciripelés

chirping *rád, tv* oldalsáváthallás

chisel I. *v* farag, vés; mintát beüt *(fémbe)*; **II.** *n* véső; fúróvéső, nyelesvéső, szobrászvéső, szegezővéső, szúróvéső; kéthegyű véső; (hideg)vágó; feszítővas; *hajó* dugarozóvas, tömítővéső; ~ **bit** ékfúró; *bány* egy(vágó)élű korona, fúróvéső; *ol* fúróbetétfej; ~ **breaker** sziklavéső; ~ **cut** vésett horony; ~ **edge** *szer* keresztvágó; ~**(-)hammer** *alak* nyeles vágó; *ép* vésőkalapács; ~ **handle** *szer* vésőnyél; ~ **jump** *koh* salaktörő vésőrúd; ~ **off** *v* levés, késsel/vésővel megmunkál, véséssel lemunkál; ~ **out** *v* kivés, keresztülvág; kivág *(hidegvágóval)*; ~ **plane** vésőgyalu; ~ **point** fúró/véső koronaéle; ~**-pointed nail** vésőhegyű szeg; ~**-pointing file** vésőreszelő; ~**-point-type subsoiler** véső alakú talajlazító (eke); ~ **steel** vésőacél; ~**-tempered** vésőkeménységre megeresztett *(acél)*; ~ **work** faragott munka; szobrászmunka

chiselling, *US* **chiseling** *forg* kivésés; ~**-off** *ép* levésés, vésős megmunkálás

chit *biot* csíranövény, mag/növény csírája

chitin *vegy* kitin

Chladni's figures *fiz* Chladni-féle alakok/idomok/ábrák

chloanthite *ásv* kloantit

chlor-alkali electrolysis *vegy* klóralkáli-elektrolízis, alkáli-klorid-elektrolízis

chloracetic acid *vegy* (mono)klór-ecetsav

chloracetophenone *vegy* klór-acetofenon

chloracetyl chloride klór-ecetsav klorid, klór-acetilklorid

chloral *vegy* klorál, triklór-acetaldehid

chloramine *vegy* klór-amin

chloramphenicol *gyógyv* chloramphenicol, klóramfenikol

chloranil *vegy* klóranil

chloranilic acid klóranilsav

chlorargyrite *ásv* klórargirit

chlorate I. *v vegy* klóroz; **II.** *n vegy* klorát; ~ **explosives** klorátos robbantóanyagok; *bány* klopacska; ~ **of potassium** kálium-klorát; ~ **process** *koh* klorátos eljárás

chloration klórozás

chlorex process *ol* klorexeljárás *(finomítás)*

chlorhydrins *vegy* klórhidrinek

chloric | **acid** *vegy* klórsav; ~ **gas** *vegy* klórgáz

chloride *vegy* klorid; ~ **metallurgy** *koh* klórmetallurgia; ~ **of lime** klórmész, kalcium-klorid-hipoklorit; ~**-of-silver cell** *el* ezüst-kloridos elem; ~ **percentage** kloridszázalék; ~ **slag** *koh* kloridsalak

chloridize klóroz

chloridizing | **(fusion)** *koh* klórozó olvasztás; ~ **roast(ing)** *koh* klórozó pörkölés

chlorimeter klórmérő, klórmeghatározó készülék

chlorimetry *vegy* klorimetria, klorometria

chlorinate *vegy* klóroz

chlorinated *vegy* klórozott; ~ **diphenyl** *el* klórozott difenil; ~ **hydrocarbon** klórozott szénhirogén; ~ **lime** → chloride of lime; ~ **paraffin** klórozott paraffin, klórparaffin; ~ **phenol** klór-fenol; ~ **polyether** *műa* klórozott polyéter; ~ **rubber (CLR)** *műa* klórkaucsuk; ~ **rubber paint** klórkaucsuk (védő)mázolás

chlorinating *vegy* klórozás; ~ **agent** *koh* klórozó pótlék
chlorination *koh* klórozó olvasztás; *vegy* klórozás; ~ **plant/unit** klórozóberendezés; klórozóüzem, klórozóegység
chlorinator *koh* klórozóreaktor; *pa* klórozóedény
chlorine (Cl) *vegy* klór; ~ **application** *hidr* klórozás; ~ **bleaching** klóros fehérítés; fehérítő klórlúg; ~ **cyan(ide)** cián-klorid; ~ **detonating gas** klórdurranógáz; ~ **explosive** *bány* klorát(os) robbanóanyag; ~ **hydride** klór-hidrogén; ~ **log(ging)** *ol* klórszelvényezés; ~ **metallurgy** *koh* klórmetallurgia; ~ **monoxide** diklór-oxid; klór(I)-oxid; ~ **number** *pa* klórszám; ~ **pulp** klórral gyártott cellulóz; ~ **resistent** *tex* klórálló; ~ **saturated** klórral telített; ~ **still** Weldon-féle klórfejlesztő; ~ **tetroxide** diklór-peroxid; ~ **water** klóros víz
chloring *tex* klórozás *(fehérítésnél)*
chlorite *ásv* klorit; ~ **schist/slate** *ásv* kloritpala
chloroacetic acid klór-ecetsav
chloroaurate *vegy* kloroaurát
chlorobenzene *vegy* (mono)klór-benzol, fenil-klorid
chlorobenzoic acid *vegy* klór-benzoesav
chlorobutane *vegy* klór-bután, butil-klorid
chlorocarbonate *vegy* klór-hangyasav-észter, klórszénsav-észter
chlorocarbonic acid *vegy* klór-szénsav
chlorocyanogen *vegy* cián-klorid, cianogén-klorid, klór-cián
chloroethane *vegy* klór-etán, etil-klorid
chlorofibres, *US* **chlorofibers** *műa* klórszálak
chloroform *vegy* kloroform, triklór-metán
chloroformate → chlorocarbonate
chloroforming *vegy* klórképződés
chlorohosphonium *vegy* foszfónium-klorid
chlorohydric acid *vegy* sósav
chlorohydrination *vegy* klórhidrinezés
chlorometer → chlorimeter
chloromethane *vegy* klór-metán, metil-klorid
chloromethylation *vegy* klórmetilezés
chloronaphthalene *vegy* klór-naftalin
chloronitrous acid *vegy* királyvíz
chlorophane *ásv* klorofán *(ékkő)*
chlorophenic acid *vegy* monoklór-fenol
chlorophenol *vegy* (mono)klór-fenol; ~ **red** klórfenolvörös, diklór-fenolszulfoftalein
chlorophenosic acid *vegy* tetraklór-fenolsav
chlorophosphonium *vegy* foszfónium-klorid
chlorophyll *biot* klorofill
chloropicrin *vegy* klórpikrin
chloroprene *vegy* kloroprén, klórozott butadién; ~ **rubber** *gumi* kloroprengumi
chlorosilane *vegy* klór-szilán; ~ **spinel** *ásv* klorospinell
chlorospinel *ásv* klorospinell
chlorosulphonic, *US* **chlorosulfonic acid** *vegy* klór-szulfonsav, klór-kénsav
chlorothionite *vegy, ásv* klorotionit
chlorotoluene *vegy* klór-toulol
chlorous *vegy* klórtartalmú; ~ **acid** *vegy* klórossav
chlorowax *vegy* nagy klórtartalmú paraffin, perklórparaffin
chlorsulphonated, *US* **chlorosulfonated polyethylene** *műa* klórszulfonált polietilén
chlorsulphonation, *US* **chlorosulfonation** klórszulfonálás, szulfoklórozás
chlorsulphuric, *US* **chlorosulfuric acid** → chlorsulphonic acid
chock I. *v bány* feszkéz; kitámaszt *(ékkel)*; máglyával/máglyaácsolattal biztosít; máglyáz; tuskóval aláácsol; *ép* alátámaszt; *gép* fékez; **II.** *n* megállás *(hirtelen)*; tuskó; (támasztó)ék; *bány* fapillér, vándorpillér, pillérpajzs; fékfa; máglya(biztosítás); *ép* alátét; *gép* állítóék; betéttuskó; csapágytőke; fék *(fékezőelem)*; féksaru, csúszósaru *(lejtőn v. dombon)*; féktuskó; *hajó* bölcső *(csónakrögzítésre)*; cönk *(dokkban)*; kötélcsúsztató, kötélfutó *(öntvény)*; *koh* csapágytőke; *rep* fékbak *(repülőgép kereke alá)*; *vasút* ékes kerékfék; ~ **a block** *v gép* teljesen összehúz, ütköztet *(csigasort)*; ~ **chain** fékezőlánc; ~ **release** *bány* máglya(ki)oldó, máglyazökkentő; ~ **screw** állítócsavar; ~ **wedge** *bány* máglyaék; ~ **wood** *bány* máglyafa
chocolate | **board** *pa* csokoládédoboz-karton; ~-**coating** *élip, gyógyv* bevonás csokoládéval, drazsírozás
choice (ki)választás; *ip* választék; *távk* alternatíva; ~ **green oil** *élip* olívaolaj; ~-**green olive oil** zöldolaj; ~ **of type** *nyom* betűtípus-választék; ~ **oil** másodlagos sajtolású olaj
choir *ép* kórus; ~-**gallery** orgonakarzat; ~-**screen** szentélyrekesztő
choke I. *v* elfojt *(tüzet vízzel)*; fullaszt; eldugaszol, eltöm; elzár; szennyez, eliszaposít *(csővezetéket)*; elzátonyosít *(kikötőt)*; tompít; bedugul; betömődik; (el)fullad; befullad; eliszaposodik *(csővezeték)*; *gép* (be)fullad *(gázturbina)*; *gépk* megszívat; *pa* szűkít; **II.** *n* fojtás; *aut, hidr* fojtás, fojtóelem, torlóelem; *el* fojtótekercs; *élip* eltömődés; *gépk* fojtástorok, légtorok *(karburátoré)*; szívató; *hidr* fojtócsap, fojtószelep *(szivattyún)*; *ol* fúvóka; *rád, távk* tekercs; ~ **actuating lever** *gépk* gázkar, gázemeltyű; ~ **aggregate** zúzalékfiller *(útépítéshez)*; ~ **area** *gépk* fojtáskeresztmetszet; ~ **block** fojtóegység, fojtótömb; ~ **button** *gépk* szívatógomb; ~ **coil (CHC)** *el* fojtótekercs; ~-**coil lightning-arrester** fojtótekercses villámhárító; ~-**coupled amplifier** *el* fojtótekercs-csatolású erősítő; ~ **coupling** fojtótekercses csatolás; fojtós csatlakozás; ~ **crushing** *bány* túlőrlés *(eltömődés miatt)*; ~ **damp** *bány* fojtólég, fojtógáz, bányalég; ~ **feed** *el* fojtótekercses táplálás; ~ **filter** (önindukciós)szűrő; ~-**free** fojtásmentes; ~-**input filter** fojtóbemenetű szűrő; ~-**input system** *rád* tekercsbementű rendszer *(egyenirányító szűrőé)*; ~ **joint** fojtós csatlakozás; ~ **modulation** *távk* egyenáramú anódmoduláció, fojtótekercses moduláció; Heising-moduláció, állandó áramú moduláció; ~ **piston/plunger** fojtós *v.* nem érintkező rövidzár; ~ **rod** fojtószeleprúd; ~ **the engine (too much)** *v gépk* lefullasztja a motort *(szívatással)*, túlszívatja a motort; ~ **tube** *gépk* légtorok *(porlasztóban)*; ~ **up** *v* elzár *(szennyel)*; eltöm; elzátonyosodik; ~ **valve** fojtószelep; *gépk* levegőszelep; szívatószelep; ~ **wire** *gépk* szívatóhuzal; ~ **wood** fülledt fa
choked fojtásos; eldugult; *gépk* befulladt; *kat* szűkített *(csővég)*; *nyom* elmázolt; ~ **fire** melengető tüzelés, enyhe tűz *(téglagyártásnál)*; ~ **flange** *távk* fojtó-

perem; ~ **gap** *el* oltott szikraköz; ~ **kerf** *bány* összeszűkült rés; ~ **lake** duzzasztott tó; ~ **opening** *bány* beomlott/beomlasztott vágat/művelés; ~ **temple** *tex* eltömődött szálfeszítő

choker *el* fojtótekercs; *gép* fojtóretesz; ~ **valve** *gép* fojtószelep

choking (el)fojtás; eltömődés, (el)dugulás; eltömés; beiszapolódás; *gép* befulladás *(gázturbináé)*; ~ **circuit** *el* fojtókör, zárókör; ~ **coil** *el* fojtás, fojtótekercs; ~ **condition** *gép* befulladási állapot; ~ **effect** fojtóhatás; ~ **factor** fojtási fok/tényező; ~ **gas** *kat* fojtógáz; ~ **Mach number** *rep* befulladási Mach-szám; ~ **of blast-furnace** *koh* nagyolvasztó befulladása; ~ **winding** fojtó/csillapító tekercselés; ~ **with anvil electrode** *koh* duzzasztás üllőelektróddal

cholanic acid kolánsav

Cholesky method *szt* négyzetgyökös módszer, Cholesky-módszer

cholestane *vegy* kolesztán

cholesteric *vegy* koleszterikus; ~ **liquid crystal** koleszterikus folyadékkristály *v.* folyékony kristály; ~ **phase** koleszterikus fázis

cholesterol *vegy* koleszterin

cholic acid *vegy* kólsav

choline *vegy* kolin

chondrite *geol* kondrit

chondrodite *ásv* kondrodit

chondrules *met* kondritok *(meteoritokon)*

chop I. *v* (fel)aprít, (fel)darabol; (fel)vág *(rövid darabokra v. vékony szeletekre)*; szétver; *el* megszakít, vibrál; *mzg* szecskáz; **II.** *n* aprítás; (fel)darabolás; szétvagdalás; szelet, karéj; szétverés; *bány* vetődés; *élip* borda(szelet), karaj; kevert töret; *finm* ingafüggesztőrugó-kengyel *(óráé)*; *geol* hasadás, repedés; *hajó* hullámcsapás; *ip* gyári jegy/jel(zés)/márka; *mzg* szecskázás; *pa* vágáshossz; ~ **hammer** darabolókalapács; széles élű rövid fejsze; ~ **off** *v any* leszel

chopped | bark *bőr* vagdalt cserkéreg; ~ **beam** *opt* szaggatott sugár; szakaszos sugárnyaláb; ~ **edge** *ép* lecsapott/letompított él; ~ **fire-wood** aprított tűzifa; ~ **impulse voltage** levágott feszültségimpulzus; ~ **infrared beam** szakaszos infravörös sugárnyaláb; ~ **source** szakaszos működésű sugárzó forrás; ~ **strand mat** *műa* vágottüvegszál-paplan, üvegszálpaplan; ~ **straw** szecska; ~ **wave** *el* levágott hullám; ~ **wave voltage impulse** levágott lökőfeszültség-hullám

chopper *bány* bányászfejsze; *el* vibrátor, szaggató *(egyenáram-váltóáram átalakító)*; rezgőnyelves átalakító/egyenirányító/áramirányító; (áram)szaggató; chopper, egyenáramú szaggató vibrátor, szaggatós áramirányító; *élip* (húsvágó) bárd; húsdaráló; *forg* forgácsaprító kés; *gépk* „chopper" *(motorkerékpár hosszú kormányvillával és magas támlájú nyereggel)*; *mzg* szecskavágó; *nyom* vágókés, vágógép *(könyvkötőé)*; *opt, távk* szaggató; *pa* szecskázó; *rep* helikopter *(nem hivatalos neve)*; ~ **amplifier** → ~-stabilized amplifier; ~ **bar** *el* esőkengyel, ejtőkengyel; ~**-bar controller** ejtőkengyeles szabályozó; ~**-bar recorder** szaggatottvonalas öníró műszer; ~ **circuit** *el* szaggatós/chopperes áramkör; ~ **demodulator** *el* szaggató demodulátor; ~ **disk** *el* szaggatótárcsa/megszakítótárcsa; ~ **forage harvester** silókombájn, járva szecskázó; ~ **knife** szecskavágó kés; ~ **monochromator** neutronszaggatós monokromátor; ~**-stabilized amplifier** chopperrel /szaggatóval stabilizált erősítő; ~ **switch** késes kapcsoló

chopping törés, aprítás darabolás; *el* áramlevágás; *geol* vésőzés; ~ **amplifier** *el* szaggatós erősítő; ~ **bit** vésőfúró; *geol* ásófúró; ~**(-)block** *élip* (húsvágó) tőke; húsvágó deszka; ~ **laser action** *fiz* szakaszos lézerhatás; ~**(-)machine** *élip* aprítógép, húsdaráló; *fa* fahasító/faaprító gép; *mzg* szecskavágó; *pa* baltázógép, aprítógép; ~**-mill** *pa* baltázógép, aprítógép; ~ **set** *el* vibrátor, pólusváltó; ~ **up the bran** *élip* korpakiőrlés

choppy fodrozódó *(víz)*; lökésszerűen hullámzó *(tenger)*; *geol* hasadásos

chord *ép* öv, övrúd; *hang* hangzat; *mat* húr; *rep* szelvényhúr, szárnymetszethúr; ~ **bar** övrúd *(rácsos tartóé)*; ~ **bracing** övmerevítés *(tartóé)*; ~ **coil** *el* differenciáltekercs, rövidített lépésű tekercs; ~ **keyboard** *szt* egykezes billentyűzet; ~ **keying** *szt* (biztonság céljából) legalább kétujjas adatbevitel; ~ **length** *mat* húr hossza; *rep* szárnymélység; ~ **line** húrvonal, húr; ~ **member** övrúd *(rácsos tartóé)*; ~ **of arch** *ép* ívhúr; ~ **packing** *ép* övelemek összerakása *(lánchídnál)*; ~**-pin** *ép* övrúd csapszege; ~ **pitch** *rep* szelvényhúr-emelkedés *(légcsavaré)*; ~ **plane** *rep* húrsík; ~ **plate** övlemez *(tartóé)*; ~ **rod** övrúd *(rácsos tartóé)*; ~ **splice** övillesztés *(rácsos tartón)*; ~ **stiffening** övmerevítés *(tartóé)*; ~ **stress** *mech* överő, feszültség; ~ **tone** *hang* zönge; ~ **winding** *el* törtlépéses tekercselés

chordal húr menti; húr-; húron mért; ~ **addendum** *gép* húr feletti fejmagasság *(kúpkeréknél)*; ~ **constant thickness** *gép* fogvastagság állandó húrmérete; ~ **distance** *mat* húrtávolság, gömbi távolság; ~ **height** *gép* húr feletti fogfejmagasság; *mat* ívmagasság; ~ **normal at pitch circle** fogvastagság normálmetszeti húrmérete az osztóhengeren mérve; ~ **pitch** osztás húrmérete *(fogaskeréké)*; ~**(tooth) thickness** fogvastagság húrmérete

chordwise húrirányú, a húr irányába eső; ~ **stiffener** *rep* húrirányú merevítés

chows *pl bány* közepes méretű darabos szén

christianite *ásv* krisztiánit

Christiansen filter *opt* Christiansen-szűrő

Christie bridge *el* közvetlen leolvasású Wheatstone-híd

Christmas|-tree *ol* „karácsonyfa" *(kútfejelzáró szerkezet)*; ~**-tree antenna** fenyőfaantenna; ~**-tree (gate) valve** *ol* kanalazótoló

christobalite *ásv* krisztobalit

christophite *ásv* krisztofit

chroma *opt, tv* (szín)telítettség(i fok), króma; ~ **diagram** színdiagram; ~ **meter** színkorong, kromatométer

chromalize kromál

chromalizing *koh* kromálás

chromate I. *v* krómoz, kromátoz; **II.** *n vegy* kromát; ~ **method** *tex* krómozási eljárás; ~ **of baryta** báriumkromát; ~ **process** *nyom* kromátkolloid-másolóeljárás; ~ **treatment** krómozás; kromátozás

chromatic *opt* kromatikus, színes, színi; szín-; ~ **aberration** *opt* kromatikus aberráció, színi eltérés, színhiba; ~ **circle** színkorong, kromatométer; ~ **correction** *opt* színi javítás; ~ **defect** színhiba; ~ **dispersion** *opt* színszórás, színszóródás; ~ **distortion** színfajhi-

ba, színtorzítás, kromatikus torzítás/torzulás; ~ **flicker** *tv* képvillogás; ~ **interval** *hang* kromatikus hangköz; ~ **paper** pelyhezett papír; ~ **parallax** kromatikus parallaxis; ~ **selection** *foto, nyom* színkivonatolás; ~ **sensation** színérzékelés; ~ **sensitivity** *foto* színérzékenység; ~ **stimulus** színinger
chromaticity *opt* színérték; színesség; ~ **chart** → ~ diagram; ~**-coordinates** színkoordináták; ~ **diagram** színháromszög, színdiagram, CIE háromszög
chromaticness színezettség
chromatics *opt* színek fénytana
chromatid *biot* kromatida
chromatin *biot* kromatin
chromating krómozás, kromátozás
chromatism *opt* kromatizmus, színhiba, színeltérés
chromatize *koh* kromátoz
chromatizing → cromating
chromatogram kromatogram; ~**-spectrophotometer** kromatogram-spektrofotométer
chromatograph I. *v* kromatografál; **II.** *n orv* kromatográf
chromatographic *vegy* kromatográfiai; kromatográfiás; ~ **analysis** kromatográfiás analízis, kromatográfia; ~ **band** kromatográfiai sáv; ~ **fractionation** kromatográfiás frakcionálás; ~ **separation** kromatográfiai elválasztás
chromatography *vegy* kromatográfia
chromatometer koloriméter, színmérő
chromatometry *opt* kolorimetria; *vegy* kromatometria
chromatophor *biot* kromatofora
chromatron *tv* kromatron, színes képcső
chrome → chromium; ~ **alum** krómtimsó; ~ **aluminizing** *koh* krómalitálás; ~**-base alloy** krómalapú ötvözet; ~ **bath** *nyom* krómfürdő; *tex* krómozófürdő; ~**-bearing alloy** krómtartalmú ötvözet; ~ **colo(u)r** krómos festék; ~ **dye** *bőr* krómpácfesték; *tex* krómos színezék; ~**-finished** krómozott; ~ **green** krómzöld, nápolyi zöld; ~ **iron(-)ore** krómvasérc; kromit; ~ **kips** *bőr* krómkipsz; ~ **leather** krómbőr, krómcserzésű bőr; ~ **lemon** krómsárga *(citromsárga)*; ~**-magnesite brick** krómmagnezit/magnezitkróm tégla; ~**-mica** *ásv* fuchsit; ~ **molybdenum steel** króm-molibdén acél; ~ **mordant** krómpác; ~ **mordant printing** *tex* krómpácos színnyomás; ~**-nickel steel** króm-nikkel acél; ~**-nickel steel wire** króm-nikkel acélhuzal; ~ **ochre** *ásv* krómokker; ~ **orange** krómsárga *(narancssárga)*; ~ **oxide green** krómoxid-zöld; ~ **plate** *nyom* krómlemez, klisé; ~**-plated** krómozott; ~**-plated mo(u)ld** krómozott belső felületű öntőforma; ~ **plating** *koh* krómbevonás; krómozás; ~**-printing colo(u)r** krómos nyomófesték; ~ **red** krómvörös, krómsárga; ~**-retan leather** krómmal előcserzett bőr, növényi kivonattal utáncserzett bőr; ~ **retannage** krómutáncserzés; ~ **sheep leather** sevrettbőr, krómcserzésű juhbőr; ~**-side leather** marhabokszbőr; ~**-side upper** króm fesőbőr *(marhaboksz)*; ~**-sole leather** króm talpbőr; ~ **sole(-)leather butt/crop** *bőr* krupon; ~**-spinel** *ásv* pikotit; ~ **tannage** krómcserzés; ~**-tanned split hide** krómos hasítékbőr; ~ **tanning process** krómcserzés; ~**-topped** utánkrómozott; ~**-tungsten steel** króm-volfrám acél; ~ **violet** krómibolya; ~ **yellow** krómsárga, ólom-kromát
chromed | **hide(-)power** krómozott bőrpor *(tanninelemzéshez)*; ~ **kid** krómkidbőr, krómos gidabőr
chromel *koh* kromel
chromian *ásv* krómtartalmú
chromic *vegy* króm(III)-; ~ **(acid) anhydride** krómsavanhidrid; ~ **acid cell** *el* krómsavas elem, krómelem; ~ **compound** króm(III)vegyület; ~ **hydroxide** króm(III)-hidroxid, króm-trihidroxid; ~ **oxide** króm(III)-oxid, dikróm-trioxid; ~ **sulphate/sulfate** króm(III)-szulfát, dikróm-diszulfát; ~ **sulphide/sulfide** króm(III)-szulfid, dikróm-triszulfid
chromiferous krómtartalmú
chrominance *opt, tv* krominancia; ~ **channel** *tv* színjelcsatorna; ~ **direct-current restorer** *tv* színalapszintvisszaállító; színszint-helyreállító; ~ **information** *tv* színinformáció; ~ **signal** *tv* színjel, krominanciajel; ~ **signal channel** *tv* színjelcsatorna; ~ **signal demodulator** *tv* színjel-demodulátor; ~ **subcarrier** *opt* színsegédvivő
chroming krómozás; krómbevonás; ~ **plant** krómozóberendezés; ~ **time** krómozási időtartam
chromite *ásv* kromit, krómvaskő; krómvasérc; ~ **brick** *koh* kromittégla; ~ **sand** kromit formázóhomok
chromium (Cr) *vegy* króm; ~ **compounds** *környv* krómvegyületek; ~ **dioxide tape** → ~ oxide tape; ~ **glass** krómmal színezett üveg; ~**-hardened** *hők* keménykrómozott; ~ **(III) oxide** króm(III)-oxid, dikróm-trioxid; ~**(-in-contact) mask** *félv* krómmaszk; ~ **nickel (alloy)** króm-nikkel (ötvözet); ~ **oxide** króm-oxid, króm(II)-oxid; ~ **oxide tape** *rád* króm(di)oxid (mágnes)szalag; „high density" szalag; ~**-plated surface** krómozott felület; ~ **plating** → chrome-plating; ~ **recovery** *koh* krómkihozatal; ~**-rich alloy** erős krómtartalmú ötvözet; ~ **silicide** króm-szilicid; ~ **steel** krómacél; ~ **(VI) oxide** króm(VI)-oxid, króm-trioxid
chromize krómoz, kromátoz
chromized steel krómozott acél
chromizing (by diffusion) *koh* diffúziós krómozás
chromo → chromolithograph; ~ **cardboard** kromokarton; ~**-lithe paper** kőnyomó papír; ~**(-)paper** kromopapír
chromocyanide *vegy* króm-dicianid
chromolithograph *nyom* kromolitográfia, színes kőnyomat
chromolitography *nyom* kromolitográfia, színes kőnyomás
chromometer színmeghatározó; színmérő
chromone *vegy* kromon, benzo-gamma-piron
chromophore *vegy* kromofor; ~ **group** *vegy* kromoforcsoport, kromoforok
chromophoric *vegy* kromofor
chromoprotein *vegy* kromoprotein
chromoscope *foto* nézőkészülék *(színes fényképhez)*; *opt* kromoszkóp, (optikai) színbontás; *tv* színes képcső
chromotone process természetes színű fényképezés
chromotropic *vegy* kromotrop; ~ **acid disodium salt** kromotropsav-dinátriumsó
chromotype *nyom* színnyomat, kromotípia
chromotypography *nyom* többszínnyomás, színes könyvnyomtatás/magasnyomtatás
chromous *vegy* króm(II)-; ~ **chloride** króm(II)-klorid; ~ **compound** króm(II)vegyület; ~ **oxide** króm(II)-oxid; ~ **sulphate/sulfate** króm(II)-szulfát

chromyl *vegy* kromilgyök; ~ **chloride** kromil-klorid; ~ **group** kromilcsoport
chronogram kronogram, idődiagram
chronograph *geof, koh* időjegyző, kronográf; *met* időjelíró; *metr* időregisztráló, időszámláló
chronography *metr* időregisztrálás
chronological kronológiai, időrendi; ~ **order** kronológiai/időrendi sorrend; időrend, időbeli egymásutániság; ~ **series** *szt* kronológiai sor, idősor
chronology kronológia, időszámítás, időrend, időbeli egymásutániság
chronometer precíziós óra/időmérő; kronométer; ~ **escapement** *finm* kronométerjárat; ~ **rate** *geod* kronométerjárás
chronometrical study/survey *ip* időelemzés, időtanulmány
chronometry időmérés
chronopher időjeladó berendezés, pontosidő-adómű
chronoscope kronométer, pillanatmérő
chronostratigraphic unit *geol* kronosztratigráfiai egység
chronostratigraphy *geol* időrétegtan
chronotron *at* kronotron
chrysalis (selyemhernyó)báb; ~(-)**oil** selyemgubóolaj
chrysaniline *vegy* krizanilin *(színezék)*
chrysene *vegy* krizén
chrysenequinone *vegy* krizénkinon, 1,2-krizéndion
chrysoberyl *ásv* krizoberill
chrysocolla *ásv* krizokolla
chrysoidine *vegy* krizoidin
chrysolite *ásv* krizolit, olivin
chrysophanic acid *gyógyv* krizofánsav, krizofanol
chrysophenine krizofenin *(színezék)*
chrysoprase *ásv* krizoprász
chrysoquinone → chrysenequinone
chrysotile *ásv* krizotil
CHU → centigrade heat unit
chubb lock *ép* biztonsági ajtózár
chuck I. *v* dob, kilök; *gép* beszorít; tokmányba befog; **II.** *n bány* fúrótartó; *élip* zárófej; *forg, szersz* (befogó)tokmány; *gumi* (gömbölyű) tüske *(gumiabroncs ragasztásához)*; *orv* szorítófogó, feszítőfogó; *önt* feszítőbetét, feszítőborda; ~ **arbor** tokmányszár; ~ **closing device** befogótokmány; ~ **collet** tokmányfeszítő hüvely; ~ **fender** védőburok *(tokmányé)*; ~ **guard** tokmányvédő (kosár); ~ **jaw** szorítópofa; tokmánypofa; ~ **key** tűzőkulcs *(tokmányhoz)*; ~ **lathe** tokmányeszterga; fejeszterga; ~ **ring** *finm* szorítógyűrű, feszítőgyűrű; ~ **with holdfasts** fogastokmány; ~ **work** tokmánymunka *(esztergán)*; ~ **wrench** tokmánykulcs
chucking *forg* befogás, beszorítás (pofák közé); ~ **capacity** legnagyobb tokmányba fogható méret; ~ **device** beszorítóhüvely, befogókészülék *(tokmányos)*, befogótokmány; ~ **grinding(-)machine** tokmánybefogású köszörűgép, tokmányos köszörű; ~ **internal grinder** tokmányos furatköszörű(gép); ~ **lathe** tokmányeszterga; fejeszterga; ~ **machine** tokmányos szerszámgép; ~ **out** kifogás tokmányból; ~ **reamer** *forg* gépi dörzsár; ~ **table** *forg* tárgyasztal, befogóasztal; ~ **tipping device** *bány* ívespályájú csillebuktató berendezés, körbuktató
chug *gépk* puffog(va jár)
chump *fa* tuskó
chunk *ásv* darabos tömb *(érc v. kőszén)*; *fa* fatönk, tuskó; *gép* csonk; ~ **graphite** → chunky graphite; ~ **of stone** alaktalan kő; ~ **of the bran coat** *élip* korpás részecske
chunky | fibres/fibers *pl pa* rostköteg *(facsiszolatban)*; ~ **graphite** *önt* chunky-grafit
church | architecture templomépítőművészet; ~ **nave** templomhajó; ~ **spire** *ép* templomtoronycsúcs; ~ **steeple** csúcsos (templom)torony
churlish durva; nehezen megmunkálható; *fa* faragatlan; *koh* olvaszthatatlan, nyers
churn I. *v* felkavar, felkever; *bány* fúr; *élip* köpül; olajat üt; *hajó* habzik, hullámzik; kavarog; tajtékzik; **II.** *n bány* (sodrony)köteles fúrás; kötélfúrás; *élip* felhabzás *(zsíré)*; köpülő; *ép* keverőgép; *fa* vajashordó; *gumi* koaguláló kád; *műa, tex* xantátdob; ~(-)**drill** *ép, geof, ol* kötélfúró berendezés/gép; ~ **drill-hole** előzetes fúrólyuk; ~ **drilling** *ol* kötélfúrás, kábelfúrás; ~ **drilling bit** *bány, ol* véső; ~ **method** → ~ drilling; ~**-room** *tex* xantogenátérlelő helyiség
churner *élip* vajköpülő gép, köpülőgép
churning keverés; *élip* köpülés; olajütés; *hidr* habzás, kavargás *(folyadéké)*; üresjárat *(szivattyúé)*; *tex* xantogenátos kezelés; ~ **action** *ép* rázkódtatás; ~ **oil** hullámzó/kavargó/habzó olaj; ~ **on (of cream)** kiköpülődés
churr ráz, vibrál
chute I. *v* csúszdán leereszt/lebocsát; *rep* ejtőernyővel ledob/ugrik; **II.** *n bány, koh* csúszda; gurító; surrantó; *el* ívoltó cella; *em* csúsztatópálya, csúsztatóvályú *(emelőé)*; *ép* (eresz)csatorna; betoncsúszda; csúszda, garat, etetővályú; ejtővezeték; *gép* ejtőcső; garat; *hidr, koh* surrantó; *rep* ejtőernyő; *szt* lapbevezetés *(mátrixnyomtatón)*; ~ **adjustment** surrantóbeállítás; ~ **blocks** *pl hidr* surrantófogazás; ~ **breast method** kamrapillérfejtési rendszer (rázócsúszdával); ~ **caving** *bány* omlasztásos kamrafejtés; ~ **channel** surrantócsatorna; ~ **drop** *hidr* surrantó; ~ **gate** töltőnyílás zárólemeze; ~ **grate** surrantózáró rostély; ~ **hole** *bány* gurítónyílás, gurítószáj; ~**-hopper** csúszdatölcsér; ~ **lip** rakodócsúszda forgatócsőre; ~ **mouth** *bány* gurítógarat; ~ **rail** *bány* csúszdaszállítás; ~ **set** lefolyó adag; ~ **spillway** *hidr* árapasztó surrantó; surrantós túlfolyó; ~ **tapper** csúszdagaratveregető; ~ **tipping device** billentőszerkezet
chuted concrete *ép* (ejtőcsövön) öntött beton
chuting|-down lebocsátás csúszdán; ~ **plant** betonöntő berendezés *(nagytömegű betonozásnál)*; ~ **system** betonszétosztó csatornarendszer
chyle *vegy* tápnedv
chymase *élip* kimáz, rennin
chymosin *élip* kimozin, oltóenzim, oltófermentum
chymotrypsin *vegy* kimotripszin
Ci → curie
CI → cast iron; → centre of impact; → chain index; → compression ignition; → core insulation; → corrugated iron
c.i. → cubic inch
cicero *nyom* ciceró
cider almalé; almabor; ~ **pomace** almabortörköly; ~ **vinegar** almaecet
CIE (Commission Internationale de l'Eclairage) | colorimetric system CIE nemzetközi színmérő rendszer; ~ **illuminant** CIE-sugárzáseloszlás; ~ **photometric**

observer CIE fénymérő észlelő; ~ **sources** CIE-fényforrások
CIF → central index file; → Central Information Facility; → cost, insurance, and freight
cigar szivar; ~ **antenna** szivarantenna; ~**-box wood** szivardobozfa; ~**(-)case** szivartárca; ~ **label** szivarcímke; ~ **packing** szivarcsomagolás; ~ **wrapping** szivarbukoló papír
cigarette cigaretta; ~ **book** *pa* cigarettapapír-füzet; ~**-box cardboard** szivardoboz-karton; ~ **case** cigarettatárca; ~**(-)holder** cigarettaszipka, szivarkaszipka; ~**(making) machine** cigarettatöltő gép, cigarettaautomata; ~ **paper** szivarkapapír, cigarettapapír; ~**-tip paper** szivarkaszopóka-papír; ~**-tube paper** szivarkahüvely-papír
CIL → core image library
CIM → computer input microfilm; → computer integrated manufacturing
cimbia *ép* oszlopgyűrű
ciment fondu *ép* gyorsan kötő cement
Cimmerian orogeny *geol* kimmériai (orogén) fázisok
cimolite *ásv* cimolit
cinch I. *v film* szorosra tekercsel; **II.** *n* heveder, öv; szorító; ~ **marks** *pl* horzsolásnyom *(filmen)*; ~ **screws** *v* csavarokat (szorosan) meghúz
cinchomeronic acid cinkomeronsav, 3,4-piridindikarbonsav
cinchona (bark) *gyógyv* cinchona, kína(fa)kéreg
cinchonidine *vegy* cinchonidin, cinkonidin
cinchonine *gyógyv* cinchonin, cinkonin
cinchoninic acid cinchoninsav, cinkoninsav
cincture *ép* gyűrűfaragvány, oszlopgyűrű
cinder I. *v* elsalakosít; elhamvaszt; salakoz *(utat)*; **II.** *n* szénpor, széntörmelék; hamu, salak; *bány* kokszdara; széntörmelék; *geol* tufa; *hőt* fűtési salak; zsarátnok, parázssalak, kazánsalak, kohósalak; *koh* kemencevakarék; reve; *mt* (vas)reve *(oxidhártya)*, pörk; ~ **ballast** *ép* salakágyazat; ~**-bank** salakrakodó (hely); ~**-bed** salakágy, salaktér; ~ **block** salaktömb, összeállt salaktömeg; ~ **box** *hőt* hamuszekrény; ~ **catcher** hamufogó; szikrafogó *(mozdonyon)*; ~ **concrete** salakbeton; ~ **conduit** *koh* revecsatorna; ~ **cone** *geol* tufakúp; ~ **container** salaktároló; ~ **dump** salakhányó, hamuhányó; ~ **frame** szikrafogó (szita)keret; ~ **hair** *ép* salakgyapot; ~ **handling** *környv* salakkezelés; ~ **hole** → ~ notch; ~ **mill** *ép* salakőrlő malom; ~ **notch** *koh* salakcsapoló nyílás; ~ **pit** salaktároló; hamugödör; ~ **pitman** gödörsalakozó, hamugödör-tisztító; ~ **pocket** hamubunker, salakbunker; ~ **pot** *koh* salaküst, salaktál; ~ **sheet** salakréteg; ~ **stone** salakkő; ~ **tap** → ~ notch; ~ **track** salakpálya; ~ **treatment** *környv* salakkezelés; ~ **wool** salakgyapot
cindery salakszerű, hamuszerű; salakos
cindrous → cindery
Cindy antenna csonkaparaboloid antenna *(radarhoz)*
cine → cinema; ~ **camera** filmfelvevőgép, felvevőgép, (film)kamera, képkamera; ~ **film** mozifilm, keskenyfilm, normálfilm; ~ **projector** filmvetítő/mozgóképvetítő gép, vetítőgép, mozigép; ~ **turret** *film* revolveres objektívtartó
cineb *mzg, vegy* cineb
cinefaction elhamvasztás, hamuvá égetés
cinelli *hang* réztányér
cinema *film* mozgóképszínház, filmszínház, mozi; ~ **engineering** kinotechnika; ~ **film** → cine film; ~ **operator** mozigépész
cinemafication *film* filmesítés
Cinemascope kinemaszkóp
cinematic filmszerű; film-; ~ **techniques** kinotechnika
cinematograph kinematográf; filmfelvevő gép, filmvetítő gép; ~ **film** → cine film
cinematographic | **camera** → cine camera; ~ **endoscope** *orv* kinoendoszkóp; ~ **projector** → cine projector
cinematography *film* filmtechnika; kinematográfia, filmművészet
cinemicrography mikro-mozgófényképezés, mikrofilmezés, mikrofilmfelvétel
cineol(e) *vegy* cineol, eukaliptol
cineradiography röntgen-kinematográfia
Cinerama cinerama, kineráma
cinerator *US* → cremator
cinereous hamuszerű; hamukönnyű; hamuval borított; hamuszürke; ~ **tuff** *ásv* cinerit
cingle *bőr* nyeregöv
cinnabar *ásv* cinnabarit; cinóber; *vegy* higany(II)-szulfid; ~ **green** krómzöld, nápolyi zöld *(festék)*; ~ **red** cinóber(vörös), cinnabarit
cinnabaric cinóbertartalmú, cinóber-
cinnabarite *ásv* cinnabarit, cinóber
cinnamaldehyde *vegy* fahéjaldehid, cinnamaldehid
cinnamate *vegy* cinnamát
cinnamene *vegy* sztirol
cinnamic *vegy* fahéj-; ~ **acid** fahéjsav; ~ **aldehyde** → cinnamaldehyde
cinnamon fahéj *(fűszer)*; ~ **bark** fahéjkéreg; ~**(-)brown** fahéjbarna *(szín)*; ~ **oil** fahéjolaj; ~ **stone** *ásv* hesszonit, grosszulár
cinnamoyl (radical) *vegy* cinnamoilgyök
cinnamyl | **alcohol** *vegy* fahéjalkohol; ~ **radical** cinnamilgyök
cinquefoil *ép* ötlevelű díszítmény
CIP → cast-iron pipe
cipher, cypher I. *v* rejtjelez, kódol, sifríroz; kiszámít, számol; **II.** *n* rejtjel(zés), sifre, sifrírozás; *mat* (arab) számjegy; alapszám, számrendszer alapszáma; nulla, zéró; *nyom* írásjegy; *pa* vízjeliniciálé; *szt* nulla *(számjegy)*; titkosírás; ~ **code** *kat* (titkos)kód, sifrekód, sifrekulcs, rejtjelkulcs; ~ **device** rejtjelző gép; ~ **key** rejtjelkulcs; *írógép* zérusbillentyű *(összeadógépen)*; ~ **text** *kat* kódolt szöveg
ciphered writing rejtjeles írás
ciphering rejtjelezés, sifrírozás, kódolás; ~ **equipment** kódolóberendezés
Cipoletti | **weir** *hidr* Cipoletti-bukó, Cipoletti-féle/trapézszelvényű bukó; ~ **weir type outlet** *v.* **farm turnout** Cipoletti-bukós *v.* trapézszelvényű bukós vízkivétel
cirac → circular accelerator
CIRCA → computerized information retrieval and current awareness
circarc gear *gép* körívfogazat, Novikov-fogazat
circinate csigavonalú; *tex* göndör
Circinus *csill* Körző *(csillagkép)*
circle I. *v* forgat, forog; kering, kört ír le, köröz; körülvesz; bekerít; **II.** *n* kör(vonal); körpálya; keringési pálya; *ép* forgózsámoly *(útgyalué)*; *mat* kör, kör kerülete, körkerület, körvonal; körlap, körlemez;

~ **arc** körív; ~**-arc tooth** *gép* körívfog; ~ **bend** köríves hajlat; ~ **canal** körcsatorna; ~ **circumscribed** *mat* körülírt kör; ~ **cutter** *forg* körvágó, körmaró; ~ **cutting** körkivágás; ~**-cutting machine** *heg* körlángvágó (gép); ~**-cutting milling-machine** körmaró gép; ~**-cutting shear(s)** körolló; ~ **diagram** *mat* helygörbe; kördiagram, vektordiagram; ~ **graduation** körosztás *(műszereken)*; ~ **jack** *ol* köríves kilincsmű; ~ **marker** repülőtér-megjelölés *(körbe írt)*; ~ **of Apollonius** *mat* Apollóniosz-féle kör, Apollóniosz-kör; ~ **of Cardano** *mech* kardánkör; ~ **of confusion** *fiz* szóródási kör; *opt* zavarókorong; ~ **of contact** *mat* érintőkör; ~ **of curvature** *mat* görbületi kör, simulókör *(görbéé)*; ~ **of distribution** kördiagram *(gőzgépvezérléshez)*; *gép* tolattyúdiagram; ~ **of geodesic curvature** geodetikus (görbületi) kör; ~ **of inertia** inerciakör; ~ **of inflexions** inflexiós kör, fordulókör; ~ **of influence** *hidr* leszívási kör; ~ **of least confusion** legkisebb szórás köre; *opt* legkisebb zavarókorong; ~ **of origin** *csill* egyenlítő köre; kezdő délkör/meridián; ~ **of rupture** *talt* (talaj)törési kör; ~ **of stress** *mech* feszültségi kör; ~ **perimeter** körkerület; ~ **railway** körvasút; ~ **reception** irányítatlan rádióvétel; ~ **shears** *pl koh* körolló, körkéses/tárcsás olló; ~**-swing** *gép* körben forgó, teljes fordulatú; ~**-swing dredger/excavator** *ép* teljes fordulatú kotró(gép); ~ **trip fare** *rep* körutazás/menettérti utazás viteldíja; ~ **vector diagram** *mat* kördiagram, vektordiagram; ~ **vision cabin** körkilátásos vezetőfülke

circled körrel jelölt, körös; ~ **closure** *mat* körszerű burok; ~ **set** *mat* körszerű halmaz

circlet karika, abroncs; (kis)gyűrűs foglalat, gyűrű *(kis méretű)*

circling I. *a* keringő, kör-; kerületi, környező; kerületi, környező; **II.** *n* keringés *(zárt pályán)*; ~ **approach** *rep* megközelítés/bevezetés körpályán; ~ **flight** körözö repülés; ~ **guidance lights** *pl* leszállópálya-világító

circlip *gép* rugós/rugalmas biztosítógyűrű/rögzítőgyűrű/rögzítőkarika; Seeger-gyűrű; ~ **for piston pin** dugattyúcsapszeg-biztosító gyűrű

Circlorama *film* cirklloráma

circuit I. *v* kering, körfolyamatban áramlik; **II.** *n* kör, keringés, körforgás; kerület *(földrajzi)*; köráramlás, körfolyam; *bány* munkakörfolyamat, (munka)ciklus; *el* (áram)kör; áramrendszer; kapcsolás; *ép* körvonal, kerület, körzet; *koh* körfolyamat; *mat* komponens; kontúr, zárt görbe, hurok, zárt út, körút; *rep* körrepülés; ~ **alarm** áramkörhiba-jelző készülék; ~ **algebra** kapcsolásalgebra; ~ **analysis** *el* hálózatanalízis, (áram)köranalízis; ~ **analysis programme** áramkör-analizáló program; ~ **analyzer** hálózatvizsgáló áramkör-analizátor, hálózatanalizátor; hálózatmodell; ~**-base plate** közös alaplemez több szelep számára; ~ **board** *szt* áramköri kártya; ~ **breaker (CB)** *el* kapcsoló; megszakító, szaggató; távvezetéki megszakító; ~**-breaker with automatic control** önműködő vezérlésű megszakító; ~**(-)breaker with unit chamber** egységkamrás megszakító; ~**(-)breaking** *el* megszakítás, kikapcsolás; ~**-breaking delay-action** késleltetett megszakítás; ~**-breaking push-button** (ki)kapcsológomb; ~ **card** *szt* áramköri kártya; ~ **changer,** ~ **changing switch** áramváltó; átkapcsoló; ~**(-)closer** bekapcsoló, zárókapcsoló; ~**-closing connection** bekapcsoló/áramkörzáró kontaktus; munkaáramkörű kapcsolás; ~**-closing push-button** bekapcsológomb; ~**-closing relay** munkaáramkörű relé; ~ **commutated recovery time** *félv* szabaddá válási idő; ~ **component** áramköri elem; ~ **connector** csatlakozó, konnektor; ~ **constant** áramköri állandó; ~ **crushing** *bány* folyamatos aprítás; ~ **design** *el* áramkörtervezés; ~ **diagram** (áramutas) kapcsolási rajz/ábra/vázlat; áramútrajz; huzalozási rajz; ~**-disturbance test** vizsgálat mesterséges áramkörzavarokkal; ~ **element** *el* áramköri elem; *szt* kapcsolóelem; ~ **equalizer** áramkör-kiegyenlítő; ~ **equivalent** *távk* maradékcsillapítás *(áramköré, csatornáé)*; ~ **fault** *el* kapcsolási/áramköri hiba; ~**-free graph** *mat* körmentes gráf; ~ **function** kapcsolási függvény; ~ **grouting** *hidr* injektálás áramló folyadékkal; ~ **layout** áramkörelrendezés, topológia, layout; ~ **logic** áramköri logika; ~ **matrix** *mat* körmátrix; ~ **model** vizsgálóáramkör, ellenőrző áramkör; ~ **noise** *távk* áramköri/hálózati zörej/zaj; vonali zaj; ~ **noise meter** áramköri zajmérő, Nyquist-zajmérő; ~ **number** *távb* helyszám; ~ **opening** *el* kikapcsolás; ~ **out of order** *távb* hibás áramkör; ~ **pack** *el* modul; ~ **pattern** *rep* körpályán való repülések vázlata/rendszere; ~ **regeneration** visszacsatolás; ~ **reliability** áramkör megbízhatósága; ~ **resistance** áramköri ellenállás; ~ **rules** *pl rep* körpályán való repülések szabálya; ~ **selector** (áram)körválasztó; ~ **speed** kapcsolás (működési) sebessége; ~**-switched connection** *távk* vonalkapcsoló összeköttetés; ~ **switched data network** *szt* (vonal)kapcsolt adathálózat; ~ **switching** *távk* vonalkapcsolás; ~ **tester** *bány* robbantóáramkör-vizsgáló; *el* áramkörvizsgáló; ~ **unaffected by temperature** *el* hőmérséklettől független kapcsolás; ~ **voltage** hálózati feszültség, hálózat (tényleges) feszültsége; ~ **winding** áramköri tekercselés; ~ **with distributed parameters** elosztott paraméterű áramkör; ~ **with lumped parameters** koncentrált paraméterű áramkör

circuital *el* áramköri; ~ **integral** → circulatory integral; ~ **magnetization** szolenoidos mágnesezés; ~ **(vector) field** áramköri vektortér, örvénytér

circuitation → circulatory integral

circuition keringés

circuitous (meg)kerülő; ~ **route** *rep* kerülő útvonal

circuitron *el* kétoldalú nyomtatott áramkör

circuitry *el* kapcsolás(i vázlat); kapcsolástechnika

circuity körüljárás, megkerülés

circular kör alakú, kerek, kör-; körpályán mozgó, cirkuláris; körkörös; ~ **acceleration** *mech* kerületi gyorsulás; ~ **accelerator (cirac)** *at* körpályás/cirkuláris gyorsító, ciklotron; ~ **anomaly** *geof* gyűrűs *v.* kör alakú rendellenesség/anomália; ~ **antenna** körantena, kör alakú antenna; ~ **aperture** *opt* kör alakú blende/(fény)rekesz; ~ **approach** *rep* körözö leszállás; megközelítés/bevezetés körpályán; ~ **arc** körív; ~ **arch support** *bány* gyűrűs biztosítás; ~ **arc tooth** *gép* körívfog, Gleason-fog; ~**-arc toothing** körívfogazat, Novikov-fogazat; ~ **barrel vault** kördongaboltozat; ~ **beam** kör keresztmetszetű gerenda; gyűrűgerenda, gyűrűtartó; ~ **bell** gong; ~ **bin** *élip* hengeres cella; ~ **birefringence** *ásv* cirkuláris kettős törés; ~ **blade damper** *ép* zsalu; ~ **blank** *forg* nyerstárcsa; ~ **body** *mat* kör keresztmetszetű test; ~ **box** *tex* revolveres váltóláda; ~ **box loom** revolverváltós szövőszék; ~ **box motion** *tex* forgószekrényes vetélőváltás; ~ **brush** körkefe, kefehenger; ~ **bubble** szelencés libella; ~ **cavity** *távk* körszelvényű üregrezonátor; ~ **chart** *mat* körnomogram; *stat* kördiagram, vektordiagram; *szt* kördiagramlap; ~ **chaser** menetkörkés, menetvágó körkés; ~ **cold saw** hidegvágó körfűrész; ~ **comber** *tex* körfésülőgép; ~ **compound table** *mt* kerek/forgatható asztal, körasztal; ~ **cone** *mat* körkúp; ~ **connector** *el* koaxiális csatlakozó; ~ **continuous milling-machine** félautomata körasztalos marógép; ~ **conveyor with pickup control** körben járó szállítóberendezés vezérlésjeladóval; ~ **coordinate** *mat* izotrop koordináta, ívkoordináta; ~ **correlation** cirkuláris korreláció; ~ **corridor** körfolyosó; ~**-course direction** *rep* körpályán történő repülőgépvezetés; körpályán való repülések útiránya; ~ **creel** *tex* hajlított felvetőkeret; ~ **crevice (in wood)** *fa* gyűrűs gesztválás; ~ **cross-cut saw** keresztvágó körfűrész; ~ **cross-section** körkeresztmetszet; ~ **current** köráram; ~ **curve** *ép* körív *(útépítésnél)*; *mat* cirkuláris görbe; ~ **cut** körrés; gyűrűrés; *bány* hengeres betörés; ~**-cut file** íves vágású reszelő; ~ **cut-off saw** hasító/szakaszoló/leszabó körfűrész; ~**-cut rasp** körívvágású ráspoly; ~ **cutter** *forg* tárcsamaró; *nyom* körkés; ~ **cutting** *heg* körkivágás; ~ **cutting machine** *nyom* körben vágó gép; ~ **cylinder** *mat* körhenger, forgáshenger; ~ **cylindrical coordinates** *mat* hengerkoordináták, hengeres polárkoordináták; ~ **cylindrical shell** *ép, mech* körhengerhéj, dongahéj; ~ **dichroism** *fiz* cirkuláris dikroizmus; ~ **die** *forg* kerek menetmetsző pofa; ~ **disk** körlap, körlemez, kör; ~ **dividing engine** *finm* körosztógép; ~ **domain** *mat* körtartomány; ~ **double refraction** *ásv* cirkuláris kettős törés; ~ **drawing** *tex* tűshengeres nyújtás; ~ **drawing machine** *tex* nyújtógép; ~**-dressing frame** *tex* körfésülőgép; ~**-drop inlet** *hidr* körbukó; ~ **electric wave** transzverzális elektromos csőhullám/hengerhullám; ~ **electrode** *el* görgős elektród; ~**-ended wrench** csillagkulcs; ~ **error probable (CEP)** szórási kör rádiusza, cirkuláris hibavalószínűség *v.* valószínű hiba; ~ **face** *bány* ív alakú munkahely; ~ **feed** *forg* körelőtolás, szögelőtolás; ~ **field** *mat* cirkuláris (vektor)mező; ~ **file** *szersz* kerek/gömbölyű reszelő; *szt* körkörösen szervezett állomány/fájl; ~ **filter** *pa* forgó/hengeres szűrő; ~ **flanging press** *alak* peremezősajtó, peremezőprés; ~ **flat valve** *ép* íves elzáró, szegmenselzáró, szektorzár; ~ **flow** cirkulációs áramlás; ~ **footing** kör alaplemez; *gép* körtárcsa-alaplemez; ~ **footwear machine** harisnya-körkötőgép, harisnyakötő gép; ~ **foresight** *kat* körcélgömb; ~ **forming tool** tárcsás *v.* kör alakú idomkés; ~ **frame** *kh* körkötőgép; ~ **frequency** *el* körfrekvencia; ~**-front sight** *kat* gyűrűs célgömb, körcélgömb; ~ **function** *mat* trigonometrikus függvény, szögfüggvény; ~ **furnace** körkemence; ~ **gang mill** *fa* lécfűrészelő gép; ~ **girder** *bány* ívelt főtegerenda/süveggerenda; *ép* gyűrűtartó; ~ **glass cutter** *üveg* körvágó készülék; ~ **graduation** kör(be)osztás; ~ **grinder,** ~ **grinding machine** *forg* körköszörű(gép); ~ **grinding** körköszörülés; forgásfelület köszörülése; ~ **groove** kör alakú horony; gyűrűhorony; körszelvényű csatorna; ~ **head** *ép* (félkör)íves szemöldök; ~ **highway** autópályagyűrű; ~ **hot sawing machine** melegvágó körfűrész; ~ **inch** egy hüvelyk átmérőjű kör területe; ~ **index** *met* cirkulációs index; ~ **integral** → circulatory integral; ~ **joint** *heg* körvarrat; ~ **key** *gép* körszelvényű ék; ~ **kiln** körkemence; ~ **knife** *nyom, pa* körkés; *tex* forgókés; ~ **knife slitting machine** *nyom* tárcsakéses hosszanti vágógép; ~**-knit(ted)** *kh* körkötött; ~ **knitter,** ~ **knitting machine** *kh* körkötőgép; ~ **knitting** *kh* csőkötés, körkötés, tömlőkötés; ~ **laser diode** kör alakú lézerdióda; ~ **level** szelencés libella; ~ **line** kör(vonal), körkörös vonal; ~ **lining** *bány* körgyűrűs biztosítás; ~ **list** *szt* cirkuláris/összefűzött lista; ~ **loom** *tex* körszövőgép, revolverváltós szövőgép; ~ **loop(-) aerial** kerek *v.* kör alakú keretantenna; ~ **lubrication** *gép* keringő/cirkulációs kenés; ~ **machine** *kh* körhurkológép, körkötőgép; ~ **magnetic accelerator** *at* körpályás/cirkuláris mágneses gyorsító, ciklotron; ~ **magnetic wave** transzverzális mágneses hengerhullám/csőhullám; ~ **measure** *mat* ívmérték, ív, radiánmérték; ~ **micrometer** körskálás mikrométer; ~ **milling** *forg* körmarás; ~ **mitre/miter saw** rézselő körfűrész; ~ **mixer** körkavaró(gép), körkeverő; ~ **motion/movement** körmozgás; ~ **multiplier** körkörös elektron-sokszorozó; ~ **nomogram** *mat* körnomogram, kör alakú nomogram; ~ **nut** hengeres anya; ~ **orbit** körpálya, kör alakú trajektória/pálya; ~ **passage** *ép* körszelvényű átvezetés; ~ **path** körpálya, kör alakú trajektória/pálya; ~ **paving** *ép* legyező-kiskockakő burkolat *(út)*; ~ **pendulum** *fiz* köringa; ~ **permutation** *mat* ciklikus permutáció; ciklus, ciklikus sorrend; ~ **pipe** kör keresztmetszetű cső; ~ **pipe milling machine** *forg* csőkörmaró; ~ **pitch (CP)** *gép* osztókör kerületén mért fogosztás *(hüvelykben)*; ~ **plane** ívelőgyalu; simító hajógyalu; ~ **plate** körlemez, körtárcsa; ~ **point** *mat* umbilikus pont, köldökpont, körpont, gömbi pont *(felületen)*; ~ **polarization (CP)** *ásv* cirkuláris polárosság; cirkulárpolarizáció, cirkuláris polárosság; *fiz* cirkuláris polarizáció; ~ **polarized light** cirkulárisan polarizált fény; ~ **polarizer** cirkulárpolarizátor; ~ **polygon** *mat* (kör)ívekből álló *v.* görbe vonalú sokszög; ~ **profiling apparatus** hengerprofil-maró berendezés; ~**-purl machine** *kh* bal-bal körkötőgép; ~ **railway** körvasút; ~ **rainwater pipe** *ép* körszelvényű lefolyócső; ~ **reinforcement** keresztirányú vasalás *(betonoszlopé)*; ~ **reinforcing cage** kör keresztmetszetű betonacélváz; ~ **ring** *mat* körgyűrű; ~ **ring girder** körgyűrűtartó; ~ **ripsaw** *fa* hasító körfűrész; ~ **roller path** *gép* görgőkoszorú; ~ **sander** *ép* kézi tányércsiszoló gép; ~ **saw** körfűrész(gép); ~ **saw(-)bench** *fa* asztali körfűrészgép; körfűrészasztal; ~ **saw blade** körfűrészlap; ~ **sawing machine** körfűrészgép; ~ **scaffolding** kör/gyűrű alakú konzolos állvány *(csúszózsaluzatnál)*; ~ **scale** körskála, kör alakú skála; ~ **scanning** *rep* körkörös/körirányú/csavarvonalas letapogatás; ~ **seam** *heg* körvarrat; ~ **seam welding** *heg* körvarrathegesztés; ~**(-)section** körkeresztmetszet; körmetszet *(felületé)*; ~ **segment** *mat* körszelet, körszegmentum; ~ **sewer** kör keresztmetszetű szennyvízelvezető csatorna; ~ **shake** *fa* (év)gyűrűs repedés, gesztválás; ~ **shears** *pl szersz* körolló, körvágó/körkéses/tárcsás olló; ~ **shed** *vasút* körfűtőház; ~ **shift** *szt* ciklikus/cirkuláris léptetés; ~ **skip** hengerkonténer *(betonszállításhoz)*; ~ **slide rule** számolókorong; ~ **slitting-knife** *pa* körkés, tányérkés; ~ **slot-**

ted nut koronás/hornyos anya; ~ **solid** → ~ body; ~ **spacer** távtartó gyűrű; ~ **spirit level** *geod* szelencés libella; ~ **spray sprinkler** forgó esőztetőberendezés/öntözőberendezés; ~ **spring-needle knitting-machine** *tex* rugóstűs körkötőgép; ~ **stairs** *pl*, ~ **staircase** *ép* csigalépcső; körlépcső; ~ **support** acélgyűrű-biztosítás, zártíves biztosítás; ~ **symmetry** *mat* ciklikus szimmetria *(változóké)*; körszimmetria; ~ **table** körasztal; ~ **tank** körtartály; ~ **thickener** *vegy* kör alakú sűrítő(berendezés); ~**-tipping concrete skip** *ép* japáner; ~ **tomograph** *orv* cirkuláris tomográf *v.* rétegfelvevő gép; ~ **tool** körkés; tárcsa alakú (idom)kés; ~ **trajectory** → ~ orbit; ~ **transformation** *mat* körtartó transzformáció; ~ **transverse frame** gyűrűs borda/bókony; *hajó, rep* gyűrűs törzsborda; ~ **traversing rack** *kat* oldalirányzó gép körfogasíve; ~ **triangle** *mat* ívháromszög, körívekből álló háromszög; ~ **tube** kör keresztmetszetű cső; ~ **vault** *ép* dongaboltozat; ~ **vector field** cirkuláris vektormező; ~ **velocity** *rak* első kozmikus sebesség, kör(pálya)sebesség, elliptikus sebesség; ~ **vibrator** *ép* körforgó/körfrekvenciás vibrátor; ~ **vortex/vorticity** → ~ whirl; ~**-warp knitting-machine** *tex* körlánchurkológép; ~ **wave** *fiz* körhullám; ~ **wave(-) guide** *el* kör keresztmetszetű csőtápvonal; ~**-weaving machine** *tex* körszövőgép, revolverváltós szövőgép; ~ **web** *kh* körkötött áru; ~ **weld** *heg* körvarrat; ~ **whirl** cirkuláris örvény, örvényes áramlás; ~ **work** *kh* tömlőáru; ~ **wound core** *el* gyűrűs vasmag tekercseléssel

circularity köralakúság; *mat* circulus vitiosus, körbenforgó okoskodás, petitio principii

circularly körösen, kör alakúan; ~**(-)polarized light** cirkulárisan polarizált fény; ~ **polarized wave** *el* körösen polarizált hullám

circulate kering, körforgásban van, cirkulál, körfolyamatban áramlik; körforgásba hoz, keringtet; átáramoltat

circulated | **air** *ép* keringtetett levegő; ~ **space** légritkított tér

circulating I. *a* cirkulációs, körforgó; bolygó; *mat* periodikus, szakaszos; **II.** *n* keringés, köráramlás; ~ **air** keringtetett/keringő levegő; ~ **air spray system** *ép* keringtetős/körfolyamatos festékszórás; ~ **brine** fagyasztólúg; ~ **cooling** keringtető hűtés; ~ **current** köráram; ~**-currentless reversing converter** körárammentes irányváltó kapcsolás; ~ **current reactor** köráram-korlátozó fojtótekercs; ~ **decimal** szakaszos/periodikus tizedes tört; ~ **fraction** szakaszos tört; ~ **gas** *ol* keringtetett/recirkulációs gáz; ~ **head** *ol* forgatófej, öblítőfej; ~ **hot spray gun** keringtetőfejes szórópisztoly; ~ **hot spraying equipment** *ép* keringtetős (rendszerű) forrószóró berendezés; ~ **loss** *el* áramveszteség; kiegyenlítődés; ~ **memory** → ~ storage; ~ **oil** keringetett/cirkuláló/recirkulációs olaj; ~ **pipe** körcsővezeték; keringetővezeték; ~ **pressure** *ol* keringetési/cirkulációs nyomás; ~ **pump** → circulation pump; ~ **reactor** *at* homogén reaktor; ~ **register** *szt* zárt léptetőregiszter-lánc; ~ **scrap** *koh* visszatérő hulladék; ~ **spray gun** keringtetőfejes szórópisztoly; ~ **storage** *szt* dinamikus/ciklikus tároló; ~ **system** *ol* öblítőrendszer; ~ **valve** *ol* kiöblítőszelep; ~ **water (CW)** keringő/cirkuláló víz; ~ **water cooler** áramlóvízhűtő, áramlóvizes hűtőberendezés

circulation keringés; áramlat; áramlás; cirkuláció, cirkulálás, körforgás, körmozgás; körfolyam(at); *bány* kényszeráramlás; öblítés; *ol* öblítőkör; ~ **boiler** *hőt* keringtetőkazán; ~ **control** keringtetés vezérlése; ~ **counter** fordulatszámláló; ~ **degassing** *koh* vákuumszifonos eljárás; ~ **direction** forgásirány; ~ **duration** keringési időtartam; ~**-free** *hidr* cirkulációmentes; ~ **gas** → circulating gas; ~ **heating** keringető fűtés; ~ **joint** *ol* öblítő közdarab; ~ **layer** cirkulációs réteg; ~ **loop** *hidr* cirkulációs/keringtető vezeték; ~ **method** cirkulációs módszer; ~ **of the air** légáramlás; ~ **of water** víz körforgása; ~ **pipe** cirkulációs/keringtető vezeték; ~ **pressure** → ~ pump pressure; ~ **pump** keringtetőszivattyú, cirkulációs szivattyú, körszivattyú, hűtőközeg-szivattyú; ~ **pump pressure** *ol* öblítőnyomás, öblítési nyomás; ~ **pump station** szivattyúállomás; ~ **simulator** *orv* keringésszimulátor; ~ **speed** forgási sebesség; ~**(-type) thermostat** áramlásos *v.* cirkulációs típusú termosztát; ~ **valve** összekötőszelep; ~ **vat** *tex* (folyadék)áramlásos színezőkád; ~ **with crude oil** *ol* olajöblítés, kőolajos öblítés

circulator keringtetőszivattyú, cirkuláris szivattyú, körszivattyú; *bőr* lémozgatásos cserzőkád; *el* cirkulátor; ~ **maser** cirkulátormézer, cirkulátoros mézer

circulatory keringő, körforgó; ~ **integral** *mat* körintegrál, kontúrintegrál, zárt görbe/út/vonal mentén vett vonalintegrál

circumambiency körülhatárolás

circumambient körülvevő, körülzáró, környező

circumaural earphone (kagylós) fejhallgató

circumcentre, *US* **circumcenter** *mat* körülírt kör/gömb középpontja

circumcircle *mat* körülírt kör

circumclusion körülzárás

circumference kerület; periféria; *mat* kör kerülete; ~ **ga(u)ge** kerületmérő körző; ~ **of a circle** kör kerülete, körvonal; ~ **of orbit** pályakerület, pályahossz; ~ **of the weld** *heg* körvarrat kerülete

circumferential körzeti; *ép* városszéli; *mat* kerületi, kör menti; ~ CO_2 **welding** CO_2-védőgázas körvarrathegesztés; ~ **component** kerületi komponens/alkotó; ~ **condition** *mech* kerületi feltétel; ~ **electroslag welding** *heg* villamos salakos körvarrathegesztés; ~ **external weld** *heg* külső körvarrat; ~ **fillet** *heg* sarokkörvarrat; ~ **flange** *bány* tübbingkarima; ~ **force** *mech* kerületi nyomás/feszültség; ~ **groove** körhorony, gyűrűs horony, horonygyűrű; ~ **highway** *közl* körgyűrű; ~ **internal weld** *heg* belső körvarrat; ~ **moment** *mech* gyűrűnyomaték; ~ **pipe welding** *heg* csőkörvarrat-hegesztés; ~ **pitch** *gép* homlokosztás; ~ **plasma arc weld** *heg* plazmaívhegesztéssel készült körvarrat; ~ **pressure** *mech* kerületi nyomás; ~ **register adjustment** *nyom* kerületi soregyenszabályozás/regiszterszabályozás; ~ **rib** *gumi* körben futó bordamintázat *(futón)*; ~ **rivet seam** kerületi szegecssor; ~ **seam (joint)** körvarrat; ~ **seam welder** körvarrathegesztő gép; ~ **speed** kerületi sebesség; ~ **stress** *mech* gyűrűigénybevétel; tangenciális feszültség, gyűrűfeszültség, érintőirányú normálfeszültség; ~ **tank seam** *heg* tartálykörvarrat; ~ **velocity** kerületi sebesség; ~ **weld** *heg* kerületi varrat, körvarrat

circumferentor bányászkompasz, szögmérő; *bány* függőkompasz; *geod* dioptriás iránytűs szögmérő; földmérő busszola; *közl* kerékpárabroncs-mérő

circumflexion körülhajlítás, ráhajtás
circumfluent körüláramló
circumjacent melette/körülötte fekvő
circumligation körülkötés
circumlunar hold körüli; ~ **orbit** *rak* Hold körüli pálya
circummure *ép* körülfalaz
circumnuclear *at* belső pályás; mag körüli
circumpolar I. *a* sark körüli; **II.** *n* cirkumpoláris *v.* sark körüli csillag; ~ **vortex/whirl** *met* cirkumpoláris örvény
circumposition bekerítés; körben elrendezés
circumradius *mat* körülírt kör/gömb sugara
circumscribable körülírható, köré írható *(idom)*
circumscribe körülír, köré ír/szerkeszt *(idom köré)*; elhatárol, körülhatárol
circumscribed *mat* körülírt, köré írt *(idom)*; ~ **circle** körülírt kör; ~ **halo** *met* körülírt fényudvar/halo; ~ **quadrangle** körülírt négyszög
circumscription körülírás, köré írás; elhatárolás, körülhatárolás; körvonal, határvonal; ~ **of a triangle by a circle,** ~ **of a circle about a triangle** háromszög köré írt kör szerkesztése
circumscriptive elhatárolt; elhatároló
circumsolar cirkumszoláris, nap körüli, Nap körüli; ~ **radiation** *met* cirkumszoláris sugárzás
circumterrestrial orbit *rak* föld körüli pálya
circumvallate körülsáncolt
circumvest beburkol, begöngyöl
circumvolution körben gördülés
circumvolve körülburkol
circumzenithal arc *met* zenit körüli ív
circus *ép* körtér, körönd; *geol* katlan
cirque *geol* katlan
cirriform clouds *pl met* cirrusfelhőzet
cirrocumulus (cloud) *met* cirrocumulus, bárányfelhő
cirrolite *ásv* kirrolit
cirrostratus (CS) *met* cirrostratus, fátyolfelhő
cirrus *met* cirrus, pehelyfelhő, fodros felhő
cirscale körskála, kör alakú skála
cis *vegy* cisz-; ~**-form** cisz-alak; ~**-trans-isomerism** cisz-transz izoméria
CIS → conductor-insulator-semiconductor
CISC → complex instruction set computer
giselé velvet *tex* vegyes hurkú bársony
cissing felületnedvesítés; hólyagosodás *(lakké, zománcé)*
cissoid *mat* cisszois; ~ **of Diocles** *mat* Dioklész-féle cisszois
cissoidal I. *a* cisszoid-; **II.** *n mat* kísérő cisszoid *(térgörbéé)*; ~ **curve** cisszois; ~ **function** cisszoidfüggvény
cistern tartály, ciszterna; *ép* vécé-öblítőtartály; vízöblítő tartály *(szekrényes)*; ~ **barometer** csészés barométer; ~ **car** *bány* víztartálycsille; ~**-pull** *ép* klozethúzó
citation *szt* hivatkozás; ~ **indexing** *szt* hivatkozási indexelés
CITE → capsule integrated test equipment
Citizens' Band (CB) *rád* amatőrsáv; CB-sáv; ~ **radio** CB-rádió
citraconic acid *vegy* citrakonsav, *cisz* -metil-buténdisav
citral *vegy* citrál
citrate *vegy* citrát
citrene *vegy* limonén
citric | acid *vegy* citromsav; ~ **acid cycle** *biot* citrát-ciklus, Krebs-ciklus, Szentgyörgyi—Krebs-féle körfolyamat
citrine *ásv* citrin; ~ **colo(u)r** citromsárga
citrulline *vegy* citrullin
city város; *ép* belváros; ~**-building** városfejlesztés; ~ **bus** városi autóbusz; ~ **centre/center** városközpont, centrum, belváros; ~ **exchange line** *távb* fővonal *(városi központi vonal)*; ~ **garbage** *környv* városi szemét; ~ **gas** városi gáz; ~**-gate** *ép* városkapu; ~ **heating** városfűtés; ~ **planner** várostervező; ~ **planning** *US* várostervezés, városrendezés; ~ **refuse** *környv* városi szemét; ~ **slaughter** városi vágás *(vágóhídi)*; ~ **terminal** *rep* városi forgalmi épület; ~ **terminal service** *rep* utasszállítás a város és a repülőtér között, repülőtéri járat; ~ **traversing** *geod* városi sokszögelés; ~ **water** városi vízvezetéki víz
cityscape városkép
civery *ép* boltíves fülke
civic *ép* városi; ~ **design** *ép* várostervezés, városrendezés; ~ **survey-map** városterületi átnézeti térkép
civil polgári; *ép* városi; ~ **aeronautics** *rep* polgári repülés; ~**-air-patrol station** polgári védelmi rádióállomás; **C**~ **Air Regulations** *rep* polgári légügyi előírások; ~ **air service (CAS)** *rep* polgári légiközlekedés; ~ **air transport (CAT)** *rep* polgári légiszállítás; ~ **airway** *rep* polgári légiútvonal; ~ **aviation (CA)** *rep* polgári repülés/légiközlekedés/légiforgalom; ~ **crepuscule** *met* polgári alkonyat; ~ **dawn** polgári hajnal; ~ **day** polgári nappal; polgári nap; ~ **defence/defense (CD)** polgári védelem, légoltalom; ~ **defence construction** polgári védelmi építés/építmény; ~ **defence shelter** óvóhely; ~ **defence structure** polgári védelmi építmény; ~ **engineer (CE)** általános mérnök, építőmérnök; ~ **engineering** építőmérnöki *v.* általános mérnöki tudományok/munka; ~ **engineering and building construction** építés *(mély- és magasépítés)*; ~ **engineering contractor** építési vállalkozó; ~ **engineering firm** építőipari cég/vállalat; ~ **engineering hydraulics** vízépítés; ~ **engineering tower crane** építőipari/építési toronydaru; ~ **flying** *rep* polgári repülés; ~ **nuclear facilities** békés célokra szolgáló nukleáris létesítmények; ~ **radar** *rep* polgári rendeltetésű radar; ~ **reserve air fleet** polgári tartalék légiflotta; ~ **time** polgári idő; hivatalos időszámítás; ~ **twilight** *met* polgári szürkület; ~ **universal time** polgári világidő; ~ **year** polgári év
civilian-targeted attack polgári lakosság elleni támadás
cj → cold junction
cl → centilitre
Cl → chlorine
CL → carload; → cathodoluminescence; → centre of lift; → confidence level; → continuous load; → conversion loss
CLA → communication line adapter
clack I. *v* kopog, zörög; **II.** *n gép* csapószelep, visszacsapó szelep; csappantyú; elzárólemez; ~**(-)box** csapószeleptok, (golyós) szelepház; ~ **piece** (csapó)szeleptok; ~ **seat** csapószelepülés, golyósszelepfészek; ~ **valve** *gép* csapószelep, visszacsapó szelep; légszelep *(féké, kazáné)*; szelepcsappantyú

clad I. *v* borít, burkol; galvanizál; **II.** *a* borított, burkolt; *at, el* tokozott; ~ **apparatus** tokozott készülék; ~ **distribution centre/center** tokozott elosztóberendezés; ~ **equipment** tokozott készülék; ~ **lining** *mt* borítás, plattírozás, lemezelés; ~ **metal** plattírozott fém/lemez; ~ **shet steel** bevont lemezacél

cladding (fém)bevonat, fémborítás, héj; páncél(zat) *(kábelé)*; bevonás; *at* üzemanyag-burkolat; *ép* fedés; *koh* bélelés; ~ **by rolling,** ~ **by roll welding** *koh* lemezelés, plattírozás, hengerplattírozás; ~ **material** bevonóanyag, burkolóanyag; ~**s** *pl* burkolat; burkolóanyag

clagged eldugult, bedugult, eltömődött

clagging tapadás, ragadás; ~ **of valve** szelepszennyeződés, szelepeldugulás

claggy *bány* tapadós; *ép* degeszes, iszapos

claim I. *v* felszólal, reklamál; igényel; követel, jogot formál; állít; **II.** *n* felszólalás, kifogásolás, reklamálás; jogosultság, jogcím; *bány* felkérés; bányatelek; ~ **for mining concession/licence** *bány* bányajogosítvány (kérése); ~**-holder** *bány* jogosítványos; ~ **on coal** *bány* szénjog

claimed igényelt, megkövetelt; ~ **accuracy** megszabott pontosság

clairecolle *vegy* enyv *(szobafestéshez)*

clammy *pa* nedves, ragadós, nyálkás

clamp I. *v* összeerősít, összekapcsol, összefog; (össze)szorít; összeilleszt, kapcsol; (meg)köt, rögzít, megállít, leállít; *cipő* kapcsoz; *élip* vermel; *ép* összekapcsol, áthidal; *vegy* (csípőfogóval) megfog *(kémcsövet)*; **II.** *n* csíptető; szorító, kapocs, bilincs; *el* bilincskivezető; toldókötés; *em* ollós fogó, gyorsmegfogó; *fa* szorítókeret, pillanatszorító; *gép* befogóelem, befogótag; rögzítőtag, rögzítőelem, kötőcsavar, heveder; szorítóelem, szorítókengyel; *ker* saroglyába rakott szárított tégla; *mzg* prizma; *ol* kötélbika; *orv* csipesz, csíptető; *szt* kapcsolóáramkör; ~ **bar** → clamping bar; ~ **belt conveyor** nyomóhevederes szállítószalag; ~ **bolt** *gép* rögzítőcsavar; *kat* csőbilincscsuklócsáp; ~ **bucket** markolóvödör; ~ **chain** *tex* tűs lánc *(szárítókereten)*; ~ **changer** *tex* befogóváltó *(szárítókereten)*; ~ **cheek** szorítópofa, befogópofa; ~ **cheek gripper** *ép* pofás markoló; ~ **circuit** → clamper circuit; ~ **connection** *finm* teljes megfogás; ~ **coupling** *gép* héjas tengelykapcsoló; ~ **cutting edge** markoló vágóél; ~ **dog** *forg* szorítós (kétrészes) menesztő, csavaros szorító; ~ **eye** *bány* ékelődő kötélszív; ~ **flange** *vák* körmös perem; ~ **for coachmakers** *fa* bognárszorító; ~ **glazing** *ép* szorítóléces üvegezés; ~**-glazing with plastic strip/band** műanyagszalagos szorítóléces üvegezés; ~ **hook** befogókarom; ~ **insulator** *el* szigetelőbéka, szigetelőkapocs; ~ **iron** *ép* falkötő vas, ácskapocs; ~ **jaw** *gép* szorítópofa; tokmánypofa; ~ **joint** *ép* bepattintós rögzítés, pattintós kötés, bepattintás; *gép* kapocs-összeillesztés; ~**-lead** *el* bilincskivezető; ~ **lug** → clamping lug; ~ **of potatoes** burgonyaprizma, burgonyatároló prizma; ~**-on vice/vise** felfogható sikattyú; ~ **plate** szorítólap, nyomólap, szorítólemez; *műa* szerszámalátét; *távk* fedőlemez; illesztőlemez; ~**-position mark** *kat* csőbilincs-rögzítési jel; ~ **pressure** *nyom* sajtolási/préselési nyomás; ~**-screw** → clamping screw; ~ **spindle** szorítóorsó; ~ **stenter** *tex* feszítőkeret; ~ **terminal** akkumulátorsaru; ~ **the work** *v gép* munkadarabot felfog/befog; ~**-type end fitting** kapcsolókarmantyú; ~**-type rod** *gépk* hajtórúd *(csapszegbe fogott hajtórúdpersellyel)*; ~ **up** *v* felkapcsol, kapoccsal megerősít; ~ **vice/vise** szorítósikattyú

clamped | **arch** *ép* befogott ív; ~ **beam** (egyik végén) befogott tartó; ~**-free bar** *mech* egyik végén befogott rúd; ~ **position** *mt* befogott helyzet; ~ **reed** befogott lemez *(rezgőrendszer)*

clamper szorítókengyel, szorítócsavar; *aut* tartószerv *(folyamatszabályozás)*; *cipő* csúszásgátló vas *(cipőtalpon)*; ~ **circuit** *el* amplitúdóhatároló kapcsolás; *távk* megfogó/szintrögzítő áramkör

clamping kapcsolás; megfogás, befogás, felfogás; rögzítés, (le)szorítás; *hajó* felcsatolás *(uszályé)*; *mech* befalazás; befogás; *műa* szerszámzárás *(fröccsöntéskor)*; *távk* levágás, ampitúdókorlátozás; szintrögzítés; *tv* egyenáramú összetevő visszaállítása; ~ **action** *nyom* préselés és leszorítás; ~ **apparatus** *gép* befogószerkezet, befogókészülék, felfogószerkezet, felfogókészülék; ~ **bar** *mt* szorítóléc; szorítórúd; *nyom* szorítóléc, szorítósín; ~ **block** *mt* befogópofa, befogóalátét; ~ **bracket** *kat* kapcsolótömb; ~ **cam** *gép* szorítóexcenter; ~ **chuck** befogótokmány; ~ **circuit** → clamper circuit; ~ **collar** *gép* szorítókarmantyú; ~ **cross** *orv* keresztkapocs; ~ **cylinder** meghúzóhenger; ~ **device** *forg* befogókészülék, szorítókészülék; ~ **diode** *távk* megfogódióda; *tv* csillapítódióda; ~ **ear** *el* szorítóbéka; ~ **fixture** *forg* munkadarab-befogó készülék; *orv* szorítóbilincs; ~ **force** préselőerő, (le)szorítóerő; *műa* szerszámzáró erő; ~ **fork** *em* szorítóvilla; ~ **frame** *műa* leszorítókeret *(vákuumformázó gépen)*; ~ **groove** csapágyrögzítő horony; ~ **handle** rögzítőkar, rögzítőfogantyú; ~ **head** *koh* befogófej, befogópofa; ~ **length** befogási hossz; ~ **lever** *gép* szorítókar, szorítóemeltyű, rögzítőkar, rögzítőemeltyű; ~ **load** *bány* előfeszítési terhelés; ~ **lug** szorítóborda, szorítóbütyök; *el* szorítósaru; ~ **mechanism** rögzítőmű; ~ **nut** *gép* szorítóanya; ~**-nut lock** szorítóanyás biztosítás; ~ **of the car** *ép* fülke befogása; ~ **plate** → clamp plate; ~ **platen** *műa* szerszámfelfogó lap; ~ **pressure** *műa* zárónyomás; ~ **rail** *orv* rögzítősín; ~ **ring** *el* összehúzógyűrű; *gép* rögzítőgyűrű; szorítógyűrű, feszítőgyűrű; *koh* ráncfogó; *vák* szorítóbilincs; ~ **ring prop** *bány* szorítógyűrűs tám; ~**-ring stop** *gép* szorítógyűrűs ütköző; ~ **screw** szorítócsavar, rögzítőcsavar, kötőcsavar; feszítőcsavar; *el* érintkezőcsavar; ~ **sleeve** *gép* kapcsolókarmantyú; szorítóhüvely; ~ **slot** rögzítővájat, rögzítőhasíték; ~ **spring** szorítórugó; *finm* egy irányban megfogó szorítórugó; ~ **stirrup** szorítókengyel, szorítócsavar; ~ **stud** szorítócsap; ~ **timber clamp** *ép* famarkoló; ~ **tool** *cipő* cipőkapcsozó szerszám; *gép* szorítóelem; ~ **wedge** szorítóék

clamshell *bány, ép* markoló, önkiürítő függőveder; *rep* pilótaülés-fedél; ~ **attachment** *ép* markolóberendezés; ~ **basket/bucket** kétpofás markoló, kétkagylós markolókanál/markolóheveder; ~ **(bucket) dredge(r)** markolószerelékes úszókotró; ~ **crane** markolós daru, markolódaru; ~ **dragline** markolóköteles kotró; ~ **excavator** markolókotró; ~ **gate** kettősíves elzáró, kettős szegmenselzáró; ~ **grab** kétpofás markoló, kétkagylós markolókanál/markolóheveder; ~ **hopper** kétpofás billenő úszókotró; ~ **jaw** kétpofás markoló (egyik) pofája; ~ **mucker** *bány* (markolós) meddőrakodó gép; ~ **scoop** markoló(kanál); markolóveder

clang I. *v* csenget; **II.** *n* csengés

clap I. *v ép* csattan, csörög, csattog, cuppant *(vakolatot)*; üt; **II.** *n* csattanás *(zajtípus)*; dörgés, durranás; csapás; **~-man** *film* hangasszisztens; **~-me-down** *bány* csapóajtó; ~ **post** ajtóoszlopléc *(szekrényé)*; **~(-)sill** *hidr* zsilipküszöb; ~ **valve** → clack valve

clapboard *ép* keskeny deszka *(egyik széle vastagabb)*; **~s** deszkaborítás, deszkaburkolat *(keskeny deszkákból)*

Clapeyron | equation *mech* Clapeyron-egyenlet; ~ **theorem** Clapeyron-tétel, Clapeyron-féle munkatétel, sajátmunka-tétel

Clapp oscillator Clapp-oszcillátor

clapped mortar/rendering *ép* cuppantott vakolat

clapper *ép* simítófa; *film* csapó, klappe; *hajó, önt* harangnyelv; *mzg* garatverő léc; ~ **block** *forg* billenő késtartó *(gyalugépen)*; ~ **box** *forg* billenő késtartó; késkiemelő szerkezet; **~-type electromagnet** billenőhorgonyos elektromágnes; **~-type magnet** zárólapos mágnes; **~-type relay** nyelves relé

clapperboard *film* csapó

claret *élip* vörösbor *(bordói)*; *tex* bordó (szín)

clarificant *élip* derítőszer

clarificate derít

clarification derítés, tisztítás; szűrés; ~ **basin** *hidr* derítőmedence; ~ **of juice** *élip* szörpderítés; ~ **of sewage** *hidr* szennyvízderítés; ~ **plant** ülepítőtelep, tisztítótelep; ~ **tank** előülepítő; ~ **works** tisztítótelep

clarified sewage *hidr* derített/iszaptalanított szennyvíz

clarifier derítőanyag; derítőberendezés; derítőtartály, derítőmedence; víztisztító készülék; iszapkotró; *nyom* megvilágítógép, kivilágítógép, derítő; *rád* zavarszűrő

clarify megvilágít; *hidr* derít, tisztít, szűr; derül, tisztul

clarifying derítés, tisztítás; szűrés; ~ **agent** *élip, hidr* derítőszer; ~ **basin** derítőmedence; ~ **capacity** derítőképesség; ~ **house** ülepítőház; ~ **plant** derítőmű; *hidr, koh* víztisztító berendezés, derítőberendezés; ~ **tank** derítőkád

clarity tisztaság, átlátszóság; *vegy* (víztiszta) átlátszóság *(oldaté, fóliáé)*; ~ **of form** formatisztaság

Clark | process *vegy* Clark-eljárás; ~ **standard cell** Clark-elem, normálelem *(elavult)*

clarkeite *ásv, at* clarkeit

clary-sage oil *vegy* muskotályzsálya-olaj

clash I. *v* csattan, csörög, csattog, cuppant *(vakolatot)*; összecsap, összeütközik, nekiütődik, hozzáütődik; ütközik, összeesik, egybeesik *(időbelileg)*; **II.** *n* ütés, csapás, ütközés, csattanás *(zajtípus)*; *távk* kimenő és érkező hívás összeütközése; **~-type gearbox** csúszókerekes sebességváltó

clasp I. *v* összefog, összekapcsol; rácsatol; becsatol; **II.** *n* kapocs, csat, horog, karabiner; *cipő* fűzőkapocs, cipőcsat, cipőkapocs; *műa* befogócsavar; *nyom* könyvcsat, könykapocs, (könyv)zár; *tex* fedél *(fonógépen)*; ~ **bolt** orros fejű csavar; ~ **brake** kétpofás fék; ~ **head** befogófej, befogópofa; **~-hook** *ruh* horgas kapocs; ~ **joint** *gép* kapocskötés, kengyelkötés; ~ **lock** csapózár; rugós zár; ~ **machine** fűzőgép; **~(-)nail** sínszeg, kampósszeg; *finm* csatlakozókapocs; ~ **nut** biztosítóanya, ellenanya, rögzítőanya; ~ **rod** *tex* csépcsapda

clasping összefogás, összekapcsolás, rácsatolás; *kh* kapcsolás *(céppálcáknál)*; kesztyűszegélyezés; összefűzés; ~ **tool** cipőkapcsozó szerszám

class I. *v* osztályoz; beoszt, besorol, besoroz; **II.** *n* osztály; fokozat; kategória; fajta, minőség; *mat* csoport; osztály; *stat* cella; osztály; **~-A amplifier** *el* A osztályú erősítő; **~-AB amplifier** *el* AB osztályú erősítő; **~-A insulating materials** A osztályú szigetelőanyagok; **~-A operation** *távk* A osztályú erősítés; **~-A rectifier** *el* A osztályú egyenirányító; **~-B amplifier** *el* B osztályú erősítő; **~-B insulating materials** *el* B osztályú szigetelőanyagok; **~-B modulation** *rád* ellenütemű B-moduláció; ~ **boundaries** *stat* osztályhatárok; **~-C amplifier** *el* C osztályú erősítő; **~-C insulating materials** C osztályú szigetelőanyagok; ~ **equation** *mat* osztályegyenlet; **~es of danger/risk** veszélyességi osztályok; **~es of toxicity** toxicitási osztályok; ~ **field** *mat* osztálytest; ~ **field in Hilbert's sense** abszolut/Hilbert-féle osztálytest; ~ **formation** *mat* osztályformáció; osztályképzés; ~ **frequency** *stat* osztályelemszám, cellagyakoriság; osztálygyakoriság, osztályközös gyakoriság, cellagyakoriság; ~ **function** *mat* osztályfüggvény; ~ **identification number** *szt* osztályazonosító (szám); ~ **interval** *hidr* osztályköz; *stat* osztályintervallum, osztály, cella; ~ **(interval) length** *stat* osztályköz, intervallum hossza, osztályszélesség, cellaszélesség; ~ **limits** *stat* osztályhatárok; ~ **microscope** iskolai mikroszkóp, tanulómikroszkóp; ~ **of accuracy** pontossági osztály; *metr* osztálypontosság; ~ **of admissible controls** megengedett vezérlések halmaza; ~ **of cloud** *rep* felhőszint; ~ **of conrol** *aut* szabályozási osztályok/fajták; ~ **of defect** hibaosztály; ~ **of fire-damp hazard** *bány* sújtólégosztály; ~ **of fire danger** *ol* tűzveszélyességi osztály; ~ **of fit** *gép* illesztési osztály; ~ **of hardness** keménységi osztály; ~ **of information processing problems** *szt* információfeldolgozási feladatosztály; ~ **of problem** feladatosztály; ~ **of protection against indirect contact** *el, ép* érintésvédelmi osztály; ~ **of resistance to acids** savállósági fok/osztály; ~ **of service** *távb* kategória; ~ **of stars** csillagosztály; ~ **range** *stat* osztályköz, intervallum hossza, osztályszélesség, cellaszélesség; ~ **selection** *el* mezőszétbontás; ~ **selector** kiválasztószerkezet *(irodagépen)*; ~ **test** *szt* osztálytesztelés, osztályellenőrzés

classer *tex* minősítő, osztályozó; **~'s table** *tex* gyapjúbunda-osztályozó asztal

classic → classical

classical klasszikus; hagyományos; ~ **adjoint (matrix)** *mat* adjungált mátrix, adjungált; ~ **architecture** klasszikus építészet; ~ **field theory** *fiz* klasszikus térelmélet; ~ **mechanics** klasszikus/newtoni mechanika; ~ **method** hagyományos eljárás; ~ **scattering** *at* klasszikus szórás; ~ **statisics** Maxwell—Boltzmann-féle statisztika; Boltzmann-statisztika; **~-stereo recording** *rád* (klasszikus) sztereofelvétel; ~ **thermodynamics** klasszikus termodinamika/hőtan

classifiable osztályozható

classification osztályozás; besorolás, beosztás; rangsorolás; minősítés, minőségi osztályozás; fajtázás; klasszifikáció; ~ **and coding system** *szt* osztályozó és kódoló rendszer; ~ **certificate** *hajó* osztályozási bizonyítvány; ~ **keyboard** *aut* osztályozó/rekeszválasztó billentyűzet; *szt* osztályozási billentyűzet; ~

lamp *gépk* rendszámlámpa; ~ **light** *közl* azonosító fényjelző; ~ **of environment** környezetminősítés; ~ **of (natural) gases** *ol* földgázok csoportosítása; gázosztályok; ~ **of ships** *hajó* hajóosztályozás; ~ **of slaughter animals** *élip* vágóállatok minősítése; ~ **screen** osztályozórosta; ~ **track** *vasút* rendezővágány; ~ **yard** *vasút* rendezőpályaudvar
classificator of time-variable patterns *aut* időben változó képek klasszifikátora
classified | **charge weigher** *ép* összegező mérőadagoló; ~ **grinding** osztályozott/fajtázó őrlés; ~ **reserve** *bány* kategorizált készletek; ~ **rubble fill** osztályozott zúzalék feltöltése
classifier | **pocket** csúcskád; ~ **using screw principle** csigásosztályozó
classify osztályoz, minősít, fajtáz
classifying osztályozás, besorolás, osztályba sorolás; beosztás, minősítés; *ép* ülepítési osztályozás; ~ **by wind** szélfajtázás; ~ **cone** *bány* kúpos/kónuszos osztályozó; ~ **drum** *bány* dobmosó, forgódobos mosó; ~ **grate/screen** osztályozó rosta/szita
classing osztályozás, besorolás, osztályba sorolás; osztályozó válogatás
classroom film oktatófilm
clastic *geol* törmelékes, klasztikus; ~ **rock(s)** *bány* klasztikus/törmelékes kőzet; ~ **sediment** klasztikus üledék
clatter I. *v* kopog(tat), zörög; csörömpöl; **II.** *n* kopogás, zörgés
Claude | **cycle** *fiz* Claude-ciklus, Claude-körfolyamat; ~ **process** Claude-eljárás
claudetite *ásv* claudetit
Claus-process *ol* Claus-eljárás
Clausing's factor *vák* Clausing-tényező
Clausius|-Clapeyron equation *fiz* Clausius-Clapeyron-egyenlet; ~**-Mosotti eqation** *fiz* Clausius-Mosotti-egyenlet
clausthalite *ásv* clausthalit
clavilux színorgona
claw I. *v* karmol, kikapar; **II.** *n* karom; *bány* marófúró; *ép* kiugrás; *film* villa, greifer; *gép* kapcsolókarom, pecek; köröm, körmös pofa; *mzg* tejgyűjtő *(fejőgépen)*; *szersz* harapófogó; szeghúzó kalapács; ~**(-)bar** lapos végű feszítővas; *szer* emelő kecskeláb; ~ **beam** karmos gerenda; ~ **belt fastener** karmos szíjkapcsoló; ~ **bolt** körmös csavar; ~ **carriage** *foto* filmtovábbító keret; ~ **chisel** kőfaragó véső; ~ **clutch/coupling** *gépk* körmös tengelykapcsoló; ~ **coupling with cardan joint** keresztcsuklós körmös tengely; ~ **crane** karmos daru; ~**-ended** karmos végű; ~**-ended lever** körmös szeghúzó; ~ **hammer** szeghúzó/körmös kalapács; ~**-lever gate** *ép* kapás/pálcás/rudas elzáró; ~ **movement** *film* villás filmtovábbítás; *finm* szalagtovábbító mozgatás; ~ **nut** körmös csavaranya; ~ **plate** *fa* gerendakapcsoló/körmös tárcsa, bulldogtárcsa; ~**s** *bőr* lábrészek; ~ **shell brake** kéttuskós/kétpofás fék; ~ **sleeve** *gép* körmös kapcsolóhüvely; ~ **stop** megállítóköröm, rögzítőkarom; ~**-type** körmös; ~**-type centre-bit** körmös központfúró; ~ **wrench** villáskulcs
clawed karmos; ~ **grip block** *bány* karmos kasfogókészülék
clawing effect of studded tyres/tires szeges abroncsok karmoló hatása *(úton)*

clay I. *v* agyaggal betapaszt; talajhoz agyagot kever; agyaggal derít/finomít; **II.** *n* agyag; *élip, vegy* derítőföld; *geol* homokos agyag; ~ **and mud content** iszap- és agyagtartalom; ~ **band** *geol* agyagos mellékkőzet; agyagsáv; vékony agyag-vasérc telér; ~**(-)bank** *geol* agyagréteg; ~**-base line** *geod* agyagbázisvonal; ~**-base line drift/shifting** *geod* agyagvonal-eltolódás; ~**-base mud** *ol* agyagos öblítés/fúróiszap; ~**-bearing** agyagos, agyagtartalmú; ~ **bed** *bány* agyagréteg; alj, fenék *(agyagbányában)*; ~**-binder** *talt* agyag kötőanyag; ~ **blanket** *bány* agyagpaplan; *ép, önt* agyagtakaró; *hidr* agyagszőnyeg; ~ **brick** vályogtégla; ~**-brick wall** vályogtégla fal; ~**-coated board** *pa* kaolinmázas/fényezett karton; ~**-coated boxboard** kaolinmázas dobozkarton; ~ **concrete** agyagbeton; ~ **contacting** *ol* derítőföldes kezelés, derítés; ~**-containing concrete** agyagos cementbeton; ~ **content** *önt* iszaptartalom; *talt* agyagtartalom; ~ **core** *geol* agyaggolyó; *hidr* agyagmag; ~ **core type embankment** agyagmagos gát; ~ **course** *geol* agyagszegély, agyagos mellékkőzet; ~ **crucible** agyagtégely; ~ **cutter** *bány, ker* agyaggyalu, agyagvágó; ~ **cutter (suction) dredger** vágó(fejes) szívókotró; ~**-cutting machine** agyagvágó (gép); ~**-dabbed spout** agyagbélésű kiömlőcsatorna; ~ **deposit** agyaglelőhely; ~**-dirt** *geol* réspala; ~ **drier/dryer** agyagszárító; ~ **earth** agyagföld, agyagos föld; ~**-extrusion press** (folytonosan kinyomó) agyagprés; ~**-field** agyagbánya; ~ **fill** *geol, hidr* agyagmag; ~ **filler** *pa* kaolin töltőanyag; ~ **filling** agyag(fel)töltés; ~ **film** agyagbevonat; ~**-flint** *talt* agyagos kova; ~ **floor** *ép* vert agyagpadló/földpadló; ~ **flooring tile** padlóburkoló kerámialap; ~ **flour** agyagpor, agyagliszt; ~ **for structural products** téglaagyag, agyag épületkerámiához; ~ **fraction** *talt* agyagkomponens; agyagtartalom; ~ **front** fejtési front *(agyagbányában)*; ~ **getting** agyagkitermelés, agyagfejtés; ~ **grog mortar** *koh* samotthabarcs; ~ **ground** agyagos talaj; ~ **grouting** agyagbesajtolás; ~ **gun** *koh* dugaszolás; ~ **hole** agyaggödör; ~ **injection** agyag-cement injektálás; ~ **inrush** *bány* anyagkihullás; ~ **iron ore** agyagos vasérc; ~ **kneader** *ker* agyagörlő, agyagvágó (gép); ~ **layer** *bány* agyagpaplan; ~ **lens** *talt* agyaglencse; ~**-loading** *pa* töltés kaolinnal; ~ **loam** agyagos vályog; ~ **lump** agyagrög; ~ **marl** agyagmárga, (erősen) agyagos márga; ~ **media** *bány* agyagos kőzet; ~ **mill** *ép* agyagvágó malom; ~ **mineral** *geol* agyagásvány; ~ **mortar** agyaghabarcs; ~ **mortar covering,** ~ **mortaring** *ép* sártapasztás; ~ **of fair solidity** közepes szilárdságú agyag; ~ **packing** *hidr* agyagszigetelés; ~**-pan** *geol* vízzáró agyaglerakódás; ~ **parting** *geol* agyagos mellékkőzet; ~ **pick** kéthegyű csákány; ~ **pipe** agyagcső; ~ **pit** agyagbánya; ~**-plate mo(u)ld** *ép* kőagyaglemez-minta *(tetőcserép készítésére)*; ~ **plug** agyagdugó; ~ **pocket** *talt* agyagzárvány; ~ **pot** agyagcserép; ~ **powder** agyagliszt *(tűzálló)*; ~ **puddle** agyagos tömítés; döngölt/fehér agyag; *hidr* (vízzáró) agyagtapasztás, agyagburkolás; ~ **puddle core(-wall)** (vízszigetelő) agyagmag; ~ **puddle lining** vertagyag burkolat; ~ **puddle seal** → ~ seal; ~ **pulp** *ker* agyagiszap, öntőpép, öntőiszap, slikker; ~ **quarry** agyagbánya; agyagfejtő; ~ **rash** *bány* agyagszennyezés; ~ **revivifying** agyagregenerálás; ~ **rock** *bány* agyagos kőzet; ~ **roofing tile** tetőcserép; ~

sand *talt* agyagos homok; ~ **seal** *bány* agyagtömés; *hidr* agyagszigetelés; ~ **shale** agyagpala, palás agyag; ~**-shingle** tetőcserép; ~ **slake** agyagos tapasztás; ~ **slate** *geol* agyagpala, palás agyag; ~ **slip/sludge** → ~ pulp; ~ **slurry** *ép* agyagiszap, öntőpép, öntőiszap, slikker; ~**-slurry contamination/impurity** *ép* agyag-iszap szennyeződés; ~ **soil** agyagos talaj; ~ **stem(ming)** *bány* agyagfojtás; ~ **stor(ag)e** agyagtároló; ~ **strip** *önt* agyaghurka; ~ **sugar** agyaggal finomított cukor; ~ **tile** kerámia burkolólap; ~ **tile roof** cseréptető; ~**-treated oil** derítőfölddel kezelt olaj; ~ **treating/treatment** *ol* derítés, derítőföldes kezelés; ~ **tube** *ép* kőagyag szivárgócső; ~ **vein** *bány* agyagbeágyazás; *bány, geol* agyagér; ~ **wall tile** falburkoló kerámialap, csempe; ~ **wash** *vegy* derítőföldes finomítás; ~ **washing** *ker* agyagtisztítás, agyagiszapolás; ~**-wetting** agyagáztatás; ~ **work** agyagmunka; ~ **working** agyagfejtés; ~**-working machine** *ép* agyagmegmunkáló gép

clayband ironstone agyagos vaspát

Clayden effect *foto* Clayden-effektus, Clayden-jelenség

clayed agyaggal kevert; agyagos, agyagszerű; ~ **sand** *önt* agyagos formázóhomok

clayey agyagos, agyag(-), agyagtartalmú; ~ **marl** agyagmárga, (erősen) agyagos márga; foraminiferás agyagmárga; ~ **ore** agyagos érc; ~ **sand** agyagos homok; ~ **soil** agyagos talaj; agyagtalaj, vályogtalaj

claying tapasztás/kezelés/derítés/finomítás agyaggal; *bány* agyagtömés; fojtás *(fúrólyuké)*; *cu* agyagkezelés *(finomításnál)*; ~ **bar** agyagtömő vas *(fúrólyuktömítéshez)*; ~ **of bore hole** fúrólyuktömítés *(agyaggal)*

clayish → clayey

claylike agyagszerű

claypan → clay pan

claystone *ásv* agyagkő; argillit

CLDATA-programming language *szt* CLDATA-programnyelv

clean I. *v* (készre) kidolgoz; (meg)tisztít, kitisztít; kitakarít; simít; fényesít, políroz; *bány* mos; ülepít; *bőr* színel; *élip* főzésre/tartósításra előkészít; hántol *(rizst)*; *forg* lesimít; tisztára munkál; *hőt* megtisztít *(kazánt kazánkőtől)*; szít *(tüzet)*; *mzg* kigyomlál; *tex, vegy* száraz tisztítást végez; **II.** *a* tiszta; sima, szennyezetlen; *nyom* hibátlan, tiszta, kifogástalan; ~ **a harbo(u)r** *v* kotróval kikötőt mélyít, kikotor kikötőt; ~ **air** *környv* tiszta levegő; ~ **aircraft** *rep* karcsú testű repülőgép; ~ **annealing** fehérlágyítás; ~**-annealing furnace** fényesre lágyító kemence; ~ **barked** *fa* fehérre/teljesen lekérgezett; ~**(-)boled** *fa* ágmentes; csomómentes; ~ **configuration** *rep* tiszta konfiguráció; ~ **content** *tex* gyapjúhozam *(mosásnál)*; ~ **cotton** tisztított gyapot; ~ **cut** *fa, forg* sima vágási felület, tiszta vágás; ~**-cut** élesen körülhatárolt; világos; ~**-cut line** világosan kirajzolódó vonal; ~**-cut separation** *ol* szűk frakcionálás, desztillálás szűk frakciókra; ~ **elevator** *mzg* magelevátor, magfelhordó *(cséplőgépé)*; ~ **etching** *nyom* tisztító/tisztára maratás; ~ **exhaust** füstmentes kipufogás *(dízel-motoré)*; ~**-exhaust limit** füsthatár *(dízel-motoré)*; ~ **gas** *ol* száraz gáz; ~**-grained** *bőr* tiszta barkázatú; ~ **hemp** tiszta kenderrost; ~ **machine proof** *nyom* szemleív; ~ **nuclear weapon** „tiszta" nukleáris fegyver; ~ **of burr(s)** *önt* sorjamentes; ~ **off** *v* letisztít; *önt* sorját levág; ~ **oil** tiszta/vízmentes olaj; ~ **ore** *bány* színérc; ~ **pickle** *koh* revementesítő pác; ~ **print** *tex* éles/tiszta mintanyomás; ~ **printing** *nyom* tiszta/kifogástalan lenyomat; ~ **proof** *nyom* hibátlan korrektúra/levonat; ~ **sheet** *nyom* szemleív; ~**-slub catcher** *tex* csévélőgép-tisztító; ~**-stemmed** *fa* ágmentes; ~ **timber** hibátlan fa; ~ **to metal** fémtiszta; ~ **tone** torzításmentes hang; ~ **top gas** *koh* tiszta torokgáz; ~ **up** *v* feltakarít, felszed; *nyom* felrámol; ~**-up effect** *vegy* clean-up effektus, keményedési jelenség; ~**-up work** *bány* feltakarítás; ~ **vacuum** tiszta/olajmentes vákuum; ~ **water** *környv* tiszta/tisztított víz; ~ **weld** *heg* tiszta varrat; ~ **white flesh** bőrhúsoldal *(tiszta)*; ~ **wool** mosott gyapjú

cleanability *ép, tex* tisztíthatóság

cleanable filter regenerálható szűrő

cleaned | bran *élip* (kefegépen) tisztított korpa, kiőrölt korpa; ~ **coal** tisztított/dúsított érc; ~ **gas** *ol* tisztított gáz; ~ **sewage/waste-water** *környv* tisztított szennyvíz

cleaner tisztítószer; porszívó; tisztító(gép); *élip* gabonatisztító gép; *em* kocsizóeke; ledobóeke, lekotróeke; *hidr* utótisztítótér *(szennyvíztisztítás)*; *önt* homokkapocs, homokhorog; *pa* péptisztító; *tex* (gyapot)tisztítógép, tisztítómunkás; ~ **cell** *bány* tisztítócella; ~ **plough/plow** *bány* tisztító eke; ~**'s naphtha** lakkbenzin; ~**'s solvent** tisztítóolaj; ~ **tailings** *pl bány* flotációs zagy; ~**-up** *koh* öntecstisztító munkás; *nyom* felrámoló

cleanerette kis porszívó

cleaning tisztítás; *bány* (szén)előkészítés, ércelőkészítés; dúsítás; dúsulás; *élip* tisztítás; tisztogatás; *környv* derítés; öntisztulás; *tex* végtilolás; ~ **agent** derítőszer; ~ **aperture** tisztítónyílás *(tartályon)*; ~ **apparatus** tisztítógép, tisztítómű; ~ **bath** *tex* pácolóés tisztítófürdő; ~ **brush** *kat* csőkefe; ~ **bush rake** *ép* bokorirtó szerelék; ~ **by shaking** *bány, ker* vibrációs tisztítás; ~ **cellar** *élip* sörfejtő pince; ~ **chalk** tisztítókréta; ~ **chip** tisztítóforgács; ~ **cloth** tisztítóruha, tisztítórongy; ~ **cock** tisztítócsap; ~ **department** *élip* gabonatisztító részleg; koptató; ~ **device** fonaltisztító; tisztítókészülék; ~ **doctor** *tex* tisztítókés; ~ **door** *koh, önt* búvónyílás, begyújtónyílás *(kupolókemencén)*; ~ **drum** *önt* koptatódob, öntvénytisztító dob; ~ **effect** *tex* tisztítóhatás, mosóhatás; ~ **efficiency** *ol* tisztítási hatásfok; ~ **equipment** *hidr* tisztítóberendezés *(csatornáé)*; ~ **eye** tisztítónyílás *(szennyvízcsatornán)*; ~ **fan** *mzg* szelelő; ~ **fitting** → ~ piece; ~ **flotation** *bány* tisztítóflotálás; ~ **frequency** *tex* tisztítási gyakoriság, tisztítás ismétlődése; ~ **gun** *tex* lefúvatópisztoly; ~ **hole** *gép* tisztítónyílás; ~ **hose** mosótömlő; ~ **kit** *kat* tisztítófelszerelés; ~**-kit compartment** tisztítószerelék-tartó rekesz; ~ **machine** tisztítógép, tisztítómű; ~ **machine for wooden shutterings** *ép* zsalutábla-tisztító gép; ~ **of coal** *bány* szénelőkészítés; ~ **of sewage** *környv* szennyvíztisztítás; ~ **of the surface** *koh* felülettisztítás; ~ **of waste-water** *környv* szennyvíztisztítás; ~**-out (by pumping)** *ol* tisztítószivattyúzás; ~ **piece** *ép* tisztítóidom, csatornatisztító; ~**(-)pit** *vasút* tisztítógödör; ~ **plane** *szer* simítógyalu; ~ **plant** *bány* osztályozóberendezés, dúsítómű; *környv* tisztítótelep; ~ **preparation** *cipő* tisztítószer; ~ **property** mosóhatás *(mosószeré)*;

~ **reject** *bány* kiszérelt meddő; mosalék, vadár; ~ **rod** tisztítórúd; *kat* tisztítóvessző; ~**-rod retainer** *kat* tisztítóvessző-tartóhüvely; ~**-rod stop** *kat* tisztítóvessző-anya; ~ **roller** tisztítóhenger; ~ **shed** *vasút* kocsimosó szín; mozdonyfelfűtő szín; ~ **shoe** alsó tisztítómű *(cséplőgépen)*; ~ **shop** *önt* kikészítőműhely; ~ **stylet** *orv* tisztítótű; ~ **table** *bány* szér; szérelőasztal; ~ **team** *tex* tisztítóbrigád; ~ **unit** *bány* szérelőberendezés, dúsítóberendezés

cleanliness tisztaság; *rep* áramvonalasság, aerodinamikai jóság

cleanness *élip* tisztaság(i fok); *koh* zárványosság; ~ **of surface** *any* felületi tisztaság; ~ **of (the) weld** varrat tisztasága; ~ **rating** zárványossági vizsgálat

cleanout *hőt* tisztító búvólyuk; ~ **cover** tisztítófedlap; ~ **door** tisztítóajtó, kaminajtó; ~ **fitting** → ~ cover; ~ **hatch/opening** tisztítónyílás

cleanse (ki)tisztít, kitakarít; *bány* előkészít

cleanser tisztítószer; tisztítóberendezés; *vasút* lefúvató váltó *(gőzmozdonyon)*

cleansing tisztítás, mosás; *ép* szerelés; ~ **agent** tisztítószer, tisztítóanyag; ~ **compound** tisztítószer; ~ **machine** *tex* tisztítógép, tisztítómű; ~ **oil** tisztítóolaj; ~ **solution** tisztítóoldat; ~ **tissue** *pa* arctörlő

cleanup tisztogatás, takarítás; *bány* feltakarítás; *vák* gázlekötés, felkeményedés; ~ **and move out** építéshely-takarító és elvonulási munkák; ~ **man** *bány* feltakarító *(rakodógép után)*; rakodócsillés, széntakarító; ~ **width** *bány* rakodási szélesség; ~ **work** *bány* felrakás, feltakarítás

clear I. *v* (ki)tisztít, kitakarít; átszűr, tisztít, derít *(folyadékot)*; szabaddá tesz, elhárít; megtisztít, kiürít; tisztáz, felderít, megold; átfér; elkerül; vámkezel(tet), elvámol(tat) *(árut)*; *bány* feltakarít, felszed; *el* zárlatot megszüntet; *foto* gyengít; *hajó* eltávolodik; rendbehoz *(kötelet)*; *kh* átbuktat *(szemet)*; idomoz; *közl* elhalad; szabaddá tesz *(útvonalat)*; *rep* elrepül *(vmi mellett)*; engedélyez, alkalmasnak talál; *szt* töröl, érvénytelenít; *távk* bont *(vonalat)*; kiold; *vid* töröl; **II.** *a* tiszta, világos; átlátszó; nyílt; nem érint(kez)ő; átférő *(ajtón)*; *közl* „szabad" *(jelzés)*; *távb* érthető; **III.** *n élip* másodrangú kenyérliszt; *fa* tarvágási erdőterület; *szt* törlés; ~ **a hold** *v* hajóűrt/hombárt kiürít/kirak; ~ **air turbulence (CAT)** *met* felhő nélküli turbulencia, CAT; ~**-air-turbulence-detection laser system** *rep* lézeres tisztalevegőturbulencia-detektor; lézerrendszer a felhőtlen ég örvényességének felderítésére; ~**-and-gate operation** *szt* törlő-záró művelet; ~ **a port** *v hajó* kikötőből kifut; ~ **away** *v* eltávolít, félrevon; megtisztít, kiürít; *ép* lebont, leszed; ~**-back signal** *távb* közlés végét jelző jel; „hívott bont" jel; ~ **boiling** tisztárafőzés *(szappané)*; ~**-boled** *fa* csomómentes; sudár; ~ **bore** *gép* furatnyílás; ~ **bulb** *el* világos bura; ~ **buttress spacing** *ép* tiszta támasz/falköz *(belméret)*; ~ **by grinding** *v forg* hátraköszörül; ~ **by turning** *v* hátraesztergál; ~**-cut** szabatos; ~**-cut contour** tiszta körvonal; ~**-cutting** *fa* tarvágás; ~**-cutting area** tarvágási terület; ~ **design** *tex* sima minta; ~ **distance** belméret, belvilág; ~**-down signal** *távb* közlés kezdetét jelző jel; ~**-down time** bontási idő; ~**-fell** *v fa* vágást végez, letarol *(erdőt)*; ~**-felling** *fa* tarvágás; ~**-felling and stump-grubbing** irtás és tuskókiszedés; ~**-forward signal** *távk* végjel; ~ **gasoline** *US ol* ólommentes benzin; ~ **glass** átlátszó üveg; ~ **headway** *ép* űrszelvénymagasság, híd alatti szabad magasság; ~ **height** belmagasság, űrmagasság; *gép* hasmagasság, szabad magasság; ~ **ice** *met* átlátszó jég; jégbevonat; ~**-in** *ép, gép* belvilág; ~ **juice** *cu* tisztalé; ~ **lacquer** átlátszó/színtelen lakk; ~ **lamp** átlátszó (üvegből készült) izzólámpa; világos lámpa; ~ **line** *távk* szabad vonal; ~ **mark of print** *tex* színnyomás élessége; ~**-melted bath** *önt* teljesen megolvasztott fürdő; ~ **mesh** háló belmérete *(pl. betonvasalás)*; lyukbőség, rostanyílásméret, szitanyílásméret; ~ **octane number** oktánszám ólomhozzáadás előtt; ~ **of clouds** *rep* felhőtlen, derült; ~ **of each other** egymást nem érintő; ~ **off** *v* befejez; eltávolít, elkülönít; letisztít, lecsiszol, lesimít; ~ **of heart** *fa* bélmentes; ~ **of strays** *rep* légköri zavaroktól mentes; ~ **opening** *ép* → ~ mesh; szabad keresztmetszet; szabad nyílás; ~**-out relay** *távb* bontójelfogó; ~ **overflow** *bány* szabad átbukás; ~ **position** *kh* nyitott helyzet *(horgasnyelves tűé)*; ~ **ring** tiszta csengés *(korongvizsgálatnál)*; ~**-rinsing** *tex* befejező öblítés; ~**s** *pl fa* csomómentes fűrészáru; ~ **set** *tex* ritka (láncfonal-)beállítás; ~ **shed** *tex* nyitott/tiszta szád; ~ **sheet** *műa* átlátszó lemez/fólia; ~ **signal** *közl* „szabad" jelzés; ~ **space** szabad térköz; ~ **spacing of counterforts** *ép* pillérköz, falköz; ~ **span** szabad nyílás, falköz; szabad távolság; ~ **spot** *foto* foltudvar; ~**-stemmed** *fa* csomómentes; ~**(-)stuff** görcsmentes/hibátlan fa(anyag); ~ **test** *el* üzemképesség-vizsgálat; ~ **text reading** *szt* tisztaszöveg-olvasás; ~ **the ground** *v* feltöri *v.* (bozóttól) megtisztítja a területet; megtisztítja a terepet; *rep* elszakad a földtől; ~ **the line** *v vasút* megtisztítja a vonalat; szabaddá teszi a pályát; ~ **the runway** *v rep* a futópályát elhagyja, felszáll; ~ **top** *tex* csomó nélküli fésült anyag; ~ **to send (CTS)** *szt* adásengedélyezés, CTS; ~ **up** *v* megmagyaráz, megvilágít, tisztáz; feldolgoz *(hátralékot)*; *met* kitisztul, kiderül; ~**-view screen** *hajó* forgóablak; ~**-vision window** figyelőablak; ~ **weather** derült időjárás; ~ **width** szabad szélesség; *ép* szabad nyílás; ~ **zone** tiszta övezet; *rep* futópályán/gurulópályán kívüli akadálymentes rész

clearance megtisztítás, mentesítés; hézag, rés; nyiladék; *bány* tiszta/nyitott szelvény; *el* légköz; nettó távolság; zsinórtávolság; *em* biztonságos magasság; *ép* belméret, űrmagasság, szerkezeti magasság; belvilág; nyílásköz; régi városrész rehabilitációja; szabad keresztmetszet profilja, űrszelvény; *fa* erdőirtás, erdőnyiladék; *forg* hátlap; hátraköszörülés; *gép* fejhézag *(fogaskerekek között)*; fényrés; illesztési hézag, játék; üresjárat; *gépk* hasmagasság, szabad magasság; *hajó* (el)indulás/kifutás kikötőből; *hőt, gépk* káros tér; *közl* biztonsági távolság, térköz; *opt* fényrés; *rep* berepülési sáv; engedély *(le- v. felszállásra)*; megengedhető távolság; ~ **angle** *forg* hátszög; ~ **area** kiürítési terület; ~ **at flank** *gép* foghézag; ~ **between open contacts** *el* nyitási távolság; ~ **between the plates** lemeztávolság; ~ **card** alkalmassági bizonylat; ~ **chart** körvonalrajz; *vasút* űrszelvény; ~ **circle** *gép* belső kör; ~ **circle diameter** *gép* belsőkörátmérő; ~ **compensation** játékkiegyenlítés, hézagkiegyenlítés; ~ **diagram** *vasút* űrszelvényrajz; ~ **fit** laza illesztés; ~ **for expansion** *vasút* dilatációs/tágulási hézag; ~ **for takeoff** *rep* felszállási engedély; ~ **function** *rep* engedélyezési feladat; ~ **ga(u)ge** *mt* hézagmérő;

vasút űrszelvénymérce; ~ **height** *hajó* fixpont-magasság; *vasút* űrszelvény magassága; ~ **hole** szavatolt hézagú furat; ~ **lamp** *US* méretjelző lámpa; ~ **limit** *rep* légiforgalmi irányítói engedély érvényességének határa; ~**-loading ga(u)ge** *vasút* szabad rakodási szelvény(mérce); ~ **of aircraft** *rep* a légijármű vámmentessége; ~ **of site on completion** befejező kitakarítás *(építéshelyé)*; ~ **of span** *ép* áthidalás tiszta belmérete; ~ **pocket** *gépk* károsternövelő toldat; ~ **point** *vasút* biztonsági pont; ~ **pressure** hézagnyomás, résnyomás; ~ **size** hézagméret; ~ **space** *forg* szerszámkifutás; *gép* szerelési/illesztett hézag; *gépk* káros tér; *hidr* szivattyúkamra; *ol* mélyszivattyúholttér; ~ **to enter the traffic circuit** *rep* engedély a repülőtéri forgalmi körbe történő belépésre; ~ **to land** *rep* leszállási engedély; ~ **tyre/tire** másodrangú gumiabroncs *(hulladékból)*; ~ **void time** *rep* légiforgalmi irányítói engedély lejárati ideje; ~ **volume (CV)** *gépk* égéstérfogat; holt/káros tér; ~ **zone** városrehabilitációs zóna

cleared *kh* idomozottan kötött; *tex* hézagos; ~ **felling-area** letarolt erdőterület; ~ **goods** *kh* idomba kötött szabályos áruk

clearer *bány* munkahelyi/vágánytakarító/csillekiürítő segédmunkás; *nyom* felrámoló; tisztítóberendezés; *tex* tisztítóhenger, fordítóhenger; ~ **board** *tex* tisztítóléc; ~ **cloth** szűrővászon; tisztítószövet; ~ **coverer** *tex* tisztítóhengerbevonat-felhúzó készülék; ~ **guide-plate** *tex* fonaltisztító; fonalvezetőlap tisztítóréssel; ~ **plate** *tex* fonaltisztító; tisztítófésű; ~ **strips** *pl*, ~ **waste** *tex* hulladék *(tisztítóhenger alól)*

clearing (ki)tisztítás, kitisztulás; kivilágítás, megvilágítás; *bány* ércfinomítás, érctisztítás; vízmentesítés, víztelenítés; *ép* feltakarítás; *fa* kitermelés *(erdőé)*; *kh* idomozás; szemátbuktatás, szembezárás; *koh* derítés; *mat* kiküszöbölés *(törté)*; *szt* törlés, érvénytelenítés; *távb* bontás; *tex* élénkítés *(színé)*; enyhe fehérítés; ~ **agent** derítőszer; ~ **a mine** bánya gázmentesítése/víztelenítése, bányavízmentesítés; ~ **and grubbing (work)** *ép* építésterület megtisztítása, irtás és tuskó-gyökér eltávolítás; feltakarítás; ~ **and restriction of obstruction** *rep* akadály elhárítása és korlátozása; ~ **attachment** *tex* fonaltisztító; ~ **basin** derítőtartály; ~ **bath** *nyom* derítőfürdő; ~ **cam** *kh* emelőlakat; ~ **circuit** *vasút* oldó áramkör *(vasútbiztosításnál)*; ~**-course cam** *kh* ledobólakat; ~ **current** *távb* bontóáram; ~ **device** *aut* zavarelhárító berendezés; *szt* tisztítóberendezés; törlőberendezés, törlőszerkezet; ~ **drift** *bány* ülepítővágat; ~ **field (CF)** *at* deionizációs tér; ~ **fluid** *ol* immerziós olaj; ~ **frame** *tex* csévélőgép; ~ **gallery** *bány* ülepítővágat; ~ **hole** kiürítőnyílás, tisztítónyílás; ~ **iron** *forg* tágítótüske; ~ **key** *szt* törlőbillentyű; *távb* lejelentőbillentyű; ~ **lamp** *távb* lecsengetést jelző lámpa; ~ **lever** *szt* törlőemelő; ~ **of fractions** *mat* nevezőtlenítés, törtek megszüntetése/eltávolítása; ~ **of ground** talajkiegyengetés; ~ **of mud** iszapülepítés; ~ **of the cams/slides** *szt* lovasok leszedése *(kartonról)*; ~ **operations** *pl ép* feltakarítás; ~**-out** *ol* kútmunkálat; ~ **plate** *tex* fonaltisztító; tisztítófésű; ~ **rake** *ép* gyökérszaggató/gyökérkitépő szerelék; tuskóirtó, bozótirtó gereblye; ~ **reservoir** derítőtartály; ~ **signal** „szabad" jelzés; *távk* bontójel, lejelentés; ~ **station** *távb* átadóállomás; ~ **sump** *bány* derítő zsomp; ~ **system** *fa* tarvágási üzemmód(szer); ~ **the field of fire** *kat* belövés értékelése; ~ **time** kikapcsolási idő(tartam)/időkésés; ~**-up** *met* tisztulás, kiderülés; *opt* kivilágítás, megvilágítás; ~ **with oxygen** *koh* oxigénes nyitás; ~ **work** *ép* építésterület megtisztítás; feltakarítás

clearly-set warp *tex* ritka lánc(fonal)

clearness tisztaság, átlátszóság; világosság; áttetszőség; járhatóság, használhatóság *(úté)*; *opt* élesség; ~ **in depth** *opt* mélységélesség

clearspan szabadnyílás *(hídé)*

clearway *gép* szabad furatátmérő; *hajó* hajózható út; *közl* (gyorsforgalmi) autóút; *rep* felszállási biztonsági sáv

cleat I. *v* megerősít, rögzít; léccel rögzít/vezet; **II.** *n* vezetőléc, rögzítőléc; ék; kapocs; szorító; alátét; bőrdugó; *bány* (fő) vállap, elválási lap, vállaposodás; feszke; tám; *cipő* bőrszeg, stopli *(sportcipőn)*; *el* porcelángomb; *ép* aljazat; ereszték; gáncsfa; heveder, öv; kapcsoló szögvas/szögacél; *fa* ereszték; ütközőléc; váll *(könyökfa alatt)*; *geol* palásság; *hajó* kötélbak, kikötőbak; *közl* aljazat; *ol* kötélbika; ~ **insulator** *el* rögzítőszigetelő; ~ **plane** *bány* hasadási felület; ~**-saw** (kétnyelű) tönkvágó fűrész

cleatwork *el* huzalvezetés szigetelő porcelángombokon

cleavability hasadóképesség, hasíthatóság

cleavable hasítható, repeszthető; *ásv* palaszerűen hasadó

cleavage (szét)hasadás; hasítás; repesztés; elválás; *ásv* hasadás, repedés; hasadóképesség; hasíthatóság *(kőzeté)*; *bány* jó megbonthatóság iránya; repedezettség; vállap, elválási lap; vállaposodás; *biot* befűződés; *ép* hasadási/hasítási irány; hasíthatóság; tágulási hézag; *geol* palásság; *műa* rétegelválás *(rétegelt anyagokban)*; *vegy* hasadás, rés, repedés; hasítás; kémiai kötés felszakadása; ~ **brittleness** szemcse közti törékenység; ~ **crack** *ásv* hasadási hézag; ~ **dislocation** *ásv* hasadási diszlokáció; ~ **face** *ásv* hasadási sík; *fa* hasított fafelület, hasítási felület; ~ **filling** *bány* telérkitöltés; ~ **foliation** *geol* palásság; ~ **fracture** *any, koh* hasadó/hasadásos törés; ~ **line** *geol* hasadás vonala; ~ **plane** *ásv* hasadási sík; hasadási/hasadó felület, elválási lap; *geol* metszősík, osztósík; ~ **product** hasadási termék; ~ **slip** vékony rétegződés; *geol* álvállap; ~ **strength** *talt* hasadási szilárdság; hasítószilárdság; ~ **structure** *geol* palás szerkezet

cleave (szét)hasít, szétszakít; (szét)hasad; ragad, tapad; hozzáilleszkedik; *geol* felhasad

cleaved rock *geol* mállott kőzet

cleaver *bány* hasítóék; *élip* húsvágó/csontvágó bárd; *fa* hasítóbárd

cleaving hasítás; elválás; hasadás, rés, repedés; hézag *(falban)*; tapadás, illeszkedés; ~**(-)axe** fejsze; ~ **chisel** *ép* hasítóvéső; tetőpala-hasító ék; ~ **property** hasíthatóság; ~**-saw** hasítófűrész, rönkvágó fűrész; ~**(-)stone** palakő; ~ **surface** hasadási felület; ~ **wedge** *bány* hasítóék

cledge *talt* ványolóföld/kallózóföld felső rétege

cledgy *talt* agyagos, kötött

cleft I. *a* hasított, repedéses; **II.** *n* repedés; hasíték, hasadás; elválás; *geol* hegyszakadék, hegyhasadék; sziklahasadék; *kh* tűhorony; ~ **family** (hegy)szakadékcsoport; ~ **in the rim** *geol* repedés kráter szélén; ~ **weld** hasított illesztésű kovácshegesztés

clench I. *v* megszegez, összeszegez; megragad, összecsíp; beszorít; dugaroz, zömít; behajlít; **II.** *n* szorítás, markolás; szegecselés; kilincs, kapocs; horog, kampó; drótkötélillesztés; ~ **bolt** → clinch bolt; ~ **rivet** zömített szegecs

clepsydra vízóra *(fogyasztásmérő)*

clerestory *ép* karzatvilágító ablaksor; kis ablakos torony *(kupola, lépcsőház felett)*; oldaltető feletti ablaksor; ~ **head** *gépk* keverőkamrás dízelhengerfej; ~ **roof** tetővilágító

clerical irodai; ~ **error** íráshiba, elírás, gépelési hiba; ~ **grey/gray** *tex* sötétszürke; ~ **machine** irodagép; könyvelőgép

cleve *geol* sziklapad

Cleve's acid *vegy* Cleve-sav

cleveite *ásv* kleveit

clevis (száras)kengyel, horog; *bány* csatlókötél; kötélkampó, kötélhorog; *el* villa alakú összekötő; *ép* függesztőrúd csavarkengyele; *gép* kapcsolókengyel; *gépk* villásfej *(fékrudazatban)*; *mzg* rögzítőpeckes kengyel; ~ **bolt** kengyelzáró csapszeg; ~**-end turnbuckle** kampós végű feszítőkengyel; ~ **for pumping** szivattyúhorog; ~ **hook** beakasztó kengyel; ~ **joint** *kat* lábfej; ~**(-)pin** *gép* fejes pecek/csapszeg (sasszegfurattal); kengyelcsapszeg; ~**(-)rod** *gép* füles rúdelem; villás rúd

clew I. *v* felgombolyít; **II.** *n* gombolyag; *hajó* kötélvezeték; vitorla behúzósarka; ~ **clichage** *nyom* tömöntőanyag; ~ **up** *v hajó* bevon *(vitorlát)*; felgöngyöl

cliché *nyom* klisé, dúc, nyomódúc

click I. *v* ketyeg; kattan; kattog; csappan *(reteszelőelem)*; **II.** *n* kattanás; zárkapocs, zárnyelv; ütköző(pecek), kilincs; *szt* hangjelzés, sípolás, kattanás *(kezelőgomb lenyomása után)*; *távk* koppanás, kattanás, csattanás *(zajtípus)*; ~**-and-ratchet wheel** *gép* kilincsmű; ~ **filter** *távk* kopogásszűrő; ~**-in rail** *nyom* (ékes) zárósín; ~**-iron** zárkapocs, zárnyelv; ~ **method** *távb* behangolás billentyűzörejre; ~ **s** *rád* légköri zavarok okozta zörejek, kattogás; ~**-spring** zárkilincsrugó; ~**-stop diaphgram** *foto* rögzített (fény)rekesz/diafragma/blende; ~ **wheel** *gép* (kis) kilincskerék

clicker kereplő, kilincsmű; *cipő* felsőrészszabász; *nyom* tördelő, mettőr; ~ **machine** *tex* kiszabógép, szabászgép

clicket kattanózár *(ajtón)*, kilincs

clicking ketyegés, kattanás; kattogás; *bőr* csákozás *(szabás)*; *távk* billentyűzési zörej; ~ **board** *cipő* csákozótőke; ~ **department** cipőalkatrész-szabászat; ~ **die** csákozókés; ~ **machine** kivágógép, csákozógép, stancgép; ~ **pattern** *cipő* szabásminta

clickless key *távb* kattogásmentes kulcs

cliff *geol* sziklafal, sziklaorom; szirt, szálban álló képződmény; ~ **debris** *bány* hányóanyag; palatörmelék; *geol* törmelékkúp; ~ **glacier** meredek lejtésű gleccser; ~ **of displacement** *bány* vetődési hasadék

cliffed sziklás, szirtes; ~ **coastline** sziklás partszegély

cliffy → cliffed

cliftonite *ásv* cliftonit

climate I. *v* klimatizál; **II.** *n met* éghajlat, klíma; ~ **control** *met* éghajlat szabályozása; *rep* utasfülke mikroklímájának szabályozása; ~ **factors** éghajlati tényezők; ~ **prediction** éghajlat előrejelzése; ~ **resilience** éghajlati rugalmasság; ~ **resistance** *any* klímaállóság; ~ **sensitivity** éghajlati érzékenység

climatic *met* éghajlati; ~ **agencies** atmoszferiliák; ~ **anomaly** éghajlati anomália; ~ **category** *any* környezetállósági vizsgálati kulcsszám, klímaállósági kulcsszám; ~ **chamber** klímaszekrény; ~ **classification** éghajlat-osztályozás, klímaklasszifikáció; ~ **control** *met* éghajlati szabályozók, éghajlatalakító tényezők; ~ **cycle** éghajlati ciklus; ~ **diagram** éghajlati diagram, klímagram, klimatogram; ~ **effect** éghajlati hatás; légköri hatások; ~ **element** éghajlati elem; ~ **endurance** *any* klímaállóság; ~ **factor** *fa* klímatényező *(természetes szárításnál)*; ~ **factors** *hidr* éghajlati tényezők; ~ **fluctuation** éghajlat-ingadozás; ~ **forecast** éghajlat előrejelzése; ~ **impact** éghajlati hatás; ~ **map** *met* éghajlati térkép; ~ **potential** éghajlati potenciál; ~ **resources** éghajlati erőforrások; ~ **room** *bány* akklimatizáló kamra; ~ **scales** éghajlati skálák; ~ **season** klimatikus évszak; ~ **stress** *any* klímaigénybevétel; ~ **system** éghajlati rendszer; ~ **test** *el* klímavizsgálat; ~ **variability** éghajlat változékonysága; ~ **zone** éghajlati öv, égöv

climatization klimatizáció

climatography klimatográfia

climatological éghajlati; klimatológiai; ~ **atlas** éghajlati atlasz; ~ **counsel(ling) service** éghajlati tanácsadás; ~ **diagram** → climatic diagram; ~ **forecast** éghajlati/klimatológiai előrejelzés; ~ **observation** éghajlati megfigyelés; ~ **probability** éghajlati valószínűség; ~ **season** klimatológiai évszak; ~ **standard normals** éghajlati normálok; ~ **station** éghajlati állomás

climatology éghajlattan, klimatológia

climatonomy klimatonómia

climatopathology klimatopatológia

climatotherapy klimatoterápia, klimatikus gyógymód

climax csúcspont, tetőpont; ~ **file** háromélű, egyenlőtlen oldalú reszelő; ~ **of eruption** tűzhányókitörés tetőpontja

climb I. *v* (fel)mászik; (fel)emelkedik, felszáll; nő; *rep* emelkedik; **II.** *n* mászás; emelkedés; emelkedési távolság; *kat* röppálya szöge; *rep* emelkedés; emelkedési sebesség; ~ **angle** *rep* emelkedési szög; ~ **away** *v rep* elemelkedik; ~**-away** *rep* elemelkedés; ~**-ballast** felszállási ballaszt *(léggömbön)*; ~**-cut milling,** ~ **cutting** *forg* egy(en)irányú marás; ~ **down** *v* (le)ereszkedik; ~**-down** *rep* leereszkedés; ~ **fuel** *rep* emelkedés közben elfogyasztott tüzelőanyag; ~ **indicator** *rep* emelkedési sebességet jelző műszer, variométer; ~ **in turns** *rep* folyamatos fordulóval történő emelkedés; ~ **milling** → ~-cut milling; ~ **of dislocations** *any* diszlokációk kúszása; ~**-out** *rep* biztonságos magasságra történő emelkedés; ~ **path** *rak* indítópálya; *rep* emelkedési repülési pálya; ~ **rating** *rep* hajtómű emelkedési üzemmódja

climbable chimney *ép* mászható kémény

climber *vasút* kapaszkodó fogaskerék *(hegyi mozdonyon)*; ~**s** → climbing irons

climbing mászás; kúszás, kúszó mozgás; *bány* bányajárás; *rep* emelkedés; ~ **ability/capacity** *rep* emelkedőképesség; ~ **angle** *rep* emelkedési szög; ~ **appliance/contrivance** póznamászó kengyel, mászóvas; ~ **crane** kúszódaru; ~ **crane with articulated crab jib,** ~ **crane with trolley jib** futómacskás, csuklós gémű kúszódaru; ~ **equipment** *em* kúszóberendezés; ~ **flight** *rep* emelkedő repülés; ~ **formwork** *ép* kúszózsaluzat, kúszózsaluzás; ~ **hoist** *ép* kúszófelvonó; ~**(-)irons** *pl* kúszóvas; póznamászó kengyel, mászóvas; ~ **lane** *közl* kapaszkodósáv; ~ **point** *gép* felfutási hely *(hajtószíjé)*; ~ **power** *gépk* kapaszkodóképesség; *rep* emelkedési teljesítmény; emelkedőképesség; ~ **rod** *ép* kúszórúd *(kúszózsalué)*; ~ **scaffolding** kúszóállvány; ~ **shaft** *bány* beszállóakna, szállítóakna; ~ **shuttering** *ép* kúszózsaluzat; ~ **speed** *rep* emelkedési sebesség; ~ **switch** *vasút* kúszókitérő; ~ **system** *em* kúszási rendszer; ~ **take-off** *rep* meredek felszállás; ~ **tower crane** kúszó toronydaru, belső kúszódaru; ~ **turn** *rep* emelkedő forduló

clinch I. *v* megszegel, összeszegel; (meg)szegecsel, összeszegecsel; **II.** *n* szegrögzítés, horogrögzítés, kapocsrögzítés; szegecs, nit; kampósszeg; *gépk* keréknpántperem; ~ **a nail** *v* szegvéget visszahajlít/elkalapál *(fába)*; ~**(-)bolt** laposra vert végű *v.* elszegecselt csap; elszegecselhető csavar; ~**-built** → clinkerbuilt; ~ **button** patentkapocs; ~**(-)nail** visszagörbített szeg, visszavert fejű szeg; ~ **nailing** összeerősítés *(visszagörbített szegekkel)*

clinched and riveted tökéletesen összeszegecselve

clincher szögvisszagörbítő szerszám; visszagörbített végű szeg; *gépk* peremes gumiabroncs; ~ **band** *gép* peremalap; ~**-bead core** köpenyperemmag gumiból; ~ **rime** peremes kerékpánt, perempánt; ~ **tyre/tire** gumiperemes köpeny/abroncs; ~**-tyre/tire casing** karkasz

clinching | iron szögvisszagörbítő szerszám; ~ **machine** peremezőgép, karimázógép

cling (hozzá)tapad, kapcsolódik

clingfilm (háztartási) fólia

clinging tapadás; ~ **mustard** *kat* tapadó mustárgáz

clingmanite *ásv* clingmanit

clinical *orv* klinikai; ~ **audiometer** klinikai audiométer; ~ **thermometer** lázmérő

clinicamera *orv* üregfényképező gép

clink cseng, csörömpöl

clinker I. *v ker* zsugorít, szinterel; zsugorodik, szinterelődik; *koh* összesül; salakosodik; **II.** *n* (zsugorított) salak; *ép* csengőkő; klinker; klinkertégla; *geol* vulkáni salakkő *(megüvegesedett)*; *hőt* salakréteg *(rostélyrácson)*; *ker* (cement)klinker; porszénhamukavics, pernyekavics; *koh, heng* reveréteg; ~ **bar** salakgödör feletti tartórúd; ~ **bed** *geol* vulkáni salakágy; ~ **breaker** *ker* klinkerőrlő, klinkeraprító; *koh* salaktörő gép; ~ **brick** klinkertégla; ~**-built** *hajó* zsindelypalánkolású *(átlapoló lemezekkel borított)*, palánkos (építésű); ~ **burning** klinkerégetés; ~ **cake** *koh* salakblokk, salaklepény; ~ **clay** klinkeragyag; ~**-clay brick** porszénhamu tégla; ~ **coating** *ker* feltapadt anyag, tapadék *(kemencében)*; ~ **concrete** porszénhamukavics/pernyekavics beton; ~ **constituent** cementklinker alkotórész; ~ **crushing** klinkeraprítás, klinkerőrlés; ~ **dam** salakgát; ~ **discharge** *ker* klinkerkihozatal; *koh* salakeltávolítás, salakvezetés, lesalakozás; ~ **discharge gate** klinkerzsilip; ~**(-)elevator** *em* építőanyag-felvonó; ~ **floor** *ép* klinkerpadló; ~ **formation** *koh* salakképződés; ~ **grate** salakrostély; ~ **grinder** salaktörő, salakzúzó; ~ **grinding** klinkerőrlés, klinkerőrlemény; ~ **pit** *ker* klinkergödör; *koh* salakakna; ~ **waste heat** klinkerhulladékhő, klinkerrel távozó hő

clinkering *ker* klinkerképződés; *koh* klinkerezés; salakozás; ~ **bar/iron/tool** *koh* salaktisztító vas/rúd; ~ **zone** zsugorítózóna, szinterzóna

clinkerize *ker* klinkerré éget

clinking *koh* edzési repedés; vékony repedés képződése; ~ **back** *tex* visszaugrás (eredeti méretre)

clinkstone *geol* fonolit, csengőkő

clinoaxis *any* klinotengely

clinochlore *ásv* klinoklor

clinoclase *ásv* klinoklász

clinoclasite *ásv* klinoklászit

clinoenstatite *ásv* klinoensztatit

clinograph *bány* (fúrólyuk-)ferdeségmérő; *geol* dőlésjelző, klinográf

clinographic klinografikus; axonometrikus; ~ **projection** klinografikus *v.* ferde irányú vetület/projekció

clinography ferde (fény)sugaras vetítés

clinohedrite *ásv* klinoedrit

clinohumite *ásv* klinohumit

clinometer klinométer, dőlésmérő, hajlásmérő, lejtmérő; *geod* (ingás) léchajlásmérő, szalaghajlásmérő; *hajó* dőlésmérő; *kat* szintezős negyedlő; *ol* (fúrólyuk-)ferdeségmérő; *rep* klinométer, dőlésmérő, hajlásmérő, lejtmérő; ~ **body** negyedlőtest; ~ **carrying case** negyedlőtok; ~ **level** negyedlőszintező; ~ **scale** negyedlő-leolvasójel; ~**-thumb screw** negyedlőállító csavar

clinometry mérés klinométerrel

clinopinacoid *any* klinopinakoid; második véglap monoklin rendszerben

clinopyramid ferde gúla

clinounconformity *geol* dőlésszög diszkonformitása/diszkordanciája

clinton ore *geol* clintonérc

clintonite *ásv* clintonit

clip I. *v* (össze)kapcsol, összeszorít, csíptet; összetűz; felapróz, feldarabol; nyír; megnyír; (le)vág; *ép* apró kővel kitölt; *szt* vág, kivág; **II.** *n* rögzítő; szorító, kapocs; (szorító)bilincs, (szorító)kengyel, (befogó)pofa; csipesz, csíptető; „lovas"; levágás, szelet; nyírás; *bány* kötélkapcsoló lakat; *el* csatlakozóvég, kábelsaru; szorítóérinkező, vezetékszorító, rugós érintkező, (rugós) csatlakozósapka; *em* (sín)heveder; *ép* kapcsolólemez, szögvas-felerősítő, tetőcserép-rögzítő kapocs; *gépk* rugós rögzítő/zár; *kat* nehézlövedékemelő készülék; tölténykarima, tölténykeret; töltőléc; *közl* hámfavasalás; *orv* kapocs; *szer* csőbilincs; *tex* egyszerre lenyírt gyapjúmennyiség; fonalcsapda *(lánchengeren)*; ~ **angle** *ép* kapcsoló szögvas/szögacél; ~**-applying forceps** *orv* kapocsrakó fogó; ~ **away** *v* (le)vág, (le)nyes; ~**(-)binder** iratkapocs, gemkapocs; ~ **bolt** *gépk* rugóbilincscsavar *(laprugónál)*; ~ **brake** ollós fék; ~ **drawing** *gép* gyűjtőrajz; ~**-forming forceps** kapocsfogó csipesz; ~ **hook** kettős horog; ~ **joints** *v ép* hézagot fugáz, kihézagol; ~ **nut** *gép* záranya, lakatanya; ~ **of measuring tape** *bány* szalagbefogó szerkezet; ~ **on** *v* rácsíptet, rákapcsol, ráakaszt; ~**-on** rácsíptethető, csíptetős, rákapcsolható; ~**-on ammeter** levehető/rákapcsolható/hordozható ampermérő; csíptetős/csipeszes/ráakasztható árammérő; ~**-on motor** segédmotor; ~**-opening ramp** *ép, vasút* kötélpályakocsi-kikapcsoló; ~ **plate** abroncslemez; kocsirugóra szerelt lap; *gép* feszítőlap; ~ **pulley** *em* kötélgörgő; ~ **ring** rugós szorítógyűrű; ~s *pl* → clippers; ~ **screws** nóniuszigazító csavarok *(teodolit magassági körén)*; ~ **slot** abroncshorony; ~ **stenter** *tex* karmos/befogós feszítőkeret; ~ **stretcher** *tex* befogós szélességtartó; ~ **support** *el* bilincses megerősítés

clipped levágott; ~ **delta wing** *rep* levágott deltaszárny; ~ **gable roof** *ép* csonka kontyfedél; ~ **noise** levágott/korlátozott zajok

clipper rugós horog/akasztó, karabiner(horog); klipper; gyorsjáratú hajó/repülőgép, klipper; utasszállító vízirepülőgép; *bány* csatlós, kapcsos *(munkás)*; csilletologató; *el* impulzuskorlátozó, impulzust leválasztó fokozat, vágófokozat; *távk* csúcshatároló, klipper; korlátozókör, választókör; ~ **amplifier** *távk* vágóerősítő; ~ **circuit** amplitúdóhatároló/amplitúdókorlátozó (kör); ~ **diode** *távk* vágódióda; ~**-on** *bány* kapcsos *(munkás)*; ~**s** (harapó)fogó; vágó; olló; hajvágó olló; drótvágó olló; (villamos) sövénynyíró (olló); *fa* furnérolló; *tex* gyapjúnyíró olló; *üveg* üvegvágó olló; ~ **tube** limitercső

clipping nyesés, nyírás; levágás, szelet; csonkítás, korlátozás; *el* impulzuskorlátozás; jelkorlátozás, levágás; *élip* toklászolás; *hang* hangtöredezés; *koh* sorjázás; *távb* levágás, clipping; *távk* csúcshatárolás, csúcslevágás, vágás; jel(le)vágás; *tex* gyapjúnyiradék, nyírott gyapjú; ~ **amplifier** *távk* vágóerősítő; ~ **circuit** → clipper circuit; ~ **machine** *tex* nyírógép; ~ **room** *film* vágószoba; ~**s** *pl* potyadék, forgács, faradék; *pa* szélhulladék; *tex* kilós maradék, kivágás; ~ **time (constant)** *at* limiter/vágófokozat *v.* impulzuskorlátozó fokozat időállandója

clique *mat* teljes részgráf

CLK → clock (signal)

cloaca (vízöblítéses) árnyékszék; szennyvízcsatorna, pöcegödör

cloak *tex* köpeny, (védő)burkolat

cloaking *tex* gyapjúáru *(nehéz köpenyanyag)*

cloakroom ruhatár; mosdó *(vécé)*; *vasút* poggyászmegőrző

clock I. *v* sebességet elér; mér, stoppol, regisztrál *(időt)*; **II.** *n* óra, falióra, állóóra, ingaóra; mérő(óra); regisztrálókészülék; toronyóra; időmérő (berendezés), kronométer; *aut, szt* óra, ütemadó; *el* fogyasztásmérő; óra(generátor), órajel-generátor, időjel-generátor, óraregiszter; ~**-actuated read-out** *szt* ütemszabályozásos kiolvasás; ~ **camera** *foto* rugós kamera; ~ **card** *ip* bélyegzőlap; ~ **cycle** órajel-periódusidő, ütemidő; ~ **cycle time** *szt* ciklusidő; ~ **diagram** *szt* kördiagram, vektordiagram; ~ **dial** (óra)számlap; ~**-dial micrometer** mérőórás mikrométer; ~ **drive** *aut* óramű-szabályozás; ~ **frequency** *szt* órajel-frekvencia; ~ **generator** *szt* ütemadó, órajel-generátor; ~ **glass** *vegy* óraüveg; ~**-hour demand** *en* egyórás (csúcs)terhelés; ~ **in** *v* (érkezési időpontot *v.* érkezéskor) bélyegez; ~ **key** *óra* felhúzókulcs; ~ **mainspring** órarugó, óraműhajtó rugó; ~**-meter** óraműves fogyasztómérő/számláló; óraszerkezetes/számlapos mérőműszer; *el* ingás fogyasztásmérő; ~ **motor** óramotor, törpe szinkronmotor; ~ **movement** óramechanizmus, óraszerkezet; ~ **multivibrator** impulzusadó, ütemadó; ~ **off/out** *v ip* (távozási időpontot *v.* távozáskor) bélyegez; ~ **paradox** *fiz* óraparadoxon, ikerparadoxon; ~**-pinion file** *óra* tengelykerék-reszelő; ~ **pulse** ütemimpulzus; *szt* órajel; ~ **pulse generator** *szt* órajel-generátor, ütemadó, óraregiszter; ~ **pulse width** *szt* óraimpulzus szélessége; ~ **rate** *szt* órajárás, órafrekvencia; ~**(-)reading** időmérés; időfelvétel; ~ **relay** időkapcsoló/óraműves relé, időrelé; kapcsolóóra, időkapcsoló, timer; ~ **signal (CLK)** *szt* órajel, CLK; ~ **spring** órarugó, óraműhajtó rugó; spirális rugó; ~ **stamp** óraműves bélyegző; ~ **switch** óraműves kapcsoló; ~ **time** *szt* óraidő; ütemidő; ~**-tower** *ép* óratorony; ~ **track** *aut* óranyom *(mágnesdobon)*; *szt* órajelpálya, órajelsáv; ~**-track delay circuit** óracsatorna *v.* vezérlőóracsatorna késleltető áramköre; ~**-type dial** számtárcsa

clocked *szt* szinkronizált

clockface (óra)számlap

clocking (idő)bélyegzés *(gyárban stb.)*

clockmaker órás

clockwise (CW) óramutató járásával egyező (irányú/irányban/értelemben); ~ **directon/sense** *mat* az óramutató járásával megegyező irány/értelem; ~ **rotating** jobbforgású, az óramutató járásával megegyező értelemben forgó/járó; ~ **rotation** az óramutató járásával megegyező értelmű forg(at)ás, jobbmenet

clockwork óramű, óraszerkezet, ütőmű; ~ **feed** adagolás óraművel; ~ **fuse** időzített gyújtó *(óraszerkezetes)*; ~**-gadget** *foto* időzített zár, fényképezőgépzár; ~ **mechanism** óramechanizmus, óraszerkezet, óramű

clod I. *v* sűrűsödik, csomósodik, összeáll, összetapad; *geol* lesüpped; **II.** *n* (kis)csomó; *bány* agyagpala, palás agyag; lejáró réteg; puha fekü; *fa* csomó; *mzg* göröngy, hant; gyeptégla; rög; ~**(-)beetle** *ép* rögtörő/talajporhanyító dorong; ~**(-)breaker** *mzg* rögtörő/rögzúzó/ (talaj)porhanyító (henger); ~**(-)coal** darabos szén; ~**(-)crusher** → ~ breaker; ~**-crushers** *pl* (nehéz) bakancs; ~ **sweep** rögterelő szárny *(vetőgépen)*

CLODD → compensation of lowest-order dangerous diagrams

clodding press lenolajsajtó

clodhoppers *pl* (nehéz) bakancs

clog I. *v* eltöm, eldugaszol; gátol, eltorlaszol; akadályoz, (lerakódással)elzár; elzár, lebiztosít, rögzít *(gépet)*; túlterhel; (el)tömődik, eldugul; elzáródik; *forg* elszalonnásodik *(korong)*; eltömődik *(reszelő)*; *tex* összecsomósodik; **II.** *n* kölönc, béklyó; gátlás; *bány* máglya; *cipő* facipő, fatalpú cipő; *közl* kerékakasztó saru; ~**-maker** facipőkészítő; ~ **pack** *bány* tömedékszekrény; ~**s** *pl cipő* redőzött felsőrészalkatrész; *hajó* lábtartó szíj *(csónakon)*

clogged eltömődött, eldugult

clogging eltömődés, eldugulás; lerakódás; elszennyeződés; *el* fejeltömődés, clogging; *forg* elszalonnásodás *(korongé)*; *hidr* beiszapolódás; *koh* elfagyás; *tex* összecsomósodás; ~ **sieve** *élip* eltömődött szita

cloister *ép* fedett árkád, kerengő; ~ **tile roofing** kolostor-cserépfedés; ~ **vault** kolostorboltozat; ~ **vault in the ground** fenékboltozat *(alapozásnál)*

clonation *biot* klónozás

clone I. *v biot* klónoz; **II.** *n biot* klón; *szt* utánzat, hasonmás

cloqué *tex* kloké *(anyag)*
close I. *v* bezár; becsuk; elzár, lezár; bezár, behatárol; befejez, elvégez; szorosra fog, összezár; összesodor *(kötelet)*; záródik, csukódik, bezárul; befejeződik, végéhez ér; felzárkózik, összeszorul; *el* (áramkört) zár; bekapcsol *(kapcsolót)*; *szt* lezár, kizárólagos használatra lefoglal; **II.** *a* szűk, szoros; sűrű, feszes, tömör, tömött, kompakt; összenyomott; fülledt; közeli; *élip* tömött szerkezetű; *gép* szigorú *(tűrés, ellenőrzés)*; *hők* ládában végzett; *ip* nehezen beszerezhető; *szt* zárt; **III.** *n* vég, (le)zárás; kerítés, sövény; *közl* köz; **IV.** *adv ip* közel; szorosan, légmentesen; szűken, sűrűn; ~ **a building pit by sheet piling** *v ép* körülszádol *(munkagödröt)*; ~ **air** zárt levegő; nyomott/fülledt levegő; ~ **air support (CAS)** *kat* közvetlen légitámogatás; ~**-annealed** *hők* ládában lágyított/izzított; ~ **annealing** *hők* lágyítás ládában; ~ **a parenthesis,** ~ **the bracket** *v mat* zárójelet (be)zár; ~ **a road (for traffic)** *v közl* utat lezár; ~**-beamed floor** *ép* gerendafödém; ~ **bending test** *any* 180 fokos hajlítópróba; ~**-boarded battened roof(ing)** *ép* kettős cserépfedés; ~ **boarding** pallófal; ~**-boiling mixture** *ol* szűk forrponthatárok között forró elegy; ~**-burning** parázsló; *hőt* összesülő, kokszolható; ~ **butt joint** hézag nélküli tompakötés; ~ **check** szigorú ellenőrzés; finom szabályozás; ~ **classification** *szt* alfajokat kezelő osztályozás; ~ **cloth** sűrű (szövésű) szövet, nehéz szövet; ~**-connected** szorosan kapcsolt; ~ **contact** szoros kapcsolat; ~ **continuous mill** zárt kivitelezésű folyamatos hengersor; ~ **control** finom szabályozás; ~**-control bombing** *rep* rádióvezérlésű bombázás; ~ **cord** *távb* átkapcsoló, bekapcsolózsinór; ~ **correlation** szoros összefüggés *(statisztikai)*; ~**-coupled** *távk* szoros csatolású; ~**-coupled pump** *hidr* közvetlen hajtású szivattyú; ~ **coupling (CC)** *távk* szoros csatolás; ~**-cut separation** szűk forrponthatárok között forró elegy; *ol* szűk frakcionálás, desztillálás szűk frakciókra; ~ **direction finding** *rád* kis távolságú iránymérés/iránymeghatározás; ~ **disturbation** *rád* közeli zavar(ás); ~ **down an engine** *v rep* hajtóművet leállít; ~ **drill** sarokfúrógép; ~ **etching** *nyom* precíz maratás; ~ **examination** tüzetes vizsgálat; ~**-finned** sűrűn bordázott; ~**-finned floor** → ~-ribbed floor; ~ **fit** szoros illesztés; ~**-fitting** *tex* testhezálló; ~**-fitting pattern** szorosan illeszkedő minta; ~ **foliation** vékony lemezes palásodás; ~**-formed** *alak* (süllyesztékben) méretre kovácsolt; ~ **fraction** *vegy* szűk (határok közötti) párlat; ~**-graded aggregate** *ker* folyamatos szemszerkezetű adalékanyag; ~ **grain** *bőr* zárt barka; ~**-grained** apró/finom szemcsés; *any* tömött/tömör szerkezetű; *fa* finomrostú, sűrű szövetű, sűrűn erezett; *önt* finom szemcsés; ~**-grained casting** finom szemcséjű öntés; ~**-grained pig-iron** finom szemcsés nyersvas; ~**-grained wool** sűrű rostszerkezetű/évgyűrűjű fa, durva szálú fa; ~ **grinding** *élip* sima őrlés; ~**-in** közeli, közel-; fővároshoz/nagyvároshoz közeli *(repülőtér)*; civilizált területen működő *(kutatás/üzem)*; ~**-in battle** *kat* közelharc; ~**-in fallout** *at* primer/elsődleges radioaktív csapadék; ~ **joint** *heg* hézag nélküli kötés; ~**-joint cleavage** *geol* álréteg; ~ **jointing** *ép* szoros hézagképzés; ~**-link chain** *vegy* rövid szemű lánc; ~**(-)matter** *nyom* tömör/kompressz, szedés; ~**-meshed** apró nyílású, finom *(szita)*; finom/sűrű rácsos; *kh* apró szemű, szoros kötésű; ~ **microstructure** *élip* zárt mikroszerkezet; ~ **nipple** dugó; *gépk* dugócsavar; ~ **order** *ép* zárt rendszer; ~**-packed (CP)** szoros illeszkedésű; *ásv* tömött rácsú; ~**-packed hexagonal structure** *at* szoros illeszkedésű hexagonális szerkezet; ~**-packed plane** szoros illeszkedésű rácssík; ~**-packed structure** szoros illeszkedésű (kristály)struktúra/szerkezet, tömör gömbös elrendeződés, legszorosabb gömbilleszkedés; ~**-packed traffic** sűrű (közúti) forgalom; ~**(-) packing** *any* szoros tömöttség; *ásv* szoros illeszkedés; *bány* szoros tömés, teljes tömedékelés; ~ **print** *nyom* kompressz szedés; ~ **push-button** záró nyomógomb; ~**-range indication** kis távolságú *v.* közeli indikálás; ~ **regulation** finom szabályozás; ~**-ribbed floor** *ép* sűrűbordás födém; ~ **riveting** tömör szegecselés; ~ **scanning** *tv* finom *v.* nagy pontszámú/felbontóképességű letapogatás; ~ **set** sűrű, feszes, tömör, tömött, kompakt; *mzg* sűrűn ültetett; ~**-set timber** *bány* gárdaácsolat; soros/sűrű ácsolás; ~ **setting** *tex* sűrű beállítás; ~ **sizing** *élip* szoros szitás osztályozás; ~**-spaced** *nyom* sűrűn szedett; ~**-spaced fin** *gép* sűrű bordázat; ~**-spaced measurement** *geof* kis állomásközű *v.* részletes mérés; ~**-spaced roof trusses** *ép* sűrűállásos tetőszerkezetek; ~**-spaced triode** *el* kis katódterű trióda; ~ **spacing** *nyom* sűrű sorkizárás; ~ **stitch** *tex* gomblyukoltés; ~ **substance** tömör anyag; ~ **suite** alacsony öblítőtartályos vécé; ~**-talking microphone** közelbeszélő mikrofon; ~**-talking response/ sensitivity** (mikrofon)érzékenység közeli hangokra, beszédérzékenység; ~ **texture** *geol* finom kristályú szerkezet; *tex* sűrű szövet/textúra; ~**-textured** *tex* sűrű szövésű; ~ **timber** → ~-set timber; ~ **tolerance** szűk tűrés; ~**-tolerance casting** szűk tűrésű öntvény; ~**-toothed** sűrű fogazású *(fogaskerék)*; ~ **up** *v* összeszorul, összepréselődik; bezárul, elzárul, elzárkózik, betömődik; bezár, lezár; elzár, betöm, eltorlaszol; *gép* elszegecsel, zárófejez *(szegecset)*; *nyom* összehúz, tömörít *(szedést)*; *tex* összecsuk *(motollát)*; ~**-up** *film, tv* közelkép; premier plán; ~ **uppers** *v cipő* felsőrészt készít; ~**-up synchronizing** *film, tv* szájszinkronitás; **„~-up" mark** *nyom* összehúzójel, „közelíteni"-jel; ~**-wall** *ép* határfal; ~ **wound** *tex* keményre csévélt; ~ **woven** sűrű szövésű, sűrűn szőtt
closed eldugult; eltömődött, eldugult; (le)zárt; csukott; *gép, heg* hézag nélküli; ~ **action chain** zárt hatáslánc; ~ **air-circuit cooling** *el* zárt köráramú léghűtés; ~**-air cooler** körléghűtő; ~ **angle** *mt* zárt sarok/ szöglet; ~ **antenna** keretantenna; ~ **anticline** *geol* zárt antiklinális; ~ **armo(u)ring** *el* zárt páncélzat; ~ **ashpit furnace** *hőt* aláfúvásos üzemű (rostélyos) kazán; ~ **assembly time** *fa, pa, műa* összeillesztési idő ragasztásnál; ~ **ball** *mat* gömbtest, zárt gömb; ~ **band** *szt* betöltött (energia)sáv; ~ **belt conveyor/conveyer** tömlőhevederes/húzózáras szállítószalag; ~**-butt joint** *ép* hézagmentes bütüillesztés; zárt *v.* hézag nélküli tompaillesztés; ~ **carbon-chain** *vegy* zárt szénlánc; ~ **cell** *met, műa* zárt cella; ~**-cell cellular material** *műa* zártcellás műanyaghab; ~**-cell structure** *műa* zártcellás habszerkezet; ~ **centrifugal pump** *hidr* zárt lapátkerekes centrifugálszivattyú; ~ **chain** *vegy* zárt/gyűrűs atomlánc/szénlánc; ~**-chain hydrocarbons** zárt láncú szénhidrogének; ~**(-)circuit** zárt körfolyamat; zárt áramkörű; nyugvóáramú; *el* zárt áramkör; *hőt* zárt kör(folyam)/ciklus; ~**-circuit**

breathing apparatus körfolyamatos légzőkészülék; regeneráló (légző)készülék; **~-circuit burglar(-) alarm** áramkört záró betörésjelző; **~-circuit cell** nyugvóáramú/szünetáramú elem; **~-circuit condition** *el* bekapcsolt állapot; **~-circuit contact** *távk* nyugvóáramú érintkező, bontóérintkező; **~-circuit cooling** *el* zárt köráramú hűtés; **~-circuit crushing** *bány, ép* aprítás körfolyamatban *v.* zárt folyamatban; **~-circuit current** *távk* nyugalmi áram, szünetáram; **~-circuit grinding** *bány* körfolyamatos őrlés; **~-circuit system** *hidr* zárt körfolyamú rendszer; **~-circuit television (CCTV)** zárt láncú televízió, CCTV; **~-circuit working/system** *távk* nyugvóáramú/szünetáramú üzem; **~-circuit yoke** *el* rövidre zárt járom; **~ circular line** *el* körvezeték; **~ cockpit** *rep* zárt fülke; **~ complex plane** *mat* kibővített/komplex számsík; **~ compost making** *mzg* zárt komposztálás; **~ conduit drop/fall** *hidr* zárt surrantó; **~ conduit flow** *hidr* zárt szelvényű vízmozgás; **~ connecting-rod end** *gép* zárt hajtórúdfej; **~ contact** *el* bontó/nyitó/nyugvóáramú érintkező; **~ contour** *mat* kontúr, zárt görbe, hurok, zárt út, körút; **~ contour line integral** körintegrál, kontúrintegrál, zárt görbén vett vonalintegrál; **~ control chain** *aut* zárt hatáslánc, hurok; **~ control loop** *aut, koh* szabályozási kör/hurok; **~ convex curve** *mat* ovális, zárt konvex görbe; **~ coordinated index** *szt* szinonimákat kezelő zárt indexrendszer; **~-core transformer** zárt vasmagú/mágneskörű transzformátor; **~ coupling** merev tengelykapcsoló; **~-cup flash point** → **~** flash(-)point; **~-cup tester** zárttérilobbanáspont-meghhatározó; **~ curve** → **~** contour; **~ cycle** zárt ciklus; *at, gépk* zárt körfolyamat; **~-cycle control** zárt ciklusú szabályozás; zárt hurkú irányítás; *aut* szabályozás zárt ciklussal; **~-cycle cooling** keringető hűtés; **~-cycle cooling maser** zárt körfolyamatban hűtött mézer, zárt hűtőrendszerű mézer; **~ derrick** *ol* befedett/bedeszkázott fúrótorony; **~ diaphragm** *finm* dobozmembrán, szilfon; **~-die process** sajtolás zárt süllyesztékben; **~ domain** *mat* domén, (zárt)tartomány; **~-drainage area** *hidr* zárt/lefolyástalan öblözet; **~ drum (concrete) mixer with tipping chute discharge** *ép* kihordókanalas fekvődobos keverőgép, állandó forgásirányú dobkeverőgép; **~ drum mixer (with reverse discharge)** *ép* (irányváltós) fekvődobos keverőgép; forgódobos keverő (reverzáló ürítéssel); **~-end harrow** zárt keretű borona; **~-end impedance** *el* rövidzárlati ellenállás; **~-end pipe** zárt csővég; **~-end spanner** gyűrűs csavarkulcs; **~-end wrench** csillagkulcs; tűzőkulcs; **~ expansion tank** nyomótartály; **~ eye bolt** *gép* szemcsavar; **~ flash(-)point** zárt téri lobbanáspont, lobbanáspont zárt tégelyben; **~ flume** *hidr* zárt turbinakamra; **~ foliation** *geol* álpalásság; **~ form** *ásv* zárt forma; *mat* zárt alakban való előállítás, zárt alak; **~ frame** *ép* zárt keret; *gép* szekrényváz, kocsiváz; **~ fuselage** zártfülkés repülőgéptörzs; **~ graph** zárt görbe/grafikon; *mat* zárt gráf; **~ guide** zárt vezetés; **~ half-line** *mat* sugár, (zárt) félegyenes, félsugár; **~ hearth** elzárófedeles olvasztókemence; **~ heating system** zárt rendszerű központi fűtés; **~ impeller pump** *hidr* zárt járókerekes szivattyú; **~ indexing** *szt* korlátozott kifejezéskészleten alapuló indexelés; **~-in pressure** *ol* zárónyomás, nyomás zárt tolózárral; **~ interval** *mat, stat* zárt szakasz/intervallum; **~-in well** *ol* lezárt kút; **~ iron core** *rád* zárt (vas)mag; **~ joint** *heg* hézag nélküli kötés; **~ Jordan curve** *mat* egyszerű zárt görbe, zárt Jordan-görbe; **~-kettle dye** *tex* zárt típusú színezőgép; **~ lattice** *mat* teljes háló; **~ line** *geof* zárt szelvényvonal; **~-link drive** *gép* kényszermozgású hajtás; **~ liquid helium refrigerator** folyékony héliumos zárt hűtőaggregát; **~ loop** *aut* zárt hurok/hatáslánc; *kh* zárt szem; *mat* kontúr, zárt görbe, zárt út, körút; *szt* zárt hatásvonal/hurok; **~-loop** *szt* zárt hurkú; **~-loop adaptive control** zárt hurkú adaptív vezérlés; **~ loop-aerial** zárt keretantenna; **~-loop circuit** *aut* zárt (hurkú) kör; *szt* zárt hurkú kapcsolás; **~-loop control** *szt* zárthurok-vezérlés; **~-loop control-circuit** zárt szabályozási kör; **~-loop gain** *aut* zárt hurkú erősítés; **~-loop optimum pulse system** zárt hurkú optimális mintavételező rendszer; **~-loop process control** *szt* zárt láncú folyamatvezérlés; **~-loop pulse system with extrapolator** zárt mintavételező rendszer, zárt impulzusrendszer extrapolátorral; **~-loop pulse system with retardation** holtidős zárt mintavételező rendszer; **~-loop response** zárt szabályozási kör átmeneti függvénye; **~-loop system** *aut, távk* nyugvóáramú/szünetáramú rendszer; zárt (hurkú) rendszer; zárt hatáslánc; **~-loop telemetry** zárt hurkú távmérés *v.* távmérő kör; **~-loop transfer function** alapjelátviteli függvény, zárt szabályozási kör átviteli függvénye; **~ magnetic circuit** mágneseskör, erővonallezárás; **~ manifold** *mat* zárt sokaság; **~ mixer** *gumi, műa* zárt keverő; **~ nozzle** *gépk* zárt porlasztó; **~ path** zárt út/pálya/nyomvonal; *aut* zárt kör; *mat* zárt út, hurok; **~ plane** *mat* kibővített/komplex számsík; **~ pore** *ásv* zárt pórus; **~ port** *hajó* zárt kikötő; **~ position** *el* bekapcsolt állapot, zárt helyzet; **~ rate** *rep* zárt díjszabás; **~ reed** *tex* zárt felvetőborda; **~ region** *mat* tartomány; **~ rivet** készre fejezett szegecs; **~ rotative gas lift system** *ol* zárt segédgázrendszer; **~ scheme** *távk* egységes számrendszer; **~ semiring** *szt* zárt félgyűrű; **~ sequential scheme** *stat* zárt szekvenciális mintavételi terv; **~ set** *mat* zárt halmaz; **~ shed** *tex* zárt száď; **~ shedding** *tex* zárt szádképzés; **~ sheeting** *ép* körülszádolás, szádfalas körülzárás; **~ shell** *at* zárt héj, betöltött (elektron)héj; **~ shield socket** *bány* zárt pajzstalp; **~ shop** *ip* csak szervezett dolgozókat foglalkoztató üzem; *szt* zárt üzem *(számítóközponté)*; **~ simple curve** *mat* egyszerű zárt görbe, zárt Jordan-görbe; **~ slot** *el* zárt horony; **~ space** zárt tér; **~ spacing** *nyom* sűrű sorkizárás; **~ sphere** *mat* gömbtest, zárt gömb; **~ spherical region** *mat* gömb, tömör gömb; **~ spiral worm conveyor** *ép* zárt szállítócsiga; **~ statement** *mat* ítélet, (zárt) mondat/állítás; *szt* befejezési utasítás; **~ stope** *bány* eltömedékelt/berakott fejtés; **~ structure** *geol* vékonylemezes szerkezet; *ol* (köröskörül) zárt szerkezet; **~ subroutine** *szt* zárt szubrutin; **~ surface** *geol* zárt felületű réteg; **~ system** zárt rendszer; *el* zárt áramkörű rendszer; **~ tank battery** *ol* zárttartály-állomás; **~ tee-joint** *heg* T-illesztés; **~-throat wind tunnel** *rep* zárt toroknyílású szélcsatorna; **~-top (type) housing, ~-topped housing** zárt hengerállvány; **~ track** (le)zárt útvonal; **~-transition starting** *el* folyamatos/megszakításmentes indítás; **~ traverse** zárt sokszögvonal/poligon; **~ triangle** *geod* zárt/bekötött háromszög; **~-tube diffusion** *félv* ampullás adalékolás; **~ turbine** *hidr* zárt turbina; ~-**type hanger** *gép* zárt függőgyám, zárt függő csapágytartó; ~ **user group (CUG)** *távk* zárt előfizetői csoport; *szt* zárt felhasználócsoport, CUG; ~ **user group with access** *távk* zárt felhasználói csoport kimenettel; ~ **weir** *hidr* állógát, fix gát; ~ **well** *ol* lezárt kút; ~ **winding** *el* zárt tekercselés; ~ **window** *szt* zárt ablak; ~ **work** föld alatti bányaműveletek/fejtés

closely szorosan, légmentesen; szűken, sűrűn; közel; ~-**graded soil** *talt* egyenletes szemelosztású talaj; ~-**packed lattice** tömött kristályrács; ~ **ringed** *fa* keskeny évgyűrűs, sűrű évgyűrűzetű; sűrű szálú *(faanyag)*; ~-**ringed timber** sűrű szövetű fa; ~-**set warp** *tex* sűrű beállítású lánc(fonal); ~-**spaced fracturing** finom zúzás, granulálás; ~-**spaced lattice** sűrű rács, kis paraméterű rács; ~ **spaced line** *nyom* szűk (kompakt) levegőtlen sor; ~ **woven** *tex* sűrűn szőtt; sűrűszövésű; ~ **woven fabric** sűrűbeállítású szövet

closeness sűrűség, tömöttség; tömörség; kompaktság; *tex* sűrű szövés, sűrűség; ~ **of fit** illeszkedés/illesztés pontossága; ~ **of governing** irányítási pontosság; ~ **of packing** *vegy* szoros illeszkedés; ~ **of threads** *tex* fonalsűrűség *(beállítás)*; ~ **of wires** *tex* bordasűrűség

closer zárószerkezet, csukószerkezet; *ép* fejelőtégla; zárókő; *gép* befogófej, befogóhüvely

closest legszorosabb; ~ **approach** legszorosabb/maximális megközelítés; ~-**packed lattice plane** *ásv* legszorosabb illeszkedésű rácssík; ~-**packed structure** *ásv* legszorosabb illeszkedésű szerkezet, legszorosabb gömbilleszkedés; ~ **packing** *fiz* legszorosabb illeszkedés/tömöttség

closet kamra, cella; szobácska, fülke; beépített szekrény; faliszekrény; vécé; ~ **bowl** vécécsésze; ~ **cistern**, ~-**flushing tank** vécéöblítő tartály; ~ **hopper** vécé-lefolyótölcsér; ~ **pan** vécécsésze; ~ **seat** (vécé)ülőke, vécéülésdeszka

closing csővég; (le)zárás, eldugulás; *bány* ajtó *(aknáé)*; *cipő* alsórész felerősítése; felsőrészkészítés; *el* bekapcsolás, zárás; *élip* csomaglezárás; *kh* bekötés *(kimaradt szemeké)*; kesztyűösszevarrás; *távb* lenyomás *(billentyűé)*; *tex* töltőkikészítés; *vasút* lezárás *(váltócsúcsé)*; ~ **angle** behúzószög *(relén)*; ~ **band** zárópánt, zárjelszalag; ragasztószalag; ~ **bead** *heg* gyökvarrat; ~ **captions** → ~ titles; ~ **circuit** *el* zárókör; ~ **clasp** záróretesz; ~ **cock** (elzáró)csap; ~ **coil (cc)** *el* zárótekercs; ~ **component** záróelem *(szelepé)*; ~ **cone** *ép* kúpos elzáró; ~ **cover (in two parts)** *finm* (kétrészes) zárófedél; ~ **credits** → ~ titles; ~ **current** zárási áram; ~ **delay** *aut* bekapcsoláskésleltetés, záráskésleltetés; ~ **department** → ~ room; ~ **device** zárószerkezet, csukószerkezet; *nyom* préselőberendezés; ~ **die** lezáró szerszám; összefogó szerszám *(szegecseléshez)*; ~ **dike** *hidr* mederelzárás, mederáttöltés; mederelzáró gát; ~ **duration** *szt* zárási időtartam; ~ **edge** óratok középrészzárása; ~ **error** *geod* záróhiba; ~ **error of coordinates** *geod* koordináta-záróhiba; ~ **error (of levelling circuit)** *geod* poligon-záróhiba; ~ **flap** *gép* zárócsappantyú; ~ **force of pressure die** *önt* szerszámzáró erő; ~ **gate** *hidr* elzáró csappantyú/zsilip; ~ **head** *gép* zárófej; ~ **length** *ép* záródarabhossz; ~ **line** *mech* záróvonal *(erősokszögé)*; ~ **machine** *élip* zárógép; *koh* kötélsodró gép; *nyom* hajtogatógép; *önt* összerakó gép; *tex* kötélverő gép; ~ **magnet** zárómágnes, reteszelőmágnes; ~ **mechanism** *el* zárószerkezet, csukószerkezet; ~ **mechanism of pressure die** *önt* szerszámzáró/formazáró szerkezet; ~ **of a ring** *vegy* gyűrűzáródás; ~ **of the circuit** *el* áramkör zárása, bekapcsolás; ~ **of valve** szelepzárás; ~ **order** *aut* bekapcsolási parancs; ~ **plate** (el)zárólemez; ~ **pressure** *ol* zárónyomás; ~ **relay** *el* zárórelé; ~ **roll** *heng* véghenger; ~ **room** cipőfelsőrész-tűzöde; ~ **screw** menetes zárócsavar; *fa* csavardugó; menetcsap; ~ **seam** *cipő* talpszéllevarrás; tűzőöltés; ~ **sheet** *ép* véglemez; ~ **shutter** *foto* csapózár; ~ **spark** *el* bekapcsolási/zárási szikra; ~ **switch** *el* zárókapcsoló; ~ **tape** → ~ band; ~ **time** *aut* beavatkozási idő; *el* bekapcsolási/zárási idő, zárási önidő; *műa* formazáródási/szerszámzárási idő; *szt* zárási idő(tartam); ~ **time for news** *nyom* lapzárta; ~ **titles** *pl film* végefőcím; ~ **trap** csapóajtó; ~ **travel** *műa* (szerszám)zárómozgás, zárómozgás úthossza; ~-**up** *bány* összenövesztés; *vasút* felfutás *(lazán kapcsolt kocsiké)*; ~-**up stone** *ép* nyílásfedő kőlap; ~ **voltage** *el* bekapcsolási feszültség; ~ **yoke** *el* zárójárom

closure (el)zárás, zárlat; *bány* szelvénycsökkenés; *ép* térfal; térhatárolás, térzárás; *geod* horizontzárás, horizontzárlat; záróirány; *geof* szelvényzárás; *gumi* szigetelés; *hidr* mederelzárás, mederáttöltés; üzemszünet; *mat* lezárás; ~ **domain** *félv* (ferromágneses)záródomén; ~ **embankment** *hidr* körgát, rekesztőgát; ~ **of the shell** *at* héj kitöltése/lezárása/lezártsága; ~ **rails** *pl vasút* kitérő vágányzat *(váltógyök és keresztezés között)*; ~ **theorem** *mat* lezárási tétel; ~ **weld** záróvarrat

clot I. *v* összetapaszt, összeragaszt; besűrít; megaltat *(tejet)*; sűrűvé főz *(szappant)*; összeáll, összecsomósodik; megkeményedik; *élip* (meg)alvad; *vegy* koagulál; **II.** *n* alvadék; ~ **timer** *orv* véralvadásmérő (készülék)

cloth szövet, kelme; posztó; textilanyag, vászonanyag, pamutanyag; törlőruha, törlőrongy; tisztítórongy; abrosz; *élip* szitaszövet; *nyom* vászon; ~**(-)back** *nyom* vászongerinc; ~-**bag** *pa* ruhazsák; ~-**base phenol** *távk* textilbakelit; ~ **beam** *tex* szövethenger; ~ **binding** *nyom* (egész)vászonkötés; ~ **board** → ~ case; *pa* szövetprespán; ~-**boiling machine** *tex* szövetfőző gép; ~ **box** *pa* divatdoboz; ~ **brattice** (vászon)légválasztó; ~ **breaking machine** *tex* appretúrapuhító gép; ~-**brushing machine** nyersszövettisztító gép; ~ **case** *nyom* egészvászon tábla/fedél; ~-**cent(e)red board** *pa* vászonbetétes triplex lemez; ~-**cent(e)red paper** vászonbélelésű papír, vászonbetétes triplex papír, papirolin; ~ **chamber** *élip* tömlőszekrény *(szívó porszűrőn)*; ~ **cleaner** *élip* malomszitatisztító; ~ **clearer** *tex* kinyomóhenger *(írezőgépen)*; ~ **conditioning** *tex* szövet nedvesítése/avatása; ~ **construction** *tex* kötés, szövetszerkezet; ~ **constructor** szövettervező; desszinatőr; ~ **contraction** szövetzsugorodás; ~ **counter** *tex* szövetmérő henger; szövetsűrűség-vizsgáló készülék; ~-**counting glass** szövetsűrűség-vizsgáló készülék; ~ **covering** *nyom* szövetborítás; ~-**creasing machine** *tex* kettőző mérőhajtogató gép; ~ **cutting** *tex* nyírás *(szöveté)*; ~-**cutting machine** szabászgép; ~ **delivery** szövetszállítás; ~ **designer** szövettervező; desszinatőr; ~ **dressing** → ~ covering; ~ **dryer/drier** ruhaszárító gép; ~ **dyeing (plant)** méteráru-festöde; ~ **examination** szövetosztályozás; ~ **examiner** szövetminősítő; ~ **expander** szövetfeszítő/szövetnyújtó gép, feszítőgép, nyújtógép; ~ **face** szövet színoldala; ~**-faced paper** → ~-lined paper; ~**-fast red** tartós posztóveres *(színezék)*; ~**-fast yellow** tartós posztósárga; ~ **feeler** *tex* szövettapintó; ~ **fell** *tex* előszövet; ~ **filter** szűrőkendő, szövetbetétes szűrő; ~ **finger** *tex* szövettapintó; ~ **finishing** szövetkikészítés; ~**-finishing machine** szövetkikészítő berendezés; ~ **folder** mérőhajtogató gép; ~ **for upper** textilanyag cipőfelsőrészhez; ~**-frame tenter** *tex* keretfeszítő; ~ **friezing** szövetgöndörítés, szövetfelület-göndörítés; ~ **fulling** szövetványolás; ~ **gilding** szövetaranyozás; ~ **glazing** szövetfényesítés *(kalanderrel)*; ~ **gripper** szövetbefogó (szerkezet); ~ **grounding** szövet alapszínezése; ~**-insertion rubber gasket** szövetbetétes gumitömítés; ~**-inspecting machine** szövetátnéző/szövetosztályozó gép; ~ **joint** *nyom* előzékfalc, vászonhajtás; ~**-lined** vászonbevonatú; ~**-lined board** *pa* vászonnal kasírozott lemez/karton; ~**-lined paper** vászonbevonatú papír; ~ **linen** lenvászon; ~**-linen paper** lenvászon papír; ~ **lining** *nyom* szövetbélés, vászonbélés; ~ **list** *tex* szövetszél; ~ **looker** *tex* szövetátnéző (munkás); ~**-looking frame/machine** szövetátnéző/szövetosztályozó gép; ~**-measuring machine** szövetmérő gép; ~**-mellowing machine** *tex* kettős kalander; ~ **mill** posztógyár; ~ **milling** szövetványolás; ~ **oil** fa- és vászontelítő olajpárlat; ~ **opening** *bány* szitalyuk; ~ **pad** vászonpárna; ~**(-)paper** vászonpapír; ~ **pattern** szövetminta, szövetmintázat; ~**-press,** ~**-pressing machine** *tex* szövetprés; ~ **printing** szövetnyomás; ~**-printing colo(u)r** szövetnyomó/textilnyomó festék; ~**-printing factory** *tex* nyomóüzem; ~ **production** szövetgyártás; ~ **proofing** szövet-vízhatlanítás; ~ **prover** *tex* fonalszámláló, szövetsűrűség-vizsgáló; ~ **quality** szövetminőség; ~ **red** posztópiros *(színezék)*; ~ **removing** *tex* készárulevétel; ~ **roll** szövettekercs; ~ **roller** szövethenger *(szövőszéken)*; ~**-roller bearing** szövethengercsapágy; ~ **sawyer** ruhaszabó (gép); ~ **scraper** *tex* szitaszövet-kefélő gép; ~ **screen** szövetbetétes szűrő; ~ **setting** *tex* szövetbeállítás; ~ **shearing machine** szövetnyíró gép; ~ **shrinkage** szövetzsugorodás; ~ **shrinker** *tex* dekatáló/szövetavató (gép); ~ **singer,** ~**-singeing machine** szövetperzselő gép; ~ **smoothing** *tex* dekatálás; ~ **softening** *tex* szövetáztatás, szövetpuhítás; ~ **spine** → ~ back; ~ **spreader** *kh* szövetfeszítő (szerkezet); ~**-spreading machine** szövetfeszítő gép; *kh* kelmerétegező gép; ~**-stamping machine** *tex* árujelző gép; ~ **stentering** szövetszélességfeszítés; ~ **stiffened cover** → ~ case; ~ **stitch** *tex* vászonkötés-utánzat; ~ **strain** szövetfeszültség *(deformáció)*; ~ **strainer** szűrőkendő, szövetbetétes szűrő; ~ **strength** szövet szakítószilárdsága; ~ **strip** *rep* jelzőponyva; ~ **stylist** *tex* szövetminta-tervező, mintarajzoló, mintatervező; ~ **surface** *élip* szitafelület, szitálófelület; ~ **take-up motion** *tex* szövetfelhengerlő (szerkezet); ~ **tester** szövetvizsgáló *(munkás)*; ~ **washer** szövetmosó gép; ~**-wear tester** *tex* szövetkoptató gép; ~ **weaver** szövőmunkás, takács; ~**-weaving loom** posztószövőszék; ~ **wheel** posztótárcsa, posztó csiszolótárcsa; ~**-wheel polish** posztótárcsával/rongykoronggal políroz/fényesít; ~ **winder** *tex* szövetfeltekercselő gép, szövethengerlő (berendezés); ~**-winding board** textiltekercselő lemez; ~**-winding-off arrangement** *tex* szövetregulátor; ~ **without cover** ritka szövésű *v.* bordacsíkos szövet; páros áru *(hiba)*; ~ **with rough pile** *tex* daróc; ~ **with warp stripes** lánccsíkozású szövet; ~ **with weft effects** vetülékmintás szövet; ~ **with x folds** x-szeres szövet; ~ **worker** posztókészítő; ~ **yard** *tex* rőf

clothbound *nyom* vászonba kötött, vászonkötésű

clothcutter's stone *tex* lehúzókő/fenőkő posztóvágó késhez

clothe burkol; öltöztet; (be)borít

clothes *pl* ruha, ruházat, ruházati cikkek; ~**-line** fehérneműszárító/ruhaszárító kötél; ~**-peg** ruhaszárító csíptető; ~ **rack** ruhaakasztó

clothiness szövetszerű fogás *(pamutárué)*

clothing I. *a* ruházati; **II.** *n* ruházat; *ép* burkolat, burkolás, borítás; *pa* behuzat, papírgép-nemezbevonat; *tex* (kárt)bevonat, kártszalag; ~ **cupboard** öltözőszekrény; ~ **dress goods** *pl* ruhaszövet, ruhaanyag; ~ **industry** ruházati ipar; ~ **leather** ruházati bőr; ~**-wire** *tex* kártszalag, kárttűbevonat; ~**-wire setting** *tex* kártbevonat, kártgarnitúra; ~ **wool** posztógyapjú; kártolt gyapjú *(posztóipari)*

clothoid *mat* Cornu-spirális, klotoid

clothrags *pl pa, tex* szövetrongy

clotting *élip* megalvadás, összecsomósodás; véralvadás, oltós alvadás; *koh* zsugorodás *(ércpörkölésnél)*; *vegy* koagulálás, koaguláció; ~ **of milk** tejalvadás

clotty darabos, megalvadt, megsűrűsödött; *fa* csomós

cloud I. *v* (el)homályosít, felhősödik; *élip* (meg)zavarosodik; *fa* erezéssel felhőz; *tex* habosít, habossá tesz *(selymet)*, moaréz; **II.** *n ásv, fa* ér, erezet; *el* tértöltés *(kisülési cső elektródjai közt)*; *ép* folt *(márványon)*; *met* felhő; *tex* moaré; *tv* sötét folt *(sötét-világos foltok, képcsőhiba)*; ~ **amount** felhőmennyiség, felhőzet; ~ **anvil** zivatarfelhő üllője; ~ **bank** felhő taréja; felhőpad, felhőtaraj; ~ **base** felhőalap; ~ **break radar penetration** felhőáttörés radarral; ~**-burst** felhőszakadás; *hők* sörétszórás; ~ **cap** felhősapka *(gomolyfelhőn)*; ~ **chamber (cc)** *at* ködkamra, Wilson-kamra; ~**-chamber track** ködkamranyom; ~ **chart** *rep* felhőzeti térkép; ~ **clutter** → ~ echo; ~ **condensation nuclei** felhőmagvak; ~ **cover** felhőtakaró, zárt felhőzet; ~ **coverage** összfelhőzet mennyisége; ~ **density measuring apparatus** felhősűrűség-mérő; ~ **detector** felhőjelző műszer; ~ **development** felhőzet fejlődése; ~ **discharge** felhővillám; ~ **dissipation** felhőoszlatás; ~ **dome** felhőcsúcs; ~ **dynamics** felhődinamika; ~ **echo** visszhang felhőről, felhőreflexió; ~ **flight** felhőrepülés; ~ **formation** felhőképződés; felhőképződmény; ~ **gap** felhőhézag, felhőnyílás; ~ **genus** felhőfaj; ~ **height** *rep* felhőmagasság a terep felett; ~ **height indicator** felhőmagasság-jelző; ~ **horizon** *rep* felhőréteg feletti horizont; ~ **layer** felhőréteg; ~ **level** felhőszint; ~ **modification** felhőmódosítás; ~ **of electrons** *at* elektronfelhő, tértöltés *(elektronból)*; ~ **pall** felhőpalást, felhőtakaró; ~ **paper** márványfelhős papír; ~ **particles** felhőelemek; ~ **physics** felhőfizika; ~**(-)point** *vegy* zavarodáspont, homályosodáspont; zavarosodási pont/hőmérséklet; ~ **pulse** *fiz* tértöltésimpulzus; ~**s** *pl fa* erezet; *met* felhőzet; ~ **searchlight** *rep* felhőkutató fény, felhőmagasságmérő fényszóró; ~ **seeding** *rep* felhőmagvasítás; felhőnukleálás, felhők behintése; ~ **sheet** felhőréteg; ~**s of lifting** *rep* felsiklási felhőzet; ~ **sounding balloon** felhőszonda, felhővizsgáló ballon/szonda; ~ **species** felhőfajta; ~ **system** felhőrendszer; ~ **test** *ol* zavarodási próba; zavarodásvizsgálat; ~**-to-cloud discharge** felhők közötti villám(kisülés); ~**-to-ground discharge** lecsapó villám; felhők és a föld közötti villámkisülés; ~ **top** felhőcsúcs; felhőtető; ~ **top temperature** felhőtető-hőmérséklet; ~ **track** *at* ködkamranyom; ~ **transformation** felhőátalakítás; ~ **variety** felhőváltozat; ~ **veil** felhőréteg; ~**-velocity ga(u)ging** *hidr* jelzőanyag-hullámos vízhozammérés; ~ **vertigo** felhőörvénylés

clouded *tex* habos(ított); ~ **glass** opálüveg, tejüveg; ~ **ribbon** moarészalag; ~ **stuff** moarészövet

cloudiness *met* borultság, felhőzet, összfelhőzet mennyisége; *pa* felhősség; *vegy* zavarosság, felhősödés

clouding felhősödés; *élip* zavarosodás

cloudy felhős, átlátszatlan; *ásv, fa* felhőszerűen erezett; *pa* felhős *(papírátnézet)*; *tex* egyenlőtlen színezésű; *vegy* zavaros; ~ **liquid** zavaros folyadék; ~ **sky** *rep* felhős égbolt; ~ **web** *tex* felhős fátyol; ~ **yarn** felhős díszítőfonal

clough *geol* hegyszoros, hágó; szurdok; *hidr* elzárószerkezet; gát, zsilip

clout I. *v* foltoz, összetákol; *hajó* bronzlemezekkel/rézlemezekkel burkol *(hajó fenekét)*; **II.** *a bány* összetapadt *(szén)*; **III.** *n* rongy, folt *(javításhoz)*; széles alátétgyűrű; ~ **(nail)** lapos fejű szeg; *ép* stukatúrszeg

clove[1] gumó; gerezd; ~ **head screw** hornyolt fejű facsavar; ~**-hitch** *hajó* farkaskörömcsomó; szorítónyolcas *(csomó)*; ~**-hook** *em* kettős/ollós kampó/horog

clove[2] szegfűszeg; ~ **oil** szegfűszegolaj

cloven (szét)hasított

clover | cable lóherelevél alakú kábel; ~ **huller** *mzg* herefejtő (készülék); ~ **sheller** *mzg* lóheremagfejtő gép

cloverleaf lóhere alakú, négylevelű; négykaréjos; ~ **aerial/antenna** lóhereantenna; ~ **cam** *gép* lóhere alakú bütyök; ~ **journal** → ~ neck; ~ **junction** *közl* lóhere alakú (különszintű) csomópont, lóhere; ~ **neck** *heng, koh* kapcsolórózsa, kapcsolócsap; ~ **silo** *mzg* lóheresiló

cloy eltorlaszol, teletölt

CLR → chlorinated rubber; → combined line and recording position

club I. *v* összezavar, elront; **II.** *n* bot, dorong; puskatus, puskaagy; *pa* névjegy-papíralak *(2 7/8"x 1 7/16")*; ~ **car** *vasút* szalonkocsi; ~**-foot electromagnet** egyik szárán tekercselt patkómágnes; ~ **line** *nyom* fattyúsor; ~ **propeller** féklégcsavar; ~ **tooth** *finm* kampós fog(azás) *(horgonykeréken)*

clue nyom, jel; kulcs

clump I. *v* megszilárdít, összesűrít, megalvaszt, összeáll, összetapad; csomósodik; *mzg* csoportosan ültet *(fát)*; sűrűn telepít; **II.** *n* rakás, halom; göröngy, hant; formátlan tömeg; fatuskó; *bány* agyagcsomó, agyagbeágyazás *(szénrétegben)*; *cipő* kettős/dupla talp; *nyom* fémregletta; űrpótló, űrtöltő, stég; ~ **of houses** házcsoport, háztömb; ~ **of piles** *ép* cölöpcsoport

clumping *élip* csomósodás

clumpy darabos, göröngyös

clumsy formátlan; ~ **landing** *rep* szakszerűtlen leszállás

clunch megkeményedett agyagréteg; *bány* agyagos kőzet

clupanodonic acid *vegy* klupanodonsav

clupeine *vegy* klupein, heringprotamin

Clusius column *vegy* Clusius-féle elválasztócső

cluster I. *v* felhalmoz; csoportosít, csoportokba rendez; fürtbe köt; tömörül; **II.** *n* nyaláb, köteg; csomó, fürt; *at* cluster, klaszter, atomhalmaz, uránrúdköteg; *csill* csillaghalmaz; *el* dugaszolóleágazás; *fa* göcsrózsa; *mat* cluster, klaszter, halmaz, csoport, felhalmozódás; *rep* gyorsító rakétafokozatok csoportja; rakétarakasz, rakétasorozat; *szt* csoport, klaszter; ~ **analysis** *stat* klaszterelemzés; ~ **bomb unit (CBU)** fürtösbomba-egység; ~ **bottom mo(u)ld** *koh* csillagtégla; ~ **controller** *szt* csomóponti vezérlő; ~ **control unit (CCU)** *szt* koncentrátor, CCU; ~ **fringe** *tex* farkasfog; ~ **gear** *gép* csoportkerék; ~ **ion** *fiz* komplex ion; ~ **joint** hegesztett kötés *(egy helyre összefutó szerkezeti elemeké)*; ~ **lattice** *at* csoportokra bontott rács; ~ **mill** *heng* sokhengeres hengerállvány; ~ **of flame** tűzcsóva; ~ **of houses** házcsoport, háztömb; ~ **of molecules** molekulahalmaz; ~ **of nebulae** *csill* csillagrendszerhalmaz; ködhalmaz; ~ **of pipe** csőnyaláb; ~ **of points** *mat, mech* ponthalmaz; ~ **pile** (kikötő-)cölöpnyaláb; ~ **plate** *tex* leszedhető orsóasztal; ~ **point** *mat* torlódási pont; ~ **sampling** *stat* csoportos mintavétel; ~ **sampling method** csoportos mintavételi eljárás *v.* mintavételezés; ~**-settlement** *ép* bokortelepülés; ~ **spring** szeleprugócsoport; ~ **structure** *fiz* nyalábstruktúra, nyalábszerkezet; *geol* tömött sejtszerkezet *(talajé)*; ~ **switch** *el* csoportos kapcsoló; ~ **system** *szt* osztott forrású rendszerek; ~ **variable** *csill* halmazváltozó, csillaghalmaz-változó, változócsillag *(csillaghalmazban)*; ~ **well** *ol* gyökérfúrás

clustered | column *ép* kötegpillér, pillérköteg; ~ **drilling** *ol* gyökérfúrás; ~ **errors** *pl szt* hibahalmaz; ~ **rib** *ép* bordanyaláb; ~ **teeth** *pl* M alakú fűrészfogak/fűrészfogazat

clustering csoportosítás; csoportosulás; fürtösödés; tömörülés; *gumi* csomósodás

clutch I. *v* befog, elfog; megmarkol, megragad, megszorít; *gép* összekapcsol, bekapcsol; *gépk* tengelykapcsolót bekapcsol, kuplungoz; **II.** *n gép* retesz, kilincs; szorítólakat, csappantyú; *gépk* tengelykapcsoló, kuplung; ~ **bevel** dörzskapcsoló kúpja, surlódó kapcsoló kúpja; ~ **body** *gépk* tengelykapcsolóház; ~ **brake** *gépk* tengelykapcsolófék; ~**-brake steering** kormányzás tengelykapcsolóval és fékkel; ~ **cable** tengelykapcsoló-bowden; ~ **cam** kapcsolóbütyök; ~ **case** tengelykapcsolóház; ~ **centre/center)** *gépk* tengelykapcsolóagy; ~ **cone** *gép* kapcsolókúp; ~ **controlling device** tengelykapcsolós vezérlés; ~ **coupling** körmös kapcsoló; ~ **cover** tengelykapcsoló-fedél; ~ **disc/disk** *gépk* kapcsolólamella, tengelykapcsoló-tárcsa, kuplungtárcsa, kapcsolótárcsa, dörzstárcsa; ~**-disc/disk hub** kapcsolótárcsaagy; ~**-disengaging spring** kapcsolórugó *(tengelykapcsolón)*; ~**(-)drive pin** *gépk* kapcsolóhüvely-csapszeg; tengelykapcsoló-csapszeg; ~**-driving plate** *gépk* tengelykapcsoló-tárcsa; ~ **electromagnet** kapcsolómágnes; ~ **engagement spring** → ~ spring; ~**-engaging**

lever *gépk* tengelykapcsolókar; ~**-facing spring** → ~ spring; ~ **fork** *gépk* tengelykapcsoló-villa, tengelykapcsoló-kinyomó villa; ~ **friction** dörzskapcsoló, súrlódó (tengely)kapcsoló; ~ **gear** *gépk* kapcsolószerkezet, sebességváltó-nyeleskerék; ~ **housing** tengelykapcsolóház; ~ **hub** *gépk* tengelykapcsolóagy; ~ **jaw** *gép* kapcsolópofa, kapcsolótömb; ~ **lever** *gépk* tengelykapcsolókar, tengelykapcsoló-emelő; ~ **lining** *gépk* tengelykapcsoló-betét; ~ **lock** *gép* kapcsolózár, kapcsolószerkezet-zár; *távk* elektromágnes-retesz; ~ **magnet** *távk* kapcsolómágnes; ~ **member** tengelykapcsolófél; ~**-operating rod** kapcsolókar; ~ **operation** tengelykapcsoló működtetése; ~ **pawl** *szt* kapcsolási hurok; ~ **pedal** *gépk* tengelykapcsoló-pedál; ~**-pedal spring** tengelykapcsoló-pedál visszahúzó rugója; ~ **pinion** kapcsoló fogaskerék; ~ **plate** kapcsolólamella, kapcsolótárcsa, dörzstárcsa; tengelykapcsoló-tárcsa; ~**-pressure spring** → ~ spring; ~ **ratchet** *szt* kapcsolótárcsa; ~**-release bearing** tengelykapcsoló-kinyomó csapágy, tengelykapcsoló-oldó csapágy; ~**-release (fork)lever** tengelykapcsoló-kiemelő kar/emeltyű; ~**-release plate** tengelykapcsoló-kioldó tárcsa; ~ **rod** *gépk* sebességváltó kar; ~ **segment** tengelykapcsoló-szegmens; ~ **shaft** kapcsolótengely; ~ **shifter yoke** → ~ fork; ~ **slipping** tengelykapcsoló-csúszás; ~ **spider** (többágú) kapcsolóbilincs; ~ **spindle** tengelykapcsoló orsója; ~ **spreader** *gép* kapcsolópofa, kapcsolótömb; ~ **spring** tengelykapcsoló nyomórugója; ~**-spring plate** tengelykapcsoló-rugótányér; ~**-spring press plate** tengelykapcsolórugó-feszítő lap; ~ **stop** *gépk* tengelykapcsolófék; ~**-throw-out sleeve** tengelykapcsoló-kinyomó agy; ~ **throw-out yoke** → ~ fork; ~ **thrust-bearing** tengelykapcsoló-nyomó csapágy; ~**-type countershaft** dörzskapcsolós előtéttengely; ~**-type motor** beépített tengelykapcsolójú motor; ~ **wire** tengelykapcsoló-kiemelő huzal

clutchless *gépk* tengelykapcsoló nélküli, automatikus sebességváltós

clutter I. *v* összekever; egymásra dobál; **II.** *n* rendezetlen tömeg; zaj, lárma; zavaró visszaverődés/reflexió, clutter *(rádiólokáció)*; ~ **filter** *rád* zavarás elleni szűrő; ~**-rejecting** *távk* káros reflexiót kiszűrő, zavarszűrő; ~**-removing system** *távk* zavarszűrő rendszer

CLV → constant linear velocity

clystron → klystron

cm → centimetre; ~**-wave** *rád* centiméterhullám

cm³ → cubic centimetres

Cm → curium

CM → combustible matter; → command module; → communication multiplexor; → constant mesh; → core memory

CMC → carboxymethylcellulose; → contact-making clock

CML → current mode logic

CMOS → complementary metal-oxid silicon/semiconductor

CMP → calcium metaphosphate; → compression amplifier

CMR → common mode rejection

CMS → coastal mine-sweeper

CMV → common-mode voltage; → contact-making voltmeter

CN → coordination number

CNC → computer numerical control; → computerized numerical control; ~**-machine** CNC-vezérlésű (szerszám)gép, CNC-eszterga

CNR → carrier-to-noise ratio

Co → cobalt

CO → crystal oscillator; ~ **converter** CO-konverter, szén-monoxid-konverter; ~**-filtering device** *bány* CO-készülék; ~**-filter self-rescuer** *bány* szén-monoxid-menekülőkészülék; ~**-gas detector** *bány* szénmonoxidjelző készülék

CO_2 | **arc** *heg* CO_2-atmoszféra; CO_2-védőgázas hegesztőív; ~ **fire extinguishing** szénsavoltó; ~ **gun** CO_2-hegesztőpisztoly; ~ **laser** CO_2-(gáz)lézer; ~ **plasma** CO_2-plazma; ~ **shielding gas** CO_2 -védőgáz

coacervate I. *v* összegyűjt, felhalmoz; zsúfol; összefolyik, koacervál(ódik); egyesül; **II.** *n vegy* koacervátum

coacervation *vegy* kicsapódás előtti cseppképződés *(emulzióknál)*; koacerválás, koacerváció

coach I. *v* (át)szállít; **II.** *n* kocsi, hintó; (távolsági) (autó)busz; (kétajtós) limuzin; *vasút* (személy)kocsi; ~ **bolt** → ~ screw; ~**-box** vezetőülés *(buszon)*; bak, kocsisülés; ~**-builder** kocsigyártó, bognár; ~ **builder's chisel** *szer* fülesvéső; ~ **class** *rep* turistaosztály; ~ **fare** *rep* csökkentett viteldíj; ~**-kilometre/kilometer** *vasút* személykocsi-kilométer; ~ **lace** paszomány; ~ **roller** préshenger; ~ **screw** *ép* állványcsavar; *vasút* síncsavar, sínrögzítő csavar, tirefond (csavar); ~ **service** *közl* autóbusz-közlekedés; autóbuszjárat; ~ **station** autóbusz-pályaudvar; ~**-wrench** franciakulcs, kombinált kulcs

coachwork *gépk* karosszéria, kocsiszekrény; karosszériagyártás, autókarosszéria-gyártás

coacted egybeszorított, összepréselt; együttműködő

coacting force összetartó erő

coaction együttműködés, kölcsönhatás, egymásra hatás

coactivator *vegy* koaktivátor

coadjunct mellérendelt

coadjunction *mat* koadjungálás

coagel *vegy* koagél

coagent kiegészítő

coagulability koagulálhatóság, alvadóképesség/koagulálóképesség/sűrűsödési képesség; alvadékonyság

coagulable koagulálható, koagulálódó; megalvasztható, alvadóképes

coagulant I. *a vegy* koaguláló (hatású), megalvasztó; **II.** *n vegy* koagulāns; koagulátor, koagulálóanyag

coagulate I. *v* koagulál, besűrít; megalvaszt; kicsap; koagulálódik, (meg)alvad; (össze)sűrűsödik, pelyhesedik; összeáll *(csapadék)*; **II.** *n* koagulátum, koagulum, alvadék

coagulated protein koagulált protein

coagulating I. *a* koagulációs, koagulálási; **II.** *n* koagulálás, koaguláció

coagulation koaguláció, koagulálás; (meg)alvadás, besűrítés; ~ **by lactic fermentation** *élip* savas alvadás; ~ **of milk** tejalvadás

coagulative → coagulant

coagulator → coagulant

coagulatory → coagulant

coagulometer *vegy* koagulométer, alvadásmérő

coagulum → coagulate

coak I. *v ép* (össze)csapoz; (össze)eresztékel; **II.** *n ép* (fa)csap, (fa)pecek; ácsszeg, csapszeg *(keményfából)*;ereszték; *hajó* tengelypersely, csigatárcsa persellye *(fémből)*

coal I. *v* elszenesít; (fa)szénné éget; szénégetésre kivág *(erdőt)*; *bány* (fa)szénné ég, elszenesedik; szénnel megrak, szenel; *hajó, vasút* szenet vesz fel *v.* vételez, szenel; **II.** *n* szén; barna(kő)szén; (fekete)kőszén; *geol* kőszén, antracit; ~ **age** *geol* karbon(korszak), szénkorszak; ~ **anthracite** antracit *(kőszén)*; ~-**ascent** *bány* szénlerakodó hely; ~(-)**backer** szénrakodó; ~-**balls** *pl* mészkonkréció szénben; ~ **band** széncsík; ~ **basin** *geol* (kő)szénmedence; ~-**bearing** *ásv* széntartalmú; ~-**bearing formation** *geol* szénvezető rétegösszlet; ~ **bed** *bány* széntelep; ~ **between two slips** *bány* elkent szén; ~ **bin** (szén)tároló hombár/verem/tartály; szeneskanna; ~ **block** *bány* szénláb; szénpillér; ~ **brasses** dúsított szenes pirit; ~ **breaker** szénaprító, széntörő; szénosztályozó és -mosó mű; ~ **breaking** *bány* szénjövesztés; ~ **briquette** *bány* (kő)szénbrikett; ~ **bulk** szénbárka; ~ **bunker** szénbunker, szénkamra, szénraktár, széntartály, széntároló *(betonmedence, verem)*; ~ **burning power station** széntüzelésű erőmű; ~ **by-products** kőszénlepárlási termékek; ~-**cake** (kő)szénbrikett; ~ **carbonization** kőszénkokszolás; ~ **caving methode with protective net** *bány* védőhálós főteszelet-omlasztásos fejtés; ~ **chemistry** szénkémia; ~(-)**chute** *bány* széngurító, széncsúszda; ~(-)**coke** kőszénkoksz; ~-**complex** *geol* szénkomplexus; ~ **core** *geol* széntömb, szén(fúró)mag; ~ **correction** *en* szénárhelyesbítés, fűtőérték-helyesbítés; ~ **crane** szénrakodó daru; *vasút* szenelődaru; ~ **crusher** *bány* szénaprózó (berendezés); széntörő; ~-**crusher plant** szénzúzó/szénőrlő malom; ~-**culm** *bány* alsótermék, dúsítási veszteség/mosalék *(jelentős széntartalommal)*; ~ **cutter** *bány* réselőgép, szénréselő/szénfejtő gép; ~-**cutter set** *bány* fejtőláncszőnyeg; ~ **cutting** *bány* réseléses jövesztés, szénréselés; ~-**cutting motor** réselőgépmotor; ~-**cutting shift** *bány* réselőharmad; ~(-)**degradation** szénporlás, szénaprózódás; ~ **deposit(s)** *bány* (kő)széntelep, szénlelőhely; szénelőfordulás; ~ **depot** széntelep, szénraktár; ~ **desulphurization/desulfurization** szénkéntelenítés; ~ **digger** szénvájár; ~ **distillery** szénlepárló üzem; ~ **district** bányakörlet, bányakörzet; ~ **drawing** szénfejtés, széntermelés, szénkihozatal; szén szállítása külszínre; ~(-)**dressing** *hőt* szénelőkészítés; ~ **drill** *bány* szénfúró(gép); ~(-)**drop** *hajó* széncsúszda, szénrakodó tölcsér; ~ **dumper** szénbuktató; ~ **dumper stage** szénhányó állvány, széndöntő padozat; ~ **dust** aprószén; (szálló) szénpor; ~-**dust brick/briquette** kőszénpor brikett; ~-**dust burner** szénporégő; ~-**dust engine** szénpormotor; ~-**dust explosion** szénporrobbanás; ~-**dust firing** szénportüzelés; ~-**dust furnace** szénportüzelésű kazán; ~ **equivalent** *hőt* kőszénegyenérték, egyezményes szén; ~-**face** *bány* szenelő munkahely; szénhomlok, szénfal *(fejtésben)*; vájvég; ~ **face „end on"** *bány* fogra álló szénhomlok; ~-**fed** széntüzelésű; ~ **firing** széntüzelés; ~ **flour** szénpor, széntörmelék; ~ **formation** *bány* széntelepülés, szén(telep)összlet; ~-**forming** *geol* kőszénképződés; ~-**forming plant** szénalkotó növény; ~ **gas** (kő)széngáz; világítógáz; szénlepárlási gáz; ~-**gas engine** világítógáz-motor; ~-**gas tar** gázgyári kátrány; ~ **gate** *vasút* szénzsilip; ~(-)**getter** *bány* (szénfejtő) vájár, szenelővájár; ~ **getting** *bány* szénjövesztés; ~-**getting shift** *bány* szenelő műszak; ~(-)**grab** *bány, em* kétszeres szénveder; szénmarkoló; ~-**grading plant** szénosztályozó berendezés; ~-**grit** széntartalmú durva szemcséjű homokkő; ~ **hammer** *bány* fejtőkalapács; ~-**handling** *bány* munkahelyi szállítás; ~-**handling plant** szénszállító berendezés; szénrakó; ~ **hatch** *hajó* szenelőnyílás; ~(-)**heading** *bány* légösszekötő; szénben hajtott vágat; ~ **heap** szénhányó; ~(-)**heating** szénfűtés; ~(-)**heaver** szénrak(od)ó munkás; ~(-)**hewer** → ~(-)getter; ~ **hole** szénüreg, szénpince, szenespince; ~ **hopper** szénbunker; széntartály; ~ **hulk** úszó szénraktár *(leszerelt hajón)*; ~(-)**hutch** *bány* széncsille *(faszekrényes)*; szeneskosár; szénkocsi; ~ **hydrogenation** széncseppfolyósítás; ~ **ignitability** szén öngyulladó képessége; ~ **industry** → ~ mining industry; ~(-)**inrush** *bány* szénfalkidőlés; ~ **in solid** széntömb, szén(fúró)mag; ~ **jigging** *bány* szénelőkészítés ülepítőgépen; ~(-)**kindler** szénalágyújtó; ~ **layer** szénréteg; ~ **lighter** szénszállító hajó, szenesdereglye; ~ **liquefaction** széncseppfolyósítás; ~(-)**loader** szénrakodó (gép); ~-**loading** *bány* szénrakodás; ~ **losses** *bány* vesztett szén; ~ **machinery** *bány* munkahelyi gépi berendezés; ~-**measure rock** széntartalmú kőzet; ~ **measures** *pl bány* kőszénformáció; szénösszlet; széntelep; széntelepes rétegcsoport; ~-**method** szénművelési rendszer/mód; ~(-)**mill** *bány* széngarat; *hőt* szénőrlő malom; ~ **mine** *bány* (kő)szénakna; (kő)szénbánya; ~-**mine atmosphere** szénbánya légköre/légviszonyai; ~(-)**miner** szénbányász; vájár; ~ **mining** szénbányászat, szén(ki)termelés; ~-**mining industry** (kő)szénbányászat, (kő)szénipar; ~ **nuts** *pl* diószén; ~ **outburst** *bány* váratlan szénkitörés; ~ **outcrop** szénkibúvás; ~ **overflow** szénhullás; ~(-)**passer** segédfűtő; szénadogató; ~-**pass raise** *bány* széngurító; ~ **pealing** *bány* hántoló jövesztés; ~ **petrography** szénkőzettan; ~(-)**picker** *bány* (szén)válogató *(hányón)*; ~(-)**pick (hammer)** *bány* fejtőkalapács; ~(-)**pile** szénhalmaz; boksa, szénégető; ~ **pillar** *bány* szénláb; szénpillér; ~ **pipe** *bány* vékony szabálytalan széntelep; ~(-)**pit** *bány* (fa)szénégető gödör; szénbánya; ~ **pitch** (kőszén)kátrányszurok; ~ **plane** *bány* széngyalu; ~ **plough/plow** *bány* széngyalu, széneke; ~-**plough/plow bit** *bány* széngyalu-vágóél; ~-**plough/plow driving gear** *bány* széngyaluvontató; ~ **ploughing/plowing** *bány* (le)gyalulás, lehántolás; széngyalulás; ~ **pocket** (kis) széntartály; ~-**poker** piszkavas; ~ **post** *bány* szénpillér; ~ **preparation** *bány* szénfejtés előkészítése; *hőt* szén előkészítése; ~ **preparation plant** *hőt* szénelőkészítő berendezés; ~ **producer** széntermelő (vállalat); ~ **production** széntermelés; ~ **province** széniparvidék; ~ **pulverizer,** ~-**pulverizing mill** szénőrlő malom; ~ **puncher** *bány* ütve működő réselőgép; ~ **pusher** *vasút* széntoló fej; ~ **pyrite** *koh* szénpirit; ~(-)**rake** szénréteg; *szersz* szénrakodó villa, szénréteg; ~(-)**rank** szénülés foka; *bány* szénfajta; ~ **refining** szénnemesítés; ~ **region** szénvidék; ~ **reservation** szénbányavidék, szénbányaterület; ~ **reserves** *pl bány* szénvagyon, szénkészlet; ~-**rib** szénpillér, szénláb; ~ **road** széntelepben haladó vágat; ~ **sack** szeneszsák; *csill* a Tejút fekete foltja; *koh* szénpoha; ~ **sampling** mintavétel szénből; ~ **saw** *bány* szénfűrész; ~ **screen** szénszita; ~ **screening and grading plant** *bány* szénelőkészítő mű; ~**(-)scuttle** *em* szénserleg, szénputtony, szénkosár; ~ **seam** szénréteg; (kő)széntelep; *geol* kőszénzsinór; ~**(-)seat** *bány* feküközet; szénfekü; ~ **separation** szénosztályozás; ~ **separator** *bány* szénelőkészítő, szénosztályozó; ~ **series** *bány* szén(telep)összlet; szénvezető rétegcsoport; ~ **shale** *bány* szenes pala; szénpala; ~ **shed** (szén)közbeágyazás; nem műrevaló vékony széntelep; szénraktár, szénfészer; ~ **shoot** szénadagoló csatorna/csúszda; ~ **shovel** szénhányó lapát, szeneslapát, szénkotró; szénlapátoló (munkás); ~ **silt** *bány* aprótermék *(széniszapolásé)*; ~ **size** szénnagyság; ~**-slag lime-mortar** mész-szénsalak habarcs; ~ **slate** égőpala, szénpala; ~ **slime** finom *v.* vékony rétegű széniszap; ~**-slope sheet** széncsúsztató lemez; ~ **sludge** besűrített széniszap; ~ **slurry** szénmosó víz; széniszap; (nyers) iszapszén; ~ **smut** szénpoha, bagószén; (szén)korom; ~ **soot** szénkorom; ~**-sorting machine** szénosztályozó gép/berendezés; ~ **stockyard** (kő)széntároló, (kő)szénraktár, (kő)széntelp; ~ **storage** szénátrakó gép; ~ **storage area** szééntér; ~ **storage yard** *vasút* széntelep, szénraktár; ~ **store** szénraktár, szénfészer; szenesláda; ~ **supply** szénellátás; szénrakodóhely; ~ **tar** kőszénkátrány; ~**-tar asphalt(um)** → ~-tar pitch; ~**-tar coat proofing** *ép* kőszénszurokmáz szigetelés; ~**-tar colo(u)r** *vegy* kátrányfesék; ~**-tar distillation** *vegy* kátránylepárlás; ~**-tar dye(stuff)** kátrányszínezék; ~**-tar emulsion** kőszénkátrány-emulzió; ~**-tar felt** kátránypapír, kátrányfedéllemez, tetőszigetelő lemez, fedlemez; ~**-tar naphtha** kőszénkátránybenzin; ~**-tar pitch** (kőszén)kátrányszurok, kőszénszurok; feketekőszén-szurok; ~**-tar still** kőszénkátrány-lepárló berendezés; ~ **tip** szénkiborító szerkezet; billenőszekrény *(szeneskocsikon)*; *vasút* szénrakodó/magasrakodó állvány; ~ **tongs** *pl* szénfogó; ~**-type scraper-loader** *bány* szénsaraboló; ~ **up** *v* szénnel kiszerel *(mozdonyt)*; ~ **valorisation** *bány* szénnemesítés; ~ **vein** széntelér; ~ **warrant** tűzálló agyagréteg szénzsinórokkal; ~ **washery,** ~**-washing plant** *bány, koh* szénmosómű; ~ **washing and grading plant** *koh* szénelőkészítő mű; ~**-washings** *pl* iszapszén; ~**-washing table** szénmosó szér; ~ **waste** szénfejtési veszteség; ~ **wharf** szénkirakodó part, kikötői szénraktár; ~ **wheeler** széncsillés; ~ **whipping** szénrakodás; ~**-winding shift** *bány* szenelő/termelő műszak; ~**-winning** *bány* szenelés; ~**-winning machine** *bány* szénjövesztő gép; ~ **work** *bány* szenelés; telepbeli műveletek

coaler szénkereskedő, szenes; szénrakodó (munkás); szenesvonat; szénszállító hajó

coalery (kő)szénbánya; (kő)szénakna

coalesce egyesül; egybeforr; egybeolvad, összeolvad; egybefolyik; tömörül; *szt* egybevon; *vegy* vegyül, elegyedik

coalescence egyesülés; egybeolvadás; összenövés; összetömörödés, csomósodás; *gumi* megalvadás, összecsomósodás; *met* koaleszcencia; *vegy* koaleszcencia; vegyülés, keveredés

coalescent ore összenőtt érc

coalescer koagulátor, koagulálóanyag

coalface → coal face

coalfield *bány* szénmező, szénterület, széntábla, szénelőfordulás

coalgebra *mat* koalgebra

coalification (el)szenesítés, elszenesedés, szénülés; ~ **stage** szénülési fok

coalify (el)szenesít; elszenesedik

coaling *bány* szenelés; *hajó, vasút* megrakás/megtöltés szénnel, szenelés; ~ **cableway** szénszállító kötélpálya; ~ **crane** szenelődaru; ~**(-)door** *vasút* tüzelőajtó; ~ **out** *bány* kiszenelés; ~ **road** → ~ siding; ~ **screen** szénosztályozó szita; ~ **scuttle** széntölcsér; ~ **siding** szenelővágány; ~ **station (CS)** szenelőállomás

coalite lepárlási barnaszénkoksz

coaltitude *csill* zenittávolság

coaly széntartalmú; szénben gazdag; szénfekete; szénszerű; szenes; ~ **rashings** *pl* szenes pala, szénpala

coaming *hajó* ajtóküszöb; gádorkáva; nyíláskeret

Coanda | effect *fiz* Coanda-effektus, Coanda-jelenség; ~**-effect amplifier** falhatású elem

coaptation illesztés

coarse I. *a* durva; darabos; silány; nyers; *bány* silány, durva (szemcséjű); *gép* meredek emelkedésű; *mt* megmunkálatlan; **II.** *n bány* darabos szén; *tex* kettős szál *(hiba)*; ~ **adjusting/adjustment** *aut* durva/közelítő szabályozás; *gép* durva beállítás, durvaállítás; ~ **aggregate** durva (szemcséjű) adalékanyag *(betoné)*; ~ **bark** *bőr* durván őrölt cserkéreg; vastag kéreg; ~ **bran** *élip* goromba korpa; ~ **break** *bőr* laza barkaréteg; ~ **breaker** *ép* durvatörő, durvazúzó; ~ **breaking** → ~ crushing; ~ **canvas** zsákvászon, csomagolóvászon; ~ **cement** *ép* darabos cement; ~ **chip(ping)s** durva zúzalék; ~ **cleaning** durva tisztítás; ~ **cloth** *élip* ritka szitabevonat; *tex* durva szövet/posztó; ~ **coal** darabos szén, durvaszén; ~ **comminution** előaprítás, durvaaprítás; ~ **concrete** durva kavicsbeton; ~ **control** durva/közelítő szabályozás; ~ **copper** *koh* feketeréz; ~ **count** *tex* durva fonalszám(ú); ~ **cross-section** *bány* nyers szelvény; ~ **crushed slag** *koh* darabos salak; ~ **crushed stone** *ép* durva zúzalék, zúzottkő; ~ **crusher** durvazúzó; ~ **crushing** *bány, koh* elótörés, (durva)aprítás; *élip* töretés; ~**-crystalline** *koh* durvakristályos; ~ **cut** durva/nagyoló vágat *(reszelőn)*; *forg* nagyoló fogás; ~ **drafting** *heng* durvahúzás; ~ **drawing machine** durvahúzó gép; ~ **dressing** *önt* durvatisztítás; ~ **errors** *metr* durva hibák; ~ **feed** *forg* durva/gyors(ított) előtolás; ~ **fibre/fiber** *tex* durva elemiszál; ~**-fibrous** durvaszálas; ~ **filter layer** *ép* durva szűrőréteg *(dréncsatornáé)*; ~**-fine control** *aut* durva-finom szabályozás; ~ **finish** nagyoló megmunkálás; érdes felület; ~ **fit** durva illesztés; ~ **focu(s)sing (motion)** *foto* durva beállítás/fókuszálás; ~ **fraction** durva frakció *(beton-adalékanyagé)*; ~ **ga(u)ge** *kh* durva szám(ozás); ~**-ga(u)ged machine** *kh* durva osztású kötőgép; ~ **grading** durva osztályozás; ~ **grain** durva szemcse; ~ **grain annealing** *koh* durvaszemcsésre lágyítás, szemcsenövelő izzítás; ~**-grained** *any* durva szemcséjű; durva/nagy szemű *(kőzet)*; *fa* durva rostú; *koh* durvaszemcsés, durvakristályos; ~**-grained fracture** *any* durvaszemcsés törés/töret; ~**-grained image** *nyom* durvaszemcsés kép; ~**-grained probability** közelítő valószínűség; ~**-grained soil** durva szemcséjű talaj; ~**-grained steel** *koh* durvaszemcsés acél; ~**-grain screen** durvaszemcsés rosta; ~ **granular fracture** durvaszemcsés törés; ~ **gravel** durva kavics; ~ **grinding** *bány* durvaaprítás; *ép* durvaőrlés, durva őrlemény; ~ **in feel** *tex* durva fogású; ~ **jig** *bány* durva ülepítőgép; ~ **limestone** durvaszemcsés mészkő; ~ **linen** durva lenvászon; ~ **meal** *élip* derce; ~**-meshed screen** durva lyukú szita; ~**-mesh grating** durva rács; nagy lyukbőségű rács; ~ **motion** *forg* durva/gyorsított előtolás; *gép* durva beállítás; durvabeállító csavar/szerkezet; ~ **of (a) screen** szitán/rostán fennmaradó anyagrész; szitamaradék; rostálási hulladék/maradék; ~ **ore** *koh* darabos érc; ~ **papers** *pl* papírselejt; ~ **particles** *met* durva aeroszolrészecskék; ~ **paste-board** *ép* fedéllemez, nyerslemez; ~ **perlite** *ásv, koh* szemcsés perlit; ~ **pitch** *gép* durva fogazás; *kh* durva/ritka platinaosztás; *rep* meredek emelkedés, nagy emelkedésű helyzet *(légcsavaré)*; ~**-pitch bolt** nagy menetemelkedésű csavar; ~**-pitch cutter** *forg* durva fogazású maró; ~**-pitch screw** meredek menetű *v.* nagy menetemelkedésű csavar; ~**-pitch tap** *forg* durva/nagyoló menetfúró, durvamenetvágó; ~ **plaster** *ép* durva habarcs; fröcskölt vakolat; ~ **press-felt** *pa* durva présnemez; ~ **rack** *hidr* durva/ritka gereb; ~ **reduction** előaprítás, durvaaprítás; ~ **reduction impact crusher** durvatörő/előtörő gép; ~ **regulation** durva szabályozás; ~ **roving** *tex* durva előfonal; ~**-roving flyer** durva előfonógép/flyer; ~ **sand** durva *v.* nagy szemcséjű homok; ~ **scan(ning)** *tv* durva letapogatás; ~ **screen** *ép* durva rosta/szita; *hidr* ritka gereb; *nyom* durvarács; ~ **screening** durva fajtázás *(rostával)*; ~ **screen photograph** *nyom* durvarácsú felvétel; ~ **section** *bány* nyers szelvény; ~ **semolina** *élip* goromba (töret)dara; ~ **setting** durva/közelítő szabályozás; *gép* durva beállítás; ~ **sieve** *bány* durva szita/rosta; rázószita, rázórosta; ~ **silk** hulladékselyem, kócselyem; ~**-silk spinning** kócselyemfonás, burettfonás; ~**-silk thread** fonóhulladékból készült selyemfonal, burett(fonal); ~ **silt** *talt* homokliszt; ~ **size** *bány* darabos fajta *(szén)*; ~ **solder** ólomforrasz; ~ **stability** *ol* iránystabilitás; ~ **steel plate** *heng* durvalemez; ~ **stuff** *ép* alapvakoló habarcs; ~ **sugar** nyerscukor; ~ **synchronization** durvaszinkronozás; ~ **taper** meredek kúposság; ~**-teeth cutter** durva fogazású maró; durvafogazó szerszámkés; ~ **textured** *any* durva szemű; *tex* durva szövésű; ~ **thread** *gép* meredek emelkedésű csavarmenet; *tex* vastag cérna; ~**-threaded** *tex* durva szálú; ~**-threaded bolt** durva menetű csavar; ~ **threading attachment** durvamenetvágó készülék; ~ **time-setting knob** *kat* idő-durvabeállító kerék; ~ **tuning** *távk, hang* durvahangolás; ~ **wheaten groats** goromba búzadara; ~ **wire** *koh* durvahuzal; durvahuzal; ~ **wire drawing** *koh* durvahúzás; ~ **wool** durva gyapjú; ~ **yarn** *tex* vastag fonal

coarsely | **crystalline** durvakristályos, makrokristályos; ~**-ringed timber** széles évgyűrűs *v.* durva szálú fa

coarsen (el)durvul

coarseness durvaság; érdesség; *bány* durvaszemcséjűség; *gép* meredek emelkedés, nagy menetemelkedés *(csavaré)*

coarsening durvulás; nagyobbodás, növekedés; ~ **of carbides** *koh* karbiddurvulás; ~ **of grain** *ásv, koh* szemcsedurvulás

coassociative law *mat* koasszociatív szabály

coast I. *v* lecsúszik, lesiklik *(szán)*; szabadonfutóval (le)gurul/megy *(kerékpár)*; *gép* kifut *(lendülettől)*; *gépk* szabadonfutóval megy/gurul; üres fokozatban *v.* üresben megy/gurul (lefelé); *hajó* part mentén hajózik; *rak* szabadon repül, passzív (röppálya)szakaszon halad; *rep* leállított hajtóművel repül; **II.** *n* (tenger)part; ~**-defence/defense** partvédelem; ~**-defence/defense radar** partvédelmi/parti radar/lokátor; ~ **defence/defense work** (tenger)partvédelem; ~ **effect** *geof* parthatás; ~ **of elevation** *geol* magas part; ~ **period** *rak* passzív szakasz; ~ **protection** (tenger)partvédelem, partbiztosítás; ~ **side of tooth** *gép* nem dolgozó fogfelület/fogoldal; ~ **survey** *geod* partfelvétel, partfelmérés

coastal (tenger)parti, part menti; *kat* partvédelmi; ~ **area** part menti terület, partvidék; parti övezet; ~ **battery** *kat* parti/partvédő üteg; ~ **deviation** *rád* parthatás, parti hatás; ~ **direction finding station** parti rádióiránymérő állomás; ~ **dune(s)** tengerparti futóhomokbucka; ~ **effect** *geof* parthatás; ~ **engineering** *hidr* (tenger)partépítés, partvédelem; ~ **lake** *geol* parti tó; ~ **lowlands** tengerpart menti lapály; ~ **mine-layer** parti aknarakó; ~ **mine-sweeper (CMS)** parti aknaszedő; ~ **navigation** parti hajózás; ~ **radio service** parti rádiószolgálat; ~ **radio station** parti rádióállomás; ~ **reflection/refraction** *rád* parti visszaverődés; ~ **refraction (error)** *rád* parthatás, parti hatás; ~ **region** partövezet, partvidék; ~ **ship** parti hajó; ~ **terrace** lépcsőzetes tengerpart

coaster parti hajó; ~ **brake** kontrafék *(kerékpáron)*; *gépk* szabadonfutó zárómű; *vasút* ellenállásfék *(lejtőn)*

coasting lesiklás; *forg* kifutás, lelassulás; *gépk, vasút* kifutás, kigurulás, menet/gurulás tengelykapcsoló kikapcsolásával; *hajó* part menti hajózás, parti hajóközlekedés; *rak* passzív (röppálya)szakasz, szabad repülés; ~ **brake** → coaster brake; ~ **flank** *gép* nem dolgozó fogoldal/fogfelület; ~ **pilot** *hajó* partkalauz; ~ **recorder** Hughes-távírókészülék; ~ **side** → ~ flank

coastline partövezet, partvidék; tengerpart; partvonal; ~ **effect** *rád* parti visszaverődés/hatás, parthatás

coat I. *v* (be)borít; (be)burkol, borít, bevon; bevon; réteget felhord; felprésel *(szövetre gumilemezt)*; *ép* mázol, bevonatol, réteggel takar; *műa* lakkoz; **II.** *n* burkolat; borítás, plattírozás, lemezelés; (kátrány)bevonat; (festék)réteg, lakkréteg, (festék)hártya; *bőr* szőrzet, bunda *(állaté)*; *élip* gabonahéj; *ép* (védő)mázolás; bevonat, borítás; takaróréteg; *hajó* kormánygallér; vitorlavászon védőhuzat; *heg* burkolat *(hegesztőpálcán)*; *ruh* (női) köpeny, női kabát; felöltő; felsőruha; kabát, zakó; ~ **and wrap** *v ép* réteggel bevon, szigetel *(csövet)*; ~ **baster** *ruh* kabátfércelő; ~**-facing** kabáthajtóka; ~ **hanger** vállfa, ruhaakasztó, fali kabátakasztó, kabátfogas; ~**-isolation** szigetelőréteg, záróréteg; ~ **nail** kárpitosszeg; ~ **of lacquer** lakkbevonat, lakkréteg, lakkozás; ~ **of paint** mázolás, festékréteg; ~ **of plaster** gipszréteg; gipszvakolat; ~ **pigment** festékbevonat, máz; ~ **proofing** *ép* mázszigetelés; ~**s** *pl ruh* szőrmebélésbőrök *(kabát alakúra összevarrva)*; ~ **stitcher** *ruh* kabátvarró; ~ **the cathode** *v* (katódra) emittáló réteget felvisz; ~ **with gum** *v* gumival bevon/burkol, gumiz; ~ **with**

lead *v* (be)ólmoz; ~ **with lime** *v* (be)meszel; ~ **with metal** *v* fémmel bevon; ~ **with wax** *v* viasszal bevon, (be)viaszol; ~**-work** *ép* bevonat, váz; spatulyázás

coated bevont; beborított; átvont; fedett; ~ **abrasive** dörzspapír, csiszolópapír, csiszolóvászon; ~ **art cardboard** mázolt/fényezett műnyomó karton; ~ **base-paper** *pa* mázolt alappapír; ~ **cardboard** műnyomó karton; ~ **cathode** oxidkatód; ~ **chip(ping)s** *pl* bevont zúzalék *(útépítés)*; ~ **electrode** *heg* bevont elektród; ~**-electrode arc welding** bevont elektródos ívhegesztés; ~ **fabric** *műa* kent/bevont/műanyagbevonatos szövet; ~ **filament** oxidkatód, oxidbevonatú fűtőszál; ~ **getter** *vák* bevonatgetter; ~ **granule** *gyógyv* drazsírozott granula; ~ **lens** T-réteges/reflexiómentes lencse; T-optika; ~ **macadam** kevert/kötött makadám *(útépítés)*; ~ **metal arc welding** fémíves hegesztés bevont elektróddal; ~ **offset paper** mázolt ofszetpapír; ~ **paper** krétapapír; mázolt/fényezett papír; ~ **particle** *at* bevont részecske; ~ **(roofing) felt** bitumenes fedéllemez/tetőszigetelés; ~ **tablet** *gyógyv* drazsé; ~ **tape** *szt* bevont szalag *(mágnesezhető réteggel)*; ~ **welding rod** bevont hegesztőpálca; ~ **wire** bevont/borított huzal

coatee *ruh* rövid szárnyú kabát, rövid ujjas

coater *műa, pa, gumi* bevonógép, kenőgép, rétegfelhordó gép; *pa* mázológép

coating alapozás; burkolás; borítás, bevonás; takarás; *ásv* verődék; *bőr* színfelvitel, színfelrakás, fedőfestés; *el* szigetelőborítás; *élip* bevonat, váz; gabonahéj; *ép* (cső)burkolat, (cső)burkolás; bevonat, (védő)mázolás, kötőanyag-bevonat(olás); falborítás; homlokzatburkolat; rétegfelhordás; *foto* fényérzékeny réteg; *gumi* felpréselés, gumizás; *hidr* élőbevonat; *műa* bevonat, váz; *opt* T-bevonat, T-réteg, visszaverődés-csökkentő réteg, reflexiócsökkentő bevonat; *pa* krétázás; máz(anyag); mázolás, festékréteg; réteg; *tex* (nehéz)gyapjúszövet; ~ **activation** *el* rétegaktiválás, bevonataktiválás; ~ **agent** *ép* áztatóanyag, nedvesítőanyag, mártóanyag *(bevonatoláshoz)*; ~ **base-paper** *pa* műnyomó alappapír; ~ **belt** rétegadagoló szalag; ~ **calender** *pa* mázolókalander; ~ **colo(u)r** fedőfesték; ~ **compound** *műa* bevonómassza, bevonókeverék, bevonóanyag; ~ **conductivity** réteg vezetőképessége; ~ **department** *gyógyv* drazsírozó üzem; ~ **film** bevonatfilm; *műa* bevonófólia; *pa* kasírozófólia; ~ **getter** *vák* bevonatgetter; ~ **index** *ol* bevonatképzési/lerakódásképzési index *(kenőolajnál)*; ~ **knife** *műa* kenőkés; ~ **life** bevonat élettartalma; ~ **machine** *műa* kenőgép, lakkozógép, bevonógép; *pa* mázológép; ~ **material** bevonóanyag, burkolóanyag; *ép* fedőbevonat, fedőmassza *(tetőlemezé)*; *pa* mázolóanyag; ~ **mixture** *önt* öntőforma-bevonó keverék; *pa* mázanyag, mázolópép; ~ **of fabrics** *tex* szövetbevonás; ~ **of paper** papírbevonat; ~ **of the Leyden jar** *el* leideni palack fegyverzete; ~ **pan** *gyógyv* drazsírozóüst; ~ **paste** bevonópép; ~ **plant** *pa* mázoltpapír-üzem; ~ **powder** *gyógyv* drazsírozópor; ~ **press** *pa* mázolóprés; ~ **property** fedőképesség *(festéké)*; ~ **roller** *foto* telítőgörgő; ~ **room** *pa* mázolóüzem; ~ **sheet** borítólemez; ~ **slip** *pa* mázolóanyag; ~ **sodium tetraborate** *koh* boraxbevonat; ~ **solution** *gyógyv* drazsírozóoldat; ~ **stone** *ép* fedő kőréteg; ~ **system** *ép* bevonatrendszer; ~ **thickness** rétegvastagság, bevonatvastagság; ~ **thickness measurement** bevonatvastagság-mérés; ~ **with lead** ólombevonat, ólomréteg; ~ **with plastic** műanyag-bevonatolás, műanyagbevonat

coatom *at* koatom, duális atom

coax koaxiális kábel; ~ **switch** *rád* koaxiális kapcsoló

coaxal → coaxial

coaxial koaxiális; közös tengelyű; *kat* (löveggel) párhuzamosított; *rep* közös tengelyű, ellenirányban forgó *(légcsavarok)*; ~ **antenna** *távk* koaxiális antenna; ~ **cable** *távk* koaxiális kábel; ~ **cable link** → ~ line link; ~ **cavity** koaxiális üregrezonátor; ~ **co-location VOR/DME** *rep* közös tengelyű egybetelepített VOR/DME; ~ **conductor** koaxiális vezeték/vonal/kábel; ~ **connector** koaxiális csatlakozó; ~ **deposition** *ásv* koaxiális leválás; ~ **diode** *távk* koaxiális dióda; ~**-fed antenna** koaxiális gerjesztésű antenna; ~ **feeder** koaxiális tápvezeték; ~ **feed-through capacitor** koaxiális átvezető kondenzátor; ~ **graphical correlation/relationship** *mat* közös tengelyű grafikus korreláció; ~ **horn** *rád* koaxiális (sugárzó) tölcsér; ~ **laser pumping** koaxiális lézerszivattyúzás; ~ **line** *el* koaxiális vezeték/vonal/kábel; *távk* koaxiális/központos tápvonal; ~ **line link** *távk* koaxiális összeköttetés/csatlakozó; ~**-line resonator** koaxiális üregrezonátor; ~ **line tube** Heil-féle cső, Heil-cső, Heil-generátor; ~ **loudspeaker** széles sávú koaxiális hangszóró; ~ **machine-gun** *kat* párhuzamosított géppuska; ~ **measuring line** *távk* koaxiális mérővezeték; ~ **mounting** *rád* ikerszerelés; ~ **pair** *távk* koaxiális pár; ~ **plug** → ~ connector; ~ **propellers** *rep* koaxiális *v.* ellenirányban forgó légcsavarok; ~ **pump laser** egyentengelyű szivattyús lézer; ~ **resonant cavity wavemeter** üregrezonátoros koaxiális hullámmérő; ~ **resonator** koaxiális (üreg)rezonátor; ~ **rotor helicopter** koaxiális rotoros helikopter; ~**-spaced loop-aerial** párhuzamos távkeretantenna; ~ **stub** *távk* koaxiális tápvonalcsonk; ~ **supply line** *el, távk* koaxiális tápvonal; ~ **system** *távk* koaxiális rendszer; ~ **transistor** koaxiális tranzisztor; ~ **transmission line** → ~ line; ~ **tube** koaxiális cső; ~ **tube link** *távk* koaxiális összeköttetés; ~ **wavemeter** hullámmérőnek használt koaxiális üregrezonátor

coaxiality *mat* koaxialitás, közöstengelyűség

cob[1] **I.** *v* zúz; *bány, koh* színít; **II.** *n* göröngy, hant; gömbölyded darab, kődarab, ércdarab; nagyobb darab kőszén; *bány* kispillér; *mzg* tengericső, kukoricacső; ~**-coal** nagy kerek darabos szén; ~**(-)corn crusher** csöveskukorica-daráló; ~**s** darabos szén, kockaszén; *bány* kispillér; *mzg* tengericső, kukoricacső

cob[2] *ép* vályog; ~ **brick** vályogtégla; ~ **mortar** vályoghabarcs; ~ **wall** *ép* csömöszölt fal; vályog(tégla)fal; vert (agyag)fal

cobalt (Co) *vegy* kobalt; ~ **60** kobalt-60, radioaktív kobalt; ~ **accelerators** kobaltgyorsítók; ~ **ammines** ammin-kobalt(III)-komplexek, kobaltiákok; ~**-base alloy** kobalt alapú ötvözet; ~**-bearing alloy** kobalt tartalmú ötvözet; ~ **black** *ásv* kobaltfekete, asbolán; ~ **bloom** *ásv* kobaltvirág, eritrin, eritrit; ~ **blue** kobaltkék, Thénard-kék, Dumont-kék, Leithner-kék; ~ **bomb** *kat* kobaltbomba; *orv, vegy* kobaltágyú; ~**-chloride test-paper** kobaltpapír, nedvességindikátor-papír; ~ **drier/dryer** *műa* kobalt szikkatív; *nyom* kobalt alapú szárítószer; ~ **glance** →

cobaltin; ~ **glass** kobaltüveg; ~ **green** kobaltzöld, türkiszzöld, Rinmann-zöld; ~ **(II) ammonium sulphate/sulfate** kobalt(II)-diammónium-szulfát; ~ **(II) chloride** kobalt(II)-klorid, kobalto-klorid; ~ **mica** → ~ bloom; ~ **monosulphide/monosulfide** kobalt-szulfid, kobalt(II)-szulfid; ~**-plating** kobaltbevonás; kobaltozás; ~ **pyrite** *ásv* kobaltkovand, kobalt-nikkelkovand, linneit; ~ **regulus** kobaltszemcse; ~ **silicate** kobaltüveg; ~ **source** kobaltforrás; ~ **speiss** *ásv* kobaltfémeskő; ~ **steel** kobaltacél; ~**-therapy unit** *orv* kobaltágyú; ~ **ultramarine** → ~ blue; ~ **unit** kobalt sugárforrás, kobaltágyú, sugárágyú; ~ **vitriol** *ásv* kobaltvitriol, bieberit; ~ **yellow** kobaltsárga, indiai sárga; ~ **zincate** kobalt(II)-cinkát, Rinmann-zöld

cobaltic kobalt-, kobalt(III)-; ~ **oxide** kobalt(III)-oxid; ~ **sulphate/sulfate** kobalt(III)-szulfát

cobalticyanic acid *vegy* ciano-kobalt(III)sav, hexaciano-kobalt(III)sav

cobalticynide *vegy* ciánkobaltát(III)

cobaltiferous kobalttartalmú

cobaltine → cobaltite

cobaltinitrite *vegy* nitro-kobaltát(III)

cobaltite kobaltit, kobaltin, kobaltfény

cobaltocyanide *vegy* hexaciano-kobaltát(II)

cobaltomenite *ásv* kobaltomenit

cobaltous *vegy* kobalt-, kobalt(II)-; ~ **chloride** kobalt(II)-klorid, kobalto-klorid; ~ **oxide** kobalt-oxid, kobalt(II)-oxid; ~ **perchlorate** kobalt(II)-perklorát; kobalt-diperklorát

Cobb sizing test *pa* Cobb-féle enyvezési próba

cobbed ore válogatott érc *(kézikalapáccsal fejtett)*

cobbing[1] zúzás; *bány* kézi válogatás; színítés; ~ **hammer** színítőkalapács

cobbing[2] *ép* vályogfalverés

cobble[1] **I.** *v* kavicsol; (ki)kövez; *tex* újrafest *(gyapjúszövetet)*; **II.** *n ép* köveződöngölő, köveződorong; *talt* vándorkő, nagy kavics, folyamkavics; ~**s** darabos szén, kockaszén; ~ **stone** → cobblestone

cobble[2] *cipő, ruh* foltoz, javít

cobbler foltozóvarga, gyorstalpaló; *tex* festési/szövési hiba, selejtszövet; ~**'s knife** *mat* sarlóalakzat, arbelosz; ~**'s thread/twine** szurkos/szurkolt fonal; ~**'s wax** fekete (cipész)szurok

cobblestone I. *v* kikövez; **II.** *n* nagy kavics; fejkő; *ép* (utcai) burkolókő, macskakő

cobbling *bány* nagy kerek darabos szén; *ép* ciklopkövezés *(gömbölyű terméskővel)*; *tex* (hibásan festett) gyapjúszövet újrafestése

COBOL, Cobol → common business oriented language; ~ **program** COBOL-program; ~ **software packet** COBOL-nyelvű software-csomag; ~ **word** COBOL-szó

cobwebbing (vékony) védőburok/védőréteg

cobweblike pókhálószerű, pókhálóvékony

cocaine *vegy* kokain, benzoil-ekgonin-metil-észter

cocalon *tex* laza gubó

cocarboxylase *vegy* kokarboxiláz

cocatalyst *vegy* kokatalizátor

coccin *foto* retusfesték

coccolite *ásv* kokkolit

cochannel interference *rád* közös csatorna okozta zavar

cochlear resonance *hang* rezonancia a csigában

cochleogram *hang* csiga-áramgörbe, csiga-hallásgörbe, cochleogram

Cochran's test *stat* Cochran-próba

cocitation indexing *szt* kereszthivatkozási indexelés

cock I. *v* felállít, felemel; magasít; felgyűr, feltűr; felhajt; felfelé hajlít/irányít; elzár, elfordít *(csapot)*; *ép* csapoz; *foto* felhúz *(zárat)*; *kat* ütőszeget felhúz; **II.** *n* kakas; mérlegnyelv; (elzáró)csap *(vízé, gázé stb.)*; *ép* állócsap; szélkakas; *finm* (billegő)híd; *kat* kakas; ütőfej; ~ **a gun** *v* puska kakasát felhúzza; ~ **bead** *fa* gyöngysordíszű léc *(bútoron)*; ~ **bore** → ~ hole; ~ **box** *ép* csapszekrény; ~ **chamber** *gép* csapház, csaptest; ~ **control gear** csapvezérlő mechanizmus; *gép* csapos vezérlés; ~ **hole** *gép* csapfurat *(forgónak)*; ~**-loft** *ép* padlásszoba; ~ **metal** réz-ólom ötvözet *(csapszerelvényekhez)*; ~ **plug** csapforgó; ~ **spanner** csapkulcs, csapelzáró kulcs; ~ **wheel** közbenső kerék; ~ **wrench** csapkulcs, csapelzáró kulcs

cockboat csónak *(kisebb, vitorlásé)*, boci

cocked felhajló, felálló; ~ **hat** háromszögbemérés *(irányméresnél)*, hibaháromszög; ~**-hat curve** *mat* kétszarvú görbe; ~ **head** tájolási háromszög; ~ **striker** *kat* felhúzott ütőszeg

cocker *bány* támoszlopok *(aláréselt széné)*

cockering *bány* poligonácsolat, sokszögácsolás

cockerpole *bány* bordafatartó főtegerenda

cocking felemelés; felfelé irányítás/hajlítás; magasítás; *ép* rovás; *fa* csapos illesztés; *kat* ütőszeg felhúzása; ~ **cam** felhúzógomb *(ütőszegé, kakasé, záré)*; *kat* zárószemölcs; ~ **handle** *kat* zárfogantyú, felhúzófogantyú *(géppuskán)*; ~ **insert** *gumi* feszítőbetét; ~**-lever** *kat* felhúzókar; ~ **lever-pin** *kat* elsütőbillentyű-rögzítő csap; ~**-lug** *kat* felhúzólap; ~ **nose** *kat* toldat *(ütőszeganyán)*; ~ **piece** *kat* kakas *(pisztolyé)*; ütőszeganya; ~**-piece assembly** *kat* kakasszerkezet; ~ **recess** *kat* ütőszegvájat; ~ **spring** feszítőrugó; ~ **stud** *kat* töltőkar

cockle[1] **I.** *v* összeráncol; összegyűr; (össze)pödör, (össze)sodor; összegöngyöl; felhúz *(rugót)*; meghúz *(csavart)*; (össze)gyűrődik, (össze)ráncolódik; fodrozódik; *pa* hullámosodik, vetemedik; **II.** *n* gyűrődés, ránc; csomó *(szövetben, üvegben)*; *bőr* zsírpattanás *(juhbőrön)*; *pa* vetemedés; *tex* gyűrődés, ránc; ~ **finish** *pa* hullámosság, hullámosodás *(rossz szárítás miatt)*; ~**(-)stair(s)** *ép* csigalépcső

cockle[2] *ép* (cserép)kályha; *hőt* fűtőtér *(kályhában)*; *ker* zománcégető kemence; *mzg* komlószárító berendezés; ~ **stove** *ép* cserépkályha; *hőt* légfűtéses kemence

cockled csigaszerűen csavarodott; *pa* hullámos; *ruh* hullámos/lágy esésű; ~ **fabric** egyenlőtlen szövet; ~ **yarn** hibásan gyártott *(v.)* csomós/szakadós fonal

cockling ráncosodás, gyűrődés; felhúzás *(rugóé)*; meghúzás *(csavaré)*; *pa* hullámosodás; *tex* ráncosság *(szövethiba)*; ~ **power** *tex* zsugorodásképesség *(gyapjúé)*; ~ **sea** *hajó* egymásba ütköző ellenkező irányú hullámzás; ~ **waviness** *pa* hullámosodás

cockpit *hajó* fedetlen rész; *rep* pilótafülke; pilótaülés; ~ **canopy/cover** pilótaülés-fedél; ~ **check** *rep* fedélzeti ellenőrzés; ~ **display** *rep* a pilótafülkében történő adatfeltüntetés; ~ **drill** *rep* műszerek kipróbálása *(felszállás előtt)*; ~ **heater** pilótaülés-fűtőtest; ~ **instrumentation** pilótafülke műszerezése; ~ **light** pilótaülés világítása; ~ **mock-up** pilótaülés-modell *(ki-*

képzéshez); ~ **personnel** pilótakabin személyzete; ~**-pressure control** nyomásszabályozás a pilótafülkében; ~**-pressure regulator** pilótafülke-nyomásszabályozó; ~ **starter** indítószerkezet *(pilótaülésen);* ~ **voice recorder (CVR)** *rep* fedélzeti beszédrögzítő

Cockroft-Walton accelerator/generator *at* Cockroft-Walton-generátor, kaszkádgenerátor

cockscomb pyrite *ásv* fésűkovand

cockspur fastener *ép* ablakszárny-merevítő

coco kókusz(dió); ~ **wood** kókuszpálma fája; ~ **yarn** kókuszfonal

cocoa *élip* kakaó; kakaóital; kakaópor; ~**(-)bean** kakaóbab; ~ **butter** kakaóvaj, kakaóolaj; ~**-butter press** kakaóvajprés; ~**(-)cake** kakaópogácsa; ~ **flavo(u)r** kakaóaroma; ~**-nib** hántott kakaóbab; ~**-oil** kakaóvaj; ~**-powder** kakaópor; ~**(-)pulverizer** kakaómalom; ~**(-)roaster** kakaópörkölő, kakaóbab-pörkölő; ~ **roasting** kakaóbab pörkölése

cocoanut → coconut

cocondensation *vegy* kokondenzálás

coconut kókuszdió; ~ **capacitor** *el* vákuumkondenzátor; ~ **fibre/fiber** *tex* kókuszrost; ~ **kernel** kókuszdióbél; ~ **matting** kókuszszőnyeg; ~ **meat** kókuszdióbél; ~ **oil** *élip* kókuszzsír; *vegy* kókuszolaj; ~ **shreds** *pl* reszelt kókuszdióbél

cocoon I. *v* védőréteggel bevon; **II.** *n tex* (selyem)gubó, selyemhernyógubó; ~ **agitator/brusher** gubóverő; ~ **crop** gubótermés; ~ **drying** gubószárítás; ~ **feed** gubóadagoló; ~ **fibre/fiber** selyemgubófonal; ~ **matted waste** selyemgubó-hulladék; ~ **opener** gubófellazító, selyemgubóbontó gép, gubóverő farkas

cocoonery selyemhernyó-tenyésztő telep

cocooning → cocoonization

cocoonization *csom, műa* „selyemgubó" csomagolási eljárás

cocrystallization együttes kikristályosodás/kikristályosítás, együttkristályosodás

cocurrent *el* azonos áramú; ~ **centrifuge** párhuzamos/osztott áramú centrifuga; ~ **flow** párhuzamos *v.* azonos irányú áramlás

cod[1] *élip* tőkehal; ~**-liver oil** (tőke)halmájolaj, csukamájolaj

cod[2] (öntödei) mag, nyers mag; *tex* selyemgubó

COD → chemical oxygen demand

Codabar (code) *szt* Codabar *(vonalkódfajta)*

CODAN → carrier-operated device anti-noise

CODASYL → Conference on Data Systems Languages

code I. *v* kódol; *kat* rejtjelez; *szt* kódol; **II.** *n* kód; *kat* rejtjel(kulcs); *szt* kód; *távk* egyezményes jelkulcs; ~ **assignment** *rep* SSR kód felosztási terv; ~ **bar** választósín *(távírógépen);* ~ **beacon** *hajó* jelzőpéce; *rep* kódjeladó, kulcsjeladó; ~**-beacon flasher** *rep* kulcsjelvezérlő; ~ **bell** *vasút* haranggal adott jel; ~ **character** *szt* karakter, kódjel; *távb* távírójel; ~ **check** kódellenőrzés; ~ **checking time** kódellenőrzési idő; ~ **conversion** *szt* kódkonverzió, átkódolás; ~ **converter** átkódoló, kódkonverter, kódfordító; kódátalakító, digitális jelátalakító; kódoló/átkódoló áramkör; ~ **converter matrix** átkódolómátrix; ~ **disk** *szt* kódtárcsa; ~ **element** *szt* kódolt alak; ~ **extension character (EC)** *szt* kódkiterjesztő karakter, EC; ~ **generating unit** kódgenerálási egység/berendezés; ~ **hole** *szt* adatlyuk; ~ **image** *szt* kódkép; ~ **image reader** *szt* bináris kártyaolvasó; ~ **impulse-type relay** *aut* kód-impulzus relé; ~ **key** *szt* kódgomb, kódbillentyű; ~ **letter** *szt* kódbetű; *távk* betűjeles állomásmutató; ~ **light** kódolt fény(jel); *rep* kulcsjeladó; ~ **line** *szt* kódsor; ~ **list** kódlista; ~ **modulation** kódmoduláció; ~ **name** kódolt név; ~ **number** kódszám; ~ **number prefix** *távb* körzetszám, körzetkijelölő szám; ~ **of construction** *ép* tervezési és építési szabályzat; ~ **office** rejtjelező iroda; ~ **pattern** kódminta; ~ **point** kódpont; ~ **program library** kódprogramkönyvtár; ~ **protection** kódbiztonság; ~ **Q** *rád* Q kód; ~ **reader** kódolvasó; ~ **reception** *távb* jelvétel; ~ **recorder** jelregisztráló berendezés; ~ **selection** *szt* kódkiválasztás; *távb* kódválasztás; ~ **selector** *távb* kódrendszerű/kódoló csoportválasztó; ~**-sender** *távk* kódadó; morzeadó; ~ **set** *szt* kódkészlet; ~ **sheet** *szt* kódlap; ~ **shift** *szt* kódváltás; ~**-signal system** jelkészlet, jelrendszer; ~ **storage circuit** kódjelet tároló áramkör; ~ **switch** kódkapcsoló; ~**-system** kódrendszer; ~ **table** kódtáblázat; ~ **telemetering system** kódolt távmérő/távmérési rendszer; ~ **track** kódcsatorna; ~ **transcription** kódátírás; ~ **translator** *szt* kódátalakító; ~ **transmitter** *vasút* ütemező; ~ **unit** kódelem; ~ **value** *v szt* kódolt alak; ~ **word (CW)** *szt* kódszó, CW; ~**-word distance** kódszótávolság; ~**-word error** kódszóhiba

codec *szt, távk* kódoló-dekódoló, kodek; ~ **station** kodekállomás

coded kódolt, rejtjeles; ~ **address** kódolt cím; ~ **character set** *szt* karakterkód; ~**-colo(u)r transmission** *távk* színkódoló átvitel; ~ **command line** kódolt utasítássor; ~ **current** *vasút* ütemezett áram(kör); ~**-current block section** *vasút* impulzusvezérlésű blokk; ~**-data decoder** *rep* kódmegoldó berendezés; ~ **decimal digit** *szt* kódolt decimális számjegy; ~ **decimal notation** *szt* kódolt decimális ábrázolás; ~ **instruction** kódolt utasítás; ~ **laser beam** kódolt lézersugárnyaláb; ~ **message** *rep* kódolt közlemény; ~ **program** *szt* kódolt program; ~ **representation** *szt* kódolt alak; ~ **stop** *szt* programozott leállás; ~ **track circuit** *vasút* ütemezett sínáramkör

codeine *vegy* kodein, morfin-metil-éter

coden *szt* coden *(sorozatkiadványokat azonosító ötjegyű kód)*

coder *szt* kódoló, programozó; *szt, távk* kódátalakító, digitális jelátalakító; *távb* impulzusátkódoló; *távk* kódoló, kóder; ~**-decoder (codec)** *szt, távk* kódoló-dekódoló, kodek

codfish → cod[1]

coding kódolás, rejtjelzés; *szt* kódoló; *szt, távk* kódolás; ~ **circuit** kódoló/átkódoló/kódolási áramkör; ~ **field** kódolási mező; ~ **form** *szt* kódlap; ~ **hypothesis** kódolási hipotézis; ~ **indicator** kódolásjelző; ~ **language** kódnyelv, kódolási nyelv; ~ **machine for punched tape** lyukszalagkódoló gép; ~ **matrix** *szt* kódoló mátrix; ~ **memory** kódmemória; ~ **of flow diagrams** folyamatábra-kódolás; ~ **of numbers** számkódolás; ~ **section** *aut* kódolt utasítássorozat; *szt* kódolószakasz, kódolórész; ~ **sheet** *szt* kódlap; ~ **store** kódtároló; ~ **theory** kódelmélet; ~ **unit** *távk* kódolóegység

codirectional azonos irányú; párhuzamos; ~ **magnetization** *geof* azonos irányú mágneseződés

codon *biot* kódon

COE → cab-over-engine
coefficient *mat, fiz* együttható, tényező, koefficiens; ~ **comparison** *mat* együtthatók összehasonlításának módszere, együttható-összehasonlítás, együttható-összevetés; ~ **domain** együttható-tartomány; ~ **for weir formula** *hidr* átbukási tényező; ~ **matrix** együtthatómátrix; ~ **of absorption** *at, fiz* abszorpciós tényező; *ép* hangelnyelési fok/tényező; ~ **of active earth pressure** *talt* akív földmozgás tényezője; ~ **of adhesion** *mech* tapadási együttható/tényező; ~ **of amplification** *rád* erősítési tényező; ~ **of bulking** *ép* lazulási tényező *(földkiemelés)*; ~ **of charge** *el* terhelési/töltési tényező; ~ **of compressibility/compression** *hidr, talt* összenyomódási együttható/index/modulus; ~ **of condensation** kondenzációs együttható; ~ **of conductivity** *el* vezetőképességi együttható; *hidr* vízvezető-képességi együttható; ~ **of consolidation** *talt* konszolidációs tényező; ~ **of correction** korrekciós tényező; ~ **of correlation** *mat* korrelációs együttható; ~ **of coupling** *el* csatolási tényező; ~ **of cubic(al) expansion** köbös hőtágulási tényező/együttható; ~ **of diagenesis** *ol* diagenezis-koefficiens; ~ **of diffusion** diffúziós tényező; ~ **of dilatation** dilatációs/kiterjedési együttható/tényező; ~ **of discharge** *hidr* lefolyási/kifolyási/átfolyási együttható/tényező; vízhozamtényező; ~ **of dispersion** diszperziós/szórási együttható; ~ **of dissymmetry** *műa* disszimmetria-tényező; ~ **of downflow** *ép* lefolyási tényező; ~ **of dynamic viscosity** dinamikus viszkozitási együttható; ~ **of earth pressure** *talt* földnyomástényező; ~ **of elasticity** rugalmassági együttható; ~ **of electric anisotropy** elektromos anizotrópia-tényező; ~ **of elongation** → ~ of linear expansion; ~ **of embedment** *hidr* ágyazási együttható; ~ **of equivalence** egyenértékűségi tényező; ~ **of excess of air** *ép* légfölösleg-tényező, légellátási tényező; ~ **of expansion** hőtágulási/kiterjedési együttható/tényező; ~ **of feedback** *el* visszacsatolási tényező; ~ **of fineness** *hajó* teltségi fok; *hidr* diszperziós mutató; ~ **of forward creep/slip** *heng* előresietési tényező; ~ **of friction** súrlódási tényező; ~ **of friction at rest** → ~ of static friction; ~ **of fullness** *hidr* teltségi fok; ~ **of harmonic distortion** *távk* torzítási tényező; ~ **of heat radiation** hősugárzási tényező; ~ **of heat transfer/transmission** hőátadási/hőátbocsátási tényező; ~ **of immersion** *hajó* bemerülési tényező; ~ **of induced magnetization** mágneses szuszceptibilitás(i együttható); ~ **of induction** *el* indukciós együttható; ~ **of internal friction** belső súrlódási tényező; ~ **of irregularity** egyenlőtlenségi tényező; ~ **of kinematic viscosity** *fiz* kinematikus viszkozitási együttható; ~ **of kinetic friction** *mech* csúszási/dinamikus/kinetikus súrlódási tényező, csúszósúrlódási tényező; ~ **of land classification** *geod* osztályegyüttható; ~ **of leakage** *el* töltésveszteségi tényező; ~ **of lift** *mech* felhajtóerő tényezője; ~ **of limb darkening** *csill* szélsötétedési együttható; ~ **of linear expansion** lineáris hőtágulási/kiterjedési tényező/együttható; ~ **of loss(es)** *gép, el* veszteségi szám/tényező; ~ **of magnification** *opt* nagyítási szám; ~ **of mass absorption** *at* tömegabszorpciós együttható; ~ **of mass transfer** *koh* anyagátadási együttható; ~ **of mineralization** *geol* ércesedési fok; ~ **of mutual inductance/inductivity** *el* kölcsönös induktivitási együttható; ~ **of mutual induction** *el* kölcsönös indukciós együttható; ~ **of oxygen absorption/uptake** *hidr* oxigénfelvételi állandó; ~ **of passive earth pressure** passzív földnyomás tényezője; ~ **of performance (CP)** teljesítménykoefficiens, teljesítmény-együttható; ~ **of permeability** *hidr* áteresztési/áteresztőképességi együttható, szivárgási tényező; k tényező *(Darcy-féle képlet)*; ~ **of pile reaction** *talt* cölöpbenyomódási tényező; ~ **of refraction** *geod* törésmutató; *opt* refrakcióegyüttható, refrakciótényező, refrakciókoefficiens, fénytörési/refrakciós együttható; ~ **of remanent induction** remanenciatényező; ~ **of restitution** *mech* ütközési tényező; ~ **of rigidity** *mech, talt* merevségi tényező; ~ **of rolling friction** gördülő súrlódási együttható/tényező; ~ **of roughness** érdességi tényező; ~ **of roughness of pipe wall** *bány* csőfalérdességi tényező; ~ **of safety** *mech* biztonsági szám/tényező; ~ **of self-induction** önindukció-tényező, induktivitás; ~ **of sliding friction** → ~ of kinetic friction; ~ **of slump** *talt* roskadási tényező; ~ **of softening** lágyulási együttható; ~ **of specific heat** fajhő, fajlagos hőkapacitás; ~ **of specific heat at constant pressure** állandó nyomáson mért fajhő; ~ **of speed variation** *gép* fordulatszám-változási tényező; *mech* sebességváltozási együttható; ~ **of standard variation** *mat* szórás, eltérések négyzetes közepe; ~ **of static friction** *mech* sztatikus/nyugalmi súrlódási tényező, tapadósúrlódási tényező; ~ **of subgrade reaction** *ép* ágyazási tényező *(alapozás)*; ~ **of subsidence** *geol* roskadási tényező; ~ **of thermal conduction/conductivity** hővezetési együttható/tényező; ~ **of thermal expansion** hőtágulási együttható/tényező; ~ **of transmissibility** *hidr* átbocsátóképesség, transzmisszibilitás; ~ **of trend** *stat* trendegyüttható; ~ **of turbulent dispersion** *környv* turbulens szóródás együtthatója, turbulens diffúziós együttható, örvénydiffuzivitás; ~ **of utilization** *el, opt* kihasználási tényező; *opt* világítás hatásfoka; *távb* terhelési/foglaltsági tényező; ~ **of variation (CV)** *stat* variációs koefficiens; ~ **of viscosity** viszkozitási tényező, dinamikai viszkozitás; ~ **(setting) potentiometer** *szt* együttható-beállító potenciométer, együttható-potenciométer
coelestine → celestine
coelostat *csill* cölosztát
coenzyme *vegy* koenzim, koszubsztrátum, kofermentum; ~ **A** koenzim A; ~ **I** koenzim I
coercibility összenyomhatóság
coercible összenyomható; ~ **gas** sűrített gáz
coercibleness *fiz* összenyomhatóság
coercimeter koerciméter
coercive kényszerű; *el* koercitív; ~ **force** *fiz* koercitív erő; ~ **force/electric field strength** *el* koercitív elektromos térerősség; ~ **force for the demagnetization of the saturation** telítési koercitív erő; ~ **force meter** → coercimeter; ~ **intensity** koercitív erő; ~ **magnetic field strength** koercitív térerősség/erő
coercivity *el, fiz* koercitivitás, telítési koercitív térerősség, koercitív erő; *mech* kényszer
coeruleolactite *ásv* cöruleolaktit
coesite *ásv* coesit
coexist egyidejűleg/együtt létezik
coexistence *el* párhuzamos haladás *(erős- és gyengeáramú vezetékeké)*
cofactor *mat* előjeles aldetermináns

coferment → coenzyme
coffee *élip* kávé *(bab és ital)*; ~**-bag paper** kávézacskópapír; ~ **bean(s)** kávé(bab), kávészem; babkávé, szemes kávé; ~ **berry** kávécserje gyümölcse; nyers kávétermés; szójabab; ~ **blend** kávékeverék; ~**-burner** → ~ roaster; ~ **concentrate** kávékivonat; ~ **cream** kávétejszín; ~ **extract** kávékivonat; ~**-filtering paper** kávészűrő papír; ~ **glazing** kávébevonás, kávéfényesítés; ~**-grinder** → ~-mill; ~ **grinds** *pl* kávéőrlet, őrölt kávé; ~ **huller** kávéhántoló; ~ **machine** kávéfőző (gép); ~ **mill** kávéőrlő, kávédaráló; ~ **polishing** kávéfényesítés; ~**-pot** kávéskanna; ~**(-)roaster**, ~**-roasting machine** kávépörkölő (gép); ~ **shrub** kávécserje; ~ **substitute/surrogate** kávépótló, kávé(pót)szer; ~ **tree** kávécserje; ~ **trier** kávémintavevő
coffer I. *v bány* bedöngöl *(akna hátsó falát)*; *ép* kazettáz, kazettál *(mennyezetet)*; **II.** *n* (pénzes)láda; szerszámtáska; *bány* mozsár; *ép* (mennyezet)kazetta; *hajó* belső kikötő (állandó szintű) medencéje; úszódokk; *hidr* (csatorna-)zsilipkamra
cofferdam *hidr* (sejtfalas) zárógát, jászolgát; körtöltés; vízzáró szerkezet; ~ **sheeting** *hidr* jászolgátszádfal; ~**-type sediment trap** *hidr* szekrényes vízmosáskötő gát
coffered | **ceiling** *ép* kazettás mennyezet; ~ **floor** kazettás födém
coffering *bány* agyagdöngölés *(ácsolat mögött)*; *ép* aknabélelés falazattal; bélésfalazás *(téglával, kővel)*
cofferwork *ép* bélésfalazat; terméskő falazat, vert fal(azat)
coffin koporsó; papírtölcsér; *at* szállítótartály *(radioaktív anyagok szállításához)*; *bány* felhagyott akna; főtepászta; *ép* fiókos polc; *fa* rekesz; *hidr* koporsó; *ker* porcelánégető tok; *koh* tégelykemence; *nyom* fenéklap, (kocsis) nyomóalap, kocsi *(gyorssajtón)*; ~ **in the roof** *bány* koporsófedél; ~ **varnish** expresszlakk
coffinite *ásv* koffinit
cofunction *mat* (trigonometriai) kofüggvény
cog I. *v bány* tömedékel; *ép* egyberó; *geol* hengerít, gurít; *gép* egymásba kapaszkodik/illeszkedik *(fogaskerék)*; fogaz, fogazással ellát *(kereket)*; összekapcsol; *heng* előhengerel, előnyujt; **II.** *n* dudor; *bány* ék, kapocs; máglya; máglyabiztosítás; tömedékpillér; *ép* cserépbeakasztó fog; fahorog; fakapocs; máglya; rovás *(fakötés)*; *gép* fog *(fogaskeréké)*; csaposfog *(keréken)*; emelőbütyök; *heng* előnyújtott blokk; *koh* fésű; ~ **down** *v heng* bugát hengerel; előnyujt; ~**(-down) timbering** *bány* máglyabiztosítás; ~ **of bag** *bány* zsákmáglya; ~ **railway** fogaskerekű vasút
cogbelt hajtószíj *(fogazott)*
cogged *ép, gép* (csap)fogas; (csap)fogazott; *koh* előhengerelt; ~ **belt** fogazott szíj; ~ **bloom** vékonyított rúdbuga; ~ **flywheel** fogas lendkerék; ~ **glued connection** *ép* fogas ragasztott kapcsolat; ~ **ingot** *heng* előnyújtott blokk; ~ **joint** fogazott kapcsolat *(tartóban)*; ~**-plate key/insert** *ép* fogas tárcsabetét; ~ **rail** *vasút* fogazott sín; ~ **tile** *ép* hódfarkú cserép; ~ **wall break** *ép* fogas csorbázat; ~ **wheel** *gép* fogaskerék; fogazott kerék; ~ **wheel folder** *nyom* fogazott kerekű hajtogatógép
cogger *bány* ácsoló/tömedékelő vájár
cogging egyszerű rovás *(fakötés)*; *bány* tömedékelés, meddőátrakás *(exkavátorral)*; *ép* egyberovás; *finm* pálcás fogazás; *geol* hengerítés, gurítás; *gép* csapfogazás; fésűs kiképzés; összekapcsolás; *heng* előnyújtás; ~**-down** *heng* előnyújtás; ~**-down groove** előnyújtó üreg; ~**-down roll** durvahenger, előnyújtó henger; ~ **hammer** idomverő kalapács; ~ **mill** *heng, koh* blokksor; ~ **mill stand** *heng* blokkhengerállvány; ~ **pass** előnyújtó üreg; ~ **rolls** előnyújtó (henger)sor; ~ **stand** blokkhengerállvány; ~ **train** *heng* előnyújtó sor
cogman *bány* máglyázó
cognac borpárlat, konyak; ~ **oil** *élip* önantéter
cognate | **inclusion** *geol* endogén zárvány; ~ **inventions** rokon találmányok
cogwheel fogaskerék; csapos kerék; *fa* betétfogas kerék; ~ **escapement** fogaskerekes kioldó; ~ **ore** *ásv* bournonit; ~ **railway** fogaskerekű vasút
cohere összetapaszt, összeprésel, (össze)tapad; összefügg; egyezik
coherence tapadás; összefüggés; sorrendiség; *fiz* koherencia *(hullámoké)*; kohézió, tapadás; *mat* koherencia; *mech* kötés; *szt* összteljesítmény-mutató; ~ **area** koherenciatartomány; ~ **condition** koherenciafeltétel, koherencia feltétele
coherency → coherence
coherent összefüggő *(test)*; illeszkedő; folyamatos; *fiz, mat* koherens; *opt, rád* egyfázisú; ~ **elastic scattering** *ásv* koherens elasztikus szórás; ~ **emission** koherens emisszió/sugárzás; ~ **finite state system** *rendsz* összefüggő VR *v.* véges állapotú rendszer; ~ **grain boundary** *ásv* koherens szemcsehatár; ~ **inelastic scattering** koherens inelasztikus szórás; ~ **infrared radar** koherens infravörös sugárzásos radar/lokátor; ~ **light (detecting and ranging) radar (COLIDAR)** koherensfényradar, koherensfény-lokátor, colidar, ladar; ~ **optical arrangement** koherens optikai berendezés; ~ **optical radar** optikai koherens (sugárzásos) radar/lokátor; ~ **oscillator (COHO)** folytonos hullámú oszcillátor; ~ **phase boundary** *vegy* koherens fázishatár; ~ **precipitation** *ásv* koherens leválás; *vegy* koherens kiválás; ~ **radar** koherens (sugárzásos) radar/lokátor; ~ **rays** koherens sugarak; ~ **region** *ásv* koherens tartomány; ~ **ring** *mat* koherens gyűrű; ~ **rock** kemény, összecementált kőzet; ~ **set** *mat* koherens halmaz; ~ **system of units** koherens mértékrendszer; ~ **waves**, ~ **wave trains** koherens hullámok/hullámvonulatok
coherer *távk* kohérer; ~ **action** kohérerhatás
cohesible összetartó
cohesion kohézió; tapadás; összefüggés; ~ **energy** kohéziós energia; ~ **force** *fiz* kohéziós erő; ~ **strength** kohéziós szilárdság
cohesional kohéziós; ~ **coefficient** *talt* (hatékony) kohéziós érték
cohesionless *ker, talt* kohézió nélküli *(szemcsés)*; nem kötődő
cohesive kohéziós, kohézióképes; ~ **attraction** molekuláris vonzás; ~ **energy** kohéziós energia; ~ **energy density (CED)** *at* kohéziós energiasűrűség; ~ **force** *fiz* kohéziós erő; ~ **hold** kohéziós kapcsolás; ~ **material** *hidr* kohéziós/kötött anyag; ~ **pressure** kohéziós nyomás; ~ **soil** *bány* kohéziós talaj; *talt* kö-

tött talaj; ~ **strength** *fiz* kohézió, ridegszakító/kohéziós szilárdság
cohesiveness *any* kohézióképesség; *talt* kötöttség *(talajé)*
COHO → coherent oscillator
cohobation *ol* többszörös/ismételt desztilláció/lepárlás
cohomological dimension *mat* kohomologikus dimenzió
cohomology group *mat* kohomológiacsoport
coil I. *v* összegöngyöl, összecsavar; felteker; feltekercsel; gyűrű alakba csavarodik, összetekeredik, összegöngyölődik; feltekercselődik; **II.** *n* spirálcső, tekercs, köteg; csőkígyó, csőspirális; spirálrugó; *el* tekercs; *film, foto* tekercs; *gépk* gyújtótekercs; *hajó* kötélcsomó, karikába rakott hajókötél/kábel; *heng* (szalag)tekercs; (tekercs)menet; *pa* tekercspapír, bobina; *szt* lyukszalagtekercs; *tex* cséve; ~ **antenna** keretantenna; ~ **assembly** *el* tekercskészlet; ~ **base** *el* csévetest; *tex* csévealap; ~ **binding machine** *heng* karikakötöző gép; ~ **bobbin** *el* csévetest; *tex* menetes cséve; ~ **body** *el* tekercstest, tekercsváz; ~ **box** tekercsház; ~**-box equipment** *heng* előlemez-tekercselő; ~**-boxing** *heng* előlemez-tekercselés; ~**-box process** *heng* előlemez-tekercselés; ~ **capacitance** *el* tekercs önkapacitása, tekercskapacitás; ~ **comparator** *rád* tekercsbemérő; ~**-compression spring** *kat* lökhárító rugó; ~ **condenser** *vegy* csőkígyós/spirálcsöves hűtő/kondenzátor; ~ **constant** tekercsjóság, jósági tényező, Q faktor; ~ **conveyor** *ép* szállítószalag; *koh* tekercsszállító; ~ **diameter** *koh* karikaátmérő; ~**(-)drag** húzóhálókötél; *hajó* szükséghorgony *(köteltekercsből)*; ~**-driven loudspeaker** dinamikus hangszóró; ~ **end** *el* tekercsfej; *tex* cséve fejrésze; ~**-end leakage** *el* tekercsfejszórás; ~ **form(er)** *el* csévetest, tekercstest; ~ **frame** tekercsállvány; ~**-friction clutch** spirálrugós dörzskapcsoló, Triumph-kapcsoló; ~ **getter** *vák* getterspirál; ~ **gun** *kat* huzaltekercseléses erősítésű lövegcső; ~ **holder** *rád* tekercstartó; ~ **ignition** *gépk* akkumulátoros gyújtás; ~**-in-box cooler** *ép* hűtőkígyó; *ol* merülőcsőkígyós hűtő; ~ **input** *el* tekercskezdet; ~**-loaded** *távk* pupinozott; ~**-loaded cable** pupinkábel, terhelt kábel; ~**-loaded circuit** pupinozott áramkör; ~ **loading** pupinozás, (cséve)terhelés; ~ **loss** *el* tekercsveszteség; ~ **magnetometer** tekercses magnetométer; ~ **mass** *koh* tekercstömeg; ~ **of wire** *hajó* huzalkarika, huzaltekercs; sodronykötél-göngyöleg; ~ **pack** *el* tekercscsomó; ~ **pipe** spirális cső; csőkígyó, csőspirális; ~ **pitch** *el* horonylépés; menetemelkedés; ~ **preparation line** *koh* tekercsdaraboló sor; ~ **resistance** *el* tekercsellenállás; ~ **screen** *távk* tekercsfazék, pupinfazék; ~ **section** *távk* cséveszakasz, csévemező; ~ **set** *el* tekercskészlet; ~ **sleeve** *el* tekercsösszekötő hüvely; ~**-slitting machine** *pa* tekercsvágó gép; ~ **spacing** *távk* cséveköz, cséveosztás; ~ **span** *el* tekercsszélesség; ~ **spring** *gép* tekercsrugó; ~ **support** *rád* tekercstartó; ~ **system** *el* tekercsrendszer; ~ **tap** tekercsleágazás; ~**-turn counter** *el* menetszámláló; ~ **up** *v* felcsévél; felteker; feltekercsel; ~ **warp into a ball** *v heng* (fel)csévél, (fel)tekercsel; *tex* láncot tekercsbe rak; ~ **warp upon the mill** *v tex* láncot keretre felvet; ~ **weight** *koh* karikasúly; ~ **winder** tekercselőgép, csévetekercselő gép; ~ **winding** (meg)tekercselés; ~**-winding bench** tekercskészítő állvány; ~**-winding lathe** tekercselőpad; ~ **wire** *el* tekercselőhuzal, dinamóhuzal
coiled tekercselt; spirális; ~ **coil** bispirális tekercs; ~**-coil filament** duplaspirál *(izzószál)*; ~**-coil (filament) lamp** duplaspirállámpa; ~ **cooling pipe** *vegy* hűtőkígyó; ~ **expansion pipe** kiegyenlítő/táguló csőkígyó; ~ **filament** egyszerű spirális izzószál; ~ **key** *mech* rugós ék; ~ **loop** *kh* áthurkolt szem; ~ **pipe** csőkígyó, csőspirális; ~ **piston ring** spirális alakú dugattyúgyűrű; ~ **spring** *gép* tekercsrugó; ~**-spring tooth** tekercsrugós fog *(kultivátoron)*; ~ **steel bar** *heng* tekercselt rúdacél; ~ **tubing** *ol* felcsévélhető termelőcső
coiler motolla; csörlő; kígyócsőrendszer; tekercselő *(szerkezet, munkás)*; *hajó* szénszállító hajó; *heng* csévélő, (fel)tekercselőgép; *tex* szalaglerakó készülék; ~ **calender** *pa* tekercselőhenger; ~ **can** *tex* szalaglerakó kanna; ~ **gearing** szalaglerakó áttétel; ~ **head** szalagvezető tölcsér; szalaglerakó fej; kannatöltő fej *(kártoláshoz v. nyújtáshoz)*; ~ **mechanism** szalaglerakó berendezés; ~ **tension rolling mill** *koh* húzóhengermű
coiling *el* (fel)tekercselés; *heng* csévélés, (fel)tekercselés; ~ **apparatus/device** *heng* csévélő, tekercselőgép; ~ **diameter** feltekercselési átmérő; ~ **machine** tekercselőgép, csévetekercselő gép; csévélő; ~ **mechanism** tekercselőberendezés; ~ **mill train** *heng* csévélő hengersor
coin I. *v* ver *(pénzt)*, présel *(érmet)*; kivés, keresztülvág; **II.** *n* érem; érme; dombornyomat; *ép* falsarok; sarokkő, (épület)sarok; szöglet; ~ **box** → ~ collector; ~ **box relay** pénzbeszedő relé; ~ **box set** pénzbedobós/pénzbeszedő telefonkészülék; ~ **changer** *távb* pénzváltó automata; ~ **collector** *el* érmedoboz *(automatán)*; ~ **collector set** → ~ box set; ~**-feeler contact** *távb* pénzérintkező; ~ **machine** érmeosztályozó és -csomagoló gép; ~**-operated** érembedobású, érmebedobással működtetett; (pénz)bedobós; ~ **slot** pénzbedobó nyílás; ~**-stamping machine** pénzverő gép; ~ **tossing** *mat* érmedobás, fej vagy írás
coinage → coining; ~ **alloy** érmeötvözet
coincide koincidál; egyezik; egybeesik; egybevág; *távk* összeesik
coincidence koincidencia, egybeesés; egyezés; *fiz, szt* koincidencia, egybeesés; *mat* egybeesés, fedés, összeesés, koincidencia; ekvivalencia *(matematikai logika:)*, koincidencia, kettős implikáció; ~ **adjustment** *geod* koincidenciabeállítás; ~ **circuit** *aut, szt* koincidencia-áramkör, koincidenciakör; koincidenciakapcsolás, ÉS-kapcsolás; koincidenciakapu, ÉS áramkör; ~ **circuit operating in the nanosecond range** ultragyors (működésű) koincidencia-áramkör/koincidenciakör; ~ **counting** koincidenciaszámlálás; ~ **error** koincidenciahiba; ~ **factor** egyidejűségi tényező; ~ **gate** *szt* ÉS kapu; ~ **impulse** *at* koincidencia-impulzus; ~ **magnetic spectrometer** mágneses koincidencia-spektrométer; ~ **measuring magnifier** koincidenciás mérőmikroszkóp; ~ **memory** *szt* koincidenciamemória; ~ **method** *at, geof* koincidencia-módszer; ~ **of phases** fázisegybeesés, fázisegyidejűség, szinkronizmus; ~ **pulse** *at* koincidenciaimpulzus; ~ **range-finder** *aut, kat* koincidenciás távmérő; ~ **reading device** *geod* koincidenciás leolvasóberendezés; ~ **scintillation spectrometer** szcintillációs koincidencia-spektrométer; ~ **selection** koincidenciás

kiválasztás; ~ **spectrometer** koincidencia-spektrométer; ~ **spectrum** *at* koincidenciaspektrum; ~ **storage** *el, szt* koincidenciatárolás; ~ **telemeter** → ~ range-finder
coincident koincidens, egybeeső, egyező; koincidenciás; ~ **current** *el* koincidenciaáram; ~**-current selection** *szt* áramkoincidencián alapuló kiválasztás; ~**-current storage** *szt* koincidenciás tár; ~ **roots** *mat* kétszeres gyök
coincidental párhuzamosan/egyidejűleg működő; ~ **starter** *gépk* gázpedállal működtetett indító(kapcsoló)
coiner pénzverő (gép)
coining pénzverés, érmeverés; éremsajtolás, érempréselés; dombornyomás; ~ **die** dombornyomó/érmeverő szerszám; ~ **mill** dombornyomó prés; ~ **press** érmeverő/pénzverő sajtó; ~ **stamp** érmekölyű
coir | fibre/fiber kókuszrost; ~ **yarn** kókusz(rost)fonal
cokability kokszolhatóság
coke I. *v* kokszol; kokszosít, cementál *(acélt)*; kokszolódik; **II.** *n* koksz; ~ **basket** *ép* kokszkosár; ~ **bed** *koh* kokszágy, kokszréteg; *önt* alapkoksz, töltőkoksz; ~ **bench** kokszrámpa; ~ **blast furnace** koksszal üzemelő nagyolvasztó; ~ **breaker** kokszaprító; ~ **breeze** *koh* aprószemecsés koksz, kokszpor; ~**-breeze-fired furnace** *koh* kokszdarás kemence; ~ **briquette** formakoksz, brikettkoksz, kokszbrikett; ~ **bunker** koksztároló; ~ **car** kokszszállító kocsi; ~ **charge** *koh* adagkoksz, kokszadag; ~ **charging car** *koh* kokszadagoló kocsi; ~ **cinder** kokszhamu, kokszsalak; ~ **coal** kokszkőszén; ~ **consumption** *koh* kokszfelhasználás; kokszfogyasztás; ~ **crushing plant** kokszaprító berendezés; ~ **discharging machine** → ~ pusher (machine); ~ **dross** → ~ breeze; ~ **drum** kokszolótorony; ~ **end** → ~ side; ~**-fired (crucible) furnace** koksztüzelésű (tégely)kemence; ~ **formation** kokszképződés; ~ **iron** koksszal olvasztott nyersvas; ~ **oven** *koh* kokszolókemence; ~ **oven benzol(e)** nyersbenzol, kokszolási benzol; ~ **oven brick** tűzálló tégla *(kokszolókemencéhez)*; ~ **oven gas** *koh* kokszkemencegáz, kamragáz; ~**-oven plant** kokszolómű; ~ **precursor** kokszképző, kokszprekurzor; ~ **preparation plant** kokszelőkészítő mű; ~**-pusher (machine)** *hőt* kokszkitoló/koszkinyomó gép, kokszkemence-ürítő; ~ **quenching** kokszoltás; ~ **quenching car** oltókocsi, kokszoltó kocsi; kokszszállító és kokszhűtő kocsi; ~ **quenching tower** *koh* kokszhűtő, kokszoltó; ~ **ram** kokszkitoló; ~ **rate** → ~ charge; ~ **riddle** kokszrosta; ~ **saving** *koh* kokszmegtakarítás; ~ **screen** *koh* kokszrosta, kaliberrosta; ~ **screening plant** *koh* kokszosztályozó; ~ **side** kokszoldal *(kokszolókemencéé)*; ~ **sizing/sorting plant** *önt* kokszosztályozó (berendezés); ~ **split** *koh* adagkoksz; ~ **storage bin** koksztároló; ~ **strength** *koh* kokszszilárdság; ~ **wharf** kokszrámpa; ~ **yield** kokszkihozatal
coker naphtha kokszolási benzin
cokery kokszolómű
coking I. *a* kokszolható; **II.** *n* kokszosítás; kokszolódás, kokszosodás; *koh* kokszolás, szénkigázosítás; ~ **capacity** kokszolhatóság, sülőképesség; ~ **chamber** *koh* koszolókamra, kokszkamra; ~ **coal** *bány, koh* kokszszén, sülőszén, kokszolható/sülőképességű szén; ~ **index/number** kokszolási index/szám; ~ **(oven) plant** kokszolómű; ~ **power** kokszolhatóság; ~ **quality** *koh* kokszolhatóság; ~ **smalls** *pl* apró koszszén; ~ **time** kokszolódási idő
coky centre/center *koh* tengelymenti fogyási üreg
col *geol* hegynyereg; *mat* hiperbolikus pont, nyeregpont, hágó; *met* nyereg
colander *gyógyv* szűrőedény; *mzg* rosta
colation *gyógyv* átszűrés; derítés, tisztítás
colatitude *csill, hajó, rep* pólusmagasság kiegészítőszöge, kiegészítő szélességi szög
colature szűrt folyadék
colchicine *vegy* kolchicin *(alkaloid)*
colcrete *ép* kolkrétbeton; ~ **mixer** kolkrét(habarcs-) keverő gép; ~ **pier** kolkrétpillér; ~ **pump** kolkrét(habarcs-)szivattyú
cold I. *a* hideg; *at* nem aktív, inaktív, radioaktivitásmentes; *mt* hideg *(állapotban végzett)*; hűtött; **II.** *n* hideg; *bány* fagyasztás; ~ **adhesive** → ~-setting adhesive; ~ **adhesive binding** *nyom* hidegenyves kötés; ~ **advection** *met* hidegadvekció; ~ **ag(e)ing** *koh* természetes öregítés; ~ **air** *met* hideg levegő; ~**-air dome** *rep* hideglevegős kupola; ~**-air downstream** *met* hideglefolyás; ~**-air mass** *met* hideg légtömeg; ~**-and-hot test** vizsgálat hideg és meleg állapotban; ~ **application** fagyasztás *(talajmunkánál)*; ~ **area** *at* radioaktivitás-mentes övezet; ~ **asphalt** hidegaszfalt, hidegbitumen; ~**-bend** *v* hidegen hajlít; ~ **bended section** hajlított idom; ~**-bending** hideghajlítás; ~**-bend(ing) test** *any* hideg hajlítópróba; ~ **black** kékesfekete *(festék, szín)*; ~ **blast** *koh* hideg fúvószél; hidegfúvatás; ~**-blast cupola** hidegszeles kupolókemence; ~**-blast main** hidegszélvezeték; ~**-blast slide valve** hidegszél-tolózár; ~ **blocking** → ~ embossing; ~**-box casting** *önt* cold-box-eljárás, hideg magszekrényes eljárás; ~**-brittleness** *any* hidegtörékenység; *koh* hidegridegség; ~**-calender** *tex* hideg kalander; ~ **cap** *vák* fúvósapka; ~ **capacitance** hidegkapacitás; ~ **cathode** *el* hidegkatód; ~**-cathode discharge lamp** *fiz* hidegkatódos kisülési lámpa; ~**-cathode (gas) discharge** hidegkatódos kisülés; ~**-cathode getter-ion pump** porlasztásos ion-getterszivattyú; ~**-cathode glow tube** hidegkatódos cső; ~**-cathode ionization ga(u)ge** hidegkatódos ionizációs nyomásmérő; ~**-cathode lamp** hidegkatódos lámpa; ~**-cathode rectifier** hidegkatódos egyenirányító; ~**-cathode switching tube,** ~**-cathode thyratron** jelfogócső; ~**-cathode tube** hidegkatódos cső; ~ **chain** *élip* hűtőlánc; ~ **chamber** hűtőtér, hűtőkamra; ~ **chamber die-casting machine** *önt* hidegkamrás (nyomásos) öntőgép; ~ **charge** *koh* szilárd/hideg betét; ~ **charger** *élip* hűtőtároló; ~ **chisel** *ép* bontóvéső; hidegvágó (véső), laposvágó, nyelesvágó; ~**-chisel** *v* hidegvágóval megmunkál; ~ **colo(u)r** hideg szín; ~ **composition** *nyom* nemfém *v.* nem öntött szedés, hidegszedés; ~ **compression strength** hideg nyomószilárdság *(tűzálló tégláé)*; ~ **conductor** hidegvezető, nagy pozitív hőmérsékleti együtthatójú ellenállás; ~ **control** hőfokszabályozás *(hűtőn)*; ~**-core anticyclone/high** *met* hideg anticiklon; ~**-core box** *önt* hideg magszekrény; ~**-core cyclone/low** *met* hideg ciklon, talajmenti hidegmagvas ciklon; ~**-core vortex** *rep* hidegmagvas örvénylés; ~ **crack** *önt* hidegrepedés, hidegtörés; ~ **cracking** hidegrepedés (képződése); ~ **creep** → ~ flow; ~ **crushing strength** hideg

nyomószilárdság *(tűzálló anyagoké)*; ~ **cupping** *alak* hidegfolyatás; ~ **cure** *gumi, műa* hidegvulkanizálás; *műa* hidegen keményedés; ~ **curing** *gumi, műa* hidegen vulkanizálódó/keményedő; ~ **cutting-off** *koh* hidegdarabolás; ~ **deformation** hidegalakítás; hidegmegmunkálás; ~ **die-sinking** süllyesztékmélyítés hideg besajtolással; ~ **dividing** *koh* hidegdarabolás; ~ **drawing** *alak* hideghúzás; *műa* hidegnyújtás; ~**-drawn** *alak* hidegen húzott/nyújtott; ~**-drawn oil** *vegy* hidegen sajtolt olaj; ~**-drawn steel (CDS)** hidegen húzott acél; ~**-drawn tube** hidegen húzott/vont cső; ~ **drying** hideg szárítás *(vízelvonással)*; ~ **durability** hidegállóság; ~**-electron distribution** *at* lassú/szubtermális elektroneloszlás; ~ **embossing** *nyom* hideg dombornyomás; ~ **emission** *at* hidegemisszió, téremisszió; ~ **emission (of light)** kemolumineszcencia, kémiai lumineszcencia; ~ **enamel** *nyom* kéklakk, hidegzománc; ~ **enamel process,** ~ **enamel(l)ing** kéklakk-másolóeljárás, hidegzománceljárás; ~ **extruding** *koh* hidegextrudálás; hidegfolyatás; ~ **extruding steel** hidegen folyatott acél; ~ **extrusion** *koh* hidegfolyatás, hideg fröccssajtolás; ~ **extrusion press** *koh* hidegfolyató sajtó; ~ **fault** *szt* hideg hiba; ~ **finger** *vák* hűtőszonda; ~**-finished (CF)** → ~-drawn; ~**-flanged** *alak* hidegen felperemezett; ~ **flash welding** hidegleolvasztó tompahegesztés; ~ **flat roof** hideg/kéthéjú lapostető; ~ **floor (covering)** *ép* hidegpadló, hideg padlóburkolat; ~ **flow** *any* hidegfolyás, tartósfolyás szobahőmérsékleten; ~**-forge** hidegen kalapál/kovácsol; ~**-forging** hidegkovácsolás; ~ **forming** *koh* hidegalakítás, hidegmegmunkálás; ~ **front** *met* hideg betörési front, hidegbetörés, hidegfront; ~**-front rain** hidegfronti eső; ~**-front type occlusion** *rep* hidegfront-okklúzió; ~ **furnace charge** → ~ charge; ~**-ground wood** *pa* hideg facsiszolat; hidegen csiszolt fa; ~ **hammering** hidegkovácsolás kalapáccsal; ~ **hardening** *koh* keményedés hidegalakításkor, hidegkeményedés; ~**-head** hidegen fejez/zömít *(szegecset)*; ~**-heading** hidegzömítés; ~**-heading machine** hidegzömítő gép; ~**-heading steel** hidegen zömíthető acél; ~**-heading wire** szeggyártó huzal; ~ **hydrogenation** alacsony hőmérsékletű hidrogénezés; ~**-insulating material** *ép* hidegszigetelő anyag; ~ **joint** *ép* hibás lemezcsatlakozás *(lapostetőszigetelésé)*; *ip* be nem tervezett munkahézag; ~**-jumping test** *any* hidegzömítő próba; ~ **junction (cj)** *finm* hideghegesztés, hidegforrasz; *koh* hidegpont; ~**-junction compensation** *koh* hidegpontkompenzáció; ~**-junction compensation device,** ~**-junction compensator** *koh* hidegpont-kompenzátor; ~ **junction (of thermocouple)** *fiz* hidegpont, referenciapont *(hőeleme)*; ~ **laboratory** *at* hideglaboratórium; ~ **lap** *heg* hideghegesztési hely; *heng* kettőzés, befűződés; *önt* hidegfolyás, hideghegedés; ~ **light** *el, fiz* hidegfény; ~**-light mirror** *opt* hideg(fény)tükör, interferenciatükör; ~ **low** *met* hidegdepresszió; ~ **magnetron** hidegkatódos magnetron; ~ **metal** *koh* hidegfém; ~ **metal shop/work** *koh* hideg betétes olvasztómű; ~ **mirror** → ~ light mirror; ~ **mix** *ép* hideg aszfaltkeverék; ~ **mo(u)ld** *nyom* hidegmatrica; ~ **mo(u)lding** *alak, műa* hidegsajtolás; ~ **neutron** hideg/lassú neutron; ~ **occlusion,** ~ **occluded front** *met* hideg okklúzió; ~ **pack,** ~**-pack method** *élip* hidegen csomagoló tartósítás; ~ **patching** *gépk* gumiragasztás hideg folttal; ~**-penetration bituminous macadam** *ép* hideg eljárással készült bitumenes makadám *(útburkolat)*; ~**-pilgering mill** *heng* hidegpilgerező hengersor; ~ **pilger rolling** *heng* hidegpilgerezés, periodikus csőhengerlés; ~ **pit** *bány* behúzó légakna; *geol* levetődött réteg; *mzg* verem; ~ **plug** *gépk* magas/nagy hőértékű gyújtógyertya; ~ **point** dermedéspont; ~ **polymer** *műa* hidegpolimer; ~ **polymerization** *műa* hidegpolimerizáció; ~**-pour** *műa* hidegen önthető; ~**-press** *v* hidegen sajtol; ~**-pressed** hidegen sajtolt/lyukasztott; ~ **pressing** *alak* hidegsajtolás; ~ **pressure welding** hidegsajtoló hegesztés; ~ **ramming mass** *koh* hidegen döngölhető massza; ~**-reduced** *heng* hidegen redukált, keményre hengerelt; ~**-reducing department** hideghengermű; ~ **reduction** hidegalakítás *(fémé)*; ~ **redundancy** passzív tartalékolás *(gyártmánymegbízhatósági)*; ~ **repair** *koh* hidegjavítás; ~ **repressing** hideg utánsajtolás; ~ **rerolling** dresszírozás, hideg utánhengerlés; ~ **reserve** terheletlen tartalék *(megbízhatósági)*; ~ **resistance** hidegállóság; fagyállóság; *el* hidegellenállás, ellenállás hideg állapotban; ~**-resistant** fagyálló; ~ **retention dyeing** *tex* hidegen pihentető színezőeljárás; ~**-riveted** hidegen szegecselt; ~ **riveting** hidegszegecselés; ~ **roll** hideghengersori henger; ~**-roll** *v* hidegen hengerel; ~**-rolled (CR)** hidegen hengerelt; ~**-rolled coil** *heng* szalagtekercs; ~**-rolled medium-width strip** középszalag; ~**-rolled narrow strip** keskenyszalag; ~**-rolled strip** (hidegen hengerelt) szalag, acélszalag, szalagacél; ~**-rolled wide strip** szélesszalag; ~**-rolling** hideghengerlés; ~**-rolling mill** hideghengermű; ~**-rolling train for steel strip** hideg szalaghengermű; ~ **roof** *ép* hidegtető; ~ **rubber** *gumi* hideg(en készült) műkaucsuk; hidegkaucsuk; ~**(-)run** *at* hidegfutás, próbafutás *(reaktoré)*; *koh* hidegjáratú, hidegjárati; ~ **saw** *koh* hidegfűrész; ~**-saw** *v* hidegen fűrészel *(fémet)*; ~ **sealing** hideg tömítés; ~ **set** *önt* hideghegedés; ~ **setting** *műa* hidegen keményedő; ~**-setting adhesive/glue** hidegen kötő/száradó ragasztó, hidegragasztó; ~ **shaping** *koh* hidegalakítás; ~**-shear** *v* hidegen nyír; ~**-short** *koh* hidegtörékeny, merev; ~ **shortness** hidegtörékenység; hidegridegség; ~ **shut** *heg* hideghegesztési hely; *heng, önt* hidegforradás, hideghegedés; ~**-slag treatment** *koh* hidegsalak-feldolgozás; ~ **slug** *műa* hideg dugó *(a fröccsszerszámba beáramló anyag frontja)*; ~ **soldering** hidegforrasztás; ~**-spot fermentation** csupaszfoltos erjedés; ~**-stage** (mikroszkópi) hűtőasztal; ~**-stamped** hidegen sajtolt; ~**-stamping** hidegsajtolás; ~**-stamping die** hidegsajtoló szerszám; ~**-start** *gépk, rep* hidegindítás; *szt* hidegindítás, hiba utáni újraindítás; ~**-starting engine** hidegen indítható/induló motor; ~**-start lamp** hidegen gyújtó lámpa; ~ **storage** *hűt* hűtő(kamra); hűtőház, hűtőraktár; hűtőtárolás; hűtött tárolás; ~**-storage car** hűtőkocsi; ~**-storage house** hűtőház; ~**-storage room** hűtőkamra; ~**-storage warehouse** *élip* hűtőház, hűtőraktár; ~ **straightening** hidegegyengetés; ~ **straining** hidegnyújtás; ~ **strength** hidegszilárdság; ~ **stretch** *műa* hidegnyújtás; *tex* hideghúzás, hidegnyújtás; ~**-strip mill** *koh* szalaghengermű; ~**-strip reel** *koh* szalagcsévélő, szalagtekercselő; ~**-swage** hidegre kovácsol; ~ **swaging** hidegkovácsolás; ~ **test** *ol* hidegpróba, dermedési próba; *tex* zsugorodási próba *(mosott gyapjúé)*; *vegy* dermedéspont mérése; **~-tin** *v* hidegen ónoz; **~ toughness** *any, koh* hidegszívósság; **~ trap** *vák* hűtött csapda; *vegy* kifagyasztóedény; **~ twisted** hidegen csavart *(betonacél-szilárdítás)*; **~ type** *nyom* hideg karakterkészlet *(szövegszedő rendszereknél)*; **~-type setting** *nyom* ólom nélküli szedés; **~ upsetting** *koh* hidegzömítés; **~ upsetting steel** *koh* hidegen zömíthető acél; **~ vulcanization** hidegvulkánozás; **~ washing agent** *tex* hideg vízben oldódó mosószer; **~-water flat** komfort nélküli lakás; **~-water (pressure) washer** *ép* hidegvízsugaras tisztítóberendezés; **~-water test** *ol* hidegvíznyomáspróba *(kazánoké, csővezetékeké)*; **~ wave** *met* hideghullám, hideg légbetörés; **~ weather concreting** betonozás fagyban *v.* hideg időben; **~-weld** *v* hidegen hegeszt; **~-weldable** hidegen hegeszthető; **~-welded joint** hidegen hegesztett kötés; **~ welding** hideghegesztés, hidegforrasz; **~-work** *v koh* hidegalakítással felkeményít; *mt* hidegen megmunkál/alakít; **~-workability** hidegalakíthatóság; **~-worked metal** hidegen alakított fém; **~-working** *koh* hidegjárat; *mt* fagyás, redukció *(hidegen)*; hidegalakítás

colemanite *ásv* colemanit

coleopter koleopter, gyűrűs szárnyú repülőgép

colgrout *ép* kolkréthabarcs; **~ production plant** kolkrét(habarcs-)keverő telep

COLIDAR → coherent light detecting and ranging radar

collage *élip* derítés, tisztítás

collagen *vegy* kollagén; **~ fibres/fibers** kollagén rostok

collander → cullender

collapsable → collapsible

collapse I. *v* lerombol, ledönt, bedönt; leenged *(pl. gumiabroncsot)*; bedől összedől, összeomlik; beomlik, leomlik, összeroskad; törik; szétesik; összecsuklik, összelapul; leenged *(pl. gumiabroncs)*; *mech* kihajlik; **II.** *n* bedőlés, összeomlás, összedőlés; *bány* beomlás, beszakadás, behorpadás, besüppedés; omlás; omlasztás; *ép* roskadás *(oszlopé)*; tönkremenetel, összeomlás *(terhelésre)*; *fa* hullámosodás; sejtösszeroppanás; *gumi* leengedés; *hőt* behorpadás *(gőzkazáné)*; *mech* kihajlás; összeroskadás; *ol* benyomódás, behorpadás *(béléscsőé)*; *szt* összeomlás; **~ design method** *ép* képlékeny méretezési eljárás; **~ load** *mech* törő igénybevétel; törőteher, képlékeny teherbírás; **~ of the star** csillagösszeomlás, gravitációs katasztrófa; **~ of the voltage** *el* feszültségletörés; **~ of tunnel** *talt* (be)omlás, főteomlás *(alagúté)*; **~ sink** *geol* (szakadék)dolina; rogyott dolina; **~ stress** *mech* törőfeszültség

collapsed | star *csill* kontrahált/összeroskadt csillag; **~ tyre/tire** leereszkedett gumiabroncs; **~ volcano** *geol* romvulkán

collapsibility *önt* omlaszthatóság *(formázókeveréké)*; omlékonyság *(formáé, magé)*; **~ characteristic** *önt* üríthetőség

collapsible összecsukható, összehajtható *(szék)*; lecsapható *(ülés)*; összecsukható, összetolható *(nyél, fogantyú)*; *bány* omladékony, omlós, engedékeny, rövidülő *(tám)*; **~ aerial** összecsukható antenna; **~ boat** összehajtható csónak; összerakható (gumi)csónak, túrakajak; **~ (cardboard) box** *pa* hajtogatott doboz; **~ container** összecsukható szállítótartály/konténer; **~ formwork** összecsukható/szétszedhető zsaluzat; **~ funnel** egymásba tolható füstcső; **~ hood** *gépk* lehajtható/kinyitható (vászon)tető; **~ racer** *tex* összehajtható motolla; **~ roof** → **~** top; **~ seat** előredönthető/lehajtható támlájú ülés; **~ stilt** *bány* engedékeny tám; **~ tap** *gép* önnyíló menetfúró; **~ top** összecsukható/lehajtható/kinyitható tető; **~ weir** *hidr* mozgatható/lefektethető gát; mozgógát; **~ workman stand** tábori csősatu, pionírsatu

collapsing | boat → collapsible boat; **~ bucket** vászonveder; **~ force** *mech* törőerő; **~ length** *mech* kihajlási hosszúság; **~ load** → collapse load

collar I. *v* gyűrűvel/karikával ellát/felszerel; *alak* peremez, kihajtogat; *élip* göngyöl *(húst, halat)*; **II.** *n* gallér; (fém)gyűrű, (fém)karika; *alak* perem, szegély; *bány* aknagádor, aknaszáj; alapkeret, tartókeret; első ácsolat; felső fogadószint/kezdőszint; főkoszorú; *cipő* bokacipő gallérja/hajtókája; *el* abroncs, szorítógyűrű; *élip* göngyölt hús; hüvely *(hüvelyesé)*; *gép* (tengely)váll; állítógyűrű, betétgyűrű, védőgyűrű; csőkarima; perem, szegély; talpcsapágypersely; tömítőgallér; *heng* borda; *ol* (fúró)lyukszáj; karmantyú; **~ beam** *ép* feszítőgerenda *(függesztőműnél)*; fogófa, fogópár *(fedélszéken és feszítőműnél)*; torokgerenda *(fedélszéken)*; **~-beam roof** torokgerendás fedélszék; **~ bearing** *gép* fésűscsapágy; **~ board** *tex* platinatartó deszka; **~ brace** *bány* segédácsolat-kitámasztás; **~ burner** körégő; **~ bush** peremes tömítőpersely; **~ case** *pa* gallérdoboz; **~ chain** *tex* hevederlánc; **~ end bearing** *gép* vállcsapágy; **~ flange** munkaléces/vállas karima; **~-head screw** → **~** screw; **~ journal** *gép* fésűs csap; vállas tengelycsap; **~ log** *geof* béléscsőkarmantyú-szelvény; **~ nut** (csőkapcsoló) peremes anya; **~ of (the) shaft** *bány* aknaszáj; **~ paper** gallérpapír; **~ pin** peremes csapszeg; **~ plate** váll-lemez *(axiális elmozdulás ellen)*; **~ rim** *vasút* gyűrűs perem; **~ roof (with strut)** *ép* torokgerendás fedélszék; **~ screw** peremes csavar; **~ step/bearing** *gép* fésűs nyomócsapágy; **~ stop** karimás (kikapcsoló)ütköző; **~ stud** peremes/vállas csap; **~ thrust-bearing** *gép* fésűs (nyomó)csapágy; **~-type connection** *ol* menetes/karmantyús/tokos csőkötés

collared | nut → collar nut; **~ shaft** vállas tengely

collarette guide szalagvezető *(varrógépen)*

collargol *gyógyv* kollargol

collaring *alak* körjelzés *(hengeren)*; peremezés; *bány* begyezés; fúráskezdés; lyukfúrás

collate összevet, összehasonlít, egybevet; *koh* összeválogat; *nyom* kollacionál; összehord; *szt* átcsoportosít

collateral oldalsó, oldal-; *mat* közös oldalú, kollaterális; párhuzamos; **~ dipoles** párhuzamos dipólusokból álló antennarendszer

collating I. *a szt* összehasonlító; **II.** *n koh* összeválogatás; *nyom* összehordás; *szt* összehasonlítás; **~ generator** *szt* összeválogató programgenerátor; **~ machine** *nyom* összehordógép; **~ mark** *nyom* kollacionáló jel; **~ sequence** *szt* elrendezés, sorrend

collation *szt* összefésülés

collator *nyom* összehordógép; *szt* válogató(gép)

collect (össze)gyűjt; összeszed; felhalmozódik; *nyom* kollacionál; összehord; **~ call** *távb* R-beszélgetés, hívott fél költségére kért beszélgetés; **~ data** *szt* adatokat rögzít; **~ in braces/parentheses** *mat* zárójelbe tesz, (be)zárójelez; ~ **in brackets** (szögletes) zárójelbe tesz; ~ **the current** *el* leszedi az áramot

collected scrap *koh* begyűjtött hulladék

collecting I. *a* gyűjtő, szedő; befogadó; felfogó; **II.** *n* gyűjtés; ~ **agent** *vegy* gyűjtőpótlék; gyűjtőreagens; ~ **area** *hidr* vízgyűjtő terület; ~ **bar** *el* gyűjtősín; *vasút* rúdáramszedő; ~ **basin** gyűjtőtartály; *vegy* felfogóedény, felfogóteknő; ~ **belt conveyor/conveyer** gyűjtőszalag; gyüjtő szállítószalag; ~ **box** szedőtartály, gyűjtőtartály; ~ **bucket** *bány* kotróveder; ~ **centre/center** gyűjtőközpont; ~ **channel** *ép* gyűjtő ereszcsatorna, gyűjtőcsatorna; *hidr* gyűjtőcsatorna; ~ **chimney** *ép* termoforkémény, gyűjtőkémény; ~ **chute** gyűjtősurrantó; ~ **cylinder** *nyom* gyűjtőhenger; ~ **depot** *fa* farakodó tér; ~ **ditch** *bány* övárok; *ép* felfogóárok; *hidr* gyűjtőárok; ~ **drain** *hidr* oldaldrén; szívó(gyűjtő); ~ **drum** *nyom* (kimeneti/elvezető) gyűjtődob; ~ **duct** *ép* gyűjtővezeték; ~ **electrode** *el* kollektor(elektród), gyűjtőelektród; *ker* elválasztóelektród; ~ **flue** *hőt* füstgázgyűjtő; ~ **gear** *el* áramszedő berendezés; ~ **grid** *el* katódrács; ~ **lens** *opt* gyűjtőlencse; ~ **main** *bány, ép* gyűjtőcső; gyűjtővezeték, fővezeték; ~ **mirror** konkáv/homorú tükör; ~ **pantograph** *vasút* ollós áramszedő; pantográf; ~ **pipe** *ép* gyűjtőcső; *koh* gyűjtővezeték; ~ **range** → ~ zone; ~ **reagent** → ~ agent; ~ **roller table** *heng* gyűjtő görgősor; ~ **shaft** *ép* gyűjtőakna, vízgyűjtő akna, zsomp; ~ **shoe** áramszedő (csúszó)saru; ~ **snow fence** hófogó rács; ~ **sump** *bány* gyűjtőzsomp; ~ **terms** *mat* hasonló tagok összefoglalása/összegyűjtése; ~ **trap** *ol* frakciógyűjtő, kollektor; ~ **van** árugyűjtő tehergépkocsi; ~ **vehicle** szemétszállító jármű; ~ **worm** *élip* gyűjtőcsiga; ~ **zone** *távk* befogási tartomány

collection gyűjtés, összehordás; összeszedés, leválasztás; gyűjtemény, készlet; ~ **from domicile** *vasút* felfuvarozás; ~ **of patterns** *tex* mintagyűjtemény, mintaelem-sorozat; ~ **of solar heat** napsugárzás összegyűjtése; naphőtárolás

collective kollektív, közös; gyűjtő-; ~ **antenna** közösségi/közös antenna; ~ **control** *ép* gyűjtővezérlés; ~ **drawing** *gép* gyűjtőrajz; ~ **effect** együttes/kollektív/összegezett hatás; ~ **electron theory** kollektív elektronelmélet; ~ **flotation** *bány* kollektív flotálás; ~ **nuclear model** *at* kollektív/egyesített modell; ~ **packaging** gyűjtőcsomagolás; ~ **pitch** *rep* kollektív állásszög

collectivization ranging *kat* lőtávolság átlagosítása

collector felfogóedény, felfogóteknő; gyűjtő(tartály); *bány* portlanító(készülék); *el* áramszedő; kollektor; kommutátor; *hidr* vízgyűjtő (drén); *hőt* gyűjtő, szedő; *koh* porleválasztó berendezés; *szt* kollektor; *vegy* gyűjtőreagens; ~ **barrier** *félv* kollektor-záróréteg, kollektor-határréteg; ~ **base admittance** kollektor-bázis admittancia; ~**-base capacity/capacitance** kollektor-bázis kapacitás; ~**-base cut-off current** kollektor-bázis maradékáram/visszáram; ~**-base junction** kollektor-bázis átmenet; ~**-base resistance** kollektor-bázis ellenállás; ~ **bow** áramszedő; ~ **breakdown voltage** kollektor letörési feszültsége, kollektorátütési feszültség; ~ **brush** *el* kefe; ~ **bulk resistance** kollektorellenállás; ~ **capacitance** kollektor-bázis kapacitás, kollektorkapacitás; ~ **circuit** kollektor(áram)kör; ~ **contact** kollektorcsatlakozás; ~**-coupled logic** *félv* kollektorcsatolt *v.* árammal hajtó logika; ~ **current** *félv* kollektoráram; ~ **current alteration** kollektoráram-változás; ~ **cut-off current** kollektor-maradékáram; ~ **depletion layer** → ~ barrier; ~ **diode** kollektordióda; ~ **dissipation** kollektorteljesítmény-veszteség; kollektordisszipáció; ~ **dissipation power** kollektorveszteség; ~ **drain** *hidr* oldaldrén; szívógyűjtő; ~ **drum** levegőgyűjtő dob; ~ **efficiency** *félv* kollektorhatásfok; ~ **electrode** *félv, vák* kollektor, felfogóelektród, gyűjtőelektród; ~**-emitter cut-off/leakage current** kollektor-emitter maradékáram/visszáram; ~ **emitter knee/saturation voltage** kollektor maradékfeszültsége/könyökfeszültsége; ~ **film** *el* kommutátorbevonódás, kommutátorpatina; ~ **flume** *hidr* gyűjtővályú; ~**-ground transistor** földelt kollektorú tranzisztor; ~ **inverse current** kollektor záróirányú árama; ~ **junction** kollektorátmenet; ~ **junction temperature** kollektorzáróréteg-hőmérséklet; ~ **layer** kollektorréteg; ~ **lead** *félv* kollektorkivezetés; ~ **loss** *el* kommutátorveszteség; ~ **motor** kommutátoros motor; ~ **multiplication factor** kollektorerősítési tényező; ~ **path resistance** kollektorellenállás; ~ **plate** *el* kollektorlemez; *ker* kicsapatólemez, ülepítőlemez; ~ **region** → ~ zone; ~ **resistance** kollektorellenállás; ~ **ring** kollektorgyűrű, csúszógyűrű; ~ **saturation resistance** kollektor telítési ellenállása; ~**(-)shoe** *el* csúszósaru; *vasút* harmadiksínes/súroló áramszedő; szedő, áramszedő (csúszó)saru; ~ **terminal** kollektorkivezetés; ~ **time constant** kollektor-időállandó; ~**-to-base conductance** kollektor-bázis vezetőképesség; ~**-to-base current gain,** ~**-to-emitter current gain** áramerősítő tényező; ~ **transition layer/region** → ~ barrier; ~ **tuned circuit** hangolt kollektorkör; ~ **voltage** kollektorfeszültség; ~ **zone** kollektortartomány, kollektorzóna

collet *finm* (drágakő)foglalat; hajszálgyűrű *(óráé)*; *forg* (befogó)patron; befogógyűrű, befogóhüvely; *gép* (záró)gyűrű; bilincs, abroncs; foglalat; ~ **adapter** *forg* befogópatron; ~ **capacity** *forg* befogási átmérő; ~ **chuck** patronos tokmány; ~ **chucking/gripping** patronos befogás; ~ **jaw** patronpofa; ~ **pin** befogópatron-rögzítő pecek

collide összeütközik *(jármű)*; *at* ütközik, ütközést szenved

collidine *vegy* kollidin

colliding-beam measurement ütközősugaras mérés

collier *bány* (szén)vájár, fejtővájár; szénbányász; szénszállító csille; *hajó* szénszállító hajó, szenesdereglye

colliery szénbánya; ~ **dump/heap** meddőhányó; ~ **fan** bányaszellőztető gép; ~ **rail** *koh* bányasín, kisvasúti sín; ~ **railway** bányavasút; ~ **substation** *bány, el* bányaállomás

colligation *mat* ismérvkapcsolat; *vegy* kolligáció

colligative property *vegy* kolligatív sajátság

collimate *fiz* párhuzamosít, kollimál

collimated | output beam *fiz* kollimált kilépő sugárnyaláb; ~ **radiation** *sug* kollimált sugárzás

collimating | cone *fiz* kollimátorkúp, kollimálókúp; ~ **lens** *opt* kollimátorlencse; ~ **slit** *opt* kollimátorrés

collimation *fiz, geod* párhuzamosítás, kollimáció, kollimálás; ~ **axis** → ~ line; ~ **diaphragm** *opt* kollimátor-fényrekesz, kollimátorblende; ~ **error** *geod* kollimációhiba, irányvonal merőlegességi hibája; ~

level *geod* indexlibella; ~ **line** *geod* irányvonal; ~ **system** *ásv, opt* kollimációs rendszer, résrendszer
collimator *at, geod, opt* kollimátor; ~ **diaphragm** *opt* kollimátor-fényrekesz, kollimátorblende; ~ **sight-line** *geod* kollimátor irányvonala
collinear *mat* egy vonalba eső, kollineáris; ~ **(antenna) array** kollineáris antenna; ~ **load** vonal menti teher; ~ **points** kollineáris *v.* egy egyenesen fekvő *v.* egy egyenesre illeszkedő pontok; ~ **vectors** kollineáris *v.* egy egyenesre illeszkedő vektorok
collinearity *mat* kollinearitás
collineation *mat* kollineáció, (lineáris) projektív leképezés
collineatory | **matrix** hasonlósági transzformációs mátrix; ~ **transformation** projektív/hasonlósági *v.* lineáris homogén transzformáció
collision összeütközés; ütközés; *at* ütközés; ~ **avoidance system (CAS)** *rep* összeütközést megakadályozó rendszer; ~ **bulkhead** *hajó* kollíziós fal; ~ **coefficient** *at* ütközési szám; *mech* ütközési tényező; ~ **course** *rep* ütköző irányszög; ~ **cross-section** *at* (effektív) ütközési hatáskeresztmetszet; ~ **density** *at* ütközési sűrűség; ~ **detection** *szt* ütközésérzékelés; ~ **detection and avoidance system (CDA)** *rep* összeütközési veszélyt észlelő és elhárító rendszer; ~ **excitation** *el* ütközési/ütközéses gerjesztés; ~ **frequency (per unit volume)** *fiz* ütközési gyakoriság/frekvencia; ~ **ionization** *fiz* ütközési ionizáció; ~ **light** ütközési fény, fénysugárzás ütközés során; ~ **mat** *hajó* lekötőkötélzet; lékponyva; ~ **mean free path** *fiz* ütközési szabad úthossz; ~ **number** *at* ütközési szám; ~ **of the electron with an atom** *at* elektronütközés; ~ **of the first kind** *at* elsőrendű/elsőfajú ütközés; ~ **of the second kind** *at* másodfajú ütközés; ~ **parameter** ütközési paraméter; ~ **post** *vasút* tolatási határjel; ~ **prevention** *rep* összeütközés elhárítása/megakadályozása; ~ **probability** *at* ütközési valószínűség; ~ **radiation** *at* ütközési/fékezési sugárzás; ~ **radius** *at* ütközési sugár *(neutroné)*; ~ **rate** *at* ütközési szám/frekvencia, ütközési valószínűség; ~ **risk** *rep* összeütközési veszély; ~ **term** *at* ütközési term; ~**-warning equipment** *közl* összeütközésjelző berendezés
collisional | **diffusion** *at* ütközési diffúzió; ~ **energy transfer** *at* ütközési energiaátvitel; ~ **ionization** *fiz* ütközési ionizáció
collisionless ütközésmentes, lökésmentes; ~ **plasma** ütközésmentes plazma
collocation *mat* kollokáció
collochemistry kolloidkémia
collodion *vegy* kollódium; ~ **cotton** lőgyapot; ~ **emulsion** kollódiumemulzió; ~ **film** kollódiumbevonat; ~ **lacquer** cellulóz-nitrát lakk; ~ **process** *nyom* kollódiumemulziós eljárás; ~ **silk** *tex* nitrocellulóz selyem, nitrátselyem
collodionizing *nyom* kollódiumréteg-felhordás
collodium rayon → collodion silk
colloid I. *a vegy* kolloid, kolloidális; **II.** *n vegy* kolloid; kolloidoldat; ~ **chemistry** kolloidkémia; ~ **concrete** *ép* kolkréthabarcs; ~**-disperse** kolloid diszperz; ~**-disperse system** kolloid-diszperz rendszer; ~ **graphite** kolloid(ális) grafit; ~ **mill** *bány, élip* kolloidmalom; ~ **osmotic pressure** kolloid ozmotikus nyomás; ~ **science** kolloidika
colloidal *vegy* kolloid(-), kolloidális, kolloid-diszperz; ~ **cellulose** *pa* cellulóznyálka; ~ **dispersion** *vegy* kolloid diszperzió; ~ **electrolyte** kolloid elektrolit; ~ **filament** sajtolt izzószál; ~ **fuel** olajos szénpor; ~ **graphite** kolloid(ális) grafit; ~ **movement** *vegy* Brown-féle mozgás; ~ **particle** kolloid részecske; ~ **silver** kolloid ezüst; ~ **solution** kolloid(ális) oldat; ~ **state** kolloid állapot; ~ **suspension** → ~ solution; ~ **system** kolloid rendszer; ~ **yield** kolloidtartalom
colloidally | **bound water** *hidr* kolloidálisan megkötött víz; ~ **labile** kolloid-labilis; ~ **stable** kolloid-stabilis
collotype *nyom* fotomechanikus eljárás *(képátvitel üveghordozóra)*; ~ **plate** fénynyomó lemez; ~ **(printing) paper** fénynyomó papír; ~ **process** *nyom* fénynyomás
colloxylin *vegy* kolloxilin
colluvial soil kolluviális talaj
colluvium *talt* hordalékkúp
colmatage → colmation
colmation *hidr* feliszapoltatás, sankolás; kolmatáció
cologarithm *mat* kologaritmus, negatív logaritmus, szám reciprokának logaritmusa
Cologne | **earth** kasszeli barna, kölni föld *(festék)*; ~ **yellow** krómsárga, kölni/lipcsei/párizsi sárga, királysárga, citromsárga
colon *nyom* kettőspont
colonial gyarmati; *ép* koloniális; ~ **hide** gyarmati nyersbőr; ~ **timber** tengerentúli eredetű fa
colonnade *ép* oszlopsor, oszlopfolyosó, kolonnád
colony *biot* kolónia, település; *élip* óriáskultúra, óriáskolónia
colophonite *ásv* kolofonit
colophonium → colophony
colophony *vegy* (hegedű)gyanta; kolofónium, (fenyő)-gyanta
color *US* → colour
coloradoite *ásv* koloradóit
colorant (matter) színezék, színezőanyag
coloration színezés; színezet; festődés; (el)színeződés; *tex* színmintázás
colorific színező, színközlő
colorimeter *fiz* koloriméter, színmérő
colorimetric | **analysis** *fiz* kolorimetriás analízis/elemzés; ~ **dosimetry** kolimetriás dozimetria; ~ **pH-metering** kolorimetriás pH-mérés; ~ **purity** színtisztaság-tényező; színsűrűség; ~ **pyrometer** → colour pyrometer; ~ **system** trikromatikus színmérő rendszer; ~ **test** színpróba
colorimetry *fiz* kolorimetria, színmérés; kolorimetriás eljárás, kolorimetrálás
colour, *US* **color I.** *v* színez; fest; elszíneződik, megfestődik; *bőr* előcserez; **II.** *a* színes, szín-; **III.** *n* szín; színezék, festék, festőanyag; *hang* hangszín; *tex* színezék, színezőanyag; ~ **adapter** *foto* színadapter; ~ **agglutinant** festékkötő anyag; ~ **album** színes katalógus; ~ **analyser/analyzer** színanalizátor; ~**-and-weave effect** *tex* tarkán szőtt minta; ~ **applying** *tex* színfelvitel, színfelrakás, fedőfestés; ~ **atlas** színatlasz; ~ **axis** színtengely; ~ **balance** *foto, tv* színegyensúly; ~**-balance standard** színegyensúlyi mérték; ~ **balancing filter** *foto* színkorrekciós szűrő; ~ **banding** színsávosodás *(videorögzítésnél)*; ~**-band method** színezési eljárás *(áramlásvizsgálathoz)*; ~ **bar gen-**

erator *tv* színsávgenerátor, színcsíkminta-generátor; ~ **bar pattern** színsávábra, színcsíkminta; ~ **bars** *szt* színsáv (ábra); ~**-binding agent** színkötő anyag; ~**-bleeding** *foto, tex* színeresztés, színszétterjedés; ~ **blending** *tex* színelfolyás; színkeverés; ~**-blend yarn** *tex* színes kevert fonal; ~**-blind** színvak; ~**-blind emulsion** *foto* színérzéketlen emulzió; ~ **blind film** *szt* bizonyos színekre érzéketlen mikrofilm; ~**-boiling room** *tex* színezékfőző műhely; ~**(-)box** *tex* színezőkád; színezőteknő; ~**-break** *gyógyv* foltosodás *(drazsén)*; *opt* színfelbontás; ~ **breaking-up system** *tv* színszétválasztó rendszer; ~ **brightness** világosság *(színé)*; *pa* fehérségtartalom; ~ **broadcasting** → ~ casting; ~ **burst** *tv* színszinkronjel; ~ **burst channel** színszinkronjel-csatorna; ~ **card** *tex* színkártya; ~ **cast** *tv* színárnyalat; ~ **casting** színes adás; ~**-cell** *biot* pigmentsejt; ~ **centre/center** színcentrum; ~ **change** színváltozás; *nyom* festékcsere, festékváltás; ~ **chart** *nyom* színtábla, színskála; *tex* színkártya; ~ **chemist** színkémikus; ~ **circle** színkorong, kromatométer; színes körlap; ~ **coat** *gyógyv* színes bevonat; ~ **code** *el* színjelzés; színkód, színjelölés; ~**-coded laser communication** színkódolású lézeres távközlés; ~**-coded light beam** szín szerint kódolt fénysugárnyaláb; ~ **code marking** → ~ marking; ~ **coder** *tv* színkóder; ~ **coefficient** *foto* színtényező, színegyüttható; ~ **comparison tube** színösszehasonlító (kém)cső; ~ **compensation** színkiegyenlítés; ~ **component** színösszetevő; ~ **composite video signal** *tv* a videojel színjelkomponense; ~ **concentrate** keverék szín; ~ **conditioner** *tex* színkondicionálás; ~ **conditioning** *tex* színkiválasztás megvilágítás szempontjából; ~ **contrast** színkontraszt; ~ **control** *tv* színszabályozás; ~ **converter** *tv* színátváltó; ~ **coordinates** *fiz* színkoordináták; ~ **copy** *foto* színes papírkép/másolat/kópia; ~**-corrected mercury lamp** színkorrigált higanylámpa; ~ **correction** színkorrekció; ~ **correction factor for a physical photometer** fizikai fotométer korrekciós tényezője; ~ **correction filter** színkorrekciós szűrő, korrekciós színszűrő; ~ **coupler** színtársító, színkeverő; ~ **cycle** színkör *(természetes)*; ~ **defect** színhiba; ~ **development** színesfilm-előhívás; ~ **deviation** színeltérés; ~ **difference signal** *tv* színkülönbségi jel; ~ **difference signal drive** *tv* színkülönbségi vezérlés; ~ **disc/disk** színes tárcsa; színtárcsa; *vasút* látjelző, optikai jelző; ~ **discharge** *tex* színes marás; ~ **dispersion** *fiz* színszórás, színszóródás; ~ **displacement** színeltolódás; ~ **distortion** színtorzítás; ~ **distribution** színeloszlás; ~ **doctor** *nyom* rakli, tisztítókés; ~ **edging** → ~ fringing; ~ **effect** színhatás; ~ **emissivity** színsugárzó képesség; ~ **encoder** → ~ coder; ~ **equation** színegyenlet; ~ **etcher** *nyom* színesklisé-marató; ~ **etching** színmaratás, színes maratás; ~ **excess** *csill* színexcesszus; ~ **facilities** színestelevízió-berendezések; ~ **facsimile** színes fakszimile/fax; ~ **fading** elszíntelenedés, színkifehéredés; ~**-fast** színálló, színtartó; ~**-fastening** *tex* színtartóság növelése; ~**-fastening finish(ing)** színtartó kikészítés; ~**-fastness** színállóság, színtartóság; ~ **fidelity** színhűség; ~ **film** színes film; ~**-film transparency** → ~ transparency; ~ **filter** színszűrő; ~ **filter disc/disk** színszűrő tárcsa; ~ **flexer** → ~ coder; ~ **flicker** *tv* színvillódzás, színvillogás, színes villogás; ~ **formula** *nyom* festékreceptúra, festékösszetétel; ~ **fringe** *foto* hibás színkontúrok *(színes negatívon)*; ~ **fringing** *tv* peremszín; ~**-furnishing roller** *tex* színezékfevivő henger; ~ **gamut** színtartomány; ~ **gradation** *fiz* színgradáció; *tex* színárnyalás; ~ **grade** *élip* szín szerinti lisztfajta; ~ **grader** *élip* színmérő; ~ **graphics** *szt* színes grafika; ~ **graphics adapter (CGA)** *szt* színes grafikus adapter, CGA; ~ **grid** színrács; ~ **grinder,** ~**-grinding mill** *műa* festékbedörzsölő gép; ~ **hold test** színtartóssági próba; ~ **improved mercury lamp** színkorrigált higanylámpa; ~ **index** *csill* színindex *(égitesteké)*; ~**-indicator range** *any* színmérőeszköz/indikátorfesték mérőhatára; ~ **intensity** *pa* fehérségtartalom; ~ **jitter** *tv* színvillódzás, színvillogás, színes villogás; ~ **killer** *tv* színkikapcsoló; ~ **kinescope** színes képcső; ~ **knife** *tex* raklikés, tisztítókés; ~ **lake** *vegy* festéklakk; ~ **lamp** színes lámpa; ~ **laser display design** színes képalkotás lézer segítségével; ~ **legend** szín-jelmagyarázat *(rajzon)*; ~ **level** *tv* színnívó; ~ **light-signal** *vasút* szín-fényjelző; ~ **make-up** színesfotó-retusálás; ~ **malt** *élip* festőmaláta; ~ **marking** színjelzés, színjelölés; ~ **matching** színpárosítás, színillesztés; színegyeztetés; *tv* színegyensúly; ~**-matching curve/function** színösszetevő/színmérő függvény; ~ **matrix** színmátrix; ~ **measurement** színmérés; ~ **measuring instrument** színmérő (készülék), koloriméter; ~ **metal** színesfém; ~ **microfilm** *szt* színes mikrofilm; ~ **mill** festékdaráló; ~ **mixer** festékkeverő (dob); ~ **mixing** színkeverés; festékkeverés; ~ **mixture** *élip* színkeverék, színezékkeverék; ~ **monitor** színesképmonitor; ~ **negative (film)** színes negatív (film); ~ **of axes** *ásv* tengelyszín; ~ **of light** fényszín; ~ **pan** *tex* festőkád; ~ **paper** színes papír; ~ **pattern** színminta; ~ **photography** színes fényképezés; ~ **picture tube** *tv* színes képcső; ~ **pigments** színezőpigmentek; ~ **pit** *bőr* színező előcserzés/előcserzőkád; ~ **plate** *nyom* színes nyomódúc; ~ **plate cylinder** színesnyomó henger, nyomóhenger többszínnyomásra; ~ **play** színek játéka, színhatás; ~**-position light-signal** *vasút* színalak fényjelző; ~ **positive (film)** *foto* színes pozitív (film); ~ **print** *v nyom* több színnel nyom, kromotipografál; ~**(-)print** *foto* színes papírkép; *nyom* színes levonat; színes másolat/kópia, színmásolat; ~ **printing** *foto* színes másolás; *nyom* színes nyomás/nyomtatás; színnyomtatás; többszínnyomás, kromotipográfia; ~**-printing paper** színnyomó papír; ~ **problem** színezési probléma; ~ **process** festési eljárás; színezőeljárás, színezés; ~ **process etching** → ~ etching; ~ **producer** színfejlesztő, színképező; ~ **proof** *nyom* színes próbanyomás/próbanyomat; ~ **purity** *tv* színtisztaság; ~ **purity error** színhiba, színvisszaadási hiba *(színes képcsőé)*; ~ **purity magnet** színtisztaságmágnes; ~ **pyramid** színmeghatározó piramis; ~ **pyrometer** színpirométer, színhőmérséklet-mérő (pirométer); ~ **quality of light** *foto* szín-fényérték; ~ **reaction** színreakció, kolorimetrikus reakció; ~ **receiver** → ~ television receiver; ~ **register** *nyom* színregiszter; ~ **rendering** színvisszaadás; ~ **rendering index** színvisszaadási index; ~ **rendering properties** színvisszaadó képesség; ~ **rendition** → ~ rendering; ~ **response** színvisszaadás; színérzékenység *(filmé)*; ~ **retouching** *nyom* színhelyesbítő retus; ~ **reversal film** *foto* színes fordítós film; ~ **sampling frequence** színváltási frekvencia; ~ **sampling sequence** színváltás(i sorrend), színsorrend; ~ **saturation** (szín)telítettség; ~ **scale** színskála; ~ **scanner** *nyom* színkiválasztó/színkivonat-készítő készülék, scanner; ~ **scheme** *gépk* színösszeállítás *(karosszériáé)*; ~ **screen** *nyom* színes rács/raszter; *opt* színernyő, színszűrő; ~ **selective mirror** színválasztó tükör, (visszaverő) kétszínű tükör; *opt* dikroikus szűrő; ~ **sensitive** színérzékeny; ~ **sensitivity** színérzékenység; ~-**separating** színelválasztó; ~ **separation** színszétválasztás, színfelosztás; *nyom* színkivonat; ~ **separation negative** színkivonati negatív; ~ **separation process** *nyom* színrebontás; ~ **sequence** *nyom* színsorrend, színnyomtatás sorrendje; ~ **set** színösszeállítás; ~ **shifting** színeltolódás; ~ **shock** színzavar *(színes fényképen)*; ~ **signal** *tv* színjel, krominanciajel; *vasút* szín-fényjelző; ~ **slide** → ~ transparency; ~ **solid** *opt* színtest; ~ **space** színtér; ~ **sprayer,** ~ **spraying gun** festékszóró pisztoly; ~ **stability** *műa* színállóság, színtartóság; ~-**stability constant** színegyensúly-állandó; ~ **standard** színalapminta, színszabvány; ~ **stimulus** színinger; ~ **stimulus function** színingerfüggvény; ~ **stripping** *bőr* színehagyó; színvesztés; ~ **subcarrier** *tv* színsegédvivő; ~ **subcarrier frequency** színsegédvivő-frekvencia; ~ **surface** *tex* színezett felület; ~ **switching** színátkapcsolás; ~ **symmetry** színszimmetria; ~ **symmetry group** színes szimmetriacsoport; ~ **synchronization** színszinkronizálás; ~ **synchronization burst/signal** *tv* színszinkronjel; ~ **system** színrendszer; ~ **television (CTV)** színes televízió/televíziózás; ~ **television receiver/set** színes televízió/tévékészülék/tévé, színes televíziós vevőkészülék; ~ **television tube** színes képcső; ~ **temperature** *fiz* színhőmérséklet; ~ **temperature meter** színhőmérséklet-mérő (műszer); ~ **test** színpróba; *tex* színmeghatározás; ~ **tester** színvizsgáló/színmeghatározó készülék; ~ **threshold** színérzékenységi küszöb; ~ **transmission** színátvitel; ~ **transparency** színes dia(film)/diapozitív; ~ **transparency viewer** dianéző; *nyom* színesfilmnéző; ~ **triangle** színháromszög, színdiagram, színmeghatározó háromszög; ~ **triple** *tv* színhármas; ~-**trough** *tex* színezőteknő; ~ **type process** *nyom* háromszínnyomás; ~ **value** színérték; ~ **vehicle** *koh* pigment; ~ **vision** színes látás, színlátás; ~ **weaving** *tex* tarkaszövés; ~ **yield** *tex* színhozam *(színezéké)*

colourability, *US* **colorability** színezhetőség, (meg)festhetőség

coloured, *US* **colored** színes, szín-; ~ **bleach** *tex* tarkán szőtt fehérített áru; ~ **body** *fiz* színes test; ~ **bulb** színes bura; ~ **cardboard** színes karton; ~ **cement** színes cement; ~ **clay** festőföld, földfesték; ~ **cottons** *pl tex* tarkán szőtt pamutáru; ~ **design** *tex* színezett minta; ~ **embossing** *tex* színes dombornyomás; ~ **filter** *foto, opt* színszűrő, fényszűrő; ~ **glass** színes üveg; ~ **goods** *pl tex* színes áru; ~ **lamp** színes lámpa; ~ **light** színes fény; ~ **list** *tex* színes szegély; ~ **metal** színesfém; ~ **noise** *fiz* színes zaj/zörej; ~ **paper** festett/mintázott/tarka papír; ~ **pigment** színes pigment; ~ **screen** → ~ filter; ~ **selvage** *tex* színes szegély; ~ **smoke** *környv* színes füst; ~-**spun yarn** színes szálakból készült fonal; ~ **stock** színes alapanyag; ~-**through** *bőr* keresztülszíneződött *(cserzőlével)*; ~ **tissue** színes selyempapír; ~ **woven** tarkán szőtt

colourful, *US* **colorful** színes, élénk színű

colouring, *US* **coloring I.** *a* színező, színközlő; **II.** *n* színezés; (el)színeződés; festés; kiszínezés; *élip* színjavítás; ~ **agent** *tex* színezék, színezőanyag; ~ **body** *vegy* festékanyag, festékalap, pigment; ~ **due of the seston** *hidr* szesztonszíneződés; ~ **earth** földfesték; ~ **machine** *pa* tarkapapírgép; ~ **matter** festék, festőanyag, színezőanyag; ~ **matter for food** *élip* élelmiszer-színezék; ~ **power** színezőképesség; *nyom* színerő; ~ **sprinkling** *hidr* színező öntözés; ~ **strength** színintenzitás; ~ **substance** színezőanyag; festék, festőanyag, színezőanyag; festőanyag; ~ **value** *tex* színezőképesség

colourist, *US* **colorist** színkémikus; *tex* kolorista

colouristic, *US* **coloristic** színezési

colourity, *US* **colority** színesség

colourless, *US* **colorless** festetlen, színtelen; ~ **filter** átlátszó üvegszűrő; ~ **glass** színtelen üveg; ~ **light** színtelen fény

colourlessness, *US* **colorlessness** színtelenség

colourwash színes falfesték

Colpitts | circuit Colpitts-kapcsolás; Colpitts-áramkör; ~ **oscillator** *távk* Colpitts-oszcillátor

colt *bőr* csikóbőr

coltainer összecsukható szállítótartály/konténer

colter *US* → coulter

columbate → niobate

columbian *ásv* nióbiumtartalmú

columbic → niobic

columbite *ásv* kolumbit, niobit

columbium → niobium

column oszlop, pillér; *bány* állítható tám; *ép* állvány(oszlop); oszlop; *forg* állvány, oszlop; *geol* geológiai orgona; *koh* pillér(ek); *mat* oszlop; *mech* függőleges rúd/tartó; *nyom* (szedés)hasáb; *szt* oszlop, karakterpozíció; *vegy* oszlop, kolonna, torony; ~ **apparatus** *vegy* kolonna, torony; ~ **arm** *bány* tartókar *(fúróoszlopon)*; ~ **arrangement** *ép* pillérelrendezés, pillérkiosztás; ~ **average** *mat* oszlopátlag; ~ **base** *ép, forg* oszloptalp, (oszlop)lábazat; ~ **base-block** *tált* pilléralap, oszlopalap; ~ **box** oszlopzsaluzat, pillérzsaluzat; ~ **cap** *bány* támfej; *ép* abakusz; fejezet; oszlopfő; *vegy* toronyfeltét, toronyfej, kolonnafej; ~ **case** *ép* szekrényes láb/oszlop; ~ **casing** *ép* oszlopburkolat, oszlopborítás; ~ **charge** *bány* nyújtott/oszlopos töltet; ~ **chart** → ~ diagram; ~ **chromatography** oszlopkromatográfia; ~ **clamp** *ép* oszlopbilincs; ~ **collapse** *mech* kihajlási törés; ~ **control** *bány* oszlopszabályozó kar *(fúrógépen)*; *rep* botkormányos kormányzás; botkormányszerkezet; ~ **crane** toronydaru; ~ **diagram** *stat* blokkdiagram, hisztogram, oszlopdiagram; ~ **drier/dryer** *mzg* oszlopos szárító; ~ **drill,** ~ **drilling-machine** *bány* oszlopos fúrógép; ~-**drum** *ép* oszlopdob; ~ **exit** *szt* oszlopkimenet; ~ **failure** → ~ collapse; ~ **feed** soremelés *(távgépírón)*; ~ **fractionation** kolonnás frakcionálás; ~-**free** *ép* alátámasztás nélküli; ~ **graph** diagram, oszlopdiagram; ~ **grid** *ép* oszloprendszer, oszlopállás; ~ **grid pattern** pillérraszter, pillérháló; ~ **head** *ép* fejezet; oszlopfő; ~ **indicator** *szt* oszlopmutató, oszlopjelölő; ~ **jack** oszlopos emelő; ~ **loudspeaker** hangoszlop; ~ **matrix** oszlopmátrix; ~ **matter** *nyom* hasábszedés; ~ **mixer** *vegy* keverőtorony; ~ **mo(u)ld** oszlopsablon *(betonelemgyártáshoz)*; ~-**mounted** oszlopra szerelt; ~-**mounted core drill(ing**

machine), ~ **mounted (concrete) coring drill** oszlopos betonmagfúró gép; ~**-mounted drill** *bány* oszlopos fúrógép; ~**-mounted rock drill** *bány* oszlopos réselőgép; ~ **mounting** oszlopszerelés; ~ **neck** *ép* oszlopnyak; ~ **of gas** gázoszlop; ~ **of gas in arc discharge** ívkisülés gázoszlopa, kisülési ív hengere; ~ **of oil** olajoszlop *(fúrólyukban)*; ~ **of trays** *vegy* tálcás kolonna; ~ **of wheat** *élip* búzaoszlop *(silócellában)*; ~ **pipe** függőleges cső; ~ **pitch** *ép* oszloptáv; ~ **plate** *ol* desztillációs tányér; ~ **press** *alak* oszlopos sajtó; ~ **punching** *szt* oszloplyukasztás; ~ **reinforcement** oszlopvasalás; ~ **rule** *nyom* hasábválasztó lénia; ~ **scrubber** *ol* mosótorony, scrubber; ~ **section** *ép* pillérszelvény, pillérprofil, pillérkeresztmetszet; *ol* kolonnaszekció, kolonnaszakasz; ~ **shaper** oszlopos vésőgép; ~ **shift unit** *szt* oszlopkapcsoló; ~ **shuttering** *ép* oszlopzsaluzat, pillérzsaluzat; ~ **skipping key** *szt* oszlopugrató billenetyű; ~ **space** *mat* oszloptér *(mátrixé)*; ~ **split** *irgép* oszlopmegosztó; *szt* oszlopbeosztás; ~ **stability test** *ép, mech* kihajlási vizsgálat; ~ **strength** kihajlási szilárdság; ~ **stripper** *vegy* lepárlóoszlop, lepárlótorony, desztillálókolonna; ~ **sum** *mat* oszlopösszeg *(mátrixé vagy kettős soré)*; ~ **switch** *szt* oszlopkapcsoló; ~ **top** toronycsúcs *(lepárlón)*; ~ **total** *mat* oszlopösszeg; ~ **tray** *ol* desztillációs tányér; ~**-type coal cutter** *bány* oszlopos réselőgép; ~**-type drilling machine** *bány, forg* oszlopos fúrógép; ~**-type grinder machine** állványos *v.* függőleges tengelyű köszörűgép; ~**-type transformer** *el* oszloptranszformátor; ~ **vector** oszlopvektor; ~ **vector space** oszloptér; ~ **washer** *ol* mosótorony, scrubber; ~ **width** *nyom* hasábszélesség; ~**-wise addition** *mat* oszloponkénti összeadás; ~ **with bracket** egykarú lámpaoszlop; ~ **with two brackets** kétkarú lámpaoszlop

columnar *any, koh* oszlopos; *nyom* hasábos(an nyomott); ~ **basalt** oszlopos bazalt; ~ **crystal** szálas/tűs kristály; ~ **crystallization** tűs/szálas kristályosodás; ~ **crystal zone** oszlopos kristályzóna; ~ **habit** *ásv* prizmás habitus; ~ **jointing** *bány, geol* oszlopos elválás; ~ **make-up** *nyom* (több)hasábos tördelés; ~ **section** *geol* függőleges/sztatigráfiai szelvény; ~ **structure** *ásv, talt* oszlopos szerkezet/struktúra

columned oszlopos; *nyom* hasábosan nyomott

columnless *ép* alátámasztás nélküli

colures *pl csill* kolúr(vonal)

colusite *ásv* koluzit

colza oil *vegy* repceolaj

COM → computer output microfilm

coma *csill* kóma *(üstökösé)*; *opt* kóma, üstök; ~ **lobe** *opt* kómafolt

comb I. *v* fésül; *tex* gerebenez; kártol; **II.** *n* fésű; *el* érintkező fésű; kollektor *(elektrosztatikus gépen)*; *élip* lép *(mézé)*; *ép* (tető)gerinc, (tető)orom; fésű, kaparó *(vakolathoz)*; taréj(gerinc); *forg* lemezes/lapos menetidomszer; menetfésű; *geol* dombhát, orom; *kh* leszedőfog, leszedőfésű; *nyom* gömbölyű gerinc; *pa* márványozószerszám; *tex* borda; fésű; gereben; ~ **blade** *tex* verőpenge *(kártológépen)*; ~ **collector** *el* leszedőfésű; ~ **filter** *távk* fésűs szűrő; ~ **ga(u)ge** *gép* menetidomszer-sorozat; ~ **lightning-arrester** fésűs túlfeszültség-levezető *(villámhárító)*; ~**-pack** *kat* hordozható harci felszerelés; ~ **pole** *el* fésűs pólus; ~ **space** tűköz *(fésűn, gerebenen)*; ~**-type arrester** fésűs túlfeszültség-levezető

combed *tex* fésűs; ~ **cotton yarn** fésült pamutfonal; ~ **edges** *nyom* fésűs metszés; ~ **joint** *ép* fogazás, cinkelés; ~ **material** *tex* fésült anyag; ~ **sliver/top** *tex* fésült szalag; ~ **wool** fésűsgyapjú

comber *tex* fésülő(gép); gerebenezőgép; ~ **board** gerebenezőpad; rendeződeszka; zsinórrendező; ~ **broach** fésülőtű; ~ **fly** fésűpehely; ~**-harness reed** rendeződeszka; ~ **lap machine** szalagtekercselő gép; ~ **needle** fésűtű; ~ **waste** *tex* fésűshulladék; fésűskóc; ~ **wheel** *nyom* papírszétválasztó henger

combinable egyesíthető, összeolvasztható; keverhető, vegyíthető; kombinálható

combination egyesítés; összetétel; egyesülés, kombináció; vegyülés, keveredés; keverék, vegyülék; *ip* kombinát; *mat* kombináció; összetétel *(művelet)*; *tex* kezeslábas; *vegy* (vegyület)képződés, vegyülés; kötés; vegyület; ~ **analysis** kombinatorikus analízis, kombinatorika; ~ **automatic controller** *aut* önműködő szabályozás csatolt szabályozási körei; ~ **ball and tube mill** kombinált golyós malom; ~ **bar** választósín *(távírógépen)*; ~ **bevel** *metr* egyetemes szögmérő; ~ **board** *pa* többrétegű *v.* több rétegből gaucsolt karton; ~ **boiler** vegyes kapcsolású kazán; ~ **chuck** *forg* kombinált tokmány; ~ **colo(u)r** kevert szín; ~ **comb** választótárcsa *(távgépírón)*; ~ **concrete curing and sealing compound** betonutókezelő és párolgásgátló bevonat; ~ **conductance** teljes vezetőképesség; ~ **coupling** *vasút* kombinált kocsikapcsoló; ~ **depot** személyforgalmú és teherforgalmú állomás; ~ **diagonal** *tex* összetett sávoly; ~ **die** *műa* többszörös/kombinált kivágószerszám; *önt* többfészkes forma, többfészkes/többüreges nyomásos öntőszerszám; ~ **drill and countersink** kombinált központfúró és mélyítőfúró; ~ **drive** *ol* vegyes telepművelési rendszer; ~ **dye** *tex* kevert színezék; ~ **firing** *hőt* kombinált tüzelés; ~ **frequency** *távk* kombinációs frekvencia; ~ **furniture** variabútor; ~ **fuse** *kat* kettős működésű gyújtó; ~ **gas** *ol* kevert gáz; ~ **ga(u)ge** *gép* kombinált idomszer; mérőhasáb; ~ **halftone** *nyom* kombinált maratás; ~ **heat** *vegy* képződéshő; ~ **hydrant and fountain** *hidr* tűzivízcsapos közkút; ~ **key** *távb* egyetemes kulcs; ~ **lever** *mech* univerzális/ingás emelő; ~ **light** *hajó* váltakozó fény, váltófény; ~ **lock** kombinációs/betűs zár/lakat, számzár; ~ **locomotive** *vasút* akkumulátoros-áramszedős mozdony; ~ **logging tool** *ol* kombinált szonda; ~ **logic element** *aut* kapcsolóelem; ~ **microphone** kombinált/átkapcsolható mikrofon; ~ **network** *szt* kombináció; kombinációs hálózat; ~ **of colo(u)rs** színkeverés; ~ **of filters** szűrőkombináció; ~ **of holes** *szt* lyukkombináció; ~ **of symbols** *aut* jelkombináció; ~ **of vehicles** *gépk* pótkocsis szerelvény; ~ **paper board** → ~ board; ~ **pattern** *önt* kombinált minta; ~ **pharmaceuticals** *gyógyv* kombinációs készítmények; ~ **plate** *nyom* vegyes (nyomó)forma; ~ **pliers** *pl szersz* kombinált fogó; ~ **principle** *vegy* (Ritz-féle) kombinációs elv; ~ **printing** *nyom* kombinált nyomás/nyomtatás; ~**-rectifier circuit** *el* vegyes kapcsolású egyenirányító áramkör; ~ **rule** *nyom* kombinált lénia; ~ **rules** *aut* kombinációs vonalak; ~ **skies** *pl met* vegyes felhőzet; ~ **sounds** kombinációs hangok; ~ **spanner** kombinált (csavar)kulcs; ~ **square** változtatható szögmérő; ~ **switch** *el* választókapcsoló; ~ **table** kombinációs táblázat; ~ **theory** kombinatorikus analízis, kombinatorika; ~ **tie** Franki-Bagon-féle vasbetonalj; ~ **tones** → ~ sounds; ~ **tower** többcélú kolonna/torony; ~ **trap** *ol* kombinált csapda; ~ **tubing string** *ol* lépcsős termelőcsőoszlop; ~ **tyre/tire** rásajtolt kerékabroncs; ~ **utility** *ép* vegyesüzemű közmű; ~ **welding** összetett hegesztés; ~ **well** *hidr* összetett kút; ~ **without repetition(s)** ismétlés nélküli kombináció; ~ **with repetitions allowed** *mat* ismétléses kombináció; ~ **wrench** *US* → ~ spanner

combinational összetett; kombinációs; ~ **circuit** *szt* kombinációs hálózat; *aut* kombinációs (áram)kör; ~ **logic circuit** kombinációs logikai áramkör/hálózat; ~ **logic system** *szt* kombinációs logikai rendszer

combinative → combinatorial

combinator *hidr* kombinátor

combinatorial *mat* kombinációs; kombinatorikai; kombinatorikus; ~ **analysis** kombinatorikus analízis, kombinatorika; ~ **circuit/network** *el* döntési hálózat; kombinációs logikai hálózat; ~ **code** kombinációs kód; ~ **explosion** *szt* kezelhetetlenül nagy számú megoldás; ~ **logic** kombinatorikus logika; ~ **optimization** kombinatorikus optimalizálás; ~ **product** *mat* Descartes-szorzat, direkt szorzat; ~ **theory** kombinatorikus analízis, kombinatorika; ~ **theory of probabilities** kombinatorikus valószínűségszámítás

combinatorics kombinatorikus analízis, kombinatorika

combinatorid circuit *szt* kombinációs hálózat

combinatory → combinatorial

combine I. *v* kombinál; egyesít; összeállít, összeilleszt, összetömörít; összekapcsol, összeköt; *műa* társít; *vegy* vegyít; vegyül, elegyedik; **II.** *n ip* kombinát; ~ **(harvester)** *mzg* arató-cséplő gép, kombájn

combined kombinált; kevert, összetett; vegyes; *koh* kötött, rögzített; *vegy* (kémiailag) kötött; ~ **autogenous welding and cutting torch** kombinált lánghegesztő és lángvágó égő; ~ **bituminous-metal sheet insulation** *ép* bitumenes fémlemez-szigetelés; ~ **blast** *koh* kombinált fúvószél; ~ **boring and reading device** *szt* kombinált lyukasztó és olvasó berendezés; ~ **bridge** *ép* közúti és vasúti híd; ~ **bridge and drop** *hidr* bukós híd; ~ **bridge and regulator** zsilipes híd, híd elzárószerkezettel; ~ **bucket wheel** *ép* kombinált marótárcsa; ~ **building/construction** vegyes építkezés/építésmód; ~ **burner** kombinált égő; keveréses égő, légkeveréses gázégő; ~ **carbon (cc)** *koh* kötött karbon; ~ **chamber area** *gép* égéstér szelvénye/keresztmetszeti területe; ~ **chamber can** tűzcső, égéskamra; ~ **chamber casing** *rep* égőtérburkolat; ~ **chamber mass flow** égőtérben átáramló gáztömeg; ~ **controller** *aut* összetett szabályozó; ~ **cooling** *hűt, koh* kombinált hűtés; ~ **cutter-loader** bányakombájn; ~ **drafting** *tex* kevert befűzés; ~ **efficiency** égési hatásfok; ~ **engine** belsőégésű motor; ~ **firing** *hőt* kombinált tüzelés; ~**-flow steam-turbine** vegyes rendszerű gőzturbina; ~ **gas-assembly unit** kombinált gázszerelvény; ~ **gases** kipufogógázok; ~ **girder** *ép* vegyes tartó *(fém-fa)*; ~ **head** *szt* kombinált író-olvasó fej; ~ **ignition** vegyes gyújtás; *rep* beindítás; gyújtás; ~ **jet** elegysugár, keveréksugár *(gázelegyé)*; ~ **lime** *ép* kötött mész; ~ **line and final finder** *távb* híváskereső-vonalválasztó gép; ~ **line and recording position, CLR-position** *távb* gyorsszolgálati/azonnali munkahely; ~ **line and recording service, CLR-service** *távb* gyorsszolgálat(i kezelés); ~ **load** *el* vegyes/összetett terhelés; ~ **loading** *mech* összetett igénybevétel; ~ **loading fork** *ép* kombinált rakodóvilla; ~ **logic element** *aut* kombinált/összetett logikai elem; ~ **logic function** összetett logikai függvény; ~ **longitudinal and cross-wall system** *ép* vegyes falas elrendezés; ~ **matrix** *mat* kombinációs mátrix; ~ **method of water control** *bány, hidr* kombinált vízvédelem; ~ **mill train** *heng* kombinált hengersor; ~ **mixing and grouting machine** *ép* kombinált keverő-sajtoló berendezés; ~ **mixing and paving machine** útépítési betonkeverő gép; ~ **network** *távk* vegyes hálózat; ~ **packaging** kombinációs csomagolás; ~ **paver** útépítéési betonkeverő gép; ~**-radial and thrust bearing** mélyhornyú/radiax csapágy; ~ **read-write head** → ~ head; ~ **recorder milking-plant** kombinált regisztráló fejőberendezés; ~ **regression estimate** *stat* kombinált regressziós becslés; ~ **regulation** kombinált szabályozás; ~ **rivet set** *szersz* egyesített szegecshúzó és fejező; ~ **rolling** *heng* kombinált hengerlés; ~ **roll stand** *heng* kombinált hengerállvány; ~ **rubber-tyred/rubber-tired vibratory roller** *ép* kombinált gumikerekes és vibrációs henger, háromtengelyes univerzális henger; ~ **sample** *mat* egyesített minta; ~ **seed and fertilizer/fertiliser drill** *mzg* kombinált vetőgép; ~ **sewer** *ép* egyesített csatorna *(csapadék- és szennyvíz)*; ~ **sewerage** öblítős csatornarendszer; ~ **sewer system** *hidr* egyesített csatornázási rendszer; ~ **shaft support** *bány* réteges aknabiztosítás; ~ **shovel** *ép* kombinált rakodókanál; ~ **sound and picture film** fényhangos film; ~ **spring constant** *mech* eredő rugóállandó; ~ **stand of rolls** *heng* kombinált hengerállvány; ~ **steam and water pressure (jet) cleaner** kombinált gőzsugártisztító berendezés; ~ **steam generator** kombinált gyorsgőzfejlesztő; ~ **straight and arched flight stairs** egyenes és íves karú lépcső; ~ **stresses** *mech* összetett feszültségek; ~ **subsurface drainage** *hidr* kombinált talajcsövezés; ~ **sulphur/sulfur** *vegy* kötött kén; ~ **system** → ~ sewer system; ~ **tannin** *vegy* kötött cserzősav; ~ **thrust** *rep* összesített tolóerő; ~ **timbering** *ép* összetett/kombinált ácsolat; ~ **tower crane portal** két toronydarus bakdaru; ~ **twill** *tex* összetett sávoly; ~ **variation** *mat* variáció; ~ **vibratory roller** *ép* kombinált vibrációs henger; ~ **washer and whizzer** *élip* kombinált mosógép és szárító centrifuga; ~ **water** *hidr* kombinált víz; *koh* kötött nedvesség; ~ **weave** *tex* összetett kötés; ~ **welded-riveted joint** szegecseléssel kombinált hegesztett kötés; ~ **write-read head** → ~ head

combing *ép* fautánzó mázolás; *pa* erezés fésűvel; *tex* fésülés; gerebenezés; ~ **cylinder** fésülőhenger, hengeres fésű; ~ **fly** fésülési pelyhes hulladék; ~ **gill** *tex* fésülő tűsléc; ~ **height** *hidr* hullámfelfutás; ~ **leather** kártolóbőr, kártveretbőr; *tex* fátyolosztó bőr; ~ **machine** *tex* fésülőgép; ~ **noils** *pl* → ~ fly; ~ **room/plant** *tex* fésülőüzem; ~**s** *pl tex* fésülési hulladék; ~ **wool** *tex* fésűsgyapjú; ~ **yarn** fésűsfonal

combining I. *a* összekötő; kötő-; **II.** *n mzg* betakarítás arató-cséplő géppel; ~ **ability** → ~ capacity; ~ **and**

laminating machine *pa* kasírozógép; ~ **capacity** *vegy* kötőképesség; ~ **equivalent** → ~ weight; ~ **nozzle** keverőfúvóka; ~ **power** *vegy* kötőerő, kötési energia; kötőképsség; ~ **transformer** megcsapolt/többleágazásos transzformátor; ~ **weight** *vegy* egyenértéksúly

comburent éghető *v.* égést tápláló anyag; éghető anyag; ~ **content** éghetőanyag-tartalom

combust I. *v* meggyullad, lángra lobban/lobbant; (el)ég; **II.** *a csill* a Nap közelsége következtében elhomályosított *(égitest)*

combusted gas füstgáz

combustial égés által előidézett

combustibility éghetőség, égési képesség; gyúlékonyság; ~ **grading period** éghetőségi/gyúlékonysági osztály; ~ **test** éghetőségi/gyúlékonysági vizsgálat

combustible I. *a* éghető, gyúlékony; **II.** *n* fűtőanyag; tüzelőanyag, üzemanyag; gyúlékony anyag; ~ **gas** gyúlékony/ég(et)hető gáz; gáz tüzelőanyag; ~**-gas detector** gyúlékonygáz-kutató műszer; ~ **loss** tüzelőanyag-veszteség; ~ **material/matter (CM)** éghető anyag; ~ **paper** égőképes/hamvadó papír; ~ **patterns** *önt* kiégő minták; ~ **shale** égőpala, szénpala; ~ **waste** *környv* éghető hulladék

combustibleness → combustibility

combustion (el)égés; gyulladás; (el)égetés; ~ **accelerator** égési katalizátor, égésgyorsító; ~ **air** égési levegő; *gépk* porlasztólevegő; ~ **air regulator** égésszabályozó; ~ **analysis** *vegy* analízis/elemzés égetéssel; izzító/hamvasztó elemzés; ~ **boat** *vegy* égetőcsónak, égetőcsésze; ~ **bomb** kaloriméter-bomba; ~ **box** → ~ chamber; ~ **catalyst** égési katalizátor, égésgyorsító; ~ **chamber (CC)** *gépk* égetéstér; *hőt* égőtér; tűztér; *önt* égéskamra, elégetőkamra; *rak* égéstér; égőkamra; ~ **coke** *koh* fűtőkoksz; ~ **condition** *koh* elégés viszonyszáma; ~ **control equipment** (el)égésszabályozó berendezés; ~ **controller** (el)égésszabályozó; ~ **deposit** égésmaradék, égési maradék/lerakódás; ~ **engine (CE)** belső égésű motor; ~ **equipment** égetőberendezés; ~ **flue** égési füstgázcsatorna; ~ **front** *ol* égési front; ~ **front rate** *ol* égési frontsebesség; ~ **furnace** *vegy* égetőkemence, pörkölőkemence, mészégető (kemence); ~ **gas** égéstermék; füstgáz; ~ **heat** égéshő, felső fűtőérték; égésmeleg; ~ **jet engine** *rep* sugárhajtómű; ~ **knock** *gépk* kopogás *(motoré)*; ~ **lamp** égő; ~ **limit** égési/gyulladási határ; ~ **nucleus** *met* égési mag; ~ **plant** égetőüzem, égetőberendezés; ~ **process** égési folyamat; ~ **product** égéstermék; ~ **ratio** *koh* elégés viszonyszáma; ~ **recorder** füstvizsgáló és füstregisztráló műszer; ~ **residue** égéstermék, égésmaradék, égés után visszamaradó anyag/termék; ~**-resistant** lángmentes(ített); ~ **space** égéstér, hevítési tér; ~ **stroke** *gépk* munkaütem, munkalöket; ~ **temperature** égési hőmérséklet; ~ **time** *rak* égésidő; ~ **tower** *koh* pörkölőakna; ~ **train** hamvasztó elemzőkészülék *(szerves elemzéshez)*; ~ **tube** égetőcső; ~ **tube furnace** → ~ furnace; ~ **zone** *koh* égési övezet/szakasz, pörkölőtér; *vegy* égetőzóna

combustor *gép* égőkamra; égőtér; *környv* égetőberendezés

come|-along huzalfeszítő kulcs; ~ **apart** *v* szétesik; leválik; szétmegy; ~**-back** alakvisszanyerés; *tex* gyártási/visszatérő hulladékok; ~**-in signal** *rep* bevezetőjel; ~ **loose** *v* meglazul; ~ **off** *v* leesik, leválik; lejön, lemállik *(festék)*; kifakul *(szín)*; ~**-out of the hole** *ol* csőkiépítés, csőkihúzás *(lyukból)*; ~ **to a standstill** *v gép* megáll; ~ **unstick** *v* leválik; szétválik

comendite *ásv* komendit; komendit

comestible élelmiszer

comet *csill* üstökös; ~ **finder** üstököskereső (távcső); ~ **trace/tail** csóva

cometary orbit üstököspálya

comfort kényelem, komfort; ~ **air-conditioning plant/system** *ép* komfort-klimaberendezés, kényelmi klímaberendezés; ~ **curve** komfortgörbe; ~ **station** *US* nyilvános illemhely, mosdó; ~ **zone** komfortzóna

comfortable *ép* komfortos; ~ **loudness level** *hang* kellemes/élvezhető hangerősség

coming|-back *bány* visszafelé/hazafelé haladó művelés; ~ **into step** *el* szinkronba kerülés; ~**-up time** *hőt, koh* felfűtési idő; ~ **up to grass** *bány* kibúvás *(teléré)*; *talt* réteg kibúvása

COMLOG program system *ol* COMLOG programrendszer

comma *hang* komma; *nyom* tizedesjel; *nyom, szt* vessző; ~ **escapement** *finm* vesszőjárat; ~ **picture** *szt* vesszőkép; ~ **representation form** *szt* vesszőábrázolási forma; ~**-shaped cutting/chip** vessző alakú forgács *(maráskor)*

commag mágneshangcsíkos hangosfilm

command vezetés, irányítás; *aut, szt* utasítás, parancs; ~ **address** *szt* címrész; utasításcím; ~ **car** *kat* parancsnoki gépkocsi; ~ **chain** *szt* parancslánc; ~**-chain control** *szt* utasításlánc-vezérlés; ~ **chaining** *szt* utasításláncolás, parancsláncolás; ~ **code** *szt* műveleti kód; ~ **control** *aut* utasításokkal történő irányítás, utasításirányítás; ~ **counter** utasításszámláló; ~ **decoder** *szt* utasításdekódoló; ~ **device** *aut* parancsadó/utasításadó berendezés/készülék; ~ **guidance** *aut* vezetősugaras/parancsközlő irányítás; ~ **language** *szt* parancsnyelv; ~ **line** *szt* tároló az utoljára bevitt parancs befogadására; ~ **loop** utasításhurok, utasításciklus; ~ **mode** *szt* parancsmód; ~ **module (CM)** *aut, űr* irányítóegység, vezérlőegység; ~ **processor** *szt* parancsprocesszor; ~ **set** vezérlő/parancsnoki rádióállomás; ~ **signal** *aut, szt* rendelkezőjel; vezető jel; ~ **signals with audio frequency** *aut* hangfrekvenciás vezetőjelek; ~ **tape** utasítást tartalmazó szalag; ~ **variable** → ~ signal

commander *ép* betondöngölő, kézi cölöpverő kos; *kat* parancsnok; *rep* kapitány; ~**'s cupola** *kat* vezénylőtorony, parancsnoki torony *(harckocsié)*

commassation *mzg* tömbösítés, táblásítás

commaterial azonos anyagú, egyforma anyagi tulajdonságú

commence indít, kezd; indul, kezdődik

commencement (meg)kezdés, kezdet; indukálás, előidézés, kiváltás, indítás; ~ **of drilling** *ol* fúrás kezdete

commencing sign *távk* kezdőjel

commensurability összemérhetőség

commensurable kommenzurábilis, összemérhető; ~ **fraction** racionális törtszám; ~ **value** összemérhető érték

commensurate → commensurable

commensuration összemérés, közös mérték meghatározása

comment *szt* megjegyzés; ~ **beginning** megjegyzés kezdete; ~ **convention** megjegyzésszabály; ~ **length** megjegyzéshosszúság; ~ **line** *szt* megjegyzéssor; ~**s field** *szt* megjegyzésrovat, megjegyzésmező

commerce kereskedelem, (kereskedelmi) forgalom; ~ **harbour** *hajó* kereskedelmi kikötő; ~ **raider** *hajó* segédcirkáló

commercial kereskedelmi; *bány* kiaknázható, kiaknázásra alkalmas; műrevaló; *ip* ipari, nagyüzemi, sorozatgyártású, tömeggyártású; kereskedelmi/szokványos minőségű; *tex* szubsztantív; ~ **air transport** *rep* kereskedelmi légiszállítás; ~ **arithmetic** kereskedelmi számtan; ~ **aviation (CA)** *rep* kereskedelmi repülés; ~ **bed** *bány* műrevaló telep; ~ **broadcasting** kereskedelmi adás, reklámadás; ~ **building** kereskedelmi épület; ~ **car** teherautó, tehergépkocsi; ~ **centre/center** bevásárlóközpont; ~ **circuit** *távk* forgalmi áramkör; ~ **coating** *gyógyv* kereskedelmi drazsírozás; ~ **colo(u)r** szubsztantív festék/színezék; ~ **computer** *szt* általános célú számítógép, GPC; ~ **deposit** *bány* műrevaló *v.* kiaknázásra alkalmas lelőhely; ~ **dye(stuff)** direkt/szubsztantív festék/színezék; ~ **fertilizer** műtrágya; ~ **film** reklámfilm; ~ **flour** *koh* ipari liszt; ~ **flying** *rep* kereskedelmi repülés; ~ **foundry** *koh* béröntöde; ~ **frequency** *el* ipari frekvencia/periódusszám; ~ **grade** kereskedelmi minőség; ~ **haulage** *gépk* kereskedelmi szállítás; ~ **iron** szokványos minőségű vas; ~ **machine** sorozatgyártású gép; ~ **operating experience** (nagy)üzemi tapasztalat; ~ **operation** nagyüzemi gyártás; ~ **pilot** *rep* kereskedelmi/közforgalmi repülőgépvezető; ~ **plane** *rep* kereskedelmi repülőgép; ~ **plant** (nagy)üzem; ~ **plate** *heng* kereskedelmi minőségű lemez; ~ **prestressing** *ép* feszítettbeton-előregyártás; ~ **product** kereskedelmi áru; ~ **production** gazdaságos/rentábilis termelés; ~ **quality** *ip* szokványminőség; ~**-quality speech** *távk* forgalmi minőségű beszéd; ~ **range** *rep* gyakorlati hatótávolság *v.* repülési távolság; ~ **rocket** kereskedelmi/forgalmi rakéta; ~ **seam** *bány* művelt/műrevaló telep; ~ **size** szokványméret; ~ **speed** *vasút* utazási sebesség, menettartamsebesség; ~ **tolerance** (kereskedelmileg) megengedett tűrés; ~ **vehicle (CV)** teherjármű

commercially | **available** szokványos; ~ **pure** *vegy* kereskedelmi szokványok szerint tiszta; ~ **pure alumin(i)um** kohóalumínium; ~ **pure iron** nagytisztaságú vas

commingle összevegyít/összevegyül/összekever(edik); (össze)kever, elegyít; (el)vegyül, elegyedik

commingler elegyítőkészülék, keverőkészülék

comminute (szét)zúz, aprít, (szét)darabol; porrá őröl, porít

comminuter aprítógép

comminuting | **grid** *hidr* aprítórács, komminutor; ~ **pump** *hidr* aprítószivattyú, gerátor

comminution aprítás; zúzás; *bány* (finomra) aprítás, nagy finomságú aprítás; törés, darabolás; ~ **by rolls** *bány* hengeres törés; ~ **machine** aprítógép

comminutor *ép* rácsszemétaprító, rácsszemétdaráló *(csatornán)*; *mzg* borona; ~ **drum** *hidr* komminutor

commission üzembe helyez, beindít; beindul *(üzem)*; ~ **finishing** *tex* bérkikészítés; ~ **time** készenléti idő

commissioner for warehouse *em* komissiózó gép

commissioning üzembehelyezés, beindítás; próbaüzemeltetés; ~ **test** üzembehelyezési próba

commissure (össze)illesztés, (össze)kötés, csatlakozás; érintkezés

committed water resources *hidr* lekötött vízkészlet

commix összekever

commixture → mixture

commode *fa* komód, fiókos szekrény; ~ **handle** *vasút* feljárófogantyú

commodity *ip* áru, (áru)cikk; szükségleti cikk; ~**-card** *szt* (áru)cikk-kártya; ~ **goods/wares** használati/szükségleti cikkek, kereskedelmi áruk; ~ **punched card** (áru)cikk-lyukkártya; ~ **rates** *rep* kedvezményes árudíjszabás

common **I.** *a* közös; közönséges; szokásos; egyszerű; átlagos mnőségű; **II.** *n el* közös vezeték; *ép* beépítetlen közterület, park; ~ **alum** közönséges timsó; kálitimsó; kálium-alumínium-szulfát; ~ **amplifier** főerősítő *(stúdióban)*; ~ **antenna** közösségi antenna; ~**-base circuit** *félv* közös/földelt bázisú kapcsolás/áramkör, báziskapcsolás; ~ **battery** *távb* központi/közös telep; ~ **battery system** *távb* CB-rendszer, központi telepes rendszer; ~ **battery telephone set** CB-telefon, központi telepes (telefon)készülék; ~ **block of a memory** *szt* egyesített memóriablokk; ~ **block pitch** (fekete) cipészszurok; ~ **bogie for two car bodies** *vasút* Jakobs-forgóváz; ~ **bond** *ép* amerikai (tégla)kötés; ~ **brasses** közönséges/szokványos sárgaréz; ~ **brickwork** *ép* vakolatlan téglafal, nyerstégla-falazás, nyerstégla-építmény; ~ **business oriented language (COBOL)** *szt* Cobol *(programozási nyelv)*; ~ **carrier** *szt* adatátviteli szolgáltató; ~ **carrier wave broadcasting** *rád* közös hullámú/frekvenciás adás; ~**-cathode circuit** közös/földelt katódú kapcsolás; ~**-channel interference** *távk* közöscsatorna-zavar; ~**-channel signal(l)ing** közöscsatornás jelzésátvitel; ~**-collector circuit** *el* kollektorkapcsolás, emitterkövető; *félv* földelt/közös kollektorú kapcsolás; ~ **command language (CCL)** *szt* közös (parancs)nyelv, CCL *(online keresőrendszereknél)*; ~ **communication interface** *szt* közös kommunikációs interfész; ~ **computer language** általános számítógépnyelv; ~ **concrete** közönséges *v.* betét nélküli beton; ~ **control program section** közös ellenőrző programrész; ~ **data bank** egyesített adatbank; ~ **denominator** *mat* (legkisebb) közös nevező; ~ **difference** *mat* differencia, különbség *(számtani sorozaté)*; ~ **divisor** közös osztó; ~**-drain circuit/connection** *félv* forráskövető kapcsolás, egyszerű lecsapoló kapcsolás; ~ **emitter (CE)** *el* földelt/közös emitter; ~**-emitter circuit** *el* közös/földelt emitterkapcsolás *v.* emitterű kapcsolás; ~ **emitter D.C. current gain,** ~**-emitter D.C. forward current transfer ratio** *félv* nagyjelű/egyenáramú béta; ~ **factor** *mat* közös tényező/faktor; ~ **feldspar** *ásv* káliföldpát, ortoklász; ~ **flax** rövid rostú len; ~ **fraction** *mat* közönséges tört; ~**-frequency broadcasting** *távk* közös hullámhosszú rádióműsorszórás, műsorszórás közös hullámon; ~ **fuse** angol gyújtózsinór; ~ **garnet** *ásv* vörös gránit; ~**-grid circuit** közös/földelt rácsú kapcsolás; ~ **harness** *tex* előnyüst *(jacquard-gépnél)*; ~ **information carrier** *el* egységes/közös információhordozó; ~ **joint** *gép* hasított csukló; ~ **joist** *ép* padlóalátét-gerenda; ~ **labo(u)rer**

hour *ip* segédmunkásóra; ~ **limb** *geol* középszárny; ~ **lime** égetett mész; ~ **log** *hajó* sebességmérő; ~ **logarithm** *mat* Briggs-féle logaritmus, 10-es alapú logaritmus; ~ **machine language** *szt* általános/egységes/közös gépi nyelv; ~ **mark registering authority** *rep* közös jellajstromozó hatóság; ~ **measure** *metr* közös mérték; ~ **mica** *ásv* muszkovit; ~ **mode feedback** közös módusú visszacsatolás; ~ **mode gain** közös módusú erősítés; ~ **mode input voltage** közös módusú bementi feszültség; ~**-mode interface** *szt* közös módusú interfész; ~ **mode rejection (ratio) (CMR)** közös módusú elnyomás; ~**-mode voltage (CMV)** *szt* közös módusú feszültség, CMV; ~ **multiple** *mat* közös többszörös/többes; ~ **parabola** másodfokú parabola; ~ **part** *mat* metszet, közös rész; szorzat, halmazelméleti metszet; ~ **partition** *ép* egyrétegű válaszfal; ~ **perpendicular** közös merőleges; ~ **pilot burner** *ép* központi gyújtólángégő; ~ **plate circuit** *el* katódkövető, közös/földelt anódú kapcsolás; ~ **point** *el* közös pont; ~ **rafter** *ép* (közbenső) szaru(fa); ~**-rail injection system** *gépk* közös vezetékes befecskendező rendszer; ~ **ram** *bány* verőkos; ~ **reactance** *el* kölcsönös indukció; ~ **salt** *ásv* kősó, halit; *vegy* konyhasó, nátrium-klorid; ~ **sateen** *tex* nyolcnyüstös atlasz; ~ **sense knowledge** *szt* mindennapi tudás; ~ **sewer** szennyvízlevezető gyűjtőcsatorna; ~ **software** *szt* közös szoftver; ~ **solder** lágyforrasz; ~ **statement** *szt* COMMON-utasítás *(FORTRAN)*; *szt* memórialezáró/memóriablokkoló utasítás; ~ **storage area** *szt* közös memóriaterület; ~ **stucco** *ép* külső vakolás; ~ **trunk** *el, távb* közös hálózat; ~ **wave** *távk* közös hullám; ~ **wave operation** *távk* szinkron üzemmód *(adóé)*; ~ **well** *hidr* közkifolyó, közkút; ~**-well water supply system** *hidr* közkutas vízellátó rendszer; ~ **wire** *el* semleges vezeték, nullavezető

commoned *távk* közösített

communal | **antenna** antenna, közösségi antenna; ~ **building** közösségi/kommunális épület; ~ **dwelling** városi bérház; ~ **television aerial** közösségi tv-antenna; ~ **water demand** *hidr* lakossági vízigény

communicate átad, közöl; érintkezik; közlekedik; *ép* egymásba nyílik; ~ **a movement** mozgást közöl, mozgat, működtet

communicating | **throat** *gépk* előkamra szájnyílása *(dízelmotorban)*; ~ **vessels** *fiz* közlekedőedények; ~ **word processing (CWP)** *szt* hálózatba kapcsolt *v.* többszörös elérésű szövegfeldolgozás, CWP

communication átvitel; közlés; érintkezés, összeköttetés; közlekedés; *szt, távk* kommunkikáció, hírközlés, adatátvitel; *vasút* csatlakozás; ~ **apparatus** hírközlő berendezés; ~ **area** *szt* kommunikációs terület; ~ **band** hírközlő hullámsáv; ~ **bellows** *pl vasút* zárt/fedett kocsiátjáró, harmonika; ~ **buffer** *szt* adatátviteli (átmeneti) tároló; ~ **by direct speech** *rep* közvetlen beszédösszeköttetés; ~ **cable** *el* gyengeáramú kábel; ~ **centre/center (CC)** *rep* távközlő/hírközlő központ; ~ **channel** *szt* hírközlő csatorna; ~ **chart** *távk* kapcsolási rajz *(rendszeré)*; ~ **check point** *rep* ellenőrző távközlési pont; ~ **control character** *szt* adatátvitel-vezérlő karakter, TC; ~ **cord** *vasút* vészfék; ~ **counter** *távk* (beszélgetés)számláló, teljesítménymérő; ~ **electrode** *el* nyalábelektród; ~ **electronics (CE)** híradástechnikai elektronika, rádióelektronika; ~ **engineering** híradástechnika; ~ **equipment (CE)** távközlő berendezés; ~ **equipment/facility** távközlési eszköz; ~ **exchange** *rep, távk* távközlő központ; ~ **facilities** *rep, távk* távközlő eszközök; ~ **failure** *rep, távk* összeköttetés megszakítása; ~ **insulator** gyengeáramú szigetelő; ~ **jammer** *távk* zavaróadó, zavaróberendezés; ~ **laser** távközlési lézer; ~ **line** *szt* hírközlési vonal; ~ **line adapter (CLA)** kommunikációs vonalillesztő; ~ **link** *szt* hírközlési kapcsolat; ~ **load** *távk* távközlővonalak leterhelése; ~ **log** *távk* hírváltási napló; ~ **manager** *rep* távközlő szolgálat vezetője; ~ **mix** *szt* összeköttetéskombináció; ~ **multiplexor (CM)** *szt* adatátviteli multiplexer, CM; ~ **network** *szt* hírközlési hálózat; ~ **plane-to-plane** repülőgépek egymás közti összeköttetése; ~ **port** *szt* (átviteli) kapu; ~ **process** hírközlési folyamat; ~ **radio receiver** kommunikációs/távközlési vevő; ~ **radio set** távközlési rádiókészülék; ~ **radio transmitter** kommunikációs/távközlési adó; ~**s** híradástechnika, távközlés; **C**~ **Satellite Corporation (COMSAT)** *szt* COMSAT *(műholdas hírközlési szervezet)*; ~**s control unit (CCU)** *szt* adatátviteli vezérlőegység, CCU; ~ **service** hírközlő szolgálat; távközlő szolgálat; ~ **ship** vasbordás/vasvázas fahajó; ~**s mix** *szt* adatátviteli rendszerek és hordozók kombinációja; ~**s satellite** *szt* adatátviteli célú műhold; ~**s server** *szt* adatátviteli kiszolgáló, szerver; ~ **station (CS)** távközlési rádióállomás; ~ **structures** *hidr* közlekedési műtárgyak; ~ **syncline** *geol* szinklinális sor; szinklinórium; ~ **system** kommunikációs rendszer; *szt* (adat)átviteli rendszer; *távk* hírközlő hálózat; ~ **technique/technology** híradástechnika; ~ **theory** távközléselmélet, hírközléselmélet, kommunikációelmélet; ~ **time lag** *rep* késési idő az összeköttetés létesítésénél; ~ **traffic** *rep* közleményforgalom; ~**-truss frame** *ép* függesztett feszítőmű

communicator *bány* kasfelfüggesztő szerkezet; *távb* kommunikátor

community *ép* közösség, emberi település, agglomeráció; ~ **antenna** közösségi antenna; ~ **antenna relay system (CARS)** *szt* közösségi antennarendszer, CARS; ~ **antenna television (CATV)** *szt* közösségi televízió-rendszer, CATV; ~ **automatic exchange,** ~ **dial office (CAX)** helyi automata (telefon)központ; ~ **development** *ép* településfejlesztés, községfejlesztés, városfejlesztés; ~ **reception** közösségi vétel; ~ **structure** *ép* településszerkezet, városszerkezet *(városépítés)*; ~ **television (CTV)** közösségi televízió, CTV

commutability → commutativity

commutable substitutions *mat* felcserélhető helyettesítések

commutate *gép, el* (áramirányt) változtat; átkapcsol, átvált; kommutál

commutated network (át)kapcsolóhálózat, kapcsolólánc

commutating *el* kommutáció; ~ **capacitor** oltókondenzátor; ~ **circuit** kommutációs kör; ~ **coil** segédpólustekercs; ~ **field** kommutációs (mágneses) erőtér; ~ **group** kommutációs csoport, kommutálási rendszer; ~ **number** kommutálási szám; ~ **oscillating circuit** kommutáló rezgőkör; ~ **pole** segédpólus; ~ **reactance** kommutációs reaktancia; ~ **reactive current** kommutációs meddőáram; ~ **reactor** kommutációs fojtótekercs; ~ **resonance circuit** kommutációs rezgőkör; ~ **short-circuit (current)** kommutációs rövidzárlat; ~ **time** kommutációs időtartam; kommutálási idő; ~ **tooth** *gép* váltófog; ~ **winding** segédpólus-tekercselés

commutation *el* (áram)irányváltás; átkapcsolás, átváltás; kommutáció, kommutálás; *mat* felcserélés, kommutálás; zárójelművelet, Lie-szorzás; ~ **current** kommutációs áram; ~ **failure** kommutációs hiba; ~ **law** → commutative law; ~ **rate** *vasút* idénydíjszabás; ~ **voltage** kommutációs/kommutáló feszültség

commutative *mat* felcserélhető, kommutatív; ~ **group** Abel-féle/kommutatív csoport; ~ **law** kommutatív/kommutációs/kommutativitási/felcserélhetőségi törvény; ~ **operation** kommutatív művelet; ~ **operator** *gépk* kommutatív operátor; ~ **ring** kommutatív(-asszociatív) gyűrű

commutativity *mat* kommutativitás, felcserélhetőség

commutator *bány* léptetőkapcsoló; *el* átkapcsoló, átváltó; *el, tv* kommutátor; *mat* kommutátor; ~ **ammeter** átkapcsolható ampermérő; ~ **armature winding** kommutátor-armatúratekercselés; ~ **bar** kommutátorszelet; kommutátorlemez; ~ **bar copper** réz kommutátorszelet; ~ **bush** kommutátorhüvely; ~ **calculus** *mat* kommutátorszámítás; ~ **collar** → ~ V-ring; ~ **face** kommutátorfelület; ~ **locomotive** *vasút* kommutátoros mozdony; ~ **losses** kommutációs veszteség; ~ **lug** kommutátorzászló; ~ **machine** kommutátoros gép; ~ **method** kommutátormódszer; ~ **motor** kommutátoros motor; ~ **pitch** kommutátorlépés; ~ **rectifier** kommutátor; mechanikus egyenirányító; ~ **ring** kommutátorgyűrű; ~ **ripple** kommutátor okozta feszültséglüktetés; ~ **riser** → ~ lug; ~ **segment** kommutátorszelet; ~ **shell/sleeve** → ~ bush; ~ **sparking** kollektor szikrázása; kefeszikrázás; ~ **strip** kommutátorlemez; ~ **surface** → ~ face; ~ **switch** pólusváltó (kapcsoló), kommutátor; *gépk* irányjelző kapcsolója; ~ **tag** kommutátorzászló; ~ **transformer** áramátalakító; ~ **tube** áramirányváltó cső; ~**-type frequency converter** kommutátoros frekvenciaátalakító; ~ **V-ring** kommutátor-szorítógyűrű

commutatorless d.c. motor *el* kommutátor nélküli egyenáramú motor

comonomer *műa* komonomer

comopt fényhangos film

compact I. *v* egyesít; összeerősít/összeillesztt; összeállít, összeszerkeszt; (szorosan) összenyom; összesajtol; (össze)tömörít; **II.** *a* masszív, összeálló; sajtolt, sűrített; sűrű, szilárd; tömör, tömött; **III.** *n at, koh* ércbrikett; ~ **audio disc** → ~ disc; ~ **battery** *rád, el* kis méretű *v.* miniatűr (száraz) telep; ~ **brown iron ore/stone** *ásv* (tömött) barnavasérc, barnavaskő; ~ **by shaking/vibration** *v* vibrálással tömörít; ~ **cloth** sűrű/tömör szövet; ~ **crawler-mounted bulldozer,** ~ **crawler planer** *ép* kompakt tológép; ~ **disc (CD)** *szt* kompaktlemez, lézerlemez, CD lemez, CD; ~ **disc/disk player** kompaktlemezjátszó, CD-lemezjátszó; ~ **disc interactive (CD-I)** *szt* párbeszédes optikai/kompakt lemez, CD-I; ~ **disc ROM (CD-ROM)** *szt* optikai/kompakt lemezes csak olvasható tároló, CD-ROM; ~ **embankment** *hidr* tömör feltöltés; ~ **finite state system** *rendsz* összefüggő VR *v.* véges állapotú rendszer; ~**-grained** tömött *v.* finom szemcsés szerkezetű; ~ **gypsum** természetes gipszkő, alabástrom; ~ **hide** sűrű *v.* tömött szövetrostú nyersbőr; ~ **laser** kompakt lézer; ~ **machine code** *szt* kompakt gépi kód; ~ **(mixing) plant** kompakt betontelep; ~ **powders** *műa, el* sajtolóporok, présporok; ~ **program(m)ing language** *szt* kompakt programozási nyelv; ~ **rock** *talt* állékony kőzet; ~ **sand** *geol* tömör homok; ~ **type** *szt* kompakt típus; ~ **video cassette (CVC)** szabványosított videokazetta *(95x62,5x15 mm)*; ~ **video disc/disk** kompakt videodiszk/videolemez; ~ **weight** tömörített térfogatsúly

compacted | (rock) formation *geol* eltömődött kőzetöv; ~ **snow** *rep* összenyomott hó

compactedness sűrűség, (természetes) tömörség

compactibility *talt* tömöríthetőség

compacting tömörítés; tömörödés; ~ **by vibration** vibrációs tömörítés/kompresszió; ~ **equipment** *ép* tömörítőeszköz, tömörítőberendezés; ~ **factor** → compaction factor; ~ **factor test** *hidr* bedöngölési tényező vizsgálata; ~ **machine** tömörítőgép; ~ **pile** talajtömörítő cölöp; ~ **press** tömörítőprés; ~ **roller** tömörítőhenger; ~ **shot** *bány* tömörítő robbantás

compaction tömörítés; (mesterséges) tömörödés; talajtömörítés; *ol* kompakció; *szt* tömörítés; ~ **algorithm** *szt* adattömörítési algoritmus; ~ **by compression** *ép* nyomótömörítés; ~ **by jolting** sokkolás(os tömörítés) *(betoné)*; ~ **by rolling** hengerléses tömörítés; ~ **by vibration** vibrációs tömörítés; ~ **by vibration and compression,** ~ **combined with vibration** *ép* öblítéses mélyvibrálás, hidrovibrátoros tömörítés; ~ **correction** *ol* kompakciós korrekció; ~ **curve** *talt* tömörítési görbe; ~ **effort** *talt* tömörítőmunka; ~ **factor** *ép* tömörítési/tömörödési tényező *(betonkonzisztencia-vizsgálat)*; *geol* tömörödési együttható; *hidr* bedöngölési tényező; ~ **moisture** *ép* tömörítési nedvesség(tartalom); ~ **of concrete** betontömörítés; ~ **of dyke soil** *hidr* töltéstömörítés; ~ **pile** *ép* lebegő cölöp; ~ **pressure** *talt* tömörítőnyomás; ~ **roller** *ép* talajtömörítő henger; tömörítőhenger; ~ **test** *talt* tömörítési kísérlet; ~ **water content** *geol* tömörítési víztartalom

compactly generated lattice *mat* algebrai háló; kompakt elemekkel generált háló

compactness sűrűség, tömöttség; tömörség; kompaktság; *talt* természetes/relatív tömörség; ~ **of the crystal lattice** kristálysűrűség, atomok szoros illeszkedése a kristályrácsban; ~ **of the fabric** *tex* szövetsűrűség

compactor tömörítőgép; tömörítőberendezés; kompaktor

companding *hang* dinamikaszabályozás; *szt* tömörítés; *távk* kompandálás

compandor *szt, távk* kompandor

companion társ; pár(ja); *hajó* bejárati nyílás, lejárónyílás; ~ **dimensions** *gép* csatlakozó/csatlakozási méretek; ~ **element** *vegy* kísérőelem; ~ **fault(s)** *bány, geol* járulékos vetődések; ~ **flange** ellenkarima; ~ **hatch** *hajó* lejárónyílás; ~ **ladder** hajólakótéri lépcső; ~ **matrix** kísérőmátrix

companionway *hajó* kabinlépcső

comparability összehasonlíthatóság; ~ **graph** összehasonlíthatósági gráf

comparable összehasonlítható

comparative összehasonlító; viszonylagos; komparatív; ~ **analysis** *vegy* összehasonlító elemzés; ~ **check** ellenőrzés összehasonlítás útján; ~ **data** összehasonlító adatok; ~ **frequency** etalonfrekvencia; ~ **glossmeter** összehasonlító fényességmérő; ~ **instrument** összehasonlító/hitelesítő mérőberendezés, etalonberendezés; ~ **measuring instrument** összehasonlító/hitelesítő mérőberendezés, etalonberendezés; ~ **resistance** kalibráló/hitelesítő ellenállás, referenciaellenállás; ~ **statics** *rendsz* összehasonlító/komparatív statika; ~ **statistics** összehasonlító statisztika; ~ **study/test** összehasonlító vizsgálat; ~ **value** összehasonlító érték

comparator I. *a szt* összehasonlító, komparátor; **II.** *n el, szt* komparátor, összehasonlító/kalibráló áramkör, referenciaáramkör; *geod* komparátorpad, ellenőrzőpad; *mt* komparátor, összehasonlító idomszer/műszer; *rád* komparátor; ~ **bridge** kalibráló/hitelesítő/összehasonlító mérőhíd; ~**-densitometer** *opt* komparátor-feketedésmérő; ~ **device** *aut* komparátor; összehasonlító szerv/tag/egység

compare összehasonlít, összevet; ~ **instruction** *aut, szt* összehasonlító utasítás; referenciautasítás

comparing összehasonlító; ~ **element** *aut* összehasonlító elem, komparátor; összehasonlító/különbségképző szerv; ~ **feature** *szt* referenciajel; ~ **scale** összehasonlítási skála

comparison összehasonlítás; összevetés; *geod* komparálás; ~ **bridge** → comparator bridge; ~ **circuit** referenciaáramkör; ~ **concrete** *ép* összehasonlító próbatest *(betonérlelésnél)*; ~ **curve** összehasonlító görbe; alapgörbe; ~ **electrode** összehasonlító elektród; normálelektród, referenciaelektród; ~ **lamp** etalonlámpa; összehasonlító lámpa; ~ **line** összehasonlító/vonatkoztató vonal; ~ **measurement** összehasonlító mérés; ~ **measurer** összehasonlító mérőkészülék; ~ **method** (közvetlen) összehasonlító módszer; ~ **of phases** fázisösszehasonlítás; ~ **of redundancy** redundancia-összehasonlítás; ~ **of series** *mat* sorok összehasonlítása; ~ **radiator** etalonsugárzó; ~ **resistance** kalibráló/hitelesítő ellenállás, referenciaellenállás; ~ **solution** *vegy* összehasonlító oldat; ~ **spectroscope** összehasonlító (prizmájú) spektroszkóp; ~ **spectrum** összehasonlító színkép; ~ **standard solution** *vegy* ellenőrzőoldat; ~ **strength** *ép* összehasonlító szilárdság *(betonérlelésnél)*; ~ **surface** *fiz* összehasonlító ernyő/mező *(fotométerben)*; ~ **test** *any* összehasonlító vizsgálat; *mat* összehasonlító kritérium; ~ **test of the first kind** *mat* elsőfajú összehasonlító kritérium; ~ **test of the second kind** *mat* hányadoskritérium *(konvergenciára)*; ~ **theorem** *mat* összehasonlítási tétel; ~ **voltage** *el* referenciafeszültség, alapfeszültség, vonatkoztatási feszültség

compartition(ing) beosztás, felosztás *(szakaszokra)*; *ép* rekesz

compartment osztály; fokozat; részleg; rekesz, fach; szoba; *bány* aknaosztály; *em* kezelőfülke; *ép* boltfülke; helyiség; kamra, cella; *fa* erdőparcella; *szt* egymáshoz kapcsolódó programok *(nagy programrendszernél)*; *tex* szakasz; *vasút* fülke, (kocsi)szakasz; *vegy* reakciótorony-emelet, toronyemelet; ~ **bin** *ép* bunkersor; rekeszes tartály/siló, silósor; ~ **car/coach** *vasút* fülkés személykocsi; ~ **dryer/drier** szárítókamra; ~ **for baggage** *rep* poggyásztér, csomagtér; ~ **for instruments** műszerrekesz; ~ **mill** többkamrás malom; ~ **storage hopper** *ép* bunkersor; ~ **under natural felling** *fa* felújítási vágás alatti parcella

compartmental belt conveyor *ép* cellás szállítószalag

compass kerület, határvonal, körvonal; kiterjedés, terület; *geod* iránytű, tájoló; kompasz, busszola; ~ **attachment** rátétbusszola; ~ **base** *geod* tájoló talapzata; *hajó, rep* iránytű alapzata; ~ **bearing** tájolat, betájolás; tájolóval kitűzött szög; *rep* iránytűirányszög; ~ **board** *tex* rendeződeszka; ~ **bowl** *geod* tájolóház, tájolócsésze; ~ **bowl knob** *kat* tájolócsésze-állítógomb; ~ **box** *hajó* tájolószelence; ~ **brick** *ép* boltozatos idomtégla; ~ **calibration** iránytű hitelesítése; ~ **cap** iránytűburkolat; ~ **card** *hajó* tájoló szélrózsája, tájolórózsa; *rep* iránytűrózsa; ~**-card pivot** tájoló-szélrózsatengely; ~ **case** tájolóház, tájolócsésze; ~ **circle** *csill* azimutkör; ~ **compensation** *geod* tájolókompenzálás, iránytű-kompenzálás; ~ **controlled gyroscope** *rep* mágneses iránytű által vezérelt pörgettyű; ~ **correction** iránytű-helyesbítés; ~ **correction card** iránytű-helyesbítő táblázat; ~ **course (CC)** *hajó* tájolós útirány; *rep* iránytű szerinti útirányszög; ~ **deviation** *geod* iránytű elhajlása; ~ **dial** *hajó, rep* tájolórózsa, iránytűrózsa; *kat* tájolótárcsa; ~ **error (ce)** *geod, rep* tájolóhiba, iránytűhiba; ~**(es)** körző; rugós nullkörző; ~**es with interchangeable points/legs,** ~**es with jointed legs** betétes körző, mérőkörző; ~**es with pencil point** grafithegyes körző; ~ **face** → ~ card; ~ **fast slave** *rep* iránytű gyors egyeztetése; ~ **heading (CH)** → ~ course; ~ **housing** tájoló szelencéje; ~ **joint** *kat* irányzéktartó; ~ **marking** tájolórózsa beosztása; ~ **meridian** tájoló által jelzett délkör; ~ **needle** tájolótű; ~ **pin** tájolócsapszeg; ~ **plane** *fa* kerekítőgyalu, ívelt gyalu; körgyalu; ~ **point** körzőbetét; központtű *(körzőé)*; *hajó* vonás *(szögmérték)*; ~ **points** iránytű világtájai, égtájak; ~ **pole** *hajó* tájolóállvány; ~ **reading** iránytű mutatóállása; ~ **receiver** *rep* rádióiránytű vevőkészüléke; ~ **roof** *ép* íves tetőszerkezet/fedélszerkezet; ~ **rose** *rep* iránytűrózsa; ~ **route** *hajó, rep* iránytű szerinti útirány; ~ **saw** lyukfűrész; ~ **set** körzőkészlet; ~**-testing platform** *hajó* tájolási fedélzet; *rep* iránytűvizsgáló próbapad; ~ **timber** *ép* terpesztett gerenda; ~ **window** íves alaprajzú ablak

compatibility kompatibilitás, összeférhetőség; összeegyeztethetőség, illeszthetőség, alkalmazkodóképesség; *mat* kompatibilitás, ellentmondástalanság, ellentmondásmentesség; *szt* kompatibilitás; ~ **card** *szt* kompatibilis kártya; ~ **condition** *mech* kompatibilitási/összeférhetőségi feltétel; ~ **control** összeférhetőség ellenőrzése; ~ **equations** *mech* kompatibilitási/összeférhetőségi egyenletek; ~ **method** *mech* erőmódszer, kompatibilitási módszer; ~ **of the skin** bőr tűrőképessége; ~ **with water** víztűrő képesség

compatible kompatibilis; összefér(het)ő; összeegyeztethető; illeszthető; *szt* csereszabatos; kompatibilis; ~ **colo(u)r television** *tv* kompatibilis színestelevízió-rendszer; ~**-current-sinking-logic (CCSL)** kompatibilis áramhúzó logika, CCSL; ~ **dye** egynemű színezékek; ~ **single side-band service (CSSB)** *távk* kompatibilis egyoldalsávos üzemmód, CSSB; ~ **system of equations** kompatibilis egyenletrendszer

compatibly adaptive kompatibilisan adaptív

compe *ép* cementhabarcs, javított mészhabarcs; *koh* fémötvözet; ~ **leather** műbőr *(talpbélésre)*

compendium kompendium; *film* képkamera-előtét, kompendium; *pa* levélpapír-csomagolás

compensate kompenzál; kiegyensúlyoz; kiegyenlít; ~ **for wear** utánszabályoz *(kopást)*, kopást kiegyenlít
compensated | **amplifier** *el* frekvenciakorrigált erősítő; ~ **attenuator** *el* kompenzált (feszültség)osztó; ~ **cathode** kompenzált katód; ~ **d.c. machine** kompenzált egyenáramú gép; ~ **density log** *ol* kompenzált sűrűségszelvény; ~ **instrument transformer** *aut* kompenzált/kiegyenlített mérőváltó; *szt* kiegyenlített műszertranszformátor; ~ **ionization-chamber** kompenzált ionizációs kamra; ~ **neutron log** *ol* kompenzált neutronszelvény; ~ **pendulum** *fiz, óra* kiegyenlített/kompenzált/kompenzációs inga; ~ **pyrheliometer** *met* kompenzációs pirheliométer; ~ **repulsion motor** kompenzált repulziós motor; ~ **scale barometer** *met* állomási barométer; ~ **semiconductor** kompenzált félvezető; ~ **thermal overload relay** *aut* hőmérséklet-kompenzált hőrelé *v.* termikus relé; ~ **voltmeter** kiegyenlített voltmérő; ~**-winding motor** kompenzált motor
compensating | **action** *aut* kompenzáló hatás/jel; ~ **beam** *gép* egyensúlyozókar, egyensúlyozórúd; ~ **cable** *em* ellensúlykábel; ~ **capacitor** kompenzáló kondenzátor; ~ **chain** kiegyensúlyozó lánc *(felvonón)*; ~ **chamber** *geod* deviációs kamra; ~ **charge** → compensation charge; ~ **(choking) coil** kiegyenlítő/kompenzáló (fojtó)tekercs; ~ **circuit** kompenzáló áramkör; ~ **computation** *geod* kiegyenlítő számítás; ~ **connection** kompenzáló kapcsolás; ~ **controller** kompenzáló/kiegyenlítő szabályozó; ~ **current** kiegyenlítő áram; ~ **device** *tex* fonalfeszültség-kiegyenlítő; ~ **dog** kiegyenlítőmenesztő; *forg* osztáshiba-kiegyenlítő menesztő; ~ **element** *aut* jelformáló, kompenzáló (tag); ~ **errors** *szt* kompenzációs hibák; ~ **feedback** *aut* kompenzáló/kiegyelítő visszacsatolás; ~ **feedforward** kompenzáló előrecsatolás; ~ **field** *el* kompenzáló mező; ~ **filter** kiegyenlítő szűrő; ~ **gear** *gép* differenciálmű; kiegyenlítőmű; ~ **line** *el* kompenzáló/kiegyenlítő/tehermentesítő vezeték; ~ **loop** *hajó* kiegyenlítő keret; ~ **magnet** *el, geof* kompenzálómágnes; ~ **mask** *nyom* kompenzálómaszk; ~ **motion** *tex* kiegyenlítő áruszabályozó; ~ **network** *aut* kompenzáló hálózat/kapcsolás; *távk* kiegyenlítő-(kör); ~ **pipes** *hidr* kiegészítő vízkivételi művek; ~ **piston** kiegyenlítődugattyú; ~**-pressure transducer** kompenzációs nyomásjeladó/nyomásjelváltó; ~ **recorder** kompenzációs regisztráló; ~ **reservoir** *hidr* kiegyenlítő tározó; ~ **resistance** *el* kiegyenlítő ellenállás; ~ **roller** *nyom* kiegyenlítőhenger; *tex* feszítőhenger; ~ **self-recording instrument** kompenzációs regisztrálókészülék; önírószerkezetes kompenzátor; ~**-selvedge weave** *tex* szélkiegyenlítő kötés; ~ **sight** *kat* oldalgáskiegyenlítő lövegirányzék; ~ **transformer** *el* oltó transzformátor, Bauch-transzformátor; ~ **voltage** *el* kompenzáló feszültség; ~ **winding** *el* kompenzáló tekercselés
compensation kompenzáció; kompenzálás, kiegyensúlyozás, kiegyenlítés; *el, geod* kiegyenlítés, kompenzálás; ~ **balance** *óra* kompenzált billegő; ~ **basin** *hidr* kiegyenlítőmedence; ~ **by means of wire** *el* huzalkiegyenlítés; ~ **chamber** *at* kompenzált ionizációs kamra; *gép* kiegyenlítőkamra; ~ **charge** *el* pufferüzemű *v.* állandó üzemű (akkumulátor)töltés; ~ **circuit** → ~ network; ~ **colo(u)rs** *opt* kiegészítő/komplementer színek; ~ **degree** kompenzáció mértéke/foka; ~ **element** *aut* kompenzáló/jelmódosító elem; ~ **for error** hibakompenzálás, hibakorrigálás; ~ **for heating of the cold junctions** *el* hidegpontok felmelegedésének kompenzálása; ~ **for ohmic resistance differences** ellenálláskiegészítés; ~ **for temperature** hőmérséklet-kiegyenlítés, hőmérséklethiba-kompenzálás; ~ **grade** *geol* átmeneti lejtő; ~ **jet** *gépk* kiegyenlítőfúvóka; ~ **joint** *ép* osztóhézag; táguláskiegyenlítő; ~ **lead** kiegyenlítő vezeték; ~ **magnetometer** hőmérséklet-kompenzációs magnetométer; ~ **method** *el* kompenzációs módszer, nullamódszer; ~ **network** kompenzáló hálózat/kapcsolás; ~ **of conditioned observations** feltételes mérések kiegyenlítése; ~ **of controls** *rep* kormányok kiegyensúlyozása; ~ **of error** → ~ for error; ~ **of potential** potenciálkiegyenlítés; ~ **of thermal expansion** hőmérsékleti kompenzáció, hőtágulás kiegyensúlyozása, hőkompenzáció; ~ **pendulum** → compensated pendulum; ~ **pyrheliometer** *met* Angström-típusú pirheliométer; ~ **rod** *gép* kiegyenlítőrúd; ~ **system** *foto* kétszűrős eljárás; ~ **theorem** *fiz* kompenzáció tétele
compensative kiegyenlítő, kompenzáló; ~ **colo(u)rs** *opt* kompenzáló/kiegészítő színek
compensator *el, gép* kiegyenlítő, kompenzáló; kompenzátor; *hidr* nyomáskompenzátor, nyomáskiegyenlítő; *kat* csőszájfék, lökéskiegyenlítő; *vasút* kiegyenlítő szerelvény *(jelzővezetékhez v. váltóvezetékhez)*; ~ **jet** *gépk* kiegyenlítőfúvóka; ~ **level** *geod* kompenzátoros szintezőműszer; ~ **reservoir** kiegyenlítőtartály; ~ **voltage** kompenzáló feszültség
compensograph *el* kompenzográf
compete versenyez; *vegy* verseng *(egyik reakció a másikkal)*
competence *biot, mat, szt* kompetencia
competent kompetens; megbízható, tartós; terhelésbíró; *geol* kompetens; nyomásnak ellenálló, tartós terhelésbíró; ~ **layer** *geol* antiklinális nyomásnak ellenálló réteg; ~ **meanders** *geol* bevágott/tektonikus folyókanyarok/meanderek
competing | **process** konkurens/versenyképes/alternatív eljárás; ~ **reactions** *vegy* konkurens reakciók
competition (verseny)pályázat, tender; verseny, konkurencia; *biot* kompetíció; *ép* tervpályázat; *vegy* konkurens reakció; ~ **car** versenyautó
competitive versenyképes; kompetitív; ~ **antagonism** *biot* kompetitív antagonizmus; ~ **bid** *ip* ellenajánlat; ~ **design** pályázati terv; ~ **inhibition** *vegy* kompetitív gátlás; ~ **optimization/program(m)ing** *mat* összetett/konkurens programozás; ~ **position** versenyképesség; ~ **reaction** *vegy* konkurens reakció; ~ **situation** *rendsz* konfliktushelyzet; versenyhelyzet, versengés, konfliktusszituáció; ~ **strategy** konkurenciastratégia; ~ **tendering action** versenykiírás, tenderkiírás
compilation kompiláció; *szt* fordítás; ~ **board** *geod* térképösszeállító rajzdeszka
compile összeállít, összeilleszt, összetömörít; *szt* fordít
compiler *szt* (magas szintű) fordító(program); ~ **generator** *szt* fordítógenerátor; ~ **interface** *szt* fordítóillesztő, fordítócsatoló; ~ **level language** *szt* kompiler szintű nyelv; ~ **manager** *szt* fordításvezérlő
compiling | **method** *szt* önprogramozó módszer *(fordítóprogram használata)*; ~ **program** *szt* (magas szintű) fordító(program); ~ **time** fordítási idő

complaint *ip* feszólamlás, reklamáció; panasz; ~ **desk** *távb* hibabejelentő munkahely

complanar *vegy, mat* egysíkú; komplanáris, egy síkban elhelyezkedő; ~ **vector** egy síkban fekvő vektor

complanarity egysíkúság, komplanaritás

complanate kiegyenlít; *ép* kiegyenget; simít; *geod* színtez

complement I. *v* kiegészít; **II.** *n* kiegészítés; kiegészítő anyag; *gyógyv* komplement; *mat* komplemens, komplementum, kiegészítő szám; komplementergráf; *szt* kiegészítő, komplemens; ~ **add(ition)** *szt* komplementer összeadás; ~ **base** *szt* komplemens alapszáma; ~ **code** *szt* komplemens kód; ~ **form** komplementer forma; ~ **language** *szt* komplementumnyelv; ~ **of an alloy** *vegy* alkotó, komponens *(ötvözeté)*, ötvöző(elem); ~ **of an angle** *mat* kiegészítő szög; ~ **of structure** *any* szövetelem, szövetszerkezeti elem; ~ **on „n"** *szt* „n" alapú komplemens; ~ **representation** komplemensábrázolás; ~ **storage** *szt* komplementer tárolás; ~ **total** kiegészítő összeg; ~ **with respect to 10** *mat* tízes komplemens

complementarity *fiz* komplementaritás; ~ **principle** komplementaritás elve

complementary kiegészítő; pót-; komplementer; ~ **after-image** *opt* negatív utókép; ~ **angle** *mat* kiegészítő szög; pótszög *(90 fokra)*; ~ **angle of sight** célszöghelyesbítés *(ballisztika)*; ~ **binary code** *szt* komplementer bináris kód; ~ **colo(u)rs** *opt* kiegészítő/komplementer színek; ~ **complementer** *szt* komplemensképző; ~ **dike** *geol* melléktelér; ~ **element** *mat* komplementum; ~ **event** *stat* komplementer esemény; ~ **factor** *mat* bővítő tényező; ~ **filter** *foto* kiegészítő színszűrő; ~ **function (CF)** *mat* komplementer függvény; ~ **graph** komplementer gráf; ~ **jet nozzle** *hidr* kiegészítő sugárcső; ~ **metal-oxide silicon/semiconductor (CMOS)** CMOS, komplementer MOS tranzisztorpár; ~ **minor** *mat* minor, aldetermináns; ~ **MOS logic** CMOS logika; komplementer MOS logika; ~ **MOS technique** *szt* CMOS technológia; ~ **motion** *mech* kiegyenlítő elmozdulás/mozgás; ~ **non-linearity** járulékos nemlinearitás; ~ **number** *mat* komplementum, kiegészítő szám; ~ **operation** *szt* komplemens művelet; ~ **outlets** *hidr* kiegészítő vízkivételi művek; ~ **potentital energy** *mech* kiegészítő potenciális energia; ~ **push-pull amplifier** komplementer szimmetrikus (vég)erősítő; ~ **rock** *geol* kiegészítő kőzetek; magmadifferenciációs intruziók; ~ **set** *mat* kiegészítő/komplementer halmaz; ~ **soil** *talt* szemszerkezetjavító talaj; ~ **symmetric metal-oxide semiconductor (COSMOS)** *szt* szimmetrikus felépítésű komplementer MOS, COSMOS; ~ **symmetry** *el* komplementer szimmetria; ~ **transistor** *el* komplementer tranzisztor; ~ **transistor logic (CTL)** *el* CTL logika, komplementer tranzisztorlogika; ~ **wavelength** *fiz* kiegészítő/komplementer hullámhossz; ~ **work** *mech* kiegészítő munka

complementation *mat* komplementumképzés

complementer *szt* komplemensképző

complete I. *v* befejez, elvégez; kiegészít; tökéletesít; **II.** *a* teljes; egész, hiánytalan; komplett; tökéletes; ~ **admission** *hőt* teljes töltés; ~ **analysis** teljes elemzés; ~ **arch** *bány* sűrű ívácsolat; ~ **a well** *v ol* kutat befejez; ~ **beet harvester** *mzg* (cukor)répakombájn; ~ **bipartite graph** teljes páros gráf; ~ **brakdown** teljes meghibásodás; ~ **carry** *szt* hiánytalan/teljes átvitel; ~ **chemical analysis** *geol* teljes kőzetelemzés; ~ **circuit** *el* zárt áramkör; ~ **circuit diagram** *el* teljes kapcsolási vázlat; ~ **code** teljes kód; ~ **combustion** *gép* tökéletes elégés; ~ **constraint** *mech* teljes kényszer; ~ **control** teljes ellenőrzés; ~ **cycle** teljes körforgás/ciklus/periódus; ~ **cycle of write** *szt* teljes írásciklus; ~ **detonation** *bány* tökéletes detonáció; ~ **differential** *mat* teljes differenciál; ~ **drop** *hidr* szabad átbukású fenéklépcső; ~ **equilibrium** *mech* stabil(is) egyensúly; ~ **expansion ratio** *rep* a fúvóka teljes tágulási aránya; ~ **failure** teljes meghibásodás; ~ **fall** → ~ drop; ~ **fertilizer** *mzg* komplett műtrágya; ~ **flag** *szt* végjel, teljességjel; ~ **Fourier series** *mat* komplex Fourier-sorok; ~ **graph** teljes gráf; ~ **harvester** *mzg* betakarítógép, kombájn; ~ **induction** *mat* teljes indukció; ~ **inspection** teljes ellenőrzés; ~ **installation** komplett berendezés; ~ **integral** *mat* teljes integrál; ~ **law of double negation** *mat* kettős tagadás törvénye; ~ **linear complex** teljes gráf; ~ **metric space** *mat* teljes metrikus tér; ~ **mineral manure** → ~ fertilizer; ~ **miscibility** *any, vegy* teljes elegyedés; *önt* korlátlan oldhatóság; ~ **number scale** egyész számok sora; ~ **operation** teljes operáció/művelet; ~ **overhaul** *rep* felújító nagyjavítás; teljes főjavítás, általános javítás; ~ **oxidizing roast** *koh* tökéletes oxidáló pörkölés; ~ **penetrated weld** áthegesztett varrat; ~**-penetration weld** teljesen átolvasztott hegesztési varrat; ~ **precipitation** *vegy* folyamatos kiválás; ~ **primitive** → ~ solution; ~ **proteins** *élip* teljes értékű fehérjék; ~ **radiator** *fiz* abszolút fekete test; ~ **relaying** *vasút* síncsere és talpfacsere; vágányfelújítás; ~ **ring** *bány* (zárt) gyűrűbiztosítás; ~ **robbing** teljes pillérlefejtés; ~ **set** *mat* teljes halmaz; ~ **solubility** *vegy* teljes/korlátlan oldhatóság; ~ **solution** *mat* teljes megoldás; ~ **space** teljes tér; ~ **stowing** *bány* teljes tömedék; ~ **symmetry** teljes/tökéletes szimmetria; ~ **train(-)load** *vasút* zárt vonat; ~ **well** teljes kút

completed instruction *szt* végrehajtott utasítás

completely | **continuous function** teljesen folytonos függvény; ~ **diffusing diffuser** *fiz* teljesen szóró test; ~ **discontinuous function** teljesen szakadásos függvény; ~ **independent system of axioms** teljesen független axiómarendszer; ~**-ionized gas** teljesen ionizált gáz; ~ **mixed game** *mat* teljesen kevert játék; ~ **mixed strategy** teljesen kevert stratégia; ~ **penetrated weld** teljesen átolvasztott hegesztési varrat; ~ **restricted extension** *távb* jogtalan alállomás; ~-**shrouded impeller** zárt járókerék

completeness *mat* teljesség; ~ **axiom** teljességi axióma, teljesség axiómája; ~ **proof** teljességi bizonyítás, teljesség bizonyítása

completion befejezés; elvégzés, véghezvitel; elkészítés, kivitelezés; *mat* teljessé tétel/tevés; ~ **bond** *ép* kivitelezési garancia; ~ **certificate** befejezési bizonylat; ~ **code** befejező kód; ~ **date** befejezési határidő; ~ **flag** *szt* teljességjel; ~ **of the arch** *ép* ívzárás; ~ **of the square** *mat* teljes négyzetté kiegészítés; ~ **of the work** *ép* építésbefejezés; ~ **period** → ~ time; ~ **status** befejezettségi állapot; ~ **test** *hidr* befejezővizsgálat; ~ **time** építési/kivitelezési idő

complex I. *a* összetett; komplex; **II.** *n* összetett egész; összesség; *fiz, mat* komplex; *geol* kőzetcsoport; *mat* komplexus; *vegy* komplex, komplex vegyület; ~ **amplitude** *hang* komplex amplitúdó; ~ **analysis** komplexfüggvény-tan; ~ **automation** komplex automatizálás; ~ **batching and mixing plant** komplex betonkeverő üzem; ~ **campaign** *geof* összetett/komplex kutatási kampány; ~ **chemistry** komplexkémia; ~ **compound** *vegy* komplex vegyület; koordinációs vegyület; ~ **conjugate** *mat* komplex konjugált; ~ **conjugate matrix** komplex konjugált mátrix; ~ **control** komplex vezérlés; ~ **coupling** *el* komplex/induktív-kapacitív csatolás; ~ **deposit** *bány* komplementer ércelőfordulás; ~ **displays** *pl rep* több radarernyőn történő csoportos adatfeltüntetés; ~ **domain/field** *mat* komplex számtest, komplex számok teste; ~ **folds** *pl geol* többszörös gyűrődés; ~ **formation** *vegy* komplexképzés; komplexképződés; ~ **former,** ~**-forming reagent** *vegy* koplexképző reagens; ~ **fraction** *mat* összetett/emeletes tört; ~ **frequency** összetett frekvencia; ~ **function** komplex (változós) függvény; ~ **grease** *gép* komplex zsír; ~ **hyperbolic function** *fiz* komplex hiperbolikus függvény; ~ **impedance** komplex impedancia; ~ **input resistance** koplex bemenőellenállás; ~ **instruction set computer (CISC)** *szt* bonyolult utasításkészletű számítógép; ~ **investigation** *geof* összetett/komplex vizsgálat; ~ **ion** *vegy* komplex ion; ~ **ionic structure** komplex ionszerkezet; ~ **junction** *közl* (forgalmi) csomópont; ~ **ladle-metallurgy process** *koh* komplex üstmetallurgiai eljárás; ~ **matrix** komplex mátrix; ~ **molecule** komplex/bonyolult molekula; ~ **motion** *mech* összetett mozgás; ~ **number** *mat* komplex szám; ~**-number plane** *mat* komplex/Gauss-féle számsík; ~ **of strata** *bány* rétegösszlet; ~ **ordering of catchment area** *hidr* komplex vízgyűjtőrendezés; ~ **ore** *koh* bonyolult összetételű érc; komplex érc; nehezen dúsítható érc; ~ **permittivity** komplex/dielektromos állandó; ~ **plane** → ~-number plane; ~ **power** komplex teljesítmény; ~ **product** *mat* konkatenáció, egymás mellé írás; ~ **program(m)ing** *szt* összetett/konkurens programozás; ~ **quantity** komplex mennyiség; ~ **radiation** összetett sugárzás; ~ **refractive index** *fiz* komplex törésmutató; ~ **reliability characteristic** összetett megbízhatósági mutató; ~ **resistance** *el* komplex impedancia; ~ **river** *geol* átalakuló folyó; ~ **salt** *vegy* komplex só; ~ **simulation of oil displacement** *ol* olajkiszorítás komplex szimulációja; ~ **sound** *hang* összetett hang; ~ **system** *hidr* kombinált altalajöntözés; *rendsz* bonyolult/összetet/komplex/nagy rendszer; ~ **system of management of mineral resources** *bány* komplex ásványvagyon-gazdálkodási rendszer; ~ **tensile strength** összetett húzószilárdság; ~ **tone** *hang* összetett hang; ~ **utilization of water resource** *hidr, környv* komplex vízhasznosítás; ~ **vector** komplex vektor; ~ **vector space** komplex vektortér; ~ **vibratory table** *ép* komplex rázóasztal

complexing I. *a* komplexképző, komplexalkotó; **II.** *n* komplexképződés; komplexképzés; ~ **agent** komplexképző anyag/reagens

complexion *mat* komplexió

complexity komplexitás; bonyolultság, összetettség; ~ **function** *szt* bonyolultsági függvény; ~ **measure** *szt* bonyolultsági mérték

complexometric *vegy* komplexometriás

complexometry *vegy* komplexometria, kelatometria

complexone *vegy* komplexon

compliance engedékenység; *mech* kompliancia, inverz merevség; ~ **of a spring** rugó rugalmassága, rugózás

complicated bonyolult, komplikált; ~ **composition** *nyom* nehéz szedés; ~ **molecule** bonyolult/komplex molekula; ~ **system** *rendsz* bonyolult/összetett/komplex/nagy rendszer

complication rule *ásv* komplikációs szabály

compole *el* segédpólus

component I. *a* alkotó, összetevő; **II.** *n* alkatrész; alkotóelem, alkotórész; összetevő, komponens; elem; *aut* egység, szerv; *el* áramköri elem; *ép* épületelem, szerkezeti elem, elem; *koh* alkotó, komponens *(ötvözeté)*, ötvöző(elem); *mat, mech* összetevő komponens; *szt* alkatrész; *vegy* alkotóelem, alkotórész, komponens; ~ **analysis** *stat* komponensanalízis; ~ **balance** *koh* komponensmérleg; ~ **cost** *ip* részköltség; ~ **density** alkatrészsűrűség; ~ **drawing** *gép* alaktrészrajz, részletrajz; ~ **failure** alkatrész meghibásodása; ~ **force** összetevő erő; ~ **life** alkatrész élettartama; ~ **motion** részmozgás, vetületmozgás, összetevőmozgás; ~ **of alternating current voltage** váltakozó áramú (jel)összetevő; ~ **of a vector** *mat* vektor komponense; ~ **of charge** *koh* elegyalkotó; ~ **of direct current voltage** egyenáramú jelösszetevő; ~ **of field** térerősségösszetevő, térerősségkomponens; ~ **of stress** *mech* feszültségösszetevő; ~ **of tensor** tenzorkomponens; ~ **of the force** erő összetevője, erőkomponens; ~ **part** alkotórész; alkatrész, szerkezeti elem; *el* diszkrét alkatrész; ~ **parts of underground water valves** *ép* beépítési készlet; ~ **radar altimeter** lokátor magasságmérő részegysége; ~ **reliability** alkatrész megbízhatósága; ~ **replacement** alkatrészcsere; ~ **side** szerelési oldal; ~**s of force** *mech* erő összetevői/komponesei; ~ **system** *ép, gép* építőszekrényelvű rendszer; ~**-testing equipment** alkatrészvizsgáló berendezés; ~ **under compression** *mech* nyomott elem; ~ **under tension** *mech* húzott elem; ~ **vector** *mat* komponens, összetevő; ~ **yield** *koh* alkotórész-kihozatal

compose összeállít, összeilleszt, összetömörít; *nyom* (ki)szed *(szöveget, betűt)*; ~ **closely** *nyom* szűken szed; ~ **full** teljes sort szed; ~ **in companionship** osztva/részenként szed; ~ **page on page** sort sorra szed; ~ **tabular matter** táblázatot szed

composing *nyom* betűszedés; ~ **carriage** szedőkocsi; ~ **frame** szedőregál; ~ **galley** szedőhajó; ~ **machine** szedőgép; ~ **room** szedőterem; ~ **rule** (szedő)lénia; ~ **stick** sor(já)zó szedővas; ~ **table** *nyom* szedőasztal

composite I. *a* összetett; kombinációs, kompozit; vegyes; többrészes, többrészű; **II.** *n* elegy, keverék; összetétel, kompozit; *mat* kompozitum *(gráfoké)*; összetett szám; szorzatkompozíció, összetétel *(leképzéseké)*; ~ **action** *ép, mech* együttdolgozás; ~ **arrow** *mat* út; ~ **attenuation** *távk* üzemi csillapítás; ~ **beam (in steel and concrete)** *ép* együtt dolgozó acélbeton gerenda; ~ **bed** szövevényes telep; ~ **bipolar transistor** *el* kompozit bipoláris tranzisztor; ~ **(bridge) deck(ing)** *ép* együtt dolgozó hídpályalemez/felépítmény; ~ **bridge stringer** *ép* (pályalemezzel) együtt dolgozó hosszartó; ~ **building (construction)** → ~ construction; ~ **cable** többrészes kábel; ~ **candle** sztearingyertya; ~ **capital** *ép* kompozit oszlopfő; ~ **carriage** *vasút* vegyes kocsi; ~ **casting** *koh* bimetall/fémbetétes öntvény; bimetallöntés, kettősfém-öntés; ~ **cast roll** *koh* öntött kompaundhenger; ~ **charge** *bány* összetett töltet; ~ **circuit** kompozit áramkör; ~ **cofferdam** *hidr* együtt dolgozó jászolgát/zárógát *(föld és szádfal)*; ~ **colo(u)r** színkeverék, színezékkeverék; ~ **colo(u)r signal** *tv* videojel; ~ **conductor** *el* összetett ér/vezető; ~ **cone** *geol* összetett vulkáni kúp; ~ **construction** *ép* együtt dolgozó *v.* összetett építési mód *v.* szerkezet; ~ **construction precast with cast-in-place concrete** együtt dolgozó előregyártott és helyszínen betonozott szerkezet és építésmód; ~ **cooling** vegyes hűtés; ~ **course** *rep* konjugált/kapcsolt irányszög; ~ **craft** vasvázas/vasbordás és fapalánkos hajó; ~ **crankshaft drive screen** *ép* kettősforgattyús rosta; ~ **dike** *bány* vegyes/összetett telér; ~ **earth dam** *hidr* összetett szelvényű *v.* több rétegű *v.* rétegezett földgát; szerkezetes gát; ~ **electrode** *heg* összetett elektróda; ~ **engine** *rep* kombinált hajtómű; ~ **entabulature** *ép* kompozit (fő)párkány/attika; ~ **equation** összetett egyenlet; ~ **error** eredő hiba; ~ **excitation** *el* vegyes/kettős gerjesztés; ~ **filter** többtagú szűrő; *távk* hullámparaméteres szűrő; ~ **float** *hidr* kapcsolt úszó; ~ **floor** *ép* betéttestes födém; együtt dolgozó födém; ~ **force** *mech* összetett erő; ~ **forest** középerdő; ~ **forms of roof** *ép* összetett tetőformák; ~ **fuel** *rak* kevert hajtóanyag, hajtókeverék; ~ **function** *mat* közvetett függvény, függvény függvénye; összetett függvény; ~ **fuselage** vegyes építésű repülőgéptörzs; ~ **gain** *távk* üzemi átviteli erősítés; ~ **gantry crane** *em* összetett bakdaru; ~ **lattice** *at* összetett rács; ~ **loading** *mech* összetett igénybevétel; *távk* kábel/érnégyes pupinozása; ~ **loss** *távk* üzemi átviteli veszteség; ~ **loudspeaker** többcsatornás hangszóró; ~ **material** *koh* kompozit; *műa* összetett anyag; társított anyag; ~ **metal** *koh, el* bimetall, kettősfém, ikerfém; ~ **neck** *geol* összetett vulkántorok; ~ **network design** *el* üzemi paraméteres méretezés; ~ **noise rating** *rep* a zaj összetett viszonyszáma; ~ **number** *mat* összetett szám; ~ **objective** *opt* összetett/többlencsés objektív; ~ **picture signal** → ~ signal; ~ **plate** *rád* többrétegű elektród; ~ **radiation** összetett sugárzás; ~ **recording** *geod* összetett/keverő regisztrálás; vegyes felmérés; ~ **rock** *geol* összetett kőzet; ~ **rocket** *rak* többlépcsős rakéta; ~ **roof forms** *ép* összetett tetőidomok; ~ **sample** vegyes minta; ~ **section** összetett szelvény; ~**-section canal** *hidr* összetett szelvényű csatorna; ~ **separation** vegyes elkülönítés; ~ **ship** vasbordás/vasvázas fahajó; ~ **signal** *tv* összetett jel; ~ **sill** *bány* telérkőzet; ~ **structure** összetett szerkezet; *ép* együtt dolgozó szerkezet, öszvérszerkezet; ~ **surface of sliding** *talt* összetett csúszólap; ~ **synchro signal** *tv* összetett szinkronjel; ~ **system of drainage** *hidr* vegyes rendszerű drénhálózat; ~ **system of reinforced concrete** vegyes építésű vasbeton váz; ~ **telegraphy** kettős szimultán távíró; kompozit távíró; ~ **tie** *vasút* ikeralj; ~ **track** *rep* összetett útirányszög; ~ **train** *vasút* vegyes vonat; ~ **transfer constant** *távk* üzemi átviteli mérték; ~ **tubing** összetett/többszörös cső; ~ **video** *szt* összetett videojel; ~ **walking gear/mechanism** *ép* kapcsolt lépőmű; ~ **wall** *ép* vegyes fal(azat); ~ **wing** *rep* vegyes építésű szárny; ~ **wire** *távk* bimetall huzal; ~ **yarn** *tex* többszálasított/cérnázott fonal

composited circuit *távk* kompozit áramkör

composition (meg)szerkesztés; összeállítás; összetevés; összetétel; keverék, vegyülék; kompozíció; *bány* szerkezet; *ép* felépítés; összetétel *(beton, habarcs)*; *foto* képkompozíció; *gép* gépcsoport; *koh* ötvözet; ötvözőfém; *mat* kompozíció; szorzás; vektorösszegezés; *nyom* (betű)szedés; szedés összeállítása; *szt* összeállítás; *vegy* massza; összetétel; vegyülés, vegyület; ~ **bearing** (üvegszálerősítésű) műanyag csapágy; műgyanta csapágy; ~ **board** *fa* (különleges összetételű) építőlap; ~ **by mass** tömegösszetétel; ~ **cylinder** → ~ roller; ~ **floor(ing)** (öntött) hézagmentes padló, esztrich(padló); ~ **gear** műanyag fogaskerék; ~ **in double column** *nyom* kéthasábos szedés; ~ **in slips** hasábszedés; ~ **metal** *koh* ötvözőfém; ~ **nail** *ép* tetőcserépszeg; ~ **of charge** *bány* robbantótöltet szerelése; *koh* elegyadag összetétele; ~ **of flue gas** *koh* füstgázösszetétel; ~ **of forces** *mech* erők összetétele; ~ **of gas** gázösszetétel; ~ **of sound** hangösszetétel; ~ **of stack gas** *koh* füstgázösszetétel; ~ **of the bath/melt** *koh* fürdőösszetétel; ~ **plane** *ásv* ikersík; *geol* kettős varrat; ~ **potentiometer** tömör/tekercselésmentes potenciométer; ~ **product** *mat* kompozíciószorzat; ~ **resistor** *el* tömör ellenállás; ~ **roller** *nyom* felhordóhenger, festékezőhenger; masszahenger, zselatinhenger; ~ **roofing** *ép* kátránypapírfedés; lágy fedés; ~ **scale** *nyom* szedési árszabás; ~ **surface** *ásv* ikersík; ~ **symbol** *mat* műveleti jel; ~**-type resistor** *el* szilit ellenállás; ~**-type resistor furnace** *koh* szilitrudas kemence

compositor *nyom* (betű)szedő; ~ **'s error** nyomdahiba

compost I. *v mzg* komposztál; komposztot készít; komposzttal trágyáz; **II.** *n geol* televény, humusz; *mzg* komposzt(trágya); ~ **formation/preparation** komposztkészítés, komposztálás, komposztozás; ~**-making from sludge** *hidr* iszapkomposztolás

composting komposztálás, komposztozás; ~ **machine** komposztálógép; ~ **plant** komposztálóberendezés, komposztálótelep, hulladékkomposztáló berendezés/telep/üzem

compound I. *v* elegyít, (össze)kever; *el* kompaundál; *gép* egybeépít; összeállít, összeilleszt, összetömörít; *mech* összegez *(vektort)*; *műa, gumi* keveréket készít, kompaundál; *ol* adalékol *(kőolajat zsiradékkal)*; kompaundál; zsíroz *(ásványi olajat)*; *vegy* (össze)vegyít; **II.** *a* kevert, összetett; többrészes, vegyes; *gép, el* összetett, kompaund; **III.** *n* keverék, vegyülék; elegy, keverék; kompozíció; *el* (kábel)kompaund; *ép* keverék, vegyülék; kiöntőmassza, kitöltőmassza; *gép* (egybeépített) gépcsoport; kompaund gép; *gumi, műa* feldolgozási keverék, kompaund; *koh* vegyület; *ol* csoportos hajtómű; *vegy* vegyület; ~ **action** kevert/összetett hatás; ~ **arc** *el* többsarkú ív; ~ **arch** *ép* kosárgörbe, kosárív; ~ **architectural combination** összetett együttes *(városépítés)*; ~ **armo(u)r** összetett páncélozás; ~ **arrangement** *hőt* kompaund elrendezés; kompaund/kapcsolt rendszer; ~ **beam** *ép* csuklós többtámaszú tartó; Gerber-tartó; ~ **blanking-and-drawing die** kombinált kivágó és húzó szerszám; ~ **box** *forg* előtolószekrény; ~ **breaker** *ép* többfokozatú/kompaund törő; ~ **brush** *el* fémes kefe; ~ **building-method** *ép* összetett építési mód *(vá-*

roséptés); ~ **cable** többeres/többvezetős kábel; ~ **carriage** → ~ slide; ~ **casement** *ép* egyesített szárny; ~ **casting** *önt* bimetallöntés, kettősfém-öntés; kompaund/kétrétegű/kétanyagú öntés; ~ **coil** *el* kettős/ kompaund tekercs; ~ **compressor** többfokozatú kompresszor; *rep* kipufogógázok által meghajtott kompresszor; ~ **condition** *szt* összetett feltétel; ~-**connected circuit** *el* vegyes kapcsolású áramkör; ~ **connection** vegyes kapcsolás; ~ **control** *aut* összetett szabályozás; ~ **controller** kompaund/összetett szabályozó; ~ **course** *hajó* összesített útirány; ~ **curve** összetett görbe; *ép* (összetett) kosárgörbe/kosárív; ~ **cycle** *at* többhurkos/többáramú körfolyamat; ~ **department** *gumi* adagmérő műhely; keverőosztály; ~ **die** összetett alakítószerszám; kombinált kivágószerszám; ~ **distribution** *szt* összetett eloszlás; ~ **drawing machine** négyhengeres szalagnyújtó gép; ~-**elastic scattering** *at* összetett rugalmas szórás; rezonanciaszórás; ~ **engine** *gép* kompaund motor; *hőt* kompaund gőzgép; *rep* turbókompresszoros dugattyús hajtómű; ~ **event** *rendsz* összetett esemény; ~ **excitation** *el* vegyes/kompaund gerjesztés; ~ **expansion** *hőt* megosztott expanzió(jú rendszer); ~ **fabric** *tex* kettős szövet; ~ **fertilizer** összetett/vegyes műtrágya; ~-**filled** *el* kompaunddal telített/kiöntött; ~ **filling** kompaundálás, kiöntés *(kábelé);* ~ **firing** → ~ heating; ~ **flexure** *mech* összetett/ferde hajlítás; ~ **formation** vegyületképződés; ~ **fraction** *mat* összetett/emeletes tört; ~ **gear** *gép* csoportkerék; ~ **gearing** összetett fogaskerék-áttétel; ~ **gear train** csoportkerekes sebességváltó mű; ~ **generator** kompaund *v.* kettős/vegyes gerjesztésű generátor; ~ **girder** *ép* többtámaszú tartó; ~ **glass** ragasztott/réteges (biztonsági) üveg, szendvicsüveg; ~ **harness** *tex* csoportos nyüstszinór; ~ **heating** kombinált fűtés, vegyes tüzelés; ~ **ignition** *bány* vegyes gyújtás; ~ **indexing** beosztás segédosztófejjel; ~ **interest** kamatos kamat; ~ **interest account** kamatoskamat-számítás; ~ **latex** *gumi* latex előkeverék; ~ **lens** többrészes/ összetett lencse; ~ **lever** emeltyűrudazat; ~ **locomotive** *vasút* kompaund mozdony; ~ **magnet** lemezelt mágnes; ~ **mast** *távk, el* bakoszlop, A oszlop; ~ **matrix** *mat* adjungált (mátrix); ~ **mill** *ker* többkamrás/kombinált malom; ~ **milling-machine** *tex* kéthengerpáros ványológép; ~ **modulation** megosztott modulálás; ~ **motion** *mech* összetett mozgás; ~ **motor** kompaund motor; ~ **needle** kétrészes tű; *kh* csöves tű; ~ **nuclear model** *at* kompozíciós magmodell; ~ **nucleus** *at* közbenső mag, kompaund mag; ~ **of chlorine** klórvegyület; ~ **oil** kompaundált olaj; ~ **parachute** kettős ejtőernyő; ~ **pendulum** *geof* összetett inga; *mech* reverziós inga; ~ **plate** *heng* kompaund/borított/többrétegű lemez; ~ **post** *bány* többrészes tám; ~ **press** összetett prés; ~ **pulley** csigasor; ~ **pump** kompaund szivattyú; ~ **pump operation** *hidr* párhuzamos szivattyúüzem; ~ **resistor** *el* tömör ellenállás; ~ **rest** → ~ slide; ~ **rule of three** *mat* összetett hármasszabály, láncszabály; ~ **semiconductor** kompaund/vegyes félvezető; ~ **shades** *tex* kevert színárnyalat; ~ **shore-line** *geol* vegyes partvonal; ~ **slide (rest)** *forg* harántszán, keresztszán; ~-**slide table** *forg* kétszános asztal; ~ **spring** (réteges) lemezrugó; ~ **statement** *szt* összetett utasítás; ~ **steel** ötvözött acél; ~ **steel beam structure** *ép* együttdolgozó acélgerendás szerkezet; ~ **table** *mt* keresztasztal; ~ **tape matrix** összetett szalagmátrix; ~ **tie-up** *tex* nyüstszinór csoportos (be)fűzése; ~ **tube** összetett/ többszörös cső *(elektroncső);* ~ **turbine engine** *rep* vegyes sugárhajtómű; ~ **twill** *tex* összetett sávoly; ~ **twin** *ásv* összetett iker; ~ **unit** *ép* összetett építőelem; ~ **valve** → ~ tube; ~ **ventilation** szívó-nyomó szellőzés; ~ **vibratory table** többfrekvenciás rázóasztal; ~ **wall(ing)** *ép* vegyes fal(azat); ~ **weave** *tex* összetett kötés; ~ **well** *hidr* összetett kút; ~ **wheel** két részből álló hegesztett kerék; ~ **winding** *el* kompaund/vegyes tekercselés; ~-**wound** kompaundált, kompaund tekercselésű; vegyes gerjesztésű; ~-**wound current transformer** előmágnesezett áramváltó; ~-**wound dynamo** kompaund tekercselésű generátor; ~-**wound motor** kompaund motor; ~-**wound relay** kompound *v.* vegyes tekercselésű jelfogó

compoundage kompaundált olaj

compounded | **clay** *ker* agyagmassza; ~ **essential oil** éterikus olajkompozíció; ~ **latex** *gumi* latex előkeverék; ~ **oil** kompaundált/zsírozott olaj

compounding keverés, vegyítés; *el, műa, ol* kompaundálás, kiöntés *(kábelé); hőt* megosztott expanzió(jú rendszer); ~ **characteristics** *pl el* kompaund jelleggörbe; ~ **coil** kompaundáló tekercs; ~ **ingredients** *műa, gumi* keverékalkotó adalékanyagok; ~ **room** keverőműhely, kiszerelőműhely

compreg → compregnated laminated wood

compregnated (laminated) wood tömörített/préselt (rétegelt) fa, műfa(anyag)

comprehensibility (beszéd)érthetőség

comprehensive átfogó jellegű; ~ **insurance** kaszkóbiztosítás

compress I. *v* összenyom, présel; sajtol; tömörödik; összehúzódik, összeugrik; összesajtolódik; *gépk* sűrít, komprimál; **II.** *n* bálázó prés; *orv* borogatás

compressed *bány* nyomásba került; *ép* döngölt; *mech* (össze)nyomott, sűrített; ~ **air** sűrített levegő, préslég; ~-**air actuation** pneumatikus működtetés; ~-**air aeration** *hidr* INKA-rendszerű levegőztetés; ~-**air blasting** Armstrong-eljárás; ~-**air bottle** sűrítettlevegő-palack, sűrítettlevegő-tartály; ~-**air brake** *gépk* sűrített levegős fék; *vasút* légnyomásos fék; préslégfék; ~-**air branch piece** sűrítettlevegő-vételi hely; ~-**air caisson** *ép* sűrített levegős süllyesztőszekrény; ~-**air capacitor** *el* sűrített levegős kondenzátor; ~-**air chamber** légüst, légtartály; ~-**air control** pneumatikus *v.* sűrített levegős vezérlés; ~-**air controller** sűrített levegős kapcsolóhenger; ~-**air conveyor** *v.* **conveying system** *ép* nyomóüzemű *v.* légnyomással működő szállítóberendezés; ~-**air disease** keszonbetegség, búvárbetegség; ~-**air distributor** nyomólégelosztó, sűrítettlevegő-elosztó, légnyomásos elosztó; ~-**air door actuating gear** pneumatikus ajtómozgatás; ~-**air drill** préslégfúró; *ol* sűrített levegős fúrás, fúrás sűrített levegővel; ~-**air drive** pneumatikus *v.* sűrített levegős meghajtás; ~-**air driven** → ~-air operated; ~-**air elevator** sűrített levegős emelő; ~-**air engine** *gép* préslégmotor, sűrített levegős motor; ~-**air equipment** pneumatikus *v.* sűrített levegős üzemű berendezés; ~-**air feed pipe** préslégszállító cső; ~-**air foundation** *hidr* légnyomásos alapozás; ~-**air hammer** pneumatikus/légüzemű kalapács; (prés)légkalapács; ~-**air hose** sűrítettlevegő-tömlő, préslégtömlő; ~-**air illness** → ~-air disease; ~-**air impact hammer** *ép* sűrített levegős kalapács, légkalapács; ~-**air impact machine** *ép* légüzemű ütőgép; ~-**air jack/lift** sűrített levegős emelő; ~-**air line** sűrítettlevegő-vezeték, légvezeték; ~-**air lock** *ép* (prés)légzsilip; ~-**air locomotive** *bány* sűrített levegős mozdony; ~-**air loudspeaker** orkánhangszóró; ~-**air mains** *gép* sűrítettlevegő-hálózat, táplevegő-hálózat; ~-**air motor** (dugattyús) légmotor; *ép, gép* sűrített levegős motor, (prés)légmotor; ~-**air operated** légüzemű, pneumatikus (hajtású), préslég-; ~-**air operation** pneumatikus működtetés; ~-**air pile extractor/drawer/puller** *ép* pneumatikus kihúzó; ~-**air pile hammer** *ép* pneumatikus verőkalapács/cölöpverő; ~-**air pipe** levegővezeték, légvezeték; ~-**air (pipe) network,** ~-**air piping** *bány* sűrített levegős csőhálózat; ~-**air receiver** *gép* sűrítettlevegő-tartály, sűrítettlevegő-tároló, légkamra, légüst; ~-**air regulator** légnyomás-szabályozó; ~-**air reservoir** *ép* nyomólégüst, hidrofor(tartály); ~-**air rock drill (hammer)** pneumatikus kőzetfúró kalapács; ~-**air sander** kézi vibrációs csiszológép; ~-**air shield driving** *ép* légnyomásos pajzshajtás; ~-**air sinking** *ép* légnyomásos süllyesztés; ~-**air starter** *gépk* sűrített levegős indító, présléghindító; ~ **air steering gear** pneumatikus kormánymű; ~-**air tank** sűrítettlevegő-tartály, préslégtartály; ~-**air technique** pneumonika, sűrítettlevegő-technika Hir; ~-**air thickness** → ~-air disease; ~-**air tipper** *gépk* légnyomásos billenő kocsiszekrény; ~-**air tool** pneumatikus (kézi)szerszám; ~-**air type pump** *hidr* hidrofor; ~-**air vacuum cleaner** pneumatikus ipari porszívó; ~-**air-vapo(u)r separator** sűrítettlevegő-víztelenítő; ~-**air vessel conveying system** *ép* nyomótartályos szállítóberendezés; ~-**air vibrator** pneumatikus vibrátor; ~-**air wind tunnel** sűrített levegőjű szélcsatorna; ~ **asphalt** tömörített/hengerelt aszfalt; ~ **concrete** csömöszölt beton; ~ **dust core** *el* sajtolt por(vas)mag; ~ **fuel** brikett; ~ **gas** összenyomott/sűrített gáz; nyomás alatti gáz; ~-**gas cable** gáznyomásos kábel; ~-**gas cutout** *el* gáznyomásos (ívoltó) megszakító; ~-**gas cylinder** nagynyomású gázpalack; ~-**gas cylinder valve** gázpalackszelep; ~-**gas vessel** sűrítettgáz-tartály; ~ **mode printing** *szt* sűrített nyomtatás; ~ **oxygen** *heg* nagynyomású oxigén; ~ **rubble** préselt gipszlap; ~ **solid** érintkezésig összenyomott *(rugó)*; ~ **speech** *hang* komprimált beszédjel; ~ **stone** *ker* tömbösített kő; ~ **tablet** tabletta; ~ **water** *hidr* nyomóvíz; ~-**water pump** nyomó(víz)szivattyú; ~-**water reservoir** *ép* fogyasztói nyomásfokozó; ~ **wood** préselt/sajtolt fa, műfa; ~ **yeast** sajtolt élesztő

compressibility *fiz* összenyomhatóság, kompresszibilitás, térfogati rugalmasság; ~ **burble** *rep* helyi lökéshullám; ~ **drag** *rep* a levegő összenyomhatóságából származó ellenállás; ~ **factor** kompresszibilitási tényező

compressible összenyomható, kompresszibilis; sűríthető; tömöríthető; ~ **aerodynamics** *fiz* összenyomható közeg aerodinamikája; ~ **flow** kompresszibilis/összenyomható áramlás; ~ **material** összenyomható/kompresszibilis anyag; ~ **soil** *talt* ülepedő talaj

compressing összepréselés; *gyógyv* komprimálás; ~ **cotton** *tex* pamutpréselés; ~ **department** *gyógyv* tablettázóüzem; ~ **equipment** *ép* tömörítőgépek; ~ **force** *mech* nyomóerő; ~ **machine** *ép* döngölőgép; ~ **of dyke soil** *hidr* töltéstömörítés; ~ **shrinking machine** *tex* tömörítő-zsugorító gép

compression összenyomás; összesajtolás; tömörödés; lapultság; *alak* alakváltozás *(nyomás alatt)*; *at* beszűkülés *(plazmáé)*; *fiz* összenyomás, kompresszió; *gyógyv* komprimálás; *hőt, gépk* sűrítés, kompresszió; *hűt* kompresszió; *műa* sajtolás; *szt* tömörítés; *talt* besziliplelés *(légnyomásos munkánál)*; *távk* kompresszió; ~ **amplifier (CA)** *hang* dinamikaszűkített erősítő; ~ **area** *bány* nyomásos/nyomott öv; ~ **bar** *mech* nyomott rúd; ~ **beam** nyomott gerenda; ~ **bonded cell** nyomott érintkezős (félvezető) elem; ~ **cable** túlnyomásos kábel; ~ **capacitor** *el* összenyomható kondenzátor; ~ **chamber** *hőt* sűrítőtér; *vák* kompressziós tér; ~-**chamber lightning-arrester** nyomókamrás villámhárító; ~ **characteristic** kompresszió-jelleggörbe; ~ **chord** *ép* nyomott öv; ~ **coating** *gyógyv* száraz drazsírozás; ~ **cock** sűrítőcsap; ~ **coding** *szt* kompressziós kódolás; ~ **coupling** szorítóhüvely; karimás kúpos tengelykapcsoló; ~ **curve** *talt* kompressziós görbe; ~ **cycle** *gépk* kompresszióütem; ~ **deformation** nyomás alatti alakváltozás; ~ **diagonal** nyomott átlós rácsrúd *(hídé)*; ~-**expansion chamber** *vák* munkatér; ~ **factor** kompressziós faktor; ~ **failure** *mech* nyomási tönkremenetel; törés nyomó igénybevétel következtében; ~ **fatigue test** *gumi* nyomófárasztó próba; ~ **faucet** kompressziós csap; ~ **flange** *mech* nyomott öv; ~ **gasoline process** *ol* kompressziós gazolinleválasztás; ~ **grease cup** *gép* nyomó zsírzószelence, Staufer-zsírozó; ~ **hose** *bány* nyomótömlő; ~ **ignition (CI)** *gépk* sűrítéses gyújtás, kompressziós gyújtás; ~-**ignition** kompressziógyújtású; dízelrendszerű; ~-**ignition engine** *gép* dízelmotor, kompressziógyújtású motor; ~ **line** *hők* sűrítési vonal *(indikátordiagram)*; ~ **link** nyomott rúd, nyomásra igénybe vett szerkezeti elem; ~ **load** *mech* nyomó igénybevétel, nyomóterhelés; ~ **manometer** kompressziós manométer/nyomásmérő; ~ **member** *mech* nyomott elem/rúd; ~ **modulus** *fiz* kompressziómodulus; *talt* összenyomódási modulus; ~ **mo(u)ld** *műa* sajtolószerszám; ~(-)**mo(u)lding** *műa* sajtolás; ~ **mo(u)lding composition/compound** *műa* sajtolóanyag; ~-**mo(u)lding die** *műa* sajtolószerszám; ~ **of volume** *hang* dinamikaszűkítés; ~ **point** *gépk* sűrítés kezdőpontja; ~ **press** *ép, műa* sajtológép; ~ **pressure** *gépk* kompressziónyomás, kompresszió-végnyomás; ~ **ratio** sűrítési arány/viszony, sűrítés; *gépk* kompresszióviszony, sűrítési viszony, kompresszióarány; *műa* kompresszióviszony, sűrítési viszony; *vák* kompressziós arány *(elektroncső)*; ~ **refrigerator** → ~-type refrigerator; ~ **reinforcement** nyomott vasalás *(vasbetoné)*; ~-**release valve** *gépk* dekompressziós szelep; ~ **relief** *gépk* dekompresszor; dekompresszió; ~-**relief cam** *gépk* nyomáscsökkentő bütyök; ~-**relief lever** nyomáscsökkentő emeltyű, dekompresszorkar; ~ **resistance** → compressive strength; ~ **rib** *rep* nyomott borda; ~ **ring** *gépk* kompressziógyűrű; ~ **riveter** présléghajtású szegecselő(gép); ~ **rod** *mech* nyomott rúd; ~ **roll** *tex* nyomóhenger; ~ **roller** *tex* facsaróhenger; ~ **seal** kompressziós tömítés; ~ **set** *gumi, műa* maradandó összenyomódás; *mech* nyomókísérlet-sorozat; ~ **shock** sűrűsödési lökéshullám, nyomáshullám; ~ **space**

kompresszióér; ~ **spring** nyomórugó, szorítórugó; ~ **steel** nyomott vasbetét; ~ **strain** összenyomódás; hosszrövidülés; ~ **strength** → compressive strength; ~ **stress** nyomófeszültség; ~ **stroke** *gépk* sűrítési ütem, sűrítőütem, sűrítőlöket, kompressziólöket; ~ **strut** *bány* nyomásra igénybe vett tám; ~ **subsidence** ülepedés nyomás alatt; ~ **techniques** *szt* adattömörítési technikák; ~ **test** *any* nyomáspróba; nyomópróba; *geol* kompressziós kísérlet; ~ **tester** *pa* tömítőprés; ~ **test piece** nyomópróbatest; ~ **thrust** *gépk* dugattyú-oldalnyomás; ~ **time** *gyógyv* préselési idő; ~**-type refrigerating machine,** ~**-type refrigerator** kompresszoros hűtőszekrény/hűtőgép; ~ **vacuum ga(u)ge** kompressziós nyomásmérő; ~ **valve** nyomószelep; ~ **vein** *bány* nyomott telér; ~ **volume** *gépk* kompressziótérfogat; ~ **wave** *fiz* kompressziós hullám; nyomáshullám; nyomóhullám; ~ **with confined lateral expansion** *mech* nyomás oldalirányú kiterjedésgátlással; ~ **work** *fiz* kompressziómunka, kompressziós munka; *gépk* sűrítési munka; ~ **zone** *bány* nyomott zóna

compressional kompressziós, sűrítési, nyomási; ~ **bar** nyomott rúd *(tartószerkezetben)*; ~**-dilatational wave** nyomási-ritkulási/kompressziós-dilatációs hullám; ~ **phase** *geol* sűrítési/sűrűsödési fázis; ~ **shift** *geol* nyomás hatására keletkezett vetődés; ~ **wave** → compression wave

compressionless oil engine kompresszor nélküli nyersolajmotor

compressive *mech* nyomási, nyomó(-); ~ **cleavage/cleaving** *ásv* nyomási hasadás; ~ **creep** *ker* kúszás, kúszó mozgás; nyomás alatti tartós folyás/kúszás; ~ **cube strength at 28 days** *ép* 28 napos kockaszilárdság *(betoné)*; ~ **deformation** *any, mech* nyomó alakváltozás; ~ **failure** → compression failure; ~ **folds** nyomás útján keletkezett redők; ~ **force** *mech, koh* nyomóerő; ~ **load** → compression load; ~ **resultant** eredő nyomás; ~ **strain** összenyomódás, hosszrövidülés; ~ **strength** *mech* nyomófeszültség, törőszilárdság; nyomószilárdság, nyomásszilárdság; ~ **stress** *mech* nyomófeszültség, nyomóterhelés, nyomási igénybevétel; ~ **stress tensor** *rep* nyomófeszültség-tenzor; ~ **test** → compression test; ~ **twin-formation** *ásv* nyomási ikerképződés; ~ **wave** *rep* nyomáshullám; ~ **yield point** nyomó folyáshatár

compressometer *any* kompresszométer, rövidülésmérő

compressor *gép* kompresszor, légsűrítő; *gépk* feltöltő légsűrítő/kompresszor; *hang* (dinamika)kompresszor; *szt* kompresszor; ~ **bleed** *gép* kompresszor megcsapolása; ~ **cascade** *rep* kompresszorfokozat; ~ **gun** olajozó nyomófecskendő; ~ **impeller** sűrítő járókerék; ~ **inlet** kompresszor beszívónyílása; ~ **plant/station** *bány* kompresszortelep, kompresszorállomás; ~ **stall** *rep* áramlásleváltás a kompresszorlapátoknál; ~ **surge** *rep* kompresszor nyomáslengése; ~ **turbine** *rep* kompresszoros (sugár)hajtómű; ~**-type diesel engine** légbefúvós motor

compromise | allocation kompromisszumos elosztás; ~ **network** *távk* közelítő/egyezményes művonal

Compton | effect (Cpt) *fiz* Compton-effektus/jelenség; ~ **electron** *at* Compton-elektron; ~ **scattering** *fiz* Compton-szórás/szóródás; ~ **shift** *fiz* Compton-eltolódás; ~ **wavelength** *fiz* Compton-hullámhossz

compulsion kényszer

compulsory kényszerű, kötelező; ~ **checking** kényszerű/szükségszerű ellenőrzés; ~ **landing** *rep* kényszerleszállás, kötelező leszállás; ~ **mixer** *ép* kényszerkeverő; ~ **pilotage** *hajó* kötelező (hajó)kalauzolás; ~ **point** *rep* kötelező jelentőpont; ~ **stop** *rep* kényszerleállás; ~**-type mixer** *ép* kényszerkeverő

compunications *szt* számítástechnika és hírközlés *(zsargon)*

compuscript *szt* számítógéppel készített kézirat

computability (effektív) kiszámíthatóság

computable kiszámítható; ~ **function** kiszámítható függvény; ~ **group** megszámlálható csoport

computation (ki)számítás; kalkuláció; kiértékelés, (adat)feldolgozás, elemzés; *ip* költségvetés; *szt* számítás; ~ **centre/center** számítóközpont; ~ **chart** számítási táblázat; ~ **of error** hibaszámítás; ~ **office** számítóközpont; ~ **of gas-lift valve spacing** *ol* indító szelepsor tervezése; ~ **of quantities** *ép* tömegszámítás, kubatúraszámítás *(földmunkáé)*

computational számítási; számítógépes; ~ **algorithm** numerikus algoritmus; ~ **error/mistake** számítási hiba; ~ **technology** számítástechnika

compute kiszámít; kalkulál, (fel)becsül; kiértékel; számol; ~ **mode** *szt* számító üzemmód

computed számított, elméleti; ~ **strength** *mech* számított/elméleti szilárdság; ~ **stress** elméleti/számított feszültség

computer *szt* számítógép; ~**-aided design (CAD)** *szt* számítógéppel segített tervezés; ~**-aided design and drafting (CADD)** *szt* számítógéppel segített tervezés és gyártás, CADD; ~**-aided design and manufacturing (CAM/CAD)** *szt* számítógéppel segített tervezés és gyártás, CAM/CAD; ~**-aided education (CAE)** *szt* számítógéppel segített oktatás, CAE; ~**-aided engineering (CAE)** *szt* számítógéppel segített fejlesztés; ~**-aided instruction (CAI)** *szt* számítógéppel segített oktatás, CAI; ~ **aided manufacturing (CAM)** *szt* számítógéppel segített gyártás, CAM; ~**-aided optimizing (CAO)** *szt* számítógépes szerkezetoptimalizálás, CAO; ~**-aided page make-up** *szt* automatikus lapkészítés; ~**-aided phototypesetting** *szt* számítógépes fényszedés; ~**-aided software engineering (CASE)** *szt* számítógépes szoftverfejlesztés, CASE; ~**-aided testing (CAT)** *szt* számítógépes tesztelés, CAT; ~**-aided translation (CAT)** *szt* számítógépes fordítás, CAT; ~**-aided typesetting (CAT)** *szt* számítógépes szedés, CAT; ~ **application** *szt* számítógép alkalmazása; ~ **architecture** *szt* számítógép-architektúra; ~**-assisted indexing and classification (CAIC)** *szt* számítógépes indexelés és osztályozás, CAIC; ~**-assisted indexing program (CAIP)** *szt* számítógépes dokumentumindexelő program, CAIP; ~**-assisted interactive tutorial system** *szt* számítógépes párbeszédes oktatórendszer; ~**-assisted language learning (CALL)** *szt* számítógéppel segített nyelvtanulás, CALL; ~**-assisted learning (CAL)** *szt* számítógéppel segített tanulás, CAL; ~**-assisted management** *szt* számítógéppel segített oktatás; ~**-assisted production (CAP)** *szt* számítógéppel támogatott termelés, CAP; ~**-assisted retrieval (CAR)** *szt* számítógépes (információ-)visszakeresés, CAR; ~**-assisted teaching (CAT)** *szt* számítógéppel segített oktatás, CAT; ~**-based message system** *szt* számítógépes üzenetközvetítő rendszer; ~**-based training**

(CBT) *szt* számítógépes képzés, CBT; ~ **bureau** *szt* számítógépes szolgálat; ~ **centre/center** *szt* számítóközpont; ~**-communication network** *szt* számítógépkommunikációs hálózat; ~ **conferencing** *szt* számítógépes konferencia; ~**-controlled** *szt* számítógépvezérlésű; ~ **database and retrieval system** *szt* számítógépes információkeresés és beszerzés figyelés; ~ **game** *szt* számítógépes játék; ~ **generations** *szt* számítógép-generációk; ~ **graphics** *szt* számítógépes grafika; ~**-independent language** *szt* gépfüggetlen nyelv; ~ **input microfilm (CIM)** *szt* mikrofilmes számítógép-bemenet, CIM; ~ **installation** *szt* számítógép-telepítés; ~ **instruction** *szt* gépi utasítás; ~ **instruction code** *szt* gépi utasításkód; ~**-integrated manufacture (CIM)** *szt* számítógépes gyártás, CIM; ~ **journal** *szt* elektronikus újság; ~ **language** *szt* gépi nyelv; ~ **letter** *szt* számítógéppel készített kézirat; ~ **literacy** *szt* számítástechnikai műveltség; ~ **logic** *szt* számítógépes logika; ~ **mail** *szt* számítógépes elektronikus levelezés; ~ **memory** *szt* számítógéptároló, memória; ~ **micrographics** *szt* számítógépes mikrografika; ~ **network** *szt* számítógépes hálózat; ~ **numerical control (CNC)** *szt* számítógépes számjegyvezérlés, CNC; ~ **operator** *szt* számítógép-kezelő; ~**-oriented language** *szt* alacsony szintű nyelv; ~ **output microfilm (COM)** *szt* mikrofilmes számítógépkimenet, COM; ~ **printout** *szt* nyomtatott kivitel, számítógépes nyomtatás; ~ **program** *szt* számítógépprogram; ~ **science** számítástudomány, számítástechnika; ~ **security** *szt* számítógépes (adat)biztonság; ~ **teaching** *szt* számítógéppel segített oktatás; ~ **text processing** *szt* számítógéppel segített szövegfeldolgozás; ~ **typesetting (CTS)** *szt* számítógépes szövegszedés, CTS

computerization *szt* számítógépesítés

computerize számítógéppel feldolgoz; számítógépesít

computerized | branch exchange (CBX) *szt* számítógépesített telefonalközpont, CBX; ~ **information retrieval and current awareness (CIRCA)** *szt* számítógépes információkeresés és beszerzésfigyelés, CIRCA; ~ **numerical control (CNC)** *szt* számítógépes számjegyvezérlés, CNC

computing számítás, számolás; kalkuláció; becslés; *ip* előkalkuláció/előirányzat összeállítása; költségvetés; *szt* számítástechnika; ~ **accuracy** *szt* számítási pontosság; ~ **amplifier(s)** *szt* műveleti erősítő; ~ **centre/center** számítóközpont; ~ **check** *mat* próba, behelyettesítés, számítás próbája, numerikus ellenőrzés; ~ **device** számológép; ~ **element** *aut* számítóelem; ~ **error** számítási hiba; ~ **instrument** *kat* lőelemképző; ~ **machine** számológép, kalkulátor; számítógép; ~ **of the root** gyökvonás; ~ **operation** *mat* (számítási) művelet; ~ **power** *szt* számítógép-teljesítmény; ~ **program/routine** számítási program; ~ **result** számítási eredmény; ~ **scale** logarléc; ~ **sequence** számítási sorrend; ~ **speed** *szt* műveleti/számítási sebesség; ~ **technique** *szt* számítástechnika; ~ **test** → ~ check; ~ **time** számítási idő

COMSAT → Communication Satellite Corporation

con, *US* **conn I.** *v* hajót vezet/kormányoz; **II.** *n hajó* kormányállás

Conbur test *pa* Conbur-féle ütéspróba

concamerate *ép* beboltoz

concameration *ép* cellasor; *ép, geol* boltozat

concatenate összeláncol; összefüggésbe hoz

concatenated | connection *el* kaszkádkapcsolás, lépcsős kapcsolás; ~ **control** láncolt vezérlés; ~ **data set** összekapcsolt adattár

concatenation *el* kaszkádkapcsolás, lépcsős kapcsolás; *mat* konkatenáció, egymás mellé/után írás; *szt* konkatenáció

concavation *ép, geol* bemélyedés, fészek

concave I. *v* kiváj, üregel; bemélyed; üreget/boltozatot képez; **II.** *a* konkáv, homorú; üreges, barlangszerű; **III.** *n ép* boltozat (belső) homorú felülete; *ép, geol* bemélyedés, fészek; *mzg* aprítódob *(darálógépben)*; dobkosár *(cséplőgépben)*; ~ **angle** *mat* konkáv/homorú szög; ~ **bank** *hidr* homorú part/oldal/(folyó)-kanyarulat, konkáv oldal; ~ **brick** *ép* boltozótégla, éktégla; ~ **camber** homorú íveltség; ~ **cathode** *el* üreges katód; ~ **circular saw** *szersz* homorítófűrész; ~ **crown** *koh* fenékboltív; ~ **cutter** *forg* üregelőmaró; ~**-dished** homorúan hajlított; ~ **down curve** *mat* konkáv görbe, felülről nézve konvex görbe, alulról nézve konkáv görbe; ~ **fillet weld** *heg* homorú sarokvarrat; ~ **function** *mat* konkáv függvény; ~ **glass** üreges üveg; ~ **grating** *opt* diffrakciós rács; homorú/konkáv (diffrakciós) rács, Rowland-rács; ~ **grating spectrograph** konkáv (diffrakció)rácsos spektrográf; ~ **grinding** homorú csiszolás/csiszolat; ~ **keyboard** köríves billentyűsor; ~ **lens** *opt* homorú/konkáv lencse; ~ **matrix game** konkáv mátrixjáték; ~ **meniscus** homorú meniszkusz; ~ **milling cutter** → ~ cutter; ~ **mirror** homorú/konkáv tükör; ~ **mo(u)lding** homorulat; ~ **n-gon (polygon)** *mat* konkáv sokszög, konkáv n-szög; ~ **plane** ívelt gyalu, kerekítőgyalu; ~ **punch** *gyógyv* drazsémagkészítő bélyegző; ~ **reflection grating** → ~ grating; ~ **tile** homorú (tető)cserép; ~ **up curve** *mat* konvex görbe, alulról konvex görbe, felülről konkáv görbe; ~ **water surface** *hidr* homorú vízszín; ~ **weld** *heg* homorú/könnyített varrat

concavity homorúság, domborulat; *ép* boltozat belső felülete; *mat* konkavitás; ~ **downward** *mat* (alulról való) konkavitás *(felülről való konvexitás)*; ~ **upward** felülről való konkavitás, konvexitás

concavo-concave kétszer homorú, bikonkáv

concavo-convex homorú-domború, konkáv-konvex

conceal rejt, burkol; álcáz, leplez; süllyesztve szerel, beágyaz; *szt* elrejt

concealed rejtett, burkolt; *bány* takart *(szénmező)*; *ép, el* süllyesztett; vakolatba/falba ágyazott; ~ **band** *ép* rejtett pánt; ~**-base rose** süllyesztett dugaszolóaljzat; ~ **conduit** (vakolatba) süllyesztett vezeték; ~ **deposit** *bány* kibúvás nélküli lelőhely; ~ **dovetailing** rejtett fecskefarkfogazás/sarokfogazás/cinkelés; ~ **fastening** *ép* rejtett leerősítés; ~ **heating** burkolt fűtési hálózat; ~ **heating in the floor** sugárzó padlófűtés; ~ **joint** *ép* vakhézag; ~ **wiring** süllyesztett vezeték

concealment *kat* fedezék, rejtés

concentrate I. *v* koncentrál; összpontosít, központosít; besűrít, összesűrít; koncentrálódik; besűrűsödik; *bány* dúsít; *vegy* koncentrál, töményít; **II.** *n* koncentrátum, töményített anyag; *bány* dúsított érc, szénpor; dúsított/dúsítási termék; *élip, ker* sűrítmény, koncentrátum; ~ **curve** *bány* koncentrátumgörbe; ~ **smelting** *koh* ércolvasztás; ~ **spirits** *v vegy* rektifikál

concentrated koncentrált; *bány* előkészített *(érc)*; *koh* dúsított; *vegy* tömény; ~ **acid** tömény sav; ~ **capacity** koncentrált kapacitás; ~ **charge** *bány* összpontosított töltet; ~ **field magnetic separation** *koh* szeparálás erős mágneses térben; ~ **foot seepage** *hidr* talpcsurgás; ~ **fruit juice** *élip* gyümölcsszörp; ~ **juice** *élip* szirup; ~ **load** *mech* koncentrált/összpontosított teher/terhelés; ~ **matte** *koh* rézkőolvadék; ~ **metal(l)ization of the electrolyte** elektrolit fémes feldúsulása; ~ **milk** *élip* besűrített tej *(ipari feldolgozásra)*; ~ **nitric acid** választóvíz; ~ **polluting source** *környv* koncentrált szennyezőforrás; ~ **solution** *élip* eszencia; *vegy, koh* koncentrált/tömény oldat; ~ **solution of potassium carbonate** borkőolaj; ~ **water draw-off** *hidr* koncentrált vízkivétel; ~ **winding** koncentrikus tekercselés

concentrating *bány* dúsítás, előkészítés; *vegy* koncentráció, bepárlás; ~ **by evaporation** bepárlás; ~ **coil** hűtőkígyó *(transzformátorban)*; ~ **column** *vegy* rektifikálóoszlop, rektifikálókolonna; ~ **cup** fókuszálóelektród, katódserleg; ~ **mill** *bány* dúsítómű, előkészítőmű; ~ **mirror** naptükör, tükrös/koncentráló kollektor/napsugárzásgyűjtő; ~ **ore** *koh* dúsított érc; ~ **pan** töményítőüst; ~ **plant** *bány* dúsítóüzem, ércelőkészítő mű; ~ **reflector** reflektor, fényszóró; *opt* homorú tükör, gyűjtőtükör; ~ **table** *bány, koh* szér, rázóasztal; *távk* hívóasztal; ~ **table with riffled surface** *bány, koh* bordázott szérlap

concentration összpontosítás, koncentráció, központosítás; sűrítés, töményítés, koncentrálás; koncentráció, töménység; *bány, koh* dúsítás, ércelőkészítés, töményítés; dúsulás; töménység; *élip* (be)sűrítés; *távb* koncentráció; *vegy* koncentráció; koncentrálódás; rektifikáció, rektifikálás; ~ **by mass** *fiz* tömegkoncentráció; ~ **by volume** *fiz* térfogati koncentráció; ~ **cell** *el, vegy* koncentrációs cella/elem; ~ **change** *koh* koncentrációváltozás; ~ **currents** töménységkülönbség okozta áramok; ~ **cylinder** *távk* Wehnelt-henger; ~ **dependence** *vegy* koncentrációfüggés; ~ **gradient** koncentrációgradiens, koncentrációesés; ~ **graph** *hidr* vízgyűjtő-karakterisztika; ~ **key** *távb* koncentrációs kulcs; ~ **line** *távb* gyűjtővonal; ~ **meter** koncentrációmérő; ~ **of a saturated solution** telített oldat koncentrációja; ~ **of charge carriers** töltéshordozók koncentrációja; ~ **of electrons** *fiz* elektronsűrűség; ~ **of gas** *fiz, vegy* gázkoncentráció; ~ **of ions** *vegy* ionkoncentráció; ~ **of sound** hangfókuszálás; ~ **of stress** *mech* feszültséghalmozódás, feszültségkoncentráció; ~ **of traffic** *közl, távb* forgalomnagyság; ~ **of troops** *kat* csapatösszevonás; ~ **on tables** *bány, koh* szérelés; ~ **overpotential/overvoltage** koncentrációs túlfeszültség; ~ **plant** *bány* dúsítóüzem, ércelőkészítő mű; ~ **position** *távb* koncentrációs munkahely; ~ **potential** *geof, el* koncentrációs potenciál; ~ **process** dúsítási folyamat; ~ **ratio** koncentrációarány, koncentrációhányados; ~ **table** → concentrating table

concentrator besűrítőberendezés, töményítőberendezés; *bány* dúsítómű, ércdúsító telep/centrifuga; *élip, távk* koncentrátor; *ker* koncentrátor, sűrítő; *koh* bepárlóberendezés; *szt* koncentrátor; ~ **bowl** centrifugadob; ~ **mill** *bány* dúsítómű, előkészítőmű; ~ **pulley** központosító görgő

concentric körkörös; koncentrikus, azonos/közös központú/középpontú; ~ **cable (cc)** *távk* koncentrikus/koaxiális kábel; ~ **chuck** központos tokmány; ~**-contact plug** *el* koaxiális dugaszoló; ~ **gas lift valve** *ol* koncentrikus segédgázszelep; ~ **groove** kifutóbarázda *(hanglemezen)*; ~ **jointing** *geol* koncentrikus kagylós elválás; ~**-lay conductor** *el* szabályos sodrású vezető; ~ **line** *távk* koaxiális kábel; ~ **load** központos teher; ~ **plug-and-socket** koaxiális (dugós) csatlakozó; ~ **scale** koncentrikus skála; ~ **strand of conductors** *el* szabályos sodrású vezető; ~ **tube feeder,** ~ **tube transmission line** koaxiális tápvezeték; ~ **well completion** *ol* koncentrikus kútkiképzés; ~ **winding** *el* koncentrikus tekercselés

concentricity központosság

conceptional model *rendsz* koncepcionális modell

concert | hall hangversenyterem; ~ **pitch** *hang* kamarahang, normálhang

concertina I. *v* harmonikaszerűen csukódik; **II.** *n* harmonika; ~ **door** harmonikaajtó; ~ **fold** *nyom, szt* leporellóhajtogatás; ~**-folded book** leporelló(könyv); ~ **pleat** → ~ fold; ~ **sheet** *hang* harmonika köpenye; *heng* hullámlemez; ~ **walls** *pl vasút* zárt átjáró *(kocsik között)*, harmonika; ~ **wing** *ép* harmonikaszárny

conch *ép* homorlat

concha *ép* falkagyló; félkupola

conche *élip* csokoládéfinomító gép, kons

conching *élip* konsolás, koncsolás, kenőgyúrás, csokoládéfinomítás

conchoid *mat* kagylógörbe, konchois, konchoid; ~ **of Nicomedes** Nikomédész-féle konchois/konchoid

conchoidal *krist* kagylós, kagyló alakú/idomú; ~ **curve** → conchoid; ~ **fracture** *krist* kagylós törés; ~**-to-uneven fracture** *krist* kagylós-egyenetlen törés

concoct összefőz, elkészít

concomitance *stat* konkomitancia

concomitant *stat* konkomitáns; ~ **factors** *stat* konkomitáns/kísérő tényezők

concord konszonancia, együtthangzás

concordance *geol, szt* konkordancia; ~ **program** *szt* konkordanciaprogram

concordant *geol* konkordáns; ~ **strata** *geol* konkordáns/párhuzamos rétegek

concourse *ép* nyilvános csarnok, előcsarnok; sportpálya; útcsomópont

concrete I. *v* megszilárdít, tömörít; megszilárdul, megkeményedik; konkretizál; *ép* betonoz; csömöszöléssel rögzít; **II.** *a* konkrét; tömött, megkötött, szilárd; *ép* beton(-); **III.** *n* kompakt massza, szilárd anyag; *cu* nyers (nád)cukor; *ép* beton; műkő; ~ **accelerator** betonkötés-gyorsító, betonszilárdulás-gyorsító adalék; ~ **adhesive** betonragasztó; ~ **aerated with foam** habbeton; ~ **aggregate** beton-adalékanyag; ~**-agitating bin** motoros betonátkeverő gép, betonátkeverő siló; ~ **agitator** betonagitátor; ~ **agitator truck** betonszállító körte, agitátor-gépkocsi; ~ **antifreezer** betonfagyásgátló adalék; ~ **apron** *rep* betonozott előtér; ~ **arch** betonboltozat; ~ **batch** egyszerre kevert betonmennyiség; ~ **batching** betonadagolás, betonkeverés, betonelőállítás; ~ **batching plant** betonadagoló berendezés; betongyár; ~ **beam** betongerenda; ~ **bed** *gép* betonalap; ~ **bedding** → ~ subbase; ~ **block** betonblokk; *bány, ép* beton idomkő; ~**-block conduit** *el* tömbcsatorna; ~**-block lining** *bány* betonidomkő-biztosítás; nagyblokkos biztosítás; ~ **block-making machine** betonblokkgyártó gép; ~ **blockwork** betonblokkfalazat; ~ **brick** betonkő; műkő, beton idomkő; ~ **bucket** betonkonténer, betonszállító edény; betonozótartály; ~ **buggy** *ép* japáner; ~ **bulkhead** *bány* beton tűzgát; ~ **carriageway pavement** beton útpályalemez; ~**-cart** *ép* japáner; ~ **casing** betonburkolat; ~ **casting** *ép* betonozás; *ker* (előregyártott) betonelem; ~ **cast in position/situ** helyszínen öntött beton; ~ **catch-gutter** beton vízelvezető vályú; ~ **ceiling** betonfödém; ~ **central-mix plant** központi betontelep; ~ **channel** betoncsatorna; ~ **chimney door** beton kaminajtó; ~ **chuting cable crane** betonozó kábeldaru; ~ **compacted by jolting** sokkbeton; ~ **compaction (by vacuum treatment)** betontömörítés (vákuumozással); ~ **compactor** betontömörítő (berendezés); ~ **compression machine** próbakockatörő gép; ~ **conduit** beton védőcső; ~ **consistency** betonkonzisztencia; ~ **construction** betonépítmény; betonépítés; ~ **coping** (beton) falazatfedkő; ~ **core** betonmag; ~ **core (cutting) machine,** ~ **coring drill** betonmintafúró készülék; betonmagfúró gép; ~ **corrosion** betonkorrózió; ~ **course** betonréteg; ~ **cover** betontakarás, betonfedés *(acélbetéten)*; ~ **cribbing** *bány* betonbiztosítás; *hidr* betonkitöltésű szekrénymű; ~ **curb** → ~ kerb; ~ **curing** (beton-)utókezelés; ~**-curing blanket** betonutókezelő takaró; ~**-curing membrane** beton-utókezelő bevonat; ~**-curing period** beton-utókezelési időszak; ~ **cutter** betonhézagvágó, betonhézagfűrész, (beton)hézagvágó gép; ~ **dam** *ép* betongát; ~ **deck** beton hídpályalemez; ~ **delivery** beton(be)szállítás; ~**-delivery truck** betonszállító tehergépkocsi; ~ **demolition work** betonbontás(i munka); ~ **disintegration** betonmállás; ~ **distress** betonkárosodás; ~ **distributor** betonadagoló; betonterítő kocsi; ~**-encased** betonba ágyazott; ~ **engineering** betontechnika; ~ **erosion** *hidr* betonerózió, cementkimosás; ~ **estimate** statisztikai érték; ~ **fabrication** betonelőállítás; ~**-fabrication equipment** betonelőállító berendezések; ~ **facing** betonburkolat, betonburkolás; ~ **fall damper** betoneséscsökkentő; ~**-feeding hose** *bány* betonadagoló tömlő; ~ **finish** betonfelület-képzés, felületképzés; ~ **finisher** *ép* betonburkolat-készítő/ betonbedolgozó gép, (beton)finisher; ~ **finishing (layer)** kiegyenlítő betonréteg; ~ **finishing road vibrator** *ép* vibrációs pallós betonbedolgozó gép; ~ **finishing train** betonbedolgozó szerelvény; ~ **fitting** beton idomcső; ~ **flag(stone)** gyalogútburkoló betonlap; ~ **floor(ing)** betonfödém; beton padlóburkolat; ~ **floor(ing) tile** beton padlóburkolólap; ~ **foreman** betonozó munkavezető/pallér; ~ **form(work)** (beton)zsaluzat; ~ **formwork vibrator** zsaluvibrátor; zsaluzáró vibrátor; ~ **foundation** betonalap(ozás); betonalépítmény *(úté)*; ~ **framework** betonkeret, betonváz; ~ **framework construction** betonvázas/betonkeretes építés; ~ **gang** betonozóbrigád; ~ **girder** betontartó; ~ **girder and slab bridge** beton gerendahíd; ~ **girder for crane runway** beton darupályatartó; ~ **grade** betonminőség; ~ **gravity dam** *hidr* beton súlygát; ~ **grinder,** ~ **grinding machine** betoncsiszoló gép; ~ **groyne** *hidr* betonsarkantyú; ~ **gun** *ép* cementágyú; torkrétpisztoly, betonlövellő berendezés; ~ **handling** beton(be)szállítás; ~ **hardcore** zúzott beton, betonzúzalék; ~ **hardening** betonszilárdítás; ~ **hauling unit** betonszállító jármű; ~ **haunching** betonköpenyezés *(csőé)*; ~ **highway construction** betonútépítés; ~ **highway construction machinery and equipment** betonútépítő gépek; ~ **hinge** betoncsukló; ~ **hopper** betonbunker, betongarat; ~ **hose** betonozótömlő; ~ **in** *v* bebetonoz, betonba ágyaz; ~ **injection method** besajtoló betonozási eljárás; ~**-in-mass** tömbbeton; nagy tömegű beton; ~ **joint cutter** → ~ cutter; ~ **kerb** *ép* beton kerékvető/járdaszegélykő; útszegélykő; ~ **labo(u)rer** betonozó (szak)munkás; ~ **layer** betonréteg; ~ **level(l)ing course** beton kiegyenlítőréteg; ~ **lining** *bány* betonbiztosítás; *ép, hidr* betonburkolat, betonburkolás; ~ **lintel** *ép* betonkiváltó; ~ **loader** beton(be)szállító; ~**-loading hopper (mix) gantry,** ~**-loading hopper with portal frame** állványos betonátadó siló, keverőportál; ~ **made from natural aggregates** kavicsbeton; ~ **made with crushed stone aggregates** zúzalékosbeton; ~ **made with plasticizing agents** plasztifikált beton; ~ **masonry** betonfalazat; ~ **miller,** ~ **milling machine** betonmaró gép; betonfelület-maró; ~ **mix** betonkeverék; friss beton; ~ **mixer** betonkeverő (gép); ~ **mixer-paver** útépítési betonkeverő gép; ~ **mixing** betonkeverés, betonelőállítás; ~**-mixing machine** betonkeverő gép; ~**-mixing plant** betonkeverő üzem/telep, betongyár; ~**-mixing tower** keverőtorony, betonkeverő torony; (függőleges elrendezésű) betongyár; ~ **mix proportions** betonkeverési arányok; ~ **mixture** betonkeverék; ~ **mo(u)ld** *ép* beton(elem)sablon, betonelemgyártó sablon; ~ **number** *mat* adott/konkrét szám; ~ **overlay** rábetonozás; ~ **patching** betonjavítás; ~ **pavement** betonjárda; beton útburkolat; ~ **pavement shattering machine** betonburkolat-zúzó gép; ~ **paver** útépítési betonkeverő (gép); útbetonozó/útburkolat-betonozó gép; ~ **paving** betonjárda; betonpálya, betonburkolat *(út és repülőtér)*; ~ **paving sett** beton kockakő, betonflaszter; ~ **paving train** betonbedolgozó szerelvény; ~**-piercing shell** *kat* betonromboló gránát; ~ **pile** betoncölöp; ~ **pile driver** betoncölöpverő; ~ **pipe** betoncső; *bány* betonejtő cső; ~ **pipe culvert** *ép* beton csőáteresz; ~ **pipe press head** betoncsőfejprés; ~ **placed by compressed air** lövellt beton, torkrétbeton; ~ **placement** betonbedolgozás, betonozás; ~ **placement funnel** betonozótölcsér; ~**-placer** betonozógép; ~ **placing** betonbedolgozás, betonozás; ~ **placing bucket/skip** → ~ bucket; ~ **placing gun** betonlövellő gép; ~ **plane(r)** betoncsiszoló gép; ~ **plant** → ~-mixing plant; ~ **plasticizer,** ~ **plasticizing agent** *ép* betonplasztifikátor, betonfolyósító; ~ **plug** betondugó; ~ **poker vibrator** belső vibrátor; ~ **pour(ing)** betonozás; ~ **pouring bucket** → ~ bucket; ~ **power float,** ~ **power trowel(l)ing machine** betonsimító gép; ~ **pressure** zsaluzati oldalnyomás *(friss betoné)*; ~ **primer** betonozási útmutató; ~ **progress chart** betonozási terv; ~ **pump** betonszivattyú; ~ **pumping** betonszivattyúzás; ~ **railway sleeper** *vasút* beton vasútialj, betonalj; ~ **raster** konkrét raszter, modulháló; ~**-receiving hopper** betonadagoló tartály; ~ **reinforcement** betonvasalás; ~**-reinforcing steel** *koh* betonacél; ~**-reinforcing** (steel) mat *koh* betonacélháló; ~ **reintegration** betonjavítás; ~ **remixer** agitátor-gépkocsi; utánkeverő; ~ **retarder** betonkötésgátló, késleltető; ~ **ring** *hidr* beton kútgyűrű; ~ **road** betonút; ~ **road construction machinery and equipment** betonútépítő gépek; ~ **roof slab** beton tetőelem; ~ **roof truss** betontető-rácsostartó, betontetőtartó; ~ **runway** *rep* betonozott futópálya; ~ **sample** beton próbatest; ~ **saw** → ~ cutter; ~ **setting** betonkötés; ~ **shaft** *hidr* betonakna; ~ **shear wall** beton merevítőfal; ~ **shell** betonhéj; ~ **shelter** beton óvóhely; ~ **shrinkage** betonzsugorodás; ~ **shuttering** → ~ formwork; ~ **silo** betonsiló; ~ **sintering** beton ülepedése/zsugorodása; ~ **skeleton** betonváz; ~ **skip** → ~ bucket; ~ **slab** betonlemez; ~ **slab bridge** beton lemezhíd; ~ **slab revetment** *hidr* betonlap burkolat; ~ **sleeper** *vasút* betonalj; ~ **sole** betonküszöb, betonfenék; ~ **spigot and socket pipe** tokos-csapos betoncső; ~ **spouting** betonöntés; ~ **spouting equipment** betonöntő berendezés; ~ **spouting pipe** *bány* betonejtő cső; ~ **spreader** betonterítő (kocsi); ~ **spreading** betonterítés; ~ **stair(case)** betonlépcső; ~ **steel** betonacél; ~ **storage (bin) silo** → ~ wet hopper; ~ **storage tank/reservoir** átmeneti betontároló siló, puffersiló; ~ **strength** *mech* betonszilárdság; ~ **subbase** aljzatbeton, betonaljzat; ~ **syntax** *szt* konkrét szintaxis; ~ **tamper** *szersz* betoncsömöszölő, betontömörítő, betondöngölő; ~ **technology** betontechnológia; ~ **test core** kifúrt betonpróbatest; ~ **test cube** betonpróbakocka; ~ **test cylinder** hengeres betonpróbatest; ~ **test hammer** betonvizsgáló kalapács; ~ **thrust block** *hidr* csőtámasztó betontömb *(iránytörésnél)*; ~ **tie** → ~ sleeper; ~ **tile** beton burkolólap; ~ **tile floor** cementlap padló; ~ **topping** felbeton, felbetonozás *(födémeké)*; ~ **track** betonágyazású pályaszakasz; ~ **transport** beton(be)szállítás; ~ **transporting pump** betonszivattyú; ~ **transporting tip lorry (without stirrer)** (billenőteknős) betonszállító gépkocsi; ~ **trowel(l)ing and grinding/polishing machine** betonsimító gép; ~ **truss** beton rácsostartó; ~ **tubbing** *bány* vasbeton tübbinges biztosítás; ~ **turnpike** vámos/fizető betonautópálya; ~ **vault** betonboltozat; ~ **vibration** betonvibrálás; ~ **vibrator** betonvibrátor; ~ **waffle slab** kazettás/bordás betonpanel; ~ **waterproofing** beton vízzárás; ~ **wearing layer** *ép* beton kop(tat)óréteg; ~ **weir** *hidr* betongát; ~ **wet hopper** betonátadó siló, hidraulikus/betonfogadó bunker; ~ **with artificial resin admix(ture)** műgyanta-adalékos beton; ~ **with exposed aggregate by washing** mosottbeton(-felület); ~ **with high early strength** nagy kezdőszilárdságú beton; ~ **with „very low" degree of workability** földnedves beton

concreting *ép* betonozás; ~ **air-lock** *ép* betonozózsilip *(keszonnál)*; ~ **below water table** víz alatti betonozás; ~ **gang** betonozóbrigád; ~ **machine** betonbedolgozó gép; ~ **piston pump** dugattyús betonszivattyú; ~ **sequence** betonozási sorrend; ~ **skip attachment** betonkonténer, betonszállító edény; ~ **temperature** betonozási hőmérséklet; ~ **under shelter** betonozás védőtető alatt; ~ **without shuttering** zsalu nélküli betonozás

concretion összeállás; megszilárdulás, megkeményedés; *geol* konkréció

concretionary stucture *geol* konkréció

concurrent összefutó, (össze)találkozó; közösen ható; *hőt* egyenáram(lás)ú *(kazán)*; *szt* együttfutó, konkurens; ~ **centrifuge** folyamatos működésű centrifuga; ~ **forces** *mech* egy pontban találkozó/támadó erők; ~ **force system** közös metszéspontú erőrendszer; ~ **in time** egyidejű, (időben) párhuzamos; ~ **lines** öszszefutó vonalak; ~ **operation** együttfutó működésmód; ~ **processing** *szt* konkurens/párhuzamos feldolgozás; ~ **roasting** *koh* egyenáramú pörkölés

concussion rázkódás; ~ **blasting** *bány* provokációs/rázó robbantás; ~ **charge** *bány* aknás töltet; kamrázó töltet *(ércbányában)*; pörkölő töltet *(kőbányában)*; ~ **fuse** csapódógyújtó; ~ **grenade** *kat* támadó kézigránát; ~ **spring** lökéscsillapító rugó

Condé | **mounting** *opt* Condé-szerelés, könyökszerelés *(reflektoroké)*; ~ **telescope** Condé-távcső, Condételeszkóp, könyöktávcső

condemned ship lebontásra ítélt hajó

condensable cseppfolyósítható *(gáz)*; kondenzálható, összesüríthető

condensance *el* kapacitív ellenállás, negatív reaktancia

condensate kondenzátum, párlat; kondenzvíz, kondenzált víz, csapadékvíz; *ol, vegy* kondenzátum, párlat; ~ **collector** *ol* gázcsapadékgyűjtő; ~ **de-oiling** kondenzátum-olajmentesítés; ~ **drum** kondenzátumtartály; ~ **pump** *hőt* csapadékvíz-szivattyú, kondenzszivattyú; ~ **recovery** kondenzátumkinyerés, ismételt kondenzáció; ~ **stripper** *ol* kondenzátumkigőzölő, kondenzátumsztripper; ~ **tank/trap** *ép* vízzsák

condensating | **water** kondenzvíz, kondenzált víz, csapadékvíz; ~ **water tunnel** hűtővízcsatorna *(erőműben)*

condensation sűrítés, kompresszió; kondenzálás, cseppfolyósítás; kondenzáció, lecsapódás; kicsapódás; cseppfolyósodás; ~ **band** → ~ zone; ~ **by contact,** ~ **by surface cooling** felületi kondenzáció; ~ **coefficient** *vák* kondenzációs együttható; ~ **degree** sűrűségi fok; ~ **effect** sűrítőhatás; ~ **flue** pernyeleválasztó huzat; ~ **germ** *met* kondenzációs csíra; ~ **level** *met* kondenzációs szint; ~ **nuclei** *met* kondenzációs magvak; ~ **of vapo(u)r on the construction surface** *ép* felületi páralecsapódás; ~ **point** *fiz, vegy* kondenzációs/cseppfolyósítási hőmérséklet, harmatpont; *met* sűrűsödési/kondenzációs pont; ~ **polymer** *vegy* polikondenzátum, kondenzációs polimer; ~ **polymerization** polikondenzáció, polikondenzál(ó-d)ás; ~ **pot** kondenzedény; ~ **pressure** kondenzációs nyomás; ~ **product** kondenzációs termék; kondenzátum, párlat; ~ **pump** kondenzációs (vákuum)-szivattyú; ~ **rate** kondenzációs sebesség; ~ **resin** *műa* (poli)kondenzációs műgyanta, kondenzációs gyanta; ~ **surface** kondenzációs felület; ~ **temperature** *met* kondenzációs hőmérséklet; ~ **tower** *vegy* kondenztorony; ~ **trail** *rep* kondenzcsík; ~ **trap** *vák* hűtött csapda; ~ **water** kondenzvíz, kondenzált víz, csapadékvíz; ~ **water separator** *bány* kondenzvíz-leválasztó; ~ **zone** *koh, önt* kondenzációs zóna

condensational-rarefactional wave *geol* sűrűsödési-ritkulási hullám

condense cseppfolyósodik, lecsapódik; sűrít; (meg)sűrűsödik; cseppfolyósít, lecsap; kicsap; *élip* besűrít; *hőt* lecsap *(gázt)*; *mat* leegyszerűsít *(képletet)*; *műa, vegy* kondenzál

condensed sűrített; *vegy* kondenzált; ~ **aromatic nucleus** *vegy* kondenzált aromás gyűrű; ~ **composition** *nyom* keskeny formátumú szedés, szedés keskeny hasábra; ~ **grape-juice** *élip* sűrített must; ~ **letter** *nyom* keskeny/aprószemű/vékony betű; ~ **milk** *élip* (be)sűrített/evaporált/kondenzált tej, kondenztej; ~ **nuclei** *vegy* kondenzált molekulamagok, kondenzált gyűrűk; ~ **phase** *vegy* kondenzált fázis; ~ **sludge** *hidr* besűrített iszap; ~ **system** *vegy* kondenzált rendszer; ~ **type** → ~ letter; ~ **water** kondenzvíz, cseppfolyósított víz; ~ **water pipe** kondenzvezeték; ~**-water pump** *hőt* kondenzszivattyú, csapadékvíz-szivattyú; ~**-water tank** *ép* kondenzgyűjtő tartály; ~ **whey** *élip* sűrített savó, savószörp; ~ **yarn** *tex* barchentfonal *(pamutból)*; kártolt fonal
condenser *el, gép* kondenzátor, sűrítő; *hőt* gőzleválasztó; hűtő; kondenzátor, lecsapató; *opt* gyűjtőlencse, kondenzor(lencse); *rep* kondenzátor; *tex* hulladékfonó gép; sűrítőszer; szíjas fátyolelosztó; tömörítőszerkezet; ~ **antenna** *távk* kapacitív antenna; ~ **bobbin** *tex* előfonalcséve; ~ **box** *el* kapacitásszekrény; ~ **bucket** *hőt* gőzszabályozó; ~ **card** *tex* fátyolosztós előfonó kártológép; ~ **coating** *el* kondenzátorfegyverzet; ~ **coil** hűtőkígyó; ~ **cotton** *tex* pamuthulladék; ~ **cotton yarn** jó minőségű hulladékból font pamutfonal; ~ **coupling** *el* kapacitív csatolás; ~ **current** töltőáram; ~ **electroscope** kondenzátor-elektroszkóp; ~ **exploder** *bány* kondenzátoros robbantógép; ~ **foil** kondenzátorfegyverzet; ~ **for transillumination** átvilágító gyűjtőlencse/kondenzor; ~ **impulse stop welding unit** kondenzátor-impulzusos ponthegesztőgép; ~ **ionization chamber** *at* (ionizációs) ködkamra; ~ **leather** *tex* tömörítő/mángorló bőrtömlők; ~ **lens** kondenzorlencse; ~ **loudspeaker** kondenzátor-hangszóró; ~ **microphone** kondenzátormikrofon; ~ **motor** (egyfázisú) kondenzátoros motor; ~ **oil** kondenzátorolaj; ~ **optics** *pl* kondenzoroptika; ~ **pick-up** kondenzátoros hangszedő; ~ **pressure** *hőt* kondenzátornyomás; ~ **pressure controller** vízszabályozó; ~ **pump** kondenzátorszivattyú; ~ **tissue** *el* kondenzátorpapír; ~ **tube** *hőt* (kondenzátor-)hűtőcső; ~**-type** *hőt* kondenzációs; ~**-type bushing** *el* kondenzátorátvezető; ~ **water** (kondenzátor-)hűtővíz; ~ **with movable coatings** *el* mozgó fegyverzetű kondenzátor; ~ **with rotatable plates** forgó fegyverzetű kondenzátor, forgókondenzátor
condensible → condensable
condensing kondenzálás, cseppfolyósítás; besűrítés; sűrűsödés; cseppfolyósítás; lecsapódás *(gőzé)*; ~ **apparatus** páralecsapó készülék; *vegy* kondenzáló berendezés; ~ **coil** hűtőkígyó; ~ **drum** *élip* besűrítődob; ~ **funnel** tömörítőtölcsér; ~ **jet** *gépk* befúvókondenzátor; ~ **lens** *opt* gyűjtőlencse; kondenzor(lencse); ~ **machine** *pa* besűrítőgép; ~ **plant** *vegy* kondenzálóberendezés; ~ **power plant** kondenzációs erőmű; ~ **pressure** kondenzációs nyomás; ~ **roll** *tex* tömörítőhenger; ~ **steam engine** kondenzációs gőzturbina; ~ **substage** mikroszkópállvány alatti gyűjtőlencse; ~ **temperature (CT)** kondenzációs hőmérséklet; ~ **unit** hűtő(gép)aggregát; ~ **vessel** kondenzvíz-leválasztó; ~ **worm** *vegy* kondenzkígyó
condensivity *el* dielektromos állandó
condiment *élip* fűszer
condimental fűszerező

condition I. *v* kondicionál *(környezeti tényezőket)*; *élip, fa* pihentet; *koh* előkészít; *tex* kondicionál; nedvességtartalmat megállapít; **II.** *n* állapot, helyzet; feltétel, kikötés; *szt* feltétel; ~ **code (CC)** *szt* feltételkód, állapotkód, CC; ~ **code register (CCR)** *szt* feltételkód-regiszter, állapotkód-regiszter, CCR; ~ **flag** *szt* feltételjelző bit; ~ **for building-up an oscillation** *el* begerjedési/berezgési feltétel; ~ **for continuity** folytonossági feltétel; ~ **for resonance** rezonanciafeltétel; ~**-name** *szt* feltételnév; ~ **number** *szt* kondíciós szám; ~ **of accelereation** *mech* gyorsulásállapot; ~ **of air** *ép* légállapot; ~ **of flight** *rep* repülési állapot/feltétel; ~ **of ground** *rep* talajállapot; ~ **of loading** *mech* terhelési eset; ~ **of mass flow continuity** tömegáramlás folytonossági feltétele; ~ **of mine air** bányaklíma; ~ **of plasticity** *mech* képlékenységi feltétel; ~ **of rigidity** *mech* merevségi követelmény; ~ **of statics** statikai feltételek; ~ **of support** *mech* megtámasztási feltételek; ~ **of the course** *hidr* szakaszjelleg; ~ **of treatment** *koh* kezelési állapot; ~ **of velocities** sebességállapot; ~**s** körülmények, viszonyok, feltételek; ~**s of bite** *heng* befogási feltételek; ~**s of equilibrium** *vegy* egyensúlyi feltételek; ~**s of leaching** *koh* lúgzási körülmények; ~**s of observation** megfigyelési feltételek; ~ **storage** *aut* feltételtároló
conditional feltételes; kondicionális; *mat* feltételi; ~ **branch** *szt* feltételes elágazás; ~ **breakpoint** *szt* feltételes töréspont; ~ **climatology** *met* feltételes klimatológia; ~ **distribution** feltételes (gyakorisági) eloszlás; ~ **equation** *fiz* meghatározó/definiáló egyenlet; *geod, mech* feltételi egyenlet; ~ **expected operating time** tényleges működés feltételes átlaga; ~ **instability** *met* feltételes instabilitás; ~ **instruction** *szt* feltételes utasítás; ~ **jump** *szt* feltételes ugrás; ~ **order** *aut, szt* feltételes utasítás; ~ **parameter** *szt* feltételes paraméter; ~ **probability** *mat, stat* feltételes valószínűség; ~ **probability distribution** *stat* feltételes valószínűségi eloszlás; ~ **probability machine** feltételes valószínűségi generátor; ~ **proposition/sentence** *mat* feltételes állítás, hipotetikus ítélet; ~ **stability** feltételes stabilitás; ~ **statement** *mat* feltételes állítás, hipotetikus ítélet; *szt* feltételes utasítás; ~ **test** feltételes próba; ~ **train** *vasút* különvonat *(menetrenden kívül)*; ~ **transfer** *szt* feltételes vezérlésátadó utasítás; ~ **water use** *hidr* feltételes vízhasználat
conditionally | **convergent** feltételesen konvergens; ~ **stable** feltételesen stabilis
conditioned kondicionált; *ép* klimatizált, légkondicionált; ~ **air** kondicionált levegő; ~ **gas** *ol* mosott gáz; ~ **weight** *tex* kereskedelmi/kondicionálási/átvételi súly
conditioner kondicionáló berendezés; *bány* agitálótartály, kondicionálótartály; *ép* klímaberendezés; *vasút* légjavító készülék
conditioning *bány, élip, ép* kondicionálás; *fa* pihentetés; *fiz, vegy* kondicionálás *(állandó kísérleti feltételek előállítása)*; *koh* (alap)anyag-előkészítés; *szt* adatátviteli vonal minőségellenőrzése; ~ **bin** *élip* pihentetőkamra, lágyítókamra; ~ **cabinet** klímavizsgáló kamra, klímakamra; ~ **chamber** *tex* nedvesítőkamra; ~ **of air** *környv* légkondicionálás; ~ **of billets** *koh* tuskókikészítés; ~ **of humidity** páratartalom-szabályozás; ~ **of material** *koh* anyag-előkészítés; ~ **plant** *ép* kondicionáló berendezés, klímabe-

rendezés; ~ **section** *ker* kiegyenlítőzóna; ~ **tank** *bány* agitálótartály; ~ **technics** klímatechnika
conduct I. *v* vezet; lefolytat, levezet; végrehajt, (el)végez; **II.** *n* vezetés, irányítás; vezeték; ~ **of head** *önt* olvasztásvezetés; ~ **of heat** *ker* olvadékvezetés; *koh* adagvezetés; ~ **pipe** *ép* esővíz-elvezető cső
conductance *el* konduktancia; *vák* vezetés, konduktancia; ~ **bridge** vezetőképesség-mérő/konduktancia-mérő híd; ~ **current** vezetési áram; ~ **measurement** vezetőképesség-mérés, konduktometria; ~ **per unit length** egységnyi hossz vezetőképessége; ~ **relay** *aut* admittancia-relé; ~ **titration** konduktometria, konduktometrikus titrálás, vezetőképességi titrálás
conducted sound *hang* testhang; vezetett hang
conductibility *fiz* vezetőképesség
conductible *fiz* vezetőképes
conductimeter → conductometer
conductimetric *vegy* konduktometrikus; ~ **analysis** *vegy* konduktometria, vezetőképesség-mérés; ~ **concentration meter** villamos vezetőképesség-mérésen alapuló koncentrációmérő; ~ **method of analysis** konduktometrikus/vezetőképesség-méréses analízismódszer; ~ **titration** konduktometria, konduktometriás/vezetőképességi titrálás
conductimetry konduktometria, konduktrometrikus/vezetőképességi titrálás; vezetőképesség-mérés *(elektrolité)*
conducting vezető(képes), vezetési; ~ **air** vezetőképes levegő; ~ **box** *geof* vezetődoboz; ~ **column** *at* vezetőoszlop, plazmaoszlop; ~ **direction** *el* vezető/áteresztő irány; ~ **drain** *hidr* főgyűjtő, gyűjtőcső; ~ **gas** elektromosan vezető gáz; ~ **medium** *at* elektromosan vezető közeg; ~ **period** vezetési idő; ~ **region** *fiz* vezetőképes övezet/tartomány; ~ **salt** *fiz* háttérelektrolit, alapelektrolit, vezetősó; ~ **wire** vezetékhuzal
conduction vezetés, irányítás; *el* (áram)vezetés, elektromos vezetés; *fiz* (át)vezetés; ~ **angle** *el* vezetési/folyási szög; ~ **band (CB)** *el* vezetési/kondukciós sáv; *szt* vezetési sáv; ~ **by extrinsic carriers** zavarhelyvezetés, szennyeződéses/idegenatomos vezetés; ~ **by holes** lyukvezetés; ~ **coefficient of heat transfer** konduktív hőátadási együttható; ~ **current** vezetési/konduktív áram; driftáram; ~ **current density** vezetési áramsűrűség; ~ **electron** vezetési elektron; ~ **heat transfer coefficient** konduktív hőátadási együttható; ~ **of heat** hővezetés; ~ **time** vezetési idő; ~ **type** vezetéstípus; ~ **zone** vezetési sáv/tartomány
conductive vezető(képes), vezetési; konduktív; ~ **black** *gumi* vezető(képes) korom; ~ **coating** áramvezető bevonat; ~ **coupling** *el* konduktív/galvanikus csatolás; ~ **earth** *el* vezetőföldelés; ~ **foil** vezetőfólia; ~ **heat-flux** *bány* vezetéses hőáram; ~ **heat transfer coefficient** konduktív hőátadási együttható; ~ **material** vezetékanyag, vezető(képes) anyag; ~ **method** *geof* konduktív módszer; ~ **network** vezetőhálózat; ~ **plastic** vezető műanyag; ~ **power** → conductivity; ~ **system** vezetékrendszer
conductivity *el* konduktivitás, fajlagos vezetés; vezetőképesség; ~ **band** vezetési sáv; ~ **bridge** ellenállásmérő híd *(kis ellenállásokhoz)*; ~ **by extrinsic carriers** zavarhelyvezetés, szennyezéses/extrinsic vezetés; ~ **cell** *vegy* vezetőképességi cella; ~ **coefficient** *vegy* vezetőképességi koefficiens/együttható; ~ **electron** vezetési elektron; ~ **factor of humidity** *any* nedvességvezetési tényező; ~**-improving additive** *koh* vezetőképesség-javító adalék; ~ **instrument** vezetőképesség-mérő műszer; ~ **logging** *geod, ol* vezetőképesség-szelvényezés; ~ **measurement** vezetőképesség-mérés, konduktometria; ~ **measuring instrument,** ~ **meter** vezetőképesség-mérő készülék, konduktométer; ~ **modulation** vezetésmoduláció, ellenállásmoduláció; ~ **of electrolyte** elektrolitok vezetőképessége, elektrolitos vezetés; ~ **of ground** talaj vezetőképessége; ~ **of rock** *bány* vezetőképesség; ~ **of semiconductors** félvezető(k) vezetőképessége; ~ **recorder** *aut* vezetőképesség-regisztráló készülék; ~ **tensor** vezetőképességi tensor; ~ **test** feszültségesés-vizsgálat; ~ **water** (vezetőképesség mérésére alkalmas) nagy tisztaságú víz
conductometer vezetőképesség-mérő, konduktométer
conductometric → conductimetric
conductor *el* (fémes) vezető; (kábel)ér; vezeték; vezető anyag; villámhárító; *ép* esővízcsatorna; *fiz* vezető; *geol* vezetőtelér; *ip* üzemvezető; vállalatvezető, igazgató; *közl* kalauz *(villamoson, autóbuszon)*; *ol* vezetőcső, felső béléscsőrakat; *vasút* vonatvezető; ~ **anchor** áramvezetősín-rögzítő; ~ **arrangement** *el* oszlopkép; ~ **bar** *tex* irányítóléc; ~ **bond** *vasút* áramvezetést biztosító sínkötés; ~ **casing string** → ~ pipe; ~ **core** vezetékhuzal; ~ **cross section** vezeték-keresztmetszet; ~ **dancing/galloping** összelengés *(szabadvezeték vezetőié)*; ~ **head (CH)** vízlefolyó tölcsér; ~**-insulator-semiconductor (CIS)** *szt* vezető-szigetelő-félvezető, CIS; ~ **joint** vezetékösszekötő; ~ **pipe** *el* páncélcső; *ol* vezető béléscsőoszlop; ~ **rail** *vasút* áramvezető/harmadik sín; ~**-rail insulator** harmadiksín-szigetelő; ~ **rail system** harmadiksínes rendszer; ~ **ramp** áramvezető/harmadik sín kifutása; ~ **resistance** vezetékellenállás, vezeték hullámellenállása; ~ **spacing** *el* szigetelőköz; vezetőtávolság, vezetéktávköz; ~ **strand** vezetéksodrony; ~ **string** *ol* vezetőcsőrakat, legelső béléscsőrakat; ~ **stripe** vezetősáv; ~**'s valve** vészfékszelep; ~ **system** *vasút* vezetősínes vontatási rendszer *v.* pályakiképzés
conduit vezeték; *bány* csorga; *el* (kábel)vezeték; szigetelőcső; védőcső; *em* hornyos kötélvezető tárcsa; *ép* (cső)vezeték, cső; *geol* diatréma; *hidr* légcsőcsonk; levegőjárat; vezetékcsatorna, vezetékcső, elvezetőcsatorna; vízkivételi vezeték; *koh* csatorna; *vák* csővezeték; ~ **bend** ívcső, könyökcső; ~ **box** *el* vezetékelágazó doboz, kapocsház; ~ **clip** *ép* csőbilincs, csőszorító, csőkapocs; ~ **coupling** *ép* csővezeték-összekötődarab; ~ **elbow** könyökcső, csőkönyök; ~ **fitting** (szigetelőcsöves) vezetékhálózati szerelvény; ~ **head** *ép* csatornafő; ~ **inductance** *félv* hozzávezetési induktivitás; ~ **joint** *távk* vezetékcsatlakozás; ~ **of aeration** *koh* szellőztetővezeték; ~ **of air pipes** *bány* légcsővezeték, légcsőrakat; ~ **of the volcano** *geol* vulkáncsatorna; ~ **of ventilation** *koh* szellőztetővezeték; ~**-pipe** csővezeték; (víz)vezetékcső; ~**-pipe for air** *bány* légcső; ~ **pit** vezetékellenőrző akna; ~ **regulator** *hidr* lengéscsillapító medence/kamra/akna, kiegyenlítő akna, kiegyenlítőmű; ~ **system** *el* szigetelőcsöves hálózat; *vasút, el* alsóvezetékes rendszer; ~ **tube** szigetelőcső; ~**-type concrete sewer** beton szennyvízcsatorna; ~ **wire** *el* szigetelőcsőben futó vezeték

cone I. *v* kúposít, kúposra alakít, kúpba felhalmoz; kúposodik, kúp alakúvá lesz; *tex* felkúpoz, felcsévéz, kúpcsévére csévél; **II.** *a* kúpos, kúp alakú; kónuszos; **III.** *n* kúp; tölcsér; *bány* csapológurító-tölcsér; gyújtóhüvely; *geol* (vulkán)kúp; *gép* kúpos dörzstárcsa; kúpos tömítés; lépcsős szíjtárcsa; szelepkúp; *heg* hegesztőláng magva; *hidr* harang *(szivattyún)*; *koh* adagolótölcsér; harang; *mat* (egyenes) körkúp; kúp; kúpszelet; *opt* (fény)sugárkúp, (fény)kéve; *rep* kúpos tölcsér; *szell* elszívó tölcsér/kupak; *távk* kónusz(membrán); *tex* (kúpos) cséve; fonalkúp; **~-anchor** *hajó* kúphorgony; **~ anchorage** *ép* kúpos lehorgonyzás *(feszítés)*; **~ and cheese winder** → **~** winder; **~ angle** *gép, mat* nyílásszög, kúpszög; **~ antenna** *távk* kúpantenna, kónuszantenna; **~-axis photograph** kúptengelyfelvétel; **~-bag** hegyes/tölcséres zacskó; **~ ball mill** kúpos golyósmalom; **~ bar** *pa* kúpos kés; **~-bar roll** *pa* kúpos késeshenger; **~ bearing** *gép* kúpos csapágy; **~ belt** *gép* ékszíj; **~ bit** *ol, szersz* (kúp)görgős fúró; **~-bottom thickener** *koh* kónuszos fenekű ülepítőberendezés; **~ brake** kúpos fék; **~ breaker** *pa* foszlatógép; **~-chucking ring** kúpos rögzítőgyűrű; **~ classifier** *mzg* kúpos osztályozó; **~-claw clutch** kúpos-körmös tengelykapcsoló; **~ clutch** kúpos tengelykapcsoló; **~ coupling** *gép* kúpos tengelykapcsoló *(nem oldható)*; **~ crusher** *bány, koh* (imbolygó) kúpos törő, Symons-törő; *ép* (meredek fejű) kúpos törő; *mzg* kúpos daráló; **~ cut** → conical cut; **~ cutter** *forg* kúpmaró; **~ degradation** *geol* tűzhányó süvegének levetése; **~ diaphragm** → conical diaphragm; **~ distance** *gép* osztókúphossz; **~ drawing box** *tex* szárnyas előfonó gép, flyer gép; **~ drive** → **~** gear; **~ end** *gép* kúpvégződés *(csavaré)*; **~ eruption** *geol* csúcskitörés; **~ fibre/fiber texture** *ásv* kúp-szál textúra; **~ friction clutch** *gép* kúpos tengelykapcsoló; **~-friction gear** kúpos dörzsáttétel; **~ gear** kúpkerékhajtás, kúpfogaskerék-hajtás; kettős lépcsős szíjtárcsás hajtás; **~ head** *gép* kúpfej; kúpos csavarfej; **~ head lathe** → **~** lathe; **~ headstock** → **~**-pulley headstock; **~ impression** *any* kúpos benyomódás; **~ imprint** *any* kúpmélyedés *(keménységmérésnél)*; **~-in-cone** koncentrikus tölcsérekkel bíró; **~-in-cone structure** tölcséres szerkezet; **~-in-crater** *geol* belső mellékkráter; **~ lathe** lépcsős szíjtárcsás eszterga; **~ length** *gép* kúphossz, alkotóhossz; **~ lock** kúpos elzáró; **~ loudspeaker** kónuszos/tölcséres hangszóró; **~ mill** kúpos malom/törő; **~ nut** kúpos anya; **~ of a hat** *ruh* kalaptomp; **~ of ambiguity** *rep, távk* bizonytalan vételkúp; **~ of burst/dispersion** *kat* szóráskúp *(repeszeké)*; **~ of depression/exhaustion** *hidr* leszívási/depressziós tölcsér; **~ of dispersion** *fiz* szórási/diszperziós kúp; **~ of displacement** *bány* mozgáskúp; **~ of exhaustion** *bány* leszívási tölcsér; **~ of fire** *kat* röppályakéve; **~ of friction** *mech* súrlódási kúp; **~ of growth** *ásv* növekedési kúp; **~ of influence** *hidr* depressziós tölcsér; leszívási tölcsér; **~ of light (rays)** *opt* fénykúp, (fény)sugárkúp, fénykéve; **~ of nulls** → **~** of silence; **~ of nutation** *mech* nutációs kúp; **~ of protection** *el* védőkúp, villámvédelmi kúp; **~ of rays** *opt* sugárkúp; **~ of revolution/rotation** *mat* forgáskúp; **~ of silence** *távk* holtzóna, csendkúp; süketkúp; **~-of-silence marker beacon** *távk* Z marker, holtzóna-helyjeladó; **~ of slope** *ép* rézsűkúp, töltéskúp; **~ of sugar** *élip* süvegcukor; **~ packer** *ol* kúpos lyukfalpakker; **~ penetration test** *ép* kúpbehatolási vizsgálat *(útépítés)*; **~ penetrometer** *talt* kúpos penetrometer; **~ pick** *tex* felsővetés; **~ plate** *tex* csévetányér; **~-point** kúpos végű; **~-point setscrew** kúpos végű állítócsavar; **~(-)pulley** kúp alakú korong; *gép* kúpos/lépcsős szíjtárcsa; **~-pulley drive** kúpos/lépcsős tárcsás szíjhajtás; **~-pulley headstock** kúpos/lépcsős tárcsás orsószekrény; **~-ratchet clutch** kúpos kilincskerekes kapcsoló; **~ resistance** *talt* kúp behatolásával szembeni ellenállás; **~ ring** *gépk* szinkronozókúp; **~ separator** *mzg* kúpos osztályozó; **~-shaped** kúpos, kúp alakú; **~-shaped beam** kúpos nyaláb *(elektronoké)*; kúp alakú sugárnyaláb; **~-shaped electrode** *heg* kúpos végződésű elektród; **~-shaped fluorescent target** kúpos fluoreszkáló ernyő; **~ sheet** *geol* kúpos réteges intruzív kőzet; **~ shell foundation** *ép* kúphéjalapozás; **~ stop** *gépk* kúpos zárómű/ütköző; **~ stopper** *koh* torokzáró harang; **~ thrust test** *talt* kúpos talajteherbírási próba; **~-type crusher** → **~** crusher; **~ valve** → conical valve; **~ warping-machine** *tex* kúpos felvetőgép *v.* szalagfelvető gép; **~-wheel** kúpkerék; **~ winder** *tex* kúpcsévélő gép; kúpos keresztcsévélő gép, kónuszcsévélő; **~ winding** *tex* kúpcsévélés; **~ winding machine** → **~** winder; **~ worm** *gép* globoid csiga

coned kúpos, kúp alakú; **~ grinding wheel** kúpos csiszolókorong; **~ (milling) cutter** kúpos maró

conelet kis kúp

coner *tex* csévélőgép, keresztcsévélő gép

coneshot perforating *ol* jetperforálás, szúrólángos perforálás

conette *tex* papírcséve

confect I. *v* elkészít, összeállít; **II.** *n* édesség; **~ capsule** *élip* édesség, desszert; *pa* bonbonhüvely

confection (el)készítés, összeállítás; (össze)keverés; *gyógyv* szörpös/szirupos készítmény; *tex* készruha, konfekció

confectioner cukrász; **~s' sugar** cukorliszt; (finom) porcukor

confectionery cukrászda; cukrászsütemény, cukrászáru; cukrászat, cukrászipar; **~ fat** *élip* cukrászzsiradék; **~ mo(u)ld** cukorkaforma; **~ wrapping** édességcsomagoló papír

conference | call *szt* konferenciahívás; **~ calling equipment** *távb* körözvényberendezés; **~ circuit** *távb* konferenciaáramkör; **~ communications** *rep* körtelefon hírösszeköttetés; **~ connection** → **~** call; **C~ on Data Systems Language (CODASYL)** *szt* CODASYL *(programnyelv-szabványosító szervezet)*; **~ rate** *távb* körbeszélgetési/konferenciabeszélgetési díjszabás; **~ system** *szt* telekonferencia, távkonferencia

conferencing *szt, távb* konferenciarendszer; telekonferencia, távkonferencia

confetti *pa* konfetti

confidence *stat* megbízhatóság, konfidencia; **~ belt** konfidenciasáv; **~ coefficient** konfidenciaegyüttható; **~ interval** *stat* konfidenciaintervallum; **~ level (CL)** *stat* konfidenciaszint, konfidenciavalószínűség; **~ limit** konfidenciahatár; **~ probability** *stat* konfidenciavalószínűség; **~ region** konfidenciatartomány; **~ statement** konfidenciaállítás

configuration alak(zat); forma, kialakítás; körvonal, kerület, körzet; *csill* csillagkép; *mat* alakzat, konfiguráció; *opt* konfiguráció, körvonalazás; *szt* konfiguráció; összeállítás; *vegy* képlet, vegyületszerkezet; konfiguráció, térbeli szerkezet; ~ **factor** *opt* alaktényező; ~ **inversion** *vegy* konfigurációmegfordulás; ~ **of electrons** elektronkonfiguráció; ~ **of flow** *talt* szivárgási hálózat(kép); ~ **of the ground** *geod* terepalakzat, domborzat

configurational konfigurációs; ~ **heat capacity** konfigurációs hő(kapacitás); ~ **isomerism** konfigurációs izoméria; ~ **trueness** *gép, koh* alakhűség

configurationally true *gép* alakhű

configurative *vegy* konfiguratív

confined határos; korlátozott; (be)zárt; ~ **aquifer** *hidr* zárt víztartóréteg; ~ **charge** *bány* lefojtott töltet; ~ **compression test** *talt* ödométeres kísérlet; ~ **flow (system)** *hidr* nyomás alatti; ~ **ground water** → ~ **water**; ~ **plasma** bezárt plazma; ~ **space** szűk terület; ~ **water** nyomás alatti talajvíz; *bány* feszített tükrű víz; ~**-water well** *hidr* nyomás alatti kút; rétegvízkút

confinement *bány* beszorítás; fojtás *(robbantásnál)*; terhelés; ~ **of fusion fuel** *at* fúziós anyag behatárolása; ~ **time** behatárolási idő

confining | bed *hidr* vízzáró fekü/határolóréteg; ~ **field** *at* határoló tér(erősség); ~ **layer** *hidr* vízzáró réteg; ~ **liquid** zárófolyadék, tömítőfolyadék; ~ **pressure** *mech* mindenirányú nyomás; *talt* oldalnyomás

confirm *szt* megerősít

confirmatory measurement ellenőrző mérés

confirmed service *szt* megerősített szolgálat

conflagrant égő, lángoló; ~ **fire** *bány* nyílt tűz

conflagration tűzvész

conflation algorithm *szt* szógyököt képző algoritmus

conflict|-graph *szt* konfliktusgráf; ~ **resolution** *szt* konfliktusfeloldás

conflicting *gép, mech* egymást kölcsönösen kizáró

confluence *fiz, met* konfluencia; *hidr* összefolyás, egybetorkollás, betorkollás; ~ **shaft** *hidr* gyűjtőakna

confluent *hidr* összefolyó, egybetorkolló; *mat* konfluens; ~ **glacier** egybetorkolló gleccser; ~ **pitting** *gép* összefolyó gödrösödés

confocal *mat, opt* konfokális, közös fókuszú; ~ **conics**, ~ **conic sections** *mat* konfokális kúpszeletek; ~ **lens system** konfokális lencserendszer; ~ **mirror system** konfokális tükörrendszer; ~ **resonator** konfokális rezonátor

conform összehangol, egybehangol, összhangba hoz; hozzáilleszt; hozzáigazít; hasonlóvá tesz; összhangban van, megegyezik; alkalmazkodik; összeillik, egyezik; *tex* felfekszik; ~ **to/with standards** megfelel a szabványnak, szabványos

conformable megegyező, konform; alkalmas, megfelelő; ~ **bedding** *geol* konform település; ~ **matrices** *mat* összeszorozható mátrixok; ~ **strata** *geol* megegyező/konkordáns település

conformal *mat* konform, szöghű; szögtartó; ~ **group** hasonlósági csoport; ~ **mapping** konform leképezés; ~ **projection** szögtartó/konform vetület/leképezés; ~ **space-time** konform tér-idő; ~ **transformation** konform leképezés

conformation alakzat, konfiguráció; (ki)alakulás; szerkezet, struktúra; alkalmazkodás, egyezés; *vegy* konformáció; ~ **analysis** *vegy* konformációs analízis

conformational *vegy* konformációs; ~ **analysis** *vegy* konformációs analízis; ~ **isomerism** *vegy* konformációs izoméria; ~ **transition** *vegy* konformációs átrendeződés

conformer *vegy* konformer

conforming | plate *ép* nyomólemez, préslemez *(csúszósablonos előregyártásnál)*; ~ **product** műszaki előírásokat kielégítő termék; ~ **to specification** a műszaki előírásokat/követelményeket kielégítő; ~ **to standards** szabványos

conformity alakhűség, azonosíthatóság; egyezés; hasonlóság; *mat* konformitás, konform jelleg; ~ **condition** konformitási feltétel; ~ **principle** konformitás/alaktartóság elve

confound összekuszál, összezavar, összekever

confounding zavar, keveredés; *mat* keverés

confuse összezavar, összetéveszt

confused zavaros, zavart

confuser *hidr, rep* csőszűkület; konfúzor; *rád* mechanikus zörejgenerátor; ~ **loss** *hidr* konfúzorveszteség, konfúzorellenállás

confusion light *rep* megtévesztő/összetéveszthető fény

congeal (meg)alvaszt, (meg)dermeszt; befagyaszt; megfagyaszt; besűrít, kocsonyásít; (meg)alvad; megdermed; befagy; megfagy; összeáll, besűrűsödik, kocsonyásodik; ~**-point** dermedéspont

congealable fagyasztható

congealed megfagyott, megdermedt; megkeményedett

congealing befagyás, megdermedés; *vegy* alvadás, kocsonyásodás; ~ **point** dermedéspont; ~ **point test on the rotating thermometer** *ol* dermedéspont-meghatározás forgatott hőmérős módszerrel

congealment (meg)alvadás, besűrítés; befagyás, megfagyás; megdermedés; megfagyott/megdermedt massza/anyag

congelation fagyasztás, (meg)alvasztás; (meg)fagyás, (meg)alvadás; fagyott/alvadt anyag; fagyott/alvadt állapot; (meg)dermedés; *élip* dermesztés; fagyasztás; *vegy* alvadás, kocsonyásodás

congeries halom, halmaz(at), tömeg; massza, pép

congested sűrűn lakott; zsúfolt; ~ **area** sűrűn lakott *v.* sűrű lakosságú vidék; ~ **traffic** *közl* (forgalmi) torlódás

congestion *közl* (forgalmi) torlódás; *szt* torlódás, összetorlódás; *távb* torlódás, trönkfoglaltság; ~ **control** *szt* torlódáskezelés; ~ **meter** *távb* foglaltságszámláló

conglobate gömbölyít, kerek egésszé formál; gömbölyödik

conglomerate *geol* konglomerátum, kavicskő; törmelékes kőzet

conglutinate összeenyvez, összeragaszt, összetapaszt; összeragad, összetapad

Congo | paper *vegy* kongópapír; ~ **red** *tex, vegy* kongóvörös; ~ **rubine number** *vegy* kongórubinszám

congruence egybehangzás, egyezés; *mat* kongruencia, egybevágóság; ~ **axiom of triangles** háromszögek egybevágósági axiómája; ~ **relation** kongruencia(reláció); ~ **theorem** egybevágósági tétel

congruent egybehangzó, megegyező; *mat* kongruens, egybevágó; ~ **mapping** kongruens/egybevágó leképezés; ~ **matrix** kongruens mátrix; ~ **melt** *ásv* kongruens olvadék

congruity → congruence
congruous → congruent
conic → conical; ~ **(section)** kúpszelet, másodrendű (algebrai) görbe, másodrendű síkgörbe
conical kúpos, kúp alakú; kónikus, kónuszos; ~ **aerial** → cone antenna; ~ **ball mill** *bány, koh* kúpos golyósmalom; ~ **bearing** *gép* kúpos csapágy(azás); ~ **beater** *pa* kúpos őrlő; ~ **bobbin** *tex* kúpos (kereszt)cséve; ~ **boiler** kúpos övű kazán; ~ **bolt** kúpos csap; ~ **brake** kúpos fék; ~ **brass** kúpos csapágycséveképzés; ~ **camber** *rep* kúpalakú íveltség; ~ **crusher** → cone crusher; ~ **cut** *bány* kúpos betörés; *forg* kúpos vágat; ~ **depression** kúpos mélyedés; ~ **diaphragm** *távk* kónusz; kónuszmembrán; ~ **edged** *fa* nem párhuzamosan szélezett *(fűrészáru)*; ~ **electrode** *heg* kúpos végződésű elektród; ~ **fit** kúpos illesztés; ~ **flask** Erlenmeyer-lombik, kúpos lombik; ~ **floor** *ép* kúpos fenék *(tartályé, silóé)*; ~ **frustum** *mat* (egyenes) csonkakúp; ~ **gear wheel** kúp(fogas)kerék; ~ **grip** kúpos feszítőhüvely; ~ **ground joint** *ker, vák* kúpos csiszolat; ~ **head** → cone head; ~ **hip,** ~ **hipped end** *ép* kontygerinc; ~ **horn** *távk* kúpos (sugárzó) tölcsér; ~ **indentation hardness** szúrókúppal mért keménység *(Rockwell szerint)*; ~ **intake** *rep* kúp alakú levegőbeömlő nyílás; ~ **journal** kúpos (homlok)csap; ~**-latch clutch** kúpzáros kapcsoló; ~ **lobing** kúpos elcsavarodás; ~ **mirror** kúptükör, kúpos tükör; ~ **nipple** tömítőkúp; ~ **package** *tex* kúpos (kereszt)cséve; ~ **pendulum** *mech* kúpinga, centrifugális inga; ~ **pendulum governor** kúpingás/centrifugális szabályozó; ~ **pile** *ép* kúpos végű cölöp; *geol* kúpos vulkános kitörés; ~ **pineapple** → ~ package; ~ **pivot** *gép* kúpos sarokcsap; ~ **projection** *geod* kúpvetület; ~ **radome** *rep* kúp alakú radarantennaburkolat; ~ **reamer** kúpos dörzsár; ~ **refiner** *pa* kúpos foszlató; ~ **roller** *gép, koh* kúpos görgő; ~ **roller bearing** *gép, koh* kúpgörgős csapágy; ~ **roof** *ép* kúptető, kúpos tető; ~ **scanning** kúpos letapogatás *(radaré)*; ~ **scanning antenna** kúpos letapogatású lokátorantenna/radarantenna; ~ **screen** *koh* kúpos szita; ~ **screw** *műa* kúpos *v.* csökkenő menetmélységű csiga; ~ **seat valve** *gép, gépk* kúpos fészkű szelep; ~ **shank reamer** kúpos dörzsár; ~ **shell** *ép* kúphéj; ~ **shock (wave)** *rep* kúpos lökéshullám; ~ **shutter** *film, opt* (csonka)kúppilla, kúpos fényrekesz; ~ **sleeve** kúpos karmantyú; ~ **slide valve** kúpos tolattyú/tolózár; ~ **spinner** *alak* kúp alakú fémnyomó szerszám; *rep* kúpos légcsavaragy-burkolat; ~ **spring** kúpos tekercsrugó; ~ **spring washer** kúpos alátétgyűrű; ~ **streamer** kúpos széliránymutató; ~ **surface** *mat* kúpfelület; ~ **table** *bány* kúpos szér; ~ **thread** kúpos csavarmenet; ~ **tube** *tex* kúpos cséve; ~ **valve** *hidr* kúpos szelep, tűszelep; kúpos szivattyúszelep; ~ **valve seat** *gép* kúpos szelepülés, szelepfészek; ~ **washer** kúpos alátét; ~ **windig rope drum** *bány* kúpos kötéldob
conicity *gép* kúposság, hengerességi tűrés
conico-cylindrical kúpos-hengeres
coniferin *vegy* koniferin
coniferous *fa* tűlevelű; ~ **sawn timber,** ~ **sawnwood** fenyő fűrészáru; ~ **wood** tűlevelű fa; *ép, pa* fenyőfa
conifers tűlevelű fák, tűlevelűek, fenyőfák
coniferyl alcohol *vegy* koniferil-alkohol
coniform kúp alakú; ~ **roof** *ép* kúptető, kúpos tető; ~ **spreading** *környv* kúp alakú terjedés
coniine *vegy* koniin
conimeter *bány, ker* koniméter, portartalommérő
coning kúposítás, kónuszolás; kúpbehalmozás; kúpba halmozás; kúposodás; kúpképződés; *any* felkúpozás *(mintavétel)*; *környv* kúp alakú terjedés; *tex* kúpcsévélés; ~ **and quartering method** mintavétel átlós negyedeléssel; ~ **angle** *rep* csavarszárny kúpszöge; ~ **effect** *ép* tölcsérképződés; ~**-in of edge water** *ol* peremvíz tölcséresedése; ~ **machine** *tex* kúpcsévélő gép; ~ **room** *tex* csévélőüzem; ~ **stops** *pl rep* kúpos záróműI
conjecture becslés; feltevés; találgatás
conjoin egyesít, összekapcsol, összeköt; összeilleszt, kapcsol; egyesül, összekapcsolódik, összeilleszkedik
conjoined rule of three *mat* összetett hármasszabály, láncszabály
conjugacy *mat* konjugálás; konjugáltság
conjugate I. *v* (össze)kapcsol, összeköt, párosít; párosul, kapcsolódik; **II.** *a* (össze)kapcsolt, összetartozó; *gép* párosított, páros; *mat* konjugált; ~ **algebraic form** konjugált alak/forma; ~ **algebraic number** → ~ number; ~ **angle** 360 fokra kiegészítő szög; ~ **attenuation coefficient/constant** *el* konjugált csillapítás; ~ **axis** *mat* képzetes/konjugált tengely, kistengely; ~ **band system** *vegy* konjugált kötésrendszer; ~ **Bertrand curves** *mat* Bertrand-féle görbepár; ~ **complex number** konjugált komplex szám; ~ **diameter** *mat* konjugált átmérő; ~ **directions** *mat* konjugált irányok; ~ **distance** *opt* konjugált távolság; ~ **faults** *pl geol* ikervetődések; törésvonalpár; ~ **function** *mat* konjugált függvény; ~ **imaginary (number)** konjugált komplex szám; ~ **impedances** *el* konjugált impedanciák; ~ **impedances of a quadripole** négypólus konjugált impedanciái; ~ **lines** *mat* konjugált egyenesek; ~ **matrix** (komplex) konjugált mátrix; ~ **number** konjugált (algebrai szám); ~ **phase-change coefficient/constant** *távk* konjugált forgatás; ~ **points** *mat* konjugált pontok; ~ **profile** dolgozó/működő fogfelület *(fogaskeréké)*; ~ **roots** *mat* konjugált (komplex) gyökök; ~ **slip system** *ásv* konjugált csuszamlási/csúszási rendszer; ~ **solution** *vegy* kétfázisú folyadékelegy; ~ **stages** összetartozó vízállások; ~ **symmetry** konjugált szimmetria; ~ **system of curves** *mat* konjugált görberendszer; ~ **transfer coefficient/constant** *távk* konjugált átviteli mérték
conjugated *mat, vegy* konjugált; ~ **diene** *vegy* konjugált dién; ~ **direction** *mat* konjugált irány; ~ **double bond** *vegy* konjugált kettős kötés; ~ **fractures** *ásv* összetartozó hasadási síkok; ~ **protein** összetett protein/fehérje, proteid; ~ **system** *vegy* konjugált rendszer
conjugation *vegy* konjugáció; ~ **frequency** *el* csatolási frekvencia
conjunct egyesített, egyesült; összekötött, összekapcsolt; közös, együttes
conjunction egyesítés; összetétel; összekapcsolás, kapcsolat, egyesülés; *csill* együttállás, konjunkció; *gépk* konjunkció; *mat* konjunkció; logikai szorzat; *szt* ÉS művelet, AND művelet; *vasút* vasúti összekötő vonal; ~ **symbol/sign** *mat* konjunkciójel, ÉS-jel, logikai szorzásjel; ~ **ticket** *rep* több részből álló menetjegy

conjunctive | **counting circuit** *el* konjunktív számláló áramkör; ~ **normal form** *mat* konjunktív normálalak/normálforma

conn *US* → con

connarite *ásv* konnarit

connate | **water** *geol* fosszilis víz; *ol* tapadóvíz; ~ **water test** *ol* tapadóvíz-meghatározás

connect összeköt; (össze)kapcsol, összeszorít, csíptet; bekapcsol, beköt; rákapcsol; csatlakozik, kapcsolatban van; *el* beköt, csatlakoztat *(vonalat)*; csatlakozást létesít; kapcsol; *vegy* atomokat egymáshoz kapcsol; ~ **a/the call** *távb* hívást kapcsol; ~ **across** *el* keresztkapcsolást létesít; ~ **in parallel** *el* párhuzamosan kapcsol; ~ **in series** *el* sorba kapcsol; ~ **in series-parallel** *el* sorosan-párhuzamosan kapcsol; ~ **side by side** *el* párhuzamosan kapcsol; ~ **the flanges** karimákat összeköt; ~ **time** *szt* csatlakozási idő, kapcsolási idő; ~ **to earth/ground** *el* földdel összeköt, földel; ~ **up** rákapcsol, beköt

connected csatlakozó, kapcsolt; összekapcsolt, összefüggő; folytonos; ~ **case** *ép* kapcsolt/összetett/kötött tok; ~ **domain** *mat* összefüggő tartomány; ~ **finite state system** *rendsz* összefüggő VR *v.* véges állapotú rendszer; ~ **gantry cranes** *em* összekapcsolt bakdaruk; ~ **graph** *mat* összefüggő gráf; ~ **handle** *szer* kapcsolt kilincs; ~ **in series** sorba kapcsolt; ~ **load** *el, gép* csatlakozási teljesítmény; ~ **position** *el* beszakaszolt helyzet; ~ **rests** *pl forg* kettős szán; ~ **vessels** közlekedőedények

connecter → connector

connecting I. *a* összekötő; csatlakozó; **II.** *n* kapcsolás; bekapcsolás, bekötés; ~ **accessory** → connector; ~ **angle** *ép, gép* kapcsoló szögacél; ~ **arcs** *hidr* összekötőívek; ~ **band** *el* összekötősín; ~ **bar** csatlakozóléc, csatlakozólemez, összekötőheveder, összekötőlemez; *ép* kapcsoló/csatlakoztató betonacél; *kat* vezetőléc, rögzítőléc; ~**-bar lug** vezetőlécszemölcs; ~ **beam** összekötőgerenda; ~ **bend** összekötő könyökcső; ~ **block/board** *távb* csatlakozódeszka, kapocsdeszka; ~ **box** → connection box; ~ **branch** *bány, ép* csőcsonk, csőtoldat, csatlakozócsonk; ~ **circuit (CC)** *távb* összekötő áramkör; ~ **cord** összekötőzsinór; *el* csatlakozózsinór; *távb* kapcsolózsinór; ~ **court** *ép* csatlakozóudvar; ~ **curve** *vasút* átmeneti görbe; ~ **cut-off** *vasút* csatlakozó/betorkolló vágány; vontatóvágány, iparivágány; ~ **duct** bekötővezeték; ~ **embankment work** *hidr* bekötés; ~ **flange** *gép* csatlakozóperem, kapcsolóperem, kapcsolókarima, összekötőkarima; ~ **flex** *el* csatlakozózsinór; ~ **flight** *rep* csatlakozó járat; ~ **gangway** *bány* összekötővágat, légösszekötő; ~ **gear** *tex* nyüstvezérlő berendezés; ~ **hole** *bány* áttörés; lyukasztás; összekötővágat, légösszekötő; ~ **lead** *el* csatlakozóvezeték, összekötővezeték, bekötővezeték; ~ **line** *ép* bekötővezeték; *mat* összekötő egyenes; *távk* összekötő vonal; *vasút* csatlakozó/betorkolló vágány; ~ **link** csatlakozó, összekötődarab, összekötőtag, közdarab; *el* akkumulátor-pólusösszekötő; *gép* kulissza; *kat* összekötő betét; ~ **main** bekötővezeték; ~ **member** → ~ link; ~ **nail** *ép* bekötőszeg, padvas; ~ **nut** kapcsolóanya; ~ **path** *stat* pathlánc; ~ **piece** csatlakozó, összekötődarab, közdarab; ~ **pipe** bekötővezeték, csővezeték; csatlakozó cső/vezeték; ~ **plate** összekötőheveder, összekötőlemez, csatlakozólemez, csatlakozóléc; ~ **plug** *el* rövidre záró dugó; *távb* összekötő dugasz; ~ **point** *el* csatlakozási pont; *rep* csatlakozópont; ~ **rail** bekötősín; ~ **railway** *vasút* csatlakozó vasút; ~ **rod** összekötőrúd, csatlórúd; *gép* hajtórúd, hajtókar; himba *(harántgyalué)*; *kat* billentőrúd; *ol* vonórúd *(kötélfúrásnál)*; ~**-rod aligner** hajtórúd-beállító készülék; ~**-rod bearing** hajtórúdcsapágy; ~**-rod big end** *gépk* hajtórúd alsó *v.* forgattyús tengely felőli feje/vége; ~**-rod body** hajtórúdszár, hajtórúd törzse; ~**-rod bolt** hajtórúdcsavar; ~**-rod bushing** hajtórúd-perselyezés; ~**-rod dipper** hajtórúd olajmerítő kanala; ~**-rod end** *gépk* hajtórúdfej; ~**-rod fork** hajtórúd villás vége; ~**-rod head** → ~-rod end; ~**-rod jig** hajtórúd-beállító készülék; ~**-rod scoop** hajtórúd olajmerítő kanala; ~**-rod shim** hajtókar-betétlemez; ~**-rod small end** *gépk* hajtórúd felső *v.* dugattyú felőli feje/vége; ~ **screw** (be)kötőcsavar, csavaros csatlakozó; ~ **shaft** *gép* transzmissziós/erőátviteli tengely; ~ **sleeve** összekötőkarmantyú; csatlakozócsonk; ~ **spring** *kat* összekötőrugó; ~ **strap** *el* kapocsléc; pólushíd, sarokhíd; ~ **strip** *el* csatlakozószorító sáv, szorítósáv; *ép* falszegély; ~ **structure work** *hidr* bekötés; ~ **tag** összekötőpecek; ~ **terminal** csatlakozókapocs, csatlakozószorító; ~ **to earth/ground** *el* földelés; földelő; ~ **to existing work** *ép* bekötés, csatlakozás *(meglévő létesítményhez)*; ~ **to neutral** *el* nullázás; ~ **to the supply** *el* bekapcsolás *(készüléké)*; ~ **track** *vasút* csatlakozó/betorkolló vágány; ~ **train** *vasút* csatlakozó vonat; ~ **traverse** összekötőgerenda; ~**-up** bekapcsolás, bekötés; ~ **wire** összekötőhuzal; kapcsolóhuzal

connection összekapcsolás, összekötés, összeillesztés; egyesülés; kapcsolat, összefüggés; csatlakozás; *bány* besorolás, beosztás; *el* bekapcsolás, zárás; csatlakozás *(berendezésé)*; csatlakozó, konnektor; csatlakozódoboz; kapcsolás *(áramköré)*; kapcsolás(i vázlat); *ép* (cső)kötés; bekötés, csatlakozás *(meglévő létesítményhez)*; kötési mód; *gép* (tengely)kapcsoló; csőcsonk, csőtoldat, csatlakozócsonk; *mat* összefüggés, átvitel; *rep* csatlakozás; *távk* kivezető, kivezetés; összeköttetés; *vák* csonk; *vasút* csatlakozás *(vonatoké)*, összeköttetés; *vegy* atomok kapcsolása/kapcsolódása; ~ **angle** *ép, gép* kapcsoló szögacél; ~ **bar** → connecting bar; ~ **bars** *el* sínezés; ~ **box** *el* csatlakozódoboz; ~ **cable** bekötővezeték, összekötővezeték, csatlakoztatóvezeték; *el* bekötőkábel, összekötőkábel; csatlakozókábel; ~ **contact** csatlakozó/kapcsoló érintkező; ~ **diagram** *el* kapcsolási/szerelési/bekötési/huzalozási vázlat/rajz; *rendsz* kapcsolási háló; ~ **element** *aut* alapkapcsolás; *gép* összekötőelem, csatlakozó, közdarab; ~ **for air supply** *bány* légáttörés; ~ **group** *el* kapcsolási csoport; ~ **hose** összekötő tömlő; ~ **in cascade** *el* kaszkádkapcsolás, lépcsős kapcsolás; ~ **in foundation** *ép* tőcsavaros/alapcsavaros kötés; ~ **in opposition** *el* ellenkapcsolás; ~ **in parallel** *el* párhuzamos kapcsolás; ~ **in series** *el* soros/sorba kapcsolás; ~ **layout** *el* montázs; ~ **line** *el* (fogyasztói) csatlakozó vezeték; ~ **link** → connecting link; ~ **method** *el* kapcsolási mód/rendszer/elrendezés; ~ **network** *rendsz* kapcsolási háló; ~ **of heaters** tüzelőberendezések bekötése; ~ **of the electrolytic cells** *koh* elektrolizálókádak kapcsolása; ~ **plate** *ép* csomólemez *(acélszerkezetű rácsos tartó)*; ~ **pres-**

sure csatlakozási nyomás; ~ **re-bars** *ép* kapcsoló betonacélok *(vasbeton)*; ~ **rod** → connecting rod; ~ **rose** *el* dugasz(oló)aljzat; ~ **schedule** *el* kapcsolási program; ~ **scheme** → ~ diagram; ~**s for measurement** *el* mérőkapcsolás, mérési kapcsolás; ~ **socket** *el* csatlakozóaljzat; ~ **station** *vasút* csatlakozóállomás; ~ **to the neutral conductor** *el* nullázás

connective I. *a* (össze)kötő, egyesítő; csatoló; **II.** *n szt* összekötő szimbólum; ~ **instruction** *szt* csatolóutasítás; ~ **symbol** *mat* (logikai) műveletjel, junktor, logikai konstans, igazságfunktor; ~ **wire-stretcher** kötőhuzal-feszítő

connectivity *szt* összekapcsolhatóság

connector *bány* kapcsolószem *(láncon)*; *el* csatlakozó, konnektor; tápvonal-csatlakozó; toldó kötés; *ép* keresztmerevítő, összekötődarab; kötőgerenda; *gép* kötőelem, összekötőrész, összekötődarab, közdarab; *közl* kapcsolószerelvény; *szt* (folyamat)csatlakozó; ~ **bar** *el* kivezetősín *(akkumulátoron)*; ~ **box** csatlakozódoboz; ~ **pin** *szt* csatlakozótüske; ~ **plug** *el* csatlakozódugó; ~ **receptacle** csatlakozóaljzat, érintkezőhüvely; ~ **relay** *el* konnektor-jelfogó; ~ **rod** *kat* állványrögzítőrúd; ~ **socket** csatlakozóaljzat, csatlakozóhüvely; ~ **strip** csatlakozósáv; ~ **with milled screw** huzalszorító recézett szorítócsavarral

connectorized joint szálcsatlakozó *(fényvezető szálaké)*

connexion → connection

conning | bridge *hajó* parancsnoki híd; ~ **hatch** toronyajtó *(tengeralattjárón)*; ~ **tower** *kat* parancsnoki torony *(hadihajón, tengeralattjárón)*

conode *koh* konóda

conoid I. *a* → conoidal; **II.** *n mat* konoid, kúpszeletforgástest; ~ **talus** *geol* kúpos omladék

conoidal kúpos, kúpszerű, konoid; ~ **dam** *hidr* kúpboltozatos gát; ~ **frustum** *mat* csonkakúp; ~ **shell** *ép* konoid héj; ~ **vault** konoid boltozat

conoscope *krist* konoszkóp

conoscopic picture *fiz, krist* konoszkópi kép

Conrad discontinuty *geof* Conrad-féle mélyreflexiós határfelület

Conradson carbon test *ol* Conradson-próba

conscious defect/error tudatosult/megvalósult hiba

consecution → sequence

consecutive egymás után következő, egymást követő; *bány* sorozatos *(robbantás)*; *szt* egymást követő; ~ **average** *stat* mozgó/folyamatos átlag; ~ **connection of a call** *távb* lánckapcsolás, tandemkapcsolás; ~ **firing** *bány* sorozatrobbantás; ~ **means** *met* mozgó közepek, átkaroló átlagok; ~ **number** *nyom* folyószám; ~ **numbering** folyamatos számozás; ~ **reaction** *vegy* konszekutív reakció; ~ **sequence computer** *szt* implicit sorrendű számítógép

consequence *mat* következmény

consequent I. *a* előzményekből folyó/következő; *geol* lejtési viszonyoknak megfelelő; **II.** *n mat* (soron) következő *v.* rá következő elem; arány második tagja; utótag, következmény, zárótétel; ~**-pole generator** *el* heteropoláris generátor; ~**-pole motor** *el* kétsebességű pólusváltós motor; ~ **reaction** *vegy* konszekutív reakció

conservancy felügyelet; felügyelőség; fenntartó szolgálat; **C**~ **Board** Vízügyi Hivatal

conservation fenntartás; megóvás, megőrzés, megtartás; karbantartás; *any* átmeneti védelem, konzerválás *(korrózióvédelem)*; *ép* állagmegóvás, állagbiztosítás *(műemlékeké)*; *környv* (természet)védelem; környezetvédelem; természetvédelmi terület; ~ **area** természetvédelmi terület; ~ **farming** agrotechnikai talajvédelem; talajvédő gazdálkodás; ~ **law** *fiz, vegy* megmaradási törvény; ~ **of energy** energiamegmaradás; ~ **of energy principle** az energia megmaradásának törvénye/elve; ~ **of mass** tömegmegmaradás; ~ **of mass principle** a tömegmegmaradás törvénye/elve; ~ **of matter principle** az anyag megmaradásának törvénye/elve; ~ **of moment of momentum** impulzusmomentum megmaradása; ~ **of momentum** impulzusmegmaradás, mozgásmennyiség megmaradása; ~ **of water resources** *hidr* vízkészletvédelem; ~ **principle** megmaradási elv; ~ **storage level** *hidr* üzemi duzzasztás; ~ **(storage) reservoir** *hidr* többéves tározó

conservationist környezetvédő, ökológus

conservative fenntartó, megóvó; óvatos; *fiz* konzervatív; ~ **estimate** óvatos becslés; ~ **field (of force)** *mech* konzervatív/potenciálos tér; ~ **force** *fiz* konzervatív erő; ~ **network** *aut* konzervatív (átviteli) tag; ~ **property** *fiz* konzervatív tulajdonság; ~ **system** *mech* konzervatív rendszer; ~ **test** *stat* konzervatív próba; ~ **value** biztonságos érték

conservatively-loaded *mech* nagy biztonsággal terhelt

conservator fenntartó, megőrző, konzervátor; ~ **tank** olajpóttartály; *el* tágulóedény; ~ **transformer** tágulóedényes transzformátor

conservatory *mzg* hajtatóház; üvegház, melegház

conserve I. *v* megóv, konzervál; *élip* tartósít, konzervál, befőz; **II.** *n* tartósított élelmiszer, konzerv; gyümölcskonzerv

conserver → conservator

conserving *élip* tartósítás, konzerválás; ~ **agent** tartósítószer, konzerválószer; ~ **by (ir)radiation** sugárzásos tartósítás

consideration *szt* elmélet, meggondolás

consignment küldemény, (teher)szállítmány; *közl* (szállítási) tétel; hajófuvarlevél; ~**-note** szállítólevél, raklevél; *vasút* fuvarlevél

consistence → consistency

consistency állandóság, egyöntetűség; sűrűség, tömöttség; állag; *any* konzisztencia; sűrűn folyósság, viszkozitás; testesség *(festéké)*; tömörség; *ép* konzisztencia *(betoné, habarcsé, talajé)*; *mat* ellentmondás-mentesség; ~ **curve** *ol* folyási/reológiai görbe; ~ **ga(u)ge** konzisztométer, konzisztenciamérő; ~ **index** *talt* konzisztenciaindex; ~ **limits** *talt* konzisztenciahatárok; ~ **measurement of gravity muddy by means of gamma rays** *bány* zagysűrűség gammasugaras mérése; ~ **of data** adatok ellentmondás-mentessége; ~ **of results** eredmények egyezése/helyessége; ~**(-)regulator** *pa* sűrűségszabályozó, pépsűrűség-szabályozó; ~ **test** *ép* konzisztenciapróba, konzisztenciavizsgálat; ~ **theorem** *mat* konzisztenciatétel, ellentmondásmentesség tétele

consistent állandó; következetes; *mat* ellentmondástalan, ellentmondásmentes; konzisztens; összeférő, (meg)egyező; *vegy* tömör, sűrű, sűrűn folyó, konzisztens; ~ **definition** *mat* konzisztens definíció; ~ **equations** *pl mat* ellentmondástalan/megoldható egyenletrendszer; ~ **estimate/estimation** *stat* konzisztens becslés; ~ **fat** konzisztens kenőanyag; ~ **grease** konzisztens/sűrű/merev gépzsír, tavottazsír; ~ **test** *stat* konzisztens próba

consistometer konzisztométer, konzisztenciamérő

console *el* vezérlőasztal, vezérlőpult; *ép* káva, (ajtó)tok, ajtóibélés, váz; kiugró gyám; konzol, falikar; *mech* konzol, tartókar; *rád* zeneszekrény (doboza); *szt* kezelőpult, konzol; *távb* (al)központi kezelőkészülék; kezelői készülék; *távk* oszlop; *tv* káva, (tévé)szekrény; ~ **command language (CCL)** *szt* parancsértelmező nyelv, CCL; ~ **display register** *szt* vezérlőpult-kijelző regiszter; ~ **switch** *szt* kezelőpult-kapcsoló, konzolkapcsoló; ~ **typewriter** *szt* konzolírógép

consolette *rád* asztali készülék

consolidate megerősödik, (meg)szilárdul; megerősít, megszilárdít; *bány* lesüllyeszt, leültet *(főtét)*; tömít, rögzít; *ép* megköt *(cement)*; *geod* tagosít; *talt* konszolidálódik, ülepedik; összeáll, összecsomósodik; összenyomódik *(statikus hatással tömörítve)*

consolidated *közl* gyűjtő-; ~ **cargo** gyűjtőrakomány; ~ **carload** *vasút* gyűjtővagon-rakomány; ~ **clay** *ol* összeállt agyag, agyagpala; ~ **control** *vasút* központi forgalomvezérlés; menetirányítás; ~ **filling** *bány* szilárduló tömedék; ~ **lava** megmerevedett láva; ~ **rock** *bány* cementált kőzet; ~ **sand** *ol* megszilárdult/összeállt/konszolidált homok; ~ **sediment** megszilárdult üledék; ~ **shale** *ol* összeállt agyag, agyagpala

consolidating | agent *bány* szilárdító anyag; ~ **by injection** *bány* injektálásos kőzetszilárdítás

consolidation megszilárdulás, megerősödés; megszilárdítás, megerősítés; *bány* főtelesüllyesztés; tömítés; *ép* kötés *(cementé)*; *geod* tagosítás; *talt* konszolidáció; ~ **grouting** *hidr* területi injektálás, szőnyeginjektálás; ~ **of land** tagosítás; ~ **of poles** telefonpóznák oldalmerevítése; ~ **of sediments** *geol* diagenezis, kőzetté formálódás; ~ **pile** *ép* talajtömörítő cölöp; ~ **pole** póznatámasz; ~ **ratio** *talt* konszolidáció foka; ~ **settlement** *talt* konszolidációs süllyedés; ~ **test** *talt* kompressziós kísérlet; ~ **water** *hidr* konszolidációs víz

consolidometer *talt* ödométer

consolute *vegy* kölcsönösen oldódó; ~ **temperature** kritikus elegyedési hőmérséklet

consonance *hang* konszonancia, együtthangzás; összhang

consonancy → consonance

consonant I. *a* egybehangzó; együtthangzó; **II.** *n* mássalhangzó; ~ **articulation** *hang, távk* mássalhangzó-érthetőség

consort *hajó* kísérőhajó, testvérhajó

conspicuity (tisztán) láthatóság; ~ **enhancement** *rep* láthatóság fokozása

conspicuous tisztán látható

conspiring *mech* együttható, egy irányban ható

constancy állandóság, tartósság, változatlanság, permanencia; ~ **of interfacial/plane angles** *ásv* lapszögek állandósága; ~ **of light velocity** fénysebesség állandósága; ~ **of volume** térfogatállandóság

constant I. *a* állandó; változatlan; folytonos, tartós; egyenletes; *mat* konstans, állandó, változatlan, invariábilis, rögzített; **II.** *n* állandó mennyiség; álladnó; *mat, fiz* állandó, konstans, konstans/rögzített/állandó érték; *rep* állandó, gyenge széllökés; *szt* állandó; ~ **acceleration** *fiz* egyenletes gyorsulás; ~**-altitude control (CAC)** *rep* repülési magasság stabilizálása; ~**-amplitude recording** *hang* állandó amplitúdójú felvétel; ~**-angle arch dam** *hidr* állandó szögű íves gát; ~**-bearing navigation** *rep* állandó irányszögű navigálás; ~**-blow hammer** *bány* állandó felütésű kalapács *(főteprόbához)*; ~**-boilig** *vegy* állandó forrpontú, azeotrop; ~**-boiling mixture (cbm)** *élip, vegy* azeotrop elegy; ~**-centre/center (arch) dam** *hidr* állandó középpontú (íves) gát; ~ **chord** *gép* állandó húr; ~**-chord thickness** állandó fogvastagság, fogvastagság húrmérete; ~**-circulation lubrication** *gép* keringő/cirkulációs kenés; ~**-coefficient system** lineáris *v.* állandó együtthatós rendszer; ~ **current (cc)** *el* állandó/stabilizált áram; egyenáram *(elav)*; ~**-current charging** állandó áramú töltés; ~**-current discharging** állandó áramú kisütés; ~**-current distribution** állandó áramerősségű eloszlás; ~**-current generator** állandó áramú generátor; ~**-current modulation** Heysing-moduláció, állandó áramú moduláció; ~**-current motor** állandó áramú motor; ~**-current regulation** állandó áramerősségű szabályozás; ~**-current regulator** áramstabilizátor; ~**-current transformer** állandó áramú transzformátor; ~**-delivery pump** állandó teljesítményű szivattyú; ~**-deviation spectrometer** állandó eltérítésű spektrométer; ~**-displacement compressor** állandó lökettérfogatú kompresszor; forgódugatyús kompresszor; turbókompresszor; ~**-e.m.f. cell** állandó elektromos erejű galvánelem; ~ **failure rate period** állandó meghibásodási ráta szakasza; ~ **field** *fiz* állandó erőtér; ~**-flow (concrete) pug mill mixer** *ép* folyamatos kényszerkeverő *(beton)*; ~ **frequency (CF)** *el* állandó frekvencia; ~**-frequency** *el* állandó frekvenciájú; ~ **hardness** állandó keménység *(vízé)*; ~**-head permeability test** *ép* áteresztőképesség-vizsgálat állandó víznyomás mellett; ~**-head permeameter** állandó víznyomású áteresztőképesség-vizsgáló; ~ **interval of interchange** *aut* állandó ismétlési intervallum; ~**-k filter** *távk* konstans k szűrő; ~**-lapse-rate atmosphere** *met* állandó gradiensű légkör; ~ **length field** *szt* kötött hosszúságú mező; ~**-level balloon** *met* úszó léggömb, állandó szintű ballon; ~**-level chart** → ~-pressure chart; ~**-level device/regulator** (víz)szintszabályozó; ~ **light** állandó/egyenletes fény/(meg)világítás; ~ **linear velocity (CLV)** *szt* állandó lineáris sebesség; ~ **load** állandó terhelés/teher, egyenletes terhelés; ~ **luminance system** *tv* állandó világosságú/fénysűrűségű rendszer; ~ **magnet** permanens/állandó mágnes; ~ **magnetic field** állandó mágneses tér; ~ **maintenance** rendszeres karbantartás; ~ **mapping** *mat* konstans leképezés; ~ **mesh (CM)** állandó kapcsolat *(fogaskeréké)*; ~**-mesh gear** *gépk* sebességváltó előtéttengely-hajtó fogaskerékpárja; ~ **of (diurnal) aberration** *csill* (napi) aberrációs állandó; ~ **of gravitation** *fiz* gravitációs állandó; ~ **of inertia** *fiz* inerciaállandó, tehetetlenségi állandó; ~ **of integration** *mat* integrációs állandó; ~ **of the measuring instrument** műszerkonstans, mérőműszer állandója; ~ **output** *gép* állandó teljesítmény; ~**-parameter system** állandó paraméterű rendszer; ~**-phase** *el* fázistartó; ~ **pitch** *gép* állandó (menet)emelkedés/osztás; *rep* állandó állásszög; ~**-pitch airscrew** *rep* állandó emelkedésű légcsavar; ~-pitch propeller *hajó* állandó emelkedésű hajócsavar; ~ potential (CP) *el* állandó feszültség; ~-potential accelerator *at* állandó potenciálú gyorsító; ~-potential modulation állandó feszültségű anódmoduláció; ~-potential regulation állandó feszültségű szabályozás; ~ potential welder állandó feszültségű hegesztőgép; ~ power állandó/tartós teljesítmény; ~-power generator állandó teljesítményű generátor; ~ pressure (cp) állandó nyomás; ~-pressure altitude *rep* állandó légnyomás szerinti magasság; ~-pressure balloon → ~-level balloon; ~-pressure boundary *met* állandó légnyomás határvonala; ~-pressure chart *met* abszolút topográfia(i térkép); ~-pressure clock vákuumóra; ~-pressure combustion *hőt, gépk* állandó nyomású (el)égés; ~-pressure cycle *gépk* állandó nyomású körfolyamat; ~-pressure surface *met* izobár felület; ~-pressure turbine szabadsugár-turbina; akciós turbina; ~ redundancy állandó tartalékolás; ~ repetition interval *aut* állandó ismétlési intervallum; ~-segment method *mat* véges elemek módszere, differenciamódszer; ~-size ga(u)ge állandó méretű idomszer; ~s of dynamic elasticity dinamikus rugalmassági állandók; ~s of the circuit áramköri állandók; ~-speed drive (CSD) állandó fordulatszámú hajtás; ~-speed floating regulator *aut* integráló szabályozó, I-szabályozó; ~-speed governor fordulatszám-szabályozó; ~-speed motor állandó fordulatszámú motor; ~-speed propeller *rep* állandó fordulatszámú légcsavar; ~-speed unit *rep* állandó fordulatszámot szabályozó egység; ~-speed universal joint *gépk* állandó szögsebességű kardáncsukló; ~ stream *környv* állandó vízfolyás; ~ term *mat* konstans/állandó tag; ~ value konstans/rögzített/állandó érték; ~-value control értéktartó szabályozás; ~ velocity (CV) állandó sebesség; ~-velocity grinder állandó korongsebességű köszörűgép; ~-velocity recording *hang* állandó sebességű (hang)felvétel; ~ voltage *el* állandó feszültség; ~-voltage circuit állandó/konstans feszültségű áramkör; ~-voltage generator állandó feszültségű generátor; ~-voltage motor állandó feszültségű motor; ~-voltage regulator feszültségszabályozó; feszültségstabilizátor; ~-voltage transformer állandó feszültségre szabályozó transzformátor; ~-voltage welder → ~ potential welder; ~-volume combustion állandó térfogatú (el)égés; ~-volume deformation állandó térfogatú alakváltozás, térfogatváltozás nélküli deformáció; ~-volume gas thermometer állandó térfogatú gázhőmérő; ~-volume test *talt* kísérlet állandó térfogat mellett; ~ water-course *hidr* állandó vízfolyás

constantan konstantán; ~ tensometer for higher temperatures *aut* konstantán hőmérő nagyobb hőmérsékletek mérésére; ~ wire konstantánhuzal

constellation helyzet, állapotsorozat; helyzetsor; *csill* csillagkép, konstelláció

constituent I. *a* alkotó, összetevő; **II.** *n* alkatrész, alkotó(elem), alkotórész; összetevő; *koh* alkotó, komponens *(ötvözeté)*, ötvöző(elem); *mat* komponens; *vegy* alkotóelem, komponens; ~ **of high volatility** illékony komponens; ~ **of low volatility** nehezen illó komponens; ~ **sentence** *mat* konstituens mondat

constitute alkot, képez

constitution alkat, szerkezet; *vegy* konstitúció, molekulaszerkezet; ~ **water** *koh* kötött nedvesség

constitutional szerkezeti; ~ **change** *any* szövetszerkezet-változás; *koh* szövetátalakulás; ~ **diagram** *fiz* fázisdiagram, állapotábra; *hőt* állapotdiagram; *koh* állapotábra, egyensúlyi diagram; ~ **formula** *vegy* szerkezeti/konstitúciós képlet; ~ **isomerism** *vegy* konstitúciós/szerkezeti izoméria; ~ **water** *ásv* kötött/alkati/szerkezeti víz, kristályvíz

constitutive *fiz, vegy* konstitutív; ~ **constant** *mech* anyagállandó; ~ **law** anyagtörvény; ~ **properties** *vegy* konstitutív sajátságok

constrain elhatárol, körülhatárol; összenyom, présel; korlátoz; összeszorít; összeszűkít; kényszerít

constrained összeszűkített, összeszűkült; kényszerített, kényszermeghajtású; ~ **extremum** *stat* feltételes szélsőérték; ~-**extremum problem** *rendsz* feltételes szélsőérték-feladat; ~ **game** *mat* korlátozott/feltételes játék; ~ **motion/movement** *mech* megszabott mozgás, kényszermozgás; ~ **oscillation** kényszerrezgés; ~ **rationality** *rendsz* korlátozott racionalitás; ~ **risk-taking** *rendsz* korlátozott biztonsági stratégia

constraining force *fiz* kényszererő, reakcióerő

constrainment → constraint

constraint korlátozás; kényszer; függés; *bány, ép, gép* alátámasztás; *mech* befalazás; befogás; kényszer(ítő erő); ~ **factor** kényszer, kényszerfeltétel; ~ **maximization** *mat* feltételes maximalizálás; ~ **maximum** feltételes maximum; ~ **path** *mech* kényszerpálya; ~ **relation** *mech* kényszerfeltétel; ~ **s** *mech* kényszerek; *rendsz* korlátozó feltételek

constrict elhatárol, összehúz, összeszorít, (össze)szűkít, (össze)zsugorít

constricted|-arc cutting *heg* AVI-vágás; ~-**arc (cutting) torch** plazmaíves (vágó)pisztoly; ~-**arc welding** szűkített ívű hegesztés, plazmahegesztés; ~ **folds** *geol* nyomott gyűrődések; ~ **tungsten-arc torch** plazmaíves pisztoly; ~ **tungsten plasma arc/flame/jet welding** volfrám-plazmaívhegesztés

constricting nozzle *heg* ívszűkítő fúvóka/hüvely

constriction összehúzódás, (össze)szűkülés; elkeskenyedés; beszűrődés; zsugorodás; beszűkülés, szűkület; összehúzás, (össze)szűkítés; zsugorítás; *at* beszűkülés, zsinórosodás; *gyógyv* ampullanyak-szűkület; ~ **of volume** *hang* dinamikaszűkítés; ~ **rate of flow meter** *hidr* mérőszűkület; ~ **water-meter** *hidr* szűkítéses vízmennyiségmérő

constringence *fiz* Abbe-szám, diszperziós koefficiens

construct I. *v* (fel)épít; (meg)szerkeszt, összeállít; konstruál; **II.** *n* (geometriai) szerkesztés

constructed | example *mat* fiktív példa; ~ **experiment** modellkísérlet

constructibility *mat* konstruálhatóság

construction (meg)szerkesztés; (fel)építés, megépítés; összeállítás, tervezés; szerkezet, konstrukció; (szerkezeti) felépítés, kivitel; típus; gyártás, összeállítás, (össze)szerelés; *ép* építés, építkezés; építmény; *mat* szerkesztés; ~ **accident** építési baleset; ~ **activity** építési tevékenység; ~ **alloy steel** ötvözött szerkezeti acél; ~ **area** építési terület; ~ **authority** építési hatóság; ~ **capacity** építési kapacitás; ~ **car** *vasút* szerszámkocsi, műhelykocsi; ~ **cost(s)** építési/létesítési költség(ek); ~ **crane** (építési) födémdaru; ~ **diagram** szerelési rajz; ~ **diary** építési napló; ~ **dock** hajóépítő dokk; ~ **documents** *pl* építési/kivitelezési dokumentáció *(tervek és szilárdságtani számítások)*; ~

drainage system építéshely-víztelenítés; ~ **drawing** szerkezeti rajz; ~ **elevator** építőipari felvonó, anyagfelvonó; ~ **engineer** építőmérnök; ~ **expert** építési szakértő; ~ **fault** építési hiba; ~ **hoist** → ~ elevator; ~ **in a cutoff** építés átvágásban; ~ **industry** építőipar; ~ **in the open** építés nyílt munkagödörben; ~ **joint** *ép* munkahézag *(betonozásnál)*; *gép, rep* szerkezeti kötés; ~ **licence/license** építési engedély; ~ **load** építési teher; ~ **machine** építőgép; ~ **machine main group** építőgép-főcsoport; ~ **machinery** építőgépek és berendezések; ~ **material** építőanyag; ~ **materials deposit** építőanyag-lelőhely; ~ **materials industry** építőanyag-ipar; ~ **method** építési eljárás, építésmód; ~ **nailing machine** *ép* többcélú szegezőgép; ~ **number** gyártási szám; ~ **of an equation** egyenlet felállítása; ~ **of cars** járműgyártás, autógyártás; ~ **office** építési iroda; ~ **of models** modellezés, modelltechnika; ~ **of the funicular/link polygon** kötélsokszög-szerkesztés; ~ **operation** építési folyamat; ~ **operations** építési munkák; ~ **paper** kivágópapír; ~ **permit** építési engedély; ~ **policy** építéspolitika; ~ **practice** építési gyakorlat; ~ **price** építési díj/költség; ~ **problem** *mat* szerkesztési feladat; ~ **project** építési létesítmény/műtárgy; ~ **regulation** építési előírások; ~ **road** felvonulási/építési út; ~ **schedule** építési ütemterv/program; ~ **sign** építési jelzőtábla; ~ **site** építési munkahely/terület, építéshely; ~ **site barrier** építési útelzárás; ~ **standard/specification** építési szabvány; ~ **supervisor** építésfelügyelő; ~ **time** építési/kivitelezési idő; ~ **traffic** építéshelyi közlekedés; ~ **train** *vasút* anyagvonat; ~ **water level/stage (CWL)** építési vízszint; ~ **with compass and ruler** *mat* körzővel és vonalzóval való szerkesztés; ~ **without ground disturbance** föld alatti építésmód; ~ **with temporary stream diversion** *hidr* építés vízfolyás elvezetésével; ~ **work** építési munkák; ~ **worker** építőmunkás; ~ **works** *vasút* műépítmények, műtárgyak

constructional szerkezeti; építéstechnikai; ~ **component** *ép* épületszerkezet; ~ **defect** szerkezeti hiba; ~ **depth** építési/szerkezeti magasság; ~ **drawing** szerkezeti rajz; ~ **element** alkatrész, szerkezeti (alkotó)elem; ~ **engineer** acélszerkezet-építő; ~ **fitter and erector** acélszerkezet-szerelő; ~ **part** alkatrész, szerkezeti (alkotó)elem; *ép* épületszerkezet; ~ **safety regulations** építésbiztonsági/munkavédelmi előírások; ~ **steel** szerkezeti acél; ~ **steel sheet** szerkezeti acéllemez; ~ **unit** szerelési egység, alkatrész; *ép* épületszerkezet; ~ **works of water engineering** *bány* vízimunka

constructive alkotó, teremtő; szerkezeti; ~ **interference** *rád* erősítő interferencia; ~ **mathematics** konstruktív matematika; ~ **theory of automata** automaták konstruktív elmélete; ~ **works** *ép* műtárgyak

constructiveness konstruktivitás

constructor szerkesztő, (meg)építő; (gép)tervező, konstruktőr

consumable fogyasztható; elhasználható; ~ **electrode** *heg* fogyóelektród; ~**-electrode welding** *heg* fogyóelektródos *v.* leolvadó elektródos hegesztés; ~ **metal electrode** leolvadó fémelektród; ~ **nozzle welding** leolvadó fúvókás hegesztés; ~ **template** *önt* beolvadó sablon

consume (el)fogyaszt, felhasznál; eléget; elpusztít (tűz), elhamvaszt

consumed | **island** *geol* elmosott szigetmaradvány, szárazfölddel egyesült sziget; ~ **power** *el* felvett teljesítmény

consumer fogyasztó; ~ **durables** tartós fogyasztási cikkek; ~ **electronics (CE)** *szt* fogyasztói elektronika, CE; ~ **gas** *ol* közszolgáltatási gáz; ~ **goods** fogyasztási cikkek; ~ **goods industry** fogyasztási cikkeket gyártó ipar(ág); ~ **load** *el* hasznos terhelés; ~**'s appliance** → ~'s equipment; ~**'s binding-in** *hidr* fogyasztói bekötés; ~**'s equipment/installation** *ép* fogyasztókészülék; ~**'s flour** *élip* sötét kenyérliszt; ~**s' goods** → ~ goods; ~**s' pipe-line** *ép* fogyasztói vezeték *(gázszolgáltatási)*; ~**'s site** fogyasztási hely *(gázszolgáltatási)*

consuming | **appliance/equipment/installation** *ép, el* fogyasztókészülék, fogyasztóberendezés; ~ **point** *el* fogyasztási hely

consumption fogyasztás, felhasználás; *el* (teljesítmény)fogyasztás, teljesítményigény; ~ **indicator** *rep* fogyasztásmérő műszer kijelző egysége; ~ **meter** *gépk* fogyasztásmérő; ~ **waste** *környv* fogyasztási hulladék

consumptive fogyasztó(i)

consutrode fogyóelektród

contabulate bedeszkáz

contact I. *v* érintkezik; érint; **II.** *n* érintkezés, összeköttetés; kapcsolat, összefüggés; *el* érintkezés; érintkező, kontaktus; *ép* ajtóérintkező; *geof* határfelület, réteghatár, érintkezési felület; *gép* kapcsolás; kapcsolódás *(fogaskerekeké)*; *távb* (érintkező)csúcs; *vegy* kontaktkatalizátor, kontakt; ~ **acid** *vegy* kontaktkénsav; ~ **action** *vegy* kontakthatás; ~ **adhesive** kontaktragasztó; ~ **anemometer** *met* kontakt anemométer/szélmérő; ~ **angle** *fiz* illeszkedési szög; *gép* körülfogási/ráfekvési szög; *koh* nedvesedési határszög, peremszög; *nyom* érint(kez)ési szög, kontaktszög, peremszög; ~ **angle hysteresis** *ol* peremszöghiszterézis; ~ **arc welding** kontaktív-hegesztés; ~ **area** érintkezési felület; *félv* kontaktozási felület; ~ **bank** *távb* érintkezőmező; érintkezősorozat; ~ **bar** *el* érintkezősín; ~ **base** *el* érintkezőtartó; ~ **bed** *ép* vízgyűjtő zúzottkőréteg; *műa* katalizátorágy, katalizátorréteg; ~ **binary** *csill* fotometriai/fedési kettőscsillag; ~ **black** lerakódott korom; ~ **blade** *el* késes érintkező; ~ **block** érintkező(darab); ~ **bounce/bouncing** → ~ chatter; ~ **breaker (CB)** *el* kapcsoló; megszakító, szaggató; *gépk* megszakító(szerkezet); ~ **breaker camshaft** *gépk* megszakító bütyköstengelye; ~ **breaking spark** megszakítási szikra; ~ **brush** *el* (érintkező)kefe; ~ **bush** *el* érintkezőhüvely; ~ **cam** *távb* adótárcsa; ~**-cam-sleeve assembly** *távb* adótárcsarendszer; ~ **capillary (water)** *talt* szegletvíz; ~ **carriage** *el* érintkezőszán, érintkezőcsúszka; szánszerkezet *(jelfogóé)*; ~ **catalysis** *vegy* kontaktkatalízis; ~ **chatter** *el* érintkezőpattogás, prell; ~ **chronometer** *geof* kontaktkronométer; ~ **clearance** → ~ gap; ~ **clip** *el* érintkezőpofa; ~ **clock** *geof* kapcsolóóra, kontaktóra; ~ **condenser** *hőt, ol* felületi kondenzátor, csöves hűtő; ~ **conductor** *el* érintkező elektród; kontaktelektród; munkavezeték; ~ **controller** léptetőszabályozó, fokozatállító (szabályozó); ~ **converter** kontakt áramátalakító; ~ **copy** → ~ print; ~ **corrosion** *koh* kontaktkorrózió; ~ **current** érintési/zárási áram; ~ **curve** *gép* érintkezési/legörbülési görbe; ~ **deposit** *geol* kontakt(pneumatolitos) érctelep; ~ **drop** *el* átmeneti feszültségesés *(érintkezőn)*; ~ **drying** hővezetéses/kontakt szárítás; ~ **electricity** kontaktvillamosság; ~ **electrode** kontaktelektród, érintkezőelektród; ~ **electromotive force,** ~ **e. m. f** *el* érintkezési feszültség, kontaktpotenciál; ~ **element** érintkező (elem); ~**(-)face** *el* érintkezőfelület; *geol* támfalhátlap; ~ **fault** érintkezőhiba, érintkezési hiba, kontakthiba, hibás érintkezés; ~ **file** érintkezőtisztító; ~ **film** kontaktfilm; ~ **finger** *el* érintkezőcsap; ~ **follow** *távk* jelfogó-érintkező kiemelése, kiemelés; ~ **force** érintkezőnyomás, érintkezőerő; ~**-free dryer/drier** érintésmentes szárítóberendezés; ~ **freezer** fagyasztókészülék; ~ **freezing** kontaktfagyasztás; ~ **friction** érintkezősúrlódás; ~ **furnace** kontaktkemence, katalitikus reaktor; ~ **gap** nyitási távolság *(relénél)*; *el* érintkezőköz, érintkezőtávolság, érintkezők közötti légrés, kontaktustávolság; ~ **glasses** → ~ lens; ~ **goniometer** kontakt/érintő goniométer, kontakt szögmérő; ~ **group** érintkezősorozat, érintkezőcsoport; ~ **herbicide** *mzg* kontakt gyomirtószer; ~ **insecticide** *mzg* kontaktméreg; ~**-irradiation x-ray tube** *orv* kontaktbesugárzó röntgencső; ~ **jaw** *el* érintkezőpofa; ~ **laminate** *műa* kontakteljárással *v.* kézi felhordással készült rétegelt anyag; ~ **laminating** *műa* kisnyomású rétegelés; ~ **landing** *rep* földlátással történő leszállás; ~ **lens** kontaktlencse, kontaktüveg; ~ **lever** érintkezőkar, érintkezőhimba; *távb* adóemelő; ~ **lights** *rep* futópályafények; ~**-line** érintkezési vonal; *el* munkavezeték; vonalérintkező; *gép* kapcsolóvonal; ~ **load** *gép* palástnyomó-igénybevétel; *hidr* csúsztatva görgetett hordalék; ~ **log(ging)** *ol* kontakt szelvényezés; ~ **loss** *el* érintkezési veszteség, érintkezőanyag fogyása; ~**-maker** *el* késes kapcsoló; ~**-making clock (CMC)** *el* kapcsolóóra, időkapcsoló, timer; ~**-making tape** kapcsolószalag; ~**-making voltmeter (CMV)** érintkezős voltmérő; ~ **mask** *nyom* érintkezőmaszk; ~ **masking** érintkezőmaszkolás, érintkezőmaszk-eljárás; ~ **masses** *vegy* kontaktok; ~ **material** *el* érintkezőanyag; ~ **member** *el* érintkező elem/rész; ~ **metal** érintkezőfém, fém érintkező; ~**-metamorphism** *geol* kontaktmetamorfózis, érintkezéses átalakulás; ~ **microphone** kontaktmikrofon; ~ **mine** *kat* érintőakna; ~ **mineral** kontaktásvány; ~ **modulated amplifier** *el* szaggatós erősítő; ~ **moisture** *talt* pórusszegletvíz; ~ **mo(u)lding** *műa* formára rétegelés kézi erővel; ~ **neutralization method** *hidr* kontakt semlegesítési eljárás; ~ **noise** *távk* érintkezési zaj, érintkezőzörej; ~ **opening time** *el* kikapcsolási idő(tartam)/időkésés; ~ **overtravel** → ~ follow; ~ **panel** *el* érintkezőív, érintkezőmező; érintkezős kapcsolótábla; ~ **paper** *foto* másolópapír; ~**-particle wandering** *el* érintkezőanyag-vándorlás; ~ **path** *el* érintkezőút, érintkezőpálya; ~ **pattern** kapcsolókép *(fogaskeréké)*; ~ **pesticide** *mzg* kontakt hatású növényvédőszer; ~ **pick-off** *el* érintkezős érzékelő; ~ **piece** *el* érintkező, kontaktus; ~ **pin** *el* érintkezőcsap; ~ **plane** érintősík; ~ **plate** érintkezőlemez; érintkezősín; ~ **plating** árammentes/kontakt galvanizálás; ~ **plug** *el* érintkeződugó, dugaszoló érintkező; ~ **pneumatolytic ore deposit** *geol* kontaktpneumatolitos érctelep; ~ **point** *el* érintkezőcsúcs; *rep* érintkezési pont; ~**-point electrode** ponthegesztő elektród; ~**-point pressure** → ~ pressure; ~ **poison** *vegy* kontaktméreg, katalizátorméreg; ~ **potential** *fiz, távk* kontaktpotenciál; ~**-potential barrier/difference** *el* kontaktpotenciál-különbség; ~ **pressure** *bány* felületi nyomás; *el* érintkezőnyomás, kontaktusnyomás, érintkezési nyomás; *ép* érintkezési nyomás; szorítóerő *(szegecsé)*; *gép* vonalnyomás; *nyom* nyomtatás érintkezőnyomással; *talt* talpfeszültség; ~ **print** kontaktmásolat; ~ **printer** *film* másolódoboz; *nyom* kontaktmásoló keret; ~ **printing** *foto, nyom* kontaktmásolás, érintkező fénymásolás; ~ **process** *vegy* kontakteljárás; ~ **process for sewage/waste-water cleaning/purification** *környv* kontakt szennyvíztisztítás; ~ **protection** *el* érintésvédelem; ~ **radiation** *orv* kontaktbesugárzás; ~ **radiation therapy** kis fókusztávolságú sugárterápia; ~ **radiogram** *orv* kontakt röntgenfelvétel; ~ **radiography** kontaktradiográfia; ~ **rail** *vasút* áramvezető/harmadik sín; ~ **rapid filter** *hidr* kontakt gyorsszűrő; ~ **ratio** *gép* kapcsolószám; ~ **rectifier** *el* félvezető-egyenirányító; kontaktegyenirányító; ~ **resin** *műa* kontaktgyanta; ~ **resistance** *el* átmeneti/érintkezési ellenállás; ~ **ring** *el* érintkezősorozat, érintkezőcsoport; *kat* érintkezőgyűrű; ~ **rivet** érintkezőszegecs; ~ **rock** *geol* kontaktkőzet, kontaktmetamorf kőzet; ~ **rod** *vasút* áramszedőrúd, rúdáramszedő; ~ **roller** *el* áramszedő görgő *(trolibuszon)*; *heg* görgős elektród; ~ **saddle** *el* érintkezősaru; ~ **saponification** katalitikus elszappanosítás; ~ **saponifier** katalitikus zsírbontó; ~ **scanning** *nyom* érintkező/kontakt letapogatás; ~ **screen** *nyom* érintkezőrács; ~ **screening** érintkezőrácsos eljárás; ~ **screw** *el* érintkezőcsavar; ~ **semiconductor-metal** félvezető-fém kontaktus; ~ **semiconductor-semiconductor** félvezető-félvezető kontaktus; ~ **sense** *szt* érintkezésérzékelés; ~ **series** kontaktpotenciál-sorozat, Volta-féle sor; ~ **shale** *geol* kontaktpala; ~ **shoe** *bány* csúszósaru; *távb* érintkezőpapucs; ~ **sleeve** *el* érintkezőhüvely; ~ **socket** csavaros izzólámpa-foglalat; ~ **spacing** *el* rasztertávolság; ~ **spring** *el* érintkezőrugó; érintkezőtű *(kristálydetektoron)*; *geol* rétegforrás; *hidr* duzzasztott forrás; *kat* gyutacselsütő érintkezőrugó; ~**-spring nest,** ~**-spring pile-up** *távk* rugócsomag *(érintkező)*; ~**-spring set** érintkezőrugó-csoport; ~ **stain** *gumi* érintkezési elszíneződés; ~ **still** *ol* kontaktkemence, katalitikus reaktor; ~ **stress** *gép* palástnyomó igénybevétel; *mech* Hertz-feszültség, érintkezési feszültség; ~ **strip** *el* érintkezősáv; ~ **stud** *el* érintkezőcsap, érintkezőpecek; kapcsológomb; ~ **surface** *el* érintkezőfelület; *gép* felfekvőfeleület; *mech* érintkezési felület; ~ **tag** *el* érintkezőtoldat; ~ **thermometer** kontakthőmérő; érintéses hőmérő; ~ **time** *el* kikapcsolási idő(tartam)/időkésés; *vegy* kötési idő *(ragasztásnál)*; tartózkodási idő; ~ **tip** érintkezőcsúcs; ~ **transformation** érintéstranszformáció; ~ **travel** *el* nyitási út; ~ **trolley** áramszedő görgő; ~ **twin** *ásv* kontaktiker, juxtapozíciós iker; ~ **unit** *el* érintkezőszerelvény; ~ **voltage** érintési feszültség; ~**-voltage-proof** érintés ellen védett; ~ **voltmeter** kontakt voltméter; ~ **wedge** → ~ plug; ~ **weight** *tex* tapintófej; ~ **wetting angle** érintkezési szög, peremszög, határszög; *koh* peremszög, nedvesedési határszög; ~ **wire** *el, vasút* munkavezeték, felsővezeték; *kat* érintkeződrót-gyutacs; ~-**wire hanger** munkavezeték-felfüggesztő; ~ **zone** *bány* érintkezési udvar

contacting *el* érintkezőzárás; *félv* kontaktálás; *vegy* derítés, kontaktálás; ~ **pressure ga(u)ge** kontaktmanométer; ~ **thermometer** kontakthőmérő

contactless | **AC switch** *félv* érintkező nélküli váltakozó áramú kapcsoló; ~ **control** érintkezőmentes vezérlés; ~ **distributor in remote control** érintkezőmentes távirányítás-technikai előválasztó; ~ **limit switch** *aut* érintkezőmentes véghelyzetkapcsoló; ~ **magnetic delay member** *aut* érintkezőmentes mágneses késleltető/tárolós tag; ~ **measurement** érintésmentes mérés; ~ **switch** *aut* érintkezőmentes kapcsoló

contactor *el* kontaktor; védőkapcsoló, védőrelé; *vasút* zárkapcsoló; ~ **control** kontaktoros vezérlés; ~ **controller** *el* kontaktoros kontroller; ~ **panel** kapcsolópult; vezérlő/szabályozó kapcsolótábla; vezérlőasztal, vezérlőpult; ~ **regulation** kontaktoros/relés szabályozás; ~ **relay** védőkapcsoló, védőrelé; ~ **sequence** bekapcsolási sorrend; ~ **starter** *el* kontaktoros indító(kapcsoló); ~ **switch** → contactor; ~-**type control gear** *aut* kontaktorvezérlés; ~ **with relays** relés kontaktor

contain tartalmaz, magában foglal; megállít, feltartóztat; *mat* (maradéktalanul) osztódik, osztható

contained spring beépített rugó

container konténer; (szállító)tartály; *at* biztonsági tartály; *bány* szállítóedény, szállítótartály; *ép* reaktorház, konténer; *koh* (ércminta)láda; (tároló)tartály; *vák* recipiens; *vasút* tartálykocsi; ~ **board** *pa* ládalemez, dobozkarton; ~ **bridge** konténerátrakó híd; ~ **car** → ~ wag(g)on; ~ **closure** *gyógyv* tartályzár; ~ **flat** nagy rakodólap, tálcás konténer, flat, szállítótartály; ~ **for batteries** *el* akkumulátorház; ~ **for injection** *gyógyv* injekciós edény; ~ **gantry stacker** háromszoros felrakású konténer-nyeregkocsi; ~ **gas** *ol* cseppfolyós szén-dioxid; ~ **handling** konténerátrakás; ~ **handling appliance/equipment** konténerátrakó berendezés; ~ **housed installation** *távk* konténeres berendezés; ~-**lift,** ~ **lifting device** konténer-autódaru; ~ **of crystallization** kristályosító tartály; ~ **of the vacuum bottle** termoszpalack(betét), hőpalack; ~ **pallet** tartályos rakodólap; szállítótartály-rakodólap; ~ **portal crane on rails** sínen járó konténerrakodó bakdaru; ~ **rock** *ol* olajtartó kőzet, tárolókőzet; ~ **seam** tartályhegesztési varrat; tartályvarrat, konténervarrat; ~ **ship** konténerhajó, konténerszállító hajó; ~-**shiploader** kikötői konténerdaru; ~ **sideloader** konténer-oldalrakodó; egy oldalra rakodó konténer-autódaru; konténerfelrakó oldalvillás targonca; ~ **side-loading fork-lift** konténerfelrakó oldalvillás targonca; ~ **straddle carrier/loader** konténermozgató nyeregkocsi; ~ **train** konténerszállító vasúti szerelvény, konténervonat; ~ **transporter** konténerdaru; ~ **vehicle for dusty materials** poranyagszállító gépkocsi; ~ **vessel** → ~ ship; ~ **wag(g)on** konténerszállító vasúti kocsi; ~ **with fixed sides** zárt kis szállítótartály; ~ **yard-loader** tárolótéri konténerdaru

containerette tartóedényke *(hűtőszekrényben)*

containerizable konténerizálható

containerization konténerizáció

containerize konténerizál; (szabványméretű) konténer(ek)ben szállít

containerized konténerizált, konténeres; ~ **equipment** *távk* konténeres berendezés

containing | **carbon** széntartalmú; ~ **little oil** olajszegény; ~ **lumps of quicklime** *ép* mészkukacos; ~ **saltpeter** salétromtartalmú, salétromos; ~ **sprinklings** diszperz, szétszórt

containment visszaszorítás, behatárolás; *at* plazmaizolálás, plazmaösszetartás; *bány* fojtás *(robbantásnál)*; ~ **stability** *at* mágneses bezárás stabilitása; ~ **time** behatárolási idő; ~ **vessel** *at* biztonsági tartály/konténer

contaminant szennyeződés, szennyezőanyag, adalék, idegen anyag; szennyező(elem); szennyezés; *at* radioaktív szennyezőanyag

contaminate (be)szennyez; elszennyeződik; *orv* fertőz

contaminated szennyezett; *at* radioaktívan szennyezett; ~ **natural environment** szennyezett természetes környezet; ~ **rock** *geol* foltos/ragyás kőzet; ~ **water** *környv* elszennyezett víz; ~ **zone** szennyezett terület

contaminating | **material** *at* radioaktív szennyező anyag; ~ **substance** fertőző/szennyező anyag

contamination (el)szennyeződés, szennyezés, szennyezettség; *ásv, ker* szennyezettség; *at* kontaminálás, kontamináció, radioaktív szennyezés/szennyeződés; *élip* fertőzöttség, szennyezettség; *geol* kontamináció; *ol* szennyeződés, tisztátalanság *(mechanikai)*; *vegy* kontamináció; ~ **density** *vegy* szennyezéssűrűség; ~ **detector/meter** kontaminációdetektor, radioaktív szennyeződést mérő műszer; ~ **from radioactivity** radioaktív szennyeződés; ~ **hazard** kontaminációs veszély, szennyezésveszély; ~ **monitor** szennyeződésjelző műszer; ~ **of air** légszennyeződés; ~ **of the environment** környezetszennyezés; ~ **of the weld metal** varratfém-szennyeződés

contaminator → contaminant

contemper hígít, enyhít *(hozzákeveréssel)*; *tex* lágyít

contemporaneous *geol* színgenetikus, egyidejűleg keletkezett

contemporary *geol* újkeletű

content tartalom; befogadóképesség; összetétel; *mat* térfogat, terület, végesen additív mérték; *szt* tartalom; ~-**addressable memory (CAM)** *szt* asszociatív tár, tartalom alapján címezhető tár; ~-**addressable random access memory (CARAM)** *szt* asszociatív RAM, CARAM; ~ **meter** *fiz* koncentrációmérő; ~ **of components** alkotórész-tartalom; ~ **of energy** energiatartalom, potenciális energia; ~ **of moisture** nedvességtartalom; ~ **of solid material** *bány* szilárdanyagtartalom; ~-**preserving connection** mértéktartó *(területtartó, térfogattartó stb.)* összefüggés; ~**s** tartalom; *nyom* tartalomjegyzék; ~**(s) ga(u)ge** űrtartalommérő; ~**s of stone** *bány* meddőtartalom

contention *szt* verseny

conterminal → conterminous

conterminous csatlakozó; határos, szomszédos

context (szöveg)összefüggés, kontextus; ~-**free grammar** *mat* környezetmentes/környezetfüggetlen grammatika; ~-**free language (CFL)** környezettől független *v.* környezetfüggetlen nyelv; ~-**sensitive grammar** környezetes/környezetfüggő grammatika, környezetérzékeny/kontextusérzékeny grammatika

contextual *szt* szövegfüggő
contexture szövetszerkezet; *tex* szövési mód
contiguity szomszédosság; csatlakozó érintkezés, csatlakozás
contiguous szomszédos, határos, csatlakozó, érintkező; ~ **angle** *mat* mellette fekvő szög; ~ **intervals** *mat* érintkező *v.* egymással határos intervallumok; ~ **seams** *geol* érintkező rétegek; ~ **span** *ép* csatlakozó fesztávolság
continent *geol* földrész, kontinens; szárazföld, szárazulat; ~**-forming movement** *geol* szárazulatképző mozgás
continental kontinentális, szárazföldi; ~ **air** *met* kontinentális/szárazföldi levegő; ~ **air pollution** *met* kontinentális légszennyezettség; ~ **ballistic missile (CBM)** *kat* kontinentális ballisztikus rakéta; ~ **climate** kontinentális/szárazföldi éghajlat; ~ **code** *távk* nemzetközi kód; ~ **drift** *geol* szárazföldek eltolódása/elúszása; ~ **formation** *geol* kontinentális képződmény; ~ **frame-saw** darabolófűrész; ~ **glaciation** szárazföldi eljegesedés; ~ **glacier** *geol* kontinentális/Grönland-típusú gleccser; ~ **mass** kontinentális légtömeg; ~ **migration** *geof* kontinensek vándorlása; ~ **platform** kontinentális/szárazföldi tábla; ~ **salt water** *hidr* kontinentális sósvíz; ~**-scale air pollution** *környv* kontinentális légszennyeződés; ~ **sediments** *pl geol* szárazföldi üledék; ~ **shelf** *geol* kontinentális küszöb/talapzat/self; ~ **slope** *geol* kontinentális párkány/lejtő
continentality *met* kontinentalitás; ~ **index** kontinentalitási index
contingence → contingency; ~ **line** *mat* érintési vonal, érintő(vonal)
contingency kontingencia; *mat* esetlegesség, véletlen(ség); ~ **rating** *rep* túlterhelhetőségi üzemmód; ~ **table** kontingenciatáblázat
contingent I. *a* véletlen, esetleges; feltételes; **II.** *n* kontingens, keret(mennyiség), kikötött rész; *kat* csapatrész
continual folytonos, folyamatos, szakadatlan; ~ **proportion** *mat* folytonos arány; ~ **reduction** *mat* folytonos redukció; ~ **spectrum** folytonos színkép; ~ **tuning** *távk* folytonos hangolás
continuance folyamatosság; folytonosság, szakadatlan jelleg; folytatás, meghosszabbítás; elhúzódás, tartam
continuation folytat(ód)ás; *ép* meghosszabbítás; ~ **page** *szt* folytatólagos oldal *(videotexnél)*
continue folytat; folytatódik
continued | **equality** egyenletek sorozata; ~ **fraction** folyamatos megszakítás; *mat* lánctört; ~ **proportion** aránysorozat, folytonos arány
continuing without end *mat* a végtelenségig, ad infinitum
continuity kontinuitás, folytonosság, folyamatosság; *film* forgatókönyv; *mech* folytonosság, többtámaszúság; *rád, tv* műsorlebonyolítás; ~ **apparatus room** *rád, tv* műsorstúdió technikai helyisége; ~ **bar** *ép* többtámaszúsító/folytonosító betonacél; ~ **bond** *vasút* áramvezető átkötés; ~ **check** → ~ test; ~ **checker** → ~ tester; ~ **condition** kontinuitási/folytonossági feltétel; ~ **equation** *fiz* folytonossági/kontinuitási egyenlet; ~ **of discharge/flow** *hidr* vízhozam folytonossága; ~**-preserving contact** *távb* utánnyitó érintkező; ~ **studio** *rád, tv* bemondóstúdió; műsorstúdió; ~ **test** *el* szakadásvizsgálat; *távk* folytonosságvizsgálat; ~ **tester** *el* szakadásvizsgáló
continuous folytonos, folyamatos, szakadatlan; fokozatmentes; összefüggő; megszakítás nélküli, megszakítatlan; állandó; egyrészes, osztatlan; *ip* folytonos üzemű; *mat* folytonos, kontinuus; *mech* többtámaszú, folytonos *(tartó)*; *önt* folyamatos; *távk* csillapítatlan; ~ **absorption** *el* folytonos elnyelés/abszorpció; *met* kontinuumjellegű abszorpció; ~ **absorption coefficient** folytonos abszorpciós együttható; ~ **action** folytonos hatás; folyamatos működésmód; ~ **action controller** folytonos *v.* folyamatos működésű szabályozó; ~ **action laser** → ~ wave laser; ~**-action optimization system** folyamatos működésű optimalizáló/optimizáló rendszer; ~ **annealing** → ~ strand annealing; ~ **annealing furnace** *koh* áthúzó lágyítókemence, folyamatosan lágyító kemence; ~ **arc** *el, heg* folytonos/folyamatos ív; ~ **assembly belt** *gumi* futószalag, munkaheveder-szalag; ~ **atomic spectrum above limit of the series** *fiz* kontinuum, folytonos színkép, kontinuumos spektrum; ~ **automatic measurement** folyamatos automatikus mérés; ~ **automaton** folytonos működésű automata; ~**-band filter** *távk* folyamatos sávszűrő; ~ **batcher** *ép* folyamatos adagoló; ~ **batch(ing) conveyor belt scale** folyamatos működésű adagolómérleg; ~ **beam** *ép* folytatólagos (többtámaszú) tartó; *vasút* hosszaljzat; ~ **beam bridge** többtámaszú híd; ~ **beam on elastic supports** rugalmas alátámasztású folytatólagos tartó; ~ **beater** *pa* folyamatos hollandi; ~ **bed** *ol* átmenő/folyamatos réteg; ~ **belt** *gép* végtelenített szíj; ~ **belt-type hardening furnace** folyamatos működésű szállítószalagos edzőkemence; ~ **bent** *ép* többnyílású földszintes keret; ~ **bituminous mixing plant** *ép* folyamatos feketeburkolat-keverő berendezés; ~ **blast** *koh* folyamatos fúvószél; ~ **bleaching** *tex* folyamatos fehérítés; ~ **bucket(-type) elevator** folytonos serlegelhelyezésű elevátor; ~ **casting** *koh* folyamatos (adag)öntés/öntőeljárás, szekvens öntés, adag adagra öntése; ~ **casting machine/plant** *koh* folyamatos öntőgép/öntőmű; ~ **centrifuge** folyamatos centrifuga; ~ **chamber kiln** *ker* folyamatos kamráskemence; ~ **charge** *el* csepptöltés *(akkumulátortelepé)*; *koh* folyamatos adagolás; ~ **charge furnace** *koh* folyamatos megrakású kemence; ~ **chip** *forg* folyó forgács; ~ **cloud (cover)** *rep* összefüggő felhőzet; ~ **cocoon boiling** *tex* folyamatos gubóforrázás; ~ **code** *szt* folyamatos vonalkód; ~ **coiling** folytonos spirál; ~ **concreting** folyamatos betonozás; ~ **conducting** *félv* folyamatos vezetés; ~**-contact electrode** *geof* folytonos érintkezésű elektród; ~ **control** *távk* folyamatos/folytonos/állandó szabályozás/vezérlés; ~ **controller** *aut, rep* folytonos/folyamatos szabályozó; ~ **control system (CCS)** folytonosan szabályozott rendszer; ~ **converting** *koh* folyamatos konverterezés; ~ **conveying** folyamatos szállítás; ~ **conveyor/conveyer** folyamatos működésű szállítógép; folyamatos szállító berendezés; ~ **conveyor-type scale** folyamatos működésű szalagmérleg, integráló elektronikus szalagmérleg; ~ **conveyor with supporting elements** hordozóelemes szállítógép; ~ **conveyor with tractive elements** vonóelemes szállítógép; ~ **cooling (CC)** folyamatos hűtés; ~**-cooling transformation** *koh* átala-

kulás folyamatos lehűtés közben; ~ **coring** *ol* folyamatos magfúrás; ~ **coverage** *geof* folytonos *v.* hézag nélküli beterítés; ~ **covered-electrode welding** folyamatos hegesztés bevont elektróddal; ~ **creep limit/strength** *any* tartós folyás határa, tartós folyási határ; ~ **crushing** *bány* folyamatos aprítás; ~ **current (CC)** egyenáram *(elavult)*; ~ **curve** folytonos görbe; ~ **cutter** *bány* láncos réselő(gép); ~ **cycle** *bány* műveletfolyamatos ciklus; ~ **diffusion** *élip* folytonos diffúzió; ~ **dipmeter** *geof* folytonos rétegdőlésmérő; ~ **distillation** *vegy* folyamatos desztillálás/lepárlás; ~ **distribution** *mat* folytonos eloszlás; ~ **document feeding** *szt* folyamatos dokumentumadagolás; ~ **dosing of solution** folyamatos oldatadagolás, oldat folyamatos adagolása; ~ **double helical gear** osztatlan nyílfogazású kerék; ~ **doubler,** ~ **doubling frame/machine** *tex* lánccérnázó gép; ~ **drawbar** egy darabból készült vonórúd; *vasút* átmenő vonórúd; ~ **drifting** *bány* folyamatos vágathajtás; ~ **dryer/drier** folyamatos szárító; ~ **drying oven/stove** folyamatos üzemű szárítókemence; ~ **duty** állandó/tartós terhelés; ~**-duty operation** tartós üzem; ~ **dyeing** folyamatos festés; ~ **elastic support** *talt* rugalmas ágyazás; ~ **electrode** állandó elektród; ~ **energy bands** *el* folytonos energiasávok; ~ **exciting source** folyamatos működésű gerjesztőforrás; ~ **face** *bány* egyenes homlokú munkahely; megszakítatlan homlok; ~ **fanfold stock** *szt* többpéldányos végtelenített formanyomtatvány; ~ **feedback control system** folytonos szabályozási rendszer; ~**-feed head** *forg* folyamatos előtolású fúrófej; ~ **field** állandó erőtér; ~ **filament** *ker, tex* végtelen (elemi)szál; ~**-filament processing** végtelen szál húzási eljárása; ~ **filament yarn** *tex* folytonos *v.* végtelen szálú fonal; ~ **film transport** folyamatos filmtovábbítás/filmmozgatás; ~ **filtration** *gyógyv* folyamatos szűrés; ~ **flight** *rep* leszállás nélküli repülés; ~ **floor** *ép* hézagmentes padló; ~ **flow** folytonos/folyamatos áramlás; ~**-flow gas lifting** → ~ gas lifting; ~ **flowmeter** folyamatos áramlásmérő; ~**-flow oxygen regulator** folyamatos oxigénadagolás-szabályozó; ~**-flow pump** egyenes áramlású szivattyú; ~ **fluid** *rep* folytonos közeg; kontinuum; ~ **footing** *ép* sávalap(ozás); ~ **forward current** *félv* tartós egyenáram; ~ **foundation** *ép* sávalap; ~ **frame** *mech* többtámaszú/többnyílású keret; ~ **frog** *vasút* keresztezési csúcsbetét *(vágánymegszakítás nélkül)*; ~ **from one side** *mat* egyik oldalról folytonos; ~ **function** *mat* folytonos/kontinuus függvény; ~ **furnace** *ker* alagútkemence; ~ **game** *rendsz* folytonos játék; ~ **gas lift(ing)** *ol* folyamatos segédgázas termelés; ~ **getting** *bány* folyamatos jövesztés; ~ **girder bridge** többtámaszú híd; ~ **grading** *ép* folyamatos szemeloszlás *(talajé, adalékanyagé)*; ~ **graphics** *szt* folytatólagos grafika *(videotexnél)*; ~ **gravel ballast** *ép, vasút* átmenő kavicságy; ~ **grinder** *pa* folyamatos papírfoszlató (gép); ~ **handling equipment** → ~ conveyor; ~ **hardening** *hők* folyamatos edzés; ~ **heating furnace** folyamatos üzemű hevítőkemence; ~ **hunting** *távb* folytonos keresés; ~ **inclinometer** *ol* folyamatos ferdeségmérő; ~ **infrared analyzer of exhaust gas** folytonos működésű infravörös füstgázelemző/kipufogógáz-elemző; ~ **input** folyamatos bevitel; folytonos (energia)betáplálás; ~ **integration** *távk* folyamatos integrálás; ~ **joint** *ép* átmenő hézag; ~ **kier** *tex* lúgozás folyamatos fehérítéskor; ~ **laminating** *műa* folyamatos rétegelés; ~ **laser** → ~ wave laser; ~ **lattice** *mat* teljes háló; ~ **leaching** *koh* folyamatos lúgozás; ~ **lead refining used at Port Pirie** *koh* Port-Pirie-eljárás; ~ **lift** körforgó lift/személyfelvonó, páternoszter; ~ **liquid level measurement** folyamatos folyadékszintmérés; ~ **load (CL)** *el* statikus/tartós/állandó terhelés; ~ **load capacity** *félv* állandó terhelhetőség; ~ **loader,** ~ **loading** *bány* folyamatos rakodás; *távb* egyenletes terhelés; krarupozás; ~ **loading machine** folyamatos működésű rakodógép; ~ **logging** *geof* folytonos lyukszelvényezés; ~ **loop** *hang* zárt/végtelen mágnesszalag/hangszalag; ~ **map(ping)** *mat* folytonos leképezés; ~ **measurement of temperature** *koh* folyamatos hőmérsékletmérés; ~ **medium** kontinuum, folytonos közeg; ~ **melting** folyamatos olvasztás; ~ **mill** *heng* folytatólagos hengersor; *önt* folyamatos görgőjárat, ikerkoller; ~ **miner** *bány* folyamatos fejtőgép/jövesztőgép; ~ **mining** *bány* egyenesen (mezőbe) haladó fejtés/művelés, folyamatos fejtés; ~ **mixer** *ép* folyamatos keverő, folyamatos működésű keverőgép; *koh, önt* csigás keverő; ~ **mode of operation** tartós üzemeltetés; ~ **numbering** folyamatos számozás; ~ **on one side** *mat* egyik oldalról folytonos; ~ **operating/operation** folyamatos/folytonos üzemelés/üzem(mód); ~ **operation** *ip* folyamatos üzem; *távk* tartós üzemeltetés; ~ **oscillation(s)** csillapítatlan/folytonos rezgés(ek); ~ **output** *rep* állandó/tartós teljesítmény; ~ **overburden removing/stripping** *bány* folyamatos letakar(ít)ás; ~ **overload** tartós túlterhelés; ~ **paper** *szt* végtelenített papír; ~ **patenting** *koh* áthúzópatentozás; ~**-path control** folyamatos pályaszabályozás/pályavezérlés; ~ **phase** *vegy* diszperziós közeg; ~ **polymerization** *műa* folyamatos polimerizáció; ~ **population** *stat* folytonos sokaság; ~ **power** tartós teljesítmény; ~ **precipitation** *koh* folyamatos kiválás; ~ **pressure** állandó nyomás; ~ **process** folyamatos *v.* folytonos (üzemű) eljárás; állandó/tartós folyamat; *at* folytonos reaktorüzem; ~ **process control** folytonos folyamatirányítás/folyamatellenőrzés/folyamatszabályozás; ~ **production** folyamatos gyártás; ~ **profiling** *geof* folytonos szelvényezés; ~ **pugmill** *ép* folyamatos kényszerkeverő; ~ **pusher-type furnace** *koh* alagútkemence; ~ **quality control** folyamatos minőségellenőrzés; ~ **radiation** folytonos sugárzás; ~ **random variable** → ~ variate; ~**-range audiometer** folyamatos sávú audiométer; ~ **rating (CR)** *el* tartós teljesítmény; ~ **reactor** *at* folyamatos (üzemű) reaktor; ~ **reading** folytonos olvasás/letapogatás; ~**-recording magnetometer** folytonosan/folyamatosan regisztráló magnetométer; ~ **refilling of aquifers** *bány* vízutánpótlódás; ~ **regulation** folyamatos/fokozatmentes szabályozás; ~ **ribbon blender/mixer** *műa* spirálszalagos keverő; ~ **roller-hearth (annealing) furnace** *koh* görgős fenekű (alagút)kemence; ~ **rolling mill** → ~ mill; ~ **rope drive** végtelenkötél-hajtás; ~ **rope dyeing** *tex* folyamatos színezés kötegben; ~ **running** *ip, koh* állandó/folyamatos/folytonos/tartós üzem; ~ **run test** tartós vizsgálat, tartampróba; ~ **scanning** *távk* soros/színváltó letapogatás; ~ **sedimentary sequence** *geol* folyamatos rétegsor; ~ **sequence of barrages** *hidr* összefüggő lépcsőzés; ~ **service** folyamatos üzem; *távk* tartós üzemeltetés; ~ **sheeting** *műa* végtelen fólia/lemez; ~ **shift** folytonos/folyamatos (munka)műszak; ~ **short-circuit current** *el* állandósult zárlati áram; ~ **signal** *el* folytonos/folyamatos jel; ~ **signal amplifier** folytonosjel-erősítő; ~ **signal(l)ing** *vasút* állandó jelzésadás; ~ **slab** *ép* többtámaszú lemez; ~ **slab casting plant** *koh* folyamatos brammaöntő gép; ~ **slotted screen** *ol* pálcavázas szűrő; ~ **slot wire wound screen** *ol* huzalszűrő; ~ **slow motion** *finm* végtelen finommozgatás; ~ **sound** folytonos/állandó hang; ~ **sound level** tartós zajszint; ~ **span** többtámaszú híd nyílása; ~ **spectrum** *at* folytonos színkép, kontinuumos spektrum; ~ **speed cone** *gép* kúpos hajtódob *(fokozat nélküli áttételhez)*; ~ **speed control** folyamatos sebességszabályozás; ~ **spinning frame** *tex* láncgyűrűs fonógép; ~ **spread** hézagmentes elrendezés; *geof* folytonos terítés *(szelvényezésnél)*; ~ **stationery** *szt* papírhenger, leporelló; ~ **steamer** *tex* folyamatos gőzölő; ~ **steelmaking process** *koh* folyamatos acélgyártás; ~ **still** folyamatos lepárlókészülék; ~ **stochastic variable** → ~ variate; ~ **strand annealing** *koh* folyamatos lágyítás, áthúzólágyítás; ~ **strip-annealing furnace** *koh* szalagáthúzó lágyítókemence; ~ **structures** *pl ép* többtámaszúság; ~ **sucker rod string** *ol* felcsévélhető mélyszivattyú-rudazat; ~ **sweep** *rád* folyamatos eltérítés; folyamatos letapogatás *(lokátorral)*; ~ **system** folytonos rendszer; ~ **system modelling program (CSMP)** *szt* modellezőrendszer, CSMP; ~ **tape feeding** folyamatos szalagtovábbítás; ~ **tapping** *koh* folyamatos csapolás; ~ **terracing** *hidr* folytonos teraszozás; ~ **test** tartós vizsgálat, tartampróba; ~ **test signal controller** *aut* folytonos ellenőrzőjelű/vizsgálójelű szabályozó; ~-**time system** folytonos rendszer; ~ **tone** *opt* féltónus, bágyadt tónus; *távk* tartós hang; ~-**tone** *szt* a szürke minden árnyalatát megjelenítő; ~-**tone film** *nyom* árnyalatos/féltónusú film; ~ **tractive effort** *vasút* állandó vonóerő; ~ **traffic line** folytonos vonal, záróvonal; ~ **train control** *vasút* folytonos vonatirányítás; ~ **transporter** → ~ conveyor; ~ **tread** hernyótalp, lánctalp; ~ **truss (frame)** *ép* többtámaszú rácsostartó; ~ **tube rolling** *heng* folytatólagos csőhengerlés; ~ **tube rolling mill** *heng* folytatólagos csőhengersor; ~ **two-way slab** *ép* többtámaszú két irányban teherbíró/vasalt lemez; ~-**type pasteurizer** folytonos pasztőröző; ~ **undercarriage axle** osztatlan futóműtengely; ~ **variable** *mat* folytonos változó; ~ **variate** *stat* folytonos valószínűségi változó; ~ **variation** → ~ regulation; ~ **velocity logging** *ol* akusztikus sebességszelvényezés; ~ **ventilating** folyamatos szellőztetés; ~ **vulcanization/vulcanisation** *gumi* folyamatos vulkanizálás; ~ **water** állandó/permanens vízmozgás; ~ **wave (CW)** *fiz* csillapítatlan/folytonos hullám; ~-**wave gas laser altimeter** folyamatos működésű gázlézeres magasságmérő; ~-**wave laser (CWL)** folyamatos sugárzású lézer, folytonos/folyamatos működésű lézer; ~-**wave laser boring** folytonos hullámú/működésű lézeres fúrás; ~-**wave laser Doppler radar** folytonos üzemű *v.* folyamatos működésű Doppler-effektusos lézerradar/lézerlokátor; ~-**wave laser system** folytonos üzemű *v.* folyamatos működésű lézerrendszer; ~-**wave modulation** folytonos szinuszmoduláció; ~-**wave radar (CWR)** folyamatos hullámú lokátor/radar; ~-**way control** *aut* folytonos/folyamatos pályavezérlés; ~ **weigh-batching** folyamatos mérőadagolás; ~ **weld** folyamatos (hegesztő)varrat; ~ **welded rail** *vasút* hézag nélküli vágány; ~ **welding** folyamatos hegesztés; ~ **window** *ép* osztópillér nélküli ablak(sor); ~ **wing** *rep* átmenő szárny; ~ **winning** *bány* folyamatos jövesztés; ~ **wire feeder** *heng* folyamatos huzaladagoló; ~ **wire mill** folyamatos huzalhengersor; ~ **working (CW)** *szt* folyamatos üzem, CW; ~ **working viscosimeter** folytonos működésű viszkoziméter *(zavarásjelzéssel)*; ~-**yarn processing** *tex* végtelen szál húzási eljárása

continuously | **adjustable** folyamatosan beállítható, fokozatmentesen illeszthető/állítható; ~ **cast billet** *koh* folyamatosan öntött buga; ~ **cast pipe** csőöntvény; ~ **cast semiproduct** *önt* folyamatosan öntött féltermék; ~ **cast slab** *önt* folyamatosan öntött bramma; ~ **differentiable function** folytonosan differenciálható függvény; ~ **engaged gear** *gép* munkakerék; ~ **loaded cable** *távk* krarupkábel; ~ **modulated** *el* analóg; ~ **operating automatic titrating apparatus** folyamatosan működő titrálógép, folytonos működésű titrálógép; ~ **operating excavator** folyamatos működésű kotró; ~ **operating solid-state body-laser** folytonos/folyamatos működésű szilárdtestlézer; ~-**reinforced** többtámaszúan/folytonosítva vasalt *(vasbeton)*; ~ **ridgeless waveguide junction** *távk* folytonos átmenet; ~ **running** állandó/folyamatos/folytonos üzemű; ~-**running winning machine** *bány* folyamatos jövesztőgép; ~ **stepless waveguide junction** *távk* folytonos átmenet; ~ **tuned oscillator** folytonos hangolású oszcillátor; ~ **variable** folyamatosan változó/változtatható/beállítható; ~ **varying waveguide junction** *távk* folytonos átmenet; ~ **working** folyamatos (működésű)

continuum *fiz* kontinuum, folytonos közeg; *mat* kontinuum, folytonos színkép, kontinuumos spektrum; ~ **flow** folytonos áramlás; ~ **infinite set** kontinuumszámosságú halmaz; ~ **mechanics** folytonos közegek mechanikája, kontinuummechanika; ~ **of (real) numbers** *mat* számegyenes, aritmetikai kontinuum; ~ **power** *mat* kontinuumszámosság; ~ **region** *at* kontinuumtartomány; ~ **theory** *fiz* kontinuumelmélet

Contop furnace *koh* Contop-kemence

contort (el)csavar, gyűr

contorted | **bed** *geol* gyűrődéses réteg; ~ **strata** *geol* elcsavarodott rétegek

contortion csavarodás, gyűrődés; torzulás; ~ **folding** *geol* elcsavarodott gyűrődés

contour I. *v* körülrajzol, körvonalaz; körülhatárol; szintrajzot készít; megrajzol, berajzol *(szintvonalakat)*; **II.** *n* körvonal, kontúr; profil, szelvény; *at* szintgörbe; *bány* (fejtési) alaprajz; körvonalrajz; *geod* rétegvonal; szintvonal, nívóvonal, izohipsza; *hajó* szerkesztési vízvonal; *mat* kontúr, zárt görbe/út, hurok; ~ **accentuation** kontúrkiemelés; ~ **acuity** *opt* nóniusz-látóélesség, nóniusz-éleslátás; ~ **blasting** *bány* egyenletes felületű robbantás; szelvénytartó robbantás; ~ **board** *pa* körvonalazókarton; ~ **bund** *hidr* sánc; vízszintes bakhát; ~ **bunding** *bány, hidr* sáncolás; *mzg* bakhátas szintvonalas művelés; ~ **canal** *hidr* rétegvonal/szintvonal menti csatorna; ~ **chart** *met* abszolút topográfia; ~-**check method** *hidr* szintvonal menti kalitkás árasztás; ~ **checks** *hidr* szintvonal menti kalitkák; ~ **cultivation** → ~ farming; ~ **cutting** *heg* alakos lángvágás; ~ **diagram** kontúrdiagram; ~ **ditch irrigation** *hidr* rétegvonalas árkos öntözés; ~ **dolly** *alak* alakos matrica/kölyű; ~ **drawing** körvonalrajz, külméreti rajz; ~ **farming** vízszintes művelés; rétegvonalas talajművelés; ~ **follower** *mt* másolókészülék; ~**-furrow method** *hidr* rétegvonalas barázdás öntözés(i módszer); ~ **gradient** *vasút* esésvonal; lejtővonal, semleges vonal; ~ **grinder** *forg* másolóköszörű; ~ **grinding** *forg* másolóköszörülés; ~ **grinding-machine** *forg* másolóköszörű, másoló köszörűgép; ~ **guideboard** *mt* vezetősablon; ~ **holes** *pl bány* szelvényező koszorú; ~ **integral** *mat* kontúrintegrál, zárt görbén vett vonalintegrál; ~ **interval** *geod* (alap)szintköz, szintvonalköz; ~ **lathe** idomeszterga; ~ **line** körvonal, határvonal; *geod* szintvonal, izohipsza, nívógörbe; *mat* kontúr, képkörrajz; szintvonal, nívóvonal, izohipsza; *met* izohipsza; ~ **line map/plan** → ~ map; ~ **line of drainage divide** *hidr* vízválasztó vonal; ~ **machining** idommegmunkálás, másoló megmunkálás; ~ **map** *geod* szintvonalas térkép; szintvonalrajz; *geol* kontúrtérkép, rétegtérkép; ~ **map of bedrock/foot wall underlying rocks** *bány* feküfelszíntérkép; ~ **mask** *nyom* kontúrmaszk; ~ **milling** *forg* másolómarás; ~ **of water table** *hidr* talajvíz-izohipsza; ~ **plan** → ~ map; ~ **profile** alakos körvonal; ~ **squeeze mo(u)lding machine** *alak* körvonalsajtolásos formázógép; ~ **stencil** körvonalsablon; ~ **surface** *mat* nívófelület, szintfelület; ~ **templet (CT)** körvonalidomszer, körvonalsablon; ~ **terrace** *hidr* vízszintes sánc; ~ **terracing** *bány, hidr* sáncolás; ~ **turning** idomesztergálás, alakesztergálás; ~**-type method** *hidr* rétegvonalas módszer; ~ **well** *ol* körülhatároló kutatófúrás, szegélyfúrás

contoured nozzle *rep* profilírozott fúvóka

contouring *geod* szintvonalas felmérés; *hidr* rétegvonalas talajművelés; vízszintes művelés; ~ **tool** alakkés, alakos kés

contraband *bány* tiltott beviteli tárgyak *(gázos bányába)*

contraclockwise az óramutató járásával ellenkező *(irányú/irányban/értelemben)*

contract I. *v* összehúz, összeszorít, összenyom; (össze)zsugorodik; összehúzódik, összeszorul, összeszűkül; összemegy; rövidít; összenyomódik; zsugorít, szinterel; *any* kontrahál; *ip* (szerződésileg) vállal; szerződik, szerződést/megállapodást köt; *tex* összeugrik; **II.** *n* szerződés, megállapodás; ~**-bonus system** *bány* prémiumos szakmány; *ip* darabprémiumos bérezési rendszer; ~ **construction** vállalatba adott építkezés; ~ **manager** építésvezető; ~ **miner** műszakbéres bányász; ~ **of carriage** *rep* szállítási szerződés; ~**(-performed) maintenance** szerződéses karbantartási munkák; ~ **rate** teljesítménybér, darabbér; ~ **rig** *ol* vállalkozói fúróberendezés; ~ **system** teljesítménybérrendszer; ~ **work** *bány* szakmány(béres munka); *ip* akkordmunka; ~ **work for tonnage** *bány* csilleszakmány

contracted | **cross section** *any* kontrahált keresztmetszet; *hidr* kontrahált szelvény; ~ **drop/fall** *hidr* szűkített fenéklépcső; ~ **jet** összeszűkülő keresztmetszetű folyadéksugár; ~ **notation** *mat* rövid(ített) jelölés/írásmód, rövidítés; ~ **orifice** *hidr* szűkített/kontrahált nyúlás; ~ **passage** szűkített járat/szelvény; ~ **rectangular weir** *hidr* Poncelet-bukó; ~ **waterway** szűkített mederszélesség; ~ **weir** *hidr* szűkítéses *v.* teljes szűkítésű bukó

contractibility *mat* összehúzhatóság

contractible *mat* összehúzható; ~ **to a set** halmazra összehúzható

contractile zsugorodóképes; összehúzódásra képes, kontraktilis

contractility összehúzódóképesség, zsugorodóképesség, kontraktibilitás

contracting | **band brake** külső szalagfék; ~ **effect** összehúzóhatás, zsugorítóhatás; ~ **function** *mat* kontraktív függvény; ~ **mapping** *mat* kontraktív leképezés; ~ **nozzle** konfúzor, szűkülő fúvóka; ~ **rule** összehajtható mérce/mérővessző, colstok

contraction összezsugorodás, összehúzódás; összeszűkülés, (meg)rövidülés, méretcsökkenés; összehúzás, összeszűkítés, összezsugorítás; szűkület; *any* befűződés, keresztmetszet-csökkenés; kontrahálás, kontrakció; *at* beszűkülés, összehúzódás; *bány* kontrakció; összenyomás; *finm* csaplyukszűkítés; *hidr* kontrakció, szűkítés; szelvényszűkülés; szűkület; *koh* befűződés, kontrakció; *mat* kontrakció, kontraktív leképezés; összevonás; *mech* harántnyúlás, kontrakció; *ol* (olaj)zsugorodás, apadás; *önt* zsugorodás, zsugormérték; *tex* összeugrás; zsugorodás, rövidülés; ~ **allowance** *műa* zsugorodási ráhagyás; ~ **axis** *met* kontrakciós tengely; ~ **cavity** *önt* zsugorodási/fogyási üreg, lunker; ~ **coefficient** *el* szűkítési együttható; *hidr* kontrakciós tényező; ~ **crack** zsugorodási repedés; ~ **cracking** zsugorodási repedés(képződés); ~ **factor** *műa* zsugorodási tényező; ~ **fit** összehúzódó illesztés; ~ **folding** *geol* zsugorodásos gyűrődés; ~ **hypothesis** *geol* zsugorodási/kontrakciós elmélet; ~ **in area** *any* keresztmetszeti területcsökkenés, kontrahálás; ~ **in length** lineáris összehúzódás/rövidülés, hosszanti/hosszirányú zsugorodás; ~ **joint** *bány* kőzetnyomás miatt keletkezett rétegelválás; *ép* látszóhézag; zsugorodási hézag; *hidr, koh* tágulási hézag; ~ **loss** *hidr* szelvényszűkülési veszteség/ellenállás; ~ **of area** *any* összehúzódás, befűződés, kontrakció, helyi keresztmetszet-csökkenés; ~ **of flow** *rep* áramlás összehúzódása; ~ **of lines of force** *fiz* erővonal-kontrakció; ~ **of the navigation channel** *hidr* hajóútszűkület; ~ **ratio** *fiz* kontrakciós/összehúzódási arány/viszony; *hidr* szűkítési arány/viszonyszám; *rep* szűkülési arány; ~ **rule** *önt* zsugorlépték; ~ **strain** *any* zsugorodási alakváltozás; ~ **stress** *fiz* zsugorodási feszültség; zsugorodásnál fellépő belső feszültség; ~ **temperature** *tex* zsugorodási hőmérséklet

contractor szerződő fél, vállalkozó; *ép* építési vállalkozó, építő; ~**s** *ép* építési/építkezési vállalat; ~**'s agent** építésvezető; ~**'s (air) compressor (set)** építőipari kompresszor; ~**'s air heater** kevertlevegős hőlégfúvó; ~**'s crossing** *vasút* forgókeresztezés; ~**'s generating set** építéshelyi áramfejlesztő; ~**'s hoist** építési felvonó; ~**'s level** építéshelyi szintező(műszer); ~**'s plant** építési vállalkozó telepe; ~**'s points** *vasút* cigányváltó; ~**'s pump** *ép* kézi szivattyú; ~**'s submersible pump** *ép* merülőszivattyú; ~**'s track** építéshelyi (ipar)vágány

contradoping *félv* ellenszennyezés, ellendoppingolás

contraflow → counterflow; ~ **current airing** ellenáramú szellőzés; ~ **paddle type mixer** *ép* ellenáramú kényszerkeverő; ~ **unit** *rep* ellenáramlású egység
contragradience *mat* kontragradiencia
contraguide rudder *hajó* áramvonalazott kormánylapát; terelőlapátos kormány
contrail *rep* kondenzcsík
contraplex working *távb* duplex üzemmód
contrapolarization kontrapolarizáció
contrapositive *mat* kontrapozitív
contraption szerkezet; eszköz; „szerkentyű"
contraries idegen/szennyező anyag; *pa* szennyezettség
contrariness *mat* ellentétesség
contrarotate *rep* ellentétesen forog
contrary I. *a* ellentétes, ellenekező; **II.** *n* ellentét; *mat* ellentétes állítás; ~ **wind** ellenszél; → contraries
Contrason floor Contrason-födém
contrast I. *v* összevet, szembeállít; elüt, különbözik; **II.** *n* ellentét; *foto* kontraszt; *hang* legnagyobb és legkisebb hangerőszint viszonya; *szt* ellentét, kontraszt, élesség; *tv* (kép)kontraszt; ~ **amplifier** kontrasztérősítő; ~ **colo(u)r** *orv* kontrasztfesték; ~ **compensation** *nyom* kontrasztkiegyenlítés; ~ **control** *hang* dinamikaszabályozás; *tv* kontrasztszabályozás; ~ **curve** *nyom* feketedésgörbe; ~ **decay** *tv* kontrasztcsökkenés, kontrasztesés; ~ **dyeing** *tex* kontrasztszínezés; ~ **effect** kontraszthatás; ~ **expansion** kontrasztnövelés; ~ **filter** *foto* fényszűrő; *opt* ellentétszűrő, kontrasztszűrő; ~ **improvement** kontrasztjavítás; ~ **in colo(u)r** színkontraszt; ~ **increase** kontrasztnövekedés, élességjavulás; ~ **line** → ~ curve; ~ **medium** *orv* kontrasztanyag; ~ **number** *foto* keménységi szám, gradáció; ~ **of brightness/luminance** fénysűrűségkontraszt; ~ **photometer** *fiz, opt* kontrasztfotométer; összehasonlító megvilágításmérő; ~ **range** *el, távk* kontrasztterjedelem; ~ **ratio** *pa* kontrasztviszony; *tv* kontrasztarány, kontrasztosság; ~ **reduction** kontrasztcsökkenés, kontrasztesés; ~ **regulator** *tv* kontrasztszabályozó, képélesség-beállító; ~ **rendition** kontrasztvisszaadás; ~ **sensitivity** *foto* kontrasztérzékenység; ~ **threshold** *opt* kontrasztérzékelés határa, kontrasztküszöb
contrasting | background *tex* elütő (színű) háttér; ~ **colo(u)r** kontrasztszín, elütő szín; ~ **effect** kontraszthatás
contrasty kontrasztdús, kontrasztgazdag; *foto* kontrasztos; ~ **developer** *foto* kontrasztdús előhívó
contravariance *mat* kontravariancia
contravariant *mat* kontravariáns; ~ **coordinate** kontravariáns koordináta
contributory járulékos, adalékos, hozzájáruló; ~ **cause** másodlagos ok
contrivance feltalálás, alkalmazás *(eszközé)*; kitalálás, kiagyalás; (meg)tervezés; berendezés, eszköz, szerkezet, gépezet; találmány; (alkalmazott) fogás; trükk
control I. *v* vezérel, irányít, szabályoz; vezet; kormányoz; ellenőriz, felülvizsgál, verifikál; felügyel; *rep* vezérel, szabályoz; **II.** *n aut* vezérlés, irányítás, szabályozás; *ép, gép* kezelőszerv; vezérlés, irányítás, szabályozás, működtetés; vezérlőszerv; *geof* támpont, adat; *hang* dinamikaszabályozás; *hidr* ellenőrző szelvény; *koh* ellenőrzés; *szt* vezérlés; ~ **air** *aut* vezérlőlevegő; ~ **algorithm** *szt* irányítási/irányító/szabályozó/vezérlő algoritmus; ~ **and reporting system** felderítő és ellenőrző (radar)rendszer; ~ **and simulation language (CSL)** *szt* vezérlő és szimulációs nyelv, CSL; ~ **angle** vezérlési szög; ~ **apparatus** → ~ equipment; ~ **appliance** vezérlőkészülék, parancsadó készülék; ~ **area** *aut* (lineáris) szabályozási terület; *met* kontrollterület, ellenőrzött terület; *rep* irányító körzet; ~ **area radio station** *rep, távk* irányító körzetet kiszolgáló légiforgalmi rádióállomás; ~ **arm** szabályozókar; ~ **assembly** szabályozási rendszer; ~ **assistant** *rep* segédirányító; ~ **battery** *el* szabályozótelep; ~ **bench** ellenőrzőpad; ~ **block** *szt* vezérlőblokk; ~ **board (CB)** *el* irányítótábla, vezérlőtábla; vezérlőpult; *gépk* szerelékfal; ~ **borehole** *bány* ellenőrző fúrás; ~ **box** *bány, el* szabályozószekrény; vezérlőszekrény; *gépk* feszültségszabályozó; *kat* tartozékos láda; ~ **boxes** *hidr* szabályozódobok, állócsövek; ~ **break** irányítás megszakítása; ~ **break item** *szt* csoportjelzés; ~ **brush** *el* mérőkefe, szabályozókefe; ~ **bulb** szabályozókészülék hőérzékelője; ~ **bus** *szt* vezérlőbusz; ~ **button (CB)** fókuszálócsavar, állítócsavar; ~ **by current** árambefolyásolás; ~ **by overflow** túlömlés-szabályozás; ~ **cabin** vezérlőterem, irányítóterem; ~ **cabinet** vezérlőszekrény; ~ **cable** *el* erősáramú kábel *(mérés, működtetés, jelzés részére)*; működtetőkábel; vezérlőkábel; *em* vezérlő drótkötél *(kötélpályán)*; ~ **cam** *gép* vezérlőbütyök; ~ **car** *rep* parancsnoki gondola *(léghajón)*; ~ **card** *szt* vezérlő lyukkártya; ~ **carriage** *bány* vezető vontató; ~ **cash register** gépi ellenőrző pénztár; ~ **centre/center (CC)** szabályozó/irányító központ, vezénylőterem; *bány* szellőzésszabályozó központ; *rep* (légiforgalom-)irányító központ; *vasút* menetirányító központ; ~ **chain** *aut* hatáslánc; vezérlési vonal; ~ **channel** *szt* vezérlőcsatorna; ~ **character** *szt* vezérlőkarakter; ~ **characteristic** irányítási/vezérlési/szabályozási jelleggörbe; ~ **chart** kontrollkártya, ellenőrző kártya; ~ **chart for items** tételellenőrző kártya; ~ **chart for percent of errors** hibaszázalék-ellenőrző kártya; ~ **circuit** *aut* szabályozási kör/hurok; *szt* vezérlőáramkör; ~ **circuit with discontinuously variable damping** szakaszosan változtatható csillapítású szabályozási kör; ~ **circuit with transfer lag** átvitel-késleltetéses szabályozási kör; ~ **circuit with variable amplification** változó erősítésű szabályozási kör; ~ **code** vezérlőkód, vezérlőjel; ~ **coefficient** szabályozási tényező; ~ **column** *el* vezérlő műszeroszlop; *gép* kezelőoszlop; *rep* botkormány, kormánybot; kormányoszlop, kormányrúd; *szt* ellenőrző mező; ~ **command** *szt* irányítási/vezérlési/szabályozási utasítás, irányítóutasítás, vezérlőutasítás; ~ **computer** vezérlő számítógép; ~ **console** *el* kapcsolóasztal; vezérlőasztal, vezérlőpult; ~ **counter** *szt* vezérlőregiszter; ~ **crab** *bány* vezető vontató; ~ **criteria** szabályozás minőségi kritériumai; ~ **cubicle** *távk* stúdió vezérlőhelyisége *v.* technikai helyisége, lehallgatóhelyiség; ~ **current** *el* vezérlőáram; *félv* működtetőáram, működtető jeláram; ~ **cut-off switch** *aut* szabályozásmegszakító/vezérlésmegszakító kapcsoló; ~ **data** *szt* vezérlőadatok; ~ **deck** *hajó* kormányfülke feletti fedélzet; ~ **deflection** *rep* kormányszerv kitérése; ~ **design** *aut* szabályozási rendszer tervezése, vezérléstervezés; ~ **desk** → ~ console; ~ **device** *szt* vezérlőegység; ~ **direction** *aut, távk* vezérlési

irány; ~ **domain** *aut* szabályozási/vezérlési tartomány; *távk* kivezérelhetőségi tartomány; ~ **edge** *gépk* szabályozóél *(befecskendező szivattyún)*; ~ **electrode** *el* vezérlőelektród; ~ **electronics** *el, rep* vezérlőelektronika, szabályozóelektronika; ~ **element** *aut* vezérlőelem, szabályozóelem; *el* működtetőelem; ~ **engineer** műszaki ellenőrző szolgálat mérnöke; *en* diszpécser; ~ **engineering** *aut* irányítástechnika; szabályozástechnika; ~ **equipment** *aut* ellenőrző berendezés, irányítóberendezés, szabályozóberendezés, vezérlőberendezés, vezérlés; ~ **error** vezérlési/szabályozási hiba; ~ **facilities** *rep* irányító/távvezérlő berendezések; ~ **factor** szabályozási tényező; ~ **field** szabályozási/irányítási/vezérlési mező/tartomány; ~ **field hole** *aut* szinkronlyuk; ~ **flap** *rep* kormánylap; ~ **force** *mech* szabályozóerő; ~ **for stretch** *tex* nyújtásszabályozás; ~ **frequency** *távk* vezérlőfrekvencia, szabályozófrekvencia; ~ **function** *aut, mat* irányítási/szabályozási függvény; *szt* vezérlőművelet; ~ **gap** *el* vezérlő szikraköz *(neoncsőben)*; ~ **ga(u)ge** *gép, metr* ellenidomszer, etalon; ~ **gear** *el* kapcsolóberendezés; *gép* vezérmű; *rep* vezérlőszerkezet; ~ **generator** vezérgenerátor; ~ **grid** *el* vezérlőrács; ~ **grid bias** *el* vezérlőrács-előfeszültség; ~ **group** vezérlőegység; *gyógyv* kontrollcsoport *(gyógyszer kipróbálására)*; ~ **hierarchy principle** hierarchikus/lépcsőzetes vezérlési elv; ~ **hole** *szt* vezérlőlyuk; ~ **house** *hidr* vezérlőterem, irányítóterem; ~ **information** *szt* vezérlőinformáció; ~ **input** vezetőjellemző, vezetőjel; vezérlő bemenet; ~ **installation with narrow dead zone** *aut* keskeny érzéketlenségi sávú szabályozóberendezés; ~ **instruction** *szt* vezérlőutasítás; ~ **instrument** ellenőrző műszer; ~ **interaction factor** kölcsönhatási tényező; ~ **interval** *aut* szabályozási/vezérlési tartomány; ~ **key (CTRL)** *szt* vezérlőbillentyű, CTRL; ~ **knob** vezérlőgomb, beállítógomb; ~ **lamp** *vasút* ellenőrző fény *(jelzőberendezésnél)*; ellenőrző lámpa; ~ **laser radar** vezérlő/irányító lézerradar/lézerlokátor; ~ **law** *aut* szabályozás/irányítás törvényszerűsége/algoritmusa; ~ **layer** *hidr* határolóréteg, vízzáró fekü; ~ **level** ellenőrzési/szabályozási szint; *hidr* ellenőrző vízmérték; ~ **lever** szabályozókar; *vasút* állítókar; ~ **levers** *pl* vezérlő emeltyűrendszer; ~ **lift** *rep* kormányszerv felhajtóereje; ~ **light** ellenőrző/műszerállásjelző lámpa; ~ **limits** *aut* szabályozási határok; *stat* ellenőrzési határok; ~ **line** ellenőrző vonal; *el* kormányhengereket összekötő vezeték; *em* vezérlő drótkötél *(kötélpályáé)*; *rep* kormányszerv sodronykötele; *szt* vezérlővonal; *távb* szolgálati vonal; ~ **linkage** *gépk* kormányrudazat; vezérlőrudazat; ~ **locking** vezérlésreteszelés; ~ **loop** (egyszerű) szabályozási kör; *szt* vezérlőhurok; ~ **magnet** *el* szabályozómágnes; ~ **matrix** irányítómátrix; ~ **measurement of head gear** *bány* aknatorony ellenőrző mérése; ~ **mechanism** vezér(lő)mű, kapcsolómű; ~ **member** szabályozó, vezérlőelem; ~ **memory** *szt* vezérlőtár; ~ **method** irányítási/vezérlési/szabályozási módszer; *geod* alappont-meghatározási módszer; ~ **motor** működtetőmotor, szervomotor; ~ **net** *geod* alapponthálózat; ~ **notch** ellenőrző bejelölés/bevágás; ~ **of arc power of the arc furnace** ívkemence ívteljesítményének szabályozása; ~ **of combustion process** égésfolyamat-szabályozás; ~ **of cracking** *ép* repedéskorlátozás; ~ **of crack width** *ép* repedéstágasság-korlátozás; ~ **office** *közl* központ, ellenőrző iroda/hivatal; ~ **of level in a bin** *koh* töltésiszint-szabályozás; ~ **of looping** *koh* hurokszabályozás; ~ **of many-variable system** *aut* hurkolt/többhurkú/többváltozós szabályozási rendszer; ~ **of operations** műveletvezérlés, műveletirányítás; ~ **of process of combustion** égésfolyamat-szabályozás; ~ **of refrigerating capacity** hűtőteljesítmény-szabályozás; ~ **of rotation velocity** fordulatszám-szabályozás; ~ **of stresses** *mech* feszültségkorlátozás; ~ **of technological process** technológiai folyamat ellenőrzése; ~ **operation** szabályozási folyamat/művelet; ~ **output** *el* végrehajtó jel; ~ **panel (CP)** *szt* vezérlőpult; kezelőpult; kapcsolólap; ~ **path** hatásvonal *(irányítási és szabályozási rendszerekben)*; ~ **pedestal** kezelőemelvény; *rep* botkormány, kormánybot; kormányoszlop, kormányrúd; ~ **performance** *aut* szabályozás időbeli lefolyása; szabályozás jósága; ~ **phase** szabályozási fázis; ~ **pillar** *gépk* kormányoszlop; *rep* vezérlőoszlop; ~ **piston** *gép* vezérlődugattyú; ~ **platform cart** *ép* vezetőállásos szállítótargonca; ~ **plunger** *gép* vezérlő búvárdugattyú; ~ **point** *aut* alapérték, parancsolt/beszabályozási érték; beavatkozási hely; vezérlőállomás; *bány* illesztőpont; *geod* alappont; *koh* alapérték; *rep* ellenőrző pont; ~ **port** *hidr* vezérlő(kapu); ~ **position indicator** *rep* a kormány helyzetét jelző műszer; ~ **post** vezérlőállomás; ~ **power** vezérlőteljesítmény; ~ **pressure** működtetőnyomás; ~ **problem** *aut* irányítási cél; ~ **process** *aut* szabályozási/irányítási/vezérlési folyamat; ~ **program** *szt* vezérlőprogram; C~ **Program/Microcomputers (CP/M)** *szt* operációs rendszer *(személyi számítógépre)*; ~ **pulse** *el, távk* vezérlőimpulzus; ~ **pulse-shift** *el, távk* vezérlőimpulzus-eltolás; ~ **punching** *szt* ellenőrző lyukasztás; ~ **quadrant** *gépk* befecskendezőszivattyú töltésállító fogasíve; ~ **rack** *rep* vezérlőállás, kapcsolótábla; ~ **range** → ~ domain; ~ **rate** *koh* beavatkozási sebesség; ~**-reaction time** vezérlési idő; ~ **reactive load** *félv* vezérlési meddőteljesítmény; ~ **read-only memory (CROM)** *szt* vezérelt fixtár, CROM; ~ **record** *szt* ellenőrző rekord; ~ **register** *szt* programregiszter, vezérlőregiszter, utasításregiszter; ~ **relay** *el* vezérlőrelé, ellenőrzőrelé; ~ **relay circuit** *aut* ellenőrzőrelé-áramkör, vezérlőrelé-áramkör; ~ **reservoir** főlégtartály *(légfékhez)*; ~ **resistor** *el* szabályzóellenállás; ~ **rod** *at* szabályzórúd, kompenzálórúd; *gépk* befecskendezőszivattyú-fogasrúd *(dízelmotoré)*; ~**-rod drive** *at* szabályozórúd-hajtás; ~ **roll** vezetőgörgő; ~ **room** *aut, el, távk* vezénylőterem, irányítóterem, vezérlőterem, kapcsolóterem; *film* filmellenőrző terem; *közl* menetirányító iroda; *rep* vezetőfülke; ~**s** *pl* irányítószerkezet, szabályozószerkezet, vezérmű; ~ **sample** *vegy* ellenőrző minta; ~ **sampling** ellenőrző mintavétel; ~ **science** szabályozáselmélet; ~ **section** *hidr* ellenőrzőszelvény, kontrollszelvény; *szt* vezérlőrész; ~ **sensitive element** *aut* érzékelőszerv; ~ **sequence** vezérlési/szabályozási sorrend; utasítássorozat, utasítássorrend; számítógép-művelet; ~ **sequencer** *szt* sorrendvezérlő; ~ **servomotor** vezérlő/szabályozó szervomotor; ~ **set** szabályozógarnitúra; ~ **shaft** *gépk* kormányszerkezet tengelye; szabályozó fogasrúd; ~ **sheet** *nyom* ellenőrzőív; ~ **side** *gépk* vezérműoldal; ~ **signal (CS)** *aut* irányítójel, szabályozójel, vezérlőjel, ellenőrzőjel, alapjel; ~ **span** *távk* kivezérelhetőségi tartomány; ~ **specimen** *any* összehasonlító próbatest; ~ **speed** vezérlési/szabályozási sebesség; ~ **stability** *aut* szabályozás stabilitása; ~ **stage** vezérlőfokozat; ~ **stand** vezérlőasztal, vezérlőpult; próbapad ellenőrző vizsgálatokhoz; *geod* magassági dúc; ~ **state** *szt* felügyeleti állapot; ~ **statement** *szt* vezérlőutasítás; ~ **statics** szabályozás statikája; ~ **station** *aut* ellenőrzőállomás, irányítóállomás, vezénylőállomás; megfigyelőállomás *(tűzoltó)*; *távb* ellenőrzőállomás, irányítóállomás, vezénylőállomás; *távk* szabályozóállomás; ~ **step** *aut* szabályozási fokozat/szakasz; ~ **step input** ugrás alakú vezetőjellemző/vezetőjel; ~ **stick** *rep* botkormány; ~ **store** vezérlőmemória; ~ **strip** *at* szabályzórúd; ~ **switch** *el* működtetőkapcsoló, vezérlőkapcsoló; *távk* vezérlő kapcsológép; ~ **symbol** szabályozási/vezérlési/irányítási jel; ~ **synchro** vezérlő/szabályozó szelszin; ~ **system** irányítóberendezés, szabályozóberendezés; *aut* szabályozási/irányítási/vezérlési rendszer, irányítórendszer; *vasút* menetirányítás; ~ **system continuous simulators** *aut* irányítási rendszerek folytonos modelljei; ~ **system with time delay** *aut* holtidős szabályozási rendszer; ~ **table** → ~ console; ~ **tape** *szt* vezérlő lyukszalag; ~ **technique** irányítástechnika; vezérléstechnika; szabályozástechnika; ~ **test** *any* ellenőrző próba/vizsgálat; ~ **theory** szabályozáselmélet, vezérléselmélet; ~ **through thyristors** tirisztoros vezérlés; ~ **time** szabályozási/vezérlési idő; ~ **toothed segment** befecskendező szivattyú töltésállító fogasíve *(dízelmotorban)*; ~ **total** *szt* ellenőrző végösszeg; ~ **tower** *rep* irányítótorony; ~ **track** *szt* vezérlősáv, vezérlőjeleket rögzítő sáv; ~ **transfer** vezérlésátvitel; ~ **transfer instruction** *szt* ugrási utasítás; ~ **transformer** *el* kontrolltranszformátor; ~ **transmitter** *el* vezéroszcillátor; ~ **traverse** *geod* alappontok meghatározása sokszögeléssel; ~ **tube** *el* szabályozócső; ~ **turn(s)** → winding(s); ~**-type generator** *el* vezérgenerátor; ~ **unit (CU)** *szt* vezérlőegység, CU; ~ **valve** *gép* szabályozószelep; vezérszelep; ~ **variable** *aut* szabályozott/szabályozási jellemző; *szt* vezérlési/futási változó; ~ **voltage** *el* működtetőfeszültség; vezérlőfeszültség; ~ **wheel** szabályozókerék; *rep* kormánykerék; ~ **winding(s)** *el* vezérlőtekercs; ~ **wiring** műszerkapcsoló tábla huzalozása; ~ **word** irányítószó, vezérlőszó, vezényszó, utasításszó

controllability *aut* szabályozhatóság, irányíthatóság, vezérelhetőség, kormányozhatóság

controllable szabályozható, állítható, irányítható, vezérelhető; ~ **activity variable** → ~ variable; ~**-area nozzle** *rep* szabályozható keresztmetszetű fúvóka; ~ **intake** *gépk* (szabályozható) szellőzőnyílás; *rep* szabályozható levegő-beömlőnyílás; ~ **parameters** *rendsz* irányítható paraméterek; ~ **pitch** *gép* változtatható (menet)emelkedés/osztás; ~**-pitch propeller (CPP)** *hajó* állítható szárnyú hajócsavar; *rep* állítható légcsavar; ~ **reaction** *at* szabályozható reakció; ~ **reliability** ellenőrizhető megbízhatóság; ~ **semiconductor rectifier** *aut* vezérelhető félvezető egyenirányító; ~ **thrust** *rep* szabályozható tolóerő; ~ **variable** *rendsz* cselekvési változó

controlled szabályozott, irányított, vezérelt; ~ **adjustment** szabályozott/irányított szakasz; ~ **airspace** *rep* ellenőrzött légtér; ~ **arc welding** szabályozott ívhegesztés; ~ **area** szabályozott tartomány/zóna; ~ **artificial thyristor** vezérelt mesterséges tirisztor; ~ **atmosphere (CA)** *heg, ker* védőgáz-atmoszféra; *koh* szabályozott atmoszféra; ~**-atmosphere furnace** *koh* védőgázas kemence; ~ **avalanche diode** *el* kontrollált letörésű egyenirányító elem; ~ **avalanche thyristor** kontrollált letörésű tirisztor; ~**-bucket door** *bány* nyílásszabályozó vederfenék; ~ **carrier modulation** *rád* lebegtetett vivőjű moduláció; ~ **caving** *bány* irányított omlasztás; ~ **circulation boiler** kényszeráramlású kazán; ~ **clock** *távk* vezérelt óra; ~ **condition** *aut* szabályozott/irányított jellemző; ~ **cooling** *koh* szabályozott hűtés; ~ **crossing** *ép* szabályozott kereszteződés; ~ **diode** *aut* szabályozódióda; ~ **directional solidification** *koh* irányított kristályosodás; ~**-discharge door concrete spreader** *ép* vezérelt ürítésű terítőkocsi *(beton)*; ~**-extraction steam-turbine** szabályozott gőzelvételes gőzturbina; ~ **feed belt weigher** *koh* szalagadagolós mérleg; ~ **fusion** *at* szabályozott fúzió; ~ **heating** *koh* szabályozott hevítés; ~**-humidity drying** szabályozott légnedvességű szárítás; ~ **indexing language** *szt* kötött szókincsű indexelési nyelv; ~ **man-made environment** szabályozott mesterséges környezet; ~ **member** irányított/vezérelt/szabályozott objektum/tag; ~ **member with several interacted controlled condition** hurkolt szabályozási szakasz; ~ **mine** *kat* távirányítású akna; ~ **moisture-content** *pa* beállított nedvességtartalom; ~ **mosaic** *hidr* illesztett mozaikfénykép; ~ **oxidation** *koh* szabályozott oxidáció; ~ **pipe outlet** *hidr* szabályozható csőáteresz; ~ **plant** → ~ system; ~ **power conversion** *el* vezérelt energiaátalakítás; ~ **power rectifier** vezérelt (teljesítmény-)egyenirányító; ~ **pressure** *hőt* szabályozott nyomás; ~ **process** irányított rendszer; *aut, rendsz* szabályozott folyamat/szakasz; ~ **reaction of nuclear fusion** *at* szabályozott fúziós/termonukleáris reakció; ~ **reactor** *at* szabályozott reakciós reaktor; ~ **rectifier** *el* vezérelt egyenirányító; ~ **release** *at* szabályozott felszabadítás *(energiáé)*; ~ **rocket** távirányítású rakéta(lövedék); ~ **rolling motion** *rep* vezérelt orsó; ~ **safety valve** vezérelt biztonsági szelep; ~ **sender** vezérelt frekvenciájú adó; ~ **sharing** *szt* vezérelt megosztás; ~ **shrinkage** szabályozott zsugorodás; ~ **silicon switch** vezérelhető/vezérelt szilíciumkapcsoló; ~ **spark** *fiz* vezérelt szikra; ~ **speed generator** szabályozott fordulatszámú generátor; ~ **spin** *rep* vezetett dugóhúzó; ~ **stochastic process** irányított sztochasztikus folyamat; ~ **switch** *el* billenőtrióda; ~ **system** szabályozott/vezérelt berendezés; *aut, rendsz* szabályozott/irányított szakasz/rendszer; ~ **system with transportation lag** *aut* igazi holtidős szabályozott szakasz; ~ **value** szabályozott jellemző; ~ **variable** ellenőrzött változó; ~ **VFR flight** *rep* ellenőrzött VFR repülés; ~ **vocabulary** *szt* kötött szókészlet; ~ **volume pump** adagolószivattyú; ~ **weapon** irányított fegyver

controller szabályozó(műszer), ellenőrzőműszer; *aut* kormánykapcsoló; vezérlőszerkezet, vezérlőkapcsoló; *el* (vezér)kapcsoló; fokozatkapcsoló; szabályozó, vezérlőelem; *hajó* láncfék; *hőt* gőzszabályozó; *ip* (éjjeliőr-)ellenőrző óra; ellenőr; *rep* légiforgalomirányító tiszt; *szt* vezérlő; *távk* sorrendi ellenőrző; ~ **action** szabályozó hatás; ~ **cylinder/drum** *el* kapcsolóhen-

ger, kormánykapcsoló; kontroller(dob); ~ **instrument** mérőműves szabályozó(műszer); ~ **notch** *el* kapcsolókarállás, kontrollerhelyzet; ~ **output** *aut* végrehajtó jel; ~ **segment** *hidr* szabályozóív, lengőív; ~ **with interaction** *aut* kölcsönhatásos szabályozó; ~ **with thermal bimetal** bimetall szabályozó
controlling szabályozás; irányítás, vezérlés; kormányzás; ellenőrzés, felügyelet; ~ **beam** irányító/vezérlő sugárnyaláb; ~ **clock** kristályvezérlésű óra, kvarcóra; ~ **couple** → ~ torque; ~ **device** *aut* automatikus/önműködő szabályozó; *gép* vezérmű; ~ **equipment** → control equipment; ~ **flow** *aut* szabályozóáram; ~ **force** irányítóerő *(műszerben)*; ~ **ga(u)ge** ellenőrző idomszer; ~ **line** *távk* lehallgatóvonal; ~ **magnet** szabályozómágnes; ~ **means** vezérlés, vezérlőberendezés; szabályozás, szabályozóberendezés; ~ **spring** *gép* visszaállító rugó; ~ **system** → control system; ~ **thermocouple** hőszabályozó; ~ **thread ga(u)ge** *ol* ellenőrző idomszer; ~ **torque** beállító/szabályozó nyomaték; ~ **with laser ray** lézeres ellenőrzés
conurbation konurbáció; konurbanizáció
convection *hőt, koh* konvekció, hőáramlás, hőszállítás; ~ **cell** *met* konvekciós cella; ~ **current** *met* konvekciós áram; ~ **flow** *hidr* kiegyenlítő áramlás; ~ **heat** konvekcióval átvitt hő; ~ **heat transfer coefficient** *koh* konvekciós hőátadási együttható/tényező; ~ **loss** konvekciós hőveszteség; ~ **modulus** *fiz* Grashof-szám; ~ **of heat** termokonvekció, hőáramlás, (konvekciós) hőátvitel; ~ **superheater** konvektív túlhevítő
convectional *hőt* konvekciós, konvektív; ~ **current** konvekciós áram; ~ **drying** konvekciós/áramlásos szárítás; ~ **rain** *met* konvektív eső
convective *hőt, met* konvektív; ~ **activity** konvektív aktivitás; ~ **atmosphere** konvektív légkör; ~ **condensation level** konvektív kondenzációs szint, cumuluskondenzációs szint; ~ **flow** *bány* szabad feláramlás; ~ **heat transfer** → convection of heat; ~ **heat-transfer coefficient** *hőt* konvekciós hőátadási tényező; ~ **hydrothermal cycle/system** *ol* konvektív vízkörforgás; ~ **precipitation** *met* konvektív csapadék; ~ **refraction** légáramok okozta fényvisszaverődés; ~ **region** konvektív tartomány; ~ **scale** konvektív skála, cumulusskála; ~ **thunderstorm** konvektív zivatar
convector konvektor; ~ **drying** → convectional drying; ~ **heater** konvektor
convectron konvektron
convenience kényelem, komfort; (nyilvános) illemhely, vécé; ~ **food** *élip* félkész étel; készétel; ~ **receptacle** *el* dugasz(oló)aljzat, konnektor; fali elágazódoboz; ~**s** komfort; **with all** ~**s** összkomfortos
conventional szokványos; hagyományos, konvencionális, szokásos; egyezményes; ~ **air spraying** *ép* pneumatikus festékszórás; ~ **allowance** *tex* szárazsúlyhoz számítható nedvességtartalom; ~ **armaments** *pl* hagyományos fegyverzet; ~ **bar reinforcement** *ép* nem feszített (beton)vasalás; ~ **calender** *tex* felhengerlő kalander; ~ **cloud chamber** *at* expanziós ködkamra; ~ **degree of distortion** *távb* egyezményes távírótorzítás; ~ **efficiency** egyezményes hatásfok; ~**-grade ore** szokványos minőségű érc; ~ **magnification** *opt* konvencionális/hagyományos nagyítás; ~ **mean power in one channel** *távb* csatorna egyezményes teljesítménye; ~ **milling** *forg* ellenirányú marás; ~ **(ply) tyre/tire** *gépk* hagyományos (gumi)abroncs/köpeny; ~ **signs** *geod* egyezményes jelek; ~ **telegraph word** egyezményes távírószó; ~ **torch** szabványos égő
conventionally reinforced *ép* nem feszített vasalású, „lágyvasas"
converge összefut; összetart; *bány* lecsap(ódik), leülepedik; leül *(főte)*; *mat* konvergál, (össze)tart; ~ **to(wards) a limit** *mat* határértékhez tart
convergence összefutás, összetartás; *bány* üledék; vastagság-terjedelemcsökkenés, konvergencia; *el* konvergencia; *mat* konvergencia, összetartás; *met* konvergencia, összeáramlás; *szt* konvergencia, különböző technikák közös irányú fejlődése; ~ **attribute** konvergenciakritérium; ~ **by rectangles** *mat* téglalapok szerinti konvergencia; ~ **circuit** *tv* konvergencia-áramkör; ~ **control** konvergenciaszabályozás; ~ **criterion** konvergenciakritérium; ~ **domain** *mat* konvergenciatartomány; ~ **electrode** *tv* konvergenciaelektród; ~ **error** *tv* konvergenciahiba; ~ **incomplete** *bány* részkonvergencia; ~ **indicator** *bány* konvergenciamérő; ~ **limit** *fiz* konvergenciahatár; ~ **line** *met* konvergenciavonal; ~ **magnet** *tv* konvergenciamágnes; ~ **map** *geof* rétegvastagság-térkép, izopach térkép; ~ **of lines of force** erővonal-konvergencia; ~ **of (the) verticals** *foto* merőlegesek összefutása; ~ **recorder** *bány* konvergenciaregisztráló; ~ **theorem** konvergenciatétel
convergent I. *a* összefutó, összetartó; konvergens; **II.** *n mat* konvergens; ~ **angle** *geod, mat* összetartási szög, konvergenciaszög; ~ **beam** *opt* konvergens/összetartó sugárnyaláb/fénynyaláb; ~ **by segments** szakaszonkénti konvergens; ~ **continued fraction** konvergens lánctört; ~ **control** *aut* konvergens/konvergáló szabályozás; ~**(-)divergent nozzle** *vák* Laval-fúvóka; ~ **lens** *opt* konvergens lencse, gyűjtőlencse; ~ **light** *opt* konvergens/összetartó fénysugár/fénynyaláb/fénykéve; ~ **nuclear chain reaction** *at* konvergens nukleáris láncreakció, szubkritikus láncreakció; ~ **oscillations** *fiz* konvergens/lecsengő lengések/rezgések; ~ **sequence** *mat* konvergens sorozat; ~ **series** *mat* konvergens sor; ~ **system** sugárgyűjtő rendszer
converging összetartó, konvergens; konvergáló; ~ **(beam of) light** konvergens/összetartó fénysugár/fénynyaláb; ~ **lens** → convergent lens
conversation beszélgetés, párbeszéd; *szt* társalgás *(üzenetváltás időkorlátokkal)*; ~ **counter/meter** *távb* beszélgetésszámláló készülék; ~ **over phone** telefonbeszélgetés; ~ **time** *távb* beszélgetési idő, beszédidő
conversational *szt* párbeszédes; ~ **communication** párbeszéd; ~ **data entry** *szt* konverzációs adatbevitel; ~ **language** *szt* párbeszédes programnyelv; ~ **mode** *szt* párbeszédes üzemmód; ~ **time sharing** *szt* időosztásos párbeszéd
converse I. *a* fordított; *mat* kölcsönösen megfelelő; **II.** *n* ellentét; *mat* inverz reláció; megfordítás; ~ **magnetostriction** *fiz* inverz magnetosztrikció; ~ **of the theorem** inverz tétel, tétel megfordítása; ~ **pattern** *tex* kifordított minta
conversion átállás; átalakítás, konverzió; átállítás; átszámítás *(mértékeké)*; (anyag)feldolgozás; *any* átalakulás; *at* konverzió; *biot* tenyésztés, breeding,

reprodukció; *el* frekvenciaváltás, frekvenciaváltoztatás; keverés; transzponálás, transzpozíció; *ép* átépítés; *fa* rönkkiformálás; *hajó* átépítés *(hajón)*; *koh* átalakulás; konvertálás; *mat* konverzió, átszámítás; transzformáció, átalakítás *(pl. egyenleté)*; *pa* feldolgozás; *szt* átalakítás, konvertálás; *távk* magasságátszámítás; *vegy* átalakulás, átalakítás; konverzió, konvertálás, konvertálódás; ~ **accuracy** konvertálási pontosság, konverziópontosság; ~ **attachment** cserélhető munkaszerelék; ~ **board** *távk* koordinátatranszformáló tábla; ~ **chart** átszámítási táblázat; ~ **check** fordított sorrendű ellenőrzés; ~ **coating** *koh* konverziós bevonat; ~ **coefficient** átszámítási tényező; *at* (belső) konverziós tényező; *el* (polarizáció)-konverziós tényező; ~ **colo(u)r** átalakuló szín; ~ **conductance** → ~ transconductance; ~ **efficiency** *fiz* fénykibocsátási/fényátadási arány/tényező; fotoelektromos hatásfok *(napelemé)*; ~ **electron** *at* konverziós elektron; ~ **equipment** cserélhető berendezés; ~ **factor** átszámítási tényező/kulcs(szám); konverziós faktor/tényező; *el* átalakítás hatásfoka; ~ **factor of vapo(u)r volume** *ol* gazolin-gőztérfogatátszámítási kulcs; ~ **formula** *mat* konverziós formula, átszámítási képlet; ~ **fraction** *at* (belső) konverziós tényező; ~ **frequency** *rád* keverőfrekvencia; ~ **gain** *távk* keverési erősítés; ~ **kit** *szt* konverziós komponensek; ~ **line** *at* konverziós vonal; ~ **loss (CL)** (energia)átalakítási veszteség; ~ **of a.c. to d.c.** *el* egyenirányítás; ~ **of air pollutants** légszennyező anyagok átalakulása; ~ **of binary information into decade indication** bináris információ átalakítása decimális kijelzéssé; ~ **of count** *tex* fonalszám/fonalfinomság átszámítása; ~ **of data** adatátszámítás; ~ **of data carriers** adathordozók átalakítása; ~ **of energy** energiaátalakítás, energiaátalakulás; ~ **of iron into steel** vas feldolgozása acéllá; ~ **of timber** rönkkiformálás; fafeldolgozás, famegmunkálás; ~ **period** *fa* visszatérő szálalási forduló; ~ **probability** konverzióvalószínűség, átalakulási valószínűség; ~ **program** → ~ routine; ~ **ratio** átalakítási hányad; *at* konverziós/átalakítási/tenyésztési tényező; ~ **routine** *szt* konverterprogram; ~ **stage** *el* keverőfokozat; ~ **table** átszámítási táblázat; ~ **time** konverzációs/konvertálási idő; ~ **transconductance** *el* keverőmeredekség, keverési meredekség; ~ **unit** cserélhető munkaszerelék; ~ **work** *ép* átépítési munkák

convert átalakít, átváltoztat; átvált; átdolgoz; *ép* átépít; *fa* megmunkál, méretre felszab *(fát)*; rönköt feldolgoz; *mat* átalakít, átszámít; *szt* átvált, konvertál; ~ **a.c. (in)to d.c.** *el* egyenirányít; ~ **the log** rönköt feldolgoz; ~ **to diesel** dízelesít

converted | **clay** *geol* metamorfizált agyag; ~ **India rubber** vulkanizált kaucsuk; ~ **steel** *koh* frissített acél; ~ **timber** továbbfeldolgozott ipari fa; felfűrészelt fa; ~ **variable** konvertált/átalakított/transzformált változó/jellemző

converter *at* konverter, átalakító/regeneratív reaktor, konverterreaktor; *aut* jelátalakító; jelváltó; *el* áramirányító; frekvenciaátalakító; konverter, áramátalakító; *koh* konvertertest, konvereredény, körte; *műa* feldolgozó; *szt* átalakító; *távk* frekvenciaváltó fokozat; konverter, átalakító; önrezgő keverő; *vegy* reaktor, reakcióedény, reaktorkemence; ~ **bay** → ~ shop; ~ **board** *el* elosztótábla *(áramátalakítóké)*; ~ **bottom** *koh* konverterfenék; ~ **bottom mounting car** konverterfenék-szerelő kocsi; ~ **building unit** áramirányító-építőelem; ~ **cascade** *el* áramirányítós kaszkád; ~ **charge** *koh* konverterbetét; ~ **choke** *el* (áramirányító) fojtótekercs; ~ **controlled by command input** vezetőjelről befolyásolt áramirányító; ~ **copper** *koh* konverterréz; ~ **current** *el* lüktető áram; ~ **drive** *el* áramirányítós hajtás; ~ **drying plant** *koh* konverterszárító berendezés; ~ **element** áramirányító elem; ~ **flame** *koh* konverterláng; ~ **flue dust** *koh* konverterpor; ~ **for non-ferrous metals** *koh* fémkohászati konverter; ~ **foundation** *koh* konverteralap; ~ **gas** *koh* konvertergáz; ~ **hood** *koh* konverterernyő; ~ **lining** *koh* konverterbélés; ~ **mantle** *koh* konvertergyűrű, konvertertartó gyűrű; ~ **matte** *koh* fehérkéneskő; ~ **nose** *koh* konverter (rövid) leöntőcsatornája; ~ **of basic lining** *koh* bázikus konverter; ~ **open hearth process** *koh* konverteres SM-eljárás; ~ **operating stand** *koh* konverter-kezelőállás; ~ **plant** → ~ reactor; ~ **platform** *koh* konverterpódium; ~ **process** *koh* konverteres eljárás; ~ **reactor** *at* konverter(reaktor), átalakító/regeneratív reaktor; ~ **shell** *koh* konverterpáncél, konverterköpeny; ~ **shop** *koh* konvertercsarnok; ~ **slag** *koh* konvertersalak; ~ **slopping and spatter** *koh* konverterkidobódás; ~ **stack** *koh* konverterkémény; ~ **stage** *el* keverőfokozat, frekvenciaváltó fokozat; ~ **stand** *koh* konverterállvány; ~ **station** *el* áramátalakító állomás; ~ **steel** *koh* konverteracél; ~ **substation** *el* áramátalakító alállomás; ~ **throat** *koh* konvertertorok, konvertergarat; ~ **tilting device** *koh* konverterbuktató berendezés; ~ **transformer** *el* áramirányító transzformátor; ~ **tube** *távk* keverőcső; ~ **type refining furnace** *koh* konverter típusú raffinálókemence; ~ **with forced commutation** kényszerkommutációs áramirányító; ~ **with sinus-shaped output** szinuszvezérlésű áramirányító

convertible I. *a* átállítható, átalakítható; reverzibilis; II. *n gépk* kabriolet, nyitható tetős (gép)kocsi; ~ **body** *gépk* kabriolet kocsiszekrény; ~ **capacity** konvertálható kapacitás; ~ **diesel-electric machine** dízelvillamos üzemre átállítható gép; ~ **drive** irányváltós hajtás/hajtómű; ~ **excavator** többcélú kotró; ~ **hood** → ~ top; ~ **hydraulic crowd drag** kombinált hidraulikus hegybontó-mélyásó puttony; ~ **lens** cserélhető objektív/tárgylencse; változtatható gyújtótávolságú lencse; ~ **top** *gépk* (ki)nyitható/visszahajtható tető

converting átépítés, átdolgozás; átalakítás, konvertálás, konverzió, átalakulás; *fa* megmunkálás, méretre felszabás *(fáé)*; rönkfeldolgozás; *koh* konverterezés; szélfrissítés; *rád* átalakítás *(vivőhullámra)*; *vegy* átalakítás, átalakulás; ~ **chest** *ép* forgatószekrény *(cementhez)*; ~ **machine** *pa* feldolgozóipari gép; ~ **plant** *el* áramátalakító alállomás; *ip* feldolgozó üzem/telep; ~ **program** → conversion routine; ~ **station** → converter station

convex I. *a* konvex, domború; II. *n mat* konvex idom/test; konvex szög *(180 foknál nagyobb)*; konvex tartomány; ~ **bank** *hidr* domború part/oldal, konvex oldal; ~ **camber** domború íveltség; ~ **cap curve** *mat* felülről konvex *v.* (alulról) konkáv görbe; ~ **cap function** konkáv függvény; ~**-concave lens** konvex-konkáv/domború-homorú lencse; ~ **cone** *mat* konvex kónusz; ~ **(cup) curve** (alulról) konvex görbe, felülről konkáv görbe; ~ **cup function** konvex függvény; ~ **cutter** *forg* domború alakmaró; ~ **dished** kifelé domborodó *(kazánfenék)*; ~ **domain** konvex tartomány; ~ **fillet weld** *heg* domború sarokvarrat; ~ **function** konvex függvény; ~ **joint** *ép* téglafalazat domború kihézagolása; ~ **lens** *opt* domború/konvex lencse; ~ **matrix game** *rendsz* konvex mátrixjáték; ~ **milling cutter** *forg* domború alakmaró; ~ **mirror** domború/konvex tükör; ~ **polygon** konvex sokszög; ~ **programming** konvex programozás; ~ **(roof) tile** *ép* kúpcserép; ~ **set** *mat* konvex halmaz; ~ **slope** domború lejtő; ~ **surface** domború felület; domborulat, ív(elés); ~ **turning attachment** *forg* gömbesztergáló készülék; ~ **up curve** → ~ cap curve; ~ **weld** *heg* vastagított varrat

convexity konvex jelleg; domborúság; *ép* útszelvény íveltsége *(bogárhát)*; *mat* (alulról való) konvexitás, felülről való konkávitás; ~ **downward** alulról való konvexitás; ~ **upward** felülről való konvexitás, (alulról való) konkávitás

convexo|-concave konvex-konkáv, domború-homorú; ~**-convex** bikonvex

convey (el)szállít, visz, hord(oz); továbbít

conveyance szállítás, hordozás, fuvar(ozás), továbbítás; szállítóeszköz; *bány* bányaszállítás; munkahelyi szállítás; *hidr* vízszállítás; vízvezetés; ~ **culvert** *hidr* öntözőcsatorna-áteresz; ~ **loss** szállítási veszteség; *hidr* vízszállítási/vízvezetési veszteség; ~ **losses** összes vízveszteség; ~ **means** szállítóeszköz; ~ **of irrigation water** öntözővízszállítás

conveyer → conveyor

conveyerizing → conveyorizing

conveying hordozás, (el)szállítás, fuvarozás; továbbítás; kihordás *(szállítószalagon)*, szalagszállítás; ~ **above ground** *ép* felszíni szállítás; ~ **belt** szállítószalag; ~ **bridge** → conveyor bridge; ~ **bucket** szállítóveder; ~ **by compressed air** sűrítettlevegős szállítás; ~ **capacity** szállítóképesség, szállítóteljesítmény; *hidr* emésztőképesség; vízszállító képesség *(mederé, csőé)*; ~ **capsule/case** *távk* (csőposta-)szállítóhüvely; ~ **chain** szállítólánc; ~ **channel** csúszda; ~ **head** *bány* szállítási magasság; ~ **machinery** szállítóberendezés; ~ **of water** vízszállítás; ~ **picking table** *bány* szállítószalagos meddőválogató asztal; ~ **screw** szállítócsiga; ~ **tank** szállítóedény; ~ **trough** *bány* kaparószalagos szállítóvályú

conveyor szállítószalag, szállítóberendezés, szállítómű; szállítópálya, konvejor; *bány* fékláncos csúszda; serlegmű; ~ **advancing** szállítószalag-toldás, szállítószalag-átszerelés; ~ **band/belt** szállítószalag, szállítóheveder; ~**-belt carrier** *bány* szállítószalagbak; ~**-belt charging** *koh* szalagos adagolás; ~**-belt cleaning device** szalagtisztító berendezés; ~ **bridge** *bány* szállítóhíd, szalaghíd, lehordóhíd; *em* portáldaru, kapudaru; ~ **chain** *em* szállítólánc; ~**-charging hopper** szállítómű rakodótölcsére; ~ **coupling bolt** *bány* teknőösszekötő elem; ~ **delivery** *nyom* szalagos ívkirakó; ~ **delivery drum** *em* ürítővég-szalagdob; ~ **dryer** *tex* szalagszárító; szállítószalagos szárítógép; ~ **extension** szállítószalag hosszabbítása; ~ **fitting** *bány* szállítószalag átszerelése, szalagátszerelés; ~ **furnace** szállítószalagos kemence; ~ **idler** szállítószalag-támasztó görgő; ~ **jib** szállítószalag kirakó vége *v.* kihordó tagja; ~ **line** *mt* futószalag, szerelőszalag; ~ **loader** rakodószalag, felrakószalag; ~ **mine** *bány* szalagszállításra berendezett bánya; ~ **roller** *nyom* szállítógörgő; ~ **scale** (normál) szalagmérleg, szalag-hídmérleg; ~ **screw/spiral** csigás szállító, szállítócsiga; ~ **structure** *bány* szalagváz; ~ **switch** (görgős) konvejorváltó; ~ **table** mozgóasztal; szállítószalagon mozgó asztal; ~ **track** *bány* szállítópászta; ~ **trough** *bány* kaparószalagos szállítóvályú; ~ **tube** *gép* szállítócső; ~ **tunnel** *ker* felszedőalagút; szalagalagút; ~ **turn** szállítószalag/rázócsúszda saroktagja *(90 fokos)*; ~**-type charging scale** szalagos adagolómérleg; ~**-type scale** → ~ scale; ~**-type tunnel furnace** *koh* konvejoros alagútkemence; ~**-type weigher** → ~ scale; ~ **with tipping members** billenőelemes szállítóberendezés; ~ **with tractive elements** vonóelemes szállítógép; ~ **work** *bány* szalagszállítású fejtés; ~ **worm** szállítócsiga

conveyorizing futószalagosítás *(gyártásé)*

convicinity határosság

convolute (csigaszerűen) csavart; ~ **winding machine** *pa* dudatekercselő, papírhüvely-készítő/hüvelykészítő gép; ~ **worm** *gép* konvolút csiga

convolution csavarodás, tekercs; csigamenet, spirálmenet; *ásv, mat* konvolúció; *ép* kanyar, hajlat; ~ **integral** *mat* konvolúciós integrál; ~ **molecule method** konvolúciós molekulamódszer; ~ **of probability distribution** *mat* valószínűségeloszlás konvolúciója; ~ **of the winding** *el* tekercselési menet; ~ **theorem** *mat* konvolúciótétel; konvolúciós tétel

convolve összecsavar, felcsavar, felteker; összecsavarodik, felcsavarodik

convoy védőkíséret, konvoj; *hajó* hajókaraván

cook I. *v* főz; fő; *élip* ömleszt *(sajtot)*; pörköl; *pa* feltár *(cellulózt)*; **II.** *n* szakács; főzet; ~**'s room** *hajó* konyha, hajókonyha

cookeite *ásv* cookeit

cooker főzőeszköz; főzőlap; főzőedény; (gáz)főző; takaréktűzhely, asztali tűzhely; olajfürdő; *élip* magpörkölő, pörkölőüst; sajtömlesztő; *orv, vegy* autokláv; ~ **switch** főzőkapcsoló; tűzhelykapcsoló

cooking *élip* főzés; sterilezés, csírátlanítás, kifőzés; *pa* feltárás *(cellulózé)*; főzés; ~ **acid** *pa* főzősav; ~ **apparatus** főzőeszköz; főzőlap; főzőedény; házi vízforraló; ~ **box** főzőláda; ~ **degree** *pa* feltárási fok; ~ **kettle** főzőüst; ~ **liquor** *pa* főzőfolyadék, főzőlúg; ~ **of oil seeds** *élip* olajos magvak pörkölése; ~ **of rocks** *geof* lazakőzet-összesülés; ~ **plate** főzőlap; zsámolyfőző; ~**(-)range** konyhai tűzhely, takaréktűzhely; ~ **range furnace** *koh* tűzhelykemence; ~ **recess** főzőfülke; ~ **soda** étszóda; ~ **stove** → ~(-)range; ~ **surface** → cooktop; ~ **tin** főzőláda; ~ **utensils** konyhaedények; *el* (ki)főzőedények

cooktop főzőlap; konyhai tűzhely fedőlapja, tűzhelylap

cool I. *v* (le)hűt, áthűt; hűsít; (le)hűl, kihűl; **II.** *a* hűvös, friss; hideg; ~ **by expansion** *v* expanzió útján lehűt/lehűl; ~ **down** *v* lehűl; lehűt; ~**-down time** lehűlési idő; ~ **grinding** *forg* nedves köszörülés/csiszolás; ~**-hammer** *v* hidegen kalapál/kovácsol; ~ **melt** *koh* hideg olvadék; ~ **off** *v* lehűt; kihűl, lehűl; ~ **ship** hűtőbárka *(sörgyárban)*; ~ **waste** *at* nem radioaktív hulladék

coolant hűtőanyag; hűtőközeg; hűtőfolyadék; *gép, forg* hűtő-kenő *v.* kenő-hűtő folyadék; ~ **annulus** *at* hűtőgyűrű; ~ **arrangement** *forg* nedvesesztergáló berendezés; ~ **channel** *at* hűtőközeg-csatorna; ~ **jacket** hűtőköpeny; ~ **loop** *hűt* hűtőkör, hőátadó kör; ~ **make-up** hűtőközeg-előkészítés; ~ **nozzle** *forg* kenő-hűtő adagolócső; ~ **pump** hűtővízszivattyú

cooled|-anode transmitting tube/valve (CAT, CATT) hűtött anódos (adó)cső; ~ **detector radiometer** hűtött detektoros sugárzásmérő; ~ **maser** hűtött mézer; ~ **zone** *bány* hideg köpeny

cooler hűtőberendezés; hűtő(gép); hűtőedény; hűtőtorony; hűtőbárka *(sörgyárban)*

Coolidge (X ray) tube Coolidge-cső

cooling (le)hűtés, kihűtés; hűsítés; (le)hűlés, kihűlés; ~ **agent** hűtőközeg; hűtőfolyadék; *met* hidegreagens; ~ **air** hűtőlevegő; ~**-air blower** hűtőlégfúvó (berendezés); ~**-air jacket** *kat* léghűtőköpeny; ~ **and heating equipment/unit** *ép* rész-klímaberendezés, légfűtő-hűtő berendezés; ~ **and lubricating oil** *koh* hűtő-kenő olaj; ~ **area** hűtőfelület; ~ **attachments heat resistance** *félv* hűtőtest-hőellenállás; ~ **attachments transition (resistance)** *félv* hűtőátmeneti ellenállás; ~ **bank/bed** *heng* hűtőpad; ~ **bin** *élip* pihentetőkamra, lágyítókamra; ~ **box** *koh* hűtőszekrény, hűtőkúp; ~ **by automatic circulation** *gépk* termoszifonhűtés; ~ **by circulating water** vízkeringetéses hűtés, vízkörhűtés; ~ **by condensation** nedves hűtés; ~ **by evaporation** (el)párologtatásos/elgőzölögtetéses hűtés; ~ **by radiation** sugárzásos hűtés; ~ **cap** *gépk* hűtőköpeny; ~ **car** hűtőkocsi; ~ **caused by electronic emission** *el* lehűlési teljesítmény *(izzókatódé)*; ~ **chamber** hűtőkamra, hűtőtér; ~ **circuit** hűtőkör, hőátadó kör; ~ **clamp** hűtőbilincs; ~ **coefficient** hűtési/hűlési együttható; ~ **coil** szerpentincső, csőkígyós hűtő, hűtőkígyó; ~ **column** hűtőtorony; ~ **compound** *gép* hűtőolaj; ~ **crack** hűtési repedés; ~ **curve** *koh* (le)hűlési görbe; ~ **cycle** *ol* hűtőkör; ~ **cylinder** hűtőhenger, hűtődob; ~ **degree-hours** *met* hűtési hőfokhíd; ~ **device** *forg* hűtőberendezés; ~**-down surface** lehűlő felület; ~ **draught/draft** hűtő légáramlat; ~ **drum** *pa* hűtőhenger, hűtődob; ~ **duct** *gépk, el* hűtőcsatorna; ~ **extension** hűtőcsonk; ~ **fan** *hőt* (hűtő)ventilátor; ~ **fin** hűtőborda; hűtőlemez, hűtőzászló; ~ **finger** *vák* hűtőszonda; ~ **fixture** *műa* hűtősablon; ~ **flange** hűtőborda; hűtőperem; ~ **flap** *rep* hűtő terelőlap; ~ **floor** hűtőbárka *(sörgyárban)*; ~ **fluid** hűtőfolyadék; ~ **frame** hűtőforma *(szappanhoz)*; ~ **furnace** *üveg* hűtőkemence; ~ **gill** hűtőborda; ~ **in a static liquid** *hők* hűtés nyugvó folyadékban; ~ **installation** hűtőberendezés; ~ **jacket** hűtőköpeny; ~ **jig** *műa* hűtősablon; ~ **liquid** hűtőfolyadék; ~ **load** hűtőterhelés; ~ **lubricant** *forg* hűtő-kenő *v.* kenő-hűtő folyadék; ~ **medium** *koh* hűtőközeg; *ol* hűtőfolyadék; ~ **of bearing** csapágyhűtés; ~ **of (casting) die** *koh* kokillahűtés; ~ **of drawing drum** *heng* húzódobhűtés; ~ **of the electrodes** elektródhűtés; ~ **oil** hűtőolaj; ~ **oven** *üveg* hűtőkemence; ~ **performance capacity** *bány* hűtési teljesítmény; ~ **period** lehűlési idő; ~ **pipe** hűtőcső; ~ **plant** hűtőberendezés; hűtőtelep; *ol* hűtőkör; ~ **plate** hűtőlap, védőlap, hűtőlemez; ~ **plate density** *koh* hűtőlapsűrűség; ~ **pond** hűtőmedence; *at* dezaktiváló hulladéktároló; *hidr* hűtőtó; ~ **power** *hőt* hűtőképesség; *met* lehűlési érték; *rep* hűtőképesség; ~ **power of environment** *bány* környezet hűtőképessége; ~ **rack** *heng* hűtőkeret; ~ **rate** *koh* (le)hűlési/hűtési sebesség; ~ **reagent** *met* hidegreagens; ~ **rib** hűtőborda; hűtőlemez, hűtőzászló; ~ **ring** *önt* kristályosítógyűrű, hűtőgyűrű; ~ **roller** *tex* hűtőhenger, hűtődob; ~ **room** hűtőhelyiség, hűtőtér; ~ **section** *gépk* hűtőelem, hűtőtag; ~ **serpentine** → ~ coil; ~ **sodium** *at* nátrium hűtőközeg; ~ **spiral** → ~ coil; ~ **spray** hűtőpermet; ~ **strain** lehűlési alakváltozás; ~ **surface** hűtőfelület; ~ **system** hűtőrendszer, hűtőkör; ~ **tab** hűtőlemez, hűtőzászló; ~ **tank** hűtőtartály; ~ **time** hűtési idő; *at* dezaktivációs idő; *hők, koh* hűtés időtartama; ~ **tower** hűtőtorony; ~ **trap** *vák* hűtött csapda; ~ **trough** hűtővályú, hűtőteknő; ~ **tunnel** *koh* hűtőalagút; ~ **unit** *koh* hűtőszerelvény; ~ **vessel** hűtőedény, hűtővíztartály; ~ **wag(g)on** *vasút* hűtőkocsi; ~ **water** hűtővíz; ~ **water circulation/circuit** hűtővízkeringés, hűtővízcirkuláció; ~ **water demand** *koh* hűtővízszükséglet; ~ **water discharge pipe** elfolyóhűtővíz-vezeték; ~ **water jacket** *kat* vízhűtő köpeny; ~ **water loss(es)** hűtővízveszteség; ~ **water pipe** hűtővízvezeték; ~ **water pump** hűtővízszivattyú; ~ **water regulating valve** vízszabályozó; ~ **water return** hűtővíz-recirkuláció, hűtővíz visszakeringtetése; ~ **water safety switch** hűtővízkimaradás-jelző; vízőr; ~ **water system** *ol* hűtővízcső-rendszer; ~ **worm** hűtőcsiga

coom piszkos/fáradt kenőzsír; salakpor, tőzegpor, szénpor; koromüledék

coomb szűk völgy; szakadék, szurdok; völgyteknő; ~ **coal** *bány* főtén hagyott szén, szénbőrke

coop I. *v* ültet; kosárba tesz; elrekeszt; **II.** *n* ketrec, rekesz; hordó; *mat* kontúr, zárt görbe/út, hurok

cooper I. *v fa* hordót készít; kádármunkát végez; **II.** *n* kádár, pintér; bodnár; ~**'s carver** kádárfaragókés; ~**'s (drawing) knife** (egyenes) kádárvonókés; ~**'s drawing scraper** lehúzóvas; ~**'s hollowing knife** görbe kádárvonókés

cooperage kádárműhely; bodnárműhely; hordóüzem

cooperating együttműködő, kooperáló; ~ **block** *vasút* hozzájárulási blokk; ~ **field** *vasút* hozzájárulási mező; ~ **knowledge sources** *szt* együttműködő ismeretforrások; ~ **slab width** *ép* együttdolgozó lemezszélesség *(fejlemezes vasbeton gerendánál)*; ~ **user agent** *szt* együttműködő felhasználói ügynök

cooperation együttműködés, kooperáció; szövetkezés

cooperative I. *a* együttműködő, együttes; kooperatív; szövetkezeti; **II.** *n* szövetkezet; ~ **building society** építőszövetkezet; ~ **game** *rendsz* alapvető kooperatív játék

Cooper-Hewitt | lamp higanygőz ívlámpa; ~ **rectifier** higanygőz egyenirányító

cooperite *ásv* cooperit

coordinate I. *v* (össze)egyeztet, egybehangol, összhangba hoz; koordinál; összefüggésbe hoz; **II.** *a* koordinált; egyenrangú, azonos osztályba/csoportba tartozó; egymás mellé rendelt; **III.** *n mat* koordináta; ~ **axis** koordináta(tengely); ~ **bond** *vegy* koordinációs kötés; ~ **covalence** koordinációs kovalencia/kötés; ~ **formula** koordinációs képlet; ~ **geometry** analitikus geometria, koordinátageometria; ~ **grid** koordinátahálózat; ~ **link** *vegy* koordinációs kötés; ~ **map grid** *rep* koordináta-térképhálózat; ~ **mea-**

suring apparatus koordináta-mérőgép, koordináta-mérőkészülék; ~ **memory** *szt* mátrixtároló; ~ **net** koordinátahálózat; ~ **paper** milliméterpapír; ~ **plane** koordinátasík; ~ **plotter** *szt* rajzgép, x-y rajzoló; ~ **potentiometer** *el* koordinátakompenzátor; ~**s** *pl* koordináták, koordináta-rendszer; ~ **scale** *kat* koordinátabeosztás; ~ **setting** koordináták szerinti irányítás; ~**s fixed in space** térkoordináták, helykoordináták; ~ **system** koordináta-rendszer; ~ **transformation** koordinátatranszformáció

coordinated összehangolt, koordinált; mellérendelt; ~ **control system** összehangolt irányítási rendszer; *ép* koordinált forgalmi jelzőlámparendszer; ~ **transposition** *el* fázisforgatás, fáziscsere

coordinating koordináló, koordinációs; ~ **(spark-) gap** *el* koordinációs szikraköz

coordination koordináció; koordinálás, összehangolás, egybehangolás; összerendezés; összefüggésbe hozás; *ásv, vegy* koordináció; *mat* hozzárendelés, megfeleltetés; ~ **bond** *vegy* koordinációs kötés; ~ **chemistry** koordinációelmélet; ~ **complex** *vegy* koordinációs komplex; ~ **compound** *koh, vegy* koordinációs vegyület; ~ **contour** *távk* koordinációs kontúr; ~ **distance** *távk* koordinációs távolság; ~ **entity** *vegy* koordinációs vegyület; ~ **lattice** *ásv* koordinációs rács; ~ **number (CN)** *koh* koordinációs szám; ~ **of insulation** *el* szigetelések koordinálása/lépcsőzése; ~ **of modules** *ép* modulkoordináció; ~ **polyhedron** *ásv* koordinációs poliéder; ~ **theory** *vegy* koordinációelmélet; ~ **valence** koordinációs vegyérték

coordinative *vegy* koordinációs; ~ **analysis** koordinációs analízis; ~ **bond** koordinációs kötés

coordinatograph koordinatográf; *félv* koordinátaasztal, vágóasztal; *geod* koordinatográf, koordinátafelrakó

coordinatometer koordináta-mérőkészülék

coordinator site *szt* koordináló csomópont

cop I. *v tex* felcsévél, felgombolyít; **II.** *n ép* fülke boltozatos teteje; kiemelt föld, kupac, halom; *tex* (kúpos) cséve, hegyes végű vetülékcséve; kopsz; ~ **bit** kezdőkúp *(kúpos csévén)*; ~**-bobbin reel** matringológép *(csévéről)*; ~ **body** csévetest; ~ **bottom** kezdőkúp *(csévén)*, csévetalp; ~ **bottom curve** kezdőkúpos vezérlőgörbe *(a másoló sínpapucson)*; ~**-building apparatus** csévekképző szerkezet; ~ **changing** csévecsere-váltás; ~ **dyeing** cséveszínezés; ~ **feeler** csévetapintó; ~ **layer** csévesor, cséveréteg; ~ **machine** csévélőgép; ~ **nose** csévehegy, csévefej; ~ **ores** *v* színít, ércet válogat; ~ **skewer** csévetartó pecek; ~ **spindle** csévetartó orsó; ~ **tube** fonalcsévetartó cső; ~**-tube board** csévelemez; ~ **winder** vetülékfonal-csévélő gép; ~ **yarn** vetülékcséve-fonal

C.O.P. → Carnot coefficient of performance

copal *vegy* kopál(gyanta)

copalite *ásv* kopalit

cope I. *v ép* fedőkővel fed, lefed; illesztéshez kivág; lehasít, (ékkel) széthasít; **II.** *n ép* ajtó feletti boltív; bejárati bolttető; fedőkő, fedőlap, fedkő; *önt* felső formafél, felsőrész; ~ **box** *önt* felső formázószekrény

coped joint *fa* fedett kötés

copestone → copint stone

cophasal azonos fázisú; ~ **state** fázisegyenlőség, fáziskoincidencia

copiapite *ásv* copiapit

copier *forg* másoló szerszámgép; *irgép* másoló(berendezés); másológép

copilot *rep* másodpilóta

coping *ép* fallefedés; fedkő, fedőkő, oromkő *(falazaté)*; fedő téglasor; kivágás illesztéshez *(tartó talpából)*; lapos fedés/födém; ~ **brick** fedőtégla; ~ **machine** *alak* tartóvashajlító gép; ~ **plate** *ép* fedőlemez; ~ **saw** kanyarító fűrész; ~**s for cornices** párkányfedések; ~**s for sills** könyöklő lefedések; ~ **stone** *ép* fedőkő, fedkő

copious mine jövedelmes/művelt bánya

coplanar *fiz, mat* közös síkú, egy síkba eső, egysíkú, ko(m)planáris; ~ **bonds** *ásv* koplanáris *v.* egy síkba eső kötések; ~ **force (system)** *mech* síkbeli erő(rendszer); ~ **(transmission) line** *el* egysíkú (táp)vonal; ~ **vector** *mat* komplanáris vektor

coplanarity ko(m)planaritás; egysíkúság, egy síkban fekvés, egy síkra illeszkedés

copolyamide *műa* kopoliamid

copolycondensate *műa* kopolikondenzátum

copolycondensation *vegy* kopolikondenzáció

copolymer *műa, ol, vegy* kopolimer, kopolimerizátum

copolymerization *vegy* kopolimerizáció, kopolimerizálás; kopolimerizálódás

copolymerize *vegy* kopolimerizál, kopolimerizálódik

copper I. *v* rézzel bevon, rezez; **II.** *n* **(Cu)** (vörös)réz; (réz) főzőedény, rézedény, rézüst; *tex* csáva; *vegy* réz; ~ **acetate** réz(II)-acetát; ~ **aceto-arsenite** réz(II)-acetát-arzenit, schweinfurti/párizsi zöld, papagájzöld, császárzöld; ~ **alloy** *koh* rézötvözet; ~ **alloy electrode** rézötvözet elektród; ~**-alumin(i)um connection** *el* réz-alumínium összekötő; ~**-alumin(i)um wire** cupal-drót; ~ **arsenate** réz-arzenát; ~ **arsenite** réz(II)-arzenit; scheele-zöld, svédzöld; ~**-asbestos gasket** réz-azbeszt tömítés, azbesztbetétes réztömítés; ~ **assay** rézpróba; ~ **backing/back-up (bar)** *heg* réz alátét; ~ **band** rézszalag; ~ **bar** rézrúd; ~ **base** *el* bázistönk; ~ **base alloy** rézalapú ötvözet, rézötvözet; ~ **bath** rézfürdő; ~ **bearing steel** réztartalmú acél; ~ **bit** forrasztópáka(hegy); olvasztópáka; ~ **blast-furnace** rézolvasztó (aknás)kemence; ~ **block** *nyom, tex* rézklisé; ~ **braid** sodrott rézhuzal; ~ **brazing** réz (kemény)forrasztás; ~ **brushes** *el* rézkefék; ~ **busbar** *koh* rézsín; ~ **cinder** *koh* rézreve; ~**-clad** *v* rézzel lemezel/plattíroz, rézréteggel bevon; ~**-clad** rézzel plattírozott, rézbevonatú; ~**-clad laminates** rézzel plattírozott rétegelt anyag; ~**-clad steel** rézbevonatú acél; ~**-clad wire** *el* rézköpenyhuzal, rézköpenyű huzal, dumethuzal; ~ **coefficient** *vegy* rézszám; ~**-colo(u)red** rézszínű, rézvörös; ~ **conductor cable** rézvezetőjű kábel; rézkábel; ~**-constantan thermocouple** réz-konstantán hőelem; ~ **content** *koh* réztartalom; ~**-covered steel (wire)** acél-réz huzal; ~ **covering** *ép* rézelemfedés; ~ **cyanide** réz(I)-cianid, kupro-cianid; ~ **cylinder** rézhenger; ~ **damper** rézkeretes csillapító, rézcsillapító; ~ **deposition/deposit(ing)** rézcsapadék, rézlerakódás; ~ **drop** → ~ loss; ~ **dross** *koh* rezes fölzék; ~ **efficiency** *el* rézhatásfok, réz kihasználási foka; ~ **emerald** *ásv* dioptáz; ~ **engraving** rézkarc, rézmetszet; ~ **etching** rézklisé; rézmetszet; ~**-extraction slag** *koh* rézkohászati salak; ~**-fastened boat** rézszegecselésű fahajó; ~ **filler** réz hegesztőanyag; ~ **flotation concentrate** *koh* rézszínpor; ~ **foil** vörösréz fólia, rézfólia; ~ **foundry** rézöntő; ~**-free lead** *koh* réztelenített ólom; ~ **fur** *koh* rezeskő; ~ **glance** *ásv* kalkozin, rézfényle; ~**-glass seal** *vák* Housekeeper-kötés; ~ **green** *ásv* krizokolla; malachit; ~ **hammer** rézkalapács; ~ **(II) oxid** réz-oxid, réz(II)-oxid; ~ **(II) sulphate/sulfate** *vegy* réz(II)-szulfát; ~ **index** *vegy* rézszám; ~**-induced** réz okozta; ~ **(I) oxid** réz(I)-oxid, diréz-oxid; ~ **lead alloy** réz-ólom ötvözet; ~ **loss** *el* rézveszteség; ~ **matte** *koh* rezes kéneskő; ~ **metal calciner** rézkőpörkölő; ~ **metallurgy** *koh* rézkohászat; ~ **mica** *ásv* kalkofillit; ~ **mill** rézhengermű; ~ **mordant** rézpác; ~**-nickel alloy** *koh* réz-nikkel ötvözet; ~ **nitride** *vegy* réz-nitrid, réz(I)-nitrid; ~ **number** *pa, vegy* rézszám; ~**-ore** rézérc; ~**-oxide cell** kupron fotocella/fényelem; ~**-oxide modulator** *távk* sztatikus modulátor; ~**-(oxide) rectifier** *félv* kuprox-egyenirányító, réz-oxid(ul) egyenirányító; ~ **peroxide** réz-peroxid; ~ **picking** rézkopás *(forgókeréknél)*; ~**-plate** → copperplate; ~**-plating** → copperplating; ~ **precipitate** *koh* cementréz; ~**-printing paper** mélynyomó papír; ~ **punt** *hajó* vízhatlan láda; ~ **pyrite** *ásv* kalkopirit, rézkovand; ~ **pyrorefining** *koh* réz tűzi finomítása; ~ **radiation** *fiz* réz-antikatód sugárzás, Cu-sugárzás; ~ **rain** *koh* rézeső; ~ **ratio** *vegy* rézszám; ~ **rayon** réz-oxid/réz-ammóniák selyem, rézműselyem; ~ **refining** *koh* rézfinomítás; ~**-refining slag** *koh* rézkohászati salak; ~ **removal** *koh* réztelenítés; ~**-ruby glass** rézrubinüveg; ~ **rust** rézrozsda; ~ **scale** *koh* rézreve; ~ **schist** *geol* rézpala; ~ **screening** réz szitaszövet, rézháló; ~**-selective reagent** *koh* rézre szelektív reagens; ~**-sheathed cable** *el* rézköpenyű/rézvértezetű kábel; ~ **sheathing** *hajó* vörösréz-burkolás; ~ **sheet** vörösréz lemez, rézlemez; ~ **sheets** *ép* vörösrézlemez-táblafedés; ~ **shoe** rézsaru; ~ **slate** *geol* rézpala; ~ **smelting** rézolvasztás; ~**-smelting furnace** rézolvasztó kemence; ~ **smoke** rézfüst; ~ **soap** *vegy* rézszappan; ~ **steel** *koh* rézacél; ~ **strand** *el* réz litzehuzal; ~ **strip** vörösréz szalag; ~ **strip test** *ol* rézlemezpróba; ~ **suboxide** *koh* réz-oxidul; ~ **sulphide/sulfide rectifier** *félv* réz-szulfid egyenirányító; ~ **surfacing** rézfelrakó hegesztés; ~ **thorn** *koh* réztüske; ~**-tin alloy** réz-ón ötvözet, bronz; ~ **tinder** *koh* rézreve; ~ **tinsel conductor** *el* réz litzevezeték; ~**-tipped** rézvégű, rézhegyű; ~**-to-glass seal** *vák* Housekeeper-kötés; ~ **tube** rézcső; ~ **uranit** *ásv* torbernit, rézuráncsillám; ~ **value** *vegy* rézszám; ~ **vitriol** *ásv* kalkantit; *koh* rézgálic; ~ **weld** réz hegesztési varrat; ~ **welding** réz hegesztése; ~ **welding electrode** rézhegesztő elektród; ~**-weld wire** → ~-clad wire; ~ **winding** réztekercs(elés); ~ **wire** vörösréz huzal/drót, rézhuzal, rézdrót; ~ **wire coated with zinc** horganyzott *v.* horgany bevonatú rézhuzal; ~ **works** rézkohó, rézhuta; rézöntöde, rézmű; ~**-zinc cell** réz-cink elem; ~**-zink solder** réz-cink lágyforrasz

copperas *ásv, vegy* ásványi vas-szulfát, melanterit, vasgálic; ~ **black** vas-szulfát-fekete; ~ **vat** *tex* vas-szulfát csáva, indigócsáva

coppering rézzel bevonás, rezezés

copperize rézzel bevon, rezez

copperplate I. *v* rézzel bevon, rezez; **II.** *n* rézlemez; vörösréz lemez, rézlemez; foncsorlemez *(aranykivonáshoz)*; *nyom* réz nyomólemez; *tex* rézklisé; ~ **engraving** rézmetszet, rézkarc; ~ **engraving ink** *nyom* rézmetszetnyomó festék; ~ **printing** réznyomás; réznyomat; réznyomó papír; ~ **printing-machine** *nyom* réznyomó sajtó; *tex* dúcnyomógép

copperplated rézzel bevont, rézbevonatú, rezezett; ~ **carbon** rézbevonatú szén; ~ **steel wire** rézbevonatú acélhuzal

copperplating rezezés; rézbevonás, rézbevonat; ~ **layer** rézbevonat, rézréteg; ~ **of rollers** *nyom* hengerbevonás rézzel

coppersmith rézöntő; rézkovács, rézműves; ~**'s shop** rézkovácsműhely

coppery rézszínű, rézvörös; rezes; réztartalmú

coppice erdősáv; bozót; sarjerdő; ~ **with standards** középerdő; ~ **wood** sarjerdő

copping | motion csévélőszerkezet; ~ **rail** *tex* vezetősín *(szelfaktoron)*

copple *koh* kis tégely; *vegy* próbacsésze

coprecipitate *vegy* együttesen leválik/kiválik/kicsapódik

coprecipitation *vegy* koprecipitáció, együttleválás

coprocessor *szt* társprocesszor, koprocesszor

coproduct melléktermék

coprolite *geol* koprolit

copunctal *mat* egy (közös) ponton átmenő; ~ **plane** közös pontban összefutó sík

copy I. *v* (át)másol; utánoz; reprodukál; sokszorosít; *szt* sokszorosít, másol; **II.** *n el* másolatszalag *(rögzítés)*; *film* másolat, kópia; *nyom* (nyomdai) kézirat; lenyomat, öntéssel készült tárgy; papíralak *(20"x15" rajzpapír)*; példány(szám); szedésminta; másolat, másolás; ~ **damage** *film* kópiasérülés; ~ **deadline** *nyom* lapzárta; ~ **grinding machine** másoló köszörűgép; ~**-holder** *nyom* kézirat-ellenőrző; *pa* kéziratartó; ~ **loaf** papíralak *(21 3/4"x16 3/4")*; ~ **milling machine** másoló marógép; ~ **protected** *v szt* másolás ellen védett

copybook *pa* írófüzet, irka; ~ **paper** *pa* irkapapír

copying másolás; sokszorosítás; reprodukció; utánzás; ~ **apparatus** *irógép* másológép, sokszorosítógép; ~ **attachment** *forg* másolókészülék; ~ **camera** reprodukciós kamera; ~ **index** *foto* másolási időtáblázat; ~ **ink** *nyom* másolófesték; ~ **lamp** másolólámpa; ~ **lathe** *forg* másolóeszterga; ~ **machine** másoló szerszámgép; másológép, kopírgép; ~ **machine tool** másoló szerszámgép; ~ **paper** másolópapír, átütőpapír, átírópapír; ~ **procedures** *szt* másolási eljárások; ~ **process** *film* másolási eljárás; ~ **router** *fa* másológép, faipari másoló felsőmarógép; ~ **screen** *nyom* másolórács; ~ **slide** *forg* másolószán; ~ **spindle** *forg* tapintóorsó *(másológépen)*; ~ **table** *nyom* másolóasztal

copyright *nyom* szerzői (és kiadói) jog, copyright; szerzői jog fenntartása; ~ **edition** jogosított kiadás; ~ **in design** mintavédelem

coquimbite *ásv* coquimbit

coquina *geol* kagylós mészkő

coral *geol* korall; ~ **limestone** korallmészkő; ~ **red** korallpiros; ~ **reef** *geol* korallzátony

CORAL (computer on-line real-time application language) *szt* CORAL *(programozási nyelv)*

coralliferous limestone *ol* koralltartalmú mészkő

corbeil(le) *ép* díszkosár *(kőfaragású)*

corbel I. *v ép* gyámkővel/konzollal megtámaszt; **II.** *n ép* (kő)konzol, pillérkonzol, gyám(kő); falkiugrás;

~-back slab konzolos lemez; ~ **block** kiugró/lépcsőzetes faltömb; ~ **buttress** *gumi* bordázott vállerősítés, vállerősítés-mintázat; ~ **course** *ép* kiugró (tégla)sor; ~ **out** *v* kiszögellést alkot; ~ **piece** nyeregfa; ~ **table** párkánylemez-kiképzés konzolsoron; ~**-tree** gerincfa; ~ **under a window jamb** ablakpárkánygyám
corbelled, *US* **corbeled** *ép* fogazott *(kiugróan)*; gyámkövön nyugvó; kiugró, kiszögellő; ~ **dome** álboltozat; ~ **out** támpilléres
corbelling, *US* **corbeling** *ép* kiszögellés, falkiugrás; megtámasztás gyámkővel
corbie-step gable *ép* lépcsős oromzat
corbino *félv* mezőfüggő ellenállás
cord I. *v* (kötéllel/zsineggel) megköt, átköt, összeköttöz; *fa* ölez *(tűzifát)*; **II.** *n* kötél, zsineg; zsinór, spárga; húr; *el* (hajlékony) vezeték, zsinór, huzal; kábel; *fa, metr* öl; *gumi* kord(cérna); *nyom* fűzőzsinór; *tex* borda *(szöveté)*; kord(szövet), bordás szövésű szövet; kordbársony, kordszövet; kötözőfonal; zsinór, paszomány *(ruhán)*; *üveg* zsinór, huzal, slír *(üveghiba)*; ~ **adjuster** *el* zsinórfeszítő; ~ **and plug** dugaszzsinór, dugózsinór, zsinóros dugasz; ~ **and rope making machine** kötélgyártó/kötélverő gép; ~ **angle** *gumi* kordszög; ~ **barrel** *tex* zsinórdob; ~ **carcase/carcass** *gépk* kordbetétváz; ~ **circuit** *távb* zsinóráramkör; ~**(-)circuit repeater** *távb* zsinórerősítő; ~ **drive** *gép* zsinórhajtás; ~**(-)eye** *hajó* kötélfülecs; ~ **fabric** *gumi, tex* kordszövet; ~ **fastener/grip** *el* zsinórbilincs; ~ **layer** *gépk* kordbetét; ~**-netting** *hajó* kötélzet; *rep* kötélhálózat *(léggömbé)*; ~ **packing** *gép* zsinórtömítés, kenderzsineg-tömítés; ~ **pair** *távb* zsinórpár; ~ **patches** *pl gumi* javító kordtapasz; ~**-ply** *gumi, tex* kordréteg; ~ **pulley** *gép* zsinórtárcsa; ~ **remote control** *távk* kábeles távvezérlés; ~ **sheave** → ~ pulley; ~ **stitch** *tex* zsinóröltés; ~ **structure** *tex* ripszkötés; ~ **switch** függőkapcsoló; ~ **thread** *el* sodrott huzal; ~ **threading** *el* sodort zsinór; ~**-type trunk exchange** *távb* zsinóros helyközi központ; ~ **tyre/tire** *gépk* kordbetétes köpeny/gumiabroncs; ~ **velvet** *tex* kordbársony, kordszövet; ~ **weight** *hajó* dobókörte; *távb* zsinórsúly; ~ **wheel** *tex* fonókerék
cordage *hajó* kötélzetfelszerelés; *tex* kötéláru; ~ **bobbin** *tex* kötélverő cséve
cordate szív alakú
corded *fa* ölbe rakott, rakásolt; *tex* bordás; bordázott; ~ **cotton** *tex* pamut gyöngyfonal; ~ **lava** *bány* kötélláva; ~ **plush** bordázott plüss; ~ **ribbon** bordás kalapszalag, ripszszalag; ~ **tyre/tire** → cord tyre/tire
corder *bány* csillejavító
CORDIC algorithm (coordinate rotation digital computer algorithm) *szt* koordinátaátforgatási algoritmus
cordierite *ásv* cordierit
cordiform szív alakú
cording *cipő* zsinórdísz, díszítőzsinór; *tex* gallérozás *(Jacquard-gépen)*; nyüstzsinórozás; ~**-and-tucking machine** *ruh* beöltőcsík-bevarró gép; ~ **frame** *tex* zsinórverő gép; ~ **machine** zsinórverő/kötélverő gép
cordite *vegy* kordit, lőpor *(füst nélküli)*
cordless *el* zsinór nélküli; ~ **board** *távb* dugaszoló kapcsolótábla; ~ **private branch exchange** *távb* zsinór nélküli alközpont; ~ **switchboard** *távb* zsinór nélküli váltó; ~ **telephone** *szt* vezeték nélküli (rádió)telefon; ~ **ultrasonic remote control** *távk* ultrahangos távvezérlés
cordon kordon, szalag, paszomány; *ép* vízszintes kiugrás/futósáv; vízszintesen futó kiszögellés
cordonnet *tex* gépvarró selyem, gépselyem; kordfonal, kordcérna
cordovan leather kordován, szattyánbőr
Cordurie process *koh* Cordurie-eljárás
corduroy *tex* kord szövésű anyag, kordszövet, kordbársony, kord; ~ **cutter** kordbársonyvágó gép; ~ **road** dorongút
cordwain kordován, szattyánbőr
cordwainer cipész, varga
cordwood *fa* rakásolt *v.* ölbe rakott fa, ölfa
core I. *v bány, ol* magot fúr; *élip* kimagoz; *geof* magfúrást végez, mag; **II.** *n at* atomtörzs; reaktormag, reaktorzóna; *bány* fúrómag; pillér; V alakú betörés; *csill* csillag magja *v.* belső rétege; *el* (lég)mag; (tekercs)mag; (vas)mag; bél *(elektródé)*; ér, kábelér; kábellélek; kábeltok; *ép* mag; üreg *(téglában, panelben)*; *fa* bútorlap/forgácslap középrésze; geszt; *fiz* (mágnes)mag, (spektrum)vonal középpontja/magja; *geol* (fúró)mag; föld belseje; *gép* kötéllélek, kötélbél; *hidr* gátmag, töltésmag *(vízzáró)*; vezetőmag; vízzáró fal; *mech* belső mag *(keresztmetszeté)*; *műa* fűtőcsatorna(-furat) *(szerszámban)*; magréteg *(szendvicslemezekben)*; szerszámmag; *ol* (fúró)mag; (kőzet)mag; *önt* öntőmag, (öntödei) mag; *pa* kúpos héshenger; papírhüvely, duda; tambur; tekercsrúd hüvellyel; *szt* mágnesgyűrű, mágnesmag, ferritgyűrű; *tex* alapfonal; bél, mag *(fonalé)*; csévemag; ~ **actuation** *önt* magmozgatás; ~ **analysis** *geof* magelemzés, magvizsgálat; ~ **area** *el* vasmagkeresztmetszet; *önt* magszelvényterület; ~ **array** *szt* tármátrix; ~ **assembly** *el* kábellélek, kábelmag, kábelbél; *önt* magösszerakás; magszerelő sablon; ~ **baking** *önt* magszárítás; ~**-baking oven** magszárító kemence; ~ **bar** *önt* magvas, rúdmag; *pa* kúpkés; ~ **barrel** magcső, magdoboz *(mélyfúrás)*; ~ **bedding** *önt* magágy; ~ **binder** *önt* magkötő anyag; ~**-bit** *ol* magfúró (korona), koronafúró, fúrókorona, magkorona; ~ **blocking** *önt* magreteszelés; ~ **blower,** ~**-blowing machine** *önt* mag(be)fúvó gép; ~ **blowing** *önt* magfúvás, magkészítés homokfúvással; ~**-board** *fa* bútorlap; *önt* magsablon; *pa* csévekarton; ~ **boring** *bány* magfúrás; *gép* magfurat; ~ **box** *geol* magtartó doboz; *önt* magszekrény; ~**-box lock** magszekrényzáró berendezés; ~ **breaker** *önt* magkiverő gép; ~ **building** *gumi* peremfelépítés; ~ **burning** *önt* magbeégés; ~**-carbon** *el* kanócszén, bélszén; ~ **carrier** *önt* szárítócsésze, magcsésze; ~**-carrier plate** *önt* szárítólap; ~ **catcher** *bány* magfogó; *geol* magtartó hüvely; *ol* magkosár; ~**-catching ring** *ol* magfogó gyűrű; ~ **channel** *at* aktív zónán áthaladó csatorna; ~ **circumference** *mech* magidom *(keresztmetszeté)*; ~ **clearance** *gép* belső átmérőhézag; ~ **collision** *at* kis távolságú ütközés, ütközés rövid úthossz után; ~ **compound** → ~ binder; ~ **concrete** *ép* magbeton; ~ **conicity** *önt* magkúposság; ~ **crab** *önt* magvas, rúdmag; ~ **cross-section** *ép* magkeresztmetszet *(vasbeton oszlopé)*; ~**-cutting machine/rig** betonmagfúró gép; ~ **diameter** főátmérő, magátmérő, belső átmérő *(csavaré)*; ~ **drawback** *önt* magkihúzó; ~ **drawing** *önt* magkihúzás; ~ **dressing** *önt* fekecs, magbevonó

anyag; ~ **drier** → ~ carrier; ~ **drill** *bány, geof* magfúró (gép); *ép* betonmagfúró gép; ~**-drillable rock** *geol* magképes kőzet; ~ **drilling** *bány, geof, ol* koronafúrás, Craelius-fúrás, (kutató) magfúrás; ~**-drilling machine** → ~ drill; ~ **drill-pipe** *geol* magcső, magdoboz *(mélyfúrás)*; ~**-drill rig** *talt* magvevő készülék; ~ **dryer** → ~ carrier; ~ **drying** *önt* magszárítás; ~**-drying cradle** → ~ carrier; ~ **emulsion** *önt* magemulzió; ~ **equipment** *önt* magkészlet; ~ **extraction with rack** *önt* fogasléces magkihúzás; ~ **extraction with spindle** *önt* csavarorsós magkihúzás; ~ **extractor** *ol* magfogó; *önt* magkihúzó; ~ **extrusion machine** *önt* magnyomó/rúdmaggyártó gép; ~ **fixing** *önt* magbeerősítés, lefogás; ~ **freeing** → ~ removal; ~ **grid** → ~ crab; ~ **guidance** *önt* magvezetés; ~ **gum** *önt* magkötő anyag; ~ **hardening** *koh* átedzés; magedzés; ~ **head** *ol* görgős magfúró; ~ **head of the armature** *el* armatúra-zárólemez; ~ **hole** maglyuk; *önt* magkiverő nyílás; ~**-hole equipment** *geof* magfúró berendezés; ~**-hole log** *geof* magfúrási szelvény, fúrómagszelvény; ~ **image library (CIL)** *szt* futó programok könyvtára, CIL; ~ **insulation (CI)** *el* magszigetelés; ~ **iron** *önt* magvas, rúdmag; ~ **jig** *önt* magsablon; ~ **knockout machine** *önt* magkiverő gép; ~ **lamination** *el* lemezelt vasmag; ~ **lifter (apparatus/equipment)** *önt* magkiemelő berendezés; ~ **line** *mech* magidom (határ)vonala; magvonal; ~ **locking** → ~ blocking; ~ **log** → ~-hole log; ~ **loss** *el* vasveszteség; *ol* magveszteség; ~ **machine** *ép* betonmagfúró gép; *pa* cérnázógép *(papírzsineghez)*; ~ **maker** → coremaker; ~ **making** *önt* magkészítés; ~ **mark** *önt* magjel; ~ **material** *at* reaktormag anyaga; ~ **memory (CM)** *szt* ferritgyűrűs tároló; ~ **method of tunnel construction** *ép* német alagútépítési mód; ~ **mo(u)ld** *önt* magforma; ~ **mo(u)lder** → coremaker; ~ **mo(u)lding machine** *önt* magformázó/magkészítő gép; ~ **mounting** *önt* magösszeszerelés; ~ **nail** *önt* magszeg; ~ **of a bank/barrage** *ép* gát (vízzáró) magja; ~ **of a cable** *távk* kábelér; ~ **of a wire rope** acélkötélbetét, maghuzal, szívhuzal; ~ **of the game** *rendsz* játék magja; ~ **of the nucleon** *at* nukleon magja, nukleonmag; ~ **of the nucleus** *at* atomtörzs; ~ **of the section** *mech* keresztmetszet belső magja; ~ **oil** *önt* magolaj, magkötő olaj; ~ **out** *v önt* maggal kialakít *(üreget)*; ~ **oven** → ~ stove; ~ **paper** *el* magcsévélő papír; ~ **pin** *műa* furatmag *(feldolgozó szerszámokban)*; ~ **piston** belső dugattyú; ~ **plane** *szt* társík; ~ **plate** *el* transzformátorlemez; vasmaglemez; ~ **plug** *önt* magdugó; ~ **point** *mech* magpont *(keresztmetszeté)*; ~ **print** *önt* magjel; ~**-print seat** *önt* magfészek; ~ **puller** *önt* magkihúzó; ~**-pulling with rack** *önt* fogasléces magkihúzás; ~ **radiator** vízcsöves hűtő; ~ **recovery** *ol* magkihozatal; ~ **refining** *koh* mag újrafinomítása; ~ **removal** *önt* mageltávolítás; ~ **rod** *önt* magvas, rúdmag; ~ **room** → ~ shop; ~ **sample** *ol* fúrómag(minta); ~ **sampler** *hajó* mélységmérő cső; ~ **sand** *önt* maghomok; ~ **saturation** *el* magtelítődés; ~ **screw** *el* magszabályzó csavar; ~ **section** *at* magkeresztmetszet; *el* vasmagkeresztmetszet; ~ **segregation** *koh* magdúsulás, középső *v.* tengely menti dúsulás; ~**-setting ga(u)ge** *önt* magállító/magberakó sablon; ~ **setting jig** *önt* magberakó készülék; ~ **shadow** *at* árnyékmag, teljes árnyék; ~ **sheet** *el* dinamólemez; *műa* fűtőcsatorna(-furat) *(szerszámban)*; magréteg *(szendvicslemezekben)*; szerszámmag; ~ **shell** *mzg* burok, burkolat; *ol* magcső, magfogó hüvely; ~**-shoe** *ol* fúrókorona; ~ **shooter** *önt* maglövő gép; ~ **shooting** maglövés; ~ **shop** *önt* magkészítő (műhely/részleg); ~ **shroud** *at* atomburok; ~ **space** *szt* központi egység tárolója; ~**-spun yarn** *tex* bélfonal, vezérfonalas fonal; ~ **stamping** *el* sajtolt lemez vastesthez; ~ **stock** *fa* középrészanyag; ~ **storage** *szt* mágnesgyűrűs tár, mágnesmagos tár; ~ **storage print-out** *szt* tár(tartalom) kiíratás; ~ **stove** *önt* magszárító kemence; ~ **stretch** → ~ drawing; ~ **strickle** *önt* magsablon; ~ **strickler** *önt* magalakozó; ~ **strip** tömör faközéprész *(bútorlapé)*; ~ **study** *geol* fúrómagvizsgálat; ~ **surface** *mech* keresztszelvény belső magterülete; ~ **sweep** *önt* magsablon; ~**-system ice-making** tömbjéggyártás; ~ **tablet** *gyógyv* tablettamag; ~ **tank** *at* reaktormagedény; ~ **template/templet** *önt* magsablon; ~ **thread** *tex* alapfonal; ~ **tracking** → ~ guidance; ~ **transformer** → ~-type transformer; ~ **trench** *ép* duzzasztógát magjának munkagödre; ~ **tube** béléscső, magcső; ~ **turbodrill** *ol* magfúró turbina; ~**-type current transformer** vasmagos áramváltó; ~**-type radiator** bordás hűtő; ~**-type transformer** *el* oszlopos transzformátor, magtranszformátor; ~ **wall** *hidr* szigetelőmag; vízzáró mag/fal, magfal; ~**-welding wire** *heg* porbéléses elektródhuzal; *önt* bélelt pálca; ~**-winding machine** *pa* hüvelytekercselő gép; ~ **wire** *el* huzalbetét; tengelydrót, maghuzal; *heg* porbéléses huzal; ~ **wire of a cable** kábelér; kábelelágazás; ~ **wire of the electrode** elektródmaghuzal; ~ **yarn** *tex* bélfonal, vezérfonalas fonal

coreboard → core-board

cored üreges, kivájt; ~ **bed** *geof* magfúrással megvizsgált réteg; ~ **brick** *ker* üreges tégla; ~ **carbon** beles ívlámpaszén; *heg* karbonbéléses elektród; ~ **electrode** *heg* porbéléses elektród, portöltésű hegesztőelektród; ~ **for lightness** üregesen kiképzett *(súlycsökkentés végett)*; ~ **hole** *gép* beöntött lyuk, maggal készült lyuk; ~ **induction furnace** *koh* vasmagos/csatornás indukciós kemence; ~ **interval** *ol* magfúrás hossza; ~ **mo(u)ld (for fluid circulation)** *műa* fűtőcsatornás szerszám; ~**-out** bemélyedéses, gödrös; hézagos; ~ **slug** *nyom* bordás sortömb; ~ **solder wire** töltött forrasztóhuzal; ~ **winding** (vas)magos tekercselés

coreless *el* légmagos; vasmag nélküli; ~ **armature** vasmag/vastest nélküli armatúra; ~ **induction furnace** *koh* indukciós tégelykemence, tégelyes indukciós kemence; ~ **variometer** *aut* légmagos *v.* vasmag nélküli variométer

coremaker *önt* magkészítő (munkás)

corer *élip* (ki)magozó(eszköz)

coring *bány* fúrás fúrómagra, magnyerés; koronafúrás; *ép* kazettázás *(betonelem)*; *geof, ol* magfúrás; *koh* mikrodúsulás; ~ **drill/machine** *ép* betonmagfúró gép; ~**-out** *cipő* sarokkivájás; ~ **tube** *ol* (szabadon eső) magcső; ~ **up** *önt* magkészítés; ~**-up pin** *önt* összerakócsap, tájolócsap

Corinthian | **capital** *ép* korinthoszi oszlopfő; ~**-order (of columns)** korinthoszi oszloprend

Coriolis | **acceleration** *mech* Coriolis-gyorsulás; ~ **force** Coriolis-erő; ~ **mass flowmeter** Coriolis-menyiségmérő

corium *bőr* irha, irhásréteg
cork I. *v* bedugaszol; **II.** *n* parafa(kéreg); (parafa)dugó; ~**(-)board** *bőr* barkázófa; *fa* parafa tábla/lemez; ~ **brick** parafa tégla, préselt parafa; ~ **cover** parafa bevonat; ~ **crust** parafakéreg; ~**-faced clutch** *gépk* parafás tengelykapcsoló; ~**-flooring slab** parafa parkettalap/padló; ~ **flour** *vegy* parafaliszt; ~ **insulation** parafa szigetelés; ~ **jacket** mentőöv; ~**-packed gland** *gép* parafabetétes tömszelence; ~ **packing** parafa tömítés; ~ **paper** parafa papír; ~ **sealing** parafa tömítés; ~ **sheet/slab** parafa lemez; ~ **squeezer** dugóprés; ~**-stem** *kat* hűtőköpenydugó; ~ **stopper** parafadugasz, parafadugó; ~ **tile** parafa lap; ~ **tissue** *fa* parafás szövet; ~ **vest** *hajó* mentőöv; parafamellény; ~ **washer** parafa tömítés
corking *élip* dugaszolás; ~ **machine** dugaszológép *(palackozáshoz)*
corkite *ásv* corkit
corkscrew I. *v* csavarodik, tekeredik; csigavonalban/spirálisan száll/halad; **II.** *a* csigavonalszerű, dugóhúzó alakú, összetekeredett; **III.** *n* dugóhúzó; *ép* csigalépcső; ~ **antenna** tekercsantenna, helixantenna; ~ **column** *ép* csavart oszlop; ~ **rep(p)** *tex* átlós ripsz; ~ **rule** *mat, el* dugóhúzószabály, jobbkézszabály; ~**s** *pl tex* összecsavarodás *(nyersselyemé)*; ~ **staircase/stairs** csigalépcső; ~ **twist** *tex* szabálytalan sodrás; ~ **weave** *tex* átlós ripszkötés
corkscrewed | thread *tex* csavarodott fonal; ~ **yarn** *tex* csavarodott fonal; dugóhúzó-csavarodás *(hiba)*
corkwood parafa
Corliss | engine Corliss-(gőz)gép; ~ **(valve) gear** *hőt* Corliss-vezérmű, szelepcsapos vezérmű
corn I. *v* szemcséz, granulál *(puskaport)*; *élip* besóz; **II.** *n* mag, szem, szemcse; gabonaszem; búza; *US* kukorica; *kat* célgömb; ~**-binder** *mzg* kévekötő-arató gép; ~ **brandy distillery** gabonapálinka-főzde; ~**-cleaning machine** gabonatisztító gép; ~ **cob** (üres) kukoricacső, kukoricacsutka; csöves kukorica; ~ **distillery** *US* kukoricaszeszfőző; ~ **dressing machine** gabonatisztító gép; ~**-drill** *mzg* vetőgép; *US* kukorica-sorvető gép; ~ **ear** *mzg* gabonakalász; ~ **harvester** aratógép, arató-cséplő gép, gabonakombájn; ~ **husker-shredder** kukoricacsőfosztó és -morzsoló gép; ~ **mower** aratógép, arató-cséplő gép, gabonakombájn; ~ **oil** *US* kukoricacsíra-olaj; ~**s** gabona(nemű), gabonafélék; ~ **sheller** kukoricamorzsoló; ~ **shock** *mzg* gabonaasztag; ~ **shredder** *US* kukoricaszár-tépő; ~ **snapper** *US* kukoricatörő (gép); ~ **spirit** gabonapálinka; *US* kukoricaszesz; ~ **syrup** keményítőszörp; ~ **thrower** *em* röpítő elevátor; *mzg US* lapátkerekes kukoricaszállító; ~ **van** gabonarostáló
corneal lens *opt* kontaktlencse, kontaktüveg
corned szemcsés; *bőr* barkás, barkázott; *élip* besózott *(marhahús)*; pácolt
cornelian *ásv* karneolagát
corner I. *v* sarkot levág; sarokkal ellát; *közl* kanyarodik, fordul *(jármű)*; **II.** *n* sarok; szegély; sarokdísz; égtáj; sarokvas, saroklemez; szög, szöglet; *ép* kiugrás, falkiszögellés; *mat* csúcs, szögpont, szöglet; ~ **angle** nyílásszög, kúpszög; *ép* sarokszögacél, sarokvédő szögacél; ~ **bead** *ép* sarokvédő; ~ **bond** *ép* sarokkötés *(falazaté)*; ~ **brace** *ép* szögletvas; *szersz* szögletfúró; ~ **bracing** *ép* sarokmerevítés; ~ **bracket** sarokgyám; ~ **bumper** *gépk* saroklökhárító; ~ **chisel** háromélű véső, faragóvéső; ~ **cogging** *ép* sarokrovás *(fakötés)*; ~ **cogging with oblique cog** félfecskefarkú sarokrovás; ~**-connecting machine** *pa* sarokkötő (fűző)gép; ~ **connection** *ép* sarokillesztés, (falazat-)sarokkötés; *heg* sarokkötés; ~ **cube** *opt* háromszögletű prizma, hármas/irányfordító tükör; ~ **cupboard** *fa* sarokszekrény; ~ **cut** *szt* saroklevágás; ~ **cutter** *forg* szögmaró; ~ **cutting** *pa* saroklevágás; ~**-cutting machine** *cipő* sarokcsíptető készülék; *pa* sarokvágó gép; ~ **detail** *tv* képsarokélesség; sarokfelbontó képesség; ~ **diameter** *mat* főátló körül írt kör átmérője; ~ **drill,** ~ **drilling machine** szegletfúró/sarokfúró gép; ~ **elbow joint** könyökcső, csőkönyök; ~ **fillet** hézagtartó léc; ~ **foot** saroktámasz; ~ **frequency** sarokfrekvencia; ~ **grate** sarokrostély *(rázórostélyhoz)*; ~ **halving** *fa* saroklapolás; ~**-hole** *bány* saroklyuk; ~ **horn** *rád* sarokhangszóró; ~ **house** *ép* sarokház; ~ **iron** *ép* sarokvas, sarokpánt; *koh* L acél, sarokacél, szögacél; ~ **jamb-stone** *ép* sarokpillér; ~ **joint** *heg, koh* sarokkötés; *mech* sarokvarrat *(tartó)*; ~ **level** *geod* saroklibella, sarokszintező; ~ **loudspeaker** *rád* sarokhangszóró; ~ **piece** *ép* sarokdarab, sarokdíszítés; *nyom* könyvsarokdísz *(rajz v. dombornyomás)*; ~ **pillar** sarokpillér; ~ **plate** *ép* sarok(csomó)lemez; ~ **point** *mat* szögpont, sarokpont *(görbéé)*, töréspont; ~ **pole** sarokoszlop; ~ **post** sarokcölöp, sarokoszlop; szegletgerenda; saroktám; ~**-protecting,** ~ **protector** sarokvédő, élvédő; ~ **rafter** *ép* élszarufa; ~ **reflector** *opt* szögtükör; *távk* szögletreflektor; ~ **reflector antenna** sarokreflektoros antenna; ~ **reinforcement** *ép* sarokvasalás *(vasbeton)*; ~**-rounding machine** *nyom* sarokgömbölyítő gép; ~ **saw blade** *szersz* sarokfűrészlap; ~ **seam** külső sarokvarrat; ~ **set** *bány* sarokkeret; ~ **stay** *fa* sarokkitámasztás, sarokkihorgonyzás; ~ **strap** *ép* szögletpánt; ~ **studdle** *bány, ép* saroktámasz, ácsolatközdarab; ~ **tile** kúpos (tető)cserép; ~ **tool** sarokmegmunkáló szerszám; ~ **truss** *ép* sarokkiékelés, sarokmerevítés *(szekrénytartónál)*; ~ **valve** sarokszelep; ~ **vane** vezetőlapát; ~ **weld** *heg, műa* sarokvarrat; ~ **welding** sarokvarrat-hegesztés; ~ **weld joint** hegesztett sarokkötés; ~ **window** sarokablak
cornered sarkos, szögletes, szögletű
cornering *közl* kanyar(odás); ~ **ability** *gépk* gépjármű fekvése kanyarban; ~ **force** *gumi* nyomtartó erő; ~ **tool** sarokmegmunkáló szerszám
cornerstone *ép* sarokkő, szögletkő; sarokpillér; *US* alapkő
cornerwise sarkosan; sarkot/szögletet alkotva, szögletesen; átlósan, diagonálisan
cornet *élip* ostyatölcsér, fagylalttölcsér
cornhouse gabonaraktár, magtár, gabonasiló
cornhusk *US* kukoricacsuma, kukoricacsuhé, kukoricahéj
cornice I. *v ép* párkánnyal díszít; **II.** *n ép* (fő)párkány; csüngő eresz/párkány; ereszvonal; hópárkány, áthajló hótorlasz; karnis *(függönyé)*; koszorúpárkány; mennyezetpárkány, párkányzat; szegélyléc, párkányléc; szemöldökfa, szemöldökgerenda; ~ **boarding** párkánydeszkázás; ~ **covering** párkánylefedés; ~ **lighting** ernyőzött falvilágítás; ~ **of a roof** tetőpárkány, koszorúpárkány; ~ **of a wood mo(u)lding** hornyolat; ~ **of the pedestal** lábazati párkány

corning *élip* lesózás, pácolás; *ol* rétegvizsgálat
Cornish | **boiler** Cornwall-kazán; ~ **pump** rudazatos szivattyú
cornstarch *US* kukoricakeményítő
cornstone *geol* kovásodott mészkő
Cornu | **prism** *opt* Cornu-prizma; ~ **spiral** *mat* Cornu-spirális, klotoid
cornucopia *ép* bőségszaru *(díszítőelem)*
cornwallite *ásv* cornwallit
corollaceous koszorú alakú
corolliform koszorú alakú
corona *csill* (nap)korona; fényudvar, aureola; *el* koronakisülés; *ép* befejezés; főpárkány szögletes tagozata; korona, gerinc; koszorúléc; vízvezető csurgó; *foto, opt* fényudvar, aureola; *met* korona, koszorújelenség; *tex* fényudvar, aureola *(tisztított folt körüli udvar)*; ~ **brushing/discharge** *el* koronakisülés; *met* koronakisülés, Szent Elmo tüze; ~ **discharge stabilizer** koronakisülés-stabilizátor; ~ **discharge tube** koronakisülési cső; ~ **drum separator** *bány* koronamezős hengeres dúsító; ~ **effect** *el* fújás *(koronakisülés)*; koronajelenség, fényparancs; ~ **electrode** *koh* sugárzó elektród; ~**-free** koronakisülés-mentes; ~ **glow/light** *el* koronafény; ~ **point** koronakisülési pont; ~ **power loss** koronakisülés okozta veszteség, koronaveszteség; ~**-proof cable** *el* koronabiztos kábel; ~ **regulator-tube** *el* koronakisüléses szabályozócső/stabilizátorcső; ~ **ring** *el* koronagyűrű; ~ **texture** *geol* koronás struktúra/szerkezet; ~ **tube regulator** *rád* koronakisüléses feszültségszabályozó
coronagraph *csill* koronagráf
coronal ray/streamer *csill* koronasugárzás
coronene *vegy* koronén
coronite *ásv* drávit
coronium *at* koronium(gáz)
coronograph → coronagraph
corotation együttes forgás
corporate electronic publishing *szt* vállalati elektronikus kiadványkészítés
corposant *met* Szent Elmo tüze
corpuscle *at* korpuszkula, (anyagi) részecske; parány
corpuscular *at* korpuszkuláris; ~ **anode ray** anódsugár; ~ **emission/radiation/rays** *at* korpuszkuláris sugárzás, részecskesugárzás; ~ **theory** *fiz* korpuszkuláris elmélet; ~ **theory of light** *fiz* Newton korpuszkuláris fényelmélete
corradiation *opt* sugárnyaláb-konvergencia
corrasion *geol* korrázió
correct I. *v* helyesbít, javít, korrigál, (ki)igazít; beszabályoz *(műszert)*; módosít, változtat *(műszer szabályozásán)*; *ép* kiegyenlít, egyenget *(felületi egyenetlenséget)*; *távk* kiegyenlít *(impedancia-karakterisztikát)*; **II.** *a* kellő, megfelelő; szabályos; helyes, hibátlan, pontos, szabatos; ~ **confidence limits** *stat* szabatos konfidenciahatások; ~ **matching** pontos/megfelelő illesztés; ~ **shape** alakhűség; ~ **sprinkler pressure** *hidr* szórófej üzemi nyomása; ~ **to x percent** x% pontosságú; ~ **value** pontos érték
correctable error *szt* javítható hiba
corrected módosított, korrigált, helyesbített; átszámított; ~ **altitude** *rep* helyesbített magasság; ~ **error** *mat* korrigált hiba; ~ **gear** *gép* korrigált fogazás; ~ **heading** *rep* helyesbített géptengely-irányszög; ~ **lens** *opt* korrigált lencse; ~ **mean** *mat* korrigált középérték; ~ **proof** *nyom* korrigált/javított levonat; ~ **radio bearing** *rep, távk* helyesbített rádióirányszög; ~ **to ga(u)ge** helyesbített/pontos méretű; ~ **toothing** *gép* általános/kompenzált fogazat
correcting *nyom* korrektúrázás, korrektúra; ~ **bearing** *rep* helyesbítő irányszög; ~ **circuit** *el* kompenzálókör; ~ **code** *szt* javítókód; ~ **coil** kompenzálótekercs; ~ **condition** *aut* beavatkozó jel; korrigálási/helyesbítési állapot/feltétel/érték; ~ **control** korrekciós irányítás; helyesbítő vezérlés/szabályozás; ~ **device (of distortion)** *távk* torzításkompenzáló; ~ **element** *aut* beavatkozó szerv/elem, korrekciós elem; jelformáló/korrekciós/kompenzáló/kiegyenlítő tag; szabályozó(szerv), vezérlőelem; ~ **feedback** *aut* helyesbítő/korrekciós/kompenzáló visszacsatolás; ~ **feedforward** *aut* helyesbítő/korrekciós/kompenzáló előrecsatolás; ~ **filter** korrekciós (szín)szűrő; ~ **lens** *opt* korrekciós lencse; ~ **network** korrekciós áramkör; ~ **of composition** *nyom* szedés korrektúrája/javítása; ~ **phase shift** *el* korrigáló fáziseltolás; ~ **pulse** *távk* szinkronozó impulzus; ~ **range** *el* beavatkozási/módosítási tartomány; ~ **unit** *aut* helyesbítő/korrekciós/jelmódosító/kompenzáló egység; helyzetbeállító, pozícionáló; ~ **variable** *aut* beavatkozó jel/jellemző
correction helyesbítés, kijavítás; hibakiigazítás; *aut* beavatkozás, korrekció; *mat* korrekció, javítás; *metr* helyesbítés, javítás, korrekció, (ki)igazítás; *nyom* korrektúra; korrigálás; ~ **additive** *fiz* korrekciós növekmény, korrekcióérték; ~ **angle** *rep* széleltérítési/elsodródási szög; ~ **bit** *szt* javítóbit; ~ **curve** korrekciós/helyesbítési görbe; ~ **data** *aut* beavatkozási/korrekciós/helyesbítési adatok; ~ **element** → correcting element; ~ **factor** helyesbítési/korrekciós tényező, helyesbítő tényező; ~ **filter** → correcting filter; ~ **for continuity** folytonossági korrekció; ~ **for drift** *kat* oldalgás-helyesbítés; ~ **for edge effect** peremkorrekció; ~ **for lag** *mech* késési korrekció; ~ **for refraction** *csill* refrakciós javítás; ~ **for sag** *geod* belógás miatti helyesbítés; ~ **for tension** *mech* megnyúlási korrekció; ~ **key** helyesbítőbillentyű; visszázó billentyű *(írógépé)*; ~ **lag** *aut* helyesbítéskésleltetés, korrekciókésleltetés; ~ **mark** *nyom* korrektúrajel; ~ **mass** *koh* korrekciós massza; ~ **of amplitude(s)** *tv* amplitúdódeemfázis; amplitúdókiegyenlítés; ~ **of an error** hibahelyesbítés; ~ **of distortion** torzításjavítás, torzításkorrigálás; ~ **of edge effect** peremkorrekció; ~ **of matter** *nyom* szedéskorrektúra; ~ **of phase** *el* fáziskiegyenlítés, fáziskompenzálás; ~ **of signal** *aut* jelformálás; ~ **print** *film* korrekciós kópia; ~ **rate** *aut* beavatkozási/szabályozási sebesség; ~ **signal** *el* rendelkezőjel, korrekciós jel; ~ **table** átszámítási/korrekciós táblázat; ~ **time** *aut* felépülési/szabályozási/beavatkozási idő; ~ **variable** beavatkozójel
corrective I. *a* kiigazító, helyesbítő, javító; **II.** *n* javítóeszköz, javítószer; ~ **action** javító/korrigáló/kompenzáló hatás; korrekció, javítás; *aut* beavatkozó jel megváltozása, beavatkozás; ~ **circuit** *távk* korrigáló áramkör; ~ **coefficient** helyesbítési tényező, igazítás; ~ **filter** → correcting filter; ~ **glasses** *orv* korrigáló szemüveg; ~ **lens** *orv* korrekciós üveg/lencse; ~ **maintenance** javító/korrektív karbantartás

correctly | **burned clinker** *ker* jól/helyesen kiégetett *v.* készre égetett klinker; ~ **sized product** *ker* normálszemcse
correctness helyesség, pontosság, szabatosság; ~ **proof** *szt* helyességvizsgálat
corrector helyesbítőberendezés, helyesbítőszerkezet; *nyom* korrektor; ~ **circuit** *távk* kiegyenlítő áramkör; korrektoráramkör; ~ **index** *kat* helyesbítő leolvasójel; ~ **knob** *kat* helyesbítő állítócsavar; ~ **of distortion** *távk* torzításkompenzáló; ~ **of the press** *nyom* nyomdai korrektor; revizor; ~ **scale** *kat* helyesbítő gyűrűskála
correlate I. *v* megfeleltet, összefüggésbe/korrelációba hoz, összeegyeztet, korrelál; összefügg; **II.** *a mat* kölcsönösen összefüggő, viszonylagos, korrelatív, korrelációs, korrelációban lévő, viszonosságban álló; ~ **ratio** *mat* korrelációs hányados
correlated | **colo(u)r temperature** korrelált színhőmérséklet; ~ **random variables** korrelált valószínűségi változók
correlation korreláció, viszonosság, kölcsönös viszony; *at, mat* korreláció, viszonosság, kölcsönös viszony; *geol, ol* rétegazonosítás; ~ **analysis** *mat* korrelációanalízis; ~ **calculus** *mat* korrelációszámítás; ~ **coefficient** *hidr* korrelációs tényező; *mat* korrelációs együttható; ~ **correction** korrelációhelyesbítés; ~ **electronics** korrelációelektronika; ~ **function** *mat* korrelációfüggvény, korrelációs függvény; ~ **grade** *geol* korreláció/azonosítás foka; ~ **index** *vegy* korrelációs index; ~ **length** *ol* korrelációs szakasz; ~ **log** *ol* korrelációs szelvény; ~ **matrix** *mat* korrelációmátrix, korrelációs mátrix; ~ **method** *geof* korrelációs módszer; ~ **ratio** *stat* korrelációs hányados; ~ **shooting** *geof* korrelációs szeizmikus mérés; ~ **tracking** *aut* korrelációs pályakövetés/célkövetés; ~ **tracking system** korrelációs pályakövető/célkövető rendszer
correlative compensation *aut* korrelációs kompenzáció
correlator *el* korrelátor
correlogram *mat* korrelogram, viszonossági ábra, korrelációs diagram
correspond összhangban van, megegyezik; megegyezik, megfelel; korrespondeál; ~ **to** megfelel; ~ **with** (meg)egyezik *v.* összhangban van
correspondence megegyezés, megfelelés; korres(z)pondencia; *mat* hozzárendelés, megfeleltetés; *vasút* csatlakozás; ~ **principle** *at* korres(z)pondenciaelv, hasonlósági elv
correspondent *mat* egynevű, megfelelő, korreszpondens
corresponding megfelelő, analóg; ~ **angles** *mat* megfelelő szögek; ~ **stages** *hidr* összetartozó vízállások; ~ **states** *fiz, vegy* korrespondeáló/megfelelő állapotok
corridor átjáró; folyosó; *rep* átrepülési kapu; légifolyosó; ~ **car** *vasút* folyosós személykocsi; ~ **flight rules** *rep* légifolyosókra érvényes repülési szabályok
corrigent *élip* ízjavító szer
corrodant → corrosive
corrode korrodál; megrozsdásodik *(vas)*; korrod(e)álódik; *geol, hidr* korrodál; ~ **off** *nyom* lemarat
corrodent → corrosive
corrodibility *koh* korróziós hajlam
corrodible korrodáló
corroding → corrosion; ~ **agent/material** korrodálóközeg, korrodálószer
Corrodkote test *vegy* Corrodkote-próba
corrosion korrózió, korróziós roncsolódás; rozsdásodás; ~ **allowance** *koh* korróziós ráhagyás; ~ **centre/center/cell** korróziós góc; ~ **control** korrózióvédelem; korrózió elleni védelem; ~ **crank** korróziós repedés; ~ **current** *geof* korróziós áram; ~ **damage/destruction** korróziós károsodás; ~ **due to condensation** kondenzvíz okozta korrózió; ~ **due to radiation (effect)** sugárkorrózió; ~ **due to soft water** kilúgozásos *v.* lágy víz okozta korrózió; ~ **due to welding** hegesztési korrózió; ~**-erosion** eróziós korrózió; ~ **fatigue** korróziós kifáradás; ~**-inhibiting mortar** korrózióvédő habarcs; ~ **inhibition** korrózióvédelem, korróziógátlás; ~ **inhibitor** korróziógátló szer/adalék/anyag, korróziós inhibitor; ~ **loss** *koh* korróziós veszteség; ~ **of cement** *ép* cementkorrózió; ~ **pit** *koh* korróziós bemaródás; ~ **potential** *vegy* korróziós potenciál; ~ **prevention** korrózióvédelem, korróziógátlás; ~ **preventive** korrózióvédő, korróziógátló; ~**-proof** korróziómentes; ~ **proofing** → ~ prevention; ~ **protection** korrózióvédelem; ~ **protection coat(ing)** korrózióvédő *v.* korrózió ellen védő bevonat; ~ **protection paint** korrózióvédő *v.* korrózió ellen védő mázolás/festék; ~ **rate** *koh* korróziósebesség; ~ **resistance** *koh* korrózióállóság; ~**-resistant steel (CRES)** *koh* korrózióálló acél; ~**-resisting (CR)** korrózióálló; ~**-resisting serving** korrózióálló burkolat; ~**-susceptible** korrózióérzékeny, korrózióra érzékeny; ~ **test** korróziós vizsgálat, korrózióvizsgálat; ~ **valley** *geol* korróziós völgy; ~ **zone** korróziós öv
corrosionless → corrosion-proof
corrosive I. *a* korróziót okozó, korrozív, támadó; savas/maró hatású. agresszív; **II.** *n* korrozívum, maró/korrozív anyag, marószer; *bőr* maró hatású festék; ~ **action/effect** korrózió(hatás), korrodeálódás; ~ **developing solution** *foto* maró hatású előhívóoldat; ~ **fluid** korróziós hatású *v.* agresszív folyadék; ~ **gas** korrozív gáz; ~ **medium** korrod(e)álóközeg, korrod(e)álószer; ~ **resistance** *koh* korrózióállóság; ~ **water** *bány* maróhatású/agresszív víz; savas (hatású) víz
corrosiveness → corrosivity
corrosivity maróhatás, kausztícitás, kausztifikáltság; korrozivitás
corrugate hullámosít, redősít; ráncol, redőz, recéz; barázdál, csíkoz, hornyol; *pa* ráncosodik
corrugated bordás; ráncos, redős; hornyos; hullámos *(lemez)*; rovátkolt; *pa* hullámosított; ~ **aluminium roofing** *ép* alumíniumhullámlemez-tetőhéjalás; ~ **apron belt (with webs)** hullámszegélyes heveder *(konvejorhoz)*; ~ **asbestos** hullámeternit, hullámpala; ~ **asbestos cement sheet** azbesztcement hullámpala/hullámlemez, hullámos azbesztcement; ~ **bearing** *gép* fésűscsapágy; ~ **bituminous board** *ép* bitumenes hullámlemez; ~ **board** *pa* hullámlemez, hullámpapír lemez; ~**-board box** *pa* hullámlemezdoboz; ~**-board machine** *pa* hullámpapírgép, hullámlemezgép; ~ **bulkhead** *hajó* önmerevítő válaszfal; ~ **cardboard** *pa* hullámlemez; ~ **clay-tile roofing** hullámos cserépfedés; ~ **converting machine** *pa* hullámlemez-feldolgozó gép; ~ **covering** *rep* hullámosított burkolat; ~ **di-**

aphragm *távk* hullámosított membrán; ~**-edge belt** → ~ apron belt; ~ **expansion pipe** *ép* hullámcső-kompenzátor; ~ **glass** hullámüveg; ~ **glass roofing** hullámüveg fedés; ~ **guide** → ~ waveguide; ~ **header** szekciós vízkamra *(vízcsöves kazánon)*; ~ **insulator** barázdás szigetelő; ~ **iron (CI)** *heng* hullámlemez; ~**-iron covering** *ép* padozati recéslemez; ~**-iron sheet** *heng* hullámlemez; ~**-iron shutter** hullámlemez redőny, hullámlemezes vasredőny; ~ **medium** *pa* hullámlemez-középréteg; ~**-metal sheet/plate** *heng* hullámos/hajlított fémlemez; ~ **mirror** *foto* redős tükör; ~ **mo(u)ld** *koh* hullámos falú kokilla; ~ **noise suppressor** *rep* bordázott/hullámosított zajcsökkentő; ~ **paper** hullámpapír; ~ **paperboard/pasteboard** → ~ cardboard; ~ **pipe** *heng* hullámos cső; ~ **pipe bend** *ép* hullámosított csőkönyök; ~ **plate** hullámosított lemez, hullámlemez; önmerevítő lemez; ~ **roll** *gép* bordás/rovátkolt henger; ~ **rubber hose** *gépk* harmonikacső *(gumi)*; ~ **sheet** *heng* hullámlemez; ~**-sheet metal** *heng* hajlított fémlemez; ~**-sheet mill** *heng* hullámlemez-hengermű; ~**-sheet roofing** *ép* hullámos táblás fedések; ~ **steel sheath** acélszalag vértezet/páncél *(kábelé)*; ~ **steel sheet** *heng* hullámlemez; ~ **surface** *rep* bordázott felület; ~ **tank** *el* bordásfalú olajtartály; ~ **tube** *heng* hullámos(ított) cső, bordáscső; ~ **watertight roofings** *ép* hullámos vízzáró fedések; ~ **waveguide** *távk* bordás csőtápvonal; rekeszes/bordás hullámvezető; ~ **zinc-coated steel sheet** hullámos horganyzott acéllemez

corrugating hullámosítás, hullámosodás; ~ **machine** hullámosítógép; *kh* síkhurkoló gép; *pa* hullámlemezgép, hullámpapírgép

corrugation hullámosítás, hullámosodás; *alak* ráncosodás, gyűrődés; *élip* rovátkolás, rovátka; *heng* hullámosítás, bordázás; *hidr* csörgedeztetett barázda; *tex* merevítőborda; *vasút* hullámos kopás; ~ **irrigation** *hidr* (sekély)barázdás/keskenybarázdás áztató öntözés; ~**s** *ép* hullámosodás *(földúté)*; ~ **spiral** *élip* rovátkaelhajlás

corrugator *hidr* barázdakészítő (szerkezet)

corruption *szt* rontás

corset *ruh, orv* fűző; ~ **cloth/fabric** *tex* fűzőanyag

cortex fakéreg; héjkéreg; *gyógyv* cortex, kéreganyag

corticated *fa* kéreggel fedett

corticosterone *gyógyv* kortikoszteron

corticotropin *gyógyv* kortikotropin, adrenokortikotrop-hormon

cortile *ép* belső udvar

cortisone *gyógyv* kortizon

corundum *ásv* korund; ~ **brick** *koh* korundtégla; ~ **crucible** *koh* korundtégely; ~ **wheel** *mt* korund csiszolókorong

coruscate (utó)izzik, sziporkázik, szikrázik; ragyog, csillog

corvette *hajó* korvett

cos → cosine; ~ φ *el* teljesítménytényező, cos φ

cosec → cosecant

cosecant (cosec) *mat* koszekáns; koszekánsfüggvény; ~ **antenna** koszekáns sugárzási jelleggörbéjű *v.* iránykarakterisztikájú antenna; ~ **curve/line** koszekánsgörbe, koszekánsfüggvény grafikonja; ~ **function** koszekánsfüggvény

coseparation együttes leválasztás/kicsapatás

coset *mat* mellékosztály *(csoportban)*, maradékosztály *(gyűrűben)*, kohalmaz

cosine (cos) *mat* koszinusz; koszinuszfüggvény; ~ **curve** *mat* koszinuszgörbe, koszinuszfüggvény grafikonja; ~ **error** *met* koszinuszhiba; ~ **formula** koszinuszszabály; ~ **function** koszinuszfüggvény; ~ **governor** *gép* koszinuszszabályzó; ~ **impulse** *el* koszinuszimpulzus; ~ **law** → ~ rule; ~ **line** → ~ curve; ~ **rule** koszinusztétel; ~**-squared pulse** *el* $\cos^2$-impulzus; ~ **wave** koszinuszhullám

cosinusoid *mat* koszinuszgörbe, koszinusz alakú görbe

cosinusoidal *mat, el* koszinuszos, koszinuszszabály szerint változó; ~ **curve/line** *mat* koszinuszoid *v.* koszinusz jellegű görbe; ~ **function** koszinuszfüggvény

coslettize *hők* foszfátoz, foszfatál

cosmetic bismuth *vegy* bizmutfehér

cosmic kozmikus; világűrbeli; űr-; ~ **chemistry** kozmokémia; ~ **dust** csillagközi/kozmikus por; ~ **exploration** űrkutatás; ~ **flight** űrrepülés; ~ **iron** meteorikus vas; ~ **meteorology** kozmikus meteorológia; ~ **noise** kozmikus zaj; ~ **radiation** kozmikus sugárzás; ~**-ray background** kozmikus háttérsugárzás; ~**-ray decay electron** kozmikus sugárzás bomlási elektronja; ~ **rays** *pl* kozmikus sugarak/sugárzás; ~ **research** űrkutatás; ~ **rocket** űrrakéta, kozmikus rakéta; ~ **space** világűr; ~ **speed/velocity** kozmikus sebesség

cosmical kozmikus; ~ **constant** *fiz* kozmikus/kozmológikus állandó

cosmochemistry kozmokémia

cosmodrome kozmodróm, űrrepülőtér; rakétaindító állomás

cosmogenic *fiz* kozmogén

cosmogony *csill* kozmogónia

cosmographic(al) *csill* kozmográfiai

cosmography *csill* kozmográfia

cosmological *csill* kozmológiai, kozmologikus; ~ **constant** → cosmical constant; ~ **redshift** *fiz* vöröseltolódás, Hubble-jelenség

cosmology *csill* kozmológia

cosmonaut űrrepülő, űrhajós, kozmonauta

cosmonoautics űrhajózás, kozmonautika

cosmos világegyetem, kozmosz

COSMOS → complementary symmetric metal-oxide semiconductor

COS-MOS-logic *félv* CMOS logika, komplementer MOS logika

cosmotron *at* kozmotron

cost I. *v* vmibe kerül; árat kalkulál/megállapít; árvetést készít; **II.** *n* (ön)költség; ár; ~ **allocation** költségmegosztás; ~ **analyis** költségelemzés; ~ **and freight** ár és szállítási költség; ~**-benefit analysis** ráfordítás-hasznosság szerinti elemzés; ~ **breakdown** költségfelbontás; ~ **calculation** költségszámítás; ~ **comparison** költség-összehasonlítás; ~ **control** költségellenőrzés, utókalkuláció; ~**-effective** gazdaságos; ~ **estimate** költségvetés, költségelőirányzat; ~**-free** díjmentes(en); ~ **function** *mat* célfüggvény; költségfüggvény *(döntéselméletben)*; ~ **matrix** *mat* költségmátrix; ~ **of carriage** fuvardíj, tarifa; ~ **of maintenance** fenntartási költségek; ~ **of preamble works** *ép, hidr* felvonulási költség; ~ **of travel** *rep* fuvardíj; ~ **of upkeep** állandó karbantartási költség; ~**-perfor-**

mance ratio *szt* ár-teljesítmény tényező; ~ **per meter of hole** *ol* fúrási költség per méter; ~ **per seat-mile** *rep* utasmérföldenkénti viteldíj; ~ **per unit** egységár; ~ **per unit energy** *en* kilowattóra-egységár; ~**-plus-fee contract** önköltségtérítési szerződés; ~ **price** termelői/önköltségi ár; ~ **ratio** költségarány; relatív költség; ~**-reimbursement contract** költségtérítési szerződés; ~**s of auxiliary plants** *bány* segédüzemi költségek; ~**s of machines by the hour** gépóraköltség

Costa-bulb *hajó* Costa-körte

costean, costeen kutatóárkot ás, (érc után) kutat

costeaning ditch *bány* kuatóárok

costing kalkuláció; árvetés

cosubstrates *vegy* koszubsztrárumok, koenzimek

cot[1] *hajó* hajóágy

cot[2] → cotangent

cotangent (cot) *mat* kotagens; kotangensfüggvény; ~ **curve/line** kotangensgörbe, kotangensfüggvény grafikonja; ~ **function** kotangensfüggvény

cotangentoidal curve/line kotangens jellegű görbe

coticula fenőkő

cotonin *tex* kotonizált lenrost/kenderrost, kotonin

co-tree *el* komplementer fa

cottage *ép* (családi) ház; nyaraló(ház); ~ **industry** háziipar; bedolgozás

cotted fleece/wool *tex* kuszált/nemezelt gyapjúbunda

cotter I. *v* összecsapoz, sasszeggel/csappal rögzít; **II.** *n* sasszeg, kilincsszeg, hasított szeg/csap; retesz, ék; ~ **blunt file** tompa végű ékhoronyreszelő; ~ **bolt** sasszeges csap; ~ **drill** ékhoronyfúró, sasszeglyukfúró; ~ **driver** ékverő; ~ **file** ékhoronyreszelő; ~ **hole** sasszegfurat; ~ **joint** *fa, gép* ékelt/ékes kötéscsatlakozás, rúdcsatlakozás; ~ **key** *gép* rögzítőék; ~ **pin** sasszeg; ~ **pin extractor/pliers** sasszeghúzó; ~ **pinning** sasszeges biztosítás, sasszegelés; ~ **slot** sasszegnyílás; ~ **taper file** hegyes végű ékhoronyreszelő

cottered sasszeggel biztosított; ~ **ends** *tex* összetapadt fonalvégek; ~ **joint** sasszegkötés, sasszegrögzítés

cotton I. *v* vattáz, bélel *(vattával, vatelinnel)*; **II.** *n* pamut, gyapot; cérna; pamutfonal; vatta; ~ **ball** *ásv* ulexit; ~ **batting** közönséges vatta; ~**-batting paper** gyapotgöngyöleg-papír; ~ **beam warper** szakaszos pamutláncfelvető gép; ~ **beaver** pamutflanell; ~ **belting** pamutvászon hajtószíj; ~ **bleaching** pamutfehérítés; ~ **bolt** gyapotnövény magtokja; ~ **braid** pamutzsinór; ~**-braided covering** pamutbefonás; ~ **breeder** gyapottermelő; ~ **breeding** gyapottermelés; ~ **cambric** pamut batisztszövet; perkál; ~ **candle wick** pamutkanóc; ~ **carding** pamutkártolás; ~ **chemicking** pamutfehérítés; ~ **classer** gyapotosztályozó; ~ **cloth** pamutszövet; pamutvászon; ~ **comber** pamutfésülő gép; ~ **cord** pamut kordfonal; ~ **counts** *pl* pamutfonal-számozás; ~**-covered (CC)** *el* pamutfonású *(szigetelőhuzal)*; pamutszigetelésű; ~ **defoliant** *mzg* gyapotlombtalanító; ~ **delaine** *tex* pamutdelén; ~ **deviller** pamutfarkasoló; ~ **dolly** varrás nélküli pamutszövet tárcsa; ~ **doubler** pamutfonal-kettőző; ~**-drawing frame** pamutszalagnyújtó gép; ~ **drill** pamutcsinvat, pamutzsávoly; ~ **duck** pamutbetét *(gumihevederé)*; ~ **dyeing** pamutszínezés; ~ **fabric** pamutszövet; pamutvászon; ~ **factory** pamutgyár; ~ **felt** ruhavatta; ~ **fibre/fiber** pamutszál; ~ **filter** *gyógyv* gyapotszűrő; ~ **finishing** pamutszövet-kikészítés; ~ **flannel** pamutflanell; ~ **frame** pamutfonó gép; ~**-gin** gyapottisztító/gyapotmagtalanító/egrenáló gép; ~**(-)ginning** gyapotmagtalanítás, egrenálás; ~ **harvester** gyapotbetakarító gép; ~ **insulation** pamutszigetelés; ~**-lapped** → ~-covered; ~ **lapper,** ~ **lap machine minder** pamutszalag-egyesítő gép; ~**-lint** gyapotpehely; ~ **manufacturing industry** pamutipar; ~**(-)mill** *tex* pamutfeldolgozó üzem/gyár; pamutszövöde, pamutfonoda; ~ **neps** pamutcsomók; ~ **oil** gyapotmagolaj; ~ **parchment** valódi pergamen; ~ **picker,** ~**-picking machine** gyapotbetakarító gép; ~ **pile fabric** → ~ plush; ~ **plant** gyapotcserje; ~ **plush** gyapotplüss; ~ **pod** gyapotmagtok; ~ **printing** *tex* kartonnyomás; ~ **printing-machine** kartonnyomó gép; ~ **puller,** ~**-pulling machine** szekrényes (gyapot)bálabontó gép; ~**-rag paper** pamutrongy-papír; ~ **rove** pamut előfonal; ~ **roving(-)frame** finomflyer-előfonó gép; ~ **rubber-lined hose** gumizott gyapottömlő; ~**s** *pl* pamutáru; ~ **sampling** gyapotmintavétel; ~**-seed capsule/case/hull** gyapotmagtok; ~**-seed meal** gyapotmagliszt; ~**-seed peeling machine** gyapotmaghántoló gép; ~ **ed-protein fibre/fiber** gyapotmagfehérje-szál; ~**-seed wax** gyapotmagviasz; ~ **serge** pamutszerzs; ~ **shag** bolyhos pamutszövet; ~ **shaker** pamutverőgép-kezelő; ~ **shuttle** vetélő *(pamutszövésben)*; ~ **spinning** pamutfonás; gyapotfonal; ~**-spinning mill** pamutfonó, pamutfonoda; ~**-spun** pamutfonású; ~ **staple** pamutszál(hossz); ~ **stripper** gyapotszedő/gyapotbetakarító gép; ~ **taffeta** (vékony) pamutvászon; ~ **tape** *el* pamut szigetelőszalag; ~**-thread cabler** pamutfonal-cérnázó; ~ **threader** pamutfonó, pamutfonoda; ~ **tress** pamutfonadék, pamutfürt; ~ **tube** pamuttömlő; ~**-twist mill** pamutcérnázó üzem; ~ **velvet** félbársony; ~ **wad(ding)** pamutvatta; ~**-warp worsteds** pamutláncú és fésűsgyapjú vetülékű szövetek; ~ **waste** *ol* tisztítógyapot, tisztítórongy; *pa, tex* gyapothulladék; *tex* pamuthulladék; ~**-waste spinning** pamuthulladék-fonás; ~ **wax** pamutviasz; ~ **weaver** pamutszövő; ~ **weaving** pamutszövés; ~**-weaving mill** pamutszövő, pamutszövöde; ~ **wick** pamutkanóc; ~ **willower** pamutfarkasoló; ~**(-)wool** *GB* (ruha)vatta; *US* nyersgyapot; ~ **wrappers** *pl* zsinegcsomagoló papír; ~ **yarn** kártolt/nyújtott pamutfonal

Cotton-Mouton effect *opt, fiz* Cotton-Mouton-jelenség

cottonade színes pamutszövet *(festett fonalból)*

cottonization *tex* kotonizálás *(pamutosítás)*

cottonize *tex* kotonizál *(pamutosít)*

cottony pamutszerű; pamuttal kevert; bolyhos, vattaszerű; ~ **feel** pamutos fogás

Cottrell | (electric precipitation) process, ~**-type precipitation of dust** Cottrell-féle (elektromos) portalanító eljárás, Cottrell-eljárás; ~ **hardening** szilárdulás Cottrell-hatás következtében, ortokinetikus koagulálás; ~ **precipitator** Cottrell-portalanító, Cottrell-pormentesítő

cotunnite *ásv* cotunnit

couch I. *v pa* gaucsol; **II.** *n* aranyhártyaréteg, ezüsthártyaréteg *(festésen)*; alapozás, alapmázolás, alapréteg *(mázolásé)*; *pa* gaucsolás, rakosás; gaucsprés, szitaprés; ~ **backward** előgaucsolás, előpréselés; ~ **box** → ~ pit; ~ **mark** *pa* gaucsnyomás, mansonnyomás; ~ **pit** gaucskád; ~**-pit recovery** *pa* gaucskádanyag-visszanyerés; ~ **press** *pa* gaucsprés, szitaprés; ~ **roll** *pa* gaucshenger, préshenger, leszedőhenger; ~ **stool** *pa* gaucsállvány

couched paper board *pa* gaucsolt/rakosott karton/(papír)lemez

coucher *pa* szitafelvigyázó

couchette *vasút* fekvőkocsi, couchette

cough *gépk* köhög, köpköd

coulee *geol* mederszurdok, tarpatak

couleur kulőr; *élip* festőcukor *(karamell)*

coulisse *ép* kulissza; *fa* rovaték, horonyszerű vájat; *gép* ékvezeték

coulomb (C) *el* coulomb; ~**(-)meter** → coulometer; ~ **sensitivity** *el* ballisztikus érzékenység

Coulomb | barrier *at* Coulomb-gát, Coulomb-barrier; ~**-barrier radius** Coulomb-gát sugara; ~ **damping** *mech* Coulomb-féle csillapítás; ~ **energy** *el* Coulomb-energia; Coulomb-féle potenciális energia; ~ **excitation** *at* Coulomb-gerjesztés; ~ **field** *el* Coulomb-tér, Coulomb-mező; ~ **force** Coulomb-erő; ~ **friction** *mech* Coulomb-súrlódás, Coulomb-féle súrlódás; száraz súrlódás; ~ **interaction** *at* Coulomb-kölcsönhatás; ~ **law** → ~'s law; ~**-Lorentz force** *el* Coulomb-Lorentz-erő; ~ **oblateness** *at* Coulomb-féle lapultság; ~ **potential** *el* Coulomb-potenciál, Coulomb-féle potenciál; ~ **repulsion** *fiz* Coulomb-taszítás; ~**'s balance** Coulomb-féle csavarási mérleg; ~ **scattering** *at* Coulomb-szórás, Coulomb-féle szórás; ~**'s law** Coulomb-törvény; ~**'s law of/for magnetism** mágneses Coulomb-törvény; mágnesség Coulomb-törvénye; ~**'s stress quadric** *mech* Coulomb-féle feszültségi ellipszoid

coulometer *el* coulombméter, voltaméter

coulometric titration *vegy* coulombmetriás/elektrometrikus titrálás, coulombmetria

coulometry *vegy* coulombmetria, elektrogavimetria

coulter *mzg* gyepszínvágó; pázsitkocka-kivágó szerszám; kis ekevas; csoroszlya *(ekéé)*

coumaric acid *vegy* kumársav

coumarin *vegy* kumarin

coumarinic acid *vegy* kumarinsav

coumarone *vegy* kumaron; ~**-indene resin** *műa* kumaron-indén gyanta; ~ **resin** *műa* kumarongyanta

count I. *v* (ki)számít; (meg)számol, (meg)számlál; összeszámol, összeszámlál; felszámít; **II.** *n* számolás, számítás, (meg)számlálás; *at* impulzusszám; számlálóimpulzus, beütés; *mat* sorba rendezés, felsorolás, megszámlálás; *tex* fonalfinomsági szám; ~ **by twos** *v mat* kettesével számol; ~ **conversion** *tex* fonalfinomság-átszámítás; ~ **detector** *at* számlálócső; ~ **down** *v* visszafelé számol; *rak* visszaszámol; ~**-down** → countdown; ~ **limit** *tex* fonalfinomsági határ; ~ **of a counter** számláló/mérőóra állása; ~ **of cloth** *tex* szövetsűrűség; ~ **of delivery** *tex* termékvégfinomság; ~ **of feed** termék-kezdőfinomság; ~ **of fibre/fiber** szálfinomság; ~ **of yarn** *tex* fonalszám; ~ **pulse** *at* számlálóimpulzus, beütés; ~**-rate (CR)** *at* számlálási sebesség; ~**-rate dosimeter** *at* beütéssebesség-számláló doziméter; ~ **ratemeter** → counting ratemeter; ~**s per minute (cpm)** percenkénti számlálás; *at* percenkénti beütésszám/impulzusszám; ~**-spinning limits** *pl tex* kifonhatóság

countable megszámlálható; ~ **set** *mat* megszámlálható halmaz

countdown (CD) *el* impulzusfrekvencia-elosztás; *rak* visszaszámlálás; ~ **control** rakétaindítás előtti műveletek irányítása; ~ **gate** *hidr* ellensúlyos gát

counter[1] számláló(készülék), számlálóóra; számlálómű; regisztrálógép; *at, fiz* számláló(cső), sugárzásszámláló cső; *el* fogyasztásmérő; számláló, mérőműszer; *ép* bolti asztal, pult; pénztár(ablak), ablak, tantusz; *szt* számláló; ~ **anemometer** *met* számlálós szélmérő; ~ **arrangement** számlálócsoport; mérőműszer-berendezés; ~ **capacity** fogyasztásmérő méréshatára; ~ **characteristic curve** számláló/mérő jelleggörbéje, számlálókarakterisztika; ~ **circuit** *szt* számlálóáramkör; ~ **dead time** holtidő *(számlálóé)*; ~ **dial** számlálótárcsa; *rep* számláló készülék tárcsája; ~ **efficiency** *at* számlálási hatásfok; számlálóérzékenység, számlálócső-érzékenység; ~ **filling system** számlálócső gáztöltési rendszerrel; ~ **foil** *pa* csomagcímke; ~ **hand** számláló mutatója; ~ **life(time)** *at* számláló(cső) élettartama; ~ **operating voltage** *at* számláló(cső) üzemi feszültsége; ~ **overvoltage** *at* számlálócső-túlfeszültség; ~ **paper** számológép-tekercspapír, számológéppapír; ~ **probe** *fiz* számlálószonda; ~**-pulse amplitude** *at* számlálóimpulzus-amplitúdó; ~ **range** *at* számlálási üzemtartomány; ~ **recovery time** *at* helyreállási/rekuperációs idő *(számlálócsőé)*; ~ **register** *szt* számlálóregiszter; ~ **relay** *el* számláló jelfogó, számlálórelé; ~ **revolving time** *at* számláló(cső) felbontási ideje; ~ **starting potential** *at* számláló(cső) gyújtásfeszültsége; ~ **time lag** *at* számláló(cső) (statisztikus) késése; ~**-timer circuit** *szt* számláló-időzítő áramkör; ~ **tube** *at* számlálócső, részecskeszámláló; *el* számlálócső; ~ **window** számlálócső-ablak

counter[2] **I.** *a* ellenkező irányú, ellentétes, ellenirányú; ellen-; **II.** *n* ellentét; szemben fekvő rész; *bány* párhuzamos/másodrendű vágat; szintosztó szállítóvágat; *ép* keresztmerevítő, összekötődarab; ~**-ceiling** *ép* álmennyezet; ~**-cell** *el* ellencella; ~**-current** → countercurrent; ~**-dam** fióktöltés, szorítógát; ~**-diagonal** *ép* ellenátló, váltórúd *(merevítőrácsé)*; ~**-doctor** *tex* ellenkés; ~**-effect** ellenhatás, reakció; ~**-electromotive force (CEMF)** ellenelektromos erő; ~**-entry** *bány* párhuzamos vágat; ~**-etching** *nyom* savanyítás, lemosás hígított savval; ~**-excavation** → ~-headway; ~**-flap hinge** *ép* forgópánt, diópánt; ~**-flatter** ellendarab *(egyengető kalapácsnál)*; ~**-floor** → counterfloor; ~**-flush** *ol* balöblítés, balirányú/fordított öblítés; ~**-flush drilling** *ol* folyamatos magfúrás; ~ **flushing** *bány* fordított öblítés; ~**-fuller** *ép* aláverő csákány; ~**-gangway** *bány* ellenvágat; párhuzamos (szállító)vágat *(vastag dőlt telepben)*; ~**-gear** *gép* előtét-fogaskerék; ~**-glow** *csill* állatövi/zodiakális fény; ellenfény; ~**-heading/headway** *bány* ellenmunkahely, ellenvájvég, ellenvágás; ~**-hitch (slot)** *bány* gyámrés; ~**-inductive effect** *el* ellenkező irányú indukáló hatás; ~**-ion** *vegy* ellenion; ~**-ironwork** *ép* ellenvasalat; ~**-level** *bány* osztószint, osztószintvágat; ~**-lode** *bány* keresztező telér; ~**-motion** *gép* szembemozgás; ~**-pilaster** → counterfort; ~**-piston** ellendugattyú; ~**-pulley** *gép* előtéttárcsa *(szíjhajtáson)*; ~**-race** *gép* külső gördülőcsapágy-gyűrű; ~**-radius** *em* ellensúly kinyúlása *(darué)*; ~**-regulation** ellenszabályozás; ~**-rock** *geol* mellékkőzet; ~**-roll(er)** *pa, tex* ellenhenger; ~**-sample** *any* ellenőrző-

minta; *szersz* ellenpróbadarab; ~-**sluice** *hidr* ellenzsilip; ~-**stream cooler** *hűt* ellenáramú hűtő; ~-**sun** *csill* ellennap; ~-**timber** famerevítés, faerősítés, kimerevítőfa; ellenfurnírozás; ~-**vault** *ép* ellenboltozat, ellenboltív, fordított boltozat/boltív; ~ **vein** *bány* keresztező telér; ~-**voltage** *el* ellenfeszültség; zárófeszültség; ~-**welding** ellenoldali hegesztés; ~-**window** kettősablak, kapcsolt (geréb)tokos ablak
counteract ellenhat, ellenirányban hat; ellensúlyoz (hatást), közömbösít
counteracting force *mech* ellenerő
counteraction ellenhatás, reakció; reakció; közömbösítés, semlegesítés; *kat* ellenintézkedés
counterair *kat* légvédelem; ~ **missile** irányítható légvédelmi rakéta
counterarch *ép* támasztóív, támasztóboltozat
counterattraction ellentétes (irányú) vonzás
counterbalance I. *v* egyensúlyba hoz; kiegyensúlyoz, egyensúlyban tart, ellensúlyoz; kiegyenlít, kompenzál; **II.** *n* ellensúly, kiegyenlítő súly; *vasút* hajtókerékellensúly, kapcsoltkerék-ellensúly; ~ **arm** *gép* ellensúlykar; ~ **effect** *ol* ellensúlyhatás *(mélyszivattyúé)*; ~ **lever** kiegyensúlyozó emelőkar; ~ **mechanism** *kat* kiegyenlítőszerkezet; ~ **moment** kiegyensúlyozó nyomaték; ~ **piston** *kat* kiegyenlítőszerkezet-dugattyú; ~ **radius** ellensúly kinyúlása *(darun)*; ~ **spring-case** *vasút* kiegyenlítőrugó-tok; ~ **torque** *ol* mélyszivattyú ellensúlynyomatéka; ~ **weight** ellensúly, kiegyenlítő súly
counterbalanced | brake *vasút* vetősúlyos kézifék; ~ **crank** ellensúlyos forgattyú; ~ **frame** lengéskiegyenlítő keret
counterbalancing of gear reducer *ol* mélyszivattyú-közlőmű kiegyensúlyozása
counterblow hammer *koh, szersz* ellenütős/kétmedvés kalapács
counterbore I. *v* süllyeszt *(szegecs- v. csavarfejütést)*; *bány* ellenvájatot hajt; *forg* (be)süllyeszt; ~ *n* **(cbr)** *bány* felfúrás; süllyesztőfúró; *forg* hengeres süllyesztés; hengeres süllyesztő, homloksüllyesztő; *gép* furatsüllyesztés, furatbővítés; süllyesztett furat
counterboring *bány* ellenvájat; süllyesztőfúrás; *forg* (homlok)süllyesztés, furatsüllyesztés
counterbrace *ép* ellenátló, váltórúd *(merevítőrácsé)*; ellenmerevítő; keresztdúc, andráskötés; *hajó* farkosár; hajófar íve
countercheck visszahatás, ellenhatás; gát(ló hatás)
counterchute *bány* gurító *(fővágaton v. szállítóvágaton)*
counterclockwise (cckw) *fiz* balra forgó; *gép* balmenetes; *mat* az óramutató járásával ellentétes irányú/értelmű/irányba(n), pozitív irányú/értelmű; ~ **direction** az óramutató járásával ellentétes irány, pozitív irány/értelem; ~ **polarized wave** *hang* balra polarizált hullám; ~ **rotating** az óramutató járásával ellenkező irányban/értelemben forgó/járó, balra forgó, balforgású; ~ **rotation** az óramutató járásával ellentétes forgatás, balraforg(at)ás; ~ **sense** → ~ direction
countercompound *el* ellenkompaundált
counterconnected *el* ellentétesen kapcsolt
counterconnection *el* ellenkapcsolás; ellenütemű kapcsolás
countercontact *el* ellenkapcsolás; ellenütemű kapcsolás
countercoupling *el* ellencsatolás, negatív visszacsatolás
countercurrent *el* ellenáram(ú), visszáram(ú); *fiz* visszafolyás, ellenáramlás; ~ **airing** ellenáramú szellőzés; ~ **braking** *gépk* ellenáramú fékezés; ~ **capacitor** *el* visszáramlezáró kondenzátor; ~ **centrifuge** ellenáramú centrifuga; ~ **classifier** *ép* hidraulikus áramkészülék; ~ **condenser** *hőt* ellenáramú (keverő)kondenzátor; ~ **cooler** ellenáramú hűtő; ~ **distillation** ellenáramú lepárlás/desztilláció, desztilláció refluxszal, rektifikálás; ~ **dryer** *élip, tex* ellenáramú szárító; ~ **extraction** *élip* ellenáramú kilugzás; ~ **flow** ellenáram, ellenirányú áramlás; ~ **heat exchanger** *hőt* ellenáramú hőcserélő; ~ **intensive mixer** *ép* ellenáramú intenzív keverőgép; ~ **leaching** *koh* ellenáramú lúgzás; ~ **mixer with impeller** ellenáramú intenzív keverőgép; ~ **principle** *vegy* ellenáram elve; ~ **pug-mill mixer,** ~ **revolving pan mixer** ellenáramú tányéros keverőgép; ~ **roasting** *koh* ellenáramú pörkölés; ~ **washing** *koh* ellenáramú mosás
countercylinder ellenhenger
counterdie *alak* matrica, alsó odor/süllyesztékfél
counterdike *hidr* szorítógát
counterdraft *műa* alámetszés
counterdraw I. *v* rajzvászonra másol, átmásol; **II.** *n* átütés, átmásolás
counterdrive *gép* előtéthajtás, közlőmű
counterfaller (wire) *tex* feszítődrót, átlós feszítőhuzal *(szelfaktoron)*
counterfeit I. *v* utánoz, másol; hamisít; **II.** *n* hamisítás; utánzat, hamisítvány
counterflange ellenkarima; *vák* ellenperem
counterfloor *ép* vakpadló
counterflow visszafolyás, visszáram, ellenáram, ellenáramlás; ~ **condensation** *hőt* ellenáramú kondenzálás; ~ **engine** ellenáramú gőzgép; ~ **heat exchanger** *hőt* ellenáramú hőcserélő; ~ **mixer** ellenáramú keverő
counterflush → counter-flush
counterforce I. *v* ellensúlyoz; **II.** *n kat* ellencsapást mérő erő; *mech* ellenerő, ellentett erő
counterfort *ép* ellengyám, tám(pillér); húzott gyámpillér; ~**(-type) dam** *hidr* gyámpilléres (duzzasztó)gát; ~ **wall** húzott gyámpillérekkel kitámasztott támfal
counterglow → counter-glow
countergradient wind *met* antigradiens szél
countergravity casting *önt* ellennyomásos öntőeljárás
counterlath *ép* fedőléc; harántléc; szegőléc
counterlight *opt* ellenfény; visszfény
countermanoeuvre, *US* **countermaneuver** *kat* ellenmanőver
countermark *ker* bélyegzés; ellenőrző jelzés; fémjelzés; számjelzés
countermeasure ellenintézkedés
countermine *kat* ellenakna
countermissile *kat* ellenrakéta; ~ **defence** rakétaelhárítás
countermoment *rep* kiegyenlítő nyomaték
countermovement *opt* ellenmozgás, indukált mozgás
countermure *ép* gyámfal; *hidr* gyámpillér; támasz *(hídé)*; *koh* bélésfal
counternut *gép* ellenanya, biztosítóanya
counteroffensive *kat* ellentámadás
counteroxidant *vegy* oxidációgátló
counterpart ellenpár; *ép* ellenvasalat; *foto* másolat *(pozitív v. negatív)*; *gép* ellendarab

counterphase *fiz* ellenfázis
counterpile roller *tex* bolyhozóhenger
counterpoise (CP) I. *v* ellensúlyban tart, ellensúlyoz, egyensúlyoz; *rep* ellensúlyban tart, ellensúlyoz; **II.** *n* ellensúly, kiegyenlítő súly; egyensúly; *távk* ellensúly, kiegyenlítő súly; ~ **antenna** ellensúlyos antenna; ~ **bridge** *ép* csapóhíd, billenőhíd
counterpressure *fiz, rep* ellennyomás; ~ **cylinder** *nyom* ellennyomó henger; ~ **die-casting process** *önt* ellennyomásos öntőeljárás; ~ **steam** *vasút* ellengőz
counterproof *nyom* litográfiai levonat
counterprop *bány* ellentámasz *(gyámfa)*
counterpropeller *hajó* kontracsavar
counterpunch ellennyomó lyukasztó(fej); lyukasztóalátét
counterradar measures (CRM) *rep* radarzavarás
counterrail *fa* merevítő koszorú *(kerítésen)*; *gép* vezetősín
counterrecoil *kat* hátrasiklás-kiegyenlítés, helyresiklás *(lövegcsőé)*; ~ **buffer** helyretoló ütközőszerkezet; ~ **cylinder** helyretolóhenger, léghenger; ~ **gas cylinder** feszítőhenger; ~ **mechanism** helyretolószerkezet; ~ **spring** helyretolórugó *(lövegnél)*
counterroad *bány* ellenvágat
counterrotating | cutter/cutting head *bány* ellentétes forgásirányú jövesztőfej; ~ **torque** *rep* ellenirányú forgatónyomaték
countersatellite missile *kat* műholdelhárító rakéta
counterscarp *geol* ellenemelkedés
countershaft *gép, gépk* előtéttengely, közlőműtengely; ~ **axle** előtéttengely, közlőműtengely; ~ **gear** *gépk* sebességváltó csoport(fogas)kerék; ~ **sheave** *gép* előtétkorong; ~ **unit** előtéthajtás, közlőmű
countersink I. *v* lemélyít; *forg* (be)süllyeszt *(pl. csavarfejet)*; kónuszfúróval kifúr; **II.** *n bány* feltörés mélyített ellenvájata; *forg* kónuszfúró, kúpos fúró; kúpos süllyesztés; süllyesztő *(fúró, maró)*, süllyesztőfúró, marófúró, kúpos süllyesztő; ~ **bit** süllyesztőfúró; süllyesztőkés; pergőfúró, furdancs; ~ **drill** kúpos süllyesztő; ~ **hole** előfurat *(lyuké)*; csavarfejsüllyesztés, mélyedés csavarfej számára; ~ **reamer** *forg* süllyesztő
countersinking *forg* (kúpos) süllyesztés, kúpsüllyesztés; ~ **cutter** kúpos süllyesztő; ~ **fixture** süllyesztőkészülék; ~ **hole** előfurat *(lyuké)*; csavarfejsüllyesztés, mélyedés csavarfej számára
counterslope *ép, közl* bukólejtő
counterspring *gép* ellenrugó
counterstain *vegy* utánszínez *(színtelenítés után)*
countersteam *vasút* ellengőz
counterstop *gép* mozgáshatároló ütköző
countersunk *forg* süllyesztett; ~**-and-chipped rivet** egyik végén süllyesztett, másik végén kiálló fejű szegecs; ~ **bolt** süllyesztett fejű (kötő)csavar; ~ **boring** csavarsüllyesztés; ~ **collar** *ép* süllyesztett perem; ~ **end** *gép* süllyesztett végződés; ~**-end set screw** süllyesztett végű hernyócsavar; ~ **head** süllyesztett fej *(csavar, szeg, szegecs)*; ~**-head bolt** süllyesztett fejű csavar/csapszeg; ~**-head bolt with deep cone head** kúpos süllyesztett fejű csavar; ~**-head bolt with feather** bordáscsavar; ~**-head rivet** süllyesztett fejű szegecs; ~ **nut** süllyesztett anya; ~ **riveted joint** süllyesztett szegecselés; ~ **screw** süllyesztett fejű csavar; ~ **spigot** süllyesztett csap; ~ **washer** kagylós alátét
countertest ellenpróba, ellenőrzőpróba
countertrade *met* antipasszát
counterveneer I. *v fa* kontrafurníroz; **II.** *n fa* kontrafurnír
counterweight ellensúly, kiegyenlítő súly, nehezék; *távk* ellensúly, kiegyenlítő súly; ~ **antenna** ellensúlyos antenna; ~ **block** *em* ellensúlycsiga; ~ **boom** → ~ jib; ~ **brake** ellensúlyos fék; *vasút* vetősúlyos kézifék; ~ **cantilever bridge** ellensúlyos konzolos híd; ~ **cantilevered trolley jib** ellensúlygémes futómacskás gép; ~**-controlled instrument** ellensúllyal működő (mérő)műszer; ~ **fitting** ellensúlyos felfüggesztés/szerelés; ~ **jib** ellen(súly)gém, ellensúlytartó gém *(toronydarun)*; ~ **pit** *gép* ellensúlyakna; ~ **shutter** *hidr* ellensúlyos gát; ~ **tongue** ellensúlylemez
counterweighted roller-type guiding *bány* görgős ellensúlyvezetés
countess *ép* (tető)pala *(508 mm x 254 mm)*
counting számlálás, számolás; *mat* sorba rendezés, felsorolás, megszámlálás; *tex* fonalszám-megállapítás; ~ **anemometer** *met* szélútmérő; ~ **assembly** *at* impulzusszámláló (berendezés), beütésszámláló, sugárzásszámláló; ~ **balance** számolómérleg; ~ **circuit/chain** *el* számlálóáramkör; ~ **decoder** számláló dekódoló; ~ **device** *at, el* számlálóberendezés, számlálócsőszerkezet; *szt* számmű, számlálómű; ~ **encoding** *távk* számlálókódolás; szintenkénti kódolás; ~ **frequency** *szt* számlálási frekvencia; ~ **glass** *tex* fonal(sűrűség)számláló; ~ **ionization chamber** *at* impulzuskamra, gyors/számláló ionizációs kamra; ~ **loss** *at* számlálási/kihagyási veszteség; ~ **mechanism** számlálószerkezet, számláló(mű), regiszter; ~ **network** számlálóáramkör; ~ **problem** *szt* számlálási probléma; ~ **pulse** *at* beütés, számlálóimpulzus; ~ **rate** számlálási sebesség; impulzusgyakoriság, impulzussűrűség; ~ **ratemeter** *at* átlagosbeütés-számláló, rate-méter; impulzussűrűség-mérő, impulzusszámláló, impulzusszám-átlagmérő, beütésszám-átlagmérő; ~ **relay** *el* számlálórelé, számláló jelfogó; *távb* számjegyjelfogó; ~ **speed** számlálási sebesség; ~ **stage** összeadási fokozat/helyzet/hely; ~ **train** villamos óraszerkezet; *távk* számlánc; ~ **tube** → counter tube
countmetering head üzemanyagtöltő állomás számlálószerkezete
country ország; vidék; *bány* fekü és fedü; kísérőkőzetek; *geol* alakzat, alakulat, képződmény, formáció *(tájé)*; ~ **rock** *bány* meddőbeágyazás, telérmeddő; *geol* alapkőzet, anyakőzet; mellékkőzet; szálban álló kőzet; tömeges kőzet; ~ **satellite exchange** *távb* vidéki alközpont
coupe *fa* vágásmennyiség
coupé vasúti félfülke; kétajtós (személygép)kocsi
couple I. *v* (össze)kapcsol, (össze)köt; összeilleszt, kapcsol; összeállít; kapcsolódik, csatlakozik; *el* beköt, csatlakoztat; csatol, egyesít, összekapcsol; *foto* csatlakoztat; *gép* bekapcsol, beköt; *vasút* rákapcsol (kocsit); *vegy* diazotál, kopulál; **II.** *n* pár; *el* elempár; *fiz* hőelem(pár); *mech* erőpár; ~ **back** *v távk* visszacsatol; ~**-circuit** → coupled circuit; ~**-close roof** *ép* nyeregfedél, nyeregtető; ~ **hypercritically** *v rád* kritikusnál szorosabban csatol; ~ **of forces** *mech* erőpár; ~ **of rotation** *mech* forgáspár; ~ **of the resultant screw** *mech* főerőpár; ~ **of vectors** vektorpár; ~ **on** *v* → ~

up; ~ **out** *v távk* kicsatol; ~ **pyrometer** *fiz* hőelemes pirométer; ~ **roof** *ép* (egyszerű) nyeregtető; üres fedélszék; ~ **the pacing motion** *v tex* regulátort bekapcsol; ~ **up** *v vasút* rákapcsol, hozzákapcsol

coupled csatolt; ~ **approach** *rep* kormánygéppel végzett megközelítés; ~ **axle** *vasút* kapcsolt tengely; ~ **cavity maser** *fiz* csatolóüreges mézer; ~ **circuits** *el* csatolt áramkörök; ~ **column** ikeroszlop; ~ **control** *aut, el* kapcsolt/kombinált szabályozás; ~ **effect** *at* együttes hatás; kölcsönhatási effektus; ~ **engine** *gép* kapcsolt gép; ~ **gantry cranes** *gép* összekapcsolt bakdaruk; ~ **H-Adcock (system)** *távk* csatolt H-Adcock; ~ **impedance** *el* csatolt/redukált impedancia; ~ **lasers** *fiz* kapcsolt lézerek; ~ **localizer aerials** *rep* párosával csatolt iránysáv antennák; ~ **projectors** *opt* kapcsolt (sztereofilm-)vetítőgépek; ~ **sluice** *hidr* kétkamrás zsilip; ~ **space** *hang* zsúfolt terek; ~ **steam-engine** (közvetlenül) kapcsolt gőzgép; ~ **strip line** *el* csatolt szalagvonal; ~ **vibration** *mech* kapcsolt/csatolt rezgések; ~ **wheel pair** *vasút* kapcsolt/csatolt kerékpár

coupler (cső)csatlakozó, kapcsoló(készülék), kapcsolószerkezet, összekapcsoló készülék/szerkezet; *el* csatoló; *ép* karmantyú *(páncélcső)*; *szt* csatoló; *távk* csatoló(egység); *vasút* kocsikapcsoló (horog), kapcsolókészülék; kocsikapcsoló (munkás), kocsirendező; ~ **body** *vasút* (önműködő) kapcsolótest; ~ **butt** önműködő kapcsolótest hátsó része; ~ **cent(e)ring-device** önműködő kocsikapcsoló beállító szerkezete; ~ **head** *gépk* vonóhorog *(vontató gépkocsié)*; *vasút* önműködő kocsikapcsoló kapcsolófeje; ~ **jaw/knuckle** kapcsolóköröm; ~**-on** *bány* csatlós; ~ **plug** *bány* csillekapcsoló csapszeg; *el* csatlakozódugó; *vasút* kocsicsatlakozó (dugó); ~ **plug and socket connection** *el* készülékcsatlakozó(-szerelvény); ~ **pocket** *gép* kapcsolótok; ~ **receptacle** *vasút* kocsikapcsolótartó karmantyú; ~**-release rod** önműködő kapcsoló kioldórúdja; ~ **socket** *el* készülékcsatlakozó; *vasút* kocsikapcsoló hüvely; ~ **support** *vasút* kapcsolófoglalat

couplet *mat* aránypár aránya; *távk* antennapár

coupling kapcsolás, csatolás; (össze)kapcsolódás, (tengely)kapcsoló; összeköttetés; *el* csatolás; kapcsolás; kötés; tápvonal-csatlakozó; *ép* összekötőtag; *gép* csatlakozókarmantyú; kapcsolóhüvely; tengelykapcsoló; *hajó* csatolás, bárkacsatolás; *ol* béléscsőkötés, béléscsövezés; *vegy* kapcsolás *(diazovegyületek kapcsolása aminokhoz v. fenolokhoz)*; ~ **adjustment** *távk* csatolásszabályozás; ~ **agent** *műa* üvegszál-felületkezelő anyag; ~ **aperture** *el* csatolórés; kapu; ~ **arm** *gép* kapcsolókar; ~ **attachment** kapcsolószerkezet, sebességváltó-nyeleskerék; ~ **bar** *vasút* csatlórúd, kapcsolórúd; ~ **body** *gép* tengelykapcsolóház; ~ **bolt** összehúzó/összekötő csavar; feszítőcsavar; ~ **box** *gép* kapcsolóhüvely, kapcsolókarmantyú, tengelykapcsoló hüvely; tokos tengelykapcsoló; *távb* leágazószekrény; ~ **capacitor** *el* csatolókondenzátor; ~ **capacity** *el* csatolókapacitás; ~ **chain** kapcsolólánc, összekötőlánc; ~ **circuit** *el* csatolókör, csatolószerv, csatoló áramkör; ~ **claw** *gép* kapcsolókarom *(tengelykapcsolón)*; körmös kapcsoló; ~**-cock** *szer* összekötőcsap; *vasút* kapcsolócsap, kapcsolórózsa; ~ **coefficient** *távk* csatolási tényező; ~ **coil** *el* csatolótekercs; ~ **component** csatolótag; kapcsolótag; ~ **condenser** csatolókondenzátor; ~ **cone** *gép* kapcsolókúp; ~ **constant** *at* csatolási állandó/tényező; ~ **control** csatolásszabályozó; ~ **crank** *gép* kapcsolóforgattyú; *vasút* csatlóforgattyú; ~ **degree** *el* csatolási fok/tényező; ~ **device** *em* kapcsolókészülék; ~ **drive** közvetlen hajtás; ~ **effect** *at* csatolási effektus; ~ **element** *távk* csatolóelem; ~ **end** csatolási oldal; ~ **error** *távk* csatolási hiba; ~ **factor** → ~ coefficient; ~ **flange** *gép* kapcsolóperem; *hidr* kapcsolókarima, összekötő karima; ~ **fork** *gép* kapcsolóvilla; ~ **gear** *gép, gépk* kapcsolószerkezet, sebességváltó-nyeleskerék; ~ **half** *gép* tengelykapcsolófél; *hidr* félkapcsoló; ~ **head** kapcsolófej; ~ **hole** *távk* csatolórés; ~ **hook** *bány* csillekapcsoló horog; *gép* kapcsolóhorog; *vasút* kapcsolóhorog, kocsikapcsoló horog, vonóhorog; ~ **hose** kapcsolótömlő; ~ **impedance** *el* csatolási impedancia; ~ **inductor** *távk* csatolótekercs; ~ **in parallel** *el* párhuzamos/parallel kapcsolás; ~ **in the large** *at* teljes csatolás; ~ **lever** *gép* kapcsolókar, kapcsolóemeltyű; ~ **lifter** *gép* kapcsolókiemelő (szerkezet); ~ **link** *gép* kapcsoló/összekötő lánctag/láncszem; ~ **loop** *távk* csatolóhurok; ~ **loss** *el* csatolási veszteség; ~ **lug** kapcsolófül(ecs); ~ **member** kapcsolótag; ~ **network** csatolókör, csatolószerv, csatoló áramkör; ~ **nipple** kapcsolóhüvely *(csőhöz)*; kapcsolócsonk; ~ **nut** *gép* feszítőanya; ~ **of tubs** *bány* csillekapcsolás; ~ **path** *távk* begerjedési út; ~ **piece** kapcsolódarab; csőkötő darab; ~ **point** átkapcsolási pont; ~ **probe** *távk* csatolószonda; ~ **reaction** *vegy* kapcsolási reakció; ~ **resistance** *el* csatolási ellenállás, csatolóellenállás; ~ **ring** tengelykapcsoló-hüvely; ~ **rod** *gép* kapcsolórúd; *gépk* vonórúd; *vasút* csatlórúd; kapcsolórúd; ~ **screw** *gép* összehúzó csavar; *kat* szekrényrögzítő csavar; ~ **shackle** *gépk* tengelykapcsolókengyel; *vasút* kocsikapcsoló horog; ~ **shaft** *gép, koh* kapcsolóorsó; ~**-shaft balance/equalization** *koh* kapcsolóorsó kiegyensúlyozása; ~ **sleeve** *gép* tengelykapcsoló-hüvely; tokos tengelykapcsoló; *távk* csatlakozókarmantyú; *tex* szorítóhüvely *(lánchengertárcsán)*; ~ **slot** *távk* csatolórés; ~ **spline** *gép* kapcsolóhorony, kapcsolótengely hornya; ~ **strap** hámigaszíj; ~ **switch** *vasút* áramkapcsoló *(kocsivilágításhoz)*; ~ **tappet** kapcsolópecek; ~ **to rope** *bány* kötélre kapcsolás; ~ **transformer** *el* csatolótranszformátor; ~ **unit** *ép* kábeltoldó elem *(utófeszítésnél)*; ~ **value** csatolási érték/koefficiens/tényező; ~ **winch** csatolócsörlő; ~ **with female ends** kapcsolóhüvely; ~ **with male ends** kapcsolóorsó

coupon *pa* kupon; ~ **(specimen)** *önt* összehasonlító/etalon próbatest

course I. *v* áramoltat; folyik, kering, áramlik; *bány* kiszellőztet; *ép* vízszintesen rak; **II.** *n* pálya; áramlás, folyamat, lefolyás; út, (út)vonal, útirány, menetirány; haladás, menet; *bány* irány, fekvés *(teléré)*; telepcsapás; telér; vágat; *ép* alapréteg, kőréteg; falazatréteg, téglasor, tégláréteg; pálya *(út)*; sor; tagozat; versenytér; *forg* reszelővágat; *gép* futás, járás; *hajó* alsó vitorla; irányvonal; *hidr* csatorna, víziút; meder, ágy *(folyóé)*; *hőt* (hengeres) kazánköpeny; *kh* szemsor; *közl* útirány, menetirány; *ol, vegy* öv, sáv, szekció *(tartályé)*; szakasz, tag *(kolonnáé)*; *rep* irányvonal; *tex* keresztsor, nyüstszálak összessége; ~**-and-bearing indicator** rádió-iránymérő, pelengátor; **~-and-distance calculator (CDC)** *rep* irány- és távolságszámláló tárcsa; **~-and-drift indicator** *rep* útirányszöget és széleltérítést kijelző műszer; **~ angle (CA)** *rep* útirányszög; **~ bearing** *rep* útvonalirányszög; **~ bearing goniometer** útvonalkitűző rádióiránymérő; **~ correction** irányhelyesbítés; *rak* pályamódosítás; *rep* irányszög-helyesbítés; **~ count** *kh* szemsorok száma; *tex* nyersméret *(kikészítés előtt)*; **~ counter** *kh* sorolvasó; **~ detector** *rep* iránysáv-ellenőrző vevő; iránysávdetektor; **~ deviation indicator (CDI)** *rep* irányeltérést jelző műszer; **~ display** *rep* irányszög-feltűntető; **~ indicating beacon** *rep* rádió-útvonalirányadó; **~ indicator** *hajó, rep* útirányjelző, irányszögjelző/útirányjelző műszer; **~ joint** *ép* vízszintes hézag/fuga *(falazatban)*; **~ light** *rep* útirányfényszóró; **~ line** útirányvonal; *rep* iránysáv; **~ made good** *hajó, rep* helyesen beállított menetirány/útirány; **~ marker** útvonaljelző; **~ of adaptation** adaptációs folyamat; **~ of an analysis** elemzés menete; **~ of brickwork** *ép* tégláréteg, téglasor; **~ of diagonal** *ép* átlós réteg, élre állított harántréteg; **~ of explosion** robbanás lefolyása; **~ of headers** *ép* fejelő/kötő téglasor; **~ of hole** *ol* fúrólyuk iránya; **~ of loops** *kh* kezdősor; **~ of operations** *ip* üzemmenet; **~ of ore** *bány* telér; **~ of outcrop** *geol* feltárás/kibúvás iránya; **~ of raking bricks** *ép* élre állított harántréteg, átlós réteg *(tégla)*; **~ of stretchers** *ép* futósor; **~ of the lower-course type** *hidr* alsószakasz jellegű folyószakasz; **~ of the middle-course type** *hidr* középszakasz jellegű folyószakasz; **~ of the weld** hegesztési varrat alakja; **~ of welding** hegesztés lefolyása; **~ record** *rep* útdiagram; **~ recorder** *rep* útvonalíró; **~ scalloping** *rep* irányingadozás *(ILS)*; **~ seam** *bány* telep csapása; **~ sector** *rep* irányszektor *(ILS)*; **~ selector** *rep* irányszögválasztó készülék; útvonalmutató műszer; **~ set** menetirány-beállítás; helyesen beállított menetirány; **~ setter** *rep* irányszögbeállító készülék; **~ setting compass** *rep* irányszögre beállítható rádióiránytű; **~ setting sight** *rep* navigációs irányzókészülék; **~ sharpness** *rep* iránypontosság, „élesség" *(ILS)*; **~ sight** *hajó* navigációs irányzókészülék; **~s per inch** *kh* szemsorsűrűség; **~ stacking** *bány* meddőelszállítás nélküli *v.* meddőátrakásos letakarítás; **~ structure** *rep* irányfelépítés; **~ triangle** *hajó* hajózási háromszög, helyzetháromszög; **~ width** *rep* iránysávszélesség

coursed sorokba rendezett, rétegbe rakott, soros; **~ blockwork** *ép* réteges blokkfalazat; **~-rubble masonry** *ép* réteges terméskő falazat; **~ silk** *tex* hámtalanított selyem

coursing *bány* menetirányú közlekedés; szellőztetés több légárammal; *met* levegőáramlási irány; **~ joint** *ép* habarcshézag *(két sor között)*; **~ of air current** *bány* légvezetés

court udvar; előudvar; várudvar; kastély, udvarház; kis mellékutca, zsákutca; tér, telep; játéktér, teniszpálya; **~ enclosed by surrounding buildings** *ép* körülépített udvar *(városépítés)*; **~ plaster** *gyógyv* ragtapasz, angoltapasz

courtesy | light *gépk* ajtóvilágítás; belső világítás; *rep* kisegítő helyzetlámpa; **~ mirror** *gépk* napellenző tükre

coussinet *ép* párnatag *(ión oszlopfőn)*

covalence → covalency

covalency *vegy* kovalencia, kovalens/atomos kötés, atomkötés

covalent *vegy* kovalens; **~ binding** elektronpár-képződés; **~ bond** *vegy* kovalens kötés, atomkötés, vegyértékkötés, valenciakötés, atomos/apoláris kötés; **~ compound** kovalens/homöopoláris vegyület; **~ lattice** *ásv* atomrács; **~ linkage** → **~** bond

covar kovar *(ötvözet)*

covariance *mat* kovariancia; **~ analysis** kovarianciaanalízis; **~ matrix** kovarianciamátrix, szórásmátrix

covariant | component kovariáns összetevő; **~ decomposition** kovariáns szétválasztás

covariation *mat* kovariáció

cove I. *v* (be)boltoz; **II.** *n* vájat; üreg; kis öböl; *bány* búvófülke, menedékfülke *(robbantásnál)*; omladékkupola, koporsófedél; omlásboltozat; *ép* (ív)boltozat; óvóhely; saroklléc *(mennyezeten)*; *geol* (karszt)barlang; *hajó* búvóöböl; **~ lighting** vályúvilágítás

coved *ép* homorú hajlattal kapcsolódó *(pl. födém, fal)*; **~ vault** teknőboltozat

covelline → covellite

covellite *ásv* covellin, rézindigó

cover I. *v* (be)burkol, borít, bevon; (be)fed, lefed, letakar, eltakar; (be)borít, leborít; rejt, burkol; véd, óv; magában foglal, kiterjed; *élip* márt; *ép* befed, lefed; bevon; borít, burkol; *geof* beterít; *kat* (záró)tűzzel eláraszt; fedez; *nyom* (be)burkol, borít, beköt; **II.** *n* huzat, köpeny; borítás, plattírozás, bevonat, lemezelés; fedél, tető; kupak; tok; fedő; burok, burkolat; burkolat; burkoló(lap); *bány, geol* fedő(réteg); főte, fedü; takaróréteg; *bőr* köztalpbevonó *(cipőn)*; *csom* burkolat, csomagolás; *ép* burkolás, fedés, bevonat, fedőlap, burkolólap; fedlap; takarás *(betonacélé)*; takarás *(csőzáradékpont felett)*; *fa* záródás *(erdőnél)*; *gépk, gumi* (abroncs)köpeny; *hidr* nyomópadka; *hőt, gépk* hengerfej, hengerfenék; köpeny, (védő)burkolat; *kat* fedezék, rejtés; tokfedél; *nyom* (könyv)tábla, fedél, fedőlap; *ol* feszíni réteg, takaróréteg; *önt* bevonat, váz; *pa* (levél)boríték; *távk* bura; dugónyél; *tex* fedés; fedőhatás; tömöttség; **~ a distance** *v* távolságot/utat megtesz; **~ assembly** *kat* tokfedélszerkezet; **~ a wire** *v* vezetéket bevon/beburkol; **~ band conveying** fedőszalagos szállítás; **~ bead** *heg* fedővarrat, záróvarrat; **~ board** *pa* borítókarton, burkolókarton, borító papírlemez; **~ by pouring** *v* ráönt; **~ cap** *élip* sapkazár; **~ card(-board)** → **~** board; **~ caving** *bány* főteomlasztás; omlasztott fejtés; **~ cloth** felöltőszövet; **~ coat** fedőbevonat, fedőmassza *(tetőlemezé)*; *ép* fedőréteg, simított vakolat(réteg); **~ crop** talajvédő növény; **~ design** *nyom* borítólap rajza; kötésterv; **~ disc/disk** kerek fedéllemez; *pa* borítólemez; **~ enamel** fedőzománc; **~ fabric** takarószövet; **~ factor** *tex* tömöttségi/fedési tényező; **~ film** védőfilm, vékony védőréteg; **~ folds** *pl hidr* takaró; **~ gas** *at* védőgáz(-atmoszféra); **~ glass** fedőüveg; *heg* védőszemüveg; *opt* fedőlemez *(mikroszkópé)*, diaüveg; **~ hook** ruhaakasztó; **~ iron** (gyalukés)fedővas; **~ lid** *gépk* porlasztófedél; zárófedél; **~ lifting bogie for pit furnaces** *koh* mélykemencefedél-mozgató kocsi; **~ lock** *gépk* fedélzár; **~-mo(u)ld** *ép* zárópárkány; *műa* szerszámtest; **~ nut** *gép* zárt/sapkás anya, kalapanya; **~ paper** (vékony) borítékpapír; *nyom, pa* fedélpapír *(kartonált könyvé)*; **~ pass welding** záróvarrat-hegesztés; **~ patch**

gépk gumiköpeny-javító folt; ~ **piece** köpeny, (védő)burkolat; fedő, fedél, kupak, sapka; ~ **pin** *kat* tokfedéltengely; ~ **plaster** *gumi* köpenyfolt *(tapaszjavításhoz)*; ~ **plate** borítólemez, burkolólemez, fedőlemez; biztonsági védőlap/védőernyő *(képcső előtt)*; *ép* ablakborítás, ajtóborítás; heveder, fed(ő)lemez, borítólemez; övlemez; zárólap; *gépk* fedéllap, fedőlap; *hajó* lemezborítás *(vastag)*; *hidr* hevederlemez *(hídépítés)*; *óra* fedőkőfoglalat; *pa* borítólap; ~ **plate lock** fedett ládazár; ~**-plate riveting** fejlemezszegecselés; ~**-print style** *tex* felülnyomott áru; ~ **protector** futófelület *(gumiabroncsé)*; ~ **remover** *élip* szedőlapát; ~ **rock** *geol* fedőhegység; fedőkőzet; ~ **screw** *gép* fedélszorító csavar; ~ **sheet** *ép* borítólap, burkolólemez; borítólemez; *nyom* fedőív; fedőlap; ~ **slide** tolózár, tolókás fedél; *opt* fedőlemez *(mikroszkópé)*; ~ **slip** fedőlemez *(mikroszkópé)*; ~ **strap** fedőheveder, zárószalag; ~ **strip** zárószalag; borítólemezelés; *ép* hézagtakaró léc; ~ **subsequently** *v* utólag fed *(színezés)*; ~ **thickness** *bány* takaróréteg-vastagság; ~ **wire** fedőhuzal, borítóhuzal; ~ **with tile** *v ép* cserepez

coverable frequency band *el* átfedhető frekvenciasáv

coverage burkolat, borítás, fedés; fedezék, rejtés; fedezet; hatásterület; hatótávolság; *ép* bevonat *(bitumenes)*; borítás, plattírozás, lemezelés; *geod* terep átfogása *(fotogrammetriában)*; *geof* beterítés, beterítési távolság; *távk* fedettség, ellátottság *(műsorszórás)*; *tex* fedőhatás; ~ **diagram/pattern** fedési diagram *(radar)*; ~ **of radar** radarállomás hatóterülete; ~ **zone** műholdas hírközlési övezet *v.* fedési zóna

coverchief *tex* fejkendő

covercoating *tex* felöltőszövet

covered | area befedett/betakart terület; *kat* fedett terület/tér; *távk* ellátott terület; ~ **cart** fedett kocsi; ~ **container** zárt szállítótartály; ~ **court** *ép* fedett pálya *(tenisz)*; ~ **distance** megtett távolság/út; ~ **dovetailing** *ép, fa* rejtett fecskefarkfogazás/sarokfogazás/cinkelés; ~ **drain** *hidr* felszín alatti lecsapoló, drén(cső), alagcső; ~ **drainage** *hidr* lecsapolás; ~ **electrode** *el, heg* bevont hegesztőpálca/elektród; ~**-electrode welding** bevont elektródos hegesztés; ~ **goods-wag(g)on** *vasút* zárt vagon/teherkocsi; ~ **karst** *geol* fedett karszt; ~ **linen** többrétegű lenvászon; ~ **market** *ép* (vásár)csarnok; ~ **promenade deck** *hajó* fedett sétafedélzet; ~ **rubber yarn** burkolt gumifonal; ~ **slide-valve** fedeles tolattyú; ~ **spectator's stand** *ép* fedett tribün; ~ **welding wire** bevont hegesztőhuzal; ~ **wire** szigetelt vezeték; *pa* beszőtt huzal; ~ **with gravel** *ép* kavicsolt

coverer *tex* fedőtű

covering letakarás, eltakarás; bevonat, takarás; rejtés; *bány* hordalék; takarókőzetek; *el* fedőréteg, rétegszigetelés; *ép* bevonás; borítás, plattírozás, lemezelés; burkolat; héjazat; *geof* beterítés, beterítési távolság; *heg* bevonat, váz; *kat* elárasztás zárótűzzel; *mat, szt* lefedés; ~ **agent** *koh* légelzáró pótlék; ~ **bath** *tex* fedőfürdő; ~ **blanket** védőburkolat; ~ **board** *bány* bélésdeszka; *ép* zsaluzódeszka; ~ **boards** *pl ép* zsaluzat; ~ **cap** (takaró)kupak, (takaró)sapka; ~ **capacity** fedőképesség, fedőhatás; ~ **constant** *mat* fedési állandó/együttható; ~ **cord** *el* szigetelőzsinór; ~ **core** *önt* takarómag, fedőmag; ~ **disc/disk** *mzg* takarótárcsa *(ültetőgépé)*; ~ **factor** *önt* fedési tényező; *távk* takarási tényező; ~ **fire** *kat* tűzfüggöny; zárótűz; ~ **flux** *önt* fedősó, takarósó; ~ **force** *kat* fedezőerő, fedező csapóerő; ~ **machine** *gumi* fedőgép, burkológép *(gumifonál/kábel gyártásához)*; *pa* átragasztógép, kasírozógép, bevonógép; ~ **needle** *kh* fedőtű, szemáthelyező tű; ~ **of the iron oxide type** *heg* oxidálóbevonat; ~ **paint** fedőfesték; ~ **paper** bevonópapír, csomagolópapír; burkolópapír; ~ **power** fedőképesség *(pigmenteké)*; ~ **thread** *kh* fedőfonal; ~ **trip** *ép* cserépfedő léc; ~ **varnish** fedőlakk

coversed sine *mat* cosinus versus, cos vers

coversine → coversed sine

covert burkolt; fedezett; ~ **cloth/coating** *tex* felöltőszövet

covibration együttrezgés; *hang* rezonancia

coving *bány, ép* ívboltozat, ívbolotozás

covolume *vegy* kovolumen, saját/kizárt térfogat *(molekuláé)*

cow *bány* önműködő fék; *ép* ernyő, ereszsátor; ~ **caisson** *hidr* teleszkopikus cölöp; ~ **catcher** *vasút* vágánykotró, bivalyhárító; ~ **leather** *bőr* (kikészített) tehénbőr, marhabőr

cowhide *bőr* nyers tehénbőr/marhabőr

cowhouse tehénistálló

cowl I. *v* burkol, borít, bevon; *gépk, rep* áramvonalaz, áramvonalas kiképzést ad, áramvonalasan (ki)képez; **II.** *n ép* deflektor, kéménytoldó, kéményfeltét; *gépk, rep* (áramvonalas) motorburkolat; motorház; *hajó* szellőzőkürtő; *vák* fúvókaharang; *vasút* kéménysisak, szikrafogó rács/szita; ~**-cooled** *el* hűtőköpenyes, kívülről szellőzött; ~ **flap** *rep* örvlap; ~**-flap valve** burkolatos csapószelep; szelepcsappantyú, torlócsappantyú; ~ **lamp** *gépk* (szélességjelző) helyzetlámpa; ~ **side panel** motorház oldalfala; ~ **slot** motorburkolat szellőzőrése; ~**-ventilated** *el* zárt kényszerszellőzésű; ~ **ventilator** szellőzőnyílás *(szélvédő előtt)*

cowled engine áramvonalas burkolatú motor

cowling áramvonalazás, áramvonalas kiképzés; áramvonalas burkolat; motorburkolat; ~ **former** *gépk* motorburkolatváz

coworker, co-worker munkatárs

cowpen tehénkarám

cowper *koh* léghevítő, cowper, kauper

cowskin tehénbőr, marhabőr

cowtail wool *tex* farokrész *(gyapjúbundában)*

coyote | blast *bány* tömeges gyújtás, sorozatrobbantás, nagyaknás robbantás; ~ **hole** *bány* robbantóakna; ~ **tunnel** robbantótáró

coyoting *bány* kis aknákkal történő rendszertelen művelés; rablóbányászat

cp → constant pressure

cP → centipoise

CP → caloric power; → casing pressure; → centre of pressure; → change point; → charter party; → chemically pure; → circular pitch; → circular polarization; → close-packed; → coefficient of performance; → constant potential; → control panel; → counterpoise

CP/M → Control Program/Microcomputers

CPE → central processing element

cpm → cards per minute; → characters per minute; → counts per minute

CPM → critical path method

CPP → controllable-pitch propeller
CPPS → critical path planning schedule
cps → characters per second; → cycles per second
Cpt → Compton electron
CPT theorem *fiz* CPT-tétel, Lüders-Pauli-tétel
CPU → central processing unit
Cr → chromium
CR → carriage return character; → cathode ray; → charging resistor; → cherry red; → cold-rolled; → continuous rating; → corrosion-resisting; → count rate
crab I. *v hajó* sodródik, nagy ívben halad; *tex* (be)avat, dekatál; rögzít; zsírtalanít; **II.** *n ép, em* csörlő, vitla, (horogüzemű) futómacska; *foto* elmozdulás *(felvételkor)*; *hajó* kötéloszlop; *hőt* vasháromláb; *rep* elsodródás; *tex* kötélágnyújtó *(összesodrás előtt)*; ~ **angle (CA)** *rep* elsodródási szög; ~ **balance** futómacskamérleg; ~ **bolt** horgonycsavar; ~ **crane** futómacskás toronydaru; ~ **girder** futómacska-tartógerenda; ~ **into the wind** *rep* szélrátartással repül; ~ **locomotive** *bány* kábelvillás mozdony; villás villamosmozdony; ~**-pot valve** „rákcsapda”-szelep; ~ **rails** *pl* futómacskapálya; ~ **reel** *em* csörlő; ~ **running on two rails** kéttartós futómacska; ~ **runway** futómacskapálya; ~ **saddle jib/boom** futómacskás gém; ~**-traversing motor** futómacskamozgató motor; ~ **winch** *bány* előtétes csörlő; *em* kábelcsörlő; ~ **with driver's stand (combined)** kezelőkosaras futómacska; ~ **with guided load port** tehervezetékes futómacska
crabbed-fabric cloth *tex* avatott szövet
crabbing kígyózó mozgás; *hajó* sodródás; *tex* avatás; dekatálás; rögzítés, blokkolás; zsírtalanítás; ~**-and-boiling machine** *tex* rögzítő és főző gép; ~ **machine** *tex* rögzítőkalander
crack I. *v* megreped(ezik), szétreped(ezik); (szét)hasad; töredezik; (meg)repeszt, szétrepeszt; (szét)hasít, szétszakít; aprít, feldarabol; *ol, vegy* krakkol; *rád* recseg; *tex* lepattogzik *(írezőanyag)*; **II.** *n* hézag *(falban)*; hasadás, rés, repedés; repedés; hasadék; *any* (hajszál)repedés; *bány* hasadék, repedés; pattogás, jelzés *(ácsolatban)*; *bőr* karcolás; *fa* zsugorodási repedés; *geol* gleccserszakadék *(hosszanti)*; repedezettség; törés, aprítás, darabolás; *önt* (felületi) repedés, hajszálrepedés, berepedés; törés *(öntvényhiba)*; *rád* recsegés; *tex* vetülékfonal-szakadás *(szövetben)*; ~**-arrester** *hajó* repedésgátló; ~**-arrest temperature** repedésgátló hőmérséklet; ~ **a valve** *v* szelepet kissé nyit; ~ **control** *ép* repedéskorlátozás; ~ **control reinforcement** *ép* repedésgátló/korlátozó vasalás; ~ **detection** *any* repedésvizsgálat; ~ **detector** repedésvizsgáló (detektor/készülék), defektoszkóp; ~ **due to contraction** *talt* zsugorodási repedés; ~ **due to temperature variations** *any* hőmérséklet(változás)i repedés; ~ **extension** *any* repedés terjedése; ~ **filler** repedéskitöltő anyag; ~ **formation** repedésképződés; *ásv* hasadásképződés; *gumi* fáradás okozta repedezés; ~**-free** repedésmentes; ~ **growth** *gumi* berepedés terjedése; ~ **initiation** repedéskeletkezés; ~ **nucleation** hasadási gócképződés; ~ **of rolls** *heng* hengerugrás; ~ **of sheet ice** *hidr* rianás; ~**-opening displacement** *önt* repedéskinyílás; ~ **pattern** *ép* repedéskép; ~**-prone** repedésre hajlamos; ~ **propagation** hasadásterjedés; repedésterjedés; ~ **resistance/resistivity** repedésállóság; ~ **resulting from settlement** *ép* süllyedési repedés; ~**-stop plate** *hajó* repedésgátló; ~ **strain** *ép* repedési nyúlás; ~ **stress** *ép* repesztőfeszültség; ~ **toughness** szakítószilárdság; ~ **up** *v* összetörik *(kocsi)*; összetör *(kocsit)*; *rep* lezuhan; ~ **water** *talt* hasadékvíz; ~**-width control** *ép* repedéstágasság-korlátozás
cracked *ép* repedt, repedezett; *ol, vegy* krakkolt; ~ **bitumen** krakkbitumen, krakkolt bitumen; ~**-carbon resistor** szénellenállás; ~ **ends** *tex* szakadt (lánc)fonalak; ~ **fraction** *ol* krakkfrakció, krakkolási frakció; ~ **gas** krakkgáz; bontott gáz; ~ **gasoline** → ~ petrol; ~ **grain** darált mag; ~ **petrol** *ol* krakkbenzin; ~ **(process) gas compressor** krakkgázkompresszor, beadagoló gázkompresszor; ~ **product** krakktermék; krakkolással kapott termék; ~ **weld** *heg* repedt varrat
cracker *bány* zúzó(gép); *vegy* krakkolóüzem, krakküzem, krakkolóegység; ~**-candy board** *pa* cukorkaláda-lemez; ~ **flour** *élip* kétszersültliszt; ~**-layer board** *pa* cukorkabetét-karton; ~ **mill** aprítómalom; ~ **roll mill** *gumi* masztikáló hengerszék, masztikátor; ~**s** *pl tex* fonalvastagodás *(hiba)*
cracking repedés(képződés), berepedés; recsegés; *bány* ácsolatpattogás; *élip* törés, aprítás darabolás; *önt* repedés (keletkezése); *talt* hasadékképződés; *tex* lepattogzás *(írezőanyagé)*; *vegy* hőbontás, hőbomlás, krakkolás, krakkolódás; ~ **bending moment** *mech* repesztőnyomaték; ~ **distillation** *vegy* bontó lepárlás; ~ **feed(stock)** *ol* krakkolandó nyersanyag; ~**-free joint** repedésmentes csatlakozás; ~ **load** *ép* repesztőteher; ~ **moment** *mech* repesztőnyomaték; ~ **of the dyke soil** *hidr* töltésrepedés; ~ **of the grain** *bőr* barkatörés; ~ **plant** *ol* krakkolóüzem, krakküzem, krakkolóegység; ~ **process** *ol* hőbontó eljárás, krakkeljárás; ~ **roll** törőhenger, zúzóhenger; ~ **sensitivity** repedésérzékenység; ~ **severity** *ol* krakkolás szigorúsága/mélysége; ~ **susceptibility** repedésképződési hajlam; ~ **unit** → ~ plant
crackle I. *v* ropog; pattog(zik); reped(ezik); *ásv* szétpattogzik, szétrepedezik; **II.** *n ép* ropogás, figyelmeztetés *(alagútépítés)*; *rád* sercegés, recsegés, ropogás, zörej; ~ **test** fröcskölési próba *(olajok víztartalmának tájékoztató mérése melegítéssel)*
crackling *távk* recsegés; sercegés, ropogás, zörej; ~ **noise** sercegő/recsegő zörej; *hang* tűzörej; ~ **test** zörejpróba
cracky repedéses, repedezett, hasadozott; repedékeny; törékeny; *bőr* barkarepedéses, törékeny barkájú *(készbőr)*
cradle I. *v ép* beállványoz, zsaluz; bordákkal merevít; *hajó* csúsztatószánkára/csúsztatótalpazatra helyez/vontat; **II.** *n bány* ércmosó vályú; függőpad, falazópad, mozgó padozat; lengőpad; *el* keresztezési védőalátét *(szabadvezetéken)*; *em* kas, fülke (emelőn); *ép* beton-körülköpenyezés *(csőé)*; mozgatható állvány, függőállvány; *gép* ágyazat; tartónyereg; váz, keret; *gépk* bölcső *(motor alatti kereszttartó)*; *hajó* csúsztatószánkó, csúsztató(talpazat); keretállvány *(fedélzeti rakomány számára)*; sólya(kocsi); *hidr* (támasztó)-nyereg; bölcső; támasztózsámoly *(vízerőmű nyomócsöve alatt)*; *mzg* etetőjászol; hárítóvillás kasza *(gabonaaratáshoz)*; *vasút* forgózsámolybölcső; ~ **carriage** *kat* bölcsőtalp; ~ **creeper** aláfekvő (görgős)

deszka; ~ **dump** *bány* csillebuktató; ~**-dump buggy** *bány* alsó ürítésű billenőcsille; ~ **dynamometer** himbás dinamométer; ~ **feeder** adagolóvályu; ~ **guard** *el* védőháló; ~ **lock** *kat* bölcsőzár; ~ **pintle** *kat* bölcsősarkcsap; ~**-pivot pin** *kat* bölcső-forgattyúscsap; ~ **rail/slide** *kat* bölcsővezető sín; ~ **scaffold** *ép* függőállvány, mozgatható állvány; ~ **switch** *távb* villakapcsoló, kapcsolóvilla; ~**-tip car** *vasút* gondolakocsi; ~ **trunnion** *kat* bölcsőcsap; ~ **vault** *ép* dongaboltozat

cradling *ép* beállványozás, zsaluzás; merevítés bordákkal

craft mesterségbeli tudás/szakértelem; mesterség; ipar; szakma; halászfelszerelés; *hajó* hajó; vízi jármű; *rep* légi jármű; ~ **clearance height** *ép* tiszta áthajózási magasság; ~ **error** szakképzettség hiánya miatt elkövetett hiba; ~ **industry** háziipar; bedolgozás; ~ **paper** kraftpapír, erős csomagolópapír

craftsman kézműves, (kis)iparos

craftsmanship szakértelem, szakmabeli/mesterségbeli tudás, (ipari) szaktudás

crag (magasan kiálló) meredek szirt, szikla(orom); *geol* kagylós homok/mész *(miocén és policén rétegekben)*

cragged szirtes

cram betöm, bever; tömörít; töm, hízlal

CRAM → card random access memory

Cramer's rule *mat* Cramer szabály

cramp I. *v* összeszorít, összekapcsol, összefog *(vaskapoccsal)*; vetemedik, elgörbül; **II.** *n* kapocsvas, befogópofa; *bány* sínhajlító; *cipő* felsőrészsámfa *(üreges)*; *ép* ácskapocs, állványkapocs; *fa* pillanatszorító, asztalosszorító, csavaros szorító; *forg* billenő késtartó; gyalukéstartó; ~ **iron** *ép* ácskapocs, állványkapocs; bekötőszeg, padvas

crampon, crampoon betonkapocs, kőmarkoló; *mzg* karó; ~**s** *pl* mászóvas

cranage daruhasználati díj

crane I. *v* daruval emel; **II.** *n* daru; ~ **arm** → ~ boom; ~**-arm lift truck** gémes rakodótargonca; ~ **attachment** daruszerelék; ~**-beam** darutartó; ~ **boom** darugém; ~**-bracket** darukonzol, darupályát tartó konzol; ~ **bridge** daruhíd; ~ **bucket** mechanikus/(sodrony)köteles markoló; ~ **cabin** daruvezetőfülke, darukezelő-fülke; ~ **capacity** daru teherbírása; ~ **carriage** *em* futómacska, futókocsi; ~ **chain** darulánc; ~ **crab** *ép* futómacska, darumacska; ~ **driver** darukezelő, daruvezető; ~ **fitter** daruszerelő; ~ **fork** emelővilla; ~ **gantry** daruportál; ~ **girder** darupályatartó; ~ **helicopter** helikopterdaru; ~ **hook** daruhorog; ~ **jib** darugém; ~ **ladle** *önt* daruüst; ~ **lifting capacity** daru teherbírása; ~ **load** daruteher; ~ **loading** rakodás daruval; ~ **locomotive** *vasút* mozdonydaru; ~ **magnet** *el* emelőmágnes; ~ **mast extension** daruoszlop-magasítás; ~ **motor** darumotor; ~ **navvy** hegybontó kotró; ~ **operator** → ~ driver; ~ **pile driver** függesztett cölöpverő szerelék *(lánctalpas daruhoz)*; ~ **pillar/post** daruoszlop; ~**-pulley block** darucsigasor; ~ **rail** daru(pálya)sín; ~ **rating** *el* névleges teljesítmény daruüzemben; *em* névleges teherbírás; ~**-rigged** darus; ~ **rigger** darukötöző (munkás); ~ **runway** darupálya; ~ **salvage ship** darus mentőhajó; ~ **scale(s)** darumérleg; ~ **shovel** *kat* földvájógép; ~ **skip** szállítóedény *(darun)*; ~ **slinger** darukötöző (munkás); ~ **support** daruláb(azat); ~ **tamping plate** szabadon eső döngölőlap; ~**-tipping device** daruval működtetett buktatószerkezet, darus buktató(szerkezet); ~ **to handle (materials) of longsizes** hosszúanyag-szállító daru; ~ **track** daruvágány, darupálya; ~**-travel(l)ing gear** *em* daruhaladás hajtóműve; ~ **travel(l)ing overhead** magasvasúti daru; ~ **trolley** *ép, koh* futómacska; ~ **truck** darus tehergépkocsi, autódaru; ~ **truck with lattice jib** rácsosgémes járműves daru; ~ **vibrator** daruvibrátor; ~**-wag(g)on** *vasút* darukocsi; ~ **way** darupálya; ~**-way column/stanchion** darupályatartó (oszlop); ~ **weigher** darumérleg; ~ **with luffing jib extension** teleszkópgémes daru; ~ **with swivel towers** billenőoszlopos kábeldaru; ~ **with the post in a pit** aknás forgódaru

craneman darukezelő, daruvezető; darukötöző (munkás)

cranial cutter *orv* koponyafúró

craniograph *orv* kraniográf, koponyafelvevő készülék

craniography *orv* kraniográfia, koponyafelvétel

crank I. *v* meggörbít; könyökösre hajlít; meglazul; forgattyúval ellát; elgörbül; **II.** *a* rosszul/szabálytalanul működő, elromlott, (meg)rongált, megrongálódott, tönkretett *(gép, szerkezet)*; *ép* kanyargó; *hajó* labilis; **III.** *n ép* görbület, hajlat; *forg* kulissza; *gép* fogantyú; forgatókar; forgattyú(kar); szögemelő; *gépk* hajtókar, indítókar; *kat* töltőemelő; *ker* tűzálló agyagállvány; ~**-and-flywheel pump** lendkerekes szivattyú; ~ **angle** *gépk* forgattyúszög *(előgyújtás megadására)*; ~**-arm** *gépk* forgattyú(kar); forgattyúsonka; ~ **auger** *szersz* forgattyúkaros furdancs; ~ **bearing** forgattyústengely-csapágy, főcsapágy; ~ **boss** forgattyúagy; ~ **box** forgattyúcsapágytok; ~**-case** → crankcase; ~**-chamber** → crankcase; ~ **circle** forgattyúkör; ~ **cotter pin** forgattyúkar kúpos csapszege; ~ **counterweight** *ol* forgó (himba)ellensúly; ~ **disc/disk** forgattyútárcsa; ~ **displacement** forgattyú felékelési szöge; ~ **drawing press** forgattyús mélyhúzó sajtó; ~ **drive** forgattyús hajtómű; forgattyús hajtóműves hajtás; *forg* kulisszás forgattyús hajtómű; ~**-driven hammer** forgattyús kalapács; ~**-fulling mill** *tex* kallózógép, ványológép; ~ **gear** forgattyús hajtómű; ~ **guide** forgattyúcsap-kulissza; ~ **guillotine shearing-machine** forgattyús lemezolló; ~ **handle** kéziforgató hajtókar, indítókar, indítóforgattyú; *gép* forgattyú-kézikar; *gépk* kézi indítóforgattyú, „kurbli"; *kat* töltő-emelő kar; *távk* forgattyúkar *(induktoré)*; ~ **jaw** *gépk* indítóforgattyú körmös pofája; ~ **journal** *gép* könyöktengelynyak; ~ **loom** forgattyús szövőszék; ~ **mechanism** forgattyús hajtómű/mechanizmus; ~ **of a lever** emeltyűkar; ~ **of the shaft** forgattyúkönyök; ~**-operated hammer** forgattyús kalapács; ~**-overhead engine** felül elhelyezett bütyköstengelyű motor, felülvezérelt rendszerű motor; ~ **pad** *forg* kulisszakő; ~ **pit** forgattyúgödör; ~ **planer** forgattyúhajtású gyalugép; ~ **plate** *forg* forgattyútárcsa; ~ **press** *koh* forgattyús sajtó; ~ **rod** hajtórúd; ~ **shaper** kulisszahajtású harántgyalu; ~ **slide** *forg* kulisszakő; ~ **slotting-machine** *forg* forgattyús vésőgép; ~ **stand** *gépk* forgattyúház; forgattyúszekrény; ~ **stock** bőrványoló; ~ **throw** *gépk* forgattyúkönyök, forgattyúsugár;

~-type drawing press → ~ drawing press; ~-type plate shears *pl* forgattyús lemezolló; ~ web → ~-arm
crankcase *gépk* forgattyúház; forgattyúszekrény; karter; ~ **bottom** → ~ sump; ~ **bottom half** forgattyúház alsó része; ~ **breather** forgattyúház-szellőző; ~ **dilution** kenőolaj-hígulás; ~-**flushing oil** forgattyúház-öblítő olaj; ~ **heater** forgattyúházfűtés; ~ **pressure regulation** forgattyúház nyomásszabályozása; ~ **scanning** forgattyúház-öblítés; ~-**scavenged engine** forgattyúház-öblítéses motor; ~ **sump** olajteknő *(forgattyúházé)*; ~ **ventilator** forgattyúház-szellőző (berendezés); ~ **web** forgattyúházközfal
cranked | **axle** könyökös tengely; ~ **bar** *ép* felhajlított vasbetét; ~ **fish-plate** *vasút* szöghevederr; ~ **flat-iron** *tex* hajlított fogantyús vasaló; ~ **funnel** görbe tölcsér; ~ **shaft** → crankshaft; ~ **slot** görbe vonalú horony; ~ **tool** hajlított (eszterga)kés
cranking meggörbítés; elgörbülés; görbület; könyökösre hajlítás; motorbeindítás *(kézikarral)*; ~ **lever** *gépk* (kézi) indítóforgattyú, indítókar, kéziforgató
crankle I. *v* meghajlít, megtör, meggörbít; kígyózik, kanyarog; szabálytalanul törik; **II.** *n* görbület, kanyar
crankpin *gép* forgattyúcsap(szeg); ~ **brass** forgattyúcsapágycsésze; ~ **grinder** forgattyúcsap-köszörű; ~ **lathe/machine** forgattyúcsap-eszterga
crankshaft *gépk* forgattyús tengely, főtengely; könyökös/görbített tengely; ~ **bearing** forgattyústengelycsapágy, főcsapágy; ~ **carried in three bearings** háromszor csapágyazott forgattyús tengely; ~ **drive conveyor** forgattyús hajtóműves szállítógép; ~ **drive screen** forgattyúrosta; ~ **drop forging press** *koh* excenteres kovácssajtó, Maxime-sajtó; ~ **flange** *gép* főtengelysonka; ~ **grinder** forgattyústengely-köszörű; ~ **journal** forgattyúcsap, forgattyústengelycsap; ~ **journal bearing** → ~ bearing; ~-**journal bearing cap** főcsapágyfedél; ~ **lathe** forgattyútengely-eszterga; ~ **press** *heng* excentersajtó; ~ **shell** főcsapágycsésze; ~ **starting dog** *gépk* indítóköröm
cranny repedés; hasadék *(falban)*; *ker* szerszám palacknyak alakítására
crapaudine forgóajtó-csaptok
crapauds *pl tex* gubóhulladék
crape I. *v tex* kreppel; **II.** *n tex* fekete krepp, gyászfátyolszövet, fekete fátyolszövet
craper body *bány* sarabolószekrény
craquant *tex* ropogós/sercegő fogás
crash[1] **I.** *v* darabokra (össze)tör, összezúz, szétroncsol; csikorog; csattog, durran; *ép* összeomlik, összeroppan; *közl* karamboloz; összeütközik; *rep* lezuhan; **II.** *n* csikorgás; csattanás; *gépk* (össze)ütközés; karambol; *rep* (le)zuhanás, repülőgépkatasztrófa; repülőgép-szerencsétlenség; *szt* durva hiba, összeomlás; *vasút* (vasúti) szerencsétlenség; ~ **boat** *rep* mentőcsónak; ~ **crew** *rep* mentőosztag; ~ **dive** *hajó* hirtelen alámerülés *(tengeralattjáróé)*; ~-**drive** *v hajó* hirtelen alámerül; ~ **helmet** *gépk* bukósisak; *rep* repülősisak; ~-**land** *v rep* kényszerleszállást hajt végre; ~-**landing** *rep* kényszerleszállás *(géptöréssel)*; ~ **locator beacon** *rep* fedélzeti vészhelyjeladó; ~ **lock bottom** *nyom* felszakítható fenék; ~ **pad** *gépk, rep* baleseti védőpárnázat; ~-**proof** ütközésbiztos; törésálló; biztonsági *(üveg)*; ~ **recorder** *rep* fedélzeti baleseti adatrögzítő; ~ **stop** vészmegállító, szükségfék; ~-**test** *v any, ip* törésprróbát végez; ~ **truck** autómentő/vontató jármű
crash[2] *tex* durva nyersvászon, házivászon; ~ **finish** (durva) vászonnyomat; ~ **linen** lensávoly, pamutlenkeverék sávoly; ~ **towel** vászontörülköző; ~ **towel(l)ing** *tex* törülközővászon
crashfree driving balesetmentes közlekedés
crashworthiness *rep* törésbiztosság
crate I. *v* csomagol, ládáz, rekesz(ek)be rak; **II.** *n* láda, tok; lécláda, lécrekesz
crated weight súly csomagolt állapotban
crater[1] *el* (anód)kráter, ívkráter; *ép* földtölcsér *(kivájt)*; *forg* kráter; *geol* kráter, tölcsér *(tűzhányóé)*; *heg* kráter, hegfürdő; *mech* (vég)kráter *(tartószerkezetben)*; *ol, opt* kráter; ~ **crack** *heg* kráterrepedés; ~ **edge** *forg* kráter előtti élszalag; ~-**forming stage** *geol* kráterképző szakasz; ~ **lip/rim** *geol* kráterperem; ~ **of impact/incidence** *koh* becsapódási kráter; ~ **vent** *geol* vulkáni kürtő; ~ **wear** *forg* krátereresedés, kráterkopás
crater[2] csomagoló, ládázó *(munkás, gép)*
cratering kráterképződés, kráteresedés; ~ **explosion** *geol* kráterképző/tölcsérképző robbanás
crating csomagolás (rekeszekbe), ládázás; *ép* ácsolat; *fa* deszkázat, zsaluzás
crawl I. *v* csúszik(-mászik), kúszik; *el* leesik *(fordulatszám)*; **II.** *n* csúszás, kúszás; ~ **space** *ép* kúszópince, kúszótér, installációs pince/tér; ~ **speed** *em, forg* kúszósebesség
crawler lánctalpas traktor/vontató; ~ **belt** hernyótalp, lánctalp; ~ **bucket ladder excavator** merítékléttrás *(v.)* keresztkotrású vedersoros kotró; ~ **bulldozer** lánctalpas földgyalu; ~ **crane** lánctalpas daru; ~ **cutter** *bány* lánctalpas/hernyótalpas réselőgép; ~ **dozer** lánctalpas tológép; ~ **excavator** lánctalpas kotró; ~ **lane** *közl* kapaszkodósáv; ~ **loader** *bány, csom* hernyótalpas/lánctalpas rakodó(gép); ~-**mounted crane with derricking jib system** Derrick-gémes lánctalpas daru; ~ **mounted excavator** → ~ excavator; ~-**mounted front loader** *ép* hernyótalpas partfalrakodó; ~-**mounted (mobile) tower crane** lánctalpas toronydaru; ~-**mounted piling frame** lánctalpas verőállvány; ~-**mounted scraper** lánctalpas földnyeső; ~-**mounted swing loader** lánctalpas forgórakodó; ~ **pusher/pushloader,** ~ **scraper pusher** lánctalpas tolótraktor; ~ **shovel** *bány, ép* lánctalpas lapátológép; ~ **track** hernyótalp; ~ **tractor** lánctalpas/hernyótalpas traktor/vontató; ~ **tractor-drawn scraper** vontatott kéttengelyes földnyeső; ~ **tractor fitted with hydraulic angle dozer** elfordítható lemezű lánctalpas tológép; ~ **tractor with (bull)dozer** lánctalpas tológép; ~ **trailer** hernyótalpas/lánctalpas pótkocsi; ~-**tread tractor** lánctalpas vontató; ~-**type pile driver** lánctalpas cölöpverő; ~-**type vehicle** lánctalpas jármű; ~ **unit** lánctalpas/hernyótalpas járószerkezet
crawling csúszás, kúszás; megcsuszamlás; *el* beragadás, megcsuszamlás, kúszás; *ker* összezsugorodás *(zománcé)*; *műa* ráncosodás, gyűrődés
crayon pasztellceruza, pasztellkréta, színes ceruza/kréta, litográfusceruza; rajzkréta, zsírkréta; ~ **drawing** ceruzarajz; ~ **sauce** retusfesték
craze I. *v ker* hajszálrepedést okoz; repeszt; *műa* repedezik; **II.** *n hők, ker* hajszálrepedés

crazing *műa* hajszálrepedés, repedezés; hálós repedésképződés
crazy repedezett, omladozó; ~ **paving** *ép* ciklopkő (út)burkolat; ~ **vessel** rozzant hajó
CRC → camera-ready copy; → cyclic redundancy check; → cyclic redundancy code
CRCA → cold rolled close annealed
CRDF → cathode-ray direction finder
creak I. *v* csikorog, nyikorog; **II.** *n* csikorgás, nyikorgás
creaky csikorgó
cream I. *v élip* fölösödni hagy; lefölöz *(tejet)*; *gumi* fölösít; **II.** *a* krémszínű, vajszínű, sárgásfehér; **III.** *n* tejszín; krém; krémszín; *gumi* latex föle; ~ **beater** *élip* táblázógép; ~ **formation** *gumi* latexfölösödés; ~**-laid paper** (bordázott) sárgás irópapír; ~ **of lime** *bőr* mésztej; ~ **of tartar** *vegy* kálium-hidrogén-tartarát, kálium-bitartarát, borkő; ~ **ripener** tejszínérlelő berendezés; ~ **separator** tejszeparátor; ~ **up** *v* krémesedik *(emulzió)*; ~ **wove paper** sárgás velinpapír
creamed (rubber) latex *gumi* fölösítéssel sürített latex
creamery tejfeldolgozó üzem; ~ **butter** tejüzemben készített vaj
creaming *élip* (fel)fölöződés; (le)fölözés; *gumi* fölösítés; fölösödés; ~ **agent** fölösödést előidéző szer; ~ **of latex** fölösödés *(latexé)*; ~ **quality** *élip* krémesedés
crease I. *v* barázdál, rovátkol; összegyűr; hajt(ogat); *alak* korcol, peremez *(befelé)*, behajlít; *ruh* beráncol, berak, ráncba rak, plisszíroz; *tex* gyűrődik; **II.** *n* barázda, gyűrődés; rovátka; *ép* gerinccserép; kúpcserép; tetőgerinc; *geol, tex* gyűrődés, ránc; *hidr* holt meder; *pa* hajtás *(falc)*; *ruh* (vasalt) él, vasalás; *tex* gyűrődés, ránc; törés *(szövethiba)*; ~ **caused by milling** *tex* kallózási gyűrődés; ~ **caused during drying** szárítási gyűrődés; ~**-edge** *ruh* hajtás, hajtóka; ~ **formation** ráncképződés; ~**-proof** *tex* gyűrhetetlen; nem gyűrődő; ~**-proof finish** *tex* gyűrődésmentes/gyűrődésálló/gyűrhetetlen kikészítés; ~**-proofing** *műa* hajlításállóvá tétel; ~**-proofing agent** gyűrődésmentesítő szer; ~ **recovery** gyűrődés-visszaalakulás; ~ **recovery angle** gyűrődés-visszaalakulási szög; ~ **resistance** *pa* gyűrésállóság; *tex* gyűrhetetlenség; ~**-resistant** *pa* gyűrésálló; *tex* gyűrhetetlen; ~**-resisting finish** → ~-proof finish; ~ **retention** *ruh* éltartás, éltartósság *(nadrágé)*
creased gyűrött, ráncos; ~ **pipe** ráncolt cső
creaseless gyűrtelen, gyűrődésmentes
creaser *alak* kerek alakverő; peremező/rovátkoló szerszám
creash *tex* olajos gyapjúhulladék
creasing barázdálás, rovátkálás; peremezés; *ép* osztópárkány; *pa* hajtogatás; hornyolás, hornyolat; *ruh* berakás, plisszírozás; *tex* gyűrődés, ránc; hajtogatás; összegyűrés; ráncosodás, gyűrődés; ~ **die** *alak* peremezőszerszám; *nyom* dombornyomó lemez, sajtoló nyomólemez; ~ **hammer** peremezőkalapács; ~ **iron** *szer* dudorítóüllő; ~ **machine** *alak* peremezőgép, korcológép; *pa, tex* hajtogatógép; ~ **roll** *pa* gyűrőkészülék *(műszer)*; peremezőgörgő; ~ **tool** *alak* peremezőszerszám; *nyom* bordázókészülék, recézőkészülék, hornyolókészülék; ~ **wheel** *pa* hajtogatógörgő
creasy *tex* ráncos, gyűrött
create teremt, alkot
creatine *vegy* kreatin; ~ **phosphate** kreatin-foszfát, foszfo-kreatin
creatinine *vegy* kreatinin
creation alkotás; *fiz* előállítás; keltés, képzés, generálás; *szt* állomány létrehozása; ~ **of poles** pólusképzés; ~ **rate** *at* keletkezési ütem/sebesség; *félv* (pár)keltési sebesség
credible deterrent reális elrettentő eszköz
credit|-card *szt* hitelkártya; ~**-card terminal (CT)** *szt* hitelkártyával vezérelt terminál, CT
Creed | high-speed telegraph Creed-gyorstávíró; ~ **relay** Creed-jelfogó
creek (hosszan benyúló) keskeny öböl; (kis) tengeröböl; *hidr* kisvízfolyás; patak; vízér
creel I. *v tex* feltűz (csévét); **II.** *n tex* feltűzőállvány; felvetőkeret; ~ **board** csévefeltűző deszka; ~ **frame** cséveállvány, felvetőállvány; ~ **lath** keretmerevítő, keretrúd; ~ **spindle** csévetüske, csévetengely; ~ **spool** *tex* felvetőcséve; ~ **table** csévetartó asztal
creeler *tex* felvető *(munkás)*
creeling *tex* cséveváltás, csévecsere *(telire)*
creep I. *v* kúszik; csúszik, kúszik; *gép, mt* tartósan (meg)folyik, lassú alakváltozást szenved; **II.** *n* kúszás, eltolódás *(csúszás)*; *any, mech* kúszás, tartós folyás; lassú alakváltozás; *bány* főtebelógás; oldalomlás; talpnyomás; *ép* betonkúszás; *geol* csuszamlás; kitüremlés; *kat* védőháló tengeralattjárók ellen; *műa* kúszás, hidegfolyás; *mzg* etetővályúrács; *távk* frekvenciaelhúzás; *vasút* sínvándorlás; *vegy* kicsapódás, lecsapódás *(edény falán)*; ~ **baffle/barrier** *vák* migrációs csapda; ~ **behavio(u)r/characteristic** kúszási tulajdonság; ~ **buckling** kúszási kihajlás, plasztikus kúszás; ~ **compression** kompressziós tartósfolyás/kúszás; ~ **current** kúszóáram; ~ **curve** *any* tartósfolyási görbe; *mech* kúszásgörbe, kúszási görbe; ~ **deflexion** kúszási lehajlás; ~ **deformation** kúszási alakváltozás/deformáció; ~ **elongation** → ~ strain; ~ **fatigue limit** *mech* kifáradási határ; ~ **feed** *gép* mászósebesség; ~ **fracture** kúszási törés; ~ **length** *hidr* szivárgási hossz; ~ **limit** *mech* kúszási határ, kúszáshatár; *önt* kúszási sebességhatár, tartós folyás határa; ~ **line** *hidr* szivárgási vonal/út; ~ **of concrete** beton réteges deformálódása, betonkúszás; ~ **of the belt** *gép* szíjcsúszás; ~**-path formation** *el* kúszóáramút-képződés; ~ **pressure** *ép* kúszás okozta nyomás; ~ **rate** *ásv, mech, önt* kúszási sebesség; *hidr* szivárgási viszonyszám; ~ **recovery** *any, mech* lassú felengedés; rugalmas utóhatás; ~ **resistance** *el* kúszóáramszilárdság; *mech* kifáradási szilárdság, kúszásszilárdság, tartósfolyáshatár; *műa* tartós igénybevételi szilárdság; ~**-resistant alloy** *koh* kúszásálló ötvözet; ~**-resisting** tartósfolyásálló, kúszásálló; ~ **rupture** *önt* kúszási törés; ~**-rupture strength** *önt* idő(tartam)szilárdság, kúszószilárdság; ~ **speed** → ~ rate; ~ **strain** *any* tartósfolyási nyílás, maradandó alakváltozás; ~ **strength** → ~ limit; ~ **strength testing rig** *any* kúszásvizsgáló berendezés; ~ **test** *any* tartósfolyáshatár-vizsgálat, kúszásvizsgálat; ~ **up** *v bány* duzzad; ~ **way of the rope** kötélcsúszás útja
creepage *el* levezetés, kúszó kisülés; ~ **distance (in air)** *el* kúszóáramút; ~ **spark** kúszószikra, kúszókisüléses szikra

creeper mászóvas, jégsarok; *bány* láncos csilletoló; *gépk* aláfekvő (görgős)deszka; *tex* végtelenített etetőszalag; ~ **crane** *ép* szabadszerelő daru *(hídépítés)*; ~ **lane** *közl* csúszásnyom; ~ **lattice** *tex* etetőrács; ~ **travel(l)er** *ép* eltolható szerelőállás; ~ **tread** hernyótalp, lánctalp; ~ **undercarriage** lánctalpas (traktor-) járószerkezet

creeping kúszás, kúszó mozgás; (meg)csúszás; *bány* talpduzzadás, kőzetduzzadás; *el* kúszás, kúszó mozgás; *gép* szíjcsúszás; *vasút* sínvándorlás; ~ **barrage** *kat* tűzhenger; ~ **crack** tartós folyás következtében beálló repedés; ~ **current** *el* kúszóáram; ~ **discharge** felületi/kúszó kisülés; ~ **distance** *el* kúszóáramút; *vasút* sínvándorlási távolság; ~ **failure** fokozatos meghibásodás; ~ **flange** széttolható csőkarima; ~ **method** *kat* célmegközelítéses belövés; ~ **of aneroid barometer** *met* aneroid barométer hiszterézise/kúszása; ~ **plates** *vasút* sínvándorlásgátló lapok; ~ **slope failure** *bány* kúszó rézsűcsúszás; ~ **speed** *gép* mászósebesség; *mech* kúszási sebesség; ~ **waste** *geol* mozgó/csúszó diluvium

Crefeld rate of knitting *tex* nyüstsűrűség crefeldi mértéke

cremate elhamvaszt

cremation (el)hamvasztás

cremator hamvasztókemence

crematorium, *US* **crematory** *ép* krematórium, halotthamvasztó

Cremnitz white *vegy* ólomfehér, bázisos ólomkarbonát

Cremona('s) | **configuration** *mat* Cremona-konfiguráció, Cremona-alakzat; ~ **polygon (of forces)** Cremona-erőterv

crenellate, *US* **crenelate** fogaz, csipkéz

crenellated, *US* **crenelated mo(u)lding** *ép* meanderdíszű párkány

crenellation, *US* **crenelation** *ép* párkánycsipkézés, oromcsipkézés

crenulation *geol* enyhe redőzés

creosol *vegy* kreozol

creosote I. *v fa, vegy* kreozottal telít/tartósít/impregnál *(fát)*; **II.** *n vegy* kreozot

crêpe, crepe I. *v pa, tex* kreppel; **II.** *n gumi* kreppgumi; *pa* krepp-papír; *tex* krepp; kreppkötésű szövet; ~ **de Chine** *tex* krepdesin; ~ **fabric** krepp; ~ **filling** *tex* kreppvetülék; ~ **flower paper** *pa* virágkrepp; ~ **Georgette** kreppzsorzsett; ~ **marocain** kreppmaroken; ~**-nylon** hullámosított nejlon, kreppnejlon; ~ **paper** kreppelt papír, krepp-papír; ~ **rayon** krepp műselyem; ~ **rubber** kreppgumi, kreppkaucsuk; ~ **satin** kreppszatén; ~ **sheet** *műa* krepplap; ~ **twisting** kreppsodrás; ~ **weave** kreppkötés; ~ **yarn** kreppfonal, kreppsodratú fonal

crêped, creped *pa, tex* kreppelt; ~ **packing paper** kreppelt csomagolópapír; ~ **paper** kreppelt papír, krepp-papír; ~ **toilet paper** kreppelt egészségügyi papír

crêpey, crepey → crepy

crépiness, crepiness *tex* kreppesség, krepphatás

crêping, creping *tex* kreppelés; ~ **bath** kreppelőfürdő; ~ **machine** kreppelőgép

crepitate recseg; csikorog, serceg

crepitation recsegés; sercegés, recsegés, ropogás, zörej; csikorgás

crepoline *tex* (fél)selyem bélésanyag

crepon *tex* krepon

crepuscular *met* szürkületi; ~ **arch** szürkületi fényív; ~ **rays** szürkületi sugarak

crêpy, crepy kreppszerű, kreppelt, kreppes; ~ **effect** *tex* kreppesség, krepphatás

CRES → corrosion-resistant steel

crescent I. *a* növekvő; félhold/sarló alakú; **II.** *n* (növekvő) holdsarló; ívelt (ház)sor *(utcanevekben)*; félhold (alakú tárgy); *élip* kifli; *ép* ívelt útikiszélesítés; ~ **blade** *élip* sarló alakú csigalemez; ~ **bucket** *ép* sarló alakú kotróveder; ~**-shaped** félhold alakú; ~ **truss** *ép* íves felső és alsó övű rácsostartó, sarló alakú tartó; ~ **wing** *rep* változó belépőélnyílású szárny; ~ **wrench** félholdas állítható pofás csavarkulcs

cresol *vegy* hidroxi-toluol; krezol; ~ **purple** krezolbíbor; ~ **red** krezolvörös; ~ **resin** *műa* krezolgyanta

cresotic acid *vegy* krezotinsav

cresset *hajó* tűzkosár

crest *bány* tetézés; *el* (maximális) amplitúdó; *ép* tetőgerinc; *geol* hegygerinc, taréj; *gép* (fog)fej *(fogaskeréken)*; menetgerinc *(csavaron)*; *hidr* (gát)korona, bukókorona; *mat* csúcsérték; *rep* csúcsgerinc; szelvénygerinc; ~ **clearance** *gép* fejhézag *(fogaskeréken)*; külső átmérőhézag *(csavarorsón)*; menetgerinc játéka; ~ **cloud** *met* taréjfelhő; ~ **control devices** *hidr* koronaszint-szabályozó szerkezetek; ~ **edge** *hidr* koronaél; ~ **factor** *el* csúcstényező, amplitúdótényező; ~ **gate** *hidr* árapasztó mozgógát; ~ **gates** *hidr* gátkoronán elhelyezett zárószerkezet; ~ **ga(u)ge** *hidr* maximum-minimum mérce; ~ **length** *fiz* (hullám)csúcshossz; *hidr* gáthossz; koronahossz(úság); ~ **line** *bány* peremvonal; *geol* gyűrődés gerincvonala; ~ **of a wall** *ép* falgerinc; ~ **of mantle** *hidr* köpenytaréj; ~ **of slope** rézsű felső éle; ~ **of structure** *geol, ol* szerkezet tetőpontja/gerince/taréja; ~ **of the dam/weir** gátkorona, töltéskorona; ~ **of wave** hullámgerinc; ~ **point synchronization** *félv* tetőponti szinkronozás; ~ **reverse voltage** *félv* csúcs-zárófeszültség; ~ **stage** *hidr* tetőző vízállás; ~ **tile** *ép* gerinccserép, kúpcserép; ~ **value** csúcsérték; ~ **voltage** csúcsfeszültség; ~ **voltmeter** csúcsfeszültségmérő; ~ **width** *hidr* koronaszélesség; ~ **working off-state forward voltage** *félv* nyitóirányú üzemi csúcsfeszültség; ~ **working reverse voltage** *félv* záróirányú üzemi csúcsfeszültség

crested weir *hidr* Cipoletti-bukó, Cipoletti-féle/trapézszelvényű bukó

cresting *ép* gerincképzés *(díszes)*

cresyl *vegy* krezilgyök; ~ **acetate** krezil-acetát

cresylic | **acid** *vegy* nyerskrezol, o-, m- és p-krezol elegye; ~ **mo(u)lding composition** *műa* krezol préspor; ~ **resin** *műa* krezolgyanta

cresylol → cresol

cretaceous krétaszerű, krétás; kréta-

Cretaceous *geol* krétakori, kréta-; **the** ~ **(period)** krétakor

cretonne *tex* kreton

crevasse *bány* (ér)hasadék, telérhasadék; *geol* (mély) gleccserszakadék, rianás; *hidr* (töltés)szakadás

crevice rés, hasadás, (hajszál)repedés; korróziós repedés; *bány* kőzetrepedés; *ép* hasadék; *geol* sziklarepedés; teléres repedés; *hidr* (töltés)szakadás; ~ **accretion** repedés kitöltése; hasadékkitöltés; ~ **corrosion** (hajszál)repedéses korrózió; *koh* réskorrózió, késélkorrózió; ~ **corrosion at contact** érintkezéses korrózió, kontaktkorrózió; ~ **water** *bány* telérvíz; *talt* hasadékvíz

crew (mukás)brigád; csapat; személyzet *(járműé)*; *bány* csapat; *hajó* legénység; *kat* kezelőszemélyzet; *rep* legénység, személyzet; ~ **compartment** *rep* pilótakabin, vezetőfülke; ~ **factor** *távk* gyakorlottsági tényező; ~ **intercommunication** *rep* a hajózó személyzet fedélzeti összeköttetési rendszere; ~**-space** *hajó* legénységi lakóhelyiség; ~ **station** személyzeti állomáshely; ~ **work** *bány* csapatmunka

crewel lazán sodort hímzőfonal; ~ **work** *tex* hímzett áru; ~ **yarn** lazán sodrott hímzőfonal

crewless személyzet nélküli

crib I. *v bány* dúcokkal támaszt, (ki)dúcol, zsaluz *(tárnát)*; *ép* beállványoz, zsaluz; *nyom* szűk helyre szorít; **II.** *n* kas, jászol; marhaistálló; *bány* ácsolat; aknakoszorú; máglya, faszekrény, kalitka; *ép* állványozás; állványzat, zsaluzat; *hidr* sátorgát, rőzsesátor; *hidr, ép* kőszekrény; *nyom* ollózás; ~ **bed** *bány* aknakeret-alapozás; alapkeret, tartókeret; alátét-gerendázat; ~ **building** *bány* máglyaépítés; ~ **cofferdam** *hidr* jászolgát; szekrényműves körgát; ~ **dam** sátorgát, rőzsesátor; ~ **pigsty** *bány* tömedékszekrény; ~ **protection** *bány* máglyás biztosítás; ~**-retaining wall** *hidr* szekrényes támfal; ~ **ring** *bány* aknakeret; ~ **timbering** *bány* máglyabiztosítás; ~ **tubbing** *bány* koszorús biztosítás, fagyűrűs aknabiztosítás; ~ **up** *v bány* aláácsol; máglyával biztosít; ~ **wall** *ép* kéregfal; körfal; ~ **weir** *hidr* kőszekrénygát

cribbed | chute *bány* kiácsolt érccsúszda; ~ **conveyer/conveyor** máglyára szerelt szállítószalag

cribbing *bány* aknakeret-biztosítás; alátámasztás dúcokkal; máglyabiztosítás; soros ácsolat; soros ácsolat, gárdácsolat; *ép* beállványozás, zsaluzás; gerendamáglya, talpfamáglya; védőkorlát *(nyílás körül)*; *hidr* kútbélés, kútfalazat; máglyázás; *nyom* szűk helyre szorítás

cribble *ép* rosta, nagylyukú/durva szita

cribwork *bány* (akna)ácsolat, aknakoszorú, alapkoszorú; aknakeret; *ép* kőszekrény(alapozás), állványzat, zsaluzat; *hidr* kőmű; kőszekrény

cricondenbar *ol* krikondenbar

cricondentherm *ol* krikondenterm

crimp I. *v* ráncol, ráncosodik *(ruha, nyomdai papír)*; *alak* hajt(ogat); hullámosít, redősít; peremez *(befelé)*; *bőr* formáz, homorít *(cipőfelsőrészt)*; *tex* göndörít, hullámosít; zsugorít, mintásan sajtol; **II.** *n* göndörödés; hullámosság, fodrosság; érdesítés; *ép* idomvas levágása; *geol* redő; *gumi* betéthullám *(nyersköpenyben)*; *tex* íveltség; ránc, redő; vetülékbeugrás; zsugorított szövet; zsugorodás; ~ **ga(u)ge** *tex* gyapjúhullámosság-mérő; ~ **measurer** *tex* bedolgozásmérő *(készülék)*; ~ **percent** *tex* bedolgozási százalék; ~ **property** zsugorodóképesség; ~**s of the wool fibre/fiber** gyapjúíveltség; ~ **stability** *tex* hullámosság tartóssága; ~ **style** hullámosított áru; ~ **warp** *tex* zsugorodó lánc

crimpage *tex* hullámosodás, hullámosítás; mintás sajtolás; párhuzamos hullámos ránc

crimped *bőr* ványolt *(felsőrész)*; ~ **wire** hullámosított huzal

crimper *alak* hullámosítószerszám, hullámosítógép; *cipő* felsőrészsámfa; *ép* bordás henger, recés/recézett henger

crimpiness *tex* hullámosság, hullámosodás *(rossz szárítás miatt)*

crimping ráncolás, ráncosodás; hullámosítás, hullámosodás; *alak* (be)peremezés; haj(togat)ás; *tex* borzolás; göndörítés; hullámosodás, hullámosítás; ~ **block** kreppelőhenger; ~ **board** *bőr* fodorítófa; ~ **die** *alak* szűkítőszerszám; *kat* töltényzáró szerszám; ~ **elasticity** göndörödési rugalmasság; ~ **fringe** göndör bojt; ~ **machine** *alak* hullámosítógép; peremezőgép, karimázógép; *tex* zsugorítógép; ~ **pliers** *pl* harapófogó

crimpy *tex* hullámos; ~ **wool** hullámos gyapjú

crimson bíborvörös *(szín és festék)*; ~ **madder** világos krapplakk

crindol műlószőr *(durva műselyemfonalból)*

cringle kötélbefűző lyuk *(vitorla szélein)*

crinkle I. *v* kígyózik, kanyarog; ráncol(ódik), redőz; *pa* gyűrődik, megtörik; *tex* göndörít, hullámosít; zsugorít, mintásan sajtol; **II.** *n* ránc, redő; türemlés; *pa, tex* gyűrődés, ránc; *rád* törés *(sugárzás terjedésében)*; ~ **cotton** *tex* géz(anyag); ~**-resistant** *tex* gyűrhetetlen

crinkled paper kreppelt papír, krepp-papír

crinkliness *tex* hullámosság, hullámosodás *(rossz szárítás miatt)*

crinkling kígyózás, kanyargás; ráncolódás; redőzés; *pa, tex* gyűrődés, ránc; *tex* göndörítés, hullámosítás

crinkly *tex* hullámos

crinoidal limestone *ásv* krinoideás mészkő

crinoline *el* csomósodásgátló *(kábeldobhoz)*; *kat* torpedó elleni védőköpeny

cripple I. *v* tönkretesz, megbénít; *bőr* (négy irányban) barkáz; **II.** *n* lengőállvány *(ablakmosáshoz, falfestéshez)*; ~ **timber** *ép* gömbfélfa, stukatúrfa

crippled | mode *szt* részműködésmód; ~ **ship** szétlőtt *v.* mozgásképtelenné vált hajó

crippling *bőr* barkázás, aláhúzás; *ép* épület oldalfalának dúcolása; ~ **board** *bőr* barkázófa; *ép* támasztógerenda, dúc; ~ **load** *mech* tartós alakváltozást előidéző terhelés; ~ **machine** barkázógép; ~ **test** *ép* próbaterhelés

crisp I. *v* serceg, ropog; *tex* bolyhoz, fodroz; fodrosodik, fodrozódik *(kelme)*; göndörít, hullámosít; redősít; zsugorít, mintásan sajtol; **II.** *a* tiszta körvonalú; *tex* göndörödő; **III.** *n* barkázott kelme; ~ **paper** merev papír

crisped *tex* göndörített

crisper kreppelőmunkás; bolyhozógép

crispering circuit *tv* hegyezőkapcsolás, kontúrkiemelő kapcsolás

crispiness *tex* bolyhosság

crispy *tex* bolyhos, vattaszerű

crisscross I. *v* keresztez; keresztben egymásra rak; kereszteződik; **II.** *a* kereszteződő; *bány* kereszt alakú; *fa* keresztben egymásra rakott; ~ **schistosity** *geol* keresztrétegezettség; ~ **stripes** *tex* szabálytalan csíkok; ~ **system** *orv* keresztezett hallókészülék, BICROSS; ~ **winding** *el* keresztekercselés

cristobalite *ásv* krisztobalit

criterion, *pl* **criteria** *v.* **criterions** kritérium, ismérv; ~ **for stability** stabilitási kritérium; ~ **function** minőségfüggvény; ~ **of convergence** *mat* konvergenciakritérium, konvergenciafeltétel; ~ **of failure** meghibásodás ismérve; *any* törési feltétel; ~ **of freezing** *geol* fagykritérium; ~ **of performance** jósági kritérium, teljesítménykritérium

critical kritikus; ~ **absorption** *vegy* kritikus abszorpció/elnyelés; ~ **activity** *rendsz* kritikus tevékenység; ~ **angle** *fiz* hatásszög; kritikus szög; ~ **angle of attack** *fiz* kritikus átesési állásszög; ~ **angle of elevation** kritikus magassági helyzetszög; ~ **anode voltage** kritikus anódfeszültség; ~ **assembly** kritikus elrendezés; ~ **backing pressure** *vák* előnyomástűrés, elővákuumtűrés; ~ **bottom velocity** *hidr* kritikus fenéksebesség *(vízfolyásé)*; ~ **buckling** *at* kritikus Laplace-transzformált; ~ **buckling length** *ol* kritikus kihajlási hossz; ~ **build-up resistance** *el* kritikus felgerjedési ellenállás; ~ **build-up speed** kritikus felgerjedési fordulatszám; ~ **coefficient** *vegy* kritikus együttható; ~ **compressive stress** *mech* kritikus nyomófeszültég; ~ **constants** *fiz* kritikus állandók; ~ **constellation** *at* kritikus molekuláris állapot *(ütközés előtt)*; ~ **cooling rate** *koh* kritikus lehűlési/hűtési sebesség; ~ **coupling** *távk* kritikus csatolás; ~ **cross-section** *mech* kritikus/veszélyes keresztmetszet; ~ **current** *el* kritikus áram; ~ **damping** *fiz* kritikus csillapítás, határcsillapítás; ~ **date** határnap; próbavételi nap; *csill* kritikus dátum; ~ **deformation** *any* kritikus alakváltozás/deformáció; ~ **density** kritikus sűrűség; *talt* kritikus tömörség; ~ **density of conduction electrons** kritikus elektrontávolság/elektronsűrűség; ~ **depth** *geof* kritikus mélység; *hidr* kritikus vízmagasság/mélység, határmélység; ~ **dimension** kritikus méretek; ~**-distance method** *geof* kritikus távolság módszere; ~ **energy** *at* kritikus energia; ~ **error angle** kritikus hibaszög; ~ **event** *rendsz* kritikus esemény; ~ **excitation voltage** *el* kritikus gerjesztési feszültség; ~ **failure** kritikus meghibásodás; ~ **failure state** *geol* törési határállapot; ~ **feedback** kritikus visszacsatolás; ~ **field** *el* kritikus (elektromos) tér(erősség); ~ **flow** kritikus vízmozgás; ~**-flow meter** *ol* kritikushozam-mérő; ~**-flow nozzle** *rep* kritikus áramlású fúvóka; ~ **force** *mech* kritikus erő; ~ **ford** *hidr* csúcsgázló; ~ **forepressure** *vák, hidr* előnyomástűrés, elővákuum-tűrés; ~ **frequency** *el, távk* kritikus frekvencia, küszöbfrekvencia, határfrekvencia; ~ **frequency of flicker** *tv* fúziós frekvencia; ~ **gradient** *hidr, talt* kritikus gradiens/esés; ~ **grain growth** *koh* kritikus szemcsenövekedés; ~ **grid current** *el* kritikus rácsáram; ~ **grid current of a thyratron** *el* tiratron kritikus rácsárama; ~ **grid voltage** *el* kritikus rácsfeszültség; ~ **head** *hidr* kritikus esés/nyomás; *talt* kritikus nyomómagasság; ~ **heap height** *bány* kritikus hányómagasság; ~ **height** *rep* kritikus magasság; ~ **isotherm** *vegy* kritikus izoterma; ~ **limit** kritikus határérték; *távk* leesési határ *(jelfogóé)*; ~ **load** *el* határterhelés, határigénybevétel; *mech* kritikus teher; ~ **loading** *mech* kritikus terhelés; ~ **Mach number** *fiz, rep* kritikus Mach-szám; ~ **mass** *at* kritikus tömeg; ~ **nucleus** *vegy* kritikus góc; ~ **nucleus radius** *vegy* kritikus gócsugár; ~ **nucleus size** *koh* kritikus csíraméret; ~ **number of revolutions** *gép* kritikus fordulatszám; ~ **oversaturation** *vegy* kritikus túltelítettség; ~ **path** *mat* kritikus út; ~ **path method (CPM)** *szt* kritikus út módszere, CPM; ~ **period** mértékadó időszak; ~ **piece** kritikus/létfontosságú darab/alkatrész; ~ **pit height** *bány* kritikus hányómagasság; ~ **point** *fiz* kritikus pont/hőfok; *koh* átkristályosítási hőfok/pont; *mat* szinguláris/kritikus pont *(görbéé, felületé vagy sokaságé)*; ~ **potential** *fiz, vegy* kritikus potenciál/feszültség; ~ **power unit(s)** *rep* kritikus hajtómű(vek); ~ **pressure** *fiz* kritikus nyomás; *vák* letörési nyomás; ~ **profile point** *ol* kritikus tereppont; ~ **range** *hőt* kritikus értéktartomány, átalakulási tartomány; ~ **rate (of cooling)** *koh* kritikus lehűlési/hűtési sebesség; ~ **ray** *geof* kritikus sugár; ~ **reach without erosion** *hidr* kritikus eróziómentes szakasz; ~ **reaction** *at* kritikus (lánc)reakció; ~ **reactor** *at* kritikus reaktor; ~ **refraction** *geof* kritikus refrakció; ~ **region** *mat, stat* kritikus tartomány; ~ **reistance** *el* kritikus rezisztencia; ~ **Reynolds number** *hidr* kritikus Reynolds-szám; ~ **section** mértékadó keresztmetszet; ~ **shear stress** *koh* kritikus csúsztatófeszültség; *mech* kritikus nyírási feszültség; ~ **size** *at* kritikus méret/kiterjedés; ~ **size of nucleus** *koh* kritikus csíraméret; *vegy* kritikus gócnagyság; ~ **slope gradient** *hidr* kritikus rézsűhajlás; ~ **solution temperature (CST)** *vegy* kritikus elegyedési hőmérséklet; ~ **speed** kritikus sebesség; *gépk* kritikus fordulatszám; *vasút* határsebesség; ~ **speed of drum mixer** *gép* dobkeverő kritikus fordulatszáma; ~ **state** *fiz* kritikus állapot; ~ **state of heating** *hőt* felmelegedési határállapot; ~ **storm period** *hidr, met* kritikus esőidőtartam; ~ **stress** *mech* kritikus feszültség; ~ **temperature** kritikus hőmérséklet; ~ **throat section** *rep* kritikus fúvóka-keresztmetszet; ~ **twist** *tex* kritikus sodrat; ~ **value** kritikus érték; ~ **value of rate of rise of voltage** *el, félv* kritikus feszültségmeredekség; ~ **velocity** *fiz* kritikus sebesség, határsebesség; ~ **velocity (of ground water)** *hidr* kritikus szivárgási sebesség; ~ **velocity ratio (CVR)** *hidr* kritikus sebességarány; ~ **voltage** *el* kritikus/kezdeti feszültség; ~ **voltage difference** kritikus feszültségkülönbség; ~**-voltage parabola** magnetronkarakterisztika, kritikus feszültségi parabola; ~ **volume** kritikus térfogat; ~ **wavelength** *el, távk* kritikus hullámhossz, határhullámhossz; ~ **wind speed/velocity** *met* kritikus szélsebesség

criticality *at* kritikus állapot, kritikusság

Crittal-heating *hőt* Crittal-fűtés

crizzle *üveg* felületi repedés, hajszálrepedés

crizzling *üveg* felületi repedések/repedésképződés *(üvegfeszültség folytán)*

CRLF → carriage return line feed

CRM → counterradar measures

CRO → cathode-ray oscillograph; → cathode-ray oscilloscope

crochet I. *v* horgol; **II.** *n kh* horgolás; ~ **file** *szersz* madárnyelvreszelő; ~ **hook** horgolótű; ~ **spool** *kh* hurkolócséve

crocheter *kh* horgolómukás

crocidolite *ásv* krokidolit

crocine *vegy* krocin

crock[1] **I.** *v* (be)kormoz, befeketít; elken, elkenődik; fest, fog, piszkol; **II.** *n* folt, piszok, szennyeződés; korom *(főzőedényen, kéményfalon)*

crock[2] cserépedény, (háromlábú) cseréplábas, vaslábas; (törött) cserépdarab

crockery cserépedény; fazekasáru, gerencséráru; agyagedény, fajanszedény

crocket *ép* bimbódísz; kúszólevél *(tekercsszerű gótikus indadísz)*; ~ **capital** bimbós fejezet

crocodile I. *v* repedezik, szakadozik, táskásodik *(festék, lakk)*; **II.** *n* krokodil(bőr); ~ **clip** *el* krokodilcsipesz; ~ **shears** *pl koh* aligátorolló
crocodiling *ép* repedezés, táskásodás *(festésé)*
crocoisite → crocoite
crocoite *ásv* krokoit, vörös ólomérc
crocus *vegy* angolvörös, polírrúzs, polírvörös *(festék)*; ~ **cloth** krókuszszövet
CROM → control read-only memory
Croning process *önt* Croning-eljárás, héjformázás
cronstedtite *ásv* cronstedtit
crook I. *v* (be)hajlít, (be)görbít; (be)hajlik, (be)görbül, elgörbül; **II.** *n* hajlás, hajlat, görbület; kampó, horog; fogófül; *ép* forgáscsap *(ajtóé)*; kanyar, útkönyök; rögzítő bádogszegély; ~ **tongs** *pl* ferdepofás fogó
crooked hajlított, görbe, kampós; *forg* könyökös; *pa* kunkorodott; ~ **entry** *bány* görbe vágat; ~ **hole** *ol* görbe fúrólyuk; ~ **lever** *finm* szögemelő; ~ **nail** kampósszeg; ~ **rasp** szegráspoly; ~ **wood** hajlított faanyag
crookedness görbeség
Crookes | (dark) space *el, fiz* Crookes-féle sötéttér; ~ **radiometer** Crookes-féle radiométer; ~ **tube** Crookes-cső
crookesite *ásv* crookesit
crop I. *v* (le)vág, rövidre vág; nyes; (le)nyír; *bőr* krupont kivág, kruponál; *foto* másolatot vág; *mzg* (le)legel; (termést) hoz, terem *(föld)*; begyűjt, (le)arat *(termést)*; bevet, beültet *(földet vmvel)*; megművel *(földet)*; **II.** *n bány, geol* kibúvás *(teléré, telepé)*; *bőr* hátbőr; krupon; lótükör *(farbőr)*; *mzg* (lábonálló) gabona; aratás; szüret; termény, termés(hozam); ~ **butt** krupon, bőr hátrésze; ~ **coal** *bány* bagó; ~ **dryer** *mzg* takarmányszárító, terményszárító; ~-**dusting** *mzg* porpermetezés, légi porozás; ~-**end** *heng* véghulladék; ~ **estimation** *mzg* termésbecslés; ~-**head** *koh* holtfej; ~-**hide** nyersbőr hátrésze; ~ **line** *bány* telepkibúvás csapása; ~ **mark** *nyom* vágójel; ~ **opening** *bány* humuszeltávolítás; ~ **out** *v bány, geol* kibúvik, felszínre ér *(réteg)*; ~**s** *pl bőr* hátdarab; *tex* nyesési hulladék; ~ **shears** *pl heng* végvágó olló; *mzg* juhnyíró (olló); ~ **structure** *mzg* vetésszerkezet; ~ **yield** *mzg* terméshozam
cropman *heng* revétlenítő (munkás)
cropped edge *pa* túlzottan körülvágott szél
cropper *foto* képvágó; *nyom* taposósajtó; tégelyes gyorssajtó; *tex* posztónyíró
cropping *bány* kibúvás; *bőr* kruponálás; *foto* szélvágás, körülvágás; *koh* sorjázás, fáncolás; végvágás; *tex* posztónyírás; ~ **along the slope** *mzg* lejtőirányú művelés; ~ **die** *forg, koh* sorjázószerszám, fáncolószerszám; szegélyvágó szerszám; ~ **flocks** *pl* nyírási hulladék; ~ **punch** öntvénytisztító lyukvéső; ~ **shears** *pl heng* végvágó olló
cross I. *v* keresztez; keresztbe tesz/rak/fektet; keresztezik/metszik egymást; *bány* áttör; *geol* harántol; *hajó* átkel; *kat* átkel; átszállít; *mat* (át)szel, metsz; *nyom* áthúz, kihúz; kereszttel megjelöl; *tex* beolvas *(láncfonalat)*; **II.** *a* haránt(irányú), keresztben álló; keresztező(dő), egymást metsző; átlós; diagonális; ellentétes, szemben álló; *bány* kamrafejtési; másodlagos, másodfokú, másodrendű; összekötő; *geof* merőleges; *nyom* kereszt-, keresztezett; **III.** *n* kereszt; útkeresztez(őd)és; pályakeresztezés; csőkeresztezés; *bány* áttörés; kamrás fejtés; légösszekötő; *gép* elágazó, elágazás *(csőidom)*; keresztidomcső; kettős T-idom; *hajó* horgonykereszt; *kat* kitűzőkereszt *(irányzáshoz)*; *nyom* középléc, keresztléc; *tex* fonalkereszt; ~ **adit** *bány* harántvágat, keresztvágat; ~ **aisle** *ép* kereszthajó; keresztház; ~ **ampere turn** *el* keresztirányú gerjesztés, keresztampermenet; ~-**anchoring** *hajó* keresztbehorgonyzás; ~(-)**arm** *el* keresztkar, tartókar, kereszttartó *(légvezeték tartóoszlopán)*; *ép* keresztrúd, keresztgerenda; ~ **a screw** *v* meggörbít/elgörbít egy csavart; ~ **assembler** *szt* keresztfordító; ~ **ax(e)** *ép* ácskeresztfejsze; ~-**axle cutter head** *bány* keresztengelyes marófej; ~-**ball** *tex* keresztgombolyag; ~-**band** → crossband; ~-**bank** *hidr* keresztpart; ~-**bar** → crossbar; ~-**beam** → crossbeam; ~-**bearer** kereszttartó; ~-**bearing** *távk* keresztbemérés *(rádiólokáció)*; keresztbemetszés, kereszttájolat; ~-**beater mill** ütőmalom, kalapácsos malom; ~-**bedded** *geol* keresztrétegezett; ~-**bedding** *geol* ferde rétegződés/település; keresztrétegződés, keresztrétegzettség; ~-**bending test** *mech* hajlítópróba, haránthajlító próba; ~-**binding** keresztkötés, átkötés; ~ **bit** *bány, ol* keresztvéső, horonyvéső; ~-**blast** *el* keresztfúvású; ~ **bollard** *hajó* kereszt(kikötő)bak; ~-**bolt** *ép* keresztretesz, keresztzár, tolózár; *vasút* kereszt-csavarkötés *(abroncskerékváz-koszorún)*; ~ **bombardment** *at* keresztezett bombázás; ~-**bond** *ép* keresztkötés, átkötés; keresztszál; *fiz* térhálósítás, térhálósodás, térhálóképződés; *vasút* rácsösszeköttetés *(sínek között)*; ~-**border dobby** *tex* szegélyszövő nyüstösgép; ~-**bottom bag** kereszttalpas zacskó; ~ **boundary** *szt* (blokk)határt átlép; ~ **brace** keresztmerevítés, keresztkötés, keresztkötő rúd; merevítő köztartó; *bány* harántfeszke; keresztkötés, keresztfeszke; *ép* keresztgerenda; keresztrácsozat *(hídé)*; szélrács, keresztrács(ozat); *hajó* fékkötél; *tex* keresztzsinór; ~-**brace** *v ép* keresztrúddal megerősít/merevít; ~(-)**bracing** keresztkötés, átkötés; harántmerevítés; ~-**bracket** kereszttartó; ~ **break** *ép* keresztirányú repedés; *fa* keresztbevágás *(rostirányra merőlegesen)*; ~-**breaking strength** *any* hajlítószilárdság; ~-**bred** *biot* keresztezett, hibrid; *tex* keresztbe szőtt; ~-**bred cloth** keresztezett fésűsgyapjú szövet; ~-**bred fabric** keresztezett gyapjúból készült áru; ~-**bred wool** keresztezett gyapjú; ~-**bred yarn** keresztezett gyapjúfonal; ~-**brushing appliance** *tex* keresztkefe *(nyírógépen)*; ~-**brushing machine** *tex* keresztbe kefélő gép; ~ **bulkhead** *hajó* harántválaszfal; ~-**cable bond** kábelköpeny-átkötés; ~ **cageing** *bány* csilleátállítás; ~-**channel jet** *gép* keresztcsatornás hajtómű; ~-**chap hand vice** *mt, szer* széles pofájú kézisatu; ~ **check** *szt* keresztellenőrzés; ~ **checking** *szt* keresztellenőrzés; ~ **chisel** *szersz* keresztvágó, keresztvéső; ~ **classification** *stat* keresztirányú/többirányú osztályozás; ~ **cogging** *ép* keresztrovás, átlós rovás; *gép, fa* keresztfogazás; *szersz* keresztfogazás marása; ~ **coil** *el* kereszttekercs; ~-**coil antenna** *távk* kereszttekercses keretantenna *(irányméréshez)*; ~-**coil direction-finder** *távk* kereszttekercses rádiógoniométer/(rádió)iránymérő; ~-**coiling** *el* kereszttekercselés; ~-**coil instrument** *el* kereszttekercses műszer; ~-**coil ohmmeter** *el* kereszttekercses/elektrodinamikus ellenállásmérő/ohmmérő; ~

colo(u)r *tv* színkeresztezés; **~-colo(u)ring** *geol* rétegszíneződés; *tex* lánc és vetülék kétféle színezése; **~ compiler** *szt* keresztfordító; **~-compound engine** *gép* kéthengeres kompaund gép; **~-compound turbine/unit** *gép* kéthengers kompaundturbina; **~-connected** *el* keresztkapcsolású; **~-connected converter/convertor** *el* keresztkapcsolású áramirányító; **~-connected generator** *el* keresztmezős generátor, amplidin-generátor; **~-connecting board** *távb* átkötési asztal; elosztótábla; **~-connecting wire** *távb* rendezőhuzal; **~-connection** *el* átkötés; keresztkapcsolás; kiegyenlítő kapcsolás; *távb* harántösszeköttetés; közvetlen vonalkapcsolás; rendezés; **~-connection point** *távk* elágazási pont, csomópont; **~ continent radio relay link** interkontinentális/transzkontinentális rádióösszeköttetés; **~ conveyer/conveyor** közvetítő/közbenső szállítószalag; munkahelyi szalag; **~-correlation** *stat* kölcsönös korreláció, keresztkorreláció; **~-correlation function** *stat* kölcsönös korrelációs függvény, keresztkorrelácó-függvény; **~-country** *gépk, kat* terep-, terepjáró; **~-country capacity/(cap)ability** terepjáróképesség; **~-country car** terepjáró autó; **~-country chassis** *gépk* terepjáró alváz; **~-country crane** terepjáró daru; **~-country driving** *gépk* hajtás terepen, terepjárás; **~-country lorry** terepjáró tehergépkocsi; **~-country performance** terepjáróképesség; **~-country pipe** országos csővezeték; **~-country (rolling) mill** *heng* cross-country/folytatólagos-visszatérő hengersor; **~-country truck** → **~**-country lorry; **~-country tyre/tire** terepjáró (gumi)abroncs; **~-country work** *gépk* terepüzem; **~-coupling** *el, gép, szt* keresztcsatolás; **~-covariance function** *stat* keresztkovarianciafüggvény; **~ crack** keresztirányú repedés, harántrepedés; **~ culvert** *hidr* keresztirányú (elosztó)cső; **~-current** → crosscurrent; **~-cut** → crosscut; **~ dam** *hidr* keresztgát; **~ depression** *hidr* harántsüllyedék; **~-dike/dyke** *hidr* haránttöltés; sarkantyú *(folyószabályozásra)*; **~-dip** *geol* keresztdőlés; **~ direction** keresztirány; **~ drainage** haránt-alagcsövezés; **~ drift** *bány* telepvágat, keresztvágat; *hajó, rep* keresztdrift, transzverzális elsodródás; **~ drive** *kat* oldal(ki)hajtás *(harckocsi)*; **~-drive transmission** oldalkihajtómű *(harckocsié)*; **~-dyeing** *tex* kevert anyagok színezése, rászínezés; **~ entry** *bány* harántvágat, keresztvágat, csapásra merőleges vágat; **~es** *bőr* keresztformára összevarrt bőrök; **~-fading** *film, tv* átúsztatás; *távk* átkeverés; **~-fall** *ép* keresztirányú esés *(pl. úté)*; *geol* harántirányú hajlás; **~-fault** *geol* keresztvető, harántvető; **~ feed** *forg* keresztirányú előtolás, harántelőtolás; **~-feed motor** harántelőtolás motorja; **~-feed pawl** harántelőtolási zárókilincs; **~-feed screw** harántelőtoló orsó; **~ fibre/fiber** *pa* harántrost, keresztszál; *tex* keresztszál; **~-fibre/fiber lap** *tex* bunda keresztirányban fekvő szálakból; **~ field** *el* harántmező, keresztmező, harántirányú tér; *távk* teherelosztó állvány; **~-field amplifier** *távk* amplitron; **~-field emitter** *félv* harántmezős emitter *(tirisztoré)*; **~-field exciter** amplidingerjesztő; **~-field machine** *el* keresztmezős gép; **~-field microwave amplifier** keresztmezős mikrohullámú erősítő; **~-file** *finm* madárnyelvreszelő, madárnyelv alakú reszelő; **~ fin** *rep* kereszt alakú függőleges vezérsík; **~ fire** *kat* kereszttűz; *távk* (indukció okozta) zavaróhang; optikai áthallás, átlátás; össztűz, telefon és távíróvonalak közötti interferencia; *tv* átlátás; **~-fired furnace** *ker* keresztüzelésű kemence; **~-fixed spurs** *hidr* keresztsarkantyú; **~(-)flow** *ol* keresztirányú áramlás, keresztáram; **~-flow blower** → **~**-flow fan; **~-flow dryer/drier** *élip* keresztáramú szárító; **~-flow fan** keresztáramú ventilátor; **~-flow scavenging** *gépk* keresztáramlásos öblítés; **~-flow turbine** kétszeres átömlésű (vízsugár)turbina; **~-flow (type) heat exchanger** keresztáramú hőcserélő; **~ flux** *el* keresztirányú fluxus; **~ fold(ing)** *nyom* keresztirányú hajtogatás; **~ folds** *geol* keresztgyűrődések; **~ frame** keresztkötés, andráskereszt; *tex* (szövő)szád; keresztcsévélő gép; **~-frame member** *vasút* kereszttartó; **~-frogs** *pl vasút* (vágány)keresztezési csúcsbetét; **~ gangway** *bány* keresztvágat; **~-gate** diagonális vágat; *önt* habfogó; **~-girder** *ép* kereszttartó; **~ grain** *fa* keresztirányú rost; *pa* harántrost, keresztszál; **~-grained** *fa* harántrostú, ferde rostozású; keresztben erezett; *tex* harántszálas, harántrostos; **~ grinder** *pa* kereszt-facsiszoló; **~-grooved cam** *gép* keresztlhornyos vezérlőbütyök; **~-grooving machine** *forg* keresztlhoronymaró gép; **~-hair** függőleges szál *(szálkeresztben)*; **~-hair ring** *geod* diafragmagyűrű; **~-hairs** *geod, opt* fonalkereszt, hajszálkereszt, szálkereszt; **~-halved joint, ~ halving** *fa* fogazás; kereszt(be)lapolás; **~ hammer mill** → **~**-beater mill; **~ handle** *gép* keresztfogantyú; **~ hank** *tex* keresztcsévélésű matring; **~-hatch(ing)** keresztvonalkázás, keresztsraffozás, kettős sraffírozás; **~-head** *bány* vezetőkeret *(felvonó kábelé)*; *ép* vezetőperem *(cölöpverő kosé)*; vízszintes merevítőelem, keresztgerenda, keresztheveder; *gép* keresztfej; *hidr* állítócsillag, járókerék-állító csillag, Kaplan-csillag, Kaplan-kereszt; hasznosított esés; *nyom* nagybetűs fejléc/fejcím/alcím; **~-head arm** *vasút* keresztfejvezérlő kar; **~-head beam** kersztfejtest; **~ head block** keresztfejcsuszka, keresztfejsaru; **~-head clamp** *ép* keresztheveder-kapocs; **~-head engine** keresztfejes motor; **~-head guide** *gép* keresztfejvezeték; **~ heading** *bány* harántvágat, keresztvágat; keresztvágat; összekötő áttörés; **~-head pin** keresztfejcsap; **~-head shoe** keresztfejcsuszka, keresztfejsaru; **~-head slide** keresztfejtalp; **~(-)hole** *bány* légáttörés; *gépk* dugattyúfurat; **~ iron** *heng* keresztprofil-acél; **~ joint** *ásv, fa* keresztkötés, átkötés; *el* keresztkarmantyú; *ép* álló hézag; kereszteződő/bekötő (tégla)kötés; *önt* eltolódás; eltolódott öntvény; **~-keyed coupling** *gépk* kereszttárcsás tengelykapcsoló; **~-key lock apparatus** *bány* keresztékes zárószerkezet; **~-key prop** *bány* keresztékes tám; **~ knurling** *gép* (kereszt) recézés; **~-laid rope** keresztsodrású kötél; **~-laminated** *műa* keresztezetten rétegelt; **~ lamination** *geol* keresztrétegeződés; **~ lath** *ép* viharléc, vihardeszka; *tex* keresztlábító; **~ lay** keresztfonás *(kötélen)*; keresztveret, keresztsodrat *(drótkötélverési mód)*; **~-lay cable** keresztsodrású (sodrony)kötél/drótkötél; **~(-)level** *geod, ép* keresztlibella, keresztszintező; keresztszelvény-szintezés; **~-level knob** *kat* keresztszintező állítócsavar; **~-level(l)ing screw** *kat* irányzékállító csavar; **~(-)levels** *pl geod* libellakereszt; **~-level vial** *kat* keresztszintező üveg; **~-light(ing)** *film, foto* keresztvilágítás, kevert világítás; oldalfény, oldalmegvilágítás; zavarófény; **~-line** *hidr* kölcsönös adagolás csővezetéke; *nyom* törtvonal, keresztvonal, keresztirányú vonal; *vasút* összekötő vonal; **~-line micrometer** fonalkeresztes mikrométer; **~ lines** *pl geod, opt* fonalkereszt, hajszálkereszt, szálkereszt; **~-line screen** *nyom* raszterrács, négyszögrács; **~-link** → **~-linkage**; **~-linkage** *szt* keresztbe láncolás, egymásra írás; *vegy* (tér)hálósítás, térhálósodás; keresztkötés(ek létesülése), térhálókötés; **~-linked** *vegy* keresztkötéses, térhálós, térhálósított; **~-linked polymer** *vegy* térhálós(ított) polimer; **~-linking** *tex* keresztkötés, átkötés; **~-linking agent** *vegy* térhálósító szer; **~-linking reaction** *vegy* térhálósodási reakció; **~ lode** *bány* haránttelér; nem műrevaló telér; **~-log** *fa* alátétfa, alátétrönk *(máglyázáshoz)*; **~ machine** *tex* keresztcsévélő (gép); **~-magnetization** *el* keresztbemágnesezés; **~-magnetizing effect** *el* keresztirányú térhatás; **~-matching test** *vegy* keresztagglitunációs próba; **~(-)measure, ~ measures drift** *bány* harántvágat, keresztvágat, csapásra merőleges vágat; **~(-)member** kereszttartó, kereszttag; *ép* keresztgerenda, keretmerevítő elem; *rep* keretmerevítő elem; **~ mode** *távk* keresztirányú módus; **~ modulation** *el* keresztmoduláció; **~ mounting** *el* keresztkapcsolás; **~ movement** *forg* kereszteltolás, keresztirányú elmozdulás/előtolás; **~(-)multiplication** *mat* keresztbe szorzás; **~(-)neutralization** *el* ellenütemű neutralizálás; keresztneutralizáiás; **~-noises** *távk* áthallászavarok; **~ observation** kétoldali megfigyelés; **~ off** *v* kitöröl, áthúz; **~-office switching** *távk* helyi átkapcsolás; **~ out** *v* áthúz, kihúz; **~-out saw** keresztvágó fűrész; **~ over** *v* átkel; átmegy; *biot* átkereszteződik; **~-over** → crossover; **~-pane hammer** ráverőkalapács, kétkézkalapács, keresztkalapács; **~-pane sledge (hammer)** keresztélű kalapács; **~-parity check** *el* keresztparitás-ellenőrzés; **~-pasting attachment** papírzsák-fenekelő gép; **~-peen hammer** ráverőkalapács, kétkézkalapács, keresztkalapács; **~ peg** *tex* cséppálca; **~-piece** keresztmerevítés, keresztborda, kereszttartó; *bány* vonszoló *(csúszdaláncon)*; *gép* kettős elágazó *(csőidom)*; *pa* keretborda; *vák* keresztdarab; *vasút* ászokfa; **~-pin** (kereszt)csapszeg; **~-pitch mining** *bány* csapás(irány)ra merőleges fejtés; **~ planing** harántgyalulás; **~-plotting** *mat* átszerkesztés, inverzió *(görbéé)*; koordinátás előállítás; **~-ply (tyre/tire)** *gépk, gumi* diagonál-gumiabroncs, diagonálgumi; **~-point** kersztezési/elágazási pont; *mat* csúcs, szögpont *(gráfban)*; *távb* keresztpont; **~-pointer indicator** *el, rep* keresztmutatós/kétmutatós műszer; **~-point screwdriver** keresztkörmös csavarhúzó *(kereszthornyos fejű csavarhoz)*; **~ polarization** *opt* transzverzális/keresztirányú polarizáció; **~-print** *v tex* felülnyom; **~-print dye** *tex* felülnyomó színezék; **~ product** *mat* Descartes-szorzat, direct szorzat *(halmazoké)*; vektoriális szorzat, vektorszorzat, külső/keresztes/ferde szorzat; **~ projection plane** *mat* oldalnézet síkja, harmadik képsík; **~-pumped laser system** keresztben szivattyúzott lézerrendszer; **~-rail** *ép, gép* keresztsín, merevítősín; keresztgerenda; **~-rail carriage** *forg* harántszupport, keresztgerendaszán; **~-rail slide-way** *forg* keresztszánvezeték; **~ raising** *tex* szélességirányú bolyhozás; **~ ratio** *mat* kettősviszony, anharmonikus arány; **~-recessed head screw** keresztthornyos lemezcsavar; **~ recession** keresztthorony; **~ recess screw** csillagcsavar; **~-reed** *tex* osztóborda; **~-reeling** *tex* keresztmotollálás; **~ reference** *szt* kereszthivatkozás; **~-referenced page** *szt* kereszthivatkozású oldal; **~-referencing between operators** *rep* kezelők műveleteinek kölcsönös ellenőrzése; **~ reinforcement** *ép* keresztvasalás *(vasbeton)*; **~ resistance** *el* párhuzamos/söntölő ellenállás; **~(-)rib** *ép* keresztborda; **~-ribbed tube** *koh* keresztbordás cső; **~-ribbed vault** bordás keresztboltozat; **~ riveting** keresztszegecselés; **~ rod** *tex* cséppálca; **~-roll straightening machine** *heng* ferdegörgős egyengetőgép; **~ rule** *nyom* vízszintes lénia; **~ rules** *pl nyom* keresztirányú vonalazás; **~ runway** *rep* keresztező futópálya; **~-scavenged engine** *gépk* keresztöblítéses motor; **~ screen** rosta; **~ sea** *hajó* keresztbefutó hullámzás, haránthullámzás; **~ seam** → **~** weld; **~-section** (teljes) keresztmetszet; *at* hatáskeresztmetszet; *geof* keresztszelvény; *geol* harántszelvény; *gép, heng* szelvény, profil; *hajó* bordametszet; *hidr* keresztszelvény; *koh* csiszolat; *met* függőleges/vertikális metszet; **~-sectional** keresztmetszeti; **~-sectional area** keresztszelvény, keresztmetszet(i terület); **~-sectional area of winding** *el* tekercselési keresztmetszet; **~-sectional elevation** *ép* keresztmetszet *(rajz)*; **~-sectional layout** *ép* keresztmetszeti elrendezés; **~-sectional moment of inertia** *mech* keresztmetszet tehetetlenségi nyomatéka; **~-sectional view** *ép* keresztmetszet *(rajz)*; **~-section area of a well** *hidr* kút keresztmetszeti területe; **~-section for attenuation** *at* gyengítési hatáskeresztmetszet; **~-section for capture** *at* befogási hatáskeresztmetszet; **~-section for uranium fission** *at* uránhasadási hatáskeresztmetszet; **~-sectioning** *hidr* keresztszelvény-kitűzés; **~-section of a stream** *hidr* mederszelvény; **~-section of discharge/flow** *hidr* átfolyási keresztmetszet; **~-section of flue** *ép* kürtőkeresztmetszet; **~-section of influx** *önt* beáramlási keresztmetszet; **~-section of nuclear reaction** *at* reakció-hatáskeresztmetszet; **~-section of the flood channel** *hidr* árvízi keresztszelvény; **~-section of the valley** *hidr* völgyszelvény; **~-section plotter** *geol* szelvényrajzoló berendezés; **~-section tracer** *geod* keresztszelvény-felrakó műszer; **~-set** *v* terpeszt, hajt *(fűrészfogakat stb.)*; **~-shaft** kereszttengely; **~-shaped** kereszt alakú; **~-shearing machine** harántolló; **~ shed** *tex* zárt szád, keresztszád; **~ shot** *geof* merőleges robbantás; **~-sleeper** *vasút* keresztalj; talpfa; **~-slide (rest)** *forg* harántszán, keresztszán; **~-slide ways** *forg* harántszánvezeték; **~-sliding table** *forg* harántasztal; **~ slip line** *ásv* keresztezett csuszamlási vonal; **~ slip mechanism** keresztezett csuszamlási mechanizmus; **~-slitting machine** *pa* keresztvágó; **~-slope ditch system** *hidr* vízlevezető sáncolás; **~ span** *vasút* keresztfelfüggesztés *(felső vezetékhez)*, felfüggesztősodrony; **~ spider** → **~-hairs**; **~ spindle** *forg* harántelőtoló orsó; **~ spread** *fa* terpesztés; *geof* keresztterítés; **~-springer** *ép* keresztív; **~ spur** *bány* (egymást) keresztező érctartalmú telér; **~ square** *geod* keresztszögmérő; **~(-)staff** *ép* léckereszt *(szintezéshez)*; *geod* szögdioptra; **~(-)stake** *vasút* keresztcövek *(vezetékhez)*; **~ stay(s)** *ép* keresztkötés, átkötés, andráskereszt *(merevítés)*; **~ stiffener** *ép* harántmerevítő; **~-stitch** *cipő* keresztöltés *(cipőfelsőrészen)*; *tex* keresztöltés, keresztthímzés; **~-stitch canvas** *tex* hímzővászon; **~ stone** *ásv* kiasztolit; staurolit; **~ stop** *gép* harántütköző; **~**

stoping *bány* keresztpásztafejtés; ~**-stream force** *rep* oldalirányú erő, haránterő; ~ **street** keresztutca; ~**-striped pattern** *tex* keresztcsíkos minta; ~ **stripes** keresztirányú csíkok; ~**-strung** *hang* kereszthúros; ~ **strut(s)** *ép* andráskereszt; keresztmerevítés, keresztátlós támasz; ~**-sum check** *szt* keresztösszeg-ellenőrzés; ~ **switch** *vasút* angol váltó; ~**-talk** *távk* (induktív) áthallás; ~**-talk attenuation** áthallási csillapítás, áthalláscsillapítás; ~**-talk balancing** áthalláskiegyenlítés; ~**-talk coupling** áthallási csatolás; ~**-talk meter** áthallásmérő; ~**-talk shell** áthallás elleni bura; ~**-talk unit (CU)** áthallásegység; ~**-test level** *geod* átfordítható szintező libella; ~**-tie** *ép* keresztkötés, keresztgerenda; küszöbfa, kötőfa; *vasút* hídfa; talpfa, vágányalj, keresztalj; ~ **timber** *bány* süvegfa, feszíték; *ép* szemöldökfa, szemöldökgerenda; ~**-tongue** *fa* keresztben erezett csap(kötés); ~**-tool carriage** *forg* keresztszán *(késtartó)*; ~**-town** *US* várost átszelő, városon át közlekedő; ~**-traffic** keresztirányú forgalom; ~ **transmission** *ép, hang* zajátvezetés; *gép* keresztezett szíjhajtás; ~ **traverse** keresztgerenda, keresztrúd; *forg* haránteltolás; ~**-traverse screw** → ~-feed screw; ~**-tube** keresztcső; ~**-tube boiler** *hőt* kereszttűzcsöves kazán; ~ **tunnel** *bány* keresztvágat; ~ **twill** *tex* keresztsávoly(kötés); ~ **twist** *cipő* balra vágó tű; ~**-type selector switch** *ép* keresztkapcsoló; ~ **valve** *gép* váltószelep, hármasszelep; ~ **vault** *ép* keresztboltozat; ~ **veneer** *fa* keresztben enyvezett furnér; ~**-wall** *ép* harántfal; *hidr* keresztfal; ~**-way** keresztút; *bány* harántvágat, keresztvágat; ~**-weaving** *tex* gézszövés; ~**-webbed** *geod* szálkeresztes; ~ **wedge prop** *bány* keresztékes tám; ~ **weld** *heg* keresztező varrat, keresztvarrat, harántvarrat; ~**-welding** keresztvarratos hegesztés; ~ **wind** *met* keresztszél; oldalszél; ~**-winder** *tex* keresztcsévélő (gép); ~**-winding** *tex* keresztcsévélés; ~**-wire** → ~-hair; ~**-wired** *rep, el* kereszthuzal-merevítésű; ~**-wire micrometer** fonalkeresztes mikrométer; ~**-wire sight** *geod, opt* irányszálas dioptra; ~**-wire welding** *heg* keresztezett huzalú hegesztés; ~ **wiring** keresztuhuzalos merevítés; ~ **work** *bány* keresztvágat; ~ **working** *bány* harántfejtés; ~**-working stope** *bány* keresztpászta; ~**-wound** *el* haránttekercselésű; ~**-wound bobbin** *tex* keresztcséve, keresztorsó; ~**-wound cop machine** *tex* vetülék-keresztcsévélő gép; ~**-wound spool** *tex* keresztcséve, keresztorsó; ~ **wrench** *gépk* kerékfelerősítő keresztkulcs

crossband *tex* balsodratú; ~ **beacon** *rád* kétfrekvenciás válaszoló adó; ~ **principle** *rád* különböző frekvenciájú adás és vétel; ~ **transponder** *távk* válaszjeladó, transzponder; ~ **twist** *tex* balsodrat; ~ **veneer** *fa* színfurnér, takarófurnér; ~ **yarn** balsodratú fonal

crossbar keresztgerenda; keresztrúd, keresztléc; *bány* tartógerenda; *ép* (haránt)merevítő, feszítőrúd; ablakkeresztfa, (kötő)heveder; keresztbetét *(betonvasalás)*; keresztvas *(hídé)*; rácsrúd; *gép* keresztdarab, kengyel; *mat* vonás, fölülvonás; *opt* keresztfénysor; *távb* crossbar *(rendszer)*; ~ **approach lighting system** *rep* keresztfénysoros bevezető fényrendszer; ~ **bridge** *távb* crossbar híd; ~ **micrometer** keresztrudas mikrométer; ~ **selector** → ~ switch; ~ **switch** *távb* crossbar/keresztrudas kapcsológép; keresztpontos kapcsoló; ~ **switchboard** *távb* keresztlemezes váltó; ~ **system** *távb* crossbar rendszer; ~ **transition** *távb* keresztrudas rendszer; ~**-type jack field** *távb* keresztlemezes váltó

crossbeam *bány* süvegfa; *ép* (másodrendű) kereszttartó; födémgerenda, födémtartó; keresztgerenda; koszorúfa, koszorúgerenda; süvegfa, erősítő szelemen *(kettős tároácsolaton)*, mestergerenda; *gép* himba, mérlegkar; *ol* járomgerenda, keresztgerenda

crossbred → cross-bred

crosscurrent keresztáram; *hidr* keresztirányú áramlás

crosscut I. *v bány* keresztvágatot hajt; *fa* keresztben vág, rostra merőlegesen; *film* összevág; **II.** *a* keresztben vágott, rostszálra nerőlegesen vágott; **III.** *n* átvágás, átmetszés, harántvágás; *bány* feltörés; keresztvágat; légösszekötő; *fa* rostszálra merőleges vágás; *szersz* keresztvágat *(reszelőn)*; ~ **chisel** *szersz* hidegvágó; ~ **end** *fa* lebütüzött/bütüs vég; ~ **felling saw** fadöntő (kereszt)fűrész *(kétkarú)*; ~ **file** keresztvágású reszelő; ~ **frame-saw** keresztvágó keretfűrész; ~ **head screw** keresztthornyos fejű csavar; ~ **rug shears** *pl tex* szőnyegharántolló; ~ **saw** ácsfűrész

crosscutter → crosscutting machine

crosscutting átvágás, átmetszés, harántvágás; harántvágás; *bány* keresztvágat-hajtás; *fa* rostszálra merőleges vágás; *vasút* átvágás, keresztvágás; ~ **arrangement** *bány* elővájó berendezés; ~ **edge** *szersz* keresztvágó; ~ **knife** *nyom* harántvágó kés; ~ **knife-drum** keresztvágó késdob; ~ **machine** *nyom* harántvágó *v.* keresztirányban vágó gép; *tex* harántnyíró gép

crossed keresztezett, hibrid; *mat* kitérő; *tex* összekuszálódott; ~ **antennas/aerials** → ~ dipoles; ~ **axial dispersion** *ásv* keresztezett tengelydiszperzió; ~**-belt drive** keresztezett szíjhatás; ~ **circuits** *el* keresztezett áramkörök; ~ **coil** *el* kereszttekercs; ~**-coil antenna** → cross-coil antenna; ~**-coil measuring instrument** *el* kereszttekercses műszer; ~**-coil ohmmeter** *el* megger, megohmmérő; ~ **controls** *rep* fordítva bekötött kormányok; ~**-crank mechanism** *gép* csuklós keresztező négyszög; ~ **cryotron amplifier** *el* kriotronerősítő *(keresztezősésben elhelyezett kriotronokkal)*; ~ **dipoles** *távk* keresztdipól; keresztezett dipól(us)ok; ~ **fibres/fibers** *tex* összekuszálódott elemi szálak; ~**-field connection** *vasút* keresztkapcsolás *(ellenállásfékezéshez)*; ~ **fields** *el* keresztező erőterek; ~ **fields (electron) gun** *el* keresztezéses elektronágyú; ~ **field tube** *távk* keresztezett terű cső; ~ **grating** *fiz* keresztrács; ~**-lap winding** *el* keresztezett tekercselés; ~**-loop antenna** *távk* keresztkeretes antenna; ~**-loop direction finder** *távk* keresztkeretes rádiógoniométer; ~ **nicols,** ~ **Nicol prism** *opt* keresztezett nikolok/Nicol-prizmák; ~ **polarizers** *opt* keresztezett polarizátorok; ~ **position** keresztállás; ~ **shed** → cross shed; ~ **shock** *rep* keresztirányú lökéshullám; ~ **tubular levels** libellakereszt; ~ **wing** *rep* keresztalakú szárny

crosser *fa* máglyázó léc, hézagléc

crosshair → cross-hair

crosshead → cross-head

crossing keresztez(őd)és, metsződés; *bány* légáthidalás; váltó, kitérő; *el* (vezeték)keresztezés; *ép, közl* (út)kereszteződés; *hajó* átkelés, átutazás; *hidr* gázló; inflexiós szakasz; *tex* fonalkereszteződés; keresztcsévélés; *vasút* keresztez(őd)és, vasúti átjáró; ~ **above grade** vasútkeresztezés közúti felüljáróval; ~ **angle**

keresztez(őd)ési szög; ~ **angle in a switch** *vasút* kitérő hajlásszöge; ~ **at grade** vasút és közút szintbeni kereszteződése; ~ **bar** *tex* cséppálca; ~ **below grade** vasútkeresztezés közúti aluljáróval; ~ **box** *el* elágazódoboz, kábelelosztó szekrény; ~ **chair** *vasút* keresztezési sínszék; ~ **end** *tex* kulcsolószál, forgószál, tartószál; ~ **file** → cross file; ~ **gate** *vasút* sorompó; ~ **intersection** útkereszteződés; ~ **needle file** madárnyelv-tűreszelő; ~ **of drifts** *bány* vágatkereszteződés; ~ **of mine oppenings** *bány* bányatérség-kereszteződés; ~ **peg** *tex* cséppálca; ~ **pipe** *hidr* bújtatócső; ~ **point** keresztez(őd)ési pont; *kat* átkelőhely; *tex* kötéspont; *vasút* csúcsbetéthegy; ~ **pole** csáklya *(átkeléshez)*; *távk, el* kereszteződoszlop *(beton, fa)*; ~ **protection** útkereszteződés védelme; ~ **rod** *tex* cséppálca; ~**s** *pl* → cross-frogs; ~ **section** *távk, el* keresztező feszítőköz *(szabadvezetéké)*; ~ **signal** figyelmeztető jelzés átjárónál/útkereszteződésnél; ~ **span** *távk, el* keresztező oszlopköz; ~ **station** csomóponti állomás; *vasút* átszállóhely; ~ **thread-by-thread** *tex* fonalanként csépbefűzés; ~ **tower** *távk, el* keresztezőoszlop *(acél)*; ~ **valley** *ép* völgyek keresztezése *(áthidalása)*; ~ **warp** *tex* hurkolólánc *(gézkötésnél)*
crossite *ásv* crossit
crossjack *hajó* keresztvitorla
Crosskill roller *mzg* Crosskill-henger
crossover keresztezés, kereszteződés; átjáró; átmenet; *at* elektronnyaláb-fókusz; keresztezés, cross-over; *bány* légkeresztezés; *biot* keresztezés, cross-over; *el* (szigetelt) keresztezés; hangváltó; kereszteződési pont; tartókereszt *(vezetékhez)*; *ép* harántfolyosó *(előadóteremben)*; *geof* egyenlősűrűség-pont, sűrűségátváltási pont; *hidr* gázló; inflexiós szakasz; *opt* gyújtópont, fókusz; *rep* ellenőrző pont feletti átrepülés; *szt* átvezetés; *távk* elektronsugár-fókusz; *vasút* keresztezés, átszelés; vágánykapcsolás; ~ **angular frequency** *el* vágási körfrekvencia; ~ **bend** áthidalás íve *(hídé)*; vasúti kitérő íve; ~ **cock** *gépk* átkapcsolócsap; ~ **drive** *gép* kereszthajtás; ~ **dumper** *bány* homlokbuktató; ~ **frequency** *távk* keresztezési frekvencia; ~ **network** *el* hangváltó; ~ **point** *szt, távk* keresztezés, kereszteződés; keresztezési pont; ~ **pole** *el* keresztezési oszlop, keresztezőoszlop; ~ **road** *vasút* összekötővágány, összekötősínek; ~**s** *tex* harántcsíkozású szövet; ~ **spiral** átvezető barázda *(hanglemezen)*; ~ **spool** *ol* kitörésgátló-közdarab; ~ **standard** *ép* saroktámasz; ~ **style** *tex* harántcsíkozású minta; ~ **switch** *vasút* átszelési/angol kitérő; ~ **taxiway** *rep* csatlakozó gurulóút; ~ **valve** keresztszelep; ~ **winding** réteges tekercselés
crosspiece → cross-piece
crossplot *ol* crossplot
crossroad keresztút, mellékút; *bány* szállító keresztfolyosó *(csapásra merőleges)*; ~**s** útkeresztez(őd)és
crosstalk → cross-talk
crosstree *hajó* (vitorlaárboc-)keresztfa
crossunder *szt* keresztezés; *vasút* aluljáró
crossview *távk* átlátás
crosswalk *US ép* (kijelölt) gyalogátkelőhely; gyalogosátjáró
crosswind → cross wind
crosswise keresztben, haránt; ~ **direction** keresztirány; ~ **feed** → cross-feed; ~ **knurled** keresztrecézésű, keresztrecés, kettősrecés; ~ **motion** *forg* harántmozgás; ~ **reinforcement** *ép* kereszteződő vasalás *(vasbeton)*; ~ **shearing machine** harántnyíró gép; keresztirányú szövetnyíró gép; ~ **stacked** *fa* kalickába rakatolt; ~ **transfer of sprinkler laterals** *hidr* szárnyvezetékek keresztirányú telepítése; ~ **valley** *geol* keresztvölgy
crotch *fa* ollós kampó *(rönkbefogáshoz)*; villás elágazás, ágtorok; *hidr* összefolyási pont
crotchet horog, kampó; *ép* hullámos levéldísz; villás támasz; *nyom* szögletes zárójel; ~ **yarn** *tex* horgolófonal
croton oil *vegy* krotonolaj
crotonaldehyde *vegy* kroton-aldehid
crotonic *vegy* kroton-; ~ **acid** krotonsav
crotonyl *vegy* krotonil-(gyök), krotonoil-
crotyl *vegy* krotil-; ~ **alcohol** krotil-alkohol
crow (horgos) fogóvas; emelőrúd, feszítőrúd; *bány* gerincpont; *tex* fordítóhenger, kártolóhenger; ~**-feet** *gumi* szarkalábrepedések; ~**-fly distance** légvonaltáv; ~**-foot** méretnyíl; *bány* mentőhorog; *ol* állítóhorog; ~**-foot satin** *tex* lúdlábszatén; ~**-foot weave** *kh* lúdlábkötés; ~**'s nest** *hajó* árbockosár; ~ **waste** *tex* fordítóhenger-hulladék
crowbar I. *v* feszítővassal emel/mozgat; **II.** *n* horgos/körmös/lapos végű emelő, (horgos) fogóvas; *bány* feszítőrúd; *ép* feszítővas, emelőrúd, feszítőrúd, bontórúd; *vasút* vágányemelő (fa)
crowd I. *v* telerak *(kemencét)*; kifeszít *(kötelet)*; *bány* nyom(ást gyakorol); **II.** *n* hegybontó szerelék; *film* statisztéria; ~ **(face) shovel bucket** hegybontó puttony; ~ **floating dredger** hegybontó szerelékes úszókotró; ~ **load** embertömeg-terhelés; ~ **noise** *távk* teremzaj; ~ **shovel** hegybontó kotró; ~ **shovel attachment** hegybontó szerelék; ~ **wet dredger** → ~ floating dredger
crowded tömött, zsúfolt; ~ **area** sűrű forgalmú terület; ~ **spectrum** vonaldús színkép
crowder *mzg* árok nyitó eke; öntözőárok-húzó *(eke)*
crowding *alak* ránc képződés, kitüremlés; ~ **force** *talt* előtoló erő; ~ **movement** benyomómozgás *(kotrókanálé)*
crown I. *v* befejez; *ép* zárótaggal ellát, koronáz; *koh, pa* bombíroz; *nyom* domborít, trébel; **II.** *n* korona, gerinc; tető, csúcs; *bány* főte, fedű; *csill* fényudvar, aureola; *ép* (boltozat)gerinc, boltozatzáradék; (út)korona; betetőzés, oromtető; fejezet, homlokzat; főpárkány, koronázópárkány, koszorúpárkány; ívtetőpont; taréj *(alagútszelvényé)*; záradék(pont) *(ívé, csőé)*; *finm* (felhúzó)korona *(óráé)*; *forg* fúrókorona; koronafúró; *geol* csúcs, orom *(hegyé)*; *gép* koszorú *(keréké)*; *gépk* dugattyúfenék; *gumi* futófelület felszíne; *hajó* domborulat *(fedélzeté)*; nyak, kereszt *(horgonyé)*; *heng* (henger)domborítás, bombírozás; lencsésség; *hidr* járókerék-koszorú; korona *(gáté)*; *hőt* (kemence)boltozat; *ker* koronaüveg; *pa* bombírozás; koronapapír *(16 1/2"x21")*; *vasút* tűzszekrény-boltozat; ~ **angle** *gumi* koronaszög; ~**-bar** *ép* szelemengerenda, felső koszorúgerenda, hosszgerenda; taréjszelemen; *koh, vasút* kemenceboltozat/tűzszekrényboltozat tartógerendája; ~**-bar method** hossztartós alagútépítési módszer; ~**-bar timbering** *ép* szelemenes/angol ácsolat; ~ **beam** *ép* erősítőszelemen; ~ **bit** → ~ drill; ~ **block** *ol* koronacsigasor; ~**-block sheave** *ol* toronykerék; ~ **borer** *ép* (foga-

zott) koronafúró; ~ **brick** *hők* éktégla, boltozatkő, kapcsolókő, koronakő; ~ **burner** *koh* koszorúégő; ~ **cap/closure** *élip* koronazár, koronadugó; ~ **cornice** *ép* koronázópárkány, főpárkány, koszorúpárkány; ~**-cutter** *finm* órakoronamaró, felhúzókorona-maró; ~ **discharge** *fiz* koronakisülés; ~ **dredge** hegybontó szerelékes úszókotró; ~ **drill** *forg* koronafúró; ~ **drum** *gumi* mélyített peremű felépítődob; ~ **escapement** *óra* orsójárat; ~ **gate** *hidr* felsőkapu, dagálykapu *(zsilipen)*; ~ **gear** *gép* síkkerék; tányérkerék; ~**-glass** koronaüveg; ~**-glass prism** koronaüveg-prizma; ~**(-)gold** érmearany; ~ **hinge** *ép* záradéki/tetőponti csukló *(íven)*; ~**-in-front objective** *opt* tárgyoldalon koronalencsés objektív; ~ **joint** *ép* záradékhézag; ~ **lens** *opt* koronalencse, koronaüveglencse; ~ **line** *ép* záradékmagasság, záradékszint; záradékvonal *(boltozaté)*; ~ **mo(u)ld(ing)** *ép* koronázópárkány, koszorúpárkány, főpárkány; ~ **of a bell** harangkorona; ~ **of a wall** *ép* falkorona, falfejezet; ~ **of cylinder** *tex* (dob)koszorú *(selyemfelvető gépé)*; ~ **of furnace** tüzelőtér-boltozat; ~ **of the gas holder** gáztartó harang; ~ **piece** → ~ post; ~ **pipe** *hidr* felső szivornyacső; ~**(-)plate** fedőlemez; *ép* nyeregfa; *vasút* mennyezet *(tűzszekrényé)*; ~ **post** *ép* császárfa, függesztőoszlop; ~ **pulley** *ol* toronykerék; toronykorona-görgő; ~ **roll** domborított henger; ~ **runner** *bány* futógerenda; ~**-saw** hosszúvágó fűrész; koronafűrész; ~**(-)sheet** fedőlemez; *hőt* tűztérboltozat-lemez; *vasút* tűzszekrény-fedőlap; ~**-spring** *finm* koronarugó; ~**-step** *ép* oromfallépcső; ~ **stone** *ép* tetőkő, zárókő; ~ **thickness** *ép* koronavastagság; *ol* rétegvastagság, bevonatvastagság; ~ **thrust** záradéknyomás, ívtetőponti nyomás; ~ **tile** *ép* lapos cseréptégla *(10 1/2"x6 1/2")*; ~ **wheel** *gépk* fogkoszorús/lánckoszorús kerék; tányérkerék; *óra* koronakerék; ~**-wheel cap** koronakerékgyűrű-alátét *(óráé)*; ~**-wheel pinion** *gép* kúpkerék

crowned koronás; ormos; domború; ~**-face pulley** domború/bombírozott szíjtárcsa

crowning *ép* falkorona, falfejezet; koszorú, süveg, záradék, koronázórész, lezárás, befejezés; *heng, pa* bombírozás; ~ **lacuna** *ép* záradékhézag; ~ **line** *ép* záradékvonal; ~ **of rolls** *heng* hengerdomborítás

crownless *pa* nem bombírozott *(hengeres)*

croze I. *v fa* csínoz; **II.** *n fa* (hordó)csín, dongacsín; csínozás; csínozógép, csínozópad; ~ **iron** hordócsínvágó gyalu

crozer *fa* csínvágó *(hordóhoz)*

CRT → cathode-ray tube; ~ **composition** *nyom* katódsugaras fényszedés; ~ **display unit** *szt* CRT display-egység, katódsugárcsöves videodisplay-egység; ~ **terminal** *szt* CRT-adatvégállomás, alfanumerikus adatvégállomás, video-adatvégállomás, display-adatállomás

crucial döntő, kritikus; ~ **component** *ol* kulcskomponens

cruciate kereszt alakú

crucible *koh* (olvasztó)tégely; ~ **cast steel** → ~ steel; ~ **drawing method** *félv* tégelyes húzóeljárás, Czochralski-eljárás; ~ **fire clay** *ker* tégelysamott; ~ **fork** tégelytartó villa; ~ **furnace** tégelykemence; tégelyes kemence; ~ **fusion** ólmosító olvasztás; ~ **melting** olvasztás tégelyben, tégelyolvasztás; ~ **oven** *ker* tégelyégető kemence; ~ **scum/slag** tégelysalak; ~ **stand** tégelyalátét; ~ **steel** *koh* tégelyacél; ~ **test** *koh* tégelypróba; ~ **tongs** *pl* tégelyfogó; ~ **triangle** tégelytartó háromszög; ~**-type induction furnace** tégelyes indukciós kemence

cruciform kereszt alaprajzú/alakú; ~ **board** hajókeresztbak; ~ **core** kereszt alakú vasmag; ~ **joint** kereszt alakú kötés, keresztkötés; ~ **twin** *ásv* átszőtt ikerkristály

crud *vegy* szennyeződés, szennyezőanyag, adalék, idegen anyag

crude I. *a* nyers, megmunkálatlan, feldolgozatlan; finomítatlan, tisztítatlan; *tex* mosatlan; **II.** *n* nyersanyag, nyerstermék; *ol* nyersolaj, nyers kőolaj; ~ **alcohol** nyersszesz; ~ **approximation** *mat* durva közelítés; ~ **asphalt** nyersbitumen; ~**-beet juice** *cu* diffúziós lé; ~ **benzole** nyersbenzol, kokszolási benzol; ~ **board** *pa* nyers papírlemez; ~ **compost** *mzg* nyerskomposzt; ~ **copper** *koh* nyersréz; ~**-crack distillate** *ol* nyers krakkpárlat; ~ **distillation** → ~ oil-distillation; ~ **emulsion** kőolaj-emulzió; ~ **error** durva hiba; ~ **estimation** hozzávetőleges értékelés; ~ **evaluation** nyersolajvizsgálat; ~ **fat** *élip* nyerszsír; ~ **fibre/fiber** *élip* nyersrost; ~ **flour** *élip* gorombán őrölt liszt; ~ **flux** *koh* nyers adalék; ~ **gas** *ol* nyersgáz, kezeletlen gáz, kútfejgáz; ~ **gluten** *élip* nyers sikér; ~ **India rubber** nyersgumi; ~ **iron** nyersvas; ~ **lead** nyersólom, kohóólom; ~ **metal** *koh* kohófém, finomítatlan/nyers fém; ~ **(mineral) oil** nyersolaj, (nyers) kőolaj; ~**-oil distillation** kőolaj/nyersolaj desztillációja/lepárlása; ~**-oil distillation plant/facility/unit** kőolajlepárló, nyersolajlepárló, kőolaj-desztilláló/nyersolaj-desztilláló berendezés/üzem; ~**-oil engine** nyersolajmotor, dízelmotor; ~**-oil fraction** kőolajpárlat; ~**-oil production** nyersolajtermelés, kőolajtermelés; ~**-oil refinery** kőolaj-finomító, olajfinomító; ~ **ore** *bány, koh* nyersérc; ~ **paraffin** *vegy* nyersparaffin, technikai paraffin; ~ **petroleum** → ~ (mineral) oil; ~ **phenol** *műa* nyers fenol; ~ **preparation** *ol* nyersolaj/kőolaj előkezelése; ~ **preparation plant** nyersolajelőkészítő/kőolaj-előkészítő üzem; ~ **processing** nyersolaj-feldolgozás, kőolaj-feldolgozás; ~ **product** nyerstermék; ~ **production** → ~-oil production; ~ **protein** *élip* nyersfehérje; ~ **pyrolysis plant** nyersolajpirolízis-üzem; ~ **pyrolysis process** nyersolaj-pirolizálási eljárás; ~ **refining capacity** nyersolaj-feldolgozási/kőolaj-feldolgozási kapacitás; ~ **rock-salt** nyers konyhasó; ~ **rubber** nyersgumi; ~ **running facility/plant/unit** nyersolaj-feldolgozó/kőolaj-feldolgozó üzem; ~**s** *pl bány, koh* nyersérc, dúsítatlan érc; ~ **scale wax** paraffingacs, nyersparaffin; ~ **sewage** *hidr* nyers szennyvíz; ~ **silk** *tex* nem hámtalanított kifőzetlen selyem; ~ **silver** *koh* kohóezüst; ~ **slate** olajpala; ~ **spirit** nyersszesz; ~ **splitter** kőolaj-rektifikáló kolonna/torony; ~ **stabilization** *ol* kőolaj-állandósítás; ~ **steel** *koh* nyersacél; ~ **stock** alapanyag; ~ **styrene** nyerssztirol; ~ **supply** nyersolajellátás, kőolajellátás; ~ **surface** *önt* nyers felület; ~ **test** közelítő/durva próba; ~ **tin** nyersón; ~ **titanium** *koh* nyerstitán; ~ **waste-water** *hidr* nyers szennyvíz; ~ **wax** → ~ paraffin; ~ **zinc** *koh* nyerscink

crudeness nyers/megmunkálatlan/feldolgozatlan állapot, megmunkálatlanság, feldolgozatlanság

cruet kis üveg(kancsó), ecet-olajtartó (készlet)

cruise I. *v* cirkál; lavíroz; tengeren utazik; **II.** *n geof* tengeri felmérési/kutatási kampány; tengeri kutatási útvonal; ~ **control** *gépk* automatikus sebességtartás; ~ **liner** luxushajó; ~ **missile** *kat* cirkálórakéta
cruiser *hajó* cirkáló; ~ **stern** *hajó* cirkálófar
cruising *hajó* cirkálás; *rep* utazórepülés; ~ **altitude** *rep* utazómagasság; ~ **astern** *hajó* hátrafelémenet; ~ **gear** gyorsítóváltó; ~ **speed** *közl* utazósebesség; ~ **turbine** *hajó* gőzturbina rendes menetsebességhez; ~ **with compass** *geod* tájolós menet
crumb I. *v* (szét)morzsol; **II.** *n* morzsa; *élip* bélzet, kenyérbél; *gumi* morzsa; ~ **rubber** morzsagumi; ~**s** *pl tex* finoman foszlatott cellulóz *(műselyemgyártáshoz)*; ~ **structure** *talt* morzsás szerkezet
crumber daráló; *hidr* ároksimító
crumble I. *v* tördel, morzsol, porrá tör, porlaszt, (porrá) zúz; szétporlad, szétmállik; morzsolódik, porrá törik; omladozik, beomlik, összeomlik; **II.** *n* morzsalék; ~ **away** *v* lemorzsol, mállaszt; lemorzsolódik, mállik; ~ **structure** *geol* törmelékes szerkezet; ~ **texture** *geol* szétmorzsolt szövet
crumbliness *talt* morzsalékos szerkezet
crumbling széttöredezés; porrá törés/zúzás; ~**-away resistance** *műa* kitöredezési ellenállás; ~ **coefficient** *ker* szétmorzsolódási tényező; ~ **force** *mech* törőerő; ~ **iron** *ker* üvegnevelő vas; ~ **machine/mill** zúzógép; ~ **strength** *mech* törőerő; ~ **stress** törési igénybevétel *(nyomó igénybevételnél)*; ~ **test** törőpróba *(nyomással)*
crumbly morzsolódó; *talt* morzsalékos, töredékes
crump *bány* feküréteg átszakadása, kőzetkiszakadás *(nyomás következtében)*
crumped hajlított, könyökszerű
crumping *bány* kőzetkiszakadás *(nyomástól)*
crumple I. *v* (össze)gyűr, ráncol; (össze)gyűrődik, ráncolódik; görbül, csavarodik; összezsugorodik; **II.** *n tex* gyűrődés, ránc; ~ **up** *v* összecsuklik, összerogy; zsugorodik, összegyűrődik
crumpled gyűrött, ráncos; ~ **paper** zúzott papír; ~ **sheet** *nyom* gyűrött ív; ~ **sheet control (device)** ívgyűrődés-ellenőrző (készülék)
crumpling gyűrődés, ránc(olódás); görbület, csavarodás; ~ **resistance** *tex* gyűrhetetlenség
crunch recseg, ropog; *tex* suhog
crunode *mat* kétszeres pont, kétérintős csúcspont *(görbén)*
crupper farokszíjbőr; farmatring
crush I. *v* (össze)zúz, (össze)tör, (fel)aprít, apróz; őröl, darál, szemcséz, (szét)morzsol; *bány* megbont; szétnyom; *élip* kisajtol; *forg* (le)morzsol *(csiszolókorongot)*; *gépk* benyom, behorpaszt *(ütközésnél)*; *pa* szétőröl, szétnyom; **II.** *n* (össze)zúzás; összezúzódás; beomlás, beszakadás, behorpadás, besüppedés; (beomlás okozta) recsegés-ropogás; összesajtolás; *bány* szénpilléromlás; *élip* kisajtolt gyümölcslé; zúzott/darabos gyümölcs *(lében)*; ~ **barrier** *ép* szektorelválasztó korlát *(pl. stadionban)*; ~ **breccia** *ol* dörzsbreccsa; ~ **rock** *geol* repedéses kőzet; ~ **seal** kompressziós tömítés; ~ **test** *pa* nyomóvizsgálat
crushed | **aggregates** *ép* zúzott adalékanyag *(betonhoz)*; ~ **brick aggregate concrete** téglatörmelék-beton; ~**-coal storage bin** őröltszéntároló hombár; őröltszén-tároló hombár; ~ **concrete** *ép* zúzott betontörmelék *(recirkuláció)*; ~ **electrodes** elektródpor; ~ **gravel** *ép* zúzott kavics, murva; ~ **limestone** *ép* mészkőzúzalék, murva; ~ **news** *pa* bezúzott újság; ~ **product** *bány* töret; ~ **reel** *pa* benyomott görgő; ~ **rock** *ép* zúzott kő *(útépítéshez)*; ~ **section** *geol* szétmorzsolódott réteg; ~ **steel** zúzott acél(por); ~ **stone** *ker* zúzott kő(termék); *vasút* zúzalék; ~**-stone plant** kőzúzó telep; ~ **sugar** (durva) porcukor; ~**-tile (mosaic) floor** *ép* törmelékmozaik-padló, törtlappadlóburkolat
crusher aprítógép, törő(gép); zúzó(gép); aprítómű; *bány, koh* (elő)törőgép; *hidr* kőzúzó gép; *ker* mérőtojás, kröser; *mzg* daráló; *pa* szétnyomó gép; ~ **ball/bullet** *koh* őrlőgolyó; ~ **feeder** *mzg* etetőkészülék előtörővel *(csövestengeri-darálón)*; ~ **ga(u)ge** (gáz)nyomásmérő; ~ **head** zúzófej, zúzókúp, aprítókúp; ~ **jaw** zúzópofa; ~ **pot** zúzóedény; ~ **protector** védő-elválasztó lemez *(kőtörő)*; ~ **pump** *bány* aprítószivattyú; ~ **rolls** zúzóhenger; hengertörő *(durvatörésre)*; ~**-run** *bány* töréssel fejtett *(anyag)*; ~**-run material** *bány, ép* nyers/zúzott termék/kő; ~ **sand** zúzóhomok; ~**-stemmer** *bány* zúzófa, nyomófa; *élip* szőlőzúzó és kocsányozó gép; zúzó-bogyózó gép; ~ **timber** *bány* csuklófa
crushing *bány* aprítás; omlás, szétzúzódás; *élip* aprítás; darálás *(gabonáé)*; zúzás; *ép, koh* zúzalék; zúzás, durva aprítás, törés; zúzott kőtermék; *ker* morzsolás *(korongé)*; *pa* rossz átnézet *(túlzsíros anyagtól)*; szétnyomás, szétkenés, elnyomódás *(őrlésnél)*; *tex* gyűrés; ~ **apparatus** *tex* bogáncstörő szerkezet; ~ **appliance** aprítóberendezés; ~ **ball** őrlőgolyó; ~ **capacity/efficiency** *bány* aprítási teljesítmény; ~ **cone** törőkúp, zúzókúp; ~ **element** *koh* őrlőtest; ~ **engine** zúzógép; ~ **in closed circuit** aprítás zárt folyamatban; ~ **installation** törőmű; ~ **load** *mech* törő nyomóerő, törőteher; ~ **machine** aprítógép; zúzógép; ~ **mantle** törőkúpköpeny; ~ **mill** *élip* olajütő (gép), olajsajtó; *ép* aprítóhenger; hengeres törő(mű); ~ **plant** törőmű, aprítómű; aprítóüzem; *koh* őrlőgép; ~ **(proof) load test** *ép* záradéki nyomóvizsgálat, éltörőerő-vizsgálat *(betoncsőnél)*; ~ **pump** *hidr* aprítószivattyú; ~ **roll** *ker* törőhenger, zúzóhenger; ~ **roller** *forg* morzsológörgő; ~ **rolls** *pl bány* sima hengeres törő; *ép* (két)hengeres törő, törő hengerpár; *ker* törő hengermű; ~ **screen/sieve** aprítórosta; ~ **strength** *ép* kockaszilárdság *(betoné)*; *mech* nyomószilárdság, törőszilárdság; ~ **stress** *mech* törőfeszültség; ~ **test** *ép* nyomószilárdság-vizsgálat *(betoné)*; *pa* repesztési vizsgálat; ~ **zone** *geol* zúzódási zóna
crust I. *v* kéreggel/réteggel bevon; kérgesedik, bekérgeződik; lerakódik *(rozsda, réteg)*; **II.** *n* kéreg, héj; felső réteg *(rozsda, festék)*; lerakódás; *bőr* crust bőr; *ép* kéreg, héjalás; *geol* földkéreg; *hőt* lerakódás *(kazánban)*, kazánkő; ~ **breaking** *koh* kéregtörés; ~ **leather** crust bőr, cserzett/cseres kikészítetlen bőr; ~ **of cast iron** *önt* öntvénykéreg; ~ **of the Earth** földkéreg; ~ **ore** kokárdaérc; ~**-wall** *ép* kéregfal
crustal | **breaker** *koh* kéregbetörő gép; ~ **movement(s)** *geol* kéregmozgás, szerkezeti mozgások; ~ **structure** (föld)kéregszerkezet; ~ **warping** földkéreg duzzadása
crusted megkérgesedett, kérges; ~ **filling** *bány, geol* kérges üledékkitöltés
crustificated vein *geol* sávos/kérges szerkezetű telér

crustification lerakódás; *bány* kérgesedés; *ép* inkrusztáció, (kő)berakás; *geol* inkrusztáció; *hőt* kazánkőlerakódás
crutch mankó; kampó, kampósszeg; *bőr* mankóskasza; *ép* dúc; *finm* villás-kampós emelő *(óráé)*; *gépk* támasz *(motorkerékpáron)*; *koh* mankó; **~es** mankó; *hajó* vitorlarúd-támasztó villa; **~ stake** *bőr* mankóskasza, kézi faragókés; törővas
crutchings *pl tex* hulladékgyapjú
crutter *bány* kőben dolgozó vájár
cry ólomrecsegés
CRY → carry flag
cryo → cryogenic
cryobiology kriobiológia
cryochemistry kriokémia
cryoelectric memory *szt* kriotronos/szupravezetős tár
cryogen kriogén; hűtőanyag, hűtőkeverék
cryogenic kriogén, mélyhűtött, igen/rendkívül alacsony hőmérsékletű; **~ conductor** *szt* szupravezető; **~ engineering** kriotechnika; **~ gyro** *rep* kriogén giroszkóp; **~ maser** kriogén mézer; **~ memory** → storage; **~ metal** mély hőmérsékleti viszonyokra alkalmas fém; **~ plant** *hűt* kriogén/mélyhűtött üzem/berendezés; **~ pump** *hűt* krioszivattyú, kriogén/adszorpciós szivattyú; **~ quenching** *hűt* edzés kriogén közegben; **~ storage** *szt* szupravezetős tár; **~ strength** *koh* hidegállóság *(acélé)*; **~ system** kriogén *v.* igen alacsony hőmérsékletű rendszer; **~ trap** *vák* mélyhűtött csapda, kifagyasztó
cryogenically-cooled parametric amplifier kriogénhűtésű parametrikus erősítő
cryogenics kriotechnika; kriogenika, mélyhőmérséklettan, alacsonyhőmérséklet-kutatás
cryogeny → cryogenics
cryohydrate *vegy* kriohidrát
cryohydric point kriohidrátpont
cryolite *ásv* kriolit, jégkő
cryology kriológia
cryoluminescence kriolumineszcencia
cryomagnetic anomaly kriomágneses anomália
cryometer kriométer *(folyadékhőmérő alacsony hőfokok mérésére)*
cryometry kriometria
cryopedometer *met* talajfagymélység-mérő
cryophilic kriofil, hideget kedvelő; **~ organism** kriofil szervezet
cryophylite *ásv* kriofillit
cryophysics alacsony hőmérsékletek fizikája, hidegfizika
cryopump → cryogenic pump
cryoscope *vegy* krioszkóp, fagyáspont(csökkenés-)mérő
cryoscopic | constant *vegy* krioszkópiai állandó, moláris fagyáspontcsökkenés; **~ method** *vegy* molekulatömeg-meghatározás fagyáspontcsökkenés mérésével
cryoscopy *vegy* fagyáspont(csökkenés-)mérés, krioszkópia
cryosistor kriozisztor
cryosorption *vegy* krioszorpció; **~ pump** krioszorpciós szivattyú
cryosphere *met* krioszféra, kriozóna
cryostat *fiz, hűt* kriosztát, hidegtermosztát
cryostatic temperature regulator → cryostat
cryotrapping *vák* kifagyasztás, befagyasztás
cryotron *el* kriotron; szupravezető kapcsolóelem; **~ amplifier** kriotronerősítő; **~ memory** kriotronos memória
cryotronic storage *szt* kriotronos tár
cryotronics kriotronika
cryovac packing Cryovac-csomagolás, kriovak-csomagolás
crypt *ép* altemplon; sírbolt, kripta, sírkamra
cryptal barlangszerű
cryptocrystalline *ásv* kriptokristályos, kriptokrisztallin
cryptogear *gép* bolygókerekes áttétel/hajtás/hajtómű
cryptographic kriptográfiai; *kat* sifrírozó
cryptography *kat* titkosírás, kriptográfia
cryptohalite *ásv* kriptohalit
cryptolite *ásv* kriptolit
cryptology *kat* rejtjelzés, kriptológia
cryptomelane *ásv* kriptomelán, kemény mangánérc
cryptoperthite *ásv* kriptopertit
cryptosymmetry *ásv* kriptoszimmetria, rejtett szimmetria
cryptovolcanic *geol* rejtett-vulkanikus, kriptovulkáni
crystal kristály; kristályüveg, flintüveg; óraüveg; **~ aggregate** kristályaggregátum, kristályhalmaz; **~ analysis** krisztallográfiai analízis; **~ axis** kristálytengely; krisztallográfiai/kristálytani tengely; **~ blank** nyers/természetes kristály; **~ boiling** bekristályosítás; **~ boundary** *koh, krist* kristályhatár; **~ calibrator** → **~**-controlled oscillator; **~ cell** *koh, krist* elemi rács; **~-checked** *el* kristállyal stabilizált; kristályvezérlésű, kvarcvezérlésű; **~ checker** kristályvizsgáló (készülék); **~ chemistry** kristálykémia; **~ class** *krist* kristályosztály, szimmetriaosztály; **~ clock** kvarcóra; **~ control** *el* kristályvezérlés; **~-controlled clock** *el* kvarcóra, kristályvezérelt óra; **~-controlled oscillator** *el* kristályvezérlésű oszcillátor, kristályoszcillátor; **~ counter** szcintillációs számláló; kristályszámláló; **~ current** *el, távk* kristályáram; **~ cut** kristálymetszet; kristályszelet; **~ defect** kristályhiba; **~ demodulator** → **~** rectifier; **~ detector** *el* kristálydetektor; **~ detector type receiver** *rád* detektoros (vevő)készülék; **~ diaphragm** kristálymembrán; **~ diffraction** kristálydiffrakció; **~ diode** kristálydióda; **~ domain** kristálydomén, kristálytartomány; **~ edge** kristályél; **~ effect** kristályeffektus, kristály(rács)hatás; **~-electricity** kristályelektromosság, piezoelektromos jelenség; **~ face** *krist* kristálylap; **~ field splitting** kristálytér okozta felhasadás; **~ field theory** kristálytérelmélet; **~ filter** *el* kristályszűrő; **~ fluorescence** kristályfluoreszcencia, fluoreszcencia kristályban; **~ form** *krist* kristályforma; **~ formation** kristályosodás; **~ frequency-changer** kristálykeverő (fokozat); **~ gate** kvarcszűrő, kristályszűrő; **~ geometry** kristálygeometria; **~ glass** *üveg* kristályüveg, flintüveg; **~ grain** *vegy* kristálygóc; **~ grating** (kristály)rács; **~ growing** kristálynövesztés; növesztéses eljárás; kristálynövekedés; **~ growing furnace** kristálynövesztő kemence; **~ growing in melts/solution** olvadékból való kristálytenyésztés/kristálynövesztés; **~ growing in vapo(u)r phase** kristálytenyésztés gőzfázisból; **~ growth** kristálynövesztés; kristálynövekedés; **~ habit** kristályalak; **~ holder** *el* kristálytartó; **~ imperfection** kristályhiba; **~ increase** kris-

tálynövekedés; ~ **intermediate frequency band-pass filter** *rád, tv* középfrekvenciás kristályos sávszűrő; ~ **kit** *rád* kristálydetektoros egység; ~ **lattice** kristályrács; ~ **lattice constants** rácsállandók; ~ **lattice defect** kristályrácshiba; ~ **lattice vacancy** rácslyuk, vakancia; ~ **loudspeaker** *heg* kristályhangszóró; ~ **luminescence** *opt* kristálylumineszcencia, krisztallolumineszcencia; ~ **mass** kristálytömeg; ~ **microphone** kristálymikrofon; ~ **mixer** *el* kristályos keverő; ~ **momentum** *fiz* kvázimomentum; ~ **monitor** kristálystabilizátor, kvarcstabilizátor; ~ **monochromator** kristálymonokromátor; ~ **morphology** kristálymorfológia; ~ **mounting** kristálybeállítás; ~ **nucleation** kristálygócképződés; ~ **nucleus** kristálymag, kristálycsíra, kristálygóc; kristályosodási góc; magkristály; ~ **optics** kristályoptika; ~ **orientation** kristály(ok) irányított szerkezete; ~ **oscillator (CO)** kristályvezérlésű oszcillátor, kristályoszcillátor; *el* rezgőkristály, rezgőkvarc, vezérlő kvarckristály; ~ **oven** *rád* termosztát, frekvenciastabilizáló kvarc; ~ **pellet** lapka; ~ **phosphor** kristályfoszfor; ~ **phosphorescence** kristály-foszforeszcencia; ~ **photoeffect** kristály-fotoeffektus; ~ **physics** kristályfizika; ~ **pick-up** *el, hang* kristályhangszedő; ~ **plane** kristálysík, rácssík, hálózati sík; ~ **plate** kristálylap, kristálylemez; ~ **platelet** → ~ wafer; ~ **poison** kristályosodásgátló szer; ~ **powder** kristálypor; ~ **projection** kristályvetület, kristályprojekció; ~ **pulling** *félv* húzási eljárás; kristályhúzás; ~ **pulling furnace** kristályhúzó kemence; ~ **reaction** kristályreakció; ~ **receiver** *távk* kristályvevő; ~ **rectifier** *rád* kristály-egyenirányító; ~ **resonator** kvarcrezonátor; ~ **section** kristálymetszet; ~ **seed** *at, vegy* kristálymag, kristálycsíra, nukleusz; ~ **set** *rád* detektoros (vevő)készülék; ~ **shape** kristályalak; ~ **shrinkage** kristályzsugorodás; ~ **skeleton** dendrit (kristály); ~ **slice** lapka; ~ **slurry** *ol* kristályiszap, kristályzagy; ~ **space** kristálytér; ~ **spectrograph** *fiz* kristály spektrográf; ~ **spectrometer** kristály spektrométer; ~ **spectroscopy** kristályspektroszkópia; ~ **stabilized oscillator** *el* kristályvezérlésű oszcillátor, kristályoszcillátor; ~ **stabilizer** *el* kristálystabilizátor, kvarcstabilizátor; ~ **structure** kristályszerkezet, kristálystruktúra; ~ **structure analysis** kristályszerkezet-meghatározás; kristályszerkezet-analízis; ~ **symmetry** *krist* kristályszimmetria; ~ **system** *krist* kristályrendszer; ~ **tetrode** *félv* félvezető-tetróda, tranzisztortetróda, kristálytetróda; ~ **texture** *krist* kristálytextúra, kristályszövet; ~ **triode** *távk* kristálydióda; ~ **type** kristályforma; ~ **unit** *rád* kristályszerelvény; ~ **violet** *vegy* kristályibolya; ~ **wafer** kristálylap, kristálylemez; *el* lapka; ~ **watch** kvarcóra; ~ **water** *vegy* kristályvíz, hidrátvíz, kötött nedvesség; ~ **whisker** whisker, hajszálkristály; ~ **window** kristályablak; ~ **zones** kristályzónák

crystalline kristályszemű; kristálytiszta; *vegy* kristallin, kristályos, kristályosodott; ~ **aggregate** → crystal aggregate; ~ **basement** *geol* kristályos alaphegység; ~ **density** kristálysűrűség, atomok szoros illeszkedése a kristályrácsban; ~ **deposit** kristályképződés; ~ **form** *krist* kristályforma; ~ **fracture** kristályos törés; ~ **grain** kristályszemcse, krisztallit; ~ **index** kristályossági index; ~ **laser** kristálylézer, szilárdtestlézer; ~ **layer** kristályréteg; ~ **liquid** folyékony kristály; kristályos folyadék; mezomorf fázis; mezofázis; anizotróp olvadék; parakristály; ~ **material** kristályos anyag; ~ **overgrowth** *krist* kristálynövekedés *(második szakasza)*; ~ **phase** *vegy* kristályos fázis; ~ **powder** kristályos por; ~ **quartz** kristálykvarc, kvarckristály; ~ **rock** *ásv* kristályos kőzet; ~ **schist** *ásv* kristályos pala; ~ **solid solution** elegykristály, keverékkristály; ~ **state** kristályos állapot; ~ **structure** *krist* kristályszerkezet, kristálystruktúra

crystallinity kristályosság

crystallite *ásv, vegy* krisztallit; ~ **size** krisztallit nagysága

crystallizability, *US* **crystalizability** kristályosodási képesség, kristályosíthatóság

crystallizable, *US* **crystalizable** kristályosítható

crystallization, *US* **crystalization** krisztallizáció, kristályosítás; kristályképződés, kristályosodás; ~ **boundary** kristályosodási határ; ~ **by cooling** hűtéssel való kristályosítás; ~ **centre/center** kristálymag, kristálycsíra, kristálygóc; ~ **chamber** kristályosító kamra; ~ **direction** kristályosodás iránya; ~ **dish** → ~ pan; ~ **from vapo(u)r** gőzfázisból való kristályosodás; ~ **heat** kristályosodási hő; ~ **limit** kristályosodás határa; ~ **line** kristályosodási vonal; ~ **overpotential/overvoltage** *koh* kristályosodási túlfeszültség; ~ **pan** kristályosítócsésze, kristályosítóedény; ~ **power** kristályosodási képesség, kristályosíthatóság; ~ **pressure** kristályosodási nyomás; ~ **range** kristályosodási tartomány; ~ **stage** *geol* kristályosodási időszak; ~ **surface** kristályosodási felület; ~ **system** *geol* kristályosodási rendszer; ~ **temperature** kristályosodási hőfok; ~ **texture** → crystal texture; ~ **tray** kristályosító csésze

crystallize, *US* **crystalize** kristályosít; kristályosodik; ~ **out** kikristályosodik

crystallized, *US* **crystalized limestone** *bány* kristályos mészkő

crystallizer, *US* **crystalizer** kristályosító(tartály); *cu* pépkavaró; ~ **pan/tank** kristályosítótál, kristályosítókád; ~ **ring** *koh* kristályosítógyűrű; ~ **with cooling coils** *cu* hűtőkavaró

crystallizing, *US* **crystalizing** *koh, krist* kristályosodás, kristályosítás; ~ **boiler/evaporator** *koh* utóbepárló; ~ **dish** kristályosítócsésze, kristályosítóedény; ~ **front** kristályosítási front; ~ **out** kristályosodás; ~ **speed** kristályosodási sebesség

crystalloblastic *ásv* krisztalloblasztos, krisztalloblasztikus; ~ **texture** *bány* krisztalloblasztos szövet

crystalloelectric kristályelektromos, piezoelektromos

crystallofluorescence kristályfluoreszcencia, fluoreszcencia kristályban

crystallogram *any* röntgendiffrakciós diagram/kép

crystallographic krisztallográfiai, kristálytani; ~ **axes of coordinates** krisztallográfiai koordináta-tengelyek; ~ **axial angle** krisztallográfiai tengelyszög; ~ **axial system** krisztallográfiai tengelyrendszer; ~ **axis** krisztallográfiai/kristálytani tengely; ~ **class** kristályosztály, szimmetriaosztály; ~ **group** krisztallográfiai/kristálytani csoport; ~ **indices** *pl koh* kristálytani indexek; ~ **plane** kristálysík, kristálytani sík

crystallography kristálytan, krisztallográfia

crystalloid I. *a* kristályszerű; krisztalloid; **II.** *n* krisztalloid (anyag)

crystalloluminescence kristálylumineszcencia, krisztallolumineszcencia
crystallometry krisztallometria, kristálymérés
Cs → caesium
CS → calibrations storage; → call sign; → carbon steel; → cast steel; → centre-of-mass system; → cirrostratus; → coaling station; → communication station; → control signal
csc-1 → arc-cosecant
CSD → constant-speed drive
CSL → control and simulation language
CSMA → carrier sense multiple access
CSMA/CD → carrier sense multiple access with collision detection
CSMP → continuous system modelling program
CSSB → compatible single side-band
CST → critical solution temperature
CSW → channel status word
CT → credit-card terminal; → central time; → centre tap; → charge transfer; → condensing temperature; → contour templet; → current transformer
CTD → charge-transfer device
CTL → capacitor-transistor logic; → complementary transistor logic
CTR → current transfer ratio
CTRL → control key
CTS → clear to send; → computer typesetting
CTSB → cement-treated subbase
CTV → colo(u)r television; → community television
Cu → copper
CU → control unit; → cross-talk unit
Cuba wood sárgafa
cubable solid *mat* integrálható/köbözhető v. értelmezhető térfogatú test
cubage térfogat, köbtartalom; *fa* köbözés; *mat* köbözés, kubatúra, térfogatszámítás
cubane *vegy* kubán
cubanite *ásv* kubanit, chalmersit
cubature → cubage
cubby hole *gépk* kesztyűtartó
cube I. *v* kocka alakúvá formál; *ép* kikövez *(kockakővel)*; *fa* köböz; *mat* köbre emel; **II.** *n* kocka; *ép* (útburkoló) kockakő; *mat* köb, harmadik hatvány; szabályos hatlap, kocka, (szabályos) hexaéder; *mzg* takarmánybrikett, takarmánykocka; ~ **building** *ép* kockaház; ~ **compressive/crushing strength** → ~ strength; ~ **crushing test** *ép* kocka-törőpróba *(betoné)*; ~ **mixer** doboz alakú (billenődobos) keverőgép; ~**-number** köbszám, harmadik hatvány; ~ **ore** *ásv* kockaérc, farmakosziderit; ~ **press** *mzg* takarmánypogácsa-sajtó, brikettprés; ~ **root** *mat* köbgyök; ~ **sample** *talt* kockaminta; ~**-shaped** kocka alakú; ~ **strength** *ép, talt* kockaszilárdság, nyomószilárdság; ~ **test** → ~ crushing test; ~ **test specimen** próbakocka
cubed feed *mzg* takarmánykocka, takarmánybrikett
cuber *ép* betonáru-csomagoló berendezés; *mzg* bálázógép; takarmánybrikett-prés
cubic I. *a* kocka alakú; *mat* harmadfokú; köb-, köbös; **II.** *n mat* harmadfokú egyenlet; harmadfokú/harmadrendű görbe/felület; ~ **array** *mat* térbeli mátrix; ~ **axial system** *ásv* köbös/szabályos tengelyrendszer; ~ **body cent(e)red** köbös tércentrált, térben középpontos; ~ **body-cent(e)red lattice** *krist* térközepes *v.* térben középpontos szabályos rács; ~ **capacity** térfogat; befogadóképesség, felvevőképesség, űrtartalom; *ép* kubatúra; légtér; *gépk* hengerűrtartalom, lökettérfogat; ~ **centimetre/centimeter (cm³, ccm)** köbcentiméter; ~ **close packing (CCP)** *vegy* köbös legszorosabb illeszkedés; ~ **component** harmadfokú komponens; ~ **content (cc)** térfogat, köbtartalom; ~ **curve** *mat* harmadfokú/harmadrendű görbe; ~ **dilatation** *any* térfogati hőtágulás; ~ **elasticity** térfogati rugalmasság; ~ **equation** *mat* harmadfokú egyenlet; ~ **expansion** térfogatnövekedés; ~ **expansion coefficient** térfogati hőtágulási tényező; ~ **extent** térfogat; ~ **face-cent(e)red** *ásv* köbös lapcentrált, lapközéppontos, lapközepes; ~ **face-cent(e)red lattice** *krist* lapközepes *v.* felületen középpontos szabályos rács; ~ **fathom (cu fm)** *fa* bányafamennyiség *(216 köbláb, 4,28 m³)*; ~ **feet per second (cfs)** *hidr* köbláb másodpercenként *(vízhozammértékegység)*; ~ **foot (c.f.)** *metr* köbláb; ~**-foot bottle** fémedény *(gázmérők ellenőrzésére)*; ~ **foot per minute** köbláb/perc; ~ **hemimorphy** *ásv* köbös hemimorfia; ~ **hyperbola** harmadfokú/köbös hiperbola; ~ **inch (c.i.)** köbhüvelyk; ~ **lattice** *ásv* szabályos/köbös rács; *stat* kockarács, köbös rács(elrendezés); ~ **matrix** *mat* térbeli mátrix; ~ **measure** *ép* köbmérték; *mat* térfogatmérték; ~ **metre/meter (m³)** köbméter; *fa* űrméter; ~ **parabola** harmadrendű parabola; ~ **root** köbgyök; ~ **saltpeter** nátronsalétrom, chilei salétrom; ~ **sample** *mech* próbakocka; ~ **simple lattice** *ásv* köbös primitív rács; ~ **spar** anhidrit; ~ **strain** térbeli alakváltozás; ~ **stress tensor** *mech* feszültségi gömbtenzor; ~ **surface** *mat* harmadfokú/harmadrendű felület; ~ **system** *krist* köbös/szabályos rendszer; ~ **table** *mat* köb(szám)táblázat; ~ **yardage** térfogat
cubical kocka alakú; köb, köbös; ~ **antenna** kockaantenna; ~ **chip(ping)s** *ép* köbös törés *(zúzaléké)*; ~ **content** beépített térfogat; ~ **dilatation** térfogati/köbös tágulás; ~ **expansion** térfogatnövekedés
cubically cent(e)red *ásv* térközepes, térben középpontos, köbös tércentrált
cubicle cella; *el* kapcsolócella, kapcsolómező; *ép* (háló)fülke, alkóv; öltöző *(uszodában)*; ~ **cell** *ép* cella; ~**-type switchgear** *el* lemezszekrényes kapcsolóberendezés
cubiform kocka alakú; ~ **house** *ép* kockaház
cubing kocka alakúra formálás; köbtartalommérés; *élip* kockára *v.* kocka alakra aprítás; *fa* köbözés; *mat* köbözés, kubatúra, térfogatszámítás; köbre *v.* harmadik hatványra emelés; *mzg* bálázás *(szénáé)*; takarmánybrikettezés; ~ **formula** *fa* köbözési képlet
cuboid I. *a* kockaszerű; **II.** *n mat* tégla(test), derékszögű paralelepipedon
cubooctahedron kubooktaéder
cuckoo clock kakukkos óra
cucurbit *vegy* desztillációs lombik *(tök alakú)*
cudbear *vegy* cudbear, orcein
cuddy *bány* siklóellensúly; *ép* cella, kamra; vágányemelő; *hajó* (hajó)kamra
cudgel *fa* rövid bunkó, husáng
cue *aut, film* utasítás, jel, jelzés; *kat* indítási parancs; *távk* figyelmeztető jelzés; *vid* cue jel, segédjel *(vágási hely megjelölésére)*; ~ **lights** *film* stúdió-jelzőlámpák, rendezői jelzőlámpák; ~ **sheet** filmrendezői példány; ~ **signal** cue jel; ~ **tachometer** *aut* visszacsato-

ló fordulatszámláló; ~ **track** → cuetrack; ~ **voltage** vezérlő feszültség
cuesta *geol* ferde plató/terasz, kueszta
cuetrack *vid* rendezői/utasító sáv *(képmagnónál)*
cuff *cipő* cipőgallér; *gép* karmantyú, tengelyváll, tengelygallér; *ruh* kézelő(felhajtás); nadrágfelhajtás; ~ **joint** *gép* karmantyús kötés; ~ **knitter** *tex* műkötő
cu fm → cubic fathom
CUG → closed user group
cuirot szárított juhbőr *(izzasztással gyapjatlanított)*
cul-de-sac *ép, közl* zsákutca; ~ **station** *vasút* fejállomás
culicide szúnyogirtó szer
culinary étkezési, konyhai
cull I. *v bány* válogat, szemel; *tex* tisztáz, tisztít; **II.** *n* kiszedett/kimustrált anyag; *ép* kiselejtezett tégla; ~**s** *fa* másodosztályon aluli keményfa, selejtfa; ~**(-)tie** *vasút* selejt(ezett) talpfa
culled ore *bány* szemelt/válogatott érc
cullender → colander
cullet *ker* technológiai hulladék; üvegtörmelék, üvegcserép
cullis ereszcsatorna, tetőcsatorna
culm *bány* daraszén, antracitpor; réspor; szénapró; *geol* kulm; ~ **coke** darakoksz, kokszdara; ~ **dump** szénporhányó; ~ **measures** *geol* kulmrétegek
Culmann method *mech* Culmann-módszer, Culmann-féle módszer
culminate csúcsponthoz ér, kulminál; *csill* delel
culminating | **edge** *ép* legjobban kiálló él; ~ **point** tetőpont, csúcspont; *csill* delelési pont; *kat* röppályatetőpont
culmination tetőpont/csúcspont (elérése), kulminálás; *csill* delelés, kulmináció
cultellation *geod* talppontkitűzés
cultigen *mzg* kultúrnövény, termesztett növény
cultivate *biot* (ki)tenyészt; *fa* megdolgoz, megmunkál; *mzg* kultivál, (talajlazítással/kultivátorral) megművel; termeszt, termel
cultivated area megművelt terület; *tex* valódi (nemes) selyem
cultivation tenyésztés, breeeding, reprodukció; kultiválás; (meg)művelés; ~ **shield** vetésvédő pajzs *(kultivátoron)*
cultivator *mzg* kultivátor, talajlazító gép; ~ **disc/disk** kultivátortárcsa, előhántó tárcsa; ~ **plough/plow** kultivátor(eke); ~ **shield** kultivátorpajzs; ~ **tine/tooth** kultivátorfog
cultrate éles, hegyes, kés formájú/alakú
culture művelés; termesztés; *biot* (bacilus)tenyészet, kultúra; tenyésztés, breeeding, reprodukció; *geod* adat(ok) *(magyarázatok, délkörök térképen)*; ~ **dish** *biot* Petri-csésze; ~ **flask** *biot* tenyésztőlombik; ~ **medium** *biot* táptalaj, tápközeg; ~ **pearl** folyami/tenyésztett gyöngy
culvert *el* kábelcsatorna; *ép* (cső)áteresz; boltozott (szennyvízlevezető) csatorna; *hidr* áteresz, bevezető/megkerülő csatorna; *pa* leszívócsatorna; ~ **aqueduct** *hidr* átereszes/bújtatós keresztezés; ~ **barrel** átereszcső; ~ **drop** *hidr* bukóaknás bújtatós fenéklépcső; ~ **gate** víz alatti zárótábla; ~ **inlet** áteresz beömlési része; ~ **outlet** áteresz kiömlési része
cumarone resin kumarongyanta
cumene *vegy* kumol, izopropil-benzol; ~ **hydroperoxide** kumol-hidroperoxid
cumin | **oil** *gyógyv* köményolaj; ~**-seed oil** köménymagolaj
cummingtonite *ásv* cummingtonit
cumulant *stat* kumuláns; ~ **generating function** kumulánsgeneráló függvény
cumulated kumulált, összesített; ~ **bond** *vegy* kumulált kötés; ~ **double bond** *vegy* kumulált kettőskötés
cumulation kumuláció, kumulálódás
cumulative összegyűjtött; kumulatív, összesítő, halmozott; *bány* energiagyűjtő *(robbantás)*; *gép* összegezett *(hiba)*; *kat* üreges *(töltet)*; ~ **batcher** összegező mérőadagoló; ~ **compound motor** kompaund *v.* vegyes gerjesztésű motor; ~ **curve** *mat* kumulatív gyakorisági görbe; *vegy* kumulatív görbe; ~ **diagram** összesítő diagram; ~ **distribution function (CDF)** eloszlásfüggvény; ~ **dose** *at* összegezett/kumulatív/teljes dózis; ~ **effect** kumulatív hatás; ~ **error** halmozódó hiba; ~ **excitation** *el* kumulatív gerjesztés; ~ **float curve** *bány* úszótermék görbéje, „b"-görbe; ~ **frequency** *stat* kumulatív gyakoriság; ~ **frequency curve** *mat* kumulatív gyakorisági görbe; *önt* összeggörbe; ~ **frequency function** *stat* kumulatív gyakoriságfüggvény; ~ **gas-oil ratio** *ol* kumulatív gáz-olaj viszony; ~ **grid rectifier** *el* rácsvezérlésű egyenirányító cső; ~ **index** *szt* összesítő index; ~ **ionization** ionlavina, lavinaszerű ionizáció; ~ **lining** *bány* kumulatív bélés; ~ **oversize distribution curve** *bány* szitamaradvány-görbe; ~ **power control** összegező teljesítményszabályozási rendszer; ~ **probability function** *stat* kumulatív/valószínűségi eloszlásfüggvény; ~ **rectification** *rád* rács-egyenirányítás; ~ **runoff** *hidr* halmozott lefolyás; ~ **scale** összegezőmérleg, gyűjtőmérleg; ~ **shot** *bány* kumulatív robbantás; ~ **sink-curve** *bány* lesüllyedt termék görbéje, „c"-görbe; ~ **size distribution curve** *bány* áthullási/kumulatív görbe; szitamaradvány-görbe; ~ **undersize curve,** ~ **underflow size distribution curve** *bány* áthullási görbe; ~ **water-oil ratio** *ol* kumulatív víz-olaj viszony; ~ **weighbatcher** összegező mérőadagoló; ~ **weigher** → scale; ~ **weighing** összegezőmérés, gyűjtőmérés
cumuliform cloud *met* cumulusjellegű felhő
cumulo-nimbus (cloud) (cb) *met* cumulonimbus, zivatarfelhő
cumulous gomolyfelhő/cumulus alakú
cumulus *met* cumulus, gomolyfelhő
cuneal, cuneiform ék alakú
cunette *hidr* folyási fenék; folyóka, vizesárok
cup I. *v alak* mélyhúzással alakít, mélyhúz, csészikét/csészévé húz; **II.** *n any* Erichsen-benyomódás; *bány* öblösödés; *el* árnyékolóbura, árnyékolóserleg; harangszigetelő; *geol* mélyedés, üreg; *gép* csapágycsésze; serleg, karmantyú, gyűrű; *önt* hámlás *(hiba)*; *tex* csévélőtölcsér; ~**-and-ball joint** *gép* golyós csukló, gömbcsukló; ~**-and-cone arrangement/assembly** *koh* torokzár, torokzáró szerkezet *(nagyolvasztóé)*; ~**-and-cone bearing** *gép* kúpos siklócsapágy; ~**-and-cone fracture** *any* kontrakciós törés/töret; ~ **anemometer** *met* forgókanalas szélsebességmérő; kanalas anemometer; ~ **barometer** edényes barométer; ~**-drawing** *alak* csészehúzó; ~**-drawing test** →

cupping test; ~-**feed type drill** *mzg* kanalas vetőgép; ~ **flow figure** *műa* folyóképességi szám *(pohárpróbával meghatározva)*; ~ **flow test** *műa* pohárpróba; ~ **fracture** *any* csésze alakú törés/töret; ~ **grease** konzisztens kenőanyag/zsír, zsírzófejes kenésre alkalmas kenőzsír; Stauffer-zsír; ~-**head** félgömbölyű (szegecs)fej; ~-**head rivet** félgömbfejű szegecs; ~-**head screw** félgömbfejű csavar; ~ **impression** *önt* benyomódás, behorpadás *(béléscsőé)*; ~ **insulator** *el* harangszigetelő, szigetelőharang; ~ **leather** tömítőbőr, mandzsettabőr; ~ **leather packing** galléros/karmantyús tömítés; mandzsettatömítés; ~-**meter** *hidr* csészés vízsebességmérő; ~-**nib bolt,** ~-**nibbed head bolt** orros félgömbfejű csavar; ~ **out** *v mt* homorúra megmunkál; ~-**out** *forg* mély homlokesztergálás; ~ **packing** → ~-leather packing; ~ **paper** bonbonhüvelypapír; ~ **product** *mat* csészeszorzat; ~ **rivet** félgömb alakú *v.* félig süllyesztett szegecs; ~-**screw** *távk* csavaros hüvely; ~-**seaming machine** *kh* hátulvarró gép; ~ **set** szegecsfejverő szerszám *(félgömbfejű szegecshez)*; ~-**shade base** tányér alakú lábazat/tartó; ~-**shake** *fa* gesztelválás; ~-**shaped die** szegecszáró kalapács; ~-**shaped insert** *gépk* kúpos szelepemelőbetét; ~-**shaped insulator** *el* harangszigetelő *(légvezetéken)*; ~-**shaped jewel** féldrágakő csapágycsésze; iránytűcsapágy; ~ **slit** *tex* tölcsérrés; ~ **spring** tányérrugó; ~ **test** *koh* kanálpróba, merítőpróba; ~-**type centrifuge** csészés centrifuga; pohárcentrifuga; ~-**type packer** *ol* csészés pakker; ~ **valve** harangszelep; ~ **washer** serleg alakú rugós alátét; ~ **wheel** *forg* csésze alakú köszörű/csiszolókorong; fazékkorong; ~ **winding frame/machine** *tex* tölcséres csévélőgép

cupboard tálaló, pohárszék; (étel)szekrény, faliszekrény; fiókos állvány; (műszer)állvány; ~-**door fixer** szekrényajtó-kitámasztó; ~ **linings** *pl pa* szekrénycsík

cupel I. *v* → cupellate; **II.** *n* tégely; *koh* nemesfém-elválasztó edény, (le)űzőedény, űzőke; ~ **assay (test)** *koh* űzőpróba, nemesfém-elválasztó próba; ~ **furnace** *koh* (le)űzőkemence

cupellate *koh* leűz, elválaszt *(nemesfémet)*

cupellation *koh* kémpróba, (le)űzés

cupelled, *US* **cupeled silver** *koh* kohóezüst

cupelling, *US* **cupeling** *koh* (le)űzés; ~ **furnace** *koh* (le)űzőkemence

cupferron *vegy* kupferron

cuphole *geol* völgykatlan

cupola *ép* boltíves tető, körtorony; gömbsüveg; kupola; *kat* forgó lövegtorony/figyelőtorony; *ker* körkemence; *koh, önt* kupoló(kemence); ~ **blast gate** kupoló(kemence) fúvóberendezése; ~ **blower** kupoló(kemence) fúvógépe; ~ **dam** *hidr* kupolagát; ~ **dome** *ép* kupolatboltozat; ~ **furnace** kupoló(kemence); ~ **leg** kupolókemence oszlopa; ~ **mantle** → ~ shell; ~ **melting** olvasztás kupolókemencében; ~ **nozzle** kupolókemence-fúvóka; ~ **on pendentives** *ép* csegelyes kupola; ~ **receiver** *koh, önt* mellmedence, előtétmedence, vasgyűjtő *(kupolakemencéé)*; ~ **roof** *ép* kupolafedél, kupolatető, boltíves/kupolás tető; ~ **shell** kupoló(kemence) köpenye; ~ **slag** kupolósalak; ~ **top** kupoló(kemence) torka; ~ **well** kupolókemencefenék

cupped csésze/tölcsér alakú; kerek bemélyedésű; ~-**point screw** tölcséres végű csavar; ~ **wear** *gumi* kagylós kopás; ~ **wheel** *gép* mélyített tárcsás kerék; *hidr* serleglapátos kerék

cupping *fa* felkajszulás, homorúvá vetemedés; *heng* mélyhúzás *(sekély)*, csészehúzás; *mt* homorú sajtolás; ~ **die** mélyhúzó szerszám; ~ **ductility** *any* mélyíthetőségi mérték; ~ **index IE** *any* Erichsen-féle mélyítési jellemző; Erichsen-szám; ~ **machine** *any* Erichsen-féle lemezpróba-gép; *kat* töltényhüvelygyártó gép; ~ **of tyres/tires** *gépk* hullámos köpenykopás; ~ **test (with clamped blanks)** *any* mélyhúzhatósági vizsgálat/próba, Erichsen-vizsgálat; ~ **tool** domborító szerszám

cuprammonium *vegy* réz-oxid-ammónia; Schweizer-reagens; ~ **filament (yarn),** ~ **rayon/silk** *tex* réz-oxid(-ammónia) selyem, réz műselyem; ~ **viscosity** *pa* cellulóz viszkozitása réz-oxid-ammóniában

cupreous rézszínű, rézvörös; rezes; réztartalmú; rézszerű; ~ **manganese** *ásv* réztartalmú pszilomelán, lampadit

cupric *vegy* réz(II)-; ~ **acetate** réz(II)-acetát; ~ **arsenite** réz(II)-arzenit; scheele-zöld, svédzöld; ~ **chloride** réz(II)-klorid; ~ **compound** réz(II)vegyület; ~ **nitrate** réz(II)-nitrát; ~ **oxide** réz(II)-oxid; ~ **salt** réz(II)só, kuprisó; ~ **thiocyanate** réz(II)-tiocianát

cupriferous réztartalmú; ~ **pyrite** *ásv* kalkopirit, rézkovand; ~ **slate** *geol* rézpala

cuprite *ásv* kuprit, vörös rézérc

cuprodescloizite *ásv* mottramit

cupromagnesite *ásv* kupromagnezit

cuprotungstite *ásv* kuprotungsztit

cuprouranite *ásv* torbernit, rézuráncsillám

cuprous *vegy* réz(I)-; ~ **chloride** réz(I)-klorid; ~ **compound** réz(I)vegyület; ~ **oxide** réz(I)-oxid, dirézoxid; ~ **salt** réz(I)só, kuprosó; ~ **sulphate/sulfate** réz(I)-szulfát

curable *gumi* vulkanizálható; *műa* keményíthető

curative I. *a* gyógyhatású; minőségjavító *(adalék)*; *gumi* vulkanizáló *(anyag)*; **II.** *n* gyógyszer; ~ **agent** *gumi* vulkanizálószer; *koh* minőségjavító adalékanyag; *tex* konzerválószer

curb I. *v* görbít, hajlít; *távk* szünet- és jeltartam rövidítésével adást gyorsít; **II.** *n bány* falazókeret; tartókeret, tartókoszorú; *ép* betontömbformázó koszorú; járdaszegély, ütközőszegély *(hídon)*; jászolsüveg-gerenda; kerékvető; útszegélykő; manzárdtető alsó része; téglalépcső orrkiképzése *(fából)*; *gép* felhajlított perem; *hidr* (kút)koszorú; vágóél, papucs; *ker* (üst)koszorú *(kifutás megakadályozására)*; *önt* agyagforma-döngölő szekrény; *vegy* kénsavkamrafal; ~ **cock** főelzárócsap *(gázvezetéké)*; ~ **frame** koszorú *(kútalapozáshoz)*; ~ **girder** *ép* gyalogjáró-védőkorlát; ~ **level** *bány* aknakoszorúszint; ~ **pin** *óra* kulcsszeg; ~ **rafter** manzárdtető-szarufa *(felső tört szakaszon)*; ~-**ring crane** *em* forgótárcsás daru; ~ **roof** *ép* megtört tető, manzárdtető; ~ **timber** → ~ frame; ~ **wheels** *v gépk* az elülső kerekeket a járdaszegélykő felé fordítja *(parkoláskor)*

curber *US ép* útszegély-betonozó gép

curbing foglalat, keret; veret; *bány* aknakeret; aknakoszorú; *gép* fegyverzet, vasalás

curbstone *US ép* (hasított) járdaszegélykő, útszegélykő; járdaszegély, ütközőszegély *(hídon)*; kerékvető (kő); peremkő; szélsorkő

curcumin *vegy* kurkumin; ~ **paper** kurkumapapír

curd *élip* alvadék *(tejiparban)*; túró; **~-draining** túrócsurgatás; **~ mill** alvadékmalom; **~ soap** színszappan; faggyúszappan; **~ tension** alvadékellenállás
curdle *élip* (meg)alvad; (meg)alvaszt, olt *(tejet)*; *vegy* koagulál
curdled | **batter** összement tészta; **~ milk** aludttej; megsavanyodott/összement tej
curdling *élip* (meg)alvadás, tejalvadás; bőrösödés; oltás *(tejé)*; *vegy* besűrűsödés, beszáradás *(lakké)*
curdy összement, megalvadt
cure I. *v* kezel, (ki)lyukaszt *(jegyet)*; *cu* fehérít; *élip* érlel; füstöl; pácol; szárít; *ép* érlel *(betont)*; *fa* (ki)keményedik *(ragasztó)*; *gumi* vulkanizál, vulkánoz; *ker* éget, hőkezel; *műa* keményít, hőkezel, beéget; **II.** *n* gyógymód; kezelés; javítás; *bőr* (nyersbőr)konzerválás; tartósítás; *cu* fehérítés; *élip* (ki)készítés; érlelés; füstölés; pácolás; *ép* gondozás, nedves kezelés, utókezelés, érlelés *(betoné)*; *gumi* vulkanizálás, vulkánozás; *ker* beégetés; szárítás kályhában/kemencében; *műa* bakelizálás; beégetés; hőkezelés; keményítés; *tex* fehérítés; **~ accelerator** *gumi* vulkanizálásgyorsító (szer); **~ bay** vulkanizálótömlő; **~ box** *élip* pácolórekesz, pácolókamra; **~ in** *v* bevulkanizál; **~ mixture** *élip* páckeverék; **~ retarder** vulkanizálási lassító; **~ scrap** vulkanizált hulladék
cured | **cheese** érett sajt; **~-in valve** bevulkanizált csőszelep; **~ meat** pácolt hús; **~ resin** kikeményített gyanta; **~ weight of hide** nyersbőrsúly *(fölös só eltávolítása után)*; „sómentes súly"
curie (Ci) *at, metr* curie *(egység)*
Curie | **constant** *fiz* Curie-állandó; **~ cut** *ásv* Curiemetszet; **~ point/temperature** *fiz* Curie-pont, Curiehőmérséklet; **~'s law** Curie-törvény; **~ therapy** rádiumos gyógymód; **~-Weiss law** Curie—Weiss-törvény
curing gyógyítás kezelés; *fa* kötésidő *(faragasztáskor)*; *ker* érlelés, (utó)kezelés; keményedés, önszilárdulás; *műa* keményedés, önszilárdulás; kikeményítés; *vasút* talpfaszárítás; **~ agent** *gumi* vulkanizátor, vulkanizálószer; *műa* hálósító *(adalék)*; keményítő(szer); **~ chamber** *ép* gőzölőkamra *(betonelemgyártásnál)*; *gumi* vulkanizálóhelyiség, vulkanizálószekrény; **~ core** vulkanizálási mag; **~ cycle** *gumi* vulkanizálási ciklus; *műa* keményítési ciklus; **~ damage** *bőr* konzerválási/tartósítási hiba/sérülés; **~ enclosure for steaming** *ép* gőzölőbura, gőzölőfedél; **~ machine** *tex* kondenzációsgép; **~ membrane** *ép* utókezelő/érlelő bevonat; **~ oven** *gumi* vulkanizáló légkazán; *műa* keményítőkemence; **~ pan** *gumi* vulkanizálókazán; **~ period** *ép* utókezelési/érlelési idő; **~ press** *gumi* vulkanizálóprés; **~ range** *gumi* vulkanizálási (hőmérséklet-)tartomány; **~ rate** *gumi* vulkanizálási sebesség; **~ system** *gumi* vulkanizálórendszer; **~ temperature** *gumi* vulkanizálási hőmérséklet; *műa* keményítési hőmérséklet; **~ time** *fa* kikeményedési idő *(ragasztásnál)*; *gumi* vulkanizálási idő; *műa* keményítési/keményedési idő; **~ vessel** vulkanizálókazán
curite *ásv* curit
curium (Cm) *vegy* kűrium
curl I. *v* görbít, hajlít; felhajlít; görbül, (fel)hajlik; becsavar(odik); *alak* csövel, göngyölít; *koh* kipödör; *pa* bodrosít, összesodródik, összecsavarodik; *tex* bolyhoz, fodroz; göndörít, göndörödik; ível(ődik); **II.** *n alak* csövelés, gyöngyölítés; *ép* hajlat, kanyar *(úté)*; *fa* rajzolat; *mat* rotáció; *met* forgatag; örvény; *pa* bodor; kunkorodás; *tex* hullám *(gyapjúszálon)*; perzsautánzat; **~ cloud** pehelyfelhő, cirrus; **~ effect** *tex* bolyhosság; **~ field** *el* örvényes/forgó erőtér, örvénytér; **~ ga(u)ge** *tex* gyapjúíveltség-mérő; **~ of the wool fibre/fiber** *tex* gyapjúíveltség; **~ over** *v szer* körülkorcol; **~-surfaced texture** *tex* hullámos felületű szövet
curled *fa* erezett, csomoros; *tex* göndörített; **~ border** beperemezett szegély; **~ chip** *forg* folyamatos forgács, forgácsspirál; **~ hair** göndörített (ló)szőr *(párnázáshoz)*; **~ pulp** *pa* bodorított cellulóz; **~ wood** csomoros/eres fa, hullámos erezetű fa
curling I. *a tex* göndörödő, hurkolódó, ívelődő; **II.** *n alak* csövelés, gyöngyölítés; felhajlítás; *any* göndörödés, ívelődés; *pa* bodrosítás; *tex* bolyhozás; göndörítés; **~ die** *alak* csövelőszerszám, peremezőszerszám; **~ selvedges** *tex* becsavarodó (szövet)szél
curly *tex* göndör; **~ birch** *fa* habos nyír; **~ bracket** *mat* (kapcsos) zárójel; **~ fibre/fiber** *tex* hullámos(ított) szál; **~ grain** *fa* csavarodott szál; hullámos/habos rajzolat; **~-grained** *fa* kusza szálirányú; **~ wool** hullámos gyapjú
currector *el* áramszabályozó/áramstabilizáló (dióda)
currency *szt* időszerűség; **~ paper** bankjegypapír
current I. *a* folyó, folyamatos; forgalomban levő; kurrens; **II.** *n* áramlás; áramlat; *el* (villamos) áram; áramerősség; *geol* lejtés, dőlés; *hidr* áramlás; sodor *(folyóé)*; tengeráramlás; *szt* áram; **~ alternation** áramirány-váltakozás; **~ amplification** áramerősítés; **~ amplification factor** áramerősítési tényező; **~ amplifier** áramerősítő; **~ anode divider** osztófojtótekercs, anódfojtótekercs; **~ antinode** áramhas; **~ at make** zárási/bekapcsolási áram; **~ awareness service** *szt* olvasószolgálat *(értesítés a frissen beérkezett tételekről)*; **~ balance** árammérleg; áramkiegyenlítés; **~ balance equation** áramegyensúly-egyenlet; **~-balance relay** áramkülönbözeti/áramösszehasonlító relé; **~ balancing reactor** osztó fojtótekercs; **~ bar** harmadik/áramvezető sín; **~-bearing** → **~-carrying**; **~ bedding** *geol* rézsútos rétegeződés; **~ branch** áramleágaztatás; áramág; **~ breaker** árammegszakító; **~-carrying** áramvezető, áramszállító, áram alatti, bekapcsolt; **~ carrying capacity of a contact** érintkező névleges árama; **~-carrying capacity of the electrode** *heg* elektród áramterhelhetősége; **~-carrying classification** *ker* áramlásos osztályozás; **~ characteristic** → **~** diagram; **~ check** folyó ellenőrzés; **~ cheese** *élip* zöldsajt, éretlen sajt; **~ circuit** *el* áramkör; áramkör; árampálya, áramút; **~-closing intensity** bekapcsolási áramerősség; **~ coil** áramtekercs; **~ collector** *em, vasút* áramszedő; **~-collector bow** *vasút* áramszedő líra; **~-comparison protection** áramkülönbözeti/áramösszehasonlító védelem; **~ component** áramösszetevő; áramkomponens; **~ concentration** *geof* áramkoncentráció, áramsűrűség; **~ conductor** áramvezető, áramszállító; **~ conductor pin/stud** *koh* áramvezető tüske; **~ constriction** *at* áram beszűkülése; áram okozta beszűkülés; pinch-effektus; **~ consumer** (áram)fogyasztó *(berendezés)*; **~ consumption** áramfogyasztás; áramszükséglet; **~ control** áramszabályozás; **~-controlled feedback** → **~** feedback; **~ converter/convertor** áramátalakító; **~ coverage** *gép* kerületi áram(terhelés); **~ curve** *hidr*

áramlási görbe; ~ **decay/decrease** áramcsökkenés; ~ **delivery** áramszolgáltatás; ~ **demand** áramszükséglet; ~ **density (CD)** áramsűrűség; ~**-dependent starting** *gépk* áramtól függő indítás; ~ **derivation** → ~ branch; ~ **detector** *el* áramjelző; ~ **diagram** áramjelleggörbe, áramkarakterisztika; ~ **difference** *hidr* árapály késése; ~ **direction** *el* áramirány; *hidr* áramlásirány; ~**-directional relay** áramirányrelé; ~**-direction indicator** *hidr* áramlásirány-mérő; ~ **discharge** glimmkisülés, parázs(fény)kisülés; ~ **displacement** áramkiszorítás, szkinhatás, szkinjelenség; ~ **distribution** árammegoszlás; árameloszlás; áramelosztás; ~ **distribution noise** árameloszlási zaj; ~ **distributor** *gépk* gyújtáselosztó; ~ **divider,** ~ **dividing coil** áram(el)osztó; ~**-dividing network** teherelosztó hálózat; ~ **drain** *el* áramfelvétel, áramfogyasztás; ~ **drop** *el* áramerősség-esés; áramleterhelés; ~ **economy** *el* árammegtakarítás, áramtakarékosság; ~ **efficiency (ce)** áramkihasználás; áramhatásfok; ~ **electrode** áramtápelektród; ~ **element** *távk* áramelem; ~ **equalizer** *távk* szűrő (ellenállás); ~ **error** áramhiba, átvételi hiba; ~**-failure alarm** áramkimaradás-jelző; ~ **failure** áramkimaradás; ~ **feed** árambetáplálás; áramcsatolás *(haspontba)*; ~ **feedback** áramvisszacsatolás; ~ **feedthrough** árambevezető; ~**-fender** *ép* partvédő mű *(kimosás ellen)*; ~ **flight plan** *rep* érvényes repülési terv; ~**-flow path** *geof* áramfolyás útja; ~ **fluctuation** áramingadozás, áramerősség-ingadozás; ~ **for power** erősáram; ~ **from irregular source(s)** kóboráram; ~ **gain** áramerősítés; ~**-gain factor** áramerősítési tényező; ~**-generating set** áramfejlesztő gépcsoport; ~**-generating station** áramfejlesztő telep; ~ **generation** áramfejlesztés; ~ **generator** áramfejlesztő, áramgenerátor; ~ **heat** árammeleg; ~ **hogging injection logic (CHILL)** *szt* áraminjekciós logika, CHILL; ~ **holding** *gép* áramtartás; ~**-illumination characteristic** megvilágítási jelleggörbe *(fotocelláé)*; ~ **impulse** áramimpulzus; ~ **indicator** *el* áramjelző; *hidr* sodorjelző tábla; ~ **induced at break** megszakítási áram; ~ **induced at make** → ~ at make; ~ **instruction register** *szt* aktuális utasításregiszter; ~ **intensity** áramerősség; ~ **in the branch** söntáram, mellékáramköri áram; ~ **inverter** *el* váltóirányító, inverter; ~ **lead** áramvezető, áramszállító; ~ **lead-in/leadthrough** árambevezető, áramszállító; ~ **leakage** áramveszteség; áramelfolyás; ~**-limit control** áramkorlátozásos szabályozás; ~ **limiter** áramkorlátozó; ~ **limiting** áramkorlátozás; ~**-limiting circuit-breaker** áramkorlátozó megszakító; ~**-limiting contact system** áramkorlátozó érintkezőrendszer; ~**-limiting device** áramkorlátozó, túláramvédelem; ~**-limiting fuse** áramkorlátozó olvadóbiztosító; ~**-limiting inductor** áramkorlátozó tekercs; ~**-limiting reactor** (túl)-áramkorlátozó/zárlatkorlátozó fojtótekercs; ~**-limit starting** áramkorlátozásos indítás; ~ **line** *hidr* sodorvonal; ~ **linkage** áramkapcsolódás; ~ **loading** áramterhelés; ~ **loop** → ~ antinode; ~ **loss** áramveszteség; ~ **maintenance** *gép* folyamatos karbantartás; ~ **margin** üzemi áramtartomány; ~ **measurement** *hidr* vízsebességmérés; ~ **meter** *el* árammérő, ampermérő; *hidr* áramlásmérő, sebességmérő szárny, forgóműves sebességmérő; ~ **mode** áramnem; ~ **mode logic (CML)** emittercsatolt *v.* áramot kapcsoló logika, ECL, CML; ~ **node** áramcsomópont; ~ **noise** áramzaj; ~ **of accelerated particles** részecskeáram; ~ **of air** *bány* légáram, lágáramlás; ~ **of dielectric convection** eltolódási/polarizációs áram, (di)elektromos eltolódási/konvekciós áram; ~ **on break** megszakítási áram; ~ **on making** → ~ at make; ~**-overload relay** túláramrelé; ~ **page** *szt* aktuális lap *(lapvezérlésű memóriánál)*; ~ **partition** árameloszlás; ~ **passage** áramátmenet, áramátfolyás; ~ **path** áramút, árampálya; ~ **pattern** *ép* végtelen mustra; ~ **penetration** *geof* árambehatolás (mélysége); ~ **phase** fázis *(áramé)*; ~ **plug** áramvezető-csatlakozó; ~ **protection** áramvédelem; ~ **pulse** áramimpulzus; ~ **rate** *hidr* áramlási sebesség; ~ **rate of rise** árammeredekség; ~ **rating** áram névleges értéke/teljesítménye; *félv* áramterhelhetőség; ~ **ratio** áramarány, áramáttétel; ~ **reaction** párhuzamos reakció; ~**-reflection coefficient** *távk* áramvisszaverődési együttható; ~ **regulation** áramszabályozás; ~ **regulator** áramszabályozó; ~ **regulator diode** áramszabályozó/áramstabilizáló dióda; ~ **relay** áramrelé; ~ **requirement** áramszükséglet; ~ **resonance** soros rezonancia, áramrezonancia; ~**-responsive circuit** áramra érzékeny áramkör; ~ **reversal** áram irányváltása; ~ **reverser** irányváltó/pólusváltó (kapcsoló), kommutátor; ~**-reversing key** áramirányváltó kulcs; ~ **ripples** *pl hidr* vízfodrozódás *(áramlástól)*; ~ **saving** áramtakarékosság; ~**-sensing** áramérzékelő; ~ **sensitivity** *félv* áramérzékenység; ~ **signal** *távb* áramlökés; ~**s in opposite directions** szembeáramlás, ellenáramlás; ~ **source** áramforrás; ~**-square meter** kvadratikus milliampermérő; ~ **stabilizer** áramstabilizátor; ~ **stabilizing tube** áramstabilizátorcső, baretter, áramstabilizáló cső; ~ **strength** áramerősség; ~ **supplier** áramszolgáltató (vállalat); ~ **supply** áramszolgáltatás; áram-hozzávezetés; áramellátás; ~ **supply point** áramleszedő hely, fogyasztócsatlakozás; ~ **tap** elágazódoboz, T-csatlakozó, T-doboz; ~ **telemeter** áramtávmérő; ~**-time curve** áram-idő görbe; ~ **to earth** földzárlati áram; ~ **transfer** áramátvétel; ~ **transfer ratio (CTR)** áramátviteli viszony; *el* csatolási tényező; ~ **transformer (CT)** áramváltó, áramtranszformátor; ~**-transformer operated series trip** áramváltóról táplált soros kioldó; ~ **tube** áramcsatorna; ~ **type** áramnem; ~ **voltage characteristic** áram-feszültség jelleggörbe; ~**-wave laser** folyamatos sugárzású lézer; ~**-wavelength characteristic** spektrális érzékenységi görbe *(fotocelláé)*; ~ **yield** áramkihasználás, áramhozam, szolgáltatott áram(mennyiség)

curried scrap leather kész bőrhulladék *(lenyesési v. stuccolási)*

currier *bőr* kikészítő *(munkás)*; ~**'s ink** bőrfeketítő festék; ~**'s knife** bőrfaragó kés/vas

curriery (bőr)kikészítő üzem/műhely; bőrgyár

curry *bőr* kikészít, zsírral puhít *(bőrt)*

currycomb file hegyes élű reszelő

currying work bőrkikészítő műhely/üzem

cursive I. *a* kurzív, dőlt betűs; **II.** *n* dőlt/kurzív betű

cursor tolóka, csúszka; logarléctolóka; mutató, index *(mérőeszközön)*; *el* rotor, forgórész; *gép* állítógyűrű, betétgyűrű, védőgyűrű; *nyom* kurzor, helyzetjelölő *(fénypont)*; *szt* kutató, mutató, helyőr; *távk* iránymutató *(radaré)*; *tex* futó *(fonógépen)*

curtail rövidít, kurtít; nyirbál, csökkent, korlátoz; ~-**step** *ép* induló (legömbölyített sarkú) lépcsőfok
curtailment rövidítés, kurtítás; megnyirbálás, csökkentés, korlátozás; szélességcsökkentés *(tartón)*
curtain I. *v* ráncosodik, ráncossá válik *(festék, lakk)*; **II.** *n* függöny; *at* (neutronbefogó) köpeny; *el* árnyékolófólia; árnyékolólemez; *ép* összekötő kerítésfal; *gépk* levehető fedél oldala; *távk* antennasor; *tex* drapéria; függöny; ~ **antenna** függönyantenna, síkantenna; ~ **aperture** *foto* redőnyös fényrekesz; ~ **array** dipólsík, dipólfüggöny; ~ **clasp** függönytartó; ~ **cord** függönyzsinór; ~ **drain** *hidr* övcsatorna, övdrén, felfogócsatorna, felfogódrén; ~ **effect** *távk* függönyhatás *(zavar)*; ~ **grouting** *hidr* függönyfal injektálása; ~**(-lace) machine** függönycsipkeverő gép; ~ **of coal** *bány* szénfüggöny; szénterület; ~ **rod** függönyrúd; ~**(-type) shutter** *foto* redőnyzár; *gépk* gördülőredőnyös/görredőnyös hűtőzsalu; ~**(-)wall** *bány* légválasztó (deszkafal); *ép* függönyfal; töltéslezáró fal; válaszfal; zárófüggöny; *hidr* függönyfal; merülőfal; vízzáró fal; ~**-wall bond** *ép* burkoló téglakötés/falkötés; ~**-wall sheet** borítólemez; ~ **wipe** *foto* redőnyzár
curtaining ráncosodás *(festéké, lakké)*; *tex* függönyanyag
curtate *mat* rövidített; ~ **cycloid** hurkolt ciklois; ~ **epicycloid** hurkolt epiciklois; ~ **hypocycloid** nyújtott hipociklois
Curtis turbine Curtis-turbina
curvature görbület, görbülés; kanyarulat; *ép* (út)kanyar; *geof* görbület; *mat* görbület; *mech* görbület(változás); *vasút* kanyarulat, (pálya)ív; ~ **anomaly** *geof* görbületi rendellenesség/anomália; ~ **curve** *mat* görbületgörbe; ~ **design** *geod* ívkitűzés; ~ **distribution** görbületeloszlás; ~ **effect** *geof* görbületi hatás; ~ **force** görbületi erő; ~ **map** görbülettérkép; ~ **moment** görbületi nyomaték; ~ **of (image) field** *opt* képgörbület *(lencsehiba)*; képtorzítás (gömbi eltérés következtében); ~ **of space** *fiz* térgörbület; ~ **of the path** pályagörbület; ~ **of the surface** felületi görbület/görbültség; ~ **profile** *geof* görbületszelvény; ~ **value** görbületérték; ~ **variometer** *geof* görbületi variométer; ~ **vector** görbületi vektor
curve I. *v* (meg)görbít; ível, (meg)hajlít; kanyarodik, fordul *(jármű)*; (meg)görbül, (meg)hajlik, ívelődik; elhajlik; *bány* résel; *geod* ívet kitűz; **II.** *n* ív; görbe vonal; hajlat; *ép* görbe ív; kanyar, hajlat; S-kanyar; *geod, gép* görbevonalzó, sablon; *hidr* kanyarulat; *közl* kanyar, útkanyarulat; *mat* diagram; függvényábra; görbe; grafikon; *vasút* ív, kanyar(ulat); ~ **adjustment** *vasút* ívszabályozás; ~ **analyzer** görbeelemző, görbeanalizáló/görbekiértékelő (készülék); ~ **arc** *mat* ív, görbeív; ~ **bracket** *vasút, el* feszítőszigetelő *(kanyarban)*; ~ **crossing** *vasút* köríves vágányátszelés; ~ **distortion** görbetorzulás; ~ **drawing recorder** → ~ recorder; ~ **family** *mat* görbesereg; jelleggörbesereg, karakterisztikasereg; ~**-fitting** *fiz, mat* görbeillesztés, görbeközelítés(i eljárás); ~ **follower** *aut, mat* görbekövető; *szt* görbeolvasó; ~**-forming rest** *forg* másolószán; ~ **frame** *vasút* íves sínmező *(kisvasúti)*; ~ **ga(u)ge** íves/görbevonalú idomszer; ívsablon; ~ **going gear** *em* íveltpályás járószerkezet; ~ **in the road** kanyar, hajlat; ~ **lamp/light** *gépk* kanyarfényszóró; kanyarulati fényszóró; ~ **length** ívhossz; ~ **line** görbe vonal; *mat* görbe; ~**-lined** görbevonalú; ~**(-)milling machine** *forg* bütyökmaró/profilmaró gép; ~**-negotiating** *em* ívbenhaladási képesség *(pl. toronydarué)*; ~ **of altitude** *rep* magasséggörbe; ~ **of brightness distribution** fényességeloszlási görbe; ~ **of constant pressure** *fiz* izobár; ~ **of constant slope** *mat* esésvonal, lejtővonal, állandó lejtésű görbe *(valamely felületen lévő térgörbe)*; ~ **of constant temperature** *fiz* izoterma; ~ **of constant volume** *fiz* izochor; ~ **of correction of the hysteresis loop** *el* hiszterízishurok korrekciós görbéje; ~ **of decay** *hang* lecsengési görbe; *mech* kirezgési görbe; ~ **of demand** *hidr* vízigénygörbe; ~ **of dispersion** *fiz* diszperziós görbe, szórásgörbe; ~ **of distribution of magnetic field** *fiz* térerősség-eloszlási görbe; ~ **of equal altitude/level** izohipsza, (magassági)szintvonal; ~ **of intersection** metszésgörbe, metszésvonal; ~ **of light distribution** fényerősségeloszlási görbe; ~ **of normal distribution (of errors)** Gauss-görbe, haranggörbe; normális (hiba)eloszlás görbéje; ~ **of normal magnetization** áramfordításos/átmágnesezési görbe; ~ **of pursuit** *mat* üldözési görbe; üldözőgörbe; ~ **of second degree/order** *mat* másodrendű (sík)görbe, kúpszelet; ~ **of sliding** *talt* csúszógörbe; ~ **of spectral distribution** színképi/energiaeloszlási görbe; ~ **of state** állapotgörbe; ~ **of static stability** *hajó* Reed-diagram; ~ **of supply** *hidr* vízszolgáltatási görbe; ~ **of (the) switch** *vasút* váltó íve; ~ **of the third degree/order** *mat* harmadfokú/harmadrendű görbe; ~ **of water level variation** *hidr* vízállásgörbe, vízszintjárás görbéje; ~ **pen** ívkihúzó toll; ~ **piece** görbevonalzó; ~ **plotter** *szt* görberajzoló; ~ **pulley** *vasút* terelőgörgő, vezetőgörgő; vezetékfeszítő csiga *(kanyarokban)*; ~**(-)ranging** *geod* ívkitűzés; ~**-recorder** görbeíró, görberajzoló; ~**-recording apparatus** görbefelrajzoló készülék; ~ **resistance** *vasút* kanyarulati ellenállás; ~ **roller** *vasút* terelőgörgő, vezetőgörgő *(kanyarban)*; ~**s** *pl nyom* gömbölyű zárójel; ~**-sawing** *fa* kanyarító(fűrész); ~ **scanner** *szt* görbekövető; ~**(-)setting** *geod* ívkitűzés; ~ **sheet** diagram, nomogram; ~ **template/templet** görbevonalzó; *önt* hajlított alakzó; ~ **trace** görbelefutás, görbemenet, görbe menete; ~ **tracer** ívrajzoló; ~ **tracing** karakterisztikarajzolás *(oszcillográfon)*; ~ **travel(l)ing equipment** → ~ going gear; ~ **widening** *ép* kanyar kiszélesítése/kiszélesedése
curved görbe, görbült; hajlított, ívelt, ív alakú; *bőr* (le)sarkított, (le)kerekített; ~ **approach** *rep* ívelt megközelítés; ~ **bar** görbetengelyű rúd; ~ **batter** *geol, ép* görbevonalú lejtő/rézsű; ~ **beam** ív alakú gerenda/tartó; ~ **box** *kat* íves tár; ~ **brick** *ép* íves idomtégla; ~ **bridge** *ép* ívben fekvő híd; ~ **characteristic** ívelt/könyökös jelleggörbe; ~ **chisel** *szersz* völgyelővéső, ívesvágó; ~ **crank** *gép* hajlított forgattyúkar; ~ **crystal** hajlított kristály; ~ **disc/disk** görbetárcsa, spirálvonalas tárcsa; ~ **face** ívelt lap *(kristályé)*; ~ **fold** *geol* hajlított redő; ~ **forceps** *finm* hajlított csipesz; ~ **frame** *ép* ív alakú keret; íves ajtótok/ablaktok; ~ **gravity dam** *hidr* íves súlygát; ~ **guide** görbe vezetőléc; ~ **head** *hőt* domború fenék; ~ **lead** *vasút* váltóívhossz; ~ **lever** könyökös emeltyű; ~ **link** *gép* íves kulissza; íves összekötő elem *v.* vonórúd; ~ **mirror** gömbtükör; ~ **mo(u)ld** *koh* ívelt kristályosító; *nyom* rotációslemez-öntőforma; ~ **plate** *nyom*

ívelt/rotációs lemez; ~ **rail** *vasút* ívsín; ~ **ray** görbült sugár; ~ **rib** *gép* íves borda; ~ **rod** *mech* görbe rúd; ~ **scale** görbe vonalú skála, ívskála; ~ **shuttle** *tex* hajított vetélő; ~**-side wall** *ép* íves oldalfal; ~ **sliding surface** *geol* görbe csúszólap; ~ **slot** ívhorony; ívelt hasíték; ~ **splayed transition** *hidr* görbült ferde *v.* görbült fokozatos szűkülésű átmenet; ~ **stereo** → ~ plate; ~ **stone** *ép* idomkő; ~ **surface** ívelt felület; *mat* palást *(kúpé, hengeré)*; ~ **switch** *bány* ívesített kitérő; ~ **tapered transition** → ~ splayed transition; ~ **tip** *vasút* íves pályájú vagonbuktató szerkezet; ~**-tip tongs** *pl szersz* görbe csőrű tűzifogó; ~ **toothing** *gép* ívelt fogazat; ~ **track** *vasút* pályaívkanyar; ~ **trajectory** íves röppálya *(ballisztika)*; ~ **turn** ívátmenetes irányváltozás; ~ **washer** hajlított alátét; ~ **weir** *hidr* görbe vonalú bukó; ~ **windscreen/windshield** *gépk* hajlított szélvédő(üveg); ~ **wing** *hidr* íves hordalékterelő szárnyfal

curviform görbe alakú

curvilinear *mat* görbe vonalú; *mech* görbe pályájú; ~ **coordinates** *mat* görbe vonalú koordináták; ~ **dislocation** *ásv* görbe vonalú diszlokáció; ~ **integral** vonalintegrál, görbe menti integrál; ~ **motion** görbe vonalú mozgás; ~ **perspective** görbe vonalú távlati rajz; ~ **regression** *mat* görbe vonalú *v.* nem lineáris regresszió; ~ **triangle** ívháromszög, görbe vonalú *v.* körívekből álló háromszög

curvimeter görbületmérő, ívhosszmérő

curving görbület, hajlás; hajlítás; *bány* koszorú, keret *(aknában)*; ~ **machine** hajlítógép; ~ **method** *nyom* hajlításmód

cushion I. *v* (ki)párnáz, kitöm; *gép* csillapít, fékez, tompít *(lökést, ütést, ütközést)*; kiegyenlít; **II.** *n* párna, vánkos; *bány* (tám)saru; párnafa; *ép* aljzat; dúcsüveg; vízpárna; *gép* rugós felfüggesztés; rugózó/lökésfelfogó elem; *gépk* lökhárító; párnagumi *(abroncs futófelülete alatt)*; *rep* légpárna; ~ **blanket course** *ép* ágyazás kockakőburkolat alá, ágyazóréteg; ~ **blasting** *bány* űrfojtás(os robbantás); űrlövés; ~ **block** *ép* cölöpfejpárna; ~ **board** *pa* lágy hullámlemez; ~ **capital** *ép* kockafejezet; vállkő; ~ **carrier idler set** *em* feladó alátámasztás; ~ **course** → ~ blanket course; ~ **craft** légpárnás jármű; ~ **disc/disk** rugalmas tárcsa, rugóstárcsa; ~ **distortion** *tv* párnatorzítás; ~ **effect** *rep* párnahatás; ~ **face** ütközőfelület, ütőfelület, illesztési felület; ~ **frame** *gépk* párnázott ülés kerete; ~ **gas** *ol* párnagáz; ~**-grip handle** hőszigetelő (mű)anyaggal borított fogó/nyél; ~ **head** *ép* verőfej; ~ **horn** *bány* csille(be)toló rugós bütyke; ~ **layer** *ép* csillapítóréteg; hangszigetelő/hőszigetelő réteg; ~**-like** párnaszerű; ~ **of air** légpárna; ~ **of tyres/tires** *gépk* pántszalag, tömlővédő szalag, párnagumi; ~ **plate** *ép* ütköző tolólap; *mt* alsó befogópofa; ~ **ply** *tex* többrétegű párnaszövet; ~ **pool** *hidr* utófenék, párnamedence; ~ **rafter** *ép* segédszarufa; ~ **seat** párnás/rugalmas ülés; ~ **sheet** *nyom* belőtt/közberakott ív; ~ **socket** *rád* rugós/rezgésmentes csőfoglalat; ~ **stock** *gépk* párnaréteg *(gumiabroncson)*; ~ **support** *bány* engedékeny biztosítás; ~**-type pneumatic spring** párnarugó; ~ **tyre/tire** *gépk* párnaabroncs, kisnyomású gumiabroncs; ~ **wood** *bány* párnafa

cushioned rugózott; ~ **blasting** *bány* űrlövés, űrrobbantás; ~ **drive** *gép* rugalmas hajtás; ~ **socket** *rád* rezgésgátló talp; rezgésmentes/rugós csőfoglalat

cushioning párnahatás; tompítóhatás; rugózás, rugalmas csillapítás; ~ **layer** *ép* csillapítóréteg; ~ **pool** *hidr* utófenék, párnamedence; ~ **spring** *gép* lökéscsillapító rugó; párnarugó

cushiony párnás

cushy kényelmes, könnyű, lágy

cusp (hegyes) csúcs; *csill* holdcsúcs; holdszarv; *ép* belső csúcs *(íves ékítményen)*; orr; *geol* hegy(csúcs); hegykiszögellés; *mat* csúcs(pont); visszatérési pont, fordulópont *(görbéé)*; ~**-locus** csúcspontok mértani helye; ~ **of (the) first kind** csúcs, elsőfajú visszafordulási pont; csúcsszingularitás; ~ **station** *vasút* csúcsállomás

cusped csúcsos; hegyes (végű), csúcsos; ~ **arch** *ép* fogasív; ~ **geometry** csúcsos/kihegyezett konfiguráció

cuspidal | **circle** *mat* visszatérőkör, szingularitáskör; ~ **curve** *mat* kuszpidális görbe; ~ **point** *mat* csúcs(pont), visszatérési pont, fordulópont *(görbéé)*; ~ **point of (the) second kind** *mat* másodfajú csúcspont *v.* visszafordulási pont, csőrpont; ~ **pole** *mech* visszatérési pólus, fordítópólus; ~ **tangent** *mat* csúcsérintő, érintő a csúcspontban

cuspidity hegyesség

custom rendelésre *v.* nem sorozatban gyártott/készült; ~**-built** különleges kivitelű; külön rendelésre készült/épült; egyedi tervezésű/kivitelezésű; egyedileg készített, nem sorozatban gyártott; ~**-built circuit** *szt* alkalmazásorientált áramkör; ~**-design IC** *szt* felhasználói IC, felhasználói integrált áramkör; ~**-made** rendelésre készült; ~ **mixing** *műa* keverék összeállítása a megrendelő előírása szerint; ~ **mo(u)lder** *műa* bérsajtoló; ~ **sawing** *fa* bérvágatás; ~ **seal** vámzár

customary szokásos, hagyományos

customer vevő, vásárló, rendelő fogyasztó, átvevő; ~ **engineer** *szt* karbantartó mérnök

customs *pl* vám(hivatal); ~ **airport** vámrepülőtér, kilépő repülőtér; ~ **declaration** vámnyilatkozat; ~ **duty** vámilleték, vám; ~**-free** vámmentes; ~ **regulations** vámszabályok; vámelőírások

cut I. *v* darabol; vág; kifarag, vés *(követ, márványt)*; megvág, levág; elvág, szétvág; *alak* kivág, stancol, csákoz; *bány* (alá)résel; betör; *bőr* lenyes; *el* megszakít, vibrál; *ép* feltör, fellazít; nyit *(munkagödröt)*; *fa* bárdol, farag, kifűrészel; kivág, leszab *(fát)*; *film* megvág, levág; vág; *forg* forgácsol(ással megunkál); leválaszt *(forgácsot)*; metsz, vág *(csavarmenetet)*; *gépk* alávág *(kereket)*; *hang* vág *(barázdát)*; *mat* (le)metsz; *óra* metsz, csiszol *(drágakövet)*; *ruh* (ki)szab; *vegy* csökkent, vág; **II.** *a* (le)vágott, felvágott, szétvágott; *óra* metszett *(ékkő)*; *tex* nyírott *(bársony)*; **III.** *n* árok; rovátka; (szét)fűrészelés, szétszelés, (szét)vágás; (be)metszés; vágás, szelet; fametszet; csökkentés; (réz)metszet; *any* csiszolat, köszörület; *ásv* kristálymetszet; kristályszelet; *bány* (fejtési) fogás; betörés; betörő robbantás; fejtés; *bány* bevágás, pászta; rés, hasadás, (hajszál)repedés; réselés; *bőr* karcolás; *el* áram(kör) megszakítása; *élip* (le)vágás *(állaté)*; *ép* árok; átmetszés, átvágás *(folyómederé, töltésé)*; kőfaragás; profil, szelvény; *fa* (szét)fűrészelés; bárdolás; fadöntés; faragás, vésés; favágás; forgács, reszelék, törmelék, omladék; *film* vágás, snitt; *forg* (reszelő)vágat; fogás; forgácsolás; rovátka; vésés, gravírozás, cizellálás; véset; *hidr* csatorna; ereszték; horony, barázda; *kh* gépfinomság *(angol rendszer)*; *koh* csiszolat, köszörület; *mzg* vágószélesség; *nyom* fametszet; rajz *(formán)*; rézmetszet; vakarásnyom; *ol* frakcionáló lepárlás; párlat, frakció; *óra* véset; *önt* forma megvágása; *rep* kikapcsolás, kikapcsolt állapot; *ruh* szabás(minta), snitt; fazon; *távk* átvágás *(hírszórás)*; *tex* géposztás; köteg, pászma; motring; nyersszövethossz; szövetvég; *vasút* kocsicsoport; kocsileakasztás *(tolatásnál)*; szerelvény; *vegy* csökkenés, csökkentés; frakció, (rész)párlat; keresztezés, kereszteződés; szaporítás, vágás; ~ **a core** *v ol* magot fúr/vesz; ~ **across** *v bány* csapásra merőlegesen hajt *(vágatot)*; *nyom* keresztirányban vág; ~ **across stream bend** folyókanyar átvágása; ~ **a dam** *v* gátat/töltést átvág; ~ **a ditch** *v* árkot ás/húz/nyit, árkol; ~ **a drift** *v bány* keresztvágatot hajt; ~**-and-covered goods** *pl kh* félidomdarabban *v.* félig idomozottan kötött áru; ~**-and-cover (method)** *ép* nyitott építésmód *(alagút)*; ~**-and-cover section** *hidr* fedett szelvény; ~**-and-fill** *bány* fejtés/művelés tömedékeléssel; *ép, talt* vegyes szelvény; ~**-and-fill program(me)** *ép* tömegkiegyenlítő tervezés *(földmunkáé)*; ~**-and-paste** *szt* hagyományos (ragasztásos) tördelés; ~**-and-sewed fashioned garment** utánszabott és varrott ruhadarab; ~ **and strip** *félv* fóliavágásos maszkábrakészítés; ~**-and-try method** próbálgatás; megközelítési *v.* durva kísérleti módszer; ~ **a profile** *v ép* profiloz, szelvényez; *mt* profiloz, alakosra munkál; ~ **a thread** *v forg* menetet fúr *(belül)*; menetet metsz *(kívül)*; menetet vág; ~ **a trench** *v bány* árkol, csatornáz; *ép* árkot ás/húz/nyit, árkol; ~ **autogenously** *v heg* autogénnel/lánggal vág; ~ **away** *v* lemetsz, lenyes, levág; lefarag; kivés, kifarag *(formára)*; *forg* kiformál, kialakít *(munkadarabot)*; *nyom* utánszúr; ~**-away** → cutaway; ~ **back** *v* csökkent, lefarag *(létszámot)*; *ép* hígít *(bitument illóanyaggal)*; *fa* visszanyes, visszametsz; *geod* hátrametsz; *ol* felbont; lepárol; ~**-back** → cutback; ~ **blasting** *ép* munkagödör-robbantás; ~ **by boring** *v bány* (meg)fúr; ~ **chips** *v* forgácsol *(fémet, fát)*; ~ **copy** *nyom* körülvágott példány; ~ **curd** *élip* aprított alvadék; ~ **diamond** brilliáns; ~ **down** *v* csökkent, redukál; levág, ledönt, kidönt *(fát)*; lerombol, ledönt, bedönt; leenged *(pl. gumiabroncsot)*; hajót leszerel/szétszerel; ~**-down milling** *forg* egyirányú marás; ~ **down to grade** *v geod* kitűzési/kívánt profilmélységre/szintre leás; ~ **drain** *ép* víztelenítőárok; ~**(-)edge** vágásfelület; *bány* vágósaru, vágóél; *heg* vágóél, papucs; vágott/vágási szél; *mat* elvágó él, híd *(gráfban)*; *nyom* vágóél, metszőél; *önt* rávágás, megvágás; ~ **edge of cloth** beszakadt áruszél; ~ **edges** *v pa* körülvág; ~ **edges** *nyom* egyszerű metszés *(könyvön)*; vágott szél; ~ **facets** *v* fazettál; ~ **fibre/fiber** *tex* vágott szál; ~ **file(s)** *v* reszelőt vág; ~ **flush** *v ép* egy síkba hoz, színelve vág; ~ **garment** *kh* szabott kötöttáru; ~ **gear** forgácsolt/fogazott fogaskerék *(nem öntött)*; ~ **glass** metszett/csiszolt üveg; ~ **goods** *pl koh* idombakötött/kiszabott áru; *tex* méteráru; ~ **growth** *gumi* bevágódásterjedés, bevágódásnövekedés; ~ **hole** *bány* betörő fúrólyuk; ~**-image rangefinder** koincidenciás távolságmérő; ~ **in** *v el* bekapcsol, beköt; *gép* beékel; beiktat; *szersz* beszúr; bevág, barázdál; *távb* (vonalba) befigyel; ~**-in** *el* bekapcsolás, zárás; bekapcsolt állapot; *film* hasznos anyag *(filmforgatásnál)*; ~ **in half** *v* → ~ in two; ~**-in hum** *tv* bekapcsolási búgás; ~**-in illustration** *nyom* körültördelt illusztráció/ábra; ~**-in index** *nyom* betűlétra, élregiszter; ~**-in light** *foto* beiktatott fény; ~**-in loop** *vasút* önműködő fékezésbeiktató hurok; ~**-in pressure** *gép* fékkompresszor bekapcsolónyomása; ~**-in relay** bekapcsolórelé; ~**-in speed** bekapcsolási fordulatszám; ~ **into pieces** *v* darabokra vág, feldarabol, szétdarabol; ~ **in two** *v* kettévág, kétfelé vág; ~**-in voltage** *el* bekapcsolási feszültség; ~ **joints** *ép* ácsolt illesztések; ~ **length** *heng, koh* vágott hossz; ~ **lining** *ép* munkagödör-burkolás; ~ **looker** *tex* nyersáru-osztályozó; ~ **loop** felvágott lánchurok *(bársonyszövésnél)*; ~ **mark** *nyom* vágójel; *tex* darabjel; szövetjelzés, hosszjel(zés); ~**-marker** *tex* jelzőkészülék; ~**-meter** forgácsolósebesség-mérő; ~ **nail** kárpitosszeg; ~ **negative** *foto* vágási negatív; ~ **nippers** *pl szersz* csípőfogó; ~ **of cars** *vasút* vonatszakadás; ~ **off** *v* levág, lemetsz; megbont, megszakít *(áramkört, kapcsolást)*; elválaszt, elvág, felvág; *el, en* kikapcsol *(áramot, gázt)*; *ép* darabol; *fa* lefarag; *forg* leszúr; *gép* elzár *(gépet)*; *hidr* átvág; *hőt* elfojt, elzár *(gőzt)*; ~**-off** → cutoff; → cutting-off; ~**-oil** *ol* vizes olaj; ~ **on the mitre/miter** *v fa* „gérel", „gérbevág"; 45 fokra levág; ~ **open** *v* felvág, megnyit; *forg* furatátmérőt tágít; ~ **out** *v* kivág; *forg* stancol, csákoz; *gép* kiiktat; *gépk* kihagy *(motor)*; *nyom* utánszúr; *rád* szelektíven behangol; *rep* kikapcsol, kiiktat; *ruh* kiszab, testre szab; *távb* szétkapcsol; ~**-out** → cutout; → cutting; ~**-over** *hang* átmetszés, átvágás; ~ **paraboloid** *mat* csonka paraboloid; ~**-pattern** *alak* szabásminta; ~**-pile carpet** *tex* bolyhos bársonyszőnyeg; ~ **pile fabric** *tex* bolyhos szövet; ~ **plush** *tex* vágott plüss; ~**(-)point** *mat* elválasztó/elvágó pont; *ol* részpárlat forráshatára; ~ **prop** *bány* hegyezett tám; ~ **round-nose plane-iron** lyuknagyoló gyaluvas; ~**s** *pl any* próbavételnél kapott anyag; *bány* levált/lemetszett kőzetdarabok/ércdarabok; ~**s compensator** *kat* lökéskiegyenlítő; ~ **set** *mat* vágás, elvágó halmaz *(összefüggő gráfé)*; ~**-sewed stocking** szabásos harisnya *(szabott és varrott)*; ~**(-)sheet** tömbgumi, gumilepel, natúrgumi; vágott gumilemez; ~ **sheet feeder** *szt* lapadagoló *(nyomtatóhoz)*; ~ **short** *v fa* bütüz, stuccol; *film* hangot vág; ~ **shot** *koh, önt* huzalszemcse; ~ **side** *ép* munkagödör oldalfala; ~**-size** *fa* méretvágó *(furnírhoz)*; *ker* szemcsefrakció, szemcseosztály; *szersz* fogásmérték; méret; ~ **skin** *bőr* (be)vágásos bőr; ~ **sole** kicsákozott talpbőr; ~**-spike** kampósszeg; ~ **staple** *tex* elvágott pamutszál; ~ **stone** *ép* faragott/vágott kő; ~**-stone facade/facing** faragottkő homlokzat(burkolat); ~**-stone surface** bárdolt kőfelület; ~ **support** *bány* bevágásbiztosítás; ~ **the grain** *v élip* kristályosodást megakadályoz; ~ **the kiln** *v ker* égetőkemencét elfalaz/elzár; ~ **the margin** *v nyom* körülvág; ~ **thread** *forg* forgácsolt/metszett menet; vágott menet *(csavaron)*; *gumi* vágott gumifonal; ~**-thread tap** esztergált menetfúró; ~ **throat** torokvágás *(bőrön)*; ~ **through** *v* átvág; *távb* közvetlenül kapcsol; ~**-through** átmetszés, átvágás; *bány* áttörés; ~**-through door** küszöb nélküli ajtó; ~ **ticket** végjelző címke; ~ **to** *v távb* (vonalba) befigyel; ~ **to ga(u)ge** *v* minta szerint *v.* méretre vág; ~ **to length** *v fa, forg* leszab, (megszabott) méretre (le)vág; ~ **tooth** *forg, gép* forgácsolt fog(azás); ~ **to register** *pa* vízjel elhelyezésével vágva; ~ **to requirements** *v fa* előírás szerint kifűrészel; ~ **to size** *v* → ~ to length; ~ **to small rolls** *pa* bobinában; ~ **type faces** *v nyom* betűt metsz; ~ **up** *v* felvág, feldarabol, felaprít, szétdarabol, szétvág; leszab, (megszabott) méretre (le)vág; *élip* felbont *(levágott állatot)*; ~**-up** feldarabolt, szétvágott; tagolt; ~**-up goods** → ~ goods; ~**-up milling** *forg* homlokmarás; ~ **upwards** *v bány* feltörést készít; ~ **velvet** vágott bársony; ~ **wire** *koh, önt* huzalszemcse, drótvagdalék; ~ **with the graver** *v* graviroz, vés, metsz; ~ **wooden stairs** *ép* vésett falépcső

cutaway kimetszett, kivágott; levágott *(vég)*; *film* vágókép; ~ **disc/disk** *mzg* csipkés (szélű) tárcsa *(boronáé)*; ~ **drawing** → ~ view; ~ **picture** cipőszabásminta; ~ **view** metszetes ábrázolás, metszetrajz

cutback korlátozás, csökkentés; *ip* keretcsökkentés; leépítés; *ol* gudron; hígított bitumen; lepárlási maradék/maradvány; mazut; ~ **(asphaltic) bitumen** *ép* hígított bitumen

cutch, cutechu *bőr* katechu, kasu; *óra* keménypapírköteg, pergamentköteg; ~ **brown** *tex* kasubarna; ~ **mordant** katechupác

cutfall *hidr* torkolat

cutler késműves; késes

cutlery késesmesterség, késművesség; kések; evőeszközök; késáru; ~ **paper** késművespapír

cutless *ép* hézagmentes *(padló)*; *koh* varratmentes *(cső)*

cutoff lemetszés, levágás; kivágás, kivájás *(művelet)*; *bány* réselési irány; *el* áramlevágás; kikapcsolás; *ép* gát, rőzsegát; szelet, karéj; szelvény, profil; *fa* hulladék *(megmunkálásból)*, levágott rész; *forg* leszúrás, levágás; *gép* lezárás; lezáró szerkezet; *hidr* átvágás, mederátmetszés, mederátvágás; holtág *(folyóé)*; metszett drén; övcsatorna, övdrén, felfogócsatorna, felfogódrén; szivárgásgátló (fal); vízzáró fal, résfal; *kat* tölténytár záróretesze *(lőfegyveren)*; *műa* sorja; vágószegély; *nyom* levágat; *opt* ernyőzés; *rak* égésvég; leállítás *(hajtóműé)*; *távk* alsó könyök *(csőkarakterisztikán)*; jellevágás; lezárás *(elektroncsőé)*; megszakítás *(összeköttetésé)*; ~ **altitude** *rep* kikapcsolási magasság; ~ **angle** *el* gyújtáskésleltetési/vezérlési szög; gyújtásszög; *opt* ernyőzés szöge; ~ **attenuator** *el* határfrekvencia alatti csillapító; ~ **bias** *el* lezáró rácsfeszültség; zárófeszültség; ~ **button** *távb* bontóbillentyű; ~ **buttress** *hidr* szivárgásgátló borda; ~ **characteristic of a current-limiting fuse** áramkorlátozási/védelmi jelleggörbe; ~ **cock** elzárócsap; ~ **collars** *pl hidr* szivárgásgátló gallér; ~ **collector current** rövidzárási maradékáram; ~ **collector current with base open** kollektor-emitter maradékáram/visszáram; ~ **collector current with emitter open** kollektor-bázis maradékáram/visszáram; kollektor-maradékáram; ~ **condition** *el* határhelyzet; záróhelyzet; ~ **current** maradékáram, kapacitív áram; levágott *v.* korai megszakítási áram; levágási áram *(elektroncső)*; ~ **curtain** *hidr* (szerkezeti) szádfal; ~ **curve** expanziógörbe; expanzióvonal *(indikátordiagramon)*; ~ **dash** *nyom* zárólénia, záróvonal; ~ **diameter** *távk* kritikus átmérő *(csőtápvonalé)*; ~ **die** *alak* levágó (sajtoló)szerszám; ~ **distance** *at* árnyékolási távolság, küszöbtávolság; ~ **effect** zárlatkorlátozó képesség *(biztosítóé)*; ~ **filter** *távk* zárókör, levágószűrő; ~ **forks** *hidr* vízzáró villa; ~ **frequency** *el* határfrekvencia; *félv* határfrekvencia, levágási frekvencia; *rep* kritikus rezgésszám *(rotoré)*; ~ **governor** *hőt* töltéselzáró szabályozó/regulátor; ~ **grinder** leszúrókőszörű; ~ **grinding** leszúrókőszörülés; ~ **high** *met* leszakadt/cutoff anticiklon; ~ **input** *at* bemenő küszöbteljesítmény; ~ **jack** *távb* bontóhüvely; megszakítóhüvely; ~ **key** *távb* bontóbillentyű; ~ **level** *el* levágási szint, kikapcsolódási küszöb; ~ **level ga(u)ge** *at* küszöbteljesítmény-jelző; ~ **low** *met* leszakadt/cutoff ciklon; ~ **parabola** *el* kikapcsolási *v.* kritikus feszültségi parabola; ~ **point** *el* levágási/szakadási pont, töréspont; *rak* égésvégi pont; ~ **ratio** *hidr* átvágási/rövidítési viszony; ~ **region** *el* zárótartomány, zárási tartomány; ~ **relay** *el* bontórelé, kikapcsolórelé; *távb* választó/hívásmegszakító jelfogó; ~ **rest** *forg* leszúrószán; ~ **rubber(s)** *nyom* gumisín, gumiszegély; ~ **saw** *fa* leszabófűrész; ~ **shaft** vezérlőtengely, vezértengely; töltésszabályozó tengely; ~ **sheet** *élip* átmenetszita; ~ **sheet pile wall** *ép* lezáró szádfal; ~ **slide** *forg* leszúró harántszán; ~ **slide-valve** elzárótolattyú; ~ **switch** *el* késes kapcsoló; ~ **system** *hidr* felfogócsatornás rendeszer; ~ **taxiway** *rep* lezárt gurulóút; ~ **tool** *forg* leszúrókés, leszúró körkés; ~ **trench** *hidr* szivárgásgátló árok; ~ **tube** lezárócső, kapcsolócső; ~ **valve** (el)zárószelep; ~ **velocity** kritikus sebesség, határsebesség; ~ **voltage** *el* határfeszültség; oltófeszültség *(túlfeszültséglevezetőé)*; *félv* lezárófeszültség; ~ **wall** *ép* zárófal; *hidr* szivárgásgátló fal; vízzáró fal, résfal, őrfal; ~**-wall foundation** *hidr* résfalas alapozás; ~ **water** *hidr* beszivárgó víz *(csapadékból talajba)*; ~ **waveguide** *el* eltűnő módusú tápvonal; ~ **wavelength** *távk* határhullámhossz

cutout kimetszés, kivágás; körvonal, kontúr; általános elrendezés/séma; *cipő* cipőalkatrész-kivágás; *el* (automata) kikapcsoló, biztonsági kikapcsolás; kismegszakító, kisautomata; megszakító, szaggató; olvadóbiztosító; *forg* bemetszés, kivágás, horony; kivágógép, csákozógép, stancgép; *foto* filmhulladék; *gépk* kiiktató szerkezet; *nyom* átnyomat; metszet, közös rész; *vasút* motorselejtező; ~ **angle** áramfolyási/áramvezetési szög; ~ **base** *el* biztosítófoglalat; ~ **cock** elzárócsap; ~**-control spring** *el* megszakítórugó; ~ **device** *tex* leállítóberendezés; ~ **image** *foto* képsablon; ~ **key** → cutoff key; ~ **loop** *vasút* önműködő fékezéskikapcsoló hurok; ~ **peak** *el* lekapcsolási/kioldási csúcsterhelés; ~ **pressure** *gépk* légfék maximális üzemi tartálynyomása; ~ **relay** bontórelé, kikapcsolórelé; ~ **solenoid** *el* kioldótekercs; ~ **spar** *rep* kivágott/kimart főtartó; ~ **switch** *el* kikapcsoló, (automatikus) megszakító; ~ **templet** kivágósablon; ~ **torque** *gép* kikapcsolási nyomaték

cutter vágó(berendezés), vágóeszköz, vágógép; *alak* nyeles hidegvágó; szögvágó üllőbetét; *bány* jövesztővájár, réselő(vájár); résélőgép, szénréselő/szénfejtő gép; réselőgép-kezelő; *élip* gyorsvágó gép, kutter; húsvágó gép; kiszúrógép *(édesipar)*; szeletelőgép; *ép* maró *(földmunkagép)*; vágható tégla; *fa* metsző; *film* vágó (személy); *forg* alakos kés; betétkés; maró *(szerszám)*; marófog; menetmetsző pofa; *geol* harántrepedés; *hajó* egyárbocos, kutter; *hang* lemezvágó; *heg* lángvágó (munkás); *koh* mintavevő; *közl* egylovas szán; *mzg* szecskavágó; *nyom* metsző; *nyom, pa* ívvágó (gép); *ol* hígítóolaj, hígítóanyag; *önt* korongos/tárcsás vágógép; *ruh* szabász; *szer* csípőfogó; *talt* koronaél *(talajfúrón)*; *tex* nyírógép; *üveg* üvegcsiszoló; üvegmetsző, üvegvágó (szerszám); üvegvágó *(szakiparos)*; ~ **arbor** *forg* marótüske; ~-**bar** *bány* réselőlap, réselőkar; réselőrúd; *forg* üvegelőtüske, (húzó)maró; *mzg* vágógerenda, kaszapenge *(aratógépen)*; ~-**bar knife guide/clip** → ~ clamp; ~ **bit** *bány* réselőköröm; ~(-)**block** *bány* réselőkörömház; *fa* késfej; késtengely; *forg* késtengely; marófej, marótest *(betétkéses)*; szerszámtartó; ~(-)**blower** *mzg* fúvó/silótöltő szecskavágó (gép); ~ **break machine** *bány* réselő-jövesztő gép; ~ **carriage** *forg* maró(orsó)szán; ~ **chain** *bány* réselőlánc; ~-**chain canal cleaner** maróláncos csatornatisztító gép; ~-**chain ditch cleaner** maróláncos ároktisztító gép; ~-**chain excavator** maródobos kotró; ~-**chain trench excavator** maróláncos/marókéses árokkotró; ~ **clamp** késrögzítő *(fűnyíró gépen)*; ~ **cylinder** maróhenger; ~ **disc/disk** körkés, vágótárcsa; ~-**disc/disk ditch cleaner** röpítőtárcsás ároktisztító gép; ~-**disc/disk ditcher** marótárcsás árokásó gép; ~-**dredger** *ép* vágófejes szívókotró; ~ **drum** *bány* maróhenger; *mzg* késeshenger, vágóhenger; szecskavágó dobja; ~(-)**felt** *pa* keresztvágó nemez; ~ **flitting** *bány* réselőgép visszahúzása; ~ **grinder** élezőgép; szerszámélező gép, maróélezőgép; ~-**grinding attachment** *forg* maróélező készülék; ~ **hand** *nyom* papírvágó munkás; ~ **haulage gear** *bány* réselőgép-vontató vitla; ~(-)**head** *bány* marófej; réselőfej; *forg* késfej; marófej, marótest *(betétkéses)*; *hang* vágófej; *hidr* bontófej; *mzg* szecskavágó dob; *ol* magfúró, koronafúró, fúrókorona, magkorona, magfúró korona; ~ **holder** *forg* késtartó; marótest *(betétkésekkel)*; ~ **jib** *bány* réselőkar, réselőlap; ~-**loader** *bány* kombinált bányagép; réselő-rakodó gép; *mzg* kaszáló-rakodó gép; ~ **machine** *bány* réselőgép, fejtőgép; ~-**man** *pa* keresztvágógép-vezető; ~ **oil** hígítóolaj, hígítóanyag; ~ **pick** *bány* réselőcsákány; réselőkés; réselőköröm, réselőfog; ~-**rig** *hajó* kuttervitorlázat; ~ **saddle** *forg* maróorsószán; ~-**shaft** *pa* késhenger; ~ **sharpening** *forg* maróélezés; szerszámélezés; ~ **shield** *bány* vágathajtópajzs; ~ **shovel** *ép* maródobos kotró; ~(-)**slide** *fa* marógép-csúszószán; *forg* marószán; ~ **spindle** *forg* maróorsó; ~ **stock** hígítóolaj, hígítóanyag; ~ **tooth** maróbetétkés, marófog; ~ **vibration** szerszámberezgés

cutting I. *a* forgácsoló; éles, kúpos; metsző, vágó; maró, kausztikus; *bány* réselő; **II.** *n* (el)vágás, kivágás; levágott darab/rész; hulladék *(vágásból)*; *bány* betörő robbantás; forgácsolás; réselés; vájármunka; *bőr* bőrhulladék; csákozás, szabás; *élip* hasítás; *ép* alávágás; törmelék, omladék; *fa* (fa)forgács, nyesedék; döntés, irtás, vágás; faragás, vésés; fűrészelés; *film* (film)vágás, snitt; *forg* forgács, fémforgács, reszelék, forgácsolás; forgácsoló megmunkálás; *gumi* bevágódás; szelet *(kaucsuk)*; *heng* darabolás, vágás; *hőt* elválasztás, elvágás; elzárás; fojtás; *ker* cseréptöret; *mzg* kaszálás; *nyom* metszés; *opt* metszet *(mikroszkóp alá)*; *ruh* (ki)szabás; *talt* bevágás, ródalás; *távk* megszakítás, kikapcsolás; vágás *(jelrögzítés)*; *tex* fonallevágás; mintadarab; *vasút* bevágás, levágás *(pályaépítésnél)*; ~ **ability** *szersz* forgácsolóképesség, vágóképesség; ~-**across** *forg* harántvágás; *vasút* (vonal)kereszteződés; vágánykereszteződés; ~ **action** forgácsolási folyamat; ~ **alloy** *alak* keményfém; ~ **alloy tip** *forg* keményfém lapka; ~ **and editing** *film* vágás és összeállítás; ~-**and-loading machine** bányakombájn, réselő-rakodó gép; ~-**and-piling machine** *tex* elvágó és összerakó gép; ~ **angle** *forg* ékszög *(forgácsolószerszámé)*; vágószög; *nyom* vágási szög; ~ **area** *fa* vágásterület; ~ **attachment** *heg* vágókészülék; ~ **bit** fúrófej; ~ **block** *alak* kovácsüllő; reszelőüllő; *cipő* csákozótőke, stancolótőke; *forg* reszelővágó üllő; ~ **blowpipe** → ~ torch; ~-**board** *élip* húsvágó deszka; *mzg* vágódeszka; *ruh* szabászasztal; szabászdeszka; ~ **burner** *heg* vágóégőfej, vágópisztoly; ~ **capacity** *forg* forgácsolóképesség, forgácsolóteljesítmény; ~ **ceramics** vágókerámia, szerszámkerámia; ~ **chain** *bány* réselőlánc; *forg* láncmaró; ~ **charge** *bány* betörőrobbantás; jövesztőtöltet, betörés töltete; ~ **chute** *fa* forgácsfelfogó/forgácsgyűjtő csúszka/vájat; ~ **clearance** *forg* hátraesztergálás, hátraköszörülés; ~ **compound/coolant** *gép* hűtő-kenő anyag/folyadék/közeg, hűtőkeverék; ~-**copy print** *film* vágott kópia, munkakópia; ~ **course** *bány* vágó menet; ~ **cylinder** *bány* jövesztőhenger; *heng, nyom* vágóhenger, körkés; ~ **depth** *forg* forgácsolási mélység; marómélység, marásmélység; *szersz* fogásmélység; ~ **die** *alak* darabolószerszám, levágószerszám; *forg* menetmetsző pofa; ~ **direction** vágásirány; forgácsolási irány; ~ **disc/disk** *szersz* körolló, nyírótárcsa; ~-**down** *bány* aknabővítés felülről lefelé; *fa* döntés, irtás, vágás; ~-**down mechanism** *tex* önlerakó (készülék); ~ **drum** *bány* jövesztőhenger; ~-**edge** *ép* nyesőpenge; *forg* vágóél, metszőél; *ol* fúróvéső, nyelesvéső, szobrászvéső, szegezővéső, szúróvéső; ~-**edge angle** vágóélszög; ~-**edge at/on face** *forg* vágóél, homlokesztergáló kés; ~-**edge inclination** *forg* terelőszög; ~ **efficiency** vágási teljesítmény; ~ **electrode** *heg* lángvágó elektród; vágóelektród; ~ **end** vágóél, vágócsúcs; ~ **fault** *ruh* vágási/szabási hiba; ~ **flame** *heg* vágóláng; ~ **float** *talt* vágósimító (szerkezet); ~ **flock** *tex* nyírási pihe; ~ **fluid** *mt* hűtő-kenő folyadék; ~ **fly tool** *forg* (alakos) ütőkés; ~ **force** vágóerő; forgácsolóerő; ~ **frame** *tex* hajtogatószerkezet; ~ **glass** csiszolóüveg; ~ **groove** → ~ hole; ~ **hardness** aktív keménység *(forgácsolóélé)*; ~ **head** *bány* marófej, réselőfej; *hang* lemezvágó fej; ~-**head dredger** *hidr* marófejes úszókotró; ~ **height** *bány* résmagasság; *mzg* vágási magasság; ~ **height of a shovel** *ép* kotródaru/kotrógém kinyúlási magassága, gémkinyúlás; ~ **hole** *heng* bevágóüreg; ~-**in** *geod* oldalmetszés; ~ **in a forest** fakivágás; irtás; ~-**in plug** *távb* befigyelődugasz; ~ **jet** *ép* talajbontó sugár *(hidraulikus kotrásnál)*; ~-**jet orifice** *heg* előmelegítő fúvóka, vágópisztoly-fúvóka; ~ **knife** *mzg, nyom* vágókés, vágógép *(könyvkötőé)*; ~ **line** *nyom* vágásvonal; ~ **lip** forgácsolóél; metszőél; vágóél, papucs; ~ **list** *ép* betonacél-kivonat vágáshoz; ~ **load** vágóerő; ~ **loading machine** → cutter-loader; ~ **lubricant** → ~ compound; ~-**machine** vágógép; *bány* réselőgép, szénréselő/szénfejtő gép; *film* vágóasztal; *finm* osztógép; *forg* forgácsológép; *pa* (ív)vágógép, papírvágógép; *tex* nyírógép, vágógép; ~ **marks** *nyom* vágójel(ek); ~ **mechanism** vágószerkezet; ~ **metal** *forg* keményfém; ~ **method of working** *bány* réseléses munkamódszer/szénjövesztés; ~ **motion** *mt* vágómozgás; ~ **movement** munkamenet *(szerszámkésé)*; ~ **nippers** *pl szersz* harapófogó, csípőfogó; vágófogó; ~ **nog** *bány* réstuskó; ~ **nozzle** *heg* vágóégő hüvelye; ~ **of cast iron** öntöttvas vágása; ~ **of diamonds** gyémántcsiszolás; ~**-off** *alak* kivágás, elmetszés; leszúrás, levágás; ~**-off blade** → -off tool; ~**-off effect** *met* szeklúzió; ~**-off frequency** → cut-off frequency; ~**-off lathe** leszúróeszterga; ~**-off machine** darabológép; *forg* leszúróeszterga, leszúróköszörű; ~**-off saw** *forg* daraboló fűrésztárcsa; ~**-off slide** leszúró keresztszán; ~**-off tool** *forg* leszúrókés, leszúró körkés; ~ **of reinforcement** *ép* betonacélvágás; ~ **of the curd** *élip* alvadékaprítás, elősajtolás; ~ **oil** hígítóolaj, hígítóanyag; fúróolaj, vágóolaj, hűtő-kenő folyadék; ~ **on disc/disk** *hang* lemezvágás; ~ **pass** → ~ hole; ~ **plane** *mat* metszősík, osztósík; ~ **pliers** *pl* csípőfogó; vágófogó; ~ **point** forgácsolócsúcs; *mt* vágólapka, vágóbetét; ~ **power** → ~ force; ~ **press** *alak* kivágógép, csákozógép, stancgép; *nyom* vágóprés; ~ **pressure** fajlagos forgácsolóerő; ~ **process** forgácsolási folyamat; ~ **properties of coal** *pl bány* réselhetőség; ~ **property** *alak* forgácsolhatóság; ~ **punch** kivágó lyukasztó/lyukvéső; ~ **quality** *szersz* forgácsolóképesség, vágóképesség; ~ **range** *mzg* vágómagasság *(aratógépé)*; ~ **resistance** vágási ellenállás, forgácsolási ellenállás; fajlagos forgácsolóerő; ~ **ring** *ép, talt* (vágó) kiszúrógyűrű, (vágó)élkoszorú; ~ **roll** *élip* rovátkolt henger; *nyom* metszőkerék; ~ **roller** *nyom* vágóhenger, körkés; *tex* aprózóhenger, vágóhenger; ~**(-)room** *film* vágószoba; *ruh* szabászat; ~ **rule** *nyom* vágóléc; ~ **rules** *pa* kivágószerszám; ~**s** *pl* darabkák, szilánkok; nyesedék; *bány* dúsítási hulladék/meddő/mosalék; réspor; *ép* futóárkok (alag)csövek számára; *fa* faforgács, fahulladék; *geof* furdalék, furadék; *gumi* (bálába összepréselt) nyerskaucsuk hulladékdarabok; *ol* furadék, fúróliszt; *tex* szabászhulladék; ~**s from a bore** *ol* furadék, fúróliszt, fúrási hulladék; ~ **shoe** *bány* vágóél (süllyesztőszekrényé); vágósaru; *bány, ép* vágósaru, (fúró)csősaru; ~ **shot** *bány* betörő robbantás; ~ **slide** *alak* kivágó nyomófej; ~**s of a boring** *ép, talt* fúrási iszap; ~ **solution** hűtő-kenő folyadék, vágóolaj; ~ **speed** *bány* jövesztési sebesség; *gép, koh* vágósebesség; *heg, nyom, tex* vágási sebesség; ~**s pit** *forg* forgácsfelfogó, forgácsgyűjtő gödör/tartály; ~ **strength** *any* forgácsolási szilárdság; ~ **strip** *nyom* gumisín, gumiszegély; ~ **stroke** *gép* fúrólöket, forgácsolólöket, vágólöket; munkalöket *(forgácsológépen)*; ~ **stylus** *hang* vágótű, vágócsúcs, vágóhegy; ~ **table** *film* vágóasztal; *ruh* szabászasztal; szabászdeszka; ~ **tip** *forg* forgácsoló betétvég/lapka/csúcs; *heg* vágóégő hüvelye; ~**-to-length** méretre vágás; ~ **tool** *ép* vágószerszám, nyesőszerszám; *forg* esztergakés; forgácsolószerszám; szerszámkés; *heng, nyom* vágószerszám; ~ **tooth** *ép* bontófog *(kotróputtonyé)*; *fa* vágófog; ~ **torch** *heg* gázvágó/lángvágó pisztoly, lángvágó, vágópisztoly, vágóégő; ~**-to-size** méretre vágás, kiszabás; ~ **tray** forgácsgyűjtő/forgácsfelfogó tálca/teknő, forgácstálca, forgácstepsi; ~ **width** *mzg* vágószélesség *(kombájné, aratógépé)*; ~ **work** vágás(i munka)

cuttle hajtogat *(készárut)*; ~ **down** berak *(rétegekbe készárut)*; ~ **fold** *tex* készáru-hajtogatás; ~ **weight** készsúly

cuttlebone szépiacsont

cuttler *tex* lerakó(munkás)

cuttling *tex* készáru-hajtogatás; kikészítés utáni pihentetés

cutwater *ép* hídpillér vízáramlás felőli profilja, pillérorr; jégsarkantyú; jégtörő él; *hajó* hajóorrél, orrtőke mellső éle

cuvette *orv* küvetta

CV → calorific value; → check valve; → clearance volume; → coefficient of variation; → commercial vehicle; → constant velocity

CVC → compact video cassette

CVD → chemical vapo(u)r deposition

CVR → cockpit voice recorder; → critical velocity ratio

CW → carrier wave; → chemical weapons/warfare; → circulating water; → clockwise; → code word; → continuous wave; → continuous working

CWL → construction water level; → continuous-wave laser

CWP → communicating word processing

CWT → carrier wave telegraphy

cyan *tv* kékeszöld (szín); ~ **colo(u)r** *tv* sötétkék szín; ~ **shift** kékeszöld eltolódás

cyanacetic acid *vegy* cián-ecetsav

cyanamide *vegy* ciánamid

cyananilide *vegy* ciánanilid

cyanate I. *v* ciánoz; **II.** *n vegy* cianát

cyanchloride *vegy* cián(sav)klorid, klórcián

cyanhydrin → cyanohydrin

cyanic acid *vegy* ciánsav

cyanidation *hők* cianidálás, ciáncementálás; *koh* cianidos lúgzás

cyanide I. *v hők* nitrocementál, cianidál; **II.** *n vegy* cianid; ~ **bath/hardening** *koh* ciánfürdős edzés, ciánedzés; ~ **leaching/process** *koh* cianidos lúgzás; ~ **removal** *hidr* ciántalanítás; ~ **waste** *hidr* ciántartalmú szennyvíz

cyanidin(e) *vegy* cianidin

cyaniding *hők* nitrocementálás, cianidálás; *koh* ciánfürdős edzés, ciánedzés; sófürdős karbonitridálás

cyanin(e) *vegy* cianin

cyanite *ásv* cianit

cyanization faanyagok telítése (szublimáttal)

cyanize ciánoz; *fa* cianizál

cyanoacetic acid *vegy* ciano-ecetsav, cián-ecetsav

cyanochroite *ásv* cianokroit

cyanogen *vegy* dicián, cián; ~ **bromide** cianogén-bromid, cián-bromid, bróm-cián; ~ **chloride (CC)** *vegy* cianogén-klorid, cián-klorid, klór-cián

cyanogenetic glucoside *vegy* kéksavat szolgáltató glukozid *(hidrolízisnél)*

cyanoguanidine *vegy* cianoguanidin, diciándiamid

cyanohydrin *vegy* ciánhidrin

cyanometer *met* égkékségmérő

cyanotrichite *ásv* cianotrichit

cyanotype *nyom* kékmásolat; *vegy* cianotípia

cyanuric | acid *vegy* cianursav; ~ **chloride** cianur-klorid; ~ **dyestuff/dyes** *vegy* cianursavas színezék

cybernated komputerizált, számítógépes

cybernation komputerizálás, komputerizáció, számítógépesítés
cybernetic kibernetikai; ~ **model** kibernetikai modell; ~ **simulator** kibernetikai modell/szimulátor; ~ **system** kibernetikai rendszer; ~ **system(s) theory** kibernetikai rendszerelmélet
cybernetician, cyberneticist kibernetikus
cybernetics kibernetika
cybotactates *vegy* cibotaktikus (molekula)csoportok
cybotactic *vegy* cibotaktikus; ~ **group** cibotaktikus csoport
cybotaxis *vegy* cibotaktikus szerkezet
cyc-arc welding Cyc-Arc (csap)hegesztés
cyclane *vegy* ciklán
cycle I. *v* ciklikusan/periodikusan visszatér; kerékpározik; **II.** *a* ciklikus, ciklus-; **III.** *n* kör(forgás); körfolyamat, szakaszos(an visszatérő) folyamat; ciklus, szakasz; *bány* ciklus, ciklikus sorrend; *el* ciklus, ciklikus sorrend; hertz; periódus, lengési idő; *fiz* ciklus, ciklikus sorrend; periódus, lengési idő; *gép* menet (fordulat); ütem; *gépk* löket, ütem; munkafolyamat; *hőt* körfolyamat, ciklus; *közl* kerékpár; *mat* ciklikus permutáció, ciklus; *műa* műveletciklus; *szt* ciklikus léptetés; ciklus; ciklusutasítás; *vegy* ciklus, ciklikus sorrend; ~ **annealing** *koh* ingaizzítás; ingalágyítás; ~**-car** könnyű (háromkerekű) kisautó, törpeautó; motortricikli; ~ **counter** periódusszámláló; ~ **cover** kerékpárköpeny; ~ **efficiency** *koh, vegy* körfolyamati hatásfok; ~ **fork** kerékpárvilla; ~ **frame** kerékpárváz; ~ **free-wheel** szabadonfutó kerék *(kerékpáré)*; ~ **frequency** *ol* ciklusszám; ~ **generator** változó periódusszámú generátor; ~ **in a shift** *bány* egy ciklus egy műszakban; ~ **index polynomial** *mat* ciklusindex-polinom; ~ **of geological evolution** *geol* földtani ciklus; ~ **of indiction** *csill* tizenötéves ismétlődő ciklus; ~ **of magnetization** mágnesezési görbe, hiszterézishurok; ~ **of operation** → ~ of work; ~ **of rounds** *bány* fúrólyukkoszorú-sorozat; ~ **of work** munkakörfolyam, munkaciklus; ~ **of working operations** *bány* fejtési körfolyam; ~ **path** → strip; ~**-permuted code** ciklikusan permutált kód; ~ **production** ütemes gyártás; ~ **progress** cikluslefolyás; ~ **rate counter** → ~ counter; ~ **repeat timer** *aut* impulzushosszadó, impulzusidő-adó; ~ **reset** nullára visszaállítás; ~ **sliding** *ol* ciklusugrás; ~ **slippage/slipping** *ol* ciklusugrás; ~**s per second (CPS)** *el* másodpercenkénti periódusszám, hertz; ciklus per másodperc, cps; ~ **stealing** *szt* cikluslopás; ~ **store** *el* ciklikus tároló; ~ **strip (on carriageway)** *ép* kerékpárossáv; ~ **tap** bicikli-menetvágó; ~ **time** ciklusidő, periódusidő, ciklus/periódus időtartama; *koh, önt* adagidő; *műa* sajtolási idő; *szt* ciklusidő; ~ **track** *ép* kerékpárút; ~ **tube** belső gumi; motorkerékpártömlő; ~ **tyre/tire** kerékpárgumi; ~ **with side-car** oldalkocsis motorkerékpár
cycled interrupt *szt* ciklikus megszakítás
cycleway → cycle track
cyclic(al) ciklikus; ciklusos; periodikus, szakaszos; *vegy* ciklikus, gyűrűs; ~ **admittance** *el* ciklikus admittancia; ~ **bond** *vegy* gyűrűkötés; ~ **change** periodikus váltakozás; *mat* ciklikus permutáció, ciklus; ~ **code** *szt* ciklikus kód; ~ **compound** *vegy* ciklusos/gyűrűs vegyület; ~ **constant** *el* ciklusos állandó; *mat* ciklikus állandó; ~ **control system** ciklikus működésű szabályozási rendszer; ~ **coordinate** *mech* ciklikus koordináta; ~ **diester** *vegy* laktid; ~ **distortion** *távb* ciklikus torzítás; ~ **duration factor** *el* viszonylagos bekapcsolási idő, bekapcsolási viszony; ~ **electrolysis** elektrolízis zárt körben; ciklikus elektrolízis; ~ **ether** *vegy* ciklusos/gyűrűs éter; ~ **field** *el* áramköri vektortér, örvénytér; *mat* ciklikus test; ~ **formation** *vegy* gyűrű(rendszer); ~ **frequency** körfrekvencia; ~ **function** *mat* ciklikus függvény; ~ **gas-water displacement** *ol* ciklikus gáz-vízkiszorítás; ~ **graph** ciklikus gráf; ~ **group** *ásv, mat* ciklikus csoport; ~ **group code** ciklikus csoportkód; ~ **interchange** *mat* ciklikus permutáció, ciklus; ~ **load(ing) factor** *el* terhelhetőségi tényező; *ol* ciklikus terhelési tényező; ~ **magnetization** szakaszos/periodikus mágnesezés; ~ **member** *vegy* gyűrűtag; ~ **permutation** *mat* ciklikus permutáció; ~ **permuted code** *szt* ciklikusan permutált kód; ~ **pitch control (of rotor)** *rep* ciklikus állásszögvezérlés *(rotoré)*; ~ **process** ciklikus folyamat, körfolyamat; ~ **rate** *kat* tűzgyorsaság; ~**-rate mechanism** *kat* tűzgyorsaság-szabályozó; ~ **redundancy check (CRC)** *szt* ciklikus redundancia-ellenőrzés, CRC; ~ **redundancy code (CRC)** *szt* ciklikusan redundáns kód, CRC; ~ **shift** *aut* ciklikus/periodikus eltolódás; *szt* ciklikus léptetés; ~ **steam flooding** *ol* szakaszos gőzbesajtolás; ~ **storage** *hidr* ciklikus tározás; ~ **store** *szt* ciklikus tároló; ~ **stress** ciklikus igénybevétel; *mech* váltakozó feszültség; ~ **terpene** *vegy* ciklusos terpén; ~ **twinning** *ásv* ciklikus ikerképződés; ~ **water flooding** *ol* ciklikus vízelárasztás
cyclically | **connected set** *mat* ciklikusan összefüggő halmaz~; ~ **magnetized conduction** periodikusan mágnesezett állapot, ciklikus/szakaszos/periodikus mágnesezettségi állapot
cycling I. *a* keringő, kör-; lengő; **II.** *n* keringés *(zárt pályán)*; periodikus visszatérés; lengés; ciklikus igénybevétel; kerékpározás; *ol* körfolyam *(gázé olajtelepen át)*; ~ **chest** *pa* keringetőkád; ~ **element** *szt* lengő elem/tag; ~ **flight** körözö repülés; ~ **gloves** *pl* motoroskesztyű; ~ **guidance lights** leszállópálya-világító; ~ **load factor** *ol* ciklikus terhelési tényező; ~ **of material** *környv* anyagforgalom; ~ **time** ciklusidő, ciklus/periódus időtartama
cyclization *vegy* ciklizálás, ciklizáció, gyűrűképz(ő-d)és, gyűrűzár(ód)ás; ~ **reaction** *vegy* gyűrűzár(ó-d)ási/ciklizálási reakció
cyclized rubber ciklizált kaucsuk, ciklokaucsuk
cycloaliphatic *vegy* cikloalifás, aliciklikus
cycloalkane *ol* naftén; *vegy* cikloalkán, cikloparaffin
cyclobutane *vegy* ciklobután, tetrametilén
cyclobutanedicarboxylic acid *vegy* ciklobután-dikarbonsav
cyclocaoutchouc ciklokaucsuk, ciklizált kaucsuk
cycloconverter *el* közvetlen frekvenciaátalakító, ciklokonverter
cyclogenesis *met* ciklogenezis
cyclogiro → cyclogyro
cyclogram ciklogram
cyclograph *any* ciklográf; *foto* kontúr-fényképezőgép
cyclographic projection ciklografikus vetület/leképezés
cyclogyro *rep* lapátkerekes repülőgép
cycloheptane *vegy* cikloheptán, szuberán

cycloheptanol *vegy* cikloheptanol
cycloheptanone *vegy* cikloheptanon, szuberon
cycloheptatriene *vegy* cikloheptatrién
cycloheptene *vegy* cikloheptén
cyclohexadiene *vegy* ciklohexadién
cyclohexane *vegy* ciklohexán, hexametilén
cyclohexanecarboxylic acid *vegy* ciklohexánkarbonsav
cyclohexanol *vegy* ciklohexanol, anol
cyclohexanone *vegy* ciklohexanon, anon; ~ **resin** ciklohexanongyanta
cyclohexanonoxim ciklohexanon-oxim
cyclohexene *vegy* ciklohexén
cyclohexylamine *vegy* ciklohexil-amin
cyclohexyl bromide *vegy* ciklohexil-bromid
cycloid I. *a* kör alakú, kerek, kör-; gömbölyű; *mat* ciklois alakú, cikloidális; **II.** *n mat* ciklois
cycloidal *mat* ciklois alakú, cikloidális; ~ **curve** *mat* ciklois; ~ **gear** *gép* cikloisfogazatú (fogas)kerék; ~ **gearing** *gép* cikloidális fogazás/fogazat; cikloisfogazás, cikloisfogazat; ~ **gear pair** cikloisfogazatú fogaskerékpár; ~ **pendulum** *mech* (Huyghens-féle) ciklois-inga; ~ **profile** *gép* ciklois(fog)profil; ~ **propeller** *hajó* cikloidálpropeller; ~ **teeth** → ~ gearing
cycloinverter *el, fiz* (egyirányú ioncsöves) frekvencia-átalakító
cyclolysis *met* ciklolízis
cyclometer kerékfordulatszám-mérő; kilométermérő *(biciklin)*; *metr* ciklométer *(körívhossz mérésére)*
cyclometric *mat* ciklometrikus; ~ **function** arcus-függvény, ciklometrikus függvény
cyclometry *mat* ciklometria, körmérés
cyclonal → cyclonic
cyclone *bány, koh* (por)leválasztó; ciklon; *ép* porciklon, centrifugális porleválasztó; *met* ciklon, alacsony nyomású képződmény; *vegy* centrifugális szeparátor; ciklon; ~ **burner** *hőt* ciklonégő; örvényégő; ~ **dust collector** *bány* porciklon; ~ **dust extractor/catcher/separator** *koh* aerociklon, (centrifugális) porleválasztó; ~ **eye** *met* ciklon szeme; ~ **family** *met* cikloncsalád; ~**-fired plant** *hőt* ciklontüzelésű berendezés; ~ **firing** ciklontüzelés; ~ **furnace** *hőt* ciklonkemence; ciklontüzelésű kazán; ~ **precipitation** → cyclonic precipitation; ~ **scrubber** ciklonos permetező torony; ~ **separator** centrifugális szeparátor; örvényszeparátor, ciklonszeparátor; ~ **spray-tower** ciklonos permetező torony; ~ **washer** dúsító hidrociklon; ~ **wave** → cyclonic wave
cyclonic *met* ciklonális; ~ **curvature** ciklonális görbület; ~ **(horizontal) shear** ciklonális (horizontális) nyírás; ~ **precipitation** ciklonális csapadék; ~ **wave** ciklonális hullám
cyclooctane *vegy* ciklooktán
cyclooctanone *vegy* ciklooktanon
cycloolefine *vegy* cikloolefin
cycloparaffin *vegy* cikloparaffin, cikloalkán
cyclopean *ép* ciklop-; ~ **block** ciklopkő; ~ **concrete** öntött beton nagy terméskőbetéttel; ~ **masonry** ciklopfalazás; ~ **rubblework** ciklop(kő)fal
cyclopentadiene *vegy* ciklopentadién
cyclopentane *vegy* ciklopentán, pentametilén
cyclopentanol *vegy* ciklopentanol
cyclopentanone *vegy* ciklopentanon
cyclopentene *vegy* ciklopentén
cyclopentyl bromide *vegy* ciklopentil-bromid
cyclopolymerization *műa* ciklopolimerizáció
cyclopropane *vegy* ciklopropán, trimetilén
cyclorama körkép, panoráma(kép), ciklioráma; *ép* körhorizont, körfüggöny
cyclorubber → cyclocaoutchouc
cycloscope *fiz* cikloszkóp, polárkoordinátás oszcilloszkóp
cyclosilane *vegy* cikloszilán
cyclosiloxanes *vegy* cikloszíloxánok
cyclostrophic | **flow** *met* (geo)ciklosztrofikus áramlás; ~ **wind** (geo)ciklosztrofikus szél
cyclostylar *ép* kör alakban elhelyezett oszlopokból álló
cyclostyle sokszorosítógép *(stenciles)*; ~ **paper** *pa* stencilalappapír
cyclosymmetric function *mat* ciklikus függvény
cyclosynchrotron szinkrociklotron, frekvenciamodulációs ciklotron, fazotron
cyclotomic function *mat* körosztási függvény
cyclotomy *mat* korosztás, körvonal felosztása
cyclotron *at, fiz* ciklotron; ~ **angular frequency** ciklotron-körfrekvencia; ~ **beam** ciklotron-sugárnyaláb; ~ **equation** ciklotronegyenlet; ~ **frequency** ciklotronfrekvencia; giromágneses frekvencia, girofrekvencia; ~ **radius** ciklotronsugár; ~ **resonance** ciklotronrezonancia, giromágneses rezonancia
cylinder henger, dob; (hengeres) tartály; hengerdob; *ép* kútalap; *finm* cilinder; *gépk, hőt* henger, dob; *heg* gázpalack; *kat* ütőszeg vezetőhüvelye *(vezetőlécen)*; *kh* tűs henger; *mat* (egyszerű) körhenger, henger; hengerfelület; *nyom* nyomóhenger; *szt* henger; *tex* (kártoló)fődob; leszedőhenger; ~ **angle** hengersor helyzetszöge *(V-motornál)*; ~ **arrangement** *gépk* hengerelrendezés; ~**(-)bank** *gépk* hengersor; *hőt* hengerágy; ~**-bar** verőléc *(cséplőgépé)*; *tex* hasábtartó; ~ **barrel** *gépk* hengerköpeny, hengerpersely; ~ **batten** *tex* hasábtartó léc; ~ **bearer** *nyom* nyomóhenger-futógyűrű; ~ **block** *gépk* hengertömb, hengerblokk; ~ **board** *pa* (hengerszitás) gépkarton/géplemez; ~ **board machine** hengerszitás lemezgép; ~ **bore** *gépk* hengerfurat; ~**-boring machine** *forg* hengerfúró (gép); ~**-box** *ol* hengeres tömszelence; ~ **burning** retorta-szénégetés; ~ **caisson** kútgyűrű; ~ **cam** dobbütyök, hengerbütyök, bütykös/görbehornyos dob; ~ **cap** védősapka *(gázpalackon)*; ~ **capacity** *gépk* hengerűrtartalom; ~ **carbonization** → ~ burning; ~ **casing** *gép* hengerburkolat, hengerburok, hengerköpeny; ~ **catch** *nyom* felfogóvilla; ~ **cleading** *gép* hengerköpeny; ~ **clearance (volume)** henger károstere/holttere; ~ **clothing** *gépk* hengerköpeny; hengerpersely; *pa* hengerköpenyezés; ~ **cock** hengercsap, hengerleeresztő/hengerkifúvó csap; ~ **coking** retortakokszolás; ~ **compression test** hengeren végrehajtott nyomópróba *(betonvizsgálat)*; ~ **cooling fin/rib** *gépk* hűtőborda, hűtőbordázás *(hengeré)*; ~ **coordinates** *mat* hengerkoordináták, hengeres polárkoordináták; ~ **coupling** *gép* hengerhüvelyes tengelykapcsoló; ~ **cover** *gépk* hengerköpeny, hengerpersely; *hidr* szivattyúhenger-fedél; *pa* hengerszita-bevonat; szitabevonat, szitaköpeny; ~ **covering** *nyom* hengerborítás; *pa* hengerbevonat; ~ **diagram** dugattyúlöket-diagram; ~ **dial** hengerskála; ~ **displacement** henger lökettérfogata; ~

drainage *hőt* hengerlefúvatás; ~**-drainage receiver** gőzhenger csapadékgyűjtője; ~ **drain-cock** vízleszívató csap; ~ **dressing** *nyom* hengerborítás; ~ **drop** → ~ fall; ~ **dryer/drier,** ~ **drying machine** szárítódob, dobszárító; ~ **drying** *tex* dobszárítás; ~ **electrode** hengerelektród; ~ **escapement** *óra* hengerjárat; ~ **face** henger futófelülete; hengertükör; ~ **fall** *hidr* bukóaknás fenéklépcső; ~ **fin** *gépk* hengerborda; ~ **fitting** *gép* hengerszerelvény; ~ **fold** *nyom* hengeres hajtogatás; ~ **foot** hengertalp; ~ **for oxygen** oxigénpalack; ~ **foundation** kútalapozás; ~ **function** *mat* Bessel-függvény, hengerfüggvény; ~ **furnace** dobkemence; ~ **gap** *nyom* hengermenethorony; ~ **gas** palackozott/sűrített gáz, palackgáz; ~ **gate** *hidr* hengeres elzárás; szabályozóharang; ~ **ga(u)ge** *forg* hengeres idomszer/kaliber/mestermérő; *gépk* henger(furat-)idomszer; ~ **glass** *opt* hengerlencse, hengeres/asztigmatikus (szemüveg)lencse; ~ **grinding machine** *gépk* hengerköszörű(gép), hengercsiszológép; ~ **hammer** *tex* rögzítő *(hasáblakathoz Jacquard-hengeren)*; ~ **head** *gépk* hengerfej; ~**-head bolt** hengerfejcsavar; ~**-head cover gasket** hengerfejfedél-tömítés; ~**-head gasket** hengerfejtömítés; ~**-head nut** hengerfejanya; ~**-head plug** hengerfejzáró csavar; ~**-head stud** hengerfejrögzítő ászokcsavar; ~ **jacket** *gépk, pa* hengerköpeny; ~ **jaw** hengerváll; ~ **ladle** *önt* dobüst, öntődob; ~ **lens** *opt* cilindrikus lencse; hengerlencse, hengeres/asztigmatikus (szemüveg)lencse; ~ **lever** *gépk* fékhengeremeltyű; ~ **liner** *gépk* hengerhüvely; hengerpersely; ~**-liner wear** hengerkopás; ~ **lock** hengeres/cilinderes hengerzár; ~**-lock insert** hengerzárbetét; ~ **loom** körszövő gép; ~**-lubricating valve,** ~ **lubrication cock** hengerkenő csap; ~ **machine** *pa* hengerszitás gép; ~ **mill** *élip* hengermalom; ~ **mirror** → cylindrical mirror; ~ **mo(u)ld** *pa* hengerszita; ~ **mo(u)ld machine** → ~ machine; ~ **of frozen ground** *bány* fagyköpeny; ~ **of gas** gázpalack; ~ **of revolution** *mat* körhenger, forgáshenger; ~ **of the revolver** *kat* revolverdob, forgópisztolydob; ~ **oil** hengerolaj; ~**-opener** *tex* hengeres csomóbontó gép; vízszintes (tengelyű) *v.* hengeres bontógép; ~ **output** *gépk* hengerteljesítmény; ~ **packing** *nyom* hengerborítás; ~ **paper machine** → ~ machine; ~ **part** *pa* hengerszitaszakasz; ~ **pier** *hidr* hengeres pillér; ~ **pile** *ép* kör keresztmetszetű cölöp; nagy átmérőjű cölöp; ~ **planer** hengerfelület-gyalugép; ~ **port** *gépk* henger beömlőnyílása; ~ **press** *nyom* gyorssajtó; *tex* hengeres prés; ~**-pressure regulator** *heg* munkahelyi nyomáscsökkentő szelep; ~ **printing** *tex* hengernyomás; ~ **printing(-)machine** *nyom* hengeres nyomógép; *tex* hengernyomó gép; ~ **printing wheel** *tex* hengerkorong *(hengernyomó gépen)*; ~ **proof press** hengeres lehúzósajtó/lehúzóprés/kézisajtó; ~ **rake** *mzg* dobos gereblye; ~ **ratio** *gépk* löket-furat arány; ~ **reboring** *gépk* hengerfúrás *(javításkor)*; ~ **roaster** forgó pörkölőkemence; ~ **saw** hengeres fűrész *(hordódongavágáshoz)*; ~ **scanning** *szt* dobos képbontás, cilinderes képbontás; ~ **seed grader** *mzg* hengeres triőr; ~ **shake** *pa* hengerrázás; ~ **shearing machine** *tex* hengeres nyírógép; ~**s in line** *gépk* soros (elrendezésű) hengerek; ~**s in V arrangement** *gépk* V-alakban elrendezett hengerek; ~ **sizing machine** hengeres írezőgép; ~ **sleeve** *gépk* hengerhüvely; ~**-sleeve puller** hengerhüvely-kihúzó; ~ **spectacle lens** → ~ glass; ~ **stands** *pl tex* hengerpad, hengerállvány; ~ **steamer** hengeres gőzölő; ~ **stock** hengerolaj-alapanyag *(finomítatlan lepárlási maradék)*; ~ **strength** *ép* hengerszilárdság *(betoné)*; ~ **stuffing box** *gép* hengertömszelence; ~ **tar** faszénkátrány; ~**-type piling hammer** mozgóhengeres cölöpverő; mozgóhengeres betonszivattyú; ~ **valve** palackszelep; ~ **vat** *pa* hengerszitakád; ~ **vault** *ép* dongaboltozat; ~ **wall** hengerfal; ~ **washing machine** forgódobos mosógép; ~ **wave** → cylindrical wave; ~ **wear** hengerkopás; ~ **wet-machine** *pa* hengerszitás víztelenítőgép; ~ **wheel** *gép* hengertárcsa; ~ **winding** *pa* hengeres tekercselés; ~ **with water jacket** *gépk* vízköpenyes/hűtőköpenyes henger; ~ **wrench** (gáz)csőfogó

cylindric(al) hengeres, henger alakú; henger-; ~ **aerial/antenne** hengeres antenna; ~ **attachment** *forg* hengermegmunkáló készülék; ~ **Bessel function of the second kind** *mat* másodfajú Bessel-függvény; ~ **bobbin** *tex* hengeres cséve; ~ **boiler** hengeres kazán, hengerkazán, dobkazán; ~ **cam** → cylinder cam; ~ **cam profiling apparatus** dobbütyökmaró berendezés; ~ **cathode** henger alakú katód; üregkatód; ~ **charge** *bány* nyújtott/oszlopos töltet; ~ **cinema** cirkorámamozi, hengermozi; ~ **coil** *el* hengeres tekercs; ~ **compression apparatus** *talt* nyomócella, cellakészülék; ~ **converter** *koh* dobkonverter; ~ **coordinates** → cylinder coordinates; ~ **curve** *mat* hengeres/cilindrikus görbe; ~ **cutter** *forg* palástmaró; ~ **diaphragm** csőmembrán; ~ **drill** *talt* dobfúró, koronafúró; ~**-drum hoist** *bány* hengerdobos szállítógép; ~ **field** *at* hengeres/axiális tér; ~ **fit** hengeres illesztés; ~ **function** *mat* hengerfüggvény, Bessel-függvény; ~ **gear** *gép* hengeres (fogas)kerék, homlokkerék; ~ **gear drive** hengeres fogaskerékhajtás; ~ **geometry** hengeres mértani elrendezés; ~ **graduated measure/vessel** *vegy* mérőhenger, menzúra; ~ **grain powder** *kat* rúd alakú lőpor; ~ **grinder** hengeres palástköszörű; körköszörű; ~ **grinding** körköszörülés, hengeres palástköszörülés; ~ **harmonic** *mat* Bessel-függvény, hengerfüggvény; ~ **helix** *mat* (hengeres) csavarvonal, csigavonal; ~ **hollow body** *önt* üreges henger; ~ **iron-core coil** hengeres vasmagos tekercs; ~ **lens** → cylinder lens; ~ **limit ga(u)ge** *gép* hengeres illeszkedést ellenőrző határidomszer; ~ **milling cutter/machine** *forg* palástmaró (gép); ~ **mirror** *opt* hengertükör; ~ **nut** *gép* hengeres csavaranya; ~ **parabola aerial/antenna** hengeres parabolaantenna; ~ **pebble** *bány* cilpebsz; ~ **perspective** görbe vonalú távlati rajz; ~ **pin** *gép* illesztőszeg; ~ **polars,** ~ **polar coordinates** → ~ coordinates; ~ **projection** hengervetület; hengeres projekció; hengervetületű térkép; ~ **reactor** *at* hengeres reaktor; ~ **reamer** hengeres dörzsár; ~ **roller(-)bearing** *ép* görgős saru; hengergörgős csapágy; ~ **rolling gate** *hidr* hengeres gát; ~ **rotary digester** *pa* bukófőző; ~ **rotary kiln** *koh* forgódobos/forgócsöves kemence; ~ **screen** dobrosta; ~ **screw** *gép* hengeres fejű csavar; *műa* hengeres (extruder)csiga; ~**-shaped screen** *koh* hengeres szita; ~ **shell** *ép* hengeres héj, dongahéj; *mat* (kör)hengerhéj, hengerpalást; ~**-shell source** *at* körhenger alakú forrás; ~ **shock wave** hengeres lökéshullám; ~ **sieve** *ép* dobrosta; *pa, tex* hengerszita, körszita; ~ **silo** *ép* hengersiló, hengeres siló; ~ **specimen** hengeres próbatest; ~ **spectacle lens** → cylinder glass; ~ **spring** csavarrugó, spirálrugó; ~ **storage bin** *élip* hengeres silócella; ~ **surface** *mat* hengerfelület, henger; ~ **symmetry** hengerszimmetria; ~ **vault** *ép* cilindrikus boltozat; dongaboltozat; ~ **wave** *fiz* hengeres hullám, hengerhullám, csőhullám; ~ **winding** *el* hengeres tekercselés; hengertekercs; ~ **worm** *mech* hengeres csiga; ~ **X-ray-camera** hengeres röntgenkamera

cylindrically | **ground joint** hengeres csiszolat, hengeresen csiszolt illesztés; ~ **symmetric** hengerszimmetrikus

cylindricity hengeresség; henger alak

cylindricule kis henger

cylindriform henger alakú

cylindrite *ásv* cilindrit

cylindroconic(al) hengeres-kúpos; kúpos-hengeres; ~ **gear drive** hengeres-kúpos fogaskerékhajtás, kúpos homlokhajtás; ~ **ripe-drum** hengeres-kúpos kötéldob

cylindroid *mat* cilindroid

cylindroidal hengerszerű

cylindrosymmetry hengerszimmetria

cylpebs *bány* cilpebsz

cyma *ép* kima; ~ **recta** egyszerű/álló kima; ~ **reversa** bukókima

cymatium *ép* koronázópárkány *(klasszikus)*

cymatolite *ásv* cimatolit

cymenes *vegy* cimolok

cymograph kontúrrajzoló szerkezet

cymometer hullámhosszmérő, frekvenciamérő

cymophane *ásv* cimofán

cymophanous csillámló, opalizáló

cymoscope hullámjelző, hullámdetektor

cypher → cipher

cypress oil ciprusfaolaj

cyprian vitriol *vegy* réz-cink-szulfát, ciprusi vitriol

cyprine *ásv* ciprin

Cyrena bearing bed *geol* cyrenás réteg

cysteic acid *vegy* ciszteinsav

cysteine *vegy* cisztein

cystine *vegy* cisztin

cystoscope *orv* cisztoszkóp

cystoscopy *orv* cisztoszkópia

cytidine *vegy* citidin

cytidylic acid *vegy* citidilsav

cytisine *vegy* citizin, szoforin, laburnin

cytochrome *vegy* citokróm

cytogenesis *biot* citogenezis

cytoplasm *biot* citoplazma, sejtplazma

cytosine *vegy* citozin

Czochralski method Czochralski-módszer, Czochralski-eljárás

D

3-D → three-dimensional
d → dextrorotatory; → diameter; ~ **exponent** *ol* d-kitevő; ~ **orbit** *at* d-pálya, 2 mellékkvantumszámú elektronpálya
D → deuterium; ~ + **I process** falvékonyító mélyhúzás; ~ **action** *el* D-jelleg, differenciáló működésmód; ~**-character** *szt* D-karakter; ~ **circuit** *el* D-tároló (áramkör); ~**-coil** *el* nyolcas alakban csévélt tekercs; ~**-D Code** → dot and dash code; ~ **flip-flop** *szt* késleltető flip-flop; ~ **horizon** *talt* D szint; ~**-isomer** *vegy* d-izomer, jobbra forgató izomer; ~ **layer** *met* D-réteg, D-tartomány; ~**-line (of sodium)** *vegy* D-vonal; ~**-model carburetter/carburettor** *gépk* kettős porlasztó; ~ **region** *met* D-tartomány, D-réteg; ~**-series** *vegy* D-sorozat; ~**-shaped wire** D keresztmetszetű huzal; ~**-slide** *gép* kagylós tolattyú; ~**-value** *rep* D-érték; ~**-valve** *gép* (félhengeres) D alakú tolattyú; ~**-wire** *távb* d ág
d/a converter *el* digitális-analóg átalakító/konverter, D/A átalakító
D/C → drift correction
D/L ratio → drag-lift ratio
D/R → dead reckoning
DA → delay amplifier; → density altitude; → dip angle; → direct ascent; → double amplitude; → drift angle; → dummy antenna;
d. a. → direct-acting; → double-acting
DAA → direct access arrangement
dab I. *v* megüt, paskol; könnyedén dörzsöl; tömörít; *forg* pontoz; **II.** *n* lágy ütés; hirtelen ütés/ütközés; folt, petty; morzsa; pehely; *forg* pontozólyuk; ~ **on paint** *v* festéket felrak *(foltokban)*; ~ **over** *v* megken *(ragasztószerrel)*; ráken
DAB → delayed-action bomb
dabbed agyaggal (ki)bélelt
dabber tisztítókefe *(Lister-féle tisztítógépen)*; *nyom* festékezőrongy; nemezhenger, filchenger; *önt* magrögzítő szeg, rögzítő magjel
dabbing *ép* vakolóhabarcs; ~ **brush** *tex* leverőkefe, tisztítókefe *(Lister-féle fésülőgépen)*; ~ **machine** *nyom* levonatkészítő gép; ~ **roller** *tex* benyomógörgő
dabble beken; benedvesít; (be)permetez
DAC → digital-to-analog(ue) converter; → digital-to-analog(ue) conversion; ~ **system** → data acquisition and control system
Dachstein limestone *geol* dachsteini mészkő
Dacien *geol* dáciai emelet
dacite *ásv* dácit
dad *bány* sújtóléget levegővel kever, munkahelyet kiszellőztet
DAD → digital audiodisk
dado I. *v ép* falburkolatot készít; *fa* hornyot vág; horonyba illeszt; **II.** *n ép* szobafal dekorált része; térdfal; *fa* horony; horonygyalu; ~ **head** *fa* horonyvágó kés befogófeje; ~ **headsaw machine** *fa* horonyfűrészgép; ~ **joint** *fa* beeresztés; ~ **plane** *fa* horonygyalu; ~**-rail** *ép* falvédő párkány; zárólécc
dadoing *fa* horonyillesztés; ~ **machine** *fa* falburkoló lapokat gyártó gép
DAFM → discard at failure maintenance
dag[1] **I.** *v* → deg; **II.** *n* → deflocculated Acheson graphite; *ásv* grafitpikkely; kolloid grafit; *rád* vezető (grafit)bevonat; *vegy* dag *(kenőanyag)*; ~**s** → daggings
dag[2] → decagram(me)
DAGC → delayed automatic gain control
dagger tőr; ~ **(mark)** *nyom* kereszt; ~ **operation** *szt* NEM-VAGY művelet; ~**-plant fibre/fiber** *tex* szalmaszerű rost *(kalapfonásra)*
daggings *(pl) tex* (osztályozott) hulladékgyapjú
daglock wool *tex* szennyes gyapjúfürt
Dahl's acids *vegy* Dahl-savak, amino-naftalinszulfonsavak
dahlia violet *vegy* Dahlia-Violett, Hofmann-féle ibolya, Hofmann-ibolya
DAI → distributed artificial intelligence
daily napi; ~ **aberration** *csill* napi aberráció; ~ **activity report (DAR)** *szt* napi forgalmi nyilvántartás *(könyvtárgépesítés)*; ~ **advance** *bány* napi vágathajtás; *ép* napi előrehaladás; ~ **assembling** *film* válogatás, muszterolás; ~ **bin** → ~ hopper; ~ **bulletin** naponkénti/napi jelentés; ~ **capacity** *ip* napi teljesítmény; ~ **commodity** fogyasztási cikk; ~ **drilling progress** *ol* napi fúróhaladás *(nap/m-ben)*; ~ **drilling report** *ol* napi fúrási jelentés; ~ **hopper** *önt* napiadagtároló, napiadagbunker; ~ **hydrological map** *hidr* vízjárási térkép; ~ **inspection** *rep* naponkénti felülvizsgálat; ~ **load curve** *el* napi terhelési diagram; ~ **maximum temperature** *met* hőmérséklet napi maximuma; ~ **mean** *met* napi átlag(érték); ~ **mean soil temperature** *met* napi közepes talajhőmérséklet; ~ **output** napi hozam/teljesítmény/termelés; ~ **paper** *nyom* napilap; ~ **periodicity** naponkénti ismétlődés; egynapi periodicitás; ~**-pondage reservoir** *hidr* napi tározó; ~ **production** napi termelés; ~ **range** *rep* napi változási határ/tartomány; ~ **range of soil temperature** *met* talajhőmérséklet napi ingadozása; ~ **range of temperature** *met* hőmérséklet napi ingása, napi hőmérsékleti ingás; ~ **runoff** *hidr* napi lefolyás/vízhozam; ~ **storage** *hidr* napi tározás; ~**-storage reservoir** *hidr* napi tározó; ~ **utilization (of aircraft)** *rep* napi kihasználás, napi repült órák száma; ~ **variation** *rep* napi változás; ~ **variation in declination** *geod* mágneses elhajlás napi változása; ~ **wage** *ip* napszám, egy műszakra szóló bér; ~ **weather bulletin** *rep* naponkénti időjárásjelentés; ~ **weather map** *rep* naponkénti szinoptikus térkép; ~ **working time for irrigation** *hidr* öntözési üzemidő; ~ **yield** *ol* termelési hozam
dairy *élip* tejgazdaság, tehenészet; tejüzem; ~ **butter** tejgazdaságban készített vaj, teavaj; ~ **by-product** tejipari melléktermék; ~ **carter** tejeskocsi; ~**(-)farm** tejgazdaság, tehenészet; ~ **feed** tehéntakarmány; ~ **industry** tejipar; ~ **product** tejtermék; ~ **wastes** *(pl)* tejipari szennyvíz
dairying *élip* tejgazdaság, tehenészet; tejtermelés
dais *ép* baldachin, mennyezet; dobogó, emelvény
daisy|-chain connection *szt* sodrott érpárú összekötte-tés; ~ **wheel** *szt* margarétakerék; ~ **wheel printer** *szt* margarétakerekes nyomtató

dal → decalitre
dale *ép* vízvezető vályú; *geol* vízfolyásos völgy; völgylanka; *gép* kötéldobbarázda
D'Alembert's | principle *mech* d'Alembert-elv; ~ **ratio test** *mat* D'Alembert-féle hányadoskritérium
Dalitz plot *at* Dalitz(—Fabri)-diagram
dalle *ép* díszes csempelap; ~**s** *(pl) geol* völgyszurdok; *hidr* sebes folyású víz/szakasz
DALT → drop altitude
dalton *at* dalton
Dalton | law *fiz* Dalton-törvény; ~ **law of partial pressures** *fiz* a parciális/részleges nyomások (Dalton-féle) törvénye
daltonide *vegy* daltonida, daltoni kötés
dam[1] → decametre
dam[2] **I.** *v* elzár, elrekeszt, eltorlaszol; körülgátol; *bány* elgátol; *hidr* (völgyzáró) gátat épít/emel; gáttal elzár; **II.** *n* gát, töltés; *bány* (záró)gát; vízgát; *ép* szemöldökfa; *hidr* völgyzáró gát; *pa* habléc; ~ **abutment** *bány* gátszék; ~ **axis** gáttengely; ~ **beam** *ép* gátbetétgerenda; ~**(-)board** *pa* duzzasztólemez; elválasztófal *(pépfelvezető berendezésen)*; torlasztóléc; ~ **body** *hidr* gáttest, duzzasztómű; ~ **bonding** *hidr* gátbekötés; ~ **break/burst** *hidr* gátszakadás; ~ **connection** *hidr* gátbekötés; ~ **crest** *hidr* gátkorona, töltéskorona; ~**-dike** *hidr* keresztgát, sarkantyú; ~ **drawing water** *hidr* visszaverő sarkantyú; ~ **embankment** *hidr* gát partja, töltés, gáttest; ~ **failure** *hidr* gátkatasztrófa, gátszakadás; ~ **height** *hidr* gátmagasság; ~ **in loose stuff** *hidr* áteresztőgát, kőrakatgát; ~ **keeper** *hidr* gátőr; ~ **lake** *hidr* tározó, mesterséges tó; ~ **length** *hidr* gáthossz; ~ **of brickwork** *bány* falazott gát; ~ **off** *v* elgátol; ~ **off a spring** *v hidr* forrást foglal; ~ **plate** *koh* védőlemez; ~ **pond** *hidr* gát előtere, duzzasztó feletti tó; ~ **power plant** gáterőmű; ~**-retted flax** *tex* áztatott len; ~ **retting** *tex* lenáztatás; ~ **site** *hidr* (völgyzáró) gát helye, gátszelvény; ~ **slide** *hidr* gáttest elcsúszása; ~**-stone of blast-furnace** *koh* nagyolvasztó gátköve; ~ **structure** *hidr* gátszerkezet; ~**-type lip ladle** *koh, önt* salakfogós üst; ~ **up** *v* eltorlaszol; felduzzaszt *(gáttal)*; ~ **warden** *hidr* gátőr
damage I. *v* (meg)károsít; megrongál; sérülést okoz, elront, tönkretesz; károsodik, kárt/sérülést szenved; megrongálódik; tönkremegy; **II.** *n* károsodás; kár; rongálódás; (meg)sérülés; meghibásodás; ~ **by frost** fagykár; ~ **by sea** hajókár, havária; ~ **category** *bány* érzékenységi/védelmi kategória; ~ **caused by fire** tűzkár; ~ **caused by flood** vízkár; ~ **caused by mine water** *bány* bányavízkár; ~ **caused by seismic effecty** *bány* szeizmikus károsodás; ~ **caused by water** *környv* vízikár; ~ **curve** meghibásodási görbe; ~ **done by mining** bányakár; ~ **due to excess surface waters** *hidr* belvízkár; ~ **due to mining operation** bányakár; ~ **due to thaw(ing)** *ép* olvadási kár; ~**-free recovery** *rep* károsodás nélküli kivétel; ~ **function** *at* károsodási függvény; ~**-line test** *any* kifáradási vizsgálat *(túlterheléssel)*; ~ **of environment** *környv* környezetkárosítás; ~ **report** kárjelentés; kárfelvételi jegyzőkönyv; ~ **report cargo** *rep* rakomány-kárjelentés; ~**s** kártérítés; ~**s of mortar** *ép* habarcskár; ~ **to corps** mezőkár; ~ **to ship** *hajó* havária
damaged sérült, hibás *(minőség)*; ~ **by cut** *bőr* vakmetszéses; ~ **by gnawing** *bőr* rovarrágta *(nyersbőr)*; ~ **caused by the excess or shortage of water** *hidr* vizek kártételei; ~ **caused by water** *környv* vízkár; ~ **state** meghibásodás
damaging káros; ártalmas, kártékony; ~ **air pollution** *környv* káros légszennyezés; ~ **stress** *any* tönkretevő/törési feszültség; ~ **water pollution** *környv* káros vízszennyezés
damar → dammar
damascene I. *v finm* arannyal/ezüsttel berak/díszít, damaszkol *(acélt)*; **II.** *n finm* damaszkozás
damascened texture *geol* damasztos, fonatos arabeszkes szerkezet
damascening damaszkuszi díszítés; *finm* damaszkozás
Damascus steel damaszkuszi acél
damask I. *v finm* arannyal/ezüsttel berak/díszít, damaszkol; *hők* barnít, kékít; *tex* damasztot sző; damasztszerűen *v.* damaszt módra/mintára sző; **II.** *n* damaszkuszi acél(penge); vakulás *(csiszolt acélé)*; *tex* damaszt; ~ **linen** *tex* lendamaszt, damasztvászon
damaskeen → damascene
damassé *tex* damaszt
dambose *vegy* inozit
dammar (gum/resin) *vegy* dammárgyanta
dammed | entry *bány* elgátolt vágat; ~ **spring** *geol* duzzasztott forrás; ~**-up water** *talt* torlasztott víz, torlaszvíz
damming *hidr* torlasztás, duzzasztás, zárás; ~ **down** *bány* kizsilipelés; ~ **factor** *bány* gáthatástényező; ~ **of a torrent** hegyi patak szabályozása; ~ **off (sealing)** *bány* elgátolás; ~**-off the water** *bány* vízelzárás; ~ **run** *bány* torlasztómenet; ~ **up** eltorlaszolás; felduzzasztás; *bány* bezsilipelés
damourite *ásv* damourit
damp I. *v el* csillapít, gyengít; *gép* fékez, tompít *(ütést, lökést)*; *hőt* elfojt *(tüzet)*; tüzet visszavesz *(rostélyon)*; *pa* benedvesít; *tex* gőzöl; **II.** *a* nedves, nyirkos; *élip* dohos; **III.** *n* gőz(ölgés), pára(tartalom); nedvesség, nyirkosság, párásság; dohosság; *bány* bányalég; *pa* nedvesség(tartalom); ~ **and close** dohos; ~ **back** *v* visszanedvesít *(bőrt)*; ~**-coarse asphalt mastic** *ép* falaszfalt; ~ **concrete** földnedves beton; ~ **course** → ~-proof course; ~ **down** *v* nedvesedik, nedvessé/nyirkossá válik; *el* csillapodik, gyengül; *koh* elfojt, lefojt *(tüzet)*; ~ **grain** *élip* nedves/nyirkos/fogós gabona; ~ **granulation** *gyógyv* nedves granulálás; ~ **haze** *met* nedves légköri homály; ~ **mine** *bány* gázos bánya; ~ **patch** nyirkosságfolt; ~ **penetration** nedvességfelszívódás; ~ **pin** szorítócsap; ~**-proof** gőzálló, nedvességálló; (nedvesség ellen) szigetelt; *bány* sújtólégbiztos; ~**-proof course (dpc)** *ép* nedvességszigetelő/nedvességelzáró/párazáró réteg, talajvíz elleni szigetelés; vízszintes falszigetelés; ~**-proofing** nedvességvédelem; vízállóvá tétel; nedvesség elleni szigetelés; *bány* sújtólégbiztossá tétel; *tex* gőzállóság; ~**-proofing against soil moisture** *ép* talajnedvesség elleni szigetelés; ~**-proof installation cable** *el* nedvességálló kábel/vezeték; ~**-proof insulating layer** nedvességszigetelő réteg; ~**s** *bány* bányalég, sújtólég; ~ **sink** *élip* beöntőgarat, átvevőgarat; ~**-stain** *ép* nedves/vizes/penészes folt, nyirkosságfolt; ~ **stay** *cipő* borításerősítő *(cipőfelsőrészen)*; ~ **steam** nedves gőz; ~**-storage closet** *tex* nedvesítőkamra; ~ **wood** *fa* nyers/nedves fa
damped csillapított, fékezett; (el)fojtott, tompított; ~ **circuit** *el* csillapított rezgőkör; ~ **oscillation** *fiz* csilla-

pített/csillapodó rezgés, csillapított rezgőmozgás; *mech* csillapodó/csillapított lengés; ~ **paper** *pa* nedves papír; ~ **pendulum** *fiz* csillapított inga; ~ **periodic element** *el* csillapított lengésű/rezgésű elem; periodikusan csillapított elem; ~ **periodic instrument** *el* csillapított lengésű (mérő)műszer; ~ **radioactivity** *at* csökkent radioaktivitás; ~ **sinusoid** *fiz* csillapított/lecsengő szinuszgörbe; ~ **waves** *fiz* csillapított hullámok

dampen nyirkosít, párásít *(bőrt)*; nedvesít; *el* csillapodik, gyengül; *hang* megnedvesedik, nedvessé/nyirkossá válik, letompít

dampener nedvesítő(berendezés); csillapító

dampening nedvesítés, gőzölés; ~ **agent** nedvesítőszer; ~**-machine** *pa* nedvesítőgép; ~ **roller** *nyom* nedvesítőhenger

damper nedvesítő(berendezés); bélyegnedvesítő; *el* csillapító tekercs(elés); *film* csillapítótag; *gép* (fojtó-)csappantyú; fojtószelep; lökésgátló; pillangószelep; rezgéscsillapító szerkezet; tolózár; *gépk* lengéscsillapító; *hang* hangfogó, (hang)tompító; *hőt* füstcsappantyú; füstgáztolattyú; huzamszabályozó; légelzáró; *koh* füsttolattyú, füstgázszelep; üsttolózár; *mech* csillapító; *pa* nedves prés/simító; *rád* rezgéscsillapító; *rep* lengéscsillapító, lökésgátló; *tex* fék; nedvesítőszer; ~ **adjuster** *gép* csappantyúállító; ~ **cage** *el* csillapítókalitka; ~ **diode** *tv* csillapítódióda; ~ **guide** *hőt* tollattyúvezeték *(rókatorokban)*; ~ **of superheater** *hőt* túlhevítés-csökkentő; ~ **plate** *hőt* huzatzáró lemez; ~ **switch** *el* fojtótekercses kapcsoló; ~ **weight** *em* kiegyenlítősúly, ellensúly; ~ **winding** *el* csillapítótekercs(elés)

damping fékezés, gátlás; csillapítás; kiegyenlítés; csillapodás, kilengés, lecsengés; tompítás, enyhítés; *el* csillapítás; csillapodás, kilengés, lecsengés; *élip* nedvesítés, gőzölés; *ép* gőzölés; *gépk* elfojtás, lefojtás *(lengésé)*; *gépk, hajó* lengéscsillapítás; *mech* csillapítás; csillapodás, kilengés, lecsengés; *pa* nedvesítés, permetezés; *tex* gőzölés, nedvesítés; ~ **action** csillapító hatás; fojtóhatás; ~ **agent** *gép* fékező *(csillapító anyag/berendezés)*; *tex* nedvesítőszer; ~ **along the line** *távb* vonalcsillapítás; ~ **apparatus** *pa* nedvesítőgép; ~ **arrangement** *gépk, rep* csillapítószerkezet; ~ **capacity** *any* csillapítóképesség, rezgéscsillapító képesség; ~ **cell** *fa* gőzölőkamra; ~ **chamber** *bány* csillapítóakna; ~ **characteristic** *el* csillapítási/csillapodási jelleggörbe; ~ **circuit** *félv* csillapító áramkör; ~ **coefficient** *mech* csilllapítási tényező/együttható; ~ **coil** *távk* csillapítótekercs; ~ **constant** *mech* csillapítási tényező/állandó; *távk* csillapításállandó; ~ **control** *el* csillapításszabályozás; *mat* gyengítő szabályozás; ~ **couple** → ~ moment; ~ **coupling** *mech* csillapításos csatolás; ~ **dashpot** *gép* olajfék; ~ **decrement** *mech* csillapítási dekrementum; ~ **device** *gép* fékezőberendezés, csillapítóberendezés; *hidr* fojtószerkezet; ~ **diode** *tv* csillapítódióda; ~**-down** *el* lefojtás; ~ **effect** *mech* csillapítóhatás; ~ **elongation** *pa* nedves nyúlás; ~ **exponent** *szt* csillapítási tényező; ~ **factor** *mech* csillapítási tényező; ~ **fluid** *mech* (lengés)csillapító folyadék; ~ **force** *mech* csillapító/csillapítási erő; ~ **function** *fiz* csillapítási függvény; ~**-in-roll** *rep* orsócsillapítás; ~ **loss** *el* csillapítási veszteség; ~**(-)machine** *pa, tex* gőzölőgép, nedvesítőgép; ~ **machinery** *tex* nedvesítőgép; ~ **magnet** *el* csillapítómágnes, stabilizálómágnes; ~ **material** *hang* hangelnyelő anyag; ~ **matrix** *fiz* csillapítási mátrix; ~ **mica** *mech* csillapító csillámlemez; ~ **moment** *gép* csillapítónyomaték; ~ **of an oscillation** *mech* rezgés lecsengése/csillapodása; ~ **of radiation** *környv* sugármentesítés; ~ **of sound** *hang* hangcsillapítás, hangtompítás; ~ **period** *mech* csillapítási idő/periódus; ~ **piston** *gép* (lökés)csillapító dugattyú; ~ **ratio** *mech* csillapítás mértéke; csillapítási viszony/fok/tényező; ~ **regulation** → ~ control; ~ **resistance** *félv* csillapító ellenállás; ~ **resistor** *el* csillapító (ellenállás), feszültségosztó; ~ **ring** *el* örvényáram-csillapító; ~ **roller** *nyom, tex* nedvesítőhenger; ~ **rolls** *pa* nyirkos simító; ~ **spring** *gép* lökéscsillapító rugó; ~ **stretch** *pa* nedves nyúlás; ~ **time** *mech* csillapodási/megnyugvási idő; ~ **torque** → ~ moment; ~ **vat** *fa, tex* gőzölőtartály; ~ **wheel** *élip* gabonanedvesítő készülék; gabonanedvesítő vízikereke; ~ **winding** *el* csillapítótekercs(elés)

dampness nedvesség, nyirkosság, párásság; dohosság; ~ **entrapped in the water-proofing** *ép* vízhatlan csapadékszigetelésbe bezáródott nedvesség

damposcope *bány* sújtólégjelző; *met* ködmérő

dampy nedves, nyirkos; párás; *bány* sújtóléges

dan *bány* kis csille, szénszállító talicska; *hajó* kis jelzőbója; *hidr* víztartó edény; ~**-layer** *hajó* bójalerakó hajó

danaide *hidr* danaida

danaite *ásv* danait

danalite *ásv* danalit

danburite *ásv* danburit

dancer roll *műa, pa* ráncsimító görgő; *nyom* lengőhenger

dancing lengés *(műszermutatóé)*; ~**(-)roll** *pa* papírfeszítő henger *(rugózott)*; ráncsimító henger *(keresztvágón)*; ~ **roller** *nyom* lengőhenger; ~ **step** *ép* kiegyenlített lépcső; ~ **vibration** *el* szakaszos rezgés *(távvezeték vezetőjéé)*

Dancoff correction *at* Dankov(—Ginzburg)-korrekció

dandy kétkerekű taliga; → ~ roll; *ép* aszfaltozógép, útkátrányozó gép; *közl* kerekes pótlengely; ~ **loom** *tex* félmechanikai szövőgép; ~ **mark** *pa* vízjel; ~ **pick** *pa* papírvezető henger; ~ **roll(er)** *pa* vízjelhenger, vízjelnyomó henger, eguttőr; ~ **rover** *tex* finom előfonógép; ~ **roving** *tex* tűsléces előnyújtógép; ~ **signal** *vasút* „tilos" jelzés; ~ **worm** *pa* vízjelhenger okozta hólyag/légbuborék

danger veszély(esség); ~ **alarm** veszély jelzése; ~ **area** *rep* veszélyes légtér; ~ **arrow** *el* nagyfeszültségjelző nyíl; *közl* veszélyt jelző tábla; ~ **buoy** *hajó* veszélyt *v.* tilos részt jelző bója; ~ **class** veszélyességi osztály; ~ **coefficient** *at* veszélyességi tényező; ~ **dose** *at, gyógyv* veszélyes/veszélyeztető dózis; ~ **notice** *rep* veszélyjelzés; ~ **of bilateral water inrush** *bány* kétoldali vízveszély; ~ **of fire** tűzveszély(esség); ~ **of gas** *koh* gázveszély; ~ **of karst-water inrush** *bány* triaszvízveszély, karsztvízveszély; ~ **of puncture** átütési veszély; ~ **of sparking** szikraveszély; ~ **signal** veszélyjelzés, vészjel; veszélyt jelző lámpa; ~ **sound** akusztikus vészjelzés; riasztó hangjelzés; ~ **space** *kat* pásztázott terület/tér; *rep* veszélyes terület/tér; ~ **warning** *rep* veszélyjelzés; ~ **zone** veszélyzóna

dangerous veszélyes; ~ **approachment** *el* hatósáv *(szabadvezetéké)*; ~ **area** *rep* veszélyes légtér; ~ **bank**

hidr veszélyeztetett töltés; ~ **because of firedamp** *bány* sújtólégveszélyes; ~ **film** tűzveszélyes film; ~ **freight** *rep* veszélyes szállítmány/rakomány; ~ **material/matter** *környv* veszélyes anyag; ~ **mine air** *bány* veszélyes bányalevegő; ~ **of water inrush** *bány* vízveszélyes; ~ **radiation** *at* veszélyes sugárzás; ~ **section** mértékadó/veszélyes keresztmetszet; ~ **sewage** *hidr* veszélyes szennyvíz; ~ **waste** *környv* veszélyes hulladék
dangling bond *vegy* telítetlen/szabad kötés
Danian stage *geol* dániai emelet
Daniell | **cell** Daniell-elem; ~ **hygrometer** Daniell-higrométer
Danish balance kézimérleg, rugós mérleg
dank *ép* (egészségtelenül) nyirkos; *geol* iszapos; sáros
dannemorite *ásv* dannemorit
Dano-biostabilizator process/treatment *környv* Dano-biostabilizátoros eljárás
dant *ásv* fuzit
dap I. *v* beereszt; visszapattan; **II.** *n* visszapattanás; *ép* bevágás, fog, horony
daphnite *ásv* dafnit
dapped timbering *ép* befogott ácsolat
dapper *szersz* hornyológép
dapple I. *v* foltokkal tarkít; pettyez; **II.** *n ép* pettyegtetés, tupfolás
DAR → daily activity report; → Defence Acquisition Radar
daraf *el* daraf *(farad reciproka)*
darapskite *ásv* darapszkit
darby *ép* vakolatsimító *(fa)*
darcy darcy
Darcy's | **flow** *fiz* Darcy-áramlás; ~ **formula** *fiz* Darcy-féle képlet; ~ **law** *fiz* Darcy-törvény
darg *ip* napi munka
dark I. *v* (el)sötétít; elsötétül, (el)sötétedik; **II.** *a* sötét; **III.** *n* sötétség; ~ **adaptation** *opt* sötétséghez való alkalmazkodás *(szemé)*; ~ **battleship grey** sötétszürke *(szín)*; ~ **beer** *élip* barna sör; ~ **blue** sötétkék, oxfordkék; ~ **brown** sötétbarna, (sötét) gesztenyebarna; ~ **brown crepe** *gumi* harmadrendű kreppkaucsuk; ~**-brown paper** *ép* bitumenpapír; ~ **burn** *el* beégés *(elektronsugárcsövek világítórétegén)*; *opt* kifáradás *(lumineszkáló anyagé)*; ~ **cherry-red heat** sötét meggyszínű izzás; ~**-colo(u)red** sötét színű; ~ **conduction** sötétvezetés; ~ **conductivity** sötét-vezetőképesség, vezetőképesség sötétben; ~ **constituent** *ásv* sötét elegyrész *(kőzetben)*; ~ **current** *el* sötétáram; ~ **discharge** *el* sötétkisülés; ~**-dyed** sötétre színezett; ~ **field** *opt* sötétmező *(mikrofotografálásnál)*; sötéttér, sötét háttér; ~**-field condenser** *opt* sötétlátótérkondenzor; ~**-field examination** *opt* sötét látóterű mikroszkópos vizsgálat; ~**-field illumination** *opt* sötét terű megvilágítás; ~**-field microscopy in transmitted light** *opt* átmenő fényű sötét látóterű mikroszkópia; ~ **flame** Bunsen-láng, nem világító láng; ~ **glass** kormozott/árnyékoló üveg; ~ **ground** *opt* sötéttér, sötét háttér; ~ **heat** infravörös hő; ~ **interval** → ~ period; ~**-line spectrum** abszorpciós/elnyelési színkép/spektrum; ~ **oil** sötét színű (olcsó) kenőolaj; ~ **period** sötétperiódus, sötétidő; ~ **pulse** *el* sötétáram-impulzus; ~ **radiation** sötétsugárzás; ~ **reaction** *fiz* sötét folyamat, Blackmann-reakció; ~ **red heat** sötétvörös izzás; ~**-red silver-ore** *ásv* pirargirit; ~ **resistance** *el* sötétellenállás; ~ **room** *foto* sötétkamra; ~**-room lamp/lantern** *foto* sötétkamralámpa; ~**-room (process) camera** *foto* sötétkamrás reprodukciós kamera; ~**-room safelight filter** *foto* sötétkamrai fényszűrő, sötétkamraszűrő; ~**-screening slide** *foto* elsötétítő tolóka/tolófedél; ~ **slide** *foto* kazetta; ~ **space** *fiz* sötéttér, sötét háttér; ~ **spot** *tv* sötétfolt; ~ **substitute** *vegy* barna faktisz; ~ **trace screen** *el* sötét sugaras *v.* sötéten rajzoló ernyő; ~ **trace tube** *el* szkiatron, sötét képet rajzoló cső
darken (el)sötétít; (el)sötétedik; *tv* lesötétít; színárnyalatot elmélyít
darkening | **coefficient** *csill* peremsötétülési együttható; ~ **curtain** elsötétítő függöny; ~ **device** elsötétítő (szerkezet); ~ **dye** *tex* sötétítőszínezék; ~ **roller (blind)** elsötétítő/fényzáró redőny
darkness hours *rep* éjszaka
Darlington | **amplifier** *el* Darlington-kapcsolás *(erősítő)*; ~ **arrangement/circuit/combination** Darlington-kapcsolás *(elrendezés)*
darn *tex* foltoz *(ruhát)*; töm, stoppol *(harisnyát)*
darner *tex* foltozó, hibajavító; kivarró, stoppoló *(munkás)*
darning | **cotton** *tex* foltozópamut, tömőpamut; ~ **needle** stoppolótű; foltozótű; ~ **yarn** stoppolófonal, tömőfonal
d'Arsonval galvanometer forgótekercses galvanométer
dart I. *v* dob, hajít; nekiiramodik; *opt* szór, kibocsát *(sugarakat)*; *ruh* betart, beszűkít; **II.** *n* gerely, (hajító)dárda; hajítósúly; *ruh* betartás; ék alakú bevarrás *(ruha szűkítésére)*; ~ **downwards** *v rep* zuhanórepülést végez; ~ **leader** *met* vezérnyíl, dárdavillám; ~ **valve** *bány* kiemelőkanál szelepe
DART → diagnostic assistance reference tool
darting flame *bány* szúróláng
DASD → direct access storage device
dash I. *v* elhajít, eldob; odavág, nekivág; nekiütközik; összeütközik; befröcsköl, leönt; bemázol; befröcskölődik; bemázolódik; hozzákever, vegyít, elegyít; tönkretesz; meghiúsít; meghiúsul; *bány* kiszellőztet; *gépk* száguld; *mech* csillapít *(lökést)*; **II.** *n* törlés; (össze)ütközés, (neki)ütődés; jelentéktelen adalék; lendület, hirtelen mozdulat; vonal, vonás(jel); *alak* kalapácsnyél; *ép* bemázolás; gyorstervezés; nedves falfelületre csapott finom habarcs; *gép* gyors mozgás; kapcsolótábla/műszertábla; *gépk* lökhárító; műszerfal/szerelvényfal; sárhányó; *hidr* vízlökés; *hőt* gőzütés; *mat* vonás, vessző *(mennyiség mellett, mint matematikai jel)*; *mech* összeütközés; *nyom* elválasztójel; gondolatjel; kötőjel; ~**-and-dot** *mat* pont-vonás *(jel)*; ~**-and-dot line** *nyom* pont-vonallal kihúzott vonal, eredményvonal; ~**-coat** *ép* gyorsvakolat, stukatúr; ~**-controlled** *gép* kapcsolótábláról vezérelt; ~**-counting** gyors számvetés; ~**-dot** *v* pont-vonallal/eredményvonallal kihúz; ~**-dotted line** → ~-and-dot line; ~ **down** *v* gyorsan feljegyez; odavet, felvázol; ~ **in** *v* áttör *(falat)*; ~**(-)lamp** *gép* műszertáblalámpa, műszerfallámpa; ~ **leather** *gépk* sárfogó bőr *(motorkerékpáron)*; sárhányókötény; ~**-light** *gép* műszertábla-világítás; ~ **line** szaggatott vonal; ~ **off** *v* körvonalaz, (fel)vázol; leskiccel; odavet, felvázol; rádob; ~ **out** *v* kihúz, töröl, áthúz *(írást)*; ~ **pot (DP)** *el* csillapító, lengésfék; *gép* (hidraulikus) lengéscsillapító; olajcsillapító, olajfék;

olajpárna, légpárna; *hidr* légüst; ~**-pot pump** *gépk* gyorsítószivattyú; ~**-pot (pump) carburet(t)or** *gépk* gyorsítószivattyús porlasztó; ~ **sector** *rep* vonásjeltér; ~ **signal** *rep* vonástérjel

dashboard *gép* műszerfal, műszertábla, kapcsolótábla; *gépk, rep* műszerfal, szerelvényfal; *hajó* hullámvédő; *hidr* vízikeréklapát; *rep* elülső kabinfal; ~ **light** műszerfal-világítás, műszerfallámpa

dashed curve/line szaggatott vonal

dasher tápvízterelő lemez *(kazánban)*

dashing széttörés, szétzúzás; *bány* szellőző levegő erős növelése; ~ **vessel** → dash pot

DAT → digital audio tape

data adat(ok); mérési adatok; értékhalmaz; *rep* információ; műszaki adatok/jellemzők; *szt* adat; ~ **acquisition** adatgyűjtés; *szt* adatgyűjtés, adatfelismerés; ~ **acquisition and control system (DAC system)** *szt* adatgyűjtő és vezérlő rendszer; ~ **acquisition telemetry and tracking station antenna** *távk* távközlési és műholdkövető állomás antennája; ~ **adapter unit** *rendsz* adatillesztő/adatátalakító egység *(folyamatirányításban)*; ~ **address** *szt* adatcím; ~**-addressed memory** *szt* adatcímzésű tároló; ~ **analysis** *szt* adatanalízis *(adatok strukturális kapcsolatának vizsgálata)*; ~ **bank** *szt* adatbank; ~ **base** → database; ~ **block** *szt* adatblokk; tétel; ~ **bus** *szt* adatsín; adatút, adatcsatorna; ~ **bus driver (DBDR)** *szt* adatsínmeghajtó; ~ **capture** *szt* adatbegyűjtés, közvetlen adatbeviteli technika; ~ **card** *szt* adatkártya; ~ **carrier** *szt* adathordozó; ~ **case** *rep* fedélzeti napló tartója; ~ **cell** *szt* adatrekesz; ~ **cell drive** *szt* mágnescsíkos tár; ~ **centre/center** *szt* számítóközpont; ~ **chaining** *szt* adatláncolat, adatláncolás; ~ **channel** *szt* adatcsatorna; ~ **circuit** *szt* adatáramkör; ~ **circuit terminating equipment (DCE)** *szt* hálózati végponti berendezés; *távk* adatközponthívó; ~ **code** adatkód; ~ **collecting** adatgyűjtés; ~ **collecting equipment** adatnyelő, adatgyűjtő; ~ **collection** adatgyűjtés; ~ **collection platform** *szt* földi állomás *(műholdas átvitel)*; ~ **collection system** adatgyűjtő rendszer; ~ **communication** *szt* adatkommunikáció, adatközlés; ~ **communication access method (DCAM)** *szt* adatátviteli hozzáférési mód, DCAM; ~ **communication device** *szt* adatátviteli egység; ~ **communication network** *szt* adatátviteli hálózat; ~ **compaction/compression** *szt* adattömörítés; ~ **computer** *kat* lőelemképző; ~ **convention** *rep* adatrendszerezés szabálya; ~ **conversion receiver (DCR)** *szt* adatátalakító vevőegység, DCR *(hálózatban)*; ~ **converter** *szt* adatátalakító, adatkonverter; ~ **counter (DC)** *szt* adatszámláló, DC; ~ **c.t.e.** → ~ circuit terminating equipment; ~ **definition language** *szt* adatleíró nyelv; ~ **definition statement** *szt* adatleíró utasítás; ~ **delimiter** *szt* elválasztójel; ~ **description language (DDL)** *szt* adatstruktúra-leíró nyelv, DDL; ~ **determination** adatmeghatározás; *szt* adatrész, adatosztály; ~ **dictionary** *szt* adatszótár; ~ **directory system (DDS)** *szt* digitális könyvtárrendszer, DDS; ~ **display unit** *szt* adatkijelző/adatmegjelenítő egység; ~ **division** *szt* adatrész, adatosztály; ~ **encryption** *szt* adattitkosítás; ~ **entry terminal** *szt* adatbeviteli terminál; ~ **exchange (DX)** adatcsere; ~ **exchange control** *szt* adatcsere-vezérlés; ~ **exchange service (DATEX)** *távk* Datex-hálózat; ~ **flow** *szt* adatáramlás; ~ **flowchart** *szt* adat-folyamatábra; ~ **flow computing** *szt* párhuzamos számítógépes feldolgozás *(egyik típusa)*; ~ **flow diagram (DFD)** *szt* adatáramlási diagram; ~ **format** *szt* adatformátum; ~ **frame** *rep* adatkép; ~ **gathering** *szt* adatgyűjtés, adatcsoportosítás; ~ **group** *szt* adatcsoport; ~ **handling** *szt* adatkezelés; ~**-handling system** *szt* adatkezelő rendszer; ~ **input** *szt* input, adatbemenet, adatbevitel, adatbetáplálás; ~ **key** *szt* adatbillentyű; ~ **line** adatsor; *kat* tűzvezető jelleggörbe/adatgörbe/vonal; *ol* átvivő út; *szt* adatvezeték, adatvonal; ~ **line terminal** *szt* adatvonal-terminál; ~ **link** *szt, távk* adatkapcsolat, adat-összeköttetés; *távk* adattovábbító vonal; automatikus távközlő vonal; ~ **link escape (character) (DLE)** *szt* adatátvitel-átkapcsolás, DLE; ~ **link layer (DL)** *szt* adatcsatolási szint; ~ **logger** *szt* adatregisztráló berendezés, adatnaplózó; adattároló; mérésadatgyűjtő berendezés; ~ **logging** adatregisztrálás; ~ **management/manipulation** *szt* adatkezelés; ~ **manipulation language** *szt* adatkezelő nyelv; ~ **marking** *szt* vonásos jelölés; ~ **medium** *szt* adathordozó; ~ **multiplexing** *szt* adatmultiplikálás; ~ **name** *szt* adatnév; ~ **network** *szt, távk* adathálózat; ~ **organization** *szt* adatszervezés; ~ **output** adatkimenet; *szt* adatkihozatal, adatkivitel, (adat-)output; ~ **packet** *szt* adatcsomag; ~ **packing** *szt* adattömörítés; ~ **path** *szt* adatút, adatpálya; ~ **plate** adattábla *(gépen)*; ~ **plotter** *szt* koordinátarajzoló berendezés; rajzgép, x-y rajzoló; ~ **preparation** *szt* adatelőkészítés; ~ **presentation** adatelőállítás, adatábrázolás; ~ **printer** adatnyomtató, printer; ~ **processing (DP)** *szt* adatfeldolgozás, DP; ~**-processing centre/center** *szt* számítóközpont; ~ **processing cycle** *szt* adatfeldolgozási ciklus; ~ **processing display** *szt* feldolgozás közbeni adatfeltüntetés; ~ **processing equipment/machine** *szt* adatfeldolgozó berendezés; ~ **processing manager (DPM)** *szt* számítóközpontvezető, DPM; ~ **processing node** *szt* adatfeldolgozó csomópont; ~ **processing station** *szt* adatfeldolgozó állomás; ~ **processing system** *szt* adatfeldolgozó rendszer; ~ **processor** *szt* adatfeldolgozó gép; ~ **protection** *szt* adatvédelem; ~ **radio** *szt* adatkisugárzó, adatok rádiófrekvenciás továbbítása; ~ **rate** *szt* adatátviteli sebesség; ~ **receiver** *kat* jelfogó; *szt* adatnyelő, adatgyűjtő; ~ **record** *szt* mondat; tétel; ~ **recorder** adatregisztráló, adatrögzítő; ~ **recording** *szt* adatrögzítés; ~ **recovery** *szt* adatvisszanyerés; ~ **reducer** *szt* adattömörítő; ~ **reduction** *szt* adatredukció, adatcsökkentés; adattömörítés; ~ **register (DR)** *szt* adatregiszter, DR; ~ **remote processing** *szt* táv-adatfeldolgozás; ~ **request (DRQ)** *szt* adatkérés, DRQ; ~ **response** *szt* visszacsatoló csatorna *(kétirányú adatátviteli rendszereknél)*; ~ **retrieval language (DRL)** *szt* adatkereső nyelv, DRL; ~ **safeguarding** *szt* adatvédelem; ~ **security** *szt* adatbiztonság; ~**-sensitive fault** *szt* adatfüggő hiba; ~ **series** *szt* idősor; ~ **set** *szt* adatkészlet, modem; adatmennyiség, adathalmaz, adatállomány; ~**-set control block (DSCB)** *szt* adatkészlet-vezérlő blokk, DSCB; ~ **sheet** *el* adatlap; ~ **signal** *el, szt* adatjel; ~ **signalling rate** *el, szt* adatjelsebesség; ~ **signal stream** *el, szt* adatjelfolyam; ~ **sink** → ~ receiver; ~ **sorting system** *szt* adatrendező rendszer; ~ **source** *távb* adatforrás; ~ **storage** *rep* „emlékezés"; *szt* adattárolás;

~ **stream** *el, szt* adatfolyam; ~ **structure** *szt* adatszerkezet, adatstruktúra; ~ **subject** *szt* egyén *(akinek adatai valamilyen számítógépes nyilvántartásban szerepelnek)*; ~ **switching exchange (DSE)** *el* adatközpont; *el, szt* adatkapcsoló központ, DSE; ~ **tablet** *szt* adatbeviteli tábla; ~ **tagging** *szt* bibliográfiai adatbázis; ~ **tape** *szt* adatszalag; ~ **telecommunication service (DATEL)** *távk* adatátviteli szolgáltatás, DATEL szolgáltatási rendszer; ~ **teleprocessing** táv-adatfeldolgozás; ~ **terminal equipment (DTE)** *szt* terminál, felhasználói végberendezés, DTE; *távk* adatállomás; ~ **transfer** *szt* adatátvitel; ~ **transfer device** *szt* adatátviteli eszköz; ~ **transfer rate** *szt* adatátviteli sebesség/teljesítmény; ~ **translator** *szt* adatátalakító, adatkonverter; ~ **transmission** *szt* adatátvitel, információátvitel; ~ **transmission block** *szt* adatátviteli blokk; ~ **transmission channel** *szt* adatátviteli csatorna; ~ **transmission control** *szt* adatátviteli vezérmű; ~ **transmission equipment** *szt* adatátviteli berendezés; ~ **transmission line** *szt* adatátviteli vonal; ~ **transmission program** *szt* adatátviteli program; ~ **transmission rate** *szt* adatátviteli sebesség; ~ **transmission system** *kat* elemközvetítő berendezés; *szt* adatátviteli/információátviteli rendszer; ~ **transmitter** adatátvivő; ~ **transmitting termination** *szt* adatátviteli végződés; ~ **unit** adat; hivatkozási egység; ~ **user** *szt* személyi adatokat gyűjtő/tároló személy/szervezet

database (DB) *szt* adatbázis, DB; ~**/data communication (DB/DC)** *szt* tranzakciók feldolgozása, DB/DC *(IBM)*; ~ **access method (DBAM)** *szt* adathozzáférési eljárás, DBAM; ~ **administrator** *szt* adatbázis-adminisztrátor; ~ **control system (DBCS)** *szt* adatbázis-vezérlő rendszer, DBCS; ~ **handler (DBH)** *szt* adatbázis-kezelő, DBH; ~ **index (DBI)** *szt* adatbázisindex, DBI; ~ **key (DBK)** *szt* adatbáziskulcs, DBK; ~ **machine** *szt* adatbázisgép; ~ **management system (DBMS)** *szt* adatbázis-kezelő rendszer, DBMS; ~ **producer** *szt* adatbázis-előállító; ~ **query (DBQ)** *szt* adatbázis-lekérdező, DBQ; ~ **umbrella organization** *szt* adatbázis-karbantartó szervezet

Datacryptor sifrírozókészülék

datagram *szt* adatcsomag

dataline → data line

dataplex *szt* multiplex adatátvitel

date I. *v* keltez; meghatározza vminek az idejét/korát; származik, ered; **II.** *n* dátum, kelet, keltezés; időadat; évszám; időpont; határidő; ~ **back to/from** *v* származik/kelteződik/ered vmilyen időből; ~ **block** *pa* leszakítótömb; ~ **line** *csill* dátumvonal, dátumhatár, dátumválasztó (vonal); ~ **nail** → dating nail; ~ **of construction** építési év; ~ **of delivery** szállítási határidő; ~ **of expiration/lapse** (lejárati) határidő; ~ **set for the opening of tenders** tendernyitási/beadási határidő; ~ **stone** *ásv* datolit

DATEL → data telecommunication service

DATEX → data exchange service; ~**-network** DATEX-hálózat; ~**-P** *szt* Datex-P *(csomagkapcsolt adathálózat)*

dating *at* kormeghatározás, datálás; ~ **by radiocarbon** radiokarbon-kormeghatározás; ~ **machine** keltezőgép; ~ **nail** *vasút* évjelző szög *(talpfában)*; ~ **pulse** *aut* szinkronizáló impulzus; ~ **stamp** dátumbélyegző, keletbélyegző

dative bond *vegy* datív/donor-akceptor kötés

datolite *ásv* datolit

DATTS (data acquisition telemetry and tracking station) antenna távközlési és műholdkövető állomás antennája

datum adat, méretadat; *geol* alappont, alapsík; *hajó* átlagos apályszint; *mat* megadott érték; *rep* kiindulási adat; ~ **height** *geod* referenciamagasság, referenciaszint, viszonyítási/vonatkozási szint; ~ **horizon** *ol* vonatkozási szint; ~ **level** *geod* referenciaszint, alapszint; viszonyítási/vonatkozási szint; *hidr* szabályozási vízszint; terepszint ~**(-)line** kiindulási vonal; *ép* elosztóvonal *(tömegkiegyenlítés földmunkánál)*; métervonal; szintvonal; *geod* alapvonal; *gép* bázisvonal; *rep* alapvonal; ~ **mark** *geod* alappont, alapsík; ~ **of a recording ga(u)ge** *hidr* rajzoló vízmérce nullvonala; ~ **plane** *ol* vonatkozási (alap-) sík; ~ **point** *geod* fixpont, alappont, normál magasságpont; ~ **quantity** kiindulási mennyiség; ~ **surface** *geod* alapsík, vezérsík, alapfelület; ~ **temperature** *rep* kiindulási hőmérséklet

daub I. *v* beken, bemázol, betapaszt; *ép* vakol, hézagol, tapaszt *(falat)*; **II.** *n bőr* alapfestés; *fa* alaplakkréteg; kence; mázolás; ~ **coat** alapréteg *(lakkbőrkészítés)*; ~ **with ashes and lime** *v bőr* meszel, meszez

dauber hordószurkoló

daubing *ép* vakolóhabarcs

daubre(e)ite *ásv* daubreeit

daughter *at* bomlástermék; leányelem; ~ **atom** *at* leányelem, leányatom; ~ **decay** *at* leányelembomlás; ~ **element** *at* leányelem; ~ **missile** *űrh* második rakétafokozat/rakétalépcső; ~ **nucleus/nuclide** → ~ element; ~ **product** *at* közvetlen leányelem

Dauphiné | law *ásv* Dauphiné-törvény; ~ **twin** *ásv* Dauphiné iker

Davao hemp *tex* manilakender

DAVC → delayed automatic volume control

davit *hajó* csónakdaru; ~ **block** *hajó* csónakdaru-csigasor

Davy lamp *bány* Davy-lámpa, Davy-féle biztonsági lámpa

dawk I. *v* hornyol; rovátkol; **II.** *n fa* rovátkolás; *geol* agyagos homok

Dawson|-gas *hőt* kevert gáz, Dawson-gáz; ~ **wheel** *kh* mintázó/létraszabályozó kerék; *tex* Dawson-tárcsa

day nap *(időtartam)*; nappal, napvilág; *bány* külszín; *ép* ablak(üveg)tábla; ~ **and night service/operation** éjjel-nappali *v.* huszonnégy órás üzem; ~ **bin** → daily bin; ~ **bomber (DB)** *kat* nappali bombázó; ~ **car** *US* ~ **coach** *vasút* személykocsi *(nem hálókocsi)*; ~**-coal** *bány* külszíni szénréteg; ~**-degree** *hidr* napfok; *met* hőfoknap, fűtőfokszám; *mzg* napi hőösszeghiány; ~ **drift** *bány* táró; ~**-eye** *bány* akna külszíni kasszéke; ~**(-)fall** *bány* talajsüllyedés, felszínomlasztás; ~ **flight** nappali repülés; ~**-glow** *met* nappali égboltfény; ~**-height** *ép* belvilágmagasság; ~ **hole** *bány* külszínre lyukadó vágat; ~ **hopper** → daily hopper; ~**-labo(u)r** *mzg* napszámosmunka; ~**-labo(u)rer** *mzg* napszámos; ~ **load** *en* nappali terhelés *(erőműé)*; ~ **marking aid** *rep* nappali jelzőberendezés; ~ **obstruction marker** *rep* nappali akadályjelzés; ~**-output** napi hozam/teljesítmény/termelés(i eredmény); ~**-pair** *ip* nappali műszakpár; ~ **range** *rád* nappali adás hatótávolsága; ~**(-)rate** *ip* napszám, egy műszakra járó bér; ~-**saloon** *vasút* szalonkocsi, luxuskocsi; ~ **shaft** *ép* világítóakna; ~ **shift** *ip* nappali műszak; ~ **shirt** *ruh* felsőing, blúz; ~ **signal** *vasút* nappali jelzés/jelző; ~**s of heating** fűtési napok száma; ~-**stone** *ásv* kőzetkibúvás; ~ **supply reservoir** *hidr* napi tározó; ~**'s work joint** *ép* napi munkahézag; ~ **tank** *üveg* nappali üzemi kád; ~-**tank** *hajó* napitartály; ~-**time coverage** → ~ range; ~-**time wave** *távk* nappali hullám; ~ **tracer bullet** *kat* nappali nyomjelző lövedék; ~ **turn** → ~ shift; ~-**wage man** napszámos, napidíjas; ~-**water** *geol* felszíni víz; ~ **wave** *távk* nappali hullám; ~-**weaver** *tex* nappali műszakos munkás; ~(-)**work** *bány* külszíni művelés/művelet; *ip* (egy)napi munka; napidíjas munka; ~-**worker** *ip* napibéres; napszámos

daylight nappal, napvilág; napfény, nappali fény/világítás; természetes világítás; belvilág, belső tiszta méret *(csőé)*; *bány* napvilág; *gép* szabad szelvény; *gumi* vulkanizáló formaüreg; *műa* nyílástávolság *(sajtológépeken)*; ~ **colliery** külszíni szénbánya; ~ **developer** *film* világosban hívó gép; *nyom* napfényhívó; ~ **display** *rep* napfényindikátor; ~ **factor** *opt* nappali világossági tényező; ~ **film** *foto* napfényfilm; ~ **lamp** *opt* napfénylámpa; nappali fényű lámpa; ~ **loading cartridge/magazine** *foto* napfénykazetta; ~ **mo(u)ld opening** *műa* nyílástávolság; ~ **object visibility** *rep* nappali tárgyláthatóság; ~ **of the pipe** csőbelvilág; ~ **photograph** *film, foto* napfényfelvétel, nappali felvétel; ~ **press** *gumi* fiókos prés, etázsprés; ~ **projection** *film* vetítés nappali fényben; világosba vetítés; ~-**saving time (DST)** nyári időszámítás

daylighting nappali/természetes (meg)világítás, napfényvilágítás; ~ **by the roof** *ép* tető-felülvilágítás

daze *ásv* csillogó kő *(pl. csillám)*

dazzle I. *v* álcáz; kápráztat; vakít; **II.** *n* káprázás; *gépk* vakítás *(fényszóró által)*; *hajó* álcázás; ~-**free** vakításmentes; ~ **paint(ing)** *hajó, kat* álcázó festés

db → decibel

DB → database; → day bomber; → depth bomb; → diffused-base technique; → distribution box; → dive bomber; → double-barrelled; → double beat; → double bottom; ~-**loss** decibelben kifejezett veszteség

DB/DC → database/data communication

DBA → design basis accident

DBAM → database access method

dBase *szt* dBase *(adatkezelő rendszer)*

DBCS → database control system

DBDR → data bus driver

DBF → demodulator band filter

DBH → database handler

DBI → database index

DBK → database key

DBMS → database management system

DBOS → disk-based operating system

dbp → drawbar pull

DBQ → database query

DBS → direct broadcast satellite

d. b. switch → double-break switch

dbt → dry-bulb temperature

DC → data counter; → dead centre; → depth charge; → device control character; → digital computer; → direct current; → direct-current; → Dorr classifier; → double contact; → drag coefficient; → drift correction; → drill collar; → dust collector; ~ **plasma-display** *szt* DC típusú plazmapaneles megjelenítő; ~ **rim** → drop-centre rim

d.c. → direct coupled; → direct current; → double cylinder

DCAM → data communication access method

DCB → device control block; → dichlorobenzene

DCD → direct current dialling

DCE → data circuit terminating equipment; → digital control element

DCM → direct-current mains

dcp → direct-current panel

DCR → data conversion receiver; → digital conversion receiver

DCS → differential cross-section; → direct current source

DCTL → direct-coupled transistor logic

DCU → device control unit

dd → direct drive

DD → deep-drawn; → digital data; → digital display; → digital divider; → double-decker; → double diode; → dry dock; ~ **screen** *ép* kétbetétes rosta

DDA → digital differential analyzer

DDC → direct digital control

DDCE → digital data conversion equipment

DDD → direct distance dialling

DDE → direct data entry

DDL → data description language

DDM → distributed data management

DDP → digital data processor; → distributed data processing; → double diode-pentode

DDS → data directory system; → digital dataphone service; → digital display scope; → dynamic defect skipping

DDT → designers development tool; → dichlorodiphenyltrichloroethane; → digital data transmission

DE → de-emphasis; → degree of elasticity; → diesel-electric; → differential equation; → digital element; → digital equipment; → display element; → dose equivalent; → drive end

dE/dx counter dE/dx-számláló, energiaveszteség-mérő detektor

DEA → diethanolamin

deacceleration fékezés, lassítás, retardálás, lassulás

deaccentuator *távk* frekvenciakorrektor; torzításmentesítő kör

deacidification *élip* savcsökkentés, savtompítás; *hidr* savtalanítás

deacidify savtalanít, semlegesít

deacon calf hasiborjú(bőr)

Deacon process *vegy* Deacon-eljárás

deactivate *at, vegy* dezaktivál, inaktivál

deactivation *at, vegy* dezaktiválás, inaktiválás; dezaktiválódás; ~ **(re)agent** *vegy* dezaktiválóreagens

dead élettelen, tompa; terméketlen; mozdulatlan, változatlan; *el* árammentes, feszültségmentes; merev; kihasznált; fáradt; halott, holt, élettelen; hatálytalan *(intézkedés)*; teljes, pontos; *bány* elhasznált *(levegő)*; meddő *(telérkitöltés)*; meddőben hajtott; szellőzetlen; *ép* ál-, hamis; vak; *gép* álló, merev; *gépk* káros *(tér)*; leállt, üzemen kívüli *(motor)*; *hang* hangelnyelő *(terem)*; *hők* teljes, pontos; *opt* homályos, tompa (fényű), fakó; *rád* süket; *szer* simító *(reszelő)*; ~ **abatis** *kat* kidöntött fából készült, szögesdróttal erősített akadály; ~ **abutment** *ép* rejtett alátámasztás/gyámkötés; rejtett hídfő; *gép* rejtett támcsapágy; ~ **air** *bány, rep* légpangás; *ép* hamis levegő; *rep* szélcsendes levegő; ~**-air compartment** *hidr, rep* légzsák; ~ **angle** holtszög; ~ **annealing** *hők* (teljes) kilágyítás; ~ **arc** *kat* holttér; ~ **arcature** *ép* álívsor, vakívsor; ~ **area** holttér; *hidr* áramlási árnyék; *mech* keresztmetszet igénybe nem vett része; *rep* holtzóna; ~**(-)axle** *gép* álló/mozdulatlan tengely; *gépk* hordozó tengely; *vasút* vaktengely; ~ **band** *at* holtsáv; *aut* érzéketlenségi sáv, holtsáv, holtzóna; *rep* érzéketlenségi/holt hullámsáv; ~ **bead** *hajó* kikötőbak; ~**-beat** *el* nagy csillapítású, aperiodikus(an csillapított); *mech* ütközésmentes, visszapattanásmentes; ~**-beat adjustment** *el* aperiodikus beállítás; ~**-beat discharge** *el* aperiodikus kisülés; ~**-beat escapement** *óra* nyugvó gátlás; ~**-beat galvanometer** *el* aperiodikus galvanométer; ~**-beat response** *szt* aperiodikus *v.* nem periodikus válasz; ~ **bed** *környv* holtmeder; ~ **belt** *rep* holtövezet; ~ **black** matt fekete; ~ **branch** *fa* holt ág; *hidr* holtág; ~**-burned** *ker* agyonégetett; túlégetett; *koh* zsugorított; ~**-burned dolomite** *koh* zsugorított dolomit; ~**-burned lime** → ~ lime; ~**-burned magnesite** *koh* zsugorított magnezit, szintermagnezit; ~**-burned plaster** agyonégetett gipsz; ~ **burning** *koh* elégetés, agyonégetés *(acélé)*; ~ **cabinet** *környv* süketszoba; ~ **calm** *met* teljes szélcsend; ~ **cell** kiégett elem; ~ **centre/center (DC)** *forg* merev/álló csúcs; támasztócsúcs *(esztergáé)*; *gép* holtpont; nyugalmi pont, nyugvó középpont; *gépk* holtpont; ~ **centre ignition** *gépk* holtponti gyújtás; ~ **centre position** holtponti helyzet; ~ **chamber** *környv* süketszoba; ~**(-)channel** *geol* morotva; *hidr* holtág, holtmeder; ~ **clay** *ker* samott; ~ **coil** *el* árammenetes/kiiktatott tekercs; ~**-cold** *hők, önt* teljesen rideg; ~**-cold chilling** *hők* edzés üvegkeménységre; ~ **colo(u)r** fakó szín; festékalapréteg, alapozóréteg, alapozás; ~**-colo(u)red** fakó színű; ~ **contact** *el* árammentes érintkező; ~ **correction** *rep* időveszteségi helyesbítés; ~ **cotton** *tex* éretlen pamut; halott pamut(szál); ~ **delivery/discharge head** *hidr* geodéziai emelési magasság; ~ **door** *ép* vakajtó; ~ **earth** *el* teljes földzárlat; ~ **end** tompa vég; zsákutca; *bány* légzsák; vakvágat; *el* bekapcsolatlan vég *(tekercsé)*; inaktív menet *(tekercsé)*; végkötés; *hidr* eldugaszolt/elzárt vég *(csőé)*; *vasút* forduló *(állomás)*; vakvágány; végütköző; ~**-end clamp** *el* feszítő szorító; ~**-end(ed)** zárt végű *(cső)*; ~**-end effect** *el* be nem kapcsolt részek indukciós hatása; ~**-end hydrogenation** *élip* zárt/keverős hidrogénezés; ~**-end loss** *el* be nem kapcsolt tekercsrészek okozta veszteség; ~**-end pole** *el* lehorgonyzó végoszlop; ~**-end polymerization** *műa* lefulladó *v.* önmagában dezaktiválódó polimerizáció; ~**-end siding** *vasút* csonkavágány; ~**-end station** *vasút* fejpályaudvar; ~**-end (strain) insulator** *el* végfeszítő szigetelő; ~**-end street** *közl* zsákutca; ~**-end switch** *el* tekercs lekapcsolható meneteinek kapcsolója; ~**-end tower** *el* végoszlop; ~ **engine** leállított motor; *rep* leállított hajtómű; ~**-engine landing** *rep* leszállás leállított motorral; ~ **escapement** *óra* nyugvó gátlás; ~**-eye** kötélszív; ~ **face** *bány* légzsák; *ép* nyílás nélküli homlokzat; ~ **face of the workings** *bány* fejtés(i front); ~ **file** → ~-smooth file; ~ **finish** matt/fénytelen lakkozás; *ép* nyers/érdes vakolat; *hidr* vakbarázda, vakcsatorna; ~ **flange** *heng* zárt láb; ~ **flat** teljesen lapos; *geol* tökéletesen sík; ~ **floor** *ép* vakpadló; ~ **freight (DF)** holtfuvar; ~**-front mounting** *el* érintésbiztos előlapos szerelés; ~**-front panel** *el* árammentes/vezetékmentes szerelékfal/műszerfal; ~**-front switch** *el* érintésbiztos kapcsoló; ~**-front switchboard** *el* szigetelt kapcsolótábla; ~**-full** *hők* teljes, pontos; ~ **furrow** *heng* vakbarázda; *hidr* vakcsatorna; ~ **gilding** fénytelen aranyozás; ~ **glacier** *geol* mozdulatlan gleccser; ~**(-)ground** *bány* meddő(kőzet); *el* közvetlen földzárlat; *geod, kat* holttér; *üveg* homályosra csiszolt; ~**-hard** *hők* rendkívül kemény; ~**-hard steel** *hők* túledzett acél; ~**(-)head** *forg* nyeregszeg; *hajó* kikötőbak; *koh, önt* felöntés; holtfej, tápfej, felöntőfej; ~ **heading** *vasút* holtfuvar; ~ **head resistance** *rep* káros homlokellenállás; ~ **heaps** *bány* meddő; ~**-hide** *bőr* dögbőr; ~ **hole** *bány* elállt robbantólyuk/fúrólyuk; lő(por)zsák; *gép* túlfúrt lyuk; vakfurat; ~ **in line** egy vonalban elhelyezett; ~ **interval** üzemszünet; *rád* adásszünet; ~ **joint** *gép* merev kapcsolás, oldhatatlan kötés; ~ **killed steel** *koh* csillapított/megnyugtatott acél; ~ **knife** *pa* álló/beékelt/rögzített kés/penge(rendszer) *(forgóhengerben)*; ~ **knot** *tex* holt/szabad csomó; ~**-length type bar chuck** *gép* behúzás nélküli rúdtokmány; ~ **level** teljesen vízszintes sík felület; *távb* üres emelet; ~**-level circuit** *távb* üres emeleti áramkör; ~**-level roof** *ép* lejtésmentes tető; ~**-level signal** *távb* üres emeleti jelzőhang; ~ **lever** függő fékemeltyű; ~ **lift** közvetlen emelés; ~ **lime** *ker* túlégetett/agyonégetett mész; ~ **line** → deadline; ~ **load (DL)** önsúly; holtsúly; állandó teher; *bány* holtteher; *rep* üres tömeg; ~ **loss** összes veszteség; ~ **man** → deadman; ~ **material** *bány* meddőanyag; ~ **matter** *nyom* szétszedhető *v.* osztani való szedés; ~**-melted** *koh* nyugtatott; ~**-melting** *koh, önt* megnyugtatás, csillapítás; ~ **metal** *koh* megnyugtatott fém; ~**-milled rubber** *gumi* túlmasztikált gumi; ~ **mo(u)ld** *önt* egyszeri/veszendő forma; ~ **mo(u)ld casting** *önt* formaöntvény *(egyszeri formában készített)*; formaöntés *(egyszeri formába)*; ~ **neap** *hidr* legalacsonyabb vízállás apálykor; ~ **number** *távb* üres vonal; ~ **oil** *gépk* fáradt olaj; *ol* gáztalan/gázmentesített olaj, holtolaj; ~ **pass** *heng, koh* vaküreg; ~ **pit** *koh* fűtés nélküli mélykemence; ~ **plaster** döglött gipsz; ~ **plate** *hőt* rostély előtti terelőlemez; *pa* alapmű *(hollandié)*; ~ **point** holtpont; ~ **point position** holtpont, holtponti helyzet; ~ **propeller** *rep* leállított légcsavar; ~ **pulley** lazán futó szíjtárcsa; ~**-rail beam** *vasút* csonkavágány ütközőgerendája; ~**-reckoned position** *rep* számított helyzet; ~ **reckoning (DR)** *rep* saját/közvetlen helyszámításos navigáció; ~**-reckoning instrument** *rep* közvetlen helyszámító műszer; ~**-reckoning plot** *rep* közvetlen helyszámításos útvonalszerkesztés; ~**-reckoning position** *rep* számított helyzet; ~**-reckoning tracer (DRT)** *rep* közvetlen helyszámításos útvonalíró; ~**-rise** *hajó* főborda fenékvonalának emelkedése; ~ **roasting** *koh* oxidáló pörkölés; ~ **rock** *bány* meddő kőzet; ~ **roller** *heng* hajtás nélküli görgő; ~ **rolling** *heng* túlhengerlés; ~**(-)room** *ép* tökéletesen hangszigetelt helyiség; *hang* süketszoba, visszhangmentes szoba; ~ **rope** *hajó* csigasormentes felvonókötél; *ol* holtkötél, fúrókötél lekötött vége; ~ **rubber** *tex* tisztítódeszka; ~**s** *bány* meddő; meddőtömedék; *ip* hulladék(anyag); ~ **sash** *ép* rögzített ablakszárny *(nem nyitható)*; ~ **segment** *el* árammentes kommutátorszelet; ~**-shaft** *gép* állótengelyes; ~ **shore** *ép* függőleges dúc/tám, állódúc; ~ **shoring** aláfogás, aládúcolás, alátámasztás; ~ **short (circuit)** *el* közvetlen/teljes (rövid)zárlat; ~ **slot** *koh* üres horony; ~ **slow** *hajó* egészen lassan *(parancsjelzés)*; ~ **smooth** tükörsima; *fa* finom vágású; ~**-smooth file** *szersz* finomreszelő, simítóreszelő; ~**-soaking pit** *koh* melegen tartó mélykemence; ~**-soft annealing** *hők* teljes kilágyítás; ~ **soils** terméketlen talajok; ~ **sounding** *ép* hangszigetelés *(födémé)*; ~ **space** holttér; *hidr* áramlási árnyék; *hőt* káros tér; *ol* mélyszivattyú-holttér; tartályholttér; ~ **spindle** *forg* állótengely; ~ **spot** *tv* holtövezet; ~ **spots** *hang* hangszegény helyek; zárt helyiség néma foltjai; ~ **square** holttér, kihasználatlan felület; ~ **steam** fáradt gőz; ~ **steel** → ~ killed steel; ~ **stick** *rep* leállított hajtómű; ~ **stick landing** *rep* leszállás leállított motorral; ~**-stock** *ip* holt leltár; ~ **stop** *gép* merev/rögzített ütköző; ~**-stop method/titration** *vegy* dead-stop titrálás; ~**-stop rail** *vasút* vasbika mellgerendája; ~ **storage (capacity)** *hidr* holt tározótér; ~ **storage level** *hidr* tározó holtterének felső szintje; ~ **store** *szt* fix tár; rögzített/permanens memória; ~ **stream branch** *hidr* holtág; ~ **stroke** *alak* ellenhatás nélküli ütés; *gép* holtjárat; ~**-stroke hammer** *szersz* rugós pöröly; ~ **studio** *hang* csillapított *v.* kis utózengésű stúdió; ~ **tide** *hajó* vakár; ~ **time** holtidő; *bány* állási idő; *el* késési idő; *gép* állás; kényszerleállás, kényszerszünet; *rep* állási idő; holtidő; késésidő; *szt* (át)futási idő, (valódi) holtidő, késési idő; ~ **time correction** holtidő-korrekció; ~ **time element** holtidős elem; ~ **true** hajszálpontos; ~ **turn** *el* holtmenet; ~ **volcano** kialudt vulkán; ~ **wall** *bány* tömedékfal, berakatfal; *ép* vakfal; ~ **water** állóvíz; *hajó* hajósodor, nyomdokvíz; *hidr* holtág; pangó víz, holtvíz; ~ **weight** *hidr* hordképesség; ~ **weight (DW)** holtsúly, önsúly; *em, gépk* holtteher; *gép* nehezéksúly, ballaszt; *hajó* holtsúly, deadweight; ~**-weight accumulator** *heng, koh* súlyakkumulátor; ~**-weight brake** ellensúlyos fék; ~**-weight capacity (DWC)** *hajó* hordképesség; ~**-weighted** holtsúlyú; súllyal nehezített, nehézkes; ~**-weight pressure ga(u)ge** dugattyús manométer, nyomásmérleg; ~**-weight scale** *hajó* nomogram; ~**-weight tester** dugattyús manométer, nyomásmérleg; ~**-weight yarn tester** *tex* súlyemelős fonalszakító gép; ~ **well** *hidr* nyelő kút; ~ **wind (d.wd.)** ellenszél, szembeszél; ~ **window** *ép* vakablak; ~ **wire** *el* üres/árammentes vezető; ~**-wood** *fa* tövön korhadt fa; *hajó* tőcönk; *vasút* ütközőbak-gerenda; ~ **wool** *tex* döggyapjú, halott gyapjú; ~**-work** *bány* meddőmunka; meddővágat; *ip* előkészítő *v.* nem termelő munka; ~ **zone** *at, el* holtsáv; *geof* néma zóna; *hang* csendes zóna; *távk* holtzóna; ~**-zone unit** *szt* érzéketlenségisáv-egység, holtsáv-egység

deaden tompít *(élt)*; fékez *(lökést, sugárzást)*; *gépk* fojt; *opt* homályosít; *rád* csillapít, gyengít

deadener fékező, csillapító *(anyag, berendezés)*; hangtompító

deadening *ép* üreges födém feltöltése *(hő- és hangszigetelés)*; *gépk* fojtás; *rád* csillapítás; ~ **agent** *tex* színárnyalatot tompító szer; ~**-felt paper** *ép* alátétpapír, szőnyegpapír; ~ **material** hangszigetelő anyag

deadfall *bány* döntőhíd, döntőpad; ürítőpadozat; *gép* billenő elem/ütköző

deadish fénytelen, tompa

deadlight *ép* vakablak; *hajó* hajóablakfedő

deadline határidő; *el* feszültségmentes vezeték; *ép* építési határidő; határvonal; *geod* nullavonal; *nyom* jelzővonal *(nyomóalapon)*; *ol* holtkötél; *távb* üres vonal; ~ **anchor** *ol* holtkötélhorgony; ~ **for submission of bids** tenderbeadási határidő

deadlock leállás; holtpont; zsákutca; *gép* reteszzár; *szt* patthelyzet, holthelyzet; *vasút* váltózár

deadly embrace *szt* patthelyzet, holthelyzet

deadman *alak* mankó; *ép* hátrahorgonyzó lemez/tömb; lehorgonyzógerenda; *gép* alaplemez; *koh* kampós támasztórúd *(oszlopállításhoz)*; *ol* kikötőkötél-horgony; ~**'s control** *vasút* éberségi berendezés; ~**'s handle/pedal** *vasút* holtember-kapcsoló, vezető-ellenőrző szelep

deadness *hang* holthangzás, tompa hangzás

deadweight → dead weight

deaerate légtelenít; gázmentesít

deaerating *bány* légtelenítés; ~ **of feed-water** *gép* kazántápvíz-légtelenítés

deaeration légtelenítés; gázmentesítés, kigázosítás; ~ **plant** légtelenítőberendezés

deaerator légtelenítő *(készülék)*; légelszívó; levegőleválasztó; gáztalanító, gázleválasztó; *pa* deaerátor; légtelenítőberendezés

deaf süket, nagyothalló; ~**(-)aid** hallókészülék *(nagyothallóké)*; ~ **spot** *rád* néma környezet

deafen (meg)süketít; hangot szigetel/tompít; elfojt, elnyom *(hangot az erősebb hang)*

deafener hangtompító

deafening *ép* üreges födém feltöltése *(szigetelés)*

deairing légtelenítés

deal I. *v* részekre oszt; **II.** *n* megállapodás; osztás; rész; *bány* bélésdeszka; *fa* (vastag) fenyőpalló; fűrészdeszka; ~ **ends** *fa* pallólevágás; rövidpalló; ~ **floor** *ép* hajópadló, (közönséges) deszkapadló; ~ **frame saw** osztó/deszkavágó/deszkafűrészelő keretfűrész; ~ **with** *v* foglalkozik vmivel/vkivel; kereskedik vkivel

dealkali(ni)zation *mzg* sziktelenítés; *vegy* lúgosság csökken(t)ése

dealkylation *vegy* dezalkilezés, dezalkilálás

deamid(iz)ate *vegy* dezamidál

deamidizing enzyme dezamináló enzim, deamináz

deaminate *vegy* dezaminál

deamination *vegy* dezaminálás

dean *bány* vágatvég; vájvég; *geol* szakadék; szűk erdős völgy

deaquation víztelenítés, dehidrálás, szárítás

deashing hamukivonás, hamutlanítás

deasphalting *ol* bitumenmentesítés, aszfaltmentesítés

death | phase *élip* hanyatlás, pusztulási fázis *(mikrobaszaporodásé)*; ~ **ray** halálsugár

deathnium (centre/trap) *at* rekombinációs centrum

deathtrap életveszélyes hely/épület/jármű

debacked waste *fa* kéregtől mentesített (parafa)hulladék

debacle összeomlás; *geol* iszapomlás; *hidr* jégmegindulás; jégtörés; jégzajlás

debag zsákból kiönt

debagging *gumi* fűtőtömlő kivétele

debark partra száll(ít); *hajó* kirak(odik)

debarkation *hajó* kihajózás; partraszáll(ít)ás
debarker *fa* kérgezőgép; *pa* hántoló(dob)
debase (minőséget) leront; (értéket) csökkent; leértékel
debasement minőségrontás; értékcsökken(t)és
debatable time *szt* veszteségidő, vitatható idő
debeader *gumi* köpenyperem-levágó
debeading *gumi* peremlevágás
debilitate gyengít, meglazít
debilitative effect *kat* harcképességet csökkentő hatás
debismuthization, debismuthizing *koh* bizmuttalanítás
debit card system *szt* hitelkártyarendszer
debitter(ize) *élip* kesertelenít
deblocking *szt* blokkbontás
deblooming fluoreszcencia megszüntetése; ~ **agent** fluoreszcenciát megszüntető anyag
debouchure szájnyílás; *geol* folyótorkolat
debovinization *élip* debovinizálás, humanizálás
debreezing screen portalanító szita
debriefing *rep* repülés utáni kiértékelés
debris hulladék; (kő)törmelék; roncs; *bány* fedő; hordalék; kőpor *(furatból)*; meddő(kőzet); takaró (réteg); törmelék; *hidr* uszadék, hordalék; *talt* törmelék; törmelékes kőzet; ~ **avalanche** hordaléklavina; ~**-clearing work** romeltakarítás; ~ **cone** *bány, geol, hidr* hordalékkúp, törmelékkúp; ~ **heap** *bány* meddőhányó; ~ **screens** *hidr* uszadékfogó rács; ~ **slide** *geol* lejtőtörmelék; ~ **slope** *bány* törmeléklejtő; ~ **trench** hordalékgyűjtő árok
de Broglie | wave *fiz* (de) Broglie-hullám; ~ **wavelength** (de) Broglie-hullámhossz
debrominate brómtalanít
debug *el, szt* kipróbál, ellenőriz; zavartényezőt/hibát kiszűr/elhárít
debugger *szt* hibakereső program
debugging zavarmentesítés, zavarelhárítás; *aut, szt* programbogarászás; programpróba; ~ **aid routine** *szt* hibakereső rutin; ~ **facility** hibakereső eszköz
debunching *at* (elektron)szóródás; *távk* csomóbomlás *(klisztronban)*; defókuszol(ód)ás, nyalábszétszórás; ~ **correction** *opt, távk* defókuszolódási helyesbítés
deburr *alak* leszélez, (le)sorjáz, sorját letisztít
deburring (le)sorjázás; *heng, önt* (le)sorjázás, fánceltávolítás; ~ **machine** fáncnyíró gép; *mzg* bogáncstalanító gép
debutanization *ol* butánmentesítés
debutanized *ol* butánmentesített
debutanizer *ol* butánmentesítő; ~ **reboiler** *ol* butánmentesítő visszaforralója
debye Debye-egység, D
Debye | and Scherrer method Debye—Scherrer-eljárás; ~ **effect** *fiz* Debye-effektus; ~**-Hückel theory** Debye—Hückel-elmélet; ~ **length** Debye-hossz, Debye-féle leárnyékolási távolság, leárnyékolási sugár; ~ **rings** *any* Debye-féle gyűrűk, Debye-gyűrűk; ~**-Scherrer camera** Debye—Scherrer-(röntgen-) kamra; ~**-Scherrer method** *bány* Debye—Scherrer-eljárás; ~ **shielding distance** *at* Debye-távolság; ~ **sphere** *at* Debye-gömb; ~ **temperature** Debye-hőmérséklet; ~ **unit** Debye-egység; ~ **vibrational spectrum** Debye-féle rezgési színkép; ~**-Waller factor** *ásv* Debye—Waller-tényező
DEC *US* → Digital Equipment Corporation
decaborane *vegy* dekaborán
decadal dekadikus; ~ **resistor** → decade resistance box
decade dekád; tíznapos időszak; tízes csoport/egység; *met* decennium; *szt* tízes egység; ~ **attenuator box** *el* dekadikus csillapításszekrény; ~ **block** *aut* dekadikus blokk; ~ **bridge** *el* dekadikus (mérő)híd; ~ **capacitance box**, ~ **capacitor** *el* dekadikus *v.* tízes osztású kapacitásszekrény, kapacitásdekád; ~ **conductance box** *el* dekadikus *v.* tízes osztású vezetőképességszekrény, konduktanciadekád; ~ **contact** *távb* dekáderintkező; ~ **counter** *el* dekadikus/dekádos/decimális számláló; *szt* dekadikus számláló; ~ **counting tube** *el* dekadikus számlálócső, dekatron; ~ **frequency divider** *el* dekadikus frekvenciaosztó; ~ **inductance box** *el* dekadikus *v.* tízes osztású induktanciaszekrény, induktanciadekád; ~ **LC oscillator** dekadikus LC-oszcillátor; ~ **resistance box** *el* dekadikus *v.* tízes osztású ellenállásszekrény, dekádellenállás, ellenállásdekád; ~ **scaler** *at* decimálszámláló; *el* dekadikus (impulzus)számláló; ~ **switch** dekadikus kapcsoló; ~ **system** *távb* dekádrendszer
decadent | oscillation *fiz* csillapított rezgés/oszcilláció; ~ **wave** *fiz* csillapított hullám
decadic dekadikus, decimális; ~ **counter tube** *el* dekadikus számlálócső, dekatron; ~ **number** → decimal number; ~ **oscillator** dekadikus rezgéskeltő
decaffeinated coffee koffeinmentes(ített) kávé
decagon *mat* tízszög
decagram(me) (dag) dekagramm
decahedron *mat* tízlap, dekaéder
decahydronaphthalene → decalin
decal → decalcomania
decalcification mésztelenítés, dekalcifikáció
decalcify mésztelenít
decalcomania levonókép, lehúzókép, matrica; *nyom* letolókép, dekalkománia; ~ **paper** lehúzópapír, levonóképpapír, matricapapír; *nyom* letolóképpapír; ~ **picture** levonókép, lehúzókép, matrica
decalescence *koh, vegy* átkristályosítási hőfelvétel, dekaleszcencia
decalin *vegy* dekalin, perhidronaftalin, dekahidronaftalin
decalitre, *US* **decaliter (dal)** dekaliter
decameter dekaméter, dielektromos szuszceptibilitásmérő
decametric | range *rád* nagyfrekvenciás tartomány; ~ **wave** *rád* dekaméterhullám
decane *vegy* dekán
decanning *at* üzemanyagburkolat-eltávolítás
decanoic acid *vegy* dekánsav, kaprinsav
decant leszűr, leönt; átönt; *bány* iszapol; *élip* lefejt *(bort palackba)*; lefölöz; *élip, vegy* dekantál
decantation *bány* dekantálás; iszapolás; *élip* lefölözés; leöntés; ~ **glass/vessel** *vegy* dekantálólombik; ~ **test** *hidr* ülepítési próba, iszapelemzés
decanted water derített/tisztított víz
decanter ülepítő, derítőedény; *vegy* dekantáló(lombik)
decanting dekantálás; *ép* átzsilipelés *(légnyomásos munkánál)*; *környv* ülepítés; ~ **glass** *vegy* dekantálólombik
decapitation *geol* vulkanikus kúp ledobása *(kitörésnél)*
decapod (locomotive) *vasút* ötcsatlós mozdony
decapsulate *szt* kifejt

decarb *US* → decarbonize
decarbonate dekarbonizál, szénsavat elvon; *gép* karbonátkeménységet közömbösít *(tápvíznél)*
decarbonization *gépk* koromtalanítás, kikormozás *(hengerfejé)*; *hők, koh* dekarbonizálás, széntelenítés, karbonelvonás, dekarbonizáció, dekarbonizálódás, szénkiégés, (el)széntelenedés
decarbonize *gépk* koromtalanít, kikormoz; *hők, koh* (el)széntelenedik, karbont veszít; széntelenít
decarbonizer *gépk, ol* dekarbonizáló, szénkiválás-eltávolító
decarboxylase *vegy* dekarboxiláz
decarboxylation *vegy* dekarboxilezés; dekarboxileződés
decarboxylizing enzyme dekarboxilező enzim
decarburate → decarbonize
decarburation → decarbonization
decarburization → decarbonization
decarburize → decarbonize
decate, *US* → decatize
decatize *US* **decate** *tex* dekatál, avat
decatizing *tex* avatás(i eljárás), (szövet)dekatálás; ~ **calender** dekatálókalander; ~ **fastness** avatásállóság, dekatálásállóság; ~ **of fabrics** szövet beavatása/dekatálása; ~ **roller** dekatálóhenger, avatóhenger; ~ **with dry steam** szárazgőzös avatás, száraz(gőzös) dekatálás
decatron *el* dekatron
decay I. *v* rombol, pusztít; megrongálódik, pusztul; elromlik, tönkremegy; *at* bomlik; *el* csillapodik, gyengül; *fa* korhad; revesedik; *geol* elmállik; *hang* lecseng, kirezeg; *rád* leszakad *(oszcilláció)*, csillapodik; *vegy* bomlik; korhad, pusztul, romlik; **II.** *n* pusztulás, romlás; megrongálódás; *ásv* szétesés *(kristályé)*; *at* bomlás, radioaktív bomlási folyamat; *el* csillapítás; *ép* pusztulás, romlás; *fa* fülledés; korhadás; *fiz* csillapodás, lecsengés; *geol* (el)mállás, kőzetmállás; *hang* elhalás; elhalkulás; *mech* kirezgés; *opt* utánvilágítás *(lumineszcencia)*; *önt* lecsengés; *rep* csillapítás, tompítás, lengéscsillapítás; csillapodás; *távk* lecsengés; *vegy* bomlás; ~ **chain** *at* átalakulási/bomlási lánc/sor; ~ **coefficient/constant** *at* bomlási állandó/együttható; *el* csillapítási együttható; ~ **constant** *at* bomlásállandó; ~ **current** lecsengési áram; ~ **curve** *at* bomlásgörbe; *távk* csillapodási görbe; ~ **curve tracer** *hang* utózengésíró; ~ **energy** *at* bomlási energia; ~ **event** *at* bomlási esemény, bekövetkezett bomlás; ~ **factor** *mech, el* csillapítási tényező; ~ **half-time** *at* felezési idő; ~ **heat** *at* bomláshő; ~ **law** *at* bomlástörvény; *el* csillapítási/lecsengési törvény; ~ **luminescence** *opt* bomlási lumineszcencia; ~ **modulus** *hang* csillapítási tényező; ~ **of luminescence** *opt* lumineszcenciacsökkenés; ~ **particle** *at* bomló részecske; ~ **period** *ásv* szétesési periódus; *at* bomlási periódus; ~ **product** *at* bomlástermék; leányelem; ~ **rate** *at* bomlási sebesség; ~ **scheme** *at* bomlási séma; ~ **sequence/series** *at* bomlási sor; ~ **tank** deaktiválótank; ~ **time** *at* bomlási/szétesési idő; *aut* lefutási/csillapítási idő; *el* kikapcsolási/lecsengési idő; kioltási idő; *fiz* lecsengési/csillapodási idő; *opt* utánvilágítási idő; *szt* elhalási idő; ~ **time of sinusoidal oscillation** szinuszos rezgés lecsengési ideje
decayed szuvasodott; *fa* korhadt; ~ **coal** *bány* bagó
decaying ripple *el* lecsengés, kirezgés
DECCA | **flight/navigator log (recorder)** *rep* DECCA-navigátor; ~ **navigation system** *rep* DECCA(-navigációs rendszer)
Deccan hemp *tex* kenáf
decelerate (le)lassít, sebességet csökkent; késleltet; (le)lassul
decelerating | **electrode** *el* fékezőelektród; ~ **grid** *el* fékezőrács; ~ **motion** lassuló mozgás; ~ **rocket** *űr* fékezőrakéta
deceleration fékezés, lassítás, negatív gyorsítás, késleltetés, retardálás; lassulás; ~ **of electrons** *el* elektronfékezés; ~ **radiation** *el* fékezési sugárzás; ~ **time** *szt* leállási idő
decelerator *el* fékezőelektród; *mech* késleltető, lassító
decelerometer lassításmérő, lassulásmérő, késleltetésmérő
decent(e)red központon kívüli, körhagyó, külpontos
decent(e)ring force kitérítő erő
decentralize decentralizál
decentralized | **multi-endpoint connection** *szt* osztott többpontú összeköttetés; ~ **system** *szt* elosztott rendszer
decentre, *US* **decenter** kiállványoz
decharging installation *vasút* ürítőberendezés, kirakóberendezés
dechets *tex* selyemhulladék
dechlorination *vegy* klórtalanítás, klórmentesítés, klórlehasítás
dechroming krómtalanítás; ~ **bath** *nyom* krómeltávolító fürdő
dechuck *forg* kifog *(tokmányból)*
decibel (dB) *hang, szt* decibel, dB; ~**-log-frequency** logaritmikus amplitúdó—frekvencia-jelleggörbe; ~ **meter** decibelmérő, hangnyomásszintmérő; *el* csillapításmérő
decidability *mat* eldönthetőség; ~ **problem** eldöntésprobléma, döntési probléma
decidable property eldönthető tulajdonság
decigram(me) (dg) decigramm
decil(e) *stat* decilis
decimal I. *a* tízes; decimális; tizedes; **II.** *n* tízes; tízes számrendszerben felírt szám; *mat* tizedes tört; ~ **arithmetic** tizedestört-számítás, tizedes törtekkel való számolás; ~ **balance** tizedes mérleg; ~ **binary code** *szt* decimális-bináris kód; ~ **binary conversion** → ~-to-binary conversion; ~ **capacitor** → decade capacitor; ~ **classification** decimális/tizedes osztályozás *(dokumentációs)*; ~ **classification system** *szt* decimális/tizedes osztályozási rendszer; ~**-coded** *távk* decimális kódolású; ~ **computer** decimális rendszerű számítógép; ~ **counter** → decade counter; ~ **currency** tízes pénzrendszer; ~ **digit** *mat* tizedeshely, tizedek helyén álló számjegy; *szt* decimális/tízes rendszerű *v.* tízes számrendszerű számjegy/jel; ~ **dual code** decimális-duális kód; ~ **figure** tizedesjegy; ~ **fraction** tizedes tört; ~ **fraction key** tizedesjel-billentyű; ~ **ga(u)ge (d.g.)** tizedes mérce; ~ **logarithm** Briggs-féle *v.* tízes/10-es alapú logaritmus; ~ **notation** tízes rendszerű *v.* decimális írásmód/számjelölés/számrendszer; felírásmód tízes számrendszerben; ~ **number** tízes rendszerű *v.* decimális *v.* tízes számrendszerben felírt szám; tizedes tört; ~ **number(ing) system** tízes számrendszer; ~ **part** tized; ~ **place** tizedeshely; *mat* tizedesek helye; ~ **point** tizedesvessző;

tizedespont *(elav)*; *szt* tizedesjel; ~ **position** → ~ place; ~ **resistor** *el* dekádellenállás, ellenállásdekád; ~ **scaler** *at* decimálszámláló; ~ **system** tízes/decimális rendszer; tízes számrendszer; ~**-to-binary conversion** átírás tízes számrendszerből kettes számrendszerbe; decimális-bináris konvertálás/konverzió/átalakítás; ~**-to-binary converter** decimális-bináris átalakító; ~ **weighing machine** tizedes mérleg
decimalize *mat* decimál; tizedes törtté változtat
decimating *bány* mintázás tizedeléssel
decimetre, *US* **decimeter** deciméter
decimetric wave *el* deciméterhullám
decimo-sexto *nyom* levelezőlap nagyság; tizenhatodrét hajtogatott ív
decinormal *vegy* tizednormál, decinormál
decipher I. *v* (rejtjelet) megfejt; desifríroz, kibetűz; *szt* dekódol, kódot visszaalakít; **II.** *n szt* dekódolás, kódtörés
deciphering rejtjelezés megfejtése/áttevése; ~ **apparatus/device** desifrírozó/megfejtő készülék
decision ítéletalkotás, döntés; döntési aktus, döntéshozatal; *mat* (el)döntés; ~ **algorithm** döntési algoritmus; ~ **alternative** döntési alternatíva; ~ **amplitude** *távb* döntési amplitúdó; ~ **bar** *rep* elhatározási pont; ~ **content** döntéstartalom; információtartalom, információmennyiség; ~ **criterion** döntési ismérv; ~ **element** döntési/logikai elem; (el)döntéskapcsolás; *szt* küszöbelem, döntési elem; ~ **error** hibás döntés; ~ **feedback error control** *távk* döntés-visszacsatoló hibavédelmi eljárás; ~ **function** (statisztikai) döntésfüggvény; ~ **height (DH)** *rep* elhatározási magasság; ~ **instruction** *szt* elágaztató/döntési utasítás; ~ **level** *távb* döntési szint; ~**maker** döntéshozó; ~**making** döntési aktus, döntéshozatal, döntés; ~ **matrix** döntési mátrix; ~ **preparation** döntéselőkészítés; ~ **problem** (el)döntésprobléma, döntési probléma/feladat; ~ **procedure/process** (statisztikai) döntési eljárás; döntési folyamat; ~**-random process (DR process)** *rendsz* döntés-véletlen folyamat, DV folyamat; ~ **rule** *mat* döntésszabály; ~ **speed** *rep* elhatározási sebesség; ~ **structure** döntési struktúra; ~ **table** *szt* döntési táblázat; ~**-taker** → ~-maker; ~**-taking** → ~-making; ~ **theory** döntéselmélet; ~ **tree** döntési fa; ~ **variable** döntési változó
decisive döntő; meghatározó; ~ **range** *kat* hatékony lőtávolság; ~ **sulphate/sulfate content** *talt* szulfáttartalom *(talajvízé)*
decit → decimal digit
deck I. *v bány* csillét vált *(kasban)*; talpat lepallóz; *ép* beborít, befed; deszkával burkol; **II.** *n bány* kasdobogó; padozat; pallódeszka; *em* platform *(darué)*; *ép* deszkabélés *(padlózat)*; fedél, tető; hídpálya(lemez); *gépk* levehető tető; *hajó* fedélzet; *hang* deck, meghajtószerkezet; *hidr* felvíz felőli zárólemez *(gátakon)*; *közl* peron *(villamoson, autóbuszon)*; *rep* fedélzet; *szt* (lyuk)kártyacsomag; *vasút* vagontető; *vegy* (rektifikáló)tányér, szitatányér; ~**(-)alighting** *rep* fedélzeti leszállás, leszállás fedélzetre *(repülőgépanyahajón)*; ~**-and-one-half bus** másfélemeletes autóbusz; ~ **auxiliary** *hajó* fedélzeti (segéd)gép; ~ **beam** *hajó* fedélzeti (kereszt)gerenda; ~**(-)boy** hajóstanuló; ~ **bridge** *ép* felsőpályás híd; *hajó* fedélzeti híd; ~**-cargo** *hajó* fedélzeti rakomány; ~**-chair** fekvőszék, heverőszék, nyugágy; ~ **chock** *hajó* helyi merevítés a fedélzeten *(veretek felerősítésére)*; ~**-crane** *hajó* fedélzeti daru; ~ **department** *hajó* fedélzeti legénység; ~ **erection** → ~ superstructure; ~ **fittings** *hajó* fedélzeti szerelvények/felszerelés; ~**-floor** *ép* födémpadlózat; ~ **girder** *ép* (híd)pályatartó; *hajó* fedélzeti hosszmerevítő, fedélzetmerevítő; ~ **hand** *hajó* fedélzeti munkás, matróz; ~ **hands** *hajó* fedélzeti legénység; ~ **hook** *hajó* fedélzetmerevítő hevederlemez; ~**-house** *hajó* fedélzeti ház; ~ **landing** → ~(-)alighting; ~ **lid** *gépk* csomagtartófedél; ~ **light** *hajó* felülvilágító ablak; ~ **line** *hajó* fedélzetvonal; ~ **load** → ~ cargo; ~ **longitudinal** *hajó* fedélzeti hosszborda; ~ **machinery** *hajó* fedélzeti gépek; ~ **of cage** *bány* kasszint, kasdobogó; ~ **paving** *ép* hídpályaburkolat, hídpályaburkolás; ~ **pillar** *hajó* fedélzeti oszlop; ~ **plank** *hajó* fedélzeti palánk; ~ **plate** *hajó* fedélzeti lemez; ~**-plate girder bridge** *ép* felsőpályás gerinclemezes híd; ~ **plating** *hajó* fedélzetlemezelés; ~ **roof** *ép* (manzárd)lapostető; ~**(-)saw** *szersz* ácsfűrész; ~ **scrubber** *hajó* fedélzetsúroló kefe; ~ **sheathing** *hajó* fedélzetborítás, fedélzetburkolat; ~**-sill** *ép* tetőhosszgerenda; ~ **slab** *ép* hídpályalemez; menynyezetlemez; ~ **span** *ép* felsőpályás híd fesztávolsága; ~**-spike nail** *hajó* válaszfalszeg; ~**-stage** *hajó* fedélzeti (összekötő) híd; ~ **stanchion** *hajó* fedélzettartó támoszlop; ~ **start** *rep* anyahajó fedélzetéről végrehajtott felszállás; ~ **stopper** *hajó* horgonyláncrögzítő; ~ **stringer** *hajó* fedélzeti koszorú/koszorúsor; ~ **stringer plate** *hajó* fedélzeti koszorúlemez; ~ **superstructure** *hajó* (fedélzeti) felépítmény; ~ **surfacing** *ép* hídpályaburkolat, hídpályaburkolás; ~ **switch** *el* kamrás kapcsoló, paketkapcsoló; ~ **trailer** tréler *(alacsony rakfelületű)*; ~ **transome** *hajó* fedélzeti keresztgerenda *(hajó hátsó végén)*; ~ **watch (DW)** *hajó* fedélzeti őr/őrség
deckboy *hajó* hajósinas
decker *hajó* fedélzettel ellátott/épült hajó; *pa* besűrítőgép, víztelenítőgép; besűrítőhenger, papírpépben forgó henger
deckering *pa* sűrítés forgó hengerrel
decking *bány* csillebetolás *(kasba)*; csilleváltás *(kasban)*; közbülső fojtás; *ép* állványpadlózat; befedés; fedélzsaluzás; hídpálya; *hajó* fedélzetburkolat; ~ **device** *bány* csilleváltó szerkezet *(kasban)*; ~ **(of cars)** *bány* csilleváltás; ~ **plant** *bány* aknarakodó, aknaudvar; ~ **ram** *bány* csillebetoló; ~ **speed** *em* megállási sebesség; *rep* leszálló sebesség *(anyahajóra)*
deckle *pa* fedőkeret, merítőkeret; munkaszélesség, gépszélesség; ~**-adjustment** alakállító *(szitán)*; ~ **board** *pa* szélezőlemez; ~ **boards** *pa* torlasztólécek; ~ **edge** *pa* szakáll *(kézzel merített papír szélén)*; szélhatároló; szitaszélező; ~**-edged paper** *pa* merített papír; ~ **frame** *pa* szélhatároló; szitaszélező; ~**(-)pulley** *pa* szélhatároló tárcsa/görgő; ~ **strap** *pa* szélezőgumi, szélhatároló gumiszíj; ~ **strip** *pa* szélhatároló; ~ **width** *pa* papírszélesség
decladding *at* üzemanyagburkolat-eltávolítás
declaration *szt* deklaráció, deklarációs rész; ~ **of health** *rep* egészségügyi nyilatkozat; ~ **of weight** *vasút* súlybevallás
declarative | **language** *szt* leíró nyelv, deklarációs nyelv; ~ **macro** *szt* deklarált makró; ~ **sentence** *szt* eljárásdeklaráció; ~ **statement** *szt* deklaráció, deklarációs rész

declarator *szt* deklarátor

declared | **capacity** névleges teljesítmény; ~ **efficiency** szavatolt/garanciális hatásfok *(villamos gépé)*; ~ **temperature** *rep* közzétett hőmérséklet; ~ **value** *rep* bejelentett érték

declination elhajlás, eltérés; *csill, geof* deklináció; *rep* mágneses elhajlás; ~ **axis** *geod* hajlástengely; *geof* elhajlás/deklináció tengelye; ~ **chart** *geof* mágneses-elhajlás-térkép; ~ **circle** deklinációs kör, órakör; *rep* mágneses elhajlási kör; ~ **compass** mérőasztalos tájoló/kompasz, deklinációmérő, deklinátor; ~ **variometer** *geof* deklinációs variométer

declinator *geof* elhajlásmérő, deklinátor, deklinométer; *geol* lejtésmérő

decline I. *v* hanyatlik; lejt; lefelé esik/hajlik; eltér, elhajlik; **II.** *n* hanyatlás, pusztulási fázis *(mikrobaszaporodásé)*; *geol* esés; ~ **in grade,** ~ **in metal content** *bány* elszegényedés; ~ **in potential** *el* potenciálesés, feszültségesés, potenciálcsökkenés, feszültségcsökkenés; ~ **of water table** *hidr* talajvízszín-süllyedés; ~ **spiral** *bány* spirális ereszke

declinometer → declinator

declivate *geol* enyhén lejtő

declivitous lejtős, lankás

declivity *ép* rézsű; *geol* lanka, lejtő

declivous lejtős, lankás

declutch *gép* (tengelykapcsolót) kiold, kikapcsol, szétkapcsol

declutching *gép* kioldás, kikapcsolás, szétkapcsolás; kioldódás, kikapcsolódás, szétkapcsolódás

decoct *vegy* emészt; felforral; lepárol, főzetet készít

decoction *élip* főzet, dekokció; *vegy* főzet, forrázat, dekoktum, forralással készült növényi kivonat; ~ **process** *élip* dekokciós eljárás

decode dekódol, rejtjelet megfejt, kódolt jelet visszaalakít

decoder *el* dekóder, dekódoló, kód(olt)jel-átalakító; *rep* kódmegoldó berendezés; *szt* dekódoló; *vasút* ütemkiértékelő; ~ **matrix** *szt* dekódolómátrix

decoding *szt* dekódolás, kódtörés; *távk* kódfejtés, rejtjelezés áttevése; ~ **circuit** dekódoló áramkör; ~ **machine** dekódolóberendezés; ~ **matrix** *szt* dekódolómátrix

decoherence szétválás, szétesés

decoherer *fiz* dekoherer, tömörödésgátló; *rád* kohérermegszakító

decoil *el* letekercsel, lecsévél

decoiler *el* letekercselő motolla

decoke kokszmentesít, kokszot eltávolít; *gépk* kikormoz *(hengerfejet)*

decollate elkülönít, szétválaszt

decolorant I. *a* színtelenítő, fehérítő, fakító; **II.** *n* színtelenítőszer, fehérítőszer

decolorization (el)színtelenítés, (ki)fehérítés; *vegy* derítés

decolorize (el)színtelenít, (ki)fehérít; (el)színtelenedik, (ki)fehéredik; *tex* (ki)fakít; (ki)fakul; lehúz *(szint)*; *vegy* derít

decolorizer → decolorizing agent

decolorizing | **agent** *tex* színtelenítőszer, fehérítőszer; ~ **clay/earth** *vegy* derítőföld, fullerföld

decolour, *US* **decolor** (el)színtelenít, (ki)fehérít; elszíntelenedik; *cu* derít

decolo(u)rate, *US* **decolorate I.** *v gyógyv* (el)színtelenedik, (ki)fehéredik; színtelenít, fehérít; **II.** *a* színtelenített, fehérített

decolouration, *US* **decoloration** (el)színtelenítés, (ki)fehérítés; elszíntelenedés; kifakítás; kifakulás

decolouring, *US* **decoloring** *vegy* derítés, színtelenítés; ~ **agent** színtelenítőszer, fehérítőszer; *vegy* derítőszer

decometer *rep* Decca-navigátor vevőműszere

decommissioning *at* leszerelés; ~ **wastes** *at* veszélyes/radioaktív hulladék

decomposable szétszedhető, szétszerelhető; *mat* felbontható; *vegy* (el)bontható, elemeire bontható; lebontható

decompose felbont, felbomlik; részeire bont/bomlik; szétbomlaszt, szétbomlik; *at* hasad; *fa* korhad; revesedik; *gép, vasút* szétszerel; *mat* (fel)bont; *vegy* elbomlik; elbont, lebont; ~ **a force** *mech* erőt felbont; ~ **the fibre/fiber** *tex* szálat lebont

decomposed | **residuum** *geol* mállási maradék; ~ **rock** *geol* elmállott kőzet; *talt* törmelékes kőzet; ~ **substance** *környv* bomlástermék; ~ **vat** *tex* romlott/elbomlott csáva

decomposer *környv* lebontó szervezet

decomposing organisms *hidr* lebontó szervezetek

decomposition (el)bontás, felbontás, szétbontás; (el-)bomlás, felbomlás, szétbomlás; *ásv* disszociáció; szétesés; *at* hasadás; *bány* (le)bomlás; *fa* korhadás; *fiz* dekomponálás, spektrumlebontás; *gép, vasút* szétszerelés; *hidr* lebomlás; *koh* bomlás; feltárás; *mat* (fel)bontás; partíció, diszjunkt felbontás *(halmazé)*; *mat, stat* dekompozíció *(optimalizálásnál)*; *talt* elporladás *(szerves anyagé)*; mállás; *vegy* elbomlás, (kémiai) bomlás; lebontás; ~ **by fusion** *koh* tűzi feltárás; ~ **by heat** *vegy* hőbontás; ~ **by radiation** *vegy* radiolízis, sugárkémiai bomlás/disszociáció; ~ **constant of bottom deposit/sludge** *hidr* fenékiszap-lebomlási állandó; ~ **constant of organic matter** *hidr* szervesanyag-lebomlási állandó; ~ **curve** *fiz* bomlásgörbe; ~ **heat** *fiz* bomláshő; ~ **occurring at the electrodes** *vegy* elektródfolyamat, elektródon bekövetkező bomlás; ~ **of distribution function** *stat* eloszlások felbontása; ~ **of force** *mech* erőfelbontás; ~ **of pearlite** *hők* perlitbontás; ~ **of (the nickel) carbonyl** *koh* karbonilbontás; ~ **of the oil** *vegy* olajbontás, krakkolás; ~ **point** *vegy* bomlási hőmérséklet, bomláspont; ~ **potential** *vegy* bomlásfeszültség, bontási feszültség; ~ **product** bomlástermék; ~ **reaction** *koh* bomlási reakció; ~ **stages** *környv* lebontási lépcsők; ~ **temperature** *vegy* bomláshőmérséklet; ~ **value** bomlási együttható/állandó; ~ **voltage** *vegy* bomlásfeszültség, bomlási feszültség

decompound → decompose

decompoundable → decomposable

decompress *gépk, rep* nyomást kienged/megszüntet/csökkent

decompression (lég)nyomáscsökken(t)és; *bány, ép* kizsilipelés; *mech* tehermentesítés nyomás alól; ~ **chamber** nyomáscsökkentő kamra; dekompressziós kamra *(keszonban)*; ~ **sickness/illness** keszonbetegség; ~ **time** *ép* (ki)zsilipelési idő

decompressor nyomáscsökkentő; expanziós gép

deconcentration széttelepítés

decontaminant I. *a* szennyezésmentesítő, dekontamináns; **II.** *n* dekontaminációs *v.* radioaktív szennyezést eltávolító anyag, dekontaminálószer
decontaminate fertőtlenít, szennyeződéstől megtisztít/mentesít, dekontaminál
decontaminated fertőtlenített szennyezéstől mentesített; ~ **air** *kat* gázmentesített levegő
decontaminating | agent *at, kat* dekontaminációs *v.* radioaktív szennyezést eltávolító anyag, dekontaminálószer; ~ **apparatus** szennyezésmentesítő/dekontaminációs/gázmentesítő készülék; ~ **equipment** szennyezésmentesítő/dekontaminációs/gázmentesítő felszerelés
decontamination szennyezésmentesítés; fertőtlenítés; *at* dekontaminálás, radioaktív szennyeződés eltávolítása, sugár(szennyezettség-)mentesítés, sugárfertőtlenítés; *ol* dekontaminálás, méregtelenítés; ~ **factor** *at* dekontaminálási/dekontaminációs tényező; ~ **properties** dekontaminálási/dekontaminációs tulajdonságok, dekontaminálhatóság; ~ **solution** *at* dekontaminálóoldat; ~ **squad** *at* dekontamináló csoport
decontrol kiakaszt, kikapcsol
decopper(ize) réztelenít, rézmentesít
decopperized lead *koh* réztelenített ólom
decopper(iz)ing *koh* réztelenítés
decor (lak)berendezés
decorate *ép* (fel)díszít, dekorál; (ki)fest, tapétáz *(lakást)*
decorated | board *ép* dekorációs (papír)lemez; ~ **hardboard** *fa* nemesített felületű keménylemez; ~ **spine** *nyom* díszített/díszes gerinc; ~ **ware** dekorált/díszített áru
decorating | art díszítőművészet, ornamentika; ~ **fire** *ker* dekorégetés, dekortűz; ~ **paper** *nyom* dekorációs/mintás papír
decoration dekoráció; *ép* (szoba)festés; dísz(ítés); díszítmény; tapétázás; *tv* díszlet; ~ **films** dekorpapírok, dekorfóliák; ~ **method** dekorációs módszer; ~ **painting** díszítőfestészet; *ép* díszletfestés; ~ **stuff** *tex* dekorációs szövet/anyag
decorative díszes, díszítő; dekoratív; ~ **artist** lakberendező, lakástervező; díszlettervező; ~ **arts** díszítőművészetek; ~ **batten** *ép* díszléc; ~ **bond** *ép* mintás (tégla)kötés; ~ **casting** dekoratív öntvény, díszítőöntvény; ~ **chain** díszvilágítási füzér; ~ **concrete** díszítőbeton, homlokzati beton; ~ **glass** *ép* mintás üveg, ornamentüveg; ~ **hardware** *ép* díszvasalás, díszveret; ~ **laminate** *műa* dekorációs lemez, dekorlemez; ~ **lamp** díszlámpa; ~ **lighting** díszítő (ki)világítás, dísz(ki)világítás; ~ **mosaic covering** *ép* mintás mozaikburkolat; ~ **mosaic floor** *ép* mintás mozaikpadló; ~ **paper** dekorációs papír; ~ **plastic work** *ép* épületplasztika; ~ **plating/plumbing** *ep* díszbádogozás, díszítő bádogozás; ~ **porcelain** művészi porcelán; ~ **sheet** *műa* dekorációs lemez/fólia; ~ **sheet metal** díszítő fémlemez; ~ **string** díszvilágítási füzér; díszpárkányzat; ~ **tinning/tinplating** *ép* díszbádogozás, díszítő bádogozás; ~ **title** *film* (rajzos) főcím
decorativity dekorativitás
decorator díszlettervező; dekoratőr; szobafestő, tapétázó, mázoló
decore *önt* magot eltávolít/kihúz; ~ **vibrator** *önt* magkiverő vibrátor
decoring *önt* mageltávolítás; ~ **machine** *önt* magmozgató/magkihúzó/magkiverő gép
decorticate hántol; hajal, hámoz; *fa* (le)hámoz, lehántcsol, (le)hántol, lekérgez; *tex* dekortikál; hántol, tilol, fás részeket eltávolít *(rostnövényekből)*
decortication *élip* hajalás *(olajos magvaké)*; hámozás *(kéregé)*; hántolás; *fa* kéregtelenítés; *tex* dekortikálás
decorticator *élip* hámozógép; *tex* hántológép
decoupling *el* csatolás megszüntetése; *gép* kioldás, kikapcsolás, szétkapcsolás, bontás; *távk* szétcsatolás, bontás; ~ **circuit** *távk* szétcsatoló/szétválasztó áramkör, csatolásmentesítő kör, bontókör; ~ **condenser** *el* hidegítő/csatolásmentesítő kondenzátor; ~ **filter** *el* csatolásgátló/szétválasztó szűrő; ~ **network** → ~ circuit; ~ **of multi-loop control** *el* kapcsolt szabályozások szétcsatolása; ~ **resistance** *el* csatolásmentesítő ellenállás; ~ **resistor** *el* csatolásgátló ellenállás
decoy discrimination/sorting lidar céltárgyfelismerő lézerlokátor
decrab *rep* iránytartás
decrease I. *v* apaszt; csökkent; apad, csökken, fogy; kisebbedik; hanyatlik; lejt; *kh* fogyaszt; **II.** *n* apadás, csökkenés, fogyás; *el* gyengülés; *mech* csillapodás, kilengés, lecsengés; ~ **in concentration** koncentrációcsökkenés; ~ **in sharpness** *tv* képélesség-csökkenés; ~ **in temperature** hőmérsékletesés; ~ **in the number of ions** ionelszegényedés, ionkoncentráció-csökkenés; ~ **of contrast** kontrasztcsökkenés; ~ **of cross-section** *alak* keresztmetszet-csökkenés; ~ **of current** áramesés; ~ **of emission** emissziógyengülés; ~ **of intensity** intenzitáscsökkenés; ~ **of ore quality** *bány* ércminőségromlás; ~ **of pressure** nyomáscsökkenés; ~ **of the conductivity** vezetőképesség-csökkenés; ~ **of tube vacuum** vákuumcsökkenés *(csőben)*; ~ **the sensitivity of a relay** *v* relét kevésbé érzékenyen beállít, relé érzékenységét csökkenti
decreasing | branch leszálló ág *(görbéé)*; ~ **function** *mat* csökkenő/fogyó függvény; ~ **motion** *fiz* lassuló mozgás; ~ **pitch screw** *műa* csökkenő menetemelkedésű (extruder)csiga; ~ **place-value** *mat* csökkenő helyérték; ~ **scale** *mat* csökkenő/degresszív sor; ~ **sequence** *mat* fogyó/csökkenő sorozat, monoton fogyó *v.* nem növekedő sorozat; ~ **time function** *mat* csillapított időfüggvény
decrement I. *v* fokozatosan csökkent; **II.** *n* fogyás, apadás; csökkenés, gyengülés; *el* csillapodás, kilengés, lecsengés; *fiz, mat* dekrementum; *rep* csillapodás; *szt* csökkenés; ~ **current impulses** *el* csillapodó impulzusok/áramlökések; ~ **curve** *el* csillapodási görbe; ~ **ga(u)ge** *fiz* súrlódásos nyomásmérő; ~ **of vibration** *fiz* rezgés dekrementuma
decremeter *el* csillapításmérő
decrepitate pattog, serceg, sistereg; *ásv* dekrepitál *(kristály)*; *bány, geol* mállik, omladozik, (szét)pattogzik, repedezik
decrepitation *ásv* dekrepitálás, szétpattogzás; *bány* dekrepitáció; *geol* mállás
decrypt *szt* dekódolás, kódtörés; titkosított állomány megfejtése
decryption circuitry *szt* titkosított adatok megfejtését végző áramkör
decrystallization dekrisztallizáció
deculator *pa* dekulátor

decuple I. *v* megtízszerez, tízzel szoroz; megtízszerező-dik; **II.** *a* tízszeres
decussate kereszt alakban metsz; kereszteződik; ~ **structure** *geol* kereszteződő szerkezet
decyl | **alcohol** *vegy* 1-dekanol, decil-alkohol, kaprin-alkohol; ~ **hydride** *vegy* dekán
Dedekind | **cut** *mat* Dedekind-szelet; ~**('s) finite set** *mat* (Dedekind értelemben) véges halmaz; ~**('s) pigeon-hole principle** *mat* skatulyaelv; ~**('s) set** *mat* Dedekind-halmaz
dedendum *gép* fogláb; lábmélység; ~ **angle** lábszög; ~ **circle** lábkör; ~ **cone** lábkúp; ~ **cone length** láb-kúphossz; ~ **depth for uncorrected toothing** elemi lábmélység; ~ **flank** lábfelület; ~ **height** lábmélység
dedenterize *at* dedenterizál
dedicated *szt* célra rendelt/orientált; ~ **ground station** *űr* földi állomás *(egy meghatározott űreszközé)*; ~ **line** *szt, távk* bérelt vonal; ~ **microprocessors** *szt* fel-adatra orientált mikroprocesszorok; ~ **port** *szt* spe-ciális célú csatlakozás *(adatátvitel)*
De Dion axle *gépk* De Dion-hátsóhíd
dedolomite *bány* dedolomit
dedolomitization *ásv* dedolomitizáció
deducibility *mat* levezethetőség
deducible *mat* levezethető, formálisan bizonyítható
deduct levon, kivon; leszámít; csökkent
deduction árengedmény; levonás, kivonás; levezetés, dedukció; csökkentés; leszámítás; *mat* kivonás; ~ **law/theorem** *mat* dedukciótétel
deductive | **completeness** *mat* deduktív teljesség, el-dönthetőség; ~ **conclusion** deduktív következtetés; ~ **proof** deduktív bizonyítás; ~ **rule** levezetési sza-bály
deductively complete system *mat* deduktíve teljes rend-szer
dedust portalanít
dedusted smalls *bány* portalanított termék
deduster portalanító (berendezés), porleválasztó
dedusting portalanítás, porleválasztás; ~ **apparatus** *bány* porleválasztó; ~ **chamber** porkamra; ~ **effici-ency** portalanítási fok
dee *at* duáns; D-elektród
deed papíralak *(12" x 9")*; ~ **paper** okiratpapír
de-electrify *el* töltést levezet
de-electrifying *el* töltéslevezetés
de-electronation *at* elektronlehasítás
de-emphasis (DE) *távk* deemfázis, utóelnyomás; ~ **network** *távk* előtorzítás-kiegyenlítő hálózat, deem-fázishálózat
de-emphasize *távk* előtorzítást kiegyenlít, preemfázis hatását kompenzálja
de-emulsibility demulgeálhatóság, demulgeálókész-ség, emulzióbontási készség; ~ **test** demulgeálópró-ba, demulziós szám meghatározása
de-emulsification *vegy* demulg(e)álás; emulzió megtö-rése/bontása, emulzióbontás; ~ **agent** *vegy* demul-geátor, demulg(e)álószer; ~ **compound** *vegy* anti-emulgátor
de-emulsifier demulgeátor, demulgeálószer, emulziót-lanítószer
de-emulsify *vegy* demulg(e)ál, emulziót bont/megtör
de-emulsifying agent → de-emulsifier
de-energization *koh* legerjesztés, gerjesztés lecsökken-tése/megszüntetése/levétele, kikapcsolás
de-energize legerjeszt; kikapcsol *(áramkört)*
deep I. *a* mély; intenzív, sötét *(szín)*; **II.** *n* mélység; tenger, óceán; *bány* ereszke; ~ **adit** *bány* altáró, alsó víztelenítő táró; ~ **arch brick** *ép* ívtégla, boltozattég-la; ~ **attack/battle** *kat* mélységben folyó harc; ~-**bar motor** mélyhornyú motor; ~-**bar rotor** mélyhor-nyú forgórész; ~ **beam** *ép* magastartó, magasfalú tartó; ~ **black** mélyfekete, bársonyfekete; ~ **blue** sö-tétkék, mélykék; ~ **bore hole** *bány* mélyfúrólyuk; ~ **borer** mélyfúró; ~-**boring** *talt* mélyfúrás; ~ **boring implements** mélyfúró berendezés; ~ **camber** *ép* erős íveltség; ~ **compaction** *ép* mélytömörítés; ~ **com-paction by stowage** *ép* tömedékelő tömörítés; ~ **cooling** *élip* gyorsfagyasztás; mélyhűtés *(tejé)*; ~ **cooling centre/center** *élip* mélyhűtő állomás; ~ **cut digging leveller** fenéklétra; ~-**cut interconnection/ navigation canal** *hidr* mély vezetésű összekötő csator-na; ~ **cutting** *bány* mélykotrás; *ép* mélyfeltörés, mélyszakítás; mélymunkagödör-kiemelés; ~-**cut-ting deal frame** *fa* kétszintes keretfűrész; ~ **decom-position** intenzív/mélyreható roncsolás; ~ **digging equipment on kelly/slide** *ép* merev rudas réselőszere-lék; ~-**digging plough/plow** *mzg* mélyszántó eke; ~-**draught** *hajó* mélyen merülő, mélyjáratú; ~ **draught/ draft** *hajó* mély járat/merülés; ~-**draw** *alak, koh* mélyhúzással alakít; ~ **drawability** *alak, koh* mély-húzhatóság; ~**(-)drawing** *alak, koh* mélyhúzás; ~-**drawing die** *alak, koh* mélyhúzó szerszám, húzógyű-rű; ~-**drawing groove** *alak* húzási nyom/barázda; ~-**drawing press** *alak* mélyhúzó sajtó; ~-**drawing property** *alak* mélyhúzhatóság; ~-**drawing punch** *alak, koh* mélyhúzó tüske/szerszámbélyeg, húzótüs-ke; ~-**drawing sheet** *alak, koh* mélyhúzó/mélyhúzha-tó lemez; ~-**drawing steel** *koh* mélyhúzó acél; ~-**drawing tool** mélyhúzó szerszám; ~-**drawn (DD)** *alak* mélyhúzott, mélyhúzással készült; ~ **dredger** *hidr* (úszó) mélykotró; ~ **drilling** *bány, geof* mélyfú-rás; *ol* nagymélységű fúrás; ~ **dull** *tex* teljesen fény-telen; ~ **dump** *bány* mélyhányó; ~ **earth/ground rod** *el* mélyföldelő; ~-**embossed** *tex* magas dombornyo-mású; ~ **engraving** *nyom* mélyrézkarc, mélymetszet; ~-**etch** *v nyom* mélyre marat; ~-**etched plate** *nyom* mélymaratott lemez/klisé; ~-**etch image** *nyom* mély-maratott kép; ~ **etching** *koh, nyom* mélymaratás; ~-**etch offset** *nyom* ofszet mélynyomás; ~ **exploration** *geof* mélykutatás; ~ **flow** *műa* hosszú folyási úthossz *(feldolgozó szerszámban)*; ~-**focus earthquake** *geof* mély fészkű (föld)rengés; ~ **foundation** *ép* mélyala-p(ozás); ~ **freeze** fagyasztószekrény; mélyhűtő; ~-**freeze** *v* mélyhűt; ~-**freezer** mélyhűtő (szekrény); ~-**freeze section** fagyasztó/mélyhűtő rekesz *(hűtőszekrényé)*; ~-**freeze treatment** *koh* mélyhűtés; ~-**freezing** *élip* gyorsfagyasztás; *koh* mélyhűtés; ~-**freezing method** *bány, ol* mélyhűtéses eljárás; ~-**frozen** mélyhűtött; gyorsfagyasztott; ~-**frozen foods** gyorsfagyasztott élelmiszerek; ~-**fry** *v* bő zsírban/ olajban süt; ~-**frying** sütés bő zsírban/olajban; ~ **girder** *ép* álló gerendatartó; ~ **gravel** bányakavics; ~ **greenhouse** *mzg* süllyesztett üvegház; ~-**groove ball-bearing** mély hornyú csapágy *v.* gyűrűs golyós-csapágy; ~ **ground rod** *US el* mélyföldelő; ~ **ground-water** *bány, hidr* rétegvíz; **with a** ~ **hold** *hajó* mélyen merülő, mélyjáratú; ~ **hole** *forg* mélyfurat; *geof, ol* mélyfúrólyuk, mélyfúrás; ~-**hole blasting** *bány*

nagyöbű *v.* nagy átmérőjű fúrólyukas robbantás; ~-**hole boring/drilling machine** *forg* mélylyukfúró/mélyfuratfúró gép; ~-**hole drill** *forg* mélyfuratfúró, mélylyukfúró; ~-**hole drilling** *bány, geof* mélyfúrás; ~-**hole geophone** *geof* lyukgeofon; ~-**hole investigation** *geof* mélyfúrásvizsgálat; ~ **investigation** *geof* mélykutatás; ~ **karst** *geol* mély karszt; ~-**level** *bány, ép* mélyszint; ~-**level compression strength** *mech* hasadékszilárdság; ~-**level construction** *bány* bányászati mélyépítés; ~-**level garage** mélyszinti *v.* föld alatti garázs, mélygarázs; ~ **load line** *hajó* legnagyobb merülés vonala; ~ **logging** *ol* fúrólyukferdeség-mérés; ~ **mining** mélybányászat, mélyművelés; ~**(-)ocean** mélytenger(i); ~-**ocean basin** *geol* mélytengeri medence; ~-**ocean trench** *geol* mélytengeri árok/vályú; ~ **penetration** *heg* mély beolvadás; ~ **penetration electrode** *heg* mély beolvadású elektród; ~ **penetration test** *ép* kúppenetrációs vizsgálat; ~ **percolation** *hidr* mélybe szivárgás; ~ **pit heap** *bány* mélyhányó; ~-**plough/plow** *ép* árokhúzó eke; ~ **ploughing** *mzg* mélylazítás; mélyszántás; ~ **print** *tex* mélynyomás; ~ **prospecting** *geof* mélykutatás; ~ **pump** → ~ well pump; ~ **red** mélypiros; ~ **reflection** *geof* mélyreflexió; ~ **refraction** *geof* mélyrefrakció; ~ **reservoir** magas falú tartály; ~ **ripper** *ép* mélylazító; ~ **ripping tooth** *ép* mélylazító fog; ~-**rooted** *fa* mély gyökérzetű; mélyen gyökerező; ~**(-)sea** mélytenger(i); ~-**sea basin** mélytengeri medence; ~-**sea cable** mélytengeri kábel; ~-**sea deposit** *geol* mélyvízi üledék; ~-**sea sounding (by lead and line)** mélytengeri mélységmérés; ~-**seated** mély(en fekvő); → ~-rooted; ~-**seated rock** *geol* mélységi kőzet; ~-**seated spring** *geol* mélységi forrás; ~-**sea trench** *bány* mélytengeri árok; ~ **shadow** *ép* vetett árnyék; ~ **shovel** *bány* mélykotró; ~ **silo** mélysiló; ~ **slip fault** *geol* töréses (földtani) szerkezetváltozás, vetődés; ~ **sound** tompa hang; ~-**sounding apparatus** *talt* mélyszondázó (készülék); ~ **stall** *rep* túlhúzott átesés; ~ **structure** *geol* mélyépítmény; *mat* mélystruktúra; ~ **tank (DT)** *hajó* ballaszttartály; *hajó* felső tank; ~ **test** *ol* mélykutató fúrás; ~ **tillage** *mzg* mélylazítás; mélyszántás; ~-**tillage bottom** mélyszántó eketest; ~ **tongue** *mzg* lazítófog *(kultivátoré)*; ~-**tube railway** mély vezetésű földalatti/metró; ~ **vaulted** *ép* magas boltozatú; ~ **water** mély víz; mélytenger; ~-**water circulation** *hidr* mélyáramlás, fenékvízi áramlás; ~-**water line** *hajó* rakodási vízvonal *(teljes rakománnyal)*; ~-**water port** mély vízű kikötő; ~-**water wave** fenékhullám; ~ **webbed** *ép* magas gerincű *(tartó)*; ~-**webbed rail** *vasút* magas gerincű sín; ~ **welding process** mély beolvadású hegesztés; ~ **well (DW)** *geof* mélyfúrás, mélyfúrólyuk; *hidr* artézi kút; mély kút; ~-**well cement** *ol* mélyfúrási cement; ~-**well drilling** *ol* mélyfúrás; ~-**well ejector pump** *hidr* mélyszívófej; ~-**well elevator** mélyfúrási felvonógép; ~-**well exploration** *geof* mélyfúrás-kutatás; ~-**well jet pump** *ol* folyadéksugár-mélyszivattyú; ~-**well logging** *geof* mélyfúrásszelvényezés; ~-**well pump** *hidr, geof* mélykútszivattyú, fúrólyukszivattyú; *ol* mélyszivattyú; ~-**well seismology** *geof* mélyfúrási szeizmika, szeizmokarottázs; ~-**well survey** *geof* mélyfúrás-szelvényezés; ~-**well system** *hidr* mélykutas/nyomókutas talajvízszint-süllyesztés; ~-**well turbine** *ép* turbinaszivattyú; ~-**well turbine pump** *hidr* búvárszivattyú, mélykútturbinaszivattyú; *ol* búvárszivattyú, mélyszivattyú; ~ **working** *bány* mélyen fekvő vágat

deepen (ki)mélyít, kiváj; mélyít, sötétít *(színt)*; mélyül, mélyebbé válik; sötétül, mélyül, sötétebbé válik *(szín)*; *tv* színárnyalatot elmélyít; ~ **a hole** *ol* fúrólyukat mélyít

deepening (ki)mélyítés; mélyülés, mélyebbé válás; *met* mélyülés, mélyebbé válás; *nyom* utánsötétedés, sötétebbé válás *(színeké)*; ~ **of the stream floor** *hidr* folyómeder-mélyítés

deepness mélység

deerskin *bőr* vadbőr, szarvasbőr, őzbőr; ~ **leather** (kész) szarvasbőr

de-excitation *at* alapállapotba való visszatérés; *koh* legerjesztés, gerjesztés megszüntetése

deface *ép* elront, megrongál

default *szt* alapértelmezés; ~ **directory** *szt* alapértelmezés szerinti katalógus; ~ **value** *szt* alapértelmezés szerinti érték

defecate derít, tisztít *(folyadékot)*; *cu* defekál, derít

defecation *cu* (nyers)létisztítás; defekálás, defekáció; derítés; ~ **mud/slime** (cukorgyári) mésziszap; ~ **pan/tank** *cu* nyerslétisztító tartály, derítőedény; ~ **with dry lime** *cu* száraz defekálás, defekálás darabos mésszel; ~ **with milk of lime** *cu* létisztítás/derítés mésztejadagolással

defecator *cu* derítőedény, defekálóüst

defeco-saturation *cu* derítő szaturálás/szénsavazás

defect (anyag)hiba, hiány(osság); sérülés, meghibásodás; üzemzavar; *félv, koh, műa* hibahely; *mat* defektus; szögdefektus, hiány; *opt* aberráció, leképezési hiba, optikai lencsehiba; *rád, távk* (szerkezeti) hiba; ~ **analysis program** *szt* hibaelemzési program; ~ **arising in annealing** → ~ of annealing; ~ **cause** meghibásodás oka; ~ **centre/center** rácshiba *(kristályrácsban)*; ~ **conductor** hiányvezető/szennyeződéses félvezető; ~ **detection** hibakeresés; ~ **detector** hibakereső készülék; ~ **echo** *any* hibavisszhang; ~ **electron** *félv* hiányelektron, defektuselektron, lyuk; ~ **electron conduction** *félv* hiányelektron-vezetés, hiányvezetés, lyukvezetés, p-típusú vezetés; ~-**free** hibamentes, hibátlan; ~ **generation by moving dislocations** *ásv* hibaképződés diszlokációk mozgása folytán; ~ **in casting** öntési hiba; ~ **in crystals** *félv* hibahely, rácshiba, kristályhiba, zavarhely; ~ **information** *távk* meghibásodás jelzése; ~ **in material** anyaghiba; ~ **level** hiba mérve; ~ **mobility** *félv* szennyezők mozgékonysága; ~ **of annealing** *hők* lágyítási hiba; ~ **of fabrication** gyártási hiba; ~ **of strand** *koh* szálhiba; ~ **of the casing** *ol* béléscsősérülés; ~ **of the image** *opt* leképezési/képalkotási hiba; ~**s detecting device** hibavizsgáló készülék; ~ **semiconductor** → ~ conductor; ~ **structure** *ásv* hibás szerkezet/struktúra

defective hibás (minőségű); hiányos; tökéletlen, ki nem elégítő; kifogásolható (minőségű); selejt(es); ~ **casting** selejtes öntés; ~ **colo(u)r vision** rendellenes színlátás; ~ **contact** hibás érintkező, tökéletlen érintkezés; *el* érintkezési hiba, érintkezőhiba; ~ **fabrics/goods** *tex* selejtáru; ~ **item** *mat* defektív egység/elem; *tex* hibás tétel; ~ **joint** → ~ weld; ~ **lumber** *fa* megtámadott anyagú *v.* selejtes fűrészáru; ~ **number** *mat* szűkölködő/deficiens szám; ~ **sample** *stat* hiányos minta; ~ **weld** *heg* hibás varrat; ~ **work** hibás munka; selejt

defectiveness hiányosság; (meg)hibásodás, hibás minőség
defectoscope *any* repedésvizsgáló detektor, defektoszkóp
defectoscopy hibakereső anyagvizsgálat; *any* defektoszkópia, hibafelismerés
defelter *tex* kuszált szálakat egyengető gép
defence, *US* **defense** védelem, védekezés; *kat* erődítés, védelmi berendezés; ~ **against water** *bány, hidr* vízvédelem; ~ **in depth** mélységi védelem/védekezés; ~**s** *ép* erődítések, védőművek; *kat* védelmi rendszer; ~ **wiring** *kat* drótakadály
defender *foto* másolatvédő szer; *kat* védő; ~**s** fülvédő
defense → defence
deferent elvezető/kivezető csatorna; *vasút* szállítóeszköz
deferred késleltetett; ~**-action** *el, kat* késleltetett; ~**-action alarm** késleltetett riasztás; ~ **addressing** *szt* elhalasztott címzés
deferring relay *el* időrelé
deferrization *vegy* vasmentesítés, vastalanítás
defervescence *vegy* hőcsökkenés; lehűlés; pezsgés abbamaradása
defiber → defibre
defibrating defibrálás; rostbontás
defibration *pa* foszlatás, rostosítás
defibrator *fa, pa* defibrátor, rostosító *v.* rostokra bontó gép; ~ **pulp** *pa* defibrátoranyag
defibre, *US* **defiber** rostokra bont
defibrer → defibrator
defibrillator *orv* defibrillátor
defibring *fa, pa* rostosítás, defibrálás, rostokra bontás
deficiency hiány(osság), elégtelenség; fogyatékosság, (minőségi) hiba; *mat* deficit *(gráfé)*; hiány, defektus; ~ **in air** léghiány; ~ **of oxygen** oxigénhiány; ~ **of water** vízhiány; ~ **volume of fissured system** *ol* repedésrendszer hézagtérfogata
deficient hiányos, elégtelen; fogyatékos, hibás; ~ **in delivery** hiányosan szállított; ~ **number** *mat* szűkülködő/deficiens szám
defilade *kat* természetes fedezék
defile hegyszoros; *geol* terepszoros *(mocsáron át)*
definability theorem *mat* definiálhatósági tétel
definable meghatározható, definiálható
define meghatároz, definiál; elhatárol; megjelöl, kijelöl, kitűz
defining | **contrast** *stat* meghatározó kontraszt; ~ **equation** *mat* definiáló/értelmező/meghatározó egyenlet
definish *tex* appretúrát eltávolít
definite (meg)határozott; konkrét; végleges; *mat* határozott, definit; ~ **delay** *el* független késleltetés; ~ **designation** végleges/konkrét megjelölés/meghatározás; ~ **integral** *mat* határozott integrál; ~ **phase** *geol* határozott/biztos tengelyű reflexió/fázis; ~ **plan report** *ip* végleges tervtanulmány; ~ **project plan** *ip* kiviteli tervdokumentáció; ~**-time** *el* független késleltetésű; ~ **time-lag** *aut* független késleltetés *(jelfogónál)*; ~ **time-lag circuit-breaker** *aut* függetlenül késleltetett megszakító; ~ **time-lag over-current release** *aut* független késleltetésű túláramkioldó; ~ **track guidance** *rep* sávirányú vezetés
definiteness meghatározottság; *mat* definitség
definition meghatározás, definíció; *foto, opt* képélesség; *hang* hangérzékelés tisztasága/élessége; *rád* feloldás, feloldóképesség *(rádiólokátoré)*; *szt* képfelbontás; *tv* felbontóképesség; ~ **chart** próbakép; ~ **in depth** *opt* mélységélesség, éles leképezés mélysége; ~ **of ash** *élip* hamutartalom meghatározása; ~ **of (the) image** *foto, opt* képélesség; ~ **power** *opt* felbontóképesség
definitionally equal *mat* definíció szerint egyenlő
definitive végleges, végérvényes, határozott
deflagrability éghetőség
deflagrable éghető
deflagrant deflagráns *v.* robbanékonyságot csökkentő adalék
deflagrate deflagrál; fellobbant, hirtelen eléget; (f)ellobban, hirtelen elég
deflagrating mixture *bány* deflagrátor, deflagráns *v.* robbanás erejét csökkentő keverék
deflagration kisebb/lassú robbanás, kiégés; puffanás; *bány* robbanó égés; *kat* gyönge robbanóanyag lassú égése; *vegy* deflagráció, ellobbanás; ~ **velocity** robbanó égés sebessége
deflaker *pa* csomótlanító
deflash *műa* (le)sorjáz
deflatable rubber tube *ép* gumitömlő zsaluzat/üregképző
deflate leapaszt, lelohaszt; kiürít; lelohad; kiürül; petyhüdtté válik; levegőt leenged *(felfújt szerkezetből, formából)*
deflation *geol* defláció, szélerózió; *gépk* gázkibocsátás; leereszkedés, leeresztés *(gumiabroncsé)*; ~ **basin** *geol* szél vájta medence; ~ **valley** *geol* deflációs völgy
deflect lehajlít, behajlít; legörbít, begörbít; elterel, eltérít, elfordít; elhajlít, kitérít, megtör *(sugarat)*; elvezet *(vizet)*; lehajlik, behajlik; legörbül, begörbül; eltér, elfordul, elterelődik; kitér; elhajlik, megtörik *(sugár)*
deflectable elterelhető; kitéríthető, eltéríthető, elhajlítható
deflected | **beam** *fiz* eltérített sugár(nyaláb); ~ **drilling** *geof, ol* irányított ferdefúrás; ~ **slipstream aircraft** *rep* lefelé kitérített légcsavarszeles repülőgép; ~**-strand technique** *ép* pászmairánytörés, kábeliránytörés *(előfeszítésnél)*
deflecting | **baffle** *hang* hangfal; terelőlemez, terelő közfal; ~ **bar cam** *kat* elsütőbillentyű, ravasz; ~ **cam** *gép* oldóexcenter; ~ **coil** *el* eltérítőtekercs; ~ **coils** *tex* terelőcsigák *(csévélőgépen)*; ~ **current** *távk* eltérítőáram; ~ **defocus(s)ing** *távk* eltérítési defókuszálódás; ~ **effect** eltérítőhatás; ~ **electrode** *távk* eltérítőelektród; ~ **field** eltérítő (mágneses) tér; ~ **force** *el* kitérítő erő; *mech* hajlítóerő, hajlítóterhelés; *met* (szél)eltérítő erő; ~ **gate** *hidr* terelőlemez, irányítólemez; ~ **generator** *távk* eltérítőgenerátor; ~ **magnet** eltérítőmágnes, eltérítő elektromágnes; ~ **plate** terelőlemez, terelőlap; ~ **plates** *távk* eltérítő lemezpár; ~ **pulley** *bány* terelődob; ~ **reflector** eltérítőreflektor; ~ **sub** *ol* ferdítőátmenet; ~ **system** *távk* eltérítőrendszer; ~ **torque** *aut* eltérítőnyomaték, mérőmechanizmus nyomatéka; ~ **track** *vasút* terelővágány; ~ **unit** visszaverő ernyő, deflektor; *tv* eltérítőegység; ~ **voltage** *távk* eltérítőfeszültség; ~ **wall** *ép* rézsútos fal, ütközőfal; *szersz* terelőfal; ~ **yoke** eltérítőtekercs; → deflection yoke

deflection, deflexion *at* elhajlítás, eltérítés; elgörbítés, meggörbítés; elhajlás, eltérés; *el* belógás *(vezetéké)*; eltérítés; *ép* behajlás *(tartóé)*; tengelyeltolódás, axiseltolódás; *fiz* kilengés, kitérés *(mutatóé)*; *gumi* összenyomódás; *hidr* irányeltérítési szög; *mech* lehajlás; *műa* áthajlás, belógás *(meleg lemezé vákuumformáláskor)*; *opt* elhajlás, kitérés; ~ **amplifier** *el* eltéréserősítő, sorváltó erősítő; ~ **angle** *at* elhajlási szög; *aut* szögkitérés; *geof* kitérítési/elhajlási/eltérési/deklinációs szög; *távk* eltérítési szög; ~**-angle plate** *bány, gép* terelőlemez, terelő közfal; ~**-angle pressure** *hidr* terelőnyomás; ~**-angle tube** *rád* varázsszem, hangolásjelző cső; ~ **at break/rupture** *any* áthajlás töréskor *(hajlítóvizsgálatnál)*; ~ **attachment** *geof* rátétdeflektor; ~ **change** *kat* irányváltoztatás *(ballisztika)*; ~ **circuit** *távk* eltérítő áramkör; ~ **coil** *távk* eltérítőtekercs; ~ **correction** *kat* oldalhelyesbítés, oldaljavítás *(ballisztika)*; ~ **current** *távk* eltérítőáram; ~ **curve** *any* behajlási görbe; *geof* dőlésgörbe; inklinációs görbe; *mech* lehajlási ábra; ~**-dispersion pattern** *kat* szélességi szórás táblázati értéke *(ballisztikában)*; ~ **distortion** kitérítési hiba/torzulás; ~**-distribution curve** *geof* inklinációeloszlási görbe; ~ **drum** *geod* szögmérő dob; ~ **error** *kat* oldaleltérés *(ballisztika)*; ~ **factor** kitérítési/eltérítési tényező; ~ **ga(u)ge** lehajlásmérő műszer; ~ **generator** *el* eltérítőgenerátor; ~ **height** *ép* behajlási ívmagasság; ~ **hole** *forg* irányított ferde fúrás; ~ **indicator** lehajlásmérő műszer; ~ **line** → ~ curve; ~ **magnetometer** eltérítéses/deflektoros magnetométer; ~ **of cathode rays by electrostatic forces** katódsugarak eltérítése elektrosztatikus erőtérrel; ~ **of cathode rays by magnetic forces** katódsugarak eltérítése mágneses térrel; ~ **of lines of force** erővonalak eltérítése; ~ **of pointer** mutató egyoldali kitérése; ~ **of pointer to both sides** mutató kétoldali kitérése; ~ **of roll** *koh* (henger)áthajlás; ~ **of the borehole** *ol* fúrólyukferdeség, fúrólyukelhajlás; ~ **of (the) needle/pointer** mutatókitérés, tű kitérése; ~ **of the rolls** *koh* hengerhajlítás; ~ **of the shaft lining** *bány* falazatferdülés; ~ **of the well** *ol* fúrólyukferdeség; ~ **plates** *távk* eltérítő lemezpár; *szt* eltérítő lemezek; ~ **point** *ép* iránytörési pont *(előfeszítő kábelé)*; ~ **potentiometer** *aut* lépcsős kompenzátor; ~ **pulley** *bány, em* terelőtárcsa, terelőkorong, kötélterelő korong; ~ **scale** *kat* szögmérőbeosztás; ~ **sensitivity** *távk* eltérítési/kitérítési érzékenység; ~ **sheave** → ~ pulley; ~ **stage** *távk* eltérítőfokozat; ~ **surface** *mech* lehajlási felület; ~ **system** *távk* eltérítőrendszer; ~ **test** *any* hajlítóvizsgálat *(behajlásra)*; ~ **time** kitérési idő; ~ **to full bump** *gépk* teljes behajlás *(hordrugóé)*; ~ **yoke** *el* eltérítőtekercs-szerelvény; eltérítőtekercsek

deflectional | bridge kiegyenlítetlen (mérő)híd; ~ **sensitivity** *távk* eltérítési érzékenység; ~ **system** eltérítőrendszer

deflectivity *any* (be)hajlíthatóság

deflectometer *any* behajlásmérő; *mech* lehajlásmérő; *tex* hajlításmérő (készülék)

deflector terelő(fal); irányítólap; *at* kitérítőeszköz; *el* gázterelő tárcsa *(izzólámpa része)*; ívterelő lap/segédelektród; *ép* csatornaszem; deflektor; huzatnövelő szívófej; visszaáramlás-gátló, huzatmegszakító; *forg* forgácsterelő lemez; *geof* deflektoros *v.* de Collongue-féle magnetométer; kitérítő segédmágnes, deflektor; *gép* terelőlap, védőernyő; *hidr* sugárterelő, sugártörő; vízvető gerenda; *opt* visszaverő ernyő, deflektor; *pa* terelőlap, deflektor; *rep* terelőfelület, eltérítőlap; *távk* eltérítőelektród; *tex* horognyelvterelő; ~ **arm** *kat* hüvelyvonó kar; ~ **clip** *kat* hüvelyvonó; ~ **hood** *hidr* terelőcsuklya; ~ **lamp** *bány* légáramjelző lámpa; ~ **magnet** *geof* eltérítő mágnes; ~ **of smoke** *ép* füstelvezető; ~ **panel** *gépk* szellőzőablak; ~ **piston** *gép* terelőgátas/orros dugattyú *(kétütemű motoré)*; ~ **plate(s)** → deflecting plate(s); ~ **pulley** → deflection pulley

deflexion → deflection

deflocculant → deflocculation agent

deflocculate *tex* pehelytelenít; *vegy* pelyhesedést gátol, diszpergál, peptizál

deflocculated | Acheson graphite (dag) *vegy* deflokkulált Acheson-grafit; ~ **graphite** szuszpendált grafit *(kenőanyag)*

deflocculation *fa, pa* pehelytelenítés; *talt* deflokkuláció, pehelyszétesés; *vegy* deflokkulálás, diszpergálás, peptizálás; ~ **agent** *ker* pehelytelenítőszer, deflokkuláns; *vegy* diszpergálószer, pelyhesedést gátló szer, stabilizátor, peptizátor

defluorinate fluort elvon/lehasít, fluortalanít

defluxing *heg* folyasztószer eltávolítása

defoamer, defoaming agent habmentesítő, habtalanító *(anyag, berendezés)*; habzásgátló *(szer/adalék)*

defocus *opt* defokuszál, gyújtótávolságot elállít, életlenre állít

defocus(s)ing *foto* defokuszálás, gyújtótávolság elállítása, életlen beállítás; *tv* defokuszálódás, eléletlenedés; ~ **action** defokuszáló hatás; ~ **by deflection** eltérítési defokuszálódás; ~ **lens** szórólencse

defogging homályos üveg megtisztítása *(műszeren stb.)*

defo-hardness *gumi* defokeménység

defoliant lombtalanító vegyszer, defoliáns

defoliating *cu* (cukorrépa-)fejezés

defoliation lombtalanítás

defometer *gumi* defo(plaszto)méter

deforest erdőt irt

deforestation erdőirtás; *környv* deforesztáció

deform deformál, eltorzít; alakít

deformability deformálhatóság, alakíthatóság; alakváltozási képesség

deformable deformálható; alakítható; ~ **surface** *mat* hajlítható felület

deformation alakítás, alakváltoztatás; deformálódás, alakváltozás; deformáció; vetemedés; torzulás, torzítás; *mat* (folytonos) deformáció; hajlítás; ~ **at lift** *önt* kilökési deformáció; ~ **band** *koh* deformációs sáv; ~ **capability** alakíthatóság, alakváltozási képesség; ~ **condition** *mech* alakváltozási feltétel; ~ **defect** *koh* alakítási hiba; ~ **drive** *ol* rugalmas kitermelés; ~ **due to bending** *mech* hajlítási alakváltozás; ~ **ellipsoid** *mat* deformációs ellipszoid; ~ **hardness** *gumi* defokeménység; ~ **modulus** *bány* összenyomódási modulus; ~ **of the hot cathode** izzókatód-deformálódás; ~ **period** *mech* alakváltozási idő; ~ **point** *üveg* lágyuláspont, deformációs pont; ~ **polarization** *at* deformációs polarizáció; ~ **potential** deformációs potenciál; ~ **rate** *koh* alakítási sebesség; ~ **release** *any* alakváltozás megszüntetése/megszűnése; ~ **resistance** alakítási/alakváltozási ellenállás, alaktartósság; ~ **retardation/retarding** alakváltozási tehetetlenség; ~ **strength/stress** alakítási szilárdság; ~ **structure** *ásv* deformációs szerkezet; ~ **temperature** *koh* alakítási hőmérséklet; ~ **tensor** alakváltozási tenzor; ~ **twin** *ásv* deformációs iker; ~ **under heat** *műa* alakváltozás hő hatására; ~ **under load** *mech* alakváltozás terhelés hatására; ~ **work** deformációs/alakváltozási munka; ~ **zone** deformációs zóna

deformed | **bar(s)** *ép* bordás/periodikus profilú betonacél; ~ **state** *műa* deformált állapot

deformeter alakváltozásmérő (műszer); *ker* deforméter

deformity deformitás, alakbeli rendellenesség

defrost felolvaszt, leolvaszt *(jeget, fagyasztott anyagot)*; leolvaszt *(hűtőszekrényt)*; jégtelenít; felenged *(pl. fagyasztott élelmiszer)*

defroster (nozzle) *gépk* defroszter, ablakmelegítő, párátlanító, páramentesítő *(berendezés)*

defrosting jégtelenítés, zúzmarátlanítás, jegesedésgátlás; *el* zúzmaramentesítés *(légvezetéké)*; *élip* felengedés, felolvasztás; ~ **screen** *gépk* villamos ablakmelegítő; ~ **tray** csepptálca *(hűtőtest alá)*

defrother habzásgátló (szer)

defruiter *rep* szinkronizálatlan jeltörlő

defuel *rep* üzemanyagtartályt kiürít

defuelling *rep* üzemanyagleszívás

defuse hatástalanít *(bombát)*

defy visszautasít; ellenáll; ~ **solution** *mat* megoldhatatlan; ~ **weather** viharálló, időjárás iránt érzéketlen

deg *tex* permetez(éssel mos)

degas gáztalanít, gázmentesít, gázt eltávolít; légtelenít

degasification gáztalanítás, gázok kivonása; *bány* kigázosítás; *pa* legázosítás

degasified steel *koh* csökkentett gáztartalmú acél

degasify gázmentesít, gáztalanít, gázt lecsapol

degasifying *környv* gáztalanítás, kigázosítás; ~ **agent** *koh* gáztalanítósó, gáztalanítószer

degasser *ol* (iszap)gáztalanító; *önt* gáztalanítószer; *pa* legázosító; ~ **cyclone** gázleválasztó ciklon

degassing gáztalanítás, gázok kivonása, gázmentesítés, gázelvonás, gázeltávolítás; *műa* szellőztetés, légtelenítés *(szerszámé)*; ~ **annealing** *hők* gáztalanító izzítás, hidrogéntelenítés; ~ **flux** *koh* gáztalanítósó; ~ **unit** gáztalanító, gázleválasztó

degate *műa* felöntést/fröccskúpot eltávolít

degauss demagnetizál, lemágnesez; (le)töröl *(mágneses felvételt)*

degausser *el* demagnetizáló (tekercs)

degaussing *el* demagnetizálás, demagnetizáció, lemágnesezés; *hang* (le)törlés *(magnószalagé)*

degelatinize zselatint kifőz *(csontokból)*

degeneracy degeneráció, degenerálódás, elfajulás; *at* elfajultság; *szt* elfajulás; ~ **concentration** *el* elfajulási töltéshordozó-koncentráció; ~ **criterion** elfajulási kritérium; ~ **operator** *mat* elfajulási operátor, elfajulás

degenerate I. *v fiz, mat* elfajul, degenerál; **II.** *a* elfajult, degenerált; ~ **collineation** *mat* elfajult/degenerált kollineáció/vetület; ~ **conic (section)** *mat* elfajuló kúpszelet; ~ **continuum** elfajult/degenerált kontinuum; ~ **distribution** *stat* elfajult/szinguláris eloszlás; ~ **(electron) gas** elfajult (elektron)gáz; ~ **mapping** *mat* szinguláris/elfajult leképezés; ~ **semiconductor** *el* elfajult félvezető; ~ **set** *mat* egyelemű halmaz; ~ **state** elfajult/degenerált állapot

degenerated | **graphite** elfajult grafit; ~ **parametric amplifier** *el* elfajulási paraméteres erősítő

degeneration degenerálódás; degeneráció, elfajulás; *at* ütközési energiaveszteség; *el* negatív visszacsatolás; ~ **concentration** *el* elfajulási töltéshordozó-koncentráció; ~ **of gas** gázelfajulás, gázdegenerálódás

degenerative | **amplifier** *el* visszacsatolt erősítő; ~ **circuit** *el* negatívan visszacsatolt (áram)kör; ~ **feedback** *el* negatív visszacsatolás, ellencsatolás

degerm → degerminate

degerminate *élip* csírátlanít

degermination *élip* csírátlanítás

degerminator *élip* csírátlanító (szer/berendezés)

degeroite *ásv* degeröit

degging permetezés; *tex* közömbösítő mosás permetezéssel *(fehérítéskor)*; ~ **of the floor** *tex* padlóöntözés *(légnedvesítéshez)*

deglaze máztalanít

deglutinate enyvtelenít

deglycerinize glicerint elvon

deglycerinizing glicerinelvonás

degradation degradáció, csökkenés, kisebbedés; degradálás; lefokozás, lebontás; kisebbítés; károsodás, lemorzsolódás; elértéktelenedés, elfajulás; *geol* elmállás, elporladás; erózió, (víz)kimosás; kopás, lecsiszolódás; *gumi* letörés, degradálódás; öregedés; *környv* lebomlás; *műa* lebomlás, degradálódás; lebontás, degradálás; *szt* teljesítőképesség-csökkenés; ~ **constant of bottom deposit/sludge** *hidr* fenékiszaplebomlási állandó; ~ **constant of organic matter** *hidr* szervesanyag-lebomlási állandó; ~ **conveyer** *bány* lassított működésű szállítószalag; ~ **curve of organic matter** *hidr* szervesanyag-lebomlási görbe; ~ **failure** *távk* degradációs meghibásodás; ~ **level** *ép* lepusztulási felület; ~ **matter** *bány* törmelék; ~ **of coal** *bány* szénaprózódás; ~ **of energy** energiacsökkenés, energiaveszteség; ~ **of levels** *hidr* vízszintcsökkenés; ~ **of matter** *at* annihiláció; ~ **of radiation** sugárzáscsökkenés; ~ **process** degradációs folyamat; ~ **product** *bány* törmelék; *környv* bomlástermék; ~ **stages** *vegy* lebontási lépcsők

degrade lefokoz, értékben csökkent; *fiz* fokozatosan gyengít, degradál *(energiát)*; *geol* elmállaszt, elporlaszt; lecsiszol, lekoptat, kimos; szétmállik, elporlad

degraded | **latex** állott latex; ~ **neutron** *at* nem érintetlen/elsődleges *v.* ütközést szenvedett neutron; ~ **radiation** *at* degradált *v.* energiában csökkent *v.* vörös felé eltolódott sugárzás; ~ **rag** *pa* silány rongy

degras *bőr* degrasz, cserzőzsír; *élip* gyapjúzsír

degrease zsírtalanít; *tex* mos *(gyapjút)*

degreaser zsírtalanító

degreasing zsírtalanítás; ~ **agent** *vegy* zsírtalanítószer; ~ **bath** zsírtalanító fürdő

degree (dg) fok, fokozat, mérték; *bány* szénülési fok; *fiz* (hőmérsékleti) fok; *geof* grádiens; *geol* (földrajzi) fok; *mat* fok *(szögmérték)*; maximális fokszám; rend; ~ **Baumé** *vegy* Baumé-fok; ~ **below zero** *ép* hűtési hőfokhíd; ~ **Brix** *cu* Brix-fok; ~ **Celsius/centigrade °C** Celsius-fok, °C; ~ **day** *met* napi hőösszeghiány; ~ **days** *ép* hőfokhíd; ~ **Engler** Engler-fok; ~ **Fahrenheit (°F)** Fahrenheit-fok, Fahrenheit, °F; ~

Gay-Lussac Gay-Lussac-fok; ~ **hours** *ép* hőfokhíd *(órában)*; ~ **Kelvin** → Kelvin; ~ **of a bank** *rep* bedőlési szög; bedöntés foka; ~ **of absorption** *fiz* hangelnyelési tényező; *vegy* abszorpciós faktor/tényező; ~ **of accuracy** *finm* pontossági osztály *(műszeré)*; *mat* pontosság foka/mértéke; *metr* pontossági fok; ~ **of acidity** aciditás, savasság, savfok; ~ **of aeration** szellőzöttség (mértéke); ~ **of amplification** *el* erősítési fok; ~ **of angle** *mat* fok, szögfok; ~ **of arc** *mat* ívfok; ~ **of basicity** *koh* bázikusság, salakszám; ~ **of beating** *pa* őrlésfok; ~ **of bleaching** *tex* fehérítésfok, fehérítési fok; ~ **of channel filling** *hidr* mederteltség; ~ **of chlorination** klórozási fok; ~ **of cleanness** *koh* zárványfokozat; ~ **of colo(u)ring** *opt* színtónus, színárnyalat; ~ **of compaction** *hidr* tömörségi fok; *talt* tömörítési fok; ~ **of confidence** *stat* konfidenciaszint, konfidenciaegyüttható, konfidenciavalószínűség; ~ **of consistence/consistency** *talt* tömörségi fok; ~ **of consolidation** konszolidáció mértéke/foka; ~ **of contamination** *at* szennyezettségi fok; ~ **of coverage** *ásv* borítási fok; *el* fedési fok; hatótávolság/hatásterület mértéke; ~ **of crosslinking** *műa, gumi* térhálósodási fok; ~ **of cure** *gumi, műa* keményítési/vulkanizálási fok; ~ **of curve** *hidr* görbület/kanyar mértéke; ~ **of degeneration** elfajulási/degenerációs fok; ~ **of desulphurization** *koh* kéntelenítés mértéke; ~ **of difficulty** nehézségi fok; ~ **of dilution** *vegy* hígítási fok, hígítás mértéke; ~ **of directivity** *távk* irányítás foka *(antennáé)*; ~ **of discharge control** *hidr* vízhozam-szabályozhatóság mértéke; ~ **of disorder** *ásv* rendezetlenségi fok; ~ **of dispersion** *tex* diszperziófok; *vegy* diszperzitásfok; ~ **of dissociation** *vegy* disszociációfok; ~ **of distortion** torzítás/torzulás foka/mértéke, torzítási/torzulási fok; ~ **of distortion in service** *környv* üzemi távírótorzítás; ~ **of drainage** *hidr* vízrendezés foka; ~ **of drowning** *ol* elárasztási viszonyszám; ~ **of elasticity (DE)** rugalmassági fok; ~ **of enrichment** dúsulási/dúsítási fok; ~ **of exploitation of an irrigation scheme** *hidr* öntözőrendszer kihasználási foka; ~ **of failure** meghibásodás mérve; ~ **of fastness** *tex* ellenállóképesség, színtartóság; ~ **of filling** töltési fok *(pl. keverődobé)*; ~ **of fineness** szemcsefinomság foka; ~ **of fluidity** folyóképességi fok, viszkozitás; ~ **of freedom (DF)** szabadságfok; ~ **of grafting** *műa* ojtási fok; ~ **of grinding** őrlési fok; ~ **of gross start-stop distortion** *környv* bruttó start-stop torzítás; ~ **of halobity** *környv* halobitási fokozat; ~ **of hardening** *műa* keményítési/vulkanizálási fok; ~ **of hardness** keménység, keménységi szám; keménységi fok *(vízé)*; ~ **of humidity** nedvességtartalom; ~ **of hydrolysis** *vegy* hidrolízis mértéke/foka; ~ **of influence** influencia mértéke; ~ **of ionization** *fiz* ionizáció mértéke, ionizációs fok; ~ **of irregularity** *gép* egyenlőtlenségi fok; ~ **of isochronous distortion** *távk* izokron távírótorzítás; ~ **of latitude** *rep* földrajzi szélességi fok; ~ **of liberation** *bány* feltárási fok; ~ **of longitude** *rep* földrajzi hosszúsági fok; ~ **of loss** *hang* veszteségi fok; ~ **of moderation** *at* moderációfok; ~ **of moisture** *fa* viszonylagos nedvesség; *tex* nedvességtartalom, nedvességi fok; ~ **of nerve** *gumi* rugalmassági fok; ~ **of obsolescence** *ép* avultsági fok; ~ **of orientation** *ásv, műa* orientációfok; *tex* rendezettségi fok; ~ **of oxidation** oxidáció mértéke; ~ **of polycondensation** polikondenzációfok; ~ **of polymerization (DP)** polimerizációs fok, polimerizációfok; ~ **of prospection** *bány* megkutatottság; ~ **of protection** védettségi fokozat; ~ **of purity** *félv* tisztasági fok; *koh* zárványfokozat; ~ **of reduction** *koh* aprítási fok; ~ **of relative humidity** relatív nedvességtartalom; ~ **of reliability** megbízhatóság (foka); ~ **of response** *mat* hatásfok; ~ **of root** *mat* gyök fokszáma; ~ **of safety** biztonsági tényező; ~ **of safety against rupture** *mech* törési biztonság mértéke; ~ **of salinity** *talt* sófelhalmozódás mértéke; ~ **of saprobity** *környv* szaprobitási fokozat; ~ **of satisfying water demands** *hidr* vízbiztosítottság; ~ **of saturation (DS)** telítettségi fok, telítettség (mértéke/foka); ~ **of selectivity** szelektivitás (foka/mértéke); ~ **of sizing** *pa* enyvezettség; ~ **of smearing** *műa* folyóképességi fok, viszkozitás; ~ **of soiling** szennyezettség mértéke; ~ **of squeeze** *tex* facsarási hatás; ~ **of standarized test distortion** *rep* torzítás foka szabványosított próbánál; ~ **of start-stop distortion** *környv* start-stop torzítás; ~ **of strength** intenzitás; ~ **of stretch** *műa, tex* nyújtási arány; ~ **of sulphur utilization** *koh* kénhasznosítás; ~ **of swelling** *műa, gumi, tex* duzzadás mértéke; ~ **of tanning** *bőr* átcserzési szám; ~ **of temperature** (hőmérsékleti) fok; ~ **of toxicity** toxicitásfok; ~ **of trophity** *környv* trofitási fokozat; ~ **of truth** *mat* igazságérték, igazságmérték, logikai érték; ~ **of turn** *rep* forduló foka/szögértéke; ~ **of twist** *tex* sodrási tényező/mérték; ~ **of uncertainty** *mat* bizonytalansági fok, entrópia; ~ **of utilization** *hidr* kiépítés mértéke; ~ **of vacuum** vákuum jósága; ~ **of vulcanization** *gumi* vulkanizálási fok; ~ **of water resources exploitation** *hidr* vízkészlet-kihasználtság; ~ **of water utilization** *hidr* vízhasznosulás; ~ **parallel** *geod* szélességi kör/fok; ~ **Réaumur (°R)** Réaumur-fok, °R; ~ **scale** fokbeosztású skála; ~ **Scheiner** *foto* Scheiner-fok; ~ **sugar** cukorfok, S; ~ **value** *geod, mat* fokérték

degreen zöld színt eltüntet, érlel

degrit homoktalanít

degritter *hidr* homokfogó

degum gyantát kivon *(olajból, papírból)*, gyantamentesít; *élip* nyálkátlanít; *tex* hámtalanít; *vegy* szericint kivon *(selyemből)*

degummed silk *tex* hámtalanított selyem

degumming gyantakivonás; *élip* nyálkátlanítás; *vegy* szericinkivonás, szericinkinyerés; ~ **agent** *tex* hámtalanító (szer); ~ **of ramie** *tex* rami feltárása; ~ **soap bath** *tex* hámtalanító szappanfürdő

dehair *élip* szőrtelenít

dehairer *bőr* szőrtelenítő, sertétlenítő

dehisce felpattan, felhasad *(termés)*

dehorn *kat* bombagyújtót kiszerel

dehumidification szárítás, dehidrálás, exszikkáció, vízelvonás; víztelenítés, nedvességelvonás; ~ **of air** légnedvesség-csökkentés

dehumidifier víztelenítő/nedvességelvonó szer/berendezés, szárító(szer), szárítóberendezés; *ép* kevertlevegős hőlégfúvó

dehumidify víztelenít, nedvességet elvon, szárít

dehumidifying víztelenítés, nedvességelvonás; ~ **apparatus** légnedvesség-csökkentő készülék; ~ **by cooling** nedves hűtés; ~ **fluid** *bány* páramentesítő folyadék; ~ **soap** *bány* páramentesítő szappan; ~ **system** légnedvesség-csökkentő berendezés

dehusk *élip* héjtalanít, hüvelyez, hüvelyből kifejt
dehydratation dehidráció; víztelenítés
dehydrate dehidrat(iz)ál, víztelenít, szárít, szikkaszt; dehidrál; *élip* szárít, aszal; *vegy* dehidratál
dehydrated | alcohol abszolút alkohol; ~ **castor oil** dehidrált ricinusolaj; ~ **eggs** porított tojás, tojáspor; ~ **potatoes** szárított burgonya; ~ **vegetables** aszalt zöldség, szárított/száraz főzelék
dehydrating agent szárítószer, szikkasztószer, szikkatív
dehydration dehidrat(iz)álás, szárítás, exszikkáció, vízelvonás; víztelenítés, dehidrálás, szárítás; *bány* ágyúlövés; dehidratáció; ~ **of alcohol** szesz víztelenítése; ~ **test** *ép* víztelenítési vizsgálat *(bitumenemulzió)*
dehydrator víztelenítő; szárító(berendezés); dehidrátor; szárítópatron gázvezetékben; *vegy* dehidratálószer
dehydrochlorination *vegy* dehidroklórozás
dehydrocyclization *ol* dehidrociklizáció, dehidrociklizálás, dehidroaromatizálás
dehydrofreeze vízelvonással fagyaszt
dehydrofreezing *élip* vízelvonással kombinált fagyasztás
dehydrogenase *vegy* dehidrogenáz
dehydrogenate *vegy* dehidrogénez, hidrogént elvon/kivon/eltávolít
dehydrogenation dehidrogénezés, hidrogéneltávolítás, hidrogéntelenítés, hidrogén kivonása/elvonása
dehydrogenize → dehydrogenate
dehydrohalogenation *vegy* dehidrohalogénezés
de-ice jégtelenít; leolvad; *rep* jegesedést gátol, jégmentesít
de-icer *rep* jégtelenítő/jegesedésgátló berendezés; ~ **boot/shoe** *rep* jégtelenítő gumitömlő; ~ **tank** *rep* jégtelenítő folyadék tartálya
de-icing jégtelenítés, zúzmarátlanítás, jegesedés gátolása; *hidr* kijegelés; ~ **agent** jegesedésgátló adalék; ~ **control** *rep* jegesedésgátló/jégmentesítő berendezés; ~ **fluid** jégmentesítő folyadék; ~ **salt** *ép, közl* jégmentesítő só; ~ **system** *rep* jégtelenítő/jegesedésgátló rendszer
deincrustant lerakódásgátló szer; vízlágyító (szer)
de-inking *pa* festéktelenítés, festékmentesítés, nyomdafesték-mentesítés
deionization *fiz* deionizáció, ionizáció megszüntetése, ionmentesítés, ionsemlegesítés; ~ **grid** ionozásmentesítő/deionozó rács; ~ **potential** deionizációs potenciál; ~ **time** deionizációs/ionsemlegesítési idő; ~ **voltage** deionizációs/kioltási feszültség
deionize deionizál, ionmentesít; sómentesít
deionized water (DW) deionizált víz
deironing vastalanítás; *koh* vaskiejtés
dejectile repülőbomba
dejection kivetés, kidobás
dekatron dekatron, dekadikus számlálócső
DEL → delete character
delafossite *ásv* delafossit
delaine (wool) *tex* (gyapjú)delén
delaminate rétegenként leválik; rétegződik
delamination rétegződés; rétegfejtés; *műa* rétegelválás *(rétegelt anyagokban)*; *rep* rétegenkénti leválás; ~ **of ply-wood** *fa* felnyílódás *(rétegelt lemezé)*
delapidated *ép* düledező *(épület)*
delast kisámfáz, sámfáról lehúz
de Laval turbine Laval-turbina
delay I. *v* késleltet, lassít; késik, lassul; **II.** *n* késés, késedelem; fennakadás, akadály *(gépnél)*; késleltető elem; *el* késleltetés; *em* várakozási idő; *fiz* fékezés, lassítás, negatív gyorsítás, retardálás, lassulás; *szt* késleltetés; *távb* türelmi idő; ~ **action** *bány* késleltető hatás; *kat* késleltető tevékenység; ~**-action blast** *bány* időzített/késleltetett robbantás; ~**-action detonator/exploder** *bány* időzített/késleltetett gyutacs; ~**-action fuse** *bány* késleltetett villamos gyutacs; *kat* időzített gyutacs; *koh* késleltetett/lomha biztosító; ~**-action relay** *távk* késleltető/lomha relé; ~ **amplifier (DA)** *aut* késleltető művonalas erősítő; ~ **angle** *kat* késési szög; *koh* gyújtáskésleltetési/vezérlési szög, gyújtásszög; ~ **basis operation** *aut* üzem előkészületi/várakozási idővel; ~**-blasting** *ép* késleltetett robbantás; ~ **bomb** késleltetett bomba; ~ **cable** *el* késleltetőkábel; ~ **cap** *bány* időzített/késleltetett gyutacs; ~ **charge** késleltető betét/elegy; ~ **circuit** *el* késleltető áramkör; ~ **coincidence circuit** *aut* késleltetett koincidencia-áramkör; ~ **coincidence method** *aut* késleltetett koincidencia-módszer; ~ **component** késéses tag; ~ **constant** *el* késleltetési állandó, L/R viszony; ~ **correction network** *el* késésidő-korrigáló/késésidő-helyesbítő négypólus; ~ **device** *foto* önkioldó; ~ **distortion** *el* fázistorzítás; ~ **drop** *rep* késleltetett ejtőernyős ugrás; ~ **(electric) detonator** *bány* időzített (villamos) gyutacs; ~ **element** *el* késleltető elem, holtidős/késleltető tag, retardátor; *szt* késleltetőelem; *vegy* retardáns; ~ **equalizer** *távk* fáziskiegyenlítő; fáziskorrektor, futásiidő-kiegyenlítő; ~ **feedback** *el* késleltetett visszacsatolás; ~**-feedback generator** *aut* késleltetett visszacsatolású generátor/oszcillátor; ~ **for the calling party** *távb* hívó előfizető várakozási ideje; ~ **frequency distortion** *el* csoportfutásiidő-torzítás, fázistorzítás, késési torzítás; ~ **fuse** *kat* késleltető gyújtó; ~ **igniter** *bány* késleltető gyújtó; ~ **in boiling** késő forrás, forráskésleltetés, forrás lelassulása; ~ **insert** késleltető betét; ~ **interval** késési időintervallum; ~ **lamp** *távb* „foglalt"-lámpa; ~ **line** *el, szt* késleltető művonal, késleltetővonal; ~**-line clipper** *el* késleltetővonal limitere; ~**-line decoder** késleltető művonalas dekódoló; ~ **line element** *el* késleltetőtag; ~**-line memory** *szt* késleltetővonalas tároló, művonalas memória; ~ **line section** *el* késleltetőtag; ~**-line-shaped pulse** *aut* késleltetett impulzus; ~**-line storage/store** → ~-line memory; ~ **machine** késleltetőmagnó; ~ **mechanism** *koh* késleltetőmű; ~ **message** *rep* késési közlemény; ~ **multivibrator** *távk* késleltetett multivibrátor; ~ **network** késleltetőlánc; ~ **number** *bány* késleltetési fokozat; ~ **of operation** *aut* működéskésleltetés, hatáskésleltetés, kapcsoláskésleltetés; ~ **pattern** *bány* időzítés; ~ **pellet** *kat* késleltető lőportöltet; ~ **period** *aut* késési periódus; *ép* pihentetés *(betongőzölés előtt)*; ~ **relay** *aut* késleltető relé, időrelé; ~ **representation** holtidő/késleltetés ábrázolása/visszaadása; ~ **switch** késleltető kapcsoló; ~ **system** késleltető rendszer; ~ **tank** *at* deaktiválótank, késleltetőtank; ~ **theorem** késleltetés elve; ~ **time** késés, késés ideje, késési/várakozási idő; *aut* (át)futási idő, valódi holtidő; késési idő/periódus; *el* késleltetési idő; *félv* gyújtáskésés; *távb* várakozási idő; ~**-time characteristic** *aut* futásidő-

karakterisztika, holtidő-karakterisztika; **~-time method** *geof* késésiidő-módszer; **~ train** *kat* késleltető lőportöltet; **~ unit** *el* késleltetőegység, jelkésleltető; **~ voltage** késleltető feszültség; **~ weighing term** *aut* futásidő-helyesbítés

delayed késleltetett; **~ action** késleltetett működés/hatás; **~-action** *foto* időzített; késleltetett (működésű); önkioldó; **~-action bomb (DAB)** késleltetett bomba; **~-action fuse** *el* késleltetett/lomha biztosító; *kat* időzített gyutacs; **~-action release** *foto* önkioldó; **~ alarm** késleltetett riasztás; **~ automatic gain/volume control (DAGC, DAVC)** *el* késleltetett (automatikus) erősítésszabályozás; **~ blanking signal** *el* késleltetett kioltójel; **~ blasting** *bány* időzített/késleltetett robbantás; **~ boiling** késő forrás, forráskésleltetés, forrás lelassulása; **~ call** *távb* várakozásos hívás; **~ commutation** *el* késleltetett kommutáció; **~ control** késleltetett irányítás/szabályozás/vezérlés; **~ conversation** *távb* késleltetett beszélgetés; **~ crazing** *ker* lassított/késleltetett hajszálrepedés-képződés; **~-critical** *at* késleltetett-kritikus; késő-kritikus; **~ deflection system** *el* késleltetett eltérítési rendszer, időben eltolt eltérítés; **~ delivery** *távk* késleltetett továbbítás; **~ detonation** késleltetett robbantás; *bány* utódetonáció; **~ detonator** *bány* időzített/késleltetett gyutacs; **~ elasticity** *any* lassú felengedés tehermentesítés után; **~ feedback** *el, aut* késleltetett/holtidős visszacsatolás; **~ fuse** *el* lomha *v.* késleltetett kioldású biztosító; **~ gamma** *at* késő gamma-sugárzás; **~ ignition** *gépk* utógyújtás, késleltetett gyújtás; **~ martensitic hardening** *hők* martenzites termáledzés, martemperálás; **~ neutron** *at* késő/késleltetett neutron; **~-neutron emitter** *at* későneutron-emittáló anyag; **~ neutron fraction** *at* későneutron-hányad; **~ neutron precursor** *at* későneutron-előfutármag; **~ operation** *el* késleltetett működés, késleltetés; **~ particle** *at* késő/késleltetett részecske; **~-power lift** késleltetett kiemelés *(traktoros munkagépen)*; **~-prompt** *at* késő-prompt; **~ radiation effect** *at* késleltetett/krónikus sugárhatás; **~ relay** *el* késleltetett/lomha relé; **~ release** *el* késleltetett kioldás; *vasút* lassított oldás *(féké)*; **~ salting** *bőr* későn alkalmazott sózás; **~ scanning/sweep** *el* késleltetett letapogatás; **~ synchronization signal** késleltetett szinkronozójel

delaying | block *aut* H-tag, tiszta holtidős tag; **~ element** *aut* H-tag, tiszta holtidős tag; *vegy* retardáns; **~ unit** *aut* késleltető egység

deleading *koh* ólomtalanítás

deleatur *nyom* deleatur, törlendő; törlőjel, deleaturjel

delenda → deleatur

delessite *ásv* delessit

delete I. *v nyom* kihúz, (ki)töröl; **II.** *n szt* törlés, visszaállítási lehetőség, bekapcsoláskori teljes törlés; **~ character (DEL)** *szt* törlés, DEL *(vezérlőkarakter)*

deleted representation *szt* törölhető (karakter)ábrázolás

deleterious ártalmas, káros, veszedelmes; **~ substance** ártalmas/káros anyag; **~ sulphur/sulfur** *ol* korrozív kén; **~ water** *geol* agresszív talajvíz

deleting *szt* törlés, visszaállítási lehetőség, bekapcsoláskori teljes törlés

deletion *nyom, szt* törlés; **~ mark/sign** *nyom* törlőjel, deleaturjel; **~ record** *szt* törlő rekord

delf[1] *bány* külfejtés; *ép* árok, csatorna, folyó(ka)

delf[2] → delft

delft fajansz; delfti/holland porcelán

delftware → delft; **~ tiling** *ép* kőagyaglap falburkolat

delicate kényes *(készülék)*; **~ adjustments** *finm* finombeállítások; **~ colo(u)r** *tex* finom színárnyalat; **~ yarn** finom fonal

deliming mésztelenítés, dekalcifikáció; **~ agent** *bőr* mésztelenítőszer

delimit elhatárol, elkülönít; *szt* (körül)határol

delimitate → delimit

delimitation *ép* elhatárolás, korlát; elkülönített terület; *geod* (telek)elhatárolás

delimiter *szt* határolójel

delimiting card *szt* jelzőkártya, elválasztó kártya

delineascope *pa* rostvetítő gép

delineate körvonalaz, (fel)vázol; felvázol, leskiccel, nagy vonalakban ábrázol; *mat* körülír *(pl. idomot)*

delineation körvonal(azás), felvázolás; kontúr; tervrajz, alaprajz; vázlat; ábrázolás

delineator felmérő, felvázoló *(személy)*; előrajzoló készülék; különböző alakra igazítható szabásminta; *ép* útszegélyoszlop

delint I. *v* pihétlenít, pehelytelenít; **II.** *n tex* gyapotpehely

delinter *mzg* gyapotmagtisztító gép

delinting of the cotton-seed gyapotmagtisztítás

deliquesce szétfolyik, elfolyik, elfolyósodik

deliquescence elfolyósodás, szétfolyás, elfolyás; felbomlás, szétmállás

deliquescent I. *a* elfolyó, szétfolyó, folyós(odó); **II.** *n tex* lágyítószer *(irkészítéshez)*

deliver (le)szállít; lead *(pl. teljesítményt)*; átad, kiszolgáltat; megvált, megment; *bány* kiürít, kirakodik; kiürül; *kat* célba juttat; *nyom* kirak; **~ a pattern from the mo(u)ld** *önt* mintát (öntő)formából kiemel

delivered *tex* gépről lekerülő; **~ at site** építéshelyre szállítva; **~ power** leadott teljesítmény

delivering | roller *tex* szállítóhenger, adagolóhenger; **~ works** szállító (üzem)

delivery szállítás; továbbítás, kézbesítés, kihordás; szolgáltatás *(pl. áramé)*; teljesítmény, hozam; *gép* kúpos kiképzés; *hidr* (szállító)teljesítmény; (víz-)mennyiség *(szivattyúban)*; átemelés *(folyadéké)*; vízvezető cső(hálózat); *kat* célbajuttatás; *ker, önt* kiszedés, kivétel *(formából)*; *nyom* (ív)kirakás; *rep* szállítás; szolgáltatás; *szt* kézbesítés; *távb* (hívás)átadás; *tex* adagolás; **~ air-chamber** *gépk* kifúvó légkamra; **~ air duct** nyomólégcsatorna; **~ apron** *tex* továbbítószalag, szállítószalag; **~ bench** *rep* pogygyászkiadó munkahely; **~ bowl** *tex* szállítóhenger, adagolóhenger; **~ by pumping** *bány, hidr* átemelés; **~ capacity** *hidr* szállítóteljesítmény; *ol* termelési kapacitás, (olaj)kút termelékenysége; **~ car** *gépk* szállítókocsi, könnyű tehergépkocsi; **~ chain** *nyom* kirakólánc; **~ chamber** levegőtartály, sűrítettlevegő-tartály; *gép* nyomótér; *hidr* nyomás alatti tér, kibocsátótér, kiömlőtér; **~ channel** *hidr* elosztócsatorna; szállítócsatorna, kimenővezeték, kimenőcsatorna; *hőt* szelepkifolyó, kifolyócsatorna; **~ chute** *em* kiürítőcsúszda; *hidr* leeresztőszurrantó; **~ clack** → **~ flap**; **~ cock** *hidr* kifúvócsap; *hőt* kazántöltő és -ürítő csap; **~ conduit** *hidr* nyomóvezeték; **~ cone** nyomófúvóka, szórófej; **~ connection** *hidr* nyomáscsonk, kimenőcsonk, szállítócsatlakozás; ~ **conveyor** *nyom* kirakó szállítószalag; ~ **cylinder** *nyom* ívkirakó dob; ~ **drum** *em* leadódob; *nyom* kivezetőhenger, kirakódob; ~ **duct** nyomóvezeték; ~ **end** kihordóvég, kirakóoldal *(gépen)*; ~ **envelope** *szt* kézbesítési boríték; ~ **flap** *hidr* nyomószelep, kiömlőszelep; szivattyúcsappantyú; ~ **flask** szállítópalack; *vegy* kiöntésre kalibrált mérőlombik; ~ **flight** *rep* átvétel utáni átrepülés, átadórepülés; ~ **funnel** *tex* adagolócső *(szekrényes bontógépen)*; ~ **hank** *tex* gépről lekerülő termék finomsága; ~ **head** *hidr* geodéziai nyomómagasság; szállítási magasság, emelőmagasság, nyomómagasság *(szivattyúé)*; *koh* nyomómagasság; *ol* emelőmagasság; ~ **hose** nyomótömlő; ~ **joint** *hidr* lefolyó/leeresztő csőtoldat/csőcsonk; ~ **lattice** *tex* adagolóasztal; etetőheveder, etetőrács; ~ **lift** → ~ head; ~ **line** *ol* szállítóvezeték; ~ **losses** *hidr* üzemelési/vízvezetési veszteségek; ~ **means** *kat* célba juttató eszköz(ök); ~ **motion** *tex* láncadagoló berendezés; ~ **note** *ip* fuvarlevél, szállítólevél; ~ **nozzle** *hidr* táplálófúvóka; *vasút* nyomókúp *(mozdonyé)*; ~ **of data information** *szt* adatinformáció kiadása; ~ **of energy** energiaszolgáltatás; ~ **of pump** szivattyú teljesítménye; ~ **of water** vízszállítás; ~ **orifice** *hidr* nyomószáj, kilépőnyílás; ~ **per head** egy főre eső termelés; ~ **pile** *nyom* ívkirakó; kirakóállvány; ~ **pipe** kifolyócső, kiömlőcső; kiürítőcső, lefolyócső; tápcsővezeték; *gép* nyomócső, szállítócső; ~**-pipe branch** nyomócső-elágazás; ~ **pipework** nyomócsőkészlet; ~ **plunger** *gépk* adagolódugattyú; ~ **point** *koh* átadóhely; ~ **port** rendeltetési kikötő; ~ **pressure** kifolyási nyomás; ~ **pulley** *bány* kihordódob; ~ **pump** szállítószivattyú; *rep* beszállító szivattyú; ~ **reel** *koh* huzalmotolla; *pa* feltekercselőhenger; ~ **roller** *nyom* kirakógörgő; ~ **roller table** *koh* elszállító/kifutó görgősor; ~ **screw** ürítőcsavar; *gépk* leeresztőcsavar; ~ **side** leadási/kibocsátási oldal/vég *(szállításnál)*; *heng* kifutóoldal, kilépési oldal, nyomóoldal; *hidr* nyomóoldal *(szivattyúé)*; ~ **space** *gépk* kiömlőtér, diffúzor; ~ **specifications** szállítási előírás(ok)/feltételek; ~ **speed** *heng* kifutósebesség, kilépési sebesség; ~ **spring** *gép* adagolási nyomórugó; ~ **stroke** nyomólöket *(befecskendező szivattyúé)*; ~ **table** kiadó/felvevő görgősor, görgőasztal; ~ **time** *szt* átviteli idő; ~ **track** *vasút* indítóvágány; ~ **truck** → ~ car; ~ **tube** nyomócső, szállítócső; ~ **value** áteresztőképesség; ~ **valve** *hidr* nyomószelep, kiömlőszelep; *koh* lefúvatószelep; ~ **valve cage** *hidr* nyomószelepkosár; ~ **van** *em* szállítókocsi, könnyű tehergépkocsi; *gépk* árukihordó (teher)autó/kocsi; furgon; kézbesítőkocsi; ~ **vehicle** *gépk* szállítókocsi, könnyű tehergépkocsi; *kat* hordozó(fegyver), vektor; ~ **volume** szállítási mennyiség/köbtartalom; ~ **wag(g)on** *bány* anyagszállító csille; *vasút* szállítókocsi, könnyű tehergépkocsi; ~ **worm** nyomócsiga

dell *geol* dolina; szakadék; zárt völgy

Dellinger | **effect** (Mögel—)Dellinger-jelenség; ~ **fade-out** fading, (Mögel—)Dellinger-hatás

deloading *el* depupínozás

Delon rectifier (circuit) *el* Greinacher-kapcsolás

delorenzite *ásv* delorenzit

Delphi method *rendsz* Delphi-módszer

delphinidin *vegy* delfinidin

delphinin *vegy* delfinin

delta *csill* negyedik; *el* delta-, háromszög- *(kapcsolás)*; *geol* delta; *hidr* delta *(folyótorkolat)*; ~ **aircraft** *rep* deltaszárnyú légijármű/repülőgép; ~ **bog** *geol* deltaláp; ~ **brass** *koh* deltafém; ~**-connected circuit** *el* háromszögkapcsolású áramkör; ~ **connection** delta-kapcsolás, háromszögkapcsolás; ~**-delta connection** háromszög-háromszög kapcsolás; ~ **electron** *at* delta-elektron, delta-részecske; ~ **ferrite** *koh* delta-ferrit; ~ **function** delta-függvény, Dirac-delta, delta-disztribúció; Dirac-impulzus; ~ **insulator** *koh* deltaszigetelő, harangszigetelő; ~ **iron** *koh* delta-vas; ~ **matched impedance antenna** → ~ antenna; ~**-matching** deltaillesztés *(antennáé)*; ~ **metal** *koh* deltafém; ~ **modulation (DM)** *távk* deltamoduláció, delta-kódmoduláció, differenciálmoduláció; ~ **noise** deltazörej; ~ **particle** *at* delta-részecske; ~ **planiste** sárkányrepülő; ~ **ray** *at* delta-sugár; ~ **rays** *(pl)* *at* delta-sugárzás; ~ **region** *met* delta-tartomány; ~ **rhythm** delta-ritmus; ~**-star connection** *el* háromszög-csillag kapcsolás; ~ **track** *at* deltanyom; ~**-type antenna** *távk* háromszög-dipólantenna; ~ **voltage** *el* láncolt feszültség; ~ **wing** *rep* deltaszárny; háromszög alakú szárny

deltaic | **aquifer** *geol* delta eredetű víztároló; ~ **deposit/sediments** deltaüledék, deltalerakódás

deltohedron *ásv* deltoiddodekaéder

deltoid *mat* deltoid

deltoidicositetrahedron *ásv* deltoidikozitetraéder

deluge I. *v* eláraszt, elözönlik; **II.** *n* áradás, elárasztás; ~**-proof** *el* árvízbiztos, elárasztás ellen védett

deluster *US* → delustre

delustrant *tex* mattírozóanyag

delustre, *US* **deluster** *tex* fénytelenít, mattíroz

delustred | **in the piece** *tex* szövetben fénytelenített; ~ **viscose rayon** *tex* matt viszkóz műselyem

delustring | **agent** *tex* fénytompító szer, mattírozószer; ~ **effect** matt hatás; ~ **in spinning** mattírozás fonóoldatban

deluvium *geol* deluviális üledék

de luxe luxus/fényűző kiállítású/minőségű; ~ **body** *gépk* luxuskarosszéria

delvauxene *ásv* delvauxit

delve I. *v* hirtelen meredeken esik *(lejtő)*; ás, kiváj *(talajt)*; *ép* kimélyít; **II.** *n* üreg, mélyedés

demagnetization lemágnesezés, demagnetizálás; ~ **curve** lemágnesezési görbe; ~ **factor** *el* nyírási tényező; ~ **force** lemágnesező (tér)erő

demagnetize lemágnesez, demagnetizál

demagnetizer lemágnesező, demagnetizáló (készülék)

demagnetizing lemágnesezés; ~ **tool** *el* lemágnesező, demagnetizáló; ~ **turns** lemágnesező menetek

demagnification standard of 2,5 to 1 a kicsinyítés léptéke 2,5:1 *(lencséé)*

demand I. *v* igényel, megkövetel; előír; **II.** *n* előírás, követelmény; igény, szükséglet; *el* teljesítményigény; *gép* terhelés; ~**-assessment period** *en* igénymérési időtartam; ~ **assignment** *távk* igény szerinti kijelölés; ~ **factor** *el* terhelési tényező, energiaigény-tényező; ~ **fluctuations during the day** *en* napi terhelési diagram; ~ **for energy** energiaszükséglet; ~ **for live labour/work** *ip* élőmunka-igény; ~ **for power** (teljesítmény)fogyasztás, teljesítményigény, bemenő teljesítmény; ~ **indicator (DI)** *en* csúcsterhelésjelző; ~ **limiter** *el* fogyasztáskorlátozó; *távb* beszélgetésszámkorlátozó; ~ **meter (DM)** *el* csúcsfogyasztásmérő, maximumwattmérő; ~ **multiplexing** *szt* igény szerinti multiplexelés; ~ **of mo(u)lding technique** *műa* préstechnikai követelmény; ~ **on dryness** *ép* szárazsági igény; ~ **paging** *szt* igény szerinti lapozás; ~ **position** *távb* gyorsszolgálati/azonnali munkahely; ~ **power** előírt/névleges teljesítmény; ~ **processing** *szt* azonnali feldolgozás; ~ **recorder** *el* terhelésregisztráló készülék; ~ **service** *távb* gyorsszolgálat; ~ **signal** *rep* kérdezőjel; ~ **staging** *szt* blokkmozgatás adattárolók között; ~ **valve** *bány* tüdőautomata; ~ **working** *távb* azonnali kapcsolás; gyorsszolgálati kezelés; ~ **working exchange** *távk* gyorsszolgálati telefonközpont

demanganization mangántalanítás; ~ **by aeration** *hidr* légoxidációs mangántalanítás

demanganizing → demanganization

demantoid (garnet) *ásv* demantoid

demara resin dammárgyanta

demarcation *geod* (telek)elhatárolás

demargarination *élip* sztearin kifagyasztása olajból

dematerialization dematerializálódás; *at* anyag-antianyagmegsemmisülés

dematering *bány* lecsapolás

demesh *gép* megszakít

demethanization metánleválasztás, metán eltávolítása

demethylation *vegy* demetilezés

demi-bateau *hajó* félponton

demicircular *mat* félkör alakú

demijohn fonott palack, savballon

demilune félhold alakú

demineralization *élip* ásványi anyagok *v.* szervetlen vegyületek eltávolítása; *ol* sómentesítés; *vegy* demineralizálás; ~ **of water** vízlágyítás

demineralize ásványi anyagokat eltávolít vmiből; *ol* sómentesít; *vegy* demineralizál; lágyít

demirhumb *hajó* félpont, fél osztáspont *(iránytűskálán)*

demise paper papíralak *(9"x11")*

demist párátlanít, páramentesít

demister páramentesítő; *ol* ködleválasztó; ~ **slot** *gépk* páramentesítő rés *(szélvédő alatt)*

demisting pad *ol* ködleválasztó, cseppfogó

demix szétválik, keverékből kiválik

demixing szétosztályozódás, szétválás; *vegy* szétbomlás *(emulzióé)*; szételegyedés, ülepítés; szétválás, kiülepedés, rétegződés

democratically synchronized system *szt* demokratikusan szinkronizált rendszer

demodisc *szt* bemutatólemez, demólemez

demodulate *el* demodulál

demodulation *el* demoduláció, demodulálás; ~ **stage** demodulátorfokozat

demodulator *el* demodulátor, detektor; *szt* demodulátor; ~ **band filter (DBF)** demodulátor-sávszűrő; ~ **receiver** *rád* detektoros (vevő)készülék; ~ **tube** *rád* demodulátorcső, detektorcső

demolding *US* → demoulding

demolish leszerel, darabokra szed; ledönt, elpusztít, (le)rombol; szétroncsol; *ép* (le)bont, elbont, lerombol

demolisher *ép* bontómunkás

demolishing *ép* bontás, bontási munka; ~ **party** *bány* omlasztó/farabló csapat; ~ **waste** *ép* bontási hulladék

demolition lebontás, lerombolás, szétszedés; ~ **and breaking hammer** *ép* pneumatikus bontókalapács; ~ **and drill hammer** pneumatikus kőzetfúró kalapács; ~ **bomb** rombolóbomba; ~ **by blasting** *bány* építménybontás robbantással; ~ **chamber** *ép* robbantókamra; ~ **hammer** *ép* bontókalapács; ~ **waste/rubbish** bontási törmelék; ~ **work** *ép* elbontás, lebontás, bontás(i munka)

demonstrability *mat* bizonyíthatóság, levezethetőség

demonstrable *mat* bizonyítható, levezethető

demonstrate bemutat, demonstrál; kimutat, igazol; (be)bizonyít

demonstration bemutatás, demonstrálás; kimutatás, igazolás; (be)bizonyítás; ~ **car** *gépk* bemutatókocsi; ~ **reactor** *at* tanreaktor; ~ **run** próbajárat, próbaút

demonstrational | **cassette** *szt* demókazetta; ~ **disk** *szt* bemutatólemez, demólemez

demorphism *geol* kőzetdialízis, demorfia

demould, *US* **demold** *önt* formából kivesz

demoulding, *US* **demolding** *ép* kizsaluzás; *önt* (öntő)formából kivétel/kiemelés

demount kiszerel, leszerel, szétszerel

demountable leszerelhető, kiszerelhető; szétszerelhető; ~ **tube** *távk* cserélhető cső; ~ **wheel** leszerelhető kerék

demulcent *élip* puhító

demulsi. . . → de-emulsi. . .

demultiplexing *el* demultiplikálás, lebontás, szétosztás *(jeleké)*; *szt* nyalábbontás, demultiplikálás

demultiplication *gép* redukáló/fordulatszám-csökkentő áttétel

demurrage *hajó, vasút* állásidő; ~ **charge** *rep* álláspénz; *vasút* kocsiálláspénz, fekbér

demy *nyom* papíralak *(17,5x22,5 hüvelyk v. 44,4x57,1 cm)*

den[1] *geol* barlang; *pa* alapműszekrény; *vegy* szuperfoszfát-feltáró kamra

den[2] → denier

denap fésűsgyapjú fonalat perzsel

denary tízes, decimális, tizedes

denaturant denaturálószer; ~ **logarithm** *mat* közönséges *v.* tízes alapú *v.* Briggs-féle logaritmus

denaturated | **fuel** denaturált tüzelőanyag/üzemanyag; ~ **protein** koagulált/denaturált protein

denaturation *at, vegy* denaturálás; ~ **of proteins** fehérjék alvadása, fehérjealvadás

denature denaturál

denatured alcohol denaturált alkohol/szesz

dendriform fa alakú, szétágazó

dendrite *geol* dendrit; ~ **crystal** dendrit(kristály); ~ **drainage patterns** *hidr* fa alakú lecsapolóhálózat

dendritic *geol* dendrites, fa alakú *(szerkezet)*; ~ **crystallization** dendrites kristályosodás/kristályképződés; ~ **glacier** szétágazó gleccser/jégár; ~ **growth** *ásv* dendrites növekedés; ~ **segregation** *koh* dendrites dúsulás; mikrodúsulás; ~ **structure** dendrites szerkezet

dendroclimatology *met* dendroklimatológia, dendrokronológia

dendroid *geol* dendrites, fás, faszerű, fa alakú

dendrolite *ásv* dendrolit

dendrology dendrológia

dendrometer dendrométer, famérő eszköz

dendrometry faméréstan

denier (den) *tex* denier; finomsági szám *(fonalé)*
Denil fish ladder *hidr* Denil-féle halhágcsó
denim *tex* sávolykötésű pamutszövet, farmervászon
denitrate *vegy* denitrál; denitrifikál
denitration denitrálás
denitride denitrál
denitriding *koh* nitrogéncsökkentés
denitrification denitrifikáció, denitrifikálás
denitrify denitrál
denitrifying bacterium denitrifikáns (baktérium)
denominate number *mat* (meg)adott/konkrét szám
denomination megnevezés; egység *(súlyé, mértéké)*
denominator *mat* nevező; ~ **determinant** neveződetermináns; ~ **polynomial** nevezőpolinom
denote megjelöl, kijelöl, kitűz; jelent, jelez
dense kompakt, sűrű, vastag, tömött; tömített, tömör(ített); *foto* fedett; *rep* sűrű; ~ **bodied rock** *bány* tömör kőzet; ~ **burning** *ker* üvegesre égés; ~ **charge** *koh* sűrű elegy; ~ **cloud** *rep* sűrű felhő; ~ **concrete** *ép* normálbeton, nehézbeton; ~ **crown** nehéz tömör koronaüveg; ~**-current conveying** *ép* sűrű áramú *v.* fluidizációs szállítás; ~**-current wet injection method** *ép* sűrű áramú vizes lövellési eljárás; ~**-fib(e)red** *fa* finom rostú, sűrű szövetszerkezetű; ~ **flint** nehéz flintüveg, optikai üveg; ~ **graded mix** *ép* zárt aszfaltkeverék; ~ **list** *szt* sűrített lista/memóriakiíratás; ~**-media process** *bány* nehézszuszpenziós dúsítás; ~ **medium** *bány, koh* nehézszuszpenzió; ~**-medium-bath house** *hők* nehézszuszpenziós fürdő; ~ **medium in the separating bath** *hők* munkaszuszpenzió; ~ **medium washer** nehézszuszpenziós szeparátor; ~**-medium washing** nehézszuszpenziós dúsítás; ~ **pack** *kat* sűrűn telepített; ~**-phase conveying** → ~-current conveying; ~ **poling** *koh* sűrűre buzgatás; ~ **program** *szt* függő program; ~ **rock** *geol* tömör kőzet; ~ **segment** *szt* szegmens kapcsolati viszonya *(hierarchikus adatbázisban)*; ~ **separation** *bány* dúsítás nehéz közegben; nehézszuszpenziós dúsítás; ~ **set** *mat* (mindenütt) sűrű *v.* sűrűn rendezett halmaz; ~ **sintering** *ker* tömör szinterelés/zsugorítás; ~ **soda ash** *vegy* Leblanc-szóda; ~ **structure** *koh* finomszemcsés szövet; ~ **system** *ásv* kondenzált rendszer; ~ **tar surfacing** kátránybeton; ~ **wood** *fa* kemény rostú *v.* sűrű szövetű fa
densener *önt* alakos hűtővas; *vegy* sűrítőszer
densification sűrítés, tömörítés; *ép* mesterséges talajtömörítés; ~ **net** *bány* sűrítőhálózat; ~ **temperature** *ker* szinterelési/zsugorodási hőfok
densify tömörít; sűrít; besűrít; (meg)sűrűsödik
densilog *ol* gamma-gamma-szelvényezés
densimeter sűrűségmérő, denziméter; *pa* légáteresztőképesség-vizsgáló (műszer); ~ **method** sűrűségmeghatározás denziméterrel
densimetry sűrűségmérés, denzimetria
densitometer *foto, opt* denzitométer, denzitásmérő, feketedésmérő; *szt* sűrűségmérő
densitometric denzitometriai, feketedésmérési
densitometry *foto, opt* denzitometria, feketedésmérés
density sűrűség; *foto* denzitás, feketedés; *geol* sűrűség, tömörség; *opt* optikai sűrűség *(elav)*; *pa* térfogatsúly; *tex* tömöttség; ~ **altitude (DA)** *rep* levegő sűrűségének megfelelő magasság; ~ **anisotropy** *ásv* sűrűségi anizotrópia; ~ **bottle** piknométer; ~ **by surface** *fiz* felületi sűrűség; ~ **by volume** *fiz* térfogati sűrűség; ~ **concentration** sűrűség szerinti dúsítás; ~ **control** sűrűségszabályozás; ~ **controller** sűrűségszabályozó; ~ **currents** *hidr* rétegzett *v.* fajsúly szerint elkülönülő áramlás; ~ **curve** *fiz* sűrűséggörbe; ~**-depth law** *geof* sűrűség-mélység összefüggés; ~ **distribution** sűrűségeloszlás; sűrűségfüggvény; ~ **function** sűrűségfüggvény; ~ **ga(u)ge** sűrűségmérő, denziméter; ~ **gradient** sűrűségi gradiens; *foto* feketedési gradiens; ~ **hydrometer** areométer; ~ **latitude** → ~ range; ~ **law** *fiz* sűrűségeloszlási törvény; ~ **log(ging)** *geof* sűrűségszelvényezés; *ol* gamma-gamma-szelvényezés; ~ **measurement** sűrűségmérés, denzimetria; ~ **meter** sűrűségmérő, denziméter; ~ **modulation** *el* tértöltés-moduláció; ~ **of acid** *vegy* savsűrűség, savkoncentráció; ~ **of adsorbed atoms** *ásv* adszorbeált atomok sűrűsége; ~ **of an electron beam** *fiz* sugáráram-sűrűség; ~ **of an ion beam** *fiz* ionáram-sűrűség; ~ **of charge** *el* töltéssűrűség; ~ **of cloth/fabric** *tex* sűrűség *(szöveté)*; ~ **of electrons** elektronsűrűség, elektronkoncentráció; ~ **of energy of deformation** deformációsenergia-sűrűség; ~ **of explosive** *bány* robbanóanyag-sűrűség; ~ **of gases** gázsűrűség; ~ **of heat flux** hőáramsűrűség; ~ **of holes** *félv* lyuksűrűség; ~ **of lines of force** *fiz* erővonal-sűrűség; ~ **of loading** *kat* töltési tömörség; ~ **of magnetic flux at the surface** *fiz* felületi mágneses fluxussűrűség; ~ **of mass** *fiz* (tömeg)sűrűség; ~ **of nuclei** *ásv* gócsűrűség; ~ **of pile** *fa* famáglya tömörsége; ~ **of snow** *hidr* hósűrűség; ~ **of surface current in the walls of a waveguide** *el* felületi áramsűrűség csőtápvonal falaiban; ~ **of the electromagnetic flow of energy** *el* elektromágneses energiasűrűség; ~ **of volume charge** *koh* tértöltéssűrűség, térbeli töltéssűrűség; ~ **range** *opt* feketedéstartomány; ~ **recorder** öníró areométer; ~ **reversal** *geof* sűrűséginverzió; ~ **specific impulse** *rak* sűrűségspecifikus impulzus; ~ **standard** *foto* összehasonlító feketedési skála; ~ **theorem** *mat* sűrűségi tétel; ~ **value** *foto* denzitásérték; *opt* feketedési fokozat/skála; ~ **wedge** *ásv* feketedésmérő ék; *film* szürkeék, szenzitométerék
densometer légsűrűségmérő (szerkezet); *pa* légáteresztőképesség-vizsgáló
dent[1] **I.** *v* behorpaszt, benyom, bemélyít; kicsorbít; rovátkáz; behorpad, benyomódik; bemélyed; kicsorbul; **II.** *n any* (be)horpadás, (be)mélyedés, benyom(ód)ás; csorba; *önt* horpadás
dent[2] *gép* fog; köröm; *tex* bordaköz, bordafog(osztás); ~ **wire** *tex* bordafog
dental | file fogorvosi reszelő; ~ **gas** *vegy* kéjgáz, nitrogén-oxidul, dinitrogén-oxid; ~ **materials** fogászati anyagok, dentálanyagok; ~ **porcelain** fogászati porcelán; ~ **treatment** *hidr* helyi tömítés, lyuktömés; ~ **wheel** fogorvosi csiszolókorong
dentalite fogkaucsuk
dentated | bucket lip *hidr* fogazott vízvezető orr; ~ **sill** *hidr* fogazott/fogas küszöb
dented wheel *óra* fogaskerék
dentelation *ép* csorbázás *(téglafalé)*
denticulate csipkéz, fogaz
denticulated chisel fogasvéső
denticulation *ép* cserépr akás; csipkézés; fogazás; *talt* cölöp rovátkolása/fogazása *(kihúzás ellen)*; földmű fogazása lejtős terepen

dentil *ép* fogléc, fogdíszítés egyik foga; ~ **course** *ép* fogsor
denting frame/machine *tex* bordabefűző (gép)
denture clutch *gép* fogas/fogazott/körmös tengelykapcsoló
denuclearization atommentes övezetek létesítése
denuclearized zone atommentes övezet
denudation *geol* lepusztulás, lehordás, letarolás, denudáció; talajpusztulás; *vegy* deszorpció
denude *el* vezetékszigetelést eltávolít, lecsupaszít; *geol* lepusztít, letarol, csupasszá tesz; *vegy* deszorbeál
denuder amalgámbontó anyag
denuding *el* vezetékszigetelés eltávolítása, lecsupaszítás; *ol* kihajtás; *vegy* deszorpció
denumerable set *mat* megszámlálható halmaz
denumeration *mat* sorba rendezés, felsorolás, megszámlálás
deodol *gyógyv* emulzióképző szer
deodorization szagtalanítás, dezodorálás; ~ **of milk** *élip* tejszellőztetés
deodorize szagtalanít, dezodorál
deoil olajtalanít, olajmentesít
deoiling olajtalanítás; olajmentesítés
deorbit (DO) *rak* pályáról letér
deoxidant *koh* dezoxidálóanyag; *vegy* dezoxidálószer, redukálóanyag
deoxidation *koh* dezoxidálás, megnyugtatás, csillapítás; *vegy* dezoxidáció, dezoxidálás, oxigénelvonás, redukálás; ~ **alloy** *koh* dezoxidáló ötvözet; ~ **in ladle** *koh* dezoxidálás üstben
deoxidize *koh* dezoxidál, megnygtat, csillapít *(acélt)*; *vegy* oxigént elvon, dezoxidál, redukál
deoxidizer *koh* dezoxidálószer, dezoxidálóanyag
deoxidizing | addition *koh* dezoxidáló adalék; ~ **agent** *koh* dezoxidálószer
deoxygenation *koh* oxigénmentesítés
deoxyribonucleic acid (DNA) dezoxiribonukleinsav, DNS
deoxysugar dezoxicukor
DEP → departure point
depalletize palettáról/rakodólapról lerakodik, palettát/rakodólapot kirakodik
depart távozik; elhajlik, eltér, elfordul, divergál; *közl* (el)indul; *mat* kiindul
departure elutazás; (el)indulás, (el)távozás; távolság; eltérés, kitérés; kiindulási pont; *hajó* indulási helyzetkoordináták; keleti/nyugati távolság; *rep* felszállás; ~ **airport** *rep* indulási repülőtér; ~ **area** *rep* felszállási légtér; ~ **curves** *geof, ol* eltérési görbék; ~ **instruction** *rep* felszállás előtti utasítás; ~ **message** *rep* indulási közlemény; ~ **of electron** *el* elektron kilépése; ~ **of frequency** *el* frekvenciamászás, frekvenciadrift; frekvenciavándorlás, frekvenciaelhúzás; ~ **of longitude** *hajó* időhelyesbítés; ~ **platform** *közl* indulási peron/vágány; ~ **point (DEP)** *rep* indulási hely; ~ **sidings** *vasút* kijárati vágánycsoport; ~ **signal** *vasút* kijárati jelző; ~ **station** indulóállomás; ~ **time** indulási idő; ~ **track** *vasút* indulási/kijárati vágány; ~ **transition** *hidr* kifolyási/kilépési átmenet; ~ **yard** indulási pályaudvar
depegram *met* depegram
dependability megbízhatóság; üzembiztosság
dependence függés, függőség, függő jelleg; kapcsolási mód, kapcsolás, kapcsolat; ~ **of variables** *mat* változók függősége; ~ **on the frequency** frekvenciafüggés; ~ **relation** *mat* függési reláció
dependency-directed backtracking *szt* függésvezérelt visszalépés
dependent függő; ~ **contact** *koh* függőérintkező, segédérintkező; ~ **control** követő szabályozás; ~ **discharge X-ray tube** kézi működtetésű röntgencső; ~ **exchange** *távb* alközpont, mellékközpont; végközpont; ~ **failure** másodlagos/függő meghibásodás; ~ **inverter** *aut* külső gerjesztésű *v.* hálózatvezérelt váltóirányító; ~ **manual drive** függő kézi hajtás; ~ **manual operation** függő kézi kapcsolású művelet; ~ **mechanical drive** függő gépi hajtás; ~ **office** → ~ exchange; ~ **on structure** szerkezetérzékeny, struktúraérzékeny, szerkezettől/struktúrától függő; ~ **on time** időfüggő, időben változó, idő függvényében nem állandó; ~ **power operation** függő gépi kapcsolási művelet; ~ **program** *szt* függő program; ~ **segment** *szt* szegmens kapcsolati viszonya *(hierarchikus adatbázisban)*; ~ **shots** *bány* sorozatban robbantott fúrólyukak; ~ **station** *távk* távtáplált/függő állomás; ~ **stochastic variable** *mat* sztochasztikus függő változó; ~ **time lag relay** *el* függő késleltetésű relé; ~ **variable** *mat* függő változó
depentanization *ol* pentánmentesítés, pentáneltávolítás
deperdition veszteség, hiány; ~ **of heat** hőveszteség
depermer demagnetizáló
deperming demagnetizálás, lemágnesezés
dephase *el* fázisban eltol
dephasing *el* eltolás fázisban, fáziseltolás
dephenolate fenoltalanít
dephenolizing fenoltalanítás
dephlegmation *at* részleges kondenzáció; *vegy* deflegmáció, deflegmálás, ~ **column** deflegmátoros desztilláló(torony)
dephlegmator *ol, vegy* deflegmátor, részleges kondenzáltató, parciális kondenzátor
dephosphorization foszfortalanítás, foszformentesítés
dephosphorize foszformentesít, foszfortalanít
depickle *bőr* savas sózást közömbösít
depilate *bőr* szőrtelenít; *orv* depilál, szőrtelenít
depilatory szőrtelenítő(szer), depilátor
depitching szurokmentesítés; *pa* gyantamentesítés; ~ **machine** szurokkivonó gép
deplacement *hajó* vízkiszorítás
deplane kiszáll/kirakodik repülőgépből
deplanement kirakodás repülőgépből
deplantation átültetés
deplate galvánbevonatot eltávolít/leválaszt
deplete kiürít; kimerít; *at* szegényít
depleted elszegényedett, kiürült; ~ **boundary layer** *félv* kiürült/elszegényedett határréteg; ~ **fraction** *at* szegényített hányad; ~ **fuel** szegényített/kimerült üzemanyag; ~ **material** elszegényedett/kimerült anyag; ~ **uranium** szegényített urán; ~ **water table** *hidr* túltermelési talajvízszín; ~ **well** *ol* kimerült/kitermelt kút
depletion kiürülés, elszegényedés; kiürítés, kimerítés; *at* szegényítés, kimerülés; *bány* elmeddülés; ércvagyoncsökkenés; *koh* töltéskiürítés; *ol* kimerülés; ~ **curve** *hidr* apadási görbe; ~ **drive** *ol* expanziós termelés; kimerüléses termelés/kiszorítás; ~ **layer** *félv* kiürített/elszegényedett réteg, záróréteg; *szt* kiürített

réteg; ~-**layer photo(electric) effect** fényelemhatás; ~ **layer transistor** záróréteges tranzisztor, határréteg-tranzisztor; ~ **mode** *szt* kiürítéses üzemmód; ~ **mode channel** *félv* kiürítéses csatorna; ~ **mode FET** → ~ type FET; ~-**mode insulated-gate field effect transistor** *el* záróréteges/Shockley-féle térvezérlésű tranzisztor; ~ **mode operation** *félv* kiürítéses üzemmód; ~ **of a seam** *bány* telepkimerülés; ~ **of bases** *talt* bázistalanítás; ~ **of ions** ionerősség-csökkenés, ionális koncentrációcsökkenés; ~ **of the seam** *bány* telepkimerülés; ~ **period** *hidr* kiürülési időszak; ~ **region** *félv* kiürített tartomány; ~ **type FET** *v.* **field-effect transistor** *el* kiürítéses (üzemmódú) térvezérelt tranzisztor, kiürítéses üzemmódú FET

deploy telepít *(rakétát stb.)*

deployment *kat* felvonulás; hadrendbe állítás; szétbontakozás; telepítés; ~ **of new nuclear weapons** új nukleáris fegyverek hadrendbe állítása

depolarization *koh* depolarizáció; ~ **effect** depolarizáció(s jelenség); ~ **of the electrode** elektróddepolarizáció

depolarizator → depolarizer

depolarize depolarizál

depolarized electrode sarkítatlan/depolarizációs elektród

depolarizer depolarizátor

depolarizing | **electrode** depolarizációs elektród; ~ **mix** depolarizáló közeg; ~ **mixture** *koh* depolarizátorkeverék, depolarizátormassza

depolish mattá tesz; *ker* fénytelenít, mattíroz; homályos felületet ad; homályosra csiszol

depolished glass homályos üveg, mattüveg

depolymerization *műa, vegy* depolimerizáció

depolymerize depolimerizál

depose letesz, lerak, elhelyez; leülepít; (le)ülepedik, leülepszik, lerakódik; *bány* települ

deposit I. *v* letesz, lerak, elhelyez; derít, ülepít; lerakódik, leülepszik; *koh* galvánúton leválaszt/bevon; **II.** *n* csapadék; letét; bevonat, réteg; előleg; lerakat; lerakóhely; leülepedés; *bány* előfordulás, lelőhely, telep; *élip* derítési üledék/alj; *ép, talt* depónia; *geol* lerakódás, üledék; *koh* fémréteg, galvánbevonat, elektrolitikus bevonat; *vegy* lecsapódás, kicsapódás, csapadék; üledék, szediment; ~ **attack** → ~ corrosion; ~ **by thermal evaporation** *v* rápárologtat, rágőzölögtet *(réteget)*; ~ **chamber** *élip* ülepítőkamra, ülepítőtér; ~ **copper** *v* rézzel bevon; ~ **copy** *nyom* (könyvtári) köteles példány; ~ **corrosion** kontaktkorrózió; üledékkorrózió, lerakódás/felület alatti korrózió; ~ **ga(u)ge** *környv* lerakódásmérő; ~ **index** ülepedési index; ~ **of carbon** *bány* széntelepülés; *hőt* szénlerakódás; ~ **of moisture** *met* lecsapódott nedvesség, csapadék(réteg); ~ **of scale** vízkőlerakódás; ~ **of secondary origin** *geol* szekunder (eredetű) réteg/lerakódás; ~ **of sugar** cukorréteg *(drazsírozáshoz)*; ~ **of weld metal** (hegesztési) varratfém; ~ **opening** *bány* nyitás; ~ **ring** *gép* csapágyház-betétgyűrű; ~**s** hordalék, üledék, lerakódás(ok); ~ **tracking** *el* szennyeződési kúszóáramút-képződés; ~ **welding** felrakóhegesztés; ~ **with permeable ducts** *hidr* járatos település; ~ **with water hazard** *bány* vízveszélyes előfordulás

deposited | **carbon resistor** *koh* szénréteg-ellenállás; ~ **metal** galvánúton leválasztott fém, galvánbevonat; *heg* varratfém; *koh* lerakódott fém, ömledék; ~ **metallic electrode/layer** *el* kondenzátorfegyverzet

depositer *koh* ülepítőszer

depositing | **box** ülepítőtartály; ~ **cake** *élip* tortaformálás, formatöltés; ~ **tank** *bány* iszapderítő, ülepítőmedence

deposition (le)ülepítés; (le)ülepedés, lerakódás, üledék; *geol, ol* szedimentáció; *heg* leolvadás; leolvasztás; *környv* deponálás; *met* ülepedés, depozíció; *szt* rétegtechnológia; ~ **corrosion** *koh* lerakódás alatti korrózió; ~ **efficiency** *heg* hegesztési hatásfok; *koh* (galván)áramkihasználási tényező; ~ **ground** *környv* elhelyező telep; ~ **of hydrogen** *koh* hidrogénleválás; ~ **of metal** *koh* fémleválás; ~ **of sediments** *ép* feltöltés, feliszapolás; ~ **potential** *koh* leválási feszültség; ~ **process** *környv* lerakási eljárás; ~ **rate** *el* rétegépülési sebesség; *heg* leolvasztott varratfémmennyiség; *hőt* gőzlecsapódás sűrűsége; ~ **tension** ülepedési nyomás; ~ **terrain** *környv* elhelyező telep; ~ **velocity** *környv* ülepedési sebesség; ~ **voltage** *koh* leválási feszültség; ~ **welding** felrakóhegesztés

depositional | **termination** *geol* rétegkivékonyodás; ~ **trap** *geol* litológiai csapda

depositor ülepítőszer, ülepítőkészülék

depository lerakat; raktár, megőrzőhely

depot lerakat; (anyag)raktár; megőrzőhely; tárolóhely; *gépk* telephely *(tehergépkocsiké)*; *közl* (teher-) pályaudvar; (villamos)remíz; mozdonyszín, fészer; vasútállomás, pályaudvar *(autóbuszé is)*; ~ **battery** *kat* pótüteg; ~ **drugs** *gyógyv* depókészítmények; ~-**repair-type failure** javítóműhelyben megszüntethető meghibásodás; ~ **ship/vessel** (raktár)anyahajó, (rak)tárhajó

depreciation értékcsökkenés; leírás; *ép* avultság(i fok)

depress megnyom, összenyom; lenyom; rányom, rászorít; kinyom, kisajtol; *any* tömörít; ~ **the clutch** *gépk* tengelykapcsolót old, kikuplungoz; ~ **the pedal** *gépk* gázt ad; lenyomja a pedált

depressant *bány, koh* nyomóreagens

depressed | **arch** *ép* nyomott (bolt)ív; ~ **bed/channel** *hidr* lemélyült meder; ~ **down** *hidr* süllyesztett, lesüllyedt *(talajvízszint)*; ~ **equation** *mat* az eredetinél kevesebb gyökű egyenlet; ~ **highway** *ép* mélyút; ~ **sewer** *hidr* szennyvízbújtató; ~ **shaft** *tex* süllyesztett nyüst; ~-**zero ammeter** *el* eltolt *v.* skálán kívüli nullapontú ampermérő

depresser → depressant

depressing | **agent** → depressant; ~ **table** *heng* billenőasztal

depression csökkentés; lenyomás, leszorítás, leeresztés, leengedés; esés, csökkenés; süllyedés; hanyatlás, pusztulási fázis *(mikrobaszaporodásé)*; *bány, csill, fiz* depresszió; *geod* horpadás, mélyedés; láthatárdepresszió; negatív magasság; *geol* depresszió, süllyedék, mélyföld; süppedés; *gépk* nyomáscsökkenés, depresszió; *hidr* depresszió; leszívás; *koh* vákuum; *met* depresszió, alacsony nyomású (légköri) képződmény *v.* légtömegek; *rep* (részleges) vákuum; depresszió, szívás; légritkítás; ritkított légtér; ~ **angle** *kat* süllyedési/lehajlási szög; ~ **centre/center** → ~ head; ~ **characteristics** *bány* horpajellemzők; ~ **coefficient** → ~ factor; ~ **cone** *hidr* depressziós/leszívási tölcsér; ~ **curve** *hidr* depressziós/leszívási görbe; *talt* depressziós/süppedési görbe; ~ **factor**

hidr depressziótényező; ~ **funnel** *bány, ol* depressziós tölcsér, nyomástölcsér; ~ **funnel of the shaft** *bány* akna depressziós tölcsére; ~ **ga(u)ge** *bány* depresszióméről; ~ **head** *hidr* leszívás; ~ **meter** *gépk* vákuummérő, szívásmérő; ~ **of rail** *vasút* sínlehajlás; ~ **of support** *ép* támaszpontsüllyedés; ~ **of the dew point** *mat* harmatpontsüllyedés; ~ **of the order of an equation** *mat* rendszámcsökkentés; ~ **of zero,** ~ **of the zero point** zéruspont-depresszió; ~ **range finder (DRF)** *kat* távolságmérő berendezés *(parti erődben)*; ~ **ratio** *hidr* leszívási arány; ~ **spring** *hidr* depressziós forrás; ~ **storage** *hidr* felszíni tározódás; ~ **surface** *talt* leszívási/depressziós/süllyedési felület; ~ **survey** *bány* depressziós felvétel; ~ **tank** vákuumtartály; ~ **telemeter** *opt* függőleges alaptávú távolságmérő; ~ **wave** *bány* szívóhullám

depressor reakciót késleltető anyag, negatív katalizátor; *koh* nyomóreagens; ~**-bar recorder** öníró szerkezet *(pontírású)*

depressurization nyomásmentesítés

Deprez galvanometer Deprez-galvanométer, forgótekercses galvanométer

deprivation of water víztelenítés, dehidrálás, szárítás

deprive of megfoszt vmitől

depropanizer | **(column/tower)** *vegy* propánmentesítő/propánkiforraló kolonna/torony; ~ **reboiler** *vegy* propánmentesítő visszaforralója

deproteinization proteinmentesítés

depside *vegy* depszid

depth mélység; vastagság *(rétegé)*; mélység, intenzitás, melegség *(színé, színezésé)*; *ép* szerkezeti magasság; *finm* fogódzási/kikapcsolódási pont; *foto* képmélység; *hajó* oldalmagasság; ~ **accuracy** *forg* fúrásmélység pontossága; ~ **adjustment** *forg* (fogás)mélység/vágásmélység/fúrásmélység beállítása; *geof* mélységkiigazítás; ~ **bomb (DB)** *kat* mélyvízi bomba; ~ **calculation** *geol* mélységszámítás; ~ **capacity** *alak* kinyúlás, szabad mélység; *szer* legnagyobb befogható magasság; ~ **charge (DC)** → ~ bomb; ~ **chart** *geof* mélységkiolvasó diagram; ~**-contour line** *geof* mélységi *v.* felszín alatti rétegvonal/szintvonal; *geol, hidr* izobát(vonal), izobatikus görbe; ~**-contour map** *geof* szeizmikus szintvonaltérkép, izohipszatérkép, izohipszás/szintvonalas térkép; ~ **control** *geof* mélységellenőrzés, mélységmeghatározás, mélységadat; ~**-control log(ging)** *ol* mélységellenőrző szelvényezés; ~ **correction** *ol* mélységcsökkentés; ~ **deficiency of a ford** *hidr* gázlómélységhiány; ~ **definition** → ~ of field; ~ **determination** *geof* mélységmeghatározás, mélységszámítás; ~ **doze** *at* mélységi dózis; ~ **dynamic compaction method** *ép* mélyvibrálási eljárás, vibroflotáció; ~ **factor** *geol* mélységi tényező; ~ **finder** *hajó* mélységmérő *(visszhangos)*; ~ **finding** mélységmérés; ~**-finding profile** *geof* mélységmeghatározó szelvény, mélységszelvény; ~ **ga(u)ge** mélységmérő; *hidr* vízállásmutató; ~ **gear** *hajó* mélységmérő; ~ **indicator** *bány* (mutatós) mélységmérő; ~ **integrating sediment sampler** *hidr* függélyenként integráló hordalék-mintavevő; ~**-integration** *hidr* mélység szerinti integrálás; ~ **manometer** számlapos mélységmérő; ~ **mark** *geof* mélységjel; ~ **mark detector** mélységjelfogó; ~ **matching** *ol* mélységegyeztetés; ~ **measurement** mélységmérés; ~ **measure point** *geof* mélységvonatkozási pont; ~ **measuring tape** *bány* aknamélységmérő szalag; ~ **of a bridge arch** hídív magassága; ~ **of bath** *koh* fürdőmélység; ~ **of beam** gerenda magassága; ~ **of boring** *ol* fúrásmélység; ~ **of camber** íveltség mélysége; ~ **of casing shoe** *ol* béléscsősaru-állás, béléscsősaru-mélység, béléscsőültetés mélysége; ~ **of chill** kéregvastagság *(öntvényen)*; ~ **of compaction** *ép* tömörítési mélység; ~ **of cover** *ép* takarás(i mélység) *(cső felett)*; ~ **of cup** → ~ of indentation; ~ **of cut** *bány* jövesztési mélység; *forg* vágásmélység, fogásmélység; *tex* vágási magasság; ~ **of cut-off** *ép* befogási mélység; ~ **of definition** → ~ of field; ~ **of engagement** *gép* becsavarási mélység/hossz *(csavaré)*; elméleti fogmagasság *(fogaskeréké)*; ~ **of field** *foto, opt* mélységélesség; ~ **of field range** *foto, opt* mélységtartomány; ~ **of floor** *ép* traktusmélység; ~ **of focus** *foto* mélységélesség; *opt* fókusztávolság; ~ **of foundation** *ép* alapozási mélység; ~ **of frost penetration** *talt* fagyhatár; ~ **of hardening/hardness** *koh* edzettkéreg-mélység, edzettkéreg-vastagság; ~ **of hearth** *koh* medence mélysége; ~ **of immersion** (be-)merülési mélység; ~ **of impression/indentation** *any* benyomódási mélység, benyomódás mélysége; ~ **of irrigation** *hidr* öntözővíz-borítás; ~ **of kerf** *bány* résmélység; ~ **of modulation** *távk* modulációmélység, modulációs mélység; ~ **of neutral temperature** *hidr* neutrális hőmérsékleti mélység; ~ **of nitration** *koh* nitridáltkéreg-mélység; ~ **of penetration** *bány, el* behatolási mélység; *heg* beégési mélység; ~ **of picture** *foto* képmélység; ~ **of piston** *gépk* dugattyú magassága; ~ **of precipitation** *met* csapadékmennyiség *(mm-ben)*; ~ **of printing** (szín)nyomás mélysége/intenzitása; ~ **of pull** *bány* fogásmélység; ~ **of rim** *hidr* kerékkoszorú merülési mélysége; *közl* kerékabroncsmélység; ~ **of root** *gép* fogárokmélység; ~ **of roughness** *forg, gép* egyenetlenségmagasság; ~ **of runoff** *hidr* lefolyási magasság; ~ **of setting** *ép* beágyazás/ülepedés mélysége; ~ **of shade** színárnyalat mélysége/intenzitása; ~ **of snow** *met* hóvastagság; ~ **of stack** *szt* veremtár mélysége; ~ **of strata** *bány* települési mélység; ~ **of the deposit** *bány* települési mélység; ~ **of thread** *szer* menetmélység; ~ **of throat** *alak* kinyúlás, szájmélység; *mt* kinyúlás, szabad mélység; ~ **of tile drain** *hidr* talajcső fektetési mélysége; ~ **of tooth** *gép* fogmagasság; ~ **of waterway** *hajó* hajózóút mélysége; ~ **of wing** *rep* szárnymélység; ~ **of work** *ép* építési mélység; szerkezeti magasság; ~ **per bit** *hidr, ol* fúrószerszámra eső lyukhossz; ~ **perception** *opt* mélységi/térbeli látás; ~ **probe** merülőszonda; ~ **projector** *kat* mélyvízi aknarakó szerkezet; ~ **reader** *bány* aknamélység-mutató; ~ **recorder** *hajó* echográf; ~ **recording** *hang* mélyírás, Edison-írás; ~ **reference level** *ol* mélységvonatkozási szint; ~ **rudder** *hajó* mélységi kormány; ~ **scale** mélységlépték; ~ **sound** merülőszonda; ~ **sounder** *hajó* echolot; ~ **sounding** mélységmérés a hangvisszaverődés elve alapján; ~ **survey** *geod* rétegmélység-felvétel; ~**-to-width weld bead ratio** *heg* varratmélység és varratszélesség viszonya; ~ **wave** mélyhullám

depthing tool *finm* fogódzási körző

depthometer mélységmérő, folyadékmélység-mérő

depulping screen *bány* iszapmosó szita

depupinization *távk* depupinozás
depurator *tex* pamuttisztító gép *(fonás előtti tisztításra)*
deputy *bány* aknász; bányaács; bányafelvigyázó, biztonsági felvigyázó; lövőmester; ~ **for shotfiring** robbantási felelős; ~ **for ventilation** *bány* szellőztetési felelős; ~ **surveyor** megbízott/körzeti bányamérő
dequeue *szt* kivesz a sorból, várakozási sorból töröl
derail *vasút* kisiklat; kisiklik
derailer *vasút* kisiklasztó szerelvény/saru
derailing points/switch *vasút* kisiklasztó saru; védőváltó, terelőváltó
derailleur sebességváltó *(kerékpáron)*
derailment *vasút* kisiklás; ~ **guard (rail)** terelősín
derangement (üzem)zavar; *koh* szinkronfutásból való kiesés
derate *gép, koh* névleges jellemzőket csökkent; terhelést csökkent
derating *gépk, koh* névleges érték csökkentése *(teljesítményé)*; ~ **curve** deratinggörbe, terheléscsökkenési görbe
derby *ép* (nagy) vakolatsimító; *koh* színfém szemcse, regulusz; ~ **doubler** *tex* szalagegyesítő gép
Derby red krómvörös, krómcinóber, Derby-vörös, Viktória-vörös, bécsi vörös
derbylite *ásv* derbylit
Derbyshire spar *ásv* folypát, fluorit
dereflection reflexiócsökkentés, tükörtelenítés
deregulation *rep* szabályozásmentesítés; *szt* dereguláció, liberalizálás
derelict land vízterülettől felszabadult földsáv
deresinate *vegy* gyantátlanít
deresinated rubber *gumi* gyantátlanított kaucsuk
deresination *vegy* gyantamentesítés
deresinify → deresinate
Dériaz (-type) turbine *hidr* Dériaz-turbina
Déri-motor *koh* Déri-motor
derivable levezethető, (le)származtatható
derivate → derivative
derivating post/screw *koh* elágazókapocs; leágazó-szorító
derivation (le)származtatás, levezetés, deriválás, deriváció; leszármazás, eredet; *el* leágazás; *hidr* elágazás; *kat* oldalgás; *mat* differenciálás, deriválás; leszármaztatás *(függvényé)*; levezetés, dedukció; ~ **action** → derivative action; ~ **angle** *hajó* deriváció (szöge); ~ **wire** *távk* elágazás
derivative I. *a* leszármaztatott; származékos; *aut* differenciáló (hatású); *geol* allogén; *mat* derivált; *vegy* derivatív; **II.** *n mat* differenciálhányados, derivált; *tex* kötések; *vegy* származék, derivátum; ~ **action** *aut* D-hatás, differenciáló/fázissiettető hatás; ~**-action coefficient** *aut* D-hatás *v.* differenciáló hatás együtthatója; ~**-action controller** → ~ controller; ~**-action time** *aut* differenciálási/elébevágási idő; ~ **control** *aut* differenciáló/elébevágó szabályozás, D-szabályozás; ~ **control factor** *aut* D-szabályozási tényező; ~ **controlled** *aut* D-szabályozású; ~ **controller** *aut* D-szabályozó, differenciáló (hatású) szabályozó; ~ **correction factor** *aut* differenciálási korrekciós tényező; ~ **element** *aut* differenciáló/fázissiettető tag/elem; ~ **function** *mat* derivált függvény; ~ **of tar** *vegy* kátrányszármazék, kátránytermék; ~ **on the right** *mat* jobb oldali differenciálhányados; ~ **operator** *mat* differenciáloperátor; ~ **proportional integral controller** *aut* PID-szabályozó, arányos-integráló-differenciáló szabályozó; ~ **rocks** *geol* kőzetszármazékok; ~ **rule** *mat* levezetési szabály; ~ **thermal gravimetry** *vegy* derivatív/differenciális termogravimetria; ~ **with respect to time** *mat* idő szerinti differenciálhányados/derivált
derivatograph *bány, koh, vegy* derivatográf, deriváló termomérleg
derivatography *koh* derivatográfia
derivator *mat* deriviméter
derive származtat, nyer, levezet, leszármaztat; származik, ered; leágaztat, elágaztat; *bány* kiaknáz, kihasznál; *el* leágaztat, elágaztat; *hidr* elvezet *(vizet)*; víztelenít, nedvességet elvon, szárít; *mat* derivál, differenciál; levezet, származtat; *távk* elhajlít, kitérít, megtör *(sugarat)*; eltérít; *tex* levezet *(kötést)*
derived | activity/air concentration levegőben megengedett maximális aktivitás-koncentráció; ~ **circuit** *el* leágazó/leágazásos áramkör; párhuzamos áramág, sönt; ~ **current** *el* mellékágban folyó áram, söntáram; ~ **data** *stat* származtatott adatok; ~ **dose limit** megengedett felső dóziskorlát; ~ **equation** *mat* származtatott egyenlet; ~ **fossils** *geol* fiatalabb rétegbe került kövületek; ~ **function** *mat* derivált, differenciálhányados; ~ **graph** *mat* élgráf; ~ **polymer** *műa* analóg polimerszármazék; ~ **quantity** leszármaztatott mennyiség; ~ **sentence** *mat* derivált mondat; ~ **set** *mat* derivált halmaz; ~**-term indexing** *szt* indexelés a szövegben előforduló szavak alapján; ~ **unit** levezetett/leszármaztatott egység; ~ **value** leszármaztatott mennyiség; ~ **value action** differenciáló működés; ~ **vector** *mat* derivált vektor; ~ **version of an aircraft** *rep* légi jármű módosított változata; ~ **wire** *el* elágazó huzal
derivograph *rep* széleltérítés-író
dermabrasion *környv* dermabrázió
dermal | resistance *el* bőrellenállás; ~ **toxicity** *környv* dermális toxicitás
dermatosome *pa* apró rosttörmelék
deroofing *bány* főtekimosódás
derrick I. *v* daruval rakodik; **II.** *n bány* aknatorony; csillefogó gerenda; *bány, ol* fúrótorony; *em* árbocdaru, oszlopdaru, derrick; *hajó* rakodógém; *hajó* árbocdaru; ~ **barrel** *em* Derrick-dob; ~ **car** *vasút* darukocsi; ~ **cellar** *ol* akna, pince; ~ **crane** *em* Derrick-daru; *ép* fúrótoronydaru; ~ **crane without mast** *ép* árbocdaru, oszlopdaru, derrick; emelőbika; ~ **crown** *ol* toronykorona; ~**-drag conveyor** *ép* Derrick-kotró; ~ **floor** *bány, ol* (fúrótorony-)munkapad; ~ **foundations** *ol* fúrótorony-alapozás; ~ **gin pole** *ol* fúrótorony-szerelőbak; ~ **girders** *ol* (fúró)torony-kötőgerenda, rácsos tartó; ~ **guy** *em* gémtartó/gémfeszítő kötél; ~ **leg** *bány, ol* toronygyertya; ~ **man's working platform** *ol* kapcsolóállás; ~ **outrigger** *hajó* kirakodódaru gémjének kitámasztója; ~ **pendant** *hajó* kirakodódaru gémtartó kötele; ~ **platform** *ol* fúrópadozat, munkaállás, munkapadozat; ~ **pole** *ép* emelőbika; ~ **post** *ép* árbocdaruoszlop; ~ **scow** *ép* úszó Derrick-daru; ~ **sheave** *ol* toronykerék; ~**-style antenna mast** *rád* rácsos (szerkezetű) antennaárboc; ~ **substructure** *bány, ol* fúrótorony-aláépítmény; ~**-swinging gear** *em* gémbillentő szerkezet; ~ **wag(g)on crane** (vasúti) billenőgémes daru; ~ **wheel** *em* billentőkerék

derricking *em* gémbillen(t)és; rakodás daruval; ~ **boom** *em* billenőgém; *ép* lengőgém, forgógém *(vízszintesen)*; ~ **boom/jib crane** Derrick-daru; ~ **crane** *ép* billenőgémes portáldaru; ~ **jib** → ~ boom; ~ **tower gantry** *ép* Derrick-daru, tornyos forgódaru
derrickman *bány, ol* kapcsoló(munkás); *em* darukezelő, darus; ~**'s (working) platform** *bány, ol* kapcsolóállás, kapcsolóerkély
derusting rozsdátlanítás, oxidmentesítés
derv (fuel) gázolaj
desaccharify cukormentesít, cukortalanít
desactivate → deactivate
desaggregate szétválik, felbomlik
desaggregation *bány* bomlás
desalinate sót(a)lanít *(tengervizet)*
desalin(iz)ation elsót(a)lanodás; sótalanítás; ~ **of sea water** a tengervíz sótalanítása
desalinize → desalinate
desalinizing sómentesítés, sótalanítás
desalkylation *vegy* dezalkilálás, dezalkilezés
desalt sómentesít, sótalanít
desalting *élip* sóeltávolítás; ~ **kit** sótalanító berendezés; *kat* berendezés tengervíz ihatóvá tételére; ~ **plant/unit** sómentesítő üzem
desaminase *vegy* dezamináz
desamination *vegy* dezaminálás
desand homoktalanít
desander *hidr, ol* homoktalanító, homokfogó
desaromatization *vegy* dezaromatizálás
desaturation telítetlenné válás/alakítás; koncentrációcsökkenés, (fel)hígulás *(oldaté)*; *foto, nyom* szín szürketartalma; *vegy* deszaturálás
descaler *koh* revetörő
descaling *hőt* megtisztítás kazánkőtől; *koh* revétlenítés; *talt* kérgesedés megszüntetése *(öntözéssel)*; ~ **by shot-blasting** *koh* szemcseszórásos revétlenítés, szórórevétlenítés; ~ **hammer** reveleverő kalapács; ~ **jet** fúvóka hidraulikus revétlenítéshez
descend lemegy, leszáll; lejt; *csill* dél felé halad, láthatár felé közeledik; *gép* lefelé halad *(dugattyú)*; *kh* süllyeszt, süllyed; *rep* süllyed, merül, leereszkedik
descended personal/staff *bány* beszálló létszám
descendent chromatography leszálló kromatográfia
descender (height) *nyom* betű alsó hossza *v.* vonal alá nyúló része
descending | aeration *bány* leszálló szellőztetés; ~ **air current** *bány, met* leszálló légáram(lás); ~ **branch** leszálló ág *(röppályáé/görbéé)*; ~ **chain** *mat* leszálló lánc *(halmazoké)*; ~ **force** negatív felhajtóerő; ~ **horizontal slicing** *bány* szintes szeletes fejtés felülről lefelé; ~ **letter** *nyom* sor alá nyúló betű; ~ **loudness** csökkenő hangerő; ~ **node** *csill, rak* leszállócsomó; ~ **order/sequence** csökkenő sorrend; ~ **power series** *mat* csökkenő hatványsor; ~ **ventilation** *bány* leszálló szellőztetés
descent lejtő, lejtés, lehajlás; leereszkedés; lemenet, lejárat; süllyedés, esés, csökkenés; *alak* lefelé irányuló löket; *bány* leszállás, beszállás; *ép* esés *(úté)*; *kh* süllyesztés *(platináé)*; *mat* csökkenés, gyengülés; *rak* leereszkedés; *rep* lesiklás, merülés; ~ **by parachute** ejtőernyőugrás; ~ **capsule** *rak* leszálló berendezés/kabin; ~ **of piston** *gép* benyúlási mélység *(dugattyúé)*; ~ **of scaffold** *koh* tapadéklevonulás; ~ **path** *rak* leszállási úthossz; *rep* leszállási útvonal; siklópálya; ~ **pipe** ejtőcső; ~ **ramp** *bány* beszállópadozat; ~ **shaft** *bány* beszállóakna; ~ **through clouds** *rep* felhőáttörés; ~ **to starting level** *rep* süllyedés az eredeti/kiindulási szintre; ~ **velocity** *rep* süllyedési sebesség
descloizite *ásv* descloizit
describe leír; *mat* (meg)húz *(vonalat)*, rajzol *(síkidomot)*
describing | function *aut* leíró függvény; ~ **function method** leírófüggvény-módszer
description leírás, körülírás; megnevezés; jellegzetesség; *mat* deskripció, leírás; ~ **list** *szt* leírólista; ~ **of a curve** *mat* görbe leírása/befutása; ~ **of a patent** szabadalmi leírás; ~ **point** *rep* jellegzetes hely; ~ **term** *mat* deskriptor
descriptive leíró; ~ **activity alternative** *rendsz* leíró cselekvési változat; ~ **geometry** ábrázoló geometria; ~ **model** leíró modell; ~ **name** *szt* leíró név; ~ **statistics** általános/leíró statisztika
descriptor *szt* leíró elem
deseam *önt* sorját letisztít
deseed magtalanít, magtól megtisztít
deseeded dry straw, ~ **flax** *tex* kicsépelt lenkóró
deseeding magtalanítás; ~ **of flax** *tex* lencséplés
desensitization *foto* deszenzibilizálás
desensitize deszenzibilizál, érzéketlenít, érzékenységet csökkent
desensitizer *foto* deszenzibilizátor, fényérzékenységcsökkentő szer
desensitizing dye deszenzibilizátor, (fény)érzékenységet csökkentő szer/színezék
desert *geol* sivatag; ~ **belt** *geol* sivatagi övezet; ~ **gum** *pa* famézga; ~ **mass** *geol* jövevényszikla, jövevénytömb; ~ **paint** *geol* sivatagi máz; ~ **pavement** *geol* sivatagi kéreg; ~ **soil** *geol* sivatagi talaj; ~**-type intake** *gépk* sivatagi légszívó nyílás; ~ **varnish** *geol* sivatagi felszín
desertification *geol* elsivatagosodás
desiccant *környv* deszikkáns; *vegy* szárítószer, szikkatív
desiccate (ki)szárít; (ki)szárad, elszárad; víztelenít, nedvességet elvon; *élip* aszal
desiccated | milk *élip* tejpor; ~ **sludge** *környv* szikkasztott iszap; ~ **soup** *élip* levespor; ~ **wood** víztelenített faanyag
desiccating | bed *környv* szikkasztóágy; ~ **cylinder** légszárító henger/dob; ~ **equipment/unit** *környv* szikkasztóberendezés
desiccation (ki)szárítás, dehidrálás, exszikkáció, vízelvonás, víztelenítés; (ki)száradás; *élip* aszalás; *környv* szikkasztás; ~ **crack/fissure/mark** száradási repedés
desiccative szárítószer, szikkatív
desiccator szárítóberendezés; szárítóhenger, dobszárító; *foto* szárítódoboz; *vegy* exszikkátor
design I. *v* (meg)tervez, (meg)szerkeszt; (meg)rajzol; vázol, körvonalaz; méretez; *ép* tervez, konstruál; **II.** *n* formatervezés; vázlat(rajz), (terv)rajz, konstrukció; tervezés, szerkesztés, konstruálás; rendeltetés; *cipő* mintatervrajz; *ép* (építészeti) terv; méretezés *(statikai)*; tervezés, (rajzi) konstrukció; *gép, ip* változat, kivitel, konstrukció, típus; *ip* design, dizájn; *kh* kötésminta; *tex* színminta, mintázás, mintadísz, desszén, szövetminta; ~ **accuracy** méretezési pontosság; ~ **aerodynamics** *rep* aerodinamikai adatok/

számítás; ~ **airspeed** *rep* számított (legnagyobb) repülési sebesség; ~ **altitude** *rep* számított repülési magasság; ~ **analysis** *ép* (építési) statika; ~ **assumptions** *ép* méretezési feltételezések; ~ **barge** *hidr* mértékadó uszálytípus; ~ **basis accident (DBA)** *at* tervezési/méretezési baleset; ~ **bending moment** *ép* tervezési/mértékadó hajlítónyomaték; ~ **calculation** statikai számítás; ~ **capacity** *ip* előirányzott teljesítőképesség; ~ **competition** *ép* tervpályázat; ~ **cruising speed** *rep* számított (legnagyobb) utazósebesség; ~ **details** szerkezeti részletek; ~ **development** kísérleti kivitelezés; ~**-development shop** kísérleti kivitelező műhely; ~ **dimension** *ép* tervezési méret, alapméret; ~ **discharge** *hidr* mértékadó vízhozam; ~ **diving speed** *rep* számított (legnagyobb) zuhanósebesség; ~ **drawing** *ép* tervrajz, konstrukciós rajz; *gép* műhelyrajz, összeállítási rajz; *hidr* általános elrendezési terv; ~ **drum** *tex* mintázóhenger; ~ **element** *tex* mintaelem; ~ **engineer** szerkesztő, tervező, konstruktőr; ~ **equation** számítási/méretezési egyenlet; ~ **error** konstrukciós hiba; *ép* méretezési hiba; ~ **failure** konstrukciós meghibásodás; ~**-flap speed** *rep* legnagyobb fékszárnykitérésnél számított repülősebesség; ~ **flood** *hidr* mértékadó árvíz(szint); ~ **flood hydrograph** *hidr* mértékadó árhullámkép; ~ **force** *mech* mértékadó erő *(hatásábráknál)*; ~ **full supply level** *hidr* tervezett legmagasabb üzemi vízszín; ~ **head** *hidr* mértékadó esés; szerkesztési esés *(turbináé)*; ~ **in self-colour** *tex* egyszínű minta; ~ **layout (of the sprinkler equipment)** *hidr* mértékadó üzemállás; ~ **length** *gép* szerkezeti hossz; ~ **life** *ép* tervezési/tervezett élettartam; ~ **load** *mech* méretezési teher/terhelés; ~ **maximum ratings** *el* megszabott/tervezett maximális teljesítményszámok/határadatok; ~ **method not involving the modular ratio** *ép* képlékeny számítási eljárás *(vasbeton-méretezés)*; ~ **office** *ép* tervezőiroda; ~ **of ingot mo(u)ld** *koh* kokillaméretezés, kokillatervezés; ~ **of the (explosive) charge** *bány* töltetszerkezet; ~ **of the longitudinal section** *hidr* magassági vonalvezetés; ~ **of the wire part** *pa* szitaszakasz kiképzésmódja; ~ **operation** méretezési/számítási eljárás; ~ **paper** papírminta; rajzpapír; *pa* (fatartalmú) vázlatpapír; *tex* patronpapír; ~ **period** mértékadó időszak; ~ **philosophy** szerkesztési elvek; ~ **power** számított/tervezett (névleges) teljesítmény; ~ **practice** tervezői gyakorlat; ~ **principle** szerkesztési elv; ~ **procedure** méretezési/számítási módszer; ~ **profile** szerkesztési körvonal; ~ **protection** mintavédelem; ~ **rating** *gépk, koh* típusteljesítmény; ~ **repeat** *tex* rapport, mintaelem; ~ **roller** *pa* színnyomó henger; ~ **sheet** részletrajz, szerkesztési ábra; ~ **specifications** *ép* tervezési/méretezési előírások; ~ **speed** *gép* szerkezeti sebesség; *rep* mérvadó/méretezési sebesség; ~**-stalling speed** *rep* számított minimális/kritikus repülősebesség; ~ **storm** *hidr* mértékadó csapadék; ~ **stress** *mech* mértékadó feszültség; ~ **temperature rise** *at* tervezési/méretezési hőmérséklet-emelkedés; ~ **unit** *tex* mintaelem; ~ **vessel** *hidr* mértékadó uszálytípus; ~ **voltage** névleges feszültség; ~ **water discharge** *környv* mértékadó vízhozam; ~ **water resources** *(pl) hidr* mértékadó vízkészlet; ~ **water stage** *hidr* mértékadó vízállás; ~ **wheel** *kh* mintázókerék; ~ **with border** *tex* méretre szőtt minta, bordűr; ~ **with warp effect** *tex* láncirányú minta, láncminta

designate *szt* kiválaszt, kijelöl

designation rendeltetés; meghatározás, megjelölés, kijelölés; elnevezés; *geod* pontjelölés, pontjelzés; ~ **card** felirati tábl(ácsk)a, címke; ~ **flap speed** *rep* legnagyobb fékszárnykitérésnél számított repülősebesség; ~ **in-the-clear** *rep* a rakomány rendeltetési helyének nyíltnyelvű szöveggel történő megjelölése; ~ **label** címke; ~ **landing mass** *rep* számított leszállási tömeg; ~ **level speed** *rep* számított vízszintes repülési sebesség; ~ **load** *rep* méretezési teher/terhelés; ~ **load factor** *rep* számított terhelési tényező; ~ **rough air speed** *rep* számított (legnagyobb) repülési sebesség turbulenciában; ~ **speed** *rep* méretezési sebesség; ~ **stage** tervezési munkaszakasz; ~ **strip** jelzőcsík; ~ **system of electronic devices** elektronikus készülékek szimbolikus jelöléseinek rendszere

designational expression *szt* helymegjelölő kifejezés

designator *szt* jelölő

designatum jelölt, denotatum, designatum

designed | **bank line** *hidr* szabályozási vonal; ~ **burder** *bány* sortávolság; ~ **capacity** *ip* előirányzott teljesítőképesség, tervezett kapacitás; ~ **depth of pull** *bány* robbantási fogásmélység; ~ **duty of water** *hidr* mértékadó vízszükséglet; ~ **in modular system** modulrendszerű konstrukciójú, modulrendszerben konstruált; ~ **life** → design life

designer (műszaki) tervező, szerkesztő(mérnök), rajzoló; *ép* statikus; tervező, konstruktőr; *ip* ipari formatervező, iparművész; *tex* mintarajzoló, szövetminta-rajzoló, mintatervező; ~**s development tool (DDT)** *szt* fejlesztőprogram, DDT

designing tervezés, szerkesztés, konstruálás; *tex* szövetminta-tervezés, mintatervezés; ~ **engineer** → design engineer

desilication *vegy* szilikátmentesítés, szilikáttalanítás

desilicification *koh* kovasavtalanítás

desiliconization *koh* deszilicírozás

desiliconize *vegy* szilíciumtól mentesít, szilíciumtalanít

desilification *vegy* deszilifikáció, kovasav kilúgoz(ó-d)ása

desiling equipment silóürítő (berendezés)

desilt iszaptalanít

desilter derítőtartály, iszapfogó; *hidr* homoktalanító, homokfogó; ~ **basin** *hidr* ülepítőmedence; ~ **capacity** *ép* iszapleválasztási teljesítmény; iszaptalanító képesség; ~ **work** → ~ basin

desilting *környv* iszapleválasztás

desilverization *koh* ezüstleválasztás

desinfectant → disinfectant

desintegrating | **additive** *önt* lazítóanyag; ~ **screen/sieve** aprítórosta

desintegration dezintegrálás; *bány* feltárás; ~ **constant** bomlási állandó

desintegrator dezintegrátor

desired kívánatos, előírt, előirányzott; ~ **portion (of the input)** *aut* hasznos összetevő *(bemenőjelé)*; ~ **position** előírt/kívánatos helyzet/pozíció; ~ **state** kívánatos állapot; ~ **value** előirányzott/tervezett/névleges érték; *aut* alapérték, parancsolt érték; ~ **value transmitter** névleges/tervezett értékű adó; ~ **water income** *hidr* megkívánt vízmennyiség

desizability *tex* írteleníthetőség
desizable *tex* írtelenithető
desize *tex* írtelenít
desizing | bath *tex* írtelenítőfürdő; ~ **in enzime preparation** *tex* enzimes írtelenítés
desk pénztár; előadói emelvény; (író)asztal; írópolc, (irodai) íróállvány; *koh* műszerasztal, szerelőasztal, műszertábla; *mt* szerelőasztal; *vasút* váltóasztal; ~ **calculator** asztali számológép; ~ **charge** *bány* osztott robbantótöltet; ~ **check** *szt* száraz futás; ~ **checking** *szt* kártyaköteg-ellenőrzés; ~ **control unit** vezérlőasztal, vezérlőpult; ~ **fan** asztali ventilátor; ~ **for typist** írógépasztal; ~ **set** asztali (telefon)készülék; ~ **stand** *távb* asztali állvány; ~ **switchboard** *koh* kapcsolópult; ~ **testing** *szt* íróasztali ellenőrzés; ~**-type incubator** asztal típusú keltetőgép
desktop | computer *szt* asztali számítógép; ~ **publishing (DTP)** *szt* elektronikus kiadványszerkesztés, DTP; ~ **typesetting (DTT)** *szt* elektronikus szövegszedés, DTT
deslag *koh* lesalakol
deslagging *koh* lesalakolás, salaklehúzás, salakcsapolás; ~ **apparatus** *koh* salaklehúzó berendezés
Deslandres equation Deslandres-egyenlet
desliming iszaptalanítás; *élip* nyálkátlanítás *(étolajé)*; ~ **screen** iszapmosó szita
desludger iszapeltávolító *(adalék, készülék)*
deslurrying by screens *ép* szitás iszaptalanítás
desmine *ásv* dezmin, stilbit
desmolase *vegy* dezmoláz *(szénláncokat felbontó enzim)*
desmotropic isomerism *vegy* dezmotróp izoméria
desmotropism *vegy* dezmotrópia
desoldering kiforrasztás
desolvation energy deszolvatációs energia
desorber *ol* deszorber
desorbing *vegy* deszorbeáltatás
desorbometric method deszorbometrikus módszer
desorption *fiz, vegy* deszorbeálás; deszorpció; ~ **spectrometry** deszorpciós spektrometria
desoxy- → deoxy-
despatch → dispatch
despiker *koh* csúcscsökkentő
despin *rak* stabilizál
despooler *szt* várakozási sorból kiíró program
despumate *hőt* habtól megtisztít, (kazán)habot lefúvat
desquamation bőrhámlás; *geol* lehámlás, rétegleválás
dessert desszert, csemege; gyümölcs *(étkezés végén)*; édesség *(mint fogás)*; ~ **wine** csemegebor
destabilization *gumi* stabilitáscsökkentés
destabilize stabilitást csökkent/leront, destabilizál; *műa* stabilizátortól mentesít *(monomert)*
destacker *ép* lesoroló, halombontó, máglyabontó
destarch keményítőt kivon; *tex* írtelenít
destaticizer *koh* statikus feltöltődést csökkentő/levezető anyag; *műa* statikus töltést levezető készülék
destillate → distillate
destination rendeltetés(i hely); cél(állomás); ~ **address** *szt* rendeltetési cím, célcím; ~ **aerodrome** célrepülőtér; ~ **board/panel** *közl* viszonylattábla; ~ **sign** *vasút* irányjelző; ~ **station** *vasút* célállomás, fogadóállomás; ~ **traffic** célforgalom
Destriau effect Destriau-effektus *(elektrolumineszcencia)*
destroy elpusztít, megsemmisít
destroyer *hajó* (torpedó)romboló; *rep* romboló/többüléses vadászrepülőgép
destruct elpusztít, szétroncsol; tör, eltör
destruction (el)pusztítás, (le)rombolás; megsemmisítés; törés, megsemmisülés, tönkremenetel; roncsolás; korrózió(s roncsolódás); *ép* lepusztítás, lerombolás; *vegy* destrukció; teljes bomlás, roncsolás; ~ **of an ice-barrier** *hidr* jégrombolás; ~ **of bottom** *koh* fenékroncsolódás; ~ **of carriers** *el* töltéshordozók eltűnése/megsemmisülése; ~ **of magnetism** mágnesség megszüntetése; ~ **of microorganisms** *élip* mikrobapusztulás; ~ **test(ing)** *any* roncsolásos vizsgálat
destructive *any* roncsoló, roncsolásos; *vegy* destrukciós, destruktív; ~ **combustion** tökéletes elégés; ~ **distillation** *vegy* roncsolólepárlás, destruktív desztilláció, szárazlepárlás; ~ **exploitation** *fa* rablóvágás, túlhasználat; ~ **hydrogenation** *ol, vegy* destruktív/nagynyomású hidrogénezés; ~ **interference** *opt* kioltás; *rád* vétel érthetőségét lerontó zavar; ~ **materials testing** roncsolásos anyagvizsgálat; ~ **memory** *szt* destruktív *v.* kiolvasáskor törlődő memória; ~ **reading** → ~ read-out; ~ **read-out (DRO)** *szt* törlő/destruktív olvasás; ~ **read-out memory** *at* destruktív *v.* kiolvasáskor törlődő tároló, DRO-memória; ~ **test(ing)** roncsolásos (anyag)vizsgálat; ~ **war** megsemmisítő háború; ~ **working** *fa* rablógazdálkodás
destructor hulladékégető berendezés/kemence; ~ **station** szeméttüzelésű erőmű
desugarize *vegy* cukortalanít
desugarizing *cu* leédesítés
desuint *tex* zsírtalanít *(gyapjút)*
desulf... → desulph...
desulphurating, *US* **desulfurating** *vegy* kéntelenítés, deszulfurálás
desulphur(iz)ation, *US* **desulfur(iz)ation** kénmentesítés, kéntelenítés; ~ **of flue gas** *környv* füstgáz-kéntelenítés; ~ **plant** kéntelenítőberendezés
desulphurize, *US* **desulfurize** kénmentesít, kéntelenít
desulphurizer, *US* **desulfurizer** kéntelenítő(berendezés)
desulphurizing, *US* **desulfurizing** kéntelenítés; ~ **agent** kéntelenítőanyag
desuperheater *hőt* gőztúlhevítést megszüntető készülék
desuperheating coil gőzhűtő
desynchronization deszinkronizáció, szinkronizmus szétesése
desynchronize deszinkronizál, szinkronfutásból kiejt/kiesik
detach elválaszt, leválaszt, szétválaszt; lekapcsol, szétkapcsol; leszerel, kiszerel, szétszerel; elold, leold; elkülönít, eltávolít; ~ **a car(riage)** vasúti kocsit lekapcsol/lecsatol
detachable leszerelhető, levehető, lekapcsolható, lecsatolható; *gép* oldható; ~ **bit** *bány* leszerelhető fúrófej, cserélhető fúró; ~ **bit-hood** *ép* levehető pajzsellenző; ~ **bottom** *koh* levehető/mozgatható kemencefenék; ~ **climbing device** *em* leszerelhető kúszóberendezés; ~ **fuselage** leakasztható szállítmányrekesz *(szállító repülőgépé)*; ~ **head** *gép* levehető hengerfej; ~ **hood** *ép* levehető pajzsellenző; *gépk* levehető motorháztető; ~ **joint** *gép* oldható/átmeneti kötés; ~**-key switch** kapcsolókulcs; ~ **link chain** *gép* ízületes lánc; ~ **propeller** *rep* lecsapható/hátracsukható légcsavar;

~ **rim** *gépk* szétszerelhető kerékpánt; ~ **spade** *kat* levehető talptusa; ~ **valve seat** *gépk* szelepüléspersely
detached különálló, elkülönített, egyes; egyedülálló; több részből álló, osztott; *geol* kipréselt; ~**-building method** *ép* szabadon álló beépítési mód *(városépítés)*; ~ **caustic soda** *vegy* darabos marónátron; ~ **clouds** *mat* szakadozott felhőzet; ~**-cottage building-method** *ép* családi házas *v.* telkes beépítési mód; ~ **escapement** *óra* szabadjárat; ~ **foundation** *ép* független/különálló/szabad alapozás; ~ **house** *ép* szabadon álló ház, különálló ház, pontház; ~ **island** *geol* parttól elvált sziget; ~ **mass** *geol* jövevényszikla, fedőréteg elkülönített része; ~ **specification** *gép* különálló darabjegyzék; ~ **superstructures** *hajó* különálló fedélzeti felépítmény; ~ **trough-core** *geol* tektonikusan kipréselt mag
detacher *élip* (dara- és derce)felbontó gép, aprítógép
detaching | hook *bány* szétkapcsolóhorog; *ép* kiakasztóhorog, kiakasztókampó; *gép* kikapcsolókampó; ~ **mill** *heng* csőlehúzó henger; ~ **roller** *tex* leválasztóhenger; ~ **tool** *gépk* hengerfejlehúzó
detachment eltávolítás; elszakadás, elszabadulás, kilépés; *geol* törés, megsemmisülés, tönkremenetel; *kat* különítmény; *talt* leválás; *távk* szétkapcsolás, bontás; ~ **fault** *geol* törés(felület); ~ **of electrons** elektronválasztás
detail I. *v* részletez; részletesen felsorol; részletesen megtervez; kijelöl; **II.** *n* részletezés, részletes körülírás/kivitel; (alkat)rész, részlet; *geol* tereprészlet, részletpont; *gép* (gép)alkatrész, gépelem; ~ **contrast (ratio)** *tv* részletkontraszt; ~ **drawing** részletterv, részletrajz; alkatrészrajz, darabrajz; ~**-drawing paper** tervezői rajzpapír; ~ **log** *geof, ol* részletező szelvény; ~ **part** *gép* alkatrész; ~ **point** *geod* részletpont, detailpont; ~ **retouching** *nyom* részletkiemelő retus/retusálás; ~ **shooting** *geof* részletező szeizmikus mérés; ~ **shop drawing** *forg* munkadarabrajz; ~**-tracing paper** skiccpauszpapír
detailed részletes; ~ **checkout** aprólékos ellenőrzés; ~ **exploration** *geof* részletes kutatás; ~ **hydro-power economy plan** *hidr* részletes vízerő-gazdálkodási terv; ~ **interpretation** *geof* részletes kiértékelés; ~ **negative** *foto, nyom* részletvisszaadó negatív; ~ **specification** részletezés, részletes körülírás/kivitel; részletes leírás; *gép* részletes darabjegyzék; ~ **survey** *geof* részlet(fel)mérés, részletes felmérés
detailer részletrajzoló, részletszerkesztő
detain feltart, visszatart, gátol, akadályoz; lefog(lal); *közl* késleltet
detan *bőr* csertelenít, cserzőanyagot közömbösít
detank *rak* (hajtóanyag)tartályt kiürít, hajtóanyagot leereszt
detar *vegy* kátránytalanít, kátránymentesít
detarrer kátránymentesítő berendezés
detartration *élip* borkő(sav) leválasztása
detect meghatároz, megállapít; kiderít, felfed(ez), észlel, kimutat; *geol* feltár, felfed; *kat* felfed; *távk* demodulál; egyenirányít, detektál; *vegy* kimutat, detektál
detectability kimutathatóság; észlelhetőség, észrevehetőség, felismerhetőség; *távk* detektálhatóság; ~ **threshold** érzékenység
detectable mérhetően nagy, kimutatható, detektálható, vizsgálható; kideríthető; észlelhető, észrevehető
detected error *szt* hibajelzés
detectible → detectable; ~ **activity** *at* észlelhető/detektálható aktivitás
detecting | action *rád* detektorhatás; ~ **coil** *geof* felvevőtekercs, mérőtekercs; ~ **crystal** detektorkristály; ~ **element** detektor, (mérő)érzékelő; *aut* érzékelőelem, érzékelőszerv; ~ **filter** keresőszűrő; ~ **grating** *távk* egyenirányító rács; ~ **head** érzékelőfej, mérőfej; ~ **instrument** jelzőműszer, indikátor; ~ **of water entry** *ol* vízbelépés meghatározása; ~ **signal** ellenőrző jel; ~ **tube** *rád* detektorcső; egyenirányító cső
detection kiderítés; észlelés; kimutatás, igazolás; meghatározás *(mérés)*; *at* (sugárzás)detektálás; *hang* érzékelés, detektálás; *kat* észlelés, felfedés; *távk* demodulálás; egyenirányítás, detektálás; *vegy* előhívás *(kromatográfia)*; kimutatás, azonosítás; ~ **and tracking system** észlelési és követőrendszer; ~ **coefficient** *at* detektálási együttható; ~ **efficiency** *at* detektálási hatásfok; ~ **limit** érzékelési határ; *at* detektálási határ; *vegy* érzékenységi határ *(reakciónál)*; kimutathatósági határ *(anyagnál)*; ~ **of a signal in noise** *el* jel kiválasztása a zajból; ~ **of objects** lokátoros tárgymeghatározás; ~ **of radioactivity** *at* radioaktivitásdetektálás; ~ **range** észlelési hatótávolság; *el* detektálási/érzékelési tartomány; ~ **sensitivity** detektálási érzékenység/hatásfok; ~ **sub-assembly** *at* detektoralcsoport; ~ **threshold** kimutathatóság alsó határa; *at* detektálási küszöb; *el* érzékelési/kimutathatósági küszöb; ~ **time** detektálási/érzékelési/meghatározási idő
detectivity észlelhetőség, detektálhatóság, kimutathatóság; *el* érzékelőképesség
detectophone szájbeszélő-mikrofon *(fejhallgatón)*; lehallgatókészülék, poloska (mikrofonja)
detector detektor, kutatóműszer, jelzőkészülék, (skálás) mutató; *at* (sugár)detektor; *aut* érzékelőelem, érzékelőszerv; *bány* sújtólégjelző készülék; *el* detektor, (mérő)érzékelő; durva galvanométer; *geof* geofon; *rád* (kristály)detektor; rádiófrekvenciás egyenirányító; *távk* egyenirányító *(jelé)*; *tex* jelzőberendezés; leállítószerkezet; *vasút* váltófoglaltsági sín; *vegy* detektor, jelzőkészülék; ~ **analyser/analyzer** *el* detektoranalizátor; ~ **bar** *gépk* pedálsín; ~**-bar stop** *gép* pedálsínütköző; ~ **box** *tex* tűrács *(fonalőrszerkezeten)*; ~ **breakdown** *rád* detektorátütés; ~ **circuit** *távk* detektorkör; detektoros kapcsolás; ~ **coefficient** detektorhatásfok; ~ **crayon** *kat* gázkimutató kréta *(vegyvédelem)*; ~ **diode** detektordióda; ~ **efficiency** detektorhatásfok; ~ **element** *fiz* detektorelem, érzékelőelem, jelzőelem; ~ **interval** *geof* geofontávolság, geofonköz; ~ **mount** *el* detektorszerelvény; ~ **noise** detektorzaj, fehérzaj; ~ **of pilot flame cut-out** lángbiztosító érzékelője; ~ **of sound** hangdetektor; ~ **paint** *kat* gázkimutató festék *(vegyvédelem)*; ~ **paper** *kat* gázkimutató papír; ~ **pin** *tex* fonalőr, lovas; ~ **polarizing voltage** *el* detektor-előfeszültség; ~ **proportional band** *el* egyenirányítási tartomány/sáv; ~ **receiver** *rád* detektoros vevő(készülék); ~ **set** *kat* aknakutató (műszer); ~ **stage** *rád* detektorfokozat; ~ **tube** *bány* gázvizsgáló csövecske; *el* detektorcső; egyenirányító cső
detensioning *ép* feszítőerő-ráengedés a szerkezetre *(feszített beton)*
detent akasztóelem, akasztópecek, akasztókampó, akasztókapocs, rögzítőpecek, ütköző(csap); zár, zá-

rókulcs, zárócsap, záróretesz, zárókúp, zárnyelv; kallantyú; *gép* akadék, bütyök; beakasztókilincs *(kilincskerékhez)*, rögzítőkilincs, csappantyú; kioldóelem, kioldócsap, ütközőcsap; *kat* elsütőbillentyű, ravasz; *óra* kioldókar, akasztóelem; ~ **cone** *kat* zárókúp; ~ **escapement** *óra* kronométerjárat; ~ **fitting/furniture** *ép* záróvasalat; ~ **pawl** zárókilincs; ~ **pin** (záró)pecek, (záró)vas; *ép* ácsszeg; *gép* arretálócsap, késleltetőcsap; ék, cövek; kioldócsap, ütközőcsap; *hajó* hajószeg; ~ **spring** *finm* kioldó, karrugó; *gépk* szinkronozóhüvely

detention feltartóztatás, késleltetés; (vonat)megállítás; ~ **basin** *hidr* tározómedence; ~ **reservoir** *hidr* árvízi tározó; ~ **storage (of sewage)** *hidr* szennyvíztározás; ~ **time** *at, cu* tartózkodási idő; *környv* várakozási idő

detergency mosóhatás, tisztítóhatás *(mosószeré)*; ~ **agent** detergens; *tex* mosószer

detergent I. *a* tisztító hatású; *ol* detergens (hatású), detergeáló; **II.** *n* detergens, mosószer, felületaktív anyag; (szintetikus) tisztítószer, oldószer; tisztítóanyag, detergeálószer; ~ **action** *vegy* mosóhatás, tisztítóhatás *(mosószeré)*; ~ **additive** detergens (hatású) adalék; ~ **effect** mosóhatás, tisztítóhatás; ~ **industry** mosószeripar, detergensgyártás; ~ **oil** detergenstartalmú kenőolaj; ~ **power** → ~ effect; ~-**type oil** detergens (hatású) adalékot tartalmazó olaj

deteriorate (le)ront, rosszabbít; elkoptat; károsít; romlik, rosszabbodik; elkopik; *bány* beomlik; meggyengül; ~ **roof** *bány* omlós főte; ~ **timber** *bány* összeomló ácsolat

deterioration elrontás; rosszabbítás; (minőség)romlás, rosszabbodás; károsodás; kár; elkopás, elhasználódás; *any* roncsolás; törés, megsemmisülés, tönkremenetel; ~ **of catalyst** katalizátormérgeződés; ~ **of emission** emissziócsökkenés; ~ **test** roncsolásos anyagvizsgálat; *vegy* tartóssági próba

determinacy meghatározottság, determináltság

determinant döntő (tényezők); *mat* determináns; ~ **of function** *mat* függvénydetermináns; ~ **of matrix** *mat* mátrixdetermináns; ~ **rank** *mat* rang *(mátrixé)*

determinantal | **equation** *mat* determinánsegyenlet; ~ **polynomial** *mat* karakterisztikus determináns *(mátrixé)*

determinate I. *v* meghatároz, definiál; determinál; **II.** *a* (meg)határozott; ~ **equation** *mat* határozott/definit egyenlet; ~ **structure** (statikailag) határozott szerkezet; ~ **system of partial differential equations** *mat* határozott parciális differenciálegyenlet-rendszer

determination meghatározás, definíció; determináció, elhatárolás; kiszámítás; rendeltetés; determináltság; ~ **of absolute age** *geol* abszolútkor-meghatározás; ~ **of a calibration curve** hitelesítőgörbe szerkesztése; ~ **of average** átlagolás, átlag/középérték meghatározása/kiszámítása, átlagképzés; ~ **of conductivity** vezetőképesség-meghatározás, vezetőképesség-mérés; ~ **of connate water** *ol* tapadóvíz-meghatározás; ~ **of control points** *geod* alappont-meghatározás; ~ **of coordination distance** koordinációs számítás; ~ **of crystal structure** kristályszerkezet-meghatározás; kristályszerkezet-analízis; ~ **of efficiency by purely electrical means** hatásfok-meghatározás kizárólag elektromos eljárással; ~ **of ends and fricks** *tex* szövetsűrűség meghatározása; ~ **of iron** *koh* vasmeghatározás; ~ **of quality of electronic tubes** elektroncső-minőség ellenőrzése; ~ **of setting** *tex* beállítás meghatározása; ~ **of the hysteresis loop by successive application of magnetic force** *el* hiszterézisgörbe meghatározása ismételt átmágnesezéssel; ~ **of zero** nullapont-meghatározás, zéruspont-meghatározás, nullázás

determine elhatárol; determinál; megállapít, meghatároz

determined | **game** *mat* determinisztikus játék; ~ **system of partial differential equations** *mat* határozott parciális differenciálegyenlet-rendszer

determining | **equation** *mat* determináló egyenlet; ~ **function** *mat* kiindulási függvény; ~ **of absolute direction** *távk* egyértelmű iránymérés; ~ **the form** *ép* szelvényezés

deterministic | **dependence/relationship** determinisztikus kapcsolat; ~ **process** determinisztikus folyamat; ~ **signal** determinisztikus jel; ~ **system** determinisztikus rendszer

deterrence *kat* elrettentés

deterrent I. *a* elrettentő *(erő/eszköz)*; **II.** *n* elrettentőeszköz

detersion megmosás, megtisztítás (mosószerrel); *geol* deterzió, gleccser gyaluló hatása

detin ónmentesít, ónt eltávolít

detonable robbanékony, robbanó

detonate robbant; detonál, robban; durran; *gépk* kopog

detonating | **agent** iniciáló/indító robbanóanyag; ~ **bulb** *ker* bolognai üvegcsepp; ~ **cap** robbanógyutacs; ~ **cartridge** *bány* robbanótöltény; *vasút* durrantyú; ~ **charge** *bány* alaptöltet; iniciálótöltet; ~ **composition** robbanókeverék; ~ **cord** *bány, ol* robbantózsinór, detonátorzsinór; ~ **drop** *ker* bolognai üvegcsepp; ~ **fuse** *bány* robbantózsinór, gyújtózsinór; ~ **gas** sújtólég, robbanó bányalég; ~ **primer** *bány* robbantógyutacs; ~ **rammer** *geof* robbanó cölöpverő; ~ **relay** *bány* detonációkésleltető; ~ **violence** robbantóhatás

detonation detonáció, robbanás; durranás; *gépk* kopogás; *környv* dörej; ~ **cap** robbanógyutacs; ~ **impedance** detonációs impedancia; ~ **limit** *bány* detonáció határa; ~ **meter/tester** *gépk* kopogáserősség-mérő; ~ **pressure** detonációs nyomás; ~ **susceptibility** robbanóképesség, robbanékonyság; ~ **wave** robbanási/detonációs hullám; ~ **zone** *bány* detonációs zóna

detonator *bány, ép* (robbantó)gyutacs, iniciálógyutacs; detonátor; *vasút* durrantyú *(jelzőkészülék)*; ~ **circuit** robbantó áramkör; ~-**sensitive explosive** *bány* gyutacsérzékeny robbanóanyag; ~ **set** *bány* gyutacssorozat; ~ **wire** gyutacsvezeték

detorsion *geod* detorzió, torzításmentesítés; *tex* kisodrás, visszasodrás, sodrat megszüntetése

detour I. *v* elterel *(forgalmat)*; **II.** *n közl* (vonal)bejárás; *közl, ép* kerülőút, útelterelés; terelőút; ~-**connection** *távb* kerülőút, útelterelés

detoxicant ellenméreg, detoxikáns

detoxication, detoxification méregtelenítés, méregelvonás, detoxikáció

detract kivon, elvon

detraining *vasút* kiszállás; kivagonírozás, kirakodás

detreading *gumi* abroncshántolás; ~ **chips** hántolt gumihulladék; ~ **machine** hámozógép

detrimental ártalmas, káros, veszedelmes; ~ **effect** káros (vegyi) hatás; ~ **settlement** *ép* káros süllyedés; ~ **swelling** *talt* káros térfogatnövekedés

detrital összetördelt, összezúzott, málladékos; *geol* (kőzet)törmelékes, abráziós maradékból álló; *talt* detrituszos; ~ **cone** *geol* törmelékkúp; ~ **lime tuff** törmelékes mésztufa; ~ **material** *talt* detritusz; ~ **materials** *hidr* hordalék; ~ **slope** *talt* törmeléklejtő

detrition *geol* lekopás; ~ **apparatus** *mzg* koptatógép

detritus *geol* hordalék, kőmálladék, omladék; törmelék(kőzet); törmelékes kőzet; *talt* detritusz, mállási termék; ~ **chamber** *ép* emésztőgödör; ülepítőmedence; ~ **equipment** kavicskitermelési berendezés; ~ **rubbish** kavics- és kőhordalék

detrusion *geol* elcsúszás, kinyomódás, kinyomulás

detuning *hang* elhangolás; elhangolódás; *távk* elhangolás, félrehangolás; ~ **capacitor** széthangoló kondenzátor

detwist *tex* sodrattól mentesít

de-update *szt* visszaalakít

deuterate *at* deuterizál

deuterated | **compound** deutériumvegyület, nehézhidrogénezett vegyület; ~ **target** *at* deuterizált *v.* deutériummal telített céltárgy

deuteration *vegy* deuterálás, deuterizálás, deuterizáció

deuteric *ásv* deuterikus; ~ **effects** *geof* vulkáni utóhatások, posztvulkáni hatások

deuterium (D) *at, vegy* deutérium, nehézhidrogén; ~ **cooled reactor** *at* nehézvizes reaktor; ~ **fuel** deutérium-fűtőanyag; ~ **gas** deutériumgáz, nehézhidrogén; ~ **moderated reactor** nehézvíz-moderátoros reaktor; ~ **oxide** deutérium-oxid, nehézvíz; ~ **plasma** deutériumplazma; ~ **pressure** *at* deutériumnyomás

deuteromorphic *geol* második alakjában létező, deuteromorf

deuteron *at* deuteron, nehézhidrogén-atommag; ~ **beam** deuteronsugár, deuteron-sugárnyaláb; ~ **bombardment** deuteronbombázás; ~ **density** deuteronsűrűség; ~ **stripping** deuteron kettéhasadása

deuteroxide *vegy* deutérium-oxid, nehézvíz

deuton → deuteron

Deval rattler *ép* Deval-dob

devaporation gőzkondenzáció; *met* gőzlecsapódás *(esőképződésnél)*

devaporize ködtelenít

Devarda's alloy *koh* Devarda-féle ötvözet

devarnish kencét/lakkot eltávolít/lekapar

devastation *geol* elpusztítás, letarolás

develop (ki)fejlődik; kialakul; hasznosít, kiaknáz *(területet)*; (ki)fejleszt; kiképez, kialakít; fokoz, tökéletesít; *bány* elővágó munkálatokat végez; fejtést előkészít; feltár, felfed; művel; növel *(termelést)*; *el* előállít *(feszültséget)*; legombolyít, letekercsel; *foto* előhív; *mat* derivál, differenciál; kifejt; lefejt, kiterít; levezet, származtat; *mech* kifejt *(erőt, teljesítményt)*; *vegy* előhív *(pácszínezéket)*; kifejleszt *(kromatogramot)*; ~ **heat** hőt fejleszt

developable *mat* kifejthető; ~ **function** *mat* kifejthető *v.* sorba fejthető függvény; ~ **surface** *mat* lefejthető *v.* síkba kiteríthető felület

developed | **blade area** *hajó* hajócsavar szárnyainak nyújtott felülete; ~ **coal** *koh* előkészített szén; ~ **diagram** *el* tekercselés lefejtett kapcsolási vázlata; ~ **dye** *vegy* szálon fejlesztett/képzett színezék; ~ **film** *foto* kidolgozott film; ~ **length (DL)** kiterített hossz; ~ **muzzle velocity** *kat* ténylegesen elért torkolatsebesség; ~ **ore** *bány* feltárt érc, valóságos érckészlet; ~ **shell plating** *hajó* kifejtett külhéjlemezelés; ~ **winding** *el* kifejtett/kiterített tekercselés *(rajzon)*

developer *film, foto* (elő)hívógép; előhívó; ~ **solution** (elő)hívóoldat; ~ **temperature** hívóoldat-hőmérséklet

developing *bány* külső feltárás, megnyitás; ~ **agent** *foto* előhívó(anyag); ~ **bath** *foto, tex* előhívófürdő; ~ **butt** *bány* előkészítő/feltáró vágat; ~ **colo(u)r** előhívásos színezék; ~ **dye** *vegy* szálon fejlesztett színezék; ~ **solvent** *vegy* kromatogramot kifejlesztő oldószer; ~ **strip** *film* hívógépbefűző szalag, befűzőszalag, vezetőszalag; ~ **tank** *foto* előhívótank; ~ **time** *film* hívásidő

development (ki)fejlesztés; gyarapítás, gyarapodás; (meg)javulás; kiaknázás, hasznosítás *(területé)*; tökéletesítés; (ki)fejlődés, növekedés; kiképzés; *bány* (belső) feltárás; előkészítés; elővájás; feltárás; művelés; *ép* építéshely lezárása *(forgalom elől)*; *foto* előhívás, kidolgozás; *hidr* vízi létesítmény, vízerőmű(rendszer); *mat* kifejtés; levezetés, dedukció; *talt* talajjavítás; *vegy* kifejlesztés *(kromatogramé)*; ~ **by drives** *bány* feltárás vágattal; ~ **by time** *film* próba szerinti hívás, próbahívás; ~ **costs** fejlesztési költség; ~**-drive** *bány* feltáró vágat; ~ **dyeing** *vegy* előhívásos/előidézéses festés; ~ **engineer** fejlesztőmérnök, gyártmányfejlesztési mérnök; ~ **engineering** gyártmányfejlesztés, műszaki fejlesztés; ~ **heading** *bány* elővájás, vágathajtás; ~ **in a series** *mat* sorfejtés, sorba fejtés, végtelen sorba történő kifejtés; ~ **in unbroken rows** *ép* zárt sorú beépítés; ~ **method** *bány* feltárási mód; *ép* beépítés(i mód); ~ **of building ground** *ép* parcellázás (és közművesítés); ~ **of determinants** *mat* determinánsok kifejtése; ~ **of energy** *met* energiafelszabadulás; ~ **of gas** gázfejlesztés; gázfejlődés; ~ **of heat** hőfejlesztés; ~ **of settlements** *ép* települések fejlesztése; ~ **of soil cavities** *hidr* járatosodás; ~ **of strength** *ép* szilárdságalakulás *(betongőzölésnél)*; ~ **of towns** *ép* városrendezés; ~ **of tract** területfejlesztés, meliorizáció; ~ **on fibre/fiber** *vegy* szálon való kifejlesztés *(színezéké)*; ~ **opening** bányanyitó/feltáró vágat; ~ **period** *gép, ip* felfutás időtartama; ~ **plan** *ép* beépítési terv; ~ **power** *foto* hívógép-teljesítmény, hívógép-kapacitás; ~ **program(me)** *ép* fejlesztési/kiépítési terv/program; ~ **reactor** kísérleti reaktor; ~ **station** *távk* kísérleti állomás; ~**-type** prototípus; ~ **work** *bány* előkészítő munká(lato)k; *ép* felépítés *(útépítésnél)*; ~ **working** *bány* előkészítő vágatok; elővájás

deventilate légtelenít, szellőztet

deviance *stat* eltérésnégyzet-összeg, négyzetes eltérések összege

deviate I. *v* eltérít, elhajlít; elhajlik, eltér, irányból kitér; ingadozik; **II.** *n* eltérés *(pl. középértéktől, névértéktől)*

deviated | **hole/well** *geof, ol* elferdült fúrólyuk; ~ **penetration drilling** *ol* behatoló fúrás; ~ **traffic** *közl, ép* elterelt forgalom

deviating | **force** *fiz, met* eltérítőerő; ~ **prism** eltérítő/elhajlító prizma

deviation kitérés, kilengés *(műszeré, mutatóé)*; ingadozás; kitér(it)és, eltér(ít)és, elhajlás; különbség; *aut* (szabályozási) eltérés, hiba; *ép* (méret)eltérés, kitérés; *fiz* deviáció, eltérítés; *forg, gép* mérete!térés; *gépk* elhúzás *(fékezéskor)*; *hajó* deviáció *(hajóé)*; szögeltérés, elhajlási szög, mágneses elhajlás *(iránytűé)*; *mat, stat* eltérés *(pl. középértéktől, névértéktől)*; *mech* eltérítés; *opt* deviáció, eltérítés, fénysugáreltérés; ~ **action** *aut* szabályozási eltérés hatása, utánállító hatás; ~ **amplitude** eltérési amplitúdó; ~ **angle** elhajlási/eltérési szög; ~ **area** *aut* (lineáris) szabályozási terület; ~ **departure** *aut* szabályozási eltérés, kitérés; ~ **detector** *aut* differenciadetektor; ~ **dot** jelzőpont, jelzés *(műszeren)*; ~ **factor** *mech* kihajlási együttható; ~ **from linearity** lineáristól való eltérés; ~ **indicator (DI)** *aut* eltérésjelző; *rep* keresztmutatós műszer; ~ **in direction** *kat* oldaleltérés; ~ **in shade** színárnyalat-eltérés; ~ **in weight** súlyeltérés; ~ **map of borehole logging** *bány* telepszondázás eltérési térképe; ~ **measurement** *geol* eltérésmérés; ~ **measuring method** kitérítéses mérési módszer; ~ **of quality** minőségi eltérés *(műszaki követelményektől)*; ~ **of reverberation time** *film* utózengés szabálytalansága; ~ **of the borehole** *geof, ol* fúrólyukferdeség, fúrólyukelhajlás; ~ **of the compass** iránytű deviációja/szögeltérése *(a mágneses meridián irányától)*; ~ **of the frequency** frekvenciaeltérés, frekvencialöket; ~ **of the well** *ol* fúrólyukferdeség; ~ **prism** *opt* eltérítő prizma; ~ **ratio** *aut* eltérési viszony, szabályozási tényező; *el* (frekvencia-)löketviszony; ~ **table** *hajó, rep* deviációs táblázat; ~ **value** eltérés értéke

deviator | **of strain** *mech* alakváltozási deviátor; ~ **of stress** *mech* feszültségi deviátor

deviatoric | **state of stress** *mech* térfogatváltozás-mentes alakváltozású feszültségállapot; ~ **strain** csúsztató alakváltozás; *mech* alakváltozás deviátora; ~ **stress** *mech* feszültségdeviátor

device terv(ezet); elgondolás, megoldás; elrendezés; készülék, szerkezet; berendezés, eszköz, műszer; mechanizmus; *el* készülék, szerelvény; *forg* (befogó-) készülék; ~ **allocation** *szt* egység-hozzárendelés; ~ **control block (DCB)** *szt* eszközvezérlő blokk, DCB; ~ **control character (DC)** *szt* berendezésvezérlő karakter, DC; ~ **control unit (DCU)** *szt* eszközvezérlő egység, DCU; ~ **flag** *szt* perifériaállapot-regiszter; ~ **for information transmission on locomotives** információátviteli berendezés mozdonyokon; ~ **for remote keying/telegraphy** *rád* távbillentyűző készülék; ~ **for remote (speech) modulation** távbeszélő készülék; ~**-independent** *szt* berendezésfüggetlen; ~ **manipulation language (DML)** *szt* eszközvezérlő nyelv, DML; ~ **media control language (DMCL)** *szt* eszközleíró és -vezérlő nyelv, DMCL; ~ **selection check** *szt* eszközkiválasztás ellenőrzése

devil I. *v élip* erősen fűszerez/főz; *pa* felszeletel, csíkokra vág; *tex* farkasol, tép; **II.** *n* tépőszerkezet, vágógép; *bány, em* felvonókötél-kikapcsoló berendezés; *élip* fűszerezett hústétel; *ép* kokszkosár, épületszárító kályha; *fa* pulpkészítő gép; *hajó* vízvonali varrat; *heg* forrasztópáka-melegítő kályha; *met* szélörvény, forgószél; *mzg* szántásegyengető/gabonarakodó gép; *ol* csőtisztító, csőgörény; *pa* foszlató; *tex* farkasológép; ~ **catcher** *tex* csomófogó; ~ **liquor** *vegy* ammóniagyártás kén- és ciánhidrogén-tartalmú szennyvize; ~**'s claw** *hajó* horgonyláncfogó horog, ördögköröm, láncnyűg; ~**'s claw dog** *ép* körmös fogó *(cölöpök emelésére)*; ~**'s curve** *mat* ördöggörbe; ~**'s dice** *ásv* limonitkockák; ~**'s fork** *bány* „ördögvilla” *(mentőkészülék)*; ~ **water** szennyvíz

devil(l)er *tex* farkasológép

devilline *ásv* úrvölgyit

devil(l)ing *élip* erős fűszerezés; *pa* felszeletelés, csíkokra vágás; *tex* farkasolás *(tépőfarkason)*, gyapjútépés

deviometer *geod* elhajlásmutató; *rep* eltérítésjelző

devise (ki)tervez

devitrification *vegy* (el)üvegtelenedés, devitrifikáció; (el)üvegtelenítés, üvegkristályosítás

devitrified *ker* elüvegtelenedett; ~ **glass** megjegecesedett üveg; ~ **slag** szemcséssé vált salak

devolution *vegy* radioaktív bomlás *(elemeké)*

Devonian | **formation/system** *geol* devon, devon-kori kőzetrétegek; ~ **period** devon, Devon-kor(szak)

devulcanization *gumi* devulkanizálás, gumiregenerálás

devulcanized (waste) rubber *gumi* regenerált gumi

devulcanizer devulkanizáló/gumiregeneráló kazán

dew I. *v* harmatosít, megnedvesít; **II.** *n* harmat; ~**-bent** *met* harmattal terhelt; ~ **cap** *csill* harmatsapka; *kat, opt* páramentesítő lemez; tárgylencse-védősapka; ~**-drop bar** *heng* harmatcseppszelvényű rúd; ~**-drop slot** *koh* csepp alakú horony; ~**-ga(u)ge** *met* harmatmérő; ~ **point (dp)** *met, vegy* harmatpont; ~**-point control** harmatpont-szabályozás; ~**-point curve** *vegy* harmatpontgörbe, kondenzációs görbe; ~**-point gas moisture meter** harmatpontos gáznedvességmérő; ~**-point hygrometer** harmatpont-higrométer, harmatponti műszer/légnedvességmérő; ~**-point pressure** *ol* harmatpontnyomás; ~**-point temperature (dpt)** harmatpont-hőmérséklet; ~**-point thimble** harmatpont-érzékelő; ~ **retted flax** *tex* harmatáztatású len; ~ **retting** *tex* harmatáztatás

DEW → distant early warning

Dewar flask/vessel Dewar-edény, Dewar-palack, termoszedény, hőpalack

dewarble bögölytelenít *(bőrt)*

dewater vízmentesít, vizet elvon; *bőr* szikkaszt

dewatering víztelenítés, vízmentesítés, vízelvezetés, vízlecsapolás; dehidrálás, szárítás; szikkasztás; *pa* víztelenedés; víztelenítés, dehidrálás, szárítás; ~ **a mine** bánya-vízmentesítés; ~ **band** *ép* víztelenítőszalag, Dekolt-szalag; ~ **box** szárítószekrény, víztelenítőkamra; ~ **centrifuge** *élip* víztelenítőcentrifuga; ~ **cylinder** *pa* víztelenítőhenger; ~ **draining of water** *bány* vízelvezetés; ~ **fluid** *ol* vízmentesítő folyadék; ~ **outlet** *hidr* fenéklebocsátó; ~ **plant** *hidr* talajvízszint-csökkentő berendezés; ~ **pump** *ép* víztelenítőszivattyú; ~ **removal of water** *bány* vízelvezetés; ~ **screen** *bány* szárítórosta; víztelenítőszita; ~ **workes** *bány* vízmentesítés; ~ **worm** *pa* víztelenítőcsiga

dewaxing *ol, vegy* paraffintalanítás, paraffinmentesítés; *önt, tex* viasztalanítás, viasz eltávolítása; ~ **solvent** *vegy* paraffintalanító oldószer

dewedge éket kiver/old

dewetting *heg* átmeneti nedvesítés; dewetting

Dewey decimal system *szt* Dewey-féle tizedes osztályozás

Dewey decimal system *szt* Dewey-féle tizedes osztályozás

deweylite *ásv* gimnit

dewindtite *ásv* dewindtit

dewiring of the pantograph *vasút* áramszedő kiugrása *v.* elszakadása a munkavezetéktől

dewooling *bőr* gyapjatlanítás *(juhbőré)*; szőrtelenítés

Dewsbury reed-count *tex* Dewsbury-bordaszámozás

dextran *vegy* dextrán

dextrin(e) *vegy* dextrin

dextrocompound *vegy* jobbra forgató vegyület

dextrogyrated → dextrorotatory

dextrogyric *fiz* jobbsodrású, jobbra forduló; *opt* jobbra forgató, dextrogír; ~ **quartz** jobbra forgató kvarc

dextrogyrous → dextrogyric

dextroisomer *vegy* jobbraforgató izomer, D-izomer

dextropolarization jobbsodrású polarizáció

dextropropagating wave jobbra haladó hullám

dextrorotary → dextrorotatory

dextrorotation *fiz, vegy* dextrorotáció, jobbra forgatás

dextrorotatory (d) *vegy* jobbra forgató, dextrogír; ~ **quartz** jobbra forgató kvarc

dextrorsal → dextrorse

dextrorse *fiz* jobbmenetű, jobbra csavarodó; jobbsodrású, jobbra forduló, dextrogír; ~ **helix/screw** jobbcsavar, jobbmenetű csavar

dextrose *vegy* D-glükóz, dextróz, szőlőcukor

dezincification, dezincing *koh* cinktelenítés, horganytalanítás, horganymentesítés

df → diversity factor

DF → dead freight; → degree of freedom; → direction finder; → direction finding; → distortion factor; → drive fit; → drop forging

DFB → distribution fuse-board

DFC → double-frequency changing

DFCS → direction finding control station

DFD → data flow diagram

D flip-flop *szt* késleltető flip-flop

DFT → diagnostic function test

dg → decigram(me); → degree

DG → directional gyroscope; → disc grinder

d.g. → decimal gauge; → double gear

DH → decision height; **~-method/process** *koh* DH-eljárás

d.h.g. → double helical gear

dho(o)ti(e) színes szélű vászonkötésű pamutszövet; ~ **marker** *tex* darabrészjelző kar

d.h.p. → drawbar horsepower

DHW → double hung window

Di → didymium

DI → demand indicator; → deviation indicator

diabantite *ásv* diabantit

diabase *ásv* diabáz; dolerit

diabasic *ásv* diabázikus, diabáz-, ofitos; ~ **texture** diabázos/dolerites/ofitos szövet(szerkezet)

diabatic | flow *fiz* diabatikus áramlás, Rayleigh-áramlás; ~ **process** *fiz* diabatikus folyamat

diabetin *vegy* fruktóz *(gyümölcscukor)*

diabolo winding *koh* diabolótekercs

diac kétirányú dióda, diac

diacartogram *stat* karto(dia)gram; térképes ábrázolás

diacaustic | (line) diakausztikus vonal; ~**s** diakausztika, hangtöréstan

diacel cement Diacel-cement

diacetine *vegy* diacetin, 1,3-glicerin-diacetát

diacetone alcohol *vegy* diaceton-alkohol

diacetyl *vegy* diacetil, 2,3-butándion

diachylon plaster *gyógyv* egyszerű ólomtapasz

diacid(ic) base *vegy* kétsavas bázis

diaclasis *geol* diaklázis, kőzethasadék

diaclasite *ásv* diaklászit

diaclives → diaclasis

diacoustics diakusztika, hangtöréstan

diacritic(al) diakritikus; ~ **sign/mark** *nyom, szt* diakritikus jel

diadermic *gyógyv* bőrbe felszívódó, diadermikus; ~ **ointment** diadermikus *v.* bőrbe felszívódó kenőcs

diadochite *ásv* diadochit

diadochy *ásv* diadochia, helyettesítés

diagenesis *geol* diagenezis, kőzetté formálódás

diagnosis *szt* hibameghatározás

diagnostic diagnosztikai; diagnosztikus; felismerésre alkalmas; jellemző; diagnosztizáló; ~ **assistance reference tool (DART)** *szt* diagnosztikai referencia-segédrendszer, DART; ~ **constituent** *geof* jellemző/diagnosztikus alkatelem/összetevő; ~ **crystallization** *ásv* diagnosztikus kristályosítás; ~ **equation** *fiz* diagnosztikai egyenlet; ~ **experiment** diagnosztizáló kísérlet; ~ **function test (DFT)** *szt* diagnosztikai funkcionális vizsgálat, DFT; ~ **message** *szt* hibajelzés; ~ **mineral** vezérásvány; ~ **program** *szt* diagnosztikus/hibakereső program; ~ **routine** *szt* diagnosztikai rutin; ~ **test** *szt* diagnosztikai teszt; ~ **unit** *orv* diagnosztikai készülék

diagnosticizing experiment diagnosztizáló kísérlet

diagnostics *szt* diagnosztika, hibabehatárolás

diagonal I. *a* átlós, rézsútos; diagonális; **II.** *n ép* (ferde) rácsrúd; *gép* átlós kötés; *hajó* vonalrajzi ferde metszet, ferde síkmetszet, diagonálmetszet *(vonalrajznál)*; *mat* átló; ~ **bedding** *bány* átlós rétegződés; ~ **bond** *ép* harántkötés, halszálkakötés, átlós kötés; ~ **brace** *ép* andráskereszt; átlós (merevítő)rúd; ferde dúc; keresztmerevítő deszka; ~ **bracing** *ép* átlós merevítés/kötés; ~ **cut** *nyom* átlós/diagonális vágás; ~ **cutter** *pa* átlós ívvágó, diagonál-ívvágó; ~ **drift** *bány* diagonális vágat; ~ **element** *mat* diagonális/átlóbeli elem; ~ **eyepiece** *opt* távcsőtengelyre 90 fokban elfordított szemlencse; ~ **floating boom** *hidr* átlós úszó konzol; ~ **flour roller-mill** *élip* átlós elrendezésű kettős hengerszék; ~ **glide** *ásv* diagonális/átlós csuszamlás; ~ **grain** átlós farostirány; ~ **groove** *koh* átlós üreg; ~ **in compression** *ép* nyomott ferde rácsrúd *(rácsos tartóban)*; ~ **inlet** *hidr* keresztirányú beömlés; ~ **in tension** *ép* húzott ferde rácsrúd *(rácsos tartóban)*; **~-laid purlin** *ép* dőltszelemen; ~ **matrix** *mat* diagonális/átlós mátrix; ~ **member** → ~ stay; → ~ struts; ~ **mining** *bány* átlós fejtés/művelés; ~ **of the face** *mat* lapátló; ~ **parameters** diagonálparaméterek; ~ **parking** *közl* ferde parkolás; ~ **perspective** átlós távlati rajz; ~ **pitch** *gép* ferdén mért szegecstávolság; ~ **reinforcement** *ép* átlós vasalás; ~ **rib** *ép* keresztborda; ~ **rod** → ~ stay; ~ **roofing/slating** *ép* átlós/német fedés, diagonálfedés; ~**s** *ép* rácsrudak; ~ **setting** diagonális/átlós állás/felállítás; **~-side cut(ting) nippers** *szer* ferde fejű oldalcsípőfogó; ~ **slate roofing** *ép* átlós palafedés; ~ **smoothing screed finisher** *ép* diagonális simítópallós betonbedolgozó gép; ~ **stay/strut** *ép* átlós/ferde (merevítő)rúd; ~ **stratification** *geol* átlós rétegezés; ~ **strip cropping** *hidr* lejtő irányára átlósan haladó művelés; ~ **struts** *ép* andráskereszt, keresztdúcolás, keresztmerevítés;

~ **tension** *ép* ferde húzás *(hajlított tartóban)*; ~ **tie** *ép* húzott ferde rácsrúd *(rácsos tartóban)*; ~ **ties** *ép* átlós cimborakötés; ~ **twill** *tex* halszálkasávoly; ~-**twilled back cloth** *tex* átlós struksz; ~ **tyre/tire** *gépk* diagonálköpeny, hagyományos köpeny; ~ **weir** *hidr* átlós bukó

diagonalization of matrices *mat* mátrixdiagonizálás

diagonally átlósan, diagonálisan; ferdén, rézsútosan; ~ **braced girder** párhuzamos övű tartó

diagram diagram, (váz)rajz, grafikon; séma, (szemléltető) ábra; *bány* tagoltsági diagram; *mat* függvénygörbe, grafikus ábrázolás; ~ **board** *koh* folyamatábrás kapcsolótábla; ~ **check** *aut* kapcsolás/séma szerinti ellenőrzés; ~ **intrepretation** *geof* diagrammal való kiértékelés; ~ **lobe** kis hurok *(antennadiagramban)*; ~ **of austenitization** *koh* ausztenitesedési diagram; ~ **of component forces** *mech* erősokszög; ~ **of connection** *el* kapcsolási séma; ~ **of magnetic field** *mech* erősokszög; ~ **of normal unit pressures** *hidr* eredőnyomás-ábra; ~ **of relative frequency** *bány* gyakorisági diagram; ~ **of the motion** *mech* befutás/út törvénye, menetábra; ~ **of velocities** sebességdiagram, sebességi ábra; ~ **of vertical pressures** *hidr* függőleges víznyomás ábrája; ~ **of wiring** *el* huzalozási rajz; ~ **paper** diagrampapír; ~ **recording** *finm* diagramfelrajzolás; ~ **scheme** *mat* diagramséma, irányított gráf

diagrammatic vázlatos, sematikus, diagramszerű, grafikus; ~ **arrangement** sematikus vázlat; ~ **drawing** váz(lat)rajz; *gép* elvi rajz; jellegrajz; ~ **layout** sematikus/vázlatos ábrázolás; ~ **plan** vázlatos tervrajz, vázrajz; ~ **representation** grafikus ábrázolás; ~ **section** vázlatos metszet; ~ **symbol** *el* rajzjel; ~ **view** vázlatos nézet(rajz); vonalas ábrázolás/vázlat

diagraph diagráf, (mechanikus) másolókészülék; ~ **Z-G** *el* Z-G diagráf

dial I. *v bány* (iránytűvel) felvesz; felmér; *távb* tárcsáz; *tv* beállít *(tv-adót)*; **II.** *n* (szám)tárcsa, kerek skála/számlap; (beállító)skála; (műszer)számlap; *any* mérőóra; *el* fogyasztásmérő; *geod* iránytű, tájoló; napóra; osztókör, körbeosztás; *kh* tűs tárcsa; *óra* számlap, óralap; *szer* szögmérő tárcsa; ~ **balance** számlapos és mutatós mérleg; ~ **barometer** aneroid/mutatós barométer; ~-**bench ga(u)ge** asztali számlapos (mérő)idomszer; ~ **cable** *rád* skálazsinór; ~ **card** iránytűrózsa; ~ **central office** automata telefonközpont; ~ **communications lines** *szt* vonalkapcsolás; ~ **disc/disk** *távb* számtárcsa; ~ **division** skálaosztás; ~ **drive** *rád* skálahajtás; ~ **dynamometer** számlapos erőmérő, dinamométer; ~ **face** → ~ plate; ~ **feed press** forgótárcsás/körasztal-adagolású sajtó; *műa* forgóasztalos sajtológép; ~ **ga(u)ge** mutatós mérőműszer; *forg, gép, szer* mérőóra, indikátor(óra); ~ **illumination** skálamegvilágítás; ~ **indicator** mutatós mérőműszer, mérőóra; indikátoróra; *aut* skálanagyító készülék, számlapos mutatókészülék; ~ **lamp** → ~ light; ~ **lens** számlapbeosztást leolvasó nagyítólencse; ~ **light** skálavilágító lámpa; ~ **line** *szt* kapcsolt vonal; ~ **lock** számkorongos biztonsági lakat; *távb* számtárcsarögzítés; ~ **mounting** *finm* számlapszerelés *(óráé)*; ~-**pattern bridge** *koh* kapcsolótárcsás mérőhíd; ~ **plate** számlap, számtárcsalap; osztókörlap; ~ **pointer** műszermutató; skálamutató; ~ **reading** skálaleolvasás; ~ **scale** számlap, óralap; ~ **screw** *óra* számlaplábcsavar; ~ **selection** *távb* impulzusos választás; ~-**speed testing circuit** *távb* tárcsasebesség-vizsgáló áramkör; ~ **switch** forgó átkapcsoló; ~ **switching device** *szt* távválasztó berendezés; ~ **system** (szám)tárcsás *v.* automatikus választású *v.* önműködő kapcsolású távbeszélő rendszer; ~ **telephone (set)** tárcsás telefonkészülék; ~ **tester** *távb* számtárcsavizsgáló készülék; ~-**testing fork** *távb* vizsgálóvilla; ~ **thermometer** beosztásos hőmérő; ~ **through** *v távb* közvetlenül tárcsáz; ~ **tone** *távb* tárcsázási hang; ~ **train** mérőszerkezet; *óra* mutatószerkezet, mutató-kerékrendszer; ~ **up** *szt* feltárcsázás, vonalválasztás; ~ **washer** *finm* füstlemezrugó; ~ **work** *óra* számlap alatti szerkezet

dialdehyde *vegy* dialdehid

dialer *US* → dialler

diallage *ásv* diallág; diallágit; ~ **rock** gabbró

dialler, *US* **dialer** *távb* hívómű

dialling skálakészítés; *bány* föld alatti kompaszmérés; *szt* tárcsázás; *távb* számküldés, tárcsázás; ~ **impulse** *távb* (szám)tárcsaimpulzus; ~ **in** *távb* beválasztás; ~ **signal** → dial tone; ~ **system** → dial system; ~ **tone** tárcsázási hang

diallyl phtalate *műa* diallil-ftalát

dialogite *ásv* mangátpát, rodokrozit

dialogue, *US* **dialog** párbeszéd; ~ **between man and machine** *szt* ember-gép párbeszéd; ~ **device** *szt* párbeszédes berendezés; ~ **faculty** *szt* párbeszéd-lehetőség; ~ **recording** *film* beszédhangfelvétel, dialóghangfelvétel; ~ **terminal** *szt* párbeszédes terminál; ~ **title** *film* dialógfelirat

dialuric acid *vegy* dialursav, 5-hidroxi-barbitursav

dialysate → dialyzate

dialysis *vegy* dialízis

dialyzate *vegy* dializátum, dialízistermék

dialyze *vegy* dializál

dialyzer dializátor

dialyzing membrane dializálóhártya

diamagnetic *el* diamágneses; ~ **material/substance** diamágneses anyag; ~ **susceptibility** diamágneses szuszceptibilitás

diamagnetism diamágnesség

diamagnetometer diamágnességmérő, diamagnetométer

diamantine finom gyémántpor *(tükrösítéshez)*

diameter (d) átmérő; ~ **at butt end** *fa* tőátmérő; ~ **class** *gép* átméretcsoport; ~ **decrease** *gép* negatív profileltolás; ~ **enlargement** *gép* pozitív profileltolás; ~ **increment** *gép* átmérőnövekedés *(szabványsorozatban)*; ~ **inside** belső átmérő; ~ **inside bark (d.i.b.)** kéreg nélkül mért faátmérő; ~ **of a valve** szelepátmérő, szelepnyílás; ~ **of bore** furatátmérő, fúrási méret; kaliber; ~ **of pipes** csőátmérő, csőméret; ~ **of roll** hengerátmérő; ~ **of wire** huzalátmérő; (kábel)érvastagság; ~ **of work** munkadarab-átmérő; ~ **of worm gear rolling cylinder** *gép* csigakerék-gördülőkörátmérő; ~ **outside bark (d.o.b.)** kéreggel mért faátmérő; ~ **reducing pipe(-joint)** szűkítő csőidom; ~ **stop** átmérőre beállított leállító szerkezet; *forg* keresztszánütköző

diametral diametrális; átmérőn fekvő, átmérősen ellentett; ~ **clearance of the piston ring** dugattyúgyűrű játéka/hézaga; ~-**grate producer** átmérős rostélyú gázgenerátor; ~ **pitch (dp)** *el* átlós lépés *(tekercselés-*

nél); *gép* D.P., diametral-pitch *(átmérőosztás)*; ~ **winding** egész lépésű tekercselés; ~ **wire** *rep* átlós feszítőhuzal

diametric → diametral

diametrical → diametral

diametrically opposed/opposite point átellenes pont, antipódus

diamide *vegy* diamid, hidrazin

diamine *vegy* diamin; ~ **black** diaminfekete; ~ **green** diamingrün B

diaminophenol *vegy* diamino-fenol

diamond gyémánt; *cipő* gyöngytű; *mat* deltoid, rombusz; *nyom* gyémánt, diamant, 4 pontos betű; *üveg* vágógyémánt; *vasút* (keresztezési) csúcsbetét; ~ **antenna** rombuszantenna; ~ **bearing** *óra* gyémánt csapágy; ~ **bit** → ~-drill bit; ~ **bond** *ép* rombuszos falkötés, rombuszkötés; ~**-bored** *forg* gyémánttal kiesztergált/felfúrt; ~ **boring** fúrás gyémánttal; gyémántfúrás; ~**-boring lathe/mill** *finm* gyémántfúró; ~ **bort** *ásv* bort, ipari gyémánt; ~ **brace** *bány, gép* átlós alátámasztás *(gerendán)*; ~ **chisel** horonyvéső, rombuszvéső; ~ **circular saw** *ép* gyémántbetétes asztali darabológép, asztali működarabolό gép; ~**-cleaver** *óra* gyémánthasító; ~**-cone indentor** Rockwell-féle keménységmérő; ~ **core bit** *geof* gyémánt magfúró(korona); ~ **core drilling** magfúrás gyémántkoronával; ~ **counter** kristályoszcillátor; *at* szcintillációs számláló; ~ **crossing** *vasút* hegyesszögű keresztezés; kettős csúcssín; ~**-cut stone surface** *ép* gyémántvágott kőfelület; ~**-cutter** *óra* gyémántvágó; ~ **cutting** gyémántcsiszolás; ~ **(drawing) die** *heng* gyémánt húzószerszám/húzókő; ~ **drill** *bány* gyémántfúró; ~**-drill bit** *ép* gyémánt fúrókorona, gyémántfogazású koronafúró; ~ **drilling** gyémántfúrás; ~ **dust** gyémántpor, gyémánt csiszolópor; *met* jégtűk; ~ **file** gyémántreszelő; ~ **glass cutter** üvegvágó gyémánt; ~ **hardness (number) (VH, VHN)** *any* Vickers-keménység; ~ **impregnated bit** gyémántokkal berakott fúrókorona; ~ **interchange** *ép* rombusz alakú (gyorsforgalmú) útkereszteződés; ~**-knurl** *v* pikkelyez(ve recéz); ~ **knurling tool** keresztezve recéző szerszám; ~ **lap** *forg* gyémánt tükrösítőszerszám; ~ **lattice** *ásv* gyémánt(rács)szerkezet, gyémántrács; ~ **lustre/luster** *ásv* gyémántfény; ~ **mine** gyémántbánya; ~ **nail** rombuszfejű szög; ~ **pass** *heng* rombuszüreg, rautaüreg; *tex* ék alakú befűzési sorrend; ~ **pattern** rombusz alakú mintázás *(recézésnél)*; ~ **pavement** *ép* rombuszos lemezes útburkolás; ~ **pencil** üvegvágó gyémánt; ~ **penetrator hardness** → ~ hardness number; ~ **pipe** *geol* gyémántkürtő, pipe; ~ **point** gyémántcsúcs, gyémánthegy; gyémánthegyű szerszám/eszköz; ~**-pointed** gyémánthegyű; ~**-point tool** *mt* gyémánthegyű/gyémántélű kés/szerszám; *mzg* ék alakú művelőtest *(kultivátoron)*; ~ **polisher** gyémántcsiszoló *(gép, ember)*; ~**-polishing** gyémántcsiszoló; ~ **powder** gyémántpor, gyémánt csiszolópor; ~ **pyramid** *any* gyémántgúla *(keménységmérő műszeren)*; ~ **pyramid hardness (number) (DPHN)** → ~ hardness; ~**-pyramid indentor** Vickers-féle keménységmérő; ~ **reeling** *tex* keresztmotollálás; ~ **saw** → ~ circular saw; ~**-saw blade** gyémánt vágótárcsa, gyémántbetétes tárcsa; ~ **scribing** *el* karcolás gyémánttűvel, gyémánttűs karcolás; ~**-set bit** *ol* gyémántbetétes fúrókorona; ~**-shaped** rombusz/deltoid alakú; ~**-shaped work** *ép* gyémántkváder; ~ **slating** *ép* francia fedés, (műpala) szabványfedés; ~ **spar** *ásv* korund, gyémántpát; ~ **stitch** *tex* keresztöltés; ~ **structure** → ~ lattice; ~ **stylus** *hang* gyémánttű; ~**-tipped** gyémánthegyű; ~ **tool** *forg* gyémántkés; ~**-tool lathe** gyémánteszterga; ~**-tread steel** keresztbordás acéllemez; ~ **truck** keresztrácsrudas forgózsámoly; ~ **truer** gyémánthegyű köszörűkő-lehúzó; ~ **turning** finomesztergálás *(gyémánttal)*; ~ **weave** *tex* rombuszmintás kötés; ~**-weave oil** *rád* méhsejttekercs; ~ **wheel** gyémántporos csiszolókorong; ~ **work** *ép* gyémántvágott kőfelület; rombuszmintás téglafalazás/kötés; *kh, tex* rombusz alakú minta

diamondiferous gyémánttartalmú

diapason-controlled oscillator hangvillával vezérelt oszcillátor

diaper ismétlődő mintázat *(rombusz alakú)*; *ép* síkdíszítmény, mintás falburkolás; *tex* (mintás) asztalkendő; (virág)mintás törülköző; mintás lenvászon; ~ **napkin** damaszt asztalkendő

diapered *ép* mintás(an rakott) burkolatú *(fal)*; *tex* virágos/ábrás mintás

diaphane áttetsző anyag; áttetsző/átlátszó kép; *tex* pamut gézszövet

diaphaneity áttetszőség

diaphanic áttetsző; ~ **paper** *ép* ablaküvegpapír

diaphanometer papíráttetszőség-vizsgáló, diafanométer

diaphanous áttetsző; ~ **ink** *nyom* áttetsző festék

diaphone *hajó* sziréna; *hang* rezonátorsíp

diaphonics diakusztika, hangtöréstan

diaphorite *ásv* diaforit

diaphragm I. *v foto* (le)rekeszel, blendéz, rekeszértéket beállít; **II.** *n* rekesz, válaszfal; rés; membrán; diafragma; *el* akkumulátor válaszfala; írisz; lyukelektród *(elektronoptikában)*; *ép* keresztfal; keresztkötés; válaszfal, zárófal, faltárcsa; *fiz* diafragma; *foto* (változtatható nyílású) fényrekesz; blende; *geod* diafragmagyűrű, szálkeresztgyűrű; *gép* terelőlap, terelőgyűrű; *hang* hangszórómembrán; *hidr* agyagszigetelés; vízzáró függöny/szőnyeg; *hőt* turbinatárcsa *(álló)*; *opt* fényrekesztő, ernyő; *szell* aneroidszelence; *távb* membrán(lemez); *vegy* diafragma; ~ **accumulator** diafragmás/membrános nyomástároló; ~ **blade** → ~ leaf; ~ **bottom-hole pump** membrános mélyszivattyú; ~ **cap** *távb* membránfedél; ~**(-)cell (battery)** lyukacsos közfalú/elválasztólapos akkumulátor; ~ **cellular coffer dam** *hidr* lemezes sejtzárógát; ~ **contact** membránérintkező; ~ **drive** membrános hajtás/működtetés; membránmotor; ~ **expansion joint** membrános kiegyenlítő csőkötés; ~ **float** *hidr* rekesztékes úszó; ~ **gas-mask** beszélő/mikrofonos gázálarc; ~ **ga(u)ge** membrános nyomásmérő; ~ **insert** *foto* (fény)rekeszszerkezet; ~ **instrument** membrános műszer; ~**-iris** *foto* íriszrekesz; ~ **jig** *bány* membrános ülepítőgép; ~ **leaf** *foto* (fény)rekeszlemez, (fényrekesz)lamella; ~ **motor** membránmotor; ~ **motor valve** membránszelep; ~ **opening** *foto* fényrekesznyílás; ~ **operated valve** membránszelep; ~ **plane** *opt* diafragmasík; ~ **plates** *koh* szikrafogó lemezek; ~ **pressure ga(u)ge** membrános nyomásmérő; *ép* membrános feszmérő; ~ **pressure switch** membrános nyomáskapcsoló; ~ **pump**

membránszivattyú; ~ **ring** *foto* rekeszállító korong/gyűrű; ~ **ring (mode) filter** *távk* gyűrűmembrános szűrő; ~ **screen** *pa* membráncsomófogó; ~ **screw** *geod* szálkereszt igazítócsavarja; ~ **servomotor** membrános szervomotor; ~ **setting** *foto* fényrekeszbeállítás, blendebeállítás; ~ **setting device** blendekapcsoló; ~ **shutter** *foto* központi zár; ~ **stress** membránfeszültség; ~**-type compressor** membrándugattyú; ~ **vacuum ga(u)ge** membrán-vákuummérő; ~ **valve** *gép* membránszelep; *vák* membrános (tömítésű) szelep; ~ **wall** *hidr* összekötőfal; vízzáró fal/réteg; ~ **wall grab** *ép* résmarkoló; ~**-wall grab equipment** *ép* résmarkoló szerelék; ~ **with several grades** *foto* lépcsős (fény)rekesz
diaphragmatic waveguide *távk* rekeszes hullámvezető
diaphragmation (le)rekeszelés, blendézés, rekeszállás
diaphragmless microphone membrán nélküli mikrofon
diaphthoresis *geol* diaftorézis, regresszív/retrográd kőzetátalakulás
diapir *geol* diapir
diapirism *geol* diapirredő, átütőredő
diaporama *film* diaporáma
diapositive *foto* diapozitív; ~ **film** diafilm
diaschistic hossz- és keresztirányban *v.* kétfelé hasadó; *geol* azonos magmából keletkezett, diaschist
diascope diaszkóp, diavetítő, állóképvetítő/diapozitívvetítő gép
diaspore *ásv* diaszpor, kristályos alumínium-metahidroxid
diastase *vegy* diasztáz, amiláz
diastem *bány* diasztéma
diastereo(iso)mer *vegy* diasztereo(izo)mer
diastimeter távolságmérő, diasztiméter
diastimometric angle *geod* távmérőszög, diasztimométeres szög
diastrophic movement(s) *geol* földkéregmozgások, diasztrofizmus
diastrophism *geol* diasztrofizmus; tektonizmus
diathermacy → diathermancy
diathermal hősugarakat átengedő, hő(sugár-)áteresztő; *orv* diatermiás
diathermance → diathermancy
diathermancy hőáteresztés (jelensége); hő(sugár-)áteresztő képesség
diathermanous hő(sugár-)áteresztő, diatermán
diathermic diatermikus, diatermiás, diatermán; ~ **apparatus** *orv* diatermiás készülék; ~ **heating** *el* diatermikus fűtés, fűtés nagyfrekvenciájú árammal; ~ **knife** villamos sebészkés
diathermometer diatermométer, hőáteresztőképességmérő
diathermy *orv* diatermia
diatom kovamoszat; diatoma
diatomaceous kova-; ~ **earth** kovaföld, diatom(e)aföld; ~ **earth cement** Diacel-cement; ~ **filter** *hidr* kovaföld szűrő
diatomic *vegy* kétatomos
diatomite *ásv* diatomit, kovaföld; *ép* diatomapala; ~ **brick** kovaföldkőzet
diatreme *geol, bány* diatréma
diatrine *el* diatrin, kábeltelítő massza
diaxiality kéttengelyűség
diazine *vegy* diazin; ~ **green** diazinzöld
diazo *vegy* diazo-; ~ **compound** diazovegyület; ~ **dye(stuff)** diazoszínezék; ~ **paper** diazopapír; ~ **print** → diazotype; ~ **process** *nyom* diazoeljárás, diazotípia(-eljárás); ~ **radical** diazogyök
diazoaminobenzene *vegy* diazo-amino-benzol, 1,3-difenil-triazén
diazobenzene *vegy* diazobenzol; ~ **chloride** benzoldiazonium-klorid
diazocopy → diazotype
diazoic acid *vegy* diazónium-hidroxid
diazomethane *vegy* diazo-metán
diazonium *vegy* diazónium; ~ **chloride** diazóniumklorid; ~ **compound** diazóniumvegyület; ~ **hydroxide** diazónium-hidroxid; ~ **salt** diazóniumsó
diazotate *vegy* diazotát
diazotizable diazotálható
diazotizate → diazotize
diazotization *vegy* diazotálás
diazotize *vegy* diazotál
diazotype diazokópia, diazotípia; ~ **base paper** *pa* fénymásoló alappapír; ~ **paper** diazopapír
d.i.b → diameter inside bark
dibasic *vegy* kétbázisú; ~ **acid** kétbázisú/kétértékű sav; ~ **magnesium phosphate** kétbázisú magnéziumfoszfát
dibbler *mzg* lyukásó *(ülepítőgép-szerkezet)*
dibbling machine *mzg* fészekbe vető gép
dibenzofurane *vegy* dibenzo-furán, difenilén-oxid
dibenzoyl-peroxide *vegy* dibenzoil-peroxid
dibenzyl *vegy* dibenzil, 1,2-difenil-etán
dibhole *bány* zsomp
dibit *szt* dibit; két bitből álló csoport
dibromobenzene *vegy* dibróm-benzol
dibromophenol *vegy* dibróm-fenol
dibutyl | phtalate *vegy* (di)butil-ftalát, ftálsav-dibutilészter; ~**-tin dilaurate** *vegy* dibutil-ón-dilaurát
dicalcium silicate *koh* kalcium-szinguloszilikát
dicarboxylic acid *vegy* dikarbonsav
dice I. *v élip* kockára *v.* kocka alakra aprít; *félv* szeleteket/chipekre vág; *tex* kockásan mintáz; **II.** *n* (játék-) kockák; *ásv, ker* morzsalékos töret; *el* alaplemez, szubsztrátum *(integrált áramköré)*; *félv* szelet, chip; ~ **coal** kockaszén; ~ **weave** panamakötés
dicer *élip, műa* kockázó, kocka alakra aprító gép; *félv* szeleteket/chipeket vágó gép
dichloroacetic acid *vegy* diklór-ecetsav
dichlorobenzene (DCB) *vegy* diklór-benzol
dichlorodiethyl | ether *vegy* diklór-dietil-éter; ~ **sulphide/sulfide** *vegy* diklór-dietil-szulfid, mustárgáz
dichlorodifluoromethane *vegy* diklór-difluor-metán, Freon-12
dichlorodiphenyltrichloroethane (DDT) *vegy* diklór-difenil-triklór-etán, DDT
dichloroethane *vegy* diklór-etán
dichloroethylene *vegy* diklór-etilén
dichloromethane *vegy* diklór-metán, metilén-(di)klorid
dichotomic két ágra oszló
dichotomizing search *szt* kettéosztásos keresés
dichotomous dichotom(ikus); ~ **observations** *stat* dichotom megfigyelés
dichotomy kettéosztás; kettősség, dichotómia, kettős felosztás/tagolódás

dichroic *ásv* dikroikus, kettős színű; ~ **fog** *foto* színes/kétszínű/dikroikus/dikroitikus fátyol; ~ **mirror** színválasztó tükör, szűrőtükör; (visszaverő) kétszínű tükör; *foto* dikroikus szűrő
dichroiscope *ásv* dikroszkóp
dichroism *fiz* dikroizmus
dichroite *ásv* dikroit, cordierit
dichroitic → dichroic
dichromate *vegy* dikromát
dichromatic dikromatikus, kétszínű; ~ **vision** *opt* dikromázia, rendellenes színlátás
dichromatism *opt* dikromázia, rendellenes színlátás
dichromic acid *vegy* dikrómsav
dichroscope *opt* dikroszkóp
dicing *élip* aprítás kocka alakra *v.* kockára; *foto* ferde szögű légifelvétel; *távk* kockára hasítás *(kristályé)*
Dickenson paper selyemszálbetétes papír
dickey *ruh* (külön) ingmell; kötény; plasztron; ~ **seat** *gépk* pótülés, csomagtartó *(autón hátul)*
dickinsonite *ásv* dickinsonit
dickite *ásv* dickit
dick-roller *tex* tisztítóhenger
dicky → dickey
dictaphone diktafon; ~ **reception** felvétel diktafonnal
dictating machine/apparatus diktafon
dictionary *szt* szótár, operandustáblázat
dicyanodiamide *vegy* diciándiamid, 1-ciano-guanidin; ~ **resin** diciándiamid-gyanta
dicyclic diciklusos
dicyclohexyl phtalate *vegy* diciklohexil-ftalát
dicyclopentadiene *vegy* diciklopentadién
dicyclopentadienyl iron *ol, vegy* diciklopentadienil-vas, ferrocén, vas-diciklopentadienil
didecyl phtalate *vegy* didecil-ftalát
didymium (Di) *vegy* didim(ium)
die[1] **I.** *v alak* sajtolóval vág/lyukaszt, ódorral formál; **II.** *n* (játék)kocka; *alak* lyukasztóalátét; süllyeszték, (alsó) ódor, matrica; szerszám; *bány* zúzógyűrű, zúzótömb; *bőr* vágódikics; *ép* kőkocka, oszlopláb; *forg* menetmetsző, menetvágó fej/pofa; *gép* kocka alakú géprész; *gyógyv* matrica; *heng* húzószem, húzóüreg, kaliber; húzószerszám, húzógyűrű, húzókő; *ker* perforált sajtolótömb *(téglagyártáshoz)*; sajtolt darab; üregképző *(extrudálásos üreges födémpanelgyártásnál)*; *műa* (alaksajtoló) szerszám; extruderszerszám; *nyom* matricaklisé; *önt* öntőszerszám, fémforma, kokilla; *szersz* bélyegzőszerszám, sajtolóbélyeg; csavarmenetmetsző; érmesajtoló szerszám; kalapács; ~-**and-mo(u)ld grinding machine** *forg* süllyeszték- és öntőforma-köszörű; ~ **and punch** *alak* teljes szerszám, matrica és tüske; ~ **approach** *műa* olvadékcsatorna, szerszámcsatorna *(extruderszerszámban)*; ~ **approach angle** *koh* fúvási szög; ~-**axe** → ~-hammer; ~ **bed** *alak* süllyesztékágy, alsó süllyeszték; üllőtőke; ~ **blank** *heng* húzókőmag; ~ **block** *alak* alakos üllő; süllyesztéktömb; szerszámalátét; *gép* kulisszakő, csúszka; ~ **bolster** *alak* alsó szerszámtartó, matrica; ~ **box** *forg* menetvágó fej; *heng* húzókőtartó; *ker* sajtolóforma, présszerszám; ~ **bush** *önt* beöntőpersely, nyomópersely; ~ **case** *koh* foglalat; *nyom* matricakeret; ~-**cast** *v koh, önt* kokillába önt; nyomás alatt *v.* fröccsentéssel/présöntéssel önt; ~-**cast** *koh, önt* fröccsöntésű, présöntésű; ~-**casting** *koh, önt* fröccsöntés; fröccsöntvény; kokillaöntés; nyomásos öntvény, présöntvény; nyomásos *v.* nyomás alatti öntés, présöntés; ~-**casting die** → ~-casting mould; ~-**casting machine** nyomásos öntőgép, présöntő gép; fröccsöntő gép; ~-**casting mo(u)ld** nyomásos öntőforma/öntőszerszám; ~-**cast part** nyomásos öntvény, présöntvény; nyomásos öntésű *v.* présöntésű/fröccsöntésű munkadarab; ~ **cavity** *alak* szerszámüreg; ~ **channel** *műa* olvadékcsatorna, szerszámcsatorna; ~ **chaser** *forg* menetmetsző pofa; ~ **chuck** (csavar)menetvágó pofa befogófeje; ~-**clamp** *alak* matricarögzítő ék; *önt* formazáró, szerszámzáró szerkezet; ~-**clamping dog** *alak* matricarögzítő ék; ~ **closing** *műa, önt* szerszámzárás, formazárás; ~ **closing mechanism** formazáró, szerszámzáró szerkezet; ~ **coat** *önt* szerszámbevonó/formabevonó anyag; ~ **collar** *bány* menetvágó harang; ~ **cooling** formahűtés; ~ **cushion** süllyesztékpárna; ~ **cutter** *forg* süllyesztékmaró; ~ **cutting** *pa* kivágás; ~ **cutting machine/press** *nyom* stancológép, kivágógép; ~ **dog** *alak* matricarögzítő pofa; *forg* pofás bilincs, szorítópofás kengyel; ~ **dressing** → ~ coating; ~ **engraving** süllyesztékvésés; ~ **entrance** *heng* belépőnyílás *(húzószerszámé)*; ~ **entrance angle** *koh* fúvási szög; ~ **erosion** *önt* (szerszám)erózió, formaerózió; ~ **exit** *heng* kilépőnyílás *(húzószerszámé)*; ~-**finishing templet** *alak* szerszámkészítő idomszer; ~-**forge** *v alak* süllyesztékben/ódorban kovácsol; ~ **forging** süllyesztékes kovácsdarab; *alak* süllyesztékes kovácsolás, ódorkovácsolás; ~-**forging die** *alak* süllyeszték(szerszám); ~ **formed part** süllyesztékben kovácsolt darab; ~ **forming** *alak* sajtolás; ~ **grinder** kézi lyukköszörűgép *v.* lyukcsiszoló gép; ~ **hammer** *alak* süllyesztékes kalapács, ódorkalapács; *fa* rönkjelző kalapács, számozókalapács; ~ **head** *forg* menetvágó fej; *gép* vert fej, gyámfej *(szegecsé)*; ~ **height adjustment** *önt* formamagasság-állító; ~ **hob** elfordítható körkés *(esztergán)*; ~ **hobbing** *alak* süllyesztékmélyítés *(hidegen)*; ~ **holder** *alak* alsó szerszámtartó, matrica; süllyesztéktartó, foglalat; *forg* menetvágó fej/okmány; szerszámtartó; *heng* húzókőtartó; ~ **holding block** *önt* formakeret; ~ **hole** *forg* vágólaplyuk; *heng* húzóüreg furata; ~ **insert** *heng* húzókőmag; *önt* formabetét; ~ **land** *műa* vezetőhossz *(extruderszerszámban)*; ~ **line** süllyeszték osztóvonala; ~ **locking** → ~ closing; ~ **lubricant** szerszámkenő/formakenő anyag; ~ **making** *műa, önt* szerszámkészítés, formakészítés; ~-**making machine** *forg* süllyesztékgyártó gép; ~ **mark** *alak* húzási barázda; ~ **mill,** ~ **milling cutter/machine** *forg* süllyesztékmaró (gép); ~ **mo(u)ld** *műa* présöntő forma; ~ **move(ment)** *műa, önt* szerszámmozgás; ~ **nut** *forg* menetmetsző (pofa); ~ **plate** *alak* csőprés/rúdprés sajtolólemeze; *forg* csavarmenetvágó lemez; *nyom* nyomóforma; ~ **press** *alak* süllyesztékbe/ódorba sajtoló prés; ~-**press** *v* süllyesztékbe/ódorba sajtol; ~ **pressing** *alak* süllyesztékbe/ódorba sajtolás, melegsajtolás; ~ **processing** *önt* szerszámkezelés, formakezelés; ~ **relief** *műa* szerszámszáj *(extruderszerszámon)*; ~ **ring** *alak* kivágógyűrű; ~-**rolled thread** mángorolt csavarmenet; ~ **rolling** *alak* mángorlás; ~ **rolling mill** hengersor szakaszos profilok hengerléséhez; ~ **scratch** → ~ mark; ~ **set** *alak* (teljes) sajtolószerszám, alakítószerszám-készlet; ~ **sinker** *forg* süllyesztékmásoló marógép; ~-**sinker's file** *forg*

süllyesztékreszelő; ~ **sinking** (másoló) süllyesztékmarás; *forg* süllyesztéküreg megmunkálása; ~-**sinking cutter/machine** *forg* süllyesztékmaró gép, süllyesztékmásoló marógép; ~ **stamp** szárazbélyegző; *nyom* dombornyomó sajtó; ~ **stamping** *alak* süllyesztékbe/ódorba sajtolás, alakos sajtolás; *nyom* acélmetszetnyomás, acélmetszet-nyomtatás; domborított nyomás, dombornyomás; ~ **stamping ink** *nyom* dombornyomó festék; ~ **steel** *koh* süllyesztékacél, formaacél; ~ **stock** *szersz* kézi (csavar)menetvágó (szerszám); ~ **tap** *szersz* menetmetsző-menetfúró; ~ **temper (steel)** cementálható süllyesztékacél; ~-**wall** matrica fala

die^2 elpusztul; ~ **away** *v* kihal; csillapodik *(rezgés)*, kirezeg; elhalkul *(hang)*; elhalványul, eltűnik *(szín)*; megszűnik *(áram)*; *gépk* leáll; *mat* csökken, fogy; ~-**away** csillapodás, elhalás; *el* megszűnés; ~-**away curve** *távk* csillapodási görbe; ~ **back** *fa* csúcsszáradás; ~ **down** → ~ away; ~ **out** *v hang* lecseng, kirezeg

dieder *mat, ásv* diéder, kétlap(ú alak); ~ **group** *ásv* diédercsoport

dielectric I. *a* dielektromos; **II.** *n* dielektrikum, dielektromos közeg; ~ **absorption** *koh* dielektromos abszorpció/elnyelés; ~ **aerial/antenna** dielektromos antenna; ~ **afterworking** → ~ relaxation; ~ **amplifier** dielektromos erősítő; ~ **axe** *ásv* dielektromos tengely; ~ **breakdown** *koh* (dielektromos) átütés; átütési szilárdság; ~ **conductance** dielektromos vezetőképesség; ~ **constant** dielektromos állandó; (abszolút) permittivitás; ~ **displacement** elektromos eltolás/fluxussűrűség; ~ **drying** dielektromos szárítás; ~ **fatigue** dielektromos utóhatás/kimerülés, szigetelő öregedése/leromlása; ~ **field** dielektromos erőtér; ~ **fluid** dielektromos közeg, dielektrikum; ~ **flux density** → ~ displacement; ~ **guide** dielektromos hullámvezető; ~ **heating** dielektromos hevítés/melegítés/fűtés/felmelegedés; ~ **heating in cavity resonator** dielektromos felmelegedés üregrezonátorban *(klisztron)*; ~ **heating of thermoplastic materials** termoplasztok *v.* hőre lágyuló műanyagok dielektromos melegítése; ~ **hysteresis** dielektromos hiszterézis; ~ **insulation/isolation** dielektromos szigetelés; ~ **leakage measurement** dielektromos veszteség mérése; ~ **leakance** szigetelési vezetőképesség, átvezetés; ~ **lens** *távk* dielektromos lencse; ~ **loss** dielektromos veszteség; ~ **loss angle** *el* veszteségi szög; ~ **loss factor** dielektromos veszteségi tényező/szám; ~ **loss heating** → ~ heating; ~ **material** dielektrikum, szigetelőanyag; ~ **medium** dielektromos közeg, szigetelőközeg; ~ **microphone** dielektromos mikrofon; ~ **phase angle** dielektromos veszteségszög; ~ **polarization** (di)elektromos polarizáció; ~ **relaxation** *fiz, vegy* dielektromos relaxáció; ~ **relaxometer** dielektromos relaxométer; ~ **resistance (DR)** dielektromos ellenállás, dielektromosság; ~ **rigidity** (di)elektromos szilárdság *(szigetelésé)*; ~ **rod antenna** dielektromos rúdantenna; ~ **rod radiator** dielektromos rúdsugárzó; ~ **secondary effect** dielektromos mellékhatás; ~ **strain** dielektrikum alakváltozása *(villamos erőtérben)*; ~ **strength** *el* átütési szilárdság *(dielektrikumé)*; ~ **stress** dielektrikum igénybevétele; ~ **susceptibility** (di)elektromos szuszceptibilitás; ~ **test** szigetelésvizsgálat *(dielektrikumé)*; ~ **test voltage** dielektromos vizsgálófeszültség *v.* szigetelési feszültség; ~ **waveguide** dielektromos hullámvezető; ~ **welding** dielektromos/nagyfrekvenciás hegesztés; ~ **well logging** *geof* dielektromos szelvényezés; ~ **wire** dielektromos hullámvezető

dielectron dielektron

dielectrophoresis dielektroforézis

Diels-Alder reaction → diene synthesis

diene *vegy* dién, diolefin; ~ **series** diénsorozat; ~ **synthesis** diénszintézis, Diels-Alder reakció; ~ **value** diénszám

dieresis *nyom, szt* tréma

diesel dízel-, dízelmotoros; ~ **cycle** *gépk* dízelrendszer; *hőt* dízelkörfolyamat; ~ **desulphurization/desulfurization/desulphurizing/desulfurizing** gázolajkénmentesítés; ~ **drive** dízelhajtás; ~-**driven** dízelhajtású, dízelmotoros; ~-**driven pile hammer system Seidl** *ép* mozgóhengeres robbanó (cölöp)verő; ~-**electric (DE)** dízel-villamos, dízel-elektromos; ~-**electric drive** *gép* dízel-villamos hajtás; ~-**electric excavator** *ép* dízel-elektromos kotró; ~-**electric locomotive** *vasút* dízel-villamos mozdony; villamos erőátvitelű dízelmozdony; ~-**electric rail-car** *vasút* dízelvillamos motorkocsi; ~ **engine** dízelmotor; ~-**engined pile hammer** *ép* robbanó cölöpverő; ~-**engined vehicle** dízelmotoros jármű; ~ **engine tamper** *ép* dízelmotoros döngölő; ~ **engine with air cell** légkamrás dízelmotor; ~ **engine with antechamber** előkamrás dízelmotor; ~ **engine with direct injection** közvetlen befecskendezésű dízelmotor; ~ **engine with turbulence chamber** örvénykamrás dízelmotor; ~ **excavator** dízelkotró; ~ **fuel** dízelmotor-üzemanyag; ~ **generating set** dízelmotoros áramfejlesztő gépcsoport/aggregát; ~-**hydraulic** dízel-hidraulikus; ~-**hydraulic drive** dízel-hidraulikus hajtás; ~-**hydraulic locomotive** *vasút* dízel-hidraulikus mozdony, hidraulikus erőátvitelű dízelmozdony; ~ **index** *ol* dízelindex; ~ **locomotive** *vasút* dízelmozdony; ~ **locomotive for monorails** *bány* dízelvontató; ~-**mechanical** *vasút* dízel-mechanikus; ~-**mechanical locomotive** *vasút* dízel-mechanikus mozdony, mechanikus erőátvitelű dízelmozdony; ~ **mine locomotive** *bány* dízelbányamozdony; ~ **oil (DO)** dízelmotorolaj, gázolaj; ~-**oil bentonit** *geof* dízelolajos bentonit; ~-**oil cementing (DOC)** dízelolajos cementezés; ~-**oil pool** gázolajtároló; ~-**operated vibrator** *ép* dízelüzemű vibrátor; ~ **pile extractor/puller** *ép* dízelkihúzó; ~ **pile hammer system Delmag** Delmag-rendszerű robbanóverő; ~ **pile hammer with impact-atomizing** ütőporlasztásos robbanóverő; ~-**powered** → ~-driven; ~-**powered attack submarine** dízelhajtású támadó tengeralattjáró; ~ **rail-car** *vasút* dízelmotorkocsi; ~ **tester** dízelmotor-próbapad; ~ **traction** *vasút* dízelvontatás

dieseling dízelelégés, kompressziós gyújtású elégés

dieselization *vasút* dízelesítés

diester diészter

diethanolamine (DEA) *vegy* dietanol-amin, 2,2'-iminodietanol

diethyl | carbonate dietil-karbonát, szénsav-dietil-észter; ~ **ether** dietil-éter, (etil-)éter; ~ **ketone** diteil-keton, 3-pentanon; ~ **malonate** dietil-malonát; malonsav-dietilészter, malonészter

diethylamine *vegy* dietil-amin

diethylaniline *vegy* dietil-anilin
diethylene | **diamine** hexahidropirazin; *vegy* dietilén-diamin, piperazin; ~ **dioxide** dietilén-dioxid, 1, 4-dioxán; ~ **glycol** dietilénglikol; diglikol
diethylzinc *vegy* dietil-cink, cink-dietil
dietrichite *ásv* dietrichit
dietzeite *ásv* dietzeit
diff. calc. → differential calculus
differdange rolled section *ép* szélestalpú kettős T-tartó/T-szelvény
difference különbség; különbözés, eltérés, nem egyezés; *szt* különbség; *mat* differencia; különbség, maradék; ~ **amplifier** *el* differenciálerősítő; ~ **between permissible sizes** *metr* tűrésmező, megengedett méreteltérés; ~ **between successive pitches** *gép* foghézag *(fogaskeréké)*; ~ **calculus** *mat* differenciaszámítás; ~ **equation** *mat* differenciaegyenlet; ~ **Fourier synthesis** *mat* Fourier-differenciaszintézis; ~ **frequency** *el* különbségi frekvencia; ~ **in concentration** koncentrációkülönbség; ~ **in cross section** keresztmetszet-különbség; ~ **in elevation** magasságkülönbség, emelkedéskülönbség; ~ **limen** észlelhetőségi/észrevehetőségi határ; ~ **methods** differenciamódszerek; ~ **number** *at* neutronfölösleg; ~ **of electrostatic potential** elektrosztatikus potenciálkülönbség; ~ **of levels** szintkülönbség; ~ **of phases** *fiz* fáziskülönbség; ~ **of potential (DP)** *el* potenciál(különbség); ~ **of pressure** *fiz* nyomáskülönbség, nyomásesés, nyomáscsökkenés; ~ **of structure** szerkezeti eltérés; ~ **of temperature** hőmérséklet-különbség; ~ **pulse/signal** különbözeti impulzus; ~**s equation** *mat* differenciaegyenlet; ~ **table** differenciatáblázat; ~ **threshold** → differential threshold; ~ **tone** különbözeti hang *(lebegő)*
different különböző, eltérő; különféle; ~ **from zero** *mat* nem nulla, nullától különböző, el nem tűnő
differentiability *mat* differenciálhatóság, deriválhatóság
differentiable *mat* differenciálható
differential I. *a* megkülönböztető, különbözeti; kiegyenlítő; differenciális, differenciál-; **II.** *n* különbözet; különbség; *gép* differenciál(mű), kiegyenlítőmű; differenciál-hajtómű; *koh* kiegyenlítőtekercs; *közl* díjszabás-különbözet; *mat* differenciál; ~ **absorption** *at* differenciálabszorpció; ~ **absorption ratio** *at* különbözeti/differenciális abszorpciós tényező; ~ **address** *szt* differenciális cím; ~ **aileron** *rep* kiegyenlítőcsűrő, differenciálcsűrő; ~ **aileron control** kiegyenlítő csűrőkormányzás; ~ **algebra** differenciálalgebra; ~ **amplifier** *el* differenciálerősítő; *szt* differenciális erősítő; ~ **analyser/analyzer** differenciálanalizátor; differenciálegyenlet-megoldó készülék; *szt* differenciális analizátor; ~ **and integral calculus** differenciál- és integrálszámítás, infinitezimálszámítás; ~ **arrangement** differenciálkapcsolás; ~ **assembly** *gépk* differenciálmű; ~ **axle** *gépk* kiegyenlítőmű féltengelye, differenciál-féltengely; ~**-bearing adjusting nut** *gépk* bolygóházcsapágy-állító anya; ~ **booster** *el* differenciálbuszter, gerjesztő tekercselésű feszültségszabályozó; ~ **box** *gépk* bolygóház; ~ **brake** differenciálfék; ~ **cage** *gépk* bolygóház; ~ **calculus (diff. calc.)** *mat* differenciálszámítás; ~ **camber** *ép* egyenlőtlen felhajlás *(födémpaneloké)*; ~ **capacitor** *el* differenciálkondenzátor; ~ **capstan** *hajó* kötélágerőket kiegyenlítő gugora; ~ **car axle** *gépk* hátsó féltengely *(hátsótengelyhajtásnál)*; ~ **case/casing** *gép* differenciál(mű-)ház; kiegyenlítőmű-ház; ~ **catalog(ue) (of stars)** *csill* differenciális (csillag)katalógus; ~ **chain-block** *em* differenciális csigasor; ~ **circuit** *el* differenciáló áramkör; ~ **coefficient** *mat* differenciálhányados, derivált; ~ **compaction** *ol* differenciális kompakció; ~ **comparator** *szt* differenciális komparátor; ~ **compounded** *koh* ellenkompaundált; ~**-compound exciter** *el* ellenkompaundált gerjesztő; ~**-compound winding** *el* kiegyenlítő kettős tekercselés; ~**-concatenation control** *el* differenciális kaszkádszabályozás; ~ **control** *aut* differenciáló/elébevágó szabályozás, D-szabályozás; ~ **control rod worth** *at* differenciális rúdértékesség; ~ **control valve** differenciálvezérelt szelep; ~ **cross** → ~ spider; ~ **cross-pin** *gép* kiegyenlítőmű keresztcsapszege, bolygókeréktengely; ~ **cross-section (DCS)** *at* differenciális hatáskeresztmetszet; ~ **crown wheel** *gépk* differenciálmű (nagy) tányérkereke; ~ **current** különbözeti áram; ~**-current-operated protection** *koh* különbözeti védelem, differenciálvédelem; ~ **curve** differenciálgörbe; ~ **detector** differenciáldetektor; ~**-difference equation** *mat* differencia-differenciálegyenlet; ~ **dilution heat** *vegy* differenciális oldáshő; ~ **discriminator** *mat* differenciáldiszkriminátor; ~ **disintegration** *bány* szelektív aprítás; ~**-distance system** *rep* távolságkülönbözeti navigációs rendszer; ~ **distillation** szakaszos/frakcionált lepárlás; ~ **draught/draft ga(u)ge** különbségi huzatmérő; ~ **drive** → ~ gear; ~ **dyeing** *tex* kontrasztszínezés; ~ **element** *aut* differenciálótag; ~ **energy flux density**, ~ **energy fluence rate** *at* differenciális energiafluxussűrűség; ~ **engine** *rep* forgómotor, rotációs motor; ~ **equation (DE)** *mat* differenciálegyenlet; ~ **equation with retarded argument** *mat* késő argumentumú differenciálegyenlet; ~ **erosion** *geol* differenciált erózió; ~ **excitation** *koh* kiegyenlítő/ellenkompaundált gerjesztés; ~ **field motor** osztott gerjesztésű motor; ~ **flo(a)tation** *bány, koh* szelektív flotálás; ~ **fluence rate**, ~ **flux density** → ~ particle flux density; ~ **fly frame** *tex* differenciál-szárnyasorsó; ~ **forward resistance** differenciális nyitóirányú ellenállás; ~ **gain** *el* differenciálmódú erősítés; ~ **galvanometer** differenciál-galvanométer; ~ **gap** *aut* kétfokozatú szabályozás átfedéssel; ~ **gas-lever** *rep* differenciál-gázemeltyű, differenciál-gázkar; ~ **gas liberation** *ol* differenciális gázkiválás; ~ **gas lift valve** *ol* differenciális segédgázszelep; ~ **ga(u)ge** differenciál-manométer; ~ **gear** *gép* differenciálmű, kiegyenlítőmű, differenciálhajtómű, kiegyenlítő hajtómű; ~ **gear case** → ~ case; ~ **gear-train** *gépk* bolygókerekes differenciálmű; ~ **gear with bevel wheels** *gépk* kúpkerekes differenciálmű; ~ **gear with self-locking device** *gépk* önzáró kiegyenlítőmű; ~**-geometric** differenciálgeometriai; ~ **geometry** differenciálgeometria; ~ **governor** különbözeti szabályzó, D-szabályzó; ~ **head** *hidr* vízszintkülönbség; ~ **hog(ging)** *ép* egyenlőtlen felhajlás *(födémpaneloké)*; ~ **increment** *mat* végtelen kis növekmény; ~ **indexin** *gép* kiegyenlítő osztás *(osztófejjel)*; ~ **input voltage** *el* differenciális bemeneti feszültség; ~ **inverse resistance** *félv* differenciális záróirányú ellenállás; ~ **ionization-chamber** differenciálionizációs kamra; ~ **ion pump** *vák* differenciá-

lis (porlasztásos) ion-getterszivattyú; ~ **leak detection** *vák* differenciális lyukkeresés; ~**-lock(ing) device** *gép* differenciálzár, kiegyenlítőmű-zár; ~ **log** *geof* differenciális szelvény; ~ **manometer** differenciálmanométer, nyomáskülönbség-mérő, differenciális nyomásmérő; ~ **measurement** differenciális mérési módszer; ~ **measuring instrument** *koh* differenciálmérő, differenciamérő; ~ **mechanism** → ~ gear; ~**-mode signal** differenciáljel; ~ **modulation** *el* differenciálmoduláció; ~ **motion** *gépk* kiegyenlítőmű; ~ **nut** *gép* kiegyenlítő anyacsavar, differenciálanya; ~ **of area** *mat* felületelem, elemi/infinitezimális felület, felszínelem; ~ **of degree 1** *mat* elsőfokú differenciál; ~ **of degree n** *mat* n-ed fokú differenciál; ~ **of the first kind** *mat* elsőfajú (Abel-)differenciál; ~ **of the n-th order** *mat* n-edik/n-edrendű differenciál; ~ **operator** *mat* differenciáloperátor; ~ **particle flux density** *at* differenciális részecskefluxus-sűrűség; ~ **pawl** *gép* differenciálzár, kiegyenlítőmű-zár; ~ **permeability** *el* differenciális permeabilitás; ~ **phase** *távk* differenciális fázis; ~ **phase shift keying (DPSK)** *távk* differenciális fázisbillentyűzés; ~ **pick-up** differenciál-jeladó; ~ **pinion** *gépk* (differenciál-)bolygókerék; ~**-pinion shaft** *gépk* bolygókeréktengely; ~ **piston** *hidr* differenciáldugattyú, lépcsős dugattyú; ~ **piston pump** *hidr* differenciálszivattyú; ~ **plunger** → ~ piston; ~ **pressure** nyomáskülönbség, nyomásesés, nyomáscsökkenés; effektív nyomás; *geof* depresszió; differenciális nyomás; ~ **pressure belltype manometer** harang típusú differenciál-nyomásmérő; ~ **pressure control** differenciál-nyomásszabályozás, nyomáskülönbség-szabályozás; ~ **pressure controller** differenciál-nyomásszabályozó; nyomáskülönbség-szabályozó; ~ **pressure flowmeter** változó nyomásesésű áramlásmérő; ~ **pressure ga(u)ge** → ~ manometer; ~ **pressure indicator** nyomáskülönbség-indikátor; ~ **pressure producer** differenciális nyomásérzékelő; ~ **pressure recorder** nyomáskülönbség-regisztráló; ~ **pressure regulator** nyomáskülönbség-szelep; ~ **pressure switch** differenciál-nyomáskapcsoló; ~ **pressure transducer** nyomáskülönbség-jeladó; ~ **pressure transmitter** differenciális nyomásérzékelő; nyomáskülönbség-jeladó; ~ **protection,** ~ **protecting system** *koh* különbözeti védelem, differenciálvédelem; ~ **pulley (block)** differenciális csigasor, differenciál-csigasor(os emelő); ~ **pump** differenciálszivattyú; ~ **quenching** *hők* helyi edzés; ~ **quotient** *mat* differenciálhányados, derivált; ~ **radiation-type autocompensating detector** differenciális sugárzásérzékelő autokompenzációs detektor; ~ **reactivity** *at* differenciális reaktivitás; ~ **receiver** differenciálvevő; ~ **reduction** *koh* szelektív redukálás; ~ **reel** *élip* központfutó szita; ~ **relay (DR)** különbözeti relé, differenciálrelé, differenciál-jelfogó; ~ **repeater** → ~ receiver; ~ **resistance** differenciális/dinamikus ellenállás; ~ **resistance bridge** differenciáltranszformátoros impedanciamérő híd; ~ **scanning colrimeter (DSC)** differenciálkolriméter; ~ **scattering cross section** *at* differenciális szórási hatáskeresztmetszet; ~ **screw** differenciálcsavar; ~ **screw-jack** differenciálcsavaros kocsiemelő; ~ **selsyn** *aut* differenciálszelszín; ~ **servo** *aut* differenciális követő rendszabályozási rendszer; ~ **settlement/settling** *talt* egyenlőtlen süllyedés; ~ **shaft** → ~ axle; ~ **side bearing** *gép* bolygóházcsapágy; ~ **side gear** *gépk* differenciál-féltengely kúpkereke; rózsakerék *(differenciálműben)*; ~ **solvent** *vegy* differenciáló/szelektív oldószer; ~ **speed disc/disk cutter** *forg* változtatható sebességű körkés/tárcsakés; ~ **spider** *gépk* differenciálkereszt, differenciál-bolygókerekek tengelykeresztje; ~ **spider pinion** → ~ pinion; ~ **SP-log(ging)** *geol* differenciális SP-szelvény; ~ **spur gear** differenciál-homlokkerék; ~ **sputter-ion pump** → ~ ion pump; ~ **sucker rod pump** *ol* differenciális mélyszivattyú; ~ **surge(-)tank** *hidr* osztott lengéscsillapító medence; ~ **synchro receiver** vevő differenciálszelszin; ~ **synchro transmitter** adó differenciálszelszin; ~ **tackle** *hajó* differenciál-csigasor; ~ **telesyn** *el* távvezérlésű differenciál-szinkronmotor; ~ **temperature survey** *ol* differenciális hőmérséklet-szelvényezés; ~ **thermal analysis (DTA)** *vegy* termikus differenciálanalízis, differenciál-termoanalízis, DTA; ~ **thermoanalysis** → ~ thermal analysis; ~ **thermocouple** differenciatermoelem, differenciál-termoelem; ~ **thermogravimetry (DTG)** *vegy* differenciál-termogravimetria, DTG; ~ **thermometer** differenciál-hőmérő; ~ **thread** *gép* differenciálmenet; ~ **threshold** differenciaküszöb, észlelési küszöb; *hang* hangkülönbség-küszöbérték; ~ **tone** különbözeti hang *(lebegő)*; ~ **transducer** differenciális jeladó; ~ **transformation** *rendsz* differenciáló transzformáció, differenciátor, D-tag; ~ **transformer** *el* differenciáltranszformátor; ~ **transformer bridge** differenciáltranszformátoros mérőhíd; ~ **transmitter** *aut* differenciál-távadó; *tex* differenciáltovábbító; ~ **twin condenser** differenciálkondenzátor; ~ **valve** nyomásdifferenciával vezérelt segédgázszelep, differenciális szelep; ~ **voltage gain** *szt* differenciális feszültségerősítés; ~ **(wall) sticking** *ol* lyukfalra tapadás; ~ **wattmeter** differenciál-wattmérő, Johnson-féle teljesítménymérő; ~ **weir** *hidr* differenciális bukó; ~ **wheel** *gépk* féltengely-kúpkerék, rózsakerék *(differenciálműben)*; ~ **white count** *at* leukocitaformula; ~ **winding** *távk* differenciáltekercselés; ~**-wound motor** differenciálkompaund motor

differentiate megkülönböztet, szétválaszt; *mat* differenciál

differentiated | **boss** *geol* differenciálódott tömb; ~ **dike** *geol* differenciálódott telér

differentiating | **action** differenciáló hatás; ~ **circuit** *el* differenciáló áramkör, differenciálókapcsolás; ~ **element** *aut* differenciálótag, differenciálóelem, fázissiettető tag/elem; ~ **network** differenciáló hálózat/négypólus; ~ **solvent** differenciáló/szelektív oldószer; ~ **transformer** differenciáló transzformátor

differentiation differenciálódás, elkülönülés; differenciáció, megkülönböztetés; *mat* differenciálás, deriválás; ~ **by crystallization** szétválasztás kristályosítással; ~ **by terms,** ~ **term by term** *mat* tagonkénti differenciálás; ~ **due to gravity** *geol* gravitáció okozta elkülönülés; ~ **element** *aut* differenciáló tag, D-tag; ~ **with respect to x** x (változó) szerinti differenciálás

differentiator *aut* differenciálóegyég, differenciálótag; *el* differenciáló (áram)kör; fázissiettető tag/elem; *mat* differenciátor, derivátor; *rendsz* differenciátor, D-tag, differenciáló transzformáció

difficult nehéz; ~**-to-form metal** nehezen alakítható fém; ~**-to-machine** nehezen forgácsolható/megmunkálható; ~**-to-weld metal** nehezen hegeszthető fém
diffluence *fiz* diffluencia
difform difform; ~ **system** *vegy* difform rendszer
difformation *vegy* difformálás; ~ **energy** *vegy* difformálási energia
diffract *fiz* diffrakciót szenved; letérít, elhajlít, szétszór *(hullámokat)*; megtör *(fénysugarat)*, elhajlik
diffracted | beam *opt* elhajlított sugárnyaláb; ~ **wave** *geof* diffraktált hullám; *hang* szórt/elhajlított hullám
diffraction *fiz* diffrakció, elhajlás; *opt* sugáreltérítés, sugárelhajlás, fényelhajlás, diffrakció; *távk* diffrakció, hullámelhajlás; ~ **analysis** diffrakciós analízis; ~ **angle** *ásv* Bragg-szög; tükrözési szög; *fiz* diffrakciós/elhajlási szög; ~ **bending** *opt* fényelhajlás; ~ **by aperture** keskeny résen átbocsájtott fény elhajlása, apertúradiffrakció; ~ **by grating** rácselhajlás, (fény-)elhajlás (diffrakció)rácson; ~ **cross-section** *opt, távk* effektív diffrakciós keresztmetszet; ~ **dispersing system** rácsspektroszkóp, diffrakciós spektroszkópiai eszköz; ~ **error** diffrakciós/elhajlási hiba; ~ **fringe** diffrakciós csík/szegély; ~ **grating/grid** *fiz, opt* diffrakciórács, diffrakciós/elhajlási rács; ~ **group** *ásv* diffrakciós csoport; ~ **image** diffrakciós/elhajlási kép; diffrakciós diagram; ~ **indices** diffrakciós indexek; ~ **instrument** *at* diffrakciós műszer; ~ **limited laser** korlátozott diffrakciójú lézer; ~ **line** diffrakciós vonal; ~ **microscopy** diffrakciós mikroszkópia; ~ **of sound** hangelhajlás, diffrakció; ~ **pattern** → ~ image; ~ **peak** *at* diffrakciós csúcs; ~ **region** *opt* diffrakciós tartomány; ~ **ring** *opt* diffrakciós gyűrű; ~ **scattering** *at* diffrakciós szórás; diffrakciós szóródás, árnyékszóródás; ~ **spectrum** *opt* diffrakciós spektrum, elhajlási színkép, rácsszínkép; ~ **symbol** diffrakciós/kioltási szimbólum; ~ **wave** szórt hullám
diffractive *fiz* diffrakciós, elhajlító, (szét)szóró; ~ **effect** szétszóró hatás
diffractogram diffraktogram
diffractometer diffraktométer; diffraktográf; ~ **trace** diffraktométergörbe
diffractometry diffraktometria
diffusante diffundáló anyag
diffusate átdiffundált anyag; *vegy* diffundált gáz; diffuzátum, diffúzió terméke
diffuse I. *v* áraszt, sugároz *(fényt, hőt)*; szétoszlat; (szét)terjeszt; szétoszlik, szétárad, szétterjed; *fiz, félv* diffundál; *opt* (szét)szór; szóródik; **II.** *a at, opt* diffúz, szórt; ~ **boundary** diffúz/elmosódott határ; ~ **celestial radiation/light** *met* égboltsugárzás; ~ **emission source** *környv* diffúz emisszióforrás; ~ **field** → ~ sound field; ~ **halation** *foto* kiterjedt fényudvar; ~ **illumination** *met* szórt fényű megvilágítás; *opt* diffúz megvilágítás; szórt fény; ~ **into** *v hők* bediffundál; ~ **junction** → diffused junction; ~ **layer** *hidr* diffúz réteg; ~ **lighting** diffúz/szórt fény; szórt fényű világítás; ~ **nebula(e)** *csill* diffúz köd, kozmikus gáz- és porköd; ~**-porous** *fa* szórt likacsú; ~ **radiation** *fiz* diffúz/szórt sugárzás; *met* égboltsugárzás; ~ **radiation spectrum** diffúz/szórt sugárzás spektruma; ~ **reflectance** szórt visszaverési tényező; ~**-reflecting screen** *film* szórt vetítőernyő; ~ **reflection** diffúz/szórt visszaverődés, diffúz szórás; ~ **rod** *ásv* diffúz rúd; ~ **scattering** diffúz szórás; *at* diffúz szóródás; ~ **series** *fiz* diffúz sorozat, első mellékszériesz/melléksorozat *(spektrumban)*; ~ **solar radiation** diffúz napsugárzás, szórt sugárzás; ~ **sound** diffúz/szórt hang; ~ **sound control** *ép* zajvédelem; ~ **sound field/space** diffúz/szórt hangtér; ~ **spectral line** elmosódott/életlen színképvonal; ~ **tint** *tex* elmosódott színeződés; ~ **transmission** *opt* szórt áteresztés; ~ **transmittance** szórt áteresztési tényező; ~**-type centrifugal pump** örvényszivattyú; ~ **water pollution** *környv* diffúz vízszennyezés
diffused elmosódott; *at, opt* diffúz, szórt; ~**-air aeration** *hidr* légnyomásos/légdiffúziós szennyvíz-levegőztetés; ~**-base technique (DBT)** *félv* diffúziós technika; ~**-base transistor** *félv* diffúziós tranzisztor; ~ **daylight** szórt nappali fény; ~ **illumination** szórt fény; ~ **junction** *félv* diffúziós p-n-átmenet; diffúziós/diffundáltatott réteg/átmenet; ~ **layer** → ~ junction; ~ **light** szórt fény; ~ **lighting** szórt világítás; ~ **radiation** diffúz/szórt sugárzás; ~ **resistor** *félv* diffundált ellenállás; ~ **skin** diffúziós bevonat; ~ **transistor** *félv* diffundált tranzisztor
diffusely scattered diffúzan szórt
diffuser diffúzor, porlasztó; *cu* diffuzőr(berendezés); *élip* diffúziós edény; *ép* anemosztát; befúvószerkezet, levegőbefúvó szerkezet; *hang* szóróernyő, szórófelület; *hidr* bővítőcső; *opt* szórótest, diffúzor; *pa* diffuzőr; ~ **blade** → ~ vane; ~ **grid** *hidr* lassítórács, lapátrács; ~ **loss** *hidr* diffúzorveszteség, diffúzorellenállás; szelvénybővülési veszteség; ~ **performance** *rep* diffúzor teljesítménye; ~ **plate** *gépk* légkamra toroklemeze; ~ **throat** (diffúzor)torok; ~**-type centrifugal pump** turbinaszivattyú; ~ **vane** *hidr* diffúzorlapát; terelőlapát *(szivattyúé)*; ~ **washing** *pa* diffúziós mosás
diffusibility diffúziós/diffundáló képesség, diffundáltathatóság
diffusible diffundáló, diffundálni képes
diffusing diffúzió, diffundálás; ~ **cone** *rád* kónuszmembrán; ~ **disk** *foto* lágyítótárcsa, lágyító *v.* lágy rajzú előtét; ~ **glass** homályos üveg, opálüveg, tejüveg; ~ **panel** *opt* szóróernyő, szórófelület; ~ **screen** *film* szóró vetítőernyő; *foto, opt* szóróernyő, szórófelület; *szt* fénykibocsájtó (kép)ernyő *(mikrofilmtechnika)*; ~ **well** → diffusion well
diffusion szétárasztás, szétterjesztés, szétszórás; szétterjedés, (szét)szóródás; diffúzió; *cu* lényerés, diffúzió; *ép* páraáthatolás; *félv, fiz* diffúzió, diffundálás; *hők* bediffundáltatás; *opt* szórás; *rád* műsorközlés, műsorszórás; ~ **aerator** diffúziós levegőztető; ~ **air pump** diffúziós légszivattyú/vákuumszivattyú; ~ **alloying** diffúziós ötvözés; ~ **annealing** *hők* diffúziós lágyítás, homogenizáló izzítás; ~ **apparatus** → ~ equipment; ~ **approximation** *at* diffúziós közelítés; ~ **area** diffúziós terület; ~ **barrier** → ~ membrane; ~ **battery** *cu* diffúziós telep; ~ **bleaching** *pa* diffúziós fehérítés; ~ **bond** diffúziós hegesztett kötés; ~ **brazing** diffúziós (kemény)forrasztás; ~ **calculation** *at* diffúziós számítás; ~ **capacitance** *félv* diffúziós kapacitás; ~ **cascade** *at* diffúziós kaszkád; ~ **casing** *hidr* terelőlapátos szivattyúház; ~ **cell** diffúziós cella; ~ **chamber** *hidr* diffúzor-csigakamra; *met* diffúziós kamra; ~ **chips** *cu* (édes, friss) répaszelet; ~ **chroming/chromizing** *hők* diffúziós kromálás; ~ **climatology** diffúzióklimatológia; ~ **cloud chamber** *at*

diffúziós ködkamra; ~ **coating** *hők, koh* diffúziós bevonás/bevonat; ~ **coefficient/constant** diffúziós koefficiens/tényező/együttható/állandó; diffúzióállandó, diffúziókoefficiens; ~ **column** *cu* diffúziós torony; ~**-controlled exchange process** *ásv* diffúzió megszabta helyváltoztatási folyamat; ~**-controlled growth** *ásv* diffúzió megszabta növekedés *(kristályé)*; ~**-controlled limiting current** telítési áram, határáram; ~ **cooling** *at* diffúziós hűtés; ~ **cross section** diffúziós hatáskeresztmetszet; ~**-crystallizer** diffúziós kristályosító; ~ **current** diffúziós áram; ~ **current density** diffúziósáram-sűrűség; ~ **depth** diffúziómélység, diffúziós réteg mélysége; ~ **diode** diffúziós dióda; ~ **equation** *at* diffúziós egyenlet, diffúzióegyenlet; ~ **equipment** *cu* diffúziós berendezés, diffuzőr(berendezés); ~ **factor** *opt* szórási tényező; ~ **feed water** *cu* (diffúziós) kilúgzóvíz; ~ **free path** *at* diffúziós/szórási szabad úthossz; ~ **front** *félv* diffúziós front; *met* diffúz front; ~ **furnace** *félv* diffúziós kályha; ~ **hygrometer** diffúziós higrométer/légnedvességmérő, Greinacher-higrométer; ~ **juice** *cu* diffúziós lé, nyerslé; ~ **kernel** *at* diffúziós magfüggvény, diffúzióegyenlet Green-féle függvénye; ~ **layer** *koh, vegy* diffúziós réteg; ~ **length** *félv* diffúziós (út-)hossz; ~ **membrane** diffúziós membrán; ~ **method** diffúziós módszer; ~ **of air** *ép* légátbocsátás, légáteresztés; ~ **of heat** hődiffúzió, termodiffúzió; ~ **of interstitials** *ásv* rácsközi atomok diffúziója; ~ **of vacancies** *félv* lyukdiffúzió, üreshely-diffúzió; ~ **oven** → ~ furnace; ~ **overpotential/overvoltage** *koh* diffúziós túlfeszültség; ~ **path** *at* diffúziós/szórási úthossz; ~ **plant** gázdiffúziós izotópszeparáló üzem; ~ **potential** *geof, vegy* diffúziós potenciál/feszültség; ~ **process** diffúziós folyamat; ~ **product** → diffusate; ~ **pulp water** → ~ juice; ~ **pump** diffúziós szivattyú; ~ **rate** diffúziósebesség; ~ **room** visszhangszoba, erős utánzengésű terem; ~ **separating column** *ol* diffúziós elválasztó/leválasztó kolonna/torony; ~ **stage** diffúziós fokozat; ~ **sulphide/sulfide** szulfinizálás, szulfiddiffúzió; ~ **system** → ~ equipment; ~ **technology** *félv* diffúziós eljárás; ~ **technology** *szt* diffúziós technológia; ~ **theory** diffúzióelmélet; ~ **through the boundary layer** *koh* határréteg-diffúzió; ~ **thyristor** diffúziós tirisztor; ~ **time** diffúziós idő; ~ **time of charge carriers** töltéshordozók diffúziós ideje; ~ **tower** *cu* diffúziós torony; ~ **transistor** diffúziós tranzisztor; ~ **under film (DUF)** *félv* rejtett/eltemetett réteg; ~ **vane** vezetőlapát *(szivattyúé)*; ~ **velocity** diffúziósebesség; ~ **ventilation** *bány* diffúziós szellőztetés; ~ **waste water** → ~ pulp water; ~ **welding** diffúziós hegesztés; ~ **weld metal** felhígult varratfém; ~ **well** *hidr* talajvíztápláló/talajvízdúsító kút

diffusional growth *fiz* diffúziós növekedés

diffusionless | exchange process *ásv* diffúziómentes helyváltoztatás; ~ **lattice transformation** *ásv* diffúziómentes rácsátalakulás

diffusive process *rep* szétszóródási folyamat

diffusivity diffuzivitás; ~ **equation** diffúzióegyenlet; ~ **value** → diffusion coefficient

diffusograph *met* diffuzográf

diffusor → diffuser

difluorodichlormethane *vegy* difluor-diklór-metán

dig I. *v* belevág; ás, felás, leás, kiás; *bány* jöveszt, termel, kinyer; *ép* ás, kotor, földet kiemel; *szersz* bevág/behasít *(helytelenül munkadarabba)*; **II.** *n* → digging; ~ **in** *v* beás, betemet; elás, földbe ás; betemetődik; *gép* bevág, befúr, bevágódik, befúródik; ~**-in angle** bevágási szög; ~ **up** *v* kiás; *bány* kinyer; termel

digallic acid *vegy* digalluszsav, m-galloil-galluszsav

digamma function digamma-függvény

digenite *ásv* digenit

digest I. *v* emészt, megemészt, felemészt, digerál; csoportosít, rendszeresen eloszt; kivonatol; *élip* lúgoz; *mzg* érlel *(komposztföldet, istállótrágyát)*; *pa* feltár *(cellulózt)*; *vegy* digerál, roncsol, feltár; hevítéssel kilúgoz; **II.** *n* tömör összefoglalás, (rövid) kivonat; *vegy* digerálás

digested | sludge *hidr* kirothadt iszap; *környv* rothasztott iszap; ~ **water** *környv* rothadó víz

digester főzőüst, főzőkazán, autokláv; feltáróüst, feltárókazán; *élip* zsírolvasztó készülék; *gumi* devulkanizátor; *pa* főző; ~ **brick** főzőfalazó tégla; ~ **for brown woodpulp** *pa* fagőzölő; ~ **gas** *hidr* biogáz, rothasztógáz; iszapgáz; ~ **house** *pa* főzőház; ~ **lining** *pa* főzőbélés, főzőfalazat; ~ **silo** *pa* főzősiló

digestery *pa* cellulózfőző üzem, főzőüzem, főzőház

digesting | basin *hidr, környv* rothasztómedence; ~ **liquor** *koh* feltárólúg; ~ **sludge** *hidr* rothadó iszap

digestion emésztés, digerálás; érlelés; *élip* digerálás; *koh* feltárás; *környv* rothasztás; *pa* feltárás *(cellulózé)*; *vegy* roncsolás, feltárás, digerálás; ~ **area/chamber** *hidr* rothasztótér; ~ **pressure** *koh* feltárási nyomás; ~ **tank** *környv* rothasztótartály

digestive roncsoló, emésztő

digestor → digester

digger földkiemelő, kotró(gép); bányász, vájár; ásószerszám; földmunkás, kubikos; *ép* (pneumatikus) ásókalapács; ~ **blade** *mzg* kiemelőkés; ~ **plough/plow** talajlazító eke

digging földkiemelés; (ki)bányászás; anyagtermelés; *bány* külművelés, földmunka; *ép* nyesés; ~ **angle** *bány* bevágási szög *(külfejtés)*; ~ **depth** *ép* ásási mélység; fogásvastagság *(talajgyalué)*; ~ **down** *ép* magaskotrás; ~ **dredge(r)** úszókotró; ~ **grab** kotrómarkoló, ásómarkoló; ~ **height** ásómagasság *(kotró üzemi mérete)*; ~ **in depth** mélykotrás; magaskotrás; ~ **in length** mélykotrás; ~ **ladder** *ép* meríték; ~ **lip** *bány* vágóél; ~ **method** *ép* kotrási mód; ~ **of peat** tőzegfejtés, tőzegvágás; ~ **plough/plow** földforgató eke; ~ **rear attachment** függesztett kotrószerelék; ~**s** ásatás(ok); *bány* bányakerület, bányavidék, bányavállalat; kutató létesítmény *(kis mélységig)*; ~ **up** mélykotrás; ~ **wheel** *ép* vederkerék; ~ **with scraper** nyesés

digit *mat, szt* (arab) számjegy, egyjegyű szám, hely *(számé)*, digit; ~ **absorber** *távb* kereső; ~ **absorbing device/selector** *aut* adóbillentő, adóbillentyű; ~ **absorption** (áram)impulzusok elnyomása/kiszűrése; ~ **check code** *szt* (számjegy)ellenőrző kód; ~ **compression** *szt* számjegy-adattömörítés; ~ **impulse** számjegyimpulzus; ~ **in the units place** egyesek helyén álló számjegy; ~**-key strip** *távb* számbillentyűsáv; ~ **place** *szt* számjegypozíció; ~ **position** *szt* számjegypozíció; *távk* digithelyzet; ~ **rate** *távk* digitsebesség; ~ **representation** digitális ábrázolás; ~ **selector**

számelosztó; **of many ~s** többjegyű; **~ time slot** bitidőrés, digitidőrés

digital digitális, számjegyes, numerikus; **~ adder** *szt* digitális összeadó; **~ AIDS recorder** *rep* digitális AIDS rögzítő; **~ angle measuring system** digitális szögmérőrendszer; **~ audiodisk (DAD)** *hang* digitális hanglemez; **~ audio tape (DAT)** *szt* digitális hangszalag, DAT; **~ averager** digitális középértékképző; **~ belt scale** *bány* digitális szalagmérleg; **~ camera** *szt* digitális kamera; **~ caption system** tv-feliratozó; **~ channel** digitális csatorna; **~ circuit** digitális/logikai áramkör; **~ clock** digitális (jelzésű) óra; **~ coding of conceptions** fogalmak numerikus kódolása, numerikus fogalomkódolás; **~ comparator** *szt* digitális komparátor; **~ compensating element** digitális kompenzálószerv; **~ computer (DC)** digitális számítógép/komputer/számológép; **~ control** számjegyes/digitális/numerikus irányítás/szabályozás/vezérlés; **~ control circuits theory** digitális szabályozási körök elmélete; **~ control computer** irányító digitális számológép; **~ control element (DCE)** *szt* digitális vezérlőelem, DCE; **~ controller** digitális szabályozó; **~ control transformer** digitális mérőváltó; **~ conversion receiver (DCR)** *szt* digitális átalakítást végző berendezés, DCR; **~ converter** (analóg-)digitális átalakító; **~ data (DD)** *szt* digitális adat, DD; **~ data base** digitális adatbázis; **~ data conversion equipment (DDCE)** *szt* digitális adatátalakító berendezés, DDCE; **~ data elevation** digitalizálás; **~ dataphone service (DDS)** *szt* digitális átviteli szolgáltatás, DDS; **~ data processor (DDP)** *szt* digitális adatprocesszor, DDP; **~ data transmission (DDT)** digitális adatátvitel; **~ differential analyzer (DDA)** *szt* digitális differenciálanalizátor, DDA; **~ display (DD)** *szt* digitális/számjegyes kijelzés; digitális megjelenítő; **~ display scope (DDS)** *szt* digitális oszcilloszkóp, DDS; **~ display unit** digitális indikálóegység/kijelző; **~ divider (DD)** *szt* digitális osztó, DD; **~ element (DE)** *szt* digitális elem, DE; **~ encoding of television signals** televíziójelek digitális kódolása; **~ equipment (DE)** *szt* digitális készülék, DE; **~ error noise** kódtévesztési zaj; **~ filter** digitális szűrő; **~ flight data recorder** *rep* digitális fedélzeti repülési adatrögzítő; **~ frequency meter** digitális frekvenciamérő; **~ indication** digitális indikálás/kijelzés; **~ indication of balances** digitális/számjegyes kijelzés mérlegeknél; **~ indicator tube** digitális indikálócső; **~ integrated circuit** digitális integrált áramkör; **~ integrating differential analyser/analyzer** digitális differenciálanalizátor; **~ integrator** digitális integrátor; **~ interpolator** digitális/numerikus interpolátor; **~ laser beam deflector** digitális lézersugár-eltérítő berendezés; **~ length measurement** digitális hosszmérés; **~ line section** digitális vonalszakasz; **~ link** digitális összeköttetés; **~ magnetic strip(e) reader** *szt* digitális mágnescsíkolvasó; **~ main line** digitális fővonal; **~ measuring apparatus/device/instrument/unit** digitális mérőeszköz/(mérő-)műszer; **~ multiplex hierarchy** digitális multiplex hierarchia; **~ multiplexing equipment** digitális multiplikáló berendezés; **~ network** digitális hálózat; **~ ohm meter with limit value checking** határérték-ellenőrzéses digitális ohmmérő; **~ optical recording (DOR)** *szt* digitális optikai adatrögzítés, DOR; **~ path** digitális út; **~ phase meter** digitális fázismérő; **~ picture** digitális kép; **~ position measurement** digitális helyzetmérés; **~ precision voltage measurement** digitális (precíziós) feszültségmérés; **~ read-out** digitális kijelzés; **~ recorder** digitális/numerikus regisztráló; **~ representation** *szt* audio digitális hang(rendszer); digitális ábrázolás; **~ resolution** *szt* digitális felbontóképesség, digitális felbontás; **~ section** digitális szakasz; **~ sensitive element** digitális érzékelőelem; **~ signal** digitális jel; **~ simulator** digitális szimulátor/modellezőkészülék; **~ speech interpolation (DSI)** *szt* digitális beszédinterpoláció; **~ subset** → **~** terminal; **~ sum variation (DSV)** digitálisösszeg-változás; **~ switching** *távb* digitális kapcsolási mód; **~ technique** digitális technika; **~ telecommunication system** digitális hírközlő rendszer; **~ terminal (equipment)** digitális végberendezés/terminál; **~ tilt meter** digitális dőlésmérő; **~-to-analog converter (DAC)** *szt* digitális-analóg átalakító, DAC; **~-to-analog(ue) conversion (DAC)** *el* digitális-analóg átalakítás; **~-to-analog(ue) converter (DAC)** *el* digitális-analóg átalakító/konverter; **~-to-digital converter** digitális átalakító; **~ transmission** *szt* digitális (adat)átvitel; **~ transmission path** digitális átviteli áramkör; **~ voltmeter (DVM)** digitális voltmérő

Digital Equipment Corporation (DEC) *szt* DEC *(cég)*

digitalization *szt* digitalizálás

digitalized | data digitalizált adat; **~ measured values** számjegyes/numerikus alakban kijelzett mérési értékek

digitize (analóg jelet) digitálissá átalakít, digitalizál, digitizál

digitized digitális, számjegyes, numerikus; **~ fount** *szt* karakter digitális leírása *(fényszedés)*

digitizer digitálissá alakító, digitizáló, digitális/analóg-digitál átalakító/konverter; *szt* rajzdigitalizáló; **~ plotter system (DPS)** *szt* digitalizáló-rajzoló rendszer, DPS

digitizing digitális ábrázolás, digitalizálás, átalakítás kettes számrendszerbe

digitonin *vegy* digitonin

digitron *el* digitroncső, Nixie-cső

diglycol → diethylene glycol

diglycolic acid *vegy* diglikolsav

digon *mat* kétszög

digonal *ásv* digir

digraph *mat* irányított gráf, digráf

digress eltér, elhajlik; visszalép

digression *csill* digresszió, elongáció

digyre *ásv* digir

digyric *ásv* diagonális

dihedral I. *a* diéderes, diéder; **II.** *n mat* lapszög, kétlap, diéder-; *rep* V-állás, V-beállítás *(szárnyé)*; **~ angle** lapszög, diéderszög; *rep* V-állás szöge; **~ space group** *ásv* diéderes tércsoport

dihedron *mat* lapszög, kétlap, diéder; **~ group** *ásv* diédercsoport

diheptal base/socket *el* 14 csapos csőfej/foglalat, diheptál foglalat

dihexagonal | dipyramid *ásv* dihexagonális bipiramis; **~ dipyramidal class** *ásv* dihexagonális bipiramisos osztály; **~ prism** *ásv* dihexagonális prizma; **~ pyramidal class** *ásv* dihexagonális piramisos osztály

dihydric | alcohol *vegy* kétértékű alkohol; **~ phenol** *vegy* kétértékű fenol

dihydrite *ásv* dihidrit
dihydroresorcinol *vegy* dihidrorezorcin, ciklohexándion
dihydroxy alcohol *vegy* kétértékű alkohol
dihydroxyacetone *vegy* dihidroxi-aceton
dihydroxybenzene *vegy* dihidroxi-benzol
di-indium trioxide *vegy* diindium-trioxid, indium(III)-oxid
diiodotyrosine *vegy* 3,5-dijód-tirozin, jódgorgosav
di-ionic electrolyte biner elektrolit
diisobutylene *vegy* alfa-diizobutilén, 2,4,4-trimetil-1-pentén
diisocyanate *vegy* diizocianát
diisotactic polymer *műa* diizotaktikus polimer
dike I. *v* gáttal véd, töltéssel vesz körül; *hidr* lecsapol, víztelenít *(árokkal)*; **II.** *n* (föld)gát, rőzsegát, halelzáró gát; *bány* hasadék; vulkáni kőzettel telt telér; *geol* kisebb betörés a földkéregbe; *hidr* gát, töltés; vízlevezető árok, csatorna; ~ **breach** *hidr* gátszakadás; ~ **closure** *hidr* kulissza; ~ **drain** *hidr* ártéri nyílás; csőzsilip; ~ **formed by two rows of piles** *hidr* jászolgát; ~ **lock** *ép* zárógát; *hidr* (cső)zsilip; ~ **master** *hidr* gátőr; ~ **pavement** *hidr* töltésburkolat; ~ **rocks** *bány* telérvezető kőzet, telérkőzet; ~ **rupture** *hidr* gátszakadás; ~ **slumping** *hidr* töltésrogyás; ~ **soaking** *hidr* töltésátázás; ~ **swarm** *bány* kísérő telérzsinórok
diked marsh (belvízi) öblözet
diker földmunkás, kubikos; árokásó (kotró)
diketen(e) *vegy* diketén
diketone *vegy* diketon
diketopiperazine *vegy* diketo-piperazin
diking *hidr* gátépítés, töltésépítés, feltöltés
dikite *ásv* anauxit
DIL → dual-in-line
dilatability nyújthatóság, tágíthatóság
dilatable táguló, nyújtható, ~ **soil** *talt* duzzadó talaj
dilatancy *talt* talaj(ki)tágulás(i képesség); *vegy* dilatancia; ~ **of sand** *talt* fellazulás
dilatant fluid *ol* dilatáns folyadék
dilatation dilatáció, (meg)nyúlás, hosszelváltozás; (ki)tágulás; kitágítás; *geol* szeizmikus hullámtörés; *hőt* hő(ki)tágulás, dilatáció; *mat* nyújtás, dilatáció; ~ **clearance** *gép* szerelési/illesztett hézag; ~ **gap/interval/joint** dilatációs/tágulási hézag; ~ **insert** dilatációs betét
dilatational wave *geol* kiterjedési (nyomás)hullám
dilate (ki)tágít, (ki)nyújt; (ki)tágul
dilated seam *bány* kivastagodott telep
dilation → dilatation
dilative | **soil** *talt* duzzadó talaj; ~ **transition** táguló átalakulás
dilatometer dilatométer, nyúlásmérő, tágulásmérő; térfogatváltozás-mérő
dilatometration dilatometrálás
dilatometry dilatometria, tágulásmérés
dilator tágítóeszköz, tágító műszer; tágítószer
dilatory lassú, késő, késleltetett
dill *élip* kapor; ~ **oil** kaporolaj; ~ **seed** kapormag
dillnite *ásv* dillnit
dilly (cage/carriage) *bány* állványkocsi
diluent oldó(szer), hígító(szer); *gyógyv* töltőanyag; ~ **air** hígítólevegő; ~ **steam** *ol* hígítógőz
dilutable hígítható
dilute I. *v* (fel)hígít; gyengít, tompít *(színt)*; *bány* elszegényít *(ércet)*; *élip* (fel)vizez, felereszt; **II.** *a* híg, (fel-)hígított; ~ **medium** *bány* híg szuszpenzió; ~**-phase conveying** híg áramú szállítás; ~ **sewage** híg(ított) szennyvíz; ~ **solution** híg oldat
diluted | **acetylene** disszugáz, dissous-gáz; ~ **acid** hígított sav; ~ **reactor** *at* hígított tüzelőanyagú reaktor; ~ **soluble oil** *forg* fúróolaj; ~ **weld metal** *heg* felhígult varratfém
diluting agent hígító(szer)
dilution hígítás; hígulás; ~ **effect** hígítóhatás; *at* hígulási hatás; ~ **heat** hígítási hő, hígításhő; ~ **law (of Ostwald)** (Ostwald-féle) hígítási törvény; ~ **(process) steam** *ol* hígítógőz; ~ **ratio** hígítási arány; *at* hígulási viszony; ~ **tank** *koh* hígítótartály; ~ **zone** *heg* hígulási övezet
diluvial diluviális; ~ **sediment** *geol* diluviális üledék
diluvian → diluvial
diluvium *geol* dilúvium, pleisztocén
dim I. *v* sötétít, fénytelenné tesz; letompít *(fényt)*; elhalványul, elhomályosodik *(fény)*; megfakul *(szín)*; **II.** *a* homályos, fénytelen, tompa fényű; *tex* halvány; ~ **filament** *koh* takarékkatód; ~**-out** elsötétítés, teljes fénytompítás; ~**-switch** *gépk* tompító kapcsoló *(fényszóróé)*; ~ **the headlights** *v gépk* fény(szóró)t tompít, tompított fényre vált, leveszi a fényt/fényszórót
dimedone *vegy* dimedon, methon, 5,5-dimetil-methon, 1,3-ciklohexán-dion
dimension I. *v* méretez; méretre vág; *gép* méretet meghatároz, „bekottáz"; **II.** *n fiz, mat* dimenzió, kiterjedés, méret, terjedelem; *foto* térhatás; *gép* kotta, kóta *(műszaki rajzban)*; méret; ~ **control** méretellenőrzés; *aut* dimenzióvezérlés; ~ **figure** *gép* méretszám; ~**-limit system** mérettűrési rendszer; ~ **line** *gép* méretvonal, kótavonal; ~ **lumber** méretelőírásra termelt faanyag; **of correct** ~ mérethű, (méret)pontos; ~ **of cross section** keresztmetszetméret; ~ **specification** → ~ figure; ~ **steps for drawing** *koh* húzási méretsor; ~ **stock** méretes faáru, méret szerint tároló fakészlet; ~ **stone** méretes/vágott/faragott kő; ~ **timber** → ~ lumber
dimensional dimenziós; dimenzionális; dimenziós, térbeli; méretes; ~ **accuracy** méretpontosság; mérettartóság; ~ **analysis** dimenzióanalízis; ~ **chain** *gép* méretlánc; ~ **change** méretváltozás; ~ **check** ellenőrző mérés; ~ **coordination** *ép* méretegységesítés, modulrendszer; ~ **coordination of buildings** modulkoordináció; ~ **deviation** méreteltérés, mérethiba; ~ **equation** dimenzióegyenlet, dimenzióformula; ~ **imperfection** méreteltérés; ~ **inspection** méretellenőrzés; ~ **limit** határméret; ~ **quantity** dimenziós *v.* dimenzióval rendelkező mennyiség; ~ **restorability** *tex* méret-visszaállíthatóság; ~ **specification** *gép* méretmegadás; ~ **stability** méretállandóság, mérettartás; ~ **stabilization** *tex* méretstabilizálás; ~ **standard** méretszabvány; ~ **tolerance** mérettolerancia, mérettűrés; ~ **unit** mértékegység; ~ **variation** méretingadozás
dimensionality dimenzió, kiterjedés, méret, terjedelem
dimensionally stable mérettartó
dimensioned | **drawing** (be)méretezett rajz; ~ **outline drawing** méretezett körvonalrajz
dimensioning méretezés, méretszámítás, méretmegállapítás, dimenzionálás; ~ **of ingot mo(u)ld** *koh* kokilláméretezés

dimensionless *fiz, mat* dimenzió nélküli, dimenziótlan; ~ **number** dimenzió nélküli szám; ~ **quantity** dimenziómentes *v.* dimenzió nélküli mennyiség; ~ **variable** dimenzió nélküli változó
dimer *vegy* dimer
dimeric *vegy* dimer; ~ **ester** dimer észter
dimerization *vegy* dimerizáció, dimerizálás
dimerize *vegy* dimerizál(ódik)
dimethyl | ether *vegy* (di)metil-éter, metoxi-metán; ~ **formamide (DMFA)** *vegy* dimetil-formamid; ~ **ketone** *vegy* dimetil-keton, 2-propanon, aceton; ~ **mercury** *vegy* dimetil-higany; ~ **phthalate** *vegy* dimetil-ftalát
dimethylamine *vegy* dimetil-amin
dimethylaminoazobenzene *vegy* dimetil-amino-azobenzol, vajsárga, dimetilsárga
dimethylaniline *vegy* dimetil-anilin
dimethylbenzene *vegy* dimetil-benzol, xilol
dimethylethanolamine *vegy* dimetil-etanol-amin, dimetil-amino-etanol
dimethylhydrazine dimetil-hidrazin
dimethylphenol dimetil-fenol, xilenol
dimethylsulphate, *US* **-lf-** dimetil-szulfát, kénsav-dimetil-észter
dimethylsulphoxide, *US* **-lf-** dimetil-szulfoxid
dimetric dimetrikus; ~ **projection** *mat* dimetrikus vetítés/vetület; ~ **system** *ásv* tetragonális/négyzetes rendszer
diminish apaszt, fogyaszt; kisebbít, csökkent, szűkít, keskenyít; keskenyedik; apad, fogy; csökken, kisebbedik; szűkül; *kh* fogyaszt; ~ **the concentration** hígít(ja a töménységet)
diminished | arch *el* csökkentett ív; *ép* lapos ív, szegmensív; ~ **cross section** keresztmetszet-szűkület
diminishing | glass *opt* kicsinyítőlencse; ~ **of carrier frequency** *el* vivőfrekvencia-csökkenés; ~ **pipe** csőszűkítő idom; ~ **resistance** *koh* csillapító ellenállás; ~ **response** csökkenő reakció; ~ **scale** kisebbítő/arányosító/arányító lépték/mérték; ~ **step** *ép* csigalépcsőfok, ék alakú lépcsőfok; ~ **tariff** *távk* lépcsős díjszabás
diminute number *mat* szűkölködő/deficiens szám
diminution kisebbedés, csökkenés, szűkülés, apadás, fogyás; kisebbítés, csökkentés, fogyasztás, apasztás, szűkítés, redukálás; ~ **of magnetism** mágnesség csökkenése
diminutive csökkenő, fogyó, kisebbedő; csökkentő, kisebbítő
dimity csíkos mintájú durva pamutszövet; könnyű pamut ruhaszövet
dimmed light csökkentett/tompított fény
dimmer fénytompító; fénycsökkentő/fénygyöngítő berendezés; *film, foto* elsötétítő berendezés; *opt, koh* fényszabályozó; ~ **arrangement** *rep* napellenző berendezés; ~ **control** *koh* fényerősség-szabályozó; ~ **lever/switch** *gépk* fénytompító/fényváltó kapcsoló; ~ **switch** *koh* világításcsökkentő kapcsoló; ~ **system (lighting)** *rep* világításszabályozó rendszer
dimming *tex* tompítás *(színárnyalaté)*; ~ **resistor** fénycsökkentő ellenállás
dimorphic dimorf, kétalakú
dimorphism *ásv* dimorfizmus, dimorfia
dimorphite *ásv* dimorfit
dimorphous → dimorphic

Dinantian stage *geol* dinanti emelet
dinas | brick *ker, koh* dinasztégla, dinaszkő; ~ **clay** *ker* dinasz
diner *vasút* étkezőkocsi
Dines anemometer *met* Dines-féle szélmérő, Dines-szélmérő
dinette *ép* étkezőfülke, étkezősarok
dineutron *at* dineutron
dinge I. *v* behorpaszt, benyom, bemélyít; kicsorbít; rovátkáz; **II.** *n* (be)horpadás, (be)mélyedés, benyom(ó-d)ás
dinghy dingi, kétevezős csónak; kis vitorlás; (felfújható) gumi mentőcsónak; *rep* mentőtutaj
dinging *ép* nyers/érdes vakolat; ~ **hammer** bádogoskalapács; *óra* öblözőkalapács
dingy zavaros, piszkos; nem átlátszó; *tex* halvány
dining | car *vasút* étkezőkocsi; ~ **kitchen** *ép* étkezőkonyha; ~ **recess** *ép* étkezőfülke, étkezősarok; ~ **room** *ép* ebédlő, étkező
dinitrobenzene *vegy* dinitro-benzol
dinitrocresol *vegy* dinitro-krezol
dinitrogen *vegy* dinitrogén; ~ **monoxid** nitrogén-monoxid, nitrogén(I)-oxid; ~ **oxide** dinitrogén-oxid, kéjgáz; ~ **tetroxid (DNTO)** dinitrogén-tetraoxid; ~ **trioxide** nitrogén-trioxid, nitrogén(III)-oxid
dinitronaphthalene *vegy* 1,5-dinitro-naftalin
dinitroorthocresol *vegy* dinitro-(orto-)krezol
dinitrophenol *vegy* dinitro-fenol
dinitrotoluene (DNT) *vegy* dinitro-toluol
dink *alak* kivág, leszab
dinkey *vasút* (kis) tolatómozdony; holtvágány; ~ **line** kisvasúti szárnyvonal
dinking | die kivágószerszám; ~ **machine** *bőr* csákozógép, kiütőgép, kivágógép
dinode *el* dinóda
dint I. *v* benyom, behorpaszt; *bány* talpat szed; **II.** *n* horpadás, ütés helye, mélyedés
dinting *bány* talputánvét, talpszedés
dinuclear kétmagú, dinukleáris
dioctahedral clay mineral *ásv* dioktaéderes agyagásvány
dioctahedron *ásv* dioktaéder
dioctyl | adipate *vegy* dioktil-adipát; ~ **phthalate** *vegy* dioktil-ftalát; ~ **sebacate** *vegy* dioktil-szebacát; ~-**tin maleate** *vegy* dioktil-ón-maleinát
diode *félv* dióda; ~ **absolute-value circuit** *aut* abszolút értékképző kör; ~ **anode** diódaanód; ~ **cathode** diódakatód; ~ **characteristic** diódakarakterisztika; ~ **characteristics** diódajellemzők, diódaparaméterek; ~ **circuit** diódás kapcsolás/áramkör; ~ **counter** diódás számláló(áramkör); ~ **current limiter** diódás áramkorlátozó; ~ **cutoff (region)** zárási tartomány, zárótartomány; ~ **demodulator** diódás demodulátor; ~ **detection** diódás egyenirányítás/detektálás; ~ **detector** diódás demodulátor; dióda-egyenirányító, diódadetektor; ~ **frequency changer** diódás keverő/frekvenciaátalakító/frekvenciaváltó; ~ **function generator** diódás függvénygenerátor; ~ **gate** diódainverter (áramkör); ~ **laser** diódás lézer; ~ **limiter** diódás határoló; ~ **logic/logical circuit** diódás logika(i áramkör); ~ **matrix** diódamátrix; ~ **mixer** diódás keverő; ~ **modulator** diódamodulátor, diódás modulátor; ~ **noise** diódazaj; ~ **plate voltage** diódaanódfeszültség; ~-**probe-type voltmeter** tapintó volt-

mérő; ~ **rectification** diódás detektálás/demodulálás; ~ **restorter** *tv* visszaállító dióda, szinthelyreállító; ~ **semiconductor** félvezető dióda; ~ **terminal** diódacsatlakozás; ~**-transistor logic (DTL)** dióda-inverter/dióda-tranzisztor logika, DTL ~**-transistor-logic Zener (DTLZ)** DTLZ logika; ~**-type noise generator** (diódás) zajgenerátor; ~ **voltage limiter** diódás feszültségkorlátozó; ~ **voltmeter** diódás voltmérő; ~ **with high forward conductance** meredek áteresztőirányú vezetőképességű dióda

di-oil *vegy* dinitro-toluol

diol *vegy* diol

diolefin *vegy* diolefin, dién

Diophantic → Diophantine

Diophantine | analysis *mat* diofantoszi analízis, diofantikus egyenletek elmélete; ~ **approximation** *mat* diofantoszi approximáció; ~ **equation** *mat* diofantoszi/diofantikus/határozatlan egyenlet; ~ **geometry** *mat* diofantoszi geometria

diopside *ásv* diopszid

dioptase *ásv* dioptáz

diopter *US* → dioptre

dioptre, *US* **diopter** *geod* dioptra; *opt* dioptria(szám); ~**-focussing mount** *opt* dioptriabeállító készülék

dioptric fénytörő; dioptrikus; dioptriás; ~ **collar** *geod* dioptriabeállító gyűrű

dioptrics dioptrika, fénytöréstan, sugártöréstan

dioptrometry dioptrometria, szem fénytörésének mérése

dioptry *opt* dioptria

diorama *foto* dioráma

diorite *geol* diorit; ~**-porphyrite** *ásv* dioritporfirit

diorthogroup *ásv* diortocsoport

dioxane *vegy* dioxán, dietilén-dioxid

dioxide *vegy* dioxid

dioxime *vegy* dioxim

dioxin *vegy* dioxin

dioxygene *vegy* dioxigén

dip I. *v* (be)márt, (be)merít, megmárt, megmerít, (meg)buktat; (meg)nedvesít, (meg)fürdet; áztat, itat; (el)merül, belemélyed; behajlik, belóg *(vezeték stb.)*; elhajlik *(iránytű)*; billen *(mérleg serpenyője)*; ferdül, dől, elhajlik *(réteg)*; lejtőssé/egyenetlenné válik, süllyed *(talaj)*; lejt *(út)*; *gépk* (le)tompít *(fényt)*; **II.** *n* bemártás, bemerítés, nedvesítés, áztatás, mártófürdő; (esővíz mosta) gödör, mélyedés, horpadás; süllyedés; behajlás *(vezetéké, szerkezeté)*; lejtősség, egyenetlenség *(talajé)*; festés *(bemártással)*; lejtő, lejtés; *bány* (réteg)dőlés, telepdőlés, lejtősödés; *el* belógás *(vezetéké)*; *geof, rep* mágneses lehajlás, inklikáció; *hajó* alámerülés (mértéke); *rep* merülés; ~ **accuracy** *geof* dőlésmeghatározási pontosság; ~ **angle (DA)** *bány, geol* dőlésszög; ~ **a wire** *v* fémhuzalt foncsoroz; ~ **bending** *geol* dőlés hajlata; ~**-braze** *v* bemártással/bemártva forraszt *(keményforrasszal)*; ~**-brazing** bemártó keményforrasztás, mártóforrasztás; ~ **calculation** *geof* dőlésszámítás; ~ **cement** merítőoldat *(ragasztószer)*; ~ **change** *geof* dőlésváltozás; ~ **chart** *geof* dőléskiolvasó diagram; ~ **circle** bányabusszola; *geof* lehajlásmérő, mágneseslehajlásmérő, inklinométer; ~**-coat** *v gumi, műa* mártással bevon; ~**-coated** mártás/merítés útján bevont; ~**-coated electrode** *heg* merített/mártott elektród; ~**-coater** *pa* merítő mázológép; ~**(-)coating** *heg, önt* merítéses/mártó bevonás; merítéssel készült bevonat; *műa, gumi* bevonás mártással; ~**-coating by electrophoresis** elektroforetikus festés/lakkozás; ~ **compass** → ~ circle; ~ **compound** → dipping compound; ~ **counter** *at* merülő számlálócső; ~ **determination** mágneses lehajlás meghatározása; *geof* dőlésmeghatározás; ~ **direction** mágneses lehajlásirány; *geof* dőlésirány, dőlésvonal; ~**-dyeing** *tex* merítéses színezés; ~ **entry** *bány* dőlésirányú vágat, ereszke; ~ **evidence** *geof* dőlésinformáció; ~ **fault** *geol* dőlésirányú vetődés; ~ **galvanization** tűzi/bemártó horgany(o)zás; ~**-galvanize** *v* bemártással/tűzben horganyoz; ~**-galvanized** tűzi horganyzású; ~ **ga(u)ge** *el* belógásmérő; ~ **gum** nyári csapolású fanedv *(terpentin, gyanta)*; ~ **hardening** *hők* (be)mártóedzés; ~ **heading** *bány* dőlésirányú vágat, ereszke; *geol* lefelé rétegeződő vetők lejtése; ~ **instrument** → ~ circle; ~ **joint** *geol* csuszamlási harántrepedés; ~ **line** dőlésvonal; ~ **logging** *geof* rétegdőlésmérés, rétegdőlés-szelvényezés; ~**(-)meter** *geod* rétegdőlésmérő; *geof* inklinométer; ~ **mo(u)lding** *műa* mártóformázás, mártás; ~ **needle** → dipping needle; ~ **of needle** *geod* mágneses inklináció; ~ **of span** behajlás mélysége; *ép* hídmező behajlása; ~ **of strata** *geol* rétegdőlés; ~ **of the horizon** *met* horizontdepresszió, horizont mélysége/süllyedése; ~ **package dual-in-line** *el* tok; ~ **pad** *távk* sávcsillapító tag; ~ **pipe** *hidr* bújtatócső; ~ **plotting** *geof* rétegdőlés-regisztrálás; ~ **profile** *geof* dőlésszelvény, dipszelvény, dőlésirányú/dőlésfelvételi szelvény; ~ **reversal** *geof* dőlésátfordulás; ~ **rod** szondarúd; *gépk* → dipstick; ~ **roll** *pa* merülőhenger, (festő) merítőhenger; ~ **sample** *bány* (kanalas) merőpróba; merítőpróba; ~ **shift** *geol* lejtős elmozdulás; ~ **shooting** *geof* diplövés, dőlésfelvétel; ~ **side** *bány* dőlt vágat alsó vége *(alja)*; ~ **slip** *geol* függőleges vetődés; ~**-slip fault** *bány, geol* dőlésirányban lecsúszott/homotetikus vető; ~ **slope** *geol* dőlésirányú lejtő; ~**-solder** bemártással/bemártva forraszt *(lágyforrasszal)*; ~ **soldering** mártóforrasztás, bemártó lágyforrasztás; ~ **spread** *geof* dőlésirányú terítés, dipterítés; ~**-stick** → dipstick; ~ **switch** *gépk* fénytompító-kapcsoló; ~ **tank** *ker* felhordó kád, felrakókád; *műa* mártótartály; ~ **test** mártópróba; ~ **the headlights** *v gépk* tompított fényre vált, leveszi a fényt/fényszórót, fény(szóró)t tompít; ~ **the skins** *v* bőrt pácol/csáváz; ~**-tinning pot** ónozókád; **to the** ~ *bány* dőlésben, dőlés menti; ~**-transfer arc** rövidzárlatos ív, rövidív; ~**-transfer CO_2 welding** CO_2-védőgázas rövid ívű hegesztés; ~**-transfer welding** rövid ívű hegesztés, rövidzárlatos ívhegesztés; ~ **treatment** *fa* itatás(i kezelés); ~ **tube** *gépk* merülőcső *(porlasztóé)*; ~**-working** *bány* dőlésirányú vágat, ereszkemélyítés; ereszkés művelés

DIP → dual-in-line pack(age); ~ **switch** *szt* DIP kapcsoló

dipentene *vegy* dipentén

dipeptide *vegy* dipeptid

diphanite *ásv* difánit

diphase *el* kétfázisú

diphaser *el* kétfázisú generátor

diphenic acid *vegy* difénsav, 2,2-bifenildikarbonsav

diphenyl *vegy* difenil; ~ **black** difenilfekete *(színezék)*; ~ **disulphide/disulfide** difenil-diszulfid; ~

ether difenil-éter; ~ **ketone** difenil-keton, benzofenon
diphenylamine (DPA) *vegy* difenil-amin
diphenylarsinchloride *vegy* difenil-arzin-klorid, difenilklórarzin, Clark I. *(kékkeresztes harcgáz)*
diphenylarsincyanide *vegy* difenil-arzin-cianid, Clark II.
diphenylbenzene *vegy* difenil-benzol
diphenylcarbazide *vegy* difenil-karbazid
diphenylene oxid *vegy* difenilén-oxid, dibenzofurán
diphenylguanidine *vegy* difenil-guanidin
diphenylmethane *vegy* difenil-metán; ~ **dye** difenilmetán színezék
diphenylmethanol *vegy* difenil-metanol
diphenylol propane *vegy* bisz(hidroxifenil)-propán, difenilol-propán
diphenylurea *vegy* difenil-karbamid
diphosgene *kat, vegy* difoszgén, klór-hangyasav-triklór-metil-észter
diphosphoric acid *vegy* difoszforsav, pirofoszforsav
diphyl *vegy* difil
diplet diplet, kettős spektrumvonal
diplex | circuit *távb* diplex kapcsolás/(áram)kör; ~ **operation** *távb* diplex üzem(mód); ~ **reception** *távk* diplex vétel; ~ **telegraphy** *távk* diplex táviratozás; ~ **transmission** → ~ operation
diplexer *távk* diplexer, keverőszűrő, szűrőváltó, filterplexer
diplohedron → diploid
diploid *ásv* diploéder, diakiszdodekaéder
diploidal *ásv* diakiszdodekaéderes, diploéderes
dipolar dipoláris; ~ **effect** *el* dipóluseffektus, dipóljelenség; ~ **ion** *at* ikerion, kétpólusú/amfoter ion; ~ **solvent** *vegy* dipoláris/poláros oldószer
dipole *el* dipól(us); ~ **antenna/aerial** *távk* dipólantenna, dipólus; ~ **curtain** *távk* dipólussík, dipólusfal; ~**-dipole force** *vegy* dipólus-dipólus erő/kölcsönhatás, dipólusok közötti vonzerő/kötőerő; ~ **effect** *el* dipóluseffektus, dipóljelenség; ~**-fed paraboloid** *távk* dipól gerjesztésű paraboloid antenna; ~ **field** *el* dipóltér; ~ **force** → ~-dipole force; ~ **layer** *félv* záróréteg, kiürített réteg; ~ **meter** dipólméter; ~ **molecule** *vegy* dipólusmolekula; ~ **moment** *at, vegy* dipólusmomentum; ~ **oscillation** *el* dipól(us)rezgés; ~ **radiation** *at, vegy* dipól(us)sugárzás; ~ **transition** *vegy* dipólusátmenet; ~ **zone** dipólsáv
dipped | article *gumi* mártott varratmentes (gumi)áru; ~ **beam** *gépk* tompított fény; ~ **electrode** *heg* merített/mártott elektród; *koh* (be)merülőelektród; ~ **headlight(s)** *gépk* tompított fény; ~ **paper** merített papír; ~ **rope** impregnált kötél
Dippel's oil *vegy* csontkátrányolaj
dipper búvár; *bány* kanál, puttony *(kotrógépé)*; *élip* sajtkanál; *ép* ásókotró, mélyásó (szerszám/kanál), hegybontó; kotróedény, markolókanál, puttony; *geol* levetett település; *gépk* olajszóró kanál *(forgattyúkar alsó végén)*; *koh* (be)merülőelektród; *önt* öntőkanál; *pa* merítő(munkás), kádmunkás; ~ **arm** (mélyásó-)lengőkar; puttonyszár; ~ **bail** *ép* kotróvederkengyel; ~ **bucket** *ép* puttony; ~ **bucket arm** *ép* puttonyszár; ~ **bucket dredger** → ~ dredger; ~ **door** *ép* fenékajtó *(kotrógép puttonyán)*; ~ **dredger** *ép* kanalas *v.* hegybontó szerelékes úszókotró; ~**-handle rack** *hidr* kanalaskotró fogazott rúdja; ~ **interrupter** *koh* higanyos szaggató; ~ **ladle** *ép* mélyásó kotró; ~ **lip** *bány* rakodócsúszda csuklós vége; ~**-mounted breaker** *ép* függesztett hidraulikus bontókalapács; ~ **relay** *távk* merülő jelfogó; ~ **rod** *ol* olajmérce, mérőrúd; ~ **sampling** *koh* merítési próba; ~ **shovel** *ép* kanalas hegybontó, hegybontó kotró; ~ **slide** *ép* szegmenszár; kotróedény nyíló feneke; ~**-stick** *ép* (mélyásó-)lengőkar, mélyásószár; ~**-stick crowd(ing)** *ép* puttonyszár-előtolás; ~ **switch** → dip switch
dipping fürdetés, pácolás; (mártó)fürdő; *élip, gumi, műa* mártás; *hajó* merülőlengés *(hajólengés)*; *hidr* merülőszondázás; *hők* bemártás, bemerítés, nedvesítés, áztatás, mártófürdő; *koh* mártóeljárás *(impregnálás)*; *önt* merítéses bevonás; *pa* merítéses színezés; *tex* bemerítés; ~ **basket** merítőkosár; ~ **battery** *koh* bemerülő elektródos galvántelep; ~ **bed** *ol* ferde/dőlt réteg; ~ **bucket-conveyor** *ép* billenővedres szállítószalag; ~ **circle/compass** → dip circle; ~ **compound** *műa, gumi* mártókeverék; ~ **crane** *ép* lengőgémes daru; ~ **cylinder** *nyom* merítőhenger; ~ **drum** *tex* merítőhenger; ~ **electrode** *koh* merülőelektród; ~ **form** *gumi* mártási modell, mártóforma; ~ **frame** *tex* csillag *(színezőgépben)*; merítőkeret; ~ **generator** *heg* merülő acetilénfejlesztő; ~ **incline** *bány* ereszke; ~ **inking unit** *nyom* merülőhengeres festékezőmű; ~ **lacquer** *műa* mártólakk; ~ **liquid** *koh* pác(folyadék); ~ **machine** *gumi, műa* mártógép; ~ **magnet** *geof* mágneses dőlésmérő/lehajlásmérő; ~ **method** merítési eljárás; ~ **microscope** immerziós mikroszkóp; ~ **mix** *gumi* mártási keverék; ~ **needle** *geof* mágneseslehajlás-mérő (tű), inklinométer; ~ **of the seam** *bány* telepdőlés; ~ **plant** *gumi, műa* mártóberendezés; ~ **process** merítőeljárás; ~ **refractometer** *fiz* immerziós/merülő refraktométer; ~ **roller** *nyom, tex* merítőhenger; ~ **seam** *bány* dőlt telep; ~ **solder bath** *heg* forraszfürdő; ~ **soldering** *heg* mártóforrasztás, bemártó lágyforrasztás; ~ **varnish** *műa* mártólakk; ~**(-)vat** *pa* (festő) merítőkád
di-proton *at* diproton, kettős proton
dipstick *gépk* olajszintjelző pálca, nívópálca, mérőpálca; *hidr* folyadékszintmérce
dipyre *ásv* dipir
diquark *at* dikvark
Dirac | (delta) function *fiz* Dirac-impulzus, delta-függvény, Dirac-függvény, Dirac-delta, delta-disztribúció; ~ **equation** Dirac-egyenlet; ~ **particle** Dirac-részecske; ~**'s hole theory** Dirac-féle lyukelmélet
direct I. *v* igazgat, irányít, vezet, utasít; továbbít, küld *(csomagot)*; *hajó, rep* irányít, vezet, kormányoz; **II.** *a* egyenes, közvetlen, direkt; *fiz* jobbra folyó, jobbmenetű, óramutató járásával egyező *(mozgás)*; *mat* egyenes (arányú); *tex* direkt, szubsztantív; ~ **access** közvetlen elérés/hozzáférés; ~ **access arrangement (DAA)** *szt* közvetlen elérésű elrendezés, DAA; ~ **access file** *szt* közvetlen elérésű/hozzáférésű adatállomány; ~ **access memory/storage** *szt* közvetlen elérésű tárolóeszköz; ~ **access storage device (DASD)** *szt* közvetlen elérésű tárolóeszköz, DASD; ~ **access storage media** *szt* közvetlen hozzáférésű tároló; ~ **a.c. convertor/converter** *el* közvetlen váltakozóáram-átalakító; ~**-acting (d.a.)** közvetlenül működő, közvetlen hajtású/működésű; ~**-acting air cooler** *ép* közvetlen léghűtő; ~**-acting brake** *vasút* direkt/köz-

vetlen működésű (lég)fék; ~-**acting engine** közvetlenül kapcsolt gőzgép; ~-**acting load** *fiz* közvetlenül a szerkezetre ható/támadó erő/teher; ~-**acting pile extractor** *ép* direkt működésű kihúzó; ~-**action circuit** *aut* irányított hatású kör, szabályozókör, vezérlési szakasz; ~-**action controller** segédenergia nélküli *v.* közvetlen működésű szabályozó; ~-**action fuse** *kat* pillanatgyújtó *(tüzérségi lövedékhez)*; ~ **address** *szt* közvetlen cím; ~ **addressing method** *szt* közvetlen címzési eljárás; ~ **aircraft-mile costs** *rep* repülőgépmérföldre számított önköltség; ~ **air pollution** *környv* közvetlen légszennyeződés; ~ **arc furnace** *koh* közvetlen fűtésű ívkemence; ~ **arc heating** *koh* közvetlen ívfűtés; ~ **ascent (DA)** *rak* közvetlen repülés; ~ **axis** hosszirányú/longitudinális tengely, hossztengely; ~-**axis component** *koh* hossztengelybe eső *v.* longitudinális/hosszirányú összetevő; ~-**axis reactance** hosszirányú reaktancia; ~ **bonded** *ker* közvetlenül kötött, közvetlen/direkt kötésű; ~ **bonded brick** *ép* közvetlen kötésű tégla; ~ ~ **broadcast satellite (DBS)** *távk* közvetlen műsorsugárzó műhold, DBS; ~ **casting** *koh* közvetlen öntés; ~ **cell** *met* direkt cella/cirkuláció; ~ **charged mixer** *ép* közvetlen töltésű keverőgép; ~ **chlorination** *hidr* direkt klórozás; ~ **circuit** *távb* jelfogó nélküli áramkör; ~ **circulation** *ol* jobböblítés; ~ **code** *szt* abszolút kód; ~ **colorimetry** szubjektív kolorimetria/színmérés; ~ **colo(u)r** → ~ dye; ~ **communication** *közl* közvetlen összeköttetés; ~ **component** *el* egyenösszetevő, egyenáramú összetevő; ~ **component restorer** egyenáramú összetevőt visszaállító szerv; ~ **compression** *gyógyv* közvetlen tablettázás; *mech* tiszta nyomás; ~-**cone clutch** *gépk* külsőkúpos tengelykapcsoló; ~-**connected** *gép* áttétel nélkül kapcsolt; *koh* közvetlenül rákapcsolt; *mzg* ráakasztott; ~-**connected implement** *mzg* kapcsolt munkagép; ~-**connected pump** közvetlen hajtású szivattyú; ~ **connection** *szt* közvetlen kapcsolat; ~ **connection circuit/loop** *távk, aut* előrecsatolás; ~ **connection motor drive** közvetlen hajtás; ~ **contact** *el* közvetlen érintés; ~-**contact condenser** *en* keverőkondenzátor; közvetett hűtésű *v.* közvetlen befecskendezésű kondenzátor; ~-**contact heat interchanger** *hőt* felületi hőcserélő; ~-**contact poison** *vegy* kontaktméreg; ~ **control** direkt/közvetlen vezérlés/szabályozás/kormányzás; segédenergia nélkül működő szabályozás; ~-**control autogiro** *rep* forgószárnytengely döntésével kormányozott autogíró; ~ **control system** segédenergia nélküli szabályozási rendszer; közvetlen működésű szabályozórendszer; ~ **conversion of energy** direkt/közvetlen energiaátalakítás; ~ **cooking (process)** *pa* közvetlen/direkt főzés; ~ **cooling** közvetlen hűtés; frissvíz-hűtés *(kondenzátoroké)*; ~ **correlation** egyenes/pozitív korreláció; ~ **corrosion** közvetlen korrózió; ~ **cotton dyestuff** *tex* direkt/szubsztantív pamutszínezék; ~ **counter** *at* irányított számlálócső; ~-**coupled (d.c.)** → ~-connected; ~-**coupled amplifier** *távk* közvetlen csatolású erősítő; ~-**coupled cavity filter** csatolt üregrezonátoros szűrő; ~-**coupled exciter** közvetlenül kapcsolt gerjesztő(gép); ~-**coupled generator** közvetlen(ül) kapcsolt generátor; ~-**coupled motor drive** közvetlen hajtás; ~-**coupled transistor logic (DCTL)** közvetlen csatolású tranzisztoros logika(i áramkör), DCTL; ~ **coupling** *el* közvetlen csatolás; ~-**coupling** *gép* közvetlen tengelykapcsolat; ~-**cranking** *gépk* indítókar, kézikar(os); ~ **current (DC, d.c.)** egyenáram; ~-**current** → direct-current *(külön címszó)*; ~ **cycle integral boiling reactor** *at* közvetlen hűtőkörös belső hőcserélőjű forralóvizes reaktor; ~ **cycle reactor** *at* közvetlen hűtőkörös reaktor; ~ **data entry (DDE)** *szt* közvetlen adatbelépés, DDE; ~ **data transmission** *szt* közvetlen adatátvitel; ~ **deformation** *koh* tengelyirányú/abszolút alakváltozás; ~ **dialling(-in)** *távb* közvetlen hívás/tárcsázás; ~ **digital control (DDC)** *szt* közvetlen digitális vezérlés, DDC; ~ **distance dialling (DDD)** *távb* automata helyközi hívás, távtárcsázás; ~ **drive (dd)** *gép* közvetlen hajtás; *gépk* direkt sebesség(fokozat), direkt; *vasút* tengelyhajtás; ~-**drive** *gép* közvetlen hajtású, 1:1 áttételű; ~-**drive headstock** *forg* közvetlen hajtású orsószekrény; ~-**drive locomotive** *vasút* közvetlen hajtású mozdony; ~-**drive machine** *gép* közvetlen hajtású gép; ~-**drive motor** *gép* tengelymotor; ~-**drive propeller** *rep* közvetlen hajtású légcsavar; ~ **dyeing** *tex* direkt/szubsztantív színezés; ~ **dye(stuff)** *tex, vegy* direkt/szubsztantív színezék; ~ **earthing** *el* közvetlen földelés; ~ **encoding** *távk* direkt/kódszavankénti kódolás; ~ **energy loss** közvetlen energiaveszteség; ~-**entry photocomposition** *szt* közvetlen fényszedés; ~-**entry phototypesetter** *szt* közvetlen fényszedő; ~ **evaluation** közvetlen kiértékelés; ~ **exchange line** *távb* fővonal, közvetlen központi vonal; ~ **exchange line subscriber** *távb* fővonali előfizető; ~ **excited reflector** gerjesztett reflektor; ~-**expansion air-cooling coil** *ép* közvetlen léghűtő; ~-**expansion refrigerating system** közvetlen elpárologtatású hűtőberendezés; ~-**expansion refrigeration** közvetlen hűtés; ~-**expansion system** közvetlenül működő hűtőrendszer; ~ **extrusion** *koh* direkt folyatás; *műa* egyirányú sajtolás/extrudálás; ~ **feedback** pozitív visszacsatolás; ~ **feeding** *távk* közvetlen táplálás *(antennáé)*; ~ **fire** közvetlen tűz/láng/tüzelés; *kat* közvetlen irányzású tűz; ~-**fired air heater** *ép* közvetlen tüzelésű léghevítő; ~-**fired air heater unit** tűzlégfűtő készülék; ~-**fired furnace** *koh* direkt fűtésű kemence; ~-**firing system** *ker* közvetlen tüzelési *v.* direkt (ki)égetési rendszer; ~ **fissio yield** *at* elsődleges hasadási hozam; ~ **flow cylinder vat** *pa* egyenáramú szitakád; ~ **flow turbine** akciós (víz)turbina, szabadsugár-turbina; ~ **frequency modulation** közvetlen frekvenciamoduláció; ~-**gap semiconductor** direktsávú félvezető; ~ **gate** *műa* közvetlen/direkt beömlés; ~ **gear** *gépk* direkt sebesség(fokozat), direkt; ~ **gear-drive** *gép* közvetlen fogaskerékhajtás; ~ **glare** *opt* közvetlen káprázás; ~ **grid bias** *rád* közvetlen rácselőfeszültség; ~ **grid current** direkt/pozitív rácsáram; ~ **hardening** *hők* közvetlen edzés; ~ **haulage** *bány* közvetlen vontatás, nyíltköteles szállítás; ~ **heat** (közvetlen) tűzmelegítés; ~-**heated mo(u)ld** *műa* közvetlen fűtésű szerszám; ~ **heating** közvetlen melegítés/hevítés/fűtés; ~ **heating furnace** direkt fűtésű kemence; ~ **illumination** → ~ lighting; ~-**immersion freezing** *hűt* fagyasztás (közvetlen) bemártással; ~ **impact** *mech* egyenes ütközés; ~ **indexing** *gép* közvetlen beosztás (készítése); ~ **indication** közvetlen leolvasás; ~ **initiation** *bány* egyenes indítás; ~**(-)injection** *gépk* közvetlen befecskendezés(ű); ~**(-)injection Diesel engine** közvetlen befecskendezésű dízelmotor; ~ **input** közvetlen bemenet/bevitel; ~ **insert ga(u)ge,** ~ **insertion ga(u)ge head** *vák* bemerülő/csupasz mérőcső; ~ **insert subroutine** *szt* nyílt szubrutin, nyílt alprogram; ~ **instruction** *szt* direkt címes utasítás, közvetlen címes utasítás; ~ **interaction** *at* közbenső mag nélküli magreakció; ~ **inward dialling** *távb* előfizetői távhívás, távtárcsázás; ~ **ionization** *at* közvetlen ionizálás; ~**-iron process** *koh* katalánkemencés/bucatűzhelyes olvasztás; ~ **irradiation** → ~ exposure; ~ **irrigation system** *hidr* közvetlen vízkivételű öntözési rendszer; ~ **labo(u)r** *ip* rezsimunka; termelőmunka; ~ **laying** *kat* közvetlen irányzás; ~ **laying of cables** közvetlen *v.* kábelhüvely/szigetelőhüvely nélküli kábelfektetés; ~ **level(l)ing** *geod* odaszintezés; ~ **lift hoist** *gépk* hidraulikus emelő; ~**-lift machine** helikopter; ~ **lighting** *opt* közvetlen megvilágítás; ~ **lighting fitting** közvetlen világító lámpatest; ~ **loop** → ~ connection loop; ~ **measurement of voltage** közvetlen feszültségmérés; ~ **measuring of shaft depths** *bány* közvetlen aknamélységmérés; ~ **memory access (DMA)** *szt* közvetlen hozzáférésű tároló, DMA; ~ **modulation** közvetlen moduláció; ~ **movement** *csill* előretartó/előrehaladó/direkt/progresszív mozgás *(égitesté)*; ~ **network synthesis** *el* direkt hálózatszintézis; ~ **numerical control (DNC)** DNC-vezérlés(i rendszer), NC-gépek közvetlen (számítógépes) irányítása; ~ **observation** közvetlen megfigyelés; ~ **off-state voltage** *félv* egyen-zárófeszültség; ~**-one enamel** *ker* egyrétegű/direkt zománc; ~**-on starting** közvetlen indítás; ~ **operating controller** primer *v.* közvetlenül ható szabályozó; ~ **operating costs** *rep* közvetlen üzemeltetési költségek; ~ **optical type (of) plotting machine** *metr* képtranszformátor, képkomparátor, transzformáló/átvetítő komparátor; ~ **orbit** *rak* Hohmann-ellipszis; ~ **outlet** *hidr* közvetlen vízkivétel; ~ **output** *szt* közvetlen kimenet; ~ **outward dialling** *szt* közvetlen tárcsázás/számhívás; ~ **overcurrent release** *el* közvetlen túláramfeloldó, primer feloldó; ~ **oxidation** direkt (közvetlen) oxidáció; ~ **phase determination** direkt fázismeghatározás; ~ **photonuclear effect/reaction** *at* direkt magfotoeffektus; ~ **pick-up** természet utáni filmvétel; *tv* egyenes adás; ~ **pick-up receiver** *távk* átjátszó vevő; ~ **plate exposure** *szt* közvetlen fényszedés; ~**-point repeater** *távk* ismétlő *v.* közvetlenül csatlakozó erősítő; ~ **positive** *foto* fordítós/közvetlen pozitív; ~ **positive process** *foto* fordítós eljárás; ~ **potential** *el* egyenfeszültség; ~ **printing** *tex* direkt nyomás; ~ **printing telegraph** *távb* direktíró távírógép; ~ **process** *koh* direkt redukció; ~**-process steel** *koh* közvetlenül redukált acél; ~ **product** *mat* direkt szorzat; tenzorszorzat *(algebráké)*; ~ **programming** *szt* direkt/közvetlen programozás; ~ **proportionality** *mat* egyenes arány; ~ **radiation** direkt/közvetlen sugárzás; *at* tömítetlenségi sugárzás, tömítetlenségi hely sugárzása; ~ **radiation effect** *at* közvetlen sugárhatás; ~ **radiator loudspeaker** *hang* tölcsér nélküli hangosbeszélő; ~ **ratio** *mat* egyenes arány; ~ **raw water cooler** *hűt* közvetlen vízhűtőrendszer; ~ **ray** *távk* felületi/közvetlen hullám; ~ **read after write (DRAW)** *szt* beírás közvetlen kiolvasása, DRAW; ~ **reading** *geod* főleolvasás, főbeosztás-leolvasás; *metr* közvetlen leolvasás; ~**-reading** skálás, mutatós, közvetlenül leolvasható; ~**-reading analysis** közvetlen leolvasású elemzés; ~**-reading device** *nyom* leolvasókészülék; ~**-reading dosimeter** *at* közvetlen leolvasású dózismérő; ~**-reading indicator/instrument** közvetlen leolvasású (mérő)műszer, közvetlen leolvasható *v.* skálázott műszer; ~**-reading tachometer/tachymeter** *geod* redukciós tahiméter; ~**-reading transmission measuring set** közvetlen leolvasású szintmutató; ~ **receiver** *rád* egyenes/direkt vevő; ~ **reception** *távk* közvetlen vétel; ~ **recombination** *félv* direkt rekombináció; ~ **recorder** *geof* közvetlen/direkt regisztrálóberendezés; ~ **recording** közvetlen regisztrálás; *hang* helyszíni (hang)felvétel; *rep* közvetlen adatrögzítés; ~ **recording light-ray oscillograph** *fiz* közvetlenül regisztráló fénysugaras oszcillográf; ~ **reduction (process)** *koh* direkt/közvetlen redukció; ~ **reflection** tükröző reflexió; ~ **relation telemeter** arányos leolvasású távmérő berendezés/műszer; ~**-release brake** *vasút* közvetlenül oldható fék; ~ **reloading** *bány* közvetlen átrakás; ~ **resistance heating** *el* közvetlen ellenállásfűtés; ~ **reversal exposition** *foto* diapozitív-felvétel; ~ **rolling mill** *heng* közvetlen hengermű; ~ **rope** *bány* nyitott/véges kötél; ~**-rope haulage** *bány* véges/nyitott kötelű szállítás; *ép* ferde felvonó/sikló; ~ **route fare** *rep* csak az odaútra érvényes menetdíj/viteldíj; ~ **rule of three** *mat* hármasszabály egyenes arányosság esetén; ~ **runoff** *hidr* felszíni/közvetlen lefolyás; ~ **sampling** *stat* közvetlen mintavétel; ~**-sensitivity controller** *aut* közvetlen differenciálással működő szabályozó; ~ **series trip** *koh* közvetlen működtetésű soros kioldó; ~ **shear** *mech* tiszta nyírás; ~**-shear apparatus** *talt* nyíródoboz; ~ **short** *el* közvetlen/teljes rövidzárlat; ~ **short-circuit interruption** *el* rövidre zárt áramkör közvetlen lekapcsolása; ~ **signal communication** *rep* közvetlen távíró-összeköttetés; ~**-sizing plot** *bány* szitaelemzési adattáblázat; ~**-smelting ore** *koh* dúsítás nélkül kohósítható érc; ~ **solar radiation** → ~ radiation; ~ **sound** *fiz* közvetlen/direkt hang; ~ **sound field** *fiz* közvetlen hangtér; ~ **sound transmission** *távk* közvetlen hangátvitel; ~**-speech communication** *rep* közvetlen élőszavas/rádiótávbeszélő-összeköttetés; ~ **speed** *gépk* direkt sebesség(fokozat), direkt; ~ **spot welding** *heg* közvetlen ponthegesztés; ~ **steam** *hőt* friss gőz; ~ **steelmaking** közvetlen acélgyártás; ~ **strand reduction** *koh* öntőhengerlés; ~ **stress** *mech* abszolút feszültség; normális feszültség; ~**-stress axial-loading fatigue test** *any* húzó-nyomó fárasztóvizsgálat; ~**-stress fatigue-tester** *any* húzó-nyomó fárasztógép; ~**-stress machine** *any* húzó-nyomó anyagvizsgáló gép; ~ **stroke** *koh* közvetlen villámcsapás; ~ **sum of automata** automaták direkt összege; ~ **suspension** *vasút* marokcsapágyas felfüggesztés; ~ **system earth** *koh* közvetlen üzemi földelés; ~ **takeoff** *rep* nekifutás nélküli felszállás; ~ **teeming** *önt* közvetlen öntés (felülről); ~ **telephone connection** *távb* közvetlen telefon-összeköttetés; ~ **temperature lamination** *met* trópusi *v.* direkt hőmérsékleti rétegeződés; ~ **tension** *mech* tiszta húzás; ~**-to-ground capacitance** *el* földkapacitás; ~ **transit area** *rep* átrepülési légtér; közvetlen tranzit terület; ~ **transmission** *fiz, opt* közvetlen/szabályos áteresztés; *távk* közvetlen adás; ~ **transmission gain** *távk* közvetlen átviteli erősítés; ~ **transmission satellite** *távk* közvetlen átviteli műhold; ~ **typesetting**

form disc *szt* karaktertárcsa fényszedőnél; ~ **typesetting from disc** *szt* szövegszerkesztőhöz kapcsolódó fényszedés; ~ **untreated water cooler** *koh* közvetlen vízhűtő rendszer; ~ **vernier** *metr* direkt nóniusz; ~ **view/visibility/vision (dv)** *távk* átlátás; ~ **viewing** *ép* elölnézet; ~**-vision finder** *foto* gyorskereső; ~**-vision flight** *rep* közvetlen látás utáni repülés; ~**-vision prisma** *opt* egyenes látású prizma; ~**-vision spectroscope** *opt* egyenes nézésű spektroszkóp; ~ **voice input** *szt* közvetlen hangbemenet; ~ **voice output** *szt* közvetlen beszédkimenet; ~ **voltage** *el* egyenfeszültség; ~**-voltage characteristic** *el* egyenfeszültség-karakterisztika; ~**-voltage source** *el* egyenfeszültség-forrás, egyenfeszültség-tápegység; ~ **warping** *tex* közvetlen/angol felvetés; ~ **warping-machine** *tex* angol felvetőgép; ~ **wave** *geof, távk* közvetlen hullám; *rep* közvetlen/felületi hullám

direct-current (DC, d.c.) egyenáramú; egyenáram-; ~**-a.c. conversion** egyenáram-váltóáram-átalakítás; ~**-a.c. converter/convertor** egyenáram-váltóáram-átalakító, váltóirányító, inverter; ~ **ammeter** egyenárammérő, egyenáramú ampermérő; ~ **amplification factor** *félv* egyenáramú áramerősítési tényező; ~ **amplifier** egyenáramú erősítő; ~ **amplitude discriminator** egyenáramú amplitúdódiszkriminátor; ~ **arc** egyenáramú ív(kisülés); ~ **arc furnace** *koh* egyenáramú ívkemence; ~ **arc welder** *heg* egyenáramú ívhegesztő; ~ **balancer** háromvezetékes gépcsoport; ~ **bell** egyenáramú csengő; ~ **bias(s)ing** egyenáramú előmágnesezés *(magnetofonnál)*; ~ **breakdown voltage** átütő egyenfeszültség; ~ **bridge** egyenáramú mérőhíd; ~ **cable** egyenáramú kábel; ~ **chopper converter** egyenáramú szaggató; ~ **clamp diode** *tv* alapszint-visszaállító dióda; ~ **commutator machine** egyenáramú kommutátoros gép; ~ **commutator meter** egyenáramú kommutátoros fogyasztásmérő; ~ **component** *távk* egyenáramú (jel)összetevő, egyenkomponens; ~ **conductance** egyenáramú vezetőképesség; ~ **conductivity** egyenáramú vezetőképesség/vezetés; ~ **control grid current** vezérlőrács-egyenáram; ~ **converter** egyenáramú transzformátor; ~ **coupling** egyenáramú/galvanikus csatolás; ~ **current gain** *félv* nagyjelű/egyenáramú béta; ~**-d.c. converter** egyenáram(-egyenáram)-átalakító, egyenáram-egyenáram-konverter; ~ **dial(l)ing (DCD)** *távb* egyenáramú választás; ~ **dissipation (power)** *félv* egyenáramú veszteség; ~ **distribution** *en* egyenáramú elosztás; ~ **drive** *gép* egyenáramú hajtás; ~ **dynamo** → ~ generator; ~ **electromagnet** egyenáramú mágnes; ~ **erasing/erasure** egyenáramú törlés *(magnetofonszalagon)*; ~ **generating set/plant** egyenáramú áramfejlesztő gépcsoport/aggregát; ~ **generator** egyenáramú generátor, dinamó; ~ **generator with compound excitation** egyenáramú, vegyes gerjesztésű generátor; ~ **generator with independent/separate excitation** egyenáramú, külső gerjesztésű generátor; ~ **injection braking** egyenáramú fékezés; ~ **interruption** egyenáram megszakítása/lekapcsolása; ~ **level** egyenáramú szint *(összetevő szintje)*; ~ **line** egyenáramú vezeték; ~ **machine** egyenáramú gép; ~ **magnet** egyenáramú mágnes; ~ **magnetic field** állandó mágneses tér; ~ **mains (DCM)** egyenáramú hálózat; ~ **measurement** egyenárammérés; ~ **meter** egyenárammérő, egyenáramú fogyasztásmérő; ~ **microdrive** egyenáramú mikrohajtás; ~ **moment motor** egyenáramú nyomatékmotor; ~ **motor** egyenáramú motor; ~ **network** egyenáramú hálózat; ~ **noise** egyenzaj *(jelrögzítésnél)*; ~ **panel (d.c.p.)** egyenáramú kapcsolótábla/műszertábla; ~ **permanent arc** folyamatos egyenáramú ív; ~ **plasma-display** *szt* DC típusú plazmapaneles megjelenítő; ~ **plasma furnace** *koh* egyenáramú plazmakemence; ~ **potential** egyenfeszültség; ~ **potentiometer** egyenáramú kompenzátor; ~ **power** egyenáramú teljesítmény; ~ **pulse** egyenáramú impulzus; ~ **receiver** egyenáramú rádióvevő; ~ **reinsertion** → ~ restoration; ~ **relay** *távb* egyenáramú jelfogó; ~ **resistance** egyenáramú rezisztencia/ellenállás, ohmos/hatásos ellenállás; ~ **restoration** *távk* szinthelyreállítás; ~ **restorer** szinthelyreállító, egyenáramalapszint-helyreállító; ~ **restorer diode** alapszint-visszaállító dióda; ~ **selection** egyenáramú keresés/választás; ~ **signal(l)ing** *távb* egyenáramú jeladás; ~ **signal(l)ing system** egyenáramú jelzőrendszer; ~ **source (DCS)** egyenáramforrás; ~ **static converter** egyenáramú statikus átalakító; ~ **supply** egyenáramú táplálás; ~ **system** egyenáramú rendszer; ~ **telegraphy** egyenáramú távíróüzem; ~ **to alternating-current conversion** egyenáram-váltóáram átalakítás; ~ **transformer** egyenáramú transzformátor; ~ **transmission** egyenáramú átvitel; ~ **turbomixer** *ép* egyenáramú tányéros keverőgép; ~ **voltage** egyenfeszültség; ~ **voltage converter** egyenfeszültség-átalakító; ~ **voltage level** egyenáram-feszültségszint; ~ **voltage transducer** egyenáramú feszültségátalakító; ~ **voltage transformer** egyenfeszültség-átalakító; ~ **voltmeter** egyenfeszültség-mérő, egyenáramú feszültségmérő/voltmérő

directed irányított; ~ **beam** irányított nyaláb/sugár(nyaláb), iránynyaláb; ~ **bucket ladder** *ép* vezetett meríték; ~ **complete graph** *mat* irányított teljes gráf; ~ **crystallization** *koh* irányított kristályosodás; ~**-edge train** *mat* út; ~ **graph** *mat* irányított gráf, digráf; ~ **line** *mat* nyíl; ~ **number** relatív/előjeles/algebrai szám; ~ **path** *mat* irányított út; ~ **quantity** irányított mennyiség, vektormennyiség; ~ **ray** → ~ beam; ~ **vibration** *fiz* irányított/polarizált rezgés

directing | **dam** *hidr* terelőgát; ~ **effect** irányítóhatás; ~ **force** *mech* irányító erő; ~ **insert** *bány* irányító betét; ~ **line** *geol* vezetőirány, vezetőfekvés; ~ **magnet** szabályozómágnes; ~ **power** *vegy* irányító erő/hatás; ~ **rod/staff** *geod* jelzőkaró, jelzőrúd, kitűzőjel; ~ **wheel** kormánykerék *(szélmalomé)*

direction irányítás, vezetés, igazgatás; irány; irányzat; előírás, utasítás; *geod* irány(érték); ~ **adjustment** irányhelyesbítés *(ballisztika)*; ~ **angle** *csill* azimutális szög, azimut; *mat* irányszög; ~ **board** útjelző tábla; *vasút* iránytábla; ~ **code** iránykód; ~ **coefficient** *geod* iránykoefficiens; ~ **commutator** *el* iránykapcsoló; ~ **controller** *rep* iránymutató *(távirányítú)*; ~ **cosine** iránykoszinusz; ~ **finder (DF, df)** *hajó, rád, rep* iránymérő készülék/berendezés, pelengátor, rádió-goniométer, rádió-iránymérő; *hidr* áramlásirány-mérő; ~ **finder aerial** → ~ finding antenna; ~ **finder calibration** rádió-iránymérő hitelesítése; ~**-finder error** rádió-iránymérési hiba; ~ **finder team** *kat* iránymérő csoport; ~ **finder with cathode-ray display** katódsugárcsöves iránymérő; ~ **finding (DF,**

df) rádiólokáció, rádiós helymeghatározás, (rádió-) iránymérés, pelengálás; ~ **finding antenna** iránymérő antenna; ~ **finding apparatus** *geof* iránykereső, iránymeghatározó; ~**-finding coil** *geof* iránykereső tekercs; ~ **finding control station (DFCS)** rádiólokációs/rádió-iránymérő ellenőrző állomás; ~ **finding correction** rádióbemérési korrekció; ~ **finding frame** → ~ finding loop; ~ **finding in three directions** háromdimenziós iránymérés; ~ **finding loop(-aerial)** *rep* iránymérő keretantenna; ~**-finding plotter** *rep* iránymérő-kiértékelő; ~**-finding pointer** *rep* irányszögmutató; ~ **finding radar** iránymérő radar; ~ **finding receiver** (rádió-)iránymérő vevő; ~ **finding station/transmitter** (rádió-)iránymérő állomás; ~**-finding vertical antenna** iránymérő segédantenna; ~ **float** *hidr* irányjelző úszó; ~ **indicator** irányjelző, iránymutató; *gépk* (villogó) irányjelző; ~ **indicator lamp** irányjelző lámpa; ~ **indicator pilot lamp** irányjelző ellenőrzőlámpa; ~ **line** *nyom* lábsor, norma; ~ **meter** rádió-iránymérő készülék; ~ **observation** iránymérés; ~ **of axis** tengelyirány; ~ **of breakdown** *félv* billenési irány; ~ **of current** áramirány; ~ **of dip** *bány* dőlésirány, dőlésvonal; ~ **of displacement** mozgásirány; ~ **of eccentricity** *geod* külpontosság tájékozó szöge; ~ **of emission** emisszióirány; ~ **of face advance** *bány* fejtési irány; ~ **of force** erő iránya; ~ **of incidence** *opt* beesési irány; ~ **of lines of force** *koh* erővonalirány, fluxusirány; ~ **of maximum radiation** *távk* sugárzási főirány; ~ **of mining** *bány* jövesztési irány; ~ **of plumb line** *ép* függőónirány, függővonalirány; ~ **of polarization** polarizációs irány; ~ **of propagation** terjedési irány; ~ **of radiation** sugárirány; ~ **of reference** *geod* kezdőirány; ~ **of rolling** hengerlési irány; ~ **of rotation** forgásirány; ~ **of signal flow** *aut* hatásirány; ~ **of slip** *koh* csúszási irány; ~ **of strata** *bány* rétegdőlés; *geol* réteg csapása, réteghúzódás; ~ **of strike** *bány* csapásirány; ~ **of the fibre/fiber** *koh* hengerlés iránya; ~ **of transfer** átvitel iránya; ~ **of travel** útirány; ~ **of twill** *tex* bordázás iránya; ~ **of twinning** *ásv* ikresedési/ikerképződési irány; ~ **of twist** *tex* sodratirány; ~ **of winning** *bány* fejtési irány; ~ **of working** *bány* leművelési irány; ~ **parameter** *mat* iránytényező; ~ **peg** *hidr* irányjelző cövek; ~ **post** útjelző/(út)irányjelző tábla, irányítótábla; *geod* irányoszlop; ~ **probable error** közepes valószínű eltérés *(ballisztika)*; ~ **receiver** → directional reciver; ~**-search coil** *geof* iránymérő/iránykereső tekercs/műszer; ~**-sensitive** *el* irányérzékeny; ~**s for aftertreatment** *tex* utánkezelési utasítás; ~**s for use** használati utasítás; ~ **sign** irányjelző (tábla); ~ **switch** *em* irányátkapcsoló; ~ **switching condition** *aut* kapcsolásiirány-feltétel; ~ **traffic** *vasút* irányvonatképzés; ~ **turn signal** → ~ indicator pilot lamp; ~ **vector** egységvektor, normálvektor, irányvektor; ~ **vibration** irányított rezgés

directional irány-, irányított, irányadó, irányjelző; iránytól függő; ~ **aerial** irányított antenna; ~ **aid** *gépk* szervokormányzás, szervo-kormánymechanizmus; ~ **air-marker** *rep* irányjelző; ~ **amplifier** irányított erősítő; ~ **antenna** irányított antenna; ~ **antenna array/network** irányított antenna(rendszer); ~ **antenna system** irányított antennarendszer; ~ **array** *geof* irányított geofoncsoport; ~ **balance** *rep* iránybeli kiegyenlítés; ~ **beacon** *hajó* irányfényt kibocsátó világítótorony; *távk* irányított sugárzású irányadó; ~ **beam** irányított sugár/nyaláb, iránynyaláb; ~ **bearing** *rep* irányított irányszög; ~ **change** irányváltás, irányváltoztatás; ~ **characteristic** iránykarakterisztika; ~ **circuit-breaking/circuit-control** *el* visszáramkioldás, visszáramvédelem; ~ **contactor** *rep* oldalkormányzás; *vasút* irányváltó kontaktor; ~ **controllability** irányíthatóság; ~ **control valve** *hidr* útszelep, vezérlőtolattyú; ~ **correlation** *at* iránykorreláció; ~ **cosine** iránykoszinusz; ~ **coupler** *szt, távk* iránycsatoló; ~ **coupling** iránycsatolás; ~ **current protection** *el* irányított áramvédelem; ~ **derivative** *mat* iránytól függő differenciálhányados; ~ **diagram** sugárzási jelleggörbe, iránykarakterisztika, iránydiagram; ~ **distribution** szögeloszlás, irányeloszlás; ~ **effect** irányhatás; irányított jelleg; ~ **element** *koh* irányérzékeny elem; ~ **emissivity** *opt* emissziós tényező adott irányban; ~ **error** irányhiba, irányítási hiba; iránymérési hiba; ~ **filter** *távk* irányváltó, irányszűrő; ~ **flux** *el* irányított fluxus; ~ **focus(s)ing** irányfókuszolás; ~ **gain** *távk* irányítási nyereség; ~ **gate/git** *önt* irányított megvágás; ~ **gyro card** *rep* pörgettyűs táviránytű iránytűrózsája; ~ **gyro(scope) (DG)** *hajó, rep* pörgettyűs irányjelző/tájoló/iránytű, iránypörgettyű; ~ **homing** kötött irányú rárepülés; ~ **instability** *rep* iránybeli labilitás; ~ **interlocking** *vasút* vágányútlezárás *(biztosítóberendezésnél)*; ~ **light** *rep* irányfény; ~ **lighting** irányított világítás; ~ **light-signal** *rep* irányított fényjel; ~ **localizer** *rep* irányított iránysávadó; ~ **loop-aerial** *rep* iránymérő keretantenna; ~ **loudspeaker** irányított hangszóró; ~ **marker** *rep* irányított helyzetjelző; ~ **microphone** irányított mikrofon; ~ **operation** irányfüggő behatás; ~ **oscillation** irányított/polarizált rezgés; ~ **pattern** *geof* irányított geofoncsoport; *távk* sugárzási diagram/jelleggörbe/karakterisztika; ~ **penetration drilling** *ol* behatoló fúrás; ~ **phase changer/shifter** irányított fázisváltó/fázistoló; ~ **pressure** *bány* egyoldalú nyomás; ~ **property** *geol* anizotrópia, heterotrópia; ~ **quantity** irányított mennyiség, vektormennyiség; ~ **quantization** *fiz* iránykvantálás; ~ **radiation** irányított sugárzás; ~ **radiator** irányított sugárzó; ~ **radio-beacon** irányított sugárzású irányadó; ~ **radio range** *rep* irányított térosztó rádióadó; ~ **rate** *rep* iránydíjszabás; ~ **receiver** (rádió-)iránymérő vevő, rádiópelengátor; ~ **reception** irányított vétel; ~ **reflectance** irányított spektrális visszaverési tényező; ~ **relay** irányrelé, egyirányú relé, visszáramrelé; ~ **resistance** *el* egyenirányító ellenállás; ~ **response** irányérzékenység, szögérzékenység; ~ **response pattern** *távk* irányjelleggörbe, iránykarakterisztika; ~ **rules** *koh* irányszabályok; ~ **runner** → ~ gate; ~ **scintillation counter** *fiz* irányított szcintillációszámláló; ~ **selectivity** *rád* vételiránytól függő szelektivitás; ~ **selector** *távb* irányválasztógép; ~ **sensitivity** irányérzékenység, szögérzékenység; ~ **solidification** *el* irányított kristályosodás; *önt* irányított dermedés; ~ **stability** *rep* iránystabilitás; ~ **surveying** *ol* fúrólyukferdeség-mérés; ~ **transmission** irányított (rádió)adás; ~ **transmitter** irányított sugárzású rádióadó; ~ **trim** *rep* oldalkormány-kiegyenlítés; ~ **tyre/tire** *gumi* egyirányú köpeny; ~ **wave-**

guide coupler → ~ coupler; ~ **well drilling** *bány* irányított ferdefúrás; ~ **wireless** mikrohullámú összeköttetés

directionality effect irányhatás

directive I. *a* irányító, irányadó; irányított, irányítható; **II.** *n* előírás, követelmény; *szt* deklaráció; direktíva; *távk* ajánlás *(CCIF)*; ~ **bonding** *ásv* irányított kötés; ~ **code** *szt* vezérlőkód; ~ **coefficient** iránytényező, irányítási tényező; *geod* iránykoefficiens; ~ **effect/efficiency** irányhatás; ~ **force** irányítóerő, irányítóhatás; ~ **gain** (irányított) antennanyereség; teljesítményerősítés *(antennáé)*, sugárzási erősítés; ~ **power** → ~ force; ~ **radio-beacon** → directional radio-beacon; ~ **reception** *távk* irányított vétel; ~**-signal(l)ing beacon** *rep* rádió-irányadó állomás; ~ **speaker-group** hangoszlop; ~ **waves** *fiz* irányított hullámok

directivity irányíthatóság, irányítottság; antennanyereség; teljesítményerősítés; *távk* irányhatás; ~ **diagram** *távk* irányjelleggörbe, iránydiagram; ~ **factor** *távk* irányítási tényező; ~ **index (DI)** irányítási index/nyereség; ~ **pattern** *távk* irányjelleggörbe, iránykarakterisztika

directly | addressable memory *szt* közvetlenül címezhető memória; ~**-attached car** *rep* léghajótestre szerelt gondola; ~**-attached construction** *ép* toldaléképítmény, toldaléképület; ~ **congruent** *mat* direkt *v.* tükrözés nélkül egybevágó; ~**-coupled** *rád* egyenes csatolású; ~**-grounded** *el* közvetlen földelésű; ~**-heated cathode** közvetlen fűtésű katód, izzókatód; ~ **proportional** *mat* (egyenesen) arányos

director irányító, irányadó; irányított, irányítható; *aut* interpolátor; *film* rendező; *geod* tájoló busszola; *mat* főkör; *orv* (be)vezetőszonda; *távb* direktor; *távk* direktor *(antennaelem)*; ~ **antenna** *távk* direktoros dipólantenna; ~ **circle** *mat* főkör *(kúpszeleté)*; vezérkör; ~ **cone** *mat* iránykúp; ~ **control** *rep* irányító/vezérlő műszer; ~ **plane** *mat* iránysík; ~ **radar guidance** *rep* a bevezető radaregység navigációs útmutatása; ~**-reflector-system antenna** *távk* antenna reflektorral és direktorral; ~**-signal switch** *távk* irányítójelet adó kapcsoló; ~ **system** *távb* direktorrendszer

directory címjegyzék; telefonkönyv; *szt* tartalomjegyzék, katalógus; ~ **composition** *nyom* címjegyzékszedés, címtárszedés; ~ **database** *szt* nem bibliográfiai adatokat; ~ **entry** *szt* könyvtári elem; ~ **hashing** *szt* katalóguskeresést gyorsító táblázat; ~ **number** hívószám, telefonszám *(telefonkönyvben)*; ~ **paper** címtárpapír

directrix *hidr* vezetőlapát; *mat* vezéregyenes, direktrix; ~ **plane** iránysík

Dirichlet | condition Dirichlet-féle feltétel; Dirichlet-határfeltétel; ~ **density** Dirichlet-sűrűség; ~ **distribution** Dirichlet-féle eloszlás; ~**('s) principle (of boxes)** skatulyaelv; ~**('s) problem** Dirichlet-feladat, első peremérték-feladat

dirigible irányítható, kormányozható, vezérelhető; manőverezhető; navigálható; ~ **(airship)** kormányozható léghajó; ~ **balloon ascent** *met* irányítható ballonszondázás; ~ **wheel** *rep* kormányozható futókerék

dirt tisztát(a)lanság, szennyeződés; szenny, szemét; *bány* (jövesztett) meddő, bányameddő; iszap; meddőbeágyazás; *geol* iszaplerakódás; *önt* homokfészek *(öntési hiba)*; ~ **accumulation** elszennyeződés; ~**-band** *bány* meddőbeágyazás; *geol* piszoksáv; ~ **bed** *bány* meddőréteg; ~ **box** szennygyűjtő tartály, iszapfogó; ~ **bucket** szemétgyűjtő tartály; ~ **cage** *gép* iszapkosár *(centrifugában)*; ~ **carrier** *bány* iszapvonó, iszaplehúzó; ~ **catcher** szennyfogó, piszokfogó; *koh* salakleválasztó; ~ **crib** *bány* tömedékszekrény; ~ **dissolving capacity/power** szennyeződésoldó képesség; ~ **floor** *ép* földes/döngölt padló; ~ **grading** *bány* hányóegyengetés; ~ **groove** *forg* szennyfogó horony; ~**-hole** *önt* gázzárvány, homokzárvány, salakzárvány; ~ **inclusion** *koh, önt* salakzárvány; ~ **loader** *bány* meddőrakodó gép; ~ **mover** *ép* földmozgató, földszállító gép; ~ **pack** *bány* meddőberakat; ~ **pan** → ~ bucket; ~ **pile** *bány* meddőhányó; ~ **pocket** szennygyűjtő, szemétgyűjtő; iszapfogó; ~**-proof** *el* csepegő víz ellen védett; *tex* szennyeződésálló; ~ **repelling** *tex* szennytaszító; ~**-resisting** *tex* szennyezésgátló; ~ **road** *ép* földút; ~ **roller** *tex* szennyezésfogó henger; ~ **settler** iszapfogó, iszapülepítő; ~ **stacker** *bány* hányóképző; ~ **track** salakpálya; salakos út; ~ **trap** *gépk* iszapfogó; ~ **wagon** szemeteskocsi; ~**(-)wall** *ép* agyagfal, (vert) földfal, vályogfal

dirtied rock *bány* lefejtett/lerobbantott/lejövesztett kőzet

dirty I. *v* (el)szennyez, bepiszkít; (be)piszkolódik, (el-)szennyeződik; **II.** *a* szennyes, piszkos; elszennyeződött; sáros, iszapos; *bány* meddőtartalmú; ~ **bin** *élip* tisztítatlan gabona kamrája; ~ **bomb** *at* „piszkos" (atom)bomba; ~ **bubble chamber** *at* tömítéseket/csatlakozásokat tartalmazó buborékkamra; ~ **coal** *bány* palás szén; ~ **cotton** *tex* szennyezett pamut; ~ **oil** *ol* olajiszap, olajüledék; ~ **oil tank** *hajó* szennyolajtartály; ~ **water** *bány* iszapos víz, derítetlen mosóvíz; ~ **yarn** *tex* szennyeződött fonal

dirtying (el)szennyeződés, kontamináció

disability glare *opt* rontó káprázás

disable használhatatlanná *v.* vmire képtelenné/alkalmatlanná tesz/válik; *ip* kiselejtez, üzemen kívül helyez; *távk* kiiktat *(áramkört)*

disabling *távk* kiiktatás, (el)szigetelés; ~ **pulse/signal** *távk* záróimpulzus, törlőimpulzus; ~ **signal** *szt* tiltó jel

disaccharide *vegy* diszacharid

disacidify savtalanít, savmentesít

disadjust leállít, elállít, rosszul állít be, beállítást megbont/megzavar

disadvantage I. *v* árt, kárt okoz; **II.** *n* hátrány(osság); kár; *at* neutronáram-csökkenés; ~ **factor** (neutronáram-csökkenési) veszteségi tényező; *at* előnytelenségi tényező

disafforest *fa* letarol

disafforesting *fa* tarvágat

disaggregate felbont, (szét)bomlaszt, (részeire) bont, felaprít; szétválik, részeire bomlik, szétesik; *geol* elmállaszt, elporlaszt; rétegenként leválik, elmállik

disaggregation felbontás, felaprítás; szétválasztás, dezintegráció; felbomlás, szétesés, szétválás; *geol* aggregátumok szétesése

disalignment iránytörés; helytelen beállítás, eltérés *(pontos vonalbeállítástól)*

disappear eltűnik; megszűnik; elhangzik; kialszik

disappearance eltűnés, kihalás, kioltás

disappearing behúzható, eltüntethető; ~ **carriage** *kat* emelkedő-süllyedő lövegtalp; ~ **filament (optical) pyrometer** izzószálas/eltűnőszálas (optikai) pirométer

disarm *kat* hatástalanít, dezaktivál; leszerel, darabokra szed

disarmament leszerelés; lefegyverzés

disarrange összezavar; rosszul állít be

disarrangement rendezetlenség, rendetlenség; ~ **of the structure** *ásv* rendezetlenség, rácshiba, defektus

disassemble kiszerel, leszerel, szétszerel, kibont, lebont, szétbont, kiszed, leszed, szétszed

disassembler *szt* visszafordító, disassembler

disassembly leszerelés, szétszerelés, szétszedés, szétbontás; leszerelt/szétszerelt/szétszedett/szétbontott állapot

disaster *bány* bányaszerencsétlenség, bányabeomlás; bentrekedés; ~ **dump** *szt* katasztrofális meghibásodás miatti memóriakiíratás

disazo dye *vegy* diszazofesték, diszazoszínezék

disbark *fa* lekérgez, lehánt(ol), háncstalanít

disbarking machine *bőr* kéreghántoló gép; *fa* kérgezőgép

disbranchment szétágazás

disburden kiürít; kirak, lerak, tehermentesít; kirakodik; kiönt *(folyó)*

disc I. *v mzg* tárcsáz; **II.** *n* körlap, körlemez; fölözőtányér; → disk; tárcsa, korong; tányér; (kerek/ovális) lemez, lamella; *csill* égitestkorong; *ép* lamella, tárcsa(dísz); *félv* (félvezető) lapka; *finm* vezetőtárcsa; *hang* hanglemez; *kat* oldalosztástárcsa; *mat* körlap, körlemez, kör *(mint felület)*; *mzg* eketárcsa, boronatárcsa; *pa* borítólemez; *szersz* körlap, körfűrészlap; *távk* lyuktárcsás szaggató; *tex* görgővezető tárcsa; ~**-and-drum turbine** kombinált turbina; ~ **anode** *távk* (sík)tárcsás anód; ~ **area** *gép* forgástér; *mat* körterület; ~ **armature** → ~-type armature; ~ **attenuator** *el* forgólemezes csillapító; ~ **attrition mill** *mzg* tárcsás daráló; ~ **auger** *ép* tányérfúró; ~ **barker** *pa* tárcsás hántoló; ~ **bearing** *gép* tárcsás csapágy, axiális/tárcsás gördülőcsapágy, gördülő talpcsapágy; ~ **bit** *bány, ol* tárcsás fúró; *geof* vágótárcsás fúróbetét; ~ **blade** *fa* körfűrészlap; ~ **brake** *gépk, vasút* tárcsás fék, tárcsafék; ~ **cam** *gép* körhagyó tárcsa; ~ **capacitor** *el* tárcsakondenzátor; ~ **chuck** *forg* tárcsás tokmány *v.* befogó pofa; ~ **clutch** *gép* tárcsás/lemezes tengelykapcsoló; ~**-coal-cutter** *bány* tárcsás réselőgép; ~ **cockle separator** *mzg* tárcsás konkolyozó; triőr; ~ **coil** lapostekercs, tárcsás tekercs; ~ **condenser** *el* lemezes kondenzátor; ~ **co(u)lter** *mzg* tárcsás csoroszlya; ~ **counter** tárcsás számológép, számolókorong; ~ **crank** forgattyús tárcsa; ~ **crusher** tárcsás zúzómalom; ~ **cutter** *forg* körkés, tárcsakés; ~ **cutting machine** *bány* tárcsás réselőgép; *nyom* tárcsás vágógép; ~ **depression welding** *heg* dudorhegesztés; ~ **discharger** *koh* tárcsás szikraköz; ~ **drill** *mzg* tárcsás csoroszlyás vetőgép; ~ **dryer** *élip* tálcás szárító; ~ **electrode** *el* tárcsaelektród, tárcsa alakú elektród; ~ **electrophoresis** *el* szakaszos/diszkontinuus elektroforézis, disk-elektroforézis; ~ **engine** *gép* imbolygótárcsás motor; ~ **evaporator** *élip, pa* tárcsás besűrítő/bepárló; ~ **feeder** (forgó)tányéros adagoló; *nyom* tárcsás berakó/adagoló; ~ **filter** tárcsás szűrő; ~ **flywheel** tárcsalendkerék, lendítőtárcsa; ~ **friction gear** dörzstárcsás (meg)hajtás/hajtómű; ~ **furrower** *mzg* tárcsás barázdanyitó; ~ **gap** *távk* tárcsás szikraköz; ~ **gate valve** tányérszelep, körtolattyú; ~ **ga(u)ge** mérőtárcsa; ~ **grinder (DG)** *szersz* tárcsás köszörű, diszkuszköszörű; ~ **grinding** csiszolópapír bevonatú korongos csiszolás; ~**(-)harrow** *mzg* tárcsás borona; ~ **hiller** *mzg* tárcsás töltögető; ~**-hinged valve** csappantyús szelep; ~ **insulator** tárcsás szigetelő; ~ **lightning arrester** tárcsás túlfeszültség-levezető; ~**-loaded waveguide** → ~ waveguide; ~ **loading** *rep* rotorfelület terhelése; ~ **marker** *mzg* tárcsás nyomjelző; ~ **mill** *mzg* tárcsás daráló; *nyom* tárcsás festékőrlő; ~ **milling cutter** *forg* tárcsamaró; ~ **of a circular saw** körfűrészlap; ~**-of-confusion** *opt* zavarókorong; ~ **pile** *ép* csavartányéros/tárcsatalpas cölöp; ~ **piston** tárcsás dugattyú, tányérdugattyú; lapos/sík fenekű dugattyú; ~ **piston blower** tányérdugattyús légsűrítő; ~ **planimeter** tárcsás planiméter; ~ **plate circular drawing frame** *tex* tárcsás-hengeres nyújtómű; ~**-plate drawing machine** *tex* tárcsás fésűs nyújtógép; ~ **plough/plow** *mzg* tárcsás eke; ~ **reamer** *forg* tárcsás dörzsár; ~ **refiner** *pa* tárcsás foszlató/őrlő; ~ **ridger** *mzg* tárcsás töltögető; ~ **roll(er)** *ép* tárcsás/tárcsakerekes henger; ~**-rolling mill** *heng* keréktárcsa-hengermű; ~ **ruling machine** *nyom* korongos vonalzógép; ~ **sander** csiszolótárcsa; kézi tányércsiszológép; *fa* dobcsiszoló gép; ~ **saucer** *mzg* tárcsalevél, talajművelő tárcsa; ~ **saw** körfűrész; ~ **scanner** letapogatótárcsa; ~**-seal diode** *el* síktárcsás dióda, síkdióda; ~**-seal triode** *el* síktrióda; ~**-seal tube** *el* síktárcsás (elektron)cső; ~ **seeder** *mzg* vetőgép; ~ **separator** *élip, mzg* tárcsás triőr, Carter-triőr, karter; ~**-shaped** tárcsa/korong/tányér alakú; ~**-shaped insulating spacer** *távk* köztartó szigetelő tárcsa *(koaxiális kábelben)*; ~ **share** *ép* tárcsakés; ~ **shutter** *foto* lemezes fényrekesz; ~ **signal** *vasút* tárcsás jelző, jelzőtárcsa; ~ **source** *at* tárcsa alakú sugárzó(forrás); ~**-spaced cable** *koh* szigetelőtárcsás kábel; ~**-spaced coaxial cable** *távk* tárcsatávtartós koaxiális kábel; ~ **spool** *tex* karimás/peremes/tárcsás cséve; ~ **spring** tányérrugó, Belleville-rugó; ~ **steam-dryer** *koh, vegy* tányéros gőzszárító; ~**-tension (device)** *tex* tárcsás fonalfék; ~ **tray** tárcsás tányér; ~ **turbine** tárcsás turbina; ~**-type** tárcsás; ~**-type antenna** *távk* tárcsaantenna, kónusz-tárcsa antenna; ~**-type armature** *el* tárcsás armatúra; ~**-type diode** *el* tárcsadióda; ~**-type electrode** → ~ electrode; ~**-type electrometer** *el* tárcsás elektrométer; ~**-type thread-milling cutter** tárcsás menetmaró gép; ~**-type thyristor** *el* tárcsatirisztor; ~**-type trimmer** *el* tárcsás kiegyenlítőkondenzátor; ~**-type wheel** *gépk* tárcsás kerék *(futókerék)*; ~**-type winding** lapos tekercselés; ~ **valve** *gép* tányérszelep, körtolattyú; *hidr* tárcsás szelep; ~**-valve boiler** *ol* csapószelepes iszapkanál; ~**-valve constant level offtake regulator** *hidr* tárcsás szelepes állandóvízszint-tartó; ~ **vibrator** *ép* tányérvibrátor; ~ **water meter** tárcsás vízmérő; ~ **waveguide** rekeszes hullámvezető; ~ **weeder** *mzg* gyomirtó tárcsás kultivátor; ~ **wheel** *forg* tányérkorong, tányértárcsa; *gépk* telekerék, tárcsáskerék; *vasút* tárcsáskerék, keréktárcsa; ~ **winding** *el* tárcsás tekercselés

discard I. *v* eldob, kidob; elvet; kiselejtez, üzemen kívül helyez; figyelmen kívül hagy; kiküszöböl; elbocsát, kizár; *mat* elhanyagol; töröl; *tex* ledob *(színezéket)*; **II.** *n* selejt; *bány* hulladékkőzet; *önt* holtfej (öntecsen); ~ **at failure maintenance (DAFM)** *v szt* meghibásodás esetén eldobandó, DAFM *(nem javítható karbantartás)*; ~ **decimals** *v mat* tizedeseket elhagy; ~**s** hulladék, szemét; ~ **solution** *vegy* szennylúg, hulladéklúg

discent(e)red külpontos, eltolt *(középponttól)*

discharge I. *v* (teher)mentesít, terhe(lés)t levesz; (ki)ürít, kibocsát, kiönt; eltávolít, kihord, kirak; fejleszt, áraszt *(gázt, gőzt)*; kilép *(folyadék)*, kifolyik, kiürül; felszabadul; *bány* elrobbant; *el* kisül; kisüt; *ép* kivált, megtámaszt, terhet áthárít; ürít, kibocsát, kihord *(tárolóból, keverőből)*; *finm, gép* kiold, kivált; *hajó* kirak(odik); *hidr* (ki)nyom, szállít; *kat* elsül; elsüt *(lőfegyvert)*; kilő *(rakétát, torpedót)*; *koh* csapol; *rak* kilő; *tex* hámtalanít *(selymet)*; marat; színt eltávolít/kivesz; **II.** *n koh* csapolás; (ki)ürítés, leürítés, kiöntés, kibocsátás; emisszió *(légszennyező anyagoké)*; *at* ellenőrzött kibocsátás, atomkiütés; *el* kisülés; kisütés; *ép* gyám(ív), gyám(oszlop), gyám(tartó); kiváltás; megtámasztás; támasz; teherhárító (szerkezet); *gép* (ki)ürítőnyílás, kieresztőnyílás; *gépk* kipufogás; *hajó* kiöntőnyílás; kirakodás, kihajózás; *hidr* kieresztőnyílás; kifolyás, kinyomás; lefolyás, kifolyás, átfolyás; lefolyó, lefolyás; vízhozam; *hőt* kipüfögés; *kat* leszerelés *(a hadseregből)*; lövés; össztűz, sortűz; *met* (villám)csapás; *óra* kioldás, kiváltás; *önt* ürítés; *pa* (le)ürítés; *tex* marás, maratás; maróanyag, színeltávolító anyag; *vák* kipufogónyílás, kilépőnyílás; ~ **adapter** *hidr* nyomócsőadapter; ~ **airchamber** *hidr* nyomólégüst; ~ **air flow** *bány* kihúzó légáram; ~ **air-shaft** *bány* légakna; ~ **analyzer** *koh* kisüléselemző; ~ **and supply** *hidr* kivett és érkező vízhozam; ~ **aperture** *ker* kihordónyílás, ürítőnyílás; *koh* csapolólyuk, csapolónyílás; ~ **area** *bány* ürítő állomás; *hidr* vízszállító szelvény; *hidr, rep* kilépési/kiömlési keresztmetszet; *ker* kihordási/ürítési felület; ~ **area of (the) screen** szabad rostafelület/szitafelület; ~ **arrester** *el* túlfeszültséglevezető; ~ **auxiliary plant** *ép* kihordó segédberendezés, bolygatóberendezés; ~ **avalanche** *el* lavinakisülés; ~ **band** *em* átadószalag, kihordószalag; ~ **basket** *gép, koh* gyűjtőkosár; ~ **belt** *em* röpítőszalag; ~ **blade** *koh* leszedőkés; ~ **blower** *gép* szívószellőző; ~ **box** *ép* fogadófej; *hőt* szénadagoló láda; ~ **branch** kiürítő csőcsonk; *hidr* kifolyóalagút, szívócső *(erőműturbina alatt)*; ~ **by collision** *el* ütközési kisülés; ~ **by dumping** *ép* kiöntés, döntés, lehányás; ~ **canal** *hidr* alvízcsatorna; ~ **capacity** levezetőképesség; *el* kisülési kapacitás *(akkumulátoré)*; levezetőképesség *(villámhárítóé)*; ~ **carrier** *hidr* túlfolyósurrantó, homloksurrantó; ~ **chamber** *hidr* kiömlőtér, diffúzor; nyomóakna; nyomótér, gyűjtőtér; ~ **channel** *hidr* kifolyócsatorna; ~ **chest** *el* kisütőkamra; *hidr* kiömlő csőtag, kiömlő kamra; ~ **chute** *élip* kiöntő, elvezető futócső; *ép* ürítőcsúszda; ürítősurrantó; *ker* kiömlőcsatorna, kihordócső, kihordóvályú; ~ **circuit** *el* kisütő áramkör, kisütőkör, kisülőkör; ~ **cock** leeresztőcsap; ~ **coefficient** *gép* átfolyási/kifolyási tényező; *hidr* vízhozamtényező; ~ **coil** *el* földelő fojtótekercs; ~ **colo(u)r** *tex* ruhanyomó színezék; ~ **column** *bány* nyomócsőrakat; *el* kisülési oszlop, ívoszlop; ~ **cone** *hőt* nyomófúvóka, szórófej; ~ **connection** *gép* kibocsátó csőcsonk; ~ **conveyer/conveyor screw** *ép* kihordócsiga; ~ **cross section** *hidr* átfolyási/lefolyási szelvény; ~ **culvert** *en* melegvízcsatorna *(erőműben)*; *ép* ürítőáteresz; ~ **culverts** *hidr* ürítőcsatorna; ~ **current** *el* felületi kúszás; kisütőáram; levezetőáram; *fiz* kisülési áram; ~ **curve** *el* kisülési/kisütési görbe; *hidr* vízhozamgörbe, vízállásgrafikon; ~ **delay** *el* kisülés késése, késleltetett kisülés; ~ **device** *ép* kihordóberendezés; *ker* ürítőkészülék, ürítőberendezés; ~ **drum** *ol* végszeparátor, expanziós szeparátor; ~ **duct** elvezetőcső, levezetőcső; *gép* lefolyócső, kiömlőcső; *hidr* kimenő vezeték/csatorna; ~ **duration** *el* kisülési idő; *hidr* vízhozamtartósság; ~ **dyeing** marató színezés; színezés maratható színezékkel; ~ **edge of vane** *hidr* kiömlőél; ~ **electrode** *el* kisütő elektród; ~ **end of the furnace** *heng* kihúzható kemencefenék; *koh* kiömlővég, ürítővég *(kemencéé)*; ~ **energy** *el* kisütési/kisülési energia; ~ **factor** *el* kisülési tényező/faktor; ~ **fan** *szell* szívószellőző; ~ **flange** *hidr* nyomócsonk; ~ **flue** *szell* kivezető füstgázcsatorna; ~ **for dyes** *tex* rezerváló keverék; ~ **gap** *bány* résnyílás; *el* szikraköz, ívköz; túlfeszültség-levezető; ~ **gate** *ép* leeresztőnyílás; silóelzáró; ~ **glow** parázsfény, csillófény; ~ **grating** *ép* lefolyórács; ~ **harbour** *hajó* kirakodókikötő; ~ **head** (geodéziai) nyomómagasság; *hidr* geodéziai emelési magasság; ~ **height** *bány* döntési/ürítési magasság; ~ **hole** kieresztőnyílás, kifolyónyílás; ~ **hopper** ürítőtölcsér; ~ **hose** lefolyótömlő, kiürítőtömlő, nyomótömlő; ~ **hydrograph** *hidr* vízhozam-menetgörbe; ~ **in gas** gázkisülés, elektromos kisülés *(gázban)*; ~ **intensity** *hidr* fajlagos vízhozam; ~ **jet** *gépk* befecskendező fúvóka; *hidr* kifolyó sugár; ~ **key** *kat* elsütőbillentyű; ~ **lamp** kisülőlámpa; gázkisülésű lámpa; ~ **line** *ép* nyomóvezeték; ~ **loss** *hidr* kilépési veszteség; ~ **luminescence** → ~ glow; ~**-mass curve** *hidr* vízhozam-összegező görbe, vízhozam-integrálvonal; ~ **measurement** *hidr* vízmennyiségmérés, vízhozammérés; ~**-meter** vízmérő, vízhozammérő; ~ **method** *tex* maratóeljárás, marási eljárás; ~ **modulus** *hidr* fajlagos vízszállító képesség, vízhozam-modulusz; ~ **mouth** kifolyónyílás, kiömlőnyílás, túlfolyónyílás, túlömlőnyílás; ~ **nozzle** *rep* kiömlő sugárcső/fúvócső; táplálófúvóka; *hidr* nyomócsonk; *vasút* nyomókúp *(mozdonyé)*; ~ **number** *hidr* vízhozamtényező; ~ **of ground water** *hidr* talajvízhozam; ~ **of sewage** szennyvízelvezetés *(pl. folyóba)*; ~ **of water** *bány* vízemelés, vízszivattyúzás, víztelenítés, vízmentesítés; ~ **on the surface** *el* felületi kisülés; ~ **on wool** *tex* gyapjúmarás; ~ **opening** leeresztőnyílás; ~ **orifice** *aut* kilépőfojtás; *hidr* ürítőnyílás, kifolyónyílás, kiömlőnyílás; *koh* csapolónyílás; ~ **over the weir** *hidr* átbukó vízhozam; ~ **passage** kifolyócsatorna; ~ **path** *el* kisülési út; ~ **pipe** *gép* leeresztőcső, ürítőcső; *hidr* kifolyócső, lefolyócső; *ol* leürítőcső, kifolyócső; ~**-pipe of dam** gát üzemvízlebocsátó csővezetéke; ~ **piping** *hidr* nyomóvezeték; ~ **plasma** *at* gázkisülési plazma; ~ **platform** *ép* oszlopos munkaállvány, mozgóállvány; ~ **plough/plow** lekotró eke *(gumiszalagról)*; *vák* kipufogónyílás, kilépőnyílás, ürítőnyílás; ~ **potential** *koh* kisütési feszültség; *vegy* leválási potenciál; ~ **pressure** *hidr* nyomócsonki nyomás, kimenőnyomás, szállítónyomás; *ol* végnyomás, ütési nyomás; ~ **pressure control** *hőt, hidr* túlömlés-szabályozás; ~**-print** *v tex* marónyomással nyom; ~**-printing** *tex* mar(at)ónyomás; ~**-printing paste** *tex* marónyomó pép; ~ **prints** *tex* szétfolyt nyomás; ~ **process in the gas tube** *fiz* kisülési folyamat/jelenség (gáz)kisülési csőben *v.* ioncsőben; ~ **pulse** *at* kisülési impulzus; ~ **rate** *fiz* kiáramlási sebesség; *hidr* vízhozam; *koh* kisütő áramerősség *(telepé)*; ~ **rating curve** *hidr* vízhozamgörbe, vízállásgrafikon; ~ **refractory rock** *önt* csapolókő; ~ **register** *hidr* vízhozam-nyilvántartás; ~ **requirement** vízigény, vízszükséglet; ~ **resistance** kisütő/levezető ellenállás; ~ **resistor** kisülési ellenállás; ~ **ring** *hajó* lapátházköpeny; ~ **rod** rudas villámlevezető; ~ **scale ratio** *hidr* vízhozam-méretarány, vízhozam-méretszorzó; ~ **screw** *em* kihordócsiga, kitárolócsiga; ~ **section area** *hidr* vízszállító szelvény; ~ **section line** *hidr* vízhozammérési szelvény; ~ **side** kirakodóoldal, kokszoldal *(gázgyárban)*; kirakodóoldal *(gépé)*; ~ **site** *hidr* sebességmérési szelvény; vízhozammérő hely; ~ **space** kisülési pálya; ~ **station** *vasút* leadóállomás *(drótkötélpályáé)*; ~ **switch** *el* feszültségkorlátozó kapcsoló; ~ **table** *ép* bunkerasztal; *hidr* hitelesítési táblázat, írott vízhozamgörbe; ~ **temperature** ürítési/kilépési hőmérséklet; *hidr* nyomócsonk-hőmérséklet; ~ **throttling** *hidr* fojtásos szabályozás; ~ **through a lock** *v vák* kizsilipel; ~ **time** *félv* leépülési/kikapcsolási/kisülési idő; ~ **transistor saw tooth generator** *el* kisütőtranzisztoros fűrészgenerátor; ~ **tube** *el* gáztöltésű/(gáz)kisülési cső, kisülőcső, kisülőedény; *hidr* nyomócső, szállítócső; ~**-tube rectifier** *el* ioncsöves/gáztöltésű egyenirányító; ~ **tunnel** *hidr* ürítőalagút, lefolyóalagút, ürítő szívócső; ~ **valve** *el* kisülési cső; *gép* kifolyószelep, leeresztőszelep, ürítőszelep; *hajó* kidobószelep; *hidr* nyomószelep, kiömlőszelep; *rep* üzemanyag-leeresztő szelep; ~ **velocity** *hidr* kiömlősebesség; látszólagos szivárgási sebesség; ~ **ventil** *gép* kipufogószelep; ~ **vessel** *el* kisülőedény; ~ **voltage** kisülési feszültség; égésfeszültség *(gázkisülésben)*; ~ **without prerotation** *hidr* perdületmentes kiömlés

dischargeable (teher)mentesíthető, felszabadítható, kiüríthető, leüríthető, kirakható; eltávolítható; *bány* elrobbantható; *el* kisülő(képes); kisüthető; *ép* kiváltható, áthárítható, megtámasztható; *finm, gép* kioldható, kiváltható; *hidr* kinyomható; *kat* elsüthető; *koh* csapolható; *tex* kivehető *(szín)*; mar(at)ható; ~ **weight** *rep* kidobóteher; *vasút* kirakható súly

discharged | **air** kibocsátott/távozó levegő; ~ **battery** *el* kisütött/kimerült akkumulátor

discharger kirakó, (ki)ürítő; eltávolító; *bány* villamos (robbantó)gyutacs; *el* (kisütő) szikraköz; levezető; villámhárító; *ép* tám, teherhárító; *mzg* lerakó, kirakó(gép); *tex* színeltávolító szer; ~ **worm** *élip* ürítőcsiga *(keverőgépen)*

discharging *bány* csapolás; kiürítés; ürítés; ~ **agent** *tex* maratószer, maratóközeg; ~ **amperage** *el* kisütő áramerősség *(telepé)*; ~ **arch** *ép* tehermentesítő/teherhárító ív/boltöv; ~ **berth** kikötői kirakodóhely; ~ **bucket elevator** kirakóvedres szállítómű; ~ **choke** *koh* szikraoltó; ~ **end of furnace** kemence csapolóoldala; ~ **gantry crane** rakodó híddaru; ~ **gap** kisütő (szikraköz); ~ **gear** kirakodóberendezés; *el* kisütőkészülék; ~ **pallet(-jewel)** *óra* kimenő horgonykő; ~ **place** *bány* ürítőhely; ~ **plant** *hajó* (ki)rakodóberendezés; ~ **plate conveyor** kihordó/ürítő lemezes szállítószalag; ~ **platform/ramp** *vasút* (ki)rakodórámpa; ~ **quay** *hajó* kirakodó rakpart; ~ **resistor** *el* kisülési ellenállás; ~ **roller** *óra* vezetőtárcsa; *tex* kibocsátóhenger; ~ **side of furnace** *koh* kemence csapolóoldala; ~ **steam** fáradt gőz; ~ **track** *vasút* buktatósín; ~ **trough** adagolócsúszda, adagolóvályú, feladócsúszda

disciplined machine *aut* determinált gép

discission szétvágás, átmetszés

disclose feltár, felnyit

discoid(al) korong alakú, korongos

discolour, *US* **discolor** elszíntelenít, elhalványít, (ki)fakít; elszíntelenedik, elhalványul, (ki)fakul, elfakul, színét veszti, színe megváltozik

discolouration, *US* **discoloration** elszíntelenedés, (el)fakulás, kifakulás, színelhagyás, színvesztés, színváltozás, elszíneződés; elszíntelenítés, szín megváltoztatása; *pa* sárgulás *(is)*

discoloured, *US* **disolored** kifakult, fakó, színehagyott; más/eltérő színű; rosszul/hibásan festett/színezett; ~ **water** *hidr* (torkolatnál) elütő színű víz

discolouring, *US* **discoloring (perlocation) clay** *vegy* derítőföld, kallóföld

discolourize, *US* **discolorize** (el)színtelenít, (ki)fehérít

discomfort glare *opt* zavaró káprázás

discomposition *at* atomkiütés; ~ **effect** *at* Wigner-effektus

discone antenna *távk* kúpantenna, kónusz-tárcsa antenna

disconformity különbözőség, egyezőtlenség; *geol* diszkordancia

disconnect I. *v* (szét)bont, szétszed; kiiktat; szétkapcsol, elválaszt, szétválaszt; *el* (ki)szakaszol; kiforraszt, leforraszt *(vezetéket)*; kiköt, szétbont *(kábelt)*; *távk* lekapcsol *(vonalról)*; leválaszt *(hibás vonalat)*; megszakít *(kapcsolást)*; **II.** *n* megszakítás/bontás helye; ~ **a carriage** *v vasút* kocsit lekapcsol; ~ **pulse** kikapcsoló/kioldó impulzus; ~ **signal** *távk* végjel; ~ **the call** *v távb* a beszélgetést szétkapcsolja/bontja; ~ **the engine** *v gépk* kikapcsolja a motort

disconnected | **position** *el* kiszakaszolt helyzet; ~ **space** *mat* nem összefüggő tér

disconnecter → disconnector

disconnecting | **box** *el* fő-biztosítószekrény; ~ **device** szétkapcsolóberendezés, lekapcsolószerkezet; ~ **fork** *gép* kioldóvilla, kikapcsolóvilla, kiemelővilla; ~ **fuse** *el* szakaszoló biztosító; ~ **gear** kikapcsoló/kioldó szerkezet; ~ **insulator** *el* elválasztó szigetelő, szakaszszigetelő; ~ **lever** kioldóemelő; ~ **link** *el* bontó biztosító; ~ **switch (DS)** *el* (ki)kapcsoló, megszakító; szakaszoló

disconnection szétkapcsolás, bontás; *el* kikapcsolás *(készüléké)*; megszakítás, bontás *(áramköré)*; szakaszolás

disconnector *el* szakaszoló; *ép* bűzelzáró, szagelzáró, szifon; *finm* kioldó, karrugó; *gép* főelzárócsap; *kat* sorozatgátló; ~ **chamber** *ép* szétválasztó akna; ~**-fuse (combination)** *el* biztosítós szakaszoló; ~ **spring** *finm* kioldó rugó; *kat* sorozatgátló rugó

discontiguous nem határos/érintkező, összefüggéstelen

discontinuance megszakítás, félbeszakítás, abbahagyás

discontinuate megszakított, félbeszakított, félbemaradt, abbamaradt; megszakításos

discontinue abbahagy; megszakít, félbeszakít; nem folytat; megszűnik, abbamarad, megszakad, véget ér, nem folytatódik

discontinuity megszakítás, félbeszakítás, (meg)szakadás; folytonosság/összefüggés hiánya, hézagosság, szakadás, megszakítottság; törés, megsemmisülés, tönkremenetel; diszkontinuitás; *geof* határfelület; *mat* szakadás; *rep* törés; ~ **capacitance** *távk* inhomogenitásból eredő (káros) kapacitás; ~ **interval** *mat* szakadási intrevallum *(függvényé)*; ~ **of a characteristic curve** jelleggörbe könyökpontja; törés a jelleggörbén; ~ **point** *rep* szakadáspont, töréspont; ~ **stress** *mech* folytonossági hiány okozta feszültség; ~ **surface** *fiz, mat* szakadási/ugrási/diszkontinuitási felület; *geol* diszkontinuitási/szakadási felület; *hidr* szakadás(i felület); *rep* erős szakadás(i felület), lökéshullám; ~ **value** *mat* ugrás nagysága, diszkontinuitás értéke; ~ **wave** szakadási hullám

discontinuous nem folytonos, szakaszos; megszakításos; összefüggéstelen; *mat* nem folytonos, diszkontinuus; ~ **action** *aut* nem folytonos hatás/viselkedés; ~**-action controller** nem folytonos működésű szabályozó; ~**-action conveyor-type scale** szakaszos működésű szalagmérleg; ~**-action servomechanism** nem folytonos működésű szervomechanizmus; ~ **chip** *forg* kitöredezett forgács; ~ **contact printer** *film* szakaszos kontakt másológép, közvetlenül képenként másoló gép; ~ **control** nem folytonos irányítás/vezérlés; állásos *v.* nem folytonos szabályozás; ~ **controller** nem folytonos szabályozó; ~ **control system** nem folytonos szabályozási rendszer; ~ **conveyor** szakaszos működésű szállítógép; ~ **current** szaggatott vezetésű egyenáram; ~ **diffusion** *élip* szakaszos diffúzió; ~ **distribution of concrete** *ép* szakaszos *v.* nem folyamatos betonellátás; ~ **dyeing** *tex* szakaszos színezés; ~ **filament yarn** *tex* fonal vágott szálból; ~ **function** *mat* szakadásos *v.* nem folytonos függvény; ~ **glide** *ásv* diszkontinuus *v.* nem folytonos csuszamlás; ~ **motion** *mech* szakaszos mozgás; ~ **natural oscillations** *el* csillapított sajátrezgés; ~ **noise** *hang* szakaszos zaj; ~ **phase** *vegy* diszpergált fázis; ~ **plant** szakaszosan működő berendezés; ~ **precipitation** *koh, vegy* szakaszos kiválás; ~ **random variable** *mat* diszkrét valószínűségi változó; ~ **running** *ip* megszakításos *v.* nem folytonos üzem; ~ **sampling** *any, környv* szakaszos mintavétel; ~ **service** *ip* szakaszos üzem; ~ **sewage disposal** *környv* szakaszos szennyvízelvezetés; ~ **signal** nem folytonos jel; ~ **spectrum** *opt* diszkrét *v.* nem folytonos színkép/spektrum; ~ **spring** *geol* szakaszos forrás; ~ **system** nem folytonos rendszer; ~ **term** nem folytonos tag; ~ **variable** diszkrét változó; ~ **waste-water disposal** *környv* szakaszos szennyvízelvezetés; ~ **weld bead** *heg* szakaszos varratheraernyó

discontinuously nem folyamatosan/folytonosan; öszszefüggéstelenül; megszakításosan, megszakítva; szakaszosan; ~ **graded aggregate** *ép* nem folyamatos szemelosztású adalékanyag

discontinuum *ásv, mat* diszkontinuum

discordance diszkordancia; ~ **of angle** *hidr* szögdiszkordancia

discordant *geol* diszkordáns; ~ **bank** *hidr* diszkordáns part; ~ **bedding** *geol* diszkordáns/eltérő *v.* nem egyező település; ~ **intrusions** szabálytalanul települt intrúzió; ~ **shoreline** → ~ bank; ~ **valley** *hidr* diszkordáns völgy

discoupling kicsatolás, szétcsatolás, elválasztás; *távk* csatolásmentesítés *(is)*

discover felkutat, kikutat; felfedez, felfed, felderít; feltár, felfed; feltalál

discovery felfedezés, feltárás; lelet; ~ **well** *ol* felfedező fúrás

discrepancy különbözőség, egyezőtlenség; eltérés, ellentét; különbözet; diszkrepancia; ellentmondás; ~ **factor** *ásv* megbízhatósági faktor; R-érték; ~ **in length** *geod* hosszirányú záróhiba; ~ **in mass** tömegeltérés; ~ **in weight** súlyeltérés

discrepant material műszaki követelményeket ki nem elégítő anyag

discrete szétválasztott, különálló, nem összefüggő; különálló részekből összerakott; *at, aut, fiz, mat* nem folytonos, diszkrét; *szt* diszkrét; ~ **action** nem folytonos hatás; ~ **action controller** *aut* állásos *v.* nem folytonos szabályozó; ~ **address** diszkrét cím; ~ **channel** *rep* diszkrét csatorna; ~ **circuit** *szt* hagyományos (diszkrét) elemekből készült áramkör; ~ **code** *szt* diszkrét vonalkód; ~ **component** *távk* diszkrét alkatrész; ~**-continuous system** *aut* diszkrét-folytonos rendszer; ~ **deterministic multistage decision process** diszkrét determinisztikus többszintű döntési folyamat; ~ **device** *koh* diszkrét elem; ~ **distribution** *mat* diszkrét eloszlás; ~ **excitation** *at* diszkrét gerjesztés; ~ **filter** diszkrét szűrő; ~ **input** diszkrét *v.* nem folytonos bemenőjel; ~ **Laplace-transform** diszkrét Laplace-transzformált; ~ **optimizing system** diszkrét *v.* nem folytonos működésű optimalizáló/optimizáló rendszer; ~ **process** diszkrét folyamat; ~ **programming** diszkrét programozás/optimalizálás; ~ **radio source** diszkrét rádióforrás; ~ **random variable** *mat* diszkrét valószínűségi változó; ~**-sentence intelligibility** *távk* mondatérthetőség; ~ **signal** diszkrét *v.* nem folytonos jel; ~ **signal distance transmission** diszkrét *v.* nem folytonos jelű távátvitel; ~ **source** *távk* diszkrét forrás; ~ **spectrum** diszkrét spektrum/színkép; ~ **stochastic multistage decision process** diszkrét-sztochasztikus többszintű döntési folyamat; ~**-time system** diszkrét rendszer; ~ **track pattern** *rep* elválasztott nyomvonalalakzat; ~ **units** *szt* diszkrét elemek; ~ **variable** *mat* diszkrét változó; ~ **variate** *mat* diszkrét valószínűségi változó; ~ **word articulation** *távk* szóérthetőség

discreteness diszkrétség, diszkrét jelleg

discretionary | hyphen *szt* elválasztáskijelölés *(szövegszerkesztőnél)*; ~ **wiring** *szt* egyedi huzalozás

discretization diszkretizáció; ~ **error** *mat* diszkretizációs hiba; ~ **of continuous-time system** időben folytonos (működésű) rendszer diszkrét rendszerré való alakítása

discriminance analysis *mat* diszkriminanciaanalízis

discriminant *mat* diszkrimináns; ~ **function** *mat* diszkriminanciafüggvény, diszkriminátor

discriminate megkülönböztet, elkülönít, szétválogat, osztályoz

discriminating megkülönböztető, különbözeti; kiegyenlítő; kiválasztó; szelektív; ~ **circuit-breaking/circuit-control** *el* visszáramkioldás, visszáramvédelem; ~ **contactor** *távk* választó/szelektív jelfogó; ~ **cut-out/circuit-breaker** *el* visszáram-megszakító; ~

element *el* mérőelem, érzékelő *(relé)*; ~ **protective system** szelektív védelmi rendszer; *el* visszáramvédelem; ~ **relay** *aut* választó/szelektív jelfogó; *el* visszenergia-relé, energia-irányrelé; ~ **satellite exchange** *távb* háziközpont, alközpont; ~ **selector** *távb* központválasztó, első csoportválasztó; ~ **signal** *szt* megkülönböztető jel; ~ **switch** *távb* választókapcsoló
discrimination megkülönböztetés; felismerés, azonosítás; *el* szelektivitás; *opt* felbontóképesség; ~ **filter** *rád* választószűrő; ~ **instruction** *szt* elágaztató utasítás, döntési utasítás; ~ **radar** *rep* célazonosító radar
discriminator *el* diszkriminátor; *mat* diszkriminanciafüggvény, diszkriminátor
discriminatory megkülönböztethető; megkülönböztető, szelektív, kiválasztó; ~ **analysis** *mat* diszkriminanciaanalízis
discuss megvitat; (meg)tárgyal; *mat* elemez, diszkutál
discussion megvitatás, vita; *mat* diszkutálás, diszkusz szió; elemzés; ~ **of a function** függvényvizsgálat, függvénydiszkusszió
disdrometer *met* cseppnagyságmérő
diseased *élip* beteg, sérült
disedge élt elvesz, letompít *(élt)*
disembark kihajóz, partra szállít, kirak; kiszáll, partra száll
disembarkation kihajózás; partra száll(ít)ás; kiszállás *(hajóból, repülőgépből)*; kirakás *(hajóból, repülőgépből)*
disembarking path *rep* kiszálló utasok útvonala
disembogue kifolyik, kifolyat; betorkollik *(folyó)*; *hajó* kijut *(tengerszorosból)*
disembowelment *élip* (ki)belezés, (ki)zsigerelés
disemplaning kiszállás *(repülőgépből)*
disengage kiold, kikapcsol, kiszabadít, szétkapcsol, kiakaszt, leválaszt; felold, kibogoz, kilazít; felment, felszabadít; kiiktat; leválaszt, vmitől elkülönít; megszakít; kioldódik, kikapcsolódik, kiszabadul; szétkapcsolódik; *gépk* kikapcsol, sebességet kivesz; old, kinyom *(tengelykapcsolót)*; ~ **oxygen** *vegy* oxigént fejleszt; ~ **the clutch/coupling** tengelykapcsolót old, kikuplungoz
disengaged line *távb* szabad vonal
disengagement szétkapcsolás, bontás; kikapcsolás; kikapcsolódás; kiszabadítás; *kat* elszakadás, elszabadulás, kilépés; *vegy* fejlesztés *(gázé)*; ~ **bracket** *ép* kiváltókonzol; ~ **latch** kikapcsolóretesz
disengaging | **apparatus** → ~ device; ~ **clutch** oldható tengelykapcsoló; ~ **device** szétkapcsolóberendezés, lekapcsolószerkezet; ~ **gear** szétkapcsoló fogaskerék; ~ **lever** kikapcsolókar, kioldókar; ~ **shaft** kioldótengely, kikapcsolótengely; ~ **zero position** nullahelyzet kikapcsolása
disentangle kibogoz; kiold, kivált; akadálytól megszabadít
disequilibrium egyensúlyhiány
disforest erdőt irt
disgorge kiönt, kiárad; *élip* kiseprőz, seprőt eltávolít *(pezsgőgyártáskor)*
disgorgement *élip* degorzsírozás, kiseprőzés
disgregation *vegy* elkülönülés, szétválás
disguised electricity kötött villamosság
dish I. *v* kihajlít; bemélyít (felületbe); *alak* domborít; *koh* csészévé húz; **II.** *n* serpenyő; tál; edény, csésze, tányér; *alak* csésze; *bány* „terragium"; aranymosó tál; *foto* előhívótál; *geol* bemélyedés, besüllyedés, tégelyszerű/katlanos mélyedés; *gépk* kerékdőlés; *metr* serpenyő *(mérlegé)*; *önt* hámlás; *távk* tányér *(parabolaantennáé)*; *vegy* bepárlócsésze; ~ **antenna angle** *távk* parabolaantenna nyílásszöge; ~ **board** *pa* tányérkarton, tányérlemez; ~ **development** *foto* előhívás, kidolgozás; ~ **disc/disk** tányérkorong, tányértárcsa; ~**-ended** domború végződésű; ~**-pan pulley** csésze alakú görgő; ~ **plate** *gép, tex* etetőasztal; ~ **roaster** pörkölőserpenyő; ~**(-)warmer** tálmelegítő, villamos főzőlap; ~**-water** mosogatóvíz; *pa* szennyvíz; vízkiszorítás; ~ **wheel** tányérkorong, tányértárcsa
dished tál/tányér alakú; mélyített; ~ **bottom** homorú fenék; ~ **channel fish pass** *hidr* halsurrantó; ~ **circular saw** *szersz* homorítófűrész; ~ **cover** domború burkolat; ~ **electrode** *el* sajtolt elektród; ~ **end-plate of boiler** domború kazánfeneklemez; ~ **fracture** *any* homorú töret; ~ **paper** felgörbült hullámpapír; ~ **plate** *alak, heng* domborított/homorított/sajtolt lemez; *ép* padozati lemez *(hídon)*; ~ **strut(-)seat** homorú támsaru
dishing *alak* homorú felületmegmunkálás, öblösítés, tányérnyomás; *koh* csészehúzás, csészévé húzás; ~ **press** domborítósajtó
disil(ic)ane *vegy* diszilán, szilikoetán
disilicate *vegy* diszilikát
disincrustant kazánkőoldó, vízkőoldó, kazánkőképződés-gátló (szer)
disinfect fertőtlenít, szennyeződéstől megtisztít/mentesít, dekontaminál
disinfectant fertőtlenítő készülék; *gyógyv* fertőtlenítő(szer), dezinficiens
disinfected sewage *hidr* fertőtlenített szennyvíz
disinfectibility fertőtleníthetőség
disinfecting, disinfection fertőtlenítés; csírátlanítás; ~ **of sewage** szennyvíz-fertőtlenítés; ~ **tank** fertőtlenítő medence
disinfector fertőtlenítő (készülék); fertőtlenítőszer
disinfestant *vegy* rovarokat és rágcsálókat irtó szer, rovarirtó
disinfestation *mzg* fertőtlenítés; rovartalanítás, rovarirtás, tetvetlenítés
disinflate levegőt kienged/kibocsát; lelapul *(gumitömlő)*
disinsecting, disinsection rovartalanítás, rovarirtás, tetvetlenítés
disinsectize rovartalanít
disintegrate szétroncsol; szétszed, szétdarabol; aprít, feldarabol, felbont, felapróz; széttör, szétzúz; (fel)bomlaszt; széttörik; szétaprózódik, felbomlik, részeire bomlik; elporlaszt; *ásv* elporlad, elporlik; *at* (el)bomlik; hasad; *ép* feltör, felszakít *(tömörödött talajt, kőzetet)*; *geol* mállik, omladozik, (szét)pattogzik, repedezik; *gyógyv* szétesik *(granulákra)*; *pa* felold *(rostanyagot)*; *vegy* (elemeire) bomlik; elemeire bont, elemez
disintegrated | **granite** gránitdara; ~ **particle** *fa* (gyalu)forgács; ~ **rock** *talt* laza kőzet
disintegrating | **additive** *önt* lazítóanyag; ~ **cut** *heg* darabolóvágat; ~ **flour mill** → ~ machine; ~**-link belt** *kat* tagokra széteső töltényheveder; ~ **machine** aprítógép, dezintegrátor, verőpálcás malom; ~ **mill** aprí-

tógép, aprítómalom; törőmalom; zúzómalom; ~ **slag** *koh* széteső/önporló salak
disintegration (fel)borulás, szétrombolás, elporladás, szétmállás; szétdarabolás, feldarabolás; felaprítás; elpusztítás *(szétzúzás)*; *at* radioaktív bomlási folyamat, dezintegráció; *pa* felverés, dezintegrálás; *talt* szétesés, széthullás; *tex* hámtalanítás; *vegy* bomlás; feltárás; ~ **chain** *at* (radioaktív) bomlási sor, (radioaktív) átalakulási lánc/sor, radioaktív család; ~ **constant** *at* bomlásállandó; ~ **electron** *at* dezintegrációs/bomlási elektron; ~ **energy** aprítási energia; *at* bomlási energia; ~ **factor** *talt* lazulási tényező; ~ **family** → ~ chain; ~ **method** *vegy* feltárás; ~ **of atomic nucleus** *at* atommag bomlása, (nukleáris/radioaktív) bomlás; ~ **of coal** *bány* szénrepedezés; ~ **of filament** izzószál szétporlása *(lámpában)*; ~ **of matter into radiation** *fiz* szétsugárzás, annihiláció; ~ **particle** *at* bomlási részecske; ~ **product** bomlástermék, bomlási termék/származék, radioatív bomlás származéka; ~ **rate** *vegy* bomlási sebesség; ~ **series** → ~ chain; ~ **test** *vegy* szétesési vizsgálat; ~ **time** *gyógyv* szétesési idő; ~ **with emission of alpha-particles** *at* alfabomlás; ~ **yield** bomlási eredmény
disintegrator dezintegrátor, aprítógép; morzsológép; zúzógép; *bány* finompofástörő; porítógép; *ép* zúzómalom, őrlőmalom; *gyógyv* szétesést elősegítő anyag; *ker* dezintegrátor, verőpálcás malom; *önt* (homok)lazító, aerátor; *pa* anyagfeloldó, anyagfelvevő, rostosító; foszlatógép; utántörő; *tex* szétbontógép; ~ **for middlings** *élip* daraaprító; ~ **washer** Ströder-féle/Theisen-féle gázmosó
disinter kiás, kiemel *(földből)*
disinterment kiásás; kiemelés *(földből)*
disjoin szétszed, felbont; szétválaszt; elválik, leválik; *vasút* kikapcsol, sebességet kivesz; kisiklik; szétkapcsol, elválaszt, szétválaszt
disjoint I. *v* elválaszt, szétválaszt, elkülönít; lebont *(épületet)*; **II.** *a mat* diszjunkt; ~ **decomposition** *mat* partíció, diszjunkt felbontás *(halmazé)*; ~ **events** *stat* páronként egymást kizáró események; ~ **sets** *mat* diszjunkt *v.* közös elem nélküli *v.* nem metsző halmazok
disjunction elválás, szétválás, leválás; szétkapcsolás, elválasztás, leválasztás, szétválasztás; *el* kikapcsolás; megszakítás, bontás *(áramköré)*; *mat* diszjunkció; diszjunkció, VAGY művelet; logikai összeadás; logikai összeg; VAGY kapcsolat; *szt* diszjunkció, logikai VAGY; MEGENGEDŐ VAGY művelet; ~ **sign/symbol** *mat* diszjunkció jele, „vagy" jel, logikai összegezés jele
disjunctive | **counter** *el* diszjunktív számláló áramkör; ~ **normal form** *mat* diszjunktív normálalak; ~ **rock** *geol* közbetelepült kőzet
disjunctor kioldó/megszakító szerkezet; *el* megszakító kapcsoló, szakaszoló
disk *hang* (hang)lemez; *szt* (mágnes)lemez; diszk, mágnestárcsás/mágneslemezes tároló, lemeztároló; ~**-based operating system (DBOS)** *szt* lemezen tárolt operációs rendszer, DBOS; ~ **changer** *hang* lemezváltó; ~ **drive** *szt* lemezmeghajtó; ~ **dump** *szt* lemezkiíratás; ~ **file memory** *szt* (mágneses) lemeztároló, diszk, lemeztárolós memória; ~ **file organization** *szt* lemezes szervezés; ~ **gage** *US* → disc gauge; ~ **memory** *szt* mágneslemezes tár; ~ **operating system (DOS)** *szt* lemezes operációs rendszer, DOS; ~ **pack** *szt* lemezcsomag; ~ **reader** *szt* lemezolvasó, lemezegység; ~ **recorder** *hang* lemezvágó; ~ **recording** *hang* mechanikai hangrögzítés, lemezfelvétel; ~**-recording machine** *hang* lemezvágó gép; ~ **record reproducing equipment** *hang* lemezjátszó (készülék); ~ **scratch** *hang* barázda *(hanglemezen)*; ~ **storage/store** *szt* (mágneses) lemeztároló, diszk, lemeztárolós memória, lemezmemória, mágneslemezes tár; ~ **track** *szt* lemezsáv, nyomvonal; ~ **unit** *szt* lemezegység; ~ **utility program** *szt* lemezes kiszolgálóprogram
diskette *szt* hajlékony (mágnes)lemez, floppy disc; ~ **controller** *szt* hajlékonylemez-vezérlő egység
dislevement szintvonalkülönbség; egyenetlenség *(szintben)*
dislocate kimozdít, elmozdít, eltol; szétszed *(gépet)*; megzavar
dislocated | **deposit** *bány* elvetett telep; ~ **fault breccia** *geol* törési/másodlagos breccsa; ~ **seam** *bány* zavart telep
dislocation kimozdítás, elmozdítás, eltolás, helyváltoztatás; kilazulás *(kötésé)*; elmozdulás, eltolódás, helyváltozás; *ásv, at, fiz, el* diszlokáció, hibahely; *geol* diszlokáció; vető, vetődés; ~ **boundary** diszlokációs határ; ~ **centre/center** diszlokáció-középpont; ~ **configuration** diszlokációkonfiguráció; ~ **crater** diszlokációkráter; ~ **forest** diszlokációerdő; ~ **group** diszlokációcsoport; ~ **kernel** diszlokáció magja; ~ **line** diszlokációs vonal; ~ **loop** diszlokációs hurok; ~ **mechanism** diszlokációmechanizmus; ~ **migration** diszlokációs vándorlás; ~ **model of twinning** ikerképződés diszlokációs modellje; ~ **motion/movement** diszlokációs elmozdulás; ~ **network** diszlokációhálózat; ~ **node** diszlokációs csomó; ~ **ring** diszlokációs gyűrű; ~ **source** diszlokáció forrása; ~ **spiral** diszlokációs spirális; ~ **splitting** diszlokációfelhasadás; ~ **step** diszlokációfok; ~ **structure** diszlokációs szerkezet
dislodge kimozdít, elmozdít, eltol; áthelyez; felver; *at* kiszakít, kilök; *bány* fellazít *(kőzetet, szenet)*
dismantle leszerel, szétszerel, szétszed; lebont, részeire szétbont; *el* csupaszít, hántol *(vezetéket)*; *ép* kizsaluz; *önt* nyit *(formát)*; *rep* leszerel, szétszerel; ~ **the derrick** *ol* fúrótornyot leszerel; ~ **(the) falsework/formwork** *ép* zsaluzást/állványt lebont
dismantling leszerelés, szétszerelés; *at* üzemanyagkazetta-szétszerelés
dismast *hajó* árbocokat eltávolít, árbocaitól megfoszt
dismember széttagol; alkatrészeire szétszed; szétválaszt; megcsonkít
dismembrator aprítógép, dezintegrátor, verőpálcás malom
dismount szétszerel, szétszed; leszerel, kiszerel, szétszerel; lebont, részeire szétbont; leszerel *(gyárat)*; kiszáll *(járműből)*
dismountable szétszedhető, szétszerelhető, szétválasztható; ~ **joint/seal** *vák* oldható kötés
dismulgator *vegy* demulgeátor, demulg(e)álószer
dismutation *vegy* diszmutáció
disodic *vegy* dinátrium-
disodium hydrogenphosphate *vegy* dinátrium-hidrogén-foszfát
disorder rendetlenség; rendellenesség; zavar; *ásv, fiz* rendezetlenség, rácshiba, defektus; ~ **by point de-**

fects *ásv* egyes atomok okozta rendezetlenség; ~ **correlation** rendezetlenségi korreláció; ~ **of orientation** orientációs rendezetlenség; ~ **of position** pozíciós rendezetlenség; ~ **scattering** rendezetlenségi szórás; ~ **type** rendezetlenségi típus

disordered rendezetlen, nem rendezett; ~ **crystal** rendezetlen *v.* nem tökéletes kristály; ~ **motion** *fiz* rendezetlen/random/véletlenszerű/statisztikus mozgás; *mech* szabálytalan mozgás; ~ **scattering** *at* diffúz szóródás; ~ **state** *fiz, vegy* rendezetlen állapot; ~ **waste deposition** *környv* rendezetlen hulladéklerakás

disordering *at* Wigner-effektus

disorganization rendetlenség, felbomlás; dezorganizáció

disorganize szétzilál, felbomlaszt, rendet megbont

disorientation (spatial) *rep* (térbeli) tájékozódási zavar

dispansive divergens, széttartó, szétszóródó

disparate nem egyforma, eltérő

disparity *távk, szt* diszparitás

dispatch I. *v* elküld; elindít, meneszt; siettet; sürget; elintéz; sürgősen/gyorsan intézkedik/elintéz/befejez/továbbít; *szt* időt kiutal; **II.** *n* feladás, elküldés; elszállítás, gyors továbbítás; közlés; távirat, sürgöny; sürgősség; gyorsaság, sietség; intézkedés, elintézés; *közl* menetirányítás; *vasút* indítás *(vonaté)*; ~ **bag** *pa* folyóirattasak; ~ **box** *pa* postai csomagolódoboz; ~ **cap** *el* elosztófej *(kábelen)*; ~ **goods** *vasút* gyorsáru; ~ **money** *hajó* gyorsrakodási prémium; ~ **note** feladóvevény, szállítólevél; ~ **office** *rep* forgalomirányító iroda, diszpécseriroda; ~ **shed** gyorsáru-feladási raktár; ~ **station** feladóállomás, elküldőállomás; ~ **track** *vasút* indítóvágány, kijárati vágány

dispatcher üzemirányító, diszpécser; *közl* forgalomirányító, szállításintéző; indító; *szt* diszpécser *(program)*; *távb* hibaelhárító; ~ **exchange** diszpécser-telefonközpont; ~ **service** diszpécserszolgálat

dispatching irányítás, eligazítás; *en* terheléselosztás; *vasút* menetirányítás; ~ **desk** diszpécserpult; ~ **of live-stock** *élip* állatvágás; ~ **station** diszpécserállomás

dispel eloszlat, szétoszlat, szétszór, szétkerget *(felhőt)*; *vegy* kihajt

dispensatory *gyógyv* gyógyszerjegyzék, gyógyszerkönyv

dispense szétoszt, eloszt, kiadagol; *orv* elkészít *(gyógyszert orvosi vényre)*, diszpenzál

dispenser elosztó; adagolóautomata; ~ **cathode** tartalékkatód, készletkatód; ~ **chemist** gyógyszerész; ~ **package** adagolócsomagolás

dispensing | bottle orvosságos üveg; ~ **method** *hidr* adagolómódszer; ~ **of chaff** *kat* lokátorzavarás fémszálakkal/fémcsíkokkal

dispergate → disperse

dispergator *pa* diszpergáló; *vegy* diszpergátor

dispersal szétszórás, szétszóródás, szétterjedés; *rep* biztonsági elosztás; ~ **effect** *at* hígulási hatás

dispersant *vegy* diszpergálószer, diszpergens, diszpergátor

disperse I. *v* eloszlat, szétszór; *fiz, vegy* diszpergál; diszpergálódik; szétszóródik, szétoszlik, szétterjed; **II.** *a vegy* diszperz; ~ **dye** diszperziós színezék; ~ **phase** diszpergált/diszperz fázis; ~ **system** diszperz rendszer, diszperzió

dispersed | dye(stuff) diszperziós színezék; ~ **phase** diszpergált/diszperz fázis; ~ **reflection** *opt* diffúz/szórt reflexió/visszaverődés, diffúz szórás; ~ **shrinkage** *önt* mikroporozitás, mikrolunker; ~ **synthetic resin** műanyag-diszperzió; ~ **trial** *stat* szórt kísérlet; ~**-type dye** diszperziós típusú színezék

disperser diszpergáló(szer), diszpergátor; szétszórószerkezet, porlasztó(szerkezet); szóróadagoló

dispersibility diszpergálóképesség; szállóképesség *(poroké)*

dispersing diszpergálás; ~ **additive** *vegy* diszpergálóadalék; ~ **agent** → dispersant; ~ **lens** *opt* szórólencse; ~ **machine** *távk* lokátorzavaró csíkszóró készülék; ~ **medium** *vegy* diszperziós közeg; ~ **power** *vegy* diszpergálóképesség; ~ **prism** *opt* színbontó prizma; ~ **rate** *vegy* diszperziósebesség; ~ **system with diffraction grating** *fiz* rácsspektroszkóp, diffrakciós spektroszkópiai eszköz; ~ **system with prism** *fiz* prizmás spektroszkóp, prizmás spektroszkópiai eszköz

dispersion (szét)szórás; (szét)szóródás; szétáramlás, (szét)terjedés; *at* diszperzió, diszpergálás; *at, műa* diszperzió, keveredéses terjedés; *gépk* mérvadó szórás; *gumi* töltőanyag-eloszlás; *mat* szórás, szóródás, diszperzió; változékonyság; variabilitás; *opt* diszperzió, színszórás, fényszórás; *stat* szóródás, diszperzió; *szt* NEM-ÉS művelet, diszperzió; *vegy* diszpergálás, szétoszlatás; diszpergálódás, szétoszlás, diszperzió; ~ **agent** → dispersant; ~ **and mask/template method** *opt* spektrálmaszkmódszer; ~ **coefficient** *koh* szórási tényező; *opt* diszperziós/szórási együttható; ~ **composite** *vegy* intersticiális vegyület; ~ **cone** *kat* szórási kúp, szóráskúp; ~ **constant** *vegy* diszperziós állandó; ~ **corona** *geof* diszperziós udvar; ~ **curve** *opt* diszperziós görbe, szórásgörbe; ~ **degree** *vegy* diszperzitásfok; ~ **ellipse** *opt* szórásellipszis; ~ **force** *at, vegy* diszperziós erők, van der Waals-féle erők; ~ **fuel** *at* diszperz üzemanyag; ~ **function** *opt* diszperziófüggvény, szórásfüggvény; ~ **halo** *geof* diszperziós udvar/gyűrű/halo; ~ **hardening** *ásv* öregedési keményedés; *koh* diszperziós keményítés; ~ **in deflection** *kat* szélességi szórás; ~ **lens** divergens/negatív lencse, szórólencse; ~ **loss** szórási veszteség; ~ **matrix** *mat* kovarianciamátrix, szórásmátrix; ~ **medium** permetezőanyag, permet, spray; diszpergátor, diszpergálószer; *opt* diszperziós közeg; *vegy* diszpergálóanyag; ~ **of balls** *kat* szórás; ~ **of double refraction** *ásv* kettős törés diszperziója; ~ **of optic axes** *ásv* optikai tengelyek diszperziója; ~ **paint** *vegy* diszperziós festék; ~ **parameter** szóródási paraméter; ~ **photometer** diszperziós fotométer; ~ **rate** *vegy* diszperziósebesség; ~**-reclaiming process** *gumi* regenerálás diszpergáló eljárással; ~ **relation** *mat* diszperziós egyenlet/összefüggés; ~ **scale** *kat* szórásskála; ~ **slide-rule** *kat* szórásmeghatározó tolóléc; ~ **strengthening** *koh* diszperziós keményítés

dispersity szétszórtság; *vegy* diszpergáltság, diszperzitás

dispersive szóró, diszpergáló; ~ **agent** → dispersant; ~ **capacity** diszpergálóképesség; ~ **laser** diszpergáló/diszperziós lézer; ~ **lens** → dispersion lens; ~ **medium** diszperziós közeg; diszpergálóanyag

dispersiveness diszperzitás

dispersivity diszperzitás; ~ **quotient** diszperzitásfok

dispersoid *vegy* diszperz rendszer, diszperzoid (kolloid)

dispersoidology kolloidkémia, kolloidika

disphotic belt *geol* diszfotikus öv

displace helyet cserél; helyéből kimozdít/kiszorít, elmozdít; áthelyez; *gép* eltol; *gépk* nyel; *hajó* kiszorít *(vízmennyiséget)*; *vegy* helyet cserél, alkatrész helyébe lép *(vegyületben)*; szűrés/kivonatolás közben oldószert változtat; ~ **axially** tengelyirányban eltol

displaceable eltolható, elmozdítható, kiszorítható; *vegy* helyettesíthető

displaced | **atom** elmozdított/intersticiós atom; ~ **charge** *at* kiszorított töltés; ~ **in respect of phase** *el* fázisban eltolt, fázison kívüli; ~**-pitch-point toothing** *gép* eltolt főpontú fogazat; ~ **threshold** *rep* áthelyezett küszöb; ~ **volume** elmozdított/eltolt/kiszorított térfogat; elmozdulás *(mennyiség)*

displacement eltolódás, elmozdulás; elmozdítás, eltolás; helycsere; helyváltoztatás; *at* eltolás, áthelyezés; kimozdítás (hossz)mértéke; *bány* csúszás, vízszintes elmozdulás; *el* villamos eltolás/fluxussűrűség; *forg* támaszponti elmozdulás; *geol* kiszorítás; *gépk* fordulatonként nyelt mennyiség, nyelt térfogat; lökettérfogat *(hengeré)*; *hajó* vízkiszorítás, deplacement; *mech* (részecske)kimozdulás; kitérés *(rezgőmozgásnál)*; *ol* kiszorítás, kiseprés; *rep* légkiszorítás; *vák* térfogatkiszorítás, elméleti szívássebesség; *vegy* helyettesítési/kiszorítási reakció; kiszorítás, helyettesítés; ~ **address** *szt* eltolási cím; ~ **angle** eltérési szög; *aut* szöghiba; ~ **blasting** *bány* kiszorító robbantás; ~ **blower** *gépk* dugattyús sűrítő; ~ **by water** *ol* vízkiszorítás; ~ **casting** *önt* kiszorításos *v.* nyomás alatt megdermedő öntvény; ~ **cell** *vegy* kiszorításos elem; ~ **chromatography** *vegy* kiszorításos kromatográfia; ~ **constant** eltolási állandó; ~ **current** eltolási/eltolódási/polarizációs áram; ~ **current effect** *rád* tekercshatás; ~ **detector** *geof* elmozdulásmérő; ~ **development** *vegy* kiszorításos kifejlesztés *(kromatogramé)*; ~ **efficiency** *ol* kiszorítási hatásfok; ~ **equations of a bar** *mech* rúd kinematikai egyenletei; ~ **error** fázisszög, fáziskülönbség *(szögértéke)*; ~ **excitation** *mech* útgerjesztés; ~ **exploitation** *ol* kiszorításos művelés; ~ **factor** *el* eltolódási tényező; ~ **factor at normal section** *gép* fajlagos profileltolás normálmetszetben, normálmetszeti profileltolás-tényező; ~ **field** elmozdulási tér; ~ **flux** elektromos/eltolási/villamos fluxus; ~ **function** *mech* elmozdulásfüggvény, alakfüggvény; ~ **ga(u)ge** *el* eltolásérzékelő, eltolódásadó; ~ **joints** mozgási hézagok; ~ **kernel** *at* eltolási magfüggvény; ~ **law** *fiz, vegy* (Wien-féle) eltolódási törvény; *mech* eltolási tétel; ~ **measuring transducer** → ~ transducer; ~ **meter** térfogatszámláló *(gázmérő)*; ~ **method** *mech* elmozdulásmódszer, mozgásmódszer; ~ **modulation** impulzus-fázis moduláció; ~ **of air** *met* légmozgás; ~ **of current** szkinhatás, szkineffektus, szkinjelenség; ~ **of electron-pair** kötést létrehozó elektronpár polaritást okozó eltolódása; ~ **of emission** emisszióeltolódás; ~ **of equilibrium** egyensúlyeltolódás; ~ **of field** térkiszorítás (jelensége), téreltolás; ~ **of lines of force** erővonal-eltolódás; ~ **of phase** *el* fáziseltolódás; ~ **of the bearing** *ép* támaszpont elmozdulása *(hídon)*; ~ **operator** eltolási operátor; ~ **out of frame** *tv* félképeltolódás; ~ **pile** *ép* talajtömörítő cölöp; ~ **piston** *gép* kiszorítódugattyú; ~ **polarization** *el* eltolódási polarizáció; ~**-pressure relay** *távk* fojtásos jelátalakító; ~ **pseudomorphism** *ásv* elmozdulási pszeudomorfózis; ~ **pump** dugattyús/(térfogat-)kiszorításos szivattyú; ~ **reaction** *vegy* helyettesítéses/kiszorításos/szubsztitúciós reakció; ~ **region** *környv* szórási zóna; ~ **resonance** amplitúdórezonancia, kirezgési rezonancia; ~ **scale** *hidr* merülési mérce; ~ **sensibility** *rep* eltolódás/elmozdulás iránti érzékenység; ~ **series** *vegy, el* feszültségsor; ~ **speed** elmozdulási/eltolási sebesség; ~ **spike** *ásv* elmozdulási tartomány; *at* eltolt/kiütött atomok zónája; ~ **stroke** kiszorítólöket; ~ **ton** vízkiszorítás-tonna *(pontosan 35 köbláb)*; egy tonna tengervizet kiszorító hajótér; ~ **tonnage** vízkiszorítás *(tonnákban)*; ~ **transducer** *aut* elmozdulásátalakító; elmozdulásérzékelő, elmozdulásjeladó, eltolódásadó; ~ **transmitter** *aut* helyzettávadó, úttávadó, elmozdulás-távadó; ~ **transmitter with reed contact** *aut* nyelves-érintkezős helyzettávadó; ~**-type seismometer** *geof* szeizmikus elongométer, talajelmozdulás-mérő; ~ **vector** *el* eltolódási vektor; *mech* elmozdulásvektor; ~ **volume** (dugattyú-)lökettérfogat; *hidr* bemerülési térfogat

displacer *ép* ciklopbeton/prepaktbeton kő; *gépk* kiszorítódugattyú; ~**s** *hidr* úsztatott kő

displacing | **agent/media** *ol* kiszorító közeg; ~ **solvent** kiszorító oldószer

display I. *v* kirak, kiállít; bemutat, demonstrál; megjelenít; *el* indikál, kijelez; *nyom* kiemel(ve szed); **II.** *n* kiállítás; feltárás; kimutatás, bemutatás; *aut, szt* display, kijelző, megjelenítő, képmű; *el* (radar)indikátor; indikálás, kijelzés; indikátorkép, display; *élip* kirakat, vitrin; *kat* kép *(radaré)*; *rep* mutatvány; ~ **background** *szt* a kép felhasználó által nem változtatható része *(számítógépes grafika)*; ~ **board** kijelzőtábla; *pa* plakátkarton; *rep* a légiforgalom mozgását rögzítő grafikonkészülék; ~ **cabinet** üveges szekrény, vitrin; ~ **cardboard** reklámkarton; ~ **case** díszdoboz; vitrin; ~ **console** *szt* megjelenítőkonzol; ~ **device** kijelző(berendezés), display-berendezés, szemléltető eszköz, képmegjelenítő berendezés; ~ **element (DE)** *szt* megjelenítési elem, DE; ~ **error** (vizuális) ábrázolási hiba; ~ **freezer cabinet** *élip* bemutató hűtővitrin; ~ **instruction** (vizuális) ábrázolási utasítás, display-utasítás; ~ **lighting** kirakatvilágítás; ~ **matter** *nyom* kiemelt szedés, kiemelés; ~ **menu** *szt* menükijelzés; ~ **pack(age)** *csom* bemutató csomagolás, display-csomagolás; ~ **panel** eredményjelző tábla, hirdetőtábla; *távb* számkijelző; ~ **scale** indikátorskála; ~ **storage tube** *el* képtároló cső; ~ **tube** kijelzőcső, indikátorcső, képmegjelenítő/adatmegjelenítő cső; ~ **type** *nyom* címbetű; kiemelő betűtípus; ~ **unit** *aut, szt* vizuális kijelzőegység, display-egység, katódsugárcsöves kijelzőkészülék; *kat* optikai célzókészülék; *rep* adatfeltüntető egység; *távk* indikálóegység *(lokátorban)*; ~ **work** → ~ matter

disposable I. *a* rendelkezésre álló; egyszer használatos, egyszeri felhasználásra szánt, eldobható; **II.** *n* egyszer használatos cikk; ~ **container** eldobó/egyutas csomagolás; ~ **handkerchief** papírzsebkendő; ~ **lift** *gépk* rendelkezésre álló hordképesség, engedélyezett terhelés; *rep* rendelkezésre álló felhajtóerő; ~**s** eldobható csomagolóeszközök; ~ **syringe** *orv* egyszer használatos fecskendő; ~ **water** *környv* diszponibilis víz

disposal elrendezés, elintézés; eldobás, megszabadulás; ártalmatlanítás; szemételtakarítás; ~ **areas** *hidr*

vízelhelyező területek; ~ **ground** → ~ site; ~ **of dirt** *bány* hányókezelés; ~ **of radioactive waste** radioaktív hulladék eltakarítása; ~ **of sewage** *hidr* szennyvízelvezetés; ~ **plant** *ép* csatornázás *(városépítés)*; ~ **pump station** *ol* szivattyúállomás; ~ **site** *környv* lerakóhely; ~ **well** *ol* elhelyezőkút; nyelőkút
dispose-all *US ép* szemétledobó akna
disposer of waste water *ép* víznyelő
disposition elrendezés, beosztás; kiosztás; rendelkezés
disproportion aránytalanság
disproportionate I. *v* diszproporcionál; diszproporcionálódik **II.** *a* aránytalan; nem arányos
disproportionation *vegy* diszproporcionál(ód)ás, oxidoredukció, diszmutáció
disrepair megrongálódás; rongált/elhanyagolt állapot
disrupt szétszakít; széttör, szétzúz; (szét)repeszt; *kat* lefog; szétzilál, felbomlaszt, rendet megbont; zavar; ~ **a communication** *távk* összeköttetést bont/megszakít
disruption szakadás, diszkontinuitás; szétszakítás, megszakítás; (szét)törés, szétzúzás; ~ **of molecule** *vegy* molekula felbomlása/szétszakadása
disruptive szétszakító, repesztő; *el* átütési, átütő; ~ **breakdown** *el* (áram)átütés szigetelőn keresztül; ~ **discharge** (dielektromos) átütés; átütő kisülés; ~ **distance** szikraköz, átütési távolság; ~ **electric field strength** átütési térerősség; ~ **explosives** brizáns repeszhatású robbanószerek; ~ **force** szétvető/szétrobbanó erő; ~ **strength** *el* átütési szilárdság; *mech* szakítószilárdság; ~ **voltage** átütési feszültség
dissecting *nyom* szétszedés *(formáé)*; ~ **for colo(u)rs** *nyom* szedés színrebontása; ~ **set** *orv* bonckészlet
dissection *mat* felbontás, felaprítás; ~ **of fabric** *tex* szövetelemzés; ~ **of the image** *tv* képbontás
dissector tube *tv* Farnsworth-cső, disszektorcső
disseminate elhint; szétszór; kiterjeszt; elterjeszt; elterjed
disseminated | deposit *bány* impregnációs érctelep *(ércszemekkel)*; ~ **ore** *bány* hintett érc
dissemination szétterjesztés, szétszórás; ~ **of information** információelosztás
dissilient felhasadó, széthasadó
dissimilar különböző, eltérő; nem hasonló, eltérő; másnemű; ~ **alloy welding** eltérő ötvözetek hegesztése; ~ **double-helical gearing** *gép* felemás nyílfogazás; ~ **gear** *gép* kétfogkoszorús fogaskerék; ~ **gearing** *gép* felemás fogazás; ~ **matrix** *mat* nem hasonló mátrix; ~ **metal corrosion** *vegy* kontaktkorrózió; ~ **metal joint** *heg* eltérő fémek kötése; ~ **terms** *mat* nem hasonló tagok; ~ **toothing** *gép* felemás fogazás
dissimilated | electricity kötött villamosság; ~ **radical** *vegy* komplex gyökké alakult gyök
dissimilation disszimiláció
dissipate szétszór; eloszlat, szétoszlat, szétszór, szétkerget *(felhőt)*; eloszlik; megsemmisít; semmivé tesz; *fiz, távk* felemészt, disszipál; *hőt* elvon
dissipated energy/power disszipált/veszteségi teljesítmény, teljesítményveszteség; szóródott energia, energiaveszteség
dissipation szétáradás, (szét)szóródás; *el* disszipáció, veszteségi teljesítmény; *fiz* disszipáció, szétszóródás; *szt* hőleadás, disszipáció; ~ **during turn-on time** *félv* bekapcsolási veszteség; ~ **factor** *el* veszteségi fok/tényező; *fiz* szóródási tényező; ~ **function** disszipációs függvény; ~**-loss resistance** *el* veszteségi ellenállás; ~ **of energy** *fiz* energiaszóródás, energiadisszipáció; *ip* energiapazarlás; ~ **of fog** köd feloszlása; ködoszlatás; ~ **of welding heat** hegesztési hő disszipációja/terjedése; ~ **power** disszipált/veszteségi teljesítmény, teljesítményveszteség; *fiz* disszipatív erő; ~ **resistance** *el* szétterjedési ellenállás; ~ **trail** *met* disszipációs csík; *rep* szóródási nyom
dissipationless line *távk* veszteségmentes vonal
dissipative | element abszorbeáló/gyengítő előtét *(méréshez)*; ~ **filter element** *távk* veszteséges szűrőtag; ~ **function** disszipációs függvény; ~ **mechanics** disz szipatív rendszerek mechanikája; ~ **muffler** elnyeléses hangtompító; ~ **power losses** disszipációs energiaveszteségek; csillapítási veszteségek
dissipator szétárasztó/szétszóró (szerkezet); ~ **of energy** *en* energiatörő
disslagging *koh* salakelkülönítés
dissociable elkülöníthető, különválasztható; szétbontható, felbontható; *vegy* disszociálható; disszociálódó, szétbomló
dissociate elkülönít, elválaszt, különválaszt; szétbont; szétkapcsol, elválaszt, szétválaszt; szétbomlik, felbomlik; *vegy* disszociál, szétbomlik
dissociated | molecule disszociált molekula; ~ **signalling** elkülönített jelzésátvitel
dissociation elkülönítés, szétválasztás, elválasztás; szétbontás, (fel)bontás; szétbomlás, (fel)bomlás, szétesés; *fiz, vegy* disszociáció; ~ **constant** disszociációállandó; ~ **degree** disszociációfok; ~ **energy** *el* disszociációs energia; *vegy* disszociációenergia; ~ **equilibrium** disszociációs egyensúly; ~ **heat** disszociációhő; ~ **of water vapo(u)r** vízgőz-disszociáció; ~ **theory** disszociációelmélet; ~ **voltage** disszociációs feszültség; ~ **zone** *koh* disszociációs zóna
dissociative | capture *at* disszociatív (elektron)befogás; ~ **recombination** disszociatív rekombináció
dissolubility (fel)oldhatóság; (szét)bomlaszthatóság; *pa, vegy* feloldóképesség
dissoluble (fel)oldható, oldódó; szétbomlasztható
dissolution oldódás, oldás, feloldás; olvadás; szétbomlasztás; kioldás, kikapcsolás, szétkapcsolás; dugulás megszüntetése; *bány, vegy* disszolúció; *távk* átkeverés; *vegy* (fel)oldás, (fel)oldódás; ~ **factor** *önt* reakcióképességi tényező; ~ **of brackets** *mat* zárójel elhagyása/feloldása; ~ **of cloud** *met* felhőszakadás; ~ **velocity** oldódási sebesség
dissolve I. *v* olvaszt, felold; felbont, felbomlik; szétbomlaszt, szétbomlik; dugulást megszüntet; feloldódik; *ip* feloszlat; **II.** *n film* átúsztatás; ~**-out** *film* képeltűnés, elsötétedés, abblende
dissolved | acetylene disszugáz, dissous-gáz; ~ **gas** *ol* oldott gáz; ~ **load** *talt* vízben oldott anyagtartalom; ~ **matter content** *hidr* oldottanyag-tartalom; ~ **oxygen (DO)** *vegy* oldott oxigén; ~ **resin** gyantás oldat; ~ **solid matter** *hidr* felold(ód)ott szilárd anyag
dissolvent oldószer
dissolver | gas *at* oldódási gáz; ~ **solution** *at* üzemanyagoldat
dissolving | capacity oldási kapacitás, oldóképesség; ~ **power** *műa* oldóképesség; *vegy* oldékonyság, oldhatóság; ~ **property** oldóképesség; ~ **pulp** cellulóz vegyi feldolgozásra; *pa* viszkózcellulóz; ~ **rate/speed** oldódási sebesség; ~ **shutter** *film* átúsztató blende/pille; ~ **tank** *műa, pa* oldótartály

dissymmetric aszimmetrikus; ~ **method** *műa* disszimmetria-módszer

dissymmetrical → dissymmetric; ~ **alternating voltage** *el* aszimmetrikus váltakozó feszültség; ~ **network** *el* aszimmetrikus négypólus; ~ **transducer** *el* aszimmetrikus átalakító

dissymmetry aszimmetria; *vegy* disszimmetria; ~ **method** *műa* disszimmetria-módszer

distal disztális, vég felé eső, táv-, távolsági

distance távolság; táv(köz), térköz; osztásköz; időköz, közbeeső idő; *mzg* sortávolság, tőtávolság *(vetésé)*; ~ **action** távolhatás, távolbahatás; ~ **air-ground communication** *rep* távolsági „levegő-föld" összeköttetés; ~ **bar** közállító darab; távtartó/távolságtartó rúd; ~ **beam headlight** *gépk* fényszóró; ~ **between axes** tengelytávolság; ~ **between beams** *ép* gerendaköz; ~ **between centres/centers** *forg* csúcstávolság; ~ **between centres/centers of tracks** *vasút* vágánytávolság, vágánytengelytáv; ~ **between electrodes** elektród(a)távolság, elektród(a)köz; ~ **between flats** *szersz* kulcsbőség *(csavarkulcsé)*; ~ **between hydrants** *hidr* hidránstávolság; ~ **between levels** *bány* szintköz; ~ **between needles** *tex* tű(be)osztás; ~ **between poles** pólustávolság; ~ **between rows** *kh* huroksorbeosztás, szemsorbeosztás; ~ **between supports** *gép* oszloptávolság, támaszköz; ~ **between the inside surfaces of flanges** *vasút* kerékpár-nyomtáv; ~ **between the rails of a track** *vasút* síntáv(olság), nyomtáv; ~ **between two points** két pont távolsága; ~ **between wagons** *vasút* (kocsi)térköz; ~ **block** → ~ piece; ~ **bolt** *gép* köztartó csavar, távtartó csap; ~ **bushing** távolságtartó hüvely; *gép* hézagtartó persely; ~ **control** távvezérlés, távirányítás; ~**-controlled** távvezérlésű, távvezérelt; ~ **covered** (megtett) út(vonal)szakasz; ~**-difference measurement** *rep* távolságkülönbség-mérés *(hiperbolanavigációnál)*; ~ **disc/disk** *vasút* távjelző korong; ~ **error** *opt* távolsághiba; ~ **flight** *rep* távrepülés; ~ **from the screen** (vetítő)ernyőtől való távolság, ernyőtávolság; ~ **function** távolságfüggvény, mértékfüggvény; ~ **geometry** távolsággeometria, metrikus geometria; ~ **indication** távmérés; távolsági indikálás; ~ **insulator** *el* távtartó szigetelő; ~ **in the mean** középtávolság, közepes *v.* középben vett távolság; ~ **learning** *szt* távtanulás; ~ **lighting** távvilágítás; ~ **mark** *hidr* szelvényezés; *távk* távolságmérő jel; ~**-marking light** *rep* távolságjelző fény; ~ **measurement** távolságmérés; *geod* távmérés; ~ **measurement/measuring equipment (DME)** *rep* DME, távmérő/távolságmérő berendezés *(radaré)*; ~**-measuring instrument,** ~ **meter** távmérő, távolságmérő (műszer); távközmérő; ~ **of closest approach** *at* legkisebb közeledési távolság, ütközési átmérő; ~ **of depression** *geol* depressziós távolság; ~ **of fall** esési magasság/út; ~ **of functions** függvények távolsága; ~ **of image (from lens)** *opt* képtávolság; ~ **of mappings** leképezések távolsága; ~ **of object (from lens)** *opt* tárgytávolság; ~ **of vision** látástávolság; ~ **picture-sound** *film* kép-hang távolság; ~ **piece** *bány* könyökfa; *ép* távtartó, térköztartó, távolságtartó (betét), távolságszabályozó rúd/elem; *gép* feszíték; távtartó darab/cső/elem, közdarab; ~ **pipe** távtartó csődarab; ~**-post** távjelző oszlop; kilométeroszlop; *geod* távolságjelző karó; ~**-preserving** távolságmegőrző, távolsághű; ~**-preserving mapping** *mat* izometria, izometrikus leképezés/transzformáció, hossztartó leképezés; ~ **protection,** ~ **protective system** *koh* távolsági védelem; ~ **reading** → distant reading; ~ **recorder** távolságregisztráló készülék; *gépk* kilométerszámláló; ~ **regulation** távszabályozás; ~ **relay** távolsági relé; ~ **ring** *gép* távtartó gyűrű, közgyűrű; ~ **rod** távtartó/távolságtartó rúd; ~ **rule(r)** *vasút* nyomtávmérő; ~ **scale** *foto* távolságskála; ~ **screw** távolságtartó/közállító csavar; ~ **setting** távolságbeállítás; ~**-signal** *rep* távolsági jel; *vasút* előjelző; távjelző; ~ **sleeve** *gép* távolságtartó hüvely; távtartó cső/hüvely; ~ **spacer** → ~ piece; ~ **spacing** *vasút* vonatkövetés(i távolság); ~ **spectacles** távollátó szemüveg; ~**-sum measurement** *rep* távolságösszeg-mérés *(elliptikus navigációnál)*; ~ **switch** távkapcsoló, távműködtetésű kapcsoló; ~ **tariff** *közl* távolsági díjszabás; ~ **teaching** *szt* távoktatás; ~ **terminal** köztartó *(antennabevezetésé)*; ~ **thermometer** távhőmérő; ~**-tie bolt** *finm* oszlop, pillér; *gép* távolságtartó csapszeg; ~ **to key-pin** billentyűcsap-távolság; ~**-true map** távolsághű térkép; ~ **tube** → ~ sleeve; ~**-velocity lag** *aut* tehetetlenségi időkésés, átvitelkésleltetés; *el* árammentes szünetidő, holtidő; ~ **washer** *gép* távolságtartó/távtartó alátét

distant távoli, táv-; *mat* nem szomszédos, távoli; ~ **action** → distance action; ~ **collision** *at* nagy távolságú ütközés, ütközés nagy úthossz után; ~ **control** távvezérlés, távirányítás; ~**-control opening device** *ép* távnyitó (készülék); ~**-control switch** távkapcsoló, távműködtetésű kapcsoló; ~ **early warning (DEW)** *rep* nagy távolságú felderítés; ~ **effect** távhatás; ~ **exchange (DX)** *távb* távoli központ; ~ **heating** távfűtés; ~ **indication** távjelzés; ~**-indicator** távjelző (készülék); ~ **measuring equipment** → distance measuring equipment; ~ **object** *távk* céltárgy; ~ **point** *geod* távol fekvő pont; *opt* távolpont; ~**-reading (DR)** távleolvasás; ~**-reading compass (DRC)** távleolvasású iránytű; *rep* táviránytű; ~**-reading instrument** távmérő (műszer), távmérő berendezés, telemeter, távkapcsolású mérő- és ellenőrző műszer; ~**-reading thermometer** távhőmérő; ~ **reception** *rád* távolsági vétel; ~ **regulation** távszabályozás; ~ **shock** *geof*, *geol* távoli lökés; ~ **signal** *vasút* előjelző, távjelző; ~ **site error** helyzethiba, emelkedési szöghiba; ~ **station** *rád* távoli állomás; ~ **technique** távfelvételi mód *(mikrofonfelállításnál)*; ~ **transmission** távátvitel; ~ **warning device** *vasút* távolsági jelző, védőjelző; ~ **zone** *távk* távoltér

distemper I. *v* enyvfestékkel/falfestékkel (be)fest; temperával (be)fest; **II.** *n* tempera(festék); enyves festék; enyvfesték; falfesték; homlokzatfesték; *ép* mészfestés, vakolatfestés; ~ **paint** enyves falfesték

distempered plaster színes vakolat; vakolatfestés

distend kiterjeszt; széthúz; kifeszít; kiterjeszkedik, duzzad

distending *tex* szétfeszítés, szélességtartás *(szöveté)*

distension → distention

distention tágulás; kitágítás; kibővítés, kiszélesítés; *ép* duzzadás; *pa* nyúlás; ~ **foundation** *ép* alapozás kibővítése/kiszélesítése

disthene *ásv* disztén, cianit

distil (le)párol, (be)párol, (le)desztillál; lepárlódik; lecsepeg, szivárog; ~ **off** desztillál, lepárol; kipárol, ki-

desztillál, desztillációval szétválaszt; ~ **over** átdesztillál
distill *US* → distil
distillate desztillátum; párlat; ~ **cooler** párlathűtő; ~ **cut** *ol* párlatfrakció, desztillátumfrakció; ~ **fuel (oil)** tüzelőolaj; ~ **oil** *ol* párlatolaj, olajpárlat *(finomítatlan)*; ~ **pool** *ol* párlatmező, desztillátmező; ~ **product** desztillációs/lepárlási termék; ~ **receiver** párlatszedő edény; ~ **stabilization** desztillátum/párlat stabilizációja; ~ **tractor** petróleumüzemű traktor
distillation *élip* szeszfőzés; *élip, ol, vegy* desztilláció, desztillálás, lepárlás; ~ **apparatus** *vegy* desztillálóberendezés; ~ **by steam entraining** vízgőz-desztilláció; ~ **characteristic** *ol* frakcióösszetétel; ~ **column** *ol, vegy* lepárlótorony, desztillációs torony, elválasztótorony, (lepárló)kolonna, lepárlóoszlop; ~ **curve** *vegy* desztillációs görbe; ~ **cut** *ol* párlatfrakció, desztillátumfrakció; ~ **flask** → distilling flask; ~ **range** forrástartomány, forrásponthatárok; ~ **receiver/recipient** párlatgyűjtő, szedőedény; ~ **residue** *vegy* desztillálási maradvány; ~ **tail** *ol* utópárlat; ~ **test** lepárlási/desztillációs próba, forráspontelemzés; ~ **tower** → ~ column; ~ **unit** *vegy* desztillálóberendezés
distillator → distiller
distilled | **liquor** *élip* pálinka; ~ **oil** párlatolaj, sztrippelt/kigőzölt olaj; ~ **vinegar** *élip* erjedési ecet; ~ **water (DW)** desztillált víz
distiller *élip* lepárló *(készülék v. személy)*, pálinkafőző (készülék); *ol* desztilláló(berendezés), lepárló(berendezés); *vegy* desztillálókészülék, lepárlókészülék; ~**'s grains** szeszgyári/szeszipari gabonatörköly; ~**'s malt** szeszmaláta; ~**'s wash** szeszgyári moslék; ~**'s yeast** szeszipari élesztő, szeszélesztő
distillery lepárlóüzem, lepárlóberendezés, desztillálóberendezés; *élip* pálinkafőzde; szeszfőző, szeszfőzde, szeszgyár; ~ **waste** *környv* szeszipari szennyvíz
distilling desztillálás; *élip* szeszfőzés; ~ **apparatus** → distiller; ~ **flask** desztillálólombik, lepárlólombik; ~ **industry** szeszgyártás, szeszipar; ~ **still** lepárlóüst, desztillálóüst
distinct különálló, elkülönített, egyes; külön(választott); világos, határozott; félreérthetetlen; eltérő; megkülönböztető, különbözeti; kiegyenlítő; meghatározott; ~ **cleavage** *bány* határozott váll-lap(osság); ~ **print** *tex* éles/pontos nyomás
distinctive jellegzetes, karakterisztikus; megkülönböztető, különbözeti; kiegyenlítő; ~ **feature** megkülönböztető jegy; jellemző sajátosság/vonás; ~ **mark/sign** megkülönböztető jel(ölés)
distinctiveness jellegzetesség
distinguish megkülönböztet; ~ **between** különbséget tesz vmik között; ~ **points** *mat* pontokat szétválaszt
distinguishable megkülönböztethető
distinguished *mat* megkülönböztetett, kitüntetett; ~ **neighbourhood** kitüntetett környezet
distinguishing | **mark/sign** → distinctive mark; ~ **signal** *távk* választó hívójel
distort elcsavar; elgörbít, meggörbít; deformál, elformátlanít; (el)torzít; elferdít; csavarodik; elhajlik, megtörik *(sugár)*; elgörbül; deformálódik; *fa* vetemedik; *foto* elrajzol
distorted | **fabric** *tex* elhúzódott áru; ~ **model** (geometriailag) torzított modell; ~ **pile** *at* megzavart reaktor; ~ **scale** torzított lépték; ~**-scale model** *hidr* torzított kisminta
distorter *távk* torzító jeladó *(méréshez)*
distorting lens anamorfot lencse
distortion (el)torzulás, elgörbülés, elferdülés; (el)torzítás, elgörbítés, elferdítés; elhúzódás; (csavaró) alakváltozás; *bány* alakváltozás, elmozdulás, elcsavarodás *(ácsolaté)*; *bőr* keretre feszítés; *el* torzítás; *ép* csak szögváltozással járó alakváltozás; *fa* vetemedés; *koh, műa* deformálódás, deformáció; *ol* elcsavarodás, elferdülés *(fúrócsőé)*; *opt* elrajzolódás; *szt* torzítás, hiba; ~ **angle** torzulás/alakváltozás szöge; ~ **bridge** *el* rezonanciamérő híd, rezonanciahíd; torzításmérő híd, klirrfaktormérő; ~ **by damping** sávarányvesztés; ~ **by welding** hegesztési vetemedés, hegesztés okozta elhúzódás; ~ **correction** torzítás korrekciója, torzításkiegyenlítés; ~ **due to control** *távk* szabályozási torzítás *(készüléken)*; ~ **due to feedback** visszacsatolásos torzítás; ~ **due to gap-tilt effect** résferdeségi torzítás *(magnetofonon)*; ~ **due to hardening** *koh* edzési vetemedés; ~ **due to surface effect** felületi torzítás *(magnetofonon)*; ~ **factor (DF)** *el* klirrfaktor, (nemlineáris) torzítási/torzulási tényező; *hidr* disztorziós/torzulási tényező; ~ **factor meter** klirrfaktormérő, torzítástényező-mérő; ~**-free** torzításmentes; ~ **inaccuracy** *any* alakváltozás okozta pontatlanság; ~ **indicator** *távk* torzításmutató; ~ **measurement** *távk* torzításmérés; ~ **meter** torzításmérő; ~ **of a signal** jeltorzítás; ~ **of colo(u)r** *opt* színfajhiba, színtorzítás, kromatikus torzítás/torzulás; ~ **of paper** *geod* papírtorzulás; ~ **of roughness** *hidr* érdességtorzítás; ~ **percentage** → ~ factor; ~ **ratio** torzítás/torzulás foka; *mat* torzulási/alakváltozási arány; ~ **set** *tv* torzulásmérő; ~ **transformer** torzító transzformátor; ~ **transmission impairment** átviteli jóság csökkentése frekvenciasáv-korlátozással; ~ **under heat** *műa* deformálódás hő hatására; ~ **wedge** *alak* fül; *heng* szegély
distortional | **transition** *ásv* torzulásos átalakulás; ~ **wave** *geof* (földrengési) haránthullám
distortionless torzulásmentes, torzításmentes, torzítatlan; ~ **amplification** torzításmentes erősítés; ~ **pad** *távk* torzításmentes tag/toldat; ~ **transmission** torzításmentes átvitel
Dist R → district railway
distrail *met* disszipációs csík
distress baj, (vég)veszély; (gép)törés; ~ **call** segélykérő hívás, vészhívás; vészhívójel, SOS(-jel); ~ **call equipment** segélyhívó; ~ **cargo** *hajó* szükségrakomány; ~ **communication** *rep* vészösszeköttetés; ~ **conditions** *rep* veszélyességi helyzet, vészhelyzet; ~ **flag** *hajó* vészjelző zászló; ~ **frequency** *rep* vészfrekvencia; ~ **landing** *rep* kényszerleszállás; ~ **message** segélykérő hívás, vészhívás; *rep* veszélyességi közlemény; ~ **phase** *rep* veszélyességi állapot; ~ **signal** segélykérő jel(zés), vészjel(zés); ~ **traffic** *rep* veszélyességiközlemény-váltás; ~ **wave(-length)** segélyt kérő *v.* veszélyt jelző hullámhossz; SOS-jeleknek fenntartott hullámhossz
distressed aircraft *rep* vészhelyzetben lévő légijármű
distributary I. *a* elosztó; **II.** *n geol* folyóág, folyódelta ága; *hidr* osztócsatorna; ~ **furrow** *hidr* osztóbaráz-

da; ~ **head** *hidr* osztócsatorna vízkivétele; ~ **minors** *hidr* harmadrendű csatornák, alacsonyabb rendű elosztócsatornák

distribute eloszt, szétoszt, megoszt; *bány* osztályoz; *nyom* eldörzsöl, szétdörzsöl; eloszt, szétoszt *(szedést)*; ~ **colo(u)rs** festéket felhord; ~ **proportionally** arányosan *v.* megfelelő részekre feloszt

distributed elosztott, szétosztott, nem koncentrált; ~ **amplification** *távk* többfokozatú *v.* széles sávú erősítés; ~ **amplifier** *távk* láncerősítő, megosztott/többfokozatú erősítő; ~ **artificial intelligence (DAI)** *szt* osztott mesterséges intelligencia, DAI; ~ **attenuation** *el* megosztó/megosztott csillapítás; ~ **capacitance/capacity** *el* megosztó/szórt kapacitás; ~ **capacity of coils** *el* tekercsek önkapacitása, tekercskapacitás; ~ **computer system** *szt* elosztott számítástechnikai rendszer; ~ **constant** elosztott paraméter; ~ **data management (DDM)** *szt* osztott adatkezelő, DDM; ~ **data processing (DDP)** *szt* osztott feldolgozás, DDP; ~ **data system** *szt* elosztott adatrendszer; ~ **forces** *mech* megoszló erők/erőrendszer; ~ **inductance** *el* megoszló induktivitás; ~**-intelligence microprocessor system** *szt* osztott intelligenciájú mikroprocesszoros rendszer; ~ **load** *mech* megoszló terhelés/teher; ~ **logic** *szt* elosztott logika; ~**-mass system** *mech* elosztott tömegű (lengő)rendszer; ~ **parameter** elosztott/megosztott paraméter; ~**-parameter system** *aut* elosztott paraméterű rendszer; ~**-polar rotor** *el* hengeres forgórész; ~ **pressure** *mech* megoszló nyomás; ~ **processing** *szt* elosztott feldolgozás; ~ **resistance** *el* elosztott/megoszló ellenállás; ~ **signalling** *távk* elosztott jelzésátvitel; ~ **source** *at* megoszló neutronforrás; ~ **switching** *szt* elosztott választórendszer *(kábeltelevíziónál)*; ~ **synchronization** *távk* elosztott szinkronizálás; ~ **system** *szt* elosztott rendszer; ~ **winding** *el* elosztott/megosztott tekercs(elés)

distributing | **amplifier** *távk* bontóerősítő, antennaerősítő; ~ **baffle** *hidr* (el)osztótábla, osztófal; ~ **bell** *koh* elosztóharang; ~ **board** *el* elosztótábla; ~ **boom** *em* kirakógém, kirakóárboc; ~ **box** *el* elosztódoboz, elágazódoboz; *gépk* elosztóház, gyújtáselosztóház; *hidr* szabályozószelep-ház; ~ **brush** *tex* elosztókefe *(írezőgépen)*; ~ **bucket** *ép* elosztótartály; ~ **busbar** *el* elosztósín; ~ **cable** *el* elosztókábel; ~ **centre/center** → distribution centre/center; ~ **channel** *hidr* mellékcsatorna; tápcsatorna; *koh* elosztócsatorna; *önt* elosztó(csatorna), elosztóvályú; ~ **chute** *ép* elosztósurranó; ~ **conduit** elosztó csővezeték; ~ **cone** *em* terelőkúp; ~ **cylinder** *nyom* dörzshenger *(festékmalomé)*; ~ **disc/disk** *gép* elosztótárcsa; ~ **duct** elosztóvezeték, elosztó csővezeték; ~ **dye** *tex* kiegyenlítő/egalizáló színezék; ~ **frame** *távb* elosztóhely; ~ **joint** *el* átmeneti kötés *(kábelé)*; ~ **lattice** *tex* elosztórács; ~ **main** teherelosztó; elosztó fővezeték; ~ **mains/network** elosztóhálózat; ~ **panel** *el* elosztótábla; ~ **pipe** elosztócső, elosztóvezeték, elosztó csővezeték; *gépk* szívócső elosztócsöve; ~ **plate** *ép* elosztólemez, teherelosztó lemez; *koh, önt* elosztótányér; ~ **point** elosztó csomópont; *el* betáplálási pont/hely; ~ **regulator** *hőt* vezérlőtolattyú, szabályozótolattyú; ~ **roller** elosztóhenger; *nyom* dörzshenger; ~ **shaft** *gép* elosztótengely; ~ **slide-valve** alaptolattyú; *hőt* vezérlőtolattyú, elosztótolattyú; ~ **sluice openings** *hidr* elosztó öblítőnyílások; ~ **switch** *vasút* osztókitérő; ~ **switchboard** *el* kapcsolótábla *(elosztóberendezésben)*, elosztó kapcsolótábla; *koh* elosztó(berendezés); ~ **valve** elosztószerelvény *(csővezetékben)*; ~ **valve-chest** szelepes gőzelosztó szekrény

distribution elosztás, felosztás, megosztás, szétosztás; osztályozás; eloszlás, megoszlás; *ép* elrendezés; téralakítás; *gépk, hőt* vezérlés; *mat* (valószínűség)eloszlás; csoportosítás; disztribúció, általánosított függvény; *nyom* festékeldörzsölés; osztás; ~**-adjustement lever** gyújtásszabályozó kar; ~ **amplifier** → distributed amplifier; ~ **basins** *hidr* elosztómedencék; ~ **board** → distributing board; ~ **box (DB)** *el* elágazódoboz, leágazódoboz; elosztószekrény, kapcsolószekrény; ~ **cabinet** *el* elosztófülke, kapcsolófülke; ~ **cable** elosztókábel; ~ **case** *nyom* osztószekrény; ~ **centre/center** *el* elosztó(berendezés), kapcsolóállomás; központi teherelosztó; ~ **chamber** *távk* kábelakna; ~ **channel** → distributing channel; ~ **circuit** *aut* elosztómátrix; ~ **code** eloszláskód; ~ **coefficient** eloszlási hányados/együttható/koefficiens; *mat* spektrális eloszlás; *vegy* megoszlási hányados; ~ **curve** *fiz, mat* eloszlási/gyakorisági görbe, eloszlásgörbe; ~ **density** sűrűségfüggvény; ~ **diskette** *szt* hajlékony lemez, amely az eladott programot tartalmazza; ~**-driving gear** vezérműhajtó fogaskerék; ~ **equilibrium** *koh* megoszlási egyensúly; ~ **factor** *ép* osztótényező; *koh* elosztási tényező; ~ **feeder** elosztó tápvezeték; ~ **fluctuation(s)** árameloszlási zaj; ~ **frame** *távb* rendező; ~**-free method** *stat* eloszlásmentes módszer; ~**-free test** *stat* eloszlásmentes teszt/próba; ~ **function** *ásv* tengelymegoszlási függvény; *fiz* eloszlásfüggvény; *stat* (valószínűségi) eloszlásfüggvény, valószínűségeloszlás-függvény; ~ **function of orientations** *ásv* orientációmegoszlási függvény; ~ **fuse-board (DFB)** *el* elosztó biztosítótábla; ~ **graph** *hidr* vízgyűjtő-karakterisztika; ~ **index** *geol, talt* eloszlási index; ~ **law** *mat* disztributív szabály, disztribúció törvénye; valószínűségeloszlás, eloszlástörvény; *vegy* megoszlási törvény; ~ **line** *el* elosztóvezeték, elosztó csővezeték; ~ **main** → distributing main; ~ **method** *rendsz* disztribúciós módszer, potenciálmódszer; ~ **network** *el* elosztóhálózat; ~ **noise** árameloszlási zaj; ~ **of a block** *ép* tömbelrendezés, tömbösítés; ~ **of alloying elements** *koh* ötvözőeloszlás; ~ **of base-pressure** *ép* talpfeszültség-elosztás; ~ **of bearing pressure** *talt* nyomáseloszlás, talpfeszültség-eloszlás; ~ **of brightness** fénysűrűség-eloszlás; ~ **of buoyancy** *hajó* felhajtóerő-eloszlás; ~ **of concrete** *ép* betonellátás, betonszállítás; ~ **of cracks** *ép* repedéseloszlás; ~ **of current** árameloszlás; ~ **of dye** *tex* színezékelosztás; ~ **of earth quantities** → ~ of masses; ~ **of electricity** villamosenergia-elosztás; ~ **of grain sizes** *ásv* szemcsenagyság-megoszlás; ~ **of ignition** *gépk* gyújtáselosztás; ~ **of influent sludge** *hidr* iszapbevezetés; ~ **of lines of force** térerősség-eloszlás, erővonal-eloszlás; ~ **of load** terheléselosztás, terheléseloszlás, terhelésmegoszlás; ~ **of luminous intensity** *fiz* fényerősség-eloszlás; ~ **of masses** tömegelosztás *(földmunka)*; ~ **of metal** *koh* fémelosztás; ~ **of pollution** *környv* szennyezéseloszlás; ~ **of prime numbers** *mat* prímszámok eloszlása; ~ **of signals** *távk* jelek szétválasztása; ~ **of traffic carried** *távb* forgalom eloszlása; ~ **of water saturation** *ol* víztelítettség eloszlása; ~ **of**

weight(s) súlymegoszlás, súlyeloszlás, súlyelosztás; ~ **panel** *el* elosztótábla; ~ **photometer** fényeloszlásmérő; ~ **pillar/pole** *el* elosztóoszlop; ~ **point** *szt* elosztási pont *(kábeltelevízióinál)*; ~ **pots** *hidr* elosztóaknák; ~ **ratio** → ~ coefficient; ~ **register** elosztóregiszter; ~ **rod** *ép* elosztó acélbetét; ~ **rule** *mat* disztribúciós szabály, tagonkénti kvantifikálás szabálya; ~ **steel** *ép* elosztóvasalás; ~ **switchboard (DSB)** *el* elosztó kapcsolótábla; ~ **system** elosztóhálózat; *ép* ellátóhálózat; ~ **temperature** eloszlási hőmérséklet; ~ **terminal** *el* kábelérelosztó; ~ **transformer** *el* elosztótranszformátor, erőátviteli transzformátor; ~ **truck** *film* kapcsolókocsi; ~ **valve** elosztótolattyú, vezértolattyú, vezérszelep; síktolattyú; ~ **wall** *ép* teherelosztó fal

distributive elosztó, szétosztó; *mat* disztributív; ~ **faulting** *geol* réteges szerkezetű vetődés; ~ **faults** *geol* törésnyaláb, vetőnyaláb; ~ **function** *mat* disztributív függvény; ~ **law** disztributív szabály, disztribúció törvénye; ~ **main** *vasút* gőzelosztó csatorna; ~ **mains** → distributing mains; ~ **property** → distributivity

distributivity *mat* disztributivitás, disztributív tulajdonság

distributor (teher)elosztó; *el* elosztóhálózat, elosztó fővezeték; kábelelosztó fej, kábelvégelzáró; *ép* útolajozó gép, aszfaltozógép; *gép* osztótárcsa; *gépk* (gyújtás)elosztó; *hidr* osztómű; terelőlapát-koszorú; *koh* elegyelosztó, forgóelosztó; *nyom* dörzshenger; osztókészülék; *szer* szennyvízoszlató *(szűrőn)*; *távb* táviratcsatorna-elosztó *(forgókaros)*; *tex* anyagelosztó futószalag; ~**-adjustment spanner** *gépk* megszakítóhézag-állító; ~ **advance** *gépk* elosztó beállítása *(nagyobb előgyújtásra)*; ~ **arm** *gépk* gyújtáselosztó pipa; ~ **box** → distributing box; ~ **cap** *gépk* elosztófedél; ~ **case** *gépk* (gyújtás)elosztóház; ~ **clamp** *gépk* gyújtáselosztó szorítóhüvelye; ~ **duct** elosztócsatorna; ~**-ejector** *kat* egybeépített tölténygátló-kivető; ~ **finger** *gép* elosztókar; ~ **head** → ~ cap; ~ **lever** *gépk* elosztókar; ~ **main/pipe** *koh* elosztóvezeték; ~ **roller** *nyom* festékelosztó henger; ~ **rotor** *gépk* (forgó) elosztópipa; ~ **sleeve** *gépk* gyújtáselosztó hüvelye; ~ **valve** *vasút* kormányszelep

district kerület *(terület)*, körzet; *bány* bányamező; fejtési körlet/mező; *ép* városnegyed, negyed *(városépítés)*; *távk* gócközet; ~ **call** *távb* helyi beszélgetés; ~ **control office** *vasút* rendelkező központ; ~ **deputy** *bány* körletaknász; ~**-disposal service** *ép* körzeti csatornázás; ~ **exchange** *távk* körzeti központ, törpeközpont; ~ **for damage prevention** *környv* kárelhárítási körzet; ~ **heating** tömbfűtés; ~ **heating centre/center** tömbfűtőmű; ~ **line** → ~ railway; ~ **network** *távk* csoportvonal; ~ **railway (Dist R)** *vasút* helyiérdekű vasút; ~ **transmitter** körzeti rádió-adóállomás; ~ **water authority** *hidr* vízügyi igazgatóság; ~ **water-supply** *ép* körzeti vízszolgáltatás

disturb (meg)zavar, megbolygat; felkavar, felzavar *(folyadékot)*; *el* zavar; zavart okoz

disturbance (meg)zavarás, zavar; *bány* vető, vetődés; *el* üzemzavar; zavarás; *fiz* perturbáció, zavargás; *met* disztturbáció; *rep* zavaró jel; ~ **action** zavaróhatás, perturbálóhatás; ~ **band** → ~ range; ~ **detecting signal** *aut* zavarellenőrző jel; ~ **feed-forward** *aut* zavarkompenzáció; ~ **feed-forward control** *aut* zavarkompenzációs szabályozás; ~ **field** *aut* zavarótér; ~ **level** zavarszint; ~ **of a seam** *bány* telepzavargás; ~ **of equilibrium** egyensúlyhiány, egyensúlyzavar; ~ **of sampling** *talt* zavarás *(talajmintáé)*; ~ **quantity** → ~ variable; ~ **range** *aut* zavarási tartomány; ~**-response** *aut* zavarátmeneti függvény; ~ **signal** zavarójel; ~ **superposition** *aut* zavarkompenzáció; ~ **transmitter** zavarérzékelő; ~ **upset** zavarás, zavaró (be)hatás; ~ **variable** zavarójellemző; ~**-variable compensation** zavarkompenzáció; ~ **vector** *mech* rendellenességi vektor

disturbation zavar, zavarás; *csill* perturbáció, zavargás; *talt* roncsolás *(talajmintáé)*; ~ **theory** *csill* perturbációszámítás

disturbed | **bedding** *geol* zavart település; ~ **circuit** *távk* zavart áramkör; ~ **day** *csill* aktív nap; ~ **deposit** *geol* zavart település; ~ **ground** *geof* megbolygatott talaj; ~ **movement stability** zavart mozgás stabilitása; ~**-one-output** *aut* zavart egyes jel; ~ **sample** *talt* zavart minta; ~ **site** *ásv* hibahely; ~ **Sun** *csill* aktív Nap; ~**-zero-output** *aut* zavart *v.* alapértéktől eltérő zárójel

disturbing | **current** *el* kóboráram, parazitaáram, kúszóáram; ~ **force** *fiz* perturbáló erő; ~ **frequency** *távk* zavaró frekvencia; ~ **mass** *mech* zavaró/perturbáló tömeg; ~ **moment** *mech* billentő nyomaték; ~ **noise** zavaró zaj; ~ **pulse** *aut* zavaróimpulzus; ~ **signal** *aut* zavaró jel; ~ **unbalance** *távk* zajaszimmetria; ~**-unbalance measuring** *távk* zajaszimmetria-mérés; ~ **variable** *aut* zavaró jellemző

disubstituted *vegy* diszubsztituált, kettősen helyettesített

disulphate, *US* **disulfate** *vegy* diszulfát, piroszulfát

disulphide, *US* **disulfide** *vegy* diszulfid

disulphur, *US* **disulfur dichloride** *vegy* dikén-diklorid

disulphuric, *US* **disulfuric acid** *vegy* dikénsav, pirokénsav

disunion szétkapcsolás, szétválasztás

disunite szétkapcsol, elválaszt, szétválaszt; szétválik, szétkapcsolódik

disused használaton kívül helyezett

disyndiotactic polymer *műa* diszindiotaktikus polimer

dit pont *(morzeábécében)*; ~ **and dash** pont és vonás

ditch I. *v ép* árkol, árkot ás/húz; *rep* vízre leszáll; **II.** *n bány* (víz)csorga; *ép* árok *(víztelenítő v. vízlevezető)*; csatorna; folyóka; *ol* iszapcsatorna, iszapkanális; ~ **bank** *ép* csatornatöltés; ~ **blasting** *bány* árokrobbantás; ~ **cleaner** *ép*ároktisztító (gép); *hidr* csatornatisztító gép; ~ **cleaner with screw conveyor** *ép* marócsigás ároktisztító gép; ~ **cleaning** ároktisztítás; ~ **cleaning attachment** ároktisztító szerelék; ~ **cleaning bucket** *ép* árokkaparó/ároktisztító kanál/puttony; ~ **cleaning machine** → ~ cleaner; ~ **cleaning tool** ároktisztító szerszám; ~ **cutting** árokásás *(széles, rézsűs ároknál)*; ~ **digger** árokkotró, árokásó (gép); ~ **digging bucket** árokásó puttony; ~ **excavation** árokásás; ~ **forming bucket** profilputtony, árokhúzó puttony; ~ **irrigation** *mzg* áztató öntözés; ~ **method** *hidr* árkos/barázdás módszer; ~ **sample** *ol* iszapminta, fúróminta; ~ **system** *hidr* árokhálózat *(vízvezető)*; ~ **vibrator** árokvibrátor

ditcher árokkotró, ároktisztító; árokásó (gép); mélyásó kotró; ~ **plough/plow** *hidr* árokynyitó eke

ditching *ép* árokkiemelés, árokásás *(széles, rézsűs ároknál)*; *rep* kényszerleszállás vízre; ~ **and trenching machine** árokkotró, árokásó; ~ **conditions** *rep* vízre történő kényszerleszállási helyzet; ~ **grab** kotrómarkoló; ásómarkoló
ditchrider *US* vízőr, zsilipőr, zsilipkezelő
diterpene *vegy* diterpén
di-tert-butyl peroxide *vegy* di(terc-butil)-peroxid
ditetragonal | bipyramidal class *ásv* ditetragonális bipiramisos osztály; ~ **prism** *ásv* ditetragonális prizma; ~ **pyramidal class** *ásv* ditetragonális piramisos osztály
dithioacid *vegy* ditiosav, ditiokarbonsav
dithiocarbamates *vegy* ditiokarbamátok
dithionate *vegy* ditionát, hipodiszulfát
dithionic acid *vegy* ditionsav, hipodikénsav
dithionite *vegy* ditionit, hipodiszulfit
dithionous acid *vegy* ditionossav
dithiophosphate *vegy* ditiofoszfát
dithizone *vegy* ditizon, 1,5-difenil-tiokarbazon
ditrigonal | bipyramidal/dipiramidal class *ásv* ditrigonális dipiramisos osztály; ~ **dipyramid** *ásv* ditrigonális dipiramis; ~ **prism** *ásv* ditrigonális prizma; ~ **pyramidal class** *ásv* ditrigonális piramisos osztály; ~ **scalenohedral class** *ásv* ditrigonális szkalenoéderes osztály; ~ **scalenohedron** *ásv* ditrigonális szkalenoéder
ditroite *ásv* ditróit
dittmarite *ásv* dittmarit
diurnal egy napi, 24 órás; naponkénti, (minden)napi; ~ **aberration** *csill* napi aberráció; ~ **characteristic** napi karakterisztika; ~ **clock rate** napi órajárás; ~ **insolation** *mat* napi inszoláció/napfénybesugárzás; ~ **libration** *csill* napi/parallaktikus libráció; ~ **motion** *csill* napi mozgás; ~ **parallax** *csill* napi parallaxis; ~ **range** napi árapály magassága; ~ **rotation** napi forgás; ~ **tides** naponta egyszeri árapály; ~ **watch rate** → ~ clock rate; ~ **wave** napi *v.* 24 órás ingadozás
divacancy *ásv* hiányhelypár; kettős vakancia/hiányhely, divakancia, vakanciapár
divalence kétértékűség
divalent *vegy* kétértékű; ~ **carbon atom** kétértékű szénatom
divariant *vegy* divariáns, két szabadsági fokú
divaricate I. *v* kettéoszt, két ágra szakít; kettéoszlik, szétágazik, két ágra szakad; **II.** *a* villás, szétágazó, kettéoszló
divarication villás elágazás, két ágra szakadás/szakítás; *hidr* folyó elágazása
dive I. *v* alámerül, lebukik; alábukik; beugrik, leszáll *(búvár)*; mélyen behatol; **II.** *n* (le)merülés, alámerülés; lebukás, alábukás; leszállás *(búváré)*; *ép* aluljáró; *rep* meredek siklás; zuhanás, zuhanórepülés; ~ **bomber (DB)** *kat, rep* zuhanóbombázó; ~**-bombing aircraft** zuhanóbombázó; ~ **brake** *rep* zuhanófék; ~ **culvert** *ép* buktatóvezeték; *hidr* átvezető vezeték, szifon; ~ **flap** *rep* féklap, zuhanófékszárny; ~ **glading** *rep* meredek siklás; zuhanás; ~ **key** *gép* húzóék; ~**-recovery flap** *rep* zuhanásból kivevő fékszárny/féklap; ~ **speed** zuhanósebesség; ~ **strafer** *kat* zuhanóbombázó csatarepülőgép
divector *mat* bivektor

diver búvár; ~**'s helmet** búvársisak; ~**'s palsy/paralysis** *ép* búvárbetegség, keszonbetegség
diverge szétágaztat, széttartóvá tesz, eltérít; széttart, szétágazik, széthajol, széjjelfut; (szabványtól) eltér, különbözik; *mat* divergál, széttart; *rád* bővül *(tölcsérsugárzó)*
divergence szétágazás, széjjelfutás, eltérés, elhajlás, különbözés; *at* divergencia, megfutamodás; *mat* széttartás, divergencia; *met* divergencia, szétáramlás; *rád* bővülés *(tölcsérsugárzóé)*; *rep* széttartás, divergencia; ~ **angle** *opt* széttartási szög; ~ **lens** → divergent lens; ~ **line** *met* divergenciavonal; ~ **loss** *el* párhuzamhiány okozta *v.* széttartási veszteség; ~ **of series** sor divergenciája; ~ **speed** *rep* divergenciasebesség
divergency → divergence
divergent divergens, széttartó, szétszóródó; ~ **beam** divergens nyaláb; ~**-beam technique** *at* divergensnyaláb-technika; ~ **chain reaction** szabályozatlan *v.* nem irányított láncreakció; ~ **channel** széttartó falú *v.* bővülő csatorna; ~ **columnar** szétágazóan oszlopos; ~ **diffuser** *rep* táguló/bővülő diffúzor; ~ **lens** szórólencse, homorú/negatív lencse; ~ **nozzle** *rep* diffúzor; táguló/bővülő fúvóka; ~ **nuclear chain reaction** *at* divergáló/szuperkritikus láncreakció; ~ **oscillations** divergens/széttartó lengések/rezgések; ~ **reaction** *at* divergens magreakció; ~ **reactor** *at* növekvő teljesítményű *v.* divergens reaktor; ~ **reed** *tex* ferde fogazású borda; ~ **section** *rep* táguló/bővülő rész; ~ **sequence** *mat* divergens/széttartó sorozat; ~ **series** *mat* divergens/széttartó sor; ~ **unconformity** *geol* divergens/eltérő/egyenlőtlen rétegeződés
diverging | angle *rád* bővülési szög; ~ **arm/branch** *hidr* fattyúág; ~ **collimator** *at* széttartó csatornázású kollimátor; ~ **junction signal** *vasút* irányjelző, irányjelzés; ~ **lens** → divergent lens; ~ **points/switch** *vasút* elágazási váltó
diversification változatosság; változatossá tétel; *ip* diverzifikáció
diversify változatossá tesz, variál; diverzifikál
diversion eltérés, elhajlás; elterelés, eltérítés; *hidr* átvezetés; elterelés (helye); vízkivétel; *közl* (út)elterelés; ~ **air-field** *rep* kitérő repülőtér; ~ **canal** *en* üzemvízcsatorna; *hidr* vízkivételi csatorna; ~**-canal development** *hidr* üzemvízcsatornás vízerőmű; ~**-canal plant** *hidr* üzemvízcsatornás erőmű; ~ **channel** *hidr* megosztómeder, elterelőmeder; ~ **cut** *hidr* átmetszés, mederátvágás; ~ **dam** *hidr* elterelőgát, túlfolyó, (árapasztó) bukó; mérőbukó; ~ **ditch** *hidr*; gyűjtőárok, felfogóárok; övcsatorna, övdrén; ~ **duty** *hidr* öntözővíz-szükséglet; ~ **flight** *rep* kitérő repülőtérre történő repülés; ~ **flume** *hidr* emelt megkerülőcsatorna; ~ **indicator** *rep* kitérésjelző; ~ **notches** megkerülővályú; ~ **of water** vízkivétel; *hidr* vízelvezetés, vízelterelés; ~ **passage way** *hidr* ideiglenes hajózási nyílás; ~ **ratio** *hidr* vízkivételi arány; ~ **requirement** *hidr* öntözővíz-szükséglet; ~ **road** *közl, ép* terelőút; ~ **structure** → ~ work; ~ **structures** *hidr* vízkivételi műtárgyak; ~ **system** *hidr* tározás nélküli öntözési rendszer; ~ **terrace** *hidr* terelősánc; ~ **tube** *hidr* elterelőcső; ~ **tunnel** *hidr* üzemvízalagút; ~**-type river power plant** *hidr* üzemvízcsatornás vízerőmű; ~ **weir** → ~ dam; ~ **work** *hidr* vízkivételi mű

diversionary attack *kat* színlelt/kisegítő támadás
diversity különféleség, sokféleség; változatosság; *mat* differenciatényező; ~ **antenna** *távk* elhalkulásmentes/fadingmentes antenna; ~ **factor (df)** különbözőségi/különbözeti tényező, differenciatényező; *en* diverzitási/időeltérési tényező; ~ **radar** diversity-radar; ~ **reception** *rád* diversity-vétel, többutas vétel; ~ **transmission system** diversity-átviteli hálózat/rendszer
divert körülkerül, megkerül; levezet, elvezet, eltérít, elterel
diverted | river elterelt folyó; ~ **route** *közl* terelőút
diverter irányítólap; terelőlap, védőernyő; *at* terelőlap, terelőfelület; *hidr* leeresztőcsatorna *(szivattyúhoz)*; terelőmű; ~ **agent** *ol* eltérítőanyag; ~ **switch** *el* választókapcsoló
diverting dam *hidr* terelőgát, terelőtöltés
divertor → diverter
divide I. *v* beoszt, szétoszt, feloszt; felbont; elválaszt, szétválaszt, elkülönít; feloszlik, szétválik; elágazik; *gép* beoszt(ást készít); *mat* oszt(ást végez); osztópontot kitűz; **II.** *n* elosztás, felosztás, megosztás, szétosztás; vízválasztó; ~ **by four** *v* néggyel oszt; ~ **groyne/groin** → ~ wall; ~ **into pieces** *v* részekre/darabokra oszt, feldarabol; darabokra/részeire szétesik; ~ **in two (parts)** *v* kettéoszt, két ágra szakít; ~ **off** *v* elválaszt, elkülönít; ~ **station** *em* közbenső állomás; ~ **wall** *hidr* elválasztófal, elválasztósarkantyú, osztópillér
divided *metr* fokokra (be)osztott, fokbeosztásos; ~ **axle** *gép* osztott tengely; ~ **bearing** *gép* osztott csapágy; ~ **blankfilm** *film* osztott blankfilm; ~ **brake system** *gépk* kétkörös fékrendszer; ~ **casing** *gépk* többrészes köpeny/váz; ~ **cathode block/coal** *koh* osztott katódszén; ~ **circle** *finm* beállítókör *(műszeren)*; ~ **combustion chamber** *gépk* osztott égéstér; ~**-conical cutter head** *bány* osztottkúpos jövesztőfej; ~ **crank** *gépk* osztott forgattyústengely; ~ **crankcase** *gépk* osztott forgattyúház; ~ **differences** osztott differenciák; ~ **header** osztott (gőz)gyűjtőkamra; ~ **highway** → dual carriageway; ~ **piston** *gép* többrészes dugattyú; ~ **pitch** *gép* látszólagos osztás; ~ **race** *gép* osztott gyűrű; ~ **scale error** skála(be)osztási hiba; ~ **shielding** *at* osztott védelem; ~ **steam-turbine** többházas gőzturbina; ~ **turbine** osztott házas turbina; ~ **type-bar** csuklós betűkar *(írógépé)*; ~ **wheel** osztott kerületű kerék; ~ **wing** *rep* többrészes szárny
dividend *mat* osztandó
divider *bány* feszíték; feszítőtám; feszke; *el* feszültségosztó; frekvenciaosztó; *élip* szeparátor; tisztaosztó gép, feladógép; *ép* térelválasztó (elem); *finm, forg* osztógép; *hidr* osztómű; *mat* osztó; *szt* osztóáramkör; *tex* elosztóplatina; *vegy* szeparátor; ~ **calliper/compasses,** ~**s** szúrókörző, osztókörző; ~ **wall** *hidr* (el)választópillér, osztófal, válaszfal
dividing *ép, geod* (telek)osztás, parcellázás; *gép* beosztás készítése; *koh* darabolás; ~ **apparatus** osztógép, osztókészülék; ~ **arbor** *tex* osztóorsó; osztótengely; ~ **arm** *gép* osztóemeltyű; ~ **bar** *tex* cséppálca; ~ **box** *el* elosztódoboz, elágazódoboz; ~ **cable box** *el* kábelvégelzáró; ~ **cam** *kh* hídlakat; ~ **circuit** *el* osztó áramkör; ~ **comb** *tex* osz(la)tóborda, osz(la)tófésű; ~ **crest** *geol* vízválasztó vonal/gerinc; ~ **device** osztókészülék; ~ **disc/disk** *élip* tejelkülönítő *(fölözőgépben)*; ~ **divisor** *mat* osztó; ~ **fence** *hidr* elválasztósövény, határtöltés; ~ **gear** *gép* osztó fogaskerék; ~ **head** *forg* osztófej; ~ **island** *közl* forgalomszétválasztó járdasziget; ~ **line** (el)választóvonal; osztásvonal, skálaosztó; ~ **machine** *élip* szeparátor; tisztaosztó gép; *szersz* osztógép; ~ **network** hangváltó *(hangszóróban)*; ~ **panel** *távk* elválasztólap *(készülékben)*; ~ **parting-off** *alak* darabolás; ~ **peg** *tex* cséppálca; ~ **pier** *hidr* elválasztópillér; ~ **plane** *geol* elvál(aszt)ási felület; osztófelület; *mat* osztósík; ~ **plate** osztótárcsa; elválasztólemez; ~ **precision** *forg* osztáspontosság; ~ **range** *geol* vízválasztó hegylánc; ~ **reed** *tex* osztóborda, osztófésű; ~ **ridge** → ~ fence; ~ **rod** *tex* cséppálca; osztópálca *(írezőgépen)*; ~ **row of wells** *ol* átvágó kútsor; ~ **rule** mérővessző; ~ **shears** darabolóolló; ~ **slate** *geol* rétegelválasztó palabeágyazás; ~ **strip** *ép* osztósáv, elválasztósáv; ~ **transformer** *el* elosztó transzformátor; ~ **wall** *ép* válaszfal, közfal; ~ **worm** *gép* osztócsiga
diving *bány* előrebukás *(fúrópajzsé)*; *rep* zuhanórepülés, zuhanás; ~ **apparatus** → ~ equipment; ~ **bell** *ép* búvárharang; *finm* harangmanométer; ~ **belt** *hajó* búváröv; ~ **brake** *rep* zuhanófék; ~ **breast-lead** *hajó* ólomnehezékes búváröv; ~ **combination/dress** búváröltöny, búvárruha; ~ **equipment** búvárfelszerelés; ~ **helmet** búvársisak; ~ **hood** búvársisak és vállrész *(kis mélységhez)*; ~ **instrument** merülésellenőrző/merülésmérő műszer; ~ **lead** búvár-ólomnehezék; ~ **moment** *rep* zuhanónyomaték; ~ **pool** *ép* úszómedence; ~ **pump** *hidr* búvárszivattyú *(légnyomó)*; ~ **rudder** *hajó* merülőkormány; ~ **saucer** *hidr* kétszemélyes merülőhajó *(víz alatti munkák ellenőrzésére)*; ~ **suit** búváröltöny, búvárruha; ~ **turn** *rep* merülőforduló, zuhanóforduló
divinyl *vegy* butadién; ~ **ether** (di)vinil-éter
divinylbenzene divinil-benzol, vinil-sztirol
divisibility *mat* oszthatóság
divisible elkülöníthető, szétválasztható, felosztható, szétosztható; *mat* osztható; ~ **without remainder** *mat* maradék nélkül osztható
division (fel)osztás, szétosztás, elkülönítés, szétdarabolás; rész; osztály; *ép* felülettagolás; *fiz* határfelület, diszkontinuitás; *geod* beosztás; parsz; *ip* (üzem)rész *(gyárcsoportban)*; telep; *kh* fontúr; kötőrendszer; *mat* osztás (művelete), mértani felosztás; *metr* (fok)beosztás; (skála)osztás; (skála)osztásköz; osztóvonal; ~ **algorithm** *mat* osztás algoritmusa; ~ **box** *hidr* elosztóakna; ~ **circuit** osztókör, körbeosztás; ~ **engineer** *vasút* osztálymérnök; ~ **in extreme and mean ratio** *mat* aranymetszés, folytonos osztás; ~ **in half,** ~ **in two equal parts** felezés, két egyenlő részre osztás; ~ **into degrees** fokbeosztás; ~ **into lots** *geod* földosztás, ingatlandarabolás, parcellázás; ~ **into pools** *hidr* bögézés; ~ **of labour** munkamegosztás; ~ **of load** terhelés elosztása; ~ **overflow** *szt* osztási túlcsordulás; ~ **plane** → dividing plane; ~ **plate** osztótárcsa; elválasztólemez; skálabeosztásos korong/lemez; ~ **wall** *ép* határfal; tűzgátló fal; válaszfal, közfal; *hidr* elválasztófal, osztópillér
divisor *hidr* osztómű; *mat* osztó
divorce szétválaszt, elválaszt, különválaszt
divorced pearlite *koh* szemcsés perlit
DIVOT → digital-to-voice translator
djalmaite *ásv* djalmait

DJT → drill jig template
dkyd → dockyard
DL → data link layer; → dead load; → developed length
DLC → duo-lateral coil
DLE → data link escape (character)
dm → dry mixed
DM → delta modulation; → drive magnet; → demand meter
DMA → direct memory access
DMCL → device media control language
DME → distance measurement/measuring equipment; → dropping mercury electrode
DMFA → dimethyl formamide
DMH → drop manhole
DMI → dynamic memory interface
DML → device manipulation language
DMOS → double diffused MOS
DNA → deoxyribonucleic acid
DNC → direct numerical control
DNL → dynamic noise limiter
DNT → dinitrotoluene
DNTO → dinitrogen tetroxide
do (meg)tesz, (el)végez; **~-all tractor** univerzáltraktor; **~ away with** megszüntet; lebont, lerombol; **~-it-yourself** barkácsolás; **~-it-yourselfer** barkácsoló; **~-it-yourself shop** barkácsbolt; **~-nothing instruction** *szt* üres utasítás; **~ out** kitakarít *(helyiséget)*; **~ over (again)** átfest, újra (ki)fest *(házat stb.)*; újra csinál/végez; javít, pótol, utánaigazít; **~ up** helyreállít, helyrehoz; átdolgoz, átalakít; **~ up like new** felújít, megújít, regenerál
DO → deorbit; → diesel oil; → dissolved oxygen
doab *geol* homokos agyag
doak *geol* puha agyagos ér
doat *fa* lágykorhadás
d.o.b. → ~ diameter outside bark
dobbie → dobby
dobby *tex* nyüstemelő szerkezet; nyüstösgép; **~ barrel** *tex* nyüstösgép kártyahasábja; **~ board** *pa* könyvfedéllemez; **~ card** *tex* (nyüst)kártya; **~ fabric** *tex* nyüstös szövet; **~ harness** *tex* nyüstzsinórzat; **~(-head) loom** *tex* nyüstös szövőgép; **~ pegs** *tex* nyüstkártyaszegek; **~ plan** *tex* nyüstemelési ábra; **~ shedding** *tex* szádképzés nyüsttel; **~ weave** *tex* nyüstös kötés; **~-woven towel** *tex* nyüstgéppel készített törülköző
dobie *ker* kézzel formázott tűzálló idom
Dobson spectrophotometer *met* Dobson-féle spektrofotométer
DOC → diesel oil cementing; → drop-out compensator
docimasy *bány* kémlelés, próba, (érc)elemzés
dock[1] **I.** *v hajó* dokkba áll; dokkba visz/vezet/állít; dokkol; móló mellé áll, kiköt; *rak* összekapcsol, dokkol *(űrhajókat)*; összekapcsolódik, dokkol; *vasút* kitérővágányra tolat; **II.** *n bány* ércrakodó pad; szállítóvágat oldalbiztosítása; *fa* fűrésztelep-rakodórámpa; *hajó* (gátas) hajókiemelő medence, hajójavító műhely; (kikötő)medence; dokk; kikötőállomás; rakpart, kirakodóhely; sólya; *vasút* rakodó csonkavágány; **~ crane** dokkdaru; **~ gate** dokk-kapu; **~ line** kikötői (vasúti) vágány; **~ railway** kikötői vasút/vágány; **~ trial** *hajó* állópróba; **~ worker** → docker
dock[2] levág, lenyír; csökkent, redukál

dockage[1] *hajó* dokkberendezés; dokkdíj; dokkolás, dokkba állás
dockage[2] *mzg* eltávolítható szennyezés *(gabonamagból)*
docken silk *tex* motring alakra motollált nyersselyem
docker kikötőmunkás, dokkmunkás
docket I. *v* tartalmat ír, feljegyez; **II.** *n* jegyzék, lista, lajstrom; előjegyzés; (tartalom)kivonat; árujegy, címke; kísérőbárca; rendelőlap
docking *hajó* beállás/behajózás dokkba, dokkolás; hajójavítás; *rak* dokkolás, összekapcsolás *(űreszközöké)*; **~ adapter** *rak* dokkolóadapter; **~ block** *hajó* gerinccönk, tőkecönk; **~ bridge** segéd-kormányállás *(kikötésnél)*; **~ gear** *rep* horgonyzóberendezés *(léghajóhangárban)*; léghajógondola tartószerkezete; **~ line** *hajó* kikötőkötél; **~ piece** *rak* dokkolóegység; **~ procedure** *rep* beállítási eljárás; **~ stress** dokkolásnál hajótestben fellépő feszültség; **~ trolley** *rep* hangárba vontató targonca; **~ tunnel** zsilipkamra, légzsilip
dockman → docker
dockyard (dkyd) hajógyár, hajójavító műhely; kikötőmedence, dokk; **~ labo(u)rer** dokkmunkás
doctor I. *v* kijavít, orvosol, helyesbít; *élip* hamisít *(élelmiszert)*; vizez *(bort)*; *koh* javít *(galvánbevonatot)*; *műa* felhord, felken; *nyom* rákelez; **II.** *n* lehúzókés, leszedőkés, kaparókés, simítókés; *élip* kristályosodást gátló vegyi anyag; *gumi* (gumiréteg-)kenőkés; *mt* (hordozható) kis segédgőzgép; betéték, javítóbetét, rögzítőcsap; forrasztószerszám; segédberendezés; *nyom* rákel, festékszedő kés/penge; *pa* kaparó(kés); *tex* segédberendezés; **~ blade** *ker* kaparókés, levonópenge, sáber; *nyom* rákel, festékszedő kés/penge; *pa* kaparókéspenge; *tex* lehúzókés *(nyomóhengeré)*; tisztítópenge; **~ blade setting** *nyom* rákelállítás; **~ finishing** *tex* lehúzókéses kikészítés; **~ knife** *gumi, műa* kenőkés; *tex* tisztítókés, rakli; **~ process** *ol* Doktor-eljárás; **~ roll** *műa* terítőhenger; *pa* kaparóhenger; *tex* kenőhenger, simítóhenger *(bevonógépen)*; **~ roller** *foto* bevonóhenger; **~ solution** *ol* Doktor-oldat *(lúgos)*; **~ streak** *tex* lehúzókéscsík; **~ test** *ol* Doktor-próba *(merkaptánok kimutatására)*; **~ treating/treatment** *ol* doktorozás
document okirat, okmány; dokumentum, bizonylat; **~ assembly** *szt* különböző dokumentumok integrálása *(szövegfeldolgozásnál)*; **~ delivery (system)** *szt* dokumentumtovábbító rendszer *(online információszolgáltatásnál)*; **~ handler** *szt* dokumentumkezelő; **~ manila** *pa* manilakarton; **~ paper** okmánypapír, okiratpapír; **~ protection** *szt* bizonylatvédelem; **~ reader** *szt* bizonylatolvasó; **~ retrieval** *szt* dokumentumkeresés, dokumentumkereső; **~ retrieval system (DRS)** *szt* dokumentumkereső rendszer, DRS; **~ sorter** *szt* bizonylatrendező; **~s per minute (dpm)** *szt* dokumentum/másodperc, dpm
documentary (film) dokumentumfilm
documentation dokumentálás, dokumentáció; dokumentáció(s anyag); *szt* bizonylatkezelés, bizonylatállomány; **~ book** *szt* (adott programhoz tartozó) dokumentumok összessége
docuterm *szt* dokuterm
dodecagon *mat* tizenkétszög
dodecagonal tizenkétszögű, dodekagonális
dodecahedral | slip *ásv* dodekaéderes csuszamlás; **~ spanner** *szersz* csillagkulcs

dodecahedron *mat* (szabályos) dodekaéder, szabályos tizenkétlap
dodecane *vegy* dodekán
dodecanoic acid *vegy* dodekánsav, laurinsav
dodecyl benzene *vegy* dodecil-benzol, fenil-dodekán
dodecylmercaptan *vegy* dodecil-merkaptán
dodge I. *v* kitér, helyet változtat; *film* hangszínt változtat; **II.** *n* fogás, trükk; kisegítőeszköz, segédeszköz; ~ **chain** lemezalátétes lánc; ~**-type jaw crusher** *ker* pofástörő
dodged-up gépesített; megjavított
dodger *foto* árnyékoló
dodging *film* hangszínváltozás; *foto* fényvisszatartás; letakarás
doeskin őzbőr *(nyers)*; (dám)szarvasbőr *(nyers)*; *tex* atlaszposztó, doszkin; ~ **leather** őzbőr *(kész)*; szarvasbőr; puha velúrszerű irhás cserzésű bőr
doff *tex* leszed *(fonodai gépeken)*
doffer leszedőtárcsa *(gyapotarató gépen)*; *tex* leszedő *(munkás)*; leszedő(henger) *(kártológépen)*; ~ **band** kártolt szalag; ~ **comb** *tex* leszedőfésű, rezgőpenge *(kártolón)*; ~**-comb arrangement** *tex* leszedőszerkezet; rezgőpenge-szerkezet; ~ **cylinder of a card** *tex* leszedőhenger *(kártológépé)*; ~ **roll** *tex* leszedőhenger; ~ **web** *tex* leszedőfátyol
doffing *tex* levétel *(kész csévéké)*
dog I. *v* vaskapoccsal rögzít/megerősít/lefog; beakaszt; **II.** *n* pecek; kampó; horog; *alak* fogóvas *(tűzszerszám)*; *ép* ácskapocs, állványkapocs; gáncsfa; ütközőtag *(ajtó- és ablakszárnyon)*; verőkosfogó/verőkosemelő szerkezet; *fa* rönkszorító kampó/pofa/tüske *(rönkkocsin)*; *forg* esztergaszív, menesztő; *gép* (le)szorítóköröm, (le)szorítópofa, markolóköröm, markolópofa; rögzítőcsavar, állítócsavar; *szersz* szegkihúzó; ~**-actuated** → ~-controlled; ~ **and chain** *bány* (láncos-emelős) farabló készülék; *vasút* elzárótuskó, elzárókilincs *(biztosítóberendezésen)*; ~ **block** *gép* (segéd-)befogópofa; ~ **bolt** *ép* állványtartó csap; ~ **chart** *vasút* elzárási táblázat *(jelző- és biztosítóberendezéshez)*; ~ **chuck** *forg* pofás tokmány; ~**-clutch** *ép* körmös/fogas kapcsoló; *gépk* körmös kapcsoló *(elosztófej hajtásához)*; ~**-collaring** *koh* csapolónyílásra fagyott nyersvas; ~**-controlled** ütközővel vezérelt; bütykös (működtetésű); ~ **coupling** *gép* körmös kapcsoló; ~**-days** *met* kánikula; ~ **down** *v* befog, lefog; leszorít, rögzít; ~ **driver** *forg* menesztő; menesztőcsap; ~ **face-plate** menesztős síktárcsa; ~ **head** *forg* reteszfej; *kat* kakas feje; ~**-headed spike** → ~ spike; ~ **heading** *bány* szűk vágat, áttörés; ~ **hole** *bány* szűk áttörés; *ép* búvólyuk; ~ **hook** állványhorog, gerendahorog; rönkemelő horog; *fa* repedést összefogó kapocs/vas; ~ **iron** *em* fogóvas; *fa* ácskapocs, állványkapocs; ~ **key** *gép* kampós ék, biztosítóék; ~ **knot** *tex* láncfonalcsomózási mód; ~**-leg** hurok, görbület *(huzalon)*; (kettős) könyök *(csőben)*, (S alakú) csőgörbület; *geof, ol* (fúró)-lyukkönyök, kutyaláb; *hang* első menet *(lemezen)*; *hidr* tört lap; ~**-leg chisel** *szersz* hajlított fametsző véső; ~**-legged stairs** *ép* akna nélkül épített lépcső; ~**-leg hole** *ol* ferde fúrólyuk erős irányeltéréssel, kutyalábfúrólyuk; ~**-leg transition** *hidr* tört lapú *v.* sarkos átmenet; ~ **locking** *vasút* tuskózár; ~**-nose hand vice,** ~**-nosed vice** keskenypofás satu; ~ **plate** *forg* bütykös tárcsa; menesztőtárcsa; ~**s** *bány* kasszék; *szersz* húzófogó; ~**'s ear** *nyom* sarokbehajlás körülvágásnál, szamárfül; ~ **shift** *ép, bány* éjjeli/éjszakai műszak; ~**'s-leg pipe** *ép, hidr* kettős könyök(ű cső); ~ **spike** *vasút* kampósfejű sínszeg; ~ **stays** *hőt* tűzszekrényboltozat gerendakötései; ~ **tooth** *forg* menesztőpecek; ~**-tooth** *ép* kutyafog-díszítés, farkasfog; ~**-tooth spar** *ásv* hegyes, kristályos kalcit, „kutyafog"; ~ **vane** *hajó* széliránymutató; ~ **vice** *szersz* rögzítősikattyú; ~ **watch** *bány* éjszakai műszak; *hajó* éjszakai őrség; ~ **wheel** *gép* kilincskerék; ~ **wrench** *szersz* forgattyús csőkulcs
dogfish oil *élip* fókazsír
dogged *forg* menesztőbe fogott; ~ **end** befogott vég *(tengelyé)*
dogger *ép* gerendaállványozó *(munkás)*; *fa* rönkbefogó *(munkás)*; *hajó* halászhajó *(kétárbocos, hollandi típus)*
dogging crane fogós daru
doghouse kutyaól; fabódé; *ép* fali akna *(házi fűtésé)*; *ker* kemenceadagoló; *koh* kutyaház; *rak* műszerrekesz *(űrhajón)*; *távk* adóantenna-hangoló berendezés épülete
dogleg course *rep* „kutyagörbén" történő repülés
dogshore *hajó* ászokék
dogskin kutyabőr *(nyers)*; ~ **leather** kutyabőr *(kész)*
dogstopper *hajó* láncfék
Doherty | amplifier Doherty-erősítő; ~ **modulator** Doherty-modulátor
doily kis asztalkendő; zsúrterítő; *pa* desszertszalvéta
doit elhasznált bányalevegő
dokimasy *vegy* dokimázia
Dolby *szt* Dolby rendszerű zajcsökkentő; ~ **noise reduction,** ~**-NR** Dolby-rendszerű zajcsökkentő; ~ **system** Dolby-rendszer(ű zajcsökkentő)
doldrums *met* egyenlítői szélcsendes öv, doldrum; szélcsend
dole[1] (osztály)rész; munkanélküli-segély; *bány* (bánya)rész
dole[2] **I.** *v* elhatárol; **II.** *n* határpózna, határkő
dolerite *ásv, geol* dolerit
dolerophanite *ásv* dolerofánit
doline *geol* dolina, töbör
doll (játék)baba; *hőt* fűrészporbrikett; *távk* alacsony oszlop; ~ **buggy** *film* dolly, kamerakocsi; ~ **head** *pa* kondenzlevezető *(szárítóhengerben)*; ~ **post** *vasút* rövid/törpe (kar)jelző
Doll's method *ol* Doll-módszer
dollar *at* dollár *(a reaktivitás mértékegysége)*
dollie *film, tv* dolly, kamerakocsi
dollop *tex* lennyaláb
dolly I. *v alak* alátart *(szegecsnek)*; *bány* (ércet) zúz, bolygat; *film, tv* kocsizik; *gumi* kever; *tex* ruhát sulykol; *tör (lent)*; **II.** *n* (játék)baba; kerekes/gördíthető kocsi; *alak* kerek alakverő; szegecsverő szerszám; *bány* keverő fakorong *(ülepítőkádban)*; *el* billenőkapcsoló karja; *em* görgős targonca; kis felvonó; *ép* csőszállító kocsi; ellentartó *(hídon)*; verőfejbetét; verősapka *(cölöpön)*; *film, tv* kisdaru, dolly, kamerakocsi; *gép* bölcső, alsó rész; emelőrúd; *gépk* utánfutó; *gumi* gumibaba; *közl* nyerges csatlakozó, nyeregtámasz *(nyerges vontatón)*; pótkocsi; *mzg* vajköpülő; *ol* csőgörgő; *szersz* gömbölyű fejű kalapács; szerszám, készülék, segédeszköz *(pl. nagy darabok befogásához)*; *tex* kézimunka-alátét; kötegmosó kád/-

gép; szalagmosó gép; *vasút* keskenyvágányú mozdony, tolatómozdony; rövid/törpe (kar)jelző; szemaforoszlop; tolópad; ~ **bar** szegecselőalátét, ellentartórúd; ~ **in** *v* kamerakocsival előáll; ~ **out** *v* kamerakocsit kivezet; ~ **shot** *film, tv* kocsizófelvétel, fártfelvétel; ~ **truck** *nyom* tekercsszállító kocsi/targonca; ~ **tub** *bány* iszapolóedény

dollying *film, tv* kamerakocsi-mozgatás, kameramozgatás; kocsizófelvétel, fártfelvétel; *geol, hidr* kötélrángatás

dolocasts dolomit nem oldódó részei

doloma *koh* égetett dolomit

dolomation *bány* dolomitosodás

dolomite *ásv, geol* dolomit; ~ **brick** *ép, koh* dolomittégla; ~ **calcining kiln** dolomitégető kemence; ~ **cement** *ker* dolomitcement, égetett dolomit; ~ **centrifuging machine** *koh* dolomitszóró gép; ~ **lime** *ker* dolomitmész, dolomitos mész; ~ **lining** *koh* dolomitbélés; dolomitbélés

dolomitic dolomitos; ~ **limestone** dolomitos mészkő

dolomitization *geol* dolomitosodás

dolostone *geol* dolomit

dolphin *hajó* delfin, kikötőbak, kikötőcölöp; kikötőbója, kikötőpillér; *hajó, ép* (hajóvezető) cölöpköteg; ütköző vontatóhajón

domain (tárgy)kör, tér; (kutatási) terület; tartomány; *fiz* domain, (ferromágneses) domén, Weiss-tartomány, Weiss-féle tartomány; *mat* értelmezési/definíciós tartomány; test; *szt* tartomány, tárgykör; ~ **boundary** → ~ wall; ~ **dependent** *szt* tartalomfüggő struktúra *(szakértői rendszereknél)*; ~ **expert** *szt* tárgyköri szakértő; ~ **independent** *szt* tartalomtól független struktúra *(szakértői rendszereknél)*; ~ **knowledge** *szt* szaktudás; ~ **of acceptable strategies** *rendsz* elfogadható stratégiák halmaza; ~ **of closure** *fiz* (ferromágneses) záródomén; ~ **of convergence** konvergenciatartomány; ~ **of determinacy** határozottsági tartomány; ~ **of feasible solutions** *rendsz* lehetséges megoldások halmaza; ~ **of integration** *mat* integrációs tartomány; ~ **of integrity** *mat* integritási tartomány; ~ **of strategies** *rendsz* stratégiahalmaz; ~ **of variability** *mat* értelmezési tartomány; ~ **structure** *fiz* doménszerkezet; ~ **theory** *fiz* doménelmélet; ~ **tip propagation storage device** *szt* DOT-tár; ~ **wall** *fiz* doménfal, Bloch-fal; ~ **width** *fiz* doménszélesség

domatic *ásv* dómás; ~ **class** *ásv* dómás osztály; ~ **dihedron** *ásv* dóma

dome I. *v* befed, kupolával fed; kupolává alakít, kupolaszerűen képez ki *(tetőt)*; (ki)gömbölyít, gömbölyűvé formál; *alak* domborít; **II.** *n ásv* dóma, domen; *at* reaktorkupola; víztorony, gomba *(víz alatti robbantáskor)*; *ép* (gömbboltozatfedő) kupola; *geol* boltozat, dóm; lakkolit; *gép* sapka, kupak; *gépk* hengerfejüreg; *hőt* gőzdóm; *koh* kupola; *rep* hengerfej; *vasút* kilátótető; *vegy* retortafedő; ~ **axle** *geol* boltozattengely; ~ **barrel** *hőt* gőzdómkarima; ~**-base (angle-)ring** *hőt* dómkötő szögvasgyűrű; ~ **car** *vasút* kilátókocsi; ~ **flexure** *geol* boltozathajlat; ~**-head piston** domború fenekű dugattyú; ~**-lamp** *gépk* mennyezetlámpa, tetőlámpa; ~**-light** *ép* felülvilágító kupola; *rep* pilótafülke tetővilágítása; ~ **man-hole** *hőt* gőzdóm búvónyílása; ~ **of equilibrium** *bány* egyensúlyi boltozat; ~ **plane** *ásv* dóma síkja; ~ **pressure** *ol* töltési kamranyomás; ~ **reflector** kupolaszerű reflektor; ~ **refraction** *rep* csillagászati fénytörés; ~ **roof** *ép* kupolatető; *geol* boltozattető; ~**-shaped** félgömb/kupola alakú; domború; ~**-shaped body of salt** *geol* sódóm; ~**-shaped diaphragm** domború membrán; ~**-shaped roof** *ép* gömbtető, kupolatető; ~ **shell** *ép* kupolahéj; ~**-stiffening ring** *hőt* dómnyílás-merevítő gyűrű *(kazánon)*; ~ **temperature** *koh* kupola-hőmérséklet; ~ **with spire** *ép* csúcsos kupola

domed kupolás, kupolával fedett; domború, boltozatos, kupola alakú; ~ **(cap) nut** *gép* kalapos/sapkás anya; ~ **floor** *ép* kupolafenék *(tartályé)*; ~**-head lubricating nipple** *gép* golyós zsírzófej; ~ **stadium** *ép* fedett stadion; ~ **tank roof** *hidr* tartálykupola; ~ **vault** *ép* kupolaboltozat

Domerian stage *geol* doméri emelet

domestic házi; háztartási *(készülék)*; hazai, belföldi; ~ **air commerce** *rep* belföldi légi szállítás; ~ **airline** *rep* belföldi légi járat; ~ **air service** *rep* belföldi légi forgalom; ~ **appliance** *el* háztartási készülék; ~ **architecture** lakóház-építészet; ~ **blending mixer** háztartási keverő/mixer; ~ **circuit** házi vonal/vezeték/áramkör; ~ **coal** *bány* háztartási szén; ~ **cullet** háztartási üvegtörmelék/üvegcserép; ~ **current** háztartási áram; ~ **evaporator** hűtőtest *(háztartási szekrényben)*; ~ **flight** *rep* belföldi légi járat; ~ **fuel (oil)** háztartási/könnyű tüzelőolaj; ~ **garbage** *környv* házi szemét; ~ **gas** háztartási/városi gáz; ~ **hot water supply** házi melegvíz-ellátás; ~ **machine** háztartási gép; ~ **materials** hazai nyersanyagok; ~ **off-peak water heating** *el* éjjeli/éjszakai vízmelegítés; ~ **passenger booking** *rep* belföldi légi utasok helyfoglalása; ~ **refrigerator** háztartási hűtőszekrény; ~ **refuse** *környv* házi szemét; ~ **room** lakószoba; ~**s** háziipari készítmények/cikkek; ~ **satellite (DOMSAT)** belföldi műhold; ~ **service** *rep* belföldi szolgálat; ~ **sewage** *környv* házi szennyvíz; ~ **shipping weight** küldemény bruttó súlya *(feladás helyén és időpontjában)*; ~ **skirting heating** *ép* szegélylécfűtés, padlószegélyfűtés; ~**-type pump** háztartási szivattyú; ~ **water demand** *hidr* házi vízigény; ~ **water-supply** *ép* házi vízellátás; ~ **weaving** házi szövés *(kézi)*; ~ **wiring** *el* lakóház villamos vezetéke

domeykite *ásv* domeykit

domical vault *ép* kupola(boltozat)

domicile lakás, lakóhely

domiciliate *ép* telepít

dominance *stat* dominancia; ~ **deviation** dominanciaeltérés; ~ **variance** dominanciavariancia

dominant | character *at* domináns jelleg; ~ **draught** *tex* alapnyújtás; ~ **fault** *geol* alapvető, fővető; ~ **formative discharge** *hidr* domináns mederformáló vízhozam; ~ **(grain) diameter/size** *bány* mértékadó szemcseátmérő; ~ **mode** *fiz* alapmodus *(csőtápvonalé)*; mérvadó rezgésmód, domináns modus; ~ **obstacle allowance** *rep* mérvadó akadályráhagyás; ~ **strategy** *rendsz* domináns stratégia; ~ **wavelength** *opt* jellemző/domináns hullámhossz

dominating | program *rendsz* dominálóprogram; ~ **set** *mat* domináló halmaz

doming *geol* boltozódás, kupolaképződés

domino board *pa* tarka papírlemez

DOMSAT → domestic satellite

donate *vegy* átad *(elektronokat)*

donation *vegy* kötetlen elektronpár átadása
doner-mounted back ripper csuklós talajlazító
Dongola tannage/tanning dongolacserzés *(növényi + alumínium)*
donk *geol* puha agyagos ér
donkey *bány* ellensúly; *em* kettős kötéldob, kétdobos vitla; *hidr* gőzüzemű (pót)tápszivattyú; ~ **boiler** segédkazán, pótkazán; ~ **crane** kis teherbírású gőzdaru; ~ **engine** kisebb hordozható gőzgép; ~ **hoist** segédcsörlő; ~ **house** *hajó* kisegítő gépház; ~ **machine** *tex* végösszevarró gép; ~ **pump** *ép* kazántápszivaty tyú; *hajó* segédszivattyú
Donnan (membrane) equilibrium Donnan-egyensúly, membránegyensúly, hártyaegyensúly
Donnay-Harker principle *ásv* Donnay—Harker-elv
Donneley furnace kosárrostélyos tüzelés
donor *félv, vegy* donor, donátor; ~ **atom** donoratom; ~ **bond** donorkötés; ~ **centre/center** donorcentrum; ~ **density** donorsűrűség; ~ **impurity** donorszennyezés; ~ **ion** donorion; ~ **level** donorszint, donornívó, donor-energianívó; ~ **type impurity** → ~ impurity
donut → doughnut
dook *bány* ereszke, sikló; *fa* falba illesztett fadarab, faék, tipli; fatégla
door francia ablak *(padlóvonalig érő)*; szelelőajtó; *ép* ajtó(nyílás), kapu; *hőt, koh* huzatszabályozó retesz; ~ **alarm** ajtónyitásjelző; ~ **bay** ajtófülke, ajtómélyedés; ~ **bell** bejárati csengő, kapucsengő; ~ **bolt** ajtóretesz; keresztttolózár; ~ **buffer** *gépk* ajtóütköző; ~ **calling (telephone) system** kaputelefon; ~ **case** *bány, ép* keretácsolat, félfaácsolat; *ép* ajtótok, ajtókeret; ~**-casing frame** *ép* ajtóbélés; ~**-catch** *ép* ajtóütköző; ~ **check** *ép* ajtócsukó/ajtócsapó készülék; ~**-check strap** ajtóhatároló szalag; ~ **closer** → ~ check; ~ **contact** biztonsági (ajtó)érintkező; ~ **control** *em* ajtóműködtető szerkezet; ~ **cooling frame** *koh* ajtóhűtő keret; ~ **fitting** → ~ furniture; ~ **folding** *ép* ajtó összehajtása; ~**-frame** *ép, gépk* ajtókeret; ~**-frame lining** ajtótokborítás; ~ **framework** *ép* ajtótok, ajtókeret; ~**-handle** *ép, gépk* ajtókilincs; ~**-handle plate** *ép* ajtócím; ~**-hanger** *ép* görgős függesztősín *(tolóajtóhoz)*; ~ **hardware** ajtóvasalás; ~ **head** tokfej, (tok)süveg *(ajtóé)*; ~ **hinge** *ép* ajtópánt; *gépk* ajtóforgó, ajtózsanér; ~ **hinge pillar** → ~ pillar; ~**-interlock switch** *em* ajtóbiztosító-kapcsoló; ~ **interphone** kaputelefon *(kertkapun)*; ~ **jamb** *ép* ajtóborítás; *koh* ajtópillér *(kemencén)*; ~ **keeper** *ép* ajtókitámasztó; ~**-knob** (ajtózáró)gomb, ajtófogantyú; ~**-knob transformer** koaxiális hullámvezető átmenet; ~**-knob tube** *rád* gombacső, makkcső, törpe cső; ~ **knocker** kopogtató *(kapun)*; ~ **leaf** ajtószárny; ~ **lining** *ép* ajtóborítás; *koh* ajtófalazat; ~ **lintel** *ép* ajtókiváltó; nyíláshidalás; süvegfa; szemöldökfa; ~ **lock** ajtózár; ~**-lock(ing) device** ajtózár; ~**-lock striker plate** *gépk* ajtóbiztosító retesz; ~ **mat** lábtörlő; ~ **mechanism** ajtómozgató szerkezet *(autóbuszon)*; ~ **mounting** → ~ furniture; ~ **opener** ajtónyitó; ~ **opening** ajtónyílás; ~ **operator** *em* ajtóműködtető szerkezet; ~ **panel** *ép* ajtóbetét; *gépk* ajtóborító lemez; ~ **pier** *ép* ajtófélfa, ajtószárfa; kapuoszlop; ~ **pillar** *gépk* ajtóoszlop; ~ **pontoon** pontonhíd nyitható eleme *(hajók áteresztéséhez)*; ~**-post** *ép* ajtófélfa, ajtószárfa; *gépk* ajtóoszlop; ~ **pull handle** *gépk* ajtóbehúzó fogantyú; ~ **rabbet** *ép* ajtóütköző(tag); ~ **rattle** *gépk* ajtózörgés; ~ **regulator** *bány* légajtó-szabályozó; ~ **reveal** *ép* ajtóbélés(fal); ~ **rubber profile** *gépk* gumi ajtószegély/ajtókeret/ajtótömítő; ~ **runner rail** *ép* futósín *(tolóajtóé)*; ~**s** *bány* csapóajtó; ~ **scraper** sárlehúzó vas; ~ **seal** *ép* ajtótömítő zsinór; ~ **shoe** *gumi* ajtóütköző; ~**-slam handle** *gépk* ajtóbehúzó fogantyú; ~ **splay** *ép* ajtóbélés kifelé szélesedő kiképzése; ~ **spring** → ~ closer; ~ **stay** ajtókiakasztó, ajtókitámasztó, ajtórögzítő; ~**-stead** *bány* keretácsolat, félfaácsolat *(tároban)*; ~**-step** *ép* küszöb, lépcső *(kapu előtt)*; ~ **still** *ép* ajtóküszöb; ~ **stone** ajtóküszöbkő; ~ **stop** ajtóütköző; ~**-switch (DSW)** ajtókapcsoló *(felvonón, autón)*; ~ **tender** *bány* légajtókezelő; ~ **threshold** *ép* ajtóküszöb; ~ **tightener** *ép* ajtótömítés, ajtószigetelés; ~**-to-door transport** *vasút* háztól házig szállítás; ~ **track** *ép* küszöbsín; ~ **trim** *ép* ajtóborítás; ~ **trip** *em* ajtóérintkező; ~ **unlocker** ajtónyitó; ~ **window** *ép* ajtóablak; ~ **wing** *ép* ajtószárny
doorway *ép* ajtófülke, ajtómélyedés; ajtónyílás; bejárat *(útvonal)*; falnyílás *(ajtóé)*; kapualj; kapuhoz vezető út
dopamin *vegy* dopamin
dopant *félv* adalékanyag; ~ **concentration** → doping concentration
dope I. *v* dukkóz; *ép* szigetel, bevon *(csövet)*; *félv* (be)adalékol *(szennyezést)*; *ol* adalékol *(olajoz)*; *rep* (be)lakkoz *(szárnyat)*; **II.** *n* adalékanyag *(benzinbe)*; gyantaszerű anyag; adalék; kenőanyag, (sűrű kocsi)kenőcs; *ker* kötésfokozó; *koh* ragasztócement, ragacs; *műa* cellonlakk; dukkózólakk; nitrocellulózlakk; repülőlakk; *tex* sodratrögzítő gőzölés; *vegy* elnyelőanyag, felszívóanyag; ~ **can** *gépk* befecskendező kanna; ~**-dyed** *tex* telített színezésű; ~ **room** *rep* lakkozóműhely; ~ **the engine/motor** *v* motort megszívat
doped *félv* adalékolt, szennyezett, dopolt; ~ **binder** *ép* kötőanyag kötésfokozóval; ~ **crystal** dotált kristály; ~ **cutback** *ép* hígított bitumen kötésfokozóval; ~ **envelope** *rep* lakkozott burkolat; ~ **fabric** *tex* impregnált szövet; ~ **fuel** *ol* kopogásmentes benzin; ~ **function** *félv* szennyezett átmenet; ~ **lubricating oil** szuper *v.* nagy teljesítményű motorolaj; adalékolt motorolaj; ~ **oil** adalékolt olaj; ~ **semiconductor** adalékolt félvezető
doping szívatás *(motoré)*; etilezés *(benziné)*; *félv* adalékolás, dopolás, szennyezés, doping, dopingolás, dotálás; *tex* tömítő bevonás; *vegy* telítés, átitatás; ~ **agent** *félv* adalékanyag; ~ **compensation** szennyezéskompenzálás; ~ **concentration** szennyezéskoncentráció, szennyezés sűrűsége; ~ **concentration profile** → ~ profile; ~ **density** *félv* szennyezés sűrűsége; ~ **factor** *félv* szennyezés foka; szennyezési együttható; ~ **gases** *félv* dopológázok; ~ **material** *félv* adalékanyag; ~ **of the melt** szennyezés *(ötvözéskor félvezetőé)*; ~ **profile** *félv* adalékanyag-profil, adalékanyag-eloszlás; ~ **scheme** *rep* lakkozási előírás
DOP NAV → Doppler navigation
doppelspath *ásv* kettőzőpát, izlandi pát
dopper hornyológép
doppi *tex* ikergubó
Doppler | **averaged cross section** *at* Doppler-átlagolt hatáskeresztmetszet; ~ **beat frequency** Doppler-frekvencia *(radarnál)*; ~ **broadening** *at* Doppler-ki-

szélesedés; ~ **direction finder** *rep* Doppler-iránymérő; ~ **displacement** *fiz* Doppler-eltolódás; ~ **effect** *fiz* Doppler-hatás, Doppler-effektus, Doppler-jelenség; ~ **effect in optics** optikai Doppler-jelenség; ~ **effect radar** → ~ radar; ~ **filter** *távk* Doppler-szűrő; ~ **frequency** *rep* Doppler-frekvencia; ~ **laser radar** Doppler-effektus lézerradar/lézerlokátor; ~ **navigation (DOP NAV)** Doppler-navigáció; ~ **principle** Doppler-elv; ~**-radar** Doppler-radar; ~ **shift** Doppler-eltolódás, Doppler-frekvenciaváltozás; ~ **velocity and position (Dovap)** *csill, rep* Doppler-elv alapján meghatározott sebesség és helyzet

dopplerite *ásv* doplerit

DOR → digital optical recording

dorian *ép* dór (stílusú)

doric *nyom* groteszk (betűtípus)

dormant I. *a* rejtett; *geol* kialudt *(vulkán)*; *ip* elfekvő, forgásból kivont *(készlet)*; **II.** *n ép* ászokfa, küszöbfa, párnafa; ~ **bolt** süllyesztett fejű csapszeg; rejtett zárnyelv; ~ **scale** rögzíthető hídlású hídmérleg; ~ **stock** elfekvő készlet

dormer *ép* padlásszoba/manzárd ablakfülkéje; ~ **cheek** padlásablak függőleges felülete; ~ **rafter** csonkaszaru; ~ **window** *ép* manzárdablak; padlásablak, tetőablak

dormitory hálóterem; diákotthon, kollégium *(egyetemé)*; ~ **(town)** alvóváros

dormouse mormota *(prémbőr)*

Dorr | agitator *bány, koh* Dorr-sűrítő, Dorr-kád, Dorr-ülepítő; ~ **classifier (DC)** *bány, hidr, koh* Dorr-osztályozó, gereblyés osztályozó; ~ **(continuous) thickener** *hidr* (folyamatos) Dorr-ülepítő, Dorr-féle besűrítő berendezés *(szennyvíztisztítás)*; ~ **thickener** *koh* Dorr-sűrítő

dorsal I. *a rep* törzsvégi; előrehúzott; **II.** *n* faliszőnyeg; széktámla; ~ **board** *pa* könyvhátlemez; ~ **cup** *geol* dorzális tok; ~ **fin** *rep* törzsön végigfutó függőleges vezérsík, toldat; ~ **stringer** *rep* felső hosszmerevítés; ~ **surface** *élip* hátoldal; ~ **turret** felső géppuskatorony *(repülőgépé)*; ~ **valley** *geol* háti teknő

Dortmund basin/tank *környv* szennyvízgyűjtő tartály, dortmundi medence

DOS → disk operating system

dosage adagolás; beadagolás, betöltés; adag, dózis; mennyiségi meghatározás *(adagé)*; keverési/vegyítési arány; ~ **device** adagoló(berendezés), adagolószerkezet; ~ **measurement** dózismérés, dozimetria; ~ **rate** *at* dózisteljesítmény; ~ **system** dózismérő berendezés, doziméter

dose I. *v* adagol, adagokra oszt; adagonként ad, kiadagol; **II.** *n* adag, dózis; ~ **assessment** → ~ estimate; ~ **build-up** dózisfelgyülemlés, dózisfelhalmozódás, dózis-buildup; ~ **distribution** *at* dóziseloszlás; ~**-effect curve** *at* dózishatásgörbe; ~**-effect relation** *at* dózishatásviszony; ~ **equivalent (DE)** *at, környv* dózisegyenérték; ~ **estimate** *at* becsült dózis; ~ **fractionation** dózis felaprózódása/frakcionálódása; ~ **limit** *at* dózishatár; ~ **meter** → ~ dosimeter; ~ **of radiation** *at* sugárdózis; ~ **rate** *at* dózisteljesítmény, dózisintenzitás; ~ **rate meter** *at* dózisteljesítménymérő, dózisintenzitás-mérő készülék

dosifilm filmdoziméter

dosimeter doziméter, dózismérő (műszer), sugárdózismérő

dosimetry dozimetria

dosing | apparatus adagolóberendezés; ~ **bin** adagolótartály; ~ **feeder** adagoló; ~ **pump** adagolópumpa, adagolószivattyú, állítható teljesítményű szivattyú; ~ **station** *hidr* adagolóállomás; ~ **tank** *hidr* adagolótartály *(szennyvíztisztítás)*; ~ **valve** *vák* gázbeeresztő szelep

dosseret *ép* kiegészítő oszlopfő

dossier *ip* dosszié, iratcsomó; *pa* iratgyűjtő, irattartó; ~ **covers** *pa* iratrendező-karton

dot I. *v* kipontoz; pettyez; foltot ejt; **II.** *n* folt, petty; *nyom* rácspont; *távk* pont; *tex* kör alakú kötpont; ~**-and-dash** *v* pont-vonallal kihúz; ~**-and-dash code (D-D Code)** *távk* morzekódex; ~**-and-dash line** pont-vonallal kihúzott *v.* pontozott-szaggatott vonal, eredményvonal; ~ **area** *rep* pont-jeltér; ~**-bar generator** *tv* pont-csíkjel generátor; ~**-board** *rep* pontoldal; ~ **cycle** *távk* jelköz; ~**-dash mode** pont-vonás módszer; ~**-dash signal** *rep* pont-vonás térjel; ~**-diagram** *stat* pontdiagram, szórásdiagram; ~ **frequency** *távk* jelfrekvencia, jelsűrűség; *tv* pontfrekvencia; ~ **generator** pont-jelgenerátor; ~ **interlace/interlacing,** ~ **interlace scanning** *tv* pontsugaras/képváltásos letapogatás; ~**-interlock sequence** *rep* pont-vonás egybefolyó sorrendje; ~ **matrix** *szt* pontmátrix; ~ **matrix character generator** *szt* pontmátrix karaktergenerátor; ~ **matrix display** pontmátrixos kijelző; ~ **printer** *szt* mátrixnyomtató; ~**-product** *mat* skalárszorzat, skaláris/belső szorzat *(vektoroké)*; ~ **product of a vector with itself** *mat* vektor skaláris szorzata önmagával, skalárnégyzet; ~**s and dashes** *távk* pont-vonás, pont-vonal, hosszú-rövid jel, morzejel; ~ **scanning** *tv* pontonkénti letapogatás; ~ **screen** *nyom* pontrács, pontraszter; ~ **sector** *rep* pont-jeltér; ~ **sequential system** *tv* pontváltás, pontváltó rendszer; ~ **signal** *rep* pont-térjel; *távk* pontjel

DOT memory → domain tip propagation storage device

dotation *félv* adalékolás, szennyezés, dotálás

dote I. *v fa* korhad; revesedik; **II.** *n* korhadás

doted *fa* korhadástól sérült

dotted (ki)pontozott, pontozással jelzett; ~ **curve** pontozott görbe/vonal; ~ **line** pontozott vonal; szaggatott vonal; ~ **line recorder** pontíró

dotting pontozott vonal rajzolása, kipontozás; pontozás *(kötésmintában)*; pettyegetés; ~ **mark** *szersz* pontozónyom, pontozójel, kinerpont; ~ **needle** pontjelző tű *(koordinátagépen)*; *nyom* punktúrtű, felszúrótű; *ruh* átszúrótű, pikírozótű; ~ **pen** kihúzótoll, pontozótoll; ~ **wheel** pontozó/pontkihúzó kerék

doty *fa* korhadó; ~ **tie** *vasút* korhadt talpfa

double I. *v* (meg)kettőz, (meg)dupláz, megkétszerez; megkettőződik, megkétszereződik, megduplázódik; behajt, kettőbe hajlít; *gumi* dublíroz; *hajó* megkerül; *közl* előz; *nyom* (tévesen) kétszer szed; *pa* összehajt; *távk* kettőz; *tex* dublíroz, többszöröz; egyesít *(fonalakat)*; **II.** *a* kettős, kétszeres, dupla, iker-; *kh* kétszálú, kétágú, kétfonalas; **III.** *n* duplikátum, másodpéldány; kétszerese vminek; *ép* kettős tetőpala; pántvéső; *gép* ellensúly; *nyom* (téves) kettős szedés, „lakodalom"; bőrelőzékű bőrkötés; *ol* kettős csőrakat; *tex* kettős szál *(hiba)*; ~ **accumulator switch** *el* kettős cellakapcsoló; ~ **acid phosphate** *vegy* kettős szuperfoszfát; ~-**acting (d.a.)** kettős hatású/működésű; ~-**acting air motor** kétoldalas működésű légmotor; ~-**acting brake** *gépk* kettős hatású fék; ~-**acting cylinder** *gép* kettős működésű henger; ~-**acting diaphragm motor** *gép* kétoldalas működésű membránmotor; ~-**acting door** *ép* lengőajtó; ~-**acting duplex pump** kettős/kétszeres működésű kéthengeres dugattyús szivattyú; ~-**acting engine** kettős működésű motor; ~-**acting pile/piling hammer** *ép* kettős működésű cölöpverő, gyors ütésű kalapács, gyorskalapács; ~-**acting piston** kettős működésű dugattyú; ~-**acting pump** kettős működésű szivattyú; *hidr* koronaszivattyú; ~-**acting relay** kettős működésű relé; ~-**acting rolling bearing** kettős hatású gördülőcsapágy; ~ **action** kettős hatás/működés; ~-**action drive** *heng* kétoldali hajtás; ~-**action napping machine** *tex* nemezelő-bolyhozó gép; ~-**action pump** → ~-acting pump; ~-**action ratchet** *szer* kétfarkú fúrókerep; ~ **aerial** *távk* kettős antenna, ikerantenna; ~ **amplitude (DA)** teljes amplitúdó; ~ **amplitude peak (value)** *el, tv* teljes amplitúdó, amplitúdócsúcs (érték); ~-**angle fish plate** *vasút* kettős szögheveder; ~-**angle forg** *forg* kétoldalas szögmaró; ~ **angular ball bearing** *gép* kettős radiax golyóscsapágy, radiax-ikercsapágy; ~ **anode glow tube** *el* kétanódos villanócső; ~ **armature** *el* kettős armatúra; ~-**armature motor** *el* kétarmatúrás motor; ~-**armature relay** *távk* kettős horgonyú jelfogó; ~-**armed lever** *fiz* kétkarú emelő; ~-**arm hammer** *koh* kétállványos kalapács; ~-**arm kneader** *műa* kétkarú gyúró-keverő gép; ~-**arm press** kétállványos sajtó; *műa* két nyomóhengeres sajtológép; ~ **arrow** *mat* kettősnyíl; ~ **articulated pantograph** *vasút* ollós áramszedő; ~-**atlas fabric** *tex* ellenmenetes atlaszkötésű szövet; ~ **back** *v* visszahajt, összehajt; ~-**back anvil** kétorrú üllő; ~ **back gear** *gépk* hátramenet-hajtómű; ~-**band method** kétszalagos eljárás *(hangrögzítés)*; ~-**banked** *tex* kétszintes, kétemeletes; ~-**bank engine** *rep* kétsoros (csillag)motor; ~-**bar cross-head** *gép* kétcsúszkás keresztfej; ~-**bar link** *gép* kétvezetékes kulissza; ~-**barrel (DB)** kétcsövű *(puska)*; ~-**barrel carburetter** *gépk* kétdiffúzoros porlasztó; ~-**barrel(l)ed air pump** kéthengeres légszivattyú; ~-**barrel(l)ed gun** *kat* kétcsövű puska; ~ **barrier** kettős határréteg/záróréteg; ~-**base diode** kétbázisú dióda; ~-**base fluid/liquid** kétbázisú *v.* két alapanyagú folyadék; ~-**base powder** *kat* nitroglicerines lőpor; ~-**base transistor** kétbázisú tranzisztor; ~ **battery (regulating) switch** *el* kettős cellakapcsoló; ~-**beaded tyre** kettős peremű köpeny; ~-**beam** *opt* kétsugaras; ~ **beam compactor with vibrator unit** → ~ vibrating beam; ~-**beam frame** *ép* ikergerendás keretszerkezet; ~(-)**beam oscillograph/oscilloscope** *fiz* kétsugaras oszcillográf/oszcilloszkóp; ~ **beam screed vibrator,** ~ **beam screeder with vibrator unit** → ~ vibrating beam; ~-**beam spectrometer** *fiz* kétsugaras spektrométer; ~ **beam type maser** kétsugárnyalábú mázer; ~ **bearing** *gép* kettős csapágy; ~ **beat (DB)** *tex* kettős beverés; ~ **beat valve** kettős ülésű szelep; ~-**bell coupling** *gép* áttolóidom; ~ **bend** U-cső; *ép* kettős kanyar *(úton)*; *gép* kettős hajl(ít)ás/görbület/könyök; *hajó* kettős lobogócsat; ~-**bend Tee** ívelt T-idom; ~ **beta decay** *at* kettős béta-bomlás; ~ **bevel** *fa* kettős ferde lefaragás; *heg* K alak *(hegesztésnél)*; ~-**bevel butt weld** *heg* K-varrat; ~-**bevel friction drive** *gép* kettőskúpos dörzshajtás; ~-**bevel groove weld** *heg* K alakú varrat; ~-**bevel T/tee joint** *heg* K-leélezésű T-kötés; ~-**bit key** *ép* kettős tollú kulcs; ~ **bitt** *hajó* kettős kikötőbak, kettős bak; ~-**bit(ted) axe** kétélű fejsze; ~-**bladed cutter** kétélű forgácsolókés; ~ **block** *em* kettős csigasor; ~-**block brake** kétsarus/kétpofás fék; ~-**blow impact wrench** kettős ütőműves/ütős csavarbehajtó gép; ~-**bobbin hoist** *bány* kétbobinás aknaszállítógép; ~-**bogie locomotive** két forgóalvázas mozdony; ~ **bolt** *távk* kettős (szigetelő)tartó; ~-**bolt cutter** kétorsós csavarmenetvágó gép; ~ **bond** *vegy* kettős kötés; ~-**bond shift** *vegy* kettős kötés eltolódása; ~ **bottom (DB)** *hajó* kettős fenék; ~ **bottom cell** *hajó* kettősfenék-rekesz; ~-**bottom electrolytic cell/tank** *koh* kettős fenekű elektrolizálókád; ~-**bowed calliper** kettős villás idomszer; ~ **box** *ol* kettős karmantyú; ~ **bracing** *ép* kettős rácsozás/merevítés; ~ **bracket** *ép* kettős gyámtartó/falikar/konzol; ~-**bracket pole** *ép* kettős konzolbak; ~ **branch for corners** sarokleágazó idomcső; ~-**branch gate** *önt* villa alakú *v.* villás beömlőcsatorna; ~ **branch pipe** kettős elágazó *(idomcső)*; ~-**break** *el* kettős megszakítású, két helyen megszakított; ~-**break contact** *távk* kétmegszakításos érintkező, hídérintkező; ~ **break jack** *távb* választó kapcsolóhüvely; ~-**break switch (d.b. switch)** *el* kettős megszakítású kapcsoló; ~ **bridge** *koh* (kettős) Thomson-híd, kettőshíd; ~ **bronze wire** kéteres bronzhuzal; ~-**bubble fuselage** *rep* nyolcas keresztmetszetű repülőgéptörzs; ~ **bus** *el* kettős gyűjtősín; ~ **button microphone/transmitter** kettős mikrofon, differenciálmikrofon; ~-**butt strap joint** kéthevederes tompa illesztés; ~-**butt strap seam** kettős szíjhajtás tompavarrata; ~-**butt weld** *heg* kétoldali tompavarrat; ~-**cage motor** *el* kétkalimás (indukciós) motor; kétkalimás forgórész; ~-**cage short circuit motor** → ~-cage motor; ~-**cage winding** *bány* kétkasos szállítókötél-tekercselés; ~ **calliper** kettős szárú tapintókörző; ~-**cambered aerofoil/airfoil** *rep* kettős íveltségű szárnymetszet; ~ **cap** papíralak *(24"x39" v. 17"x27")*; ~-**capacitor motor** kettős kondenzátoros motor; ~-**capacity element** *aut* kéttárolós tag; ~ **cap insulator** kétsapkás szigetelő; ~ **capital** *ép* kettős/közös oszlopfő; ~ **carbonate** *vegy* kettős karbonát; ~ **carburation** *gépk* kettős porlasztás; ~ **card** *tex* kettős/kétdobos kártoló; ~ **casement** *ép* kettős ablak; ~-**casing machine** *koh* kettős köpenyhűtésű gép; ~ **cell furance** *koh* kétkamrás kemence; ~-**centre/center theodolite** ismétlő teodolit/szögmérő; ~-**centrifugal pump** *hidr* kettős beömlésű centrifugálszivattyú; ~ **chain conveyor/conveyer** *bány* kétláncos csúszda; ~ **chain drive** hajtás két lánccal; ~ **chain grab** *em* kétköteles markoló; ~ **chain stich** *tex* kettős láncöltés, kétfonalas láncöltés; ~ **chain stitch sewing machine** kettős láncöltésű varrógép; ~ **chair** *vasút* kettős sínalátét; ~-**chamber (pressure-feed) sandblast equipment** *ép* kétkamrás homokfúvó berendezés; ~ **channel simplex** *távk* kétcsatornás szimplex üzemmód; ~-**check snow plough/plow** kétoldalas *v.* két terelőlapos hóeke; ~ **check valve** kettős *v.* kölcsönösen nyitó visszacsapó szelep; ~ **chisel** kétélű vágó; ~ **circle reading** *metr* kettős leolvasás, kétkörleolvasás; ~ **circuit** *en* kettős áramkör/kapcsolás; ~ **circuit line** *el* kettős vezeték; ~-**circuit receiver** *rád* két hangoltkörű vevőkészülék; ~ **circular reservoir** *hidr* pápaszemes medence; ~ **circular saw** kettős körfűrész; ~**-clip wool** kétnyíratú gyapjú; ~ **cloth** *tex* kettős/dublé szövet; ~**-coated** *ép* kétoldalt/kétszer mázolt; ~ **coated film** két(emulzió)réteges film; ~**-coated paper** kétrétegű (kasírozott) papír; ~ **coating** *foto* kettős emulzióréteg; ~**-coat painting** *ép* kettős rétegű mázolás; ~ **cocoon** *tex* ikergubó, kettős gubó; ~ **coil** *el* kettős tekercs; ~ **column** *ép* ikeroszlop; *gép* kettős állvány, ikerállvány; ~**-column hammer** *koh* kétállványos kalapács; ~**-column page** *nyom* kéthasábos oldal; ~**-column planing machine** kétoszlopos gyalugép; ~**-column press** *nyom* kétállványos sajtó; ~**-combination shoe** *vasút* kétrészes féktuskó; ~ **commutator motor** kétkommutátoros motor; ~ **compasses** aránykörző; ~**-compound belt** *gép* kétrétegű szíj; ~ **compression** *gyógyv* száraz granulálás; ~ **computer system** *szt* két számítógépes rendszer; ~**-concave** *opt* bikonkáv; ~ **cone** *mat* kettős kúp; ~**-cone** kettős kúpos, bikónikus; ~**-cone antenna** *távk* kettőskúp-antenna, bikónikus antenna; ~**-cone clamping coupling** *gép* kúpos súrlódó (tengely)kapcsoló; ~**-cone clutch** *gép* kétkúpos (tengely)kapcsoló; ~**-cone coupling** → ~ cone-clutch; ~**-cone crusher** *ker* kétkúpos törő; ~**-cone drum** kettős kúpos keverődob; ~**-cone (drum) mixer** centrifugálkeverő kettős keverődobbal; ~**-cone pulley** *gép* kettős kúpos szíjtárcsa; ~**-cone spring** *gép* kettős kúpos tekercsrugó; ~ **conical** → ~-cone; ~ **conical bobbin** *tex* kétkúpos cséve; ~ **connection** *távk* kettős kapcsolás; ~ **contact (DC)** *el* kettős érintkező; ~ **continuous fillet** *heg* folytonos kettős sarokvarrat; ~**-contraction pattern** *önt* anyaminta, előminta; mesterminta; ~ **control amplifier** *el* kettős vezérlésű erősítő; ~ **control tube** *el* kettős vezérlésű cső; ~**-convex** *opt* bikonvex; ~**-core barrel** *bány* kettős magcső; ~**-core (barrel) drill** *bány* kettős magfúrógép; ~**-cotton covered** *el* kétszeres/kettős pamutszigetelésű; ~ **course** két réteg; *ép* kétrétegű; kétsoros; ~ **coverage** *ép* kettős lemezfedés; ~**-cover butt joint** kéthevederes tompa lemezkötés; ~**-cranked wing** *rep* W-szárny; ~**-crank press** *nyom* kétforgattyús sajtó; ~**-crank screen** kétforgattyús rosta; ~ **creeper crawler unit,** ~ **creeper undercarriage** ikerlánctalpas járószerkezet; ~**-crossed loop antenna** *rád* kettős keresztekercses keretantenna; ~**-cross staff** *geod* kettős/univerzális szögkitűző műszer; ~**-cross vault** *ép* kettős keresztboltozat; ~ **crowding** *ép* kettős gémelőtolás; ~ **crown** papíralak *(20"x30")*; ~ **crown paper** *pa* nagyformátumú papír; ~ **crucible drawn fibre** *el* kettős tégelyből húzott szál *(optikai átvitel)*; ~ **crystal goniometer** *geod* kettőskristály-goniométer; ~ **culmination** *csill* kettős kulmináció; ~**-current** *el* kettős áramú; ~**-current operation/working** *távb* kettős áramú üzem(mód); ~**-current signal(l)ing** *távb* polárjel; ~**-current transmission** *távb* kettős áramú átvitel; ~**-curvature shell** *ép* kettős görbületű héj; ~ **curve** *mat* kétszeres/kettős görbe; ~**-curve points** *vasút* kettős ívbe épített váltó; ~ **cut** *szersz* kettős vágat, keresztvágat *(reszelőn)*; ~**-cut** *forg* kétélű, két forgácsolóélű; ~**-cut file** *szersz* kettős vágatú reszelő; ~ **cylinder (d.c.)** kettős henger; ~**-cylinder dobby loom** *tex* kéthasábos nyüstösgép; ~**-cylinder engine** kéthengeres motor; ~**-cylinder jacquard loom** *tex* kéthasábos jacquard szövőgép; ~ **dagger** *nyom* kettős kereszt; ~**-dark slide** *nyom* kazetta; ~ **dash** *mat* két vonás/vessző; ~ **DD sceen** → ~-deck sceen; ~**-deck** *ép* kétszintes, kétemeletes; *rep* kétfedelű; ~**-deck blade** *rep* kettős turbinalapát; ~**-deck bridge** *ép* kétszintes híd; ~**-deck coach** *vasút* emeletes vasúti kocsi, kétszintű (személy) kocsi; ~**-deck dryer** *pa* kétsoros szárítóhenger-berendezés; ~**-decked dobby** *tex* nyüstösgép kétféle kötéshez; ~**-decked pallet** *csom* kétfedelű rakodólap; ~**-decker (DD)** emeletes autóbusz; *rep* kétfedelű repülőgép, biplán; ~**-deckled** *pa* kétoldalt merített szélű; ~**-deck oven** *koh* emeletes (pörkölő)kemence; ~**-deck rotor** *el* kétkalickás forgórész; ~**-deck screen** kétbetétes rosta; ~**-deck sedimentator/settler** *környv* kétszintes ülepítő; ~**-deck top covered bus** csukott emeletes autóbusz; ~**-deck uptwister,** ~**-deck twisting machine** *tex* emeletes cérnázó(gép); ~**-declutch** *gépk* kétszer (egymás után) kuplungoz, kettős kuplungozást végez; ~ **decomposition** *vegy* átészterezés; ~ **decomposition (reaction)** *vegy* cserebomlás, kettős bomlás; ~**-delta connection** *el* kettős deltakapcsolás/háromszögkapcsolás; ~ **density** *szt* kétszeres sűrűség; ~ **derivative action** kétszeres differenciáló hatás; ~**-detection receiver** *rád, tv* szuperheterodin/transzponáló vevő; ~**-detector reception** *rád, tv* szuperheterodin vétel; ~ **detonating cord/fuse** *bány* kettős robbanózsinór; ~**-dial** kétskálás; kettős skálájú *(műszer)*; ~**-diameter piston** *gépk* lépcsős dugattyú, differenciáldugattyú; ~ **diffused MOS (DMOS)** *szt* kétszeresen diffundáltatott MOS, DMOS; ~**-diffused transistor** *félv* kétszer diffundáltatott tranzisztor; ~ **diode (DD)** kettős dióda, duodióda; ~**-diode pentode (DDP)** duodióda-pentóda; ~ **diopter** *geod* kettős dioptra, amfidioptra; ~ **dipole** kettős dipólus; ~ **dip(ping) headlamp** *gép* kettős tompítású fényszóró; *gépk* bilux/kétszálas izzólámpa, biluxlámpa; ~**-disc clutch** *gép* kéttárcsás/lemezes (tengely)kapcsoló; ~**-disc-coheel** *gép* iker tárcsáskerék; ~**-disc coulter** *mzg* kettős tárcsás vetőcsoroszlya; ~**-disc-harrow** *mzg* kétsoros tárcsás borona; ~**-disc winding** *el* kettős tárcsás tekercselés *(transzformátorhoz)*; ~**-doffer (breaker) card** *tex* két leszedőhengeres (előbontó) kártoló; ~ **door** kétszárnyú ajtó; *gépk* kétajtós; ~**-doped laser material** kétadalékú lézeranyag; ~**-dot-and-dash line** kétpontvonal; ~ **double-acting hammer** kettős működésű *v.* felsőgőzös kalapács; *ép* verőkalapács; ~**-double board** *pa* ötszörös lemez; ~ **double-start thread** *tex* páros láncfonal *(hiba)*; ~**-doughnut laser** kettős körgyűrűs lézer; ~ **down** *v ép* behajt, kettőbe hajlít; ~**-draw bridge** kétszárnyú (nyitható) felvonóhíd; ~ **drawing** *koh* kettős húzás; ~**-drawn bench** *koh* kettős húzógép; ~**-drill** *szer* központfúró-süllyesztő; ~ **drive** kettős hajtás; ~ **driver chuck** kettős szorítású tokmány; ~**-driving frame/portal** *ép* kettős verőállvány; ~**-drop frame** *gépk* bölcsős alváz(keret); ~**-drum Colcrete mixer** *ép* kétdobos kolkrét(habarcs-)keverőgép; ~**-drum hoist** *em* kétdobos csörlő; ~**-drum winch** *bány* kétdobos vitla; ~**-drum wind** *pa* két hordóhengeres tekercselő; ~**-dump** *tex* kettős súlyú (gyapjú)bála; ~**-duo mill (stand)** *heng* kettős/duó hengerállvány; ~**-duty** kétfeladatos; ~**-duty-acting hammer** *ép* cölöpverő-kihúzó berendezés; ~**-dyed** *tex* kétszer festett; ~ **earth fault** *el* kétsarkú földzárlat; ~**-edged** kétpengés, két vágóélű/metszőélű; kétélű; *film* két hangcsíkos; *pa* kétvágású; **~-edge trimming** *gép* kétoldalas fogsarkítás; **~-edge variable-area recording** szimmetrikus transzverzális/kétcsíkos hangrögzítés; **~-edging saw** *fa* kettős szélezőfűrész; **~-effect evaporator** *élip* kétfokozatú bepárló; **~ elbow** S alakú cső; **~ elephant** papíralak *(27"x40")*; **~ elevator** *em* ikerfelvonó; **~ embrace** kettős átfogás *(fékdobon)*; **~-end bolt** *gép* tőcsavar, ászokcsavar; **~-end chaplet** *önt* kétfejű magtámasz; **~-ended** kétvégű; **~-ended boiler** *gép* kétoldalú kazán, kétoldalról tüzelt kazán; **~-ended cord** *távb* mindkét végén dugaszos zsinór; **~-ended dog** *szersz* kétvégű esztergaszív; **~-ended flanged bobbin** *tex* tárcsás (felvető)cséve; **~-ended magnetron** kétcsőfejes magnetron; **~-ended open-jawed spanner** *szersz* kettős villáskulcs; **~-ended pick** *szersz* kétfarkú csákány; **~-ended spanner/wrench** *szersz* kétoldalas/kettős villáskulcs, szerelőkulcs; kétpofájú/állítható csavarkulcs; **~-ender** *hajó* komp(hajó); *szersz* kétoldalas csavarkulcs; kétvégű reszelő; **~-end paper** *nyom* kettős előzék; **~-ends** *tex* páros/kettős (lánc)fonal *(egy nyüstszemben, hiba)*; **~-engine power unit** *rep* kétmotoros hajtómű; **~ entry** *bány* ikervágat, kettős vágat, vágatpár; *gép* kétbekezdésű; *hidr* kettős beömlésű; *ip* kettős könyvvitel/könyvelés; **~ equal-angle milling cutter** *forg* prizmamaró; **~ equilibrium distillation** *ol* kettős egyensúlyi desztilláció; **~ error** kettős hiba; **~ exponential distribution** *mat* duplán exponenciális eloszlás; **~-expansion compound steam engine** kettős/megosztott expanziójú gőzgép, kettős működésű kompaund gőzgép; **~ exposure** *foto* kettős expozíció/exponálás; **~-eye cable grip** kettős kábelhúzó fogó két akasztógyűrűvel; **~ fabric** *tex* kettős szövet; **~ face** *bány* ikerfront; **~-face(d)** kettős, kétoldalas; *ép* két oldalon burkolt; *tex* két színoldalas; kettős színoldalú; **~-faced board** *fa* kettős fedésű lemez; **~ faced cloth/fabric** *tex* két színoldalas szövet; **~-faced gate valve** kettős ülékű *v.* kényszerzárású szelep; **~-faced pallet** *csom* kétfedelű rakodólap; **~ -faced printed circuit board** *szt* kétoldalas nyomtatott áramköri kártya; **~-face enamelling** *ker* kétoldali zománcozás; **~-face hammer** kétsíkú kovácskalapács; **~-face ribbon** *tex* kettős (színoldalú) szalag; **~-face unit** *bány* ikerfront; kettős munkahely; **~ factorial** *mat* kettős faktoriális; **~ feather-edged board** *pa* leélezett papírlemez; **~ feather-head bolt** kétsoros csavar; **~-fed** *el* kettős táplálású; **~-feed airless spray(ing) gun** *ép* levegő nélküli belső keverésű szórópisztoly; **~-feed drill** *mzg* sorbavető gép *(kettős)*; **~ feeding** *kat* egymásra töltés; **~ fertilizer** *mzg* kettős műtrágya; **~ field analyzer (of Lippich)** *opt* félárnyékkészülék, Lippich-típusú polariméter; **~-filament electrometer** kétfonalas elektrométer; **~ filament lamp** kétszálas izzó(lámpa), két izzószálú izzólámpa; *gépk* kétszálú/bilux lámpa; **~ filister** kettős párkányvágó/horonyvágó gyalu; **~ fillet weld** *heg* kétoldali sarokvarrat; **~-fired furnace** *koh* kétoldali tüzelésű kemence; **~ flanged bend** *gép* kétkarimás könyök; **~-flanged bobbin** *tex* tárcsás cséve; **~-flanged nozzle** *gép* kétkarimás fúvóka; **~-flanged rail wheel** kettős nyomkarimájú sínkerék; **~-flanged reducer** *gép* kétkarimás szűkítő; **~-flanged tube** kétkarimás cső; **~ flask cooling device** *hűt* kéttartályos hűtőberendezés; **~ flat foolscap** papíralak *(16"x26")*; **~ flex** *el* kétvezetékes hajlékony zsinór; **~-flighted screw** *műa* kétbekezdéses/kétcsatornás (extruder) csiga; **~ float** *hidr* kapcsolt/kettős úszó; **~-floating dummy brush** *távk* kétoldali támasztókefe; **~ floor** *ép* vakpadló; **~ -flow** *hidr* kettős áramlású, kétszeres átömlésű; **~-flow steam-turbine** *hőt* ellentétes áramlású gőzturbina; **~-flow turbine** *hidr* kétszeres átömlésű (víz)turbina; **~-flue boiler** *hőt* kéthuzamos tűzcsöves kazán; **~-fluid cell** *koh* Daniell-elem; **~ focusing** kettős fókuszolás/fókuszálás; **~ focusing spectrometer** *fiz* kettős fókuszálású tömegspektrométer; **~-focus tube** kettős fókuszú cső; **~ folding door** *gépk* kétszárnyú összecsukható ajtó; **~ folding test** *any* zsebkendőpróba; **~-folding wing** *rep* kétszeresen összecsukható szárny; **~ folium** *mat* kétágú levélgörbe; kettős levél; **~-force mo(u)ld** *műa* kétbélyeges szerszám; **~ Fourier transform(ation)** *mat* kétdimenziós Fourier-transzformáció; **~ four pound paper** papíralak *(21"x31")*; **~-framed ceiling** *ép* összetett födémszerkezet; **~ framework** *ép* kettős rácsozatú *v.* kétszeres rácsozású tartó; **~ frequency changing/conversion (DFC)** *en* kétszeres frekvenciaváltás; **~-frequency vibrator** kétfrekvenciás vibrátor; **~ frog** *vasút* kettős csúcssín; **~ front wheels** *mzg* mellső ikerkerék *(traktoron)*; **~-furrow plough/plow** *mzg* kettős (testű) eke; **~-fuselage (aero)plane** kéttörzsű repülőgép; **~-gap interferometer** kétsugaras interferométer; **~ garnet** keresztpánt; **~ gate** *hidr* kettős táblás gát; **~ gear (d.g.)** *gép* kettős kerék; **~-geared** *gép* kétáttételű, kétsebességű; **~ girder** *ép* ikergerenda, ikertartó; **~-glazed** *ép* kettős üvegezésű; *pa* kétoldalt fényezett; **~-glazed casement/leaf** *ép* egyesített szárny; **~-glazed window** egyesített szárnyú ablak; **~ glazing** *ép* (szigetelő) kettős üvegezés; *ker* kétszeri mázbevonat; **~ governing** kettős szabályozás; **~-ground fault** *el* kettős földzárlat; **~-gun cathode-ray tube** kétsugaras *v.* két elektronágyús cső; **~-half hitch** hajóscsomó, tengerészcsomó; **~ half-round file** madárnyelvreszelő; **~ halved tenon** *ép* keresztcsap; **~-hammer crusher/breaker** *ép* kétrotoros/kéttengelyes kalapácstörő; **~-hand hammer** kétkézi kalapács, pöröly; **~-handing** kettős karolás/átrakás; **~ hardening** *hők* kettős edzés; **~-headed air spray(ing) gun** kettős testű szórópisztoly; **~-headed chaplet** *önt* kettős magszeg; **~-head(ed) rail** *vasút* kettős fejű sín; **~-head(ed) wrench** → **~**-ended wrench; **~-header** *vasút* kétmozdonyos vonat; **~-header boiler** két vízkamrás vízcsöves kazán; **~ heading** *bány* kettős vágat, ikervágat; kettős vágatú, ikervágatú; *közl* előfogat- *(mozdony)*; kettős vontatás; kettős vontatású; *vasút* kétmozdonyos vonat; **~-head needle** *tex* kétfejű tű, bal-bal-kötőgépi tű; **~-head porcupine drawing** *tex* kettős tűshengeres nyújtó; **~ heat treatment** *hők* nemesítés; **~-helical** *gép* kettős/nyilas ívelt fogazású; **~-helical gear (d.h.g.)** *gép* nyílfogaskerék, nyílfogú kerék; **~-helical gear-drive** *gép* nyílfogazású hajtás; **~-helical gearing** *gép* (egybevágó) nyílfogazás; **~-helical structure** *gép* kettős spirálszerkezet; **~-helical tooth** *gép* nyílfog; **~-helical toothing** *gép* nyílfogazás, nyílfogazat; **~ helix** kettős spirál/tekercs; kettős spirál(ú fűtőszál); **~ hex ring spanner/wrench** csillagkulcs; **~-hinged arch** *ép* kétcsuklós ív; **~-hinged arched girder** *ép* kétcsuklós íves tartó; **~-hit** *at* két részletben felvett *(dó-*

zis); **~-hit event** *at* kettős ütközéses jelenség; **~ hoist** ikerfelvonó; **~ hook** *tex* kettős/kétkampós platina; **~ hook gate** *hidr* kettős kampós gát; **~-hook hoist block** *em* ikercsigasor; **~ horizontal grate** *hőt* kettős síkrostély; **~-humped** *mat* kettős csúcsú, kétmaximumú, kétmódusú, kétpúpú; **~-humped curve** *hang* kétcsúcsú/kétpúpú görbe *(karakterisztika)*; **~-humped resonance** *fiz* kettős rezonancia; **~-humped wave** *mech, geof* kettős maximumú hullám; **~ hung (counterweighted) window (DHW)** *ép* kétrészes függőleges tolóablak; **~ ignition** *gépk* kettős gyújtás; **~ image** *tv* kettős kép; szellemkép; **~ image ocular** *opt* kettős képes okulár; **~-image range-finder** *geod* kettős képes *v.* koincidenciás táv(olság)mérő; **~ image telemeter** *geod* kettős képes távmérő; **~ impeller** *hidr* kettős járókerék; **~-impeller impact breaker** kétrotoros/kéttengelyes röpítőtörő; **~ imperial** papíralak; *(29"x45" csomagolópapír v. 30"x44" nyomópapír)* **~ incline** ellenlejtő; *geol* hágó; **~-inclined sky-light** *ép* nyereg-felülvilágító; **~-indexing centre** *forg* kettős osztófej; **~ insulator** *el* kettős szigetelő; **~ insulator inspension** *el* kétszigetelős biztonsági átkötés; **~ integral** *mat* kettős integrál; **~-integrating accelerometer** kettős integráló gyorsulásmérő; **~ integration** *en* kettős integrálás; **~ interpolation** *geod* kettős pontkapcsolás; **~ intersection framework** → **~ framework**; **~ iron of the plane** kettős gyaluvas; **~-iron plane** kétkéses simítógyalu; **~ jaw brake** *vasút* kétpofás fék; **~ jaw chuck** *gép* kétpofás tokmány; **~-J butt joint** *heg* kettős J-(tompa)kötés; **~-jointed** *gép* kétcsuklós; **~-jointed cardan/drive shaft** *gép* (kétszeres) kardántengely; **~-key system** *gép* kétékes kötés; **~ knee** *gép* kettős könyök; **~ knife cutting machine** *nyom* kétkéses vágógép; **~-knit** *kh* kétoldalas lánckötött áru; **~ knock-out mo(u)ld** *műa* alsó és felső kilökős szerszám; **~ ladder** kétágú/kettős létra; **~-lane canal** *hidr* kétjáratú csatorna; **~-lap joint** kétoldalt hegesztett lapolt kötés; **~-lap roofing** *ép* koronafedés, lovagfedés; **~ large** papíralak *(6" x 4, 5")*; **~ large post** papíralak *(21"x33")*; **~ lathe** *forg* kettős/kétorsós eszterga; **~ lattice-work** kétszeres/kettős rácsozású (híd)tartó; **~ layer** kettős réteg; kettős rétegű, kétrétegű, kétréteges; **~-layer assembly floor** *ép* szerelhető kettőspadló; **~-layer potential** kettősréteg-potenciál; **~-layer screen** kettős bevonatú szűrő; *távk* kétrétegű ernyő *(radar)*; **~-layer winding** *el* kétrétegű tekercselés; **~-lead screw** *műa* kétcsigás extruder; **~-leaf vertical-lift gate** *hidr* kettős táblás gát; **~-lease rod** *tex* csépcsapda; **~-leg elbow amplifier** kétkönyökös/kétgörbületű erősítő; **~-length** kétszeres/dupla hosszúságú; **~-length face** *bány* ikerfront *(fejtés)*; **~ lens** kettős lencse; **~ letter** *nyom* ikerbetű, ligatúra; **~ lever** *fiz* kétkarú emelő; **~-lever belt tightener** *gép* kétkaros szíjfeszítő; **~ lift** ikerfelvonó; **~-lift cam** *gép* kétfokozatú (lépcsős) bütyök, kétbütykös excenter; **~-lift dobby** *tex* kéthasábos *v.* kettős emelésű nyüstösgép; **~ lift jacquard (machine)** *tex* kettős emelésű jacquard szövőgép; **~-light** kétfényű *(lámpa)*; **~ limit** *mat* kettős sorozat határértéke, kettős határérték; **~ limiter** *távk* kettős limiter *v.* határoló (egység); **~ line** kettős vonal; *el* kétvezetékes vonal; *geod* kétszer mért vonal; *nyom* dupla/kettős sor; *vasút* kettős vágány; **~-line-to earth/ground fault** *el* kétfázisú földrövidzárlat; **~-line tweed** *tex* diagonál (szövet); **~ linkage** *vegy* kettős kötés; **~-lip countersink (bit)** *forg* kétélű süllyesztő; **~ loaf** papíralak *(22"x13 3/4")*; **~ lock** kétfordítós zár; *gép* kettős rögzítés/megerősítés; *hidr* ikerzsilip, ikerkamrás zsilip; **~-lock spar bridge** *ép* kettős feszítőművű híd; **~ logarithmic chart/paper** kétszer logaritmikus papír, log-log papír; **~ logarithmic diagram** kétszer logaritmikus diagram; **~ loop** *mat* kettős hurok; **~ loop arrangement** *ép* kéthurkos elrendezés; **~-loop towel** *tex* kéthurkos rojtos törülköző; **~-magazine composing machine** *nyom* kétmagazinos szedőgép; **~-main system** *hidr* két főcsatornás rendszer; **~ manning** *vasút* kétfűtős *(mozdony)*; **~-manning train** két váltószemélyes vonatjárat; **~ membrane roofing** *ép* kettős lemezfedés *(tetőé)*; **~ membrane roofing, seeled and nailed** *ép* kettős ragasztott és szegezett lemezfedés; **~ mode** *távk* kettős rezgésmód; **~ modulation beacon** *rep* kettős modulációs rádió-irányadó; **~-motor** kétmotoros; **~-motor scraper** kétmotoros földnyeső; **~ mo(u)ld** *ép* ikersablon; **~-mule twist** *tex* közepes sodratszámú kettős fonal; **~ napped** *tex* kétoldali bolyhozású; **~ narrow** *nyom* sorzáró *(72 pont széles)*; **~ near-end crosstalk** *el* közvetített *v.* kettős közelvégi áthallás; **~ needle draft** *tex* kettős tűlécmezős nyújtó(mű); **~ negation** *mat* kettős negáció; **~-N girder** *mech* kétszeres rácsozású tartó; **~ nipple** *szer* kettős (csöves) közcsavar; **~ nozzle** kettős fúvóka; **~-nozzled rocket** kétfúvókás rakéta; **~ objective** kétlencsés/kéttagos objektív; **~ oblique** *ásv* triklin; **~-offset expansion U-bend** *gép* (dilatációs) csőlíra; **~ offset screwdriver** szögcsavarhúzó; **~ open ended spanner** → **~-ended spanner**; **~ open-end wrench** kettős csavarkulcs/villáskulcs; **~ operative** *tex* egyesítő, többszálasító *(munkás)*; **~-operator welding** egyidejű kétoldali hegesztés; **~-opposed** *gépk* szembenálló *(hengerek)*; **~ optical** *geod* kettős szögtükör; tükörkereszt; **~ output pentode** *el* kettős végerősítő pentóda; **~ over** *v* felhajt, áthajt, peremez; **~ pair for ring modulator** kétszeresen kiegyensúlyozott gyűrűs modulátor; **~ pallet** kétfázisú betonelőállítás; **~-pan grouter, ~-pan grouting machine** *műsz* ikertartályos sajtolóberendezés; **~ parting** *bány* kitérő; **~ partition (wall)** *ép* kettős (légréteges) válaszfal; **~-pass air system** *hőt* kettős levegővezetés/gázvezetés; **~-pass weld** *heg* kétrétegű varrat; **~ path connection** *el* kétutas kapcsolás; **~-pattern tube expander** kettős forrcsőprés; **~ Patterson function** *ásv* kettős Patterson-függvény; **~-peaked** *fiz, mat* kettős csúcsú, kétmaximumú, kétmódusú, kétkúpú; **~ peluche** *tex* kettős plüss; **~ pendulum** *mech* kettős inga; **~ periodic function** *mat* kétszeresen periodikus függvény; **~-petticoat insulator** *távk* kettős harangszigetelő; **~ phantom circuit** szuper-fantomáramkör, kettős fantomáramkör; **~ pick** kétágú hegyes csákány; **~ picks** *tex* kettős vetülék *(egy-egy szádban)*; **~ pick-up tongs** kettős nyílású tűzifogó; **~-pile velvet** *tex* kettős bolyhú bársony; **~-pipe heat** *koh* csöves hőcserélő; **~ piston** *gép* kettős dugattyú; **~-piston engine** ellendugattyús motor; **~-piston valve** kettős hengeres tolattyú; **~ pit** *bány* ikerakna; **~-pitch(ed) roof** *ép* nyeregtető; **~-pivoted electrodynamometer** kétcsapos elektrodinamométer; **~ plain cloth/weave** *tex* vászonkötésű kettős szövet; **~ plains** *tex* kettős szövet közös kötpontokkal; **~-plain tile** →

~-lap roofing; ~ **plane** *fa* kettős gyalu, kétvasú gyalu; *mat* kettős sík; ~**-plate clutch** *gép* kéttárcsás/kétlemezes (tengely)kapcsoló; ~**-plate rudder** áramvonalas/köpenylemezes kormánylapát; ~ **plough/plow** *mzg* töltögetőeke, takaróeke; ~ **plug** *koh* kétsarkú dugág; ~**-plugging chisel** *szer* pántvéső; ~**-plunging anticline** *geol* brachiantiklinális rétegeződés; ~ **ply (DP)** *fa* kettős furnérlemezréteg, kétrétegű falemez; ~**-ply** kétréteges; ~ **point** *geod* páros/Hansen-féle pontkapcsolás; *mat* kettőspont *(görbéé)*; ~**-pointed** kéthegyű, kétvégű; ~**-pointed pick** → ~ pick; ~**-point pass** *tex* kettős csúcsfűzés; ~ **pole (DP)** *el* ikeroszlop *(szabadvezetéké)*; *ép* kettős oszlop; ~**-pole** *el* kétoszlopú; kétpólusú; kétsarkú; ~**-pole piece** kétsarkú fej *(magnetofonon)*; ~**-pole switch (DPSW)** *el* kétsarkú kapcsoló; ~ **porosity** *geol* kettős hézagosság; ~ **precision** *szt* kétszeres pontosságú számábrázolás; ~ **precision arithmetic** *szt* dupla pontosságú aritmetika; ~**-pressed stock** *vegy* kétszer paraffintalanított olajpárlat; ~ **preventer** *tex* fonalkettőződés-gátló; ~ **print** *nyom* kétszer szedett szöveg; ~ **printing** *nyom* kettős nyomás; ~ **prism** *opt* kettős prizma, biprizma; ~ **prism square** kettős szögprizma; ~ **projector** *opt* kettős vetítő; ~ **propeller** *rep* ikerlégcsavar; ~ **pulse** *el* kettős impulzus; ~ **pulse generator** *el* kettős impulzusgenerátor; ~ **pulse modulation** *aut* kettős impulzusmoduláció; ~**-pulse recording** *szt* kettős impulzusú rögzítés; ~ **pump** kettős szivattyú; ~**-pumping action** kettős gerjesztőhatás; ~ **punch check** *szt* kettőslyukasztás-ellenőrzés; ~ **purchase pulley** *em* kéttárcsás csiga; ~ **purpose** kettős rendeltetésű; ~ **pyramid** *mat* kettős gúla; ~ **quote (marks)** *nyom* (kettős) idézőjel; ~ **rabbet** *fa* kettős lapolás; ~ **radial engine** kettős csillagmotor; ~ **rail** *vasút* kettős gombafejű sín; ~ **railed** *vasút* kétvágányú; ~**-ram horn** *em* kettőshorog; ~ **ram press** *műa* két nyomóhengeres sajtológép; ~**-range drive** két fordulatszám-tartományos hajtás/szabályozás; ~**-range instrument** kettős érzékenységű/leolvasású műszer; ~**-rated** *el* két névleges teljesítményű; ~**-rate meter** *el* két díjszabásos *v.* kéttarifás számláló; ~ **reaction** *el* kettős visszacsatolás; ~ **reading microscope** *geol* koincidenciás leolvasóberendezés; ~**-rebated door** kettős ütközésű ajtó; ~**-recessed wheel** kétoldalt lépcsőzött kerék; ~ **recorder** *távb* kettős undulátor; ~ **recording** *távb* kettős jelírás; ~ **reduction** *gép* kétfokozatú fordulatszámcsökkentés; ~**-reduction gear (d.r.g.)** kétszeres fordulatszám-csökkentő áttétel; ~ **reflecting** *geod* kettős tükrözés; ~ **reflection (effect)** kettős visszaverődés/reflexió; ~**-refracting** *opt* kettősen törő, kettős törésű; ~**-refracting crystal** kettős törésű kristály; ~ **refraction** *opt* kettős törés; ~ **refractive** → ~ refracting; ~ **refrigerating process** kétfázisú talajfagyasztás; ~ **reinforced** *ép* kettősen vasalt, húzott és nyomott vasbetéttel vasalt *(vasbeton szerkezet)*; ~ **resistance box** *el* kettős ellenállásszekrény, együttfutó ellenállásdoboz; ~**-reverse gear** *gépk* hátramenet ikerfogaskereke; ~ **rhombic antenna** *távk* kettős rombuszantenna; ~ **rib** *kh* sima feltartott kötés; ~**-rib gin** *tex* kettős bordás magtalanítógép; ~**-rib loom** *kh* kéttűsoros láncburkológép, Rachel-kötőgép; ~**-rib warp goods** *tex* kettős felületű láncfonalas hurkolt kelme; ~ **ring** *ép* kettős verőállvány; ~**-ring neck** *gyógyv* kettős szűkületű nyak *(ampulláé)*; ~**-ring strapping** *távk* kettős gyűrűs átkötés *(magnetronban)*; ~**-riveted (dr)** kétsorosan szegecselt; ~**-riveted seam** kétsoros szegecsvarrat; ~**-rivet joint** kétsorszegecselésű kötés; ~ **roasting** *koh* kétlépcsős pörkölés; ~ **roll crusher/breaker** *koh* kéthengeres törő, törőhengerpár; ~ **roller** *finm* kettőstárcsa; ~ **root** kétszeres gyök; ~ **rope grap (bucket)** kétköteles/kétkötél-rendszerű markoló; ~**-ropeway** német kötélpálya; ~ **rotor motor** *el* kettős forgórészű motor/gép; ~ **row** kétsoros; ~**-row ball-bearing** kétsorú golyóscsapágy; ~**-row double-butt strap-rivet joint** kétsoros, kéthevederes szegecskötés; ~**-row engine** kétsoros motor; ~**-row radial engine** kettős csillagmotor; ~**-row radial roller bearing** kétsorú gyűrűs hengergörgős csapágy; ~**-row riveting** kétsoros szegecselés; ~**-row self-aligning roller bearing** kétsorú önbeálló gyűrűs görgőscsapágy; ~**-row single-shear chain-lap rivet joint** kétsoros egyszeres átlapolású parallel szegecskötés; ~ **royal** papíralak *(GB 25"x40", US 24"x38")*; ~**-run feed** *mzg* kettős merítőkorongos vető(szerkezet); ~ **runner** *hidr* kettős járókerék; ~ **safety lock gates** *hidr* kettős biztonsági hajózsilipkapu; ~ **safety-locking** *pa* kettősen biztosított késelés; ~ **salt** *vegy* kettős só; ~ **sampling** *stat* kettős/kétszeres mintavétel; ~**-scarf weld** kétoldali (varratos) hegesztés; ~**-scissor lift table** ollós munkapad; ~**-screw extruder** *műa* kétcsigás/ikercsigás extruder; ~ **scull** *hajó* kétpárevezős; ~ **scutcher** *tex* két ütőkaros verőgép; ~ **seam** *alak* kettős korcolás; ~**-seat drop valve** *gép* kettős ülésű gyorsan vezérelt szelep; ~**-seat servo-valve** *gép* kétüléses szabályozó szelep; ~**-seat valve** *gép* kétülésű *v.* kettős ülésű szelep; ~**-seed hopper** *mzg* osztott kétszeres magtartály *(ültetőgépen)*; ~ **semaphore** *vasút* kétkarú jelző; ~ **series** *mat* kettős sor, kétindexes végtelen sor; ~ **shaft** *fa* villás elágazás, két ágra szakadás/szakítás; ~**-shaft hammer breaker** kéttengelyes kalapácstörő; ~**-shaft mixer** kéttengelyes keverő; ~**-shaft motor** kéttengelyes motor; ~**-shaft pier** *ép* kétlábú pillér; ~ **shapper** kettős/kétkéses harántgyalu; ~ **shear** *ép* kétszeres nyírás *(szegecsé, szegé)*; ~**-shear** *mech* kétnyírású; ~**-shear double-rivet joint** kétnyírású kétsoros szegecselés; ~**-shear joint** *fa* kétnyírású kapcsolás; ~**-shear lap riveting** kétnyírású átlapoló szegecselés; ~**-shear rivet** kétszeresen nyírt szegecs; ~**-shear single-rivet joint** kétnyírású egysoros szegecskötés; ~ **shed** *tex* kettős szád; ~**-shed insulator** *távk, el* kettős szigetelő *(légvezetéken)*; ~ **sheet** *nyom* kettős/dupla ív, ikerív; ~ **sheet check/interlock** *nyom* nyomást kikapcsoló berendezés *(két ív egyidejű adagolásakor)*; ~ **sheeting ring** kettős verőállvány; ~ **shell** kettős burkolat/köpeny/héj; ~**-shell boiler** dupla falú kazán; ~**-shell cold roof** *ép* kéthéjú hidegtető; ~**-shell dome** kettős héjú kupola; ~**-shell flat roof** kéthéjú lapostető; ~ **shift** két műszak(ban folyó munka); ~ **shifted** kétműszakos; *bány* kétműszakos telepítésű; ~**-shifts operation** kétműszakos üzem; ~**-shock fixed centerbody** *rep* kettős lökéshullámú, rögzített központi test; ~**-shoe brake** kétpofás fék; ~**-shot mo(u)lding** *műa* kétszintű fröccsöntés; ~**-shot runner** *hidr* kettős átömlésű járókerék; ~ **shots** *tex* kettős vetülék; ~ **shot turbine** kétszeres átömlésű turbina; ~**-shoulder screw** lépcsős szárú csavar; ~ **shovel** *mzg* fordítható művelőtest; ~ **sideband** *távk* két oldalsáv(os); ~ **side band (DSB)** *távk* kétoldali sáv; ~ **sideband modulation** *távk* két oldalsávos moduláció; ~ **sideband suppressed carrier amplitude modulation** *távk* elnyomott vivőjű két oldalsávos amplitúdómoduláció; ~ **sideband transmission** két oldalsávos átvitel; ~ **sideband transmission system** két oldalsávos rendszer; ~**-sided** kétoldalas, kétoldali, kétoldalú; *gép* kétállványos, kétoszlopos; ~**-sided butt weld** → ~ butt weld; ~**-sided excentric press** kétállványos excentersajtó; ~**-sided hub** *gép* kétoldalú agy *(keréké)*; ~ **sided level(l)ing staff** *geol* reverziós/átfordítható szintezőléc; ~**-side tipping trailer** két oldalra billenő szekrényű pótkocsi; ~ **signals** kettős jelzés; *vasút* kétszeres jelző; ~**-silk-covered (DSC)** *el* kétszeres selyemszigetelésű; ~ **single-shear chain-lap river joint** egyszeres átlapolású kétsoros szegecsvarrat; ~ **sink** *ép* (kétszeres) mosogató; ~ **sinker** *tex* kettős platina; ~ **sintering** *koh* kétlépcsős pörkölés; ~ **skew notch** *fa* kettős ferde beeresztés; ~**-skew plane-iron** kettős síkpad-gyaluvas; ~ **skin** *heng* ránc, redő *(hiba)*; ~**-skin flat roof** *ép* kéthéjú lapostető; ~ **sleeper rail joint** *vasút* ikeraljas sínillesztés; ~**-slide plate-holder** *foto* két irányban eltolható lemezkazetta; ~ **slider coupling** *gép* kereszttárcsás tengelykapcsoló; ~ **slide-valve distribution** *hőt* kéttolattyús vezérlés; ~**-sliding reversing valve** kéttolattyús irányváltó szelep; ~**-sliding socket** áttolókarmantyú; ~**-slip (crossing/points)** *vasút* angol/átszelési kitérő; ~ **slot motor** *el* kettőshornyú/kéthornyú motor; ~**-slotted flap** *rep* kettősen réselt fékszárny; ~ **snap roll** *rep* páros gyors orsó; ~ **socket** kettős karmantyú *(csőkötéshez)*; ~ **space** *nyom* kettős spácium; ~**-space** *v* kettős sorközzel ír/gépel; ~ **spacing** kettős sortovábbítás/sorköz *(írógépen)*; ~ **spar** *ásv* izlandi/kettőző pát; ~ **spectrometer** kétkristályos spektrométer; ~ **spectrum projector** kettős színképvetítő; ~**-spiral gear** nyílfogazású fogaskerék(hajtás); ~ **spirally wound antenna** spirális antenna; ~ **spread title-page** *nyom* kettős címoldal; ~ **squirrel-cage motor** *el* kétkalickás forgórészű motor; ~ **squirrel-cage-type magnetron** kétkalickás magnetron; ~**-stage** kétfokozatú, kétlépcsős, kétszakaszos; ~**-stage desalting** *ol* kétlépcsős sómentesítés; ~**-stage pump** kétfokozatú szivattyú; ~ **staining** kétszeri pácolás/festés; ~ **stair(s)** *ép* kétkarú lépcső; ~ **stall** *bány* előkészítés páros osztókkal és feltörésekkel *(pillérfejtéshez)*; ~ **stand** *ol* kettős csőrakat; ~**-standard** *gép* kettős állványú, kétállványos; ~**-standard frame** *gép* kétállványos gépágy; ~ **standing seaming machine** *alak* állókorcoló gép, korcösszenyomó/korcvasaló gép; ~ **star connection** *el* kettős csillagkapcsolás; ~ **star(s)** *csill* kettős csillag; ~**-start thread** *gép* kétbekezdésű csavarmenet; ~**-stator motor** *el* kettős állórészű gép/motor; ~ **steel tape armo(u)r** *el* kettős acélszalag-páncélozás; ~**-step diffusion** kétlépcsős diffúzió; ~ **stitch** *kh* kettős hurok/szem; ~ **stitching** *kh* (kettős) hurkolóöltés; ~**-stone wall** *ép* duplakő fal; ~ **stope** *bány* kétszárnyú fejtés; ~**-stoppered ladle** *koh* kétdugós üst; ~ **strand** *tex* kettős nyüstszem; ~**-strand** kétszálú, kétágú, kétfonalas; ~**-strand chain** kétsorú/kétágú lánc; ~**-strap butt joint** kéthevederes tompa illesztés *(tartószerkezet)*; ~**-stream cooler** kettős áramú hűtő; ~**-stretching gear** *em* kettős feszítőszerkezet; ~ **strike** *szt* kétszeres leütés *(többmenetes nyomtatás)*; ~ **strike print** *szt* kétszeres nyomtatás *(soremelés nélkül)*; ~ **strip cutting/editing table** *film* kétszalagos pozitívvágó-asztal; kétszalagos vetítőgép; ~ **strip print** *film* kétszalagos kópia; ~ **stroke** *gépk* kettős löket *(dugattyúé)*; *mech* kettős lengés; ~**-stub tuner** kettős vasmagos hangoló; ~ **subscript** *mat* kettős (alsó) index; ~ **substituted** *vegy* kétszeresen helyettesített; ~**-suction impeller** *mzg* kettős beömlésű járókerék; ~**-suction pump** kettős beömlésű szivattyú; ~ **superheterodyne reception** *távk* kétszeres frekvenciaváltás; ~ **superphosphate** *mzg, vegy* kettős szuperfoszfát; ~ **super royal** papíralak *(27,5"x41")*; ~ **superscript** *mat* kettős felső index; ~ **surface coaxial transistor** *el* koaxiáltranzisztor; ~ **suspension** bifiláris felfüggesztés; ~ **sweep** T alakú csőelágazás; ~**-swing door** lengőajtó; ~**-swing mechanism** *óra* kettős himba; ~ **switch** *vasút* kettős váltó; ~ **T** → ~ tee; ~ **tack** kéthegyű szeg; ~ **tackle block** ikercsigasor; ~ **tailed test** *stat* kétoldali próba; ~**-tanged file** *szersz* kétszárú reszelő; ~**-taper bit** *forg* kettős kúpos fúrófej; ~**-tariff meter** → ~-rate meter; ~ **tee** *gép* kettős T-(cső)idom, négyes elágazó idom; ~ **tee-beam** I-tartó; ~ **tee-iron** ~**-tee girder** I-tartó, I-gerenda; *ép* kettős T-tartó; ~ **tee-joint** kettős T-kötés; ~ **tee-section** I-szelvény, I-acél; ~ **telescopic prop** *bány* kettősen teleszkópos tám; ~ **tempering** *koh* kettős megeresztés; ~ **tenon** *ép* kettős csap(olás); ~ **testing** *távb* kettős találat; ~ **thread** *gép* kétbekezdésű csavarmenet; *ruh* kétágú cérna; *tex* kettős szál; ~**-thread(ed) (DT)** *gép* kétbekezdésű; ~**-thread screw** → ~-flighted screw; ~**-thread worm** *gép* kétbekezdésű csiga; ~**-throw contact** *el* átkapcsoló érintkező; ~**-throw crank** *mat* kettős forgattyú; ~**-throw crankshaft** kétkönyökös (forgattyús) 1 tengely; ~**-throw knife switch** *el* kétállású késes kapcsoló; ~**-throw switch** *el* irányváltó, irányszűrő; ~**-throw yarn** *tex* kettős sodratú fonal; ~**-thrust ball-bearing** kétfelé ható tárcsás golyóscsapágy; ~**-tier formwork** *ép* kétsoros csúszózsaluzat; ~ **timber** *rep* kettős merevítés; ~ **time-interval automatic time switch** kétidő-intervallumos kapcsolóautomatika; ~ **tires** *gépk* kettős (gumi)abroncs, ikerabroncs; ~**-toggle chuck** kétcsuklós tokmány; ~**-toggle crusher** kétingás törő; ~ **tone ink** *nyom* két színt mutató festék; ~ **tone printing** *nyom* duplexnyomás; ~ **tool rest** *forg* kettős késszán; ~ **track (DT)** kettős vágány, kétvágányú vasút/pálya; ~**-track bridge** kétvágányú híd; ~**-track cam** *gép* kétpályás bütyök; ~**-tracked** kétvágányú; ~**-track(ed) road** *bány* kettős szelvényű vágat; ~**-track system** *vasút* kétvágányú rendszer; ~**-track tape** két hangcsíkos szalag; ~ **transformation** kettős transzformáció; ~ **transit** → ~culmination; ~ **tread** *gépk* kettős futófelület; ~ **triangulated (web-) system** kettős rácsozás *(rácsostartóké)*; ~ **triode** kettős trióda; ~**-trolley line** kettős munkavezeték *(villamosvasúté)*; ~**-trunk system** *távk* kétvezetékes rendszer; ~ **truss** *ép* kettős feszítőmű; ~ **tubbing support** *bány* kéttübbinges biztosítás; ~ **tube** *el* kétrácsos cső; ~**-tube burner** *ker* kettős csövű égető(berendezés); ~ **tube cooler** *ol* cső-a-csőben hűtő; ~**-tube core** *ol* kettős magcső; ~ **tubing** *ol* kettős termelőcső; ~ **tumbler-bearing** *ép* ingatestes kettős saru; ~ **tuned amplifier** *el* sávszűrős erősítő; ~**-tuned circuit** *el* ket tős hangolású kör; ~ **turbine** ikerturbina; ~ **turn lock** kétfordítós zár; ~ **twill** *tex* kétoldalas sávok; ~ **twist** kettős veret/sodrat *(kötélen)*; *tex* kétágú (kétszínű) fonal; ~**-twist frame** *tex* kétszeresen sodró fonógép; ~ **two-high mill** *heng* kettős duó hengersor; ~ **two-high mill stand** *heng, koh* kettős duó hengerállvány; ~**-U butt (groove) weld** *heg* kettős U-tompavarrat; ~ **U-butt joint** *heg* kettős H-tompakötés; ~ **undulator** *távb* kettős undulátor; ~ **unit** → ~-face unit; ~**-unit alternator** ikergenerator; ~**-unit face** *bány* ikerfront; ~**-unit longwall working** *bány* ikerfrontfejtés; ~**-unit motor** ikermotor; ~**-unit panel** → ~-unit face; ~ **universal-joint coupling** *gép* kettős csuklós tengelykapcsoló; ~ **up** *v bány* pótácsolatot felállít; ~ **V** → ~ vee; ~ **vacancy** *fiz* kettős vakancia, divakancia, vakanciapár; ~ **-valued function** *mat* kétértékű függvény; ~**-valuedness** kétértékűség; ~ **valve** ikercső; ~ **vee** X alakú; ~ **vee antenna** kettős V-antenna, X-antenna; ~ **vee butt groove** X-varrat vályú; ~ **vee butt weld** X-(tompa)varrat; ~ **vee engine** → ~ vee-type engine; ~ **vee joint** X-kötés; ~ **vee-type engine** *gépk* X-motor; ~ **vee weld** X-varrat; ~ **velvet** *tex* kettős bársony; ~**-velvet loom** kettősbársony-szövő gép; ~**-venturi system** *gépk* kettős torok *(porlasztóban)*; ~ **vibrating/vibratory roller** kettős vibrációs henger; ~ **vibrating beam** *ép* kétpallós lehúzóvibrátor, kettős pallóvibrátor; ~ **vibrator** kéttömegű vibrátor; ~**-void** → ~ vacancy; ~ **volute casing** *hidr* kettős csigaház; ~ **wall** *ép* kettős (vázas) fal; ~**-wall cofferdam** *hidr, ép* kettős falú jászolgát/zárógát; ~**-walled vacuum chamber/vessel** kettős falú vákuumedény; ~**-wall knot** *hajó* kettős feszítőszálcsomó; ~ **warp** *pa* kétláncú szita; *tex* kettős lánc; páros láncfonal *(hiba)*; ~ **Warren girder** *mech* X-rácsozású tartó; ~ **way** *vasút* kettős vágány; ~**-way canal** *hidr* kétjáratú csatorna; ~**-way connection** *el* kétutas kapcsolás; ~ **web** *tex* kettős fátyol *(kártológépnél)*; ~**-webbed girder** *ép* kettős gerincű (acél)tartó; ~**-webbed section** *ép* kettős gerinclemezű/falú szelvény *(tartóé)*; ~ **wedge** kettős érintkezésű dugó(skapcsoló); *gép* kétrészes záróék *(Peet-tolattyúé)*; ~**-wedge airfoil** *rep* kettősék-szelvény; ~**-wedged wing** *rep* kettősék-szárny; ~**-wedge joint** *gép* kétékes kötés; ~**-wedge wing** *rep* gyémántprofilú szárny; ~**-welded butt joint** *heg* kétoldalas tompakötés; ~ **welt** *kh* kettős szegély; ~ **wheel** kettős fogazású kerék; ~ **wheel rope drive** *bány* kétkorongos kötélhajtómű; ~ **wheels** ikerkerék; ~**-wheel-type lathe** *forg* kerékpár-eszterga; ~ **width** dupla szálas; ~ **winding** bifiláris tekercs; *el* kettős tekercselés; ~**-winding transformer** *el* kettős tekercselésű (szabályozó)transzformátor; ~ **window** *ép* kettős ablak; ~ **wing door** kétszárnyú ajtó; ~**-wire circuit** kétvezetékes áramkör; ~ **wires** *geod* kettős szál; ~**-wire system** kéterű vezeték, ikervezeték; ~ **working** *vasút* kétvágányú vasútüzem/forgalom; ~**-wound** kéttekercselésű, kétszálas, bifiláris; kétmenetes; ~**-wound relay** *távk* kéttekercsű relé/jelfogó; ~**-wound rotor** → ~-deck rotor; ~ **yarn** *tex* kettőzött/cérnázott fonal

doubleboard *hajó* kettősoldal

doubled kettős, dupla; ~**-back loop** *el* bifiláris hurok; ~ **curve** kettős kanyar *(úton)*; ~ **door** kettős rétegű *v.* két deszkarétegű ajtó; kettős ajtó; ~ **fabric** *tex* kettéhajtott szövet; ~ **garnet** → ~ double garnet; ~ **yarn** *tex* kettőzött/cérnázott fonal; ~ **zone** *ásv* kettős zóna

doubler *el* duplikátor; *koh* duplázóberendezés; *rád, távk* kettőző, frekvenciakétszerező; *rep* kettőző; *tex* egyesítőgép; cérnázógép; egyesítő, többszálasító *(munkás)*; kettőzőgép; kettőző *(munkás)*; cérnázó *(munkás)*; ~ **twister** *tex* egyesítő cérnázógép; ~ **winder** → ~ doubling frame; ~ **winding** *tex* egyesítés, kettőzés, dublírozás

doublet *ásv, at* dublett; *el* dipólus; *finm* dublé; *fiz* kettős spektrumvonal, dublett; *geof* kétsarkú mágnes(es műszer); *nyom* kétszer szedett szöveg, szövegismétlés, „lakodalom"; *opt* kettős/kétlencsés objektív, dublett; *szt* bináris számpár; *távk* dipól(us), dipólantenna; ~ **antenna** *távk* dipól(us), dipólantenna; ~ **lenses** *foto* kapcsolt lencsék; ~ **method** *at* dublett módszer; ~ **splitting** *at* dublettfelbomlás; ~ **state** *ásv, at* dublett(állapot); ~ **structure** *ásv, at* dublettszerkezet; ~ **telescope** *opt* binokuláris távcső; ~ **term** *at* dublett-term

doubleword *szt* kettős szó

doubling egyesítés, kettőzés, dublírozás; (meg)erősítés, borítás; fonalkettőződés; másodpéldány készítése; *any* 180°-os hajtogató próba; *koh* duplázás; *műa* dublírozás, kettőzés *(műbőrgyártás)*; *pa* hajtás *(falc)*; *tex* cérnázás; *vegy* második lepárlás; ~**-and-tacking machine** *tex* kettőző-szélejelző gép; ~ **calender** *gumi* dublírozó kalander; ~ **circuit** *el* kettőzőkör; ~ **dose** *at* kettőző/kétszeres dózis; ~ **effect** kettőződés; *fiz* visszhanghatás; ~ **frame** *tex* cérnázógép; egyesítő csévélőgép; kettőzőgép, dublírozógép; többszálasító (gép); ~ **in the same direction as the twist** *tex* cérnázás egyező irányú sodrattal; ~ **machine** → ~ frame; *gumi* dublírozógép, hajtogatógép; ~ **machine with measuring device** *tex* mérőszerkezetes hajtógatógép; ~ **mill** *tex* cérnázó(üzem); ~ **of frequency** *el* frekvenciakétszerezés; ~**-over test** *any* kettőshajlító próba; ~ **plate** burkolólemez; *hajó* kettőzőgerinc; ~ **reel** *tex* kettőző motolla; ~ **roll** *pa* nemezfeszítő támhenger; ~**s** *tex* cérnaáruk; ~ **slivers** *tex* szalagegyesítés; ~ **spindle** *tex* cérnázóorsó; ~ **time** kettőzési idő, kétszeresre növekedés ideje; *at* kétszerezési idő; ~**-up** *bány* pótácsolat felállítása; ~**-up post** *bány* segédtám; ~**-winder frame** → ~ frame; ~ **wrap(per)** borítás

doublure *nyom* bőrelőzékű bőrkötés

doubly | **charged** kétszeresen töltött; ~ **connected space** *mat* kétszeresen összefüggő tér; ~ **curved dome** *ép* kettős görbületű kupola; ~ **ordered set** *mat* kétszeresen rendezett halmaz; ~ **periodic function** *mat* kétszeresen periodikus függvény; ~ **primitive lattice** *ásv* kétszer primitív rács; ~ **refracting** *opt* kettősen törő, kettős törésű; ~**-reinforced beam** *ép* húzott és nyomott vasbetéttel vasalt vasbeton tartó

doubtful | **operation** kétes működés; ~ **region** *stat* indifferens tartomány

dough tészta; gyurma; pépes halmazállapotú oldat, sűrű pép; *gumi* sűrű, viszkózus gumioldat; *ker* formázható massza; ~ **cylinder** *élip* tésztagyúró henger; ~ **divider,** ~ **dividing machine** *élip* tésztaosztó gép; ~ **handling** *élip* táblamunka; ~ **kneader,** ~**-kneading machine** *élip* tésztagyúró gép; ~ **making** tésztakészítés; ~ **making process** *élip* tésztavezetés; ~ **mill,** ~**-mixer** *élip* dagasztógép, gyúrógép; ~

mo(u)lding *műa* pulpformázás; **~-proofing** *élip* tésztavizsgáló
doughing *élip* dagasztás
doughlike *élip* tésztaszerű
doughnut *at* betatron-vákuumcsatorna; neutronsokszorozó gyűrű/toroid; toroidális kamra, gyűrű alakú vákuumedény *(betatronban)*; *élip* fánk; *távk* hangológyűrű *(rövidre zárt)*; kvarcgyűrű; **~ boxboard** *pa* sütemény(doboz-)karton; **~ coil** *el* toroid/lapos tekercs; **~-frying** *élip* fánksütő; **~-type transformer** *el* toroid transzformátor; **~ tyre/tire** kisnyomású nagyméretű ballonabroncs/gumiabroncs
doughy tésztaszerű
douglasite *ásv* douglasit
Doulton filter *gyógyv* Doulton-szűrő
doup *kh* félnyüst *(forgókötés)*; **~ end** *tex* forgólánc *(gézkötéshez)*; **~ weave** *tex* gézkötés
doupion *tex* kettős gubó; **~ silk** *tex* kettősgubó-selyem
douse bemerít, vízbe merít, beáztat (vízbe); leönt, lelocsol *(vízzel)*; elolt *(világítást)*; lemerül, alámerül; *geol* varázsvesszővel kutat; *hajó* (be)csuk, elzár *(hajónyílást)*; gyorsan bevon *(vitorlát)*
douser záporcsap *(tűzoltásra)*
douzième tizenkettedvonal *(óra)*
dovap rádiós/doppleres *v.* Doppler-elv alapján működő követőradar
Dovap → Doppler velocity and position
dove colo(u)r galambszürke (szín)
dovetail I. *v* fogaz *(fát)*; *ép, fa* fecskefarkkötéssel köt, fecskefarkkal illeszt; **II.** *n ép, fa* fecskefark(kötés), fecskefarkú illesztés; *gép* fecskefarkvezeték; **~ cutter** *fa* fecskefark-körfűrész; **~ file** *fa* fecskefarkreszelő; **~ frame** *gép* fecskefarkvezetékes állvány; **~ framing** *fa* fecskefarkú berakás; **~ furrow** *fa* fecskefarkú rovátka; **~ groove** *fa* fecskefarkú horony; **~ guide** *gép* fecskefarkvezeték; **~ halving** *ép* fecskefarkú (rá)lapolás *(fakötés)*; **~ hinge** *gép* fecskefark alakú csuklópánt; **~ joint** → dovetailed joint; **~ key** *fa* fecskefarkék; **~-milling cutter** *fa* fecskefarkhorony-maró; **~ mitre/miter** *fa* gérelt/rejtett fecskefarkkötés *v.* fecskefarkú illesztés; **~-saw** *fa* csapozófűrész, fecskefarkfűrész, fecskefarkkészítő gép; **~-shaped hole** *ép* fecskefarkú/ékes kőmarkoló horony; **~ slide** *gép* fecskefarkvezeték; **~ slot** *ép* fecskefarkú horony *(fakötés)*; **~ tenon** *fa* fecskefarkú csap; **~ vernier calliper** *fa* fecskefarkmérő nóniuszos idomszer
dovetailed | **base** *kat* irányzéktest-horony; **~-end cogging** *fa* fecskefarkú sarokrovás/saroklapolás; **~ joint** *fa* fecskefark(-csap)kötés, fecskefarkillesztés; **~ junction** fecskefarkszerű illeszkedés; *fa* fecskefarkos kapcsolat/kötés; **~ side piece** *ép* ékdarab *(háromrészes kőmarkolóé)*; **~ tenon** → dovetail tenon; **~ twill** *tex* egymásra tolt sávoly
dovetailer *fa* csapmaró gép
dovetailing *ép, fa* (egyenes) fogazás *(fáé)*; fecskefarkkötés, fecskefarkillesztés, fecskefarkfogazás; szoros egyesítés; **~ machine** → dovetailer; **~ tie** *ép, fa* fecskeheveder
Dow | **ductilometer** *any* Dow-nyúlásmérő, Dow-féle duktilitásmérő; **~ (etch) process** Dow-eljárás; **~ metal** Dow-ötvözet; **~ oscillator** Dow-oszcillátor
dowel I. *v* (meg)csapoz, összecsapoz, csappal/ékkel rögzít, ékel; betétez *(fát)*; csaplyukat csappal kitölt *v.* becsapoz; **II.** *n* csap, ék, pecek; *ép* alátéttestecske *(távolságtartásra)*, tárcsa *(fakötéseknél)*; facsap, kőcsap, köldökcsap, fabetét, fadugó, fali ék, pakli, tipli, dübli; tüske *(vasbetonban)*; *hidr* kiemelt perem; *nyom* illesztőszeg; **~ action** ékhatás, beékelődés; **~ auger** → **~** bit; **~ bar** *ép* ékelt rúd; hézagléc *(betonútban)*; tárcsás kötésű gerenda/rúd; **~ bar joint** *ép* csapos kapcsolat; **~ bit** *fa* kanalas csaplyukfúró; **~ bolt** becsiszolt csapszeg; **~ borer/drill** csaplyukfúró; **~ bush** *műa* vezetőpersely; **~ driver** *ép* düblibehajtó/csapbehajtó/csapbelövő szerszám; **~ effect** ékhatás, beékelődés; **~-hole** csaplyuk, tiplilyuk; **~-hole boring-machine** *fa* csaplyukfúró gép; **~ holes** *v* csaplyukba (fa)csapot/(fa)éket behelyez; **~ joint** *ép* csapos fakötés/kapcsolat; **~-making machine** csapkészítő gép/szerszám; **~ pin** *ép* illesztőcsap, beállító fapecek; *gépk* illesztőcsap(szeg); *gumi* vezetőtüske *(formázáshoz)*; *műa* vezetőcsap; **~ plate** acéllemez kúpos furatokban; **~ screw** illesztőcsavar; illesztett csavar; *heg* ászokcsavar, tőcsavar; **~ spike** facsap, csapszeg, faszeg; **~ together** *v* összecsapoz, csappal/pecekkel összeköt/összeilleszt
dowel(l)ed | **beam** *fa* (ki)ékelt gerenda; **~ beam floor** *ép* csapos gerendafödém; **~ joint** *ép, fa* betétes kapcsolás/kapcsolat; **~ spoke** berakott/csapozott küllő
dowk *ásv* szennyezett barit
dowlas *tex* bőrvászon, durva vászon
down *szt* leállás *(hiba esetén)*
down[1] *geol* dűne, homokdomb, dombvidék; **~s** dombság, dombvidék
down[2] **I.** *v ruh* pehellyel/pihével bélel/tölt; **II.** *n* (toll)pehely, pihe; **~-bed** pehelyágy; **~-feather** pehelytoll
down[3] **I.** *v* leszáll, lemegy, lefelé mozog; (le)esik, (le)süllyed, (le)ereszkedik; leszállít, lehoz, lenyom; *rep* földre hoz, leszállásra kényszerít; **II.** *a* alsó, lent lévő; leszálló, leereszkedő; leszáll(ito)t, leereszkedett; lefelé menő/irányuló; leromlott; *el* nem teljesen feltöltött, kimerült; *geol* levetődött; *közl* fővárosból induló/kimenő; helyiérdekű; *mt* leállási, veszteglési *(idő)*; *mzg* (meg)dőlt *(gabona)*; **III.** *n hajó* völgymenet; *szt* leállás *(hiba esetén)* **~ by the head** *hajó* elöl terhelt, előrebukó; **~ by the stern** *hajó* farterhelt, faron ülő; **~-coming wave** *rád* atmoszferikus hullám; **~ conductor** *el* levezető (huzal); **~ converter** *el* feszültségváltó; **~-current** *met* leszálló áramlat; **~-cut milling** *forg* egy(en)irányú marás; **~-dip** *geol* levetődés, rétegdőlés; **~ drive** *távk* előretolás *(léptető szerkezetnél)*; **~-feed** *gép* gépi függőleges előtolás *(karusszelgépen)*; lefelé irányuló betáplálás/előtolás, függőleges előtolás; munkaelőtolás *(fúróé)*; **~-feed heating system** *ép* felső elosztású hűtési rendszer; **~-feed mechanism** *gép* munkaelőtoló mű *(karusszelen)*; **~-feed system** *ép* esőáramú melegvíz-fűtési rendszer; **~ gate** *koh* öntőtölcsér; *önt* álló, (álló) beömlő, beömlőszár; **~-haul** *hajó* levonókötél; **~-lead** *el* levezetés, leszálló vezeték; *távk* antenna leszálló vezetéke, antennalevezetés; **~ line** *vasút* fővárosból kimenő vonal/járat; **~ load** felülről lefelé irányuló terhelés; **~-milling** *forg* egyenirányú marás; **~-path** *rak* leszállópálya, leszállás *(űreszközé)*; **~-range station** *rak* földi állomás; **~ rod** függőleges vonórúd; *vasút* karos jelzőállító; mozgatórúd *(állító emeltyűhöz)*; **~ rule** *nyom* függőleges lénia; **~ sinker** *tex* befogófésű, közrefogó platinasor; **~-spin neutron** *at* lefelé irányuló szpinű neutron;

~-the-hole **equipment** *ol* kútszerkezet; ~ **tools** *v* sztrájkba lép, beszünteti a munkát; ~ **wool** *tex* roszszul nemezelődő, közepes szálhosszúságú gyapjú *(kötőfonal gyártására)*
downcast I. *a bány* behúzó, leszálló, lefelé irányuló; **II.** *n* léghuzat; *bány* behúzóvágat, behúzóakna; *geol* vetődés, levető; *hajó* szélfogó; ~ **current of air** behúzó *v.* befelé irányuló légáram; ~ **fault** *geol* vetődés, lezökkenés; ~ **leg** *hidr* leszálló/kifolyó ág *(szivornyáé)*; ~ **shaft** *bány* behúzóakna; ~ **side** *geol* vetődés ereszkedő oldala
downcomer levezetőcső; *ép* (esővíz-)lefolyócső, csapadékvíz-ejtővezeték; *hőt* ejtőcső, cirkulációs cső; *koh* torokgázlevezető cső
downcounter *szt* visszaszámláló
downcutting *geol* lemorzsolódás, erózió; *hidr* alámosás; ~**-dip block** *geol* levetődött tömb; ~**-dip profile** *geof* dőlésirányú szelvény; ~**-dip shooting** dőlésirányban végzett szeizmikus mérés; ~**-dip side** lehajló oldal; ~**-dip sintering** *koh* alsó elszívású zsugorítás
downdraft → downdraught
downdraught lefelé irányuló légáramlás; *bány* leszálló légáram; *gépk* esőáram; *met* leáramlás; ~**-blast roasting** *koh* alsó léghuzatos pörkölés; ~ **carburet(t)or** *gépk* esőáramú/esőáramlású karburátor/porlasztó; ~ **furnace** *koh* leszálló huzatú kemence; ~ **producer** *koh* invert gázgenerátor; ~ **sintering** *koh* átszívásos zsugorítás; ~ **ventilation** esőáramú szellőztetés
downfall *bány* (bánya)omlás
downflow lefolyás, leáramlás; lefelé irányuló áramlás, leszálló áramlás; ~ **control** *környv* lefolyásszabályozás; ~ **pipe** leeresztőcső, leszállócső
downgrade I. *v* leminősít, leosztályoz; **II.** *n* lejtő, lejtés, lehajlás; **III.** *adv* (hegyről) lefelé, lejtmenet; ~ **material** silány minőségű anyag
downgust *met, rep* leszálló/ejtő/bukó széllökés
downhand *heg* balra haladó; ~ **fillet** vízszintes sarokvarrat; ~ **welding** (felülről) lefelé hegesztés; vízszintes hegesztés; ~ **welding position** normális hegesztési helyzet
downhill I. *a* lejtős, lankás; ereszkedő; *bány* lefelé irányított *(pl. fúrólyuk)*; **II.** *n* hegyoldal, lanka, lejtő; **III.** *adv* (hegyről) lefelé, lejtmenet(ben), völgymenetben; *bány* (dőlésben) lefelé; ~ **creep** lejtős elcsúszás; *geol* csúszó dilúvium; ~ **section** *ép* lejtő *v.* esésben lévő szakasz *(úté)*; ~ **teeming** *koh* felső öntés; ~ **welding** *heg* felülről lefelé hegesztés
downhole *bány* lefelé irányuló fúrólyuk/fúrás; *hidr* ejtőakna; ~ **drive rotary** *ol* talpi hajtású rotari-fúrás; ~ **dynamometer card** *ol* mélységi dinamométerdiagram; ~ **flow regulator** *ol* mélységi áramlásszabályozó; ~ **ga(u)ge** lyukbőségmérő; ~ **motor** *ol* talpi fúrómotor
downjet *koh* felső szél/fúvatás; ~ **furnace** *koh* lefelé irányuló lángsugaras kemence
downlight lefelé irányított világítóberendezés
downlighting lefelé irányított világítás
download *szt* áttöltés, adatlehívás nagyobb számítógépből; ~ **character set** *szt* kívülről programozott betűkészlet
downpipe *bány* leszállócső, leszálló csővezeték; *ép* csapadékelvezető, csapadékvíz-ejtővezeték, tetőlefolyócső; ejtővezeték, szennyvíz-ejtőcső
downpour *ép* lecsurgás *(háztetőről)*; *met* felhőszakadás; kitartó eső
downproof *tex* pelyhet át nem eresztő sűrűségű; ~ **finish** pelyhet át nem eresztő (sűrűségű) kikészítés
downresistant → downproof
downright *önt* beömlőcsatorna; ~**s** *tex* szennyezett (gyapjú)bunda
downsand *geol* dűnehomok
downside drive *gép* alsó hajtás
downslip faults *geol* csúszóvetődések
downspout *ép* ejtőcső, ejtővezeték, szennyvízejtőcső; esővízlevezető cső; *gép* leeresztőnyílás, lefolyó; *hőt* ejtőcső; *koh* surrantó
downsprue → down gate
downstream I. *a* folyásirányú, az áramlás irányába menő; *hidr* alsóvíz felőli *(völgyzáró gátnál)*; alvízi, alvízoldali; *rep* leáramlási, áramirányba eső/haladó; **II.** *n* folyásirány, áramlásirány; *el* szűkítés utáni áram; *hajó* völgymenet; *hidr* alvízoldal; **III.** *adv* folyás/áramlás irányába(n); *hidr* folyón lefelé, áramlásirányba(n); *szt* a fejállomástól az előfizető felé *(haladó jelirány)*; ~ **apron** *hidr* utófenék; ~ **bay** *hidr* alsó öböl; ~ **face** *hidr* alvízoldali fal, hátfal *(gáté)*; alvízoldali lejtő/rézsű; ~ **face of a weir** *hidr* gát alvízi oldala; ~ **level** *hidr* alvízszint; ~ **lining** *hidr* utóágyazat; ~ **lip of hood** *hidr* szivornyaköpeny kilépési pereme; ~ **nose** *hidr, ép* pillérhát, pillér alvíz felőli vége/éle; ~ **pressure gradient** *rep* leáramlási nyomásgradiens; ~ **seal** *hidr* alvízoldali vízzárás; ~ **side** *hidr* alsó(vízi) oldal; ~ **slope** *bány* lejtéssel kihajtott vágat; *hidr* alvízi rézsű; ~ **toe** *hidr* alvízoldali láb *(gáté)*; *hidr* alvízi köröm; ~ **toe line** *hidr* alvízi lábvonal; ~ **undersluice channel** *hidr* alvízi lebocsátó zsilipcsatorna; ~ **view** *hidr* alvíz felőli nézet; ~ **water** *hidr* alsó víz, alvíz
downstroke *gép* leszálló löket, lelöket *(dugattyúé)*; ~ **press** *műa* felső nyomóhengeres hidraulikus sajtológép
downtake lefelé irányuló légjárat; leszálló csővezeték; *hőt* ejtőcső
downthrow *bány* (le)vető; *geol* vető(dés); ~ **block** *geol* levetődött tömb; ~ **fault** *geol* vető, vetődés
downtime állási idő, meghibásodási idő; *at* kiesési időtartam; *ip* állásidő; mellékidő *(normaidőmérésnél)*; *koh* hézagidő; *szt* állásidő
Downton pump *hajó* kettős működésű kézi szivattyú
downtown belváros, városközpont; üzleti negyed; ~ **storm sewer** *hidr* belterületi csatorna; ~ **terminal traffic** belvárosba irányuló célforgalom
downward leszálló, lefelé irányuló/haladó; ~ **air movement** levegővezetés fentről is; ~ **compatibility** *szt* lefelé irányuló kompatibilitás; ~ **current of air** *bány* leszálló légáram; ~ **cutting dredger** *bány, ép* mélykotró; ~ **dredging** *bány, ép* mélykotrás; ~ **enrichment** *geol* mélység felé irányuló feldúsulás; ~**-exhaust turbine** lefelé kipüfögő turbina; ~ **leg of trajectory** *rak* leszállópálya *(űreszközé)*; ~ **modulation** *rád* negatív modulálás; ~ **pressure** lefelé irányuló nyomás; ~ **slicing** *bány* talpszeletfejtés; ~ **sounding** légkörkutatás repülőgépről ledobott műszerekkel; ~ **stroke** leszálló löket *(dugattyúé)*; *távk* előretolás; ~ **vertical velocity** *rep* merülősebesség; ~ **visibility** *rep* lefelé irányuló látástávolság
downwarping *geol* alágyűrődés

downwash *rep* szárny mögötti leáramlás; ~ **angle** *rep* leáramlási szög; ~ **flow** *rep* lefelé leszakadó áramlás
downwind I. *a* szél irányába eső; **II.** *n met, rep* hátszél; ~ **landing** *rep* leszállás hátszélben; ~ **leg** *rep* hátszéli hosszú fal *(repülőtéri körözésnél)*
downy pelyhes, pihés, bolyhos
dowse varázsvesszővel kutat
dowsing rod varázsvessző
Dowson gas *vegy* Dowson-gáz
Dowtherm *vegy* Dowtherm, difil
dozen (dz) tucat
dozer *ép* tológép, földtoló gép, dózer, bulldózer; tolólemez, tolólap; ~ **apron** merev/haránt tolólap; ~ **blade** dózer tolólemeze; merev/haránt tolólap; egyengető-támasztó lemez *(kotrón)*; ~ **blade equipment** egyengetőlemez-szerelék; ~ **blade for tree felling work** fadöntő szerelék; ~ **bowl** → ~ blade; ~**-equipped track-type tractor,** ~ **fitted to track-laying tractor** lánctalpas tológép; ~**-equipped tractor** tológép, földtológép, dózer; ~ **fitted to wheel tractor** gumikerekes tológép; ~**-mounted back ripper** hátrameneti/üresjárati talajlazító; csuklósfogas talajlazító; ~ **with angling blade** elfordítható lánctalpas tológép
dozing *ép* (föld)nyesés, földtolás; ~**-off** földtolás, nyeséses/tolólemezes földmozgatás
dozzle *koh* felöntés, felöntőfej, felöntőtoldat; tápfej; ~ **head** *koh* tápfejsapka
dp → dew point; → diametral pitch
DP → dash pot; → data processing; → degree of polymerization; → difference of potential; → double ply; → double pole; → double-pole; → drill pipe; → drip-proof; → dual-purpose; → duoplasmatron; → dynamic positioning; → dynamic programming;
DPA → diphenylamine
dpc → damp-proof course
dp-equipment adatfeldolgozó berendezés
DPH → diamond pyramid hardness
DPHN → diamond pyramid hardness number
dpm → documents per minute
DPM → data processing manager; → document/minute
DPS → digitizer plotter system
DPSK → differential phase shift keying
DPSW → double-pole switch
dpt → dew-point temperature
DPV → dry-pipe valve
dr → double-riveted
DR → data register; → dead reckoning; → dielectric resistance; → differential relay; → distant-reading; ~ **process** → decision-random process
drab I. *a* drapp (színű), szürkésbarna; **II.** *n* drapp (szín); sótároló láda *(sófőzőben)*
draff *élip* malátatörköly; seprő
draft I. *v* tervez, vázol, tervet/tervezetet készít; *kh* kötésmintát rajzol; *tex* (ki)nyújt; befűz *(nyüstbe)*; **II.** *n* → draught; rajz, tervezet, terv(rajz), vázlat; *alak* szerszámkúposság; *koh* húzás, huzat; magasságcsökkenés; *műa* kúposság, kónikusság; *önt* formaferdeség; formázási ferdeség, falferdeség; kiemelési/kilökési ferdeség, kúposság; *tex* nyújtás, dilatáció; nyüstbefűzés; ~ **angle** *műa* kúposság szöge; ~ **break** *tex* első résznyújtás, törőnyújtás; ~ **calculation** *tex* nyújtásszámítás; ~ **ga(u)ge** *pa* huzatmérő; ~ **paper** rajzpapír; ~ **per hole/pass** *koh* húzásonkénti fogyás; ~ **plan** *tex* nyüstbefűzési ábra; ~ **quality** *szt* vázlatminőség *(mátrixnyomtatón)*; ~ **regulator** *koh* huzatszabályzó; ~ **resultant** *tex* tényleges nyújtás; ~**s** *tex* selyem szalag; ~ **tube** *hidr* szívócsatorna; szívócső *(vízerőműé)*; ~**-tube liner** *hidr* szívócsőbélés, szívócső-páncélozás; ~**-tube tunnel** *hidr* szívócsőalagút, kivezető alagút *(vízerőműben)*
draftage *bány* ércérték csökkenése *(szállítási veszteséggel)*
drafted | pattern *tex* csíkos minta; ~**-stone masonry** élcsiszolt faragott kőfalazás
drafting tervezés, szerkesztés, konstruálás; konstruálás; rajzolás; *tex* befűzés *(nyüstbe)*; ~ **arrangement** *tex* nyújtómű; ~ **board** *ép* rajzasztal, rajztábla; ~ **field** *tex* nyújtó mező; ~ **instrument** rajzeszköz; ~ **machine** rajzgép; *tex* szalagnyújtó gép; ~ **paper** rajzpapír; *tex* kockás/hálós papír; ~ **roller(s)** *tex* nyújtóhenger(pár); ~ **room** rajzterem; ~ **table** rajzasztal, rajztábla
draftsman → draughtsman
drag I. *v* húz, von(szol); súrolja/szántja a feneket *(horgony)*; vontat; *ép* utat egyenget; *hajó* fenékhálóval keres/vontat; *hidr* (feneket) kotor; **II.** *n* húzás, vonszolás; (közeg)ellenállás *(vízé, levegőé)*; *bány* fúrólyuktisztító kaparó; hegytámasz; *ép* kotrógép(kanál); simítókeret, simítólap; talajegyengetés; útgyalu; vakolatsimító; *fa* rönkkocsi; *fiz, rep* közegellenállás, aerodinamikai ellenállás, légellenállás, homlokellenállás; *gép* féksaru; kerékkötő; súrlódás *(fékpofáé)*; *hajó* vonóháló, kotróháló; *heg* lángelhajlás; *heng* húzás, feszítés; *hidr* talajszemcsék elsodrása vízáramban; *koh* fék; fékezés; *mzg* borona; *önt* alsó formafél/formarész, alsó rész; *vasút* nyitott teherkocsi; ~ **acceleration** fékezés, lassítás, negatív gyorsítás/gyorsulás, retardálás, lassulás; ~ **adjuster** *tex* fékberendezés; ~ **anchor** *v* a horgony szántja a feneket; ~**-anchor** *hajó* kutatóhorgony; ~ **antenna** uszályantenna; ~ **area** *rep* ellenállási felület; ~ **at the drum** *gépk* tangenciális fékerő a fékdobon; ~ **bar** vonórúd; ~ **bit** *bány* kanalas fúró; *geof* szárnyas fúrófej; *ol* szárnyas véső; ~ **bolt** kötőcsavar; ~ **box** *önt* alsó formázószekrény; ~ **bracing** *rep* előrefeszítő huzalmerevítés; ~ **bucket** *ép* vonóköteles puttony, vonóveder; ~ **cable** vontatókötél; ~ **chain** hajtólánc; kerékkötő lánc; vonólánc; ~ **chain conveyer/conveyor** láncvonszolós szállító(berendezés); *ép* → ~ conveyor/conveyer; ~ **chute** *rep* fékezőernyő; ~ **classifier** *bány* (szalagos kihordású) osztályozó; *koh* gereblyés osztályozó *(Dorr-féle)*; ~ **coefficient (DC)** *hidr* ellenállási tényező; *rep* ellenállástényező, ellenállási-együttható; ~ **conveyor/conveyer** *ép* kaparó szállítógép; ~**-cup rotor** harang alakú forgórész; ~ **flask** *önt* alsó formaszekrény; ~ **flow** *műa* érintőirányú előrehaladó anyagmozgás, vivőáramlás, tangenciális előretolás *(extruderben)*; ~ **force** *rep* homlokellenállási erő; ~ **harrow** *mzg* nehéz (kivitelű) borona, grubber; ~ **head of beam** *tex* lánchenger-féktárcsa; ~ **head with hydraulic jet** hidraulikus szívófej; ~ **hook** *gépk* vonóhorog; ~**-lift ratio (D/L ratio)** *rep* siklószám; ~**-line** → dragline; ~**(-)link** *gép* forgattyúrúd, kapcsolórúd, tengelykötés; *gépk* kormánytolórúd; *hőt* kulisszaterelő ellenforgattyú; *vasút* vonórúd; ~**-link conveyor/conveyer** *ép* rédler; ~ **loader shovel** *ép* (kézi vezetésű) géplapát; kotrólapát, vonó-

köteles lapát; ~ **loss** *rep* ellenállási veszteség; ~ **magnet** fékezőmágnes; ~ **mark** nyom, nyomás(hely) *(szerszámé)*; ~ **motion** *tex* fék; ~**-net** → dragnet; ~ **of kerf** *bány* vágási réselhajlás; ~ **ore** zúzalékérc; ~ **pointer** *el* vonszolt mutató *(időreléken)*; ~**-rail points** *vasút* kúszóváltó; ~ **reduction** *hidr* nyomásveszteség; ~ **reel** *tex* fékmotolla; ~ **rod** *forg* vezetőrúd, rúdvezeték; *gépk* kormánytolórúd; ~ **roll** *heng* vonszolt henger; ~**-rope** → dragrope; ~**(-)saw** *fa* rönkvágó/rönkdaraboló fűrész; ~ **scraper** *ép* (vontatott) földnyeső; *hidr* kotróputtony, géplapát; ~ **scraper and loader** *ép* önjáró szkréper, motoros ládás földnyeső; ~ **scraper hoist** szkrépercsörlő; ~ **scraper installation** kotróládás rakodógép, szkréperberendezés, saraboló kötélvontatású nyesőgép; *ép* forgógémes kotróláda; ~ **scraper with two-drum hoist** kétdobos kotróládás rakodógép; ~**(-)shoe** *forg* fúrósaru; *közl* kerékkötő saru, féksaru; ~ **shovel** *ép* mélyásó kotró, (kanalas) mélyásó(gép); ~ **skip** kotrólapát, vonóköteles lapát; ~ **spring** vonórugó; ~**-staff** hegytámasz *(járművön)*; ~ **strut** *rep* ellenállásfelvevő dúc; szárnydúc; ~ **take-up motion** *tex* egyenlőtlen működésű áruhenger; ~**-to-lift ratio** → ~-lift ratio; ~ **torque** *hidr* vonszolónyomaték; *mech* fékezőnyomaték; *rep* ellenállási nyomaték; ~ **truss** *rep* szárnykeresztmerevítés; ~ **turf** kotróval kitermelt tőzeg; ~ **type classifier** kaparóláncos osztályozó; ~ **wedge** *bány* vonszolt ék; ~ **weight** *tex* féksúly; ~ **wire(s)** *rep* ellenállás-kiegyenlítő merevítőhuzal

dragée *élip, gyógyv* drazsé; ~ **pan** drazséüst, drazsírozóüst

Draggendorff's reagent *vegy* Draggendorff-reagens

dragging I. *a forg* negatív homlokszögű; **II.** *n* fékezés, gátlás; súrlódás; *műa* illeszkedő szerszámrészek berágódása; ~ **bucket** → drag bucket; ~ **cable** *hajó* vontatókötél; ~**-in** *tex* vetülékhurkosság

dragline *bány* vonóköteles kotró; *ép* vonóvedres kotró; ~ **bucket** *ép* vontatott földnyeső, kötélpályás kotróláda, vonóvödör; ~ **(bucket) attachment** vonóvedres szerelék; ~ **dredger** *ép* vonóvedres kotró; ~ **excavator** *ép* vonóvedres/vonóköteles *v.* vonszolt puttonyos kotró; ~ **scoop** *ép* vonóköteles puttony, vonóveder; ~ **scraper** *bány* markolóköteles kotró; ~**-type shovel** → ~ excavator

dragman *bány* csillés

dragnet merítőháló, vonszolóháló, fenék(vonó)háló, planktonszedő fenékháló

dragon *bány* vízszállító hordó/tartály; *ép* fiókgerenda; *kat* vontató; ~ **beam/piece** *ép, fa* fiókgerenda, fióktartó; ~**'s blood** sárkányvér *(gyanta)*; ~ **teeth** *kat* beton tankakadály(-sorozat); ~ **tie** *ép* sarokkötő ferde/átlós gerenda/rúd

dragrope húzókötél, vontatókötél, vonókötél; vonóerőt átadó kötélzet/huzal

drain I. *v* alagcsövez, kiszárít, víztelenít; elfolyik; elfolyat, lefolyat; kiszárad, kimerül; kiürít *(tartályt)*; megcsapol, lecsapol, belvizet levezet; levezet, bevezet, elvezet *(folyadékot)*; *bány* leszikkaszt, kiszárít; *bőr* lecsepeg *(sólé)*; lecsepegtet; *gép* ürít, kibocsát, kihord *(tárolóból, keverőből)*; víztelenít, nedvességet elvon, szárít; *hőt* lefúvat; **II.** *n* csatorna *(városi)*, kanális; árok, csatorna, folyó(ka); leürítés, leeresztés; *bány* (víz)csorga, vízvágat, vízlevezető; vízcsorga; *el* fogyasztás; kisütőáram *(telepé)*; *ép* csatorna; lefolyó(cső); szennyvízlevezetés; szennyvízlevezető csőhálózat; szivárgó(cső), alagcső, talajcső; vízlecsapolás, vízelvezetés; *félv* nyelő, drén, d-pólus; *gépk* ürítőcső; *hidr* dréncső; lecsapolóelem, lecsapolócsatorna; lefolyás *(szivattyún)*; vízlevezető cső, alagcsövezés, lecsapolás; *pa* leszívócső; *szer* lefolyócső, kiömlőcső; *szt* kollektor, nyelő, anód, drain; *vasút* lefúvatás *(mozdonyé)*; ~ **adit** → drainage adit; ~ **berm** *hidr* szivárgópadka; ~ **box** víztelenítőszelence, ürítőszelence; ~ **bucket** alagcsövező puttony; ~ **buildings** *v* épületeket csatornáz *v.* a csatornahálózatba beköt; ~ **cleaner** ároktisztító (lapát); ~**(-)cock** leeresztőcsap, ürítőcsap; *hidr* víztelenítőcsap; ~ **connection** *ép* csatornabekötés; ~ **cover** csatornanyílás-fedő; ~ **cup** leeresztőtölcsér; ~ **duct** kiürítővezeték; ~ **electrode** *el* nyelő; ~ **grating** gereb *(szennyvíztisztításhoz)*; ~ **hole** víztelenítőnyílás, kieresztőnyílás; ~ **joints** *hidr* dréncsőillesztések; ~ **line** ürítővezeték; ~ **off** *v* leereszt *(folyadékot)*; ~ **openings** *hidr* alagcsőnyílások; ~ **pan** *gépk* olajtepsi *(olajleeresztéshez)*; ~**-pipe** *ép* alagcső, szivárgócső; csatornázási cső, lefolyócső, vízelvezető cső, szennyvízcső, alagcső; *gépk* levezetőcső, ürítőcső; *hidr* talajcső, dréncső; ~**-pipe flushing machine** alagcsőöblítő berendezés; ~**-pipe laying attachment** alagcsőfektető szerelék; ~**-pipe laying with trenching** alagcsőfektetés ároknyitással; ~ **pipeline** ürítővezeték; ~ **plug** leeresztőszelep, lefolyószelep *(dugós)*; *gépk* leeresztőcsavar; *hidr* víztelenítő csavar; ~ **pump** ürítőszivattyú; ~ **raise** *bány* vízlevezető feltörés; ~**s** (házi)csatornázás; ~ **screw** leeresztőcsavar; ~ **sluice** *hidr* víztelenítőzsilip, lecsapolózsilip; ~ **sump** *hidr* lecsapológödör; ~ **tank** *at, gépk* ürítőtartály; *en* csapadéktartály, kondenzátumgyűjtő tartály; ~ **tap** leeresztőszelep, lefolyószelep; leeresztőcsap; *gépk* vízleeresztő *(csavar)*; ~ **the sump** *v gépk* olajteknőből az olajat leereszti; ~ **tile** *hidr, ép* (cserép) alagcső, talajcső; ~ **trap** *ép* bűzelzáró, szagelzáró szifon; ~ **trench** *hidr* dréncsőárok; ~ **trench excavator** alagcsőfektető árokkotró; ~ **tube** *gép* ürítőcső; *hidr, ép* alagcső, dréncső; ~ **tunnel** *bány* víztáró; vízvágat; ~ **valve** ürítőszelep; *hajó* vízleeresztő szelep; *vasút* lefúvatóváltó *(gőzmozdonyon)*; ~ **water** *hidr* szivárgóvíz, buzgár; ~ **well** *hidr* nyelőkút, szivárgókút, vizlevezető/nyomáscsökkentő kút

drainage lefolyó *(tartályon)*; levezetés, ürítés, víztelenítés; *bány* vízmentesítés; *el* elvezetés *(töltésé)*; *ép, geol* csapadékvíz-levezető hálózat; szivárgó(árok), szivárgórendszer; *gumi* futórovátkák öntisztulása; *hajó* fenékvízelszívás; *hidr* alagcsövezés, drénezés; lecsapolás, (belvíz)levezetés, vízrendezés, csatornázás; *ol* víztelenedés, leszivárgás; *pa* dehidrálás, szárítás; víztelenítőberendezés; ~ **adit** *bány* víztáró, víztelenítő táró; ~**-and-irrigation sluice** *hidr* öntözőzsilip; ~ **area** *hidr* vízgyűjtő (terület); belvízöblözet; ~ **area of well** *ol* megcsapolási terület; ~ **basin** *hidr* vízgyűjtő (terület/medence); ~ **behavio(u)r** *ker* folyási tulajdonság(ok); ~ **belt** *bány* víztelenítő szalag; ~ **blanket** *ép* vízelvezető réteg; *hidr* talpszivárgó; ~ **by electro-osmosis** elektroozmotikus víztelenítés; ~ **by multiple-stage setup** *hidr* lépcsős talajvízszint-süllyesztés; ~ **by pumping from well** *hidr* szívókutas talajvízszint-süllyesztés; ~ **canal** → ditch; ~ **capacity per unit area** *hidr* fajlagos kiépítettség; ~ **channel** *hidr* vízlevezető árok/csatorna, lecsapolócsatorna; *ol* lecsapolási/szivárgási csatorna; *pa* víztelenítőcsatorna; ~ **chest** *pa* szikkasztószekrény; ~ **coefficient** *hidr* napi lefolyási együttható/index; ~ **coil** *el* kisütő fojtótekercs; ~ **compartment** *bány* vízmentesítő telep; ~ **cone** *ol* lecsapolási/olajtalanodási kúp, fúrólyuk körüli leszivárgási kúp; ~ **crossing** *hidr* keresztező műtárgy; ~ **culvert** *hidr* belvízi áteresz; ~ **cut** *hidr* átvágás; ~ **district** *hidr* vízgyűjtő; ~ **ditch** *ép* vízelvezető/vízgyűjtő árok; *talt* szivárgó(árok), szivárgórendszer; ~ **divide** *geol* vízválasztó; ~ **drift** *ép* szárítótáró; ~ **drift gallery/roadway** *bány* víztelenítő vágat; ~ **drilling** *bány* behatoló fúrás; ~ **elevator** *hidr* serleges vízemelő; ~ **excavator** árokhúzó eke; ~ **filter** *hidr* talpszivárgó; vízszintes megcsapolószűrő, szűrőszőnyeg; ~ **gallery** *bány* vízlevezető táró, víztáró, altáró; *ép* lecsapoló/megcsapoló alagút; *hidr* szivárgófolyosó; ~ **grate** *ép* csatornatönk, lefolyószem; ~ **grommet** *rep* víztelenítőfurat; ~ **head** *hidr* levezetési magasság; ~ **heading** víz alatti drénbekötés; ~ **in advance** *bány* elővíztelenítés; ~ **in the open** nyílt víztartás; ~ **layer** *ép* szűrőréteg *(víztelenítőárokban)*; ~ **laying machine** *hidr* drén(cső)fektető gép; ~ **level** → ~ adit; ~ **modulus** → ~ coefficient; ~ **network** *hidr* vízhálózat; ~ **of gas** *bány* gázlecsapolás; ~ **of the excavation pit** *hidr* munkagödör víztelenítése; ~ **overpasses** *hidr* belvíz-felülvezetés; ~ **pan** *gép* hűtőfolyadék-teknő; kádteknő; ~ **path** *talt* szivárgási vonal; ~ **pattern** *hidr* vízlevezető hálózat elrendezése; ~ **pipe** *ép* → drain-pipe; ~ **plough/plow** *hidr* árokhúzó eke, vakondeke; ~ **port** *hidr* szivárgóolajelvezetés; ~ **pump plant** *hidr* belvízátemelő/árumentesítő szivattyútelep; ~ **radius** *ol* kút hatósugara; ~ **road** *bány* szikkasztó/lecsapoló/víztelenítő vágat; ~ **siphon** *hidr* bújtató; ~ **system** lecsapolócsatornarendszer, lecsapolóhálózat; *hidr* alagcsőhálózat, alagcsőrendszer; ~ **tank** *pa* szikkasztókád; ~ **terrace** *hidr* levezetőcsatornás sánc; ~ **time** *pa* víztelenedési idő; ~ **trench** *talt* szivárgó(árok), szivárgórendszer; ~ **tube** levezetőcső; *ép* alagcső, szivárgócső; *orv* dréncső; ~**-type terrace** *hidr* vízlevezető sáncolás; ~ **water** *hidr* belvíz; ~ **well** *ép* talajvíz(szint-)süllyesztő kút; *hidr, ol* megcsapolókút; ~ **works** *talt* víztelenítő berendezés

drainboard → draining-board

drained | **area** *hidr* lecsapolt terület; ~ **cable** *el* telített kábel; ~ **shear test** *talt* lassú nyírókísérlet; ~ **test** *talt* lassú kísérlet; ~ **triaxial test** *talt* lassú triaxiális nyomókísérlet

drainer szárítóállvány, szikkasztóállvány, szárítókeret, szikkasztókeret

draining *el* töltéselvezetés; *talt* nyílt víztartás; vízelvezetés, vízelterelés; ~**-board** szárítódeszka; ~ **channel** *talt* szivárgó(árok), szivárgórendszer; ~ **chest** *pa* szűrőkamra; ~ **cock** → drain-cock; ~ **escape** leeresztőszelep, lefolyószelep; ~ **felt** *pa* víztelenítőnemez; ~**-off** *élip* lecsepegtetés; ~ **of mines** *bány* vízmentesítés; ~ **process** *hidr* alagcsövezési eljárás; ~**-rack** szárítóállvány, szárítópolc; ~ **screen** *hidr* víztelenítőszita; ~ **sough** *bány* vízcsorga; ~ **(waste) valve** leeresztőszelep, lefolyószelep; ~ **well** *bány* szűrőkút

draisine *vasút* hajtány

dram *metr* dram; ~ **system** selyemfonalak direkt számozási rendszere

drap *tex* (kötszövött) kelme, szövet; ~**-de-soie** sűrű selyemszövet

drape I. *v* betakar, szövetanyaggal/kárpittal díszít/bevon; *műa* lemezt kifeszít *(vákuumformázó asztalon)*; *pa* hajtásba tesz; *ruh* ráncol, redőz; *tex* megsző; redőzik, lágyan esik *(szövet)*; **II.** *n* kárpit; díszítés; *tex* esés, redőzés *(szöveté)*; ~ **assist frame** *műa* pozitív formázókeret *(vákuumformázás)*; ~ **effect** díszítés; *tex* esés(i hatás); ~ **forming** *műa* mozgókeretes vákuumformázás; ~ **forming with bubble stretching** *műa* pozitív vákuumformázás előnyújtással; ~**-meter** *tex* szövet esését mérő készülék; ~**s** függöny; *műa* pozitív formázókeret *(vákuumformázás)*

draper[1] szövet(áru-)kereskedő, méteráru-kereskedő; textiles; ~**'s board** *tex* csévepapírlemez; textiltekercselő lemez; ~**'s cap** ruhaanyag-csomagoló papír

draper[2] *mzg* répamagtisztító gép; szállítóheveder *(kombájnon, kévekötő gépen)*; ~ **stop** *mzg* szállítószalag-kikapcsoló *(kombájnon)*

Draper's rule Draper-szabály

drapery szövetanyagok, szövetek, textíliák; szövetburkolat; kárpit, függöny, drapéria; redőzet; szövetkereskedelem; szövetbolt, szövetkereskedés

draught szűkülő/keskeny rész; szívás; húzás, vonás, vontatás, vonszolás; *cu* lehúzás; *hajó* merülési magasság; *heng* fogyás, magasságcsökkenés, vastagságcsökkenés; *hidr* merülési mélység; *hőt* huzat, huzam; *szell* huzatjelenség; léghuzat, léghuzam; → draft; ~ **beam** *ép* gerincszelemen-fogófa; ~ **catcher** légtorok; ~**-check plate** *hőt* huzamszabályozó csappantyú; ~ **control** *hőt, szell* huzatszabályozás; ~ **controller** *hőt, szell* huzatszabályozó; ~ **cooling** hűtés léghuzamban; ~ **diverter (hood)** *hőt* visszaáramlás-gátló, deflektor, huzatmegszakító; ~ **excluder** *gépk* ablakszigetelőszalag; ajtótömítő (profil)gumi; ~ **fillet** *ép* tömítőléc *(gitt nélküli üvegezésnél)*; ~**-free ventilation** *ép* huzatmentes szellőztetés; ~ **ga(u)ge** *finm, hőt* huzammérő, huzatmérő; ~ **gear** *vasút* vonókészülék; ~**-hole** szívólyuk; ~ **hood** *koh* huzatszabályozó harang; ~ **indicator** *met* légáramlásjelző, széláramjelző; *szell* (lég)huzatmérő; ~ **marks** *hajó* merülési mérce; ~ **of/per pass** *heng, koh* (szúrásonkénti) fogyás; ~ **pressure** torlónyomás; ~ **preventer** *gépk* szélvédő *(ablakon)*, ablakszigetelő szalag; ~ **recorder** huzatregisztráló; ~ **regulator** *hőt, szell* huzatszabályozó; ~ **scale** *hidr* merülési mérce; ~ **sealing** *ép* huzatmentesítés; ~ **tube** → draft tube

draughtsman (műszaki) rajzoló; *nyom* rajzoló, grafikus; *tex* mintaelem-rajzoló, des(s)zinatőr; ~**'s protractor** rajzoló szögmérő, szögátvivő

dravite *ásv* drávit, magnéziumturmalin

draw I. *v* húz, von(szol), vonz; (fel)rajzol, lerajzol, (fel)vázol, (meg)húz *(vonalat)*; felnyit *(csapóhidat)*; rajzot készít, szerkeszt; felszív *(pipettába)*; (meg)fogalmaz; (be)szív; *alak* áthúz *(üregen)*; *bány* kihajt; kiszállít; kitép, kihúz, kirabol *(bányafát)*; kitermel; visszafejt *(pillért)*; *bőr* átemel *(meszesből)*; *élip* kizsigerel, kibelez, megtisztít *(baromfit)*; *gépk* szikrát húz; *hajó* duzzad *(vitorla)*; merül, merülése van; vontat; *heng* húz *(drótot)*; nyújt; *hidr* elszív, lecsapol; *hők* megereszt; *koh* lecsapol, kiereszt; *tex* (ki)nyújt; **II.** *n* húzás, feszítés, von(szol)ás; *bány* farablás; fejtés; üledék, ülepedés; *ép* mozgóhíd szétnyíló része; *heng* behúzás; *műa* kúposság *(formázószerszá-*

mé); mélyhúzás mértéke; *önt* gázzárvány, gázhólyag; szívódásos horpadás; *pa* húzás, feszítés; *tex* kifutás nagysága *(szelfaktor kocsié)*; ~ **a jud** *v bány* fejtési betörést készít; ~ **a map** *v* térképet rajzol; ~ **a screw home** *v* csavart meghúz; ~ **axis of crystal** kristály húzási tengelye; ~ **back** *v* visszahúz, visszavon; ~ **barrier** *vasút* vont/vonóvezetékes sorompó; ~ **beam** *bőr* nyújtófa; *hajó* gugora, kitolható gém, járgány; ~**-bench** *alak* húzópad; ~**-bench jaw** húzópadpofa; ~**-block** húzódob *(huzalhúzás)*; ~ **bolt** húzócsavar, feszítőcsavar; ~**-boy** *tex* nyüsthúzó segéd; ~ **cam** *kh* hullámosító lakat; ~ **chuck** behúzótokmány; ~ **control** *pa* huzatszabályozás; ~ **cord** *távk* húzózsinór; nyüsthúzó zsineg *(jacquard-szövésnél)*; ~**(-)cut** *bány* csapolóvágat, oldalrés; felfelé irányított fúrólyuk-sorozat; *fa* vágás vonókéssel; *szersz* forgácsolás húzással; ~**-cut shaper** *forg* visszalöket közben forgácsoló harántgyalu; ~ **dash-line** *v* kipontoz *(vonalat)*; ~**-die** → drawing die; ~ **direction** húzási irány; ~ **dot and dash-line** *v* pont-vonalat húz; ~ **down** *v hidr* leereszt; lesüllyeszt; leszív; ~**-down** *hidr* depresszió; lecsapolás *(tóé)*; leszívás; vízszintsüllyesztés; *műa* lehúzás *(extrudálásnál)*; *ol* leszívás; ~**-down cam** *kh* süllyesztőlakat, lehúzólakat; ~**-down cone** *hidr* depressziós/leszívási tölcsér; ~**-down curve** *hidr* depressziós/leszívási görbe; *ol* nyomáscsökkenési görbe; ~**-down level** *hidr* minimális duzzasztási szint; süllyesztési szint *(talajvízszintsüllyesztés)*; ~**-down of pond** *hidr* tólecsapolás; zsilipkapuk közti vízszint apasztása; ~**-down ratio** *műa* lehúzási arány *(extrudálásnál)*; ~ **drum** *ol* emelőműdob, szállítódob, kötéldob; ~**-frame** → drawing-frame; ~**-frame roller** *tex* nyújtóhenger; ~ **gate** *hidr* zsilipszerkezet; *vasút* vont sorompó; ~ **gear** *vasút* vonókészülék; ~**-hook** *önt* mintakiemelő horog; *vasút* vonóhorog; ~**-hook guide** *vasút* vonóhorogvezeték; ~**-hook tractive effort** *vasút* vonóhorog-vonóerő, effektív vonóerő; ~ **in** *v el* behúz *(vezetéket)*; *nyom* behúz *(sort)*; *tex* befűz; *vasút* bejár *(vonat)*; ~**-in attachment** *forg* hátraesztergáló készülék; ~**-in bolt** *forg* behúzószár, behúzólélek; ~**-in box** *koh* behúzóakna *(kábelszereléshez)*; ~**-in collet** *forg* behúzólelkes/behúzószáras patron; ~**-in collet chuck** *gép* feszítőhüvelyes tokmány; ~ **in dent after dent** *v tex* sorbafűz; ~**-in magnet** *el* behúzómágnes; ~**-in pit** *el, távk* behúzóakna; ~**-in roll(er)** *heng* behúzóhenger; ~**-in system** húzómódszer, nyújtómódszer; *szell* szívó szellőzőrendszer; ~**-in winding** behúzótekercs(elés); ~ **key** húzóék; ~**-knife** vonókés, kaparókés, hántolókés, kétnyelű kés; *tex* nyüsthúzó kés; ~**-level** *bány* szállítószint; ~**-line** *ép* verőkos húzókötele; ~**-nail** *önt* mintakiemelő horog; ~**-net** fenék(vonó)háló; ~ **off** *v* kiereszt, lefolyat; kiszív; lekotor; elhúz, lehúz; *bány* kirabol *(bányafát, támot)*; *élip* lefejt, kiterít; ~**-off cock** leeresztőcsap; ~**-off roll** *műa* lehúzóhenger; ~**-off speed** *tex* lefejtési sebesség; ~**-off tap** leeresztőcsap; ~**-off tray** *vegy* levehető fenék; ~ **on** *v* meghúz; ~ **out** *v* kihúz, kiránt; kiürít, légtelenít; *alak* (ki)nyújt; húz *(drótot)*; *bány* kitermel; ~**-out radiator** *rep* kitolható hűtő; ~**-out relay** *el* kiemelhető relé; ~**-out switchboard** *el* kapcsolókocsis berendezés; ~**-out unit** *távk* fiókos/kihúzható egység; ~ **over** *v* lehúz, lepárol; ~ **piece** *önt* behúzható rész; húzással készült alkatrész; ~**-plate** → drawplate; ~ **raise** *bány* csapoló gurító; ~ **ratio** *tex* nyújtó- és adagolóhenger kerületi sebessége közötti arány; ~ **rest** forgóhídpillér; ~ **rod** *ép* vonórúd; ~ **rods** *v alak* (fém)rudat húz; ~ **roll** lehúzóhenger, elvevőhenger; *nyom* feszítőhenger; ~**s** *hidr* vízfolyások, csermelyek; ~ **screw** *önt* kiemelőcsavar; ~**-shave** → drawknife; ~**-sheet** *nyom* fedőlap; ~ **slate** *bány* lejáró réteg; ~**-slate raking** *bány* főteleválás meddőjének eltakarítása; ~ **span** felnyitható hídnyílás; ~**(-)spike** *önt* kiemelő(vas), lazítóvas; ~ **spindle** *gép* vonócsavar; ~ **spring** visszahúzó rugó; *vasút* vonórugó; ~**-stroke slotter** felfelé vágó vésőgép; ~ **tap** leeresztőcsap; ~ **the cindars/slags** *v* ~ **the parallel** *v mat* párhuzamost *v.* párhuzamos egyenest húz; ~ **the perpendicular to a line from a point** *v mat* pontból egyenesre merőlegest állít/húz; ~ **thread** *tex* elválasztófonal, választószál; ~**-through drum** *tex* nyújtódob, nyújtóhenger; ~**-through hot-blast heating** forrólevegő-átszívásos tüzelés; ~ **tongs** *alak* huzalfeszítő; *szer* feszítőbéka, feszítőfogó; ~ **to scale** *v* léptékben rajzol; ~**-tube** kihúzható cső, kihúzócső; *geod* szálcső; ~ **up** *v* megfeszít, meghúz; összeállít *(tervet)*; ~**-vice** → ~tongs; ~ **water from an aquifer** *v hidr* vizet nyer; ~ **well** gémeskút, nyitott/kerekes kút; ~**-winkle** *heng, pa* hajtás, gyűrődés *(gépek közötti szállításból)*; ~ **works** rotari emelőmű *(mélyfúrás)*

DRAW → direct read after write

drawability → drawing ability

drawable *alak* nyújtható, húzható, húzással alakítható

drawback I. *v bány* visszafelé/hazafelé fejt; **II.** *n* hátrány; *kat* hátrasiklás, visszalökés; *koh* megeresztés; *nyom* rajzlap; *önt* kihúzómag; ~ **pillars** *v bány* pillért visszafejt; ~ **ram** *műa* visszahúzható dugattyú *(sajtológépen)*; ~ **rod** visszahúzó rúd

drawband *tex* húzószalag, húzózsinór

drawbar *gép* vonórúd, vonóhorog; ~ **eye** *gépk* vonószem *(pótkocsié)*; ~ **frame** *ép* vontatott földgyalu/gréder; *kat* vonószerkezet; ~ **hook** *gépk* vonórúdhorog; ~ **horsepower (d.h.)** → ~ power; ~ **load** vonórúdterhelés; ~ **pin** *gépk* vonórúdcsapszeg; ~ **pocket** vonórúdház; ~ **power** vonóerő a vonóhorgon, vontatóteljesítmény; ~ **pull (dbp)** *em* horogerő, kampóerő; *gépk* vonórúdon mért vonóerő; ~ **sleeve joint** vonórúdkötés; ~ **spring** *vasút* vonórugó; ~ **trailer** *gépk* pótkocsi

drawbridge *hidr, ép* mozgatható/nyitható híd, felvonóhíd; *vasút* forgóhíd; ~ **lock** felvonóhíd zárszerelvénye; ~ **rail-lock** *vasút* sínzárszerelvény *(forgóhídon)*

drawer fiók; rajzoló, grafikus; *bány* fabeadó; faszállító/lóvezető csillés; *tex* nyújtókészülék, nyújtómű; nyújtómű kezelője; ~ **front** *fa* fiók eleje; ~**-glide** fiókcsúsztató; ~**-lock** fiókzár; ~**-lock chisel** *szer* zárvéső; ~ **mechanism** *alak* behúzószerkezet; ~ **principle of Dirichlet** *mat* skatulyaelv; ~ **pull** fiókhúzó, fiókgomb; ~ **slide** fiókállvány

drawhead *any, koh* húzófej; *tex* nyújtófej; *vasút* vonórúdfej

drawhole *bány* csapolónyílás *(csúszdáé, gurítóé)*; töltőgaratnyílás; ürítőgarat; *heng* húzóüreg

drawing rajzolás; rajz, tervezet, terv(rajz), vázlat; kihúzás; tervrajz, alaprajz; *alak* húzás; *bány* ácsolatrablás, farablás; ércjövesztés; szállítás; termelés; visszafejtés *(pilléré)*; *élip* felbontás, (ki)zsigerelés; *em* lefejtés, kitárolás, kiterjesztés, *(tartályból, siló-*

ból); *hők* megeresztés; *koh* csapolás; *stat* mintavétel, kiválasztás *(mintáé)*; *tex* (fonal)befűzés; mintarajz; ~ **ability** *alak* duktilitás, húzással alakíthatóság, húzhatóság; *tex* nyújthatóság, tágíthatóság; ~ **apparatus** *nyom* ívsimító készülék; ~ **arm** rajzolókar; ~ **belt conveyor** *em* kitárolószalag; ~ **bench** *alak* húzópad; ~ **block** *heng* húzótömb, húzólap; *pa* rajztömb; ~**(-)board** rajztábla, rajzasztal; *geod* térképezőasztal; *pa* rajzkarton; ~ **box** *tex* nyújtómű; ~ **cage** *bány* aknakas; ~ **capstan** *koh* húzódob; ~ **chamber** *ker* húzókamra; ~ **compound** *ol* húzóolaj, húzókenőanyag *(pl. dróthúzáshoz)*; ~ **cone** *alak* húzókúp; ~ **degree** *műa, tex* nyújtási arány; ~ **desk** rajzasztal, rajztábla; ~ **device** rajzolóberendezés; *heng* kihúzóberendezés; ~ **die** *alak, műa* húzópofa, húzókő, húzógyűrű; *koh* húzógyűrű; rúdhúzó szerszám; *nyom* anyabetű; levonómatrica; ~ **drum** *heng* húzódob; ~ **engine** *bány* felvonógép; ~ **equipment** *tex* nyújtógép; ~ **equipment and material** rajzolóberendezés és -eszközök; ~**-frame** *bány* szállítókas; *heng* húzópad; *tex* nyújtógép, szalagnyújtó gép; ~**-frame sliver** *tex* nyújtott szalag; ~ **furnace** *koh* megeresztőkemence; ~ **gear** *vasút* vonókészülék; ~ **grease** *koh* húzózsír *(dróthúzáshoz)*; ~ **height** *bány* emelőmagasság, szállítási magasság; ~ **hole** *alak* húzókúp; húzóüreg; ~**-in** *alak* behúzás; *tex* (nyüst)befűzés; felhúzás *(orsózsinóré)*; ~**-in cable** *távk* behúzókábel; ~**-in fault** *tex* befűzési hiba; ~**-in frame/machine** *tex* befűzőgép; ~ **ink** (kínai) tus, kihúzó tus, rajztus; ~ **ink brush** tusecset, tuskihúzó ecset; ~**-in scroll** *tex* kocsibehúzó csiga *(szelfaktoré)*; ~ **inspector** rajzellenőr; ~ **into raddle** *tex* fonalbefűzés felvetőbordába; ~ **into reed** *tex* bordabefűzés; ~**-knife** → draw-knife; ~ **level** → draw level; ~ **loft** *hajó* rajzpadlás, rajzpadló; ~ **lubricant** → ~ compound; ~ **machine** húzógép; (vezérelt) rajzgép; *nyom* mélyhúzógép, sajtológép; *tex* szalagnyújtó gép; ~ **mandrel** → ~ plug; ~ **mark** *alak* húzási barázda; ~ **mechanism** *tex* nyújtómű, nyújtókészülék; ~ **method for crystal growing** kristályhúzási módszer; ~ **mill** *alak* huzalhúzó/dróthúzó gép; ~ **number** *gép* rajzszám; ~**-off** *bány* bányafarablás; leszívás; *élip* (le)fejtés; borfejtés; *kh* kelmehúzás, kelmehúzó szerkezet; ~**-off air** távozó levegő; ~**-off cock** fejtőcsap, ürítőcsap; ~ **office** rajzterem, műterem *(gyárban)*; ~**-off roller** *kh* kelmehúzó henger; *tex* kihúzóhenger *(nyújtógépen)*; ~ **of glass** üveghúzás; ~ **of props** *bány* támrablás; ~ **of the casting** öntvényrajz; ~ **oil** *alak* húzóolaj *(dróthúzáshoz)*; ~**-out** *alak* nyújtás, nyújtókovácsolás; ~**-out scroll** *tex* kocsikihúzó csiga *(szelfaktoré)*; ~**(-)paper** rajzpapír, vázlatpapír; ~ **pass** *alak* húzóüreg; ~ **pattern** rajzminta; ~ **pen** kihúzó(toll), rajztoll; ~ **pencil** rajziron, rajzceruza; ~**(-)pin** rajzszeg; ~ **pit** *bány* szállítóakna; ~ **plant** *koh* huzalmű; ~ **plate** *alak* húzókő; húzópálya; ~ **plug** *alak* húzódugó; ~ **press** mélyhúzó sajtó; ~ **pump** (vákuum)szivattyú; ~ **quality** (mély)húzás minősége; ~ **rate** (be)húzási sebesség; ~ **reel** *alak* húzódob; ~ **ring** *alak* csészehúzó gyűrű; ~ **road** *bány* szállítóvágat; ~ **roller** *tex* nyújtóhenger; ~ **rollers** *nyom* húzóhengerek, húzóhengerpár; *tex* nyújtóhengerpár; ~**-room** rajzterem; *ép* fogadószoba, társalgó; ~**-room (car)** *vasút* szalonkocsi, luxuskocsi; termeskocsi; ~ **rope** *tex* húzókötél *(szelfaktor kocsijához)*; ~ **rule** vonalzó; ~ **scale** rajzlépték; ~**-screw conveyor** *em* kitárolócsiga; ~ **set** körzőkészlet, rajzeszközkészlet; ~ **shaft** *bány* szállítóakna; ~ **shop** huzalgyár, drótüzem; ~ **slate** *bány* főteleválás; *ép* ácsceruza; ~ **slit** *koh* húzórés; ~ **sliver** *tex* nyújtott szalag; ~ **speed** húzási sebesség; ~ **symbol** *gép* rajzjel; ~ **table** rajzasztal, rajztábla; ~ **tongs** → draw tongs; ~**-up a working plan** munkatervkészítés; ~ **vehicle** motorkocsi, vontató gépkocsi; ~ **with roller dies** *koh* húzóhengerlés

drawn tussal kihúzott; *bány* kimerített; ~ **box** *fa* húzott/stancolt doboz; ~ **clay** *ker* égetéssel zsugorított agyag; ~ **glass** húzott üveg; ~ **grain** *bőr* húzott/ráncos barka; ~ **metal** húzott fém; ~**-out** *geol* kivékonyodó; ~**-out limb** *bány* kivékonyodó szárny; ~ **rolling** *koh* húzvahengerlés; ~ **sample** *önt* kiemelt/kivett minta; ~**-shell case** *gép* mélyhúzott ház; ~ **steel bar** *koh* húzott acélrúd; ~ **tube** húzott cső; *ker* húzott üvegcső; ~ **work** *tex* azsúros öltés

drawplate *alak* húzóvas, húzószerszám; ~ **oven** *élip* kihúzós kemence

drawstring húzózsinór

dray szekér, (szállító)targonca; söröskocsi, stráfkocsi; (alacsony oldalfalú) teherszállító kocsi; szán *(rönkfa szállítására)*; *vasút* pőrekocsi

DRC → distant-reading compass

DRCS → dynamically redefiniable character set

dreadnought *hajó* dreadnought, (nagy) csatahajó; *ruh* viharkabát; *tex* abaposztó

dredge[1] **I.** *v bány, hidr, ép* (ki)kotor; *em* markol; **II.** *n em* markoló; *hajó* fenékkaparó háló; *hidr* dredge *(hidrobiológia)*; kotróhajó, úszókotró; úszókotrás; ~ **pump** iszapszivattyú, szívókotró; ~ **spoil** kotort iszap; ~**-spoil matter** kikotrott/kotrási anyag

dredge[2] **I.** *v* szitál; behint, beszór; **II.** *n bány* finomszemcsés átszitált ásványanyag; szegényérc

dredger *bány* hegybontó (kanalas) kotró; *em* markoló(gép), bagger; *ép* kotró(gép); *hidr* kotróhajó; úszókotró; ~ **barge** *hidr* iszapuszály, kotródereglye; ~ **bucket (type) elevator** *ép* merítő töltésű elevátor; ~ **excavator** *bány, ép* vedersoros/vederlétrás (száraz)kotró; ~ **fill** *ép* feltöltés kotrott anyagból; ~ **man** kotrómunkás

dredging[1] *bány* kotrás; kotróüzem; *em* markolás; *ép* nedves kotrás; *hidr* víz alatti kotrás; ~**-boat** *hidr* kotróhajó, úszókotró; ~ **bucket** *hidr* kotróvödör, iszapvödör, puttony; ~ **engine** *hidr* úszókotró; ~ **for river-training purposes** *hidr* szabályozási kotrás; ~ **ladder** *em, hidr* meríték; ~ **machine** → engine; ~ **of shallows** *hidr* gázlókotrás; ~ **pipe** *hidr* öblítőcső, nyomócső *(nedves kotrásnál)*; ~ **s** *hidr* kotrási termék; ~ **shovel** *hidr* kotrólapát, kotrókanál; ~ **wheel** *hidr* merítőkerék, kotrókerék *(nedves kotrásnál)*

dredging[2] szitálás; *ker* porozásos emailozás

dreggy *bány* zavaros, üledékes, szennyes

dregs *pl* lerakódás, üledék *(iszap)*; *bőr* üledék; *élip* (bor)seprő; ~ **formation** *talt* üledékképződés

dreikanter *geol* sarkos/éles kavics

drell *tex* matracszövet, drell

drench **I.** *v* beáztat, átitat; öntöz, eláraszt; átázik, beázik; *bőr* átáztat, pácol, puhít; *tex* írtelenít; **II.** *n bőr* korpapác; ~ **pit** *bőr* pácolókád

Dresden china meisseni porcelán
dress I. *v* előkészít; utánigazít; megdolgoz, megmunkál, feldolgoz; eligazít, (el)egyenget, kiegyenget; kiegyenesít *(szeget)*; *alak* egyenget; *bány* dúsít, dúsul; ércet mos *(ülepítőszitán)*; *bőr* kikészít, színel, appretál, csínoz, bevon; *el* vékonyít *(kábelvéget szereléshez)*; *élip* (meg)tisztít *(szárnyast, halat)*; barázdál, rovátkáz *(malomkövet)*; összeállít, tölt, körít; *ép* nagyol, farag *(követ)*; *fa* (meg)gyalul; farag; hornyol; *forg* készre kimunkál, simít, políroz; lehúz, egyenget *(korongot)*; lesorjáz; *gép* borít; *nyom* beállít, (körül)tördel; berak, behelyez *(űrtöltőt)*; *önt* homokot előkészít; sorjáz; *ruh* csáváz *(kalapszőröket)*; *szer* élesít, fen; *tex* gerebenez, utántilol; kikészít, appretál, írez, írel, csínoz; **II.** *n* ruházat, öltöny; *élip* malomkő barázdálása; ~ **a type** *v nyom* egyenetlenséget eltávolít *(betűöntésnél)*; ~ **a yarn** *v tex* láncot írez; ~ **braid** *tex* szegélyzsinór; ~ **cloth/fabric** ruhaszövet; ~**-face finish** *tex* egy oldalon keményített kikészítés, sima kikészítés; ~ **fold** *tex* négyréthajtogatás; ~**-goods industry** ruhaipar; ~ **preserver/shield** *ruh* izzlap; ~ **the cylinder** *v nyom* hengert bevon; ~ **the form** *v nyom* (nyomó)formát körülzár; ~ **the linen** *v tex* lent magtalanít/gerebenez; ~ **the ores** *v koh* ércet előkészít
dressable *bány* előkészíthető
dressage *vasút* kiirányítás *(vágányé)*
dressed | ashlar faragott/bárdolt kockakő; ~ **ceiling boarding** *ép* födémzsaluzás, födémdeszkázás; ~ **flax/linen** *tex* gerebenezett len; ~ **stone (surface)** *ép* bárdolt kőfelület; ~ **timber** *fa* megmunkált fa; ~ **with alum** *bőr* timsós cserzésű
dresser kirakatrendező; toalettasztal; tálaló(asztal), konyhaszekrény, edényespolc; komód, sublót, fiókos szekrény; *bány* (nagy) csákány; előkészítőgép; ércelőkészítő, szénelőkészítő (munkás); *bőr* kikészítő(munkás); *élip* gabonahántoló (gép); körforgó szita; *ép* kőrecéző kalapács; *forg* egyengetőszerszám; koronglehúzó szerszám; simítókorong; sorjázóköszörű; *szersz* egyengetőkalapács, fakalapács; *vasút* tolató(munkás); ~ **sizing** *tex* írezés kefék segítségével
dressing kőlehúzás; fésülés; felületmegmunkálás *(csákánnyal)*; *bány* dúsítás; *bőr* csínozás; kikészítés, appretálás, appretúra; színelés; *el* bandázsolás; *élip* elsődleges feldolgozás *(vágóállaté)*; ízesítő; salátaöntet; töltelék; *ép* forgácsolás, faragás, csiszolás; *fa* gyalulás, felületi famegmunkálás; *forg* koronglehúzás, élezés; méretrevágás; simítás; *gép* hajtószíjkenőcs, hajtószíjszappan; *nyom* formazárás; *ol* dúsulás; *önt* homokelőkészítés; öntvénytisztítás; *tex* appretálás, appretúra, kikészítés; ~ **agents** *tex* appretálószerek, kikészítőszerek; ~ **and brushing machine** *tex* írelő- és kefélőgép; ~ **board** *pa* kötéslemez; ~**-box** *orv* mentőláda; ~ **brush** *tex* írezőkefe; ~ **by flotation** *koh* flotálás; ~ **by magnetic separation** *koh* mágneses szeparálás; ~ **by screening** *koh* előkészítés szitálással; ~ **case** *orv* készlettáska, kötszeres táska; ~ **cylinder** *tex* írezőhenger; ~ **diamond** *forg* lehúzógyémánt; szabályozógyémánt, korongegyengető gyémánt *(csiszolókoronghoz)*; ~ **drum** *orv* kötszerdoboz; ~ **forceps** *orv* boncolófogó; ~**-gown** *ruh* köntös, házikabát, pongyola; ~ **gule** *tex* appretúraenyv, telítőenyv; ~ **industry** rostkikészítő ipar *(len, kender stb.)*; ~ **loss** *bány* mosási veszteség; *fa* gyalulási méretveszteség; ~ **machine** *bőr* tisztítógép, színelőgép; *forg* sorjázógép; *nyom* egyengetőgép; *tex* írezőgép; ~ **material** *orv* kötszer; ~**-off** *önt* öntvénytisztítás; ~ **of ores** *koh* ércelőkészítés; ~ **plant** *bány* előkészítőmű; ~ **room** *ép* öltöző(helyiség); *önt* öntvénytisztító műhely; ~ **shop** öntvénytisztító műhely; ~ **sieve** *élip* lisztszita; ~ **stone** *ép* burkolókő, falburkoló kő; ~ **tool** *forg* lehúzószerszám; *önt* öntvénytisztító szerszám; ~ **works** ércdúsító mű
Drewboy separator *bány* Drewboy-szeparátor
DRF → depression range finder
d.r.g. → double-reduction gear
dribble I. *v* cseppent, csurgat; csepeg, csurog, szivárog; **II.** *n* csepegés, csurgás, szivárgás, (el)folyás; *gépk* utáncsepegés
driblet cone *geol* lávakúp, salakkúp
dricoid *gyógyv* emulzióképző (szer)
dried szárított, légszáraz; víztelenített, vízmentes; *élip* aszalt; porított; *ker* égetett; ~ **aluminium hydrate** *koh* szárított alumínium-hidrát; ~ **buttermilk** *élip* íropor; ~ **cheese whey** *élip* szárított savó, orda; ~ **cocoon** *tex* fojtott száraz gubó; ~ **cream** *élip* tejszínpor; ~ **egg** *élip* porított tojás, tojáspor; ~ **fruit** *élip* aszalt gyümölcs; ~ **hide** *bőr* száraz nyersbőr; ~ **milk** *élip* tejpor; ~ **prune** *élip* aszalt szilva; ~ **pulp** *cu* szárazszelet, szárított szelet; ~ **skim milk** *élip* soványtejpor; ~ **whey** *élip* savópor; ~ **whole milk** *élip* teljestejpor
drier → dryer
drift I. *v* úsztat *(fát)*; hajt *(előrevisz)*; úszik, zajlik; felhalmoz; összefúj, összehord *(homokot, havat)*; sodródik; visz, sodor; lebeg; (fel)halmozódik; *alak* áthajt *(tüskét)*; átkovácsol; átlyukaszt; *any* laposra kovácsol; *bány* csapásirányban halad, vágatot hajt; *el* vándorol; *fa* tutajoz; *hajó, rep* elsodródik *(útirányból)*; *mech* tartósan folyik; **II.** *a geol* hordalékos; **III.** *n* kitörés; áramlás, sodródás, örvénylés; hajtás, mozgatás, mozgás; hajtóerő, lendítőerő; *alak* lyukasztó, tüske; tolótüske; *ásv* (el)csúszás, szlip; *at* reaktivitásváltozás; részecskevándorlás; *bány* (szintesen *v.* csapásban hajtott) vágat; csapásirány; ereszke; keresztvágat; meddővágat; táró, folyosó; *el* drift; üzemi ingadozás *(feszültségé stb.)*; *ép* alagút fúrásiránya; *félv* drift, sodródás; *fiz* drift; *forg* tokmányék, lélek; tolómaró; *geof* fúrólyukelhajlás, fúrólyukferdeség; gravimetrikus menetgörbe; *geol* eltolódás, vetődés; hordalék; jégkori lerakódás, dilúvium; *gumi* kitüremlés; *hajó* (el)sodródás *(útiránytól)*; *hang* hangingadozás; *hidr* sodor(vonal); uszadék, hordalék; *kat* eltolódás, oldalgás *(hajításnál)*; *mech* tartós folyás; *met* áramlás, sodródás, örvénylés; forgatag, vihar; *metr* drift, nullpontvándorlás *(műszernél)*; *rád* frekvenciaelhúzás, frekvenciavándorlás; *rep* elterelés, eltérés, eltérítés, széleltérítés; sodródás, elsodródás, eltorlódás; *szersz* kézi lyukasztó, dorni; lyukasztókalapács; lyukvéső; szegecskiverő; *szt* drift; ~ **advance** *bány* vágathajtás; ~ **allowance** *rep* előretartási szög; ~ **anchor** *hajó* tengeri horgony; ~**-and-fill method of working** *bány* fejtés vágatokkal; ~**-and-speed indicator** *rep* repülőgép elsodródását és sebességét jelző műszer; ~ **angle (DA)** driftszög, (el)vándorlási/eltérítési/eltérési szög; *hajó* sodrásszög; *rep* széleltérítés szöge; ~**-angle error** *rep* elsodródásiszög-hiba; ~ **at**

level point *mech* teljes oldalgás *(hajításnál)*; ~ **bar** *rep* eltérítést jelző vonalzó; ~ **barrier** *hidr* uszadékelterelő gát/rostély; ~ **beds** *geol* diluviális üledék; ~ **bolt** kitolószeg; fúrókiverő *(tüske)*; szerelőcsavar; ~ **canal** faúsztató csatorna; ~ **check** *geof* műszerjárás ellenőrzése; ~ **chisel** *szersz* lyukasztóvéső; ~ **computer** *rep* széleltérítés-meghatározó; ~ **correction (D/C, DC)** *rep* előretartás, ellentartás; széleltérítés-helyesbítés; ~ **current** *félv* driftáram; *hajó* sodróáram; ~**-dammed** *geol* morénás; ~ **deposits** → beds; ~ **diameter** *ol* dugóméret; ~ **driving** *bány* vágathajtás; ~ **eliminator** *en* vízleválasztó; ~ **epoch** *geol* jégkorszak előnyomulási korszaka; ~ **factor** drifttényező; *metr* (nullpont)eltolódási tényező; ~ **fender** *hidr* uszadékterelő mű; ~ **field** *félv* drifttér; ~ **field effect transistor** *félv* drifttranzisztor; ~ **gate** *hidr* uszadéklebocsátó tábla; ~ **ga(u)ge** *rep* elsodródásmérő műszer; ~ **hammer** lyukkalapács; lyukasztó/ékbeverő/lyuktágító kalapács; ~ **hole** *forg* fúrónyélnyílás; *szer* felékelőnyílás; fészek *(éké, lykasztóé)*; ~ **ice** úszó/zajló jég(táblák); ~ **indication** *geol* lyukferdeség-indikáció; ~ **indicator** *hajó* eltérítésmutató, (el)sodródásjelző; *rep* széleltérítés-jelző; ~ **keel** *hajó* oldalgerinc; ~ **kickoff** *rep* előretartás/ellentartás a szélre; ~ **line** *hajó, rep* sodorvonal; *mech* menetgörbe; ~ **mandrel** *ol* csőellenőrző dugó; ~ **marker** *rep* széleltérítésjelző; ~ **meter** *ol* driftmérő, eltérésmérő; *rep* széleltérítés-mérő; ~ **mining** *bány* fejtés vágatokkal, táróbányászat; ~ **mobility** *félv* töltéshordozó-mozgékonyság, driftmozgékonyság; ~ **motion** sodródás, sodródó mozgás; ~**-net** eresztőháló; ~ **of ice** zajló jég; ~ **of snow** *met* hófúvás; ~**-pin** *alak* lyukasztó(tüske); *forg* áttolható tüske, felhúzótüske; *tex* kártyakiverő vas; ~ **pit** *bány* táró; ~ **plate** → ~ indicator; ~ **plug** fapecek *(ólomcső behorpadásának kijavításához)*; ~ **pointer** *rep* irányzék; ~ **punch** ékkiverő véső, kovácslyukasztó; ~ **rate** *hidr* sodródási sebesség; ~ **recorder** *ol* eltérésmérő; *rep* széleltérítés-író; ~ **sand** *geol* futóhomok, hordalékhomok; *talt* folyósodásra hajlamos homoktalaj, folyóshomok, úszóhomok; ~ **section** *bány* vágatszelvény; ~ **set** *bány* ajtóácsolat, aknakeret-biztosítás; ~ **sight** *kat* oldalgáskiegyenlítő lövegirányzék; *rep* széleltérítés-mérő célzókészülék; ~ **slicing** *bány* pásztázás; szeletes fejtés; ~**-snow** szél fújta hó; ~ **space** *el* futási/áramlási tér; ~ **speed** → ~ velocity; ~ **stabilized** driftstabilizált; ~ **stoping** *bány* fejtés csapásirányban; ~ **terrace** *talt* alluviális hordalék; ~ **test** *any* lyukasztópróba; *heng* tágítópróba; ~ **to strata** *geol* rétegek csapása; ~ **transistor** drifttranzisztor; ~ **transporting** *bány* hordalékos; ~ **trap** *bány* hordalékfogó; ~**-tube klystron** driftklisztron; ~ **tunnel** *bány* csapásban hajtott táró; feltáróvágat; *el* áramlási alagút, drifttunnel; ~ **velocity** driftsebesség, vándorlási/sodródási sebesség; ~ **way** *bány* tárna, táró; *talt* iránytáró; ~ **wire** *rep* vonóerőt közvetítő feszítőhuzal; ~**-wood** → driftwood; ~ **work** *bány* hajtás, gyűrődés *(gépek közötti szállításból)*

drifted fosils *geol* másodlagos lelőhelyű kövületek

drifter heringhalász hajó; eresztőhálót húzó halászhajó; *bány* állványos fúrókalapács, oszlopos fúrógép; meddőmunkás, meddővájár; perforátor; vágathajtó vájár; *ép* sűrített levegős fúró

drifting *bány* kihajtás; táróhajtás; vágathajtás; *geod* szélerózió; ~ **by support (shield) propulsion** *bány* táróhajtás biztosításátsajtolással; ~ **dust** *met* porfelhő; talaj menti porfúvás; *rep* porfúvás; ~ **ice** *hidr* zajló jég; ~ **line** *bány* vágathajtó gépsor; ~ **method** *any* beütési eljárás; ~ **mine** *kat* úszóakna; ~ **of ice** (jég)zajlás; ~ **of the pole** *geof* pólusvándorlás; ~ **performance** *bány* kihajtási teljesítmény; ~ **rate** *bány* kihajtási sebesség; ~ **sand** → dust; ~ **shield** *bány, ép* hajtópajzs; ~ **snow** *met* talaj menti hófúvás; ~ **speed** *hajó* kifutási sebesség; *vasút* kihaladási sebesség; ~ **wood** katré, víz sodorta fa(anyag), partra sodort fa; úsztatott fa, tutajfa

drill[1] **I.** *v* fúr; átfúr, kifúr, megfúr; *bány* (elő)fúr; *ép* fúr, süllyeszt, lehajt *(aknát, kutat)*; *forg* telibe fúr, előfúr; *mzg* sorvetőgéppel vet; *ol* fúr *(olajat)*; lefúr, lemélyít *(fúrólyukat)*; *vasút* rendez *(vasúti kocsikat)*; **II.** *n bány* fúróbetét, fúrókalapács; kézifúró; *forg* (csiga)fúró; fúrógép; *mzg* sorvetőgép; *szersz* kerek tűreszelő; kézifúró, (mell)furdancs, amerikáner; *talt* esőbarázda; ~ **ammunition** *kat* kiképzőlövedék; ~**-and-shoot tunnel(ling)/tunding** *ép* alagúthajtás fúrással és robbantással; ~**-anvil block** *bány* perforátor dugattyúütközője; ~ **attachment** *ép* fúrófelszerelés; ~ **a well** *v* fúrólyukat lefúr/lemélyít; ~ **barrel head** *ép* magcsőfej; ~ **barrel shoe** *ép* magcsőkorona; ~ **binding** csigafúró beragódása; ~**-bit** *ép* vésőfúró, fúróvéső, fúróél, fúrókorona; *geof* fúrófej; ~ **bit (cutting) edge** *bány, ép* fúróél; ~ **block** *forg* fúróprizma; ~ **boot** fúrófej; ~ **bow** *finm* pergetőív; *szersz* pergőfúrókeret; ~**(-)box** *mzg* vetőgép-magszekrény; ~ **carriage** *bány, ép* fúrókocsi *(alépítmény)*; *forg* fúrószán; ~ **cartridge** *kat* oktatólőszer; ~ **casing** *ol* fúrócsőként felhasznált béléscső; ~**-charger** *bány* lőmester; ~ **chart** *ol* fúrási diagram; ~ **chuck** *forg* fúrótokmány; ~ **collar (DC)** *hidr* fúróperem, fúrószárnehezék; *ol* fúrógallér; súlyosbító(rúd); ~**-collar slip** *ol* rotariék, csőék; ~ **collar stabilizer** *ol* súlyosbítóközpontosító, súlyosbítóstabilizátor; ~ **collar string** *ol* súlyosbítóoszlop; ~ **column** *ol* fúrószár, fúrórudazat; ~ **contractor** *ép* fúróvállalkozó; ~ **core** *bány, geof, ol* (fúró)mag, magminta; ~ **coulter** *mzg* vetőcsoroszlya *(sorvetőgépé)*; ~ **crank** *szersz* furdancs, mellfúró; ~**(-)cuttings** *bány, ol* fúrási törmelék, kőzettörmelék; furadék, fúróliszt; ~ **diamond** *ol* fúrógyémánt; ~ **drift** fúrólazító, fúrókiverő ék; ~ **extractor** fúrómentő készülék; ~ **feed** *forg* fúróelőtolás; ~**-feed range** *forg* fúróelőtolási tartomány; ~ **floor** fúrópadlózat; ~**-fluting (milling) cutter** fúróhoronymaró; ~ **ga(u)ge** fúróidomszer, fúrókaliber; ~ **grinder** fúróélesítő gép; ~ **grinding** fúróélezés; ~**-grinding ga(u)ge** fúróélező idomszer; ~ **gun** kézi fúrógép; *kat* kiképzőpuska; ~ **hammer** *bány, ép* fúrókalapács; ~ **harrow** *mzg* vetőborona; ~ **head** *forg* fúrószán, fúróorsószekrény; *ol* fúrófej; ~ **hoe** *mzg* sorhúzó kapa; ~ **holder** fúrószerszámtartó; ~**(-)hole** *geof, ol* fúrólyuk; ~**-hole contour** *geof* fúrólyukszelvényezéssel megállapított szintvonal; ~**-hole depth** fúrólyukmélység, fúrási mélység; ~**-hole exploration** *geof* fúrólyukkutatás; ~**-hole loading test** fúrólyukas próbaterhelés; ~**-hole record** *ol* fúrási feljegyzés, fúrónapló; ~**-hole section** *ol* fúrólyukszelvény; ~ **jamming** *forg* csigafúró beragódása;

~ **jar(s)** *ol* váltóolló, ütőolló; ~ **jig** *gép* fúrókészülék, fúrósablon; ~**-jig construction** *mt* fúrókészülék-szerkesztés; fúrókészülékezés; ~ **jumbo** *bány* fúrótartó feszíték; ~ **lathe** vízszintes fúrógép; furateszterga; ~ **lip** *forg* fúróborda, fúróél; ~ **locator** *gép* fúróközpontozó; ~ **log** *ép, ol* fúrólyukszelvény; ~ **logging** fúrási szelvényezés; ~ **motor** fúrómotor; ~ **out of centre/center** *v forg* félrefúr; ~ **pipe** *geof* fúrórudazat; *ol* fúrócső, fúrószár; ~**-pipe elevator** *ol* fúrócső-elevátor; ~**-pipe fork** *geof* rudazatvilla; ~**-pipe slip** *bány* rotari-csőék; ~**-pipe stand** *bány, ol* fúrócsőrakat, fúrócsőszakasz; ~**-pipe string** *ol* fúrócsőoszlop; ~**-pipe sub** *ol* fúrócsőátmenet; ~**-pipe tally** fúrócsőkönyv; ~**-pipe thread** *ol* fúrócsőmenet, fúrórudazatmenet; ~**-pipe withdrawal** *ol* fúrócső kiépítése/kihúzása; ~ **planter** *mzg* sorvetőgép; ~ **plate** *forg* (lemezes) fúrókészülék; ~ **plough/plow** *mzg* (kombinált) eke-vetőgép; ~ **point** *forg* fúróbetét, fúrókalapács; *geof* fúrópont; ~**-point angle** csigafúró csúcsszöge; ~ **press** *gép* oszlopos fúrógép; ~**-pumpe** *bány* öblítőszivattyú; ~**-rake angle** csiga homlokszöge; ~**-red driver** *geof* rudazatforgató; ~ **rod** *bány* fúróacél, fúrószár; *forg* fúrórúd; *geof* fúrórúd, tömör rudazat; *ol* fúrórúd, rudazat; ~ **round** *bány* fúrólyuksorozat; ~ **runner** *bány* fúrómester; ~ **shield** *bány* fúrópajzs; ~ **ship** *ol* fúróhajó; ~ **siding** *vasút* rendezővágány; ~ **socket** *szersz* fúrótokmány, fúrópatron; ~ **speeder** gyorsfúró készülék; ~ **stands** asztali/hordozható fúróállvány; ~ **steel** fúróacél, fúrószár; ~ **stem (DS)** *ép* forgatószár *(mélyfúrás)*; *hidr* fúrótuskó; *ol* fúrószár, fúrórudazat; ~ **stem bushing** forgatószárbetét, forgatóasztal-betét; ~ **stem test(ing) (DST)** fúrószáras/teszteres formációvizsgálat; ~ **string** → ~-pipe (string); ~ **tang** csigafúró menesztője; ~ **template (DT)** *bány, forg* fúrósablon; ~**-time** *ol* tiszta fúrási idő; ~ **track** *vasút* rendezővágány; ~ **truck** *geof, ol* fúrókocsi; ~ **tube** *koh, ol* fúrócső, fúrószár; ~ **tubing** *ol* termelőcső-fúrócső, fúró-termelő cső; ~**-upsetting machine** fúrózömítő gép; ~ **web** csigafúró lelke

drill² *tex* pamut zsávolyszövet, zsákvászon

drillability *bány* (meg)fúrhatóság

drillable (meg)fúrható

drilled | **casing tube** *ép* fúrócső, béléscső, cölöpburkoló cső *(fúrt cölöpnél)*; ~ **hole** *ol* fúrólyuk, fúrás; ~**-in caisson** fúrva-süllyesztett kútalap; ~ **nut** palástfuratos anya; ~ **pile** *ép* fúrt cölöp; ~ **roll** *műa, gumi* tengelyfuratos kalanderhenger; ~ **specimen** *ép* fúrómin-ta, fúrással kivett talajminta; ~ **well** *hidr* csőkút, fúrt kút

driller fúrógép; fúrós, fúrómunkás; *bány* fúrómester, fúróvájár; *ép* talajfúró munkás; *mzg* vetőgép; ~**'s assistant** fúrási segédmunkás; ~**'s log** fúrási napló; ~**'s logging** *ol* fúrási szelvényezés; ~**'s tour report** *ép* fúrási jegyzőkönyv

drilling *bány, ép, geof* fúrás; *forg* előfúrás; ~ **activity** *ol* fúrási tevékenység, fúrás; ~ **assembly** fúrószerszám; ~ **barge** *ol* fúróbárka; ~ **beam** *ol* (fúró)himba; ~ **bit** *bány* fúrókorona; ~**-black line** csigasorkötél *(fúrókötél)*; ~ **cable** *ol* fúrókötél; ~ **capacity** *forg* (legnagyobb) fúrási átmérő; *ol* fúrási teljesítmény; ~**-capacity tailstock** szegnyereg fúráshoz *(órásesztergán)*; ~ **chips** furadék, fúróforgács; ~**-clamp** *ol* fúrócsőbéklyó, fúrócsőbilincs; ~ **contractor** *ol* fúrási vállalkozó, fúróvállalkozó; ~ **crew** *ol* fúróbrigád; ~ **cut** *bány* fúrópászta; ~ **cutter** fúrószerszám; ~ **cuttings** → ~ chips; ~ **depth** *ol* fúrásmélység, fúrási mélység; ~ **derrick** *bány, ép* fúrótorony, fúrótoronyállványzat; ~ **diary** fúrási napi jelentés; ~ **efficiency** *bány* fúrási teljesítmény; ~ **engineer** *ol* fúrómérnök; ~ **engineering** *ol* mélyfúrási technika; ~ **equipment** *bány, ol* fúróberendezés; ~ **fixture** *gép* fúrókészülék, fúróvezető; ~ **floor** *bány, ol* munkapad *(fúrótornyon)*; ~ **fluid** *bány* öblítőfolyadék; *forg* fúróemulzió, öblítőfolyadék; ~ **foreman** (fő)fúrómester; ~ **for ground investigation** *ép* szondázófúrás, talajfeltáró fúrás; ~ **for soil investigation** talajvizsgáló fúrás; ~ **for water supply** *ép, hidr* víznyerő fúrás; ~ **from floating vessels** *ép, hidr* fúrás kihorgonyzott hajóról; ~ **grab** *ép* fúrómarkoló; ~ **hammer** *bány* fúrókalapács; ~ **hook** *ol* rotari horog, emelőhorog; ~ **hose** *ol* rotari/mélyfúró tömlő; ~ **hut** *geol* fúróbódé; ~ **implement** *talt* fúrószerszám; ~ **in** *ép* lelőhelymegfúrás; *ol* átfúrás; ~ **indicator** *ol* fúróterhelés-mérő; ~ **installation** *ol* fúróberendezés; ~ **jar** *ol* váltóolló; ~ **jig** *gép* fúrókészülék, fúrósablon; ~ **journal** → ~ diary; ~ **jumbo** *bány, ép* fúrókocsi; ~ **line** *bány, ol* fúrókötél; ~ **location** *ol* fúrópont; ~ **log** *bány* fúrási szelvény; ~ **machine** *bány* fúrógép; ~**-machine for pile foundations** *ép* cölöpfúró berendezés; ~**-machine for plates** *nyom* kliséfúró gép; ~**-machine table** *forg* fúrópad, fúróasztal; ~**-machine vice** *forg* fúrógépsatu; ~ **mast** *bány, ép, ol* fúróárboc; ~ **mud** *ép, geof, ol* (fúró)iszap, öblítőiszap, fúrási folyadék, öblítőfolyadék; ~ **mud column pressure** folyadékoszlop-nyomás *(fúróiszapé)*; ~ **mud flushing/washing** *ol* (kút)öblítés; ~ **mud jet** öblítősugár *(mélyfúrás)*; ~ **obstacle** fúrási akadály; ~ **oil** fúróolaj *(fúróemulzió olajkomponense)*; ~ **on the rake** *ép* ferde fúrás; ~**-out** *ol* kifúrás, átfúrás; ~ **outfit** *ol* fúróberendezés; ~**-out of (the) cement** *ol* cement átfúrása; ~ **parameters** *pl bány, ol* fúrási tényezők; ~ **party** fúróbrigád; ~ **pattern** *bány* fúrólyuktelepítés, fúráskiosztás; *ép* fúrási terv/alaprajz; ~ **platform** *ép* fúróállvány, fúróállás; *ol* tengeri fedélzet; ~ **position** *ép* fúróállás, fúróhely; ~ **profil** *bány* fúrási szelvény; ~ **programme** *ol* fúrási terv/program; ~ **progress** fúrási sebesség; ~ **rate** *bány, ol* fúrási sebesség; ~ **rate log** *ol* fúrásisebességszelvény; ~ **reamer** *ol* bővítőfúró; ~ **record sheet** *ép* fúrási jegyzőkönyv/jegyzék; ~ **rig** *bány, ép* fúróberendezés, mélyfúró berendezés, kőzetfúró berendezés; ~ **rig working floor/platform** *ol* munkapad; ~ **rod** *talt* → drill rod; ~ **rope** *ol* fúrókötél; ~**s** *bány, ol* fúrási törmelék, fúróliszt, fúrópor, fúróforgács, furadék, kőzettörmelék; ~ **set-up** *mt* fúrókészülék, fúrósablon; ~ **ship** fúróhajó; ~ **shot-holes in the face** *ép* robbantólyukfúrás *(alagútépítés)*; ~ **site** *ol* fúrópont; ~ **speed** fúrófordulatszám; ~**-speed range** fúrófordulatszám-tartomány *(telibefúrásnál)*; ~ **spindle** *forg* fúróorsó; ~ **stand** *bány* fúróállvány; ~ **string** *bány* fúrórudazat; ~ **superintendent** *ol* fúrási felügyelő *(főmérnök)*; ~ **system** *ol* fúrási eljárás/rendszer; ~ **tackle** fúróberendezés; ~ **template** *bány* fúrósablon; ~ **tender** *ol* tengeri segédfedélzet; ~ **time** *ol* tiszta fúrási idő; ~**-time log** *geof* fúróhaladási szelvény; *ol* fúróhaladás-görbe; ~ **tool** fúrószerszám; ~ **tower** fúrótorony; ~ **tripod** *ép* fúróállvány, fúróháromláb; ~ **turbine** *ol* fúróturbina; ~ **unit** *forg* fúrókészlet; ~ **velocity** *geof* fúrási sebesség; ~ **vessel**

→ ~ ship; ~ **water** *ol* öblítővíz, fúrási víz; ~ **with reversed circulation** *ép, ol* fordított öblítéses fúrásmód
drillman *bány* fúróvájár; *ol* fúrós, fúrómunkás
drillometer *bány* kötélfeszültség-ellenőrző műszer; *ol* fúróterhelés-mérő, terhelésmérő
drillstock *forg* fúrótokmány
drink magába szív, felszív, elnyel *(folyadékot)*; ~ **in** beszív; ~ **water** → drinking water
drinkable iható *(víz)*
drinking | **blow** *mzg* itatóvályú, önitató; ~ **cup** ivópohár; ~**-cup paper** *pa* ivópohárkarton; ~ **fountain** ivókút; ~ **paper** *pa* szívópapír; ~ **supply** *hidr* ivóvízellátás; ~**-tank** *hajó* ivóvíztartály; ~ **water** ivóvíz; ~ **water demand** *hidr, környv* ivóvízszükséglet; ~ **water rate** *hidr* ivóvízdíj; ~ **water supply** *hidr, környv* ivóvízellátás; ~ **well** ivókút
drip I. *v* csöpögtet, cseppenként önt, csöppent; csepeg, (le)csöpög; **II.** *n* csepegés, (le)csöpögés; *bány, koh* csepegő víz; *ép* eresz, csepegő, csurgó, vízorr, vízcseppentő csúcs; koszorúléc; víztelenítő *(gázvezetéken)*; vízterelő; ~ **catcher** *koh* cseppleválasztó; ~ **chamber** *rep* cseppgyűjtő rekesz; ~ **channel** *gépk* esőcsatorna, vízlevezető vályú *(ajtó felett)*; ~ **cup** *geol* cseppkő-csésze; *gép* csepegtetőkő; cseppgyűjtő csésze; zsírfogó; *gépk* olajfogó csésze; ~**-dry** *v* csepegéssel *v.* facsarás nélkül szárad/szárít; ~**-dry** *tex* csepegéssel *v.* facsarás nélkül száradó; ~**-dry finish** *tex* gyors száradású kikészítés; ~ **edge** *ép* vízorr, vízvezető él; ~**-fast finish** *tex* cseppálló kikészítés; ~ **feed lubrication** *gép* csepegtető kenés; ~ **feed lubricator** *gép* csepegtető olajozó; ~ **flap** *rep* cseppfogó; ~ **furnace** *koh* csurgatókemence; ~ **mo(u)ld** → ~ nose; ~ **mo(u)lding** → ~ channel; ~ **nose** *ép* vízorr, vízcseppentő csúcs; ~ **nozzle** csepegtető *(üvegcsén)*; ~ **pan** cseppfogó/olajfogó/olajgyűjtő tálca; *nyom* kifolyóvályú, lecsöpögővályú; ~ **pipe** cseppfogó, cseppleválasztó; ~ **plate** *vasút* vízvető lemez; ~ **point** *any, koh* cseppenéspont; ~**-proof (DP)** *el* csepegő víz ellen védett; ~**-proof lighting fitting** csepegő víz ellen védett lámpatest; ~**-proof protection** csepegés elleni védelem; ~ **ring** kenőgyűrű; ~**-tight** → ~-proof; ~ **valve** víztelenítőszelep
dripping csepegés, csurgás, szivárgás, (el)folyás; *élip* (ki)sült zsír; *film* cseppteleníté; *ol* csepegő termelés; ~ **board** *fa* szárítóállvány, szikkasztóállvány, szárítókeret, szikkasztókeret; ~ **cooler** csepegtető hűtő(torony); ~ **moisture** kondenzvíz; ~ **spray** szórópermetezés; ~ **stone** *ép* vízorros párkány, párkánycsurgó; *geol* cseppkő; ~**-type parachute** *rep* önműködő kioldású ejtőernyő; ~ **water** *bány* csepegő víz
drivage *bány* vágathajtás
drive I. *v* hajt *(állatot, kocsit)*; mozgást átvisz, hajt; irányít, vezet, kormányoz; járat, működtet, elindít *(gépet)*; *alak* behajt, felhajt, bever; *bány* (vágatot) hajt; *el* (meg)hajt; *ép* (be)ver, üt; *ép, fa* bever *(cölöpöt, szeget)*; *gép* forgat; *hajó* elsodor; elsodródik *(útirányból)*; *közl* vezet *(gépkocsit, mozdonyt)*; *szer* becsavar; behajt *(éket, csavart)*; *távk* gerjeszt *(antennát)*; kivezérel, (meg)hajt; **II.** *n* autózás, (megtett) (autó)út; kiszorítás; hajtás, mozgatás, mozgás; *bány* folyosó, tárószakasz; vágat(hajtás); *el* (ki)vezérlés; *ép* (cölöp)verés; kocsifeljáró; magánbekötőút, feljáróút; *fa* úsztatott rönktömeg; *geol* kis völgy, dolina; *gép* (meg)hajtás; *gép, rak* hajtómű, áttétel; *ol* kihajtás; *rád* kivezérlés; vezéroszcillátor; *rep* áttétel; *szt* meghajtó(egység); *vasút* pályaszakasz; ~ **amplifier** *el* kivezérlő erősítő; ~ **a tunnel** *v ép* alagutat fúr/hajt; ~**-belt** hajtószíj; ~ **block** verőfej; ~**-box** *gép* hajtóműszekrény; *gépk* sebességváltó-szekrény; ~ **bushing** *ol* forgatóasztal-betét, rotariasztal-betét; ~ **by water** *ol* vízkiszorítás; ~ **cam** *gép* hajtóbütyök, működtetőbütyök; ~ **catch** *gép* menesztő; ~ **chain** *gép* hajtólánc; ~ **circuit** *távk* szinkronozó áramkör; ~ **clamp** *forg* menesztő; ~ **cord** *rád* skálahuzal, skálatárcsahajtó huzal; ~ **crank** *gép* hajtóforgattyú; ~ **current** *el* vezérlőáram; ~ **end (DE)** *gép* hajtófej; ~ **excitation** *el* kivezérlés; ~ **fit (DF)** ékelődő illesztés; ~ **frequency** *távk* pilotfrekvencia; ~ **gas** *rak* hajtóműindító gáz; ~ **gear** hajtás, hajtómű; ~ **home** *v ép, fa* teljesen/tövig bever/behajt; ~**-in cinema/movies**, ~**-in (motion picture) theatre** *ép* autósmozi; ~**-in filter pipe** *bány* bevert szűrő; ~ **in full section** *v ép* teljes szelvényben hajt *(alagutat)*; ~ **in(to)** *v* behajt *(éket)*; bever *(szeget)*; ~ **level wheel** → ~ wheel; ~ **line** *gépk* erőátvitel; ~ **magnet (DM)** *távk* léptetőmágnes; ~ **mechanism** hajtómű, (meg)hajtószerkezet; mozgató mechanizmus; futómű *(kép- és hangrögzítés)*; óramechanizmus, óraszerkezet; ~ **motor** (meg)hajtómotor; hajtó(mű)motor; ~ **off** *v* áthajt, elhajt; elvon(tat); kiűz, leűz, kihajt, lehajt; *közl* elhúz *(jármű vmi mellett)*; ~ **on** *v* ráerősít, rászorít, rácsavar; ~ **on the rim** *v gépk* abroncson fut; ~ **out** *v nyom* kihajt *(sort)*; *szer* kiver *(éket, szeget)*; ~ **pinion** *gép* hajtókerék, hajtó kiskerék; *gépk* nyeles kerék *(sebességváltóban)*; ~ **pipe** *hidr* lendítőcső; ~ **point** *hidr* kútcsúcs, verőcsúcs; ~ **pulley** hajtótárcsa, hajtódob; ~ **ratio** *gép* áttételi arány/viszony; ~ **screw** *ép* befeszülő hüvelyes csavar, tipli; beverhető facsavar; *gép* hajtócsavar, vonócsavar, mozgatócsavar; ~ **shaft** *gép* hajtótengely; *gépk* kardántengely; nyeles tengely *(sebességváltóban)*; ~**-shaft tube** *gépk* kardáncső; ~ **sheave** *gép* hajtótárcsa, hajtódob; ~ **shoe** *ép* cölöpsaru, cölöpcsúcs, saru; *geol* csősaru, vágósaru; ~**(-)side** hajtási oldal; ~ **sprocket (wheel)** *kat* hajtókerék, lánchajtó kerék *(harckocsin)*; ~**-stopping relay** kereső jelfogó; ~ **the lines** *v nyom* sorokat kihajt; ~ **through** *v* áthajt, elhajt; ~**-tongue reaction** *gépk* hajtónyomatéki reakció; ~ **truck** motoros vontató; ~ **upon the fibre/fiber** *v tex* felvisz a szálra; ~ **wheel** *gép* hajtókerék; *gépk* (differenciálművet) hajtó tányérkerék; ~ **wire** működtetővezeték; ~ **with a rake** *v ép* ferdén ver *(cölöpöt)*; ~ **with controllable silicon valves** vezérelhető szilícium-egyenirányítós hajtás; ~ **worm** *gép* hajtócsiga
driven *ép* vert, ütött, hajtott *(cölöp)*; *gép* (meg)hajtott; ~ **antenna element** primer sugárzó, táplált antennaelem; ~ **by compressed air** sűrített üzemű, sűrített levegős, pneumatikus (működtetésű); ~ **by hand** kézi hajtású; ~ **cast-in-situ pile** *ép* helyben készült vert cölöp; ~ **dipole** sugárzó dipól, dipólsugárzó; ~ **disc/disk** hajtott tárcsa; ~ **element** → ~ antenna element; ~ **foundation pile** → ~ pile; ~ **gear** hajtott fogaskerék; ~ **head** zárófej *(szögecsé)*; ~ **length** *ép* beverés mélysége *(cölöpé)*; ~ **member** hajtott szerv/tag; ~ **pile** *ép* vert cölöp; ~ **precast concrete pile** *ép* vert előregyártott betoncölöp; ~ **pulley** hajtott szíjtárcsa; ~ **shaft** *gép* hajtott tengely; *gépk* főtengely *(sebességváltóé)*; ~ **side** *gép* hajtott oldal; ~ **timber pile** *ép*

vert cölöp; ~**-tooth roll** *bány* törőhenger betétes fogakkal; ~ **well** *hidr* vert kút

driver (gépkocsi)vezető, gépjárművezető, sofőr; (mozdony)vezető; (daru)vezető, darukezelő; gépész, gépkezelő; *bány* szénvájár; *ép* verőkos; *forg* menesztő *(tokmány)*; *gép* hajtó fogaskerék; hajtószerkezet; meghajtó szíjtárcsa; *heng* kormányos; *rád* gerjesztőegység; vezéroszcillátor; *szersz* abroncshajlító kalapács; csavarhúzó; kitoló/kiverő szerszám; *szt* meghajtóprogram, meghajtófokozat; *távk* vezérlő/meghajtó fokozat; *tex* vetőfej; *vasút* hajtókerék *(mozdonyon)*; ~ **chuck** menesztő tokmány; ~ **circuit** *távk* hajtókör, vezérlő áramkör; ~ **current** vezérlőáram; ~ **dog** *forg* menesztő; ~ **driver-seat crab** *em* kezelőkosaras villamos futómacska; ~ **heart** *forg* esztergaszív, menesztő; ~ **needle** *tex* nyomótű; ~**-only bus** kalauz nélküli autóbusz; ~ **plate** *gép* menesztő/forgató tárcsa; ~ **pricking/probing** *ép* szondaverés; ~ **program** *szt* meghajtóprogram; ~**'s brake valve** mozdonyvezetői fékszelep; ~**'s cab** *vasút* mozdonyvezető-állás, vezetőállás, vezetősátor; ~**'s cab(in)** *em, ép* kezelőfülke; *em, gépk* vezetőfülke; ~**'s cage** *em* daruvezető-fülke, darukezelő-kosár; ~**'s companion** (gép)kocsikísérő; ~**'s compartment** vezetőfülke *(tehergépkocsin)*; vezetőtér *(harckocsin)*; ~**'s footplate** → ~'s cab ~**'s hut**; kezelőház, kezelőfülke; ~**'s instructor** gépjárművezető-oktató; ~**'s seat** *gépk* vezetőülés; ~**'s stand** vezetőállás, kezelőállás; ~**'s swivel seat** forgó vezetőülés; ~ **stage** *el* meghajtó fokozat; ~ **transformer** meghajtó transzformátor; ~ **troll(e)y** kezelőkosaras villamos futómacska; ~ **tube** kivezérlőcső, hajtócső

driveway *US* magánbekötőút, feljáróút; *ép* (fedett) kocsifelhajtó, kocsibehajtó

driving *bány* irányvágat; szintes vágathajtás; *gép* (meg)hajtás; *talt* verő szondázás; ~ **anchor** *hajó* úszóhorgony; ~ **apparatus** *ép* cölöpverő berendezés; *gép* hajtómű, áttétel; ~ **axle** *gép* hajtótengely; ~ **band** *ép* verőgyűrű *(facölöp fejére)*; *gép* hajtószíj, közlőszíj; ~ **beam** *gépk* országúti fény; ~ **belt** *gép* gépszíj, hajtószíj; ~ **bolt** *gép* forgatócsap, hajtócsap, menesztőcsap; ~ **box** *vasút* hajtókerékágy; ~ **box saddle** *gép* hajtótengelyágy, hordrugó-nyeregtám; ~ **cap** *ép* verősapka, verőfej, cölöpverő fej; ~ **capstan** főtengely, hajtótengely *(jelrögzítés)*; ~ **chain** *gép* hajtólánc; ~ **chuck** → driver chuck; ~ **circuit** meghajtó áramkör; ~ **clock** óramű; *el* főóra; ~ **cone** lépcsős hajtótárcsa; ~ **core** *ép* előfúró mag *(fúrt betoncölöpnél)*; ~ **crank** hajtóforgattyú; ~ **disc/disk** *gép* hajtótárcsa, hajtódob; ~ **dog** *gép* menesztő; ~ **domain** *el* kivezérelhetőségi tartomány; ~ **drum** hajtódob; ~ **electromagnet** működtető elektromágnes; ~ **element** hajtó gépelem; ~ **engine** hajtómotor; ~ **engine system Ohnesorge** *bány* Ohnesorge-féle kötélhajtómű; ~ **fit** *gép* ékelődő illesztés; ~ **flank** *gép* hajtó fogoldal *(fogaskeréké)*; ~ **fluid** *ol* kiszorítóközeg; *vák* hajtóközeg; ~ **force** *mech* hajtóerő, lendítőerő, mozgatóerő; ~ **frame** *ép* verőállvány, cölöpverő állvány; ~ **gear** hajtómű, áttétel; (meg)hajtó fogaskerék; ~ **head** *ép* verőfej; ~ **key** *ép* beverőék, hornyos ék; *finm* forgatókulcs; *gépk* hajtótengelyék; ~ **knob** mozgatógomb, forgatógomb; ~ **loss** *fa* tutajozásnál elsüllyedt fa; ~ **lug** hajtópecek; lapos szárvég *(menetes dugón)*; ~ **machine** *talt* verőberendezés; ~ **medium** *ol* kiszorítóközeg; *vák* hajtóközeg; ~ **member** meghajtó/működtető szerv/tag; ~ **mirror** *gépk* pillantó tükör; ~ **moment** → ~ torque; *rep* forgatónyomaték; ~ **motor** *koh* hajtó(mű)motor; ~ **of a roadway** *bány* vágathajtás; ~ **of ice** *hidr* (jég)zajlás; ~ **of mine opening(s)** *bány* bányatérség-kihajtás; ~ **(of) room-sized caving(s)** *bány* kamrahajtás; ~ **on line** *bány* kihajtás megadott irányban; ~ **on the rake** *ép* ferdeverés; ~ **opening** *bány* előkészítő vágat; ~**-out** kiverés *(éké)*; *ol* kihajtás; ~ **pin** *gép* menesztőcsap, hajtópecek; ~ **plant** *ép* verőberendezés, cölöpverő gép; ~ **plate** *gép* menesztőtárcsa; ~ **point** *koh* csatlakozópont, (belső) táppont; ~**-point impedance** *koh* bemeneti *v.* (belső) tápponti impedancia; ~ **power** (meg)hajtóerő; *el* vezérlőteljesítmény; ~ **pulley** *bány* hajtókorong; ~ **pulse** (ki)vezérlő/indító/kioldó impulzus; ~ **punishment** *ép* verés okozta igénybevétel *(cölöpverésnél)*; ~ **rain** *met* csapóeső; ~ **rain index** *ép* csapóesőindex; ~ **range** → ~ domain; ~ **resistance** *talt* verési ellenállás; ~ **rod** hajtókar, hajtórúd; *talt* vert szonda; ~ **roll** hajtógödör; ~ **seat** *gépk* vezetőülés; ~ **shaft** *gép* hajtótengely; ~ **sheave** *bány* hajtókorong; ~ **shield** *bány* vágathajtó pajzs; ~ **shoe** *ép* cölöpcsúcs, cölöpsaru; ~ **side** hajtási oldal, hajtásoldal *(munkagépé)*; feszes ág *(hajtógépé)*; ~**-side shaft** *tex* főtengely *(szövőgépen)*; ~ **signal** *el* indítójel, pilótjel; ~ **slot** csavarfejhorony, csavarfejhasíték; menesztővájat, menesztőhorony; ~ **span** → ~ domain; ~ **speed** hajtó fordulatszám; ~ **spring** *kat* helyretoló rugó; ~ **spring hanger** hajtókerékpárhordrugófüggesztő vas; ~ **stage** → driver stage; ~ **stroke** hajtólöket *(motordugattyúé)*; ~ **stud** menesztőcsap; ~ **test** gépjárművezető-vizsga; *gépk, gép* futópróba; *talt* verő szondázás; ~ **tongue** *gép* menesztőcsap; ~ **torque** *finm* kitérítő nyomaték; *mech* hajtó forgatónyomaték, hajtónyomaték; ~ **trailer** *vasút* hajtómotor nélküli távkapcsolású pótkocsi; ~ **voltage** *el* üzemi feszültség, üzemfeszültség; *félv, távk* vezérlőfeszültség; ~ **water** ipari víz, üzemvíz; ~ **wedge** *gép* állítóék, szabályzóék, feszítőék; ~ **weight** *óra* különc, hajtósúly; ~ **wheel (d.wh.)** *gép* hajtókerék, hajtótárcsa; *vasút* hajtókerék *(mozdonyon)*

drizzle I. *v* szitál *(eső)*; **II.** *n met* szitálás, szitáló eső

drizzling fog ködszitálás

DRL → data retrieval language

DRO → destructive read-out; ~ **memory** *szt* DRO memória, destruktív tároló

drogue *hajó* úszóhorgony *(fékezéshez)*; *rak* (fékező) ejtőernyő

droguet *tex* mintás félselyemszövet

drone I. *v* búg, zúg; berreg; **II.** *n gépk* motorberregés; *hang, rád* búgás, zúgás, zümmögés; *rep* pilóta nélküli repülőgép; vontatott célzsák; ~ **aircraft** rádió-távvezérlésű repülőgép

droop I. *v* kimerít; fonnyaszt; meghajlít, lehajlít; meghajlik; lelóg; lekonyul; *hidr* apad, esik; apaszt; **II.** *n* fonnyasztás, meghajlítás; meghajlás; esés, csökkenés; fonnyadás; *aut* maradó szabályozási eltérés, állandó hiba; *ép* esés, lejtés, lejtőirány; *hidr* apadás, csökkenés, fogyás; apasztás; *koh* beállási hiba *(helyzetállító szabályozásnál)*

drooped aileron *rep* lefelé elállított csűrőlap

drooping *gép* fordulatszámesés; **~-speed motor** eső/lágy karakterisztikájú motor; **~-voltage generator** eső feszültséggörbéjű generátor

drop I. *v* csepegtet, cseppenként önt, csöppent; eldob, (le)dob, (el)ejt, leejt; süllyeszt, süllyed; csepeg, csöpög; csökken, fogy; (le)esik, (le)süllyed, leereszkedik; *szt* kapcsolatot megszakít *távk* elenged *(jelfogó)*; **II.** *a* lehajtható; **III.** *n* csepp, csöpp; cseppdísz, függődísz, függő (fülbevaló); csökkenés, gyengülés; ejtés, esés; esési mélység; bedobónyílás, bedobórés; *alak* ejtőkalapács, süllyesztékes kalapács; *el* esés *(feszültségé)*; *em* függesztőberendezés, emelőberendezés, szállítóberendezés; *ép* billenőlap, billenőasztal; csapóajtó; ejtési magasság; kulcslyukpajzs; nagy lejtésű (burkolt) csatornaszakasz; színházi függöny/színfal; verőfej; *finm* billenőtárcsa; *gép* bütyök eső szakasza; bütyökexcentricitás; rugószem-magasságkülönbség; *hidr* (meder)fenéklépcső, mederlépcső; esés; fenéklépcső; surrantó; *kat, rep* teher ledobása; *koh* (bekötő) huzalköteg; *mt* letörés *(hirtelen romlás)*; *szt* kapcsolatot megszakít; *távb* billenőlap(ocska); *távk* esőlemez *(jelzőn)*; **~ altitude (DALT)** *rep* vetőmagasság; **~ analysis** *vegy* cseppelemzés; **~ annunciator** *távk* esőlemezes jelző; **~ arch** *ép* alacsony/nyomott (csúcs)ív; *ker* közbeiktatott boltozat; **~ arm** billenőkar; *gépk* kormánykar, Pitman-kar; **~ astern** *v hajó* hátramarad; **~-ball viscometer** esőgolyós/ejtőgolyós viszkoziméter; **~ bar** *ép* függesztőrúd *(lánchídé)*; **~-base frame** *gépk* süllyesztett alvázkeret; **~-base rim** → **~**-centre rim; **~ bearing** *gép* függőcsapágy; **~-black** csontszén; csontfekete; **~-board hammer** *alak* léces/deszkás ejtőkalapács; **~ bottom** *ép* fenékcsapóajtó; *önt* fenékajtó *(kúpolókemencén)*; **~-bottom car** *bány, ép* fenéküritős csille; **~-bottom skip** *ép* fenéküritéses szállítóedény; **~ box** *tex* vetélőváltó fiók *(kézi szövőszéken)*; **~-box lay** *tex* váltóláda; **~-box loom** *tex* fiókváltó/váltóládás szövőgép; **~-box shuttle motion** *tex* fiókváltó berendezés/szerkezet; **~-bracket transposition** *távk* csavaró *v.* alsó szigetelős keresztezés; **~ bucket** *ép* fenékürítésű markolókanál; **~ cable** *szt* bekötőkábel, leágazó kábel; **~ cage** *bány* csillebetoló; **~ carriage** *vasút* vonatról lekapcsolt/kisorozott kocsi; **~ casing** *bány* ejtőcső; **~-centre/center rim (DC rim)** *gépk* mély ágyazású kerékpánt; **~-centre/center tyre/tire** *gumi* mély ágyazású köpeny; **~ centre/center wheel** *gépk* mélyített abroncsú kerék; **~ chaining** *geod* lépcsős/lépcsőzetes mérés; **~ cord** *el* csatlakozózsinór *(háztartási készüléken)*; **~-cord lighting** függőlámpás világítás; **~ counter** cseppszámláló; **~ culture** *gyógyv* cseppkultúra; **~ current** *távk* elengedő áram *(jelfogónál)*; **~-dead halt** *szt* leállás *(visszatérés nélkül)*; **~ die** *alak* kovácssüllyeszték; **~ ditch** *hidr* surrantó; **~ door** csapóajtó; **~ down** *v bány* beönt, ürít *(gurítóba)*; **~-down** *bány* legurító; **~-down curve** *hidr* leszívási/süllyedési görbe; **~ elbow** fedőkönyök *(csőszerelvény)*; **~ end** *vasút* homlokcsapóajtó, lecsapható/átfordítható homlokfal; **~-end car** *bány* homlokfalürítésű csille; **~ error** *vegy* cseppribal; **~-feed oiler** *gép* csepegtető olajozó; **~-fill rock** *bány, ép* kőhányás, száraz kőrakat; **~ fire** *kat* ejtő tüzelés; **~-forge** *v* süllyesztékben/ódorban kovácsol; **~-forge die** *koh* kovácssüllyeszték; **~ forging (DF)** *koh* süllyesztékben kovácsolt darab; süllyesztékes kovácsolás, ódorkovácsolás; **~ forging die steel** *koh* süllyesztékacél; **~ forging press** *koh* süllyesztékes kovácssajtó; **~ frame** *gépk* bölcsőalváz(keret); **~-frame semitrailer** bölcsőalvázas nyerges pótkocsi; **~ freezing** *met* cseppfagyás; **~ fuel-tank** *rep* ledobható tüzelőanyag-tartály; **~ gate** *ép* esőlemez *(hegybontó puttonyé)*; *önt* beömlőtölcsér; **~-gate sluice** *hidr* ejtőtáblás zsilip; **~ gear** *rep* bombavető készülék; **~ girder** *vasút* fenéküritő ajtó tartója; **~ glass** *vegy* csepegtetőüveg, cseppentő; **~ grate** *vasút* buktatórács; **~ hammer** *alak* ejtőkalapács, süllyesztékes kalapács; *ép* szabadoneső verő(kos), mechanikus verő; **~ hanger** függő csapágy; **~-hanger frame** függőcsapágy-tartó; **~ hardness tester** ejtő keménységvizsgáló, szkleroszkóp; **~(-)head** *gépk* lehajtható/kinyitható tető/teteje; **~ head machine** süllyesztőlapra szerelt varrógép/irógép; **~ impact** *hidr* vízcseppek ütőhatása; **~-in** *szt* többletbit-olvasás; **~ indicator** *távb* (hívó) esőlemez; **~ indicator panel** esőlemezes kapcsolótábla; **~-indicator relay** esőlemezes jelfogó; **~-indicator shutter** esőlemez; **~-in girder** *ép* befüggesztett tartó; **~-in pressure head** *hidr* nyomáscsökkentés; **~-in temperature** *rep* hőmérséklet-csökkenés; **~-in winding** *el* sablontekercs; **~ lamp** függőlámpa *(föl-le ereszthető)*; **~ latch** csapókilincs; **~ lifter** *em* hulladékemelő; **~ light** függőlámpa; **~ line** *szt* leágazó vonal *(kábeltelevízió)*; **~ lubricator** csepegtető olajozó; **~-made column** *geol* cseppkőoszlop; **~ manhole (DMH)** *hidr* bukóakna; **~ model** *at* cseppmodel; **~-motion swift** *tex* összehajtható motolla; **~ mounting** *távk* esőlemezes jelfogósáv; **~ nozzle** *mzg* (lefelé irányított) porlasztófej *(permetezőn)*; **~ of a curve** görbe esése; **~ off** *v* lecsöpög; átszivárog *(csepp)*; csökken *(szám)*; **~-off curve** *hidr* átvágás felszíngörbéje, **~-off section** *hidr* megnövelt esésű szakasz *(átvágásé)*; **~ of potential** potenciálesés, potenciálcsökkenés; **~ of pressure** nyomásesés, nyomáscsökkenés; **~ of speed** (le)lassulás, sebességcsökkenés; **~ of temperature** hőmérsékletesés; **~ of water** vízcsepp; **~ out** *v* kicsepegtet; kiesik, kihull; *el* elenged *(elektromágnes)*; **~-out** *szt* bitvesztés; **~-out** meghibásodás; *el* drop-out *(mágneses jelrögzítés)*; elengedés, kioldás; *távk* elengedés *(jelfogóé)*; **~-out compensator (DOC)** drop-out kompenzátor; **~-out current** elengedési áram; **~ out of gear** *v gép, gépk* kikapcsol(ódik); **~-out value** *el* elengedési/kioldási érték; **~-out voltage** *szt* maradék feszültség; **~ panel** *ép* gombafejlemez *(gombafej és födémlemez között)*; **~ pen** nullkörző; **~-penetration sounding apparatus** *ép* verőszonda; **~ pile hammer** → **~** hammer; **~ pin** *kh* őrtű; *tex* lamella *(szövőgépen)*; lovas; **~ pipe** talajcső, alagcső, szivárgócső; *mzg* csepegtető permetező; **~ pit** süllyesztőgödör *(fűtőházban)*; *bány* anyagbeadó/kasszállító akna; *gépk* munkagödör, munkaakna; *vasút* salakgödör; **~ point** *ép* vízcseppentő csúcs, vízorr; *ol* cseppenéspont; **~ press** *alak* alakverő sajtó; ejtőprés, ütőprés; **~ reaction** *vegy* cseppreakció; **~ reed** *tex* lengőborda; **~ roller** *tex* festékező henger *(bukó)*; leeresztőhenger *(felvetőn)*; **~s** hulladék, szemét; **~ seat** *gépk* felcsapható ülés; **~ shaft** *bány* süllyesztett akna; *ép* ejtőakna; **~-shaft deflection** *bány* falazatferdülés; **~-shaft foundation (structure)** *ép* (süllyesztett) kútalapozás; **~-shaft method** *bány* falazatsüllyesztés; **~ shape** cseppalak, cseppforma; ~-**shaped** csepp alakú; ~ **shot** ejtőeljárással készült sörét; ~ **shutter** *foto* redőnyzár; *távb* esőlemez; ~ **side** *környv* helyi oldal; *vasút* lecsapható/lehajtható oldal(fal); ~ **side body** *em, gépk* oldalt billenő rakfelület; ~ **siding (DS)** *ép* ékdeszkaburkolat; ~ **size** cseppméret; ~ **size meter** *met* cseppnagyságmérő, disdrométer; ~ **slay** *tex* váltóláda; ~-**sonde** *met* vetőszonda; ~ **stamp** *ép* ejtőmű; ejtődöngölő, ejtőpöröly; verőkos; ~ **stamping** → ~ forging; ~ **stitch** *kh* leszaladó szem; ~ **strake** *hajó* csonka palánk; ~ **structure** fenéklépcső; *hidr* eséscsökkentő gát, bukógát; ~ **sulphur/sulfur** *vegy* (ejtőeljárással készült) szemcsés kén; ~ **switchboard** *távb* esőlemezes központ; ~ **table** *any* rázóasztal; *vasút* kerékpáremelő, kerékpársüllyesztő; ~ **tank** *rep* ledobható tartály; ~ **tee** *ép* csőbilincskapocs; *gép* T-könyök; ~ **test** *any* ejtőpróba; *el* feszültségesés-vizsgálat; *hajó* ütőpróba; *önt* cseppentőpróba; *vegy* csepp-próba, foltpróba; ~ **the load** *v* leterhel, tehermentesít; ~ **theory** *met* ciklongenezis akadályelmélete; ~ **tin** szemcsés ón; ~ **tube** csepegtetőcső; ~ **type sprag** *gépk* hegytámasz; ~ **valve** *gépk* függőszelep; *hidr* nyomáscsökkentő szelep; ~-**valve engine** függőszelepes *v.* felül szelepelt motor; ~-**valve gear** *hőt* szelepes gőzvezérlés; ~ **wall** *hidr* támfalszelvényű fenéklépcső; ~ **warwick** *bány* ejtő csillefogó gerenda; ~(-)**weight** *ép* cölöpverő kos; *koh* ejtőmű; *mech* esősúly; *vegy* cseppsúly; ~-**weight impact tester** *any* ejtős ütőgép; ~-**weight method** *fiz* cseppsúlymódszer, csepegtetési módszer; ~ **window** *ép* tolóablak; *közl* leengedhető ablak; ~ **wire** *ép, el* bevezető vezeték *(oszloptól házba)*; *távb* előfizetői bekötés; *tex* fonalőr, lovas; lamella *(szövőgépen)*; ~-**wire warpstop motion** *tex* lamellás láncfonalőr

droplet (kis) csepp; ~ **model** (finomított) cseppmodell; ~ **size** cseppméret

droppable ledobható; lebillenthető; ~ **fuel tank** *rep* ledobható tüzelőanyag-tartály

dropped | **cap** *szt* iniciálé *(szövegszerkesztés)*; ~ **frame** *gépk* bölcsőalváz(keret); ~-**out knot** *fa* kiesett ággöcs; ~ **shaft** *bány* süllyesztett akna; ~ **stitch** *kh* leszaladt szem; ~-**weight impact tester** *any* ejtőgép; ~ **window** → drop window

dropper *bány* érelágazás, mellékér, kísérő(tel)ér; *geol* levetett réteg; *gyógyv* cseppentő(üveg); *kh* szaporítóujj; tűlehúzó (szerkezet); *tex* fonalőr, lovas, lamella *(szövőgépen)*; *vasút* felsővezeték-függesztő huzal; *vegy* cseppentőeszköz; cseppszámláló; ~ **attachment** *mzg* gyűjtőasztal *(kaszálógépen)*; ~ **clamp** *vasút* felsővezeték-szorító béka; ~ **pinning machine** *tex* lamellaberakó gép

dropping *gépk* fordulatszám csökkenése; *koh* megnyugvás *(fürdőé)*; *rep* ledobás; ~ **angle** *bány* ereszke lejtőszöge; *kat* vetőszög *(bombavetéshez)*; ~ **ballast** *rep* ledobható nehezék; ~ **ball method** *mech* ejtőgolyós módszer; ~-**ball penetration test** *ép* golyós penetrációvizsgálat; ~ **bottle** *vegy* csepegtetőüveg, cseppszámláló; ~-**cathode** csepegő-higanykatód; ~ **chute** *bány* csapoló gurító; ~ **cock** *hidr* leeresztőcsap, víztelenítőcsap; ~ **down** *bány* gurítózás; ~ **electrode** cseppelektród; csepegőelektród; ~ **funnel** csepegtetőtölcsér; ~ **gear** *rep* bombavető készülék; ~ **in** *vasút* vonat beérkezése; ~ **mercury electrode (DME)** csepegő-higanyelektród; ~ **of launcher stage** *rak* hordozórakéta leválása/leválasztása; ~ **of pillars** *bány* pillérlefejtés; ~ **point** → drop point; ~ **resistor** *el* feszültségejtő ellenállás; ~**s** hulladék, szemét; ~-**surface curve** *mat* eségörbe; ~-**weight compaction machine** *ép* ejtő-tömörítő berendezés; ~-**weight compactor/machine** szabadon eső döngölő; ~-**weight roller** ejtősúlyos henger; ~ **worm** ejtőcsiga

droprudder *hajó* függesztett kormány

dropstone *geol* cseppkő

dropwise cseppenként; ~ **condensation** cseppkondenzálás, cseppenkénti kondenzáció

drosometer *met* harmatmérő, drozométer

dross hulladék, szemét; szennyeződés; üledék; *koh* (hab)salak, iszap; csurogtatási maradvány; fölzék; kemencevakarék; ~ **coal** *koh* nem sülő/kokszosodó szén; ~ **filter** *koh* szűrőlap; ~ **inclusion** *koh, önt* salakzárvány; ~ **of copper** rézvakarék; ~ **of liquation** *koh* vakaréksalak; ~ **press** *koh* Howard-sajtoló

drosser *koh* míniumkészítő

drossing kettle *koh* csurogtatóüst

drossy salakos; ~ **coal** *koh* piritet tartalmazó szén; rondított/gyenge szén

drought *met* aszály

drove *ép* doroszoló/rovátkoló vas/kalapács

drover úszóhálós/sodorhálós halászhajó

droving *ép* rovátkolás, doroszolás *(kőé)*

drown eláraszt, elönt *(földet)*; elfojt *(tüzet vízzel)*; elsüllyeszt; vízbe fojt/fullad; *hang* elfojt *(hangot)*; ~-**draft sintering** *koh* átszívásos zsugorítás

drowned | **culvert** *hidr* nyomás alatti áteresz; ~ **drop/fall** *hidr* alulról befolyásolt fenéklépcső; fenékgát; ~ **flow** *hidr* alulról befolyásolt átfolyás; ~ **jet** *hidr* alámerült sugár; ~ **overfall** *hidr* tökéletlen átbukás; ~ **peat** *talt* elárasztott tőzeg; ~ **pipe** *gépk* hangtompító cső; *hidr* vízszint alatti cső; ~ **pump** búvárszivattyú, alámerített *v.* szint alatti szivattyú; ~ **spring** *hidr* rejtett forrás; víz alatti *v.* víz alatt feltörő forrás; ~ **weir** *hidr* alulról befolyásolt bukó

drowning ratio *hidr* visszahatási viszonyszám

DRQ → data request

DRS → document retrieval system

DRT → dead reckoning tracer

DRTP → drill template

drug *gyógyv* gyógyáru, gyógyszer(nyersanyag), drog(áru); *ip* eladhatatlan áru; ~-**bag** gyógyfűzacskó; ~ **plant** gyógynövény; ~**s** háztartási vegyi cikkek; kábítószerek

druggist gyógyszerész; drogista, illatszerész, „drugstore"-tulajdonos; ~**'s sundries** egészségügyi gumigyártmányok/gumicikkek

drugstore illatszerbolt (és vegyeskereskedés)

drum I. *v* dobol; dob, hajít; hordóban ványol/forgat, hordóz; *bőr* bőrt dobban kezel/meszez/zsíroz; *gépk* berreg; **II.** *n* hordó *(lemezből)*, vashordó, dob alakú tartály; *bány* ércosztályozó forgódob; *bány, em, hajó* kötéldob *(csörlőkön)*; *bőr* forgóhordó; fűrészporos rázódob *(szőrmetisztításra)*; *ép* betonkeverő dob; hengeres kő, oszloptörzs; kupoladob, tambur; *forg* forgódob, dobrevolver; *foto* filmelőhívó/filmszárító dob; *gép* henger, hengeres ház, dob; *hőt* rostélydob, kazándob; *kat* dob(tölteny)tár; *koh* kupolódob; *környv* képdob; *mzg* dob *(cséplőgépé)*; *pa* mosódob; *rep* fékszárnyműködtető dob; *tex* födob *(kártológépé)*; ~ **armature** dobarmatúra; ~(-)**barker** *pa* hántolódob, dobhántoló; ~-**barrel** *em* dobköpeny; ~ **boiler** *hőt* dobkazán, dobos kazán, hengerkazán; ~-**bound commutator** *el* feszítőgyűrűs kommutátor; ~(-)**brake** *gépk* dobfék; ~ **cell filter** cellás dobszűrő; ~ **cleaner** *bány* dobtisztító; ~ **cleaning device** *bány* dobtisztító; ~ **colo(u)ring** *műa* száraz színezés; ~ **computer** *szt* (mágnes)dobos számítógép; ~ **concentrator** besűrítő henger, hengeres besűrítő; ~ **control** kontrolleres vezérlés; ~ **controller** *koh* kapcsolóhenger, hengeres kapcsoló, dobkontroller; *vasút* menetkapcsoló dob; ~-**curb** *hidr* dobkoszorú; ~ **development** *foto, film* dobhívás; ~ **dial** dobskála; ~ **diffuser** *élip* forgóhengeres diffúziós berendezés; ~ **dredger** *hidr* marófejes úszókotró; ~ **drier/dryer** dobszárító; ~ **drive** *em* dobhajtás, kötélhajtás; *szt* dobmeghajtó; ~ **dryer** *koh* szárítódob; ~ **dyeing** *bőr* festés hordóban; ~ **dyeing machine** *tex* hengeres színezőgép; ~ **factor** dobtényező *(képtávíró)*; ~-**fed gun** *kat* dobtáras géppuska; ~ **feed** *forg* dobetetés, dobtáras adagolás; ~ **feeder** *ép* hengeres adagoló, adagolódob; *koh* forgódobos adagoló; ~(-)**filter** szűrődob, dobszűrő; ~ **for cables** kábeldob; ~ **furnace** → ~-type furnace; ~ **gate** *hidr* szektorgát, dobos gát; ~ **governor** *gép* síkszabályzó; ~ **grinding-machine** hengercsiszoló gép; ~ **heating** *bány* dobfűtés; ~ **hoist** *bány* dobos szállítás; *em* dobcsörlő; ~-**index** *geod* dobindex; ~ **jack(et)** *gép* dobpalást; ~ **killing** *bőr* prémszőr sorvasztása dobban *(festés előtt)*; ~ **lens** *opt* Fresnel-féle övlencse; ~ **liming** *bőr* hordós meszezés; ~ **magazine** *kat* dobtár; ~ **magnetic separator** *bány* dobszeparátor; ~ **malt** *élip* dobban csírázott maláta; ~ **memory** *szt* dobtároló, dobmemória, mágnesdobos tároló; ~ **mile** dobmalom; ~ **mixer** dobkeverő(gép); keverődob; ~ **motor** *tv* fejdobmotor *(képrögzítés)*, ~ **net aerial** *távk* varsaantenna; ~ **of a winch** csörlődob, vitladob; ~ **pelletizer** *koh* pelleteződob; ~ **printer** *szt* dobos nyomtató; ~ **radiator** *rep* dobhűtő; ~-**reeler** *pa* dobtekercselő; ~ **resistance** *koh* dobszilárdság; ~ **roller feeder** → ~ feeder; ~ **sander** *fa* hengercsiszológép; ~ **saw** *fa* hengeres (donga)fűrész; ~ **scanner** *tv* képbontó dob, dobletapogató; ~ **scanning** *tv* dobletapogatás; *szt* dobos (dokumentum)bontás; ~ **scoring** *gépk* fékdob barázdálódása *(kopás folytán)*; ~ **screen** *bány, koh* dobszita; *ép* dobrosta; ~ **screening** *ép* forgódobos/legördítő osztályozás; ~ **scrubber** mosódob; ~ **separator** *bány, koh* dobszeparátor, hengeres szeparátor; ~-**setting machine** *bőr* dobtaszító gép; ~ **sewage screen** *hidr* szennyvízszűrő dob; ~ **shell** *gép* dobköpeny, dobhenger; *kat* kartács; ~ **shutter** *film* dobpilla; ~ **sluice** *hidr* szektortiltó, szektorgátas zsilip; ~ **starter** *el* indító kapcsolóhenger; ~ **storage/store** → ~ memory; ~(-)**strainer** *pa* forgó csomófogó; ~ **strength** *koh* dobszilárdság; ~-**stuff** *v bőr* hordóban zsíroz; ~-**stuffing** *bőr* hordós zsírozás; ~ **switch** *el* kapcsolóhenger, kontroller; ~-**tannage** *bőr* hordós cserzés; ~ **test** *koh* dobszilárdság-vizsgálat; ~ **tumbler** *bőr* forgattyús kalló *(zsírcserzéshez)*; ~ **turret** *forg* dobrevolverfej; ~-**type coal feeder** *en* cellás adagoló; ~-**type continuous miner** *bány* réselőhengeres folyamatos jövesztőgép; ~-**type converter** *koh* dobkonverter; ~-**type dryer/drier** dobszárító; ~-**type drying machine** *tex* szárítódob; ~-**type feeder** forgódobos adagoló, dobzár; ~-**type furnace** *koh* forgódobos/forgócsöves kemence; *koh, önt* dobkemence; ~-**type furnace with reverted jet** *koh* visszaforduló lángjárású dobkemence; ~-**type kiln** *koh* dobkemence; ~-**type ladle** *önt* dobüst, öntődob; ~-**type magazine** *kat* dobtár; ~-**type magnetic separator** *bány* mágneses dobszeparátor; ~-**type mill** dobmalom; ~-**type pickler** *koh* dobpácoló; ~-**type shears** *pl koh* dobolló; ~-**type sintering furnace** *koh* forgódobos zsugorítókemence; ~-**type small mixer** kis dobkeverőgép; ~-**type turbine** *hidr* kazánturbina; ~-**type turret head** → ~ turret; ~-**type turret lathe** *forg* dobrevolver-eszterga; ~ **unit** *szt* dobegység; ~ **vacuum filter** *koh* vákuumdobszűrő; ~(-)**washer** *bány* mosódob; *pa* szitahenger, mosódob; *tex* hengeres mosógép; ~ **weir** *hidr* hengeres gát; ~ **wheel** csiszolóhenger; ~ **winch** dobos csörlő; ~ **winder** *tex* dobos motolla; ~ **winding** *koh* dobtekercselés

drumhead dobbőr; *em, hajó* csörlődob, gugorafej

drumlin *geol* glaciális hordalékdomb, drumlin

drummer filmelőhívó dobon dolgozó *(munkás)*; *önt* dobkezelő, dobos

drumming *bány* főtekopogózás; *bőr* ványolás *(dobban v. hordóban)*

drummond(-)light Drummond-fény; kalciumlámpa

drummy *bány* kilátástalan

drunken imbolygó, támolygó; ~ **cutter** imbolygó késfej; elliptikus vágófej; ~ **saw** tengelyre ferdén felerősített körfűrész; ~ **thread** hibás/görbe/imbolygó/támolygó csavarmenet

druse *ásv, geol* drúza; *geol* üreg, mélyedés

drusites *ásv, geol* kristálydrúzák

drusy *ásv* drúzás

drux(e)y knot *fa* korhadt ággöcs

dry I. *v* (ki)szárít, megszárít; kiszárad, kimerül; szárad; megszárad; *élip* aszal; **II.** *a* vízmentes, víztelen; száraz; *bány* meddő; *ép* száraz, habarcs nélküli, bevonatlan; ~ **adiabat/adiabatic** *met* száraz adiabata; ~ **adiabatic process** *met* száraz adiabatikus folyamat; ~ **after-treatment** *ép* utókezelés nedvességtartás nélkül *(betoné)*; ~-**air cleaner** *bány* száraz légszűrő; ~-**air curing** *gumi* légvulkanizálás; ~-**air density** *geol* légszáraz kőzetsűrűség; ~ **area** *ép* szárítóüreg *(alagsori falban)*; ~ **assay** *vegy* szárazpróba; ~-**back boiler** *hőt* több füstcsöves skót kazán; ~ **back-pressure valve** *heg* száraz biztonsági elzáró; ~ **barking** *pa* száraz hántolás; ~ **batch(ed) aggregate** *ker* szárazbeton, szárazkeverék; ~-**batch(ing) plant** *ép* szárazkeverék-kiadó, száraz keverőberendezés; ~ **battery** *el* szárazelem, száraztelep; ~ **beaming** *tex* láncelőkészítés írezés nélkül; ~-**bed treating,** ~-**bed gas purification** *ol* szárazágyas gáztisztítás; ~ **bleaching** *tex* szárazfehérítés; ~ **blend** *műa* szárazkeverék; ~ **blowing** *bány* légszérelés; *koh* száraz fúvószél; ~-**blowout process** anyagkiszállítás szifonozással *(keszonból)*; ~ **bone** *élip* száraz csont; ~-**bone ore** *ásv* smithsonit, cinkpát, gálma; ~ **bottoming** *ép* száraz útalap *(zúzottkőből)*; ~-**bound macadam** *ép* szórt makadám; ~ **box** *at* porkamra; ~ **bridge** *ép* áthidalás *(közút felett)*, felüljáró; ~ **brush** száraz ecsetkezelés; ~ **brushing** *tex* száraz kefélés *(bársonyé)*; ~-**bulb temperature (dbt)** *bány* száraz hőfok; *fiz* száraz hőmérséklet; ~-**bulb thermometer** *met* száraz hőmérő *(pszichrométerben)*; ~ **bulk container** ömlesztett árut szállító tartály; ~ **bulk density** *talt* száraz térfogatsúly; ~ **bulk freight** *vasút* ömlesztett rakomány; ~ **burning coal** *koh* sovány szén; ~**(-)can** *tex* szárítódob, szárítóhenger; ~ **capacity per latch** *ép* névleges (dob)térfogat *(betoné)*; ~ **cargo boat/ship/vessel** *hajó* szárazáru-szállító hajó; ~ **carpet cleaning machine** száraz szőnyegtisztító gép; ~ **casting** *önt* öntés száraz/szárított formába; ~ **cell** *el* szárazelem, száraztelep; ~**-cell tube** *rád* elektroncső szárazelemhez; ~ **cement gun work** → ~ guniting; ~ **chemical extinguisher** porral oltó készülék, poroltó; ~ **chemicking/chloring** *tex* száraz (hipokloritos) fehérítés; ~ **classification** *bány, környv* száraz osztályozás; ~**-clean** *v* vegytisztít, szárazon tisztít; ~**(-)cleaning** száraztisztítás, vegytisztítás; *bány* száraz előkészítés; ~**-cleaning agent/solvent** *tex* vegytisztító szer; ~ **climate** *met* száraz éghajlat; ~ **clutch** *gépk* száraz (tárcsás) tengelykapcsoló; ~ **coal** száraz (hosszú lángú) szén, kevés illót tartalmazó szén; ~ **coating** *gyógyv* száraz drazsírozás; *pa* száraz mázolás; ~ **coke** *koh* szárazkoksz; ~ **colo(u)r** porfesték, pigment(festék); ~**-combed** *tex* száraz fésülésű; ~ **concentration** *bány* légszérelés; száraz szérelés; ~ **concrete** földnedves beton; ~ **concrete placing gun** szárazkeverék-szóró berendezés; ~ **condensate pipe** száraz kondenzvezeték; ~ **condenser** *opt* száraz kondenzor; ~ **connection** *ép* száraz kapcsolat; ~ **construction** *ép* száraz építésmód; ~ **container** *közl* darabáru-szállító tartály; ~ **content** *pa* száraztartalom, szárazanyag-tartalom; ~ **cooling of air** száraz hűtés; ~ **copper** *koh* finomított réz; ~**-copying paper** *pa* száraz másolópapír; ~**-core cable** *távk* légszigetelésű *v.* papír-levegő szigetelésű kábel; ~ **crack** *fa* száradási/zsugorodási repedés; ~ **criticality** *at* száraz *v.* hűtőközeg nélküli kritikusság; ~ **crushing** száraz aprítás; ~ **cure** *élip* száraz pácolás; ~**-cure mixture** *élip* pác-só keverék; ~ **curing** utókezelés nedvességtartás nélkül *(betoné)*; ~ **damage** *bőr* szárítási hiba; ~ **decating** *tex* száraz dekatálás; ~ **dedusting** *bány* száraz porleválasztás; ~ **density** száraz térfogatsúly/sűrűség; ~ **deposit** *at* száraz (radioaktív) lerakódás/kiülepedés; ~ **deposition** *környv, met* száraz ülepedés; ~**-disc/disk clutch** → ~ clutch; ~ **distillation** *vegy* száraz desztilláció/lepárlás; ~ **dock (DD)** *hajó* szárazdokk; ~**-dock** *v* szárazdokkba vontat/megy; ~ **doubling** *tex* száraz cérnázás; ~ **drawing** *alak* száraz (drót)húzás; ~**-drawing dock** *hajó* száraz javítódokk; ~**-drawing machine** *koh* szárazhúzó gép; ~ **dredge** *ép* szárazkotró, exkavátor; ~ **dressing** száraz előkészítés; ~ **dressing installation** *mzg* porozva csávázó gép; ~ **drill** szárazfúró, légfúró; ~ **drilling (system)** *ol* száraz fúrásmód, öblítés nélküli fúrás; ~**-dyeing** *tex* száraz színezés; ~ **electrolytic capacitor** *vegy* száraz elektrolitkondenzátor; ~ **enamelling** *ker* száraz zománcozás; ~ **end** *pa* szárítószakasz; ~ **expansion evaporator** *hőt* száraz (rendszerű) elpárologtató; ~ **explosive** *bány* por alakú robbanóanyag; ~ **felt** *ép* nyersnemez, fedélnemez, nyers filc; *pa* szárítónemez; ~**-felt roll** *pa* szárítónemez-vezető/nemezvezető henger; ~**-filled dam** *ép* szárazon épült földgát; ~**-fill method** *hidr* száraz építési eljárás *(földgáté)*; ~ **film lubrication** száraz hártyakenés/filmkenés; ~ **filter** száraz szűrő; ~**-finished** *pa* gépsima; ~ **finish(ing)** *pa* gépsima kikészítés; *tex* száraz kikészítés/appretúra; ~ **finishing machine** *tex* szárazon appretáló gép; ~ **fixed gas** *ol* száraz földgáz; ~**-fixing agent** *tex* színezékrögzítő/színtartósság-növelő szer; ~ **flashover** *el* száraz átívelés *(szigetelőé)*; ~ **flashover voltage** száraz átívelési/átütési feszültség; ~ **flotation** *bány* légszérelés; ~ **foam** szárazhab; ~ **frame** → ~ spinning frame; ~ **freighter** → ~ cargo boat; ~ **friction** *fiz* száraz súrlódás, Coulomb-féle súrlódás; ~**-fuel(led) rocket** szilárd hajtóanyagú/töltetű rakéta; ~ **gas** soványgáz; száraz/szárított gáz; ~**-gas cleaning** *koh* száraz gáztisztítás; ~**-gas filling** *koh* szárazgáz-töltés; ~ **gas-meter** száraz gázmérő; ~ **gilding** *finm* égetett aranyozás; ~ **glazing** *ép* gitt nélküli üvegezés; *ker* száraz mázbevonás/zománcozás; ~ **goods** szárazanyagok; textiláru; méteráru; rövidáru; ~ **granulation** *gyógyv* száraz granulálás; ~ **grinder** *szersz* száraz csiszológép; ~ **grinding** száraz csiszolás/csiszolat; *ker* száraz őrlés; ~ **guniting** *ép* száraz lövellési/torkrét eljárás; ~ **hard** *pa* túlszárított; ~ **heat** száraz hő; ~**-heat cure/curing** *gumi* forró levegős vulkanizálás; ~**-heat sterilizer** *orv* hőlég-sterilizátor; ~ **hole** *ép, ol* eredménytelen fúrás/szondázás; *ol* száraz (fúró)lyuk; ~ **ice** szárazjég, szénsavhó, szénsavjég, szilárd szén-dioxid; ~**-ice seeding** *met* szénsavjég kihintése *(felhőkbe)*; ~ **imprint** *pa* hamis vízjel; ~**-in process** *tex* beszárítás *(gyors fehérítési eljárásnál)*; ~ **joint** hidegforrasztás *(forrasztási hiba)*; *ép* száraz/dilatációs hézag; *gép* száraz csukló; ~ **knot** *fa* kiszáradt csomó *(ághely)*; ~ **lattice** *at* száraz rúdrács; ~**-lease** *rep* személyzet nélküli bérlés; ~ **lenses** *opt* száraz lencserendszer; ~ **line** *pa* vízvonal; ~ **liner** *gépk* száraz hengerhüvely; ~ **lode** *bány* meddő telér; ~ **lubrication** *gép* száraz kenés; ~ **lute** homokzár, anyagzár, cementzár; száraz ragacs/kitt; ~**-magnetic dressing** *koh* száraz mágneses szeparálás; ~ **masher** *mzg* szárazdaráló; ~ **masonry** *ép* ciklopfalazat, száraz (kő)falazat *(habarcs nélkül)*; ~**-masonry dam** *hidr* kőrakatgát; ~ **mass** *koh* száraz massza; *pa* száraz tömeg; *rep* a repülőgép tüzelőanyag nélküli tömege; ~ **mat** *nyom* (száraz) matrica; *pa* szárazmatricakarton; ~ **material** szárazanyag; ~ **matter** szárazanyag(-tartalom); *pa* száraz tömeg; ~ **measure** *fa* száraz űrmérték; ~ **milling** száraz őrlés; ~ **mix** *ép* száraz/földnedves keverék; ~ **mixed (d.m.)** szárazon kevert; ~**-mix shotcrete** *ép* torkrétbeton; ~ **mortar** *ép* szárazhabarcs; ~ **mo(u)lded casting** → ~ casting; ~ **mounting** száraz ragasztás; ~ **natural gas** száraz földgáz; ~ **nitriding** *koh* gáznitridálás; ~ **objective** *opt* száraz objektív; ~ **offset (printing process)** *nyom* száraz ofszeteljárás; ~ **ore** száraz érc; ~ **pack** *hidr* száraz cementtömítés; ~ **packing** *talt* kitöltés, tömedékelés; ~ **pan** *élip* szárazőrlő kollerjárat; ~ **paper** szárazpapír; ~ **partition** *ép* száraz építésű válaszfal; ~**-paving** *ép* száraz útburkolás; ~ **photo-voltaic cell** *aut* száraz záróréteges fotocella; ~ **picking** *élip* kézi kopasztás; ~ **pile** *el* szárazelem, száraztelep; ~ **pile battery** szárazelemekből álló telep; ~ **pipe** *hőt* gőzgyűjtő cső *(kazán gőzterében)*; szabályozó főgőzcső, szárazgőz-vételező cső; ~**-pipe ring** *hőt* főgőzcső-tömítőgyűrű; ~**-pipe sprinkler** szárazcsöves sprinklerberendezés; ~**-pipe valve (DPV)** pneumatikus vezérlésű tápszelep; ~ **plate** *foto* száraz fényképezőlemez; *nyom* szárazlemez; ~**-plate rectifier** *el* száraz egyenirányító; ~ **point** hidegtű *(rézkarchoz)*; *vegy* végpont, véghőmérséklet *(lepárlásé)*; ~ **polish** száraz csiszolás/fényezés; ~**-powder extinguisher** poroltó készülék; ~ **power** *rep* vízbefecskendezés nélküli teljesítmény; ~**-press** *v ker* nedves agyagport formába sajtol; szárazon sajtol; ~**-pressed brick** szárazon sajtolt tégla; ~ **process** *ker* száraz eljárás; ~**-process enamel** *ker* zománc száraz eljáráshoz, púderzománc; ~ **process of ore dressing** *koh* száraz (érc)előkészítés; ~**-process porcelain** *ker* sajtolt porcelán; ~**-pruning** *fa* legallyazás; ~**-raised fabric** *tex* szárazon bolyhozott szövet; ~ **raising** *tex* száraz bolyhozás; ~ **rectifier** *el* száraz egyenirányító; ~**-rectifier modulator** *távk* passzív modulátor; ~**-reed contact** *el* reed-érintkező; ~**-reed relay/switch** *aut* reed-relé; ~ **rendering** *élip* száraz zsírolvasztás; ~ **reprocessing** *at* metallurgiai üzemanyag újrafeldolgozása; ~ **residue** *vegy* szárazmaradék, szárazra párlás maradéka; ~ **rod weight** *ol* száraz rudazattömeg; ~ **rot** *bőr* foltos rothadás; *fa* revesedés; száraz korhadás; ~ **rotary drilling machine** *ép* száraz forgófúró gép; ~**-rubber dam** *hidr* kőrakatgát; ~ **run** *szt* száraz futás; ~ **running** *gép* szárazon futó *(kenés nélkül)*; ~**-salted hide** *bőr* sózottan szárított nyersbőr; ~**-salt process** *élip* száraz sózás; ~ **sand** *önt* öntödei homok, formázóhomok, formázókeverék; ~ **sandblast equipment** *ép* szárazhomok-fúvó berendezés; ~**-sand casting** → ~ casting; ~**-sand mo(u)ld** *önt* homokforma; szárított forma; ~**-sand mo(u)lding** *önt* homokforma-készítés, homokformázás; ~ **saturated steam** száraz telített gőz; ~ **screening** száraz rostálás; ~ **season** *met* száraz évszak; ~ **separation** *bány* száraz elválasztás/előkészítés; ~**(-)shed** *fa* fatároló fészer, szárítópajta; szárítóberendezés; ~ **shrinkage** *any* száradási zsugorodás; ~ **side of the dyke** *hidr* mentett oldal; ~**-slaked lime** *ép* porrá oltott mész; ~ **slaking** *vegy* porrá oltás *(mészé)*; ~ **slide** *fa* száraz facsúsztató; ~ **soap** mosópor; ~ **solids content** *vegy* szárazanyagtartalom; ~ **solvent spotting technique** *tex* száraz oldószeres folttisztító; ~ **sorting** *környv* száraz osztályozás; ~ **sparkover voltage** *koh* száraz átívelési feszültség; ~ **spinning (DS)** *műa* száraz szálképzés; *tex* száraz fonás; ~ **spinning frame** *tex* szárazfonó gép; ~**-spun** *tex* száraz fonású; ~**-spun yarn** *tex* fésűsfonal *(olajtalan fonással)*; ~ **stage** *met* száraz szakasz; ~ **stalline rock** *geol* kristályos kőzet; ~ **starch** *gyógyv* szárított keményítő *(tablettázáshoz)*; ~ **static thrust** *rep* „száraz" statikus tolóerő; ~ **steam** szárazgőz, túlhevített gőz; *pa* szárítógőz; ~**-stone pitching** *ép* száraz kőrakat; ~**-stone wall(ing)** *ép* száraz (kő)falazat *(habarcs nélkül)*; ~ **storage** száraz hűtésű tárolás; ~ **stowing** *bány* száraz tömedékelés; ~ **strength** *geol, koh, műa* száraz szilárdság; *talt* száraz állapotú anyag szilárdsága; *tex* száraz szakítószilárdság; ~ **substance** szárazanyag; ~ **suction** száraz szívás *(szivattyú működése kezdetén)*; ~ **sump** *gépk* száraz motorteknő/karter; ~**-sump lubrication** *gépk* szárazteknős kenési rendszer; ~ **tenacity** *tex* szakítószilárdság száraz állapotban; ~**-thread raising** *tex* bogáncsolás; ~ **thrust rating** *rep* vízbefecskendezés nélküli tolóerő üzemmód; ~ **to stiff concrete** földnedves beton; ~ **tube** *el* léghűtéses cső; ~ **twister** *tex* száraz cérnázógép; ~ **twisting** *tex* száraz cérnázás; ~**-type current transformer** *el* száraz szigetelésű áramváltó; ~ **type electrolytic capacitor** *el* száraz elektrolitkondenzátor; ~**-type reactor** *el* száraz fojtó(tekercs); ~**-type recharge well** *hidr* száraz talajvízdúsító kút; ~**-type rectifier** *el* száraz egyenirányító; ~**-type transformer** *el* száraztranszformátor; ~ **unit weight** *talt* száraz térfogatsúly; ~ **vacuum** olajmentes/száraz vákuum; ~ **valley** *geol* szárazvölgy, aszó, vízmosás; ~ **van container** *közl* darabáru-szállító tartály/konténer; ~**-wall construction** *ép* szárazfalazat; ~ **wall(ing)** *bány* szárazfalazat; *ép* ciklopfalazat, szárazfalazat; ~ **wall partition** → ~ partition; ~ **wash** hegyi vízmosás száraz medre; ~ **weather flow** *hidr* száraz időszaki/idei vízhozam; ~ **weight** száraz súly; ~ **well** *hidr* szivattyúház; szűrőkút, víztelenítő gödör; *ol* száraz/meddő fúrás/fúrólyuk; ~ **wellhead** *ol* atmoszferikus kútfejkamra; ~ **wine** száraz bor; ~ **wire-drawing** száraz dróthúzás; ~**-worker** szárító(munkás); ~ **yard** szárítóudvar *(napon szárításhoz)*; ~ **year** *met* száraz év

dryer szárító(helyiség); *élip, koh, tex* szárítóberendezés; *ép* nedvességszűrő; *műa, vegy* szárító(anyag), szikkatív; *pa* szárítóhenger, dobszárító; ~ **exhaust recovery** *pa* párahasznosítás; ~ **fabric** *pa* szárítószita; ~ **furnace** *koh* alagútszárító; ~ **mangle** szárítókalander; ~ **part** *pa* szárítószakasz; ~ **white** *ép* salétromfolt *(falon)*; *ker* fehér lepedék *(téglaszárításnál)*

dryerman szárítógépkezelő

drying szárítás, dehidrálás, exszikkáció, vízelvonás; (ki)száradás; ~ **accelerator** *tex* száradásgyorsító; ~ **agent** szárítóanyag, szikkatív; ~ **and mixing plant** *ép* szárítódobos aszfaltkeverő telep; ~ **apparatus** szárítóberendezés, szárítókészülék; ~ **battery** *önt, tex* szárító; ~ **bed** *hidr* szikkasztóágy, szárítóágy; ~ **belt** *pa* szárítóheveder; ~ **box** szárítószekrény, víztelenítőkamra; ~ **by cold air** hideg levegős szárítás; ~ **by heat** hőszárítás; ~ **by radiation** *tex* szárítás sugárzással; ~ **cabinet** *élip* szárítószekrény, szekrényes szárító; *film* szárítószekrény, víztelenítőkamra; *gyógyv* szárítószoba; ~ **canal** *pa* szárítócsatorna; ~ **chamber** kamrás szárító, szárítókamra; *élip* szárítótér; ~ **channel** *koh* szárítóalagút; ~ **check** *fa* száradási repedés; ~ **closet/cupboard** → ~ chamber; ~ **column** szárítótorony; ~ **crack** *geol* száradási repedés; ~ **cracking** *fa* légszárítási repedés; ~ **cupboard** → ~ chamber; ~**(-)cylinder** *élip, pa* szárítóhenger, hengeres szárító; *tex, vegy* szárítódob; ~ **drum** *élip, műa* dobszárító; *koh* szárítódob; ~ **equipment** szikkasztóberendezés; ~ **felt** *pa* szárítónemez; ~ **floor** *pa* szárítópadlás, szárítóállvány; ~ **frame** szárítóállvány, szikkasztóállvány, szárítókeret, szikkasztókeret; ~ **house** szárítóhelyiség; ~ **hurdle** *élip* aszalócserény; *ker, vegy* szárítórács; ~ **installation** szárítóberendezés; ~ **kiln** szárítókemence; *élip* aszaló, szárító; ~ **lamp** szárítólámpa; ~ **loft** *ép, pa* szárítópadlás, szárítóállvány; ~ **machine** szárítógép, (gépi) szárítóberendezés; ~ **of mo(u)lds** *önt* formaszárítás; ~ **of print** *tex* szövetszárítás nyomás után; ~ **of the blast** *koh* fúvószélszárítás; ~ **oil** kence; ~ **on cans** *tex* szárítás dobszárítókon; ~**(-)oven** *fa* szárítókamra; *talt* szárítókályha; *vegy* szárítószekrény, víztelenítőkamra; ~**(-)oven for cubes** *élip* kockacukor-szárító; ~ **paper** itatóspapír; ~ **part** *pa* szárítócsoport; ~ **plant** szárítóberendezés; *ép* ruhaszárító; *ol* szárítóegység, szárítóüzem; ~ **plate** szárítólap; *élip* aszalócserény;

~ **press** szárítóprés; ~ **process** szárítóeljárás, szárítás; ~ **property** száradóképesség; ~ **rack** szárítóállvány, szikkasztóállvány, szárítókeret, szikkasztókeret; ~ **roll(er)** *műa, tex* szárítóhenger, szárítódob; ~ **room** szárítóhelyiség, szárítókamra; ~ **section** *pa* szárítócsoport; ~ **shed** fatároló fészer, szárítópajta; ~ **shrinkage** száradási zsugorodás *(betoné)*; ~ **slasher** *tex* légszárító írezőgép; ~ **stenter/tenter** *tex* hőlégszárítós feszítőszerkezet; ~ **stove** *koh, önt* alagútszárító, szárítókemence; ~ **temperature** szárítási/száradási hőmérséklet; ~ **time** szárítási/száradási idő; ~ **tower** szárítótorony; ~ **tray** *tex* szárítóállvány, szikkasztóállvány, szárítókeret, szikkasztókeret; ~ **tunnel** *élip* alagútszárító, szárítókemence; ~ **under reduced pressure** *tex* szárítás vákuumban; ~ **under tension** *tex* szárítás feszítés alatt; ~ **unit** szárítóegység, szárítóüzem; *környv* szikkasztóberendezés; ~ **varnish** (gyorsan) száradó lakk

dryness száraz állapot, szárazság; *pa* száraztartalom, szárazanyag-tartalom

DS → degree of saturation; → disconnecting switch; → drill stem; → drop siding; → dry spinning

DSB → distribution switchboard; → double side band

DSC → differential scanning colorimeter; → double silk-covered

DSCB → data-set control block

DSE → data switching exchange

DSECT → dummy control section

DSI → digital speech interpolation

DST → daylight saving time; → drill stem test(ing)

DSV → digital sum variation

DSW → door switch

DT → deep tank; → double-thread; → double track; → drill template

DTA → diagram of thermal analysis; → differential thermal analysis

DTE → data terminal equipment

DTG → differential thermogravimetry

DTL → diode-transistor logic

DTLZ → diode-transistor-logic Zener

DTOA → due time of arrival

DTP → desktop publishing

DTT → desktop typesetting

dual I. *a* kettős, kétszeres, dupla, iker-; *mat* duális; **II.** *n mat* duális; ~ **access** *aut, szt* kettős/kétszeres elérés/hozzáférés; ~ **airway** *rep* kétirányú légi útvonal; ~ **amplification** *el* reflexerősítés, reflexirányú erősítés; ~**-beam** *fiz* kétsugaras; ~**-beam betatron** *at* kétsugaras *v.* kettős sugarú betatron; ~**-beam cathode-ray tube** *fiz* kétsugaras katódsugárcső/oszcilloszkópcső; ~**-beam oscilloscope** *fiz* kétsugaras oszcilloszkóp; ~ **beta decay** *fiz* kettős béta-bomlás; ~ **cable LAN** *szt* kétkábelű (széles sávú) helyi hálózat; ~ **carburet(t)or** *gépk* kettős porlasztó; ~ **carriageway** osztott pályás úttest/út; ~ **carriageway motorway** elválasztósávos autópálya; ~**-cast** *gépk* párosával öntött; ~ **cavity laser** kettős üregű lézer; ~ **channel** *távk* kettős csatorna; ~ **channel stereophony** *rád* kétcsatornás sztereofónia; ~ **circuit brakes** *gépk* kétkörös fék; ~ **circuits** *el* kettős/duális áramkör; ~ **cone** *mat* duális kúp; ~**-cone drum** kettős kúpos keverődob; ~ **cone radar antenna** *távk* kettős tölcsérantenna, bikonikus radarantenna; ~ **control** kettős vezérlés/szabályozás; *rep* kétkormányos; kettős kormánymű; ~ **control heptode** *el* kettős vezérlésű heptóda; ~ **current locomotive** *vasút* két áramnemű (villamos) mozdony; ~ **curve** *met* duális görbe; ~ **cycle reactor** *at* kettős körös reaktor; ~**-density disc** *szt* kétszeres sűrűséggel felírható mágneslemez; ~ **dictionary** *szt* nyomtatott invertált állomány *(bibliográfiai visszakereső rendszereknél)*; ~ **diversity receiver** *távk* kétcsatornás vevő; ~ **drive** kettős áttétel/hajtás; kétmotoros hajtás; *gépk* két hajtott tengelyű; ~ **dual** négysávos *(út)*; ~**-duct air-conditioning system/equipment/plant** kétcsatornás klímaberendezés; ~ **evaporating circuit system** kétlépcsős elgőzölögtetés; ~**-feed** *el* kettős táplálású; ~ **FET,** ~ **field-effect transistor** kettős térvezérelt tranzisztor; ~**-field motor** kompaundmotor; ~ **flight** *rak* páros (űr)repülés; *rep* kétkormányos kiképzőrepülés; ~**-flow plasma torch** kétcsatornás plazmavágó (pisztoly); ~**-flow torch** kétgázvezetékes égő; ~**-flow tray** *vegy* kettős áramlású tányér; ~ **fraction** *mat* diadikus tört; ~**-frequency motor** kétfrekvenciás motor; ~**-fuel** *gépk* kétféle üzemanyaggal működő; ~**-fuel engine** vegyes üzemű motor; ~**-gate MOSFET** *el* kétkapus MOSFET; ~**-groove record** kétbarázdás hangfelvétel; ~ **group** *mat* karaktercsoport, duális csoport; ~ **ignition** *gépk* kettős gyújtás *(mágneses és akkumulátoros)*; ~ **induction log** *ol* kettős indukciós szelvényezés; ~**-in-line (DIL)** *szt* kétsoros lábelrendezésű integrált áramköri tokozás, dual-in-line, DIL; ~**-in-line pack(age) (DIP)** *el* dual-in-line tok(ozás); ~ **instruction time** *rep* gyakorló repült idő; ~ **ion** *vegy* ikerion, felemás/kétpólusú/amfoter ion; ~ **laterolog(ing)** *ol* kettős laterologszelvényezés; ~ **lattice** *fiz* reciprok rács; *mat* duális háló; ~ **mapping** *mat* duális leképzés; ~**-mode control** *aut* kétállású szabályozás; ~ **modulation** *rád* kettős moduláció; ~ **mo(u)ld** *ép* ikersablon *(betonelemgyártás)*; ~ **network** duális áramkör; ~ **neutron-lifetime log** *ol* kettős neutronélettartam-szelvény; ~ **number** *mat* bináris/diadikus szám; ~ **operation** *szt* duális művelet; ~ **packer** *ol* kétfuratú pakker; ~ **paper feed** *szt* kettős papírtovábbítás; ~**-polarization laser** kettős polarizációs/sarkítású lézer; ~ **port memory** *szt* kétkapus memória; ~ **press** kettős prés; ~**-pressure pump** *hidr* kétnyomású szivattyú; ~ **probe** *met* kettős szonda, ikerszonda; ~ **problem** *rendsz* duálfeladat; duális probléma; ~ **processor** *szt* kétprocesszoros rendszer; ~**-purpose (DP)** kétfeladatos, kétcélú; kettős célú/rendeltetésű; ~**-purpose bulk carrier** *hajó* „OBO" hajó, érc- és olajszállító hajó; ~**-purpose burner** *ker* kombinált égő; ~**-purpose canal** *hidr* kettős célú csatorna; ~**-purpose gun** *kat* légi és földi célok leküzdésére alkalmas ágyú; ~**-purpose mixing plant/machine** *ép* aszfaltkeverő berendezés; ~**-purpose pumping plant** *hidr* kettős működésű szivattyútelep; ~**-purpose reactor** *at* kettős célú/rendeltetésű reaktor; ~**-purpose wheel** *gépk* kettős rendeltetésű kerék *(gumiabroncsos traktorkerék, kihajtható kapaszkodókkal)*; ~**-rate** változó merevségű *(rugó)*; ~**-rated** *el* két névleges teljesítményre átkapcsolható; ~**-ratio axle** *gép* kétfokozatú tengely; ~**-ratio control** *szersz* kétfokozatú nóniuszos beállítás; ~**-ray oscilloscope** *fiz* kétcsatornás oszcilloszkóp; ~ **receiver** *távk* kettős vevő; ~ **recording** kettős regisztrálás; ~**-role shot/work** *film* osztott képmezős felvétel; ~ **roll crusher/**

breaker kéthengeres törő, törőhengerpár; **~-roll seam welding machine** kétgörgős varrathegesztő gép; **~ rotor helicopter** *rep* kétrotoros helikopter; **~s** *ép* kettős csapok; *gépk* ikerabroncsok; **~ sensitivity electronic indicator** kettős érzékenységű elektronikus indikátor; **~ signal generator** kettős jelgenerátor; **~ simplex method** *mat* duál szimplex módszer; **~ solid tyres/tires** *gépk* tömör(gumi) ikerabroncs; **~ space** *mat* duális tér; **~-speed** *gép* kétsebességű, két fordulatszámú; **~-stage (mechanical) pump** *vák* kétlépcsős forgószivattyú; **~ standard** *tv* kétnormás; **~ standard construction** *mat* monád, hármas, monoid; **~ subscriber connection** *távb* ikerállomás, ikercsatlakozás; **~ system** *mat* kettes/diadikus számrendszer; *szt* duálrendszer; **~ telescoping mast** *em* kettős teleszkópozású oszlop; **~-temperature (exchange) process** *at* kettős hőmérsékletű (kicserélődési) eljárás; **~ thermal-decay-time log** *ol* kettős neutronélettartam-szelvény; **~-tone horn** *gépk* kéthangú (jelző)kürt; **~ trace oscilloscope** *fiz* kétsugaras oszcilloszkóp; **~ track recording** kétcsíkos felvétel *(hangrögzítés)*; **~-tyred/tired bogie** *kat* kettős abroncsú futógörgő; **~ tyres/tires** *gépk* ikerabroncs(ok); **~-voltage motor** kétfeszültségű motor; **~-wall vacuum chamber/vessel** kettős falú vákuumedény; **~ water model** *ol* kettősvíz-modell; **~ wheels** *rep* kettős kerekek, ikerkerekek; **~ (zone) well completion** *ol* kettős kútkiképzés

duality kettősség, dichotómia, kettős felosztás/tagolódás; kettőződés; *fiz, mat* dualitás; **~ principle/theorem/theory** dualitás elve/tétele, dualitástétel

dualizing *mat* duális képzése, dualizálás

dual(l)ing *ép* bővítés elválasztósávval

Duane and Hunt's law *fiz* Duane—Hunt-törvény

duant *at* duáns; **~ electrometer** duánselektrométer

dub I. *v* rovátkával jelöl; hozzáilleszt; megken, bezsíroz, megzsíroz; simít, simára farag; *bőr* irhazsírral kikészít; *el* átjátszik *(hang- és képrögzítés)*; *ép* egyenget; tömít; vakol, hézagol, tapaszt *(falat)*; *fa* rovatékoz; *film* (más nyelvre) szinkronizál; **II.** *n* zsiradék *(kenőzsírozáshoz)*

dubbed film szinkronizált film

dubber *film* hangmester

dubbin *bőr* bőrolaj, bőrkenőcs; kenőzsír *(bőrzsírozáshoz)*; zsírzószer *(halolaj- és faggyúkeverék)*

dubbing → dubbin; *el* átjátszás; *ép* durva elővakolás; vakolatsimítás; *film* szinkronizálás; **~-out** *ép* falegyenetlenségek kitöltése; **~ studio** szinkronstúdió, átjátszó/vágó műterem

Dubonnet suspension *gépk* Dubonnet-rugózás

duck durva pamut, sátorvászon; *em* textilbetét *(szállítószalagban)*; *közl* amfíbia, kétéltű jármű; *ruh* könnyű ruházat; **~ belt** vászonszalag; **~ bend** talpas könyökcső; **~-bill** *bány, em* kacsacsőr; *kat* fémperem hernyótalpon; *szersz* hajlított végű fogó; **~-bill drill** *szersz* kanálfúró, kanalas fúró; **~-bill pliers** *szersz* kacsacsőrű fogó; **~-bill swivel** *bány* forgóvályú *(kacsacsőrhöz)*; **~-bill weir** *hidr* kacsacsőrbukó; **~(-)board** *ép* járódeszka *(rászegezett lécekkel)*; **~ bucket** vászonveder; **~ cloth** *tex* sátorponyva; **~ cotton** *tex* vitorlavászon *(pamutból)*; **~ fabric** *tex* sátorponyva; **~-foot** *mzg* lúdtalp alakú művelőtest *(kultivátoron)*; **~-foot cultivator** *mzg* lúdlábkapás kultivátor; **~'s-bill auger/bit** kanálfúró, kanalas fúró; **~ swivel** *bány* kacsacsőrforgó *(vályú)*; **~-type aeroplane** kacsarepülőgép

duct cső(vezeték); árok, járat; vezetékakna, vezetékcső, vezetékcsatorna; *bány* átjáró, alagút; csatorna; kürtő; *el* (jelvivő) vezeték; beton védőcső *(kábelé)*, kábelcsatorna; csatorna; szellőzőcsatorna, hűtőcsatorna *(villamos gép álló- v. forgórészében)*; vezetőhüvely, vezetőágy; *ép* csővezeték; falhorony *(nagyméretű)*; *fiz* duct, atmoszferikus csatorna; *nyom* festék(ező)tartály; *rád* hullámvezető (lég)réteg; *vák* csővezeték; **~ bank** föld alatti csővezeték; **~ block** csatornatégla, csatornafalazó kő/blokk; **~ burning** *rep* utánégetés a kétáramú hajtómű külső részében; **~ capacitor** átvezető kondenzátor; **~ cleaner** csőkefe, csőtisztító kefe; **~-edge shield** *el* kábelvezető karmantyú; **~ fan** *bány* szellőzőcső, légcső, csőszellőztető; **~ filter** *ép* légcsatornaszűrő; **~ for services** *ép* közműcsatorna, közműalagút; **~ furnace** *ép* közvetlen tüzelésű léghevítő; **~ inlet** csatorna bemeneti keresztmetszete; csatorna beömlőnyílása; **~ keel** *hajó* alagútgerinc; **~ line** kábelcsatorna; **~ of increasing area** növekvő keresztmetszetű csatorna; **~ plug** *távk* kábelcsatorna-végelzáró; **~ rodding** kábelhúzás csatornarendszerben; **~ roller** → ductor roller; **~ run** kábelcsatorna-rendszer; **~ sealing** kábelcsatorna tömítése; **~ silencer** *ép* lemezes hangtompító; **~ spacer** *koh* szellőzőcsatorna-betét, hűtőcsatorna-betét; **~-type fan** → **~** fan; **~-ventilated** *koh* hűtőcsatornás; **~-ventilation** *bány* légcsőszellőztetés; **~ work** csőfektetés, csatornafektetés; elosztócsatorna

ducted vezetékes; **~ fan** *rep* turbóventillátor, csőlégcsavar; **~ fan-type gas turbine** kétáramú szekunderlevegős gázturbina; **~ propeller** *hajó* gyűrűs hajócsavar

ductile *alak* nyújtható, (hidegen) alakítható; *heng* húzható, húzással alakítható, képlékeny; *talt* képlékeny; **~ alloy** *koh* alakítható ötvözet; **~ cast-iron** *koh* alakítható öntöttvas; gömbgrafitos öntöttvas; **~ failure** nyúlás okozta törés; **~ fracture** szívós/képlékeny törés; **~ iron** lágyvas

ductilimeter hidegalakíthatóságot mérő készülék; nyúlásmérő *(szerkezet)*

ductility *alak* (hideg)alakíthatóság, nyújthatóság; duktilitás, húzással alakíthatóság, húzhatóság; nyúlás mértéke; *bány* szívósság; **~ of the weld** hegesztési varrat alakváltozási képessége; **~ test** mélyhúzhatóság-vizsgálat, Erichsen-vizsgálat; **~ testing machine** *any* hidegalakíthatóságot mérő gép; mélyhúzó próbagép, Erichsen-gép; **~ value** *any* mélyíthetőségi mérték

ducting csatornavezetés; csővezetékhálózat; *bány* légcsővezeték, légcsőrakat

ductless lefolyás/kifolyás nélküli

ductor *nyom* festék(ező)tartály; *pa* felvezetőkötél; *tex* tisztítókés, festékkaparó (szerszám), lehúzókés; **~ blade** → **~** knife; **~ key** *nyom* festékelválasztó, festékklocc; **~ knife** *nyom* festékkés, lehúzókés; **~ roller** *nyom* festékezőhenger, festékvályúhenger, festékadagoló henger, duktor; **~-type ink fountain** duktorszekrény, festékvályú

dud (tisztító)rongy; befulladt *v.* fel nem robbant lövedék/bomba; *rep* repülésre alkalmatlan *(idő)*

Duddel oscillograph Duddel-oszcillográf, lengőhurkos oszcillográf

dudgeon csőrés; csőtágító szerszám/tüske *(kisméretű csövekhez)*
due tartozék; ~ **time of arrival (DTOA)** *rep* menetrend szerinti érkezési idő
DUF → diffusion under film
duff szénpor, széndara, daraszén; *hőt* szénhulladék
duffel, duffle csomós fonalból készült sportszövet; télikabátszövet; düftinszerű textilanyag
dufrenite *ásv* dufrenit
dufrenoysite *ásv* dufrenoysit
dug felásott; kiásott; kinyert; ~ **earth** *ép* elhordott/lehordott föld; ~**-in** *kat* beásott; ~**-out** kiásott; *hidr* kiásás; *kat* fedezék; lövészárok; ~**-out blanket** *kat* gázvédő függöny; ~ **sand** ásott/termelt homok, gödörhomok; ~**-way** *ép* bevágásba épült út; ~ **well** ásott kút; aknakút
Duhamel | integral Duhamel-féle integrál; ~**'s theorem** Duhamel tétele
duke papíralak *(7"x5 3/8")*
dukeway *bány* sikló
dukey csille *(gurítópályán)*
dulcin *vegy* dulcin, p-fenetol-karbamid
dulcite *vegy* dulcit
dulcitol → dulcite
dull I. *v* eltompít, tompává tesz; lekoptat *(szerszámot)*, életlenné tesz *(kést)*; tompít, csökkent, gyengít *(hangot)*; fénytelenít, mattíroz; elhomályosít, elfakít, elsötétít *(színt)*; elhomályosul, elfakul; (el)tompul, életlenné válik; **II.** *a* tompa, életlen *(szerszám)*; homályos, fénytelen, fakó *(szín)*; tompa (fényű), matt; elsötétített; homályos(an izzó); szellőzetlen; *tex* fénytompított; ~ **art paper** *nyom, pa* matt műnyomó papír; ~ **bit** *ol* lekopott/tompa fúró; ~ **black** mattfekete, sápadtfekete, fénytelen fekete; ~ **blue** tompakék; ~ **box** matt fényű bokszbőr; ~**-bright** tompa fényű, matt; homályosan izzó; ~ **chromium-plating** fénytelen krómozás; ~ **coal** *bány* matt szén; ~ **coated paper** *nyom, pa* fényezetlen merített papír; matt műnyomó papír; ~ **decati(zi)ng** *tex* matt dekatálás; ~**-edged** *fa* csonka élűre szélezett, csonka/tompa élű; ~**-edged deal** *fa* félgömbösen/tompán szélezett palló; ~**-emitter (cathode),** ~**-emitting cathode** sötéten izzó katód, takarékkatód; ~ **finish** *pa* tompafénysimaság; *tex* matt appretúra; ~**-finish calender** *tex* mattírozó kalander; ~**-finished art paper** → ~ art paper; ~**-finished calf** *bőr* dullbox; ~**-finish(ed) sheet** *heng* homályos lemez; ~**-finish lacquer** fénytelen lakk/máz; ~ **glass** opálüveg, tejüveg; ~**-glazed** *pa* mattra fényezett, matt kikészítésű; ~ **ink** *nyom* matt festék; ~ **off** *v élip* tetszetősségéből veszít; ~ **paper** matt papír; ~**-red heat** sötétvörös izzás; ~ **tarnish** homályos futtatás; ~ **to dull** *élip* hát hát ellen; ~ **to sharp** *élip* hát él ellen; ~ **white** mattfehér, sápadtfehér, fénytelen fehér
dullness mattság, fénytelenség; fakultság; homályosság, tompaság; vakság *(tükrön)*
Dulong and Petit's law *vegy* Dulong—Petit-szabály
dumb néma; nyílás nélküli; érzéketlen; *hajó* árboc nélküli; ~ **antenna** *rád* műantenna; ~ **arch** *ép* tömör boltozat; ~**-bell** súlyzó; ~**-bell model** *at* súlyzómodell *(kétatomos molekuláé)*; ~**-bell molecule** súlyzó alakú molekula; ~**-bell orbital** *at* elektron súlyzó alakú tartózkodási tartománya; ~**-bell pier** *hidr* kétoszlopos/I pillér; ~**-bell sample** *any* piskótapróbatest; ~**-bell shaped** *gumi* súlyzó alakú *(pl. próbatest)*; ~**-bell slot** súlyzó keresztmetszetű/alakú rés; ~**-craft** *ép* kis felvonó *(ételfelvonó)*; *hajó* beépített erőforrás nélküli vízi közlekedési eszköz, uszály; ~ **iron** *gépk* rugótartó bak, lengéscsillapító; ~**-scrab** *önt* „pecsenye" *(öntvényhiba)*; ~ **screen** bedugult rosta; ~ **signal** *rep* pályahasználati jel; ~ **single** *tex* sodratlan (mű)selyemfonalak; ~**-switch** *vasút* csúcssín nélküli váltó; ~ **telescope** lencse nélküli célzócső; ~ **terminal** *szt* „buta" terminál; ~**-waiter (DW)** *ép* étellift; kis teherfelvonó; ~**-well** emésztőgödör, pöcegödör; *hidr* kifenekelt kút
dumdum (bullet) *kat* dumdumgolyó
dumet wire rézköpenyhuzal, rézköpenyű huzal, dumethuzal
dummy I. *a* látszólagos, mesterséges; mű-; hamis, ál-, látszat-, vak-; üres; *heng* sima *(üreg)*; **II.** *n* utánzat, makett; báb; kirakati bábu; *bány* futó ellensúly; platókocsi; *el* vaktekercs; *hajó* ponton; úszó kikötő; *nyom* (kötés)makett, kötésterv; *pa* kirakati csomagolás; *ruha* próbababa; *szersz* ólomcső-egyengető; ~ **address** *szt* pszeudocím; ~ **air waybill** *rep* légifuvarlevél másodlata; ~ **antenna (DA)** műantenna; ~ **argument** formális paraméter; ~ **bar** *koh* kristályosítórúd; ~ **block** *önt* magtámasz; ~ **brake drum** *gépk* fékbeállító dob; ~ **car** *bány* platókocsi; ~ **cartridge** *kat* vaktöltény; ~ **coil** *el* árammentes/kiiktatott tekercs; segédtekercs; ~ **combination** *stat* álkombináció; ~ **conductor** *el* üres/bekötetlen ér/vezető; ~ **contact** *el* üres érintkező; ~ **control section (DSECT)** *szt* pszeudoprogramrész, DSECT; ~ **copy** *nyom* (kötés)makett, kötésterv; ~ **coupling** *gépk* záródugó, vakkarima; ~ **diffuser** *at* fiktív diffúzor/szóróközeg; ~ **experiment** vakkísérlet; ~ **flange** *ép, gép* vakkarima; ~ **fuse** *el* álbiztosító; ~ **gate** *bány* tömedékvágat; ~ **hole** vaklyuk, vakfurat; ~ **instruction** *szt* fiktív/látszólagos utasítás; ~ **joint** *ép* álhézag, látszólagos hézag, vakhézag; ~ **journal** *gép* álcsap, csapszerű nyúlvány; ~ **load** *el* fiktív terhelés, műterhelés; *mech* segéderő; *távk* vakterhelés; ~ **panel** *távk* vaklemez; ~ **part** *mt* makett, modell; ~ **pass** *heng* vakszúrás, üres szúrás; vaküreg; ~ **piston** *gép* kiegyensúlyozott dugattyú; ~ **pit** *bány* vakakna; ~ **plate** *nyom* vaklemez; ~ **plug** *távb* vakdugasz; ~ **record** *szt* áltétel; ~ **rifle** *kat* gyakorlópuska; ~ **rivet** szerelőszegecs, tűzőszegecs; ~ **road** *bány* tömedékvágat, vakvágat; ~ **rocket** töltet nélküli rakéta; ~ **roll** vonszolt henger; szabadonfutó henger; ~ **roller** *tex* takarékhenger; ~ **scale** *mat* képzetes skála; ~ **shaft** *bány* vakakna; *gépk* melléktengely, előtéttengely; ~ **sheet** alátétlemez; ~ **shell** *kat* vaklövedék, gyakorlógránát; ~ **statement** *szt* üres utasítás; ~ **stowing** *bány* tömedékelés tömedékvágatból; ~ **strut** *rep* pótmerevítés; ~ **stud** *el* üres/bekötetlen érintkező; ~ **traffic** *távb, környv* meddő forgalom; ~ **treatment** álkezelés; ~ **trial** → ~ experiment; ~ **tube** *rád* műcső; ~ **valve** *ol* vakszelep, vakdugó; ~ **variable** *mat* fiktív változó; ~ **wagon** *bány* ellensúlycsille *(siklószállításnál)*; ~ **weld** hegesztőanyag nélkül készült varrat; ~ **window** *ép* vakablak; ~ **work** *mech* idegen munka
dummying *alak* előkovácsolás
dumontite *ásv* dumontit

dumortierite *ásv* dumortierit
dump I. *v* (meg)old, meglazít, kienged; lezúdít, lehány, kidönt, kiönt; kirak(odik); lerak, kiborít, kibillent; *bány* buktat; *el* levesz *(terhelést)*, leterhel; *ip* áron alul exportál; piacra dob; *szt* kiírat *(tárat)*; **II.** *n* halom, rakás; szeméttelep, szeméthalom, szemétrakás; radioaktívhulladék-temető; *at* gyorsürítés, vészleürítés; késleltetőtank; *bány* csillebuktató; *bány, koh* (meddő)hányó; *el* táplálás megszakítása, kikapcsolása; *ép* depónia; építőtelep, gépudvar; szemétfeltöltés; *hidr* depónia; *kat* (anyag)raktár; *közl* kocsibuktató/csillebuktató szerkezet; szemétszállító jármű; *nyom* szétdobott szedés helye; *szt* kimenet; tármásolat; ~ **a capacitor** *v* kondenzátort kisüt; ~ **and restart** *szt* tárkiíratás és újraindítás; ~ **area** hányó; ~ **articulated trailer** → ~ semi-trailer; ~ **bailer** *bány, ol* cementkanál; ~ **body** *gépk* billenő rakfelület; billenő/önürítő kocsiszekrény; ~**-body trailer** *gépk* billenő(szekrényes) pótkocsi; ~ **box** *em* billenőszekrény; *önt* billenőtartály; ~ **bridge** *bány* hányóhíd; ~ **by tilting** lerakás billentéssel; ~ **car** *bány* buktatókocsi; *gépk* billenőszekrényes kocsi, dömper, szemétszállító jármű; ~ **check** átvitelellenőrzés; *szt* állapotellenőrzés tárkiíratással; ~**-chest** tárolókád; ~ **cinder car** *koh* buktatható salaküst; ~ **grate** billenő kazánrostély; leeresztőrostély; ~ **levelling** *bány* hányóegyengetés; ~ **lorry** billenőszekrényes tehergépkocsi; ~ **meter** *ol* kortymérő; ~ **ore** *bány* hányóérc; ~ **plate** *bány* fordítólemez; ~ **plough/plow** *mzg* billenőeke; ~ **pocket** *bány* ürítőtartály; ~ **pond** *környv* iszaptó; ~ **pump** *pa* lefúvató szivattyú; ~ **rail** *bány* billenősín *(szkipen)*; ~ **rake** *mzg* szénagyűjtő gép; ~ **routine** *szt* kiíratórutin; ~ **semi-trailer** *gépk* billenő félpótkocsi; nyerges billenőkocsi; ~ **tank** *at* késleltetőtank, *at, gépk, rep* gyorsürítő tartály; ~ **trailer** → ~-body trailer; ~ **truck** billenőszekrényes *v.* billenő rakfelületű (gép)kocsi; dömper; *környv* szemétszállító jármű; ~ **valve** *rep* gyorsürítő szelep; ~ **wag(g)on** *vasút* billenőkocsi; ~ **water** *koh* hányóvíz
dumpbarge *hidr* önürítő uszály
dumped | foundation *ép* feltöltött alapozás; ~ **moraine** *geol* morénasánc; ~ **rock fill dam** szórt kőgát; ~ **(stone) riprap** *ép* kőhányás, kőrakat
dumper dömper; billenőszekrényes jármű *(gépkocsi, csille)*; *tex* kiegyenlítőszer, egalizálószer; ~ **shoe** buktató befogópofája; ~**-truck** → dump truck; ~ **tyre/tire** *gumi* billenő (önürítő) jármű köpenye, dömperköpeny
dumping *bány* buktatás; *el* leterhelés, tehermentesítés; *élip* lefejtés, kitárolás, kiterjesztés *(tartályból, silóból)*; *ip* áron aluli exportálás, dömping; *koh* üstbuktatás; *környv* deponálás; *rep* levegőbe ürítés *(tüzelőanyagé)*; ~ **axle** átbillenési tengely; ~ **bar** billenő rostélyrács; *koh* salaktorlasztó; ~ **barrow** *csom* billenőtargonca; ~ **bucket** oldalra billenő kanál; ~ **cableway** *bány* meddőhányó-kötélpálya; ~ **car** dömper; billenőcsille; ~**-cart** *bány* billenőkocsi, buktatókocsi; ~ **chute** *gép* ürítővályú; ~ **contrivance/device** buktatószerkezet, billentőszerkezet; ~ **grate** buktatórács; ~**-ground** szemétlerakó hely; *at* izotóptemető, radioaktív hulladékok tárolóhelye; *bány* (meddő)hányó; *hidr* depónia; ~ **lorry** billenőplatós tehergépkocsi; ~ **pan** *em* billenőtálca; ~ **place** *bány* döntőtér, ürítőtér, anyaglerakó/anyagtároló hely; ~ **platform** billenő rakodóhíd; döntőpadozat; ~ **press** *tex* gyapjúbála-sajtoló; ~ **ropeway** → ~ cableway; ~ **scaffold** *bány* döntőpadozat; ~ **site** *környv* lerakóhely; ~ **stage** → ~ platform; ~ **station** *vasút* átrakodóállomás; ~ **truck** → dump truck; ~ **up** *bány* hányóképzés; ~**-wag(g)on** *bány* billenőkocsi, billenőcsille; ~ **yard** (meddő)hányó
dumpling *ép* földbaba; földkúp, mérőkúp *(meghagyott földből)*
dumpy level kötött távcsöves szintezőműszer *(Troughton-féle)*
dun *tex* szürkésbarna
dundasite *ásv* dundazit
dune dűne, homokdomb, homokbucka; ~ **buggy** *gépk* terepjáró/homokfutó kiskocsi; ~ **sand** futóhomok, hordalékhomok
dung *mzg* (istálló)trágya; ~**(-bate)** *bőr* ürülékpác, ganéjpác; ~ **bits** koloncos gyapjú; ~ **gas** *mzg* trágyagáz; ~ **water** *mzg* trágyalé
dungaree durva indiai karton; gépészruha, szerelőruha, munkaruha, overall; *tex* durva (jeans-típusú) pamutszövet
dunging *mzg* trágyázás; *tex* nyomott pamutszövetek kikészítése *(foszfátos fürdőben)*
dungy trágyás, szennyezett; *bőr* ürülékpáccal kezelt; ~ **hide** trágyás nyersbőr
dunite *ásv* dunit
dunking fürdetés vegyi anyagban *(filmé)*
dunn bass *geol* agyagpala *(szénformációban)*
dunnage *ép* ászokfa, alátétfa; *hajó* alomfa; űrtöltő anyag
dunning kétexpozíciós filmezés
dunnite *bány* dunnit *(robbanóanyag)*
dunted *ker* repedezett
duo két-, kettős, iker; ~**-high mill** *heng* duóhengersor; ~ **mill** *koh* duóhengersor; ~**-quarto combination** *heng* duó-kvartó kombináció; ~**-rolls** ikerhenger *(pl)*; ~**-servo broke** *gépk* kéttuskós szervófék; ~**-tread tyre/tire** kétfutós gumiabroncs
duobinary *szt* duobináris; ~ **encoded** duobináris kódolású
duocone | loudspeaker kettős kúpos/membránú hangszóró; ~ **seal** *hidr* csúszógyűrűs tömítés
duodecal base *koh* tizenkét csapos csőláb
duodecimal *mat* tizenkettes; ~ **(number) system** *mat* tizenkettes számrendszer
duodecimo *nyom* tizenkettedrét *(papíralak)*
duodenary → duodecimal
duodiode *rád* kettős dióda, duodióda
duograph *foto* dugráf
duolateral coil (DLC) méhsejttekercs
duoplasmatron (DP) *fiz* duoplazmatron(-ionforrás), von Ardenne-forrás
duosol process *ol* duo-szol eljárás
duosynchronous motor „kifordított" szinkronmotor
duotetrode *rád* kettős tetróda
duotone kéttónusú, kétszínű; ~ **ink** *nyom* két színt mutató festék
duotriode kettős trióda
duotype *foto, nyom* duotípia
dupe I. *v* másol, másolatot készít; **II.** *n* másolat; másodlat; *film* kópia; ~ **negative** *film* dupnegatív, közbenső negatív, másodnegatív; ~**-negative raw stock** dupnegatív-filmnyersanyag; ~ **positive** *film* duppo-

zitív, közbenső pozitív, interpozitív; **~-positive raw stock** duppozitív-filmnyersanyag
Duperreys line mágneses-meridián jelzővonalak
dupey process eljárás vas közvetlen kinyerésére
dupion *tex* kettős gubó *(selyemhernyóé)*; **~ cocoon** ikergubó, kettős gubó; „dropi"
duplet → doublet
duplex I. *v távk* duplexel, kétirányúvá tesz; **II.** *a* kétszeres; kettős, dupla, iker; *forg* kétorsós; *foto* kettős *(felvétel)*; *gép* kétbekezdésű *(csavar)*; *szt* kétszeres, kétirányú, duplex; *távk* kétirányú, duplex; **III.** *n ép* kétlakásos ház, ikerház; *foto* kettős felvétel *(mikrofotográfia)*; *távk* duplex kapcsolás, duplex rendszer; **~ apartment** *ép* kétszintű lakás; **~ artificial circuit** → **~** balance; **~ autotype** *nyom* duplex autotípia; **~ bag** *pa* bélelt/kétrétű zacskó; **~ balance** *távb* kiegyenlítő vonal, vonalutánzat, művonal; **~ benchboard** kombinált vezérlőberendezés; **~ board** → **~** cardboard; **~ brake** *gépk* kettős/összetett fék; **~ cable** *el* két ágból sodort vezeték; **~ candle-board** *pa* duplex gyertya(doboz)karton; **~ carburetter/carburettor** *gép* kettős porlasztó; **~ cardboard** *pa* duplex/kétrétegű karton; **~ chain** kétsoros/duplex lánc; **~ channel** *szt* duplex csatorna; **~ circuit** *távk* duplex áramkör; **~ connection** *el* ellenkapcsolás; **~ control** *aut* kettős szabályozás; **~ cutter** *pa* duplex vágó, kettős ívvágó; **~ diode** *rád* kettős dióda, duodióda *(kettős katóddal)*; **~ escapement** *óra* duplexjárat; **~ extension** *foto* kettős kihuzat; **~ felt** *pa* kettős szövésű nemez; **~ house** *ép* kétlakásos ház, ikerház; **~ ink** → duotone ink; **~ installation** *távk* duplex berendezés; **~ iron** *koh* duplex öntöttvas; **~ lathe** *forg* duplex/kétszerszámos eszterga; **~ machine** *forg* kétorsós szerszámgép; **~ mo(u)lding** *műa* kétdugattyús fröccssajtolás; **~ operation** *távk* duplex üzemmód; **~ paper** *pa* duplex/kétrétegű/kétszínű papír; **~ plunger lubricator** kettős dugattyús kenőszivattyú *(Mollerup-féle)*; **~ print(ing)** *nyom, tex* kétoldali nyomás; **~ printing machine** duplex nyomógép; **~ process** *koh* duplex eljárás/acélgyártás; **~ production well(s)** *ol* két különálló rétegből termelő kút; **~ pump** *hidr* duplex szivattyú; **~ purchase** kétfokozatú előtét *(emelőn)*; **~ record** kétoldalas fotókópia; **~ roller chain** → chain; **~ screen** *nyom* duplex rács; **~ screen printing machine** *nyom* duplex szitanyomó gép; *tex* duplex filmnyomó gép; **~ service** *távk* duplex üzemmód; **~ spot welder** kettős ponthegesztő gép; **~ spot welding** kettős ponthegesztés; **~ steam piston pump** kéthengeres *v.* kétszeres működésű dugattyús szivattyú; **~ structure/texture** *koh* duplex szövet; **~ switchboard** duplex kapcsolótábla; **~ tool rest** *forg* kettős szán/szupport; **~ (wave) winding** *el* kétmenetes (hullámos) tekercselés; **~ working** *távk* duplex üzem
duplexer *távk* adó-vevő váltó; duplexer
duplexing *koh* duplex eljárás; *szt* tartalékolás *(azonos funkcióra kettő vagy több áramkör)*; *távk* duplex üzem(mód); közös adó-vevő antenna alkalmazása
duplexity kétszeresség, kettősség; *távk* kétirányúság
duplicate I. *v* megkétszerez, megkettőz(tet); ismétel; másol, másolatot készít; két példányban készít; sokszorosít; *forg* másol, kopíroz; *irgép* másodlatot/másodpéldányt készít; **II.** *a* kettős, kétszeres, dupla, iker-; **III.** *n* másolat, kópia; másodlat, másodpéldány, duplum; pótdarab, tartalékdarab; *szt* másolás; **~ feeder** *távk* párhuzamos (második) tápvezeték; **~ jack** *távb* párhuzamos hüvely; **~ part** pótalkatrész, tartalékalkatrész; **~ plate** *nyom* klisémáso(d)lat; **~ recorder** másodregisztráló; **~ sample** *stat* dupla minta
duplicated | negative → dupe negative; **~ positive** → dupe positive; **~ record** *szt* másolt rekord; **~ sample** *stat* dupla minta; **~ twill** *tex* összetett sávoly
duplicating *el* másolás *(rögzítés)*; **~ apparatus** sokszorosító(berendezés); **~ attachment** *forg* másolókészülék; **~ book** átírókönyv; **~ lathe** *forg* másolóeszterga; **~ machine** sokszorosítógép; *forg* másológép; **~ milling machine** *forg* másoló marógép; **~ pad** *pa* átírótömb; **~ paper** *irgép* átírópapír; *pa* átíró másolópapír; sokszorosítópapír; **~ stencil base paper** *pa* stencil-alappapír; **~ summary card-punching machine** másoló összeglyukasztó gép; **~ templet** *forg* másolóidom
duplication megkettőzés, megduplázás; másolás; sokszorosítás; *forg* másolás, kopírozás; *geol* rétegismétlődés *(vetődésnél)*; **~ check** kettős/kétszeres ellenőrzés/kontroll; **~ of tapes** szalagmásolás
duplicator duplikátor, sokszorosítógép; *forg* másolókészülék; *vegy* kettős falú bepárlóüst; **~ paper** sokszorosítópapír
duplicity kettősség, dichotómia, kettős felosztás/tagolódás
Dupuit's value *bány* Dupuit-féle érték
durability permanencia, állandóság, tartósság, változatlanság; *ép* élettartam, időállóság, tartósság; *ip* tárolhatóság; *koh* béléstartósság; **~ of lining** *koh* béléstartósság; **~ of mo(u)ld sand** *koh* kokillatartósság, kokilla-élettartam; **~ test** tartóssági vizsgálat
durable tartós, időálló; **~ crease** *tex* maradó gyűrődés; **~ finish** *tex* tartós/mosásálló kikészítés; **~ pleats** *tex* maradó berakás; tartós plisszírozás
durain *ásv* durit
duralumin(ium) dúralumínium, dural
duramen *fa* geszt
durance bőr utánzatú nemezelt szövet
durangite *ásv* durangit
duration (idő)tartam; huzamosság; tartósság; **~ curve of load in peak periods** csúcstartóssági diagram; **~ of a cycle** ciklusidő, ciklusperiódus időtartama, körbefordulás ideje; **~ of a revolution** *csill* keringési idő; *mech* körforgási idő; **~ of bright sunshine** → **~** of sunshine; **~ of burning** *koh* égési idő; **~ of contact** *gép* kapcsolószám; **~ of discharges** *hidr* vízhozamtartósság; **~ of excited state** *at* gerjesztett állapot tartama; **~ of explosion** robbanási időtartam; **~ of exposure** *foto* megvilágítási idő; **~ of heat** *heng, koh* hőntartási idő; **~ of heating** *ép, hőt* fűtési időtartam; **~ of impulse** impulzusidőtartam; **~ of inundation** *hidr* elöntési időtartam; **~ of irradiation** *at* besugárzási idő/expozíció; **~ of one full beat** *mech* lebegésidő; **~ of power flight** *rep* motoros repülés időtartama; **~ of sedimentation** *geol* ülepedési időtartam; **~ of self-regulation** *aut* önbeállási idő; **~ of sunshine** *met* napsütés/napfénybesugárzás időtartama; **~ of transmission** átviteli időtartam; **~ of wave-front** *el* homlokidő; **~-strength** *el* tartós szilárdság *(vezetéké)*
durax paving *ép* legyező kiskockakő-burkolat

durchgriff *el* áthatás

„Durchschlag" phenomenon *mech* átpattanás

durdenite *ásv* durdenit

durene *vegy* durol, 1,2,4,5-tetrametil-benzol

duricrust *geol* kemény talajkéreg

during-operation check ellenőrzés működés közben

duriron Fe-Si ötvözet

durobronze durobronz, kemény (Cu-Sn-Si) bronz

duromers *pl vegy* duromerek, hőre keményedő műanyagok

durometer *any* keménységmérő készülék, durométer

duroplastic I. *a műa* hőre keményedő; **II.** *n* hőre keményedő műanyag, duroplaszt

duroscope duroszkóp, keménységvizsgáló készülék

durovitreous *geol* kemény üvegszerű

dust I. *v* beporoz, megszór, beszór, meghint, behint; kiporol, leporol; porít; portalanít; **II.** *n* por, porított anyag; *forg* csiszolópor; ~ **accumulation** porfelhalmozódás; ~ **agglomeration** *bány* porlekötés; *környv* porhalmaz; ~ **alleviation** *ép* por(meg)kötés, portalanítás; ~**-and-water excluder** szárító porszívó berendezés; ~ **arrester** porleválasztó/portalanító (berendezés), porfogó (készülék); ~**-ash** pernye; ~ **bag** porzsák; *önt* porozózacskó; ~**-ball** porgolyó, pormeteor; ~ **bell** *bány* porfogó harang; ~ **binder oil** porkötő olaj; ~**-blow pump** *finm* porlefúvó *(órásé)*; ~ **bonding agent** porlekötő anyag/szer; ~ **cage** *tex* porkamra; szűrődob *(pamutbontó gépen)*; ~ **cap** porfogó, porvédő, porköpeny; *gép* porsapka; ~ **cart** szemeteskocsi, szemétszállító kocsi; ~ **catcher** porfogó, porgyűjtő, porcsapda; porelszívó berendezés; porzsák; ~ **cellar** *tex* porpince; ~ **chamber** porkamra; *élip* ülepítőkamra, ülepítőtér; ~ **cleaner** *bány* porszívó, porkaparó; porvonó; ~ **coal** *bány* porszén, szénpor; ~ **coat** porréteg; ~**-coated electrode** vékonyan bevont hegesztőpálca; ~ **collecting** *bány* porelszívás; ~**-collecting bag** *tex* porgyűjtő zsák; ~**-collecting cyclone** porciklon, centrifugális porleválasztó; ~**-collecting room** *tex* porpince; ~ **collection** porgyűjtés, (durva) porleválasztás; ~ **collection by exhaust ventilation** *forg* porelszívás; ~ **collector (DC)** porfogó, porgyűjtő, porcsapda; *élip* porszűrő; *hőt* porleválasztó, pernyeleválasztó, pernyeszűrő; ~ **concentration** porkoncentráció, porsűrűség; porterhelés; ~ **content** porterhelés; portartalom; ~ **control** üzemi por kiküszöbölése, portalanítás, porvédelem; *szell* portechnika; ~**-cooled reactor** *at* porszuszpenzióval hűtött reaktor; ~ **core** *el, távk* porvasmag; ~**-core coil** *el* porvasmagú tekercs; ~**-core transformer** *el* porvasmagos transzformátor; ~ **counter** *környv-met, met* porszámláló, koniméter; ~ **cover** porfedő, porfogó, porköpeny; *nyom* borítólap, burkoló; ~ **cyclone** *környv* porciklon; ~ **density** porterhelés; porsűrűség; ~ **deposition** *bány* porleülepítés; *környv* porlerakódás; ~ **devil** *rep* poros forgószél; ~ **discharger** *bány* porkihordó; ~ **disease** *környv* porártalom; ~ **distributor** *bány* porhintő berendezés, kőporszóró; ~ **emission** porkibocsátás; ~ **exhaust** *koh* durva porleválasztás; *nyom* porelszívás; ~**-exhausting equipment** portalanító berendezés; ~ **exhaustor** porszívó, porkaparó; ~ **extractor** porelszívó; ~ **fall** *környv, met* porhullás; ~ **felt** *gép* porfogó nemeztömítés; ~ **figures** *fiz* Lichtenberg-féle ábrák; ~ **filter** porszűrő; ~ **flow** *környv* poráram; ~ **flue** *hőt* porülepítő rókatorok; ~ **formation** porképződés; ~**-free** pormentes; ~**-free room** *gyógyv* pormentes terem; ~ **gauze** szűrőháló *(levegő szűréséhez)*; ~ **gold** aranypor; ~ **grain** porszem, porszemcse; ~ **grating** *tex* porrács; ~**-guard** porfogó, porvédő, porköpeny; *ép* porvédő, (kulcs)lyukfedő; *gép* porfogó tárcsa; *gépk* szelepsapka; ~ **gun** kézi porozó; ~ **harm** *környv* porártalom; ~ **haze** *met, rep* porfüggöny; ~**-hole** szemétgödör; ~ **hood** ponyvafedél; ~ **horizon** *met* porlátóhatár, porhorizont; ~ **humidification** *bány* pornedvesítés; ~**(-)jacket** *nyom* borítólap, burkoló; ~**-laden** beporosodott, elporosodott, poros, porral telített; ~ **layer** porréteg; ~**-laying** pormentesítés *(öntözéssel)*; ~**-laying oil** porolaj, pormentesítő olaj *(utak pormentesítésére)*; ~ **loading** *környv* porterhelés; ~ **loss** porlás(i veszteség); ~ **measuring apparatus** *bány* portartalommérő készülék; ~ **method** pormódszer; ~ **nodulizing process** porszemcsésítés, porgranulálás; ~ **nuisance** porszennyeződés *(levegőé)*; *hőt* pernyekár; ~ **number** *környv* porszám; ~ **oil** porkötő olaj, porolaj; ~ **ore** porérc, finomérc; ~ **out** *v tex* lepattogzik *(írezőanyag)*; ~ **output** porkibocsátás; ~**-pan** szemétlapát; ~ **panel** *fa* fiókelválasztó falemez; ~ **particle** porrészecske, porszem; ~ **pollution** porszennyeződés; ~ **precipitation** portalanítás, porleválasztás; porlekötés; ~ **precipitator** *pa* porleválasztó, pernyeleválasztó, pernyeszűrő; ~ **pressing** *ker* porsajtolás, száraz sajtolás; ~ **prevention (measures)** védekezés por ellen; ~**-proof** pormentes, porálló, porbiztos, porzáró, portól védett, port át nem eresztő, poráthatlan; ~**-proof - keyless button** pormentes korona *(órán)*; ~**-proof packing** por elleni tömítés; ~**-proof protection** *el* porvédelem, por elleni védelem; ~**-proof type** *el* por ellen védett (kivitelű); ~**-protection** *bány* porvédelem, por elleni védelem; ~ **pump** *finm* porfúvó *(órásé)*; ~ **recovery** *bány* porfelfogás; ~ **removal** portalanítás, porleválasztás; porelszívás; ~**-removal equipment/plant** porelszívó berendezés; ~ **remover** légszűrő *(traktormotoron)*; ~**-removing plant** portalanítóberendezés; ~ **respirator** *bány* porvédő légzőkészülék, porálarc; ~ **retainer** porfogó tárcsa; ~ **ring** *gép* védőgyűrű; ~ **road** földút; ~ **sample** porminta; ~ **sampling** pormintavétel; ~ **screenings** pormentesített hulladék; pormentes szitamaradvány *(két-három mm-nél kisebb szemcsék nélkül)*; ~ **seal** porzáró tömítés; porfogó *(csapágyhoz)*; ~**-separating tower** *koh* porleválasztó torony; ~ **separation** portalanítás, porleválasztás; ~ **separator** *bány* porfogó készülék; szénporülepítő; *élip* porkiválasztó, aspirátor; *ép* porleválasztó, pernyeleválasztó, pernyeszűrő; *koh, környv* porleválasztó berendezés; ~ **setting** porülepítés; *bány* porlekötés; ~ **settling** porleülepítés; *bány* porlekötés; ~**-settling chamber** porülepítő kamra; ~**-settling pocket** porfogó zsák; ~ **sheaker** *tex* porológép, portalanítógép; ~ **shell** *mzg* porszita; ~ **shield** porvédő (lemez); ~ **shot** madársörét; ~ **sludging/spraying** *bány* szénpor bepermetezése/nedvesítése; ~ **source** porforrás; ~ **spreading** *bány* kőporhintés, kőporszórás; kőporozás; ~ **storm** *bány* szénporrobbanás; *met, rep* porvihar; ~ **suppression** portalanítás, porvédelem; ~ **tanker wagon** poranyagszállító vasúti kocsi; ~**-tight** → ~-proof; ~**-tight case** *koh* porálló/pormentes/

porvédett tok/ház; ~-**tight lighting fitting** por ellen tömített lámpatest; ~-**tightness** *ép* porzárás; ~ **trap** porfogó, porgyűjtő, porcsapda; ~ **trouble** porosodás *(jelfogóé)*; ~ **trunk** porgyűjtő szekrény; porszívó cső; ~ **wall** *met* porfüggöny; ~ **washer** *gép* porfogó tárcsa, porvédő lemez; ~ **wetting** pornedvesítés; ~ **whirl** *met* portölcsér; ~ **willow** *tex* portalanítógép, poroló(gép)

dustbin szemétláda, szemétkosár

duster porozó; porszóró *(gép/készülék)*; poroló *(gép)*; portalanító *(gép)*; rongyporoló; porfogó, porgyűjtő, porcsapda; *bány, ol* meddő/eredménytelen fúrás; *élip* központfutó szita; lisztmentesítő kefegép; *pa* rongytépő; rongytisztító; szitadob; ~ **aircraft** *mzg* porozó repülőgép

dusting porhintés; porozásos emailozás/zománcozás; porlódás; *bőr* cserszórás *(gödörcserzésnél)*; *ker* porítás, pulverizálás; *önt* beszórás; *pa* porzás; ~ **aeroplane** *mzg* porozó repülőgép; ~ **brush** leporzókefe; beporzókefe; ~ **clinker** porlódó klinker; ~ **equipment** *önt* beszóróberendezés; ~ **machine** porozógép; ~ **material** *bőr* szóró(kéreg)anyag *(kádcserzéshez)*; ~ **methode** *hidr* porozómódszer; ~-**on process** *foto* színező porozás; ~-**out** *tex* lepattogzás *(írezőanyagé)*; ~-**paper** *pa* tisztogató krepp(-papír); ~ **powder** *vegy* hintőpor; ~ **reel** körforgó lisztszita; ~ **with cement** *ép* cementtel beszórás

dustless pormentes; ~ **refuse collector** pormentes szemétgyűjtő tehergépkocsi

dustlike porszerű

dusty poros, porral fedett/borított, elporosodott; porrá őrölt; porszerű; por alakú/állományú; porlódó, porlékony; ~ **material** por alakú anyag; ~ **yeast** porélesztő

Dutch | **bond** *ép* hollandi téglakötés; ~ **brick/clinker** *ker* (sárga színű kövező) klinkertégla, klinkerkő; ~ **drop** *bány* hordozható váltó; ~ **gold** → ~ metal; ~ **liquid** *vegy* etilén-klorid; ~ **marble (paper)** *fa* márványpapír; ~ **metal** flitterarany; ~-**oven furnace** *hőt* síkrostélyú előtüzelés; ~ **paper** *fa* merített papír; ~ **process** *vegy* ólomfehérgyártás; ~ **roll** *rep* hollandorsó; ~ **tile** *ker* kék/színes díszcsempe; ~ **ware** *ker* delfti fajansz

Dutched cocoa *élip* feltárt kakaó

dutiable vámköteles; ~ **goods** vámköteles áru, vámáru

duty kötelesség, szolgálat; vám; (hasznos) munka, teljesítmény; *el* üzem(mód), tartós terhelés; ~ **copy** *nyom* köteles példány; ~ **cycle** működési periódus, munkaciklus; *at, rep* működési ciklus; *félv* viszonylagos bekapcsolási idő(tartam), bekapcsolási idő/viszony; ~ **cycle** *szt* eszközkihasználtság; munkaciklus; ~-**cycle factor** viszonylagos munkaidő *(szakaszos üzemű gépé)*; *el* viszonylagos bekapcsolási idő; ~-**cycle operation** ciklikus üzem, szakaszosan ismétlődő üzem; ~-**cycle rating** egyenértékű ciklusteljesítmény; ~ **factor** viszonylagos bekapcsolási idő, bekapcsolási viszony; *el* kitöltési tényező; ~ **factor of pulses** *el* impulzuskitöltési tényező; ~ **list** műszaki előírások; munkarend; ~ **of labo(u)r** *bány* munkateljesítmény; ~ **of water** *hidr* vízadag, vízjárandóság; ~ **ratio** impulzusviszony, impulzusarány, impulzustényező; ~ **runway** *rep* használatos futópálya; ~ **traffic supervisor** *rep* ügyeletes forgalmi csoportvezető; ~ **with countervoltage** *el* ellenfeszültséggel szembeni üzem

duvetin, duvetyn *tex* düftin

dv → direct vision

DVM → digital voltmeter

Dvorak keyboard *szt* Dvorak-billentyűzet

DW → dead weight; → deck watch; → deep well; → deionized water; → distilled water; → dumb waiter

dwang emelőrúd, feszítőrúd, bontórúd

dwarf *csill* törpecsillag; ~ **partition** *ép* félmagas válaszfal; ~ **rafter** *ép* csonkaszaru, simulószaru; ~ **red star** *csill* vörös törpe; ~ **signal** *vasút* törpejelző; ~ **star** *csill* törpe(csillag), fősorozatbeli csillag; ~ **tenon** *ép* csonkacsap; ~ **tube** *el* miniatűr cső; ~ **wall** *ép* alacsony mellvéd, ablakmellvéd; *hidr* burkolatmegtámasztó fal; ~ **wave** törpe hullám, milliméterhullám

dwarfism *film* térhatású film torzítása

DWC → dead-weight capacity

d.wd. → dead wind

dwell I. *v* lakik; tartózkodik; időzik; **II.** *n* tartózkodás; nyugalmi időszak; *gép* üzemszünet *(periodikus)*; *gépk* nyitási idő *(gyújtásmegszakítóé)*; *mech* átmeneti nyugalmi helyzet; *műa* szerszámzárás megszakítása *(légtelenítés sajtoláskor)*; *nyom* nyomás ideje *(kézisajtóé)*; *szt* programozott késleltetés; *tex* kocsiveszteglés *(szelfaktoron)*; ~ **of heald** *tex* nyüst nyugalmi helyzete; ~ **of slay** *tex* bordaláda holtponti helyzete; ~ **on** *v* fejteget vmit, időzik vminél; ~ **time** *mt* tartózkodási idő

dwelling lakóhely, (bér)lakás, tartózkodási hely; tartózkodás; *ép* térelem, lakóhelyiségblokk *(előre gyártott elem)*; ~ **area** lakófelület; ~ **construction** lakásépítés; ~ **house** lakóház; ~ **lake** *geol* maradványtó, felemelkedett *v.* neptunikus eredetű tó; ~ **place** *ép* lakóhely, (bér)lakás, tartózkodási hely; ~ **tower** toronyház; ~ **unit** lakáselem; lakóegység

dwellup *tex* nyüstök nyugalmi helyzete

d.wh. → driving wheel

Dwight-Lloyd sintering/blast-roasting plant *koh* Dwight—Lloyd-szalag

dwil *tex* tépőfarkas

dwindling fogyás, csökkenés, apadás; ~-**away** *bány* telepkiékelődés, kiékülés; ~ **supply** kimerülő tartalék

DX → data exchange; → distant exchange

Dy → dysprosium

dy *talt* humuszos mocsáriszap, dy

dyad pár, kettős; *mat* diád, diadikus szorzat; ~ **prototropy** tautoméria kétatomos rendszerben

dyadic I. *a mat* diadikus; *vegy* két vegyértékű *(elem v. gyök)*; **II.** *n mat* diádösszeg, diádok összege; ~ **fraction** diadikus tört; ~ **multiplication** diadikus szorzás; ~ **number** diadikus szám, kettes számrendszerben felírt szám; ~ **number (system)** kettes/diadikus számrendszer; ~ **operation** *szt* kétoperandusú művelet, diadikus művelet, Boole-művelet; ~ **product** diád, diadikus szorzat; ~ **space** diadikus tér

dyakis | **dodecahedral class** *ásv* diakiszdodekaéderes osztály; ~ **dodecahedron** diakiszdodekaéder

Dyas *geol* perm

dye I. *v* színez, fest; színeződik, festődik; **II.** *n* festék, színezék; festőanyag; szín; ~ **affinity** *tex, vegy* színezékmegkötő képesség; ~ **again** *v* utánafest, átfest; ~ **back** *tex* festőkád; ~ **base** színezékbázis; ~ **base-**

paper *foto* fénymásoló alappapír; ~ **bath** *tex* színezőfürdő, színezékfürdő; ~ **beam** *tex* festőfa; forgatókas *(karos fonalfestő gépben)*, (perforált) színezőhenger; ~**-bleaching** *foto* színkifakítás; ~ **box** *tex* színezőszekrény; ~ **chemistry** színezékkémia; ~ **colo(u)r** szín *(festőanyagé)*; ~ **concentration** színezékkoncentráció, színezéktöménység; ~ **coupler** *tex* kapcsolódó színképző anyag; ~**-fast** *tex* festékálló; ~**-fastness** *tex* színállóság, színtartósság; ~**-fastness tester** *tex* színállóság-vizsgáló készülék; ~ **fastness to light** fényállóság; ~ **fast (shades)** *v* színtartóan színez; ~ **feeding** színezékadagolás; ~ **feeding roller** színezékfelvivő henger; ~ **first** *v tex* előszínez, alapoz; ~**-fixing** *tex* színezékrögzítés; ~ **fluid** → ~ liquor; ~ **furnishing roller** színezékfelvivő henger; ~**-house** festőműhely, festöde; ~ **in a neutral bath** *v* semleges fürdőben színez; ~ **industry** színezőipar, színezékipar; ~ **in powder form** porfesték, pigment(festék); ~ **inside out** *tex* fonákoldalról színez; ~ **jigger** *tex* jigger; ~ **kettle** *tex* színezőkád; ~ **lake** színezéklakk; ~ **laser** festéklézer; ~ **layer** színezékréteg; ~ **liquor** *tex* színezőoldat; ~ **liquor flow** színezékfürdő-áramlás; ~ **lot** *tex* színezési tétel; ~ **marker** *rep* színes nyomjelző; ~ **mill** *tex* színezőüzem, festöde; ~ **mordanting** *foto, tex* festékmaratás; ~ **net** színezőháló *(harisnya)*; ~**-penetrant inspection** *koh* folyadékbehatolásos repedésvizsgálat; ~ **receptivity** *tex* színezékfelvevő képesség; ~ **remover** *tex* színezéklehúzó szer; ~ **sludge** festékiszap; ~ **solution** *tex* színezőoldat; ~ **substantivity** → dyeability; ~ **suspension** színezékszuszpenzió; ~ **thinner** hígító(szer); ~ **toning** *foto* ezüsthelyettesítés, festőszínezés; ~ **to shade** *v* színárnyalatra színez; ~ **uptake** színezékfelvétel; ~ **vat/vessel** *tex* színezőkád; ~**-wood** festőfa; ~**-works** festőműhely, festöde; festékgyár; ~ **yield** színezékkihasználás mértéke

dyeability *tex* színezhetőség; színeződés; színezőképesség

dyed festett, színezett; ~ **design** *tex* színezett minta; ~ **fabric** színezett kelme/áru; ~ **in cloth** → ~-in-the-piece; ~**-in-the-grain** *tex* színtartóan/fonálban festett; ~**-in-the-hank** *tex* matringban színezett; ~**-in-the-piece** *tex* végben festett; ~**-in-the-wool** *tex* gyapjúban/szálában festett; ~ **paper** festett papír; ~ **style** *tex* színezési eljárás; ~ **throughout** *tex* keresztülszínezett; ~ **white** *pa* kékített

dyeing festés, színezés; festődés, színeződés; festési eljárás; ~ **ability** *tex* színezőképesség; ~ **apparatus** *tex* színezőgép *(áramló fürdővel)*; ~ **by ultrasonics** színezés ultrahanggal; ~ **chemistry** színezéskémia; ~ **copper** *tex* színezőkád; ~ **drum** bőrfestő dob/hordó; ~ **house** *tex* színezőüzem, festöde; ~ **in the grease** *tex* (mosás nélküli) fésűsgyapjúfestés; ~ **machine** *tex* színezőberendezés, színezőgép; ~ **mordant** pácfesték; festőpác; ~ **of piece goods** *tex* színezés végben; ~ **oil** színezőolaj; ~ **pad** színezőfulár, színezőfoulard; ~ **plant** festöde, színezőüzem; ~ **power** *tex* színezőképesség; ~ **process** *tex* színezési eljárás; ~**-proof** *tex* színezésálló; ~**-proofness** *tex* színezésállóság; ~ **property** *tex* színezhetőség; ~ **technology** színezéstechnika; ~ **test** *tex* színezésvizsgálat; ~ **under pressure** nagy nyomás alatti színezés; ~ **under the surface of the liquor** folyadékfelszín alatti színezés; ~ **wall** *ép* festőfal; ~ **with cement dyestuff** *ép* cementfestés; ~ **with resits** *tex* óvószínezés, rezerválószínezés

dyeline process *vegy* diazotálás

dyer színező *(személy)*; ruhafestő, kelmefestő; *tex* festő(munkás); ~**'s wood** festőfa

dyery *tex* festöde, festőműhely

dyestuff festék(anyag), festőanyag; *műa, tex, vegy* színezék; ~**-applying** színezékfelrakó; ~ **fixing** *tex* színezékrögzítés; ~ **preparation** színezék előkészítése

dying kialvás, kihalás; ~**-away** *hang* elhalás; elhalkulás; ~ **down** csillapodás, kilengés, kicsengés, lecsengés; ~ **oscillation** *fiz* csillapított rezgés/lengés; ~ **out** csillapodás, kilengés, kicsengés, lecsengés; ~**-out time** utánvilágítási idő *(fluoreszcenciánál)*; ~ **shift** éjszakai (műszak)váltás

dyke → dike

dyker → diker

dynaflow drive *gépk* Dynaflow hajtómű/sebességváltó

dyname *mech* dinám, kilodin *(elav)*

dynameter *opt* dinaméter

dynamic dinamikai; dinamikus; ~ **absorber** *mech* dinamikus lengéscsökkentő; ~ **acting pile extractor** *ép* dinamikus működésű kihúzó; ~ **action** dinamikus hatás; ~ **air pressure** *rep* torlónyomás; ~ **allocation** *szt* dinamikus allokáció, dinamikus hozzárendelés; ~ **balance** dinamikus egyensúly; ~ **balancer** dinamikus rezgéscsillapító; ~ **balancing** *mech* dinamikus kiegyensúlyozás; ~ **behaviour** *szt* dinamikus viselkedés; ~ **bending strength** *mech* dinamikus/ütő hajlítószilárdság; ~ **boundary condition** *fiz* dinamikai határfeltétel; ~ **braking** *el* dinamikus fékezés, ellenállásfékezés; ~ **breaker** dinamikus törő; ~ **capacity** dinamikus kapacitás; ~ **ceiling** *rep* dinamikai csúcsmagasság; ~ **characteristic** *el* dinamikus jelleggörbe/karakterisztika; ~ **climatology** dinamikus klimatológia; ~ **coefficient** *gép* dinamikai tényező; ~ **compaction** dinamikus tömörítés; ~ **compaction of concrete** *ép* dinamikus betontömörítés; ~ **compensation** *aut* dinamikus kompenzálás; ~ **compressor** *hang* dinamikakompresszor; ~ **cone** *rád* hangszórókúp; ~ **control system** dinamikus irányítási/szabályozási/vezérlési rendszer; ~ **convergence** *tv* konvergáltatás, dinamikus konvergencia; ~ **convergence correction** *tv* dinamikus konvergenciahelyesbítés; ~ **cooling** expanziós hűtés; *met* dinamikus/adiabatikus lehűtés; ~ **cooling of air** *rep* expanziós léghűtés; ~ **damper** *el* dinamikus csillapító; ~ **defect skipping (DDS)** *szt* hibás részek kihagyása, DDS; ~ **dispatching** *szt* dinamikus programindítás; ~ **effect** *mech* dinamikai hatás, erőhatás; ~ **efficiency** dinamikai hatásfok; ~ **electricity** villamos áram; ~ **equilibration** *gép* dinamikus kiegyensúlyozás; ~ **equilibrium** *aut* dinamikus egyensúlyi állapot; *fiz* dinamikus egyensúly; *rendsz* mozgó egyensúly; ~ **equilibrium ratio** dinamikus egyensúly/stabilitásviszony; ~ **error** *aut* átmeneti szabályozási eltérés; *el* dinamikus hiba; ~ **error debugging** *szt* dinamikus hibajavítás; ~ **expander/expandor** *hang* dinamikaexpander, dinamikaexpandor; ~ **factor** *mech* dinamikus tényező/faktor; ~ **flight-related public information display**

rep automatikus utastájékoztató kijelző berendezés; ~ **fluid level** *ol* dinamikus nívó; *tv* dinamikus fókuszolás; ~ **game** *rendsz* dinamikus játék; ~ **gas flow** gázdinamikus áramlás; ~ **geodesy** dinamikai geodézia; ~ **grid bias** dinamikus rácselőfeszültség; ~ **hardness** *any* Martell-keménység, dinamikai keménység; ~ **hardness test** dinamikuskeménységvizsgálat; ~ **head** *fiz* dinamikus nyomás; *hidr* kinetikai szállítómagasság; *ol* dinamikus folyadékszínt/nívó; *rep* torlónyomás; ~ **heating** *gépk* kompressziós felmelegedés; ~ **height** *met* (geo)dinamikai magasság; ~ **hysteresis** *el* dinamikus/rugalmassági hiszterézis; ~ **hysteresis curve** *el* dinamikus hiszterézisgörbe; ~ **input-output model** *rendsz* ágazati kapcsolatok dinamikus modellje, dinamikus ÁKM; ~ **instability** *met* hidrodinamikai instabilitás; ~ **inverse** *stat* dinamikus inverz (mátrix); ~ **isomerism** *ásv* dinamikus izoméria; ~ **lag** *aut* tranziens késés, dinamikus hiba; ~ **leading** *szt* a papír folyamatos mozgatása *(fényszedő rendszernél)*; ~ **level** *hidr* dinamikus vízszint; ~ **lift** *mech* dinamikus felhajtóerő; ~ **linear rolling pressure** *ép* dinamikus lineáris hengernyomás/tömörítőnyomás, dinamikus élnyomás; ~ **load** *gép* dinamikus alapterhelés; *mech* dinamikus igénybevétel/teher; ~ **loss** alaki/helyi ellenállás; ~ **loss coefficient** alaki/helyi ellenállástényező; ~ **loudspeaker** *hang* dinamikus hangszóró; ~ **measuring method** dinamikus mérési eljárás; ~ **memory** *szt* dinamikus tároló/memória; ~ **memory interface (SMI)** *szt* dinamikus memóriainterfész, SMI; ~ **metamorphism** *geol* diszlokációs metamorfózis; ~ **meteorology** dinamikus meteorológia; ~ **microphone** *hang* dinamikus mikrofon; ~ **model** dinamikus modell; ~ **model of interbranch relations** ágazati kapcsolatok dinamikus modellje, dinamikus ÁKM; ~ **mode of operation** → ~ operation; ~ **modulus** *mech* dinamikus/rugalmassági modulus; ~ **multiplier** *at* dinamikus (elektron)-sokszorozó; ~ **noise limiter (DNL)** *hang* dinamikus zajkorlátozó, DNL; ~ **operation** *el* dinamikus üzem; ~ **operational behavio(u)r** dinamikus üzemi viselkedés; ~ **optimization** dinamikus optimalizálás; ~ **pick-up** *hang* dinamikus hangszedő/érzékelő; ~ **pitch response** *rep* repülőgép dinamikus reagálása a bólintónyomatékra; ~ **plate resistance** *el* belső ellenállás *(elektroncsőé)*; ~ **porosity** *hidr* szabad hézagtérfogat; ~ **positioning (DP)** *ol* dinamikus helybentartás; ~ **pressure** *fiz* dinamikus nyomás, torlónyomás; *hidr* dinamikai nyomás; ~ **pressure loss** helyi nyomásveszteség; ~ **program loading** *szt* dinamikus programtöltés; ~ **programming (DP)** dinamikus programozás; ~ **program relocation** *szt* dinamikus programáthelyezés; ~ **properties correction** dinamikus tulajdonságok javítása/korrigálása; ~ **RAM** *szt* dinamikus RAM; ~ **range** *el* dinamikaátfogás, dinamikasáv *(stúdiótechnika)*; dinamikatartomány *(átviteltechnika)*; *hang* dinamikasáv, hangerősségtartomány; ~ **range expansion** *hang* dinamikakiszélesítés, dinamikasáv-nyújtás; ~ **ratio** *el* dinamika; ~ **recovery** dinamikus helyreállás; ~ **recrystallization** *koh* dinamikus újrakristályosodás; ~ **relocation** *szt* dinamikus elhelyezés, dinamikus áthelyezés; ~ **reservoir pressure** *ol* dinamikus telepnyomás; ~ **resistance** *el* belső ellenállás *(elektroncsőé)*; dinamikus ellenállás; ~ **response of climate channels** *aut* klímacsatornák dinamikus viselkedése; ~ **rising** *rep* dinamikus emelkedés; ~ **selective dump** *szt* dinamikus szelektív tárkinyomtatás; ~ **sensitivity** dinamikus érzékenység *(fotocelláé)*; ~ **sequential control** dinamikus programvezérlés, program futás közbeni változtatása; ~ **shift register** *szt* dinamikus léptetőtároló; ~ **similarity/similitude** *fiz* dinamikai hasonlóság; ~ **slope** *el* dinamikus meredekség; ~ **sounding** *ép* verőszondázás; *geol, talt* dinamikus szondázás/talajvizsgálat; ~ **sounding rod** *ép* verőszonda; ~ **stability** *fiz* (hidro)dinamikai stabilitás; ~ **stationing** → ~ positioning; ~ **stop** *szt* dinamikus leállítás; ~ **storage/store** → ~ memory; ~ **storage allocation** *szt* dinamikus tárkijelölés, dinamikus tárhozzárendelés; ~ **strain measuring bridge** mérőhíd dinamikus feszültségek mérésére; ~ **strength** dinamikus szilárdság; ~ **stress** dinamikus igénybevétel; ~ **subroutine** dinamikus szubrutin; ~ **subsurface sounding** → ~ sounding; ~ **suction head** *hidr* dinamikus szívómagasság; ~ **susceptibility** *fiz* dinamikus szuszceptibilitás, Bloch-szuszceptibilitás; ~ **system** dinamikus rendszer; ~ **test** dinamikus vizsgálat/próba/kísérlet; ~ **threshold discharge** *hidr* dinamikus határvízhozam; ~ **thrust** *rep* dinamikai tolóerő; ~ **transconductance** → ~ slope; ~ **trough** *met* dinamikus teknő; ~ **vacuum system** dinamikus vákuumrendszer; ~ **viscosity** *hidr* dinamikai viszkozitás; *vegy* dinamikus viszkozitás, molekuláris viszkozitási együttható; ~ **volume range** dinamikus hangerőtartomány; ~ **warming** *met* dinamikus/adiabatikus melegedés; ~ **water level** üzemi vízszint; ~ **wavemeter** dinamikus hullámmérő; ~ **well-bottom pressure** *ol* dinamikus talpnyomás; ~ **Zener resistance** *el* Zener-dióda dinamikus ellenállása

dynamical dinamikai, dinamikus; ~ **characteristic** *el* dinamikus jellegvonal; ~ **coal-plough** *bány* dinamikus gyalu; ~ **dividing of current** *félv* dinamikus árammegoszlás; ~ **dividing of voltage** *félv* dinamikus feszültségmegoszlás; ~ **effect** dinamikus hatás; ~ **endurance test** *any* dinamikus fárasztóvizsgálat; ~ **factor** *mech* dinamikus tényező/faktor; ~ **friction** dinamikus súrlódás; ~ **gas flow** gázdinamikus áramlás; ~ **isomerism** *vegy* tautomeria; ~ **osmometer** *vegy* dinamikus ozmométer; ~ **soaring** *rep* dinamikus lebegés/vitorlázás; ~ **stability** *hajó* dinamikai stabilitás; ~ **theory** dinamikus elmélet; ~ **time scale** dinamikus időskála

dynamically | **balanced** dinamikusan kiegyensúlyozott; ~ **redefiniable character set (DRCS)** *szt* dinamikusan újradefiniálható jelkészlet, DRCS

dynamicizer *el, szt* párhuzamos-soros konverter/átalakító

dynamics *mech* dinamika, erőtan; ~ **of flight** repülésdinamika

dynamite I. *v* dinamittal (fel)robbant/szétrombol; **II.** *n* dinamit

dynamited *tex* nehezített

dynamiting dinamitrobbantás, (fel)robbantás dinamittal; *tex* nehezítés

dynamitizer → dynamicizer

dynamo *el* egyenáramú generátor, dinamó; *gépk* töltődinamó, töltőgenerátor; ~**-battery ignition unit** dinamó-akkumulátoros gyújtás; ~ **car** *vasút* áramfejlesztő kocsi; **~-electric(al)** dinamóelektomos; **~-electrical principle** *el* dinamóelv, dinamóelektromos elv; **~-electric induction** dinamóelektromos indukció; **~-electric machine** dinamó, generátor; **~-electric pulse generator** dinamóelektromos impulzusgenerátor; **~-electric relay** örvényáramrelé; ~ **exploder** *bány* robbantógép; **~-magneto unit** *gépk* gyújtó-világító berendezés; **~-metamorphism** *ásv* dinamómetamorfózis; ~ **sheet** dinamólemez; ~ **steel** dinamóacél

dynamograph regisztráló dinamométer, erőrajzoló gép; *tex* diagramíró/regisztráló szakítógép

dynamometer dinamométer, (rugós) erőmérő; ~ **brake** fékdinamométer; ~ **car/wag(g)on** *vasút* mérőkocsi; ~ **prop** *mech* nyúlásmérő bélyeg

dynamotor motorgenerátor, (áram)átalakító

Dynapak *koh* nagy sebességű alakítógép, Dynapak-kalapács

dynatron dinatron; ~ **circuit** dinatronkapcsolás; ~ **effect** dinatronjelenség, dinatronhatás; ~ **oscillator** dinatronoszcillátor

dyne *mech* din *(erőegység)*

dynetric balancing elektronikus kiegyensúlyozás

dynistor *félv* négyrétegdióda, dinisztor

dynode *el* dinóda; ~ **system** dinódarendszer

dynstat impact test *műa* Dynstat-ütővizsgálat

Dyrr-type implement *mzg* mélyművelő eszköz

dysanalyte *ásv* dizanalit

dyscrasite *ásv* diszkrazit

dyscrystalline *ásv* gyengén kristályosodott

dysluite *ásv* gahnit, cinkspinell, horganyspinell

dysprosian *ásv* diszpróziumtartalmú

dysprosium (Dy) *vegy* diszprózium

dyssymmetrical aszimmetrikus

dystectic disztektikus

dystrophous disztróf

dz → dozen

E

E → East; → eastern; → eötvös; ~ **bend/corner** *el* E könyök; ~**-calculus** *mat* ekvivalenciakalkulus, E-kalkulus; ~**-D nozzle** *rak* E-D fúvóka; ~ **display** *távk* E típusú indikátor, E-szkóp; ~**-E** → electronics-to-electronics; ~**-E operation** *távk* E-E üzemmód; ~ **flute** *pa* E-hullám; ~**-flute corrugated board** *pa* mikrohullámlemez; ~**-glass** E-üveg; ~**-H tee (junction)** *el* E-H elágazás, kettős T elágazás; ~**-H tuner** *el* E-H hangoló; ~**(-)layer** *met* E-réteg; ~**-mode** *fiz* E-módus, E-hullám; ~**-plane bend** E könyök; ~**-plane tee/T junction** soros *v.* E síkú T elágazás; ~ **region** *met* E-tartomány; ~**-W correction** *tv* K-Ny korrekció; ~**-wave** *fiz* E-módus, E-hullám, transzverzális mágneses hullám, transzverzális H-módus/H-hullám

EA → electrostatic analyzer; → exchange acidity

e.a. → elastic axis

EAA → essential aminoacid

eager → eagre

Eagle (grating) mounting Eagle-féle rácselrendezés

eaglestone *ásv* saskő, etit

eagre *hidr* dagályhullám *(folyótorkolatban)*

EAM → electrical accounting machine; → electronic accounting machine

EAN code → European article number code

EAPROM → electrically alterable programmable read-only memory

ear függesztőkarika, függesztőrész, függesztőtag; fogásra/befűzésre alkalmas nyúlvány; fogó, fogantyú; fül; akasztó, fogófül, emelőfül, beakasztófül, kötélvégszem, fülecs; *bány* szívónyílás *(szellőztetőgépé)*; *bőr* kapocskarika; *el* huzalszorító béka; vezetéktartó szorító; *ép* ereszték *(boltozókőé)*; konzol *(függönyrúdé)*; *hidr* légnyílás *(szivattyún)*; *koh* fül; *önt* vezetőfül *(formaszekrényé)*; ~ **arm** szemüvegszár; ~ **bit** *ol* lépcsős fúró; *szersz* füles fúró, (fülecses) csigafúró; ~ **canal** hallójárat; ~ **cap** *távb* (hallgató)kagyló; ~ **cushion** *távk* fajhallgatópárna, fülpárna; ~ **defenders** *pl* hallásvédő, füldugó; ~**-lifter** *mzg* kalászemelő, száremelő; ~**(-)muffs** fülvédő; *hidr* védő gumigyűrű *(szivattyún)*; ~ **nut** szárnyas/füles anya; ~ **of a bell** harangkorona (csapja); ~**-plug** *környv* füldugó; ~**-plug receiver** füldugóhallgató, fülhallgató; ~ **protector** fülvédő *(zaj, légnyomás ellen)*, hallásvédő eszköz; ~ **screw** szárnyas csavar; ~ **shell** *ép* fülkagylódísz, porcdísz; *rep* szócső; *távb* (hallgató)kagyló, telefonkagyló; ~**(-)trumpet** szócső, hallócső

eared füles, szárnyas; ~ **nut** szárnyas/füles anya; ~ **screw** szárnyas csavar

earing *hajó* vitorlák felső sarkait kifeszítő kötél

earlier korábbi; *mat* kisebb, megelőző

early korai; kezdeti; idő előtti; ~ **bearing prop** *bány* terhelést gyorsan felvevő tám; ~ **bond** *ép* kezdeti kötés; ~ **compressive strength** *mech* kezdeti nyomószilárdság; ~ **development** *bány* első feltárási munka; ~ **failure period** korai meghibásodások szakasza; ~ **hardening** *ép* kezdeti szilárdulás, meghúzás *(habarcsé)*; ~ **ignition** *gépk* korai gyújtás; ~ **Jurassic** *bány* alsó júra; ~ **Kimmerian orogeny** *bány* ókimmériai fázis; ~ **knock-out** *önt* korai bontás; ~ **life failures** meghibásodások az üzemeltetés kezdeti időszakában; ~ **morning call service** *távb* ébresztőszolgálat, ébresztés; ~**-printed book** *nyom* ősnyomtatvány; ~ **soil** *mzg* meleg talaj *(tavasszal gyorsan felmelegedő)*; ~ **spark** *gépk* előgyújtás; ~ **strength** *any* kezdőszilárdság; *ép* gyorsan kötő (cement); ~ **timing** *gépk* előgyújtás-beállítás; ~ **warning (EW)** *kat* távolfelderítés, korai riasztás; ~ **warning aircraft** *rep* távoli radarfelderítést végző repülőgép; ~ **warning control and reporting post** *rep* távoli radarfelderítés irányítását végző állomás; ~ **warning coverage (EWC)** *rep* távoli radarfelderítés hatásterülete; ~ **warning equipment** távfelderítő/előjelző lokátor; ~ **warning radar (EWR)** *rep* távoli felderítést végző radarállomás; *távk* felderítő/előjelző lokátor; ~ **warning radar network** távfelderítő állomások hálózata; ~ **warning signal** *rep* távoli radarfelderítés jelzése/jele; ~ **warning station (EWS)** *rep* távoli radarfelderítést végző állomás; ~ **warning system** *rep* távoli radarfelderítő rendszer; ~ **wood** *fa* korai/tavaszi pászta

Early-effect *félv* Early-jelenség

earning capacity *ip* jövedelmezőség

earnings *pl* **per shift** *bány* műszakbér

EAROM → electrically alterable read-only memory

earphone *hang, távk* fülhallgató, fejhallgató

earpiece *kat* fülhallgató; *orv* (behelyezhető) fülhallgató; *távb* (hallgató)kagyló, telefonkagyló

earreach hallási távolság

earshot hallótávolság

earth I. *v* földdel feltölt; betemet; (el)süllyeszt, besüllyeszt; *el* (le)földel; **II.** *n* → Earth; föld, talaj; (száraz)föld, a Föld felszíne; *bány* hordalék; *el* föld, földelés, földelési hely; *vegy* festékföld; ~ **airstrip** *rep* talajon kialakított, hevenyészett fel- és leszálló sáv/pálya; ~ **anchor** *ol* kikötőkötél-horgony; ~**-and-rockfill dam** *hidr* rétegzett *v.* összetett szelvényű kőhányásgát, föld- és kőhányás gát; ~ **antenna** *rád* földantenna; ~ **arrester** *el* földelő szikraköz; ~ **attraction** *fiz* nehézségi erő, gravitáció; ~ **auger** *ép* talajfúró; *geol* földfúró, tányérfúró; ~ **backing** *hidr, ép* földfeltöltés; ~ **bank** földtöltés; ~ **bar** *el* földelősín; ~ **barrage** földzárógát; ~**(-)body** *geol* földtest; ~ **bore attachment** (függesztett) földfúró szerelék; ~ **borer** talajfúró; ~ **boring** földfúrás, talajfúrás; ~ **boring auger** → ~ auger; ~ **boring equipment** (függesztett) földfúró szerelék; ~**-boring rig** *bány* talajfúró; ~**-bound laser communication system** földhöz kötött lézeres távközlési rendszer; ~ **box** *önt* talajformaszekrény; ~ **bus bar** → ~ bar; ~ **button** *távb* földelőgomb; ~ **cable** *el* földelőkábel; *gépk* földkábel, testkábel; ~ **canal** földcsatorna; ~ **capacitance/capacity** *el* földkapacitás; ~ **cementation** *ép* talajstabilizáció; ~ **circuit** *el* földáramkör; ~ **clip** *el* földelőkapocs, szorítókapocs; ~ **coal** lignit; ~ **coffer(-)dam** *hidr* földből készült jászolgát/zárógát; ~ **coil** földelőtekercs; ~ **colo(u)r** földfesték; ~ **compacting machine** talajtömörítő gép; ~ **conductor** földelővezető; ~ **conduit** *el* föld(elő)vezeték; *ép* kőagyag-csővezeték; ~**-connected** *gépk* (le)földelt, (le)testelt; ~ **connection** *el* földelőcsatlakozás, földelés; földvezeték, földelővezeték, földvezető; földzárlat; ~ **consolidation** *ép* talajkonszolidáció, természetes tömörödés/ülepedés/süllyedés; ~ **contact** *el* földérintkező; földzárlat; ~ **core** *ép* (föld)mag; ~ **covering** *ép* földtakaróréteg, földtakarás, földfeltöltés; ~ **creep** *geol* földtestek/kontinensek elcsúszása; ~ **current (EC)** *el* földáram, földelés árama; tellurikus áram; kóbor áram; ~ **dam** *hidr* földgát; ~**-damp concrete** *ép* földnedves beton; ~ **densification** *ép* talajtömörítés; ~ **departure window (EDW)** *űr* földi indítási ablak; ~ **detector** földelésvizsgáló, földzárlatjelző; ~**-dry concrete** földnedves beton; ~ **electrode** *el* földelő; *gépk* testelektród; ~ **embankment** *ép* (föld)töltés *(úté, vasúti)*; ~ **embankment dam** *hidr* földgát, föld duzzasztógát; ~ **escape velocity** *rak* szökési sebesség; ~ **fault** *el* földzárlat; ~ **fault current** földzárlati áram; ~**-fault neutralizer** *el* oltótekercs, kompenzálótekercs, Pétersen-tekercs; ~**-fault overvoltage** földzárlati túlfeszültség; ~**-fault protection** földzárlatvédelem; ~**-fault relay** földzárlatrelé; ~ **fault release** földzárlatkioldó; ~**-fill coffer dam** → ~ coffer dam; ~ **fill(ing)** *ép* földfeltöltés; ~ **flax** *ásv* azbeszt; ~ **flow** *talt* talajfolyás, talajkúszás; ~ **formation** *talt* altalaj, természetes talaj; ~ **impedance** áramkör pontjai és föld közötti impedancia; ~**-indicating lamp** földzárlatjelző lámpa; ~ **induction** *fiz* geoindukció; ~ **inductor** *geof* földinduktor, indukciós magnetométer; ~ **lead** *el* földelővezeték, földelővezető, földvezeték, védővezető; ~ **leakage** *el* földzárlat; ~ **leakage coil** földzárlat-korlátozó fojtótekercs; ~ **leakage current** földzárlati áram; ~ **leakage current breaker** érintésvédő kapcsoló; ~**-leakage detector** földzárlatvizsgáló, földzárlatjelző; ~**-leakage indicator** földzárlatvizsgáló, földzárlatjelző; ~**-leakage protection** földzárlatvédelem; ~**-leakage trip** földzárlatkioldó; ~ **levee** *hidr* földtöltés, földgát; ~ **line** *el* földelővezeték, földvezeték, földelővezeték, földvezető, földelőcsatlakozás, földelés; ~ **loader** *talt* gréderelevátor, nyeső-felrakó gép; ~ **loop** *távk* földzárlati hibahurok; ~**-loop resistance** földelési hurokellenállás; ~ **loss** *el* földveszteség; ~ **lug** *távk* földszorító; ~ **magnetism** földmágnesség; ~**(-)mass** földtömeg; ~ **mat** *el* földelőháló; ~ **metals** *vegy* földfémek; ~**-moist concrete** *ép* földnedves beton; ~ **movement** *geol* földkéregmozgás; ~ **mover** *ép* földszállító/földmozgató gép, kis földnyeső (gép); ~**-mover tyre/tire** terepjáróabroncs; földmunkagép-köpeny; ~ **moving** földmozgatás, földmunkák; ~**-moving gear** *ép* földszállító/földmozgató gép; ~**-moving machine** *ép* földmunkagép; ~ **oil** ásványolaj, kőolaj; ~ **phantom circuit** *távk* szimultán áramkör; ~ **pigment** természetes szerves pigment/festékanyag; ~ **pillars** *geol* földgúlák, kőasztalok; ~ **pin** *távk* földelőcövek; ~ **plate (EP)** *el* lemezföldelő, földelőlemez; *gép* alaplemez, nyomott lemez *(szitanyomás, nyomtatott áramkör)*; *vasút* talpfa-alátétlemez *(szigetelésre)*; ~ **potential** *el* földpotenciál; ~**-potential difference (EPD)** földpotenciál-eltérés; ~ **pressure** földnyomás; ~ **pressure at rest** *talt* nyugalmi nyomás; ~**-pressure stress** *geol* földnyomás; ~ **protective conductor/lead/wire** *el* védővezető; ~ **quantity determination** *ép, vasút* földtömegszámítás; ~ **rammer** *ép* kézi döngölő; ~ **reserve** *hidr* tartalék depónia; ~ **resistance** *el* földelési ellenállás; ~ **resistance meter** földelésmérő, földelési ellenállást mérő műszer; ~**-resistivity meter** *geof* rétegellenállás-mérő; ~**-resistivity tester** *geof* talajellenállás-mérő; ~ **resources observation/technology satellite (EROS, ERTS)** földkutató műhold; ~ **return (ER)** *el* földvisszavezetés; ~ **return system** földvisszavezetéses rendszer; ~ **ring** *el* keretföldelő, gyűrűföldelő; ~ **road** *ép* földút; ~ **rod** *el* függőleges földelő, földelőrúd, rúdföldelő; ~ **roof** *bány* földes/földszerű fedőréteg; ~ **runway** *rep* talaj-futópálya; ~ **satellite** műhold, mesterséges hold *(a Földé)*; ~**-satellite station** *rak* űrállomás; ~**'s axis** *rep* a Föld tengelye; ~ **screen** *távk* (antenna-)ellensúly; ~ **sculpture** *geol* gliptogenezis; ~ **segment** *szt* földi rendszer *(műholdas átvitel)*; ~ **shadow** földárnyék; ~ **shell** földkéreg; ~ **shield** *el* földelő/földelt árnyékolás; ~ **shock** *geol* földlökés; ~ **shoulder** *rep* talajpadka; ~ **slide** *geol* földcsuszamlás; ~ **slide by flowing** *bány* folyásos talajcsúszás; ~ **slip** *ép* (kisebb) földcsuszamlás, földcsúszás; ~**'s magnetic force** a Föld mágneses erőtere; ~**'s magnetic pole** a Föld mágneses sarka; ~ **spring** *el* földelőrugó; *hidr* természetes forrás; ~ **station (ES)** *rak* földi állomás; *szt* földi állomás *(műholdas átviteli rendszereknél)*; ~ **stay** földbe kihorgonyzott feszítőhuzal; ~**'s terrain** *geol* földfelszín; ~ **stick** *el* földelőbot; ~ **strap** *el* testvezeték; *gépk* akkumulátor-testszalag; ~ **strip** földelő fémcsík *(lapos földelővezeték)*; ~**-supported structure** *ép* talajon fekvő/támaszkodó szerkezet; ~**-supporting structure** *ép* talaj(meg)támasztó/talajhordó szerkezet; ~**-surface** *geol* földfelszín, földfelület, Föld felszíne; ~ **switch (ES)** földeléskapcsoló, földelőkapcsoló; ~ **synchronous orbit** geoszinkron/geostacionárius (műhold)pálya; ~ **synchronous satellite** Föld-szinkron *v.* geostacionárius műhold; ~ **system** *el* földelőrendszer; *távk* földrendszer; ~ **table** *ép* alapfal, talajszinti téglasor; terepszint, talajszint; ~ **tape** vízszintes földelő; ~ **terminal** *el* földelőkapocs, védőkapocs; *rak* földi állomás; ~ **tester** *el* földelésvizsgáló, földelésmérő; ~ **thermometer** talajhőmérő; ~ **thrust** *ép* földnyomás; ~ **tides** *pl* Föld-árapály; ~ **transporter** földszállító kocsi; ~ **tremor** *geof* földlökés, (nagyon) gyenge földrengés; ~ **wall** földgát, földsánc; ~ **wave** *geol* rengéshullám, szeizmikus hullám; ~ **wax** *vegy* földiviasz, szokerit; ~ **wire** *el* földvezeték, földelővezeték, földelővezető, védővezető, villámvédő vezeték

Earth → earth; *csill* Föld; ~**-atmosphere system** *met* Föld-légkör rendszer; ~ **crust** *geol* litoszféra, földkéreg; ~ **curvature** Föld görbülete; ~ **exploration-satellite service** műholdas Föld-kutató szolgálat; ~ **orbit (EO)** *csill* a Föld (keringés)pályája, földpálya; *űr* Föld körüli pálya; ~**-orbit rendezvous (EOR)** *űr* űrrandevú; ~ **parking orbit (EPO)** *űr* Föld körüli parkolópálya; ~ **resource research** *met* erőforrás-kutatás; ~**'s (magnetic) field** a Föld mágneses erőtere; ~**'s magnetic pole** földi mágneses pólus/sarok; ~**'s mantle** *bány* földköpeny; ~**'s shadow** *met* földárnyék; ~**'s terminator** *fiz* terminátor, árnyékhatás

earthed *el* földelt; *gépk* (le)földelt, (le)testelt; ~ **base circuit/connection** *félv* földelt bázisú kapcsolás, báziskapcsolás; ~ **circuit** *el* földelt rendszer; ~ **coating of condenser** kondenzátor földelt fegyverzete, földelt kondenzátorfegyverzet; ~ **collector circuit/connection** *félv* földelt kollektorú kapcsolás, kollektorkapcsolás; ~ **conductor** földelt vezető, földvezeték; ~ **emitter circuit connection** *félv* földelt emitterű kapcsolás, emitterkapcsolás; ~ **grid** földelt rács, védőrács; ~ **mid-point conductor** földelt csillagponti vezető, nullavezető; ~ **neutral** földelt csillagpont; ~ **neutral conductor** földelt nullavezeték; ~ **neutral system** földelt (csillagpontú) hálózat; ~ **receptacle** védőérintkezős dugaszolóaljzat; ~ **system** földelt hálózat

earthen *ker* föld-, agyag-, cserép-; ~ **road** földút; ~ **section** *hidr* földanyagú keresztszelvény

earthenware *ker* agyagedény, kerámiai áru; kőedény, fehércserép, fajansz; ~ **clay** kőedényagyag; ~ **duct** → ~ pipe; ~ **glaze** kerámiai máz; ~ **pipe** *ép* kőagyagcső, kőagyag alagcső; ~ **slab** kőagyag lap/lemez, kerámiai burkolólap

earthing I. *a* földelési, földelő; **II.** *n el* földelés, földelési hely, föld; ~ **autotransformer** földelő autotranszformátor; ~ **blade** földelőkés; ~ **brush** *gépk* testelt kefe; ~ **bus bar** földelősín; ~ **circuit** földelő áramkör; ~ **contact** *el* földelőérintkező; ~ **current** földáram; ~ **device** földelés, földelőberendezés; ~ **factor** földelési tényező; ~ **inductor** földelő fojtótekercs; ~ **lead** földelővezeték; ~ **net** földelőhzálózat; ~ **of battery** telefonföldelés; ~ **reactance/reactor** földelő fojtótekercs; ~ **resistance** földelési ellenállás, földelőellenállás; *ép* földnyomás; ~ **resistor** *el* földelőellenállás; ~ **system** földelőhálózat; földelőrendszer; ~ **terminal** földelőkapocs, földelt kapocs; védővezeték-csatlakozás; ~ **tester** *el* földelőellenállás-vizsgáló; ~ **wire** *el* földvezeték, földelővezeték, földvezető, földelőcsatlakozás, földelés

earthnut földimogyoró, amerikai mogyoró; ~ **oil** földimogyoró-olaj

earthquake földrengés; ~ **damage** földrengéskár; ~ **design** *ép* földrengésbiztos méretezés; ~ **factor** földrengési tényező; ~**-proof foundation** *ép* földrengésbiztos alapozás; ~ **record** *geof* földrengés-szeizmogram; ~**-resistant** *ép* földrengésálló, földrengésbiztos; ~ **response** építmény reakciója/viselkedése földrengéskor; ~ **seismologist** földrengáskutató; ~ **series** földrengésraj; ~ **shock** földlökés; ~ **swarm** földrengésraj; ~ **wave** *geof* (föld)rengéshullám

earthwork földmunka, földmozgatás; *hidr* földmű; ~ **balancing** földmunka elegyengetése; ~ **cracking** *hidr* földműrepedés; ~**s balance** *ép, vasút* földmunka-kiegyenlítés; ~**(s) machinery/equipment/plant** földmunkagépek; ~**s of railways** vasúti alépítmény; ~ **surface** *hidr* tükör; ~**(s) vehicle** földszállító kocsi

earthy földes, földtartalmú; földi, föld-; földszerű, morzsalékony; ~ **base** *vegy* alkáliföldfém; ~ **brown coal** *ásv* földes barnakőszén; ~ **colo(u)r** *vegy* földfesték; ~ **flesh** földes húsoldal *(nyersbőrnél)*; ~ **iron ore** földtartalmú vasérc; ~ **lustre/luster** matt fény *(földes anyagé)*; ~ **peat** földdel kevert tőzeg; ~ **water** kemény víz

EAS → equivalent air speed

ease I. *v* csökkent, lazít, enyhít, mérsékel; kiakaszt, lassít; csökken, lazul, mérséklődik, lassúbbodik, lassul; meglazít, kienged, megold *(kötelet)*, meglazít, utánaereszt *(csavart)*; *hajó* megereszt, kiereszt, utánaereszt *(hajókötelet)*; **II.** *n* egyszerűség, könnyen kezelhetőség; készség, könnyedség; ~ **a colo(u)r** *v* festéket oszlat; ~ **a curve** *v ép* kanyart levág; ~ **down** *v* könnyít, tehermentesít; *ép* süllyeszt; *közl* lelassít; ~ **of access** könnyű megközelíthetőség; ~ **of control** jó kormányozhatóság; ~ **off** *v* megenged *(kötést)*; utánaenged *(csavart, kötelet)*; terhelést csökkent *(hordfelületen)*; tehermentesít, szabaddá tesz *(hordfelületet)*; ~ **of handling** kezelhetőség; ~ **of ignition** gyúlékonyság; ~ **of machining** *gép* forgácsolhatóság; ~ **of operation** kezelési kényelem (munkaegészségügy); ~ **of processing** *gumi* jó/biztos/könnyű feldolgozhatóság; ~ **of steering** fordulékonyság *(motoré)*; ~ **on** *v* egyensúlyba hoz *(repülőgépet)*; ~ **the colour** *v nyom* festéket papírral lehúz; ~ **the engine** *v gépk* lassú járatot ad; ~ **the rudder** *v hajó, rep* kormányt utánaengedi *v*. kissé visszaengedi; ~ **up** *v* könnyít, csökkent, gyengít; lassít (sebességet) csökkent; *hajó* kiereszt, meglazít (farvitorlát, felvonócsigát)

easel festőállvány; *nyom* háttámasztték; ~**-board** *pa* festőállványlemez; ~ **piece** (kisméretű) festmény

easement enyhítés, megkönnyebbítés; ~ **curve** *ép* átmeneti ív; ~ **of curves** *ép* kanyarok levágása/enyhítése, (útcsatlakozási) ívek kiegyenlítése/legömbölyítése

easer *nyom* festékadalék; *tex* fonalfeszültség-lazító, fonalvédő *(szelfaktoron)*; ~ **hole** *bány* tágasító fúrólyuk; ~**'s charge** *bány* koszorútöltet; ~ **shot** *bány* bővítő töltet/robbantás

easily könnyen; ~ **deformable steel** könnyen alakítható acél; ~ **fusible** alacsony olvadáspontú, könnyen olvadó; ~ **fusible metal** alacsony olvadáspontú fém; ~ **inflammable** könnyen gyulladó, gyúlékony; ~ **reducible ore** *koh* könnyen redukálható érc; ~ **soluble** könnyen oldódó

easing *ép* enyhítés *(kanyarulaté)*; íves átmenet legömbölyítése; *gép* bejáratás; ~ **lever** *hőt* terhelőkar *(biztosítószelep felemelésére)*; ~ **motion** visszaforgatható és fonalvezető feszítőszerkezet *(szelfaktoré)*; ~ **of a bend** kanyarulat enyhítése *(folyószabályozásban)*; ~ **of the safety valve** *hőt* biztosítószelep átfúródása; ~ **rail** *vasút* lökésfogó sín; ~ **valve** *gép* segédtolattyú; tehermentesítő tolattyú

east (E) Kelet; ~ **compass error** *rep* keleti iránytűhiba; **E~-European Time (EET)** kelet-európai idő; ~ **point** *csill* keletpont; ~**-west component** *geof* keletnyugati összetevő; ~**-west correction** *geof* kelet-nyugati korrekció; *tv* K-NY korrekció; ~**-west effect** *at* kelet-nyugat-effektus; ~**-west gradient** *geof* keletnyugati gradiens; ~**-west pincushion distortion** *tv* párnatorzítás vízszintes összetevője

eastbound kelet felé haladó/irányuló/irányított; ~ **aircraft** *rep* kelet felé haladó légijármű; ~ **flight** *rep* repülés keleti irányba

easterly keleti (irányú); ~ **variation** keleti elhajlás; ~ **wind** keleti szél

eastern (E) keleti; ~ **elongation** *csill* keleti elongáció; ~ **time (ET)** az USA keleti partvidékének zónaideje

easting keleti irány; *bány* kitérés kelet felé; *hajó, rep* kelet felé megtett/mért távolság

easy könnyű (kezelésű); laza, könnyen járó; mérsékelt; enyhe, édeskés; *bány* lapos dőlésű; *geol* enyhe lejtésű; *mat* lapos, kis emelkedésű; ~ **area** *rep* visszaverő felület/terület; ~ **bend** enyhe hajlat; ~**-care fabric** *tex* könnyen kezelhető kelme; ~**-chair** karosszék, fotel; ~**-change filter** cserélhető szűrő; ~ **control** könnyű/egyszerű működtetés; ~ **fit** *gép* kézzel beilleszthető illesztés; ~ **flow** *műa* jó folyóképesség;

~-**flow direction** *fiz* áteresztőirány, fluxusirány; ~ **glide region** *krist* könnyű csuszamlás tartománya; ~ **grade** *rep* enyhe lejtő; ~-**processing** könnyen feldolgozható; ~-**running fit** *gép* laza illesztés; ~-**slide fit** csúszó illesztés; ~-**suppressor** *rep* visszavertjel-szűrő; visszhangzár; ~-**to-drive rivet** könnyen behajtható szegecs; ~-**to-start** könnyen indítható

eat megesz; elfogyaszt; megemészt; tönkretesz, megbénít; *vegy* kiesz, kimer *(sav, rozsda)*; ~ **away** *v* aláás *(alapot)*, elmos *(földet)*; *geof* szétporlaszt, erodál *(sziklát)*; *vegy* szétmar, szétrág, megtámad *(sav, rozsda)*; ~-**in kitchen** étkezőkonyha

EAT → expected approach time

eau de Javel *gyógyv* eau de Javel, kálium-hipoklorit-oldat

eaves *pl ép* eresz, csurgó; ~ **board** eresz(alj)deszka, zuggerenda; ~ **course** szegélytéglasor; ~ **edge** ereszcsatorna, tetőcsatorna; ~ **flashing** ereszbádog(ozás); ereszszegély; ~ **flashings for inwards sloping roofs** belső vízelvezetés *(befelé lejtés esetén)*; ~ **flashings for outward sloping roofs** külső vízelvezetés *(kifelé lejtés esetén)*; ~ **gutter** ereszcsatorna, tetőcsatorna; ~ **gutter with double wall** négyszögszelvényű kettős eresztcsatorna; ~ **lath** eresz(szegély)deszka, eszterhéj; ~ **lead** (ólom) ereszszegély; ~ **mo(u)ldings** ereszpárkány; ~ **overhang(ing)** eresztúlnyúlás; ~ **plate** ereszbádogozás, bádogszegélysáv ereszcsatorna alatt; ~ **slate** szegélypala; ~ **spout** ereszcsatorna, tetőcsatorna; csatornabélés; ~ **trough** ereszcsatorna, tetőcsatorna

ebb I. *v* apad, süllyed *(vízszint)*; visszaáramlik *(víz tengerbe)*; **II.** *n* apály; csökkenés, fogyatkozás; ~ **and flow** *hidr* apály és dagály, árapály; ~ **current** apályáramlás; ~ **period** *hidr* apály; ~ **reflux** dagály visszaáramlása/visszafolyása; ~-**tide** *hidr* apadó víz, apály; ~-**tide gate** *hidr* apálykapu

ebbing apály; csökkenés, fogyatkozás; ~ **and flowing spring** *hidr* időszakos forrás

EBCDIC → extended binary-coded decimal interchange code

Eberhard effect *foto* Eberhard-jelenség, szomszédsági effektus

Ebers-Moll equations Ebers-Moll egyenletek, szimmetrikus tranzisztoregyenletek

Ebex process *ol* Ebex-eljárás *(etil-benzol kinyerése molekulaszitak segítségével)*

Ebingen process/technology for combustion/incineration *környv* ebingeni égetési technológia

ebonite keménygumi, ebonit; ~ **doctor** *pa* keménygumi kaparó; ~ **tubing** ebonitcső, keménygumi cső

ebonize *fa* (ében)feketére pácol

ebony (wood) ébenfa

EBP → exhaust back pressure

e.b.p. → end boiling point

EBR → electron-beam recording; → experimental breeder reactor

EBU → European Broadcasting Union

ebullator *hőt* fűtőfelület

ebullient forrásban lévő

ebullioscope ebullioszkóp, forráspontemelkedés-meghatározó készülék, forráspontemelkedés-mérő; *élip* ebullioszkóp, Maligand-készülék

ebullioscopic constant *vegy* ebullioszkopikus állandó, molális forráspont-emelkedés

ebullioscopy *vegy* ebullioszkópia

ebullition buborékolva forrás

EBW → electron-beam welding

EBWR → experimental boiling water reactor

EC → earth current; → electrocoating; → electron capture; → electron coupling; → electronic computer; → elevation correction; → emergency call; → error code; → ethyl cellulose; → European Community; → exchange capacity

e.c. → enamel(l)ed (single-cotton) covered

ECB → economic cruising boost; → event control block

ECC → error correcting code

eccentric I. *a* külpontos, köz(ép)ponton kívüli, excentrikus; *gép* körhagyó(s), kiegyensúlyozatlan, excenteres, excenter-; **II.** *n gép* excenter, körhagyó (tárcsa); ~-**action clamp** → ~ clamp; ~ **adapter ring for lens** *film* excentrikus objektívtartó szűkítőgyűrű; ~ **adjustment** körhagyós beállítószerkezet; ~ **anomaly** *csill* excentrikus anomália; ~ **balance-weight** szétnyúló excentertárcsa ellensúlya; ~-**base rim** *gépk* excentrikus/féllapos ágyazású kerékpánt; ~ **bit** *bány, ol* külpontos/ecxentrikus véső; ~ **bush** *gépk* excenterpersely, excenterhüvely; ~ **cam** *kat* hüvelyvonó karom; ~ **chuck** *gép* excenteres befogófej; ~ **clamp** *gép* körhagyó/excentrikus szorító, szorítóexcenter; ~ **clamping** körhagyó szorítás, excenterszorítás; ~ **clip** *gép* excenterbilincs; excenteres lakat; ~ **compression** *mech* külpontos/excentrikus nyomás; ~ **direction** *geod* külpontos irányérték; ~ **disc/disk** *gép* excenter(tárcsa), körhagyó (tárcsa); ~ **drive** körhagyó/excenteres hajtás/hajtómű; ~ **drop forging press** *koh* excenteres kovácssajtó, Maxima-sajtó; ~ **gab** *gép* excentervilla; ~ **gear** körhagyó fogaskerék, excenter-fogaskerék; ~ **governor** excenteres szabályozó; ~ **grip** → ~ clamp; ~ **impact** *mech* excentrikus ütközés; ~ **lathe** eszterga körhagyó munkadarabok megmunkálására, idomesztergа; ~ **load** *mech* külpontos teher/terhelés; ~ **loading** *mech* külpontos terhelés; ~ **motion** külpontos mozgás; ~ **motion reversing gear** *hőt* excenteres reverzáló vezérmű; ~ **pin** körhagyó csapszeg/tengelycsap; ~ **plate** excentertárcsa; ~ **press** *alak* excenterprés, excentersajtó; ~ **pulley** *gép* körhagyógörgő, alakos tárcsagörgő; ~ **punch** excenterhajtású lyukasztógép; ~ **ring** *gépk, gép* centírozó/központosító gyűrű; ~ **rod** *gép* excenterrúd; ~ **safety catch device** excenteres fogókészülék; ~ **scale** excentrikus skála; ~-**screw breech-block** *kat* töltővájatos zártest; ~ **shaft** *gép* körhagyótengely, excentertengely; ~-**shaft press** → ~ press; ~ **sheave** → ~ disc/disk; ~ **signal** *geod* külpontos/excentrikus pontjelzés; ~ **spiral** hanglemez befejező barázdája; ~ **spudding bit** *ol* ferdítővéső; ~ **station** *geod* külpontos/excentrikus műszerállás/pontraállás; ~ **strap** excentergyűrű, excenterkengyel; ~ **telescope** *geod* külpontos/excentrikus távcső; ~ **tension** *mech* külpontos/excentrikus húzás; ~ **throw-out** *forg* átkapcsoló automata; ~ **thrust** *mech* külpontos/excentrikus nyomás; ~ **trimming press** *alak* lesorjázó/sorjavágó excentersasjtó; ~-**type screen** *ép* excenterrosta, excenteres hajtású rosta; ~-**type vibrator** *ép* kényszermozgatású vibrátor; ~-**valve gear** *hőt* excenteres/körhagyós vezérlés; ~ **wheel** *gép* excentertárcsa, excenterkerék

eccentricity (lineáris) excentricitás, külpontosság; *geod* külpontosság (lineáris mértéke); *gép* (oldal-) ütés; ~ **error** excentricitási hiba, excentritáshiba; ~ **meter** → excentrometer; ~ **of vertical axis** *geod* állótengely-külpontosság, alhidádétengely-külpontosság
eccentrometer *kat* excentrométer, külpontosságmérő
ecclesiologic(al) *ép* templomépítészeti
Eccles-Jordan | **circuit** Eccles-Jordan áramkör/kapcsolás; ~ **multivibrator** bistabil *v.* két stabil állapotú multivibrátor, flip-flop generátor
ECG → electrocardiogram; → electrocardiograph; → electrocardiography
ecgonine *vegy* ekgonin
ECH → ethylene chlorohydrine
echelette (grating) *opt* fűrészfogrács
echelle (grating) *opt* lépcsős rács
echelon I. *v* lépcsőz, teraszosít *(árterületet)*; *kat* lépcsőzetesen elhelyez/eloszt; **II.** *n ép* lépcsőzetes kiszögellés; mélységi oldaltagozás/eltolás; *kat* lépcső; *opt* lépcsős rács; *rep* lépcsőzött kötelék; ~ **folding** *geol* kulisszás gyűrődés; ~ **grating** *opt* lépcsős rács, Michelson-féle rács; ~ **lens** *opt* Fresnel-lencse, (Fresnel-féle) lépcsős lencse; ~ **strapping** *el* lépcsős átkötés; ~ **structure** *geol* kulisszaszerű felépítés; ~ **working** *távb* lépcsőzés
echo *fiz* visszhang, utórezgés; *geof* többszörös reflexió; *hang* visszhang, echó; *kat* jel, reflexió; *rep* echojel, visszavert jel; *szt* visszhang, visszajelzés *(terminálra)*; *távk* mesterséges utánzengés, zengetés *(stúdiótechnika)*; visszavert jel, reflexió, (mérő)visszhang, echó *(radar)*; ~ **altimeter** akusztikus magasságmérő; ~ **amplifier** echóerősítő; ~ **area** *távk* visszaverő felület *(radaré)*; ~ **attenuation** *távk, el* visszhangcsillapítás, visszaverődési/reflexiós csillapítás; ~ **box** *távk* echódoboz, ellenőrző rezonátor, visszhangrezonátor, üregrezonátor *(mérővisszhang előállítására)*; ~ **box television antenna** televízióantenna reflexióelnyomással; ~ **cancellation** *el* reflexióelnyomás; *hang* visszhangkiegyenlítés, visszhangzár; ~ **chamber** *hang* teljes hangvisszaverődést létrehozó kamra; ~**-check** *szt* visszhangellenőrzés, üzenet-visszacsatolás; ~ **current** fordított/visszavert ődött áram; ~ **current attenuation** *el* reflexiós/visszaverődési csillapítás; ~**-delay time** *távk* visszhangkésleltetés; ~ **depth sounder** *hajó* (akusztikus) echolot, akusztikai mélységmérő; ~ **depth sounding** akusztikai/akusztikus mélységmérés; ~ **effect** visszhang, echó; ~ **image** *távk* fantomkép, reflektált kép, szellemkép; ~ **interference** visszhanghatás, echóhatás, reflexióhatás; ~ **killing** visszhangelnyomás, visszhangzár, reflexióelnyomás; ~**-plate** *hang* zengőlemez *(stúdiótechnika)*; ~ **propagation time** *tv* echófutásidő; ~ **receiver** *távk* reflexivevő; ~ **reflection** *geof* többszörös reflexió; ~ **room** *hang* visszhangszoba, visszhangkamra, visszhanghelyiség; zengőszoba, zengőhelyiség *(stúdiótechnika)*; ~ **signal** *távb* kettőzött jel *(rádióvisszhang miatt)*; *távk* visszavert jel, reflexiójel; ~ **signal trap** visszhangzár; echócsapda; reflexióelnyomó áramkör; ~ **sound altimeter, sounder** echolot; akusztikai/akusztikus/visszhangos/ultrahangos mélységmérő; *talt* reflexiós szintmérő; ~ **sounding** akusztikus/visszhangos/ultrahangos mélységmérés; ~ **sounding apparatus** → ~ sounder; ~**-sounding device** (akusztikus) echolot, reflexiós mélységmérő; *rep* akusztikai magasságmérő; ~ **splitting** visszhangfelhasadás; *távk* visszavert jel hasítása *(radar)*; ~ **strength** *távk* visszavert jel erőssége; ~ **studio** *hang* visszhangszoba; ~ **suppressor** *távk* visszhangzár; ~ **technique** *távk* visszavert jelek felhasználása *(radar)*; ~ **trap** → ~ signal trap
echogram *hajó, orv* echogram
echograph *hidr* echográf, visszhangos/ultrahangos mélységmérő
echoing area *távk* hatásos visszaverő felület
echoless *hang* visszhang nélküli, visszhangmentes; *távk* visszaverődésmentes
echometer *hang, ol* echométer, visszhangmérő
ECL → emitter-coupled logic; → equipment component list
eclipse I. *v csill* elsötétít, elhomályosít, eltakar, elsötétül; **II.** *n csill* elsötétedés, elsötétülés, fogyatkozás, eklipszis; ~ **of the Moon** holdfogyatkozás
eclipsing variable *csill* fedéses kettőscsillag, fogyatkozó változócsillag
ecliptic(al) I. *a* ekliptikus, ekliptikai; **II.** *n csill* ekliptika; ~ **coordinates** *geod* ekliptikai koordináták; ~ **longitude** ekliptikai hosszúság; ~ **plane** *csill, geod* ekliptika/földpálya síkja, ekliptikai sík; ~ **pole** ekliptikai pólus
eclogite *geol* eklogit
ECM → electrochemical machining
ECMA → European Computer Manufacturers' Association
ECO → electron-coupled oscillator; → engine cut-off
ecoclimatology *met* ökoklimatológia
ecological ökológiai; ~ **balance** ökológiai egyensúly; ~ **biology** környezetbiológia; ~ **climatology** *met* ökoklimatológia; ~ **deterioration** környezetrontás; ~ **factor** ökológiai tényező
ecologically beneficial környezetkímélő
ecology ökológia, környezettan, környezetbiológia
econometrics ökonometria
economic(al) (köz)gazdasági; gazdaságos; takarékos; ~ **batch size** *ip* gazdaságos tételnagyság; ~ **chimney** *ép* takarékkémény; ~ **current density** *el* gazdaságos áramsűrűség; ~ **cut** *hidr* gazdaságos bevágás; ~ **cybernetics** gazdasági kibernetika; ~ **efficiency** gazdasági hatásfok; gazdaságosság; ~ **efficiency of automation** automatizálás gazdasági hatékonysága; ~ **factor** gazdasági tényező; ~ **feasibility** gazdasági alkalmasság; ~ **forecast** gazdasági előrejelzés; ~ **geology** *bány* gazdaságföldtan; ~ **grate** *hőt* takarékrostély; ~ **haul distance** *ép* gazdaságos szállítási távolság; ~ **life (of a project)** gazdasági élettartam *(műé)*; ~ **lot size** *ip* gazdaságos/optimális sorozatnagyság; ~ **management of mine** *bány* bányagazdaság; ~ **mobilization** gazdasági mozgósítás; ~ **of space** *ép* helytakarékos; ~ **ordering quantity** *ip* gazdaságos tételnagyság; ~ **pipe diameter** *gép* gazdaságos csőátmérő; ~ **planning** (köz)gazdasági tervezés; ~ **ratio** *ép* helyes arány *(acélbetété és betoné)*; ~ **stage** gazdasági fejlődés fokai; ~ **system** gazdasági rendszer
economically gazdasági szempontból, közgazdaságilag; gazdaságosan; ~ **proved power potential** *hidr* gazdaságosan hasznosítható vízerőkészlet
economics közgazdaságtan, közgazdaság-tudomány; gazdaság, gazdasági helyzet; gazdaságosság, renta-

bilitás; ~ **calculation** *ip* gazdaság(osság)i számítás; ~ **process analysis** gazdasági folyamatanalízis/folyamatelemzés; ~ **system** gazdasági rendszer
economize *ip* gazdaságosan felhasznál; gazdaságossá tesz; megtakarít
economizer *bány* közbenső hűtő; *el* takarékkapcsoló; takaréktranszformátor; *gépk* (benzin-)takarékberendezés *(karburátorban)*; *hőt* (tápvíz-)előmelegítő; *koh* előmelegítő; ~ **flame** takarékláng; ~ **jet** *gépk* takarékfúvóka; ~ **relay** takarékrelé, takarékjelfogó
economizing | chamber *hidr* takarékmedence; ~ **furnace** előmelegítéses tüzelőberendezés
economy gazdaság; gazdasági/gazdálkodási rendszer; gazdaságosság, takarékosság; megtakarítás; ~ **calculation** gazdaság(osság)i számítás; ~ **carburet(t)or/carburetter** *gépk* takarékporlasztó; ~**-chimneys** *ép* takarékkémények; ~ **circuit** takarékáramkör; ~ **class** *rep* turistaosztály; ~ **device** *gépk* takarékberendezés *(porlasztón)*; ~ **fare** *rep* turistaosztály-menetdíj; ~ **in execution** *ip* gazdaságos/takarékos kivitel(ezés); ~ **in space** térmegtakarítás, helykihasználás; ~ **jet** *gépk* takarékfúvóka; ~ **loading** *en* gazdaságos terheléselosztás; ~ **of force** *kat* erő célszerű alkalmazása; ~ **of irrigation** *hidr* öntözés gazdaságossága; ~ **of space** térkihasználás; ~ **of works operation** üzemgazdaság; ~ **service** *rep* szállítás gazdaságos viteldíj szerinti fizetéssel
ecoproblem ökológiai/környezeti probléma
ecosphere ökoszféra
écossaise *tex* kockás tisztaselyem
ecosystem *hidr, környv* ökoszisztéma
ecotoxicologic effect *környv* ökotoxikológiai hatás
ecrasite *vegy* ekrazit
ecru *tex* ekrü szín, elefántcsontszín
ectodinamorphic soil ektodinamorf talaj
ectoparasite ektoparazita
ectotoxin *vegy* ektotoxin
ectozoon külső/állati élősködő
ectype műalkotás másolata, érme/pecsét lenyomata
ED → electron device
edaphic *környv* edafikus
edaphon *környv* edafon, a talaj élővilága
EDC → energy distribution curve
eddy I. *v* örvényt kelt; örvénylik; **II.** *n hidr* örvény, forgó, forgatag, limány; *koh* örvényzóna; *mat* örvény; *met* forgószél; *rep* örvény, forgatag, forgó; ~ **cloud** *met* turbulenciafelhő; ~ **conductivity** *hidr* örvény-vezetőképesség; ~ **current** örvényáram; ~**-current brake** örvényáramú fék; ~**-current braking** *el, gép* örvényáramú fékezés; ~**-current damped gravimeter** örvényáram-csillapítású graviméter; ~**-current damping** örvényáram-csillapítás, örvényáramos csillapítás; ~**-current heat** örvényáram okozta melegedés; ~**-current heating** nagyfrekvenciás indukciós fűtés; ~**-current loss** örvényáram-veszteség, örvényáramú veszteség; ~**-current probe** *rep* örvényáramszonda; ~**-current rail brake** örvényáramú vágányfék; ~**-current sheath** örvényáramok elleni burkolat; ~**-current speed indicator** → ~ current tachometer; ~**-current squirrel-cage motor** örvényáramú kalickás motor; ~**-current tachometer** örvényáramú fordulatszámmérő; ~**-current testing** örvényáramos vizsgálat, szigma-teszt; ~ **diffusion** *hidr* örvényfonal eltűnése/eloszlása; *met* cseremozgás; ~**-drag** *el* örvényáram-csillapítású; ~ **field** *fiz* turbulens mozgású erőtér, örvényzóna; ~ **flow** *hidr* örvénylő/turbulens áramlás; ~ **flux** *met* örvényfluxus, turbulens fluxus; ~ **freedom** örvénymentesség; ~ **heat conduction** turbulens (hő)vezetés; ~ **kinetic energy** *met* turbulencia energiája; ~ **loss** *hidr* örvényveszteség, leválási veszteség; ~**-making resistance** *hajó* örvénykeltő ellenállás; ~ **motion** *rep* turbulenciamozgás; ~ **motion of the water particles** víz örvénylő mozgása, vízhenger; ~ **motion of water particles near the bottom** fenékhenger, vízfenéken levő örvénylő mozgás; ~ **motion of water particles near the surface** felületi örvénylő mozgás, fedőhenger; ~ **velocity** *met* turbulens sebesség; ~ **viscosity** *hidr* keveredési együttható; turbulens viszkozitás, örvényviszkozitás; ~ **with horizontal axis** *hidr* fekvő (víz)henger; ~ **zone** örvénytér
eddying örvényképződés; örvénylés, örvénylő mozgás
Edeleann process *ol* Edeleann-eljárás
edenite *ásv* edenit
edge I. *v* (meg)élesít, fen, élez, lesarkít, széleket levág; *cipő* beszeg; *ép* élt/sarkat kiképez; *fa* (le)szélez; *forg* élez, köszörül *(élesre)*; *pa* vág; *ruh* szegélyez, beszeg; **II.** *n* él, perem, szegély; *cipő* talpszél; *ép* (koszorú-)párkány; boltív záradéka; káva *(kúté)*; szegély, gerincvonal *(falé)*; szeglet; *fa* fűrészáru keskeny oldala; kantni; szélezés, sarokletompítás; *forg* vágóél; *gép* fejél *(fogé)*; késél, támasztóél; *kh* fejthetetlen szegély; szegélyszél *(hurkolásban)*; *koh* él; *mat* él; *mech* lemez/tartó széle; *nyom* margó; metszés *(könyvön)*; *szersz* kulcsszakáll, kulcstoll; *tex* szegély, szél; ~**-angle** *mat* élszög; ~ **away** *v bány* kiékül; ~ **beam** *ép* peremgerenda, peremtartó, szegélytartó, szegélygerenda; ~**-bevel(l)ing machine** leélezőgép; *nyom* élmaró fazettáló gép; ~ **bit** *talt* vágóél *(szerszámon)*; ~ **block** *el* tekercsvégrögzítő betét; ~ **board contacts** *el* nyomtatott csatlkaozók; ~ **bond** *ép* sarokkötés; ~ **break** *any* élrepedés; ~ **cam** *gép* külső bütyök; ~**-cementing machine** *cipő* felsőbőrszél-cementező gép; ~ **clipping** *forg* leélezés, élszalag, fazetta; ~ **coals** *bány* meredek dőlésű szénrétegek; ~ **colo(u)r** *nyom* metszésfesték; ~ **condition** *mat* peremfeltétel; *mech* kerületi feltétel; ~ **controller** *nyom* (papírpálya-)margóállító szerkezet; ~**-crack** *any* szélrepedés, peremtörés; *fa* oldalrepedés; *ker* élrepedés; *koh* szélfelhasadás, szélrepedés; ~**-critical graph** *mat* élkritikus gráf; ~ **crush resistance** *pa* lineáris nyomószilárdság; ~ **cutters** *nyom* szegélyvágó, peremvágó; ~ **cutting** *bőr* szélezés, szélvágás; ~ **damping** *hang* peremcsillapítás, peremgyengítés; ~ **definition** *tv* képszegélyélesség; ~ **discharge** *el* peremkisülés; ~ **dislocation** *koh, krist* éldiszlokáció; ~ **distance** *heg* illesztési hézag, játék; ~ **disturbance** *mech* peremzavarás; ~ **drive** *ol* peremkiszorítás; ~ **effect** *el* élhatás; *geof, foto* peremhatás; *mech* szélhatás; ~**-effect correction** *foto* peremkorrekció; ~ **fillet weld** *heg* homloksarokvarrat; ~ **filter** résszűrő; ~ **finishing press** leélezősajtó; ~ **flare** *tv* fehérszegélyes kép; ~ **flashing** *ép* szegélysáv, szegélybádog; ~ **fog** *foto* sarokfátyol, peremfátyol; ~**-form** *any* peremez, szegélyez, szélez; ~**-formed seam** *heg* peremvarrat; ~ **fracture** → ~ crack; ~ **gilder** *nyom* metszésaranyozó; ~ **gilding press** *nyom* aranymetsző prés; ~ **girder** *ép* peremtartó; ~ **glu(e)ing** *fa* élezés, élragasztás; ~ **grain (EG)** *fa* oldalrost *(szálirány)*; ~**-grained** szálirányban/ten-

gelyirányban fűrészelt; ~-**grained timber** sarokeres fa; ~ **holding power** *mech* élszilárdság; ~ **joint** *ép* sarokkötés; *fa* élkötés, homlokillesztés; ~-**jointing adhesive** élkötő ragasztó; ~-**joint weld** homlokvarratos kötés; ~-**knurling** *alak* csövelő, göngyölítő; ~ **lathing** *ép* éllécezés; ~ **length** *ép* élhossz; ~ **life** *forg* éltartam *(szerszámé)*; ~ **loaded** *mech* peremen/peremeken terhelt; ~ **lock** *önt* kettős könyökemelő, könyökcsukló; ~ **machine** *tex* szélefelvető gép; ~ **mill** görgőjárat, kollerjárat; ~-**mill bedstone** görgőjáratalapkő; ~-**milling** *forg* élmaró, szegélymaró; *önt* kollerező, keverő; ~-**milling machine** *forg* élmaró(gép); ~ **moment** *mech* peremnyomaték, zavaró nyomaték; ~ **nailing** rejtett szegezés *(deszkaborításon)*; ~ **of a brick** *ép* tégla keskeny lapja; ~ **of a crystal** kristályél; ~ **off** *v* lesimít; *fa* leszélez, (le)sorjáz; *forg* leélez, éltörést készít; ~ **of pole face** *el* pólusperem; ~ **of rim** abroncsperem, abroncsszegély; ~ **of the bank** *hidr* partél; ~ **of the coal face** *bány* szénhomlok éle; ~ **of the pulse** *el* impulzushomlok; ~ **of the shore** *hidr* partél; ~ **of the (stair) step** *ép* járóél *(lépcsőfoké)*; ~ **of vane** *hidr* lapátél; ~ **of well** *hidr* külső kútpalást; ~ **plane** *fa* szélező gyalu; ~-**plane** *v alak* leszélez, leélez; ~-**planer** lemezszél-leélező gép, átalakító/élvéső gép; ~-**planing machine** *mt* élgyalugép; ~ **preparation** *heg* leélezés, lemezél-lemunkálás; ~ **pressure** élnyomás, élfeszültség; ~ **protecting angle (iron)** *ép* élvédő szögacél; ~-**punched card** széllyukkártya, peremlyukkártya; ~ **rafter** *ép* szabadszarufa *(oromfal előtt)*; ~ **rail** vezetősín; ~-**raise** *alak* peremez, szegélyez, szélez; ~ **reinforcement** *ép* peremvasalás *(vasbeton)*; ~-**retaining** *szersz* éltartó; ~ **retention** éltartóság; ~ **roll** *em* oldalterelő görgő; *fa* „rundstáb" *(félgömbölyű díszítő hornyolás)*; szegélygömbölyítés; *nyom* szegélydíszítés, szélrecézés *(könyvkötészetben)*; ~-**rolling** *ép, finm* korcolás, korcolt kötés, korc(kötés); ~ **rounding** *gép* foggömbölyítés; ~ **runner** → ~ mill; ~-**runner dry mill** száraz kollerjárat; ~-**runner mixer** *önt* gyorskeverő, centrifugálkeverő; ~-**runner wet mill** nedves kollerjárat; ~ **seam** *bány* meredek telep; ~ **sequence** *mat* lánc *(gráfoknál)*; ~ **setting** *cipő* talpszélfényesítés; ~-**setting machine** *cipő* talpszélfényesítő gép; ~-**sewing machine** *cipő* szélvarró gép; ~ **shake** *fa* keskenyoldali repedés, szélek berepedezése; ~-**shot** *fa* gyalult szélű; ~ **slump(ing)** betonperem(ek) leroskadása *(csúszósablonos betonelemgyártásnál)*; ~ **stacker** *fa* deszkamáglyázó gép; ~ **steepness** *tv* oldalmeredekség; ~ **stitch** *kh* szélső hurok; ~-**stitcher** *tex* szegélyvarró; ~ **stone** *élip* malomkő *(aprítógépben)*; *ép* szegélykő, (hasított) járdaszegélykő, útszegélykő; ~ **straightener** *tex* szélfeszítő; ~ **strength** élszilárdság, peremszilárdság; ~ **stress** *mech* szélső szálfeszültség, élfeszültség; ~ **strip** *ép* szegélysáv; ~ **stripping** → ~ gluing; ~ **tearing** szélbeszakadás; ~ **tearing resistance** *pa, tex* tépőszilárdság; ~-**to-edge distance** peremtávolság, peremméret; ~-**tool** *gép* vágószerszám, forgácsolószerszám; ~ **train** → ~ sequence; ~ **trimming** *cipő* sarokélmarás; snittfrézelés; talpszélmarás; *koh* szélezés; *nyom* körülvágás; ~-**trimming apparatus** *nyom* (lap)széllevágó készülék; ~-**trimming machine** *cipő* talpszélmaró/snittfrézelő gép; *nyom* élmarógép; ~-**type** éles *(élű)*; réses *(szűrő)*; ~-**type filter** résszűrő; ~-**type meter** profilmérő, szelvénymérő; ~-**type vibratory roller** *ép* vibrációs padkahenger/járdahenger; ~ **velocity** *hidr* érintési sebesség; ~ **veneer** *fa* élfunér; ~ **veneering** *műa* szegélyléc *(rétegelt anyagokon)*; ~ **water** *bány* rétegvíz; *ol* szegélyvíz, peremvíz *(olajtest körül)*; ~-**water flooding** *ol* peremi vízelárasztás; ~-**water line** *ol* szegélyvízvonal, peremvízhatár; ~ **water-mark** *pa* szélvízjel; ~ **waxing** *cipő* talpszélviaszolás; ~ **weld** *heg* homlokvarrat, peremvarrat; ~ **welding** homlokvarrat-hegesztés; ~ **well** *ol* peremi kút; ~ **work** szegélyezés; élezés, élragasztás

edged *ép* levágott szélű; *fa* szélezett; *ruh* szegélyezett, beszegett; ~ **box** *pa* szélezett doboz

edgeless életlen, tompa; szegély/perem nélküli; *ruh* szegetlen, szegély nélküli

edger lemezszél-leélező gép, élalakító/élvéső gép; *fa* körhántoló gyalugép; szélező fűrész; *forg* szélező gyalugép; szélmaró gép; *heng* lemezszélező olló; *nyom* éllevágó; ~-**and-rip saw** *fa* szélező körfűrész; ~ **mill** *heng* torlóállvány; ~ **table** *fa* szélezőgép asztala

edgeways → edgewise

edgewise él mentén, élirányban; élére állítva; keskenyebb lapja felé; ~ **bend** lapjára állított hajlat; ~ **compression** *mech* párhuzamos nyomóigénybevétel; ~ **instrument** profilműszer, profiltípusú műszer; ~ **(pattern) meter** profilmérő, szelvénymérő; ~-**wound** *el* élére tekercselt

edging élezés, szegélyezés; *alak* zömítés, fejelés; *ép* (beton) szegélykő; *fa* (deszka)szélezési hulladék; sarkalás; *forg* éltörés, élsimítás; *heng* szélezés, torlás; *mat* határ, övezet, szegély, határoló tartomány; *pa* szélléc; *tex* beszegés, szegélydísz, szegőzsinór, szegőszalag; paszomány; ~ **chipper** *fa* fűrészhulladék-aprító gép; ~ **circular sawing machine** *fa* szélező körfűrész; ~ **grinder** *fa* fűrészhulladék-aprító gép; ~ **knife** *nyom* körülvágó kés; ~ **machine** *forg* leélező gyalugép, leélezősajtó; *szersz* élvágó fűrész; ~ **(mill) stand** *heng* torlóállvány; ~ **paper** recézett papír; ~ **pass** *heng* torlás, torlószúrás; torlóüreg; ~ **press** *alak* leélezősajtó; ~ **roll** *szersz* szegélyező görgő, szegélyidomító henger; ~ **saw** szélezőfűrész; ~ **shears** *pl* szegélynyeső olló *(fűnyíráshoz)*; ~ **stand** *heng, koh* torlóállvány

EDI → electronic data interchange

edible *élip* étkezési, ehető; ~ **beef tallow** finom marhafaggyú; ~ **fat** ételzsír, ehető zsiradék; ~ **grade** étkezési minőség *(olaj)*; ~ **oil** étolaj; ~**s** élelmiszerek

edifice *ép* (nagyobb, díszes kivitelű) épület; építmény

Edison | **accumulator** Edison-akkumulátor, vas-nikkel *v.* nife/lúgos akkumulátor; ~ **base/cap** Edison-fej *(elektroncsőé)*; ~ **effect** *fiz* Edison-jelenség, termikus emisszió; ~ **lamp-base** Edison-izzólámpafej; ~ **lampholder** Edison-foglalat; ~ **screw (ES)** *el* Edison-menet(es rész); ~ **screw cap/base** → ~ base; ~ **socket** → ~ lampholder; ~ **storage cell** → ~ accumulator

edit kiad, sajtó alá rendez *(könyvet)*; lektorál, megszerkeszt; *film* (össze)vág, összeállít; montíroz; *szt* szerkeszt; ~ **pulses** vágási impulzusok

editing kiadás, szerkesztés *(könyvé)*; *film* vágás, montírozás; *szt* szerkesztés, előkészítés; ~ **bench/console** *film* vágóasztal; ~ **desk** *film* vágóasztal; *hang* montírozómagnó; ~ **of well log data** *ol* szelvényadat-előkészítés; ~ **table** *film* szinkronasztal, negatívvágó-asztal, vágóasztal

edition kiadás *(könyvé)*; ~ **binding** kiadói/originál kötés; ~ **in several volumes** többkötetes kiadás
editio princeps *nyom* első kiadás, őskiadás
editor kiadó, szerkesztő *(könyvé)*; *film* vágó; *szt* szerkesztőprogram, editor
EDP → electronic data processing
EDPC → electronic data processing centre/center
EDPE → electronic data processing equipment
EDPM → electronic data processing machine
EDPS → electronic data processing system
EDSAC → electronic delay storage automatic computer
EDT → ethylene diamin tartrate
EDTA → ethylene diamine-tetraacetic acid
educational oktatási; nevelési; ~ **broadcast** *rád, tv* iskolai adás; ~ **building** *ép* oktatási épület; ~ **film** oktatófilm; ~ **machine** oktatógép; ~ **requisite** tanszer; ~ **technology** *szt* oktatástechnológia; ~ **television (ETV)** iskolatelevízió, iskolatévé
educe *vegy* elvezet *(gázt)*; kiválaszt, kicsap, elkülönít; kivon, elvon
educt *vegy* eduktum, kiindulási anyag; kivonat, extrakt(um)
eduction kibocsátás, kivezetés; *hőt* kivezetés, lefúvatás *(gőzé)*; *vegy* kivonás, kiválasztás; ~ **pipe** gőzelvezető cső, kiömlőcső *(gőzgéphengeren)*; *hidr* termelőcső; ~ **port** *hidr* kivezetőnyílás, kiömlőnyílás; *koh* lehúzónyílás; ~ **valve** kibocsátószelep, kieresztőszelep
eductor *hőt* ejektor, gőzsugárszivattyú; *ol* keverőfej; ~**-basin cleaner** fekáliaszállító (tartály)gépkocsi
edulcorate *vegy* édesít; kimos, megtisztít *(savtól, sóktól)*
edulcorator *élip* édesítőszer
EDVAC → electronic discrete variable automatic calculator
EDW → earth departure window
EE → electrical engineer; → electrical engineering; → electric-electric
EEG → electroencephalogram; → electroencephalograph; → electroencephalography
eel angolna; ~ **catcher** *hidr* angolnafogó; ~**-ladder/way** *hidr* angolnalépcső; ~ **trap** *hidr* angolnacsapda
EEPROM → electrically erasable programmable read-only memory
EEROM → electrically erasable read-only memory
EET → East-European Time
efface kitöröl, áthúz; *bőr* letöröl; *ép* egyenget, kisimít
effacement törlés, nullára állítás
effacer törlőbillentyű
effect I. *v* okoz, eredményez; elvégez, teljesít, végrehajt; létrehoz, megvalósít, kivitelez; **II.** *n* eredmény; effektus, hatás; *fiz* effektus, jelenség; *mech* effektus, teljesítmény; *távk* káros (be)hatás; ~ **analysis** hatáselemzés; ~ **carbon** pankromatikus szén; ~ **lighting** fényhatás; hatás(meg)világítás; ~ **of adjacent beds** *ol* ágyazó rétegek hatása; ~ **of climatic conditions** *ép* időjárási hatások; ~ **of continuity** *mech* folytonosítási hatás; ~ **of external field** idegen/külső térhatás; ~ **of impact** *mech* ütközési hatás; ~ **of permanent set** *mech* maradó alakváltozás teljesítménye; ~ **of position** helyzet okozta hatás; ~ **of radiation** sugárzási hatás; ~ **of strain** *mech* alakváltozás fajlagos/közepes teljesítménye; ~ **shutter** *foto* kombinációs rekesz-pillanatzár; ~ **sound** *film* hatáshang; ~ **sound channel** *film* hatáshangcsatorna, effekthangcsatorna; ~**s projector** *film, opt* hatásvetítő; ~ **thread** *tex* díszítőfonal; ~ **to restraint** *mech* befogási hatás; ~ **varnishes** effektlakkok, különleges hatást keltő lakkok; ~ **yarn** *tex* díszítőcérna, fantáziacérna, effektfonal
effective hatásos, hatékony, hatóképes, effektív; tényleges, valóságos; ~ **absorbing area** hatásos/effektív antennafelület; ~ **absorption coefficient** *távk* tényleges abszorpciós/elnyelési tényező; ~ **acceptance bandwidth** *rep* effektív vételi sávszélesség; ~ **address** *szt* valóságos cím; ~ **adjacent channel rejection** *távk* effektív szomszédos csatornaszűrés; ~ **aerial area** hatásos/effektív antennafelület; ~ **air need** *hőt, koh* tényleges/gyakorlati levegőszükséglet; ~ **air path** *rep* tényleges légiútvonal; ~ **airscrew thrust** *rep* tényleges légcsavar-vonóerő; ~ **angle of attack** *rep* hatásos állásszög; ~ **antenna height** antenna hatásos/effektív/sugárzási magassága, effektív antennamagasság; ~ **aperture** *távk* effektív sugárzási apertúra *(antennáé)*; ~ **area** hasznos/hatásos/működő felület; *távk* hatásos (antenna)felület; *vasút* futófelület; ~ **aspect ratio** *rep* hatásos karcsúság; ~ **atmosphere** *met* a légkör alsó rétegei; ~ **atomic number** *vegy* effektív rendszám; ~ **attenuation** *el* hatásos/tényleges csillapítás; ~ **availability factor** műszaki kihasználási tényező; ~ **base width** *félv* effektív bázisszélesség; ~ **bearing area** *mech* palástnyomásra mértékadó felület; ~ **capacitance (of the cable)** üzemi kapacitás *(kábelé)*; ~ **capacity** → ~ storage; ~ **capture cross-section** *at* befogási hatáskeresztmetszet; ~**-casualty radius** *kat* hatásos robbanótávolság *(tüzérségi lövedéké)*; ~ **charge** *at* effektív töltés; ~ **chimney height** *környv* effektív kéménymagasság; ~ **collision cross-section** *at* effektív/ütközési hatáskeresztmetszet; ~ **column length** *mech* kihajlási hossz; ~ **component** *el* hatásos/valós/wattos komponens/összetevő; ~ **conductance** *el* hatásos vezetés, effektív vezetőképesség/konduktancia; ~ **conductivity** váltakozóáramú vezetőképesség; ~ **coverage** *rep* effektív fedésterület; ~ **cross-section** hatékony/effektív szelvény; *at* hatáskeresztmetszet; *ép* hasznos betonkeresztmetszet; *hidr* áramlási/vízvezető szelvény; ~ **cross sectional area of a cable** aktív kábelkeresztmetszet; ~ **cross-section for resonance** rezonancia-hatáskeresztmetszet; ~ **current** effektív/hatásos áram(erősség), áram négyzetes középértéke; ~ **cut-off frequency** *el* effektív határfrekvencia; ~ **depth** *ép* dolgozómagasság *(vasbetontartóé)*; ~ **diameter** középátmérő, effektív menetátmérő *(csavaré)*; ~ **direction** *mat* hatékony irány; ~ **efficiency** *gép* effektív hatásfok; ~ **error variance** *szt* effektív hibavariancia; ~ **evapotranspiration** *met* tényleges evapotranszpiráció; ~ **factors** *stat* hatékony tényezők; ~ **force** *mech* hatóerő; ~ **formation factor** *ol* effektív formációtényező; ~ **gap length** *rögz* effektív résszélesség; ~ **gradient** *rep* átlagos meredekség; ~ **grain-size** *ol, talt* mértékadó szemnagyság, effektív szemcseátmérő; ~ **half-life/half-period** *at* effektív felezési idő; ~ **head** hatásos/hasznos/hasznosítható esés *(vízerőműé, turbináé)*; ~ **heat** *hőt* hasznos hő; ~ **heating surface** *hőt* hasznos fűtőfelület; ~ **heat transfer coefficient** *hőt* effektív hőátadási tényező; ~ **height** hatásos/effektív magasság *(antennáé)*; *rep* hatásos magasság; ~ **horse-power**

(EHP) effektív lóerő, tényleges teljesítmény *(lóerőben)*; ~ **inductance** *el* látszólagos induktivitás; ~ **input admittance** *el* effektív bemenő/bemeneti admittancia *(elektroncsöveké)*; ~ **input capacitance** *el* effektív/tényleges résszélesség; *rögz* effektív bemenő/bemeneti kapacitás *(elektroncsövek)*; ~ **input impedance** effektív bemenő/bemeneti impedancia; ~ **instruction** *szt* tényleges/effektív utasítás; ~ **isotropically radiated power** *űr* effektív izotropikus sugárzási teljesítmény; ~ **landing area** *rep* szabad leszállóterület, tényleges leszállási terület; ~ **latent heat of fusion** *koh* olvadási hő; ~ **length** hasznos/üzemi hossz; *mech* effektív résszélesség; kihajlási hossz; ~ **length of a pipe** *hidr* cső építési hossza; ~ **length of magnet** effektív/tényleges mágneshossz; ~ **lens aperture** effektív lencsenyílás; ~ **margin** tényleges mozgástér; *rep, távk* üzemi vételhatár; ~ **mass** *at* effektív tömeg; ~**-mass tensor** *at* effektív tömeg tenzora; ~ **multiplication** *at* effektív sokszorozás; ~ **multiplication factor** *at* effektív sokszorozó tényező; ~ **noise temperature** *el* effektív bemeneti zajhőmérséklet; ~ **normal output** *gépk* normális tényleges/effektív teljesítmény; ~ **output** *el* hatásos/wattos teljesítmény; *gép* effektív/hasznos teljesítmény; *gépk* tényleges/effektív teljesítmény, tengelyteljesítmény; ~ **output admittance** effektív/tényleges kimenő/kimeneti admittancia; ~ **output capacitance** effektív/tényleges kimenő/kimenő kapacitás; ~ **part of scale** mérési sáv; ~ **perceived noise level** mért zajszint, zajosságszint; ~ **permeability** *geof, ol* effektív áteresztőképesség/permeabilitás; ~ **pillar length** *mech* kihajlási hossz; ~ **pitch** *rep* hatásos állásszög; ~ **population** *stat* súlyozott/hatékony populációméret; ~ **pore volume** *ol* hasznos kőzettérfogat; *talt* hatékony/hasznos hézagtérfogat; ~ **porosity** *ol* effektív/hasznos porozitás; *talt* szabad hézagtérfogat; ~ **potential** *el* effektív potenciál; ~ **power** *el, gépk* tényleges/effektív teljesítmény, tengelyteljesítmény; *gép* effektív/hasznos/hatásos teljesítmény; ~ **pressure** üzemi nyomás; *bány* hasznos nyomás, hatékony feszültség; *hidr* hatékony nyomás; ~ **process** *mat* algoritmus; ~ **profile height** *gép* működő szelvénymagasság; ~ **radiated power (ERP)** *távk* kisugárzott teljesítmény; ~ **radiation** hasznos sugárzás; ~ **radius** *hidr* hatékony sugár *(kúté)*; ~ **radius of a sender** *távk* adó hatótávolsága; ~ **radius of the earth** *rád* effektív földsugár; ~ **rainfall** *hidr* effektív/hatékony csapadék; ~ **range** *metr* mérési tartomány, méréstartomány; ~ **reactance** *el* reaktancia, meddőellenállás; ~ **reflex surface** hatásos fényvisszaverő felület; ~ **resistance** *el* hatásos rezisztencia/ellenállás; ~ **section** *ép* tiszta szelvény; *mech* effektív/hatásos keresztmetszet; ~ **selection differential** *stat* súlyozott szelekciós differenciál; ~ **separating density** *bány* kiegyenlítő fajsúly; ~ **separating size** *bány* kiegyenlítő szemcsenagyság; ~ **size (of grain)** *mech* hatékony/mértékadó szemnagyság; ~ **snow melt** *hidr* effektív/hatékony olvadás; ~ **space** hasznos tér; ~ **spacing** *ásv* effektív távolság; ~ **span** *mech* fesztávolság, támaszköz *(hajlított tartóé)*; *rep* effektív szárnyterjedtség; ~ **stack height** *környv* effektív kéménymagasság; ~ **storage** *hidr* hasznos tározótér; ~ **stress** *talt* hatékony feszültség; ~ **target area** hatásos bombázott felület *v.* targetfelület; ~ **temperature (ET)** effektív hőmérséklet; ~ **thermal conductivity** effektív hővezetési tényező; ~ **thermal cross-section** effektív termikus határkeresztmetszet; ~ **thrust** *rep* hajtómű tényleges tolóereje; ~ **time** *szt* tényleges idő, hatékony idő; ~ **tortuosity** *ol* effektív tortuozitás; ~ **tractive force** *hidr* (hatékony) hordalékmozgató erő, hatékony elragadó erő; ~ **transmission equivalent** *távk* (átvivő rendszerre) vonatkoztatott csillapítás, egyenértékcsillapítás; ~ **transmission rate** *szt* tényleges adatátviteli sebesség; ~ **true air speed (ETAS)** *rep* tényleges repülési sebesség, TRS, önsebesség, levegőhöz viszonyított sebesség; ~ **value** *el* effektív érték; ~ **velocity** *hidr* tényleges sebesség *(talajvízé)*; ~ **voltage** *el* üzemi/tényleges feszültség; ~ **water-holding capacity** *talt* effektív víztartó képesség; ~ **water use** *hidr* hatékony vízfogyasztás; ~ **waterway** *hidr* tényleges mederszélesség; ~ **wavelength** *fiz* effektív hullámhossz; ~ **width** *ép, mech* együttdolgozó/hatásos szélesség; ~ **wing area** *rep* effektív szárnyfelület; ~ **work** hasznos munka

effectively | computable function *mat* effektíve kiszámítható függvény; ~ **denumerable set** effektíven megszámlálható halmaz; ~ **earthed/grounded system** *el* hatásosan földelt hálózat; ~ **transmitted frequency band** ténylegesen átvitt frekvenciasáv

effectiveness hatékonyság, hatásfok

effectivity *mat* effektivitás; megvalósulási fok

effector *aut, vegy* effektor, beavatkozó/működtető egység/szerv

effervesce felforr, habzik, pezseg; *vegy* felhabzik, felpezseg, hevesen gázt fejleszt

effervescence pezsgés, habzás; *gyógyv* effervescens anyag, tablettaszétesést elősegítő anyag; *vegy* felpezsgés, felhabzás, heves gázfejlesztés/gázfejlődés

effervescent habzó, pezsgő; ~ **clay** *talt* duzzadó agyag; ~ **spring** *geol* mofetta; ~ **steel** *koh* csillapítatlan *v.* nem megnyugtatott acél; ~ **tablet** *gyógyv* effervescens tabletta

efficacious hatásos, hatékony; hathatós, eredményes

efficacy hatásosság, hatékonyság, hathatósság, eredményesség; *fiz* hasznosítás

efficiency hatékonyság, hatásosság, teljesítmény, teljesítőképesség; *at, fiz* hatásfok; *ip* gazdaságosság, eredményesség; *stat* efficiencia; ~ **computing** *hidr* hatásfok-átszámítás; ~ **cross-section** hatáskeresztmetszet; ~ **curve** hatásfokgörbe; teljesítménygörbe; ~ **diode** feszültségemelő dióda; ~ **engineer** üzemszervező mérnök; ~ **factor** *fiz* hatásfoktényező *(ballisztika)*; *stat* efficienciafaktor; ~ **loss** hatásfokveszteség; ~ **of an irrigation scheme** *hidr* öntözőrendszer hatásfoka; ~ **of dedusting** *környv* portalanítási hatásfok; ~ **of illumination** *távk* besugárzás hatásossága; ~ **of light source** fényhasznosítás; ~ **of live labo(u)r** *bány* élőmunka-hatékonyság; ~ **of rectification** *el* egyenirányítási hatásfok; ~ **of screening** szitálás hatásfoka; ~ **of space filling** *ásv* térkitöltés; ~ **of space occupation** *ásv* térkihasználás; ~ **of stirring** *koh* keverőhatás; ~ **of the concentration operation** *koh* dúsítás hatásfoka; ~ **of the X-ray tube** röntgencső-teljesítmény; ~ **ratio** *gép* relatív hatékonyság; teljesítményarány; ~ **test** teljesítőképesség-vizsgálat, hatásfok-meghatározás; ~ **wage** *ip* teljesítménybér, darabbér

efficient hatékony, hatásos, efficiens; jól működő, teljesítőképes; eredmémyes, hasznos; termelékeny; ~

distribution coefficient *ásv* effektív megoszlási hányados; ~ **estimating function** hatékony/efficiens becslés; ~ **estimator** *mat* hatékony/efficiens becslés; *rendsz* efficiens próba; ~ **program** efficiens program; ~ **range** hatástaromány, hatótávolság, hatósugár, működési terület; ~ **strategy** *rendsz* efficiens/extremális stratégia; ~ **test** efficiens próba
effloresce *ásv* kivirágzik; kristályvizet elveszt; mállik *(kristály)*; *vegy* dehidratál; elmállik
efflorescence *ép* kivirágzás *(sóé falon)*; *krist* kivirágzás; *vegy* kristályvízveszítés, elmállás; ~ **of saltpetre/saltpeter** salétromkivirágzás *(falon)*
effluence *hidr* kifolyás, kiömlés, kiáramlás; kifolyó mennyiség
effluent I. *a* kifolyó, kiömlő, kiáramló, lefolyó; *vegy* effluens; **II.** *n* kifolyó/lefolyó víz; *at* radioaktívan szennyezett folyadék *v.* gáz; *hidr* (részlegesen) kezelt szennyvíz; kifolyás, kinyomás; lefolyás, levezetés vízfolyás; *koh* effluátum; *ol* effluens, kilépő termék; *pa* elfolyó víz; ~ **channel** *hidr* kivezetőcsatorna; ~ **filter** *pa* szennyvízszűrő; ~ **pipe** *hidr* vízkivezető cső; ~**-recovery plant** *élip* mosóvízből anyagot visszanyerő berendezés; ~**s** *környv* légszennyező gázok, gázhalmazállapotú légszennyező anyag; ~ **seepage** *ép* felszivárgás *(talajból)*; *hidr* elszivárgás; ~ **stream** *hidr* fakadó vízfolyás; ~ **value** *környv* immissziós érték; ~ **valve** vízkibocsátó szelep/csőzár
efflux kiáramlás, kiömlés; ~ **coefficient** kifolyási együttható/tényező; *rep* kiáramlási tényező; ~ **of energy** energiakiáramlás, energialeadás; ~ **time** kifolyási idő *(viszkozitásmérés)*; ~ **velocity** kiáramlási/kilépési sebesség; *rep* kiáramlási/kiömlési sebesség; ~ **visco(si)meter** kiáramlási/kifolyási viszkozitásmérő/viszkoziméter
effort erő(kifejtés); *mech* igénybevétel *(anyagé)*; ~ **for sley/slay** *tex* bordaládát mozgató erő
effulge fénylik, ragyog
effulgent fénylő, ragyogó; fényt/ragyogást sugárzó
effuse kiáramlik, kifolyik, kiömlik; elárad, szétárad
effuser *rep* effuzőr, kiürítőcső; *vegy* effuzőr, diffuzőr
effusiometer *vegy* effúzióméter
effusion *bány, geol* effúzió; *vegy* kiáramlás, kifolyás, kiömlés, effúzió
effusive *geol* effuzív, kiömlési; ~ **rock** *bány, geol* kiömlési/effuzív kőzet
EFG → electric field gradient
EFL → emitter follower logic
EFT → electronic funds transfer
EG → edge grain; → electron gun
EGA → enhanced graphics adapter
EGCR → experimental gas-cooled reactor
EGD → electrogas dynamics
egern *ásv* egerán
egg tojás; ~**-albumen** *vegy* tojásfehérje; ~ **albumin** *vegy* tojásalbumin; ~**-and-anchor,** ~**-and-dart** *ép* tojásléc *(görög ornamentikában)*; ~ **beater** habverő; ~ **bin/bucket** tojástartó rekesz *(hűtőszekrényben)*; ~**-carton board** *pa* tojásdoboz-karton; ~**-case board** *pa* tojásdoboz-rekeszkarton; ~ **coal** diószén; ~ **coke** diókoksz; ~ **crate** tojásrekesz, tojásszállító/tojástároló rekesz/tálca; ~**-dispatch box** tojásdoboz; ~ **grader** tojásosztályozó gép; ~ **grading** tojásminősítés; ~**-grenade** *kat* tojásgránát; ~ **insulator** *el* diószigetelő; ~ **lamp** tojásátvilágító lámpa; ~ **layer** *ép* tojógép, mobil betonelemgyártó gép; ~**-laying stimulating powders** *vegy* tojatópor, tojásrakást elősegítő szer; ~ **preservative** tojáskonzerváló szer; ~ **products** *élip* tojáskészítmények; ~**-rack** tojástároló/tojástartó állvány/polc; ~**-shaped** tojás alakú, tojásdad, ovális; ~**-shaped barrel with base** *hidr* tojásszelvényű talpascső; ~**-shaped culvert** tojásszelvényű csőáteresz; ~ **shell** *ker* tojáshéj *(hibafajta)*; ~**-shell finish** *pa* matt (tojáshéj) simítás; ~**-shell paper** tojáshéjsimítású papír; ~ **tester** → ~ lamp; ~**-timer** tojásfőző homokóra; ~ **turner** tojásfordító kar *(keltetőben)*; ~**-type insulator** tojásszigetelő; ~ **weigher and grader** tojásosztályozó gép; ~**(-)white** tojásfehérje; ~**-white foam** tojáshab; ~**-white powder** tojásfehérjepor; ~**-yolk** tojássárgája
Eggenburgian stage *geol* eggenburgi emelet
Eggertz's method *vegy* Eggertz-módszer
eggette *bány* tojásbrikett
egoutteur *pa* vízjelnyomó (henger)
egress I. *v* kilép; **II.** *n* kilépés, kiömlés, kiáramlás; kijárat; ~ **of air** szellőzőjárat, légelvezető csatorna; ~ **point** *ép, közl* (autópálya-)kijárat
Egyptian type *nyom* dorongírású betűtípus
e.h. → electric hoist
EHD → elastohydrodynamics; → electrohydrodynamics
EHF → extra-high frequency; → extremely high frequency
EHM → engine health monitoring
EHP → effective horse-power; → electrical horsepower
ehrenbergite *ásv* ehrenbergit
Ehrenfest theorem *fiz* Ehrenfest-tétel
EHT → extra-high tension; → extremely high tension; ~ **rectifier** *tv* nagyfeszültségű egyenirányító; ~ **unit** *tv* nagyfeszültségű tápegység
EHV → extra-high voltage
EI → enable interrupt
EIA (Electronic Industries Association) interface *szt* EIA szabványú interfész
eidophor process *tv* Eidophor-eljárás
eigenfrequency *el* sajátfrekvencia, önfrekvencia, önrezgésszám
eigenfunction *mat* sajátfüggvény; ~ **expansion** sajátfüggvény szerinti felbontás
eigenperiod *hang* sajátperiódus, önrezgési periódus
eigenplane *mat* karakterisztikus sík, sajátsík
eigenstate *fiz* sajátállapot; ~ **of radiation** sugárzás modusa, sajátrezgés formája, sajáthullám alakja
eigenton(e) *hang* rezgési modus, sajátrezgés
eigenvalue *mat* sajátérték, karakterisztikus érték; ~ **equation** sajátérték-egyenlet, karakterisztikus egyenlet; ~ **of the matrix** mátrix sajátértéke; ~ **problem** sajátérték-feladat, sajátérték-probléma
eigenvector *mat* sajátvektor
eight nyolc; nyolcas *(szám)*; nyolcevezős *(csónak)*; *rep* nyolcas, kettőshurok; ~**-angled** *mat* nyolcszögű; ~ **around pylons** *rep* póznák körül repült nyolcas; ~ **bend** *ép* nyolcadrésznyivel elforduló csőhajlat *(22 1/2 fokos)*; ~**-bit arithmetic** *szt* nyolcbites aritmetika; ~**-cam machine** *tex* nyolclakatos kötőgép; ~**-cylinder** *gépk* nyolchengeres; ~**-cylinder engine** nyolchengeres motor; ~**-cylinder V-engine** nyolchengeres V-motor; ~**-day clock** nyolc napig járó óra; ~**-elec-**

trode tube *el* októda, nyolcelektródás cső; ~**-electron shell** *el* L-héj; ~**-hour shift** nyolcórás műszak; *bány* műszakharmad; ~**-hours (work) day** nyolcórás munkanap; ~**-lock (knitting)-machine** nyolclakatos kötőgép; ~**-loom system** *tex* nyolcszövőgépes gépcsoport; ~**-point rule** *nyom* nyolcpontos/petit lénia; ~**-pole network** nyolcpólusú hálózat, oktopólus; ~**-segment magnetron** nyolcüreges magnetron; ~**-terminal circuit** nyolcpólusú hálózat, oktopólus; ~**-topica lead** *nyom* nyolcadcicerós regletta; ~**-wheel(ed)** nyolckerekű; ~**-wheel four-coupled locomitve** *vasút* négytengelyű kétcsatlós mozdony; ~**-wheel sixcoulped locomotive** négytengelyű háromcsatlós mozdony; ~ **wire cool** *el* kettős érnégyes

eightfold nyolcszoros; ~ **way** *at* oktettmodell, nyolcas út

eighth *nyom* oktáv; ~ **way** nyolcadik; nyolcad

eikonal *mat* eikonál(függvény)

Einstein|-de-Haas effect *fiz* Einstein de Haas-jelenség; ~ **equation** Einstein-egyenlet; ~**('s) field equations** Einstein-féle téregyenletek; ~**('s) general theory of relativity** Einstein-féle általános relativitáselmélet; ~ **shift** Einstein-jelenség, gravitációs vöröseltolódás; ~**'s law** Einstein-féle törvény; ~**('s) principle of special relativity** (Einstein-féle) speciális relativitáselmélet; ~**('s) relation** Einstein-féle összefüggés, Einstein-reláció

Einsteinian *fiz* Einstein-féle

einsteinium (Es) *vegy* einsteinium

Einthoven galvanometer *el* húros galvanométer

einzel lens *el* elektrosztatikus unipotenciális lencse

either-direction working of lines/tracks *vasút* vágány(át)váltós üzem

EITHER-OR *szt* KIZÁRÓ VAGY; ~ **operation** antivalencia, antikoincidencia, kizáró diszjunkció, KIZÁRÓ VAGY-művelet

eject I. *v at* emittál, kibocsát *(mikrorészecskét)*; *geol* kitör *(tűzhányó)*; *önt* kilök; *szt* kivet, kidob; **II.** *n szt* a kazetta kivételére szolgáló billentyű; ~ **key** *hang* kioldóbillentyű *(kazettás készüléken)*; ~ **smoke** *v* füstöl

ejecta *pl geol* ejecta *(vulkáni kitöréskor kiszórt anyagok)*

ejecting | (air lifting) *ol* kompresszorozás; ~ **cylinder** kipufogóhenger

ejection *at* kivetés, kivezetés, eltérítés *(részecskenyalábé gyorsítóban)*; *geof* kitörés *(tűzhányóé)*, kilövellés *(vulkáni anyagoké)*; *gyógyv* kiemelés *(tablettázó gépből)*; *önt* kilökés; ~ **attachment** *önt* kilökő(berendezés); ~ **capsule** *rep* katapult, kivetőkabin; ~ **connecting bar** *műa* kidobócsap-összekötő; ~ **exhaust stroke** *gépk* kipufogólöket; ~ **gun** *rep* katapultáló/kivezető szerkezet; ~ **hole** kidobónyílás; ~ **pin** *kat* tölténykitoló *(puskáé)*; *műa* kidobócsap; *önt* kidobó *(présen)*; kilökőcsap; ~ **plate** *önt* kilökőlap; ~ **port** *kat* kivetőnyílás; ~ **ram** *műa* kidobódugattyú; ~ **seat** *rep* kivetőülés, katapultülés

ejector *forg* kidobó(szerkezet), kilökő(szerkezet); *hőt* ejektor, gőzsugárszivattyú, lövettyű; *kat* ejektor, kivető(szerkezet) *(fegyveren)*; *mat* impulzor, ejektor, torzor; *műa, pa* kidobó; *nyom* sorkitoló *(szedőgépen)*; *ol* keverőfej; *önt* kilökő(berendezés); *vák* (gőzsugár-)ejektorszivattyú, gőzsugár-vákuumszivattyú; ~ **air-pump** légsugárszivattyú; ~ **box** *önt* kilökőszekrény; ~ **bucket** *ép* kitolólemezes mélyásó puttony; ~ **condenser** *hőt* sugárkondenzátor; ~ **die** *önt* kilökő formafél/szerszámfél; ~ **frame** *műa* kidobókeret; ~ **frame guide** kidobókeret-vezető; ~**(-)jet-pump** (víz)sugárszivattyú; ~ **mark** *önt* kilökőnyom, kilökőjel; ~ **pad** *műa* feladólap, kidobóbélyeg; ~ **pin** → ejection pin; ~**(-)pin plate** *műa* kidobólap; ~ **plate** *műa* kidobólap; *önt* kilökőasztal, kilökőlap; ~ **plate return pin** *műa* kidobólap-visszahúzó csap; ~ **pump** ejektor, (gőz)sugárszivattyú; injektor, vízsugárszivattyú; ~ **retaining-pin** *kat* kivetőrögzítő csapszeg; ~ **rod** *kat* hüvelykiverő rúd; *műa* kidobócsap-összekötő; ~ **rod-head** *kat* hüvelykiverő rúdfej; ~ **seat** *rep* kivetőülés, katapultülés; ~ **stop** *kat* kivetőütköző; ~**-stop hole** *kat* kivetőütköző-vájat; ~ **street fountain** *hidr* ejektoros közkút; ~ **stud** *kat* kivetőtengely; ~ **vacuum pump** gőzsugár-vákumszivattyú

ekebergite *ásv* ekebergit

Ekman | layer Ekman-réteg; ~ **spiral** Ekman-féle spirális

EL → electroluminescent; → equivalent length

e.l. → elastic limit; → electric light

elaborate (alaposan/részletesen) kidolgoz *(tervet)*

elaboration (részletes) kidolgozás

elaeolite *US* **eleolite** *ásv* eleolit; ~ **syenite** *bány* nefelinszienit

elaeometer, *US* **eleometer** olajsűrűség-mérő

elaeoptene, *US* **eleoptene** *ol* eleoptén *(illó olajok folyékony része)*

elaeostearic, *US* **eleostearic acid** *vegy* eleosztearinsav

elaidic acid *vegy* elaidinsav

elapsed | time *szt* ténylegesen eltelt idő *(programfutás során eltelt idő)*, teljes végrehajtási idő, futási idő; ~**-time recorder** felhasználtidő-feljegyző

elastance *el* dielektromos merevség, reciprok kapacitás

elastase *vegy* elasztáz, pankretopeptidáz enzim

elastic I. *a* elasztikus, rugalmas; nyújtható, nyúlékony, hajlítható, hajlékony; **II.** *n* gumiszalag; *tex* gumiszálas szövet; ~ **after-effect/after-working** *any, geof* rugalmas/elasztikus utóhatás; *ker* visszarugózás; ~ **and plastic strain** rugalmas-képlékeny *v.* elasztoplasztikus deformáció; ~ **anisotropy** *ásv* rugalmas/elasztikus anizotrópia; ~ **arch method** *ép* rugalmasív-módszer; ~ **area** *mech* rugalmas terület; ~ **axis (e.a.)** *mech* rugalmas szál/vonal/tengely; ~ **bearing pressure distribution** *talt* rugalmas talpfeszültségeloszlás; ~ **bitumen** ásványi kaucsuk; *ásv* elaterit; ~ **boot** cúgos cipő *(magasszárú)*; ~ **breakdown** *mech* törés rugalmas alakváltozás közben; ~ **buckling** *mech* rugalmas kihajlás; ~ **buffer** *szt* változó kapacitású átmeneti tároló; ~ **centroid** rugalmas súlypont, szigmapont; ~ **clutch** *gép* rugalmas tengelykapcsoló; ~ **coefficient** rugalmas/elasztikus/elaszticitási együttható; ~ **collision** *at, mech* rugalmas ütközés; ~ **compatibility** *mech* rugalmas összeférhetőség; ~ **constant** *alak, koh* rugóállandó; *mech* rugalmassági állandó; *ol* kőzetrugalmassági állandó; ~ **constants of crystals** kristályok rugalmas/elasztikus állandói; ~ **constraint** *forg* rugalmas befogás; ~ **coupling** *gép* rugalmas tengelykapcsoló; ~ **deflection** *mech* rugalmas lehajlás; ~ **deformation** *alak, koh* rugalmas alakváltozás, elasztikus deformáció; ~ **design method** *mech* rugalmas méretezési eljárás; ~ **distribution of bearing pressure** *mech* rugalmas talpfeszültségeloszlás; ~ **disturbance** *geof* rugalmas/elasztikus zavar/diszturbancia; ~ **drive** *ol* rugalmas kitermelés; ~ **element** *aut* ernyedő tag/elem; ~ **elongation** *mech* rugalmas nyúlás; ~ **end-restraint** *mech* rugalmas (tartóvég)befogás; ~ **energy** *fiz* rugalmas energia; ~ **energy of dislocation** *ásv* diszlokáció elasztikus energiája; ~ **equilibrium** *talt* rugalmas egyensúly; ~ **failure** *any* meghibásodás, kifáradás, törés; ~ **feedback** *aut* változó/ernyedő/rugalmas visszacsatolás; *fiz* izodrom visszavezetés; ~ **feedback controller** *aut* ernyedő visszacsatolással ellátott szabályozóberendezés; ~ **finger** *kh* gumifonalvezető; ~ **finish** *tex* rugalmas kikészítés *(batiszté)*; ~ **force** rugalmasság, rugóerő; ~ **foundation** *ép* rugalmas ágyazás; ~ **hysteresis** *műa* elasztikus utóhatás; ~ **impact** *mech* rugalmas ütközés; ~ **insulating material** rugalmas/elasztikus szigetelőanyag; ~ **isotropy** rugalmas/elasztikus izotrópia; ~ **lag** *geof* rugalmas/elasztikus utóhatás; ~ **limit (e.l.)** *mech* rugalmassági/folyási/nyúlékonysági határ; ~ **line** *mech* rugalmas vonal; ~ **load** *mech* rugalmas igénybevétel/teher; ~ **loop dynamometer** szalagdinamométer; ~**-member pressure ga(u)ge transducer** rugalmas alakváltozáson alapuló nyomásérzékelő; ~ **modulus** *mech* rugalmassági modulus, Young-modulus; ~**-plastic deformation** rugalmas-képlékeny *v.* elasztoplasztikus deformáció; ~ **potential** *ásv* elasztikus potenciál; *mech* rugalmas/rugalmassági potenciál; ~ **range** *mech* rugalmas tartomány; ~ **ratio** arányossági határ és húzószilárdság viszonyszáma; ~ **reaction** *mech* rugalmas visszahatás; ~ **rebound** *mech* rugalmas visszapattanás; ~ **recovery** *mech* rugalmas visszaalakulás/feloldódás, rugalmasság feléledése/visszanyerése; *műa* rugalmas visszaugrás; ~ **reel** *tex* rugós motolla; ~ **reflexion** *önt* visszarugózás; ~ **relaxation** rugalmas visszaalakulás/relaxáció; *koh* ernyedés; ~ **resistance** rugalmas ellenállás; ~ **restoring force** *vegy* rugalmas visszaalakító erő; ~ **returning force** *mech* rugalmas visszatérítő erő; ~ **ring** *gép* rugós alátét, ütközőgyűrű; ~**s** *gumi, tex* rugalmas keskenyáruk; ~ **scattering** *at* rugalmas szór(ód)ás; ~ **scattering cross-section** *at* rugalmas szór(ód)ási hatáskeresztmetszet; ~ **scattering with formation of compound nucleus** *at* rezonanciaszórás; ~ **shaft coupling** *koh* motor-tengelykapcsoló; ~ **stability** *mech* rugalmas stabilitás; ~ **state of equilibrium** *talt* rugalmas egyensúlyi állapot; ~ **strain** *any, koh* rugalmas alakváltozás, elasztikus deformáció; ~ **strength** *rep* rugalmassági határ/teherbírás; ~ **stress** *ásv* elasztikus feszültség; *mech* rugalmas igénybevétel; ~ **stretch** rugalmas nyúlás; ~ **strip** gumiszalag; ~ **support** *mech* rugalmas alátámasztás/megtámasztás; ~ **suspension** rugós felerősítés, rugalmas felfüggesztés; ~ **tape** gumiszalag; ~ **theory** rugalmasságtan; ~ **time-effect** rugalmas utóhatás; ~ **water reserve** *bány* rugalmas vízkészlet; ~ **wave** *geof, mech* rugalmas/elasztikus hullám; ~ **wave fluid identification log** akusztikus-csillapításos szelvényezés; ~ **webbing** *tex* gumibeszövéses szövet; ~ **weight** rugalmas súly; ~ **wheel** rugalmas kötőanyagú csiszolókorong; ~ **yarn carrier** *tex* rugós fonaltartó

elastically | **fixed** *mech* rugalmasan befogott; ~ **supported** rugalmasan alátámasztott; ~ **yielding** rugalmasan utánaengedő; ~ **yielding bearing** rugalmasan rögzített csapágy; rugalmas (gumi)csészéjű csapágy

elasticator *gumi* elasztikátor, rugalmasságot növelő szer

elasticity *any* nyújthatóság, nyúlékonyság; rugalmasság, elaszticitás; ~ **correction** *kat* légsűrűségi helyesbítés *(ballisztika)*; ~ **module** rugalmassági modulusz; ~ **modulus of rocks** *ol* kőzetrugalmassági állandó; ~ **of bulk/compression** kompresszibilitás, térfogati rugalmasság, összenyomhatóság; ~ **of elongation/extension** húzórugalmasság; ~ **of flexure** hajlítórugalmasság; ~ **of torsion** csavarási rugalmasság

elastify rugalmasít, rugalmassá tesz

elastin *vegy* elasztin

elastivity *el* specifikus/fajlagos elsztivitás/elasztancia

elastohydrodynamics (EHD) elasztohidrodinamika

elastomechanics elasztomechanika, rugalmasságtan

elastomer *vegy* elasztomer, elaszt; ~ **(gasket) seal** elasztomer tömítés

elastomeric sheeting elasztomer fólia

elastooptic effect elasztooptikai hatás

elastoplastic *mech* elasztoplasztikus, rugalmas-képlékeny *(viselkedés)*; ~ **state** rugalmas-képlékeny állapot

elastostatics elasztosztatika

elaterite *ásv* elaterit, ásványkaucsuk

elaterium *gyógyv* elaterium

elatometer légritkulásmérő

elbaite *ásv* elbait

elbow könyök; görbület, hajlat *(csőé)*; kanyar(ulat) *(úté folyóé)*; *fa* hajlított kartámla; *gép* könyökcső, könyökidom, könyökdarab, csőív; ~ **bend** csőkönyök, könyökcső; ~ **board** *ép* ablakdeszka, ablakpárkány, könyöklő; ~ **conduit** könyökcső, ívcső; ~ **flaying** bőrfejtés könyökkel; ~ **forming machine** könyökcsőhajlító gép; ~ **joint** könyökcső, ívcső; ~ **lever** *gép* könyökemelő, könyökös emelő; ~ **loss** *hidr* könyökellenállás; ~ **meter** *hidr* mérőkönyök; ~ **piece** *fa* karfa; *gép* könyökdarab, könyökidom; ~**-pipe** könyökcső, ívcső; ~ **plate** *pa* alapmű *(hajlított)*; ~ **rest** karfa; *gépk* kartámasz; ~ **room** mozgástér *(gépnél)*; ~ **space** mozgástér *(gépnél)*; ~ **telescope** *kat* könyöktávcső; ~**-telescope holder** *kat* könyöktávcsőtartó szerkezet; ~**-tube pliers** *pl* csőhajlító fogó; ~**-type draft tube** íves szívócsatorna

electragist *US* elektrotechnikus, villanyszerelő, villamosberendezés-kereskedő

electret *el* elektret

electric I. *a* → electrical; **II.** *n el* villany(világítás), villanyfény; *fiz* dielektrikum, dilelektromos közeg; *közl* villamos, villanyvonat, trolibusz, villamos autó/autóbusz; ~ **air-drill** *bány* elektropneumatikus fúrógép; ~ **air hammer drill** *bány* elektropneumatikus fejtőkalapács; ~ **amalgam** ónfoncsor, horganyfoncsor *(Winter-géphez)*; ~ **arc** villamos ív, Volta-ív, ívkisülés; ~**-arc cracking** *ol* elektrokrakkolás, krakkolás villamos ívben; ~**-arc current** íváram; ~**-arc cutting** (villamos) ívvágás, villamos íves vágás; ~**-arc furnace** *koh* ívkemence, ívfényes kemence; ~**-arc melting** olvasztás villamos ívvel; ~**-arc welder** villamos íves hegesztőgép, ívhegesztő gép; ~**-arc welding**

(villamos) ívhegesztés; ~ **axis** elektromos tengely *(kvarckristályé)*; ~ **baking oven** elektromos sütő(kemence); ~ **balance** elektromos egyensúly, elektromos mérleg, Wheatstone-féle híd; ~ **bay** *el* műszercsoporttábla; ~ **beater** *vasút* villamos sinaláverő; ~ **bell** elektromos/villamos csengő; ~ **blanket** villamos melegítőpárna/takaró; ~ **blast** *bány* villamos robbantás; ~ **blasting cap** → ~ cap; ~ **block-apparatus** *vasút* blokkberendezés; ~ **boiler** elektromos forróvíztároló, villamos vízmelegítő/forralóedény, villanybojler; ~ **boiling pan** villamos főzőüst; ~ **boiling plate** villamos főzőlap; ~ **booster** feszültségemelő áramforrás; villamos fékezés; ~ **bulb** izzólámpa, villamos égő, villanykörte; ~ **bus** trolibusz; ~ **butt welding apparatus** villamos tompahegesztő készülék; ~ **calamine** *ásv* cinkpát, smithsonit; ~ **cap** *bány* elektromos/villamos gyutacs; ~ **capacitance/capacity** (elektromos) kapacitás, kapacitásérték; ~ **capstan** *em* elektromos csörlő; ~ **car** villamos hajtású gépkocsi, villamos autó/targonca; ~ **cell** galvánelem, akkumulátor(cella); ~ **cement** rézüveg ragasztó; ~ **chain saw** kézi láncfűrészgép; ~ **chair** villamosszék; ~ **charge** (elektromos/villamos) töltés; ~ **chronograph** elektromos kronográf; ~ **chuck** villamos tokmány; ~ **cigar(-)lighter** *gépk* elektromos cigarettagyújtó; ~ **circuit** *el* áramkör; ~ **clean-up** elektromos gázlekötés; *szell* villamos légtisztítás; ~ **coffee percolator** (villamos) kávéfőző; ~ **communication equipment** távközlési/híradástechnikai berendezés; ~ **conductance** (elektromos) vezetőképesség, konduktancia; ~ **conduction of metals** fémes vezetés, fémek elektromos vezetése; ~ **conductivity** villamos/elektromos vezetőképesség; ~ **conductor** vezető(anyag); ~ **connection** villamos csatlakozás/bekötés; ~ **connection diagram** villamos kapcsolási vázlat/rajz, villamos séma; ~ **constant** *vák* elektromos állandó, vákuum permittivitása; ~ **control** villamos szabályozás/vezérlés; *vasút* villamos jelzőállítómű/jelzővezérlés; ~ **controller** elektromos vezérkapcsoló/menetkapcsoló; elektromos/villamos szabályozó; ~ **control of the lock bolt** reteszelés villamos ellenőrzése; ~ **control panel** elektromos ellenőrzőtábla/vezérlőtábla; ~ **control room** vezénylőterem *(erőműé)*; ~ **cooker** villamos főzőedény; ~ **cooker (unit)** villamos tűzhely, villanytűzhely; ~ **cooking range** villamos tűzhely, villanytűzhely; ~ **coupling** *fiz* kapacitív csatolás; ~ **cross** áramzavar; ~ **current** (elektromos/villamos) áram, villanyáram; ~ **current density** (elektromos/villamos) áramsűrűség; ~ **cushion** elektromos hőpárna, villamos testmelegítő; ~ **cutting** *ép* villamos vágás; ~ **de-dusting** *bány* elektromos porleválasztás; ~ **delay fuse** *bány* időzített/késleltetett villamos gyutacs; ~ **delay line** *aut* villamos késleltető művonal; ~ **detonator** *bány* villamos gyutacs; ~ **digger** villamos motoros kerékhajtású földnyeső szerelvény; ~ **dilatometer** elektromos nyúlásmérő; ~ **dipole** elektromos dipól(us); ~ **dipole moment** elektromos dipól(us)momentum; ~ **discharge** elektromos/villamos kisülés; ~ **discharge in a gas** gázkisülés, elektromos kisülés *(gázban)*; ~ **discharge machining** → ~ spark machining; ~ **discharge vacuum ga(u)ge** elektromos kisüléses vákuummérő; ~ **displacement** elektromos eltolás/fluxussűrűség, elektromos/dielektromos eltolódás; ~ **displacement vector** (elektromos) eltolódási vektor; ~ **distribution** elektromos eloszlás; ~ **distribution mains** erősáramú hálózat, elosztóhálózat; ~ **double layer** elektromos kettős réteg; ~ **doublet** → ~ dipole; ~ **drill** villamos fúrógép, villanyfúró; ~ **drilling** *geof* elektromos szondázás, mélységi elektromos szelvényezés; ~ **drilling rig** *ol* villamos fúróberendezés; ~ **drive** villamos hajtás; ~ **drive power coefficient** villamos hajtás teljesítmény-együtthatója; ~ **drives blocking** villamos hajtás lezárása/blokkolása; ~ **drying machine** villamos szárítógép; ~ **dust collector/precipitator** → ~ precipitator; ~ **dust precipitation** → ~ precipitation; ~ **elasticity** elektromos rugalmasság; ~**-electric (EE)** *távk* tisztán villamos; ~ **elevator** *em* villamos felvonó; ~ **energy** villamos energia; ~ **energy density** elektromos energiasűrűség; ~ **equilibrium** *el, fiz* elektromos egyensúly, elektromos mérleg, Wheatstone-féle híd; ~ **equivalent of heat** elektromos hőegyenérték; ~ **excavator** villamos kotró; ~ **excitation** elektromos gerjesztés; ~ **eye** fotocella, fényelem, (fotoemissziós/fényelektromos) cella; ~ **fence/fencing** *mzg* villamos karám, „villanypásztor"; ~ **field** *at, el, koh* villamos erőtér, elektromos tér; ~ **field gradient (EFG)** villamos térerősség gradiense; ~ **field intensity** → ~ field strength; ~ **field strength** elektromos/villamos térerősség; ~ **field vector** elektromos/villamos térerősség vektora; ~ **file** kézi reszelőgép; ~ **filter** elektrofilter, elektrosztatikus leválasztó; ~ **fire** villamos hősugárzó, villanykályha; ~ **firing** villamos robbantás; ~ **firing circuit** *bány* villamos robbantóhálózat; ~ **fish barrier** *hidr* elektromos halzár/halpásztor; ~ **fish counter** *hidr* elektromos halszámláló; ~ **fishing device** *hidr* elektromos lehalászó gép; ~ **flash signal** villamos fényjelző-berendezés; ~ **floor polisher** villamos padlóápoló készülék; ~ **flux** elektromos/villamos/eltolási fluxus; ~ **flux density** elektromos/villamos eltolás/fluxussűrűség; ~ **focus(s)ing** elektrosztatikus koncentráció; ~ **force** villamos térerősség; ~ **freight truck** villanymotoros szállítótargonca; ~ **furnace** *koh* villamos kemence, elektrokemence; ~**-furnace annealing** *hők* lágyítás villamos kemencében; ~ **furnace lining** *koh* elektrokemence-bélés; ~ **furnace steel** *koh* elektroacél; ~ **fuse** *bány* villamos gyutacs/elsütőfej; *gépk* olvadóbiztosító, olvadóbiztosíték; ~**-ga(u)ge-type gravimeter** elektromos mérőberendezésű graviméter; ~ **generator** villamos áramfejlesztő gép, dinamó, generátor; ~ **generator set** áramfejlesztő gépcsoport/aggregát; ~ **grill** villamos grillsütő; ~ **hair dryer/drier** villamos hajszárító; ~ **hammer** villamos kalapács; ~ **hammer drill** *bány* villamos fúrókalapács; ~ **hand drill** villamos kézi fúrógép *v.* kézifúró; ~ **hand lamp** *bány* akkumulátoros kézilámpa; ~ **hand pipe stock** villamos kézi menetmetsző; ~ **hand plate shears** *pl* villamos kézi lemezolló; ~ **hand tool** villamos kéziszerszám/kézigép; ~ **hardening** elektromos gázlekötés; ~ **haulage** *vasút* villamos vontatás; ~ **haulage car** *bány* villamos vontatású/hajtású csille; ~ **headstock** *forg* villamos hajtású orsószekrény; ~ **heat development** *koh* villamos hőfejlesztés; ~ **heater** villamos melegítő/fűtőtest, villanykályha; *ép* villamos fűtésű hőlégfúvó; ~ **heating** villamos fűtés/hőfejlesztés; ~ **heating apparatus** villamos helyiségfűtő készülék; ~ **heating appliance/device** → ~ heater; ~

heating pad → ~ pad; ~ **heat release** villamos hőfejlesztés; ~ **hedge trimmer** villamos sövénynyeső/sövénynyíró; ~ **hoist (e.h.)** *em* villamos futómacska; ~ **hoisting gear** villamos emelőberendezés/emelőmű; ~ **hoisting magnet** emelőmágnes; ~ **horn** *gépk* villamos jelzőkürt; ~ **hot plate** villamos főzőlap, villanyfőző; meleg(ítő)pult; ~ **hot-water tank** elektromos/villamos melegvíztároló/forróvíztároló, villanybojler; ~ **household appliance** villamos háztartási berendezés/gép/készülék; ~**-hydraulic** elektromos-hidraulikus; ~ **hysteresis** villamos hiszterézis; ~ **hysteresis loop** villamos hiszterézishurok; ~ **igniter** *bány* villamos robbantógép; ~ **ignition device** villamos szikragyújtó; ~ **illumination** villamos világítás, villanyvilágítás; ~ **indication lock** villamos emeltyűzár *(vasútbiztosító berendezésé)*; ~ **induction** elektromos indukció; ~ **induction furnace** *koh* indukciós kemence; ~ **induction phenomenon** villamos/elektromos megoszlás, influencia; ~ **industrial truck** → ~ truck; ~ **insulator** dielektromos közeg, dielektrikum; elektromos szigetelő; ~ **intensity** villamos térerősség, potenciálgradiens; ~ **interlocking** → ~ locking; ~ **interlocking-machine** *vasút* reteszelő-elzáró gép; ~ **interlocking system** *rád, tv* elektromos reteszelőrendszer; *vasút* villamos reteszelés/térközbiztosítás; ~ **iron** villamos vasaló, villanyvasaló; ~ **ironing machine** villamos vasalógép; ~ **jack hammer** *bány* villamos fúrókalapács; ~ **lamp** villanylámpa; ~ **leakage tester** szivárgásiáram-mérő; ~ **lifting magnet** *em* emelőmágnes; ~ **light (e.l.)** villanyfény, villanyvilágítás; villany; villanylámpa; ~ **lighting** villamos világítás, villanyvilágítás; ~ **lighting cable** világítási kábel; ~**-light switch** villanykapcsoló; ~ **lines of force** elektromos erővonalak; ~ **load** villamos igénybevétel/terhelés; ~ **loading** áramterhelés; ~ **lock** *vasút* villamos reteszelés; ~ **locking** *vasút* villamos elzárás/függőség *(biztosítóberendezés)*; ~ **locomotive** *vasút* villamos mozdony; ~ **loss** elektromos veszteség; ~ **low-shaft furnace** *koh* alacsony aknás villamos kemence; ~ **machine** villamos gép; ~ **machine compounding** villamos gépek kompaundálása; ~ **mass** elektromos tömeg, töltés; ~ **mechanical tamper** → ~ tamper; ~ **metal** → ~ steel; ~ **meter** villamos mérőműszer; ~ **microbalance** elektromos mikromérleg *(elektronikus mérlegeléshez)*; ~ **mining shovel** villamos kotró; ~ **moment** villamos nyomaték; ~ **motion** → ~ drive; ~ **motor** villamos motor, villanymotor, elektromotor; ~ **motorcar** villamos hajtású gépkocsi, villamos autó/autóbusz; ~ **motorcar equipment** autó/(személy)gépkocsi elektromos/villamos felszerelése/berendezése; ~ **motorcoach** *vasút* villamos motorkocsi; ~ **motor drive** villamos (motoros) hajtás; ~ **motor driven (EMD)** villamos hajtású; ~ **motor driven bucket** *ép* elektromechanikus markoló; ~ **multiple radiation** elektromos multipólsugárzás; ~ **multiple-unit train** villamos motorvonat; ~ **network** *el* villamos hálózat; ~ **nut-runner** villamos csavarbehajtó gép; ~ **operated excavator** → ~ excavator; ~ **oven** villamos sütő; ~ **pad** villamos melegítőpárna/testmelegítő; ~ **panel heating (on ceiling)** villamos mennyezetfűtés; ~ **panel heating (on wall)** villamos oldalfalfűtés; ~ **permissible locomotive** *bány* sújtólégbiztos villamos mozdony; ~ **pick** *bány* villamos fejtőkalapács; ~ **pig(-iron)** elektro-nyersvas; ~**-pipe precipitator** csőelektródos villamos leválasztó; ~ **plate shears** *pl* villamos kézi lemezolló; ~ **polarization** villamos/(di)elektromos polarizáció; ~ **pole** elektromos/villamos pólus; ~ **porcelain** *el* szigetelőporcelán; ~ **potential** villamos potenciál; ~ **power** villamos energia; villamos/elektromos teljesítmény; ~ **power cable** erőátviteli kábel; ~ **power cart** villamos/akkumulátoros targonca; ~ **power engineering** erősáramú technika; ~ **power output** *hidr* villamosenergia-termelés; ~ **power reactor** villamosenergia-fejlesztésre használt reaktor, áramszolgáltató/erőművi reaktor; ~ **power station** villamos erőmű, áramszolgáltató vállalat; ~ **power supply** villamosenergia-ellátás, villamosenergia-szolgáltatás; ~ **power tool** villamos kéziszerszám; ~ **precipitation** elektromos porleválasztás, porleválasztás villamos erőtérrel; ~ **precipitation of flue/waste gas** elektromos gáztisztítás *(füstgázé)*; ~ **precipitator** *bány* elektromos portalanító, villamos/elektromos porleválasztó/pernyeleválasztó/pernyeszűrő; ~ **pressure** elektromotoros erő, feszültség; ~ **pressure ga(u)ge** kontakt manométer; ~ **pressure transducer** villamos nyomásátalakító; ~ **primer (EP)** időzített villamos gyutacs; ~ **profiling** *geof* elektromos/villamos szelvényezés; ~ **pulley** villamos hajtódob; ~ **pulley block** villamos csigasor; ~ **pulsation** áramlüktetés; ~ **punch** *irgép* villanylyukasztó, mágneses lyukasztó(gép); ~ **punched-card collator** villamos lyukkártyaválogató gép; ~ **rail-bond** *vasút* villamos vasúti sínkötés; ~ **railcar** villamos motorkocsi; ~ **rail vehicle** villamosvasúti kocsi; ~ **railway/railroad** villamosvasút; ~ **range** villamos tűzhely, villanytűzhely *(konyhai)*; ~ **rays** elektromos sugarak; ~ **razor** villanyborotva; ~ **remote control** villamos távirányítás/távszabályozás/távvezérlés; ~ **remote measurement** elektromos távmérés; ~ **residuum** elektromos maradék; ~ **resistance** villamos/elektromos ellenállás; ~**-resistance furnace/oven** ellenállásfűtésű kemence; ~**-resistance heating** (villamos) ellenállásfűtés; ~ **resistance measurement** elektromosellenállásmérés; ~ **resistance of detonator** *bány* gyutacsellenállás; ~ **rheostatic braking** *vasút* ellenállás-fékezés; ~ **riveter** villamos szegecselőpisztoly; ~ **road vehicle** közúti villamos jármű; ~ **roaster** villamos grillsütő; ~ **rocket motor** elektromos rakétahajtómű; ~ **rupture** *el* átütés, letörés; ~**s** → electrics; ~ **salt-bath furnace** elektromos sófürdős kemence; ~ **sander** (villamos motoros) kézi vibrációs csiszológép; ~ **screen** elektromos árnyékolás/árnyékolóernyő; ~ **sensing** *szt* leolvasás, elektromos érzékelés; ~ **set** áramfejlesztő gépcsoport/aggregát; ~ **shaft** villamos tengely; ~ **shaft furnace** *koh* villamos nagyolvasztó/kohó; ~ **shaver** villanyborotva; ~ **sheets** *pl* elektrotechnikai lemez; ~ **shock** áramütés; ~ **shock protection** érintésvédelem; ~ **shovel** villamos *v.* központi villamos motoros kotró; ~ **shovel control** villamos kotró vezérlése; ~ **soldering** elektromos/villamos (lágy)forrasztás; ~ **soldering iron** villamos forrasztópáka; ~ **spark** villamos szikra; ~ **spark machining** elektroerózió, elektroeróziós megmunkálás; szikraforgácsolás; ~ **spark micromachining** elektroeróziós mikrogravírozás; ~ **spot welder,** ~ **spot welding machine** *heg* villamos ponthegesztő gép; ~ **squib** villamos gyújtószerkezet; ~ **starter** *gépk* villamos indítómotor; *rep* villamos indítókészülék/önindító; ~ **station** villamos (erő)mű; ~ **steam boiler** villamos fűtésű gőzkazán; ~ **steam curing** *ép* villamos gőzérlelés *(betoné)*; ~ **steel** elektroacél; ~ **steel-making (process)** elektroacél-gyártás; ~ **steel plant** *koh* elektroacélmű; ~ **stitcher** *ruh* villamos tűzőgép; ~**-stop motion** *gép* villamos leállítóberendezés; ~ **stove for catering-kitchens** elektromos nagykonyhai tűzhely; ~ **street railway** közúti villamosvasút; ~ **strength** villamos/átütési szilárdság; ~ **stress** villamos igénybevétel; ~ **substation** villamos (al)állomás/elosztóállomás; ~ **supply** villamosenergia-ellátás, villamosenergia-szolgáltatás, áramellátás; ~**-supply meter** elektromos fogyasztásmérő; áram(fogyasztás)mérő; ~ **susceptibility** (di)elektromos/villamos szuszceptibilitás; ~ **switch** villamos kapcsoló, villanykapcsoló; ~ **synchronism** villamos együttfutás; ~ **take-up set** *em* villamos motoros feszítőszerkezet; ~ **tamper** *ép* villamos motoros döngölő; ~ **tape** szigetelőszalag; ~ **telemeter** villamos táv(olság)mérő; ~ **tempering** *koh* villamos megeresztés, megeresztés villamos kemencében; ~ **tension** villamos feszültség; ~ **thermometer** elektromos/villamos hőmérő; ~ **thrustor** elektromos rakétahajtómű; ~ **toaster** villamos kenyérpirító; ~ **torch** (villamos) zseblámpa; ~ **traction** *vasút* villamos vontatás; ~ **train set** villamos motorvonat; ~ **tramway** közúti villamosvasút; ~ **transient (Eltran)** villamos tranziens/átmeneti mennyiség; ~**-transient method** *geof* elektromos tranziens módszer; ~ **transmission** villamos erőátvitel; ~ **transmitter of differential pressure** *aut* villamos nyomáskülönbség-jeladó; ~ **transmitter of mechanical values** *aut* mechanikai mennyiségek villamos jeladója; ~ **trolley** villamos targonca; *em* villamos futómű; ~**-trolley hoist** áramszedős mozgócsörlő; ~ **truck** villamos targonca; ~ **utility** villamos erőmű; ~ **vehicle** villamos jármű, villamos hajtású gépjármű; ~ **vibrator** áramszaggató; ~ **warming pad** → ~ pad; ~ **washing machine** villamos mosógép; ~ **water heater** elektromos vízmelegítő; ~ **wave filter** elektromos hullámszűrő; ~ **weld** villamos hegesztés(sel készült varrat); ~ **welding** villamos hegesztés; ~ **welding machine** villamos hegesztőgép; ~ **well logging** *geof* elektromos lyukszelvényezés/karottázs/rétegvizsgálat; *ol* elektromos (fúrólyuk-)szelvényezés; ~ **winch** villamos motoros csörlő; ~ **wind** elektromos szél; ~ **winder** *bány* villamos szállítógép; ~ **wire** villamos kábel/vezeték, villanydrót; ~ **wire rope hoist** villamos emelődob/csigasor; ~ **wiring** *el* huzalozás; ~ **work** villamos/elektromos munka; ~ **works** elektromos művek; erőmű

electrical elektromos, villamos, elektro-, villany-; → electric *is*; ~ **accident** áram okozta baleset, áramütés; ~ **accounting machine (EAM)** *szt* elektromechanikus számológép, EAM; ~ **advertising** fényreklám; ~ **alloy sheets** *pl* ötvözött dinamólemez; ~ **analogy** villamos/elektromos analógia; ~ **analogy method** *fiz* elektromos analógia módszere; ~ **angle** villamos szög, fázisszög; ~ **apparatus** villamos készülék; ~ **attenuation** elektromos csillapítás; ~ **autopilot** elektromos robotpilóta; ~ **board** *el* prespán, fénylemez; ~ **bore-logging** *ol* elektromos lyukszelvényezés; ~ **breakdown** villamos átütés; ~ **calorimeter** elektromos kaloriméter/hőmennyiségmérő; ~ **centring** elektromos sugáreltolás; ~ **clock** villamos óra, villanyóra; ~ **communication (engineering)** híradástechnika; ~ **compensating link** kiegyenlítő villamos tengely; ~ **contact** villamos érintkezés, galvanikus csatolás; ~ **contact controller** elektromos érintkezős szabályozó; ~ **corning** *ol* elektromos rétegvizsgálat; ~ **dispersion of the electrodes** elektródporlasztás; ~ **driving link** önálló villamos tengely; ~ **dynamometer** villamos dinamométer/mérleggép/mérlegdinamó; ~ **echo sounding** elektromos mélységmérés; ~ **efficiency** villamos hatásfok; ~ **end osmosis** *vegy* elektroendozmózis; ~ **endurance** villamos élettartam; ~ **engine** *bány, vasút* villamos mozdony, villanymozdony; ~ **engineer (EE)** villamosmérnök, elektromérnök; ~ **engineering (EE)** elektrotechnika, erősáramú technika; villamosmérnöki szak/tudomány; ~ **equipment** villamos eszköz/felszerelés/berendezés; ~ **erosion** *alak* elektroerózió, elektroeróziós megmunkálás; ~ **exploder** villamos robbantógép; ~ **exploration** *geof* elektromos kutatás; ~ **feeler** villamos tapintó; ~ **fitter** villanyszerelő; ~ **forming** elektromos/villamos formálás; ~ **Fourier's analysis** elektromos Fourier-analízis; ~ **fuel ga(u)ge** *rep* elektromos üzemanyagfogyasztás-mérő; ~ **grade sheet** elektrotechnikai lemez; ~ **heat generator** generátor dielektrikus fűtéshez; ~ **horse-power (EHP)** elektromechanikai teljesítmény *(lóerőben)*; ~ **hygrometer** elektromos/villamos higrométer/légnedvességmérő; ~ **image** *film* efrű; *foto* potenciálkép, töltéskép; *távk* villamos tükörkép; ~ **impedance** (elektromos) impedancia, váltakozó áramú *v.* látszólagos ellenállás; ~ **installation** villamos/erősáramú berendezés, villamosmű; ~ **instrument panel** *rep* villamos műszerek táblája; ~ **insulating paper** szigetelőcső-alappapír; ~ **insulation** villamos szigetelés; ~ **interconnection** (villamos) összekapcsolás/összekötés; ~ **inverter** inverter, egyen-váltakozó áramú átalakító; ~ **ionic charge** ionok elektromos töltése; ~ **length** *távk* elektromos hosszúság; ~ **lifetime** villamos élettartam; ~ **log** *geof* elektromos fúrólyukszelvény/karottázsszelvény; ~ **logging of the well** *geof* elektromos szelvényezés; ~ **margin switch** elektromos határhelyzetkapcsoló/határérték-kapcsoló; ~ **measuring instrument** villamos mérőműszer; ~ **measuring transducer/transmitter** mérőátalakító; ~ **motional impedance** *hang* elektromos mozgási impedancia; ~ **motional resistance** *hang* elektromos mozgási ellenállás; ~ **oil** transzformátorolaj, szigetelőolaj; ~ **operating of points** *vasút* villamos váltóállítás; ~ **osmosis** elektroozmózis; ~ **output** villamos teljesítmény; ~ **pick-off** áramszedő; villamos érintkező; ~ **plug** dugós csatlakozó, dugaszoló, dugasz, konnektor; ~ **prestressing** *ép* elektrotermikus feszítés; ~ **prospecting** *bány, geof* kutatás villamos módszerekkel, elektromos kutatás; ~ **pumping** elektromos pumpálás/szivattyúzás; ~ **quality sheet** *koh* elektrotechnikai lemez; ~ **radiation** elektromágneses sugárzás; ~ **radiation resistance** *hang* elektromos sugárzási ellenállás; ~ **recorder** elektromos regisztráló/adatrögzítő; ~ **regulator** villamos szabályozó; ~ **relay element** villamos reléelem; ~ **resistivity** *fiz* fajlagos elektromos ellenállás; ~ **resonance** elektromos rezonancia; ~ **resonance relay** villamos rezgőnyelves relé; ~ **salinometer** villamos sótartalommérő/szalinométer; ~ **scanning**

elektromos letapogatás *(radar)*; ~ **separation** elektromos szétválasztás; ~ **services** *rep* villamos kiszolgálás; ~ **signal magnetic recording** elektromos jel mágneses regisztrálása; ~ **socket** dugaszolóaljzat, dugaszaljzat, konnektor; ~ **specification** villamossági műszaki feltételek előírása; ~ **speech level meter** *távk* beszédszintmérő; terjedelemmérő; ~ **state** elektromos állapot; ~ **strain ga(u)ge** *any* elektromos nyúlásmérő; ~ **submergible centrifugal pump** elektromos búvárszivattyú; ~ **teaseling** *tex* elektromos kártolás; ~ **technology** elektrotechnika, erősáramú technika; ~ **throwing of points** *vasút* villamos váltóállítás; ~ **time distribution system** központi órarendszer; ~ **valve** *félv* (villamos) szelep; ~ **yarn** villamos szigetelőfonal; ~ **zero** villamos nulla(helyzet)

electrically | **active substance** elektromosan aktív anyag; ~ **alterable programmable read-only memory (EAPROM)** *szt* elektromosan átírható ROM, EAPROM; ~ **alterable read-only memory (EAROM)** *szt* elektromosan változtatható tartalmú ROM, EAROM; ~ **conductive** *el* vezető, elektromos vezetőképességű; ~**-driven mixer** *ép* villamos meghajtású/üzemű keverő; ~**-driven winch** villamos motoros csörlő; ~ **erasable programmable read-only memory (EEPROM)** *szt* elektromosan törölhető fix memória, EEPROM; ~ **erasable read-only memory (EEROM)** *szt* elektromosan törölhető fix memória, EEROM; ~ **heated chamber** *tex* elektromos fűtésű szárítókamra; ~ **inactive substance** (elektromosságot) nem vezető anyag; ~ **measuring instrument** elektromos mérőműszer; ~ **neutral** (elektromosan) semleges, töltés nélküli, zérus töltésű; ~**-operated** villamos üzemű/meghajtású; *aut* villamosan/elektromosan vezérelt; ~ **operated control** *aut* villamos/elektromos szabályozás; ~ **positive** (elektromosan) pozitív, pozitívan töltött; ~ **programmable ROM (EPROM)** *szt* elektromosan programozható ROM, EPROM; ~ **welded** villamosan hegesztett, villamos hegesztésű

electrician elektrotechnikus, villanyszerelő, villamosberendezés-kereskedő; ~**'s knife** *szer* szerelőkés; ~**'s screwdriver** villanyszerelői finom csavarhúzó

electricity elektromosság, villamosság; villanyáram; ~**-charged coating** *foto* villamos töltésű emulzióréteg; ~ **distribution supply network** áramelosztó hálózat, elosztóhálózat; ~**-laden** elektromos töltésű; ~ **meter** elektromos/villamos fogyasztásmérő; ~ **supply company** áramszolgáltató (vállalat); ~ **works** elektromos művek

electrics *pl* villamos berendezés/felszerelés

electrifiable villamosítható; villanyozható, dörzsvillamos

electrification *el* elektrifikálás, villamosítás; elektromozás, elektrizálás, elektrizálódás; ~ **by static induction** villamosság influencia/megosztás útján; ~ **of a gas** gáz villamos feltöltése

electrified villamosított; villamos töltéssel ellátott, feltöltött; ~ **railway** villamosított vasút

electrifier influenciagép, elektrosztatikus gép/generátor

electrify elektrifikál, villamosít; elektrizál, elektromoz; villanyoz

electrization elektrizálás, elektromozás, elektrizált állapot; elektrosztatikus feltöltődés; villamosítás, elektrifikálás

electrize → electrify

electro → electroplate; → electrotype

electroabrasion elektromos csiszolás

electroacoustic elektroakusztikai, elektroakusztikus; ~ **analogy** elektroakusztikus analógia, akusztikus jelenségek elektromos megfelelője; ~ **effect** elektroakusztikus effektus; ~ **tablet** *szt* elektroakusztikus beviteli tábla; ~ **transducer** *aut* elektroakusztikus jelváltó/jelátalakító; *el* elektroakusztikai átalakító, elektroakusztikus energiaátalakító; ~ **transmission** (elektroakusztikai) hangátvitel

electroacoustics elektroakusztika

electroanalysis *vegy* elektroanalízis, elektrokémiai analízis, elektrogravimetria

electroautomatic | **control** elektroautomatikus irányítás/szabályozás/vezérlés; ~ **power control of steam boilers** gőzkazánok elektroautomatikus teljesítményszabályozása

electroblock *em* villamos csigasor

electrobrightening elektrolitikus fényezés

electrobus villamos (hajtású) autóbusz

electrocaloric effect elektrokalorikus effektus/hatás

electrocapillarity elektrokapillaritás, villamos hajszálcsövesség

electrocapillary elektrokapilláris; ~ **curve** elektrokapillárgörbe

electrocardiogram (ECG) elektrokardiogram, EKG(-görbe)

electrocardiograph (ECG) elektrokardiográf, EKG-készülék

electrocardiography (ECG) elektrokardiográfia, EKG

electro-cast refractory elektromos olvasztású tűzálló anyag

electrocautery elektrolitikus/villamos maratás

electrocement *koh* oltatlan mésszel adalékolt cement

electroceramics elektrokerámia

electrochapping *el* szikraforgácsolás

electrochemical elektrokémiai; ~ **apparatus** elektrokémiai készülék; ~ **chain** → ~ series; ~ **clearing** elektrolitikus zsírtalanítás; ~ **corrosion** elektrokémiai/elektrolitos korrózió; ~ **deterioration** elektrokémiai elroncsolódás *(szigetelőanyagé)*; ~ **double layer** elektrokémiai kettős réteg; ~ **equivalent** elektrokémiai egyenérték; ~ **ga(u)ging** elektrokémiai vízhozammérés; ~ **machining (ECM)** elektrokémiai (fém)megmunkálás; ~ **passivity** elektrokémiai passzivitás; ~ **potential** elektrokémiai potenciál; ~ **potential series** elektrokémiai feszültségi sor; ~ **process** elektrokémiai folyamat; ~ **protection** *koh* elektrokémiai védelem; ~ **rock consolidation** *geol* elektrokémiai kőzetszilárdítás; ~ **series** elektrokémiai feszültségi sor; potenciálsor; ~ **titration** elektrokémiai titrálás

electrochemistry elektrokémia

electrochromatography elektrokromatográfia

electrochromism elektrokrómia

electrocoagulation elektrokoaguláció

electrocoating (EC) elektroforetikus festés/lakkozás; elektrolitikus bevonás

electrocollargol kolloid ezüst

electro-contact machining villamosérintkezős megmunkálás

electrocoppering galvánréz bevonat

electrocratic *vegy* elektrokratikus

electrocrystallization elektrokristályosodás, elektrolikus krisztallizáció; elektrokrisztallizáció
electrocyclic reactions *pl vegy* elektrociklusos reakció
electrode *el* elektród, elektróda; ~**-adjusting gear** elektródállító szerkezet; ~ **adjustment** elektródbeállítás; ~ **admittance** elektródadmittancia; ~ **angle** *heg* elektród hajlásszöge; ~ **area** *heg* elektród működő felülete; ~ **arm** *koh* befogópofa; ~ **arrangement** elektródelrendezés; *geof* elektródterítés; ~ **assembly** *geof* elektródrendszer-terítés, elektródterítés; ~ **bag** elektródtartó; ~ **baking oven** → ~ oven; ~ **bias** elektród-előfeszültség; ~ **boiler** elektródkazán, elektródforraló; ~ **break** *koh* elektródtörés; ~ **bundle** elektródnyaláb; ~ **burn-off rate** *heg* elektród leolvadási sebessége; ~ **carbon** elektródszén; ~ **carrier** → bag; ~ **carrying current** bevezető, kivezetés, elektródkivezetés; ~ **case** *heg* elektród(a)tok; ~ **characteristic** elektród-jelleggörbe; ~ **circuit** elektródáramkör; ~ **coating** *heg* elektródbevonat; elektródburkolat; ~ **conductance** elektródkonduktancia; ~ **configuration** → ~ arrangement; ~ **consumption** *koh* elektródfogyasztás; ~ **control system** elektródszabályozás; ~ **cooling** *koh* elektródhűtés; ~ **core** elektródmag, elektródbélés; ~ **core wire** elektródmaghuzal; ~ **covering** → ~ coating; ~ **crater** elektródkráter; ~ **current** elektródáram; ~**-current averaging time** elektródáram-bekapcsolási átlagidő, integrációs idő *(elektródáramé)*; ~ **differential resistance** elektródimpedancia ellenállási komponensei; ~ **disc/disk** tárcsaelektród, tárcsa alakú elektród; ~ **dissipation** elektróddisszipáció, elektród disszipációs/veszteségi teljesítménye; ~ **distance** elektródtávolság, elektródköz; ~ **drop** elektród-feszültségesés; ~ **economizer** *koh* elektródtömítés *(kemencefedélben)*; ~ **erosion** elektródleépülés; ~ **extension** szabad elektródhossz; ~ **face** működő elektródfelület; ~ **feed** elektród-előtolás; ~ **feeding device** elektródállító berendezés; ~ **feed rate** elektród-előtolási sebesség; ~ **filler wire** hegesztőhuzal; ~ **fusion** elektród leolvadása; ~ **gap** elektródtávolság, elektródköz; ~ **gap ga(u)ge** elektródtávolság-beállító; ~ **grade coke** elektródkoksz; ~**-hearth arc furnace** fenékelektródos ívkemence; ~ **heat sink** elektródhő csökkenése; ~ **holder** *heg* elektródfogó, elektródtartó (kar); ~ **impedance** elektródimpedancia; ~ **impression** elektródbenyomódás; ~ **jaw** elektródpofa; ~ **joining** elektródelrendezés; ~ **joining nipple equipment** *koh* elektród-összecsavaró szerkezet; ~ **life** elektród-élettartam; ~ **lot** elektródsorozat; ~ **mark** elektródbenyomódás; ~ **mast** *koh* elektródtartó állvány/híd; ~ **melt(ing) rate** *heg* elektród leolvadási sebessége; ~ **metal** elektródfém; ~ **nipple** *koh* elektród-kötőelem; ~ **of a capacitor** kondenzátorfegyverzet; ~ **of the first order/type** *vegy* elsőfajú elektród; ~ **of the second order/type** *vegy* másodfajú elektród; ~ **oven** elektródszárító kemence; ~ **pickup** elektród felötvöződése; ~ **positioning** elektródbeállítás; ~ **potential** elektródpotenciál, elektródfeszültség; ~**-potential increment** elektródpotenciál-növekmény; ~ **potential series** elektródpotenciál-sor; ~ **process** *koh* elektródfolyamat; ~ **radiator** elektródhűtő; ~ **reactance** elektródreaktancia; ~ **reel** huzalelektród-cséve; ~ **resistance** elektródellenállás, elektródrezisztencia; ~ **spacing** *el, vegy* elektródtávolság, elektródköz; ~ **supplying filler metal** leolvadó elektród; ~ **surface** elektródfelület; ~ **susceptance** elektródszuszceptancia; ~ **terminal** elektródkivezetés, elektródvég; ~ **voltage** elektródfeszültség; ~ **voltage before breakdown** átütés előtti feszültség, készenléti/üzemi feszültség *(gázkisülési cső)*; ~ **wheel** görgő alakú elektród; ~ **wheel head** görgős elektródfej; ~ **wire** elektródhuzal; ~ **with a very thin covering** vékony bevonatú elektród
electrodecantation *vegy* elektrodekantálás
electrodeless | capacitive measuring cells elektróda nélküli kapacitív mérőcellák; ~ **discharge** elektród nélküli kisülés; ~ **(ionic) tube** nullóda, elektród nélküli cső
electrodeposit I. *v* galvánúton bevon, galvanizál; **II.** *n* elektrolitikus lerakódás/bevonat, galvánbevonat; *nyom* galvánszem
electrodeposited galvanizált, galvánúton bevont/lecsapott
electrodeposition *el, vegy* elektrogravimetria; galvanotechnika, galvanizálás, galvanosztégia; *ép* elektroforetikus festés/lakkozás; *gumi* (elektroforetikus) kaucsukleválasztás
electrodesiccation szárítás elektródok között
electrodialysis elektrodialízis
electrodialyzer elektrodializátor
electrodispersion elektrodiszperzió
electrodissolution elektrolitikus oldás
electrodrill villamos (kézi) fúrógép
electrodrilling *ol* villamos fúrás
electrodrive dynamic braking villamos hajtások ellenáramú fékezése
electrodynamic(al) elektrodinamikai, elektrodinamikus; ~ **alternating effect** elektrodinamikus váltakozás; ~ **auxiliary brake** *ol* elektrodinamikus/örvényáramú fék; ~ **balance** elektrodinamikus mérőműszer, elektrodinamométer; elektrodinamikus mérleg; ~ **casting machine** *koh* elektromágneses öntőgép; ~ **constant** vákuumbeli fénysebesség; ~ **contraction** *at* elektrodinamikus plazmabeszűkülés; ~ **converter** elektrodinamikus átalakító; ~ **conveyance** *koh* elektrodinamikus fémszállítás; ~ **earphone** dinamikus/lengőtekercses hallgató; ~ **effect** elektrodinamikus hatás/erő; ~ **flow meter** elektrodinamikus átfolyásmérő; ~ **force** Lorentz-erő, elektrodinamikai erő; ~ **headphone** dinamikus/lengőtekercses (fej)hallgató; ~ **instrument** elektrodinamikus (mérő)műszer, elektrodinamométer; ~ **loudspeaker** (elektro)dinamikus/lengőtekercses hangszóró; ~ **metal spout** *koh* elektromágneses fémszivattyú; ~ **microphone** dinamikus/lengőtekercses mikrofon; ~ **multiplier** *aut* elektrodinamikus szorzó; ~ **ohmmeter** kereszttekercses/elektrodinamikus ellenállásmérő/ohmmérő; ~ **pouring machine** *koh* elektromágneses öntőgép; ~ **radiator** elektrodinamikus sugárzó; ~ **relay** elektrodinamikus relé; ~ **separation** elektrodinamikus dúsítás; ~ **stress** elektrodinamikus igénybevétel; ~ **tooling** elektrodinamikus megmunkálás; ~ **vibration pick-up** elektrodinamikus rezgésátalakító/rezgésérzékelő
electrodynamics elektrodinamika
electrodynamometer elektrodinamikus mérőműszer, elektrodinamométer
electro-electric induction elektro-elektromos indukció

electroencephalogram (EEG) elektroencefalogram
electroencephalograph (EEG) elektroencefalográf, EEG-készülék
electroencephalography (EEG) elektroencefalográfia, EEG
electro-endosmosis *vegy* elektroendozmózis
electroerosion villamos erózió; ~ **machining/treatment** elektroeróziós megmunkálás; ~ **metal working process** szikraforgácsolás
electro-etch villamos úton marat
electroextraction elektrokémiai kivonás
electroface galvánúton kemény réteggel bevon
electrofacing kemény galvánbevonás/galvánbevonat
electrofarming villamosság alkalmazása a mezőgazdaságban, mezőgazdasági villamosítás
electrofilter villamos porleválasztó, elektrofilter
electrofiltration *geof* elektromos átszűrődés, elektrofiltráció; ~ **potential** *geof* elektromos átszűrődési/filtrációs potenciál
electrofiner *ol* elektromos finomító(berendezés)
electrofining *ol* elektromos finomítás; ~ **unit** → electrofiner
electroflotation elektroflotálás; elektroflotálás
electro-fluid | dynamic elektrohidrodinamikus; ~ **dynamics** elektrohidrodinamika
electrofluorescence elektrolumineszcencia
electroform galvanoplasztikával kialakít
electroformed galvanoplasztikával kialakított; ~ **mo(u)ld** *műa* galvanoplasztikával készült szerszám
electroforming galvanoplasztika
electrogalvanic (elektro)galvanikus
electrogalvanize galvánúton horganyoz
electrogalvanizing elektrolitikus bevonás; galvanikus horganyzás; ~ **process** galvánbevonat-készítő eljárás
electrogas | dynamics (EGD) elektrogáz dinamikája; ~ **filter** villamos porleválasztó; ~ **welding** elektrogáz-hegesztés
electrogastograph *orv* elektrogasztográf *(gyomor mozgását regisztráló műszer)*
electrogild galvánosan/galváneljárással aranyoz
electrogilding galvánaranyozás
electrogoniometer elektrogoniométer
electrogram villamos úton felvett diagram/görbe, elektrogram
electrograph *el* regisztráló elektrométer; *finm* villamos véső; *geof, orv* elektrográf
electrographit elektrografit
electrography *finm* vésés villamos úton, galvanográfia, elektrográfia
electrogravimetric analysis/determination elektrogravimetria
electrogravimetry elektrogravimetria
electrohydraulic elektrohidraulikus; ~ **actuation** elektrohidraulikus működtetés; ~ **comminution** → ~ crushing; ~ **controller** elektrohidraulikus szabályozó/irányítóberendezés; ~ **control system** elektrohidraulikus szabályozási rendszer; ~ **converter** elektrohidraulikus átalakító; ~ **crushing** elektrohidrodinamikus aprítás; ~ **drive** elektrohidraulikus működtetés; ~ **effect** *el* elektrohidraulikus hatás/effektus; ~ **elevator** elektrohidraulikus üzemű felvonó; ~ **fixture** elektrohidraulikus befogókészülék; ~ **grab** *em* elektrohidraulikus markoló; ~ **grip hoist** elektrohidraulikus kötélvonóelemes emelő; ~ **tightening device** elektrohidraulikus feszítőszerkezet
electrohydrodimerization (process) elektrohidrodimerizálás
electrohydrodynamic elektrohidrodinamikai, elektrohidrodinamikus; ~ **tooling** elektrohidrodinamikus megmunkálás
electrohydrodynamics (EHD) elektrohidrodinamika
electrojet *met* elektrojet
electrokinetic elektrokinetikai, elektrokinetikus; ~ **effects** elektrokinetikus hatások; ~ **potential** *geof* áramlási/elektrokinetikus/(elektro)filtrációs potenciál; *vegy* elektrokinetikai/elektrokinetikus potenciál, zéta-potenciál
electrokinetics elektrokinetika
electroless plating nem elektrolitikus bevonás (fémmel)
electrolier csillár *(villanyégőkkel)*
electrolog *geof, ol* elektromos (fúrólyuk-)szelvényezés
electrology elektroterápia
electroluminescence elektrolumineszcenia, elektrolumineszkálás; ~ **diode** elektrolumineszcens dióda
electroluminescent (EL) elektrolumineszcens; ~ **cell** elektrolumineszcens cella; ~ **display** *szt* elektrolumineszcens megjelenítő; ~ **lamp/panel/source** elektrolumineszcens lámpa
electrolysis elektrolízis; ~ **in the dry way** olvadékelektrolízis; ~ **method** elektrolitikus módszer/eljárás; ~ **of alkali-metal chlorides** alkáli-klorid-elektrolízis; ~ **of aluminium chloride** alumínium-klorid-elektrolízis; ~ **of (aquous) solutions** vizes oldatok elektrolízise; ~ **of fused salts** olvadékelektrolízis; ~ **of water** vízelektrolízis; ~ **of zinc** cinkelektrolízis; ~ **with amalgam electrode** amalgámelektrolízis; ~ **with borofluoric acid** bór-fluorsavas elektrolízis; ~ **with sulphamic/sulfamic acid** amido-szulfosavas elektrolízis
electrolyte elektrolit; ~ **base mud** *ol* elektrolitközegű öblítőfolyadék; ~ **circulation** elektrolitáramoltatás; ~ **flow** elektrolitáramlás; ~ **scooping** fürdőmérés; ~ **solution** elektrolitoldat; ~ **temperature** *koh* kádhőmérséklet
electrolytic(al) elektrolitikus, elektrolitos, elektrolit-; ~ **ammeter** elektrolitikus ampermérő; ~ **apparatus** elektrolizálókád; ~ **arrester** elektrolitikus túlfeszültség-levezető; ~ **bath** elektrolitfürdő; ~ **brightening** *koh* elektrolitos polírozás; ~ **capacitor** elektrolitkondenzátor; ~ **cell** elektrolitikus cella, elektrolizálócella; elektrolizálókád; ~ **cleaning** elektrolitos tisztítás/raffinálás; ~ **colouring** elektrolitikus színezés; ~ **condenser** elektrolitkondenzátor; ~ **conductivity** elektrolitikus/ionos vezetőképesség; ~ **conductor** elektrolitos vezető; ~ **copper** *koh* elektrolitréz, E-réz; ~ **copper refining** *koh* elektrolitos rézfinomítás; ~ **corrosion** elektrolitos/elektrolitikus/elektrokémiai korrózió; ~ **crystal growth** elektrolitos kristálynövekedés; ~ **crystallization** elektrokristályosodás, elektrolitikus krisztallizáció; ~ **degreasing** elektrolitos zsírtalanítás *(fémfelületé)*; ~ **detector** elektrolitdetektor; ~ **dissociation** *fém* elektrolitos/elektrolitikus disszociáció; ~ **etching** elektrolitos/villamos maratás; ~ **furnace** *koh* elektrolizálókemence; ~ **gas** durranógáz; ~ **heat treatment** *koh* hőkezelés elektrolitban; ~ **hygrometer** elektrolitikus higrométer/nedvességmérő; ~ **instrument** elektrolitikus műszer; ~

ionization elektrolitikus ionizáció/disszociáció; ~ **iron** *koh* elektrolitvas; ~ **lead** *koh* elektrolitólom; ~ **lead refining** *koh* ólomelektrolízis; ~ **machining** elektrolitikus (fém)megmunkálás; ~ **manganese** *koh* elektrolitmangán; ~ **meter** elektrolitikus fogyasztásmérő; ~ **model** elektrolitikus/elektrosztatikus kisminta; ~ **oxidation** elektrolitos/anódos oxidáció, eloxálás; ~ **oxidation by change of ionic charge** elektrolites oxidhártya-képződés; ~ **parting** *koh* elektrolitos válatás; ~ **photocell** elektrolitikus fényelem; ~ **pickling** *koh* elektrolitos pácolás; ~ **polarization** elektrolitikus polarizáció; ~ **polishing** *koh* elektropolírozás, elektrolitos/elektrolitikus polírozás/fényesítés; ~ **rectifier** elektrolitikus egyenirányító; ~ **refinement/refining** *koh* elektrolitikus/elektrolitos tisztítás/raffinálás; ~ **resistance** elektrolit bontási feszültsége; ~ **separation** elektrolitikus elválasztás/szétválasztás; ~ **sheet copper** elektrolitréz lemez; ~ **silver** *koh* elektrolitezüst; ~ **solution** elektrolitoldat; ~ **solution voltage** elektrolitoldat-feszültség; ~ **tank** elektrolittank, elektrolizálókád; ~ **timer** elektrolitikus időkapcsoló; ~ **valve** elektrolitikus szelep/egyenirányító; ~ **zinc** *koh* elektrolitcink; ~ **zincing** *koh* galvanikus horganyzás

electrolyze elektrolizál, elektrolitikusan elbont

electrolyzer *el, vegy, koh* elektrolitikus cella/kád, elektrolizálócella, elektrolizálókád, elektrolizálókemence, elektrolizálóberendezés

electromagnet elektromágnes; ~ **core** elektromágnesvasmag; ~ **winding** elektromágneses tekercselés

electromagnetic (EM) elektromágneses, elektromagnetikus; ~ **ammeter** lágyvasas ampermérő; ~ **anomaly** *geof* elektromágneses anomália; ~ **bath agitation/circulation** *koh* indukciós keverés; ~ **blowout** elektromágneses ívoltás; ~ **brake** mágnesfék, (elektro)mágneses fék; ~ **braking** elektromágneses fékezés; ~ **breaker** elektromágneses megszakító; ~ **carbon-pile stabilizer** szénoszlopos elektromágneses stabilizátor; ~ **clutch** elektromágneses tengelykapcsoló; ~ **compatibility (EMC)** elektromágneses összeférhetőség/zavarvédelem; ~ **constant** elektromágneses állandó, (vákuumbeli) fénysebesség; ~ **constriction** *at* elektromágneses összenyomás/beszűkítés; ~ **contactless relay** elektromágneses érintkező nélküli relé; ~ **coupling** *távb* induktív/(elektro)mágneses csatolás; ~ **damping** elektromágneses csillapítás; ~ **deflection** elektromágneses kitérítés; ~ **delay-line (store)** *szt* elektromágneses késleltető művonal; ~ **die** *koh* elektromágneses kokilla; ~ **drill stand** elektromágneses fúróállvány; ~ **drive** (elektro)mágneses hajtás; ~ **earphone** mágneses hallgató; ~ **energy** elektromágneses energia; ~ **field** *fiz* elektromágneses tér/mező; ~ **field of the Earth** a Föld elektromágneses erőtere; ~ **flow meter** *aut* elektromágneses átfolyásmérő, indukciós/elektromágneses áramlásmérő; ~ **force** elektromágneses erő; ~ **frequency logging** *geof* elektromágneses frekvenciaszondázás; ~ **gear** elektromágneses hajtómű/áttétel; ~ **gun** *geof* Slingram-módszer; ~ **hammer** elektromágneses kalapács; ~ **horn** tölcséres sugárzó/antenna; ~ **ignition** *rep* villamosmágneses gyújtás; ~ **impact vibrator** elektromágneses ütővibrátor/bunkervibrátor; ~ **induction** *el* elektromágneses indukció; ~ **instrument** elektromágneses műszer; ~ **interaction** *at* elektromágneses kölcsönhatás; ~ **interference (EMI)** elektromágneses interferencia/búgás; ~ **isotope separator** elektromágneses izotópszétválasztó; ~ **leakage** *távk* elektromágneses szór(ód)ás; ~ **lens** elektromágneses lencse; ~ **lens antenna** mágneses lencseantenna; ~ **locking** *távk* elektromágneses reteszelés; ~ **loudspeaker** mágneses hangszóró; ~ **mass** elektromágneses tömeg; ~ **mass separator** *vegy* elektromágneses tömegelválasztó/izotópdúsító; ~ **method** *geof* indukciós/elektromágneses módszer; ~ **microphone** mágneses mikrofon; ~ **mine** *kat* elektromágneses akna, galvánakna; ~ **movement** elektromágneses/lágyvasas műszer; ~ **paint spray gun** elektromágneses festékszóró; ~ **prospecting** *geof* elektromágneses kutatás; ~ **pump** *koh* indukciós/elektromágneses (fém)szivattyú; ~ **radiation** *környv* elektromágneses sugárzás; ~ **radiometer** *geof* elektromágneses térerősségviszony-mérő; ~ **rail brake** *vasút* sínfék; ~-**ratio method** *geof* elektromágneses erőtérviszony módszere; ~ **reaction** *távk* induktív (vissza)csatolás; ~ **relay** elektromágneses relé/jelfogó; ~ **relay with cold cathode tube** hidegkatódcsöves elektromágneses relé; ~ **release** elektromágneses kioldás; ~ **reluctance seismometer** elektromágneses szeizmométer; ~ **rotation** elektromágneses rotáció; ~ **separation** elektromágneses leválasztás/szétválasztás; ~ **separation of isotopes** elektromágneses izotópszétválasztás; ~ **separator** *at* elektromágneses izotópszétválasztó; *bány* elektromágneses szeparátor; *mzg* mágneses magtisztító; ~ **shielding** elektromágneses árnyékolás/védelem; ~ **shoe brake** *vasút* sínfék; ~ **slit-type switch** elektromágneses réselt kapcsoló; ~ **spray gun,** ~ **spraying pistol** elektromágneses festékszóró/szórópisztoly; ~ **system of units** elektromágneses mértékrendszer, elektromágneses CGS-rendszer; ~ **teleclinometer** *geol* elektromágneses távleolvasású dőlésmérő; ~ **theory of light** elmélet a fény elektromágneses természetéről, Maxwell-elmélet; ~ **thickness measurement of layers** elektromágneses rétegvastagság-mérés; ~ **torque** villamos nyomaték; ~ **transducer** elektromágneses átalakító; ~ **tripping mechanism** elektromágneses kioldó(szerkezet); ~ **unit (EMU)** elektromágneses egység *(CGS-rendszerben)*; ~ **valve** mágneses (működtetésű) szelep; ~ **vibration exciting** (elektro)mágneses rezgésgerjesztés; ~ **vibration-type bunker** elektromágneses vibrációs bunker/tároló; ~ **vibrator** elektromágneses vibrátor, rezgőszita; ~ **vibratory screen** elektromágneses vibrációs rosta; ~ **wave** *el* elektromágneses hullám; ~-**wave propagation (EMP)** elektromágneseshullámterjedés; ~ **wave velocity** elektromágneses hullám sebessége, fénysebesség; ~ **welding** indukciós hegesztés

electromagnetics elektromágnesség-tan

electromagnetism elektromágnesség; elektromágnesesség, elektromagnetizmus

electromechanical (EM) elektromechanikai, elektromechanikus; ~ **amplifier** elektromechanikus erősítő; ~ **analogy** elektromechanikai analógia; ~ **batcher,** ~ **batching scale** elektromechanikus adagolómérleg; ~ **brush** padlókefélő gép; ~ **component** elektromechanikus alkatrész; ~ **control** elektromechanikus szabályozás; ~ **converter/convertor** elektromechanikus/elektromechanikai átalakító; ~ **cou-**

pling impedance *hang* elektromechanikai csatolási tényező; ~ **drive** elektromechanikus működtetés; ~ **force factor** *hang* elektromechanikai csatolási tényező; ~ **impulse recorder** elektromechanikus impulzusszámláló; ~ **instrument** elektromechanikus műszer; ~ **interlock** elektromechanikus reteszelés; ~ **interlocking-machine** *vasút* elektromechanikus blokkberendezés; ~ **metering relay** elektromechanikus számlálójelfogó; ~ **operation** → ~ drive; ~ **relay** elektromechanikus relé; ~ **scanner** elektromechanikus letapogató/mintavételező; ~ **scanning antenna** elektromechanikus letapogatású (lokátor)antenna; ~ **time-constant** elektromechanikai időállandó; ~ **transducer** elektromechanikai/elektromechanikus átalakító; ~ **transmission** elektromechanikus erőátvitel

electromechanics elektromechanika

electromedical apparatus elektromos/villamos orvosi készülék

electromer *vegy* elektromer

electromerism *vegy* elektroméria, elektromer eltolódás

electrometallization, *US* **electrometalization** galvanizálás, galvanikus bevonás *(nem fémre)*

electrometallurgical elektrometallurgiai

electrometallurgy elektrometallurgia, elektrokohászat

electrometeor *met* légköri villamos jelenség

electrometer elektrométer; ~ **bridge** elektrométerhíd; ~ **tube/valve** elektrométercső; ~ **with free grid** szabadrácsos elektrométer

electrometric elektrometrikus, elektrometriai; ~ **amplifier** elektrometrikus/elektrométercsöves erősítő; ~ **measurement** elektrometrikus mérés; ~ **thyratron** elektrometrikus tiratron; ~ **titration** elektrometriás/elektrometrikus titrálás

electrometry *vegy* elektrometria, elektrometrikus mérés

electromobile villamos autó

electromotive elektromotoros, elektromotorikus; ~ **apparatus** elektromosságfejlesztő készülék, feszültséggenerátor; ~ **chain** → ~ series; ~ **difference of potential (EMDP)** elektromotoros potenciálkülönbség; ~ **force (EMF)** elektromotoros erő, feszültség; forrásfeszültség, kémiai/belső feszültség; ~ **force of the cell** belső elektromotoros erő, áramforrás elektromotoros ereje; ~ **force of the polarization current** polarizációs feszültség, forrásfeszültség; ~ **intensity** villamos térerősség, potenciálgradiens; ~ **series** elektrokémiai feszültségi sor; potenciálsor

electromotor villamos motor, villanymotor, elektromotor; ~**(-)driven** villamos motoros, villanymotoros/elektromotoros (hajtású)

electromyogram (EMG) *orv* elektromiogram, EMG

electromyography (EMG) *orv* elektromiográfia

electron *el* elektron; ~ **accelerator** elektrongyorsító; ~ **acceptor** *vegy* elektronakceptor/elektronfelvevő (anyag); ~**-affine** *vegy* elektrofil, elektroaffin, elektronvonzó; ~ **affinity** *fiz* (elektron)kilépési munka; *vegy* elektronaffinitás; ~ **amplification factor** elektronsokszorozási tényező; ~ **attachment** elektronkötés, elektronbefogás; ~ **avalanche** elektronlavina; ~ **band** *at* elektronsáv; ~ **band spectrum** elektronsávszínkép; ~ **beam** elektronsugár, elektronnyaláb, elektronsugárnyaláb; ~**-beam brazing** elektronsugaras (kemény)forrasztás; ~**-beam circular welding** elektronsugaras körvarrathegesztés; ~ **beam converter** elektronsugaras képátalakító cső; ~**-beam curing** elektronsugaras keményítés; ~**-beam cutting** elektronsugaras vágás; ~**-beam diffraction** elektronsugár-diffrakció, elektronnyaláb-diffrakció; ~**-beam distributor** elektronsugár-elosztó; ~**-beam evaporation/evaporator source** elektronsugaras (fűtésű) párologtatóforrás; ~**-beam furnace** *koh* elektronsugaras kemence; ~**-beam fusion** elektronsugaras olvasztás; ~**-beam hardening** *hők* elektronsugaras edzés; ~**-beam instrument** elektronsugaras műszer; ~**-beam machining** elektronsugaras megmunkálás; ~**-beam magnetometer** elektronsugaras magnetométer; ~**-beam material working** elektronsugaras megmunkálás; ~**-beam melting furnace** *koh* elektronsugaras kemence; ~**-beam melting process** *koh* elektronsugaras leolvasztó eljárás; ~**-beam microprobe** *koh* elektron-mikroszonda; ~**-beam oscillograph** elektronsugaras/katódsugaras oszcillográf, elektronsugár-oszcilloszkóp; ~**-beam photo-resist exposure** *félv* elektronsugaras fotoreziszt expozíció; ~**-beam potential** elektronsugár-feszültség; ~**-beam pumped laser** elektronsugárral szivattyúzott/pumpált lézer, elektronsugár-nyalábos szivattyúzású lézer; ~**-beam pumping energy** elektronsugár szivattyúzási/pumpálási energiája; ~**-beam recording (EBR)** *szt* elektronsugaras adatrögzítés, EBR; ~**-beam remelting** elektronsugaras újraolvasztás/átolvasztás; ~**-beam technology** elektronsugaras technika; ~**-beam tetrode** elektronsugár-tetróda; ~**-beam tooling** elektronsugaras megmunkálás; ~**-beam treatment** elektronsugaras kezelés; ~**-beam tube/valve** elektronsugárcső; ~**-beam vacuum welding** elektronsugaras hegesztés vákuumban; ~**-beam welded joint** elektronsugárral hegesztett kötés; ~**-beam welding (EBW)** elektronsugaras hegesztés; ~**-beam working** elektronsugaras megmunkálás; ~ **binding** *vegy* kovalens/atomos/homopoláris kötés, atomkötés, elektron(pár)kötés; ~ **binding energy** elektron(ok) kötési energiája; ~ **bombardment** elektronbombázás; ~ **bombardment furnace** elektronsugár-kemence, elektronsugaras (olvasztó)kemence; ~ **bonding** → ~ binding; ~ **brain** elektronikus agy; ~ **bundle** elektronnyaláb; ~ **camera** *tv* (elektronikus) képfelvevő kamera; ~ **capture (EC)** *at* elektronbefogás; ~ **capture detector** elektronbefogásos detektor; ~ **cascade** elektronkaszkád; ~ **charge** elektrontöltés; ~ **charge/mass ratio** elektrontöltés-tömeg viszony, fajlagos elektrontöltés; ~ **charge density** elektrontöltés-sűrűség; ~ **circulation period** → ~ cycle; ~ **cloud** elektronfelhő, tértöltés (elektronból); ~**-collecting electrode** elektrongyűjtő elektród; ~ **collection** *at* elektronösszegyűjtés, elektronbegyűjtés; ~ **collector** kollektor, gyűjtőanód, gyűjtőelektród; ~ **collision** elektronütközés; ~**(-)concentration** elektronkoncentráció, elektronsűrűség; ~ **conduction** *el* elektronvezetés, többletvezetés, n típusú vezetés, n-vezetés; ~ **conductivity** elektronvezető-képesség, lyukvezető-képesség, elektronhiány-vezetőképesség; ~ **counter tube** elektronszámláló cső; ~**-coupled oscillator (ECO)** elektroncsatlakozású/elektroncsatolt oszcillátor, ECO-oszcillátor; ~ **coupling (EC)** *el* elektronikus csatolás, elektronáramos csatolás; ~ **current** elektronáram; ~ **cycle** elektron keringési ideje; ~ **cyclotron** elektronciklotron; ~ **deceleration** elektronfékezés; ~ **defect** elektrondefekt, elektronhiány; ~ **defect site** elektronhiányhely; ~ **deficiency/deficit** elektronhiány; ~-**deficient** elektronhiányos; ~ **density** elektronsűrűség, elektronkoncentráció; ~ **density distribution** *ásv* elektronsűrűség-eloszlás; ~ **density section** elektronsűrűségi metszet; ~ **detachment** elektronleszakítás; ~ **device (ED)** elektronikus készülék/berendezés/egység; ~ **diffraction** elektronelhajlás, elektrondiffrakció; ~ **diffraction camera** elektrondiffrakciós kamera; ~ **diffraction pattern** *fiz* elektrondiffrakciós kép; ~ **diffractometer** elektrondiffrakciós *v.* elektronelhajlást mérő készülék; ~ **discharge** elektronkisülés; ~-**discharge tube** elektronkisülési cső; ~ **displacement** elektroneltolódás; ~ **dissipation** elektronszóródás; ~ **distribution** elektroneloszlás; ~ **donor** elektrondonor, elektronogén, elektronemittáló; ~-**donor-acceptor complex** *vegy* elektrondonor-akceptor komplex, EDA-komplex; ~-**doublet** (elektron)dublett, elektronpár; ~ **drift** elektronvándorlás, elektronmigráció, drift; ~ **ejection** → ~ extraction; ~-**electron scattering** elektron-elektron szóródás; ~ **emission** elektronemisszió, elektronkibocsátás; ~ **emission microscope** elektronemissziós mikroszkóp; ~-**emissive** elektronkibocsátó, elektronsugárzó; ~ **emitter** elektronforrás, elektronemitter, elektronkibocsátó, elektronsugárzó; ~ **energy level** elektronszint, elektronnívó; ~ **equivalent** elektron-egyenérték; ~ **evaporation** elektronemisszió, elektronkibocsátás; ~ **excitation** elektrongerjesztés; ~ **extraction** elektronkihúzás, elektronkivezetés *(gyorsítóból)*; ~ **flow** elektronáram; ~ **gas** elektrongáz; ~ **gun (EG)** elektronágyú; ~ **hole** *félv* (elektron)lyuk, elektronvakancia, elektronhiányhely, defektelektron, hiányelektron; ~-**hole interaction** elektron-lyuk kölcsönhatás; ~-**hole pair** exciton, elektron-lyuk/lyuk-elektron pár; ~-**hole pair generation/production** elektronlyuk párkeltetés; ~ **image** *távk* elektronkép; ~ **image tube** (elektronoptikai) képátalakító (cső); ~ **impact** *at* elektronütközés; ~-**impact desorption** elektronütközéses deszorpció; ~ **impact (excited) ion source** elektronütközéses/elektronbombázásos ionforrás; ~ **impact spectrum** elektronütközési spektrum; ~ **inflection** elektronelhajlás, elektrondiffrakció; ~ **injection** elektroninjektálás, elektronbelövés; ~ **injector** elektroninjektor, betatron elektronágyúja; ~ **interchange** elektroncsere; ~ **interference** elektroninterferencia; ~ **interferometer** elektroninterferométer; ~ **inverse current** elektronvisszáram; ~ **ionization** elektronionizáció; ~-**ion recombination** elektron-ion rekombináció; ~ **isomerism** elektronizoméria; ~ **jet** szűk sugárszerű elektronáramlás; ~ **jump** elektronátmenet, elektronátugrás; ~ **lens** elektronlencse, elektronoptikai lencse; ~ **liberation** elektronkibocsátás; ~ **linac,** ~ **linear accelerator** linerális elektrongyorsító, linac; ~-**loving reagents** *vegy* elektrofil vegyszerek *(savak és oxidálószerek)*; ~ **magnetic moment** elektron mágneses nyomatéka/momentuma; ~ **magnetic resonance** → ~ spin resonance; ~ **mass** elektrontömeg; ~ **metal** *koh* elektronfém; ~ **micrograph** elektronmikrográf, elektronmikroszkópi (fény)kép, elektronmikroszkópos felvétel; ~-**microprobe analysis** *koh* mikroszondás elemzés; ~ **microscope (EM)** elektronmikroszkóp; ~ **microscopic(al)** elektronmikroszkopikus, elektronmikroszkópiai, elektronmikroszkópi, elektronmikroszkópos; ~ **microscopy** elektronmikroszkópia; ~ **microscopy by reflection** reflexiós elektronmikroszkópia; ~ **migration** elektronvándorlás, elektronmigráció, drift; ~ **mirror** elektrontükör; ~ **mirror image converter** elektrontükrös képátalakító (cső); ~ **mirror telescope** elektrontükör-távcső; ~ **mobility** elektronmozgékonyság; ~ **multiplication factor** elektronsokszorozási tényező; ~ **multiplier** elektronsokszorozó (cső); ~ **multiplier phototube** fotoelektromos sokszorozó; ~-**multiplier stage** elektronsokszorozó fokozat; ~ **neutrino** e-neutrínó, neutrínó a béta-bomlásban, elektronhoz tartozó neutrínó; ~ **nuclear double resonance (ENDOR)** *fiz* elektron-mag kettős rezonancia(módszer), ENDOR(-technika); ~ **octet** elektronoktett; ~-**optical** elektronoptikai; ~-**optical aberration** elektronoptikai hiba/aberráció; ~-**optical image converter** elektronoptikai képátalakító/képváltó; ~-**optical image intensifier** elektronoptikai képerősítő; ~-**optical refraction coefficient** elektronoptikai törésmutató; ~ **optic image** elektronoptikai leképzés; ~ **optics** elektronoptika; ~ **orbit** elektronpálya; ~ **oscillations** elektronrezgések, elektronoszcilláció, Barkhausen-Kurz-rezgések; ~ **package** elektronnyaláb; ~ **pair** elektronpár; ~-**pair bond** → ~ binding; ~ **paramagnetic resonance (EPR)** → ~ spin resonance; ~ **path** elektronpálya; ~ **pencil** *el* elektronsugár, elektronnyaláb; ~ **physics** elektronfizika; ~ **plasma** elektronplazma; ~ **polarization** elektronpolarizáció; ~-**positron field** elektron-pozitron tér; ~-**positron pair** elektron-pozitron pár; ~-**positron pair formation** elektron-pozitron párképződés; ~ **pressure** elektronnyomás; ~ **probe** elektronszonda; ~ **probe (micro)analysis** *vegy* elektronsugaras/röntgenemissziós mikroanalízis; ~ **probe microanalyzer** elektronikus mikroszonda/mikroanalizátor; ~ **pyrolysis** elektronpirolízis; ~ **radiation** elektronsugárzás; ~-**radiation** elektronsugárzás; ~ **radiography** elektronradiográfia; ~ **radius** *fiz* klasszikus elektronsugár; ~ **ray** elektronsugár, elektronnyaláb; ~-**ray converter** elektronsugaras (kép)átalakító (cső); ~-**ray indicator tube** *rád* hangolásjelző cső, varázsszem; ~-**ray tube** *fiz, távk* elektronsugárcső, katódsugárcső, Braun-cső; ~ **rearrangement** elektronátrendeződés; ~-**recording tube (ER)** elektronszámláló cső; ~ **rectifier** elektroncsöves egyenirányító; ~ **relay** elektronikus relé, elektronrelé; ~ **removal** elektronleszakítás; ~ **resonance spectroscopy** elektronrezonancia-spektroszkópia; ~ **retardation** elektronfékezés; ~-**rich** elektrondús; ~-**scan microscope** letapogató elektronmikroszkóp; ~-**scanned detector** elektronikus letapogatású detektor; ~ **scanning** elektronikus letapogatás/mintavételezés; *tv* elektronikus képbontás; ~ **scattering** elektronszórás, elektronszóródás; ~ **screening** *at* elektron árnyékoló hatása; ~-**seeking** elektrofil, kationoid, elektronakceptor/kationid jellegű; ~ **self-acceleration** elektron-öngyorsulás; ~ **sensitive** elektronérzékeny; ~ **sheath** elektronburok; ~ **shell** elektronhéj; ~ **shortage** *vegy* elektronhiány; ~ **site** elektronhely; ~ **source** elektronforrás, elektronemitter, elektronkibocsátó, elektronsugárzó; ~ **specific charge** elektron fajlagos töltése; ~ **spectrograph (ES)** elektronspektrográf; ~ **spectroscopy** elektronspektroszkópia; ~

spin elektronspin; ~ **spin resonance (ESR)** elektronspin-rezonancia, elektron (para)mágneses rezonanciája, paramágneses/paramagnetikus elektronrezonancia, EPR, ESR; ~ **spin resonance spectroscopy** (elektrospin-)mágneses rezonanciaspektroszkópia; ~ **stereomicroscope** sztereo-elektronmikroszkóp, térhatású elektronmikroszkóp; ~ **stream** elektronsugár, elektronnyaláb; elektronáram(lás); ~**-stream amplifier** elektronsugár-erősítő, elektronnyaláb-erősítő; ~**-stream potential** elektronsugár-feszültség *(gyorsítófeszültség)*; ~**-stream transmission efficiency** elektronsugár átviteli hatásfoka; ~ **structure** elektronszerkezet; ~ **switch** elektronkapcsoló; ~ **synchrotron** elektronszinkrotron; ~ **telescope** elektronteleszkóp; ~ **temperature** elektronhőmérséklet; ~ **term** elektronterm, elektron-energiaszint; ~ **theory** elektronelmélet; ~ **theory of metals** fémek elektronelmélete; ~ **theory of valence** elektronelmélet, vegyérték elektronelmélete; ~ **torch** plazmaégő; ~ **trajectory** elektronpálya; ~ **transfer** elektronátmenet, elektronátugrás; ~ **transition probability** elektronátmenet valószínűsége; ~ **transit time** (elektron-)futásidő, (elektron)futási idő; ~ **trap** elektroncsapda *(lumineszkáló anyagban)*; ~ **trapping** elektronbefogás, elektronkötés; ~ **tube** elektroncső; ~ **tube amplifier** elektroncsöves erősítő; ~ **tube analogy** elektroncső-analógia; ~ **tube base ga(u)ge** csőfejkaliber; ~ **tube bulb** elektroncsőbura; ~ **tube generator** hangfrekvenciás csőgenerátor; ~ **tube oscillator** csőgenerátor; ~ **tube rack** csőtartó; ~ **tube shield** árnyékolósapka *(elektroncsőé)*; ~ **tube tester** csővizsgáló; ~ **tube voltmeter** elektroncsöves voltmérő; ~ **vacancy** → ~ hole; ~ **valve** elektroncső; ~ **valves steady state characteristics** *pl* statikus elektroncső-karakterisztika; ~ **volt (eV)** *at* elektronvolt, eV; ~ **wave** elektronhullám; ~ **wavelength** elektronsugár hullámhossza, elektronhullámhossz; ~ **wave number** elektronhullámszám; ~**-wave tube** elektronhullámcső; ~ **work function** elektronkilépési munka

electronating agent elektront leadó vegyszer

electronation (kémiai) redukció

electronegative elektronegatív, negatív villamos töltésű; ~ **gas** elektronegatív gáz

electronegativity elektronegativitás

electronic elektronikus, elektron-; elektronikai; ~ **accelerator** elektrongyorsító; ~ **accounting machine (EAM)** *szt* elektronikus könyvelőgép; ~ **airborne computer** *rep* fedélzeti (elektronikus) számítógép; ~ **altimeter (set)** rádió-magasságmérő; ~ **amplifier** elektronikus erősítő; ~ **analog computer** analóg számítógép; ~ **apparatus testing** elektronikus berendezés vizsgálata; ~ **atmosphere** → cloud; ~ **atomic heat** elektron(faj)hő; ~ **auto-emission** hidegemisszió, téremisszió; ~ **automatic level control system,** ~ **automatic level(l)ing device** elektronikus szintbeállító automatika; ~ **automation with process computer for rolling mills** hengerművek elektronikus automatizálása folyamatirányító számítógéppel; ~ **autopilot** *rep* elektronikus/automata kormánygép; ~ **balancing** elektronikus kiegyensúlyozás; ~ **band** elektronsáv; ~ **batcher scale,** ~ **batch(ing) weigh gear** *ép* elektronikus/önműködő/automatikus adagolómérleg; ~ **beam-controlling/beam-steering device** *aut* elektronikus sugárvezérlő berendezés; ~ **blackboard** *szt* elektronikus tábla *(belfejlesztésű adatbeviteli eszköz)*; ~ **brain** elektronikus agy; ~ **building brick** *aut* elektronikus konstrukciós egység/építőkő; ~ **character sensing** elektronikus jelletapogatás; ~ **charge** elektrontöltés; ~ **clock (with coded digital signal)** (kódolt digitális jelű) elektronikus óra; ~ **cloud** elektronfelhő, tértöltés (elektronokból); ~ **collision** *at* elektronütközés; ~ **collision force** *at* elektron ütközési energiája; ~ **commutator** elektronikus/elektroncsöves kapcsoló; ~ **compensator** elektronikus kompenzátor; ~ **component** elektronikus alkatrész/elem; ~ **computer (EC)** elektronikus számítógép; ~ **conduction** *el, fiz* elektronvezetés, n-típusú/elektromos vezetés, n-vezetés, többletvezetés; ~ **conductivity** elektronvezető-képesség, lyukvezető-képesség, elektronhiány-vezetőképesség; ~ **configuration** elektronkonfiguráció, elektronszerkezet; ~ **control** *aut* elektronikus szabályozás/vezérlés/irányítás; *távb* elektronikus vezérlés; ~ **control circuit** elektronikus szabályozókör/vezérlőkör; ~ **controller** elektronikus szabályozó; ~ **controller of vapo(u)r turbines** elektronikus gőzturbina-szabályozó; ~ **conveyor-type scale** elektronikus szalagmérleg; ~ **coordinate setting** elektronikus koordinátabeállítás; ~ **counter** elektronikus/elektroncsöves számláló(készülék); ~ **crane scale/weigher** *ép* elektronikus darumérleg; ~ **current** elektronáram; ~ **data interchange (EDI)** *szt* elektronikus adattovábbítás, EDI; ~ **data processing (EDP)** *szt* elektronikus/számítógépes adatfeldolgozás, EDP; ~ **data processing centre/center (EDPC)** számítóközpont; ~ **data processing equipment/machine (EDPE, EDPM)** elektronikus adatfeldolgozó gép/berendezés; ~ **data processing paper** *pa* alfanumerikus sornyomtató papír; ~ **data processing system (EDPS)** *szt* elektronikus adatfeldolgozó rendszer; ~ **deception** *kat* elektronikus megtévesztés; ~ **delay storage automatic computer (EDSAC)** *szt* elektronikus késleltető tárolós számítógép; ~ **device** elektronikus készülék/berendezés/egység/eszköz; ~ **direct current brake (equipment)** elektronikus egyenáramú fékberendezés; ~ **discontinuous controller** *aut* szakaszos *v.* nem folytonos működésű elektronikus szabályozó/vezérlőberendezés; ~ **discrete variable automatic calculator (EDVAC)** egyenletmegoldó elektronikus számítógép; ~ **document delivery system** *szt* elektronikus dokumentumtovábbító rendszer; ~ **drawing instrument** elektronikus rajzolókészülék; ~ **drive** elektronikus működtetés/hajtás; ~ **duplicator** elektronikus sokszorosító; ~ **editing** elektronikus montírozás; ~ **element** elektronikus elem/alkatrész; ~ **emission** elektronemisszió, elektronkibocsátás; ~ **energy level** → electron term; ~ **engineering** elektronika; elektrontechnika; ~ **engraver,** ~ **engraving machine** *nyom* elektronikus klisévéső gép; ~ **equilibrium** elektronikus egyensúly; ~ **equipment** *rep* elektronikus berendezés; ~ **exchange** elektronikus (telefon)központ; ~ **exposure time indicator** elektronikus megvilágításiidő-mérő; ~ **feedback** elektronikus visszacsatolás; ~ **field** *at* elektrontér; ~ **flash** *foto* elektronikus villanófény(-berendezés)/villanó(készülék), villanólámpa, (örök)vaku, flash; ~ **flaw detector** *aut* elektronikus hibahelymeghatározó; ~ **flow indicator** elektronikus átfolyásindikátor; ~ **flux** elektromos fluxus, elektronáram; ~ **formula** *vegy* elektronképlet; ~ **funds transfer (EFT)** *szt* elektronikus pénzátutalás, EFT; ~ **generator** elektronikus generátor/rezgésgerjesztő/rezgéskeltő/oszcillátor; ~ **glass** *szt* elektronikus üveg; ~ **guidance** elektronikus távirányítás; ~ **heat** *fiz* elektron(faj)hő; ~ **heating** *műa* nagyfrekvenciás melegítés; ~**-hydraulic copying attachment** elektronikus hidraulikus másolóberendezés; ~ **ignition** *gépk* elektronikus gyújtás; ~ **image** *el* töltéskép; ~ **impulse regulator** elektronikus impulzusszabályozó; ~ **inductivity** dielektromos állandó, permittivitás; ~ **input admittance** elektronikus bemeneti admittancia; ~ **input capacitance** elektronikus bemeneti kapacitás; ~ **instrument** elektronikus/elektroncsöves műszer; ~ **instrumentation** elektronikus műszerezettség/műszerezés; ~ **instrumentation reliability** elektronikus készülék megbízhatósága; ~ **intelligence (ELINT)** *kat, rep* elektronikus hírszerzés/felderítés; ~ **interpreter** elektronikus tolmács; ~ **jamming** elektronikus zavarás; ~ **journal** *szt* elektronikusan terjesztett újság; ~ **keying** *távk* elektronikus billentyűzés; ~ **level** → electron term; ~ **level control** elektronikus szintszabályozás; ~ **level control automatic system** elektronikus szintbeállító automatika; ~ **logger** GeigerMüller-számlálócső; ~ **magnification** elektronikus nagyítás; ~ **mail** *szt* elektronikus posta; ~ **mail and message system (EMMS)** *szt* elektronikus postai és üzenettovábbító rendszer, EMMS; ~ **mailbox** *szt* elektronikus postaláda/üzenetgyűjtő; ~ **mark-up** *nyom* elektronikus szedési parancsok *(fényszedés)*; ~ **mass** *at* elektrontömeg; ~ **measuring result compensation** elektronikus méréseredmény-kompenzáció; ~ **measuring technique** elektronikus méréstechnika; ~ **measuring weigh gear** → ~ batcher scale; ~ **message system (EMS)** *szt* elektronikus üzenettovábbító rendszer, EMS; ~ **metering of fuel injection** *gépk* elektronikus üzemanyag-befecskendezés/benzinbefecskendezés; ~ **microanalyzer** elektronikus mikroanalizátor; ~ **mine detector** *kat* elektronikus aknakereső; ~ **multichannel analyzer** elektronikus többcsatornás analizátor; ~ **multiscale batching system** többmérleges keverőrendszer *v.* elektronikus adagolórendszer; ~ **music** elektronikus zene; ~ **noise factor** elektronikus zajtényező; ~ **office** *szt* elektronizált iroda; ~ **oscillations** elektronrezgések, elektronoszcilláció; ~ **overload detector** elektronikus túlterhelésdetektor/túlterhelésérzékelő; ~ **parallel digital computer** párhuzamos működésű elektronikus digitális számítógép; ~ **pen** *szt* fényceruza; ~ **picture reproducing tube** (tv-)képcső; ~ **plasma** elektronplazma; ~ **point-of-sale (EPOS)** *szt* elektronikus pénztárgép; ~ **potentiometer recorder** elektronikus/elektromos író/rajzoló potenciométer, kompenzográf, kompenzációs író/rajzoló elektronikus erősítővel; ~ **pre-heating** *műa* nagyfrekvenciás előmelegítés; ~ **pressure controller** elektronikus nyomásszabályozó; ~ **printer** *szt* elektronikus nyomtató; ~ **printing of video tape** elektronikus mágneses képmásolás; ~ **print reader** elektronikus nyomtatványolvasó/nyomtatottírás-olvasó; ~ **processor** elektronikus adatfeldolgozó; ~ **profilometer** elektronikus szelvénymérő; ~ **publishing (system)** elektronikus kiadványszerkesztés; ~ **pulse generator** elektronikus impulzusgenerátor; ~ **quenching circuit** elektronikus kioltókör; ~ **range finder** *opt* elektronikus távmérő; ~ **rays** elektronsugarak; ~ **recording potentiometer** elektronikus regisztráló potenciométer; ~ **rectifier** elektroncsöves egyenirányító; ~ **refraction** elektronsugár-törés; ~ **relay** elektronikus jelfogó; ~ **resonance** elektronrezonancia; ~ **reverse current controller** elektronikus visszáramszabályozó; ~**s** → electronics; ~ **scanning** → electron scanning; ~ **scanning antenna** elektronikus pásztázású (lokátor)antenna; ~ **seam sampling device** *tex* elektronikus varratletapogató berendezés; ~ **secondary emission** elektronikus szekunderemisszió-erősítés; ~ **seismometer** elektronikus szeizmométer; ~ **semiconductor** n-típusú/elektronvezetésű félvezető; ~ **sewing** *műa* nagyfrekvenciás hegesztés; ~ **shell** elektronhéj; ~ **shower** elektronzápor; ~ **shutter** *foto* elektronikus zár; ~ **side lobe switched antenna** elektronikus átkapcsolású antenna; ~ **single-channel analyzer** elektronikus egycsatornás analizátor; ~ **slip measuring device** *el* elektronikus szlipmérő berendezés; ~ **speech recognition** *szt* számítógépes beszédfelismerés; ~ **speed controller** elektronikus fordulatszám-szabályozó; ~ **spot-welding** elektronsugaras ponthegesztés; ~ **stabilizer** elektronikus stabilizátor; ~ **storage device** elektronikus tároló készülék; ~ **stylus** *szt* elektronikus beviteli eszköz *(pl. rajzok bevitelére)*; ~ **switch** elektronikus kapcsoló, kapcsolócső, elektronkapcsoló; ~ **switching system (ESS)** *szt* elektronikus kapcsolóközpont, ESS; *távb* elektronikus kapcsolási rendszer; ~ **switch of marginal speed** elektronikus fordulatszámhatárérték-kapcsoló; ~ **system for temperature control** elektronikus rendszer hőmérsékletszabályozáshoz; ~ **tachometer** elektronikus fordulatszámmérő; ~ **technique** elektrontechnika; ~ **telescope** *csill* elektronikus távcső, elektrontávcső; ~ **temperature** elektronhőmérséklet; ~ **temperature contact controller** elektronikus kontakt-hőmérsékletszabályozó; ~ **thermometer** elektronikus hőmérő; ~ **thermostat** elektronikus termosztát; ~ **timer** elektromos időadó/időjelző, timer; ~ **time signal set** elektronikus időjel-generátor; ~ **time switch** elektronikus időkapcsoló; ~ **trajectory deviation indicator** elektronikus pályahiba-indikátor/pályahibajelző; ~ **tuning** elektronikus hangolás; ~ **tuning range** elektronikus hangolástartomány; ~ **tuning sensitivity** elektronikus hangolásérzékenység; ~ **tutor** *szt* számítógépes oktatóprogram; ~ **video recording (EVR)** elektronikus képrögzítés; ~ **view finder** *tv* elektronikus (kép)kereső; ~ **voltage controller** elektronikus feszültségszabályozó; ~ **voltmeter** elektronikus voltmérő; ~ **warfare (EW)** *kat* elektronikus hadviselés; ~ **warning signal device for carbonic oxide gas** elektronikus szénmonoxidgáz-vészjelző berendezés; ~ **wattmeter** elektronikus wattmérő; ~ **weigh-bridge** elektronikus hídmérleg; ~ **weighing** elektronikus mérés; ~ **weight control device** elektronikus súlyellenőrző berendezés; ~ **wobbulator** fűrészgenerátor; ~ **X-Y recorder** elektronikus koordinátaíró

electronically elektronikusan; ~ **commutated motor** elektronikus kommutációjú motor; ~ **controlled converter** elektronikusan vezérelt átalakító; ~ **controlled high-speed disconnector** *félv* gyorsszakaszoló; ~ **controlled power supply unit** elektronikusan szabályozott tápegység; ~ **controlled thermostat** elektronikus vezérlésű termosztát/hőmérséklet-szabályozó; ~ **controlled typewriter** elektronikusan vezérelt írógép; ~ **operated controller** elektronikus szabályozó; ~ **operated steel plant** elektronikusan vezérelt acélmű; ~ **scanned optical tracker** elektronikus letapogatású optikai követőberendezés *v.* célkövető berendezés; ~ **stabilized high-voltage source** elektronikusan stabilizált nagyfeszültségű áramforrás; ~-**steered laser array** elektronikus vezérlésű lézerrendszer

electronician elektronikai szakember; rádióműszerész, tévéműszerész

electronics elektronika; ~ **engineer** elektronikai szakember; ~ **of adaptive systems** adaptronika, alkalmazott rendszerek elektronikája; ~ **technologist** → electronician; ~ **to electronics (E-E)** E-E üzemmód

electronify elektronikusan sterilizál

electronogen(ic) elektrondonor, elektronogén, elektronemittáló

electronuclear accelerator *at* részecskegyorsító

electrooptic(al) elektrooptikai, elektrooptikus; ~ **beamsplitter** elektrooptikai sugárnyaláb-felbontó; ~ **bench** elektrooptikai próbapad; ~ **cell** elektrooptikus cella; ~ **coupling** elektrooptikai csatolás; ~ **curve follower** elektrooptikus görbekövető rendszer; ~ **deflection** elektrooptikus eltérítés/kitérítés; ~ **deflection circuit** elektrooptikai eltérítőkör; ~ **deflection circuit of laser beam** elektrooptikai lézersugár-eltérítő rendszer; ~ **distance measurement** elektrooptikai táv(olság)mérés *(modulált fénysugárzással)*; ~ **effect** elektrooptikai hatás, elektromos kettős törés, Kerr-jelenség; ~ **frequency modulation** elektrooptikus frekvenciamoduláció; ~ **function generator** elektrooptikus függvénygenerátor; ~ **imaging and storage** elektrooptikus képalkotás/leképzés és tárolás; ~ **light-beam deflector** elektrooptikus fénysugáreltérítő egység *(lézer)*; ~ **light modulator (EOLM)** elektrooptikus fénymodulátor; ~ **material** elektrooptikai anyag; ~ **modulating cell** elektrooptikus modulátorcella; ~ **range finder** elektrooptikai távolságmérő/távmérő (műszer); ~ **sensing unit** elektrooptikus érzékelőelem/mérőelem; ~ **switch** elektrooptikus kapcsoló; ~ **telemeter** elektrooptikus távmérő; ~ **transducer** elektrooptikus jelváltó

electrooptically tuned laser elektrooptikusan hangolható *v.* elektrooptikai hangolású lézer

electrooptics elektrooptika

electroosmosis *geof, vegy* elektroozmózis

electroosmotic electroozmózisos, elektroozmotikus; ~ **drainage** *talt* elektroozmotikus víztelenítés; ~ **ground stabilization** elektroozmotikus talajstabilizálás/talajszilárdítás; ~ **wall-insulation** elektroozmotikus falszigetelés

electropainting elektroforetikus festés/lakkozás

electroparting elektrolitikus elválasztás/szétválasztás

electropath(olog)y elektroterápia

electropercussive welding ütvehegesztés

electropherogram elektroferogram

electropherography *vegy* elektroferográfia, hordozós elektroforézis

electrophilic *vegy* elektrofil, kationoid, elektronakceptor/kationoid jellegű, elektroaffin, elektrovonzó

electrophone elektrofon hangszer

electrophonic | **effect** *hang* elektronikus hatás; ~ **music** elektronikus zene

electrophoresis elektroforézis; ~ **separation method** elektroforetikus szétválasztási módszer

electrophoretic elektroforetikus, elektroforézises; ~ **coating** elektroforetikus bevonatkészítés; ~ **currents** *pl* elektroforetikus áramlás; ~ **effect** elektroforetikus hatás/effektus; ~ **enamel(l)ing** elektroforetikus lakkozás; ~ **painting** elektroforetikus festés

electrophorus elektrofor, dörzsvillamos gép

electrophotoconductography elektrofotokonduktográfia

electrophotographic | **(offset) plate** *nyom* elektrofotográfiai (ofszet)lemez; ~ **printing** *szt* elektrofotografikus nyomtatás

electrophotography elektrofotográfia, elektromásoló eljárás

electrophotoluminescence elektrofotolumineszcencia

electrophysics elektrofizika, elektromosságtan

electroplasmadynamic elektrohidrodinamikus

electroplate (EP) I. *v* galvanizál, galvánoz; **II.** *n nyom* galván eljárással készült nyomólemez, galvano, klisé, nyomódúc

electroplated galvanizált, galvánúton bevont/lecsapott; ~ **zinc coating** galvanikus cinkbevonat/horganybevonat

electroplater galvánfürdő, galvanizáló *(üzem v. személy)*

electroplating galvanizálás, (fémes) galvánozás, galvanotechnika, galvanosztégia, galvanikus bevonás, elektroplattírozás, galvánbevonat; ~ **and electroforming technology** *koh* galvanotechnika; ~ **bath** galvánfürdő, galvanizáló (üzem); ~ **dynamo/generator** galvánozó (egyenáramú) generátor; ~ **process** galvánbevonat-készítő eljárás; ~ **vat** galvánfürdő, galvanizáló (üzem)

electropneumatic (EP) elektropneumatikus; ~ **actuator** *aut* elektropneumatikus működtető szerv; ~ **brake** *vasút* elektropneumatikus fék; ~ **control (device)** *aut* elektropneumatikus irányítóberendezés; ~ **controller** elektropneumatikus szabályozó; ~ **converter** elektropneumatikus (jel)átalakító; ~ **drive** elektropneumatikus működtetés; ~ **interlock** elektropneumatikus zárószerkezet/reteszelés; ~ **interlocking-machine** *vasút* elektropneumatikus állítóközpont/biztosítóberendezés; ~ **level controller** *aut* elektropneumatikus szintszabályozó; ~ **position governor** elektropneumatikus helyzetszabályozó; ~ **relay** elektropneumatikus jelátalakító berendezés; ~ **signal box** *vasút* elektropneumatikus állítómű; ~ **signal(l)ing** *el, vasút* elektropneumatikus jelzőszolgálat/biztosítóberendezés; ~ **transducer** elektropneumatikus jelátalakító; ~ **valve** elektropneumatikus szelep

electropolar polarizált, sarkított

electropolishing elektropolírozás, elektrolitikus/elektrolitos polírozás/fényesítés

electropositive elektropozitív, elektromosan pozitív, pozitív villamos töltésű

electro-pulley block *em* villamos csigasor

electropurifier *élip* villamos tisztítókészülék, elektrolitikus pasztőröző

electrorefining elektrolitikus fémfinomítás, fémek galvanikus tisztítása

electroscope elektroszkóp; ~ **leaf** elektroszkóplemez
electroscopic elektroszkópos
electroscopy elektroszkópia
electroscreeen villamos rosta
electrosensitive printing *szt* (különleges papírt használó) nyomtatási eljárás
electrosherardization elektrosherardizálás, elektromos horganybevonás
electro-silverplating galvánezüstözés
electroslag | **refining/remelting (ESR)** *koh* elektrosalakos leolvasztás/átolvasztás; ~ **weld** villamos salakhegesztéssel készült varrat; ~ **welding** villamos salak alatti hegesztés, (villamos) salakhegesztés
electrosmelting villamos olvasztás
electrosmosis → electroosmosis
electrosol *vegy* elektroszol
electrosonde elektroszonda
electrosonic | **music** elektronikus zene; ~ **transducer** elektroakusztikus (jel)átalakító
electrosorter elektromágneses osztályozó
electrospark villamos szikra; ~ **hardening** villamos szikrás edzés; ~ **machining** szikraforgácsolás
electrostatic (ES) elektrosztatikai, elektrosztatikus; ~ **accelerator** elektrosztatikus gyorsító(berendezés); ~ **actuator** *hang* elektrosztatikus hitelesítő (elektród); ~ **analyser/analyzer (EA)** elektrosztatikus analizátor; ~ **atomization** elektrosztatikus porlasztás; ~ **atomizer** elektrosztatikus porlasztó; ~ **atomizing gun** elektrosztatikus szórópisztoly; ~ **attraction** elektrosztatikus vonzás; ~ **bond(ing)** *vegy* elektrosztatikus kötés; ~ **bunching** *távk* elektrosztatikus csomósítás; ~ **CGS unit** elektrosztatikus CGS-egység; ~ **chamber separator** elektrosztatikus kamrás dúsító; ~ **charge** (elektro)sztatikus töltés(mennyiség), elektrosztatikusság; ~ **charging** (elektro)sztatikus töltés/feltöltődés; ~ **coating** *koh* elektrosztatikus festés; ~ **converter** elektrosztatikus átalakító; ~ **coupling** kapacitív csatolás; ~ **deflection** *el, szt* elektrosztatikus eltérés/kitérítés/eltérítés/terelés; ~ **dehydration** *ol* elektrosztatikus vízmentesítés; ~ **discharge** elektromos kisülés; ~ **drum separator** elektrosztatikus hengeres dúsító; ~ **dust-measuring instrument** elektrosztatikus portartalommérő készülék/műszer; ~ **dust precipitation/removal** elektrosztatikus porleválasztás; ~ **dust precipitator/remover/separator** elektrosztatikus porleválasztó; ~ **energy** elektrosztatikus energia; ~ **feed-back** *távk* elektrosztatikus/kapacitív visszacsatolás; ~ **field** elektrosztatikus (erő)tér; ~ **flocking** *tex* elektrosztatikus pehelynyomás; ~ **flux density** fluxussűrűség *(elektrosztatikus térben)*; ~ **focu(s)sing (ESF)** elektrosztatikus fókuszálás; ~ **force** elektrosztatikus erő; ~ **generator** elektrosztatikus generátor; ~ **induction** influencia, villamos megosztás; ~ **instrument** elektrosztatikus műszer; ~ **insulator,** ~ **insulating material** elektrosztatikus szigetelő; ~ **ion microscope** elektrosztatikus ionmikroszkóp; ~ **lens** elektrosztatikus lencse; ~ **load(ing)** (elektro)sztatikus feltöltődés; ~ **loudspeaker** kondenzátor-hangszóró, elektrosztatikus hangszóró; ~ **machine** influenciagép, elektrosztatikus generátor; ~ **memory** *szt* elektrosztatikus memória; ~ **memory tube** töltéstároló cső; ~ **microphone** kondenzátormikrofon; ~ **microscope** elektrosztatikus (elektron)mikroszkóp; ~ **painting** elektrosztatikus festés; ~ **paint spraying** elektrosztatikus (festék)szórás; ~ **percussion welding** elektrosztatikus/kondenzátorkisüléses tompahegesztés/ütvehegesztés; ~ **potential difference** (elektrosztatikus) potenciálkülönbség; ~ **precipitator (ESP)** *hőt* elektrosztatikus/villamos pernyeleválasztó; ~ **pressure** elektrosztatikus nyomás; ~ **printer** *szt* elektrosztatikus nyomtató; ~ **printing** elektrosztatikus sokszorosítás, xerográfia; ~ **repulsion** elektrosztatikus taszítás; ~ **richment** elektrosztatikus dúsítás; ~**s** elektrosztatika; ~ **scanning** elektrosztatikus letapogatás; *szt* elektrosztatikus (kép)bontás; ~ **screen** elektrosztatikus ernyő, Faraday-kalitka; ~ **screening** elektrosztatikus árnyékolás; ~ **separation** elektrosztatikus szétválasztás/leválasztás; ~ **separator** elektrosztatikus szeparátor; ~ **shield(ing)** → ~ screen(ing); ~ **spray(ing) equipment/outfit** elektrosztatikus festékszóró berendezés; ~ **spray(ing) gun/pistol** elektrosztatikus szórópisztoly; ~ **spray lacquering/painting/varnishing** elektrosztatikus festékszórás; ~ **storage** elektrosztatikus memória/tároló; ~ **storage tube** emlékezőcső, raktározócső; ~ **thruster** elektrosztatikus rakétahajtómű; ~ **unit (ESU)** elektrosztatikus (töltés)egység, E-egység; ~ **valency rule** elektrosztatikus vegyértékszabály; ~ **voltmeter** elektrosztatikus voltméter/voltmérő; ~ **wave** elektrosztatikus hullám; ~ **welding** kondenzátorkisüléses/kondenzátoros hegesztés; ~ **wet coating** elektrosztatikus festékszórás
electrosteel elektroacél
electrostenolysis elektrosztenolízis
electrostimulator *orv* elektrostimulátor
electrostriction elektrosztrikció
electrotachyscope elektromos tachiszkóp, Anschütz-féle gyorsmérő
electrotaxis galvanotaxis
electrotechnic(al) elektrotechnikai; ~ **steel** *koh* elektrotechnikai acél
electrotechnics elektrotechnika, erősáramú technika
electrotellurograph *geof* elektrotellurográf
electrotherapeutics elektroterápia
electrotherapy → electrotherapeutics
electrothermal elektrotermikus, elektrotermiás; ~ **curing** *ép* elektrotermikus érlelés *(betoné)*; ~ **final control element** elektrotermikus beavatkozószerv; ~ **pretensioning** elektrotermikus előfeszítés; ~ **thruster** elektrotermikus rakétahajtómű
electrothermally | **operated release/trip** *v.* **circuit breaker** hőkioldó
electrothermic elektrotermikus, elektrotermiás; ~ **comminution/crushing** *bány* elektrotermikus aprítás; ~ **distillation of zinc** *koh* elektrotermikus cinkdesztillálás; ~ **furnace** elektrotermikus kemence; ~ **process** *koh* elektrotermikus eljárás
electrothermics elektrotermia
electrothermoluminescence elektrotermolumineszcencia
electrotropism galvanotropizmus
electrotype I. *v* galvanizál, galvánoz; *nyom* klisét/másolatot készít *(galváneljárással)*; **II.** *n* elektrotípia, galvanotípia, galvanoplasztika; galvánklisé, galvánúton készült klisé/másolat; ~ **department** galvanoüzem
electrotyper *nyom* cinkográfus

electrotypic *nyom* cinkográfiai
electrotypist *nyom* cinkográfus
electrotypy *nyom* elektrotípia, galvanotípia, galvanoplasztika
electroultrafiltration *vegy* elektrodialízis
electrovalence → electrovalency
electrovalency elektrovegyérték, ionvegyérték, elektrovalencia; ~ **bond** → electrovalent bond
electrovalent *vegy* elektrovalens; ~ **bond** *vegy* ionkötés, elektropoláris/elektrovalens/(hetero)poláris kötés; ~ **compound** heteropoláris/ionkötésű vegyület
electrovection *fiz* elektrovekció
electro-vibrating feeder vibrációs adagoló
electroviscous elektroviszkózus
electrowinning *vegy* elektrolitikus kinyerés *(fémeké érceikből)*
electrum *ásv* elektrum *(ezüsttartalmú termésarany)*
electuary *gyógyv* szirupos gyógyszer, elektuárium
element elem, alkotóelem, elemi rész, alkatrész; *aut* elem, tag; *el* (galván)elem, (akkumulátor)cella; *gép* (szerkezeti) egység, alkotóelem, szerv; *hőt* (kazán)szekció; tag, elem *(fűtőtesté)*; *mat, szt* elem; *vegy* (kémiai) elem; ~ **carrier/former** *el* fűtőelemkeret; ~ **in the first position/column** *mat* bal felső sarokelem, első sor első eleme *(mátrixban)*; ~ **in the (i, j) position,** ~ **lying in the i-th row and j-th column** *mat* i-edik sor j-edik eleme, i-j indexű elem; ~ **of area** *mat* felületelem, elemi felület, felszínelem; ~ **of a set** halmaz eleme; ~ **of a voltaic cell** galvánelem elektródja; ~ **of current** áramszál; ~ **of extension** térfogatelem; ~ **of integration** integrandus, integráljel alatti *v.* integrálandó függvény; ~ **of length** ívelem, ívkülönbség, vonalelem, elemi vonal; ~ **of roadway** *vasút* pályaelem; ~ **of sign** jelelem; ~ **of surface** → ~ of area; ~ **of the centre/center** *mat* centrumelem; ~ **of the circuit** áramköri elem; ~ **of the orbit** pályaelem; ~ **of volume** térfogatelem, elemi térfogat; ~**s of the code-word** kódozó elemei; ~**s of uncertainty** bizonytalansági elemek; ~**s of water conveyance (of a sprinkler system)** *hidr* vízszállító elemek; ~ **with distributed parameters** *aut* elosztott paraméterű tag; ~ **without selfregulation** önbeállás nélküli elem/tag; ~ **without time lag** késésmentes tag; ~ **with selfregulation** *aut* önbeállásos elem/tag
elemental elemi; ~ **charge** *el* elemi (elektromos) töltés; ~ **damping** *mech* elemi csillapítás; ~ **semiconductor** egyszerű félvezető; ~ **surface** *mat* felületelem, elemi/infinitezimális felület, felszínelem
elementary elemi; ~ **aerial** antennaelem; ~ **algorithm** elemi algoritmus; ~ **analysis** *vegy* elemi analízis, elementáranalízis; ~ **antenna** antennaelem; ~ **arc** *mat* elemi ív; ~ **automaton** elemi automata; ~ **cell** *ásv, vegy* elemi cella, rácscella *(kristályrácsban)*; ~ **chain** *mat* elemi lánc; ~ **charge** elemi (elektromos/villamos) töltés, elektrontöltés; ~ **circulation mechanism** *met* elemi cirkulációs mechanizmus; ~ **colo(u)rs** alapszínek; ~ **complementary strain energy** *mech* elemi kiegészítő alakváltozási munka; ~ **connection diagram** → ~ diagram; ~ **count** *tex* elemiszál-finomság; ~ **diagram** *el* (elvi) kapcsolási rajz; ~ **dipole** *távk* (elektromos) elemi dipól(us), Hertz-féle dipól(us); ~ **divisor** *mat* elemi osztó; ~ **doublet** → ~ dipole; ~ **event** *at, rendsz* elemi esemény; ~ **geodesy** (alsó) geodézia, földméréstan; ~ **geometry** elemi/euklidészi geometria; ~ **information** elemi információ; ~ **item** *szt* elemi adat; ~ **lattice** elemi rács, kristályrácselem; ~ **layer** *pa* elemi réteg; ~ **length** *fiz* elemi hossz; ~ **magnet** elemi/molekuláris mágnes; ~ **mass** *fiz* tömegpont; ~ **matter** *geol* kőzet-alapállomány; ~ **parallelepiped** elemi parallelepipedon; ~ **particle** *fiz* elemi részecske; ~**-particle mechanics** elemi részecskék mechanikája; ~ **perceptron** elemi perceptron; ~ **process** *vegy* elemi folyamat/aktus; ~ **quantum of action** Planck-állandó, hatáskvantum; ~ **quantum of electricity** elektron töltése, elemi elektromos töltés; ~ **reaction** *vegy* elemi reakció/folyamat/aktus; ~ **schematic diagram** → ~ diagram; ~ **signals** *távk* elemi jelek; ~ **sulphur/sulfur** *ásv* elemi kén; terméskén; ~ **surge tank** *hidr* egyszerű/elemi lengéscsillapító medence; ~ **transformation** elemi transzformáció; ~ **unit** *aut* elemi tag; ~ **vortex** elemi örvénylés, örvényelem; ~ **water particle** elemi vízrész; ~ **wave** *fiz* elemi hullám, pontból kiinduló hullám; ~ **work** *mech* elemi munka
eleolite *US* → elaeolite
eleometer *US* → elaeometer
eleoptane *US* → elaeoptene
elephant papíralak *(28"x23" és 34"x28" között)*; ~**'s trunk** *ép* betonozótömlő
elevate (fel)emel; megemel; felhúz, (fel)emelkedik
elevated I. *a* magas; **II.** *n* magasvasút; ~ **antenna** külső antenna, magasantenna; ~ **approach** feljáróút, lejtős feljáró, hídfeljáró; ~ **basin** → ~ tank; ~ **block** *geol* magas rög; ~**-cableway crane** *ép* felsővezetékes kábeldaru; ~ **crossing** *közl* kétszintes keresztezés; ~ **dumping/discharging track** *bány* buktatóvágány; ~ **dumping place** *bány* magashányó; ~ **edge** *ép* kiemelt szegély; ~ **flare** *ol* magas fáklya; ~ **flume** *hidr* (megemelt) héjcsatorna; ~ **highway** *ép* magasút; ~ **light** emelt pályafény; ~ **loading ramp** *hidr* buktatórámpa; ~ **railroad/railway** *közl* magasvasút; ~ **reservoir** magastartály; ~ **river bank** *hidr* magaspart; ~ **shore** megemelkedett part; *bány* szinlő; ~ **shore-face** *geol* parti terasz; ~**-sill weir** *hidr* magas küszöbű gát; ~ **silo** magassiló; ~ **silo scale** magassilómérleg; ~ **storage** *hidr* magas tározás; ~ **tank** *hidr* magas nyomótartály, emelt víztároló, magastároló; ~ **temperature** nagy/magas hőmérséklet; ~**-temperature ag(e)ing** *hők* (mesterséges) öregítés; ~ **temperature hardness** *any* magas hőmérsékleten mért keménység; ~**-type interconnection/navigation canal** *hidr* magas vezetésű összekötő csatorna; ~ **water tank** víztorony, gomba *(víz alatti robbantáskor)*
elevating emelő-, rakodó-; *kat* magassági irányzógépen levő; ~ **appliance** emelőberendezés; ~ **apron** emelő szállítószalag; ~ **arc** *kat* magassági irányzógép fogasíve; ~ **arm** *kat* magasságiirányzék-állító kar; ~ **belt** → ~ conveyer; ~ **bracket** *kat* irányzóív; ~ **conveyer** *bány* ereszke-szállítószalag; rakodószalag; ~ **cylinder** *gép* emelőhenger; ~**-deflection mechanism** *kat* magasságiszög-állító berendezés; ~ **drum** *kat* magassági irányzódob *(géppuskáé)*; ~ **gear** *em* felvonószerkezet; ~**-gear frame,** ~**gear housing** *kat* magassági irányzógépház; ~ **grader** *ép* gréderelevátor, nyeső-felrakó gép; nyeső-felrakó, (tárcsakéses) felrakó földgyalu; ~ **hopper mixer** *ép* kúszó keverőgép, felvonótartályos betonkeverő; ~ **loader** ekekéses felrakó földgyalu; ~ **machine** emelő-

gép; ~ **mechanism** emelőszerkezet, emelőmű; ~ **mixing method** *ép* talajfelemeléses helybenkeverés; ~ **operator's seat** *kat* magassági irányzógép kezelőülése; ~ **pipe** *élip* függőleges szállítócső *(pneumatikában)*; ~ **power** emelőerő; ~**-power shaft** *kat* magassági irányzógép erőátviteli tengelye; ~ **propeller** *rep* emelő légcsavar; ~ **rest** *forg* magassági irányban állítható szán; ~ **road mixer** talajkeverő gép; ~ **scraper** elevátoros/önrakó/kaparószalagos földnyeső; ~ **screw** *forg* emelőorsó; *gép* függőleges állítóorsó; *kat* magassági irányzócsavar; ~**-screw box** magassági irányzócsavar háza *(géppuskán)*; ~ **shaft** emelőtengely; ~ **sight** *kat* magassági irányzék; ~ **spindle** *forg* emelőorsó; ~ **stabilizer** *kat* magassági irányzógép lengéscsillapítója; ~**-stop mechanism** *kat* magassági irányzógép ütközőszerkezete; ~ **truck** emelőtargonca, emelőkocsi; ~ **wheel** emelőkerék; ~ **worm** *kat* magassági irányzógép csigaorsója

elevation magasság; magassági szög, elevációszög; (fel)emelés; (fel)emelkedés; *ép* elölnézet, homlokméret, homlokrajz; homlokzat; *geod* függőleges távolság, (szint)magasság; *geof* (tengerszint feletti) magasság, magassági szint, eleváció; *geol* (viszonylagos) kiemelkedés; *gép* függőleges nézet; *kat* csőemelkedés, magassági irányzás; *koh* felemelkedés, felfelé áramlás; *mat* függőleges vetület, elölnézet, homlokrajz; *vegy* légbuborékok felszállása *(flotálásnál)*; ~ **above sea level** *geod* abszolút magasság; *rep* tengerszint feletti magasság; ~ **accuracy** *kat* magassági irányzási pontosság; ~**-adjusting rod** *kat* magassági-irányzék-állító kar; ~ **adjustment** magasságbeállítás; ~ **angle** *geod* magassági/elevációs szög; ~ **arm** *kat* magasságiirányzék-állító kar; ~ **beam-scanning equipment** *rep* magassági szögben letapogató sugárnyalábos berendezés; ~ **bearing** *geod* magassági irányszög-meghatározás, irányszögmérés; ~ **calculator** *kat* magassági lőelemképző; ~ **chart** *geof* magasságkiolvasó diagram; ~ **clamp-screw** *kat* magassági irányzék rögzítőcsavarja; ~ **correction (EC)** *geof* magassági javítás/korrekció; ~ **coverage** *távk* magassági szögbefogás; ~ **diagram** oldalnézeti diagram; ~ **drawing** elölnézet; háromnézeti rajz; ~ **drive** *távk* magassági állítómű; ~**-drive motor** *kat* magassági irányzógépet meghajtó motor; *távk* iránysugárzó antennát magassági szögben elfordító motor; ~ **effect** *geof* magassági hatás/effektus; ~ **facing yard** *ép* hátsó udvar; ~ **head** *hidr* emelőmagasság; statikus nyomómagasság; ~ **height** *ol* etázsvastagság; ~ **index** *kat* magassági leolvasójel; ~ **indicator** *kat* emelkedésiszög-mutató; ~ **knob** *kat* magasságiirányzék-állító csavar; ~**-limit switch** *rep* emelkedésszabályozó kapcsoló *(kormánygépen)*; ~ **mark** *geod* magassági szintjel; ~ **of boiling point** forráspont-emelkedés; ~ **of water surface** vízszint; ~ **of zero point of barometer** barométer szintje; ~ **operator** *kat* magassági irányzógép kezelője; ~ **position-finding** magassági helyzetmeghatározás; ~ **position-finding antenna** magassági helyzetszög-meghatározó lokátorantenna; ~**-position indicator (EPI)** *kat* helyzetszögjelző, magassági helyzetjelző; ~**-scale plate** *kat* magassági irányzóskála; ~ **servo-motor** *kat* célkövető szervomotor *(magasságra)*; ~**-stowing lock** *kat* emelkedési szöget biztosító zár; ~ **table** *kat* emelkedésiszög-táblázat, lőtáblázat; ~ **tangent-screw** magassági irányítócsavar; ~ **view** függőleges nézet

elevator (teher)felvonó, emelőmű; elevátor; gabonatároló *(felhordóberendezéssel)*, siló; *bány* szállítószék; *em* emelő(gép); *ép* (személy)felvonó, lift; *ip* tárház; *mzg* (gabona)elevátor; kazalozó; *rep* magassági kormány; ~**-alignment index** *rep* magassági kormány beállítójele; ~ **angle** *rep* magassági kormány kitérési szöge; ~ **balance** *rep* magassági kormány kiegyenlítő lapja; ~ **belt** elevátorszalag, elevátorheveder; ~ **bucket** *bány* (elevátor)serleg, felvonógépserleg; ~ **cage** járószék; szállítókas; ~ **canvas** *em* felvonógépheveder; ~ **car** (felvonó)fülke, felvonószék; ~ **casing** *em, ép* elevátorburkolat, emelőgép-burkolat, felvonógép-burkolat, felvonóakna; ~ **chord** *rep* magassági kormány húrhossza; ~ **control** *em* felvonókormányzás; *rep* magassági kormány; magassági kormány működtetése, magassági kormányzás; ~ **digger** *mzg* felvonós kiszedőgép *(burgonya, répa számára)*; ~**-discharge pipe** elevátor kiürítőcsöve; ~ **dredger** *ép* serleges/vedres kotró, vedersoros úszókotró; ~ **flap** → ~ balance; ~ **flight** *bány* elevátorszalag-vonszolótag; ~ **foot** elevátorláb; ~ **for documents** iratszállító felvonó; ~ **frame** emelőgép-állványzat; ~ **gear** emelőgép-heveder; emelőgéphajtás; ~ **head** elevátorfej; ~ **hopper** *bány* elevátorszalag ürítőtölcsére; ~ **kiln** *ker* harangkemence, süvegkemence; ~ **limit switch** végálláskapcsoló *(felvonóé, magassági kormányé)*; ~ **link(s)** *ol* szállítószékkengyel, elevátorkengyel; ~ **loader-excavator** *ép* gréderelevátor, nyeső-felrakó gép; nyeső-felrakó, (tárcsakéses) felrakó földgyalu; ~ **machine room** *ép* felvonógépház; ~ **platform** *ép* (keretes) szállítólap; ~ **platform furnace** *koh, önt* emelőkocsis kemence, szinuszkemence, elevátorkemence; ~ **push-and-pull rod** *rep* magassági kormányrúd; ~ **rake** *mzg* felvonós szénagereblye; ~ **rope** felvonókötél; ~ **scoop** felvonóserleg; ~**-scraper** elevátoros/önrakó/kaparószalagos földnyelő; ~ **shaft** *US* liftakna; *ép* felvonóakna; ~ **slide** *nyom* elevátorcsúszka, elevátor-csúszópálya; ~ **spider** *ol* ékes béléscsőelevátor; ~ **stage** → ~ platform; ~ **stand** felvonóállvány; ~ **tab** *rep* magassági kormány kiegyenlítőlapja; ~ **tightener** rakodószalag feszítőrúdja; ~ **torque tube** *rep* magassági kormány nyomatékát felvevő csőtengely; ~ **tower** *élip* silótorony; *ép* (építési) felvonótorony-állvány; *hidr* felvonótorony; ~ **tower hoist** *ép* toronyállványos építési felvonó; ~ **trim tab,** ~ **trimmer** → ~ tab; ~ **trunking** *élip* felvonócső; ~**-type furnace** *koh* elevátorkemence; ~ **webbing** felvonóheveder; ~ **with scraping buckets** *ép* kaparóserleges kotró

eleven tizenegy; *csill* tizenegy éves naptevékenységi ciklus

elevons *pl rep* a csűrőkormány és a magassági kormány kombinációja; ~ **control** *rep* kormányzás a csűrőkormánnyal és a magassági kormánnyal

eligible *szt* alkalmas, megfelelő

eliminability *mat* kiküszöbölhetőség, eliminálhatóság

eliminant *mat* rezultáns

eliminate elhagy, kihagy; eltávolít, félrevon; kiküszöböl, kizár, eliminál; kiválaszt; megszüntet

elimination elhagyás, kihagyás; eltávolítás; kiküszöbölés, kizárás, eliminálás; kiválasztás; megszüntetés; *környv* ártalmatlanítás; *mat, vegy* elimináció, kiküszöbölés; *távk* kiszűrés; ~ **factor** *szt* állomány nem visszakereshető rekordjainak aránya; ~ **methods** *mat* eliminációs módszerek, kiküszöbölés módszerei; ~ **of air** légtelenítés, víztelenítés *(csővezetéké)*; ~ **of ferruginous matter** vasmentesítés, vastalanítás; ~ **of image field curvature** képmező-kiegyenlítés; ~ **of induction** indukció elleni védelem; ~ **of interference** zavarmentesítés, interferenciakiszűrés

eliminator leválasztókészülék; cseppleválasztó; *el* zárókör; zavarszűrő; *foto* fixírozó-közömbösítő szer; *szell* víztelenítő; *vegy* eliminátor; ~ **plate** *gép* páralecsapó lemez *(légáramban)*

Elin-Hafergut process ElinHafergut-hegesztés

ELINT → electronic intelligence

elinvar *koh* elinvar

eliquation kiolvadás, kiolvasztás; kiválás, kiválasztás; dúsítás *(csurgatással)*

elite *szt* elite *(nyomtatási forma: 12 jel/hüvelyk)*

elixir *gyógyv* elixír

elk leather jávorszarvasbőr; erős marhaboxbőr

ell könyök *(mérték)*; *ép* épületszárny; könyökcső, ívcső

ellagic acid *vegy* ellagsav

Elliot-type front axle *gépk* villástengely

ellipse *mat* ellipszis; ~ **of correlation** *stat* korrelációs ellipszis; ~ **of dispersion** szórásellipszis *(ballisztika)*; ~ **of higher order** *mat* elliptoid, magasabb rendű ellipszis; ~ **of inertia** *mech* tehetetlenségi ellipszis; ~ **of stress** feszültségi ellipszis

ellipsis *pl* **ellipses** *nyom* hiányjelzés, kipontozás, három pont

ellipsograph ellipszográf, ellipsziskörző

ellipsoid I. *a* → ellipsoidal; **II.** *n mat* ellipszoid; ~ **of inertia** *mech* tehetetlenségi ellipszoid; ~ **of revolution/rotation** forgási ellipszoid, szferoid; ~ **of stresses** *mech* feszültségi ellipszoid

ellipsoidal *csill, mat* ellipszoidális, ellipszoid alakú; *geod* ellipszoidi, ellipszoidikus; ~ **azimuth** *geod* ellipszoidi azimut; ~ **coordinates** *mat* ellipszoidális függvény; ~ **function** ellipszoidfüggvény; ~ **head** *gép* négylaptoldatú lencsefej; ~ **lava** *bány* vánkosláva; ~ **rivet head** ellipszoid alakú szegecsfej

elliptic(al) I. *a* elliptikus, ellipszis alakú; *fiz* elliptikusan polarizált; **II.** *n csill* elliptikus köd; ~ **analyzer** elliptikus analizátor, csillámkompenzátor; ~ **arch** *ép* ellipszisív; ~ **barrel** *mat* elliptikus hordó; ~ **barrel vault** *ép* elliptikus dongaboltozat; ~ **birefringence** *ásv* elliptikus kettőstörés; ~ **compass** ellipszográf, ellipsziskörző; ~ **coordinates (in the plane)** (síkbeli) elliptikus koordináták; ~ **cotangent** amplitúdókotangens, elliptikus kotangens; ~ **curve** elliptikus görbe; ~ **feeder** elliptikus lengésű adagoló; ~ **function (in the proper sense),** ~ **function (of the first kind)** elsőfajú *v.* szűkebb értelemben vett elliptikus függvény; ~ **gear** elliptikus fogaskerék; ~ **integral** elliptikus integrál; ~ **laser cavity** ellipszis alakú lézerrezonátor; ~ **mirror** elliptikus tükör; ~ **motion** *mech* elliptikus mozgás; ~**-motion feeder** elliptikus lengésű adagoló; ~ **orbit** ellipszispálya, elliptikus pálya; ~ **partial differential equation** elliptikus parciális differenciálegyenlet; ~ **point** *mat* elliptikus pont; ~ **polarization** *fiz* elliptikus polarizáció; ~ **polarizer** elliptikus polarizátor; ~ **reflector** *opt* elliptikus reflexiós tükör; ~ **roller** *hidr* elliptikus vízhenger; ~ **sine** amplitúdószinusz, elliptikus szinusz; ~ **space** elliptikus tér; ~ **spring** elliptikus rugó; ~ **trammel** ellipszográf, ellipsziskörző; ~ **velocity** első kozmikus sebesség, elliptikus sebesség; ~ **vibrating/vibratory screen** elliptikus lengésű vibrációs rosta; ~ **waveguide** elliptikus tápvonal; ~ **wing** *rep* elliptikus szárny

elliptically | polarized *fiz* elliptikusan polarizált; ~ **polarized light** elliptikusan polarizált fény; ~ **polarized wave** elliptikusan polarizált hullám

ellipticity *mat* ellipticitás, elliptikus tulajdonság, elliptikusság; ~ **of the Earth** a Föld belapultsága

elliptoid *mat* elliptoid, magasabb rendű ellipszis; ~ **shaving** *forg* legömbölyítéses foghántolás

ELLIRA-welding Ellira-(cső)hegesztés, fedett ívű hegesztés

elm szil(fa); ~ **packing** *fa* szilfalemezelés

ELM → error log manager

elongate (meg)hosszabbít; megnyújt, kinyújt; meghosszabodik; megnyúlik, kinyúlik

elongated hosszúkás; *mat* nyújtott, lapult; ~ **charge** *geof* nyújtott töltet; ~ **gear** elliptikus fogaskerék; ~ **hole** hosszúkás lyuk/furat, ovális furat; ~ **inner race** *gép* meghosszabbított belső gyűrű; ~ **transition** *hidr* karcsú/elnyújtott átmenet; ~ **twill** *tex* lépcsős/tűzött sávoly

elongating mill *koh* elongátor

elongation terjeszkedés; (meg)nyúlás; (meg)hosszabbodás; *any* húzó alakváltozás, (fajlagos) nyúlás; *any, mech* (meg)hosszabbítás; *csill* elongáció, digresszió *(csillagé)*; legnagyobb kitérés *(bolygópályáé)*; *mech* kilengés, kitérés *(mutatóé)*; ~ **after fracture** *any, koh* szakadási/teljes nyúlás; ~ **at break/rupture/tear** *mech* törési/szakadási nyúlás; ~ **before reduction of area** *koh* keresztmetszet-csökkenés előtti nyúlás, kontrakciós nyúlás; ~ **between ga(u)ges** *műa* jelölések közötti nyúlás; ~ **curve** nyúlási görbe; ~ **limit** nyúlási határ; ~ **load** megnyúlást okozó terhelés; ~ **number** *any* nyúlásszám; ~ **on necking** *any* kontrakciós nyúlás; ~ **per unit length** *any* fajlagos nyúlás; ~ **piece** hosszabbító(darab), toldalék; ~ **tensor** *krist* nyúlási/deformációs tenzor; ~ **test** *tex* nyúláspróba; ~ **without necking** *any, koh* egyenletes nyúlás *(szakítóvizsgálatnál)*

elongator *koh* elongátor

elox eloxál

eloxal process eloxálás, anódos oxidáció

elpasolite *ásv* elpasolit

elpidite *ásv* elpidit

Elton pyramid *környv* Elton-piramis

Eltran → electric transient

eluant → eluent

eluate I. *v vegy* eluál, kimos, abszorbensből kivon; **II.** *n vegy* eluátum, kimosás utáni mosóoldat

eluent *vegy* eluens, eluálószer, eluáló oldat, leoldószer

elute → eluate

eluting solution *koh* eluáló oldat

elution *vegy* elúció, eluálás, leoldás, leöblítés, kimosás; ~ **chromatography** elúciós kromatográfia; ~ **curve** elúciós görbe; ~ **fractionation** elúciós frakcionálás

elutive *vegy* elutív, mosóképes *(oldószer)*

elutivity *vegy* kimosóképesség

elutriate tisztít; *koh* iszapol; *vegy* ülepít, derít, üledéket mos

elutriating | **apparatus** üledékmosó berendezés; iszapolóberendezés, iszapfogó berendezés; ~ **cylinder** üledékmosóhenger; ~ **funnel** üledékmosó kémény/tölcsér, iszapolótölcsér; ~ **machine** iszapológép, ülepítőgép
elutriation tisztítás; derítés; *bány, önt* elutriálás, kimosás; iszapolás; *geol* szelektív erózió; *talt* hidrometrálás; *vegy* üledékmosás; ~ **analysis** kilúgozóelemzés, nedves szemszerkezet-vizsgálat; ~ **sludge** iszaphígítás
elutriator *önt* iszapolókészülék; *vegy* derítőberendezés
elutropic series *vegy* elutróp sor *(kromatográfia)*
eluvial *geol* eluviális; *talt* eluviációs; ~ **ore deposit** *geol* eluviális érctelep; ~ **placer** *geol* eluviális torlat
eluviation *talt* eluviáció
eluvium *bány, geol* elúvium
ELV → extra-low voltage
Elverson oscilloscope villanófényes sztroboszkóp
em *nyom* kvirt; ~**-dash,** ~**(-)rule** *nyom* gondolatjel; mínuszjel; ~ **quad** *nyom* kvadrát, kvirt
EM → electromagnetic; → electromechanical; → electron microscope; → end of medium character
emagram *met* emagram
email *szt* elektronikus posta
eman *at* eman
emanate kiárad, kiömlik, kiválik, kisugárzik; ered
emanating power *at, vegy* emanációs/gázkiválasztó képesség
emanation *fiz* kiáramlás, kisugárzás, emanáció; *vegy* emanáció, radon; ~ **pump** emanációs szivattyú
emanometer *geof* emanométer
emanometric method *geof* emanometrikus módszer
embale (el)csomagol, báláz
embank *bány, hidr* földgáttal/töltéssel körülvesz/véd
embankment gát, (vasúti) töltés; kövezett rakpart; *bány* gátfal; *ép* feltöltés *(útépítéshez)*; töltés, gát; *hidr* (árvízvédelmi) töltés, védőgát; ~ **dam** *hidr* földgát; ~ **of the dam** gát partja, töltés, gáttest; ~ **slope angle** *ép* töltésrézsűszög; ~ **wall** partfal
embargo hajózár; kiviteli/behozatali zárlat, embargó
embark hajóba berak/berakodik, hajóra szállít; behajóz(ik); hajóra száll, beszáll
embarkation *hajó, rep* behajózás, beszállás; berak(od)ás; ~ **card** *rep* beszállókártya; ~**-disembarkation card** *rep* be- és kiszálló kártya
embattle oromzattal díszít *(falat)*
embattled *ép* csipkézett, fogazott
embattlement *ép* fogazott párkányzat
embayed coast tagolt *v.* öblökben gazdag part
embayment beöblösödés; körülfogás, körülpántolás; *hidr* kiöblösödés, öblözet
embed (be)ágyaz (vmbe), behelyez, berak, beilleszt; közrefog, körülágyaz; *el* földbe fektet *(kábelt)*; *ép* betapaszt; ~ **in(to) concrete** betonba ágyaz
embedability beágyazhatóság; beágyazóképesség *(csapágyfémé)*
embedded | **beam** *ép* befogott gerenda/tartó; ~ **column** *ép* faloszlop, féloszlop; ~ **grit** homokfészek *(öntvényhiba)*; ~ **in the earth** *geol* földbe ágyazott; ~ **leg** befogott (keret)oszlop; ~ **length** *ép* cölöpözési/cölöpbehatolási mélység; ~ **obstruction** *ép* talajzárvány *(pajzshatást gátló)*; ~ **shaft** *ép* faloszlop, féloszlop; ~ **slab** *ép* befogott lemez; ~ **temperature detector** *aut* beágyazott hőmérséklet-érzékelő/hőfokdetektor
embedding *bány* kőbeágyazás, közkő; *geol* ágyazódás; *met* beágyazás; ~ **compound** *műa, el* beágyazóanyag, kiöntőanyag, tokozóanyag; ~ **in mortar** *ép* habarcsolás; ~ **material** *opt, önt* beágyazóanyag, kiöntőanyag, tokozóanyag; ~ **medium** beágyazóközeg; ~ **of cables** kábelfektetés, földbe fektetés *(kábelé)*
embedment *bány* kőbeágyazás, közkő; *ép* bekötés, beágyazás
embellish díszít
embellishment díszítés; díszletezés; *ép* díszítmény, ornamens
ember(s) parázs
emblem *nyom* embléma; ~ **plate** *ip* védjegypajzs
embody megvalósít, realizál
emboldening *szt* vastag betűs kiemelés *(képernyőn, nyomtatón)*
embolite *ásv* embolit, brómklór-argirit
emboss domborít; ver *(érmét)*; *alak* domborít; *bőr* présel; *finm* cizellál; dombormintával díszít, domborítással alakít, trébel; *nyom* mélynyomatot készít; *pa* vízjellel ellát; *tex* dombornyomással nyom; ~ **by hammering** *finm* kikalapál, trébel
embossed domborodó, domborított; dombornyomásos; *cipő* formázott, sajtolt *(kéreg)*; ~ **cigarette tissue** vízjeles szivarkapapír; ~ **cloth** dombornyomásos szövet; ~ **effect** *tex* domborminta; ~ **finish** *tex* dombornyomásos kikészítés; ~ **grain** *bőr* préselt barka; ~**-groove recording** nyomó hangfelvétel *(vágás nélkül)*; ~ **hardboard** *fa* kiformált keménylemez; ~ **leather** fényezett és préselt barkájú bőr; ~ **metal articles** dombornyomású fémáruk; ~ **paper** préselt papír; ~ **pattern** *gumi* vésett mintázat, bőrutánzat; ~ **plate** bordáslemez; ~ **plush-pile fabric** dombornyomású plüss; ~ **print** *tex* dombornyomás; ~ **printing (for the blind)** dombornyomás vakok számára, Braille-írás; ~ **sheet** *műa* mintázott/barkázott fólia; ~ **tablet** jelzett tabletta *(domború jellel)*
embosser *koh* mintázógép; *pa* mintázókalander; *távk* morzevevő, morzeíró
embossing domborítás, domborulat; dombormintadíszítés; érmeverés; *alak* domborítás; *bőr* barkapréselés; *ép* kiugró léc; *gumi* domború mintázat préselése; *műa* barkázás, aláhúzás; *nyom* (dombor)nyomás; *pa* domborítás, prégelés, gofrírozás, lapos háttérdomborítás; *tex* nyomott minta; ~ **calender** *műa* barkázó hengerszék; *nyom* dombornyomó kalander; *pa* mintázókalander, prégelőkalander; *tex* dombormintázó kalander; ~ **die** *alak* dombornyomó/domborító szerszám; ~ **hammer** *szer* domborítókalapács, nyújtókalapács; ~ **iron** doborítóvéső; ~ **machine** *cipő* talpnyomó gép; *koh* mintázógép; *pa* mintázókalander; *tex* hullámosítógép; ~ **paper** *nyom* sajtolópapír; ~ **plate** *műa* barkázó nyomólap; *nyom* présnyomólemez, sajtolólemez, dombornyomó lemez; ~ **press** *alak* domborítósajtó; *műa* barkázóprés; *nyom* mintázókalander, mintázógép, préselőkalander; ~ **pressure** *nyom* dombornyomás; ~ **punch** vésőgép domborműmunkához; ~ **roll** *műa* barkázóhenger; ~ **roller** *bőr* barkapréselő henger; ~ **roll(er)** *koh* mintázóhenger; ~ **stylus** *hang* (legömbölyített) vágótű

embossment kiemelkedés, (ki)domborítás; *ép* dombormű, relief; *pa* árnyékolt vízjel; *szt* torzítási tényező *(optikai karakterfelismerő rendszereknél)*
embouchure (folyó)torkolat; völgybejárat
embow ívesre alakít; ívbe hajlít
embrace I. *v* átfog, befog; befogad, magában foglal; **II.** *n* átfogás, befogás; ~ **angle** *opt* befogadási határszög
embraid *el* körülfon
embranchment elágazás, szétágazás; kinyúlás, ág; *vasút* leágazás, kitérővágány; ~ **frame** *el* vonalelosztó
embrasure *ép* ablakmélyedés, ajtómélyedés, mélyedés, béllet; lőrés
embrittle *hők* elridegedik
embrittlement törékenység; *hők* (el)ridegedés, ridegség; ~**-resistant alloy** elridegedésálló ötvözet
embroider hímez, kivarr
embroidered ribbon hímzett szalag
embroidering | loom tűs szövőgép; ~ **machine** hímzőgép; ~ **yarn** hímzőfonal
embroidery hímzés; hímzett/kivarrott áru; ~ **cottons** *pl* pamut hímzőcérna; ~ **floss** selyem hímzőcérna; ~ **hoops** *pl* hímzőkarika, hímzőkeret; ~ **silk** hímzőselyem
embryo *any, fiz* csíra, embrió, kristálymag, kristálycsíra
EMC → electromagnetic compatibility
EMD → electric motor driven
EMDP → electromotive difference of potential
emerald *ásv* smaragd; ~ **copper** *ásv* dioptáz; ~ **green** smaragdzöld *(szín)*; *vegy* párizsi/schweinfurti zöld; ~ **nickel** *ásv* zaratit
emerge kilép, kijön, kiemelkedik
emerged bog *geol* felemelkedett láp; kitermelt tőzegföld
emergence kiemelkedés, vastagítás, dudor; kilépés, kiömlés, kiáramlás; kialakulás; *tex* kikelés, kibújás; ~ **of land** *geol* szárazföld emelkedése
emergency szükség(helyzet), szükségállapot; vésztartalék; ~ **accommodation** *ép* szükséglakás; ~ **air** *rep* pótlevegő; ~ **airfield** *rep* szükségrepülőtér; ~ **air inlet** pótlevegő-beeresztő nyílás; ~ **antenna** tartalékantenna; ~ **battery** póttelep, tartaléktelep, kisegítő telep; ~ **block stop system** *ol* csigasortúlhúzás-gátló, csigasorösszehúzás-gátló; ~ **brake** vészfék; ~ **brake valve** *vasút* vészfékszelep; ~ **bridge** szükséghíd, ideiglenes híd; ~ **button** *bány* vésznyomógomb; ~ **cable** *el* tartalékkábel; ~ **call (EC)** *távk* segélykérő hívás/hívójel; ~ **call equipment** *távb* segélyhívó; ~ **capacity** *ip, el* tartalékkapacitás; ~ **car** autómentő gépkocsi; (műszaki) segélygépkocsi; ~ **ceiling** *rep* leállított hajtóművel tartható csúcsmagasság; ~ **chain** *bány* biztonsági függesztőlánc *(kason)*; ~ **channel** *rep* vészhívó csatorna/frekvencia; ~ **communication** *rep* szükség-összeköttetés, vészösszeköttetés; ~ **conditions** *pl hidr* rendkívüli állapot, szükségállapot; ~ **control** *at* baleseti/vészhelyzeti szabályozás; *el* kisegítő működtetés, szükségműködtetés; *rep* kisegítő kormányzás/vezérlés; ~ **cutoff** *rep* kényszerleállítás; ~ **descent** *rep* vészsüllyedés; ~ **dike/dyke** *hidr* nyúlgát; ~ **equipment** *rep* mentőfelszerelés; ~ **escape hatch** *rep* vészkijárat; ~ **evacuation** *rep* vészelhagyás; ~ **exit** *ép* vészkijárat; *rep* vészkijárati nyílás; ~ **flight (charter)** *rep* mentesítő járat *(különjárat)*; ~ **flood flow** *hidr* árvíz(tetőszint); ~ **flood reservoir** *hidr* vésztározó; ~ **flotation gear** *rep* segédúszómű; ~ **frequency** *rád* vészfrekvencia; ~ **gate** *hidr* vészelzáró tábla; ~ **generating set** *el* szükség-áramfejlesztő/kisegítő gépcsoport, szükséggépcsoport; ~ **generator** szükség-áramfejlesztő generátor; ~ **hatch** *rep* menekülőajtó, vészkijárat; ~ **horse-power** szükségteljesítmény *(lóerőben)*; ~ **housing** szükséglakás; ~ **illumination** *ép* biztonsági világítás; ~ **landing** *rep* kényszerleszállás; ~ **landing ground** *rep* kényszerleszállási talajpálya; ~ **landing signal** *rep* kényszerleszállási jel; ~ **lane** *US közl* leállósáv; ~ **lighting** biztonsági világítás, vészvilágítás; szükségvilágítás; ~ **limit switch** *em* biztonsági végkapcsoló; ~ **line** *el, távb* szükségvezeték; ~ **line switch** → ~ switch; ~ **location beacon-aircraft** *rep* fedélzeti vészhelyzeti rádióadó; ~ **lock** vészzsilip, mentőzsilip; ~ **maintenance** *rep* szükség-karbantartás; ~ **metal** helyettesítő fém; ~ **operation** mentési munkálatok; *hidr* üzem szükségállapotban; ~ **phase** *rep* kényszerhelyzeti fázis; ~ **point** *geof* felbukkanási/kilépési pont; ~ **power-off** vészkikapcsoló; ~ **power supply (EMS)** szükségáramforrás, szükség-áramellátás; ~ **press button** *el* vésznyomógomb; ~ **procedures** *rep* kényszerhelyzeti eljárások; ~**-prop** *bány* segédtámfa; ~ **pump** tartalékszivattyú, kisegítő szivattyú, szükségszivattyú; ~ **push button** *el* vésznyomógomb; ~ **radio channel** *rád* vészhívó rádiócsatorna/rádiófrekvencia; ~ **ration** tartalék élelmiszeradag; ~ **ray point** *opt* fénysugár kilépési pontja; ~ **reflective triangle** *gépk* elakadásjelző háromszög; ~ **repair** sürgős/ideiglenes javítás, szükségjavítás; ~ **repair service** segélyszolgálat *(pl. lifté)*; ~ **rescue (ER)** *rep* mentés kényszerhelyzetnél; ~ **reservoir (ER)** *hidr* ideiglenes tározó; ~ **seat** pótülés; ~ **service** segélyszolgálat; ~ **set** *rád* segélyállomás; ~ **shaft** *bány* tartalékakna; ~ **shower** *ép* tűzzuhany, vészzuhany; ~ **shut-down** vészlezárás, vészlekapcsolás, biztonsági lezárás/lekapcsolás; ~ **shut-off valve** *hidr* vészlezáró csőszerelvény; ~ **signal** segélykérő jel; ~ **sluice** biztonsági/tehermentesítő zsilip; ~ **spillway** *hidr* szükségtúlfolyó, vészkiömlő, kisegítő túlfolyó; ~ **stair(case)** *ép* menekülőlépcső; ~ **starting** szükségindítás; ~ **steel** acélhelyettesítő anyag; ~ **step-in** zavarkisegítés; ~ **stop** *gép* vészleállító; *közl* teljes fékezés, leblokkolás; ~ **stopping** *bány* védgát; ~ **stop switch** *el* vészkikapcsoló; *em* biztonsági végkapcsoló; ~ **switch** vészkikapcsoló; ~**-switch pulses** *pl* riasztási impulzus; ~ **system** biztonsági berendezés; ~ **tank** tartaléktartály; ~ **taphole** *koh* szükség-csapolónyílás; ~ **telephone** *közl* segélyhívó telefon; ~ **transmitter** *rád* szükség-adóállomás; ~ **valve** biztonsági szelep, tartalékszelep; ~ **wheels-up landing** *rep* kényszerleszállás behúzott futóművekkel
emergent kiálló, kilépő, kiemelkedő; ~ **angle** kilépési szög; ~ **beam** kilépő sugárnyaláb
emerging laser ray lézer kimeneti sugárzása; kilépő lézersugár
emerize csiszol *(dörzspapírral)*, smirgliz; *tex* szövetet tisztít *(csiszolóhengerrel)*
emersion kilépés, felmerülés; *csill* előbukkanás, kilépés, csillagfedés vége; *geol* kibúvás
emery I. *v* csiszol, smirgliz *(dörzspapírral)*; **II.** *n* csiszolópor, smirgli; *ásv* korund, smirgel; ~ **base paper** csiszoló alappapír; ~**(-)belt** *gép* csiszolószalag; ~-

brick csiszolórúd, köszörűrúd, fenőkő; ~ **cloth** csiszolóvászon; ~ **disc/disk** csiszolókorong; ~ **dust** csiszolópor; ~ **file** csiszolóreszelő; ~ **flour** (finom) csiszolópor; ~**-grinding** durvacsiszoló; ~ **grinding machine** köszörűkorongos köszörű(gép); ~ **off** *v* lecsiszol; ~**-paper** csiszolópapír, üvegpapír, smirglipapír; ~**-paste** csiszolópaszta; ~**-powder** csiszolópor; ~ **roller** csiszolóhenger; *tex* lehúzóhenger; ~ **scourer** *élip* smirgliköpenyes hámozógép; ~ **sharpener** csiszolókorong-érdesítő; ~ **sheller** *élip* csiszolóköpenyes hántolójárat; ~**(-)stick** fenőkő; ~**-stone** fenőkő; csiszolókorong; ~ **wheel** csiszolókorong; ~**-wheel grinder** köszörűkorongos köszörű

emetic *gyógyv* hánytatószer

EMF → electromotive force

EMG → electromyography; → electromyogram

EMI → electromagnetic interference

emigration *műa* (ki)vándorlás, kimigrálás

eminence magaslat, hegycsúcs

eminently hydraulic lime hidraulikus mész

emissary levezetőcső; *ép* levezetőcsatorna

emission kibocsátás, kiömlés, kiáramlás; *at* emisszió, kisugárzás; *bány* kiválás *(gázé)*; *fiz* emisszió, kisugárzás; *hang* (hang)kisugárzás; kisugárzott hang; *környv* emisszió, szennyezőanyag-kibocsátás; *opt* (fény)kisugárzás; kibocsátott/kisugárzott fény; *rád* adás, sugárzás; ~ **analysis** *környv* emisszióvizsgálat; ~ **band** emissziós sáv; ~**-cell** fotoemissziós cella; ~ **characteristic** emissziós jelleggörbe; ~ **coating** katódbevonat, emissziós bevonat; ~ **constant** emissziós állandó; ~ **control** emissziószabályozás; ~ **current** emissziós áram; ~ **current density** emissziósáram-sűrűség; ~ **density** emissziósűrűség; ~ **diminution** emissziógyengülés, emisszióesés; ~ **efficiency** *fiz* emissziós hatásfok, emisszióhatásfok; ~ **electrode** emittáló/sugárzó katód; ~ **factor** emissziós tényező; ~ **inventory** *környv* emissziókataszter; ~ **layer** emissziós réteg; ~ **limit values** emissziós határértékek; ~ **line** emissziós vonal, emisszióvonal, emissziós/kisugárzási színképvonal; ~ **measuring device** emisszióмérő műszer; ~ **microscope** emissziós mikroszkóp; ~ **of energy** enegiafelszabadulás, energiakibocsátás; ~ **of light** fénykibocsátás, fényemisszió, fénykeltés; ~ **of methane** *bány* metánkiválás; ~ **of neutrons** *at* neutronemisszió; ~ **of pollutants** *környv* szennyeződésemisszió; ~ **of radiation** emisszió, sugárzás (kibocsátása); ~ **point** emissziós pont, emisszіópont; ~ **probability** emisszióvalószínűség; ~ **pulse** emittált/emissziós impulzus; ~ **rate** kibocsátási sebesség; *at* emissziógyakoriság; ~ **regulator** emisszióstabilizátor; ~ **resistance** *félv* emisszióellenállás, emitterellenállás; ~ **slit** emissziórés; ~ **source** emisszióforrás; ~ **spectrometer** emissziós spektrométer; ~ **spectroscopy** emissziós spektroszkópia; ~ **spectrum** emissziós spektrum/színkép; ~ **surface** sugárzó felület; ~ **temperature** kibocsátási hőmérséklet; ~ **velocity** kibocsátási sebesség; ~ **wavelength** emissziós hullámhossz

emissive sugárzó, kibocsátó; ~ **layer** katódbevonat, emissziós bevonat; ~ **material** sugárzó anyag; *el* emittáló anyag; *opt* emissziós anyag; ~ **power** emisszióképesség, sugárzóképesség

emissivity fajlagos emisszió(képesség); emissziós tényező; *at, fiz* sugárzóképesség; ~ **measurement** emisszióképesség mérése

emit kibocsát, kiáraszt; lead *(műsort)*; *at* emittál, kisugároz; *távk* kiad *(jelet)*

emitron *tv* emitron; ~ **camera** képfelvevő kamera

emittance fajlagos kisugárzás; *fiz* emittancia; ~ **of the Earth's surface** földfelszíni kisugárzás

emitted | **particle** emittált/kibocsátott részecske; ~ **power** emittált teljesítmény

emitter I. *a* kibocsátó, kisugárzó; **II.** *n at* sugárzó(anyag); *aut, el* emitter, impulzusadó; *félv* emitter *(tranzisztorban)*; *távk* adó; ~ **barrier** emitter-határréteg, emitter-záróréteg; ~ **barrier capacitance** emitterzáróréteg-kapacitás; ~ **base admittance** emitterbázis admittancia; ~ **base capacitance** emitterbázis kapacitás; ~ **base cutoff/leakage current** emitterbázis maradékáram; ~ **bulk resistance** emitter térfogati ellenállása; ~ **bypass capacitor/condenser** emitterkondenzátor; ~ **capacitance** emitterkapacitás; ~ **circuit resistance** emitterellenállás *(külső)*; ~ **connection** emittercsatlakozás; ~ **contact** emitterkontaktus, emittercsatlakozás; ~**-coupled logic (ECL)** *szt* emittercsatolt/emittercsatolású logika, ECL; ~**-coupled multivibrator** emittercsatolt/emittercsatolású multivibrátor; ~**-coupled transistors** emittercsatolt/emittercsatolású tranzisztorpár; ~ **coupling** emittercsatolás; ~ **crowding** emitteráramkiszorulás, szélhatás; ~ **current** emitteráram; ~ **cutoff current** emittervisszáram, emitter-bázis visszáram; ~ **depletion layer** emitter-záróréteg; ~ **diode** emitterdióda; ~ **dissipation (power)** emitterveszteség, emitter veszteségi teljesítménye, emitterdisszipáció; ~ **efficiency** emitterhatásfok, injekciós hatásfok; ~ **electrode** emitter(elektród); ~ **follower** *szt* emitterkövető; ~ **follower circuit** emitterkövető kapcsolás; ~ **follower logic (EFL)** *szt* emitterkövető logika, EFL; ~**-grid transistor** osztott emitterű tranzisztor; ~**-ground transistor** földelt emitterű tranzisztor; ~ **junction** emitterátmenet, emitterbázis átmenet; ~ **layer** emitter(tartomány), emitterréteg; ~ **lead** emitter(kivezetés); ~ **region** emittertartomány, emitterzóna; ~ **residual current** emitter-maradékáram; ~ **series (bulk) resistance** emitter-belsőellenállás, emitterellenállás; ~ **series resistor** emitter-előtétellenállás; ~ **terminal** emittercsatlakozás, emitterkivezetés; ~ **time constant** emitter-időállandó; ~**-to-base tension** emitterbázis feszültség; ~**-to-collector tension/voltage** emitterkollektor feszültség; ~ **transition capacitance** emitterátmeneti kapacitás; ~ **transition region** emitter-határréteg, emitter-záróréteg; ~ **voltage** emitterfeszültség; ~ **zone** → ~ region

emitting | **antenna** adóantenna; ~ **area** emittáló/kisugárzó felület; ~ **coating** katódbevonat, emissziós bevonat; ~ **layer** emissziós réteg; ~ **power** emisszióképesség, sugárzóképesség; ~ **sole** emittáló talp; ~ **source** emittáló/sugárzó forrás; ~ **surface** emittáló felület

EMM → expanded memory manager

emmetropia *opt* emmetrópia, szabályos/normál látás

emmetropic eye egészséges *v.* normálisan látó szem

emmonite *ásv* kalciostroncianit

emmonsite *ásv* emmonsit

EMMS → electronic mail and message system
emollescence meglágyulás
emollient lágyító(szer), bőrpuhító szer
EMOS → earth mean orbital speed
EMP → electromagnetic wave propagation
empennage *rep* farokfelület
Emperor papíralak *(60"x40" írópapír és rajzpapír)*; papírlemezalak *(44"x30")*
emphasize kiemel, kihangsúlyoz; *hang* kiemel *(hangot hangfelvételkor)*
emphasized print *szt* kövér nyomtatás *(mátrixnyomtatón)*
emphatic kihangsúlyozott, nyomatékos
Empire papíralak *(6 1/2"x4 1/2")*
empiric(al) tapasztalati, empirikus; ~ **accumulator** tapasztalattároló; ~ **distribution** *rendsz* tapasztalati eloszlás; ~ **excess** *stat* tapasztalati/empirikus csúcsosság; ~ **factor** tapasztalati tényező; ~ **formula** *stat* empirikus formula; *vegy* empirikus/tapasztalati képlet, összegképlet; ~ **mean** *stat* empirikus középérték; ~ **method** tapasztalati/empirikus módszer; ~ **orthogonal components/functions** *met* természetes ortogonális összetevők; ~ **rule** gyakorlati/empirikus szabály; ~ **test** tapasztalati/empirikus kísérlet
empiricism empirizmus
emplacement elhelyezés; *kat* kiépített állás; tüzelőállás; *vasút* mozdonyállás
emplane → enplane
emplectite *ásv* emplektit
emplidyne amplifier *el* autodin erősítő
employ I. *v* alkalmaz, felhasznál; **II.** *n* alkalmazás, felhasználás; alkalmaz(tat)ás, állás, foglalkozás
employable alkalmazható, (fel)használható; munkaképes
employee munkavállaló
employer munkaadó, munkáltató; alkalmazó *(eszközé)*; ~**s and employed** munkaadók/munkáltatók és munkavállalók
employment felhasználás, alkalmazás; foglalkozás, munka, foglalkoztatás, alkalmazás; ~ **agency bureau** munkaközvetítő iroda; ~ **contract** munkaszerződés; ~ **exchange** munkaközvetítés; ~ **office** munkaközvetítő hivatal
emporium központi raktár, kereskedelmi központ; áruház
Empress papíralak *(7"x5 1/8")*
emptied elszegényedett, kiürült; *tex* lefogyott; ~ **area/space** *bány* fejtési üreg; ~ **cop** *tex* leürült vetülékcséve
empties (üres) göngyöleg *(visszaszállítandó)*; *bány* üres csillék; *vasút* üres szerelvény; ~ **siding** *vasút* kocsitároló vágány, tárolóvágány
emptiness *mat* üresség
empty I. *v* (ki)ürít, kimer, kiönt; kifolyat, elvezet *(vizet)*; kifolyat, leereszt *(pl olajat tartályból)*; *hidr* kiszárít, lecsapol; kiürül, megüresedik; ömlik, torkollik *(folyó)*; **II.** *a* üres, felhasználatlan; **III.** *n* → empties; ~ **band** *fiz* üres (energia)sáv; *távk* lefoglalatlan/szabad hullámsáv; ~ **beam** *tex* üres lánchenger; ~ **bit** *szt* üres bit; ~ **bound state** megengedett kötött állapot; ~ **car** *bány* üres csille; ~ **cell process** *fa* vákuum eljárású fatelítés; ~ **class** *mat* üres osztály, nullosztály; ~ **emergency ditch** vízlevezető szükségárok; ~ **energy band** üres energiasáv; ~ **frequency band between two carrier frequencies** lefoglalatlan frekvenciasáv két vivőfrekvencia között; ~ **guides** *tex* üres fonalvezetők; ~ **level** betöltetlen (energia)szint, üres *v.* be nem töltött nívó; ~**-loaded device** *vasút* fékezési raksúlyváltó *(teherkocsin)*; ~ **mapping** *mat* üres leképezés; ~ **mass** *rep* repülőgép üres tömege; ~ **medium** *szt* üres adathordozó; ~ **packing** *vasút* göngyöleg; ~ **product** *mat* üres szorzat; ~ **returns** *pl* üres göngyöleg *(visszaszállításra váró)*; ~ **run** *bány* üres menet; ~ **running** *vasút* üresjárás *(járműveké)*; ~ **set** *mat* üres halmaz; ~ **shuttle** *tex* üres vetélő *(vetülék nélküli)*; ~ **side** üres oldal; ~ **space** *fiz* (lég)üres/anyagmentes tér, fizikai vákuum; *tex* üreg; ~ **strand** üres ág *(szállítószalagon)*; ~ **string** *szt* üres karakterlánc; ~ **trip** *bány* üres csillemenet; *ép* üres menet; ~ **weight** önsúly, üressúly; *rep* üres súly; ~ **word** *szt* üres szó
emptying csapolás; ürítés; ~ **cable** *em* kiürítőkötél; ~ **device** buktatószerkezet, ürítőszerkezet; ~ **escape valve** leeresztőszelep, lefolyószelep; ~ **hopper** *bány* ürítőgarat; ~ **point** kirakodóhely; ~ **position** *bány* ürítőhelyzet; ~ **rope** *em* kiürítőkötél
EMS → electronic message system
Emscher basin/tank *környv* Emscher-kút
EMU → electromagnetic unit
emulation *szt* emuláció
emulator *szt* emulátor
emulgator emulg(e)átor, emulg(e)álóanyag, emulg(e)álószer, emulg(e)álókészülék
emulsi(fia)bility emulg(e)álhatóság, emulziós próba
emulsification *ol, vegy* emulg(e)álás
emulsified | asphalt *ép* aszfaltemulzió, bitumenemulzió; ~ **fuel** *rep* emug(e)ált tüzelőanyag
emulsifier emulg(e)átor, emulg(e)álóanyag, emulg(e)álószer; emulzióstabilizáló; emulg(e)álókészülék
emulsify *vegy* emulg(e)ál
emulsifying | agent emulg(e)átor, emulg(e)álóanyag, emulg(e)álószer, emulzióstabilizátor; ~ **power** *élip* emulg(e)álóképesség
emulsin *vegy* emulzin *(enzim)*
emulsion emulzió; *bőr* dagadószer *(glaszécserzéshez)*; *félv* fényérzékeny réteg; ~ **adhesive** emulziós ragasztó; ~ **anchoring** *foto* emulziórögzítés; ~ **base** → ~ carrier; ~ **binder** emulziós kötőanyag; ~ **breaker** demulgeátor, demulgeáló; ~ **breaking** emulzióbontás; emulzió megtörése; ~ **breaking agent** emulzióbontó szer; ~ **carrier** *foto* emulzióhordozó, réteghordozó; ~ **coating** *film, foto* emulzióbevonat, emulzióréteg, fényérzékeny/szuszpenziós réteg; ~ **degreasing** *koh* emulziós zsírtalanítás; ~ **face** → ~ side; ~ **forming** emulzióképződés, emulgeálódás; ~ **fundament** *vegy* emulzió alapanyaga; ~ **layer** *foto* emulzióréteg, fényérzékeny/szuszpenziós réteg; ~ **mud** *ol* emulziós öblítőiszap; ~ **paint** emulziós festék; ~ **persistence** emulzió (csepp)állandósága/stabilitása; ~ **plant** emulg(e)áló berendezés; ~ **polymer** emulziós polimer; ~ **polymerization** emulziós polimerizáció; ~ **side** *film, foto* emulziós/fénytelen/matt oldal; ~ **speed** emulzió fényérzékenysége; ~ **stability** emulzióstabilitás, emulzió állandósága; ~ **stabilizing agent,** ~ **stabilizer** emulzióstabilizáló (szer), emulg(e)átor; ~ **support** emulzióhordozó, filmhordozó; ~ **surface** → ~ side
emulsive emulg(e)áló; emulg(e)álható

emulsoid *vegy* emulzoid
emulsor emulg(e)átor, emulg(e)álóanyag, emulg(e)álószer, emulg(e)álókészülék
en *nyom* félkvirt, egy, „n"; ~**-dash/rule** félkvirt mínusz
enable | **interrupt (EI)** *szt* megszakításengedélyezés, EI; ~ **pulse** *szt* engedélyező impulzus
enabling | **pulse** *el* kapuzóimpulzus, nyitóimpulzus, kivezérlő/kiváltó/feloldó impulzus; ~ **signal** *szt* engedélyezőjel, „szabad" jel
enalite *ásv* enalit
enamel I. *v* zománcoz, lakkoz *(zománccal)*, fényez; **II.** *n* zománc(máz), lakk *(zománc)*, email; *bőr* bőrlakkozás; *műa* máz; ~ **colo(u)r** zománcfesték; ~ **covered wire** zománchuzal, lakkhuzal, zománcszigetelésű/lakkszigetelésű huzal; ~ **finish** zománcfényezés; ~ **glaze** vastag zománc; ~ **grog** zománckeverék; ~ **insulation** zománcszigetelés; ~ **paint** zománc(festék); ~**-paper** fényezett papír, krétapapír; ~ **print** *tex* lakknyomás; ~ **signboard** → enamelled plate; ~ **varnish** zománclakk; ~ **white** zománcfehér, fedőfehér
enamelled, *US* **enameled** zománcozott, mázas; ~ **board** *pa* fényesre mázolt karton; ~ **brick** mázas tégla; ~ **brick facing** mázastégla-burkolat; ~ **bulb** zománcozott bura; ~ **cable** lakkszigetelésű kábel; ~ **copper wire** lakkozott rézhuzal; ~ **glass covering** *ép* zománcüveg burkolat; ~ **hardboard** *fa* lakkozott keménylemez; ~ **lamp** zománcozott lámpa; ~ **leather** lakkbőr; ~ **paper** fényezett/mázolt/műnyomó papír, krétapapír; ~ **plate** zománctábla; ~ **single-cotton-covered (e.c.)** *el* zománcozott egyszeres pamutszigetelésű; ~ **wire** zománclakkal bevont drótkábel/huzal
enameller, *US* **enameler** zománcozó *(munkás)*; zománcozógép
enamelling, *US* **enameling** zománcozó; ~ **clay** zománcagyag, mázagyag; ~ **furnace/kiln/stove** zománcozó/zománcégető kemence; ~ **sheet** zománcozandó vaslemez
enamic form *vegy* enamin alak
enamines *vegy* enaminok
enanthaldehyde *vegy* önantaldehid, heptanol, heptilaldehid
enanthic | **acid** *vegy* önantsav, heptánsav; ~ **alcohol** önantalkohol, 1-heptanol
enantiomer *vegy* enantiomer
enantiomerism *vegy* enantioméria
enantiomorph *ásv, vegy* enantiomorf
enantiomorphic *ásv, vegy* enantiomorf, tükörszimmetrikus; ~ **allotropy** enantiomorf/reverzibilis allotrópia; ~ **pair** enantiomorf pár; ~ **space group** enantiomorf tércsoport
enantiomorphism enantiomorfia
enantiomorphous → enantiomorphic
enantiotrope enantiotrop
enantiotropy enantiotrópia, több kristályalakban való előfordulás
enargite *ásv* enargit
encallowing *ker* meddőeltávolítás
encapsulate tokba zár/tölt betokosít; *at* tokoz; *el* tokoz; *gyógyv* kapszuláz, ostyába zár
encapsulated source *orv* zárt sugárforrás
encapsulation *el* tokba zárás; tokozás; *gyógyv* kapszulázás
encase tokba zár, burkol; befoglal, behelyez, beilleszt; közrefog, körülágyaz; *ép* tokoz, zsaluz
encased *el* tokozott; ~ **fibre/fiber** körülburkolt fényvezető szál; ~ **knot** *fa* elhalt/kieső göcs; ~ **(sheet) pile** *ép* szekrényszádpadló
encasement csomagolás *(tokba)*; *ép* (cső)köpenyezés; beágyazottság *(vasbetété)*; ~ **of the embankment** *ép* töltéslezárás
encast(e)red befoglalt, beépített; ~ **beam** egyik végén beépített gerenda
encastré *mech* befogott; ~ **moment** befogási nyomaték
encaustic beégetett; mélyített rajzú; ~ **brick** zománcmázas tégla; ~ **tile** színes beégetett mintás csempe
encephalograph (elektro)encefalográf, agyi áramokat mérő műszer
encephalography (elektro)encefalográfia, EEG
enchained sets *mat* láncolt halmazok
enchase tokba/tartóba helyez; *fa* berak, berakást/intarziát készít; *finm* cizellál; *óra* (be)foglal *(drágakövet)*; kirak *(drágakövekkel)*
encipher kódol, rejtjelez
enciphered data *szt* átkódolt/rejtjelezett adat
enciphering apparatus *távk* sifrírozó/titkosító készülék
encircle bekerít, körülkerít, körülvesz, körülfog, közrefog, körülhatárol; *távk* felcsavar
encircling | **dam** körgát, körtöltés; ~ **reef** zátonysor *(sziget körül)*
enclose bekerít, körülkerít, körülvesz, körülzár, bezár, lezár; mellékel; csatol; befoglal, magában foglal; berak, megrak; *ép* burkol; ~ **in brackets** (szögletes) zárójelbe tesz; ~ **in parentheses** (kerek) zárójelbe tesz, (be)zárójelez
enclosed *el* zárt; ~ **against dust** pormentesen zárt; ~ **arc lamp** *el* hosszanégő ívlámpa, átlátszóan elzárt térben elhelyezett ívlámpa; ~ **construction** *el* zárt kivitel; ~ **court** *ép* zárt udvar; ~ **equipment** zárt villamos berendezés; ~ **foundation pit** zárt munkagödör; ~ **fuse** *el* (burkolatba) zárt olvadóbiztosító; *kat* zárt burkolatú gyújtó; ~ **motor** *el* zárt motor; ~ **place** *bány* vakvágat, ki nem lyukadt fejtés; ~ **platform** *vasút* zárt előtér *(vasúti kocsi végén)*; ~ **resistance welding** kamrában végzett (ellenállás-)hegesztés; ~ **self-cooled** önhűtésű; ~ **slag** salakzárvány; ~ **switch** teljesen zárt kapcsoló; ~ **type** *el* zárt kivitel; ~**-ventilated machine** *el* szellőzötten zárt gép; ~ **water-meter** tokozott/zárt vízmérő óra
enclosing | **rock** *geol* burkolókőzet, fedőkőzet; ~ **sheeting** *ép* szádfalas körülzárás, körülszádolás
enclosure bekerítés, körülkerítés, körülzárás; melléklet; kerítés, sövény; bekerített/körülzárt hely; *el* ballon, (cső)bura *(elektroncsőé)*; burkolat, burok, bura; köpeny, ház, tokozás; *ép* körülzárás *(munkagödöré)*; *geof* szelvényzárás; *geol* zárvány; *hang* hangszóródoboz
encoat *gyógyv* intestinosolvens drazsé
encode *szt* (be)kódol
encoded information type *szt* kódolt információtípus
encoder *szt* kódoló, kóder; ~ **equipment** kódolóberendezés; ~ **matrix** kódolómátrix; ~ **ranges** kódolási tartományok
encoding kódolás, rejtjelzés
encompass körülfog, körülvesz, körüljár; bekerít, köröz; bezár, behatárol; felölel, tartalmaz

encounter I. *v* (össze)találkozik, összeütközik; *bány* megüt *(pl. vízforrást)*; **II.** *n* ütközés; összetalálkozás
encrimson karmazsinvörösre fest
encroach *bány* (ki)rabol, rablóművelést folytat
encroaching tide feltolakodó dagály
encroachment *ol* előnyomulás; ~ **area/basin** *ol* vízgyűjtő terület; ~ **line** *geol* határvonal; ~ **of marine salt water** *ol* sósvízbetörés
encrust kérgesít, kéreggel bevon; elkérgesedik; *óra* kirak *(drágakövekkel)*
encrustation lerakódás, kéreg, bevonat; *ásv* verődék; *ép* mozaikberakás; *geol* üledékréteg(-bevonat); *ker* rásülő/odasülő lerakódás
encrypt rejtjelez, sifríroz
encryption *szt* adatvédelmi kódolás, titkosítás
encumber (meg)gátol, akadályoz
end I. *v* befejez, (be)végez; beszüntet, megszüntet; befejeződik, véget ér; *forg* véget megmunkál; **II.** *n* vég, végződés, befejezés, befejező rész; határ, végpont; cél; eredmény; *bány* elővájási munkahely; *geod* határpont; *gép* fej, hajtókarfej; fenék, talp; *mat* vég(pont); *szersz* hegy *(mutatóé)*; *tex* kártszalag; láncfonal; maradék *(szöveté)*; ~ **abutment** *ép* ellenfal, dúc; hídfő; ~ **address** *szt* végcím; ~ **anchorage** *ép* véglehorgonyzás; ~**-anchored reinforcement** véglehorgonyzott vasbetét; ~ **arch (brick)** *koh* ívtégla, boltozattégla; ~**-around carry** *szt* köráthozat, körátvitel, cirkuláris áthozat/átvitel; ~**-around shift** *szt* ciklikus léptetés; ~ **baffle** *hidr* végküszöb; ~ **batten** *fa* homokléc; ~ **bay** *ép* szélső apszis; szélső mező *(hídon)*; ~ **bearing** *ép* tartóvégfelfekvés; *gépk* végcsapágy, talpcsapágy; ~**-bearing pile** *ép* álló/támaszkodó cölöp; ~ **bell** *el* kábelharang; ~ **binder** *el* végszorító, végkapocs; ~ **block** *metr* mérőhasáb; ~**-block mechanism** *vasút* végblokkszerkezet; ~**-block station** *vasút* blokkvégállomás, térközbiztosító végállomás; ~**-body brace/diagonal** *vasút* homlokfali átlóstartó; ~ **boiling point (e.b.p.)** végforráspont, végforrpont; ~ **bracing** végső keresztkötés/merevítés; ~ **bracket** szélső megtámasztás; *gép* csapágykonzol, csapágybak; ~ **breakage (rate)** *tex* fonalszakadás, szakadékonyság; ~**-butt** *fa* bütüz, bütübe vág; ~ **cap** zárósapka; ~ **capacitance** *el* végkapacitás; ~**-capped bobbin** *tex* kezdőkúpos cséve; ~ **cavity** végrezonátor; ~**-cell switch** *el* takarékcella-kapcsoló; ~ **clearance** *gép* hosszanti játék; ~**-clearance angle** *forg* vágóél hátszöge; ~ **cleat** *bány* másodlagos vállap *v.* elválási lap; *el* végálláskapcsoló működtető bütyök; végszorító, végkapocs; *geol* kevéssé észrevehető hajlás; ~ **cloth** *tex* együttfutó (alátét); ~ **cogging** *fa* végrovás, bütürovás; ~ **conditions** *ép* megtámasztási körülmények; ~ **connection** *el* tekercsfejbekötés; ~**-connection reactance** szórt reaktancia *(tekercsfejen)*; ~**-construction tile** hosszüreges tégla; ~**-construction tile with vertical cells** harántüregű tégla; ~ **contraction** *hidr* oldalkontrakció; ~ **corrections** *stat* végkorrekciók; ~ **cover** *rep* (törzs)végburkolat; ~ **crank** *gép* végforgattyú; ~ **crib** *bány* aknakeret rövidebb gerendája/fája; ~ **cut** *bány* vakbevágás *(külfejtésben)*; *ol* végfrakció, utópárlat; ~ **cut-out switch** végkikapcsoló; ~ **cutter** *forg* szármaró; ~**-cutting boring-bar cutter** *forg* fenékmegmunkáló furatkés; ~**-cutting edge** *forg* vágóél, homlokesztergáló kés; ~**-cutting edge angle** *forg* mellékélszög; ~ **diagonal** *ép* szélső rácsrúd, végátló; ~ **discharge** *ker* végleges kihozatal; ~ **discharge tipper** → ~ tipper; ~ **door** *vasút* homlokfali ajtó, homlokajtó; ~**-door dumping car** *bány* homlok-buktatócsille, homlok-ürítőcsille; ~ **dowel(l)ing** *ép* végcsapolás; ~ **drum** *bány* végdob; ~ **dryer** *pa* utánszárító; ~ **dry solids content** *pa* végszárazanyag-tartalom; ~ **dump** visszabuktatás; ~**-dump body** *ép* hátrabillen(t)ő szekrény *(járműnvön)*; ~**-dump(ing) car** *bány* homlokürítő(s) csille; *vasút* homlokbuktató; ~**-dump truck** hátrabillenő gépkocsi; ~ **elevation** *ép* oldalirányú nézet/rajz; ~ **even** *v nyom* tompán zár/befejez; ~ **face** *ásv* kristályalaplap; *ép* homloklap; *forg* homlokfelület; *mat* véglap; ~ **facing** *forg* homlokfelület-süllyesztés; ~**-fed** *távk* végén gerjesztett; ~**-fed antenna** *távk* végén gerjesztett antenna; ~ **feed** *távk* végponti gerjesztés; ~**-finding device** *tex* láncvisszakereső szerkezet; ~**-fire array** orrsugárzó, end-fire antenna; ~**-fired furnace** *ker* U lángú kemence; ~ **fitting** végdarab, végidom; *gépk* felerősítőszerelvény *(lengéscsillapítóé)*; ~ **fixing** *rep* vasalás *(légcsavarszárnyvégé)*; ~ **fixity** *mech* végbefogás; ~**(-)float** *gép* hosszjáték, kotyogás; *gépk* féltengely-hosszjáték; ~ **formula** *mat* végformula, záróformula, zárótétel; ~ **frame** homlokkeret; *el* transzformátor váza; ~ **frog** *el* vezetékvég-békaszorító; ~ **gate** *gépk* lecsapható hátsó fal; ~ **gate car** *bány* homlokajtós buktatós csille; ~**-gate seeder** saroglyára szerelhető vetőgép; ~ **ga(u)ge** határidomszer; tűmérték; ~**-grained wood** bütüfa; ~ **grain lath** *ép* fejelőléc, fejelés; ~**-group** *műa, vegy* végcsoport; ~**-group analysis/determination** végcsoport-meghatározás; ~ **guard** *el* tekercsfejvédelem; ~ **hoop** tengelygyűrű; ~ **impedance** *el* kapocsimpedancia; ~ **joint** szélső csatlakozás; ~ **journal** *gép* homlokcsap, végcsap; ~**-journal bearing** *gép* végcsapágy, farkcsapágy; ~ **ladder** hátulsó felhágólétra; ~**-lap joint,** ~ **lapping** *ép* véglapolás; ~ **lap weld** homlokvarrat, peremvarrat; ~ **leaf paper** *nyom* előzék; ~ **leakage** *el* tekercsfejszórás; ~ **lights** *rep* repülőtéri küszöbfények; ~ **line** *nyom* kimenetsor; ~ **link** *gép* záró láncszem; ~ **liquor** *koh* véglúg; ~ **loading ramp** *vasút* homlokrakodó; ~**-long** *vasút* közvetlen; ~ **mark** *fa* kalapácsjelzés, fűrészelési jel; *szt* végjel; végjelölés; ~ **measure rod** *geod* ütközőléc, ütközővéges/véglapos mérőléc; ~ **measure tape** *geod* ütközőszalag; ~ **measuring instrument** határmérték(-idomszer); ~ **mill(ing cutter)** *forg* szármaró, végmaró (kés); ~ **mill reamer** *forg* homloksüllyesztő; ~ **mode** *szt* befejezési mód; ~ **moment** *mech* befogási nyomaték; ~ **moraine** végmoréna; ~ **node** *szt* végállomás; ~ **nut** záróanya, zárt/sapkás anya, kalapanya; ~ **of a break** *nyom* kimenetoldal, záróoldal; ~ **of a car** *vasút* homlokfal; ~ **of a gallery** *bány* táróvájatvég; ~ **of a heading** *bány* munkahelyi homlok; ~ **of a level** *bány* vájvég; ~ **of block character (EOB)** *szt* blokkvégjel, EOB; ~ **of clock (EOC)** *szt* órajel vége; ~ **of cycle** periódus vége; ~ **off** *v geol* kiékelődik; ~ **of file (EOF)** *szt* adatállomány vége, EOF *(átvitelnél)*; ~ **of file label** *szt* állományvégcímke; ~ **of heading** *bány* munkahelyi homlok; ~ **of job (EOJ)** *szt* munka vége jel, EOJ; ~ **of line (EOL)** *szt* sor vége jel, EOL; ~ **of line indicator** *távb* sorvégjelző; ~ **of logic pulse** logikai impulzus vége; ~ **of medium character (EM)** *szt* adathordozó vége, EM *(vezérlőkarakter)*; ~ **of mes-**

sage (EOM) *szt* üzenet vége, EOM; ~ **of pole piece** *el* pólusvég, pólussaru; ~ **of pulsing signal** *távb* számküldés „vége" jel; ~ **of record (EOR)** *szt* rekord vége jel, EOR; ~ **of runway** *rep* futópálya küszöbe; ~ **of selection signal** *távb* választás „vége" jel, végjel; ~ **of setting** *ép* kötés befejeződése *(hidraulikus kötőanyagoké)*; ~ **of sleeper** *vasút* talpfa homlokfelülete/bütüje; ~ **of tape marker** *szt* szalagvégjel; ~ **of tape switch** *hang* szalagvégkapcsoló; ~ **of text character (ETX)** *szt* szöveg vége, ETX *(átvitelnél)*; ~ **of thread** szálvég; ~ **of tie** → ~ of sleeper; ~ **of transmission (ETX)** *szt* átvitel vége, ETX; ~ **of transmission block character (ETB)** *szt* átviteli blokk vége, ETB *(átvitelnél)*; ~ **of transmission character (EOT)** *szt* átvitel vége, EOT *(átvitelnél)*; ~ **of volume (EOV)** *szt* kötet/szalag vége; ~**(-)on** hajlásirányban; végével/hátuljával vmi felé; farral; ~**-on antenna** hosszsugárzó antenna; ~**-on-end fit/joint** szálak homlokillesztése *(optikai átvitel)*; ~**-on spread** *geof* végterítés; ~**-on working** *bány* váll-lapra merőleges munkahely; ~ **opening** *ép* szélső nyílás; ~**-over-end mixer** buktató/függőleges dobkeverő; ~ **page** *szt* búcsúoldal *(videotexnél)*; ~ **paper** *nyom* előzék; ~ **pillar** *gépk* sarokoszlop *(karosszériáé)*; *vasút* homlokfali oszlop; ~**(-)plate** fenéklap; zárófedél, zárólap; *el* csapágypajzs; zárólemez; *ép* véglemez; ~**-plate effect** *rep* zárólemezhatás; ~**(-)play** *gép* axiális/hosszirányú játék; holtjárat *(csavaré)*; *vasút* dilatációs mozgás; ~ **plug** *hidr* végelzáró (dugó); ~**(-)point (EP)** végpont, határpont; *mat* elsőfokú pont; végpont, csúcs(pont) *(vektoré)*; *vegy* (titrálási) végpont; végforráspont *(párlaté)*; ~**-point detection** *vegy* végpont-meghatározás; ~**-point determination** *szt* szóvég-meghatározás *(beszédfeldolgozásnál)*; ~**-point intersection** *geod* háromszögelés végpontja; ~**-point node** *szt* végpont; ~**-point temperature** végforráspont, végforrpont; ~**(-)position** végállás, véghelyzet; *vegy* véghelyzet; ~ **post** *vasút* homlokfali oszlop; ~ **pressure** *gép* tengelyirányú nyomás, talpnyomás; ~ **product** végtermék; ~**-projecting fire-box** előre álló tűzszekrény *(mozdonyé)*; ~ **quench (hardenability) test** *koh* véglapedző kísérlet; ~ **rail** *vasút* (homlokfali) felső tetőkeret; ~ **raise** *bány* szélső ereszke *(határon)*; ~ **residues** *ruh* végmaradékok, kilós maradékok, szabásmaradékok; *vegy* végső maradék(ok)/reziduum; ~ **restraint** *mech* végbefogás; ~ **rotation** *mech* vég(lap)elfordulás; ~**s** *pl* forgács, reszelék, törmelék, omladék; *bány* száj *(aknáé)*, fejtés, „fogra" *(vállap irányában)*; *ép* törmelék; *fa* deszkaeselék; rövid anyag, rövideszka, rövid fűrészáru; *tex* láncfonalvégződések; ~ **scale value** maximális kitérés értéke *(mérőműszer skáláján)*, mérőtartomány végső értéke; ~**s down** *tex* szövetcsíkosság *(hiba)*, láncfonalhiány; ~**-seal** végelzárás, védő lezárás; ~ **sealing** kábelvégelzárás; ~ **seam** *élip* fenékkorc; ~**-shake** tengelyirányú játéktér *(óráé)*; ~ **shears** *pl koh* szélezőolló; véghulladékolló; ~ **shield** *el* csapágypajzs; *hidr* tömítőpajzs, zárópajzs *(gáté)*; ~**-shield assembly** *el* pajzs, csapágypajzs-szerelvény; ~ **shooting** *geof* véglövés, véglövéses eljárás/mérés; ~**-shooting method** *geof* véglövéses módszer; ~ **shot** *geof* véglövés, véglövéses eljárás/mérés; ~ **sill** *hidr* végküszöb; *vasút* ütközőgerenda; ~ **span** *ép* szélső nyílás; ~ **stage** *el* végfokozat, kimenőfokozat; ~ **stanchion** *vasút* sarokoszlop, rakonca; ~**-standard rod** rúdhatármérce *(hiteles)*; ~**-station** fogadóállomás, érkezőállomás; ~ **stiffener** *ép* végmerevítő; ~ **straining** kihorgonyzás *(antennatoronyé)*; ~ **support** *ép* szélső alátámasztás; *forg* támasztócsapágy; *mech* tartóvég-felfekvés; ~**-support bearing** *forg* bábcsapágy; ~**-support column** *forg* bábtartó állvány; ~**(-)surface** homlokfelület; *ép* homloklap; ~ **switch** *aut* véghelyzetkapcsoló, végálláskapcsoló; *vasút* bejárati váltó; ~**-tenoning machine** *fa* kelelőgép; ~ **terminal** *el* végszorító, végkapocs; ~ **termination** *el* végkivezetés; ~ **thrust** *gép* axiális/tengelyirányú/hosszirányú nyomás; ~**-thrust bearing** *gép* támasztó csapágy, talpcsapágy; ~ **tile** *ép* zárcserép; ~ **tipper** hátrabillenő(s) (teher)gépkocsi/teherautó; *vasút* homlokbuktató; ~**-tipping barrow** billenő targonca; ~**-tipping (motor) lorry** → ~ tipper; ~ **tip wagon** *vasút* homlokbuktató; ~**-to-end** egymáshoz illesztett, összeillesztett; csatlakozó végű; tompa *(illesztés)*; ~**-to-end (barring) system** *bány* soros süvegbiztosítás; ~**-to-end joint** tompaillesztés; ~**-to-end measurement** *távb* szakaszbemérés; ~**-to-end signal(l)ing** végpontok közötti jelzésátvitel *(PCM)*; ~ **trimming** *heng, koh* végvágás; ~ **trimmings** *pl fa* (le)szabási hulladék; ~ **turn** utolsó menet *(csavaron)*; ~**-type caterpillar chain** félhernyólánc *(kormánykerekes járműé)*; ~**-use** *tex* véghasználat; ~**-user** *szt* végfelhasználó; ~**-user processing (EUP)** *szt* végfelhasználói feldolgozás, EUP; ~ **valve** *el* végerősítő cső, kimenőcső, végcső; ~**-view (drawing)** oldalnézet(i rajz); ~ **wall** *ép* ellenfal, végfal, homlokfal, zárófal, bütüfal; *hidr* bukófal; *koh* végfal; *vasút* homlokfal; ~ **winding** *tex* lecsévélés; ~ **winding(s)** *el* tekercsfej; ~**-window counter (tube)** *at* végablakos számláló(cső)

endamage megrongál, károsít

endangering veszélyeztetés

endecagon *mat* tizenegyszög

ended *tex* egyenlőtlen színezésű; ~ **bobbin** *tex* peremes/tárcsás cséve; ~ **hank/skein** *tex* szakadt matring/motring

ending I. *a* befejező, végső, utolsó, záró; **II.** *n* vég, (le)zárás; *bány* vágathajtás hasadási irányban, „fogra"-fejtés *(váll-laposodás irányában)*; *ép* gerendahomlok, bütü; *fa* bütü; *tex* egyenlőtlen színezés

endless végtelen, vég nélküli, folytonos, végtelenített; ~ **band elevator** *bány* felfelé szállító szállítószalag; ~ **belt(ing)** *gép* végtelen szíj; ~**-belt screen** *bány* szalagszita; ~ **blanket** *tex* végtelenített együttfutó; ~ **card table** *tex* kártszalag-alapszövet; ~ **chain** végtelen(ített) lánc; *mzg* lánctalp, hernyótalp; ~**-chain bucket excavator** *ép* vederláncos/vederlétrás kotró; ~**-chain cutter** *bány* láncos réselőgép; ~**-chain dredger** *hidr* vederláncos úszókotró; ~**-chain haulage/transporter** láncszállítás, láncpálya; ~**-chain link** lánctalp, hernyótalp; lánctalptag, hernyótalptag; ~**-chain trench excavator** végtelen láncú vedersoros árokásó; ~ **cord** végtelen kötél; ~ **feed(ing) lattice** *tex* léces szállítóheveder; ~ **felt** *tex* végtelenített *v.* körben futó nemez; ~ **film loop** *film* hurokfilm; ~ **haulage** *bány* végtelen kötelű szállítás; ~ **loop** *el* zárt/végtelen szalag *(magnetofonban)*; *film* hurokfilm; ~ **main** *bány* fővágat végtelen kötelű szállítással; ~ **paper** végtelenített papír, tekercspapír; ~ **paper jacquards** *pl pa, tex* jacquard-papír; ~ **ribbon** végtelen szalag; ~ **rolling**

heng, koh végtelenített hengerlés; ~ **rope** végtelen kötél; ~**-rope haulage** végtelen kötelű szállítás, vég nélküli kötélszállítás; ~ **ropeway** (körforgalmú) sodronykötélpálya; ~ **saw** (végtelenített) szalagfűrész; ~ **screw** csiga; ~ **sheeting** *műa* végtelen fólia/lemez; ~ **thrower** *bány* (tömedékelő) röpítőszalag; ~ **track** *mzg* lánctalp, hernyótalp; ~**-track vehicle** lánctalpas jármű
endlichite *ásv* endlichit
endocyclic compounds *vegy* endociklusos vegyületek
endodermic *gyógyv* bőrbe felszívódó, diadermikus
endodynamorphic soil endodinamorf talaj
endodyne *távk* rezgő/visszacsatolt audion
endoenergic → endoergic
endoenzyme *vegy* sejten belüli enzim
endoergic *vegy* endoerg, energiafelvevő; ~ **reaction** *vegy* endergon reakció
endogene *geol* endogén
endogenetic *geol* endogén
endogenic *geol* endogén; ~ **mineralization** *geol* endogén ércképződés
endogenous endogén, belül keletkezett; *vegy* szervezeten belüli eredetű; ~ **freezing** endogén dermedés; ~ **inclusion** *koh* endogén zárvány; ~ **process** *geol* endogén folyamatok; ~ **respiration** *hidr* endogén légzés; ~ **solidification** *koh* endogén kristályosodás; ~ **variable** *stat* endogén változó
endokinetic joints *pl geol* repedés belső elmozdulásból
endomorph *ásv* endomorf kristály
endomorphic *mat* endomorf; ~ **image** *mat* endomorf kép
endomorphism *geol* endomorfózis; *mat* endomorfizmus, endomorfia
endophyte endofita
ENDOR → electron nuclear double resonance
endorsement *rep* megerősítés, jogosítás, jóváhagyás, hozzájárulás
endoscope endoszkóp
endosity *vegy* endozitás, negatív viszkozitás
endosmosis *vegy* endozmózis
endosmotic *vegy* endozmotikus, befelé irányulóan ozmotikus
endosperm *élip* endospermium, magbél, magbelső, belső magfehérje
endothermal → endothermic
endothermic *fiz* endoterm, endotermikus, hőelnyelő; hőfelvevő; ~ **heat** *geol, vegy* endotermikus hő; ~ **process** *bány, koh* endoterm folyamat; ~ **reaction** *koh* endoterm/hőfogyasztó reakció
endotoxin endotoxin
endovibrator üregrezonátor
endow elhatárol, körülhatárol; determinál; megállapít, meghatároz; ellát
endoxerosis *élip* endoxerózis
endrin *vegy* endrin
endroit *tex* szövet színoldala
endue ellát
endur → endurance
endurance tartósság, állóképesség; *any* (kifáradási) élettartam; *mech* fáradási/tartós szilárdság, (ki)fáradási határ; *rep* repülési tartam; ~ **bending strength** *mech* hajlító kifáradási határ; ~ **bending test** hajlítófárasztó próba; ~ **crack** kifáradás okozta repedés; ~ **failure/fracture** *any* kifáradás okozta törés, fáradásos törés; ~ **flight** *rep* időtartamrepülés; ~ **impact test** fárasztó-ütő próba; ~ **limit** *any, mech* (ki)fáradási határ; *műa* tartóssági határ; *rep* kifáradási határ; ~ **limit at repeated stress in one direction** lüktetőszilárdság; ~ **limit under completely reversed stress** tartós szilárdság, lengő kifáradási szilárdság, lengőszilárdság; ~ **notch bar impact test** fárasztó-ütő próba *(bemetszett próbatesten)*; ~ **of (ingot) mo(u)ld** *önt* kokillatartósság, kokilla-élettartam; ~ **ratio (ER)** *any* kifáradási határ és szakítószilárdság aránya, kifáradási/tartóssági arány; ~ **strength** kifáradási határ/szilárdság, tartós szilárdság; ~ **tensile strength** húzó kifáradási határ; ~ **test** *any* tartóssági/fárasztási vizsgálat/próba, fárasztópróba, fárasztóvizsgálat; ~**(-)testing machine** fárasztógép; ~**-test specimen** *any* fárasztópróbatest
enduring I. *a* tartós, időálló; *any* kopásálló; **II.** *n* kitartás, kiállás
endwise hosszában végével előre, felállítva *(végére)*; végével egymáshoz illesztve; ~ **tipping** *bány* homlokbuktatás
endy *tex* selyemmatring hibája *(szálszakadásból)*; ~ **hank/skein** szakadt matring/motring
energetic energetikai, energia-; ~ **balance method** energetikai kiegyenlítés módszere; ~ **method** energetikai módszer; ~ **particle** *at* nagy energiájú (elemi) részecske
energetics energetika
energization feszültség alá helyezés
energize megterhel, energiát betáplál; *el* áram/feszültség alá helyez; gerjeszt *(tekercset, relét)*; megszólaltat, működtet *(mágnest, jelfogót)*
energized | for holding *el* tartásra gerjesztett; ~ **line** bekapcsolt vezeték; ~ **speaker** külön gerjesztett hangszóró
energizer *el* gerjesztő; ~ **in carburizing** *hők* cementálásgyorsító
energizing *el* gerjesztés; ~ **circuit** *távk* gerjesztőkör; ~ **coil** gerjesztőtekercs; ~ **current** gerjesztőáram *(relén)*; ~ **field** gerjesztőtér, gerjesztőmező; ~ **in field/phase-rotation** forgómezős gerjesztés/táplálás
energy *en* energia; ~ **absorbed in compression** kompressziós munka; ~ **absorbed in fracture** törési energia; ~**-absorption coefficient** energiaelnyelési tényező; ~**-accumulation electrode** energiatároló elektród; ~ **accumulator** energiatároló; ~ **analyzer** energiaanalizátor; ~ **at break** törési energia; ~ **balance** energiamérleg; ~ **band** energiasáv; ~ **band diagram/model** energiasáv-modell; ~ **barrier** *at, vegy* energiaküszöb, energiagát, energiafal; ~ **blur** energiahatározatlanság; ~ **brush** *el* főáramköri kefe; ~ **carrier** energiahordozó; ~ **change** *at* energiaváltozás; ~ **charge** *en* energiafogyasztási díjtétel; ~ **coefficient method** energiakoefficiens-módszer, EK-módszer; ~ **component** *el* hatásos/wattos összetevő; *távk* aktív elem/összetevő; ~ **conservation law** energiamegmaradás törvénye/elve; ~ **consumption** energiafelhasználás, energiafogyasztás; ~ **content** energiatartalom, potenciális energia; ~ **content of quanta** kvantumenergia, energiakvantum; ~ **conversion** energiaátalakítás; energiaátalakulás; ~ **conversion apparatus** → ~ converter; ~ **conversion efficiency** energiaátalakítási hatásfok; energiakihozatal; ~ **conversion factor** energiaátalakítási tényező; ~ **converter** ener-

giaátalakító, energiakonverter; ~ **decrement** energiadekrementum, energiacsökkenés; ~ **degradation** energiadegradáció; ~ **demand** szükséges energiamennyiség; ~ **density** energiasűrűség; ~**(-)density spectrum** energiasűrűség-spektrum; ~ **dissipation** energiadisszipáció, energiaszóródás; ~ **dissipation/dissipating device,** ~ **dissipator** *hidr* energiatörő, energiacsillapító, energiacsendesítő; ~ **dissipation (action)** *hidr* energiatörés, csendesítés; ~ **dissipation device** *hidr* energiatörő; ~ **distribution** energiaeloszlás; ~**-distribution curve (EDC)** energiaeloszlási görbe; ~ **distribution of radiation of radioactive nuclides** radioaktív nuklidok sugárzási energiájának eloszlása; ~ **drop** energiacsökkenés, energiaveszteség; ~ **efficiency** energiakihozatal; energia-hatásfok; ~ **eigenfunction** *at, mech* energia-sajátfüggvény; ~ **eigenvalue** *at* energia-sajátérték; ~ **ellipsoid** *mech* energiaellipszoid, szögsebesség-ellipszoid; ~ **equation** *fiz* energiamegmaradás törvénye/elve; ~ **equations** energiaegyenletek; ~ **equilibrium surface** *hang* energia-egyensúlyi felület; ~ **equivalence** *fiz* energiaegyenérték; ~ **exchange** *fiz* energiacsere, energiakicserélődés; ~**-exchange time** energiakicserélődési/energiarelaxációs idő; ~ **expended** energiafelhasználás, energiafogyasztás; *at* energiaveszteség; ~ **fault** energiazavar, energiahiány; ~ **flow** energiaáramlás; ~ **fluctuation** *at* energiafluktuáció; ~ **fluence rate,** ~ **flux (density)** energiafluxus(-sűrűség), energiaáram-sűrűség; ~ **flux density vector of electromagnetic radiation** *fiz* Poynting-vektor, sugárzási vektor; ~ **gain** *at* energiatöbblet, energianövekmény; ~ **gap** *félv* energiarés, tiltott/tilos sáv; ~ **gap width** tilossávszélesség; ~ **generation** energiatermelés; ~ **grade line** *hidr* energiavonal; ~ **gradient** *hidr* energiavonal esése; ~ **head (line)** energiamagasság, nyomómagasság; ~ **imparted by ionizing radiation** ionizáló sugárzásból elnyelt energia/dózis; ~ **impulse spot welding** impulzusos ponthegesztés; ~ **integral** energiaintegrál; ~ **jump** elektronátmenet, elektronátugrás; ~ **level** energiaszint, energianívó; ~**-level analysis** termanalízis; ~**-level diagram** energiaszint-diagram, termséma; ~**-level distribution** energiaszint-eloszlás; ~ **level spacing** energiaszint-távolság, energianívótávolság; ~ **level width** energiaszint-szélesség; ~ **line** *hidr* energiavonal; ~ **loss** energiaveszteség; ~ **management** energiagazdálkodás; ~**-mass equivalence** energia és tömeg ekvivalenciája; ~ **meter** wattóramérő, fogyasztásmérő; ~**-momentum tensor** *at* energiaimpulzus-tenzor; ~ **of absolute zero** nullpontenergia, energia az abszolút nullponton; ~ **of activation** aktivációs/aktiválási energia; ~ **of attachment** *ásv* kapcsolódási energia; ~ **of catch** *önt* lefékeződési energia; ~ **of deformation** *mech* deformációs energia; ~ **of dislocation** diszlokációs energia; ~ **of dissociation** disszociációs energia; ~ **of formation of lattice defects** rácshibák képződési energiája; ~ **of hardening** *ép* érlelési energia *(beton)*; ~ **of ionization** *el* ionizációs energia; ~ **of light** fényenergia, fénymennyiség; ~ **of motion** kinetikus/mozgási energia; ~ **of nucleons radiation** (atommag)részecske/nukleon sugárzási energiája; ~ **of order** rendeződési energia; ~ **of position** helyzeti/potenciális energia; ~ **of radiation** sugárzási/sugárzó energia; ~ **of resonance absorption** rezonanciás abszorpciós energia; ~ **of rotation** forgási/rotációs energia; ~ **of solar rays** napenergia; ~ **of the magnetic field** mágnesestérerősség, mágneses tér intenzitása; ~ **of turbulence** turbulenciaenergia, örvény energiája; ~ **operator** *at* energiaoperátor, Hamilton-operátor; ~ **optimizing furnace (EOF)** *koh* energiaoptimáló kemence; ~**-output** felszabaduló energia, energiamennyiség; ~**-output diagram** teljesítmények idősora; ~ **partition** *at* energiamegoszlás; ~ **plant** *el* erőgépcsoport; erőmű; *rep* hajtómű; ~ **principle** energiamegmaradás törvénye/elve; ~ **production** energiatermelés; ~ **quantum** energiakvantum; ~ **radiated by the antenna** antenna sugárzása; ~ **radiated per unit area** felületegységenként kisugárzott energia; ~ **radiation** energiakisugárzás; ~ **range** energiatartomány; ~**-ray weapon** *kat* sugárfegyver; ~ **recovery** energia-visszanyerés; ~ **recuperation** energia-visszatáplálás, rekuperáció; *el* energia-visszanyerés; ~**-reducting action** *hidr* energiatörés, csendesítés; ~**-regenerative organism** *környv* energiavisszaszerző szervezet; ~ **region** energiatartomány; ~ **release** energiatermelés; *at* felszabaduló energia, energiamennyiség; ~ **released by combustion** égési energia, égéshő, égéskor felszabaduló energia; ~ **requirement** szükségelt energia, energiaszükséglet; ~ **resolution** energiafelbontás, energiafelbontó képesség; ~ **resources** energiahordozó-vagyon, energiahordozó-készlet; ~ **reversion** energiaátalakulás, energia-visszaalakulás; ~ **saving** energiamegtakarítás; ~ **sensitiveness** statikus érzékenység, energiaérzékenység; ~ **sink** energianyelő; ~ **source** energiaforrás; energiahordozó; ~ **spectrum** energiaspektrum, energiaszínkép; ~ **spectrum/spectral distribution** energiaspektrum, spektrális energiasűrűség; ~ **state** energiaállapot; ~ **storage** *fiz* energiatartalom, potenciális energia; *ip* energiatárolás; ~**-storage braking** *gép* energiavisszanyerő fékezés; ~ **storage capacitor** energiatároló kondenzátor; ~**-storage capacity** energiatároló képesség; ~ **storage counter** energiatároló impulzusszámláló; ~ **storage drive** energiatárolós hajtás; ~ **storage spot welding** impulzusos ponthegesztés; ~ **storage unit** energiatároló egység; ~ **storage wheel** lendítőkerék, lendkerék; ~ **storing device** energiatároló (berendezés); ~ **supply** energiaellátás, energiaszolgáltatás; ~ **term** term, energiaszint; ~ **theorem** energiamegmaradás törvénye/elve, energiatétel; ~ **threshold** → ~ barrier; ~ **to failure** törőenergia, törési energia; ~ **transfer** energiaátvitel; ~ **transfer by radiation** sugárzásos energiaátadás; ~**-transfer coefficient** energiaátviteli/energiaátadási együttható/tényező; ~**-transfer rate** energiaátviteli sebesség; ~ **transformation** energiaátalakítás; energiaátalakulás; ~ **transformation coefficient** energiaátalakítási/energiaátalakulási tényező/együttható; ~ **transmission/transport** energiaszállítás; ~ **unit** energiaegység; ~ **unit of dose** besugárzási dózis egysége, dózis energiaegysége; ~ **used in driving** *ép* verési energia *(cölöp)*; ~ **waste** energiaveszteség; ~ **yield** energiahozam; ~ **zone** energiazóna

enfilade *pa* hosszirányú mázolás

enfleurage *vegy* virágillatok kivonása olajokkal

enfold beburkol, begöngyöl

enforce kényszerít, erőltet

engage (be)kapcsolódik *(fogaskerék)*; kapcsolatba kerül, összekapcsolódik; beakaszt, becsattant; összekapcsol; *ép* beilleszt, beköt; *gép* beakad, beakaszkodik; becsappan *(reteszelő)*; *kat* tűz alá vesz; *távk* elfoglal *(átviteli rendszert)*; ~ **a speed/gear** *gépk* sebességet bekapcsol; ~ **the clutch** *gépk* tengelykapcsolót bekapcsol, kuplungpedált felenged; ~ **the next tooth** *távk* következő tagkörbe ugrik *(kilincs)*; ~ **with** belekapaszkodik vmbe

engaged *távb* foglalt; ~ **column** lizéna, kis kiugrású pillértagozat; ~ **lamp** *távb* foglaltsági lámpa; ~ **line** *távb* foglalt vonal; ~ **shaft** → ~ column; ~ **signal** *távb* „foglalt" jelzés, foglaltsági hangjel/jelzés; ~ **test** foglaltsági vizsgálat

engagement *gép* bekapcsol(ód)ás *(fogaskeréké)*; egymásbaakaszkodás, kapcsolódás, összekötés; *távb* foglaltság; ~ **factor** *gép* kapcsolószám *(fogaskeréké)*; ~ **length** becsavarási hossz *(csavaré)*

engaging | and disengaging (be- és ki)kapcsolható, (be- és ki)kapcsoló; ~ **and disengaging clutch** oldható tengelykapcsoló; ~ **and disengaging lever** kapcsolókar, kapcsolóemeltyű; ~ **and disengaging strap** be- és kikapcsolható hajtószíj; ~ **device** bekapcsolószerkezet, bekapcsolókészülék; ~ **dog** *forg* köröm, karom; *gép* kapcsolókampó, kapcsolócsap, kapcsolópecek; ~**-gear spring** *gépk* önindító fogaskerék-bekapcsoló rugó; ~ **lever** bekapcsolókar, bekapcsolóemeltyű; ~ **shaft** *gép* kapcsolótengely; ~ **surface** kapcsolósík *(fogaskerekeké)*; ~ **tooth** *gép* kapcsolófog

engine I. *v* tervez, épít, konstruál, szerkeszt; géppel ellát, gépet szerel *(pl. hajóba)*; motort szerel *(vmbe)*, motorral ellát; **II.** *n* gép, erőgép, hajtógép, motor; gépezet, szerkezet, eszköz; *rep* hajtómű, motor; *vasút* mozdony; ~ **acceleration** *rep* hajtómű gyorsítása/gyorsulóképessége; ~ **accessories** *rep* hajtómű segédberendezések; ~ **air capacity** *rep* hajtómű levegőfogyasztása; ~ **analyzer** motoranalizátor, motorműködés-analizátor; ~ **attendant** gépész, gépkezelő; ~ **base** *gép* gépalapozás; ~ **bay** *vasút* mozdonyállás *(fűtőházban)*; ~ **bearer** *gépk* motoralap, motortartó (konzol); ~ **bed** *gépk, rep* motorágy; ~ **bed plate** *gép* gépalaplemez; ~ **block** *gépk* hengertömb, hengerblokk; ~ **board** *pa* géplemez, szürkelemez; ~ **body** (hordozó)rakéta *(szilárd hajtóanyagú)*; ~ **boiler** *vasút* mozdonykazán; ~ **bonnet** motorfedél, motorburkolat; *gépk* motorháztető, motorházfedél; ~ **bracket** motortartó bak/konzol; ~ **brake** *gépk* motorfék; ~ **braking** fékezés motorral; ~ **breakdown** motorhiba; ~ **builder** gépépítő, géptervező, gépgyártó; gépészmérnök; ~ **bulkhead** *gépk* motorház hátsó fala; *rep* motortűzfal; ~ **cab/cabin** *vasút* mozdonysátor; ~ **capacity** *gépk* motor-lökettérfogat; ~ **car** *rep* motorgondola *(léghajón)*; ~ **casing** *hajó* gépakna; ~ **cinders** *pl gép* salaklerakódás hengerfalon/dugattyúfedélen; *vasút* mozdonysalak; ~ **clutch** *gépk* (fő)tengelykapcsoló; ~ **compartment** gépcsarnok, gépház *(helyiség)*; *bány* műosztály; *gépk* motortér; ~ **controls** *rep* motorszabályozó elemek/szervek; ~ **control stand/station** *hajó* parancsnoki híd; ~ **cooling** *gépk, rep* motorhűtés; ~**-cooling thermometer** hűtővíz-hőfokmérő; ~ **cowl(ing)** *rep* motorburkolat; ~ **cradle** *rep* motorágy; ~ **crew** *vasút* mozdonyszemélyzet; ~ **cross-feed** *rep* hajtómű tüzelőanyag kereszttáplálása; ~ **cruising speed** *gépk* utazó fordulatszám; ~ **cut-off (ECO)** motor kikapcsolása; ~ **cylinaer** *gépk* (motor)henger; ~ **deposit** lerakódások a motorban; ~ **depot** *vasút* (villamos)remíz; mozdonyszín, fészer; ~ **designer** motortervező, motorszerkesztő; ~ **dispatcher** *vasút* mozdonyirányító, vontatási menetirányító; ~ **displacement** *gépk, rep* motor-lökettérfogat; ~ **distillate** nehézbenzin, könnyűpetróleum; ~ **drag** motor belső ellenállása; ~ **drive** motoros hajtás; munkagép meghajtása; ~**-driven generator** motorhajtású generátor; ~**-driven winch** *em* motoros/gépi csörlő; ~**-driver** *gép* gépész, gépkezelő; *vasút* mozdonyvezető; ~ **efficiency** *hőt* belső/effektív hatásfok; ~ **failure** motorhiba, motor üzemzavara; ~ **fitter** géplakatos, motorszerelő; ~ **flying** motoros repülés; ~ **foundation (plate)** gépalap(zat), gépalapozás; ~ **frame** gépállvány, gépágy; *vasút* mozdonykeret; ~ **fuel** motorüzemanyag, motorhajtóanyag; ~ **gearbox unit** *gépk* motorhajtóműtömb; ~ **governor** *gép* motor szabályozó berendezése; regulátor; ~ **hall** gépcsarnok; ~ **hatch** *hajó* gépházszád; ~ **health monitoring (EHM)** *ol* gázállapotfelügyelő rendszer; ~ **heater** motormelegítő; ~ **heaver** *vasút* mozdonyemelő bak; ~ **hood** → ~ bonnet; ~**-hour meter** motorüzemóra-számláló; ~**(-)house** gépterem, gépcsarnok; *vasút* mozdonysátor; mozdonyszín, fűtőház; ~ **ignition** a motor gyújtása/beindítása; ~ **installation** *rep* hajtómű-berendezés; ~ **intake** *rep* hajtómű szívónyílása; ~ **jack** → ~ heaver; ~ **knock** motorkopogás; ~ **lathe** egyetemes/vezérorsós/menetvágó eszterga; ~ **leather** erősen hengerelt növényi cserzésű bőr; ~ **load** *vasút* mozdonyteher; ~ **log sheet** motornaplólap; ~**-man** gépész, gépkezelő, mechanikus, szerelő; *hajó* (hajó)gépész; *vasút* mozdonyvezető; ~ **mechanic** motorszerelő; ~ **mount(ing)** motorfelerősítés, motorbeépítés; *gépk* motorfelfüggesztés; *rep* hajtóműbekötés; ~**-mounting lug** motortartó fül; ~ **mounting strut** *rep* motorbak; ~ **mudguard** *gépk* sárvédő lemez; ~ **nacelle** *rep* hajtóműgondola, motorgondola; ~ **noise** *gépk* motorzaj; ~ **off** *rep* kikapcsolt hajtómű; ~**-off flight** *rep* repülés álló motorral/hajtóművel; ~**-oil (EO)** motorolaj, gépolaj; ~ **on** *rep* bekapcsolt hajtómű; ~ **operator** gépkezelő, gépész; ~ **output** motorteljesítmény; hajtómű-teljesítmény; ~ **overhaul life** *rep* hajtómű nagyjavítások közötti üzemideje; ~ **part/piece** motoralkatrész; ~ **pedestal** gépalap(zat), géptalp; ~ **pit** (szerelő)akna; *bány* vízemelő akna, szivattyúakna; *gépk* forgattyúház olajteknője; *vasút* mozdonytisztító gödör; ~ **plane** *bány* csörlődomb, csörlőlejtő; ~ **plane haulage** *bány* ereszkeszállítás; ~ **plant** gépberendezés; ~ **platform** gépállvány, gépágy; ~ **pod** *rep* függesztett hajtóműgondola; ~ **power** motorteljesítmény; ~ **pressure ratio (EPR)** *rep* hajtómű nyomásviszonya (EPR); ~ **primer** befecskendező készülék motorindításhoz; ~ **pushing a train** tolatómozdony; ~ **rating** névleges motorteljesítmény; ~ **restarting** *rep* hajtómű újraindítása; ~**(-)room (ER)** gépcsarnok, gépház *(helyiség)*; gépterem; *hajó* gépház; ~**-room telegraph** *hajó* géptávíró *(parancsnoki híd és gépház között)*; ~ **runner** gépkezelő, gépész; ~ **running** motor járása; ~ **run-up** *rep* hajtóműpróba; ~**-scavenging** motoröblítő; motoröblítés; ~ **shaft** *bány* műakna; ~**(-)shed** *vasút* mozdonyszín, fűtőház; ~ **shield** motorburkolat; ~ **shop** *vasút* mozdonyműhely; ~ **shutdown** *rak* hajtómű leállítása; ~**-sized (ES)** *pa* anyagában enyvezett; ~**-sized paper** géppel körülvágott papír; géphez kevert anyaggal enyvezett papír; ~ **sizing** gépi enyvezés, hollandienyvezés; ~ **sludge** (olaj)iszap *(kenőolajban)*; ~ **space** motortér; ~ **speed** *gép, rep* hajtómű (percenkénti) fordulatszáma; ~**-speed range** motorfordulatszám-tartomány; ~ **spirit** motorhajtóanyag *(benzin)*; ~ **stand** motorszerelő pad; ~ **starting** *rep* hajtómű indítása; ~ **sump** *gépk* olajteknő; ~ **supercharger** *rep* hajtómű töltőkompresszora; ~ **support** motortartó, motorágykeret; ~ **suspension** *gépk* motorfelfüggesztés; ~ **swept volume** *gépk* teljes lökettérfogat; ~ **telegraph** *hajó* géptávíró; ~ **tender** *vasút* szerkocsi, szenesvagon, szeneskocsi; ~ **test** géppróba; motorpróba *(hajtóanyagé, kenőanyagé)*; ~ **test bed/bench** motorpróbapad; *rep* hajtóműfékpad; ~ **test facility (ETF)** *rep* hajtóművizsgáló berendezés; ~ **test stand (ETS)** motorfékpad; *rep* hajtóművizsgáló állomás; ~ **torque** motor/hajtómű forgatónyomatéka; ~ **trouble** motorhiba; ~ **truck** mozdonyforgózsámoly; ~**-truck pedestal** mozdonyforgózsámolytengelyágyvezeték; ~ **turn** *nyom* guilloche; ~ **type** motortípus; ~**-type motor** külső csapágytokos motor; ~ **water outlet** *gépk* vízkifolyó könyök; ~ **windmill** *rep* hajtómű hideg átforgatása, autorotáció; ~ **with opposed cylinders** *gépk* boxermotor; ~ **with outside guide** keresztfejvezetékes motor; ~ **wobble** *rep* motor kihagyása, motorrázás; ~ **works** gépgyár; mozdonygyár

engineer I. *v* épít; konstruál, szerkeszt, tervez; **II.** *n* mérnök; általános mérnök; építőmérnök; *gép, hajó* gépész, gépkezelő; *vasút* mozdonyvezető; ~ **barriers** *kat* műszaki zárak; ~ **engaged in statical calculations** statikus; ~**-hydrologist** vízépítő mérnök; ~**-in-charge** üzemmérnök; ~**-in-charge of production** gyártásvezető mérnök; ~**-in-chief** főmérnök; ~**'s cab** *vasút* mozdonyvezető-állás; ~**'s lay-out paper** kataszterpapír; ~**'s own wire (EOW)** *távk* szolgálati csatorna; ~**'s spanner** → ~'s wrench; ~**'s stores (ES)** üzemi felszerelések; ~**'s wrench (ENWR)** szerelőkulcs, szerelő csavarkulcs

engineered megszerkesztett, jól/ügyesen megoldott; ~ **joints** *ép* mérnökjellegű kötések

engineering I. *a* műszaki, mérnöki, gépészi, gépészeti; **II.** *n* mérnöki munka/pálya, mérnökség; mérnöki/műszaki tudományok, technika; mérnökség; gépészet, gépszerkesztés; gépesítés; ~ **biology** mérnöki biológia; ~ **brick** *ker* pillértégla, klinkertégla, burkolótégla; ~ **casting** *önt* gépöntvény; ~ **consultation service** műszaki tanácsadó szolgálat; ~ **costs** műszaki üzemeltetési költségek; ~ **cybernetics** műszaki kibernetika; kibernetikatechnika; ~ **data** technikai adatok; műszaki dokumentáció; ~ **department** műszaki osztály; ~ **development** műszaki fejlesztés; ~ **district** *hidr* szakaszmérnökség; ~ **drawing** műszaki rajz; ~ **experimental station** mérnöki kísérleti állomás; ~ **feasibility** műszaki alkalmasság; ~ **geology** *talt* mérnökgeológia, mérnöki/műszaki geológia; ~ **hydrology** műszaki hidrológia; ~ **industry** gépipar; ~ **maintenance** műszaki karbantartás; ~ **material** szerkezeti anyag; ~ **mechanics** műszaki/mérnöki mechanika; ~ **pilot** *rep* fedélzeti mérnök; mérnökpilóta; ~ **reactor** anyagvizsgáló/technikai atomreaktor; ~ **scale** távolságfelrakó vonalzó; *geod* prizmás lépték; ~ **sciences** műszaki tudományok; ~ **service** műszaki szolgálat/szolgáltatás; ~ **shop** gépműhely; ~ **specialist** műszaki szakember, szakmérnök; ~ **steel** gépacél, szerkezeti acél; ~ **structure** *ép* műtárgy; ~ **surveys** *geod* műszaki felvételek, mérnökgeodéziai felmérések; ~ **technology** mechanikai technológia; ~ **terminology** műszaki terminológia; ~ **time** karbantartási idő

engird(le) övez, körölfog

englacial *geol* jégkori, glaciális; ~ **detritus** gleccsertörmelék, morénaanyag; ~ **material** morénaanyag

Engler | **degree/number** Engler-fok, E; ~ **visco(s)imeter** Engler-féle viszkoziméter

English angol; ~ **blue** *tex* angolkék; ~ **bond** *ép* angol (tégla)kötés; ~ **brown** Bismarck-barna *(színezék)*; ~ **casement** *ép* eresztékes keret, vezetékkeret *(tolóablakon)*; ~ **circular machine** angol körhurkológép; ~ **cross bond** keresztkötés, átkötés; ~ **cyclopean masonry/wall** *ép* angol ciklopfal; ~ **finish** *pa* félfényes/matt simítás; ~ **finish(ed) paper** matt kikészítésű papír; ~ **foot** kettős talpvarrat *(harisnyáé)*; ~ **method** *ép* szelemenes/hossztartós módszer, angol alagútépítési módszer; ~ **mounting** *opt* angol rendszerű szerelés *(távcsöveké)*; ~ **net** *tex* méhsejtszerű háló; ~ **noils** *pl* hámtalanított selyemhulladék/kóc; ~**-pattern pincers** *pl* harapófogó; ~ **red** *vegy* angolvörös, polírvörös; ~ **roof truss** → ~ truss; ~ **spider-web rubble wall** *ép* angol ciklopfal, (réteges) váltósoros kőfal; ~ **system** → ~ method; ~ **truss** *ép* egyszeres függesztőmű; ~**-type cupel(ling) furnace** *koh* angol űzőkemence; ~**-type tubbing (support)** *bány* illeszthető tübbing, angol tübbing; ~ **welt** angol szegély *(körkötőgépen)*

engobe *ker* engobe, angob; ~ **clay** angobanyag

engorgement csővezeték eltömődése

engrail rovátkolással díszít; recéz *(peremet)*

engrain I. *v* festékkel átitat; *fa* erez; *tex* szálban/fonalban fest; **II.** *n pa* mély színezés

engrave I. *v* bevés, kivés, metsz, gravíroz; **II.** *n nyom* metszetről készült címlap; ~ **in/on wood** *v* fát/fába metsz

engraved *gyógyv* benyomott jellel ellátott, jelzett *(tabletta)*; ~ **copper roller** *tex* vésett rézhenger *(nyomáshoz)*; ~ **cylinder** *tex* gravírozott/vésett henger; ~ **glass** metszett üveg; ~ **roller** *bőr* vésett görgő

engraver fametsző, rézmetsző, vésnök; gravírozószerszám; *nyom* (kézi) metszetkészítő/karckészítő *(szerszám)*; ~**'s ball** *nyom* metszetfestékező labda; ~**'s die** alakozószerszám *(vésnöké)*; ~**'s paper** rézkarclevonat; ~**'s proof** *nyom* kliselevonat, próbanyomat fametszetről, füstkép

engraving fametszet, rézmetszet, véset; vésett karc; ~ **cylinder** *nyom* formahenger; ~ **depth** gravírozási mélység; ~ **ink** metszetnyomó festék; ~ **in lead** *nyom* ólommetszet, ólomvéset; ~ **machine** *finm* gravírozógép; *forg* másoló marógép *(vésnöki)*; *nyom* metszőgép, gravírozógép; ~ **needle** metszőtű; ~ **of the cylinders/rollers** *tex* hengervésés; ~ **on copper** rézmetszet; ~ **tool** gravírozószerszám

engross *nyom* tisztába leír

engulf elnyel, elmerül, beborít

enhance fokoz, növel; *rád* kiemel *(hangsúlyoz)*

enhanced | graphics adapter (EGA) *szt* nagyfelbontású grafikai adapter, EGA; ~ **line** *any* (csak) sötét színképben megjelenő vonal; ~ **oil recovery (EOR)** kőolajkihozatal-növelő/kőolajkihozatal-fokozó eljárás; ~ **small disk interface (ESDI)** *szt* szabványos interfész mágneslemezhez, ESDI
enhancement fokozás, növelés; ~ **channel** *félv* növekményes csatorna; ~ **layer** *félv* feldúsulási/akkumulációs réteg; ~ **mode** *szt* növekményes üzemmód; ~**-mode operation** *félv* növekményes üzemmód; ~**-mode transistor** *el* növekményes üzemmódú tranzisztor; ~ **region** feldúsulási tartomány; ~**-type field-effect transistor** *v.* **FET** növekményes (üzemmódú) térvezérelt tranzisztor
enhydryte *ásv* enhidrosz
enigmatite *ásv* enigmatit
enlace *tex* körülfon
enlarge kiterjeszt, (ki)bővít, kitágít, (meg)növel, (meg)nagyobbít; (meg)nagyobbodik, (meg)növekedik, kiterjed, (ki)szélesedik; *foto* (fel)nagyít; ~ **a bore-hole** *ol* fúrólyukat kibővít
enlarged | edition *nyom* bővített kiadás; ~ **image** (fel)nagyított kép, nagyítás; ~ **specification** *gép* bővített darabjegyzék
enlargement nagyítás, növelés; *bány* bővítés, szélesítés; *talt* kiterjedési expanzió; ~ **factor** nagyítási tényező; ~ **loss** *hidr* szelvénybővülési veszteség/ellenállás; ~ **of a pipe** cső kiöblösödő része; ~ **ratio** nagyítási arány; ~ **scale** nagyítási skála/méretarány
enlarger *foto* nagyítógép; ~ **lamp** nagyítólámpa
enlarging nagyítás, bővítés, növelés; *bány* aknabővítés; *foto* nagyítás; ~ **apparatus** *opt* nagyítókészülék; ~ **bit** *ép, ol* bővítőfúró; ~ **by squares** térképnagyítás négyzethálózat alapján; ~ **drilling** *ol* bővítőfúrás; ~ **hammer** *szersz* lapítókalapács, egyengetőkalapács; ~ **hole** *bány* utólövés; ~ **machine** *foto* nagyítógép; ~ **process** *foto* nagyítás; ~ **scale** *opt* nagyított lépték
enlevage printing *tex* nyomás csávaszínezékekkel
enlighten megvilágít; derít, tisztít, szűr
ennea *vegy* ennea-
enneagon *mat* kilencszög
enneaphony *hang* kilenccsatornás átvitel
enneatic kilenc időszakonként ismétlődő
enneode *el* enneóda, hétrácsos kilencelektródos elektroncső
enol *vegy* enol; ~ **form** enolforma
enolase *vegy* enoláz
enolize *vegy* enolizál
enormity természetellenesség
enplane *rep* (repülőgépbe) beszáll
enprint *foto* normál méretű papírkép
ENQ → enquiry character
enquiry tudakozódás, informálódás; *szt* kérdezés; ~ **button** *távk* visszahívó nyomógomb; ~ **call** *távb* visszahívás; ~ **character (ENQ)** *szt* kérdezés, ENQ *(átvitelnél)*; ~**-response terminal (ER terminal)** *szt* párbeszédes terminál, ER terminál
enrange *ép, geod* beállít, beint, kitűz
enregister feljegyez, regisztrál
enrich *bány, vegy* dúsít, előkészít, kohósít *(ércet)*
enriched dúsított; ~ **compost** *mzg* dúsított komposzt; ~ **flour** *élip* dúsított liszt; ~ **gas** dúsított gáz, dúsgáz; ~ **gas drive/injection** *ol* dúsgázbesajtolás; ~ **layer** *félv* (fel)dúsított réteg; ~ **material** dúsított anyag; ~ **matte** *koh* koncentrált kéneskő; ~ **thick-juice** oldott nyerscukorral dúsított sűrűlé; ~ **uranium** *at* dúsított urán; ~ **water gas** karburált/dúsított vízgáz
enricher *bány, koh* dúsító(anyag)
enriching section *at* dúsítási szakasz
enrichment *at* (urán)dúsítás; *bány, koh* dúsítás; ércdúsulás, feldúsulás; *élip* dúsítás, töményítés; ~ **cell** *bány* dúsítószakasz; ~ **factor** dúsítási tényező; ~ **(limiting) layer** *félv* dúsítási határréteg; ~ **of the milk** tejdúsítás; ~ **per stage** *at* fokozatonkénti feldúsulás; ~ **section** *ol* dúsítószakasz, rektifikálószakasz; ~ **zone** másodlagos ércdúsulás öve
enrobe *élip* bevon
enrober *élip* bevonógép, mártógép *(csokoládé)*; ~ **paper** bonboncsomagoló papír
enrobing *élip* mártás, bevonás
enrockment *geod, ép* kőhalom, kőhányás
enrol, *US* **enroll** begöngyöl, becsavar; bejegyez, lajstromba vesz, regisztrál
enrolled tonnage regisztrált hajó-tonnatartalom
en-route *rep* repülés közben; úton; ~ **altitude** *rep* útvonalrepülési magasság; ~ **clearance** *rep* útvonalengedély; ~ **configuration** *rep* útvonal-konfiguráció; ~ **flight path** *rep* repülési pálya az útvonalon; ~ **frequency** *rep* útvonal-frekvencia; ~ **marker beacon** *rep* útvonali helyjeladó; ~ **radio fix** *rep* útvonalon bemért helyzetpont; ~ **surveillance radar** *rep* útvonalellenőrző radar
enseal *gyógyv* intestinosolvens készítmény
ensemble sokaság; *ép* együttes; *mat* halmaz; ~ **average** *stat* emsemble-átlag, statisztikai átlag, halmazátlag
enshroud (be)burkol, (be)fed
ensiform file kardreszelő
ensign *rep* felségjel, légijármű azonosító jele
ensilage I. *v* silóz *(takarmányt)*; **II.** *n* silózás; silótakarmány; ~ **cutter** silózó szecskavágó, silószecskavágó; ~ **harvester** járvasilózó gép, silókombájn, kukoricasilózó gép *(traktorvontatású)*
ensile silóz (takarmányt)
ensimage *tex* fonalolajozás, szövetolajozás
enstatite *ásv* ensztatit
ensure biztosít
entablature *ép* párkányzat, párkánygerenda
entablement *ép* oszloptalapzat alsó része
entangle összekuszál(ódik)
entangled *tex* összebonyolódott, összekuszálódott, kuszált, zilált; ~ **hank** kuszált matring/köteg
entanglement *mat* áthurkolódás
entasis *ép* entázis
enter I. *v* belép, behatol, befut; bekerül *(gépbe)*; berajzol *(térképre)*; *távb* (vonalba) befigyel; *tex* betesz *(fürdőbe)*; **II.** *n szt* kocsi vissza billentyű; ~ **a circuit/line** *távb* bekapcsolódik a vonalba; ~ **airway** *rep* légiútvonalba belép; ~ **into the orbit** *rak* pályára állít; ~**-traffic pattern** repülőtér légterébe lépés előírásai
enteric *gyógyv* intestinosolvens, bélben oldódó; *vegy* enterosolvens; ~ **capsule** *gyógyv* intestinosolvens *v.* bélben oldódó kapszula; ~**(-coated) tablet** intestinosolvens *v.* bélben oldódó drazsé
entering I. *a* belépő; **II.** *n ép* bejárat; ~ **air** bejövő levegő; ~ **angle** *forg* elhelyezési szög; *opt* beesési szög; ~ **catch** *ép* (fél)kallantyú; ~ **chisel** kanalas véső, ferde élű szobrászvéső; ~ **discharge** *hidr* belépő vízhozam;

~ draught/draft *tex* nyüstbefűzési rend; **~ edge** *el* felfutó él; *fiz* beesési szög; *mat* belépőél; **~ file** lyuktágító reszelő; **~ guide** *heng, koh* bevezetőpálya, bevezető; **~ of data** *szt* (adat)bevitel; **~ reel** *pa* felvezetőhenger; **~ side** *heng, koh* berakóoldal, belépési oldal; **~ tap** *forg* menetelővágó; *szersz* bekezdő menetfúró
enterprise vállalkozás, vállalat, üzem *(telep, gyár)*
entertab *gyógyv* intestinosolvens készítmény
entertainment electronics szórakoztató elektronika
enthalpy *fiz* entalpia; képződési hő; **~ of formation** képződési entalpia; **~ of reaction** reakcióhő (entalpiája), reakcióentalpia; **~ of vaporization** párolgási entalpia
enticing water *hidr* csalogató víz *(halgazdálkodás)*
entire egész, teljes; ép szélű, sima, sértetlen; **~ bleach** *tex* teljes fehérítés; **~ function** *mat* egész függvény; **~ rock** *geol* ép kőzet
entity *szt* entitás, egyediség
entombment *at* szarkofágba zárás
entrails *élip* belső részek, zsigerek, belsőségek
entrain magával sodor/ragad
entrained air *koh* hamis levegő, falslevegő; *önt* levegőzárvány, légzárvány, léghólyag
entrainment vonatba rakodás; magával húzás/ragadás; *forg* menesztés; *met* légbeszívás *(zivatarban)*; *ol* (csepp)áthordás; *vegy* folyadékfelragadás *(gőzé)*; **~ filter** magával ragadott anyagot leválasztó szűrő; **~ separator** *élip* ködleválasztó *(borderítéshez)*; *koh* csepleválasztó; *vegy* kényszercirkulációs szeparátor
entrance belépés, bejárás, bemenet, beáramlás; felszállás *(járműre)*; kezdet; *bány* nyílás, bányatérség szája; *ép* bejárat, kapualj; *szt* belépési pont; **~ angle** *opt* megvilágítási szög; **~ area** *hidr* belépőszelvény; **~ branch** bevezetőcsonk; **~ channel** *hidr* hozzávezető csatorna; **~ cone** *rep* belépőkúp; **~ cross-section** *hidr* belépőszelvény; **~ door** bejárati/utcai ajtó, (külső) kapu; **~-exit lights** *pl rep* forgalomirányító fény; **~ gallery** *hidr* bejárati folyosó; **~ gate** *ép* (fő)kapu; *hidr* beeresztőzsilip *(csatornáé)*; **~-hall** *ép* előszoba *(lakásé)*; előtér, előcsarnok; **~ head** *hidr* belépési (nyomó)magasság, belépőmagasság; **~ hole** *fa* kéregbefúrás *(rovar által)*; **~ line** *hajó* vízvonalak mellső végződése; *vasút* bajárati vágány; **~ lip of hood** *hidr* belépési perem; **~ lock** *hidr* beeresztőzsilip *(csatornáé)*; **~ loss** *hidr* beömlési/belépési veszteség; *ol* belépési ellenállás; **~ of an adit** *bány* tárószáj; **~ of the tube** beömlőnyílás *(csőé)*; **~ pressure** belépőnyomás; **~ pupil** *opt* belépőpupilla; **~ region** *met* tölcsértartomány; **~ resistance** belépési nyomásveszteség *(pl csővezetékben)*; **~ sill** *hidr* csatornaküszöb; **~ slit** beesési rés; **~ sluice** → **~** lock; **~ transition** *hidr* belépési átmenet; **~ velocity** beáramlási sebesség; **~ velocity triangle** *hidr* beömlősebességi háromszög; **~ vestibule** *vasút* kocsiperon; **~ without prerotation** *hidr* perdületmentes beömlés
entrap felfog/visszatart *(nedvességet, gázt)*; megfog *(csapdával)*; kifog *(hálóval)*
entrapped | air *ép* tömörítési pórusok *(nem szándékos)*; *műa, önt, koh* levegőzárvány, légzárvány, léghólyag; **~ bubble** *műa* légbuborék; **~ cold shot** *önt* fröccsgolyó *(öntvényhiba)*; **~ slag** *koh, önt* salakzárvány
entrench körülárkol; *fa* hornyol, (be)rovátkol; *kat* lövészárkot ás, beássa magát
entrenched bordával szegélyezett; **~ belt** *gép* bordázott szállítószalag; **~ belt elevator** bordás elevátor; **~ meanders** *geol* beágyazott folyókanyarok/meanderek; **~ river** beágyazott medrű folyó
entresol *ép* félemelet, magasföldszint
entropic stability entrópiastabilitás
entropy *fiz, szt* entrópia; **~ chart/diagram** entrópiadiagram; **~ of information source** információforrás entrópiája, átlagos információtartalom; negatív entrópia; **~ of source** forrásentrópia; **~ power** entrópiateljesítmény
entruck teherkocsira rak(odik)
entry bejárat, belépés, bemenet; bejegyzés, feljegyzés, iktatás, könyvelés, tételbevezetés; *bány* (fő szállító)-vágat; főlégvágat; *rep* berepülés *(légtérbe)*; *szt* belépés; információ felvétele, bejegyzés; *tex* fonalbefűzés; **~ address** *szt* belépési cím; **~ advance** *bány* vágathajtás; **~ bottom** *bány* vágat talpa; **~ branch** *bány* légvágat; **~ brushing** *bány* utánszedés; **~ chain pillars** *bány* kamaralábak; **~ conditions** *szt* belépési feltételek; **~ drifting machine** *bány* vágathajtó gép; **~ driver** *bány* vágathajtó/elővájó (bánya)kombájn; **~ driving** *bány* vágathajtás; **~-driving machine** → **~** driver; **~ fix** *rep* belépési pont; **~ guide** *koh* bevezető; **~ head** *hidr* belépési (nyomó)magasság, belépőmagasság; **~ hole** bemenőnyílás; **~ impeller** *hidr* járókerék *(első fokozaté)*; **~ instruction** *szt* belépési utasítás; **~ line** *vasút* mellékvágány; **~ loader** *bány* elővájási rakodógép; **~ losses** belépési veszteségek; **~ point (EP)** *szt* belépési pont; **~-point address** kezdőcím; **~ points** *pl vasút* bejárati váltó; **~ point table (EPT)** *szt* belépési pontok táblázata, EPT; **~ requirements and procedures** *rep* belépési követelmények és eljárások; **~ signal** *vasút* bejárati jelző; **~ speed** belépősebesség; **~ table** *heng* bevezető görgősor; **~ thickness** *heng* belépő szalagvastagság; kiinduló vastagság; **~ time** *szt* belépési idő; **~ velocity** beáramlási/belépési sebesség; **~ wall** *bány* vágatoldal
entryphone kaputelefon
entwine körülfon; (össze)sodor *(két huzalt)*; (össze)-sodródik
entwist egybefon, összefon; belefon; *tex* körülfon
enucleate kifejt; *élip* kimagoz
enumerability felsorolhatóság; *mat* megszámlálhatóság
enumerable set *mat* megszámlálható halmaz
enumerate elszámlál, felsorol; (meg)számlál, részletez *(adatokat)*
enumerating | function *mat* leszámlálási függvény; **~ power series** generátorfüggvény
enumeration *mat* sorba rendezés, felsorolás, (meg)-számlálás; *stat* sorszámozás; **~ data** *stat* gyakorisági adatok; **~ statistics** gyakorisági statisztika
envelop (be)burkol, begöngyöl, beborít; borítékol *(levelet)*
envelope boríték; burkolás, göngyöleg, takaró; *bány* fénykoszorú *(biztonsági lámpán)*; *el* burkolás; *élip* bevonat, burkolat; *gép* burkolat, köpeny, palást, burkolóvonal, E-vonal; *hidr* kavicsszűrő(zés), kvicsköpeny; *ker* kifalazás, burkolat; *mat* burkoló(görbe); *szt* boríték, ellenőrző karakter *(átvitelnél)*; *távk* boríték *(adatátvitel)*; burkolat, burok; csőbura, bura, ballon *(elektroncsőé)*; **~ adhesive** borítékra-

gasztó; ~ **cooling** köpenyhűtés, hűtőköpenyes hűtés; ~ **crack** *gép* palástrepedés; ~ **curve** *mat* burkoló(görbe); ~**-delay meter** csoportfutásidő-mérő; ~**-delay time** *távk* csoportfutási/csoportterjedési idő; ~ **detector** *távk* burkolódetektor; ~ **distortion** *hang* modulációs torzítás; ~ **feedback** *rep* burkológörbe visszacsatolása; ~ **flame** *bány* fénykoszorú *(metánjelző lámpán)*; ~ **kiln** *ker* görgős kemence; ~ **lining** *pa* borítékbélés; ~**-lining tissue** borítékbélés-papír; ~ **machine** *pa* borítékgép; ~ **of a valve** csőbura, bura, ballon *(elektroncsőé)*; ~ **of cone** *mat* kúppalást; ~ **of the balloon** *rep* léggömbburok; ~ **panel** *rep* léggömbburokmező; ~ **paper** (levél)borítékpapír; ~ **type junctions** *hidr* körülfogó csatlakozás; ~ **velocity** *távk* csoportsebesség; ~ **worm** *gép* globoidcsiga

enveloping | **curve** burkológörbe; ~ **surface** *mat* burkoló(felület)

envelopment átfogás; beborítás, beburkolás

envers *tex* fonákoldal; ~ **faille ruban** bordás hátú bársonyszalag; ~ **satin ruban** szatén hátú bársonyszalag

environment környezet; körülfogás, körülpántolás; ~ **control in mining** *bány* bányászati környezetvédelem; ~ **deterioration** környezetrontás; ~ **division** *szt* gépspecifikáló rész, gépspecifikálás; ~**-friendly technology** környezetbarát technológia; ~ **protecting** környezetbarát; ~ **protection** környezetvédelem; ~ **quality** környezetminőség; ~ **resistance** környezetállóság; ~ **saving** környezetbarát; ~ **sound** környezetbarát, környezetharmonikus; ~ **sound management** környezetharmonikus gazdálkodás; ~ **survey satellite** *met* meteorológiai műhold, ESSA-műhold

environmental környezeti; környezetvédelmi; ~ **abuse** környezetrontás; ~ **analysis** környezeti viszonyok elemzése; ~ **background (radiation)** környezeti (eredetű) háttérsugárzás; ~ **behavio(u)r** környezeti érzékenység; ~ **catastrophe** *környv* környezeti katasztrófa; ~ **chamber** klímaszekrény; ~ **chemistry** *környv* környezeti kémia; ~ **climate** *környv* környezetéghajlat; ~ **condition** környezeti feltétel; ~ **contamination** környezetszennyezés, környezeti szennyeződés; ~ **control unit** *szt* klímaberendezés; ~ **cycle of air pollutants** *környv* légszennyező anyagok körforgalma; ~ **damage** környezeti ártalom/kár; ~ **data service** *szt* környezeti adatszolgáltatás; ~ **device** *stat* környezeti eltérés; ~ **economy** *környv* környezetgazdálkodás; ~ **effect** környezeti hatás; ~ **elements** *környv* környezeti elemek/közegek; ~ **engineering** környezetfejlesztés, környezetépítés, környezetalakítás; ~ **harmfulness** környezeti ártalom; ~ **improvement** környezetalakítás; ~ **influence** környezeti hatás(ok); ~ **isotope study** *ol* környezeti izotópvizsgálat; ~ **loading** környezeti igénybevétel; ~ **nuisance** környezeti ártalom; ~ **pollution** környezetszennyeződés, környezeti szennyeződés; környezetszennyezés; ~ **protection** környezetvédelem; ~ **regulations** környezetvédelmi előírások; ~ **resistance/resistivity** környezetállóság; ~ **sensibility** környezeti érzékenység; ~ **stability** környezetstabilitás; ~ **stress cracking** *műa* feszültségkorrózió, feszültségi repedezés; ~ **stress(ing)** környezeti/külső igénybevétel; ~ **temperature** *hőt* eredő/rezultáns hőmérséklet; ~ **test** környezetállósági vizsgálatok; ~ **vertical lapse rate** *met* környezeti vertikális hőmérsékleti gradiens; ~ **wind tunnel** meteorológiai szélcsatorna

environmentalist környezetvédelmi szakember; környezetvédő

environmentally sound technology környezetbarát/környezetharmonikus technológia

environs *pl* környék, város környéke; ~ **of a town** *ép* városkörnyék szűkebb területe

ENWR → engineer's wrench

enwrap beborít, beburkol, becsomagol

enzymatic enzimes, enzimatikus; ~ **analysis** *vegy* enzimatikus analízis; ~ **coagulation** enzimes koagulálás

enzyme *vegy* enzim, fermentum; ~ **poisons** *környv* enzimmérgek; ~ **steeping** *tex* enzimes írtelenítés

enzymic → enzymatic

enzymolysis *vegy* enzimolízis

enzymolytic *vegy* enzimes bontású

EO → Earth orbit; → engine oil

EOB → end of block character

EOC → end of clock

Eocene *geol* eocén

EOD → erasable optical disk

EOF → end of file; → energy optimizing furnace

EOJ → end of job

EOL → end of line

eolian → ~ aeolian

EOLM → electrooptic light modulator

EOM → end of message

EOR → Earth-orbit rendezvous; → end of record; → enhanced oil recovery

eosin *vegy* eozin

eosphorite *ásv* eoszforit

EOT → end of transmission character

eötvös (E) *fiz* eötvös *(egység)*

Eötvös | **effect** *geof* Eötvös-effektus, Eötvös-jelenség; ~ **(torsion) balance** Eötvös-inga, Eötvös-féle torziós inga/mérleg

EOV → end of volume

EOW. → engineer's own wire

EP → earth plate; → electric primer; → electroplate; → electro-pneumatic; → end point; → entry point; → estimated position; → explosion-proof; → extreme pressure

EPD → earth potential difference

epeiric sea *geol* beltenger

epeirogenesis *geol* epirogenezis

epeirogenic *geol* epirogén, epirogénes, epirogenetikus, földkéregképző, szárazulatképző; ~ **movements** *geol* epirogén/epirogenetikus mozgások, epirogenezis

ephedrine *vegy* efedrin

ephemeral rövid életű, efemer; ~ **stream** *hidr* időszakos vízfolyás

ephemerides *csill* efemeriszek, efemeridák

ephemeris *csill, hajó* efemerisz, csillagászati évkönyv; ~ **time** *csill* efemeriszidő

EPI → elevation-position indicator

epicadmium neutron *fiz* epikadmium-neutron

epicentre, *US* **epicenter** *geof, geol* epicentrum

epichlor(o)hydrin *vegy* epiklórhidrin

epicontinental *geol* epikontinentális; ~ **sea** epikontinentális tenger

epicycle, *csill* epiciklus

epicyclic(al) *csill* epiciklikus; *gép* bolygórendszerű, bolygóműves; ~ **differential gear** bolygóműves feszültségkiegyenlítő; ~ **gear/train** *gép* bolygómű, bolygókerekes/bolygóműves hajtómű

epicycloid *mat* epiciklois
epicycloidal *mat* epicikloidális; ~ **gear** *gép* bolygómű, bolygókerekes hajtómű; ~ **motion** *mech* epicikloidális mozgás; ~ **wheel** *gép* epiciklois-fogazatú fogaskerék, bolygókerék
epidermic ointment *gyógyv* védőkenőcs
epidermis *bőr* epidermisz, bőrhám
epidesmine *ásv* epidezmin
epidiascope *opt* epidiaszkóp
epididymite *ásv* epididimit
epidiorite *geol* epidiorit
epidote *ásv* epidot, pisztácit
epigene *geol* epigén, föld felszínén keletkezett
epigenesis *bány* epigenezis
epigenetic *geol* epigenetikus
epigenite *ásv* epigenit
epi-illumination *opt* ráeső fényű megvilágítás
epilation *at* epiláció *(haj kihullása sugárzás hatására)*; ~ **dose** *at* epilációs dózis
epilimnion *hidr, környv* epilimnion
epimer *vegy* epimer
epimerization epimerizálás
epimicroscope *opt* ráeső fényű megvilágításos mikroszkóp
epimorphosis *ásv* felületi változás, epimorfózis
epinephrine *gyógyv* epinefrin, adrenalin
epiplanar transistor/triode *el, félv* epiplanáris tranzisztor/trióda
epipolar | **axis** *geod* magtengely; ~ **plane** magsík; ~ **point** magpont
epipole *geod* magpont, epipólus
epipolic *fiz* fluoreszkáló; ~ **dispersion** *vegy* fluoreszcencia, fluoreszkálás
epi-rocks *geol* fedőkőzetek
epirogenic → epeirogenic
episcope *opt* episzkóp, állóképvetítő
epistatic deviation *stat* episztatikus eltérés
epistilbite *ásv* episztilbit
epitaxial *ásv, félv* epitaxiális; ~ **diode laser** epitaxiáldiódás lézer; ~ **dislocation** *ásv* epitaxiadiszlokáció; ~ **growth** *ásv* epitaxiális/orientált ránövés, epitaxia; ~ **junction** epitaxiális átmenet; ~ **laser** epitaxiállézer; ~ **layer** epitaxiális réteg; ~ **technique** *félv* epitaxiális eljárás; ~ **thyristor** epitaxiális tirisztor; ~ **transistor** epitaxiális tranzisztor
epitaxy *ásv* epitaxia, epitaxiális/orientált (kristály)ránövés; *félv* epitaxiális eljárás
epithermal *at* epitermikus, termikus energia fölötti; *geol* epitermális; ~ **absorption** epitermikus neutronabszorpció; ~ **bed/layer** *geol* epitermális telep; ~ **neutron** epitermikus neutron; ~ **reactor** epitermikus reaktor; ~ **vein** *geol* epitermális telér
epitrochoid(al) curve *mat* epitrochois
epizone *geol* epizóna
EPL → extreme pressure lubricant
EPLD → erasable programmable logic device
EPO → Earth parking orbit
EPOS *el* electronic point-of-sale
epoxidation *vegy* epoxidálás, epoxidezés
epoxide *vegy* epoxid; ~ **resin** epoxi(d)gyanta
epoxidize *vegy* epoxidál, epoxidez
epoxy I. *v* epoxigyantával ragaszt; **II.** *n vegy* epoxicsoport, epoxi-; ~ **adhesive for metals** epoxigyanta fémragasztó; ~**-asphalt material** *ép* epoxigyantás bitumen; ~ **casting resin** *önt* epoxi öntvényragasztó; ~ **concrete** epoxibeton; ~ **resin** epoxi(d)gyanta
EPR → electron paramagnetic resonance; → engine pressure ratio
EPROM → electrically programmable ROM; → erasable and programmable read-only memory
eps → elementary particles
EPS → emergency power supply;
epsomite, Epsom salt *ásv* epsomit, magnézium-szulfát, keserűsó
Epstein | **apparatus** *el* Epstein-készülék; ~ **frame/square** Epstein-keret; ~ **hysteresis tester** Epstein-féle mágneseshiszterézis-mérő
EPT → entry point table
epuration derítés, tisztítás; szűrés
epurator tisztítóberendezés, derítőberendezés
EQ → equalizer; ~ **gate** *szt* ekvivalenciakapu
equal I. *v* egyenlő/megegyezik vmvel; **II.** *a* egyenlő, egyforma, egyöntetű; egyenértékű; ~ **angle** *koh* egyenlő szárú sarokacél; ~**-angle map** szögtartó/szöghű térkép; ~**-angle point** fókusz, gyújtópont; ~**-area map** területtartó/területhű térkép; ~**-area projection** *geol* területtartó vetület/vetítés; ~**-arm bridge** *el* egyenlő szárú mérőhíd; ~**-armed beam scale** egyenlő karú mérleg; ~ **encoding** egyenletes/lineáris kódolás; ~ **energy source** egyenlő energiaeloszlású fényforrás; ~ **energy white** *tv* egyenlő energiájú fehér; ~**-falling particle** *bány* együttülepedő szem(cse); ~**-falling properties** *pl bány* együttülepedés; ~ **fraction** *mat* egyenlő/ekvivalens tört; ~ **heterodyne** *rád* nullafrekvenciájú lebegés; ~ **in all respects** *mat* egybevágó, kongruens; ~ **in area** *mat* egyenlő területű; ~ **in dimension** azonos dimenziójú, egyenlő/azonos méretű; ~ **length code** *távk* egyenlő hosszúságú kód; ~**-loudness contour/curve/line** egyenlő hangossági szint görbéje, izoakusztikus görbe, egyenlő hangerősség görbéje; ~ **mark** *mat* egyenlőségjel; ~ **noise contour** *rep* egyenlőzaj-görbe; ~**-pitch method** *hang* hangzásmagassághangzásegyensúly vizsgálati eljárás; ~**-pitch screw** állandó menetemelkedésű csiga; ~**-pressure line** *met* izobár (vonal); ~ **quantization** *mat* egyenletes kvantálás; ~ **relation** *mat* ekvivalencia(reláció); ~ **roots** *pl mat* kétszeres gyök; ~ **set** *mat* azonos halmaz; ~ **settling** *bány* együttülepedés; ~ **sided** egyenlő oldalú; ~**-sided angle** egyenlő szárú L acél; ~**-signal white** *tv* közepes fehér; ~**(s) sign** *mat* egyenlőségjel; ~ **tempered scale** *hang* temperált hangsor; ~ **time point** *rep* egyenlő idők pontja
equaling *US* → equalling
equalise → equalize
equality egyenlőség, egyformaság, egyöntetűség; egyenértékűség; egyenletesség; *mat* egyenlőség, egyformaság, egyöntetűség; ~**-of-brightness photometer** *opt* egyeztető fotométer; ~**-of-contrast photometer** *opt* kontrasztfotométer; ~**-of luminosity photometer** *opt* egyeztető fotométer; ~ **ratio** *mat* egyenletességi fok; ~ **relation** *mat* azonossági/egyenlőségi reláció, ekvivalencia(reláció); ~ **symbol** *mat* egyenlőségjel; ~ **unit** *szt* ekvivalenciaegység
equalization kiegyenlítődés; kompenzálás, kiegyensúlyozás, kiegyenlítés; *el, szt* kiegyenlítés; *élip, önt* egalizálás, egyenlősítés; ~ **in series** *távk* soros kiegyenlítés; ~ **of banks and cuttings** *talt* tömegkiegyenlítés; ~ **of charges** *el* töltéskiegyenlítés; ~ **of frequency re-**

sponse frekvencigörbe kiegyenlítése; ~ **of level** szintkiegyenlítés

equalize kiegyenlít; kiegyensúlyoz, egalizál, kompenzál; kiegyenlítődik; *el, távk* kiegyenlít *(csillapítástorzítást)*; *mat* egyenlővé tesz

equalized negative *foto* kiegyenlített negatív

equalizer kiegyenlítő(tag); equalizer *(hangszínkiemelő, hangszínszabályozó)*; *alak* hosszméretvágó; *el* potenciálkiegyenlítő kötés, kiegyenlítőkötés, kiegyenlítő négypólus; *gép* kiegyenlítőmű, differenciál; kiegyensúlyozó (kar/himba); *kat* lövegtengely alatti kiegyenlítőtalp; *távb* kiegyenlítőkör, korrektorszűrő

equalizing *el, távk* kiegyenlítés, egalizálás; ~ **bar** *el* kiegyenlítősín; ~ **basin** *hidr* elosztómedence; kiegyenlítő medence; ~ **beam** *ép* kiegyenlítő gerenda; *gép* himba; ~ **bed** *hidr* kiegyenlítőágyazat, csőágyazat; ~ **charge** *el* kiegyenlítő töltés *(telepé)*; ~ **current** *el* kiegyenlítőáram; ~ **furnace** *koh* egalizálókemence; ~ **gear** *gépk* differenciálmű, kiegyenlítőmű, differenciál-hajtómű, kiegyenlítő hajtómű; ~ **lever** *gép* himbakar; ~ **machine** *tex* egyengetőgép; ~ **mains** kiegyenlítő fővezeték; ~ **network** *el* csillapításkiegyenlítő kör; ~ **of cuttings and embankments** *ép* elegyengetés *(földmunkáé)*; ~ **pulse** *tv* kiegyenlítőjel, kiegyenlítőimpulzus; ~ **pulse following frame synchronizing pulse** képszinkronozó jelet követő kiegyenlítőjel; ~ **reservoir** *hidr* kiegyenlítőtározó; kiegyenlítőtartály *(ivóvízellátásban)*; ~ **ring** *el* kiegyenlítőgyűrű; ~ **spring** kiegyenlítőrugó; ~ **valve** *hidr, ol* kiegyenlítőszelep, szinkronizálószelep, folyadékáramelosztó szelep; ~ **washer** kiegyenlítő alátét

equalling file *finm* lapos fogreszelő, tompa végű reszelő

equally egyenlően, egyforma mértékben; ~ **distant** egyenlő távolságra/távolságban (levő); ~ **possible events** *stat* egyenlő mértékben lehetséges események; ~**-spaced** egyenlő közű, egyenlő távolságra levő; ~ **tempered tone scale** temperált hangsor

equant egyenértékű, egyenlő nagy

equate egyenlővé tesz, kiegyenlít; ~ **to zero** *mat* nullával egyenlővé tesz

equation kiegyenlítés, egyensúlyba hozás; *mat* egyenlet; ~ **incapable of solution** megoldhatatlan/ellentmondásos egyenlet; ~ **in polar coordinates** polárkoordinátás egyenlet, poláregyenlet; ~ **in several variables** többismeretlenes egyenlet; ~ **of a circle** kör egyenlete; ~ **of compatibility** *mech* összeférhetőségi egyenlet; ~ **of condition** *geod* feltételi egyenlet; *mat* meghatározó/definiáló egyenlet, feltételi egyenlőség; ~ **of continuity** *fiz* kontinuitásegyenlet, kontinuitási/folytonossági egyenlet; ~ **of equilibrium** *mech* egyensúlyi egyenlet; ~ **of hydrostatics** hidrosztatikai egyenlet, hidrosztatika alapegyenlete; ~ **of motion** *mech* mozgásegyenlet; ~ **of state** *mech* állapotegyenlet, nyomás-térfogat-hőmérséklet összefüggés; ~ **of the centre/center** kanonikus egyenlet, normálegyenlet, központi egyenlet; ~ **of the first degree** lineáris/elsőfokú egyenlet; ~ **of the n-th degree** n-ed fokú egyenlet; ~ **of the second degree** másodfokú egyenlet; ~ **of the straight line** egyenes egyenlete; ~ **of the third degree** harmadfokú egyenlet; ~ **of time** *met* időegyenlet; ~**s of gravitational field** gravitációs tér egyenletei, gravitációstér-egyenletek; ~**s solver (of linear equations)** lineárisegyenlet-megoldó (gép); ~ **system** egyenletrendszer; ~ **with integral coefficients** egész együtthatós egyenlet; ~ **with several unknowns/variables** többismeretlenes egyenlet

equator *csill* egyenlítő, ekvátor

equatorial I. *a csill* egyenlítői, egyenlítő alatti; *opt, vegy* ekvatoriális; **II.** *n geod* ekvatoriál, ekvatoriális távcső; ~ **air** *met* egyenlítői levegő; ~ **air-mass** *met* egyenlítői (eredetű) levegőtömeg; ~ **axis** *csill* parallaktikus tengely; ~ **bond** *vegy* ekvatoriális kötés; ~ **calms** *pl met* egyenlítői szélcsendes öv, doldrum; ~ **co-ordinate system** *csill* ekvatoriális koordinátarendszer; ~ **front** *met* egyenlítői front; ~ **head** *finm* parallaktikus (szerelésű) tengelyrendszer *(csillagászati műszeré)*; ~ **mounting** ekvatoriális/parallaktikus szerelés; ~ **orbit** *csill, űr* ekvatoriális/egyenlítői (műhold)pálya; ~ **radius** egyenlítői sugár, egyenlítő sugara; ~ **setting-up** *geod* egyenlítői felállítás; ~ **telescope** *geod* ekvatoriál, ekvatoriális távcső; ~ **tide** *mat* egyenlítői árapály

equiangular *mat* egyenlő szögű, izogonális, szögtartó; ~ **projection** *geod* szöghű *v.* szögtartó vetületű térkép; ~ **spiral** *mat* logaritmikus spirális

equiareal területhű, területtartó

equiaxed crystal *krist* globulitos kristály

equidensity *foto* egyenlő/azonos (optikai) sűrűség

equidimensional azonos dimenziójú, egyenlő/azonos méretű

equidimensionality *mat* tisztaság, átlátszóság

equidistance egyenlő távolság; szintvonaltávolság *(térképen)*

equidistant egyenlő távolságban/távolságra levő; ~ **curve** *mat* ekvidisztáns görbe; ~ **interval** *szt* ekvidisztáns lépésköz

equi-energy azonos/egyenlő energiájú, monoenergiás

equigranular egyenletes szem(cse)nagyságú

equilateral *mat* egyenlő oldalú; ~ **cut-water** *hidr* egyenlő oldalú pillérsor; ~ **peak-arch** *ép* egyenlő oldalú csúcsív; ~ **triangle** *mat* egyenlő oldalú háromszög

equilibrant of forces *mech* kiegyensúlyozó erő

equilibrate egyensúlyba hoz, (ki)egyensúlyoz

equilibration egyensúlyba hozás, kiegyensúlyozás

equilibrator *kat* egyensúlyozószerkezet; ~**-connecting rod** egyensúlyozószerkezet-összekötőrúd; ~ **fulcrum** egyensúlyozószerkezet forgócsapja; ~ **spring-housing** egyensúlyozószerkezet-rugóház

equilibrium stabilitás; *fiz, vegy* egyensúly, egyensúlyi állapot/helyzet; ~ **area of influence** *hidr* egyensúlyi hatásterület; **be in** ~ egyensúlyban van, egyensúlyi állapotban van, kiegyensúlyozza egymást; ~ **calculation** egyensúlyi számítás; ~ **composition** *koh, vegy* egyensúlyi összetétel; ~ **concentration** *at, vegy* egyensúlyi koncentráció; ~ **condition** állandósult/tehetetlenségi állapot; egyensúlyi feltétel; ~ **cone of depression/exhaustion/influence** *hidr* egyensúlyi depressziós/leszívási tölcsér; ~ **configuration** egyensúlyi konfiguráció/alakzat/szerkezet; ~ **constant** *koh, vegy* egyensúlyi állandó; ~ **curve** egyensúlyi görbe; *hőt* reverzibilis nyomásgörbe; ~ **density of carriers** *félv* töltéshordozók egyensúlyi sűrűsége; ~ **diagram** *koh, vegy* egyensúlyi diagram, egyensúlydiagram, fázisdiagram, állapotdiagram, állapotábra; ~ **distillation** *ol* egyensúlyi desztilláció/lepárlás; ~ **distribution** *mat* egyensúlyi eloszlás; ~ **draw-down** *hidr* egyensúlyban levő leszívás; ~ **electron** *el* egyensúlyi elektron; ~ **force system** *mech* egyensúlyi erőrendszer; ~ **form of nucleus** *ásv* góc egyensúlyi formája; ~ **growth curves** *met* egyensúlyi növekedés görbéi; ~ **hydraulic gradient** *v.* **grade line** *hidr* egyensúlyi felszíngörbe; ~ **method** *mech* alakváltozási/egyensúlyi módszer; ~ **moisture content** *pa* egyensúlyi nedvességtartalom; ~ **of earth mass** *geol* földtömeg egyensúlya; ~ **of forces** erőegyensúly; ~ **of lime and carbonic acid** *hidr* mész—szénsav-egyensúly; ~ **of the channel** *hidr* mederegyensúly; ~ **orbit** *at* egyensúlyi/stabil pálya; ~ **particle** *at* egyensúlyi/fázisstabil részecske; ~ **phase** *vegy* egyensúlyi fázis; ~ **point** egyensúlyi pont; ~ **point of a game** *mat* játék egyensúlyi helyzete; ~ **polygon** *mech* egyensúlyban levő erők poligonja; ~ **population** *stat* egyensúlyban levő populáció; ~ **position** egyensúlyi állapot; ~ **potential** *el* egyensúlyi potenciál/feszültség; ~ **power level** egyensúlyi/stabil teljesítményszint; ~ **pressure** egyensúlyi nyomás; ~ **pressure curve/gradient** *hidr* egyensúlyi nyomásvonal; ~ **ratio** *ol* egyensúlyi állandó/tényező, K-tényező; *vegy* egyensúlyi arány, megoszlási hányados; ~ **reaction** *vegy* egyensúlyi reakció; ~**-reaction potential** bomlási potenciál; ~ **slide-valve** *gép* tehermentesített tolattyú; ~ **state** egyensúlyi állapot; ~ **strategy** *rendsz* egyensúlyi stratégia; ~ **system** egyensúlyi rendszer; ~ **temperature** *ol* egyensúlyi hőmérséklet; ~ **time** egyensúlybeállási idő, stabilizációs idő; ~ **valve** tehermentesített szelep; ~ **well discharge** *hidr* egyensúlyi kútvízhozam; ~ **zone of influence** *hidr* egyensúlyi behatási zóna

equilux curve *opt* egyenlő megvilágítású helyek görbéje

equimolal *vegy* ekvimólos

equimolar *vegy* ekvimoláris, ekvimolekuláris; ~ **solution** ekvimoláris/ekvimolekuláris oldat

equimolecular *vegy* ekvimolekuláris; ~ **mixture** ekvimolekuláris keverék

equimultiple *mat* közös többszörös

equinoctial *csill* napéjegyenlőségi; ~ **points** *csill* napéjegyenlőségi/ekvinokciális pontok; ~ **rains** *met* napéjegyenlőségi esők

equinox napéjegyenlőség, ekvinokcium

equinumerous set *mat* ekvivalens *v.* ugyanolyan számosságú halmaz

equip ellát; berendez; felszerel; összeállít, összeszerel, felállít; alapít

equipage ellátás; készlet, sorozat; felszerelés(i tárgyak), tartozék

equipartite egyenlő részekre oszt

equipartition egyenletes megosztás/elosztás/felosztás; ekvipartíció; *fiz, mat* egyenletes eloszlás; ~ **law/principle/theorem** ekvipartíciótétel, ekvipartíciótörvény; ~ **of energy** energia egyenlő eloszlásának elve, energiaekvipartíció

equiphase *el* azonos/egyenlő fázisú; ~ **surface** egyenlő fázisok felülete, konstans fázisú felület; hullámfelület; ~ **zone** *rád* semleges zóna

equipment szerelék, (cserélhető) munkaszerelék; műszer; berendezés, felszerelés, felszerelési/berendezési tárgyak, szerelvények; készülék, szerkezet; *gép* kellék, tartozék; *hajó* (hajó)berendezés; *kat* felszerelés, (hadi)anyag; *szt* készülék, eszköz, berendezés; *távk* szerelvény, készülék; *vasút* gördülőanyag, kocsiállomány; ~ **box** *el* készülékdoboz, készülékház; ~ **breakdown** *gép* (gép)kiesés; ~ **component list (ECL)** *rep* berendezés egységeinek és alkatrészeinek jegyzéke; ~ **earth** → ~ ground(ing); ~ **failure** készülékhiba; ~ **fleet** *ép* (építő)géppark, építőgép-állomány; ~ **for transfer of contacts** csatlakozórakó gép; ~ **ground(ing)** *el* készüléktest-földelés; ~ **group** gépcsoport; ~ **mean life** berendezés átlagos élettartama; ~ **of the gas consumer** *ép* fogyasztói berendezés; ~ **reliability/safety** berendezés megbízhatósága; ~ **shanty** gépszín; ~ **storage hut** gépszín; ~ **tower** *ép* szerelési állvány/pillér *(hidépítésnél)*

equipoise I. *v* egyensúlyoz, egyensúlyban tart; ellensúlyoz; **II.** *n* egyensúly; ellensúly, kiegyenlítő súly

equipollence egyenértékűség, ekvivalencia

equipollent egyenértékű; egyenlő érvényű/erejű/erősségű/hatású; egyenrangú, azonos osztályba/csoportba tartozó

equiponderant egyenlő/azonos súlyú; egyenlő/azonos jelentőségű; kiegyensúlyozott

equiponderate I. *v* egyensúlyban van, egyenlő súlyú; egyensúlyban tart; ellensúlyoz; **II.** *a* egyenlő súlyú; egyensúlyozott, ellensúlyozott; kiegyenlített/kompenzált súlyú

equipossibility *stat* egyenlő esély/valószínűség

equipotent ekvipotens, egyenlő számosságú

equipotential *el* azonos feszültségű; *fiz* ekvipotenciális, azonos potenciálú; ~ **bowl** *geof* ekvipotenciális edény; ~ **cathode** ekvipotenciális katód; ~ **connection** *el* ekvipotenciálra hozás; kiegyenlítő kötés, potenciálkiegyenlítő kötés; ~ **curve** *geof* ekvipotenciális görbe; ~ **line** *fiz, geof* ekvipotenciális vonal, izopotenciálvonal; *geof* izopotenciálvonal; *hidr* ekvipotenciális görbe; ekvipotenciális vonal/görbe, nívóvonal, potenciálvonal; ~**-line anomaly** *geof* izopotenciálvonal-anomália; ~**-line distortion** *geof* izopotenciálvonalak torzulása; ~ **metal(l)ization** *félv* térrelief-fémezés; ~**-point method** *geof* izopotenciálpont-módszer; ~ **points** *fiz* ekvipotenciális pontok; ~ **region** → ~ surface; ~ **space** *fiz* ekvipotenciális tér; ~ **surface** *fiz* ekvipotenciális felület, nívófelület, (ekvi)potenciálfelület, szintfelület

equipped (with) (vmvel) felszerelt, ellátott

equipressure *mech* egyenlő nyomás

equiprobability egyenlő valószínűség

equiprobable azonos/egyenlő valószínűségű, azonosan valószínű

equiradial aerial/antenna *távk* körsugárzó antenna

equiradiational line *geof* izoradiációs vonal

equiresistivity | contour/line *geof* izoohmvonal; ~ **map** *geof* ellenállástérkép, izoohmtérkép

equisignal *rád, rep* egybefolyó rádiójelű; ~ **beacon** *rep* egybefolyó jelsávos rádióirányadó; ~ **course** *rep* egybefolyó jelsávirány; ~ **homing** *rep* rárepülés egybefolyó jelsávon; ~ **line** *távk* iránysugár, vezetősugár; ~ **localizer** *rep* iránysávadó; ~ **path** *távk* egybefolyó jelút; ~ **radio range beacon** *távk* egyenlőjelű iránysáv- és távolságmérő adó; ~ **sector** *rep* egyenletes jelzésű iránysáv/övezet; iránysávszektor; *távk* vezetőszektor, vezetőzóna; ~ **station** *távk* iránysávállomás; ~ **zone** → ~ sector

equitangential curve *mat* traktrix

equitemperature | contour/line *fiz* izoterma; ~ **map** *geof* izotermatérkép

equivalence *mat* egyenértékűség, ekvivalencia; koincidencia, kettős implikáció *(logika)*; *vegy* egyenérték, ekvivalencia; ~ **class** *mat* ekvivalenciaosztály; ~ **gate (EQ gate)** *szt* ekvivalenciakapu; ~ **of heat** hőegyenérték; ~ **of states** *rendsz* állapotekvivalencia; ~ **of systems** *rendsz* rendszerekvivalencia; ~ **partition** *mat* ekvivalenciapartitíció; ~ **point** *vegy* ekvivalenciapont, egyenértékpont; ~ **principle (of Einstein)** (Eienstein-féle) ekvivalenciaelv; ~ **relation** *mat* ekvivalenciareláció, ekvivalencia; ~ **symbol/sign** *mat* ekvivalenciajel; ~ **unit** *szt* ekvivalenciaegység

equivalency → equivalence

equivalent I. *a* egyenértékű; *geol* egyidejű, (időben) párhuzamos; *mat* ekvivalens; **II.** *n* egyenérték(es), ekvivalens; *mat* vetület; *távk* végcsillapítás; ~ **acoustic absorption area/surface** *hang* egyenértékű elnyelési felület; ~ **admittance** *fiz* leírófüggvény, egyenértékű admittancia; ~ **air speed (EAS)** *rep* ekvivalens repülési sebesség, ERS; ~ **alternating component** *el* ekvivalens váltakozó áramú összetevő; ~ **altitude** *rep* egyenértékű magasság; ~ **area** *hidr* egyenértékű vízgyűjtő terület; ~ **articulation loss** *távk* érthetőségi egyenérték, AEN; ~ **attenuation** *távk* egyenértékű csillapítás; ~**-barotropic model** *met* ekvivalens-barotrop modell; ~**-beam method** *ép* szádfalméretezés helyettesítő gerendával, helyettesítőgerenda-módszer; ~ **cavity** *geof* ekvivalens üreg; ~ **circuit** *el* helyettesítő áramkör/kép; ~ **circuit diagram** helyettesítő kapcsolás; ~ **combining weight** → ~ weight; ~ **compensating element** *aut* egyenértékű kompenzálótag; ~ **concentration of a solution** *vegy* oldat egyenértékű koncentrációja; ~ **conductance/conductivity** *el* egyenértékű/ekvivalens vezetőképesség; *félv* helyettesítő vezetőképesség; ~ **cross-section** *at* egyenértékű hatáskeresztmetszet; ~ **current** *el* egyenértékű áram; ~ **damping** *el* helyettesítő/egyenértékű csillapítás; ~ **diameter** *mat, környv* egyenértékű/ekvivalens átmérő; ~ **diode** *el* egyenértékű/ekvivalens dióda; ~ **diode voltage** *el* egyenértékű diódafeszültség; ~ **disturbing current** *el* egyenértékű zavaróáram; ~ **disturbing voltage** *el* egyenértékű zavarófeszültség; ~**-fluid method** *mech* támfalméretezés helyettesítő folyadékkal; ~ **focal length** *opt* equivalens gyújtótávolság/fókusztávolság; ~ **focus** *opt* ekvivalens gyújtópont/fókusz; ~ **force systems** *mech* egyenértékű erőrendszerek; ~ **four-terminal networks** ekvivalens négypólusok; ~ **gas volume** *ol* ekvivalens gáztérfogat; ~ **grain-size** *talt* egyenértékű szemcsenagyság; ~ **impedance** *el* helyettesítő impedancia; ~ **input noise current** *el* egyenértékű bemeneti zajáram; ~ **input noise voltage** *el* egyenértékű bemeneti zajfeszültség; ~ **isolated single-wheel load** *rep* egy kerékre eső egyenértékű terhelés; ~ **layer thickness** *talt* egyenértékű rétegvastagság; ~ **length (EL)** egyenértékű hosszúság; ~ **load** *mech* egyenértékű terhelés; ~ **loudness (level)** *hang* (ekvivalens) hangosságszint; ~ **luminance** *opt* egyenértékű fénysűrűség; ~ **mapping** területtartó leképezés; ~ **mass** egyenértéktömeg; ~ **matrix** *mat* ekvivalens mátrix; ~ **metal content** egyenérték-fémtartalom; ~ **mud (cement) density** *ol* egyenértékű öblítési sűrűség; ~ **network(s)** ekvivalens/egyenértékű áramkör(ök); ~ **noise admittance** *hang* ekvivalens zajadmittancia; ~ **noise level** *hang* ekvivalens zajszint; ~ **noise resistance** *hang* egyenértékű/ekvivalens zajellenállás; ~ **number of teeth** *gép* egyenértékű fogszám; ~ **opening/orifice** *bány* egyenértékű/ekvivalens szelvény/nyílás; ~ **outlet** *gép* egyenértékű kifolyónyílás; ~ **paraboloid** *távk* egyenértékű paraboloid; ~ **particle diameter/size** *bány* egyenértékű szemcseátmérő; ~ **pipe diameter** *ol* egyenértékű csőátmérő; ~ **pipe length** *ol* egyenértékű csőhossz; ~ **position** *krist* ekvivalens helyzet; ~ **potential temperature** *met* ekvivalens potenciális hőmérséklet; ~ **projection** területtartó vetület/vetítés; ~ **radius of action** egyenértékű hatósugár; ~ **reactance** *el* egyenértékű reaktancia; ~ **resistance** *el* egyenértékű/helyettesítő ellenállás; ~ **roentgen/röntgen (ER)** röntgenegyenérték; ~ **rolling circle diameter** *gép* egyenértékű gördülőkörsugár; ~ **set** *mat* ekvivalens *v.* ugyanolyan számosságú halmaz; ~ **shaft horsepower** *rep* egyenértékű hajtómű-teljesítmény; ~ **sharp edged gusts** *rep* egyenértékű, hirtelen fellépő széllökések; ~ **sine wave** *el* egyenértékű szí-nuszhullám; ~ **sound absorption area/surface** *hang* egyenértékű elnyelési felület; ~ **steam** normálgőz; ~ **surface** *ép* egyenértékű térszín; ~ **system** *mech* helyettesítő lengőrendszer; ~ **thickness of protective layer** egyenértékű védőrétegvastagság; ~ **time constant** *aut* egyenértékű időállandó; ~ **valley area** → ~ area; ~ **value** egyenérték, ekvivalencia; ~ **veiling luminance** *opt* fátyolfénysűrűség; ~ **vertical gust speed** *rep* függőleges széllökés egyenértékű sebessége; ~ **weight** *vegy* egyenértéksúly, ekvivalens súly; ~ **width of mine** → ~ opening

equivalve *geol* egyenlő teknőjű

equivocal határozatlan, kétértelmű

equivocation információátviteli sebesség; *távk* megbízhatatlanság *(vett jel helyességéé)*

Er → erbium

ER → earth return; → electron recording tube; → emergency rescue; → emergency reservoir; → endurance ratio; → engine room; → equivalent roentgen; → evaporation rate; → external resistance; ~ **terminal** → enquiry-response terminal

era korszak, éra

eradiate kisugároz

eradiation kisugárzás

eradicable kiirtható

eradicate kiirt, kipusztít; gyökerestül kitép

eradication kiirtás, kipusztítás; kipusztulás

eradicator kipusztító, kiirtó *(személy/eszköz)*; gyomirtó *(szerszám)*

erasable *pa* radírozható; *szt* törölhető; ~ **and programmable read-only memory (EPROM)** *szt* törölhető és újraprogramozható ROM, EPROM; ~ **optical disk (EOD)** *szt* törölhető optikai lemez, EOD; ~ **paper** radírozható papír; ~ **programmable logic device (EPLD)** *szt* törölhető programozható logikai készülék, EPLD; ~ **PROM** *szt* EPROM, REPROM, törölhető PROM tároló; ~ **storage** *szt* törölhető memória/tárolás; törölhető tár

erase kitöröl, kivakar; *el, hang, vid* töröl; *ép* kiváj, kikapar; *szt* érvénytelenít; töröl, visszavon; ~ **amplifier** törlőerősítő *(magnetofon)*; ~ **character** *szt* korrekciós karakter; ~ **head** *hang, szt* törlőfej; ~ **prevention** *hang* törlészár *(magnetofon)*; ~ **signal** *hang* törlőjel, törlőimpulzus

eraser kitörlő, kivakaró *(személy, szerszám)*; radír, törlőgumi; törlőfej; ~ **switch** törlőkapcsoló

erasibility *pa* radírozhatóság

erasing *ép* (le)radírozás *(tapétáé)*; *szt* törlés, érvénytelenítés; ~ **ability** törölhetőség; ~ **circuit** törlő áramkör; ~ **current** törlőáram; ~ **key** törlőbillentyű; ~ **knife** *nyom* kaparókés, tisztítókés; ~ **magnetic head** (mágneses) törlőfej; ~ **preventing device** törlészár *(magnetofon)*; ~**-recording-reproducing head** univerzális fej *(magnetofon)*; ~ **speed** törlési sebesség
erasion törlés, érvénytelenítés; kitörlés, kivakarás
erasure *nyom* kivakarás, kihúzás; *szt* törlés, érvénytelenítés; ~ **attenuation** törlési csillapítás; ~ **channel** *szt* hibára utaló csatorna; ~ **sign** *nyom* törlési jel, deleátur; ~ **signal** *távk* törlőjel(zés)
erbia *vegy* erbium-oxid
erbian *ásv* erbiumtartalmú
erbium (Er) *vegy* erbium
ERBM → extended-range ballistic missile
ercinite *ásv* ercinit
Erdmann-bottom *koh* Erdmann-gerenda
erect I. *v* felegyenesít, felállít, felfelé állít; létesít, megteremt; *bány* ácsol, ácsolatot beépít; *ép* (fel)emel, (fel)épít, felhúz *(építményt)*; *gép* felállít, beszerel, összeállít, (össze)szerel; *opt* megfelelő helyzetbe visszafordít *(képet)*; **II.** *a* egyenes, közvetlen, direkt; álló, függőleges *(vonal)*; ~ **the falsework** *v ép* zsaluz; ~ **the head** *v gépk* tetőt felnyit; ~ **the perpendicular to a line in a point** *v mat* egy egyenesre egy pontban merőlegest állít/húz; ~ **the scaffold** *v ép* állványt/falazóállást felszerel
erecting *bány* ácsolás, ácsolat beépítése; ~ **bed** *gép* szerelőágy, szerelőhíd; ~ **bill** *ép* szerelési jegyzék; ~ **crane** szerelődaru; ~ **deck** *ép* szerelőállás, szerelőkosár; ~ **department** szerelde, szerelőműhely; ~ **engineer** → ~ machinist; ~ **eyepiece** *geol, csill* visszaállító *v.* álló egyenes képet adó okulár, képfordító szemlencse; ~ **floor** *gép* szerelőhíd, szerelőjárda; ~ **frame** szerelőállvány; ~ **ladder** tolólétra, kihúzós létra; ~ **lens** *opt* fordítólencse; ~ **machinist** gépfelállító szerelő; ~ **mast** szerelőárboc; ~ **of the image** (egyenes) kép visszaállítása/visszafordítása, képvisszafordítás; ~ **pontoon stage** úszó szerelőállvány; ~ **scaffold** szerelőállvány; ~ **shop** szerelőműhely, szerelőcsarnok; ~ **telescope** fordítós teleszkóp; ~ **welding** szerelőhegesztés; ~ **work** felépítés, konstrukció; szerelés; felállítás; ~ **yard** szerelőcsarnok, szerelőudvar
erection létesítés; felemelés; felállítás, összeállítás; felegyenesítés; *ép* szerelés, felállítás, felépítés; *finm* összeszerelés; *gép* felállítás, felszerelés, beszerelés; ~ **bay** *hidr* szerelőtér *(vízerőműben)*; ~ **by cantilever method** szabadszerelés *(hídé)*; ~ **by overhang** szerelés/építés függőállványról; ~ **chart** szerelési ábra; ~ **column** *ép* szerelési támasz/pillér; ~ **crane** szerelődaru; ~ **crew** *ép* szerelőbrigád; ~ **dip** *el* szerelési belógás; ~ **drawing** (helyszíni) szerelési rajz, összeállítási/felállítási rajz; ~ **joint** szerelési illesztés; ~ **mark** szerelési jelzés *(szerkezeti elemeken)*; ~ **of bridge** hídszerelés; ~ **of image** *opt* képmegfordítás; *tv* képvisszaállítás; ~ **on staging** szerelés állványokról; ~ **on the site** építéshelyi szerelés; ~ **reinforcement** *ép* szerelővasalás *(vasbeton)*; ~ **rig** *ép* hídszerelő berendezés; ~ **sequence** *ép* szerelési sorrend; ~ **shop** szerelőműhely, szerelőcsarnok; ~ **stage** *ép* szerelési stádium/fázis; ~ **strength** szerelési igénybevétel; ~ **with derrick without mast** beemelés árbocdaruval
erector szerelő/beállító lakatos; *bány* ácsolóvájár, tömedékelő vájár; *em* erektor; *ép* csőgyűrűemelő *(fúrópajzson)*; derrikdaru; *opt* visszaállító/visszafordító lencserendszer; ~ **grip** *ép* csőgyűrűemelő markolórésze; ~ **lens** visszafordító lencse
erf → error function
erg *mech* erg; ~**-second** erg-másodperc, erg-secundum
ergmeter ergométer
ergobasine *vegy* ergobázin
ergodic ergodikus; ~ **feature** *rendsz* ergodikus tulajdonság; ~ **hypothesis** *mech* ergodhipotézis, ergodikus hipotézis; ~ **property** ergodikus tulajdonság; ~ **system** ergodikus rendszer; ~ **theory** *mat* ergodelmélet, ergodikus elmélet
ergodicity *mat* ergodicitás
ergol *rak* ergol, rakéta-hajtóanyag
ergometer ergométer
ergometrine *vegy* ergometrin
ergometry ergometria
ergon *vegy* ergon, biokatalizátor
ergonomics ergonómia
ergonovine *vegy* ergonovin
ergosterin → ergosterol
ergosterol *vegy* ergoszterin
ergot *élip* anyarozs
ergotamine *vegy* ergotamin
ergotocine *vegy* ergometrin
ergotoxine *vegy* ergotoxin
Erichsen | cup-drawing test *heng, koh* Erichsen-vizsgálat, csészehúzó vizsgálat; ~ **(cupping) test** → ~ cup-drawing test; ~ **deep-drawing test** Erichsen-mélyhúzóvizsgálat, Erichsen-féle mélyhúzópróba; ~ **index** Erichsen-szám
Ericsson | cycle/process Ericsson-féle körfolyamat; ~ **selector** *távb* kulisszás választó(gép), Ericsson-kapcsológép
erinite *ásv* erinit
eriometer *tex* gyapjúvastagság-mérő
erionite *ásv* erionit
erioscope *tex* gyapjúvizsgáló műszer
eriscope *tv* szuperikonoszkóp
erkensator *pa* erkenzátor
erlang , Erlang unit *távb* erlang *(telefon-forgalomsűrűség egysége)*
Erlangen blue poroszkék, kínai kék/lazúr
Erlenmeyer flask Erlenmeyer-lombik, kúpos lombik
ERM → error recovery manager
ermine *bőr* hermelinprém, hölgymenyét
erode kimos, kiüregel, letarol; kimar, kirág; *geol* elmállaszt; lehord, erodál
eroded | bank *geol* omladékos/szakadó part; ~ **hearth bottom** elkopott kemencefenék
erodent erozív
erodibility *talt* eróziós hajlam, erodálhatóság; ~ **coefficient** *hidr* erodálhatósági tényező
erodible erodálódó
eroding of bank folyópart alámosása
EROS → earth resources observation satellite
erosion *bány* erózió, (víz)kimosás; *környvhidr, hidr* erózió, lemosódás; *önt* erózió, felrágás, elmosás *(öntvényhiba)*; *talt* alámosás, aláüregelés, kimosás, belső erózió; ~ **circus** *geol* eróziós eredetű völgy; ~ **control** *hidr* erózió elleni védekezés/védelem; ~ **corrosion** *koh* eróziós korrózió; ~ **jet drilling** *bány, ol* eró-

ziós rotarifúrás, eróziós fúrás; *ol* eróziós (rotari)fúrás; ~ **of a bank** *hidr* partleszakadás, parterózió; ~ **of soil** talajerózió; ~ **resistance** erózióállóság; ~ **resistant material** erózióálló anyag; ~ **rotary drilling** *bány, ol* eróziós rotarifúrás; ~**-scarred area** *geol* eróziófoltos terület; ~ **surface** *talt* eróziós felület/felszín
erosional | **gap** *geol* (meg)szakadás, diszkordinancia; eróziós üledékhézag; ~ **surface** *talt* eróziós felszín
erosive erozív; ~ **power** *hidr* eróziós erő
ERP → effective radiated power
errant block *geol* vándorkő
errata *pl nyom* sajtóhibák jegyzéke, (sajtó)hibajegyzék; ~ **slip** hibajegyzék *(kefelevonaton)*
erratic I. *a* bolygó, nyugtalan; rendetlen, akadozó, szabálytalan; egyenetlen, rendszertelen; ugrásszerű; *geol* vándor, bolyongó, erratikus; **II.** *n geol* vándorkő; ~ **arc** *heg* kóbor/nyugtalan/vándorló ív; ~ **block** *geol* vándorkő, erratikus gleccsermaradék; ~ **deposit** *geol* erratikus/vándortelepülésű üledék; ~ **firing** *gépk* rendellenes/rendszertelen gyújtás; ~ **orebody** erratikus/másodlagos érclelőhely, vándortelep; ~ **subsoil** egyenlőtlen altalaj
erratum *nyom* sajtóhiba
erroneous hibás, téves; kóborló, vándorló, tévelygő; szabálytalan, nem természetes; zavaros; ~ **bit** *szt* hibás bit; ~ **operation** hibás működés
error hiba, hiány, rendellenesség; *aut* szabályozási eltérés, eltérés, kitérés; ~**-actuated system** *aut* hibajellel vezérelt/működtetett rendszer; ~ **allowance** hibatűrés; megengedhető hiba; ~ **amplifier** hibajel-erősítő; ~ **analysis** *szt* hibaanalízis, hibaelemzés; hibaszámítás; ~ **band** *stat* hibasáv, hibatartomány; ~ **burst** *szt* hibacsomó; ~ **byte** *szt* hibajelző bájt; ~ **calculation** hibaszámítás; ~ **character** *szt* hibajelző karakter; ~ **check** *szt* hibaellenőrzés; ~**-checking code** *szt* hibaellenőrző kód; ~ **code (EC)** *szt* hibajelző kód/karakter, hibakód EC; ~ **coefficient** hibatényező; ~ **component** hibakomponens; ~ **control** hibaellenőrzés; *szt* hibakezelés; ~ **control equipment** hibavédelmi berendezés; ~ **control procedure** hibavédelmi eljárás; ~ **correcting** *szt* hibajavítás; ~**-correcting code (ECC)** *szt* hibajavító kód, ECC; ~**-correcting program** *szt* hibajavító program; ~**-correcting telegraph system** *távk* ARQ rendszerű hibajavítás; ~ **correction** *szt* hibajavítás; ~**-correction circuit** *aut* hibahelyesbítő/eltéréshelyesbítő kör; ~ **correction of the radio direction finder** rádió-iránymérő kiegyenlítése; ~**-corrector device** *el* szabályozó(elem); ~ **curve** *mat* hibaeloszlási görbe, Gauss-görbe, (normális) hibagörbe, haranggörbe; *metr* hitelesítési görbe; ~ **detecting** → ~ detection; ~**-detecting** *szt* hibaérzékelő; ~ **detecting and feedback system** *távk* ARQ rendszerű hibajavítás; ~**-detecting code** *szt* hibajelző/hibaészlelő kód; ~**-detecting routine** hibakereső program/rutin, diagnosztikai rutin; ~**-detecting system** hibajelző rendszer; ~**-detecting system with request for retransmission on detection of an error** információvisszacsatoló rendszer; ~ **detection** *szt* hibakeresés, hibajelzés, hibaészlelés, hibakiderítés, hibafelismerés; ~ **detection and correction** *szt* hibaészlelés és -javítás; ~ **detection system** hibakereső rendszer; ~ **detector** hibakereső, hibadetektor; ~ **distribution** hibaeloszlás; ~**-distribution curve** → ~ curve; ~ **distribution of traversing** *geol* hibaelosztás sokszögelésnél; ~ **due to frequency** frekvenciahiba; ~ **due to friction** súrlódási hiba, súrlódás okozta hiba; ~ **due to residual magnetism** remanens/viszamaradó mágnességből származó hiba; ~ **estimation** hibabecslés; ~ **formula** hibaképlet; ~**-free interval** *szt* hibamentes intervallum; ~ **function (erf)** *mat* (Gauss-féle) hibafüggvény, hibaintegrál; ~ **handle** *szt* hibakezelés; ~ **handling** *szt* hibakezelés; ~ **in action** kapcsolódási hiba *(fogaskeréknél)*; ~ **in bearing** iránymérési hiba; ~**-indicating circuit** *aut* hibaérzékelő/eltérésérzékelő kör; ~ **indication** hibaindikálás; *szt* hibajelzés, hibabejelentés; ~ **in equation** *stat* (regressziós) egyenlet hibája; ~ **in estimating** becslési hiba; ~ **in indication** *el* jelzési hiba *(mérőműszeré)*; ~ **in manufacture** gyártáshiba, előállítási hiba; ~ **in measurement** méréshiba, mérési hiba; ~ **in observation** megfigyelési/észlelési hiba; ~ **in scale division** (skála)osztáshiba; ~ **integral** → ~ function; ~ **limit** hibakorlát, hibahatár; ~ **log manager (ELM)** *szt* hibabejegyzés-kezelő program; ~ **margin** hibahatár; ~ **mean square** *stat* hibaszórásnégyzet, hibavariancia, közepes négyzetes hiba, hibanégyzetátlag; ~**-measuring element** *aut* hibamérő/eltérésmérő kör; ~ **message** *szt* hibaüzenet; ~ **of approximation** közelítési/approximációs hiba; ~ **of a simple observation** *stat* egyedi hiba; ~ **of calculations** számítási hiba; ~ **of centering/centring** excentricitáshiba; ~ **of closure** *geod* záróhiba; ~ **of collimation** *geod* irányvonal merőlegességi hibája; ~ **of construction** konstrukciós/szerkezeti hiba; ~ **of division** skála(be)osztási hiba, beosztási hiba; ~ **of division of the circle** körosztási hiba; ~ **of estimate/estimation** becslési hiba, becslésből eredő/adódó hiba; ~ **of formula** képlethiba; ~ **of graduation** → ~ of division; ~ **of measuring** mérési/érzékelési hiba; ~ **of measuring instrument** műszerhiba, mérőműszer hibája; ~ **of observation** megfigyelési/észlelési hiba; ~ **of pointing** beállítási hiba; ~ **of reading** leolvasási hiba; ~ **of rounding** kerekítési hiba; ~ **of sensing** érzékelési hiba; ~ **of setting-up** *geod* felállítási hiba; ~ **of sighting** *geod* irányzási hiba; ~ **of the first kind** *mat* elsőfajú hiba; ~ **of the first order** elsőrendű (mérési) hiba; ~ **of the mean** *stat* középérték hibája; ~ **of the second kind** *mat* másodfajú hiba; ~ **of torsion/twist** *geod* állvány elcsavarodásából származó hiba; ~ **percentage** hibaszázalék; ~ **printout** *szt* hibalista; ~ **probability** *stat* hibavalószínűség, hibaráta; ~ **processing/propagation** hibaátvitel; ~ **propagation theorem/law** hibaátviteli törvény, hibaterjedési tétel; ~ **protection system** hibavédelmi rendszer; ~ **range** *aut* zavarási tartomány; *szt* hibatartomány; ~ **rate** hibagyakoriság; *stat* hibavalószínűség, hibaráta, szignifikanciaszint, túllépési valószínűség; *távk* hibaarány; ~ **rate per comparison** *stat* összehasonlításonkénti szignifikanciaszint; ~ **recovery manager (ERM)** *szt* hibajavítást vezérlő program; ~**-sampled control system** *aut* mintavételes szabályozási rendszer a szabályozási eltérés mintavételezésével; ~ **scale** *finm* hibalépték; ~ **scatter** *rep* hibaszórás; ~**-sensing** hibaérzékelő; ~**-sensing device** *aut* hibaérzékelő/különbségképző/összehasonlító szerv, hibadiszkriminátor; ~ **series** hibasorozat; ~ **signal** hibajel, beavatkozójel; ~ **signal detection** hibajel-detektálás, hibajel-érzékelés; ~ **span** *szt* hibaterjedelem; ~ **sum of squares** *stat* hibák négyzetösz-

szege, hibanégyzetösszeg; ~ **synthesis** hibaszintézis; ~ **tape** *szt* hibaszalag; ~ **transfer function** hibaátviteli függvény; ~ **variance** hibaszórásnégyzet, hibavariancia, közepes négyzetes hiba, hibanégyzetátlag; ~ **voltage (EV)** *el* hibafeszültség

ERTS → earth resources technology satellite

erubescite *ásv* bornit *(tarka)*; *rád* detektorkristály

erucic acid *vegy* erukasav

eruginous copper *koh* patinás réz

erupt kitör *(vulkán)*

eruption *csill* erupció, napkitörés; *geol* erupció, vulkáni kitörés; ~ **on the Sun** napkitörés

eruptive *geol* eruptív, vulkanikus; ~ **centre/center** erupciós centrum; ~ **prominence** flare, erupció, napkitörés; ~ **rock/stone** *geol* eruptív/magmás kőzet

erythrene *vegy* butadién, eritrén

erythrite *ásv* eritrit, kobaltvirág

erythritol *vegy* eritrit, 1,2,3,4-butántetraol

erythro-configuration *vegy* eritro-konfiguráció

erythrodextrin *pa* oldódó keményítő

erythro-diisotactic polymer *műa* eritro-diizotaktikus polimer

erythrose *vegy* eritróz

erythrosiderite *ásv* eritroszíderit

erythrosin(e) *vegy* eritrozin *(színezék)*

Es → einsteinium

ES → earth station; → earth switch; → Edison screw; → Electrical Section; → electron spectrograph; → electrostatic; → engineer's stores; → engine-sized

ESA → European Space Agency

Esaki | **current** *félv* alagútáram, tunneláram; ~ **diode** alagútdióda, tunneldióda, Esaki-dióda

ESC → escape character

escalator mozgólépcső; ~ **tunnel** *bány* mozgólépcsős lejtősakna

escapage *hidr* csurgalékvíz; pótvíz, többletvíz; vízfeleslegek, túlfolyó vizek *(öntözésnél)*; ~ **discharge** megszökő vízhozam

escape I. *v* elszökik, kiszökik, megszökik, elillan, kiszabadul, elszabadul; kipárolog, elpárolog, elszáll *(gőz)*; elszivárog, kiszivárog, elfolyik, kifolyik, kiömlik; **II.** *n* kiszökés, elszökés, megszökés, elszabadulás, kiszabadulás, elillanás; elszivárgás, kiszivárgás, kifolyás, elfolyás, kiömlés; kipárolgás, elpárolgás; *szt* átkapcsolás, ESC; ~ **apparatus** *hajó* búvármentő; ~ **bore-hole** *ol* menekülő-fúrólyuk; ~ **character (ESC)** *szt* escape-karakter *(vezérlőkarakter)*; ~ **code** *szt* kódbővítő kód; ~ **detector** szivárgásvizsgáló, tömítésvizsgáló; ~ **energy** *mech* kilépési energia; ~ **gradient** kilépési gradiens; ~ **hatch** *hajó, űr* biztonsági kibúvólyuk/csapóajtó, vészkijárat; *kat* beszállónyílás *(harckocsin)*; ~ **hole** *önt* lefolyónyílás; ~ **key** *szt* escape-billentyű, váltóbillentyű; ~**-ladder** *ép* mentőlétra; ~ **line** *ol* menekülőkötél, mentőkötél; ~ **loss** *at* kilépési/szökési veszteség; *koh* kilángolási veszteség; ~ **of gas** *bány* gázkiválás; *ol* gázelszökés; ~ **of methane** *bány* metánszivárgás; ~ **of neutrons** *at* neutronkiszökés, neutronveszteség; ~ **outlet** *bány* vészkijáró, vészkijárat; *hidr* biztonsági leeresztő; ~ **path** *bány* menekülési útvonal; ~ **pipe** *hőt* kifúvócső, kipufogócső, lefúvatócső, elvezető cső *(biztonsági szelepé)*; ~ **roadway** *bány* menekülő vágat; ~ **route** *ép* menekülőút; *rep* menekülési útvonal; ~**s** *pl at* kiszökés *(neutroné)*; *ép* vészkijárati lépcső; *gép* tömítetlenség, rossz tömítés; *hidr* lebocsátó; leeresztőnyílás, leeresztőcsappantyú; pótvíz, többletvíz; túlfolyó- és leürítőcsatorna; *kat* menekülés; ~ **sequence** *szt* ESC-pel kezdődő jelsorozat; ~ **shaft** *bány* menekülőakna; ~ **slide** *ol* menekülőszánkó, mentőcsúszda; *rep* mentőcsúszda; ~ **sluice** *hidr* tehermentesítő zsilip; ~ **speed** → velocity; ~ **stairway** *bány* biztonsági járóosztály; ~ **steam** fáradt/kibocsátott/távozó gőz; ~ **system** *finm* járatrendszer; ~**(-)valve** biztonsági szelep; *gépk* kiömlőszelep, kipufogószelep; *hőt* kibocsátószelep, biztonsági szelep; *koh* lefúvatószelep; ~ **velocity (from Earth)** szökési sebesség, második sebesség; ~ **velocity from Galaxy** szökési sebesség a Tejútrendszer elhagyására, negyedik kozmikus sebesség; ~ **velocity from solar system** szökési sebesség a Naprendszer elhagyására, harmadik kozmikus sebesség; ~**-way** *bány* menekülőváj at, vészkijárat; ~**(-)wheel** *finm* gátkerék; *óra* gátlókerék

escaped water *hidr* csurgalékvíz; elszökött víz, vízelszökés

escapement *finm* gát(szerkezet), gátlószerkezet; *gép* gátlómű, szabályozó mechanizmus; *hőt* kifúvás *(gőzé rossz tömítés miatt)*; *írgép* írógép kocsimozgatását szabályozó szerkezet; *óra* gátlómű, szabályozó mechanizmus; járat *(óráé)*; ~ **coupling** *gép* gátlós tengelykapcsoló; ~ **file** négyzetes tűreszelő; ~ **mechanism** járatrész *(óráé)*; ~ **regulator** *finm* gátlásszabályozó; ~ **setting** elindítás *(óráé)*; ~ **wheel** kapcsolódob *(írógépen)*; *finm* gátkerék

escaping gas *ol* elszivárgó gáz

escarp *ép* rézsűz, lejtőz, lejtősen épít/rak; *hidr* partot (rézsűben) nyes

escarped wall rézsűtámfal

escarpment meredek lejtő; szakadék, szurdok; völgyteknő; *geol* meredek rézsűzés; sziklafal, sziklaorom; *hidr* partnyesés *(rézsűben)*; *talt* kibúvás *(rétegé, talajé)*

Eschka's reagent *vegy* Eschka-keverék

escort I. *v hajó, rep* fedezettel kísér; **II.** *n hajó* kíséret; ~ **fighter** kísérő vadászrepülőgép; ~ **substance** kísérőanyag; ~ **vessel (EV)** *kat* kísérőhajó, testvérhajó

escribed *mat* (kívülről) érintő, hozzáírt; ~ **angle** érintőszög, köréírt szög; ~ **circle** háromszöghöz (hozzáírt) kör, kívülről érintő kör

escutcheon címke, pajzs, címerlap; *ép* kulcslyukpajzs, kilincscím, zárfedő lemez, zárcím; *rád* skálakeret; ~ **cover** fityegő, kulcslyukfedő; ~ **plate** kilincscím

ESD → external symbol dictionary

ESDI → enhanced small disk interface

ESF → electrostatic focus(s)ing

esker, eskar *geol* glaciális eredetű homok

ESP → electrostatic precipitator

espagnolette | **(bolt/block)** *ép* (közép)rúdzár; forgórúdzár, ablakfordító rúdzár; ~ **rod** zárrúd

espalier *ép* léckerítés, lécrács

esparto pulp *pa* eszpartocellulóz

esplanade *ép* szabad térség, előtér *(palota előtt)*

ESR → electron spin resonance; → electroslag remelting/refining

ess kettős kampó, S-horog

ESS → electronic switching system

essay I. *v* kikutat, kivizsgál, megpróbál; **II.** *n any* minta, próba; *mat* elméleti kísérlet

essence *élip* tömény oldat, kivonat, eszencia; *vegy* eszencia; ~ **of bitter almonds** *vegy* szintetikus keserűmandula-olaj, benzaldehid; ~ **of mirbane** *vegy* mirbánolaj, nitro-benzol
essential lényeges, alapvető, fontos; *vegy* illó *(olaj)*; ~ **aerodrome information** *rep* lényeges repülőtéri információ; ~ **amino acid (EAA)** lényeges/nélkülözhetetlen aminósav; ~ **constant** *mat* lényeges állandó/paraméter; ~ **drive** *en* létfontosságú hajtás; ~ **elements** fontos elemek; ~ **fatty-acid** *élip* nélkülözhetetlen zsírsav; ~ **game** *mat* lényeges/alapvető játék; ~ **mineral** jellemző elegyrész; ~ **oil** illóolaj, éteres/éterikus/illatos olaj *(nem ásványolajtermék)*; ~ **parameter** *mat* lényeges paraméter; ~ **strategy** *rendsz* lényeges/alapvető stratégia; ~ **traffic** *rep* mérvadó forgalom; mérvadó légiforgalmi helyzet
essentially | **bounded function** lényegében korlátos függvény; ~ **convergent sequence** lényegében konvergens sorozat; ~ **different number** lényegesen különböző szám
essonite *ásv* hessonit, grosszulár
establish berendez, alapít; létrehoz, létesít; állandósít, megállapít; *ép* létrehoz, ráad *(feszítőerőt)*; *távb* felépít *(kapcsolást)*; *távk* telepít; ~ **a call** összeköttetést létrehoz; ~ **a connection** *távb* összeköttetést felépít; ~ **the face** *bány* frontot/munkahelyet előkészít
establishing permit *ép, hidr* létesítési engedély
establishment intézet, intézmény, állandó szervezet *(állami, üzleti)*; megalapítás, létesítés; üzem *(telep, gyár)*; *ép* létesítmény *(városépítés)*; ~ **charges** általános/üzemi költségek, rezsiköltségek; ~ **condition** *ép* létesítményállag; ~ **of safety/security** *koh* biztonsági létesítmény; ~ **of shade** *tex* színárnyalat meghatározása; ~ **of (the) equilibrium** egyensúly létrehozása/beállítása; ~ **of the port** *hajó* kikötőidő
estamin, estamene *tex* esztamin, gyapjú-pamut keverékszövet
estate földbirtok, ingatlan; *ép* építési terület; építkezés; gyártelep; lakótelep; település; ~ **agent** ingatlanügynök; ~ **brown crêpe** *gumi* nagyültetvényi barna kreppgumi; ~ **car** *gépk* kombi; ~ **layout** *ép* helyszínrajz, alaprajz, általános elrendezési terv; ~ **register** telekkönyv; ~ **rubber** ültetvénykaucsuk, ültetvényes ... tázsgumi
estegram *met* estegram
ester *vegy* észter; ~ **gum** gyantaészter, kolofóniumészter; ~ **interchange** átészteresítés; ~ **number** észterszám; ~ **resin** észtergyanta; ~ **value** észterszám
esterase *vegy* eszteráz
esterification *vegy* észteresítés, észterezés; ~ **reaction** *vegy* észterezési reakció
esterify észteresít, észterez
esterol *műa* alkidgyanta
esterpol *műa* polimerizációs termék
estimable function *mat* becsülhető függvény
estimate I. *v* (fel)becsül, kiszámít, értékel; előirányoz; **II.** *n* becslés, kiszámítás, számvetés, költségvetés, előirányzat; *fa* faállagbecslés; *stat* (egyedi) becslés, becsült érték; ~ **of costs** költségvetés, költségelőirányzat; ~ **of standing crop** *mzg* termésbecslés lábon
estimated | **average** becsült átlagérték; ~ **elapsed time** *rep* számított levegőben töltött idő; ~ **error** várt hiba; ~ **performance** *rep* számított teljesítmény; ~ **position (EP)** *hajó* útösszegezéses/útegyesítéses hely; ~ **time en route (ETE)** *rep* útvonalrepülés számított időtartama; ~ **time of arrival (ETA)** *rep* számított érkezési idő; ~ **time of departure (ETD)** *rep* számított indulási idő; ~ **time of flight (ETF)** *rep* számított repülési idő; ~ **time overhead (ETO)** *rep* számított átrepülési idő; ~ **value** becsült érték
estimating | **function** *mat* becslés, becslőfüggvény; ~ **of the root** gyökvonás; ~ **probability** *rendsz* szubjektív/induktív valószínűség
estimation becslés; becsült érték, értékelés; kiértékelés, feltevés; ~ **function** *mat* becslés, becslőfüggvény; ~ **of connate water** *ol* tapadóvíz-meghatározás; ~ **of distance** *geod* távbecslés; ~ **of error** hibabecslés; ~ **of missing values** *stat* hiányzó adatok becslése; ~ **of quality** minőség értékelése; ~ **of reserves** *bány, ol* készletbecslés; ~ **unit** *aut* kiértékelőegység
estimator becslő; ármegállapító; becsüs; *ép* kalkulátor; *mat* becslésfüggvény, becslőfüggvény
estrade kis dobogó, emelvény
estradiol *vegy* ösztradiol
estragole *vegy* esztragol, kavikol-metil-éter, p-allilanizol
estrich gypsum *ép* esztrichgipsz
estron *műa* cellulóz-észter-szálas műanyag; ~ **staple** cellulóz-észter-szál
estuarine deposition *geol* torkolati üledék
estuary *geol* torkolat; *hidr* tölcsértorkolat *(árapályos)*; ~ **cable** folyami kábel; ~ **sediment** *geol* torkolati üledék
ESU → electrostatic unit
Et → ethyl; ~ **alc** → ethyl alcohol
ET → Eastern time; → effective temperature; → evaporating temperature
eta éta; ~ **factor** *at* éta-tényező; ~**-meson** éta-mezon
ETA → estimated time of arrival
etalon etalon, standard, alapmérték; ~ **plate** etalonlemez; ~ **print** *finm* etalonkópia, etalonfilmmásolat
etamine *tex* etamin
ETAS → effective true air speed
ETB → end of transmission block character
etch marat; karcol, bevés, gravíroz; ~ **a block** *nyom* klisét marat; ~ **depth** maratási mélység; ~ **factor** maratási tényező; ~ **figure** *krist* maratási alakzat/ábra/idom(ok), maródási figura; ~ **hill** maratási domborulat; ~ **off** *nyom* lemarat; ~ **pattern** maratási/marási ábra/idom; maródási figura; ~ **pit** maratási mélyedés/gödör; ~ **pit distribution** maratási mélyedéseloszlás; ~**-polish** marató csiszolás; ~ **process** maratási folyamat; ~**-resist resin** *félv* fotoreziszt; ~ **wavering** *krist* maratási csillogás
etchant maratószer, maratóoldat
etched | **figure** → etch figure; ~ **glass** homályos/matt/maratott üveg; ~ **line** *finm* bemart vonal; ~ **plate** *nyom* maratott lemez; ~ **wire** *el* maratásos bekötés
etcher marató *(személy)*; rézkarcoló; *nyom* marató-(gép); ~**'s needle** *nyom* karcolótű, vésnöktű, sáber; ~**'s wax** vésnökparaffin
etching maratás; metszet, karc *(rajz)*, maratott karc; ~ **acid** *vegy* folysav, hidrogen-fluorid; ~ **agent** maratóanyag; ~ **basin** *nyom* maratókád, maratótál; ~ **embroidery** körvonal-hímzés, kontúrhímzés; ~ **figure** → etch figure; ~ **ink** *nyom* maratófesték; ~ **medium** maratóanyag, maratószer; ~ **method** maratási módszer; ~ **of grain** szemcsefelületi maratás; ~ **of**

grain boundaries szemcsehatár-marartás; ~ **pit** *ker* savazógödör, savazóakna; ~ **set-up** maratási berendezés; ~ **solution** maratóoldat; ~ **test** *vegy* maratási próba
ETD → estimated time of departure
ETE → estimated time en route
etendelle lószőrszövet *(olajsajtoláshoz)*
etesian *met* évi, időszakos, periodikus; ~ **climate** mediterrán/etéziás éghajlat
Etesians *met* etéziás szelek
ETF → engine test facility; → estimated time of flight
ethanal *vegy* etanal, acetaldehid
ethane *vegy* etán; ~ **charge** *ol* etántáp; ~ **cracking** etánkrakkolás, etán pirolízise; ~ **cracking furnace** etánkrakkoló kemence; ~ **feed-stock** *ol* etántáp
ethanedioate *vegy* oxalát
ethanedioic acid oxálsav, etándisav, sóskasav
ethanethiol *vegy* etántiol, etil-merkaptán
ethanoic acid *vegy* etánsav, ecetsav
ethanol *vegy* etanol, etil-alkohol, borszesz, (közönséges) alkohol; ~ **synthesis** etanolszintetizáló üzem; ~ **synthesis plant** etanolszintézis
ethanolamine *vegy* etanol-amin, kolamin
ethazate *gumi* etazát, celeron *(gyorsító)*
ethene *vegy* etén, etilén
ethenoid *vegy* etilénkötést tartalmazó, etilén-
ether *fiz* éter, fényéter; *vegy* éter; ~ **of cristallization** kristályéter; ~ **theory of light** fény éterelmélete, Fresnel fényelmélete/feltevése; ~ **watcher** *rád* figyelő/kereső vevőkészülék
ethereal | oil *vegy* éterikus/éteres olaj, éterolaj; ~ **salt** *vegy* észter
etheric *vegy* illó-, éter-
etherification *vegy* éterezés, éterképzés
etherify éterez
Ethernet *szt* Ethernet *(koaxiális kábelen megvalósított lokális hálózat)*
ethical drugs vényköteles *v.* csak orvosi receptre kapható gyógyszerek
ethine → ethyne
ethmolith *geol* etmolit, tölcsér alakú intruzív kőzet
ethoxy *vegy* etoxi-; ~ **radical** etoxigyök
ethoxyethane → ethyl ether
ethoxyl group etoxilcsoport
ethoxylation *vegy* etoxilezés
ethoxylene resin *műa* etoxilingyanta, epoxigyanta
ethyl (Et) *vegy* etil-; ~ **acetate** etil-acetát, ecetsav-etil-észter, ecetészter, ecetéter; ~ **aceto-acetate** etil-acetoacetát, acetecetsav-etil-észter; ~ **acrylate** etil-akrilát; ~ **alcohol (Et alc)** etil-alkohol, etanol, borszesz; ~ **aluminium dichloride** etil-aluminium-diklorid; ~ **amine** etil-amin, amino-etán; ~ **benzene** etil-benzol; ~ **butyrate** etil-butirát, vajsav-etil-észter; ~ **carbamate** etil-karbamát, uretán; ~ **cellulose (EC)** etil-cellulóz; ~ **chloride** etil-klorid, klór-etán; ~ **cyanide** etil-cianid, propionitril; ~ **diethylmalonate** dietil-malonsav-dietilészter, etil-dietil-malonát; ~ **ether** etil-éter, dietil-éter; ~ **fluid** etilfluid; ~ **fluoride** etil-fluorid; ~ **formate** etil-formiát, hangyasav-etil-észter; ~ **green** etilzöld; ~ **hydrosulphide/hydrosulfide** etil-merkaptán; ~ **iodide** etil-jodid, jód-etán; ~ **lactate** etil-laktát, tejsav-etil-észter; ~ **methacrylate** etil-metakrilát; ~ **nitrite** etil-nitrát, salétromsav-etil-észter; ~ **orthoformate** etil-ortoformiát, ortohangyasav-etil-észter; ~ **protocatechuic aldehyde** etil-vanillin; ~ **radical** etilgyök; ~ **silicate bonding liquid** *önt* etil-szilikát kötőfolyadék
ethylac *gumi* etilak *(gyorsító)*
ethylate I. *v* etilez, etilál, etilizál; **II.** *n ol* etilát, etilezett benzin
ethylation *vegy* etilezés
ethylene *vegy* etilén, etén; ~**-based chemicals** etilénalapú vegyi termékek; ~ **bond** alifás telítetlenség, kettőskötés; ~ **bromide** etilén-bromid, 1,2-dibróm-etán; ~ **carbonate** etilén-karbonát; ~ **chloride** etilén-klorid, 1,2-diklór-etán; ~ **chlorohydrin(e) (ECH)** etilén-klórhidrin, 2-klór-etanol; ~ **cyanohydrin** etilén-cianohidrid, hidrakrilsav-nitril; ~ **diamine** etilén-diamin, 1,2-diamino-etán; ~ **diamine tartrate (EDT)** *vegy* etilén-diamin-tartarát; ~ **diamine-tetra-acetic acid (EDTA)** etilén-diamin-tetraecetsav; ~ **dichloride** etilén-diklórid, 1,2-diklór-etán; ~ **glycol** etilén-glikol, glikol, 1,2-etándiol; ~ **glycol derivatives** etilénglikol-származékok; ~ **glycol dinitrate** etilén-glikol-dinitrát; ~ **glycol monoethyl ether** etilénglikol-monoetil-éter, etil-glikol; ~ **oxide** etilén-oxid, oxirán; ~ **production** etiléngyártás; ~**-propylene copolymer** *műa* etilén-propilén kopolimer; ~**-propylene rubber** *műa, gumi* etilén-propilén kaucsuk; ~ **radical** *vegy* etiléngyök; ~ **vinyl acetate (EVA)** *műa* etilén-vinil-acetát kopolimer
ethylenic *vegy* etilén-
ethylic *vegy* etil-; ~ **alcohol** → ethyl alcohol
ethylidene *vegy* etilidén; ~ **chloride** etilidén-klorid, 1,1-diklór-etán; ~ **radical** etilidéngyök
ethylmagnesium bromide etil-magnézium-bromid
ethylmercaptan etil-merkaptán, etántiol
ethylmorphine *gyógyv* etilmorfin
ethylsulphuric, *US* **ethylsulfuric acid** *vegy* etil-kénsav, etil-hidrogén-szulfát
ethylthiurad *gumi* etiltiurad *(gyorsító)*
ethyne *vegy* etin, acetilén
ethynilation etinilezés
ethynyl *vegy* etinil-; ~ **estradiol** etinil-ösztradiol; ~ **radical** etinilgyök; ~ **trichloride** triklór-etilén
ETO → estimated time overhead
ETS → engine test stand
Ettingshausen effect *fiz* Ettingshausen-jelenség
ettle I. *v* meghatároz, előkészít, tervez; **II.** *n* szándék, cél, alkalom; *bány* osztályozómeddő, meddő(hányó)
ettringit *ép* ettringit, cementbacillus
ETV → educational television
ETX → end of text character; → end of transmission
Eu → europium
eucairite *ásv* eukairit
eucalyptol(e) *vegy* eukaliptol, cineol
eucalyptus oil eukaliptuszolaj
euchlorine *vegy* euklorin
euchroite *ásv* eukroit
euclase *ásv* euklász
Euclidean euklideszi; ~ **geometry** euklideszi geometria; ~ **plane** számsík, aritmetikai sík; ~ **space** euklideszi tér
eucolite *ásv* eukolit
eucolloid *vegy* eukolloid, valódi kolloid
eucryptite *ásv* eukriptit
eudialite *ásv* eudialit
eudidymite *ásv* eudidimit

eudiometer eudiométer(cső), gázbüretta
eudiometry eudiometria, térfogatos gázelemzés
eudnophite *ásv* eudnofit
eugenol *vegy* eugenol, 4-allil-2-metoxi-fenol
euhedral *geol* idiomorf, automorf, zavartalan képződésű *(kristály, ásvány)*; ~ **crystal** idiomorf kristály
Euler|-Lagrange differential equation Euler-Lagrange-(differenciál)egyenlet, Euler(-féle) egyenlet; ~**-Lagrange multiplier** Euler-Lagrange-multiplikátor; ~**-Maclaurin formula** Euler-Maclaurin-féle összegképlet/összegezőformula; ~ **method** Euler-módszer; ~ **number** → ~'s number; ~**'s constant** *mat* Euler-féle állandó, Euler-állandó; ~**'s differential equations** Euler-féle differenciálegyenletek; ~**'s equation** *mech* Euler-féle (kinetikai) egyenlet, Euler-egyenlet; ~**'s formula** *mat* Euler-féle összefüggés *(exponenciális függvényre)*; Euler-képlet *(tetraéderre)*; Euler-tétel, Euler-féle poliédertétel; *mech* Euler-féle (kihajlási) képlet; ~**'s graph** Euler-gráf; ~**'s hydrostatical laws** *hidr* hidrosztatikai alapegyenletek; ~**'s integral** Euler-integrál, Euler-féle összegzési formula; ~**'s number** *fiz* Euler-szám, Euler-féle szám; ~**'s spiral** *mat* Euler-spirális, Cornu-spirális, klotoid; ~**'s theorem** *mat* Euler-tétel
Eulerian | angle *mat* Euler-féle szög, Euler-szög; ~ **axis** *ásv* Euler-féle tengely; ~ **coordinates** → ~ representation; ~ **correlation** Euler-féle korreláció; ~ **graph** Euler-gráf; ~ **representation** *hidr, met* Euler-reprezentáció, Euler-féle reprezentáció; ~ **wind** *met* Euler-féle szél
eulite *ásv* eulit
eulytine, eulytite *ásv* eulitin
eupelagic | belt/zone *geol* eupelágikus/mélytengeri öv; ~ **sediment** eupelágikus üledék
euphotic belt *geol* eufotikus öv
euralite *ásv* euralit
Eureka *el, koh* konstantánhuzal
eurhythmy *ép* ritmikusság, arányosság
Eurokom *szt* távkonferencia-rendszer *(az ESPRIT-program keretén belül)*
Euronet *szt* Euronet *(csomagkapcsolt hálózat)*
European európai; ~ **article number code (EAN code)** *szt* egységes európai vonalkód, EAN kód; ~ **Broadcasting Union (EBU)** *szt* Európai Műsorszóró Unió, EBU; ~ **common command language** *szt* közös keresőnyelv; ~ **Community (EC)** Európai Közösségek (EK); ~ **Computer Manufacturers' Association (ECMA)** *szt* Európai Számítógépgyártók Társasága, ECMA; ~ **Space Agency (ESA)** *szt* Európai Űrhivatal, ESA
europia *vegy* európia, európium-oxid
europian *koh, vegy* európium tartalmú
europium (Eu) *vegy* európium; ~ **compounds** európiumvegyületek; ~ **(III) compound** Eu(III)-vegyület
Eurovision Eurovízió; ~ **link** Eurovízió, eurovíziós lánc
eurybathic nagy mélységet eltűrő
euryhaline sok sót elbíró
eurythermic, eurythermous meleget jól bíró, hőingadozást tűrő
eusaprobic waters *hidr* euszaprobikus vizek
eustatic movements *geol* eusztatikus mozgások/ingadozások
eusynchite *ásv* descloizit

EUT → external upset tubing
eutectic I. *a koh, vegy* eutektikus; **II.** *n koh, vegy* eutektikum; ~ **alloy** *koh* eutektikus ötvözet; ~ **alloy system** *vegy* eutektikum; ~ **cell** *önt* eutektikus cella; ~ **composition** eutektikus összetétel; ~ **compound** *geol* eutektikus keverék; ~ **crystallization** eutektikus kristályosodás; ~ **grain** eutektikumszemcse; ~ **graphite** eutektikus grafit; ~ **mixture** eutektikus elegy; ~ **point** eutektikus pont; ~ **solidification** eutektikus kristályosodás; ~ **structure** *koh* eutektikus szövet; ~ **transformation** eutektikus átalakulás
eutectoid *koh* eutektoid; ~ **alloy** eutektoidos ötvözet; ~ **point** eutektoid pont; ~ **transformation** *koh* eutektoidos átalakulás
eutectoidal → eutectoid
eutexia *koh, vegy* eutexia, eutektikus elegy képződése
eutomous jól (láthatóan) rétegezett
eutrophic *hidr* eutróf, tápanyagban gazdag *(víz)*
eutrophication *hidr* eutrofizáció, eutrofizálódás
eutrophy *hidr* eutrófia
eutropic series *ásv* eutróp sorozat/sor
eutropy *vegy* eutrópia
EUV → extreme ultraviolet
euxenite *ásv* euxenit
eV → electron volt
EV → error voltage; → escort vessel; → exposure value
EVA → ethylen vinil acetat; → extravehicular activity
evacuate elszív, kiszív, légtelenít, kiszivattyúz; evakuál, kiürít, eltávolít
evacuated légüres; ~ **bellows** *pl finm* evakuált fémdoboz; ~ **bulb** *rád, el* légritkított ballon/bura, vákuumbura; ~ **chamber** légüres kamra; ~ **space** légüres tér, vákuum
evacuating *tex* viszkózlégtelenítés; *vák* leszívás, leszivattyúzás; ~ **equipment/plant** vákuumképző berendezés evakuálóberendezés; ~ **pump** vákuumszivattyú
evacuation kiürítés, kiszivárgás, evakuálás, leeresztés; eltávolítás; *élip* légtelenítés, víztelenítés *(csővezetéké)*; *vák* leszívás, kiürítés, evakuálás, ritkítás, leszivattyúzás; ~ **flap/valve** *gépk* kieresztő
evacuator (vákuum)szivattyú
evade kitér *(vm elől)*; kikerül, elkerül *(vmit)*
evaluate felbecsül; kiszámít, számol; (ki)értékel
evaluating method (ki)értékelő eljárás
evaluation (ki)értékelés, (adat)feldolgozás, elemzés; felbecsülés; kiszámítás, kalkuláció; *mat* kiértékelés, behelyettesítés; ~ **program** *szt* értékelési/értékelő program; ~ **unit** *aut* (ki)értékelőegység
evaluative database *szt* teljes szövegű adatbázis *(szakértői elemzéssel)*
evanesce eltűnik, elenyészik, elillan
evanescence eltűnés, elenyészés, elillanás; *hang* lecsengés
evanescent elenyésző, eltűnő, elillanó; ~ **mode** *el* eltűnő módus; *fiz* aperiodikusan lecsengő rezgési mód; csillapodó/csillapított módus; ~ **voltage** *el* eltűnő feszültség; ~ **wave** *fiz* csillapodó/csillapított hullám; ~ **waveguide** *el* eltűnő módusú tápvonal
evansite *ásv* evansit
evaporable elgőzölögtethető, elpárologtatható; ~ **getter** *félv* párologtatásos getter
evaporate (be)párol, (el)párologtat; elgőzöl, kigőzöl; elgőzölög, kigőzölög; kigőzölögtet, elgőzölögtet; ki-

párolog, elpárolog, elszáll *(gőz)*; elillan; *élip* (be)sűrít, evaporál; ~ **to dryness** elpárologtat, bepárol, besűrít; ~ **with fuming** szárazra párol, elfüstöl
evaporated | **film** párologtatott/felgőzölt réteg/film; ~ **milk** sűrített/kondenzált tej; tejpor; ~ **salt** bepárolt/főtt só
evaporating | **apparatus** (el)párologtatókészülék, evaporátor; bepárolókészülék, besűrítőkészülék; ~ **basin** → ~ dish; ~ **coefficient** párolgási együttható *(gőzé)*; ~ **dish** bepárlóedény, bepárlócsésze, lepárlócsésze; ~ **field** bepárlótartály *(tengervízhez)*; ~ **pan** párologtatókészülék, párologtatóserpenyő; *tex* párolóüst; ~ **pipe** fáradtgőz-levezető cső; ~ **pot** bepárlócsésze, bepárlóedény, bepárlóserpenyő; ~ **pressure** elpárolgási/elpárologtatási nyomás; ~ **temperature (ET)** elpárolgási hőmérséklet
evaporation elgőzölés, kigőzölés; elgőzölögtetés; elpárolgás, párolgás, elpárologtatás, bepárolás, evaporáció; elillanás; *élip* bepárlás, párolgás; *hidr* párolgás; *met* párolgás, evaporáció; ~ **capacity** *pa* elpárologtatási teljesítmény; ~**(-coated) cathode** párologtatott katód; ~ **coefficient** párolgási együttható; ~ **cooled power (transmitting) tube** párologtatásos hűtésű adócső; ~ **cooling** (el)párologtatásos/elgőzölögtetéses/elgőzölögtető hűtés; ~ **ga(u)ge** → ~ meter; ~ **getter pump** → ~ pump; ~ **heat** párolgáshő, párolgási hő; ~**-ion pump** párologtatásos iongetter-szivattyú; ~ **loss** párolgási veszteség; ~ **meter** evaporiméter, párolgásmérő (készülék); ~ **method** gőzölési módszer; ~ **nucleus** gőzölési góc; ~ **number** párolgási szám; ~ **of the nucleus** magpárolgás; ~ **pan** evaporiméter, párolgásmérő (készülék); *met* párolgásmérő kád; ~ **plant** elpárologtatókészülék; ~ **potential/power** párologtatóképesség; ~ **process** elgőzölögtető hűtés; ~ **pump** iongetter-szivattyú, párologtatásos getterszivattyú; ~ **rate (ER)** *vegy* párolgási/gőzölési sebesség; ~ **residue** bepárlási maradék; ~ **retardants/retarders** párolgáscsökkentők; ~ **station** párolgásmérő állomás; ~ **suppressants/suppressors** párolgásgátlók; ~ **tank** → ~ pan; ~ **water** *hidr* (el)párolgó víz; ~ **zone of in-situ combustion** *ol* párolgási zóna
evaporative elpárolgó; kigőzölgő, elgőzölgő; párologtató; ~ **air cooler** *ép* közvetlen léghűtő; ~ **capacity** párolgási kapacitás, párologtatókapacitás, elpárolgási képesség; ~ **centrifuge** elgőzölögtető centrifuga; ~ **coating** vákuumpárologtatás; ~ **condenser** evaporatív/elpárologtató kondenzátor; ~ **cooling** párologtatásos/elgőzölögtető/elpárologtató hűtés; ~ **efficiency** *hőt* elgőzölögtetési teljesítmény; ~ **power** *met* párologtatóerő, párologtatókapacitás, párolgási kapacitás, potenciális párolgás/párologtatás; ~ **surface cooler** *hőt* permetezett kondenzátor; ~ **test** *hőt* gőzfejlesztőképességi vizsgálat
evaporativity párolgási képesség, párologtatóképesség
evaporator bepárologtató, elpárologtató *(személy v. szerkezet)*, elgőzölögtető, evaporátor; *élip* evaporátor, elgőzölögtető, elpárologtató, (bepárló típusú) sűrítőberendezés; *pa* bepárló; *vák* párologtatóforrás; ~ **coil** elpárologtató csőkígyó; ~ **condenser** elgőzölögtető/bepárló kondenzátor; ~ **(getter) pump** → evaporation pump; ~ **station** párologtatóállomás, bepárló gépcsoport; ~ **supply tank** *cu* híglétartály; ~ **unit** elpárologtatókészülék
evaporigraph *met* párolgásíró, evaporigráf, atmográf
evaporimeter *met, vegy* párolgásmérő, evaporiméter, atmométer
evaporization *talt* (el)párolgás
evaporogram *met* evaporigram
evaporography evaporográfia, párolgástan
evaporometer → evaporimeter
evapotranspiration *hidr, met* evapotranspiráció, felszín és a növényzet együttes párologtatása
evapotranspirometer evapotranspirométer
evasee chimney *bány* diffúzor, porlasztó
evasion elkerülés, kitérés; ~ **surface** *geol* denudációs felszín
evasive action *rep* kitérő manőver
evection *csill* evekció; ~ **tide** evekciós árapály
even I. *v* (el)egyenget, (le)simít, egyenletessé tesz; kiegyenesít; kiegyenlít, egalizál; szintez, nivellál; **II.** *a* egyenletes, sík, sima, lapos, egyszintű; egyenlő; egyforma; kiegyenlített; *mat* páros (számú); *metr* egész, kerek; ~ **bearing** *gép* egyenletes felfekvés; ~ **bed of mortar** *ép* kiegyenlítőréteg, simítóhabarcs; ~**-duty bit** *bány* egyenletes élterhelésű fúrókorona; ~ **dyeing** egyenletes színezés; ~**-even nucleus** *at* páros-páros *v.* kétszer páros mag/nukleon; ~ **fracture** *any* egyenletes törés/töret; ~ **function** páros függvény; ~**-grained** egyenletes/egyenlő szemcséjű; ~**(-)harmonic** *hang* páros harmonikus; ~ **load** *mech* egyenletesen megoszló terhelés; ~ **number** páros szám; *nyom* páros lapszám/kolumnaszám; ~**-numbered** páros (számú); ~**-numbered page** → ~ page; ~**-odd nucleus** *at* páros-páratlan mag/nukleon; ~**-order combination frequency** páros rendű kombinációs frekvencia; ~ **order waveforms** *fiz* páros rendű hullámformák; ~ **out** *v* kiegyenget; ~ **page** *nyom* párosoldal, baloldal, hátoldal; ~ **parity** *szt* páros paritás; ~ **parity check** páros paritásellenőrzés; ~**-running lot** *tex* egynemű (bála)tétel; ~ **seam** egyenletes varrat; ~ **twill weave** négyfonalas kétszínoldalas sávoly; ~ **versus odds rule** *stat* páros-páratlan szabály; ~ **wear** *gép* egyenletes kopás; ~ **weld** egyenletes varrat
evener kiegyenlítő, egyengető *(személy, szerkezet)*; ~ **roller** *tex* kiegyenlítőhenger
evening civil twilight *rep* esti polgári szürkület
evenly | **distributed load** *mech* egyenlő/egyenletes terhelés; ~ **divided** egyenletesen osztott; ~ **divided scale** egyenletes osztású skála; ~ **dyed** *tex* egyenletesen színezett; ~**-graded aggregate** folyamatos szemszerkezetű adalékanyag; ~ **spaced energy levels** egyenletes eloszlású energiaszintek
evenness egyöntetűség; egyenletesség; laposság; (felszíni) simaság, síkfelületűség; szabályosság; *mat* párosság; ~ **tester** *tex* egyenletességmérő készülék
evennumberedness *mat* párosság
event eset, esemény; (véletlenszerű) jelenség; kimenetel, (vég)eredmény; *szt* esemény; ~ **control block (ECB)** *szt* eseményvezérlő blokk, ECB; ~ **flag** *szt* eseményjelző; ~ **horizon** *csill* eseményhorizont; ~ **space** eseménytér; ~ **variable** eseményváltozó
eventuality eshetőség
everflash *foto* örökvaku
everfrost *geol* állandóan/örökké fagyott talaj, permafroszt, pergeliszol
everglade mocsaras talaj; *geol* felláp
everite *ép* everit, azbesztcement
everlasting maradandó, tartós, örökké tartó, állóképes

ever-ready | **case** *foto* készenléti tok/táska; ~ **tower crane** *ép* gyorsszerelő toronydaru

eversafe atombiztos, atommentes

everywhere convergent sequence *mat* mindenütt konvergens sorozat

evidence evidencia, nyilvánvalóság, bizonyosság; kimutatás, igazolás, bizonyítás; *geof* információ, indikáció

evident evidens, nyilvánvaló; ~ **disconformity** *geol* látható diszkordancia

evil-smelling bűzös, rossz szagú

eviscerate *élip* kibelez, kizsigerel

evisceration *élip* (ki)zsigerelés

evoke életre hív, felidéz, kivált

evolute (curve) *mat* evoluta

evolution evolúció, fejlődés; kifejlődés, kialakulás; kibontakozás; mozgás *(gépalkatrészé)*; *geol* törzsfejlődés; *mat* görbe lefejtése; gyökvonás; *pa* elgázosítás; ~ **diagram** fejlődési diagram; ~ **equation** fejlődési/evolúciós egyenlet; ~ **of elements** nagy atomsúlyú elemek képződése kis atomsúlyú elemekből; ~ **of energy** energia felszabadulása; ~ **of gas** gázfejlődés; *bány* gázkiválás; ~ **of hydrogen** *heg* hidrogénképződés; ~ **of surface** *geol* felszínfejlődés

evolve kibocsát, fejleszt *(gázt, hőt)*; *mat* lefejt, kiterít

evolved gas fejlődő gáz

evolvent *mat* evolvens; ~**-generating angle** lefejtési szög *(evolvensé)*

EVR → electronic video recording

evulsion kiszaggatás, kitépés *(gyökerestől)*

EW → early warning; → electronic warfare

Ewald | **construction** *krist* Ewald-féle szerkesztés; ~ **sphere** *krist* Ewald-féle reflexiós gömb

EWC → early warning coverage

ewe anyajuh (bőre); ~ **hog** *tex* nyíratlan jerke

EWO → electrical and wireless operator

EWR → early warning radar

EWS → early warning station

exact egzakt, pontos, szabatos, precíz; ~ **approximation** pontos/egzakt közelítés/approximimáció; ~ **chi-squared test** *stat* Fisher-próba; ~ **closed set** *mat* zéróhalmaz; ~ **curve** *mat* tiszta görbe; ~ **differential** *mat* egzakt/teljes differenciál; ~ **division** *mat* maradék nélküli osztás; ~ **divisor** *mat* osztó, szám osztója; ~ **fit** pontos illesztés; ~ **length** szabatos hossz; ~ **sciences** egzakt tudományok; ~ **solution** egzakt/pontos megoldás; ~ **syntony** *rád* pontos behangolás; ~ **time** pontos idő

exacting szigorú, igényes; munkaigényes; ~ **control** szigorú ellenőrzés, alapos vizsgálat; ~ **tolerance** szűk tűrés, megkövetelt pontos mérettűrés

exactitude (hajszál)pontosság, precízség

exactness pontosság, szabatosság, precizitás; *mat* egzakt jelleg; ~ **of firing angle** *félv* gyújtásszög-szabatosság

exaltolide *vegy* exaltolid

exaltone *vegy* exaltone

examination megszemlélés, megvizsgálás, felülvizsgálás, ellenőrzés; felülvizsgálat; kivizsgálás; vizsgálat, ellenőrzés; vizsga; ~ **by authority** műtanrendőri bejárás; ~ **of cross-section** keresztszelvény-vizsgálat; ~ **of materials** *ép* anyagvizsgálat; ~ **of smoke** füstvizsgálat, füstelemzés; ~ **on the spot** helyszíni szemle; ~ **pit** *ép* vizsgálógödör, vizsgálóakna

examine kivizsgál, megvizsgál, felülvizsgál, ellenőriz, megszemlél

examiner kivizsgáló, megvizsgáló, felülvizsgáló *(személy v. berendezés)*; ellenőrző tisztviselő; *bány* gázvizsgáló, szellőzési felügyelő

exaration *geol* exaráció, glaciális erózió

excavate kiás, kiváj, kikotor, feltár; *bány* külszínen váj *(géppel)*; *ép* kiemel, kotróval kitermel

excavated | **cross-section** *bány* kitörési szelvény; ~ **material** *talt* kitermelt (föld)anyag; ~ **slide** *opt* bemélyedéses tárgyüveg; ~ **soil** kiemelt föld/talaj

excavating kotrás, merítés; *ép* ásás, szárazkotrás; ~ **above rail** *v.* **ground level,** ~ **against face/bank** magaskotrás, magasásás, hegybontás; ~ **and dredging machinery** kotró; ~ **below rail** *v.* **ground level** mélykotrás, mélyásás; ~ **bucket** kotróveder; ~ **cableway** kábeldaru markolóval; ~ **depth** *bány* külfejtés mélysége; ~ **factor** *bány* kotrási tényező; ~ **loader bucket** fejtőrakodó kanál; ~ **machine** fejtőgép; ~ **method** kotrási mód; ~ **plant** *bány* külfejtés; ~ **rear attachment** függesztett kotrószerelék; ~ **slice** *bány* kotrási szelet

excavation *bány* bányavágat, bánytérség; kitörés; külfejtés; *ép* (föld)kiemelés, kitermelés; árok, alapárok, munkagödör; ásás, kotrás, kiásott akna/gödör; fejtés *(alagúté)*; útbevágás; *geol* mederkimosás, kivájt üreg; *hidr* kotrás; ~ **blasting** *ép* munkagödör-robbantás; ~ **by shovel(s)** kanalas kotrás; ~ **cross-section** kiásott akna/gödör keresztmetszete; ~ **depth** ásási mélység; ~ **effect** *ol* exkavációs effektus; ~**-ledge** *ép* földlépcső, földkiemelés lépcsőzete; ~ **of coal** *bány* kiszenelés; ~ **of cutting** *ép* földkiemelés bevágásból; ~ **of full section** *talt* teljes szelvény kitörése; ~ **on land** (száraz)kotrás; ~ **protection** *ép* alapárok-biztosítás; ~ **slope** *ép* földkiemelési rézsű; ~ **subsidence** *bány* bányatérség/bányavágat süllyedése/ülepedése; ~ **support** bányavágat-biztosítás; ~ **work** *ép* földmunka, földkiemelés, földkitermelés

excavator bagger; kútásó, kútsüllyesztő *(munkás)*; kubikos; szárazkotró, exkavátor; hegybontó (kanalas) kotró; *ép* exkavátor, kotró, kotrógép, földkiemelő gép; ~ **belt** vonókötél, vonóveder *(exkavátoré)*; ~ **bucket** kotróedény, puttony; ~ **bucket capacity** puttonyűrtartalom; ~ **designs** kotrószerkezetek; ~ **digging above grade** *ép* hegybontó, magaskotró; ~ **digging below ground level** mélyásó, mélykotró; ~ **drive** kotróhajtás; ~ **for downward cutting** mélykotró; ~ **for upward cutting** magaskotró; ~ **grab** markoló, önkiürítő függőveder; ~**-loader** traktorkotró; ~ **mounted on truck** autókotró; ~**-rammer equipment/attachment** függesztett cölöpverőszerelék *(mechanikus kotróhoz)*; ~ **tooth** bontófog, bontóköröm; ~**-type shovel** *bány* lapátoló-rakodó gép, hegybontógép; ~ **wheel without buckets** cella nélküli marótárcsa; ~ **with crane attachment** kotródaru; ~ **with telescoping jib/boom** teleszkópgémes kotró; ~ **working attachment** kotrószerelék

exceed túllép; ~ **the norm** irányértéket túllép; ~ **the time** (előirányzott) időt túllép

exceeding probability *stat* túllépési valószínűség

excelsior fagyapot, faforgács; ~ **cutting-machine** faforgácsot előállító gyalugép, fagyapotgép; ~ **tissue** papírvatta

excenter → eccenter

exception kivétel; *szt* kizárás, elhagyás
exceptional kivételes; ~ **direction** kitüntetett/kivételezett irány; ~ **water level** *hidr* kivételes vízszint
excess I. *v vasút* pótdíjat szed/fizet; **II.** *n* többlet, felesleg, túllépés; *fa* méretráhagyás, túlméret, apadási ráhagyás; *geod* szögfelesleg; *stat* csúcsosság; ~ **acid** *koh* savfölösleg; ~ **activated sludge** *hidr* fölös iszap; ~ **air** levegőtöbblet; *hőt* légfelesleg, légjárulék; ~ **air ratio** *gépk* légfelesleg-tényező; ~ **and total meter** *el* csúcs- és teljesfogyasztás-mérő; ~ **area** tértöbblet; többletterület; ~ **baggage** *rep* fizetett poggyász; túlsúlyos poggyász, túlsúly; ~ **blast-furnace gas burner** *koh* torokgázfáklya; ~ **capacity** *rep* többlet-befogadóképesség; ~ **(charge) carriers** *félv* többlet-töltéshordozók, fölös töltéshordozók; ~ **conduction** *félv* elektronvezetés, n-típusú vezetés, többletvezetés; ~ **cross-section** *at* hatáskeresztmetszet-többlet; ~ **current** túláram; ~**-current release** túláramkioldó; ~ **cutting** *fa* túlhasználat, megengedettnél nagyobb fadöntés; ~ **electron** fölös elektron, többletelektron; ~ **electron holes** *félv* lyuktöbblet; ~ **energy** energiafelesleg, fölös energia; *gép* munkafelesleg; ~**-energy meter** *el* többletfogyasztás-mérő; ~ **entropy** többletentrópia, entrópiafelesleg; ~ **fare** *vasút* pótdíj; ~ **flow** túlfolyás; ~ **flow control** túlömlés-szabályozás; ~ **flow loss** túlfolyási veszteség; ~ **flow valve** túlfolyószelep; ~ **gas** *heg* gáztöbblet; *ol* gázfölösleg, hulladékgáz; ~ **gas burner** *koh* gyertya(szelep), fáklya; *ol* fáklya; ~ **gas flame** *heg* gázdús láng; ~ **growth of algae** *környv* algásodás; ~ **heat** hőfölösleg, hőtöbblet; ~ **height** faűrméret-ráhagyás; ~ **load** *mech* túlteher; túlterhelés; ~ **meter** *el* csúcsfogyasztásmérő; ~ **multiplication constant/factor** *at* többletsokszorozási tényező; ~ **noise technique** *aut* többletzaj-módszer; ~ **of air** légfölösleg; ~ **of heat** hőfölösleg, hőtöbblet; ~ **of ink** *nyom* festékfelesleg; ~ **of metal** *önt* fémmaradvány, sajtolási maradvány; ~ **of moisture** *tex* nedvességfelesleg; ~ **oxygen** *koh* oxigénfölösleg; ~ **oxygen flame** *heg* oxigéndús láng; ~ **power** többletteljesítmény; ~**-power meter** *el* csúcsszámláló; ~ **pressure** előírtnál nagyobb nyomás, túlnyomás; ~ **pressure of sound** hangtúlnyomás; ~ **pressure wind tunnel** túlnyomásos szélcsatorna; ~ **reactivity** többletreaktivitás, reaktivitásfölösleg; ~**-six code** *szt* hattöbbletes kód; ~ **sludge** *környv* fölösiszap; ~**(-)sound pressure** hangtúlnyomás; ~ **stress** többletfeszültség; ~ **surface waters** *hidr* belvíz; ~ **temperature** hőmérséklettúllépés, túlmeleg; ~**-three code** *szt* plusz-3-kód, háromtöbbletes kód, excess-3 kód; ~ **thrust** *rep* felesleges tolóerő; ~ **torque** többletnyomaték; ~ **value charges** *rep* értéktúllépési illeték/díj; ~ **voltage** *el* túlfeszültség; ~ **water** *hidr* belvíz; többletvíz, túlterhelés; *pa* friss víz, hígítóvíz; ~ **weight** többletsúly, súlytöbblet; *vasút* túlsúly
excessive túlságos, túlzott, túl-; ~ **cutting** *fa* irtás, rablógazdálkodás; ~ **heating** túlfűtés *(rádiócsőnél)*; ~ **load** túlterhelés; ~ **stock** *mt* túlzott ráhagyás; ~ **stress** *mech* túligénybevétel
exchange I. *v* (ki)cserél; **II.** *n* kicserélés, kicserélődés, csere; pénzváltás; *kat* (tűz)párbaj, kölcsönös csapások; *szt* átviteli utasítás; *távb* központ, helyi központ; ~ **acidity (EA)** *talt* kicserélődési savasság; ~ **area** *távk* csatlakozási terület, központkörzet, telefonközpont által kiszolgált terület; ~ **call** *távb* központi hívás/összeköttetés, fővonali beszélgetés; ~ **capacity (EC)** csereképesség; *műa, koh* ioncserélő kapacitás; *talt* kicserélődési kapacitás; ~ **chromatography** kicserélődéses kromatográfia; ~ **coefficient** *met* kicserélődési együttható; ~ **collision** *at* kicserélődéses ütközés; ~ **coupling** *vegy* kovalens kötés, atomkötés, atomos/homopoláris/unipoláris kötés; ~ **current** kicserélődési áram; ~ **degeneracy (EXD)** *at* kölcsönhatási elfajulás; ~ **effect** *fiz* kicserélődési jelenség; ~ **energy** *fiz* kicserélődési energia; ~ **force** *fiz* kicserélődési/kölcsönhatási erő; ~ **fraction** cserehányad, csereakcióban részt vevő hányad; ~ **integral** kicserélődési integrál; ~ **key** *távk* kérdőkulcs; ~**(-)line** *távb* fővonal, közvetlen központi vonal; ~ **line call** → ~ call; ~ **line switch** fővonali kapcsológép; ~ **of heat** *hőt* hőcsere; *met* hőforgalom; ~ **of ions** *fiz, vegy* ioncsere; ~ **of kinetic energy** *fiz* kinetikus energiacsere; ~ **of momentum** *fiz* impulzuscsere; ~ **phenomenon** kicserélődési jelenség; ~ **piece** tartalékalkatrész, pótalkatrész; ~ **reaction** *at* cserereakció; *vegy* cserebomlás; kicserélődési/ioncserélő reakció; ~ **with electronic control** elektronikus vezérlésű telefonközpont
exchangeable (ki)cserélhető, helyettesíthető; ~ **acidity** *talt* kicserélhető aciditás; ~ **disk pack** *szt* cserélhető mágneslemezcsomag; ~ **disk storage** *szt* cserélhető mágneslemezes tároló; ~ **ions** *vegy* kicserélhető ionok
exchanger hő(ki)cserélő (gép); *vegy* kicserélő, ioncserélő
exchanging csere, (ki)cserélés; *szt* címhelyettesítés, átcímezés
excimer → excited dimer
excipient *gyógyv* gyógyszerkészítmény-kötőanyag, vehiculum
excircle *mat* háromszöghöz (hozzá)írt kör, kivűlről érintő kör
excision levágás, kivágás, kimetszés
excitability *rád* begerjedési hajlam
excitant *el* elektrolit *(elemben)*; ~ **of luminescence** lumineszcenciagerjesztő
excitation aktiválás, stimulálás, élénkítés, ingerlés; *at, el* gerjesztés; ~ **and inhibition** gerjesztés és gátlás; ~ **anode** gerjesztőanód; ~ **band** gerjesztési sáv; ~ **centre/center** gerjesztési központ; ~ **circuit** gerjesztőkör, gerjesztő áramkör; ~ **coil** gerjesztőtekercs; ~ **control** gerjesztésszabályozás; ~ **curve** gerjesztési görbe; ~ **discharge resistance** *el* gerjesztéskisütő ellenállás; ~ **energy** *at* aktiválási energia *(elektronoknál)*; *el* gerjesztési energia; ~ **frequency** *el* gerjesztőfrekvencia; ~ **function** *el* gerjesztési függvény; ~ **level** *el* gerjesztési szint; gerjesztett nívó; ~ **loss** *el* gerjesztési veszteség; ~ **luminescence** *opt* gerjesztési/gerjesztett lumineszcencia; ~ **of a spectrum** *fiz* színkép gerjesztése; ~ **of oscillations** *fiz* rezgésgerjesztés, rezgéskeltés; ~ **potential** *el* gerjesztési potenciál; ~ **probability** gerjesztési valószínűség/gyakoriság; ~ **purity** *opt, tv* színtartalom; ~ **sate** *el* gerjesztett/gerjesztési állapot; ~ **system** gerjesztőrendszer; ~ **time of a fluorescent screen** *opt* gerjesztési idő; ~ **voltage** *el* gerjesztési feszültség, gerjesztőfeszültség
excite aktivál, stimulál, élénkít; *el, at* gerjeszt
excited *at, el* gerjesztett; ~ **atom** gerjesztett atom; ~**-atom density (of gas)** gerjesztettatom-sűrűség *(gázé)*;

~ **condition** → ~ state; ~ **dimer (excimer)** *vegy* excimer; ~ **laser medium** gerjesztett lézerközeg; ~ **level** *at* gerjesztési szint; ~ **nucleus** *at* gerjesztett mag; ~ **state** gerjesztett állapot
exciter *el* gerjesztőgép; *gyógyv* izgatószer, élénkítőszer; *rád, tv* aktív antenna; *távk* rezgéskeltő (generátor), oszcillátor, rezgésgerjesztő, gerjesztőmű; ~ **field regulator/rheostat** *el* gerjesztésszabályozó; ~ **lamp** *el, hang* hanglámpa; *film* hanglámpaizzó; ~ **lamp current rectifier** *el, hang* hanglámpa-egyenirányító; ~ **of oscillations** *el* rezgésgerjesztő, rezgéskeltő (generátor), oszcillátor; ~ **set** gerjesztőberendezés, gerjesztő gépcsoport; ~ **unit** *rád, tv* vezérlőegység; ~ **voltage** gerjesztési feszültség, gerjesztőfeszültség
exciting | agents *gyógyv* izgatószerek, élénkítőszerek; ~ **anode** *el* gerjesztőanód, gyújtóanód, segédanód; ~ **circuit** *el* gerjesztőkör; ~ **coil** *el* gerjesztőtekercs, mágnestekercs; ~ **current** gerjesztőáram, mágnesezőáram; ~ **dynamo** gerjesztőgép; ~ **loop** *rád* gerjesztőhurok; ~ **machine set** gerjesztő gépcsoport; ~ **probe** *rád* gerjesztőszonda; ~ **pulse** gerjesztőimpulzus; ~ **spark-gap** gerjesztő szikraköz; ~ **voltage** gerjesztési feszültség, gerjesztőfeszültség; ~ **winding** gerjesztőtekercselés
exciton *fiz* exciton, elektron-lyuk *v.* lyuk-elektron pár
excitron *el* excitron(cső)
exclamation mark *nyom* felkiáltójel
exclude eltávolít, kizár, kirekeszt; kihúz, töröl, áthúz *(írást)*
excluding events *stat* (páronként egymást) kizáró események
exclusion kizárás, kirekesztés; ~ **area** *fiz* tiltott/sugárveszélyes övezet/zóna/sáv/terület; ~ **filter** szelektív szűrő; ~ **of air** *bány* légelzárás; **with the** ~ **of air** légmentesen; ~ **of noise** zajkiszűrés; ~ **of water** *talt* vízkizárás *(fúrás)*; ~ **principle** *at* (Pauli-féle) kizárási/tilalmi elv; ~ **seal** védőtömítés
exclusive egymást kizáró; kizárólagos; ~ **disjunction** *mat* kizáró vagy, ekvivalencia negációja, (kizáró) diszfunkció; ~ **exchange line** *távb* fővonal, közvetlen központi vonal; ~**-NOR gate (EXNOR gate)** *szt* kizáró NEM-VAGY kapu; ~ **of bark** *fa* kéreg nélkül (mérve); ~**-OR gate (EXOR gate)** *szt* KIZÁRÓ-VAGY kapu, antivalenciakapu; ~ **OR (operation)** antivalencia, exkluzív/kizáró diszjunkció, kizáró VAGY-kapcsolat, KIZÁRÓ VAGY-művelet, antikoincidencia; ~ **prospecting area** *bány* zártkutatmány; ~ **segment** *szt* kizáró szegmens; ~ **set** *mat* exkluzív halmaz
excorticate lekérgez, lehéjaz, lenyúz
excortication kéreghántás, héjlehántás, bőrlenyúzás
excrement ürülék, fekália
excrescence (kóros) kinövés, duzzanat
excrescent *fa* rendellenesen nőtt, dudoros, bütykös
excreta házi szennyvíz; (emberi) ürülék
excrustation *bány* kivirágzás *(ércen, szénen)*, lerakódás *(szénen)*
excursion *fiz* kimozdulás, elmozdulás; kirezgés, kilengés; *metr* kitérés *(műszer mutatójáé)*; *rak* űrséta; *távk* kitérés, kilengés *(műszeré, mutatóé)*
EXD → exchange degeneracy
ex-directory number *távb* titkos (távbeszélő)szám

executable kivihető, végrehajtható; *szt* futtatható, végrehajtható; ~ **program** *szt* hívható program; ~**-statement** *szt* végrehajtható utasítás
execute elvégez, végrehajt; kivitelez, megvalósít; létesít, megteremt; teljesít *(feladatot)*; ~ **a program** *szt* programot lefuttat; ~ **cycle** *szt* végrehajtási ciklus; ~ **instruction** *szt* végrehajtási utasítás; ~ **phase** *szt* kivitelezési/végrehajtási fázis; ~ **statement** *szt* végrehajtási utasítás; ~ **step** *szt* végrehajtási lépés
execution kivitel, megvalósítás, végrehajtás, véghezvitel, teljesítés, kidolgozás; *aut* beavatkozás; ~ **of construction work** építéskivitelezés; ~ **of manoeuvre/maneuver** *rep* manőver végrehajtása; ~ **phase** *szt* kivitelezési fázis; ~ **plan** kivitelezési terv; ~ **states** *szt* végrehajtási állapotok; ~ **time** *szt* végrehajtási idő
executive I. *a* kivitelező, végrehajtó, adminisztratív; **II.** *n szt* felügyelőprogram, vezérprogram; ~ **aircraft** *rep* szolgálati szállító légijármű; ~ **debugging tool (XDT)** *szt* felügyelőprogram nyomkövetője, XDT; ~ **device** *aut* végrehajtó (szerv); ~ **offices** *pl* vezérigazgatóság, központ; ~ **program** *szt* monitor, monitor programrendszer, vezérprogram; ~ **routine** *szt* felügyelőprogram, főprogram, szervező/vezérlő program; működtető programrendszer; ~ **signal** *aut, koh* végrehajtó jel; ~ **system** *szt* feladatkezelő rendszer, executive, végrehajtó; felügyelőrendszer
Executive papíralak *(3 15/16"x2 1/2" névjegyhez)*
exemplary példás, mintaszerű
exemplification felvilágosító/magyarázó példa; hiteles másolat; bizonyítás hiteles iratmásolattal; *szt* bizonylat
exempt I. *v* mentesít; felment, felszabadít; **II.** *a* mentes, felmentett; ~ **from chlore** klórmentes
exemption felmentés, mentesség
exercise I. *v* gyakorol; kötelezettségét teljesíti; **II.** *n* gyakorlat, gyakorlás; *mat* gyakorlat, feladat; ~ **book** *pa* füzet, irka; ~ **book paper** tankönyvpapír; ~ **gallery** *bány* gyakorlótáró
exerciser *szt* tesztelő *(program)*
exergy *fiz* exergia
exert alkalmaz, használ; kifejt *(erőt)*, fáradozik; ~ **influence on** befolyást gyakorol vmre; ~ **into** beerőltet, erőltet; ~ **pressure** nyomást gyakorol, nyom
exertion alkalmazás, felhasználás; erőkifejtés, erőltetés, megfeszítés
exfiltration kiszivárgás; *hidr* exfiltráció
exfoliate lombtalanít; *ásv* hámlik, rétegesen leválik; rétegesen (le)hasít/leválaszt; rétegszétválás, lehámlás, (lemezes) lepattogzás; *bány* leveles leválás; *ép* leveles mállás *(betoné)*; *fa* lehánt *(kéregről)*; lepereg, lepattogzik, lehullik, lehámlik
exfoliation *geol* lepikkelyezés; rétegszétválás, másodlagos repedezettség *(kőzeté)*; ~ **corrosion** *koh* réteges korrózió
exhalation (ki)gőzölgés, (ki)párolgás; *geol* exhaláció
exhale kilehel, kibocsát *(gőzt, szagot)*; kigőzölög
exhaust I. *v* kivon, kiürít, kiszív; kiszivattyúz; elhasznál, felhasznál, kimerít *(erőforrásokat)*; kipufog; kiereszt, kiürít, kipufogtat; légtelenít; *bány* kiszivattyúz; leművel, lefejt; *el* kimerül *(szigetelő)*; *élip* kilúgoz; légtelenít; *gépk* kipufog; *hidr* felszív; kihúzat; *hőt* ritkít, kiereszt; **II.** *n* kiömlőnyílás; kipufogás; (ki)ürítés, leürítés, kiöntés, kibocsátás; *gép* kiömlőcső, leszívócső; *gépk* kipufogógáz; *hidr* kifúvatás;

hőt fáradt gőz; *koh* leszívás, elszívás; *vák* kipufogónyílás, kilépőnyílás; ~ **air** elmenő/távozó levegő; ~ **air fan** → ~ fan; ~ **alarm** kipufogó(gáz)-jelzőkürt; ~ **back pressure (EBP)** *hőt* kipufogó-ellennyomás; *rep* kiömlési ellennyomás; ~ **bend** *hőt* kipufogókönyök; ~ **blow-down** *gépk* kipufogás; ~ **blower** elszívóventilátor; ~ **box** *gépk* kipufogódob, hangtompító (dob); ~ **brake** *gépk* kipufogófék, kipufogózár; ~ **branch** *hidr* kiömlőcsonk, kipufogócsonk; ~ **cam** *gépk* kipufogószelepet mozgató bütyök, kipufogószelep-bütyök; ~ **case** *koh* elszívóburkolat; ~ **collector** *gépk, rep* kipufogó-gyűjtőcső; ~**-connecting branch** *gépk* kipufogócsonk; ~**-connecting stub** gőzkibocsátó csonk; ~ **cowl** → ~ box; ~ **cut-out** *gépk* hangtompító-kikapcsoló; ~ **cycle** *gépk* kipufogási ütem; ~ **detonation** *gépk* kopogás *(a kipufogócsőben)*; ~**-driven blower** *gépk* kipugógáz-kompresszor; ~**-driven supercharger** *gépk* (kipufogógáz-)turbófeltöltő, kipufogógáz-turbinával hajtott kompresszor; ~ **elbow** *hőt* kipufogókönyök; ~ **emission** *hőt* fáradtgőz-kibocsátás, fáradtgőz-kilövellés; ~ **fan** elszívószellőző, (el)szívóventilátor, elszívókészülék, exhausztor; ~ **fin** *gépk* kipufogócső-ellenző; ~ **flame damper** *rep* kifufogóláng-tompító; ~ **gas** *gépk* kipufogógáz; *hőt* fáradt/elhasznált gáz; *koh* kilépőgáz, füstgáz, kipufogógáz, hulladékgáz; *rep* kiömlő gáz; ~**-gas conduct** *gépk* kipufogócső; ~**-gas heating** *gépk* kipufogógáz-fűtés; *hőt* fáradtgázfűtés; ~**-gas piping** *gépk* kipufogócső; ~**-gas purification** kipufogógáz tisztítása; ~**-gas turbine** kipufogógázturbina, kipufogógázzal hajtott turbina; ~**-gas turbolower/turbo(super)charger** → ~ driven supercharger; ~**-gas utilization** fáradtgáz hasznosítása; ~**-gas velocity** *rep* kiömlő gáz sebessége; ~ **gear** *gépk* kipufogószelep-vezérlés; ~ **grill** *ép* elszívórács; ~ **head** *gépk* kipufogó-gyűjtőcső; ~**-heat boiler** fáradt gőzzel fűtött kazán; ~ **hood** elszívóernyő; *pa* páraelszívó bura; ~**-jacketed carburetter/carburet(t)or** *gépk* kipufogógázzal fűtött porlasztó; ~ **jet** *rep* kiömlő gázáramlás; ~ **lag** *gépk* kipufogáskésés; ~ **lap** *gép* kiömlési/belső fedés *(tolattyúé)*; ~ **lead** *gépk* kipufogószelep előnyitása; ~ **manifold** *gépk* kipufogó-gyűjtőcső, kipufogó(cső-)vezeték; ~ **manifold clamp** kipufogócső-bilincs; ~ **mantle** *koh* elszívóburkolat; ~ **muffler** *gépk* kipufogódob, hangtompító (dob); ~ **noil** *tex* fésűshulladék; ~ **noise** *rep* kiömlő gáz zaja; ~ **nozzle** *gépk* porlasztófúvóka; *rep* propulziós fúvóka, sugárcső; ~ **opener** *tex* szívó szerkezettel ellátott *v.* exhausztoros/pneumatikus bontógép; ~ **passage** *gépk* kipufogónyílás, kilépőnyílás; ~**(-)pipe** *gépk* kipufogócső *(alvázon)*; *hőt* kiömlőcső, levezetőcső, elvezetőcső; leszívócső, elszívócső; ~**-pipe nozzle** *vasút* fúvó *(gőzmozdonyon)*; ~ **port** kipufogónyílás, kilépőnyílás; ~ **pressure** kimenőnyomás, kilépőnyomás; *hidr* kiömlési nyomás, csonknyomás; ~ **pressure turbine** farokturbina, utánkapcsolt turbina; ~ **product(s)** *gépk* égéstermék; ~ **quarter bend** → ~ bend; ~ **retarder** → ~ brake; ~ **ring** kipufogócső-gyűrű *(motorkerékpárhengeren)*; ~ **ring duct** *önt* elszívógyűrű; ~ **rocker-arm** kipufogószelep-himba; ~ **schedule** kipufogás üteme; ~ **shaft** *ép* szellőzőakna; ~ **side** *gépk* kipufogóoldal; *vák* kimenőoldal, kieresztőoldal; ~ **silencer** *gépk* kipufogódob, hangtompító; ~ **steam** *hidr* kipufogógőz; *hőt* fáradt/használt/távozó gőz, munkát végzett gőz; ~**-steam boiler** *hőt* bepárlókazán, fáradt gőzzel fűtött kazán; ~**-steam injector** *vasút* fáradtgőzlövettyű; ~**-steam main** *hőt* fáradt gőz csővezetéke, kipufogócső; ~**-steam oil separation** fáradt gőz olajmentesítése; ~**-steam pipe** *hőt* gőzlebocsátó/gőzkipufogó/gőzelvezető cső; ~**-steam preheater** *vasút* fáradtgőz-előmelegítő; ~**-steam turbine** fáradtgőzturbina, fáradtgőzzel hajtott turbina; ~ **stroke** *gépk* kipufogás (üteme), kipufogólöket; ~ **system** elszívórendszer; ~ **tail pipe** → ~ pipe; ~ **the soil** *v* kizsákmányolja a talajt; ~ **thrust** *rep* tolóerő; ~ **tip** *vák* (szívócső)csúcs; ~ **to atmosphere** kifúvatás a levegőbe *(gőzé)*; ~ **trail** *met* kipufogási csík; ~ **trunking** *élip* szívócső, szívó csővezeték; ~ **tube** *gépk* kipufogócső; *vák* légtelenítőcső, leszívócső(csonk); szívócső *(izzólámpáé)*; ~ **tubulation** *vák* szívócső, szívó csővezeték; ~**-type supercharger** *rep* turbókompresszor; ~ **valve** *gépk* kipufogószelep; *koh* lefúvatószelep; ~**-valve box** *gépk* kipufogószelep-ház; ~**-valve lifter** kipufogószelep-emelő; ~**-valve rod** kipufogószelep-rúd; ~ **velocity** gázsugár kiömlési sebessége; ~ **ventilating system** elszívó szellőztetőberendezés; ~ **ventilation** *bány, ép* (el)szívószellőztetés, szívóventiláció, szívószellőzés, szívószellőztetés; ~ **ventilator** (el)szívóventilátor, elszívókészülék, exhausztor; ~ **way** *hidr* kifolyócsatorna

exhausted kimerült *(bánya)*; *talt* kimerült, kiuzsorázott; *tex* lefogyott; ~ **cell** *el* kisütött elem/cella *(akkumulátorban)*; ~ **cossette** *cu* pulp; ~ **fixage** *nyom* elhasznált rögzítőfürdő/fixíroldat; ~ **space** *fiz* légritkított tér; ~ **well** *ép* kimerült fúrás/szonda/akna; *ol* kimerült/kitermelt kút

exhauster elszívóberendezés; kipufogó(cső); (el)szívóventilátor, elszívószellőző, exhausztor; *pa* portalanító

exhaustible kimeríthető, elfogyasztható, elhasználható

exhausting I. *a* kimerítő; (el)szívó; kiszívó; **II.** *n vák* leszívás, (le)szivattyúzás; ~ **agent** *tex* színezékfelhúzást elősegítő szer; ~ **current** *bány* szívószellőztetés; ~ **fan** → exhaust fan; ~ **plant** *koh* elszívóberendezés

exhaustion elszívás, leszívás; kimerítés; kimerülés; kiszívás, kiszivattyúzás; kiürítés; kiürülés, elszegényedés; légritkítás; szívatás; *bány* kimerülés; kinyerés; *élip* légtelenítés, exhausztálás; *vegy* kimerítő extrahálás; ~ **layer** *félv* kiürült/elszegényedett határréteg; ~ **of accumulators** *el* akkumulátorok kimerülése

exhaustive kimerítő, teljes; ~ **methylation** teljes/kimerítő metilezés; ~ **search** *szt* teljes körű keresés

exhaustor → exhauster

exhibit kiállít, bemutat; *bány, geol* feltár

exhibition kiállítás, bemutatás, bemutató; ~ **building** kiállítási csarnok/épület; ~ **case** kirakat, vitrin

exhibitor kiállító; mozitulajdonos; *film* filmbemutató; *mat* exponens, hatványkitevő

exhume kiás

exigence kívánalom, szükség, szükséglet; sürgősség; szükséghelyzet, kényszerhelyzet

exigency → exigence

exinite *ásv* exinit

existence lét, létezés; ~ **in pairs** párosság; ~ **theorem** *mat* egzisztenciatétel

existent gum *ol* aktuális gyantatartalom, jelenlevő elpárologtatási maradék

existential quantifier *mat* egzisztenciális kvantor
exit kimenet, kijárat; *ép* kijárat *(autópályáról)*; *fiz* kiáramlás, emanáció; *hidr* torkolat *(vízi műtárgyé)*; *szt* kilépési pont; kimenet, output; ~ **air chimney** *ép* szellőzőakna; ~ **area** *hidr, rep* kilépőszelvény, kilépési szelvényterület; ~ **branch** *hidr* oldalkivezetés; ~ **cone** *fiz, rep* szélcsatorna kimeneti kúpja; *koh* kilépőnyílás *(húzógyűrűé)*; ~ **dose** *at* halálos/letális dózis; ~ **fix** *rep* kilépési pont; ~ **gas** távozó gáz; ~ **geometry** *rep* kilépőszelvény geometriai kialakítása; ~ **gradient** *hidr* kilépési gradiens/esés; ~ **guide** *heng* kivezető pálya; ~ **hatch** óvóhely-kibúvónyílás; *hajó, rep* menekülőajtó; ~ **loss** kilépési veszteség; *hidr* kiömlési/kifolyási veszteség; ~ **momentum** *rep* kiömlő gázok mozgásmennyisége; ~ **nozzle throat** *rep* sugárcsőtorok; ~ **opening** kijárat; kilépőnyílás; *ép* tetőkibúvó; ~ **pipe** kiömlőcső, lefolyócső, kifoly(at)ócső; ~ **point** kilépési pont/hely; *ép* kijárat *(autópályáról)*; *szt* kilépési pont, kilépés; ~ **point of runway** *rep* futópálya elhagyási pontja; ~ **pressure** *gép* távozó gőz nyomása; *rep* kilépő gáz nyomása; ~ **pupil** *opt* kilépési pupilla, kilépőpupilla, tárgylencse-fényrekesz; ~ **side** *heng, koh* kifutóoldal, kimeneti oldal; ~ **signal** *vasút* kijárati jelző; ~ **speed** *heng* kifutássebesség, kilépési sebesség; *rep* a futópályáról való legurulás sebessége; ~ **table** *heng* elszállító görgősor; ~ **taxiway** *rep* legurulóút; ~ **transition** *hidr* kifolyási/kilépési átmenet; ~ **velocity** *rep* kiömlő gáz sebessége
EXJAM → expendable communications jammer
EXNOR gate → exclusive-NOR gate
ex-nova *csill* exnova, posztnova
exoatmospheric control *aut, met* irányítás légkörön túli térben
exocellular enzyme *vegy* extracelluláris enzim
exocyclic *vegy* exociklusos, szemiciklusos; ~ **compound** exociklusos vegyületek
exoelectron *el* exoelektron, külső elektron
exoergic → exothermal
exogenetic *geol* exogén; ~ **rock** *geol* exogén kőzet
exogenic → exogenetic
exogenous exogén, külső eredetű; ~ **enclosure** *geol* xenolit, exogén (kőzet)zárvány; ~ **factors** *rendsz* exogén tényezők; ~ **fire** *bány* exogén tűz; ~ **inclusion** *koh* exogén zárvány; ~ **solidification** *koh* exogén kristályosodás; ~ **uranium ores** exogén uránércek; ~ **variable** *stat* exogén változó
exograph röntgenkép, röntgenfelvétel
exokinetic joints *geol* exokinetikai repedések
exomorphism *geol* exomorfizmus
exomorphosis *geol* exomorfózis
EXOR gate → exclusive-OR gate
exorbitant rendkívüli, mértéktelen
exosmose exozmózis
exosphere *met* exoszféra, külső légkör, kiszabadulási régió
exotherm *vegy* exoterm
exothermal *hőt* exoterm; hőfejlesztéssel kísért; hőleadó, exoterm(ikus); hőtermelő; ~ **heat** *hőt* exoterm hő; ~ **reaction** *hőt* exoterm reakció
exothermic hőtermelő; *hőt, vegy* exoterm(ikus), hőfejlődéssel járó; ~ **breaker core** *önt* exotermikus törőmag; ~ **heat** *hőt, vegy* exotermikus hő; ~ **process** exoterm folyamat; ~ **reaction** *hőt, vegy* exoterm reakció; ~ **sleeve** exotermikus betét
exotic I. *a* egzotikus; **II.** *n fa* tengerentúli eredetű faanyag, egzóta; ~ **space** *mat* egzotikus tér
expand (ki)tágul; (ki)tágít, (ki)nyújt; terjeszkedik; kiterjeszt, kibővít; *élip* puffaszt; *ép* terpeszt, kihúz, széthúz, habosít; *forg* feltágít, feldörzsöl; *heng* kiperemez, kitágít *(csövet)*; széthengerel; *mat* kifejt; *műa* habosít, habosodik; *tex* habosít, habossá tesz *(selymet)*, moaréz; ~ **in** behengerel *(csövet)*; ~ **in series** *mat* sorba fejt; ~ **the flange** karimát hengerel; ~ **the tube** csövet feltágít/kitágít, felhengerel *(nagyobb méretre)*
expandability *szt* bővíthetőség, kiterjeszthetőség
expandable | **beads** *pl műa* habosítható gyöngypolimer; ~ **gate** *szt* bővíthető kapu; ~ **gun/perforator** *ol* láncperforátor, füzérperforátor; ~ **plastics** *műa* habosítható műanyagok
expanded *el, rád* nyújtott *(skála)*; *ép* feszített; *mat* kifejtett *(sorba fejtett)*; ~ **butt girder** *ép* terpesztett tuskós tartó; ~ **clay** *ép* duzzasztott agyag; ~ **column head** *ép* gombafej *(pilléré)*; ~ **concrete** sejtbeton; ~ **cork** *ép* expandált parafa; ~ **edition** *nyom* bővített kiadás; ~ **joist** *ép* terpesztett gerenda; ~ **material** *ker* expandált/duzzasztott anyag; ~ **matter** *nyom* kihajtott szedés; ~ **memory manager (EMM)** *szt* memóriabővítés-kereső program, EMM; ~ **metal (fabric/lath)** *ép* streckmetál, (hasított-)terpesztett lemezháló/acélháló; ~ **metal plate** terpesztett fémlemez/lemezháló; ~ **mobility** *kat* fokozott mozgékonyság, terepjáró képesség; ~ **pe(a)rlite** *ker, ol* duzzasztott perlit; ~ **plastic film** habanyagréteg; ~ **plastics** *műa* műanyag habok; ~ **polyurethane** (kemény) poliuretánhab; ~ **pulp** *koh* expandált zagy; ~ **rubber** *gumi* habgumi, sejtgumi, szivacsgumi, szivacsos/expandált/pórusos (sejt)gumi; ~**-rubber plate** porózus gumitalplemez; ~ **scale** *metr* nagyított méretarány/lépték; *rád* nyújtott skála; ~ **scope** *tv* nagyított részkép; ~ **shale** duzzasztott agyagpala, vermikulit; ~ **slag** *koh* habsalak; ~**-slate aggregate** *ép* palaadalék könnyűbetonhoz; ~ **steel** *ép* terpesztett acélháló, terpesztett acéllemezsáv; ~ **type** *nyom* széles betűtípus
expander expander, feszítőszerkezet, tágító(szerkezet); *el* zsugorodásgátló szer *(akkumulátorlemezekhez)*; *gép* rugófeszítő; *gépk* dugattyúgyűrű-tágító; *gumi* abroncsformáló szerszám; hajtószer; *hőt* hűtőkészülék-nyomáscsökkentő, hűtőkészülék-szabályozó; *rád* hangosságnövelő; *szersz* lyuktágító/csőtágító szerszám; *szt* bővítő; *távk* (dinamika)expander; *tex* szövetteregető *(kikészítéshez)*; ~ **board** *szt* hosszabbítókártya; ~ **bolt** *gép* feszítő csapszeg; ~ **circuit** *el, szt* bővítő; ~ **cone** *gép* tokmánykúp, feszítőkúp; ~ **for drill pipe protectors** *ol* vezérgyűrű-felhúzó készülék; ~ **for pipes** csőtágító; ~ **roller** *tex* szélességfeszítő henger
expanding | **agent** *ker* habképző szer, habosítóanyag, habosítószer, duzzasztószer; *műa* hajtóanyag; ~ **arbor** *mt* táguló tüske; ~ **auger** *szersz* tágítható betétes fúró; ~**-band clutch** rugószalagos tengelykapcsoló; ~**-band pin** *ép* dilatációs hézagmérő ék; ~ **bed** *bány* vastagodó telep; ~**-block clutch** *gépk* Dohmen-Leblanc tengelykapcsoló; ~ **cement** *ép* duzzadócement; ~ **chuck** *forg* tágítható tokmány; ~ **clutch** *gépk* feszítőtuskós tengelykapcsoló; ~ **comb** *tex* szélességszabályozó fésű/borda; ~ **die** *szersz* csőtágító szerszám, tágítószerszám; ~ **drill** *szersz* állítható

fúró; ~ **drum** *tex* nyújtódob, nyújtóhenger; ~ **flue** *hőt* hullámos (falú) lángcső; ~ **mandrel** *forg* feszítőtüske, táguló/tágítható tüske; *ol* béléscsőtágító; ~ **mill** *heng* csőtágító (henger)sor; ~ **nozzle** *rep* diffúzor, porlasztó; ~ **plug** → expansion bolt; ~ **prop** *bány* változtatható/állítható tám; ~ **property** *műa* habzóképesség; ~ **pulley** változtatható átmérőjű szíjtárcsa; *gép* feszítőtárcsa, feszítőgörgő; ~ **raddle** *tex* expanziós fésű/borda; ~ **reamer** állítható (betétkéses) dörzsár; ~ **reed** → ~ comb; ~ **ring** tágítógyűrű; ~**-ring clutch** *gépk* feszítőgyűrűs tengelykapcsoló; ~ **roller** *gép* feszítőtárcsa, feszítőgörgő *(szíjhoz)*; ~ **spacer** *gép* állítható feszítőhüvely; *nyom* állítható térző *(monotype-hoz)*; ~**-spared method** *geof* növekvő elektródaköz/terítéshossz módszere; ~**-sprue system** *önt* táguló beömlőrendszer; ~ **test** *alak* tágítópróba, csőtágító próba, tágítóvizsgálat; ~ **universe** *csill* táguló világegyetem; ~**-wedge brake** *vasút* éksarus fék, feszítőékes fék

expanse kiterjedés, terület; nagy terület, térség

expansibility tágíthatóság, tágulóképesség; duzzadóképesség, duzzasztóképesség; *élip* nyújthatóság, tágíthatóság; *műa* habzóképesség; *talt* duzzadóképesség; *tex* nyújthatóság, tágíthatóság

expansible *any* tágítható; *tex* nyújtható, húzható, (húzással) alakítható

expansin *el* expanzin

expansion (ki)nyújtás; (ki)tágulás, terjeszkedés; terjedelem; (ki)tágítás, kiterjesztés; (ki)bővülés, kiterjedés; *alak* tágítás, öblösítés; *any* vastagodás *(nyomáskor)*; *bány* művelésfejlesztés; *el, rád* sávnyújtás; *élip* felfúvódás, puffadás; *ép* térfogatnövelés, habosítás; *fa* dagadás; *fiz* megnyúlás, dilatáció, kiterjedés, kitágulás, expanzió, térfogati tágulás; *geod* alapvonalfejlesztés; *gép* dilatáció, hőtágulás; *gépk* expanzió, terjeszkedés(i ütem); *hőt* expanzió; *ip* kibővítés *(üzemé)*; *mat* bővítés, tört bővítése; kifejtés, sorbafejtés; *műa* felhabosítás; *távb* expanzió; *távk* (meg)növelés *(hangerőé)*; *tex* gyűrűs szélfeszítő; *tv* kontrasztnövelés; ~ **anchor** *ép* feszítőcsap, feszítőék; ~ **and contraction** *ép* „dolgozás" *(betoné)*; ~ **area ratio** *rep* terjeszkedési arány; ~ **back** ugróhát *(könyvé)*; ~ **bearing** *ép* mozgósaru; ~ **bellows** *pl* táguláskiegyenlítő, kompenzátor *(csővezetékben)*; *fiz* nyomáskiegyenlítő; ~ **bit** változtatható átmérőjű fúró; ~ **bolt** *ép* csavarcsap, befeszülő hüvelyes csavar, terpesztőcsavar, terpesztett csavar; *gép* feszítő csapszeg; ~ **bracket** táguló csőkapcsoló; *ép* állítható tám; ~ **bus** *szt* bővítő sín; ~ **by heat** hőtágulás; ~ **card** *szt* bővítő kártya; ~ **chamber** expanziós tér *(szivattyú)*; *at* expanziós ködkamra, Wilson-kamra; *hidr* tározókamra; *met* tágítási kamra; ~ **chuck** *mt* tágítható tokmány; ~ **circuit-breaker** *el* expanziós megszakító, nyomógáz-megszakító; ~ **cloud chamber** expanziós/Wilson-féle ködkamra, Wilson-kamra; ~ **coefficient** *fiz* (hő)tágulási együttható; *mat* kifejtési együttható, soregyüttható; ~ **condensate** *ol* expanziós kondenzátum, folyadékkondenzátum; ~ **control** terjeszkedésszabályozás; ~ **cooling** expanziós/kiterjedéses/kitágulásos hűtés; ~ **cooling separator** *ol* expanziós hűtésű szeparátor; ~ **coupling** *gépk* kiegyenlítő/dilatációs tengelykapcsoló; ~ **crack** térfogati tágulás során keletkezett repedés; ~ **curve** *fiz* expanziógörbe, expanzióvonal *(indikátordiagramon)*; kiterjedési/térfogatnövekedési/expanziós görbe; ~ **cylinder** *hőt* terjeszkedőedény; ~ **drive** *ol* expanziós/térfogatos/kimerüléses termelés, kimerüléses/kiterjedéses kiszorítás; ~ **due to free lime** *ker* meszes duzzasztás; ~ **due to heat** hőkiterjedés; ~ **ellipsoid** *krist* kiterjedési ellipszoid; ~ **end** *ép* tartó mozgó szabad vége; ~ **engine** *hőt* expanziós gép; ~ **factor** *hidr* tágulási együttható; *stat* felszorzó tényező; *vegy* expanziós faktor; ~ **fit** *mt* táguló illesztés, illesztés mélyhűtéssel; ~ **fitting** *szer* csőkötés csőtágítással; ~ **flotation** *környv* expanziós flotálás; ~ **gap** *ép* dilatációs/tágulási hézag; ~ **gas refrigeration** *ol* expanziós gázelőkészítés; ~ **gear** *hőt* expanziós szabályozó; ~ **girder** *ép* mozgósarus *v.* mozgó alátámasztású tartó; ~ **in base n** *mat* n-es számrendszerben történő felírás; ~ **in powers of x** *mat* sorbafejtés x hatványai szerint; ~ **in(to) a series** *mat* sorba fejtés, végtelen sorba történő kifejtés; ~ **into partial fractions** *mat* parciális törtekre bontás; ~ **joint** dilatációs kapcsolat; dilatációs/tágulási hézag; *ép* pályadilatáció *(híd)*; táguláskiegyenlítő, csőkiegyenlítő, (cső)kompenzátor *(csővezetékben)*; ~**-joint pin** *el* sínkompenzátor; *ép* tágítható elem, toldóelem *(fémállványon)*; ~ **line** → ~ curve; ~ **link** *gép* expanziós kulissza; ~ **loop** *hőt* táguláskiegyenlítő csőhajlat, csőlíra; ~ **loss** *hidr* szelvénybővülési veszteség/ellenállás; ~ **machine** *hőt* expanziós gép; ~ **mandrel** *alak* tágítótüske; *forg* táguló tüske; ~ **of the filter layer** *hidr* szűrőréteg expanziója; ~ **of the plasma** *at* plazma kitágulása; ~ **of the universe** *csill* a világegyetem tágulása; ~ **orbit** *el* kifutási pálya; ~ **pad** *hőt* csúszótalp, dilatációs talp *(állókazáné)*; ~ **period** *gépk* expanziós/terjeszkedési ütem, munkaütem; ~ **piece** *ép* tágulási közdarab *(csővezetéken)*; ~ **pipe** *hőt* tágulási vezeték; ~ **pipe bellows** *pl ol* táguláskiegyenlítő, kompenzátor; ~ **pipe jacket** *ép* tágulási csőhüvely; ~ **pot** *el* tágulóedény; ~ **pulse** *hőt* expanzióimpulzus; ~ **pyrometer** *hőt* fémpirométer, bimetall/termoelemes pirométer; ~ **ratio** terjeszkedési arány *(gőzé)*; *fiz* expanziófok, expanziós viszony; ~ **rollers** *pl ép* mozgósarugörgő; ~ **roof tank** *ol* tágulótartály; ~ **separator** *ol* expanziós szeparátor, folyadékszeparátor; ~**-shell bolt** *bány* feszítőhüvelyes/tágulóhüvelyes kőzethorgony; *gép* terpesztett hüvelyű csavar; ~ **shoe** *ép* mozgósaru; ~ **sleeve** *ép* táguló csavarhüvely; ~ **slide-valve** *gép* expanziós tolattyú; ~ **slot** *ép, mech* dilatációs rés; ~ **steam engine** expanziós gőzgép; ~ **stroke** *gépk, rep* munkalöket, terjeszkedési löket, munkaütem, munkalöket; ~ **structure** *geol* kiterjedéses szerkezet; ~ **stuffing-box** *gép* tömszelencés csőkiegyenlítő; ~ **support** *ép* mozgó alátámasztás, mozgósaru; ~ **tank** *el* tágulóedény; *ép* tágulási tartály *(vízfűtési rendszerben)*; *fiz* térfogatkompenzátor; *koh* expanziós tartály; ~ **temperature controller** *ép* dilatációs rúd; ~ **theorem** *mat* kifejtési tétel; ~ **thermometer** *hőt* expanziós *v.* hőtáguláson alapuló hőmérő; ~ **tube jacket** *ép* tágulási csőhüvely; ~ **turbine** expanziós turbina; ~**-type circuit-breaker** *el* expanziós megszakító, nyomógáz-megszakító; ~**-type cloud chamber** → ~ cloud chamber; ~**-type separator** *ol* expanziós szeparátor; ~ **U-bend** *hőt* tágulólíra, lírakompenzátor; ~ **valve** *hűt* expanziós szelep; szabá-

lyozószelep *(hűtőgépé)*; **~-valve gear** *gépk* expanziós szelepvezérmű; **~ vessel** → **~ tank**; **~ wave** *fiz* expanziós/tágulási hullám
expansive expanzív, táguló (hajlamú), tágulásra kész; expanziós; **~ cement/concrete** *ép* duzzadócement, feszítőcement; **~ clay** *talt* duzzadó agyag; **~ force/power** *mech* tágítóerő, feszítőerő; **~ soil** *talt* duzzadó talaj
expansivity tágulóképesség, duzzaszthatóság
expectancy (value) *mat* várható érték
expectant ore reménybeli érckészlet
expectation várakozás; elvárás; várható érték; **~ value** *at* várakozási érték; *mech* várt érték; *stat* várható érték
expected | **approach time (EAT)** *rep* várható/számított bevezetési idő; **~ gain** *mat* várható nyereség *(játékelmélet)*; **~ level** *el* abszolút feszültségszint; **~ life** átlagos élettartam *(terméké)*; **~ loss** várható veszteség; **~ time of departure (ETD)** *rep* várható/számított indulási/felszállási idő; **~ value** *stat* matematikai valószínűség/remény; várható érték; **~ value function** *mat, stat* várhatóérték-függvény
expedor phase advancer *el* fázissiettető szinkronmotor szekunder körében
expel kilök, kihajt; kilövell, kibocsát; kiűz, leűz, kihajt, lehajt; **~ the air** légtelenít
expelled particle *at* kibocsátott részecske
expeller kiválasztó; *élip* csigaprés, csigás sajtó; **~ oil** *élip* csavarpréssel sajtolt olaj
expelling charge *kat* kihajtótöltet *(gránátban)*
expendable egyszeri felhasználású, fogyó; **~ communications jammer (EXJAM)** *kat* egyszeri felhasználású zavaróadó; **~ mo(u)ld** *önt* egyszeri/veszendő forma; **~ package/packing** *élip* eldobócsomagolás; **~ perforator** *bány* megsemmisülő perforátor; **~-retrievable gun** *bány* félig megsemmisülő perforátor; **~ rocket** nemvisszatérő/elpusztuló rakéta
expended | **bobbin** *tex* lefogyott cséve; **~ energy** *en* energiaveszteség; felhasznált energia
expenditure felhasználás, alkalmazás; *ip* ráfordítás(ok), költség(ek); **~ of energy** energiafelhasználás, energiafogyasztás; **~ of water** vízigény, vízszükséglet; **~ of work** munkaigény
experience tapasztalat; tapasztalás, gyakorlat; **~ curve** *szt* tapasztalati görbe; **~ gained in the operation** üzemi tapasztalat
experienced (be)gyakorlott, tanult, tapasztalt; kipróbált, bevált; **~ difficulties** gyakorlati nehézségek
experiment I. *v* kísérletezik, kísérletet végez/folytat; **II.** *n* kísérlet; kísérletezés; kipróbálás; **~ chamber** kísérleti kamra; *rep* szélcsatorna mérési szakasza; **~ on** *v* kísérletezik vmvel; kipróbál vmt; **~ series** kísérletsorozat; **~ with multiplicity** többszörös kísérlet
experimental kísérleti; tapasztalati, próba-; **~ aircraft** *rep* kísérleti légijármű; **~ arrangement** kísérlet elrendezése, kísérleti elrendezés; **~ atomic power plant** kísérleti atomerőmű; **~ boiling water reactor (EBWR)** *at* kísérleti forróvizes reactor; **~ boring** *talt* próbafúrás; **~ breeder reactor (EBR)** *at* kísérleti tenyésztőreaktor; **~ check** kísérleti ellenőrzés, ellenőrző kísérlet; **~ conditions** kísérleti körülmények; **~ design** kísérleti elrendezés; **~ error** kísérleti hiba; **~ fact** kísérleti/tapasztalati tény; **~ flight** *rep* próbarepülés; **~ gas-cooled ractor (EGCR)** *at* kísérleti gázhűtésű reaktor; **~ laboratory** kísérleti laboratórium; **~ loop** *at* kísérleti hurok; **~ mean pitch** *rep* közepes valódi emelkedés *(légcsavaré)*; **~ mine** kísérleti bánya; **~ model** kísérleti kisminta/modell; **~ mounting** kísérleti elrendezés; **~ physics** kísérleti fizika; **~ plant** kísérleti üzem/telep/berendezés; **~ reactor** *at* kísérleti reaktor, kutatóreaktor; **~ result** kísérleti/mérési eredmény; **~ section** *ép* kísérleti szakasz; **~ set-up** kísérleti elrendezés; **~ stage** kísérleti stádium/fázis; **~ station** kísérleti állomás; **~ techniques** *pl* kísérlettechnika; **~ value** kísérleti/tapasztalati érték; **~ weld** próbavarrat; **~ welding** próbahegesztés
experimentally kísérleti úton, kísérlet(ek) alapján, kísérletileg, kísérletképpen
experimentation kísérletezés; kipróbálás
experimenter kísérletező, experimentátor
experimentwise error rate *stat* kísérletenkénti szignifikanciaszint
expert I. *a* jártas, szakavatott, tapasztalt, szakértő, szakszerű, szakértői; **II.** *n* szakértő, szakember; **~ engineer** szakmérnök; **~ examination** szakértői vizsgálat; **~ fee** szakértői díj; **~ knowledge** szaktudás; **~ opinion** szakvélemény; szakértői vélemény/értékelés; **give an ~ opinion on** szakértői véleményt ad, szakvéleményt ad, véleményez; **~'s report** szakvélemény; szakértői jelentés/vélemény; **~ system** *szt* szakértői rendszer; **~ system shell** *szt* szakértői rendszerek fejlesztését segítő szoftver; **~ workman** szakmunkás; **~ workmanship** szakszerű kivitel
expertise szakértői értékelés/vélemény/véleményezés, szakvélemény
expertize szakértői véleményt ad, szakvéleményt ad, véleményez
expertness szaktudás, szakértelem
expiration lejárat *(határidőé)*; esedékesség; kigőzölgés; **~ date** *szt* törlési dátum
expire lejár *(határidő, érvényesség)*; kigőzölög, kipárolog
expiry lejárat *(határidőé)*; **~ date** lejárat napja
explain megmagyaráz, megvilágít, tisztáz
explained variance *mat* megmagyarázott variancia/szórásnégyzet
explanation magyarázat, értelmezés; **~ facility** *szt* magyarázó alrendszer
explanatory magyarázó, értelmező; **~ adequacy** adekvátság *(az értelmezést illetően)*; **~ model** magyarázó modell; **~ variable** okváltozó, hatóváltozó
explement *mat* 360 fokra kiegészítő szög
explementary angle → explement
expletive kitöltő; **~s** *pl ép* kitöltőkő, falkitöltő (kő)
explicit kifejezett; egyértelmű; *mat, szt* kifejtett, explicit; **~ address** kifejtett cím; **~ differential equation** explicit differenciálegyenlet; **~ form** explicit alak; **~ function** explicit függvény
explode (fel)robban, szétrobban; *bány* (fel)robbant; gyújt
exploded view perspektívikus bontott részábrázolás
exploder robbantó *(személy/gépezet)*; robbantóanyag, robbantózsinór, gyújtószerkezet; *bány* robbantógép, villamos szikragyújtó gép; robbantógyutacs; *kat* robbantógyújtó, gyújtógép
exploding | **cotton** *kat* lőgyapot, nitrocellulóz; **~ star** *csill* nova, újcsillag

exploit kiaknáz, hasznosít, kihasznál, kitermel; üzemel(tet)
exploitability *bány* kitermelhetőség; *fa* dönthetőség; kitermelhetőség; vághatóság, vágásérettség
exploitable *bány* kiaknázható, kiaknázásra alkalmas; *fa* kitermelésre érett, döntésérett, vágásérett, kivágható; ~ **reserve** *bány* kitermelhető készlet
exploitation kiaknázás, művelés, üzemelés; üzembentartás; *bány* lefejtés; *geod* fénykép-kiértékelés; *ip* értékesítés, gyakorlatba vétel, felhasználás *(szabadalomé)*; *ol* termelés, kitermelés; ~ **drilling** *ol* termelőfúrás, feltárófúrás, termelési fúrás; ~ **well** → ~ drilling
exploited *bány* művelt *(művelés alatt álló)*; ~ **area** *bány* lemművelt terület; ~ **water stratum** *hidr* kiélt vízréteg
exploration feltárás; *bány* felderítés; kutatás; *geol* feltárás, kutatás; *rep* felderítés; ~**-boring scheme** *talt* fúrási terv; ~ **flight** *geof* kutató/felmérő repülés *v.* repülési útvonal; ~ **for water** *bány* vízkutatás; ~ **geophysicist** gyakorlati/kutató geofizikus; ~ **geophysics** kutató geofizika; ~ **map** felderítő térkép *(még nem térképezett területről)*; ~ **of space** űrkutatás; ~ **seismologist** szeizmikus kutatómérnök; ~ **shaft** *talt* feltáróakna; ~ **work** *ol* kutatás, kutatómunka
exploratory | **adit** *bány* kutatótáró; ~ **bore-hole** *ol* kutatófúrás; ~ **boring/drilling** *ol* kutatófúrás; ~ **engineer** kutatómérnök; ~ **pit** *geol* kutatótáró; ~ **raise** *bány* kutatóereszke; ~ **shaft** *bány* kutatóakna; *geol* kutatógödör; ~ **survey** próbamegfigyelés; *geod* felderítő felmérés; ~ **tunnel** *geol* kutatótáró; ~ **well** *ol* kutatófúrás
explore felderít, feltár; kutat, feltár, kutatóaknát telepít; kutatást végez
explorer kutató; kutatóeszköz, kutatóműszer; *távk* vizsgálótekercs
exploring *tv* kép(fel)bontás, letapogatás; ~ **bore-hole** *ol* kutatófúrás *(fúrólyuk)*; ~ **brush** *távb* keresőkefe; ~ **coil** *geof* keresőtekercs, mérőtekercs; ~ **drift** *bány* kutatóvágat; ~ **loop** kémtekercs *(magnetofonon)*; ~ **opening** *bány* kutatóvágat; ~ **pit/shaft** kutatótáró, kutatóakna; ~ **spot** *bány* feltárási/kutatási hely; *távk* letapogató folt/pont
explosibility robbanékonyság, robbanóképesség; ~ **limit** *bány* robbanási határ
explosible robbanékony, (könnyen) robbanó; ~ **mixture** *gépk* éghető keverék, tüzelőanyag-levegő keverék
explosion (fel)robbanás, explozió, explodálás; szétrepedés; *geol* explózió, (vulkáni) kitörés; *stat* robbanás *(véletlen folyamaté)*; *vegy* explózió, (vulkáni) kitörés; ~ **bomb** *fiz* kaloriméterbomba; ~ **burette** eudiométercső, gázbüretta; ~ **chamber** *el* oltókamra, ívoltó kamra; *gépk* robbanótér, égéstér; ~ **cloud** robbanási felhő; ~ **dangerous concentration** robbanásveszélyes koncentráció; ~ **door** biztosítószelep, robbanási csapó *(tűztérben)*; *ol* robbanás hatására nyíló biztonsági szelep/ajtó; ~ **engine** belsőégésű motor; ~ **focus** robbanási hipocentrum; ~ **funnel** *bány* robbanási kráter/tölcsér; ~ **hazard** robbanási veszély; ~ **head** biztosítófej *(gázvezetéken)*; ~ **heat** robbanási hő; ~ **in silencer/muffler** *gépk* utóégés a hangtompító dobban; ~ **pressure** robbanási nyomás; ~ **products** *bány* robbantási termékek; ~ **projectile** *kat* robbanólövedék; ~**-proof (EP)** robbanás ellen védett/biztosított, robbanásbiztos; *bány* súlytólégbiztos; ~**-proof enclosed lift/elevator** robbanásveszélyes térben működő felvonó; ~**-proof explosive** *bány* sújtólégbiztos robbanóanyag; ~**-proof luminaire** *US* robbanásbiztos lámpatest; ~**-proof tank** *rep* robbanásbiztos tartály; ~**-proof type** robbanásbiztos kivitelű; ~ **ram** *ép* robbanó/robbanófejes cölöpverő; ~ **range** *ol* robbanási tartomány; ~ **risk** robbanásveszély, robbanási veszély; ~ **riveting** robbanásos szegecselés; ~ **stroke** *gépk* munkalöket, terjeszkedési löket; ~**-type core blower** *önt* maglövő gép; ~ **wave** robbanási hullám, explóziós nyomáshullám; ~ **welding** robbantásos hegesztés
explosive **I.** *a* robbanó, robbanékony, robbanóképes; **II.** *n* *bány* robbantóanyag, robbantózsinór, gyújtószerkezet; *vegy* robbanóanyag; ~ **action** robban(t)óhatás; ~ **agent** *bány* robbanóanyag, robbantóanyag; ~ **bomb** robbanóbomba; ~ **burning** *bány* robbanó égés; ~ **cartridge** *bány* robbanóanyag-töltény; ~ **chamber** *el* oltókamra, ívoltó kamra; *kat* robbanóanyag-fészek *(aknában)*; ~ **charge** *bány, kat* robbanótöltet; ~ **charge with primer** *bány* élesített töltet; ~ **compound** robbanóanyag, robbanóképes anyag; ~ **decompression** *rep* robbanási dekompresszió; ~ **distance** *el* szikraköz, átütési távolság; ~ **effect** robban(t)óhatás; ~ **fastener** *ép* szögbelövő készülék; ~ **fission** *at* hasadóanyag-robbanás, robbanóhasadás, nem vezérelt/ellenőrzött hasadás; ~ **force** robbantóerő, szakítóerő *(robbanóanyagé)*; ~ **forming** *koh* robbantásos alakítás; ~ **for underground mines** *bány* bányászati robbanóanyag; ~**-gas analyzer** robbanógáz-analizátor; ~ **gelatin(e)** *vegy* robbanózselatin; ~ **gold** durranóarany; ~**-head rivet** → ~ rivet; ~ **limit** robbanási tartomány; robbanóképességi határ; ~ **material** robbanóanyag; ~ **mixture** robbanásveszélyes keverék/elegy; *gépk* éghető keverék, tüzelőanyag-levegő keverék; *vegy* robbanóelegy; ~ **of high initiation sensitivity** *bány* fokozottan érzékeny robbanóanyag; ~ **of low initiation sensitivity** érzéketlen robbanóanyag; ~ **of normal initiation sensitivity** érzékeny robbanóanyag; ~ **oil** *vegy* robbanóolaj, nitroglicerin; ~ **packed in bags** ömlesztett robbanóanyag; ~ **packed in cartridges** töltényezett robbanóanyag; ~ **pattern** *geof* töltetalakzat, csoportos lövési alakzat; ~ **power** → ~ force; ~ **reaction** *at* robbanásszerű reakció, robbanás; ~ **rivet** *ép* robbanófejes szegecs, robbanószegecs; ~ **rock** *geol* szétomló kőzet; ~ **safe to handle** *bány* kezelésbiztos robbanóanyag; ~**s magazine** *bány* robban(t)óanyag-raktár, robbanóanyag-kamra; ~ **substance** robbanóanyag; ~ **vibration** *geol* robbanásos rengés; ~ **welding** robbantásos hegesztés
explosiveness robbanékonyság, robbanóképesség
expometer *foto* megvilágításmérő
exponent *mat* (hatvány)kitevő, exponens; *szt* kitevő; ~ **of a root** gyökkitevő; ~ **part** *szt* kitevőrész, decimális normáló tényező
exponential **I.** *a* *mat* exponenciális; **II.** *n* exponenciális függvény, exponenciális mennyiség; ~ **absorption** *at* exponenciális abszorpció; ~ **amplifier** *aut* exponenciális erősítő; ~ **atmosphere** *met* izotermikus légkör;

~ **channel** exponenciális csatorna; ~ **curve** exponenciális görbe; ~ **damping** *fiz* exponenciális csillapítás/csillapodás; ~ **decay** *fiz* exponenciális csillapodás/lecsengés/csökkenés; ~ **dependence** exponenciális függés; ~ **distribution** exponenciális eloszlás; ~ **equation** exponenciális egyenlet; ~ **experiment** *at* exponenciális kísérlet, kísérlet exponenciális méréseredményekkel; ~ **function** exponenciális függvény, exponenciális mennyiség; ~ **horn** *hang* exponenciális (hang)tölcsér; ~**-horn loudspeaker** hangszóró exponenciális tölcsérrel; ~ **lag** *szt* exponenciális/tárolós késleltetés; ~ **law** *mat* exponenciális (változási) törvény(szerűség); ~ **law of the nucleation rate** *ásv* gócképződés exponenciális törvénye; ~ **phase** *élip* növekedés, logaritmikus fázis *(mikrobaszaporodásban)*; ~ **pile** → ~ reactor; ~**-pile experiment** *at* exponenciális reaktorkísérlet; ~ **pulse** *el* exponenciálsi impulzus; ~ **reactor** *at* exponenciális reaktor; ~ **series** *mat* exponenciális sor; ~ **sweep generator** exponenciális kitérésű generátor; ~ **tail** *fiz* exponenciális zárószakasz; ~ **transmission line** *el* exponenciális tápvonal; ~ **tube/valve** *távk* exponenciális (jelleggörbéjű) cső; ~ **units** *aut* exponenciális (építő)elemek; ~ **valuation** *mat* kitevőértékelés; ~ **weir** *hidr* exponenciális bukó; ~ **well** *at* exponenciális potenciálárok/potenciálgödör

exponentially exponenciálisan; ~ **diffuse** exponenciálisan diffúz határ; ~ **increasing amplification** exponenciálisan növekvő erősítés

exponentiate *mat* hatványra emel; ~ **to the second power** négyzetre emel

exponentiation hatványra emelés

expose kitesz; leleplez, felfed, feltár; *at* besugároz; *bány, geol* kibúvik, felszínre bukkan; *foto* megvilágít, exponál; ~ **to light** fényhatásnak kitesz; ~ **to pressure** nyomás alá helyez; ~ **to radiation** besugároz, sugárzásnak kitesz; ~ **to the (open) air** *tex* szabad levegőre kitesz; ~ **to ultrasonic waves** ultrahanggal besugároz

exposed külszíni, kiugró; szabadon álló, védtelen, (veszélynek) kitett; *at* sugárzásnak kitett, sugárzás által ért; *bány* feltárt *(szénmező)*; *el* falon kívüli; védetlen; *ép* kiugró, kifelé forduló; *foto* megvilágított, exponált; ~**-aggregate concrete/finish** *ép* feltárt adalékanyagos látszóbeton, mosottbeton; ~ **cardan/drive shaft** *gépk* burkolatlan kardántengely; ~ **concrete** látszóbeton, építészeti beton; ~ **film** exponált film; ~ **insulation** *el* túlfeszültségveszélyes berendezés; ~ **slope** *hidr* esőoldal; ~ **surface** hatásnak/közegnek kitett felület; ~ **wire** *el* falon kívüli vezeték

exposition kifejtés, előadás, leírás, ismertetés, magyarázás; kitettség *(levegőnek, veszélynek stb.)*; kiállítás; kitétel, kirakás; *foto* megvilágítás, expozíció, exponálás; *met* expozíció; ~ **dose** *at* besugárzási dózis

exposure kitettség *(levegőnek, veszélynek stb.)*; behatás; *at* besugárzás; *el* megközelítés *(erős- és gyengeáramú vezetékek között)*; *fiz* megvilágítás; *foto* expozíció, megvilágítás; felvétel; *geol* rétegkibúvás; *met* megfigyelőházikó, megfigyelőállomás; *mzg* fekvés; ~ **chart** *foto* megvilágítási/expozíciós táblázat; ~ **counter** felvételszámláló *(fotogrammetriában)*; ~ **dose** *at* besugárzási dózis, sugárdózis, sugáradag, sugárterhelés; ~ **dosing device** *foto* megvilágításvezérlő (szerkezet); ~ **guide** *foto* megvilágítási táblázat; ~ **interval** felvételi időköz *(légi fényképezésnél)*; ~ **latitude** *foto* megvilágítási terjedelem; ~ **meter** *foto* megvilágításmérő, fénymérő; ~ **of instruments** *met* műszerek elhelyezése; ~ **of sun** *tex* fénytartósság-vizsgálat; ~ **period** *fiz* megvilágítási idő; ~ **rate** sugárterhelés; besugárzás erőssége; ~ **station** térbeli helyzet felvétel pillanatában *(légi fényképezésnél)*; ~ **table** *foto* megvilágítási/expozíciós táblázat; ~ **time** *at* besugárzási idő; *fiz, foto* expozíciós/megvilágítási idő; ~ **timer** megvilágítási időmérce; ~ **to air** *tex* levegőztetés (hatása); ~ **to cold** *tex* fagyállóságvizsgálat; ~ **to light** *foto* megvilágítás, expozíció, exponálás; ~ **to rays** besugárzás; sugárzási hatás; ~ **value (EV)** megvilágítási érték, fényérték

express I. *v* kifejez; *élip* (ki)sajtol, (ki)présel; **II.** *a* gyors, sürgős; *közl* gyors(járatú); **III.** *n vasút* gyorsvonat, expressz(vonat); ~ **analysis** *vegy* gyorselemzés; ~ **boiler** Velox kazán; ~ **dross cooling** *koh* melegsalak-feldolgozás; ~ **freighter** gyorsjáratú teherhajó; ~ **freight traffic** *vasút* gyorsáruszállítás; ~ **goods** *pl vasút* gyorsáru; ~ **highway** gyorsforgalmi út, autópálya; ~ **liner** gyorsjáratú postahajó; ~ **locomotive** gyorsvonati mozdony; ~ **numerically** *v* számokkal kifejez; ~ **parcels train** *vasút* gyorstehervonat; ~ **pump** gyorsjáratú szivattyú; ~ **train** *vasút* futárvonat; gyorsvonat, expressz(vonat)

expressed | **liquor** *tex* kifacsart folyadék; ~ **oil** kisajtolt olaj

expression *élip* kipréselés, (ki)sajtolás; *mat* kifejezés; *tex* kifacsarás *(százalékban)*; ~ **in an analytic form** *mat* zárt alakban való előállítás, zárt alak; ~ **in base n** *mat* n-es számrendszerben történő felírás; ~ **of oil** *élip* olajsajtolás; ~ **to be integrated** *mat* integrandus, integrálandó *v.* integráljel alatti függvény

expressway *US* autópálya

expropriation kisajátítás; ~ **of land** (építési) területkisajátítás

expulsion eltávolítás; kitaszítás; *el* kifúvatás *(ívkioltásnál)*; ~**-chamber** *el* oltókamra, ívoltó kamra; ~ **fuse** *el* kifúvóbiztosító; ~ **gap** *el* ívfúvó szikraköz; ~ **of water** vízelpárologtatás; ~**-type arrester** *el* oltócső

exquisite *tex* választékos

exsiccate (ki)szárít; (ki)szárad, elszárad

exsiccated alum égetett timsó

exsiccation (ki)szárítás, dehidrálás, exszikkáció, vízelvonás, kiszáradás

exsiccator szárítószekrény, exszikkátor

extend kifeszít, nyújt; kibővít; kiterjed, meghosszabbodik, növekedik; told; *bány, geol* fekszik, vonul *(csapásirányban)*; *gép* megtold, meghosszabbít; *gumi* hígít, szaporít, extendál; *távk* meghosszabbít; *tex* kinyújt, kiterít; ~ **a channel** *távk* csatornát továbbvezet

extendable (ki)nyújtható, tágítható, meghosszabbítható; ~ **landing gear** *rep* bevonható futómű

extended nyújtott, lapult; *gép* kiterített *(hossz)*; *gumi* extendált, szaporított; ~ **addressing** *szt* kiterjesztett címzés; ~ **antenna** meghosszabbított antenna; ~ **area service** *távb* helyi központ kiterjesztett körzete;

helyközi telefonszolgálat helyi díjszabással; ~-**bar rotor** mélyhornyú forgórész; ~ **binary-coded decimal interchange code (EBCDIC)** *szt* kibővített bináris kód decimális számok ábrázolására, EBCDIC; ~ **boss-type gear generator** *forg* harang alakú metszőkerék *(fogazáshoz)*; ~ **centre/center line** *rep* bevezetővonal; ~ **character set** *szt* kibővített karakterkészlet; ~ **charge** *bány* nyújtott töltés; ~ **complex plane** *mat* kibővített (komplex) számsík; ~ **cosmic shower** *at, met* kiterjesztett (légi)zápor; ~ **electron beam** széles elektronnyaláb; ~ **guard** *távb* késleltetett bontás; ~ **instruction set** *szt* kibővített utasításkészlet; ~ **linear continuum** *mat* kibővített számegyenes; ~ **nip** *pa* nyújtott présköz; ~ **plane** *mat* kibővített (komplex) számsík; ~ **plastics** *pl* zártcellás műanyaghab; ~-**play record** (45/perc fordulatszámú) mikrolemez, hosszanjátszó lemez; ~ **position** *vák* külső helyzet; ~-**range ballistic missile (ERBM)** nagy hatótávolságú (ballisztikus) rakéta; ~ **real number system**, ~ **real numbers**, ~ **reals** *pl mat* kibővített számegyenes; ~ **side** *geod* fejlesztett oldal/alapvonal; ~ **source** terjedelmes fényforrás; *at* széles *v.* nagy terjedelmű sugárzó; ~ **storage** *szt* járulékos tár; ~ **surface cooler** bordáscsöves hűtő; ~ **surface economizer** bordáscsöves tápvízmelegítő; ~ **system** *hőt* (ki)bővített/kiterjesztett rendszer; ~ **target** kiterjesztett cél; ~ **tube** kiöblösített cső; *el* szabályozócső, változó meredekségű cső; ~ **type** *nyom* széles betűtípus, extended; ~ **weave** *tex* levezetett kötés

extender töltőanyag *(festékben)*; *foto* telekonverter; *geod* földbecslő; *gumi, műa* szaporítóanyag, extender; *önt* töltőanyag; *rád* antennameghosszabbító

extendible → extendable

extensibility nyúlékonyság, nyújthatóság; tágíthatóság, kiterjeszthetőség; *gumi, műa* extendálhatóság, szaporíthatóság; *tex* nyúlás, nyújthatóság

extensible nyújtható, húzható, (húzással) alakítható; tágítható; ~ **antenna** kihúzható antenna; ~ **bar** *bány* süvegtoldat; ~ **camera** kihuzatos fényképezőgép; ~ **erecting ladder** *rep* szerelő tolólétra/kihúzóslétra; ~ **hood** *ép* szabályozható pajzsellenző *(alagútfúráshoz)*; ~ **paper** *pa* nagy nyúlású papír; ~ **prop** állítható/kihúzható tám; ~ **trough** hosszabbítható szállítócsúszda

extension toldat, nyúlvány, kiálló rész/vég; kiterjedés, terjedelem; kifeszítés, nyújtás; kiterjesztés, növelés, meghosszabbítás, megnagyobbítás, bővítés; *em* segédgém; *ép* hozzáépítés, (épület)toldalék; *fiz* (meg)nyúlás, dilatáció, kiterjedés, (ki)tágulás, extenzió; *foto* kihuzat; *gép* csőtoldat, csővég; elágazó csőidom; *mat* bővítés; kiterjesztés, folytatás; *mech* nyúlás; *szt* bővítés, kiterjesztés; *távb* alállomás, mellékállomás, mellék; *tex* kinyújtás; ~ **arm** *gép* hosszabító, toldat, nyúlvány; megfogókészüélk, kar *(robotё)*; ~ **at break** szakadási nyúlás; ~ **bar** hosszabbítórúd; ~ **bell** *távb* mellékcsengő; ~ **bellows attachment** *foto* kihuzatbeállító készülék; ~ **board** *távb* mellékállomási kapcsolótábla/kapcsolóasztal; ~ **bolt** *ép* felső/alsó tolóretesz *(kétszárnyú ajtón)*; ~ **cable** *el* hosszabbító(zsinór); ~ **clamp** *ép* tolóbilincs; ~ **compensating member** táguláskiegyenlítő, hőtágulás-kiegyenlítő; ~ **cord** *el* hosszabbító(zsinór); ~ **crack** *any* tágulási repedés; ~ **device** *el* adapter, átalakító; ~ **divider** (hosszabbító)betétes körző, mérőkörző; ~ **drive shaft** *rep* meghosszabított hajtótengely; ~ **fitting** széthúzható/teleszkopikus cső; ~ **flap** *rep* felületnövelő fékszárny, Flower-fékszárny; ~ **flex** *el* hosszabbító(zsinór); ~ **ladder** tolólétra, kihúzóslétra; ~ **lapping** *ép* toldó lapolás; ~ **lathe** *mt* széthúzható ágyas eszterga; ~ **lead** *el* hosszabbító(zsinór); ~ **leads** *pl ép* cölöpverő meghosszabbítható vezetéke; ~ **light** kézilámpa, szerelőlámpa; ~ **line** *gép* méretsegédvonal *(rajzon)*; *távb* helyi/házi vonal; ~ **loudspeaker** külső hangszóró; ~ **memory** *szt* külső tároló; ~ **nipple** *ol* toldócső; ~ **of the base** *geod* alapvonalfejlesztés; ~ **of the depression-cone** talajvízszintsüllyesztés hatótávolsága; ~ **of the foundation** *ép* alapkiszélesítés; ~ **of time for completion** (építési) határidőmeghosszabbítás; ~ **piece** toldat(darab); ~ **pipe** hosszabbítócső; ~ **rim** *mzg* keréktalp-szélesítő karima; ~ **shaft** meghosszabbított hajtótengely; ~ **shoe** toldott saru; ~ **speaker** külső hangszóró; ~ **spring** húzórugó; ~ **station** *távb* alállomás, (telefon-)mellékállomás; ~ **subscriber** *távb* mellékállomás-előfizető; ~ **table** kihúzható asztal; ~ **tube** kihúzható lencsefoglalat/tubus *(mikrószkópon)*; *foto* gyújtótávnövelő előtét; ~-**type** kihúzható, teleszkópos; ~ **wave** terjedési hullám; ~ **wires** *pl aut* kompenzációs vezeték(ek); ~ **zone** *bány* húzott zóna

extensionality *mat* extenzionalitás

extensional | **oscillation/vibration** *fiz* longitudinális rezgés; ~ **set** *mat* extenzionális halmaz; ~ **wave** *fiz* ritkulási hullám

extensive nagyméretű, terjedelmes, kiterjedt; *mzg* külterjes; ~ **exploration** *geof* felderítő/tájékozódó kutatás; ~ **form of a game** *mat* kifejtett alak; ~ **form of characteristic function** kiterjesztett karakterisztikus függvény; ~ **projector** divergens vetítő; ~ **property** *vegy* extenzív tulajdonság; ~ **quantity** *mat* extenzív mennyiség; ~ **sampling** *stat* extenzív mintavétel; ~ **shower** *at* széles zápor; ~ **survey** *geof* regionális felmérés/kutatás

extensometer *mech* nyúlásmérő, feszültségmérő, tenzométer; ~ **with optical magnification** optikai nyúlásmérő

extensometric *tex* nyúlásmérési

extent terjedelem; (ki)terjedés; mérték, fok; ~ **of accommodation** akkomodációs szélesség; ~ **of applicability** alkalmazási kör; ~ **of draught/draft** *tex* nyújtásfok, nyújtás mértéke; ~ **of reaction** *műa* reakció mértéke; ~ **of tolerance** tűrésmező, tűréstartomány

extenuate elvékonyít, gyengít, lazít; elvékonyodik, gyengül

exterior I. *a* külső; szélső; **II.** *n* külalak, külső; *film* külső felvétel; ~ **angle** *mat* külső szög; ~ **antenna** *távk* külső antenna, magasantenna; ~ **ballistic** *fiz* külső ballisztika; ~ **ballistic table** *fiz* röppályagrafikon; ~ **building panel** *ép* külső (fal)panel; ~ **column** *ép* külső/szélső pillér; ~ **(contractor's) hoist** külső (építési) felvonó; ~ **differentiation** *mat* külső differenciálás; ~ **face** *ép* utcai/külső homlokzat; ~ **facing** *ép* külső burkolat; ~ **filming** → ~ shot; ~ **finish** *műa* külső lakk; ~ **label** *szt* külső utasításcímke; ~

lighting *opt* (külső) megvilágítás; ~ **mirror** *gépk* külső visszapillantó tükör; ~ **of the fibre/fiber** *tex* szál külső felülete; ~ **orientation** *geod* külső tájolás; ~ **paint coat** *ép* külső festés; ~ **rear view mirror** → ~ mirror; ~ **scaffolding** *ép* külső állvány(ozás); ~ **(screw) thread** külső csavarmenet; ~ **shot** *film* külső felvétel; ~ **slope** *ép* külső rézsű; ~ **surface** külső felület; ~ **temperature** külső hőmérséklet; ~ **tendon** *ép* külső/szabad kábel *(feszített beton)*

exterminate kipusztít, megsemmisít; *mat* kiküszöböl

external külső; külszíni, felületi; ~ **action** külső (be)hatás; ~ **aileron** *rep* külső csűrőlap; ~ **angle** *mat* külső szög; ~**-anode tube/valve** *el* hűtött anódos cső; ~ **antenna** *távk* külső antenna, magasantenna; ~ **auditory canal** hallójárat *(fülben)*; ~ **ballistics** *fiz* külső ballisztika; ~ **bending moment** *mech* külső erők (hajlító)nyomatéka; ~ **(block) brake** *gépk* külsőpofás fék; ~ **brick** *ép* burkolókő, burkolótégla; ~ **broaching** külső húzómarás; ~ **building-height** *ép* külső épületmagasság; ~ **building-line** külső építési vonal; ~ **cable** *el* szabadtéri kábel; ~ **cal(l)iper ga(u)ge** *gép* villás határidomszer; ~ **cal(l)ipers** *pl* tapintókörző, marokkörző, mérőkörző; ~ **characteristic** *el* külső jelleggörbe; ~ **charge** *bány* külső/rátett töltet; ~ **circular vibrator** *ép* körforgó külső vibrátor; ~ **climbing crane** *ép* külső kúszódaru; ~ **collapse** *geol* vulkanikus süppedés; ~**-combustion engine** külsőégésű hőerőgép; ~ **conical refraction** *opt* külső kúpos fénytörés; ~ **contact base** *el* oldalérintkezős foglalat, P-foglalat; ~ **control** *aut* külső szabályozás/vezérlés, idegenvezérlés; ~ **conversion** *fiz* külső konverzió/átalakulás; ~ **conversion electron** *fiz* külső konverziós elektron; ~ **current** *el* idegen áram, külső hálózati áram; ~ **cylindrical grinding machine** *ép* körköszörűgép, palástköszörűgép; ~ **delays** *szt* külső veszteségidők; ~ **diameter** külső átmérő; ~ **diaphragm** *foto* elülső *v.* lencse előtti fényrekesz; ~ **dimension** *fiz* külső méret, külméret; ~ **direct product group** *mat* külső direkt szorzat; ~ **disturbance** külső zavarás; ~ **dovetail** *gép* külső fecskefarkvezeték; ~ **drag wire** *rep* külső merevítőhuzalok; ~ **ear** külső fül; ~ **effect** *rendsz* környezeti hatás; ~ **efficiency** *rep* külső hatásfok; ~ **emitter resistance** *félv* emitterelőtétellenállás; ~ **excess voltage** *el* idegen/külső túlfeszültség; ~ **excitation** *el* külső/független gerjesztés; ~ **extension** *ép* külső épületbővítés; ~**-external traffic** tranzitforgalom, átmenő forgalom; ~ **face** felület, felszín; ~ **feedback** *aut* külső visszavezetés; ~ **field** *el* külső/idegen (erő)tér; ~ **force** *mech* külső erő; ~ **ga(u)ge** *gép, metr* csapmérő/villás idomszer; külméretidomszer; ~ **gear(ing)** *gép* külső fogazás; ~ **gear motor** *gép* fogaskerékmotor külső fogazású kerekekkel; ~ **grinding** *mt* felületi csiszolás; ~ **heated arc** *el* külső táplálású ív *(külső izzókatód)*; ~ **height** *ép* építési magasság; ~ **hidraulic pressure** *ép* külső talajvíznyomás; ~ **indicator** *vegy* külső indikátor; ~ **insulation** *ép* külső szigetelés; ~ **interrupt** *szt* külső megszakítójel; ~ **label** *szt* géppel nem olvasható jelzés *(melynél általában nem az abc betűit használják)*; ~ **laser phase modulator** *aut* lézer külső fázismodulátora; ~ **limit ga(u)ge** *gép* villás határidomszer; ~ **logic** *mat* külső logika; ~ **loss time** *szt* külső veszteségi idő; ~ **loudspeaker** *hang* külső hangszóró; ~ **magnetic flux** *fiz* külső mágneses fluxus; ~ **memory** *szt* külső tár; külső tároló/memória, segédmemória, háttérmemória; ~ **milling** *forg* alakmarás, idommarás; ~ **modulation** külső moduláció; ~ **noise** külső zaj; ~ **overvoltage** *el* külső túlfeszültség; ~ **photoelectric effect** *opt* fotoemisszió, külső fényelektromos hatás/jelenség; ~ **photoemissive effect** *opt* fotoemisszió; ~ **plaster(ing)** *ép* homlokzatvakolat; ~ **plate impedance** *rád* anódköri impedancia; ~ **point** *mat* külső pont; ~ **power supply** külső energiaellátás; *el* hálózati áramellátás/áramszolgáltatás; ~ **pressure** külső nyomás; ~ **program parameter** *szt* külső paraméter; ~ **quantum efficiency** külső kvantumhatásfok; ~ **recycle** *ol* külső (vissza)keringtetés; ~ **reference** *szt* külső hivatkozás *(más modulra mutat)*; ~ **rendering mortar** *ép* homlokzati vakolóhabarcs; ~ **resistance (ER)** *fiz* külső ellenállás; ~**-rotor machine** *el* külső forgórészes gép; ~ **scrap** *koh* vásárolt/külső hulladék; ~ **screw-cutting machine** *gép* külsőmenetvágó/külsőcsavarmenet-vágó gép; ~ **screw-thread** *gép* külső csavarmenet, csavarorsó csavarmenete; ~ **serration broach** *forg* barázdásfurat-üregelő tüske; ~ **shoe brake** *gépk* külsőpofás fék; ~ **short-circuit** *el* külső rövidzárlat; ~ **spoil heap** *bány* külső hányó; ~ **storage/store** *szt* háttértároló; külső tár; ~ **stress** *mech* felületi feszültség; ~ **subcalibre/subcaliber gun** *kat* lövegcsőre szerelt űrméreten aluli fegyver; ~ **supercharger** *gépk* külső kompresszor; ~ **symbol dictionary (ESD)** *szt* külső szimbólumok szótára, ESD; ~ **teeth** *pl*, ~ **toothing** külső fogazás; ~ **thermal resistance** *félv* külső hőellenállás; ~ **thread** *gép* külső csavarmenet; ~ **upset** *ol* külső végvastagítás *(csőé)*; ~ **upset drill pipe** *ol* külső végvastagítású fúrócső; ~ **upset tubing (EUT)** *ol* külső végvastagítású termelőcső; **for** ~ **use** *gyógyv* külsőleg, külső használatra; ~ **variance** *stat* külső variancia; ~ **vibration** külső vibrálás *(beton)*; ~ **vibrator** *ép* külső vibrátor, zsaluvibrátor; ~ **wall** *ép* külső/körítő fal; ~ **water** *hidr* külvíz; ~ **water loss** *hidr* külső vízveszteség; ~ **wave** *hidr* külső hullám; ~ **weld** külső varrat; ~ **welding** külső hegesztés; ~ **welding machine** külsővarrat-hegesztő gép; ~ **work** *ép* külső/szabadtéri munka/munkák; *mech* külső munka, külső erők munkája *(szilárdságtan)*

externally külsőleg; *gyógyv* külső használatra; ~**-generated field** külső gerjesztésű tér; ~ **heated arc** *el* külső fűtésű ív; ~ **modulated laser** *el, fiz* külső modulációs/modulációjú lézer; ~**-opening top-hung window** *ép* felső tengely körül kifelé nyitható ablak; ~ **piloted valve** külső vezérlésű szelep; ~**-pulsed system** *rád* külső szinkronozó berendezés; ~ **reflected component of daylight factor** nappali világossági tényező külső visszaverésű hányada; ~ **supplied ignition** *gépk* külső gyújtás; ~ **tangent** *mat* külső/kívülről érintő; ~**-upset drill-pipe** *ol* külső végvastagítású fúrócső; ~**-wired fin** *rep* külső huzalokkal merevített vezérsík

extinct kialudt, kioltott; ~ **lake** kiszáradt tó

extinction megszüntetés; (el)oltás, kialvás *(tűzé)*; *ásv, at* kioltás; *el* (ki)oltás, kialvás; *fiz* (sugárzás)kioltás, extinkció; *hang* lecsengés; *opt* (fény)kioltás, kihunyás; ~ **angle** *fiz* extinkciós szög; ~ **coefficient** *opt,* *vegy* extinkciókoefficiens, extinkciós koefficiens/együttható; ~ **curve** *opt* extinkciós/elnyelési görbe, extinkciógörbe; ~ **factor** *fiz* extinkciós/kioltási tényező; ~ **meter** szürkeékes fotométer, fénymérő ék; ~ **of microorganisms** *élip* mikrobapusztulás; ~ **position** *ásv* extinkciós állás; ~ **potential** *el* kioltási/kialvási feszültség, kioltófeszültség; ~ **power** *fiz* extinkcióképesség; ~ **pulse** *fiz* kioltó impulzus; ~ **voltage** → ~ potential

extinguish elolt, kiolt; kiirt; megszüntet

extinguisher tűzoltó készülék; ~ **connection** tűzoltási vízcsőcsatlakozás, tűzcsap; ~ **stake** *szersz* lakatosszarvasüllő

extinguishing *fiz* (sugárzás)kioltás, extinkció; ~ **agent** oltóanyag, tűzoltó anyag; ~ **system** tűzoltó berendezés

extirpate kiirt

extirpation kiirtás

extirpator *mzg* extirpátor

extra I. *a* kiegészítő, külön, pót-, mellék-, többlet-, extra-; **II.** *n* kisegítő/alkalmi munkás; különtartozék, különleges tartozék; *film* statiszta; ~ **accessory** *forg* külön tartozék; ~ **air valve** *gépk* pótlevegő-szelep; ~**-axial** tengelyen kívüli, extraaxilális; ~**-axial aberration** eltérés tengelyvonaltól; ~**-bold type** *nyom* kövér/fett betű; ~**-bound** *nyom* bibliofil kötésű, díszkötésű; ~**-bright** tükörfényes; ~ **charge** *rep* pótdíj; ~ **cost** többletköltségek, különköltségek; ~ **current** *el* extraáram, túláram; ~**-cuttings** *pl* vágásterületen kívüli fadöntés; ~ **deep(-)drawing sheet** *heng* különleges mélyhúzó lemez; ~**-dense crown** extranehéz koronaüveg; ~ **dull** erősen fénytompított/matt; ~ **electron** *at* extra *v.* oktetten felüli elektron; ~ **fare** *rep* pótviteldíj; ~**-fare train** pótdíjas gyorsvonat; ~**-fine** kiváló, finom, legfinomabb minőségű; ~**-fine fit** 1-es pontossági osztályú illesztés; ~**-fine wire** *koh* extrafinom huzal; ~**-galactic** *csill* galaxison/tejútrendszeren kívüli, extragalaktikus; ~**-hard** különlegesen kemény, különleges keménységű; ~**-hard steel** extrakemény acél; ~**-heavy (aggregate) concrete** extranehéz beton; ~**-heavy bar/rod** *ol* vésőnehezék; ~**-heavy pipe** *heng* különleges vastagfalú cső; ~**-high frequency (EHF)** *el* különlegesen nagy frekvencia, milliméteres hullámfrekvencia; ~**-high power tube** *el* ultranagy teljesítményű cső; ~**-high pressure discharge** *el* igen nagy nyomású kisülés; ~**-high pressure mercury (vapour/vapor) lamp** igen nagy nyomású higany(gőz)lámpa; ~**-high temperature** extrém *v.* igen magas hőmérséklet; ~**-high tensible steel** nagy szakítószilárdságú acél; ~**-high tension (EHT)** *el* igen nagy feszültség; ~**-high tension line** igen nagy feszültségű vezeték; ~ **-high tension unit** *tv* nagyfeszültségű tápegység; ~**-high vacuum** ultravákuum; ~**-high voltage (EHV)** *el* igen nagy feszültség; ~ **inner tube** *gépk* tartaléktömlő, tartalék belsőgumi; ~**-large rainers** *mzg* nagy hatósugarú szórófejek; ~**-large shuttle** *tex* nagy befogadóképességű vetélő; ~ **length** *fa* hosszráhagyás, hossztúlméret; ~**-light drive fit** igen könnyű szoros illesztés; ~**-low** különösen/rendkívül alacsony; ~**-low voltage (ELV)** *el* törpefeszültség; ~ **material** *tex* töltőanyag, bélelőanyag *(láncba)*; ~ **period** *stat* kiegészítő szakasz; ~ **pick** *tex* pótvetülék; ~**-pure** igen nagy tisztaságú; ~**-pure material/substance** igen nagy tisztaságú anyag; ~**s** → extras; ~ **sheet** *nyom* többlet(ív), hozzálék; ~ **shuttles** *tex* tartalékvetélő; ~ **size** extra méretű/nagy; ~**-smooth file** kettős simítóreszelő; ~**-spin magnetic moment** *fiz* spintöbbletes mágneses nyomaték; ~**-strong** rendkívül tartós; ~ **strong nipple/pipe** *ol* vastag falú olajbányászati cső; ~**-strong pipe** *ol* kettős falvastagságú cső; vastag falú (olajbányászati) cső; ~ **thirds** papíralak *(3" x 1 1/4" kártyáé)*; ~ **thrust** *rep* fokozott tolóerő; ~ **warp** *tex* bélelő lánc(fonal); ~ **water** *hidr* pótvíz, többletvíz; ~ **weft** *tex* pótvetülék, töltővetülék; ~**-weft figured fabric** vetülékkel bélelt szövet; ~ **weight** túlterhelés; pótsúly; ~ **wheel** *gépk* pótkerék; ~**-wide-angle objective** *foto* igen nagy látószögű objektív; ~**-wide-angle photography** *foto* igen nagy látószögű felvétel; ~ **work** különmunka, túlmunka; többletmunka

extract I. *v* kihúz, kivesz, eltávolít; kivon, lepárol, kilúgoz, előállít, extrahál; *alak* kiemel, kihúz; *bány* kibányászik, (ki)fejt, kitermel; *ép* kihúz *(szádfalat)*; *ker* nyer *(homokot, kavicsot)*; *műa* kivesz *(pl. présből)*; *szell* elszív *(port)*; *szt* kiemel; *tex* kivon, kilúgoz, extrahál; *vegy* kivon, extrahál; **II.** *n bőr* cserzőkivonat; *élip* kivonat, extrakt(tartalom), vonadékanyag; *szt* kivonat; *vegy* kivonat, extrakt(um); ~ **air** elmenő levegő; ~ **air chamber** kisnyomású kamra; ~ **a root** *v* gyökeret kihúz; *mat* gyököt von; ~ **by boiling** *v tex* kifőz, főzéssel extrahál; ~ **content** kivonattartalom, szárazanyag-tartalom; *pa* extrakttartalom; *szell* exhausztor, (el)szívó ventilátor; ~ **dust** *v tex* portalanít; ~ **fan** *szell* exhausztor, (el)szívó ventilátor; ~ **from a map** térképkivágat; ~ **grill** *ép* elszívórács, szellőzőrács; ~ **instruction** *v szt* kiemelő utasítás, maszkolt utasítás, leválasztó utasítás; ~ **layer** extraktumréteg, kivont/extrahált anyagréteg; ~ **recovery** *ol* extraktkinyerés, extraktvisszanyerés; ~ **style** *tex* festés nyomással *(meleg kezelés színelőhívással)*; ~ **tanning** cserzés cserzőanyagkivonattal; ~ **the burs** *v tex* bogáncstalanít *(gyapjút)*; ~ **the fibres/fibers** *v tex* rosttalanít; ~ **through a lock** *v vák* kizsilipel; ~ **ventilator** → ~ fan

extractability extractibilitás, extrahálhatóság

extractant *vegy* extrahálószer, extraháló/szelektív oldószer

extracted | honey pergetett méz; ~ **residue** extrakciós maradék; ~ **steam** fáradt gőz

extracting I. *a* extraháló; **II.** *n koh* kivonás; oldás; ~ **agent** extrahálószer, extraháló/szelektív oldószer; ~ **fibre/fiber** rostfeltáró gép *(szizálkendergyártáshoz)*; ~ **frame** *ép* kihúzóállvány; ~ **level** *bány* fejtőszint, fejtési szint; ~ **plant** extrahálóberendezés; *ol* extrahálóüzem; ~ **screw** *em, ker* ürítőcsiga, kihordócsiga; ~ **solvent** extrahálószer; ~ **the root of a number** gyökvonás; ~ **winch** *bány, em* szállítóvitla

extraction kivetés, kihúzás, kivezetés, eltérítés, eltávolítás; kivonás, lepárlás, előállítás, kilúgozás; *alak* kiemelés, kihúzás; *bány* (fém)kinyerés; fejtés, termelés *(kitermelt mennyiség)*; lefejtés; *bőr* kivonás *(cserzőanyagé)*; *élip* extrakció, oldószeres kivonás; kilúgzás, kilúgozás; máslás *(sörgyártás)*; *ép* kinyerés *(kavicsé, homoké)*; *fa* kiközelítés; *koh* fémkinyerés, extrakció; színítés; *vegy* kivonás, kinyerés, kioldás, extrakció, extrahálás; ~ **agent** → extractant; ~ **appa-**

ratus *bány, koh* extrakciós készülék, extraktor, extrahálóberendezés; ~ **bank** *bány* fejtés(i hely); ~ **by boiling** *élip* forralásos extrahálás, dekokció; ~ **by diffusion** *élip* diffúziós extrakció, diffúzió; ~ **chamber** *bány* fejtési kamra; ~ **coefficient** *vegy* extrakciós együttható/tényező; ~ **column** extrakciós kolonna/oszlop, extrahálóoszlop; ~ **cut** *ol* extrahált frakció; ~ **distillation** *vegy* extraktív lepárlás; ~ **drift** *bány* fejtési vágat, fejtővágat; ~ **flask** extrahálólombik, extrakciós lombik; ~ **funnel** *ol* választótölcsér, rázótölcsér; ~ **gallery** *bány* termelővágat, fejtési vágat; ~ **indexing** *szt* kiemelő indexelés; ~ **losses** *bány* fejtési veszteség; ~ **of charge carriers** *el* töltéshordozónyerés; ~ **of fat** zsírkivonás, zsírtalanítás; ~ **of gas** gáztalanítás, gázok kivonása; ~ **of iron from water** vízvastalanítás; ~ **of metals** *koh* fémkinyerés; ~ **of pillar(s)** *bány* pillérvisszafejtés; ~ **of (the) root** gyökvonás; ~ **of zinc** *koh* cinkelőállítás; ~ **plant** extrahálóberendezés, extrakciós berendezés; ~ **point** *hőt* gőzelvételi/megcsapolási hely; ~ **potential** elszívópotenciál, leszívópotenciál, kiürítőpotenciál; ~ **process** extrahálási/extrakciós eljárás/folyamat; ~ **rate** *élip* kiőrlési fok, kiőrlés mértéke, lisztkihozatal; ~ **residue** extrakciós maradék; ~ **solvent** extrahálószer, extraháló/szelektív oldószer; *ol* extrakciós oldószer/benzin; ~ **steam-turbine** → ~ turbine; ~ **thimble** *vegy* extrahálóhüvely; ~ **tower** *vegy* extraháló oszlop/torony; ~ **(-type) turbine** elvételes/megcsapolásos gőzturbina; ~ **valve** *hőt* csapolószelep, gőzelvételi szelep; ~ **voltage** → ~ potential; ~ **water** *élip* lúgzóvíz

extractive I. *a* kitermelő; kivonó, extraháló; **II.** *n* extraktum; ~ **agent** → extractant; ~ **crystallization** extrakciós kristályosítás; ~ **distillation** extraháló desztilláció, extraktív desztillálás/lepárlás; ~ **industry** nyersanyagtermelő ipar; ~ **metallurgy** kivonókohászat, kiolvasztókohászat, fémkiolvasztás; ~**s** *élip* vonadékanyag

extractor *élip* áttörőgép, passzírozógép; oldószeres kivonókészülék, extrakciós készülék; *ép* kihúzógép; *fa* tuskótépő gép; *gép* lehúzószerszám; *kat* hüvelyvonó; *szell* exhausztor, elszívóberendezés, elszívóventilátor; *szt* maszk, szűrő; *vegy* extrakciós készülék, extraktor; ~ **arm** *kat* hüvelykivető karom; ~ **block** *kat* hüvelyvonó szerkezet; ~**-cam spring** *kat* hüvelyvonókarom-rugó; ~ **collar** hüvelyvonó karom; ~ **fan** *szell* elszívóventilátor, exhausztor; ~ **ga(u)ge** *el* extraktormérőcső; ~ **pin** *kat* hüvelyvonó-rögzítőcsap; ~ **recess** *kat* kivetőfészek; ~ **spindle** *kat* hüvelyvonó-tengely; ~ **stud** tölténykivető kamó

extrados *ép* boltozat külső felülete, extradosz

extramural absorption cladding külső abszorpciós bevonat *(optikai átvitel)*

extraneous idegen; külső; ~ **dirt** *bány* másodlagos *v.* idegen (eredetű) meddő; ~ **electrolyte** idegen elektrolit; ~ **field** *mech, el* külső erőtér, külső/idegen tér; ~ **matter** idegen anyag; ~ **noise** *távk* külső zaj; ~ **refuse** → ~ dirt; ~ **signal** idegen jel

extranuclear *fiz* extranukleáris, (atom)magon kívüli; ~ **electron** extranukleáris elektron; ~ **structure** *at* extranukleáris *v.* magon kívüli (atom)szerkezet

extraordinary rendkívüli, mértéktelen; ~ **ray** *fiz* rendkívüli/extraordinárius sugár; ~ **wave** *fiz* rendkívüli hullám

extrapolate *mat* extrapolál

extrapolated *mat* extrapolált; ~ **boundary** *at* extrapolált határ; ~ **failure rate** extrapolált meghibásodási ráta; ~ **mean life** extrapolált átlagos élettartam; ~ **range** *at* extrapolált tartomány/hatótávolság; ~ **reliability** extrapolált megbízhatóság; ~ **survival probability** extrapolált hibamentes működés valószínűsége

extrapolation extrapolálás, extrapoláció; ~ **chamber** *at* extrapolációs kamra; ~ **distance** *at* extrapolációs távolság; ~ **ionization-chamber** extrapolációs ionizációs kamra

extras *pl* kiegészítő felszerelés; többletmunkák; *ép* különkívánságok, utólagos kívánságok; *ip* többletköltség(ek)

extraterrestrial | **intelligence** Földön kívüli civilizáció *v.* értelmes lények; ~ **noise** kozmikus zaj, világűrzaj; ~ **radiation** *met* extraterresztrikus *v.* légkörön kívüli sugárzás; ~ **space optical transmission** szabadtéri optikai átvitel; ~ **zone of radiation** van Allen-féle (sugárzási) öv, van Allen-Vernov-gyűrűk

extratropical cyclone *met* mérsékelt övi ciklon

extravehicular | **activity (EVA)** *űr* űrhajón/űrkabinon kívüli tevékenység, EVA; ~ **pressure garment** *űr* autonóm szkafander

extremal *mat* extremális; ~ **control** *aut* szélsőértékszabályozás, extrémumszabályozás; ~ **curvature** *mat* extremális görbület; ~ **function** extremális függvény; ~ **point** extremális pont; ~ **system** *aut* extremális rendszer; ~ **system with storage of the extremum** szélsőérték-tárolásos extremális rendszer

extreme I. *a* extrém, igen nagy, legnagyobb (fokú), maximális; szélső, végső; **II.** *n* határhelyzet; *mat* kültag, külső tag *(aránypáré)*; szélsőérték, extrémum; ~ **and mean ratio** *mat* aranymetszés, folytonos osztás; ~ **beam/breadth** *hajó* legnagyobb szélesség; ~ **boundary lubrication** *gép* határkenés; ~ **case** határeset, extrém eset; ~ **cross girder** *ép* végkereszttartó; ~ **dimension** megengedett szélső méret; ~ **dimensions** *hajó* legnagyobb méretek; ~ **fibre/fiber** *mech* szélső szál *(tartón)*; ~ **fibre/fiber stress** *mech* feszültség szélső szálban, szélsőszál-feszültség; ~ **long shot** *foto* távoli beállítás; ~ **mean** *stat* szélső középérték; ~ **point** *mat* extremális pont, szélsőértékhely; ~ **position** *rep* szélső helyzet; ~ **pressure (EP)** legnagyobb nyomás; ~**-pressure additive/dope** nyomásálló adalék, nagynyomás-adalék *(olajban)*; ~**-pressure lubricant (EPL)** nagynyomású/nyomásálló kenőanyag; ~ **range** *rep* legnagyobb repülési távolság; ~**-range** *kat* igen nagy lőtávolságú; ~ **red** extrém vörös; ~ **roll ring** *heng* záróborda; ~ **row of slates/files** *ép* szegőréteg *(tetőeresznél)*; ~ **span** *ép* teljes fesztáv; ~ **stress** határigénybevétel; ~ **temperatures** *met* extrém hőmérsékletek; ~ **term** *mat* kültag, külső tag *(aránypáré)*; ~ **ultraviolet (EUV)** extrém ultraibolya; ~ **value** *el* csúcsérték, amplitúdótényező; *mat* szélsőérték, extrémum; ~ **value problem** szélsőérték-feladat, szélsőérték-probléma

extremely rendkívül; igen; ~ **bright** *opt* igen erős *v.* intenzív fényű; ~ **compact galaxy** rendkívüli sűrűségű galaxis; ~ **high frequency (EHF)** extrém nagy frekvencia, milliméterhullám-frekvencia; ~ **high tension (EHT)** igen nagy feszültség; ~ **low** különösen/rendkívül alacsony; ~ **low frequency** extrém kis frekvencia; ~ **pure** igen nagy tisztaságú, rendkívül tiszta; ~ **sensitive** igen érzékeny, legérzékenyebb

extremity vég(ződés); végső/szélső határ/pont; *mat* vég, végpont, határpont

extremum *mat* szélsőérték, extrémum; ~ **at the boundary** határon felvett értékek szélsőértéke; ~ **conditions** *aut* szélsőérték-feltételek, extrémumfeltételek; ~ **control** *aut* szélsőérték-szabályozás, extrémumszabályozás; ~ **controller** *aut* szélsőérték-szabályozó, extrémumszabályozó; ~ **in the small** *mat* helyi/lokális/relatív szélsőérték; ~ **problem** *mat* szélsőérték-probléma, szélsőérték-feladat

extrinsic *fiz* extrinsic, extrinzikus, külső; ~ **base resistance** bázisellenállás *(tranziszotré)*; ~ **carrier** *félv* extrinsic töltéshordozó, szennyezéses hordozó; ~ **conduction** *félv* zavarhelyvezetés, szennyeződéses/idegenatomos/extrinsic vezetés; ~ **photoconduction/photoconductivity** külső/extrinsic/idegenatomos fotovezetés; ~ **semiconductor** extrinsic/szennyezett/extrinzikus félvezető

extrudability *műa* extrudálhatóság

extrudate *műa* extrudált termék

extrude kiszorít, kihajt, kinyom, kisajtol; *alak* extrudál, rudat sajtol, rúdsajtol; *élip* csigaprésen kisajtol; *gumi, műa* extrudál, rudat sajtol, rúdsajtol

extruded | column *ker* extrudált rúd; ~ **(covered) electrode** *heg* préselt bevonatos elektróda; ~ **profile/shape** extrudált profil; ~ **sheet** extrudált fólia; ~ **tube** extrudált cső; ~ **tube blowing** *műa* fóliafúvás

extruder *alak* rúdsajtoló gép/berendezés; *el* kábelextruder; tömlőző gép *(kábelhez)*; *ép* extrudálóberendezés; *műa, gumi, pa* extruder, csigaprés, csigasajtó, csigás csősajtó; ~ **head** extruderfej; ~ **screw** *ép* extrudálócsiga, préscsiga *(üreges födélpanelgyártásnál)*; *műa* extrudercsiga

extruding | cladding *koh* plattírozás; ~ **head** extruderfej; ~ **machine/press** *műa* extruder, csigaprés, csigasajtó, csigás csősajtó; ~ **machine/press for bars** *alak* rúdsajtoló berendezés/sajtó, rúdsajtó; ~ **machine/press for tubes** *alak* csősajtó, extrudálóberendezés; ~ **worm** *gumi* tömlőzőcsiga

extrusion kisajtolás, átsajtolás *(üregen át)*; *alak* kisajtolás, extrudálás; rúdsajtolás, rúdfolyatás; *geol* kitörés; *gumi* tömlőzés; *műa* extrudálás, folyamatos alaksajtolás; ~ **aid** *gumi, műa* kisajtolást/extrudálást könnyítő lágyító(szer); *vák* kinyomódás, megszorulás; ~ **billet** *koh* sajtolási tuskó; ~ **block** *alak, el* ólomprésfej; tömlőző szerszámtartó; ~**-blow mo(u)lding** *műa* fúvóextrudálás; ~ **coating** *műa* bevonás extrudálással, extrúderes bevonás; *pa* extruderes rétegelés; ~ **die** *alak* csőrésszerszám; *műa* extruderszerszám; ~ **head** *műa* extruderfej; ~ **heat** *műa* extrudálási hő; ~ **ingot** *koh* sajtolási tuskó; ~ **lamination** *műa, pa* rétegelés extrudálással, extruderes rétegezés; ~ **machine** extruder, csigaprés, csigasajtó, csigás csősajtó; ~ **method** *ép* extrudálóeljárás *(üreges födémpanelé)*; ~ **mo(u)lding** *műa* extrudálás, csigás préselés; ~ **of tubular film** fóliatömlő-extrudálás; ~ **press** *alak* csigaprés, csigasajtó, extruder; *heng* fekvő hidraulikus sajtó; ~ **press for tubes** *alak* csősajtó, extrudálóberendezés

extrusive kisajtoló, kinyomó, kiszorító; *geol* extruzív, effuzív; ~ **rock(s)** *geol* kiömlési/extruzív kőzet

exudate váladék, izzadmány; *bány* robbanóanyag-izzadmány

exudation könnyezés; *műa* kiizzadás, lágyítómigrálás; *önt* izzadmány, kiizzadás; ~ **of sap** *fa* fanedvkifolyás

exude kiválaszt *(nedvet, gyantát)*, kiválik; *élip, vegy* (ki)izzad

eye szem; *bány* aknaszáj; *ép* kupola-tetőnyílás; nyílás, karika, emelőfül, fülecs; *kh* tűcsatorna; *koh* kémlőlyuk, nézőke, megfigyelőnyílás; *szersz* fejszefok; nyílás, lyuk, karika *(szerszámon)*; *tex* nyüstszem; ~**-and-ear method** szem-fül módszer *(időmeghatározásra)*; ~**-becket** *hajó* hurok *(kötélzeten)*, kötélhurok; ~**-bender** kapocsszem-hajtogató gép; ~ **bit** füles fúró, (fülecses) csigafúró; ~ **bolt** → eyebolt; ~**-catcher** *nyom* blikkfang; ~**-catching** *nyom* blikkfangos; ~**-diagram** *távk* szemábra; ~ **draw-tube** *opt* okulárkihuzat; ~**-fit** *stat* kézi *v.* szemmérték szerinti kiegyenlítés; ~ **formation** lyukképződés *(sajtgyártásban)*; ~**-guard** szemvédő, védőszemüveg; ~**(-)lens** *opt* szemlencse, okulár; ~ **level** szemmagasság; ~ **nut** *gép* gyűrűs anya; ~ **of a needle** tű lyuka/foka; ~ **of key** kulcsszem; ~ **of storm** *met* ciklon szeme; *met, rep* trópusi ciklon magja; ~ **of the drum** *pa* mosódob-kivezetés, mosódob-kifolyócső; ~ **of the hammer** kalapácslyuk, (kalapács)nyéllyuk, kalapácsfül; ~**-pointed needle** varrógéptű; ~ **preservers,** ~**-protecting/protective glasses** védőszemüveg; ~**-ring** kötélszem; *opt* kilépési pupilla, kilépőpupilla, tárgylencse-fényrekesz; ~**(-)screw** szárnyas/füles csavar, gyűrűs (fejű) csavar, szemescsavar, szemcsavar; ~**-shield** *opt* szemvédő (ernyő/pajzs); ~ **sketch** látrajz; szemmérték szerinti vázlat; ~**-slit** nézőrés, megfigyelőnyílás; ~**-strain** szem megerőltetése, szemtúlerőltetés; ~**-type bearing** szemcsapágy; ~**-type end fitting** *gépk* gyűrűs felerősítés *(lengéscsillapítóé)*

eyebar füles rúd; *ép* lánctag *(lánchidon)*; ~ **rocker** ingarudas csukló *(hídé)*

eyebolt *ép* füles csap; *gép* gyűrűs (fejű) csavar, szemescsavar, szemcsavar; ~**-lifting plug** *gép, kat* fogantyús zárócsavar

eyed gneiss *ásv* szemes gneisz

eyeglass félszemüveg, monokli; *ker* szemüvegüveg; *opt* nagyítóüveg, szemlencse, okulár; ~**es** *pl US* szemüveg

eyehole kémlelőlyuk, nézőke, megfigyelőnyílás

eyehook füles horog

eyelet fülecs; karika, „őzni"; *cipő* fűzőkarika, fűzőlyuk; *ép* réselt/keskeny ablak, falrés, résablak; ~ **fabric** *kh* áttört kötés; ~ **facing** → ~ stay; ~ **forming machine** *cipő* fűzőlyukverő gép; ~ **hole** *ép* tetőlyuk, padláslyuk; ~ **pincers/pliers** *pl* füles fogó; ~ **punch** *cipő* fűzőkarika-beillesztő készülék; ~**-punch pliers** *pl cipő* fűzőkarika-besajtoló fogó; ~ **row-stitcher** *cipő* fűzőkarika-sortűző; ~ **screw** → eye(-)screw; ~ **stay** *cipő* fűzőlyukerősíték, fűzőkarika-erősítő szíj; ~ **stay-stitcher** *cipő* fűzőkarikaerősítőszíjtűző (gép); ~ **stitch** *kh* kéttűsoros áttört kötés; ~ **tape** *cipő* szalag fűzőlyukkal; ~ **thimble** csatgyűrű *(homorú)*

eyeletting *cipő* fűzőkarikázás; ~ **machine** *cipő* fűzőkarika-beverő gép; *nyom* gyűrűzőgép, fémszemverő gép

eyelid *rep* fúvókakagylóhéj; **~-type nozzle** *rep* kagyló típusú fúvóka

eyepiece nézőke, leolvasókészülék; *geod* kereső *(teodolité)*; *opt* szemlencse, okulár; **~-adjusting ring** szemlencse-beállító gyűrű; **~ changer, ~ changing device** okulárváltó; **~ cross-line micrometer** *metr* szemlencse-fonalkeresztes mikrométer; **~ cup** *opt* okulárfoglalat, szemlencse-zárósapka, okulár-zárósapka; **~ diaphragm** *opt* okulár/szemlencse fényrekesze; **~ draw-tube** *opt* kihúzható szemlencsecsőfoglalat; **~ graticule** *opt* okulárrácsozat; **~ lens** *opt* szemlencse, okulár(lencse); **~ micrometer** okulármikrométer; **~ planimeter** planiméterszemlencse, planiméterokulár, planiméterlupe; **~ revolver** okulárváltó, okulárrevolver; **~ screw micrometer** okulárcsavaros mikrométer, okulármikrométer; **~ slide** szemlencsekihuzat, okulárkihuzat; **~ sliding sleeve** okulár/szemlencse csúszófoglalata; **~s of fullface mask** álarcablak; **~ tube** *geod* szemcső

eyeplate gyűrűs veret/lemez

eyepoint *opt* szempont

eyeshade *gépk* szemellenző, szemvédő (ernyő)

eyeshot látóhatár; látókör; látás, látóképesség, látóérzék; látótávolság, szemhatár; megfigyelőnyílás

eyesight látás, látóképesség

F

f → fathom; → furlong
F → Fahrenheit; → farad; → Faraday constant; → fluorine; **~-acid** *vegy* F-sav, 2-naftol-7-szulfonsav; **~-centre** *fiz* F-centrum, színcentrum; **~-distribution** *mat* F-eloszlás; **~-drive** → front drive; **~-head cylinder** *gépk* oldalszelepelt henger *(egyoldalas)*; **~-number** *foto* F-szám, lencsetényező; **~-PROM** → field PROM; **~ region** F-réteg *(ionoszféra)*
F/A → fighter aircraft
FA → fatty acid; → fireman; → flight accident; → forwarding agent; → frame aerial
f.a. → fire alarm
Faber-du-Faur-type retorting furnace *koh* Faber du Faur-kemence
fabric szerkezet; *ép* épület, építmény; *geol* szerkezet, küllem; *műa* szövedék; *tex* kelme; posztó; szövet, anyag; **~ backed** *tex* textilalátétes *(pl. műanyaglemez)*; **~ ballon(n)et** *rep* szövet légzsák; **~ bolt** *tex* szövetbála-raktárállvány; **~ brake** *gépk* ferodobetétes dörzsfék, ferodo dörzsfelületű fék; **~ cell** gázrekesz szövetből *(léghajóé)*; **~ chips** *pl műa* textilvagdalék, (gyártási) hulladék(darabkák); **~ coating** *bőr, műa, gumi* szövetkenés; **~ count** *tex* szövetsűrűség; **~-covered** *tex* szövettel bevont/behúzott, szövetborítású, textilborítású; **~ covering** *tex* szövetborítás, szövetbevonás, textilborítás; **~ cuttings** *pl tex* ketrecminta; **~ defect** *tex* szövethiba; **~ doubling machine** *tex* ketreckettőző gép, kelmehajtogató gép; **~ dyeing** *tex* színezés végben/darabban; **~ dyeing in jig** *tex* szövetszínezés jiggeren; **~ dyeing in padder** *tex* szövetszínezés fulárdon; **~ edge** *tex* szövetszél; **~ entry** → **~** feeding; **~ fault** *tex* szövethiba; **~ feeding** *tex* ketreceztető szerkezet, továbbító szerkezet; **~-filled mo(u)lding compound/material** textilvázas/szövetvázas sajtolóanyag; **~-filled phenolics** *műa* textilbakelit; **~ filler** *tex* töltőanyag; **~ gore** *rep* szövetburoksáv *(léghajó burkán)*; **~ insert/ply** *gumi* szövetbetét; **~ inspecting and measuring machine** ketrecátnéző- és mérőgép; **~ lining** *cipő* vászonbélés, szövetbélés; **~-loop dryer** *tex* függő szövetszárító; **~ measuring apparatus** kelmemérő szerkezet; **~-packaging machine** *tex* szövethengerlő (berendezés); **~ printing** *tex* textilnyomás; **~-printing machine** *tex* nyomógép; **~ proofing** szövet-vízhatlanítás; **~ puller** *gumi* köpenyrétegelő gép; **~ reinforcement** *ép* háló *(betonvasalás)*; **~ sheet** *ép* előregyártott fémháló; **~ stylist** *tex* mintatervező, desszinatőr; szövetminta-tervező, mintarajzoló; **~ take-up** *kh* kelmehúzó szerkezet; **~ tank** *rep* szövetből készült üzemanyagtartály; **~ tape** textil szigetelőszalag; **~ testing** *tex* ketrecvizsgálat, kelmeelemzés; **~ wind-up** *kh* kelmefelcsavaró szerkezet; **~ with woven-in pile** bolyhos szövet
fabricate (el)készít, előállít, (le)gyárt; (fel)épít
fabricated hose *gépk* vászonbetétes tömlő *(hűtővízhez)*
fabricating (el)készítés, (le)gyártás; (fel)építés; *műa* feldolgozás; **~ technique** *műa* feldolgozás technológiája, feldolgozási eljárás
fabrication készítés, előállítás, gyártás; felépítés; *mt* forgácsnélküli alakítás; **~ reliability** gyártás megbízhatósága; **~ scheme** gyártási/kivitelezési terv; **~ stress** sajátfeszültség *(gyártásból)*
Fabry-Pérot | injection laser Fabry—Pérot-féle rezonátoros belövellő lézer; **~ interferometer** *fiz* Fabry—Pérot-féle interferométer; **~ laser cavity** Fabry—Pérot-féle lézerrezonátor; **~ resonator** Fabry—Pérot-féle rezonátor
façade *ép* elölnézet; homlokzat; **~ slab** *ép* homlokzati falpanel
face I. *v* szembenáll; *bány* munkahelyet kialakít; *ép* burkol; homlokzatot kiképez; *forg* homlokmaróval forgácsol; leélez; leoldalaz, síkesztergál, homlokesztergál; *heg* feltölt, felhegeszt; **II.** *n* elölnézet, homlok(zat); kép/nyomat felszíne; külső/felső felület; *alak* verőlap, verőfelület; *bány* (munkahelyi) homlok; fejtési felület/front; front(fejtés), széleshomlokú fejtés; munkahely; *ép* burkolás; fejtési front/felület *(alagút, bánya)*; front; látszófelület, homlokfelület; *forg* homloklap; *hajó* hajócsavarszárny tolóoldala; *mat* lap; oldal; oldallap; tartomány; *mt* lapka; *nyom* borítóív; *pa* borítópapír; felület; *szt* karakterkép; *tex* színoldal, jobb oldal *(szöveté)*; **~ advance** *bány* kihajtás; munkahely/front előrehaladása; **~ airing** *bány* munkahelyszellőzés; **~ angle** *mat* lapszög, szög; oldal *(háromszögé, gömbháromszögé)*; **~ arch** *ép* homlokzati ív; **~ bedding** felületágyazás; **~ bonding** frontális kontaktálás; **~ brick** homlokzati tégla; **~ bucket ladder excavator** *ép* vederláncos/serleges magaskotrógép; **~ cam** *gép* bütykös tárcsa; **~ cam milling attachment** *mt* bütyökidommaró készülék; készülék bütykök síkmarására; **~-cent(e)red (f.c.)** *ásv* felületcentrált; lapközepes, lapcentrált, lc, lapközéppontos, lk; **~-cent(e)red cube space lattice** felületen középpontos szabályos rács; **~-cent(e)red cubic (FCC)** köbös lapcentrált; köbös tércentrált; **~-cent(e)red cubic alloy** lapközepes kockaszerkezetű ötvözet; **~-cent(e)red cubic cupronickel alloy** lapközepes kockaszerkezetű réz-nikkel ötvözet; **~-cent(e)red cubic lattice** *ásv* lapközepes/lapcentrált köbös rács; **~-cent(e)red lattice** *any, ásv* lapközpontos/lapcentrált (kristály)rács; **~-cent(e)red orthorhombic lattice** lapcentrált rombos rács; **~ change character** *szt* betűtípusváltás; **~ charge** *bány* homloktöltet; **~ chuck** befogó tokmány, homloktokmány; síktárcsa; **~ cleat** *bány* elsődleges vállap; fő elválási lap; **~ cloth** kendő; **~ conveyer/conveyor** *bány* fejtési szalag; **~ crew** *bány* munkahelyi csapat; **~ cutter** homlokmaró; **~ cutting machine** síkvágó; **~-down pack (FDP)** *el* face-down tokozás; **~ ends** *tex* felső lánc; **~ entry** *bány* „lapra" hajtott vágat; munkahely „lapra"; osztóvágat; **~ finish** *tex* fényes/fényezett kikészítés; **~-finished fabric** *tex* sima kikészítésű anyag; **~ frequency number** *krist* lapszámosság; **~ gear** *gép* koronakerék, síkkerék; **~ grader blade** homlokoldali gyalulemez; **~ grinding** felületcsiszolás, síkköszörülés; **~-grinding chuck** tokmány síkköszörüléshez körköszörűn; **~-grinding machine** síkköszörű; **~ guard** arcvédő (maszk); *heg* védőpajzs; **~-harden** *hők* felületileg edz; kéregedzést *v.* felületi

edzést ad; ~-**hardened** *hők* felületi edzésű; felületileg edzett; ~(-)**hardening** *hők* felületi edzés/tartósítás; ~ **heading** *bány* hasadási lapokra merőlegesen hajtott vágat; ~ **jack** *bány* hidraulikus homloksajtó *(fúrópajzson)*; ~(-)**lathe** fejeszterga, síkeszterga; ~ **lattice** köbös lapcentrált/lapközéppontos rács; ~-**length (of roll)** hengerlési szélesség *(hengeré)*; ~ **loop** *kh, tex* színoldali szem; ~-**man** *bány* csapatvájár; munkahelyi vájár/dolgozó; ~ **mill** homlokmaró; ~ **mill cutter grinding attachment** készülék betétkéses marók köszörüléséhez; ~ **milling** homlokmarás; ~ **milling cutter** (betétkéses) homlokmaró; ~ **mounting** peremes/karimás szerelés; ~ **normal** lapnormális; ~ **of a well** fúrólyukfenék; ~ **of bed** *bány* munkahely homloka; telephomlok *(szénhomlok, meddőhomlok)*; ~ **of coal** *bány* szénhomlok; ~ **of fabric** szövet színoldala *v.* jobb oldala; ~ **of fault** *bány* vető síkja; ~ **of getting advancing to the strike** *bány* csapásmenti jövesztés; ~ **of pulley** *em* dobpalást; ~ **of stope** *bány* fejtéshomlok; ~ **of the breechblock** *kat* zárhomlokfal; ~ **of the heading** *bány* munkahelyi homlok; ~ **of working** *bány* munkahelyi homlok; **on** ~ *bány* fejtés „lapra"; fejtés a fővállapra merőlegesen; ~ **on** „fogra"; vállapokkal párhuzamosan; ~ **output (per manshift)** *bány* fejtési teljesítmény; ~-**plate** *forg* síktárcsa; *gép* alaplemez *(kovácsoláshoz)*; ~-**plate elevator** egysíkú elevátor; ~-**plate jaw** *mt* síktárcsapofa; ~-**plate lathe** → ~(-)lathe; ~-**plate stud** síktárcsatőcsavar; ~ **preparation** *bány* munkahelyi meddőválogatás; ~ **progress** *bány* kihajtás; ~ **roughly** *v fa* hántol; nagyol; ~ **seal** *vák* csúszógyűrűs tömítés; ~ **seal leakage** *bány* álarctömítetlenség; ~ **shield** arcvédő (maszk); *heg* (kézi) védőpajzs; ~ **shovel** *ép* hegybontó kotró(gép); kanalas hegybontó; ~ **shovel attachment** hegybontó szerelék; ~ **shovel bucket/dipper** hegybontó puttony; ~ **slope** *hidr* rézsű; ~ **sprag** *bány* ferde tám(fa); ferdeségmérés; homlokkitámasztó tuskó *(beréselt munkahelyé)*; ~-**stone** *ép* burkolókő; ~ **straight** *v nyom* szabályszerűen körülvág; ~ **string** *ép* lépcsőpofa, lépcsőnyílás pofafal; ~ **symbol** lapszimbólum; ~ **timber** *bány* ideiglenes/munkahelyi biztosítás; ~-**to-back variation** szám és fonákoldal közötti eltérés *(színezés)*; ~ **transporter** *bány* munkahelyi szállítóberendezés; ~-**type motor** peremes motor; ~ **unit** *ép* látszóbeton elem; ~ **up** *v* csiszol, simít, egyenget (sík felületet); ~-**up** *szt* rögzítés a hátsó oldalon; ~ **value** névérték, névleges érték; ~ **veneer** *fa* színfurnér, takaró furnér; ~ **voltage** *bány* munkahelyi áramfeszültség; ~-**wall** *ép* homlokfal, végfal *(alagút)*; ~ **warp** *tex* felső/színoldali lánc; ~-**weld** *heg* fedővarrat; ~-**wheel** koronakerék, laposkerék, koronás köszörűkő; ~ **width** *bány* homlokszélesség; *gép* foghossz; ~-**work** *ép* borítás, burkolat, borítás; homlokzatkiképzés; ~-**worker** → ~-man; ~ **yarn** *kh* fedőfonal

FACE → field alterable control element

faced számlapos *(műszer)*; *ép* vakolt, burkolt; ~ **brickwork** vakolt/burkolt téglafalazat; ~ **crystal** *ásv* szögletes kristály; ~ **cutter** homlokmaró; ~ **goods** *pl tex* szálirányított (gyapjú)áru; ~ **joint** lesimított felületű eresztték

facet csiszolt él, fazetta; *ép* oszlopborda; ~ **mirror** torzítótükör

faceted spurs *geol* vetődési síkokkal határolt levágott hegynyúlványok

facial homlok-, arc-, faciális; ~ **blemish** felszínsérülés *(filmen)*; ~ **difference** *geol* fácieszbeli különbség

facies *geol* fáciesz, kifejlődés; képződményjelleg; ~ **map** *bány* fáciestérkép; ~-**pattern** *geol* kifejlődési típus

facility berendezés, eszköz, lehetőség, szolgáltatás; ~ **availability** *rep* felszerelés készenléti foka; ~ **chart** *rep* földön telepített rádiónavigációs berendezések térképe; ~ **failure** *rep* berendezés meghibásodása; ~ **performance categories** *rep* ILS pontossági kategóriák; ~ **reliability** *rep* berendezés megbízhatósága

facing szembenállás, ellentett helyzet/fekvés; leélezés; bevonat; síkesztergálás, homlokesztergálás; harántesztergálás; homlokmarás; *cipő* „bezecc" *(cipőfelsőrészen)*; borítás, burkolat, borítás; hajtóka; *ép* burkolás, burkolat, bélés; homlokzat; *forg* oldalazás; *gép* súrlódó betét *(tengelykapcsolón)*; *önt* behintés, behintő szénpor; ~-**and-cent(e)ring machine** központosító marógép; ~ **arm** forgószán *(fejesztergán)*; ~ **bar** *ép* homlokzati léc; ~ **board** burkolódeszka; bélésdeszka; ~ **brick** homlokzati tégla; ~ **by welding** felrakóhegesztés; ~ **cutter** homlokmaró; ~ **hammer** *élip* buzogány; ~ **head** oldalazó forgószán; marófej *(függőleges)*; ~ **lathe** → face(-)lathe; ~ **lever** előre fordítható kar; ~ **machine** simítógép; ~ **material** *ép* burkolóanyag, bélelőanyag; ~ **of brake** fékbélés; ~ **paper** kárpitpapír, papírkárpit; ~ **plane** oldalgyalu; ~-**point lock (f.p.l.)** *vasút* csúcssínzár; ~-**point lock plunger** *vasút* váltózárreteszrúd; ~ **points** *pl vasút* csúcsmenet, csúccsal szemben bejárt váltó; ~ **rail** *vasút* felfutósín; ~ **sand** *önt* ágyazóhomok, mintázóhomok, formázó homok; ~ **sewer** *tex* szegélyző (munkás); ~ **stitch** *cipő* fűzősortűzés; ~ **stitcher** *cipő* hajtókatűző; ~ **tool** *forg* oldalozó/homlokesztergáló kés, oldalgyalu kése; ~ **veneer** *fa* színfurnér, takaró furnér; ~ **work** *forg* homlokesztergálás

façonné ribbon mintás szalag

facsimile I. *v* sokszorosít, reprodukál; fakszimilét készít; **II.** *n* reprodukció; hasonmás, fakszimile; ~ **communications systems (FCS)** *szt* képátviteli rendszer, FCS; ~ **laser platemaker** *szt* nyomólemezt készítő lézeres rendszer *(képátvitelnél)*; ~-**posting machine** *távk* villamos átírógép; ~ **receiver** *távk* képvevő; ~ **recorder** *távk* képfelvevő; ~ **station** *távk* képadó; ~ **telegraph** képtávíró, fakszimile; ~ **transmission** képtávírás; *szt* képátvitel, távmásolás

factice *gumi* faktisz

factor I. *v mat* tényezőkre bont; **II.** *n* tényező, faktor, multiplikátor, szorzótényező; szorzó; együttható; osztó; világítás hatásfoka; ~ **analysis** faktoranalízis; tényezőelemzés; ~ **anisotropy** anizotrópia-együttható; ~ **group** faktorcsoport; ~ **of demagnetization** *aut* lemágnesezési tényező; ~ **of grain size** *geol* szemcsenagyság-tényező; ~ **of heat insulation** *koh* hővezetési ellenállás; hővezetési ellenállás; ~ **of merit of the amplifier** S/C viszony; erősítő jósági tényezője; ~ **of quality** jósági tényező, Q faktor; ~ **of recirculated material** *bány* körbenjárási tényező; ~ **of safety/security (FS)** biztonsági tényező; megbízhatósági tényező; ~ **of static pressure** *geol* nyugalmi nyomás tényezője; ~ **of subdivision** *hajó* térfelosztási tényező; ~ **of uncertainty** bizonytalansági faktor/tényező; ~ **of utilization of blasting holes** *bány* robbantólyuk-kihasználási tényező; ~ **out** *v mat* (zárójelből) kiemel

factorial *mat* faktoriális; ~ **coefficient** Stirling-féle szám; ~ **function** faktoriális függvény; faktoriális *(n)*; ~ **magnification** *foto* összetett nagyítás; ~ **series** faktoriális sor

factoring → factorization

factorization *mat* szorzás *(adott tényezővel)*; tényezőkre bontás, faktorizáció; ~ **of polynomials** polinomfaktorizáció; ~**-out** kiemelés

factory gyár; gyártelep, üzem; ~ **acceptance** gyári átvétel; ~ **acceptance ga(u)ge** ellenőri idomszer; ~ **acceptance testing** gyári átvételi vizsgálat; ~ **calibration** utánkalibrálás; ~ **content** *ép* előregyártási hányad; ~ **farm** nagyüzemi gazdaság; ~**-fitting** *el* izzólámpa-foglalat üzemi világosítótesthez; ~ **for precast (concrete) buildings** *ép* házgyár; ~ **hand** gyári munkás(nő); ~ **inspection** gyári ellenőrzés; ~ **length** gyártási hossz; ~ **length allocation** gyártásihossz-besorolás; ~ **limits** gyártási tűrések; ~ **lumber** aprómunkára felhasználható fűrészfa; ~ **number** gyártási szám; ~ **overhead** általános üzemi költség, rezsiköltség; ~ **prefabrication** *ép* üzemi előregyártás; ~ **process** gyártási eljárás; ~ **scale** üzemi méret *(kísérleté)*; ~ **standard** házi szabvány; ~ **substation** egységállomás; ~ **superintendent** gyárvezető; ~ **test** gyári kipróbálás; ~**-washed wool** gépi mosású gyapjú; ~ **weld** gyári varrat; ~ **welding** üzemi hegesztés

factual adatszerű; tényleges; konkrét; ~ **figure** tényszám; ~ **information** konkrét adatok; tárgyi ismeretek; ~ **water resources balance** *hidr* konkrét vízkészlet-gazdálkodási mérleg

facturing *ol* kőzetrepesztés

facultative stabilization lake *hidr* fakultatív stabilizációs tó

faculty kar, fakultás *(főiskoláé, egyetemé)*

fade I. *v* tompul, (el)halványul, elszíntelenedik; gyengül; *ép* lecsillapodik *(hang, rezgés, árvíz stb.)*; *pa* kifehérít; *tex* kifakul; **II.** *n* tompulás, halványulás, elszíntelenedés, kifakulás; fokozatos elhomályosulás; jelfeszültség-csökkenés *(antennán)*; *film, tv* (fokozatos) átúsztatás/áttűnés; ~ **away** *v távk* gyengül *(jelfeszültség)*; ~**-box** hangerőszabályozó *(hangosfilmhez)*; ~**-down** fokozatos képeltűnés; ~ **in** *v* előtűnik, fokozatosan kivilágosodik *(kép)*; (fokozatosan) átúsztat *(képet)*; fokozatosan erősít *(hangot)*; ~**-in** *film, tv* fokozatos/lassú előtűnés *(képé)*; fokozatos/lassú átúsztatás/áttűnés; ~ **out** *v* fakul; fokozatosan elhalványít *(képet)*; eltűnik *(kép)*; *rád* elhalkul; ~**-out** fokozatos/lassú áttűnés, átúsztatás; *film, tv* lassú eltűnés *(képé)*; ~**-over** *film, tv* (fokozatos/lassú) átúsztatás; átkeverés; ~**-proof/resistant** fényálló; ~ **slide** reteszes blende/fényhatároló, tolóretesz; ~ **up** *v* fokozatosan erősít *(hangot)*; fokozatosan kivilágosít/átúsztat *(képet)*; ~**-up** fokozatos képmegjelenés

fadeometer elszíntelenedésmérő; fedeométer, fakulásmérő; *műa* fadeométer *(fényállóság- és időjárásállóság-vizsgáló berendezés)*; megvilágításmérő; *pa* festékszilárdság-mérő

fader hangerőszabályozó *(hangosfilmhez)*; *foto* képhalványító; sötétítőkorong *(pille)*

fading tompulás, (el)halványulás, elszíntelenedés; *pa* kifehérítés; *rád* (el)halkulás, fading; *tex* színfakulás, kifakulás; ~ **blue** halványkék; ~ **by polarization** *aut* polarizációs elhalkulás; ~ **control** halkuláskiegyenlítés, átúsztatásszabályozás; *rád* fadingszabályozó; ~ **down** → ~ out; ~ **effect** *rád* fading(hatás); ~ **on exposure** (ki)fakulás *(levegőn)*; ~ **out** kitakarás, kirekesztés *(sugárnyalábból)*; ~ **period** *rád* elhalkulási periódusok, fadingperiódusok; ~ **regulation** *rád* fadingszabályozás; ~ **shutter** *foto* redőnyzár; ~ **test** fényállóság-vizsgálat; ~ **zone** *rád* fadingzóna

fadometer színtartóságmérő készülék

faeces, *US* **feces** ürülék; ~ **pit** *ép* latrinagödör, pöcegödör

FAF → final approach fix

fag *tex* leszed, lebont *(szövetet, fonalat)*; ~ **end** *tex* szövet/kötél felbomlott vége, maradék, foszlány *(szöveté, kötélé)*

faggot, *US* **fagot I.** *v* nyalábba köt, kötegel, báláz; **II.** *n* rőzse(nyaláb), vesszőköteg, vasnyaláb; kötegelt tűzifa; *heng* nyerssínköteg; *hidr* rőzseköteg, rőzsehenger, rőzsekolbász; ~ **dam** *hidr* rőzsegát; ~ **iron** *koh* hegesztett vas(köteg)

faggoted | iron *koh* kötegelt vas, (hegesztett) vasköteg; ~**-iron furnace** *koh* bálaizzító kemence; ~ **steel** *koh* kötegelt acél

faggoting I. *a* bálázó; **II.** *n hidr* (rakott) rőzsemű; *koh* bálázás *(ócskavashulladéké)*; ~ **press** törtvasbálázó sajtó; ~ **scrap** *koh* bálázandó vashulladék

fagot *US* → faggot

fahl ore → fahlerz

fahlerz *ásv, vegy* fakóérc, tetraedrit

fahlunite *ásv* fahlunit

Fahrenheit (F) Fahrenheit(-fok); ~ **scale** Fahrenheit-skála *(hőmérőbeosztás)*

faience fajansz

fail (szét)törik; megrongálódik, elromlik, felmondja a szolgálatot; *any* eltörik, tönkremegy; *bány* állva marad, eláll *(fúrólyuk)*; *gép* nem működik, meghibásodik, elromlik; ~ **in compression** tönkremegy nyomásra; ~ **in shear** tönkremegy nyírásra; ~ **in tension** tönkremegy húzásra; ~**-safe** meghibásodásbiztos; hibabiztos; teljesen üzembiztos; önműködő védelmű; *szt* leállás nélküli; ~**-safe analysis** rendszer meghibásodás elleni biztonságának elemzése; ~**-safe autopilot** fokozott megbízhatóságú robotpilóta; ~**-safe construction** meghibásodásbiztos konstrukció; ~**-safe load** *rep* biztonságos megterhelés; ~**-soft** *rep* minimális üzembiztonságú; ~**-soft system** *szt* hibatűrő rendszer

failed hibás, sikertelen; ~ **component** meghibásodott elem; ~ **component summary analysis** meghibásodott rendszerösszetevők összegző elemzése; ~ **element** inhermetikus üzemanyagelem; ~ **engine** *rep* leállt hajtómű; ~ **part** hibás alkatrész; ~ **test piece** eredménytelenül kipróbált próbadarab

failing meghibásodás, kifáradás, törés; ~ **item** meghibásodott termék; ~ **number** meghibásodások száma; ~ **stress** törőigénybevétel, törőterhelés, törési feszültség, törőfeszültség

faille *tex* faille; ~ **reverse** *tex* félselyemdublé; ~ **ribbon** bordás selyemszalag

failproof power supply *szt* megszakításmentes áramellátás

failure tönkremenetel; meghibásodás, (gép)hiba, megrongálódás *(gépé)*; összedőlés; gépsérülés, géptörés;

gépzavar, leállás; *any* kiesés; kifáradás, törés; kihagyás, leállás *(géphiba miatt)*; *bány* omlás, szakadás; törés; *ép* törés *(tartóé)*; *gumi* defekt; *hidr* szakadás *(gáté)*; ~ **aftermath** meghibásodás következményei; ~ **alarm** hibajelző készülék; ~ **analysis** hibaelemzés, hibaanalízis; ~ **analysis report (FAR)** hibaelemzésről szóló jelentés; ~ **area** meghibásodási terület; ~ **black** *koh* fekete törés; ~ **by piping** *hidr, ép, talt* hidraulikus talajtörés; ~ **cause** meghibásodás oka; ~**-cause analysis** a hiba okának elemzése; ~ **chart** a meghibásodások számát feltüntető diagram; ~ **condition** tönkremeneteli feltétel; *talt* törési feltétel; ~ **consequence** meghibásodások sorrendje; ~ **correction** hiba megszüntetése; ~ **correction system** hibamegszüntető rendszer; ~ **cost** üzemzavarból eredő költség; ~ **criterion** meghibásodási kritérium; meghibásodások osztályozási kritériuma; *talt* törési feltétel; ~ **current** *el* (rövid)zárlati áram; hibaáram; ~ **curve** meghibásodások számát feltüntető görbe; ~ **detection** meghibásodás felderítése; ~**-detection system** hibafelderítő rendszer; ~ **diagnosis** hibafelderítés; ~ **distribution** meghibásodások gyakoriságának eloszlása; ~ **estimate** hibabecslés; ~ **feedback** fogyasztótól érkező információ a meghibásodásról; ~**-free operation** hibátlan működés; ~ **frequency** meghibásodás gyakorisága; ~ **graph** meghibásodási grafikon; ~ **in buckling** *mech* kihajlási tönkremenetel; ~ **indicator** meghibásodásjelző készülék; ~ **information** meghibásodásra vonatkozó információ; ~ **in shear** *ép* nyírási törés *(vasbetontartóé)*; ~ **intensity** meghibásodási folyamat paramétere; ~ **in time (FIT)** FIT *(a meghibásodási ráta egysége)*; ~ **isolation** meghibásodás helyének azonosítása; ~ **level** meghibásodási szint; ~ **load** *ép, mech* meghibásodást okozó terhelés; törőteher, határteher; *talt* törőterhelés; ~ **logging** *szt* hibaregisztrálás; ~ **mode** meghibásodási mód; ~ **mode analysis (FMA)** hiba jellegének elemzése; ~ **of a dam** *hidr* töltésszakadás, gátszakadás; ~ **of oscillation** *rád* rezgés leszakadása; ~ **of the timbering** *bány* ácsolattörés; ~ **prediction** meghibásodás előrejelzése; ~ **prevention** meghibásodás megelőzése; ~ **probability** meghibásodás valószínűsége; ~ **rate** meghibásodási tényező/ráta; meghibásodási/kiesési arány; ~ **rate acceleration factor** meghibásodási ráta gyorsítási tényezője; ~ **rate apportionment** meghibásodási hányad eloszlása; ~ **rate level** meghibásodási rátaszint; ~ **rate periods** meghibásodási ráta szakaszai; ~ **ratio** meghibásodások számának viszonya a vizsgált elemek számához; ~ **recovery** *szt* hibából visszatérés; ~ **removal** hiba megszüntetése; ~ **replacement** meghibásodott alkatrész kicserélése; ~ **statistics** hibastatisztika; ~ **strain** *mech* tönkremeneteli/törési/szakadási nyúlás; törési alakváltozás; ~ **strength** törőszilárdság; ~ **stress** *mech* tönkremeneteli feszültség, törőfeszültség, szakítófeszültség; ~ **surface** *talt* törési felület; ~ **symptom** meghibásodás tünete; ~ **test** *mech* törővizsgálat, szakítóvizsgálat, tönkremeneteli vizsgálat; ~ **verification** megbízhatósági ellenőrzés; ~ **zone** meghibásodási övezet; *talt* törési zóna

faint I. *v* gyengül; (ki)fakul, elhalványodik; **II.** *a fiz* gyenge, alig érzékelhető; **III.** *n hang* halk zaj; ~ **casting** elmosódott domborzatú öntvény

fair[1] *gépk, rep* áramvonalaz

fair[2] helyes, szabályos; méltányos, tisztességes; tiszta *(idő)*; ~ **bearing** *gép* szoros felfekvés; ~ **drawing** tisztázati rajz; ~**-face brick claddings** *ép* téglaburkolatok; ~**-faced concrete** *ép* építészeti látszóbeton; ~ **game/play** igazságos játék; ~ **wind** *rep* kedvező szél

faired áramvonalas; ~ **strut** áramvonalas dúc

fairfieldite *ásv* fairfieldit

fairing áramvonalazás; homlokellenállást csökkentő *v.* áramvonalas burkolat; ~ **cone** kúpos áramvonalazás; ~ **plate** borítólemez, burkolólemez

fairlead kötélvezető; kötélvezeték *(emelőn)*; *ép* kivezetőcső, áteresz; *szersz* vezetékléc, vezetősín

fairway hajózható út; hajózóút

fake *hajó* kötél összecsavarása; kötélgyűrű

faking trükkfényképészet

fall[1] **I.** *v* esik; fogy; apad; alábbhagy, csillapodik; *bány* beomlaszt; beszakad; jöveszt *(szenet)*; leereszkedik, leül *(főte)*; **II.** *n* esés; *bány* beomlott meddőkészlet; dőlés, hajlás; ereszke; főtebeszakadás; jövesztett szén; nyomás; omlás, szakadás; *em* kötélág; *geol* hegyoldal; *hidr* nyomómagasság, nyomásesés, szintkülönbség; ~ **back** *v* visszaesik; ~ **diameter** hidraulikus átmérő; ~ **down** *v bány, talt* beomlik *(kőzet)*; ~ **due** *v* esedékessé válik; lejár; ~ **head** esési nyomómagasság; ~ **in** *v bány* beszakad, beomlik; ~ **increaser** *hidr* esésnövelő berendezés; ~ **into spin** *v rep* dugóhúzóba esik; ~ **into step** *v el* szinkronozódik; ~ **lever** süllyesztő emeltyű; ~ **line** lefelé menő kötélág; süllyesztőkötél; ~ **off** *v* romlik, visszaesik *(minőség)*; ~ **of ground** *bány* szakadás; ~ **of potential** *el* potenciálesés, feszültségesés, potenciálcsökkenés, feszültségcsökkenés; ~ **of scaffold** *ép* állványzat-összeomlás; ~ **out** *v* kihullik, kiválik, kicsapódik; ~**-out** kihullás, kiválás, kicsapódás; *at* (radioaktív) poreső, hamueső, radioaktív csapadék; ~**-out deposit** kihullási lerakódás; ~**-out monitoring** folyamatos kihullásmérés; ~**-out wind vector plot** szélvektordiagram; ~ **over** *v rep* farokra csúszik *(repülőgép)*; ~ **pipe** *ép* esővíz-levezető cső; ~ **plate** *kh* ajtólemez *(lánckötő gépen)*; ~ **rate** esési sebesség; ~**-rope scrab/carrier** kötélvontatású futómacska; ~ **short of** *v* alatta marad vminek; nem üti meg a mértéket; ~ **structure** *hidr* eséscsökkentő gát; ~ **time** *aut* esési/lefutási/lecsengési idő; visszaállási idő; ~ **to leeward** *v hajó* szél alá fordul; ~ **tube** lefolyócső, levezetőcső; ~ **wind** *rep* lejtőn leáramló hideg szél; ~ **wool** *tex* másodnyíratú *v.* őszi nyírású merinógyapjú

fall[2] *US* → autumn

fallacy *mat* paralogizmus, téves következtetés

fallen | hide dögbőr; ~ **pelt** összeejtett jellegű pőre; ~ **wool** *tex* döggyapjú

faller fonalvezető *(kar, lamella)*; *tex* (gereben-)tűsléc, gill-léc; irányítóhuzal *(szelfaktoron)*; ~**-box** kelepce; *bőr* kallózókocka; ~ **catch** ütőkészülék *v.* verőkészülék kilincsütközője *(őzbőrszövet-szövőgépen, „buksin")*; ~ **gills** *tex* gerebenlécek; ~**-relieving lever** *tex* irányítóhuzal tehermentesítő emeltyűje

falling esés; fogyás; *bány* beomlasztás; beszakadás; jövesztés *(széné)*; leereszkedés, leülés *(főtéé)*; *fa* fadöntés; ~ **apron** *hidr* kődepónia; ~**(-)back** visszaesés; kivehető háttámla; lecsapható háttámla; ~**-ball test** golyópróba, gyöngypróba, szkleroszkópvizsgálat; *gumi* ejtőgolyós próba; ~**-ball visco(si)meter** (ejtő)golyós viszkoziméter; ~ **characteristic**

aut eső jelleggörbe; *el* eső/mellékáramkörű jelleggörbe; **~-dart test** *műa* golyóejtő próba; **~ disc/disk** *vasút* látjelző, optikai jelző; **~-down** *bány, talt* beomlás *(kőzeté)*; **~-dust sediment** *geol* hullóporos üledék; **~-film distillation** vékonyfilm-lepárlás, filmlepárlás; **~-head permeability test** *talt* áteresztőképesség vizsgálat csökkenő víznyomással; **~-head permeameter** *mech* csökkenő nyomású áteresztőképesség-vizsgáló; **~ hinge** süllyesztett csuklópánt; **~-in** bedőlés, beesés; beakasztódás, bekapcsolódás *(kilincsműnél)*; *bány, talt* beomlás *(kőzeté)*; **~ interference tints** csökkenő interferenciaszínek; **~ into dust** porrá válás, szétesés, szétporladás; **~ lath** csappantyú; **~ limb** *hidr* apadó ág; **~-off burner** vágópisztoly; **~-off in quality** minőségromlás; **~ of ground** talajbeomlás; **~-on** *tex* átfedés *(nyomás)*; **~-out** kiesés *(szinkronból)*; **~-out of step/synchronism** *tv* kiesés *(szinkronból)*; szinkronizmus szétesése; **~ plate** *ép* ejtőlemezes talajtömörítő; szabadoneső döngölőlap; **~-plate tamping unit** szabadoneső döngölőlap; **~ rate** esési sebesség; **~ shaft** *tex* lehúzónyüst; **~ solution** *bőr* másodpikkelfürdő; **~-sphere test** → **~**-ball test; **~ velocity** *hidr* ülepedési sebesség; süllyedési sebesség; **~ water** apadó víz; **~ weight** szabadon eső súly

fallow I. *v* ugart/szűzföldet feltör/felszánt; **II.** *a* fakó; **III.** *n* ugar, szűzföld

fallway padlónyílás *(áru ömlesztésére)*; ejtőakna; **~ filter** *bány* ejtőszűrő

false hamis, utánzott; **~ air** *hőt* hamis huzat/levegő; **~ arch** *ép* ál(bolt)ív, álboltozat, álboltöv, vakív, díszítő ív; **~ axle** áltengely; **~ beam** *ép* vakgerenda, terhelésmentes gerenda; **~ bedding** *geol* látszólagos rétegezettség; **~ body** *műa* hamis test; tixotrop testtartalom; **~ bottom** *bány* álfekü; *ép* vakpadló; *hajó* kettős/süllyesztett hajófenék; **~ bottom of caisson** *hidr* keszon ideiglenes feneke; **~ brinelling** *gép* (hamis) brinellezés; önbrinellezés; **~ cap** *bány* ideiglenes főtefa; **~ ceiling** *ép* álmennyezet, függesztett/függő mennyezet; **~ centre/center** *forg* feltűzőcsúcs; **~ channel** *hidr* árasztómeder; **~ cleavage** *bány* álvállap; *geol* álrétegződés; **~ code** *szt* hibás kód; **~ core** *önt* hamis mag; **~ cover** külső fedél *(csak díszítő)*; **~ dip** *bány* áldőlés; **~ draught/draft** *tex* hibás befűzés, elfűzés; **~ drop** *szt* hibás visszakeresés; **~ ellipse** *mat* kosárív, kosárvonal; **~ floor** *ép* béléses borított gerendafödém; **~ fusion** *krist* kristály megolvadása saját kristályvizében; **~ galena** *ásv* szfalerit; **~ header** *ép* fiókgerenda; **~ heartwood** *fa* álgeszt *(faanyag)*; barnabél; **~ information input** téves információbemenet; **~ jaw** cserélhető pofa, mellékpofa; **~ leader** feltűzhető vezetőkeret; **~ lock** titkos zár; **~ longeron** *rep* álhossztartó; **~ marking** *US* szabadalmi szédelgés; **~ member** álrúd, álszerkezeti elem; **~ ogive** *kat* ballisztikai kupak/süveg; szélsisak; **~ operation** *távk* téves működés; **~ output signal** téves kimeneti jel; **~ pass** *heng* vak kaliber; **~ punching** téves lyukasztás; **~ retrieve** *szt* hibás visszakeresés; **~ rib** *rep* pótborda, segédborda; **~ ring** *távb* hibás hívás; **~ river bend** *hidr* álkanyar; **~-rivet welding** lyukhegesztés, ponthegesztés *(tőcsaphegesztéshez)*; **~ roof** *ép* áltető, álmennyezet; **~ roofing** *bány* álfőte; **~ sap** *fa* kettős szijács; **~ shaft** laza tengely; **~ signal** *távb* hamis hívás; **~ spar** *rep* segédtartó; **~ stull** segédtámfal; **~ trip** hibás működtetés, hibás kapcsolás; **~-twist yarn** *tex* hamis sodratú fonal; **~ window** *ép* vakablak; **~ wiring** csövelés huzalerősítés nélkül *(bádogárun)*; **~ yeast** vadélesztő; **~ zero** *geod* eltolt kezdőpont/nullapont; **~-zero test** nullázó mérés

falsework *ép* betonfalívek zsaluzása; ideiglenes aládúcolás; mintaállvány; szerelőállvány; zsaluzóállvány, állvány

falsification hamisítás

falt-sided motor peremes motor

faltung *mat* konvolúció; **~ theorem** konvolúciótétel

famatinite *ásv* famatinit

Famennian stage *geol* famenni emelet

familiarization flight (FFLT) *rep* ismertető/szoktató repülés

family *szt* gépcsalád; **~ car** családi gépkocsi; **~ fare** *rep* családi viteldíj/menetdíj; **~ flour** *élip* háztartási liszt; **~ mo(u)ld** *műa* többmunkahelyes többcélú szerszám; **~ of characteristic(s)** jelleggörbesereg, karakterisztikasereg; **~ of curves** *mat* görbesereg; **~ of elements** *fiz* elemek halmaza, elemek rendszere; **~ reflections** *krist* családreflexiók

FAMOS → floating avalanche MOS

fan I. *v* szellőztet; *mzg* rostál *(gabonát)*; *tex* szelel *(láncszárításnál)*; **II.** *n* szellőző, szelelő; ventilátor; *bány* szellőztető *(gép)*; *geof* geofonlegyező; *gyógyv* propeller *(tablettázógépen)*; *mzg* (gabona)rosta, szelelőrosta; *nyom* papíralak *(23"x20 1/2" v. 22 1/4"x13 1/4")*; *rep* légcsavar; **~ anchorage** *ép* legyező lehorganyzás, terpesztett (huzalos) lehorganyzás; **~ antenna** *távk* legyezőantenna; **~ atomizer** *mzg* forgó permetező; **~ beam** *rád* legyező alakú sugárkéve/sugárnyaláb; **~ belt** *gép* ékszíj, ventilátorszíj, szellőzőszíj; **~-belt cover** *gép* védőlemez szellőzőszíjhoz; **~ blower** *szell* (centrifugális) ventilátor; axiálszellőző; szárnyas légfúvó; **~ brake** *gépk* szárnyas motorfék *(fékpad)*; **~ burning** *rep* tüzelőanyag elégetése *(turbóventilátoros hajtómű második áramkörében)*; **~ chute** elterítővályú; **~-coil for cooling** léghűtő ventilátorkonvektor; **~-coil unit** ventilátorkonvektor, ventilátoros konvektor; klímakonvektor; **~ control** szellőző vezérlése/fordulatszám-szabályozása; **~(-)conveyer** kis nyomású szállítóberendezés; **~-cooled** léghűtéses, kényszerhűtésű *(motor)*; **~ cooling** léghűtés, ventilátoros hűtés; kényszerhűtés; **~ cut** *bány* legyezőbetörés; **~ dial** félkör alakú tárcsa; **~ dipole** *távk* legyeződipól(us); **~ drift** *bány* légcsatorna; **~-driven generator** szélgenerátor; **~ duct** *rep* kétáramú gázturbinás hajtómű külső levegővezetéke; **~ duty** *el* fordulatszám négyzetével arányos terhelés; ventilátor-üzemviszony; **~-duty motor** szellőzőmotor; **~-duty resistor** önszabályozó ellenállás *(szellőzőmotoron)*; **~ dynamometer** szárnyas dinamométer; **~ engine** ventilátoros motor; **~ exhaust** *élip* ventilátor; **~-fold** *geol* legyezős *v.* legyező alakú gyűrődés; *nyom* leporelló; **~ galvanometer** szárnyas galvanométer; **~ gate** *műa* oldalbeömlés *(fröccsöntőszerszámban)*; **~ heater** ventilátoros hősugárzó; **~ housing** *élip* ventilátorház; **~-in** *el* fan-in *(vezérelhetőség)*; *szt* bemenetek száma; **~-like spread** *távk* legyezőszerűen szétterülő jelleggörbesereg; **~ marker (FM)** *el, rep* fan marker *(rádiónavigáció)*; legyező alakú jelkapu; **~ marker beacon** legyező-sugárnyalábú helyjeladó állomás; **~ motor** → **~**-duty motor; ~-**out (FO)** *el* fan-out, normalizált terhelhetőség; *szt* kimeneti terhelhetőség; ~ **pressure** fúvónyomás; ~ **pulley** *gépk* hűtőventilátor-ékszíjtárcsa; ~ **pump** propellerszivattyú; ~ **shape** legyezőalak; ~-**shaped** legyező alakú, legyezőszerű; ~-**shaped antenna** legyezőantenna; ~-**shaped laser beam** legyező alakú lézersugár(nyaláb); ~ **shooting** legyezőlövés; ~ **shutter** szellőzőszabályozó lemez, huzatszabályozó lemez; ~ **slip** levegőveszteség *(szellőzőben)*; ~ **tip speed** *rep* légcsavarvég kerületi sebssége; ~ **tracery** *ép* legyezőboltozat tagozása/díszítése, legyezőtagozás; ~-**type engine** *rep* W-motor; ~ **vaulting** *ép* legyezőboltozat; ~ **wheel** szárnykerék, szellőzőkerék; ~-**wheel water-meter** szárnykerekes vízmérő; ~ **wind** *koh* fúvószél

fancy I. *a* díszített *(óra)*; *tex* mintás *(kötés, szövés)*; **II.** *n* díszműáru; ~ **alloy** díszműipari ötvözet; ~ **back** *tex* színoldaltól eltérő színű fonákoldal; ~ **board** *pa* plakátkarton; ~ **clear** *élip* világos kenyérliszt; ~ **cloth** mintás szövet, Jacquard-szövet; ~ **coal** *bány* dúsított szén; ~ **crape** *pa* fantáziakrepp-papír; ~ **doubling frame** effektcérnázó gép, díszítő cérnázógép; ~ **draught/draft** *tex* effektdíszbefűzés, díszítő befűzés; ~ **goods** *pl* díszműáru; ~ **jersey** *kh* mintás egytűsoros kötés; ~ **leather** díszműbőr; ~ **lining** *ép* díszborítás; ~ **loom** *tex* jacquard-szövőszék; ~ **meats** *élip* ehető belsőségek; ~ **net machine** mintástüll-szövőgép; ~ **pass** *tex* mintás befűzés; ~ **printing-paper** *pa* nyomtatott kiszerelőpapír; ~ **roller** *tex* kiemelőhenger *(kártológépen)*; volant-henger; ~-**roller fillet** *tex* volant karszalag; ~ **shade** *nyom* fantáziaárnyalatok; *tex* divatos színárnyalatok; ~ **stationery** *pa* luxuspapíráru; ~ **stripper** *tex* tisztítóhenger; ~ **thread** díszítőcérna; ~ **trimming** *cipő* betét, rátét *(cipőfelsőrésznél)*; borítás, burkolat; ~ **twill** *tex* díszítősávoly; kétszínoldalas sávoly; ~ **twist** *tex* díszítősodrat; ~ **twisting** *tex* díszítősodrás, effektsodrás; ~ **twisting frame** *tex* effektcérnázó gép; ~ **weaving** *tex* jacquard-szövés; mintás szövés; ~-**work** *ép* díszítés; *tex* finom kézimunka; ~ **yarn(s)** *tex* díszítőfonal

fang tartóhorog, akasztókampó, akasztókapocs; kapaszkodófog; *bány* kasszékütköző; légvezető csatorna; ~ **bolt** *ép* lehorgonyzó csap; *geod* gúlalábrögzítő csap; *gép* alapzatcsavar, kőcsavar; *ol* horganycsavar; ~ **head** *gép* kőcsavarfej; tüskésfej; *ol* fogófej, befogott fej; ~**s** *bány* légvágat

fanging keverő *(fúvóka)*

fangot nyersselyembála

fanlight *ép* felülvilágító (ablak)

Fann rotational viscosimeter *ol* Fann VG viszkoziméter

fanned | beam antenna többszörös sugárvető/irányított antenna; ~ **convector** ventilátorkonvektor, ventilátoros konvektor

fanner *mzg* lengőrosta, szelelőrosta; ~**s** *bány* kézi hajtású szellőztető

fanning szellőztetés; legyező alakú szétterülés *(sugaraké)*; ~ **mill** *mzg* szelelőrosta; ~ **of slip lines** csuszamlási vonalak legyezős kiterjedése; ~ **out** *bány* kötélkisodródás; ~ **strip** bordaléc *(kábelbordán)*

fantail *ép* legyező alakú szerkezeti rész; szárny, vitorla *(szélmalomé)*; *koh* összekötő csatorna; ~ **burner** pávafarkégő, kétirányú levegőadagolású porszénégő; ~ **die** *műa* halfarokelosztó *(széles résű extruder szerszámban)*

fanwise paving *ép* legyező-kiskockakő burkolat

far I. *a* messzi, távoli, távol fekvő; távolabbi; **II.** *adv* messze, távol, nagy távolságban; messzire; sokkal, jóval; ~ **bank** *hidr* szemközti/másik/átellenes part; ~-**end attenuation** *távk* távolsági/távolvégi áthallási csillapítás; ~-**end coupling** *távk* távolvégi csatolás; ~-**end cross-talk** távolvégi áthallás; ~-**field fringes** interferenciagyűrűk a távoli lézersugárzási övezetben; ~ **infrared (FIR)** távoli infravörös; ~-**infrared communication** *távk* távoli infravörös színképtartományú távközlés; ~-**infrared detector** távoli infravörös detektor/érzékelő; ~-**infrared region** távoli infravörös színképtartomány; ~-**off** távoli, messzi, távol fekvő; ~-**off selection** *távk* távolszelektivitás; ~ **point** távolpont; ~ **side** túlsó/másik oldal; *közl* úttest felőli oldal *(járműé)*; ~ **station** *rád* távoli állomás; *távk* ellenállomás; ~ **ultraviolet** távoli ultraibolya; ~-**well sand** *ol* homoksorozat legmélyebb tagja; ~ **zone** távoltér; ~ **zone focusing** *foto* távoli beállítás, távolra fókuszálás, totálplán, távolkép

FAR → failure analysis report; → Federal Air Regulations

farad (F) *el* farad; ~ **bridge** kapacitásmérő híd

faraday → Faraday constant

Faraday | cage → ~ shield; *el* ~ **constant (F)** Faraday-állandó, Faraday(-szám), faraday; ~ **cylinder** sugárcsapda; ~ **dark space** Faraday-féle sötéttér; ~ **rotation** Faraday-forgatás; ~ **rotation automatic polarimeter** magnetooptikai elforgatásos automatikus polariméter; ~ **screen** elektrosztatikus ernyő; ~ **shield** elektrosztatikus ernyő; Faraday-kalicka/kalitka; ~**'s law** Faraday-féle törvény; ~**'s wire cylinder** → ~ shield

faradic *el* farados *(áram)*; ~ **stimulation** faradizáció

faradization, faradism *el* faradizálás

faradize *el* faradizál

faradizer *el* faradizálógép

faradmeter *el* kapacitásmérő

fare *közl* útiköltség; viteldíj, fuvardíj, menetdíj; ~**s and rates agreement** *rep* tarifaegyezmény; ~ **taper** *rep* tarifakedvezmény, távolsági kedvezmény

farewell block *geol* vándorkő

fargite *ásv* fargit

farina *élip* (burgonya)keményítő; liszt

farinaceous *élip* lisztes

farm gazdaság, kisbirtok, farm; ~ **crossing** *közl* magánforgalmi útátjáró; ~ **development plan** üzemfejlesztési terv; ~ **engine** *mzg* mezőgazdasági (erő)gép/motor; ~ **equipment** (mező)gazdasági (gépi) felszerelés; ~ **forest** *fa* magánkezelésű/kisgazdasági erdő; ~ **implements** mezőgazdasági gépek/felszerelés, gazdasági munkagépek; ~ **machinery** mezőgazdasági (gépi) felszerelés; ~ **power** mezőgazdaságban felhasznált energia; ~ **produce** mezőgazdasági termék(ek); ~ **reallocation** tagosítás; ~ **road/track** dűlőút; mezőgazdasági út; ~ **tractor** mezőgazdasági vontató, traktor; ~ **truck** *gépk* gazdasági teherkocsi

farmer gazdálkodó; gazda; farmer; ~ **drill** egyeneshornyú fúró; ~**'s milk** *élip* egyedi tej

farming *mzg* gazdálkodás

farmyard gazdasági udvar; ~ **dung manure (FYM)** istállótrágya

faroelite *ásv* farölit

farrier patkolókovács; ~**'s pincers** *pl szer* patacsípőfogó; ~**'s shoeing hammer** *szer* patkolókalapács

FARt → field-artillery rocket

fascia homlokdeszka; cégtábla (helye); nyereglemezfabetét; *ép* tagozat(ok); vesszőnyaláb *(reneszánsz építészetben)*; *gépk* műszerfal, szerelvényfal; ~ **board** *ép* orom(szegély)deszka, ereszdeszkázat; ~ **board/panel** *gépk* műszerfal, szerelvényfal

fascicular nyalábos

fascine *hidr* rőzsemű; ~ **barrier wall** rőzsegát; ~ **choker** szorítólánc rőzsekolbászkötéshez; ~ **cradle/horse** rőzsekötő bak; ~ **dam** rőzsegát; ~ **mattress** rőzsepaplan; ~ **sausage** rőzsekolbász; ~ **to be sunk** *talt* rőzsehenger

fash *tex* gyapjúszövet-foszlány; szabáshulladék

fashion I. *v* mintáz, (ki)alakít; kidolgoz; megmunkál; tervez *(ruhát)*; *kh* idomoz; **II.** *n* mód; szokás; stílus; divat

fashioned | goods *kh* szabályozható alakra/idomban kötött áruk; ~ **iron** idomacél; ~ **stone** *ép* faragott kő

fashioning mintázás, (ki)alakítás; szervezés *(ruháé)*; *kh* idomozás; *műa* utólagos megmunkálás/kikészítés; ~ **mechanism** *kh* méretre alakító szerkezet *(kötőgépen)*

fassaite *ásv* fasszait; pirgom

fast I. *a* sebes, gyors; szilárd, rögzített; *ép, tex* színtartó, nem fakuló, színálló, *foto* fényérzékeny; **II.** *n bány* folyosó; hordalék ágya; szénben előresiető fejtési vágat; ~**-access memory/storage/store** → ~ storage/store; ~ **acid violet** *vegy* színtartó savas ibolya *(színezék)*; ~**-acting fuse** *el* gyors megszakítású kapcsoló; ~**-acting relay** gyorsműködésű jelfogó/relé; ~ **at an end** *bány* omlás melletti vágat; ~ **blue** *pa* kék csomagolópapír; *tex* színtartó kék *(színezék)*; ~ **breeder,** ~**-breeding reactor (FBR)** *at* gyorstenyésztő reaktor, gyorsneutronos tenyésztő reaktor; ~**-burning powder** *kat* gyorsanégő lőpor; ~ **card punch** gyors kártyalyukasztó; ~ **chopper** gyorsmegszakító; gyorsműködésű szaggató, gyorsszaggató; ~ **clock** siető óra; ~ **coincidence circuit** gyors-koincidenciakör; ~ **colo(u)r** *tex* színtartó színezék; ~**-colo(u)red** színálló; ~**-colo(u)r fabric** színtartó szövet; ~ **coupling** oldhatatlan tengelykapcsoló; ~ **cross-section** *at* gyorsneutron-hatáskeresztmetszet, hatáskeresztmetszet gyorsneutronokra; ~**-curing** *gumi* gyorsan vulkanizálódó; ~ **data acquisition** gyors adatgyűjtés; ~ **data store** gyors adattároló; ~ **data transmission** gyors adatátvitel; ~ **detection** gyorsdetektálás; ~ **detector** gyorsdetektor; ~ **disintegrating** *gyógyv* gyors szétesés; ~ **dislocation** gyors diszlokáció; ~ **dye** *tex* színtartó színezék; *vegy* valódi színezék; ~**-dyed yarn** *tex* színtartó fonal; ~ **effect** → ~-fission effect; ~ **electron** *at* gyorselektron; ~ **electronics** gyorselektronika; ~ **erection tower crane** gyorsszerelő toronydaru; ~**-exponential experiment** *at* exponenciális gyorsneutronos kísérlet; ~ **feed** *forg* gyors(ított) előtolás; ~ **film** *foto* érzékeny *v.* nagy érzékenységű film; ~ **filter** gyorsszűrő; ~**-finishing steel** gyorsan simítható acél; ~ **fission** gyorshasadás, gyorsneutron okozta hasadás; ~**-fission effect** *at* gyorshasadási hatás, gyorsneutronos hasadási jelenség/effektus; ~**-fission factor** *at* gyorshasítási tényező, gyorsneutron-sokszorozó tényező; ~ **fluence** *at* gyorsneutron-fluens; ~ **flux** *at* gorsneutron-fluxus; ~ **forward (FFWD)** *el* gyors előrehaladás/előrecsévélés, FFWD *(gomb)*; ~ **fragment** *at* gyors töredék; ~ **freight** *vasút* gyorsáru, közvetlen szállítmány; ~ **freight/goods traffic** *vasút* gyorsáruforgalom; ~ **head** *forg* állóbáb, álló lünetta; ~ **idling** *gépk* gyors üresjárat; ~ **information retrieval** *szt* gyors információvisszakeresés; ~ **lane** *közl* (leg)belső/gyors sáv *(autópályán)*; ~ **laser pulse** rövid lézerimpulzus; ~ **leakage** *at* gyorsneutron-veszteség; ~ **lens** *foto* fényerős *v.* nagy fényerejű lencse/objektív; ~ **line** futószál; ~ **memory** → ~ store/storage; ~ **mill** *heng* gyorsjáratú hengersor; ~ **mobile crane** önjáró daru; ~**-motion method/effect** *film* időszűkítő felvétel, zeitrafferfelvétel, gyorsított felvétel; ~**-motion picture(s)** *film* időrövidítő felvétel/film; ~**-moving** nagysebességű, gyorsan mozgó; ~**-multiplication effect** *at* gyorsneutronos hasadási jelenség/effektus; ~**-multiplication factor** → ~-fission factor; ~ **neutron** *at* gyorsneutron; ~**-neutron breeding** *at* gyorsneutronos tenyésztés; ~**-neutron cross-section** *at* gyorsneutron-hatáskeresztmetszet, hatáskeresztmetszet gyorsneutronokra; ~**-neutron detector** *at* gyorsneutrondetektor; ~**-neutron fission** *at* gyorshasadás, gyorsneutron okozta hasadás; ~**-neutron reaction** *at* gyorsneutron-reakció; ~**-neutron reactor** *at* gyorsreaktor, gyorsneutronos reaktor; ~**-neutron region** *at* gyorsneutron-tartomány; ~**-neutron spectrometer** *at* gyorsneutron-színképmérő; ~ **objective** *foto* nagy fényerejű objektív; ~**-on site erection crane** önszerelő daru; ~ **operation** *koh* gyorsjárat; ~ **oven** gyorssütő; ~ **particle** *at* gyorsrészecske, nagy sebességű részecske; ~ **picture search** *vid* gyors képkeresés; ~ **pile** *tex* lesimított bolyh; ~ **printer** *szt* gyorsnyomtató; ~ **pulley** ékelt tárcsa; ~ **pulp** *pa* parázs pép *(őrletlen)*, sovány anyag; ~ **pulse amplifier** szélessávú impulzuserősítő; ~**-quenching oil** nagy edzőképességű olaj; ~ **reactor** *at* gyorsneutronos reaktor, gyorsreaktor; ~ **red** *tex* színtartó piros *(színezék)*; ~**-reed loom** *tex* fixbordás szövőszék; ~ **region** → ~-neutron region; ~**-response flowmeter** gyorsműködésű átfolyásmérő; ~**-response laser detection system** gyorsműködésű lézeres érzékelőrendszer; gyors reagálású lézersugárzás-felderítő rendszer; ~**-response laser flowmeter** gyorsműködésű lézeres átfolyásmérő; ~**-response laser receiver** tehetetlenségmentes lézersugárzás-vevő; gyors reagálású *v.* gyorsműködésű lézervevő; ~ **rewind** (gyors) visszacsévélés; ~ **roof** *bány* állékony/kemény főte; ~**-running** *gép* gyorsforgású; ~ **scan(ning)** *tv* gyors letapogatás; ~ **screen** gyors csillapítású (kép)ernyő; ~ **shot** *bány* elállt robbantólyuk; ~**-slow coincidence** gyors-lassú koincidencia; ~**-slow running** egyenőtlen iramú futás; ~**-speed** gyors hatású/járatú; *foto* nagy (fény)érzékenységű *(film)*; ~ **spindle** nagy fordulatszámú orsó; ~ **spiral** nagy emelkedésű spirálmenet *(hanglemezen)*; ~ **spooling** gyorscsévélés; ~ **storage/store** *szt* gyors hozzáférésű/kiolvasású (adat)tároló, gyorstároló, gyorsmemória, gyors elérésű memória; ~ **stuff** *pa* parázs anyag, sovány pép; ~ **tape perforator/punch** gyors szalaglyukasztó; ~ **thermal coupled reactor** *at* kombinált termikus és gyorsreaktor; ~**-time (gain) control (FTC)** FTC *(radar)*; ~**-to-bleaching colo(u)r** *tex* fehérítésálló színezék; ~ **to**

laundering/laundry *tex* mosásálló; ~ **to light** fényálló *(festék)*; ~ **to milling** *tex* ványolásálló; ~ **to oil** olajállító, olajlassító; ~ **to perspiration** *tex* izzadságálló; ~ **to water** vízálló; ~ **traffic** *vasút* gyorsforgalom; ~ **train** *vasút* gyorsvonat; ~**-travel (hydraulic) crane** autódaru, járműdaru; ~ **turnoff** *rep* gyors legurulóút; ~ **winding** gyorscsévélés; ~ **wool dying** *tex* színtartó gyapjúszínezés; ~ **yellow** *tex* színtartó sárga

fasten megerősít, felerősít, odaerősít, odaköt, hozzáköt, ráköt, ráerősít, rögzít; leköt, megköt; felfüggeszt; leszorít; bekapcsol *(biztonsági övet)*; bezár, elreteszel; csukódik; (be)záródik

fastener rögzítő, tartó, felerősítő; csíptető, szorító; (szíj)kapocs; kallantyú; tolózár; retesz; závár; ~ **setter** *cipő* fűzőkarika-beverő

fastening megerősítés, felerősítés, odaerősítés, rögzítés; lekötés, megkötés; leszorítás; bezárás, elreteszelés; elzáró; rögzítőberendezés; retesz; *gép* csavarbiztosító; kapcsolás; kötő, kötelék; *vasút* illesztés *(síné)*; ~ **cord** rögzítőkötél; ~ **device** rögzítőszerkezet, arretáló szerkezet; ~ **plate** rögzítőlap; *el* pajzslemez *(falikaré)*; ~ **ring** beékelőgyűrű, feszítőgyűrű *(gumiabroncshoz)*; ~ **screw** rögzítőcsavar; ~ **thread** kötő csavarmenet; ~ **units** *ép* kapcsolóelemek

fastness (ellen)állóság; ellenállóképesség; tartósság; szilárdság; rögzítettség; szorosság *(csomóé)*; gyorsaság; *pa* szilárdság; színtartóság; ~ **of a colo(u)r** színtartóság; ~ **of dyes** színállóság, színtartóság; ~ **table** *tex* színtartósági táblázat; ~ **to acid toiling** *tex* ellenállóság/színtartóság savas főzéssel szemben, savas főzésállóság; ~ **to bleaching** *tex* fehérításállóság; ~ **to boiling** *tex* ellenállóság/színtartóság főzéssel szemben; főzésállóság; ~ **to ironing** *tex* vasalásállóság; ~ **to laundering/laundry** *tex* mosásállóság; ~ **to light** *tex* fényállóság; ~ **to mercerizing** *tex* mercerezésállóság; ~ **to rubbing** *tex* dörzsállóság; ~ **to saltwater** sósvízállóság; ~ **to sizing** *tex* ellenállóság írezéssel szemben, írezésállóság; ~ **to slasher sizing** *tex* le nem vérző színezés *(írezésnél)*; ~ **to sunlight** *tex* fényállóság *(napfénnyel szemben)*; ~ **to washing** *tex* mosásállóság; ~ **to washing shrinkage** *tex* ellenállóság mosási beugrással szemben

fat I. *a* olajos; zsíros; **II.** *n élip, vegy* kenőanyag *(zsír)*; zsiradék, zsír; ~**-bloom** *élip* zsírkivirágzás, csokoládé szürkülése; ~ **clay** kövér agyag; ~ **coal** zsíros szén; ~ **colo(u)r** zsírfesték, zsíros festék; ~ **concrete** kövér beton, nagy cementtartalmú beton; ~ **deterioration test** *élip* zsírromlási próba; ~ **dipole** vastag dipólus; ~ **extraction** *élip* zsírkivonás; ~**-face(d) type** *nyom* kövér betűtípus, „fett"; ~**-free** *tex* zsírmentes; ~**-free cloth** *tex* jól mosott posztó; ~ **globule** *élip* zsírgolyócska; ~ **hardening** zsír keményítése; ~ **lime** *ép* kövér mész; zsíros égetett mész; ~ **liquor** *bőr* likker(zsír), likkerolaj; zsírzófolyadék; ~ **liquoring** *bőr* likkerezés; ~ **lute** kitt *(zsíros/olajos agyagragacs)*; ~ **melter** faggyúolvasztó készülék; ~ **mortar** *ép* kövér habarcs; ~ **oil** telített olaj *(pl. gázzal telített mosóolaj)*; ~ **printing type** → ~-face(d) type; ~ **refining** zsírfinomítás; ~ **rendering** zsírolvasztás; ~ **resistance** zsírállóság; ~**s** *vegy* zsiradékok; ~ **separation** *hidr* zsírleválasztás; ~ **soil** *mzg* termékeny talaj; ~**-soluble** *vegy* zsíroldható; ~ **solvent** *élip* zsíroldószer; ~ **spark** *gép* erős/fényes szikra; ~ **splitting** zsírbontás; ~ **stain** zsírfolt; ~ **stock** *élip* zsírt tartalmazó nyersanyag; ~ **tannage** olajcserzés, zsírcserzés; ~ **tissue** *élip* zsírszövet; ~**-tracing paper** olajos pauszpapír, oleáta; ~ **trap** *környv* zsírfogó; ~ **type** → ~-face(d) type; ~ **wrinkle** *bőr* zsírredő

FAT → file allocation table

fatal | **construction mishap/accident** halálos építési baleset; ~ **crash** *rep* katasztrófa; ~ **error** *szt* súlyos hiba; ~ **incident** *rep* halálos végű baleset; katasztrófa; ~ **injury** halálos sérülés

fathom I. *v* szondáz; mélységet mér; ~ *n* **(f)** *fa* öl ($6{,}11 m^3$); *hajó* öl *(tengeri mérték: 1,829 m³)*; ~ **line** *hajó* mérőőn, mélységmérő; szonda

fathometer visszhangos mélységmérő; elektronikus szonda/mélységmérő; (akusztikus) echolot

fatigue I. *v any* (ki)fáraszt, kimerít; *mech* kifárad; **II.** *a any* fáradt; **III.** *n* kifáradás, törés; *any* anyagkifáradás; ~ **bending machine** kifáradásiszilárdság-vizsgáló gép *(hajlító igénybevételkor)*; ~ **bending test** hajtogató próba; hajlító-fárasztóvizsgálat; ~ **breakdown** kifáradás okozta törés; ~ **crack** fáradt repedés; kifáradás okozta repedés; ~ **curve** kifáradási szilárdság görbéje; ~ **experiment** fárasztópróba, tartóssági vizsgálat; ~ **failure/fracture** (ki)fáradási törés/tönkremenetel; kifáradási *v.* kifáradás okozta meghibásodás; fáradt törés; ~ **hardening** fárasztó edzés; ~ **impact test** ütvefárasztó kísérlet *(váltakozó igénybevétellel)*; ~ **impact testing machine** fárasztó ütőmű, ütve-fárasztó berendezés; ~ **indicator** kifáradásjelző készülék; ~ **life** élettartam *(tartósság)*; (ki)fáradási élettartam/szilárdság; *rep* repülési tartam; ~ **life capability** (ki)fáradási szilárdság; ~ **limit** → ~ strength; ~ **load** kifáradást okozó terhelés; ~ **loading** ismétlődő terhelés, fárasztó igénybevétel; ~**-proof** fáradásmentes; ~ **properties** kifáradási jellemzők/tulajdonságok; ~**-ratio** kifáradási szilárdság és sztatikus húzószilárdság viszonyszáma; ~ **resistance** (ki)fáradási/tartós szilárdság; ~ **statistical analysis** az anyagkifáradási esetek statisztikai elemzése; ~ **strength** *any* (ki)fáradási határ/szilárdság *(húzó-nyomó igénybevétel esetén)*, tartós szilárdság, lengő kifáradási szilárdság; ~ **strength at a stated number of cycles** fáradási szilárdság, (élet)tartamszilárdság; ~ **strength endurance** kifáradási szilárdság; ~ **strength of joint** hegesztett kötés kifáradási határa; ~ **strength under pulsating (tensile) stresses** lüktető(-húzó)szilárdság; ~ **strength under reversed bending stresses** hajtogatási szám; ~ **stress** *any* fárasztó/váltakozó feszültség; ~ **test** *any* fárasztópróba, fárasztóvizsgálat, tartóssági vizsgálat, fáradásvizsgálat; ~ **test bar** *any* fáradásvizsgáló próbatest; ~ **test equipment** (ki)fáradásvizsgáló berendezés; ~**(-)tester** *any* fárasztógép; ~ **testing** *any* fárasztóvizsgálat; ~**-testing machine** *any* fárasztógép; ~ **under scrubbing** *gumi* mángorlási fáradás

fattening besűrűsödés, beszáradás *(festéké, lakké)*

fatty olajos; zsíros; kövér; ~ **acid (FA)** *vegy* zsírsav; ~ **alcohol** zsíralkohol; ~ **coumpound** *vegy* alifás, nyílt szénláncú vegyület; ~ **oil** *vegy* zsíros olaj; zsírosított/kompaundált olaj; ~ **spew** *bőr* zsírátütés, zsírkivirágzás, zsírsavátütés *(készbőr barkaoldalán)*; ~ **substance** zsíranyag

faucet (hordó)csap; csap(telep), vízcsap; foglalat *(csőé)*, karmantyú; ~ **end** elmozgatható/csapos vég

(széles szájú csőé); ~ **joint** karmantyús kötés; ~ **pipe** karmantyús cső
faujasite *ásv* faujasit
fault hiba, hiányosság; zavar; *bány* zavargás; *bány, geol, ol* vető, vetődés, törés; *rád, távk* hiba *(szerkezeti)*; *szt* hiba, meghibásodás; *távk* zárlat; zavar; ~ **attenuation measurement** hibacsillapítás-mérés; ~ **basin** *geol* lezökkent völgykatlan; ~ **block** *geol* rög; sasbérc; ~**-block mountain** *geol* röghegység; ~ **breccia** *geol* dörzsbreccsa; vetőbreccsa; ~ **bus** *el* földelő sín; ~ **clearing** hibaelhárítás; hiba kiküszöbölése; ~ **clerk** *távb* hibabejelentő; ~ **clerk's desk** *távb* hibabejelentő-munkahely; ~ **coal** gyenge (minőségű) szén; ~ **correction** hiba megszüntetése; ~ **crevice** *bány* vetőhasadék; ~ **current** *el* hibaáram; (rövid)zárlati áram; ~**-current relay protection** *el* hibaáramú relésvédelem; ~ **detection** hibakeresés; ~ **detection experiment** hibafelderítési kísérlet; ~ **detector** hibakereső műszer/készülék; ~ **diagnostic technique** hibajelleg-megállapító módszer; ~ **electrode current** *el* visszagyújtási túláram; ~**-finder** hibakereső (készülék); ~**-finding** hibakeresés; ~ **finding strategy** hibakeresési stratégia; ~ **fissure** *bány* vetőhasadék; ~**-free fabric** hibamentes áru; ~**-free hardware** *szt* hibamentes hardver; ~**-indicating lamp** *távk* hibajelző lámpa; ~ **indication scheme** hibakeresési vázlat; ~ **indicator** *rád* hibadetektor; hibajelző készülék; ~ **indicator panel** hibajelző panel; ~ **in the material** *tex* anyaghiba; ~ **in transmission** *tex* adáshiba; ~ **investigation** hibakeresés; ~ **in weaving** *tex* szövéshiba; ~ **isolation** hibahely azonosítása; ~ **isolation logic** hibafelderítő logikai rendszer; ~ **isolation technique** hibahelymegállapító módszer; ~ **liability** *távk* hibakészség; zavarérzékenység; ~ **line** *geol* törésvonal; ~ **localization** hibakeresés, hibabehatárolás; ~**-localizing bridge** hibahely-meghatározó mérőhíd; ~ **location/locating** *távk, el* hibahely azonosítása, hibahely-meghatározás; hibajelzés, hibakiderítés; ~**-location instrument** hibahely-meghatározó műszer; ~ **locator** *el* hibahely-megállapító (készülék); ~ **mapping** *geof* vető felmérése/feltérképezése; ~ **of periodicity** periodicitási hiba; ~ **of the casing** *ol* béléscsősérülés; ~ **on the strike** *geol* csapásirányú vető; ~ **peak** *geol* sasbérc; ~ **plane** *geol* vetődési sík; ~ **power** *el* zárlati teljesítmény; ~ **recording counter** hibaszámláló szerkezet; ~ **report** hibakimutatási jegyzék; ~ **resistance** *el* hibahely-ellenállás; ~**-scarp** *geol* vetődés homloklapja; ~ **signal** hibajel; ~ **spring** *hidr* hasadékforrás; vetőforrás; ~ **strike** *geol, ol* vetődés csapása; ~ **structure** *geol* vetődéses szerkezet; ~ **system** *geol* vetőrendszer; ~ **throwing** mesterséges zárlat; ~**-tolerant computer system** *szt* hibatűrő számítógéprendszer; ~ **trace** *geol* törésvonal; ~ **trap** *ol* (vető melletti) olajcsapda; ~**-tree analysis** hibafajták elemzése; ~ **vein** *bány, geol* telérhasadék; ~ **voltage** *el* hibafeszültség; ~**-voltage circuit breaker** *el* feszültséghiány-megszakító, feszültségcsökkenési megszakító; ~**-voltage-operated protection** *el* feszültség-védőkapcsolás; ~**-voltage protective breaker** *el* feszültségcsökkenés/feszültséghiány ellen védő kapcsoló; ~**-voltage relay protection** *el* feszültségcsökkenési relévédelem; ~ **water** *ol* hasadékvíz; ~ **zone** *bány* zavart öv; *geol* vetődési zóna, lépcsős vetődés
faulted *el* hibás, zárlatos; *geol* vetődött; ~ **and folded mountains** *geol* töréses gyűrthegységek; ~ **line** zavart vezeték; ~ **structure** *geol* töréses szerkezet; ~ **zone** *geol* vetőzóna
faulting *el* hibakeresés; *geol* vetődés
faultless hibátlan, kifogástalan
faultlessness *tex* hibamentesség
faultsman *távk* hibakereső műszerész
faulty hibás *(téves)*, hiányos, helytelen; meghibásodott; ~ **card** hibakártya; ~ **casting** *koh* öntési hiba; hibás öntvény; ~ **component** hibás elem; ~ **draught/draft** *tex* hamis sodrat; ~ **dyeing** *tex* hibás színezés; ~ **heart** *fa* fagyott bél; ~ **item** hibás termék; ~ **line** *el* hibás/meghibásodott vezeték; ~ **measurement** hibás mérés, mérési hiba; ~ **part** hibás alkatrész; ~ **patent application** hiányos szabadalmi bejelentés; ~ **switching** *távb* téves kapcsolás; ~ **weld** *heg* hibás varrat; ~ **wiring** *el* elkötés
fauserite *ásv* fauserit
fausted ore ércdúsítási középtermék
fauvite *ásv* fauvit
favorable → favourable
favourable | **grade** *közl, ép* esés, lejtmenet *(úté)*; ~ **gradient** *vasút* kis lejtés; ~ **party** kedvezményezett fél; ~ **wind** *rep* hátszél, kedvező szél
fawn-coloured őzbarna
fax *szt* telefax
fay összeilleszt, összeerősít; egymáshoz lapol
fayalite *ásv* fayalit
FB → fighter-bomber; → fireball; → flat bar; → flying boat; → flying bomb; → fragmentation bomb; → fuse block
FBHP → flowing bottom-hole pressure
FBP → final boiling point
f.b.p. → fixed blade propeller
FBR → fast breeding reactor; → full bibliographic record
FBW → fly-by-wire
FC → field capacity; → file control; → fire control; → fixed carbon; → flight control; → floating crane; → fractocumulus; → frequency changer
f.c. → face-centered; → foot-candle
FCB → file control block
FCC → face-centered cubic; → Federal Communications Commission; → fluid catalytic cracking
FCE → fire-control equipment
FCI → fire-control instrument
fcp → foolscap
FCR → fire-control radar
FCS → facsimile communications system; → fire-control system; → flight-control system
FD → file description; → flight deck; → flight director; → floating dock; → flux density; → focal distance; → forced draft; → frequency diversity; → frequency divider; → frequency doubler; → full duplex
FDB → file description block
FDC → floppy-disk controller
FDD → floppy-disk drive
FDDI → fibre digital data interface; → fibre-distributable data interface
FDM → frequency division multiplex; → frequency division multiplexing; → frequency-division modulation

FDMA → frequency division multiple access system
FDOS → floppy disk operating system
FDP → face-down pack
Fdr → fire door
FDR → flight-data recorder
FDW → feedwater
Fe → ion
FE → featheredge; → finite element; → fire extinguisher; → flight engineer; → format effector character
fearnaught *tex* farkasoló(gép)
feasibility megvalósíthatóság, kivitelezhetőség; realizálhatóság; ~ **analysis** megvalósíthatóság elemzése; ~ **study** megvalósíthatósági tanulmány
feasible kivihető, megvalósítható, teljesíthető; *bány* jól jöveszthető; ~ **ground** *bány* jól jöveszthető állékony kőzet; ~ **region** *mat* megengedett tartomány; ~ **set** *mat* megengedett halmaz; ~ **solution** *mat* megengedhető/megengedett/lehetséges megoldás; ~ **state** megengedett állapot; ~ **strategy** hozzáférhető stratégia
FEATH → feathering control
feather I. *v* díszít; *bőr, cipő* serfel, élez, leszélez; *fa, ép* hornyosan illeszt, horonycsaposan köt, eresztték- és horonyillesztéssel köt, árokeresztékesen köt; *pa* szétfut *(tinta)*; *rep* vitorlába állít *(légcsavart)*; **II.** *n* toll; csap; nyelv; borda; pecek; kulcstoll; retesz; *cipő* talpszél éle; *ép, fa* ácsereszték, horonycsap, eresztékcsap, horonyléc; *gép* retesz, párhuzamék; *mt* sorja, kiálló él; *önt* felöntés, borda; var, hidegfolyás *(hiba)*; ~ **boarding** *ép* hornyolt padlózás, lambéria; ~ **duster** tollseprű; ~**-edge** → featheredge; ~ **joint** *fa* horonyillesztéses kötés, horonybetétékes illesztés; ~ **key** csúszóék; ~**(-)ore** *ásv* pehelyérc; plumosit; ~**-proof** *tex* tollátnemeresztő, tollbiztos; ~ **pulling** tollfosztás; ~**s** *pl koh* gelétpehely; *önt* bordapár; ~ **spring** *kat* elsütőbillentyű-rugó, elsütőrugó, kakasrugó, ütőszegrugó; ~**-stitch** halszálka mintájú öltés; ~ **tongue** *fa* feszléc; ~ **twill** *tex* halszálka mintázatú/mintájú szövet; ~ **valve** rugószelep; ~**-weight** pehelysúly; pehelykönnyű, pehelysúlyú; *pa* pehelykönnyű nyomópapír, volumen nyomó
featherbedding munkaerő-túltengés; létszámduzzasztás
featherbone *tex* tollszár *(halcsont pótlására)*
feathered tollas; bordázott; hornyolt; ~ **propeller position** *rep* légcsavar vitorlába állított helyzete; ~ **ring** *gép* kiálló élű (dugattyú)gyűrű
featheredge (FE) finom él, hajszálél; finom leélezés; *ép* egyik szélén vékonyabb deszka; *fa* hegyezett faél; *forg* finom/vékony él, finom leélezés; *szersz* kardélű reszelő, kardreszelő; ~ **brick** boltozótégla; ~ **coping** *ép* egyoldali vízlevezetéses fedőkő; ~ **edge** háromszögletűre hegyezett faél; ~ **file** kardreszelő; ~ **needle file** kard tűreszelő; ~ **seal** *távk* Housekeeper-kötés *(fém-üveg forrasztás)*; ~ **spread** ferdén levágott szélű szelvény
featheredged *fa* ékhornyos; *szersz* finoman élezett; kardélű; ~ **board** *pa* szélező lemez
featherer *cipő* talpszélélező
feathering *bőr, cipő* bőrélezés *(seffelés)*, beélezés, leszélezés; *pa* szétfutás *(tintavonalé)*; *rep* állásszög periodikus megváltoztatása; vitorlázóállásba állítás; ~ **airscrew (propeller)** *rep* vitorlába állítható légcsavar; ~ **button** *rep* a légcsavart vitorlázóállásba állító gomb; ~ **control (FEATH)** *rep* légcsavar vitorlázóállás-szabályozója; ~ **hub** *rep* légcsavaragy a vitorlázóállásba állító mechanizmussal; ~ **knife** *cipő* bőrszélező/talpszélező kés; ~ **paddle-wheel** *hajó* önbeálló lapátkerék; ~ **position** *rep* vitorlázóállás, zászlóállás; ~ **propeller** *rep* vitorlaállású légcsavar; ~ **pump** *rep* légcsavarállító szivattyú *(vitorlázóálláshoz)*; ~**-vane Francis turbine** Dériaz-turbina; ~**-vane propeller turbine** állítható lapátú propellerturbina, Kaplan-turbina
feature I. *v* felvázol; jellemez; **II.** *n* jellemvonás, (külső) ismertetőjel; (műszaki/jellemző) tuljadonság, sajátság, jellegzetesség; *film* nagyfilm *(2000 m felett)*; játékfilm; *geod* tereppont, terepjelleg; ~ **extraction** *szt* jelkiemelés, előfeldolgozás; ~ **of construction** szerkesztési jellegzetesség/sajátság
featureless tagolatlan; *geol* teljesen sík
febrifuge *gyógyv* lázcsillapító szer
FEC → forward error correction
feces *US* → faeces
fecula *élip* keményítőliszt
feculence, feculency üledékesség; *élip* alj, üledék, seprő
fed|-batch fermentation *biot* rátáplálásos szakaszos fermentáció; ~ **dipole** *távk* gerjesztett dipólus
FED → field-effect diode
federal szövetségi; **F~ Air Regulations (FAR)** Szövetségi Repülési Szabályzat; **F~ Communications Commission (FCC)** Szövetségi Hírközlési Tanács, FCC; ~ **tolerance** *élip* (törvényesen megengedett) tűrési határ
fee díj; ~ **digits** *pl távb* körzetszám; ~ **for expert opinion** szakértői díj
feeble current *el* gyengeáram
feebleness gyöngeség
feed I. *v* hozzávezet; tölt, adagol, etet, (be)táplál; *el* táplál; *forg* előtol; *kat* tölt, adagol, etet, (be)táplál; *koh* felad *(betétet)*; *műa* megtöm, megrak; *szt* betáplál; betölt; *tex* adagol *(fonalat)*; továbbít *(szövetet)*; **II.** *n* nyersanyag, kiindulási anyag; töltés, beömlés; táplálás, adagolás; (be)etetés; *alak* beadagolás, anyagelőtolás; *bány* előtolás; *el* táp, bemenet; táplálás, áramellátás; tápvezeték; *élip* szitaosztály; takarmány; *ép* adagolás; adagolócsúszda; *forg* előtolás; etetés *(táré)*; *gép* tápvíz; *hidr* víztáplálás *(csatornáé)*; *hőt* töltés *(gőzé)*; *koh* betáplálás; feladás *(betété)*; *műa* töltet; *pa* gépkiszolgálás; *tex* szövettovábbító; ~ **apron** adagolószalag; *mzg* gyűjtőasztal *(cséplőgépen)*; ~ **auger** etetőcsiga; ~ **back** *v aut* visszavezet; *el* visszacsatol; ~ **bar** tolórúd; rúdanyag *(esztergaautomaták és revolveresztergák részére)*; *el* táp(láló)sín; ~ **belt** szalagos adagolómérleg, feladószalag; *kat* géppuskatöltény-heveder; *koh* adagolószalag; *tex* etetőszalag; ~ **belt conveyor** feladószalag; ~ **belt scale** szalagos adagolómérleg, feladószalag; ~ **bin** adagolótartály; ~ **blend** kiindulási/betáplált keverék; ~ **block** *kat* adogató; tölténytár; ~**-block slide** adogatócsúszka; ~ **board** *mzg* etetőasztal, adagolóasztal; etetővályú *(cséplőgépé)*; *nyom* ívberakó deszka, adagolólemez *(nyomógépé, ívberakó gépé)*; ~ **boiler** tápkazán; ~**-box** etetőláda, adagolóláda; *forg* előtolómű, előtolószekrény; *kat* töltényheveder-láda; *koh* adagolótölcsér; ~**-box shaft** előtolószekrény előtéttengelye; ~ **bucket elevator** serle-

ges feladó; ~ **bunker** tüzelőanyag-bunker; ~ **bush** *műa* beömlőcsatorna, beömlőtorok; ~ **cart** takarmányszállító kocsi; ~ **chain** *szt* tüskés lánc *(nyomtatón)*; ~ **change** *aut* előtolás (nagyságának) változtatása, előtolás-változtatás; előtolás-átkapcsolás; ~**-change gear** cserekerék; ~**-change gearbox** előtolási sebességváltómű; ~**-change lever** előtolás-átkapcsoló kar; ~ **channel** *hidr* etetőcsatorna; ~ **chute** adagolócsúszda; etető(csatorna), garat; *kat* géppuskatöltény-heveder vezetéke; *koh* adagolócsúszda; ~ **circuit** gerjesztő/tápláló áramkör; ~ **clutch** előtoló mechanizmus tengelykapcsolója; ~ **cock** táp(víz)-csap; ~ **coil** tápfojtótekercs; ~ **collet** anyagelőtoló patron; ~ **component** *koh* elegyalkotó; ~ **cone** adagolótölcsér; ~ **control** tápszabályozás; ~ **controller** tápszabályozó; ~ **conveyor** feladószalag; ~ **cover** porvédő; *kat* töltényadogató fedele; ~ **cup** *gyógyv* töltőpapucs *(tablettázógépen)*; ~ **current** *el* tápáram; ~ **cutter** *mzg* takarmányaprító gép, daráló, vágógép; ~ **cylinder** *műa* etetőhenger; ömlesztőhenger, fröccshenger; ~ **delivery pipe** nyomó tápvezeték; ~ **desk for self-service** önkiszolgáló ételpult; ~ **dial** előtolásállító körskála; ~ **disc/disk** tárcsás adagoló; ~ **disengaging lever** előtolás-kikapcsoló kar; ~ **dog** munkaelőtolásra átkapcsoló ütköző *(gyors mozgatásról)*; ~ **door** *vasút* rakodóajtó; ~ **driving cone** előtolómechanizmus lépcsős szíjtárcsája; ~ **drum** *bány* adagolódob; előtoló/vontató kötéldob *(elővájó réselőgépen)*; ~ **dryer/drier** *mzg* takarmányszárító; ~ **elevator** serleges feladó; ~ **end** *mt* etetőoldal/tápoldal, adagolóoldal; ~ **equipment** *élip* erőtakarmány-gyári berendezés; ~ **force** előtoló (erő); ~ **forward** pozitív visszacsatolás; ~ **gas** betáplált/kiindulási gáz; ~**-gate** *élip* etető garatnyílás; tápcsappantyú; ~ **gear** előtoló áttétel; ~ **glass** csepegtető olajozó *(kalibrált)*; ~ **grate** *hőt* etetőrosta, adagolórosta; ~ **grinder** *mzg* takarmánydaráló gép, vágógép; ~ **groove** *em* etetőgyűrű; etetővályú; ~ **hand** *gép* kilincskereket mozgató rúd; ~ **head** tápfej; tápvíznyomás; ~ **heater** vízmedencés étel-melegentartó; ~ **hole** továbbítólyuk; *szt* szinkronlyuk, vezetőlyuk; ~**-hole track** továbbítólyuk-csatorna; ~ **hopper** átadótölcsér; etetőtölcsér, adagolótölcsér, etetőgarat, etetőnyílás, adagológarat; adagolótár; *koh* rázótölcsér; ~ **in** *v el, szt* betáplál; ~**-in** beszúró előtolás *(köszörülésnél)*; ~ **inlet** tápszivattyú; ~ **lattice** *tex* adagolóasztal, etetőasztal; ~ **lever** *gép* adagolókar, előtolókar, szalaghúzó emelő; *kat* adogatókar; ~**-lever operating stud** *kat* adogatókar mozgatócsapja; ~**-lever pin** *kat* adogatókar rögzítőcsapja; ~**-lever swivel** *kat* adogatókar-forgócsukló; ~**-lever swivel connector** *kat* (adogatókar)forgócsukló-összekötő; ~ **lime** takarmánymész; ~ **line** *gép* adagolási vonal; *vasút* szárnyvonal; ~ **link** *forg* előtolóhimba *(gyalun)*; előtolókar; ~ **lip** *kat* tárajak; ~ **liquor** *cu* behúzószörp; ~ **lug** *kat* tölténytoló léc; ~ **lye** *pa* főzőlúg; friss lúg; ~ **magazine** *forg* munkadarab-tároló, munkadarab-adagoló; *foto* diatár, adagolókazetta; *szt* adagolótár; ~ **main** fő tápvezeték; ~ **mark(ing)** *forg* megmunkálási nyom; ~ **material** átolvasztásra/adagolásra kerülő anyag; ~ **meal** *élip* takarmányliszt; ~ **mill** *élip* erőtakarmánygyár, takarmánycikkeket őrlő malom; ~ **nut** lakatanya; ~ **opening** garat; ~ **ore** *koh* frissítőérc; ~ **orifice/gate** *műa* gát *(fröccsöntő- v. fröccs-sajtolószerszámban)*; ~ **out** *v* előtol *(kész darabot)*; ~ **pawl** *kat* töltényhúzó karom; ~**-pawl extension** *kat* töltényhúzókarom-nyúlvány; ~**-pawl holder** *kat* töltényhúzókarom-tartó; ~**-pawl lifter** *kat* töltényhúzó karom emelőcsapja; ~ **pawl-pin** *kat* töltényhúzókarom-rögzítőcsap; ~ **pipe** adagolócső, tápcső, befolyócső; tápcsővezeték; ~ **pitch** *szt* osztástávolság, szinkrontávolság; ~**-plate** etetőasztal, adagolóasztal; *élip* tápcsappantyú; *gép, tex* adagolóasztal, etetőasztal; *mzg* etetőállás *(cséplőgépen)*; *ol* betáplálási tányér; ~ **plunger** *foto* lemezadagoló dugattyú; ~ **point** (be)táplálási pont; ~**-point impedance** bemeneti impedancia, bemenőimpedancia; ~ **pressure** betáplálási nyomás, tápnyomás; ~ **pressure control** tápvezeték nyomásszabályozása; ~ **pump (FP)** adagolószivattyú; betápláló szivattyú, tápszivattyú; *bány* átemelő szivattyú; ~**-pump turbine** tápturbina; ~ **punching** *szt* továbbítólyukasztás; ~ **rack** *forg* vonóorsó; ~ **range** *forg* előtolástartomány; ~ **reactor** *el* tápvezetéki fojtó; *rád* anódköri fojtó; ~ **reel** adagolóorsó; betápláló filmorsó; ~ **reflector** reflector *(antennában)*; ~ **reverse** előtoló-szerkezet irányváltója; ~ **reverse lever** előtolásiirány-váltó kar; ~**-rock shaft** szövettovábbító tengely; ~ **rod** vonóorsó; *kat* töltésrúd *(lövegnél)*; ~**-rod bracket** *forg* előtolórúd-konzol; ~**-roll** etetőhenger, adagolóhenger; ~ **roller** adagolóhenger; gumihenger *(írógépé)*; *heng* görgőpálya; *mzg* etetőhenger; *pa* bevezető henger; ~ **rolling mill** *gumi, műa* etetőhenger; ~ **rope** *bány* előtolókötél, vontatókötél *(elővájó réselőgépen)*; ~ **screen** *élip* lengő rögrosta; ~ **screw** csigás adagoló; adagolócsiga; előtoló vezérorsó; ~ **screw nut** lakatanya; ~ **section** → ~ zone; ~ **selection lever** előtoláskiválasztó kar; ~ **shaft** *forg* vonóorsó; *tex* etetőtengely; ~ **sheet** *tex* etetőréteg *(kártológépen)*; ~ **shoe** *élip* tápsaru; ~ **shoot** feladószerkezet; adagolósurrantó; ~ **silo** átadósiló; ~**-slide lever** adogatócsúszka-vezetőkar; ~**-slide return lever-pin** *kat* adogatócsúszkahelyrehúzó karcsap; ~ **space** táptér; ~ **speed** előtolási sebesség; ~ **spool** adagolóorsó; ~ **spout** adagológarat, adagolócsúszda; ~ **sprocket** *film* adagoló/továbbító fogasdob; ~ **stop** → ~ throw-out stop; ~ **storage tank** táptartály, betáplálási tartály; ~ **strainer** tápvíztisztító szűrő; ~**-strip** *kat* töltényszalag; ~**-suction pipe** szívó tápvezeték; ~ **table** etetőasztal, adagolóasztal; ~**-tank** adagolótartány, ivóvíztároló; ~**-through** átvezetés, átvezetőszigetelő; bevezető; ~**-through capacitor** átvezetési kondenzátor; ~ **throw-out stop** *forg* előtoláskikapcsoló ütköző; ~ **train** előtoló fogaskerék-sorozat; ~**-trip dog** *forg* előtolás-kikapcsoló ütköző; ~**-trip lever** automatikus előtoláskikapcsoló mechanizmus karja; ~**-trip trigger** előtolás-kikapcsoló retesz; ~ **trough (with stirrer)** adagolóteknő; ~**-trumbler gear** átbillenő fogaskerék; ~ **trumpet** *önt* táplálócsatorna; ~**-way** adagolóablak; *kat* töltőcsatorna; ~ **wheels** *pl kh* fonaladagoló szerkezet; ~ **wire** *el* tápvezeték, fővezeték; ~ **worm** etetőcsiga; ~ **zone** *műa* etetőszakasz, melegítőszakasz *(extrudercsigán)*

feedback *el, aut, távk* visszacsatolás; visszavezetés; zárt hurok; *ol* táp; *szt* visszacsatolás; ~ **adjustment** *távk* visszacsatolás-szabályozás; ~ **admittance** visszacsatoló admittancia; ~ **amplification** *távk* visszacsatolásos/visszacsatolt erősítés; ~ **amplifier** visszacsatolt erősítő; ~ **audion** visszacsatolt audion; ~ **bellow** visszacsatolt csőmembrán/szilfonmembrán; ~ **capacitor** *aut* visszacsatoló kondenzátor; ~ **capacity** visszaható kapacitás; ~ **channel** visszacsatoló csatorna/ág; ~ **characteristic** visszacsatolási jelleggörbe; ~ **circuit** visszacsatoló áramkör; visszacsatolás; ~ **coil** visszacsatoló tekercs; ~ **compensation** párhuzamos/visszacsatolásos kompenzáció; ~ **condenser** visszacsatoló kondenzátor; ~ **control** visszacsatolt/visszavezetett szabályozás; visszacsatolásos szabályozás/vezérlés; ~ **controller** visszacsatolt szabályozó; ~ **control system** szabályozott rendszer, zárt hurkú rendszer; visszacsatolt/visszacsatolásos vezérlőrendszer/szabályozórendszer *v.* szabályozási/irányítási rendszer; ~ **coupling** visszacsatolás; ~ **current** visszacsatolási áram; ~ **cycle** visszacsatoló ciklus; ~ **element** visszacsatoló elem/tag; ~ **factor** visszacsatolási tényező; ~ **gain** visszacsatolás-erősítés; ~ **impedance** *szt* visszacsatolási impedancia; ~ **inhibition** visszacsatolásos gátlás; ~ **loop** visszacsatolóhurok; ~ **loop admittance** visszacsatoló hurok admittanciája; ~ **of condensate** kondenzvíz-visszatáplálás; ~ **operation amplifier** visszacsatolt műveleti erősítő; ~ **oscillator** visszacsatolt oszcillátor; ~ **path** visszacsatoló csatorna/ág; begerjedési út; ~ **rectifier** meddőáram-dióda; ~ **regulated rectifier** (visszacsatolt) szabályozott egyenirányító; ~ **resistor** visszacsatolási/visszacsatoló/visszavezető ellenállás; ~ **section** visszacsatoló elem/tag; ~ **sensor** érzékelőszerv; ~ **servomechanism** szabályozás; ~ **signal** *aut* visszacsatoló/visszavezető jel; *el* visszacsatolt jel; ~**-stabilized amplifier** visszacsatolással stabilizált erősítő; visszacsatolt erősítő; ~ **storage** *szt* visszacsatolt tár; ~ **suppression** visszacsatolásgátló lezárás; ~ **system** visszacsatolt/visszacsatolásos rendszer; ~ **transfer characteristic** visszacsatolási tényező; ~ **transfer function** visszacsatolásos átviteli függvény; zárt szabályozási *v.* visszacsatolt kör átviteli függvénye

feeder adagoló, adagolószerkezet, adagolóberendezés, etetőszerkezet, etető; *bány* csilleadagoló láncpálya; csilletologató; gázkifúvó; vízvezető hasadék, tápcsatorna; *el* előtétszivattyú, segédszivattyú; *el, távk* antenna-fővezeték; antenna-tápvezeték; nagyfrekvenciás tápvezeték; tápvezeték, fővezeték, tápvonal, tápáramforrás; *ép* adagoló, adagolószerkezet, adagolóberendezés, etetőszerkezet, etető; feladószerkezet; *gép* előtolóbetápláló szerkezet, etetőszerkezet; *hidr* mellékfolyó; tápcsatorna *(vízellátó)*; *kh* fonaladagoló (szerkezet); hurokképző (szerkezet), szemképző (szerkezet); kötőrendszer; *koh* adagoló; feladókészülék, adagolókészülék; tápfej; *rep* adagolószerkezet; *tex* fonaletető, etetőasztal; ~ **airline** *rep* ráhordó légijárat; ~ **airplane** *rep* ráhordó repülőgép; ~**-antenna matching** *távk* tápvonal-antennaillesztés; ~ **band** *pa* szállítószalag; *tex* etetőszalag; ~ **bar** elosztó sín; ~ **belt** *ép* feladószalag; szalagos adagoló; ~ **brush** *el* állókefe; ~ **bus-bar(s)** *el* tápvezetékgyűjtősín; ~ **cable** tápkábel, tápvezeték; *szt* leágazó kábel *(kábeltelevíziónál)*; ~ **canal** *hidr* tápcsatorna; ~ **category airport** *rep* ráhordó kategóriájú repülőtér; ~ **channel** adagolócsúszda; ~ **conveyor/conveyer** *ép* feladószalag; ~ **covering** *tex* tűsbevonat; ~ **drop** *el* tápvezeték feszültségesése; ~ **ear** *el* felsővezeték-függesztő kengyel; ~ **hopper** *tex* etetőszekrény; ~**-house beater** *mzg* oszlatóverő *(arató-cséplőgépé)*; ~ **line** *el* tápvonal; *rep* bekötő légijárat/légivonal; mellékvonal, szárnyvasút; vontatóvágány; *szt* leágazó vezeték *(kábelvezetéknél)*; ~**-line traffic/transport** utasszállító repülés *v.* utasszállítás *v.* teherszállítás kis távolságra; ~**-matching section** *rád* tápvezeték-illesztőtag; ~ **of water** *bány* vízforrás; ~ **orifice** adagolóablak; ~ **plug-box** tápvezeték-csatoló doboz; ~ **road** gyűjtőút; ~**s** *pl tex* etető hengerpár; ~ **screen** *mzg* adagoló, etetőrosta *(magtisztítóé)*; ~ **screw** adagolócsiga; ~ **service** *rep* bekötő légijárat; ~ **spool** tápláló szalagdob *(távíró készüléken)*; ~ **switchboard** *el* elosztó vezetékek kapcsolótáblája; főkapcsolótábla; ~ **valve** adagolószelep; ~ **with continuous motion** *ép* folyamatos mozgású adagoló; ~ **with reciprocating motion** váltakozó mozgású adagoló

feedhead *koh* tápfej

feeding (be)táplálás, adagolás; *cu* ráhúzás; *forg* előtolás; *koh* ráöntés; ~ **apron** *tex* adagolóaszal; ~ **arrangement** *nyom* berakókészülék; ~ **belt** feladószalag; szalagos adagoló; ~ **board** → feed board; ~ **bottle** szoptatósüveg; ~ **carriage** *bány* adagolócsille; *forg* etetőszán; ~ **centre/center** *el* betáplálási pont; ~ **chute** adagolósurrantó; feladószerkezet; ~ **claw** villapecek; filmtovábbító köröm; ~ **conveyor/conveyer** feladószalag; szalagos adagoló; ~ **crane** *vasút* vízdaru; ~ **cut** *bány* előtolásos metszés; ~ **cycle** adagolóciklus; ~ **device** feladószerkezet; adagoló, adagolószerkezet, adagolóberendezés, etetőszerkezet, etető; *bány* előtoló berendezés; *koh* adagolókészülék; ~ **disc/disk** adagolótárcsa; ~ **dye** utántöltés *(színezék)*; ~ **elevator** *mzg* etetőberendezés, adagolószalag; ~ **funnel** feladónyílás; ~ **groove** *em* etetőgyűrű, etetővályú; ~ **head** *önt* tápfej; ~ **hopper** adagolótölcsér; betonadagoló tartály; ~ **injector** *bány* injektoros adagoló; ~ **line** *el* tápsín; ~ **machine** *tex* szekrényes etető; ~ **mechanism** táplálószerkezet, feladókészülék; előtolómű, előtolószekrény; ~**-point** *el* táppont, betáplálási pont; ~ **pump** adagolószivattyú; ~ **rate** *koh* adagolási sebesség; ~ **relay** tápjelfogó; ~ **roller table** *heng* bevezető görgősor; ~ **screw** csigás betároló/adagoló; előtoló vezérorsó; ~ **shoe** etetőgarat; ~ **shoot** adagolósurrantó; feladószerkezet; ~ **side** *heng* berakóoldal; ~ **spout** feladószerkezet; ~ **transformer** terhelő transzformátor *(próbákhoz)*; ~ **tray** etetőtálca; ~ **trough** etetővályú, töltővályú; ~ **trough with stirrer** adagolóteknő; betonadagoló tartály; ~ **unit** adagoló, adagolószerkezet, adagolóberendezés, etetőszerkezet, etető; *koh* adagolókészülék; ~**-up** beszáradás, besűrűsödés *(festéké)*; ~**-up solution** utánpótló oldat

feedstock nyersanyag, kiindulási anyag; *vegy* betáplált alapanyag/nyersanyag; ~ **blend** kiindulási/betáplált keverék; ~ **pressure** betáplálási nyomás, tápnyomás; ~ **storage tank** táptartály, betáplálási tartály

feedwater (FDW) tápvíz; ~ **cock** tápvízcsap; ~ **control** tápvízadagolás-szabályozás; ~ **filter** tápvízszűrő; ~ **heater** tápvíz-előmelegítő; ~ **piping** tápvezeték; ~ **tank** tápvíztartály; ~**-treatment unit** kazántápvíz-előkészítő készülék

feel I. *v* kitapint, letapogat; érzékel; **II.** *n* (ki)tapintás, letapogatás, érzékelés; *pa* fogás; fogásvizsgálat; *tex* fogás, tapintás; ~ **simulator** *rep* kormányhatást modellező készülék

feeler érzékelő, tapintó, szonda; *forg* tapintó; *gép, gépk* hézagmérő; *tex* tapintótű *(vetülék kifogyásának ellenőrzésére)*; tapogatókar *(leállítókészüléken)*; *vasút* síntisztító előtét *(mozdonyon)*; ~ **devicer** *tex* tapintószerkezet; ~ **ga(u)ge** *gép, gépk* hézagmérő; ~ **leaf** hézagmérő lemez; ~ **motion** *tex* tapintó; ~ **pin** ütközőtüske; *rád* érintkezőcsap *(csőfejé)*; ~ **plate** *tex* tapintótárcsa; ~ **stock** *metr* hézagmérő készlet; ~ **strip** *gépk* hézagmérő; ~ **switch** vonalvizsgáló kapcsoló; ~ **weight** tapintófej *(szövőgépé)*

feeling (ki)tapintás, letapogatás, érzékelés

Fehling's solution *vegy* Fehling-féle oldat, réz(II)-szulfát oldata alkálikus Seignette-sóoldatban

feigned column *ép* áloszlop

feldspar *ásv* földpát; ~**-free** földpátmentes

feldspathic *ásv* földpátos

feldspathization *ásv* földpátosodás

feldspathoid *ásv* földpátpótló, földpátszerű

feldspathoids *ásv* földpátfélék

fell I. *v élip* letaglóz; *fa* ledönt, kidönt, kivág; *ruh* beszeg; **II.** *n* bőr, szőrme, prém, gyapjú *(szőrzet)*; *bány* apró érc, osztályozómeddő; *geol* (sziklás) hegy, sziklás vidék, kopár hegyoldal; *ruh, tex* korcolt varrat, szövés vége/széle; ~ **cutter** bőrfejtő; ~**-field** cserjezóna *(fahatár felett)*; ~ **heap** *bány* dúsítandó ércrakás/halom; ~ **point** *műa* zselatinálási pont; ~ **railway** nagyemelkedésű adhéziós vasút; ~**-saw** (fa)döntő fűrész

fellable *fa* döntésérett, döntésre/vágásra érett

felled timber/tree döntött fa, kivágott/ledöntött fa

feller favágó; sulykoló

felling *fa* döntés, favágás, erdővágás, fakitermelés; *ruh, tex* eldolgozás *(szegélyé)*; ~ **area** vágásterület; vágási terület; ~ **axe** fadöntő fejsze; ~ **injury** *fa* döntésnél *v.* döntést követően fellépő (biológiai) károsodás; ~ **machine** fadöntő gép; ~ **mark** *tex* szegélyjelző

fellmongering, fellmongery gyapjúnyírás *(juhbőrből)*; tímárgyapjú-lenyírás

felloe keréktalp; ~ **screw** kúpos fejű facsavar

Fellows|' cutter *forg* Fellows-féle metszőkerék; ~**' shaper** Fellows-féle fogvéső gép

felly → felloe; ~ **rocks** *bány* felzitek

felsite *ásv* felzit

felsophyre *ásv, geol* felzofir

felspar → feldspar

felsőbanyite *ásv* felsőbányit

felt I. *v* nemezel; nemezzel/kátránypapírral bevon; **II.** *n* (gyapjú)nemez, nemezelt szövet, filc; *ép* kátránypapír, tetőszigetelő lemez, fedlemez; ~**-and-gravel roof** *ép* kavicsolt lemezfedés; ~**-bar mark** *pa* szabályozóléc; ~ **board** *pa* nemezlemez; ~**-board liner** bélésnemez; ~ **brown** *pa* lefedő papírlemez, szőnyegalátét; ~ **buffer** nemez lökhárító; ~**-carrying roll** *pa* nemezvezető henger; ~ **cleaner** *pa* nemezmosó, nemeztisztító; ~ **cloth** nemezposztó; ~ **conditioner** *pa* nemeztisztító, nemezkarbantartó; ~**-direction mark,** ~**-seam mark** *pa* iránymutató nyíl/csík *(nemezben)*; ~**-dryer** *pa* nemezszárító; ~**-drying cylinder** *pa* nemezszárító henger; ~ **finish** *pa* nemezmarkírozás; ~ **for drying** *pa* szárító nemez; ~ **for flannel rolls** *pa* tekercselőhenger-nemez; ~ **gasket** nemeztömítés; ~ **goods** nemezkészítmények; ~ **grain** *fa* sugárirányú erezet; ~ **hat** nemezkalap; ~ **jacket** *nyom, pa* manson; ~ **lined** nemezzel bélelt, nemezbélésű; ~ **mark** *pa* nemezmarkírozás; ~**-marked paper** nemezzel markírozott papír; ~ **packing** nemeztömítés; ~ **pad** nemezalátét, nemezpárna, nemeztömítés; ~**-pad lubrication** nemezpárnás kenés; ~ **paper** nemezpapír; ~**-press cover** nemeztömítés szorítótartója; ~ **ring** nemezgyűrű, nemezkarika *(tömítéshez)*; ~**-roller press** nemezelő hengerprés; *pa* nedves sajtoló; ~ **roofing** *ép* kátránypapírfedés; ~**s** nemezkészítmények; ~**-sealing ring** nemez alátét, nemezkorong *(alátét)*; *gépk* nemez tömítőgyűrű; ~**-squeeze roll** *pa* nemezmosó prés; ~ **stretch** *pa* nemezfeszítés; ~**-suction roll** *pa* nemezszívóhenger; ~**-tip pen** filctoll, rostirón; ~ **washer** *pa* nemezmosó, nemeztisztító; ~**-washing lotion** *pa* nemezmosó szer; ~**-washing machine** *pa* nemezmosó gép

felted nemezelődött, nemezelt; ~ **cloth** *tex* nemezelt szövet; ~ **texture** *geol* kuszált/nemezes rostos szerkezet; ~ **wool** *tex* nemezelődött gyapjú; ~ **wool(l)en board** *pa* nemezelt gyapjúlemez

felter *tex* nemezelő (munkás); szálszakadás *(szövéshiba)*

felting I. *a* nemezelhető, nemezelődő; **II.** *n* nemezel(ő-d)és; *fa* hosszirányú hasítás; *pa* rostkötés; *tex* nemez(anyag), nemezáru; ~ **coat** nemeztakaró; ~ **for technical purpose** műszaki nemezáru; ~ **loom/machine** nemezelő gép; ~ **needle** nemezelőtű; ~ **-power,** ~**-property** *pa, tex* nemezelődő/nemezelődési képesség; ~ **resistance** nemezelődéssel szembeni ellenállás; ~ **shrinkage** nemezelődési zsugorodás

feltingness *tex* nemezelhetőség

feltmaker *tex* nemezkészítő, nemezványoló (munkás)

feltwork rostos/nemezes szerkezet

FEM → finite element method

female I. *a* női; *gép* furatos, üreges, befogadó, belső csavarmenetes, belsőmenetes; **II.** *n szt* csatlakozópár hüvellyel ellátott fele; ~ **centre/center** furatos esztergacsúcs; *óra* belső kúp; ~ **cone** *gép* anyakúp; belső kúp; ellenkónusz; kúpos furat; ~ **contact** hüvelyes érintkező; ~ **cross** belsőmenetes keresztidomcső; ~ **die** *alak* matrica, szerszám üreges része; ~ **end** *gép* hüvelyvég, rátolható csővég; ~ **flange** (tömítő)hornyos karima; ~ **ga(u)ge** külső gyűrűs idomszer; ~ **hand** munkásnő; ~ **layer of cork** *fa* parafaréteg *(alsó)*; ~ **mo(u)ld** csésze, matrica; *műa* negatív szerszám; ~ **plug** dugaszolóaljzat; ~ **screw** csavaranya, anya(csavar); belső csavarmenet, csavaranyamenet, belső hatszögű fejű csavar; ~**-screw cutting** menetfúrás; ~ **screw cutting machine** belsőmenetvágó gép; ~ **taper** *gép* anyakúp, kúpos furat, belső kúp; ~ **thread** belső (csavar)menet; *gép* anyamenet; ~**-thread ga(u)ge** anyamenet-idomszer

femic *ásv* fémikus

fen mocsár, láp; ~ **peat** síkláptőzeg

FEN → frequency emphasizing network

fence I. *v* bekerít, elkerít, (kerítéssel) körülvesz, korláttal vesz körül; **II.** *n* kerítés, sövény, palánk, korlát, elrekesztés; *bány* tiltó kereszt; *gép* határolóvas *(gyalupadon)*; védőberendezés; vezetőléc; zárnyelvbiztosító csap; *rep* határréteg-stabilizátor, áramlásstabilizátor; ~ **arbor** összekötő tüske *(kombinált zárban)*; ~ **bar** korlátvas; ~ **in** *v* bekerít, elkerít, (kerítéssel) körülvesz, korláttal vesz körül; ~ **of bank** partmegkötés; ~ **off** *v* elkerít; ~ **plate** körfűrészvédő lemez; védő(lemez); ~ **post** kerítésoszlop; ~ **roof** *ép* előtető; eresz; ~ **stake** kerítésoszlop; ~ **stay** kerítéstámaszfa; ~ **wire** kerítéshuzal

fencer kerítéskészítő (kisiparos), sövényfonó; *mzg* villanypásztor

fencing elkerítés; kerítésanyag; elkerítés, körülkerítés; ~**-off** *bány* elkeresztezés; ~ **wire** → fence wire

fender kályhaellenző, kandallórács; védőkorlát; szikrafogó rács; *el* védőfedél; *ép* védőgerenda *(kirakóhídon)*; *gépk* ütköző, lökhárító; *US* sárvédő, sárhányó; *hajó* dörzsfa; ütközőpárna, puffer, ütközésháritó; *hidr* ütközőfa *(partfalon)*; *vasút US* hárítórács *(mozdonyon)*; ~ **beam** *fa* fűrészkeret középső rúdja; ~ **board** *ép* építő papírlemez; keménylemez; *mzg* gabonaválasztó *(aratógépen)*; ~ **bolt** magasfejű csavar; ~ **boom** *hidr* tutajterelő; ~ **bracket** *gépk* sárvédőtartó; ~ **lamp** *gépk* oldallámpa; ~ **panel** *gépk* sárvédő-oldallemez; ~ **pile** *hidr* ütközőcölöp, védőcölöp, terelőcölöp; ~ **post** kerékvető (cölöp); ~**s** *pl hidr* vezetőmű, terelőmű; ~ **skid** tutajvezető gerenda; ~ **support** *gépk* sárhányótartókar; sárvédőtartó; ~ **wall** mellvéd, védőfal

fending groyne *hidr* fenéksarkantyú

fenestration *ép* ablakkiosztás, ablakelrendezés

fenestron *rep* gyűrűkben elhelyezett többlapátos farokrotor

fennel *élip* édeskömény; ~ **oil** édeskömény-olaj; ~ **seed** édeskömény-mag

fent darabvég *(szöveté)*, maradék

FEP → front-end processor

ferberite *ásv* ferberit

Feret factor *ép* Feret-féle tényező

fergusonite *ásv* fergusonit

Fermat|'s last theorem *mat* Fermat-sejtés; ~**'s number** *mat* Fermat-számok; ~**'s principle (of least time)** *opt* Fermat-elv, a legrövidebb fényút elve

ferment I. *v vegy* (meg)erjed; (meg)erjeszt, fermentál; **II.** *n élip* kovász; *vegy* fermentum, enzim

fermentable erjedésre képes

fermentation *vegy* erjedés, erjesztés; fermentáció, fermentálás; ~ **chemistry** erjedéskémia; ~ **gas** biogáz; iszapgáz; ~ **test** erjesztőpróba

fermentative erjesztő; ~ **tank** erjesztőkád

fermented | cossettes savanyú répaszeletek; ~ **milk** *élip* savanyútej-készítmény

fermenter erjesztőszer; erjesztőtank, erjesztőkád, fermentor

fermentescible erjedőképes; erjeszthető

fermenting *pa* rothasztás; *vegy* erjedés, erjesztés, fermentáció, fermentálás; ~ **power** fermentálóképesség, erjesztőképesség; ~ **tank/vessel** erjesztőtank, erjesztőkád

fermentor → fermenter

fermi (fm) *at* femtométer, fermi *(10^{-15} m)*

Fermi | age *at* Fermi-(élet)kor, neutronok Fermi-féle kora; ~**-age theory** Fermi-féle korelmélet; ~ **brim** Fermi-szint; ~**-Dirac distribution (function)** Fermi-Dirac eloszlás; ~**-Dirac statistics** Fermi-Dirac statisztika; ~ **distribution** Fermi-eloszlás; ~ **energy/level** Fermi-energia, Fermi-szint; ~ **gas** Fermi-gáz, fermion-gáz; ~ **particle** fermion; ~ **perturbations/resonance** Fermi-rezonancia; ~ **surface** Fermi-felület

fermion *at* fermion; ~**-antifermion pair** fermion-antifermion pár

fermium (Fm) *vegy* fermium

Fernico ferniko

ferodo ferodo, súrlódó betét, fékbetét; ~ **brake** ferodobetétes dörzsfék, ferodo dörzsfelületű fék

ferramic *ép* ferrit

Ferranti | effect *el* Ferranti-hatás; ~ **meter** higanyos forgó fogyasztásmérő; ~**'s rectifier** szinkronkommutátoros egyenirányító

Ferrari cement Ferrari-cement, ferrocement *(S 54-es cement)*

Ferreed *távk* ferreed

ferreous vasas, vas-

ferret *tex* kötözőzsinór; selyempaszomány; ~**-flock silk** *tex* hulladékselyem

ferri- *vegy* vas(III)-, ferri-; ~**-electric** ferrielektromos

ferriage révátkelés, kompátkelés, átszállás komppal, kompviteldíj; rév

ferric *vegy* vas(III)-, ferri-; ~ **carbide** *vegy, koh* cementit, vas-karbid; ~ **casse** *élip* feketetörés; ~ **chloride** *vegy* vas(III)-klorid; ~ **ferrocyanide** vas(III)-hexaciano-ferrát(II); ~ **hydroxide** *koh* vas-hidroxid; ~ **induction** belső indukció; ~ **oxide** *vegy* vas(III)-oxid; ~ **sulphate/sulfate** vas(III)-szulfát; ~ **sulphide/sulfide** vas(III)-szulfid

ferricyanic acid *vegy* hexacianovas(III)sav

ferricyanide *vegy* hexaciano-ferrát(III), cianoferrát(III)

ferriferous *vegy* vastartalmú, vas(II, III)-

ferril → ferrule

ferrimagnet ferrimágneses anyag

ferrimagnetic material/substance ferrimágneses anyag

ferrimagnetism *fiz* ferrimánesség; kompenzálatlan antiferromágnesség

ferrite *koh, távk* ferrit; *vegy* ferrát(III); ~ **alloy** ferritötvözet; ~ **cavity-type parametron amplifier** ferrittérfogatparometronos erősítő; ~ **charged resonator** ferritterhelésű üregrezonátor; ~ **core** *el* ferritmag, mágnesmag, ferritgyűrű; ~**-core matrix** ferritgyűrűs mátrix, gyűrűs magmátrix; ~**-core memory** (mágneses) ferritmemória, ferrittároló; ferritmagos/mágnesmagos memória/tároló/mátrixmemória/ferrittár; ~**-core transformer as an element of logical circuits** *aut* ferritmagos transzformátor mint logikai körök eleme; ~ **diode cell** *aut* ferrites-diódás logikai áramkör; ~**-disk store** ferrittárcsás tároló; ~**-filled rod radiator** ferrittel töltött dielektromos rúdsugárzó; ~ **formers** *koh* ferritképző ötvözőelemek; ~ **grain** *koh* ferritszemcse; ~**-graphite eutectoid** ferrit-grafit eutektoid; ~**-Hall-generator** ferrit Hall-generátor; ~ **hardener** ferritszilárdító elem; ~ **head** *hang* ferritfej; ~ **loop aerial/antenna** ferrit-keretantenna; ~ **material** ferrit; ~ **matrix** ferritgyűrűs mátrix, ferritmátrix, gyűrűs magmátrix; ~ **memory** ferritmemória, ferrittároló; mátrixmemória, mágnesmagos memória; ~ **microstructure** ferrites mikroszerkezet; ~ **multihole plate** többlyukú ferritlemez; ~ **parametron amplifier** parametron áramkörű ferriterősítő; ~**-pearlite matrix** ferrites-perlites alapszerkezet; ~ **plate memory** ferritlemezes memória; ~ **plate store** ferritlemezes tároló; ~ **ring** ferritgyűrű; ~**-rod aerial/antenna** *rád* ferritrúdantenna; ~ **slag** *koh* ferritsalak; ~ **storage/store** ferritmemória, mátrixmemória, mágnesmagos memória; ~ **surface-wave parametron amplifier** ferrit-síkparametronos erősítő; ~ **switch** ferritkapcsoló; ~**-toroid matrix** ferritgyűrűs mátrix, gyűrűs magmátrix; ~ **transfluxor** ferrittranszfluxor; ~ **transistor cell** *aut* ferrites-tranzisztoros logikai áramkör

ferritic *vegy* ferrit-; ferrites; ~**-austenitic weld joint** ferrites-ausztenites hegesztett kötés; ~ **cast iron** ferrites öntöttvas; ~ **electrode** ferrites elektród; ~ **matrix** ferritgyűrűs mátrix, gyűrűs magmátrix; ferrites alapszerkezet; ~ **nodular cast iron** ferrites gömbgrafitos öntöttvas; ~ **range** ferrittartomány; ~ **stainless steel** rozsdamentes ferritacél

ferritizing ferritesítő lágyítása *(temperöntvényé)*

ferro *vegy* vas(II)-, ferro-; ~**-phosporus** *koh* ferrofoszfor

ferroalloy *koh* ferroötvözet

ferroaluminium, *US* **ferroaluminum** *koh* ferroalumínium

Ferrobion process *környv* Ferrobion-eljárás

ferroboron *koh* ferrobór

ferrocalcite *ásv* ferrokalcit

ferrocene *vegy* ferrocén

ferrochrome *koh* ferrokróm

ferrochromium *koh* ferrokróm

ferrocobalt *koh* ferrokobalt

ferrocobaltine *ásv* ferrokobaltin

ferrocoke ferrokoksz

ferrocolumbium *koh* ferroniób

ferroconcrete vasbeton

ferrocyanic acid *vegy* hexacianovas(II)sav

ferrocyanide *vegy* ferro-cianid, hexaciano-ferrát(II), ciano-ferrát(II)

ferrod → ferrite-rod antenna

ferrodynamic | **instrument** ferrodinamikus/köpenyvasmagos mérőműszer; ~ **movement** ferrodinamikus mérőszerkezet

ferroelectric I. *a fiz* ferroelektromos; **II.** *n* ferroelektromos anyag; ~ **amplifier** ferroelektromos erősítő; ~ **ceramic** ferroelektromos kerámia; ~ **Curie temperature** ferroelektromos Curie-hőmérséklet; ~ **display** *szt* gyors felfrissítésű katódsugárcsöves megjelenítő; ~ **materials** ferroelektromos anyagok; Seignette-elektromos (kerámiai) anyagok *(ferrodielektrokumok)*; ~ **memory** ferroelektromos memória; ~ **parametric amplifier** ferroelektromos *v.* ferroelektrikumot használó parametrikus erősítő; ~ **storage/store** → ~ memory

ferroelectricity *fiz* ferroelektromosság

ferrogallic print fehér fénymásoló papír

ferrogarnet ferromágneses ferrit

ferrogrpah *any* frekvenciás magnetoindukciós repedésvizsgáló

ferromagnesian *ásv* vas és magnézium tartalmú

ferromagnet ferromágneses anyag/test

ferromagnetic ferromágneses; ~ **alloy** ferromágneses ötvözet; ~ **amplifier** *el* ferromágneses erősítő; ~ **body** ferromágneses anyag/test; ~ **crack detector** ferromágneses repedésvizsgáló készülék; ~ **Curie point/temperature** ferromágneses Curie-pont; ferromágneses Curie-hőmérséklet; ~ **domain** ferromágneses domén, Weiss-tartomány, Weiss-körzet, Weiss-domén; ~ **elementary unit** ferromágneses elemi tartomány; ~ **flow detector** ferromágneses hibakereső készülék; ~ **loop aerial** ferromágneses keretantenna; ~ **material** ferromágneses anyag/test; ~ **memory** ferromágneses memória; ~ **metal** ferromágneses fém; ~ **mineral** *bány* ferromágneses ásvány; ~ **resonance (FMR)** ferromágneses rezonancia; ~ **semiconductor** *el* ferromágneses félvezető; ~ **spin wave** *fiz* ferromagnon; ~ **store** ferromágneses tároló; ~ **substance** ferromágneses anyag; ~ **voltage stabilizer** *aut* ferromágneses feszültségstabilizátor

ferromagnetically-tuned parametric amplifier ferromágneses hangolású paraméteres erősítő

ferromagnetism ferromágnesség

ferromagnetoelectric ferromegnetoelektromos

ferromagnon ferromagnon

ferromanganese *koh* ferromangán

ferromolybdenum *koh* ferromolibdén

ferronickel *koh* ferronikkel

ferroprussiate *vegy* sárga vérlúgsó, kálium-hexacianoferrát(II); ~ **paper** cianotip-papír; ~ **print** *foto* kéknyomat; ~ **process** *foto* kékmásolás; ~**-uranium** *koh* ferrourán

ferroresonance *el* ferrorezonancia

ferroresonant | **circuit** rezonanciakör vasmagos tekerccsel; ~ **computing circuit** ferrorezonáns számolókör; ~ **operation** ferrorezonanciás üzem/hatás; ~ **voltage stabilizer** *aut* ferrorezonanciás feszültségstabilizátor

ferroselenium *koh* ferroszelén

ferrosilicomanganese *koh* szilíciumtükörvas

ferrosilicon *koh* ferroszilícium; ~ **production** ferroszilícium-előállítás

ferrosoferric *vegy* vas(II, III)-; ~ **oxide** *vegy* vas(II, III)-oxid; ~ **sulphide/sulfide** *vegy* vas(II, III)-szulfid

ferrostatic *önt* ferrosztatikus *(nyomás)*

Ferrot fabric *kh* egyszínoldalas kelme/kötés

ferrotitanium *koh* ferrotitán

ferrotungsten *koh* ferrovolfrám

ferrotype *foto* vaslemezre készült felvétel, ferrotípia; vassal impregnált kép

ferrous vastartalmú, vas(II)-; ~ **alloy** vasötvözet; ~ **base metal** vasalapú ötvözet; ~ **carbide** *koh* cementit, vas-karbid; ~ **carbonate** *vegy* vas(II)-karbonát; ~ **chloride** *vegy* vas(II)-klorid; ~ **coated tape** mágnesbevonatú szalag; ~ **electrode** vaselektród; ~ **ferricyanide** *vegy* vas(II)-hexaciano-ferrát(III); ~ **ferrocyanide** *vegy* vas(II)-hexaciano-ferrát(II); ~ **iron** két vegyértékű vas; ~ **metal** vasfém; ~ **metallurgy** vaskohászat; ~ **oxide** *vegy* vas(II)-oxid; ~ **rolling mill** hengersor vasfémek hengerlésére; ~ **sulphate/sulfate** *vegy* vas(II)-szulfát; ~ **sulphide/sulfide** *vegy* vas(II)-szulfid

ferrovanadium *koh* ferrovanádium

ferroxcube ferroxcube

ferrozirconium *koh* ferrocirkón

ferruginous *vegy* vastartalmú, vas(II, III)-; ~ **quartz** *ásv* vaskova

ferrule vasabroncs, vaskarika; rövid cső/hüvely; bádogfoglalat *(ecseté)*; *el* kábelsaru; *gép* befogógyűrű; bilincs; szorítókarika, szorítóbilincs, szorítógyűrű, szorítópánt; védőgyűrű; *óra* zsinórtárcsa *(ingaóráé)*; *vasút* övvasút; ~ **point** *foto* állványlábszög; ~ **terminal** *rád* csapvégződés

ferry I. *v* kompon/hajón/repülőgépen átszállít/átkel; **II.** *n* komp, rév; átkelőhajó; dereglye; *rep* repülőgép-

átszállítás; ~-**boat** komp(hajó); ~-**bridge** komphíd; ~ **flight** *rep* műszaki átrepülés; ~-**house** révház; kompkabin; ~-**pilot** *rep* átszállító pilóta
fertile termékeny; *at* hasadó anyagot termelő/tartalmazó; ~ **element** *at* termelő/termékeny elem *(reaktorban)*; ~ **material** tenyésztőanyag; ~ **nuclide** hasadóképessé transzformálható mag
fertility *at, mzg* termékenység
fertilization *mzg* műtrágyázás
fertilize *mzg* műtrágyáz
fertilizer *mzg* műtrágya; ~ **applicator** műtrágyázó csoroszlya; ~ **applied in hill** fészekműtrágyázás; ~ **attachment** műtrágyaszóró szerkezet; ~ **broadcaster/distributor** műtrágyaszóró(gép); ~ **drill** műtrágyaszórós sorvető gép; ~ **formula** műtrágyakeverék összetételi aránya; ~ **ratio** műtrágyák keverési aránya
fertilizing *mzg* műtrágyázás; ~ **irrigation** *mzg* tápláló öntözés
festoon I. *v ép* füzérrel díszít; **II.** *n ép* füzérdísz(ítés); *foto* körfüggöny; ~-**dryer/drier** *pa* függesztő szárító; ~ **lamp** törpe szuffitalámpa; szuffitalámpa, függönyvilágítási (izzó)lámpa; ~ **lighting** *ép* füzérvilágítás; ~ **paper** füzérpapír; ~ **trimming** hímzett szegélyű szalag
FET → field-effect transistor
fetch *hajó* kikötőbe ér, elér *(hajót, partot)*; ~ **cycle** *szt* lehívási ciklus; ~ **into port** kikötőbe ér, elér *(hajót, partot)*; ~ **off** eltávolít; leszed, lebont *(szövetet, fonalat)*; ~ **up at a port** kikötőbe ér, elér *(hajót, partot)*
fettle I. *v* előkészít, rendbehoz, elrendez, megjavít; *fa* megfarag; *koh* bélel, bélésez *(kemencét)*; *önt* tisztít, farag; **II.** *n* (előkészített) állapot; *koh* kemencebélés; ~ **casting** faragott öntvény, homokszórással kezelt öntvény
fettler hulladéktávolító *(kártológépen)*
fettling előkészítés, elrendezés, megjavítás; *fa* faragás; *koh* kemencebélés-javítás; *önt* öntecstisztítás; tisztítás, faragás; ~ **bench** öntvényfaragó pad; ~ **machine** öntvényfaragó gép, kemencebélelő gép; ~ **material** kemencebélelő anyag; javítóanyag; ~ **shop** öntvénykiverő (üzem); ~ **table** öntvényfaragó asztal; ~ **time** kemencebélés javítási ideje; ~ **wheel** csiszolókő, csiszolókorong
FF → fining furnace; → fire-fighting; → fixed focus; → fixed-field; → flip-flop; → folding fin; → form feed character; → formation flying; → free flight
FFA → free fatty acid
FFI → free fluid index
FFLT → familiarization flight
FFT → free-flight test
FFWD → fast forward
FG → field gun; → fine grain; → free gyroscope; → friction glazing
FH → fire hose; → fire hydrant; → flat-head screw; → foghorn; ~ **tool joint** *ol* bőfuratú fúrócsőkapcsoló
f.h. → fillister head; → flying hours
FHP → fractional horse-power; → friction horsepower
FI → fighter interceptor
fiber *US* → fibre(-)
fiberize rostosít, szálasít
fiberized rostos szálú, rostosított
fiberizer rostanyagpuhító malom
fibestos *pa* cellulózacetát, fibestos
fibre rost, szál, ín, rostanyag, rostos anyag; *bány* zsénzsinór; vékony ér; *el* fiber; *élip* rost, szál, ín, rostanyag, rostos anyag; *fa* fahács, farost; *pa* rost, szál, ín, rostanyag, rostos anyag; *tex* (elemi) szál; ~ **axis** száltengely, rosttengely; ~ **blend** *tex* szálkeverék; ~-**board** → fibreboard; ~ **boiler** *pa* rostfőző; ~ **bundle** *pa* rostköteg; ~ **cross-section** *tex* szálkeresztmetszet; ~ **cutting equipment** üvegszál-daraboló; ~ **damage** *tex* szálkárosodás; ~ **decorticating** dekortikálás; *tex* gépi hántolás; ~ **digital data interface (FDDI)** *szt* száloptikai digitális adatátviteli interfész, FDDI; ~-**distributable data interface (FDDI)** *szt* száloptikai adatátviteli interfész (FDDI); ~-**dressing machine** rostfeltáró gép; ~-**dye complex** szál-színezékkomplex; ~-**dyed yarn** szálban *v.* laza állapotban színezett fonal; ~ **fineness** *tex* szálfinomság *(elemi szálé)*; ~ **fractioning** *pa* rostfrakcionálás; ~-**glass** → fibreglass; ~ **grade** szálgyártásra alkalmas minőség; ~ **grease** szálas szerkezetű kenőzsír; nátronkenőzsír; ~ **in compression** nyomott szál *(a tartóban)*; ~ **insulating material** *ép* szálas szigetelőanyag; ~ **laser** üvegszálas lézer; ~ **length** *pa* rosthossz; *tex* szálhossz; ~-**length tester** *pa* rosthosszmérő; ~ **mat** *pa* rostlemez; ~ **matting** rostgyékény(gyártás); ~ **metallurgy** szálkohászat; ~-**mixture yarn** *tex* szálban kevert fonal; ~ **mucilage** *pa* rostnyálka; ~ **of regenerated cellulose** regenerált cellulózszál; ~-**optic cable** *távk* (szál)optikai kábel; ~ **optics** *távk* száloptika; ~ **optics transmission system (FOTS)** *távk* száloptikai átviteli rendszer, FOTS; ~ **paper** kétrétegű szilárd papír; ~ **picker** *pa* rostvisszanyerő; ~ **plant** *tex* rostnövény; ~-**plate** → fibreboard; ~-**pressing machine** *tex* rostelőkészítő gép; ~-**reactive dye** *tex* szálreaktív színezék; ~ **recovery** *pa* rostvisszanyerés; ~-**reinforced material** szálvázas anyag; (üveg)szálvázas fém; ~**'s fineness** szálfinomság; ~ **slab** *pa* farostlemez; ~ **staggering** *távk* szálcsatlakozási excentricitás; ~-**strengthened material** szálvázas anyag; ~ **stress** szálfeszültség; ~ **structure** rostos/szálas szerkezet; szálszerkezet, rostszerkezet; szálas fehérje/protein; ~ **stuff** *pa* rostanyag; ~ **suspension** szálfelfüggesztés; ~ **texture** száltextúra; szálas szövetszerkezet; ~-**tip pen** filctoll, rostirón; ~ **washer** fiberalátét; ~ **with lossy outer layer** körülburkolt fényvezető-szál; ~-**yield** *tex* szálhozam
fibreboard *ép, fa* (kemény) rostlemez; farostlemez; fiberlap; ~ **sheathing** építőlemez
fibreglass *műa* üvegrost; *tex* üvegszál; ~ **chopper** üvegszál-daraboló; ~ **cored bitumineous felt** *ép* üvegszállal erősített kátránypapír; ~ **insulation** üvegrost szigetelés; ~ **insulation material** *ép* üvegszálas szigetelőanyag; ~ **pipe** *ol* üvegszálerősítésű műanyagcső; ~ **reinforced synthetic resin spray(ing) equipment** üvegszál-erősítésű műtrágyát szóró berendezés; ~ **tube** *ol* üvegszálerősítésű műanyagcső
fibrescope *orv* fibrescope, fiberoszkóp
fibriform rostos, szálas, szálszerű
fibril kis szál, rostszálacska; *bőr* fibrilla; rostszál; *fa* fibrilla, rostelem; *tex* vadselyemszál
fibrillating current *orv* fibrillációs áram
fibrillation *pa, tex* fibrilláció, fibrillálás, rostosodás
fibrin *vegy* fibrin
fibrinogen *vegy* vérfibrin

fibrocement rostos cement
fibroferrite *ásv* fibroferrit
fibrograph *tex* fibrográf
fibroid rostszerű, rostos (szerkezetű)
fibroin *tex, vegy* fibroin *(selymek és pókhálók szálait alkotó fehérjék)*
fibrolite *ásv* fibrolit, szillimanit; *ép* azbesztpala
fibronia *tex* fűrostok
fibroplastic texture *geol* rostszálas szerkezet
fibrous rostos, szálas, szálszerű, szálat húzó; ~ **concrete** *ép* szálas/rostos adalékanyagú beton; szálerősítésű beton; ~ **finish** *tex* bolyhos kikészítés; ~ **fracture** szálas törés/töret; rostos törési felület; ~ **glass** *tex* üvegszál; ~ **gypsum** *geol* rostos gipsz; ~ **iron** szálas/rostos (szerkezetű) vas; ~ **material** *tex* szálas anyag; ~ **peat** szálas/rostos tőzeg; ~ **plant** *tex* rostnövény; ~ **plaster** *ép* rostos gipsz; ~ **protein** *vegy* szálas fehérje/protein; ~ **root** farostgyökér; ~ **selenite** *ásv* gipsz(zárvány); ~ **steel** *koh* szálas/rostos acél; ~ **structure** *any, ásv* rostos/szálas szerkezet; szálszerkezet, rostszerkezet; *koh* rostos szövet; rostos szövet; ~ **stuff** *pa* rostanyag; ~ **weld** porózus varrat; ~ **yarn** szőrös/bolyhos fonal
fibula *ép* vaskapocs
FIC → flight information centre
fichtelite *ásv* fichtelit
Fick's law of diffusion Fick-féle 1. törvény, Fick-féle diffúziós törvény, Fick-törvény
fickle ingatag, bizonytalan, változó
fictile plasztikus, formálható; *ép* fazekas- *(anyag)*; ~ **art** fazekasmesterség; ~ **clay** fazekasagyag
fictitious fiktív, látszólagos; ~ **alternating current reading/value** fiktív váltakozóáram-nagyság; ~ **force** *mech* fiktív/látszólagos erő, álerő; ~ **layers** *el* látszólagos (felületi) töltés; ~ **load** fantomterhelés, fiktív terhelés; ~ **pendulum** fiktív/hipotetikus inga; ~ **power** *el* látszólagos teljesítmény; ~ **primaries** virtuális alapszínek; ~ **value** fiktív érték
fictive fiktív, látszólagos; ~ **activity** fiktív tevékenység; ~ **player** fiktív játékos
fid I. *v hajó* biztosít *(árbocot keresztrúddal v. ékkel)*; **II.** *n* rúd, karó, cövek; (tartó)pecek; rögzítőék; tüske, tövis; *hajó* árbockeresztfa-csapszeg; keresztrúd *(sudárszár biztosítására)*; kötélbontó tövis
FID → flame ionization detector
fiddle *hajó* (asztal)perem, tányérrögzítő *(vihar esetére)*; *tex* kárttisztító; ~**-bow brace** vonóíves kar; ~ **drill** *szersz* vonóíves fúró
fidelity pontosság, valóságszerűség; *rád, távk* hanghűség, torzításmentesség; visszaadás hűsége; ~ **of information transmission** információátviteli pontosság; ~ **of reproduction** (hang)hűség, (hang)visszaadás hűsége; *aut* visszaadási hűség *(jóság)*
fiducial | **estimation** *fiz* fiduciális becslés; ~ **indicator** finomtapintó mikrométer; ~ **limit** konfidenciaintervallum; megbízhatósági határ; ~ **limit(s)** *hidr* konfidenciahatár; ~ **line** elfogadott kiindulási alapvonal; ~ **point** *metr* hiteles pont; ~ **temperature** *met* alaphőmérséklet, referenciahőmérséklet, vonatkoztatási hőmérséklet
fiedlerite *ásv* fiedlerit
field I. *a* helyszíni; terep-; külső; *kat* tábori; **II.** *n* helyszín; tér; mező; terep; *bány* aknamező, bányamező, fejtési mező; *el* mező *(2-dimenziós)*; tér *(3-dimenziós)*; *élip* őrlőfelület *(malomkőé)*; *ép* hídmező; *fiz* (erő)tér; mező; térerősség; *kat* terep, harctér; *szt* mező; *tv* félkép; részkép(mező); ~ **address** *szt* mezőcím; ~ **adjustment** gerjesztésszabályozás; ~ **aerodrome/airdrome** tábori repülőtér; ~**-alignment error** mezőtorzításból eredő hiba *(iránymérési)*; ~ **alterable control element (FACE)** *szt* felhasználó által változtatható vezérlő, FACE; ~ **ampere-turn(s)** *el* gerjesztő ampermenet; ~ **amplifier** előmágnesező erősítő; ~**-application relay** gerjesztésbekapcsoló relé; ~ **army** *kat* összfegyvernemi hadsereg; ~ **arrangement** *el* erőtérmegoszlás; ~ **artillery** *kat* tábori tüzérség; ~**-artillery rocket (FARt)** *kat* tábori tüzérségi rakéta(lövedék); ~ **assembly** helyszíni szerelés *(szabadban)*; ~ **balance** *geof* terepmérleg; ~ **bale loader** *mzg* rendfelszedő bálázó; ~ **barrier** *bány* pillér a bányamezők között; ~ **bend correction** *tv* képlinearitásszabályozás; ~ **blanking** *tv* képkioltás, visszafutás alatti kioltás; ~ **bolting** *ép* építéshelyi csavarozás; ~**-book** *ép, geod* kitűzési/felmérési jegyzőkönyv; ~ **border** *rep* leszállópálya-küszöb; ~ **boundary** mezőbehatárolás; ~**-breaking switch** → ~-discharge switch; ~ **calibration** utánkalibrálás; ~ **carrier** *el* tértöltéshordozó; ~ **coil** *el* gerjesztőtekercs, mágnestekercs; *távk* mezőtekercs; *tv* képirányú/függőleges eltérítő tekercs; ~ **component** *el, aut* térerősség-összetevő, térösszetevő, térkomponens; ~ **composition** *tv* képösszerakás; ~ **concrete** *ép* építéshelyi beton; ~ **conjugate** *mat* konjugált, konjugált algebrai szám; ~ **connection** *ép* építéshelyi kapcsolás/illesztés; ~ **control** *el* gerjesztésszabályozás; gerjesztésszabályozó, térerősség-szabályozó; térerősség-szabályozás; ~**-controlled transistor** → ~-effect transistor; ~ **controller** térerősség-szabályozó; ~ **copper** gerjesztőtekercselés rézmennyisége; ~ **core** *el* gerjesztőmágnes magja; ~ **correction** térerősség-szabályozás; ~ **current** *el, aut* gerjesztőáram; téreredetű áram; ~ **current control** gerjesztőáram-szabályozás; ~ **current controller** gerjesztőáram-szabályozó; ~ **curve** *el* térerősségi görbe; *geof* terepmérési görbe; ~ **data** üzembehelyezési adatok; ~ **deflection** *tv* képeltérítés; ~ **density** *fiz* erővonal-sűrűség; ~ **depth** *fiz* térmélység; ~ **diaphragm** *opt* tárgyoldali fényrekesz; ~ **direction** *fiz* erőtér iránya; tér/térerősség iránya; ~ **directivity pattern** térerősségdiagram; ~ **discharge** *fiz, el* gerjesztés rövidrezárása; legerjesztés; ~**-discharge switch** *el* gerjesztésmegszakító (kapcsoló); ~ **displacement** *fiz, el* tér kiszorítása, a térkiszorítás jelensége, tereltolás; ~ **displacement isolator** mezőtorzításos izolátor; ~ **distortion** *el* tértorzulás; *tv* képtorzítás; ~ **distribution** *aut, el, geof* erővonaleloszlás; téreloszlás, térerősség-eloszlás; ~ **ditch** *hidr* folyóka; ~ **divergence** *mat* vektordivergencia; ~ **diversion** *el* gerjesztés söntölése; ~**-driven rivet** építéshelyi/helyszíni *(v.)* építéshelyen bevert szegecs; ~**-economy contactor** takarékkapcsoló kontaktor; ~**-effect diode (FED)** *szt* térvezérlésű dióda, FED; ~**-effect transistor (FET)** *félv* térvezérlésű tranzisztor, FET; ~ **effect varistor** térvezérlésű varisztor; ~ **electromagnet** induktor, gerjesztőmágnes; ~ **emission** *at, rád, el* téremisszió; ~**-emission electron** téremissziós elektron; ~**-emission microscope** téremissziós/hidegemissziós mikroszkóp; ~**-emission microscopy** téremissziós mikroszkópia; térelektron-

mikroszkópia; ~ **emission of electrons** téremisszió, hidegemisszió; ~ **energy** gerjesztési energia; ~ **engine** vihető motor; ~ **engineer** helyszíni (munkavezető) mérnök; *ép* kivitelező/kiküldött/kiutazó mérnök; ~ **equation** *fiz* téregyenlet; ~ **equations of Einstein** Einstein-féle téregyenletek; ~**-erected** helyszínen szerelt; ~ **erection** helyszíni/építéshelyi szerelés; ~ **evaluation** *kat* csapatpróba; ~ **examination** helyszíni vizsgálat; ~ **excitation** *fiz, el* gerjesztés *(mágneses téré)*; ~ **experiment** *geof* terepkísérlet; ~ **extension well** *ol* körülhatároló kutatófúrás; tapogató fúrás *(olajmező kiterjedésének megállapítására)*; ~**-failure relay** legerjesztési relé; ~ **flattener** *opt* térlencse, kollektívlencse; ~ **fluctuations** *el* térerősség-ingadozás; ~ **flutter** téringadozás, lebegés; ~ **forcing** *el* erőltetett gerjesztés, túlgerjesztés; ~ **forge** *szer* tábori kovácstűzhely; ~**-form loss** tértorzulási veszteség; ~ **fortifications** *kat* tábori típusú erődítmények; ~ **frame** mágneskoszorú; ~**-free** *el* térerősségmentes, erőtérmentes, (erő)tér nélküli, zérus terű/térerősségű; ~**-free emission current** *el* térerősség nélküli emissziós áram; ~ **frequency** *tv* képfrekvencia, képváltási frekvencia; ~ **gap** gerjesztő szikraköz; ~ **ga(u)ger** *ol* olajmérő; ~ **geologist** terepgeologus; ~ **glasses** *pl* tábori távcső; ~**-glass magnifier** távcsöves nagyító; ~ **grey/gray** tábori szürke; ~ **gun (FG)** tábori löveg; ~ **hand** *ép* építéshelyi munkás; ~ **information** helyszíni üzemeltetésre vonatkozó információ; ~ **inspection** helyszíni ellenőrzés; ~ **instrument** térmérő műszer; ~ **intensity** *el, fiz* térerősség; ~ **intensity control** térerősség-szabályozás; ~ **intensity controller** térerősség-szabályozó; ~**-intensity dependent** *geof* térerősségfüggő; ~**-intensity distribution** *el* térerősség-eloszlás; ~ **intensity indicator/meter (FIM)** térerősségmérő; ~**-intensity measurement** térerősségmérés; ~ **investigation** piackutatás; *talt* terepen végzett *(v.)* helyszíni vizsgálat; ~ **ion emission** *el* ion-téremisszió; térionemisszió; ~ **ionization mass spectrometry** térionizációs tömegspektrométer; ~ **ionization source for measurement of metastable ions** téremissziós ionforrás metastabil ionok mérésére; ~ **ion mass spectrometer** térionos tömegspektrométer; ~ **ion mass spectrometry** térionos tömegspektrometria; ~ **ion microscope** elektrosztatikus ionmikroszkóp; térionmikroszkóp; ~ **joint** helyszínen hegesztett kötés; szerelési illesztés; *ép* építéshelyi/helyszíni kapcsolat; ~ **keystone correction** trapéztorzítás korrigálása; ~ **laser rangefinder** *aut* földi lézeres távmérő; ~ **latex** *gumi* kultúr-latex; ~ **lens** *fiz* tárgylencse; térlencse, kollektívlencse; ~**-limiting ring** térerőhatároló gyűrű; ~ **line** *fiz* erővonal; ~ **loader** *koh* felszedőgép; ~ **localizer** *rep* iránysávadó; ~**-loss protection** legerjesztődési védelem; ~**-loss relay** legerjesztési relé; ~ **luminance** adaptációs fényerő; ~ **magnet (FM)** gerjesztőmágnes, mezőmágnes; ~ **maintenance** helyszíni karbantartás; ~ **maintenance centre/center** helyszíni karbantartó részleg; ~ **maintenance equipment** berendezés helyszíni karbantartáshoz; ~ **manual (FM)** *kat* szolgálati szabályzat; *rep* szervizkönyv; ~ **marker** *rep* földi azonosító jel; ~ **measurement** térerősségmérés; ~ **measuring** *geod* földmérés, terepfelvétel; ~ **mechanic** *rep* repülőtéri szerelő; ~ **medical service** *kat* tábori egészségügyi szolgálat; ~ **monitor** *rep* földi iránysáv-ellenőrző; ~ **neutralizing coil** mágneses mezősemlegesítő tekercs; ~ **neutralizing magnet** mezősemlegesítő permanens mágnes; ~ **note** *geod* terepfeljegyzés; ~ **notebook** *geod* észlelési napló; ~ **of activity** működési terület; ~ **of a level** *bány* szintmező; ~ **of application** alkalmazási terület; ~ **of complex numbers** *mat* komplex számtest; ~ **of direction** iránymező; ~ **of drafting** *tex* nyújtómező; ~ **of electric intensity** *fiz* elektromos tér; ~ **of end-use** felhasználási terület; ~**-office routine** *geol* terepkiértékelési gyakorlat/rutinmunka; ~ **of force** *el, fiz* erőtér; ~ **of gravity** *fiz* gravitációs/nehézségi erőtér; ~ **of pressure gradient** *fiz* nyomástér, nyomásgradiens tere; ~ **of sets** *mat* halmazalgebra; ~ **of sight** látóhatár; ~ **of sight meter** látótérmérő, kampiméter; ~ **of strains** *geol* alakváltozásmező; ~ **of subsets** *mat* halmazalgebra; ~ **of the electric current** *el* villamos gerjesztés, ampermenetszám; ~**-of-use license** kényszerhasználatú licencia; ~ **of view/vision** látótér; ~ **of workings** *bány* szintmező; ~ **operation laser** helyszínen üzemeltetett lézer; ~ **overhaul** üzemeltetés helyén végzett főjavítás; ~ **particle** *at* céltárgyrészecske, target; térrészecske; vizsgáló részecske; ~ **pattern** *el* erőtér-ábra; *fiz* térerősségdiagram; *távk* téreloszlás, térerősség-eloszlás; ~ **pendulum** *geof* gravitációs inga, Eötvös-inga; ~ **pick-up** külső közvetítés/felvétel; helyszíni televíziós felvétel; ~ **piece** *el* pólusmágnes; ~ **playback** visszajátszás *(terepen)*; *geof* terep-visszajátszó készülék; ~ **pole** mágnespólus; mágnessarok; gerjesztő pólus; ~ **potentiometer** *geof* terep-potenciométer; ~ **power supply** *kat* tábori energiaszolgáltatás; ~ **procedure** *geof* terepeljárás; ~ **processing** (kő)olajmezei feldolgozás; ~ **progress** *geof* terepmunka/terepfelmérés üteme; ~ **PROM (F-PROM)** *szt* felhasználó által programozható fix memória, F-PROM; ~ **quantum** *fiz* térkvantum; ~ **railway** mezei vasút; ~**-ratio compensator** *geof* erőtérhányados-kompenzátor; ~**-ratio instrument** *geof* térerősségviszony-mérő műszer; ~ **record** *ép* építés(hely)i napló; *geof* terepregisztrátum; terepszeizmogram; ~ **reduction** *el* mezőgyengítés; ~ **regulation** *el* gerjesztésszabályozás; ~ **regulator** → ~ rheostat; ~ **reliability** megbízhatóság az üzemeltetés helyén, üzemi megbízhatóság; ~ **reliability test** üzemi megbízhatóságvizsgálat; ~**-relief electrode** tér-relieffémezés; ~**-removal relay** legerjesztési relé; ~ **repetition rate** képválasztási frekvencia; ~ **resistance** mezőgyengítő ellenállás; ~ **retrace** *tv* képvisszafutás; ~ **retting** *tex* harmatáztatás; ~ **reversing** mezőirányváltás; ~ **rheostat** *el* gerjesztésszabályozó, (mágneses) térerősségszabályozó; gerjesztésszabályozó/térszabályozó ellenállás; ~ **ring** *el* motortest gyűrűs része; ~ **rivet** → ~-driven rivet; ~ **rotor** *el* kiálló/kiképzett pólusú forgórész; ~**s** *pl fa* kazetta, mezőbeosztás; ~ **scanning rate** részképfrekvencia; ~**-sequential scanning** *tv* (szín)mezőváltás *(színes televízió)*; ~**-sequential system** *tv* képváltó rendszer; mezőváltás; ~ **simulation** *aut* térmodellezés; ~**-site digitalization** *ol* terepi digitalizálás; ~ **sketching** *geol* vázlatos terepfelvétel; ~ **spandrel** hídmező-tartóív ráfalazása; ~ **station** *geof* terepmérőállomás, észlelőállomás; ~ **stop** *opt* látótérrekesz, diafragma; ~ **strength** *el, fiz* térerősség; ~ **strength at the site of reception** vételi térerősség; ~ **strength control** térerősség-szabályozás; ~ **strength controller** térerősség-szabályozó; ~ **strength distribution** térerősség-eloszlás, téreloszlás; ~ **strength measurement** térerősségmérés; ~ **strength meter** térerősségmérő; ~ **strength of an electromagnetic wave** elektromágneses hullám térerőssége; ~ **strength of the interfering signal** zavarójel-térerősség; ~ **strength pattern** térerősség-diagram; ~ **strip** *v kat* részleges szétszedés; szétszerel; ~**-stripping** *kat* részleges szétszedés; ~ **study** helyszíni (kutató)munka/kiszállás, külső munka; ~ **supervision** *ép* építéshelyi ellenőrzés/felügyelet; ~ **supply** *el* gerjesztő áramforrás; ~ **suppressor** *el* generátor legerjesztő berendezése; ~ **survey** *geod* helyszíni kutatómunka/felvétel/kiszállás; kataszteri felmérés; terepfelmérés, terepszemrevételezés; ~ **synchronization** *tv* képszinkronizálás; ~ **sync pulse/signal** *tv* képszinkronozó jel; ~ **tape** *geof* terepen készült szeizmikus magnetofonszalag; ~ **telephone exchange** *kat* tábori telefonközpont; ~ **telephone (set)** *kat* tábori telefonkészülék; ~ **tensor** tértenzor; ~ **test** *any, ol* üzemi/mezőbeli vizsgálat; *ép, talt* helyszíni kísérlet *(terepen)*; ~ **theory** *fiz* térelmélet; ~ **tilt correction** *tv* képtaszító-korrekció; ~ **transistor** *félv* drifttranzisztor; ~ **trial** helyszíni kipróbálás; *kat* csapatpróba; ~ **vector** *fiz* mágneses térerősség; ~ **welding** *heg* építéshelyi/helyszíni hegesztés; ~ **winding** *el* gerjesztő tekercselés; ~ **work** külső/helyszíni munka *(terepen)*; terepmunka; kiszállás; helyszíni kutatómunka; gyakorlat *(gyárban)*; ~ **yoke** mágneskoszorú

fieldcraft *kat* a terep felhasználása, a terep felhasználásának képessége

fielding *kat* rendszeresítés

fieldistor *aut, távk* fieldistor; fieldisztor, tranzisztor

fieldless *el* térerősségmentes, erőtérmentes, (erő)tér nélküli, zérus terű/térerősségű; ~ **coil** *rád* bifiláris tekercs

fieldworthy terephasználatra alkalmas

fierce heves; hirtelen; ~ **braking** hirtelen fékezés; ~ **clutch** gyorsműködésű tengelykapcsoló

fiery gyúlékony; *bány* gázos *(bánya v. telep)*; öngyulladásra hajlamos; sújtóléges; *koh* fényes *(töret)*; ~ **atmosphere** *bány* sújtólég; ~ **coal** *bány* gázos szén; öngyulladásra hajlamos szén; ~ **colliery/mine/pit** gázos szénbánya; ~ **fracture** *ásv* durvaszemcsés törés/töret; ~ **heap** öngyulladásveszélyes szénhalom; ~ **red** tűzvörös; ~ **scarlet** skarlátvörös; ~ **seam** *bány* gázos telep; ~ **steel** elégett durvaszemcsés acél; ~ **structure** *ásv* durvaszemcsés szerkezet

fife rail *hajó* kötélzetrögzítő sínveret *(árboctövön)*

FIFO → first in first out; ~ **memory** *szt* FIFO-memória

FIFOR → flight forecast

fifth|-combing wool combgyapjú; ~**-degree polynominal equation** *mat* ötödfokú egyenlet; ~**-generation computer** *szt* ötödik generációs számítógép; ~**s** *pl fa* ötödik osztályú fűrészáru; ~**-voltage range** *vasút* 660 V-on felüli üzemi feszültség

fig-brown fügebarna

fight I. *v* harcol; **II.** *n kat* harc

fighter *ép* védőanyag; *kat* vadászrepülőgép; ~ **aircraft (FA)** vadászrepülőgép; ~**-bomber (FB)** vadászbombázó; ~ **cover** vadászbiztosítás; ~ **ground support** légitámogatás; ~ **interceptor (FI)** elfogó vadászrepülőgép

fighting | compartment *kat* küzdőtér; ~ **mission** harci feladat; ~ **noise** *környv* zajvédelem; ~ **top** harcálláspont *(hadihajón)*

figuline I. *a* agyagból való, agyag-; agyagmunkára alkalmas; **II.** *n* cserép(edény)

figurate *ép* faragott *(kő)*; ~ **stone** *ép* faragott kő; ~ **vencer** *tex* mintás furnér

figurative jelképes, szimbolikus; díszes; ~ **constant** *szt* fenntartott konstansnév, literal; ~ **mark** ábrás védjegy; ~ **symbol** változó

figure I. *v* alakít, képez; számol; (ki)számít, (ki)kalkulál, számokkal kifejez; ábrázol; *tex* díszít, mintáz, (szövet)mintát készít; **II.** *n* alak(zat), figura; ábra, rajz, diagram; szám(jegy); alapszám; *kh* kötésminta; *mat* idom; *tex* (szövet)minta; ~ **bracket** *mat* kapcsos/nagy zárójel; ~**-changing lever** *távb* számváltó emeltyű; ~ **design** *tex* szövetminta-tervezés; ~**-eight** → ~-of-eight; ~ **forming tool** idomkés; ~**-function lever** *távb* számváltó fésű; ~ **key** számbillentyű; ~**-marking hammer** számozó/számbeverő kalapács; ~ **mask** számjegyes maszk; ~ **of density** *fa* tömörköbtartalom; ~**-of-eight (curve)** *mat* lemniszkáta, nyolcas alakú görbe, piskótagörbe; ~**-of-eight diagram** nyolcasdiagram; ~ **of lemniscate diagram** nyolcasdiagram; ~ **of merit** *el* Ip/Cmax jósági fok; jósági tényező/szám, Q faktor; S/C-viszony; *ol* teljesítményszám *(repülőbenzinek minőségi mutatója)*; ~**-of-merit curve** jósági görbe; ~ **of merit of the ground station** *távk* földi állomás jósági tényezője; ~ **of the plane poles** *ásv* lappólusalakzat; ~ **out** *v* kiszámít; kigondol; ~ **printing** *tex* figurális mintanyomás; ~ **punch** számbeütő szerszám; ~ **reading electronic device** elektronikus számleolvasó készülék; ~**s** számolás, számtan; ~**s shift** *szt* számváltás; ~ **stamp** számbélyegző; ~ **warp** *kh* mintázó lánc

figured alakított, megmunkált; *tex* mintás, mintázott; ~ **birch** *fa* rajzolatos nyírfaanyag; ~ **cloth** mintás szövet; ~ **cloth weaver** jacquard-szövő *(személy)*; ~ **crimp** gyűrt mintájú szövet *(mintás krepon)*; ~ **fabric** mintás szövet, mintázott anyag; ~ **glass** mintás üveg; ~ **iron** *heng* idomacél; ~ **linen** mintás lenszövet; ~ **steel** *heng* idomacél; ~ **weave** mintás kötés; ~ **wood** *fa* mintás rajzolatú faanyag

figuring (ki)alakítás, képzés; számolás, (ki)számítás, kalkuláció; méretek beírása/bekottázása *(rajzon)*; kottázás; számozás; *opt* fazonkialakítás; *tex* mintázás; ~ **capacity of jacquard** jacquard-gép mintázóképessége; ~ **machine** mintázógép *(nyomóhenger készítéséhez)*; ~ **of optic(al) parts** optikai rendszer kialakítása, finomoptika; ~ **out** kiszámítás; ~ **stuffer** *tex* mintázógép *(nyomóhenger készítéséhez)*; ~ **weft** mintázó vetülék

filament szál, rost; *el* fűtőszál; izzószál, katódszál; *élip* szál; *műa* végtelen szál; *pa* fűtés; rostocska; *tex* (elemi) szál *(selyem, műselyem)*; gubószál; műszál; ~ **activity test** fűtőszál-emissziópróba, katódszál-emisszióprába; ~ **battery** *el* fűtőtelep; ~ **bombardment** katódbombázás; ~ **capacitance** fűtőszál-kapacitás; ~ **characteristic** katódkarakterisztika; ~ **circuit** fűtőkör, fűtőáramkör; ~ **crystal** *krist* tűkristály; ~ **current** fűtőáram; ~ **current consumption** fűtőáram-fogyasztás; ~ **electrode** vonalelektród; ~ **electrometer** húros elektrométer; ~ **emission** izzókatódos emisszió; ~ **fuse** izzítóköri biztosító; ~ **gener-**

ator fűtőáramforrás; ~ **heated cathode** közvetlen fűtésű katód, katódszál; ~ **heating** közvetlen fűtés; ~ **heating transformer** fűtőtranszformátor; ~ **hum** *rád* fűtés okozta búgás; ~ **input** fűtőteljesítmény; ~ **lamp** izzólámpa; ~ **rayon** végtelen szálú műselyem; ~**-rayon weaving** műselyemszövés; ~**-rayon yarn** folytonos műselyemszálból font fonal; ~ **resistance** fűtőellenállás; izzító ellenállás; ~ **rope** szálkötél; ~**-screening grid** izzószál-árnyékoló rács; ~ **supply** fűtés; izzítás; ~**-supply transformer** izzító transzformátor; ~ **support** fűtőszáltartó; ~ **thermometer** szálas hőmérő; ~ **transformer** izzító transzformátor; ~**-type cathode emitter** közvetlen fűtésű katód; ~**-type tube** közvetlen fűtésű cső; ~ **voltage** fűtőfeszültség; izzószálfeszültség; ~ **voltmeter** izzószálas voltmérő; ~ **winding** fűtőtekercs(elés); *műa* száltekercselés, tekercselés *(formatest előállítása)*; ~ **yarn** *tex* folytonos *v.* végtelen szálú fonal

filamentary | cathode közvetlen fűtésű katód; izzószál, katódszál; ~ **cryotron amplifier** kriotronszálas erősítő; ~ **flow** *hidr* vízszálas áramlás; ~ **molecule** fonalmolekula; ~ **transistor** *félv* fonáltranzisztor; száltranzisztor; vékony huzaltranzisztor; ~**-type cathode** közvetlen fűtésű katód

filamentous rostos, szálas, szálszerű

filar micrometer fonalkeresztes mikrométer

filature fonás; selyemmotollálás; selyemgombolyító üzem, fonoda; ~ **waste** gombolyítási hulladék

file[1] **I.** *v* reszel; ráspolyoz; **II.** *n* reszelő; finom reszelő; ráspoly; ~ **bench** munkaasztal, munkapad; satupad; ~ **chisel** reszelővágó véső; ~ **cutter** reszelővágó (gép/munkás); ~**-cutting anvil** reszelőfogazó üllő; ~ **hammer** reszelővágó kalapács; ~ **handle** reszelőnyél *(fából)*; ~ **holder** reszelőtartó; ~ **off** *v* lereszel; ~ **stripper** reszelőt köszörülő gép; ~**(-)stroke** reszelőkarc, reszelőnyom; reszelővágás; ~ **table** lakatosmunkapad; ~ **tang** reszelőszár; ~ **to template** *v* minta után reszel; ~ **true** *v* pontos méretre reszel

file[2] **I.** *v* iktat, lerak, irattárba helyez; **II.** *n* akta, (ügy)irat; kartoték; iratgyűjtő, gyorsfűző, levélrendező; papírrakás; adattár, nyilvántartás; *ép* oszlopsor; *szt* állomány, adatállomány, file, fájl; kártyacsoport, kartotékrendszer; ~ **a call** *v távb* hívást előjegyeztet; ~ **a flight plan** *v rep* repülési tervet nyújt be; ~ **allocation table (FAT)** állománykijelölési táblázat, FAT táblázat; ~**-card** kartotéklap; ~ **clean-up** adatállomány felesleges adatainak eltávolítása, takarítás; ~ **computer** kartotékfeldolgozó számítógép; ~ **consolidation** adatanyag-összeszerkesztés; ~ **control (FC)** állománykezelés, FC; ~ **control block (FCB)** állományleíró blokk, FCB; ~ **control system** állománykezelő rendszer; ~ **conversion** állománykonverzió; ~**(-)cover** iratfedél, iratborító; *pa* gyorsfűző, iratrendező; okmányrendező; ~ **description (FD)** állományleírás, FD; ~ **description block (FDB)** állományleíró blokk, FDB; ~ **extent** fájlkiterjedés; ~ **gap** állományközi hézag; ~ **handle/handling** állománykezelés; ~ **header** állománycímke; ~ **header label** állomány-kezdőcímke; ~ **interrogation program** állomány tartalmát vizsgáló program; ~ **inversion** állományinverzió; ~ **label** állománycímke; ~ **layout** állományszerkezet; ~ **maintenance** állománykarbantartás; ~ **management** állománykezelés; ~ **manager** állománykezelő; ~ **memory** nagy memória/tároló; ~ **name** állománynév; ~ **not superseded** nem törölt adatállomány; ~ **protection** állományvédelem; ~ **protection ring** írógyűrű; ~ **purging** állománykiürítés; ~ **recovery** állomány-visszanyerés; ~**s** *pl* irattár *(hivatalé)*; ~ **scan** adatkeresés; ~ **scan equipment** adatkereső; ~ **section** állományleíró rész; ~ **security** fájlvédelem, állományvédelem; ~ **separator (FS)** állományelválasztó, FS *(vezérlőkarakter)*; ~ **server** állományszerver, állománykiszolgáló; ~ **set identifier (FSI)** állományhalmaz-azonosító, FSI; ~ **specification** állomány neve; ~ **structure** állományszerkezet; ~ **structure definition table (FSDT)** állományszerkezetet meghatározó táblázat, FSDT; ~ **system** állományrendszer; ~ **updating** állományfelújítás

filecard reszelőtisztító kefe

filed joint reszelt illesztés

filemark *szt* szakaszhatároló jel, fájl vége jel

filer reszelő (munkás); reszelőgép

filet *tex* filé; hímzőselyem; ~ **apparatus** filékészítő keret; ~ **card** kártszalag, kártlap

filial page *szt* követőoldal, aloldal *(videotexnél)*

filiform corrosion *koh* fonalas korrózió

filing[1] reszelés; ~ **board** alátétdeszka *(reszeléshez)*; ~ **handpiece** kézi reszelőfej; szerszámbefogó fej; ~ **machine** *forg* reszelőgép; ~**s** *pl* reszelék, vaspor; ~ **toolholder** vonalmozgású befogófej

filing[2] iktatás; beadás, benyújtás; ~ **fee** bejelentési illeték; ~ **table** *távb* kapcsolóasztal

fill I. *v* betömődik; betöm; megtelik; tölt, betölt, megtölt, kitölt; adagol; *bány* megrak; tömedékel; *ép* feliszapol; *hajó* dagad, fog *(vitorla)*; kifeszít *(vitorlát)*; *nyom* kitölt; kizár *(sort)*; *pa* tölt; *tex* töltőanyaggal telít; **II.** *n* töltés, feltöltés, kitöltés; *bány* tömedék; *ép* betét, alátét; ~ **away** *v hajó* kifeszít *(vitorlát)*; ~ **character** *szt* töltőkarakter; ~ **compaction** *ép* (fel)töltéstömörítés; ~ **construction** *ép* feltöltés készítése; ~ **crest** *ép* töltéskorona, gátkorona; ~ **dam** *hidr* feltöltött gát, földtöltés; ~ **flush** *v* színig tölt; ~ **her up, please** *v gépk* tele kérem; ~ **in** *v ép* tölt, kitölt, visszatölt, rácsoz; *fa* tömít *(réseket/pórusokat)*; ~**-in** *foto* kisegítő világítás; ~**-in light** derítőfény; ~ **insulation** *ép* feltöltött/laza szigetelés; ~**-in temperature** *élip* töltési hőmérséklet; ~ **lift** *ép* feltöltés; ~ **line** *ol* fúrólyuktöltő vezeték; ~ **material** *ép* feltöltés anyaga, kitöltő/kiöntő anyag; ~ **out** *v* kitölt; ~ **pattern** *szt* felületkitöltési minta *(grafika)*; ~ **peg** *ép* magasságjelző karó *(feltöltéshez)*; ~ **plate** alátét, kitöltő/kiegyenlítő lemez; *műa* töltőtér-hosszabbító; ~ **raise** *bány* tömedékgurító; ~ **rod** *bány, kat* töltőrúd; ~ **row** *mzg* csonka sor; ~ **satellite exchange** *távb* kisegítő telefonközpont *(automata főközponttal)*; ~ **section** *ép, hidr* töltésszelvény; ~ **settlement** töltésülepedés; ~ **shaft** *bány* tömedékakna; ~ **slope** *ép* töltésrézsű; ~ **style** *szt* felületkitöltési mód *(grafika)*; ~ **toe** *ép* töltésláb; ~ **up** *v* teletölt, feltölt *(tartályt)*; eltömődik; *bány* eltömedékel; *ép* feltölt *(terepet)*; spatulyáz; ~**-up** kitöltő darab; *ol* fúrólyuktöltés; ~**-up carbon** felszenesítő; ~**-up collar** *ol* töltőkarmantyú; ~**-up shoe** *ol* töltősaru; ~**-up the karst-water reservoir** karsztvízpótlás; ~ **up to grade** *v* a tervezett szintig feltölt; ~ **up to the brim** *v* színig tölt; ~**-up traffic** *rep* feltöltő forgalom; ~**-up valve** lyuktöltő toló; ~ **wire** töltőhuzal; ~ **with liquor** *v bőr* eláraszt *(cserzőgödröt)*

filled megtöltött, tele; töltött; telített; *ép* kiöntött, tömített *(hézag)*; ~ **area** *hidr* feltöltött terület; ~ **band** *at* (be)töltött sáv; ~ **board** *pa* kasírozókarton; többrétegű kézilemez, papírlemez; töltött lemez; ~ **cable** *el* tömör szigetelésű kábel; ~ **card** lezárt kártya; ~ **cloth** telített szövet; ~ **column** töltetes/betétes (lepárló)torony; ~ **finish** *tex* töltőanyagos kikészítés; ~ **ground** *ép* feltöltött terep, feltöltés; ~**-in ground** feltöltött talaj; ~ **milk** *élip* idegen zsiradékkal dúsított tej(termék); ~ **opening** *bány* eltömedékelt bányatérség; ~ **pulp-board** közönséges háromrétű karton; ~ **roll** papírhenger *(kalanderhez)*; ~**-section rail** tömbsín; ~ **shell** betöltött elektronhéj; ~ **soil** *ép* feltöltött talaj; ~ **spandrel** *ép* homlokmező *(bolthídon)*; ráfalazás boltozaton; ~ **tower** töltetes/betétes (lepárló)-torony

filler töltő(szerkezet); tölcsér; töltőanyag; betét; tömítő, tömítés, gumibetét; *bány* rakodócsillés; tömedékelő; *biot* töltet; *cipő* sámfa; *ép* födémbéléstest *(gerendák közé)*; hézagkiöntő anyag *(aszfalt)*; *fa* fabetét; spatulyázó anyag, alapozó; *gép* töltőnyak, töltőnyílás; *kat* robbanótöltet *(gránátban)*; *pa* belső réteg *(többrétegű kartoné)*; töltőanyag; *szt* töltőkarakter; ~ **alloy** hegesztőötvözet; ~ **bar** faverőléc *(cséplődobhoz)*; ~**-board** *pa* kasírozó alaplemez/nyerslemez; ~ **brick** *koh* bélésidomtégla; ~ **cap** *gépk* töltőnyílás kupakja, tartálysapka; ~ **floor** *ép* béléstestes födém; ~ **gas** töltőgáz; ~ **gate** töltőzsilip; ~ **ga(u)ge** vastagságmérő; ~ **hole plug** töltőnyílás dugója, töltőlyukcsavar; ~ **material** töltőanyag; ~ **metal** *heg* hegesztő fémanyag; töltőfém; ~ **metal welding** hegesztés hozaganyaggal; ~ **neck** *rep* töltőnyúlvány; ~ **pass welding** töltővarrat-hegesztés; ~ **piece** alátét, töltődarab, töltőelem; ~ **pipe** tüzelőanyag-beöntő cső/csonk; ~ **plate** alátét, kitöltőlemez; kiegyenlítőlemez; *műa* töltőtér-hosszabbító; ~**-plate mo(u)ld** töltőtér-hosszabbító szerszám; ~ **plug** töltődugó; *kat* töltőlyukcsavar; ~ **ring** közbetétgyűrű, tömítőgyűrű; ~ **rod** hegesztőpálca, hegesztőelektród; ~ **roll** *pa* papírsimító henger; ~ **tube** tüzelőanyagtöltő csonk *(tüzelőanyag-tartályon)*; ~ **wire** hegesztőhuzal; ~ **wire rope** *ol* töltőszálas sodronykötél; ~ **yarn** *tex* vetülékfonal

fillerized binder *ép* fillerrel feltöltött kötőanyag/binder

fillet I. *v élip* filéz; **II.** *n* szalag; papírcsík; *élip* hússzelet, filé; *ép* ajtóütköző léc; díszítő léc; pálcatag; *fa* betétléc, ékléc, szegőléc, tartóléc; *gép* fogtő; lekerekítés *(tengelyvállé)*; munkaléc, perem; vállátmenet; *hidr* bekötés *(gáté alapkőzetbe)*; *koh* legömbölyítés; *műa* sarokerősítés; *nyom* kimunkált/aranyozott szegély *(könyvtáblán)*; *rep* áramvonalas átmenet; ~ **mo(u)ld** *ép* párkányosztó léc(tag); *fa* kelelt szegélyléc; ~ **mo(u)lding machine** *fa* lécfazonírozó gép; ~ **plane** *fa* lécgyalu; ~ **radius** *gép* fogtősugár; ~ **silk** *tex* hímzőfonal; ~ **submerged-arc weld** fedettívvel hegesztett sarokvarrat; ~ **weld (FW)** *ép, heg* ékvarrat, sarokvarrat; sarok(él)hegesztés; ~**-welded joint** sarokvarratos kötés; ~ **welder** sarokvarrat-hegesztő gép

filleted corner *ép* lekerekített belső sarok

filleting *élip* filézés; *ép* sarokkitöltés, saroksimítás *(pl. cementtel)*

filling töltés, töltelék, töltőanyag, nehezítőanyag, tömés, betét; betöltés, megtöltés, feltöltés; kizárás *(művelet)*; töltet, béléstest, tölteléktest, betét; *bány* tömedékanyag; tömedékelés, vágatberakás, kézi tömedékelés/belapátolás; *ép* ágyazás, feliszapolás, feltöltés *(úté)*; töltés(építés), feltöltés; *fa* pórustömítés; *pa* hollandikéselés; töltés *(főzőnek)*; *tex* (selyem)-szál-szeletelés, (selyem)szálvágás; vetülék(fonal); ~ **agent** *tex* telítőanyag; ~ **and emptying principle** *gép* töltési és ürítési elv; ~ **area** *gyógyv* töltőtér; ~ **back** *tex* bélelő vetülék(fonal); ~**-backed fabric** kétszeres vetülékfedő kötésű szövet; ~ **breakage** *tex* vetülékszakadás; ~ **brick** *koh* kitöltőtégla; ~ **cap** *gépk* töltőnyílás kupakja, tartálysapka; ~ **colo(u)r** spatulyázó festék; ~ **compound** kiöntőmassza; ~ **connection** töltőcsonk; ~ **construction** *tex* vetülékhatású kötés; ~ **cutter** *tex* fonalvágó olló; ~ **defects** *tex* vetülékhibák; ~ **deposit** kitöltő lerakódás; ~ **engine** (selyem)-szálvágó gép, (selyem)szál-szeletelő gép; ~ **equipment** *élip* töltőberendezés; ~ **fabric** *tex* bélelő vetülékfonalas szövet; ~**-faced cloth** vetülékkötésű szövet; ~ **factor** kitöltési tényező; ~ **feeler** *tex* vetüléktapintó; ~**-fork grate** *tex* vetülékvilla rácsa; ~ **frame** vetülékfonó gép; ~ **funnel** töltőtölcsér; ~ **gas** *at, fiz* töltőgáz; ~ **hole** *koh* adagolónyílás; ~**-in** *ép* kitöltőfalazás; *fa* tömítés; túlnövés, benövés, átnövés; ~**-in details** *geod* részletfelvétel; ~**-in of a fault fissure** *bány* vetőkitöltés; ~**-in point** *kh* szaporító fedőtű; ~**-in ring** közbetétgyűrű, tömítőgyűrű; ~**-in work** *ép* kitöltőfalazás; ~ **level indicator** *ép* töltésszintjelző; ~ **level measuring instrument** *ép* töltésszintmérő; ~ **loss** nagylégzés *(szivattyúzási veszteség)*; ~ **machine** *tex* töltőgép; ~ **mark** térfogatjelzés; ~ **material** *ép* kitöltő anyag; *műa* töltőanyag; ~ **nail** széles fejű szeg; ~ **neck** *rep* töltőnyúlvány *(léggömbé)*; ~ **notch** *gép* töltőhorony; ~**-notch ballbearing** *gép* töltőhornyos golyóscsapágy; ~ **nozzle** tüzelőanyagfeltöltő csőfej; ~ **of groove** *koh* üregtöltés; ~ **of levels** *at* energiaszintek/elektronpályák betöltése; ~ **of the shell** héj kitöltése/lezárása/lezártsága; ~**-oil suspension** *gyógyv* olajos szuszpenziótöltés; ~ **ointment** kenőcstöltés *(művelete)*; ~ **opening** töltőnyílás; ~ **paper** töltőpapír; ~ **paste** töltőanyag; ~ **percentage** *bány* töltési hányados; ~ **pick** *tex* vetülékbeverés; ~ **pile** *hidr* talajtömörítő cölöp; ~ **plug** töltődugó; *kat* töltőlyukcsavar; ~ **position** *vasút* töltőállás *(féké)*; ~ **provision** tüzelőanyagtöltő berendezés; ~ **rib weave** vetülékripsz; ~ **sateen** vetülékatlasz; ~ **screw** hengeres fejű csavar; csavarmenetes dugó; ~**-sleeve ring** töltőtömlőperem; ~ **space** töltőtér; ~ **station** *rep* töltőállomás, benzinkút; benzinkút, üzemanyagtöltő állomás; ~ **stick** *heg* töltőpálca; ~**-stop motion** *tex* vetülékfonalőr; ~ **streaks** *pl tex* felhősség *(szövethiba)*; vetülékcsíkosság; ~ **system** *bány* tömedékelési rendszer; *élip* töltési rendszer; ~**-tear resistance** *tex* vetülékirányú szakadási ellenállás; ~ **texture** *tex* vetülékirányú szövetsűrűség; ~ **the ground by pumping dredged materials** *ép* (part)feltöltés kotrott anyaggal; ~ **thread** *tex* töltőfonal, vetülékfonal; ~ **timber** kitöltődarab *(hajóbordák alatt)*; ~ **trunk** töltőcső; ~ **twill** *tex* vetüléksávoly; ~**-up** csiszolókitt *(ragacs)*; *gépk* feltöltés *(tartályé)*; *ol* betáplálás; *talt* feltöltődés; ~**-up loss** feltöltési veszteség; ~ **varnish** alapozólakk; ~ **warp** *tex* bélelőlánc(fonal); ~ **weft** bélelővetülék(-fonal); ~ **winder** vetülékcsévélő gép; ~ **wind(ing)** *tex* vetülékcsévélés; ~ **with concrete** *ép* kibetonozás; ~ **work** *ép*

feltöltés készítése; kitöltőfal; ~ **yarn** *tex* vetülékfonal
fillingwise *tex* vetülékirányban
fillister horonyvágó, horonygyalu; karnisgyalu; ~ **head (f.h.)** hengeres fej; ~**-head bolt** *US* hengeres fejű csavar
fillmass *cu* pép
fillowite *ásv* fillowit
film I. *v* hártyával bevon; hártyásodik; *film* filmez; **II.** *n* film; *film, foto* film; *hidr* lamináris hártya/(határ)-réteg; *műa* fólia; *vegy* hártya, vékony réteg, oxidréteg; ~ **aperture card** mikrofilmkártya; ~ **badge** *orv, sug* filmdoziméter; filmdózismérő; sugárvédelmi filmjelvény; ~ **base** emulzióhordozó, filmhordozó; ~ **bobbin** *foto* filmorsó; ~**-braking** filmlassítás; filmfékezés; ~ **camera** filmfelvevő gép; ~ **capacitor** filmkondenzátor, hártyakondenzátor; ~ **card** filmkártya; ~ **cartridge chamber** *foto* patrontér; ~**-channel** filmjárat, filmcsatorna; ~ **circuit** *el* rétegáramkör; ~**-coating** *gyógyv* bevonat; ~ **coefficient** *fiz* lamináris hőátadási tényező; ~ **coordinate** *krist* filmkoordináta; ~ **copy** filmkópia; ~ **corrosion** rétegkorrózió; ~ **cut-out** oxidhártyás biztosító; ~ **cutter** filmvágó; ~**-disc change-over** filmhanglemezváltó; ~ **distribution** elosztás vékony rétegben; ~**-dope** *foto* emulzió vegyi alapanyaga; ~ **dosemeter/dosimeter** *orv, sug* filmdózismérő, filmdoziméter; ~ **dosimetry** filmdozimetria; ~ **evaporation** vékonyréteg-párologtatás, vékonyréteg-felhordás; ~ **evaporator** *biot* filmbepárló; ~ **flotation** filmflotálás; ~**-footage** filmhossz *(lábban)*; ~ **for intensifying screen** erősítőfólia, erősítőernyő; ~ **formation** *műa* filmképződés; ~**-forming** *műa* filmképző; ~ **frame** filmkocka; ~ **gate** *film* filmszorító keret, filmvezető csatorna; ~ **growth rate** rétegépülési sebesség; ~ **gun** fotogéppuska; ~ **horse** *foto* montázskeret; ~**-jam** *foto* filmtorlódás; ~**-joiner** filmragasztó; ~ **lubrication** hártyakenés; ~ **moving method** mozgófilmmódszer; ~ **of acid** savréteg, savhártya; ~ **of cotton** fátyol *(kártológépé)*; ~ **of oxide** oxidréteg, oxidbevonat, oxidfilm(réteg); ~ **pack** *sug* filmdoziméter; ~ **pick-up** filmbontó; ~ **potentiometer** rétegpotenciométer; ~ **preparation** kenetpreparátum; ~ **print** filmkópia; ~ **printing gauze** *tex* filmnyomó szita; ~ **projector** vetítőgép; filmvetítő; ~ **reader** vágóasztal, filmlehallgató asztal; ~ **recorder** filmrekorder, filmre rögzítő; ~ **resistance** *el* rétegellenállás; ~ **rewind button** *foto* a visszacsévélő kioldója; ~ **rewind crank/lever** *foto* visszacsévélő kar; ~ **ring** → ~ badge; ~ **rust** szálló rozsda; ~ **scanner** filmletapogató *(telekinoberendezésé)*; televíziós filmgép; ~ **scanning** filmletapogatás; ~ **shrinkage** filmzsugorodás; ~ **speed** film érzékenysége; ~ **speed ring** a filmérzékenység beállítógyűrűje; ~**-splicing machine,** ~ **splicer** filmragasztó gép, ragasztóprés; ~ **sprocket** *foto* filmtovábbító fogashenger/görgő; ~**-stock** nyersfilm; ~ **strength** kenőréteg-szilárdság; ~ **strip (FS)** sorozatkép, diafilm; ~**-strip and slide projector** állóképvetítő gép, diavetítő; ~ **studio** filmműterem; ~ **takeup spool** *foto* filmcsévélő orsó; ~ **television** film televíziós átvitele; ~ **thickness** hártyavastagság; ~ **transmitter** televíziós film(le)adó berendezés; ~ **trap** filmkapu, filmablak; ~**-travel mechanism** filmtovábbító szerkezet; ~**-type evaporator** *vegy* filmbepárló (készülék); ~**-type resistor** *el, távk* rétegellenállás; ~ **water** *talt* filmvíz
filmset *nyom* fényszedéssel szed
filmsetting *nyom* fényszedés; ~ **machine** fényszedőgép
filogenesis *geol* törzsfejlődés
filoselle yarn selyemgalett-fonal
filter I. *v* (át)szűr; szűrődik, szivárog; *el* simít *(lüktető egyenáramot)*; **II.** *n* szűrő, filter; szűrőberendezés; *opt* optikai szűrő; színszűrő; *pa* vákuumszűrő; *szt* szűrő; *távb* váltó; ~ **absorption curve** *opt* színszűrő-karakterisztika; ~ **aid** *vegy* szűrési segédanyag; ~ **analysis** *geof* szeizmikus frekvenciaanalízis; ~ **attenuation** *el, távk* szűrőcsillapítás; ~ **attenuation band** *távk* zárócsillapítás; ~ **basin** *hidr* szűrőmedence; ~ **basket** szűrőkosár; ~ **bed** *ép, hidr* szűrőágy, szűrőréteg; *hidr* szűrőtest *(homok, kavics)*; ~ **bell** *vegy* szűrőharang; ~ **blanket of gravel** *ép* kavicsszűrő; ~ **block** *pa* szűrőmassza; ~ **board** *pa* szűrőlemez; ~ **bottle** szívópalack; ~ **bottom** *ép, hidr* szűrőfenék; ~**-bottom cup** szűrőcsésze; ~ **bowl** szűrőpohár, szűrőedény; ~ **box** gázálarc-szűrőbetét; ~ **bulb** *gépk* szűrőbura *(forgattyúházban)*; ~ **cake** szűrőlepény, agyaglepény *(kút falán)*; *biot, vegy* szűrési lepény; szűrőpogácsa; tömörített szűrési maradék; *ol* iszaplepény, iszaplerakódás *(lyuk falán)*; ~ **capacitor** *el, fiz* szűrőkondenzátor; ~ **cartridge** *gépk* olajszűrőbetét; ~ **cell** szűrőkamra; ~ **centrifuge** szűrőcentrifuga; ~ **chamber** *élip* szűrőkamra; ~ **characteristic** szűrőjelleggörbe, szűrőkarakterisztika; ~ **choke** *rád* szűrőfojtó; szűrőköri fojtótekercs; ~ **circuit** *el, fiz* szűrő(áram)kör; ~ **clay** *ol* derítőföld; ~ **cloth** *vegy* szűrőkendő, szűrőanyag; szűrőszövet; ~ **crib** *ép* kavicsszűrő szekrény *(mint szívózsomp)*; ~ **crop** *ép* rézsűvédelem növénytelepítéssel; ~ **crucible** szűrőtégely; ~ **crystal** *távk* szűrőkristály; ~ **cylinder** *pa* szűrőhenger; ~ **dam for flushing** *ol* iszapgát; ~ **element** *távk* szűrőtag, szűrőelem; ~ **fabric** szűrővászon; ~ **factor** *ép* áteresztőképességi tényező *(szűrőé)*; *foto* szűrési sebesség; ~**-felt** szűrőnemez; ~ **flask** szívópalack; ~ **frame** *élip* szűrőkeret; ~ **glass** *heg* színezett szemvédő üveg; ~ **grating** szűrőrács; ~ **housing** *at* szűrőház; ~ **hut** *távk* szűrőbódé, szűrőkunyhó; ~**-impedance compensator** *el* szűrőkompenzátor; ~ **layer** *ép* szűrőréteg, drénréteg, víztelenítő réteg; *geol* szűrőréteg; ~ **lens** *at* szűrőlencse; ~**-light** *foto* szűrt világítás; ~ **linen** szűrővászon; ~ **loss** *hidr* kútellenállás; ~ **material** szűrőanyag; *hidr* csepegtető anyag *(biológiai derítőé)*; ~ **medium** *bány* szűrőközeg; ~ **of finite memory** *szt* korlátozott emlékezőképességű szűrő; ~ **of infinite memory** *szt* korlátlan emlékezőképességű szűrő; ~ **out** *v* kiszűr; ~ **pad** porfogó (vánkos); ~**(-)paper** *vegy* szűrőpapír; ~**-paper analysis** cseppanalízis; ~ **photometer** szűrős fotométer/megvilágításmérő/fénymérő; ~ **pipe** *hidr* szűrőcső; ~ **plug** *hidr* szűrőgyertya; ~ **press** *ol* iszapprés; *vegy* szűrőprés; ~**-press cloth** szűrőpréskendő; ~ **pulp** cellulóz szűrőpép/massza; ~ **pump** szűrőkosaras szivattyú; ~ **reactor** *rád* szűrőfojtó; ~ **screen** *ép* szívókosár, szűrőszita; ~**-screen frame** *gépk* kenőolajszűrőház; ~ **section** *távk* szűrőtag; ~ **slot** szűrőrés; ~ **sludge** szűrőiszap; ~ **stock** *vegy* szűrletanyag; ~ **stop band** *ép* lezárási/levágási sáv/tartomány, csillapítási/lezárási/elnyelési sáv *(szűrőé)*; ~ **synthesis**

szűrőszintézis; ~ **synthesis programme** szűrőszintetizáló program; ~ **tank** szűrőfenekes tartály; ~ **transmission band** áteresztőtartomány; átviteli sáv; ~**-type equalizer** torzításmentes szűrő, szűrőkiegyenlítő; ~ **unit** szűrőegység; ~**-well** *ép* szűrőkút; ~ **with time delay** időkéséses szűrő

filterability szűrhetőség

filterable szűrhető; ~ **isotope** *at* szűrhető izotóp; ~ **nuclide** *at* szűrhető mag

filtered szűrt; ~ **sewage** *ép* szűrt szennyvíz

filtering (át)szűrés, (át)szivárgás, filtráció; *met* szűrés; ~ **area** → ~ field; ~ **bulkhead** szűrőgát; ~ **circuits** *távk* szűrőkapcsolások; ~**-cone** *pa* derítőtölcsér; ~ **dam** szűrőgát; ~**-felt** szűrőnemez; ~ **field** *környv* szűrőmező; ~ **flask** szűrőpalack, szűrőedény; ~ **funnel** szűrőtölcsér, Büchner-szűrő; ~ **head** szűrőfej; ~ **installation** szűrőberendezés; ~ **material** *hidr* csepegtető anyag *(biológiai derítőé)*; ~ **medium** szűrőanyag; ~**-off** kiszűrés; ~**-paper tester** *pa* szűrőképesség-vizsgáló; ~ **plant** szűrőberendezés; ~ **pocket** *élip* porszűrő tömlő; ~ **rescuer** *bány* szűrős menekülőkészülék; ~ **respirator** *bány* szűrős légzőkészülék; ~ **screen** *ép* szívókosár, szűrőszita; ~ **stone** *talt* szűrőkő; ~ **surface** szűrőfelület; ~ **tissue** *talt* szűrő-szitaszövet; ~ **tube** szűrőcső, perforált henger; ~ **velocity** szűrési sebesség

filterplexer diplexer; filterplexer

filth szenny, idegen anyag

filtrate I. *v vegy* (át)szűr, filtrál; (át)szűrődik, szivárog; **II.** *n biot, vegy* szűrlet, filtrátum, szüredék; *cu* szűrt lé/deríték

filtrating *vegy* filtrálás; szivárgás; szűrés; ~ **capacity per unit area** *hidr* fajlagos szűrési teljesítmény

filtration (át)szűrés, (át)szivárgás, filtráció; *hidr* szivárgó vízmozgás; *ol* kiszűrődés; ~ **by sterilization** sterilezés (szűréssel); ~ **coefficient** áteresztőképességi együttható; *hidr* szivárgási tényező; ~ **of metal** *koh* fémszűrés; ~ **pipe** *hidr* vízjárat; ~ **potential** *geof* elektromos átszűrődési/filtrációs potenciál; *ol* filtrációs potenciál; ~ **residue** *koh* szűrőiszap; ~ **velocity** szűrési sebesség

FIM → field intensity meter

fin I. *v* bordáz; **II.** *n el* szabályozó-ellenállás érintkezője; *ép* borda, lamella *(fűtőtesté)*; pajzscsavarodásgátló szárny; *gép, gépk* borda *(radiátoré)*; *gumi* gumi lebernyeg; *hajó* iránysík; uszony; *heng* sorja; *hőt* borda; *műa* (prés)sorja; *mzg* csoroszlya; *önt* sorja, taraj; *rep* (függőleges) vezérsík; stabilizátor; *szell* (ventilátor)szárny; ~ **adjusting gear** *rep* függőleges vezérsíkot szabályozó szerkezet; ~ **and rudder area** *rep* függőleges vezérsík és oldalkormány felülete; ~**-and-tube radiator** *gépk* bordáscsöves hűtő; ~ **area** *rep* függőleges vezérsík felülete; ~ **carrier** *rep* vezérsíktartó keret *(léghajón)*; ~ **coulter** *mzg* egyenes csoroszlya; ~**-keel** *hajó* hajótő, (hajó)tőke; uszonykeel *(tengeralattjárón)*; ~**-neck bolt** orros csavar; ~ **of the blind** *ép* zsalulevél; ~ **pipe** lamellás/bordás cső; ~ **pitch** *gép* (hűtő)bordaosztás, hűtőborda-távolság, bordatávolság; ~ **post** *rep* függőleges vezérsíktartó; ~ **spacing** *gép* bordatávolság; ~**-stabilized projectile** *kat* vezérsíkú lövedék; ~**-stabilized rocket (FSR)** iránysík-stabilizálású rakéta

final végső, végleges, befejező, záró, utolsó, vég-; ~ **acceptance** végleges átvétel; ~ **amplification** *el* végerősítés; ~ **amplifier** *el* végerősítő; ~ **amplitude** végkitérés; ~ **analysis** *geof* végleges elemzés/kiértékelés; ~ **annealing** *koh* véglágyítás; ~ **approach (FNA)** *rep* végső megközelítés/bevezetés *(leszálláshoz)*; végső megközelítési/bevezetési magasság; ~ **approach fix (FAF)** *rep* befejező megközelítés kezdőpontja; ~**-approach gate** *rep* végső bevezetési jelkapu; ~**-approach guidance system** *rep* végső megközelítési/bevezetési navigációs tájékoztató rendszer; ~**-approach level** *rep* végső megközelítés/bevezetés kezdeti magassága; ~**-approach path** *rep* befejező megközelítés pályája; ~**-approach point** *rep* befejező megközelítés végpontja; ~ **blowing** desztillációs véghőmérséklet; *koh* készre fúvatás; ~ **boiling point (FBP)** végforráspont, végforrpont; ~ **carding-engine** *tex* finomkártoló(gép); ~ **check** utolsó/végső/végleges ellenőrzés; ~ **clarification** *hidr* utószűrés; ~ **constellation** *at* kritikus molekuláris állapot *(ütközés után)*; ~ **control action** beavatkozás; ~ **control element** *aut, el, ép* beavatkozószerv, beavatkozóelem; szabályozószerv, vezérlőelem, vezérlőtag; ~ **controlled variable** *aut* szabályozott jellemző végértéke; végső szabályozott jellemző; ~ **controller** *rep* leszállító radarirányító tiszt; ~ **controlling device** *at* végső beavatkozószerv; ~ **control range** beavatkozási tartomány; ~ **course alignment** *rep* iránysávra való rárepülés a végső egyenesen; ~ **date** véghatáridő; ~ **deflection stage** eltérítő kimenőfokozat; ~ **demand** *rendsz* végtermék; ~ **deoxidation** *vegy* végső dezoxidálás; ~ **descent** *rep* süllyedés a végső leszállási egyenesen; ~ **dimension** *koh* készméret; ~ **drive** *gépk* differenciálmű; tengelyhajtómű, elosztó hajtómű; utolsó sebességfokozat; ~ **element for controlling the alternating current by the tetrastor** *aut* teljesítménykapcsoló váltakozóáram tetrasztorral történő vezérléséhez; ~ **examination** végső ellenőrzés; ~ **failure** törés vége, teljes törés/tönkremenetel *(tartószerkezet)*; ~ **finish** *tex* végső kikészítés; ~ **fitting of the casing** *ép* köpenyszereléses oszlophosszabbítás; ~ **gas** véggáz; *gépk* kipufogógáz; ~ **gettering** utángetterezés; ~ **grading** *ép* finomplanírozás *(gréderrel)*; ~**-hardened and tempered wire** edzett és megeresztett huzal, nemesített huzal; ~ **hardening** teljes megszilárdulás *(habarcsé)*; ~ **inspection** végellenőrzés; ~ **interpretation** *geof* végleges kiértékelés; ~ **leg** *rep* leszállási egyenes; ~ **limit-switch** *el* végálláskapcsoló; ~ **melting process** végolvasztási eljárás; ~ **negative carry** negatív végátvitel; ~ **port** *hajó* átrakókikötő; ~ **position** végállás; ~ **power stage** *el* teljesítményvégfokozat; ~ **pressing mo(u)ld** *el* utánsajtoló forma *(képcsőballongyártás)*; ~ **pressure** *gép* végnyomás; ~ **prestress(ing)** *ép* végleges feszítés/feszítőfeszültség; ~ **procedure turn** *rep* végső eljárásforduló; ~ **product** végtermék, késztermék; ~ **program test** *szt* ellenőrző futtatás; ~ **provision** záró rendelkezés; ~ **registration** végleges lajstromozás; ~ **reliability** végleges/végső megbízhatóság; ~ **reliability report** összefoglaló jelentés a megbízhatóságról; ~ **result** végeredmény; ~ **rolling temperature** *heng* hengerlési véghőmérséklet; ~ **safety analysis report (FSAR)** *at* üzembe helyezést megelőző biztonsági jelentés (ÜMBJ); ~ **sample** *koh* végpróba; ~ **sedimentation tank** *hidr* utóülepítő (medence); ~ **selector** *távb* (helyi) vonalválasztó; végső vonalválasztó; ~ **set** *ép* kötés vége *(betoné)*; ~ **settling basin/tank** *hidr* utóülepítő medence; ~ **shade** *tex* végső színárnyalat; ~ **shot** *film* végső felvétel(sorozat); ~ **size** *koh* készátmérő; ~ **slag** *koh* redukciós salak; szekunder salak; végsalak; ~ **solution** végső megoldás, végeredmény; ~ **speed** végsebesség; ~ **stage** *el* végfokozat, kimenő fokozat; ~ **state** végállapot; ~ **steel temperature** az acél hőmérséklete az olvasztás végén; ~ **strength** végszilárdság *(betoné)*; ~ **tape** *geof* végleges szeizmikus magnetofonszalag; ~ **tapping test** *koh* csapolási próba; ~ **temperature of rolling** *heng* hengerlési véghőmérséklet; ~ **tension** *gép, mech* végső húzóigénybevétel, végfeszültség; ~ **total** végösszegkiírás *(számológépen)*; ~ **vacuum** *el* végvákuum; ~ **value** végérték; ~ **value of controlled variable** *aut* szabályozott jellemző állandósult értéke; ~**-value theorem** végértéktétel; ~ **vertical deflection** *tv* (függőleges *v.* kép)eltérítő végfokozat; ~ **voltage** kapocsfeszültség; ~ **yield** *fa* végvágás hozama

find *bány* lelet *(ércé)*

finder *csill* keresőtávcső; *foto* kereső; *rád* iránymérő vevő; *távk* keresőgép; ~ **aperture** képkereső nyílás; ~ **bay** *távb* híváskereső-keret; ~ **clutch** *távb* keresőmágnes; ~ **leather** *cipő* javítási talpbőr; ~ **switch** *távb* keresőkulcs; ~ **telescope** keresőtávcső

finding keresés; felfedezés, lelet, észlelet, észlelési adat; vizsgálati eredmény; ~ **action** *távb* keresés; ~ **a decision** döntési folyamat; ~ **chart** *csill* tájékozódó térkép; ~ **of the root** gyökvonás; ~ **place** *bány* lelőhely; ~ **receiver** *rád* tájoló vevőkészülék; ~**s** → findings; ~ **telescope** keresőtávcső

findings *ruh* hozzávaló *(gomb, csat stb.)*; kellékek; *szersz* felszerelés; szerszámok

fine I. *v* finomít, tisztít, (ki)tisztul; derít *(italt/folyadékot)*; ülepít; leülepszik; *bány* ércet mos *(ülepítőszitán)*, dúsít; **II.** *a* finom, minőségi, kiváló minőségű; tiszta, finomított, szennyeződéstől mentes; apró, éles, hegyes, vékony; ~ **adjustment** finombeállítás; *geod* hitelesítés, finombeállítás; ~ **adjustment of astronomic observation satellites** *csill* asztronómiai/csillagászati megfigyelő műholdak finombeállítása; ~ **aggregate** *ép* finom adalékanyag; ~**-art forge** műkovácsműhely; ~**-art paper** műnyomó papír; ~ **away** *v* kiélez, kihegyez, elvékonyít, kifinomít; ~**-barker** *pa* utánhántoló (gép); ~ **board** *pa* finomlemez; ~**-bore** *v* furatot kiegyenget; ~ **boring** pontossági fúrás; ~**-boring machine** finomfúró gép; ~ **break** *élip* finom törető rendszer; ~**-breaking** finomaprítás; ~**-break middling** *élip* finom töretdara; ~ **bronze** nemes bronz; ~ **check** finomszabályozás; ~ **chemicals** *pl biot* finom vegyszer; ~ **chips** *pl mt* apró forgács; ~ **cloth** finom fémszálas szita; ~ **coal** *bány* finomszén, apró szén; ~ **control** finomszabályozás; finomszabályozó; ~ **controller** finomszabályozó; ~**-control number** *at* finomszabályozó-elem; ~**-control rod** *at* finomszabályozó-rúd; ~ **cotton (yarn)** *tex* vékony pamutfonal; ~**-crushed ore** finomra aprított érc; ~ **cut** simító vágat *(reszelőn)*; ~ **darning** műtömítés; ~**-detail information** finom részképinformáció, finom árnyalati lépcsők és részletek; ~**-dimension planing** *fa* pontos méretre gyalulás; ~**-drawing** *heng* vékonyrahúzás, finomhúzás; ~ **drawing machine** *heng* finomhúzó gép; ~ **dust** *bány* finom por; ~ **dust filter** *bány* finom porszűrő; ~ **electrolysis cell/pot** *koh* finomelektrolizáló cella; ~ **feed** *forg* finom előtolás; ~ **feeding** finomadagolás; ~ **fibrous** *tex* finomszálú; ~ **filter** finomszűrő; ~ **fit** 2-es pontossági osztályú illesztés; ~ **flux** *at* rácsfluxus, finomfluxuseloszlás; ~ **flyer** *tex* szárnyasorsós finomfonó gép; ~ **flyer frame** *tex* finom előfonógép; ~ **focus** finombeállító csavar, mikrométercsavar; ~ **focusing adjustment** finombeállító csavar, mikrométercsavar; ~ **gain control** *at* erősítő-finombeállítás; ~ **ga(u)ge** *kh* finom szám(ozás); ~**-ga(u)ged machine** *kh* finomosztású kötőgép; ~ **gold** színarany; vékony aranylemez; ~ **grain (FG)** apró/finom szemcse; ~**-grain(ed)** finomszemcsés, finom szemcséjű; *bőr* finom barkájú; ~**-grained alloy** finomszemcsés ötvözet; ~**-grained pig iron** finomszemcsés nyersvas; ~**-grained refuse** *környv* finomszemét; ~**-grained sand** finom(szemű) homok; ~**-grained sandstone** finomszemű homokkő; ~**-grained steel** finomszemcsés acél; ~**-grained structure** finomszemcsés szerkezet, finomstruktúra; ~**-grained wood** tömött rostú fa; ~ **grain radar** *távk* nagy felbontóképességű radar; ~**-grain screen** finomszemcsés rosta; ~**-granular fracture** *ásv* finomszemcsés törés/töret; *forg* finomcsiszolás; ~ **granular structure** finomszemcsés szerkezet; ~ **grinding** finomköszörülés; *koh* finomaprítás; ~**(-)groove** *hang* mikrobarázda; ~**-ground fit/joint** *gép* háromékes illesztés; ~ **heckle** *tex* finomgerebenezés; finomgerebenező gép; ~ **index** *szt* részletes index; ~**-lapped fit** *gép* háromékes illesztés; ~**-limit work** precíziós munka; ~ **liquor** *cu* derített lé; ~ **machining** *gép* finommegmunkálás; ~ **material** iszapanyag; ~ **mechanics** finommechanika; ~**-meshed** finom kötésű *(szita)*; sűrű hálózatú *(rács)*; ~**-meshed carriageway grid** *ép* ortotrop hídpályalemez; ~ **metal** színfém, tiszta fém; ~ **mill** *pa* finompapírgyár; ~**-mill** *v gép* finoman mar; ~**(-)milling** finommarás, készremarás; ~ **mode** *szt* nagyfelbontású képátvitel *(telefaxnál)*; ~ **net** szűkszemű háló(zat); ~ **note-paper** postapapír; ~ **ore** finomérc; *koh* ércpor; ~ **out** *v* vékonyít, finomít; ~ **pitch** *rep* kis emelkedés/állásszög; ~**-pitch** sűrű fogazású *(fogaskerék)*; ~**-pitch cutter** finomfogazású marókés; ~**-pitch(ed) screw** finom menetű/menetes csavar; ~**-pitch machine** *tex* finom osztályozású Jacquard gép *(Verdol)*; ~**-planed surface plate** *szer* finom egyengetőlap; ~ **plaster throwing machine** finomvakoló gép; ~**-pore layer** finom pórusú réteg; ~ **press felt** finomprésnemez; ~ **rag-paper** finom rongypapír; ~**-range scope** finom távolságmérő lokátorképcső; ~ **range-setting knob** *kat* lőtávolság finombeállító csavar; ~ **reading** pontos leolvasás; ~ **reduction** finomaprítás; ~**-regulating knob** *rád* finombeállító gomb; ~ **regulation** finomszabályozás; ~ **retrace** *tv* sorvisszafutás; ~ **roll adjustment** *koh* finom hengerállítás; ~ **roving-frame** *tex* finom előfonógép; ~**s** → fines; ~ **sand (FS)** *geol* finom homok; *koh* iszap; ~ **scrap** könnyű vashulladék; ~ **screen** sűrű rács; *élip* porrosta; *hidr* finomrács; ~ **screening** finomszitálás; *pa* finom osztályozás; ~ **sheet-plate** finomlemez; ~ **sight** *kat* kis célgömb *(puskán)*; ~ **silver** finom ezüst; ~ **slip** *krist* mikrocsuszamlás; ~ **solder** lágyforrasz; ~**-spun** *tex* finom fonású/szövésű; ~**-spun yarn** *tex* finom fonal; ~ **steel** finomacél; ~ **structure** *at, fiz* finomstruktúra; ~**-structure constant** finomszerkezeti állandó; ~**-structure term** finomszerkezeti term; ~ **stuff** *ép* finom vakolóhabarcs; vakolat fedőrétege; ~ **texture** mikrostruktúra; ~**-textured** *fa* finomszövetű, sűrű rostú; ~ **thermal thermatomic** *gumi* finom termatomos korom; ~ **thread** *gép* finom csavarmenet; ~ **time-setting knob** *kat* idő finombeállító csavar; ~**-toothed** sűrű *(fésű)*; *szersz* finomfogazatú *(fűrész)*; ~**-transmitting selsyn** kis mérőhatárú finom szelszinadó; ~ **trowel(l)ing** finomsimítás; ~**-tune** *v* finomra beállít/hangol, finombeállítást/finomhangolást végez; ~**(-)tuning** finombeállítás; finomhangolás; finomhangoló; ~**-tuning circuit** éleshangoló áramkör; ~**-tuning control** *el* finombeállító gomb; finomhangoló; ~ **turning** finomesztergálás; ~ **turning lathe** simító/precíziós eszterga; finomeszterga; ~ **vacuum** finomvákuum; nagy(fokú) vákuum; ~ **wire** finomhuzal; hajszálhuzal; ~**-wire CO_2 welding** CO_2 védőgázas finomhuzalos hegesztés; ~**-wire fuse** üvegcsöves olvadóbetét; ~**-wire gas metal-arc welding** finomhuzalos AFI-hegesztés; ~**-wire MIG torch** vékonyhuzalos AFI-pisztoly; ~ **wire MIG welding** vékonyhuzalos AFI-hegesztés; ~**-wire submerged-arc welding** vékonyhuzalos fedettívű hegesztés; ~**-wire weld** vékonyhuzalos hegesztéssel készült varrat; ~ **wool** *tex* finom gyapjú; ~ **work** pontos munka; ~**-wove rag paper** velinpapír; ~**-zoned** *fa* finomszálú, sűrű évgyűrűjű

fined iron finomított vas

finely | crystalline finomkristályos; ~ **graded variable heating current resistance** *el* finomszabályozású fűtőellenállás; ~**-granular** *any* finom szemcsés; ~ **ground** finom őrletű; ~**-ground concentrate** *bány* finomra őrölt dúsítvány/koncentrátum

fineness finomság, tisztaság, megmunkálás minősége; finomszemcsésség; vékonyság *(lemezé)*; nemesfémtartalom aránya, karát(szám); *hajó* teltség; *rep* aerodinamikai jósági szám; ~ **modulus** *ép* finomsági modulus *(betonadalékanyag)*; ~ **of gold** aranypróba; ~ **of grain** szemcsefinomság; ~ **ratio** siklószám; finomsági arány *(szemszerkezeté)*

finer csiszoló *(munkás)*

finery finom díszítés; *koh* finomító; frissítő tűz; *pa* fény; ~ **cinders** *koh* frissítősalak, frissítőreve; ~ **hearth** frissítő tűztér

fines *pl bány* bányaapró, apró érc *(porszerű)*; *élip* törmelék; *ép* finom homok/adalékanyag; *gumi* lebernyeg; *gyógyv* poranyag *(szemcsék között)*; *koh* érctörmelék

finest | ga(u)ge drawing *koh* hajszálhúzás; ~ **topology** *mat* legfinomabb topológia

finestill szeszfinomító oszlop

finger I. *v* megtapogat, megtapint; **II.** *n* (óra)mutató; index; nyíl; *bány* kapcsolófa; *gép* pecek, retesz, tolóka, kallantyú; *ol* kapcsolófésű; *rep* beszállófolyosó; ~ **badge** *at* gyűrűs filmdoziméter; ~ **bar** *mzg* vágógerenda-állórész *(fűkaszán)*; ~**-board** *hang* fogólap *(hegedűé)*; ~ **clamp** csapos leszorítólemez; ~ **finder** *mzg* villás tapogató; ~ **gate** ék alakú beöntő csatorna; ~ **grate** rázórostély ujjas rostélyelemekkel; *mzg* szalmairányító *(dobkosár meghosszabbítása)*; ~ **guard** ujjvédő léc *(ajtón)*; ~**-hole** *távb* lyuk *(számtárcsán)*; ujjnyílás; ~ **joint** *fa* fogazott illesztés; ~**-nail indentation test** *ép* köröm (benyomó) próba; ~ **nut** szárnyas anya; ~**-plate** ajtóvédő lemez *(kilincs körül)*; *távk* ujjkorong; ~ **raise** *bány* legyezőszerű csapolórendszer; ~ **rest** ujjtámasz *(puskán)*; ~ **shoe** markoló; ~ **stop** *távb* ujjütköző; ~ **tensioner** *tex* karmos fonalfék; ~ **test** *rád* vizsgálat ujjérintéssel; ~**-tray elevator** villástagos elevátor; ~**-type construction joint** *ép* fésűs dilatáció *(hídpálya)*; ~**-type contact** *el* ujjas érintkező

fingering (ki)tapintás; *kh* kézifonógyapjú, harisnyagyapjú *(finom fésűsfonal)*; ~ **yarn** kézi kötőcérna

fingerprint identification system (FIS) *szt* ujjlenyomat-azonosító rendszer

fingertip | adjusting *szt* nyomógombos szabályozó; ~ **control** gombnyomásos/nyomógombos finomvezérlés, „ujjhegy"-vezérlés; ~**-controlled** gombnyomásra működtetett

finial *ép* csúcsdísz; kőrózsa

fining derítés, finomítás, tisztítás; *élip* (bor)derítés; *koh* frissítés; ~ **agent** derítőanyag; ~**-away** elvékonyítás, lesimítás, (ki)élezés, (ki)hegyezés; ~ **coat** *ép* finomvakolat, simítás; ~ **furnace (FF)** finomító kemence; ~**-off** *ép* finomvakolás, simító vakolás, simítás; ~**-up operation** *üveg* finomszemcsés csiszolás

finish I. *v* befejez, (be)végez, elkészít, kikészít; megmunkál; kidolgoz; simítómunkát végez; *élip* kikészít; kiszerel, kicsomagol; *fa* felületkezel; gyalul; *forg* simít, simára munkál, utánmunkál, simítva esztergál; *tex* appretál, csinoz; **II.** *n* befejezés, kikészítés, (felületi) megmunkálás, kidolgozás, utolsó simítás; végkiképzés; felület; felületi kiképzés/kezelés; simaság; jó kidolgozás/kivitel; fényezés; mázolás; *gumi* simító réteg *(szövetgumizásnál)*; *koh* készre fúvatás; *pa* végső kikészítő műveletek; *tex* appretúra; kikészítőanyag; ~ **annealing** *koh* végláguítás; ~**-boring** *forg* simítófúrás; ~**-broaching** simítóüregelés; ~ **coat** fedőréteg; ~**-cutting** *forg* simítás; ~**-facing** *ép* felületegyengetés *(kövezésé)*; homlokfelületek simítása; homlokzati munka befejezése; ~**-forged** kovácsolással simított; ~**-forging** méretre kovácsolás; ~**-grinding** *forg* finomköszörülés; *koh* finomaprítás; ~**-honing** simító dörzscsiszolás; ~**-machining** simító megmunkálás; ~**-milling** finommarás, készremarás; ~ **off** *v* befejez, elkészít, letakar *(famáglyát)*; ~ **paper** adjusztáló/kiszerelő papír; ~**-planing** *forg* simító gyalulás; ~ **product** készáru; ~**(-)rolling** készhengerlés; ~ **rolling temperature** hengerlési véghőmérséklet; ~**-scutching** *tex* végtilolás; ~**-straightening machine** *alak* készre egyengető gép; ~**-turn** *v* simítva esztergál; ~**-turning** simító esztergálás; ~ **weld** készrehegesztett varrat; ~ **welding** készrehegesztés

finished befejezett, kidolgozott, kikészített; ~ **article** késztermék, készáru; ~ **bolt** *gép* fényes csavar; ~ **casting** *gép* megmunkált öntvény; ~ **cloth** készszövet; ~ **cop** leürült/kész vetülékcséve; ~ **count** *tex* készszövet sűrűsége; ~ **cross-section** *bány* szabad szelvény; ~ **diameter** *bány* belső átmérő *(aknáé)*; *koh* készátmérő; ~ **fabric** késztermék; ~ **fuel** javított oktánszámú motorhajtóanyag; ~ **goods** *pl* készáru; ~ **invention** befejezett találmány; ~ **iron** kikészített lemezacél; ~ **length** *koh* készhossz; ~ **material** készanyag; ~ **ore** tisztított érc, kész dúsérc; ~ **product** végtermék, késztermék; készáru; ~ **pulp** *pa* készanyag; ~ **section** *bány* szabad szelvény; ~ **size** készméret; ~ **steel** kész acél; ~ **stock** feldolgozott/megmunkált anyag; ~ **wall** vakolt fal; ~ **washer** fényes alátét; ~ **weight** készáru súlya; ~ **width** készszövet szélessége

finisher kikészítő (eszköz/munkás); aszfaltbedolgozó gép; *ép* finiser, útburkoló; ~ **card** *tex* előfonó kártológép; ~ **carding-engine** végkártoló(gép); ~ **gill box** *tex* együtsmezős végnyújtó gép; ~ **picker** *tex* bundaverő gép; ~ **scutcher** *tex* utántiloló

finishing kikészítés, kidolgozás, befejezés, elkészítés, kikészítő műveletek; simítómunka, pucolás; kiszerelés; utófinomítás, befejező finomítás; *ép* simítás *(beton)*; *forg* simítás; *gyógyv* befejező/simító művelet; *pa* kiszerelés; *tex* appretálás, appretúra, csinozás; ~ **agent** *tex* kikészítő anyag; ~ **beam** lehúzóvibrátor; ~ **bit** simítófúró; ~ **blow** *forg* egyengető kalapácsolás; ~ **broach** *forg* simító üregelőtüske; ~ **calender** *pa* simítóhenger; ~ **calibre/caliber** *heng* simítóüreg; ~ **coat** *ép* fedőréteg; ~ **cornice** felső párkány; ~ **cut** *forg* simító fogás; ~ **cut of file** reszelő finomvágata; ~ **cutter** simítómaró; ~ **department** *koh* kikészítő; ~ **die** *alak* készrekovácsoló szerszám(üreg); ~ **doubling** *tex* végsodrás; ~ **draught/draft** *tex* finomító/végső nyújtás; ~ **drill** simítófúró, dörzsár; ~ **drum** *tex* kikészítőgép dobja; ~ **file** finomreszelő; ~ **fly(er) frame** *tex* finom előfonógép; ~ **furnace** *koh* finomító kemence; ~ **groove** *koh* készüreg; ~ **hackle** *tex* finomgereben, finomgerebenező gép; ~ **house** *tex* appretúraüzem; ~ **knife** *fa* hántolókés; simítókés; ~ **layer** kikészítőréteg; fedőréteg; ~ **lime-mortar** meszes simítóhabarcs; ~ **machine** simító megmunkáló gép; *cipő* kikészítőgép; *tex* kikészítőgép, dekatálógép; ~ **man** *tex* beállítómunkás; ~ **metal** borítófém, lemezelőfém; ~ **mill** *heng* kikészítő/simító hengersor, készsor; ~ **mortar** *ép* simítóhabarcs; ~ **of piece goods** *tex* végáru-kikészítés; ~ **operation** *fa* felülkezelési eljárás; *gumi* kikészítés; ~ **oven** *tex* szárítókamra; ~ **pass** *heng* készrehengerelő üreg, készüreg; ~ **plane-tool** simító gyalukés; ~ **plant** kikészítőgyár; ~ **point** *élip* végpont, legjobb minőség határa; ~ **process** *tex* kikészítési eljárás; ~ **reamer** simító dörzsár; ~ **roasting** *koh* készre pörkölés; tökéletes oxidáló pörkölés; ~ **roll** *heng* véghenger; ~ **room** *pa* kikészítőterem; kiszerelőterem; ~**-room foreman** *pa* teremmester; ~ **routine** *tex* szövetkikészítési eljárások sorrendje; ~ **sander** kézi vibrációs csiszológép; ~ **scheme** *tex* szövetkikészítési eljárások sorrendje; ~ **screed** simítópalló; *ép* simítóléc, lehúzóléc, simítóelem, lehúzóelem; ~ **scutcher** *tex* végső verőgép, végtiloló gép; ~ **sign** *távk* záró/befejező jel; ~ **slag** *koh* végsalak; ~ **stand** *heng* kikészítő hengerállvány, készállvány; ~ **strip** peremerősítő szalag; ~ **stroke** *pa* utolsó simítás; ~ **table** *tex* vasalóasztal, vasalógép; ~ **temperature of rolling** hengerlési véghőmérséklet; ~ **tool** *forg* simítókés, simítószerszám; *ol* mentési szerszám/berendezés; ~ **tooth** simítófog; ~ **train** végső hengersor; ~ **trowel** *ép* simítógép; simítókanál; ~ **twist** *tex* végsodrat; ~ **works** *pl ép* levonulás; ~ **yarn** *tex* kész cérna

finite *mat, szt* véges; ~ **algebra** véges algebra; ~ **aquifer** *ol* véges víztároló; ~ **aspect ratio** *rep* véges karcsúság; ~ **assemblage** véges halmaz; ~ **automaton** *aut, mat, szt* végautomata, véges automata; ~ **degree of stability** *aut* véges stabilitásfok; ~ **difference** *mat* véges különbség/differencia; ~**-difference approximation** véges differenciákkal való közelítés; ~**-difference method** véges különbség/differenciák módszere; rácspontmódszer, hálómódszer; ~**-dimensional** véges dimenziójú; ~**-dimensional space** véges dimenziójú tér; ~**-dimensional vector space** véges dimenziójú vektortér; ~ **element (FE)** véges elem; ~ **element method (FEM)** *szt* végeselem-módszer; ~ **field** véges mező, Galois-mező; ~ **fraction** véges tört; ~ **function** véges függvény; ~ **game** véges játék; ~**-gradient method** véges gradiensmódszer; ~ **group** véges csoport/halmaz; ~ **increment** növekmény; ~ **induction** teljes indukció; ~ **line** véges vonal; ~**-memory channel** behatárolt memóriacsatorna; ~**-memory filter** korlátozott emlékezőképességű szűrő; ~ **model** randomizációs/véges modell; ~ **plane** komplex (szám)sík, Gauss-féle számsík; ~ **pregeometry** matroid; ~ **progression** véges sorozat; ~ **reactor** *at* véges méretű reaktor; ~ **recognition system** véges felismerő rendszer; ~ **sampling** fizikai mintavételezés; ~ **series** véges sor; ~ **set** véges halmaz; ~ **set of signals** *el* véges jelkészlet; ~ **span** *rep* véges szárnyterjedtség; ~**-state automaton/machine** véges állapotú automata/gép; ~**-state grammar** véges állapotú grammatika; ~**-state system** véges állapotú rendszer (VR); ~**-state system of μ memory** μ memóriájú VR; ~**-type strategy** véges típusú stratégia; ~ **value** véges érték

finitely additive measure *mat* végesen additív mérték

finiteness *mat* végesség

finitude végesség

fink truss → French truss

Finkl-Mohr process *koh* Finkl-Mohr-eljárás

finless rocket vezérsík nélküli *v.* sima rakéta

finned bordás, bordázott; ~ **cylinder** bordázott henger; ~ **pipe** *ép, heng* bordás/lamellás cső; ~ **radiator** apróbordás fűtőtest, termocell-fűtőtest; ~ **rocket** *rep* iránysíkos/szárnyas rakéta; ~ **tube** *ép, gép* lamellás/bordás cső; ~**-tube/pipe radiator** bordáscsöves fűtőtest

finning (hűtő)bordázat

fiorite *ásv* fiorit

fir (erdei) fenyő; ~ **tree crystal(lite)** *ásv* dendrit *(kristály)*

FIR → far infrared; → flight information region

fire I. *v* (meg)gyújt, felgyújt; meggyullad; *bány* (el)robbant; *el* begyújt *(ívet)*; *élip* aszal; *ép* (ki)éget *(téglát stb.)*; *gép, gépk* fűt *(mozdonyt, kemencét)*; gyújt, gyullad *(motor)*; *hőt* fűt, tüzel; *kat* lő, tüzel, elsüt, kilő, robbant; *ker* éget *(téglát)*; **II.** *n* tűz, égés; tüzelés; robbanás; robbantás; *bány* (el)robbantás; *kat* tűz; tüzelés; ~ **adjustment** *kat* tűzhelyesbítés *(tüzérségi)*; ~ **alarm (device) (f.a.)** *aut* tűzjelző készülék; ~ **alley** *fa* tűzvédelmi sáv, nyiladék; ~**-and-smoke detector** tűz- és füstgázjelző; ~**-and-water test** *any* tűzállósági vizsgálat utólagos vízlocsolással; ~**-appliance** tűzoltó eszköz; ~ **area** *kat* tüzelési sáv; ~ **assay** tűzi (nemesfém)próba; ~ **assaying** *koh* fémkémlészet; ~ **barrier** *bány* tűzgát; ~ **barrier(s)** *ép* tűzvédelmi zár/gát; ~ **basket** *bány* tűzkosár; ~ **bat** szikracsapó; ~ **bed** tűzágy *(gázgenerátorban)*; ~ **bell** tűzjelző csengő; ~ **block** *hőt* tűzlap; ~ **board** *bány* metánjelző tábla; ~ **boiler** tűzszekrényes kazán; mozdonykazán; ~ **boss** *bány* tűzbiztonsági aknász, gázfelvigyázó; ~ **bottle** tűzoltópalack; ~ **box** → firebox; ~ **break** tűzgát; védőpászta; erdőirtás; ~ **bridge** *koh* tűzhíd; ~ **brigade** tűzoltóság; tűzoltóosztag; ~ **bulkhead** *ép* tűzbiztos válaszfal, tűzfal; ~ **clay** → fireclay; ~ **control** égésszabályozás; *kat* tűzvezetés; tűzvezető; ~**-control code** *aut* tűzvezetési kód; ~**-control equipment (FCE)** *kat* tűzvezető berendezés; ~**-control instrument (FCI)** *kat* tűzvezető műszer *(tüzérségnél)*; ~**-control laser radar** tűzvezető lézerradar/lézerlokátor; ~**-control lever** elsütő billentyű *(géppuskáé)*; ~**-control radar (FCR)** tűzvezető lokátor; ~**-control switch** *kat* tűzváltó; ~**-control system (FCS)** *kat* tűzvezető rendszer; ~**-cracking** *önt* melegrepedés (képződése), melegrepedékenység; ~**-cracks** *ép* repedezés, repedés(ek); *önt* melegrepedések; ~ **crown** *vasút* tűzszekrényboltozat; ~**-cure** dohánylevelek kezelése füstöléssel; ~ **dam** *bány* tűzgát; ~ **damp** *bány* metán; sújtólég; ~ **damp alarm** *bány* metánjelzés; ~ **damper** tűzvédelmi csappantyú; ~ **damp explosion** *bány* sújtólégrobbanás; ~ **department** *US* → ~ brigade; ~ **detector** *bány* metánindikátor; ~**-detector-and-alarm system** tűzjelző- és riasztóberendezés; ~ **devil** *ép* kokszkosár *(épületszárításhoz)*; ~**-director instrument** *kat* tűzvezető műszer *(tüzérségnél)*; ~ **division wall** *ép* tűzzáró fal; ~ **door (Fdr)** etetőnyílás *(kazáné)*, kazánajtó; tűzálló/tűzbiztos/tűzvédelmi ajtó; ~ **dope** tűzálló lakk; ~ **drencher** kézi tűzoltó készülék; ~ **embankment** *ép* tűzvédelmi gát *(tartálynál)*; ~**-engine** tűzoltó fecskendő; ~ **equipment** tűzoltó-berendezés; ~**-escape** *ép* tűzoltólétra, mentőlétra; vészkijárat(i vaslépcső); ~**-escape stair(case)** *ép* tűzlépcső; ~ **exit** vészkijárat; ~ **extinction** tűzoltás; ~ **extinction engineering** tűzoltástechnika; ~ **extinguisher (FE)** tűzoltó készülék, kézi tűzfecskendő, poroltó (készülék); ~**-extinguishing equipment** tűzoltó berendezés/felszerelés; ~**-extinguishing equipment for theatre-stage** függönylocsoló *(színházban)*; ~ **fan** *vasút* fújtató; ~**-fanged** megpörkölődött; ~**-fighter truck** tűzoltógépkocsi; ~**-fighting (FF)** tűzoltás; tűzoltó; tűzvédelem; ~**-fighting crew** tűzvédelmi munkát végző csapat; ~**-fighting equipment** tűzoltó berendezés/felszerelés; ~**-fighting hose** tűzoltó tömlő/fecskendő; ~**-fighting party** tűzőrség, tűzoltóosztag; ~**-fighting shower** záporberendezés; ~**-fighting team** tűzoltóosztag; ~**-fighting vehicle** tűzoltó gépkocsi; ~**-fighting water** oltóvíz; ~**-fighting water pipe** oltóvízvezeték, tűzivezeték; ~**-fighting water tank** oltóvízmedence; ~ **float** *hajó* tűzoltó ponton; ~ **flood** *ol* tűzelárasztás; ~ **flood condensation zone** *ol* tűzelárasztási kondenzáció; ~ **foam** *vegy* tűzoltó hab, oltóhab; ~ **for adjustment** *kat* belövés; ~ **gilding** tűzi aranyozás; ~ **(grading) period** *ép* tűzállósági osztály/időtartam; ~**-grate** kazánrostály; tűzrostély; ~**-guard** tűzoltó; *ép* előtétrostély, védőrostély *(kandallóé)*; ~ **hazard** tűzveszély; ~**-hazard property** tűzveszélyesség; ~ **heat** tűzmelegítés *(közvetlen)*; ~**-heated** *élip* fűtött; ~ **hook** kemencehorog; tűzkaparó vas; ~**-hose (FH)** tűzoltó tömlő/cső/fecskendő; ~**-hose stream** *any* tűzi fecskendő vízsugara; ~ **hydrant (FH)** tűzcsap; ~**-killed tree** tűztől sérült fa; ~ **kiln** égetőkemence; ~ **ladder** tűzoltólétra; ~**-line** tűzvonal; védőpászta *(erdőtűz ellen)*; ~ **patrol** *bány* tűzőr; ~ **plug (FP)** tűzcsap, hidráns; ~ **point** gyulladási hőmérséklet, gyulladáspont; lobbanáspont; ~ **polish(ing)** *opt* izzításos fényezés *(lencsegyártásban)*; ~ **power** *kat* tűzerő; ~ **power kill** *kat* tűzzel való megsemmisítés; ~ **prevention** tűzvédelem; megelőző tűzrendészet; ~**-proof cement** samotthabarcs; ~ **protection** tűzvédelem; ~**-protection engineering** tűzvédelem-technika; ~ **pump** tűzoltó szivattyú; ~ **rake** *szersz* salakkaparó; ~**-refined copper** tűzileg finomított réz; ~ **refining** tűzi finomítás; ~ **refining of (blister) copper** réz tűzi finomítása; ~ **rescue path** *rep* mentési útvonal; ~**-resistance** tűzállóság, tűzmentesség; ~**-resistant,** ~ **resisting** tűzbiztos, tűzálló; ~**-resistant belt(ing)** lángálló heveder; ~**-resistant finish** *műa* tűzálló kikészítés; ~**-resisting door** tűzálló/tűzbiztos ajtó; ~**-resisting paint** tűzálló festék; ~**-retardancy** tűzgátló képesség; ~**-retardant,** ~**-retarding** tűzgátló, lánggátló, gyúlásgátló; égésgátló *(fabevonat)*; ~**-retardant coating** *ép* lángmentesítő/tűzgátló bevonat; ~ **rib** tűzvédő pillér *(bányarészek közt)*; ~ **ring** tűzszekrénykoszorú; ~ **risk** tűzveszély, tűzbiztosítási kockázat; ~**-safe** tűzbiztos, tűzálló; ~**-safety** *ép* tűzbiztosság; ~ **sand** *koh* öntődei homok; ~ **scar** tűz okozta heg *(fán)*; ~ **selector** *kat* tűzváltó; ~ **shell** tűzszekrényburkolat; ~ **shutter** tűzálló redőny; ~**-spread** tűzterjedés; ~**-station** tűzőrség, tűzoltóállomás; ~ **stay-bolt** tűzszekrény támcsavar; ~ **stink** *bány* tüzet jelző szag, tűzszag; ~ **stop** *ép* tűzvédelmi zár/gát/ajtó; ~**-suit** tűzoltóruha; ~ **support** *kat* tűztámogatás; ~ **support nets** *kat* tűztámogató rádióháló; ~ **surface** tűzfelület; ~ **surveillance** tűzellenőrzés; tűzoltó berendezés; ~**-system** *kat* tűzvezető berendezés; ~ **telephone** tűzjelző telefon; ~ **tender** fűtő *(munkás)*; ~ **test** tűzállósági vizsgálat; ~**-test furnace** tűzállósági vizsgálati kemence; ~**-tinned** melegen/tűzben ónozott; ~ **tongs** *pl* csípővas *(szénhez)*, szénfogó; ~ **tower** *ép* tűzbiztos lépcsőház; tűzlépcsőház, tűzlépcsőtorony *(magasházban)*; tűzőrtorony; ~**-trap** tűzelfojtó; ~ **truck** tűzoltógépkocsi; ~ **tube** tűzcső *(kazánban)*; *hőt* forrcső; füstcső; ~**-tube boiler** tűzcsöves kazán; ~ **unit** *kat* tűzalapegység; ~ **valve** tűzszelep; ~**-wall** *ép* tűzfal; *ol* tűzgát; *szer* tűzpart; ~**-warning indicator** *rep* tűzjelző; ~ **water system** tűzivíz hálózat; ~ **weld** tűzi hegesztéssel készült varrat, kovácshegesztéssel készült varrat

fireball (FB) gömbvillám; tűzgolyó, meteor

fireboat tűzoltóhajó

firebox *koh* tűztér; tűzszekrény *(mozdonyé)*

firebrick *ép* tűzálló tégla; ~ **lining** tűzálló téglabélés; ~ **mortar** tűzálló habarcs

fireclay *ép, koh* tűzálló anyag, samott; ~ **brick** *koh* samott-tégla; ~ **lining** samottbélés; ~ **mortar** *koh* samotthabarcs; ~ **sleeve** *önt* samott védőhüvely

fired | **heater** lángkemence; ~ **magnesite** égetett magnezit; ~ **magnesite brick** égetett magnezittégla

firedog kandallóvas; tűzbak

firehouse *US* tűzőrség, tűzoltóállomás

fireless locomotive *vasút* tüzelés nélküli mozdony

fireman tűzoltó, (kazán)fűtő; *bány* felvigyázó *(gázőr)*, bányalégkutató; lövőmester; *ép* égetőmunkás

fireplace (FP) kandalló; tűzhely; tűztér

firepot tégely

fireproof (FP) tűzálló, tűzbiztos; ~ **clay** tűzálló agyag; ~ **coat(ing)/paint(ing)** tűzálló/tűzgátló bevonat/festék; ~ **curtain** vasfüggöny; ~ **door** *ép* tűzálló/

tűzbiztos/tűzvédelmi ajtó; ~ **finish** tűzálló kikészítés; ~ **material** tűzálló anyag; ~ **paper** tűzbiztos papír; ~ **screen** tűzbiztos függöny
fireproofing tűzmentesítés, tűzállóvá tétel; *tex* tűz elleni impregnálás, gyulladásmentes kikészítés
fireproofness tűzállóság, tűzmentesség
firer *bány* aknász, lövőmester
firestone *ásv* flint; tűzálló kő; tűzkő
firewood tüzelőfa, tűzifa; ~ **billet** tűzifahasáb; ~ **yard** tűzifatelep, tűzifaraktár, tűzifarakodó; ~**-yielding forest** tűzifát szolgáltató erdő
firework tűzijáték; ~ **board** *pa* pirotechnikai karton
firing I. *a* égő; gyújtó; kilövő; **II.** *n* robbantás; tüzelés, égetés; tüzelés; *bány* (fúrólyuk) elrobbantás(a); lövés; *el* begyújtás; gyújtás *(ignitroncsőben)*; *ép* (ki)-égetés; *kat* tüzelés; *koh* begyújtás; izzítás; *rep* beindítás; gyújtás; ~ **aisle** fűtőállás *(gőzgépnél)*; ~ **angle** gyújtási szög; gyújtásszög; *kat* vízszintes irányzás szöge; ~ **button** *rep* elsütő gomb *(kormányboton)*; ~ **cable** *kat* elsütő vezeték; ~ **chain** *bány* gyújtólánc; ~ **chamber** *kat* töltényűr; ~ **circuit** *el* begyújtó áramkör; ~ **control** lángszabályozás; ~ **current** gyújtóáram; ~ **delay** gyújtáskésleltetés, gyújtási késés, gyújtás késleltetése; ~**-delay time** gyújtáskésési idő; ~ **device** *kat* elsütőszerkezet; gyújtókészülék *(aknán)*; ~ **equipment** tüzelőberendezés; ~ **floor** fűtőállás *(gőzgépnél)*; ~ **force** *kat* elhúzási erő *(puskáé)*; ~ **frequency** *távk* begyújtási frekvencia; ~ **furnace** izzítókályha; ~ **hammer** *kat* elsütőkakas; ~**-hammer pinion** elsütőkakas hajtófogaskereke; ~**-hammer pivot** elsütőkakas-rögzítőcsap; ~**-hammer spring** elsütőkakas-rugó; ~**-hammer spring guide** elsütőkakas rugóvezető hüvelye; ~**-hammer spring stud** elsütőkakas-rugórögzítőcsavar; ~ **handle** *kat* elsütőkar; ~**-handle-return spring** *kat* elsütőkar-helyrehúzórugó; ~**-handle-return spring-housing** elsütőkar-helyrehúzó rugóház; ~ **hours** *pl* fűtési üzemidő; ~ **intervals** *gépk* gyújtási időközök; ~ **key** *kat* elsütőbillentyű; távrobbantó gomb; ~ **lag** gyújtáskésleltetés, gyújtási késés, gyújtás késleltetése; ~ **leaf** *kat* elsütő karmoskerék/dörzskerék; ~ **lever** *kat* elsütőkar; ~**-lever spring** *kat* elsütő-emelőrugó; ~**-lever-spring sleeve** *kat* elsütő-emelőrugó hüvelye; ~**-machine** *bány* robbantógép *(indukciós)*; ~ **magneto** *kat* elsütő gyújtómágnes; ~ **mechanism** *kat* elsütőszerkezet; ~**-mechanism adapter** *kat* elsütőszerkezet-ház; ~**-mechanism block** *kat* elsütőgép; elsütőszerkezet-ház; ~**-mechanism cocking-lug** elsütőszerkezet-felhúzólap; ~**-mechanism housing** elsütőszerkezet-ház; ~**-mechanism safety-plunger** elsütőszerkezet biztosítóhengere; ~ **moment** gyújtási időpont; ~ **order** *bány* robbanási sorrend; *gépk* gyújtási sorrend; ~ **pedal** *kat* elsütőpedál, tűznyitó pedál; ~ **pedestal** *kat* talpszerkezet; ~ **pilot lamp** *kat* tűzkészállapot-jelző lámpa; ~ **pin** *kat* ütőszeg, gyúszeg; ~**-pin bushing** *kat* ütőszegágy; ~**-pin cocking-lever** ütőszegfelhúzó kar; ~**-pin collar** ütőszegperem; ~**-pin guide** ütőszegvezető-hüvely; ~ **pin-head** *kat* gyúszeg, ütőszegfej; ~**-pin holder** ütőszegtartó; ~**-pin-holder sleeve** ütőszeghüvely; ~**-pin hole** zártestfurat az ütőszeg részére; ~**-pin housing** ütőszegház; ~**-pin retaining-pin** gyúszegrögzítő csap; ~**-pin-retractor spring** ütőszeg-helyrehúzó rugó; ~**-pin spring** ütőszegrugó; ~**-pin spring-pin** ütőszegrugócsap; ~**-pin way** ütőszegcsatorna; ~ **plant** tüzelőberendezés; ~ **plug** *kat* csappantyú; ~ **point** gyújtási pont; ionizációs potenciál; ~ **poker** *szer* salakszurkáló; ~ **port** lőrés; ~ **potential** ionizációs/ionizáló feszültség; ~ **pressure** *gép* égésnyomás; ~ **pulse** gyújtóimpulzus; ~ **rack** *kat* elsütő fogasléc; ~**-rack spring** *kat* elsütő fogaslécrugó; ~ **rake** *szersz* salakkaparó; ~ **range** lőtér; ~ **ring** próbagyűrű *(kerémiai égető kemencében)*; ~ **selector** *kat* tűzváltó *(ejtőtüzelés-ütőszegmozgatás)*; ~**-selector spring** tűzváltó rugó; ~ **sequence** → ~ order; ~ **slice** kovácsszénlapát; ~**-spring stop** *kat* ütőrugó-határoló; ~ **stroke** égési löket; *gépk* munkalöket; munkavégző ütem, robbanási/égési ütem; ~**-switch** *kat* elsütőpedál, tűznyitó pedál; ~ **table** lőtáblázat; ~ **tool(s)** *gép, szersz* pamacsvas; tűzszerszámok, tűzkaparó; ~ **trigger** *kat* elsütőrúd, elsütőbillentyű
firm I. *v élip* szilárdít; **II.** *a* szilárd; „standos" *(talpbőr)*; *ép* teherbíró *(altalaj)*; **III.** *n bány* torlasz ágya; ~ **bottom** *talt* alsó szilárd (talaj)réteg; ~ **capacity** *en* állandóan biztosított teljesítmény; ~ **clay** *talt* kemény agyag; ~ **feel** *tex* jó fogású; ~ **handle** *tex* telt/jó fogású; ~**-joint calliper** csuklós tapintókörző; ~ **power** biztosított teljesítmény; ~ **price contract** *ép* fix áras szerződés; ~ **rot** *fa* keménykorhadás; ~ **soil** teherbíró/szilárd (al)talaj
firmer | chisel *ép* (asztalos-)laposvéső; ~ **gouge** homorú asztalosvéső
firming *élip* szilárdítás; ~ **agent** szilárdítószer
firmly-attached bottom dwellers *geol* szesszilis benthossz
firmness *tex* erősség; sűrűség *(szöveté)*; telt/testes fogás; tömöttség; vastag fogás *(pamutkikészítésnél)*
firmware *szt* firmware, fix tárban tárolt információ
firn *met* csonthó, oromhó, szemcsés jég
firring → furring
firry *fa* gyantadús; gyantatartalmú
first I. *a* első; **II.** *n gépk* első sebesség; **III.** *adv* először; elsőként; ~ **accelerator** *távk* első gyorsítóanód; ~ **aid** elsősegély; ~**-aid box** mentődoboz, mentőláda; ~**-answer print** *film, foto* montázspróba-kópia; ~ **approach** *szt* első közelítés, nulladik közelítés; ~ **arrival** *geof* első beérkezés; ~**-arrival method** *geof* első beérkezések módszere; ~ **article** prototípus; ~ **bit** *ol* előfúró; ~ **blow** *koh* előfúvatás; ~ **boiling** *cu* első termék; ~ **bottom** *hidr* árvízi meder; hullámtér; ~ **break** *élip* első töret; *geof* első beütés; ~ **breakdown** első maszkábra-kicsinyítés; ~ **breaker** *tex* előbontó kártoló(gép); ~**-break time** *geof* első beütés időpontja; ~ **calendering** *tex* előmángorlás; ~ **claim** főigénypont; ~**-class** első osztályú; ~ **clear** *élip* világos kenyérliszt; ~ **coat** *koh* alapozó bevonat; ~ **coat in plaster-work** *ép* alap-gipszvakolás; durva-gipszvakolás; ~ **collision kerma** *at* első ütközési kerma; ~**-combing wool** *tex* bundaoldali gyapjú; ~ **cost(s)** beruházás(i költség); közvetlen költségek; ~ **cut** alsó vágat *(reszelőn)*; ~ **data multiplexer** *szt* elsődleges adatmultiplexor; ~ **degree transformation/transition** *vegy* elsőrendű átalakulás; ~ **detector** *rád, távk* első detektor; konverter, keverő fokozat; ~ **draw** *heng* első mélyhúzás; ~ **drawer** *tex* nagyoló nyújtógép; ~ **drawing-frame** előnyújtó(gép); ~ **driver** *rád* első végerősítőcső; ~ **event** *geof* első beérkezés; ~ **filter** *gépk* előszűrő; ~ **floor** *GB* első emelet(i); *US* földszint(i);

the ~ four rules *mat* a négy alapművelet; ~ **gear** *gépk* első sebesség(fokozat); ~ **generation computer** *szt* első generációs számítógép; ~**-generation rocket** első sorozatú rakéta; ~**-grade** elsőrendű; ~ **harmonic** *fiz, hang* (lengés) alapharmonikus(a); alaprezgés, alapmódus; ~ **in first out (FIFO)** *szt* FIFO sorbanállási technika; ~**-kind electrode** *vegy* elsőfajú elektród; ~**-kind equation** *mat* elsőfajú egyenlet; ~ **law of motion** *fiz* Newton első axiómája, tehetetlenség törvénye; ~ **law of thermodynamics** a termodinamika első törvénye *(az energia megmaradásának elve)*; ~ **layer** *gumi* tömlőlélek; ~ **layer cone** *krist* első rétegvonal; ~**-level address** *szt* abszolút cím; ~ **line form advance** *szt* automatikusan az első sorra állás laptovábbításnál; ~ **liquor** *cu* előszűrlet; ~ **lobe** *rád* főhurok *(sugárzási diagramban)*; ~**-main press** *pa* első nedvesprés; ~ **matte** nyerskő; ~ **mean value theorem** *mat* Lagrange-féle középérték-tétel, differenciálszámítás első középérték-tétele; ~ **median line** *krist* első középvonal; ~ **member** *mat* bal oldal, első tag; ~ **meridian** *csill* kezdő délkör; ~**-motion arrangement** közvetlen kapcsolású elrendezés; ~**-motion drive** *gép* közvetlen hajtás; *gépk* közvetlen sebességfokozat; *rád* közvetlen gerjesztés; ~**-motion engine** munkaszervet közvetlenül működésbe hozó motor; ~**-order Cartesian tensor** *mat* vektor, elsőrendű tenzor; ~**-order equation** *mat* elsőfokú/lineáris egyenlet; ~**-order forbidden transition** *at* elsőfokú tiltott átmenet; ~**-order instrument** nagypontosságú műszer; ~**-order lag element** T1-tag, egytárolós (arányos) tag, elsőrendű arányos tag; ~**-order reaction** *vegy* elsőrendű reakció; ~**-order red** elsőrendű vörös; ~**-order system** elsőrendű rendszer; elsőfokú rendszer; ~**-order tensor** *mat* elsőrendű tenzor; ~**-order term** *mat* elsőfokú tag; ~**-order theory** elsőrendű elmélet; ~**-order transformation/transition** elsőrendű fázisátalakulás; *műa* elsőrendű átalakulás; ~**-party release** *távb* hívóoldali bontás; ~ **pass** *heng* első sorozat/kibocsátás; első szúrás; ~**-pass weld** gyökvarrat; ~ **patent** *élip* kb. 65 százalékos egységes fehérliszt; ~ **plane (of projection)** *mat* vízszintes (vetítési) sík, első képsík, alaprajz síkja; **F~ Point of Aries** *csill* tavaszpont; **F~ Point of Libra** *csill* őszpont; ~**-position jig** alaphelyzeti szerelőkészülék; ~ **power** *mat* első hatvány; ~**-pressure oil** *vegy* első sajtolású olaj; ~ **print** *tex* alapnyomás, előnyomás; ~ **proof** *nyom* első korrektúra; ~**-quality** elsőrangú; ~ **quantum number** főkvantumszám; ~**-rate** elsőrangú; ~**-rate quality** kiváló minőség; ~ **rules of arithmetic** *szt* alapműveletek; ~ **running(s)** *vegy* kezdőfrakció, előpárlat; ~**s** első osztályú *v.* legjobb minőségű áruk; *fa* első osztályú faanyag; ~ **set** *geod* első főirány *(szögmérésnél)*; ~ **slag** *koh* primer salak; ~ **speed** *gépk* első sebesség; ~ **spinning** előfonás; ~**-stage development** *ép* első (ki)építési szakasz; ~**-stage digestion** *hidr* előrothasztás; ~ **stage of smelting** *koh* ércolvasztás; ~**-stage superheater** előtúlhevítő *(gőzhöz)*; ~ **strike** *kat* első csapás; ~ **stuff** *pa, tex* félkész áru; ~ **tap** bekezdő/elővágó/nagyoló menetfúró; ~ **term** *mat* első tag, kezdőtag; ~**-time twisting** *tex* első sodrat; ~ **tremor** *geol* előrengés; ~ **use** *kat* elsőcsapás; ~**-voltage range** 30 V alatti üzemi feszültség; ~ **water** *pa* gyenge főzősav; ~**-water** tisztavízű *(drágakő)*; ~ **weight** *bány* első főtenyomás/megmozdulás; ~ **well** *ol* első/kísérleti fúrás; ~ **working** *bány* előkészítés; feltárás; frontindító vágat; pillérosztózás

firth *geol* (folyó)torkolat; tengerág, tengerszoros

FIS → fingerprint identification system; → flight information service

Fischer|'s salt *vegy* Fischer-só, káliumnitrokobaltát(III), káliumkobalt(III)-nitrit; ~**-Tropsch process/synthesis** *ol* Fischer—Tropsch-szintézis

fischerite *ásv* fischerit

fish I. *v el* acélszalaggal behúz; *ép* hevederrel erősít/merevít; *ol* ment, fúrólyukban maradt szerelvényeket kihúz; **II.** *n hajó* árbocmerevítő, vitorlarúd-szilárdító (fa); *ol* mentendő szerszám; *szer* ék, csap; *vasút* (sín)heveder; ~**-bar** *vasút* sínheveder; ~**-bellied bar** *ép* egyenletes hajlítószilárdságú rúd; ~**-bellied girder** *ép* halhas alakú *v.* halhasú tartó; ~**-body oil** *élip* halolaj; ~ **bolt** sínkötő csavar; ~ **breeding** haltenyésztés, tógazdaság; ~**-davit** *hajó* horgonydaru; ~ **fork** ágas halszigony; ~ **garth** barátzsilip *(halastóban)*; ~ **gig** halszigony; ~ **glue** halenyv; ~**-joint** hevederes sínillesztés/sínkötés; ~ **ladder** *hidr* hallépcső, hallétra; ~**-like conductor** *el* spirális vezeték; ~**-liver oil** *élip* halmájolaj; ~ **lock** *hidr* zsilipkamrás hallépcső; ~ **manure** hallisztrágya; ~ **meal plant** hallisztgyártó berendezés; ~**-mouth weld** *heg* fogazott varrat; ~ **oil** halolaj; ~ **paper** műbőr; *el* vasmagszigetelő papír; ~**-paper insulation** műbőrszigetelés; ~ **pass** *hidr* hallépcső, haljárat; ~ **plant** halfeldolgozó berendezés; ~ **plate** *ép* csatlakozólemez; hevederlemez, kötőlemez, kapcsolólemez; *vasút* sínheveder; ~**-plate bar** hengerelt rúd sínhevederek előállításához; ~**-plate joint** hevederkötés; ~**-plate mill** sínhevederhengerlő sor; ~**-plate pass** *vasút* hevederkamra; ~ **pond** *hidr* halastó; ~ **rack** *hidr* halrács; ~ **scale** pikkelyes szerkezet/felület; ~**-scale fracture** pikkelyes törés; ~**-scale welding** pikkelyszerű hegesztés; ~ **screen** *hidr* halgereb, halrács; ~ **stakes** állítóháló *(halászat)*; ~**-tail** *közl* lapított dobvég; ~**-tail bit** *ép* halfarkú véső/fúrófej; ~**-tail cutter** háromszög kivágású síkmarókés; ~**-tallow** halzsír; ~ **tie-plate** *vasút* ütközési alátétlemez; ~**-trap** *hidr* halcsapda; ~**-way** *hidr* hallépcső

fishbone | antenna *távk* fenyőfaantenna; halszálkaantenna; ~ **design** halszálka mintázat

fished | beam *fa* hevederkötéses gerenda; ~ **joint** *vasút* hevederes sínillesztés; hevederkötéses sínütközés

Fisher's index of information *rendsz* Fisher-féle információmennyiség

fishhook horgászhorog

fishing halászat; *ép, vasút* hevederezés, hevedercsavarozás *(síneké)*; mentés *(mélyfúrásnál)*; *ol* mentés(i munka), fogómunka, fúrásnál beesett szerszámok kiszedése/mentése; ~ **box** *el* behúzóakna *(kábelszereléshez)*; ~ **drill pipe** *ol* mentőrúd; ~ **grab** *ol* szerencsefogó; ~ **hook** *ol* állítóhorog; ~ **implement** halászfelszerelés; ~ **jar** *ép* ejtoolló, mentőolló, váltóolló *(mélyfúrásnál mentéshez)*; ~ **pan** sófőző üst *(mechanikus sóeltávolítóval)*; ~ **piece** *ép* átlapolt darab; ~ **rod** *ol* mentőrúd; ~ **socket** *el* behúzótölcsér; ~ **sweeps** *pl* kerítőháló; ~ **tackle** halászfelszerelés; ~ **tap** *ol* hegyes fogó, fogótüske, mentőtüske, mentőtőr; ~ **taper** *ol* mentőtüske; ~ **templet** *vasút* hevederminta; ~ **vessel** *hajó* halászhajó

fishline winding *rád* spirális tekercselés

fishnet *kat* álcázó háló; *kh* azsúrkötés; *tex* halászháló
fishy feel *tex* síkos tapintású
fisser hasadóanyag
fissibility *fa* hasíthatóság
fissile *at* hasadó, hasítható, hasadóképes; maghasadásra képes; termikus neutronokra hasadóképes; ~ **core** hasadó/hasznos reaktormag; ~ **derivative** hasadóképes hasadási termék; ~ **fuel** hasadó tüzelőanyag; ~ **material** hasadóanyag; ~ **material production reactor** hasadóanyag-előállító reaktor; ~ **nucleus** hasadóképes mag
fissility hasadóképesség; hasíthatóság
fission I. *a at* hasadási; **II.** *n* (szét)hasadás; *at* (mag)hasadás; *geol* hasadás, bomlás; ~ **barrier** *at* hasadási fal/gát; ~ **bomb** atombomba; ~ **branching** hasadási szétágazódás; ~ **calorimeter** hasadási/fissziós kaloriméter; ~ **capture** hasadási befogás, hasznos befogás; ~ **chain** hasadási/bomlási lánc; ~ **chain reaction** hasadási láncreakció; ~ **chamber** hasadókamra; ~ **channel** hasadás jellege; hasadási csatorna/út/nyom; ~ **counter** hasadásszámláló; ~**-counter monitor** hasadásellenőrző számláló; ~ **cross-section** hasadási hatáskeresztmetszet; ~ **detector** hasadásdetektor; ~ **energy** hasadási energia; ~ **energy spectrum** hasadási energiaspektrum; ~ **fragment** (közvetlen) hasadási termék/töredék; ~ **gas** hasadási gáz; ~ **gas plenum** hasadási gáztér; ~ **gas release** hasadási gázkibocsátás; ~ **heat** hasadási hő; ~ **neutron** hasadási neutron; ~ **plasma reactor** plazmahasadásos reaktor; ~ **poison** hasadási méreg; mérgező hasadási termék; ~ **power** hasadási energia; ~ **probability** hasadási valószínűség; ~ **process** hasadási folyamat; ~**-producing force** hasadást kiváltó erő; ~ **product (FP)** hasadási termék; ~**-product disposal** hasadási termékek eltávolítása; ~**-product poisoning** hasadási termékek okozta mérgezés/mérgezettség; reaktormérgeződés; ~**-pulse counter** hasadási impulzusszámláló; ~ **rate** bomlási/hasadási sebesség, hasadási gyakoriság; ~ **reaction** hasadási reakció; ~ **reactor** hasadási reakciós atomreaktor; uránreaktor; ~**-recoils particle** hasadási visszapattanó részecske, hasadási termékek közvetlenül a hasadást követő pillanatban; ~ **species** hasadási típus; ~ **spectrum** hasadási (energia)spektrum; ~ **threshold** hasadási küszöbenergia; ~ **yield** hasadási (neutron)hozam; ~ **yield curve** hasadási hozamgörbe
fissionability *at* hasadóképesség
fissionable → fissile; ~ **atom** *at* hasadó/hasítható atom
fissioner *at* hasadóanyag
fissium *at* fissium *(hasadóképes anyag és hasadási termékek egyensúlyi keveréke)*
fissuration *geol* tagoltság
fissure I. *v* reped, töredezik; repeszt, hasít; *bány* repedezik, hasad; **II.** *n* repedés, hasadék; hasítás; ~ **detecting/detection** *ol* hasadékdetektálás; ~ **line** *geol* törésvonal; ~ **spring** *hidr* hasadékforrás; ~ **stability** *geol* hasadékszilárdság; ~ **vein** *geol* repedési ér; ~ **water** *talt* hasadékvíz; ~ **zone** repedezett tartomány
fissured repedezett; ~ **aquifer** *ol* repedezett víztároló; ~ **bark** *fa* durva rajzolatos kéreg; ~ **formation** *ol* repedezett tárolókőzet; ~ **heart** *fa* repedezett bél; ~ **reservoir** *ol* repedezett tárolókőzet; ~ **zone** repedezett tartomány

fissuring *gyógyv* levelesedés; *koh* repedés
fit I. *v* szerel; (hozzá)illeszt; idomít; **II.** *a* megfelelő, alkalmas; **III.** *n cipő* cipőbőség; *ép, gép* illesztés; *ruh* ruha állása; ~**-all size** *ruh* minden nagyságra megfelelő; ~ **a saw** *v* fűrészt szabályoz; fűrészfogat kiigazít, srankol; ~ **for press** nyomdakész; ~ **for service** üzemeltetésre alkalmas; ~ **for use** használható; ~ **in** *v* beilleszt; ~ **into** *v* beleillik; ~ **in with** *v* összhangban van vmivel, megegyezik vmivel; ~ **on** *v* felilleszt, (rá)szorít, rászerel; ~ **out** *v* felszerel, ellát, berendez; ~ **together** *v* (össze)szerel, (össze)állít, (össze)illeszt; ~ **to print** nyomdaérett; ~ **with bearings** *v* csapágyaz
FIT → failure in time
fitch sörtekefe
fitchery ground *ép* laza talaj
fitment berendezési tárgy; *ép* beépített bútor(zat)
fitogene *geol* fitogén
fitted illesztett; beépített; ~ **bolt** fényes csavar; illesztett csavar; ~ **capacity** installált/beszerelt teljesítmény; ~ **carpet** szőnyegpadló, faltól falig szőnyeg; ~ **kitchen** beépített konyha(bútorok); ~ **train** *vasút* légfékes vonat
fitter szerelő, lakatos; *bány* vájár; ~ **prop** *bány* szerelőtám; ~**'s bench** munkapad; satupad; ~**'s hammer** lakatoskalapács; ~**'s screwdriver** szerelő-csavarhúzó
fitting I. *a gép* illeszkedő; **II.** *n* veret *(vasalás)*; berendezés, felszerelés *(művelet)*; fitting; *cipő* kellék; *el* armatúra; szerelvény; *ép* idomcső; illesztés, szerelés, felállítás, felépítés; *gép* szerelvény, fitting; *mat* illeszkedés, illesztés; ~ **allowance** illesztési ráhagyás; ~ **curve** *mat* illeszkedő görbe; ~ **of land** talajelőkészítés *(ültetésre)*; ~ **piece** átmeneti darab, (cső)idom; ~ **pin** beállító csapszeg; ~ **pipe** illesztőcső, toldalékcső; ~ **quay** *hajó* szerelőfal, partfal; ~ **room** *cipő* tűzöde; ~**s** *pl* berendezés; csőszerelvény; felszerelési tárgyak/cikkek; szerelékek, kellékek; szerelvény, armatúra; szerelvények; ~ **shop** szerelőműhely; összeszerelő műhely/részleg; ~ **smith** épületlakatos; ~ **test** illeszkedésvizsgálat, illesztésvizsgálat
FIU → frequency identification unit
five|-address instruction ötcímű utasítás; ~**-axis universal stage** öttengelyű univerzális asztal; ~**-canted** ötélű; 108°-os szögű háromélű *(reszelő)*; ~**-colo(u)r theorem** ötszíntétel; ~**-cornered** ötsarkú; ~**-digit** öt(szám)jegyű; ~**-edge broach** *szersz* ötszögletű dörzsár; ~**-edged** ötélű; ~**-electrode method** *geof* ötelektródás módszer; pentóda, ötelektródos cső; ~**-electrode tube** *rád* pentóda; ~**-electrode valve** ötelektródos/háromrácsú elektroncső, pentóda; ~**-figure** ötszámjegyű *(szám)*, ötjegyű *(logaritmustábla)*; ~**-hole punched tape** ötcsatornás lyukszalag; ~**-legged transformer** ötoszlopos transzformátor; ~**-lens camera** *geod* ötlencsés kamera; ~**-loop array** ötkeretes antennaberendezés; ~**-membered ring** *vegy* öttagú gyűrű; ~**-pin base** *rád* ötcsapos csőfej; ~**-ply veneer** ötréteges borítólemez/furnér; ~**-roll** *heng* öthengeres; ~**-seater car** ötszemélyes/ötüléses gépkocsi; ~**-shaft sateen** *tex* ötkötésű/ötfonalas atlasz; ~**-spot pattern** *ol* ötpontos kútelrendezés *(vízvisszanyomáshoz)*; ~**-tonner** öttonás (gépkocsi); ~ **tube superhet** *rád* ötcsöves szuperheterodin vevő; ~**-unit code** *távk* ötös kód
fivefold ötszörös(en); ~ **line spacing** ötszörös sorváltó
fivelings *pl krist* ötös ikerkristály

fiving *tex* ötnyüstös szaténszövési hiba

fix I. *v* állandósít; rögzít; odaerősít, felerősít, ráerősít, megerősít; leköt, megköt, helyhez köt; leszorít; (meg)állapít, (meg)állít; ráirányít *(távcsövet)*; *foto* rögzít, fixál; *geod* bemér; *gép* kijavít; megjavít; *kat* bemér; *rep* helyzetet megállapít; **II.** *a* merev; rögzített; *el* merev beállítású, rögzített, nem állítható; **III.** *n geod, rád* bemért helyzetpont; *rád* iránymérési eredménypont; **~-charge collector** pénzbedobós villamos automata; **~ coupling** merev tengelykapcsoló; **~ firmly** *v* mereven ékel; **~ on** *v* ráerősít; rácsatol; hozzáerősít; **~ point** *rep* kötelező jelentőpont; **~ shield** *bány* merev pajzs; **~ shoe** *bány* merevpofás fék; **~ support** *hidr* rögzített alátámasztás *(nyomócső alatt)*; **~-support pier** rögzített alátámasztás *(nyomócső alatt)*; **~-to-fix flying** *rep* ellenőrző pontok szerinti repülés

fixable rögzíthető

fixation rögzítés; merevítés; *foto* rögzítés, fixálás; *mech* befogás, befalazás; *tex* rögzítés *(szintetikus szálas anyagé)*; *vegy* megkötés; rögzítés; szárítás *(olajgőzé)*; **~ chamber** *tex* rögzítőszekrény; **~ of the colo(u)ring matter/dye** *tex* színezék rögzítése; **~ pair** összehasonlító vonalpár

fixative állandósító anyag; *élip* rögzítő; *vegy* rögzítő(szer), fixáló

fixator rögzítő

fixed ékelt; helyhez kötött; megállapított; álló; rögzített; fix; konstans, állandó, változatlan, invariábilis, rögzített; *fiz* stacioner, stacionárius, folytonos, nyugalmi, állandósult, (időben) egyenletes, állandó; *kat* stabil telepítésű; *mech* befogott *(tartó, ív)*; **~ acid** *élip* nem illó sav; **~ address** *szt* fix cím; **~ advance** *gépk* állandó előgyújtás; **~ aerial cableway** helyhez kötött kábeldaru; **~ ammonia** *vegy* fix/kötött ammónia; **~ ammunition** *kat* hüvelybe szerelt lövedék; **~ anchorage** *ép* fix lehorgonyzás *(feszítés)*; **~-angle instrument** állandó szögű távolságmérő; **~-antenna direction finder** rögzített antennájú rádió-iránymérő; **~ arch** *ép* két végén befogott *v.* lapokra támaszkodó ív; **~-area exhaust nozzle** *aut* állandó kilépési felületű fúvóka; **~ array multielement lidar** *aut* rögzített többelemrendszeres lidar; **~ array multilaser radar** *aut* rögzített többlézerrendszerű radar; **~ artillery** *kat* beépített tüzérség; **~-back rest** *tex* rögzített irányítóhenger; **~ band conveyor** *ép* beépített szalag; **~ beacon light** *rep* állandó fényű fényjeladó; **~ beam** *ép* befogott gerenda/tartó; **~ bearing** *ép* rögzített ágyazás/hídsaru; *gép* állócsapágy; **~ bed** *vegy* álló katalizátorágy; álló/rögzített/fix ágy; **~-bed adsorption** *vegy* állóágyas/fixágyas adszorpció; **~-bed cracking** *vegy* állóágyas krakkolás; **~-bed cracking plant** *vegy* állóágyas krakküzem; **~-bed cracking process** *vegy* álló katalizátorágyas hőbontó eljárás; **~-bed material** beágyazódott anyagréteg; **~-bed model** *hidr* szilárd medrű kisminta; **~-bed process** állóágyas eljárás; **~-bed technology** *ép* sztend/hosszúpados technológia *(betonelemgyártás)*; **~-belt conveyor** *ép* beépített szalag; **~-blade propeller (f.b.p.)** *rep* merev/rögzített szárnyú légcsavar; **~-blade propeller turbine** szárnylapátos turbina, propellerturbina; **~-blade screw** rögzített/merev szárnyú hajócsavar/légcsavar; **~ block** *em* állócsiga; **~ block length** *szt* fix blokkhosszúság; **~ blondin** *ép* helyhez kötött kábeldaru; **~ bobbin** *bány* ékelt bobina; **~ bond** *vegy* rögzített/szilárd kötés; **~ cable(way) crane** helyhez kötött kábeldaru; **~ capacitor** *el, rád* állandó kapacitású kondenzátor, fix kondenzátor; tömbkondenzátor, blokk-kondenzátor; **~ carbon (FC)** *vegy* kötött karbon; **~ carrier idler set** merev alátámasztás; **~ cavity resonator** *rád* nem hangolható üregrezonátor; **~ centre/center** álló csúcs; **~-centre/center head** merev orsó *(fúróművön)*; **~ centrode** *fiz* herpolhodia, nyugvópólusgörbe, nyugvópóluspálya, a pillanatnyi forgáscentrumok pályája nyugvó koordináta-rendszerben; **~ charge** *ip* alapdíj; állandó/fix költség; **~ choke point** *kat* áteresztőpont; **~-cistern barometer** rögzített-edényes barométer; **~ clutch member** tengelykapcsoló rögzített fele; **~ coil** *el* állótekercs; **~ command control** *aut* értéktartó szabályozás; **~ condenser** tömbkondenzátor; **~ cone** *mech* álló alapkúp; **~ connector** helyhez kötött csatlakozó; **~ contact** álló érintkező; **~ costs** *pl* állandó költség; **~ coupling** oldhatatlan tengelykapcsoló; **~-course beacon** *rep* helyhez kötött iránysáv-jeladó; **~-course detector** *rep* iránytartásjelző; **~-crest weir** *hidr* bukógát, állógát; **~-cup barometer** rögzített-edényes barométer; **~ curve of instantaneous centres →** **~ centrode**; **~-cycle operation** ütemadó-üzemmód; **~ cylinder** *mech* álló alaphenger; **~ dam** *hidr* állógát; **~ datum** *geod* rögzített alappont; **~ decimal** *szt* fix decimális ábrázolás; **~ demand** *en* állandó teljesítményigény; **~ direction finder** álló/rögzített antennájú iránymérő/; rádiógoniométer; **~ disk** *szt* fix lemez; **~ distance lights** *rep* állandó távolságú fények; **~ drum** ékelt dob; **~ earth support** *ép* alsó befogás *(szádfalnál)*; **~ echo** *távk* álló célról visszavert jel; **~ electron** *at* belső elektron; **~ element** helyhez kötött elem; **~ end** *ép* befogott vég *(tartóé)*; merev befogás; **~-end beam** *ép* egyik végén befogott tartó; **~-end column** *ép* két végén befogott oszlop; **~-end moment** *ép* befogási nyomaték; **~ engine** helyhez kötött *v.* stacionárius motor; **~ equipment** állandó helyű berendezés, le nem vehető berendezés; **~ error** szisztematikus/rendszeres/állandó/szabályos hiba; **~ field (FF)** *el* nyugvó/álló/stacionárius erőtér; *szt* állandó/fix mező(méret); **~ filter** rögzített szűrő; **~ fluorescence** *geof* kötött fluoreszcencia; **~ focus (FF)** *foto* fixfókuszú; **~-focus pyrometer** állandó gyújtótávolságú pirométer; **~ form(work)** *ép* fix/sztend zsaluzat/sablon; **~-frame (aerial) homing** *rep* rögzített keretantennás rárepülés; **~ frequency** állandó/meghatározott frekvencia; **~ fuel tank** *rep* rögzített/le nem dobható tüzelőanyagtartály; **~ function generator** *szt* rögzített függvénygenerátor; **~-gain amplifier** *távk* fixerősítő; **~ gantry crane** helyhez kötött bakdaru; **~ gate** *távk* rögzített kapuimpulzus; **~ grizzly** állórostély; **~ ground water** *ol* mélységi víz; **~ gun** *kat* beépített löveg; **~-handle** *el* szabadonfutó szerkezet nélküli, reteszelt kioldású; **~-head** *szt* fix fej; **~-head disk** *szt* fix fejes lemezegység; **~-hearth furnace** mozdulatlan fenéklapos kemence; **~ hinge** *mech* fix csukló; **~ impeller** *ol* rögzített járókerék; **~-incidence tailplane** *rep* nem szabályozható, vízszintes vezérsík; **~ information length** *szt* fix információhosszúság; **~ in space** álló, térben rögzített; **~ intake** *rep* nem szabályozható levegő-beömlőnyílás; **~ landing-gear** *rep* be nem húzható futómű; **~ leg** *ép* fix láb; ~ **length** fix hossz; ~**-length record** *szt* fix hosszúságú rekord; ~**-length word** *szt* fix hosszúságú szó; ~ **level logic** *el* megfogott szintű logikai áramkör; ~ **lifting surface** *rep* merevszárny; rögzített hordfelület; ~ **light** *opt* állandó fény; *rep* állandóan világító fény; ~ **line** *fiz* stacionárius színképvonal; ~ **load** *mech* önsúly(teher); *rep* állandó terhelés; ~**-loop aerial/antenna** *el, rep* rögzített keretantenna; ~ **loss** állandó veszteség; *en* terhelésfüggetlen veszteség; ~ **machine-gun** *kat* beépített géppuska, merev géppuska; ~ **mass** *rep* légijármű állandó tömege; ~ **memory** *szt* fix memória; ~ **memory cell** *szt* fix memóriarekesz; ~ **mo(u)ld** rögzített présforma; ~ **mo(u)lding box pin** rögzített vezetőcsap *(formázószekrényhez)*; ~**-mo(u)ld machine** helyhez kötött öntőformájú öntőgép; ~ **oil** *vegy* zsírosított/kompaundált olaj; ~ **open-hearth furnace** helyhez kötött martinkemence; ~ **orifice** *aut* tápfojtás, belépő fojtás; ~ **overhead cableway** helyhez kötött kábeldaru; ~**-pad accelerator pedal** talplemezen rögzített gázpedál; ~**-path control** vezérlés adott pályán; ~ **pedestal** fix saru/alátámasztás/támaszpont; ~ **phased synchronous** *el* fázismerev szinkron; ~ **pirn** *tex* állócséve; ~**-pitch airscrew/propeller** *rep* állandó emelkedésű légcsavar; merev szárnyú légcsavar; ~ **plane-iron** furnírgyalukés; ~ **plate** *el* állólemez *(forgókondenzátoré)*; ~ **platform** *ol* stabil fúrási fedélzet; ~ **point** *szt* fixpont; ~**-point addition** fixpontos összeadás; ~**-point arithmetic** fixpontos aritmetika; ~**-point attenuator** *fiz* fix csillapító; ~**-point calculation** *aut, szt* fixpontos számolás/számítás; ~**-point computer** *szt* fixpontos (számító)gép; ~**-point instruction** *szt* fixpontos utasítás; ~**-point notation** *szt* fixpontos számábrázolás; ~**-point operation** *szt* fixpontos művelet; ~**-point part** *szt* mantissza; ~**-point representation** *szt* fixpontos (szám)ábrázolás; ~**-point representation system** *szt* fixpontos számrendszer; ~ **points** *aut, fiz* hőmérsékleti alappontok; ~**-point subtraction** *szt* fixpontos kivonás; ~**-position welding** *heg* kényszerhelyzetű hegesztés; ~**-price tender** *ép* fixáras ajánlat; ~**-program computer** *szt* állandó programozású számítógép, fix programos számítógép; ~ **pulley** *gép* állócsiga; ~ **radix notation** *szt* rögzített alapszámos ábrázolás; ~ **radix numeration system** *szt* rögzített alapszámú számrendszer; ~ **reference system** *mech* abszolút vonatkoztató rendszer; ~ **reflector** *at* nem mozgatható reflektor; ~ **residue** *vegy* nem illó maradék; ~ **resistance/resistor** *el* állandó ellenállás *(nem változtatható)*; ~ **roof-type furnace** helyhez kötött boltíves kemence; ~ **sash** *ép* keretben rögzített ablakszárny; ~ **satellite** *szt* állandó frekvencián működő műhold; ~**-satellite service** *távk* műholdas állandó helyű szolgálat; ~ **scale** rögzített skála; ~ **screen** *bány* állószita; ~ **service** *távk* állandó helyű szolgálat; ~ **set of coordinates** koordináták állandó sorozata; ~ **set point regulation** *aut* értéktartó szabályozás; ~ **sieve** *bány* állószita; ~**-sieve jig** *bány* állószitás ülepítőgép; ~ **signal** *vasút* helyhez kötött jelző; ~ **silo** *kat* helyhez kötött siló; ~ **skewback arch** *ép* rögzített kemenceboltozat-váll; ~ **slot** *rep* merev *v.* állandó méretű szárnyrés; ~ **spade** *kat* rögzített talptusa; ~ **spot welder** *heg* helyhez kötött ponthegesztő gép; ~ **star** *csill* állócsillag; ~ **starting address** *szt* fix kezdőcím; ~ **station** *távk* állandó helyű földi rádióállomás; ~ **stemming** *bány* merev fojtás; ~ **stop** merev/álló ütköző; ~ **storage** *szt* nem destruktív memória; nem törölhető memória; permanens memória; ROM tároló; ~**-stud gear** *forg* rögzített előtét-fogaskerék; ~ **support** befogott támaszpont; ~ **tail surface** *rep* rögzített vezérsík; ~ **target** *el* állandó/meghatározatlan célanyag/target; ~ **target rejection filter** *el* szelektív szűrű; ~ **tautline cableway** *ép* helyhez kötött kábeldaru; ~ **terminal state** *szt* rögzített végállapot; ~ **time call** *távb* rögzített idejű hívás/beszélgetés; ~ **time delay/lag** *el, távb* független késleltetés; ~**-timing magneto** állandó előgyújtású mágnes; ~ **tremie concrete** *ép* víz alatti *v.* kontraktor beton; ~ **trip** *aut, el* reteszelt kioldás; ~**-tune magnetron** *el* nem hangolható magnetron; ~ **value** *mat* konstans, állandó; megadott érték; ~ **value control** értéktartó szabályozás; ~**-vane propeller turbine** *gép* szárnylapátos turbina, propeller; ~ **variable** *aut, mat* rögzített változó; ~ **vector** *mech* kötött vektor; ~ **weight** *ép, mech* önsúly; *rep* léghajó állandó súlya *(üzemanyag nélkül)*; ~ **white** *vegy* blankfix, báriumszulfát; ~ **windscreen** nem nyitható szélvédő; ~ **wing** *rep* merevszárny; ~**-wing** *rep* merev szárnyú; ~**-wing aircraft** *rep* merevszárnyas légijármű; ~**-wing flight** *rep* sárkányrendszerű repülés; ~ **wing-slot** *rep* állandó nyílású szárnyrés; ~ **word-length** *szt* állandó szóhossz; ~ **zero** rögzített nullapont

fixer *foto* rögzítő(szer), fixír(só); *tex* segédművezető; ~ **station** *rep* állandó helyű URH rádió-iránymérő állomás

fixing rögzítés, merevítés; leszorítás; *ép* megerősítés, merevítés, rögzítés; *foto* fixálás, rögzítés; *rep* helymeghatározás; *tex* rögzítés *(műszálárué)*; *vegy* szárítás *(olajgőzé)*; ~ **agent** állandósító *(rögzítő anyag)*; *tex* színezékrögzítő szer; ~ **aids** *rep* helyzetpontbemérő navigációs eszköz; ~ **angle** rögzítő szögvas; ~ **bath** *foto* rögzítőfürdő, fixálófürdő; ~ **bolt** *gép* rögzítőcsavar; ~ **clip** szorítócsavar, rögzítőcsavar, rögzítőkapocs; ~ **device** befogószerkezet; ~ **dimension** szerelési méret; ~ **filler** *ép* rögzítőléc; ~ **flange** *gépk* porlasztócsatlakozó csonk/perem; ~ **moment** *mech* befogási nyomaték; ~ **pin** *kat* célgömbrögzítő *(csap)*; ~ **rack** rögzítő fogasléc; ~**s** *pl US* berendezés; díszítés; felszerelés; hozzávalók; kellékek; ~ **screw** szorítócsavar; rögzítőcsavar

fixity *mech* befogás, többtámaszúsítás, merev kapcsolás

fixture *ép* készülék *(nagyobb)*; rögzített bútor; rögzített/fix tartozék; szerelvény(ek), armatúra; ~ **design** *ép* készüléktervezés, felkészülékezés; ~**s** (beépített) berendezési tárgyak, felszerelés *(lakásé stb.)*; ~ **stud** rögzítőberendezés *(világító berendezéshez)*

fizelyite *ásv* fizélyit

fizz I. *v* sistereg, pezseg; **II.** *n* gyöngyözés, pezsgés; ~ **gig** sistergő tűzijáték

FL → flashing light; → flight level; → flow line; → focal length; → full load

flabby petyhüdt; ernyedt; erőtlen *(bor)*; *pa* simulékony

flaccid petyhüdt, lötyögős; *bőr* összeejtett *(pácolás után)*

flaccidity petyhüdtség, ernyedtség

flack *kat* légi robbanás *(légvédelmi lövedéké)*; ~ **shell** légvédelmi lövedék

flag I. *v* meglazul; *ép* kiközez; kőlappal burkol; *geod* jelrúddal megjelöl; **II.** *n* jelzőzászló; *ép* burkolatkő; burkoló kőlap; ~ **alarm** → ~ indicator; ~ **bit** *szt* jelzőbit, toldalék; ~ **car** *kat* parancsnoki páncélkocsi; ~ **carrier** *rep* nemzeti légiközlekedési vállalat; ~ **code** → escape code; ~ **event** *szt* elágazásjelző, határjel; eseményjelző bit; ~ **halyards** *pl hajó* lobogófelvonó kötélzet; ~ **indicator** *távk* zászló, vizuális/optikai jelző; ~ **ore** réteges hematit; ~**s** *bány* palás rétegek; *geol* kőpadok; ~ **signalling** *távk* zászlójeladás; ~ **station** *vasút* megállóhely

flagger *ép* lapfektető (munkás); *önt* homokverő

flagging *ép* burkolás kőlappal; *geof* pikettkarók megjelölése; ~ **tape** *geof* pikettkarószalag

flagpole antenna rúdantenna, botantenna

flagstaff zászlórúd

flagstone *ép* járdakő; kockakő; kövezőkő, kőlap; lemezes kő; ~ **covering/pavement/paving** laposkőburkolás; lapburkolat, (kocka)kövezet

flake I. *v* lehámlik; lepattogzik; *bány* pereg, szóródik, széthasadozik; rétegekre bont; *tex* pettyez; **II.** *n* (pikkely)hártya; (lemez)hártya; hajszálrepedés; kovácsreve; repedés *(gyémántban)*; állvány *(halak szárítására)*; szint *(hegységnél)*; *ép* nádfedél alaprétege; *geol* réteg; *koh* pehely; *met* hópihe; ~ **away** *v* leválik; lepattogzik; ~ **charcoal** boksafaszén; ~ **crack** hajszálrepedés; ~ **formation** *koh* pehelyképződés; ~ **gold** pelyhes/pikkelyes arany; ~ **graphite** lemezes grafit; ~ **graphite austenitic iron** lemezes grafitos ausztenites öntöttvas; ~ **ice** réteges jég; ~**-iron powder** *távk* pikkelyvaspor; ~ **off** *v* → ~ away; ~ **susceptibility** *koh* pehelyérzékenység; ~ **thermistor** *rád* rétegtermisztor; ~ **white** ólomfehér (festék)

flaked pikkelyes, réteges *(összetételben)*; -pehely; ~ **asbestos** azbesztpehely

flakelets *pl tex* pamutpehely

flaker pehelykészítő gép

flaking pehelykészítés; *bány* feláztatás, szétmállás; lepattogzás *(bevonaté)*; *ép* nádfedél alaprétege; *koh* kazánkő-lepattogzás; pelyhesedés; reveréteg-lepattogzás; *önt* hajszálrepedés *(hűtésnél)*; ~ **machine** *élip* pehelykészítő gép; pikkelyező gép; ~ **mill** *élip* pelyhesítő hengerszék; ~ **roller-mill** *élip* zabpehelygyúró henger

flaky pelyhes; *talt* pelyhes; ~ **bark** *fa* hámló kéreg; ~ **clay** *talt* félkövér agyag; ~ **fracture** pikkelyes törés; ~ **graphite** pikkelyes/tiszta grafit; ~ **structure** *geol* pehelyszerkezet

flamboyant *ép* túldíszített; *tex* színes, rikító

flame I. *v* lángol; lobban; fénylik; **II.** *n* láng, lángcsóva; ~ **analysis** lánganalízis; ~ **annealing** nyíltlángú lágyítás; ~ **arc** lángív; ~**-arc cutting** oxigénívvágás; ~ **arch** lángbolt *(kemencében)*; ~**-arc lamp** ívlámpa; ~ **arrester** lángvisszacsapást megakadályozó berendezés, lángzár; lángoltó berendezés; ~ **baffling** *hőt* lángterelés; ~ **baffling material** lángfojtó anyag; ~ **black** acetilénkorom; ~ **blasting** öntvénytisztítás lánggal; ~**-bonding of foam to fabric** *tex* habanyag lángragasztása textíliához; ~ **brazing** keményforrasztás lánggal; ~ **bridge** *koh* lánghíd; ~ **calorimetry** lángkalometria; ~ **cap** *bány* fénykoszorú; ~ **carbon** *el* ívlámpaszén; ~ **chamber** tűzcső, égéskamra; ~ **chipping** *koh* tuskótisztítás lánggal; ~ **cleaning** *ép* lángtisztítás; ~**-cleaning burner/torch** *ép* lánggereblye; ~ **collector** *hőt* lángszonda, lángkollektor; ~ **conduction** *fiz* lángvezetés; ~ **cone tester** Seger-kúpos vizsgáló; ~**-contact furnace** *hőt* lángkemence; ~**-cut** *gép* lángvágóval vágott; ~ **cut-out** *ép* égésbiztosító, lángbiztosító; ~ **cutting** lángvágás; ~**-cutting apparatus/machine** lángvágó készülék/gép; ~ **cutting with powder metal** *ép, gép* poradagolásos lángvágás; ~ **decomposition** *ép* lángelfúvódás; lángleszakadás; ~ **detector** automatikus tűzjelző készülék; ~**-emission spectrum** *fiz* lángszínkép, lángspektrum; ~ **enrichment** lángcsóva dúsítása oxigénnel; ~ **failure (safeguard)** lángőr; ~ **float** *rep* úszó jelzőláng; ~ **front** lángoldal, lángfront; ~ **ga(u)ge** *fiz* lángmanométer; ~ **gouging** láng-horonygyalulás; ~**-gouging torch** lánghoronygyalu; ~ **guard** *aut* lángőr; ~ **gun** *műa* lángszórópisztoly; ~ **hardening** *hők* lángedzés; ~**-hardening machine** lángedző gép; ~ **heater** *ép* lángszóró készülék; ~ **heating** *koh* melegítés lánggal; ~ **ionization detector/ga(u)ge (FID)** *aut, biot* lángionizációs detektor/mérő (F.I.D.); ~**-keeper** *ép* lángőr; ~ **killer** *kat* lángrejtő, torkolattűzrejtő; ~ **lamination process** *tex* habanyag rétegezése lángolvasztással; ~ **laser** lánglézer; ~ **microphone** lángmikrofon; ~ **monitoring** lángellenőrzés; ~ **out** *v* lángol; felcsap *(tűz)*; ~ **photography** lángfényképezés; ~ **photometer** lángfotométer; ~ **photometry** *fiz* lángfotometria; ~ **picture** *ép* lángkép; ~ **pressure ga(u)ge** *fiz* lángmanométer; ~**-proof** → flameproof; ~**-propagation velocity** *bány* égéssebesség; ~ **reaction** lángszínező reakció; ~**-red** tűzpiros; ~**-resistance** *műa* lángállóság; ~**-resistant** lángbiztos, nehezen gyulladó; *gumi* lángolásálló, tovább nem izzó; ~**-retardant** gyulladásgátló, égésgátló; ~**-retardant treatment** lángmentesítés; ~**-row** futóláng, stafétaláng; ~ **safety device** *ép* égésbiztosító, lángbiztosító; ~ **shield** lángvédő pajzs; ~ **soldering** lágyforrasztás lánggal; ~ **spectrometry** *fiz* lángspektroszkópia; ~ **spectrophotometer** *fiz* láng-spektrofotométer; ~ **spectroscopy** *fiz* lángspektroszkópia; ~ **spectrum** *fiz* lángszínkép, lángspektrum; ~**-sprayed coating** lánggal felszórt réteg; ~**-spray gun** → ~ spraying gun; ~ **spraying** *ép, műa* felszórás lánggal; láng(fel)szórás; ~ **spraying gun/pistol** *ép* lángszóró pisztoly; ~ **stability** lángstabilitás; ~ **surface hardening** lángedzés; ~ **test** *any* égetési vizsgálat; izzítási vizsgálat; *vegy* lángfestési vizsgálat; ~ **thrower (FT)** *kat* lángszóró; ~**-throwing tank** *kat* lángszórós harckocsi; ~**-tight (FT)** lángbiztos; ~**-tightness** lángállóság; ~ **trap** *gép* lángcsappantyú, lángfogó, lángterelő; ~ **tube** *rep* tűzcső, lángcső; ~ **tube primary zone** *rep* tűzcső elsődleges levegőzónája; ~ **tube secondary zone** *rep* tűzcső másodlagos levegőzónája; ~ **up** *v* lángra lobban, meggyullad; ~ **velocity** égési sebesség; láng terjedési sebessége; ~ **welding** autogénhegesztés; ~ **yarn** flamméfonal; ~ **zone** égészóna, lángzóna

flameholding lángstabilizálás

flameless láng nélküli

flameout *rep* lángkimaradás *(hajtóműleállás)*; ~ **landing** *rep* leszállás leállított hajtóművel

flameproof (FP) lángbiztos, tűzbiztos, gyulladásbiztos; lángmentes(ített); *bány* sújtólégbiztos; *ép* lángmentesített; *gumi* lángmentes, lángolásbiztos, lángolásálló; *műa* tűzálló, lángálló; *tex* tűzálló; ~ **enclosure** lángbiztos ház/köpeny/tokozás; ~ **lighting fit-**

ting robbanásbiztos lámpatest; ~ **monitor** *at* lángbiztos monitor
flameproofing gyulladásmentesítő eljárás; tűzállóvá tétel
flameproofness tűzállóság
flameware tűzálló/jénai edény(ek)
flaming I. *a* lángoló; **II.** *n* lángolás, lángképződés; láng; ~ **arc** lángív; ~ **arc lamp** ívlámpa; ~ **coal** hosszúlángú szén; ~ **loss** *koh* kilángolási veszteség; ~ **out** *koh* kilángolás; ~ **shade** *tex* feltűnő szín; ~ **slag** tűzfolyamú salak
flammability lobbanékonyság; éghetőség; ~ **point** *fiz* lobbanáspont
flammable tűzveszélyes; ~ **limit** gyulladási határ; ~ **material** gyúlékony anyag
flamy-grained wood *fa* rajzolatos erezetű faanyag
flange I. *v* peremez; ráver, felver; *alak* felperemez; szegélyt/peremet hajlít; *gép* (fel)karimáz; **II.** *n* karima; perem; kiszögellés *(perem)*; *bány* kitüremlés *(telér)*; *cipő* perem, szegély; *ép* állvány; csőkarima; kinyúlás; kiszögellés; kiugrás; öv *(tartóé)*; *gép* gallér; illesztőperem; *gumi* (pánt)szarv, kerékpántperem; *heng* talp; *kat* hüvelyperem; *koh* láb; *mech* övlemez; *vasút* nyomkarima *(keréké)*; széles (sín)talp; ~-**angle** övszögvas, övszögacél; ~-**angle iron** pántvas; ~ **bearing** *gép* peremcsapágy; peremes csapágy; ~ **bolt** peremes csavar; ~ **bracing** övrácsozás; ~ **chuck** *szer* peremes tokmány; ~ **connection** peremes csatlakozás; ~ **connector** *el* karimás kapcsoló; ~-**cooled bobbin** tárcsás cséve; ~-**cooled brake shoe** karimás féksaru; ~-**cooled cylinder** bordás hűtésű henger; ~-**cooled end-plate** *hidr* karimás zárólap; ~-**cooled hub** *gép* gyűrűs agy; ~-**cooled radiator** bordás hűtő; ~ **coupling** *gép* karimás tengelykapcsoló; ~ **for fixing** felerősítő perem; ~ **jig** *ol* tárcsás fúróvezetőlemez; ~ **joint** *gép* karimakötés; peremes kötés; ~ **key** *szersz* peremes csavarkulcs; ~ **lubricator** nyomkarimakenő; ~ **member** övrúd; ~ **motor** peremes motor; ~-**mounted** peremezett, karimával szerelt; ~ **mounting** peremes/karimás szerelés; ~ **nut** csőkapcsoló peremes anya; ~ **out** *v* kiperemez; ~ **pipe** *ol* karimás/peremes cső; ~ **plate** *ép* tartó talplemeze; *gép* szegélylemez, peremlemez; *hőt* karimás lemez *(kazán elülső falán)*; ~ **rail** *vasút* széles talpú sín, Vignol-sín; ~ **ring** *gép* peremes lángcsőgyűrű; ~ **rivet** *gép* övszegecs; ~ **seam** *heg* peremvarrat; ~ **seam riveting** *gép* peremszegecselés, peremes szegecskötés; ~ **sharpening** *vasút* éles nyomkarima, élesre kopott nyomkarima; ~ **socket** *el* karimás aljzat; ~-**spigot connection** *gép* tokoskarimás csőkötés; ~ **steel** *koh* lágy kazánacél; ~ **tap** *ol* peremcsapolás; ~ **tee** *gép* peremes T idom; ~ **test** *koh* peremező vizsgálat; ~ **tube** *gép* karimás cső; ~-**type motor** *gép* peremes motor; ~ **union** *gép* belső csavarmenetes karmantyú; karimás kötés; ~-**way clearance** *vasút* csúcssín és vezetősín közti hézag; ~ **weld** *heg* peremvarrat; ~-**welding seam** *heg* peremhegesztési varrat; ~ **wrench** *gép* karimakulcs, peremkulcs
flanged karimás, peremes; ~ **bolt** *gép* peremes csavar; ~ **brake** *gépk* peremes pofás fék; ~ **bush** *gépk* peremes csapágypersely; ~ **butt joint/weld** *heg* peremvarrat; ~ **cap** *opt* tárcsás fej; ~ **connection** *el* peremes csatlakozás; *ol* kitörésgátló-közdarab; ~ **coupling** *el* karimás kapcsoló; *ép* karimás kötés, karimás csőkötés; *gépk* karimás tengelykapcsoló; ~ **edge joint** *heg* egyszeres peremvarrat; ~ **joint** *ép, gép* peremes csatlakozás/kötés, karimás kötés, karimás csőkötés; *heg* peremezett tompakötés; *ol* kitörésgátló-közdarab; ~ **nut** *gép* csőkapcsoló peremes anya; ~ **outer ring** *gép* peremes külső gyűrű; ~ **packing** karimás tömítés; ~ **rail** *vasút* széles talpú sín, Vignol-sín; ~ **round-head rivet** *gép* peremes szegecs; ~ **seam** *heg* peremvarrat; ~ **shaft** *gép* peremes tengely; ~ **shaft-coupling** *gépk* karimás tengelykapcsoló; ~ **shank** *gép* peremes tüskeszár; ~ **tyre/tire** *gépk* peremes köpeny
flangeless *gép* sima szélű *(gumiabroncs)*; ~ **bobbin** *tex* tárcsa nélküli cséve; ~ **tyre/tire** *gépk* sima köpeny
flanger karimázó; peremező; síntisztító eszköz
flanging karimázás; peremezés; lemezfelhajlítás; karimás/peremes szerkezet; ~ **machine** karimázógép; ~ **press** *alak* peremezőprés; ~ **test** peremező próba
flank I. *v* határol; oldalról megerősít/érint; **II.** *n* *bőr* oldallágyék; *el* pólussaru homlokfelülete; *ép* (épület)-homlokszárny; padka *(út)*; *geol* rétegszárny; *gép* bütyökoldal; fogoldal; működő fogfelület; *kat* szárny; *mech* amplitúdó; *távb* impulzushomlok; ~ **angle** *gép* kapcsolódási szög; ~ **dispersion** *el* tekercsfejszórás; ~ **face** *gép* foglábprofil; ~ **front** *ép* oldalhomlokzat; ~ **guard** *kat* oldalvéd; szárnybiztosító erő; ~ **of fault** *geol* vetőszárny; ~ **of fold** *geol* redőszárny; ~**s** *pl bőr* aver, hasszél; *ép* boltváll és boltzáradék közötti boltozatréteg
flanked earth dam *hidr* hossztöltéses völgyzáró gát
flanking | **hole** *bány* koszorúlyuk; ~ **pillar** oldalpillér; ~ **rudder** *hajó* hátrameneti kormány
flannel *tex* flanel; ~ **buffing wheel** flanellal bevont csiszolókorong; ~ **disk** flanelkorong *(fényezéshez)*
flannelette *tex* pamutflanel, teniszflanel
flanning *ép* (belső) ferde falsík *(ablaké, kandallóé)*
flap I. *v* üt, verdes, csapkod; *rep* csapkod; **II.** *n* terelőlap, irányítólap; csuklósan megerősített lap; *bány* leváló kőzetdarab; *bőr* nyeregszárny; *ép* zárófedél, csappantyú; *fa* lehajtható asztallap; *forg* billenő késtartó; *foto* redőnyzár; *gép* csapószelep; szelep; *rep* féklap; fékszárny; leszállólap; *távk* ernyő; *tex* kapocs *(textilgépeken)*; leffentyű *(lelógó szövetdarab)*; zsebtakaró; ~ **actuator** *rep* fékszárnyműködtető szerkezet; ~ **attenuator** *távk* bemerülő lemezes csillapító; forgólemezes csillapító; ~ **blowing system** *rep* a fékszárnyak határrétegét lefúvó rendszer; ~ **bucket** szétnyitható rakodókanál; ~ **control** *rep* fékszárnyállítás; ~-**control rod** *rep* fékszárnyvonórúd; ~ **door** *ép* csapóajtó; ~-**down approach** *rep* merülés kieresztett fékszárnnyal *(leszálláshoz)*; ~ **gate** *hidr* végcsappantyú; ~ **gear** → ~ actuator; ~ **hinge** *ép* csuklóspánt, zsanérpánt; ~ **indicator** *rep* fékszárnyállásjelző; ~ **limit switch** *rep* fékszárny-végálláskapcsoló; ~-**manhole door** *hőt* búvónyílás-csapóajtó; ~ **meter** *rep* fékszárnyállásmérő; ~ **nozzle** állítható fúvóka *(lövettyűn)*; ~-**operated cylinder** *rep* fékszárnyműködtető henger; ~-**operating drum** *rep* trimmerműködtető dob; ~-**operating mechanism** *rep* fékszárnykibocsátó és behúzó mechanizmus; ~ **pantile** *ép* hollandi/kéthullámos cserép, fekvő S alakú cserép; ~ **ring** gyűrűs szorító; ~**s down** *rep* fékszárnyak kibocsátva; ~ **setting** *rep* fékszárny beállítása; ~ **shutter** *gép* forgó csappantyú; ~ **spindle** pillangószelep-tengely; ~ **tile** *ép* hornyolt tetőcserép; karimás cserép;

kupakcserép; ~ **trap** *hidr* torlócsappantyú; ~**-up seat** felcsapható/felhajtható ülés; ~ **valve** *gép* csappantyú; fojtócsappantyú; pillangószelep; szelepcsappantyú; visszacsapó szelep; ~**-valved pipe culvert** *hidr* csappantyús csőáteresz; ~**-valve pump** szelepes szivattyú

flaperon *rep* kombinált csűrő- és terpeszfékszárny

flapless glide *rep* fékszárny nélküli siklás

flapped | aircraft fékszárnyas repülőgép; ~ **approach** *rep* megközelítés kibocsátott fékszárnnyal

flapper (csapó)asztal, (csapó)fedél; ellenző; ernyő; ütőszerv; *aut* takarólemez; torlólemez; ütközőlap; ~**-nozzle unit** *aut* fúvókás/torlólemezes jelátalakító; ~ **valve** *ol* rugólapos *v.* tányéros visszacsapó szelep; ~ **vane** *aut* torlólemez

flapping verdesés; *rep* csapdosás *(mozgó szárnyaké)*, fékszárnyhasználat; ~ **angle** *rep* fékszárny-kitérítési szög; lengési szög; ~ **flight** *rep* csapkodószárnyú repülés; ~ **hinge** *rep* vízszintes csuklópánt; ~ **motion/movement** *rep* csapkodó mozgás; ~ **wing** *rep* csapkodószárny

flare I. *v* vakít; libegő lánggal ég, lobog(va ég); kiárad; kiszélesedik, kibővül; öblösödik; *geol* felszínre kitör; *nyom* (el)hajlik; *rád* bővül; **II.** *n* bővülés, kúposodás; kitágulás; fellobbanás, lobogás *(lángé)*; csillogás; *cipő* kihajtott bőrnyelv; *csill* napkitörés, fler; *el* tölcsérantenna; *gép* csőtok; kúposan tágított csővég; kúposság; szélesítés a vezetősín két végén; *hajó* fényjelzés; *hang* tölcsér; *ol* fáklya; *opt* jelzőrakéta, világítórakéta; visszfény, reflex(fény), fényvisszaverődés; *rep* kilebegtetés; világítófáklya; *tex* harisnyaszegély; *vasút* nyomcsatorna; ~ **angle** *rád* bővülési szög *(tölcsérsugárzóé)*; ~ **bevel** élletompítás *(síné)*; ~**-bevel weld** legömbölyített és lapos szerkezeti elemek közötti varrat; ~ **bomb** *kat* világítóbomba; ~ **gas** *v ol* gázt fáklyában eléget; ~**-gas** *ol* fáklyagáz; ~ **guidance** repülőgép-vezetés kilebegtetéskor; ~ **joint** *gép* hollandianyás kötés; ~ **line** *ol* fáklyavezeték; ~ **nut** csővégszorító anya; hollandi anya; ~ **of the butt** *fa* gyökérvastagodásos tő; ~ **out** *v* kihajlik; (ki)szélesít; kiperemez; kitágít; kihasasodik; tölcsérszerűen kiszélesedik; *rep* kilebegtet; ~**-out altitude** *rep* kilebegtetési magasság; ~**-out control** *rep* kilebegtetés irányítása; ~**-out distance** *rep* kilebegtetési távolság; ~**-out region** *rep* kilebegtetési zóna; ~ **parachute** világító ejtőernyő; ~ **path** *rep* kivilágított leszállópálya; ~ **pistol** *kat* jelző világítópisztoly; világítórakéta-pisztoly; ~ **point** lobbanáspont; ~ **pot** fáklya; *rep* jelzőpatron; ~ **stack** *ol* fáklyakémény, fáklyatorony; ~ **system** fáklyarendszer; ~ **tip** fáklyacsúcs; ~ **up** *v* (fel)gyullad, (fel)lobban, (fel)lángol, lángra lobban; ~**-up** fellobbanás, felvillanás; ~**-up light** *hajó* felvillanó fény(jelzés); ~**-V weld** két legömbölyített szerkezeti elem közötti varrat; ~ **wall** *ép* homlokszárnyfal

flareback *fiz* lángvisszacsapás; visszacsapás, visszalövés

flared kiszélesedő; kiöblösödő; ~ **end** feltágított/tölcséres vég; ~ **gas** fáklyában elégetett gáz; ~ **head** *ép* gombafej; ~ **radiating guide** (kúposan) kiszélesedő csőtápvonal/hullámvezető

flaring lobogó, nagy lánggal égő; vakító; kúpos; (ki)szélesedő, táguló, bővülő; tölcséres, tölcsér alakú, tölcsér-; ~ **bow** *hajó* kiszélesedő hajóorr; ~ **cup wheel** kúpos fazékkorong; ~ **horn** táguló tölcsér *(hangszóróé)*; ~ **inlet** *hidr* tölcsérbevezetés; ~ **machine** peremezőgép; ~ **of gas** *ol* fáklyázás; ~**-out** kiszélesedés; ~ **tool** csővégtágító szerszám; ~ **wing** *rep* vastagodó szárny

flash I. *v* (fel)villant *(fényt)*; hirtelen felforral; (fel)villan, fellobban, villog; *alak* lesorjáz; *el* átível; ellobbant *(égőt gyártásnál)*; felvillan; *ép* bádoggal szegélyez, bádoggal borít *(vápát, gerincet)*; *gépk, közl* felvillant *(fényszórót)*, villog(tat), fényjelzést használ, biluxozik; villog *(jelzőlámpa)*; *koh, önt* sorjáz; *ol, vegy* lepárol *(nyomáscsökkentéssel)*; **II.** *n* felvillanás; felvillanó fény; villanás; lobogás; *alak* sorja; *foto* villanófény, flash; *heg* sorja; *kat* torkolattűz; *műa* sorja; *nyom* öntősorja, szakáll, öntőcsiga; *ol* lepárlás *(nyomáscsökkentéssel)*; *önt* sorja, bajusz; *vegy* egyensúlyi („flash") desztilláció, flesselés; lepárlás *(nyomáscsökkentéssel)*; ~ **annealing** *hők* gyors lágyítás; ~**-arc** *el* átívelés; átütés *(csőelektródok között)*; *el, foto* villanóív *(villanólámpáé)*; ~ **back** *v* kicsap *(láng)*; ~ **baking** pácolás utáni szárítás; ~ **board** *ép, hidr* duzzasztótábla *(gáton)*; kitámasztott tábla *(álló gáton, gátküszöbön)*; kitámasztott, táblás gát; zsilipdeszka; ~ **boiler** *gép* gőztároló; gyorsforraló kazán; ~ **bomb** világítóbomba; ~**(-)bulb** *foto* villanólámpa, vakukörte, vaku(lámpa); ~**-butt weld** *heg* leolvasztó tompa varrat; ~**-butt welding** *heg* leolvasztó tompahegesztés, tompa leolvasztásos hegesztés; ~ **cartridge** *kat* világítórakéta-töltény; ~**-chamber** *vegy* flash-kamra; ~**-cube** *foto* vakukocka, vakukörte; ~ **distillation** *vegy* egyensúlyi/egyszeres lepárlás; egyensúlyi/„flash" desztilláció; ~ **drum** *ol* szeparátor, expanziós tartály; ~ **dryer/drier** *műa* gyorsszárító; ~ **drying** *műa* hirtelen szárítás; infravörös szárítás; ~ **edge** *műa* vágóél; ~ **eliminator** *kat* tűzrejtő; ~**es per second (f.p.s.)** másodpercenkénti felvillanások száma; ~ **exposimeter** *foto* vaku-megvilágításmérő; ~**-fin** *heg, önt* sorja; ~ **gamma ionization** *at* prompt/azonnali gamma-sugárzás; ~ **gas** *ol* flash-gáz; lefúvatott gáz; ~ **gas liberation** *ol* érintkezéses gázkiválás; ~ **getter** *el* párologtatásos getter; ~ **grinder** *heg, műa* sorjacsiszoló gép; ~ **groove** *gumi, műa* légtelenítő horony; vágószegély; ~ **guard** *el* szigetelő védőház; ~ **gun** → flashgun; ~ **heat** rövid ideig tartó felhevítés; ~ **hider** *kat* torkolattűzrejtő; ~ **hole** gyújtólyuk; ~ **into steam** *v* pillanatszerűen elgőzölögtet; ~ **lamp** törpelámpa, kézilámpa, jelzőlámpa; *el* villanócső; *foto* villanólámpa, vaku; ~ **lathe** sorjázógép; ~ **line** *műa, gumi* sorjanyom; *önt* kovácssüllyeszték osztóvonala; ~ **lining** ideiglenes védőbélés; ~ **mo(u)ld** *műa* nyomószegélyes/vágószegélyes szerszám; ~ **nickel plating** *koh* alapnikkelezés; ~ **off** *v* gyorsan leolvaszt; ~ **on** *v el* felvillant; ~**-over** → flashover; ~**-overflow mo(u)ld** → ~ mo(u)ld; ~ **pasteurization/process** *vegy* flash-pasztőrözés, pillanatpasztőrözés, pillanathevítés; ~ **photography** fényképezés villanófénnyel/vakuval; ~ **point (FP)** *fiz, ol, vegy* gyulladási hőmérséklet; lobbanáspont; ~**-point apparatus** lobbanáspontmérő; ~**-point automaton** automatikus lobbanáspont-meghatározó; ~**-point open cup** *ol* nyílttéri lobbanáspont; ~ **pot** *ol* szeparátor, expanziós tartály; ~ **reducer** *kat* torkolattűz-csökkentő *(éjjelre)*; ~ **ridge** *műa* nyomószegély; vágószegély; ~ **ring** *alak* fáncgyűrű; *műa* sorjagyűrű; ~ **roasting** *koh* röptében pörkölés; ~ **roasting furnace** *koh* röptében pörkölő kemence; ~ **sample** pillanatminta; ~ **set(ting)** *ép* túl gyors kötés *(cementé)*; ~ **shooting** *foto* fényképezés villanófénnyel; ~ **signal** fényjelzés; ~**-signal gear** *opt* fényjelző berendezés; ~ **sintering** nagysebességű zsugorítás; ~ **smelting** *koh* olvasztás szuszpenziós állapotban; röptében olvasztás; ~ **smelting furnace** *koh* röptében olvasztó kemence; ~**-spotting section** fénymérő szakasz; ~**-steam cycle** expanziós körfolyamat *(atomreaktorban)*; ~ **tank** kigőzölögtető edény; ~ **test** lobbanáspontmérés; ~ **the headlights** *v* biluxozik; ~ **tower** *ol* egyensúlyi lepárlótorony; lepárlóoszlop; ~ **transformer** *el* próbatermi transzformátor; ~ **trimmer** *ép, koh, műa* sorjalevágó/fáncnyíró gép; sorjázó (berendezés); ~ **trimming** lesorjázás, leszélezés; ~ **tube** *el* villanócső; *foto* örökvaku, flashlámpa; villanólámpa; *kat* gyújtócső; ~**-type stroboscope** villanófényes sztroboszkóp; ~ **unit** *foto* (elektronikus) villanókészülék; ~ **vaporization** *vegy* flashelgőzölögtetés, egyensúlyi elgőzölögtetés; ~**-weld** *heg* leolvasztó hegesztéssel készült varrat; ~**-welded tool-joint** *ol* tompahegesztésű fúrócsőkapcsoló; ~**-welder** *heg* tompaleolvasztó-hegesztőberendezés; ~**(-)welding** leolvasztó hegesztés; ~ **X-ray tube** *el, orv* villanó röntgencső, villanócső

flashback *el, rád* átütés *(csőelektródák között)*; visszagyújtás; *film* visszapergetett jelenet(ek), flashback; *fiz* visszacsapás, visszalövés; *gépk* lángvisszacsapás *(keverőkamráig)*; *vegy* belobbanás, visszalobbanás, lángvisszacsapás; ~ **arrester** *gépk* lángvisszacsapásbiztosító; ~ **counter** *el* visszagyújtás-számláló

flashbulb → flash bulb

flashed | **glass** bevont üveg; bevonatos üveg; ~ **heater** *hőt* pillanathatású hevítőelem; ~ **joint** *ép* eresztékes/féderes/szádalt (deszka)illesztés; ~ **vapo(u)r** *el* páragőz

flasher *gépk* villogó irányjelző, villanó jelző; *vasút* villogtató berendezés; ~ **bulb** villogó(lámpa); ~ **device** villanó kockalámpa; ~ **indicator wavemeter** villanójelzős hullámmérő; ~ **light signal** *vasút* villanófényű jelző; ~ **relay** villanó/villogó/villogtató relé/jelfogó; ~**s** *távk* lokátorzavaró csíkok

flashgun *foto* (örök)vaku

flashing (fel)villanás; villogás; felvillantás *(fényszóróé)*; fényjelzés; lobbanás; lobogás; *el* fényingadozás, villódzás, flikker; íves kisülés, átívelés; utómegvilágítás, második megvilágítás; *ép* csőburkolat, épületsarok bevonása; illesztés bevonása; zárólemez; *nyom* oromszegés; *üveg* újraizzítás; *vegy* elgőzölögtetés nyomáscsökkentéssel, flesselés; ~ **approach light** *rep* bevezető villanófény; ~ **apron** védőlap *(gépeknél)*; ~ **beacon** villanó fényjeladó/fényjelzés; ~ **current** leolvasztó áram; ~ **direction indicator** *gépk* villogó irányjelző; ~ **furnace** *üveg* újraizzító kemence; ~ **light (FL)** *hajó, opt* villanófény; villanófényjelzés; ~ **light indicator** villogó irányjelző; ~**-off** *heg* leolvasztás; ~ **of filament** felvillantás *(izzószálé)*; ~ **of roof** *ép* tetőfedés bádoggal; ~ **of tubular fittings** csőszerű szerelvények szegélyezése; ~ **point** lobbanáspont; ~ **rate** *gépk* villogás sebessége *(irányjelzőé)*; ~ **red cross** *rep* futópálya zárjelfénye *(vörös kereszt)*; ~ **signal** *el* vizsgálójel; ~**s of chimneys** kéményszegélyek; ~ **unit** *gépk* villogólámpa

flashlamp → flash lamp

flashless (lobbanás)mentes, lobbanás nélküli; ~ **powder** láng nélküli lőpor

flashlight zseblámpa, kézilámpa; *foto* villanófény, flash; *hajó* szabályosan felvillanó fény *(világítótoronyé)*; ~ **battery** zseblámpaelem; ~ **bulb** zseblámpaizzó; ~ **cell** zseblámpaelem; ~ **photography** *foto* fényképezés villanófénnyel/vakuval

flashometer villanófénymérő

flashover *el* (felületi) ívkisülés; átívelés; kisülés; ~ **characteristic** *el* átívelési jelleggörbe; ~ **protection** *el* átívelés elleni védelem; ~ **test** átívelési vizsgálat; ~ **voltage** átívelési feszültség

flashpoint → flash point

flashpowder villanópor, magnéziumpor

flashtube → flash tube

flashy | **regime** *hidr* heves vízjárás; ~ **stream** *hidr* heves járású vízfolyás

flask palack, lapos tartály *(üvegből, fémből)*; *kat* lövegtalp-kitámasztó; préslégkamra *(torpedóban)*; *koh* formázószekrény; *nyom* befogó *(sztereotipnál)*; *önt* öntőforma(keret), formaszekrény; *vegy* lombik; ~ **annealing** temperálás öntőformában; ~ **bar** *önt* formaszekrény-merevítő borda/rúd; ~ **bottom board** *önt* formaszekrényfenék; ~ **casting** *önt* formaszekrényes öntés; ~ **cope** *önt* felső formázókeret; ~ **ear** *önt* formaszekrény füle; ~**-lifting device** *önt* formaszekrény-leemelő készülék; ~**-lifting mo(u)lding-machine** *önt* formaszekrény-leemelő formázógép; ~ **mo(u)lding** formázás formaszekrényben; ~ **test** palack-nyomáspróba; ~ **with pin-holder** vezetőcsapos formaszekrény

flaskless mo(u)lding formázókeret nélküli formázás

flat I. *v* → flatten; **II.** *a* lapos; sík, síkbeli, planáris; eltompított; tompa árnyalatú; *bány* lapos (dőlésű); vízszintesen fekvő *(telep)*; *pa* sík fekvésű; **III.** *n* síkság; mélyföld; lapos oldal/part; alacsony part; (bér)lakás; *bány* bányaudvar *(külszín)*; szint, szintmező; *bőr* lapos késztbőr; *ép* lap, lemez; lapos tető; laposacél, laposvas; sík(lemez); *forg* életlen oldal *(szerszámé)*; forgácsolóél egyenes része; *geol* szintes ér, síkság; *heng* lapos rúdszelvény; *tex* fedélléc *(pamutkártoló gépen)*; *vasút* platókocsi, pőrekocsi; ~ **address** *szt* egysíkú cím; ~ **amplifier** *távk* lapos jelleggörbéjű erősítő; ~ **angle** *mat* egyenes szög; ~ **arch** *ép* lapos boltív; ~**-back method** *bány* főtepásztafejtés; ~**-back stope** főtepásztafejtés tömedékeléssel; ~**-back strop** *bány* főtepásztafejtési munkahely; ~**-band rim** *gumi* lapos (ágyazású) (kerék)pánt; ~ **bank** *rep* síkforduló; ~ **bar (FB)** lapos rúd; *koh* laposacél; ~ **bark** *gumi* harmadrendű táblakaucsuk; ~ **bearing** *gép* sík vezeték; ~ **bed** *bány* szintes telep; ~**-bed knitter/machine** *kh* síkkötő gép; ~**-bed plotter** *szt* síkágyas plotter/rajzgép; ~**-bed press** *em* lapos hevederes; *ruh* lapos felületű vasalógép; ~**-bed printing machine** *nyom* íves nyomógép; ~**-bed scanner** *szt* síkágyas dokumentumbontó; ~ **belt** *gép* lapos hajtószíj; síkheveder; ~**-belt drive** *gép* lapos szíjhajtás; ~ **billet** laposbuga; ~ **boat** lapos fenekű csónak; ~ **bog** sík tőzeglelőhely; ~**-bottom bin** *ép* lapos fenekű bunker, sík bunker; lapos fenekű tartály; ~**-bottom(ed)** *hajó* lapos fenekű; ~**-bottomed boat** lapos fenekű csónak; ~**-bottomed crucible** lapos fenekű tégely; ~**-bottomed flask** lapos fenekű lombik; ~**-bottomed**

furnace lapos fenekű kemence; ~**-bottom(ed) rail** *vasút* széles talpú sín, Vignol-sín; ~**-bottom tappet** *gép* lapos talpú szelepemelő; ~ **box** *pa* szívószekrény; ~ **bus-bar** lapos rézsín; ~ **cable** *szt* szalagkábel, síkkábel; ~ **camera** síkkamra; ~ **cap** papíralak *(14"x17")*; ~ **car** *vasút* pőrekocsi; rakoncás kocsi, platókocsi; ~ **card** *tex* lenkártoló gép; ~**-card potentiometer** *aut* lapos potenciométer; ~**-card resolver** *aut* lapos rezolver; ~ **chain link** hevederes láncszem; ~ **chair** *vasút* sínalátétlemez; ~ **chanelling file** lapos horonyreszelő; ~ **chisel** laposvéső, lapos ácsvéső; ~ **coaxial transmission line** *el* mikroszalag-tápvonal; ~ **cold-rolled bar** hidegen hengerelt laposrúd; ~ **colo(u)r** alapfesték; ~**-compounded** *el* lapos kompaundálási görbéjű; ~**-cone crusher** *ép* rövid fejű kúpostörő; ~**-cone Weissenberg photograph** *krist* síkkúpos Weissenberg-felvétel; ~**-conical cheese** *tex* korongcséve; ~ **copper** *heng* lapos rézrúd; ~**-corner iron** *ép* ablakszögletvas; ~ **cost** bér- és anyagköltség; ~ **counter** *at* nagy felületű számláló; ~ **counterbore** *forg* talpas süllyesztőfúró; ~ **countersink** *forg* kétélű süllyesztőfúró; ~**-crested weir** *ép* széles koronájú gát/bukó; ~ **crown** dugattyútető *(lapos)*; ~ **crush test** *pa* hullámlemez lapító-nyomó vizsgálata; ~ **crystal** *krist* sík kristály; ~ **curve** *mat* lapos görbe; ~ **cuts** *bőr* kikapás, lapos vágás; ~**-cut timber** *fa* rajzolatra fűrészelt fa *(nem tükrösen)*; ~ **die** *műa* széles résű szerszám *(lemez extrudálásához)*; ~ **die forging** kovácsolás lapos süllyesztékben; ~ **dipping bed** *geol* enyhén dőlő réteg; ~**-driving pulley** *tex* fedőléchajtó tárcsa; ~ **drum** *gumi* lapos felépítő dob; ~**-drum tyre-building machine** *gumi* köpenyfelépítő dob; ~ **edgewise pattern instrument** lapos profilú műszer, lapos profilműszer; ~ **ended tube** *el* síkernyőjű képcső; ~ **engine** *gép* fekvő motor; ~ **extrusion die** lapos sajtolószerszám; ~ **faced fillet weld** *heg* lapos sarokvarrat; ~**-faced pulley** lapos/hengeres szíjtárcsa, sík oldalfelületű kötéltárcsa/csiga; ~**-faced tube** *el* lapos ernyőjű katódsugárcső; ~**-face electrode** *el* sík felületű elektródvég; ~**-faces** *krist* F-síkok; ~ **file** lapos reszelő; ~ **fillet (weld)** *heg* lapos sarokvarrat; ~ **fillister-head screw** alacsony/lapos hengeres fejű csavar; ~ **film** síkfólia; ~ **finish** *ép, pa* fény nélküli *(v.)* matt felület; ~**-flame burner** lapos lángú égő; ~ **floor space** *ép* lakóterület; ~ **foundation** *talt* síkalapozás, kis mélységű alapozás; ~ **fracture** lapos törés; ~ **frame** *kh* síkgép; ~**-frame knitting** *kh* síkkötés; ~ **gain** *távk* frekvenciafüggetlen erősítés; ~ **gasket** lapos tömítőgyűrű; ~**-gauze oxidizer** sík hálófonatos kontakt oxidáló készülék; ~ **glass** síküveg; ~**-grade,** ~**-gradient** kis/enyhe esésű *(csatorna, vízfolyás, árok)*; ~**-grained** simán erezett *(fa)*; ~ **grate** síkrostély; ~**-grid strain ga(u)ge** *aut* laposan tekercselt nyúlásmérő; ~ **guide** *gép* lapos/sík vezeték; ~ **hammer** egyengetőkalapács; ~ **head** *gép* süllyesztett/ lapos fej; ~**-head(ed)** lapos fejű; ~**-headed drill** szívfúró; ~**-headed piston** lapos fenekű dugattyú; ~**-head rivet** lapos fejű szegecs; ~**-head screw (FH)** süllyesztett/lapos fejű csavar; ~**-head thumb screw** lapos fejű szárnyas csavar; ~**-hearth** lapos medencéjű *(kemence)*; ~ **hole** *bány* (közel)szintes fúrólyuk; ~ **hot-rolled bar** melegen hengerelt laposrúd; ~ **hump** *gumi* ellaposodó púp *(keréktárcsapántos)*; ~**-image amplifier** *el* síkernyős képerősítő; ~**(-)iron** laposvas; ruhavasaló; ~ **jack** *ép* kettős működésű sajtó; tányérsajtó *(feszítéshez, emeléshez)*; ~ **keel** *hajó* laposgerinc, héjlemezelés gerincsora; vízszintes gerinc; ~ **key** lapos ék; ~**-knit** *kh* síkkötésű; ~**-knitting machine** síkkötő gép; ~ **lacing** *ép* rácsszerkezet szalagvasból, lapos vasrácsozás; ~ **latch-needle machine** *kh* síkkötő gép; ~ **lead** *ép* ólomlemez; ~**-link chain** hevederes lánc, Gall-lánc; ~ **link (of chain)** *ép* lánctag *(lánchídé)*; ~ **lock machine** *tex* fedő-varrógép; ~ **lode** *bány* fekvőtelér; ~ **lug** síkramunkált rész, kimart síkfelület; ~ **mirror** *fiz* síktükör; ~ **needle file** lapos tűreszelő; ~ **negative** *foto* kontraszt nélküli *(v.)* fakó negatív; ~ **niche** *ép* falfülke, falmélyedés; ~**-nose pliers** → ~ pliers; ~ **nozzle** lapos/széles fúvóka; ~ **of rolling** *heng* hengerlés síkja; ~ **oval groove/pass** *heng* laposovál; ~ **pack** *szt* lapos tok, flat pack; ~**-pack** *el* flat-pack kivitelű; ~ **pallet** sík rakodólap; ~**-panel display** *szt* panel megjelenítő; ~ **paper** *pa* ívekre vágott papír; ívpapír; ~**-pattern ring wrench** *szersz* egyenes csillagkulcs; ~**-pattern templet** *ép* lemezidomszer; ~ **pendulum** *mech* síkinga; ~ **pick** *ép* aláverő csákány; ~**-pivot point/set screw** hengeres végű állítócsavar; ~ **plate** *ép* sík födémpanel; *gép* síktárcsa; ~**-plate counter** *at* síklemezes számláló; ~**-plate drag** *fiz* síklapellenállás; ~**-plate lamp** *el* lemezelektródos parázslámpa; ~ **pliers** *pl szersz* laposfogó; ~ **plug ga(u)ge** lapos furatidomszer; ~**-pointed screw** lapos végű csavar; ~**-pointed tool** széles simítókés; ~**-point set screw** lapos végű állítócsavar; ~**-position fillet weld** vízszintes sarokvarrat; ~**-position submerged-arc welding** vízszintes fedettívű hegesztés; ~**-position welding** vízszintes hegesztés; ~ **random noise** *el, hang* fehérzaj; ~ **rasp** *szersz* lapos ráspoly; ~**(-)rate (tariff)** átalánydíjszabás; ~ **rayon** laza sodratú műselyem; ~ **reamer** lapos dörzsár; ~ **ring armature** *el* tárcsás armatúra; ~ **rivet head** lapos szegecsfej; ~ **roll** sima henger; ~ **rolled product** laposáru; ~ **rolled steel** *önt* laposacél; ~ **rolled wire** lapított huzal; ~ **roof** *ép* lapos tető; ~ **rope** lapos kötél, szalagkötél; ~**-rope hoist** *bány* bobinás (akna)szállítógép; ~**-rope suspender** *bány* laposkötél-felfüggesztő(szerkezet); ~ **round-edged file** legömbölyített bordás lapos reszelő; ~**s** *geol* enyhén dőlő erek; ~**-sawn** *fa* húrmetszetre vágott, fláderosan kifűrészelt; ~ **scarf** lapolás; ~ **scraper** *pa* síkkaparó; *szersz* lapos fémhántoló; ~ **screen** *ép* síkszita, síkrosta; *pa* síkosztályozó, síkszita; ~ **seam** *bány* szintes telep; *szer* fekvő korc(olás); ~**-seat valve** lapos ülékű szelep; ~ **section** *gép* lapos szelvény; ~**-shaped ingot** *önt* lapos öntecs; ~**s heating (system)** *ép* egyszinti fűtés, etázsfűtés; ~ **shunting** *vasút* síktolatás; ~ **shut** *bány* telecsille-gyűjtőhely; ~ **side gate** *ép* tolólapos elzáró; ~ **slab (floor)** *ép* gombafödém; ~**-slab-type dam** *hidr* síklemezes pillérsoros vasbeton gát; ~ **slide-way** *gép* lapos vezeték; ~ **slope** *hidr* enyhe esés; ~**-slope** *hidr* kis/enyhe esésű *(csatorna, vízfolyás, árok)*; ~**-sour** *élip* gázképződés nélkül megsavanyodott konzerv; ~ **sour spoilage** *élip* savanyodás okozta romlás; ~ **space** *fiz* nem görbült tér, görbületmentes tér; ~ **specimen** lapos próbatest, lemezpróbatest; ~ **spin** *rep* lapos dugóhúzó; ~ **spot** *gépk* „lyuk" a gyorsulásban; ~ **spring** *gép* lemezrugó, laprugó; ~**-spring washer** *gép* tányérrugó; ~ **staggered amplifier** *el* erősítő széthangolt rezgőkörökkel; ~

steel *önt* laposacél; ~**-steel roller** *ép* acélköpenyű henger; ~**-stitch** *tex* lapos öltés; ~ **stock** hengerelt szalag(anyag); ~ **strips** *pl tex* kártolófedél-tisztítási hulladék *(pamutnál)*; ~ **suction-box** *pa* síkszívó; ~**-surfaced door** lemezelt ajtó *(sima)*; ~**-surface grinding** síkköszörülés; ~**-surface grinding machine** síkköszörű; ~**-surface punch** *gyógyv* lapos bélyegző; ~ **switching circuit structure** *el* relés áramkör síkstruktúrája; ~ **tensile specimen,** ~ **tensile test bar** *any* lapos szakítópróbatest; ~**-top antenna/aerial** *el* felületantenna, síkantenna, síkdipólantenna; vízszintes antennasor; ~**-topped pulse** *aut* lapos impulzus; ~**-top piston** *gép* lapos fenekű dugattyú; ~**-top response** *fiz, távk* egyenes vonalú visszaadási görbe; ~ **trelliswork** *ép* lapos vasrácsozás *(hídon)*; ~ **trowel** *ép* simítókanál; ~ **tuning** *el, távk* lapos/durva hangolás; ~ **turn** *rep* lapos forduló; ~ **turret lathe** *gép* lapos revolverfejes eszterga; síktárcsás befogófejű revolvereszterga; ~ **TV-tube** *el* lapos képcső; ~ **twill** lapos sávoly *(vetülékirányban)*; ~**-twin cable** *el* szalagkábel; ~**-twin-type engine** *gépk* fekvő ikerhengeres motor, boxermotor; ~**-type relay** *aut, el* lapos jelfogó/relé; ~ **tyre/tire** *gépk* gumidefekt, „durrdefekt"; petyhüdt gumiabroncs; ~**-tyre/tire alarm** *gépk* defektjelző; ~ **uniform-spectrum random noise** *el, hang* fehérzaj; ~ **waggon** *vasút* pőrekocsi; ~ **wall** *bány* fekü; ~ **waste dump building** *bány* sima hányóképzés; ~**-web sheetpile** *ép* szádlemez; ~ **weigh box scale** *ép* lapelhelyező vibrátor; lapostartályos mérleg; ~ **weigh multiple batcher** *ép* lapelhelyező vibrátor; lapostartályos mérleg; ~ **weld** lapos varrat; ~ **welding** vízszintes hegesztés; ~**-wheel(ed) roller** *ép* sima köpenyű henger; ~**-wire mesh screen** *pa* síkosztályozó, síkszita; ~ **within x** *távk* x-en belül kiegyenlített; ~ **working** *bány* fejtés lapos dőlésű telepben; ~ **wound** lapos tekercselésű; ~ **yard** *vasút* rendező pályaudvar *(gurítódomb nélkül)*

flatman csillekapcsoló (munkás)

flatness sík fekvés; *alak* sík alak, síkbeli alakhűség; *pa* sík fekvés; *távk* egyenletesség *(frekvenciakarakterisztikáé)*; *tex* vékony papírszerű fogás; ~ **control** *heng* síkfekvés-szabályozás; ~ **defect** *heng* síkfekvési hiba; ~ **of paper** papír sík fekvése

flatten szétlapít, lelapít; laposssá válik, lelapul *(levegő eltávozása folytán)*; elsimít; ellapít; *alak* elegyenget, kiegyenget *(lemezt)*, (el)lapít, egyenesít; kikalapál; *geol* kibúvik; *heng* széthengerel, laposra hengerel; *tex* simít, vasal; ~ **out** lelapít, kikalapál; kisimít; lelapul; kisimul; *alak* laposra kalapál; *bány* ellaposodik; *geol* kisimít; kisimul *(redőzet)*; *rep* kilebegtet; vízszintes repülésbe átmegy; *tex* laminál *(selymet)*

flattened *ásv* lapult *(kristály)*; *mat* belapult; ~ **arch** *ép* lapos boltív; ~ **curve** *mat* lapos görbe; ~ **region** *at* egyenletes fluxuseloszlású térrész; ~ **rivet** lapos fejű szegecs; ~ **strand** *ép* lapított huzalpászma, lapos kötélfonat *(feszítéshez)*; ~ **thread** levágott profilcsúcsú menet; ~ **wire** *heng* lapított huzal

flattener lapítókalapács, simítókalapács; lapító/simító kovácskalapács

flattening szétlapítás, lelapítás; ellaposodás, összelapulás; lelapulás *(levegő eltávozása folytán)*; lapultság; kiszűrés; kiegyenlítés; *alak* egyenesítés; elegyengetés, kiegyengetés *(lemezé)*; kikalapálás; lapítás; *bány* természetes feltárás; *bőr* bőregyenlítés; utánfaragás; *geof* Föld lapultsága; *geol* kibúvás; *heng* laposra hengerlés, ellapítás; *tex* kisimítás, vasalás; ~ **filter** *at* kompenzálószűrő; ~ **lens** térlencse, kollektívlencse; ~ **machine** egyengetőgép; ~ **material** *at* fluxuskiegyenlítő abszorber; ~ **of image field** *tv* képmező-kiegyenlítés; ~ **of the wave** hullám ellaposodása/amplitúdócsökkenése; ~**-out** lelapítás; kisimítás; *alak* kikalapálás; laposra kalapálás; *bány* ellaposodás; *geol* kisimulás *(redőzeté)*; *heng* ellapítás; *rep* átmenet vízszintes repülésbe; kilebegtetés *(leszállás előtt)*; ~ **pressure** nyújtóhengerlő nyomás; ~ **test** *alak* lapítópróba; lapítóvizsgálat

flatter I. *v* lelapol, lesimít; **II.** *n* lapos csákány; egyengető lapos kalapács; egyengetőprés, egyengetősajtó; ~ **hammer** egyengetőkalapács

flattering *bőr* utánfaragás; *fa* lelapolás

flatting *alak* egyengetés; lapítás; mángorlás; *bőr* kitaszítás barkaoldalról; *rád* jelleggörbe linearizálása; *vasút* sínfejkopás; ~ **diameter** *geol* lapítási átmérő; ~ **hammer** *szersz* egyengetőkalapács; ~ **instrument** *geol* lapítókészülék; ~ **kiln** *ép* nyújtókemence; ~**-out** *gépk* egyenesbe állítás, egyenesbe hozás; ~ **oven** *tex* nyújtókemence

flatware lapos tányér, lapos edény

flatwise lappal; ~ **bend** *el* E könyök; ~ **compression** *műa* merőleges nyomó-igénybevétel

flatwork ironer mángorló

flavanthrene *vegy* flavantrén, indantrénsárga

flavone *vegy* flavon, 2-fenil-benzo-γ-piron

flavonol *vegy* flavonol, 3-hidr-oxi-flavon

flavopurpurin *vegy* flavopurpurin, 1,2,6-trihidroxiantrakinon

flavor *US* → flavour

flavour I. *v élip* zamatosít, ízesít; **II.** *n* illatosítóanyag, illatosítószer, íz, aroma(anyag), zamat(anyag); ~**-loss** *élip* aromaveszteség

flavoured ízesített

flavouring I. *a* ízesítő, zamatosító, aromás, aroma-; **II.** *n élip* ízesítés, zamatosítás; ~ **agent/substance** *élip* aromaanyag, aromás/zamatosító anyag, aroma, zamatanyag; ~ **extract** *élip* ízesítő kivonat; ~**s** *élip* zamatosító anyagok

flaw I. *v* (meg)repeszt, hasít; (meg)reped, (el)hasad; **II.** *n* folytonossági hiány; hiányosság; hiba; rés, repedés; hasadás; hézag; törés; *bány* vetődés; *ép* akna; gödör; *geol* hasadék; vetődés; *hang* hanggyengülés; *hők* hajszálrepedés; *koh* finom repedés, karc; *met* vihar, szélvész; *önt* öntési hiba; ~ **control** technológiai folyamat ellenőrzése; ~**-detecting apparatus** hibakereső készülék; ~ **detection** *any* repedésvizsgálat; ~**-detection technique** hibafelderítő módszer; ~ **detector** *any, aut* hibadetektor; repedésvizsgáló (detektor), defektoszkóp; ~ **echo** hibavisszhang; ~ **inspection** hibakeresés; ~ **location** hibahely azonosítása; ~ **sensitivity** hibaérzékenység; ~**-testing system** hibavizsgáló rendszer

flawless hibátlan, ép; ~ **joint** hibamentesen hegesztett kötés; ~ **weld** hibamentesen hegesztett varrat

flawy *any* hibás, repedéses, repedt; ~ **iron** repedéses vas

flax *tex* len; lenrost; ~**-board** *pa* lenlemez; ~ **breaker** *tex* lentiloló gép; ~ **breaking** *tex* lentörés; ~ **buncher** *mzg* lenkupacoló *(aratógépen)*; ~**-dresser's knife** (utántiloló) kaparókés; ~**-dressing** finomgerebenezés *(lené)*; ~ **industry** lenipar; ~ **machine/mill** *tex* lentiloló gép; ~ **noils** *pl tex* lenkóchulladék; ~ **output** *tex* lenhozam; ~ **puller** *tex* lennyűvő gép; ~ **pulling** *tex* lennyűvés; ~ **scutching** *tex* lentilolás; ~**-seed** lenmag; ~**-seed oil** len(mag)olaj; ~ **stalk/stem** *tex* lenszár; ~**-straw** *pa* lenszalma; ~**-straw fibre/fiber** *pa* lenrost; ~ **swingling** *tex* lentilolás; ~ **wax** lenviasz; ~ **weaver** lenszövő; ~ **yarn** *tex* lenfonal

flay *bőr* lefejt *(nyersbőrt)*; lenyúz, lehúz *(bőrt állatról)*; *fa* lehánt *(fakérget)*; ~ **with the fist** *bőr* ököllel kitaszít *(bőrt)*

flaying bőr lenyúzása; *fa* facsapolás, hajkolás, gyantázás

fleaking *ép* zsúpfedélkészítés, zsúpfödés

fleam *ép* él *(fűrészfogé)*; ~**-tooth** *ép* fűrészfog *(egyenlő szárú háromszög alakú)*

flèche *ép* csúcsos torony, torony(csúcs)

fleck I. *v* foltosít; pettyez, tarkít; **II.** *n* folt; petty, pötty; porszem, szemcse; darabka; ~ **scale** *koh* revefolt

fleece I. *v* (meg)nyír *(birkát)*; gyapjat nyír; **II.** *n* gyapjú; gyapjas bőr; (állati) bunda; *tex* (kártolási) bunda; ~ **lining** *tex* bundabélés; ~ **machine** bundatekercsképző gép; ~ **scribbler** birkanyíró gép; ~**-washed wool** hátonmosott gyapjú; ~**-washing machine** bundamosó gép; ~ **wool** *tex* nyírott/lenyírt gyapjú

fleecings *pl tex* lenyírt gyapjúbunda

fleecy szőrmeszerű, gyapjúszerű; gyapjas; pelyhes; *tex* bolyhos; ~ **cloud** bárányfelhő; ~ **effect** *tex* bolyhos hatás; ~ **fabric** bolyhos kelme/anyag

fleet[1] *ép, gépk* géppark; járműpark; *hajó, kat* hajóhad, hajóraj, flotta; *vasút* kocsiállomány *(szállító vállalaté)*; ~ **of rolling stock** *vasút* gördülőanyag-állomány; ~ **trucks** tehergépkocsipark

fleet[2] (kis) (tenger)öböl; sekély hely *(folyótorkolatban)*

Fleissner | lamp *bány* Fleissner-féle lámpa; ~**'s method of dehydration** Fleissner-féle ahidrálás

Fleming|'s second rule *el* háromujj-szabály; ~ **valve** *el* egyenirányító cső; Fleming-detektor

Flemish | bond flamand falazás; ~ **brick** flamand tégla, sárga padlótégla

flerry hasít, lemezekre hasogat *(palát)*

flesh I. *v bőr* lehúsol, hústalanít; **II.** *n bőr* hús; ~ **colour** testszín; ~ **out** *v* kihúsol; ~**-split** (húsoldali) hasítékbőr

flesher cserzetlen húsoldali hasítékbőr *(birka)*

fleshing *bőr* hájréteg eltávolítása; húsolás; ~ **beam** *bőr* húsolótőke; ~**s** *pl* húslás; bőrhúsoldal, fonák oldal

fleshy *élip* húsos; ~ **tissue** *bőr* hájas réteg

Fletcher-Munson curves *pl hang* Fletcher-Munson görbék, egyenlő hangosságszintek görbéi

flex I. *v* hajlít, hajt, hajtogat, görbít; **II.** *n el* hajlékony zsinór; készülékzsinór, vasalózsinór; ~**-cracking** *gumi* hajtogatási bereped(ez)és; ~ **fatigue** kifáradás hajlító igénybevételkor; ~ **holder** hajlékony tartókar; ~ **life** *mech* hajlítószilárdság; ~ **point** *mat* inflexiós pont *(görbéé)*

flexback visszagörbülés

flexer hajlítószilárdság vizsgáló gép

flexibility hajlíthatóság, hajlékonyság; rugalmasság; flexibilitás; *at* átalakulás lágysága; *gép* rugalmasság; ~ **number** *ép* hajlítási/hajlíthatósági szám

flexible hajlítható, hajlékony; rugalmas, flexibilis; ~ **addressing** *szt* rugalmas címzés; ~ **airship** *rep* nem merev léghajó; ~ **axle** *gép* hajlékony tengely; önbeálló tengely; ~**-bag laminating** *műa* rétegelés hajlékonyzsák-technológiával; ~**-bag mo(u)lding** *műa* sajtolás hajlékony zsák segítségével; zsákos formázás, gumizsákos sajtolás; ~ **base** *gép* beálló alváz; ~**-base course** *US ép* rugalmas útalap; ~ **bearing** *gép* rugalmasan rögzített csapágy; ~**-belt drop hammer** *szersz* hevederes ejtőkalapács; ~**-belt sander** *mt* szalagcsiszoló gép; ~ **blade** *rep* rugalmas légcsavarszárny; ~ **board** *pa* bőröndöslemez; ~**-braided line** *rád* fémfonatos árnyékolt vezeték; ~ **cable** *el* hajlékony kábel; ~ **cable with cabtyre sheathing** *el* tömlős kábel; ~ **carriageway** *ép* feketeburkolat *(úté)*; ~**-cloth spout** *élip* síkszitatömlő; ~ **connection** flexibilis csatlakozás; ~ **contact** *el* rugalmas érintkező; ~ **container** *ép* gumikonténer; hajlékony falú szállítótartály; ~ **cord** *el* csatlakozózsinór, „villanydrót"; készülékzsinór; ~ **coupling** *gép* hajlékony/rugalmas tengelykapcsoló/kapcsolás; ~ **disk** *szt* diskette, floppy disk; ~ **dislocation** *mech* hajlékony diszlokáció; ~ **drive** *gép* hajlékony tengelyes hajtás; ~ **drive screen** *ép* szabadlengésű rosta; ~ **dummy bar** *koh* hajlítható kristályosítórúd; ~ **film** *műa* lágy fólia; ~ **fuel hose** hajlékony üzemanyagtömlő/üzemanyagcső; ~ **gangway bellows** *pl vasút* fedett kocsiátjáró; harmonika; ~ **gearing** *gép* rugalmas fogaskerék-áttétel; ~ **goose neck** *el, gép* gégecső; ~ **grinding** *ép* rugalmas köszörülés; ~ **instruction system** *aut* rugalmas utasítási rendszer; ~ **jumper** *el* hajlékony átkötőhuzal; ~ **lead coupling** *el* villamos tengelykapcsoló; ~ **manufacturing system (FMS)** *szt* rugalmas gyártórendszer; ~ **metal tube/tubing** hajlékony/hajlítható fémcső; ~ **mo(u)ld** *műa* gumizsákforma; hajlékony szerszám; rugalmas présforma; ~ **paper** rugalmas papír; ~ **pavement** *ép* hajlékony pályaszerkezet; *rep* rugalmas borítás; ~ **pipe** flexibilis cső; ~ **pipe connection** *szer* tömlőcsatlakozás; ~ **piping** *szer* (hajlékony) csővezeték; ~ **plunger** *gép* mandzsettás dugattyú; ~ **printed board** hajlékony nyomtatott lemez; ~ **programming** *szt* rugalmas programozás; ~ **response (FR)** *kat* rugalmas reagálás; ~ **roller bearing** *gép* hajlékony görgőscsapágy; ~ **rule** *hajó* hajlékony vonalzó, swungléc; hajlékony vonalzó; ~ **selecting finger** *el* crossbar jelölőtű; ~ **shaft** *gépk* hajlékony (közlő)tengely; ~**-shaft (concrete) grinding machine** *ép* hajlékonytengelyes csiszológép; ~**-shaft drive** hajlékonytengelyes hajtás; ~**-shaft (drive) internal vibrator** *ép* hajlékony tengelyű merülővibrátor; ~**-shaft grapple** *at* hajlékonytengelyes (kis) manipulátor; ~**-shaft grinder** *ép* hajlékonytengelyes csiszológép; ~ **shield** *at* hajlékony sugárvédő ernyő; ~**-sleeve gas-lift valve** *ol* rugalmas működőelemű segédgázszelep; ~ **split** *bőr* hajlékony talpbőrhasíték; ~ **stranded wire** *el* litzehuzal; ~ **suspension** *gép* flexibilis/hajlékony/rugalmas felfüggesztés; ~ **tubing** *szer* rugalmas/hajlékony cső(vezeték); ~ **waveguide** *el* hajlékony csőtápvonal; hajlékony hullámvezető; ~ **wire/wiring** *el* flexibilis/hajlékony kábel/vezeték

flexibly-mounted engine *gépk* rugalmas felfüggesztésű motor

flexing hajlítás, hajtogatás, görbítés; ~**-beam fatigue test** *any* hajlító-fárasztó vizsgálat; ~**-beam fatigue-**

tester *any* hajlító-fárasztó gép; ~ **machine** *any, mech* hajlítószilárdság-vizsgáló gép; ~ **resistance** *gumi* hajtogatásállóság

flexion *mech* lehajlás, behajlás; ~ **curve** *mech* lehajlási ábra; ~ **point** *mech* karakterisztika-hajláspont; ~ **spring** *gép* hajlításra igénybe vett rugó

flexional stress hajlító feszültség

flexirod *ol* felcsévélhető mélyszivattyú-rudazat

flexitainer *ép* hajlékony falú szállítótartály

flexivity *any* termikus behajlási tényező *(bimetallszalagé)*; ~ **coefficient** *any* behajtási hőfoktényező *(kettősfémé)*

Flexo print *szt* Flexo nyomtatás *(vonalkód-nyomtatási eljárás)*

flexographic *nyom* flexográfiai; ~ **printing** → flexography

flexography *nyom* flexográfia, guminyomás, anilinnyomás

flexometer *gumi* fárasztógép *(hajtogatásszám-mérő)*, flexométer

flexowriter *irgép* lyukszalagos írógép

flexural *fiz* hajlító; ~ **axis** *mech* hajlástengely, nyírástengely; ~ **bending** *mech* hajlítási kibicsaklás; ~ **buckling** kihajlás; ~ **centre/center** *mech* nyíróközéppont; ~ **failure** hajlítótörés; ~ **load** *mech* hajlító igénybevétel; hajlítóteher, hajlítás; ~ **loading fatigue testing machine** *any* hajlítva fárasztó gép; ~ **moment** *mech* hajlítónyomaték; ~ **oscillation** *fiz* hajlítórezgés; ~ **resistance** *mech* hajlítási ellenállás; nyomatékbírás; ~ **rigidity/stiffness** *mech* hajlítási merevség; hajlítómerevség; ~ **strain** *fiz* hajlító alakváltozás; *geol* gyűrődési deformáció; ~ **strength** *fiz* hajlítószilárdság; ~ **stress** *fiz* hajlítófeszültség; ~ **tension** *fiz* hajlításból származó húzás; ~ **torque** *fiz* hajlítónyomaték; ~ **transverse strength** *fiz* hajlítószilárdság; ~ **vibration** *fiz, mech* hajlítólengés; ~ **wave** *fiz* hajlítási hullám

flexure *ép, fiz* görbülés; hajlás; hajlítás; *geol* gyűrődés, redő, flexúra, hajlás; *mech* hajlítás; ~ **formula** feszültség általános képlete; ~**-measuring pendulum** *geof* együttlengésmérő inga; ~ **test** *mech* hajlítóvizsgálat; ~ **theory** *mech* hajlítási elmélet *(héjszerkezetek)*

FlFr → floor frame

flick I. *v* rezeg, remeg; **II.** *n* célmegvilágítás *(pillanatnyi)*; ~ **roll** *rep* rántott orsó; ~ **separator** *gép* centrifugális szeparátor

flicker I. *v* villog, csillog; lobban; ingadozik; villant, villogtat; **II.** *n* villogás, csillogás; villódzás; lobogás; *el, tv* fényingadozás, villódzás, flikker; villogás; *szt* vibrálás; ~ **effect** *el* (anódáram-)ingadozás; flikkerjelenség; villanózaj; villódzás, villogás; ~ **frequency** *el* flikkerfrekvencia; villogási frekvencia; ~ **fusion frequency** *el* kritikus villogási frekvencia, flikkerfrekvencia; ~ **meter** *opt* vibrálásmérő; ~ **noise** *el* villódzási zaj; ~ **of light** vibrálás; ~ **photometer** *el* villanó/villogásos fotométer/fénymérő; ~ **shutter** *film* pillangózár; ~ **signal** *el* fényjelzés

flickering *el* villogás, csillogás

flier → flyer

FLIFO → flight information

flight repülés; (repülő)járat, légijárat; repülőút; *bány* láncoscsúszda vonszolója; vonszoló; vonszolótag; *élip* terelőlapát *(síkszitában)*; *ép* (lépcső)kar; emelet; lépcsőforduló; lépcsőköz; ~ **accident (FA)** *rep* repülőesemény; ~ **accuracy** repülési pontosság; ~ **advisory weather center** repülésmeteorológiai tanácsadó központ; ~ **altitude** repülési magasság; ~ **analyzer** *aut* repülésanalizátor; ~ **approach area** *rep* megközelítési/bevezetési légtér; ~ **attitude** *rep* repülőgéphelyzet a levegőben; ~ **belt** *bány* tömedékhajító szalag; ~ **board** *rep* repülési adatnyilvántartó tábla; ~ **book** *rep* hajózónapló; ~ **calculator** *rep* hajózólogarléc; ~ **characteristics** repülési jellemzők; ~ **chart** léginavigációs/repülési térkép; ~ **clearance** *rep* repülési engedély; ~ **compartment instrumentation** pilótafülke műszerezése; ~ **control (FC)** repülésvezérlés; ~**-control board** *rep* elülső kabinfal; műszerfal; ~**-control instruments** repülőgép-vezetési műszerek; ~**-control surface** kormányfelület; ~**-control system (FCS)** repülésirányító rendszer; kormányrendszer; ~ **conveyer/conveyor** *bány* rédler; *em* kaparólánc; ~ **coupon** *rep* repülőjegy; ~ **course** repülés iránya/irányszöge; repülési irány; ~ **crew (FTC)** *rep* hajózó személyzet; ~ **data** repülési adatok; ~**-data recorder (FDR)** *rep* (fedélzeti) adatrögzítő; ~ **deck (FD)** *hajó, rep* felszállópálya *(anyahajón)*; *rep* pilótafülke; pilótafülke belső műszerfala; ~ **director (FD)** repülésvezérlő rendszer; ~ **discrepancies** repülési üzemmód eltérései; ~ **documents** repülési okmányok; ~ **duty period** repülőszolgálati idő; ~ **dynamics** *fiz, rep* repülésdinamika; ~ **engineer (FE)** *rep* fedélzeti mérnök; hajózó repülőgép-szerelő; ~ **envelope** repülési útvonal/üzemmódok változatai; ~ **forecast (FIFOR)** *rep* időjárás-előrejelzés a repülési útvonalra; ~ **idle** kis gázzal történő repülés; üresjárati repülés; ~ **information (FLIFO)** repülési információ; repüléstájékoztatás; ~ **information centre (FIC)** repüléstájékoztató központ; ~ **information region (FIR)** repüléstájékoztató körzet; megfigyelési zóna *(radaré)*; ~ **information service (FIS)** *rep* repüléstájékoztató szolgálat; ~ **inspector** repülésfelügyelő; ~ **instructor** repülőoktató; ~ **integrator** kombinált repülésvezérlő műszer; ~ **investigation** repülés közbeni kivizsgálás; ~ **level (FL)** repülési szint; ~ **load** repülés közbeni terhelés; ~**-loader** *bány* vonszolólapátos rakodógép; ~**-loader coal-cutter** *bány* kaparóláncos réselőgép; ~**-loading conditions** repülés közbeni terhelési körülmények; ~ **log** *rep* fedélzeti napló; ~ **Mach number** repülési Mach-szám; ~ **management system (FMS)** repülésvezérlő rendszer; ~ **manual (FM)** *rep* légiüzemeltetési utasítás; ~ **map** repülési/léginavigációs térkép; ~ **mass** repülési tömeg; ~ **mechanic (FM)** *rep* fedélzeti/hajózó szerelő; ~ **mechanics** repülésmechanika, repüléselmélet; ~ **meteorological watch** repülésmeteorológiai figyelő szolgálat; ~ **mode** repülési üzemmód; ~ **navigator** hajózó navigátor, navigációs tiszt; ~ **number** *rep* járatszám; ~ **of locks** *hidr* összefüggő lépcsőzés; zsiliplépcső; ~ **of shuttle** *tex* vetélőátfutás; ~ **of stair** *ép* lépcsőkar, lépcsősor; ~ **on top** *rep* felhők feletti repülés; ~ **operations officer (FOO)** *rep* diszpécser; repülőüzemi tiszt; ~ **over the top of the clouds** *rep* felhők feletti repülés; ~ **panel** repülésellenőrző műszertábla; ~ **path** *mech* röppálya; *rep* berepülési pálya; légi folyosó; repülési útvonal/pálya; ~**-path analyzer** *aut, rep* röppálya-analizátor, repülésipálya-analizátor; ~**-path angle (FPA)** röppálya-irányítás; *rep* röppályaszög, föld feletti/eredő útirányszög; ~-**path glide** repülési útvonal hajlásszöge; ~-**path indicator** repülési útvonaltól való eltérést jelző készülék; ~-**path plotter** repülési útvonalrajzoló/szerkesztő készülék; ~-**path-reference flight** *rep* automatikus útvonalrepülés rádiótechnikai eszközök jelei szerint; ~ **performance** repülési teljesítmény; ~ **plan (FP)** repülési terv; ~ **plan message** repülési tervközlemény; ~ **planning** repüléstervezés; ~ **procedures trainer** repülési adatnyilvántartó tábla; ~ **progress display** repülési folyamatkijelző; ~ **progress information** repülés közbeni adatok; ~ **progress strip** repülési adatnyilvántartó szalag; ~ **radio operator** fedélzeti rádiós; ~ **range** repülési távolság; ~ **rating** hajózó személyzet minősítése; ~ **recorder** *rep* fedélzeti adatrögzítő; fekete doboz; ~ **refueling (FR)** feltöltés tüzelőanyaggal a levegőben; ~ **rules** repülési szabályok; ~ **safety (FTS)** repülésbiztonság; ~ **safety message** repülésbiztonsági közlemény; ~ **schedule** repülési menetrend; ~ **service (FS)** *rep* repülésellátó szolgálat; ~ **service station (FSS)** légiforgalmi szervizállomás; ~ **simulation** repülés szimulálása; ~ **simulator** vakrepülést gyakorló készülék; ~ **slope guidance** repülőgép-vezetés ívelt röppályán; ~ **strip (Flt Str)** *rep* ideiglenes fel- és leszállópálya; ~ **system control panel** repülési műszerrendszer vezérlő/kezelő szerelvénylapja; ~ **technical error** repüléstechnikai hiba; ~ **technique** repüléstechnika; ~ **testing (FT)** *rep* berepülés; ~-**test instrumentation** *rep* műszerezés próbarepüléshez; ~ **test recorder** kísérleti berepülés adatrögzítője; ~ **test technique** berepülési eljárás; ~ **time (FT)** repülésidő, repülési idő; repült idő; ~ **top-line** *cipő* szárrészvonal V szabása; ~ **trainer** *rep* gyakorló-repülőgép; ~ **velocity** repülési sebesség; ~ **visibility** *rep* repülési látástávolság

flimsy cloth *tex* ritka szövésű szövet

flinders *pl* forgács, repesz, szilánk; ~ **diamond** *ásv* színtelen topáz

flinkite *ásv* flinkit

flint *ásv* szilícium-dioxid, kvarckavics; tűzkő, kova(kő); ~-**dry hide** keményre szárított nyersbőr; ~-**glancing** *pa* kősimítás; ~-**glass** *vegy* flintüveg; ~-**glazed (carton) board** *pa* flintkarton; ~-**glazed paper** fénypapír; ~-**in-front objective** *opt* tárgyoldalon flintlencsés objektív; ~ **paper** fényezett papír; ~ **pebble** kvarckavics; ~ **stone** *ásv* tűzkő

flintware kőedényáru

flinty kovás, kagylós; ~ **ground** aprókavicsos talaj; ~ **slate** kovapala

flip gyors/könnyű ütés; *rád* frekvenciaugrás; *rep* rövid repülés/repülőút; ~ **chart** *szt* papírtömbös tábla; ~-**chip** *el* flip-csip; ~ **coil** *el* tekercsszonda *(mágneses erőtérméréshez)*; ~-**flop (FF)** *távk* billenőkör, billenőhálózat; bistabil multivibrátor/áramkör; ~-**flop generator/oscillator/multivibrator** bistabil *v.* két stabil állapotú multivibrátor, flip-flop generátor; ~-**flop hysteresis** billenési hiszterézis; ~-**over loader** *ép* fej feletti rakodó(gép); ~-**over process** *aut, el* átbillenés, átmenet, átfordulási folyamat; ~-**up fork** *ép* billenővilla

flipper *fa* rönkátemelő berendezés; *gumi, tex* peremszövet; szegélyező (vékony) szalag; zsinórgumi, textilbetétes gumiszalag

flipping machine *el* peremmag-tekercselő gép

flippy *szt* hajlékony lemez, floppy diszk, kétoldalas floppy diszk; ~-**floppy** *szt* hajlékony lemez, floppy diszk, kétoldalas floppy diszk

FLIR → forward looking infrared sensor

flit hirtelen mozog; remeg, rezeg

flitch *bány* bélésdeszka; *fa* deszkatábla; gerenda *(4"x12"-nél nagyobb méretű, négyszög keresztmetszetű)*; héjdeszka; hosszában szétfűrészelt gerenda; kis deszka; ~ **beam** *ép* vaspánttal összefogott többrészes tartó; ~ **chunk** *fa* deszkaszelvény *(vastag, félig szélezett)*; ~ **cut** *fa* keretfűrészelés, telibevágás *(keretfűrészen)*; ~**es** *pl ép* bélmentes palló; deszkaköteg; ~ **plate** *ép* fagerendákat tartóvá összeerősítő vaspánt

flitting *bány* előrehaladás; visszahúzás, visszaszállítás *(pl. réselőgépé)*; ~ **(of) the conveyer/conveyor** *bány* szalagátszerelés; ~ **run** *bány* üres menet; ~ **speed** *bány* visszahúzási sebesség

float I. *v* úszik, lebeg *(víz színén)*; szabadon mozog; egyensúlyban van; *ép* simít, simára vakol; *fa* úsztat, tutajoz; *gép* beáll *(szabadon)*; *hajó* kiszabadít *(hajót zátonyról)*; vízre bocsát, úszóképessé tesz; *hidr* eláraszt, elönt; *koh* flotál; *rep* úszik, lebeg; *tex* két kötéspont között lazán fekszik; **II.** *n* úszás; lebegés; úszó test, úszó tömeg; úsztatott fa; tutaj; (parafa) úszó *(horogzsinóron)*; *bány* finoman őrölt foszfáttrágya; porított ásványi termék; *élip* terelőlap; *ép* emeletsor; kövezetsimító lap, aszfaltsimító deszka; simítólap; vakolatsimító, vakolókanál; *foto* mozgó háttér; *geol* görgeteg; *gép* lebegés, lengés *(forgó tengelyé)*; *gépk* (üzemanyagkészlet-jelző) úszó; úszó *(karburátoré)*; *hajó* kikötőhíd; *hidr* mérő úszó; úszó; vízszintjelző úszó; *rep* úszó, iránytűúszó; *szersz* cipészráspoly, durva reszelő; *tex* szabad fonaldarab *(két kötéspont között)*; szálelválás *(szövetben)*; ~ **amphibian** *rep* futókerekes vízi repülőgép; ~-**and-set rendering** *ép* háromrét(eg)ű *v.* durva és sima vakolás; ~-**and-sink apparatus** *vegy* berendezés a frakció-összetétel meghatározására; dúsítóberendezés; ~-**and-valve** *gép* úszószelep; ~ **board** *hidr* (járó)keréklapát; ~ **chamber** *gépk* úszóház; ~ **chamber cover** úszóházfedél; ~ **collar** *ol* úsztató közdarab; ~ **crane** *ép* úszódaru; ~-**cut file** durva fogazású egyirányú reszelő; ~ **debris** *hidr* uszadék; ~ **densimeter** *any* úszós sűrűségmérő; ~ **file** *szersz* fűrészélező reszelő; ~ **ga(u)ge** *hidr* úszó szintjelző; úszós szintmérő; ~ **ga(u)ging** *hidr* úszómérés; ~ **gear** *rep* úszómű; ~ **glass** *üveg* úsztatott üveg; ~ **gold** *ásv* iszapolt/mosott arany; ~ **in a string of casing** *v ol* béléscsőrakatot úsztatva beépít; ~ **into position** *v ép* beúsztat; ~ **in (with) cement** *v ép* cementbe ágyaz; cementtel eláraszt; ~ **level ga(u)ge** *hidr* folyadékszintmérő-átalakító; úszós vízállásmérő állomás; ~ **light** ejtőernyős világítógyertya; ~ **line** *hajó* vízvonal; ~ **needle** *gépk* úszótű *(porlasztóban)*; ~ **needle valve** *gépk* úszós tűszelep; ~ **off** *v* vízre bocsát; felemel *(víz hajót)*; kifut *(hajó)*; ~-**operated flowmeter** *hidr* úszós átfolyásmérő; ~-**operated pressure ga(u)ge** *hidr* úszós nyomásmérő; ~ **pan/plate** *ép* betonsimító léc, lehúzóléc; simítópalló; ~-**plated** *kh* fonallebegéses fedőfonalas (kötés); ~ **point calculation** *aut* lebegőpontos számolás/számítás; ~ **road** *hidr* tutajozási útvonal; tutajozható vízfolyás; ~ **rod** *hidr* botúszó; ~ **seaplane** *rep* úszótalpas vízirepülőgép; ~ **shoe** *ol* úsztató saru;

~ **stitch** *kh* lebegőfonalas színmintás kötés; ~**-stone** *ásv* úszókő; *ép* téglafal-csiszolókő; ~ **strut** *rep* úszódúc; ~ **surface** *ép* bedörzsölt/fröcskölt felület; ~ **switch controlled rotary-spool valve** *gép* úszóról/úszóval vezérelt forgótolattyús szelep; ~ **test** *ol* úsztatási próba; ~ **timber** *fa* tutajfa; úsztatott fa; ~**-type current measurement** *hidr* úszós vízsebességmérés; ~**-type marigraph** *hidr* úszós öníró tengerszintmérő; ~**-type pressure ga(u)ge** úszótestes/úszós manométer; ~ **valve** *gépk* úszós tűszelep *(porlasztóé)*; *hidr* úszós vízszintszabályozó szelep; ~ **water ga(u)ge** *hidr* úszós vízmérce; ~ **well** *hidr* csillapítóakna; ~**-work** *ép* simítás; ~ **zone melting** *koh* zónás olvasztás; ~ **zone method** *krist* függőzónás kristálynövesztés

floatability lebegőképesség, úszóképesség; *bány, fa* flotálhatóság, úsztathatóság

floatable *bány* flotálható; *fa* úsztatható, tutajozható, úsztatásra alkalmas

floatage lebegés; úszás; *bány, fa* flotálhatóság, úsztathatóság; *fa* úszóképesség; úsztatás, tutajozás; vízen úszó tárgyak; *hajó* vízszint feletti rész *(hajóé)*

floatation → flotation

floated elárasztott; lebegtetett; ~ **asphalt** öntött aszfalt, masztikszaszfalt; ~ **bearing** *gép* repülőcsapágyazás; ~ **concrete** öntött beton; ~ **thread** *kh* lebegő fonal; ~ **timber** → float timber; ~ **(type) gyroscope** *rep* úszótestes pörgettyűs iránytű

floater úszó; úszó fatörzs; tutajos; *gép* úszódob, úszógolyó; *pa* keringtetőszivattyú

floating I. *a* úszó; lebegő; sodródó; szabad; lengő; *el* nem földelt, földeletlen; *gép* csuklósan mozgó; lengő, önbeálló; *tex* szabadon fekvő; **II.** *n* úszás, lebegés *(víz színén)*; merülés; szabad mozgás, siklás *(vízen)*; *el* pufferüzem; *ép* felhősödés *(festésé)*; megereszkedés *(mázolásé)*; simítás, második vakolás; *fa* úsztatás, tutajozás; *gép* önbeállás; *gépk* porlasztó megfolyatása; *hajó* vízrebocsátás, úszóképessé tétel; *hidr* elárasztás; flotálás; sodrás *(dagálytól)*; *kh* fonallebegés; fonalmegereszkedés; két kötéspont közötti laza fekvés; *koh* flotálás; ~ **action** *aut* integráló működés; ~**-action control** *aut* integrálszabályozás, I-szabályozás; ~**-action controller** *aut* integráló szabályozó, I-szabályozó; ~ **address** *szt* lebegőcím; ~ **anchor** *hajó* úszóhorgony; ~ **avalanche MOS (FAMOS)** lebegő vezérlőelektródás MOS; ~ **axle** *gépk* lengőtengely; ~ **battery** *el* kiegyenlítőtelep, puffertelep; ~ **battery operation** *el* pufferüzem; ~ **bearing** *gép* önbeálló/lengő csapágy; ~ **bell manometer** *fiz* harangmanométer; ~ **belt conveyor/conveyer** *ép* úszó szállítószalag; ~ **boom** *hidr* uszadékterelő tutaj; ~ **bridge** *ép* kikötőhíd, pontonhíd, hajóhíd, kikötőponton; ~ **brush** *távk* támasztókefe, vakkefe; ~ **caisson** *ép* úszókeszon, úsztatott szekrény, úszószekrény; ~ **card compass** *geod* úszókompasz; ~**-carrier modulation** *el* lebegtetett vivőjű moduláció; változó vivőszintes modulálás; ~ **channel** *fa* tutajozási útvonal, tutajozható csatorna; ~ **charge** *el* állandó (üzemű) akkumulátor(telep-)töltés; ~ **chuck** *szer* önbeálló tokmány; ~ **cloth-roller bearing** *tex* mozgó szövethengercsapágy; ~ **coat** *ép* simított vakolatréteg; ~ **component** *aut* integráló összetevő; ~ **cone** *rád* szabadon felfüggesztett kónusz; ~ **control** *aut* integráló szabályozás; integrálszabályozás, I-szabályozás; önhelyesbítő/utánszabályozó vezérlés; ~ **controller** *aut* integráló szabályozó, I-szabályozó; önszabályozó rendszer; ~ **core** *önt* úszó öntödei mag; ~ **crane (FC)** *ép* úszódaru; ~ **debris** *hidr* uszadék, katré; ~ **derrick** *ép* úszódaru; ~ **die** *mt* felső süllyesztékfél; ~ **dock (FD)** *hajó* úszódokk; ~ **down the shaft lining** *bány* aknafalazat úsztatása; ~ **dredge(r)** *ép* úszókotró; ~ **(dry) dock** *hajó* úszódokk, úszó szárazdokk; ~ **dust** lebegő por; ~ **electrode** *el* szabad elektród; ~ **elevator** *ép* úszóelevátor, úszófelvonó; ~ **filter drum** úszódob; ~ **fish ladder** *hidr* úszó hallépcső; ~ **flame** *hőt* lebegő láng; ~ **flywheel** *metr* szabadon lengő tömeg *(torziós mérlegen)*; ~ **footbridge** *ép* úszóbürü; ~**(-fulcrum) lever** *mech* állítható forgáspontú emelőkar; ~ **gate** *hidr* úszókapu; ~ **gold** → float gold; ~ **goods** *pl hajó* úszó áru; ~ **grab(bing) installation** *ép* markolószerelékes úszókotró; ~ **grid** *rád* szabad rács *(bekötés nélkül)*; ~ **gudgeon-pin** *gép* úszó dugattyúcsap(szeg); ~ **head** *gép* önbeálló fej; ~ **hydrate** *koh* lebegő hidrát; ~ **impeller** *ol* úszó járókerék; ~ **intake** *hidr* úszó szivattyútelep; ~**-knife coater** *bőr, műa* lebegőkéses kenőgép; ~ **limit** *geol* sodrási határ; ~ **lodge** *hidr* tanyahajó; ~ **magnetic head** légpárnás mágnesfej; ~ **mark** *geod* mozgójel; ~ **meter of flow rate** *hidr* úszó sebességmérő; ~ **mill** *hidr* hajómalom; ~ **mine** *kat* úszóakna; ~ **mode** *aut* integráló működés; ~ **navigation** *hidr* ereszkedő hajózás; ~ **of ice** *talt* zajlás; ~**-out** *hajó* vízre bocsátás; ~ **packing** *szer* beálló tömítés; ~ **pile** *ép* lebegő/köpenysúrlódásos cölöp; ~ **pile-driver** *ép* úszó cölöpverő; ~ **pile-driving plant** úszó cölöpverő; ~ **pile foundation** *ép* lebegő cölöpalapozás; ~ **piling plant** *ép* úszó cölöpverő; ~**-piston counterrecoil mechanism** *kat* nem közvetlen érintkezésű/úszódugattyús folyadékos léghelyretoló szerkezet; ~ **point** *mat, szt* lebegőpont; ~**-point addition** lebegőpontos összeadás; ~**-point arithmetic** lebegőpontos számítás/aritmetika; ~**-point calculation** *szt* lebegőpontos számolás; ~**-point computer** lebegőpontos számítógép; ~**-point constant** lebegőpontos állandó; ~**-point emulator (FPEM)** *szt* lebegőpontos emulátor; ~**-point instruction** lebegőpontos utasítás; lebegőpontos szorzás; ~**-point notation** → ~-point representation; ~**-point number** lebegőpontos szám; ~**-point operation (FLOP)** lebegőpontos művelet; ~**-point processor (FPP)** *szt* lebegőpontos koprocesszor; ~**-point representation** *szt* lebegőpontos számábrázolás; ~**-point routine** *szt* lebegőpontos aritmetikai szubrutin(csomag); ~**-point subroutine** lebegőpontos szubrutin; ~**-point unit** lebegőpontos hardver; ~ **potential electrode** *el* szabad elektród; ~ **power** *bány, fa, fiz* flotálhatóság, úsztathatóság; ~ **production facility** *ol* úszó termelési fedélzet; ~ **pump station** *hidr* úszó szivattyútelep; ~ **rammer** *ép* úszó cölöpverő/szádfalverő; ~ **rate** *aut* beavatkozási/integrálási sebesség; ~ **reamer** *szersz* önbeálló dörzsár; ~ **reclaim** *gumi* úszó regenerát(um); ~**-ring clutch** *gépk* tárcsás tengelykapcsoló; ~**-ring seal** *gép* csúszógyűrű-tömítés; ~ **roof** úszótető *(tartályon)*; ~**-roof tank** úszótetős tartály; ~ **rule** *ép* lehúzóléc; ~ **sand** *geol* folyós/úszó homok; ~ **screen** *hidr* úszógereb; ~ **shaft** *gépk* lengőtengely; ~ **sheet of ice** jégtábla; ~ **shield** *mzg* sorvédő lemez *(kultivátoron)*; ~ **sludge** *geol* úszóiszap; ~ **speed** *aut* beavatkozási/integrálási sebesség; *szt* beavatkozási sebesség; ~ **surface** szabad felület; ~

swamp *geol* úszóláp; ~ **taphole plug** *koh* úszó csapolónyílászár; ~ **time** *aut* beavatkozási idő; ~**-type flowmeter** úszó sebességmérő; ~ **unit** *ol* félig merülő fedélzet; ~ **velocity** lebegtetési sebesség; ~ **voltage** *el* lebegő/üresjárási feszültség; ~ **waste** *gumi* úszó hulladék, uszadék; ~ **zone melting** *koh* tégely nélküli zónás olvasztás; ~ **zone method/technique** *krist* függőzónás kristálynövesztés; lebegőzóna-módszer
floatless liquid-level controller úszó nélküli folyadékszint-szabályozó *v.* szintszabályozó
floatplane *rep* úszótestes vízirepülőgép
floc *talt* iszappehely; pehely *(ülepítésben)*; ~ **point** *vegy* flokkulációs pont *(hőmérséklet)*
flocculant *vegy* derítőszer, koagulálószer, ülepítőszer
flocculate *koh* csomósít; *vegy* flokkulál; koagulál; pelyhesít; pelyheződik, pelyhesedik
flocculating pelyhesedő; pehelyképző; flokkuláló; ~ **agent** pehelyképző szer
flocculation *hidr* pelyhesítés *(víztisztításnál)*; *koh* csomósítás; *vegy* flokkuláció; flokkulálás, pelyhes csapadékleválás, pelyhes csapadék leválasztása; koagulálás; pehelykiválás, pehelykicsapódás; ~ **agent** flokkulálószer; ~ **basin/tank** pelyhesítőmedence
flocculator pelyhesítőberendezés
floccule *vegy* pehely
flocculent pelyhes; pehelyszerű; pehelyképző; *vegy* pelyhes, flokkulált; ~ **curd** *élip* pelyhes alvadék
flocculus *pl* **flocculi** *csill* flokkulusz
flock I. *v tex* bolyhosít; flokkulál, pelyhesedik; pelyhesít; szálpelyhet felvisz *(ragasztással)*; **II.** *n* pehely; gyapothulladék, gyapjúhulladék *(kárpitozáshoz)*; gyapjúszál, szálpehely; ~ **formation** pehelyképződés; ~ **paper** *pa* kendőpapír; ~ **silk** *tex* selyemhulladék; selyemkóc
flocked | **flooring** *tex* szálpelyhes szőnyeg; ~ **yarn** *tex* szálpelyhes fonal
flocking *koh* pelyhesedés
flocky pehelyszerű
floe jégzajlás; úszó jégtábla
flog fát erez
flogging *fa* faerezés; flóderozás *(faerezet utánzása)*; ~ **chisel** véső *(öntvénytisztításhoz)*; ~ **hammer** nehéz öntvényfaragó kalapács
flong *nyom, pa* matricalemez
flood I. *v* eláraszt, elönt, telít; öntöz; kiárad, kiönt; kilép a medréből; telít *(vízzel)*; folyadékba/vízbe süllyeszt/merít; *gépk* túlfolyik *(porlasztó)*; **II.** *n* áradás, áradat; ár; árvíz; *geol, hajó* dagály; *hidr* kiöntés; ~ **area** *hidr* árterület, ártér; öblözet; ~ **axis** *hidr* árvízi sodorvonal; ~ **bank** *talt* árvédelmi töltés; ~ **bridge** *ép* ártéri híd; ~ **control** *hidr* árvízvédelem, árvízmentesítés; vízszabályozás, árvédelem; ~**-control dike/dyke** árvédelmi töltés/gát; ~**-control reservoir** árvízi tározó; ~**-control storage** *hidr* felső biztonsági tér; ~**-control works** *hidr* árvízvédelmi művek; ~ **crest/culmination** *hidr* tetőzés; tetőző vízállás; ~ **decline** *hidr* dagály visszafolyása; ~ **fill** *szt* terület feltöltése *(grafika)*; ~**-free bank** magaspart; ~ **ga(u)ge** *hidr* árvízi mérce; ~ **ice** *hidr* folyami jég; ~ **irrigation** *mzg* árasztó öntözés; ~ **level** *hidr* árvízszint; ~ **light** *rep* fényszóró; ~ **lubrication** *gép* olajfürdős kenés; ~**-measuring post** *hidr* vízmérőállás; ~ **opening** árvízi nyílás *(nyílás árvíz lebocsátására)*; ~ **pattern** *hidr* árhullámkép; ~ **peak** *hidr* legmagasabb árvízszint; ~ **plain** *geol, hidr* ártér, hullámtér, árvízjárta terület; ~**-plain bridge** *ép* ártéri híd; ~**-plain deposit** *hidr* ártéri lerakódás/feltöltődés; ~**-plain storage** *hidr* hullámtéri tározás; ~ **protection** → ~ control; ~ **sediments** ártéri üledékek; ~ **span** *ép* ártéri (híd)nyílás; ~ **summit** *hidr* tetőzés; ~ **the carburetter** *v* túlfolyat *(porlasztót)*; ~**-tide** *hidr* dagály (legmagasabb szintje); ~**-tide current** *hidr* áramlás, áram; ~**-warning service** *hidr* vízjelző szolgálat; ~ **wave** *hidr* árhullám; ~ **zone** *hidr* ártér
floodability calculation *hajó* lékszámítás
floodable elárasztható; ~ **length** *hajó* elárasztó hossz
flooded elárasztott; ~ **carburetter** *gépk* befulladt porlasztó; ~ **evaporator** *ép* elárasztott elpárologtató, elárasztásos rendszerű elpárologtató; ~ **mine** *bány* elfulladt bánya
floodgate *hidr* árvízkapu; zsilip(kapu), (zsilip)gát
flooding kiáradás; kiöntés; árasztás; (árasztásos/árasztó) öntözés; bemártás, merítés; túlfolyás; *bány* elúsztatás; *gépk* túlszívatás; *hidr* elöntés, elárasztás; *szt* csomagkapcsolási eljárás; *vegy* túlárasztás, toronyelárasztás *(refluxszal)*; ~ **efficiency** *ol* elárasztási hatásfok; ~ **irrigation** árasztó öntözés; ~ **point** *at* elárasztási pont; ~ **ratio** *ol* elárasztási viszonyszám
floodlight *el* fénnyel eláraszt; kivilágít; megvilágít
floodlighting fényármegvilágítás; megvilágítás fényszóróval; fényszórós megvilágítás
floodlit I. *n* díszkivilágítás *(épületé)*, fényárvilágítás; reflektorfény; fényárvilágító; fényszóró; *bány* napfényvilágítás; **II.** *a* kivilágított, megvilágított; ~ **projector** fényárvilágító berendezés; ~ **scanning** pásztázás fényszóró fénykévéjével; fényár(lámpás)-megvilágításos letapogatás
floor I. *v* padoz; padlóz; burkol; parkettáz; *ép* födémet készít; **II.** *n bány* fekü *(telepé)*; szint; talp *(vágaté)*; *ép* (emeletközi) födém; állomás; emelet, szint; födémszerkezet; hídburkolat; padló, padlófelület, padlóburkolat; palló; *geol* padozás; *hajó* bordatalp; épített fenékborda; *hőt* padozat; tüzelési előtér *(kandallóé)*; *önt* öntőgödör, öntödei talaj; „placc"; ~ **arch** ellenív; ~ **area** *ép* beépített alapterület; *önt* kemencefenék-övezet; ~ **assembly** *gépk* padlózat; ~ **bar** *bány* talpgerenda; ~ **beam** *ép* födémgerenda, födémtartó; pályatartó *(hídon)*; párnafa; ~ **block** *ol* megtörőcsiga; ~**-board** → floorboard; ~ **break** *ép* pályamegszakítás; ~ **brush** *szersz* padlókefélő gép; ~ **casing** *ép* födémzsaluzás; ~ **chisel** *bány* talpkés; ~ **clamp** *fa* parkettszorító; ~**-cleaning machinery** padlótisztító gép; ~ **contact** *el, em* padlóérintkező; ~ **contamination** *at* padlószennyezés, padlófelületszennyezés; ~**-controlled** *ép* gyalogvezetésű, gyalogvezérlésű; ~**-controlled retriever** *ép* gyalogvezérlésű raktári felrakódaru; ~ **controller** *ép* állomáskapcsoló készülék; ~ **covering** *ép* padozat, padlóburkolás, padlóborítás; ~ **cross bearer** *gépk* alvázkereszttartó *(padlótartó)*; ~ **diffuser** *ép* padló-befúvószerkezet; ~ **drain** *ép* padlóösszefolyó, padlóvíztelenítő; ~ **dressing** *ép* parkettgyalulás; ~**-drift driving/excavation** *bány* talptárókiképzés; ~ **flogger** *ép* parkettgyalu; ~ **frame (FlFr)** *gép* csapágyállvány; *hajó* fenékborda, fenékbókony; *rep* padlókeret; ~ **girder** födémtartó, födémgerenda; ~**-grid** *ép* vakpadlóváz; ~**-grinding machine,** ~ **grinder** *ép* hidegpadló-csiszo-

ló gép; ~ **guide** *ép* vezetőhorony; vezetősín; ~ **hanger** *gép* padlóra erősített csapágytartó; ~ **head** *hajó* fenékborda felső éle; ~ **heating** *ép* padlófűtés; ~ **heave** *bány* talpduzzadás; ~**-height** *gépk* padlómagasság *(talaj felett)*; ~**-hopper truck** *gépk* fenékürítős tehergépkocsi; ~ **insulation** *ép* padlószigetelés; ~ **insulator** *ép* padlóátvezető szigetelő; ~ **jack** *gép* köríves kilincsmű; ~ **joist** *ép* födémgerenda; kiváltógerenda; padlózárléc; ~ **knob** *ép* ajtóütköző gomb *(padlón)*; ~ **lacing** *bány* lepadolás; ~ **lamp** állólámpa; *bány* hordozható lámpa; ~ **level** *ép* padlószint; ~ **lift** *bány* talpduzzadás; ~ **line** *ép* padlóvonal, padlóvonal-magasság; ~ **maintenance machine** *ép* padlóápoló gép; ~**-maker's scraper** *ép* parkettlehúzó penge; ~ **margin** alsó mérethatár; ~ **mat** padlógyékény, lábtörlő; ~ **mo(u)ld** *önt* alsó öntőforma; ~ **mo(u)lder** *önt* gödörformázó (munkás); ~ **mo(u)lding** *önt* gödörformázás, talajformázás; ~**-mounted motor** *gép* talpas motor; ~ **mounting** *gép* szerelés földre; ~ **number** *ép* emeletszám; ~ **of the roadway** *bány* vágattalp; ~ **of the seam** *bány* telepfekü; ~ **oil** padlóolaj; ~**-operated hoist** földszintről kormányzott felvonó; ~ **pan** *gépk* padlólemez *(kocsiszekrényé)*; ~ **paper** szőnyegpapír; ~ **pillar** *bány* vágatbiztosító pillér; ~ **plan** *ép* (emeleti) alaprajz; szintterv; *távb* alaprajzi elrendezés; ~ **planking** *ép* padlózás, pallózás; ~ **plate** *bány* támpapucs; *ép* alaplemez; burkolólemez, járdalemez, födémlemez; padlólap; *gép* lábítódeszka; talplemez; *gép, gépk, hajó* alaplemez; padlólemez; *kat* szekrényfenék; ~**-plate catch** *kat* szekrényfenék-rögzítő; ~**-plate hinge-pin** *kat* szekrényfenék-tengely; ~ **polish** padlóviasz; ~ **polishing machine,** ~ **polisher** *ép* parkettapolírozó gép; ~ **pressure** *bány* talpnyomás; ~ **push** *gép* lábítódeszka; ~ **rein** *bány* fekütelér; ~ **relay** *em* emeletrelé; ~ **rib** *bány* lábpillér; ~ **riders** *pl hajó* fenékbordák közti merevítés; ~ **sand** *önt* öntőforma fenekére terített homok; talajhomok; ~ **sanding machine,** ~ **sander** *ép* parkettacsiszoló gép; ~ **scraping machine,** ~ **scraper** *ép* padlótisztító és -felkaparó gép; ~**-screed (topping) mixing and conveying machine** *ép* pneumatikus esztrichkeverő és -szállító berendezés; ~ **scrubbing and polishing machine** *ép* padlósúroló és -fényesítő gép; ~ **selector** *ép* állomáskapcsoló készülék; ~ **sink** *ép* padlóösszefolyó, padlóvíztelenítő; ~ **slab** födémlemez, pályalemez; ~ **space** *ép* állás-alapterület *(istállóban)*; födémterület; padlóterület; pályavázszerkezet *(hídé)*; *gép* (gép-)alapterület; ~ **stand** csapágyállvány, csapágytalp *(padlóhoz rögzítve)*; ~**-stand grinder** köszörűbak; ~ **stop** *em* emeletmegállító; *ép* ajtóütköző *(padlón)*; ~ **stress** talpnyomás; ~ **structure** *ép* födém(szerkezet); pályaszerkezet *(hídon)*; ~ **surfacing machine** *ép* parkettacsiszoló gép; ~ **suspender** pályaszerkezet-függesztő elem; ~ **switch** *el* lábkapcsoló; ~ **system** *ép* pályaszerkezeti rendszer; ~ **tile** födémtégla; padlóburkoló mozaiklap; ~ **timber** pallódeszka; ~**-to-floor time** teljes megmunkálási idő *(gépidő és mellékidő összege)*; ~**-type boring-machine** *forg* alacsony asztalú fúrómű/fúrógép, fúrómarómű; ~**-type horizontal boring machine** *szersz* padlón felállított vízszintes fúrógép; ~**-type landing** *ép* födémszerű pihenő *(lépcsőé)*; ~**-type machine** *gép* padlóra szerelt gép; ~ **upkeep machine** *ép* padlóápoló gép; ~ **varnish** *ép* padlólakk; ~ **water** *pa* szennyvíz, padlóvíz *(papírgépnél)*; ~ **welding** *heg* hegesztés padlón; ~ **with brick blocks** *ép* téglabetéttestes födém; ~ **with cinder-concrete units** *ép* horzsabeton-betéttestes födém; ~ **with twisted straw infill elements** *ép* pólyásfödém; ~ **work** *önt* mintázás talajban

floorboard I. *v gépk* tövig kinyom *(gázpedált)*; **II.** *n ép* padlódeszka, padlólemez, padló; *gépk* padló(lemez); *hajó* raktárpadlózat; ~ **binder** *bány* lepallózás; *fa* padlókötőléc; ~**s** padló, padozat

floorer *ép* parkett(a)rakó (munkás), parkettázó (munkás)

flooring padozás; padlózás, födémkészítés; gyalult faáru; *bány* lepallózás; *ép* deszkabélés *(padlózat)*; padlóburkoló anyag; padlózás; padlózat; talpdeszkázat; *mat* kerekítés lefelé, lekerekítés; ~ **grinder** hidegpadló-csiszoló gép; ~ **plank** *fa* hajópalló; ~ **plate** *gép* járdalemez; *önt* burkolólemez; ~ **saw** rókafarkfűrész; ~ **slab** *ép* mennyezetlemez, padozatlemez

floorman *ol* kulcsos

FLOP → floating-point operation

flopforging forgatásos/félfordulatú odorkovácsolás

flopper *heng* keresztirányú ránc/redő; *koh* keresztartó; ~ **cam** *kh* lengőlakat

floppy | **disk** *szt* hajlékony (mágnes)lemez, diszkett; ~**-disk controller (FDC)** *szt* hajlékonylemez-vezérlő; ~**-disk drive (FDD)** *szt* hajlékonylemez-meghajtó; ~**-disk operating system (FDOS)** *szt* hajlékonylemezes operációs rendszer, FDOS; ~**-disk storage** *szt* hajlékony lemezes tár; ~ **tape** *szt* kazettás mágnesszalag

floral | **design** *tex* virágminta; ~ **essence** virágolaj; ~ **prints** *tex* virágmintás nyomottáruk; ~ **water** szagos víz

florence *tex* sűrű bélésselyem

florentine *tex* könnyű selyemanyag

floret *tex* hulladékselyem; ~ **silk** *tex* florettselyem; ~ **yarn** florett *(selyem- és pamutkeverék fonal)*

floriated *ép* virágokkal díszített; ~ **plaster** *ép* hidraulikus gipsz

flos ferri *ásv* vasvirág

floss pihe, pehely; ~ **hole** *koh* salaknyílás; salakozó *(kavarókemencén)*; ~ **silk** *tex* gubókócselyem

flotation úszás, lebegés; *bány, fiz, hidr* flotáció, flotálás, úsztatás, lebegtetés, flotáló/lebegtető/úsztató eljárás; flotálhatóság, úsztathatóság; *hajó* merülés; *koh* flotációs dúsítás; flotálás, úsztató eljárás; ~ **agent** *vegy* flotációs vegyszer; ~ **air-bag** *rep* légzsák; ~ **caisson** úszóképessé tett alapozószekrény; ~ **cell** flotálócella; ~ **concentrate** flotálási koncentrátum; ~ **gear** úszómű *(csak úszásra)*; ~ **line** *hajó* merülési vonal; ~ **machine** *bány* flotálóberendezés, flotálócella, flotálókészülék; ~ **method** *bány, geol, hidr, krist* flotációs módszer/eljárás; lebegési módszer; ~ **poison** *bány* flotációs méreg; ~ **sand** *hidr* flotációs homok

flotative *bány* flotációra alkalmas; flotálható

flour I. *v élip* lisztté őröl; liszttel beszór; **II.** *n bány* finom por; *élip* liszt; *ép* finom őrlésű ásványi por; kőpor, kőliszt; por *(lisztfinomságú)*; *pa* facsiszolat poranyaga; ~**-bleaching** *élip* lisztjavítás *(fehérítés)*; ~ **bolt** lisztszita; ~ **chute** *élip* lisztcsúszda, lisztleengedő garat; ~ **cloth** *élip* lisztselyem; ~**-confectionery** *élip* édesipari lisztesáru; ~ **dresser** lisztszita; ~ **feeding**

koh lisztezés; ~ **grade** *élip* liszttípus; ~ **improver** lisztjavító szer; ~**-loft beam** *élip* felsőgerenda *(malomé)*; ~ **maturing** *élip* lisztérlelés; ~ **mill** malom; ~ **milling** malomipar; ~ **mite** *élip* lisztatka; ~**-mixer** *élip* lisztkeverő; ~ **moth** *élip* lisztmoly; ~ **paste** csiriz; ~ **room** lisztraktár; ~ **sacker** lisztcsomagoló gép; ~ **yield** lisztkiaknázás, liszthozam

floured porított

flourish szegélydísz; díszes keret

flourished *nyom* díszített; márványozott

flourishing thread *tex* kézimunkafonal, fényesített hímzőfonal

flow I. *v* folyik, ömlik; áramlik; elfolyik, átfolyik, szétfolyik; emelkedik, nő *(dagály, ár)*; áramoltat, folyat; *alak, any* megfolyik; *hajó* megereszt *(vitorlát)*; *vegy* szétoszlat *(festéket)*; **II.** *n* elfolyás, átfolyás, kifolyás, szétfolyás; (ki)ömlés; áramlás; folyamat; *alak, any* maradó alakváltozás; megfolyás; *bány* omlás; *geol, hajó* dagály; *hidr* (ki)áramlás; átfolyás; lefolyás; *hőt* átömlés *(turbinában)*; *koh* folyósítás; *műa* folyás *(szerszámban)*; ~ **across a dike** *hidr* csurgás; ~ **adsorption method for surface measurements** *bány* felületmeghatározás gázadszorbciós módszerrel; ~ **area** áramlási keresztmetszet/szelvény; ~ **assembly** átáramlási edény; ~ **back** *v* visszaáramlik; ~ **baffle** sugárterelő lap; ~ **bean** *ol* (termelő) fúvóka, (cső)szelvényszűkítés; ~ **birefringence** *opt, műa* áramlási kettőstörés; ~**-boiling cooling** *vegy* hűtés áramló folyadékban; lamináris hűtés; ~ **box** *pa* anyagfelfutó szekrény; ~ **brazing** *koh* keményforrasztás a megolvadt forrasz folyósításával; ~ **calorimetry** *aut, hőt* átfolyási kalorimetria; átömléses hőmennyiségmérés; ~ **capacity** *hidr* csővezeték-kapacitás; *ol* folyási teljesítmény; ~ **chart** → flowchart; ~ **choking** *rep* áramlás befulladása; ~ **classifier** *ép* áramkészülék; ~**-coating** *ép* locsolófestés; ~ **coefficient** *ol* átfolyási szám; kalibrációs állandó; *rep* áramlási együttható; ~ **cone** *fiz* áramlási kúp; ~ **control** *aut, hidr* átfolyó mennyiség szabályozása, átfolyásszabályozás, lefolyásszabályozás; mennyiségszabályozás; *rep* áramlásszabályozás; *szt* forgalomvezérlés; ~ **controller** átfolyásszabályozó; ~ **conveying** *ép* áramlóközeges szállítás; úsztatószállítás; ~ **conveyor/conveyer** *ép* áramlóközeges szállítóberendezés; ~ **correcting airfoil** *rep* áramláshelyesbítő szárnyszelvény; ~ **counter** *at, fiz* átfolyásszámláló, átfolyásmérő, (gáz)átömlés-számláló, folyamatos fluxusszámláló; ~ **counter tube** *at, fiz* átfolyásmérő; ~ **creep** *bány* duzzadás; ~ **curve** *ol* folyási görbe; ~ **cytometry** *biot* áramlásos citometria; ~ **detector** *ol* nyomindikátor, színindikátor *(mélységi folyadékok áramlási irányára)*; ~ **diagram** → flowchart; ~**-direction** *félv* áteresztőirány, fluxusirány; hatásirány; nyitóirány; *szt* folyamatirány; ~ **disturbance** *rep* áramlási zavar/diszturbancia; ~**-duration curve** *hidr* vízhozam-tartóssági görbe; ~ **element** *aut* átfolyási elem; ~ **failure** *geol* folyásos talajcsúszás; ~ **feeder** folyamatos adagoló; ~ **fence** *rep* áramlásterelő berendezés; ~ **friction** *fiz* folyadéksúrlódás; ~ **from sources** *fiz* áramlás forrásból; ~ **gate** *hidr* beöntőcsatorna; ~ **ga(u)ge** *metr* átfolyásmérő, átáramlásmérő; ~ **ga(u)ging by cylindrical probes** *metr* áramlásmérés hengeres szondával; ~ **hydrograph** *hidr* vízjárásgörbe; ~ **impedance** *fiz* áramlási ellenállás; ~ **in** *v* beömlik, beáramlik, befolyik; ~**-in** beömlés, beáramlás, befolyás *(folyadéké)*; ~ **index** *vegy* folyékonysági mutatószám; ~ **indicator** *hidr* áramlásjelző (műszer); *hőt* adagolásjelző műszer *(gőzhöz)*; ~ **indicators** *rendsz* folyam/flow jellegű mutatók; ~ **jet ventilation** *ép* sugárszellőzés; ~ **layer** *fiz* interferenciacsík, slir; ~ **limit** *any* folyáshatár, képlékenységi küszöb, kritikus folyásfeszültség; ~**-limit apparatus** *talt* folyási határ meghatározására szolgáló készülék; ~ **limiter** *hidr* mennyiségkorlátozó; ~ **line (FL)** *fiz* áramvonal, áramlási vonal; *hidr* árvízi hossz-szelvény; *ol* folyóvezeték *(kúttól a tartályig)*; *szt* folyamatvonal; ~ **lines** *pl any* folyási vonalak; Lüders-féle vonalak; *geol* folyási határ; *műa* folyási nyomok; ~**-line spray painting** *ép* futószalagos festékszórás; ~ **marks** *pl műa* folyási nyomok; ~**-mass curve** *hidr* vízhozam-integrálgörbe; vízhozam-összegező görbe; ~**-measuring flume** hidrometriai csatorna; ~**-measuring instrument** *fiz* átfolyásimennyiségmérő, átfolyásmérő (műszer), átáramlásmérő; ~**(-)meter** → flowmeter; ~ **mo(u)lding** *műa* folyásöntés, intrúzió; ~ **net** hidrodinamikai hálózat, áramkép; ~ **nipple** *ol* csőszerelvény-szűkítés; termelőfúvóka; ~ **nozzle** *ol* mérőtorok; ~ **off** *v* kifolyik, kiömlik *v.* elfolyik, elömlik; ~**-off** kifolyás, kiömlés, elfolyás; ~**-off well** *bány* leszálló forrás; ~ **of ground water** *hidr* talajvízáramlás; ~ **of information** *szt* információfolyam; ~ **of material** *koh* anyagáramlás; ~ **of rail** *vasút* sínanyagleválás; ~ **of the current** *el* áramáthaladás, áramlás; ~ **out** *v* kiömlik, kiáramlik, kifolyik; ~ **over** *v* túlfolyik; ~ **past cascade** *el* rácsáram, rácson átfolyó áram; ~ **path** *ol* áramlási pálya; ~ **pattern** *hidr* áramkép, áramlási kép, hidrodinamikai hálózat; *ol* áramlási rendszer; *önt* jégvirág; ~ **pattern map** áramlási térkép; ~ **pipe** *ép* felszállócső, nyomócső *(központi fűtéshez)*; ~ **point (FP)** *any* folyási határ/pont/hőmérséklet; ~ **pressure loss** *ol* áramlási nyomásveszteség; ~ **print** *tex* folyatott nyomás, makrényomás; ~ **process** *szt* áramlási folyamat; ~**-process diagram** *szt* folyamatábra, blokkdiagram; ~**-proportional counter** *aut* átfolyással arányos számláló; gázáramlási proporcionális számláló; ~ **rate** átfolyási/áramlási sebesség; *ol* szállítási teljesítmény; *rendsz, vegy* időegységenkénti átfolyás/átömlés; ~**-rate measurement** *aut* átfolyó mennyiség mérése; ~**-ratio control** *aut* átömlésiarány-szabályozás; ~**-ratio controller** *aut* átömlésiarány-szabályozó; ~ **recorder** *aut* átfolyás(imennyiség-)regisztráló; ~ **regime** *hidr* vízjárás; ~ **regulation** *hidr* vízadagolás; ~**-regulator** áramlásszabályozó; ~ **relay** *aut* áramlás(mennyiség-)ellenőrző relé; ~ **requirement** *hidr* vízigény, vízszükséglet; ~ **resistance** *el* áramlási ellenállás; ~ **resistance of flue** *ép* kürtő áramlási ellenállása; ~ **resistivity** *el* fajlagos áramlási ellenállás; ~ **restriction** átfolyáskorlátozás; ~ **rock** *bány* folyós homok; úszóhomok; úszókőzet; ~ **scheduling control** *aut* fogyasztás program szerinti szabályozása; ~ **separation** *rep* áramlás leválása; ~ **separation loss** *hidr* leválási veszteség; ~ **sheet** → flowchart; ~ **slide** *talt* folyásos talajcsúszás; rézsűfolyás; ~ **steam-engine** *gép* Stumpf-féle gőzgép; ~ **straightener** *ol* áramlásrendező; ~ **stress** *krist* folyási feszültség; ~ **string** *ol* termelési béléscsőoszlop; ~ **system** *ip* folyamatos termelés; ~ **table** *aut* átmeneti táblázat/tábla; rázóasztal *(betonvizsgálat)*; ~ **temperature** *műa* folyási hőmérséklet; ~**-temperature range** *műa* folyás hőmérséklet-tartománya; ~**-temperature test** *műa* folyási hőmérséklet *v.* hidegfolyás vizsgálata; ~ **test** folyáspróba *(zsiradéké)*; *hidr* áramlásvizsgálat; ~ **texture** *bány* folyásos szövet; ~ **through** *v* átfolyik, keresztülfolyik; ~**-through** *hidr* átfolyás; *ol* átfejtődés; ~**-through cascade** *el* rácsáram, rácson átfolyó áram; ~**-through centrifuge** *gép* folytonos működésű centrifuga; ~**-through porous media** *any* szivárgás; ~**(-through) transmitter** *aut* átfolyás(i)mennyiség-távadó, átáramlás(i)mennyiség-távadó; ~ **tube** *ol* áramoltatócső; ~**-up control** *rendsz* követővezérlés; ~ **value** *talt* passzív földnyomástényező; ~ **velocity** *fiz, hidr* áramlási sebesség; ~ **volume** vízszállítás *(összesítve)*; ~ **volume limiter** → ~ limiter; ~ **welding** *heg* öntőhegesztés; ~ **with quasi-uniform velocity distribution** *hidr* kváziegyenletes sebességű folyadékmozgás

flowability folyékonyság; folyóképesség; *önt* formakitöltő képesség

flowage *any* folyás, képlékeny alakváltozás; *geol* csuszamlás, suvadás, lefolyás; folyósság, folyós állapot *(kőzeté)*; ~ **line** *hidr* elöntési határ

flowchart *aut* áramlási kép, áramkép; blokkdiagram, blokkvázlat, programvázlat, folyamatábra; műveleti ábra, technológiai séma, hatásvázlat, programkép; ~ **symbol** *szt* folyamatábra-jelkép; ~ **template** *szt* folyamatábra rajzsablonon

flowcharting *szt* folyamatábrázolás

flower virág; *ép* rózsa, rozetta, csiga *(oszlopfőn)*; ~**-embossing board** *pa* virágnyomó lemez; ~ **of sulphur/sulfur** *vegy* kénvirág; ~**s** *pl nyom* virágdísz, levéldísz; *vegy* salétromkivirágzás *(falon)*; ~ **wire** virághuzal

flowered *tex* virágos mintájú

flowering I. *a* virágos; **II.** *n tex* virágminta

flowing I. *a* folyó, ömlő; folyékony; **II.** *n* áramlás; ~ **aggregates** *pl ép* aktív adalékanyag-készlet; ~ **back** *fiz* visszáramlás, visszafutó áramlás, reflux; ~ **bottom-hole pressure (FBHP)** *ol* termelési talpnyomás; ~ **chromatogram** elúciós kromatogram; ~ **mixture density** *ol* áramlási keveréksűrűség; ~ **out** *koh* kifolyás; ~**-out well** *hidr* közkút, közkifolyó, vízvezetéki közkút; ~ **pressure** *ol* folyási nyomás, kútnyomás termelés közben; ~ **production** *ol* felszálló termelés; ~ **property** *alak* folyási jellemző; ~ **speed** *alak, hidr* folyási/áramlási sebesség; ~ **strength** *műa* folyáshatár, képlékenységi küszöb, kritikus folyásfeszültség; ~ **temperature** *alak* salakolvadási hőmérséklet; ~**-through time** *hidr* átfolyási idő *(medencében)*; ~ **water** *hidr* folyóvíz; ~ **well** *hidr* pozitív artézi kút; *ol* felszállással termelő *v.* eruptív kút; felszállókút; gázkút, gázfúrás *(fúrás gázra)*; szabadonszökő kút

flowmeter áramlásmérő, átfolyásmérő, hozammérő, fogyasztásmérő; *gép* benzinóra; *hidr* vízmérő, vízóra; ~ **logging** *ol* áramlásszelvényezés; ~ **patent** átfolyásmérőre vonatkozó szabadalom; ~ **with flow marking** folyadékjelzéses áramlásmérő; áramlásirány-jelző átfolyásmérő; ~ **without mercury** higany nélküli átfolyásmérő; ~ **with pneumatic transmitter** *aut* pneumatikus távadós átfolyásmérő

fl. oz. → fluid ounce

FLR → forward-looking radar

Flt Str → flight strip

fluating fluátozás

fluctuate ingadozik, hullámzik; lebeg; lüktet; fluktuál

fluctuating ingadozás, hullámzás; lebegés; lüktetés, fluktuáció; ~ **current** *el* lüktető áram; ~ **load** *mech* váltakozó/lüktető terhelés

fluctuation ingadozás, eltérés; hullámzás; lebegés, lengés; lüktetés; fluktuáció; *mat* szórás, eltérések négyzetes közepe; ~ **in nucleation** *krist* gócképződés ingadozása; ~ **in the main voltage** *el* hálózati feszültségingadozás; ~ **noise** *el* árameloszlási zaj; sörétzaj; ~ **of amplitude** amplitúdóingadozás; ~ **of daylight illumination** nappali fény ingadozása/fluktuációja; ~ **of sea level** *geol* tengerszint-ingadozás; ~ **of water-table** *ol* vízszintingadozás; ~ **resistance** *fiz* differenciális ellenállás; ~**s of density** *aut* sűrűségváltozások, sűrűségingadozások

flue légjárat, huzat *(füstvezetés)*; levegőcsatorna; kémény, füstcső *(füstelvezető)*, füstcsatorna; kürtő, füstjárat; égéstermék-vezeték; rókatorok; *bány* légkürtő, légvezeték; *fa* (boksa)kürtő; szellőzőcsatorna *(máglyáé)*; *hőt* tűzcső, lángcső; *koh* huzatcsatorna, rókatorok; ~ **ash** pernye; szállóhamu; ~**-ash removing plant** *koh* pernyeleválasztó; ~ **beader** *heng* lángcsőbehengerlő prés; ~ **blower** *hőt* túlhevítő kifúvató; ~ **boiler** *hőt* tűzcsöves kazán; ~ **bridge** *koh* füstgát, tűzküszöb; ~ **brush** *ép* kürtőkefe, kürtőtisztító kefe; ~ **cinder** *koh* elfolyó salak *(olvasztókemencéé)*; füstcsatornasalak; szállóreve *(hevítőkemence füstjáratában)*; ~ **dryer/drier** *tex* légszárító; ~ **duct** *ép* füstjárat; ~ **dust** szállópernye, szállópor; ~**-dust chamber** *koh* koromkamra; szállópernyekamra; ~**-dust control** *koh* a torokgáz portartalmának ellenőrzése; ~**-dust separation** pernyeleválasztás; ~ **expander** *gép, koh* lángcsőbehengerlő prés; ~ **furnace** *koh* lángcsöves olvasztókemence; ~ **gas** távozó gáz; *ép, hőt* égéstermék; füstgáz; ~**-gas analyzer** *hőt* füstgázelemző, füstgázanalizátor; ~**-gas balance** kohógázmérleg; ~**-gas channel** égéstermék-vezeték, füstgázelvezetés; ~**-gas colo(u)r meter** füstgázszínmérő; ~**-gas density measurement** füstgázsűrűség-mérés; ~**-gas density meter** füstgázsűrűség-mérő; ~**-gas duct** *ép* rókatorok, füstcsatorna; ~**-gas fan** *hőt* füstgázelszívó ventilátor; ~**-gas measurement** *hőt* füstgázmérés; ~**-gas neck** *koh* rókatorok; ~**-gas pump** *hőt* füstgázelszívó, füstgázszivattyú; ~**-gas temperature** *hőt* füstgázhőmérséklet; ~**-gas tester** *hőt* füstgázelemző; füstgázvizsgáló; ~ **goggles** *pl hőt* füstgázos szárító; ~**-heated hotbed** *ép, mzg* csatornafűtéses melegágy; ~ **loss** *hőt* füstgázveszteség; kéménygázveszteség; ~ **offset** *ép* kéményág, kéménybekötés, kéménycsatlakozás; ~ **offtake** *koh* füstcsatorna; ~ **opening** *ép* kéménykeresztmetszet; ~**(-)pipe** *ép* füstcső, égéstermék-vezeték; *hang* ajaksíp; ~ **pyrometer** füstcsatorna-hőmérő; ~ **regulation** *koh* huzatszabályozás; ~ **ring** tűzcsőgyűrű; ~ **stops** *hang* ajaksípdugók; ~ **system** *bány* szívó gázelvezetési rendszer; ~ **tube** lángcső *(kazánhoz)*; kéménycső; *ép* égéstermékvezeték, füstcső; ~ **valve** füstjárat-szabályozó retesz; ~ **width** szélcsatorna-szélesség *(famáglyában)*

fluent folyós, folyékony, fluens

fluff I. *v bőr* blansíroz; csiszol, fényesít; *pa* poroz; **II.** *n* csiszolási bőrpor; aprókristályos szóda; pihe, pehely(réteg); *tex* szálfoszlány, bolyh

fluffiness bolyhosság, pelyhesség
fluffing *bőr* húsoldali lecsiszolás *(legfelső rétegé)*; *pa* porzás; ~ **machine** bőrcsiszoló gép *(barkaoldalhoz)*; ~ **wheel** bőrcsiszoló henger
fluffy pelyhes; *élip* pehelykönnyű; *tex* bolyhos
fluid I. *a* folyékony; cseppfolyós; fluid (halmazállapotú), áramlásképes, folyós; **II.** *n* cseppfolyós közeg; folyadék; fluidum; *geof* lyukfolyadék; ~ **amplifier** *el* fluid erősítő, áramláserősítő; ~ **bed** *koh, vegy* fluid ágy; fluidizációs/fluidizált/fluidizáló ágy, örvényágy; fluidizált katalizátorágy; ~**-bed cracking** *ol, vegy* fluidizációs krakkolás; ~**-bed cracking process** *ol, vegy* fluidizált ágyas *v.* örvényréteges hőbontó eljárás; ~**-bed gasification** *vegy* elgázosítás fluidizált ágyban; ~**-bed process** *vegy* fluidizációs eljárás; ~**-bed reactor** *at, biot* fluidágyas reaktor; ~**-bed smelting** *koh* olvasztás fluidizált rétegben; ~ **brake** *gépk, kat* folyadékfék; ~ **catalyst** *ol, vegy* fluid/fluidizált katalizátor; ~ **catalytic cracking (FCC)** *ol, vegy* fluidizációs katalitikus krakkolás; lebegő katalizátoros hőbontás; ~ **cell** *el* folyadékos elem; ~**-circulating separator** *ép* folyadékcirkulációs leválasztó; ~ **clutch** *gépk* folyadékkapcsoló; ~ **coking** *vegy* fluidizációs kokszolás; ~ **compass** *fiz* úszókompasz; ~**-compressed** *alak* folyós állapotban összenyomott; ~ **concrete** *ép* folyós beton; ~ **contraction** *alak* dermedési zsugorodás *(folyékony)*; ~ **converter** *el* hidrotranszformátor, hidraulikus forgatónyomaték-átalakító; ~ **coupling** *gépk* folyadék-tengelykapcsoló, folyadékkapcsoló; hidrodinamikus tengelykapcsoló, turbókapcsoló; ~ **die** *alak* folyadékos/folyadéktüskés szerszám; ~ **diode** *el* fluid dióda; ~ **discharge** *hidr* folyadékhozam; ~ **drive** *gépk* hidrodinamikus erőátviteli berendezés; ~ **dynamics** *fiz* aerohidrodinamika, folyadékok dinamikája; áramlástan, hidrodinamika; ~ **entrainment jump** *gép* hajtóközeges szivattyú; ~ **extract** → fluidextract; ~**-extruded material** *any* hidrosztatikus módszerrel fröccssajtolt anyag; ~ **film lubrication** *ol, vegy* folyadékfilmkenés, hidrodinamikus kenés; ~ **flowmeter** *at* folyadékáramlásmérő; ~ **flow physics** áramlástan, áramlások fizikája; ~ **flyweel** → ~ coupling; ~ **friction** *fiz* folyadéksúrlódás; közegsúrlódás; ~ **ga(u)ge** *fiz* folyadék-manométer; ~ **gear with torque converter and automatic gears** *gépk* folyadékhajtómű nyomatékváltóval és automatikus sebességváltóval *(turbóhajtóműnél)*; ~ **head** *fiz* folyadék nyomómagassága; ~ **impedance** *fiz* fluid impedancia; ~ **intrusion** *ol* fúrólyuk megindulása; ~**-jet element** *fiz* pneumatikus kapcsolóelem, áramláserősítő; ~**-jet pump** *hidr* hajtóközeges szivattyú; ~ **level** *fiz, hidr* folyadékszint, folyadéktükör; ~**-level control** *fiz, hidr* folyadékszint-szabályozás, szintszabályozás; ~**-level ga(u)ge** *ép, hidr* folyadékszintjelző, folyadékszint-mutató; ~**-level indicator** *hidr* (folyadék)szintjelző; ~**-level recorder** *hidr* folyadékszint-regisztráló; ~ **line** *hidr* áramvonal; ~ **logic** *rendsz* pneumonika; ~ **loss** vízleadás; *ol* folyadékveszteség, iszapveszteség; ~ **loss formation** *ol* iszapveszteséges formáció; ~ **lubrication** *gép* folyadékos kenés; ~ **machinery** *hidr* vízgépek, áramlástechnikai gépek; ~ **mechanics** *fiz* áramlástan, folyadékok (és gázok) mechanikája, hidromechanika; ~ **medium** folyós/folyékony közeg; ~ **milk** *élip* friss (fogyasztási) tej; ~**-mo(u)ld casting** *önt* kokillába öntés salakrétegen keresztül; ~ **nozzle** *ép* festékfúvóka; ~**-operated punched card machine** hidraulikus működtetésű lyukkártya-feldolgozó gép; ~ **ounce (fl. oz.)** fluid ounce *(GB 28,41 cm^3, US 29,57 cm^3)*; ~ **poison control** *at* folyékony neutron-abszorberes szabályozás; ~ **power transmission** *gépk* hidrodinamikus hajtómű, hidrodinamikus erőátviteli berendezés; ~ **pressure** *fiz* folyadéknyomás; hidrosztatikai nyomás; ~**-pressure extrusion** *műa* hidrosztatikus fröccssajtolás; ~**-pressure mo(u)lding** *műa* folyadéknyomású sajtolás; ~**-pressure transducer** *aut* folyadéknyomás-adó; ~ **pump** *ép* olajszivattyú; ~**-to-air cooling** *félv* közvetített léghűtés; ~**-to-fluid extrusion** *műa* hidrosztatikus fröccssajtolás; ~**-to-water cooling** *félv* közvet(it)ett vízhűtés; ~ **transmission** → ~ power transmission; ~ **vibration** *mech* folyadéklengés; ~ **weld pool** *heg* hígfolyós hegfürdő
fluidal folyadékszerű; ~ **structure** *geol* fluidális szerkezet; ~ **texture** *geol* fluidális kőzetszövet; *krist* folyási/fluidális textúra
fluidbed | **dip coating** fluidágyas szinterezés; ~ **dryer** *vegy* fluidágyas/örvényágyas szárító; ~ **heat treatment** *hők* hőkezelés fluidizált rétegben; ~ **kiln** *koh* fluidágyas kemence; ~ **quenching** *hők* edzés fluidizált közegben; ~ **sintering** fluidágyas szinterezés; ~ **technique** *vegy* fluidágyas/örvényágyas eljárás, fluidizálóágy-módszer
fluidextract *gyógyv* folyadékextraktum
fluidic *any, fiz* fluid (halmazállapotú), áramlásképes, folyékony, folyós; ~ **amplifier** *el* fluid erősítő/áramláserősítő; ~ **autopilot** *rep* hidraulikus robotpilóta; ~ **booster** *el* fluid erősítő/áramláserősítő; ~ **device** *el* fluid elem, sugaras elem; ~ **element** *el, fiz* fluid elem, sugaras elem; pneumatikus kapcsolóelem, áramláserősítő
fluidics *fiz* fluidika
fluidification hígítás, feleresztés, fluidifikálás, cseppfolyósítás, cseppfolyósodás
fluidity *fiz* fluiditás; reciprok viszkozitás; *geol* folyási jelenség; *műa* fluiditás, mozgékonyság; folyóképesség; *önt* folyékonyság; hígfolyósság; önthetőség; ~ **coefficient** *fiz* fluiditás, reciprok viszkozitás; ~ **test casting** öntvény hígfolyóssági próbához
fluidization *önt* fluidágyas/örvényágyas eljárás, fluidizálóágy-módszer; *vegy* fluidizálás; ~ **conveying** *ép* sűrűáramú szállítás; ~ **dip coating** *műa* fluidágyas szinterezés; ~ **furnace** *koh* fluidizációs kemence
fluidize *geol* megfolyósodik; *vegy* fluidizál
fluidized fluidizált, fluid(izációs); ~ **bed** → fluid bed; ~ **dense phase bed** *vegy* cseppfolyósított sűrű fázisú elegyréteg; ~ **drying process** *vegy* szárítás fluidizált rétegben; ~ **gasification** elgázosítás fluidizált ágyban; ~ **layer** *geol* megfolyósodott réteg; ~ **pressure vessel** *ép* nyomótartály; ~ **reactor** *at* fluidizációs reaktor; ~ **reduction process** *vegy* redukálás fluidizált rétegben; ~ **roasting process** *gép* pörkölés fluidizált rétegben; ~ **sand** *önt* folyékony formázókeverék; ~ **state** *fiz, vegy* fluidizált állapot
fluidizing *geol* megfolyósodás; *vegy* fluidizáció; fluidizálás; ~ **cementation** *koh* fluidizáló cementálás; ~ **incinerator** fluidizációs kemence; ~ **leaching** fluidizáló lúgzás; ~ **precipitation** fluidizáló cementálás; ~ **process** fluidágyas eljárás

fluke *bány* fúrólyukkaparó vas; *hajó* horgonykarom, szigonykampó
flume *élip* malomárok; *ép* beömlőakna; csatorna, folyóka; falazott csatorna; úsztatócsatorna; *hidr* héjcsatorna; *ol* iszapcsatorna, iszapkanális; ~ **dredge(r)** vedersoros nyomókotró; ~ **water** *élip* úsztatóvíz
fluming hidraulikus adagolás
fluoberyllate *vegy* fluoberillát
fluograph röntgenképernyő
Fluon *vegy* fluon, poli(tetrafluor-etilén)
fluorapatite *ásv* apatit
fluorene *vegy* fluorén, difenil-metán
fluorescence *fiz* fluoreszcencia; fluoreszkálás; ~ **chromatogram** ibolyántúli fényben fluoreszkáló sávokat feltüntető kromatogram; ~ **dosimetry** fluoreszcens dozimetria; ~ **dye** *at, fiz* fluoreszcens festék(anyag); ~ **in crystal** kristályfluoreszcencia, fluoreszcencia kristályban; ~ **microscope** *fiz* fluoreszcenciamikroszkóp; ~ **microscopy** *fiz* fluoreszcenciamikroszkópi vizsgálat; ~ **spectrometry** *fiz* fluoreszcenciás spektrometria; ~ **spectrum of molecules** *fiz* molekulák fluoreszcencia-színképe; ~ **yield** *at* fluoreszcens hozam
fluorescent *fiz* fluoreszcens, fluoreszkáló; ~ **background** *krist* fluoreszcenciás háttér; ~ **brightener** → ~ whitening agents; ~**-bulb mercury lamp** *el* színkorrigált higanylámpa; ~ **dye** *vegy* fluoreszkáló festőanyag/festék/színezék; ~ **indicator tube** *el* vákuumfluoreszcens kijelzőcső; ~ **inspection** *fiz* ellenőrzés lumineszcenciás módszerrel; ~ **lamp** *el* F-cső; fénycső; ~**-lamp fitting** fénycsőszerelvény; ~**-lamp holder** fénycsőfoglalat; ~ **light(ing)** *el* fénycsővilágítás; ~ **liquid inspection** *vegy* ellenőrzés lumineszkáló folyadék segítségével; ~ **magnetic inspection** *fiz* ellenőrzés mágneses-lumineszcenciás módszerrel; ~ **material** *vegy* fénypor; fluoreszkáló anyag; ~ **mercury discharge lamp** *el* javított színű higanylámpa; ~ **method** fluoreszcenciás ellenőrző módszer; ~ **particle inspection** *fiz* ellenőrzés lumineszkáló részecskék segítségével; ~**-penetrant inspection** *any* folyadékbehatolásos repedésvizsgálat; ~ **radiation** *at* fluoreszcenciasugárzás; karakterisztikus/fluoreszcens sugárzás; ~ **screen** *el* fluoreszcens ernyő; fluoreszkáló réteg; képtányér; világítóréteg; ~ **spectrum** fluoreszcencia-színkép; ~ **whitening agents** *pa, tex* fluoreszcens fehérítőszerek; ~ **X-ray** másodlagos röntgensugár
fluoridate *vegy* fluoroz
fluoridating, fluoridation *vegy* fluorkezelés, fluorozás *(vízé)*
fluoride *vegy* fluorid
fluorimeter → fluorometer
fluorimetry → fluorometry
fluorinate *vegy* fluoroz
fluorinated *műa, vegy* fluortartalmú; ~ **hydrocarbon** *vegy* fluor-szénhidrogén; ~ **refrigerant** *vegy* freon, fluortartalmú hűtőközeg
fluorination *vegy* fluorozás, fluorkezelés
fluorine (F) *vegy* fluor; ~ **dating/method** *geol* fluormódszer *(fosszilis csontok kormeghatározására)*
fluorite *ásv* fluorit, folypát
fluorocarbon | **resins** *pl műa, vegy* fluortartalmú műanyagok, fluor-szénhidrogén gyanták; ~**s** *műa, vegy* fluor-szénhidrogének, fluorozott szénhidrogének
fluorochrome *vegy* fluorokróm
fluoroethylene *vegy* fluor-etilén
fluoroform *vegy* fluoroform, trifluormetán
fluorogram *sug* ernyőkép, röntgenfelvétel, röntgenfénykép, röntgenkép, radiográf
fluorographic method *geof* fluorografikus módszer
fluorography *sug* fluorográfia, képernyős röntgenvizsgálat; képernyős felvétel
fluorologging *geof* fluorszelvényezés
fluorometer *metr, sug* sugárzásintenzitás-mérő műszer, fluoriméter
fluoromethane *vegy* fluormetán, metil-fluorid
fluorometry *sug* fluorometria; sugárzásintenzitás-mérés
fluorophore *vegy* fluorofor
fluorophosphoric acid *vegy* fluorofoszforsav
fluorophotometer *at* fluorofotométer, sugárzásmérő fotométer
fluoropropane *vegy* fluorpropán, propil-fluorid
fluororadical fluorgyök
fluoroscope *sug* röntgenátvilágító berendezés; röntgenoszkóp
fluoroscopic fluoroszkópiai, röntgenoszkópiai; röntgenátvilágításos; ~ **diaphragm** fluoreszkáló ernyő, átvilágítóernyő; ~ **image/picture** röntgenkép *(átvilágítóberendezés ernyőjén)*; ~ **inspection** fluoroszkópiás ellenőrzés; ~ **screen** röntgenernyő
fluoroscopy röntgenátvilágítás, fluoroszkópia; ~ **with X-rays** röntgenátvilágítás
fluorspar → fluorite
fluosilicate *vegy* hexafluoroszilikát
fluosilicic acid *vegy* hexafluorkovasav, kovafolypátsav; kovafolysav
fluostannate *vegy* hexafluorosztannát(IV)
flurry *tex* fonallebegés
flush I. *v* vízzel telít; (vízzel) öblít; leöblít, kiöblít, kimos; vízsugárral kitisztít; eláraszt; bemélyeszt; szintbe hoz; hirtelen szintbe hoz; hirtelen kiáramlik; *ép* hézagot kitölt, feliszapol; *koh* átöblít, átbuborékoltat; **II.** *a* süllyesztett; egy szintben/síkban fekvő/levő; **III.** *n* (víz)áram, áradat; *bány* iszaptömedékelés; *ép* bemosás vízsugárral; lefolyás; leürítés; öblítés *(vécéé)*; tisztítás, öblítés *(szennyvízcsatornáé)*; *hidr* csőöblítés *(szivattyúnál)*; *önt* utolsó salakeltávolítás; *szt* memória lemezre írása, rekordok gyors kivitele állományból; ~ **air intake** *rep* süllyesztett légbeszívó nyílás; ~ **antenna** *távk* süllyesztett szerelvényes antenna; ~**-bolt** bemélyített tolózár; tolóretesz; ~ **boring** *ol* öblítéses fúrás; ~ **box** *el* süllyesztve szerelt kapcsolódoboz; ~**-cut joint** *ép* telehézag *(falazásnál)*; ~ **deck** *hajó* sima fedélzet; ~ **door** lemezelt ajtó; ~ **drilling** *ol* öblítéses fúrás; ~ **eliberation** *ol* hirtelen gázkiválás *(kőolajból)*; ~**-end joint** *hajó* tompa/sima (lemez)illesztés; ~ **gas** *vegy* öblítőgáz; ~ **head** süllyesztett fej; ~ **irrigation** *hidr* csörgedeztető öntözés; ~ **joint** *ép, fa* falsíkkal szintben kitöltött fugázott hézag; sima/bütüs illesztés; *gép* kívül sima csatlakozás; ~ **joint drill-pipe** *ol* sima fúrócső; ~ **kerb** *ép* süllyesztett szegély *(vezetősáv)*; ~ **left** *szt* bal margóhoz zárt; ~**-mounted** *szer* süllyesztve/szintbe szerelt; ~ **mounting** *szer* süllyesztett/rejtett szerelés; ~ **mud** *bány* fúróiszap; ~ **(of gas)** gázfúvatás, gázöblítés; ~ **out** *v* (ki)öblít, kimos; vízsugárral kitisztít; kifúj, kifúvat; előtör *(vízsugár)*; kiáramlik; ~**-out**

(ki)öblítés, átmosás, kimosás; kifújás, kifúvatás; ~-out valve *gép* lefúvató/kiegyenlítő szelep; ~ **pattern plate** *önt* süllyesztett mintalap; ~ **pipe** *ép* házi szennyvízlefolyócső, lefolyócső; ~**-plate** *el* fedőlap; ~ **plug** *el* süllyesztett csatlakozó; ~ **production** *ol* kezdeti csúcstermelés; ~ **pump** *hidr* dugattyús öblítőszivattyú; ~ **right** *szt* jobb margóhoz zárt; ~ **ring** *szer* beépítőgyűrű, süllyesztőgyűrű; ~ **rivet** *szer* süllyesztett fejű szegecs; ~**-riveted** *szer* süllyesztett fejjel szegecselt; ~ **shoulder** *ép* szintbeli padka; ~ **slag** *koh* csapolási salak; ~ **slag practice** *koh* olvasztási eljárás salaklehúzással; ~ **sluice** *hidr* öblítőzsilip; ~ **switch** *el* süllyesztett kapcsoló; ~ **tank** *ép* csatornaöblítő tartály; ~ **threshold lights** *rep* süllyesztett küszöbfények; ~ **track** *ép* talajszintben fekvő útpályatest; ~**-type** *szer* süllyesztve/szintbe szerelt; ~**-type instrument** *metr* süllyesztett szerelésű mérőműszer; ~ **valve** *ép* (úszógolyós) szelep *(vécéé)*; ~ **waste heap** *bány* derítőhányó; ~**-water pipe** *ép, ol* öblítőcső; ~ **weld** *heg* fedővarrat; lapos varrat

flushed | colour bedörzsölt festék; ~ **zone** kimosott zóna; *ol* elárasztott öv

flushing bemélyesztés; süllyesztés; szintbe hozás; (ki)tisztítás *(kiürítés)*; öblítés, kimosás; kivérzés *(festési hiba)*; *bány* iszaptömedék; iszaptömedékelés; *ép* hézagkitöltés; síkba állítás; *hidr* (át)öblítés; feliszapolás; kitisztítás, kiöblítés; telítés/feltöltés vízzel; *koh* átbuborékoltatás, átöblítés; salaklehúzás; *önt* elárasztás; gázfúvatás, gázöblítés; ~ **box** öblítőtartály; ~ **circulating system** *bány* öblítőrendszer; ~ **circulation** *bány* öblítőkör; ~ **cistern** öblítőtartály; ~ **closet** vízöblítéses klozet; ~ **flume** *hidr* öblítőcsatorna; ~ **gas** *koh, önt* öblítőgáz; ~ **line** *at* öblítővezeték, átmosóvezeték; ~ **liquid** *bány* öblítőfolyadék; ~ **oil** *vegy* öblítőolaj; ~**-out apparatus** öblítőberendezés, mosóberendezés; ~ **pipe** *bány* iszapcső; *ép* öblítőcső; ~ **pit** *hidr* öblítőakna; ~ **shield** *bány* tömedékpajzs

flute I. *v fa* szádal; *forg* hornyol, barázdál; **II.** *n* hosszúkás vájat, rovátka; *ép* barázda *(oszlopon)*; függőleges bevágás; horony; vájat; *forg* barázda, sekély horony; forgácshorony; *gép* horony; *hang* fuvola, furulya; *pa* hullám, hullámosítás hornya; *ruh* ruhafodor; ~ **spiral** *ép* rovátkaelhajlás

fluted rovátkolt, hornyolt; barázdált; ~ **column** *ép* rovátkolt/vájolatos oszlop; ~ **design** *tex* filéminta, hálóminta; ~ **disk loader** *ép* marótárcsás rakodógép; ~**-feed drill** *mzg* tolóhengeres sorvetőgép; ~**-feed roll** *mzg* tolóhenger *(vetőgépé)*; ~ **force-feed** *mzg* tolóhengeres kényszeradagolású *(vetőszerkezet)*; ~ **funnel** bordás tölcsér; ~ **mill** *heng* bordáshengersor; ~ **mo(u)ld** *önt* hullámos öntőforma; ~ **mo(u)lding** *ép* rovátkolt ékítmény, homorú tagozatú párkány; ~ **pattern** *tex* recés minta/mintázás; ~ **plate** *heng* hullámos/redőzött lemez *(hibás)*; ~ **roll** *gép* fogazott henger; ~ **roller** *gép* recézett hengergörgő; ~**-roll feed** *gép* tolóhengeres etető(szerkezet); ~ **shaft** *gép* bordástengely; ~ **spectrum** *fiz* sávos/sokvonalas színkép; ~ **stem** *gép* hornyos szelepszár *(befecskendezőszivattyúban)*; ~ **tube** *tex* rovátkolt keresztorsó-csévehüvely

flutherite *ásv* flutherit

fluting *ép* barázdák *(oszlopon)*; hornyolás, barázdálás; legömbölyített átmenet; *fa* szádalás; *forg* hornyolás, barázdálás; *vasút* hullámos kopás; ~ **cutter** horonymaró kés; ~ **ga(u)ge** recézővéső; ~ **machine** *élip* rovátkológép; ~ **plane** *szersz* horonygyalu

flutter I. *v* csapkod; lebeg; rezeg; *rep* berezeg; **II.** *n* rezgés; lebeg(tet)és; *el, távk* non-lineáris ingadozás; *geof* lebegéses torzulás; *gép* csörgés; *hang* (hang)torzulás *(hangosfilmnél)*; csattogás; *rád* hangingadozás; *rep* (felület)rezgés, flatter; berezgés; *tv* ugrálás *(képé)*; ~ **and wow** *rád* nyávogás; ~ **echo** *hang* csörgővisszhang; ~ **effect** *rád, távk* csapkodás; ~ **generator** *rep* berezgés forrása, rezgésgerjesztő rész; ~ **relay** *el* rezgőnyelves relé; ~ **tone** *hang* lebegő/változó hang

fluvial *geol* folyami; ~ **outwash** folyami üledék; ~ **sand** folyami homok; ~ **sediment** folyóvízi üledék

fluviatile *geol* folyami eredetű; ~ **sediment/deposits** *geol* fluviatilis/folyami üledék/lerakódás

fluvio|-dust deposit *geol* szállópernye-lerakódás; ~**-lacustrine** folyami és tavi eredetű; ~**-marine** *geol* tengeri és édesvízi eredetű

fluvioglacial deposit *geol* fluvioglaciális üledék

fluviograph *hidr* rajzoló vízmérce, fluviográf; vízállásjelző/vízállásfeljegyző készülék

flux I. *v* kiárad; kiömlik, kifolyik; *any* cseppfolyósít; *ép* lágyít *(aszfaltot)*; *koh, önt* (össze)olvaszt; megolvaszt; salakosít; **II.** *n* áramlás, áram; áradat; *at, el, fiz* fluxus; neutronfluxus; *ép* folyósító; lágyítószer *(aszfalthoz)*; *heg* fedőpor; folyasztószer; forrasztószer, forrasztóvíz; hegesztőpor; *koh* fedősó; folyósítóadalék; folyósítószer; *mat* fluxus, vektormező fluxusa; vektorfolyam; *önt* folyasztószer; salakképző anyag; *üveg* olvadékony üveg *(zománcozáshoz)*; *vegy* hígító(olaj); öblítőolaj; zománcalap *(festéshez)*; ~ **backing** *heg* hegesztőpor-alátét; ~**-bay degassing** *koh* flux-kamrás gáztalanítás; ~ **box** *heg* hegesztőportartó; ~**-closure domain** *fiz* (ferromágneses) záródomén; ~**-coated** *heg* burkolt, bevont; ~**(-)coating** *heg* salakképző bevonat; ~ **converter** *at* toroidális kamra; ~**-conveying gas** *heg* hegesztőporszállító gáz; ~**-cored electrode** *el, heg* porbéléses elektród; ~**-cored solder wire** *heg* töltött forrasztóhuzal; ~**-cored welding** *heg* hegesztés porbéléses elektróddal; ~ **covering** *koh* sótakaró; ~ **density (FD)** fluxussűrűség; indukciós vektor; mágneses indukció; ~ **dispenser** *heg* hegesztőpor-adagoló; ~ **distribution** *at, el* fluxuseloszlás, fluxusmegoszlás; ~**-drying oven** *önt* folyósítószer-szárító kemence; ~**-filled electrode** *el, heg* porbéléses elektród; ~ **flattening** *el* fluxuskiegyenlít(őd)és; ~ **float** *geol* áradvány; ~**-gate magnetometer** fluxuszsilipes magnetométer; ~ **gradient** *at, fiz* fluxusgradiens; ~ **level** *at, fiz* fluxusszint; ~**-line(s)** *el, fiz* erővonal(ak); ~ **link(age)** *el* tekercsfluxus; ~ **melting** *heg* hegesztőpor megömlesztése; ~ **meter** → fluxmeter; ~ **of force** *fiz* erőfluxus, erő fluxusa; ~ **of magnetic induction** *el* mágneses fluxus; ~ **of magnetic induction vector** *el* mágneses fluxus; ~ **of particles** *fiz* részecskefluxus; ~ **of the tensor** *mat* tenzor fluxusa, tenzorfluxus; ~ **of the vector** *mat* fluxus, vektormező fluxusa; ~ **oil** *vegy* hígítóolaj, fluxálóolaj; vágóolaj *(bitumen lágyítására)*; ~ **paste** *heg* forrasztózsír; ~ **peaking factor** *at, el* fluxuscsúcstényező; ~ **powder** hegesztőpor; ~ **rate** *fiz* áramlási sebesség; ~ **resistance** *koh* salakellenállás; ~ **surface** *fiz, koh* fluxusfelület; ~ **tube**

fiz áramcső; erővonalcső; ~**-weighted cross-section** *at* neutronfluxus szerint súlyozott hatáskeresztmetszet

fluxed | **asphalt/bitumen** *ol* hígító(olaj); hígított/folyékony bitumen; ~ **electrode** *el, heg* bevont/burkolt hegesztőelektród

fluxgraph *fiz* mágneses térerősségíró (műszer)

fluxible folyósítható

fluxing kiáradás; *any* cseppfolyósítás; *ép* lágyítás *(aszfalté)*; *koh, önt* (össze)olvasztás; folyasztószer felvitele; salakosítás; *vegy* hígítás; keverés, elegyítés; ~ **agent** *koh* elsalakosító pótlék; folyósítóadalék, folyósítószer; ~ **ore** *koh* folyósító érc; ~ **salt** *koh, vegy* fedősó; ~ **temperature** *koh* folyósítási hőmérséklet

fluxion *mat* derivált fluxió

fluxless | **brazing** *heg* keményforrasztás folyatószer nélkül; ~ **soldering** lágyforrasztás folyatószer nélkül

fluxmeter *el, fiz* flux(us)mérő, fluxméter; maxwellméter; radiométer

fluxoid quantum → fluxon

fluxon *fiz* fluxon, fluxuskvantum *(mágneses fluxus kvantuma)*

fly I. *v* repül; vezet *(repülőgépet)*; repülőgépen visz/szállít; *nyom* leemel, levesz *(nyomott ívet)*; *rep* repülést hajt végre; *tv* visszafut; **II.** *n* repülés; röppálya; *bőr* cipőfelsőrész-szegély; *finm, óra* ellensúly, billegő; szabályzókar, himba(kar); szárnyasfék *(ütőórában)*; *hang* kiváltó *(billentyűs hangszeren)*; *kh* kötőgépkilincs; *tex* fonóorsószárny; gomblyukfedő-lebeny; gyorsvetélő, pehely, pihe, bolyh; sátorlap(fedő); ~**-ash** *hőt* szállópernye, szállóhamu, porszénhamu; ~**-ash brick** porszénhamu tégla/idomtest; ~**-ash removing plant** *koh* pernyeleválasztó; ~ **back** *v* visszarepül *(repülőgép)*; visszaugrik, visszapattan *(acélrúd stb.)*; ~ **ball** centrifugális szabályozósúly; ~**-ball arm** *aut* súlytartó kar *(regulátoron)*; ~**-ball governor** centrifugális/röpsúlyos szabályozó; ~**-ball regulator** centrifugális szabályozó; ~ **bar** *pa* tengelykés, dobkés *(hollandin)*; ~ **beam** *tex* bordaláda; ~ **blind** *v* vakon repül; ~ **boom** *ép* segédgém; ~**-by** *rep* körülrepülés; ~**-by check** *rep* rárepüléses ellenőrzés *(földi navigációs berendezésé)*; ~ **by flair** *v* érzék szerint repül; ~**-by-wire (FBW)** *rep* kormányszervek elektromos működtetése; ~ **comb** *tex* lehúzófésű, rezgőpenge; ~ **cotton** pehelypamut *(hulladék)*; ~ **crank** ellenforgattyú; ~ **cutter** *forg* ütőkés, egyfogas/egyfogú maró; ~ **doubler (frame)** *tex* szárnyasorsós cérnázógép; ~**-down indication** *rep* „siklópálya alatt" jelzés; ~ **drill** *szersz* lendkerekes telibefúró gép; ~ **dust** szállóhamu; *koh* szállópernye, szállópor; ~ **frame** *tex* előfonógép; *üveg* tükörüveg-csiszoló és -fényező gép; ~ **hands off** *v rep* eleresztett kormánnyal repül; ~ **heck** *tex* szárny; ~ **jib** *ép* segédgém; ~**-loss** *vegy* porveszteség; ~ **nut** *gép* szárnyas/füles anya; ~ **off** *v* darabokra szakad; leszakad, lepattan, lerepül; ~**-off** *at, ol* üzemanyagrúd-ugrálás; ~ **on even keel** *v* vízszintesen repül; ~ **over** *v* (el)repül/átrepül vmi fölött; ~**-over** → flyover; ~**-past** *rep* légi (dísz)szemle, légiparádé; ~ **press** *gép* kéziprés; ~ **pulley** lendkerekes szíjtárcsa; ~ **rail** *tex* rezgőpenge *(kártológépen)*; ~ **reed** *tex* repülőborda; ~ **sheave** lendkerekes kötélkorong; ~**(-)shuttle** *tex* gyorsvetélő; ~ **the beam** *v* rádióirányzás szerint repül; ~ **the track** *v* kisiklik *(vonat)*; ~ **to** *v hajó* szélbe áll; ~**-up indication** *rep* „siklópálya felett" jelzés; ~ **waste** *tex* szállópihe

flyable *rep* repülésre alkalmas; repülhető

flyback *tv* sugárvisszafutás *(katódsugárcsőnél)*; ~ **EHT supply** *el* nagyfeszültség előállítása a sorirányú terelőáram visszafutásából; ~ **period** *tv* visszafutási idő

flyer repülő, pilóta; *ép* egyenes lépcsőkar; vízszintes dúc; *finm* billegő; *gép* lendkerék; *nyom* karos lengőkeret *(ívleemelő)*; *pa* kirakó; *rep* hajózó személyzet tagja; *szell* szárnyaskerék *(szélmotoré)*; *tex* fonóorsószárny; lendítőszárny; vetülékfonal-hajócska; zászlószárny; ~ **doubler (frame)**, ~ **doubling frame** *tex* szárnyasorsós cérnázógép; ~ **frame** *tex* előfonó gép; ~ **sheet deliverer** *nyom* ívrakó (szerkezet); ~ **spindle** *tex* szárnyasorsó; ~ **throstle** *tex* szárnyas előfonó gép; szárnyasorsós fonógép; ~ **twister** *tex* szárnyasorsós cérnázógép

flying I. *a* gyors; repülő-, repülési; **II.** *n* repülés; *nyom* nyomott ív levétele; ~ **accident** *rep*-repülőesemény; ~ **aids** fedélzeti navigációs eszközök; ~ **altitude** repülési magasság; ~ **approach** megközelítő/bevezető repülés; ~ **area** légtér; ~ **attitude** → flight attitude; ~ **boat (FB)** repülőcsónak; ~ **bomb (FB)** *kat* szárnyas bomba; ~ **bond** *ép* kötőtéglasor *(nagyobb térközzel)*; ~ **boom** *ép* segédgém; ~ **bridge** *ép* járódeszka, repülőhíd, bürü; *hajó* legfelső kis híd *(gőzhajón)*; ~ **condition** repülésre kész állapot; ~ **control** *rep* kormányszerv; ~ **crew** *rep* hajózó személyzet; ~ **deck** → flight deck; ~ **display** légibemutató; ~ **drum** *gép* bálavas (tekercs); ~ **dust** szállópor; ~ **Dutchman** *pa* önkirakós papírgyártó gép; ~ **falsework** *ép* karos állvány; kiugró állvány; szabadszerelő állvány *(hídé)*; ~ **ferry** *rep* repülőkomp; ~ **field illumination** repülőtéri kivilágítás; ~ **head** *szt* repülő fej; ~ **height** repülési magasság; ~ **helmet** pilótasisak; ~ **hot saw** *szersz* egyélű melegvágó fűrész; ~ **hours (f.h.)** *rep* repült órák száma; ~ **instruments** *rep* fedélzeti navigációs-repülőgépvezetői műszerek; ~ **jacket** *rep* hajózómellény; ~ **jib** *ép* segédgém; ~ **jib adjustable under load** *ép* terhelve billenthető gém; ~ **junction** *vasút* (ideiglenes) elágazás; ~ **kit** *rep* fedélzeti javító szerszámkészlet; ~ **lamp/light** *rep* helyzetlámpa; ~ **life** légijármű élettartama; ~ **line** *hidr* mozgatható szárnyvezeték; ~ **mass** *rep* repülési össztömeg; teljes repülési tömeg; ~**-off** *any* darabokra szakadás *(csiszolókorong)*; ~**-off airways** *rep* útvonalon kívüli repülés, tereprepülés; ~**-on deck** *rep* leszállófedélzet; ~ **order (FO)** *rep* repülésre kész állapot; ~ **paster** *pa* gyorsragasztó; ~ **radius** repülési hatósugár; ~ **reef** *bány* szabálytalan telér *(kiékülő és kinyíló)*; ~ **regulations** *rep* repülési előírások/szabályzatok; ~ **restriction** *rep* felszállási tilalom; ~**s** repülő/illanó részecskék; ~ **safety (FS)** *rep* repülésbiztonság; ~ **saucer** repülő csészealj; ~ **scaffold** *ép* függőállvány; konzolos állvány; ~ **shears** *pl koh* repülőolló; *műa* futó-vágóberendezés; ~ **shore** *ép* vízszintes dúc; ~ **shuttle** *tex* gyorsvetélő; ~ **speed** repülési sebesség, repülősebesség; ~ **spot** *el* vándorló/mozgó fénypont; ~**-spot colo(u)r signal generator** *el, tv* futó fénypontos színezőjel-generátor; ~**-spot method** *el, tv* futó fénypontos eljárás, fényfolt-letapogatás; ~**-spot recorder** *el* fénypontíró; ~**-spot scan** → ~-spot scanning; ~**-spot scanner (FSS)** *el, tv* futó fénypontos képbontó; ~-**spot scanning** *el, tv* futó fénypontos képfelbontás/letapogatás; futósugaras/pontszerű letapogatás; ~-**spot tube** futófénypont-katódsugárcső; ~ **start** *gépk* repülőstart; ~ **suit** *rep* repülőöltözék; ~ **switch** *el* billenő pillanatkapcsoló; ~ **tail** *rep* forgó vízszintes vezérsík; ~ **test-bed** repülőlaboratórium; repülőpróbapad; ~ **threads** szabad szálak *(szövet felületén)*; ~ **training (FT)** *rep* repülőoktatás, repülőkiképzés; ~ **training center** *rep* repülőoktató/repülőkiképző központ; ~ **weather** *rep* repülésre alkalmas időjárás; repülőidő; ~ **windmill** *rep* autogiro; ~ **wing** *rep* csupaszárny repülőgép; ~ **wires** *em* függesztőkötelek; *rep* ellen-feszítőhuzalok; légkábelek

flyleaf *nyom* előzéklap *(könyvé)*; vakátoldal

flyover *ép, közl* felüljáró; *rep* átrepülés; ~ **junction** *ép* felüljáró; ~ **noise measurement point** *rep* átrepülési (felszállás) zajmérő pont

flysch *geol* fliss

flyweight *fiz, gép* befecskendező szivattyúregulátor *(dízelmotoré)*; centrifugális szabályozósúly; lendítősúly; röpsúly *(centrifugális szabályozóé)*; ~ **bell** *gép* centrifugális szabályozóharang

flywheel *gép* lend(ítő)kerék; *gépk* folyadék(os)/hidrodinamikus tengelykapcsoló; hidrodinamikus/nyomatékváltós lendkerék; ~ **alternator** *el* lendkerekes váltakozó áramú generátor; ~ **arm** *gép* lendkerékküllő; ~ **circuit** *el* lendkerékkapcsolás; ~ **cogging** *gép* lendkerékfogazás; ~ **control** *gép* lendkerekes vezérlés; ~ **effect** *el, fiz, tv* lendítőhatás; tehetetlenségi hatás; ~ **force** *fiz* lendítőerő, centrifugális erő; ~ **friction welding** *heg* dörzshegesztés tehetetlenségi erővel; ~ **gear rim** *gép* fogaskerék-koszorú *(lendkeréken)*; ~ **governor** *gép* lendítőkerék-szabályozó, lendkerekes szabályzó; ~ **housing** *gép* lendkerékház; ~ **magneto** *gép* lendkerékre szerelt gyújtómágnes; ~ **moment** *fiz* lendítőnyomaték; ~ **pinion** lendkerék kis hajtó fogaskereke; ~ **race** gép lendkerékakna; ~ **rim** lendkerékabroncs; ~-**ring gear** *gépk* lendkerékfogaskoszorú; ~ **rotor** *gépk* lendkerekes forgórész; ~ **sheath** *gépk* lendkerékburkoló lemez; ~ **starter** *gépk* tehetetlenségi indítóberendezés; ~ **synchronisation** *gépk* közvetett szinkronozás; lendkerék-szinkronizáció, kompenzációs szinkronizáció; ~-**type impact-tester** *any* ingás-lendkerekes gép; ~-**type oscillation damper** *gép* lendkerék típusú lengéscsillapító

Fm → fermium

FM → fan marker; → field magnet; → field manual; → flight manual; → flight mechanic; → frequency modulation; → frequency modulation

FMA → failure mode analysis

FMR → ferromagnetic resonance; → frequency-modulated radar

FMS → flexible manufacturing system; → flight management system; → format management system

FN → fracto-nimubs

FNA → final approach

fnp → fusion point

FO → fan-out; → flying order; → fuel oil

foal *bány* csillés, csilletologató

foalskins *bőr* csikóbőrök

foam I. *v* habzik, tajtékzik; *műa* felhaboztat; habosít; **II.** *n* hab; *műa* hab, (nyíltcellás) habanyag; habszivacs; ~ **back** *tex* habbélés; ~-**backed** *tex* habalátétes, habbéléses; ~ **blanket** *rep* habtakaró; ~ **breaker** *biot* habtörő; ~-**catcher** *élip* habfogó; ~ **cock** hablefúvó csap; ~ **column** habkolonna; ~-**compound** habképző anyag; ~ **concrete** *ép* gázbeton; ~ **degumming** *tex* hámtalanító lefőzés szappanhabban; ~ **destroying** *pa* habelhárítás; ~-**destroying nozzle** *pa* habverető fecskendő; ~ **drilling** *ol* haböblítéses fúrás; ~ **drive** *ol* habbal való olajkiszorítás; ~ **dyeing** színezés szappanhabban; ~ **equipment** *vegy* haboltó felszerelés; ~ **fire extinguisher** habbal oltó készülék; haboltó (készülék); ~ **formation** habképződés; ~-**generating agent** *műa* habfejlesztő anyag; ~ **generator** *műa* habgenerátor; ~ **glass** *ép* habüveg; üveghab *(szigetelőanyag)*; ~ **killer** *koh* habzásgátló; ~ **latex** *műa* mohagumi; ~-**making branch-pipe** *vegy* léghabsugárcső; ~-**making compound** *vegy* habképző anyag; ~ **material** *műa* habanyag; szivacsanyag; ~ **plastic thread** *tex* habanyag fonal; ~ **powder** pezsgőpor; ~ **rubber** habgumi, sejtgumi, szivacsgumi, habszivacs, szivacsos/expandált/pórusos (sejt)gumi; ~ **scrubber** habkolonna; ~ **silica** *ép* habszilikát; ~ **spreader** *ol* habcsúszda; ~ **suppressor** *koh* habzásgátló; ~-**tender** haboltó gépjármű; ~ **valve** lehabzószelep

foamed | **concrete** *ép* gázbeton; ~ **flux** *heg* habosított hegesztőpor; ~ **metal** *any* pórusos fém; ~ **plastics** *műa* habműanyag, műanyaghab, műanyagszivacs, habosított műanyagok; ~ **rubber** → foam rubber; ~ **slag** *ép* habsalak; ~-**slag concrete** hőszigetelő salakbeton

foaminess habos/szivacsos jelleg; *önt* szivacsosság, Custer-féle hiba

foaming I. *a* habzó; **II.** *n* habzás, habképződés; *műa* habosítás; ~ **agent** habképző (szer); ~ **machine** *gumi* habverőgép; ~ **property** habzási hajlam

foamy habos

fob *ruh* kis zseb, órazseb

focal *fiz, opt* gyújtóponti, fókusz-; ~ **axis** *fiz* fókusztengely, gyújtóponti tengely; ~ **depression** *geof* hipocentrum mélysége; ~ **depth** *geol* fészekmélység *(földrengésnél)*; ~ **distance (FD)** *fiz* gyújtótávolság, fókusztávolság; ~ **distance of photogrammetric lens** *opt* optikai kamerahossz, kameratényező, kamerafaktor; ~ **length (FL)** *fiz* gyújtótávolság, fókusztávolság; ~ **line** *fiz, mat* fókuszegyenes, gyújtóegyenes; fókuszgörbe; fókuszvonal, gyújtóponti vonal, kausztika; ~ **plane** *fiz, krist* fókuszsík; gyújtóponti sík; gyújtósík; ~(-)**plane shutter** *foto* redőnyzár; ~ **point** *fiz* gyújtópont, fókuszpont, fókusz; ~ **range** *foto* mélységélesség, éles leképezés mélysége, mélységtartomány; ~ **range of light** *hajó* világítótorony látási távolsága; ~ **region** *geof* központi rengésterület; ~ **spot** *fiz* fókuszpont, fókusztartomány; gyújtópont; ~ **straight line** *fiz, mat* fókuszegyenes, gyújtóegyenes; ~ **surface** *fiz* gyújtóponti felület, kausztika, fókuszfelület, fokális felület; ~ **tube** *el* homorú katódos röntgencső

FOCAL → formula calculator

focalization → focus(s)ing

focalize → focus

focalizer *fiz, opt* fokuszálókészülék

focimeter → focometer

focometer *opt* fókuszmérő, gyújtótávolság-mérő

focus I. *v opt* fokuszál; fókuszba állít; fokuszol; **II.** *n geof* hipocentrum; *mech, fiz* nyomásközéppont, neutrális pont, aerodinamikai középpont; *opt* gyújtópont, fókusz(pont); ~ **adjustment** *opt* fókuszbeállítás; ~ **anode** *el* fokuszoló/nyaláboló elektród; ~ **button** *opt* fokuszolócsavar, állítócsavar; ~ **control** *opt* fókuszbeállítás; gyújtópont-beállítás, fokuszolás; ~**-control button** → ~ button; ~ **of earthquake** *geol* hipocentrum; ~ **ring** *foto* fényrekesz-beállító gyűrű; ~ **set** *opt* fokuszálóberendezés; ~**-to-centre distance** *mat* lineáris excentricitás

focused, focussed *fiz, opt* középpontba/gyújtópontba állított, fokuszáló; ~ **beam** fokuszált sugárnyaláb; ~ **boom** *rep* összpontosított hangrobbanás; ~ **current sonde** *el* irányított áramterű szonda; ~ **Gaussian laser beam** *fiz* Gauss-féle fokuszált lézersugárnyaláb; ~ **jet amplifier** *el* fokuszált sugarú elemek; ~ **log(ging)** *ol* irányított áramterű ellenállás-szelvényezés; ~ **logs** *ol* fókuszolt mérések; ~ **sound-surce** *el* pontszerű hangforrás

focusing, focussing I. *a fiz, opt* fokuszáló, fokuszoló; **II.** *n fiz, opt* beállítás, távolságállítás, élességállítás; fókuszba állítás/hozás; gyújtópont-beállítás, fókuszbeállítás, fokuszálás; ~ **acoustic system** *hang* akusztikai fokuszáló rendszer; ~ **adjustment** *opt* éles fokuszálás/állítás; ~ **anod** *el* fokuszálóanód; ~ **coil** *el* fokuszálótekercs; ~ **collar** *geod* parallaxisgyűrű; ~ **collimator** *at, opt* fokuszáló/konvergens kollimátor; ~ **control** éles fokuszálás/állítás; ~ **cylinder** *távk* fokuszálóhenger; ~ **electrode** *el* fokuszálóelektród; ~ **field** *tv* fokuszálótér; ~ **lens** gyújtólencse, gyűjtőlencse; ~ **method** *krist* fokuszáló módszer; ~ **of sound** *hang* hangfokuszolás; ~ **point** *opt* fókusz(pont); gyújtópont; ~ **ring** *foto* beállítógyűrű; ~ **rod** *foto* beállítópálca; ~ **screen** *foto* beállító homályos üveg; ~ **solenoid** fokuszálótekercs; ~ **tube** *távk* fokuszálócső, fokuszálóhenger; ~ **X-ray-method** fokuszáló röntgenmódszer

fodder I. *v* takarmányoz; *hajó* betöm *(hézagot, léket)*; **II.** *n mzg* takarmány, abrak; ~**-processing equipment** takarmány-előkészítő felszerelés; ~ **steeper** takarmányáztató kád; ~ **stewer** (takarmány)fülleszto, takarmánygőzölő; ~ **yeast** takarmányélesztő

foehn *met* bukószél, főn

Förster diode *félv* Förster-dióda

Föttinger coupling/transmitter *gép* Föttinger-kapcsoló, hidrodinamikus tengelykapcsoló

fog köd; vízköd; *film, foto* fátyol(osodás); ~ **alarm whistle** *hajó* ködkürt; ködsíp; ~ **area** *foto* fátyolosodás; ~ **bank** *rep* ködfolt, ködréteg; ~ **chamber** *fiz* ködkamra; ~ **dehydration** *met* ködoszlatás *(repülőtéren)*; ~ **dispersal** *met* ködfeloszlás; ~ **flying** *rep* ködrepülés; vakrepülés; ~ **lamp** *el, gépk* ködfényszóró; ködfényvető, ködlámpa; ~**-marking** *tex* csíkosság; ködszennyeződés; ~**-nozzle** *el* vízködsugárcső; ~ **quenching** *önt* edzés porlasztott folyadékkal; ~ **room** *any* páratér, páratelt tér; ~ **signal** *gépk, hajó* ködhang; ködjelzés; *vasút* robbanótöltény, jelzőtöltény, durrantyú *(figyelmeztetés)*; ~ **track** *fiz* ködkamranyom; ~**-track chamber** *fiz* ködkamra; ~**-type insulator** *el* ködszigetelő

fogara silk *tex* fogaraselyem

fogbow *met* ködszivárvány

fogged metal elhomályosodott fém

fogginess ködösség

fogging *met* ködképz(őd)és; párásodás

foggy ködös; *film, foto* fátyolos

foghorn (FH) *hajó, rep* ködkürt

fogmeter *met* ködmérő műszer

foid *krist* földpát-helyettesítő

foil I. *v* fóliával bevon; *élip* fóliába csomagol; *ép* karéjosan/levelekkel/mérművel díszít; **II.** *n* fólia, fémfüst; vékony lemez; szita *(villanyborotvához)*; (vívó)tőr; *ép* gótikus levéldísz; ívecske; karéj; mérműosztás; *finm* füstlemezrugó *(óráé)*; *foto* tompító; *heng, koh* (fém)füst, (alu)fólia; *műa* (öntött) fólia; *pa* lap; *üveg* foncsor; ~ **activation** *at* fóliaaktivitás; ~ **brush** lemezkefe; ~ **butt seam welding** *heg* fóliás tompahegesztés; ~ **capacitor** *el* fóliakondenzátor; ~ **counter** *at* fóliaszámláló; ~ **detector** *at, fiz* filmdetektor; fóliadetektor, detektorfólia; ~**-mounting board** *pa* kasírozó alaplemez; ~ **paper** fémbevonatú papír; ~**-paper capacitor** papírszigetelésű fóliakondenzátor; ~ **resistance strain ga(u)ge** *any, metr* fólia-ellenállásos nyúlásmérő; ~ **seam welding** *heg* fóliás varrathegesztés; ~ **stone** drágakőutánzat; ~ **strain ga(u)ge** hártyás nyúlásmérő; ~ **ultrasonic welder** *heg* ultrahangos fóliahegesztő gép; ~ **welding** *heg* fóliahegesztés

foiled arch *ép* karéjos ív

foiling *ép* mérműves díszítés; ~ **paper** *kat* csappantyúelzáró kartonkorong

fold I. *v* (be)hajlít, (fel)hajlít; (össze)hajt; áthajt, behajt, felhajt, ráhajt; áthajlik, behajlik, felhajlik; kettőbe hajt; begöngyöl; ráncol(ódik); redőz; *ép* korcol; *nyom* hajt(ogat); **II.** *n* hajtás, hajtogatás; ránc, redő; *geol* gyűrődés; redő; *nyom* hajtogatott ív; *ol* redő; *önt* hidegfolyás *(öntvényhiba)*; *tex* redő; ~**-away jib** *ép* összecsukható gém; ~ **back** *v* behajt, visszahajt; visszahajlik; ~ **carpet** *geol* egymásra tolódott teleprétegek; ~ **crack** *ép* repedés hajlatban; ~ **double** *v* kétrét hajt; ~**-flat** összehajtható; ~ **mountain(s)** *geol* gyűrődéses hegység, ránchegység; ~**-out** kihajtható képmelléklet, leporelló; ~ **over** *v* behajt *(cipőfelsőrész bőrszéleit)*; ~**-over** *cipő* bőrszélbehajtás, bukkolás; *élip* átlapolás; *tv* képvisszahajlás; ~**-testing machine** *pa* kettőshajtogató gép; ~ **thrust** *geol* gyűrődéses vetődés; ~ **up** *v* hajt(ogat); összehajt; összecsuk *(összecsukható bútort)*; felszámol, csődbe megy

foldable | **boom** *ép* összecsukható gém; ~ **framework** *gépk* lenyitható tető fémváza; ~ **jib** *ép* összecsukható gém; ~ **tower/mast** *ép* összecsukható daruoszlop

foldboat összecsukható kajak, túrakajak

folded (össze)hajt(ogat)ott; gyűrődött, ráncos; *geol* gyűrt, gyűrődéses; ~**-belt conveyor/conveyer** *ép* redőzött hevederes szállítószalag; ~ **coder** *el* hajtogató kódoló; ~ **dipole** *el, távk* bivibrátor; hajlított dipól(us), dipólhurok; ~**-dipole antenna** *el, távk* hajlított dipól, dipólhurok; ~ **edge** *ép* korcolt perem; ~ **heater** *hőt* hajtogatott fűtőtest; hajtűfűtőtest; ~ **joint** *ép* korcolt illesztés; ~**-metal plate claddings** *ép* merev hajtású fémlemez burkolatok; ~ **mountain** *geol* gyűrt hegység; ~**-over** *fa* áthornyolt; ~ **seam** *szer* korcolás, korcolt varrat; ~ **structure** *geol* gyűrt szerkezet; ~ **type** *geol* gyűrt jelleg; ~**-type fine classifier** *ép* redős ülepítőberendezés; ~**-type heater** *hőt* hajtogatott fűtőtest; ~**-up jib/boom** *ép* összecsukható gém; ~ **yarn** *tex* cérnázott fonal, cérna

folder iratgyűjtő, iratborító, iratrendező; *nyom* (összehajtható) prospektus; *nyom, pa* hajtogató(gép), hajtogató(munkás); *tex* hajtogatógép; önrakodó (készülék); ~ **filter** redős szűrő; ~ **paper** iratfedélpapír; ~ **rake** *mzg* csillagkerekes szénarendforgató

folding I. *a* felcsapható, lecsapható; felhajlítható, lehajlítható; összecsukható; összehajtható, visszahajtható; *pa* hajtogató; **II.** *n* hajlítás; behaj(lí)tás, felhaj(lí)tás; *cipő* bőrszélbehajlítás, bukkolás *(cipőn)*; *geol* gyűrődés, redőzés; *mat* konvolúció; *pa, tex* hajtogatás; ~**-and-rolling machine** *tex* hajtogató és felhengerlő gép; ~**-and-seaming press** *gép* peremezőprés; ~ **arm** *ép* összecsukható gém; ~**-bar sight** *kat* összehajtható irányzék; ~ **board** *pa* dobozkarton, falckarton; ~ **boxboard** *pa* karton *(hajtogatott dobozokhoz)*; ~**-box pasting-machine** *pa* hajtottdoboz-ragasztó automata; ~ **bridge** *ép* repülőhíd; ~ **bucket** *ép* szétnyitható szállítóedény; ~ **cement** *cipő* bőrszélragasztó cement, bukkolócement; ~ **chair** összecsukható szék; ~ **container** *ép* szétszedhető szállítótartály; ~ **door** harmonikaajtó; csuklós ajtó *(autóbuszon)*; *ép* szárnyasajtó, spalettaajtó; ~ **dormer-window** *ép* billenő tetőablak/tetőkibúvó; ~ **elevating platform** *ép* ollós munkapad; ~ **endurance** *pa* hajtogatószilárdság; ~ **filter** redős szűrő; ~ **fin (FF)** *rep* lehajtható függőleges vezérsík; ~ **fixture** összehajtható készülék; ~ **flare** *rep* behúzható (leszálló)lámpa; ~ **ladder** *szer* összecsukható létra; ~ **lever** *em* osztott gém; ~ **machine** *cipő* felsőrész-szélbehajtó gép *(bukkológép)*; *ép* hajlítógép; lemezhajlító gép; *műa* szélezőgép; *pa* hajtogatógép; *tex* hajtogatómérő gép; lerakógép; ~ **mast** *ol* összecsukható fúróárboc; ~ **orientation** *műa* hajtogatási orientáció; ~ **piece-glass** *tex* összehajtható szálolvasó *v.* szövetsűrűségmérő; ~ **plate** *nyom* kihajtható képmelléklet; ~ **pliers** *pl szersz* borítófogó; ~ **press** *műa* szélezőprés; ~ **resistance** *any* hajtogatási élettartam; törésállóság, hajlítgatási szilárdság; ~ **rule** összehajtható mérővessző, mérőléc, csuklós mérce, colstok; ~ **seat** (előre) dönthető támlájú ülés, lehajtható támlájú ülés; ~ **shield** *kat* mozgatható/lecsukható lövegpajzs; ~ **shovel** *ép* szétnyitható rakodókanál; ~ **shutters** *pl ép* spaletta; ~ **sight** *kat* lecsapható irányzék; ~ **stair(s)** *szer* összetolható létra; ~ **stock** *kat* visszahajtható tusa; ~ **strength** *any* hajlítgatási szilárdság; hajtogatási/hajlítgatási élettartam/szám; törésállóság; ~ **test** 180°-os hajtogatópróba; ~ **tester** *pa* kettős hajtogató; *tex* szövethajlítás-mérő (készülék); ~ **tongs** *pl ép* korcolófogó; ~ **tower** *ép* összecsukható daruoszlop; ~ **wedges** *pl ép* kiütőék; ~ **weigher** *ép* anyagfelvonó puttony; ~**-wing aeroplane** *rep* összecsukható szárnyú repülőgép

foliaceous *krist* lemezes, leveles; ~ **ornament** *ép* lombdísz

foliage *ép* lombdísz

foliate *ép* levélmintákkal/lombozattal díszít

foliated lapokból álló; lemezelt, lemezes; *geol* leveles, palás; rétegezett; *heng* lemezzé/fóliává nyújtott; *nyom* lapszámozott; *üveg* foncsorozott; ~ **coal** *bány* palás barnaszén

foliation *ép* levélmintás/lombozatos dísz(ítés); *geol, krist* álvállap; leveles elválás/hasadás; rétegezettség; *heng* fémfüstverés; *üveg* bevonás/foncsorozás ónamalgámmal *(tüköré)*; ~ **due to crystallization** *geol* kristályosodási palásság

folic acid *vegy* folsav

folier aranyfüst

folio *nyom* fóliáns; ívlap; *pa* fólió *(papíralak)*; *szt* lapszám; ~ **board** *pa* iratfedélkarton

folium *geol* vékony/leveles réteg; *mat* levélgörbe; ~ **of Descartes** Descartes-féle levél(görbe)

follow I. *v* követ; következik; **II.** *n* követés; *távb* kiemelés *(rugóé)*; ~ **current** utánfolyó áram; ~ **die** többlépcsős szerszám, sorozatszerszám; ~**-on automatic mechanism** *aut* követőautomatika; ~**-on tool** csoportos szerszám; ~**-panning shot** *film* mozdulatkövető felvétel; ~**-rest** *forg* mozgóbáb, futóbáb; ~ **scanner** *el* letapogatótárcsa; ~ **shot** *foto* mozdulatfelvétel; sorozatfelvétel; ~**-the-pointer dials** *távk* szinkron skálatárcsák; ~**-up** *aut* követés; *kat* követő *(intézkedés)*; ~**-up action** *ip* teljesítési határidő ellenőrzése; ~**-up card** *gép* beállásjelző számlap; ~**-up control** *aut* értékkövető szabályozás; követő szabályozás/vezérlés; *ip* teljesítési határidő ellenőrzése; ~**-up controller** *aut* követő szabályozó; ~**-up control of final control elements** *aut* beavatkozók egyirányú szabályozása; ~**-up draft** *heng* utánhúzás; ~**-up regulation** *aut, gép* szervomechanizmus; ~**-up system** *aut* követőrendszer, szervomechanizmus; *gép* követőrendszer; ~**-up test** ellenőrző próba

follower *aut* követőelem, vezérelt elem/tag; *bány* csille(be)toló; *ép* cölöpűző; űzőfa *(cölöpveréshez)*; *forg* másolócsap, tapintócsap; mozgóbáb, futóbáb, lünetta; *geod* második figuráns *(mérőláncot vivő)*; *gép* emelő; hajtott elem; kiálló rész; *gépk* bütyökemelő/bütyökkövető elem, követőgörgő; bütyökkövető görgő; emelő; hajtott szíjtárcsa; szelepemelő (görgő); *kat* adogatólemez; *műa* betétpofa *(kényszermozgatású formázóelem-sajtoló szerszámban)*; *óra* meghajtott fogaskerék; *tex* kötélvégtartó munkás *(kötélverésnél)*; *vasút* kocsivonó horoglemez; ~ **carrier** *kat* adogatóemelő; ~**-carrier spring** *kat* adogatóemelő rugó; ~ **flange** tömszelence-fedélperem; ~ **gear** hajtott fogaskerék; ~ **hinge-pin** *kat* adogatólemez-rögzítő csap; ~ **index** mozgást mutató jel; követőmutató; ~ **motor** *aut* követőmotor, szervomotor; ~ **operation** *aut* követés; ~ **rest** *forg* mozgóbáb, futóbáb; ~ **spring** *kat* adogatórugó; ~ **steady-rest** *forg* mozgóbáb, futóbáb; ~ **transducer** követőelem, követőtag, követőátalakító

following I. *a* következő; követő; **II.** *n* követés; célkövetés; *bány* főtelejáró; ~ **current** *el* követő/utóhatási áram; ~ **dirt** *bány* utánhullás; ~ **distance** követési köz; ~ **error** követési hiba; ~ **pulley** ellentárcsa; ~ **steady-rest** *forg* mozgóbáb, futóbáb; ~ **stone** *bány* utánomló kőzet; ~ **system** *bány* egyenesen (befelé) haladó művelés; ~**-up system** *bány* mező határa felé haladó művelés; *gép* sorozatos kapcsolású automata-rendszer; ~ **wind** *hajó* hátszél

fomerel *ép* felülvilágító kupola, laternás kupola

fondant *élip* fondant

font → fount

fontaktometer *geof* fontaktométer

FOO → flight operations officer

food élelem; élelmiszer; táplálék; *bőr* dagadószer *(glaszécserzéshez)*; ~ **adjunct** élelmiszer-járulék, élelmiszerek járulékos anyaga; ~ **chain** táplálékláne; ~ **chemistry** élelmiszer-kémia; ~ **colo(u)r** *élip* élelmiszer-színezék; ~ **control** *élip* élelmiszer minőségi ellenőrzése; ~ **cutter** *mzg* takarmányvágó; ~ **elevator** *US* ételszállító felvonó; ~ **grading** élelmiszer-minősítés; ~ **heater** vízmedencés étel-melegentartó; ~ **industry** *élip* élelmiszeripar; ~ **industry wastes** élelmiszeripari szennyvíz; ~ **irradiation plant** *sug* ételbesugárzási üzem; ~ **irradiation reactor** *sug* ételbesugárzási reaktor; ~ **lift** ételszállító felvonó; ~ **machine** élelmiszer-ipari gép; ~ **package** *élip* élelmiszer-csomagolás; ~**-poisoning** *vegy* ételmérgezés; ~ **preservation** élelmiszer-tartósítás; ~ **ring** *gumi* konzervgyűrű; ~ **spoilage** *élip* élelmiszerromlás; ~ **technology** *élip* élelmiszergyártás; ~ **value** tápérték; ~ **yeast** tápélesztő

foodstuff élelmiszer; ~ **rubber** élelmiszeripari gumi

foolproof *szt* a felhasználó által el nem rontható

foolscap (fcp) *pa* (irodai) papíralak; nyomópapír-szabványméret, papírméret (*GB* 13 1/2"x17", *US* 13"x16"); ~ **paper** irodai papír

fool's-gold *ásv* pirit, (vas)kovand, vasdiszulfid

foot láb *(hosszmérték: 30,48 cm)*; alsó rész, alj; láb(azat); talp, talapzat; *bány* fekü(oldal); talp; *el* elektródláb; *geol* hegyláb; *gép* lábazat; talp; *kat* sarkantyútányér; *mat* talppont; *nyom* törzs *(betűé)*; ~ **bar** pedál; lábító; ~ **block** *em* alsó csiga *(emelőn)*; *ép* ajtófélfa-támasztó tömb; ~ **blower** *gép* lábhajtású fújtató; *üveg* üvegedénytalpat fúvó munkás; ~ **brake** → footbrake; ~**-candle (f.c.)** *opt* lábgyertyafény *(10, 764 lux)*; ~**-candle meter** *opt* fényerősségmérő, luxmérő; ~ **charge** *bány* lábtöltet; ~ **connection** *gép* alsó összeköttetés; ~ **control** *gépk* gázpedál; ~**-crossing** *közl* gyalogátkelőhely *(úttesten)*; ~ **firing lever** *kat* elsütőpedál; ~ **firing-mechanism** *kat* pedálos elsütőszerkezet; ~**-firing treadle** *kat* elsütőpedálrúd; ~ **gear control** *gépk* sebességváltás pedálos vezérlése; ~ **grinder** lábhajtású köszörűgép; ~ **hammer** pedálhajtású kalapács; ~**-hole** *bány* alsó fúrólyuk, talpfúrólyuk; ~ **in** *gép* beállít, beerősít, behelyez; ~ **irons** *ép* felhágóvasak; ~ **keys** *pl hang* pedál *(orgonán)*; ~**-lambert** *opt* foot-lambert, láb-lambert, lambert-láb; ~ **lamp** *vasút* alsó rakodótéri lámpa; ~ **lathe** *forg* lábhajtású eszterga; ~ **lever** *forg, gép* pedál, lábító; ~ **mounting** *gép* talpas szerelés; ~ **narrowing** *kh* lábfejfogyasztás; ~ **oil** *ol* izzasztási olaj; ~**-operated switch** lábkapcsoló; ~ **passenger** gyalogos; ~**-path** → footpath; ~ **peg** *tex* alsó fonalkeresztszeg *(felvetőkereten)*; ~ **per minute (FPM)** láb percenként; ~ **plank** felhágódeszka *(kocsin)*; *ép* járódeszka; *vasút* felhágó; kocsilépcső; ~**-plate** ferde lemez *(pedáloknál)*; padlólemez; *ép* nyeregfa; *gép* járdalemez; *vasút* csapóhíd *(mozdony és szerkocsi között)*; mozdonyvezető helye, dobogó, platform; ~ **plough/plow** *mzg* gyalogeke; ~ **press** *gép* pedálos sajtó; ~ **protection** *ép* lábvédő; ~ **roller** *kh* lábhenger *(szövőszéké)*; *koh* lábgörgő; ~**-rope** *hajó* talpallókötél; ~ **rule** *metr* hüvelykbeosztású léptékvonalzó; ~ **run** *fa* folyóláb *(fa mérésére = 0,3048 folyóméter)*; ~**s** *pl bőr, vegy* iszap, lerakódás, üledék; ~ **scraper** lábtörlővas; sárvakaró; ~ **screw** *geod* talpcsavar *(műszeré)*; ~ **seepage** *hidr* talpszivárgás; ~**'s oil** *vegy* gacsolaj; ~**-stall** *ép* (oszlop)lábazat, oszlopszék; ~ **starter** *gépk* lábindító; ~**-starter stud** *gépk* indítópedál; ~ **switch** lábkapcsoló; ~ **throttle** *gépk* gázpedál; pedállal működtetett fojtócsappantyú; ~**-ton (ft-t)** *metr* lábtonna; ~**-treadle sewing-machine** lábhajtású varrógép; ~**-type** talpas; ~ **valve** *bány, ép* lábszelep; ~ **wheel** *geod* lábtárcsa *(fotogrammetriai műszer alkatrésze)*

footage *film* filmszalag hossza *(lábban)*; *ol* fúrási teljesítmény, az időegység alatt lefúrt mélység *(lábban)*; ~**-indicator** *film* filmszalaghosszjelző *(lábban)*; ~ **per run** *ol* fúróteljesítmény

footboard lábdeszka; ágytámla; *gép* alátétlemez; *tex* lábindító; *vasút* peron; ~ **stage** dobogó, kezelőhíd, kezelőpalló

footbrake *gépk* lábfék

footbridge *ép* (gyalogos-)felüljáró; gyaloghíd

footcloth *tex* (láb)szőnyeg

footer *szt* lábjegyzet; *tex* harisnyafejelő (gép)

footgear *cipő* lábbeli

foothill *geol* kisebb domb hegy lábánál; ~**s** *pl* alacsony dombok, előhegység

footing *ép* lábazat, alap(zat); talp; *mat* számoszlop; ~ **area** *ép* alapterület; ~ **beam** *ép* talpgerenda, kötőgerenda *(tetőszéken)*; ~ **of a dam** *hidr* gátalap; ~ **of foundation** *ép* alapozás induló sora; ~ **piece** *ép* oszloptalp; *fa* kocsihágcsó; zsámoly; *tex* nadrágtalpaló; ~ **resistance** *el* vezetékoszloptalp és föld közti ohmos ellenállás

footlights *pl* rivaldafény

footlocker *US* katonaláda

footnote lapalji jegyzet, lábjegyzet

footpath (FP) járda; gyalogút; *ép* járópalló; *gép* kezelőjárda; *vasút* peronelőtér; ~ **cleaning machine** járdaseprő gép; ~ **paving** járdakövezés, járdaburkolat; ~ **platform** *em* gyaloghíd; *ép* emelt gyalogjáró

footplate → foot(-)plate

footprint lábnyom; *szt* lenyomat, helyigény; ~ **area** *rep* gumiabroncs érintkezési felülete; ~ **pressure** *mech* talajra nehezedő fajlagos nyomás

footrail *gép* lábtámasz, taposóléc

footrest *gépk* lábtámasz *(előrecsúszás ellen)*; ~ **hanger** lábtartó kar *(motorkerékpáron)*

footrill *bány* szivárgó; táró

footstep hágcsó; *ép* lépcsőfok; *gép* sarok; saru; ~ **bearing** *gép* talpcsapágy; ~ **journal** *gép* talpcsap; ~ **pillow** *gép* csapágytalp *(támcsapágynál)*; talplemezpárna; ~ **plate** *gép* járdalemez; *hajó* lépcsőlemez; *önt* padlólemez

footstick *nyom* kliséalátét, stég; tömöntő lemez

footstock *mt* szegnyereg; ~ **guide** szegnyeregvezeték

footstone *ép* alapkő; gyám

footwalk → footway

footwall *bány* feküoldal; vágat feküje/talpa; vágattalp; *ép* alacsony támfal *(töltés lábánál)*; falazott/beton alaplemez/talplemez; ~ **drift** *bány* feküvágat; ~ **side** *bány* feküoldal

footway gyalogút; gyalogjáró, járda; *bány* járóakna, létraakna; járóvágat; *ép* járópalló; ~ **cleaning machine** járdaseprő gép; ~ **framing** *ép* rácsos gyalogjárótartó; ~ **man-hole** *el, távk* járdai kábelakna; ~ **tunnel** *ép* gyalogalagút

footwear *cipő* lábbeli; *kh* hosszú harisnya; ~ **machine** *kh* harisnyagép; ~ **reclaim** gumianyag gumicipőhulladékból

foozle gyártási hiba

for|-clause *szt* ciklusfej *(ALGOL)*; **~-list** *szt* ciklusjegyzék; cikluslista; **~-statement** *szt* ciklusutasítás, „for" utasítás

forage takarmány; **~ cake** *mzg* takarmány olajpogácsa; **~ harvester** *mzg* takarmánybetakarító, járva szecskázó silókombájn

foraminated *pa* perforált

foraminiferal | clay *geol* foraminiferás iszap; **~ limestone** *geol* foraminiferás mészkő

forbesite *ásv* forbesit

forbidden tiltott; **~ band** *fiz* tiltott sáv; **~-combination check** *aut* tiltott kombinációkra történő ellenőrzés; **~ energy band** *fiz* tiltott sáv; **~ gap** *fiz* tiltott sáv; **~ gap width** *fiz* tilossáv-szélesség; **~ increment** *aut* tiltott növekmény; **~ spectral line** *fiz* tiltott színképvonal; **~ transition** *fiz* tiltott átmenet

force I. *v gép* erőltet; fokoz; **II.** *n fiz, mech* erő; kényszer; *kat* erő; *műa* (szerszám)bélyeg; **~ a boiler** *v* gőzkazánt túlterhel; **~ a key** *v* kulcsot elgörbít; **~-and-suction pump** szívó-nyomó szivattyú; **~ arm** *mech* erő karja, erőkar, emelőkar; **~ balance** *aut, mech* erő-összehasonlítás, erőkiegyenlítés; erőkompenzáció; **~-balance controller** *aut* erőkompenzációs szabályozó; **~-balance pressure ga(u)ge** *aut* erőkompenzációs/erőkiegyenlítéses nyomás(jel)adó; **~-balance regulator** *aut* erőkompenzációs szabályozó; **~-balance transducer** *aut* erőegyensúly-jeladó; **~ constant** *fiz, mech* erőállandó; **~ coordinate** *mech* erőkoordináta; **~ couple** *mech* erőpár, nyomaték; **~ demand** *gép* erőszükséglet; **~ diagram** *mech* erődiagram, erőábra; vektoridom; **~ equilibrium** *mech* erőegyensúly; **~-extension curve** *any, tex* erő-nyúlás görbe; **~ feed** *gép* kényszerkenés, szivattyús/nyomásos olajozás/kenés; nyomószivattyús táplálás; *szt* kényszertovábbítás; **~-feed** *gép* nyomószivattyúval táplált; **~-feed lubrication** kényszerkenés, szivattyús/nyomásos olajozás/kenés; **~-feed oil system** nyomásos olajozórendszer; **~ field** *fiz, mech* erőtér; **~ fit** *alak* szilárd sajtolóillesztés; **~-free field** *at, fiz* erőmentes tér; **~ function** *mech* erőfüggvény; **~ gradient** *mech* erőgradiens; fajlagos erő; **~ home** *v* helyére/végpontig szorít; **~ intensity** *mech* erőpár alapja; **~ is developed** *fiz* erő ébred; **~-land** *v rep* kényszerleszállást végez; **~-limiting device** *mech* erőkorlátozó; **~ line** *el, fiz* erővonal; **~-line diagram** *geof* erővonal-diagram; **~ majeure** vis major; **~-meter** *gép* erőmérő; **~ multiplier** *kat* erősokszorozó; **~-multiplying system** *mech* erőtöbbszöröző rendszer; **~ of attraction** *fiz* vonzóerő; **~ of current interaction** *el, fiz* Lorentz-erő, elektrodinamikai erő; **~ of cut** *forg* vágóerő; **~ of ejection** *gyógyv* kiemelőerő; **~ of explosive** *bány* robbanóanyag fajlagos munkavégző képessége; **~ off** *v gép* nyomás alatt eltávolít/leszed; **~ of gravity** *fiz, mech* nehézségi erő *(g)*; **~ of hands** *bány* telepítés; üzemi létszám; **~ of impact** *fiz, mech* lendítőerő *(ütközésből)*; *kat* becsapódási energia; **~ of inertia** *fiz, mech* tehetetlenségi erő, tömegerő; **~ of magnetic repulsion** *fiz* mágneses taszítás; **~ of nature** *fa* természeti erőhatás; **~ of recoil** *kat* hátrasiklási energia; **~ of the resultant screw** *mech* főerő; **~ of transport** *mech* centrifugális erő, röpítőerő; **~ out** *v* kinyom, kisajtol, kiprésel; kihajt; **~ per unit length** *fiz, mech* egységnyi hosszon ható erő; **~ pipe** *ép, gép* nyomócső; **~ piston** *műa* szerszámbélyeg; **~ plate** *műa* bélyeglap, felső szerszámlap; szerszámbélyeg-felfogólap; **~ plug/plunger** *műa* (szerszám)bélyeg; **~ polygon** *mech* erőpoligon, erősokszög; **~ projection** *kat* erődemonstrálás; **~ pump** *ép, gép* nyomószivattyú; **~ required** *gép* erőszükséglet; **~s in roof** *bány* fedőfeszültség; tető; **~ structure** *kat* katonai szervezet; **~s with scattered points of application** *mech* elszórt erőrendszer; **~ system** *mech* erőrendszer; **~ through** *v* átnyom, átkényszerít; **~ together** *v* összeprésel; **~ transducer** *aut, mech* erőátalakító; **~ transmissibility** *mech* lengési vezetőképesség; **~ transmitter** *aut* erőtávadó; **~ tube** *ép, gép* nyomócső; **~ vector** *mech* erővektor; **~-ventilated** *szell* kényszerszellőzésű

forced erőltetett; kényszerített, kényszerű; kényszer-; mesterséges; gerjesztett; **~-air blast** *koh* nagy energiájú fúvószél; **~-air cooling** *gép* kényszerléghűtés; **~-air duct** nyomólégcsatorna; **~-air heating** *ép* gépi léghűtés; **~-air quenching** *alak* kényszerléghűtéses edzés; **~ alighting** *rep* kényszerleszállás *(vízre)*; **~ automatic centering with inserting socket** *gép* hengeres korongos kényszerközpontosítás; **~ blast** *koh* nyomószél; **~-blast cooling** *koh* külső/szellőzős hűtés; **~ centering** *gép* kényszerközpontosítás; **~ centering with rocket** *gép* csapos kényszerközpontosítás; **~ chatter** *szersz* gerjesztett szerszámrezgés; **~-circulation evaporator** *vegy* kényszerkeringtetéses bepárló; **~ coding** *szt* optimális programozás/kódolás; **~ commutation** *el* hiperkommutáció, gyorsított/erőltetett kommutáció; kényszerkommutálás; **~-cooled engine** *gép* kényszerhűtésű motor; **~ cooling** *gép* kényszerhűtés, mesterséges hűtés; **~ coupling** *gép* kényszerkapcsolat; **~ draught/draft (FD)** *bány* mesterséges szellőztetés; *hőt* mesterséges léghuzam, kényszerhuzam; *szell* kényszerszellőzés; **~-draught/draft cooling tower** ventilátoros hűtőtorony, mesterséges szellőzésű hűtőtorony, kényszerhuzatos léghűtő; **~-draught/draft dryer/drier** *élip* mesterséges huzatú szárító; **~-draught/draft fan/ventilator** nyomószellőző, aláfúvó ventilátor; **~-draught/draft furnace** alsó befúvású kemence/tüzelés; **~-drive (vibrating) screen** *bány* kényszerrezgésű rezgőszita; **~ dynamic system** *szt* zavart dinamikus rendszer; **~ excitation** gyors rágerjesztés; **~ feed** → force feed; **~ flow** kényszeráramlás; **~ fluid withdrawal** *ol* erőltetett folyadéktermelés; **~ frequency** *mech* gerjesztőfrekvencia; **~ harmonic motion** *fiz* kényszerrezgés; **~-induction engine** *gép* feltöltött motor; **~ key** eltört kulcs; **~ landing** *rep* kényszerleszállás; **~ locking device** automatikus zárószerkezet; **~ lubrication** *gép* kényszerolajozás, szivattyús/nyomásos olajozás/kenés, nyomóolajozás; nyomás alatti kenés, kényszerkenés, központi kenés; **~ motion** *mech* gerjesztett lengésrész; kényszermozgás; **~ oscillation(s)** *mech* kényszerített/gerjesztett lengés/rezgés, kényszerlengés; **~ production** *ol* erőltetett folyadéktermelés; **~ pumping-out of fluid** *ol* erőltetett folyadéktermelés; **~ release** *távb* erőszakos bontás; **~ response** *aut* kényszerített válasz; **~ rotary oscillation** *gép* gerjesztett lengés *(tengelyrendszernél)*; **~ state** *aut* kényszerű állapot/üzemmód; **~ synchronism** *távk* kényszerszinkronozás; **~-trajectory motion** *mech* kényszermozgás; **~ ventilation** *ép* mesterséges szellőztetés; nyomó szellőztetés; **~ vibration** *fiz, mech* gerjesztett lengés; kényszerrezgés; **~ vibratory compaction** *ép*

vibrációs tömörítés; ~ **working** *gép* nagy terhelésű üzem
forceps *szersz* fogó
forcer *ép* bontórúd; *nyom* formálóprés
forcible erős; heves; kényszerű
forcing erőltetés; kényszerítés; *fa* vágás; *mzg* borjavítás; **~-and-sucking pump** szívó-nyomó szivattyú; ~ **cone** *kat* átmeneti kúp; ~ **fan** nyomószellőző; fúvószellőztető; ~ **frequency** *mech* gerjesztőfrekvencia; ~ **function** *mat, szt* zavarófüggvény; ~ **hose** szivattyú-nyomótömlő; ~ **jack** *gépk* csavaros feszítő *(egyengetéshez)*; ~ **machine** csigaprés; ráhúzó sajtó *(keréknek tengelycsapra)*; ~ **method of shaft dropping** *bány* falazatsüllyesztés kényszerítéssel; ~ **open the points** *vasút* váltófelvágás; ~ **pipe** nyomócső; ~ **press** besajtolóprés; **~-pump** nyomószivattyú; ~ **screw** nyomócsavar
ford I. *v* gázlón átkel; **II.** *n* gázló; ~ **improvement** *hidr* gázlórendezés
Ford-Fulkerson algorithm *szt* Ford—Fulkerson-algoritmus
fording ability *gépk* gázlóképesség
fore-and-aft I. *a* hosszanti, hosszirányú, hossz-; **II.** *adv* hajó/repülő hosszában *(orr és fartő között)*; ~ **axis** *rep* hosszirányú tengely; ~ **control** hosszirányú vezérlés; ~ **direction** hosszanti irány *(járműé)*; ~ **distance** *rep* hosszirányú tengelymenti távolság; ~ **level** *geod* előre-hátra szintezés; ~ **loop-aerial** *rep* hossztengelysíkba eső keretantenna; ~ **member** *rep* hosszirányú elem/tartó
foreapron *hidr* előfenék
foreaxle *gép* mellső tengely
forebay *hidr* előcsatorna; előkamra *(szivattyúban)*; előkikötő; előtér *(műtárgyak előtt)*; felső böge, duzzasztott folyószakasz; felső/felvízi öböl; vízfő; ~ **gate/sluice** vízfő zsilipje
foreblow *koh* előfúvatás
forebody hajtótest eleje; *rep* repülőgéptörzs eleje/orrrésze
foreboring *bány* előfúrás
forebreast *bány* fejtési homlok; munkahely
forecast I. *v met* előre jelez, prognosztizál *(időjárást)*; **II.** *n met* (időjárás-)előrejelzés, prognózis, jóslás; időjelzés, időjárás-előrejelzés; ~ **area** *rep* prognózis területe; ~ **center** *met* időjárás-előrejelző központ
forecaster *met* időjelző meteorológus, előrejelzést készítő személy
forecasting előrejelzés, prognózis; ~ **problem** előrejelzési feladat
forecastle *hajó* hajó elõrésze, mellső felépítmény; személyzeti szállás; ~ **deck** *hajó* orrfedélzet
forechannel *ép* ereszcsatorna
forecooler *élip, vegy* előhűtő
forecooling *élip* előhűtés
forecourt *ép* előkert
foredeck *hajó* előfedélzet
foredeep *geol* előmélyedés
foredge *nyom* homorú rész *(könyvé)*; külső szél, lapszél
forefield *bány* előresiető vájvég; működő munkahely
forefloor *hidr* előfenék
foreganger *hajó* lánc előfutó szeme *(horgonyfélszem és rendes lánctagok között)*
foregrip *kat* mellső markolat
foreground *szt* előtér; ~ **colours** *szt* előtérszínek *(videotexnél)*; ~ **computing** *szt* nagy prioritású feladatmegoldás; ~ **processing** *szt* előtérfeldolgozás; ~ **program** *szt* előtérprogram
foregrounding *szt* előfeldolgozás
forehammer szabadkézi kovácskalapács
forehand I. *a* előzetes; elülső; **II.** *n* előrész, főrész; ~ **puddler** *koh* olvasztár; ~ **welding** balra hegesztés
forehead *bány* előresiető vájvég; fejtéshomlok, vágatvég; munkahely; ~ **harness-strap** *kat* gázálarc-homlokszalag
forehearth *hőt* tüzelőtér; *koh, önt* vasgyűjtő, mellmedence; ~ **mixing ladle** olvasztókemence előtti keverőüst; ~ **operator** olvasztár
foreign külföldi; idegen; ~ **air carrier** *rep* külföldi légi szállítótársaság; ~ **air commerce** *rep* külföldi polgári repülés; ~ **air route** *rep* nemzetközi légiútvonal; ~ **atom** *at* idegen/szennyező atom; ~ **hide** külföldi bőr; ~ **material** idegen anyag; ~ **matter** idegen/szennyező anyag; ~ **nucleus** *krist* idegen góc
Forel scale *geof* Forel-féle földrengési erősségfokozat
forelady → forewoman
foreland *geod* előtér, homloktér; *geol* előhegység; hegyfok; redőzött zóna előtere
foreline | tank *fiz* elővákuum-tartály; ~ **trap** elővákuum-csapda; ~ **valve** elővákuum-szelep; ~ **vessel** elővákuum-tartály
forelock I. *v gép* sasszeggel rögzít; **II.** *n gép* haránték; sasszeg; **~-bolt** *gép* biztosított csapszeg; ~ **key** kereszték; ~ **strap** *bőr* üstökszíj
foremaker *koh* előmunkás
foreman *bány* főaknász; *ép* pallér; *ip* előmunkás; munkavezető, művezető; műhelyfőnök; ~ **quality control** minőség műhelyellenőrzése; ~ **warper** *tex* felvetőmester; ~ **welder** *heg* hegesztési művezető
foremarker *rep* előjeladó, külső jelkapu
foremast *hajó* előárboc
Foren process *heng* eljárás varrat nélküli csövek hengerlésére
forepart elülső rész, előrész; orr *(hajóé, cipőé)*
forepeak (FP) *hajó* orr-rekesz
foreperpendicular (FP) *hajó* első orrfüggély
foreplane *rep* előszárny
foreplate *heng* durvahengersor padkája
forepole *ép* tűzpalló
forepoling *bány* cseglyekarós biztosítás; cseglyekarózás; cseglyézés; előretűzés; előtűző munka; főtetűzés; ~ **arm** *bány* előtűző ácsolat tartógerendája; ~ **board** *bány* cseglyekaró; ~ **plate** *bány* előtűzőlap
forepressure *fiz, gép* elónyomás
forepump *fiz* előszivattyú; elővákuum-szivattyú
forereach *hajó* megelőz
forerun of distillation *ol* előpárlat; első párlat
forerunner *bány* előhírnök, előfutár; előmunkás
forerunning *ol* kezdőfrakció, előpárlat
foresail *hajó* előtörzsvitorla, orrvitorla
forescattering *at* előreszórás
foreset beds *pl geol* delta(lerakódás)
foreshaft *bány* kezdőakna *(nagy átmérőjű)*
foreshock *geol* előrengés
foreshore *hidr* hullámtér; ~ **canal** *hidr* hullámtéri csatorna
foreshorten *ip* perspektivikusan rövidít, skurcban rajzol

foreshortening *ép* skurc
foresight *geod* előreirányzás; *kat* célgömb *(puskán)*; ~ **base** *kat* célgömbtalp; ~ **bracket** *kat* célgömbvédő; ~ **guard** célgömbvédő, célgömbház *(puskán)*; ~ **protector** *kat* célgömbvédő
foresighting *geod* előreirányítás
forest I. *v* erdősít; **II.** *n* erdő; fakincs; ~ **assessor** *fa* erdőbecslő; ~ **climbers** *pl* erdei mászóvas; ~ **commodity** *fa* erdei termék/termelvény; ~ **crop** erdőállomány; ~ **cruise** fatömeg-felbecsülés; ~ **economy** erdőgazdaság, erdőkezeléstan; ~ **estimation** *fa* erdőbecslés; ~ **exploitation** erdőüzem; ~ **industry** faipar; ~ **institute** *fa* erdőipari kutatóintézet; ~ **mensuration** erdőállomány-felméréstan, faméréstan; ~ **nursery** facsemetekert, faiskola; ~ **produce** *fa* fatermék, fatermelvény; ~ **products** *pl fa* erdőipari termék, fatermék; ~**-products research** faipari kutatás; ~ **railway** erdei iparvasút; ~ **range** erdőkerület, erdőkörzet; ~ **rubber** vad kaucsuk; ~**-saw file** erdeifűrész-reszelő; ~**-seeds** erdei magvak; ~ **staff** erdészszemélyzet; ~ **survey** erdőfelmérés; ~ **thinning** erdőirtás; ~ **wool** *tex* fenyőtűrost
forestall megelőz, meggátol
forestaller *vasút* éberségi biztosítókészülék, éberségi kontaktor
forestalling | **relay** készenléti relé/jelfogó; ~ **switch** *távk, vasút* éberségi kapcsoló; nyugtázó kapcsoló
forestation erdősítés, erdőültetés
forestay *hajó* előárboc-merevítő
forester erdész
forestock *kat* alsó ágy; előagy *(puskáé)*; ~ **screw** *kat* alsó ágy rögzítőcsavarja
forestroke *gépk* dugattyú lökete előre
forestry erdő; erdészet
foretop *hajó* előárbochíd
foretrough *geol* előmélység
foretruck *mzg* támasztó szállítótaliga
forevacuum *fiz* elővákuum; ~ **line** elővákuum-vezeték; ~ **pump** előszivattyú; ~ **tank** elővákuum-tartály; ~ **trap** elővákuum-csapda; ~ **vessel** elővákuum-tartály
forewheel *vasút* mellső kerék
forewinning *bány* előkészítés; kamra kifejtése *(kamrapillérfejtésben)*
forewoman *ip* előmunkásnő; munkavezetőnő
foreyarn *tex* előfonat
forfeiture of a right jogvesztés
forge I. *v* kovácsol; **II.** *n mt* kovácsműhely, kovácstűzhely; ~**-bonnet** *mt* kovácstűzhelykürtő; ~ **chisel** *szersz* kovácsvéső; ~ **cinder** *mt* kovácsreve; ~ **cold** *v* hidegen kovácsol; ~ **crane** *mt* kovácsdaru; ~**-fire** *mt* kovácstűz; ~ **hammer** *szersz* kovácskalapács; ~ **hot** *v* melegen kovácsol; ~ **iron** *mt* kovácsolt/hegesztett vas; ~ **lathe** *mt* nehéz kovácsüzemi eszterga; ~ **milling-machine** *mt* kovácsdarabokat nagyoló marógép; nehéz hántoló marógép; ~ **on** *v* hozzákovácsol; ~ **out** *v* kikovácsol; ~ **pig** *mt* kovácsnyersvas; ~ **planer** *mt* nehéz hántológyalugép; ~ **rolling** *mt* kovácshengerlés; kovácsolás odorhengerléssel; ~**-rolling machine** *mt* görgős kovácsológép; ~ **scale** *mt* kovácsolási reve; kovácsreve; ~ **shop** kovácsműhely, kovácsüzem; ~ **sizing** *mt* méretre kovácsolás; szabadkézi kovácsolás; ~ **smithing** *mt* kézi kovácsolás; ~**-tongs** *pl szersz* kovácsfogó; ~ **to shape** *v* készre kovácsol; ~ **weld** *mt* kovácsolóhegesztéssel készült varrat; ~ **weldability** *mt* kovácsolva hegeszthetőség, tűzi hegeszthetőség; ~**-welded joint** *mt* kovácsolóhegesztéssel készült kötés; ~ **welding** *mt* kovácshegesztés; kovácsolóhegesztés; tűzi hegesztés; ~ **work** kovácsmunka
forgeability kovácsolhatóság, képlékenység
forgeable kovácsolható
forged *mt* kovácsolt; ~ **iron** kovácsolt vas, hegesztett vas; ~**-leg vice** kovácssatu; ~ **piece** *koh* kovácsdarab; ~ **spot welding** kovácsoló ponthegesztés; ~ **steel (FS)** kovácsolt acél; ~ **weld** → forge weld
forgeman kovács
forger kovács
forgery hamisítás; hamisítvány
forget-me-not blue nefelejcskék
forging *mt* domborítás; kovácsdarab; kovácsmunka, kovácsolás; kovácsolt áru; ~ **allowance** kovácsolási ráhagyás; ~ **alloy** *alak, mt* kovácsolható ötvözet; ~ **characteristic** *mt* átkovácsolási szám; ~ **die** *alak* kovácsoló süllyesztékk, odor; ~ **furnace** *koh* kovácskemence; ~**-grade ingot** *alak, mt* kovácsvasbuga, kovácstuskó; ~ **hammer** *szersz* kovácskalapács; ~ **machine** *alak, mt* kovácsológép; ~ **press** *alak* kovácsolósajtó; ~ **pressure** *mt* kovácsoló nyomás; ~ **region** *mt* kovácsolási hőmérséklet-tartomány; ~ **roll** *mt* kovácsoló henger; ~ **stamp** *alak* odor, kovácssüllyeszték; ~ **steel** kovácsolható acél; ~ **stock** kovácsolandó munkadarab; ~ **strain** *alak* kovácsoláskor fellépő alakváltozás; ~ **thermit(e)** *mt* acél-termit keverék
forgiving system *szt* felhasználóbarát rendszer
fork I. *v* elágazik, szétágazik *(kétfelé)*, kettéágazik; *bány* kiszivattyúz *(előzsompot)*; vizet elvezet; **II.** *n* elágazás, szétágazás; *bány* szénosztályozó villa; *ép* (út)elágazás; *fa* villás kötés; *finm* horgonyvilla; *hang* hangvilla; *mt* villa; *mzg* (vas)villa; *tex* gereblye *(gyapjúmosó gépen)*; villáspecek *(textilgépen)*; ~ **amplifier** *hang* hangvilla-erősítő; ~ **catch** *mt* villás befogás; villás megfogószerkezet; ~ **centre/center** *mt* villás esztergacsúcs *(faipari esztergákon)*; ~ **chuck** *forg* villástokmány; ~ **end** *gép* villás rúdfej *(csatlakozásokhoz)*; ~**-eye** *gép* villafurat, villaszem; ~ **file** *szersz* madárnyelvreszelő; ~ **generator** *el* hangvillás generátor; ~ **grate** *tex* villarács *(bordaládán)*; ~ **head** *gép* villás kardáncsuklófej; ~**-joint** *gép* villa alakú kötés; villás kapcsolat; ~**-lift** *csom* emelővilla; ~**-lift truck** *csom, ép* emelővillás targonca, (villás) emelőtargonca, villás targonca; ~**-lift truck attachment** emelőtargonca teherfelvevő szerkezete/szereléke; ~**-lift truck type conveyancer** villás emelőtargonca; ~**-lift truck with axle feed** tolótengelyes emelőtargonca; ~**-lift with lateral fork** *csom* oldalvillás targonca; ~ **motion** *tex* vetülékvilla; ~ **pin** *gép* csap villa alakú gépelemhez; ~ **pulley** *gép* kengyelbe fogott kötélcsiga; ~ **rod** *gép* villás rúd; ~**-shaped** villa alakú; ~ **spanner** *szersz* villás (csavar)kulcs; ~ **stay** *gép* alátámasztó villa; ~ **tooth** villa ága; ~ **truck** → ~-lift truck; ~**-wheel** *mzg* kidobó villaszerkezet *(kiszántógépé)*; ~ **wrench** *US* villás (csavar)kulcs
forked elágazó, kettéágazó, szétágazó, villás; ~ **autotransformer** *el* háromtekercses autotranszformátor; ~ **axle** *gépk* villás tengely *(első futóművön)*; ~ **bearing** *gép* villáscsapágy; ~ **chain** *vegy* elágazó szén-

lánc; ~ **channel** *távk* bifurkáló hírközlő csatorna; ~ **circuit** *el* szétágazó áramkör; ~ **connecting rod** *gép* villás hajtórúd/hajtókar; ~ **cross-head** villás keresztfej; ~ **end** villás rúdfej *(csatlakozásokhoz)*; ~ **frame** kétlábas gépágy; kétlábú állvány; ~ **journal** villás tengelycsap; ~ **lightning** *met* elágazó villám; ~ **link** *gép* villalengőkar, villahimba *(motorkerékpáron)*; villás kulissza; villás láncszem; ~ **long-slotted cross-head** *gép* villás-hosszhasítékos keresztfej; ~ **mortise-and-tenon joint** *ép, fa* villás csapozás *(szarufakötés)*, villás csapos (káva)kötés; ~ **pivot** *gép* villás forgócsap; ~ **reed** *hang* hangvilla; ~ **repeater** *el* kétáramkörös erősítő; ~ **runner** *koh* nadrágcsatorna; ~ **screwdriver** *szersz* villás csavarhúzó; ~ **stanchion** *ép* elágazó támoszlop; ~ **strap** *ép* elágazó heveder; villás kengyel; ~ **tapping spout** *koh* nadrágcsatorna; ~ **tenon** *ép, fa* villás csap(ozás); ~ **tie** *ép* villás falkötő vas; ~ **tube** *ép* elágazó csőidom; ~ **turnbuckle** villás csapszeges feszítőcsavar

forking (villás) elágazás; szétválás, bifurkáció; ~ **bed** *geol* kétágú/torlódó réteg

forkman bugairányító hengerész

forkstaff plane hengergyalu

form I. *v* alakoz; (ki)alakít, (ki)formál; (ki)képez; készít; alakul; *el* formál; **II.** *n* alak, forma; idom; minta; fajta; fazon; stílus; típus; *alak* matrica, szerszám; *cipő* kaptafamásolat; *ép* szelvényív *(alagúté)*; *fa* (iskola)pad; *kat* sánckosár; *mat* alak, menet, lefutás *(görbéé, függvényé)*; nyitott mondat, ítéletfüggvény, állításséma; *műa* szerszámforma; *nyom* nyomóforma; *pa* papírmerítő keret; *rád, távk* csévetest; *tex* kalapforma; ~ **and morphology of settlement** *ép* települési alkat; ~ **beads** *v tex* gyöngyösít; gyöngyösödik; ~ **block** *ép* idomkő; ~ **board** *pa* makettkarton, modellkarton; ~ **cutter** *forg* profilmaró, alakmaró; ~ **cutting** *alak, forg* alakmarás; ~ **drag** *fiz, rep* alakellenállás; ~ **factor** *el, fiz, gép* alaktényező, formatényező, alakfaktor; ~ **feed character (FF)** *szt* lapemelés *(vezérlőkarakter)*; ~**-feed device** *irgép* űrlapadagoló szerkezet; ~**-feed guide** *irgép* űrlapterelő; ~**-feed lever** *irgép* űrlapadagoló kar; ~**-fitting** *alak* alakos illesztés, alakra szerelés; ~ **flash** *szt* tárolt formátum megjelenítése; ~ **grinding** *alak* idomköszörülés, profilköszörülés; ~ **guide roller** *szt* lapvezető, nyomtatványvezető görgő; ~ **letter** *szt* formalevél; ~ **line** körvonal, határvonal; ~ **lock** *nyom* zárókeret; ~ **milling** *forg* alakmarás; idommarás, másoló marás; ~ **milling cutter** *forg* profilmaró, alakmaró; ~**-milling machine** *forg* másoló marógép; ~ **of inference** *mat* következtetési mód; ~ **of the trademark** a védjegy alakja; ~ **oil** *ép, gép* sablonolaj, formázóolaj; zsaluzást kenő olaj *(betonozáshoz)*; ~ **panel** *fa* zsaluzódeszka; ~ **persistance** *krist* formák perzisztenciája; ~ **planing** *alak, mt* alakgyalulás *(hosszgyalugépen)*; ~**-relieved cutter** *forg* hátraesztergált maró; ~ **resistance** *fiz* alakellenállás; ~ **rib** *rep* alaktartó borda; profilborda, segédborda; ~ **shaping** *alak, ép, mt* alakgyalulás; ~**s height** *szt* lapmagasság; ~**s of roof** *ép* tetőformák; ~**s planning** *szt* formátumtervezés; ~**s reel** *szt* papírtekercs; ~ **stop** *szt* automatikus leállító, formátum szerinti leállás; ~ **the tail** *v forg* szegecszárófejet kalapál; ~ **tool** *alak* alakkés, profilkés; ~**-turning** *fa, forg* idomesztergálás; ~ **up** *v* alakít, formáz; ~ **vibrator block** *ép* zsalurázó fej

formability alakíthatóság

formal alaki; külsőleges; formális; ~ **language** formális/formalizált nyelv; ~ **language theory** *szt* formális nyelvek elmélete; ~ **logic** matematikai/formális logika; ~ **machine language** *szt* formális gépi nyelv; ~ **parameter** formális paraméter; ~ **semantics** szemiotika; ~ **system** formális rendszer

formaldehyde *vegy* formaldehid, metanal

formalin *vegy* formalin, formaldehid 40%-os vizes oldata

formalization formalizálás; ~ **of the meaning** jelentés formalizálása

formalized language *szt* formális/formalizált/szimbolikus nyelv

formamide *vegy* formamid, hangyasavamid

formamido *vegy* formamido-gyök

formant *fiz, hang* formáns; ~ **frequencies** *pl szt* beszéd domináns frekvenciája; ~ **range** *hang* formánstartomány; ~ **synthesis** *szt* hangzók mesterséges előállítása

format I. *v szt* formáz, formattál; **II.** *n nyom* alak, nagyság, formátum; *szt* formátum; ~ **code** *szt* formátumkód; ~ **conversion** *szt* formátumátalakítás; ~ **effector character (FE)** *szt* formátumvezérlő karakter; ~ **error** *szt* alaki hiba; ~ **management system (FMS)** *szt* formátumkezelő szubrutincsomag; ~ **statement** formátumutasítás

formate *vegy* formiát

formation keletkezés; képződés, képződmény; (ki)alakulás, (ki)alakítás; formázás; formálódás; *el, félv* formálás; *ép* földmunka; *geol* formáció; kőzet, (kőzet)réteg; szint; *kat* alakulat; *pa* átnézet; *rep* alakulat; kötelék; ~ **boundary** *geof* réteghatár, képződményhatár; ~ **compressibility factor** *geof* tárolókőzet összenyomhatósági tényezője; ~ **contact** *geof* képződményhatár, réteghatár; ~ **dip** *geof* rétegdőlés, képződménydőlés; ~ **energy** *geof* talaj által közvetített energia; tárolókőzet-energia; ~ **enthalpy** *koh* képződési entalpia; ~ **entropy** *koh* képződési entrópia; ~ **evaluation** *ol* szelvényértelmezés; ~ **factor** *geof* formációtényező; rétegellenállás-tényező; ~ **facturing** *ol* kőzetrepesztés; ~ **flight (FF)** *rep* kötelékrepülés; ~ **fluid** *ol* rétegtartalom; ~ **heat** *fiz* képződési hő; ~ **level** *vasút* koronaszint *(földmunkáé)*; ~ **light** *rep* kötelékrepülési helyzetlámpa; ~ **logging interpretation** *ol* tárolókőzet-értelmezés; ~ **of an equation** *mat* egyenlet felállítása; ~ **of bark** *fa* kéregképződés; ~ **of blisters/blowholes** *koh* buborékképződés; hólyagképződés; ~ **of burr** *önt* sorjaképződés; ~ **of cloud** *met* felhőképződmény; ~ **of continuous ice cover** *met* jégbeállás; ~ **of deposits** *hidr* feliszapolódás; ~ **of flash** *önt* sorjaképződés; ~ **of ions** *fiz* ionizáció, ionizálás, ionozás; ~ **of loading units** *ép* egységrakomány-képzés; ~ **of metallic iron** *koh* fémvasképződés; ~ **of outgoing signal train** *távk* távírómoduláció; ~ **of pores** *krist* lyukképződés; ~ **of rust** *any* rozsdaképződés; rozsdásodás; ~ **of sparks** *el* szikraképződés; ~ **of stitches** *kh* szemképzés, hurkolás; ~ **of vacancies** *krist* üreshelyképződés; ~ **of wrinkles** *önt* ráncképződés; ~ **pressure** *geof* tárolókőzet-nyomás; telepnyomás; ~ **resistivity factor** *fiz* formáció-fajlagosellenállás tényező; ~ **sealing agent** *geof* formációtömőanyag; kőzettömítőanyag; ~ **temperature of slag** *vegy* salakképződési hőmérsék-

let; ~ **test** *ol* fúrószáras formációvizsgálat; rétegvizsgálat *v.* termelési vizsgálat fúrócsövön át; ~ **tester** *ol* formációvizsgáló; rétegvizsgáló; ~ **treating** *ol* rétegkezelés; ~ **velocity** *geof* rétegsebesség; ~ **volume factor (FVF)** *ol* formáció-térfogati tényező; teleptérfogat-tényező
formatted data record *szt* formátumhoz kötött adatfeljegyzés
formatter *szt* formázó, formatter
formatting *szt* formázás, formattálás
forme *cipő* cipőfelsőrész-szabásminta; felsőrész szárának szabása; *nyom, tex* nyomóforma
formed alakított, formázott; kényszerített, kényszer-; ~ **coke** *koh* formakoksz; kokszbrikett; ~ **cutter** *forg* profilmaró, alakmaró; ~ **ditch-digging bucket** *ép* profilputtony; ~ **plate** *el* formált akkumulátorlemez; ~ **rib** alaktartó borda
former alakító, formáló; *alak* minta, forma, sablon; *el* sablon *(tekercseléshez)*; *fa* keretváz; *heng* alakos/profilos henger; *műa* csővégkalibráló idomszer; *önt* formázószerszám; mintázó; *rep* alakadó (törzs)keret; *szersz* favéső; *vasút* kocsirendező; ~ **block** *alak* alakítószerszám; ~ **piece** *pa* alakhatároló lemez; szélhatároló lap; ~ **plate** *pa* alakhatároló lemez; ~ **roller** *alak* sablonmásoló görgő; *pa* alakhenger; szélhatároló görgő; ~ **sleeve** *műa* csővégkalibráló idomszer; ~ **strip** *pa* alakozóléc; szélhatároló léc; ~ **winding** *el* sablonon készült tekercselés; ~ **wing rib** *rep* alaktartó borda; ~**-wound coil** *el* sablontekercs, idomtekercs
formiate *vegy* formiát
formic | acid *vegy* hangyasav, metánsav; ~ **aldehyde** *vegy* formaldehid; ~ **anhydride** *vegy* hangyasavanhidrid
formica aminoplaszt *(márka)*
formin *vegy* formin, hangyasavglicerid; hexametiléntetramin
forming I. *a* alkotó; formáló; **II.** *n* (ki)alakulás, (ki)alakítás; alakváltozás; (ki)formál(ód)ás; formázás; képz(őd)és; mintázás; *alak* alaknyomás, hajlítás; *el, fiz* formálás; *forg* alakos másolás; ~ **bell** *alak* csőhúzó tölcsér; ~ **board** *pa* víztelenítést gátló lemez; ~ **by bending** hajlító alakítás; ~ **cutter** *alak* alakkés, profilkés; ~ **die** *alak* alaknyomó szerszám; ~ **lathe** *forg* idomeszterga; másolóeszterga; ~ **machine** *alak* bordanyomó gép; forgácsmentes alakítógép; lemezhajlító gép; *tex* formázógép *(kalaptompgyártáshoz)*; rostfonatsodró gép *(kötélgyártáshoz)*; ~ **of cellulose xanthate** *tex* xantogenálás; ~ **of icesheet** *geol* jéglencseképződés; ~ **of sediments** *geol* üledékképződés; ~ **of slip lines** *geol, krist* csuszamlási vonalak legyezős kiterjedése; ~ **pad** *műa* préspárna; ~ **pass** *heng* alakító szúrás; ~ **pliers** *pl* alakranyomó laposfogó; ~ **press** *alak* formázósajtó, formázóprés; ~ **pressure** *alak, mech* alakító nyomás; ~ **process** képződési/kialakulási folyamat; ~ **resistance** alakváltozási ellenállás; ~ **roll** *heng* profilos henger; ~ **tool** *alak* alakkés, profilkés; ~ **turret lathe** *forg* revolverfejes idomeszterga; ~ **unit** *aut, el* (jel)formáló elem
formless alaktalan; ~ **paving machine** *ép* csúszózsalus betonbedolgozó
formogel reaction *vegy* formogél reakció
formol *vegy* formaldehid *(vizes oldat)*, formalin; ~ **titration** *vegy* formoltitrálás
formolation *vegy* formalinozás
formolite number *vegy* formolitszám
formula *gyógyv* összetétel; recept; *mat, vegy* formula; képlet; kifejezés; ~ **calculator (FOCAL)** *szt* FOCAL *(programozási nyelv)*; ~ **in which no variable has a free occurence** *mat* mondat, szabad változót nem tartalmazó formula, állítás; ~ **of discharge over weir** *hidr* bukó-vízhozamegyenlet, bukógát vízhozamegyenlete; ~ **of state** *fiz, mat* állapotegyenlet; ~ **translation (fortran)** *szt* FORTRAN *(programozási nyelv)*; ~ **unit** *krist* képletegység
formularization képletalkotás, formulaalkotás
formularize képletben/formulában fejez ki
formulary *gyógyv* gyógyszerkönyv; receptgyűjtemény; *mat, vegy* képlet, formula
formulate megszövegez, megfogalmaz, kidolgoz *(elméletet)*; megszerkeszt (szöveget); megformuláz; szabályba foglal; képlettel/képletben fejez ki; *gumi, műa* keveréket összeállít
formulation megszövegezés, megfogalmazás; szabályokba foglalás; *gumi, műa* keverék-összetétel, receptúra; ~ **of a problem,** ~ **of the question** feladat/probléma/kérdés megfogalmazása, feladat felállítása, kérdésfeltevés; ~ **of bark** *fa* kéregmintázat
formulize → formulate
formwork zsaluzat, zsaluzás; ~ **cleaning machine,** ~ **cleaner** *ép* zsalutábla-tisztító gép; ~ **vibrator** *ép* zsaluvibrátor
formyl *vegy* formil-gyök; ~**-radical** formil-gyök
formylation *vegy* formilezés
Forster cone winder *tex* kúpos csévélő automata
forsterite *ásv* forsterit
forte kardpenge; ~ **fibre/fiber** *műa* acetátműszál *(gyújtva font)*
Forth *szt* Forth *(programozási nyelv)*
forticel cellulóz-propionát *(márka)*
fortification megerősítés; erőd(mű); erődítmény; vár; *élip* avinálás, szeszezés *(boré)*; erősítés, dúsítás *(vitaminokban)*
fortified megerősített; *élip* dúsított; ~ **position** *kat* megerődített állás; ~ **wines** *élip* borpárlattal szeszezett borok
fortiflex *műa* polietilén *(márka)*
fortify (meg)szilárdít; (meg)erősít; *élip* dúsít; *kat* megerősít
Fortin's barometer Fortin-féle barometer
fortisan *műa* acetátműszál *(márka)*
fortran → formula translation
fortress *kat* vár, erőd
fortuitous | distortion *el, távk* véletlen(szerű), sztochasztikus *v.* nem szabályos torzítás; szabálytalan torzítás; *távb* vonaltorzulás; ~ **telegraph distortion** *távb* szabálytalan távírótorzítás
forty-eightmo *pa* negyvennyolcad papíralak
fortymo *pa* negyvened papíralak
forward I. *v* szállít(mányoz); továbbít; utánaküld, előmozdít, elősegít; **II.** *a* elülső, mellső; előre irányuló/haladó; határidős *(szerződés, szállítás)*; *kat* előretolt; **III.** *adv* előre; elöl; tovább; ~ **ag(e)ing** *el* öregedés; ~ **antenna** *hajó* orrantenna; ~**-bent blade** *hidr* előregörbített lapát; ~ **bias** *el, távk* nyitó előkészítés/előfeszültség; nyitó(irányú) előfeszítés; ~**-bias(s)ing potential** *el* nyitó előkészítés/előfeszültség; ~ **blade** *hidr* előrehajtó lapátkerék; ~ **break-over point** *el*

kapcsolási időpont *(négyrétegű diódánál)*; ~ **chaining** *szt* előre láncolás *(mesterséges tudásalapú rendszerek)*; ~ **channel** *el, szt* előrevezető ág/csatorna; közvetlenül vezérlő/előrevezető csatorna/ág; *szt, távk* adatátviteli csatorna; ~ **circuit** *el* előrecsatoló tag; ~ **conductance** *el* nyitóirányú vezetőképesség; ~ **conductivity** *el* vezetésirányú vezetőképesség; ~ **controlling element** *aut* közvetlenül vezérlő szerv/tag; ~**-control lorry** *gépk* motor feletti vezetőfülkéjű tehergépkocsi, bulldog; ~ **counter** *el* előreszámláló; ~ **creep** *el* előresietés; ~ **current** *aut, el* áteresztőáram; áteresztőirányú/nyitóirányú/vezetőirányú áram; ~ **current amplification factor output shorted** rövidzárási áramerősítés *(dinamikus áramerősítési tényező)*; ~**-curved blades** *ép, hidr* előrehajtó lapátozás; ~ **d.c. resistance** *aut, el* áteresztőirányú/nyitóirányú/vezetőirányú egyenáramú ellenállás; ~ **derivative** *mat* jobb oldali differenciálhányados *(függvényé)*; ~ **derivative function** *mat* jobb oldali deriváltfüggvény; ~**-difference-method** *szt* előre-differenciamódszer; ~ **differences** *szt* előrevett differenciák/különbségek; ~ **direction** *el, fiz* áteresztőirány, fluxusirány; nyitóirány; ~ **drive** *mech* előremozgás; ~ **element** *aut, szt* előreható elem/tag; ~ **end** *pa* felfutás *(papírgépen)*; ~ **error correction (FEC)** *szt* vevőoldali hibajavítás; ~ **extrusion** *műa* közvetlen fröccssajtolás; ~**-facing rocket** *rak* fékező rakéta; ~**-facing wave** *fiz* (előre)haladó hullám; ~ **gain** *távk* teljes erősítési tényező; ~ **gear** *gépk* előremenet *(sebességváltóban)*; ~ **impulse** *el* előrejelzés; ~ **impulses** *el* előre küldött impulzusok; ~ **impulsing** *el* előrevezérlés; ~ **lead** *el* forgásirányú kefeeltolás; ~**-looking infrared (sensor) (FLIR)** *kat, rep* szemből felderítő infraérzékelő; ~**-looking laser sensor** *aut, kat* előre irányú lézeres érzékelő; ~**-looking radar (FLR)** *kat, rep* előreirányított radar; ~**-looking scanner** *el* előrenéző letapogató (antenna); ~ **loop** *vasút* fordulóhurok; ~ **loss** *el* áteresztő irányú csillapítás; nyitóirányú veszteség; ~ **motion** előremozgás; ~ **movement** *gépk* előremenet, odamenet *(dugattyúé)*; ~ **mutual admittance** *el* rövidzárási meredekség; ~ **of state loss (diagramm)** *el* nyitóirányú jelleggörbe; ~ **overlap** *rep* légifényképátfedés *(repülési irányban)*; ~ **path** *aut, el* előrevezető ág/csatorna; ~ **perpendicular (FP)** *hajó* függőleges orrtőke; ~ **pier** *ép* elülső pillér *(hídon)*; ~ **position** *közl* előremenet-helyzet; ~ **power loss** *el* nyitóirányú veszteség; ~ **profile** *geof* mérési *v.* szelvényezési irányban meglőtt szelvény; ~ **pulse** *el* előrejelzés; ~ **radiation** *sug* előresugárzás; ~ **ram** *bány* előtolóhenger; ~ **reaction** *vegy* jobbra haladó reakció; ~ **reasoning** *szt* előrehaladó következtetés; ~ **recall signal** *el* kezelőt hívó szám; ~ **recovery time** *el, félv* felfutási idő; nyitóirányú/vezetőirányú feléledési/felépülési idő; ~ **recovery voltage** *el* nyitóirányú feléledési feszültség; ~ **resistance** *el, félv* áteresztő irányú ellenállás; nyitó(irányú) ellenállás; ~ **reverse loss ratio** *el, gépk* szelepviszony; ~ **running** *vasút* előremenet *(mozdonyé)*; ~ **scatter(ing)** *at* előreszóródás; ~ **selection** *távk* előválasztás; ~ **sequence** pozitív/egyenes sorrend; ~ **shift** → ~ lead; ~ **shock** *rep* homloklökéshullám; ~ **shovel** *ép* homlokrakodó; ~ **shovel bucket** *ép* hegybontó puttony; ~ **signal** *aut* szabályozási parancs, beavatkozó jel; *el* előrejelzés; előrevezető jel; ~ **slip** *gép, heng* csúszás forgásirányban; előresietés; ~ **slipping** *gép* előresietés; megcsúszás forgásirányban; ~ **speed** *gépk* előremenet; ~ **stop dog** *forg* hátramenet-kapcsoló/előremenet-kikapcsoló ütköző; ~ **stroke** *gépk* löket felső holtpont felé; ~**-swept wing** *rep* előrenyilazott szárny; ~ **take-off** *rep* előreirányuló felszállás; ~ **tilt** *rep* légcsavarszárny előredöntése *(forgási síkból)*; ~ **transadmittance** *el, félv* rövidzárási meredekség; ~ **transfer signal** *távk* kezelőbehívó jel; „kezelő behívása" jel; ~ **visibility** *rep* látástávolság előre; ~ **voltage** *el* áteresztő irányú feszültség; nyitóirányú feszültség; ~ **voltage drop** *el* nyitóirányú feszültségesés; ~ **wave (FW)** *el, fiz* (előre)haladó hullám; ~ **welding** *heg* balrahegesztés

forwarding szállítás; *nyom* könyvhátgömbölyítés; ~ **advice** szállításra vonatkozó értesítés; ~ **agent (FA)** szállítmányozó, speditőr; ~ **capability** szállítási teljesítmény; ~ **clerk** *pa* expedíciós mester

fosse *ép* árok, ásott gödör; csatorna

fossil I. *a geol* ásatag, fosszilis; kövült; **II.** *n geol* kövület, ősmaradvány; ~**-bearing bed** *ol* kövületeket/fossziliákat tartalmazó réteg; ~ **coal** kőszén; ~ **fuel** *ásv, geol* fosszilis tüzelőanyag; ~ **log** *geol* kövült fatörzs; ~ **meal** *ásv* hegyi liszt; *ép* kovaföld, diatómaföld; ~ **ore** *ásv, geol* szerves maradványokat tartalmazó érc; ~ **plant** *geol* ősnövény; ~ **remain** *geol* kövületmaradvány; ~ **resin** *műa* fosszilis gyanta; földgyanta; ~ **soil** *geol* fosszilis talaj; ~ **timber** *geol* kövült fatörzs; ~ **water** *geol* fosszilis víz

fossilate *geol* megkövül

fossiliferous kövületeket tartalmazó

fossilization *geol* megkövülés, fosszilizáció

Foster's theorem *távk* reaktanciatétel

FOTS → fibre optics transmission system

Foucault | **current** *el, fiz* örvényáram, Foucault-áram; *hidr* örvénytér; ~ **knife-edge test,** ~ **method** *fiz* Foucault-eljárás; ~**('s) pendulum** *fiz* Foucault-inga

foul I. *v* beszennyez, bepiszkít, bepiszkol; elzár *(utat, vasútvonalat)*; *hajó* fennakaszt, beszorít *(horgonyt)*; összegubancol *(hajókötelet)*; összeütközik *(két hajó)*; **II.** *a* áporodott, rossz szagú; rothadó; szennyezett, tisztát(a)lan; **III.** *n* összeütközés *(hajóké)*; ~ **air** elhasznált levegő; ~**-air flue** elszívó csővezeték, szagelszívó; ~ **anchor** *hajó* fennakadt horgony; ~ **clay** *talt* sovány agyag; ~ **electrolyte** elhasznált/szennyezett elektrolit; ~ **gas** *ol* kezeletlen gáz; *vegy* tisztátalan/ártalmas gáz; ~ **ground** *talt* elrontott/posványos talaj; ~ **pit** gázveszélyes bánya; ~ **smell** bűz; ~**-smelling** bűzös; ~ **water** *ép* szennyezett víz

foulard *tex* fulár *(selyemszövet)*

fouling *at* lerakódás, elszennyeződés; *bány* robbanóanyag nyirkosodása; *gépk* elkormozódás *(gyújtógyertyáé)*; *hajó* algásodás; fenékszennyeződés; *hőt* kazánkő-lerakódás; *vegy* eldugulás; eliszaposodás *(derítő medencében)*; elszennyeződés; ~ **margin** *gépk* koszolódási/szennyeződési határ; ~ **of spark plug** *gépk* gyújtógyertya elolajosodása/elkormozódása; ~ **point** *vasút* biztonsági határpont *(kitérőnél)*

foulness szennyezettség; tisztátalanság; rothadás

found *ép* alapoz; *önt* (formába) önt; olvaszt

foundation *ép* alap(ok); alap(ozás); alapépítmény; alapzat; kőágyazat; *hidr* töltésalapozás; *tex* kártbevonat; *vasút* jelzőalap(ozás); ~ **body** alaptest; ~ **bolt** *ép* kőcsavar; lehorgonyzócsavar, horgonycsavar; *geod* gúlalábrögzítő csap; *gép* alapzatcsavar, kőcsavar; ~ **brickwork** *ép* téglaalapozás; ~ **by pit sinking** *ép* alapozás gödörsüllyesztéssel; gödörsüllyesztéses alapozás; ~ **by well sinking** *ép* kétsüllyesztéses alapozás; ~ **circuit** *szt* alapkártya; ~ **cylinder** *ép* pilléralapozási acélhenger; ~ **ditch** *ép* alapárok; ~ **engineering** *bány* mélyépítés; ~ **frame** *ép* alapépítmény kerete; alapkeret; ~ **framework** *ép* keretalapozás, (alapozási) rácsmű; ~ **level** *ép* alapozási sík/szint; alapszint; ~ **masonry** *talt* tégla alapfal; ~ **modulus** *talt* ágyazási együttható; ~ **of a dam** *hidr* gátalap; ~ **of mill train** *heng* hengersor alapozása; ~ **on cylinders** *hidr* kútalapozás; ~ **on piles of point resistance** *ép* cölöpalapozás teherbíró talajig; ~ **pattern** *tex* alapminta; ~ **pier** *ép* alappillér; hídláb; pilléralapozás; ~ **pile** *ép* alapcölöp; alapozási cölöp; ~ **piles** *pl*, ~**-piling** *ép* cölöpalapozás; ~ **pit** *talt* alapgödör; ~ **pit-trench** *ép* süllyesztett kútsoros alapozás; ~ **plane** *ép* alapozási sík; ~ **ring** *gép* fordítókorong talpgyűrűje; keretgyűrű; ~ **screw** horgonycsavar; ~ **sill** *ép* alapozási küszöb; *hidr* őrfal; ~ **slab** *talt* alaplemez; ~ **soil** *ép* altalaj *(alapozás)*; ~**-stone** *ép* alapkő; ~ **thread** *tex* alapfonal; ~ **trench** *ép* alapgödör; ~ **twill** *tex* háromfonalas sávoly(kötés); ~ **wall** *ép* kőalapzat; *talt* alaptest; ~ **walling** *talt* tégla alapfal; ~ **warp** *tex* alaplánc; ~ **washer** alapcsavar alátétgyűrűje; ~ **white** alapozó fehér *(festék)*

founder I. *v ép* (be)omlik, beszakad; beroskad; *geol* lecsuszamlik; lemorzsolódik; *hajó* elsüllyed, elmerül; **II.** *n* alapító; *önt* olvasztár; öntőmunkás; ~ **breccia** *geol* dörzsbreccsa, omlási breccsa; ~**'s black** *önt* fekecs

foundering *geol* csuszamlás

founding *ép* alapozás; *önt* olvasztás; *üveg* (ki)tisztítás *(olvadéké)*; ~ **furnace** *koh* öntőkemence

foundry *nyom* tömöntöde, klisékészítő műhely; *önt* öntöde, öntőműhely; ~ **alloy** öntödei ötvözet; *önt* előötvözet; ~ **blacking** *önt* fekecs; ~ **casting work** *önt* öntödei öntési munka; ~ **coke** *önt* öntödei koksz; ~ **core** *önt* öntödei mag; ~ **crane** öntödei daru; ~ **cupola** *önt* kupolókemence; ~ **dross** *önt* öntvénykaparék; ~ **ferrochrome** *önt* öntödei ferrokróm; ~ **flask** *önt* formaszekrény; ~ **floor** *önt* öntöde padlóterülete; ~ **flux** *önt* öntödei folyósítószer; ~ **furnace** *koh* olvasztókemence; öntödei kemence; ~ **hand** *önt* segédöntő (munkás), öntőmunkás; ~ **iron** *önt* öntödei nyersvas; ~ **ladle** *önt* öntödei üst; ~ **machine** *önt* öntödei gép; ~ **machinery** *önt* gépi berendezés öntödék részére; ~ **model/pattern** *önt* öntőminta; ~ **pig iron** *koh, önt* öntödei nyersvas; ~ **pit** *koh, önt* öntőgödör; ~ **practice** öntészet; öntödei gyakorlat; ~ **production line** *aut, önt* öntőgyártósor; ~ **resin** *önt* öntödei (formakészítő) gyanta; ~ **sand** *önt* öntödei (formázó)homok, formázóhomok; ~ **scrap** *önt* öntödei fémhulladék, öntvénytöredék; ~ **shop** öntöde; ~ **sieve** *önt* öntödei rosta; ~ **stove** *önt* szárítókemence; ~ **traveller** *önt* öntödei futódaru; ~ **waste** *önt* öntödei hulladék; ~ **work** *önt* öntési munka; ~ **worker** → ~ hand

foundryman öntőmunkás, olvasztár

fount[1] *US* **font** forrás; kút

fount[2] *nyom* betűcsalád, betűkészlet; *szt* karakterkészlet; ~ **disk** *szt* karakterkészletet tároló lemez

fountain kút; szökőkút; ivókút; közkút; *geol* forrás; *nyom* festékadagoló; *önt* középső beöntőtölcsér alsóöntésnél; ~ **brush** vízsugaras kefe; ~**-pen** töltőtoll; ~**-pen ink** töltőtolltinta; ~**-pen type (pocket) dosimeter** *at* töltőtoll-doziméter, töltőtoll típusú doziméter; ~ **roll** *pa* merítőhenger; ~ **trough** *mzg* itatóvályú

four|-address code *szt* négycímes utasításrendszer; négycímű kód; ~**-address instruction system** négycímű utasításrendszer; ~**-angled** négyszögletes; ~**-arm network** *el* négypólus; ~**-axis universal stage** *krist* négytengelyű univerzális asztal; ~**-axle low-loader** *ép* négytengelyes tréler; ~**-bar chair/ mechanism/motion** *gép* négytagú/négyrudas csuklós szerkezet/mechanizmus; ~**-barrelled machine-gun** *kat* négycsövű géppuska; **the** ~ **basic/fundamental operations of arithmetics** a négy aritmetikai alapművelet; ~**-beam oscillograph** *fiz* négysugaras oszcillográf/oszcilloszkóp; ~**-blade** *forg* négyélű; *hajó, rep* négyágú, négyszárnyú; ~**-bladed airscrew** *rep* négyágú légcsavar; ~**-bladed circular bucket/grab** *ép* négypofás markoló; ~**-blade reamer** *szersz* négyélű dörzsár; ~**-cent(e)red arch** *ép* négy körívből összetett csúcsív; ~**-channel autopilot** *rep* négycsatornás robotpilóta; ~**-colo(u)r** négyszínű; *nyom* négyszínnyomás; ~**-colo(u)r conjecture** *mat* négyszín-sejtés; ~**-colour problem** *mat* négyszín-probléma; ~**-column hydraulic press** *gép* négyoszlopos hidraulikus sajtó; ~**-column matrix** négyoszlopos anyabélyegző; ~**-compartment sifter** *gép* négyrészes/négybeömléses síkszita; ~**-component alloy** *koh* négyalkotós ötvözet; ~**-conductor** *el* négyeres, négyerű; ~**-cord sewings** *tex* négyágú varróselyem; ~**-cord thread** *tex* négyágú cérna; ~**-cornered** négysarkú, négyszögletes; ~**-course beacon** *távk* sávirányadó; ~**-course range** *rep* négyjelsávos adó; ~**-course rotation** *mzg* négyéves vetésforgó; ~**-cycle** *gépk* négyütemű *(motorrendszer)*; ~**-cycle engine** *gépk* négyütemű motor; ~**-cylinder** *gépk, rep* négyhengeres; ~**-cylinder engine** *gépk* négyhengeres motor; ~**-dimensional** *mat, fiz* négydimenziós; ~**-dimensional acceleration** *fiz* négyesgyorsulás, a gyorsulás négyes vektora, négydimenziós gyorsulás; ~**-dimensional force** *fiz* négyeserő, az erő négyesvektora, négydimenziós erő; ~**-dimensionality,** ~**-dimensionalness** *mat, fiz* négydimenziósság, négydimenziójúság; ~**-dimensional vector** *fiz* négydimenziós vektor; ~**-door** *gépk* négyajtós; ~**-door body** *gépk* négyajtós karosszéria; ~**-effect evaporator** *vegy* négyfokozatú bepárló(készülék); ~**-element tube** *rád* tetróda; ~**-faced cube** *ásv* tetrakiszhexaéder; ~**-factor formula** *at* négyfaktor-formula, négyfaktor-képlet; ~**-figure** *mat* négy tizedesnyi; négyjegyű *(szám)*, négy számjegyű, négyhelyértékű; ~**-figure accuracy** négy tizedesnyi *v.* négy számjegyig terjedő pontosság; ~**-figure number** négy helyértékű szám; ~**-fluted reamer** *szersz* négyélű dörzsár; ~**-force** *fiz* négyeserő, az erő négyesvektora, négydimenziós erő; ~ **frame** *mat* négyél, tetraéder; ~**-groove drill** négyélű (csiga)fúró; ~**-harness twill** *tex* négynyüstös sávoly; ~**-high** *heng* négyhengeres, kvatró; ~**-high mill** *heng* kvartósor; ~**-high stand** *heng* négyhengeres állvány, kvartóhengerállvány; ~**-hold yarn** *tex* négyágú cérna; ~**-jaw chuck** *forg* négypofás *(tokmány)*; ~**-layer diode** *félv* négyrétegű dióda, Shockley-dióda; ~**-layer n-p-n-p transistor** *félv* négyrétegű/n-p-n-p-rétegű tranzisztor; ~**-layer p-n-p-n diode** *el, félv* p-n-p-n-dióda, négyrétegű dióda; ~**-layer semiconductors** *félv* négyrétegű félvezetők; ~**-layer transistor/triode** *félv* négyrétegű tranzisztor; ~**-leafed twill** *tex* négynyüstös sávoly; ~**-level emitter** *el, opt* négyszintű fénysugárzó; ~**-level generator** *el* négyszintű generátor; ~**-level laser** *fiz* négy energiaszintű lézer; ~**-level light emitter** *el, opt* négy energiaszintű fényadó; ~**-level scheme** *aut* négyszintes elrendezés; ~**-light car** négy oldalablakos gépkocsi; ~**-line billet switch** *koh* négysoros bugaelosztó; ~**-lipped** *forg* négyélű, négyszárnyú; ~**-lipped drill** *szersz* négyélű fúró; ~**-member indices** *krist, mat* négytagú/hexagonális indexek; ~**-part alloy** *koh* négyalkotós ötvözet; ~**-part vault** *ép* négymezős boltozat; ~**-phase** *el* négyfázisú; ~**-phase modulation** *el* négyfázisú moduláció; ~ **pi counter** *at* négy-pi számláló, egésztest-számláló; ~**-piece set** *bány* teljes ajtókeret-ácsolat; ~**-pipe induction system** *ép* négyvezetékes klímaberendezés, négycsöves klímaberendezés; ~**-place** → ~-figure; ~**-plate box girder** *ép* négylemezes szekrénytartó; ~**-plate mo(u)ld** *önt* négyrészes öntőforma; ~**-point** négycsúcsú, négyélű, négyvégű; négypont-érintkezésű; ~**-point method** *el* négypont-módszer, négytű-módszer; *geod* négypont-azonosítási eljárás; ~**-point probe measurement** *el* négytűs ellenállásmérés; ~**-point technique** *el* négypont-módszer, négytű-módszer; ~**-polar** *el, fiz* négypólusú; ~ **pole** *el, fiz* négypólus; ~**-pole** *el, fiz, szt* négypólusú, négypólus-; ~**-pole circuit/network** *el, fiz* négypólus; ~**-pole parameters** *el, fiz* négypólus-paraméterek; ~**-position** négyállású; ~**-position signal** *vasút* négyállású jelző; ~**-poster** *fa* mennyezetes ágy; ~ **post-type blast furnace** *koh* négyoszlopos nagyolvasztó; ~ **primary computations** *mat* négy aritmetikai alapművelet; ~**-prong stirrup** négyszárú kengyel; ~**-purlin trusses** *pl ép* négyszelemenes fedélszék; ~**-quadrant duty** *gép* négysíknegyedes üzem; ~**-quadrant multiplier** *aut* négynegyedes szorzó; ~**-ribbed nut** négybordás csavaranya; ~**-roll calender** *gumi, műa* négyhengeres kalander; ~**-rope suspension grab bucket** *ép* többköteles markoló; ~**-row roller-bearing** *gép* négysorú görgőscsapágy; ~**-seater** négyüléses gépkocsi; ~**-segment circular bucket** *ép* négypofás markoló; ~**-sided beam** *tex* négyszögletes henger; ~**-speed gear-bar** *gépk* négyfokozatú sebességváltó; ~**-speed (hand) drill** *szersz* többsebességű (kézi) fúrógép; ~**-spring peg** *tex* négyrugós vetélőtüske; ~**(-)squares theorem** *mat* Lagrange-tétel; ~**-stage** *gép* négyfokozatú, négylépcsős; ~**-start** *gép* négybekezdésű; ~**-start worm** *gép* négybekezdésű csiga; ~**-station** *ip* négy munkahelyes; ~**-stepped cone** *gép* négylépcsős szíjtárcsa; ~**-step rocket** *rak* négyfokozatú/négylépcsős rakéta; ~**-stick set** *bány* négyrészes keretácsolat; ~**-strand continuous casting machine** *önt* négyállomású folyamatos öntőgép; négyszálas öntőgép; ~**-stranded** *tex* négyágú *(kötélpászma)*; ~**-stroke** *gépk* négyütemű; ~**-stroke engine** négyütemű motor; ~**-stroke working** négyütemű üzemmód; ~**-terminal method** *geof* négyelektródás módszer; ~**-terminal network** *el, fiz* négypólus; négypólusú hálózat, négypólushálózat; ~**-throw** *gép* négykönyökös *(főtengely)*; ~**-tone telegraph system** *távk* négyhangú távíró; ~**-to-one (transformer)** *távk* félhullámú koaxiális transzformátor; ~**-valued logic** *mat* négyértékű logika; ~**-valuedness** *mat* négyértékűség; ~**-vector of acceleration** *fiz* négyesgyorsulás, a gyorsulás négyes vektora, négydimenziós gyorsulás; ~**-vector of force** *fiz* négyeserő, az erő négyesvektora, négydimenziós erő; ~**-way** négyágú; ~**-way analysis of variance** *stat* szórásnégyzet négytényezős elemzése; ~**-way box** *el* négyes kábelelágazó doboz; ~**-way cock** *ép* négyjáratú csap; ~**-way cock with motor operator** *ép* négyjáratú motoros csap; ~**-way fork-lift truck** *ép* négyutas villás emelőtargonca; ~**-way jack** *távb* négyvezetékes kapcsolóhüvely; ~**-way pallet** *ép* keresztfogású rakodólap; ~**-way piece** *ép* keresztdarab; ~**-way pipe** *ép* négyjáratú cső; ~**-way reinforcement** *ép* négyirányú hálósvasalás *(vasbetonlemezben)*; ~**-way switch** *el, ép* négysarkú kapcsoló; ~**-way system** *ép* négy irányban vasalt vasbeton gombafödémszerkezet; ~**-way tool block** *forg* négy szerszámhelyes késtartó; négykéses késtartó; ~**-way valve** *gép* négyállású szelep; ~**-wheel brake (FWB)** *gépk* négykerék-fék; ~**-wheel drive (FWD)** *gépk* négykerék-hajtás; ~**-wheel(ed) bogie** *gép* kéttengelyű/négykerekű forgó alváz; *rep* kéttengelyű/négykerekű futóműzsámoly; ~**-wheel(ed) motor roller** *ép, gépk* négykerekű henger; ~**-wheel(ed) pad compactor** *ép* gyorsjáratú talajtömörítőgép; ~**-wheel(ed) roller with movable shoes** *ép* billenőtalpas kerekű henger; ~**-wheel(ed) scraper** *ép* vontatott kéttengelyes földnyeső; ~**-wheel(ed) steering** négykerék-kormányzás, négykerék-hajtású kormánymű; ~**-wing bit** *ol* négyszárnyú fúró; ~**-wire** *el* négyeres, négyerű; négyhuzalos; ~**-wire circuit** *el* négyhuzalos/duplex áramkör; ~**-wire connector** *el* négysarkú csatlakozó; ~**-wire repeater** *el* duplex áramkör ismétlő berendezése; négyhuzalos erősítő; ~**-wire system** *el* négyvezetékes áramelosztó hálózat; ~**-wire terminating circuit** *távk* villakapcsolás; ~**-wire terminating network** *távk* villaáramkör; ~**-wire terminating set** *távk* négyhuzalos végződés; ~**-wire type circuit** *el* négyhuzalos típusú áramkör

fourble *ol* négyes csőrakat

Fourdrinier | **machine, fourdrinier** *pa* (Fourdrinier-féle) hossz-szitás/síkszitás papírgép, síkszita; ~ **part/section** *pa* síkszitaszakasz, nedvesítő rész; ~ **sheet** *pa* hossz-szitán alkotott lap; ~**-type drying machine** Fourdrinier-féle papírszárító gép; ~**-type washer** *pa* szitamosó; ~ **wire** *pa* hossz-szita, síkszita, (papír)gépszita

fourfold I. *v* megnégyszerez; **II.** *a* négyszeres; ~ **axis** *krist* négyfogású tengely; tetragir; ~ **axis of the second sort** *krist* négyfogású szimmetriatengely; ~ **chain** *krist* négyeslánc; ~ **gyroide** *krist* négyfogású forgási inverziós tengely tetragiroid; ~ **ring** négyes gyűrű; ~ **rotary inverter** *krist* négyfogású forgási inverziós tengely; tetragiroid; ~ **rotor** *krist* négyfogású tengely; tetragir

Fourier | **analysis** *fiz, mat* Fourier-analízis; harmonikus analízis; ~ **analyzer** *fiz, mat* harmonikus analizátor; ~**-Bessel function** *mat* Bessel-függvény, hengerfüggvény; ~ **coefficient(s)** *mat, szt* Fourier-együttható(k); ~ **expansion** *mat* Fourier-sorfejtés; ~ **integral** *fiz, mat* Fourier-integrál; ~ **integral transform(ation)** *fiz, mat* Fourier-transzformáció, Fourier-féle integráltranszformáció; ~ **method** *mat, szt* Fourier-módszer; ~**-number** *fiz, mat* Fourierszám; ~ **series (FS)** *mat, szt* Fourier-féle sor; Fourier-sor; ~**'s first law** *fiz* Fourier I. törvénye; ~ **space** *krist, mat* Fourier-tér; ~ **spectrum** *fiz* Fourier-spektrum; ~ **synthesis** *krist, mat* Fourier-szintézis; ~ **transform (FT)** *fiz, krist, mat* Fourier-transzform(ált), Fourier-kép; Fourier-transzformáció; ~ **transformation** Fourier-transzformáció, Fourier-transzformálás

fourmarierite *ásv* fourmarierit

fourth|-degree *mat* negyedfokú; ~**-degree polynomial equation** *mat* negyedfokú egyenlet; ~ **dimension** *fiz* negyedik dimenzió; ~**-dimensional** *fiz* a negyedik dimenziójú; négydimenziós; ~ **gear** *gépk* negyedik (sebesség)fokozat; ~ **generation** *szt* negyedik generáció *(számítógépeké)*; ~**-generation computer** *szt* negyedik generációs számítógép; ~**-generation language (4GL)** *szt* negyedik generációs nyelv; ~ **moment** *mat* negyedrendű nyomaték; ~**-order traverse** *mat* negyedrendű sokszögvonal; ~**-order triangulation** *mat* negyedrendű háromszögelés; ~ **pinion** *óra* másodperckerék tengelyére ékelt kis fogaskerék; ~ **proportional (number)** *mat* mértani közép, geometriai közép(arányos); ~ **rail** *vasút* áramvisszavezető sín; ~ **rail insulator** *vasút* áramvisszavezető sín szigetelője; ~**s** *pl fa* negyedik osztályú fűrészáru; ~ **speed** *gépk* negyedik (sebesség)fokozat; ~**-voltage range** *vasút* 250 és 660 V közötti üzemi feszültség; ~ **wheel** *finm* másodperckerék; ~ **wire** *el* nullavezeték *(háromfázisú vezetékrendszerhez)*

fovea *geol* kis gödör/mélyedés

foveal, foveate *geol* gödrös

foveola *geol* egészen kis gödör/mélyedés

Fowler | flap *rep* Fowler-fékszárny; ~**-Nordheim equation** *mat, fiz* Fowler-Nordheim egyenlet

fowlerite *ásv* fowlerit

fox I. *v* megfoltosodik *(papír)*; **II.** *n bőr* rókaprém; ~ **bolt** sasszeges csavar; ~**-colo(u)red** *tex* rókavörös; ~ **key** kettős ék; ~ **lathe** *mt* vezérorsó nélküli menetvágó készülékes idomeszterga; ~ **message** *szt* átvitelellenőrzési módszer/üzenet; ~**-saw** *szersz* rókafarkfűrész; ~ **wedging** → foxtail wedging

Fox's tube *hőt* Fox-féle hullámos tűzcső/lángcső

foxed *pa* anyagfoltos; szalonnás; *pa, tex* penészfoltos; ~ **paper** penészfoltos papír

foxhole *kat* lövészteknő

foxiness *fa* vörösbarna foltosság; *pa* anyagfoltosság, elszíneződés

foxing *cipő* felsőrész szegélydíszítése; talpszéldíszítés; *élip* cefresavanyítás; *pa* anyagfoltosság, elszíneződés

foxtail *fa* csavarék, kúpos ék; ~ **wedging** *fa* ékelt csapolás

foxy *pa* anyagfoltos; szalonnás; ~**-colour cotton** *tex* vörösfoltos nyerspamut

foyaite *ásv* foyait

foyer *ép* előcsarnok, hall *(szállodai, színházi)*

FP → feed pump; → fire plug; → fireplace; → fireproof; → fission product; → flameproof; → flash point; → flight plan; → flow point; → footpath; → forepeak; → foreperpendicular; → forward perpendicular; → freezing point; → freezing point; → fusible plug

FPA → flight-path angle

FPEM → floating-point emulator

f.p.l. → facing point lock

FPM → foot per minute

FPP → floating-point processor

f.p.s. → flashes per second; → foot-pound per second

Fr → francium; → franklin

FR → flexible response; → flight refueling

fractal *mat* fraktál

fraction törtrész; hányad; *ép* frakció *(beton adalékanyagáé)*; *mat* tört; törtszám; *ol* frakció(párlat); *vegy* párlat, frakció; részpárlat; ~ **bar** *mat* törtvonal, törtjel; ~ **collector** *vegy* frakciógyűjtő; ~**-defective chart** meghibásodási hányadot feltüntető diagram; ~ **efficiency curve** *geof* frakció-hatásfok(görbe); ~ **exchange** *at* izotópcsere-arány; ~ **expression** *mat* (algebrai) tört; ~ **in its lowest terms** *mat* nem egyszerűsíthető tört; ~ **line** *mat* törtvonal, törtjel; ~ **of melt** *koh* olvadékhányad; ~ **of numbers** *mat* törtszám; ~ **stroke** *mat* törtvonal, törtjel; ~ **that can be cancelled** *mat* egyszerűsíthető tört

fractional töredékes; részleges; szakaszokra bontott; *mat* törtes, tört-, frakcionális; törtszerű, tört alakú; *ol, vegy* frakcionált, szakaszos; ~ **arithmetic** *mat* törtszámítás, törtekkel való számolás, számolás törtekkel; ~ **card** többmezős kártya; ~ **centrifugation** *fiz* frakcionált centrifugálás; ~ **change** *at* viszonylagos változás; ~ **column** *ol* elválasztótorony, frakcionálótorony; ~ **computer** *szt* törtes számítógép; ~ **condensation** *vegy* frakcionált kondenzáció; ~ **counting loss** *at* relatív számlálási veszteség; ~ **crystallization** *geol* kristályosodási differenciáció; *krist, vegy* részleges kristályosítás; ~ **curve** *ol* frakciós görbe; ~ **detuning** *rád* viszonylagos elhangolás; ~ **distillation** *vegy* frakcionált desztilláció; szakaszos lepárlás; ~ **evaporation** *vegy* frakcionált elgőzölögtetés; ~ **exponent** törtkitevő; ~**-exponent power** *mat* törtkivetős hatvány; ~**-flow equation** *ol* frakciós áramlási egyenlet; ~ **frequency change** *rád* viszonylagos frekvenciaváltozás; ~ **function** *mat* törtfüggvény; ~ **horsepower (FHP)** *fiz* egy lóerőnél kisebb teljesítmény; ~**-horsepower motor** *el, gép* törpemotor; ~ **ionization** *at, sug* ionizációs fok; részleges ionizáció; ~ **isotopic abundance** *at* relatív izotópgyakoriság; ~ **line** *mat* törtvonal, törtjel; ~ **load** *el* részterhelés; ~ **magma** *geol* részmagma; ~**-mu tube** *rád* egynél kisebb erősítésű cső; ~ **number** *mat* törtszám; ~ **package** *pa* osztható csomagolás; ~ **part** és mat törtrész; ~ **pitch** *el* tekercslépés; ~**-pitch winding** *el* törtlépéses tekercselés; ~ **precipitation** *műa* frakcionált kicsapás; ~ **rational function** *mat* racionális törtfüggvény; ~ **redundancy** *el* törtszámú tartalékolás; ~ **shovel(l)ing** *ép* szétlapátolás; többszakaszos átlapátolás; ~ **solution** *vegy* frakcionált oldás; ~ **tower** *ol* elválasztótorony, frakcionálótorony; ~ **value** *mat* tört érték, törtrész; ~ **washer** *pa* többlépcsős mosás; ~ **weights** törtsúlyok, részsúlyok; ~ **yield** tört alakban megadott hozam

fractionate *ol, vegy* frakcionál

fractionated | centrifugation *fiz* frakcionált centrifugálás; ~ **crystallization** *vegy* frakcionált kristályosítás; ~ **dissolution** *műa* frakcionált oldás; ~ **treatment** frakcionálás

fractionating *vegy* frakcionálás; ~ **column** *ol, vegy* frakcionálóoszlop, frakcionálótorony, frakcionálókolonna, elválasztótorony; lepárlótorony; ~ **diffusion pump** *vegy* frakcionáló (diffúziós) szivattyú; ~

efficiency *ol* frakcionálási hatásfok; ~ **process** *vegy* frakcionálás; ~ **pump** → ~ diffusion pump; ~ **tower** → ~ column; ~ **tube** *vegy* rektifikálócső
fractionation → fractional distillation
fractionator *ol* lepárlótorony; *ol, vegy* frakcionálóoszlop, frakcionálókolonna, frakcionálótorony
fractioned | **contact-face** *ép* tört hátlapú támfal; ~ **terrain** *geol* tört térszín
fractioning *ol, vegy* frakcionálás
fractocumulus (FC) *met* fraktokumulusz, szaggatott gomolyfelhő
fractography *vegy* fraktográfia
fractometer *fiz* kromatográf
fractonimbus (FN) *met* fraktonimbusz, szakadozott esőfelhő/záporfelhő
fractostratus (FS) *met* fraktosztrátusz, szakadozott rétegfelhő
fracture I. *v* (el)tör, roncsol; eltörik, betörik, összetörik; darabol; **II.** *n any, koh* törés, töret; törési felület; *geol* hasadás, vetődés; *hang* hangtörés; ~ **cleavage** *geol* szilánkos elválás/hasadás; ~ **detecting/detection** *geof* hasadékdetektálás; ~ **face** *any, koh* törési felület, töret; ~ **filling as a result of caving** *bány* öntömedék; ~ **identification** *geof* hasadékdetektálás; ~ **initiation** törés keletkezése; ~ **line** *geol* törésvonal; ~ **mechanics** törésmechanika; ~**-mechanics analysis** törésmechanizmus elemzése; ~ **of black-heart malleable iron** *önt* feketemagvas temperöntvény törése; ~ **of frame** *gépk* alváztörés; ~ **of spring** *gépk* rugótörés; ~ **of weld** *heg* varrattörés; ~ **openings** *geol* törési repedések; ~ **pattern** *geol* törési szerkezet; ~ **plane** törési sík; ~ **range** *mech* fáradási szilárdság, (élet)tartam-szilárdság; ~ **stress** *mech* törőigénybevétel, törőterhelés, törési feszültség; ~ **surface** *koh* törési felület; ~ **system** *geol* törésrendszer; ~ **test** *any, koh* töréspróba, töretpróba, töretelemzés; ~**-testing machine** *any* törésisziIárdság-vizsgáló gép; ~ **toughness** *any, fiz* szakítószilárdság; ~ **zone** *geol* törési zóna
fractured *geol* töréses; ~ **aquifer** *ol* repedezett víztároló; ~ **reservoir** *ol* repedezett tárolókőzet; ~ **structure** *geol* töréses szerkezet; ~ **type** *geol* töréses jelleg; ~ **zone** *bány* lazulási mag; roncsolási övezet
fracturing I. *a ol* rétegrepesztő *(eljárás)*; **II.** *n* törés, roncsolás; darabolás; ~ **process** *ol* rétegrepesztő eljárás, hidraulikus rétegrepesztés
fragile törékeny
fragility törékenység
fragment töredék, rész(let); levált darab, tört rész; szilánk; *at* magtöredék; *talt* töredék darab, törmelék; ~ **codes** *szt* kémiai szerkezetek visszakeresésénél használt kód
fragmentary töredékes; *geol* törmelékes; ~ **section** részmetszet
fragmentation szétrepedés, szétzúzódás; szilánkosodás; *ép* aprítás; *kat* repeszhatás; *ol, vegy* fragmentáció, lebomlás(i reakció); *szt* tördelés; ~ **bomb (FB)** *kat* repeszbomba; ~ **charge** repeszhatású töltet; ~ **effect** repeszhatás; ~ **grenade** repeszgránát; ~ **of glide bands** *geol, krist* csuszamlási sávok fragmentációja; ~ **of nucleus** *at* atommaghasítás; ~ **shell** *kat* repeszgránát
fragmented file *szt* széttördelt állomány
fragrance (kellemes) illat, aroma

Frahm's reeds, ~ **meter** Frahm-féle rezgőnyelves frekvenciamérő
frail *any* törékeny, gyenge; ~ **casting** *önt* törékeny öntvény
frailty *any* gyengeség; törékenység
fraise I. *v* mar *(kőmaróval)*; lyukat bővít; *fa* mar; **II.** *n* kőmaró; *finm* fogmaró
Fraktur *nyom* gót betű
frame I. *v* összeállít, (meg)szerkeszt; megalkot, formál; képez, tervez; (el)készít, összeerősít; alakít, idomít; illeszt; (be)keretez, keretbe/rendszerbe foglal; befoglal; *bány* ácsolatot/aknakeretet beállít; kiácsol; *bőr* (nyers) bőrt rámára feszít; *ép* ácsol; ajtókeretet beállít; állványoz; áthidal; sarokmereven beköt; *gép* alvázra szerel; **II.** *n* váz *(kerékpáré is)*; állvány, (tartó) szerkezet; keret, ráma (képé stb.); (szemüveg)keret; *bány* aknakeret, ajtókeret-ácsolat; forgószér; síkszér; *el* állvány *(transzformátoré)*, tartószerkezet *(vázrendszeré)*; ház *(villamos gépé)*; koszorú *(villamos gépben)*; test *(villamos berendezés minden fémrésze, mely nincs feszültség alatt)*; *ép* (iv)tartó váz; ajtóbélés, ajtókeret; bak; gerendázat; *film* kép, (kép)kocka, filmkocka; *foto* egyes kép; *gép* gépalap, alváz; keretöntvény; tartóváz; *gépk* állvány; alváz(vas), keret, váz, alvázkeret, szekrény; *hajó* bókony; borda; bordázat; *mech* alaprendszer; *műa* szerszámköpeny *(betétes sajtolószerszámon)*; *nyom* szedőregál; *szt* (szalag)sor, keret; *tex* gép; írező gép; *tv* (egy teljes) tv-kép, (egész) kép; ~ **aerial/antenna (FA)** *tv* keretantenna; ~**-based methods** *szt* keret/frame alapú módszerek *(szakértői rendszer keretbe rendezett tudásbázissal)*; ~ **bay** *rád* vázas keret; ~ **bend correction** *tv* képlinearitás-szabályozás; ~ **blanking** *tv* visszafutás alatti függőleges képkioltás; ~ **blanking period** *rv* képkioltási periódus; ~ **board** *ép* falparketta, szegélyparkett; ~ **bridge** *ép* keresztszerkezetes híd; ~ **bulkhead** *rep* merevített válaszfal; ~ **casting** keretöntvény; ~ **coil** *el, tv* képirányú/függőleges eltérítőtekercs; *tv* képbeállító tekercs; ~ **construction** *ép* vázas szerkezet, keretszerkezet, vázszerkezet; ~ **counter (FRMC)** *film* filmkockaszámoló, képszámláló; ~ **crane** *ép* kikötői portáldaru, bakdaru; ~ **crosshead** *fa* gatterkeret-mellgereda, keretfűrész-mellgerenda; ~ **cross member** *gépk* alvázkereszttartó; ~ **deflection** *tv* függőleges kitérítés; függőleges/képirányú eltérítés; képeltérítés; ~**-deflection coil** *tv* képeltérítő tekercs; ~ **distortion** *tv* képtorzítás; ~ **factory** *fa* keretlécgyár, képkeretgyár; ~ **fault** *el, ép* testzárlat; ~ **filter press** *koh* keretes présszűrő/szűrőprés; ~ **flyback** *szt* képvisszafutás; ~ **for adjusting yarn beams** *tex* lánchenger-egyengető gép; ~ **frequency** *tv* képfrekvencia, képváltási frekvencia; ~ **front** *gép* alváz mellső része; ~ **girder** *gép* gépállvány tartója; ~ **grabber** *szt* képbefagyasztó, képkimerevítő *(képmagnónál)*; ~**-grid** *el* keretrács; ~ **hoist** emelőállvány *(roncskiemeléshez)*; emelőállványzat; ~ **house** *US ép* favázas épület *(deszkaborítású falakkal)*; ~ **indicator** *film* képszámláló; ~ **interleaving** *el* keretenkénti besorolás; ~ **keystone correction** *tv* trapéztorzítás kiegyenlítése; ~ **knee** *ép* keretszerkezet sarokpontja; ~ **leakage** *el, ép* testzárlat; ~**-leakage protection** *el* zárlatvédelem; ~ **ledge** *ép* hézagzáró léc *(ajtón v. ablakon)*; keretperem *(ajtóé)*; ~**-ledge of door** ajtókeretperem, ajtóborításperem; ~ **level** *ép* vízmérték; ~

line *film* képelválasztó vonal, képválasztó vonás; **~-lock grid structure technique** *el* keretrácstechnika; **~-lock grid structure twin triode** *el* keretrács-kettőstrióda; **~ mounting** keretre szerelés; **~ noise** *film* képválasztó vonások zaja; **~ of axes** *mat* alaprendszer; **~ of plate** *el* akkumulátorlemez-keret; **~ of reference** *mat* koordinátarendszer; vonatkoztatási rendszer; **~ of roof** *ép* fedélszékrendszer; **~-organized secondary multiplex system** *távk* keretszervezésű szekunder multiplex; **~ pedestal** *vasút* tengelyágyvezeték *(keretöntvény)*; **~ pedestal binder** *vasút* keretöntvénykötővas; **~ period** *tv* képperiódus; **~ pile driver** *ép* állványos cölöpverő; **~ pile driving** *ép* állványos cölöpverés; **~ pitch** *film* képosztás; *tex* bordaosztás; **~ plate** *finm* szerkezetállvány *(óráé)*; *vasút* keretlemez *(mozdonyé)*; **~ profile** *hajó* hajóbordaszelvény; **~ repetition rate** *tv* képmezők száma; képváltási frekvencia; **~ resistance** *el* keretellenállás; **~s** *pl* (szemüveg)keret; **~-saw** keretfűrész, gatter; **~ scan** *tv* képletapogatás; **~ scanning** *tv* képletapogatás; **~-scanning array** *el, tv* húrrendszerű (kép)letapogató, Gábor-cső; **~ section** *hajó* hajóbordaszelvény; **~ sequential system** *tv* színmezőváltás; **~ set** *bány* biztosítókeret, ajtókeret; **~ shaft** *foto* kerettartó; **~ shears** *pl* párhuzamolló; **~-shift mutation** *biot* kereteltolódásos mutáció; **~ side member** *gépk* alvázfőtartó; **~ spacing (FS)** *hajó, rep* bordaköz, bordaosztás, bordatávolság; **~ speed** *tv* képsebesség; **~s per minute** *tv* percenkénti képszám; **~ spindle** *rep* keretantenna-forgató szerkezet; **~ spinning** *tex* gépi fonás; **~-spun** *tex* gépi fonású; **~ stop** *tex* gépállás; **~ store** *tv, vid* képtároló; **~ structure** vázszerkezet; keretszerkezet; **~ synchronization** *tv* képszinkronozás; **~-synchronizing pulse** *tv* képszinkronozó impulzus/jel; **~ tilt correction** *tv* képtorzítás-kiegyenlítés; **~ timber** *ép* favázgerenda; *hajó* faanyag hajóbordázat készítésére; **~ timbering** *bány* ajtókeret-ácsolat; **~ timbering with grooved props** *bány* lengyel ácsolat; **~ trestle** *ép* feltett járom *(hídon)*; *gép* gépkeretbak; **~ with rules** *v nyom* léckerettel/keretdíszítéssel ellát

framed keretes; bekeretezett; vázas, vázszerkezetű; rácsszerkezetű; *bány* ajtókeret-ácsolattal biztosított; *bőr* kereten szárított; *ép, fa* csapozott (illesztésű), csapos kötésű, csaposan egybeeresztett; **~-and-panel(l)ed** *ép* vázas-paneles *(építésmód)*; **~-and-panel(l)ed door** *ép* „füllungos" ajtó, vázas-paneles ajtó; **~ bent** *ép* bakjárom *(hídépítéshez)*; **~ floor** *ép* frittelt padló; **~ partition/wall** *ép* rácsszerkezetű (válasz)fal, vázas fal

framer ács, ácsolatkészítő munkás; (kép)keretező

framework szerkezet; váz; állványkeret; keret(ezés); hálózat *(tartón)*; *el* test; *ép* ácsolat; keret(szerkezet); rácstartórendszer; vázas/rácsos szerkezet, rácsszerkezet; *gép* gépkeret, gépállvány, alapzat *(vázas)*; *gépk* tartószerkezet, kocsiváz, hordmű, vázszerkezet; *hidr* vasalás *(zsiliptáblán)*; *mech* hálózat; *rep* sárkányváz; **~ beam and column system** vázas építési rendszer; **~ of fixed points** *geod* alapponthálózat; **~ of silica** *ásv* kovaváz; **~ partition** *ép* rácsszerkezetű válaszfal, vázas fal; **~ silicate** *krist* hálózatos szilikát; tektoszilikát; **~-trussing** *ép* (rudakból álló) tartószerkezet

framing alakítás, szerkesztés; formázás; keret(ezés); *bány* ajtókeret-ácsolat; kiácsolás; *ép* ácsolás; ajtólapkeret; állvány(ozás), gerendázat; bélelés, burkolás; rácsrudazat; *fa* mérőkeretes anyagmérés; *film* képbeállítás; *gép* bordarendszer; *hajó* vasszerkezet *(hajóé)*; *szt* keretezés; *tex* szövethajtogatás; *tv* képbeállítás, központosítás *(képé)*; képváltás; képváltási frekvencia beállítása; **~ chisel** *szersz* ácsvéső, favéső; **~ code** *szt* keretkód; **~ control** *szt* keretvezérlő; **~ device** *film* képállító szerkezet; **~ index** *el, tv* beállító jel; **~ knob** *foto* képbeállító gomb; **~ lamp** *foto* beállító lámpa; **~ mask** *film, foto* képkivágás; *foto* képmaszk; **~ pulse** teljes képimpulzus

Francis turbine *hidr* Francis-turbina

francium (Fr) *vegy* francium

Franck-Hertz experiment *at, fiz* Franck—Hertz-kísérlet

franckeite *ásv* franckeit

frangibility törékenység, törhetőség (foka)

frangible törékeny, könnyen törhető/törik; **~ bullet** *kat* plasztikmagvas/papírmagvas lőszer; **~ grenade** *kat* lángkézigránát

Frank | dislocation *krist* Frank-diszlokáció; **~-Read source** *krist* Frank—Read-forrás

Frankfurt black *tex* hollófekete, frankfurti fekete

franklin (Fr) *el* franklin *(elektromos töltés egysége: $0,333.10^{-9}$ coulomb)*

franklinite *ásv* franklinit

Frasch process *bány* Frasch-eljárás

Fraunhofer | lines *csill, fiz* Fraunhofer-vonalak; **~ region** *fiz* Fraunhofer-tartomány; **~ zone** *csill, fiz* távoltér

fray I. *v* (el)kopik, (le)kopik, (ki)kopik; koptat, dörzsöl; horzsol; szétforgácsol; **II.** *n* kopás; kirojtosodás; **~-out** *geol* kiékelődés

fraying band *tex* nadrágkoptató

frazil ice *met* kásajég

freak *rád* hirtelen szünet/kimaradás; **~ value** *stat* tévérték

Fréchet derivative *mat* Fréchet-féle differenciálhányados

Fredholm('s) | alternative *szt* Fredholm-alternatíva; **~(-type) integral equation** *szt* Fredholm-típusú integrálegyenlet

free I. *v* szabaddá tesz, felszabadít, (ki)szabadít; eltávolít; **II.** *a* szabad; laza; *gépk* terhetetlen; *pa* könnyen száradó; **III.** *adv* szabadon; lazán; díjtalanul, ingyen(esen); **~ acid** *vegy* szabad sav; **~ air** *rep* csendes légkör; zavartalan légáram; **~-air cell** *élip* mozgó légkamra; **~-air dose** *sug* besugárzási adag/dózis, levegődózis; **~-air effect** *geof* szabadlevegő hatás, tiszta magassági hatás; **~-air filter** *hidr* nyílt szűrő; **~-air gravity** *fiz* szabadlevegő-gravitáció; **~-air ionization-chamber** *at, sug* nyílt levegős *v.* közönséges ionizációs kamra; **~-air peak overpressure** *rep* szabad légkörben mért csúcstúlnyomás; **~ air-stream/jet** *ép* szabad légsugár; **~ air-stream throw** *ép* vetőtávolság; **~-air thermometer** *mat* külsőlevegő-hőmérő; **~ ammonia** *vegy* szabad ammónia; **~ area** *hidr* szabad átfolyási szelvény; szabad keresztmetszet; **~ atmosphere** *met* szabad légkör; **~ axis** *mech* szabad tengely; **~ balloon** *rep* szabad léggömb; **~ beam** *ép* kéttámaszú tartó; szabadon felfekvő gerenda/tartó; **~ bearing** *ép* mozgó saru; **~-beaten** *pa* soványra/parázson őrölt; **~-beaten stock/stuff** *pa* parázsanyag, sovány anyag; **~-bending test** *any* egyszerű hajlítópróba *(befogás nélkül)*; ~-**body diagram** *gépk, mech* terheletlen test ábrája *(rugóé)*; ~-**bounded** *gép* lemeznek terheletlen szabad széle; ~-**burning coal** hosszú lángú szén; nemsülő szén; nem kokszolható szén; ~ **call** *távb* díjmentes hívás; ~ **carbon dioxide** *vegy* szabad szénsav; ~-**carrying axle** *vasút* futókeréktengely; ~-**centre/center clamp** *el* önkioldó szorító; ~ **charge** *el* szabad töltés; ~ **choice** *szt* szabad választás; ~ **clearance for navigation** *hidr* szabad hajózási magasság; ~ **coal** felszíni szén *(könnyen termelhető)*; ~ **component** *aut, el* szabad összetevő/komponens; ~ **compound** papírban el nem nyelődő kábelmassza; ~ **connector** *el* függőcsatlakozó; ~ **cross-sectional area** szabad keresztmetszet; ~-**cutting** *forg* jól megmunkálható/forgácsolható; ~-**cutting alloy** *forg, mt* automataötvözet; ~-**cutting brass** *forg, mt* automata-sárgaréz; ~-**cutting steel** *forg, mt* automataacél, jól forgácsolható acél; ~-**deviation turbine** *hidr* szabadsugár-turbina; ~ **distance** *gép* hézag; ~ **drag** *rep* légcsavar nélküli repülőgép légellenállása; ~-**drop catch** *ép* szabadesésű csapózár; ~-**drop driver** *ép* szabadoneső verő(kos); ~ **dynamic system** *rendsz* nem zavart dinamikus rendszer, zavarmentes dinamikus rendszer; ~-**earth support** *talt* tökéletlen megtámasztás *(szád és partfalaké)*; ~ **electricity** *el* kötetlen villamosság; ~ **electron** *at* szabad elektron; ~ **end** *ép* be nem fogott vég; hídszerkezet mozgósarus vége; konzoltartó szabad vége; ~-**end bearing** magában álló csapágy; ~ **energy** *vegy* szabad energia; szabad entalpia, termodinamikai potenciál; ~ **energy of dislocation** *vegy* diszlokáció szabadenergiája; ~ **enthalpy** *vegy* szabad entalpia; ~ **escapement** *gép* szabadjárat; ~ **exit face** *hidr* vízszínelszakadás; ~ **face** *bány* szabad feltárási felület; ~ **fall** *bány* szabad átbukás; *fiz, űr* szabadesés; ~-**fall drilling** *ol* lüktető fúrás; ~-**falling catch** *ép* szabadesésű csapózár; ~-**falling classifier** *bány* ejtőszér; ~-**fall (type) batch mixer** *ép* szabadonejtő keverőgép; ~ **fatty acid (FFA)** *vegy* szabad zsírsav; ~ **felling** *fa* erdőritkítás; ~ **ferrite** *gép* szabad ferrit; ~ **field** *at, el* szabad tér; *hang* szabad hangtér; ~-**field room** *fiz* süketszoba; ~-**field sensitivity** *el* szabadtéri érzékenység; ~-**field voltage response** *el* szabadtéri érzékenység; ~ **fit** *ép* laza illesztés; ~ **flame** *hőt* nyitott tűz, nyílt láng; ~-**flexible axle** *vasút* beálló kerékpár/tengely; ~ **flight (FF)** *rep* szabad repülés; ~-**flight angle** *rep* szabadrepülési szög; ~-**flight rocket** *rak* távirányítás nélküli rakéta, nem irányított/vezérelt rakéta; ~-**flight test (FFT)** *rep* közvetlen vezérlés nélküli próbarepülés; ~ **flooding** *hidr* vadöntözés; ~ **flow** *fiz, hidr* nyílt/szabad felszínű áramlás; ~-**flow conduit** *hidr* szabad felszínű cső; ~ **flow cross-section** *koh* szabad áramlási keresztmetszet; ~ **flowing** *műa* jó folyóképesség; ~-**flowing** *gyógyv* gördülékeny *(granulák)*; ~-**flowing sand** *önt* nagy folyékonyságú formázóhomok; ~ **fluid index (FFI)** *ol* szabadfolyadék-index; ~ **fluorescence** *fiz* szabad fluoreszcencia; ~ **force** *mech* szabaderő; ~ **forging automation of straight and stepped profile forging** *aut, mt* egyenes és lépcsős profilkovácsdarabok szabadkovácsolásának automatizálása; ~-**forming die** *alak* szabadalakító szerszám; ~-**forming technique** *alak* szabadkézi alakítási technika; ~-**frequency converter** *el* szabadfrekvenciás áramirányító; ~ **from flaws** *üveg* üveghiba nélküli; ~ **from folds** *tex* gyűrődésmentes; ~ **from impurities** *any* szennyezéstől mentes; ~ **from scale** *önt* revementes; ~ **from shock** *mech* ütésmentes, ütközésmentes; ~ **from wrinkles** *tex* gyűrődésmentes; ~ **gas** *ol* szabadgáz; ~-**gas saturation** *ol* szabad gáztelítettség; ~ **goods** szabad javak; ~ **grain** *bány* feltárt szemcse; ~ **gyroscope (FG)** *rep* szabadmozgású, háromfokozatú pörgettyű; ~-**hand drawing** szabadkézi rajz; ~-**handed** *mt* kézi megmunkálású; ~-**hand grinding** *alak* kézi csiszolás; ~ **handle** leszerelhető/levehető fogantyú; ~-**handle circuit-breaker** szabadonfutó szerkezetű önműködő megszakító; ~-**hand sketch** szabadkézi vázlat; ~ **hydraulic jump** *hidr* szabad/tiszta vízugrás; ~ **impedance** *fiz, távk* bemeneti impedancia, bemenőimpedancia; sajátimpedancia, terhelés nélküli impedancia; ~ **indexing language** *szt* szabadon indexelő nyelv; ~ **ionization chamber** *at* közönséges ionizációs kamra; ~ **jet** *hidr* szabad vízsugár; ~-**jet tunnel** *rep* szabadsugár-szélcsatorna; ~-**jet turbine** *gép, rep* szabadsugár-turbina; ~ **lenght of buckling** *fiz* kihajlási hossz; ~ **level** *bány* táró, szint; ~ **level logic** *el* szabadszintű logikai áramkör; ~ **lime** *ép* oltatlan mész; ~ **line** *el* szabad vonal; ~-**line signal** *el* „szabad" jelzőlámpa; *távb* szabadvonaljelzés; ~-**line signal lamp** *el* „szabad" jelzőlámpa; ~ **liquid** szabad folyadéktömeg; ~-**machining (alloy)** *forg, mt* automataötvözet; ~-**machining steel** *forg, mt* automataacél; ~ **magnetization** *fiz* természetes/remanens mágneseződés; ~-**milling ore** *ásv* könnyen dúsítható érc; ~ **moisture** természetes/szabad nedvesség; ~ **molecular diffusion** *at* szabad molekuláris diffúzió, Kundsen-diffúzió; ~ **motion** *mech* szabadmozgás; ~ **(native) gold** *vegy* szabadarany; ~ **neutron** *at* szabad neutron; ~ **of brands** *bőr* tüzes bélyegzőtől mentes; ~ **of current** *el* árammentes; ~ **of wear** *any* kopásmentes; ~ **open-textured sand** *önt* laza homok; ~ **oscillating trough** *ép* szabadlöketű lengővályú; ~ **oscillations** *el, fiz, távk* csillapítatlan lengések, sajátlengések; csillapítatlan rezgések; önrezgések, önfenntartó rezgések; sajátrezgések, szabadrezgések; ~-**output turbine** *rep* szabadsugár-turbina; ~ **overfall/overflow** *hidr* szabad/tökéletes átbukás; ~ **particle** feltárt szemcse; ~ **path** *at, fiz* szabad úthossz; ~-**path order picker** *ép* komissiózó targonca; ~-**path stacker** *ép* magasraktári emelőtargonca; ~-**path turret truck** *ép* magasraktári emelőtargonca; ~-**piston (air) compressor** *ép* szabadlöketű/szabaddugattyús kompresszor; ~-**piston concrete pump** *ép* szabaddugattyús betonszivattyú; ~-**point tester** *el* mozgócsúcsos vizsgálókészülék; ~ **porosity** szabad hézagtérfogat; ~ **power turbine** *rep* szabadturbina; ~ **programmable** *szt* szabadon programozható; ~ **programmable data acquisition system** *szt* szabadon programozható adatgyűjtő rendszer; ~ **prospecting** *geol* zártkutatmány; ~ **pulley** *gép* szabadonfutó tárcsa; ~ **radical** *vegy* szabad gyök; ~ **radical polymerization** szabad gyökös polimerizáció; ~-**radical scavenger** *vegy* szabad gyököktől mentesítő anyag *(szabad gyökökkel reagáló vegyszer)*; ~ **resources** szabad javak; ~ **rocket**, ~-**rolling rocket** *kat, rak* gáz-rakétalövedék; pergés ellen nem stabilizált rakéta; ~ **running** *rep* szabadforgás; üresjárat; ~-**running** *el, gépk* szabadonfutó; ~-**running frequency** *el* sajátfrekvencia; ~-**running iron** *önt* hígfolyós öntöttvas; ~-**running laser** *el* szinkronizálatlan lézer; ~-**running laser mode** *el* szinkronizálatlan lézerüzemmód; ~ **running mode** *szt* szabadon futó üzemmód; ~-**running multivibrator** *el* astabil multivibrátor; ~ **running-out** *bány* szabad kifutás; ~-**running slag** *önt* hígfolyós salak; ~-**running speed** *el, vasút* állandósult/egyensúlyi sebesség; ~-**running system** *tv* szabadonfutó televíziórendszer; ~ **semigroup** *mat* ábécé által generált szabad félcsoport; ~ **service** *rep* ingyenes/díjmentes szolgáltatás; ~ **settling** *ép, bány* szabad ülepedés/ülepítés; ~ **silica** *vegy* szabad kovasav; szabad kvarc; ~ **sound field** *hang* szabad akusztikai tér, szabad hangtér; ~ **space** *el* szabad tér; *rep* légüres tér; ~-**space attenuation** *el* szabadtéri csillapítás; ~-**space characteristic impedance** *el* szabadtérkarakterisztika; ~-**space charge wave** *el* szabad tértöltéshullám; ~-**space field** *el* szabad térben fellépő térerősség; ~-**space optical transmission** *opt* szabadtéri optikai átvitel; ~-**space pattern** *távk* közvetlen sugárzási diagram; ~-**space sectional area (of a roadway)** *bány* szabad vágatszelvény; ~-**space-waveguide matching** *el* hullámvezető illesztése szabad téren; ~ **span** szabad nyílás *(tartóé)*; ~-**spinning tunnel** *rep* dugóhúzó-kísérleti szélcsatorna; ~ **spreading** *koh* szabad szélesedés; ~-**spring** *gépk* terheletlen rugó; ~-**standing** szabadon álló; ~-**standing antenna mast** *távk* szabadon álló antennaárboc; ~ **standing mast** *ol* szabadon álló fúróárboc; ~-**standing tower crane** *ép* helyben álló toronydaru; ~ **stream** *rep* szabad/zavartalan áramlás; ~-**stuff** *pa* soványra őrölt anyag; ~ **sulphur/sulfur** *gumi* szabad kén; ~-**surface seepage zone** *geol* szabad felszínű áramlási övezet; ~-**swinging screen** *bány* szabadrezgésű rezgőszita; ~-**text searching** *szt* szabad szövegű keresés, teljes szövegű keresés; ~ **trade** szabad kereskedelem; ~ **trajectory** *rep* szabad repülési pálya; ~-**trip** → ~-handle; ~-**turbine engine** *rep* szabadturbinás hajtómű; ~-**turbine helicopter** *rep* szabad(gáz)turbinás helikopter; ~ **turbulence** szabad örvénylés; ~ **two-support beam** *ép* szabadon felfekvő kéttámaszú tartó; ~ **variable** *mat* szabad változó; ~ **vector** *mat* szabad vektor; ~ **vibration(s)** *fiz* csillapodás, kilengés, lecsengés; *mech* szabad lengés/rezgés, sajátrezgés, önrezgés; ~-**vortex blading** *rep* szabadörvényű turbinalapát-elrendezés; ~ **vortex system** *rep* patkóörvény, szárnyvégörvény; ~ **water** nyílt víz; *hidr* gravitációs víz; *ol* kőolajban levő szabad víz *(nem emulzióvíz)*; ~ **water resources** *hidr* szabad vízkészlet; ~ **wheel** *gépk* szabadonfutó kerék; *vasút* futókerék *(mozdonyon)*; ~-**wheel** *v* szabadon fut; szabadonfutóval megy/közlekedik; ~-**wheel clutch** *gépk* szabadonfutó tengelykapcsoló; ~ **wheeling** szabadonfutás; ~-**wheeling** szabadonfutó; szabadon forgó; ~-**wheeling circuit** *el* szabadfutási áramkör; ~-**wheeling clutch** *gépk* szabadonfutó tengelykapcsoló; ~-**wheeling diode** *el* szabadfutási/szabadon futó dióda; ~-**wheeling unit** *el, gépk* szabadonfutó; ~-**wheel jamming** *gépk* szabadonfutó-beragadás; ~ **wheel lock** *gépk* szabadonfutózár; ~ **wool** *tex* hibátlan tiszta gyapjú

freeboard *hajó* oldalmagasság, szabadoldal; *hidr* partél *(csatornáé)*, korona *(gáté max. vízszint felett)*; ~ **deck** *hajó* átfutófedélzet; szabadoldal-fedélzet; ~ **depth** *hajó* szabadoldal-magasság

freedom *fiz* szabadsági fok, szabadságfok; ~ **of contradiction** *mat* konzisztencia, ellentmondásmentesség; ~ **of flickering** *tv* villogásmentesség, lobogásmentesség; ~ **of information** *szt* információ(áramlás) szabadsága

freeing I. *a* feloldó; **II.** *n* (ki)szabadítás, eltávolítás; ~ **circuit** *távk* felszabadító áramkör; ~ **(cotton goods) from sizing** *tex* (pamutáru) írtelenítés(e); ~ **of storage location** tárolóhely felszabadítása; ~ **port** *hajó* vízleeresztő nyílás *(hajómellvéden)*

freely | **dropping** *mech* szabadon eső; ~-**flapping rotor** *rep* szabadlengésű lapátos rotor; ~ **hung** szabadon függő; ~-**movable bearing** *ép* mozgó saru; ~ **riding hammer** *ép* lovagló cölöpverő gép; ~ **supported** *ép* szabadon felfekvő/alátámasztott; ~ **supported beam** szabadon felfekvő gerenda/tartó; kéttámaszú tartó

freeness *pa* foszlatási fok; parázsosság, őrlésfok; ~ **test** *pa* foszlatási fok meghatározása; ~ **tester** *pa* őrlésfokmérő

freestone *ép* nem repedő kő; terméskő, épületkő, homokkő, mészkő

freeway *US* autópálya

freeze I. *v* (meg)fagy, (meg)dermed; (meg)fagyaszt *(élelmiszert stb.)*; befagyaszt *(pénzügyileg)*; *film* kimerevít; *szt* befagyaszt *(képernyőn a megjelenítést leállítja)*; **II.** *n* fagy; befagyasztás, stop *(pénzügyileg)*; *film* kimerevítés; ~-**dry** *v élip* fagyasztva szárít; liofilizál; ~-**drying** *biot, élip* fagyasztó/gyorshűtő szárítás; fagyasztva szárítás, liofilizálás; krioszárítás; ~ **frame** *film* állókép; kimerevítés; ~ **out** *v* kifagyaszt; ~ **point** *hajó* dermedéspont; ~ **resistance** *műa, gumi* hidegállóság; ~ **up** *v* befagy; ~-**up** befagyasztás; befagyás, megfagyás, lefagyás; megdermedés; ~-**up protection** fagyvédelem

freezer fagyasztószekrény; mélyhűtő; fagyasztógép; fagylaltgép; hűtőkocsi; ~ **burn** *élip* fagyasztás okozta elszíneződés

freezing (be)fagyás; megfagyás; (be)fagyasztás; megdermedés; *film* kimerevítés; *mech* befagyasztás *(feszültségeké)*; *ol* elfagyás *(nagynyomású gáz expanziója következtében)*; ~-**and-thawing test** *any* ismételt fagyasztási vizsgálat; ~ **chamber** hűtőkamra; ~ **concentration** *élip* fagyasztásos sűrítés; ~ **drizzle** *met* ónos szitálás; ~ **establishment** *élip* húsfagyasztó üzem; ~ **fog** *met* jeges köd; ~ **front** *koh* dermedési front; ~ **heat** *fiz* fagyási hő; ~ **hole** *bány* fagyasztólyuk; ~-**in** befagyás; befagyasztás; ~ **inhibitor** *ép* fagygátló szer; ~ **level** fagyásszint, 0 fokos szint; ~ **liquid mixture** *bány* fagyasztólúg; ~ **method** *bány* kőzetfagyasztás; ~ **mist** *met* kifagyó köd; ~ **mixture** *vegy* hűtőelegy, hűtőkeverék; ~ **nucleus** *met* kifagyási mag *(felhőé)*; ~-**out** kifagyasztás; kifagyás; ~ **over** *hidr* befagyás, beállás; ~ **pipe** *ép* fagyasztócső, fagyasztókút; ~ **plant** *bány* fagyasztótelep; *élip* fagyasztóberendezés; hűtőtelep; ~-**point (FP)** *fiz, vegy* fagy(ás)pont; *ol* dermedéspont; kristályosodási pont *(kristálykiválási hőmérséklet repülőgép-üzemanyagoknál)*; ~-**point depression** *fiz* fagyáspontcsökkenés; ~ **rain** *met* ónos eső; ~ **range** *koh* kristályosodási hőmérsékletköz; ~ **rate** *koh* dermedési sebesség; ~ **resistance** *élip, fiz* fagyállóság; ~ **salt** fagyasztósó; ~ **temperature** fagyáspont, dermedéspont; ~-**up** fagyasztás; befagyás; *hidr* befagyás, beállás; ~ **zone** *ép* fagyzóna

freibergite *ásv* freibergit

freieslebenite *ásv* freieslebenit
freight I. *v* fuvaroz, szállít; megrak, megterhel; kibérel *(hajót)*; **II.** *n* teher(áru), szállítmány; rakomány, fuvar; fuvardíj; ~ **account (bill)** teherszállítási számla; ~ **by measurement** térfogat szerint fizetett fuvardíj; ~ **by weight** súly szerint fizetett fuvardíj; ~ **car** teherkocsi, tehervagon; ~ **carrier** *csom* teherszállító; *rep* teherszállító repülőgép; ~ **compartment** *rep* poggyásztér; *vasút* poggyászfülke; ~ **container** *ép* nagy áruszállító tartály; *rep* teheráru konténer/tartály; ~ **contract** szállítmányozási szerződés; ~ **door** *rep, vasút* rakodóajtó; ~ **duty** tehervonati szolgálat; ~ **elevator** *US* (személykíséretű) teherfelvonó; ~ **forward** *rep* a berakodási repülőtéren fizetendő teheráru; ~ **forwarder** *rep* áruszállítmányozó; ~ **handling** *csom* tehermozgatás; ~ **helicopter** *ép* helikopterdaru; ~ **hold** *rep* rakodótér; ~ **house** *vasút* raktárfőnökségi iroda; ~ **insurance** szállítási költségek fedezésére kiterjesztett biztosítás, szállítmánybiztosítás; ~ **locomotive** *vasút* tehervonati mozdony; ~**-note** szállítólevél; ~ **plane** teherszállító repülőgép; ~ **service** *vasút* teherszállítás; ~ **shed** teheráruraktár; ~ **space** rakodótér *(hajóé)*; ~ **station** *vasút* teherpályaudvar; ~ **tariff** *vasút* árudíjszabás; ~ **ton** *hajó* fuvartonna; ~ **ton-mile** árutonna-mérföld; ~ **track** *vasút* teherforgalmi vágány; ~ **traffic** teherforgalom; ~ **train** tehervonat; ~ **turnover** áruforgalom; ~ **vehicle** *közl* teherszállító jármű; ~**-wagon** *vasút* tehervagon, teherkocsi; ~ **yard** teherpályaudvar
freightage (áru)szállítás, fuvar; hajófuvar; szállítmány; fuvardíj, szállítási költség, szállítmányozási díj
freighter teherhajó; teherszállító repülőgép; *US* fuvarozó, fuvarozási vállalkozó; *US* szállítmányozó; *US* teherkocsi, tehervagon; ~ **aircraft** *rep* áruszállító légijármű
freighting fuvarozás, elszállítás
freightliner *vasút* konténerszállító szerelvény, konténeres szerelvény
French|-backed vetülék-szaténfonákú *(fésűsgyapjú szövet)*; ~ **binding** *cipő* cipőpaszpol; ~ **boiler** *hőt* battériás kazán; ~ **casement** *ép* két oldalra hajtható üvegezett ajtó; ~ **chalk** *ásv* zsírkő, talkum; ~ **circular machine** *kh* francia körhurkoló gép; ~ **comb** *tex* francia rendszerű *v.* Heilmann-féle fésülőgép; ~ **cording machine** *cipő* szalagbeszegő gép; ~ **crosshead** *geol* hasítékos dioptra *(90° és 45° kitűzésére)*; ~ **curling** *pa* laza tekercselő, papírtekercselő; papírpólya; ~ **curve** *gép* görbevonalzó, sablon; ~ **door** → ~ window; ~ **drain** *ép* terméskővel töltött alagcső; ~ **drawing box** *tex* „bőrnadrágos" nyújtógép; ~ **fold** *pa* vékony írópapír; ~ **foot** *tex* egyszeres talpvarrat *(harisnyáé)*; ~ **grey/gray** *pa* szürketarka papír; ~ **gutter tile** *ép* francia tetőcserép; ~ **key** franciakulcs; ~ **milling** *vegy* szappanplírozás; ~ **nail** *szersz* huzalszeg; ~ **polish** bútorpolitúr; fényezés politúrral; ~ **reeling** *tex* francia gubólefejtés; ~ **roof** *ép* francia rendszerű manzárdtető; ~ **rule** *nyom* spicclénia; ~ **sash** francia ablakszárny; ~ **scarlet** *tex* alkörmösvörös; ~ **thread** *gép* metrikus csavarmenet, métermenet; ~ **truss** kettős/kétszeres függesztőmű; Polonceau-féle fedélszék; ~ **twining** *tex* francia cérnázás(i eljárás); ~ **verdigris** *vegy* bázisos rézacetát; ~ **vermilion** francia cinóber *(festék)*; ~ **welt** *kh* kereksoros kezdés, francia szegély; ~ **window** *ép* erkélyajtó; francia ablak *(padlóvonalig érő)*; üvegablak *(padlóig érő)*; üvegezett ajtó
frenching nemvasfémek végleges finomítása
Frenchman, frenchman *ép* fugázóvas
Frenet's formulae *mat* Frenet-képletek
Frenkel | defect *at, krist* Frenkel-féle üres hely; Frenkel-hibahely; lyuk-intersztíciós pár, Frenkel-rácshiba; ~ **disorder** *at, krist* Frenkel-féle rendezetlenség; ~ **vacancy** *at, krist* Frenkel-féle üres hely; Frenkel-hibahely
frenzelite *ásv* frenzelit
freon *vegy* freon (gáz); ~ **cooling system** *ol* freonos hűtőkör
freq.m. → frequency meter
frequency frekvencia; *el, fiz* gyakoriság; rezgésszám; *fiz* periódusszám; *szt* frekvencia; ~ **accentuation** *el* kiemelés; ~ **accuracy** *rád, távk* frekvenciapontosság; ~ **adjustment** *távk* frekvenciaszabályozás; ~ **allocation** *távk* frekvenciaelosztás; frekvenciakettőzés; ~ **allotment** *távk* frekvenciakiutalás; ~ **analyser** → ~ analyzer; ~ **analysis** *el, fiz* frekvenciaanalízis; frekvenciafüggvény-analízis; ~ **analyzer** *el, fiz* frekvenciaelemző, frekvenciaanalizátor; ~ **assignment** *távk* frekvenciakijelölés; ~ **attenuation characteristic** *el* frekvencia-csillapításjelleggörbe; ~ **band** *el, távk* frekvenciasáv; frekvenciatartomány; ~**-band limited** *távk* sávhatárolt; ~**-band repartition** *távk* frekvenciaspektrum-felosztás; ~ **bar chart** *stat* gyakorisági hisztogram; ~ **bias** *el* frekvencia-előfeszítés; ~ **boosting** *el* kiemelés; ~ **bridge** *el, távk* frekvencia-mérőhíd; ~ **carrier** *távk* vivő frekvencia; ~ **change** *el, távk* frekvenciaátalakítás; keverés, frekvenciaváltás, transzponálás; *rád* modulálás; ~**-change oscillator** *el* változtatható frekvenciájú oszcillátor; ~ **changeover procedure** *távk* frekvenciaváltási eljárás; ~ **changer (FC)** *el, távk* frekvenciaátalakító; frekvenciaváltó; *rád* keverő; keverőcső; ~**-changer stage** frekvenciaváltó fokozat; ~**-changer tube** *el, távk* frekvenciaátalakító-cső; keverőcső; ~ **channel** *el* analóg csatorna; *távk* frekvenciacsatorna; ~ **characteristic** *el* frekvenciajellemző, frekvenciafüggvény; frekvenciakarakterisztika; frekvenciamenet, frekvencia(-jelleg)görbe; ~ **commutating system** *el* hullámváltós rendszer; ~ **compensation** *el* frekvenciakiegyenlítés; ~ **compression** *el* frekvenciaszűkítés, frekvenciasávkompresszió; *rád* sávszűkítés; ~ **constancy** *el* frekvenciaállékonyság, frekvenciastabilitás; ~ **control** *el* frekvenciastabilizálás; frekvenciaszabályozás, frekvenciavezérlés; ~**-control circuit** *el* frekvenciastabilizáló kapcsolás; ~**-control diode** frekvenciastabilizáló dióda; ~**-controlled laser** *el* frekvenciaszabályozott lézer; szabályozott frekvenciájú lézer; ~**-controlled three-phase asynchronous motor** *aut, el* frekvenciavezérelt háromfázisú aszinkron motor; ~ **control of motors** *aut, el* motorok frekvenciavezérlése; ~ **conversion** *el* frekvenciaátalakítás; keverés *(modulálás)*; ~ **converter** *el, távk* frekvenciaátalakító; *rád* frekvenciaváltó; *szt* frekvenciaáttevő; ~ **converter characteristic slope** *el, távk* frekvenciaváltó jelleggörbéjének meredeksége; ~ **converter stage** *el* frekvenciaváltó fokozat; ~**-corrected amplifier** *el* frekvenciakorrigált erősítő; ~ **correction** *aut, el* frekvenciakorrekció; ~ **coverage** *el, távk* átfogás; frekvenciasáv-átfogás; ~ **curve** *mat* eloszlási/gyakorisági gör-

be; frekvencia-jelleggörbe, frekvenciakarakterisztika; gyakoriságeloszlási görbe; gyakorisági görbe; ~ **cut-off** *el* vágási frekvencia; ~ **decrease relay** *el* frekvenciacsökkenési relé; ~ **demultiplication** *el* frekvenciaosztály; ~ **departure** → ~ deviation; ~ **dependence** *el, távk* frekvenciafüggés; frekvenciakarakterisztika; ~**-dependent** *el, távk* frekvenciafüggő; ~ **deployment** *el, távk* frekvenciaelosztás; ~ **deviation** *el, távk* frekvenciadeviáció, frekvenciaeltérés, frekvencialöket; frekvenciaingadozás; ~ **diagram** *mat* gyakorisági diagram; ~ **dial** *el, távk* frekvenciaskála; ~ **dip** *el* perióduscsökkenés; ~**-discriminating filter** *el* frekvenciaválasztó szűrő; ~**-discriminating relay** *el* frekvenciaérzékeny jelfogó; ~ **discriminator** *el, távk* frekvenciadiszkriminátor; frekvenciaválasztó áramkör; ~ **distortion** *el, hang* amplitúdó-frekvencia torzítás; frekvenciatorzítás; frekvenciatorzulás; sávarányvesztés; ~ **distribution** *stat* gyakorisági eloszlás; gyakorisági táblázat, gyakoriságeloszlás; *távk* frekvenciaelosztás; frekvenciamegoszlás *(készülékek között)*; ~ **disturbance** *el* frekvenciazavar; ~ **diversity (FD)** *el, távk* frekvenciamegosztás; többszörös frekvenciaátkapcsolás; ~ **divider (FD)** *el* frekvenciaosztó; ~**-divider stage** *el* frekvenciaosztó fokozat, leosztó fokozat, osztófokozat; ~ **divider with tunnel diode** *el* alagútdiódás frekvenciaosztó; ~**-dividing** *el* frekvenciaosztó; ~**-dividing network** *el, rád* sávszétválasztó kör; ~ **division** *el, távk* frekvencia(le)osztás; frekvenciaosztás; ~**-division modulation (FDM)** *el, távk* frekvenciaosztó moduláció; ~ **division multiple access** *szt* frekvencianyaláboláson alapuló hozzáférés; ~**-division multiple access system (FDMA)** frekvenciaosztásos multiplex rendszer, frekvenciamultiplex rendszer; ~**-division multiplex (FDM)** *távk* frekvenciamultiplex rendszer; frekvenciaosztó többcsatornás rendszer; ~ **division of channels** *távk* csatornák frekvenciaosztása; ~ **domain** frekvenciatartomány; ~ **doubler (FD)** *el, távk* frekvenciakétszerező, frekvenciakettőző; ~ **doubling** *el, távk* frekvenciakétszerezés; ~ **drift** *el, távk* frekvenciavándorlás, frekvenciaelhúzás, frekvenciamászás, frekvenciadrift; *rád* elhangolódás, frekvenciaelhúzás; ~ **duality** *távk* frekvencia-dualitás; ~**-emphasizing network (FEN)** *szt* FEN-áramkör; ~ **equalizer** *el* csillapításkiegyenlítő; ~ **equation** *fiz, mech* szekuláris egyenlet, karakterisztikus egyenlet; ~ **filter** *el* frekvenciaszűrő; frekvenciaválasztó szűrő; ~ **fixing** *el* periódusszám-rögzítés; ~ **function** *mat* frekvenciafüggvény; gyakoriságfüggvény; gyakorisági függvény; ~ **gateway** *szt* kicserélő központ, kicserélőpont; ~ **hopping television** *tv* frekvenciaugratásos televízió; ~**-identification unit (FIU)** *rád* hullámmérő; ~ **indicator** *el* hullámhosszmérő, frekvenciamérő; ~ **influence** *el* frekvenciahatás; ~**-insensitive** *el* frekvenciafüggetlen; ~ **interval** *el* frekvenciaköz, frekvenciaintervallum; ~ **inversion** *el* frekvenciatranszponálás; ~ **inverter circuit** *el* beszédsávfordító; ~ **jumping** *el, rád* frekvenciaugrás; ~ **keeping power plant** *el* periódustartó erőmű; ~ **level** *el* frekvenciaszint; ~ **limit** *el* határfrekvencia; ~ **locus** *el, mat* frekvenciahelygörbe; ~ **marker** *el* frekvenciamarker; ~**-marker pip** *el, rád* frekvenciameghatározó jel; ~ **meter (frg.m.)** *el, távk* frekvenciamérő; hullámhosszmérő; hullámmérő; ~**-meter bridge** *el* frekvenciamérő híd; ~**-modulated** *el* frekvenciamodulált; ~**-modulated beam** *el* frekvenciamodulált sugárnyaláb; ~**-modulated carrier** *el, távk* frekvenciamodulált vivő; ~**-modulated cyclotron** *at, el* szinkrociklotron, frekvenciamodulációs ciklotron, fazotron; ~**-modulated laser radar** *el, távk* frekvenciamodulált lézerradar; ~**-modulated lidar** *el, távk* frekvenciamodulált lézerlokátor; ~**-modulated radar (FMR)** *távk, el* frekvenciamodulált radar; ~**-modulated reception** *el, távk* frekvenciamodulált vétel; ~**-modulated telecontrol system generator** *távk* frekvenciamodulált távirányítási rendszer generátora; ~**-modulated transmitter** *távk* frekvenciamodulációs adó; frekvencimodulált adó; ~ **modulation (FM)** *el, távk* frekvenciamoduláció; ~**-modulation jamming** *rád, távk* frekvenciamodulációs zavarás; ~**-modulation oscillator** *el, távk* FM-generátor; ~**-modulation radio set** *távk* frekvenciamodulációs rádió adóvevő készülék; ~**-modulation receiver** *el, távk* FM-(műsor)vevő; ~**-modulation recorder** *geof* frekvenciamodulációs regisztráló berendezés; ~**-modulation sweep generator** *el* frekvenciamodulált kitérítő generátor; ~ **modulation telemetering** *el* frekvenciát moduláló távmérés; ~ **modulator** *el, rád* frekvenciamodulátor, fázismodulátor; ~ **monitor** *el, rád* frekvenciaellenőrző (készülék); frekvenciafigyelő, frekvenciamonitor, frekvenciastabilizátor; ~ **multiplication** *el* frekvenciatöbbszörözés, frekvenciasokszorozás; ~ **multiplier** *el, távk* frekvenciasokszorozó; frekvenciatöbbszöröző; ~ **of break** *el* nyitóimpulzus-frekvencia; ~ **of excitation** *el* gerjesztési frekvencia; gerjesztőfrekvencia; ~ **offset transponder** *távk* frekvenciaeltolásos válaszoló adóvevő; ~ **of infinite attenuation** *el, távk* pólusfrekvencia *(szűrőben)*; ~ **of make and break** *el* megszakítási frekvencia; ~ **of nucleation,** ~ **of nucleus formation** *krist* gócképződés gyakorisága; ~ **of reception** *el, távk* vételi frekvencia; ~ **of ripple** *el, távk* búgási frekvencia; ~ **of stages** *hidr* vízállás-gyakoriság; ~ **output transducer** *el* frekvenciakimenetű átalakító/jelváltó/jeladó; ~ **overlap(ping)** *el, tv* frekvenciaátlapolás; ~ **pairing** *távk* frekvenciapárosítás; ~ **plot** *távk* frekvenciafázis-jelleggörbe; ~ **polygon** *mat* gyakoriság-poligon; ~ **protection** *távk* frekvenciamaximum-védelem; ~ **pulling** *távk* frekvenciaelhúzás; ~ **pulling figure** *távk* terhelési visszahatás; ~ **pushing** *távk* frekvenciavándorlás, frekvenciaelhúzás, frekvenciamászás, frekvenciaadrift; ~ **range** *el, távk* frekvenciakörzet; frekvenciasáv; frekvenciatartomány; ~ **range of equalization** *távk* kiegyenlítés frekvenciatartománya, torzításmentes tartomány; ~ **ratio** *el, távk* frekvenciaviszony; ~ **record** *el* frekvenciaelosztás; *hang* frekvencialemez *(hangfelvétel)*; ~ **relay** *el, távk* frekvenciaérzékeny relé *(jelfogó)*; ~ **reproduction** *el, távk* frekvenciavisszaadás; ~ **resolution constant** *el, távk* frekvencia-felvontóképességi állandó; ~ **response** *távk* átviteli frekvencia-jelleggörbe; csillapításkarakterisztika; frekvencia-jelleggörbe; frekvenciafelvétel; frekvenciafüggvény, amplitúdó-fázis függvény; frekvenciagörbe; frekvenciamenet; ~**-response analyzer** *el* transzferméter; ~**-response characteristic** *el* frekvenciafüggvény; frekvenciamenet, frekvencia-jelleggörbe, frekvenciagörbe; ~ **response curve** frekvenciamenet, frekvencia-jelleggörbe, frekvenciagörbe; ~ **response diagram** *el* amplitúdó-fázis jelleggörbe; ~ **response method** *el, távk* frekvenciamódszer; ~ **reuse** *szt* frekvenciasáv többszörös kihasználása *(műholdas átvitelnél)*; ~ **scale** *el, távk* frekvenciasáv; ~ **scrambling circuit** *el* beszédsávfordító; ~**-selective filter** *el* frekvenciaszelektív szűrő; ~**-selective relay** *el, távk* frekvenciaszelektív relé/jelfogó; ~ **selectivity** *el, távk* frekvenciaszelektivitás; ~ **selector** *el, távk* frekvenciaválasztó; ~ **separation** *távk* frekvenciaköz, frekvenciatávolság; frekvenciaszétválasztás; ~ **sharing** *távk* frekvencia közös felhasználása; ~ **shift** *el, távk* frekvenciaelhúzás, frekvenciaeltolódás; ~ **shift keying (FSK)** *távk* frekvenciabillentyűzés; frekvenciaváltás, F1-billentyűzés; ~ **shift modulation** *rep* frekvenciaeltolásos moduláció; ~ **slip** *el, távk* frekvenciaelcsúszás; ~ **spacing** *távk* frekvenciaköz; frekvenciatávolság; ~ **spectrograph** *el, fiz* frekvenciaspektrográf, frekvenciaanalizátor; ~ **spectrum** *el, fiz* frekvenciaspektrum; ~ **splitting** *el, távk* frekvenciaosztás; zavaró frekvenciák képződése, frekvenciakeveredés; ~ **stability** *el, távk* frekvenciaállandóság; frekvenciatartás; ~ **stabilization** *el, távk* frekvenciastabilizálás; ~**-stabilized laser** *el, távk* frekvenciastabilizált lézer; szabályozott frekvenciájú lézer; ~ **standard** *el, távk* frekvenciaetalon, frekvenciastandard, frekvencianormál; normálfrekvencia; ~ **sweep** *el, távk* frekvenciaeltérés, frekvencialöket; vobuláció; ~**-swept oscillator** *el* vobulátor; ~ **swing** *el, távk* frekvenciaeltérés, frekvencialöket; frekvenciaingadozás; ~ **synthetizer** *el, távk* dekadikus rezgéskeltő; ~ **telemeter** *el* frekvenciatávmérő; ~ **telemetring system** *el* frekvenciatávmérő rendszer; ~ **tolerance** *el, távk* frekvenciatűrés; ~ **transformation** *el* frekvenciaátalakítás; ~ **transformer** *el* frekvenciaátalakító; frekvenciatranszformátor; ~ **translation** *távk* frekvenciaátalakítás; frekvenciaáttevés; ~ **translator** *távk* frekvenciaátalakító; ~ **tree** *el, távk* frekvenciafüggvény; ~**-type remote control systems** *aut, távk* frekvenciatípusú távirányítási rendszerek; ~ **variation** *el, távk* frekvenciaingadozás; ~**-variation relay** *el, távk* frekvenciaváltozás-relé; ~ **welding machine,** ~ **welder** *heg* nagyfrekvenciás hegesztőgép; ~ **width** frekvenciatartomány; ~ **window** *el* frekvenciaablak

frequent gyakori, sűrű

Frescan radar *el* Frescan-radar

fresco freskó(festés)

fresh I. *a* friss; új; tiszta; hűvös; **II.** *n* vízár(adat); ~ **air** friss levegő; ~**-air coal** *ásv* friss szén; ~**-air heater** *ép* tisztalevegős hőlégfúvó; ~**-air hose breathing apparatus** szívótömlős légzőkészülék; ~**-air inlet** *bány* frisslevegő-nyílás; ~ **breccia** *ol* dörzsbreccsa; ~ **concrete** friss beton; ~ **gale** viharos szél, szélvihar; ~ **hide** nyersbőr, friss bőr; ~**-keeping wrapping** *pa* frissen tartó csomagolás; ~ **liquor** *pa* friss lúg; ~**-liquor box** *pa* frisslúg-tartály; ~**-liquor pump** *pa* frisslúg-szivattyú; ~ **mineral** üde ásvány; ~ **oil** *ol* nyers kőolajpárlat; ~ **rock** *geol* alföldi altalaj; ~ **sewage** *környv* nyers szennyvíz; ~**-shot** édesvíztorkolat, édesvíz-betorkollás; ~ **water (FW)** édesvíz, friss víz; élő víz, lágy víz; *foto* átmosás; ~**-water** édesvízi; ~**-water demand** *környv* frissvíz-igény; ~**-water limestone** *geol* édesvízi mészkő, travertinó; ~**-water mud** *ol* édesvíz közegű öblítőiszap; ~**-water pump** *pa* frissvíz-szivattyú

freshen (fel)frissít; sót kiáztat, sótartalmat csökkent; elveszti sótartalmát; felfrissül

freshet tengerbe ömlő édesvíz; árvíz, áradat

freshly-set mortar *ép* friss vakolat

freshwater → fresh water

Fresnel | diffraction *fiz* Fresnel-féle elhajlás; ~ **ellipsoid** *fiz* Fresnel-féle ellipszoid; sugárellipszoid; ~ **lens** *opt* Fresnel-féle lencse; ~ **reflection loss** *fiz* reflexiós Fresnel-veszteség; ~ **spotlight** *opt* Fresnel-lencsés fényvető; ~**'s theory (of light)** *fiz* a fény éterelmélete, Fresnel fényelmélete/feltevése; ~ **theorem** *fiz* Fresnel-féle teoréma; ~ **zone** *fiz* közeltér

fret I. *v* szétrág, szétmar, kimar; korrodál; elkopik; cirádával díszít; **II.** *n* szétrágás, szétmarás; korrózió; kimállasztás; erjedés; szalagos ékítmény, ciráda, hálós mintájú díszítés; ~**-cutting machine** *fa* lombfűrészgép; ~**-saw** *fa, szersz* ívfűrész, (íves) lombfűrész; ~**-sawing machine** *fa, szersz* kiszabó fűrész

fretsaw → fret-saw

fretted szétmart; korrodálódott; korrodált; *geol* erodált; ~ **upland** erősen erodált felület, széthordott fennsík

fretting *élip* zajos/heves erjedés; ~ **corrosion** *koh* súrlódási korrózió

fretwork faragott/berakott/domborművű díszítés *v.* ékítmény; lombfűrészmunka; aprólékos munka; *geol* likacsos elmállás

Fretz-Moon pipe process *heg* Fretz—Moon-féle hegesztési eljárás

Freund's acid *vegy* Freund-sav, 1-naftilamin-3,6-diszulfonsav

Freundlich's adsorption isotherm *vegy* Freundlich-féle adszorpciós izoterma

freyalite *ásv* freyalit

Freysinnet *ép* Freysinnet-rendszer; ~**-type jack** *ép* Freysinnet-sajtó; kettős működésű sajtó

friability morzsalékonyság, porhanyósság; ~ **value** *gyógyv* koptatási érték

friable morzsálódó, morzsalékony; töredező; szétdörzsölhető, porhanyítható, rideg; *bány* összesülő *(szén)*; ~ **iron-ore** mállott földes *v.* porhanyós vasérc; ~ **rock** *geol* laza kőzet; ~ **sand** *bány* folyós homok; úszóhomok; ~ **top** *bány* leülő/omlós főte

fribs wool *tex* másodnyíratú merinógyapjú

friction I. *v gumi* frikcionál, felken *(kalanderen szövetre)*; **II.** *a* súrlódó, súrlódásos, dörzs-; *fiz, mech* súrlódási; *gép* frikciós, súrlódó, dörzs-; **III.** *n fiz, mech* dörzsölés; frikció; súrlódás; *gumi, műa* frikcionálás; frikcionáló gumizás; *rep* felületi súrlódás; ~ **adjuster** *gép* frikciós/súrlódó szabályozó; ~ **band** *gép* fékszalag; ~ **bevel gear** *gép* kúpos dörzskerék; ~ **board** *pa* csapágykarton; frikcionált lemez; ~**-board hammer** *szersz* frikciós ejtőkalapács; ~ **bolt** *bány* súrlódásos kőzethorgony; ~ **boundary layer** *rep* súrlódási határréteg; ~ **box** *kh* fonalvezető fék; ~ **brake** *gépk* súrlódó fék, dörzsfék; ~ **brazing** *heg* súrlódásos keményforrasztás; ~ **breccia** *geol* dörzsbreccsa; ~ **calender** *tex* frikciós kalander, súrlódásos simítóhenger; ~ **calendering** *tex* frikciós kalanderezés; ~ **catch** *gép* dörzspofás fogószerkezet; ~ **circle** *gép, mech* csapsúrlódás köre, súrlódási kör; *talt* vektorpoligonális; ~**-circle analysis** *talt* súrlódási körrel végzett vizsgálat; ~ **clamp** *gép* dörzsszorító; súrlódó szorító; ~ **cleaner** *szersz* lehúzóbőr; ~ **cloth** gumizott vászon;

~ clutch *gépk* súrlódó tengelykapcsoló, súrlódótárcsás/dörzstárcsás tengelykapcsoló, dörzskapcsoló; **~ clutch cup** *gépk* dörzskapcsoló csésze; **~ coefficient** *fiz, mech* súrlódási tényező; **~ compound** *gumi* kenőkeverék; **~ cone** *gépk* dörzskúp; **~-cone clutch** *gépk* kúpos dörzskapcsoló; **~-cone drive** *gépk* dörzskúpos hajtás; **~ connexion** *gép* súrlódásos kapcsolat; **~ constant** *fiz, mech* csúszási súrlódási tényező/együttható, dinamikus/kinetikus súrlódási együttható/állandó; **~ countershaft** *gépk* dörzskapcsolós előtéttengely; **~ coupling** *gépk* dörzskapcsoló, dörzskapcsolás; **~ disc/disk** *gép* súrlódó tárcsa, dörzstárcsa, dörzstányér, dörzslemez; súrlódóbetét(tárcsa); súrlódókeverék, dörzskerék(tárcsa); **~-disc drive** *gép* dörzskerékhajtás; **~-disk shock-absorber** *gépk* dörzstárcsás lengéscsillapító; **~ drag** → frictional drag; **~ drive** *gép, gépk* dörzskerékhajtás; súrlódóhajtás, dörzshajtás; **~-drive** *gépk* dörzshajtású; **~ drum** *gép* súrlódódob; **~ electricity** *el* dörzsvillamosság, dörzselektromosság; **~ error** *fiz* súrlódási hiba; **~ factor** *fiz, mech* súrlódási tényező; **~ factor in pipes** *hidr* csörgedeztetett barázda; **~ finish** *tex* frikciós/fényezett kikészítés *v.* kalanderezés; **~ firing mechanism** *kat* dörzs-elsütőszerkezet; **~ force** *mech* súrlódási erő; **~ fuse** *kat* dörzsgyújtó; **~ gear** *gép, gépk* dörzshajtómű, dörzskerék; **~-gear drive** *gép, gépk* dörzs(kerék)hajtás; **~-glazed paper** *pa* tükörfényes papír; **~ glazing (FG)** *pa* fényezés gyorsforgású kalanderhengerrel; **~-glazing calender** *pa* frikciós simítógép/kalander; **~ grip** *gép* súrlódásos zár; **~ hammer** *gép* frikciós kalapács; **~ hardening** *alak* edzés súrlódási hővel; **~ head** *hidr* súrlódási veszteség(magasság); **~ headstock** *gépk* dörzshajtású orsószekrény; **~ horsepower (FHP)** *gépk* súrlódás okozta teljesítmény(veszteség) *(lóerőben)*, súrlódás miatt felemésztett lóerőteljesítmény; *gépk, rep* súrlódási teljesítmény; **~ influence** *mech* súrlódási hatás; **~ insert** *gépk* féktuskó súrlódó része; **~ inset** *gép* súrlódó betét; **~ jewel** *finm* préskő; **~ joint** *gép* dörzskötés; **~ jointing** *gép* súrlódásos kapcsolat; **~ key** *gép* súrlódóék, nyerges ék; **~ layer** *met* súrlódási övezet; **~ lining** *gép* dörzsbetét; súrlódóbetét; *gépk* fékbetét; **~ lock** *gép* súrlódó zár/retesz; **~ loss** *mech* súrlódási/áramlási veszteség; **~ material** *gép* frikciós anyag; **~ of journal bearing** *gép* csapsúrlódás; **~ of liquid** *fiz* folyadéksúrlódás; **~ of motion** *fiz, mech* mozgásbeli súrlódás; **~ of rest** *mech, fiz* sztatikus/álló/nyugvó/nyugalmi súrlódás; **~ oxidation** *koh* súrlódási korrózió; **~ pad** *gépk* súrlódópofa; **~ pair** *gépk* súrlódó pár *(fék)*; **~-pan pantograph** *vasút* csúszóbetétes áramszedő; **~ pawl** *gép* dörzspofa; **~ piece** *gép* súrlódóbetét; **~ pile** *ép* lebegőcölöp; **~ press** *gép* dörzstárcsás/frikciós sajtó; **~ pressure loss** *mech* súrlódási/áramlási nyomásveszteség; **~ prop lock** *bány* támzár; **~ ratchet** *gép* súrlódó kilincsmű; **~-reducing layer** *rep* súrlódáscsökkentő réteg; **~ relief device** *gép* frikciós biztosítókészülék; **~ revolution counter** *gép* dörzskapcsolatú fordulatszámláló; **~ ring** *gép* dörzsgyűrű; **~ rock** *geol* súrlódás képezte kőzetfajta; **~ roller** *gép* súrlódógörgő; *tex* súrlódótárcsa *(csévehajtáshoz)*; **~-roller drive** *gép* dörzsgörgős hajtás; **~ rolls** *műa* frikciós hengerek; **~ safety gear** *gép* fékező fogókészülék; **~ saw** *szersz* dörzsfűrész, súrlódótárcsás fűrész; **~ sheave** *gép* dörzstárcsa; hajtótárcsa; **~ shock-absorber** *gépk* súrlódó lengéscsillapító; **~ spring** *távb* pergésgátló rugó *(delejzáré)*; **~ tape** *el* gumival impregnált szigetelőszalag; **~ test** *gumi* tapadásvizsgálat; **~-tight** elcsúszásmentes *(illesztés)*; **~ washer** *tex* súrlódótárcsa; **~ weathering** *fa* kopás okozta elhasználódás; **~ weld** *heg* dörzshegesztéssel készült varrat; **~-welded joint** *heg* dörzshegesztéssel készült kötés; **~ welding** *heg, műa* dörzshegesztés; súrlódásos/frikciós hegesztés; **~-welding machine** *heg* dörzshegesztő gép; **~ wheel** *gép* dörzskerék; **~-wheel drive** *gép* dörzskerékhajtás; **~-wheel telpher** *bány* dörzskerekes vontató; **~ winder** *pa* frikciós áttekercselő; **~ wire** *kat* elsütő dörzsdrót; **~ work** *mech* súrlódási munka

frictional súrlódási, súrlódó, súrlódásos, dörzs-; **~ antidamping** *mech* súrlódási csillapítás megszüntetése; **~-contact rim-clutch** *gépk* súrlódásbetétes kerületi kapcsoló; **~ countershaft** *gép* dörzskapcsolós előtéttengely; **~ damper** *gép* súrlódóelemes lengéscsillapító/rezgéscsillapító; **~ drag** *gépk* légellenállás; *rep* felületi súrlódás, súrlódási ellenállás; **~ electricity** *el* dörzsvillamosság, dörzselektromosság; **~ error** *mech* súrlódási hiba; **~ escapement** *finm* súrlódójárat; **~ force** *mech* súrlódási erő; **~ gearing** *gép* dörzshajtás; **~-grooved gearing** *gép* hornyolt fogaskerekes dörzshajtás; **~ heating** *rep* felmelegedés a levegővel való súrlódás következtében; **~ loss** *mech* súrlódási veszteség; **~ machine** *el* elektrosztatikus generátor; **~ resistance** *mech* súrlódási ellenállás; **~ series** *el* elektrosztatikus feszültségsor

frictionate *gumi* frikcionál

frictioning *gumi* frikcionálás, felkenés

frictionless súrlódásmentes

friedelite *ásv* friedelit

friendly numbers *mat* barátságos számok

frieze I. *v tex* bolyhoz, bogáncsol; **II.** *n* szegélydísz; *ép* fríz; párkány; *fa* keskeny palló; szegélyléc, hosszléc; *tex* csomós kabátszövet, bolyhos posztó/daróc

friezing *tex* bolyhozás

frigid zone *geol* hideg/sarki öv

frigorific hűtő (hatású), fagyasztó

frigorimeter *fiz* hőleadásmérő

frill I. *v ruh* lerak, plisszíroz, fodorít; **II.** *n* fodor, redő; lerakás; szegélydísz szalagból; *foto* filmszegély felhólyagzása

frilling fodrosodás; *foto* emulziólepattogzás

fringe I. *v ruh* rojtoz, szegélyez, rojttal beszeg; **II.** *n* rojt, bojt; cipőrojt; szegély, perem; rojtosodás, csipkésedés; *mech* izokromáta; *opt* diffrakciósáv; interferenciacsík; **~ area** *en* peremterület, kisterhelésű övezet; *tv* vételi határövezet; **~ constant** *mech* feszültségoptikai állandó; **~ drift** *bány* irányvágat; **~ effect** *geof, foto* peremhatás; *mech* szélhatás; **~ howl** *el* akusztikus visszacsatolás/begerjedés; visszacsatolásos begerjedés/fütty; **~-order** *mech* izokromáta-rendszám; **~ out** *v* felrepedezik; **~s** *pl foto* színhiba *(színes fényképezésnél)*

fringer rojtozó

fringing *el* erővonal-elhajlás; erővonal-eloszlás, erővonalszóródás; szórt fluxus; *tv* forgótárcsás színszinkronozás; **~ coefficient** erővonalszóródási tényező

frippery *tex* rongyhulladék

frisé velvet *tex* felvágatlan hurkú bársony

frisket *nyom* ívtartó keret; nyomdai kiskeret
frisking *at, sug* sugárellenőrzés
frit I. *v any* előolvaszt, részlegesen megömleszt, frittel; **II.** *n mt* előolvasztás, részleges megömlesztés, összesütés; *üveg* fritt, üvegzománc-őrlemény; ~ **porcelain** *üveg* frittporcelán
fritted | brick *ép* égetett tégla; ~ **hard-metal** *mt* zsugorított keményfém; ~ **hearth bottom** *önt* felhegesztett kemencefenéklap; ~ **porcelain** *üveg* frittporcelán
fritting *hőt* beégés; frittelődés; *mt* előolvasztás, részleges megömlesztés
fritzscheite *ásv* fritzscheit
frizz göndörít, bodorít, göndörödik, kunkorodik; *bőr* bőrt vékonyít; *pa* bodrosít; *tex* csomózva kikészít
frizzing göndörítés, bodorítás; göndörödés, kunkorodás; *bőr* barka lefaragása; *pa* bodrosítás; *tex* csomózva kikészítés
frizzy *pa* bodros; *tex* göndör
Frobenius method *szt* Frobenius-módszer
frog *el* huzaltartó béka *(felsővezetéken)*; légváltó *(munkavezetéken)*; *ép* döngölő béka; téglabemélyedés *(habarcs megfogásához)*; *fa* gyaluvas; vezető gerenda *(facsúsztató szájánál)*; *gép* béka; *hang* kápa *(hegedűvonón)*; *kat* szuronypapucs; *tex* bojt; leállító szerkezet *(szövőgépen)*; sújtás; zsinórzat; *vasút* (keresztezési) csúcsbetét, szívdarab; ~ **brick** *ép* hornyos tégla; ~ **cam** *gép* szív alakú bütyköstárcsa; ~ **guard** munkavezetéki váltóvédő; ~ **planer** *vasút* váltósíngyalu; ~ **point** *vasút* keresztezőcsúcs, csúcsbetét, szívdarab; ~ **ramming/tamping machine,** ~ **rammer/tamper** *ép* döngölőbéka; nehéz robbanódöngölő; ~ **wire** *el* felsővezetéki váltóhuzal
frogging *távk* ugratás *(oszlopsoron más pozícióba)*
frogless switch *vasút* szívdarab nélküli kitérő
FROM → fusible read-only memory
front I. *v* néz, nyílik *(ház, ablak)*; *ép* kiképez *(homlokzatot)*; **II.** *a* mellső; elülső; első; **III.** *n* előrész; elülső/mellső rész; *ép* homlok, homlokzat; *met* front; *rep* homlokrész; *ruh* eleje; *távk* jelhomlok; ~ **axle** *gépk* elsőhíd, elsőtengely; ~**-axle driving shaft** *gépk* elsőkerék-féltengely; ~**-axle radius rod** *gépk* elsőtengely-merevítő háromszög; ~**-axle testing implement** *gépk* elsőtengely-vizsgáló készülék; ~ **band** *kat* mellső csőkaromgyűrű; ~**-band key** *kat* mellső csőkaromgyűrű-rögzítőék; ~**-band-locking spring** *kat* elsőkarika-rögzítőrugó; ~**-band screw** *kat* elsőkarika-rögzítőcsavar; ~ **barrel packing** *kat* első tömítés; ~ **beam** *gép* mellső főtartó; *opt* bevezető sugárkéve; ~ **bearing** *gép* homlokcsapágy; ~ **benching** *bány* vízszintes pados fúrás; ~**-bevel(l)ing machine** *cipő* homlokéllevágó gép; ~**-body pillar** *gépk* mellső oszlop *(szélvédő két szélén)*; ~**-brake** *gépk* első fék; ~ **bush screen** *ép* bokorirtó szerelék; ~**-cap-sight cover** *kat* célgömbvédő; ~**-chopped wave** *aut* homlokán vágott hullám; ~ **circuit** *gépk* első fékkör; ~**-connected switch** *el* előérintkezős kapcsoló; ~ **contact** *el* első érintkező; ~ **course sector** *rep* elülső irányszektor; ~ **delivery** *bány* homlokürítő; ~ **door** *ép* bejárati ajtó; főbejárat; kapu; ~**-door furnace** *koh* elülső ajtós kemence; ~ **drawbar** *gép* elülső kapcsolórúd; ~ **drive, F-drive** *gépk* elsőkerék-hajtás; ~**-drive chassis** *gépk* elsőkerék-hajtású alváz; ~**-dump scraper** *bány* előrebuktató kerekes saraboló; ~**-dump-type ingot buggy** *önt* homlokoldalon üríthető öntecsszállító kocsi; ~ **elevation** *ép* elölnézet, homloknézet; elülső/homlokoldali nézet/rajz; ~**-elevation drawing** elölnézeti rajz; ~ **end** eleje vmnek; előrész; homlokrész; *vegy* motorbenzin könnyű párlata; ~**-end fork-lift** *ép* villás emelőtargonca; ~**-end geometry** *gépk* kormánygeometria; ~**-end loader** *ép* homlokrakodó; ~**-end material** *vegy* könnyű motorbenzin *(kis forráspontú)*; ~**-end octane number** *vegy* „front-oktánszám", könnyű motorbenzin *(kis forráspontú)*; ~ **end-plate** *hőt* mellső fal *(kazáné)*; ~**-end processor (FEP)** *szt* előfeldolgozó processzor; ~**-end scheme** *vegy* könnyű termékeket elválasztó rendszer *(etiléngyártásnál)*; ~**-end shovel loader** *ép* homlokrakodó; ~**-end system** *szt* előfeldolgozó rendszer; ~**-engined car** *gépk* orrmotoros gépkocsi; ~ **entry** *bány* alapvágat, főfolyosó; ~ **faller** *tex* szálfeszítő huzal *(szelfaktoron)*; ~ **fork** első villa *(motorkerékpáré)*; ~ **fork-lift** *ép, mzg* fejfeletti villás emelő; ~ **fork-lift truck** *ép* villás emelőtargonca; ~ **fork link** *gép* elsővilla-lengőkar; ~ **garden** *ép* előkert; ~ **gate** *talt* kapuzat(alagút); ~ **gate car** *bány* homlokajtós buktatós csille; ~**-gear control** *gépk* elsőkerékhajtás-kapcsoló; ~ **guide** *kh* mellső fonalvezető *(kötőgépen)*; ~ **guiding** *gép* homlokvezetés; ~ **hand grip** *kat* első markolat; ~ **head** *el, gép* első/mellső csapágypajzs; ~ **idler** *gép* elülső előtétkerék; ~ **lens** *opt* előtétlencse, tárgyoldali lencse; ~ **line of crystallization** *krist* kristallizációs front; ~ **loader** *ép* partfalrakodó; ~ **matter** *nyomd* címnegyed; ~ **mill table** *heng* adagolóasztal, hengersor bemeneti asztala; ~**-mounted** *mzg* traktor elé szerelt *(munkagép)*; ~ **obturating ring** *kat* első gáztömítő gyűrű; ~ **of cloud** *met* felhőfront; ~ **of shuttle-box** *tex* mellső fiókfal; ~ **of the pulse** *fiz* impulzushomlok; ~ **of thrust** *fiz* nyomáshomlok; ~**-operated** elölről kezelt/kiszolgált; ~**-page** címlap, első oldal *(újságé)*; ~ **panel** homloklap; előlap; ~ **part** elülső rész; *cipő* fejrész; ~ **pilot** mellső vezetőrész *(üregelőtüskén)*; ~ **pitch** *el* kommutátoroldali törtlépés; ~ **porch** *tv* elővváll; kezdődő fekete váll; ~ **projection** *tv* rávetítés, kivetítés; ~ **rake** (hossz)homlokszög; ékszög; ~**-rear crankcase** *gépk* középső forgattyúszekrényrész *(csillagmotorban)*; ~ **reflection** *opt* elülső reflexió; ~ **rest** *tex* mellhenger; ~ **saturation** *ol* fronttelítettség; ~ **seat** *gépk* első ülés; ~ **section** *ép* homlokmetszet; ~**-sectional elevation** *ép* homloknézettel párhuzamos metszet; ~ **shock** *rep* homloklökéshullám; ~ **shoulder seat** *kat* első válltámasz *(közelre tüzelésre)*; ~ **shuttering** *bány* homlokzsaluzat; ~ **side** *pa* vezetőoldal *(papírgépé)*; ~**-sight adjusting-screw** *kat* célgömbállító csavar; ~**-sight blade** *kat* célgömbél; ~**-sight mass** *kat* célgömbtalp; ~**-sight pin** *kat* célgömb; ~**-sight pinhole** *kat* célgömbfurat; ~**-sight retainer** *kat* célgömbtőke-rögzítő; ~**-sight ring** *kat* célgömbvédő; ~ **slide-way** *forg* mellső szánvezeték; ~ **spade** *kat* mellső talptusa; ~ **spar** *rep* mellső/elülső főtartó; ~ **sprocket** *gép* első lánckerék; ~ **steps** *ép* feljárati lépcső; ~ **table** *nyom* kirakóasztal; ~ **tipper** *ép* dömper; ~ **tipper with tipping by displacement of centroid** *ép* súlypontáthelyezéses billentésű dömper; ~**-to-back ratio** *el, távk* előre-hátra arány; irányítottsági hatásfok *(antennáé)*; ~ **tool-post** *forg* mellső késtartó; ~ **tripper/tumbler** *bány* homlokbuktató; ~ **view** elölnézet, homloknézet, elülső/homlokoldali nézet; ~ **wall** *el* homlokfal, sze-

relőfal; ~-**wall lining** elülső falbélelés; ~-**wall (photo)cell** elsőfalas fényelem *v.* félvezető elem; ~ **warp** *tex* mellső lánchenger; ~ **wheel** *gépk* első kerék; ~-**wheel brake** *gépk* első fék; ~-**wheel drive** *gépk* elsőkerék-hajtás; ~-**wheel knuckle** *gépk* elsőtengelycsonk; ~ **yard** előkert

frontage *ép* előkert; homlokzat; útmenti telek; ~ **line** *ép* homlokzatvonal, építési vonal

frontal homlokzati; elülső; arcvonalbeli; frontális; ~ **advance (of oil)** *ol* frontális olajkiszorítás; ~ **analysis** *vegy* frontális analízis, frontális (kromatográfiás) elemzés; ~ **area** homlokfelület; homlokterület; ~-**cloud system** *met* frontfelhőzet; ~ **displacement/drive (of oil)** *ol* frontális olajkiszorítás; ~ **lifting** *met* frontális emelkedés; ~ **moraine** *geol* homlokmoréna; ~ **passage** *met* frontátvonulás, időváltozás; ~ **precipitation** *met* frontális eső; ~ **slope** homlokmeredekség; ~ **trough** *met* frontális légnyomászsák; ~ **weir** *hidr* homlokbukó; ~ **working** *bány* frontkotrásos fejtés; ~ **zone** *met* frontképződési zóna

frontier *mat* határ; ~ **point** *mat* határpont; ~ **station** *távb* határerősítő

frontispiece *ép* homlokzat, oromzat; *nyom* címlap *(képes)*; címlapkép; címrajz

frontlet homlokszalag

frontline of crystallization *koh* kristályosodási front

frontogenesis *met* frontképződés

frontology *met* frontológia

frontolysis *met* front szétoszlása

frontwall → front wall

frost I. *v* (meg)fagyaszt, (meg)dermeszt; (meg)fagy, (meg)dermed; **II.** *n met* dér, zúzmara; fagy; jégképződés, fagyás; ~ **action** *met* fagyhatás; ~ **blanket course** *talt* fagyvédőréteg; ~ **board** *gépk* fagyvédő fedél; ~ **boil** *ép* fagypúp *(úton)*; ~-**bound** *ép* jég által hátráltatott; ~ **canker** *fa* fagy okozta kéregseb; ~ **cleft** *fa* fagyrepedés; ~-**crack** *fa* fagyrepedés; ~ **effect** *talt* fagyhatás; ~ **fan** *mzg* fagyvédő ventilátor *(gyümölcsösben)*; ~ **heave** *ép* fagypúp *(úton)*; ~ **hollow** *met* fagyzúg; ~-**line** *ép, talt* fagyhatár; *műa* dermedési zóna *(fúvott fóliatömlőn)*; ~ **mist** *met* jeges köd; ~ **nail** hegyessarok *(patkón)*; ~ **penetration** *talt* fagybehatolás; felfagyás; ~-**point** *met* dérpont, fagypont; ~-**point indicator** *met* dérponthigrométer; ~ **pot** *koh* fagyos kád; ~-**proof** *talt* fagyálló; ~-**proof depth** *talt* fagyhatár; ~ **protection** *ép, ol* fagyvédelem, védekezés a vezetékek elfagyása ellen; ~-**protection screen** *ép, mzg* fagyvédő ernyő; ~-**resistance** fagyállóság; ~-**resisting** fagyálló; ~-**resisting concrete** *ép* fagyálló beton; ~-**resisting oil** *gépk* fagyálló olaj; ~ **sensitivity** *talt* fagyérzékenység; ~ **smoke** *met* sarki köd; ~ **stud** jégszeg *(lópatkóra)*; ~ **wall** *bány* fagyköpeny

frosted deres, befagyott; *el* homályos; ~ **bulb** homályos égő/izzó; ~ **glass** *el, fiz* mattüveg, homályos(ított) üveg; ~ **lamp** homályos lámpa; gyöngyfénylámpa

froster *élip* fagyasztó

frosting fagyasztás, dermesztés; (meg)fagyás, (meg)dermedés; matt bevonat *(fémé, üvegé)*; *élip* bevonat, máz; deresedés *(kandírozódás)*; *műa* felületi kristályosodás; ~ **mixture** *vegy* mattírozó fürdő

froth I. *v* ver *(habot)*; habzik, tajtékzik; gyöngyözik; **II.** *n* hab, tajték; ~ **board** *pa* habléc; ~ **breaking** *bány, koh* habtörés; ~-**destroying nozzle** *pa* habverető fecskendő; ~ **flotation** *bány, koh* flotáció, flotálás, úsztatás, flotáló/lebegtető eljárás; habúsztató eljárás, flotálás habban; ~ **flow** *ol* habáramlás; ~ **killer** *koh* habzásgátló; ~ **pit** *pa* habfolt; ~ **separation** *bány* habfrakcionálás

frother *bány, koh* habképző reagens/adalék *(flotáláshoz)*

frothing habverés; habképz(őd)és, habzás, tajtékzás; gyöngyözés; ~ **agent** *pa, koh* habképző (anyag)

frothmeter *koh* habosodásmérő műszer

frothy habos; habzó, tajtékzó

Froude number *hidr* Froude-féle szám

frozen (meg)fagyott; fagyasztott; befagyasztott *(feszültség)*; *ol* megszorult; *szersz* beszorult; ~ **carbon** *vegy* összesült ívlámpaszén; ~-**in field lines** *fiz* befagy(asz-t)ott erővonalak; ~ **lacquer** *vegy* jégvirággiakk; ~ **layer** *talt* átfagyott réteg; ~ **mercury investment casting process** *önt* kiolvasztható higanyminták szerinti precíziós öntési eljárás; ~ **milk** *élip* fagyasztott tej; ~ **reference** *szt* befagyott hivatkozás; ~-**stress method** *opt* befagyasztási eljárás *(optikai feszültségmérésnél)*

fructofuranose *vegy* fruktofuranóz

fructopyranose *vegy* fruktopiranóz

fructosan *vegy* fruktozán

fructosazone *vegy* fruktoszazon

fructose *vegy* fruktóz *(gyümölcscukor)*, levulóz; ~ **phenylhydrazone** *vegy* fruktóz-fenilhidrazon

fructoside *vegy* fruktozid

frugardite *ásv* frugardit

fruit | basket *fa* gyümölcsrekesz; ~-**picking machine** *mzg* gyümölcsszedő állvány; ~-**processing** gyümölcsfeldolgozás; ~ **pulp** gyümölcspulp; ~-**sugar** *vegy* gyümölcscukor, fruktóz

frustum (*pl* **frusta** *v.* **frustums**) *mat* csonka kúp/gúla; ~ **of a cone** *mat* (egyenes) csonka kúp; ~ **of an oblique cone** *mat* ferde csonka kúp; ~ **of a pyramid** *mat* (egyenes) csonka gúla

fry *élip* süt; *rád* fütyül

frying | (noise) mikrofonzörej; mikrofonzaj; recsegés; fütyülés; ~ **pan** *el* olajsütő

FS → factor of safety; → file separator; → film strip; → fine sand; → flight service; → flying safety; → forged steel; → Fourier series; → fracto-stratus; → frame spacing; → full scale; → full size

FSAR → final safety analysis report

FSD → functional system design

FSDT → file structure definition table

FSI → file set identifier

FSK → frequency shift keying

FSR → fin-stabilized rocket

FSS → flight service station; → flying spot scanner

FT → flame thrower; → flame-tight; → flight testing; → flight time; → flying training; → Fourier transform; → full throttle

FTC → fast-time (gain) control; → flight crew

FTS → flight safety

ft-t → foot-ton

fuchsine *vegy* fukszin, magenta

fuchsite *ásv* fukszit

fudge | edge *cipő* felsőrészhez közel levágott talpszél; ~ **wheel** *cipő* rámarecéző kerék

fuel I. *v* üzemanyaggal/fűtőanyaggal/tüzelőanyaggal ellát; tüzel; üzemanyagot/tüzelőanyagot/fűtőanyagot felvesz, tankol; **II.** *n* tüzelőanyag, üzemanyag, fűtőanyag, (motor)hajtóanyag; fűtőolaj; rakétahajtóanyag; *at* hasadóanyag, nukleáris üzemanyag/fűtőanyag, reaktor-üzemanyag; ~ **actuator** tüzelőanyag-szivattyú; ~**-air ratio** tüzelőanyag-levegő arány; ~**-air ratio control** tüzelőanyag-levegő arányszabályozás; ~**-and-air mixture** tüzelőanyag-levegő keverék; ~ **assembly** *at* tüzelőanyag-szerelvény, uránrúdszerelvény; üzemanyagcsoport; üzemanyagkazetta, fűtőelemköteg; ~**-atomizer** *gépk* porlasztó; ~ **atomizing** *gépk* tüzelőanyag-porlasztás; ~ **bed** *hőt* tüzelőanyag-réteg; ~**-breeding cycle** *at* tenyésztőciklus, tenyésztő körfolyamat, breeder-ciklus/körfolyamat; ~ **bunker** *at* tüzelőanyag-bunker; ~ **burner** tüzelőanyag-égő; ~ **burning in a shaft** *ép* aknás tüzelés; ~ **burn-out** *at* üzemanyagkiégés; ~ **bypass** tüzelőanyag-áteresztő szelep; ~ **can** *gépk* (kézi) üzemanyagtartály; ~ **cell** *el* tüzelőanyag-cella, fűtőanyagcella; tüzelőszer elem, fűtőanyagelem; ~ **chamber** *rep* égéskamra; ~ **channel** *at* fűtőelem-csatorna; ~ **charge** *at* aktív/hasadó töltet; ~ **charging** *at* üzemanyag-behelyezés; ~ **cladding** *at* üzemanyagburkolat, üzemanyagtok; ~ **cluster** *at* üzemanyagköteg; ~ **coke** *koh* fűtőkoksz; ~ **compact** *at* préselt üzemanyag; ~ **consumption** *gépk* tüzelőanyag-szükséglet; üzemanyag-fogyasztás, tüzelőanyag-fogyasztás; ~ **container** *gépk* tüzelőanyag-tartály; ~**-content(s) ga(u)ge** tüzelőanyagszint-mérő; ~ **control** *at* üzemanyagos szabályozás; ~**-control assembly** tüzelőanyag-adagoló szerelvény; ~**-control unit** tüzelőanyag-adagolást vezérlő egység; ~ **cooling** *at* tüzelőanyag dezaktiválása; ~ **costs** tüzelőanyag-költségek, üzemanyagköltségek; ~ **cycle** *at* tüzelőanyagciklus, üzemanyagciklus, fűtőanyagciklus; ~ **damage** *at* üzemanyag-károsodás; ~ **depletion** *at* tüzelőanyag kimerülése; ~ **discharge** tüzelőanyag-leszívás, tüzelőanyag-leeresztés; ~**-discharge connection** *gépk* nyomócsőcsatlakozó *(befecskendező szivattyún)*; ~**-discharge valve** *kat* üzemanyag-áteresztő szelep *(lángszóróé)*; ~ **dope (inhibitor)** *vegy* kopásgátló/oktánszámnövelő adalék; ~ **economy** tüzelőanyag-megtakarítás, üzemanyag-gazdaságosság, üzemanyag-takarékosság; *hőt* hőgazdálkodás; ~ **efficiency** *hőt* fűtőérték; ~ **element** *at* fűtőelem, üzemanyagelem; tüzelőanyag-elem *(reaktorban)*; ~**-element nozzle** *at* üzemanyagelem-csúcs; ~**-exchange tube** *at* tüzelőanyagcsere-csatorna; ~**-feed system** *gépk* tüzelőanyag-táprendszer; ~**-filler cap** *gépk* tartálysapka; ~ **filling** tüzelőanyag-feltöltés; ~ **filter** *gépk* üzemanyagszűrő, tüzelőanyag-szűrő; ~**-flow control** tüzelőanyagadagolás-szabályozás; ~ **gas** *hőt, ol* éghető gáz, égethető gáz; fűtőgáz; ~ **gas classes** *ol* gázosztályok; ~ **gas conduit** *koh* fűtőgázvezeték; ~ **gases** *ép, ol* gázcsaládok; ~ **gas quality** *hőt* égési index; ~ **gas tester** *hőt* fűtőgázvizsgáló készülék; ~ **grade** *rep* kopogástűrés/kompressziótűrés mértéke *(hajtóanyagé)*, a tüzelőanyag kopogástűrése; ~ **handling** *at* üzemanyag-kezelés; ~ **hopper** *hőt* széntartály, szénbunker; ~ **hose** *gépk* üzemanyagtömlő, üzemanyagcső; ~ **injection** tüzelőanyag-befecskendezés; üzemanyag-befecskendezés; ~**-injection engine** *gépk* befecskendezéses motor, dizelmotor; ~**-injection nozzle** *gépk, koh* befecskendezőfúvóka; ~**-injection pump** *gépk, koh* befecskendezőszivattyú; tüzelőanyag-adagoló; ~**-injection rate** *koh* tüzelőanyag-adagolás sebessége; ~**-injection starting-point** befecskendezés kezdete *(dízelmotorban)*; ~ **injector** porlasztó *(dízelmotorban)*; ~ **inventory** *at* üzemanyagleltár; ~ **ion** *at* ionizált (fúziós) tüzelőanyag; ~**-irradiation level** *at* üzemanyag-besugárzási szint, fajlagos kiégés; ~ **level** tüzelőanyagszint; ~**-level ga(u)ge** tüzelőanyagszint-ellenőrző műszer; ~ **lifetime** *at* üzemanyag-élettartam; ~ **lock** *gépk* gőzzár *(porlasztóban)*; ~ **material** *gépk, hőt* tüzelőanyag; ~ **mixture counter** *gépk* üzemanyagkeverékszámláló; ~ **nozzle** *gépk* tüzelőanyag-adagoló fúvóka; *kat* üzemanyagfúvóka *(lángszórón)*; ~ **nuclei** *at* tüzelőanyag-atommagok; ~ **oil (FO)** dízelmotorolaj; tüzelőolaj, fűtőolaj; *koh* pakura; ~**-oil burner** *hőt* nyersolajégő; ~**-oil cut** *ol* fűtőolajpárlat; ~ **oil residue** pakura; ~**-oil stove** *hőt* olajtüzelésű kályha; ~**-oil-tar efficiency** *vegy* tüzelő-olaj-kátrány hatásfok *(gázgyártásnál)*; ~**-oil unloading station** *ol* lefejtőállomás; ~ **pellet** *at* üzemanyagtabletta; ~ **pin** *at* üzemanyagpálca; ~ **plasma** *at* fúzióra alkalmas plazma; ~**-plate warpage** *kat* tüzelőanyagelem-vetemedés; ~**-pressure control** tüzelőanyagnyomás-szabályozás; ~**-pressure ga(u)ge** tüzelőanyagnyomás-ellenőrző műszer; ~**-pressure indicator** *gépk* benzinnyomásmérő; ~ **pump** *gépk* üzemanyag-szivattyú, tüzelőanyag-szivattyú; ~ **rate** *gépk, hőt* fajlagos tüzelőanyag-fogyasztás; ~ **reconditioning/regeneration** *at* fűtőanyag-regenerálás, fűtőanyag-feldolgozás, tüzelőanyag-felújítás; uránregenerálás, urán-újrafeldolgozás; ~**-regeneration factor** *at* tüzelőanyag-regenerációs *v.* tüzelőanyag-felújítási tényező; ~ **reprocessing** → ~ reconditioning/regeneration; ~ **rod** *at* uránrúd, tüzelőanyagrúd, üzemanyagrúd, fűtőelem; ~ **room** *ép* tüzelőanyag-raktár; ~ **shuffling** *at* üzemanyagkazetta átrakása/átrendezése; ~ **shut-off** *gépk* üzemanyag-szállítás kikapcsolása; ~ **sieve** *gépk* tüzelőanyag-szűrőszita; ~ **slug** *at* tüzelőanyag-tömb, üzemanyagblokk; ~ **solution** üzemanyagoldat; *at* uránsóoldat; ~ **space** szénférő, szénraktár; olajtartály; tüzelőanyagtér; ~ **spray** befecskendezett tüzelőanyag-sugár *(dízelmotor)*; ~ **starvation** tüzelőanyaghiány *(dugulás miatt)*; ~ **station** *kat* üzemanyag-póttartály; ~ **storage** *gépk* tüzelőanyag-készlet *(szállítóvállalatnál)*; ~ **strainer** üzemanyagszűrő *(durva)*; *gépk* tüzelőanyagtartály-beömlő csonk szűrője/szitája; ~ **supply** *gépk* tüzelőanyag-szolgáltatás; üzemanyag-ellátás; ~**-supply pipe** *gépk* üzemanyag-vezeték; ~ **system** *hajó* üzemolaj-csőrendszer; ~ **tank** *gépk, rep* benzintartály; tüzelőanyagtartály; ~**-tank carrier** üzemanyagtartály hordszíja *(lángszórón)*; ~**-tank connector** üzemanyagtartályösszekötő vezeték *(lángszórón)*; ~**-tank plug** *gépk* tüzelőanyagtartály-zárócsavar; ~**-tank strap** *gépk* tüzelőanyagtartály-tartó heveder; ~ **tap** *gépk* üzemanyagelzáró csap; ~ **tape** *at* szalag alakú uránrúd; ~ **test** tüzelőanyag-vizsgálat; ~ **tester** tüzelőanyagvizsgáló készülék; ~ **testing** *ol* üzemanyag/fűtőanyag vizsgálata; ~**-transfer pond** *at* üzemanyagátrakó medence; ~**-transfer pump** *gépk* tüzelőanyagtápszivattyú; ~ **tube** *kat* üzemanyag-vezetőcső *(lángszórón)*; ~ **unit** *at* tüzelőanyagelem; *kat* üzemanyagtartály *(lángszórónál)*; ~ **up** *v* üzemanyaggal/tüzelőanyaggal (meg)tölt; ~**-value** kalóriaérték *(élelmiszeré)*; fűtőérték *(tüzelőanyagé)*; ~ **wood** tűzifa, tüzelőfa

fuelled, *US* **fueled loop** *at* hűtőkörös üzemanyagelem

fueller, *US* **fueler** tüzelőanyag-adagoló

fuelling, *US* **fueling** ellátás üzemanyaggal/tüzelőanyaggal; üzemanyag/tüzelőanyag-felvétel; tankolás; ~**(-)station** üzemanyagtöltő állomás; tüzelőanyag-telep

fuellizer, *US* **fuelizer** *rep* segédgázosító, segédporlasztó

fugacious múlékony, múló, átmeneti, ingatag

fugacity *bány* elszivárgás; *hőt* ideális/helyesbített gőznyomás; *mech* rendszer szabadságfokát jellemző szám; *vegy* illékonyság, fugacitás; ~ **coefficient** *vegy* fugacitási együttható

fuggerite *ásv* fuggerit

fugitive színehagyó, nem tartós, (el)fakuló *(szín, színezés)*; ~ **dye** *pa, tex* hamis festés; *vegy* színehagyó színezék; ~ **pigment** *tex* elillanó festőanyag; ~ **tinting** *tex* jelző színezés

fulchronograph *fiz* hullámalakmérő; villámregisztráló

fulcrum (*pl* **fulcra** *v.* **fulcrums**) *fiz, mech* támadáspont, támadópont *(erőé)*; *gép, mech* felfüggesztési pont; prizmás alátámasztás; támaszpont, forgáspont; ~ **ball** gömbcsuklócsap; ~ **bearing** *ép* támasztósaru *(hídon)*; *gép* késélű csapágy; prizmás alátámasztás; ~ **bracket** ellensúlyos emeltyűtámasz, főcsapágytengelycső *(kerékpáron)*; ~ **pin** *vasút* forgócsap; forgózsámolycsap; ~ **stud** *gép* fogócsap, tengely

fulfil, *US* **fulfill** teljesít, végrehajt; *mat* eleget tesz *(egyenletnek)*; kielégít; megfelel vmnek; teljesül *(egyenlet)*

fulfilment, *US* **fulfillment** teljesítés

fulgurite *ásv* fulgurit

fuliginous füstös; kormos

full[1] **I.** *a* tele, teli, telt; teljes; tömött; tömör; **II.** *n* (teljes) egész; ~ **adder** *mat, szt* teljes összeadó; ~ **admission** *hőt* teljes töltés; ~ **advance** *bány* egyenesen (befelé) haladó művelés; ~ **aft** *hajó* hátra; ~ **angle** *mat* teljes szög, 360°-os szög; ~ **annealing** *koh* teljes lágyítás; ~**-automatic** teljesen automatizált/automatikus, automata; ~**-automatic information processing** *szt* teljesen automatikus adatfeldolgozás; ~**-automatic lathe** *mt* automata eszterga, esztergaautomata; ~**-automatic welding** *heg* (teljesen) automatikus hegesztés; ~ **availability** *el* teljes elérhetőség; ~**-availability group** *el* ideális csoport; ~ **bibliographic record (FBR)** *szt* teljes bibliográfiai rekord; ~ **binding** *nyom* egészbőr/egészvászon kötés; ~**-bit key** *ép* telitollú kulcs; ~ **blast** *hőt* teljes aláfúvatás; ~ **blow** *koh* átfúvatás a láng teljes megszűnéséig *(Bessemer-eljáráskor)*; ~**-bodied** *élip* testes *(bor)*; ~**-boiled soap** *vegy* meleg úton előállított szappan; ~**-bore flowmeter** *ol* teljes szelvényű áramlásmérő; ~ **bound** *nyom* egészbőr/egészvászon kötésben; ~ **cantilever** *ép* teljesen szabadonhordó; ~**-capacity tap** *el* teljes teljesítményű leágazás; ~**-centre/center calotte** gömbkupola; ~ **charge** *fiz* teljes terhelés; ~**-cloth binding** *nyom* egészvászon kötés; ~**-colo(u)r laser display** *el* többszínű lézerkijelző; ~**-compatible processor** *szt* teljesen kompatíbilis processzor; ~ **connected diagram** teljes kapcsolási vázlat; ~**-cop stopping ring** *tex* telt csévét kikapcsoló gyűrű; ~ **Corliss gear** *gép* kényszermozgású *(v.)* teljes löketű Corliss-vezérmű; ~ **correction time** *aut* zárási idő; ~**-cross leno** *tex* teljes áthurkolású géz; ~ **cure** *gumi* kivulkanizálás *(optimális tulajdonságig)*; ~**-cut-off fitting** *opt* ernyőzött lámpatest; ~**-diffused thyristor** *el* teljesen diffúziós tirisztor; ~**-down** *hajó* lefelé; ~**-drop window** *ép* teljesen leengedhető ablak; ~**-duplex (FD)** *szt* teljes duplex; ~**-duplex neutral** *távk* egyszeresáramú teljes duplex; ~**-duplex operation** *távk* teljes duplex működés *(ellenirányban)*; ~ **edged** *fa* épélűre szélezett, épélű; ~ **energy peak** *at* teljes energiacsúcs; ~ **extraction** *bány* teljes leművelés; ~**-face drifting** *bány* teljes szelvényű vágatfúrás; ~**-faced (type/letter)** *nyom* kövér/fett (betű, betűtípus); ~**-face excavation** *bány* kamrahajtás teljes szelvénykitöréssel; ~**-face (tunnelling)** *ép* alagúthajtás teljes szelvénnyel; ~**-fashioned fabric** *kh* idomozott (hurkolt) kelme; ~**-fashioned hose** *kh* síkhurkolt harisnya; ~**-fashioned hosiery** *kh* méretre kötött harisnya; ~ **feathering airscrew** *rep* vitorlázó *v.* zászlóállásba állítható légcsavar; ~ **field** *el* teljes gerjesztés; ~**-field speed** *el* teljes gerjesztéshez tartozó fordulatszám; ~**-figure shot** *tv* egészkép; ~ **fillet weld** *heg* konvex sarokvarrat; töltőpálcával hegesztett varrat; ~ **finish** *tex* kétoldali kikészítés; ~ **flame** *ép* teljes láng; ~**-flash mo(u)ld** *műa* tiszta vágószegélyes szerszám; ~**-flighted screw** *gép* végig menetes csiga; ~**-flow filter** *gépk* főáramú (olaj)szűrő; ~**-form casting** *önt* gázosítható minta szerint készült öntvény; ~**-form tool** *mt* simító idomkés; ~ **framing** *bány* teljes keretácsolat; *ép* dúcolt ácsolat; ~ **function** *mat, szt* teljes függvény; ~**-fusion welding** *heg* kötőhegesztés; ~ **gantry crane** *ép* teljes portáldaru; ~ **gate** *hidr* teljes (gát)nyitás; ~**-gate discharge** *hidr* teljes (gát)nyitás vízhozama; ~**-ga(u)ge railway** szabványos nyomtávú vasút; ~ **gear** *hőt* teljes erővel *(gőzgép)*; ~**-glass tube** *rád* színüvegcső; ~ **handle** *tex* tömött fogás(ú), fogós; ~ **hardening** *any* (teljes) átedzés; ~**-hole drill-pipe** *ol* belső végvastagítású fúrócső; ~**-hole tool-joint** *ol* fúróiszapot átengedő fúrócsőkapcsoló *(nagyobb külső átmérővel)*; ~ **isotropic plane** *mat* teljesen izotrop sík, nullasík, ametrikus sík; ~ **isotropic surface** *mat* teljesen izotrop felület, nullafelület, ametrikus felület; ~**-knitted fabric** *kh* idomozott (hurkolt) kelme; ~**-length** teljes nagyságú/hosszúságú; ~**-length threaded screw** *ép, szer* tövig menetes csavar; ~ **line** kihúzott/folytonos vonal; *nyom* teljes sor; ~**-lit** *opt* teljesen megvilágított; ~ **load** teljes terhelés; ~**-load condition** *rep* legnagyobb terhelés; ~ **loading** *ép* totális terhelés; ~**-loading section** *távk* egész csévemező; ~**-load refuelling** *at* üzem közbeni üzemanyag-átrakás; ~**-load run** *gép* gép futása teljes terhelésen; ~ **modulation** *el* teljes moduláció; ~ **mo(u)ld** *önt* gázosítható/kiégethető minta szerint készült öntőforma; ~**-mo(u)ld process** *önt* gázosítható minták szerinti öntési eljárás; ~ **multiple** *távk* multiplikációs mező; ~**-on position** „teljes sebesség" helyzete; ~ **organ** *hang* teljes mű *(orgonáé)*; ~ **out** nagyméretű; *nyom* bekezdés/beljebbezés nélkül; ~ **package** *szt* teljes programcsomag; ~**-page** *nyom* egész oldalas *(illusztráció)*; ~**-penetration singlepass weld** *heg* tökéletesen átolvasztott egyrétegű varrat; ~**-period line** *el, távb* bérelt vonal; ~**-pickled sheet** *heng* többszörösen pácolt lemez; ~ **pitch** *el* egész tekercslépés; ~**-pitch winding** *el* egészlépésű tekercselés; ~ **plane** *mat* kibővített (komplex) számsík; ~ **portal crane** *ép* teljes portáldaru; ~ **quenching and subsequent tempering** *koh* átnemesítés; ~ **radiator** *fiz* (abszolút) fekete test; fekete sugárzó; ~ **radiator temperature** *opt* összsugárzás hőmérséklete; ~**-range input** *aut* kivezérlés; ~**-range scale** *metr* teljes mérési határra kiterjedő beosztás; ~**-retard position** *gépk* teljes utógyújtási helyzet; ~ **retreat** *bány* visszahaladó *v.* hazafelé haladó művelés; ~**-retreat system** *bány* visszahaladó *v.* hazafelé haladó fejtési rendszer; ~**-rich position** *gépk* legdúsabb keverékhez szükséges beállítás/helyzet; ~**-rigged** *hajó* teljes vitorlázatú, teljes vitorlázattal felszerelt; ~ **rotation** *el* folytonos keresés; ~ **rudder** *rep* teljes kormánykitérítés; ~ **scale (FS)** *mat* természetes/valódi lépték/nagyság; ~**-scale** teljes körű/terjedelmű/méretű, eredeti méretű/nagyságú/léptékű; nagyüzemi/ipari méretű; ~**-scale experiment** 1:1 léptékű *v.* természetes méretű kísérlet; ~**-scale test** *any* kísérlet teljes méretű darabon; teljes léptékű vizsgálat; ~**-screen editing** *szt* teljes képernyős megjelenítés; ~ **screw** *ép* csigalemez; ~ **section** *távk* egész tag; ~**-section advance** *bány* vágathajtás teljes szelvénnyel; ~ **set** *bány* teljes ajtókötés(ácsolat); ~ **shield** *ép* teljes alagútfúró pajzs; teljes pajzs; ~ **shot current** *el* nem gyengített sörétáram; ~**-size (FS)** teljes/eredeti méretű/léptékű; 1:1 (egy-az-egyhez) méretarányú; életnagyságú; ~**-skirt piston** *gép* merev palástú dugattyú; ~ **solid angle** *mat* teljes térszög; ~**-span load** *ép* teljes fesztávterhelés *(hídé)*; ~**-spectrum recording** *fiz* teljes spektrumregisztrálás; ~ **speed** *gépk* teljes gáz/sebesség; *hajó* teljes erő(vel)/gőz(zel); ~ **sphere** *mat* (tömör) gömb; ~**-strength weld** *heg* az alapfémmel egyenlő szilárdságú hegesztési varrat; ~**-stroke admission** *gépk* teljes szívólöketi töltés; ~ **subgraph** *mat* teljes részgráf; ~ **subtractor** *szt* teljes kivonó; ~**-swing rest** *ép* teljesen körbe forgatható szupport; ~**-tapered file** *szersz* a középtől a vége felé keskenyedő reszelő; ~**-text** *szt* teljes szövegű; ~**-text database** *szt* teljes szövegű adatbázis *(szakértői elemzéssel)*; ~**-text retrieval system** *szt* teljes szövegben kereső rendszer; ~**-text searching** *szt* teljes szövegű keresés; ~**-thread bolt** *gép* tövigmenetes csavar; ~ **throttle (FT)** *gépk* teljes gáz; *hőt* teljes nyitás/töltés; ~**-throttle climb** *rep* emelkedés teljes gázzal; ~ **time** teljes munkaidő; ~**-time** teljes munkaidejű, főfoglalkozású; ~**-time job** főállás; ~**-tracked** *kat* lánctalpas; ~**-track recording** *el* egészcsíkos felvétel; ~**-track vehicle** *gépk* lánctalpas jármű; ~ **trailer combination** *ép, gépk* pótkocsis szerelvény; tehergépkocsi-szerelvény; ~ **turn** *gép, mech* teljes fordulat; ~**-view mast** *ol* A-fúróárboc; ~**-voltage starting** *el* közvetlen indítás; ~ **wave (FW)** *el* teljes hullám; ~**-wave antenna** *el* egészhullámú antenna/dipól; ~**-wave circuit** *el* hídkapcsolás; kétutas kör *(egyenirányítóé)*; ~**-wave connection** *el* hídkapcsolás; kétutas egyenirányító-kapcsolás; ~**-wave detector** *el* kétutas egyenirányító; ~**-wave dipole** *el* egészhullámú dipól(us); ~**-wave doubler** *el* kétoldalas feszültségkettőző; ~**-wave rectification** *el* kétoldalas/kétfázisú/ellenütemű egyenirányítás; ~**-wave rectifier (circuit) (FW)** *el* kétutas/kétoldalas egyenirányító; ~**-wave square-law instrument** *el* négyzetesen összegező műszer; ~**-wave voltage impulse** *el* teljes lökőfeszültség-hullám; ~ **weld** *heg* teljes varrat; ~ **width** és tex teljes szélesség(ben); ~ **width at half maximum (FWHM)** *at* fél(érték)szélesség; ~**-width washing-machine** *tex* széles mosógép; ~**-word boundary** *szt* teljesszó-határ; ~**-wrap drive** *em* teljesen körülfogó kötélhajtás

full[2] *tex* húz *(fodrot)*; lerak, ráncol; ványol, kallóz

fulled goods *tex* kallózott áruk

fuller I. *v mt* hornyot kalapál; *tex* guvríroz; kallóz, ványol; **II.** *n élip* alsó malomkő; *mt* horony *(belekalapált)*; *szersz* tömőcsákány *(hengeres)*; *tex* guvrírozó mintahenger; kallózó *(munkás)*, ványoló *(munkás)*; ványolóhenger; ~ **board** *el, fa* fénylemez, prespán; *pa* szigetelőlemez; ~**-box** *tex* ványolómotolla; ~ **hammer** *szersz* árkoló kalapács *(ráverő)*; ~ **reel** *bőr* ványolóhordó; ~**'s earth** *geol* fullerföld, derítőföld; ~ **stock** *bőr* bőrványoló

Fuller curve *ép* Fuller-görbe

fullerphone *távb* tábori távbeszélő-készülék *(le nem hallgatható)*

fullery *tex* kallózóműhely, ványolóműhely

fulling *tex* ványolás, kallózás; ~ **capacity** *tex* nemeződési képesség; ~ **clay** *ásv* fehérítő agyag; ~ **cube** *bőr* kallózóhordó, kallózókocka; ~ **cylinder** *tex* kallózóhenger, nemezelőhenger; ~ **fault** kallózási/nemezelési hiba; ~ **machine** *tex* nemezelőgép; ~ **mill** kallózógép, ványológép; *tex* nemezelőgép

fullness teltség, teljesség; sűrűség *(színezéké)*; testesség *(színezéké)*; vastagság *(festékrétegé, lakkrétegé, filmrétegé)*; *el* impulzuskitöltési tényező; ~ **indicator** *rep* gáztérfogat-mutató *(léggömbburkolatban)*

fullscaling vessel *hajó* teljes fedélzetű hajó

fully teljesen, teljes mértékben; ~ **austenitic weld** *heg* teljesen ausztenites varrat; ~ **automatic** teljesen automata/automatizált/önműködő, automata; ~ **automatic butt welding** *heg* tompahegesztő automata; ~**-automatic control** *aut* teljesen automatikus/önműködő vezérlés; ~ **automatic coordinated traffic regulation** *aut* teljesen automatikus koordinált közlekedésszabályozás; ~ **automatic Diesel emergency power supply unit** *aut* teljesen automatizált dízelmotoros szükségáramforrás; ~ **automatic press** *műa* automata sajtológép; ~ **automatic welder** *heg* hegesztőautomata; ~ **automatic welding** *heg* automatikus hegesztés; ~ **connected network** *szt* teljes szövevényes hálózat; ~ **continuous rolling mill** *heng* teljesen folytatólagos hengersor; ~ **definite switching function** *rendsz* teljesen határozott kapcsolási függvény; ~**-developed breakdown** *el* kifejlett átütés; ~ **dissociated signalling** *el* elkülönített jelzésátvitel; ~ **documented** *szt* jól dokumentált; ~ **elastic** *fiz* teljesen/tökéletesen rugalmas; ~**-equipped bay** *távk* teljes kiépítésű keret; ~ **excited** erősen gerjesztett; ~**-fashioned** *koh* teljesen idomozott; ~**-fashioned goods** *kh* idombakötött/idombahurkolt áru; *tex* szabályos áru; ~**-fashioned machine** *kh* idombakötő gép; ~ **fired material** *any* teljesen kiégetett anyag; ~ **flattened material** *any* teljesen elsimított anyag; ~**-hydraulic crane** *ép* teljesen hidraulikus daru; ~**-hydraulic excavator** *ép* teljesen hidraulikus kotró; ~**-ionized plasma** *fiz* teljesen ionizált plazma; ~ **laden** *csom* telerakott, teljesen megrakott; ~**-loaded displacement** *hajó* vízkiszorítás teljes terheléssel; ~ **manufactured goods** késztermék(ek), készáruk; ~ **mechanized** teljesen gépesített; ~ **penetrating well** *hidr* teljes kút; ~ **spliced** *ép* teljes keresztmetszetre illesztett *(híd)*; ~**-stocked wood** *fa* zárt faállomány; ~ **threaded** *tex* telefűzött

fulminate I. *v bány* robban; robbant; **II.** *n vegy* fulminát

fulminic acid *vegy* fulminsav

fuloppite *ásv* fülöppit

fulvene *ol* fulvén

fumaric acid *vegy* fumársav

fumaroid form transzalak

fumarole *geol* fumarola

fume I. *v* füstöl; gőzöl(ög); párolog; gőzölögtet; párologtat; **II.** *n* füst; pára; égéstermék; füstgáz; *bány* robbanási/mérgező/fojtó gáz; *vegy* égésszag; savköd; ~**-collecting chimney** füstgázelvezető rendszer; ~ **cupboard** *koh* füstkamra, füstszekrény; ~ **exhaust system** *koh* gázelszívó rendszer; ~ **hood** füstelszívó süveg/sapka; ~**-proof** füstgázokkal/marógázokkal szemben üzembiztos; ~ **purification** *koh* füstgáztisztítás; ~ **scrubber** *ép* füstemésztő berendezés

fumigant füstölőszer, (gáz alakú) növényvédő szer

fumigate megfüstöl, kifüstöl; füstöléssel/gázzal/gőzzel fertőtlenít; csírátlanít; *bőr* füsttel tartósít

fumigating chamber fertőtlenítő kamra

fumigation fertőtlenítés gázzal/füstöléssel

fumigator füstölőszer; füstölőkészülék

fuming füstöl(g)ő, gőzölgő; ~ **process** *koh* fuming-eljárás; ~ **sulphuric/sulfuric acid** füstölgő kénsav

fumivorous füstemésztő

function I. *v* működik; jár; üzemben van, üzemel; funkcionál; **II.** *n* működés; rendeltetés; funkció; hatáskör; *mat* egyértelmű leképezés *(függvény)*; függvény; nyitott mondat, ítéletfüggvény, állításséma; *szt* funkció; függvény; *távb* távkapcsolás; *vegy* funkció; ~ **analysis** *rendsz* funkcionális elemzés; ~ **analyzer** *aut* függvényanalizátor; ~ **bit** *mat* kettes számrendszerű funkciós számjegy; ~ **blade** *távb* távkapcsoló kés; ~ **block** *el* funkcionális egység; ~ **cam** *távb* távkapcsoló excenter; ~ **circuit** *el* funkciós áramkör; ~ **code** *szt* funkciókód; ~ **continuous on the right** *mat* jobbról folytonos függvény; ~ **designator** *mat, szt* függvényjel; ~ **differentiable on the right** *mat* jobbról differenciálható függvény; ~ **element of controller** *aut* szabályozó műveleti eleme; ~**-generating potentiometer** *aut, el* függvényképző potenciométer; függvénypotenciométer, nemlineáris feszültségosztó; ~ **generator** *aut, el, szt* függvényátalakító; *el* szinuszgenerátor; *szt* függvénygenerátor; ~ **having continuous derivatives of all orders** *mat* akárhányszor folytonosan differenciálható függvény; ~ **importance** *mat, szt* hatásfüggvény; ~ **instruction** *szt* működési utasítás; ~ **into . . .** *mat* leképezés . . . be; ~ **inverse to each other** *mat, szt* kölcsönösen inverz függvények; ~ **key** *szt* funkcióbillentyű, vezérlőbillentyű; ~ **multiplier** *aut, szt* függvénysokszorozó; függvényszorzó; ~ **name** *szt* függvénynév; ~ **of a function** *mat* összetett függvény, függvény függvénye; ~ **of bounded variation** *mat* korlátozott variációk függvénye; ~ **of formal logic** *mat* igazságfüggvény; ~ **of more variables** *mat* többváltozós függvény; ~ **of one variable** *mat* egyváltozós függvény; ~ **of several variables** *mat* többváltozós függvény; ~ **of state** *mat* állapotfüggvény; ~ **of the position/point** *mat* helyfüggvény, koordinátafüggvény; ~ **of time** *aut, rendsz* időfüggvény; ~ **of two arguments/variables** *mat* kétváltozós függvény; ~ **parameter** *mat* függvényváltozó; ~ **plotter** *mat, szt* görberajzoló, görbeszerkesztő; ~ **pole** *aut, mat* függvény pólusa; ~ **potentiometer** *el, fiz* függvénypotenciométer; ~ **prime implicant** *szt* függvény primimplikánsa/törzsimplikánsa; ~ **procedure** *szt* függvényeljárás; ~ **representation** *mat, szt* függvényábrázolás; ~ **residue** *mat, szt* függvénymaradék; ~**s equation** *mat, szt* függvényegyenlet; ~ **sequence** *mat* függvénysorozat; ~ **series** *mat* függvénysor; ~ **simulator** *szt* műveletszimulátor, műveleti modell; ~ **space** *mat, szt* függvénytér; ~ **statement** *szt* működési utasítás; ~ **subprogramme** *szt* függvényeljárás-alprogram; ~**-switch** *szt* üzemmódkapcsoló; ~ **table** *aut, szt* függvénytábla, függvénytáblázat; ~ **table programme** *szt* függvénytábla-készítő program; ~ **test bed** *aut* működésvizsgáló pad; ~ **testing** *el* működési vizsgálat; ~ **theory** *mat* komplex függvénytan; ~ **to be integrated** *mat* integrandus, integráljel alatti *v.* integrálandó függvény; ~ **to . . .** *mat* leképezés . . . be; ~ **tree** *mat* funkciófa *(lineáris)*; ~ **variable** *mat* függvényváltozó; ~ **with integer arguments** *mat* egész helyeken értelmezett függvény

functional működési, funkcionális, gyakorlati; funkcionál-; funkciós; ~ **algebra** *mat* függvényalgebra, funkcionálalgebra; ~ **analysis** *mat, szt* funkcionálanalízis; ~ **block** *stat* funkcionális statisztikai adatcsoport; ~ **block diagram** *mat, szt* hatásvázlat; ~ **calculus** *mat* függvényszámítás, (logikai) függvénykalkulus; ~ **calculus of higher order** *mat* magasabb rendű logika/függvénykalkulus, általánosított *v.* magasabb rendű predikátumkalkulus; ~ **check** *szt* működés-ellenőrzés; ~ **circuit** *aut, el, szt* funkcionális (áram)kör, működési áramkör; ~ **dependence** *mat, szt* funkcionális függőség/kapcsolat; függvénykapcsolat; függvényösszefüggés, függvénnyel megadható függés; ~ **depreciation** természetes értékcsökkenés; ~ **design** *szt* funkcionális terv; ~ **determinant** *szt* függvénydetermináns; ~ **diagram** *el, szt* logikai diagram; működési vázlat; ~ **digraph** *mat* funkcionális gráf; ~ **element** *el, szt* alapelem; funkcionális elem; ~ **element of oil-hydraulics** *gép* olajhidraulika funkcionális eleme *(építőeleme)*; ~ **equation** *mat, szt* funkcionálegyenlet; ~ **finish** *tex* különleges kikészítés; ~ **flowchart** *szt* funkcionális folyamatábra; ~ **graph** *mat* funkcionális gráf; ~ **group** *vegy* funkciós csoport; ~ **hazard** *szt* funkcionális hazárd; ~ **insulation** *ép* üzemi szigetelés; ~ **logical calculus** *mat* függvényszámítás, (logikai) függvénykalkulus; ~ **method** *szt* funkcionális módszer; ~ **operator** *mat* függvénytranszformáció, függvényoperátor, függvényoperáció; ~ **part** *el* alapelem; ~ **potentiometer** *el* függvénypotenciométer; ~ **redundancy** *el* funkcionális tartalékolás; ~ **relationship** *mat, szt* funkcionális kapcsolat; függvénykapcsolat; ~ **reliability** *szt* működés megbízhatósága; ~ **series** *mat* függvénysor; ~ **structure** *rendsz* funkcionális struktúra; ~ **symbol** *szt* logikai kódjel; ~ **system design (FSD)** *szt* funkcionális rendszertervezés; ~ **target** *rendsz* működési cél; ~ **test** *szt* funkcionális vizsgálat; ~ **test equipment** *gép, szt* berendezés működéspróbához; ~ **transformation** *aut, mat, szt* funkcionális transzformáció; függvénytranszformáció, függvényoperátor, függvényoperáció; ~ **unit** *szt* funkcionális egység

functionality függőség; *mat* függvényviszony; *vegy* funkcionalitás
functionally | closed set *mat* zéróhalmaz; ~ **dependent** *mat, szt* funkcionálisan függő; ~ **(strictly) complete algebra** *mat* primál/szigorúan függvényteljes algebra
functioning működés
functor *mat, szt* funktor, függvényjel; ~ **of several variables** *mat* többváltozós funktor, multifunktor; ~ **of the third order** *mat* harmadrendű funktor; ~ **of two arguments** *mat* kétváltozós logikai műveletjel
fund I. *v* finanszíroz; pénzel; tőkésít; **II.** *n* alap; pénz(alap)
fundamental alapvető; elemi; sarkalatos; alap-; *geol* elsődleges *(kőzet)*; ~ **cell** *krist* alapcella, alaptartomány; ~ **circuit** *el* alapáramkör; ~ **colo(u)rs** *fiz* alapszínek; ~ **complex** *ásv* metamorf alapkőzetcsoport; ~ **component** *távk* alapharmonikus, főharmonikus; ~ **concept** *mat* alapfogalom, alapvető fogalom; ~ **configurations** *el* alapkapcsolati módok; ~ **crystal** *el* alapkristály; ~ **determinant** *mat* alapdetermináns; ~ **domain** *mat* alaptartomány; ~ **dynamical unit** *fiz* dinamikai alapegység; ~ **element** *mat* alapelem, alapmennyiség; ~ **equation** *mat* alapegyenlet; ~ **field particle** *fiz* térkvantum; ~ **formulae** *mat* alapképletek; ~ **frame of reference** *el* általános vonatkoztatási rendszer; ~ **frequency** *el, távk* alapfrekvencia; alaprezgésszám, alapharmonikus; sajátfrekvencia; ~ **function** *mat* sajátfüggvény; ~ **harmonic(s)** *el, távk* alaprezgés, alapmódus; első harmonikus, alapharmonikus; ~ **hum** *el* alapbúgás; ~ **interval** *fiz* alapintervallum, késleltetési intervallum; ~ **law of algebra** *mat* algebra alaptétele; ~ **law of electromagnetism** *el* Biot—Savart-törvény; ~ **mode** *el, távk* alapmódus; alaprezgés; mérvadó rezgésmód, alaphullám; *mech* alaplengés; ~ **note** *távb* alaphang; ~ **of an antenna** *távk* antenna alapfrekvenciája; ~ **operation** *mat* alapművelet, számtani művelet; ~ **oscillation** *el, távk* alaprezgés, alapmódus; lengés alapharmonikusa; ~ **oscillator** *el, távk* alaposzcillátor; ~ **particle** *at, fiz* elemi részecske; ~ **points** *met* hőmérsékleti alappontok; ~ **rock** *geol* alapkőzet, elsődleges kőzet; ~ **rules** alapszabályok; ~**s** alapelemek, alapismeretek, alaptételek; ~ **schist** *geol* elsődleges pala; ~ **sound** *hang* alaphang; ~ **standard of rest** *el, fiz* általános vonatkoztatási rendszer; ~ **suppression** *rád, távk* alapfrekvencia kiszűrése; ~ **surface** *mat* alapfelület; ~ **system** *mat, rendsz* fundamentális rendszer, alaprendszer; ~ **theorem of algebra** *mat* algebra alaptétele; ~ **theorem of calculus** *mat* differenciál- és integrálszámítás alaptétele; ~ **theorem of information** *szt* információátvitel alapelmélete; ~ **theorem of integral calculus** *mat* differenciál- és integrálszámítás alaptétele; ~ **tone** *hang* alaphang; ~ **unit** alapegység; ~ **variety** *mat* alapsokaság; ~ **velocity** *fiz* alapsebesség; ~ **vibration** *fiz, távk* alaprezgés, alapmódus; ~ **vibration mode** *el, távk* alap(vezető) rezgési mód; ~ **wave** *el, fiz, távk* alaphullám; ~ **wavelength** *el, távk* alaphullámhossz; ~ **weaves** *tex* alapkötések; ~ **work** *ol* alapkutatás
fungi → fungus
fungicidal *fa, mzg* gombaölő; penészölő; ~ **agent** gombaölő szer
fungicide *mzg* gombaölő szer
fungiproof penészálló
fungistatic agent *élip* gombaszaporodást gátló szer
fungoid | disease *fa* gomba okozta korhadás; gombabetegség; ~ **pest** gombakártevő
fungous *fa, mzg* elgombásodott *(fa)*; gombás
fungus (*pl* **fungi**) *fa, mzg* gomba; tapló; ~ **attack** *fa* nagyarányú gombafertőzés; ~**-proof** penészálló; ~ **test** gombaállósági vizsgálat
funicular *ép* drótkötélpálya; *közl* sikló; ~ **curve** *mat, mech* kötélgörbe; láncgörbe, katenoid; ~ **line** *ép, közl* kötélpálya; ~ **polygon** *mat, mech* kötélsokszög, kötélpoligon; ~ **pore water** *hidr* szegletvíz; ~ **railway** *közl* sikló, kiegyensúlyozott siklópálya/hegyipálya; ~ **traction** *vasút* kötélvontatás, sodronykötélvontatás
funiform kötélszerű, zsinórszerű
funnel tölcsér; kémény *(gyáré, hajóé, mozdonyé)*; vaspánt *(szigonyon, árbocon)*; tűzhelykürtő; *el* kónusz; *önt* (függőleges) beömlőcsatorna; beömlő; ~ **antenna** *távk* tölcsérantenna, tölcsérsugárzó; ~ **cloud** *met* felhőtölcsér; ~ **effect** tölcsérhatás; ~ **mining method** *bány* tölcséres művelés; ~**-shaped** tölcsér alakú; ~**-shaped antenna,** ~**-type antenna** *távk* tölcsérantenna, tölcsérsugárzó; ~**-type spray nozzle** *ép* tölcséres szórófej; ~ **viscosimeter** *ol* Marsh-tölcsér; tölcséres viszkoziméter
funnelled, *US* **funneled** tölcséres, tölcsér alakú; ~ **pipe** tölcséres cső
fur I. *v* prémmel bélel/díszít; *ép* bedeszkáz; *hőt* kazánkövet/iszapot eltávolít; vízkővel/kazánkővel bevonódik; **II.** *n* szőrme; *élip* penészréteg; *ép* fazsindely; szőrös felület *(fűrészelt fáé)*; *koh* kazániszap; vízkő; ~ **cap** prémsapka, kucsma; ~ **covering** szőrmetakaró; ~ **goods/skins** *pl* szőrmeáru, szűcsáru; ~**-type fabric** műszőrme; ~ **up** *v* vízkővel/kazánkővel bevonódik
fural → furfural
furan *vegy* furán; ~ **resins** *műa* furángyanták
furanacrylic acid *vegy* furfurakrilsav, furfuralecetsav
furancarboxylic acid *vegy* furánkarbonsav, furfursav, pironyálkasav
furandicarboxylic acid *vegy* furándikarbonsav, dehidronyálkasav
furanose *vegy* furanóz
furbish (ki)tisztít; (ki)fényesít
furbisher tisztító; fényező
furcate I. *v* elágazik; villásan szétválik; **II.** *a* villásan elágazó; villa alakú; **III.** *n* elágazás, szétválás, bifurkáció
furfural *vegy* furfurol, furol, furfuraldehid, furánaldehid; ~ **resin** *műa* furfurolgyanta
furfuraldehyde → furfural
furfuran(e) *vegy* furán
furfurine *vegy* furfurin
furfurol *vegy* furfurol
furfuryl alcohol *vegy* furfuril-alkohol
furl felgöngyöl *(szövetet, vitorlát)*
furlong (f) *metr* furlong *(201,68 m)*
furnace I. *v* tüzel, fűt *(kemencében)*; **II.** *n bány* szellőző kemence; *el* izzítókályha; *hőt* kályha; kazán; tüzelőberendezés; *hőt, koh, önt* kemence; kohó; tűztér; ~ **addition** *hőt, koh* kemenceadalék; ~ **arch** *koh* kemenceboltozat; ~ **atmosphere** *hőt, koh* kemenceatmoszféra; ~ **atmosphere control** *hőt, koh* kemenceatmoszféra-szabályozás; ~ **bay** *koh* kemencecsarnok; ~

bell operation *koh* kemenceharang működése; ~ **bin** *hőt, koh* kemencetartály; ~ **black** *hőt, koh* gázkorom, olajkorom *(kemencéből)*; kemencekorom; ~ **bleeder** *koh* torokgázfáklya; ~ **bleeder platform** *koh* nagyolvasztószelep-padozat; ~ **boat** *el* csónak; ~ **body** *koh* kemencetest; ~ **bottom** *koh* kemencefenék; ~ **brazing** *koh* kéményforrasztás kemencében; ~ **bunker** *koh* kemencetartály; ~ **burden** *koh* kemenceelegy; ~ **burden sizing** *koh* kemenceadag méretezése; ~ **campaign** *koh* kemencekampány; ~ **capacity** *koh* kemenceteljesítmény; ~ **carriage** *koh* kemenceadagoló kocsi; ~ **casing** *hőt, koh* kemence fegyverzete; ~ **cavity** *hőt, koh* kemence tűztere; ~ **chamber** *hőt, koh* kemencetér; ~ **charge** *hőt, koh* kemenceadag; ~**-charging gear** *hőt, koh* kemenceadagoló készülék; ~**-charging table** *koh* kemenceadagoló görgőjárat; ~ **clinker** *koh* teljesen kiégett szén- és kokszsalak; ~ **column** *koh* kemenceoszlop; ~ **control test** *koh* kemence-ellenőrző vizsgálat; ~**-cooled** *koh* kemencével együtt hűtött; ~**(-)cooling** *koh* hűtés kemencében; kemencehűtés; ~**-cooling water** *hőt, koh* kemencehűtő víz; ~ **crew** *koh* kemencekezelő személyzet; ~ **crown** *koh* kemenceboltozat; ~ **design** *koh* a kemence szerkezeti kialakítása; ~ **door** *koh* kemenceajtó; ~ **draught/draft control** *hőt, koh* kemencehuzat-szabályozás; ~ **drive** *hőt, koh* kemencejárat; ~ **dry-out** *koh* kemence kiszárítása; ~ **dynamics** *hőt, koh* a kemence dinamikai jellemzői; ~ **efficiency** *koh* kemencehatásfok; ~ **encrustation** *koh* salaktapadvány; ~ **end** *koh* kemencetűzfej; ~**-filling counter** *koh* kemenceadag számláló; ~**-filling equipment** *koh* kemencetöltő berendezés; ~ **firing-up** *hőt, koh* kemence felfűtése; ~ **flue** *hőt, koh* lángcső, tűzcső; ~ **fluxing** *hőt, koh* elsalakosítás kemencében; ~ **for egalization/homogenization** *koh* egalizáló kemence; ~ **front** *hőt, koh* tüzelőajtó(-szerkezet) *(kazánon)*; ~ **gas** *hőt, koh* kemencegáz, füstgáz; ~ **gun** *koh* dugaszológép; ~ **hearth** *koh* kemencefenék, kemenceágy; ~ **height** *hőt, koh* kemence magassága; ~ **hoisting machine** *hőt, koh* kemenceadagoló felvonó Bo.; ~ **installation** *hőt, koh* tüzelőberendezés; ~ **jacket** *koh* kemencefal; ~ **laboratory** *hőt, koh* kemence munkatere; ~ **life** *hőt, koh* kemence-élettartam; *koh* béléstartósság; ~ **lining(s)** *koh* kemencebélés; kemencefalazat; ~ **loading** *hőt, koh* kemence megtöltése; ~ **loss** *koh* leégés; ~ **masonry** *hőt, koh* kemencefalazás; ~ **mouth** *koh* kemencetorok; ~ **oil** *hőt* fűtőolaj, tüzelőolaj, cseppfolyósított tüzelőanyag; mazút, pakura; ~ **operation** *koh, önt* kemencevezetés; ~ **output** kemenceteljesítmény; ~ **port** *koh* kemencegáz-csatorna; ~ **pot** *koh* serpenyő; ~ **pressure** *koh* kemencetérnyomás; ~**-pressure control** *koh* kemencetérnyomásszabályozás; ~ **refining** *koh* finomítás kemencében; ~ **roof** *koh* kemenceboltozat; ~ **run** *hőt, koh* kemencejárat; ~ **scale** *hőt, koh* kemencereve; ~ **shaft** *hőt, koh* kemenceakna; ~ **shell** *hőt, koh* kemenceköpeny, kemencetest, kemencepáncélzat; ~**-size coke** *koh* kohókoksz; ~ **slag** *hőt, koh* kemencesalak; ~ **sow** *hőt, koh* kemencetapadvány, fenékmeredvény; ~ **stack** *hőt, koh* kemenceakna; ~ **stage** *hőt, koh* kemencepadozat; ~ **tender** *hőt, koh, önt* olvasztár; ~ **throat** *koh* adagolónyílás, rókatorok; ~ **top** *koh* adagolónyílás, adagolótorok; kemenceboltozat; ~**-top bell** *koh* adagolókúp; torokelzáró harang; ~**-top gas** *koh* kemencetorokgáz; ~**-top hopper** *koh* toroktölcsér, adagolótölcsér; ~**-top platform** *koh* kemencetorok-padozat; ~ **transformer** *koh* kemencetranszformátor; ~ **wall** *hőt, koh* kemencefalazat; ~ **with protective atmosphere** *koh* védőgázas kemence

furnaceman *koh* olvasztár

furnish I. *v* ellát; felszerel; berendez, bebútoroz; szállít; szolgáltat; **II.** *n pa* anyagösszetétel, hollandibehordás; felszerelés; hollanditöltet; készlet; kiszerelés; ~ **of paper** papír anyagösszetétele

furnished berendezett; bútorozott; ellátott

furnisher szállító; bútorkereskedő; lakberendező; *tex* színezékfelvivő henger *(nyomógépé)*

furnishing bebútorozás; (lak)berendezés; felszerelés; ~ **fabric** bútorszövet; ~ **material** lakástextil, dekorációs szövet; ~ **roller** *tex* színezékfelvivő-henger *(nyomógépé)*; ~**s** *pl* (lak)berendezés, berendezési tárgyak; bútorzat; hozzávaló(k), kellékek, felszerelés

furnishment bútorzat

furniture bútor, bútorzat, bútorok, berendezés; felszerelés; *ép* vasalás *(épületasztalos-árun)*; *nyom* formaűrpótló; ~ **base** *fa* bútorlábazat; ~ **cloth** *tex* bútorszövet; ~ **cream** bútorfényező krém; ~ **factory** bútorgyár; ~**-polish** bútorfényező, bútorfénymáz; ~ **stuff** *tex* bútorszövet; ~ **upholstery** *tex* bútorszövet, bútorkárpit; ~ **varnish** bútorfényező lakk, bútorlakk

furred prémes; *hőt, koh* kazánköves; ~ **radiator** eldugult hűtő

furrier szűcs; szőrmekereskedő; ~**'s pliers** *pl* szűcsfogó

furriery szűcsmesterség

furring *ép* bedeszkázás; szigetelőburkolat; vakolatalap; *hajó* kettős palánkolás; *ruh* prémbélés, prémszegély; *tex* szőrmebélés *(vetélőé)*; ~ **tile** *ép* burkolótégla, burkolócserép; hőszigetelő tégla

furrow I. *v* hornyol; barázdál; bemetsz; **II.** *n* vájat; horony; bemetszés; csatorna; barázda; árok; *ép* kavicstorony; *fa* rovátka; *geol* törésvonal; *hidr* öntözőbarázda; *talt* csőbarázda; *vasút* kavicshézagvályú; ~ **irrigation** áztató/barázdás öntözés; ~ **opener** *mzg* barázdanyitó (eke/gép); ~ **plough/plow** *mzg* barázdahúzó eke; ~ **rift** *mzg* barázdaszelet, talajhasáb; ~ **slice** *mzg* barázdaszelet; ~ **splitter** *mzg* csoroszlya

furrowed barázdás; barázdált; hornyolt; ~ **board** *ép* hornyolt deszka

furrower *mzg* barázdanyitó

furry kazánköves, vízköves

further I. *v* előmozdít, elősegít; továbbít; **II.** *a* távolabbi; további, újabb; **III.** *adv* tovább; messzebb; ~ **back** hátrább; ~ **blowing** utánfúvatás; ~ **processing/treatment** továbbfeldolgozás

furyl *vegy* furil; ~ **carbinol** *vegy* furil-karbinol, furfuril-alkohol

furylacrylic acid *vegy* furfur-akrilsav, furfural-ecetsav

fusain *ásv, bány* fuzit; rajzszén; ~ **drawing** szénrajz

fusarc welding *heg* hegesztés burkolt elektróddal

fuse I. *v* olvaszt; megolvaszt, összeolvaszt, egybeolvaszt, kiolvaszt, (meg)ömleszt; lágyít; meglágyul; olvad; megolvad, összeolvad, kiolvad; egybeolvad; *el* átég; átüt; kiég *(biztosító)*; *kat* gyújtókészülékkel ellát/felszerel; **II.** *n el* (olvadó)biztosító, biztosítóbetét, olvadóbetét; biztosíték; *kat* gyújtózsinór; gyutacs; *önt* olvadék, olvadt fém; ~ **a circuit** *v el* áramkört biztosítóval ellát; ~ **alloy** könnyen olvadó ötvözetanyag *(biztosítóé)*; ~ **block (FB)** olvadóbetét; ~-

board biztosítótábla; elosztótábla; ~**-body** *kat* gyújtótest; ~ **box** *el* biztosítódoboz; ~ **bridge** *el* biztosítólamella, szalagbiztosító; ~ **cable** *kat* lövedékidőzítő kábel; ~ **cap** *kat* gyújtó kupak; ~ **carrier** *el* biztosítóaljzat, biztosítófoglalat, biztosítótartó; ~ **cartridge** biztosítóbetét, olvadóbetét; ~ **clip** biztosítótartó; ~ **element** biztosítóbetét, olvadóbetét; olvadószál; ~ **ga(u)ge** gyújtózsinórvágó készülék *(időzítéshez)*; ~ **head** *bány* gyutacs; *kat* gyújtófej; ~**-head screw** *kat* gyújtófej csavarja; ~ **holder** *el* biztosítófoglalat; biztosítótartó; üres biztosító; ~**-hole plug** *kat* gyújtóhüvely-elzáró; ~ **igniter** *bány* gyújtózsinórgyújtó; ~ **indicator** *el* kiolvadásjelző; ~ **lamp** *el* biztosítólámpa; ~ **link** → ~ element; ~ **mounting** *el* biztosítószerelvény; ~**-mounting strip** *el* biztosítószalag; ~ **off** *v vák* leszúr; ~ **opening** *kat* gyújtónyílás; ~ **panel** *el* biztosítótábla; ~ **plug** *el* biztosítódugó; *kat* szájcsavar *(gyújtó biztosítására)*; ~ **post** *el* biztosítócsatlakozás; ~ **prediction** *kat* gyújtó-előrebeállítás; ~**-prediction number** *kat* gyújtó-előrebeállító; ~ **puller** *el* biztosítófogó, (szigetelt) biztosítékcserélő fogó; ~ **rack** *el* biztosítókeret; ~**-resistor** *el* olvadóbiztosítóval sorbakötött ellenállás; ~**-safety pin** *kat* gyújtóbiztosító csap; ~ **setter** gyújtóbeállító gép; ~**-setting screw** gyújtókésleltető csap; ~**-setting sleeve** gyújtóállító kar; ~ **socket** *el* biztosítófoglalat; ~ **strip** biztosítéksáv; lemezes biztosító; ~ **support** biztosítóaljzat; ~ **switch** biztosítóbetétes kapcsoló; ~**-timing ring** időzített gyújtásbeállító gyűrű; ~ **tongs** *pl el* biztosítófogó; ~ **tube** *el* biztosítótest; ~ **wire** *el* biztosítóhuzal; ~ **wrench** *kat* gyújtóbecsavaró kulcs

fused | **caustic** *vegy* ömlesztett marónátron; ~ **corundum** *koh* olvasztott/zsugorított korund; ~ **dryer** *műa* ömlesztett szikkatív; ~ **electrolyte** *el* ömlesztett/megolvasztott elektrolit, olvadékelektrolit; ~ **hearth bottom** *koh* felhegesztett kemencefenéklap; ~ **junction** *el* átkristályosított p-n átmenet; ~ **magnesite** *koh* olvasztott/zsugorított magnezit; ~ **melt** *koh* átolvasztott folyósítószer; ~ **projectile** *kat* szerelt lövedék; ~ **ring** *vegy* kondenzált gyűrű; ~ **salt** *vegy* olvasztott/ömlesztett só; ~**-salt mixture** *vegy* ömlesztett sókeverék; ~**-salt reactor** *at* olvasztott sóval működő reaktor; ~ **shell** becsavart gyújtójú lövedék

fusee *finm* csiga *(óraszerkezetben)*; ~ **chain** *finm* csigalánc *(óráé)*; *kat* helyrehúzórugó-feszítőlánc; ~ **spring** *kat* helyrehúzórugó

fusel oil *vegy* kozmaolaj

fuselage *rep* repülőgéptörzs; ~ **bay** repülőgéptörzs-rekesz; ~ **drag** repülőgéptörzs légellenállása; ~ **frame** törzsváz; ~ **radiator** repülőgéptörzsbe szerelt hűtő; ~ **rear-end fairing** törzsvégburkolat; ~ **section** repülőgéptörzs-metszet; ~ **shell** repülőgéptörzshéj; ~ **tank** törzstartály

fusibility *any, műa* oldékonyság; olvaszthatóság; ömleszthetőség; ~ **curve** olvaszthatósági görbe

fusible *any* olvadó, olvadékony; olvasztható; ömleszthető; ~ **alloy** alacsony olvadáspontú ötvözet; ~ **cutout** *el* olvadóbiztosíték; ~ **insulating material** *el* olvadó szigetelő(anyag); ~ **link** *el, szt* kiolvasztható vezeték; ~**-link memory** , ~**-link ROM** → ~ read-only memory; ~ **metal** *any* könnyen olvadó fém; ~ **plug (FP)** *ép* olvadódugó *(tűzszekrény-mennyezethez)*; ~ **read-only memory (FROM)** *szt* biztosítékkiégetéssel programozott ROM; ~ **slag** *any* könnyen olvadó salak; ~ **switch** *el* biztosítóbetétes kapcsoló

fusiform orsó alakú; ~ **units** *pa* fibrillarészecskék

fusing egybeolvadás; *el* kiolvadás, kiégés *(biztosítóé)*, átégés; ~ **crucible** *koh* olvasztótégely; ~ **current** *el* kiolvadási áramerősség; ~ **disc/disk** *mt* fémvágó acéltárcsa; ~ **element** *el* olvadóbetét; ~ **factor** *el* kiolvadási tényező; ~ **lever** *kat, rep* bombaélesítő emeltyű; ~ **pan** *gyógyv* (szirup)főzőüst; ~ **plant** *önt* olvasztóberendezés; ~ **point** *fiz, gép* olvadáspont; ~ **switch** *kat* bombaélesítő kapcsolószerkezete

fusion egyesülés, fúzió; *at* (mag)fúzió; *élip* olvadás, olvasztás; *hőt, műa* (meg)ömlesztés; ömledék; *koh* beolvasztás; tűzi feltárás; *talt* beolvadás; *vák* összeforrasztás; ~ **arc welding** *heg* ömlesztő ívhegesztés; ~ **bomb** *at, kat* hidrogénbomba; ~**-cast brick** *ép* olvasztott-öntött tégla; ~ **cone** *gép, koh* pirometrikus kúp, Seger-kúp; ~ **crucible** *önt* olvasztótégely; ~ **curve** *fiz, önt* olvadási görbe; ~ **electrolysis** *el* olvadékelektrolízis; ~ **energy** *at* fúziós/termonukleáris energia; ~ **frequency** *el, fiz, opt* (kritikus) villogási frekvencia, flikkerfrekvencia; fúziós frekvencia, csillogás frekvenciája; ~ **fuel** *at* fúziós üzemanyag; ~ **heat** *hőt* olvadási hő; ~ **mixture** *koh* olvasztási elegy; ~ **nucleus** *at* fúziós mag; ~ **of annual rings** *fa* egybeolvadó évgyűrűzet; ~ **penetration** *hőt* átolvadás; ~ **point (fnp)** *fiz* olvadáspont; ~ **pot** *koh, önt* olvasztótégely; ~ **power** *at* fúziós energia; ~ **power density** *at* fajlagos fúziós teljesítmény; ~ **process** *hőt, koh* olvadási folyamat; ~ **product** *at* fúziós termék; ~ **range** *hőt, koh* olvadási hőmérséklet-tartomány; ~ **reaction** *at* fúziós magreakció; ~ **reactor** *at* fúziós reaktor; ~ **slug** *önt* olvasztási salak; ~ **spot weld** *heg* ömlesztett pontvarrat; ~ **spot welding** ömlesztő ponthegesztés; ~ **temperature** *at* fúziós hőmérséklet; *at, koh* olvadáspont; *hőt, koh* megömlesztési hőfok; ~ **thermite (welding)** *heg* ömlesztő termithegesztés; termites ömlesztő hegesztés; ~ **viscosimeter** *műa* ömledékek viszkozitását mérő készülék; ~ **weld** *heg* ömlesztő hegesztéssel készült varrat; ~ **welded butt joint** ömlesztő hegesztéssel készült tompavarrat; ~ **welder** ömlesztve hegesztő gép; ~ **welding** ömlesztőhegesztés, leolvasztó hegesztés; ~ **zone** *hőt, koh* olvadási határ/övezet; olvasztóöv

fusionable material *at* fúzióra képes anyag; fúziós/termonukleáris fűtőanyag

fust *ép* oszlopszár, pillérszár

fustian pamutbársony; ~ **loom** pamutbársony-szövőszék

fusty dohos; penészes

fuzz I. *v pa* rostosít; **II.** *n* pihe; pehely; *hang* hamis hang; hangfoszlány; zavaróhang *(hanglemezen)*

fuzziness bolyhosság

fuzzy pelyhes; pihés; homályos, elmosódott, zavaros; *pa* zsíros

FVF → formation volume factor

FW → fillet weld; → forward wave; → fresh water; → full wave; → full-wave rectifier

FWB → four-wheel brakes

FWD → four-wheel drive

FWHM → full width at half maximum

FYM → farmyard manure

G

g → gram; → gravitational acceleration; **~-mol** → gram-molecule

G → giga; → gravitation constant; **~-mask** → gas mask; **~-suit** → gravity suit

ga → gauge; → go ahead

Ga → gallium

GA → gas alarm; → general aviation; → gibberellic acid; → grate area

gabion | dam *hidr* drótfonatos vízmosáskötő gát; **~ structure** *hidr* sodronyhálós művek

GAD → general arrangement drawing

gadolinium (Gd) *vegy* gadolínium

gage → gauge

gain *rep* erősítés(i tényező); növekedés; teljesítménynyereség; **~ altitude** *v rep* emelkedik; **~ in altitude** *rep* emelés; magasságbeli előny; **~-time control** *rep* időbeli erősítésszabályozás

gaint rainer *hidr* esőágyú

gal → gallon

gale *met* vihar, orkán, viharos szél; **~ valve** *hidr* ékes tolózár; **~ warning** *met* viharjelzés

Gall's chain *em* Gall-lánc

gallam method *koh* gallámos eljárás

gallate solution *koh* gallátoldat

gallery *bány* vágat; *hidr* galéria

galley *hajó* hajókonyha; *rep* konyha

gallium (Ga) *vegy* gallium; **~ content** *vegy* galliumtartalom; **~ production** *vegy* galliumgyártás

gallon (gal) gallon

galvanic | bath galvánfürdő; **~ cell** galvánelem; **~ corrosion** elektrokémiai/elektrolitos korrózió; **~ protector** védőanód; **~ sewage** galvánipari szennyvíz; **~ sludge** galvániszap

galvanization galvanizálás; horganyzás; **~ of tube** csőhorganyzás

galvanized|-annealed wire *koh* horganyzott lágyhuzal; **~ hard-drawn wire** *koh* kemény horganyzott huzal; **~ sheet** *koh* horganyzott lemez; **~ strip** *koh* horganyzott szalag; **~ tube** *koh* horganyzott cső; **~ wire** *koh* horganyzott huzal

galvanizing *koh* horganyzás; **~ pot** *koh* horganyzókád; **~ shop** *koh* horganyzóüzem; **~ wastes** *pl hidr* galvanotechnikai szennyvíz

galvanoplasty *koh* galvanoplasztika

galvanostatic test *koh* galvanosztatikus vizsgálat

galvanostegy *koh* galvanizálás

galvanotechnics *koh* galvanotechnika

GAM → ground-to-air missile; → guided antiaircraft missile

game adapter port (GAP) *szt* botkormány csatlakozó bemenete

gamma|-gamma log(ging) *bány* sűrűségszelvényezés; *ol* gamma-gamma-szelvényezés; **~ iron** *koh* gammavas; **~ radiation** *környv* gamma-sugárzás; **~ ray** *környv* gamma-sugár; **~-ray logging** *ol* gamma-szelvényezés; **~ source** *ol* gamma-forrás

gang *bány* csapat; *rep* csoport; páros, kettős; sorozat; **~ boss** *bány* csapatvezető; elővájár; **~ condenser** *rep* kondenzátorblokk; páros kondenzátor

gangboard support *hidr* hídfészek

ganger *bány* csapatvezető; elővájár

gangue *bány* meddő telér; *koh* meddő

gangway *hajó* járófedélzet, járódeszka; *hidr* mérőhíd; *rep* utashíd

gantry crane *hidr* bakdaru

gap *szt* blokk-köz; **~ character** *szt* kitöltőkarakter; **~ length** *bány* réshossz; **~ of ozone layer** *környv* ózonlyuk; **~ ring** *bány* résgyűrű; **~ shooting** *bány* hézagolás; **~ spacer ring** *bány* résgyűrű; **~ width** *bány* résszélesség

GAP → game adapter port

GAR → guided aircraft rocket

garbage szemét, hulladék; **~ bag** *környv* szemeteszsák; **~ burning** *környv* szemétégetés; **~ car** *környv* szemétszállító jármű; **~ chute** *környv* szemétledobó; **~ collection** *környv* szemétgyűjtés; **~ deposition** *környv* szemétlerakás; **~ incineration** *környv* szemétégetés; **~ in garbage out (GIGO)** *szt* szemétből szemét, GIGO; **~ truck** *környv* szemétszállító jármű

garbled message *rep* elrontott közlemény

garbling *rep* rontás

garboard strake *hajó* gerincsor

garderobe *hajó* ruharaktár

garland|-curb *bány* vízkoszorú; **~-type idler** *bány* füzérgörgő

Garrett | mill *heng* Garrett-sor; **~-Occidental-process** *környv* Garrett—Occidental-eljárás

gas I. *v* gázzal ellát/kezel/tölt/telít/világít; gázt fejleszt/áraszt; elgázosít, gázzal mérgez; (el)gázosodik; *tex* perzsel *(fonalat, szövetet)*; **II.** *n* gáz; földgáz; városi gáz, világítógáz; *gépk U* benzin, üzemanyag; *kat* harcgáz, mérges gáz; **~ absorbent** gázokat szelektíven abszorbeáló anyag; **~ absorbent carbon** gázelnyelő szén; **~-absorbing canister** *vegy* gáznyelő edény; **~ absorption** gázelnyelés, gázabszorpció; gázfelvétel; **~ accumulation** *bány* gázfelhalmozódás; **~ accumulator** gáztároló; **~-actuated relay** Buchholz-relé; **~ admission** *vák* gázbeeresztés; **~ aerated concrete block** gázbeton falazótömb/falazóblokk; **~-air mixture** gáz-levegő elegy/keverék; *US* benzin-levegő keverék; **~ alarm (indicator) (GA)** *bány* gázveszélyjelző, szimatműszer; **~ amplification** gázerősítés, gázmultiplikáció, gázsokszorozás; *távk* gázerősítés, ionizációs erősítés; **~ amplification factor** gázerősítési tényező; **~ analyser/analyzer** gázelemző, gázanalizátor; **~ analysis** gázelemzés, gázanalízis; **~ analysis by electron diffraction** elektrondiffrakciós gázanalízis; **~ analysis by hot extraction** meleg extrakciós gázelemzés; **~-analysis method** *geof* talajgázelemző módszer; **~ analysis recorder** regisztráló gázelemző; **~ anchor** *ol* gázhorgony; gázleválasztó, gázszeparátor; **~ and water supply** gáz- és vízellátás; **~ apparatus** gázfejlesztő, gázgenerátor; **~ appliance** gázkészülék; **~-arc welding** védőgázas ívhegesztés; **~-ash silicate concrete** gázpernye-szilikátbeton; **~ aspirator** gázelszívó (berendezés); **~-bag** gáztartály; gáztartó rekesz *(léghajóban)*; **~ baking oven** gázsütő, gáz-sütőkemence; **~ balance** gázmérleg; **~ ballast** *vák* gázballaszt; **~ ballast inlet/opening/port** gázballaszt-belépőnyílás; **~ ballast pump** gázballasztszivattyú; ~ **ballast valve** gázballasztszelep; ~ **balloon** → ~-weighing balloon; ~**-bearing** gáztartalmú; ~ **bell** *heg* gázharang; ~ **black** *ol* gázkorom; ~ **blanket** *ol* védőgáz(burok); ~ **blanketing** *ol* védőgázburok-képzés; ~**-blast circuit-breaker** *el* gáznyomásos oltókamra; ~ **bleed** gázöblítés; ~ **bleeder** *koh* gázkibocsátó szelep, gyertyaszelep, fáklya; ~ **bleeding** gázelvezetés; ~ **block** *kat* gázkamra; ~ **blow** *koh* gázfúvatás; ~ **blower** gázfúvó; gázkifúvás; ~**-blowing engine** gázfúvó gép; ~ **blow-out** *bány* gázkifúvás, metánkifúvás; *ol* gázömlés; ~**-bomb** *kat* gázbomba; ~**-bomb thrower** *kat* gáz(lövedék)vető; ~ **bottle** gázpalack; ~ **brazing** keményforrasztás gázlánggal; ~ **brazing torch** keményforrasztó gázégő; ~ **break** gázmegszakító; ~ **breakthrough** *ol* gázáttörés; ~ **bubble** *önt* gázhólyag, gázbuborék, gázzárvány; ~ **burette** *vegy* gázbüretta; ~ **burner** gázégő; gázkályha; ~**-burner head** *hőt* gázégőfej; *kat* gázégőszerkezet *(lángszórón)*; ~**-burner safeguard** gázégőelzáró; ~ **burning** gázfűtés; ~ **burning equipment with draught regulator** *ép* deflektoros készülék; ~ **burning equipment without chimney connection** égéstermék-elvezetés nélküli gázfogyasztó; ~ **burning installations** *ép* gázberendezési tárgyak; ~ **burst** gázkitörés, gázrobbanás; ~ **butt welding** gáztompahegesztés; ~ **cable** gázkábel; ~ **calorimeter** gázkaloriméter; ~ **candle** *kat* gázfejlesztő gyertya; ~ **cap** *ol* gázsapka, gázsüveg; ~ **cap drive** gázsapkás olajkiszorítás; ~ **cap oil reservoir** gázsapkás olajtelep; ~ **carbon** retortaszén; ~ **carbonitriding** *hők* gázkarbonitridálás; ~ **carburating plant** *ol* gázkarburáló üzem; ~ **carburization/carburizing** *hők* gázcementálás; *ol* dúsítás; gázkarburálás; ~ **catcher** gázgyűjtő; ~ **cavity** *önt* gázhólyag, gázzárvány; ~ **cell** gázcella; *rep* gáztartály *(léghajón)*; *vegy* gázküvetta; ~ **cells** *vegy* gázelemek; ~ **cementation** *hők* gázcementálás; ~ **centrifuge** , ~ **centrifugal machine** gázcentrifuga; ~ **chains** gázgalvánláncok; ~ **chamber** gázkamra; ~ **channel black** gázkorom, csatornakorom; ~ **check** gázelzáró; *kat* gázszigetelő, gázmentes tömítés *(lövegzáré)*; ~**-checker arch** *koh* regenerátorboltozat; ~**-check pad** *kat* gázszigetelő korong; ~**-check valve** gázelzáró *(visszacsapó szelep)*; ~ **chromatogram** gázkromatogram; ~**-chromatograph** *vegy* gázkromatográf; ~**-chromatographic analysis** gázkromatográfiás/gázkromatografikus analízis, gázkromatográfia; ~**-chromatographic equipment** gázkromatográf; ~ **chromatography (GC)** gázkromatográfia; ~ **circulation** gázköráram; gázkeringetés, gázcirkuláltatás; ~ **circulator** (átfolyós rendszerű) gáz-vízmelegítő, autogejzír; ~ **classes** gázosztályok; ~ **cleaning** gáztisztítás; *kat* gázfertőtlenítés; ~ **cleaning device/equipment/plant** gáztisztító; ~ **cleaning mass** *pa* gáztisztító massza; ~**-cleaning unit** *kat* gázfertőtlenítő egység; ~ **clean-up** gáztalanítás, gáztisztítás; *vák* elgetterezés; ~ **coal** gázszén; ~ **cock** gázcsap; ~ **coke** gázkoksz; ~ **collector** gázgyűjtő; ~ **composition** gázösszetétel; ~ **compound** gázkeverék, gázelegy; ~ **compressibility factor** gázeltérési tényező; ~ **compressor** gázkompresszor; ~ **concrete** gázbeton; ~ **concrete block** *ép* gázbeton blokk; ~ **condensate** gázcsapadék, kondenzátum; ~**-condensate exploitation** *ol* gázcsapadék-kitermelés; ~**-condensate ratio** *ol* földgáz-csapadék viszonyszám; ~**-condensate reservoir** *ol* gázcsapadéktelep, gázcsapadékrendszer; ~ **condensing apparatus** gázkondenzátor, gázcseppfolyósító; ~ **conduit** gázvezeték; ~ **constant** gázállandó; ~ **consumer** gázfogyasztó; ~ **consumption** gázfogyasztás; tüzelőanyag-fogyasztás; ~ **container** gáztároló; ~ **content** gáztartalom; **of low** ~ **content** gázszegény; ~**-control lever** *gépk* gázkar, gázemeltyű; ~ **convector** gázkonvektor; ~ **conversion process** gázkonverziós eljárás; ~**-cooker** gázfőző(lap), gázrezsó; garzon gáztűzhely; ~**-cooled (GC)** *at* gázhűtésű; ~**-cooled graphite moderated reactor** gázhűtésű, grafitmoderált reaktor, grafit-gáz reaktor; ~**-cooled reactor (GCR)** *at* gázhűtésű (atom)reaktor; ~ **cooler** gázhűtő; ~ **corrosion** gázkorrózió; ~ **counter** gázszámláló, gázmérő; *at* gázszámláló(cső), gáztöltésű számlálócső; ~ **current** gázáram, ionáram, ionizációs áram; ~**(-)cut** *v* lánggal vág; ~ **cut mud** *ol* átgázosodott iszap; ~ **cutting** lángvágás, autogénvágás; ~ **cutting installation** lángvágó berendezés; ~ **cutting torch** lángvágó pisztoly; ~ **cut water well** *ol* gázos vízkút; ~ **cylinder** gázpalack; *kat* gázhenger(test); ~**-cylinder ga(u)ge** *kat* gázhenger-ellenőrző műszer; ~**-cylinder lock** *kat* gázhengerzár; ~**-cylinder tube-retaining spring** *kat* gázhengertartó csap; ~**-cylinder valve** gázpalackszelep; ~ **decomposition (producing carbon)** *koh* karbonhasadás; ~ **degeneration** *fiz* gázelfajulás, gázdegenerálódás; ~ **dehydration** *ol* gázszárítás; ~ **density** gázsűrűség, gázfajsúly; ~**-density balance** gázsűrűségmérő, gázmérleg; ~ **depolarizer** gáznemű depolarizátor; ~ **desiccant** gázszárító (anyag); ~ **desulphurization** *ol* gázkéntelenítés; ~**-detected relay** Buchholz-relé; ~**-detecting** *kat* gázjelző; ~ **detection** *geof* talajgáz-meghatározás; *önt* gázmeghatározás, gáztartalom-meghatározás; ~ **detector** gázjelző (műszer), gázdetektor; *bány* sújtólégjelző (készülék), gázindikátor; ~**-detector paint** *kat* gázjelző festék; ~**-detector pump** *bány* gázvizsgáló (kézi) pumpa; ~**-developing agent** *műa* hajtóanyag; *önt* gázképző anyag/adalék; ~ **dewatering** *ol* gázszárítás; ~ **diode** gáztöltésű dióda; ~ **discharge** *bány* gázkiválás; *el* gázkisülés; ~**-discharge cell** gázkisülési cella; ~**-discharge chamber** gázkisülési kamra; ~**-discharge display** *szt* töltéskisüléses megjelenítő; ~**-discharge ga(u)ge** gázkisüléses manométer; ~**-discharge lamp** kisülőlámpa, gázkisülő lámpa; ~**-discharge manometer** gázkisüléses manométer; ~**-discharge optical maser** gázkisüléses optikai mézer, gázmézer; ~**-discharge tube/valve** gáztöltésű/gázkisüléses cső; ~**-dissolved acetylene** *heg* disszugáz; ~**-distributing** gázvezető, gázvezetéki; ~**-distributing pipeline** gázelosztó vezeték, gázközművezeték, közművi gázvezeték; ~**-distributing system** *ép* gázvezeték-hálózat; ~ **distribution network** *ol* gázelosztó hálózat; ~ **dome** gázharang; ~ **drilling** *ol* légöblítéses fúrás; ~ **drive** gázelárasztás; *ol* gázterelés, gáz átszorítása az olajtelepen *(olajtermelés céljából)*; ~**-driven** gázmotorral hajtott; *US* benzinmotoros meghajtású; ~**-driven hammer** gázmotoros kalapács; ~**-drum** *US* benzineshordó; ~ **dryer/drier** gázszárító; ~ **drying** gázszárítás; ~ **drying with glycol** glikolos szárítás; ~ **duct** gázcsatorna; ~ **dynamics** gázdinamika; ~ **efflux** *rep* gázkiáramlás; ~**-ejector (GE)** *kat* lőporgázkifúvó; ~**-ejector pipeline** lőporgázkifúvó csővezeték; ~ **electrode** gázelektród; ~ **emission** gázleadás; *bány* gázkiválás; ~ **energy** gázenergia; ~ **engine** gázmotor; ~ **engine blower** *koh* torokgázhajtású fúvó, kohógázmotorral hajtott fúvógép; ~ **enrichment** gázdúsítás; ~ **envelope** *heg* védőgázas atmoszféra/burok; ~ **equation** gázegyenlet; ~ **equilibrium** gázegyensúly; ~ **equipment** *ép* gázberendezés, gázkészülék; ~ **equipment with chimney connection** kéménybe kötött gázkészülék; ~ **equipment with open flame** nyílt lángú gázkészülék; ~ **equivalent** egyenértékű gáz, gázegyenérték; ~ **eruption** gázkitörés, gázrobbanás; ~ **escape** gázszivárgás, gázömlés; ~ **escape detector** → ~ detector; ~ **evolution** gázfejlesztés; gázfejlődés; ~ **exhauster** gázelszívó (berendezés); ~**-exhauster system** gázelszívó rendszer; ~**-expanded plate** porózus gumitalplemez; ~**-expanded rubber (GER)** habgumi, sejtgumi, szivacsgumi, szivacsos/expandált/pórusos (sejt)gumi; ~**-expansion thermometer** gázhőmérő; ~ **exploitation** *ol* földgáztermelés; ~ **factor** *távk* gáztényező; ~ **field** *ol* (föld)gázmező, gázlelőhely, gáztartalmú réteg; ~**-filled** gáztöltésű, gázzal töltött; ~**-filled cable** *el* gáznyomásos kábel; ~**-filled capacitor** gáztöltésű kondenzátor; ~**-filled internal pressure cable** gáznyomásos kábel; ~**-filled lamp** gáztöltésű lámpa; ~**-filled numeral indicator tube** gáztöltésű számkijelző (cső); ~**-filled photocell** gáztöltésű fényelem/fotocella; ~**-filled rectifier** gáztöltésű egyenirányító; ~**-filled triode** tiratron, gáztrióda; ~**-filled tube/valve** gáztöltésű/gázkisüléses cső; ~ **fire** gázkályha, gázkandalló; ~**-fired** gázfűtéses, gáztüzeléses, gáztüzelésű; ~**-fired calcining kiln** gáztüzelésű pörkölőkemence; ~**-fired furnace** gáztüzelésű kemence; ~**-fired hardening/tempering furnace** gáztüzelésű edzőkemence; ~**-fired stove for catering-kitchens** nagykonyhai gáztűzhely; ~**-fired tile stove** gáztüzelésű cserépkályha; ~**-fired washery kettle** gáz-mosóüst; ~ **firing** gáztüzelés, gázfűtés; ~**-firing equipment with closed combustion chamber** zárt égésterű gázkészülék; ~**-fitter** gázszerelő; ~ **fittings** gázcsőszerelvény(ek); ~ **fittings and fixtures** *ép* gázberendezés, gázkészülék; ~ **fixture** *ép* gázkészülék; ~**-flame** (világító)gázláng; ~**-flash test** gázlobbanáspróba; ~ **flooding** *ol* gázelárasztás; ~ **flow** gázáram(lás); ~**-flow controller** gázmennyiség-szabályozó; ~**-flow counter** átömlő gázos számláló; gázáramlásmérő; *hőt* gázmérő (óra); ~**-flow counter tube** *at* gázszámláló(cső), gáztöltésű számlálócső; ~ **flue** gázcsatorna, gázvezeték; ~**-fluid ratio** *ol* gáz-folyadék viszony; ~ **focus(s)ing** gázfókuszolás, gáznyalábosítás; ~ **formation** gázfejlődés; ~**-formed concrete** gázbeton; ~ **forming** gázfejlődés; ~ **forming agent** gázképző szer; ~ **fractionator** *ol* gázfrakcionáló; gázleválasztó, gázszeparátor; ~ **friction vacuum meter** *vák* súrlódásos nyomásmérő; ~ **from cylinders** palackgáz; ~ **front** *ol* gázfront; ~ **fume** füstgáz; ~ **fume fading** füstgáz okozta elszíneződés; ~ **furnace** gázkályha, gázkandalló; *hők* gázkazán; ~**-fusing/fusion welding** → ~ welding; ~**-gathering system** gázgyűjtő rendszer; ~ **ga(u)ge** gázfeszmérő, gáznyomásmérő, gázmanométer; *gép US* benzinóra; ~ **generating set** *US* benzinmotoros áramfejlesztő gépcsoport/aggregát; ~ **generation** gázfejlesztés; gázfejlődés; ~ **generator** gázfejlesztő, gázgenerátor; ~**-geyser** fűtőgejzír, cirkogejzír; gázvízmelegítő, autogejzír; ~ **governor** gáz(nyomás-)szabályozó; ~ **graphite** *vegy* retortagrafit; ~**-graphite reactor (GGR)** *at* grafit-gáz reaktor, gáz-grafit reaktor; ~ **grid** távgázhálózat; ~ **hearth** gáztűzhely, gázkályha; ~ **heat capacity** gáz hőkapacitása; ~**-heated drier/dryer** gáztüzelésű szárító; ~**-heated welding gun** gázzal melegített hegesztőpisztoly; ~ **heating** gázfűtés, gáztüzelés; melegítés gázzal; ~ **helmet** gázálarc; ~**-holder** gáztároló, gáztartály, gazométer; ~**-holder bell** *heg* gázharang; ~**-holding capacity** *élip* gázviszszatartó képesség; ~ **hold-up of a liquid** folyadék gáztároló képessége; ~ **hole** gázbuborék, légbuborék, léghólyag; *kat* gázelvezető nyílás, gázfurat; *koh* gázlyuk; *önt* légzárvány, levegőzárvány; ~ **horizon** *ol* gáztartalmú réteg/szint; ~ **hose** gáztömlő; ~ **household** *vák* gázháztartás; ~ **hydrate** *ol* gázhidrát, gázhó; ~**-impregnated cable** *el* gáznyomásos kábel; ~ **indicator** *bány* gázindikátor, sújtólégjelző (készülék); ~ **injection (GI)** *ol* gázbesajtolás; ~ **injection well** *ol* gázbesajtoló kút; ~ **inlet** *vák* gázbeeresztés; ~ **inlet pressure** gáz bemeneti nyomása; ~ **inlet temperature** gáz bemeneti hőmérséklete; ~**-in-oil solubility factor** *ol* oldottgáz-olaj viszony; ~ **inrush** *bány* gázkitörés, gázrobbanás; *vák* gázbetörés; ~ **installation** (fogyasztói) gázberendezés; ~ **interferometer** gázinterferométer; ~ **intoxication** gázmérgezés; ~ **ionization** gázionizáció; ~ **issue** gázelszívás, gázelvezetés; gázelvezető cső; ~ **jet** gázláng; gázsugár; *hőt* gázégő; *koh* gázfúvóka; ~**-jet pump** (lég)sugárszivattyú, gázsugárszivattyú; ~**-jet system** *rak* (gázturbinás) sugárhajtómű; ~ **kinetics** gázkinetika; ~ **kitchen range,** ~ **kitchener** gáztűzhely, gázkályha; ~ **knock-out** *koh* gázlyukszúró vas; ~ **lamp** gázlámpa; ~ **laser** gázlézer, gáztöltésű lézer; ~ **law** *fiz* gáztörvények; ~ **leakage** gáztömítetlenség; ~**-leak indicator/detector** gázszivárgásjelző, gázszivárgás-detektor; ~ **lens torch** gázlencsés hegesztőfej; ~**-lever** *gépk, rep* gázkar, gázemeltyű; ~ **liberation** gázkiválás; gázfejlődés; ~ **lift** *ol* gázlift, segédgázas folyadékkiemelés; ~**-lift** *ol* segédgázas; ~**-lift chamber** *ol* kútkamra; ~**-lift gas** *ol* segédgáz; ~ **lifting** → ~ lift; ~**-lift kick-off/unloading** *ol* segédgázas kútindítás; ~**-lift valve** segédgázszelep; ~**-lift valve spacing** *ol* indító szelepsor tervezése; ~**-lift valve tester** *ol* segédgázszelep-vizsgáló; ~**-lift well** *ol* segédgázas kút; ~**-light** gázfény; gázlámpa, Auer-égő; ~ **lighter** gázgyújtó; gázöngyújtó; ~ **lighting** gázvilágítás; ~**-light paper** *foto* gázfénypapír, műfénypapír; ~ **line** gázvezeték; ~ **liquefaction** gázcseppfolyósítás; ~**-liquid chromatography (GLC)** gáz-folyadék kromatográfia, gázkromatográfia; ~**-liquid equilibrium (phase)** *ol* gáz-folyadék egyensúly; ~**-liquid ratio (GLR)** gázfolyadék viszony; ~ **liquor** gázvíz; ~ **lit** gázvilágítású; ~ **load** gázterhelés; ~ **lock** *ol* gázzár; ~ **logging** *geof* gázkarottázs; ~**-logging equipment** gázkarottázs-berendezés; ~ **loss** *ol* gázveszteség; ~**-lubricated (journal) bearing** gázkenésű csapágy, légcsapágy; ~ **lubrication** gázkenés; ~ **magnification** gázerősítés, gázmultiplikáció, gázsokszorozás; *at* gázsokszorozás; ~ **main** gázfővezeték, gázelosztó vezeték, gázközművezeték, közművi gázvezeték; ~ **making** gázfejlesztés; gázgyártás, gázelőállítás; ~**-man** → gasman; ~**(-)mantle** gázharisnya, Auer-harisnya; gázizzótest; ~**(-)mask (G-mask)** gázálarc;

~-mask absorber/canister, ~-mask filter insert/box gázálarc-szűrőbetét; **~-mask carrier** *kat* gázálarchordtáska; **~ material balance** *ol* gázmérleg; **~ maturing** *élip* érésgyorsítás/érlelésgyorsítás gázokkal; **~ metallurgy** *koh* gázmetallurgiai eljárás; **~(-)meter** gázmérő, gázfogyasztásmérő, gázóra; **~ mix** *ol* gázkeverék; **~ mixture** gázkeverék, gázelegy; **~-mixture-shielded metal-arc welding** keverék védőgázas hegesztés; **~ moisture measurement** gáznedvességmérés; **~ multiplication** *el* gázerősítés, gázmultiplikáció, gázsokszorozás; **~ multiplication factor** gázerősítési tényező; **~ naphtha** gázbenzin, gazolin; **~ nitriding** *hők* gáznitridálás; **~ noise tube** gáztöltésű zajcső; **~ nozzle** gázfúvóka; **~ occlusion** *ol* gázzárvány; **~ odorization** gázszagosítás; **~ off-take** gázelszívás, gázelvezetés; gázelvezető cső; *koh* füstakna; **~ off-take pipe** *koh* gázelszívó cső; **~ of putrefaction/rotting** *környv* rothadási gáz; **~ oil (GO)** gázolaj, dízelolaj; szolárolaj *(nehéz égőolaj)*; **~-oil contact/interface/level (surface)** *ol* (gáz-olaj) fázishatár; **~-oil ratio (GOR)** *ol* gáz-olaj viszony; **~-oil ratio control** *ol* gáz-olaj viszony szabályozása; **~-oil seal** *el* gázzáró tömítés; **~-oil separator** *ol* olaj-gáz szeparátor; **~-oil stripper** *ol* gázolajsztrippelő, gázolaj-kigőzölő; **~-operated** gázműködésű, gázzal hajtott/működtetett; **~ out** *v* gáztalanít, gázt kiűz; **~ out-burst** *bány* gázkitörés; **~ out-flow** gázömlés; **~(-)oven** gáztűzhely, gázkályha; gázkamra; **~ packer** gáztömítés; **~ pedal** *gépk* gázpedál; **~-penetration index (GPI)** *önt* gázáteresztő képesség jelzőszáma; **~ permeability** gázpermeabilitás, gázáteresztő képesség; **~-permeability tester** *műa* gázáteresztést vizsgáló készülék; **~ phase** gázfázis; gázhalmazállapot; **~-phase bleaching** *pa* gázfázisú fehérítés; **~-phase chlorination** gázfázisú klórozás; **~-phase oxidation** gázfázisú oxidáció; **~-phase polymerization** *műa* gázfázisú polimerizáció; **~ pick-up** gázfelvétel; **~ pilot burner** gyújtóláng *(gázmelegítőben)*; **~-pipe** gázcső; *ép* gázvezeték, gázcsőhálózat; **~-pipe cutter** gázmenetmetsző, gázmenetvágó; **~ pipeline** gázszállító vezeték, gáz(táv)vezeték; **~-pipe pliers** *pl* (gáz)csőfogó; **~-pipe thread** → **~** thread; **~-pipe tongs** *pl* (gáz)csőfogó; **~ pipette** *vegy* gázpipetta; **~ piping** *ép* gázvezeték, csőhálózat; **~ piston blower** dugattyús fúvó/kompresszor *(gázsűrítő)*; **~ plant** gázgyár, gázüzem; **~ plasma** gázplazma; **~ plasma display** *szt* plazmamegjelenítő; **~ pliers** *pl* (gáz)csőfogó; **~ plug** *kat* gázszabályzó rögzítőszemölcs; **~ pocket** *bány* gázüreg; *heng* gázbuborék, gázzárvány; *hők* gázhólyag, gázzárvány; *ol* gázzsák, gáztáska; **~-poisoning** gázmérgezés; **~ pool** *ol* földgáztelep; **~ porosity** *önt* gázporozitás, gázlyukacsosság; **~(-)port** gáznyílás *(géppuskacsövön)*; *ker, koh* gázégő; **~-port block/end** (gáz)égőfej; **~-port hole/peephole** tükrös kémlelőnyílás; **~-port nose** gázégőfej; gázégő-szájnyílás; **~-port stopping peephole** tükrös kémlelőnyílás *(gázcsatorna-elzárás megfigyelésére)*; **~ pounding** *ol* gázütés; **~ powder welding** fedett ívű hegesztés; **~ powered** Otto-motoros; **~ preheating** gázelőmelegítés; **~ pressure** gáznyomás; **~-pressure cable** gáznyomásos kábel; **~-pressure control** gáznyomás-szabályozás; **~-pressure governor** gáznyomás-szabályozó; **~-pressure limit** határnyomás; **~-pressure main** gázszállító vezeték, gáztávvezeték; **~-pressure reducing valve** gáznyomáscsökkentő (szelep); **~-pressure regulator** gáznyomás-szabályozó; **~-pressure relay** → **~** relay; **~-pressure welding** oxi-acetilén préshegesztés; sajtoló gázhegesztés; **~-pressure welding machine** gázpréshegesztő gép; **~-processing plant** gázfeldolgozó üzem; **~ producer** gázfejlesztő, gázgenerátor; elgázosító berendezés; *ol* gáztermelő kút; **~-producing formation** földgáztelep; **~ production** *ol* földgáztermelés; **~-production power** *élip* gázfejlesztő/kelesztő képesség; **~ projectile** gázlövedék, gázgránát; **~-proof (gpf)** gázbiztos, gázhatlan; gázzáró; gáztömör, tömített, gázátnemeresztő; **~-proof shelter** gázbiztos óvóhely; **~-proof type** gázzáró kivitelű; **~ protection** *el* gázvédelem; **~-protection equipment** gázvédelmi felszerelés; **~-protection shelter** gázvédelmi óvóhely; **~ purification/purifying** gáztisztítás; **~-purification/purifying plant** gáztisztító üzem/berendezés; **~ purifier** gáztisztító; **~-purifying agent** gáztisztító massza; **~ radiation** *hőt* gázsugárzás; **~ radiator** gáz-hősugárzó; **~ range** gáztűzhely; **~ ratio** *vák* vákuumtényező, maradékgázarány; **~-receiving station** gázfogadó állomás; **~ recovery** *ol* földgáztermelés; gázkinyerés, gázvisszanyerés; **~ recycling** *ol* gázkörforgatás; **~-reforming plant** gázreformáló üzem; **~-refrigerating machine** gázhűtőgép; **~ regulator** *gépk* fojtószelep, pillangószelep; *heg* gázszabályozó, gáznyomás-szabályozó; **~-reheating furnace** *koh* gázfűtésű hevítőkemence; **~ relay** *el* gázrelé, Buchholz-relé; **~ release** *bány* gázkiválás, gázkitörés; **~-relief line** gázlefúvató vezeték; **~ reservoir** *ol* (föld)gáztelep; **~-retention capacity** *élip* gázvisszatartó képesség; **~-retort carbon** retortaszén; **~-retort charger** *vegy* gázretortatöltő gép; **~ reverberatory furnace** *önt* gáztüzelésű lángkemence, gázlángkemence; **~ rich in oil vapors** *ol* nedves *v.* olajgőzökben gazdag (föld)gáz; **~-ring** gázrezsó; gáztömítő gyűrű; *rep* dugattyútömítő gyűrű; **~ rock** gáztartalmú kőzet; **~ rudder** *rak* (gáz)sugárkormány; **~ rush** *bány* gázkitörés, gázrobbanás; **~ sample** gázminta, gázpróba; **~ sampling** gázmintavétel, gázpróbavétel; **~-sampling device** gázmintavevő, gázpróbavevő; **~-sampling pipette/tube** *vegy* gáz(próba)pipetta; **~ saturation** *ol* gáztelítettség; **~ scavenging** gázöblítés; **~ scrubber** *koh* nedves mosó; *ol* gázmosó(torony); **~ scrubbing** gázmosás *(mosótoronyban)*; **~ seal bell** *koh* gázfogó; torokzár; **~ seepage** *ol* földgázkiszivárgás; **~ seeps** *pl ol* gázszivárgás, gázkilépés, gázforrás; **~ segregation** *ol* gázkiválás; **~ separation** *ol* gázelválasztás, gázfrakcionálás; *vegy* gázszétválasztás; **~ separator** *ol* gázleválasztó, gázszeparátor; **~ shell** gázlövedék, gázgránát; **~-shielded-arc cutting** védőgázas ívvágás; **~-shielded arc welding** védőgázas ívhegesztés; **~-shielded arc welding unit** védőgázas ívhegesztő berendezés; **~-shielded metal-arc welding** AFI-hegesztés, fémíves (védőgázas) hegesztés; **~-shielded tungsten-arc welding** volfrámelektródás védőgázas ívhegesztés, AVI-hegesztés; **~ shielding** *heg* gázvédelem, védőgázas burok; **~ showings** *bány* sújtólég jelenlétére mutató jelek; **~ singeing** perzselés gázlánggal; **~-singeing machine** *tex* gázlángos perzselőgép; gázperzselő (gép); **~ slack coal** *bány* gázaknaszén; **~ slag arch** *koh* gázkamraboltozat; **~ slide-valve/sluice-valve** gázelzáró tolattyú; **~ slippage** *ol* gázelőresiklás; siklási sebesség; ~ **soil pipes** gázelosztó/gázellátó csővezeték; ~ **soldering iron** lángforrasztó páka; ~**-solid chromatography (GSC)** gáz-szilárd-(anyag) kromatográfia, (gáz)adszorpciós kromatográfia; ~ **solubility** gázoldási/gázelnyelési képesség; gázoldódás; ~ **solubility factor** gázoldódási tényező; ~ **space** *koh* gáztér; ~ **spark valve gap** gázszikraköz; ~ **spirit** *ol* mezőkondenzátum; ~ **splitting** → ~ **separation**; ~ **spraying** gázszórás; ~ **station** *US* benzinkút, üzemanyagtöltő állomás, töltőállomás; ~**(-)storage** gáztároló; gáztárolás; ~ **stove** gázfőző, gázrezsó, gázkandalló; gáztűzhely, gázkályha; ~ **streak** *bány* sújtólégben dús közbetelepülés; ~ **stream** gázáram; ~ **street lamp** (utcai) gázlámpa; ~**-suction tube** gázelszívó cső; ~**-suit** *kat* gázvédő öltözet/ruha; ~ **sump** gázmocsár; ~ **supply** gázellátás; ~ **supply by pipes** vezetékes gázellátás; ~ **supply with cylinder/bottle** palackos gázellátás; ~ **survey** *geof* talajgázfelvétel; ~ **sweetening** gázkéntelenítés; ~ **tank** gáztartály, gazométer; ~ **tanker** gázszállító tankhajó, gáztankhajó; ~ **tap** gázcsap; ~ **tar** gázkőszénkátrány; ~ **tester** gázjelző/gázellenőrző készülék; ~**-testing** *bány* gázmérés, sújtólégvizsgálat, sújtólégmérés; ~ **thermometer** gázhőmérő, gáztöltésű hőmérő; ~ **thread (gt)** gáz(cső)menet; ~**-tight** → gastight; ~**-to-oil ratio** gáz-olaj viszony; ~ **torch** *heg* hegesztőégő, gázégő; ~ **torch tip** hegesztőégő-betét, gázégőbetét; ~ **traces recording device** gáznyomregisztráló készülék; ~ **transfer vacuum pump** gázsugár-vákuumszivattyú; ~ **trap** gázfogó, gázgyűjtő; *ol* gázleválasztó, gázcsapda, gázszeparátor; *önt* légzárvány *(öntvényben)*; ~ **treating** *ol* gázelőkészítés; ~**-treating plant** *ol* gázüzem; ~ **triode** tirátron; gáztöltésű trióda; ~ **tube** *at* gázzal töltött cső, gázcső; ~ **tube pliers/tongs** *pl* (gáz)csőfogó; ~ **tungsten-arc welding** volfrámelektródás ívhegesztés, AVI-hegesztés; ~ **turbine (gt)** *rep* gázturbina, gázturbinás hajtómű; ~ **turbine combustor** *rep* gázturbinás hajtómű égéskamrája; ~**-turbine compressor (GTC)** *rep* gázturbinás hajtómű kompresszora; ~**-turbine driven railcar** *vasút* gázturbinás motorkocsi; ~**-turbine engine** *rep* gázturbinás hajtómű; ~**-turbine locomotive** gázturbinás mozdony; ~**-turbine (power) plant** gázturbinás erőmű; ~ **turbine power unit (GTPU)** *rep* gázturbinás hajtómű; ~**-type arrester** gázos túlfeszültség-levezető; ~**-type noise diode** gázkisüléses zajcső; ~ **unit** gázgyár, gázgenerátor; ~ **up** *v* gázzal tölt; ~ **uptake** gázelszívó cső; ~ **valve** gázszelep; ~ **vent** gázkiömlő/gázelvezető nyílás; gázkimenet, gázelvezetés; *önt* légző; ~ **ventilator** gázfúvó; ~ **void fraction** *ol* áramlási gáztelítettség; ~ **volume** gáztér; ~ **volume factor** gáztérfogati tényező; ~ **volumetric analysis** gázvolumetria; ~ **washer** *ol* gázmosó; ~ **washing** gázmosás; ~ **waste** gáznemű hulladék; ~ **watchman** *bány* sújtólégfigyelő; ~ **water** gázvíz; ~**-water contact/interface/level** *ol* gáz-víz határ; ~**-weighing balloon** gázpiknométer, gázsúlymérő palack; ~**-weld** *v* lánggal/gázzal hegeszt; ~ **welder** (autogén) gázhegesztő (készülék); ~ **welding** gázhegesztés, autogénhegesztés, lánghegesztés; ~**-welding torch** gázhegesztő égő; ~**-welding wire** gázhegesztő huzal; ~ **well** *ol* gázkút; ~ **well flow test(ing)** *ol* gázkútvizsgálat; ~ **withdrawal well** *ol* gázvisszatermelő kút; ~ **works** → gasworks; ~ **wrench** (gáz)csőfogó; ~ **yield** gázkihozatal, gázhozam; *koh* gázkihozatal; ~ **zone** *ol* gázos zóna; gázos zóna

gaselier gázcsillár, gázvilágítású csillár

gaseous gázos, gáznemű, gáz-; gáz-halmazállapotú, gázállapotú; → gas; ~ **cascade laser** többfokozatú gázlézer; ~ **compound** gáznemű vegyület; ~ **condition of aggregation** gázhalmazállapot; ~ **conduction** vezetőképesség gázállapotban; ~ **diffusion** gázdiffúzió; ~ **film** párologtatott réteg/film, gázfilm; ~ **fuel** gáznemű tüzelőanyag; ~ **hydrocarbon** gáznemű szénhidrogén; ~ **hydrogen** gázalakú hidrogén; ~ **insulating materials** gáznemű szigetelőanyagok; ~ **ion** gázion; ~ **medium** gáznemű közeg; ~ **mine** *bány* gázveszélyes bánya; ~ **nebula** gázfelhő; *csill* gázhalmazállapotú csillagköd/nebula; ~ **pollutant (of air)** *környv* gázszennyező; ~ **state (of aggregation)** gázhalmazállapot, gáznemű (halmaz)állapot, gázállapot

gaseousness gázszerűség, gáznemű (halmaz)állapot

gash bemetszés; hasadék, repedés *(földben)*; ~ **joints** *geol* szétágazó hasadékok; ~ **vein** kiékelődő érctelér

gasifiable (el)gázosítható, kigázosítható

gasification (el)gázosítás, kigázosítás; gázzá válás, gázfejlődés; ~ **plant/unit** gázgenerátor

gasifier gázgenerátor

gasiform → gaseous

gasify (el)gázosít; kigázosít; gázt fejleszt

gasifying | **apparatus** gázgenerátor; gázfejlesztő készülék; ~ **plant** elgázosító berendezés, gázfejlesztő, gázgenerátor

gasket tömítés; tömítőgyűrű, zsinórtömítés; *ép* hézagtömítő profil; *gép* védőgyűrű; *gépk* hengerfejtömítés, hengerfejtömítő lemez; *hajó* vitorlafűző kötél; ~ **board** *pa* tömítőlemez, tömítőkarton; ~ **cage** *gép* tömítéstartó hüvely; ~ **material** tömítőanyag; ~ **paper** tömítőpapír; ~**-retainer ring** tömszelence zárógyűrűje; ~ **ring** tömítőgyűrű, zsinórtömítés; ~ **seat** tömítőgyűrű fészke; ~ **sheet** tömítőlemez, tömítőkarton

gasketed tömített, tömítéses

gasless *bány* gáztalan; robbanásveszélytelen; ~ **detonator** *bány* füstnélküli/füstszegény gyutacs, gázszegény gyutacs

gaslight → gas-light

gasman gázleolvasó; gázszerelő; *bány* sújtólég-felvigyázó

gasolene → gasoline

gasolier → gaselier

gasoline *US* benzin, motorbenzin; *ol* gazolin; ~ **barrel** benzineshordó; ~ **blend** motorbenzin *(több komponensből elegyítve)*; ~ **brick** benzinbrikett; ~ **can** benzinkanna; ~ **chain saw** (benzinmotoros hajtású) kézi láncfűrészgép; ~ **consumption** *gépk* benzinfogyasztás; ~**-drive** benzinhajtású, benzinüzemű; benzinmotoros; ~ **drum** benzineshordó; ~ **dump** benzinraktár; ~ **electric** benzin-elektromos, benzin-villamos; ~ **engine (ge)** benzinmotor; Otto-motor; ~ **feed(ing) pipe** *gépk* benzin(táp)vezeték; ~**-filling station** üzemanyagtöltő állomás, töltőállomás, benzinkút; ~ **filter** benzinszűrő; ~ **fraction** benzinfrakció, benzinpárlat; ~ **fractionation column/tower,** ~ **fractionator** benzinfrakcionáló kolonna/torony/oszlop; ~**-free oil** benzinmentes olaj; ~ **ga(u)ge** *gépk* benzinállás-mutató, benzinóra; ~ **generating set** benzinmotoros áramfejlesztő gépcsoport/aggregát; ~ **hose** benzintömlő; ~ **injection** benzinbefecskendezés; ~ **inlet valve needle** *gépk* tűszelep; ~ **level** *gépk* benzinállás, benzinszint; ~ **level ga(u)ge** *gépk* benzinállásmutató, tüzelőanyagállás-mutató, benzinóra; ~ **operated/powered** → ~-drive; ~ **plant** gázfeldolgozó üzem; ~ **pump** *gépk* tüzelőanyag-szállító szivattyú, benzintápszivattyú; ~**-pump sediment chamber** benzintápszivattyú-vízzsák; ~ **recovery** gázkihozatal, gázhozam; ~ **refining plant** benzinfinomító (üzem); ~**-resisting** benzinálló; ~**-rich oil** benzindús olaj; ~ **separator** benzin- és olajfogó; ~ **shut-off** *gépk* benzinelzáró csap, benzincsap; ~ **splitting** benzinelválasztás; ~ **stabilization** benzinstabilizálás; ~ **storage** benzinraktár(ozás), benzintároló hely; ~ **stripping** benzinkigőzölés, sztrippelés; ~ **sweetening** benzin kéntelenítése; ~ **tank (GTk)** *gépk* benzintartály; ~ **trap** *ép* benzin- és olajfogó; *ol* gazolinleválasztó, benzinszeparátor, benzincsapda; ~**-vapo(u)r and air mixture** benzin-levegő keverék

gasomagnetron gáztöltésű magnetron

gasometer gáztároló, gáztartály, gazométer

gasometry gázanalízis

gasoscope *bány* metánindikátor

gassed end/yarn *tex* perzselt fonal

gasser gázkút

gassing gázfejlesztés; gázosítás, elgázosítás; gázosodás; *el* gázbuborék-fejlődés *(akkumulátorban)*; *élip, vegy* gázfejlődés; *műa* szellőztetés, légtelenítés; *orv* gázmérgezés; *tex* perzselés; ~ **frame/machine** *tex* gázperzselő (gép), gázlángos perzselőgép; ~ **of the thread** *tex* fonalperzselés; ~ **period** *műa* gázosítási/szellőztetési szakasz; ~ **power** *élip* gázfejlesztő képesség; ~ **process** *tex* perzselés(i folyamat)

gassy gázos, gáztartalmú, gáznemű, gáz(halmaz)állapotú; *bány* gázdús, gázzal telített; sújtólégveszélyes; ~ **coal seam** *bány* gázos széntelep; ~ **concrete** *ép* gázbeton; ~ **fermentation** *élip* gázfejlődéssel kapcsolatos erjedés; ~ **fissure** *bány* gázvezető repedés; ~ **mine** sújtóléges bánya; ~ **seam** *bány* gázos telep; *geol* gáztartó réteg; ~ **tube/valve** *vák* gázos/begázosodott cső

gastaldite *ásv* gastaldit

gastight (GT) gázbiztos, gázhatlan, gázt át nem eresztő, gázzáró; → gas-proof; *at* légmentes; ~ **door** gázzáró ajtó; ~ **housing** gázbiztos köpeny/ház; ~ **motor** gázzáró/robbanásbiztos motor

gastro-intestinal pick-up *orv* gastrointestinalis adó

gastroscope *orv* gyomortükör

gasworks gázgyár, gázművek; ~ **tar** gázgyári kátrány; ~ **waste water** gázgyári szennyvíz

gate kapu, bejárat; *aut* (logikai) kapu, kapuáramkör; *bány* előkészítő/fejtési vágat, folyosó; osztószintvágat; zsiliptábla; *el* kapu, kapuáramkör, kapuzáró áramkör; kapujel; kioltás; *ép, hidr* elzáró(szerkezet), gátszerkezet, zsilip(tábla), duzzasztómű zárószerkezete, (mozgó) gát; *félv* kapu, g-pólus, kapuelektród, vezérlőelektród; rács *(tirisztoré)*; *foto* képnyílás; *gépk* sebességváltó-retesz; *műa* gát *(fröccsöntő v. fröccssajtoló szerszámban)*; *önt* (álló) beömlő, beömlőszár; megvágás, rávágás, tápláló, bekötőcsatorna; *pa* anyagfelfutó nyílás; habléc; *rep* kijárat *(reptéren)*; *vasút* sorompó; ~ **amplifier** *távk* kivilágosító/kapuzó erősítő; ~ **apparatus** *hidr* vezetőkészülék; ~ **array** *szt* kaputömb; ~ **blocking** *félv* (rács)letiltás; ~ **chamber** *ép* zsilipkamra, előkamra; *gép* tolattyúház; *hidr* kapukamra; zárkamra; ~ **change** *gépk* szelektoros (át)kapcsolás *(sebességváltó-szekrényben)*; ~**-change gear** szelektoros csúszó fogaskerekes sebességváltó mű; ~ **check-in** *rep* érkező utasok és poggyászaik ellenőrzése; ~ **circuit** *el* gyújtókör; kapu(áramkör); ~ **closer** *em* ajtózáró/ajtócsukó (készülék); ~ **contact** *ép* biztonsági (ajtó)érintkező; ~ **control** *hidr* tolózárvezérlés; ~ **controlled rise time** *félv* átkapcsolási/felfutási idő; ~**-controlled sluiceway** *hidr* mozgógátas hordaléklebocsátó; ~**-controlled switch (GCS)** (kioltható) tirisztor; ~**-controlled turn-off time** kikapcsolási idő *(tirisztoré)*; ~**-controlled turn-on time** bekapcsolási idő *(tirisztoré)*; ~ **conveyer** *bány* vágatbeli szállítószalag; ~ **culvert** *hidr* csőzsilip; ~ **current** *el* kapuzóáram; *félv* gyújtóáram, vezérlőáram; ~ **cutter** *műa* leszakító *(fröccskúpot levágó szerkezet)*; *önt* beömlőlevágó olló; ~ **dam** mozgógátas duzzasztómű; ~ **drive (area)** *félv* gyújtási tartomány; ~ **drive parameters** *félv* gyújtási jellemzők; ~ **electrode** *félv* kapuelektród, vezérlőelektród; ~ **end** *bány* vájvég, vágatvég, frontkifutás *(szállítóvágatra)*; ~**-end loader** *bány* felrakógép, rakodógép *(vágatban)*; ~ **fitting** *ép* kapuveret; ~ **gallery** *hidr* tolózárfolyosó; ~ **generator** *távk* kapugenerátor, kivilágosító oszcillátor; ~ **head** → ~ end; ~ **hinge** *ép* kapuvasalás; ~ **hoist** *hidr* felhúzó szerkezet; ~ **house** → gatehouse; ~ **ingate** *koh* megvágás; ~ **knife** → ~ cutter; ~**-leg(ged) table** lehajtható lapú *v.* összecsukható lábú asztal; ~ **lever** *gép* tolózáremelő/csappantyúemelő kar; ~ **limiting device** *hidr* terheléskorlátozó, nyitáskorlátozó; ~ **lock** *em* ajtózár; *vasút* sorompózár, sorompóretesz; ~ **loss** *félv* vezérlési veszteség; *hidr* vízveszteség *(zsilipben)*; ~ **main** *bány* fővágat; ~ **manipulation** *hidr* gátkezelés; ~ **mark** *műa* beömlési/felöntési nyom *(fröccsöntött tárgyon)*; ~ **marker** *vasút* bejárati jelző; ~ **mixer** *koh* kalodás keverő; ~ **movement** *hidr* turbinazár mozgása; ~ **of a lock** *hidr* zsilipkapu; ~ **of a valve** szelepnyílás; ~ **of the town** *ép* városkapu; ~ **opening** *hidr* gátnyílás; turbinaszabályozó tolózárnyílás; ~ **operator** *em* ajtózáró, ajtócsukó (szerkezet); ~ **pack** *bány* meddőberakat; vágat melletti berakatsáv, tömedéksáv; ~ **pin** *önt* beömlőkúp, elosztókúp, beömlő-elosztómag; ~ **pulse** *el* kapuzóimpulzus, kapujel; ~ **quadrant** *gépk* sebességváltó-retesz; ~ **recess** *hidr* (zsilip)kapufülke; pillérfülke; ~**s** *pl önt* beömlőrendszer; ~ **saw** keretes fűrész, keretfűrész; ~ **seat** *hidr* zsilipküszöb; ~ **shears** *pl* állványos keretes olló; *heng* táblaolló; ~ **sill** *hidr* gátküszöb; ~ **stage** kapufokozat; ~ **stick** → ~ pin; ~ **switch** *em* ajtókapcsoló; ~ **telephone with door opener** *ép* kaputelefon; ~ **tension** *film* filmkapuszorítás, képkapuszorítás; ~**-tension device** *tex* láncfeszültség-kiegyenlítő; ~**-tensioner** *tex* rácsos fonalfék; ~ **trigger area** gyújtási tartomány; ~ **trigger characteristic** *félv* gyújtási/vezérlési jelleggörbe; ~ **trigger current** *félv* gyújtóáram, vezérlőáram; ~ **trigger data** vezérlés generátoradatai, vezérlőgenerátor adatai; ~ **triggering** *félv* gyújtási folyamat, gyújtás, begyújtás; ~ **trigger shape** vezérlőjelalak; ~ **trigger voltage** gyújtási feszültség, gyújtófeszültség; ~**-turn-off switch (GTDS)** kioltható tirisztor; ~**-type** tolózáras; sík *(tolattyú)*;

~-type spillway mozgógátas árapasztó; ~ valve (Gt.V.) zárószelep; csőzár, tolózár *(csővezetéké)*; *ép* füstjárat-szabályozó retesz; tolólapos elzáró; *hidr* csőzár, tolózár; *koh* üsttolózár; *vák* tolattyú; ~ **valve body** tolózárház; ~ **valve cover** tolózárházfedél; ~ **valve in oval casing** oválházú tolózár; ~ **valve spindle** tolózárorsó; ~ **voltage** *félv* vezérlőfeszültség, kapufeszültség; ~ **weir** *ép* torlasztó elzáró; ~**-wheel** tolózármozgató kerék; ~ **width** *el* kapuszélesség, áteresztési tartomány/sáv; *hidr* gátnyílás

gateage *hidr* turbina víznyelése

gated *szt* kapuzott; ~ **automatic gain control (gated AGC)** kapuzott automatikus erősítésszabályozás; ~ **multivibrator** monostabil multivibrátor; ~ **signals** *távk* kikevert jelek

gatehouse *ép* kapuőrbódé; kaputorony; *hidr* csőzárkamra

gatekeeper kapus, portás, kapuőr; *vasút* sorompóőr

gatepost *ép* kapuoszlop, kapufélfa; ~ **nail** kapuoszlopszeg

gateway *bány* folyosó, átjáró; szénelőkészítő *v.* szénben hajtott vágat; vágat lefejtett területen *v.* tömedékomlás mellett, lefejtett telepben visszahagyott vágat; *ép* kapubejárat, kapualj; *szt* átjáró, gateway, híd

gather I. *v* gyűjt, összegyűjt; összefoglal, elrendez; (meg)nő, gyarapszik; vastagabbá válik; *alak* duzzaszt, torlaszt *(kovácsolással)*; *mzg* begyűjt, betakarít *(termést)*; *nyom* összehord; *üveg* üveget merít; **II.** *n* ránc, redőzet; *gépk* előnyom, kerékösszetartás; *üveg* üvegcsepp, banka; ~**-sticker** *nyom* hernyófűző, irkafűző; ~ **write** *szt* gyűjtőírás

gathered drape *ruh* összefogott húzás, raffolás

gatherer *pa* gyűjtő; *üveg* kezdő buborék; ~ **plate** *bány* rakodópajzs; ~ **sheet** *mzg* terelőlemez

gathering *alak* duzzasztás, torlasztás; *ép* füstcső, gyűjtőkürtő; *nyom* összehordás; *pa* papír fekvése; ~ **arm** *em* harácsolókar, nyalábolókar; ~ **board** *élip* gyűjtőkeret; ~ **conveyer** gyűjtőszalag, gyűjtő szállítószalag; ~ **electrode** gyűjtőelektród; ~**-ground** *hidr* vízgyűjtő terület; ~ **haulage** *bány* közbenső szállítás; ~ **head** *bány* harácsolófej; ~ **iron** *üveg* merítővas; ~ **line** *ol* gyűjtővezeték, gyűjtő csővezeték; *vasút* szerelvény-összeállító vágány; ~ **machine** *nyom* összehordógép; ~ **ore pass** *bány* gyűjtőgurító; ~ **package** gyűjtőcsomagolás; ~ **pallet** merítő *(ütőórában)*; ~ **phase** *aut* befogási fázis; ~ **pump** *bány* átemelőszivattyú, segédszivattyú; ~ **shaker** *bány* gyűjtő rázócsúszda; ~ **station** *ol* kútközpont, gyűjtőközpont; ~ **tank** *ol* termelési/közös tartály; ~**-up** *koh* ráégés, tapadvány

gating *el* kioltás; *önt* beömlőrendszer; *távk* kapuzás; ~ **circuit** kapuáramkör, kapuzó áramkör; ~ **device** *vák* zsilip; ~ **electrode** vezérlőelektród, kapuelektród; ~ **pulse** kapujel, kapuzóimpulzus; ~ **pulse generator** kapugenerátor, kivilágosító oszcillátor; ~ **signal** *el* kapujel; ~ **stage** kapufokozat; ~ **system** *önt* beömlőrendszer

gauffer → goffer

gauge *US* **gage (ga) I.** *v* mérőeszközt hitelesít, kalibrál; megmér, mintával/alapmértékkel összehasonlít; tárál; méreteket ellenőriz; *ép* adagol *(cementet betonba)*; betont/habarcsot készít; méretre farag *(téglát)*; *fa* akóz *(hordót)*; *fa, hajó* köböz, köböl; *mt* idomszerez, idomszerrel mér/ellenőriz; méretre kiszab; **II.** *n* méret(szám), űrméret; mérőberendezés, mérőműszer; mérce, mérték; mérőeszköz; *el* savmérő *(areométer)*; *ép* cserépkiállási méret; *fiz* nyomásmérő, manométer; *gép* kaliber, idomszer; *hajó* merülés, mélyjárat; *heng* vastagság, vastagsági méret *(lemezé)*; *hidr* vízmérce, vízszintjelző (mérce); *kat* űrméret, öbnagyság *(puskáé)*; *kh* gépfinomság(i szám); *metr* etalon, standard; *mt* alakzó, sablon; *nyom* sablon, illeszték, formátum-beállító; *tex* fonalsűrűség *(vetüléké, szöveté)*; fonalszám; *vasút* nyomtáv; ütköző; ~ **bar** *gépk* kerékösszetartás-mérő; *vasút* nyomtávbiztosító rúd; ~ **bit** *gép* horonyfúró fej; ~ **block** *mt* mérőhasáb; ~**-block holder** mérőhasábtartó; ~ **block with cylindrical ends** hengeres véglapos idomszer; ~ **board** *ép, önt* alakozólap, alakozódeszka; *fa* sablondeszka; *rep* mérőműszertábla; ~ **bolt** mérőhorgony; ~ **centre/center line of rivet holes** *gép* szegecssor/szegecskiosztás vonala; ~ **chamber** *talt* feszültségmérő műszer/doboz; ~**-clearance (in curves)** *vasút* nyomtávjáték; ~ **cock** folyadékszintjelző csap, (vízmutató) próbacsap; ~**-concussion** *vasút* nyomkarima-ütközés; ~ **connection** *vák* mérőcsonk; ~ **control** *heng* vastagságszabályozás; ~ **correlation curve** *hidr* mércekapcsolati vonal; ~ **datum** *hidr* (vízmérce)nullpont; ~ **door** *bány* légszabályozó tolóajtó, szabályozható légajtó; ~ **factor** érzékenységi faktor *(nyúlásmérő ellenállásé)*; ~ **foot** *mzg* mélységtároló saru; ~ **for bore holes** → ~ pin; ~ **for wires and rods** huzalidomszer, huzalmérő, drótmérő; ~ **glass** folyadékmérő cső, folyadékszint-mutató üveg; folyadékállás-mutató, vízállásmutató; ~ **hatch** mérőnyílás; ~ **head** mérőfej, érzékelőfej, szonda; *vák* mérőcső; ~ **height** *hidr* vízállás, vízszint; ~**-hold** mérőhasábtartó; ~ **hole** mérőnyílás; *ol* mérőtorok; ~ **inset** illesztési betét, illesztőbetét; ~ **knife** *bőr* határolóval ellátott kés *(vágásmélység szabályozására)*; ~ **length** *any* jeltávolság; *mech* mérőhossz; ~ **line** *hidr* mérceszelvény; ~ **mark** mértékjelzés, mércerovátka; ~ **measuring device** *heng* szalagvastagság-mérő műszer; ~ **measuring interferometer** interferenciás komparátor, hosszmérő interferométer; ~ **narrowing** *vasút* nyomtávszűkítés; ~ **number** *heng* huzalméret, huzalvastagság, lemezvastagság; ~ **of cloth** *tex* szövet sűrűsége, vetüléksűrűség, vetésszám; ~ **of ship** hajófelmérés, (hajó)köbözés; ~ **piece** illesztőbetét, illesztőcsavar; ~ **pin** *gép* tűmérce, tűmérték, mérőcsap, mérőtű *(furatmérő)*; ~ **plate** *gép* pontossági egyengetőlap, ellenőrző prizma; *koh* húzóvas; *vasút* nyomtávbiztosító lemez; ~ **plate for drawing tubes** húzógyűrű, csőhúzó gyűrű; ~**-point** *any* mérési pont; ~ **port** *vák* mérőcsonk; ~ **pressure (gp)** *metr* manometrikus nyomás, túlnyomás; ~ **reading** *hidr* vízállás-leolvasás; ~ **ring** illesztőgyűrű, beállítógyűrű, beigazítógyűrű; ~ **rod** hézagolóléc; *ép* téglaréteg-számoló léc; *hidr* kalibrált mérce *(vízállás mérésére)*; *vasút* nyomtávbiztosító rúd; ~**-saw** állítóléces/mélységhatároló fűrész; ~**-setting device** *vasút* nyomközigazgató (szerszám); ~ **shoe** *mzg* mélységhatároló saru; ~ **strip** *gépk* hézagmérő; ~ **stuff** mészszulfátos habarcs; ~ **tank** *ol* mérőtartály; ~ **tap** mintavételi csap, próbacsap; ~ **tightening** → ~ narrowing; ~ **transformation** hitelesítő transzformáció; ~ **tube** *vák* mérőcső; ~ **well** *hidr* mérceakna, csillapítóakna; ~ **wheel** *mzg* tapogatókerék; ~ **zero** *hidr* nullpont

gaugeable, *US* **gageable** mérhető
gauged, *US* **gaged | arch (Gd A)** boltív idomtéglákból, idomkő boltozat; ~ **brick** mérettartó tégla; ~ **instrument** hitelesített műszer; ~ **mortar** javított mészhabarcs
gauger, *US* **gager** méretellenőrző; *ol* olajmérő
gauging, *US* **gaging** mérés; méretellenőrzés, hitelesítés, kalibrálás; *gép* idomszerezés; *kh* számozás, finomsági szám megállapítása; ~ **equipment** ellenőrző mérőberendezés; ~ **fixture** *forg* méretellenőrző készülék; ~ **mark** mértékjelzés, mércerovátka; ~ **nipple** mérőcsatlakozó *(szivattyún)*; ~ **notch** mérőrovátka, mérőjelzés; ~ **of mortar** habarcskészítés, habarcskeverés; ~ **of water** vízadagolás *(betonhoz, habarcshoz)*; ~ **plate** → gauge plate; ~ **pressure** *gép* mérőnyomás; ~ **ring** gyűrűs idomszer; ~ **rolls** *pl műa* kihúzó hengerpár *(kalanderen)*; ~ **section** *hidr* kiépített mérési szelvény; ~ **station** *hidr* (víz)mérceállomás, vízhozammérő állomás, vízállásmérő hely; *met* csapadékmérő állomás; ~ **structure** *hidr* mérőműtárgy; ~ **tank** *ol* mérőtartály; ~ **tensor** mértéktenzor; ~ **thread** *tex* gyöngyszegély; ~ **vertical** *hidr* függély
gault *geol* gault *(alsókréta)*; ~ **clay** *ker* márgás agyag
gauntlet motoroskesztyű
gauss *metr* gauss
Gauss | approximation *mat* Gauss-approximáció; ~ **coordinates** *mat* görbevonalú koordináta; ~ **divergence theorem** *mat* Gauss-tétel, Gauss—Osztrogradszkij-tétel, divergenciatétel; ~ **elimination method** *stat* Gauss-féle eliminációs eljárás; ~ **eyepiece** *fiz* Gauss-féle okulár; ~ **interpolation formulas** Gauss-féle interpolációs formulák; ~ **method of weighing** Gauss-féle mérlegelési módszer; ~ **position** Gauss-féle főhelyzet; ~ **quadratura formula** Gauss-féle kvadratúraformula; ~ **ray** *opt* paraxiális sugár; ~ **system of units** Gauss-féle abszolút mértékrendszer
gaussage *el* mágneses térerősség *(gaussban)*
Gaussian | algorithm Gauss-féle algoritmus; ~ **curvature** Gauss-féle görbület; ~ **curve** Gauss-görbe, haranggörbe, normális eloszlási görbe; ~ **distribution** Gauss-eloszlás; Gauss-féle (normál)eloszlás; ~ **error curve** → ~ curve; ~ **error distribution curve** → ~ curve; ~ **error function** hibafüggvény, hibaintegrál, Gauss-féle hibafüggvény; ~ **law of error distribution** Gauss-féle hibatörvény *v.* (hiba)eloszlási törvény; ~ **noise** gaussi/Gauss-eloszlású zaj; ~ **number** Gauss-féle szám; ~ **plane** komplex (szám)sík, Gauss-féle számsík; ~ **pulse** harangimpulzus; ~ **random noise** → ~ noise; ~ **transcendental function** → ~ function; ~ **variable** Gauss-féle változó, normál eloszlású változó; ~ **well** Gauss-potenciál, Gauss-féle potenciálvölgy/potenciálgödör; ~ **white noise** *távk* gaussi zaj, Gauss-eloszlású fehérzaj
gaussmeter *el* gaussméter, gaussmérő
gauze szövetháló, fémháló; *tex* géz, szitaszövet, fátyolszövet; ~ **bonnet** fémhálós borítósapka *(biztonsági lámpához)*; ~ **brush** *el* rézszövetkefe; ~ **draught** *tex* forgószálas fűzés; ~ **fabric** fém szitaszövet; ~ **filter** *gépk* szűrőszita; ~ **glass** *ép* huzalbetétes préselt üveg, betétes üveg; ~ **nozzle** *rep* rácsos fúvóka/sugárcső; ~ **strainer** gézszövetszűrő, muszlinszűrő; *gépk* szűrőszita *(olajszivattyúban)*; ~ **treadle** *tex* szövőszéklábító gézkötéshez; ~ **trimming** *tex* gézszegélydíszítő csipke; ~ **weave** *tex* forgókötés, gézkötés, fátyolkötés; ~ **wire cloth** huzalfonat, huzalszövet, huzalháló
gauzy | fabric fátyolszövet; ~ **gavelock** *hajó* csáklya
gaw árok; *bány* telepelvékonyodás; vízcsorga, vízvágat
Gay-Lussac|'s law Gay-Lussac-törvény; ~ **tower** Gay-Lussac-torony *(kénsavgyártás)*
gaylussite *ásv* gaylussit
gaze → gauze
gazebo *ép* beüvegezett zárt erkély; nyári lak
gazetteer földrajzinév-tár, helységnévtár
gazogene szódavízgyártó készülék
gazohol benzin-alkohol keverék
Gb → gilbert
GB → gigabyte; → glide-bomb; → gun-boat
g.b. → grid bias
GC → gas chromatography; → gas-cooled; → grade crossing; → great circle; → ground control; → ground crew; → gun carriage; → gun cotton
GCA → ground-controlled approach; → ground-controlled approach system
GCD → great-circle distance; → greatest common divisor
GCL → ground control of landing
GCR → gas-cooled reactor; → ground control radar; → group code recording
GCS → gate-controlled switch
GCWR → gross combination weight rating
Gd → gadolinium
GD → gravimetric density; → ground detector; → gun director
Gd A → gauged arch
gdm → geodynamic metre
GDO → grid-dip oscillator
gdr → guard rail
GDT → graphic display terminal
ge → gasoline engine
Ge → germanium
GE → gas-ejector
geanticline *geol* geoantiklinális
gear I. *v* áttételez, áttétellel hajt; bekapcsol, kapcsol *(fogaskerekeket, hajtóművet)*; kapcsolódik *(fogaskerék)*; felgyorsul; **II.** *n* felszerelés, szerelvény; működés, üzem; készülék, szerkezet, mechanizmus; *bány* bányász-szerszámfelszerelés; vízi szénrakodó; *gép* fogazott/fogaskerekes áttétel/hajtás; gépezet; hajtómű, közlőmű; *gépk* differenciál-napkerék; fogaskerék; sebességfokozat; *hajó* (árboc)felszerelés, kötélzet; felvonó, emelőszerkezet; *közl* áttételi arány *(kerékpáron)*; *szersz* szerszámkészlet; *távb* lemezkerék; ~ **arrangement** *gépk* sebességkapcsolási sorrend; ~ **assembly** fogaskerék-szerelvény; fogaskerekes átvitel, fogaskerék-kapcsolás; fogaskerék-sorozat; *rep* reduktor; ~ **blank** nyerstárcsa *(fogaskeréké)*, nyerskerék; ~**-block** *gép* csoportkerék; ~ **body** fogaskeréktest; ~ **case** *gép* fogaskerékház; *gépk* láncburkolat *(motorkerékpáron)*; sebességváltószekrény, sebességváltóház; ~ **chain** fogaskerék-sorozat; ~**-chamfering and deburring machine** fog(le)gömbölyítő és sorjázó gép; ~ **change** *gép* áttétel-átkapcsolás, sebességváltás, sebességfokozat-kapcsolás; ~**-change box** *gépk* sebességváltó(-szekrény); ~**-change layout** *gépk* sebességváltási vázlat;

~-change lever sebességváltó kar; **~-change lever casing** *gépk* távkapcsoló szekrény *(sebességváltó karé)*; **~-change lever knob** *gépk* sebességváltó(kar)-gomb; **~ changing** sebességfokozat-kapcsolás, sebességváltás; **~ checker** fogaskerékvizsgáló készülék; **~(-)clutch** (fogazott) tengelykapcsoló; **~ control fork** → **~** -shift fork; **~-control lever** sebességváltó kar; **~ coupling** *gép* fogaskerekes kapcsoló; fogazott tengelykapcsoló; **~ cutter** fogmaró gép; **~ cutting** *forg* fogazás; **~-cutting machine** fogazógépek; **~ down** *v gép* csökkent *(fordulatszámot)*; lelassít, lassító áttétellel hajt; *gépk* visszakapcsol *(alacsonyabb sebességre)*; **~(-)drive** fogaskerékhajtás, fogaskerék-hajtómű; **~-fixing ball** *gépk* sebességváltókar-rögzítő golyó; **~ forming** *heng, gép* felhengerés, kikarimázás; **~ for spreading members** *ép* ívelt pályás járószerkezet; **~-generating** *forg* lefejtő; **~ generating grinder** lefejtő fogköszörű(gép); **~-generating milling-machine** lefejtő fogmaró/marógép; **~ grease** hajtóműzsír; **~ grinder, ~ grinding machine** fogköszörű(gép); **~ guard** fogaskerékház; **~-head** *bány* réselőfej, vágófej; **~ hob** lefejtő fogmaró; **~ hobbing** lefejtő marás *(fogaskeréké)*; **~-hobbing machine** lefejtő fogmarógép; **~-housing** fogaskerékház; **~ in** *v* (egymásba) kapcsolódik; **~-in** *gép* bekapcsolt; **~-lapping machine** fogtükrösítő gép; **~ level** *v* 1:1 *v.* egy az egyhez áttétellel hajt; **~ lever** sebességváltó kar; működtető kar/emeltyű; **~ lubricant oil** → **~** oil; **~ marks** *nyom* rollercsík; **~-milling machine** fogmaró gép; **~ motor** fogaskerék-motor, fogaskerékmű-hajtó motor; reduktoros motor; **~ mo(u)lding machine** *önt* fogaskerék-formázó gép; **~ oil** hajtóműolaj, sebességváltó-olaj, transzmissziós olaj; **~ pair** hajtómű, közlőmű; fogaskerekes áttétel; **~ pedal** sebességváltó pedál *(motorkerékpáron)*; **~ planer, ~ planing machine** fogazó gyalugép, foggyalugép; **~-position indicator** sebességfokozat-jelző *(motorkerékpáron)*; **~ preselector** *gépk* preszelektív/előválasztó sebességváltó; **~ puller** fogaskerék-lehúzó; **~ pump** fogaskerék-szivattyú; **~ quadrant** *gép* fogas ívnegyed; olló *(esztergán)*; *gépk* fogasív; **~ rack** *gép* fogasléc; **~ ratio (GR)** módosítás, áttételi viszony/szám, áttétel; *gépk* sebességváltó áttétele; **~ reducer** *gép* reduktor; **~ reducer unit** *heng* redukáló hengerpár; **~ reduction** redukáló/(fordulatszám-)csökkentő áttétel; **~ release** *kat* elsütőemelő-kioldó; **~ rim** *gép* (fogas)koszorú, fogaskerékkoszorú; **~ ring** (fogas)koszorú, fogazott gyűrű; **~ rod arm** *gépk* kormánykar; tengelycsonk; **~ roller, ~ rolling machine** *forg* foghengerlő gép; **~ segment** *finm* fogas szegmens; **~ selection** *gépk* sebességválasztás; **~ set** fogaskerék-sorozat; **~ shaft** áttételi tengely; *gépk* előtéttengely; *ol* hajtómű-tengely; **~ shaper, ~ shaping machine** foggyalugép; **~ shaping machine by the generating process** lefejtő foggyalugép; **~ shaver** foghántoló szerszám/gép; **~-shaving machine** foghántoló gép; **~ stop** *kat* fogaskerék-állító; **~ streaks** *nyom* rollercsík; **~ synchronization** sebességváltó szinkronozó kapcsolása, szinkronizáló berendezés, szinkron kapcsolás/kapcsoló; **~ tester, ~ testing machine** fogprofilvizsgáló/fogaskerék-vizsgáló gép; **~-tooling fixture** fogazókészülék; **~-tooth calliper** fogaskerék-idomszer, fog-tolómérce; **~-toothed bar** fogasléc, fogasrúd; **~-tooth forming** (fogaskerék-)fogazás; **~-tooth grinding-machine** fogköszörű; **~-tooth micrometer** *gép* fogmérő mikrométer; **~-tooth milling cutter** fogazómaró, fogmaró; **~-train** csoportfogaskerék, fogaskerék-sorozat; **~ up** *v* felgyorsít, gyorsító áttétellel hajt; (meg)növel *(fordulatszámot)*; *gépk* felkapcsol *(magasabb sebességre)*, sebességet vált; **~-up ratio** *gép* gyorsító módosítás; **~ walking** *rep* futómű vibrálása kifutás közben; **~-wheel** → gearwheel

gearbox *gép* fogaskerekes hajtómű; *gépk* sebességváltó (mű); *rep* sebességváltó áttételház; **~ case/casing** *gép* fogaskerékszekrény, fogaskerékház; *gépk* sebességváltóház, sebességváltó-szekrény; **~ case cap, ~ cover plate** *gépk* sebességváltó-fedél; **~ drive** sebességváltó segédhajtása; **~-driving shaft** nyelestengely *(sebességváltóban)*; **~ flange** sebességváltóház-felerősítő karima; **~ lid** sebességváltó-fedél; **~ main shaft** sebességváltó főtengelye

geared bekapcsolt, üzemben/működésben levő *(szerkezet)*; *gép* áttételezett; fogaskerék-áttételes, fogaskerék-hajtású; **~ airscrew** *rep* reduktoron áthajtott légcsavar; **~ diesel engine** *vasút* dízelmozdony; **~-down** *gép* lassított, lassító áttétellel hajtott; **~-(down) engine** reduktoros *v.* csökkentő áttételes motor; **~ drive** fogaskerékhajtás, fogaskerék-hajtómű; kényszerhajtás; **~ feed** *forg* kényszerelőtolás; **~-friction head** dörzshajtásos sebességváltó; **~ head** *forg* sebességváltós főorsó; **~ headstock** áttételhajtású orsószekrény; **~ hoist** áttételes emelőcsörlő; **~ locomotive** előtétkerekes áttételű mozdony; **~ motor** hajtóműmotor; *heng* sorvonó motor; **~ reducing press** *forg* keréklehúzó sajtó; **~ rim** külsőfogas koszorú; **~ shaper** fogasléchajtású harántgyalu; **~ spring tab** *rep* segédkormány; **~ transmission** erőátvitel fogaskerékkel; fogaskerékáttétel; **~ turbo-generator** fogaskerék-hajtásos turbógenerátor; **~-up** *gép* felgyorsított, gyorsító áttéttel hajtott; **~ valve** vezérelt szelep

gearing áttételezés, mozgásáttétel; fogazás; (fogaskerék-)hajtómű; **~ angle** *gép* profilszög; **~-down** fordulatcsökkentő áttételezés; **~-in** kapcsolódás *(fogaskerekeknél)*; **~ interference** kapcsolódási hiba *(fogaskerekeknél)*; **~-up** *gép* felgyorsítás, gyorsító áttételezés

gearksutite *ásv* gearkszutit

gearless áttételi szerkezet nélküli; sebességváltó nélküli; **~ motor** reduktor nélküli motor

gearshift *gépk US* sebességváltó; **~ ball** sebességváltó kar gombja; **~ bar** *gépk* előtéttengely; **~-control shaft** *gépk* kormánykapcsoló tengely *(kormányrúd mellett)*; **~ diagram** sebességkapcsolási sorrend, sebességváltó kapcsolási vázlata; **~ fork** sebességfokozat-kapcsoló villa, kapcsolóvilla; **~ lever** sebességváltó kar; **~ lever knob** *gépk* sebességváltó kar gombja; **~ linkage** sebességváltó kapcsolószerkezete/kapcsolórudazata; **~ rod** sebességváltó csúszópálcája; **~-selector rod** kormánykapcsoló (szelektorrúd)

gearshifting áttétel-átkapcsolás, sebesség(fokozat)váltás; **~ mechanism** sebességfokozat-kapcsoló berendezés

gearwheel fogaskerék; nagykerék; **~ cutter** fogmaró gép; **~ drive** → gear drive; **~s** (fogaskerék-)áttétel

geat *nyom* öntőkanál csőre; *önt* (álló) beömlő, beömlőszár

Gedinnian stage *geol* gedinni emelet
gedrite *ásv* gedrit
geepound *met* geepound, slug
Geer oven *gumi* Geer-öregítőkemence
Gee-system *rep* Gee (navigációs rendszer)
gegenion *fiz* ellenion
gegenschein *csill* állatövi/zodiakális fény
gehlenite *ásv* gehlenit
Geiger | counter *at* Geiger—Müller-számláló; ~ **(counting) region** Geiger—Müller-számlálási tartomány; ~**-Müller counter (G-M counter)** *at* Geiger—Müller-számláló, GM-számláló; ~**-Müller (counter/counting) tube** Geiger—Müller-számlálócső; ~**-Nuttall relationship** *at* Geiger—Nuttall-törvény
geikielite *ásv* geikielit
Geissler tube *el* Geissler-cső
gel I. *v* kocsonyásít; géllé alakul, megkocsonyásodik; **II.** *n vegy* gél; ~ **adsorption chromatography** géladszorpciós kromatográfia; ~ **cement** gélcement; ~ **chromatography** gélkromatográfia; ~ **clew** gélgombolyag; ~ **coat** *műa* gelcoat, fedőréteg *(üvegerősítésű műanyagtárgyakon)*; ~**-effect** géleffektus, gélhatás; *ol* géltörési hatás; ~ **filtration** *műa* gélszűrés; ~**-like** zselatinszerű, kocsonyás; ~**-peptizing material** *foto* zselatinemésztő anyag; ~ **permeation** gélpermeáció; ~ **permeation chromatography (GPC)** gélpermeációs/gélszűrős/gélátereszéses kromatográfia; ~ **point** gélpont; ~ **rubber** gélkaucsuk; ~ **strength** *ol* gélerősség; ~ **structure** gélstruktúra, gélszerkezet; ~ **time** *műa* gélesedési/zselatinálódási idő
gelate *vegy* gélesedik; gélesít
gelatification → gelation
gelatinate kocsonyásít, kocsonyásodik; *műa* zselatinizál
gelatin(e) kocsonya; *gyógyv* zselatin; *vegy* állati enyv, csontenyv, zselatin; ~ **board** *pa* zselatinkarton; ~ **capsule** *gyógyv* zselatinkapszula; ~**-coating** *gyógyv* zselatinnal bevonás, drazsírozás; ~ **dynamite** *bány* dinamitgél, zselatindinamit; ~ **explosive** *bány* robbanózselatin; ~ **filament** zselatinfonal, zselatinszál; ~ **film** zselatinréteg; ~ **filter** *foto* zselatinszűrő; ~ **medium** zselatin tartalmú baktérium-táptalaj; ~ **paper** zselatinpapír; ~ **printing** *nyom* fénynyomás; ~ **roll(er)** *nyom* zselatinhenger, masszahenger; ~ **solution** *gyógyv* zselatinoldat
gelatin(iz)ation kocsonyásítás; kocsonyásodás; *élip* csirizesedés; *műa* zselatinizálás; zselatinosodás
gelatinize *élip* csirizesedik; *foto* zselatinnal bevon; *vegy* kocsonyásít, zselatinizál; kocsonyásodik, zselatinosodik
gelatinizing agent/substance zselizálószer, gélesítőszer
gelatinoid zselatinoid, gélszerű
gelatinous gélállapotú; zselatinszerű, kocsonyás; ~ **fibre/fiber** *pa* húzott farost/fasejt
gelation kocsonyásodás; megalvadás; *élip* csirizesedés *(keményítőé)*; *műa* gélesedés, zselatinálódás, gélesítés, zselizálás, zselatinálás; *vegy* geláció, gélképződés; gélesedés, gélesítés; ~ **effect** *műa* gélhatás; ~ **machine** *műa* zselizáló készülék; ~ **point** *műa* gélpont
gelbin *vegy* baritsárga, bárium-kromát
gelid jeges; (jég)hideg, megfagyott; lehűtött, fagyasztott
gelification point gélpont
gelignite gelignit *(robbanóanyag)*
gelled gélesített, gélesedett; ~ **fluid** gél; ~ **fuel** *rep* kocsonyásított üzemanyag
gelling → gelation; ~ **agent** gélképző (anyag), gélesítőszer, kocsonyásítószer; ~ **power** *élip* gélképző/kocsonyásító képesség
gelose *élip* agar(-agar)
gem drágakő; ~ **cutter** drágakőmetsző
GEM → graphics environment manager; → ground effect machine
gemel window *ép* ikerablak, kettős ablak
geminate I. *v* (meg)kettőz, (meg)kettőződik; *any* ikresedik; *ép* párosával helyez el; **II.** *a* iker, páros; párosított, kettős; ~ **crystal** *ásv* ikerkristály
gemination (meg)kettőződés; *ásv, koh* ikerképződés
genappe *tex* perzsel; ~ **(yarn)** perzselt fésűsfonal
gene gén; ~ **action/effect** génhatás; ~ **change** génváltozás; ~ **interaction** génkölcsönhatás; ~ **mutation** génmutáció
genemotor *el* egyarmatúrás átalakító
general általános, közös; univerzális, egyetemes; ~ **arrangement** általános elrendezés; *ép, gép* elrendezési rajz; ~ **arrangement drawing (GAD)** összeállítási *v.* általános elrendezési rajz; ~ **associative law** *mat* általános asszociatív szabály; ~ **average** közös/nagy hajókár; ~ **aviation (GA)** *rep* általános célú repülés, közforgalmon kívüli repülés; ~ **bed load transport** *hidr* általános/teljes hordalékmozgás/hordalékhozam; ~ **call „to all stations"** *rád* általános hívás; ~ **cargo** *hajó* darabáru; részrakomány; ~ **cargo crane** darabáru-rakodó daru; ~ **cargo ship/vessel** általános darabáru-szállító hajó; ~ **case** általános eset; ~ **characteristic curves** *pl hidr* egyetemes kagylódiagram/kagylóábra; ~ **circulation** *met* általános/planetáris/légköri cirkuláció, általános légkörzés; ~ **classification of merchandise** *vasút* áruosztályozás; ~ **continuum hypothesis** *mat* általánosított kontinuumhipotézis; ~ **control area** *rep* távolvigyázó körzet; ~ **costs** *pl* általános költség; ~ **declaration** általános nyilatkozat; ~ **diffused lighting** szórt fényű világítás; ~ **diffused lighting fitting** szórt fényű lámpatest; ~ **direction** *bány* főcsapás *(teléré, telepé)*; ~ **engineering** általános gépészet; ~ **equation** *mat* általános (algebrai) egyenlet; ~ **expenses** *pl* általános költség; ~ **extinction law** *ásv* általános kioltási törvény; ~ **flight rules (GFR)** *rep* nemzetközi repülési szabályok; ~ **forecast** *met* általános előrejelzés; ~ **foreman** főmester; ~ **form of a quadratic equation** általános másodfokú egyenlet; ~ **gain coefficient** *aut* teljes erősítési tényező; ~ **gas law** *fiz* általános gáztörvény; ~ **geophysics** általános geofizika; ~ **grid** *el* országos hálózat *(erősáramú)*; ~ **hand** → ~ worker; ~ **inference** → ~ forecast; ~ **integral** általános integrál; ~ **interface control (GIC)** *szt* általános interfészvezérlés, GIC; ~ **law of similitude** általános hasonlósági törvény; ~ **layout** általános (elrendezési) terv; áttekinthető helyszínrajz; ~ **lighting** általános világítás; ~ **linear programming problem** *szt* általános lineáris programozási feladat, általános LP feladat; ~ **map** általános/átnézeti térkép, áttekintőtérkép; ~ **memory** *aut* operatív memória; ~ **model-law** általános hasonlósági törvény; ~ **model of optimization** extremalizálás általános modellje, általánosított optimalizálási modell; ~ **movement** *hidr* általános mozgás; ~ **movement of bed load** általános hordalékmoz-

gás; ~ **office worker** irodai alkalmazott; ~ **overhaul** általános javítás, főjavítás, generáljavítás, nagyjavítás; *koh* kohóátépítés; *rep* felújító nagyjavítás; ~ **pass key** *szersz* vezérkulcs; ~ **pattern** általános elrendezés; ~ **perspective** *ép* összkép; ~ **plan** *bány* főterv; *ép* áttekintő helyszínrajz; általános elrendezési terv; *gép* főmérettáblázat; ~ **plan of site/location** *ép* (áttekinthető) helyszínrajz; ~ **plot** *ép* áttekintő helyszínrajz; ~ **post office** főpostahivatal; ~ **precession** *csill* általános/teljes precesszió; ~ **product** *mat* tenzorszorzat, tenzoriális szorzat; ~ **product of automata** automaták általános szorzata; ~**-purpose (GP)** általános rendeltetésű, általánosan alkalmazható; egyetemes; többcélú; univerzális, egyetemes; ~**-purpose airplane** *rep* általános rendeltetésű repülőgép; ~**-purpose bridge** *el* univerzális mérőhíd; ~**-purpose computer (GPC)** univerzális *v.* általános célú számítógép, GPC; ~**-purpose diode** univerzáldióda; ~**-purpose interface bus (GPIB)** *szt* általános célú interfészbusz; ~**-purpose language** *szt* általános célú programnyelv; ~**-purpose machine** egyetemes/többfeladatos/univerzális gép; ~**-purpose manipulator** *at* univerzális/többcélú manipulátor; ~**-purpose program** *szt* általános célú programnyelv; ~**-purpose radar (GPR)** általános rendeltetésű radar, többcélú radar; ~**-purpose sample** *stat* általános célú minta; ~**-purpose simulation system (GPSS)** *szt* általános célú szimulációs nyelv, GPSS; ~**-purpose stone** egyetemes fenőkő; ~**-purpose system** *rep* általános felhasználású rendszer; ~**-purpose varnish** lakk általános célra; ~**-purpose vehicle (GPV)** többcélú jármű; ~ **quadric** *mat* általános másodfokú egyenlet; ~ **reconnaissance** *geof* általános/felderítő kutatás; ~ **relativity (theory) (GR)** általános relativitáselmélet; ~**-release print** *film* bemutatókópia; ~ **scheme** *ép* általános séma; ~**-service** → general-purpose; ~**-service hoist** univerzális emelő; ~**-service water** ipari víz; ~ **shear failure** *talt* általános törés; ~ **solution** *mat* általános megoldás; ~ **solution of the nth-order system** n-ed rendű rendszer általános megoldása; ~ **state** *mech* általános (feszültségi) állapot; ~ **storage** *szt* főtároló, főmemória, primer tár/memória, központi tár/memória; ~ **store** *aut* operatív memória; ~ **system** (bonyolult) rendszer; ~ **telegraph exchange (GENTEX)** *távb* GENTEX-hálózat, általános nyilvános távírószolgálat; ~ **term** *mat* általános tag; ~ **theory of relativity (GTR)** általános relativitáselmélet; ~ **theory of shells** általános héjelmélet; ~ **topology** általános topológia; ~ **town picture** *ép* összvárosképp; ~ **traffic** *rep* általános légiforgalom; közforgalom; ~**-utility** → general-purpose; ~ **view** általános nézet, elölnézet, látkép; ~ **worker** segédmunkás

generalist nem specialista (szakember)

generalities *pl* általános fogalmak; *ép* általános részek

generality általános jelleg/érvény(űség); ~ **of the method** módszer általánossága

generalization általánosítás

generalize általánosít; meghonosít, elterjeszt; *geol* összevon *(térképrajzolásnál)*

generalized *mat* általánosított; ~ **algorithm** generalizált algoritmus; ~ **continuum hypothesis** általánosított kontinuumhipotézis; ~ **coordinate** általánosított/általános koordináta; ~ **factorial function** gamma-függvény, másodfajú Euler-integrál, faktoriális függvény; ~ **force** *mech* általánosított erő; ~ **function** *mech* disztribúció, általánosított függvény; ~ **impulse** *mech* általános impulzuskoordináta; ~ **mean** általánosított középérték; ~ **ratio test** hányadoskritérium; ~ **stress** *mech* általánosított feszültség *v.* belső erő; ~ **sum** szumma, általánosított összeg; ~ **total emission** általánosított összemisszió; ~ **transformation** *mat* generalizált transzformáció; ~ **transportation problem** általánosított szállítási feladat; ~ **velocity** *mech* általános koordinátasebesség; általános sebességkoordináta

generally valid formula *mat* általánosan/azonosan igaz formula, érvényes *v.* logikailag igaz formula

generate előidéz, kelt; létrehoz, létrejön; *el* előállít, gerjeszt, termel *(áramot)*; *forg* lefejt, legördít *(fogaskereket)*; lefejtéssel mar; *hőt* fejleszt, termel; *mat* alkot, leír; generál, kifeszít *(vektorteret)*; *vegy* képez, fejleszt; ~ **gas** gázt fejleszt/termel; ~ **steam** gőzt fejleszt

generated | **address** *szt* kiszámított cím; ~ **by an alphabet** *szt* ábécé által generált; ~ **profile** lefejtett foggörbe; ~ **surface** lefejtett felület

generating | **angle** *gép* lefejtőszög; ~ **bed** *geof* gerjesztő réteg; reflektáló/refraktáló réteg; ~ **capability** *el* fejlesztési készség; ~ **capacity** energiakapacitás; ~ **circle** *gép* lefejtőkör, származtatókör; ~ **curve of an envelope** *mat* burkoló osztálygörbe; ~ **cutter** lefejtőmaró; ~ **function** generátorfüggvény, generálófüggvény; ~ **level gear planer** kúpos lefejtő gyalugép; ~ **line** *gép* íróvonal, íróegyenes; *mat* alkotó(görbe), egyenes/görbe vonalú alkotó, generátor(egyenes); ~ **milling cutter** lefejtő csigamaró; ~ **plant** *el* erőmű, áramfejlesztő telep/berendezés; ~ **process** *el* áramfejlesztési eljárás; *forg* lefejtőeljárás; ~ **routine** *szt* fordítóprogram, programozó program; ~ **set** generátor-gépcsoport, áramfejlesztő gépcsoport/aggregát; ~ **station** *el* erőmű, áramfejlesztő telep/berendezés; ~ **surface** fűtőfelület; ~ **unit** *el* áramfejlesztő aggregát/(gép)csoport; generátoraggregátum; gépegység *(erőműben)*

generation fejlesztés; keltés, képzés, generálás; *ásv* kiválás *(kristályé)*; *el* áramfejlesztés; *félv* generálás, generáció, töltéshordozó-gerjesztés; *fiz, szt* generáció, nemzedék; *mat* deriváció, levezetés; *vegy* fejlődés, képzés; képződés; ~ **in bulk** *geol* tömeges keletkezés; ~ **matrix** generációmátrix; ~ **of controlling voltage** szabályozófeszültség-gerjesztés; ~ **of electrical energy** villamos energia előállítása; ~ **of gas** gázfejlesztés; gázfejlődés; ~ **of heat** hőfejlesztés; hőfejlődés, hőképződés; ~ **of magnetic field** mágnestérgerjesztés, mágnesmező-gerjesztés; ~ **of nuclei** atommagnemzedék; ~ **of pairs** *félv* párképződés; ~ **of random numbers** *szt* véletlen számok generálása; ~ **plant/station** *el* erőmű, áramfejlesztő telep; ~ **rate** *félv* generálási/párképződési idő/sebesség; ~ **time** *at* generálási idő, neutrongenerálás (átlagos) időtartama

generator *el* generátor; *gépk* dinamó, áramfejlesztő; *mat* (egyenes vonalú) alkotó, alkotóegyenes; generátor, generáló elem *(csoporté)*; *szt* kódgeneráló program, generátor; *távb* induktor; *távk* rezgéskeltő (generátor), oszcillátor; *vegy* generátor, gázfejlesztő (palack); ~**-adjusting arm** *gépk* töltődinamó-állító kar *(ékszíjfeszítésre)*; ~ **brush** *el* szénkefe; ~ **busbar** generátor-gyűjtősín; ~ **call** *távb* induktoros hívás; ~ **cap** dinamóvédő pajzs; ~ **chamber** gépkamra; ~ **circuit** *el* generátorkör; ~ **dynamic characteristic** dinamikus generátor-jelleggörbe; ~ **furnace** gázgenerátor; ~ **gas** generátorgáz; ~ **impedance** generátorimpedancia; ~ **matrix** *szt* generátormátrix; ~ **of random signals** véletlenjel-generátor, zajgenerátor; ~ **of ultrasonic waves** ultrahanggerjesztő, ultrahangadó; ~ **panel** generátor-kapcsolótábla; ~ **program** *aut* kódgeneráló program; ~ **regulator** *gépk* feszültségszabályozó; ~ **room** gépkamra; ~ **running** *el* generátorüzem; ~ **set** generátorcsoport; ~**s of ions** ionképzők, ionképző anyagok; ~ **surface** *hőt* fűtőfelület; ~ **tube/valve** oszcillátorcső, generátorcső; ~ **voltage** generátorfeszültség; ~ **warning light** *gépk* töltésellenőrző lámpa; ~ **wood** *fa* generátorfa

generatrix *mat* (egyenes vonalú) alkotó, alkotóegyenes; generátor, generáló elem *(csoporté)*; ~ **in contact** *gép* érintkezési alkotó

generic I. *a* általános, közös; **II.** *n film* főcím; ~ **address** *szt* gyűjtőcím; ~ **curve** *mat* általános görbe; ~ **name/notion** jogilag nem védett (gyártmány)név; fajtamegjelölés

genesis eredet, keletkezés; genezis

genetic | dose genetikai (sugár)dózis/sugárterhelés; ~ **drift** genetikai sodródás/sodrás/drift; ~ **effect** genetikai hatás; ~ **engineering** génsebészet; ~ **gain** genetikai nyereség; ~ **industry** őstermelő ipar; ~ **information** genetikai információ; ~ **ray effect** genetikai sugárhatás; ~ **variance** genetikai variancia

genetically-significant dose (GSD) genetikailag szignifikáns dózis

genetics *bány* ércgenetika

Geneva | motion/movement *gép* máltai keresztes hajtómű/mechanizmus; ~ **nomenclature** *vegy* genfi nómenklatúra; ~ **stop** máltai kereszt *(mechanizmus)*; ~**-type drive** máltai keresztes hajtás

geniculate hirtelen megtör *(alakban)*

geniculation törés, tört alak

Genoa | back/cord pamut kordbársony, génuakord; ~ **paper** génuai papír; ~ **twill** háromfonalas sávoly(kötés); ~ **velvet** egyszínoldalas bársony

genotype genotípus

genotypic | deviation genotípusos eltérés; ~ **effect** genotípusos hatás; ~ **frequency** genotípusgyakoriság

gent's watch férfióra

GENTEX → general telegraph exchange

genthite *ásv* gentit

gentian violet *vegy* genciánibolya *(színezék)*

gentle enyhe; fokozatos *(lejtő)*; lankás; sima *(átmenet)*; zökkenésmentes; ~ **bank** *rep* enyhe bedöntés; ~ **breeze** *met* gyenge szél; ~ **oxidation** óvatos oxidálás; ~ **slope** *hidr* kis/enyhe esés *(mederé)*; ~ **turn** *rep* sima forduló; ~ **wash** kímélő mosás; ~ **wind** *rep* gyenge szél

gently | or moderately sloping roofs kis- és közepes hajlású félnyeregtető; ~**-rolling topography** enyhén dombos helyszín

genuine eredeti; valódi; ~ **part** eredeti tartalék alkatrész

genus *mat* nem(szám), génusz; ~ **(of a surface)** nem (algebrai felületé)

geoacoustic geoakusztikus, geoakusztikai

geoacoustics geoakusztika

geobios *geol* geobiosz

geobotanics geobotanika, növényföldrajz

geocentric *geod, csill* földközponti, geocentrikus, geocentrumos; ~ **coordinates** *pl* geocentrikus koordináta-rendszer; ~ **latitude** *geod* geocentrikus szélesség; ~ **longitude** geocentrikus hosszúság; ~ **place/position** geocentrikus hely

geocentrical system *mech* geocentrikus rendszer

geochemical geokémiai; ~ **anomaly** *geof* geokémiai anomália; ~ **crew** *geof* geokémiai kutatócsoport; ~ **exploration** geokémiai kutatás; ~ **investigation** geokémiai vizsgálat; ~ **migration** elemvándorlás; ~ **prospecting method** geokémiai kutatmódszer *v.* kutatási módszer; ~ **province** geokémiai provincia

geochemistry geokémia

geochronologic | sequence *geol* geokronológiai szelvény; ~ **unit** *geol* geokronológiai egység

geochronology geokronológia, geológiai/földtani időszámítás

geocorona *met* geokorona

geocratic period *geol* geokrátos időszak

geode *ásv* druza; odor, üreg *(kőzetben, kristályban)*; *geol* geoda

geodesic *geod* földméréstani, geodéziai; *mat* geodetikus; ~ **coordinates** geodéziai/geodetikus koordináták; ~ **curvature** geodetikus görbület; ~ **distance** geodetikus távolság; ~ **dome** *ép* geodéziai kupola; ~ **level** szintezőműszer; ~ **line** geodéziai vonal; ~ **path** *gumi* legrövidebb kordelhelyez(ked)és; ~**s** térbeli tartószerkezetek; ~ **space** geodetikus tér

geodesist *geod* földmérő, geodéta

geodesy (felső)geodézia

geodetic I. *a* geodéziai, földmérési; *mat* geodetikus; **II.** *n geod* alapszintfelület *(országos felméréshez)*; ~ **altitude** geodéziai magasság; ~ **astronomy** *csill* geodéziai csillagászat; *geod* földrajzi helymeghatározás; ~ **azimuth** geodéziai azimut; ~ **delivery head** geodetikus szállítómagasság; ~ **geophysics** geodéziai geofizika; ~ **head** *hidr* geodéziai/geometriai magasság; ~ **latitude** *geod* geodéziai szélesség; ~ **line** *mat* geodetikus vonal; ~ **monument** *geod* föld feletti pontjelölés; ~ **point** *geod* felsőrendű pont; ~ **satellite (GEOS)** geodéziai műhold *v.* mesterséges hold; ~ **suction head** geodetikus szívómagasság; ~ **survey** *geod* földfelmérés; geodéziai felvétel/felmérés; ~ **triangulation** *geod* felsőrendű háromszögelés

geodetical → geodetic

geodimeter *geod* geodiméter

geodynamic | height *met* (geo)dinamikai magasság; ~ **method** *geof* geodinamikus módszer; ~ **metre/meter (gdm)** geodinamikai méter

geodynamics geodinamika

geoelectric(al) geoelektromos; ~ **borehole logging of seams** *bány* geoelektromos telepszondázás; ~ **effect** geoelektromos effektus/hatás; ~ **groundwater levelling** *bány* geoelektromos talajvízszintmérés; ~ **map** *geol* geoelektromos térkép; ~ **soil exploration** geoelektromos talajfeltárás

geoelectrics geoelektromosságtan

geoformer *geof* szeizmikus transzformátor, „geotrafó"

geogenesis *geol* földkeletkezés(tan)

geognosy *geol* geognózia

geographer földrajztudós, geográfus
geographic(al) földrajzi, földrajz-; ~ **engraver** *nyom* térképmetsző; ~ **graticule** földrajzi fokhálózat *(térképen)*; ~ **height** földrajzi *v.* tengerszint feletti magasság; ~ **meridian** földrajzi délkör/meridián; ~ **mile** földrajzi mérföld; ~ **north** földrajzi észak; ~ **problem of the four colours** *mat* négyszín-probléma
geography földrajz, geográfia; ~ **paper** térképpapír
geohydrology (geo)hidrológia
geoid *geof* geoid, földalak
geoidal geoidi, geoid; ~ **azimuth** geoidi azimut; ~ **surface** geoid felület
geoisotherm *geof* geoizoterma
geologic(al) földtani, geológiai; ~ **age** földtörténeti kor; ~ **column** *geol* sztratigráfiai szelvény, rétegtani profil; ~ **compass** földtani iránytű, bányászkompasz; ~ **drilling** *geol* földtani alapfúrás; ~ **engineering** *geol* műszaki földtan; ~ **evolution** *geol* fejlődéstörténet; ~ **exploration** földtani kutatás; ~ **formation** földtani/geológiai képződmény; ~ **high** legkésőbbi geológiai képződmény; ~ **low** legrégebbi geológiai képződmény; ~ **map** földtani térkép; ~ **map of bedding/deposits/measures** *bány* települési térkép; ~ **model** *ol* földtani modell; ~ **pressure** *talt* geológiai nyomás; ~ **process** földtani folyamat; ~ **profile** → ~ section; ~ **prospection** → ~ exploration; ~ **region** földtani tájegység; ~ **reserve** *ol* földtani készlet/vagyon; ~ **section** földtani szelvény/metszet; ~ **structure** geológiai felépítés, földtani szerkezet; ~ **succession** geológiai sorrend; ~ **survey** földtani szolgálat; geológiai feltárás; ~ **thermometer** földtani hőmérő; ~ **time** földtörténeti idő; ~ **time table** földtörténeti táblázat; ~ **time unit** földtörténeti egység; ~ **window** földtani ablak
geologist geológus
geology *geol* földtan, geológia; ~ **of mineral deposits** teleptan; ~ **of ore (mineral) deposits** ércföldtan
geomagnetic geomágneses, földmágnességi, földmágneses; ~ **anomaly** geomágneses anomália; ~ **axis** földmágnesesség tengelye; ~ **field** földmágnességi/geomágneses/földmágneses (erő)tér; ~ **measurement** geomágneses mérés
geomagnetics földmágnesesség tana
geomagnetism földmágnesség
geomechanics *geol* geomechanika
geometer *geod* földmérő, geodéta
geometric(al) *mat* mértani, geometriai; ~ **addition** vektorösszeadás, geometriai összeadás; ~ **albedo** geometriai albedo; ~ **altitude** geometriai magasság; ~ **angle of attack** *rep* látszólagos/geometriai állásszög; ~ **attenuation** geometriai/geometrikus csillapítás; ~ **average** mértani/geometriai közép(arányos); ~ **body** (geometriai) test; ~ **buckling** *at* geometriai görbületi paraméter; ~ **constant** geometriai állandó; ~ **construction** geometriai szerkesztés; ~ **cross-section** *at* geometriai hatáskeresztmetszet; ~ **crystal class** geometriai kristályosztály; ~ **distortion** *tv* geometriai hiba/torzítás; ~ **distribution** *stat* geometriai eloszlás; ~ **extent** *opt* geometriai terjedelem *(fénynyalábé)*; ~ **factor** geometriai tényező; ~ **figure** mértani ábra/idom; ~ **isomerism** *vegy* geometriai cisz-transz izomeria; ~ **lathe** *nyom* gillosálógép; ~ **lattice** geometriai háló; ~ **level(l)ing** *geod* szintezés, geometriai magasságmérés; ~ **locus** mértani/geometriai hely; ~ **mean (value) (GM)** mértani/geometriai közép; ~ **moment of inertia** *hang* felületi tehetetlenségi nyomaték; ~ **optics** *fiz* geometriai optika, sugároptika; ~ **pace** *metr* öt láb; ~ **pitch** *rep* mértani emelkedés *(légcsavaré)*; ~ **pitch ratio** *gép* menetemelkedés *(aránnyal megadva)*; ~ **profile** mértani felület, ideális geometriai profil; ~ **progression (GP)** mértani/geometriai sorozat, mértani haladvány; ~ **proportion/ratio** mértani/geometriai arány; ~ **radius** *gép* osztókörsugár; ~ **relation** leképezés, transzformáció, vonatkozás, megfeleltetés; ~ **sequence** mértani/geometriai sorozat, mértani haladvány; ~ **series** mértani/geometriai sor; ~ **similarity/similitude** geometriai hasonlóság; ~ **sum** geometriai/vektoriális összeg, vektorösszeg, eredő; ~ **tolerance/tolerancing** alaktűrés; ~ **trueness** *gép* alakhűség
geometrically | **accurate** alakhű; ~ **distorted model** geometriailag torzított modell; ~ **safe** *at* geometriailag biztonságos; ~ **true** alakhű
geometrican → geometer
geometrize mértanilag ábrázol; mértannal foglalkozik
geometry mértani alak/kialakítás, geometriai felépítés/elrendezés; *mat* mértan, geometria; *szt* felületi elrendezés; ~ **distortion** geometriai hiba/torzítás; ~ **factor** *at* geometriai/mértani tényező; ~ **of circles** körök geometriája, körgeometria; ~ **of numbers** geometriai számelmélet; ~ **of solids** sztereometria; ~ **of space,** ~ **of three dimensions** térmértan, térgeometria; ~ **of spheres** gömbök geometriája, gömbgeometria; ~ **of two dimensions** síkmértan, planimetria
geomorphic *geol* geomorf; ~ **cycle** *geol* geomorfológiai ciklus
geomorphogeny *geol* földfelszín keletkezésének tana
geomorphology geomorfológia
geonomy geonómia
geophone *geof* geofon, rezgésmérő, földhangjelző; ~ **interval** geofontávolság, geofonköz; ~ **layout** geofonterítés; ~ **line** geofonkábel-vezeték; geofonvonal; ~ **logging probe** geofonszonda; ~ **pattern** geofoncsoport, geofonalakzat; ~ **placement** geofonhely; ~ **plant** geofontelepítés
geophotogrammetry geofotogrammetria, földi fotogrammetria
geophysical geofizikai; ~ **aerial prospecting** repülőgéppel végzett geofizikai kutatás; ~ **crew** geofizikus kutatócsoport; ~ **exploration** geofizikai kutatás; ~ **investigation** geofizikai vizsgálat/kutatás; ~ **party** → ~ crew; ~ **prospecting** geofizikai kutatás; ~ **soil exploration** geofizikai talajfelderítés/talajkutatás; ~ **survey(ing)** geofizikai kutatás; ~ **survey logging** geofizikai szelvényezés; ~ **well logging** mélyfúrási geofizika; ~ **year** geofizikai év
geophysicist geofizikus
geophysics geofizika
geopotential I. *a* geopotenciális; **II.** *n met* geopotenciál; ~ **altitude/elevation/height** *met, rep* geopotenciális magasság; ~ **elevation indication** geopotenciális érték/kvóta; ~ **metre/meter** geopotenciális méter; ~ **surface** geopotenciális felület
geopressured reservoir *ol* túlnyomásos/nagynyomású tárolókőzet
georgette *tex* zsorzsett; ~ **twist** kreppfonal
Georgian stage *geol* georgiai emelet
georgine *tex* finom selyemzsorzsett

GEOS → geodetic satellite
geoscope geoszkóp
geosphere *geol* földöv, geoszféra
geostatic | **loading** *talt* geosztatikus terhelés; ~ **pressure** *ol* fedőkőzetnyomás; *talt* geosztatikus/geosztatikai nyomás
geostationary | **arc/orbit/ring** *rak* geostacionárius pálya; ~ **satellite** geostacionárius műhold
geostatistics geostatisztika
geostrophic | **flow** *met* geosztrofikus áramlás; ~ **wind** geosztrofikus szél
geosynchronous | **orbit** *rak* geoszinkron pálya; ~ **satellite** geostacionárius műhold
geosynclinal → geosyncline
geosyncline *geol* geoszinklinális; teknő
geotechnics geotechnika, műszaki földtan
geotectonic *geol* geotektonikus
geotectonics *geol* geotektonika
geothermal *geof* geotermikus; ~ **anomaly** geotermikus anomália; ~ **crew** geotermikus kutatócsoport; ~ **energy/power** geotermikus energia; ~ **energy resources** *pl* geotermikus energiakincs/energiakészlet; ~ **field** geotermikus mező; ~ **fluid** geotermikus folyadék; ~ **gradient** geotermikus gradiens; ~ **heat flow** *ol* földi hőáram; ~ **isostasy** geotermikus izosztázia; ~ **logging** geotermikus lyukszelvényezés/karottázs; ~ **power station** geotermikus erőmű; ~ **prospecting** geotermikus kutatás; ~ **well** geotermikus kút
geothermic → geothermal; ~ **degree** geotermikus gradiens
geothermics geotermia, földhőtan; geotermikus vizsgálatok
geothermometer geotermométer, geotermikus hőmérő, talajhőmérő
geovision *geof* geovízió
g.eq. → gram-equivalent
GER → gas-expanded rubber
geranial *vegy* geraniál, citrál
geraniol *vegy* geraniol
geranium oil *vegy* gerániumolaj
Gerber | **beam/girder** *mech* Gerber-csuklós tartó; ~ **hinge** *ép* Gerber-csukló *(hídon)*; ~ **lattice** rácsos Gerber-hídtartó
gerhardtite *ásv* gerhardtit
germ baktérium; csíra; ~ **bomb** bakteriológiai bomba; ~ **count** csíraszám; ~ **of crystal(lization)** kristallizációs góc; ~**-proof** csíramentes; ~**-proofing filter** *élip* csírátlanító szűrő; ~ **separator** *élip* csíraelválasztó gép; ~ **warfare** bakterológiai háború, baktériumháború
German | **barm** sajtolt élesztő, sütőélesztő; ~ **brick** *ker* dinasztégla; ~ **compass/calipers** belső és külső tapintókörző, vastagságmérő; ~ **degree of hardness** német keménységi fok; ~ **foil** rézfüst *(lemez)*; ~ **lay-out** *heng* német elrendezés; ~ **method** *ép* meghagyásos/német módszer; ~ **print/text** *nyom* fraktúra, fraktúrírás, gót betűs szöveg; ~ **roll pass design** *heng* német üregezés; ~ **silver (G.s.)** alpakka, argentán, újezüst, kínaezüst; ~ **silver solder** *heng* újezüst forrasz; ~ **silver wire** argentánhuzal; ~ **stitch** *tex* keresztöltés; ~**-type cupellation furnace** *koh* német űzőkemence; ~ **type framing/porch-set** *bány* német ácsolat; ~ **type tubbing (support)** *bány* csavarkötéses tübbing; ~ **yeast** → ~ barm
germane *vegy* germánium-hidrogén, germán
germanian *ásv* germániumtartalmú
germanic *vegy* germánium(IV)-
germanite *ásv* germanit
germanium (Ge) *vegy* germánium; ~ **compounds** germániumvegyületek; ~ **diode** germániumdióda; ~ **dioxide** germánium-dioxid, germánium(IV)-oxid; ~ **disulphide** germánium(IV)-szulfid, germánium-diszulfid; ~ **monosulphide** germánium-szulfid, germánium(II)-szulfid; ~ **monoxide** germánium-oxid, germánium(II)-oxid; ~ **rectifier** germánium egyenirányító; ~**-rectifier circuit** *távk* germánium egyenirányítós kapcsolás; ~ **resistance thermometer (GRT)** germánium ellenállás-hőmérő
germanous *vegy* germánium(II)-
germicidal csíraölő, germicid; ~ **effect** mikrobicid/baktericid hatás; ~ **lamp** csíraölő/germicid lámpa
germicide *gyógyv* germicid; *vegy* csíraölő/baktériumölő szer, sterilizálószer
germinate csíráztat, csírázik
germinating | **apparatus** csíráztató (készülék); ~ **barley** csírázó árpa *(sörgyártás)*; ~ **power** csírázóképesség
germination *élip* csírázás, csíráztatás; ~ **capacity** csírázóképesség; ~ **inhibitor** csírázásgátló anyag; ~ **stimulants** csírázásserkentő anyagok, stimulátorok
germinative *élip* csírázásra/csíráztatásra vonatkozó; csírázóképes
germinator csíráztató (készülék)
gerotor pump gerotor-szivattyú, sarló nélküli belső fogazású fogaskerék-szivattyú
gersdorffite *ásv* gersdorffit
GERT (graphical evaluation and review technique) GERT-módszer *(hálótervezés)*
GES cap → goliath Edison screw cap
gesso (szobrászati) gipsz; ~ **priming** gipszalapozás *(szoborműhöz)*
get I. *v* elér; kap; (meg)szerez; vmivé válik; vmilyen állapotba kerül; *bány* jöveszt, (ki)termel; kibányászik, (ki)fejt; kinyer *(ércet)*; **II.** *n bány* hozadék; ~**-away** *közl* indulás, (hirtelen) indítás; ~**-away speed** *rep* felszállósebesség; ~ **back** *v* visszanyer, rekuperál; ~ **choked** *v* eldugul, eltömődik; elszennyeződik; ~ **covered by ice** *v* (el)jegesedik *(felület)*; ~ **damaged** *v* megrongálódik; megsérül; ~ **distorted** *v fa* vetemedik; ~ **down** *v heng* előhengerel, előnyújt; ~ **going** *v* megindít, működésbe hoz; ~ **height** *v rep* emelkedik; ~ **off** *v* eltávolít; elválik; *közl* elindul *(jármű)*; leszáll *(járműről)*; *rep* felemelkedik *(repülőgéppel)*; ~**-off** felszállás *(repülőgépé)*; ~ **out** *v bány* kifejt; kiszállít; *nyom* kihajt *(sort)*; ~ **out of true** *v fa* vetemedik; ~ **overheated** *v gép* túlmelegedik; ~ **poor** *tex* romlik *(minőség)*; ~ **stranded** *v gépk* elakad, fekve marad *(országúton defekt miatt)*; *hajó* partra/zátonyra fut; ~ **stuck** *v gépk* besül; *rep* megszorul; ~ **unstuck** *v rep* elemelkedik; ~**-up** kivitel, kidolgozás; prezentálás, adjusztálás *(árué)*; *nyom* tipografizálás; *tex* kikészítés *(vászoné)*; ~ **warped** *v fa* deformálódik, görbül
GETOL → ground effect takeoff and landing
gettability *bány* jöveszthetőség

getter I. *v vák* getterez; **II.** *n bány* bányász, (fejtő)vájár, (munkahelyi) termelővájár; *ép* földmunkás; *pa* gáztisztító (szer); *vák* getter; ~ **capacity** *vák* getterkapacitás; ~ **deposit/film/layer** gettertükör, getterréteg; ~ **evaporation/flashing** getterelhajlítás, elgetterezés; ~**-ion pump** iongetter-szivattyú, getterion-szivattyú; ~**-loader** *bány* jövesztő-rakodó (gép); ~ **pump** getterszivattyú; ~ **tablet** gettertabletta; ~ **vaporization** → ~ evaporation

gettering *vák* getterelhajtás, elgetterezés, getterezés, vákuumjavítás; ~ **agent** getter; ~ **rate/speed** getterezési sebesség

getting *bány* fejtés, jövesztés; *ker* (agyag)kitermelés, fejtés; ~ **advancing to the strike** *bány* csapásmenti jövesztés; ~ **by hand** *bány* kézi jövesztés; ~ **by peeling** *bány* hántoló jövesztés; ~ **by shot-tiring** *bány* robbantásos jövesztés; ~ **covered with frost** deresedés; ~**-down rolls** előnyújtó/előhengerelő (henger)sor; ~ **efficiency** *bány* jövesztési teljesítmény; ~ **from bottom up** *bány* jövesztés dőlésben felfelé; ~ **from top to down** *bány* jövesztés dőlésben lefelé; ~ **of rock** *bány* kőzetjövesztés; ~ **shift** *bány* termelő műszak; ~ **to the dip** *bány* jövesztés dőlésben lefelé; ~ **to the rise** *bány* jövesztés dőlésben felfelé; ~ **wetted by seeping through** *bány* elvizesedés

GeV → gigaelectronvolt

GEV → ground effect vehicle

geyser autogejzer, gejzer, autogejzír, vízmelegítő (készülék); *geol* forró szökőforrás, gejzír

geyserite *ásv* gejzirit, forráskvarcit

GF → Green's function; → ground floor; → ground fog

GFR → general flight rules

GFRP → glass-fibre reinforced plastics

GG → grits gauze

GGM → ground-to-ground missile

GGR → gas-graphite reactor

gh → ground handling

GH → gyrohorizon

gha(u)t hegyszoros, szurdok; hegység, hegyvidék; *ép* lépcsős rakparti kikötő

GHE → ground handling equipment

gherkin fiatal/apró uborka *(savanyítani)*

ghost *ép* állétesítmény; *fiz* hamis színképvonal, szellem; *geof* fáziskeresésű reflexió; *heng* (acél)felület vonalkázottsága; *opt* hamis színképvonal, szellem; *tv* szellem(kép); ~ **echo** fáziskésésű radarvisszhang; ~ **effect** *nyom* szellemképhatás; ~ **image** *foto, tv* szellemkép, többszörös kép; *tv* reflexiós kép; ~ **line** *fiz* (rács)szellemvonal, hamis vonal *(spektrumban)*; ~ **pulse** *el* hamis/parazita impulzus, interferenciaimpulzus; ~ **quartz** belső színsávos kvarckristály; ~ **reflection** *geof* fáziskésésű reflexió; ~ **signal** *el* hamis/parazita jel; *tv* zavarójel, szellemjel; ~ **structure** *fiz* sávszerkezet

ghosting *hang* mágneses átmásolás *(magnetofonon)*; *nyom* szellemképhatás, szellemképjelenség

GHz → gigahertz

GI → gas injection

giant I. *a* óriás(i); **II.** *n* óriás; *csill* óriáscsillag; *ép* vízágyú; ~ **airplane** óriásrepülő; ~ **air tyre/tire** → ~ tyre; ~ **base/cap** *el* góliátfej, góliátfoglalat; ~ **impulse** *el* óriás impulzus; ~**-impulse laser** óriás impulzusú (rubin)lézer; ~ **molecule** óriásmolekula, makromolekula; ~ **nuclei** *met* óriási magvak; ~**-pulse laser (GPL)** → ~ impulse laser; ~ **shower** *at* burst, Hoffmann-féle lökés; ~ **star** óriáscsillag; ~ **tanker** óriás tankhajó, olajszállító óriáshajó; ~ **tyre/tire** *gépk* óriási gumiabroncs; óriásköpeny, tehergépkocsi-köpeny; ~ **weight tamper** *ép* óriás bütykös henger

gib ékbetét, ellenék; *bány* feszítőtuskó *(réselésnél)*; *em* darugém; *ép* gerendaék; *gép* orros ék; siklóretesz; *hőt* sárgaréz súrlódóbetét *(keresztfejen)*; *szersz* beállítóléc, rögzítőléc; vezetőléc; ~ **and cotter** *ép* ék és ellenék; kettős ék; ~ **head** *gép* orros fej *(éken)*; ~**-head(ed) bolt** orros csavar; ~**-headed flat taper key** orros laposék; ~**-head(ed) key** *gép* fogóék, orros ék; ~**-headed prismatic key** orros retesz; ~**-headed tapered saddle key** orros nyergesék; ~ **hoist** kinyúló gémes csörlő; ~ **screw** *forg* ékszabályozó/ékállító csavar; ~ **trolley** *em* darukocsi, darumacska, futómacska

Gibault coupling , pipe joint *hidr* Gibault-kötés

gibberellic acid (GA) *vegy* gibberellinsav

gibberish total *szt* ellenőrző összeg, zagyvalék összeg

gibbet *em* kinyúló darugém, darukar, kinyúlókar

gibbose → gibbous

gibbous domború; *csill* félhold és telihold közötti

Gibbs | **adsorption theorem** *vegy* Gibbs-féle adszorpciós elmélet; ~**-Donnan equilibrium** *fiz* Donnan-egyensúly, membránegyensúly, hártyaegyensúly; ~ **free energy/enthalpy** szabadentalpia; ~ **function** Gibbs-függvény, Gibbs-féle hőfüggvény, szabadentalpia; ~**-Helmholtz equation** Gibbs—Helmholtz-egyenlet; ~ **paradox** Gibbs-paradoxon; ~ **phase rule** *vegy* Gibbs-féle fázistörvény; ~ **phenomenon** *vegy* Gibbs-féle jelenség

gibbsite *ásv* gibbsit, hidrargillit

GIC → general interface control

Giesche process *koh* Giesche-eljárás

gieseckite *ásv* gieseckit

gig I. *v tex* bolyhoz; **II.** *n bány* (kétemeletes) aknakas; felvonó, emelőszerkezet; szállítókas; *hajó* belsővillás széles csónak, parancsnoki hajó/csónak; *közl* kétkerekű egylovas kocsi, gig; *tex* bolyhozógép, bogáncsoló henger; ~**-barrel** *tex* bolyhozódob; ~**-house** *bány* felvonógépház, aknagépház

giga *metr* giga; *szt* giga, G (2^{30})

gigabyte *GB szt* gigabájt

gigaelectronvolt (GeV) gigaelektronvolt

gigahertz (GHz) *el* gigahertz

gigantolite *ásv* gigantolit

gigavolt (GV) *el* gigavolt

gigawatt (GW) *el* gigawatt

gigging *tex* bogáncstalanítás

GIGO → garbage in, garbage out

gilbert (Gb) *fiz* gilbert

gilbertite *ásv* gilbertit

gild aranyoz, arannyal bevon

gilded pinchbeck aranyutánzat, talmi arany

gilder aranyozó (munkás); ~**'s aqua fortis** *vegy* választóvíz; ~**'s wax** aranyozóviasz

gilding aranyozás, bevonás aranyfüsttel; *nyom* aranyozás, aranymetszés; ~ **machine/press** *nyom* aranyozóprés, aranyozósajtó; ~ **with gold leaf** aranyfüst-aranyozás

gill I. *v* gerebenez; *pa* papírt fényez *(meleghengerléssel)*; **II.** *n* gereben; *forg* vezetékvédő harmonika; *geol*

szűk vízmosás; *hőt* (hűtő)borda; *metr* gill; *rep* hűtőzsalu; *tex* tű *(felrakó-, nyújtó- v. gerebenezőgépen)*; **~-bar** *tex* gereben(fésűléc); tűs léc *(előfonó- v. fonógépen)*; **~-bar drawing-frame** tűs léces nyújtógép; **~ box** tűmezős *v.* tűs léces nyújtómű *(nyújtógépen)*; **~-drawing machine** tűsléces nyújtógép; **~ frame** gereben; **~ spinning** *tex* gillfonás
Gill-Morell oscillator Gill—Morell-féle oszcillátor/rezgéskeltő
gilled bordázott; **~ cooler/radiator** bordás csöves hűtő; **~ pipe/tube** bordázott/lamellás cső
gilling machine *tex* egytűsmezős szalagnyújtó gép
gillingite *ásv* gillingit
gilsonite *ásv* gilzonit, uintait
gilt I. *a* aranyozott; aranysárga; **II.** *n* aranyfüst; aranyozás, bevonás aranyfüsttel; **~ back** *nyom* aranyozott borda/gerinc; **~ bronze** *ker* aranybronz; **~ edge** *nyom* aranymetszés; **~-edged** *nyom* aranyozott metszésű, aranymetszésű; **~ silver** aranyozott ezüst; **~ top (gt)** *nyom* lapszélaranyozás; **~ top edge** *nyom* felső aranymetszés; **~ wire** félvalódi aranyfonal
gimbal I. *v* kardánosan felfüggeszt; **II.** *n* kardángyűrű, kardánkeret; **~ mount(ing)** kardánfelfüggesztés, kardáncsuklós felfüggesztés; **~ pivot** kardán(kereszt)csap; **~ ring** kardánfefüggesztés gyűrűje; *rep* iránytű-felfüggesztő kardángyűrű; **~s** kardáncsukló; *geod* tájoló-kardángyűrű; **~ suspension** → **~** mounting
gimlet *szersz* göbözött fúró, ácsfúró, csaplyukfúró; **~ bit** csigafúró; furdancsfúróbetét; **~ with ring handle** kézifúró, furdancsfúró, szegfúró
gimp I. *v* szegélydísszel/zsinórral/paszománnyal díszít; **II.** *n tex* gipür; mintát kiemelő csipkefonal; paszományzsinór *(selyemmel körülfont)*; selyemsujtás; **~ lace** *tex* gipürcsipke; **~-pin** kárpitosszeg
gimping *cipő* kéregcakkozás
gin[1] *élip* borókapálinka; gin
gin[2] **I.** *v tex* egrenál, magtól megtisztít *(gyapotot)*; **II.** *n bány* emelődob; *em* csörlő, vitla; felvonóbak; *hajó* rakodógém csigája; *mzg* járgány; *tex* egrenálógép, gyapotmagtalanító gép; **~ block** *em* egyszerű kötélcsiga; **~-horse** járgányhajtó ló; **~ house** *tex* egrenálóüzem; **~ pole** emelőárboc; szerelőárboc; *ol* (fúrótorony-)szerelőbak; **~ saw** *szersz* kelepcefűrész; *tex* fűrészfogas egrenálógép; **~-saw file** fűrésztárcsa-reszelő; **~ tackle** csigasor
ging *bány* aknát kifalaz
ginger I. *a* vörösessárga, vörösesbarna; **II.** *n élip* gyömbér; **~ ale/beer** gyömbérsör; **~ bread** gyömbéres mézeskalács; **~ oil** gyömbérolaj
gingham *tex* tarkamintás pamutszövet
gingil(l)i oil szezámolaj
ginging *bány* aknafalazás
ginned cotton egrenált/magtalanított gyapot/pamut
ginnery *tex* egrenálóüzem
ginney *bány* csillevonat; láncszállítás, vég nélküli szállítólánc
ginning *tex* egrenálás, gyapotmagtalanítás; **~ factory** egrenálóüzem; **~ output/outturn** pamuthozam; **~ plant** egrenálóüzem; **~s** pamutszál
giobertite *ásv* giobertit
Giorgi system (of units) *metr* Giorgi-féle mértékrendszer, Giorgi-rendszer, MKSA-rendszer
GIP → glazed imitation parchment

gipsy | capstan *hajó* kikötőgugora, kikötőcsörlő; **~ seam** *cipő* beöltőcsík *(bizni)*
giraffe *bány* siklócsille; *bány, koh* többszintes szkip; *fiz* zsiráf, karcolódás *(emulzióban)*
girandole csillár; forgó vízsugár *(tűzijátéknál)*; *kat* aknazár
giratory crusher *koh* hengeres törő
Girbotol process *ol* Girbotol-eljárás
gird I. *v* körülvesz, körülövez; **II.** *n* abroncs, heveder; koszorú, öv; *ép* koszorúgerenda, övgerenda
girder *bány* feszke, főtefa, járomfa; süveg(fa), süveggerenda; talpgerenda; *el* Siemens-féle armatúra; *ép* gerendatartó; koszorúgerenda, T-gerenda, Y-tartó; tartógerenda; *mech* tartó; **~ and section (rolling) mill** idomacél-hengermű; **~ armature** kettős T-armatúra, H-armatúra; **~ bridge** gerendahíd; bordás hídszerkezet, rácsos híd; **~-built underframe** *vasút* mozdonykeret; **~ fixed at both ends** (mind)két végén befogott tartó; **~ frame** *gépk* rácskeretes alváz; **~ grill(ag)e** tartórács; **~ iron** vasgerenda, acélgerenda; **~ keel** *rep* függőleges vezérsíktartó; **~ lattice** *ép* gerendarács; **~ layout** → **~** grillage; **~ of a bridge** hídtartó, hídgerenda; **~ pass** *heng* gerendaszelvényüreg, idomüreg tartó hengerléséhez; **~ pole** rácsos oszlop; **~ rail** *US vasút* széles talpú sín, Vignol-sín; **~ resting on two bearings** kéttámaszú tartó; **~ rolling mill** *heng* gerendasor, tartósor; **~ simply supported at one end and fixed at the other** egyik végén szabadon felfekvő és másik végén befogott tartó; **~ spar** *rep* övlemezes főtartó; **~ subject to bending** hajlított/íves tartó; **~ tongs** *pl* gerendatartó fogó; **~-type crossing** *vasút* derékszögű vágánykereszteződés/pályakereszteződés; **~ web** *ép* gerendatartó gerinclemeze; **~ welding** *heg* tartóhegesztés; **~ with arched soffit** *v.* **bottom flange** *ép* ívelt alsóöves szegecselt tartó; **~ with floor beams** átviteles (terhelésű) tartó; **~ with ladder bracing** állórácsrudas tartó
girdle I. *v* körülövez, körülvesz; *fa* gyűrűz *(fát)*; **II.** *n bány* homokkőbeágyazás; vékony telep; *fa* gyűrűs bevágás *(fán)*; *mech* gyűrűs foglalat, öv; **~ fixing (of batteries)** *gépk* hevederes akkumulátorfelerősítés; **~ railway** övvasút, körvasút
girdler *bőr* övkészítő
girt(h) I. *v* övez; *fa* kerületet/körméretet mér; **II.** *n bány* járomfa; *bőr* heveder, öv; *ép* övgerenda, derékgerenda, szegélygerenda, oszlopkötő gerenda; *fa* abroncs, heveder; körméret; *tex* merevítőtartó; **~ joint** koszorúvarrat, övvarrat *(kazándobban)*; **~-line** *em* felhúzókötél, felvonókötél, darukötél; **~ rivet seam** koszorú-szegecsvarrat *(kazánon)*; **~ weld** *heg* (cső)-körvarrat; **~ welder** *heg* körvarrathegesztő gép; **~ welding** *heg* körvarrathegesztés
gismondite *ásv* gismondit
git *bány* bejárat; *koh* öntőtölcsér; *önt* (álló) beömlő, beömlőszár
gitting *önt* beömlőlevágás
give I. *v* fakul, enged *(szín)*; utánenged, behajlik; **II.** *n bány* főteereszkedés, főteleülés; **~ a batter** *v ép* hajlást ad; **~ a call to** *v* telefonál/beszél vkivel; **~ a cut with the saw** *v* befűrészel; **~ a short overhang** *v forg* befog; **~ a wrong number** *v távb* tévesen *v.* téves számot kapcsol; **~ in** *v* befűz, fonalat behúz; **~ light** *v* világít; **~ off** *v* kibocsát, fejleszt, áraszt *(hőt, szagot)*; **~ off dust** *v* porzik; **~ off vapour/steam** *v* gőzö-

lög, párolog; ~ **out** *v* kibocsát, áraszt *(hőt, szagot)*; ~ **trouble** *v rád* rosszul működik, zavart okoz; ~ **up** *v bány* felhagy, felad; ~ **way** *v* enged *(nyomásnak)*, megereszkedik; összeroskad, beszakad; *közl* elsőbbséget ad

given | quantity adott mennyiség; ~ **value** megadott érték

Givens's method *szt* Givens-módszer

Givetian stage *geol* giveti emelet

giving | (of) line *ép* alagúttengely-meghatározás alaprajzi értelemben; ~ **(of) springers** alagúttengely-meghatározás magassági értelemben

GKS → graphical kernel system

gl → gallon

GL → grade line; → ground level; → ground location; → gun layer; → gun laying

glace I. *v tex* fényesít, fényez *(cérnát)*; **II.** *n óra* lyukaskő; ~ **finish** *tex* fényes/fényezett kikészítés

glacé I. *a bőr* fényesített, glaszé-; *tex* fényes, sanzsan; **II.** *n tex* könnyű selyemszövet; ~ **binding** fényes szegőszalag; ~ **kid/leather** *cipő* sevróbőr; *ruh* glaszébőr; ~ **thread** fényes cérna

glaced paper fényezett/simított papír

glacial jeges, jég-; *geol* glaciális, jégkori, jégkorszakbeli; *vegy* jegeces; ~ **acetic acid** *vegy* jégecet, vízmentes ecetsav; ~ **action marks** *pl* gleccserkarc; ~ **breeze** *met* jeges szél; ~**-carved valley** *geol* glaciális völgy; ~ **clay loam** glaciális vályog; ~ **denudation** jégkori letarolás; ~ **deposit/drift** glaciális üledék/lerakódás; ~ **epoch** jégkorszak; ~ **erosion** glaciális erózió; ~ **erratic (block)** vándorkő; ~ **facies** glaciális fácies; ~ **form** glaciális hegyalakulatok; ~ **lake** gleccsertó, tengerszem; ~ **outwash** glaciális folyólerakódás; **G~ Period** jégkorszak; ~ **phosphoric acid** *vegy* metafoszforsav; ~ **polish** tükörfényezés; ~ **sands** *pl* glaciális/jégkori homok- és kavicslerakódás; ~ **scours** jégkori horzsolódások; ~ **sediment** → ~ deposit; ~ **till** jégkori agyag, till; ~ **trough** jégkori teknővölgy; ~ **valley** gleccservölgy, glaciális völgy

glacialism *geol* jégkorteória

glacialist *geol* jégkorszak kutatója

glaciate eljegesít

glaciation jegesedés, jégképződés; *geol* eljegesedés

glacier *geol* gleccser, jégár; ~ **breeze** *met* gleccserszél; ~ **burst** gleccserrobbanás; ~ **ice** gleccserjég; ~ **mill/pothole/well** gleccsermalom; ~ **reservoirs** *pl* gleccsertápterület; ~ **spring** *hidr* gleccserforrás; ~ **wind** *met* gleccserszél

glacieret *geol* másodrendű/függő gleccser

glacierization eljegesedés

glacigenous sediments *pl geol* glaciális lerakódás

glacing | angle *at* Bragg-szög, Bragg-féle visszaverődési szög; *opt* tükrözési/reflexiós szög; ~ **incidence** *opt* érintőleges beesés

glaciofluvial *geol* fluvioglaciális; ~ **deposit** fluvioglaciális üledék

glaciology glaciológia

glacis *geol* enyhe lejtésű padka; *hidr* bukóhomlok, bukóhátfal; rézsűs hát, enyhe lejtő

glade irtás, tisztás *(erdőben)*; *hidr* jégmentes vízfelület *(befagyott vízfelületen)*

gladite *ásv* gladit

glair *élip* tojásfehérje; *nyom, vegy* tojásfehérjéből készült ragasztóanyag *(aranyozáshoz)*

glaireous fehérjés, nyálkás

glance I. *v* csillog, csillámlik; ragyog; *el* felvillan; **II.** *n* csillámlás, csillogás, ragyogás, fényesség; villogás; *bány* fényle; *pa* fény; ~ **coal** antracit; sovány szén; *bány* fényes szén; ~ **off** *v kat* lepattan, visszapattan (lövedék); ~ **pitch** fényes szurok; ~ **yarn** fényes fonal

gland *gép* tömítőkarmantyú, tömítőpersely, tömszelence (szorítóhüvelye); *rep* gázkieresztőnyílás-tömítés *(léggömbön)*; ~ **bolt** tömszelencecsavar; ~ **bush** tömszelencepersely; ~ **lining** tömszelencebetét; ~ **nut** tömszelenceszorító anyacsavar, tömítést leszorító gyűrű; ~ **of a labyrinth box** labirint-tömítőgyűrű; ~ **packing** tömszelencebetét; tömszelence(betét)-tömítés; ~ **ring** (tömszelence-)tömítőgyűrű

glandless valve tömszelence nélküli szelep

glare I. *v* fénylik, (vakítóan) ragyog; vakít; **II.** *a* átlátszó, áttetsző; üvegszerű; sima és áttetsző, tükörsima *(jég)*; **III.** *n* ragyogás, ragyogó/vakító fény, vakítás; *geol* jégtakaró; *opt* káprázás; ~ **blinding** káprázás, elkápráztatás; ~**-free** fénytelen; ~ **index** vakítási/elkápráztatási index; ~ **light** vakító fény; ~ **reducing** *foto* fényudvar-mentesítés; ~ **screen** vakításelhárító; ~ **shield** fénytompító

glarimeter *pa* fénymérő

glaring vakító(an fényes/fénylő); ~ **light** vakító fény

glary vakító(an fényes/fénylő); csúszós, sima

glaserite *ásv* glaserit

glass I. *v* beüvegez; üveggel burkol; *bőr* lecsiszol, üvegel *(bőrt)*; *vegy* üvegszerűvé tesz; **II.** *n* üveg(anyag); üvegedény; *opt* lencse, szemüveg; távcső, keresőüveg; ~ **ambient seal** *félv* (felület)passziválás üveggel *v.* szilícium-dioxid réteggel; ~**-annealing furnace** üveghűtő kemence; ~ **bar** üvegpálca; ~ **bead** üveggyöngy; ~ **bell** üvegbura; ~**-bevelling machine** tükörüvegszegély-csiszoló gép; ~**(-)block** üvegtömb; *ép* üvegtégla, üveg falazótest; ~**-blower** üvegfúvó (munkás); ~**-blower's lamp** üvegfúvó lámpa; ~**-blower's pipe** üvegfúvó pipa, fúvócső; ~**-blowing** üvegfúvás; ~**-bonded mica** üvegkötésű csillám; ~ **bottle** üvegpalack; ~**-brick** *ép* üvegtégla, üveg falazótest; ~ **bulb** üvegbura, üvegballon; ~**-bulb rectifier** *el* üvegburás/üvegedényes (higanygőz-)egyenirányító; ~ **bush** *tex* üveg csévecsappersely; ~ **cement** üvegragasz; ~ **ceramic** vitrokerámiai/üvegkerámiai anyag; ~**-ceramic** üvegkerámiai, vitrokerámiai; ~ **ceramics** üvegkerámia, vitrokerámia; ~ **cleaner** *gépk* ablaktörlő; ~**(-)cloth** üvegvászon, üvegtextília; *ép, műa* üveg(selyem)szövet; ~ **cock** *finm* üvegcsap; ~ **composition** üvegmassza, üveganyag, üvegolvadék; üvegösszetétel; ~**(-)concrete** *ép* üvegbeton; ~ **concrete structure** üvegbeton-szerkezet; ~ **cover** *ker* fedőüveg; *opt* fedőlemez, tárgylemezburkoló üveg *(mikroszkóphoz)*; *óra* üvegbura, üvegballon; ~**-covered** üveggel fedett, beüvegezett; ~ **covering** üvegburkolat; ~**-crete** üvegbeton; ~ **curtain wall(ing)** *ép* üveg(ezett) függönyfal; ~**(-) cutter** üvegcsiszoló (munkás); üvegező (munkás); *szersz* üvegvágó; ~ **cylinder** üveghenger; ~ **dimmer** fénytompító üveg; ~**-door** üvegajtó; ~ **dosemeter/dosimeter** üvegdoziméter; ~ **drawing machine** üveghúzó gép; ~ **drill** *szersz* üvegfúró; ~ **dyed in the metal** masszában színezett üveg; ~ **electrode** üvegelektród(a); ~**-enclosed capacitor** üvegházas kondenzátor; ~ **en-**

velope üveg védőburkolat; *rád* üvegballon, üvegbura *(rádiócsőé)*; **~es** *pl* szemüveg, távcső; **~ fabric** → **~ cloth**; **~ fibre/fiber** üvegrost, üvegszál; **~-fibre cutting equipment** üvegszál-daraboló; **~-fibre fabric/cloth** üveggyapot, üvegszövet; **~-fibre filler** *műa* üveg vázanyag; **~-fibre laminate** *műa* üvegszálvázas/üvegerősítésű műanyag, üvegszállal erősített rétegelt anyag; **~-fibre mat** *ép* üvegszál paplan/gyékény; **~-fibre mo(u)ld** *ép* üvegszállal erősített sablon; **~-fibre mo(u)lding compound** *műa* üvegerősítésű sajtolóanyag; **~-fibre optics** (üveg)száloptika; **~-fibre paper** üvegrost papír; **~-fibre reinforced** üvegszállal erősített; *műa* üvegerősítésű, üvegszál-erősítésű, üvegszállal/üvegszövettel rétegelt; **~-fibre reinforced concrete** üvegszálas/üvegszál-erősítésű beton; **~-fibre reinforced plastics (GFRP)** üvegerősítésű/üvegszál-erősítésű műanyag; **~ filament** üvegfilamens, üvegselyem; **~ filament fabric** üvegselyem szövet; **~ filament yarn** üvegselyem fonal; **~ filter** üvegszűrő; **~ filter funnel** üvegszűrős tölcsér; **~ finish** *tex* fényes/fényezett díszítés; **~-fitting strip** *ép* üvegtámasztó betét; **~ flask** *vegy* üveglombik; **~ foot step** *tex* üveg orsótalp; **~ for building purposes** építészeti/építési üveg, épületüveg; **~ for greenhouses** melegházi üveg, kertészüveg; **~ for lighting purposes** világítástechnikai üveg; **~ forming** üvegformázás; üvegképződés; **~ founder** üvegolvasztó; **~ front** *gépk* szélvédőüveg; **~-fronted** üvegezett elejű; **~ frosting** *film* mattírozás; **~ funnel** üvegtölcsér; **~ furnace** üvegolvasztó kemence; **~ furnaces level ga(u)ge** szintmérő üvegolvasztó kemencékhez; **~ gall** üvegsalak, üvegepe; **~ ga(u)ge** mérőüveg; *ép* vízállásmutató; **~ glazing** üvegzománc; **~ globe** üveggolyó; **~ grinder** üvegcsiszoló; **~(-)grind(ing)** üvegcsiszolás; **~ grind plane** csiszolási felület *(üvegé)*; *tv* csiszolt üvegfelület *(képcső szélén)*; **~ guard** (üveg) védőbura; **~ half-cell** üvegelektród; **~-hard** üvegkemény; **~-hardened** üvegkeménységű, üvegkeménységre edzett; **~-hard temper** üvegkemény edzés; **~ holder** tárgylemez *(mikroszkópon)*; **~ holding plate** *ép* üvegszorító lemez; **~ industry** üvegipar; **~ insulation** üvegszigetelés; **~ insulator** szigetelőüveg, üvegszigetelés; **~ jar** üvegedény; **~ kiln** → **~ furnace**; **~-laminate** *műa* üvegszálbetétes; **~ laser** üveglézer; **~-like** üvegszerű; **~-lined** üveggel bélelt; zománcozott; **~ lining** *élip* üvegbélés; **~ lubrication** *koh* üvegkenés; **~ lustre/luster** üvegfény; **~ maker** üveggyártó/üvegfúvó munkás; **~-maker** üvegfúvó; **~-maker's blow-pipe** üvegfúvó cső; **~-making** üveggyártás, üvegfúvás, üvegipar; **~-making materials** üvegnyersanyagok; **~-making sand** kvarchomok; **~ master** üveghordozó *(integrált áramköré)*; **~ mat** *ép* üvegpaplan; **~ measure** → **~ ga(u)ge**; **~ melter** üvegolvasztó; **~ melting furnace/kiln/oven** üvegolvasztó kemence; **~ melting sand** kvarchomok; **~ metal** *üveg* fémüveg; üvegmassza, üveganyag, üvegolvadék; **~ mosaic** üvegmozaik; **~ mo(u)ld** üvegcsiszoló (fém)minta; **~-optic(al) light guide** üvegszál vezető, fényvezető (üveg)szál; **~-optic(al) waveguide** optikai hullámvezető, hullámvezető üvegszál; **~-oven cap** üvegolvasztó kemence boltozata; **~ packing** üvegtömítés; **~-pane** *ép* ablaküveg (tábla), táblaüveg; **~ panel** (nagy) üvegtábla; *ép* üvegfal; **~ paper** üvegpapír, csiszolópapír; **~ partition** *ép* üveg válaszfal; üvegfal; **~ passivated seal** → **~ ambient seal**; **~ pearl** üveggyöngy; **~-pearl screen** gyöngyvászon *(vetítőernyő)*; **~ pipe** üvegcső; **~ pitcher** üvegkorsó; **~ plate** üvegtábla, üveglemez; **~-plate capacitor** üveglemezes kondenzátor; **~ pliers** *pl szersz* üvegtörő/üvegcsípő fogó; **~ polish** üvegcsiszolás, üvegfényesítés; **~ pot** üvegolvasztó tégely; **~-pot furnace** tégelyes üvegolvasztó kemence; **~ printing** *nyom* üvegnyomtatás; **~-printing ink** üvegnyomtató festék; **~ prism** üvegprizma; **~-reinforced** *műa* üvegerősítésű, üvegszállal/üvegszövettel rétegelt; **~-reinforced polyester (GRP)** üvegszál erősítésű poliészter; **~ reinforcement** *műa* üveg töltőanyag, üvegerősítés; **~-rinsing apparatus** *ép* üvegtisztító berendezés; **~ rod** üvegpálca; üvegbot; **~ roof** üvegtető; **~-roof construction** üvegtető-szerkezet; **~-roofed light well** üvegtetős világítóudvar; **~-roofing** üvegfedés; **~-roofing tile** *ép* üvegcserép, üveg tetőcserép; **~ sand** üveggyártásra való homok, zúzott kvarc; **~ scale** üvegmérce; **~ screen** *gépk* szélvédő üveg; *nyom* üvegrács, autotipiarács; **~ seal** *vák* üveg-üveg forrasztás; **~ sight** irányzó távcső, optikai irányzék; **~ silk** üvegselyem, végtelen üvegszál; **~-skin bag** *pa* áttetsző zacskó; **~ slab** → **~ pane**; **~ slicker** *bőr* fényesítőüveg; **~ slide/slip** tárgylemez *(mikroszkópon)*; **~ sphere** üveggömb; **~ spinning** üvegfonás; **~-spun roving** üvegszálköteg; **~ square** *ép* ablak(üveg)tábla, ablakmező; **~ staining** üvegfestészet; **~ staple fibre/fiber** vágott üvegszálpászma; **~ staple fibre/fiber yarn** vágott üvegszál; **~ stop** *ép* üvegtámasztó betét, üvegszorító léc; **~ stopper** (becsiszolt) üvegdugó; **~-stoppered flask** üvegdugós lombik; **~ structure** üvegszerkezet; **~ technology** üvegtechnika; **~ temperature** *műa* üvegesedési hőmérséklet; üveghőmérséklet; **~ thread** üvegfonal; **~-tile** *ép* üvegcserép, üveg tetőcserép, üvegcsempe; **~ tissue** üvegcsomagoló betétpapír; **~-to-glass seal** üveg-üveg forrasztás; **~-to-metal seal** fém-üveg forrasztás, üvegfém forrasztás, üveg és fém összeforrasztása; **~ transition** *műa* másodrendű átalakulás, üvegesedés; **~ transition point** *műa* üvegesedési pont, másodrendű átalakulási pont/hőmérséklet; **~ transition temperature** *műa* üvegesedési *v.* másodrendű átalakulási hőmérséklet; **~ transparent to UV rays** ultraibolya sugárzást átbocsátó üveg; **~-treating furnace** üveghőkezelő kemence; **~ tube** üvegcső; **~-tube fuse** *el* üvegcső/üvegcsöves biztosító; **~ tube thermometer** üveghőmérő; **~ ultraviolet** üvegultraibolya; **~ vial** üvegfiola; **~ wadding** → **~ wool**; **~-wall** *ép* üvegfal; **~-welded** *geol* üveges *(üveges állapotban megmerevedett)*; **~ window** *ép* üvegablak; **~-wool** üveggyapot, üvegvatta; **~-wool card** üveggyapot zsinór; **~-wool filter** *gyógyv* üveggyapot szűrő; **~-wool insulation** üveggyapot szigetelés; **~-wool lagging** üveggyapot burkolás/burkolat; **~-working** üvegmegmunkálás; → glasswork; **~ yarn** üvegfonal

glassed *ép* fényesített, üvegfényes; **~-in** (be)üvegezett; üvegbe zárt; **~ steel** zománcozott/zománcbevonatú acél; **~ stone** finoman csiszolt (kő)felület

glasshouse *mzg* melegház, üvegház

glassine (paper) pergamen(papír)

glassiness üvegesség, üvegszerűség; *ker* üvegállapot, üveges állapot; *pa* fény

glassing machine/jack *bőr* (üveges) fényezőgép

glassivation üveg védőbevonat
glassman üveggyártó, üvegkészítő, üveges
glassware üvegáru; üvegkészítmények
glasswork üveggyártás, üvegfúvás, üvegipar; üvegesműhely; ~**s** üveggyár, üveghuta; üvegáru
glassworker üveges; üveggyári munkás
glassy üvegszerű, üveges; ~ **feldspar** *ásv* szanidin, átlátszó káliföldpát; ~ **inclusion** *geol* üvegzárvány; ~ **phase** üveges (kőzet)fázis; ~ **state** *műa* üveges állapot
Glauber's salt glaubersó; mirabilit
glauberite *ásv* glauberit
glaucochroite *ásv* glaukokroit
glaucodot(e) *ásv* glaukodot
glauconite *ásv* glaukonit
glauconitic | **sand** glaukonithomok; ~ **sandstone** glaukonitos homokkő
glaucophane *ásv* glaukofán
glaucophanite *ásv* glaukofánpala
glaucous kékesszürke, szürkés
glaze I. *v* (be)üvegez; fényesít, fényez; fényesre csiszol; *ker* mázzal bevon, zománcoz; *pa* (papírt) simít, szatinál; *rep* eljegesedik; *tex* fényez, fényesít; **II.** *n* csillogás, ragyogás; *bőr* bőrappretúra, kikészítő anyag; *élip* glazúrozás, glazúr; *ker* (kerámia)máz, agyagmáz; *met* átlátszó jég, jegesedés, jégbevonat; ~ **baking/fire** mázégetés; ~ **fritt** fritt, mázalapanyag; ~ **kiln** mázégető kemence; ~ **windows** *v* ablakokat üvegez
glazed fényezett, fényesített; *geol, met* jéggel borított, megfagyott, eljegesedett; *ker* (fény)mázas, üvegmázas, zománcozott; *pa* fényezett, simított; *szersz* eltömődött, letompult; ~ **board** *pa* fényezett karton; ~ **brick** mázas *v.* mázzal bevont tégla; ~ **brick facing** mázastégla-burkolat; ~ **calender** *tex* fényezőkalander; ~ **casing (paper)** *pa* simított csomagolópapír; ~ **ceramics tile facing** mázas kerámialap-burkolat, mázas finomkerámia falburkolat; ~ **chintz** *tex* fényezett kikészítésű szövet; ~ **cotton yarn** *tex* fényes pamutfonal; ~ **door** *ép* üvegezett ajtó; ~ **finish** *tex* fényes/fényezett kikészítés; ~ **flint paper** *pa* fényezett papír; ~ **frost** *met* átlátszó jég, jegesedés, jégbevonat; jégbevonat; ~ **glass** zománcozott üveg, zománcüveg; ~ **grease-proof paper** *pa* pergamen(papír); ~ **horse** *bőr* lósevró; ~ **imitation parchment (GIP)** *pa* simított pergamen(t)pótló; ~ **insulating pressboard** (fényezett) préspán, fénylemez; ~ **kid** *cipő* sevróbőr; *ruh* glaszébőr; ~ **leaf** *ép* üvegezett (ajtó)szárny; ~ **linen** *tex* fényezett (len)vászon; ~ **manifold paper** *pa* pelürpapír, flórpostapapír; ~ **paper** *pa* fényezett/simított papír; ~ **peephole** üvegablakos kémlelőnyílás; ~ **roof** *ép* üvegtető; ~ **silk** *tex* fényes selyem; ~ **slab** *ép* csempe, zománclap; ~ **stone-ware** *ker* mázas agyagedény; ~ **tile** *ép* mázas (tető)cserép, csempe; ~ **yarn** *tex* fényezett fonal
glazer fényező, fénymázoló (munkás); *fa* polírozólap, fényezőtárcsa; üvegporos csiszolókorong
glazier *ép* üvegező, üveges; ~**'s diamond/pencil** üvegvágó gyémánt; ~**'s (pick) hammer** üvegeskalapács, üvegezőkalapács; ~**'s point** üvegezőszeg, üvegesszegecs; ~**'s putty** ablakkitt, üveges kitt, üvegkitt; ~**'s (work)shop** üvegesműhely, üvegezőműhely
glazing *bőr* gépfényezés; *élip* cukormáz(bevonat); glazúrozás, glazúr; *ép* üvegezés, üvegbeerősítés; *pa* fényezés, szatinálás; *szersz* eltömődés, glazúrosodás *(csiszolókorongé)*; ~ **bar** *ép* ablakborda, üvegosztó léc; szegélyléc *(gitt nélküli üvegezésnél)*; ~ **barrel** → ~ drum; ~ **bead** üvegező díszléc; ~ **buck** *bőr* fényesre taszító gép; ~ **by laser** *ker* lézersugaras mázbeégetés/zománcozás; ~ **calender** *pa* fényezőkalander; *tex* fényezőkalander, simítókalander; ~ **colo(u)r** mázfesték, kerámiai festék; ~ **cylinder** *pa* fényezőhenger, nagyhenger; ~ **drift** üvegezőtüske, üvegezőpecek; ~ **drum** *élip* fényesítődob; ~ **felt** *pa* fényezőnemez; ~ **furnace/kiln** zománcbeégető kemence; ~ **knife** (üvegező)spatula, kittkenő kés; ~ **machine** *bőr* fényesre taszító gép; *ker* zománcozógép; *tex* szatinálógép; ~ **of dragée** *élip* drazsé fényezése; ~ **oven** → ~ kiln; ~ **pin** → ~ drift; ~ **press** *pa* fényezőprés; ~ **rabbet** *ép* profilzáró léc *(ablakon)*; ~ **roll** *tex* szatinálókalander; ~ **rollers** *pa* fényezőkalander, frikciós kalander; ~ **wheel** polírozókorong; ~ **without putty/lute** tapasz/tapaszolás nélküli üvegezés
g.l.b. → greatest lower bound
GLC → gas-liquid chromatography
GLCM → ground-launched cruise missile
gleam I. *v* csillog, fénylik, ragyog; sugárzik, felvillan, felcsillan, csillámlik; **II.** *n* csillogás, ragyogás; felvillanás, felcsillanás, csillámlás; felvillanó/átszűrődő fény; fényesség; fénykéve, fénysugár; ~ **of silver** *koh* ezüstvillanás
Gleason type gear teeth *pl* Gleason-fogazat
glebe *bány* ércminta, ásványdarab
gleed izzó koksz/szén
glen *geol* szűk völgy, hegyszoros; teknős nyereg; ~ **check** *tex* Esterházy-kockaminta; tarkán szőtt kockás szövet
gley soil gleytalaj
gleyization *talt* gleyesedés, gleyképződés
gliadin *vegy* gliadin, prolamin
gliant *gyógyv* síkosítóanyag
glide I. *v* csúszik, siklik; csúsztat; *rep* vitorlázik, siklórepül; **II.** *n* csúszás, siklás; csúsztatószög *(bútorlábakon)*; *ásv* csúszás, csuszamlás; *rep* siklás, siklórepülés; ~**-bomb** *GB rep* siklóbomba; ~ **component** *ásv* csúszási komponens; ~ **direction** *ásv* csúszási/csuszamlási irány; ~ **dislocation** *ásv* csúszó diszlokáció; ~ **down** *v rep* siklórepüléssel leszáll; ~ **geometry** *ásv* csuszamlási geometria; ~ **lamella** csuszamlási lamella; ~ **landing** *rep* leszállás siklórepüléssel; ~ **motion** *ásv* csuszamlási folyamat/mozgás; csúszás, csuszamlás; ~ **path (GP)** *rep* siklópálya; ~**-path coupling** siklópályára való csatlakozás; ~**-path course** siklópályairány; ~**-path equipment (GPE)** siklópályaadó, siklószögadó; ~**-path flag** siklópálya műszerzászlója; ~**-path guidance** repülőgépnek siklópályán való tartása; ~**-path landing system (GPLS)** siklópályás leszállító/bevezető rendszer; ~**-path light** siklópályamegvilágítás; siklópályafény; ~**-path localizer** siklópálya-iránysávadó; ~**-path monitoring** siklópálya önműködő hibajelzése; ~**-path needle** siklópályaműszermutató; ~**-path receiver** siklópálya-vevőkészülék; ~**-path sector obstacle clearance** *rep* siklópályaszektorban lévő akadályok feletti akadálymentesség; ~**-path transmitter** siklópálya-jeladó; ~ **plane** *ásv* csuszamlási/csúszási/transzlációs sík; ~ **process** csuszamlási folyamat; ~ **reflection plane** csúszósík; ~ **relaxation** relaxációs csuszamlás; ~**-sail para-**

chute *rak* siklóernyő; ~ **slope (GS)** → ~ path; ~ **speed** *rep* siklási sebesség; ~ **stabilization** *rep* siklás stabilizálása; ~ **system** csúszási/csuszamlási rendszer; ~ **window** *ép* tolóablak

glider *fa* csúszósaru *(széklábon)*; *hajó* siklóhajó; *rep* vitorlázó repülőgép, siklógép; ~ **cloth** vitorlázórepülőgép-vászon; ~ **flight time** *rep* vitorlázó repült idő; ~ **pilot** vitorlázópilóta, vitorlázórepülő

gliding *any* elcsúszás; *ásv* csuszamlási folyamat/mozgás; csúszás, csuszamlás; *geol* siklatás; *rep* siklás, siklórepülés; siklórepülés, vitorlázórepülés; ~ **aircraft** *rep* vitorlázó repülőgép, siklógép; ~ **angle** *rep* siklószög, siklás szöge; ~ **beam** *bány* vezérléc; ~ **boat** siklócsónak, siklóhajó; ~ **characteristics** *rep* siklás jellemző adatai; siklási jellemzők; ~ **contact** *el* csúszó érintkező; ~ **descent** *rep* siklási süllyedés; ~ **distance** *rep* siklási távolság; ~ **flight** *rep* siklórepülés, vitorlázórepülés, siklás; ~ **path** → glide path; ~ **plane** *ásv* csuszamlási/csúszási/transzlációs sík; *rep* siklógép, vitorlázó repülőgép; ~ **range** siklótávolság; ~ **ratio** *rep* siklószám; ~ **scale** csúszóskála; ~ **shield** *bány* fejtőpajzs; ~ **slope** → glide path; ~ **speed** → glide speed; ~ **turn** *rep* merülőforduló, siklóforduló

glim fény; lámpa

glimmer I. *v* csillámlik, csillog; gyenge/halvány fényt vet, pislákol; *ásv* parázslik; **II.** *n* csillámlás, csillogás, ragyogás, fényesség; fény(sugár); *ásv* parázslás

glimmering csillogás, villogás; parázslás

glint I. *v* csillog, felvillan, villog, felcsillan, villódzik; visszaver, (vissza)tükröz; visszaverődik, (vissza)tükröződik; **II.** *n* csillogás, felvillanás, felcsillanás, csillogó fény; villogás, villódzás; tükröz(őd)és

glissade *rep* oldalcsúszás, csúsztatás oldalra

glissette *mat* csúszási görbe

glisten I. *v* csillámlik, csillog; fénylik, sziporkázik, ragyog; **II.** *n* csillogás, villogás, fény, sziporkázás, ragyogás

glistening lustre/luster csillogó fény

glister I. *v* csillog, villog; fénylik, (vakítóan) ragyog; **II.** *n* csillogás, villogás; fény(lés)

glitch működési hiba, zavar; *el* behorpadás *(impulzusalak-hiba)*

glitter I. *v* csillámlik, csillog; csillog, csillámlik; villog; fénylik, ragyog; **II.** *n* csillogás, villogás; (szikrázó) fény; ragyogás, ragyogó/vakító fény, vakítás

glittering *tex* ragyogó

glittery csillogó, villogó; fénylő, ragyogó

gloam *met* szürkület

global globális; *gép* globoid-; *mat* összes, együttes; ~ **air pollution** globális légszennyezés/légszennyezettség; ~ **coordinate system** általános/globális koordináta-rendszer; ~ **directory** *szt* hálózati nyilvántartás; ~ **discretization error** globális diszkretizációs hiba; ~ **gear pair** *gép* globoidhajtás; ~ **irradiance** → ~ radiation; ~ **minimum** abszolút/globális minimum; ~ **missile** globális rakéta; ~ **observation** *met* globális megfigyelés; ~ **optimization** globális optimalizálás; ~ **optimum** *rendsz* globális optimum; ~ **radiation** *met* globálsugárzás, összsugárzás; ~ **rating** globális becslés; ~ **regression** globális regresszió; ~ **satellite telecommunications network** globális műholdas távközlő hálózat; ~ **search** *szt* globális keresés; ~ **solar radiation (GSR)** *met* globálsugárzás, összsugárzás, összes/globális napsugárzás; **G~ Telecommunication System (GTS)** GTS, globális távközlési rendszer; ~ **tendering** nemzetközi kiírás; ~ **title** *szt* általános megnevezés; ~ **transgression** globális transzgresszió; ~ **truncation error** *szt* globális csonkítási hiba

globalization globalizálás

globate *mat* gömb alakú, gömbszerű, szferikus

globe I. *v* gömböt alkot, gömb alakúvá válik; felszáll *(légbuborék folyadékból)*; **II.** *n* gömb, golyó; *el* (lámpatest)bura; *mat* (üveg)bura; földgömb, glóbus(z); gömb, golyó; ~ **cal(l)iper** hasas körző; ~ **cock** gömbházas csap; ~ **head** gömbvég, gömbfej; ~**-head rivet** gömbfejű szegecs; ~ **joint** gömbcsukló; ~ **lightning** *met* gömbvillám; ~ **mill** golyós malom; ~ **photometer** fotométergömb; ~ **pliers** *pl* gömbfogó, csőhajlító fogó; ~ **protein** globuláris protein/fehérje; ~**-shaped cold trap** *vák* gömbös kifagyasztó; ~ **shell** *gép* gömbcsésze; ~ **strain insulator** *el* (két)sapkás szigetelő; ~ **tap** gömbcsap; ~ **valve (Gl.V.)** gömbházas/golyós szelep; *ol* gömbcsap *(csővezetékben)*

globigerina ooze/slurry *geol* globigerinás iszap

globin *vegy* globin

globoid gömbszerű, gömbölyded

globoidal globoidális; ~ **curve** *mat* globoidálgörbe; ~ **worm** *gép* globoidcsiga; ~ **worm-gear** globoidhajtás

globose gömbölyű, gömbszerű; szferikus

globosite *ásv* globozit

globosity gömbölyűség, gömb alak

globular gömb alakú, gömbszerű; *koh* gömszemcsés, globuláris; ~ **cementite** *koh* gömbszemcsés cementit; ~ **cluster** *csill* gömbhalmaz; ~ **discharge** gömbszerű kisülés; ~ **graphite** *önt* gömbgrafit, gömbszemcsés grafit; ~ **lightning** *met* gömbvillám; ~ **paper** golyós papír; ~ **pearlite** *koh* szemcsés perlit; ~ **protein** globuláris protein/fehérje; ~ **structure** szemcsés szövet; gömbszemcsés szerkezet

globulate gömb alakú

globule golyócska, gömböcske; *csill* globula; ~ **of weld metal** hegesztőanyagcsepp

globulin *vegy* globulin

globulite *ker* globulit, együregű agyagkavics

glockerite *ásv* glockerit

gloom I. *v* elsötétedik; elsötétít; **II.** *n* sötétség, homály; szárítókemence *(lőporgyártásnál)*

gloomy sötét, homályos

gloria *tex* ernyőszövet

glory *met* glória; ~**(-)hole** *bány* külfejtési tölcsér, csapológurító-tölcsér; zuhintóakna; *hidr* bukótölcsér; *koh* nézőke, megfigyelőnyílás; *üveg* hevítőkemence; ~**-hole mining method** *bány* tölcséres fejtés; ~**-hole spillway** *hidr* körbukó; ~**-hole works** *bány* tölcséres művelés

gloss I. *v* (felületileg) fényez, fényesít; *pa* fényez; *tex* préseléssel fényez; **II.** *n* fényesség *(felületé)*; *élip* fényes felület, fény; *pa* fény, fényesség; *tex* présfény; ~ **effect** *tex* (prés)fényhatás; ~ **ink** fényes/ragyogó (nyomda)festék; ~ **meter** fényességmérő; ~ **oven** *ker* mázbeégető kemence; ~ **paint** fénylő festék; ~ **paper** fényezett papír; ~**-reducing agent** fénycsökkentő vegyszer; ~ **rim** *gépk* fényszórókeret; ~ **starch** *tex* fényezőkeményítő; ~ **tester** → ~ meter; ~ **through pressing** *tex* préselt fény; ~ **varnish** fénylakk; ~**-white** *pa* fényes/ragyogó fehér

glossary command *szt* jegyzetekkel ellátott parancs
glosser fényező(munkás)
glossing *tex* présfényezés
glossy fényes, fénylő, ragyogó; magasfényű; tükörfényesre csiszolt; *élip* fényes felületű; ~ **colo(u)r** fényes/ragyogó szín; ~ **paper** fényezett papír; ~ **polish** tükörfényezés; ~ **print proof** *nyom* próbanyomat/levonat műnyomó papíron; ~ **side** *film* fényes oldal
glost *ker* mázas; ~ **firing** mázbeégetés; ~ **furnace/kiln** máz(be)égető kemence; ~ **ware** kerámiaáru
glove kesztyű; ~**-box** *at* kesztyűs manipulátor; radioaktív kezelőkamra; *félv* kesztyűs box; *gépk* kesztyűtartó; ~ **compartment** *gépk* kesztyűtartó; ~**-fabric knitting-machine** kesztyűkelmekötő gép; ~ **kid** glaszébőr; ~ **leather** kesztyűbőr; ~**-leather tannage** glaszécserzés; ~ **machine** *tex* kesztyűvarró/kesztyűkötő gép
glover kesztyűs, kesztyűkészítő
Glover | **acid** *vegy* Glover-sav *(75—82%-os kénsav)*; ~ **tower** Glover-torony *(kénsavgyártás)*
glow I. *v* áttüzesít; áttüzesedik; felhevít; (fel)izzít; izzik; parázslik; **II.** *n* áttüzesítés; áttüzesedés; felhevítés; izzás, parázslás; izzítás; *el* parázsfény, ködfény; ~ **bar test** *műa* izzócsapos próba; ~ **bulb** parázsfénylámpa, ködfénylámpa; ~ **cathode** izzókatód; ~ **counting tube** parázsfénycsöves számláló; ~ **crystal** villanókvarc, frekvenciamérő kvarc; ~ **curve** termolumineszcens görbe, glow-görbe; ~ **discharge** parázsfénykisülés; ~**-discharge anemometer** parázsfénykisüléses anemométer; ~**-discharge lamp/tube** ködfénylámpa, parázsfénylámpa; ~**-discharge microphone** parázsfénymikrofon; ~**-discharge rectifier** parázsfénykisülésű egyenirányító; ~**-discharge voltage divider tube/valve** parázsfénykisüléses feszültségosztó; ~**-discharge voltage stabilizer tube** parázsfénykisüléses stabilizátorcső; ~ **filament** izzószál; ~**-gap divider** parázsfénylámpás/neoncsöves feszültségosztó; ~**-indicator tube** parázsfény-indikátorcső; ~ **lamp** parázsfénylámpa, ködfénylámpa; ~ **light** parázsfény, ködfény; ~ **nitriding** *koh* ionnitridálás; ~ **plug** *gépk* izzógyertya, izzítógyertya *(dízelmotorok indításához)*; ~**-plug engine (ignition)** izzófejes motor; ~ **red colo(u)r/heat** vörösizzás; ~ **resistance** izzásállóság; ~ **switching diode** gáztöltésű kapcsolódióda; ~ **switching tube** gáztöltésű kapcsolócső; ~ **tube** parázsfénycső; ~ **warning-light** *gépk* izzógyertya-ellenőrző
GLOW → gross lift-off weight
glowing élénk, fényes; izzó, parázsló; villódzó; *tex* élénk *(színárnyalat)*; ~ **cathode** izzókatód; ~ **combustion** izzás; ~ **filament** *mat* izzószál, izzóspirál *(izzógyertyáé)*; ~ **fire** (izzó) parázs; ~ **heat** izzási hő
GLR → gas-liquid ratio
glucina *vegy* berillium-oxid
glucin(i)um *vegy* glucínium, berillium
glucital *vegy* szorbit
gluconic acid *vegy* glükonsav
gluconolactone *vegy* glükonolakton
glucoprotein → glycoprotein
glucose *vegy* glükóz, glukóz, glikóz, dextróz; szőlőcukor; ~ **fondant** keményítőszörppel készült fondant; ~ **vat** *tex* glukózcsáva
glucosidase *vegy* glükozidbontó enzim
glucoside *vegy* glükozid
glucosone *vegy* glükoszon
glue I. *v* enyvez, ragaszt; **II.** *n* enyv; ragasztó(anyag); ~ **blender** enyvkeverő gép; ~ **brush** enyvezőecset; ~ **clamp** enyvezőbak; ~ **colo(u)r** enyves festék; ~ **heater** enyvfőző (készülék); ~ **joint** *fa* ragasztott kötés; ~ **jointer** gumiabroncs-ragasztó; ~ **layer** (felhordott/felkent) ragasztószerréteg; ~**-like** enyvszerű; ~ **line** *fa* enyvrés, illesztési hézag, fuga; ragasztási felület; ~**-machine** *pa* enyvezőgép, gumírozógép; ~ **mixer** *fa* enyvkeverő berendezés; ~ **of gluten** növényi enyv; ~ **on** *v* odaenyvez,ráragaszt; ~ **over** *v* átragaszt; ~ **pot** *cipő* ragasztóanyag-tartály *(gépen)*; ~ **press** enyvezőprés, ragasztóprés; ~ **putty** ragacs; ~ **size** *tex* enyv íranyag; ~ **spreader,** ~ **spreading machine** *fa* enyvfelhordó gép; ~ **together** *v* összeenyvez, összeragaszt; ~ **up** *v* megragaszt
glued enyvezett; ragasztott; ~ **belt** *gép* ragasztott szíj; ~ **connection/joint** *ép* enyvezett/ragasztott kapcsolat/kötés; ~ **label** enyvezett címke; ~ **laminated timber-arch** *ép* többrétegű ragasztott faív *(enyvezett lemezekből)*; ~ **paper** enyvezett papír; ~ **slab** *fa* enyvezett lemez; ~**-slab flooring** *ép* enyvezett lemezekből készült padozat; ~ **stairs** *pl* ragasztott lépcső; ~ **wood construction** enyvezett faszerkezet
glueing → gluing
gluey enyves, enyvszerű; ragadós, ragacsos, tapadós
gluing | **ability** ragaszthatóság; ragasztóképesség; ~**-machine** *fa* enyvfelhordó gép; *pa* enyvezőgép; ~ **of bar** *koh* sínragasztás
glume *élip* szemhéj, pelyva
glut *bány* feszítőrúd; *ép* féltégla; nyerstégla; *gép* biztosítógyűrű; ék, kapcsoló csap; illesztőszeg; terelővilla
glutamate *vegy* glutam(in)át
glutamic acid glutaminsav, 2-amino-glutársav
glutamine *vegy* glutamin, glutaminsav-5-amid
glutaric | **acid** *vegy* glutársav, pentándisav; ~ **anhydride** glutársavanhidrid, tetrahidropirán-2, 5-dion
glutathione *vegy* glutation
glutelin *vegy* glutelin; ~ **painting** *ép* glutelinfestés
gluten *élip, vegy* sikér; ~ **bread** sikérdús kenyér *(kis keményítőtartalommal)*; ~ **content** sikértartalom; ~ **flattening** sikérterülés, sikérlapulás; ~ **fluor** nagy sikér-, kis keményítőtartalmú liszt; ~ **quality** sikérminőség
glutenous *élip* (nagy) sikértartalmú; *vegy* mézgás
glutine *vegy* glutin
glutinous enyvszerű; ragadós, tapadós, nyálkás, nyúlós; ~ **substance** nyálkás anyag
Gl.V. → globe valve
glyceraldehyde *vegy* glicer(in)aldehid
glyceric | **acid** *vegy* glicerinsav; ~ **aldehyde** glicer(in)-aldehid
glycerid(e) *vegy* glicerid, glicerin-észter
glycerin(e) *vegy* glicerin; ~ **still** glicerinlepárló készülék
glycerol *vegy* glicerin; ~ **monoacetate** glicerin-monoacetát; ~ **monoricinoleate** glicerin-monoricinoleát; ~**-phthalic resin** gliptálgyanta; ~ **trinitrate** glicerin-trinitrát, nitroglicerin
glycerophosphate *vegy* glicerin-foszfát, glicerofoszforsav, glicerinfoszforsav
glycerophosphoric acid (GPA) → glycerophosphate
glyceryl *vegy* glicerilgyök; ~ **ester** glicerin-észter, glicerid; ~ **oleate** olajsavas glicerin-észter; ~ **trinitrate**

glicerin-trinitrát, nitroglicerin; ~ **tristearate** glicerin-trisztearát, (tri)sztearin
glycidol *vegy* glicid(ol)
glycine *vegy* glicin, glikokoll, amino-ecetsav, enyvcukor
glycocoll → glicine
glycogen *vegy* glikogén, állati keményítő, májkeményítő
glycogenic acid *vegy* glükonsav
glycol *vegy* glikol, etilénglikol; ~ **esters** glikol-észterek; ~ **ether** glikol-éter; ~ **regeneration** glikolregenerálás
glycolic | acid *vegy* glikolsav, hidroxi-ecetsav; ~ **aldehyde** glikolaldehid, hidroxi-acetaldehid
glycolysis *vegy* glikolízis
glycolytic enzyme glikolitikus enzim
glyconic acid *vegy* glükonsav
glycoprotein *vegy* glikoproteid, glikoprotein, fehérjecukor
glycoronic acid *vegy* glükoronsav
glycose → glucose
glycoside *vegy* glikozid, glükozid; ~ **linkage** glikozidkötés
glycyl *vegy* glicilgyök
glycylglycine *vegy* glicil-glicin
glyoxal *vegy* glioxal, oxaldehid, 1,2-etán-dial
glyoxalic → glyoxylic
glyoxaline *vegy* glioxalin, imidazol
glyoxyl radical *vegy* glioxilgyök
glyoxylic acid *vegy* glioxilsav
glyptal *vegy* gliptál(gyanta); ~ **resin** gliptálgyanta; ~ **resin lacquer** gliptállakk
glyptic I. *a* (drága)kővésési; vésett *(gemma)*; **II.** *n* vésés *(gemmán)*; ~**s** (fél)drágakővésés, gliptika
glyptography gliptográfia
gm → grist mill
GM → geometric mean; → good middling; → gravity meter; → green manure; → guided missile; → gunmetal
G-M counter → Geiger-Müller counter
gmelinite *ásv* gmelinit
GMT → graphics mouse technology; → Greenwich Mean Time
GMV → gram-molecular volume; → guaranteed minimum value
GMW → gram-molecular weight
gnarl csomó, görcs *(fában)*; *geol* dudor
gnarled *fa* csomós, görcsös
gnaw elkoptat, korróziót okoz; elkopik, korrodál
gneiss *geol* gnájsz, gneisz
gneissic gnájszos, gneiszes
gneissoid → gneissic
gnomon árnyékvető oszlop *(napórán)*, napóramutató; *mat* gnomon
gnomonic *geod* gnomonikus *(vetítésű)*; ~ **map** síkvetületű *v.* gnomikus vetületű térkép; ~ **projection** gnomonikus projekció/vetítés/vetület
GNP → gross national product
go I. *v* megy, jár; működik *(gép)*; *vasút* jár, közlekedik; **II.** *n* járás, menés; ~ **about** *v hajó* megfordul; ~ **across** *v* átkel, átmegy, keresztez; ~ **ahead (ga)** *v rep* „kezdje el/folytassa adását"; ~ **aloft** *v rep* levegőbe emelkedik, felszáll; ~**-and-no-go ga(u)ge** határmérő idomszer; ~**-and-return line** *el* kimenő és visszatérő vezeték; ~**-and-return repeater** *távk* kétutas erősítő; ~**-and-return stroke** *gép* alternáló/oda-vissza löket; ~**-around** *rep* megismételt megközelítés/bevezetés; újragyorsulás; ~ **astern** *v hajó* hátramegy; ~**-cart** → ~-kart; ~**-channel** (kimenő)csatorna; ~**-devil** *bány* ejtőék; *fa* rönkszorító forgó; *gép* csőgörény, csőkaparó; csőtisztító szerszám; *ol* csőgörény *(turbinamarós csőtisztító)*, motoros csőgörény *(belső radiográfiás ellenőrzésre)*; fúrólyuk-ejtőrúd, fúrólyuk-ejtőkalapács; *vasút* motoros hajtány; ~**-devil trap** *ol* csőgörényállomás; ~ **down** *v* apad *(víz)*; elsüllyed *(hajó)*; süllyed *(hőmérséklet)*; ~**-down** *hajó* süllyedés; ~**-end (side)** „megy" oldal *(idomszeré)*; ~**-end side of a limit ga(u)ge** hatásmérő idomszer „megy" oldala; ~**-ga(u)ge (gog)** *gép* megyoldali/jóoldali idomszer; ~ **into service** *v rep* üzembe áll; ~**-kart** *gépk* gokart; ~ **no go equipment** *rep* „működik/nem működik" típusú berendezés *(önellenőrző berendezés)*; ~ **off** *v* felrobban; ~**-out** *ép* partfal-zsilip; ~ **out of spin** *v rep* dugóhúzóból kijön; ~ **out of true** *v fa* vetemedik; ~ **plug ga(u)ge** jóoldali/megyoldali dugós idomszer; ~ **round** *v* forog; megkerül; ~ **round again** *v rep* átsajtol; ~**-show** *rep* dátum nélküli jeggyel rendelkező utas; ~**-side** → ~ end; ~ **through a maximum** *v mat* maximumon áthalad; ~ **through a minimum** *v mat* minimumon áthalad; ~ **too slow** *v óra* késik; **„~-to"-statement** *szt* „go to" utasítás, ugróutasítás, ugrás(utasítás); ~ **under** *v hajó* (el)süllyed; ~ **underground** *v bány* leszáll (a bányába); ~ **up** *v* felrobban
GO → gas oil
goaf I. *v bány* beomlaszt, betömedékel; **II.** *n bány* bányaüreg; beomlasztott terület/üreg; fejtési üreg; kiművelt és betömedékelt üreg; omlás, omlasztás; *koh* apró szemcséjű elegyadag
goal *rendsz* (működési) cél; ~ **posts** *bány* törőélbiztosítás; törőpillér; ~**-post support system** *bány* félajtóácsolat; ~**-seeking system** *aut* alkalmazkodó; önbeállító rendszer; *rendsz* célkereső rendszer
goatskin kecskebőr *(nyers)*
gob I. *v bány* beomlaszt; betömedékel *(berakattal)*; **II.** *n bány* beomlasztott terület; berabolt fejtés; meddő (kőzet); omlasztás; *műa* szabálytalan alakú csomó; *üveg* (üveg)csepp; ~ **entry** *bány* határvágat *(omlás mellett)*; ~ **feeder** *üveg* cseppadagoló; ~ **feeding/process** *üveg* üveggömb ismételt bemártása (és formázása) *(üvegfúvásnál)*; ~ **fire** bányatűz *(tömedékelésben)*; ~ **heading** → ~ road; ~ **hydraulic filling** *bány* iszaptömedékelés; *ép* feliszapolás, zagyülepítéses feltöltés; ~**-pack** *bány* tömedékfal; ~ **road** *bány* omlásban/tömedékben meghagyott vágat; ~**-road system** *bány* egyenesen (befelé) haladó frontfejtés *(tömedékben hagyott vágatokkal)*; ~ **stowing** *bány* kiművelt üreg betömedékelése; ~ **stuff** *bány* tömedékanyag; *ép* kitöltés, tömedékelés *(alagútban)*
gobber *bány* tömedékelő
gobbet *geol* göröngy, rög
gobbing *bány* frontfejtés tömedékelése; meddő
gobble *pa* görgőz; őröl
gobelin , gobalin *tex* gobelin
goblet kupa; talpas pohár; *geol* lávaforrás, lávató
gobo *film* hangtompító/hangelnyelő ernyő; *film, foto* fényellenző
godet *aut* háromszögletű betoldás/ereszték; *tex* fonalvezető görgő/tárcsa; ~ **wheel** *tex* szálhúzó tárcsa

goethite *ásv* goethit, tűzvasérc; ~**-precipitating process** *koh* goethites eljárás
Göttingen type wind tunnel göttingeni *v.* visszatérő áramlású szélcsatorna
gofer *élip* ostya
gofering-iron ostyasütő vas
goffer I. *v* hullámosít; mintát présel *(szövetbe/papírba)*; *nyom* vaknyomást készít; *ruh* berak, ráncol; guvríroz; *tex* dombornyomással nyom; **II.** *n* redő; ránc; *nyom* vakmintázó sajtó; *ruh* berakómángorló, berakóvasaló
goffered | plate *hang* kazettás lemez; ~ **silk** dombornyomású selyem
goffering *geol* ráncosodás, redőzöttség; *nyom* mintás nyomás, vaknyomás, vak dombornyomás; *tex* dombornyomás; ~ **calender** *tex* dombornyomó kalender; ~ **machine** *pa* mintázókalander
gog → go-gauge
goggles porszemüveg, szemvédő, védőszemüveg; motorszemüveg; ~ **valve** pápaszemelzáró *(gázvezetékben)*; ~ **with colo(u)r filter** színszűrő védőszemüveg
goglet *ker* hosszú nyakú agyag vizeskancsó
going (el)indulás; *ép* járólap, járófelület *(lépcsőfok szélessége)*; *tex* felcsévélés *(szelfaktoron)*; ~ **barrel** órarugótok; ~ **fusee** *óra* rugóorsó; ~ **headway** *bány* járóvágat; ~ **part** *tex* borda(láda); ~ **parts** *pl óra* kerékszerkezet; ~ **road** *bány* fejtési vágat; ~ **rod** *ép* lépcsőfokkitűző léc
Golay | cell *fiz* Golay-cella, pneumatikus radiométer; ~ **codes** *szt* Golay-kódok
gold (Au) arany; ~ **alloy** *koh* aranyötvözet; ~ **amalgam** aranyamalgám, aranyfoncsor; ~**-amalgamating plant** *bány* aranyérc-amalgámozó berendezés; ~ **articles** aranyáru; ~ **balance** *finm* aranymérleg; ~ **bar** aranyrúd; ~**-bearing** aranytartalmú; ~**-bearing quartz** aranytartalmú kvarc; ~**-bearing vein** *bány* aranyér; ~**-beater** aranylemezkészítő, aranyfüstkészítő, aranyverő; ~ **beater's-skin** *gumi* aranybőr; ~ **beater's tissue-paper** aranyborító papír; ~ **blocking** *nyom* aranynyomás, aranyozónyomás; ~ **bonded diode** aranytűs dióda; ~ **braid** aranypaszomány; ~ **brocade** aranybrokát; ~**-bronze** aranybronz, festőarany; ~**-bronze powder** aranybronzpor, aranyozópor; ~**-brown** aranyosbarna; *vegy* Bismarck-barna *(színezék)*; ~ **buddle** aranymosó (bölcső); ~ **buddling** aranymosás; ~ **bullion** rúdarany; ~ **chloride** arany-klorid; ~**-clad** arannyal lemezelt/bevont; ~ **clad wire** aranyozott huzal; ~ **cloth** aranybrokát; ~**-coated board** *pa* arany-bronz karton; ~**-coating** aranyréteg, aranybevonat; *gyógyv* arany drazsírozás; ~ **colo(u)r** aranyfesték; ~ **compounds** aranyvegyületek; ~ **cushion** *nyom* aranyozó nyomópárna; ~ **cyanide** arany-cianid; ~ **deposit** *bány* aranylelőhely; ~**-digger** aranyásó; ~**-diggings** aranylelőhely, aranymező; ~ **dredge** aranykotró (gép); ~ **dust** aranyreszelék, aranypor; ~ **flash** (igen vékony) aranyfólia *(2 mikron alatt)*; ~ **flour** aranypor; ~ **foil** aranyfüst, aranyfólia, aranylemez; ~ **lace** aranypaszomány; ~ **latten** aranylemez, aranyfólia; ~ **leaf** aranyfüst, aranyfólia; ~**-leaf electroscope** aranylemezes elektroszkóp, aranyfólia-elektroszkóp; ~ **lode** *bány* aranyér; ~ **metallurgy** *koh* aranykohászat; ~ **mine** aranybánya; ~ **mono-chloride** arany(I)-klorid; ~ **mud** *koh* aranyiszap; ~ **number** *vegy* aranyszám; ~ **ochre** aranyokker(sárga); ~ **orange** *vegy* metiloranzs, metilnarancs *(színezék)*; ~ **paint** → ~-bronze; ~ **pan** aranymosó tál(ca)/serpenyő/teknő/vályú; ~ **paper** aranypapír; ~ **placer** *bány* aranytorlat; ~ **plate** aranyhártya-bevonat; ~**-plate** arannyal bevon/lemezel, (be)aranyoz; ~**-plated contacts** aranybevonatú/aranyozott érintkezők; ~**-plating** lemezelés arannyal; aranyfüstbevonás; ~ **point** *fiz* aranypont, arany fagyáspontja; ~**-prospecting** *bány* aranykutatás; ~ **purple** (kolloid) aranybíbor, Cassius-bíbor; ~**-ruby glass** aranyrubinüveg; ~**-sand** aranytartalmú homok; ~ **seal** *vák* aranyhuzal-tömítés; ~ **size** aranyozókence; ~ **sludge/slurry** *koh* aranyiszap; ~ **solder** aranyforrasz, aranyforrasztó; ~ **spring** *finm* hajszálrugó; ~ **toning** *foto* kezelés aranyfürdőben; ~ **trichloride** arany(III)-klorid; ~ **trioxid** arany(III)-oxid; ~ **varnish** aranylakk; ~ **wash** → ~ flash; ~ **washer** aranymosó *(berendezés/személy)*; ~**-washing** aranymosás; ~**-wire relay** aranyhuzalos relé; ~ **wire seal** → ~ seal; ~ **yellow** *vegy* tropeolin
Goldberg | wedge Goldberg-ék; ~ **wedge analysis** Goldberg-analízis, szürkeék-analízis
golden arany-, aranyból való; aranyfényű, aranysárga, aranyszínű, aranytartalmú; ~ **antimony sulfide** *vegy* aranykén, antimon(V)-szulfid, antimon-pentaszulfid; ~**-brown paper** aranyvörös papír; ~ **mica** *ásv* macskaarany; ~ **orange** narancssárga; ~ **rule** *mat* hármasszabály *(aránypárok megoldási szabálya)*; ~ **rule (of mechanics)** *mech* aranyszabály; ~ **section** *mat* aranymetszés, folytonos osztás; ~ **yellow** aranysárga
Goldschmidt | aluminothermic process Goldschmidt-féle aluminotermikus eljárás; ~**'s geochemical classification of the elements** Goldschmidt-féle geokémiai rendszer
goldsmith aranyműves, ötvös
gole *geol* szűk völgy
golf | ball gömbfej *(írógépen)*; ~ **typewriter** gömbfejes írógép
goliath *em* rakodóhíd; ~ **crane** óriásdaru; ~ **(Edison) screw cap/base/holder/socket (GES cap)** *el* góliátfej, góliátfoglalat, Edison-foglalat
Gomory | method *mat* Gomory-féle módszer; ~**'s cut** Gomory-féle metszet
gompholite *geol* gomfolit, magelfluh *(konglomerátumféleség)*
gon *mat* fok, újfok
gonad protection/shield nemi mirigyek sugárvédelme
gonadial dose/load *at* gonáddózis, nemi mirigy besugárzási dózisa
gondola *hajó* gondola; *közl* kabin *(drótkötélpályán)*; *rep* gondola, léghajókosár; ~ **car** *vasút* nyitott teherkocsi/vagon, gondolakocsi
gong *óra* hangrugó; *távk* (jelző)harang; ~**-bell work** *óra* hangrugós ütőszerkezet; ~ **hammer** gongütő
goniometer *ásv* (lap)szögmérő, goniométer; *mat* irányszögmérő; *távk* iránymérő készülék/berendezés, goniométer
goniometric *mat* goniometriai, goniometrikus, szögmértani; szögmérő...; ~ **equation** goniometriai egyenlet; ~ **eyepiece** goniométer-szemlencse; ~ **instrument** szögmérő műszer

goniometrical compensation *távk* irányszögméréses kompenzálás, antennahatás-kiküszöbölés
goniometry *geod* szögmérés; *mat* goniometria, szögmértan
goniophotometer goniofotométer
gonnardite *ásv* gonnardit
Gooch crucible/filter *rep* Gooch-tégely/szűrő
good jó, kedvező; ~ **earth connection** *el* jó földelővezeték/földelés; **having a ~ feel** *tex* jó fogású *(szövet)*; **of ~ feel** *tex* fogós, telt fogású; ~ **geometry** *at* kedvező mértani elrendezés; ~ **gradient** *vasút* kis lejtés; ~ **middling cotton (GM)** jó középminőségű pamut *(amerikai minősítés)*; **in ~ repair/shape** jó karban; ~ **roasting** teljes kiégetés; kifogástalan pörkölés; ~ **side** *tex* színoldal, jobb oldal; ~**-sized** jól méretezett; ~ **waste** *tex* tiszta hulladék; ~ **working condition** üzemképes állapot
goodbye page *szt* búcsúoldal *(videotexnél)*
goodness jóság, megfelelő minőség; ~ **factor** *félv* jósági szám; ~ **of fit** *stat* illeszkedés (jósága); ~**-of-fit test** *stat* illeszkedésvizsgálat, illesztésvizsgálat
goods *pl* áru(k), árucikkek; ~ **brake** *vasút* tehervonati fék; ~ **car** teherkocsi; ~**-carrying barge** dereglye; ~ **chassis** teherkocsialváz; ~ **depot** *vasút* áruraktár; ~ **elevator** *US* → ~ lift; ~ **engine** *vasút* tehervonatmozdony; ~**-handling service** *vasút* árukezelési/rakodási szolgálat; ~ **in dozens** tucatolt áru; ~ **in rope form** *tex* áruköteg; ~ **lift** anyagfelvonó; (kis) teherfelvonó; teherszállító felvonó; személykíséretű teherfelvonó; ~ **locomotive** tehervonatmozdony; ~ **on hand** árukészlet; ~**-passenger changeover cock** *vasút* teher-személy átváltócsap *(légféken)*; ~ **platform/ramp** *vasút* rakodórámpa; ~ **shed** áruraktár; ~ **station** teherpályaudvar; ~**-tank locomotive** szertartányos mozdony; ~ **tariff** *vasút* árudíjszabás; ~ **to be transported** rakomány; ~ **traffic** teheráru-forgalom; ~ **train** tehervonat; ~ **train-kilometre** tehervonat-kilométer, árutonna-kilométer; ~ **vehicle** teherszállító jármű; ~ **wag(g)on** vasúti tehergépkocsi, tehervagon; ~ **yard** teherpályaudvar
goongarrite *ásv* goongarrit
gooseneck *em* hattyúnyak, libanyak; *ép* lépcsőkorlát kanyarban, hattyúnyak; *gép* kettős hajlat/könyök; *gép, ol* hattyúnyak; *koh* könyök; *metr* tágulásmérő; ~ **connection** S alakú csőcsatlakozás; ~ **die** hajlított nyomófejes szerszám *(bonyolult alakú munkadarabok hajlításához)*; ~ **machine** sűrített levegős fröccsöntőgép *(melegkamrás)*; ~ **of hot chamber** *önt* hattyúnyak alakú fémadagoló/merítő; ~ **pliers** *pl* rugós fogó; ~ **siphon** *gép* hattyúnyakcső
goosenecked S alakú, (két)könyökösen hajlított; ~ **tool** *szersz* rugós (szerszám)kés
goosing *bány* hidraulikus torlatjövesztés
gopher I. *v* vaktában bányászkodik; **II.** *a bány* helytelenül telepített; rabló-; ~**(-)drift** *bány* rosszul/helytelenül telepített kutatóvágat; ~**-hole** robbantóakna; ~**-hole blasting** nagyaknás robbantás; ~ **mining** rablóbányászat
gophering *bány* rablóbányászkodás, rablóbányászat
GOR → gas-oil ratio
gore I. *v bőr* háromszögletű sávot szab; *ruh* ék/háromszög alakúra szab; **II.** *n* (keskeny) háromszögletű csík; *bőr* felsőrészbetét; *cipő* eresztték, cvikli; *hajó* bókonyborda; *mat* kétszög hold, gömbkétszög; *ruh* szoknyabetoldás; ~ **of the heel** háromszögletű sarokbetét *(harisnyában)*
gorge *ép* fedőkőcsatorna; vízorr; *geol* hegyszoros, szakadék; szurdokvölgy; *gép* garat, torok; szíjtárcsahorony; *hidr* áttörési szakasz; torda; ~ **portion** völgyszűkület
goshenite *ásv* goshenit
goslarite *ásv* goszlarit, cinkgálic
gosport tube *rep* fedélzeti csöves beszélőkészülék
Goss texture *ásv* Goss-textúra
gossamer *tex* gézszövésű selyemfátyol
gossan *geol* vaskalap
gossypin I. *a* gyapotszerű; **II.** *n pa* gyapotcellulóz; *vegy* gosszipin
gothic I. *a ép* gótikus; **II.** *n ép* gótikus építészet/stílus; ~ **(character/type)** *nyom* gót betű, fraktúra; ~ **groove** *heng* csúcsíves hengerkaliber/(henger)üreg; ~ **pass** *heng* csúcsíves üreg; ~ **pitch** *ép* gótikus tetőhajlás *(60 fokos)*; ~ **slate roofing** csúcsíves palafedés
Gothicized *ép* gótizáló
Gothlandian *geol* gotlandium
gouache gouache, fedőfesték
Goubau-line *tv* felületihullám-vezető, Goubau-vezető
goubbing tuskóirtás; ~ **machine** tuskókiemelő gép; ~ **rake** rönkgyűjtő szerelék
goudron *vegy* g(o)udron, rövidített pakura, petróleumaszfalt, desztillációs bitumen; ~ **furnace** olajtüzelésű kemence
gouge I. *v* (homorú vésővel) (ki)váj, (ki)vés; **II.** *n* homorulat; kivájás; *bány* ércszegély, szalband; *ép* agyagos bekenés; *fa* homorú véső, vájóvéső, völgyelővéső; *forg* hegyes keresztvágó, homorú kecskelábvéső/vájóvéső; *geol* agyagér *(értelér szélén)*; ~ **bit/drill** kanálfúró, kanalas fúró; ~**-filled fissure** *geol* agyaggal betömődött repedés; ~ **index** *nyom* betűlétra, élregiszter; ~**s** *bőr* kikapás; lapos vágás
gouging (horony)kivésés, kivájás; ~ **blowpipe/torch** *heg* vésőpisztoly; ~ **machine** *cipő* kimélyítőgép
Gould-belt *csill* Gould-kör, Gould-féle öv
gountlet *vasút* vágányfonódás
Gourdine-generator Gourdine-féle generátor
govern *gép* szabályoz, vezérel
governed speed *gépk* szabályozott fordulatszám
governing *gép* kormányzás, szabályozás; ~ **apparatus/device** szabályozószerkezet, vezérmű; ~ **by throttling** fojtásos szabályozás
government | broadcasting hivatalos rádióadás; ~ **bronze** *US* tengerészfém, tengerészbronz; ~ **call** *távb* hivatalos beszélgetés; ~ **commissioner for flood control** *hidr* árvízvédelmi kormánybiztos
governor *aut* kormánykapcsoló; *gép* regulátor, szabályozó(berendezés), fordulatszám-szabályozó, centrifugálszabályozó; *hőt* vezérmű; ~ **adjusting** fordulatszám-szabályozó beállítása; ~ **balance weight** , ~ **ball** szabályozósúly; ~**-brush** *távk* szabályozókefe; ~ **collar** *gépk* szabályozókarmantyú; ~**-contact** *távk* szabályozóérintkező; ~ **control** *gép* regulátoros szabályozás; ~**-controlled motor** centrifugálregulátoros motor; ~ **gear** regulátorszerkezet; vezérmű; ~ **motion** *tex* felcsévélésszabályozó; ~ **rods** *pl* szabályozórudazat; ~ **spring** szabályozórugó, beállítórugó; ~ **synchronizing** vezérműszinkronozás; ~ **valve** szabályozószelep; ~ **weight** befecskendezőszivattyúregulátor *(dízelmotoré)*; *finm* szabályozósúly

gowan *bány* málló gránit
gowl I. *v bány* omlaszt; **II.** *n* omlós főte
goyazite *ásv* goyazit, hamlinit
gozzan *bány* vaskalap
gp → galley proof; → gauge pressure
GP → general-purpose; → geometric progression; → glide path; → glide-path transmitter; → gutta-percha
GPA → glycerophosphoric acid
GPC → gel permeation chromatography; → general purpose computer
GPE → glide path equipment
gpf → gas-proof
GPI → gas-penetration index
GPIB → general-purpose interface bus
GPL → giant-pulse laser
GPLS → glide-path landing system
gpm → gallons per mile; → grams per minute
GPM → gallons per minute
GPR → general-purpose radar
gps → grams per second
GPS → gallons per second
GPSS → general-purpose simulation system
GPV → general-purpose vehicle
gr → gear ratio; → gram
gR → gramröntgen
GR → general relativity; → graphite reactor; → ground run
Graaff generator → van de Graaff
grab I. *v* markol; **II.** *n* markolás, szorítás; *em* markoló; *hajó* horgony; *szersz* szorítófogó; ~ **bucket** (vedres)-markoló; ~ **bucket arm** markoló-lengőkar; ~ **capacity** markoló-űrtartalom; ~ **crane** markolódaru; ~ **dredger** markoló (úszó)kotró; ~ **excavator** kotródaru, markolókotró; ~ **for excavating** kotrómarkoló, mechanikus kotró; ~ **handle** (rögzítő)fogantyú; ~ **hook** akasztóhorog; ~ **iron** fogószerszám *(béléscsövekhez és fúrókötelekhez)*; ~ **jaw** *ép* markolópofa; ~ **method** → ~ test; ~ **rail** *ép* falikorlát *(lépcső)*; ~**s** *pl* többpofás markoló, polipmarkoló; ~ **sample** szúrópróba; *vegy* vaktában vett minta; ~ **sampling** mintavétel lapáttal; ~ **suspended on kelly-bar** *ép* merevrudas/Kelly-rudas résmarkoló; ~ **test** *tex* fogós szakítópróba; próbavétel szakálldiagram előkészítéséhez; ~ **tongs** *pl* markolófogó; ~ **transporter** *ép* markolós szállító; ~ **trolley** markolós futómacska; ~ **trolley with one power unit** egymotoros markolós futómacska; ~ **winch** *gép* markolócsörlő; ~ **winch with separate hoisting and discharging drums** *bány* kétdobos vitla
grabbing | bridge crane markolós üzemű bakdaru; ~ **bucket** → grab bucket; ~ **clutch** gyorsműködésű tengelykapcsoló; ~ **crane** markolós daru/futódaru; ~ **dredger** → grab dredger; ~ **excavator** kotródaru, markolókotró; ~ **goliath/transporter** markolós üzemű rakodóhíd
graben *geol* tektonikai árok
grad *fiz* gradiens; *mat* újfok, grád; ~ **coil** gradienstekercs
gradability *gépk* kapaszkodóképesség; *rep* emelkedőképesség
gradate osztályoz; lépcsőzve válogat; harmonikusan összeválogat; árnyal, fokozatosan gyengít/tompít *(színt)*; fokokra/fokozatokra oszt; halványul, gyengül *(szín)*
gradated colour fokozatos színezés
gradation fokozat(osság), lépcsőzetesség; *any* árnyalat, fokozat; osztályozás; *ép* szemszerkezet; *film, foto, tv* gradáció; *fiz* gradáció, meredekség, fokozat; *geol* gradált rétegzettség; lépcsőzetesség; *tex* minősítés; ~ **curve** *foto* gradációgörbe; ~ **limit** *ép* osztályozási határgörbék *(adalékanyag)*; ~ **loss** *tv* gradációveszté s; ~ **of colo(u)r(s)** színgradáció; ~ **of shade** *tex* színárnyalás; ~ **process** *foto* tónuskontraszt-helyesbítés
gradational level bevágási/lehordási/planírozási/lepusztulási szint
grade I. *v* osztályoz, kategóriába sorol, minősít, fajtáz; *cipő* szabásminta-sorozatot készít; *ép* egyenget, planíroz; keresztez; profiloz *(talajt, utat)*; *geod* szintez; **II.** *n* árnyalat; fajta; minőség; jósági/minőségi osztály; fok, fokozat; mérték; kategória; minősítés; *bány* fémtartalom *(ércé)*; *ép* lépcsőfok; tükör, koronaszint *(földmunkáé)*; *hidr* esés *(mederé)*; *közl* emelkedő; lejtő; *mat* rang *(mátrixé)*; újfok; ~ **bar** *ép* zsinórállvány; ~ **colo(u)r** *élip* lisztfajtaszín; ~ **crossing (GC)** *közl* kereszteződés; szintbeli (út)keresztezés; ~ **designation** *geof* osztályzati jel; ~ **elevation** földmunka-koronaszint; ~ **flare** *ol* alacsony fáklya; ~ **line (GL)** lejtésvonal; *hidr* esésvonal; ~ **line elevation** → ~ elevation; ~ **line level** *ép* földmunka-koronaszint; ~ **of accuracy** pontossági fok; ~ **of acoustic impedance matching** akusztikus illesztési fok; ~ **of covering** fedettség; ~ **of ditch** *ép* árok esése; ~ **of fabric** *tex* szövetminőség; ~ **of fits** illeszkedés kvalitása *v.* minőségi fokozata; ~ **of grain** szemnagyság, szem(cse)szerkezet; ~ **of repose** *vasút* pályalejtés határa; ~ **of roasting** *koh* pörkölési hatásfok; ~ **of service** *távb* szolgáltatási minőség; ~ **of steel** *koh* acélminőség; ~ **post** *US* → ~ signal; ~ **reducer** *hidr* eséscsökkentő; ~ **resistance** *vasút* emelkedési ellenállás; ~ **rod** beosztásos rúd; osztóléc; ~**s** *pl vasút* pályahosszszelvény; ~ **separation** útkereszteződés/pályakereszteződés *(különböző szintben)*; ~ **separation structure** *ép* szintbeli kereszteződésmentes műtárgy; ~ **signal** *vasút* emelkedésjelző, lejtésjelző; ~**-stabilizing structures** *hidr* megkötőművek, fenéklépcsőzés; ~ **stake** *ép* profilozóléc; *hidr* eséskitűző cövek; ~**-stone** *ép* lépcsőkő
graded fokozatos, lépcsőzetes; *any* fokozatosan elosztott; osztályozott; *talt* szemcsészett; ~ **aggregate** osztályozott adalékanyag; ~ **area** elegyengetett terület; ~ **base transister** drifttranzisztor; ~ **bedding** *bány* gradált/osztályozott rétegzettség; ~ **coal** rostált/osztályozott szén; ~ **coke** rostált koksz; ~**-core fiber** → ~-index fiber; ~ **filter** *ép* lépcsős szűrő(réteg) *(lefelé növekvő szemnagysággal)*; *opt* lépcső(zete)s szűrő, eltűnőszűrő; ~ **gap** *el* aszimmetrikus/lépcsőzött légrés; ~ **group** *mat* fokszámos/felosztott/graduált csoport; ~ **gully** *hidr* egyensúlyi vízmosásszakasz; ~**-harmonic telegraphy** lépcsős üzemű váltakozó áramú távíró; ~**-index fibre/fiber** *távk* gradiens szál *(optikai átvitel)*; ~ **insulation** lépcsőzött szigetelés; ~ **junction** *félv* fokozatos átmenet; ~ **lag relay** változtatható időbeállítású relé; ~ **ply** *gumi* lépcsősen elosztott betétek; ~ **potentiometer** lépcsős/fokozatos *(v.)* nem lineáris potenciométer; ~ **seal glass** kötőüveg, közbenső üveg, közüveg; ~ **slot** *el* trapézhorony, lépcsőzetes horony; ~ **stream** *hidr* egyensúlyban levő folyó; ~ **terrace** *hidr* lejtős sánc

grader osztályozó(gép); több-betétes/többrétegű rosta/szita; *ép* földgyalu; útgyalu; *fa* faosztályozó (munkás); ~ **attachment** földgyaluszerelék; ~ **blade** *ép* gyalukés; gyalulemez; ~ **elevator** *ép* markolórakodó; nyesőfelrakó; ~ **landing gear** földgyalu-járószerkezet; ~**-loader** *hidr* gréderelevátor; ~ **steering** földgyalu-kormányzás; ~ **with elevating equipment** felrakó földgyalu

gradient *bány* ereszke; gurító; rézsűsödés; talphágás; *ép* emelkedő *(útszakaszé)*; hosszesés; meredekség; *fiz, met, vegy* gradiens; *geol* dőlés; *hidr* (fajlagos) esés; *mat* gradiens; *vasút* lejtés *(pályaszintvonal hajlása)*; ~**-board** *geod* hajlásmérő; *vasút* emelkedésjelző; ~ **change** *geod* lejt(ő)törés; ~ **component** *geof* gradiensösszetevő; ~ **curve** *geof* gradiensgörbe; ~ **distribution** *geof* gradienseloszlás; ~ **fibre/fiber** gradiens szál *(beton-adalékanyagé)*; ~ **flow** *met* gradiens áramlás; ~ **indicator** *rep* emelkedésmérő; ~ **layer chromatography** háromdimenziós vékonyréteg-kromatográfia; ~ **map** *geof* gradienstérkép; ~ **meter** *geod* lejtésmérő; *rep* emelkedésmérő; ~ **method** *rendsz* gradiensmódszer; hatékony irányok módszere; ~ **microphone** *hang* gradiens mikrofon; ~ **of a scalar field** *mat* skalártér gradiense; ~ **of depression** *geol* depressziógradiens; ~ **of neutrons** *at* neutronsűrűség-gradiens; ~ **of slope** *ép, vasút* rézsű szöge, lejtő meredeksége; ~ **of temperature** hőfokgradiens, hőmérsékleti gradiens; ~ **peg** *geod* szintezési cövek, jelzőrúd, kitűzőrúd; ~ **post** *vasút* lejtésmutató tábla; lejtmutató (jelző); ~ **profile** *geof* gradiensszelvény; ~**-step method** *mat* gradiensmódszer; ~ **variometer** *geof* gradiensvariométer; ~ **vector** gradiensvektor; ~ **wind** *met* gradiens szél; ~ **wind speed** gradiens szél sebessége

gradienter lejtésmérő műszer; *geod* függőleges/magassági kör paránycsavarja; szintezőcsavar

grading besorolás; osztályozás; *any* szemcseméret/szemnagyság szerinti szétválasztás/osztályozás; *bány* szintezés; *cipő* mintasorozat-készítés; *el* hitelesítés; *ép* lejtőkiképzés; lépcsőzés; szemeloszlás, szemmegoszlás, szemszerkezet előállítása *(beton-adalékanyagé)*; talajegyengetés; tereprendezés; *foto* fénymegadás, fénybeállítás; *ker* szemcseméret-eloszlás; *távb* lépcsőzés, lépcsős kapcsolás; *távk* lépcsőzetes felépítés/elrendezés; ~ **analysis** *vegy* granulometriás elemzés; szitaelemzés; ~ **automatic sorter** osztályozóautomata; ~ **blade** *mzg* egyengetőlapát; ~ **bridge** *fa* osztályozóállvány; ~ **curve** *ép* szitagörbe *(szigetelők körül)*; *koh* szemcseeloszlási görbe; *talt* szemmegoszlási görbe, szemszerkezeti diagram; ~ **cylinder** *mzg* dobszita; fajtázótriőr, osztályozótriőr; ~ **diagram** → ~ scheme; ~ **instrument** dőlésmérő, lejtmérő; ~ **limit** (szemcsenagyság szerinti) osztályozási határ; ~ **machine** osztályozógép; ~ **of ores** *bány* dúsítás, (érc)osztályozás; ~ **of the ground** *ép* planírozás, talajegyengetés, tereprendezés; ~ **plant** osztályozóberendezés; ~ **ring** *el* védőgyűrű; ~ **rules** *fa* osztályozási előírások; ~ **scheme** *távb* lépcsőzési terv; ~ **screen** osztályozórosta; ~ **shield** *el* feszültségkiegyenlítő gyűrűvezeték *(szigetelők körül)*; ~ **sifter** osztályozó síkszita; ~ **table** *fa* osztályozóasztal; ~ **texture** szemszerkezet; ~ **tools** egyengetőeszközök; ~ **wood** faminősítés

gradiograph emelkedésmérő, lejt(és)mutató

gradiomanometer *ol* gradiomanométer

gradiometer *ép* lejtőkitűző műszer; *geof* gradiométer, gradiensmérő; gravitációs variométer; *rep* emelkedésmérő

gradual fokozatos; lépcsőzetes; ~ **braking** *vasút* fokozatos/lépcsőzetes fékezés; ~ **braking to slow down** fokozatos lefékezés; ~ **crook** *fa* ívelt növés, görbület; ~ **failure** fokozatos meghibásodás; ~ **load** szerkezetre fokozatosan felhordott teher; ~ **reduction** *élip* magasőrlés; ~ **release of the brakes** *vasút* fékek fokozatos oldása; ~ **slope** enyhe lejtő/emelkedő; ~ **wedge clamp** fékező fogókészülék

graduate I. *v* fokokra oszt, (skála)beosztással ellát, beskáláz *(mérőeszközt)*; kalibrál; *opt* fokozatosan gyengít *(fényt, színt)*; *vegy* fokozatosan sűrít/töményít *(elpárologtatással)*; **II.** *a* → graduated; **III.** *n vegy* mérőhenger, menzúra

graduated (skála)beosztásos, beosztott; kalibrált; ~ **arc** fokbeosztásos ív, ívbeosztás; *bány* bányaszintező; *geod* limbusz, vízszintes (beosztott) kör; ~ **brake** *vasút* fokozatosan oldható fék; ~ **circle** fokkör, osztókör; *geod* (be)osztott kör, limbusz; ~ **collar** (fok)-beosztásos gyűrű, skálagyűrű; ~ **cylinder** mérőhenger, menzúra; ~ **dial/disk** számlap, skálatárcsa, beosztásos tárcsa; ~ **dividers** *pl* aránykörző, kisebbítési körző; ~ **drum** mérődob; osztódob; ~ **elevation** *kat* beosztásos magassági irányzódob; ~ **flask** mérőpohár, mérőpalack; ~ **grate** *hőt* lépcsős rostély; ~ **horizontal circle** *geod* limbusz, horizontális/vízszintes (beosztású) kör; ~ **in watts** wattbeosztású *(skála)*; ~ **jar** *gyógyv* mérőedény, mérőpohár, mérőüveg; ~ **measuring cylinder with stopper** *vegy* dugós/keverő mérőhenger, keverőcső; ~ **measuring glass** *vegy* mérőhenger, mérőcső, mérőedény, menzúra; ~ **metal rule** acél mérőléc/mérővessző; ~ **pipette** kalibrált pipetta, mérőpipetta; ~ **pipette for delivery to jet** *vegy* teljes kifolyásra hitelesített mérőpipetta; ~ **pipette for partial delivery** *vegy* részleges kifolyásra hitelesített mérőpipetta; ~ **quenching** *hők* lépcsőzetes edzés; ~ **resistance** *el* állítható/lépcsős ellenállás; ~ **rule** mérővessző, mérőléc, léptékes vonalzó; ~ **scale** skála; ~ **sight** *kat* lépcsős irányzék; ~ **tube** mérőcső; ~ **vertical arc/circle** *geod* magassági/függőleges/vertikális kör

graduating osztó, beosztáskészítő; ~ **valve** *vasút* fokozószelep

graduation beosztás(készítés), fokbeosztás, fokokra osztás; skála(be)osztás; *mat* fokszámozás, felosztás, graduálás; *metr* hitelesítés, kalibrálás, bemérés; *opt* színek/tónusok árnyalása/fokozása *v.* fokozatos halványodása; *tex* szemelosztás; *vegy* sűrítés, töményítés, koncentrálás *(elpárologtatással)*; ~ **in millimeters** milliméter-beosztás; ~ **mark** osztás(vonás), osztásvonal, skálaosztás, skálavonal; ~ **of the cathodic potential** katódpotenciál-lépcsőzés; ~ **of the resistance** ellenállás-fokozat; ~ **works** *vegy* sólepárló berendezés, párolómű

graduator *élip* ecetágy; *gép, el* fokozatos kapcsoló, fokozatkapcsoló; *mat* körosztó gép; *mech* skálabeosztó műszer

Graeffe's method *mat* Graeffe—Lobacsevszkij-módszer

Graetz | **circuit** *el* Graetz-kapcsolás; ~ **rectifier** Graetz-egyenirányító

graffito *ép* grafittó(vakolás)

grafite → graphite

graft I. *v ép* egymásba illeszt, összetold; megtold; *műa* (rá)ojt; *mzg* beolt, beojt; **II.** *n mzg* szélesedő pengéjű ásó; ~ **copolymer** *műa* ojtott kopolimer

grafter *mzg* szemzőkés

grafting keresztnyereg *(fakötés)*; *kh* fejelés *(harisnyáé)*; *műa* ojtás; ~**-knife** *mzg* oltókés, szemzőkés; ~ **wax** *mzg* oltóviasz

grahamite *geol* grahamit

Graham | (dead beat) escapement *óra* Graham-horgony(rendszer), nyugvó gátszerkezet/horgonyjárat, Graham-járat; ~**'s law** *vegy* Graham-törvény

grail *ép* kavics, murva

grain I. *v* szemcséz, szemcsésít; szemcsésedik, morzsolódik; felapróz, morzsol; *bőr* barkáz; *ép* erez, márványoz, (fa)erezetet fest, flóderoz *(festés, mázolás)*; *nyom* szemcséz; **II.** *n* szem, szemcse; őrlemény; *ásv* szem; *bány* borsóérc, ércdara; szemcse; *bőr* barka; színhasíték; *élip* gabona; *fa* erezet(irány), erezettség; rajzolat; rost; *foto* szemcse; *gyógyv* granum; *koh* regulusz; szemcse, kristályszemcse; *metr* grain; *mzg* gabona(mag), gabonaszem; *pa* rostirány, gyártási irány, szemcsézet; *tex* bolyh, vastagodás *(szövetben)*; **against the** ~ szál(irány)/rost(irány) ellenében; ~ **aggregation** *geol* szemcsehalmaz; ~ **alcohol** *vegy* etil-alkohol, etanol, borszesz; ~**-and-fertilizer drill** *mzg* kombinált vetőgép, mag- és műtrágyavető gép; ~ **arrangement** *geof* szemcseelrendeződés; ~**(-)binder** *mzg* (gabona-)kévekötő aratógép; ~**-blower** *mzg* (pneumatikus) terményszállító(gép); ~ **boundary** *koh* szemcsehatár, kristályhatár; ~**-boundary attack** szemcsehatár maratása; ~**-boundary corrosion** szemcsehatár-korrózió, kristályközi korrózió; ~**-boundary diffusion** *ásv* szemcsehatár-diffúzió, szemcsehatár-vándorlás; *koh* kristályhatár/szemcsehatár menti diffúzió; ~**-boundary energy** *ásv* szemcsehatár-energia; ~**-boundary flow** *ásv* szemcsehatárfolyás; ~**-boundary migration** *koh* szemcsehatár-vándorlás; ~**-boundary precipitation** *ásv* kristályhatár menti dúsulás; ~ **box** *mzg* (vető)magtartály; ~ **break** barkaréteg viselkedése *(befelé fordított bőrön)*; ~ **buff** csiszolt barkájú bőr; ~ **bulkhead** *hajó* betétfal, gyámfal; ~ **calender** *műa* barkázókalander; ~ **calf** barkás borjúbőr; ~ **capacity** *hajó* hajótér ömlesztettrakomány-befogadóképessége; ~**-carrier** gabonaszállító (hajó); magelevátor, magfelhordó *(kombájnnál)*; ~ **cleaner, cleaning machine** *mzg* magtisztító (gép), konkolyozógép, triőr; ~**(-)coarsening** *any* durvaszemcsésítés; *hők* szemcsedurvulás; ~ **cracking** barkatörés *(bőrön)*; ~ **crusher** *mzg* takarmányzúzó; ~ **cut timber** *ép, fa* végfa, bütü(fa); ~ **damage/defect** barkasérülés *(bőrzsírozáshoz)*; ~ **density** *any* szemcsesűrűség; ~ **diameter** szemcseátmérő; ~ **direction** *heng* szálirány; *pa* rostirány; ~ **door** gabona-előtétdeszka; *vasút* rinfúzalap; ~ **dressing machine** *mzg* magtisztító, gabonatisztító gép; ~ **drier/dryer** *mzg* gabonaszárító; ~ **drill** (gabona)sorvető gép; ~ **dubbin** barkakenőcs *(bőrzsírozáshoz)*; ~ **effect** *pa* kalanderhatás; ~ **elevator** magfelhordó, magelevátor *(kombájnnál)*; *US* gabonaelevátor, gabonatárház, gabonasiló, gabonatároló; ~ **flow** *alak* szemcsefolyás; ~**-grader** *élip, mzg* gabonaosztályozó, magtisztító, rosta, triőr; ~ **grading by screening** gabonarostálás; ~ **growth** *any* szemcsenövekedés; ~ **halftone** *nyom* szemcsematatás; ~**-hopper** *mzg* gabonatartály; ~ **iron** szemcsés vas; ~ **junction-line** *heg* szemcse-összeforradás vonala; ~**-layer** *bőr* barkaréteg; ~ **lead** ólomdara; ~ **leader** *mzg* kalászfelszedő; ~ **leather** barkás bőr, színbőr; ~ **leather for gloves** barkás glaszékesztyűbőr; ~ **mower** *mzg* aratógép; ~ **nickel** nikkelgranália, Mond-nikkel; ~ **of crystal** *ásv* kristályosodási góc; ~ **of dust** porszem(cse); ~ **orientation** *ásv* szemcseorientáció; ~**-oriented alloy** irányított szerkezetű ötvözet; ~**-oriented sheet** *heng* textúrás *v.* irányított szemcsézetű lemez; ~**-oriented steel** irányított szemcseszerkezetű acél; ~ **out** *v* kisóz *(szappant)*; *ép* erez, márványoz *(felületet)*; ~ **packing** *geof* szemcsehalmaz; ~ **pan** *mzg* gyűjtőasztal *(cséplőgépen)*; ~ **pipe** *élip* gabonaszállító cső; ~ **powder** *kat* szemcsés lőpor; ~**-refined C-Mn steel** *koh* finomszemcsés ötvözetlen mangánacél; ~ **refined steel** *koh* finomszemcsés acél; ~ **refining/refinement** *hők* szemcsefinomítás; ~ **sampler** *élip* mintavevő dárda; ~ **scale** *élip* gabonamérleg; ~ **screen** *nyom* szemcserács, kornraszter; ~ **separator** *mzg* triőr, konkolyozó; ~ **setting** *cu* szem keményítése; ~ **shape** szemalak, szemcsealak; ~**-shock sweep** *mzg* traktoros kévegyűjtő tológereblye; ~ **shovel** *élip* gabonagéplapát; ~ **side** *bőr* szőroldal, színoldal, elülső oldal, barkaoldal; ~ **silo bin** *ép* gabonasiló-cella; ~ **size** *any* szemcseméret, szem(cse)nagyság; *élip* szemnagyság; *geol* szem(cse)nagyság, szemcseátmérő; ~**-size analysis** szemcseelemzés; ~**-size characteristic** szemeloszlási görbe; ~**-size classification** szemnagyság szerinti osztályozás; ~ **size control by deoxidizing practice** finomszemcsés dezoxidáció; ~**-size curve** *talt* szemeloszlási görbe; ~**-size distribution** *any* szemeloszlás, szemmegoszlás, szemszerkezet, szemcseméret-eloszlás; *geof* szemcsenagyság-eloszlás, szemcseeloszlás; *koh* szemcseméret-megoszlás; ~**-size distribution curve** *any* szemmegoszlási görbe, szemszerkezeti diagram, szitagörbe, szitaanalízis-görbe; *ép* szemeloszlás-görbe *(csiszolókorongban)*; *talt* szemeloszlási/szemösszetételi/szemcsemegoszlási/granulometrikus görbe; ~**-size factor** *geof* szemcsenagyság-tényező; ~**-size fraction** szemcsenagyság-frakció; ~**-size frequency curve** szemcsegyakorisági görbe; ~**-size number** szem(cse)nagyság; ~ **sizing** *bány* szemnagyság szerinti osztályozás; ~**s of ice** *met* jégdara, fagyott eső; ~ **sorting machine** → ~ separator; ~ **spacing** szemcsék elhelyezkedése *(csiszolókorongban)*; ~ **split** *bőr* barkahasíték; barkaoldali hasítékbőr; ~ **structure/texture** szem(cse)szerkezet, szemcsézet; ~ **surface** *fa* felület rajzolata; ~ **tank** *mzg* magtartály; magtartány *(kombájnon)*; ~**-tempering bin** *élip* gabonalágyító kamra, pihentetőkamra; ~ **tin** szemcsés ón; ~ **washer,** ~ **washing machine** *élip* gabonamosó gép; **with the** ~ rostirányban, szálirányban; ~ **worm conveyer** *élip* gabonacsiga

graine selyemhernyópete

grained szemcsés (felületű); szemcsézett; *bőr* barkás; barkázott; *fa* szemcsés, erezetes, rajzos; *tex* márványos; ~ **alumina hydrate** *koh* őrölt alumínium-hidrát; ~ **board** *pa* erezett karton; ~ **crepe** *tex* szemcsés krepp; ~ **paper** szemcsés (rajz)papír; ~ **rock** szemcsés kőzet; ~ **soap** színszappan; ~ **stone** szemcsés kőnyomdai kő

grainer *gyógyv* szemcsézőberendezés, granulátor; *nyom* szemcsézőgép, kornírozógép
graininess *foto* szemcsésség *(filmé)*
graining *ásv* kristályképződés; *bőr* barkaképzés, barkázás; *cu* szemképzés; *élip* kristályosodás; *fa* erezet; *forg* szemcsézés; *gumi* márványmintázat; *koh, vegy* granulálás; ~ **board** *bőr* bőrbarkázó fa, pantoffli; ~ **comb** erezőfésű; ~ **machine** *pa* szemcsézőgép; ~ **of soap** szappanmag kisózása; ~ **of tin** óngranulálás; ~ **sand** *nyom* szemcsézőhomok, kornírozóhomok; ~ **tool** → ~ comb
grainy szemcsés *(kőzet, márvány)*; ~ **film** szemcsés film
gram (g) *metr* gramm; ~**-atom** *at* grammatom(súly); ~**-atomic** grammatom-; ~**-atomic weight** grammatomsúly; ~ **calorie,** *US* ~**-degree** grammkalória, kiskalória; = ~ calorie; ~**-equivalent (g.eq., VAL)** *vegy* grammegyenérték; grammekvivalens; ~**-ion** grammion; ~**-molecular** gramm-molekula-; ~**-molecular volume (GMV)** mólvolumen, móltérfogat; ~**-molecular weight (GMW)** *vegy* gramm-molekulasúly, mól; ~**-molecule (g-mol)** gramm-molekula, mól; ~**-rad** *fiz, metr* grammrad; ~ **roentgen/röntgen (gR)** grammröntgen
gramenite *ásv* nontronit
gramicidin *gyógyv* gramicidin *(antibiotikum)*
graminicide *mzg* graminicid
grammage *pa* négyzetmétertömeg
grammaticality *szt* grammatikalitás
grammatical | function *szt* grammatikai funkció; ~ **sentence** grammatikailag helyes *v.* jól formált mondat; ~ **symbol** grammatikai jel; szimbólum
grammatite *ásv* grammatit
gramme → gram
Gramme | ring (armature) *el* Gramme-gyűrű, gyűrűs armatúra; ~ **(ring) winding** *el* gyűrűs tekercselés
gramophone (hang)lemezjátszó, gramofon; ~ **pick-up** pick-up, lejátszófej, hangszedő; ~ **record** hanglemez; ~ **recording** hanglemezfelvétel; ~ **socket** lemezjátszó-csatlakozó; ~ **stylus** gramofontű
Gram | determinant Gram-determináns, Gram-féle determináns; ~**-negative** *vegy* Gram-negatív *(baktérium)*; ~**-positive** Gramm-pozitív; ~**'s solution** *vegy* Gram-féle oldat; ~ **stain** Gram-festés, Gram-féle festési módszer; ~**-staining technique** Gram-festés, Gram-féle festési eljárás *(mikroszkópiában)*
granary gabonaraktár, hombár, magtár
granatohedron *ásv* rombdodekaéder
grand[1] *élip* cefrézőkád
grand[2] ~ **average** *stat* főátlag; ~ **eagle** papíralak *(különböző nagyságú rajz- és írópapír)*; ~ **master gage** *ol* ős-mestermenetidomszer; ~ **master-key** vezérkulcs *(szállodai)*; ~ **slam** *ol* grand slam; ~ **total** *mat* végösszeg; *stat* főösszeg
granded stream *hidr* egyensúlyi folyó
grandfather|-clock állóóra; ~ **file** *szt* nagyapaállomány; ~ **tape** *szt* „nagypapa" szalag
grandrelle (yarn) *tex* kártolt gyapjúcérna/pamutcérna; kevert színű fonal
grandrille (yarn) → grandrelle
grandstand *ép* tribün, lelátó; ~ **roof** tribüntető
grange mezőgazdasági épület, farmépület; gabonaraktár

granite *geol* gránit; ~ **board** *pa* gániterezetű karton; ~ **enamel** *ker* gránitzománc; ~ **gneiss** gránitgneisz; ~**-gruss** *geol* gránitdara; ~ **paper** pelyhezett/melírozott papír; ~**-porphyry** gránitporfir; ~ **set** gránitkocka; ~ **ware** emailos/zománcozott vasáru; kerámiák gránitutánzó mázzal; ~ **weave** krepp kötésminta
granitic gránitos, gránit tartalmú; ~ **finish** *ép* gránitszerű műburkolás; ~ **layer** földkéreg gránithéja
granitite *geol* granitit
granitization *geol* gránitosodás
granitoid gránitos, gránitszerű, granitoid
granny knot *hajó* vénasszonycsomó
granoblastic *geol* granoblasztos; ~ **texture** granoblasztos szövet
granodiorite *geol* granodiorit
granodioritic porphyrite *geol* granodioritporfirit
granodizing granodizálás, elektrolitikus cink-foszfát bevonás
granogabbro *geol* granogabbró
granolith *ép* gránitzúzalék műkő, terrazzo
granophyre *ásv* granofir
grant I. *v* adományoz; **II.** *n bány* bányaadomány, koncesszió; ~ **a patent** *v* szabadalmat (meg)ad; ~ **of labour** *bány, fa* kitermelési jog, koncesszió
Grant's reeling *tex* (kereszt)motollálás, (kereszt)orsózás
granular szemcsés, szemcsézett; *gyógyv* granulált; ~ **carbon** *rád* mikrofonszénszemcse; ~ **crystalline** durvakristályos, makrokristályos; ~ **(crystalline) gypsum** alabástromgipsz; ~ **dolomite** *ásv* szemcsés/kristályos dolomit; *ép* dolomitmárvány; ~ **flour** *élip* fogós liszt; ~ **flux** granulált/szemcsés hegesztőpor; ~ **fracture** szemcsés törés; ~ **insulating material** szemcsés szigetelőanyag; ~**-interlocking texture** *geol* szemcsés cserepesedett szerkezet; ~ **iron** szemcsés vas; ~ **limestone** kristályos mészkő; ~ **material** szemcsés anyag, granulátum; ~ **ore** *bány* borsóérc; ~ **pearlite** szemcsés perlit; ~**-pelleted fertilizer** szemcsés műtrágya; ~ **pig** szemcsés nyersvas; ~ **powder** szemcsés/granulált por; ~ **resistance** *el* szemcsés ellenállás *(szénporból)*; ~ **size** lyukméret *(rostáé)*; *geol* szem(cse)nagyság, szem(cse)átmérő; ~**-size** *gyógyv* granulaméretű; ~ **snow** *met* szemcsés hó; ~ **structure/texture** *any* szemcseszerkezet; *talt* szemcsés szerkezet
granularity szemcsésség, szemcsézettség; *foto* (durva) szemcsézet; *szt* granularitás; ~ **of emulsion** emulziószemcsézet, emulziószemcse-szerkezet
granulate I. *v* morzsol; szemcséz; tör *(ércet, szenet)*; *cu* kristályosít; *ép* érdesít, (felületet) durvít; *vegy* szemcséz, granulál; **II.** *n vegy* granulátum
granulated granulált; szemcsézett, szemcsés; *bőr* barkás, barkázott, szemcsés (felületű); ~ **blast-furnace slag** granulált kohósalak; ~ **carbon** mogyorószén; széndara; ~ **carbon microphone/transmitter** szénmikrofon; ~ **copper** szemcsézett/granulált réz; ~ **cork** parafadara; ~ **explosive** *bány* granulált robbanóanyag; ~ **fracture** szemcsés törés; ~ **material/product** granulátum; ~ **metal** szemcsésített fém; ~ **slag** granulált/szemcsésített/szemcsés/őrölt salak; ~**-slag brick** granulált salaktégla; ~ **sugar** kristálycukor; ~ **surface** *ép* szemcsézett kőfelület

granulating őrlés, finomaprítás; *műa* granulálás; ~ **crusher** granulálómalom, kalapácsmalom; ~ **department** *gyógyv* granulálóüzem; ~ **hammer** aprítókalapács, darabolókalapács; kalapácsos zúzó; ~ **machine** aprítógép; szemcsézőgép, granulálógép; *koh* (salak)granuláló berendezés; ~ **solution** *gyógyv* granulálóoldat; ~ **spout** *koh* granulálócsatorna

granulation szemcsézés, granulálás; szemcsézettség; *csill* granuláció; *élip* ikrásodás *(mézé)*; *talt* granuláció; ~ **size** szemcsenagyság; részecskenagyság

granulator *bány* granulátor; *élip* cukorgyári dobszárító; *koh* salakgranuláló berendezés; *vegy* granulálóberendezés, szemcsézőberendezés

granule szemcse; *csill* granulum, granule; *talt* granula; ~ **material** *műa* granulátum; ~ **roundstone** apró kavics; ~**s** szemcsék; granulátum; *hang* szénszemcsék *(mikrofonban)*

granulite *geol* granulit

granulitic *ásv* granoblasztos

granulitization *geol* mállás, szemcsésedés

granulometer szem(cse)nagyságmérő (műszer), szemcseszerkezet-mérő

granulometric | **analysis** szemcseelemzés; ~ **composition** *bány* gyújtótöltény; *geol* szemszerkezet, szemcseösszetétel, szemcseeloszlás; ~ **curve** méreteloszlási/granulometriai görbe; *talt* granulometrikus/szemeloszlási görbe; ~ **grading** szemcsenagyság szerinti osztályozás; ~ **net** *bány* szemcsenagyságeloszlás-háló

granulometry granulometria, szemcseszerkezet-vizsgálat

granulose → granulous

granulous magvas, szemcsés; szemcsés, kristályos *(felület)*; *élip* ikrás; ~ **soil** szemcsés talaj

grape szőlő; *kat* kartács; ~ **brandy** *élip* borpárlat; ~ **crusher** *élip* szőlőzúzó; ~**-juice** must, szőlőlé; ~ **picker** *élip* szőlőbogyózó (gép); ~**-seed oil** szőlőmagolaj; ~**-squeezer mill** szőlőprés; ~ **stemmer** szőlőkocsányozó; ~**-sugar** *vegy* szőlőcukor, glükóz, dextróz; ~ **vinegar** borecet

grapeshot *kat* kartács

graph ábra; görbe; *mat* diagram, grafikon, függvénygörbe, grafikus ábrázolás; gráf; nomogram, nomografikus leképezés, számolóábra; *stat* grafikon, vonaldiagram; ~ **card** hitelesítési diagram; ~ **chart** → ~ paper; ~ **data** grafikus adatok, grafikonadatok; ~ **free of circuits** körmenetes gráf; ~ **of a mining system** *bány* bányászati gráf; ~ **of automaton** automata gráfja; ~ **of the logarithmic function** logaritmusgörbe, logaritmusfüggvény görbéje; ~ **paper** hálózatpapír, milliméterpapír; *mat* függvénydiagrampapír; *tex* mintarajzpapír; ~ **plotter** *szt* grafikus rajzgép; ~ **rank** gráf rangja, rang; ~ **recorder** írószerkezet, regisztrálószerkezet; ~ **theory** gráfelmélet

grapher öníró/feljegyző műszer, regisztrálószerkezet

graphic I. *a* → graphical; **II.** *n* ábra, illusztráció; grafika; ~ **adjustment** *geod* grafikus/rajzi kiegyenlítés; ~ **base-paper** fényképészeti nyerspapír; ~ **character** *szt* grafikus karakter; ~ **chart** grafikus ábrázolás, grafikon; ~ **control** *geod* rajzi meghatározás; ~ **data processing** *szt* grafikus adatfeldolgozás; ~ **display** grafikus display/megjelenítő; ~ **display resolution** *szt* grafikus képfelbontás; ~ **display terminal (GDT)** *szt* grafikus megjelenítő, grafikus displayterminál, GDT; ~ **formula** *vegy* szerkezeti képlet, struktúrképlet; ~ **granite** *geod* írásgránit; ~ **instrument** írószerkezet, regisztrálószerkezet; ~ **intergrowth** *geol* írásgránit-beágyazódás; ~ **method** *geod* rajzi/grafikus felmérési eljárás; *szt* grafikus módszer/eljárás; ~ **mode** *szt* grafikus üzemmód; ~ **panel** *el* folyamatábrás kapcsolótábla; *szt* grafikus kijelző; ~ **peripheral** *szt* grafikus periféria; ~ **plotter** *szt* grafikus plotter/rajzgép; ~**-recording** feljegyző, öníró; ~ **representation** diagram, grafikon, függvénygörbe, grafikus ábrázolás; ~**s** → graphics; ~ **solution** *mat* grafikus megoldás; ~ **statics** *mech* grafosztatika; ~ **survey** *geod* rajzi/grafikus felmérés; ~ **tablet** *szt* grafikus beviteli tábla; ~ **tellurium** *ásv* szilvanit, írásérc; ~ **time-table** menetrendábra, grafikus menetrend; ~ **triangulation** rajzi háromszögelés

graphical grafikai, grafikus, rajzolt, rajz-; ~ **analysis** grafikus analízis; ~ **calculation** *mat* grafikus számítás; ~ **construction** grafikus szerkesztés; ~ **control** *geod* rajzi meghatározás; ~ **determination/determining** grafikus meghatározás; ~ **evaluation** → ~ solution; ~ **integration** *mat* grafikus integrálás; ~ **interpretation** *geof* grafikus kiértékelés; ~ **kernel system (GKS)** *szt* grafikus keretrendszer; ~ **planimetry** *geod* grafikus területmeghatározás; ~ **presentation** grafikus ábrázolás; ~ **rectification by four identical points** *geod* négypont-eljárás; ~ **representation** → graphic representation; ~ **representation of (the) complex numbers** komplex számok geometriai ábrázolása; ~ **stability analysis** grafikus stabilitásanalízis; ~ **structural analysis** *mech* grafosztatika; ~ **symbol** *el* jelkép, (villamos) rajzjel; ~ **triangulation** *geod* rajzi háromszögelés

graphics *szt* grafika; grafikus számítástechnika, számítógépes grafika; ~ **environment manager (GEM)** *szt* grafikus környezetvezérlő, GEM; ~ **mouse technology (GMT)** *szt* egér használatára épülő grafikai technológia, GMT

graphite *ásv, vegy* grafit; ~**-austenite eutectic** *koh* grafitos eutektikum, grafiteutektikum; ~ **bar** grafitrúd; ~ **bearing** grafitcsapágy; ~ **blacking** *önt* grafitos fekecs; ~ **block** grafittömb; ~ **brick** grafittégla, (tűzálló) grafitos tégla; ~ **brush** *el* grafitkefe; ~ **carbon** grafitkarbon; ~ **crucible** grafittégely; ~ **electrode** grafitelektród(a); ~**-faced** grafitbevonatú; ~ **flake** grafitpehely; ~ **grease** grafitos zsír/kenőanyag; ~ **greasing** → ~ lubrication; ~ **in flakes/flocks** grafitpehely, grafithab; ~ **layer** grafitréteg; ~ **layer structure** grafitszerkezet; ~ **lubricant** grafitos kenőanyag; ~ **lubricated bearing** grafitkenésű csapágy; ~ **lubrication** grafitkenés; ~ **melting pot** grafittégely; ~**-moderated** *at* grafitmoderált, grafittal lassított; ~**-moderated reactor** → ~ reactor; ~ **moderator** *at* grafitmoderátor; ~ **paint** grafitos rozsdavédő olajfesték; ~ **precipitation** *koh* grafitkiválás, grafitképződés; ~ **ramming mass** *koh* grafitos döngölőmassza; ~ **reactor (GR)** *at* grafitmoderátoros reaktor, grafitreaktor; ~ **resistance/resistor** *el* grafitellenállás; ~ **rod** grafitrúd; ~**-treated oil** grafitos kenőolaj

graphited grease grafitos zsír/kenőanyag

graphitic grafitos, grafittartalmú, grafit-; ~ **acid** *vegy* grafitsav; ~ **carbon** grafitkarbon; ~ **grease/**

lubricant grafitos kenőanyag; ~ **schist** grafitpala; ~ **softening** *any* grafitos korrózió
graphitiferous *ásv* grafitos, grafittartalmú
graphitizable *hők* grafitosítható, grafitizálható
graphitization grafitizálás, grafitosítás; *any* grafitosodás, szelektív korrózió; *geol* grafitosodás; *gép* grafitkenés; *koh* grafitképződés, grafitkiválás
graphitize *hők* grafitizál, grafitosít, grafittá alakít; grafittal bevon/átitat
graphitoid *ásv* grafitoid
graphitoidal grafitos, grafitszerű
graphoanalytical method *mech* grafoanalitikus módszer/eljárás
graphometer *geod* grafométer, szögmérő műszer
graphostatics *mech* grafosztatika
graphotype *nyom* grafotípia
grapnel *ép* polipmarkoló, többpofás markoló; *hajó* kutatóhorgony; *rep* horgony *(léggömbé)*
grapple I. *v* kihorgonyoz, lehorgonyoz; odaerősít; *el* kiemel *(kábelt)*; *rak* összekapcsol; **II.** *n* horog; csipesz, fogó; *em, ép* polipmarkoló; többpofás/többhéjas markoló; *hajó* horgony; kihorgonyozás; ~ **bucket** markoló; ~ **dredger** úszókotró többpofás markolóval; ~**-fork** *mzg* kazalozóvilla, markolóvilla; ~ **iron** *hajó* horgony
grappler *em* markoló; *ép* falkapocs, füles szög *(falipolc beerősítésére)*; *hajó* kutatóhorgony; ~**s** *pl távk, el* hágóvas, mászóvas
grappling *el* kiemelés *(víz alatti kábelé)*; *ép* lehorgonyzás, odaerősítés; *rak* összekapcsolás, dokkolás; ~ **anchor** *hajó* kukázóhorgony, kutatóhorgony; ~ **hook/iron** horog; *ép* falkapocs, falkötővas; *hajó* horgony
Grashof's formula *mech* Grashof-egyenlet
grasp I. *v* (meg)markol, megfog; **II.** *n* megfogás, szilárd átfogás; *gépk, vasút* fogantyú; *kat* markolat *(puskáé)*
grass I. *v* füvesít, gyepesít; *tex* fűvön fehérít *(vásznat)*, szétterít *(kendert, lent)*; **II.** *n* fű, gyep, pázsit; *bány* külszín; *tv* havazás, konfetti, grízesség *(képernyőn)*; ~ **bleached** *tex* fűvön/gyepen fehérített; ~ **bleach(ing)** *tex* napfényfehérítés; természetes fehérítés, gyepfehérítés; ~ **captain** bányakülszíni munkavezető; ~ **cloth** ramiszövet; ~**(-)comb** *mzg* rétfeltörő, réthasogató; ~**-covered** füves, fűvel borított; ~**-cutter** *mzg* fűkasza, fűnyíró gép; ~ **dryer/drier** takarmányszárító; ~ **duster** *pa* szalmaosztályozó; ~ **eradicator** *mzg* gyomirtó borona; ~ **flume** *hidr* füves lefolyó, gyepes vízvezető; ~**-grown** → grassy; ~ **(minimum) temperature** *met* kisugárzási minimum-hőmérséklet, radiációs minimum fűfelszín fölött; ~ **mower,** ~ **mowing machine** fűnyíró (gép); ~ **retting** *tex* harmatáztatás; ~**-seed attachment** vetőszerelvény *(aprómagvakhoz)*; ~ **shears** *pl mzg* fűnyíró olló; ~ **strip** gyepsáv; ~ **tedder** *mzg* szénaforgató gép; ~ **verge** → ~ strip
grassed | **central reserve** *közl* elválasztó gyepsáv *(autópályán)*; ~ **chute** *hidr* gyepes víz(el)vezető/surrantó; ~ **waterways** gyepburkolatú medrek
grasserie szemcsekór *(selyemhernyó-betegség)*
grasshopper *US* mozdonydaru; ~ **conveyor** rázócsúzda; ~ **strainer** rázószita, vibrációs rosta
grassing *tex* természetes fehérítés *(napsugarakkal)*
grassland | **farming** gyepgazdálkodás; ~ **soil** *tal* mezőségi talaj
grassplot *ép* gyepes terület, pázsit, gyep
grassy füves, fűvel borított; ~ **soil** füves talaj; ~ **stretch** gyepsáv
grate[1] **I.** *v ép* berácsoz, ráccsal ellát *(ablakot, ajtót)*, ráccsal elkerít; **II.** *n* rács; rostély; *bány, koh* rosta; *ép* kandalló; rostélyrács, rúdrács; *hőt* (tűz)rostély; ~ **area (GA)** fűtőfelület, rostélyfelület; ~ **bar** rostélyrúd; ~**-bar support** rostélyrúdtartó; ~ **bearing** rostélytartó; ~ **filling** *ép* rácskitöltés, betétrács, rácsbetét; ~**-fired furnace** rostélytüzelésű kemence; ~ **firing/hearth** rostélytüzelés; ~ **floor** *ép* rácspadló; ~**-free incinerator** rostélymentes égetőberendezés; ~**-lever fulcrum** *hőt* rostélymozgató himbaágy; ~ **plate** *opt* rácslemez; ~ **rod** rostélyrúd; ~**-shaker bar** rostélyrázó feltűzőrúd; ~ **surface (GS)** *ép* rácsfelület; *hőt* rostélyfelület; ~ **tuyère** rostélynyílás
grate[2] csikorog, csikorgat; dörzsöl; kapar; reszel
grated *ép* rácsos; ~ **casement** *ép* rácsbetétes szárny; ~ **incinerator** rostélyos égetőberendezés
grater *bőr* bőrcsiszoló gép, kaparóvas; *élip* aprítógép; konyhai reszelő; reszelőgép
graticulate (rácsos) beosztással ellát *(rajzot)*
graticulation rácsozás rajz kicsinyítéséhez/nagyításához; *ép* kettős rácsozás
graticule vonalas rács, vonalrács; raszter, hálózat; *finm* karcolt osztáslap; *geod* szelvényhálózat; térképhálózat; *opt* szálkereszt, szállemez; *távk* mérőháló
grating[1] rácskerítés, rácsozat; vonalas rács, vonalrács, hálózat, raszter; *bány* aknarács; *ép* ablakrács, ajtórács; alapozási rács; fapárkány; fapárkányos díszítés; *fiz, opt* rács, diffrakciós rács; rácssűrűség; *hajó* járórács; ~ **beam** *ép* rácsműgerenda; ~ **bridge** *ép* rácsos állványzat/áthidalószerkezet; *koh* tűzhíd; ~ **constant** *ásv* rácsállandó; *fiz* optikai rácsállandó, rácsvonalak periódusa; ~ **converter** rácsátalakító; ~ **defect** *fiz* rácshiba(hely); ~ **diaphragm** rácsblende; ~ **equation** *fiz* rácsegyenlet; ~ **for floated wood** felfogógereb *(faúsztatáshoz)*; ~ **foundation** *ép* talprács, ászokrács, gerendaágyazat; ~ **monochromator** *opt* rácsmonokromátor, rácsos monokromátor; ~ **of timbers** *ép* gerendarács; ~ **pitch** *opt* rácsosztás; ~ **reflector** *el* reflektorfal; ~ **replica** *fiz* másolt rács, rácsmásolat, rácskópia, rácsreplika; ~ **sill** → ~ beam; ~ **spectrograph** rácsspektrográf; ~ **spectrometer** rácsspektrométer; ~ **spectrum** rácsszínkép; diffrakciós színkép
grating[2] csikorgás, nyikorgás; reszelés; ~ **of gears** fogaskerék recsegése, kapcsolási zörej; ~**s** *pl élip* reszelék
graunch *szt* megkárosító hiba
graupel *met* graupel; *rep, el* eljegesedés
grauwacke *geol* grauwacke
grave[1] **I.** *v* ás *(árkot)*; kiváj, bemetsz, (be)vés, gravíroz; vés *(szobrot)*; *nyom* vág *(betűt)*; **II.** *n* sín(gödör)
grave[2] tataroz, kijavít *(hajó fenekét kívülről)*
gravel I. *v ép* kavicsol, kaviccsal befed/beszór/behint, ágyaz; *közl* zátonyra fut, homokban elakad/elsüllyed; **II.** *n ép* kavics, sóder; *geol* durva homok; kavicshordalék; ~ **aggregate** *ép* kavics adalékanyag; ~ **and sand** kavicsos homok, murva; ~**-ballast** *ép* kavicságy; *vasút* homokos pályakavics, kavicságya-

zat; ~ **bar** *hidr* kavicspad; ~ **barge** kavicsuszály; ~-**bit** *ol* kavicsfúró; ~ **box** *hidr* kavicsfogó; ~ **car** *vasút* kavicsszállító kocsi; ~ **chats** *bány* darabos középtermék *(ércelőkészítésnél)*; ~ **classifier** *hidr* kavicsosztályozó; ~ **concrete** kavicsbeton; ~ **conveyor** *hidr* kavicselevátor; ~ **deposit** kavicslelőhely; ~ **dredger** kavics(úszó)kotró; ~ **elevator** *hidr* kavicselevátor; ~ **envelope** → ~ filter; ~-**fillet** *ép* kavicssáv, kavicsszalag; ~ **filling material** *ép* kavicstöltelék; ~ **filter** *hidr* kavicsköpeny, kavicsszűrő; ~-**filter well** kavicsszűrős/kavicsköpenyes kút; ~ **grader** kavicsosztályozó; ~ **ground** murvás talaj; ~ **heap(ing)** *hidr* kavicshányás; ~ **layer** → ~ packing; → ~-filter well; ~-**packed well** → ~-filter well; ~ **packing** *ép* rakott kőalap/kőréteg; ~-**packing** *ol* kavicságyas szűrőzés, kavicsszűrőzés, kavicsolás, kavicsszórás; ~ **pipe** *geol* kavicszsák; ~ **pit** kavicsbánya; ~ **pump** kavicsszivattyú; ~ **rake** kavicsgereblye; ~ **road** kavicsolt/kavicsos út; ~ **roof(ing)** *ép* kavicsolt lemezfedés, préseltkavics tetőfedés; ~ **sack** *geol* kavicszsák; ~ **sheet** *geol* kavicstakaró; ~ **surfacing** *ép* kavicsréteg, kavicsterítés, kavicságyazás; ~-**topped** *ép* hengerelt kavicsburkolatú, makadám *(út)*; ~-**topped road** makadámút; ~ **walk** *ép* kavicsos gyalogút; ~-**wall treatment** *hidr* kavicsszűrés; ~-**wall well** → ~-filter well

gravelling, *US* **graveling** *ép* kavicshintés, kavicsolás, kavicságyazás

gravelly *ép* kavicsos

graver[1] vésnök; gravírozószerszám, karcolótű, jelölőtű, sáber

graver[2] hajóépítő munkás

gravestone sírkő

graveyard temető, sírkert; *et* izotóptemető *(radioaktív hulladékok tárolóhelye)*; ~ **shift** *bány* éjjeli/éjjeles műszak

gravimeter *geof* graviméter; ~ **mapping** *geof* graviméteres felmérés; ~ **party** *geof* graviméteres kutatócsoport

gravimetric gravimetriai; gravimetrikus; ~ **analysis** *vegy* gravimetria, súly szerinti analízis; ~ **batching** *ép* súly szerinti adagolás/keverés; tömeg szerinti mérőadagolás; ~ **density (GD)** *mech* térfogatsúly; ~ **ga(u)ge,** ~ **level indicator** gravimetrikus töltésszintjelző; ~ **map** *geof* gravimétertérkép; ~ **measurement** gravimetria; ~ **profile** *geof* graviméterszelvény; ~ **sulphate/sulfate method** *vegy* gravimetrikus szulfáteljárás; ~ **weight analysis** → ~ analysis

gravimetry *vegy* gravimetria, súly szerinti analízis

graving[1] véső; gravírozó; ~ **machine** *nyom* gravírozógép, vésőgép; ~ **needle** *finm* vésőtű, karcolótű; ~ **tool** *finm* vésnökszerszám, véső

graving[2] ~ **dock** *hajó* szárazdokk

graviplane *bány* (fék)sikló

gravisphere *fiz* graviszféra

gravitate gravitál; gravitációs/nehézségi erő hatására elmozdul/mozog

gravitation *fiz* gravitáció, (általános) tömegvonzás; nehézségi erő; ~ **collapse** gravitációs kollapszus; ~ **constant (G)** gravitációs állandó; ~ **field** *fiz* gravitációs tér/mező/erőtér; *mech* nehézségi erőtér; ~ **law (of Newton)** Newton-féle gravitációs törvény, általános tömegvonzás törvénye; ~ **main** szabad esésű folyadék-fővezeték; ~ **transporter** nehézségi erővel működő szállítószalag; ~ **yard** *bány* gurítótelep, válogatótelep; *vasút* gurítódombos rendezővágánycsoport *v.* rendező pályaudvar

gravitational *mech* gravitációs, nehézségi; ~ **acceleration (g)** nehézségi/gravitációs gyorsulás; ~ **adjustment** *bány* fajsúly szerinti rétegeződés; ~ **astronomy** *mech* égi mechanika, asztrálmechanika; ~ **attraction** tömegvonzás; ~ **constant** gravitációs állandó; ~ **convection** *met* szabad/gravitációs konvekció; ~ **drainage** *hidr* gravitációs lecsapolás/belvízlevezetés; *ol* gravitációs leszivárgás, termelés a nehézségi erő révén; ~ **drift** *at* gravitációs elhúzás/változás; ~ **drive** gravitációs kitermelés; ~ **field** *fiz* gravitációs/nehézségi erőtér; ~ **field equations** gravitációs tér egyenletei, gravitációs téregyenletek; ~ **flattening** *geof* gravitációs belapultság; ~ **force** gravitációs/nehézségi erő, vonzóerő; ~ **measurement** gravimetria; ~ **percolation** gravitációs beszivárgás; ~ **pore** feszültségmentes hézag; ~ **porosity** szabad hézagtérfogat; ~ **prospecting** *geof* gravitációs kutatás; ~ **quantum** *fiz* gravitációs kvantum, graviton; ~ **reservoir** gravitációs tároló; ~ **seepage** gravitációs beszivárgás; ~ **soil exploration** *földt* gravitációs talajfelderítés; ~ **variometer** gradiométer, gravitációs variométer, lejtőkitűző műszer; ~ **vector** nehézségi erővektor; ~ **water** *talt* gravitációs/szabad/vadózus víz, szabad felszínű talajvíz; ~ **water conduit** gravitációs vízvezeték; ~ **wave** gravitációs hullám

gravitative → gravitational

gravitometer *fiz* fajsúlymérő; graviméter

graviton *fiz* graviton, gravitációs kvantum

gravity *fiz* gravitáció, tömegvonzás; nehézségi erő; ~ **anomaly** nehézségi/gravitációs rendellenesség/anomália; ~ **arch dam** íves súlygát; ~ **assist** *rak* gravitációs tér felhasználása; ~ **axis** súlyvonal, a súlyponton áthaladó tengely; ~ **bottle** piknométer; ~ **bucket conveyor** *em* billenőserleges szállítógép/konvejor; gravitációs/belső ürítésű elevátor; ~ **bulkhead** szekrényes támfal *(hídon)*; ~ **cable for timber**köteles facsúszda; ~ **cable(way)** *em* nehézségi erővel működő kötélpálya; ~ **caging** öngurítós csilleváltás; ~ **casting** zuhanóöntés, ejtőöntés; ~-**casting die** *önt* (közönséges) kokilla; ~ **cell** fajsúly szerint rétegezett Daniell-elem; ~ **centre/center** súlypont; ~ **chute** *bány, koh* csúszda; ~ **chute feed system** → ~ feed; ~ **circulation** természetes körforgás; ~ **classification** *vasút* gurítóüzem, gurítás; ~ **classifying** *ker* szabadeséses osztályozás; ~ **closing** *műa* önsúlyzárás *(sajtológépen, külön nyomóerő nélkül)*; ~ **compensator** *geof* gravitációs kompenzátor; ~ **concentration** *bány* gravitációs *v.* fajsúly szerinti osztályozás; nehézszuszpenziós dúsítás; *koh* gravitációs dúsítás; ~ **constant** *geof, mech* gravitációs állandó; ~ **contour** *geof* izogal(vonal), izogamma(vonal); ~-**contour map** *geof* izogaltérkép; ~-**controlled instrument** ellensúllyal működő mérőműszer/készülék; ~ **conveyor/conveyer** surrantó, lejtős görgősor, görgőpálya, állócsúszda, gravitációs transzportőr; ~ **correction** *met* nehézségi korrekció; ~ **curvature** *geof* gravitációs görbület; ~ **dam** *ép* súlytámfal; *hidr* súlygát, súlytámfalgát; ~ **davit** *hajó* önműködően kihajló *v.* gravitációs csónakdaru; ~ **die** *önt* kokilla *(kézi öntéshez)*; ~ **die casting** kokillaöntés; kokillaöntvény; ~ **die insert/filling** kokillabetét; ~ **die pin** kokillacsap; ~ **die table** kokillaöntő asztal; ~**-discharge furnace** *önt* tolókemence; ~ **distribution** nehézségi erő eloszlása; ~ **drainage** *hidr* gravitációs lecsapolás/belvízlevezetés; *ol* gravitációs leszivárgás, termelés a nehézségi erő révén; ~ **drainage system** *hidr* gravitációs belvízrendszer; ~ **dressing** → ~ concentration; ~ **drive** gravitációs hajtás; *ol* gravitációs kitermelés; ~ **exploration** *geof* gravitációs kutatás; ~ **feed** *gép* gravitációs/ejtőtartályos etetés/adagolás; ~ **feeding** *üveg* cseppentős adagolás; ~**-feed tank** *gépk* ejtőtartály; ~ **filter** *hidr* nyílt szűrő; ~**-fuel system** *gépk* ejtőtartályos *v.* szivattyú nélküli tüzelőanyagrendszer; ~ **gasoline tank** *gépk* benzinejtőtartály; ~ **governor** súlyszabályozó, ingás/súlyos szabályozó; ~**-graded** súly szerint osztályozott; ~ **gradient** *geof* gravitációs gradiens; ~ **hammer** *ép* verőkos; ~ **haulage** gravitációs szállítás, siklószállítás gravitációval/önsúllyal; ~**-haulage brake** futófék; ~ **head** *önt* gravitációs tároló(állvány); ~ **high** *geof* nehézségi/gravitációs maximum; ~ **hook** *távb* villakapcsoló, kapcsolóvilla; ~ **idler** *gép* szíjfeszítő görgő; ~ **incline** *bány, közl* sikló; ~ **irrigation** gravitációs öntözés; ~ **low** *geof* gravitációs minimum; ~ **lubrication** *gép* ejtőtartályos/gravitációs kenés; ~ **map** *geof* gravitációs térkép, izogaltérkép; ~ **marshal(l)ing** *vasút* gurítóüzem, gurítódombos rendezés; ~ **measurement** *geof* gravimetria; gravitációs mérés; ~**(-)meter (GM)** *geof* graviméter, nehézségierőmérő; ~**-meter map** *geof* graviméter-térkép; ~ **mill** zúzómalom; ~ **mine-car track** *bány* gravitációs csillepálya; ~ **mixer** gravitációs/szabadonejtő keverőgép, dobkeverő(gép); ~ **mixing** szabadonejtő keverés; ~ **multiplicator** *geof* gravitációs multiplikátor; ~ **operated** szabadon eső; ~ **pawl** önsúlyára záró kilincs; ~ **pendulum** nehézségi (erő meghatározására szolgáló) inga; ~ **percolation** gravitációs beszivárgás; ~ **plane** *bány* (fék)sikló, siklós bányacsúszda; ~ **plant** keverőtorony, torony rendszerű betongyár; ~ **position welding** vályúhelyzetű hegesztés; ~ **prestress** *ép* ellensúlyos feszítés; ~ **process** → ~ feeding; ~ **prospecting** *geof* gravitációs kutatás; ~ **railway** sikló; ~ **regulator** súlyszabályozó, centrifugális regulátor/szabályozó; ~ **retaining wall** *ép* súlytámfal; ~ **return** *gép* visszavivés saját súllyal *v.* nehézségi erővel; ~**-return system** gravitációs fűtési rendszer; ~ **road** *bány* sikló; ~ **roller conveyor/conveyer/path/way** gravitációs *v.* hajtás nélküli görgőspálya; ~ **segregation** fajsúlykülönbség okozta szétválás/rétegződés; *fiz* gravitációs szegregáció/kiválás; *önt* fajsúly szerinti különválás/dúsulás; ~ **separation** *bány* fajsúly szerinti osztályozás/dúsítás; ~ **separator** fajsúly szerinti szeparátor/leválasztó; ~ **settling process** ülepítőeljárás; ~ **shaft** *bány* fékakna; ~ **shunting** *vasút* gurítás, gurításos tolatás; ~ **shunting incline** *vasút* gurítódomb; ~ **solution** nagy fajsúlyú oldat *(ásványok megkülönböztetésére)*; ~ **sorting** → ~ shunting; ~ **spiral chute** csigacsúszda; ~ **spout** *élip* futócső; ~ **stamp** *ép* ejtődöngölő, ejtőpöröly; ejtőmű; verőkos; ~ **suit (G-suit)** *rep* túlnyomás elleni védőruházat; ~ **supply** ejtőtartályos tüzelőanyag-táprendszer; ~ **switch** → ~ hook; ~ **switching** *vasút* gurítás, tolatás gurítással; ~ **take-up** súlyfeszítés; ~ **tank** *gépk, rep* ejtőtartály; *koh* ejtőtartály, napiadag-tartály; ~ **tapping** *koh* gravitációs csapolás; ~ **tensioning gear** ellensúlyos feszítőszerkezet; ~ **tipping conveyor/conveyer** billenőserleges szállítógép/konvejor; ~**-type** gravitációs; súly hatására működő; ~**-type ammeter** ellensúlyos ampermérő; ~**-type conveyor/conveyer** gravitációs szállítógép; ~ **variometer** *geod* gradiométer, gravitációs variométer, lejtőkitűző műszer; ~ **ventilation** *ép* gravitációs szellőzés; ~ **viscometer** gravitációs viszkoziméter; ~ **wall** súlytámfal; ~ **water** *geol* gravitációs víz; ~ **water conduit** gravitációs vízvezeték; ~ **water intake/offtake** *hidr* gravitációs vízkivétel; ~ **wave** *fiz* gravitációs hullám; ~ **weir** *hidr* súlygát, falazott gát; ~ **welding** vályúhelyzetű hegesztés; ~ **wind** *met* gravitációs/katabatikus szél

gravure *nyom* mélynyomás; mélynyomó forma; metszet, karc, véset; ~ **cell** *nyom* festékcsésze, rácscsésze; ~ **cylinder** mélynyomó/réznyomó henger; ~ **inker unit** mélynyomó festékezőmű/festékezőberendezés; ~ **paper** mélynyomó papír; ~ **printing** mélynyomás; ~ **printing colo(u)r** mélynyomó festék; ~ **screen** rács mélynyomáshoz

gray[1] *US* → grey

gray[2] *at* gray *(sugárdózis mértékegysége)*

Gray | **catalytic desulphurization** *ol* Gray-féle katalitikus kénmentesítés; ~ **code** *szt* Gray-kód

graze súrol, horzsol, súrolva érint; felhorzsol, megkarcol; ledörzsöl *(bőrt)*; ~ **burst** *kat* robbanás becsapódáskor *v.* zérus magasságban

grazing *rep* alacsonyrepülés; ~ **angle** *fiz* tükrözési/reflexiós szög; ~ **fire** *kat* pásztázás, pásztázótűz; ~ **incidence** *opt* érintőleges/súrlódó beesés

grease I. *v gép* (be)zsíroz, olajoz, (meg)ken; *tex* ken, olajoz *(gyapjút)*; **II.** *n élip* zsír *(kiolvasztott)*; *gép* kenőanyag, (kenő)zsír, gépkenőcs, kence; zsírkenés; *vegy* gyapjúzsír; ~ **bearing** → ~-sealed bearing; ~ **box** zsírzószelence, kenéstömítő szelence; olajzár; ~ **butter** emberi fogyasztásra alkalmatlan vaj; ~ **catcher** zsírfogó; ~ **chamber lubrication** zsírzókamrás kenés; ~ **cock** kenőcsap; ~ **collector** zsírleválasztó, zsírfogó *(szennyvízből)*; ~ **cup** zsírzó(szelence), zsírszelence; kenőszelence; zsírzópersely; ~**(-)drawn** *heng* fényesre húzott; ~ **extraction** zsírkivonás, zsíreltávolítás; ~ **extractor** → ~ collector; ~ **film** kenőanyagréteg, (kenő)olajréteg; ~ **filter** *ép* zsírszűrő, levegőszűrő; *gép* kenőzsírszűrő, kenőzsírleválasztó; ~ **fitting** zsírzószemölcs; ~ **fitting, flap covered** (csapó)fedeles olajozó; ~ **for rolling bearing** gördülőcsapágyzsír; ~ **gun** zsírzóprés; zsírfecskendő, kenő fecskendő; ~ **jack** *bőr* zsírkitaszító gép; ~ **lubrication** *ép* zsírkenés, zsírzókenés, zsírozás; ~ **lustre/luster** zsírfény; ~ **paper** zsírpapír; vajpapír; ~ **pit** *gépk* garázsakna, zsírzóakna; ~ **pocket** kenőszelence; ~ **pump** zsírzószivattyú; ~ **ramp** *gépk* zsírzórámpa; ~**-receptive** *nyom* zsírfelvevő, zsírkedvelő; ~ **recovery** zsírregenerálás; ~**-removal tank** zsírfogó; ~ **remover** *tex* zsíreltávolító anyag, zsírtalanítóanyag; ~**-resistant** zsírátnemeresztő; ~**-resistant finish** *tex* zsírtalanító kikészítés; ~**-resisting** *pa* zsírtaszító; ~ **retainer** zsírzótok, kenőzsírtartó; ~**-retainer plate** *gép* zsírfogó lemez; ~**-sealed bearing** *gép* kenőzsírtöltésű csapágy; ~ **separator** zsírleválasztó; *hidr* zsiradékfogó; ~ **solvent** zsíroldó szer; ~**-spot** zsírfolt(osság); ~**-spot photometer** Bunsen-féle fotométer, olajos/zsírfoltos fotométer; ~**-squirt** nyomó-

zsírzó; ~ **tap** kenőcsap; ~ **trap (GT)** zsírfogó, zsíradékfogó
greased leather zsíros bőr
greaseproof zsírálló; zsírhatlan *(tömítés)*; *élip* át nem zsírosodó, zsírátnemeresztő; ~ **board** *pa* zsírálló (papír)lemez; ~ **paper** zsírpapír, vajpapír; *nyom* zsírálló papír
greaser olajozó, zsírozó, kenő *(munkás)*; zsírzó(szelence)
greasiness zsírosság; *gép* kenőképesség; *műa* zsírosodás
greasing | **agent** *tex* kenőanyag; ~ **materials** *élip* kenőanyag; ~ **point** *gép* kenési hely
greasy csúszós, síkos; zsíros; *tex* mosatlan *(gyapjú)*; ~ **ink** *nyom* zsíros festék; ~ **lustre/luster** zsírfény, zsíros fény; ~ **road** csúszós út; ~**-shorn wool** zsírban nyírt gyapjú; ~ **wool** zsíros gyapjú
great nagy; **G**~ **Bear** *csill* Nagymedve; ~ **calorie** kilokalória, nagykalória; ~ **capacity compressor** nagy kompresszor; ~ **circle (GC)** *geod* legnagyobb gömbi kör; *mat* (gömbi) főkör; ~ **circle (curve)** *hajó, rep* ortodroma, főkör; ~**-circle distance (GCD)** *geod* földrajzi főkörön mért távolság; ~**-circle line/route** *hajó, rep* ortodroma-útvonal; ~**-circle path/route** *rád* főkör menti (terjedési) út; ~**-circle sailing** ortodrom navigáció; ~ **coal** darabos szén; ~ **fire** *ker* mázégetés; ~ **fireball** *csill* fényes tűzgömb/bolida; ~ **gross (gr.gro)** 12 nagytucat; ~ **hundred** tíz tucat; **G**~ **Ice Age** *geol* pleisztocén, jégkorszak; ~ **pace** *metr* öt láb; ~ **span-saw** darabolófűrész; ~ **track** *rep* főköri útvonal; ~ **wheel** *finm* legnagyobb fogaskerék
greater nagyobb; ~ **than or equal to** *mat* nagyobb vagy egyenlő; ~ **than relation** *mat* „nagyobb" reláció
greatest | **common divisor/measure/factor (GCD)** legnagyobb közös osztó; ~ **elongation** *csill* legnagyobb elongáció; ~ **error** maximális hiba; ~ **lower bound (g.l.b.)** *mat* alsó határ, infimum, legnagyobb alsó korlát; ~ **upper bound** legfelső határ
Greek görög; ~ **(character/letter)** *nyom* görög betű(k); ~ **cross** *ép* görög kereszt *(alaprajz)*; ~ **key pattern** *ép* meander; ~ **order** görög oszloprend
green I. *v* zöldre fest; zöldell, (meg)zöldül; **II.** *a* zöld (színű); *bány, koh* dúsítatlan; friss, bányanedves; nyers; sovány *(szén)*; *élip* zöld, nyers, friss; *ép* sovány *(homok)*; *fa* nyers, nagy nedvességtartalmú; *gép* bejárató; *hőt* kormozó *(láng v. gáz)*; *ker* ki nem égetett *(tégely)*; *önt* nedves *(homok)*; **III.** *n* zöld (festék/szín); ~ **acid** → ~ sulphonic/sulfonic acid; ~ **area (of common use)** (közhasználatú) zöldterület; ~ **arrow** *rep* futópálya-szabadjel; ~ **belt** *ép* zöldövezet; ~**-blue** zöldeskék; ~ **bone** nyers csont; ~ **brick** nyers/égetetlen tégla; ~ **carbonate of copper** *ásv* malachit; ~ **casing** *élip* nyersbél; ~ **casting** nedvesformás öntés; ~ **chain** *fa* nyers fűrészáru továbbítószalagja; ~ **cheese** éretlen/nyers sajt; ~ **cinnaber** cinóberzöld; ~ **clay** zöldagyag, nyers agyag; ~ **coal** nyers/osztályozatlan szén, aknaszén; ~ **cocoon** *tex* nyers gubó; ~ **coffee** zöld/nyers/pörköletlen kávé; ~ **coke** nyers koksz; ~ **concrete** friss beton; ~ **copperas** → ~ vitriol; ~ **copper ore** *ásv* malachit; ~ **copy** első filmmásolat; ~ **core** *önt* nyersmag; ~ **cover** *gumi* nyers köpeny *(vulkanizálás előtti)*; ~ **crop** *mzg* zöldtakarmány(növény); ~ **crop combine** önjáró kaszáló-rakodó gép; ~ **crucible** ki nem égetett tégely; ~ **crude** paraffinbázisú nyersolaj; ~ **earth** *ásv* szeladonit, veronai zöld; zöldföld; ~ **electron gun** *tv* zöld elektronágyú; ~ **fertilizer** *mzg* zöldtrágya; ~ **filter** *foto* zöldszűrő, zöld vízszűrő; ~ **fire** kormozó láng; ~ **flash** *met* zöld fény; ~ **forage/fodder** *mzg* zöldtakarmány; ~ **frame** *tv* zöld raszter; ~ **gas** kormozó gáz; ~**-glue stock** *bőr* zöld húsoldal *(nem sózott)*; ~**-grey** zöldesszürke; ~ **hide** zöldbőr; friss nyersbőr *(tartósítatlan)*; ~ **iron ore** dufrenit; ~ **lead ore** piromorfit, zöld ólomérc; ~ **light** *közl* zöld fény/lámpa; ~**-light luminescence diode** zöld fényt emittáló félvezető dióda, zöld fényű világító dióda; ~ **linen** *tex* nyers lenből készült szövet *(áztatás nélküli)*; ~ **liquor** *pa* kausztifikált/zöld/friss lúg; ~**-magenta line** *tv* zöld-vörös *v.* zöld-bíbor tengely/vonal, Q-vonal; ~ **malt** zöld maláta; ~ **manure (GM)** zöldtrágya; ~ **molasses** *cu* (nyers) melasz; ~ **Moon** *met* zöld Hold; ~ **mo(u)ld** *bőr* zöld penész; ~ **of leaves** *vegy* klorofill; ~ **oil** friss olaj, zöld (pala)olaj; ~ **open space** → ~ space; ~ **pellet** *koh* nyerspellet, zöldpellet; ~ **primary colo(u)r** *tv* G alapszínjel; ~ **ray** *met* zöld fény; ~ **roof** *bány* nemrég szabaddá tett főte; nyomásmentes főte; ~ **room** félkészáru-raktár; ~ **rubber** nyersgumi; ~**s** *pl élip* zöldfőzelék, zöldség; ~**-salted** *bőr* frissen sózott *(zöld állapotban sózással tartósítva)*; ~**-salted hide** nedvesen sózott nyersbőr; ~ **sand** *bány* nyershomok; *ép* sovány homok; *geol* glaukonitos homok(kő); *önt* nedves öntőhomok; ~**-sand casting** nyersformázott öntvény; ~**-sand core** *önt* nyersmag; ~**-sand mo(u)ld** *önt* nyersforma; ~**-sand mo(u)lding** *önt* nyersformázás; ~ **sandstone** nyers homokkő; ~ **soap** káliszappan; ~ **space** *ép* zöldterület; ~ **spot** rézrozsda; ~ **strength** *önt* nyersszilárdság; ~ **sulphonic/sulfonic acid** vízben oldhatatlan szulfonsav; ~ **Sun** *met* zöld Nap; ~ **syrup** *cu* zöldszörp; ~ **tea** *élip* zöldtea *(nem fermentált)*; ~ **tensile strength** *önt* nyers húzószilárdság; ~ **the flesh** *v bőr* húsol *(bőrt)*; húsoldalról kitaszít; ~ **timber** nyers fa; ~ **tyre/tire** nyers gumiabroncs *(vulkanizálatlan)*; ~ **verditer** *vegy* malachitzöld, bázisos rézkarbonát; ~ **vitriol** *ásv* melanterit, vasgálic; *vegy* zöldgálic, vas(II)-szulfát; ~ **ware** *ker* nyersáru; ~ **wave** *közl* zöld hullám; ~ **wedge** *ép* parksáv; ~**(-)weight (GW)** *bőr* zöldsúly *(nyersbőré)*; *fa* frissen vágott fa súlya; zöldnedves súly; ~ **wheel** nyers csiszolókorong; ~ **wood** *fa* frissen (ki)vágott fa, (frissen kivágott) nagy nedvességtartalmú faanyag
Green|'s function (GF) *mat* Green-függvény; ~ **theorem** Gauss-tétel, Gauss-Osztrogradszkij-tétel, divergenciatétel
greenalite *ásv* greenalit
greenheart (brazíliai) zöldfa
greenhouse melegház, üvegház; *ker* agyagedény-szárító, zsengélő; ~ **effect** *fiz, met* üvegházjelenség, üvegházeffektus, üvegházhatás
greenish zöldes; ~ **tone** zöldes árnyalat
Greenland | **anticyclone/high** *met* grönlandi anticiklon; ~ **spar** *ásv* krislit, jégkő
greenlandite *ásv* niobit
greenockite *ásv* greenockit
greenschist *ásv* zöldpala; ~ **facies** *ásv* zöldpalafácies
greenstone *ásv* diabáz, zöldkő; nefrit
Greenwich Mean Time (GMT) *csill* greenwichi középidő, világidő

grège I. *a* szürkésdrapp; **II.** *n tex* grège, grezs, nyers, sodratlan selyemszál; ~ **silk thread/yarn** nyersselyem (szál), grège, grezs
Gregorian | antenna Gregory-féle antenna; ~ **calendar** Gergely-féle naptár, gregorián(us) naptár
Gregory's formula *szt* Gregory-Newton formula
greige → grège
Greinacher doubling circuit *el* Greinacher-kapcsolás
greisen *ásv* greizen
greisenization *geol* greizenképződés
grenade *kat* gránát; ~ **projector/thrower** *kat* gránátvető
grenadine *tex* grenadin; ~ **satin** félselyem bélésanyag
Grenninger chart *ásv* Grenninger-hálózat
grenz | radiation *v.* **rays** *fiz* Bucky-sugárzás, határsugár; ~**-ray tube** határsugárcső, Bucky-sugárcső
greut *bány* borsóérc
grex *US tex* grex *(fonalfinomsági számegység, g/10.000 m)*
grey I. *v* szürkít, szürkévé tesz, szürkére fest; szürkül, szürkévé válik; **II.** *a* szürke; *élip* ősz; *tex* festetlen; kikészítetlen; natúr színű; nyers; **III.** *n* szürke (festék/szín); szürkeség; *tex* fehérítetlen/festetlen anyag/szövet; ~ **antimony (ore)** *ásv* antimonit; ~ **balance** *tv* szürkekiegyenlítés; ~**-blue** szürkéskék; ~ **board** *pa* szürkelemez; ~ **body** *fiz* szürketest, szürkesugárzó; ~**-body radiation** szürketestsugárzás; ~ **cast-iron** *önt* szürke/lemezgrafitos öntöttvas, szürkevas, szürkeöntvény; ~ **cast-iron welding** *heg* szürkevashegesztés; ~ **chalk** *vegy* szürkemész; ~ **cloth** *nyom* szürke könyvkötővászon; *tex* fehérítetlen szövet, nyersszövet; ~ **cobalt (ore)** *ásv* smaltin, skutterudit; ~ **copper ore** *ásv* tetraedrit, antimon fakóérc; ~ **cotton cloth** *tex* csalánszövet; ~ **cotton fabric** *tex* nyers pamutszövet; ~ **cylinder-felt** *pa* durva hengerszitalemez; ~ **fabric** *tex* nyersszövet; ~ **filter** *opt* szürke szűrő; ~ **glass** füstüveg, füstszínű üveg; ~ **goods** *tex* nyersáru; ~**-green** szürkészöld; ~**-heart** *fa* szürke bélű; **in the** ~ *tex* nyers állapotban; ~ **iron casting** *önt* szürke(vas)öntvény, lemezgrafitos vasöntvény; ~ **iron foundry** *önt* szürkevasöntöde; ~ **key** *opt* szürkeék, szürkeüveg prizma; ~**-key image** szürke segédfénykép; ~**-level array** fényességi fokozat; ~ **lime** szürke/sovány mész; ~ **manganese ore** *ásv* szürke mangánérc, barnakő; ~ **noise** *hang* szürke zaj; ~ **pig-iron** *koh, önt* (szürke) nyersvas; ~**s** *pl* szürke durva homokkő; *élip* pettyek *(lisztben)*; *ruh* szürke flanellnadrág; ~ **scale** *opt* szürkeskála; *tv* szürkeségi/fényességi skála; ~ **shading** *foto* szürke tónus; ~ **slug** ólomsalak; ~**-stained** *fa* elszürkült; ~ **step-wedge** *opt* lépcsős szürkeék; szürkeskála; ~ **tints** szürke tónusok; ~ **value** *foto* fedettség; *távk* fedettség, ellátottság *(műsorszórás)*; ~**-violet** szürkéslila; ~ **warp** *tex* nyers lánc; ~ **wash** pamutáruk áztatása *(fehérítéskor)*; ~ **yarn** *tex* érdes fonal, nyersfonal
greyback *geol* kisebb rétegezettség
greyish szürkés; ~ **blue** szürkéskék
greywacke *geol* grauwacke; ~ **slate/schist** grauwackepala
gr.gro → great gross
grid rács, rácsozat, védőrács; *el* akkumulátorrács; országos hálózat; rács; raszter *(nyomtatott áramkör)*; távvezetékhálózat *(GB 100 kV-on felüli)*; *élip* rostanyílás, rosta; *geod* jelentőhálózat *(térképen)*; térképhálózat; *geof* mérőhálózat, állomáshálózat; *gép* szeleprács; *hidr* gereb; *hőt* gázvezeték-hálózat; rostély; *kat* térkép-négyzethálózat; *koh* rács; *met* rácshálózat; *opt* rács; *önt* rostély *(szitálóberendezésen)*; *tv* raszter; ~ **a.c. voltage** *el* rács-váltakozófeszültség; ~**-anode capacitance** rács-anód kapacitás; ~**-anode characteristic** anódáram-rácsfeszültség jelleggörbe; ~ **arrangement of track** *vasút* vágánylírás elrendezés; ~ **azimuth** *geod* jelentőhálózati azimut; ~ **base connection** közös/földelt rácsú kapcsolás; ~ **battery** *el* előfeszültség-telep; ~ **bearing** *rep* térképhálózati irányszög; ~ **bias (g.b.)** *el* rácselőfeszültség; ~**-bias battery** (rács)előfeszültség-telep, rácstelep; ~**-bias control** rácselőfeszültség-szabályozás; ~**-bias modulation** rácsfeszültség-moduláció; ~**-bias voltage** rácselőfeszültség; ~ **blocking** *félv* rácsletiltás; ~**-cap** *el* rácscsatlakozó, kivezetősapka; rácssapka; ~ **capacitance** *el* rácskapacitás; ~ **capacitor** *el* rácskondenzátor; ~**-cathode space** *el* rács-katód tér; ~ **characteristic** *el* rács(áram-)karakterisztika; ~ **chart** *stat* hálózatos nomogram; ~ **circuit** *el* rács(áram)kör; ~**-circuit detection** *el* rácsköri egyenirányítás; ~**-circuit distortion** *el* rácskörtorzítás; ~**-circuit modulation** rácskörmoduláció; ~ **clamping** *el* rácsköri korlátozás/jellevágás; ~**-clip** *el* rácssapka, rácsszorító; ~ **commutated converter** *félv* hálózattal kommutáló áramirányító; ~ **connecting converter** *félv* hálózatcsatlakoztató áramirányító; ~ **connection** *el* rácskapcsolás; rácsvezeték; ~ **control** *el* rácsvezérlés; ~**-controlled** rácsvezérlésű; ~**-controlled rectifier** tirátron, rácsvezérlésű egyenirányító; ~ **co-ordinate** *geod* jelentőhálózati koordináta; ~ **corner** *geod* hálózati metszéspont; ~ **coupling** *el* rácsköri csatolás; ~ **cover** *el* rácsárnyékolás; ~ **current** *el* rácsáram; ~ **current flow angle** rácsáramfolyási szög; ~ **current self-bias** automatikus rácselőfeszültség; ~ **cut-off** *félv* rácsletiltás; ~ **cut-off voltage** *el* lezáró rácsfeszültség; rács-zárófeszültség; ~**-cutting test** rácsvágásos próba; ~ **declination** *geod* délkörhálózat összetartási szöge; ~ **detection** *el* rács-egyenirányítás; ~ **detector** *el* rács-egyenirányító, detektorcső, audion; ~**-dip meter** *el* (abszorpciós) hullámmérő, grid-dip-meter; rezonanciaindikátoros mérőgenerátor; ~**-dip oscillator (GDO)** grid-dip oszcillátor; ~ **dissipation** *el* rácsdisszipáció; ~ **distance** *met* rácstávolság; ~ **divider** beosztásos mérce; ~ **drive,** ~ **driving power** *el* rács-vezérlőteljesítmény; ~**-earthed** *el* földelt rácsú; ~ **emission** *el* rácsemisszió; ~**-excitation voltage** *el* rácsgerjesztő feszültség; ~**-filament capacitance** *el* rács-katód kapacitás; ~ **filling** *el* akkumulátor-rácspép; ~**-framed paving stone** *ép* útátjáróvágány-burkoló kő; ~**-frequency converter** *el* hálózati frekvenciás áramirányító; ~**-frequency inverter** *el* hálózati frekvenciás váltóirányító; ~ **gas** távvezetéki gáz; ~**-glow tube** *el* rácskisüléses elektroncső; ~**-grounded** *el* földelt rácsú; ~ **hum** *el* rácsbúgás; ~**-iron** → gridiron; ~ **keying** *el* rácsköri billentyűzés; ~ **lead** *el* rácskivezetés; ~**-lead shield** rácskivezetés-árnyékolás; ~**-leak detection/rectification** rácsegyenirányítás; ~**-leak detector** audion, rács-egyenirányító; ~ **leak resistance** rácslevezető ellenállás, rácslevezetés, rácsellenállás; ~ **line** *el* erőátviteli fővezeték; *geod* jelentőhálózati vonal *(térképen)*; ~ **lines** *pl* koordinátahálózat; *geod* je-

lentőhálózat, négyzethálózat *(térképen)*; ~ **mesh** rácsszem(nagyság); ~ **method** hálómódszer, raszterezés *(forráskalibrálás)*; ~**-modulated** rácsmodulálású; rácsmodulált; ~ **modulation** *el* rácsmoduláció, rácsmodulálás; ~ **nephoscope** *met* felhőgereblye, Besson-nefoszkóp; ~ **network** *el* együttműködő hálózat *(vízi- és hőerőmű)*; ~ **noise** rácszaj; ~ **noise resistance** rácszajellenállás; ~ **North/north** *geod* geodéziai északi irány; hálózati észak; ~ **of coordinates** koordinátahálózat; ~ **of points** pontrács; ~ **of the map** térképhálózat; *hajó* fokhálózat; ~ **optics** rácsoptika, raszteroptika; ~ **pattern** *önt* magvasminta; ~ **pin** rácscsap; ~ **pitch** *el* rács-menetemelkedés; ~ **plate** *opt* rácslemez; ~ **plug** *el* betétmassza *(akkumulátorlemezhez)*; ~ **point** *mat* rácspont; ~ **polarization** *el* rácselőfeszítés; ~ **polarization voltage** *el* rácselőfeszültség; ~ **potential** *el* rácsfeszültség, rácspotenciál; ~ **potential-anode current characteristic** *el* rácsfeszültség-anódáram jelleggörbe; ~ **potentiometer** *el* előfeszültség-szabályozó potenciométer; ~ **priming voltage** *el* rácselőfeszültség; ~**-pulsed oscillator** rácsköri impulzusmodulációs oszcillátor; ~ **rectification** rácsegyenirányítás; ~ **resistance** *el* rácsellenállás, rácsköri ellenállás; ~ **resistor** *el* rácslevezető ellenállás, rácslevezetés; ~ **ring of a compass** iránytszögrózsa; ~ **roller** *ép* rácsos köpenyű henger; ~ **sampling** *stat* rácsos mintavétel; ~ **shielding can** *el* rácssapka, árnyékolt csatlakozósapka; ~ **side-rod** rácsgerinc, rácsborda; ~ **signal** *el* rácsvezérlő jel; ~**-signal voltage** *el* rácsvezérlő feszültség; ~ **South/south** *geod* (jelentő)hálózati dél; ~ **spacer** *at* magtérköztartó; ~ **square** *geod* jelentőhálózat, térképhálózat; ~ **stopper** *el* rácszárókör, rácsvédőkör; ~**-street layout** derékszögű utcahálózat; ~ **stretcher** *el* húzótüske *(rács feszítéséhez)*; ~ **stretching** *el* feszítés *(rácsé)*; ~ **strip** *el* rácsfüzér; ~ **structure** *ép* térbeli rácsos tartó; ~ **support** *el* rácstartó; ~ **suppressor** *el* rácsköri vadrezgésgátló; ~ **sweep/swing** rácskivezérlés, rácsfeszültség amplitúdója; ~ **system** szelvényhálózat; tartórács; ~ **tank** *el* rácsrezgőkör; ~ **test pattern** *tv* rácsábra; ~**-to-plate capacitance** *el* rácsanód kapacitás; ~ **transformer** *el* hálózati transzformátor; ~ **transparency** rácsáttetszőség; ~ **trap (GT)** *el* rácsvédő *(szűrő)*; *ép* csatornatönk, lefolyószem; ~ **tray** rácstányér, rostélytányér; ~ **triangulation** *geod* jelentőhálózatban való háromszögelés; ~ **tuned circuit** *el* hangolt rácskör; ~ **tuning** *el* rácsköri hangolás; ~ **voltage** *el* országos hálózati feszültség; rácsfeszültség; ~ **voltage pulse** rácsfeszültség-impulzus; ~**-voltage supply** rácsfeszültség-ellátás; ~**-wire** *el* rácshuzal; *tv* vezérlőrács; ~**-wire spacing** *el* rácshuzalosztás

gridded kockás, kozkázott *(pl. papír)*; ~ **electrode** rácsos elektród(a); ~ **map** *geod* (jelentő)hálózatos térkép

griddle kerek szita/rosta

gride *tex* késláda

gridelin lenvirágkék

gridiron vasrács; rostély; (cső)hálózat; *élip* sütőrács; *szer* tartalékalkatrész-készlet; *vasút* vágányhálózat; ~ **divider** osztással ellátott mérce; ~ **pendulum** *óra* rácsos inga; ~ **siding** *vasút* vágánylíra; ~ **slide valve** *gép* rostélytolattyú

gridwork *ép* tartórács

grief stem súlyosbítórúd; *ol* forgatórúd

griffe *tex* penge; ~ **bot** késláda *(nyüstös gépen)*

Griffith's white *ásv* litopon *(festék)*

Grignard reagent *vegy* Grignard-reagens

grill rostély, rács; ~ **foundation-piling** *ép* rácsos cölöpalapozás; ~ **pattern** *tv* rácsábra

grillage rácsozat; (teherátadó) rács; *ép* gerendarács *(alapozásnál)*; tartórács; ~ **foundation** tartórácsalapozás

grille vasrács; rácskerítés; ~ **cloth** *távk* hangszóróselyem; textilelőtét *(hangszóróhoz)*; ~**-type microphone** rácsmikrofon, elektronikus mikrofon

grilled | **foundation** tartórács-alapozás; ~ **pipe** lamellás/bordázott cső

grime I. *v* bekormoz; bepiszkít, beszennyez; **II.** *n* piszok; szenny; korom

Grimm solder Grimm-forrasz

Grimm|'s rule *vegy* Grimm-féle szabály

grimy kormos; piszkos; szennyes

grind I. *v* fen, élesít *(kést)*; *bány* aprít; őröl; tör; *élip* őröl, darál; *fa* csiszol; *forg* élez *(szerszámot)*; köszörül; *gép* csikorog(va súrlódik); *pa* csiszol *(fát)*; *üveg* (meg)csiszol; *vegy* szétdörzsöl; **II.** *n* darálás, őrlés; csikorgás; csiszolat; csiszolt felület; *élip* finomőrlés; ~ **fine(ly)** *v* finoman köszörül/csiszol; ~ **first** *v* nagyolva köszörül/csiszol; ~ **in** *v* becsiszol *(szelepet)*; ~ **internally** *v* kiköszörül *(furatot)*; ~ **into paste** *v nyom* pépesít, péppé alakít/elkever; ~ **off** *v* leköszörül, köszörüléssel lemunkál; lecsiszol, csiszolással eltüntet/eltávolít; ~ **on dead centres/centers** *v* állócsúcsok között köszörül; ~ **out** *v* kicsiszol *(belső felületet)*; ~ **over** *v* átcsiszol; ~ **rough(ly)** *v* durván/nagyolva köszörül/csiszol; ~**s** *pl* őrlet, őrlemény; ~ **with emery** *v* csiszol, smirgliz

grindability őrölhetőség; *any* apríthatóság; poríthatóság; ~ **index** őrölhetőségi index

grinder őrlőgép; őrlőmalom; köszörű(gép); köszörűkő; csiszoló *(munkás)*; köszörűs *(munkás)*; *bány* törőgép, aprítógép; *élip* malomkő; *ép* csiszológép *(kőhöz, műkőhöz)*; *forg* köszörű(gép); *mzg* daráló; *nyom* őrlő, malom, festékőrlő gép; *pa* facsiszoló, fafoszlató; *rád* pattogás, recsegés; *tex* csiszolódob; ~ **belt** csiszolószalag; ~**-rest** köszörűlünetta; ~**-stone** *pa* facsiszoló kő

grinding őrlés, darálás; szétdörzsölés; élesítés, köszörülés; csiszolás *(koronggal)*; zúzás; *bány* aprítás; törés; *élip* darálás; őrlés; köszörülés, csiszolás *(rizshántolás művelete)*; *forg* köszörülés, élezés; *pa* facsiszolás; foszlatás, őrlés; ~ **aids** *bány* őrlési segédanyagok; ~ **allowance** köszörülési/csiszolási ráhagyás; ~ **and buffing attachment** köszörülő/csiszoló és fényesítő/polírozó készülék; ~ **and mixing** *ker* keveréses őrlés; ~ **angle** *forg* élszög *(késé)*; ~ **apparatus/attachment** köszörűkészülék; ~ **arbor** köszörűtüske; korongfelfogó tüske; ~ **ball** őrlőgolyó; ~ **belt** csiszolószalag; ~ **body** őrlőtest; ~ **capacity** őrlési teljesítmény; ~ **carriage/carrier** köszörűszán, köszörűorsóház; ~ **check** → ~ crack; ~ **clutch** *gépk* kemény működésű tengelykapcsoló; ~ **compound** csiszolómassza, csiszolópaszta; ~ **crack** köszörülési repedés; ~ **cylinder** csiszolóhenger; ~ **device** köszörűkészülék; őrlőberendezés; ~ **drum** köszörűdob, csiszolódob; őrlődob, őrlőgarat; ~ **edge** *mzg* törőél *(kalapácsdarálón)*; ~ **element** őrlőtest; ~ **face** csiszolófelület *(csiszolókorongé)*; ~ **fineness** őrlési finomság; ~ **floor** *élip* hengerpad; ~ **ga(u)ge** *gép* élező idomszer; ~ **gear** őrlőmű; ~ **hardness** *ásv* csiszolási keménység; ~ **head** csiszolófej; ~**-in** becsiszolás; ~ **lathe** kombinált köszörű-eszterga; ~ **length** csiszolási hossz; ~**-machine** csiszológép; köszörű(gép); őrlőgép; *pa* facsiszoló gép; *tex* kártköszörülő gép; ~ **material** csiszolóanyag; ~ **media** *ker* őrlőtest; ~ **media grading** *ker* őrlőtest-adagolás; ~ **medium** csiszolóanyag, koptatóanyag; *műa* őrlőközeg; ~ **mill** őrlőmalom; őrlőkészülék; *pa* facsiszoló üzem; foszlató; ~ **of cards** *tex* kártköszörülés; ~**-off** leköszörülés; ~ **paste** csiszolómassza, csiszolópaszta; ~**-plant** őrlőberendezés; ~**-plate liner** rostabetét *(kalapácsos darálóban)*; ~ **powder** csiszolópor; ~ **relief** aláköszörülés; ~ **rest** köszörűgépszán; ~ **ring** őrlőgyűrű; ~ **rod** őrlőrúd; ~ **roll** köszörülőhenger; törőhenger; ~ **roller** *tex* kártköszörülő henger; ~**s** *pl* csiszolat *(lecsiszolt anyag pora)*, köszörület; csiszolószerek; ~ **saddle** korongszán *(köszörűn)*; ~ **sand** csiszolóhomok; ~ **slip** fenőkő; ~ **spindle** köszörűorsó; ~ **spindle head** köszörűorsóház, köszörűorsószekrény; ~ **spindle head saddle** köszörűorsószán; ~ **stock** őrlemény; őrlendő anyag; ~ **stone** csiszolókő; ~**-strap** csiszolószalag; ~ **tool** köszörűkészülék; ~ **train** *vasút* sínköszörülő szerelvény; ~ **wheel** köszörűkorong; csiszolótárcsa; csiszolókorong; ~**-wheel head** *forg* korongorsófej; ~ **wheels** *pl fa* tárcsás csiszológép; ~**-wheel spindle** köszörűorsó; ~ **with cascading** kaszkádőrlés

grindstone köszörűkő, csiszolókő; fenőkő; malomkő; ~ **box** csiszolókővályú; ~ **pick** malomkőkalapács; ~ **trough** köszörűkőállvány

grinning-through áttetszés, átütés *(alapszíné)*

griotte marble griotte, tarka márvány

grip I. *v* markol; szorít *(fog)*; megmarkol, megfog, megragad; megszorít; (be)csíptet; *gép* befog, felfog; **II.** *n* markolás, megfogás, szorítás *(fogás)*; *alak* befogás; *bány* kasfogó (szerkezet); *ép* adhézió, tapadás, tapadóerő; gyűjtőcsatorna, folyóka, árok; kihúzófüggeszték; tapadás *(útfelületé)*; *forg* befogókészülék; markolat; *gép* közrefogás *(csavaron, szegecsen)*; súrlódási tényező, becsavarási hossz; szegecsfejtávolság *(beverés után)*; *heng* befogás; *kat* markolat *(puskáé)*; *műa* befogócsap; *szersz* befogópofa; fogantyú; sikattyú; ~ **block** *bány* kasfogó készülék, kasszék; *vasút* féksaru; ~ **brake** ollós/sínfogó fék *(fogaskerekű vasúton)*; ~ **car** *bány* fogókapcsos/vonókötélmarkoló csille; ~ **clip** *rád* aligátorszorító; szorítóbéka; ~ **disc/disk** Karlik-tárcsa, markolótárcsa, markolókorong; ~**-dowel** *kat* markolatcsap; ~**-face belt** *em* bordás heveder; ~ **fitting** csőkötő szerelvény; ~ **gear** *bány* kasfogó szerkezet; *em* biztonsági fogókészülék *(felvonóé)*; ~ **head/holder** *forg* befogófej; ~ **iron** biztonsági fogó; ~ **lamp** *gépk* kézilámpa; ~ **length** *ép* tapadási/lehorgonyzási hossz *(betonacélé)*; *forg* befogóhossz; *gép* becsavarási hossz; ~ **lock spring** *bány* kasrugó; ~ **of concrete** *ép* beton tapadása *(acélon)*; ~ **pawl** fogóék, kilincsretesz; *távb* kilincsreteszelés; ~ **ring** szorítógyűrű; ~ **roller** fogógörgő *(emelőn)*; *heng* támhenger; ~ **rope** *bány* jelzőhuzal; ~ **safety** *kat* markolatbiztosító; ~**-safety mainspring** markolatbiztosító rugó; ~ **screw** markolatrögzítő csavar; ~ **socket** *bány* fogóharang; ~ **stress** tapadási feszültség; ~ **the selvedges** *v tex* szegélyt becsíptet; ~**-type locking device** *ép* feszítőék, feszítőkúp, feszítési lehorgonyzás; ~ **wrench** *szersz* villámcsőfogó

gripe I. *v* megfog, megmarkol, megragad; megakad, fennakad; beragódik; *hajó* fedélzethez rögzít/köt; **II.** *n* fogás, markolás, szorítás; markolat, nyél, fogantyú; *hajó* orrtőkepipa; ~**s** *hajó* csónaktartó kötélzete

gripman *bány* kapcsoló(munkás)

gripper markoló(szerkezet); fogó *(szerszám)*; befogószerkezet; *bőr* barkázófa; *nyom* ívfogó, greifer; ~ **brake** → grip brake; ~ **carriage** *nyom* ívfogó kocsi; ~ **edge** *nyom* ívfogó oldal, greiferoldal; ~ **feed** markoló-előtolás; ~ **feed press** markolós előtolású prés; ~ **fork** befogóvilla; ~ **pad** *nyom* ívfogó ütköző; ~ **weaving machine** *tex* fogós szövőgép

gripping | device markolószerszám; *em* biztonsági fogókészülék *(felvonóé)*; *forg* befogókészülék, befogószerkezet; ~ **force** *mech* tapadási erő; ~ **head** befogófej; befogópofa; ~ **hole** *ol* ferde fúrólyuk; ~ **jaw** rögzítőpofa; ~ **length** *forg* befogási hossz; ~ **pliers** *pl szersz* pánttűzifogó; ~ **ring** szorítógyűrű; ~ **roll** befogógörgő; ~ **surface** befogási felület; ~ **tool** markolószerszám, markolóeszköz; *forg* befogószerszám, befogótokmány; ~ **wedge** *gép* szorítóék; ~ **yoke** szorítókengyel

gripple *gép* kapocspánt, összefogás

griqualandite *ásv* griqualandit

grisaille domborműszerű rajz; *tex* fehér-fekete mintájú selyemszövet

grist *bány* fekete szenes réteg; szénkísérő; *élip* őrlemény; őrölt maláta, malátadara *(sörgyártás)*; *tex* fonalfinomság, varrócérna-vastagság; ~ **mill (gm)** őrlőmalom, (vámőrlő/kisüzemi) malom

gristle *élip* porcogó; *ép* kavics

grit I. *v* csikorog; csikorgat; beszór *(homokkal/kaviccsal)*; csiszol *(homokkal)*; **II.** *n ép* éles szemcséjű homok; murva; zúzalék; *fa* szemcseszám *(csiszolószemcséké)*; *forg* fémreszelék; *geol* grit, durva szemű kvarchomokkő; *gumi* idegen szemcse *(gumikeverékben)*; *koh* reve; *önt* acélszemcse, vasszemcse, zúzalék; *tv* havazás, konfetti, grízesség; ~ **blasting** homokfúvatás, sörétfúvatás; *koh* szemcseszórás, szemcseszórásos revétlenítés; ~ **box/catcher/collector** *hidr* homokfogó; ~ **chamber** *hidr* homokfogó (kamra/medence) *(szennyvíztisztítás)*; ~ **layer** *ép, vasút* zúzalékréteg, zúzott kőágyazat; ~ **removal mechanism** *hidr* homokkotró; ~**s** *pl élip* dara, derce; ~**s and grinds** *pl* csiszolópor; ~**s gauze (GG)** *élip* daraselyem; ~ **size** *ásv* récsecskenagyság; szemcsenagyság; ~ **spreader** *ép* zúzalékterítő gép; ~ **stone** éles szemcséjű homokkő; ~**-stone sprinkling** *ép* kőporos fröcskölés; ~ **trap** *hidr* homokfogó; ~ **walling** *bány* homokkőbánya; *ép* homokkőfalazat, homokkőfalazás; ~ **washer** homokmosó (berendezés)

grittiness *élip* homokosság

gritting *ép* aprítás, zúzás, zúzalékszórás; ~ **material** *ép* szóróanyag *(aszfaltra)*; *közl* szóróanyag *(burkolat téli csúszásmentesítésre)*

gritty homokos, kavicsos; *élip* ikrás; *tex* homokkal szennyezett *(gyapjú)*; ~ **dust** éles szemcséjű homokpor; ~ **scale** *önt* darás/homokos réteg

gritware homokkőáru
grizzle *bány* erősen kénes szén; pirittel szennyezett szén; ~ **brick** szürke tégla *(nem teljesen kiégetett)*
grizzly *bány* állórács; rácsos rosta, rács; rácsszita; *hidr, ker* rázórosta, rúdrosta; *koh* rács; ~ **bar** rázórosta-verőléc; ~ **drift** *bány* rácsszinti vágat; ~ **level** *bány* rácsszint
groan *gumi* nyög *(köpenyzaj)*
groat|s *pl* (zab)dara; ~ **separator** *élip, mzg* Paddy-asztal
grocery paper srencpapír, (silány) csomagolópapír
grog I. *v ker* soványít, hígít; **II.** *n* samott; téglatörmelék, téglapor, tégliszt; tűzállóanyag-törmelék; tűzállótégla-törmelék; ~ **fireclay mortar** samotthabarcs
groin I. *v* boltoz; **II.** *n ép* keresztboltozatok metszésvonala, gerinc; *hidr* sarkantyú; terelőmű; ~**-point** *ép* keresztboltozatok vápája/gerincvonala; ~**-rib** *ép* fiókdonga
groined | **arch** kolostorboltozat; ~ **ceiling** bordázott mennyezet; ~ **vault** keresztboltozat, kolostorboltozat; bordás boltozat
grommet alátétgyűrű; gyűrű; tömítőgyűrű *(míniumos kenderből)*; *el* szigetelőtárcsa; *hajó* fűzőkarika *(vitorla szélén)*, kötélgyűrű; ~ **ferrule** szigetelőhüvely; ~ **nut** tömítőanya; ~ **thimble** kábelvéggyűrű
grommeting alátétgyűrűs csavartömítés *(csőgyűrűé)*
groove I. *v* hornyol, kiváj, barázdál; rovátkol; *bány* árkol; *cipő* nyújt *(talpvarratárkot)*; *ép* árkol; kiárkol *(fát, faanyag egy oldalát)*; *forg* kiváj; körülhornyol; *pa* völgyel; **II.** *n* bemetszés, bevágás, horony, vájat; barázda; rovátka; beszűkülés; rés, hézag; *bány* vágat; *cipő* talpárok; *ép* ereszték, árok, horony; *fa* csaplyuk; horony; szádfal, szádhorony; *geol* vízmosás; *gép* fogárok; horony, menethorony; tömítőhorony; *hang* barázda *(hanglemezen)*; *heg* árok *(hegesztővarraté)*; *heng* üreg, hengerüreg, kaliber; *hidr* fülke *(pillérben, gátban, zsilipben)*; horony *(pillérben, gátban)*; *kh* tű vájata/öble; *közl* kerékvágás; ~ **and tongue** *fa* horony és ék; szádcsap és ereszték; ~**-and-tongue** *v ép* csaposan köt, hornyol és szádal; ~**-and-tongue joint** *ép* árok-eresztékes kötés/szerkezet; ~ **angle** barázdaszög, vágatszög; *heg* horonyszög, vágatszög, leélezési szög; ~ **cooling** *heng* üreghűtés; ~**-cutting machine** hornyológép; ~ **design** *heng* üregterv; ~ **disc/disk** hornyos tárcsa; ~ **durability** *heng* üregtartósság; ~ **for chips** *forg* forgácshorony, forgácscsatorna; ~ **friction** *ép* horonysúrlódás *(szádfalon)*; ~ **gearing** magfogazás; ~ **grating** *fiz* vonalas rács, vonalrács; ~ **location** barázdaelhelyezkedés; ~ **milling cutter** *forg* horonymaró; ~ **of a sheave** *em* kötélhorony; ~ **of a window** *ép* (ablak)káva; ~ **of the ball-bearing** csapágygyűrű-horony, futópálya *(gördülőcsapágyban)*; ~ **of the needle** *tex* tűhorony; ~ **profile** *gép* barázdaprofil; ~ **pulley** *tex* zsinórtárcsa; ~ **spacing** *fiz* optikai rácsállandó, rácsvonalak periódusa; *hang* barázdatávolság; ~ **speed** *hang* barázdasebesség; ~ **template** *heng* üregsablon, késsablon; ~**-tracking** *hang* követés *(hanglemezen)*; ~ **water cooling** *heng* üreghűtés; ~ **weld** *heg* süllyesztett varrat, oldalhoronyvarrat; ~ **wheel** hornyos kerék; ~ **width** fogárokszélesség
grooved kivájt; hornyolt; *fa* eresztékelt; hornyos, szádas; ~**-and-tongued** *fa* szádas, szádalt; ~**-and-tongued pile** *ép* szádpalló; ~**-and-tongued piling** szádalt fafal; ~ **ball-bearing** gyűrűs golyóscsapágy; ~ **bit** *fa* csigafúró; ~ **board** csapos deszka; ~ **bore** *gép* ékes furat; ~ **brick** *koh* rovátkolt tégla; ~ **contact wire** *vasút* hornyolt munkavezeték; ~ **cylinder** bordás/recés/recézett henger; *heng* üregezett henger; ~ **drive stud, round head** *gép* félgömbfejű hasítottszeg; ~ **flange** *gép* hornyos karima; ~**-girder rail** *vasút* (széles talpú); vályús sín, Phoenix-sín; ~ **housing** *fa* rovás; ~ **nut** hornyos anya; ~ **pile** *ép* hornyolt szádfalcölöp; ~ **pin** hasított/hornyos szeg, hasított illesztőszeg; ~ **pin bolt** hasított csapszeg; ~ **planks** csapos deszka; ~ **plate** *bőr* mintasajtoló lemez; ~ **pulley** hornyos szíjtárcsa; ~ **rail** *vasút* peremes/vályús sín, Phoenix-sín, Vignol-sín, villamossín; ~ **roll** *heng* üregezett henger; ~ **roller** *tex* hornyolt henger; mintanyomó henger; ~ **roller inking unit** *nyom* (spirálisan) hornyolt hengerű festékezőmű; ~ **seam** *gép* korcolt kötés; ~**-seam pipe** korcolt cső; ~ **sheave** hornyos szíjtárcsa; ~ **skelp** rovátkolt hengerrel készült szalag *(csőgyártáshoz)*; ~ **stud** hornyolt ászokcsavar; ~ **upland** *geol* árkolt fennsík; ~ **weld** horonyba hegesztett varrat; ~ **wire** *vasút* hornyolt munkavezeték-huzal/felsővezeték-huzal
groover horonyvéső
grooving üregkimunkálás; *bány* hornyolás, völgyelés *(bányafán)*; horony; *bőr* barázdálás *(finom prémeken)*; *cipő* talpvarratárok nyújtása; *ép* (ki)árkolás; *forg* beszúrás; *heng* (henger)üregezés; *hőt* kazánlemez-berepedezés; *pa* rillezés; ~**-and-tongueing machine** *fa* csapológép, szádaló gyalugép; ~ **chisel** horonyvéső; ~ **cutter** *forg* horonymaró; ~ **machine** hornyológép; *fa* völgyelőgép; ~ **of rolls** üregezés; ~ **plane** *ép* árkoló útgyalu; *fa* horonygyalu; völgyelőgyalu; ~**-saw** *fa* szádalófűrész
gropple dredger *bány* markológép
gros *tex* nehéz selyemszövet; ~ **d'Afrique** durva félselyem; ~ **de Chine** ripsz félselyem; ~ **de Londres** bordás tisztaselyem; ~ **de Naples** bordás selyemszövet; ~ **des Indes** ripsz tisztaselyem; ~ **de Suisse** sűrű selyemszövet
gross I. *a* nagy, terjedelmes; sűrű, nehéz; teljes, összes, bruttó; **II.** *n* vminek a zöme; összsúly; nagytucat; ~ **area** teljes/bruttó terület; *hidr* érintett terület; *mech* gyengítések levonása nélküli keresztmetszet; ~ **burden** *koh* nyerselegy, bruttó elegy; ~ **calorific value** égéshő, égésmeleg, (felső) fűtőérték; ~ **centre/center of gravity** *hajó* rendszersúlypont; ~ **combination weight rating (GCWR)** *gépk* megengedett legnagyobb összsúly; ~ **duty** *hidr* öntözővíz-szükséglet; ~ **energy** fejlesztett/termelt (villamos)energia *(erőműé)*; ~ **error** *mat* durva/teljes/halmozott hiba; ~ **formula** *vegy* tapasztalati/empirikus képlet; ~ **gas production** *ol* bruttó gáztermelés; ~ **generation** *en* teljes energiatermelés; ~ **grain** *bőr* nagy barka; ~ **grained** nagyszemű; durva szemcseszerkezetű/szemcséjű; ~ **head** bruttó/nyers esés *(vízerőműé)*; ~ **irrigable area** *hidr* teljes öntözhető terület; ~ **irrigation requirement** *hidr* öntözővíz-szükséglet; ~ **laden weight** *gép* terhelt összsúly; ~ **lift-off weight (GLOW)** *rak* indulótömeg; ~ **load** *mech* összteher; *vasút* bruttó/teljes terhelés; ~ **national product (GNP)** bruttó nemzeti termék; ~ **output** *gépk* bruttó/teljes teljesítmény; *ip* össztermelés; ~ **register(ed) ton (GRT)** *hajó* bruttó regisztertonna; ~ **sample** *bány*

összegyűjtött minta; ~ **structural change** *at* durvaszerkezeti változás; ~ **structure** *at, fiz* durvastruktúra; ~ **ton (gt)** tonna; ~ **ton-kilometre/ton-kilometer** *vasút* elegytonna-kilométer; ~ **tonnage (gt)** *hajó* befogadóképesség, bruttó tonnatartalom/hajótér; ~ **torque** *mech* teljes/bruttó nyomaték; ~ **value** teljes érték; ~ **vehicle weight (GVW)** jármű teljes súlya; ~ **water demand** *hidr* bruttó vízigény; ~ **weight (GW)** teljes/bruttó súly; *gépk* összsúly; *rep* repülősúly; *vasút* elegysúly; ~ **yards** *pl* teljes yardhossz

grossularite *ásv* grosszulár

grotesque *nyom* groteszk (betűtípus)

grothite *ásv* grothit

grotto *ép* grotta; *geol* barlang

ground[1] **I.** *v* földre tesz/fektet; *el* földel; *ép* alapoz; *hajó* megfenekeltet, partnak/zátonynak visz; megfeneklik, partra/zátonyra fut; *rep* földet ér *(repülőgép)*; kiköt *(léghajó)*; letilt *(gépet)*, felszállási tilalmat ad ki; *tex* előszínez; **II.** *a* alapvető, alap-, fő; **III.** *n* talaj, föld (felülete); terület, terep, tér; fenék; földszint *(színházban)*; alapozófesték, alapozás; *bány* bányatelek; fekü; kőzet; külszín; vágat/bányatérség talpa; *el US* föld, földelés(i hely); földvezeték, földelővezeték; *élip* üledék; *ép* alapréteg *(vakolaté)*; altalaj, talaj, fenék, terep; építkezés (helye), (építési) munkahely; *geol* felszín; *hajó* (tenger)fenék; *hidr* fenék, talaj, terep; *koh* alapszövet(-szerkezet); *nyom* alaplemez; ~ **absorption** *el* talajelnyelés, talajabszorpció; ~ **air** feltörő levegő *(altalajból szennyvízkezelésnél)*; ~ **air marker** földi repülőjelző; ~ **anchor** *ép* talajhorgony; ~ **antenna** földantenna; ~ **anti-aircraft control radar** földilégelhárítás-irányító radar; ~**-arch** *bány* kőzetboltozat; ~ **attack** *kat* rárepülés; ~**-attack aircraft** vadászbombázó; ~ **auger** kanalas földfúró; ~ **avalanche** fenéklavina; ~ **bar** *heng* csiszolt rúd; ~ **bark** őrölt cserkéreg; ~**-based** földalapozású, földalapozatú; *kat* földi telepítésű, (száraz)földi támaszpontú; *rep* földi; ~**-based equipment** *rak* földi berendezés; ~**-batching plant** *talt* talajkeverő berendezés; ~**(-)beam** *ép* szerkezeti gerenda; talpgerenda, ászokgerenda; *tex* alaplánchenger; ~ **bed** *ép* útalépítmény; ~ **borer** talajfúró; ~ **boring machine** talajfúró/mélyfúró gép; ~ **boss** *bány* felvigyázó; ~**-breaking** *bány* fejtés; kőzetjövesztés; kőzetmegbontás; ~ **breaking ceremony** *ép* „első kapavágás"; ~ **bus** földelősín; ~ **cable** földkábel; *gépk* testelőkábel, testelővezeték; ~ **capacitance** földkapacitás, földhöz viszonyított kapacitás; ~ **capacitor** földelőkondenzátor; ~ **chain** *el* földelőlánc; ~ **chamotte** *koh* samottliszt; ~ **circle** *csill* alapkör; ~ **circuit** *el* földáramkör; ~ **clamp** *el* földelőkapocs; ~ **clearance** *geod* tereptisztítás *(méréshez)*; *közl* szabad magasság, hasmagasság; ~ **cloth** *rep* jelző vászonlap; ~ **clutter** *távk* talajreflexió; ~ **coal** *bány* talpszén; ~ **coat** alapbevonat; alapmázolás, alapozás; *ker* alapzománc(réteg); ~ **coil** *el* földzárlatjelző; ~ **colo(u)r** alapszín; (festék)alapozás, alapréteg; ~ **command** *rak* földi parancs; ~ **communication station** *rak* űrtávközlési földi állomás; ~ **conductivity** talaj vezetőképessége; ~ **connection** *el* földelés; földelővezető; földvezeték, földelővezeték; ~ **consolidation** *bány* talajszilárdítás; ~ **contact** *el* testelés, testelő érintkezés, leföldelés; ~**-contact resistance** földelőcsatlakozások átmeneti ellenállása; ~ **control (GC)** *rak, rep* földi irányítás; ~ **controlled** földi irányítású, földről irányított; ~**-controlled approach (GCA)** *rep* földről irányított rárepülés, GCA-leszállási módszer; ~**-controlled approach system (GCA)** *rep* GCA leszállórendszer; GCA(-eljárás), földről irányított műszeres leszállási rendszer; ~**-controlled crane** földről irányított daru; ~ **control of landing (GCL)** *rep* leszállás irányítása a földről; ~ **control point** *geod* földi alappont; ~ **control radar (GCR)** *rep* földi irányítóállomás/rávezetőállomás; ~ **control system** *rep* földi irányítórendszer; ~ **counterpoise** kiegyenlítő földzárlat; ~ **cover** terepfedezet; ~ **crew (GC)** *rep* földi kiszolgálószemélyzet; ~ **current** *el* földáram, tellurikus áram, kóboráram; *geof* földi áram; ~ **cushion** *rep* légpárna; ~ **damp** talajnedvesség; ~ **defence** földi légvédelem; ~**-derived data** *rep* földre származtatott adatok; ~ **detector (GD)** *el* földzárlatjelző; *kat* terepelgázosítást jelző készülék; ~ **direction finding** *rep* földi iránymeghatározás; ~ **discharge** *met* lecsapó villám; ~ **disposal** *at* eltemetés *(hulladéké)*; ~ **distance** *rep* földön mért távolság; ~ **dyeing** alapfestés; ~ **effect** *rep* földhatás; *távk* talajhatás; ~ **effect machine/vehicle (GEM, GEV)** légpárnás jármű; ~ **effect takeoff and landing (GETOL)** *rep* fel- és leszállás a földhatás felhasználásával; ~ **elevation** *rep* talaj/terep tengerszint feletti magassága; ~ **enamel coat** *ker* alapzománcréteg; ~ **equalizer** *el* kiegyenlítő földvezeték; ~ **equipment** alapfelszerelés; *rep* földi berendezés/felszerelés; ~ **exploration** *geof* földi *v.* földön végzett kutatás; ~ **facility** földi berendezés/szervezet/szolgálat; ~ **fault** *el* földzárlat; ~**-fault neutralizer** földelő (fojtó)tekercs, oltótekercs, kompenzálótekercs; ~**-fault neutralizer transformer** oltótranszformátor; ~ **fix** *rep* helymeghatározás földi tájékozódási pontok alapján; ~ **floor (GF)** földszint; ~ **flutter** *rep* földközeli felületrezgés; ~ **fog (GF)** *met* talaj menti köd; ~ **frost** *met* talajfagy, talaj menti fagy; ~ **funicular** (függő)kötélpálya; ~ **gear** *rep* futószerkezet; ~**-grip tyre/tire** *gépk* terepabroncs; terepjáró (gumi)abroncs; ~ **guidance aids** *rep* földi navigációs berendezés; ~ **gypsum** alapozási gipsz; ~ **handling (gh)** *rep* földi kiszolgálás; ~ **handling equipment (GHE)** *rep* földi kisegítőberendezés; ~**-handling property** *rep* kormányozhatóság a földön; ~**-hog** *bány* ellensúly szállítósiklón; ~ **humidity** talajnedvesség; ~ **ice** *hidr* fenékjég, felszín alatti jég; *met* talajmenti jég; ~ **idling** *rep* hajtómű földi üresjárata; ~ **idling conditions** *rep* üresjárati üzemmód a földön; ~**-indicating lamp** *el* földzárlatjelző lámpa; ~ **indicator** *el* földzárlatvizsgáló; ~ **installation** *rep* földi berendezés; ~ **inversion** *met* talajközeli inverzió; ~ **jack** *fa* emelőbak; ~ **jamming transmitter** *rád* földi zavaróadó; ~ **joint** *távk* földszorító; ~ **laser beacon** földi irányító lézersugár; ~**-launched cruise missile (GLCM)** *kat* földi indítású manőverező robotrepülőgép; ~ **layer** *geol* talajréteg; ~ **laying machine** *ép* mobil blokkgyártó gép, tojógép; ~ **lead** *el* védővezető; ~ **leak** *el* levezetés (földbe); ~ **leakage** *el* földlevezetés; földzárlatveszteség; ~ **leakage coil** földzárlat-korlátozó fojtótekercs; ~ **leakage on two phases** *el* kettős földzárlat; ~ **level (GL)** talajszint; (természetes/eredeti) terepszint; *ásv* alapnívó, alapsík; *at* alapszint, alapállapot, legkisebb energiájú szint/állapot, gerjesztetlen állapot; *ép, geod* alapszint; ~**-level**

flying mélyrepülés; ~ **level of Nadap benchmark** *geol* nadapi alapszint; ~**-level power** *rep* teljesítmény földközelben; ~**-level railroad** felszíni vasút; ~ **light** kitűzőfény; ~ **location (GL)** *geod* földi helyzetpontrögzítés; *rep* helyzetmegállapítás földről; ~ **log** *hajó* fenéklog, mérőónos sebességmérő; ~**-loop resistance** *el* földelési hurokellenállás; ~ **mass** alaptömeg; alapanyag; *ker* alapanyag; ~ **mat** *el* földelőháló; ~ **material** *bány* őrlemény; ~ **moistening** talajnedvesedés; ~ **moisture** talajnedvesség; ~ **moraine** fenékmoréna; ~ **motion** *geof* talajmozgás, talajelmozdulás; ~ **network** *el* földelőháló; ~**-noise** *ép* alapzörej; *geof* zavaró talajrezgés; *hang* alapzaj, sajátzaj; *rád* felvételi zaj *(magnetofoné)*; *távk* háttérzaj; ~ **object** *geod* tereptárgy; ~ **of mine** bányamező, bányatelek; ~ **of the fabric** *tex* szövet alapkötése; ~ **panel** *rep* jelző vászonlap; ~ **paper** alappapír; ~ **photogrammetry** geofotogrammetria, földi fotogrammetria; ~ **pipe** *mzg* alagcső; ~ **plan** alaprajz, vízszintes vetület; *ép* földszint tervrajza; ~ **plane** vízszintes (vetítési) sík; ~ **plane antenna** ellensúlyos negyedhullámú antenna; ~ **plane iron** alapgyaluvas, csíngyaluvas; ~ **plate** *el* lemezföldelő; *ép* alaplemez; *gép* talplemez; *koh* fenéklemez; ~ **plot** → groundplot; ~ **plumb-point** *geod* földi nadírpont; ~ **point** *el* földelőpont; hidegpont; ~ **potential** földpotenciál; ~ **pressure** (fajlagos) talajnyomás *(munkagépé)*; *talt* földnyomás, kőzetnyomás; ~ **priming** mázolás alaprétege; ~ **protection** *el* földzárlat-védelem; ~ **protective conductor/lead/wire** *el* védővezető, villámvédő vezeték; ~ **radio equipment** *hajó, rep* földi rádióberendezés; ~ **radio station** *hajó, rep* földi rádióállomás; ~ **ray** *hang* felületi *v.* talajmenti hullám; ~**-reflected**/~**-reflex wave** *távk* talaj felszínéről visszaverődött hullám; ~ **reflexion/reflection** *távk* talajvisszaverődés; ~ **registration-point** valóságos rögzítőpont *(ballisztikában)*; ~ **relay** *el* földzárlatrelé; ~ **resistance** földelési ellenállás; ~ **resistivity** *el* talajellenállás; ~ **return** *távk* földvisszavezetés; ~**-return circuit** földvisszavezetés(es áramkör); ~ **rod** földelőlemez; *el* földelőrúd; ~ **roll** *geof* zavaró talajrezgés/talajmozgás; ~ **roller** *hidr* fenékhenger; ~ **rope** *bány* alsó/elülső kötél; *em* alsó vonókötél; *hajó* fenék-vontatókötél; ~**-rope haulage/traction** *bány* alsóköteles szállítás; ~ **run (GR)** *rep* nekifutás *(repülőgépé induláskor)*; ~**s** *pl* üledék; (sport)pálya; *ép* vakolóléc; ~ **screw** *el* földvezeték-szorítócsavar; ~ **settlement** *talt* talajkonszolidáció, altalaj-konszolidáció; ~ **shaker** *geof* talajrázógép; ~ **short** *el* földrövidzárlat; ~ **sill** *bány* talpgerenda; *ép* ajtóküszöb; talpszelemen; *hidr* fenékküszöb; ~ **slip** *bány* talajfolyás; ~ **source** *környv* talajközeli (szennyező)forrás; ~ **speed (GS)** *rep* föld feletti sebesség, FFS; ~ **spray** *mzg* (fertőtlenítő) talajpermetezés; ~ **stabilization (GS)** talajszilárdítás, talajstabilizáció; ~ **stake** cölöp; *bány* külszíni mérési fixpont; ~ **starter** *rep* földi indítóberendezés; ~ **state (g.s.)** *at* alapállapot; *el* alapszint, legkisebb energiájú szint/állapot; gerjesztetlen állapot; ~**-state energy** *at* alapállapot energiaszintje, energia-alapszint; ~ **station** földi lokátorállomás/radarállomás; *rep* földi rádióállomás; ~ **strafing** *kat* mélyrepülés; ~ **strap** *gépk* testkötés *(akkumulátor)*; ~ **subsidence** talajsüllyedés; *bány* külszínsüllyedés; ~ **support equipment** *rak, rep* földi berendezések; ~ **support for lendings** *rep* vakleszálló berendezés; ~ **surface** földfelszín; *ép* térszín; ~ **survey** *geod* terepfelvétel; *geof* földi *v.* földön végzett felmérés/kutatás; ~ **switch** földelőkapcsoló; ~ **table** alapozási réteg; ~ **tackle** *hajó* horgonyfelszerelés; *rep* léggömblehorgonyzó kötélzet; ~ **terminal** *el* földelőkapocs, védőkapocs; *gépk* testelőkapocs; ~ **test** talajvizsgálat; ~**-test pieces** talajvizsgálati minta; ~ **texture** *tex* alapszövet, alapszövedék; ~ **thread** *tex* alapfonal; ~ **thread of fancy thread** *kh* alapfonal díszítőcérnában; ~ **tier** *hajó* legalsó rakománysor; **to** ~ *el* földhöz viszonyított; ~**-to-air missile (GAM)** föld-levegő rakéta; ~**-to-cloud discharge** *met* felcsapó villám; ~**-to-ground missile (GGM)** föld-föld rakéta; ~ **tool** *mzg* kultivátor-művelőtestek; ~**-traffic signal light** *rep* gurulásirányító fény; ~**-type charging-machine** *koh* szinten futó adagológép; ~**-type rocket-launcher** állványzatról működtetett rakétavető; ~ **unrest** *geof* zavaró talajrezgés, talajnyugtalanság; ~ **vibration** talajrezgés; ~ **warp** *tex* alaplánc; ~ **warp beam** *tex* alaplánchenger; ~ **water (GW)** talajvíz; *bány* rétegvíz; *ol* mélységi víz; ~**-water budget** *ol* mélységi vízháztartás; ~**-water contour** *hidr* talajvízizohipsza; ~**-water divide** *hidr* talajvízválasztó; *ol* mélységi vízválasztó; ~**-water drain-pipe** alagcső; ~**-water exploration** *ép* talajvíz-felderítés; ~**-water hill** *hidr* talajvízdomb; ~**-water level (GWL)** *talt* talajvízszint; ~**-water-level lowering equipment** *hidr* vízszintsüllyesztő berendezés; ~**-water lowering** *ép* talajvízszint-süllyesztés; ~**-water mound** *hidr* talajvízdomb; ~**-water movement** talajvízáramlás; ~**-water packing** talajvíz-szigetelés; ~**-water pressure** talajvíznyomás; ~**-water protection area** *ol* vízvédő terület; ~**-water recharge** *hidr* talajvízdúsítás; ~**-water region** *hidr* talajvíz-tájegység; ~**-water reservoir** talajvíztározó; ~**-water resources** *pl ol* felszín alatti vízkészlet; ~**-water spring** *hidr* talajvízforrás; ~**-water stage control** talajvízszín-szabályozás; ~ **water storage curve** *hidr* talajvíztározási görbe; ~**-water stream (fed by a river)** *hidr* földárja; ~**-water table** *hidr* talajvízszín, talajvíztükör; *talt* (talaj)víztábla, freatikus felszín; ~**-water trench** *hidr* talajvízvápa, talajvízvölgy; ~ **wave** *geof* talajhullám; *rád* földhullám, talajhullám, felületi hullám; ~**-wave pattern** *rád* felületi hullámkarakterisztika; ~ **ways** *pl hajó* sólya pályateste; ~ **weave** *kh* alapkötés; ~ **weft** *tex* alsó vetülék; ~ **wet** talajnedvesség; ~ **wind** talajmenti szél; ~ **wind indicator** *rep* talajmentiszéljelző; ~ **wire** *el* földvezeték, földelő vezeték; vezető, védővezető; *gépk* testvezeték; ~ **wire of the lightning conductor** villámhárító földvezeték, villámvédő vezeték; ~ **work** alépítmény; ~ **yarn** *tex* alapfonal; ~ **zero (GZ)** *at* felszíni robbanási központ

ground[2] őrölt, darált; csiszolt; ~ **chalk** takarmánymész; ~ **charcoal** faszénpor; ~ **cock** becsiszolt csap; ~ **connection** *vák* csiszolatos kötés, csiszolat; ~ **cork** őrölt parafa; ~ **corn** őrlemény; ~ **gear** köszörült fogaskerék; ~ **glass** csiszolt üveg; ~**-glass joint** (üveg)csiszolat; ~**-glass screen** homályos üveg, tejüveg; ~**-glass stopper** csiszolt (üveg)dugó; ~ **glue** őrölt enyv; ~**-in connection/joint** *vák* csiszolatos kötés, csiszolat; ~**-in piston** becsiszolt dugattyú; ~**-in stopper** csiszolt dugó; ~ **joint** csiszolt illesztés; ~ **leather** bőrpor; ~ **phosphate** *mzg* foszfátliszt; ~ **stock** *élip* őrölt termék;

~ **stopper** csiszolt (üveg)dugó; ~ **thread** *forg* köszörült menet
grounded *US el* földelt; ~ **anode amplifier** földelt anódú kapcsolás/erősítő; ~**-base (circuit)** földelt/közös bázisú (tranzisztor)kapcsolás, báziskapcsolás; ~**-cathode amplifier** földelt katódú kapcsolás/erősítő; ~**-cathode circuit** földelt/közös katódú kapcsolás; ~**-cathode stage** földelt katódú erősítő; ~ **coating of condenser** kondenzátor földelt borítása; ~ **collector circuit** földelt/közös kollektorú kapcsolás, emitterkövető, kollektorkapcsolás; ~ **emitter circuit** földelt/közös emitterű kapcsolás, emitterkapcsolás; ~ **emitter transistor amplifier** tranzisztoros erősítő földelt emitterkapcsolással; ~**-grid amplifier** földelt rácsú erősítő; ~ **grid circuit** földelt/közös rácsú kapcsolás; ~ **plate circuit** földelt/közös anódú kapcsolás; ~ **receptacle** védőérintkezős dugaszoló(aljzat)/csatlakozóaljzat; ~ **system** földelt hálózat
grounding alapozás; *el* földelés; *el US* földelési hely, föld; *hajó* zátonyra futás; ~ **electrode** földelő; ~ **lead** földelő vezető; ~ **outlet/receptacle** védőérintkezős dugaszolóaljzat; ~ **terminal** földelőkapocs; gépk testelőkapocs
groundnut | **cake** földimogyoró-pogácsa; ~ **oil** földimogyoró-olaj
groundplot alaprajz; *rep* helymeghatározás, helyzetbemérés, helyzetmegállapítás
groundwater → ground water
groundwood *pa* facsiszolat; ~**-mill** facsiszoló üzem; ~**-pulp** facsiszolat
groundwork *ép* alapozás, alapozási munkák; téglaalapfal; ~**s machine** földmunkagép
group I. *v* csoportosít; elrendez; csoportosul; **II.** *n* csoport; *bány* ércfészek; *geod* formáció *(alak)*; *mat* csoport, osztály; *szt* csoport; *távb* nyaláb; *távk* köteg *(vezetéké)*; *vegy* csoport; ~ **action** *talt* csoporthatás; ~ **address** *szt* csoportcím; ~ **algebra** *mat* csoportalgebra; ~ **casting (uphill)** *koh* alsó öntés; ~ **centre/center** *távb* szektorközpont; ~ **code** *szt* csoportkód; *távk* blokk-kód; ~ **code recording (GCR)** *szt* csoportkódos adatrögzítés, csoportkód-rögzítés, GCR; ~**-control** csoportszabályozás; ~**-control change** *szt* csoportváltás; ~**-control station** *rep* csoportvezérlő állomás; ~ **decision** csoportos döntés; ~ **delay** *távk* csoportfutási/csoportterjedési idő; ~ **delay-frequency characteristic** *távk* fázis-frekvencia jelleggörbe, fázisjelleggörbe; ~ **delay-frequency distortion** futásiidő-torzítás; ~ **delay transit time spread** módusdiszperzió *(optikai átvitel)*; ~ **detector** *el* csoportkereső; ~ **determinant** *mat* csoportdeterminráns; ~**-diffusion theory** *at* csoportdiffúziós elmélet; ~ **drive** *el* csoportos hajtás; ~ **element** *mat* (csoport)-elem; ~ **factor model** *stat* csoportfaktor modell; ~ **frequency** *el* csoportfrekvencia; *stat* csoportgyakoriság; ~ **graph** *mat* csoportgráf; ~ **hunting** *távb* csoportos keresés; csoportválasztás; ~ **link** *távk* csoportösszeköttetés; ~ **mark** *szt* csoport vége jel; csoportjel; ~ **mean** *stat* csoportátlag; ~ **modulation** *távk* csoportmoduláció, csoportáttevés; ~ **number** *vegy* csoportszám *(periódusos rendszerben)*; ~**-occupancy meter** *távb* csoportfoglaltság-számláló; ~ **of beds** *bány* telepcsoport; ~ **of buildings** épületcsoport, épületegyüttes; ~ **of conductors** *el* érköteg; ~ **of curves** *mat* görbesereg; ~ **of cyclones** *ép, koh* multiciklon; ~ **of details** *gép* alkatrészcsoport; ~ **of dyes** *tex* színezékcsoport; ~ **of figures** *mat* számjegycsoport; ~ **of fits** *gép* illesztési csoport; ~ **of houses** háztömb; ~ **of irrigated farms** *hidr* öntözőfürt; ~ **of operations** műveletcsoport; ~ **of pick-ups** *geol* geofoncsoport; ~ **of piles** *ép* cölöpcsoport, cölöpbokor; ~ **of plots** telektömb; ~ **of seams** telepcsoport; ~ **of stands** *heng* sorozat; ~ **of trains** *vasút* vonatcsoport; ~ **of workings** *bány* csoportos fejtés; ~ **pilot** *távk* csoportpilot; ~ **pilot locking device** csoportpilotzár; ~**-propagation velocity** *vegy* csoportsebesség; ~ **radiator** sugárzócsoport, hangszórócsoport; ~ **reaction** *vegy* csoportreakció; ~ **reduced fare** *rep* kedvezményes csoportos viteldíj/menetdíj; ~ **reference pilot** → ~ pilot; ~ **regulation** csoportos vezérlés; ~ **removal cross(-)section** eltávolítási hatáskeresztmetszet; ~ **scheme** csoportséma; ~ **section** *távb* csoportválasztás; *távk* csoportszakasz; ~ **selector** *távb* csoportválasztó gép; ~ **selector circuit** csoportválasztó áramkör; ~ **selector for no-delay service** *távb* gyorsszolgálati csoportválasztó; ~**s thread** *tex* láncfonalköteg *(felvetésnél)*; ~ **switch** *ép* csoportkapcsoló; *távb* csoportválasztó gép; ~ **teeming bottom plate stool** öntőlap acél alsó öntéséhez; ~**-theoretical function** csoportelméleti függvény; ~**-theoretical transfer** transzfer *(csoportelméletben)*; ~ **theory** *mat* csoportelmélet; ~ **transfer scattering cross-section** átmeneti szórási hatáskeresztmetszet; ~ **travel discount** *rep* csoportos utazási kedvezmény; ~ **turn-of** *félv* csoportos oltás; ~ **velocity** *fiz, távk* csoportsebesség; ~ **velocity transit time spread** *távk* módusdiszperzió *(optikai átvitel)*; ~ **vibrator** *ép* csoportvibrátor; ~ **wavelength** csoporthullámhossz; ~ **waves** csoporthullámok; ~ **work** csoportmunka; ~ **working** *bány* csoportos fejtés
groupage *US* | **freight** *vasút* darabáru; ~ **waggon** darabáru-gyűjtőkocsi
grouped csoportos; ~ **cutter** *forg* csoportmaró; ~ **data** *stat* csoportosított adatok; ~ **operation** *gép* közös vezérlésű üzem, csoportos működés; ~ **style** *nyom* blokkszedés, tömbszedés; ~ **voltage control** csoportos feszültségszabályozó
grouping *stat* csoportosítás; *távb* csoportképzés; ~ **drive** *heng* csoportos hajtás; ~ **of electrons** *at* csomósítás, nyalábolás, bunching; ~ **of slip lines** *ásv* csuszamlási vonalak nyalábképződése
groupoid *mat* grupoid
grouser *gépk* birkaláb, kapaszkodócsap; *mzg* kapaszkodókarom *(traktorkeréken)*
grout I. *v* besajtol, injektál; *bány* cementál, cementez, eltöm; *ép* besajtol *(habarcsot)*; habarccsal kiken/bevon; híg habarccsal kiönt; **II.** *n* injektálás, besajtolás; kőtörmelék, bányatörmelék; *bány* tömőhabarcs; *ép* hézagkiöntés *(épületszerkezeteknél)*; injektálóhabarcs, cementtej, cementszuszpenzió; ~ **agitator** injektálóhabarcs-kavaró; ~ **curtain** *ép* injektált/vízzáró függöny, zárófüggöny; ~ **for pressure grouting** *ép* injektálóhabarcs; ~ **injecting** cementhabarcs-besajtolás; ~ **injection** *ép* injektálás; ~ **injection (of rocks)** *bány* kőzettömítés; ~ **mixer** injektálóhabarcs-keverő; ~ **pump** cementhabarcs-besajtoló szivattyú, injektálószivattyú; ~ **seal** elzárás cementhabarccsal
grouted | **cut-off wall** *ép* (injektálással készült) zárófüggöny *v.* vízzáró függöny; ~ **macadam** *ép* átitatott

makadám(burkolat); ~ **masonry** habarccsal kiöntött falazat; ~ **rock** *bány* cementált kőzet; ~ **rockbolt** *bány* ragasztott kőzethorgony; ~ **tendon** *ép* kiinjektált/tapadó (feszítő)betét
grouter injektálógép, injektálóberendezés
grouting *bány* (el)cementálás, cementezés, (el)tömés; *ép* átitatás *(útburkolaté)*; fugázás, hézagolás; injektálás, besajtolás; *talt* talajkövesítés, szilikatizálás; ~ **air vent** injektálási légtelenítő furat/vezeték; ~ **cartridge** *bány* kőzethorgony-cementáló patron; ~ **compound** kiöntőanyag, kitöltőmassza, injektálóhabarcs; ~ **equipment/installation/plant** injektálóberendezés; ~ **gun** *bány* cementágyú, „cementgun"; *ép* cementhabarcs-lövellő pisztoly; ~ **machine** injektálógép; ~ **method** besajtoló betonozási eljárás; ~ **mortar** injektálóhabarcs; ~ **pump** injektálószivattyú; sajtolószivattyú; ~ **section** cementezési fogás; ~ **solution** injektáló oldat
groutnick *ép* bemetszés falazatban *(habarcs részére)*
grow nagyobbodik, erősödik; megdagad, (fel)duzzad; nő, növekszik; terem; *ásv* növeszt *(kristályt)*; *hidr* árad, dagad; *mzg* növeszt, termeszt, termel; ~ **cold** kihűl; ~ **mo(u)ldy** megpenészedik; ~ **pale** kifakul
grower *mzg* termelő, tenyésztő
Grower ring *vasút* (csavarbiztosító) Grower-gyűrű
growing növesztés, növelés; növés, nagyobbodás; ~ **by sublimation** *ásv* kristálynövesztés szublimációval; ~ **cold** lehűlés, kihűlés; ~ **of crystals** kristálynövesztés; ~ **of the grain** *cu* szemhízlalás; ~ **season** *met* tenyészidőszak, vegetációs periódus; ~ **texture** *ásv* növekedési textúra; ~ **zone** *ásv* növekedési zóna
growl *bány* moraj, mozgásban levő rétegek hangja
growler *el* menetzárkereső; *met* radar által nem észlelhető kis jéghegy
grown | **diffused/diffusion transistor** növesztett diffundált tranzisztor; ~ **junction** *félv* növesztett/húzott átmenet; ~**-junction transistor** növesztett tranzisztor; ~ **soil** természetes talaj
growth növekedés, nagyobbodás; gyarapodás, szaporulat; *ásv* növekedés; *mat* növekedés, növekedési rend *(függvényé)*; *műa* láncnövekedés; *önt* duzzadás; *talt* fellazulás(i térfogat-növekedés); ~ **anisotropy** *ásv* növekedési anizotrópia; ~ **blocking** *ásv* növekedés blokálása; ~ **centre/center** növekedési középpont; ~ **curve** *at, stat* növekedési/felhalmozódási görbe; ~ **direction** *ásv* növekedési irány; ~ **face** *ásv* növekedési sík; ~ **factor** *ásv* növekedési faktor; *élip* növekedési tényező; ~ **increment** növekedéstöbblet; ~ **inhibiting** növekedésgátló; ~ **lamella** *ásv* növekedési lamella; ~ **layer** *ásv* növekedési réteg; *fa* növekedési zóna; ~ **model** *mat* növekedési modell; ~ **of crystals** kristálynövesztés; kristálynövekedés; ~ **of microorganisms** mikrobaszaporodás; ~ **of (protruding) nodules** bogyósodás; ~ **of the boundary layer** *rep* határréteg növekedése; ~ **polyhedron** növekedési poliéder; ~ **rate** növekedési sebesség; ~ **retardation** növekedés késleltetése; ~ **ring** *fa* évgyűrű; ~**-ring boundary** *fa* növekedési gyűrűhatár; ~ **site** *ásv* növekedés helye; ~ **step** *ásv* növekedési lépcső; ~ **step of polymerization** *műa* polimerizáció növekedési szakasza; ~ **technique** *félv* húzásos/növesztéses eljárás; ~ **texture** növekedési textúra; ~ **theory of crystals** kristálynövekedés elmélete; ~ **time** *at* növekedési idő; reaktorperiódus; ~ **twin** *ásv* növekedési iker
groyne I. *v hidr* sarkantyút épít; **II.** *n hidr* sarkantyú, terelőmű; ~ **head** sarkantyúfej; ~ **head distributor** *hidr* sarkantyús osztómű
GRP → glass-reinforced polyester
GRT → germanium resistance thermometer; → gross registered ton
grubber *ép* tuskószedő/rönkgyűjtő szerelék; *mzg* kultivátor; ~ **blade** gyökérszaggató/gyökérkitépő szerelék; ~ **plough/plow** kultivátor
grubby hide bögölytályogos nyersbőr
gruenlingite *ásv* grünlingit
grummet → grommet
grummeting → grommeting
grunerite *ásv* grünerit
GS → glide slope; → grate surface; → ground speed; → ground stabilization
g.s. → ground state
G.s. → German silver
GSC → gas-solid chromatography
GSD → genetically-significant dose
gsm (gram per square metre) substance *pa* négyzetmétersúly *(g/m²-ben)*
GSR → global solar radiation
GSWR → galvanized steel wire rope
gt → gas thread; → gas turbine; → gilt top; → gross ton; → gross tonnage
GT → gastight; → grease trap; → grid trap; → guided torpedo; → gun turret
GTC → gas-turbine compressor
GTk → gasoline tank
GTOS → gate-turn-off switch
GTPU → gas-turbine power unit
GTR → general theory of relativity
GTS → Global Telecommunication System
Gt.V. → gate valve
guag *bány* felhagyott bánya
guaiac (resin) gvajakgyanta
guaiacol *vegy* gvajakol, pirokatechin-monometil-éter
guanaco wool guanakógyapjú, lámagyapjú
guanajuatite *ásv* guanajuatit, frenzelit
guanine *vegy* guanin, 2-amino-6-hidroxi-purin
guanite *ásv* guanit, struvit
guano guanó
guanosine *vegy* guanozin
guanovulite *ásv* guanovulit
guanylic acid *vegy* guanilsav
guarantee I. *v* biztosít, szavatol, kezeskedik; **II.** *n* biztosíték; jótállás; szavatosság; ~ **load** szavatolt terhelés; ~ **period** jótállási idő; ~ **test run** garanciális próbaüzemeltetés
guaranteed szavatolt (minőségű); ~ **capacity** szavatolt termelékenység, állandó legnagyobb teljesítőképesség; ~ **coal** *hőt* garanciaszén, szavatossági szén; ~ **life** *gép* szavatolt élettartam; ~ **minimum value (GMV)** szavatolt legkisebb tűrés; ~ **operating time** szavatolt tényleges működés tartama; ~ **parameter** szavatolt paraméter; ~ **water supply** *hidr* lekötött vízkészlet
guard I. *v* őriz; véd, védelmez; óv; elkerít; **II.** *n* védőkorlát; őr, őrség; védőrács; védelem; védőburkolat, védőköpeny; *finm* óralánc; *forg* biztonsági készülék; *gép* védőberendezés, biztosítóberendezés; *heng* irányítóvezeték *(hengersornál)*; lefejtőkés, horzsolókés; *ip* munkavédelmi berendezés, védőberendezés;

mzg ujj *(fűkaszán)*; *nyom* betétszalag; *rád* védőfedél *(mikrofonon)*; *vasút* fékező; kalauz; sorompóőr; vonatkísérő; ~ **angle** védő szögvas; ~ **a speaking pair** *v távb* vonalat tart; ~ **band** védőszalag; *rep* védelmi övezet; *szt* biztonsági sáv; *távk* csatornák közötti szabad sáv, elválasztó frekvenciasáv; ~**-bar** *ép* korlátkarfa; ~ **bead** *ép* élvédő; ~ **bit** *szt* őrbit; ~ **board** *pa* (nemez)kaparó; ~ **bow** *el* védőkengyel; ~ **cam** *kh* vezetőlakat; ~ **chain** biztosítólánc; ~ **channel** *rep* figyelési csatorna; ~ **circle** védő körhorony *(hanglemezen)*; ~ **circuit** védő áramkör; *távb* beszédvédelem; ~ **cover** védőborítás, védősapka; ~ **cradle** *el* vezeték alatti védőháló; ~ **digit** *szt* védőjegy, biztosítójegy, tartalékhelyérték; ~ **electrolog** *ol* guard log *(ellenállás-szelvényezés)*; ~ **fender** *ép* terelőtöltés, terelőmű; ~**-foil** védőfólia; ~ **frequency** *rep* figyelési frekvencia; ~ **gates** *hidr* őrkapu, kettős biztonsági hajózsilipkapu; ~**(-)lip** *vasút* vályús sín nyúlványa; ~ **net** → ~ cradle; ~ **pile** *hajó* védőpillér, védőoszlop; ~**-pin** *finm* biztosítószeg *(horgonyvillán)*; ~ **plate** védőlap, védőlemez; *gép* rugós nyomólap; *vasút* merevítőlemez; ~**-point** vezetősín csúcsa; ~ **position** → ~ digit; ~ **post** *közl* forgalomterelő oszlop; ~**(-)rail (gdr)** karfa, (védő)korlát; könnyű hídkorlát; *ép* kerékvető *(hídon)*; *vasút* vezetősín, terelősín; ~ **ratio** *távk* védettségi viszony; ~ **relay** *el* reteszelő jelfogó; ~ **relay against intrusion of other calls** foglaltsági tartó/reteszelő jelfogó; ~ **ring** *el* védőgyűrű; ~**-ring capacitor,** ~ **ring-type condenser** védőgyűrűs kondenzátor; ~ **roller** *film* határológörgő, tartógörgő, nyomógörgő; ~ **screen** védőrács; *vasút* biztonsági védőháló *(kötélpályán)*; ~ **sill** *hidr* zsilipküszöb, kapuküszöb; ~ **sluice** *hidr* árapályzsilip; ~ **stone** *ép* kerékvető (kő); ~ **strip** védőléc, védőszegély; *el* védőszalag; ~**'s valve** *vasút* vonatvezetői fékezőszelep; ~ **vacuum** védővákuum; ~ **van/ wag(g)on** *vasút* poggyászkocsi; ~ **wall** *hidr* vezetőmóló, őrfal; ~ **wire** *el* jelzőhuzal *(betörés elleni készülékhez)*; távvezeték terheletlen földelt vezetéke *(vezetékszakadás azonnali leföldelésére)*; védővezeték

guarded *gép* körülkerített, berácsozott, korláttal/ védőberendezéssel ellátott; *vasút* sorompóval védett

guardian *ip* őr

guarding figure *szt* védőjegy, biztosítójegy, tartalékhelyérték

gubbin *ásv* agyagvaskő

Gudden-Pohl discharge Gudden—Pohl-kisülés

gudgeon hengeres csap; *bőr* forgó hordó üreges tengelye; *ép* kőtömböket összefogó vascsap; *hajó* kormánytengely-ágyazás; ~ **bearing** *gép* dugattyú(szeg)csapágy; ~**(-)pin** *gépk* dugattyúcsap(szeg); ~**-pin circlip** dugattyúcsap(szeg)-biztosító gyűrű; ~**-pin retainer** dugattyúcsap-biztosítás, dugattyúcsaprögzítő

Guérin process *koh* Guérin-eljárás

guesstimate durva becslés

guest|-crystal vendégkristály; ~ **elements** *vegy* nyomelemek; ~ **mineral** kísérőásvány

gug *bány* gravitációs szállítás; lejtős pálya; sikló

guhr *geol* diatómaföld, kovaföld

guich(e) völgyszoros, szurdok

guidable irányítható, kormányozható

guidance irányítás, szabályozás, vezérlés, vezetés; előny, vezetés; útmutatás; vezetősín, vezetőléc; *rak* távirányítás, távvezérlés; ~ **accuracy** *el* vezetési pontosság; ~ **beam** *rep* navigációs irányító-sugárnyaláb; ~ **computer** irányító számítógép; ~ **control/ navigation system** *rep* navigációs irányítórendszer; ~ **equipment** *rep* navigációs irányítóberendezés; ~ **laser radar** irányító lézerradar; ~ **package** *rak* kormányszervek, vezérmű; ~ **phase** vezetési/irányítási fázis; ~ **system** irányítórendszer, vezérlőrendszer

guide I. *v* vezet, irányít; *tex* vezet *(fonalat)*; **II.** *n* vezető; kísérő; vezetékléc, vezetősín; *bány* béléscső; vezeték *(kasé, bödöné, szkípé)*; *geol* irányítótelér; *gép* vezeték; vezetőgörgő, vezetőhüvely, vezetőpersely; *gumi* terelőpofa; *heng* bevezetés; ereszték; *kh* lyukas tű, fonalvezető; *ol* béléscső; *távk* tartólemez; *tex* fonalvezető elem, terelőelem; ~ **bank** *hidr* vezetőmű; ~ **bar** *gép* rudas vezeték; vezetőrúd; *kh* fonalfektető; *tex* létra; vezetőkar; ~ **batten** *ép* vezetőléc; ~ **beam** vezetősugár, irányítósugár; ~ **beam system** *rep* irányító-sugárnyalábos rendszer; ~ **bearing** *forg* (ágy)-vezeték; *gép* vezetőcsapágy; ~ **blade** vezetőkerék *(turbináé)*; *hidr* vezetőlapát; ~ **block** *forg* másolófej, másolószán; másolóidom; *gép* keresztfej; vezetőfej; ~ **board** *tex* irányítódeszka; ~ **bolt** → ~ pin; ~ **border** vezetőperem, vezetősín; ~ **box** vezetőpersely; ~ **bracket** vezetősínkonzol; ~ **bund** *hidr* vezetőmű; ~ **bush** *gép* vezetőgyűrű, vezetőhüvely; vezetőpersely; *heng* ereszték, bevezető; ~ **card** *aut, szt* vezérkártya; ~ **chamber** *hidr* terelőkamra; ~ **channel** *at* vezetőpálya, vezetőcsatorna; ~ **check** *gép* terelőpecek; vezetőpofa; ~ **cleat** → ~ batten; ~ **clip** vezetőkengyel; ~ **comb** *tex* osztófésű; ~ **curve** *gép* íves vezeték; vezérgörbe; ~ **edge** vezetőszél; ~ **eye** kötélvezető gyűrű; *tex* nyüstszem; ~ **eyelet** *tex* fonalvezető szem; ~ **face** *mt* vezető felület; ~ **feather** siklóretesz; ~ **field** *at* irányító (erő)tér, irányítótér *(betatronban)*; ~ **finger** *forg* másolócsap; *gép* vezetőpecek, vezetőcsap; ~ **fossils** *pl geol* vezérkövület; ~ **groove** vezetőhorony; ~ **holes** *nyom* továbbítólyukak, vezetőlyukak; ~ **lamp** kereső fényszóró; ~ **leader pin** *önt* vezetőcsap, vezetőrúd; ~ **line** műszerellenőrző jelzővonal; *at* terelősáv; *bány* megirányozás; *geod* irányzóvonal; *közl* forgalom(el)terelő sáv; ~ **mark** *nyom* regiszterjel; ~ **members calculation** *aut* vezetőszámos számolás; ~ **mineral** *bány* vezérásvány; ~ **number** irányítószám; *fiz* hővezetőhányados; ~ **packing** *gép* vezetőbetét; ~ **path** vezetőpálya; ~ **peg** *önt* vezetőcsap; ~ **pile** *ép* vezércölöp; ~**(-)pin** vezetőcsapszeg, vezetőpecek; *forg* vezetőcsap, másolócsap; *műa, önt* vezetőcsap; ~ **pipe** vezércső; *hidr* jelzőcső; ~ **plate** *forg* vezetővonalzó, másolóvonalzó, másolóléc; *nyom* vezetőlemez, terelőlemez; *ol* ütközőlemez, cseppfogó lemez; ~ **positively** *v gép* kényszerpályán vezet; ~**-post** *ép* ütközősín, vezetősín; *közl* útjelző tábla; ~ **prism** vezetőprizma; ~ **pulley** *em* kötélterelő korong, terelőkorong; *gép* vezetőgörgő, vezetőkorong, terelőtárcsa, terelőgörgő; ~ **rail** *bány, em* vezérléc; *ép* vezetősín, ütközősín; *nyom* berakósín, adagolósín; ~ **ray** vezérsugár; ~**-ring** vezetőgyűrű, vezetőkarika; *gép* beállító felfogógyűrű *(szerszámgépen)*; *tex* fonalvezető gyűrű; ~ **rod** *bány* vezérléc; *gép* rudas vezeték; *kat* vezetőléc; ~**-rod locating plate** vezetőléc-rögzítő lemez; ~**-rod retaining clip**

vezetőléc-biztosító gyűrű; ~-**rod retaining plate** vezetőléc-tartó lemez; ~ **roll** *gép* terelőtárcsa; *pa* vezetőhenger, szitavezető henger; *tex* terelőhenger; ~ **roller** vezetőgörgő, vezetőcsiga; terelőgörgő, terelőtárcsa; *em* kötélterelő tárcsa; *film* vezetőgörgő, terelőgörgő; *gép* csapágyvezető golyó; *tex* irányítóhenger, vezetőgörgő; ~ **rope** *bány* vezetőkötél, kasvezető kötél; ~**s** *pl tex* (fonal)vezető, terelőszerkezet; ~ **screw** vezérorsó, vezetőcsavar; ~-**screw spindle** *tex* vezércsavarorsó *(vetülékcsévélő gépen)*; ~-**servo** *el* saruszervó; ~ **sheave** → ~ pulley; ~ **shoe** *gép* vezetéktartó pofa/pánt; *ol* vezetőharang; ~ **sign** *közl* útjelző; ~ **sleeve** *gép* vezetőhüvely, vezetőkarmantyú; ~ **slot** vezetőhorony; ~ **sprocket** filmszalagvezető kis fogaskerék; ~ **stem** *gép* tapogató *(szeleptányéré)*; ~ **stone** *ép* irány(ító)kő, mintakő *(falazásnál)*; ~ **support** vezetékléctartó; ~ **track** *el* utasítócsík; *heg* vezetősín *(hegesztőgépé)*; *önt* programtárcsa; ~ **vane** *hidr* terelőlapát; vezetőlapát; ~-**vane assembly** vezetőkerék *(turbináé)*; ~-**vane regulation** vezetőlapát szabályozása; ~-**vane ring** vezetőkerék-gyűrű, vezetőlapát-gyűrű; ~ **wave impedance** csőtápvonal-hullámimpedancia; ~ **wavelength** hullámvezető-hullámhossz; ~-**ways** vezetékléc; vezetőpálya; vezeték *(szerszámgépé)*; ~ **weight** vezetékellensúly *(kötélvezetéké)*; ~-**wheel** *hajó, rep* kormánykerék; *hőt, hidr* vezetőkerék; ~-**wheel casing** vezetőkerékház *(turbináé)*; ~-**wheel servomotor** vezetőkerék-szervomotor; ~ **wire** *el* egyhuzalos hullámvezető; *pa* szitavezetés; *tex* vezetőhuzal; ~ **yoke** keresztfejvezeték-tartó

guided *rak* távirányítású; ~ **aircraft rocket (GAR)** *kat* repülőgép-fedélzeti irányítható rakéta; ~ **antiair(craft) missile (GAM)** *kat* irányított légvédelmi rakéta; ~ **bending test** *mech* vezetett hajlítópróba; ~-**chain excavator** vezérláncos puttonyos kotró; ~ **course** *rep* irányított útvonal; irányvonal; ~ **die** *alak* vezetett kivágószerszám; ~ **missile (GM)** (táv)irányított (rakéta)lövedék; irányított rakéta; ~ **optical transmission** *távk* vezetékes optikai átvitel; ~ **plough/plow** *bány* kényszervezetésű (szén)gyalu; ~ **punch** vezetőlemezes sajtolószerszám; ~ **rocket** irányított/távirányítású rakéta; ~ **tongs** *pl* állítható fogó; ~ **transmission** *aut* hullámvezetős összeköttetés; ~ **vane** *rep* terelőlapát; terelőlemez; ~ **wave** *fiz* vezetett/irányított hullám; ~ **weapon (GW)** távirányított (rakéta)lövedék

guider *tex* fonalvezető; ~ **for fabric** fonalvezető szem/szerkezet

guiding *vasút* menetirányítás; ~ **appliance** irányítószerkezet; ~ **beacon** *rep* irányító rádió-irányadó/rádiósugár; ~ **beam** vezetősugár, irányítósugár; ~ **bed** *bány* vezértelep; ~ **centre/center** *mech* pillanatnyi forgás(közép)pont; ~-**centre/center drift** pillanatnyi forgásközéppont vándorlása *(plazmában)*; ~ **centre/center of particle** *at* Zarmor-precesszió pillanatnyi forgásközéppontja; ~ **device** *kat* irányítószerkezet, önirányító szerkezet, keresőfej; ~ **hole** *film, foto* továbbítólyuk; ~ **laser beam** irányító/vezető lézersugár; ~ **magnetic field** vezérlő mágneses erőtér; ~ **mechanism** irányítószerkezet, irányítómechanizmus; ~ **nut** *gép* vezetőanya; ~ **of light** fényvezetés; ~ **of line** *ép, vasút* kötélpálya vonalvezetése; ~ **plate** vezetőlemez, terelőlemez; ~ **pulley** vezetőgörgő, terelőgörgő, vezetőtárcsa, vezetőkorong; ~ **rafter** szarufa-mintadarab, szarufasablon; ~ **roller** vezetőgörgő, vezetőhenger; ~ **shaft** *gépk* vezérlőtengely; ~ **sheave** → ~ pulley; ~ **surface of rails** *vasút* sínszál(ak) belső/vezetési éle *v.* érintési síkja; ~ **telescope** vezetőtávcső; ~ **tongue** *vasút* vezetősín; ~ **transmitter** irányító rádióadó

Guignet's green Guignet-zöld, króm-oxid-hidrát-zöld, tüzes króm-oxid-zöld

Guillery impact-tester *any* Guillery-féle ütőmű

guilloche *ép* gillosálás; *nyom* guilloche; ~ **work** gillosálás

guillotine vágókés *(gépen)*; *orv* mandulaoperáló műszer; *pa* síkvágó, gyorsvágó, laposvágó; ~ **attenuator** *el* bemerülő lemezes csillapító; ~ **blade** *alak* lemezolló-penge; *pa* síkvágókés; ~ **cutter** *műa* késes vágógép; ~ **cutting-machine** *pa* síkvágó, gyorsvágó, laposvágó; ~ **knife** *gép* vágókés; *pa* síkvágókés; ~ **shears** *pl heng* táblaolló; ~-**veneer clipper** *fa* furnírfedőlemez-szorító; ~ **window** függőleges vezetésű tolóablak

Guinea green → Guignet's green

Guinier | camera *ásv* Guinier-kamra; ~ **photograph** Guinier-felvétel; ~-**Preston zone** *fiz* Guinier—Preston-zóna

guipure (lace) *tex* gipür (csipke)

guitermanite *ásv* guitermanit

gulch *geol* szurdok; ~ **gold** hordalékarany, mosott arany

Guldberg and Waage's law *vegy* tömeghatástörvény, Guldberg—Waage-törvény

gulf *hajó* tengeröböl; ~ **of ore** érctartó kőzet, érckőzet

Gulf|-Coast log *ol* Gulf—Coast-szelvény; ~ **magnetometer** forgószárnyas mágnességmérő/magnetométer

gull wing *rep* sirályszárny

gullet *bány* meddőszállító vágat; *hajó* keskeny csatorna; *hidr* torok, szűkület; *szersz* fűrészfogak közti mélyedés; ~ **tooth** farkasfog *(fűrészlapon)*

gulletting file tompa végű fűrészreszelő

gulley → gully

gully I. *v* kimos, kiváj *(víz)*; vízlefolyóval ellát *(utcát)*; **II.** *n* vízmosás; *bány* víznyelő akna; *ép* süllyesztőszekrény; szennyvízleeresztő akna; víznyelő (akna), lefolyó; *geol* víznyelő; ~ **control/improvement** *hidr* vízmosáskötés; ~ **erosion** vízmosásos/mélységi erózió; ~ **hole** víznyelő akna nyílása; ~ **roof** *ép* tetőösszefolyó-idom, gully; ~ **trap** bűzelzáró

gulose *vegy* gulóz

gulp *szt* bináris jelcsoport, gulp, két vagy több byte

gum I. *v* (be)enyvez, ragasztóanyaggal beken/bevon; felragaszt, megragaszt; gumíroz, gumiz; *vegy* gyantásodik; **II.** *n* gumi; ragasztó(gumi), ragasztóanyag, kötőanyag; *bány* szénpor; *fa* mézga; *vegy* gyanta; olajgyanta; ~ **acacia/arabic** gumiarábikum, arabmézga; ~ **acid** gyantasav; ~ **ammoniac** ammóniákgumi; ~-**anime** kopál(gyanta); ~ **benjamin/benzoin** benzoegyanta; ~-**boots** *pl US* gumicsizma, hócsizma; ~ **caustic printing** gumioldatos nyomás; ~ **dynamite** plasztikus robbanóanyag; ~ **elastic** gumi; ~ **elemi** elemi (gyanta); ~-**formation** gyantaképződés; ~-**forming material** gyantaképző anyag; **in the** ~ *tex* nem hámtalanított *(nyersselyem)*; ~ **inhibitor** (polimerizációs) inhibitor, polimerizációgátló, gyantaképzést gátló inhibitor; ~ **lac/lake** gyantalakk; ~ **loader** *bány* porfelrakó, porkihordó; ~ **mastic** masztixgyanta; ~ **opium** ópiummézga; ~ **printing** *foto* gumimásolás; ~**s** gumiszalagok; ~ **silk** *tex* lefőzetlen selyem; ~ **spirits of turpentine** terpentinolaj; ~ **spreader** kenőgép; ~ **stock** *gumi* töltetlen kaucsukkeverék; ~ **tape** ragasztószalag(-tekercs); ~ **test** *ol* gyantatartalom meghatározása; ~ **test of fuel** üzemanyag gyantatartalom-vizsgálata; ~ **tragacanth** tragant(mézga), tragacantha mézga; ~ **turpentine** balzsamterpentin; ~ **(up)** *v gép, gépk* besül, beragad; ~ **waste** *tex* hámtalanítási hulladék

gummed gumibevonatú; *élip* elcsirizesedett; *pa* gumírozott, gumizott; *tex* nem hámtalanított *(nyersselyem)*; ~ **label** ragasztós címke; ~**-paper strip/tape** ragasztószalag; ~ **reel** *pa* ragasztótekercs; ~ **stay** sarokzáró papír; ~ **veneer-tape paper** kétoldalt gumírozott ragasztószalag

gummer *bány* résporeltakarító *(személy v. szerkezet)*; résporkihordó *(szerkezet)*; *szersz* fűrészfogélező gép

gummic acid gyantasav

gumming (el)gyantásodás; gyantaképződés; gyantaképző hajlam *(benzinnél)*; *gépk* besülés, beragadás *(dugattyúgyűrűké)*; *ol* gyantásodás; ~**-machine** *pa* gumírozógép; *tex* ragasztógép; ~ **of cores** *önt* magragasztás, magösszerakás; ~ **paper** nyers ragasztópapír; ~**s** *pl bány* réspor; ~ **test** elgyantásítóvizsgálat *(kenőolajé)*; ~**-up** odaégés, odasülés; besülés; beragadás; kokszolódás *(olajé)*

gummite *ásv* gummit

gummosis *fa* mézgásodás

gummy gyantásodó *(benzin)*; *élip* gumiszerű

gun I. *v* lő; **II.** *n* ágyú; puska, lőfegyver; löveg; *bány* elállt fúrólyuk; kihúzható tám; *el, fiz* elektronágyú; *gép, szersz* szórópisztoly; *heg* hegesztőpisztoly; *ol* perforálópuska, perforátor; ~**-aiming point-line** *kat* irányzóvonal, lővonal; ~ **barrel** fegyvercső, lövegcső, puskacső, ágyúcső; ~**-boat (GB)** *bány* önbuktató csille *(lejtaknaszállításhoz)*; *kat* ágyúnaszád; ~ **borer** ágyúfúró/lövegfúró gép; ~ **brass** lövegbronz; ~ **breech** *kat* csőfar; ~**-breech mechanism** lövegzár, závárzat; ~ **bronze** ágyúbronz; ~ **butt** puskaagy; ~ **camera** *kat* fotogéppuska; ~ **carriage (GC)** lövegtalp; ~**-carrying lorry** lövegvontató gépkocsi; ~ **cartridge** *kat* töltény; töltet; ~ **cartridge shell/case** töltényhüvely; töltetburok; ~ **chassis** lövegtalp; ~ **compartment** *rep* géppuskafészek; ~ **concrete** torkrétbeton, lövellt beton; ~ **cotton (GC)** lőgyapot; ~ **cradle** lövegcsőbölcső; ~ **crew** löveg-kezelőszemélyzet; ~**-deflection board** tüzérségi lőtáblázat; ~ **director (GD)** *kat* lőelemképző, irányzókészülék; ~ **drill** *forg* mélylyukfúró, hosszlyukfúró; ~ **épaulement** lövegmellvéd; ~**-fire** ágyútűz; ~**-fire control radar** tűzvezető lokátor; ~**-grade sealant** *ép* szórt tömítőanyag; ~ **handle** *heg* pisztolyfogó; ~**-harpoon** *hajó* szigonyágyú; ~**-house** lövészállás; ~**-howitzer** tarackágyú; ~**-iron** finomszemcséjű öntöttvas; ~ **lathe** ágyúeszterga; ~**-layer (GL)** lövegirányzó *(gép/katona)*; ~ **laying (GL)** lövegbeirányzás; ~**-laying equipment** *kat* irányzókészülék; ~**-lock** lövegzár; puskazár, závárzat; ~ **loop** *ép* lőrés; ~**-metal (GM)** *kat* lövegcsőbronz, ágyúbronz, ágyúfém; *önt* vörösötvözet; ~**-metal leather** fémszerű lakkbőr; ~ **mount** ágyútalp, lövegtalp; ~ **on a motor carriage** önjáró löveg; ~ **pendulum** *mech* ballisztikus inga; ~ **perforating** *ol* golyós perforálás; ~ **perforator** *ol* golyós perforátor; ~ **pit** lövegcső-öntőgödör; ~ **platform** lövegtalpágyazat; ~**-pointer's platform** *kat* irányzó-kezelőülés; ~**-pointer's shield** irányzó-kezelőülés védőpajzsa; ~ **port** csőtorkolat; ~ **post** géppuskaállás; ~ **power** *kat* tűzerő; ~ **projectile** puskalövedék; ~ **prop** *bány* kihúzható tám; ~ **range reach** lőtávolság; ~**-rifling machine** *kat* lövegcső-huzagoló gép; ~**-shield** lövegpajzs; ~**-shield adapter** harckocsi-lövegcsőre húzott persely; ~**-shield adapter trunnion** harckocsi-lövegcsőre húzott perselyforgócsap; ~ **sight** lövegirányzék; ~ **silk** nitrátselyem, nitrocellulóz műselyem; ~ **sling** puskaszíj; ~**-smith** puskaműves; ~ **steel** ágyúacél; ~ **stick** csőtisztító vessző, puskavessző; ~**-stock** puskatus, puskaagy; ~ **tackle** egyszerű csigasor; ~**-target line** *kat* célvonal; ~ **tube** géppuska lőcsatornája *(repülőgépben)*; ~ **turret (GT)** *rep* géppuskatorony; ~ **unit** *kat* tűzszóró csőrészleg *(lángszórónál)*; ~ **wax** lövegkenő viasz; ~ **welding** ponthegesztés nyomóelektróddal

gunis *bány* fejtési/kifejtett üreg

gunite I. *v ép* habarcsot lövell, torkrétoz, torkretizál; **II.** *n* lövellt beton; torkrétbeton, torkréthabarcs; ~ **coating** felszórt cementborítás; torkrétozott burkolat; ~ **concrete** lövellt beton, torkrétbeton; ~**-jacketed** *ép* torkrétköpenyezett; ~ **lining** torkrétburkolat *(alagút)*; ~ **machine** cementágyú; ~ **mortar** torkréthabarcs, lövellt habarcs

guniting beton(be)lövellés; habarcslövellés, torkrétozás; *koh* felszórás

gunk moulding *műa* pulpformázás

gunmetal → gun-metal

gunnel → gunwale

gunner's | cockpit *kat, rep* lövészülés; ~ **compartment** lövészfülke; ~ **quadrant** lövegirányzó kvadráns *(harckocsiban)*; ~ **seat** lövegirányzó ülés

gunnery | cloth jutazsákszövet; ~ **gear** *kat* lövegszerszámok és -tartozékok

gunnice → gunis

gunning lövés; *bány* robbantás; *ép* torkrétozás, betonlövellés; *koh* felszórás

gunnis → gunis

gunny *tex* durva zsákvászon

Gunn | diode *félv* Gunn-dióda; ~ **effect** Gunn-jelenség; ~ **oscillator** Gunn-oszcillátor

gunpowder puskapor, fekete lőpor; *bány* robbantópor, lőpor

gunstay *kat* vonóhorog; ~ **bearing** vonóhorog-támágy; ~ **clamp-screw** vonóhorog-szorító csavar

gunwale hajóperem, hajópárkány; hajókorlát

gurb I. *v* felás, feltúr; kiirt *(gyökeret)*; **II.** *n* gyökérzetkiszedés, tuskókiszedés; ~ **breaker** *mzg* talajfeltörő eke; ~ **hole** bögöly okozta lyuk a bőrön; ~**-saw** kézifűrész *(puha kő darabolására)*; ~ **screw** fej nélküli csavar, hernyócsavar; *gépk* szelephézag-állító csavar *(szelephimbában)*

gurgling irrigation csörgedeztető öntözés

gurhofian *ásv* gurhofián

gurlet *ép* palakalapács

gush I. *v* kiömlik; kitör, felfakad; **II.** *n* kiömlés, kitörés, felfakadás

gusher *geol* gejzír; *ol* feltörő kút, olajszökőkút; ~ **of natural gas** gázkút

gushing well *ol* feltörő kút, olajszökőkút
gusset csomólemez *(rácsos tartónál)*; *ép* harántmerevítő; vállfa, könyökfa; *ruh* eresztték; **~-joint plate** *ép* csomóponti lemez, saroklemez; **~ plate** csomólemez; *ép* harántmerevítő; *hajó* kettősfenék medersori támlemezöve, vízszintes saroklemez; **~ stay** kitámasztólemez
gusseted connection csomólemezes kapcsolat *(acélszerkezet)*
gust *met* (szél)lökés; **~ amplitude** lökésamplitúdó; **~ formation time** lökés felfutási ideje; **~ frequency interval** lökésfrekvencia-intervallum; **~ peak speed** *met* lökéses csúcssebesség; **~ recorder** *rep* széllökésíró; **~ vector** lökésvektor
gustation *élip* ízlelés, kóstolás
gustiness *rep* (szél)lökésesség; **~ component** *met* lökéses szélkomponens
gusty széllökéses; **~ air** *rep* lökéses szél
gut I. *v élip* kibelez, kizsigerel; **II.** *n élip* bél, bélhúr; *geol* szoros; **~ bond/cord** bélhúr; **~-hook** *óra* húrhorog; **~-scraping machine** *élip* béltisztító gép; **~ string/whipcord** bélhúr; **~ works** bélfeldolgozó üzem
gutta-percha (GP) guttapercha; **~ fuse** guttapercha gyújtózsinór; **~ insulation** guttaperchaszigetelés
gutter I. *v* barázdál, rovátkol; csatornáz, árkol; hornyol *(lemezt)*; csurog; **II.** *n* esővízcsatorna, csatorna *(járda mentén)*; trágyalécsatorna *(istállóban)*; *alak* sorjacsatorna; *bány* csatorna; csorga; légösszeköttetés omláson keresztül; útárok; vízárok; *ép* csatorna, kanális; csurgó; esővízcsatorna, ereszcsatorna; folyóka *(csatorna)*; vízlevezető árok, lecsapolóárok; *önt* csapolócsatorna, csapolóvályú; **~ above the cornice** *ép* párkányon ülő csatorna; **~ angle** *ép* csatornaszöglet; **~ bearer** *ép* csatornatartó vas, csatornavas; **~ board(s)** hófogó rács *(háztetőn)*; **~ bracket/brace** ereszcsatorna-kampó, csatornakampó, csatornatartó, csatornahorog; **~ built into the cornice** párkányba süllyesztett csatorna; **~ cutter** *fa* homorúmaró; **~ hoop** → **~** bracket; **~ iron** → **~** bracket; **~ lead** *ép* csatornaüst, vízgyűjtő üst; **~ on the cornice** párkányon fekvő csatorna; **~ pipe** (csapadékvíz-)ejtővezetőék, (szennyvíz-)ejtőcső, (esővíz-)lefolyócső; **~ plough/plow** *ép* útárokkiemelő; **~s** *ép* tetőösszefolyók; **~s and rainwater pipes** vízgyűjtő és levezető szerkezetek; **~ spout** tetőcsatorna vízköpője; **~ stick** *nyom* (üreges) űrtöltő; **~ stone** kövezett csatorna, kőfolyóka, csurgókő; **~ tile** hornyolt tetőcserép; **~ tongs** *pl szersz* bádogosfogó; **~-up** *bány* felboltozódás; **~-wound coil** szoros/tömött tekercselésű tekercs/cséve
guttiform csepp alakú, cseppforma
guy I. *v* kifeszít, merevít *(kötéllel)*; kipányváz; átfeszít *(meder felett)*; *hajó* lehorgonyoz; **II.** *n* feszítőhuzal; oszloptartó kötél, feszítőkötél *(távíróoszlophoz)*; *hajó* kötélpányva, vitorlafeszítő kötél, csarnakkötél; **~ anchor** *bány* feszítőhorgony; *ol* kikötőkötél-horgony; **~-cap** rögzítőfej *(épületszerkezeten)*; **~ derrick** tartóköteles Derrick-daru; **~ line** lehúzókötél *(kötött léggömbhöz)*; *ol* horgonykötél, feszítőkötél; **~ rod** feszítőrúd *(kitámasztó)*; **~ rope** feszítőkötél, kikötőkötél, merevítőkötél; *hajó* vitorlafeszítő kötél; *távk* antennakikötő kötél, antennamerevítő sodronykötél; **~ rope hook** horgonyhorog, horgonykampó; **~ rope insulator** kötélszigetelő *(antennakikötő kötélben)*; **~-strain insulator** feszítőkábel-szigetelő; **~ thimble** horgonyszem; **~ winch** *hajó* pányvázó csörlő; **~ wire** csigasoros merevítőkötél/merevítőhuzal; *el* függővezeték; *távk* feszítőkötél *(antennához)*
guyed | **antenna mast** kikötött antennaárboc; **~ derrick** tartóköteles Derrick-daru; **~ mast** *ol* kihorgonyzott fúróárboc; **~ tower** *ol* kihorgonyzott termelési fedélzet; *távk* kikötött torony
guying gémtartó/gémfeszítő kötél; *hajó* árbocdarutartó kötélzet; megkötés pányvával
guyless mast *ol* szabadon álló fúróárboc
GV → gigavolt
gvw → gross vehicle weight
GW → gigawatt; → green weight; → gross weight; → ground water; → guided weapon
GWL → ground-water level
gyle *élip* (ecetgyári) cefre; sörcefre; **~ tun** erjesztőkád
gym *ép* tornaterem; **~ shoe** *gumi* tornacipő
gymnasium *ép* tornaterem
gymnite *ásv* gimnit
gyps(e)ous gipszes, gipsz-; gipszszerű; **~ alabaster** alabástromgipsz
gypsiferous gipsztartalmú
gypsum *ásv, vegy* gipsz, kalcium-szulfát; *ép* (vakoló)gipsz; **~ burning/calcination** gipszégetés; **~ burning oven** gipszégető kemence; **~ cast** gipszöntvény; **~-cement** gipszcement; **~ concrete** gipszbeton; **~ floor** *ép* gipszpadló; **~ for flooring** *ép* esztrichgipsz; **~ furnace/kiln** gipszégető kemence; **~ kettle** gipszfőző üst; **~ mortar** *ép* gipszhabarcs; **~ mo(u)ld** gipszminta, gipszöntőforma; **~ plaster** gipszkötőanyag; gipszhabarcs; gipszvakolás, gipszvakolat; stukatúrgipsz; vakológipsz, építési gipsz, simítógipsz; **~ plasterboard** *ép* gipszkartonlemez, rigipszlap; **~ plastering (for painting)** *ép* gipszes simítás, glettelés; **~ plastering machine** gipszvakoló gép; **~ plate** gipszlemez; **~ rock** égetetlen/tömör gipsz; *ásv* gipszkő(zet); **~ slag cement** gipszsalakcement; **~ spar** szelenit, máriaüveg
gyrate I. *v* forog, pörög; **II.** *a* gyűrű/kör alakú
gyrating | **cone crusher** *bány* forgó kúpostörő; **~ mass** forgató/lendítő tömeg
gyration forgás, körforgás *(körmozgás)*; giráció; pörgés, pörgetés; **~ constant** girációs/forgási állandó; **~ surface** forgási felület; **~ vector** forgási vektor
gyrator *el* girátor
gyratory forgató; forgó, pörgő; **~ breaker** kúpkerekes darálógép; **~ crusher** kúpos kőtörő; (meredek fejű) kúpostörő, körforgó zúzó; körtörő; **~ movement** forgómozgás; pörgés; **~ riddle** *bány* keringőszita; **~ screen** *bány* keringőszita, keringőrosta; síkszita; **~ sifter** forgó síkszita; **~ traffic** *közl* körforgalom
gyre I. *v* (körben) forog; spirálisan mozog; **II.** *n* körforgás; *krist* forgástengely, gir
gyro → gyroscope
gyrobus *közl, el* girobusz
gyrocheck *rep* pörgettyűs tájoló/iránytű ellenőrzése
gyroclinometer *rep* pörgettyűs dőlésmérő
gyrocompass *hajó, rep* pörgettyűs (táv)iránytű/tájoló, iránypörgettyű, giroszkópos kompasz
gyrocontrol *aut* pörgettyűs iránytűs szabályozó/szabályozás; *rep* pörgettyűs kormánygépes kormányzás

gyroflowmeter pörgettyűtípusú/giroszkopikus áramlásmérő
gyrofrequency *fiz* girofrekvencia
gyrohedron *krist* giroéder; pentagonikozitetraéder; plagiéder
gyrohorizon (GH) *fiz* mesterséges horizont, pörgettyűhorizont
gyroid *krist* forgási/rotációs inverziós tengely; giroéder; giroid; pentagonikozitetraéder
gyroidal class *krist* pentagonikozitetraéderes kristályosztály
gyrolite *ásv* girolit
gyromagnetic giromágneses, magnetomechanikus; ~ **compass** → gyro-compass; ~ **effect** giromágneses jelenség; ~ **material/medium** giromágneses közeg; ~ **ratio** giromágneses arány/viszony; ~ **resonance** giromágneses rezonancia, ciklotronrezonancia
gyrometer pörgésszámmérő
gyrometric direction finder tájolós iránymérő (műszer)
gyropilot *rep* pörgettyűs kormánygép; robotpilóta, (önműködő pörgettyűs) repülőgép-kormánykészülék
gyroplane *rep* giroplán
gyroscope pörgettyű, giroszkóp; *ol* giroszkóp, pörgettyűs elhajlásmérő; ~ **under the action of no forces** *mech* erőmentes pörgettyű
gyroscopic giroszkopikus, pörgettyűs; ~ **action** pörgettyűhatás *(lézernél)*; ~ **compass** *fiz* pörgettyűs iránytű; *rep* pörgettyűs táviránytű/tájoló; ~ **drift indicator** *ol* giroszkópos ferdeségmérő; *rep* pörgettyűs eltérítésmutató; ~ **effect** pörgettyűhatás; ~ **horizon** pörgettyűhorizont, mesterséges horizont; ~ **instrument** pörgettyűs műszer; ~ **moment** *mech* pörgettyűnyomaték; ~ **motion** pörgettyűmozgás; ~ **pendulum** *mech* pörgettyűs inga; ~ **precession** pörgettyűprecesszió; ~ **stabilization** pörgettyűs lengéscsillapítás/stabilizáció, girostabilizáció; ~ **stabilizer** *hajó* pörgettyűs (lengés)csillapító/stabilizátor; ~ **torque** pörgettyűnyomaték; ~ **turn indicator** *rep* pörgettyűs elfordulásjelző
gyrose hullámos
gyrosight pörgettyűs irányzék
gyrostabilized girostabilizált; ~ **antenna** giroszkópos stabilizálású antenna
gyrostabilizer *hajó* pörgettyűs (lengés)csillapító/stabilizátor
gyrostat girosztát, pörgettyűs stabilizátor
gyrostatic I. *a* girosztatikai; **II.** *n* girosztatika *(forgási sztatika)*; ~ **compass** pörgettyűs iránytű; ~ **thermometer** parittyahőmérő
gyrotheodolite giroteodolit
gyrotiller *mzg* forgókéses talajművelő gép
gyrotrope forgó átkapcsoló/kommutátor
gyrotropic girotropikus
gyttja gyttja, jüttya
GZ → ground zero

H

h → hadron; → hour
H high-speed; → height; → henry; → hydrant; → hydrogen; ~ **Adcock** *távk* H-Adcock; ~**-alpha-monochromator for solar observation** H-alfa-monokromátor napmegfigyelésre; ~ **antenna** H antenna; kettős T armatúra; ~**-armature** *el* Siemens-féle armatúra; ~**-beam** *ép* H szelvényű tartó; I gerenda; Peynetartó; széles talpú I tartó; ~**-block** hézagszabályozó hasáb; ~**-bomb** → hydrogen bomb; ~**-bridge** hidrogénkötés, hidrogénhíd, H híd, protonhíd; ~**-cable** H kábel, Höchstädter-kábel; ~**-circuit** *el* H kapcsolás; ~ **corner** H könyök; ~**-drill** H alakban elrendezett forgácsoló élekkel rendelkező fúrószerszám; ~ **horizon** → ~ layer; ~**-iron** *heng* H szelvényű idomvas; ~ **layer** *talt* H szint, H réteg; ~ **member** *ol* átvezető közdarab; ~ **network** *távk* H tag; ~ **parameters** *el* H/hibrid paraméterek; ~ **plane bend** H könyök; ~ **plane T (junction)** *el* párhuzamos H síkú T elágazás; ~ **section** *ép* I szelvény; *távk* H tag; ~ **section armature** kettős T armatúra, H armatúra; ~ **signal level** *távk* H jelszint; ~**-type cable** árnyékolt kábel; ~**-type direction-finder** Adcock-féle iránykereső antenna; ~ **wave** *el* H hullám
ha → hour angle
Ha → hahnium
HA → high-altitude
ha. → hectare
Haár-Kármán-Hencky material *mech* Haár—Kármán—Hencky-test
Haas principle Haas-jelenség
habit hajlam, adottság; *ásv* habitus; ~ **plane** habitussík
habitable lakható
habitation település; *ép* lakótelep
habitus *ásv* termet, külalak *(kristályé)*
hachure csíkozás, vonalkázás; ~ **s** *pl geod* vonalkázás *(térképen)*
hack I. *v* csorbít, aprít, összevág; (be)vág; megcsapol *(fát)*; *ép* durván/nagyolva farag *(követ)*; *forg* reszelőt vág; **II.** *n* kapa, csákány(kapa), tompa élű balta/fejsze; csorbulás; jászolrács; *ép* gereb; ~ **file** kardreszelő; ~ **hammer** *bány* csákány; egyhegyű csákány; ~ **iron** bányászfejsze, csákány; hidegvágó, véső; bárd; ~ **lining** *koh* biztonsági bélés; ~**-saw** fémfűrész; kézi fűrész; keretes fűrészgép; ~**-saw frame** *szer* fémfűrészkeret; ~**-sawing machine** gépi fémfűrész
hackbarrow saroglya; *ker* nyerstéglaszállító targonca
hacked weave *kh* kétszínoldalas kötés
hacket bárd
hacking érdesítés, durvítás; *ép* megszakítás *(kőfalazásé)*; *szer* reszelővágás; *szt* illegális hozzáférés *(online számítógép-rendszerekhez)*; ~ **block** *élip* húsvágó tőke; ~ **(-out) knife** *szer* tapaszkivágó
Hacking's box motion *tex* többvetélős váltóberendezés
hackle I. *v tex* kártol, gerebenez; **II.** *n* műlégy lába *(horgászáshoz)*; *tex* gereben; ~ **bar** *tex* gerebentűmező; ~ **ga(u)ge** *tex* gerebentűk osztása
hackled | **flax/linen** *tex* gerebenezett len
hackler *tex* gerebenező
hackling gerebenezés; ~ **bench** *tex* gerebenezőpad; ~ **tow** *tex* gerebenezési kóc; lenkóc; ~ **yarn** fésült fonal
Hadding correction Hadding-korrekció
haddock *élip* foltos tőkehal
hade *bány* dőlés
Hadfield's (manganese) steel *koh* Hadfield-acél
hading shaft *bány* lejtős akna
Hadley | **cell** *met* Hadley-cella; ~ **regime** *met* Hadley-rezsim
hadron (h) *fiz* hadron
haematite *ásv* hematit
haemocyanin *vegy* hemocianin
haemoglobin *vegy* hemoglobin
hafnian *ásv* hafniumtartalmú
hafnium (Hf) *vegy* hafnium; ~ **carbide** *vegy* hafniumkarbid; ~ **dioxide** *vegy* hafnium(IV)-oxid
haft nyél, fogantyú, markolat
hag bevág, befarag; *bány* jöveszt
hahnium (Ha) *vegy* hahnium
Haidinger magnifier Haidinger-lencse, Haidinger-lupe
haidingerite *ásv* haidingerit
Haigh | **diagram** *mech* Haigh-féle diagram; ~ **Robertson machine** korrózió okozta kifáradást vizsgáló gép; ~ **sounder** *hidr* Haigh-féle szonda
hail I. *v* jég esik; **II.** *n met* jégeső; ~ **embryo** jégesőembrió; ~ **squall** vihar jégesővel; ~ **stage** jégszakasz; ~ **suppression/prevention** jégeső-elhárítás; ~ **suppression rocket** jégeső-elhárító rakéta
hailpad *met* jégeső-indikátor
hailstone *met* jégszem
hailstorm *met* zivatar jégesővel
hair szőr(szál); *tex* bolyh; ~ **bar** *finm* élvonalzó; ~ **beam** tímártőke; ~ **calf** *bőr* szőrmés borjúbőr; ~ **cell** szőrsejt; ~ **clipper** hajnyíró gép; ~ **cloth** szőrszitaszövet; ~ **compasses** *pl* finombeállítású osztókörző; ~**(-)crack** hajszálrepedés; ~ **cracking** *ker, műa* hajszálrepedés; ~ **cross** *opt* fonalkereszt, szálkereszt; ~ **cross line illuminating attachment** szálkereszt-megvilágító berendezés; ~**-curling paper** hajcsavaró papír; ~**-dryer** hajszárító; ~ **fibre/fiber** *pa* magszőr; ~ **hygrometer** *met* hajszálas nedvességmérő; ~ **(line) crack** *koh* hajszálrepedés; ~ **mortar** *ép* habarcsmész, borjúszőr és kóc keveréke; ~ **oil** hajolaj; ~ **pointer** finommutató; ~ **pyrites** *koh* millerit; ~**-root** szőrgyökér; ~**s** *pl élip* szakáll *(gabonaszemen)*; ~ **salt** halotrichit; ~ **sieve** szőrszita; ~ **skin** prémbőr; ~**-slipped hide** szőrhullató nyersbőr; ~ **space** *nyom* vékony/finom spácium; ~ **stroke** *nyom* hajszálvonal; ~**-trigger** *kat* érzékeny elsütő billentyű *v.* ravasz; ~**-washing machine** szőrmosó gép
hairbreadth tuning hajszálfinom hangolás
haircrack *koh* hajszálrepedés
hairfelt szőrnemez
hairiness *tex* bolyhosság
hairing knife *bőr* szőrtelenítő kés
hairline fonalkereszt *(műszeré)*; *nyom* hajszálvonal; *tex* beszőtt színes szál *(szövetben)*; ~ **crack** hajszálrepedés; ~ **indicator** fonalmutató *(műszeren)*
hairpin hajtű; ~ **bend** hajtűkanyar; útforduló *(szerpentinben)*; ~ **coil** hajtűtekercs; ~ **(shaped/type) cathode** hajtűkatód; ~ **(shaped/type) filament/heater** hajtűfűtőtest; ~ **turn** hajtűkanyar

hairside *bőr* színoldal *(szíjé)*, szőrmeoldal *(irháé)*
hairslip *bőr* szőrhullás
hairslippiness *bőr* szőreresztés
hairspring *óra* hajszálrugó; ~**-collet pushing tool** *finm* hajszálgyűrű-lenyomó szerszám; ~ **turn tool** *finm* hajszálgyűrű-forgató szerszám
hairy szőrös
haitienne *tex* nehéz selyemszövet
hake *élip* tengeri csuka
halated patch *csill* fényudvar
halation *csill* fénykoszorú; fényudvar; ~ **effect** *geof* fénykoszorúhatás, gyűrűhatás, halohatás
halching *tex* fonalkuszálódás *(cséve hegyén)*
half fél; ~ **actual swing** csúcsmagasság; ~**-adder** *szt* félösszeadó (áramkör); ~**-advance-and-half-retreat** *bány* egyenesen és visszahaladó kombinált kamarapillér-fejtés; ~**(-)algebra** parciális algebra; ~**-amplitude beam** *távk* félteljesítmény-nyaláb; ~**-and-half** feles lágyforrasz, 50% ón-ólom forrasz; ~**-and-half notching** *ép, fa* feles rovás; ~**-and-half scarf** ferde lapolás; ~**-angle** félszög; ~**-angle formulas/identities** félszögképletek; ~**-axle** *gépk* (hátsó) féltengely; ~**-baked** *ker* félig kiégetett; ~**-balk** *bány* bordafa *(biztosításhoz)*; *fa* félfa; félrönk; ~**-band (width)** félsávszélesség; ~**-barked** *fa* félig (vörösre) kérgelt; ~ **bat** *ép* fél tégla; ~**-beam** *ép* fél gerenda; *hajó* fedélzeti gerenda *(nyílások mentén)*; ~**-bearing** nyitott/félcsészés csapágy; ~**-binding** *nyom* félbőr kötés, félvászon kötés; ~**-black** *mt* félnyers; ~**-blank** *mt* félfényes; ~**-bleached** *tex* félfehér; ~ **bog soil** félmocsári talaj; ~**-breadth plan** *hajó* félszélességre megrajzolt vízvonalmetszet; ~**-brick** fél tégla *(12 cm)*; ~**-brick thick** *ép* féltéglavastag; ~**-brick wall(ing)** féltéglavastag(ságú) fal; ~**-bright** → ~-blank; ~**-bright nut** félfényes anya; ~**-buried penstock** félig beágyazott nyomócső; ~**-cant (log)** süvegfa; ~**-caponier** *kat* féloldalazó mű; ~**-carry** *szt* félátvitel; ~**-cell** *el* elektród *(elemben)*; ~**-centre/center** félcsúcs; ~**-cheese antenna** félkörantenna; ~**-circle landing** *rep* félfordulatos leszállás; ~**-closed interval** *mat* félig zárt intervallum; ~**-closed points** *vasút* félállású váltó; ~**-closed slot** *el* félig zárt horony; ~**-cloth (binding)** *nyom* félvászon kötés; ~**-coil** *el* fél tekercs; ~**-compression cam** dekompresszorbütyök; ~**-cone angle** fél nyílásszög *(kúpé)*; ~ **container** félmagasságú szállítótartály; ~ **controlled bridge (connection)** *félv* félig vezérelt hídkapcsolás; ~**-controlled rectifier** *el* félig vezérelt egyenirányító; ~**-countersunk** félig süllyesztett *(csavarfej)*; lencsefej; ~ **course sector** *rep* fél irányszektor; ~**-crossed** *gép* félig keresztezett; ~**-crossed belt** *gép* félig keresztezett hajtószíj; ~**-cross gauze** *tex* félforgószálas kötés; ~**-culture ecosystem** *környv* félkultúr-ökoszisztéma; ~**-cup fracture** *any* kúpos törés; ~**-curled edge** *alak* félig behajtott perem; ~**-cycle** *el* fél periódus; ~**-decay period** *koh* felezési idő; ~**-deflection method** *távk* féleltérítés módszere; ~**-diffused thyristor** részben diffúziós tirisztor; ~**-dislocation** *ásv* fél diszlokáció; ~**-dome** *ép* félkupola, negyedgömb kupola; ~ **doublet** *távk* félhullámdipólus; ~**-drop (window)** *ép* félig leengedhető *(ablak)*; ~**-drum stationary** *pa* nem forgó csomófogó; ~**-dry** *fa* félszáraz, előszárított; ~**-dry friction** *gép* félszáraz súrlódás; ~**-dry lubrication** *gép* félszáraz kenés; ~**-dry spun** *tex* félszáraz fonású *(fonal)*; ~**-duplex (HD, HDX)** *szt* félduplex, HD, HDX; ~**-duplex channel** *szt* félduplex csatorna; ~**-duplex circuit** *távk* félduplex áramkör; ~**-duplex neutral** *távb* egyszeresáramú félduplex; ~**-duplex operation** *távb* félduplex üzem; ~**-duplex repeater** *távb* félduplex vonalerősítő; ~**-dyeing** *tex* félszínezés; ~**-element** → ~-cell; ~**-finished** félkész *(termék)*; ~ **fish-plate** *vasút* fél heveder; ~**-fluid friction** *gép* félfolyadék-súrlódás; ~**-fluid lubrication** *gép* félfolyadékkenés; ~**-frame** *hajó* félbókony, félborda; *tv* félkép; ~ **gap** *szt* fél egységnyi hézag; ~**(-)gas firing** *ker, koh* félgáztüzelés; ~**-gate** *hidr* 50%-os nyitás; ~**-gate admission** *hidr* félig nyitott beömlés *(turbinán)*; ~**-grained soap** *vegy* félszínszappan; ~ **gravity die casting** félkokillaöntés; ~**-hard (HH)** félkemény; ~**-hardened** félkemény; félig edzett; ~**-hard steel (Hf H.)** félkemény acél; ~ **header** *ép* fejelőtégla; sorzáró féltégla; ~**-heald** *tex* félnyüst; ~**-height** *szt* félmagasságú *(mágneslemezegység)*; ~**-high grinding** *élip* félmagas őrlés; ~ **hip** félcsúcsos tető; ~**-hitch** *hajó* gyűrűhurok, félcsat; ~**-hose** *kh* rövid harisnya, zokni; ~ **ILS glide path sector** *rep* fél ILS-siklópálya szektor; ~**-integral spin** *at* egész + 1/2-spin; ~**-interval** *mat* félig zárt intervallum; ~**-invariant** *mat* szemi-invariáns; ~**-labyrinth packing** *gép* egyoldalú labirinttömítés; ~**-landing** *ép* közbenső lépcsőpihenő; ~**(-)lap** *ép, fa* közönséges/egyszerű lapolás; *gép* félig átlapolt; ~**-lap crossing joint** *fa* feles (át)lapolás; ~**-lap joint** félig átlapolt kötés; ~**-lap scarf** *ép* féllapos ráfektetés/padlózás; ~ **large** papíralak *(3"x2 1/2")*; ~**-lattice girder** *ép* oszlop nélküli rácsos tartó *(csak ferde rácsrudas)*; részben tömör részben rácsozott tartó; ~**-length instruction** fél hosszúságú utasítás; ~**-life constant** felezésiidő-állandó; ~**-life (period)** *at* felezési idő; ~**-lift window** *ép* félig felhúzható ablak; ~**-line** *mat* sugár, félegyenes, zárt félegyenes, félsugár; ~**-line interval** *tv* félsor intervallum; ~**-linen** *nyom* félvászon; ~**-line time** *tv* félsoridő; ~**-load** félterhelés; ~**-loading section** *távb* félcsévemező; ~**-lock rope** félig zárt drótkötél; ~**-log** *fa* félfa; ~ **mask** *bány* félálarc; ~ **maturized cotton** *tex* félig érett pamut; ~**-miscella** *élip* félmiszcella; ~**(-)mitre/miter** *ép* 45° alatti sarokillesztés; ~**-mitre joint** félderékszög-kötés; ~ **mold** → ~ mould; ~**-moon** félhold; *tex* nyüstemelő félhold; ~**-moon stake** *szersz* karimázóvas; ~ **mo(u)ld** öntőformafél; ~**-normal bend** *távk* 135°-os hajlat; ~**-note** fél hangjegy; ~**-nut** *forg* félanya *(vezérorsón)*; *gép* alacsony anya; ~**-nut cam** csavaranyazáró bütyök; ~**-octave band filter** *távk* féloktávszűrő; ~ **on** *bány* „45°-os szögben álló" szénhomlok; ~**-open interval** félig zárt intervallum; ~ **partition** félmagasságú válaszfal; ~**-part mo(u)lding box** formázó szekrényfél; ~**-pattern** félminta; ~**-period** *at* felezési idő; *el* fél periódus; ~**-period cycle** *el* félrezgés; ~ **permanent mo(u)ld casting** félkokillaöntés; ~**-pitch** *ép* kétlábú rézsű; ~**-plaid square** *stat* fél skót négyzet; ~**-plane** félsík; ~**-pontoon** *kat, ép* félponton; ~**-power angle/beamwidth (of the main lobe) (HPBW)** *távk* nyalábnyílásszög; ~**-power point** *távk* félteljesítmény-pont *(rezonanciagörbén)*; ~**-process automation** félüzemi automatizálás; ~**-product specification** *gép* nyersdarabjegyzék; ~ **profile angle** *gép* menetoldalszög; ~**-replicate design** *stat* félismétléses kísérlet; ~ **roll** *rep* félorsó; ~**-rough nut** félfényes

anya; ~-round (h.r.) félgömbölyű, félkerek; ~-round broach *forg* félkörös üregelőtüske; ~-round chisel *szer* nyeles ívesvágó; ~-round cut-water *hidr* félkör szelvényű pillérorr; ~-round drill *szer* félgömbölyű fúró; ~-round file félkerek műhelyreszelő; ~-round hammer domború nyelű kalapács; ~-round head *gép* félgömbfej; ~-round key *gép* félgömbölyű ék; ~-round rasp *szer* félkerek ráspoly; ~-round reamer gömbfelület-megmunkáló dörzsár; ~ rounds *pl heng* félköracél; ~-round screw félgömbfejű csavar; ~-round tie kétoldalt bárdolt *v.* félgömbölyű talpfa; ~-scoop *em* markolópofa, markolócsésze, markolólapát; ~-second delay detonator *bány* fél másodperc késleltetésű villamos gyutacs; ~-section félmetszet; *távk* féltag; ~-section filter *távk* szűrőféltag; ~ set *ép* fél ajtókeret; félajtókeret-ácsolat; ~ shadow félárnyék; ~ shagreen *nyom* félbőr kötés; ~-side (milling) cutter *forg* egyoldalas maró; ~-silk *tex* félselyem; ~-silk fabric félselyem szövet; ~-sinusoid fél szinusz(hullám); ~ size *cipő* fél szám; ~ (soft-) sized *pa* félenyvezett; ~(-)sole *cipő* féltalp; ~-space *mech, talt* féltér; ~-speed shaft *gép* bütykös tengely; ~-stable limit cycle félstabil határciklus; ~-steel *koh* fehérvas, acélöntvény; ~-stone fél tégla; ~-stone course *ép* féltégla-réteg, féltégla-sor; ~ stuff félkész gyártmány, félkészáru; *pa* féltermék, papírfélanyag; görgőzött anyag; ~-subtractor *szt* félkivonó (áramkör); ~(-)sum félösszeg; ~-sunk roadway *ép* félig süllyesztett hídpálya; ~ sweep *mzg* félszárnyú művelőtest *(kultivátoron)*; ~-symmetric resonator *el* félszimmetrikus rezonátor; ~-tainer → ~ container; ~-thick file *szersz* egy domború és három lapos élű reszelő; ~-thickness *fiz* felezési vastagság, félvastagság; ~-through bridge *ép* alacsony főtartójú alsópályás híd; ~-tide harbour *hajó* féldagálykikötő; ~-timbered wall *ép* favázas, téglával kifalazott fal; ~(-)time *at* felezési idő; ~-time of decay *at* bomlás felezési ideje; ~-time shaft → ~ speed shaft; ~ title *nyom* fejezetcím; ~-tone féltónus; *nyom* autotípia; ~-tone block *film* klisé; *nyom* vonalas autotípiai klisé; ~-tone copy *nyom* rácsmásolat; ~-tone dot *nyom* rácspont; ~-tone etcher *nyom* autotípiai klisémarató; ~-tone etching *nyom* autotípiai/árnyalati maratás; ~-tone paper *nyom* autotípiai/illusztrációs nyomópapír; ~-tone picture *nyom* árnyalatos/féltónusú kép; ~-tone plate *nyom* vonalas/autotípiai klisé; ~ track félcsatorna; → ~-track(ed); ~-track car fél hernyótalpas gépkocsi; ~-track(ed) (HT) fél hernyótalpas/lánctalpas *(jármű)*; ~-tracked tractor *mzg* fél lánctalpas traktor; ~-trough span *ép* süllyesztett pályás hídnyílás; ~-turn landing *rep* leszállás 180 fokos fordulóval; ~-twist *tex* félforgás *(gézszövés)*; ~-twist bit félcsavarmenetes csigafúróbetét; ~-twisted belt *gép* félig keresztezett hajtószíj; ~-value angle félértékszög; ~-value breadth *ásv* félértékszélesség; ~-value layer (HVL) *at* felezőréteg, félértékvastagság; ~-value period *at* felezési idő, félértékidő; ~-value thickness *at* felezési vastagság; ~ value width *el* félértékszélesség; ~-warp félig burkolt; ~-watt lamp félwattos lámpa; ~-wave *el* félhullám; *vegy* féllépcső, félhullám *(polarográfiában)*; ~-wave antenna félhullám(hossz)ú (dipól)antenna; ~-wave circuit egyutas kapcsolás; ~-wave detour line *el* félhullámú szimmetrizáló elem; ~-wave diode detector *rád* félhullámú diódadetektor; ~-wave dipole félhullámú dipól(us); ~-wave doubler egyutas feszültségkettőző; ~-wave element *rád* fémhullámú antennaelem; ~ wavelength fél hullámhosszúság; ~-wave line *rád* félhullámú tápvonal; ~-wave matching stub félhullámú illesztő transzformátor; ~-wave plate *rád* 1/2 vastagságú lemez; fél hullámhosszú késleltető lemez; ~-wave potential *vegy* féllépcső/félhullám potenciál; ~-wave radiator *távk* félhullámsugárzó; ~-wave rectification egyoldalas/egyutas egyenirányítás; ~ wave rectifier egyutas/félhullámú egyenirányító; ~-wave transformer *távk* félhullámú koaxiális transzformátor; ~-wave transmission line stub félhullámú tápvonalcsonk; ~-wave zone *fiz, opt* félhullámú zóna; ~-white yarn félig fehérített fonal; ~-width *stat* félszélesség; ~-wool félgyapjú; ~-wooled sheepskin félgyapjas juhbőr *(rövid gyapjas)*; ~-word *szt* fél szó; ~-wrap drive *gép* félig átfogó kötélhajtás; ~-write pulse *el* íróimpulzus; ~ wrought timber félkész faáru

halfcrystal position félkristály-helyzet

halfway félúton; 180°-ra, félfordulattal

halibut *élip* óriási laposhal; ~ **liver oil** laposhalmájolaj

halides *vegy* halogenidek, halidok; ~ **lamp** fémhalogén lámpa; ~ **(sensitive) leak detector** *vák* halogénes lyukkereső

halite *ásv* halit; kősó; ~ **with geas inclusions** *ásv* sercegő só

hall előcsarnok, folyosó; hall; ebédlő; *ép* csarnok, egyszintes épület; nagy középület; ~ **church** csarnoktemplom; teremtemplom; ~ **construction** *ép* csarnoképítés; csarnokszerkezet; ~**-mark** fémjel(zés); ~**-stand** ruhafogas *(előszobai)*; *ép* előszobafal

Hall | **angle** Hall-szög; ~ **constant** Hall-állandó; ~ **device** *félv* Hall-elem; ~ **effect** *el* Hall-jelenség, Hall-hatás; ~ **effect reproducing head** Hall-fej, fluxusérzékeny lejátszófej; ~ **electrodes** Hall-elektród(ok); ~ **element** Hall-cella; ~ **generator** Hall-cella; ~**-Héroult process** *koh* Hall—Héroult-eljárás; ~ **mobility** Hall-mozgékonyság; ~**-Petch equation** *koh* Hall—Petch-egyenlet; ~ **probe** Hall-szonda; ~ **voltage** Hall-feszültség

Hallén's theorem *távk* Hallén tétele

Haller-type dump-car for garbage/refuse transport *környv* Haller-típusú szemétszállító

halloysite *ásv* halloysit

Hallstatt limestone *bány* hallstatti mészkő

hallway *ép* előcsarnok, hall; folyosó

halmyrolysis *bány* halmirolízis

halo *csill* fényudvar; halo; napgyűrű; *ol* átmeneti túlnyomásos zóna; ~**-coupled loop** kicsatolóhurok; ~ **effect** → halation effect; ~ **of 22°** kis *v.* 22 fokos halo; ~ **of 46°** nagy *v.* 46 fokos halo; ~ **pattern** *geof* gyűrűs anomália, haloeffektus; ~ **phenomenon** halojelenség; ~ **ring** fénykoszorú

haloacid *vegy* halogénsav

halobity *hidr* halobitásfok

halocarbons *vegy* halogénezett szénhidrogének

halogen *vegy* halogén; ~ **acid** *vegy* halogénsav; ~**counter** *at* halogéntöltésű számláló; ~ **(incandescent) lamp** halogénlámpa, jódlámpa; ~ **(sensitive) leak detector** *vák* halogénes lyukkereső

halogenate *vegy* halogénez

halogenated | **derivative** *vegy* halogénszármazék; ~ **hydrocarbons** *környv* szénhidrogének halogénszármazékai
halogenation *vegy* halogénezés
halogenide *vegy* halogenid
halogenous *vegy* halogén-
halohydrocarbon *vegy* halogénezett szénhidrogén
haloid *vegy* haloid, halogén-; ~ **acid** halogénhidrogén, hidrogénhalogenid
haloing *tex* elkenés *(mintáé)*
halometer fényudvarmérő (műszer)
halophobes halofóbok
halophytes halofiták
halt *közl* megálló(hely); ~ **command/instruction** *szt* állj-utasítás
halter kötőfék; *bőr* kantár
halve (meg)felez, két (egyenlő) részre oszt; *fa* lapolással illeszt
halved|**-and-housed joint** rálapolás; ~ **belt** keresztezett hajtószíj; ~ **joint** *ép* lapolás *(fa)*; ~ **scarf** *fa* rátoldás
halving felezés(i eljárás); *bány* fogazás; *fa* lapolás, rálapolás, feles (át)lapolás; ~ **circuit** *aut* felezőkör
halyard *hajó* felhúzókötél; ~ **s** *mzg* fogasolókötél; ~ **winch** vitorlafelhúzó csörlő
ham (rádió)amatőr *(szlengben)*; *élip* sonka; ~**-communications** amatőr rádió-összeköttetés; ~**-mo(u)lding press** *élip* sonkaformázó prés; ~**-slipping tree** függőrúd *(sonkafüstölésre)*
Hamann thread *finm* foglalat-finommenet; Hamann-menet
hambergite *ásv* hambergit
hames hámiga, járomiga
Hamilton|**-Jacobi equation** Hamilton—Jacobi-egyenlet; ~**'s equation** *mech* Hamilton-egyenlet; ~**'s partial differential operator** nabla, nablaoperátor, nablavektor; ~**'s principle** *mech* Hamilton-elv, a legkisebb hatás elve; ~ **transformation** Hamilton-féle transzformáció; ~ **way** hamiltoni út
Hamiltonian Hamilton-operátor; nabla, nablaoperátor, nablavektor; ~ **path/way** hamiltoni út
hamlinite *ásv* hamlinit
hammarite *ásv* hammarit
hammer I. *v* kalapál, kovácsol; *ép* besulykol; *finm* kiver *(ötvösmunkát)*; **II.** *n* kalapács, pöröly, verő; *ép* cölöpverő szerkezet; *hidr* kosütés, vízlökés; *kat* kakas *(puskáé)*; *szersz* félkezes kalapács; ~ **and chisel** *bány* ék és kalapács; ~ **and wedge** *bány* ék és kalapács; ~ **axe** *ép* csákánybalta; ~**-bar mill** *élip* pálcáskalapácsos malom; ~**-beam** *ép* nyeregfa; ~**-beam roof** *ép* gót stílusú fedélszék; ~ **blow** kalapácsütés; ~**-brace** *ép* torokgerenda, mellszorító; ~ **break** *el* kalapácsos szaggató; ~ **breaker** → ~ crusher; ~ **break spark coil** kalapácsos induktor; ~**-crane** kalapácsdaru; ~ **crusher** *bány* kalapácstörő; ~ **die** *alak* kalapácssüllyeszték, ódor; ~ **disc** *önt* kalapácsos tárcsa; ~ **down** *v* lekalapál, lever; ~**-dressed** *ép* kalapáccsal megmunkált; ~ **drill** ütvefúró, fúrókalapács; *forg* pneumatikus fúrókalapács; ~**-eye** kalapácsfül; ~ **face** kalapács ütőfelülete; ~**-face screw** kalapácsfejű csavar; ~ **finish** kalapált papírfelület; ~**-finished paper** kalapált papír; ~ **forging** *alak* szabadon alakító kovácsolás; szabadon kovácsolt gyártmány; ~ **foundation** *koh* kalapácsalapozás; ~ **frame** pörölykeret; ~**-fundament** *ép* pörölyalap, kalapácsalap; ~ **grab** *ép* fúrómarkoló, kalapácsmarkoló; ~ **handle** *szer* kalapácsnyél; ~**-hardening** alakítási keményedés; ~ **head** *alak* (kalapács)medve; *ép* kalapácsfejű lehorgonyzás; *gép* kalapácsfej; *koh* medve; ~**-head bit** *bány* kalapácsfejű jövesztőkés; ~**-head crane** → ~-crane; ~**-head(ed) chisel** kalapácsfejű vágó/véső; ~ **impact machine** döngölőgép; ~ **interrupter** megszakító kalapács; kalapácsszaggató; ~ **line** *ép* verőkosemelő kötél; ~ **mechanism** *kat* elsütő szerkezet; ~ **mill** *bány* kalapácstörő; *koh* kalapácsos törő; ~ **(mill)** *koh* kovácsműhely; ~ **monkey** *ép* cölöpverő kos; ~ **operator** kalapácskezelő; ~ **out** *v* kikalapál; ~ **pick** csákány; ~ **ram** kalapácskos; ~ **roll** *bány* kalapácsos malom; ~ **rolling** *koh* kovácshengerlés; ~**-roof** → ~-beam roof; ~ **rubble** kalapáccsal durván nagyolt terméskő; ~ **scale** kovácsreve, vasreve; ~ **shaft** kalapácsnyél; ~ **shears** *pl alak* kézi lemezolló; ~ **shop** *koh* kovácsműhely; ~**-smith** kovács; ~ **stirrup** kakaskengyel *(pisztolyé)*; ~**-stirrup pin** kakaskengyelcsap; ~ **strut** kakastámasztó váll *(pisztolyon)*; ~**-swing mill** *élip* többsoros lengőkalapácsos malom; ~ **test** kovácsolási próba; ~**-type grab** → ~ grab; ~ **weld** kovácsoló hegesztéssel készült varrat; ~ **welding** kovácshegesztés
hammered *alak* laposra kalapált; ~ **glass** mintás üveg; ~ **iron** kovácsolt vas; ~ **resistance welding** ellenállásos hevítési rendszerű kovácsoló hegesztés
hammerhead → hammer head
hammering bekalapálás, kikalapálás, beverés/kiverés (kalapáccsal); *gépk* kopogás; *heg* varrattömörítés; ~ **machine** kiverő gép; ~ **of the valves** szelepkopogás; ~ **press** kovácsolósajtó
hammerman gépkalapács-kezelő; verőgépész *(cölöpverés)*
Hamming | **code** *szt* Hamming-kód; ~ **distance** Hamming-távolság; ~ **method** Hamming-módszer; ~ **single error correcting code** Hamming-kód
hammock függőágy; ~ **seat** függőülés
hamper I. *v* (meg)gátol, akadályoz; **II.** *n* gyümölcsszállító konténer
hampshirite *ásv* hampshirit
hamster *bőr* hörcsög
HAMT → human-aided machine translation
hamular horgas
hance *ép* vállív
hancockite *ásv* hancockit
hand I. *v* adogat; **II.** *n* mutató *(óráé, műszeré)*; munkás; *vasút* jelzőkar; ~ **accelerator** kézi gázkar; ~ **adding machine** kézi összeadógép; ~ **advance** *gépk* előgyújtás kézi beállítása; ~ **angle (drive) grinder/sander** kézi sarokcsiszoló gép; ~ **angle grinder with wire brush** kézi sarokkefélő gép; ~ **angle polisher** kézi sarokfényező/tárcsafényező/tárcsapolírozó gép; ~ **anvil** kézi üllő; ~ **arc welding** kézi ívhegesztés; ~**-ashed producer** gázgenerátor kézi hamueltávolítással; ~ **band saw** kézi szalagfűrészgép; ~ **basin** kézmosó; **be at** ~ kéznél van; ~ **beater** *vasút* kézi aláverő; ~ **bellows** *pl* kézi fújtató/bőrfúvó; ~ **belt sander** kézi szalagcsiszoló gép; ~**-blocked print** *tex* kézi nyomású szövet; ~**-block printing** *tex* „módli"-nyomás; ~ **board** *bőr* barkázófa; ~**-boarding** *bőr* kézi barkázás; ~**-boring** kézi fúrás; ~**-brace** furdancs; ~**-brake** kézifék; ~**-brake lever** kézifékkar; ~**-brake release lever** kézifékkioldó kar; ~**-buffing** *bőr*

bőr kézi buffolása; *forg* rongykorongos kézi csiszolás; ~ **burnisher** *óra* polírozó; ~ **camera** *film* kézi képkamera; ~ **capacitance** *el* kézkapacitás; ~ **capstan** *fa* kézi csörlő, rönktéri vitla; ~**-car for alumina feeder** *koh* timföldadagoló kocsi; ~ **cart** kézikocsi, tolókocsi; ~**-carved sample** kézzel kifaragott talajminta; ~ **chain** kézi emelőlánc; ~ **chuck** kézi állítású tokmány; ~ **circular saw** kézi körfűrészgép; ~ **clamp** rögzítő fogantyú; ~**-cleft** *fa* kézzel hasított; ~**-cocking** *kat* kézi felhúzó *(szerkezet/kakas)*; ~ **cocking-lever** *kat* kézi elsütőszerkezet/felhúzókar; ~ **composing/composition department** *nyom* kéziszedőterem; ~ **composition** *nyom* kézi szedés; ~ **compositor** *nyom* kéziszedő; ~ **computation** kézi számítás; ~ **concrete cart** *ép* japáner; ~ **control** kézi kezelés/vezérlés; ~**-controlled** kézi vezérlésű/szabályozású; ~ **cotton** kézzel szedett gyapot; ~ **crab** *em* kézi mozgatású futómacska; ~ **crank** *gépk* kézi indítókar; ~**-cranked generator** *kat* kézi hajtású generátor; ~ **depth** *hajó* függőónnal mérhető mélység; ~ **diamond tool** kézi gyémántélű szerszám; ~ **die** kézi kovácssüllyeszték/kovácsszerszám; ~ **dipping** *élip* kézi mártás; ~ **distributor** → ~ sprayer; ~ **dog** *gép* franciakulcs; *ol* fúrórúd-csavarozó kulcs; ~ **dosimeter** csuklóra kapcsolható doziméter; ~**-dressing/sorting** *bány, koh* kézi válogatás/osztályozás; ~ **drill** *szersz* kézi (hajtású) fúró, amerikáner; ~**-drilled** kézi fúrású, kézzel fúrt; ~**-drilled well** *ol* kézi fúrás, kézzel fúrt lyuk; ~ **drilling** *talt* kézi fúrás; ~**-drilling machine** *bány* kézi fúrógép; ~**-drilling rig** *talt* kézi fúróberendezés; ~ **drill with guide frame** ácsfúrógép, vezetőkeretes kézi fúrógép; ~ **drive** kézi hajtás/működtetés; ~**-drive cartridge-powered tool** ütőfejes tolódugattyús belövőkészülék; ~**-driven** kézi hajtású/üzemű, kézzel hajtott; ~**-driven lift/elevator** kézi üzemű felvonó; ~**-driven rivet** kézi erővel bevert szegecs; ~ **effect** *rád* kézhatás; ~**-elevating gear case** *kat* kézi magassági irányzógépház; ~ **expansion valve** kézi adagolószelep; ~ **extractor** *kat* kézi hüvelyvonó; ~ **feed** kézi adagolás; *forg* kézi előtolás/állítás; *nyom* kézi (ív)berakás; ~**-feed drill** kézi előtolású (gyors)fúrógép; ~ **feeding** *nyom* kézi (ív)berakás; ~ **feed punch** *szt* kézi adagolású lyukasztó; ~**-feed wheel** *forg* kézi előtoló kerék; ~ **file** lapos műhelyreszelő; ~ **filing machine** kézi reszelőgép; ~ **filling** *bány* (kézi) belapátolás; belapátolás; ~ **flame heater/burner** *ép* kézi lángszóró; ~ **flaying** kézi nyúzás; ~ **formwork cleaner** kézi zsaluzattisztító/zsalutábla-tisztító gép; ~ **fuller** nyeles alakverő felső része; ~ **gear** kézi hajtású mechanizmus; ~ **generator** *távb* kézi induktor; ~ **getting** *bány* kézi jövesztés/fejtés; ~**-glass** kézi nagyító(üveg); *opt* kézitávcső; ~ **gobbing** *bány* kézi meddőeltakarítás; ~**-got** *bány* kézzel jövesztett; ~**-got coal** *bány* kézzel jövesztett szén; ~**-grenade** *kat* kézigránát; ~**-grenade fuse** kézigránátgyutacs; ~ **grinder** kézi köszörűgép; ~ **grinder with wire brush** kézi sarokkefélő gép; ~ **grinding machine** → ~ grinder; ~ **grit-soap** kézmosó szer; ~ **guard** kézvédő; ujjvédő; karfa; ~**-guided** kézi irányítású; ~**-guided formwork cleaner** kézi (vezetésű) zsaluzattisztító gép; ~**-guided vacuum sweeper** seprő-felszívó gép; ~**-guided vibratory roller** kézi vezetésű vibrációs henger; ~ **hammer** könnyű/kézi kalapács; ~**-handling computer (HCC)** *szt* kézi számítógép, HCC; ~**-held** kézi tartású *(pl. fúrógép)*; ~**-held drill** kézi vezetésű földfúró gép; ~**-held mortar** *kat* egy fő által kezelhető aknavető; ~**-hewing** *bány* kézi szénjövesztés/szénfejtés; ~ **hoe** *fa* vonókampó, forgatókampó; ~ **hydraulic tool** hidraulikus kéziszerszám; ~ **hydraulic tube bender** → ~ tube bender; ~ **inertia starter** *rep* kézi forgattyús indító lendkerék; ~**-in-hand chain** keresztszemű lánc; ~ **input** *szt* kézi adatbevitel; ~ **iron** kapaszkodóvas; ~**-ironing** *bőr* kézi vasalás; ~ **jack** kézi emelőkocsi/emelőtargonca; ~ **jigger** *bőr* kézi lengősimító; ~ **jig saw** kézi szúrófűrészgép; ~ **knife** bőrvágó szabászkés; ~ **knitting-machine** *tex* kézi kötőgép; ~**-knotted carpet** kézzel csomózott szőnyeg; ~ **ladle** *önt* nyeles kéziüst; ~ **lamp** kézilámpa; szerelőlámpa; ~ **laser radar** hordozható lézerradar; ~ **lathe** kézi eszterga; ~ **lay-up** *műa* kézi felrakás *(üvegszövettel rétegelt anyagok előállítására)*; ~ **lever** kézikar; ~ **lidar** hordozható lézerlokátor; ~ **loading** *bány* kézi rakodás; ~**-loomed** *tex* kézzel szőtt, kézi szövésű; ~**-loom weaving** kézi szövés; ~ **machine tool** kézi szerszámgép; ~**-made (h.m.)** kézi gyártmányú, kézzel gyártott; ~**-made board** *pa* kézilemez; ~**-made brick** kézitégla, kézi vetésű tégla; ~**-made grey-board** *pa* szürke kézilemez; ~**-made lace** vert csipke; ~**-made paper** (kézzel) merített *v.* nyers szélű papír; ~**-made printing** merített nyomópapír; ~**-made sheet** *pa* merített lap, kézzel merített minta; ~ **microtelephone (HMT)** *távb* kézibeszélő; ~ **miller** *fa* kézimaró, kézi marógép; *forg* kézi előtolású marógép; ~ **mining** *bány* kézi fejtés; ~ **modifier** *tex* forgásmódosító szer; ~ **mo(u)ld** kézi öntőforma; *műa* hordozható sajtoló(szerszám) *(kisméretű)*; kéziprés; ~ **mo(u)lded** kézi formázású; ~ **mo(u)lding** kézi formázás; ~**-mo(u)lding press** *műa* kéziprés; ~ **mucking** *bány* kézi feltakarítás/rakodás; ~**-operated** kézi működtetésű, kézzel működtetett; ~**-operated bar cutter** kézi betonacélvágó; ~**-operated bolt driving tool** kézi szögbeverő szerszám; ~**-operated desk calculator** kézi/asztali számológép; ~**-operated earth borer** kézi vezetésű földfúrógép; ~**-operated flash lift mo(u)lding machine** leemelő csapos kézi formázógép; ~**-operated fork-lift truck** kézi működtetésű emelőkocsi; ~**-operated gear for containers** → ~-operated spreader; ~**-operated (industrial) lift truck** kézi működtetésű emelőkocsi; ~**-operated mo(u)lding machine** kézi formázógép; ~**-operated mouth opener** *bány* szájterpesz; ~**-operated overhead crane** kézi mozgatású futódaru; ~**-operated pump** kéziszivattyú; ~**-operated (screw-gear) pulley-block** kézi hajtású csigakerekes láncos emelő; ~**-operated spot-welding gun** kézi működtetésű ponthegesztő fogó; ~**-operated spreader** kézi működtetésű konténeremelő/konténermegfogó keret; ~**-operated (spur gear) pulley block** kézi hajtású fogaskerekes láncos emelő; ~**(operated) switch** kézi kapcsoló:; ~**-operated valve** kéziszelep; ~**-operated water flowmeter** kézi működtetésű vízmennyiségmérő; ~ **operation** kézi működtetés/vezérlés/szabályozás; ~**-packed** kézzel csomagolt; *bány* kézzel tömedékelt/(be)rakott; ~ **packing** *bány* kézi tömedék; kézi tömedék/tömedékelés; ~ **paper** kézi vízjeles papír; ~ **pick** *ép* könnyű/rövid nyelű csákány; ~**-picked** *bány* kézzel válogatott *(érc)*; ~**-picked dirt** *bány* válogatott meddő; ~ **picking** *bány* kézi válogatás; ~ **pile-driver** kéziverő, istrángos verő; ~ **pipe bender** kézi csőhajlító gép; ~**-plane** kézi gyalu; ~ **planer** *fa* fugázógyalu; kézi gyalugép; *forg* kézi előtolású gyalugép; ~**(-)plate** kézi egyengetőlap; ajtóvédő lemez *(kilincs körül)*; → ~ finger-plate; ~**-plate shears** *pl* kézi lemezvágó/lemezolló; ~**-pocket producer** kéziszítású gázgenerátor; ~ **polisher** kézi fényezőgép; ~ **polisher-sander** kézi csiszoló-fényező gép; ~**-power** kézi erő; ~**-power crane** kézi működtetésű daru; ~**-power grinding-machine** kézi csiszológép; ~**-power press** kézi hajtású prés; ~**-power tablet-machine** kézi tablettázógép; ~ **preparation** *bány* (kézi) meddőválogatás, kézi dúsítás; ~**-press** *műa, nyom* kézi nyomógép; kézisajtó; ~**-propelled** kézi hajtású; ~ **pump** kéziszivattyú; ~ **punched card** kézi lyukasztású kártya; ~**-rabbled furnace** kézi tovalapátolású kemence; ~**-rabbled roaster** kézzel kevert pörkölőgép; ~**-rabbled roasting oven** kézi tovalapátolású pörkölőkemence; ~**-radar (HR)** hordozható radarkészülék, rádiólokátor; ~**-rail** karfa, korlát, fogóz(kod)ó; *tex* borda(láda)fedél; ~**-rail clamp** kézi sínfogó; ~**(-)railing** *ép* karfa, korlát; ~ **rake** *hidr* kézi gereblye *(gerebtisztításhoz)*; ~**-rammed mo(u)ld** *önt* kézi döngölésű forma; ~ **rammer** *ép* betoncsömöszölő; ~ **reamer** kézi dörzsár; ~ **reel** kézi csörlő; ~**-reeled** *tex* kézzel motollált; ~ **regulation** kézi szabályozás/beállítás; ~**-reset instrument** kézi visszaállítású műszer; ~ **rest** késtámasz *(esztergán)*; ~**-restoring indicator** kézzel visszaállítható jelző; ~ **riveting** kézi szegecselés; ~ **riveting press** *szersz* kézi szegecselősajtoló gép; ~ **router saw** *szersz* kézi marófűrészgép; ~**s** *hajó* legénység; ~ **sander** *szersz* kézi csiszológép; ~**(-)saw** *szersz* kézi körfűrész; rókafarkfűrész; rókafarkú fűrész; ~ **sawing** *fa* fűrészelés kézzel; ~ **scale** kézimérleg; ~ **scraper** *ép* (kézi vezetésű) géplapát; ~**-scraper winch** *ép* géplapátcsörlő; ~ **screen printing** *tex* kézi filmnyomás; ~ **screw** *gép* állítócsavar, forgatócsavar; csavaros emelő; kézicsavar; szárnyas csavar; ~**-screw press** kézi csigás prés; ~**-scudding** *bőr* kézi taszítás, stószolás; ~ **seaming machine** kézi korclezáró/korcösszenyomó gép; ~**(-)set** → ~ handset; *nyom* kézi szedés; ~**-setter** *finm* mutatóállító gomb; ~**(-)setting stem** *finm* mutatóállítás; mutatóállító tengely; *nyom* kézi szedés; ~**-sewn** *cipő* kézzel varrott; ~ **shank** → ~ ladle; ~ **shield** *heg* védőpajzs; ~ **shovel(l)ing** *bány* (kézi) belapátolás; ~**-shower** kézi zuhany; ~**s-off** *rep* elengedett kormánynyal; ~**s-off control** automatikus ellenőrzés; ~**s-off flight** *rep* elengedett kormánnyal történő repülés; kormánygéppel/robotpilótával történő repülés; ~**s-off operation** *szt* zárt üzem; ~ **soldering** kézi lágyforrasztás; ~**s-on operation** *szt* nyitott üzem; ~**-sorting** *bány, koh* kézi válogatás; ~ **specimen** *bány* kőzetminta, kézipéldány; ~ **splitter** *tex* kézi csévélő; ~ **sprayer** *ép* kézi hajtású festékszóró/festékpermetező; ~**-spreaded pit heap** *bány* kézi terítésű hányó; ~**-spun yarn** *tex* kézi fonású fonal; ~**(s) remover** óramutató-leemelő; ~ **staff** markolat, nyél; ~**-staking** *bőr* kézi puhítás; ~ **starter (HS)** kézi indító; ~ **starting crank** *rep* kézi indítókar; ~**-steered lift truck** *ép* vezetőrudas emelőkocsi; ~ **steering** kézi kormányzás; ~ **steering gear** *hajó* kézikormány; ~ **stowage** *bány* kézi tömedékelés; ~ **strap** *gépk* kapaszkodófogantyú; kapaszkodószíj; ~**-stuff** *v* kézzel zsíroz *(bőrt)*; **supplies on** ~ meglevő/raktári készletek; ~ **tamper** kézi döngölő; ~ **tap** *szersz* kézi menetfúró; ~**-threading shuttle** *tex* kézi befűzésű vetélő; ~ **throttle (control)** kézi gázkar; ~**-tight** kézzel tömített; ~**-tight stand-off** *ol* karmantyúból kézi meghúzás után még kiálló csavarmenetek; ~**-tip car** talicska; ~**-tipping ladle** kézi billentésű öntőüst; ~**(-)tool** kéziszerszám; ~ **top** *tex* borda(láda)fedél; ~ **torch** kézi hegesztő(égő); ~ **tracking** kézi követés; ~ **tramming** *bány* csillézés; kézi szállítás; ~ **transfering pump** *bány* kézi áttöltőszivattyú; ~**-tree** → ~ rail; ~ **tube bender** kézi csőhajlító gép; ~ **turning** *tex* kézi kezelés; ~ **twister** *tex* láncfonalkötöző (munkás); ~ **vice** műszerészsikattyú; reszelősikattyú(-csavar); ~ **weld** kézi hegesztéssel készült varrat; ~ **welder** kézi hegesztőberendezés; ~ **welding** kézi hegesztés; ~ **wheel** → ~ handwheel; ~ **winch** *bány* kézicsörlő; *fa* kézicsörlő, tönktéri vitla; ~**-worked furnace** kézi üzemű kemence; ~**-woven** *tex* kézi szövésű, kézzel szőtt

handbag kézitáska, retikül

handbarrow *hidr* saroglya

handbill röplap, szórólap, hirdetőcédula; ~**-paper** kis levélpapír

handbook kézikönyv

handbroom kézi seprű

handcar *vasút* (kézi) hajtány

handcase kézitáska

hander-up előgömbölyítő gép *(sütőiparban)*

handgrip nyél, fogantyú; *kat* markolat

handguard *kat* felső ágy

handhold kézi korlát, kéztámasz; fogóz(kod)ó/kapaszkodó (rúd)

handhole kezelőnyílás; ellenőrzőnyílás; *el* kábelakna *(ha kézzel hozzáférhető)*; *élip* mintavevő nyílás, kémlelőnyílás; mosónyílás; ~ **cover** forgónyílásfedő

handicraft kézműipar, kisipar

handicraftsman kézműiparos, kisiparos

handicraftsmanship kézművesség

handie-talkie hordozható rádiótelefon *v.* adó-vevő készülék

handiness of control *rep* könnyű kormányzás

handkerchief | **crêpe** *pa* zsebkendőkrepp-papír; ~ **lawn** *tex* zsebkendőbatiszt

handle I. *v* kiszolgál *(gépet)*; irányít, kezel, gondoz; megrak, kirak, szállít, anyagot mozgat; hozzányúl, megfog; *bőr* átcsapat *(bőrt meszesgödörből)*, bőrt feldob *(cserzőgödörből)*; *rep* irányít, kezel; **II.** *n* kézikar, (működtető) kar; nyél; kilincs, fogantyú; *ép* puttonyszár; *gép* forgattyú; *kat* markolat; *távk* dugónyél; *tex* tapintás, fogás; ~ **crowd(ing)** *ép* puttonyszár-előtolás; ~ **file** *szersz* kézi reszelő; ~ **hole** *távk* szerelőnyílás *(kábelhez)*; ~ **knob** kézi (emelő)kar; ~**-latch spring** kilincses zár rugója; ~ **nut** *gép* fogantyús anya, kosáranya; ~ **of fabric** szövet fogása; ~ **rose** *ép* kilincsrózsa; ~ **set** *ép* kilincskészlet; ~**-stock** *fa* nyélnek való fa félgyártmány; ~ **tongue** kilincsnyelv; ~ **with ferrule** *szersz* szorítókarikás vésőnyél

handlebar irányítórúd; kormány(rúd) *(kerékpáron)*; kormány(cső) *(motorkerékpáron)*; ~ **cross-tube** kerékpárkormány keresztrúdja; ~ **grip** kormányfogantyú; ~ **muff** kézvédő muff *(kormányon)*; ~ **windscreen** motorkerékpár-szélvédő

handled nyeles; ~ **grenade** *kat* nyeles kézigránát

handleguard kézvédő *(motorkerékpár-kormányon)*
handler *bőr* cserzőgödör, cserzőkád *(előcserző-sorozatban)*, süllyesztő; *szt* perifériakezelő program
handling I. *a* kezelő; **II.** *n* kezelés; anyagmozgatás; mozgatás; működtetés; *bány* színítés, ércválogatás; *gép* kezelés, gondozás, kiszolgálás; *ip* feladás; munkahelyi szállítás; *pa* szállítás *(farönköké)*; *rep* kormányzás, repülőgép-vezetés; utaskezelés, kiszolgálás; ~ **bridge** *hidr* kezelőhíd; kezelőhíd; ~ **capacity (HC)** *szt* kezelhető mennyiség, HC; ~ **characteristics** *rep* kormányozhatóság jellemző adatai; ~ **crew** kezelőszemélyzet; ~ **drum** *bány* irányító/vezető kötéldob *(elővájó réselőgépen)*; ~ **equipment** *csom* rakodóberendezés; *rep* kiszolgáló berendezés; segédberendezés; ~ **facility** kezelőberendezés; ~ **guy** *rep* léggömb mozgatókötele; léghajó tartókötele; ~ **instruction** *szt* géptermi utasítás; ~ **labour** kezelő segédszemélyzet; ~ **lever** kezelőemeltyű; ~ **line** kezelőkötél *(ejtőernyőé)*; ~ **of cuttings** *bány* réspor eltávolítása; ~ **of message** *rep* közlemény kezelése; ~ **of traffic** forgalomszabályozás; ~ **pole** *tex* fordítóbot; ~ **radius** hatósugár *(emelődarué)*; ~ **stress** szállítási igénybevétel; ~ **technique** *rep* kiszolgálási/kezelési eljárás; *tex* működési mód, munkamódszer; ~ **vat** *bőr* cserzőgödör, cserzőkád *(előcserző-sorozatban)*
handmade → hand-made
handpacking *bány* kézi tömedékelés
handset *távb* kézibeszélő; ~ **cord** kézibeszélő-zsinór; → hand
handshaking *szt* kézfogás, kulcsolódás
handspike emelőrúd, emelőkar; *gép* feszítővas; kerékfogantyú
handwarm kézmeleg
handwheel kézikerék, hajtókerék; *gyógyv* beállítókerék *(tablettázógépen)*; ~**-gear housing** *kat* kézikerékszerkezet-ház; ~**-handle** kézikerék-fogantyú; ~ **register control** *nyom* kézikerekes soregyenállítás/regiszterállítás; ~**-shaft** kézikeréktengely
handwork kézimunka, kézi megmunkálás; ~ **time** *ip* kéziidő
handy kézhez álló, alkalmas; ~ **aeroplane** *rep* könnyen kormányozható repülőgép; ~ **vessel** jól kormányozható hajó
hang I. *v* függ, lóg, belóg, lelóg; felakaszt, felfüggeszt; *szersz* beakaszt *(fűrészt keretbe)*; nyélre erősít *(fejszét)*; **II.** *n* felfüggesztés, beakasztás, bekötés; fennakadás *(mozgásban)*; függés, lógás, belógás, lelógás; általános irány; *ép* lejtő; *geol* lanka, dőlés; *hajó* palánk hajlása; vitorlavászon-köteg; *koh* felboltozódás, boltozatképződés; ~ **bank** *bány* kezelőpadozat, ürítőpadozat *(aknaszájnál)*; ~**-fire** *bány* megkésett robbanás; *kat* töltény fennakadása, elcsettent lövés; ~ **of light** *foto* fénybeállítás; ~**-over** → hangover; ~ **pick** *tex* szövéshiba; ~ **up** *v* fennakad; felfüggeszt; *távb* visszaakaszt, visszatesz *(hallgatót)*; ~**-up** *szt* megszakítás, felfüggesztés; ~ **wallpaper** *v ép* tapétáz
hangar (HGR) *rep* gépcsarnok, hangár; ~ **apron** *rep* betonkifutó; hangár előtti előtér; műszaki előtér; ~ **charge** *rep* hangár (használati) illeték; ~ **clearance** *rep* a függőleges vezérsík legfelső pontja és a hangár mennyezete közötti távolság
hanger akasztó, akasztókampó, akasztókapocs, akasztószerkezet; (akasztó)horog; vállfa *(ruhaakasztó)*; *bány* fedőoldal; függesztőcsavar *(aknaácsolathoz)*; lámpahorog; függeszték; vető fennmaradt szárnya; *bőr* akasztórúd *(színező előcserzéshez)*; *ép* felfüggesztőrúd, felfüggesztőelem, húzott függőleges rácsrúd; függesztőmű; *foto* filmfüggesztő keret; *geol* meredek lejtő, túlfüggő hegyoldal; *gép* függő csapágytartó; *gépk* függesztőkengyel *(lemezrugókötegé)*; ~ **bar** szerelővasbetét; ~**-bearing** *gép* függő csapágy; ~ **bolt** *bány* felfüggesztő csavar *(aknamélyítésnél)*; ~ **box** *gép* függő csapágy; ~ **crack** *koh* gallérrepedés; ~**-on** *bány* csatlós
hanging I. *a geol* meredek falú; **II.** *n* fennakadás; falburkolat, falborítás; *koh* boltozatképződés, felboltozódás, fennakadás; *pa* tapétapapír; *tex* függöny, drapéria, szövetkárpit; ~ **adit** *bány* fedővágat, főtevágat; ~ **arch** *koh* függesztett boltozat; ~ **battens** *pl el* rivaldalámpasor; ~ **blast furnace** függő elegyoszlopos kemence; ~ **bridge** függőhíd; lánchíd; ~ **bushing** → ~ spur; ~ **carrying (rope) shoe** *bány* függő saru; ~**-chain excavator** *bány* függőláncos puttonyos kotró; ~ **coal** *bány* aláréselt szén; ~ **coulter** *mzg* csoroszlya *(mereven felerősített)*; ~ **drop** függőcsepp; ~ **figure** *nyom* alsó index; ~ **fold** *geol* függőleges redő; ~ **gallery** *ép* függő galéria; *geol* (hosszú) völgyszakadék; ~ **guide** *em* függesztett vezetőkeret; ~ **gutter** *ép* függő ereszcsatorna; ~ **inden(ta)tion** *nyom* fordított behúzás/bekezdés; ~ **layer** *bány* fedü; fedüoldal; *geol* fedőhegység; ~**-layer wall** *geol* fedőhegység; ~ **leader** → guide; ~ **level** függő libella; ~ **levelling rod** *bány* függő szintezőléc; ~ **load** *em* függő teher; ~ **machine** *tex* szőnyegszövő gép; ~ **of charge** elegyoszlop fennakadása; ~ **paper** tapétaalappapír; ~**-pendulum clock** fali ingaóra; ~ **plough/plow** függesztett eke; ~ **post** támoszlop *(kapuszárnyhoz)*; ~**-post truss** *ép* egyszerű függesztőmű; függesztőoszlopos rácsos tartó; ~ **ring** függesztőgyűrű; ~**s** *ép* kárpitozóanyagok; ~ **sash** *függ* fel-le tolható ablakkeret *(ellensúllyal)*; ~ **scaffold** *bány* falazópad, függőpad; *ép* függőállvány; *mech* felfüggesztett zsaluzat; ~ **side** *bány* fedőoldal; ~ **side-wall** *bány* fedőoldal; ~ **spur** *hidr* befüggesztett sarkantyú; ~ **stage** *bány* függőpad; *ép* függőállvány; ~ **stile** *ép* szárfa; ~ **theodolite** *bány* függőteodolit; ~ **tie** *ép* függesztőheveder; ~ **truss** *ép* függesztőmű; ~ **up** *távb* (meg)bontás, szétbontás; ~ **wall** *bány* fedőkőzet, fedükőzet; függesztett biztosítás *(aknában)*; vető felemelt szárnya
hangover *szt* tónusok átlapolása *(telefaxnál)*; *távk* késleltetés *(beszédváltóé)*; ~ **blind effect** *tv* redőnyhatás; ~ **time** *távk* lezárási idő *(visszhangzáré)*; visszhang-csillapítástartam
hank I. *v tex* motollál, gombolyít *(motringba)*; **II.** *n hajó* vitorlarúdgyűrű; *tex* gombolyag, matring, motring; ~ **beating machine** *tex* matringverő gép; ~ **delivered** *tex* végtermék finomsági száma *(fonásnál)*; ~ **drawing** *tex* nyújtott szalag finomsági száma; ~**(-)dyeing** *tex* motringfestés, motringszínezés; ~ **hook** *tex* kiverőfa *(matringbontáshoz)*; ~**-lap** *tex* bundatekercs finomsági száma; ~ **roving (HR)** *tex* előfonal finomsági száma; ~**-scouring machine** *tex* motringlefőző (gép); ~ **sizing** *tex* motringírezés; ~**s per delivery** *tex* szalagok száma nyújtófejenként; ~ **tester** *tex* kötegszakító gép; ~ **tie** *tex* csépfonal; motringkötöző szál
Hankel | functions *mat* Hankel-függvények

hanksite *ásv* hanksit
hannayite *ásv* hannayit
haphazard összevissza, véletlenszerű, esetleges; ~ **selection** rendszertelen kiválasztás
haploid *biot* haploid
haptic(s) haptikus állapot, érintés, tapintás
harbor *US* → harbour
harbour, *US* **harbor** *hajó* kikötő; ~ **basin** kikötőmedence; ~ **deposit** *geol* tavi lerakódás; ~ **dues** kikötőilleték; ~ **light** kikötői jelzőfény/lámpa; ~ **of refuge** szükségkikötő, menedékkikötő; ~ **portal crane** kikötői portáldaru; ~ **radar** kikötői lokátor; ~ **tug** kikötőhajó
HARCO → hyperbolic area coverage
hard kemény, szilárd, merev; *élip* tömény *(szeszes ital)*; *ép* burkolt *(út)*; *fiz* kemény *(sugárzás)*; *foto* kontrasztdús *(papír)*; *távk* nagy légritkítású *(elektroncső)*; ~ **alloy** *koh* keményfém; ~**-aluminium/aluminum** dúralumínium; ~ **anodizing** *koh* kemény anódos oxidáció; ~**-ash coal** *bány* sovány szén; ~ **asphalt** *ol* keményaszfalt; ~ **back** *nyom* keményfedél; ~**-boiling** magas forrpontú; nehezen fővő/forró; ~ **brazing** keményforrasztás; ~ **brick** túlégetett/kajla tégla; ~**-burnt** erősen megpörkölt; ~**-burnt brick** *ker* teljesen kiégetett tégla; ~ **cap** *bány* süveg; ~ **capsule** *gyógyv* kemény kapszula; ~ **casting** *önt* kéregöntvény; ~**-cast steel** *önt* kéregöntésű acél; ~ **chilling** *élip* erős hűtés; ~ **chromium plating** kemény krómbevonat; *koh, nyom* keménykrómozás; ~ **cider** almabor, erjesztett almalé; ~ **clay** kemény agyag; ~ **cloth** kemény fogású szövet; ~ **coal** *ásv* (fekete) kőszén, antracit; ~ **component** kemény (sugárzás)összetevő; ~ **concrete** megszilárdult beton; ~ **copy** *rep* gépi másolat; ~ **core** *ép* törmelék *(kő, tégla stb.)*; ~**-core area** *rep* nagy forgalmú terület; ~**-cored steel** kemény magú acél; ~**-core floor** *ép* törmelékmozaik padló, törtlap padlóburkolat; ~**-core model** *at* keményatommag-modell, „hard core"-modell; ~ **court** salakos teniszpálya; ~**-cured hide** megkeményedett/sószáraz nyersbőr; ~**-cure rubber** szívósra vulkanizálható kaucsuk; ~ **cutting** *bány* betörés kemény kőzetben; ~ **detergent** *vegy* „kemény" detergens, biológiailag nem lebontható mosószer; ~ **direction** *ásv* kemény irány; ~ **disk** *szt* merev lemez; ~**-disk drive (HDD)** *szt* merevlemez-meghajtó, HDD; ~**-double waste** *tex* sodrott fonalhulladék; ~**-drawn (h.d.)** *alak* keményre húzott; ~**-drawn wire** *koh* keményre húzott huzal; ~**-driven furnace** szoros járatú kemence; ~ **driving** *ép* (cölöp)verés előfúrás nélkül; ~ **driving modulation** erős kivezérlés; ~ **dry** *műa* teljesen száraz; ~ **error** *szt* géphiba; ~ **facing** *bány, ol* keményfém vértezés; ~**(-)facing** *heg* felrakóhegesztés; *ol* keményfém vértezés; ~**-facing alloy** *heg* keményfém felrakáshoz; ~**-facing welding** → ~**-facing**; ~ **fat** sűrű kenőcszsír; tavottazsír, mészbázisú golyóscsapágyzsír; ~**-fat lubricator** tavottaszelence; ~ **ferrite** keménymágneses ferrit; ~ **fibre/fiber** vulkánfíber; ~ **finish** *ép* befejező gipszvakolás, cementsimítás; *tex* fényes/fényezett kikészítés; ~ **flow** *műa* kis folyóképesség; ~ **foil** *koh* hengerkemény állapotú fólia; ~**-gas circuit-breaker** gázfejlesztő megszakító; ~ **glass** keményüveg; bórüveg, káliüveg; ~ **glass bulb** keményüveg bura; ~ **grease** → ~ fat; ~ **hat** *bány* bányászsapka; *szersz* védősisak; ~ **heading** meredek sikló; *bány* meddő munkahely; ~ **image** *tv* túlkontrasztos kép; ~ **kiln** *ker* keményre égető kemence; ~**-laid rope** szorosan vert kötél; ~ **landing** *rep* durva leszállás; ~ **lead** *koh* keményólom; ~**-magnetic alloy** keménymágneses ötvözet; ~ **metal** *koh* keményfém; ~**-metal bit** *ol* keményfém betétes korona; ~**-metal contact** keménykontaktus; ~**-metal draw die** *koh* keményfém húzókő; ~**-metal insert bit** *ol* keményfém betétes fúró(véső); ~**-metal-insert bit** *bány* keményfém betétes jövesztőkés; ~ **missile base** rakétabunker-bázis; ~ **mortar** *ép* hoszszabbított habarcs; ~ **oscillations** kemény lengések; ~ **pan** *hidr* kőpad; ~ **paper** *el* papírbakelit, pabit; *pa* kraftpapír; ~**-paper barrel** keménypapír hordó; ~**-paper round container** *pa* hengeres keménypapír tartály, kartonhenger; ~**-paper tube** keménypapír cséve; ~ **pitch** *ol* keményszurok; ~ **plaster** *ép* hangviszszaverő vakolás, kemény gipsz(vakolás); ~ **plating** → ~ chromium plating; ~ **plug** *gépk* nagy hőértékű gyújtógyertya; ~ **points** *rep* megerősített szerkezeti elemek; ~**-processing** nehezen feldolgozható; ~ **radiation** *at* áthatoló/kemény sugárzás; ~ **rime** *met* durva zúzmara; ~ **roof covering,** ~ **roofing** *ép* keményfedés, keményhéjalású tetőfedés; ~ **rubber** keménygumi, ebonit; ~ **running** *rep* hibás működés/folyamat; ~**s** *pl bány* kemény szén; *tex* kóc; ~ **scalding** *élip* forrázás; ~ **sectoring** *szt* kötött szektorelrendezés *(mágneslemeznél)*, fizikai szektorjel; ~ **shoulder** *ép* burkolt leállósáv; ~ **silk** *tex* nyersselyem *(nem hámtalanított)*; ~ **silver solder** kemény ezüstforrasz; ~ **size** *tex* sűrű irányag; ~**-sized (HS)** *pa* erősen enyvezett; teljes enyvezésű; ~**-skinned** *kat* páncélozott; ~ **solder** *koh* keményforrasz; ~ **soldering** keményforrasztás; ~ **standing (HS)** *rep* betonozott felületű parkolóhely; ~ **starting** *gépk* nehéz indítás; ~ **steel** *koh* keményacél, kemény szerszámacél; ~ **stocks** → ~ bricks; ~ **superconducting alloy** szupravezető keményfém; ~ **surface runway** *rep* betonfelületű futópálya; ~ **surfacing** *heg* (kemény) felrakóhegesztés; ~ **tap** *koh* kemény agyagdugó *(csapolónyílás elzárására)*; ~**-to-machine** nehezen megmunkálható; ~ **top** *bány* kemény főte; ~**-to-screen material** *bány* nehezen szitálható szemcsék; ~ **tube** légtelenített cső; ~ **twist** *tex* kemény/erős sodrat; ~**-twisted** *tex* nagy sodratú, erős cérnázású; ~ **vacuum** nagyvákuum; nagyfokú vákuum; keményvákuum; ~**-vacuum tube** *el* erősen evakuált cső; ~ **water** kemény víz; ~ **wax** *ol* keményszurok; ~**-wearing surface** kopásálló felület; ~ **wheat mill** *élip* durumbúzát őrlő malom; ~ **woven** *tex* sűrű szövésű; ~ **X-rays** *pl* kemény röntgensugárzás; ~ **yarn** *tex* keményen sodrott fonal; ~ **zinc** *koh* keményhorgany
hardboard *pa* kemény farostlemez; keménylemez; ~ **for trunks** *pa* bőröndlemez
hardcopy *szt* nyomtatott másolat
hardcover → hard back
harden (meg)keményít; *ép* köt *(gipsz)*; *hők* (meg)keményedik; edz; nemesít *(könnyűfémet)*; ~ **and draw/temper** *hők* edz és megereszt, nemesít *(acélt)*; ~ **through** *hők* átedz
hardenability *hők* (át)edzhetőség; ~ **band** *koh* edzhetőségi sáv; ~ **test** *koh* edzési próba

hardenable edzhető; ~ **at elevated temperatures,** ~ **by heat treatment** hőre keményedő; ~ **ferroalloy** *koh* edzhető vasötvözet
hardened | **and tempered/drawn steel** nemesített acél; ~ **cautchouc** keménygumi; ~ **concrete** megszilárdult beton; ~ **condition** edzett állapot; ~ **explosive** *bány* megkeményedett robbanóanyag; ~ **layer** edzett réteg; ~ **steel** edzett acél
hardener keményítőszer; *gumi* gyorsítóanyag, gyorsítószer; *hők* edző *(munkás)*; edzőszer; *koh* előötvözet; *műa* keményítő(szer), hálósító, „herter"
hardening *ép* szilárdulás *(cementé, habarcsé)*; *hők* edzés; nemesítés *(fémé)*; *koh* keményedés; *önt* átkeményedés; *vák* gázlekötés, felkeményedés; *vegy* gélesedés; ~ **accelerator** *ép* kötésgyorsító; szilárdulásgyorsító; ~ **agent** *nyom* keményítőanyag, edzőanyag; ~ **and tempering/drawing** *hők* nemesítés *(acélé)*; ~ **bath** *foto* edzőfürdő; ~ **by sprinkling** edzés permetező hűtéssel; ~ **capacity** edzhetőség; ~ **concible** edzőtégely; ~ **condition** keményedési feltétel; ~ **crack** *hők* edzési (hajszál)repedés; ~ **crack sensitivity** *koh* edzési repedésérzékenység; ~ **crucible** *koh* edzőtégely; ~**-depth curve** *hők* keménytraverz, keménységeloszlási görbe; ~ **distortion** *hők* edzési méretváltozás/torzulás, elhúzódás; ~ **effect** edzőhatás; ~ **element** szilárdító adalékanyag; ~ **failure** keményedés okozta anyagtörés; ~ **flaw** edzési repedés; ~ **fracture sensitivity** → ~ crack sensitivity; ~ **from hot-forming temperature** *koh* edzés a melegalakítás hőmérsékletéről; ~ **furnace** *koh* edzőkemence; ~ **(heat-treatment)** *koh* keménységnövelő hőkezelés; ~ **machine** *koh* edzőkészülék; ~ **material** keményedő/szilárduló anyag; ~ **medium/media** *önt* edzési közeg/betét; ~ **metal** edzhető fém; ~ **of carburized surface** *koh* kéregedzés; ~ **of fats** zsiradékhidrogénezés; ~ **oil** edzőolaj; ~ **operation** edzési művelet; ~ **plant** edzőműhely; edzőberendezés; ~ **range** *hők* edzési hőmérséklet-tartomány; ~ **resins** *műa* keményíthető gyanták; ~ **shop** → ~ plant; ~ **strain** edzési méretváltozás/deformáció; ~ **stress** edzési belső feszültség; ~ **tank** edzőtartály; ~ **temperature** edzési hőmérséklet; ~ **time** *önt* gélesedési idő; ~ **trough** edzővályú; ~ **with subsequent tempering** *koh* nemesítés
hardenite *koh* hardenit
hardie → hardy
hardiness ellenálló-képesség, szívósság; *met* klímaállóság *(berendezéseké, épületeké stb.)*
Hardinge mill *koh* Hardinge-malom
hardmetal → hard metal
hardness keménység; keménységi fok; *el* vákuumfok *(kisülési csőben)*; *fiz* áthatolóképesség *(sugárzásé)*, sugárzás keménysége; ~ **anisotropy** *krist* keménységi anizotrópia; ~ **conversion** keménységátszámítás *(vízé)*; ~**-cooling-rate curve** *önt* edzési hűtési görbe; ~ **curve** keménységi görbe; ~**-depth curve** *koh* keménységtraverz; ~ **grade** *hidr* keménységi fok; ~ **index** keménységi szám; ~ **measurement** *koh* keménységmérés; ~ **number** keménység, keménységi szám; ~ **of hearing** *környv* nagyothallás; ~ **of water** vízkeménység; ~ **of winding** csévélés keménysége/tömörsége; ~ **penetration curve** → ~-depth curve; ~ **penetration (depth)** edzettkéreg-mélység, edzettkéregvastagság; ~ **scale** keménységi skála; ~ **stroke** *mech* keményütés; ~ **test** *any* keménységvizsgálat, keménységi próba; ~ **tester** *any* keménységmérő, keménységvizsgáló/keménységmérő készülék; ~ **testing automaton** keménységvizsgáló automata; ~**-testing diamond** *any* keménységmérő gyémántcsúcs; ~**-testing machine** *koh* keménységvizsgáló gép
hardometer keménységmérő műszer *(fémekhez)*
hardware (HW) vas- és fémáru, acéláru; *ép* ablak-ajtó vasalás/veret; acélszerelvény *(betonban)*; vasalat; *gépk* karosszériaszerelvények; *szt* gépi berendezés; hardware, hardver, HW; ~ **check** berendezés-ellenőrzés; ~ **compatibility** *szt* hardverkompatibilitás; ~ **configuration** *szt* hardverkonfiguráció; ~**-implemented** *szt* hardver úton megvalósított; ~ **material** szerkezeti anyag; ~**-paper** fémcsomagoló papír; ~ **priority interruptus** *szt* hardverprioritású megszakítás; ~ **reliability** gépi berendezés megbízhatósága; ~ **window** *ép* ablakveret *(vasalás)*
hardway *geol* kőzethasadásra merőleges irány
hardwired logic *szt* célszámítógép, huzalozott logika
hardwiring *szt* állandó huzalozás
hardwood keményfa; ~ **floor** *ép* parkett(a); ~ **hammer** *szersz* fakalapács; ~ **pack** *bány* meddőberakatos keményfa máglya; tömedékszekrény; ~ **strip** keményfa léc közbeiktatott horonylécillesztéshez
hardy I. *a* szívós, ellenálló; **II.** *n alak* vágó üllőbetét, nyelesvágó; *bány* kaparóvas
hardystonite *ásv* hardystonit
Hardy|-cross method *mech* nyomatékosztás, Cross-módszer; ~ **joint** *gép* Hardy-rendszerű tárcsa; ~**-joint coupling** *gép* Hardy-tárcsás tengelykapcsoló
hare nyúlbőr; ~ **wool** nyúlszőr *(finom)*
hareskin mezeinyúl-bőr
harf *bány* rés
Harker | **diagram** *ásv, geol* Harker-diagram; ~ **function** Harker-függvény; ~**-Kasper inequality/inequation** Harker—Kasper-egyenlőtlenség; ~ **line** Harker-féle vonal; ~ **peak** Harker-maximum; ~ **plane** Harker-sík; ~ **section** Harker-metszet; ~ **synthesis** Harker-szintézis
harl *ép* kavicsos (mész)vakolás; *tex* kitépett szőrök; ~ **flax** rostlen
harling *ép* kavicsos (mész)vakolás
Harmel's burr crusher bogáncstalanító törőgép
harmful káros, ártalmas; ~ **air pollution** *környv* káros légszennyezés; ~ **interference** *rep* káros interferencia; ~ **radiation** veszélyes sugárzás; ~ **vibration** *mech* káros lengés; ~ **water pollution** *hidr* káros vízszennyezés; *környv* káros vízszennyezés
harmless ártalmatlan
harmlessness test ártalmatlansági próba
harmonic I. *a* össz(e)hangzó, harmonikus, arányos; **II.** *n el* felhullám; *fiz* harmonikus, harmonikus frekvencia, felharmonikus; *hang* (harmonikus) felhang; *rád* harmonikus hullám; ~ **amplifier** *el* felhullámerősítő; ~ **analysis** *fiz* Fourier-analízis, periódusanalízis; harmonikusanalízis; ~ **analyzer** *fiz* harmonikusanalizátor, Fourier-analizátor; ~ **antenna** *távk* harmonikus gerjesztésű antenna; ~ **average** *mat* harmonikus közép(érték); ~ **balance** *aut* harmonikus linearizálás/kiegyenlítés; ~ **beating** *el* felharmonikusok lebegése; ~ **coefficient** *aut* harmonikus együttható; ~ **component** *ásv* harmonikus/felsőbb hullám; *fiz* harmonikus; ~ **components** *aut* harmonikus összetevők; ~ **constant** *mat* harmonikus állandó/konstans;

~ **content** *el* klirrfaktor, (nemlineáris) torzítási tényező; *fiz* felharmonikustartalom; *rep* harmonikustartalom; **~-conversion transducer** frekvenciasokszorozó, frekvenciaosztó; ~ **curve** szinuszgörbe; ~ **distortion (HD)** *távk* harmonikustorzítás; ~ **distortion factor** klirrfaktor, (nemlineáris) torzítási tényező; ~ **division** *mat* harmonikus osztás, aranymetszés; ~ **excitation** *rád* harmonikusgerjesztés; ~ **expansion** *el* harmonikus sorbafejtés, Fourier-sor(ba)-fejtés; ~ **frequency** harmonikus frekvencia; ~ **frequency converter** *aut* harmonikusfrekvencia-átalakító; ~ **function** *szt* harmonikus függvény; ~ **function of time** *aut* időtől függő szinuszfüggvény; ~ **generator** harmonikusgenerátor; *el* frekvenciasokszorozó generátor; ~ **mean (value)** harmonikus közép(érték); **~-measuring set** *távk* harmonikus tartalommérő; ~ **motion** *fiz* harmonikus rezgőmozgás; ~ **multiplier** *el* frekvenciasokszorozó; ~ **order of frequency** *fiz* felharmonikus, alapfrekvencia többszöröse; ~ **oscillation** *el* felharmonikus, felhullám; *mech* harmonikus rezgőmozgás; ~ **oscillator** *aut* harmonikus oszcillátor; ~ **progression (HP)** harmonikus sor; ~ **radiation** *fiz* harmonikussugárzás; ~ **ratio** *mat* harmonikus arány; ~ **response** *el* frekvenciafüggvény, frekvenciaválasz; ~ **response characteristic** *el* frekvencia-jelleggörbe; **~s** *ásv* harmonikus/felsőbb hullám; *mat* harmonikus összetevők; összhangzattan *(zenében)*; ~ **separation** *távk* harmonikusok köze; ~ **series** *mat* harmonikus sor; ~ **sheet** *geof* harmonikus/homogén áramtér; ~ **suppressor** *rád* félhangkiszűrő berendezés, felharmonikus-kiszűrő; ~ **synthesizer** *aut* harmonikusszintetizátor; ~ **system of workings** *bány* harmonikus fejtésmód; ~ **telephone ringer** *távb* szelektív telefoncsengő; ~ **wave** harmonikus/felsőbb hullám; ~ **waveguide** félhullámú (cső)-tápvonal; **~-wire projector (HWP)** *távk* félhullámú irányító antenna

harmonicity *mat* harmonikus tulajdonság, harmonicitás, harmonikusság

harmonize *hang* összehangol, behangol, harmonizál; összehangzik

harmony összhang; ~ **of colours** *tex* színharmónia

harmotome *ásv* harmotom

harness I. *v* hasznosít, felhasznál (ipari célra); **II.** *n* hám, lószerszám; *rep* árnyékolt gyújtóvezeték-rendszer; bekötőheveder; ejtőernyő-heveder; *tex* nyüstszerkezet; ~ **board** *tex* nyüstrendező léc; ~ **builder** *tex* nyüstkészítő; **~-building machine** *tex* nyüstkészítő gép; ~ **cam** *tex* lábítómozgató excenter; ~ **chain** *tex* nyüstlánc; ~ **cleaner** *tex* nyüsttisztító; ~ **cord** *tex* nyüstemelő zsinór; ~ **hook** *tex* nyüstkampó; ~ **motion** nyüstmozgató *(berendezés)*; *tex* nyüstmozgás; ~ **mounting** *tex* nyüstszerszám; nyüstzsinórrendezés *(jacquard-gépen)*; nyüstszerelés; ~ **oil** bőr-(szerszám)olaj; nyeregszappan; ~ **strap** hámszíj; **~-strap/twine** *tex* nyüstzsinór; ~ **tie** *tex* rendeződeszka; ~ **wire** *tex* nyüsttartó huzal

harnessmaker szíjgyártó, nyerges

harp I. *v tex* kirostál *(tilolópadon)*; **II.** *n élip* sajthárfa; *tex* rosta *(tilolópadon)*; *vasút* áramszedő (líra); ~ **antenna** *távk* hárfaantenna, legyezőantenna; ~ **screen/mesh** *ép* hárfarosta, hárfaszita; ~ **screen deck** *ép* hárfarostalap

harper machine *pa* önlevevős papírgép

harpoon szigony

harringtonite *ásv* harringtonit

Harriot-Descartes rule *mat* Descartes-féle előjelszabály

Harris | (lead-softening) apparatus *koh* Harris-készülék; ~ **process** *koh* Harris-eljárás; ~ **slag** *koh* Harris-salak

harrow I. *v mzg* boronál, fogasol; **II.** *n* borona; **~-bowl machine** *tex* villás gyapjúmosó gép; ~ **cart** *mzg* utánfutó kocsi *(kezelő részére, boronán)*; ~ **plough/plow** *mzg* egyenirányú tárcsa(borona); ~ **scouring machine** *tex* villás gyapjúmosó gép; ~ **tine** *mzg* boronafog

harsh érdes, nyers; savanykás; *tex* durva; ~ **grain** érdes barka; ~ **in feel** *tex* érdes/durva fogású; ~ **mix** *ép* durva (beton)keverék; ~ **running** *rep* egyenetlen működés/járás; ~ **snow** *met* kemény hó; ~ **welding flame** *heg* kemény hegesztőláng; ~ **wool** *tex* merev gyapjú

harstigite *ásv* harstigit

hartite *ásv* hartit

hartley *szt* hartley *(információegység)*

Hartley | circuit *távk* hárompontkapcsolás; **~-law** *távk* sávszélesség-idő törvény; ~ **oscillator** Hartley-oszcillátor; ~ **principle** Hartley-elv

Hartmann | clutch *gép* Hartmann-kapcsoló; ~ **diaphragm** *foto* Hartmann-diafragma, Hartmann-féle lépcsős fényrekesz

Hartnell governor Hartnell-féle centrifugális szabályozó

Hartree|-Fock method *ásv* Hartree—Fock-módszer; „self-consistent field" módszer; ~ **voltage** *el* küszöbfeszültség

hartshorn | oil agancsolaj; ~ **salt** *vegy* ammóniumkarbaminát, szarvassó

Harvard *tex* cirkasz *(sávoly)*; ~ **twill** négyfonalas kétszínoldalas/duplakötésű sávoly; cirkasz

harvest wool őszi nyírású gyapjú

harvester aratógép, betakarítógép; **~-thresher** aratócséplő gép, kombájn

harveyizing *hők* Harvey-féle eljárás alkalmazása, grafitporos cementálás

Harvey | grip thread *gép* aszimmetrikus (Harvey-féle) élesmenet; ~ **meter** *foto* Harvey-féle megvilágításmérő; ~ **process** *hők* Harvey-féle eljárás

hash I. *v élip* aprít; **II.** *n* vagdalék; *szt* zagyvalék; *távk* frekvenciazavar, vibrátorzörej, sistergés; ~ **total** *szt* ellenőrző összeg, zagyvalékösszeg; ~ **total card** *szt* ellenőrzőkártya

hasher húsdaráló

hashing *szt* algoritmus rekordok szimmetrikus elhelyezésére

haslock wool tarkógyapjú

hasp I. *v ép* kampóval rögzít, beköt; **II.** *n* lakatpánt; kampó, retesz *(fémáru)*; *ép* falkötő vas; *tex* gombolyítómotolla, gombolyító fonalorsó; pászma *(fonalhosszegység)*; ~ **and staple** hevederpánt lakatszemmel *(ládán)*; *ép* falkötővas bekötőtüskével

hassock *tex* trédpárna

hastily-made dike *hidr* nyúlgát

hastingsite *ásv* hastingsit

hat kalap; *bány* közvetlen fedő; *bőr* cserkéreg fedőréteg/kalap *(cserzőgödörben)*; *gép* süveg; *koh* gázgyűjtő harang; *mat* „tető", „kalap"; *vegy* szennyeződés-

gyűjtő medence *(szappanfőzésnél)*; ~**-bag** *pa* kalapzacskó; ~**-paper** *pa* kalapcsomagoló papír; ~**-section** kalapszelvény
hatband *tex* kalapszalag
hatch I. *v* kikel *(selyemgubó)*; ráccsal lezár; csíkoz, vonalkáz, sraffoz; **II.** *n* csapda *(apró állatok számára)*; falnyílás; kémlelőlyuk *(ajtón)*; csíkozás, vonalkázás, sraffozás; *bány* leszállás; *ép* zsilipkamra *(keszonné)*; *hajó* hajóraktár, hajóraktér; lejáró; nyílás *(hajótesten)*; *rep* lyuk; nyílás; *szt* vonalkázás; ~ **beam** *hajó* nyílásfedél-gerenda; ~ **coaming** *hajó* nyíláskeret; ~ **cover** *hajó* nyílásfedél; nyílásfedő lap; ~ **crane** *hajó* rakodódaru; ~**-end beam** *hajó* raktárnyílás-keretgerenda; ~**es** *pl kat* (torony)csapóajtó; ~ **fill** *szt* vonalkázással való kitöltés
hatched vonalkázott, sraffozott; ~ **capital letter** *nyom* árnyékolt címbetű
hatchel *tex* kézigereben
hatcher keltetőgép
hatchet fejsze, bárd, balta, szekerce; ~ **hammer** csákánybalta; fejszekalapács; ~ **iron** lapos végű forrasztópáka; ~ **planimeter** *geod* baltás planiméter
hatchettolite *ásv* hatchettolit
hatching selyemhernyó-keltetés; *bány* leszállás; *nyom* színes határvonal; vonalkázás *(rajzon)*; ~ **apparatus** *nyom* vonalkázó/irdaló készülék; ~ **house** *hidr* keltetőház; ~ **limit switch** *em* aknavégállás-kapcsoló
hatchway *ép* padlásablak; *hajó* gádor, fedélzeti nyílás/lejáró; raktárnyílás; *rep* fedélzet padozatába vágott ajtó/nyílás; ~ **batten** *hajó* raktárnyílásponyva leszorító éke; ~**-beam carrier** *hajó* támgerendapapucs *(raktárnyílásé)*; ~ **carling** hosszirányú támgerenda *(raktárnyílásé)*; ~ **external tie-plate** *hajó* külső kötőlemez *(raktárnyíláskereté)*; ~ **wedge** *hajó* leszorító ék *(raktárnyílásponyváé)*
hatter kalapos; aranyásó
Hattersby loom felsővetésű/felsőütésű szövőgép
hauerite *ásv* hauerit
Haüy fundamental law *krist* Haüi-féle alaptörvény
haüyne *ásv* hauyn
haul I. *v* vontat, kiszállít; *fa* kiközelít; **II.** *n* szállítás; *bány* munkahelyi szállítás; szintes vontatás; ~ **away** *v* elvontat; ~**-back** visszavontatás; ~ **distance/length** szállítási távolság; ~ **home** *v* hazavontat; *em* csigasort összehúz *(csigák érintkezéséig)*; ~**-off** *műa* elvevőberendezés; ~**-off roll** *műa* elvevőhenger, lehúzóhenger; ~ **road** *ép* anyagszállító út; ~ **unit** szállítójármű; ~ **up** *v* feldob *(bőrt a cserzőgödörből)*
haulage szállítás, vontatás; kötélvontatás; hálóhúzás; *bány* munkahelyi szállítás; *fa* közelítés; ~ **by means of mine cars** *bány* csilleszállítás; ~ **capacity** *bány* szállítási teljesítmény; ~ **chain** *bány* szállítólánc; ~ **chart** *bány* szállítási térkép; ~ **clip** *bány* vonóláncszorító, vonóláncbilincs, csillekapcsoló; ~ **distance** szállítási távolság; ~ **drift** *bány* szállítóvágat; ~ **equipment** *bány* szállítóberendezés; ~ **gear** *bány* csörlő; felvonó; (szállító)vitla; ~ **heading** *bány* szállítófolyosó; ~ **height** *bány* szállítási magasság; ~ **level** *bány* szállítószint; ~ **man** *bány* csillés; ~ **on inclined roads** *bány* lejtős szállítás; ~ **plant** gépi vontatóberendezés; *bány* gépi szállítás; ~ **road** *bány* szállítóvágat; ~ **road bunker** *bány* vágatbunker; ~ **roadway** *bány* szállítófolyosó, szállítóvágat; ~ **rope** szállítókötél, von(tat)ókötél; *ol* húzókötél; ~ **scheme** *bány* szállítási térkép; ~ **speed** *bány* szállítási sebesség; ~ **technology** *bány* szállítási technológia; ~ **track** *bány* szállítóvágat; ~ **tunnel** → ~ roadway; ~ **voltage** *bány* vontatási feszültség; ~ **way** *bány* szállítóvágat; ~ **winch** *bány* vontatódob; ~ **with ground rope** *bány* alsóköteles szállítás; ~ **with overhead rope** *bány* felsőköteles vontatás
hauled vontatott; ~ **scraper** *ép* vontatott kéttengelyes földnyeső; ~ **sprinkler lateral** *hidr* vontatható szárnyvezeték
hauler szállítójármű; → haulier; *bány* (szállító)csillés; szállító(munkás); vitla
haulier szállító, szállítási/fuvarozási vállalkozó; → hauler
hauling vontatás; *bány* bányaszállítás; egy menettel szállított szén; felhúzás *(felvonóval)*; munkahelyi szállítás; *fa* közelítés; *vasút* hajóvontatás *(mozdonynyal, partról)*; ~ **apparatus** vontatócsörlő; ~ **area** *fa* kiközelítési/kiszállítási terület; ~ **cable** → rope; ~ **capacity** vonóerő *(járműé)*; ~ **contractor** szállítási vállalkozó; ~ **engine** *bány* bányamozdony; bányaipari emelőgép; vontatómotor; ~ **equipment** szállítófelszerelés, szállítóeszköz, jármű; ~ **power** vonóteljesítmény; ~ **rope** szállítókötél, vonókötél; ~ **shaft** *bány, ép* szállítóakna; ~ **speed** *hajó* bevonási sebesség *(kötélé)*; ~ **unit** szállítójármű
haulm *mzg* kóró *(burgonya)*; szár *(kukorica)*
haunch vállas csap *(fakötés)*; padka *(út)*; könyök, kiékelés *(vasbeton tartónál)*; *ép* félív *(boltvállól tetőpontig)*, ívváll
haunched beam könyökös gerenda, kiékelt tartó; vállas csap *(fakötés)*
haunching *ép* betonköpenyezés *(cső)*
hauptdolomite *bány* fődolomit
hausmannite *ásv* hausmannit
hautelisse loom szőnyegszövő szék
Hauterivian (substage) *geol* hauterivi emelet
Havana brown *tex* dohánybarna
hawk *ép* simítódeszka, simítólap; *koh* salakrúd
hawkbill pliers *pl* forrasztófogó
Hawkins cell Hawkins-elem *(vas-cink elem)*
hawse *hajó* horgonyláncnyílás; ~ **hole** kötélnyílás; ~ **pipe (HP)** horgonyajak; horgonyláncvezető cső
hawser *hajó* horgonylánc; kikötőkötél; ~**-laid rope** háromsodratú/hárompászmás kötél
hay I. *v* füvet kaszál; **II.** *n* széna; ~ **aerator** szénarendlazító (gép); ~ **and straw elevator** széna- és szalmarakodó, kazalozóelevátor; ~ **baler** szénaprés, szénabálázó; ~ **carrier** szénafelvonó; ~ **conditioner** szénaszárító (berendezés); ~ **crusher** szártörő; ~ **cutter** szénakaszáló gép; ~ **derrick** szénarakó daru, kazalozógólya; ~ **fork** szénagyűjtő/szénahányó villa; ~ **harvester** fűkaszáló gép; ~ **loader** szénarakó gép; ~**-mow** szénapajta; ~ **packer** szénaprés; ~**-pole** *fa* irtórúd; ~ **rake** → hayrake; ~ **spreader** szénaforgató; ~ **stacker** szénakazalozó; ~ **sweep** villás szénagyűjtő
Hay-bridge *távk* Hay-híd
haydenite *ásv* haydenit
hayloft szénapadlás
haymaking machine szénaforgató gép
hayrake *mzg* szénagereblye; *ol* kapcsolófésű, rudazatfésű
haytorite *ásv* haytorit

haywire szénakötöző zsineg; *távk* ideiglenes vezeték
HAZ → heat-affected zone
hazard véletlen; kockázat; veszély; *el* hazárd, versenyfutás; ~ **analysis** üzembiztonsági elemzés; ~ **beacon** *rep* veszélyfényjeladó; ~ **bonus** veszélyességi pótlék; ~ **flight conditions** *rep* a repülésre veszélyes meteorológiai jelenségek; ~ **of failure** meghibásodás veszélye; ~ **of radiation** sugárveszély; ~ **of water inflow from a stratumwater reservoir** *bány* rétegvízveszély; ~ **point** veszélyforrás; ~ **property** veszélyességi (anyag)jellemző
hazardous | **rock** *bány* omlásveszélyes kőzet; ~ **roof** *bány* gyenge/omlós főte
haze I. *v* (el)homályosít, elködösít; **II.** *n met* pára(réteg); porfüstréteg, szárazköd; száraz légköri homály; *műa* homályosság, zavarosság; *ol* zavarosodás; *tv* fátyolképződés, fátyolosodás; ~ **extinction** porfüstréteg által okozott gyengülés/extinkció; ~ **horizon** *rep* párás látóhatár/horizont; ~ **layer** *met* páraréteg; ~ **number** *ol* zavarosodási index; ~ **top** *rep* páraréteg teteje/magassága
hazel *pa* dióbarna
Hazelett | **anode** *koh* Hazelett-anód; ~ **(strip-casting) process** *koh* Hazelett-eljárás
hazelnut-size coal diószén
Hazen's uniformity coefficient *ol* (Hazen-féle) egyenlőségi együttható *v.* egyenletességi koefficiens
hazy ködös, párás, homályos
HB → homing beacon; ~ **standards** → high-band standards
HBM distillation *ol* Hempel-desztilláció
HBN → hazard beacon
HC → handling capacity; → heat coil; → heat conductivity; → heat content; → hexachloroethane; → high conductivity; → high-capacity; → hydraulic conductivity; → hydrocarbon
h.c. → heat of combustion
HCC → hand-handling computer
HCD → hot-carrier diode
HCF → highest common factor
HCH *környv* HCH
HCI → human-computer interaction
h.c.p. → hemispherical candle power; → hexagonal close-packed
hd → head
HD → harmonic distortion; → heavy-duty; → high density; → high-density; → hodoscope
h.d. → hard-drawn
HDB code → high-density bipolar code
HDD → hard-disk drive
HDLC → high degree link control; → high-level data link control
HDR → header label
HDTV → high-definition television
HDVS → high-definition video system
He → helium
HE → heat exchanger; → high explosive; → horizontal equivalent; → human engineering
head I. *v* fejrészt/végpontot alkot; **II.** *n* fej, vég, végződés; darab kezdete; cölöpfej; folyosó; réselőfej; zárkő; csavarfej; *alak* medve, verőfej; *bány* fronthossz, fejtési front/homlok; szénben hajtott vágat; *ép* ablakfejléc; *fa* ágyfej; *forg* orsófej; *geol* forrás; *gép* szegecsfej; *gépk* tető; *gumi, műa* extruderfej; présfej *(csigaprésen)*; *hidr* csőfej (szivattyún); esés *(vízerőműé, szivattyúé, gáté)*; nyomómagasság *(szivattyúé)*; statikus nyomómagasság; *közl* csúcs *(terhelési, forgalmi)*; *önt* felöntés; *pa* folyadékszint, anyagszint; *szersz* mérőfej, érzékelőfej, szonda; *szt* (mágnes)fej; *tex* darab végjelzője *(szövésnél)*; nyüstszál; *vegy* sisak *(lepárlóüstön)*; ~ **a cask** *v* hordófeneket besüllyeszt; ~ **alignment/adjustment** *hang* fejbeállítás, résmerőlegesség állítása; ~ **amplifier** *távk* előerősítő; video-előerősítő, képelőerősítő; ~ **amplifier of the camera** *tv* kameraerősítő; ~ **and coiler** *tex* forgókanna fejjel *(előfonat részére)*; ~ **arch** *ép* felsőív *(hídon)*; ~ **assembly** *hang* fejegység; ~**-attachment** *ép* oszlopfőkiképzés, oszlopfő-csatlakozás; ~ **beam** *ép* süvegfa; ~ **beaterman** főhollandimolnár; ~**-block** féktuskó; *bány* siklóféktárcsa; süvegfa; toronytárcsa; ütközőkorlát *(csillék leszaladása ellen)*; váltóállító készülék talpfája; zsámoly *(rönktargonca)*; ~**-box** *bány* befogadókosár *(mosószéren)*; *pa* nagynyomású felfutószekrény; papírgépkád; ~**-breaking chamber** *hidr* nyomáscsökkentő akna; ~ **caption** fejléc, tábla *(táblázat)*; ~ **centre/center** *forg, gép* orsócsúcs; ~ **chainman** *bány* bánya(fel)mérő; ~ **chamber** *hidr* felsőkamra; ~ **cheese** fejsajt; ~ **chisel** fejesvéső; ~ **circuit** fejhallgató-áramkör; ~ **clamp** *forg* orsófejretesz; ~ **clamping** *forg* késfejrögzítés, orsófejrögzítés; ~ **clogging** clogging, fejeltömődés; ~ **coal** *bány* bőrke; főtében hagyott szénsav; ~ **core** *távk* fejmag; ~ **cover** *ruh* kalap, sapka; ~ **crash** *szt* fejhiba; ~ **cup** *ép* szegecselőüllő; ~ **dislocation** vezető diszlokáció; ~ **ditch** *mzg* főcsatorna; ~**-down instrumentation** műszerezés műszertáblán; ~ **driller** fúrómester; ~**-drum** fejdob; ~**-drum motor** fejdobmotor; ~**-drum servo** fejdobszervo; ~ **elevating** *forg* gyalufejemelés, késfejemelés; ~ **end** *cu* nyersléoldali vég *(edényláncé)*; *élip* beömlés, beömlő vég; *tex* szövetvég zárószegélye; vég kezdőrésze *(jelzett)*; ~**-end type tractor-loader** *em* homlokrakodó; ~ **exchange** gócközpont; ~ **feed** *forg* fúrófej-előtolás; ~ **file** kardreszelő; ~ **finisher** *pa* teremmester; ~ **gas** *ol* fejtermék; ~**-gate(s)** *hidr* felső zsilipkapu; ~ **gear** *bány* akna-szállítótorony; ~ **house** *bány* aknaépület; *élip* silótorony; *vasút* fejállomás; ~ **increaser** *hidr* esésnövelő berendezés; ~ **joint** derékszögű összekötés; ~ **knife** *bőr* talpvágó kés; ~ **lathe** *forg* fejeszterga, síkeszterga; ~ **lease** *tex* fonalkereszt *(felvetőkereten)*; ~**-ledge** *hajó* raktárszád harántoldala; ~ **lighting** *vasút* fényszórós homlokvilágítás; ~ **lining** *gépk* tetőkárpit; ~ **liquor** *bőr* kezdő lé *(színező előcserzéshez)*; ~ **loss** *bány, hidr, ol* veszteségmagasság; *ép* nyomásveszteség; ~ **loss due to change of direction of flow** *hidr* iránytörési veszteség; ~ **lowering** orsófejsüllyesztés; ~ **mark** megkülönböztető jel(zés); ~ **meat** *élip* fejhús; ~ **meter** nyomáskülönbség-mérő; ~ **mirror** homloktükör; ~ **of a book** *nyom* felső szél *(könyvé)*; ~ **of a page** fejléc; ~ **of bore hole** *ol* fúrólyukszáj; ~ **of canal** csatorna eleje; ~ **of column** *ol* kolonnafej; ~ **of contact bolt** érintkező csavarfej; ~ **of neddle loop** *tex* tűhuroktető; ~ **of sinker loop** *tex* platinaszemtető; ~ **of stage** *bány* lépcsőnyomás; ~**-on approach** *rep* ellenirányú megközelítés/bevezetés; ~**-on collision** *at, mech* centrális ütközés; *rep* szembehaladó légi járművek összeütközése; ~**-on course** *rep* szembetartó irány; ~**-on crest** átbukási magasság;

~-on cross-section homlokkeresztmetszet; ~-on pass *rep* megközelítés szembetartó irányokon; ~-on phototube felsőkatódos fotocella; ~ on the weir *hidr* átbukási magasság; ~-ovalling machine *fa* ovális fenékvágó gép; ~ overlooker főművezető; ~ over the weir *hidr* átbukási magasság; ~ part (gép)főrész; ~-planing machine *fa* hordófenék-gyalugép; ~-plate *ép* szélső övlemez, főlemez *(hídé)*; véglemez, homloklemez, homlokfal *(boltozaté)*; *gép* felső lap; homlokfal; ~ pond *hidr* csatornafő; ~ positioning *szt* fejpozíció; ~ protecting hood *bány* bányászsapka; ~ pulley toronykötéltárcsa; ~ punch *szersz* kengyeles bőrlyukasztó; ~ race, ~ race channel *hidr* felvízcsatorna; ~ radiator *rep* orrhűtő; ~-rail *ép* ajtószemöldökfa; süvegfa, keretfa *(favázas épület)*; ~-rest *közl* fejtám(asz); ~ rice egész szemű rizs; ~ rod *vasút* külső csúcssínösszekötő rúd; ~ roller *koh* hengermester; ~s *pl bány, koh* gazdag dúsítvány/koncentrátum; *ol* fejpárlat; *vegy* dúsított termék; fejtermék, fejpárlat *(desztilláció)*; ~s-and-tails *pl élip* elő- és utópárlat; ~ screening cover *el* árnyékolóbura; ~ shaft főtengely; ~ sheet *élip* beömlőréteg; ~ shield *el* árnyékolóbura; *ép* fejpajzs, félpajzs; *gépk* porlasztó alatti sugárzásvédő lemez; ~ sieve *élip* beömlőkeret; ~ slide-way *forg* marófejvezeték; *tex* orsófejszán-vezeték; ~-slip fault *geol* szabályos vetődés *(fejcsúszás)*; ~s or tails *mat* fej vagy írás; ~ split fejhasítékbőr; ~-split machine borjúfejhasító gép; ~s tank *ol* előpárlat-tároló; ~ stray *el* tekercsfejszórás; ~-to-head addition *műa* fej-fej kapcsolódás; ~-to-head structure *műa* fej-fej szerkezet; ~-to-tail addition *műa* fej-láb kapcsolódás; ~-to-tail structure *műa* fejláb szerkezet; ~ tower *ép, vasút* kötélpálya kiindulótornya; ~ traverse *forg* orsófejmozgás; ~ tree *bány* főtefa; *ép* nyeregfa; süvegfa; ~ twist *tex* utánsodrat; ~ twisting *tex* pótsodrat, utósodrat; ~-type fejes; ~-up display (HUD) *rep* adatkijelzés fejmagasságban *(pilótafülkében)*; ~-up instrumentation *rep* mellső műszerlap; ~ wall *ép* homlokfal *(áteresze)*; főfal; ~-wall structure csőszáj *(alagcsövezésé)*; ~ wear *hang* fejkopás; ~-wheel *hang* fejdob; ~-wheel motor *hang* fejdobmotor; ~-wheel servo *hang* fejdobszervo; ~-wind *hajó, rep* ellenszél; ~ workman előmunkás

headband *nyom* oromszegés; *távk* fejhallgatókengyel; ~ receiver *távk* fejhallgató

headbay *hidr* felső öböl, felvízi öböl; zsilipfej

headboard ágy fejrésze; fejlap; alátét; *bány* főtebélés *(deszka, palló)*; *fa* takaródeszka; *gép* felső lap; *gépk* tehergépkocsi-rakfelület homlokfala

headcrash *szt* fejhiba

headed *bőr* buggolt, visszahajtott *(bőrszél)*; *gép* zömített fejű; ~ prop *fa* fejes dúc; ~ screw fejes csavar

headend *szt* fővég, fejállomás

header elővájó réselőgép; vízkamra; zsomp; kamra, tároló, gyűjtő/elosztó cső; *alak* fejező/fejzömítő gép; *bány* felső fúrólyuk; *el* fémes hordozó; *ép* fejelőtégla; fejgerenda, kiváltógerenda; hajtópajzs; *hidr* fejcső *(szivattyún)*; *hőt* kazándob; *mzg* kalászvágó *(aratógépé)*, vágószerkezet; *rád* csőfejelő gép; *szt* fejléc, fejcímke; fejrész, fejléc *(videotexnél)*; ~ bond *ép* kötőtégla(sor); ~ cap csavaros dugó; ~ course *ép* kötőréteg *(falazatban)*; kötőtéglasor; ~ joist *ép* váltógerenda; ~ label (HDR) *szt* fejléc, fejcímke, HDR *(állomány előtt)*; ~ penstock *hidr* fónyomócső; ~ pipe *bány* elosztó csőcsonk; *ép* fővezeték *(csatornáé)*; *hidr* elosztóvezeték, gyűjtővezeték, fővezeték; ~ tank felső víztér *(hűtőé)*; *el* tágulótartály; *gépk, hajó* vízszekrény; ~ with partition *hőt* közfalas vízkamra

headframe felvonóállvány; *bány* akna-szállítótorony; ~-hoist *bány* toronyhajtásos akna-szállítóberendezés; ~ stand *bány* toronyláb

headgear *bány* akna-szállítótorony; aknatorony; felvonóállvány; *távb* fejhallgató; ~ pulley filler *bány* horonybetét

heading *alak* fejsajtolás *(csavaré)*; *bány* betörés; csapásvágat; előkészítő vágat; főte; iránytáró; munkahelyi homlok; összekötő vágat; vágat; vágathajtás; vezérvágat *(párhuzamos vágatcsoport között)*; „közle"; *koh* duzzasztás; *nyom* fejléc; *ol* lüktetés; *rep* irány; *szt* fejrész, megfejelés; ~-and-bench mining *bány* talppásztafejtés; ~ and stall *bány* (kamara-)pillérfejtés; ~ angle *rep* irányszög; irányvonal; ~ bond *ép* kötőtéglás falazat/téglakötés; ~ brick fejelőtégla; ~chain pillar *bány* folyosó védőpillére *(kamaralábak sora)*; ~ chisel *szersz* ácsvéső, (csap)lyukvéső; ~ control loop *rep* irányítható keretantenna; ~ course *ép* kötősor; ~ die *szersz* fejező; ~ director *rep* vezérlő iránymutató készülék; ~ drift *bány* iránytáró; ~ error *rep* irányhiba; ~ indicator *rep* iránymutató; ~ instrument iránytartás-ellenőrző műszer; ~ line fejsor, vezetősor; ~-machine *bány* fejtőgép; zömítőgép; ~ machine with rocker/swinging arm *bány* lengőkaros vágathajtógép; ~ marker északi irányjelző; ~ of landing *rep* leszállási irány; ~ of traffic *gépk* forgalomirányítás; ~ paper felzetes papír; ~ performance *bány* elővájási teljesítmény; ~ press fejezőprés; zömítőprés; ~ process zömítő eljárás; ~s *pl* koncentrátum; *bány* színpor; ~ shield *ép* hajtópajzs; ~ stave *fa* tetődonga, fenékdonga; ~ tool fejezőszerszám; ~ to the rise *bány* siklóművelés; ~-up *hidr* duzzasztás; ~ work *bány* előkészítő vágat; keskenyvágat-hajtás

headlamp *el* fényvető; fejlámpa; *gépk* fényszóró; ~ bracket fényszórótartó; ~ case fényszóróház; ~ shell fényszórótest

headland *geol* előhegység; félsziget; földnyelv; földrész *(kiugró)*

headless fejetlen, fej nélküli; ~ screw fej nélküli csavar, fejetlen csavar; ~ screw/set hernyócsavar

headlight (HL) *el* fejlámpa; *gépk* fényszóró; *rep* orrlámpa; *vasút* jelzőlámpa *(mozdony elején)*; ~ door *gépk* fényszórókeret

headline *nyom* címfej; címsor; főcím

headlock kormányzár *(motorkerékpáron)*

headmaster főművezető

headpad *kat* nyakvédő, nyakszirtvédő

headphone *távk* fejhallgató; ~ bow fejhallgatókengyel; ~ broadcast reception fejhallgatós rádióvétel; ~ connector fejhallgató-csatlakozó; ~ ear cushion fejhallgatópárna; ~ set fejbeszélő, szájbeszélős fejhallgató; ~ with breastplate microphone mellbeszélő

headpiece összekötő idomdarab; *bány* főtefa; *gép* fejrész, fej; *nyom* fejezetdísz, fejléc; *rep* sisak; *távk* fejhallgató

headrace *hidr* felvízcsatorna

headroom belső keresztmetszet; kocsiszekrény-felsőtér; szabad tér; *bány* vágat magassága; *ép* (tiszta) belmagasság; belső emeletmagasság, belvilág

headset fejbeszélő, szájbeszélős fejhallgató
headstock *bány* aknatorok; alapkeret; keretgerenda; koszorúgerenda; *ép* fejdúc; *forg* orsóház, orsószekrény; *tex* szelfaktor fejrésze/vezérműve
headstone *ép* alapkő; sarokkő
headward erosion *bány* hátráló erózió; *hidr* visszarágódás
headwater felső vízfolyás *(vízrendszerben)*; nyomóvíz; felső böge, duzzasztott folyószakasz; *hidr* felvíz; ~ **bay** *hidr* felső öböl; ~ **control** *hidr* felvíz szabályozása; ~ **elevation** *hidr* felvízszint, duzzasztási szint; ~ **level** *hidr* felvízszint; ~ **level regulator** *hidr* felvízszint-szabályozó; ~ **surface** felvízszín
headway fejtáv; felhengerlő berendezés; *bány* előválás; ereszke; feltörés; főfolyosó; gurító; sikló; vállappal párhuzamos vágat; *ép* (tiszta) belmagasság; *vasút* vonatkövetés, vonatkövetési időköz
headwork *bány* aknatorony; vágathajtás; ~**s** *hidr* vízkivétel(i mű); *vasút* főműhely
heald *tex* nyüstszál; ~**-and-harness mounting** Jacquard-szerelés; ~**-bands** nyüstrendszer; ~**-braiding machine** nyüstzsinórverő gép; ~ **cord** nyüstzsinór; ~ **drafting** nyüstbeszerelés; ~ **eye(let)** nyüstszem; ~ **frame** nyüstkeret; ~ **hook** nyüsthorog; ~ **knitter** nyüstkészítő; ~ **knitting** nyüstkészítés; ~ **knitting frame/machine** nyüstkészítő berendezés; ~ **lath** nyüstléc; ~**-level(l)ing motion** nyüstszabályozó szerkezet; ~ **maker** nyüstkészítő; ~ **ribbon** nyüstsín; ~ **shaft** nyüstléc; ~ **yarn** nyüstfonal
healding *tex* nyüstbefűzés
healed-over wound *fa* átnőtt égési (seb)hely
healing over *fa* faseb átnövése
health | **hazard** *környv* egészségügyi veszélyforrás; ~ **monitoring** sugárvédelmi ellenőrzés; ~ **physics** sugárvédelmi fizika; ~ **precaution** sugárvédelem; ~**-resort** *ép* üdülőhely, üdülőtelep
heap I. *v* halmoz; **II.** *n* halom, kupac; *bány* hányó; *koh* meddőhányó; ~ **bridge** *bány* hányóhíd; ~ **capacity** hányó befogadóképessége; ~ **cloud** *rep* gomolyfelhő; ~ **coking** *koh* tömegkokszolás; ~ **grading** *bány* hányóegyengetés; ~ **keeper** *bány* hányómunkás; ~ **leaching** *koh* lúgzás halomban; ~ **levelling** *bány* hányóegyengetés; ~ **of boulders** *ép* hányó, törmelékkúp; ~ **ore** *bány* hányóérc; ~ **roasting** *koh* halmokban való pörkölés; ~ **sand** égetett formázóhomok; ~ **stability** *bány* hányóállékonyság; ~ **stacker** *bány* hányóképző; ~ **stockpiling** *bány* hányókezelés
heaped concrete *ép* szórt (döngöletlen) beton
heaping up *bány* hányóképzés
heapstead *bány* aknaépület; külszín; külszíni berendezések
hearing hallás; hallóképesség; hallótávolság; ~ **acuity** hallásélesség; ~ **aid** hallásjavító készülék, hallókészülék; ~ **diminution** halláscsökkenés; ~ **loss** *orv* halláscsökkenés; halláskárosodás; ~ **protection** *környv* hallásvédelem
heart I. *v* bélel; **II.** *n* középpont; *bány* fúrómag; *fa* bél; *gép* szívdarab; *hők* mag; *óra* szív; *tex* kötélmag; ~ **cam** *gép* szív alakú vezérbütyök; ~ **check** *fa* bélrepedés; ~ **contour/curve** *mat* kardioid, szívgörbe; ~ **cut** *ol* közbülső (fő)párlat; ~ **face** bél *(fűrészáruban)*; ~ **line** → ~ contour; ~ **rot** *fa* bélkorhadás; gesztkorhadás; ~ **scraper** szív alakú hántoló; ~ **shake** *fa* bélrepedés, gesztelválás; gesztkorhadás; ~**-shaped dead-eye** *bány* kötélszív; ~**-shape diagram** *mat* szívgörbediagram; ~ **shaped thimble** *ép*; kötélszív; ~**-shape line** *mat* kardioid, szívgörbe; ~ **tie** *vasút* talpfa *(gesztből)*; ~ **treatment** *fa* gesztig ható fatelítés; ~ **unit** *ép* vizesblokk; ~**(-)wood** *fa* gesztfa, bélfa; ~**-wood formation** *fa* gesztképződés
hearth kandalló; *koh* medence; munkatér; teknő; ~ **accretion** *koh* fenéktapadvány; ~ **area** *koh* nagyolvasztó medenceövezete; ~ **block** *koh* nagyolvasztófenék; ~ **block bottom** *koh* kemencefenék; ~ **bogie** *koh* kemencekocsi; ~ **bottom** *koh* kemencefenék; ~ **bread** *élip* szabadon bevetett kenyér; ~ **casing** *koh* medencevértezet *(nagyolvasztóé)*; ~ **cinder** *koh* kemencesalak; ~**-cleaning scraper** *koh* medencetisztító szerszám; ~ **depth** *koh* mendencemélység; ~ **diameter** *koh* medenceátmérő; ~ **dryer/drier** fenéklapos szárítóberendezés; ~ **furnace** *koh* teknős kemence; ~ **gas** *koh* medencegáz; ~ **heat** medencehő; ~ **jacket plate** *koh* nagyolvasztó-medence köpenye; ~ **lining** *koh* fenékkibélelés; medencebélés; ~ **load** *koh* fenékterhelés; medenceterhelés; ~ **of furnace** *koh* kemence medencéje; ~ **plate** tűzhelylap; ~ **ring** tűzhelygyűrű, tűzhelykarika; ~ **stone** súrlókő; ~**-type smelting furnace** *koh* medencés olvasztókemence; ~ **wall** *koh* kemence munkaterének falazata
heat I. *v* izzít, felhevít, melegít, fűt; felizzik, (fel)melegszik; **II.** *n* hő, meleg; hőkapacitás; *ép* huja *(ütéssorozat)*; *hők, koh* adag; *vegy* bomlási hő; ~ **absorbing** *fiz* endoterm, hőelnyelő; ~ **absorption** *fiz* hőelnyelés, hőfelvétel; ~ **absorption factor** *fiz* hőelnyelési tényező; ~ **absorptivity** *fiz* hőkapacitás; ~ **acclimatization** *bány* akklimatizálás; ~ **accumulation** hőtárolás; ~ **accumulator** hőtároló; ~**-affected base metal** hő befolyásolta alapfém; ~**-affected zone (HAZ)** *koh* hőhatásövezet; ~ **ageing** *gumi, műa* hőöregítés, öregítés hőhatással; ~ **ageing inhibitor** *gumi, műa* hőstabilizátor; ~ **alarm** túlhevítési vészjelzés; ~ **analysis** *koh* adagelemzés; ~**-and-mass balance** hő-tömeg mérleg; ~ **balance** *fiz* hőegyensúly; hőkiegyenlítődés; hőmérleg; ~ **balance of the atmosphere** *met* hőháztartás; ~ **barrier** *rep* hőfal, melegedési gát; ~**-black finish** *koh* feketére futtatott kikészítés; ~**-boiled oil** *műa* (hő)polimerizált olaj; ~ **booster** előmelegítő; ~ **bridge** *fiz* hőhíd; ~ **budget** *fiz* hőháztartás; ~ **build-up** hőfelhalmozódás; *ép* hőhíd; ~ **capacity** *fiz* hőkapacitás; *koh* hőtartalom; ~ **capacity per unit mass** *fiz* fajhő, fajlagos hőkapacitás, egységnyi tömeg hőkapacitása; ~ **carrier** fűtőközeg; *ép* hőhordozó közeg, közvetítő közeg; ~ **carrying agent** *ép* hőhordozó/hőközvetítő közeg; ~ **coil (HC)** *távb* hőtekercs; melegítőkígyó; ~ **coil fuse** *távb* hőtekercs; ~ **colo(u)r** *koh* izzási szín; ~ **compensation** *koh* hőkiegyenlítés; ~**-conducting bond** hővezető kötés; ~ **conduction** *fiz* hővezetés; ~**-conductive material** *fiz* hővezető anyag; ~ **conductivity (HC)** *fiz* hővezető képesség; ~ **consumer** *ép* hőfogyasztó; ~**-consuming** energiaigénylő; *fiz* endoterm, hőelnyelő, hőfelvevő; ~ **consumption** hőfogyasztás; ~ **content (HC)** *vegy* entalpia; hőtartalom; ~ **control** hőszabályozás; ~ **convection** *fiz* hőáramlás, konvekció; ~ **converter** *aut* hőmérséklet-átalakító; ~**-convertible resin** *műa* hőre keményedő gyanta; ~ **crack** *koh* melegtörés; ~ **creases** *pl tex* vasalási ránc; ~ **cure** *gumi* meleg vulkanizálás; *műa* hőre keményedés; ~**-cured** hőkezelt,

hőérlelt; ~-**curing** hőérlelés; *műa* kikeményítés hőhatással; ~-**curing of concrete** *ép* beton hőérlelése; ~ **current** *fiz* hőáram, hőfluxus; ~ **death** *fiz* hőhalál; ~ **delivery** *koh* hőkiadás; ~-**delivery surface** *koh* fűtőfelület; ~ **demand** hőigény; ~ **diffusion** hőszóródás; *fiz* hődiffúzió; ~ **dissipation** hőteljesítmény; *távk* disszipáció, hőszórás; ~ **distortion point/temperature** hőtorzulási hőmérséklet; *műa* hőállóság; ~ **drilling** termikus fúrás; ~ **drop** hőesés; ~ **drying** *ker* forrónszárítás; ~ **due to friction** *fiz* súrlódási hő; ~ **dynamometer** termikus dinamométer; ~-**economising** hőtakarékos; ~ **economy** *koh* hőgazdálkodás; ~ **effect** hőhatás; ~ **efficiency** hőhatásfok; ~ **endurance** hőszilárdság; hőtűrés; ~ **energy** hőenergia; ~ **engine** hőerőgép; ~ **equation** hővezetési egyenlet; ~ **equivalent** *mech* mechanikai hőegyenérték; ~ **evaporation** párolgáshő; ~ **exchange** *fiz* hőátadás; hőcsere; ~ **exchange coefficient** *fiz* hőátadási tényező; ~ **exchanger (HE)** hőcserélő; *rep* radiátor; ~-**exchanger circuit** *at* hőcserélő folyadékkör; ~-**exchanger fluid** hőcserélő közeg; ~ **expansion** *fiz* hőtágulás; ~ **fastness** *fiz* hőszilárdság; ~ **filtering** hőszűrés; ~ **flash** hőlobbanás, hőfelvillanás; ~ **flow** hőáram; ~-**flow density** hőterhelés; ~-**flow diagram** *en* hőséma, hőenergia-folyamatábra; ~ **flow in Earth** *bány* geotermikus hőáram; ~-**flow meter** hőáramlásmérő; ~ **flush** hőlökés; ~ **flux** hőáram, hőfluxus; ~ **function** entalpia; ~ **fusion** megolvasztás, megolvadás; *fiz* olvadáshő, olvadási hő; ~ **generator** *el* fűtő/hevítő/elektrotermiai generátor; ~ **hardening** *koh* keményre égetés; ~-**homing guidance** *aut* hőhatáson alapuló célravezetés/célrairányítás; ~ **index** *vegy* Maumené-szám *(száradó olajok telítetlenségének mértéke)*; ~-**indicating paint** hőmérsékletjelző festék; ~ **input** *koh* hőközlés; hőbevétel; ~-**insulating** hőszigetelő; ~-**insulating blanket** *ép* hőszigetelő paplan; ~-**insulating brick** *ép* hőszigetelő tégla; ~-**insulating concrete** *ép* hőszigetelő beton; szigetelőbeton; ~-**insulating course/layer** *ép* hőszigetelő réteg; ~-**insulating felt** *ép* hőszigetelő nemez; ~-**insulating glass** *ép* hőszigetelő/termopán üveg; ~-**insulating glass with metallic frame** *ép* fémkeretes hőszigetelő üveg; ~-**insulating mat** *ép* hőszigetelő matrac; ~-**insulating material** *ép* hőszigetelő anyag; ~-**insulating mortar** *ép* hőszigetelő habarcs; ~-**insulating piece** *ép* hőszigetelő idomtest; ~-**insulating profiled brick** hőszigetelő idomtest; ~-**insulating ramming mass** *koh* hőszigetelő döngölőanyag; ~-**insulating refractory fibre** *koh* szálas hőszigetelő tűzálló anyag; ~-**insulating slab** *ép* hőszigetelő lemez; ~-**insulating string** *ép* hőszigetelő zsinór; ~-**insulating stuffing** *ép* hőszigetelő tömanyag; ~ **insulation** hőszigetelés; ~ **insulation capability** *koh* hőszigetelő képesség; ~ **insulation composition** *koh* hőszigetelő anyag; ~ **interchanger** *rep* hő(ki)cserélő; radiátor; ~ **intolerance** *bány* csökkent hőtűrőképesség; ~ **isolated geothermal well** *ol* hőszigetelt termálkút; ~-**limited servomechanism** melegedés által korlátozott szervomechanizmus; ~ **load(ing)** hőterhelés; ~ **loss** hőveszteség; hőleadás; ~ **measurement** kalorimetria; ~ **motion** *fiz* hőmozgás; ~ **need** hőigény; hőszükséglet; ~ **of autocompression** *bány* autokompressziós hő; ~ **of combination** képződési hő; ~ **of combustion (h.c.)** *fiz* égéshő; *koh, környv* égésmeleg; ~ **of crystallization** *vegy* kristályosodási hő; ~ **of cure** *gumi* vulkanizálási hő; ~ **of diffusion** *fiz* diffúziós hő; ~ **of emission** *fiz* emisszióhő; ~ **of evaporation** *fiz* párolgáshő; ~ **of explosion** robbanási hő; ~ **of fission** *at* hasadási hő; ~ **of formation** képződéshő, vegyüléshő; ~ **of fusion** *koh* olvadási hő; ~ **of hydration** *ép* kötéshő; *vegy* hidratációs hő; ~ **of ignition/inflammation** *fiz* gyulladáshő, gyúláshő, gyújtási hő; ~ **of linkage** *vegy* kötéshő; ~ **of neutralization** *vegy* közömbösítési hő; ~ **of polymerization** *műa* polimerizációs hő; ~ **of reaction** *vegy* reakcióhő; ~ **of setting** kötéshő, kötési hő *(cementé)*; ~ **of solution** *koh* oldáshő; ~ **of superheat** *en* túlhevítési hő; ~ **of swelling** *tex* duzzadási hő; ~ **of transformation** *koh* átalakulási hő; ~ **of transition** *vegy* (allotrop) átalakulási hő; ~ **of vaporization** *vegy* elgőzölgési hő; párolgáshő; ~ **of vulcanization** *gumi* vulkanizálási hő; ~ **of wetting** nedvesítési hő; ~ **output** hőteljesítmény, fűtőteljesítmény; hőtermelés; *koh* hőkiadás; ~ **passage** *koh* hőátbocsátás; ~ **penetration time** *koh* átmelegítés időtartama; ~ **performance** *bány* hőforgalom; ~ **pick up** *bány* hőfelvétel; ~ **pipe** hőcső; ~ **pole** *ép* hőforrás; ~ **pollution** *koh* hőszennyezés; ~ **polymerization** *műa* hőpolimerizáció; ~-**power engineering** hőerőgéptan; ~ **production** *en* hőfejlesztés, hőtermelés; ~-**proof** hőálló; hőátnemeresztő, adiatermikus, atermán; ~-**proof clothes** *bány* hőálló ruha; ~ **proofness** hőállóság; ~ **pump** hőszivattyú; ~ **quantity** *koh* hőmennyiség; ~ **radiation** hősugárzás; ~ **radiation coefficient** *koh* hősugárzási tényező; ~ **radiator** *el* hősugárzó, hőelvezető; ~ **rate** fajlagos hőfogyasztás; ~ **ray** hősugár; ~ **record card** *koh* adagjegyzőkönyv; ~ **recovery** hővisszanyerés; hőhasznosítás; ~-**reflecting glass** *ép* hővédő üveg, hővisszaverő üveg; ~ **regenerator** levegő-előmelegítéses hővisszanyerő; *koh* regenerátor, periódusos üzemű hőcserélő; ~ **registration** *koh* hőmérséklet-regisztrálás; ~ **rejection** hőleadás; ~ **release of combustion chamber** *en* tűzterhelés; ~-**removal** hőelvonás, hőelvezetés; ~ **resistance** hőállóság; ~-**resistant/resisting** hőálló, tűzálló; ~-**resistant alloy** *koh* hőálló ötvözet; ~-**resistant concrete** *ép* hőálló beton; ~-**resistant electric detonator** *bány* hőálló villamos gyutacs; ~-**resistant explosive** *bány* hőálló robbanóanyag; ~-**resistant paints** *vegy* hőálló festékek; ~-**resistant steel** *koh* hőálló acél; ~ **resisting** → ~ resistant; ~-**retaining container** hőszigetelő tartály; ~ **seal** *műa* lehegesztés, lezárás; ~-**seal** *v műa* lehegeszt, hegesztéssel lezár *(fóliazsákot v. zacskót)*; ~ **sealing** *pa* melegragasztás; ~ **seeker** *hőt* túlmelegedés-jelző; ~ **seeking** *aut* termikus célkeresés; ~-**sensitive** hőérzékeny; ~-**sensitive paint** *műa* hőérzékeny festék; ~ **sensitivity** hőérzékenység; ~-**set(ting)** *tex* hőrögzítés; ~ **shield** hőellenző; termikus védelem *(katódé)*; ~ **shock** *rep* hőlökéshullám; pillanatnyi/hirtelen hőhatás; ~ **sink** *félv* hőnyelő, hőelvezető, hűtőtönk; *szt* hűtőborda; ~ **source** hőforrás, hőenergia-forrás; ~ **spectrum** infravörös spektrum, hőszínkép; ~ **stability** hőállóság; hőstabilitás; ~ **stabilizer** *vegy* hőstabilizátor; ~-**stable** *műa* hőálló, termostabil(is); ~ **storage** hőtárolás; ~-**storing equipment** hőtároló; ~-**storing gas radiator** *hőt* tároló rendszerű gázfűtő készülék; ~ **strengh** hőszilárdság; ~ **stress** *bány* hőterhelés; ~ **supply** *koh* hőbevétel; ~ **surface** *el* fűtőfelület; ~ **tail/tailing** *környv* hőcsóva; ~ **technology** hőtan; ~ **test** melegedési próba; termikus vizsgálat; *vegy* termikus stabilitási próba; ~**-tight** hőátnemeresztő, adiatermikus, atermán; ~ **time** *heg* hevítőszakasz; ~ **tolerance** hőtűrés; ~ **transfer** *fiz* hőátadás; hőközlés; ~**-transfer agent** hőhordozó/hőközvetítő közeg; ~**-transfer appliance** hőleadó; ~ **transfer by radiation** *bány* sugárzásos hőátvitel; ~**-transfer circuit** hűtőkör, hőátadó kör; ~**-transfer coefficient** *fiz* hőátadási tényező; ~**-transfer cycle** *at* hőátadási körfolyamat; ~ **transfer medium** hőátadó közeg; ~**-transfer oil** *ol* hőátadó/hőcserélő olaj; ~**-transfer resistance** hőátadási ellenállás; hőellenállás, termikus ellenállás; ~**-transfer tray** *vegy* hőátadó tányér; ~ **transmission** *bány* hőátvitel; *koh* hőátbocsátás; ~ **transmission coefficient** hőátbocsátási tényező; ~ **transmission resistance** *koh* hővezetési ellenállás; ~**-transmitting** hőáteresztő, diatermán; ~**-treatable alloy** hőkezelhető ötvözet; ~ **treated** hőkezelt; ~**-treated casting** hőkezelt öntvény; ~**-treated hardness** keménység hőkezelés után; ~**-treated steel** hőkezelt acél; ~ **treating** *koh* hőkezelés; ~**-treating furnace** *koh* hőkezelő kemence; ~ **treatment (HT)** hőkezelés; ~**-treatment crack** *koh* hőkezelési repedés; ~**-treatment cycle** *koh* hőmérséklet-idő ciklus; ~**-treatment cycle curve** *koh* lehűlési görbe *(hőkezelési)*; ~ **treatment diagram** *koh* hőkezelési diagram; ~**-treatment furnace** *koh* hőkezelő kemence; ~**-treatment furnace with air circulation** *koh* légkavarásos hőkezelő kemence; ~**-treatment installation** hőkezelő berendezés; ~ **treatment oil** edzőolaj, megeresztőolaj *(acélgyártásnál)*, quenchelőolaj, gyorshűtőolaj; ~ **tube** hőcső; ~ **unit** *fiz* hőegység; hőmennyiség egysége; ~ **up** *v* előmelegít; (fel)melegít, felfűt; melegszik; ~**-up** *koh* felmelegítés; melegedés; ~ **value** *hőt* fűtőérték; ~**-variable resistor** *el* negatív hőmérsékleti együtthatós tranzisztor; ~ **vulcanization** *műa* meleg vulkanizálás

HEAT → high-explosive ant-tank projectile

heatable ladle *koh* üstkemence

heated fűtött; melegített; izzított; ~ **bearing** hőnfutó, mélyen futó csapágy; ~ **chamber** *tex* hőkamra; ~ **clothing** fűthető ruházat; ~ **filament** *el* izzószál; ~ **putrefaction/rot** *környv* fűtött rothasztás; ~ **separator** *ol* fűtött szeparátor; ~ **sludge digester** *hidr* melegrothasztó; ~ **tool welding** hegesztés melegítő elemekkel képlékeny állapotban; ~ **wedge welding** hegesztés hevített ékkel; ~ **wire** izzószál, fűtőszál, hődrót

heater fűtőtest; melegítő; izzószál; katódszál; hevítőelem; *el* fűtőelem; *hajó* radiátor; *műa* fűtőtér, szárító; *ol* forralókazán; ~ **band** fűtőszalag; ~ **bias** *el* katód-előfeszültség; ~ **bulb** *gépk* izzófej *(gyújtáshoz)*; ~ **cathode** *el* közvetett fűtésű katód, ekvipotenciális katód; ~ **circuit** *távk* fűtőáramkör; ~ **coil** melegítőkígyó; *el* fűtőspirál; ~ **current** *távk* fűtőáram; ~ **current starting circuit** *távk* fűtőáram-indító áramkör; ~ **element** *távk* fűtőtest; ~ **filament** *el* izzószál, fűtőszál; ~ **for building operations** építőipari fűtőberendezés; ~ **input** *távk* fűtőteljesítmény; ~ **method** *ép* meleg módszer *(útburkolásnál)*; ~ **plate** fűtőlap; ~**-plug switch** *gépk* izzófejkapcsoló; ~ **power** *távk* fűtőteljesítmény; ~ **power circuit** *aut* fűtőenergiakör; ~ **process** *gumi* regenerálás kazánban; ~ **resistance** *rád* fűtőszál-ellenállás; ~ **starting circuit** *távk* fűtőáram-indító áramkör; ~ **strip/tape** *vák* fűtőpólya; ~ **tunnel** *műa* szárítóalagút; ~**-type cathode** → ~ cathode; ~ **voltage** *távk* fűtőfeszültség; ~ **wire** fűtőkábel; *távk, vák* fűtőszál

heating fűtés; (fel)melegítés; melegedés *(alkatrészeké)*; *bány* önmelegedés; *koh* begyújtás; hevítés; *vasút* hőnfutás *(csapágyé)*; ~ **and cooling chart** fűtési és hűtési diagramok; ~ **and mixing kettle** *ép* fűtő- és keverőüst *(bitumen)*; ~ **appliance/apparatus** fűtőberendezés; ~ **arrangement** fűtőberendezés; ~ **body** fűtőtest; ~ **by arc** *koh* ívfényes hevítés; ~ **by spinning** *koh* hevítés forgatással; ~ **cable** fűtőkábel; ~ **capacity** → ~ effect; ~ **ceiling** fűtőmennyezet; ~ **chamber** olvasztóhenger; *gépk* levegőmelegítő kamra; *műa* fröccshenger, fűtőhenger; ~ **cock** melegítőcsap; ~ **coil** melegítőkígyó; fűtőkígyó; fűtőspirál; fűtőtekercs; ~ **conductor** *koh* fűtővezeték; ~ **controller** fűtésszabályozó; ~ **converter** *vasút* fűtőátalakító; ~ **current** *koh* fűtőáram; ~ **curve** melegítési görbe; ~ **cycle** *at* fűtőkörfolyamat; ~ **cylinder** → ~ chamber; ~ **device for screens** rostafűtő berendezés; ~ **effect** *fiz* hőteljesítmény, fűtőteljesítmény; ~ **efficiency** *koh* tüzelési hatásfok; ~ **element** fűtőelem; fűtőtest; ~**-element alloy** *koh* fűtőellenállás-ötvözet; ~ **equipment** fűtőberendezés; ~ **error** melegedés okozta hiba; ~ **facility** fűtőberendezés; ~ **field** *el* fűtéstér, fűtéstérerősség; ~ **filament** izzószál, fűtőszál; ~ **flue** melegítő füstgázjárat; ~ **furnace** *koh* izzítókemence; ~ **gas** *ol* fűtőgáz; ~ **gate** előmelegítő csatorna *(termitformában)*; ~ **hours** *pl* fűtési üzemidő; ~ **installation** hevítőberendezés; tüzelőberendezés; ~ **in the open** szabad vulkanizálás *(forma nélkül)*; ~ **in water bath** vulkanizálás meleg vízfürdőben; ~ **jacket** fűtőköpeny; ~ **jumper** fűtővezeték-kapcsolat; ~ **limit** *el* melegedési határ, határhőmérséklet; ~ **load** hőterhelés; ~ **medium** fűtőközeg; ~ **member** *ép* fűtőtest; ~ **method** fűtési mód; ~ **muff** *gépk* fűtőköpeny; ~ **network** csőhálózat; ~ **of blast** *koh* fúvószél-előmelegítés; ~ **of the feeder head** *koh* tápfejmelegítés; ~ **oscillator** hevítő generátor; ~ **period** felfűtési idő; ~ **pit** melegítőakna; ~ **plant** *ép* fűtőtelep; ~ **plate** főzőlap; ~ **power station/plant** fűtőerőmű; ~ **rate** *koh* hevítési sebesség; ~ **reactor** *at* (táv)fűtő reaktor; ~ **resistor** fűtőellenállás; ~ **ribbon** *el* fűtőszalag; ~ **rod furnace** *koh* fűtőrudas kemence; ~ **space** gőzköpeny; *koh* hevítési tér; *rep* fűtőtér; ~ **surface (HS)** fűtőfelület; ~ **system** fűtési rendszer; ~ **system for building operations** építőipari fűtőberendezés; ~ **test** *vegy* termikus stabilitási próba; ~ **time** *heg* hevítőszakasz; *koh* felmelegítési idő; *távk* felfűtési idő; ~ **time constant** hőidőállandó; ~ **tube** fűtőcsőköpeny; ~ **unit** fűtőtest, fűtőelem; ~**-up** felfűtés; melegedés; felhevítés; ~**-up correction number** felfűtési pótlék; ~**-up delay** felfűtési késés, felfűtés elhúzódása; ~**-up period** felfűtési/bemelegedési idő; ~**-up time** *koh* melegítési idő; ~ **value** fűtőérték; ~ **velocity** *koh* hevítési sebesség; ~ **voltage** *koh* fűtőfeszültség; ~ **wire** izzószál, fűtőszál, hődrót; *koh* fűtővezeték

heatronic mo(u)lding *műa* nagyfrekvenciás előmelegítéses sajtolás

heave I. *v* emel; duzzad; feszül *(emelőlánc)*; **II.** *n* emelkedés; felvonás, felemelés; *bány* talpduzzadás; talpemelkedés; *geol* kőzetduzzadás; oldalvetődés; *ol* elvetési távolság; ~ **fault** *geol* vízszintes csuszamlás; ~ **in** *v* bever *(kötelet)*; ~ **the lead** *v* mérőónt kidob; ~ **up** *v* felhúz *(hajókötelet)*; *bány, talt* felduzzad; ~ **up the cable** *v* kábelt kiemel

heaved | **block** *bány* elvetett tömb; ~ **side** *geol* vetődött oldal

heavenly body *csill* égitest

heaver emelőrúd, emelőkar, emelőkészülék; *hajó* rakodó(munkás)

heavier-than-air craft *rep* levegőnél nehezebb légi jármű

heavily | **compounded** *el* túlkompaundált; ~ **damped** *el* erősen csillapított; ~**-loaded paper** nagy hamutartalmú papír; ~ **milled** *tex* erősen kallózott; ~ **silted** *hidr* erősen feliszapolt; ~ **stressed** erősen igénybe vett; ~ **tapered** erősen kúpos/lejtős *(felületű)*; ~ **telephoned** sűrű telefonhálózatú; ~**-wefted fabric** *tex* sűrűn szőtt áru; ~ **worn** erősen lekopott

heaving emelkedés; *bány* duzzadás; *hajó* emelkedő mozgás *(keresztthullámokon)*; horgonyfelemelés; ~ **bottom** *mzg* duzzadó altalaj; ~ **clay** *bány* duzzadó agyag; ~ **formation** *geol* duzzadó kőzet; ~ **line** *hajó* dobókötél; ~ **rock** *geol* duzzadó kőzet; ~ **sands** *pl geol* sodródó föveny; ~ **shale** *ol* duzzadó agyag

Heaviside | **layer** Heaviside-réteg, E-réteg; ~ **unit function** *mat* egységugrásfüggvény; Heaviside-függvény

heavy nehéz, súlyos; nagyszemű; vastag falú; vastag *(keresztmetszet)*; nehezen járható *(út)*; *talt* kötött; *tex* durva számozású; ~ **absorption oil** *ol* nehéz mosóolaj; ~**-aggregate concrete** *ép* nehézbeton, sugárvédelmi beton; ~**-aggregate shield** *at* nehézbeton-sugárvédelem; ~ **alloy** *koh* nehézötvözet; ~ **anode** *el* tömör anód; ~ **artillery** *kat* nehéztüzérség; ~ **atom** nehéz atom; ~**-atom technique** nehézatom-technika, nehézatom-módszer; ~ **balance-rope** *bány* súlyos ellenkötél; ~**-bedded** *bány* vastag telepű; ~**-bodied oil** nagy viszkozitású olaj; ~ **bolt** *kat* súlyzár; ~ **bomber** *kat* nehézbombázó; ~ **breakable scrap** *koh* nem adagolható darabos hulladék; ~ **calf** nehéz borjúboksz bőr; ~**-calibre/caliber** *kat* nagy űrméretű; ~ **cart** társzekér; ~**-casualty accident** *rep* több halálesettel járó repülőesemény; ~ **cat gasoline** *ol* nehéz krakkbenzin; ~ **cement** sűrű ragasztó; ~ **ceramics** *ép* épületkerámia; ~ **clay** *talt* nehézagyag; ~**-clay industry** *ép* épületkerámia-ipar; ~**-clay product** durva kerámia; ~ **cloth** *tex* nehéz/vastag szövet; ~**-coated electrode** *heg* vastagon bevont hegesztőelektród/hegesztőpálca; ~ **coker naphtha** *ol* kokszolási nehézbenzin, nehéz kokszbenzin; ~ **concentrate** *koh* színpor; ~ **concrete** *ép* nehézbeton, sugárvédelmi beton; ~ **construction equipment** *ép* nehéz építőgép; ~ **cord** *tex* emelőzsinór *(felvetőkereten)*; ~ **cover** *bány* vastag főte/fedő; ~ **cracked gas oil** *ol* nehéz krakkgázolaj; ~ **cream** *élip* sűrű tejszín; ~ **crude (oil)** *ol* nehéz nyersolaj; ~ **current** *el* erősáram; ~**-current engineering** erősáramú elektrotechnika; ~**-current impulse generator** *el* erősáramú impulzusgenerátor; ~ **cut** *forg* vastag fogás/forgács; ~ **cutting torch** nagy vágópisztoly; ~**-denier yarn** *tex* nehéz/durva fonal; ~**-density medium** nagy sűrűségű közeg; ~ **derrick** *hajó* négykapás horgony; nehézgém; ~ **Diesel oil** *ol* nehéz gázolaj, hajózási/tengerészeti gázolaj; ~ **dotted line** vastag szaggatott vonal; ~**-draught/draft ship** nagy merülésű *v.* mély járatú hajó; ~**-drive fit** sajtoló illesztés; ~**-duty (HD)** nagy igénybevételre méretezett; nagy teljesítményű; ~**-duty conditions** *gép* nehéz üzemi feltételek; ~**-duty crane** *ép* nehéz daru; ~**-duty crane attachment** *ép* nehézteher-emelő szerelék; ~**-duty derrick** *ol* fúrótorony igen nagy igénybevételre; ~**-duty design** robusztus kivitel; ~**-duty detergent** *vegy* durva mosószer, intenzív mosóhatású mosószer; ~**-duty drive** *gép* nagy teljesítményű hajtómű; ~**-duty flight** *rep* nehéz meteorológiai viszonyok közötti repülés; ~**-duty gear** nagy modulú fogaskerék; *gép* nehéz erőátviteli fogaskerék; ~**-duty grease** kenőzsír erős igénybevételre; ~**-duty jib/boom** *ép* nehézteher-emelő gém; ~**-duty lubricant** nagynyomású kenőanyag, kenőanyag erős igénybevételre; ~**-duty oil** nyomásálló *v.* nagy teljesítményű kenőolaj; ~**-duty pavement** *ép* nehéz/tartós útburkolat; ~**-duty road roller trailer** nagy raktömegű görgős pótkocsi; ~**-duty rough terrain crane** *ép* nehéz terepjáró daru; ~**-duty screwdriver** *szersz* nehéz gépi csavarhúzó; ~**-duty shovel** *ép* sziklabontó kotrógép; ~**-duty submerged-arc welding** nagy teljesítményű fedett ívű hegesztés; ~**-duty tool** *szersz* nagyoló szerszám; ~**-duty torch** nagy teljesítményű hegesztőégő; ~**-duty trailer** nagy raktömegű pótkocsi; ~**-duty truck/vehicle** nehéz tehergépkocsi; ~**-duty vibrator system Keller** *ép* Keller-rendszerű nagyvibrátor; ~**-duty welder** nagyteljesítményű hegesztőgép; ~ **electronics** teljesítményelektronika; ~ **element atomic nucleus** *at* nehéznukleon, nehézmag; ~ **ends** *pl ol* nehézpárlat; ~ **fabric** *tex* műszaki szövet; ~**-faced type** *nyom* kövér betűtípus; ~ **feeder** nagy keresztmetszetű tápvezeték; ~ **(fluid) fuel** nehéz (folyékony) üzemanyag; ~ **force fit** szilárd sajtoló illesztés; ~ **forging** nehézkovácsolás; ~ **fraction** *vegy* nehéz frakció; ~ **frame** *rep* erősítő törzskeret; ~ **frost** *met* erős fagy; ~ **fuel oil** *ol* nehéz fűtőolaj; ~ **galvanizing** *koh* horganyzás törlés nélkül; ~ **gas oil** *ol* nehéz gázolaj; ~ **gasoline** *ol* nehézbenzin; ~ **ga(u)ge** *heng* durva méret; *kat* nagy űrméret, nagy űrméretű; *koh* vastag, durva *(lemez)*; ~**-ga(u)ge wire** nagy átmérőjű huzal; ~ **goods** nehézáru; ~**-goods locomotive** *vasút* nehéz tehervonati mozdony; ~ **gradient** *ép* meredek emelkedő/lejtő; ~**-gravity material** nehéz anyag; ~ **ground-echoes** *geof* erős talajreflexió; ~ **gun** *kat* nehéz löveg; ~ **gyroscope** *mech* súlyos pörgettyű; ~**-handled** *rep* nehezen kormányozható; ~ **hides** nehéz nyersbőrök; ~ **hydrocarbons** *ol* nehéz szénhidrogének; ~ **hydrogen (HH)** *vegy* deutérium; ~ **ice-run** *hidr* erőteljes jéglevonulás/jégsodrás; ~ **industry** nehézipar; ~ **isotope** *vegy* nehézizotóp; ~ **key** *vegy* nehéz kulcsfrakció/kulcspárlat; ~**-keying fit** szorosan ékelődő illesztés; ~ **landing** *rep* durva leszállás; ~ **lift boom** *hajó* négykapás horgony; nehézgém; ~ **line** vastag vonal; ~ **liquid** *bány* nehézfolyadék; ~ **load/loading** nagy terhelés; ~**-load pile** *ép* nagy teherbírású cölöp; ~ **lubricating oil** *ol* nehéz kenőolaj; ~ **machine-gun (HMG)** *kat* nehéz géppuska; ~ **machinery** nehéz gépi berendezés; ~ **media separation/process** *koh* nehézszuszpenziós dúsítás; ~ **medium** *bány* nehéz közeg *(dúsításhoz)*; *koh* nehézszuszpenzió; ~ **medium solids** *bány* nehezítőanyag; ~**-medium washery pump** *ép* zagyszivattyú; ~**-melting steel** nehezen olvadó acél; ~ **meson** *at* K mezon, kaon; ~ **metal (HM)** *vegy* nehézfém; ~ **metal pollution** *környv* nehézfémszennyezés; ~ **mill** *heng* durvahengermű; durvasor; ~ **mineral** *geol* nehézásvány; ~ **mortar** *kat* nehéz aknavető; ~ **naphtha** *ol* nehézbenzin, ligroin; ~ **nucleus** *at* nehéznukleon, nehézmag; ~ **oil** *ol* nehézolaj; ~ **overcoating** *tex* télikabátszövet; ~ **oxygen** *vegy* nehézoxigén; ~ **paraffin wax** *ol* nehéz keményparaffin; ~ **particle** *at* nehézrészecske, hiperon; ~**-particle synchrotron** *at* nehézrészecske-szinkrotron, protonszinkrotron, szinkrofazotron; ~ **parting** *bány* vastag (meddő)beágyazás; ~ **paste** *élip* sűrű kenőcs; ~ **petrol** → ~ naphtha; ~ **pick** *bány* nehéz fejtőkalapács; ~ **piece** *kat* nehézlöveg; ~ **plate** *koh* durvalemez; ~**-plate shears** *pl koh* táblaolló; ~ **ply** *tex* nagy sodrat; ~ **pneumatic pick** *bány* nehéz fejtőkalapács; ~ **product** *bány* nehéz termék; ~ **rammer with internal combustion engine** *ép* nehéz robbanódöngölő; ~ **repair** főjavítás, generáljavítás; ~ **residual oil** *ol* nehéz maradványolaj; ~ **residue** *ol* nehéz lepárlási maradék, pakura, mazut; ~ **roof** *bány* belógó főte; ~ **rule** *nyom* vastag vonal; ~ **scrap** *koh* nehéz hulladék; ~ **sea** *hajó* viharos/háborgó tenger; ~**-section** nagy keresztmetszet; ~ **section casting** vastag falú öntvény; ~ **size** *tex* nehezítőszeres appretúra; ~**-sized** *tex* nehezítőszerrel írelt; ~ **skin** *élip* vastag héj; ~ **spar** *ásv* barit, súlypát; ~ **sphere** *geol* bariszféra, központi szféra; ~ **stock** *ol* nehéz maradvány *(továbbfeldolgozásra)*; ~ **stratification** vastag rétegezettség; ~ **tails** *pl ol* nehézfrakció; ~ **tank** *kat* nehéz harckocsi; ~ **tank recovery vehicle** *kat* nehézharckocsi-mentő jármű; ~ **thinning** *fa* nagyfokú gyérítés, erőteljes áterdőlés; ~ **traffic** nagy forgalom; ~ **type** → ~-faced type; ~ **vehicle** nehézjármű; ~ **vibrating soil compactor** nehéz ugróvibrátor; ~**-walled** vastag falú; ~**-wall pipe** vastag falú cső; ~ **water** *vegy* nehézvíz; ~**-water reactor (HWR)** *at* nehézvízreaktor, nehézvíz-moderátoros reaktor; ~**-weight aggregate** *ép* nehéz adalékanyag; ~**-weight drill** *geof* nehéz fúróberendezés; ~**-wind stop** *hang* nagy légnyomású regiszter *(orgonán)*

heck box *tex* fonalvezető fej

heckle I. *v* gerebenez; **II.** *n* gerebenezés

heckler *tex* gerebenező

hectarage hektárban kifejezett terület

hectare (ha.) hektár

hectograph I. *v* sokszorosít; **II.** *n* sokszorosítógép, másológép; ~ **paper** hektográfpapír

hectographic copying sokszorosítás

hectometer wavelength range *rád* középfrekvencia-tartomány

hectometric wave *rád* hektométerhullám

heddle → heald

hedenbergite *ásv* hedenbergit

hedge I. *v* bekerít, körülkerít *(sövénnyel)*; **II.** *n* (élő)sövény; korlát; ~ **anchor** *hidr* kukázóhorgony; ~ **cutter** sövénynyíró; ~**-hopping** *rep* talajkövető (földközeli) repülés; ~ **trimmer** sövénynyíró olló/gép

hedyphane *ásv* hedifán

heel I. *v* megsarkal *(cipőt)*; megdönt *(hajót, repülőt)*; oldalra dől *(hajó)*; **II.** *n cipő* sarok; *ép* csapószárny vége; fedélszék alsó része, falvastagítás lépcsője; szarufaék; *hajó* dőlés; vég; *hidr* alapsík felvízi éle *(gáté)*; felvízoldali láb; *kh* harisnyasarok; *távb* vasmag sarka; *vasút* gyök; ~ **and toe wear** *gumi* lépcsőkopás; ~**-attaching machine** *cipő* sarokfelszegező gép; ~ **black** *cipő* sarokfeketítő festék; ~**-breast** *cipő* sarokhomlok; ~**-breasting machine** *cipő* sarokhomlok-körülvágó gép; ~**-breast scouring** *cipő* sarokhomlok-csiszolás; ~ **building** *cipő* cipősarok előépítése; ~ **burnisher** *cipő* sarokfényesítő gép; ~**-chair** *vasút* váltógyöksínszék; ~ **effect** *el* anódeffektus, anódárnyék; ~ **end of frog** *vasút* keresztezési csúcsbetét gyök felőli vége; ~ **extension** *vasút* váltótőlazulás; ~**-forming machine** cipősarok-építő gép; ~ **gouging** *cipő* sarokkivájás; ~ **of length** *vasút* gyökrész hossza; ~ **of switch** *vasút* váltógyök; ~ **of topmast** *hajó* árbocfészek; ~ **over** *v* dönt *(motorkerékpárt kanyarban)*; ~ **pins** cipősarok-huzalszegek; ~ **plate** *kat* tusaborító lemez; ~ **polishing** *cipő* sarokfényezés; ~ **press** *cipő* sarokprés; ~ **ring** csőmerevítő gyűrű; ~ **scouring** *cipő* sarokcsiszolás; ~ **scouring wheel** *cipő* sarokcsiszoló tárcsa; ~**-seat beading apparatus** *cipő* sarokéldíszítő készülék; ~**-seat fitting machine** *cipő* sarokrész-körülvágó és sarokigazító gép; ~**-seat lasting** *cipő* sarokrészráncfogás, sarokrészcvikkolás; ~**-seat lasting machine** *cipő* sarokfoglaló gép; ~**-seat tacking** *cipő* talpsarokrész felerősítése; ~**-seat trimming** *cipő* sarokfészek-bevágás; ~**-spread** *ép* sarokszélesség *(pl. keresztmerevítésnél)*; *vasút* keresztezési gyökrész; ~ **spread of a frog** *vasút* keresztezési csúcssínek gyök felőli távolsága; ~ **tab** *kh* saroklebeny; ~ **tip** *cipő* sarokvas; ~**-trimming machine** *cipő* sarokmaró gép; ~**-trunnion type bascule** végcsuklós ellensúlyos csapóhíd; ~ **weld** talpvarrat

heeler *kh* sarokkötő gép

heeling *cipő* sarokfelerősítés; *hajó, rep* oldalra dőlés; ~ **angle** *hajó, rep* oldaldőlési szög; ~ **board** *pa* bőrlemez; ~ **corrector** *hajó* hajóiránytű-kompenzáló mágnesrúd; ~ **error** *hajó, rep* dőlési hiba; ~ **experiment** *hajó* dőléspróba, döntési kísérlet; ~ **machine** *cipő* sarkalógép; *kh* sarokkötő gép; ~ **moment** *hajó* billentőnyomaték; ~ **sheet** *cipő* saroklemez; ~ **tank** víztartály *(hajó oldalirányú döntésére)*

heelpiece *távb* relévasmagtalp

heelpost *ép* ajtófélfa, kapufélfa; *hidr* forgóoszlop *(támkapué)*

height (H) magasság, vastagság *(telepé v. rétegé)*; *bány* szint; *mat* applikáta, z koordináta, kóta, magasság; *rep* repülési magasság; ~ **above datum** alapszint feletti magasság; ~ **above sea level** tengerszint feletti magasság; ~ **between floors** *ép* emeletmagasság; ~ **block** *metr* magasságmérő tömb; ~ **control** *tv* képmagasság-szabályozás; ~ **correction** magassághelyesbítés, magasságkorrekció; *kat* magassági javítás *(ballisztika)*; ~ **cut-out** *ép* emelési végálláskapcsoló *(daru)*; ~ **dependence** magasságfüggés; ~ **finder (HF)** magasságmérő, altiméter; ~**-finder radar** magasságmérő radar; ~ **finding** magasságmérés *(radarral)*; ~**-finding instrument (HFI)** *rep* magasságmérő műszer; ~**-finding radar** magasságmérő radar; ~**-gain function** *rád* magasságerősítés-összefüggés; ~ **ga(u)ge** magasságmérő *(tolómérce)*; ~ **indicator** → ~ finder; ~**-keeping error** *rep* magasságtartási hiba; ~ **lock** *rep* magassági automata; ~**-lock mode** *rep* magasságtartó üzemmód; ~ **mark** *geol* magassági pontjel; ~ **mark in the roadway side** *bány* oldalpont; ~ **measuring barometer** magasságmérő barométer; ~ **of a flood wave** *hidr* árhullám magassága; ~ **of base** *rep* felhőalap magassága; ~ **of bursting pressure** *met* léggömb repedési magassága; ~ **of construction** *ép* építési magasság; ~ **of conveying** *bány* szállítási magasság; ~ **of equilibrium** *met* felszállási magasság *(léggömbé)*; ~ **of feature** *geod* tereppontmagasság; ~ **of flue** *ép* kürtőmagasság; ~ **of instrument (HI)** *geod* műszermagasság; ~ **of layer** *koh* rétegvastagság; ~ **of overflow** *hidr* átbukási magasság; ~ **of precipitations** *hidr* csapadékmagasság; ~ **of suspension** felfüggesztési magasság; ~ **of the maximum storage** *hidr* duzzasztási/tározási szint *(max)*; ~ **of thread** *tex* sodratemelkedés; ~ **of top** *rep* felhőzet felső határának magassága; ~ **of trajectory** *kat* röppálya csúcspontja *(ballisztika)*; ~ **of transfer unit (HTU)** *at* átviteli egység magassága; ~ **of unit decrease** *rep* nyomási lépcső; ~ **of valve lift** szelep emelőmagassága; ~ **of voltage ordinate of direct current** egyenáramszint; ~ **of working** *bány* fejtési magasság; ~**-ratio** *hidr* profilindex; ~ **reduction** *bány* ülepedés, vágatmagasság csökkenése; ~**-setting rod** magasságbeállító rúd; ~ **under hook** *em* horogmagasság; ~**-warning device** *rep* magasságjelző készülék; ~ **zoning** *ép* irányadó építési magasság, magassági zóna

heighten magasít; magasabbra emel

heightening *hidr* magasítás *(gát, duzzasztómű)*; ~ **of a building** *ép* emeletráépítés; ~ **side panel** *bány* oldalmagasító

Heil tube *távk* Heil-cső, szalagklisztron

Heiligtag effect *távk* Heiligtag-jelenség

Heilmann comb → Frech comb

Heisenberg (uncertainty) principle *at* Heisenberg-féle határozatlansági elv

Heising modulation *el* Heising-féle (anód)moduláció

Heitler-London | approximation Heitler—London-közelítés; ~ **method** Heitler—London-módszer; ~ **model** Heitler—London-modell

Hel → helicity

HEL → high-energy laser

Helberger furnace → crucible furnace

held stitch *kh* megnyújtott szem; szemszüneteltetés

helian *ásv* héliumtartalmú

heliarc | weld hélium-védőgázas ívhegesztéssel készült varrat; ~ **welding** hélium-védőgázas ívhegesztés

helical csavarvonalas; spirális; ~ **antenna** *távk* spirális antenna; ~ **arrangement of spiral cut** *bány* csavarvonalas betörés(ek); ~ **auger** *talt* spirálfúró, csigafúró; ~ **barrel vault** *ép* csigaboltozat; emelkedő íves dongaboltozat; ~ **binding** *ép* spirálkengyel(ezés) *(vasbeton)*; ~ **blade** *ép* keverőlapát; ~**-blade stirrer** *ép* csavarlapátos keverőgép; ~ **blower** *gép* csavarlégszivattyú, csavarlégfúvó; ~ **chain** *műa* spirális molekulalánc; ~ **configuration** spirális szerkezet, csigaszerkezet, csigastruktúra, helixstruktúra; ~ **core of the sprayer** *hidr* vízpermetező szóróorsója; ~ **curve** *mat* (hengeres) csavarvonal, csigavonal; ~ **delay line** *távk* spirális műyonal, koaxiális kábel; ~ **delay line with adjustable delay** *távk* helix típusú változtatható késleltetésű vonal; ~ **dislocation** *krist* spirális diszlokáció; ~ **element** *el* fűtőspirál; ~ **field** → corkscrew field; ~ **focus(s)ing** csigamenetes élességbeállítás; ~ **gear (hg)** *gép* ferde fogazású fogaskerék; ~ **gear-drive** *gép* ferde fogazású fogaskerékhajtás; ~ **gearing** *gép* ferde fogazás; ~ **grid** *rád* spirális rács; ~ **line** csavarvonal; ~ **macromolecule** *műa* spirális makromolekula; ~ **motion** *mech* csavarmozgás; ~ **orbit** csavarvonal alakú pálya; ~ **pattern of spiral cut** *bány* csavarvonalas betörés(ek); ~ **potentiometer** *el* helikális potenciométer, spirálpotméter, helipot; ~ **recording** *tv* helikális képrögzítés, ferde csíkos videorögzítés; ~ **reinforcement** *ép* csavarvonal-kengyel, csavarvonal alakú vasbetét *(vasbeton)*; spirál vasalás/kengyelezés *(vasbeton)*; ~ **scanning** *szt* helikális felvételi rendszer *(képmagnónál)*; ~ **scan(ning)** *távk* helikális/spirális letapogatás; ~ **scan recording** → ~ recording; ~ **slot** *tex* spirális rés *(fonalvezető dobon)*; ~ **spring** *gép* tekercsrugó; ~ **stair(case)** *ép* csigalépcső *(nyitott orsótérrel)*; ~ **strake** *ép* spirállaposacélborda *(kéményrezgés-csökkentés)*; ~ **structure** → ~ configuration; ~ **surface** *mat* (általános) csavarfelület; ~ **symmetry** csavarszimmetria; ~ **tooth(ing)** *gép* ferde fog(azás); ~**-tooth (milling) cutter** *forg* ferde fogazatú maró; ~**-tooth rack** *gép* ferde fogazású fogasléc; ~ **transformer** *el* spirális transzformátor; ~**-welded pipe/tube** *koh* spirálvarratos hegesztett cső; ~ **wire** *koh* csavart huzal

helically | welded casing *ol* spirálhegesztett cső; ~**-wound** spirális tekercselésű

helicity (Hel) helicitás

helicline *ép* ívelten emelkedő rakodó; spirálrámpa

helicodromic csavarvonal mentén mozgó

helicogyro *rep* helikogiró

helicoid csavarfelület

helicoidal csavarfelületű; ~ **bevel gear** ferde fogazású kúpfogaskerék; ~ **(scan) recording** → helical recording; ~ **surface** (általános) csavarfelület

helicometer spirálmérő műszer

helicon helikon

helicopter *rep* helikopter, forgószárnyas repülőgép; ~ **autopilot** *rep* helikopter kormánygépe/robotpilótája; ~**-borne** *rep* helikopteren szállított; ~**-borne magnetometer** *rep* helikopter-magnetométer; ~ **carrier** *rep* helikopteres légiközlekedési vállalat; helikopterjárató vállalat; ~ **for crane work** *ép* helikopterdaru; ~ **lift** *rep* helikopter teherbírása; helikopterrotor felhajtóereje; ~ **rotor** *rep* helikopterrotor, helikopter-forgószárny; ~ **rotor tip propulsion** *rep* helikopter-rotorlapát végén lévő sugárhajtómű; ~ **screw** *rep* helikopterrotor, helikopter-forgószárny

helimagnetism helimágnesség

heliocentrical system *mech* heliocentrikus rendszer

heliograph *csill* napfényképező műszer; *hajó* jelzőtükör, naptávíró; *hidr* napfénytartalom-mérő

heliographic | copying fénymásolás; ~ **negative paper** kéknegatív másolópapír; ~ **paper** fénymásoló papír; ~ **positive paper** kékpozitív másolópapír; ~ **printer** fénymásológép; ~ **printing-paper** színes nyomópapír; ~ **raw paper** fénymásoló alappapír

heliography fénytávírás; *csill* napfényképezés

heliogravure *nyom* mélynyomás

heliometer *csill* napfénymérő

heliomicrometer napmikrométer

helion *at* alfa-részecske, héliummag; ~ **filament** szilíciumbevonatú szénszál

heliophysics napfizika

helioscope napvizsgáló; ~ **glass** helioszkóplencse

heliothermometer naphőmérő

heliotrope *ásv, geod* heliotrop
heliotropin *vegy* heliotropin, piperonál
heliport *rep* helikopter-repülőtér, heliport
helipot spirálpotméter, helipot
helium (He) *vegy* hélium; ~ **arc welding** hélium-védőgázas ívhegesztés; ~**-cooled** héliumhűtésű; ~ **cooling** *at* héliumhűtés; ~**-lamp** héliumlámpa; ~ **leak detector** héliumos lyukkereső; ~ **nucleus** *at* alfarészecske, héliummag
helix csavarfelület; propeller; csiga; spirális vashuzalfonat *(tömlő erősítésére)*; *ép* spirális vasbetét; *hidr* szárnylapát; *mat* (hengeres) csavarvonal, csigavonal; ~ **angle** *mat* spirális emelkedési szöge; *rep* emelkedési szög; *távk* spirális antenna; ~ **waveguide** *el* spirális hullámvezető; ~**-wound roller-bearing** rugós görgőscsapágy
hell *fa* hulladékelégető; ~ **breasting** cipősarokhomlok körülvágása
Hell *távb* képelemekre bontó távírógép; ~ **(trimming) machine** *távb* Hell-távíró
helldiver vágathajtó gép; *bány* elővájási berendezés *(lejtős aknák és ereszkék részére)*; ~ **dumper** vágathajtó kombájn buktatója
helly domborulat
helm I. *v* vezet, kormányoz; **II.** *n* vezérpálca; sisak; *gép* süveg; *hajó* kormányszerkezet, vezérrúd; ~ **over** *hajó* kormánykitérés; ~ **port** *hajó* kormányszárnyílás; ~ **roof** *ép* toronysisak, toronytető
helmet biztonsági fejvédő sisak; *gép* foglalógyűrű; ~ **crane** forgó harangdaru; ~ **crew** *bány* mentőcsapat; ~**-net** sisakháló; ~ **shield** védősisak
Helmholtz | coil iránymérő tekercs; ~**-coil circuit** *rád* fázistoló kapcsolás; ~**-coil galvanometer** *geof* Helmholtz-tekercses galvanométer; ~ **free energy** *koh* szabadenergia; ~ **resonator** Helmholtz-rezonátor
helminthe *ásv* helmint
helmsman *hajó* kormányos
helper segédmunkás; *vasút* segédmozdony *(emelkedésnél)*; tolómozdony; ~ **post** *bány* segédtám; ~**-up** rakodósegéd; *bány* segédcsillés
helpmate segéd; ~ **clutch** *ép* toló-vonó kapcsoló; ~ **scraper** *ép* kapcsolt földnyeső
Helsinki rules *környv* Helsinki szabályok
helve szerszámnyél; fejszenyél; ~ **hammer** lengőkalapács, farkaskalapács; *koh* nyeles kalapács; ~ **ring** *szersz* nyélgyűrű
helvetia *tex* nyomott selyemszövet
Helvetian stage *bány* helvéciai emelet
hem I. *v kh* (be)szeg; szegélyez; **II.** *n* szegély *(ruháé)*; *ép* szél; *kh* fejthetetlen szél
hematin *ol* hematin
hematite *ásv* hematit, vörösvaskő, vörösvasérc, vas(III)-oxid; ~ **iron-ore** hematit; ~ **(pig) iron** *koh* hematitnyersvas; ~**(-precipitating) process** *koh* hematitos eljárás
hemeraphotometer nappalifény-mérő műszer
HEMFilter *bány* szűrőszeparátor
hemiacetal *vegy* félacetál, hemiacetál
hemicellulose *pa* hemicellulóz
hemicolloid *műa* hemikolloid
hemicrystalline félkristályos; ~ **texture** *geol* féligkristályos szövet
hemi-free *pa* hemicellulóz-mentes
hemihedron *ásv* hémiéder
hemihedry *ásv* hemiédria
hemihyaline *bány* hialin(os)
hemihydrate (of calcium sulfate) félhidrát/hemihidrát *(gipszkötőanyag)*
hemimorphic(al) *ásv* hemimorf; ~ **class** hemimorfizmus; ~ **space group** *ásv* hemimorf tércsoport
hemimorphism *ásv* hemimorfizmus
hemimorphite *ásv* hemimorfit
hemimorphous hemihedry *ásv* hemimorf hemiédria
hemimorphy *ásv* hemimorfia
hemin *vegy* hemin
hemipelagic | facies *geol* hemipelágikus fáciesz; ~ **sediments** *geol* hemipelágikus üledékek; ~ **zone** *geol* hemipelágikus öv
hemisphere félteke, félgömb; *ép* félgömbkupola; *geol* hemiszféra
hemispheric(al) | bottom *ép* félgömb (alakú) fenék *(siló, tartály)*; ~ **candle power (h.c.p.)** *opt* félgömbfelületre vonatkoztatott fényerő; ~ **circulation** *met* félgömbi légkörzés; ~ **cupping tool** *any* Erichsen-féle csészehúzó szerszám; ~ **intensity** *opt* félgömbre számított (fény)erősség
hemitropy *ásv* hemitrópia; ~ **axis** *krist* hemitrópiatengely
hemlock | bark *bőr* hemlokkéreg; ~ **fir** kanadai/keleti hemlokfenyő
hemmer szegélyező készülék *(varrógépen)*
hemming machine *forg* éltompító gép; *tex* szegélyezőgép
hemoglobin *US* → haemoglobin
hemp *tex* kender; ~ **breaker** durva kendertörő (gép); ~ **comb** *tex* kendergerebenező gép; ~ **combings** *tex* kendergerebenkóc; ~**-cord** kenderfonat *(tömítéshez)*; ~ **core** kenderkötélbél; kenderbetét; ~ **core of rope** *koh* kenderszív; ~**-crushing mill** kendermorzsoló gép; ~ **dressing** *tex* kendergerebenezés; kendertilolás; ~ **insertion** *tex* kenderbetét, kendertömítés; ~ **paper** kenderpapír; ~ **rope** kenderkötél; ~**-scutching machine** kendertiloló (gép); ~ **sliver** kenderpozdorja; ~ **softener** kendertörő (gép); ~**-softening machine** kendertörő gép; ~ **tow** *tex* kenderkóc; ~ **wastes** *pl pa* kenderhulladék; ~ **weaver** kenderszövő
hempen kenderből való, kender(-)
hempseed oil *vegy* kendermagolaj
hempstitch azsúrozás
hempstitched azsúros; ~ **case** azsúros párnahuzat
hempstitching díszítő szegés; átmenő öltés; azsúrozás, azsúröltés; szegélyöltés
hendecagon *mat* tizenegyszög
hendecane *vegy* undekán
Henderson stove *vegy* gácsizzasztóház
henry (H) *fiz* henry
Henry|-Reinhardt-diagram *bány* Henry—Reinhardt-diagram; ~**'s law** *vegy* Henry-törvény
henrymeter *fiz* induktivitásmérő, önindukciómérő, henrymérő
henwoodite *ásv* henwoodit
hepatic | cinnabar *ásv* higanymájérc; ~ **pyrite** *ásv* májkovand
hepatite *ásv* hepatit
hepatotropic poisons *környv* májmérgek
heptagon *mat* hétszög
heptahedron *mat* hétlap
heptaldehyde *vegy* heptaldehid, heptanal

heptamethylene *vegy* cikloheptán
heptane *vegy* heptán
heptavalent *vegy* hét vegyértékű
heptode *távk* heptóda, pentagrid
heptyl alcohol *vegy* heptilalkohol, 1-heptanol
herb gyógynövény
herbage legelő
herbarium paper növénygyűjtő papír
herbicide *vegy* gyomirtó szer
herconrelay of high sensitivity nagy érzékenységű herkonrelé
Hercules-Delaware-process *környv* Hercules—Delaware-eljárás
Hercynian orogeny *geol* herciniai hegységképződési ciklus
hercynite *ásv* hercinit, vasspinell
herderite *ásv* herderit
heredity öröklés
herf charge *bány* réstöltet
herfing *bány* réselés
Hermann-Maquin | notation *krist* Hermann—Maquin-féle jelölés; ~ **symbol** *krist* Hermann—Maquin-szimbólum
hermaphrodite calliper központkereső marokkörző
hermes *nyom* félkövér groteszk *(betűfajta)*
hermetic légzáró, hermetikus, hermetikusan/szorosan záródó; ~ **compressor** hermetikus hűtőkompresszor; ~ **motor** légmentesen zárt (házú) motor; ~ **sealing** *távk* hermetikus lezárás/tokozás
hermetically légmentesen, hermetikusan; ~ **sealed** vákuumzáró, vákuumtömített
Hermite | (interpolation) polynomial *szt* Hermite-féle (interpolációs) polinom; ~ **process** *pa* hipokloritos fehérítés
Hermitian *mat* önadjungált, hermitikus; ~ **form** Hermite-alak; ~ **matrix** Hermite-mátrix; hermitikus mátrix
Hero → Heron
heroin *gyógyv* heroin
Heron's formula *mat* Hérón-képlet, Hérón-féle területképlet
Héroult furnace *koh* Héroult-kemence
herpon *hidr* herpon
herring-bone halszálkaminta; *bány* fenyőágfejtés; *ép* átlós kötés; *gép* nyílfogazás; ~ **bond** *ép* halszálkakötés; ~ **brickwork** *ép* átlós irányú téglafalazás; ~ **bridging** ferde áthidalás; ~ **design** *koh* halszálkamintázat; ~ **drafting** ék alakú fűzés; ~ **gear** *gép* nyílfogaskerék, nyílfogazású fogaskerék; ~ **gear-drive** *gép* nyílfogazású hajtás; ~ **marks** *any* Hartmann—Lüders-féle vonalak; ~ **parquet(ry)** halszálkamintás parkettapadló; ~ **paving** ferde soros kövezés; ~**-room arrangement** *bány* fenyőág alakban telepített kamra; ~ **structure** tollszerű/halszálkakötéses szerkezet; *ép* átlós szerkezet; *geol* szálkás szétágazó szerkezet; ~ **strut** *ép* átlós kötés; ~ **tape** *tex* köperszalag; ~ **tooth** *gép* nyílfog; ~ **twill/weave** *tex* sávoly *(halszálka)*
herring-boning *bány* fenyőág-elkészítés *(kamráké)*; pillérfejtés fenyőág alakban
herschelite *ásv* herschelit
hertz (Hz) *el* hertz
Hertzian | dipole/doublet (elektromos) elemi dipól(us), Hertz-féle dipól(us); ~ **oscillator** Hertz-féle vibrátor, szikraoszcillátor; ~ **waves** Hertz-hullámok
hesitation *szt* lebegtetés
Hess's law *koh* Hess-törvény
Hesse('s) normal/standard form *mat* Hesse-féle normálegyenlet/normálalak
Hessenberg's method *szt* Hessenberg-módszer
hessian kenderzsák *(durva szövésű)*; *pa* jutahulladék, jutatextil hulladék; *tex* jutavászon; ~ **bagging** zsákszövet *(rostból)*
hessite *ásv* hessit
hessonite *ásv* hessonit
heteroatom *vegy* heteroatom, heterociklikus atom
heteroatomic *vegy* heterociklikus, heterociklusos; ~ **ring** *vegy* heterociklikus gyűrű
heterochromatic *fiz* heterokróm; különböző színű, heterokromatikus; ~ **photometry** *foto* többszínű fénymérés; ~ **stimuli** heterokróm színingerek
heterochromous különböző színű, heterokromatikus
heterochronous heterokrón; ~ **transmission** heterokrón átvitel
heterocondensation polymerization heteropolikondenzáció
heterocycle *vegy* heterociklus
heterocyclic *vegy* heterociklusos; ~ **atom** heteroatom, heterociklikus atom; ~ **compound** heterociklusos vegyület; ~ **nucleus** heterociklusos gyűrű
heterodesmic structure *ásv, vegy* heterodezmikus szerkezet
heterodromous reversibility *fiz* heterodromikus reverzibilitás
heterodyne I. *v rád* lebeg; lebegtet, transzponál, kever; **II.** *a távk* transzponáló, heterodin, keverő *(berendezés)*; ~ **beat method** heterodin/lebegtetési módszer; ~ **frequency** kevert frekvencia; különbségi frekvencia; összegfrekvencia; ~ **interference** interferenciafütty; ~ **note** heterodin hang, interferenciahang, lebegőhang; ~ **oscillator** heterodin oszcillátor; ~ **receiver** frekvenciaváltó vevő, szuperheterodin vevő, középfrekvenciás vevő, transzponáló vevő; ~ **reception** heterodin (távíró)vétel; ~ **signal** heterodin jel; ~ **tone** heterodin hang, interferenciahang, lebegőhang; ~ **warbler oscillator** heterodin oszcillátor; ~ **wave** *rád* transzponált rezgés; ~ **wavemeter** heterodin hullámmérő; ~ **whistle** interferenciafütty
heteroelement *ol* heteroelem
heterogeneity heterogenitás
heterogeneous heterogén, inhomogén, különnemű; különböző eredetű/fajú; ~ **alloy** különnemű ötvözet, többfázisú ötvözet; ~ **building unit** *krist* heterogén (felépítési) egység; ~ **catalysis** *vegy* heterogén katalízis; ~ **cement** *ép* heterogén cement; ~ **combustion** heterogén égés; ~ **computer network** *szt* heterogén számítógép-hálózat; ~ **connection** *ásv* heterogén kapcsolódás; ~ **crystallization** *ásv* heterogén kristályosodás; ~ **equilibrium** heterogén egyensúly; ~ **lattice** *at* heterogén reaktorrács; ~ **nucleation** *krist* heterogén góckképződés; ~ **phase** *vegy* heterogén fázis; ~ **radiation** inhomogén/heterogén sugárzás; ~ **reaction** *vegy* heterogén reakció; ~ **reactor** *at* heterogén reaktor; ~ **reservoir** *ol* heterogén tároló(kőzet); ~ **system** *vegy* heterogén rendszer; ~ **transformation** *koh* heterogén átalakulás
heterogenetic *geol* másfajta keltezésű
heterogenite *ásv* heterogenit
heterogenization *koh* heterogenizáló izzítás

heterogenizing *koh* heterogenizáló izzítás
heterograde statistics *mat* kvantitatív statisztika
heterojunction *félv* heteroátmenet
heterolysis *vegy* heterolízis, homoelektromer átalakulás
heterolytic *vegy* heterolitikus
heterometalloid *ásv* heterometalloid
heteromorphic *ásv* rendes alaktól eltérő, heteromorf
heteromorphism *ásv* heteromorfia
heteromorphous *ásv* heteromorf
heteronuclear *vegy* heteronukleáris
heteropic | facies *bány* heteropikus fáciesek; ~ **sediments** *bány* heteropikus üledékek
heteropolar *el* váltakozó sarkos, heteropoláris; *vegy* heteropoláris; ~ **alternator** *el* heteropoláris váltakozó áramú generátor; ~ **bond** *vegy* ionos kötés, heteropoláris kötés; ~ **field magnet** *el* váltakozó sarkítású gerjesztőmágnes; ~ **generator** *el* heteropoláris generátor; ~ **induction** *el* váltakozó pólusú indukció; ~ **linkage** → ~ bond; ~ **machine** heteropoláris gép
heteropolycondensation heteropolikondenzáció
heteropolymer *műa* heteropolimer
heteropolymerization *műa* heteropolimerizálás, heteropolimerizáció
heteroscedastic véletlen mennyiségtől függő
heterosite *ásv* heterozit
heterosphere *met* légkör változó összetételű része, heteroszféra
heterostatic | circuit *aut* heterosztatikus áramkör; ~ **instrument** *aut* heterosztatikus (mérő)műszer
heterotactic | formation of phases *ásv, geol* heterotaktikus fázisképződés; ~ **structure/texture** heterotaktikus szerkezet/textúra
heterotaxial phenomenon *geol* heterotaxia
heterotaxy *geol* heterotaxia
heterotopic *geol* heterotopikus; *vegy* heterotóp *(izotóp ellentéte)*
heterotrophic *hidr* heterotróf
heterotrophy *hidr* heterotrófia; *környv* heterotrófia
Hettangian stage *geol* hettangi emelet
heulandite *ásv* heulandit
heuristic heurisztikus; ~ **method** *rendsz* heurisztikus módszer/eljárás; ~ **program** *szt* heurisztikus program
heuristics heurisztika
Heusler alloy *koh* Heusler-ötvözet
Hevea rubber természetes gumi
hew kivág, levág, vág *(fejszével)*; bárdol *(fát)*; farag *(fát, követ)*; váj; *bány* berésel; jöveszt; ~ **square** *fa* épületfának farag, négyszögűre bárdol
HEW → hybrid electromagnetic wave
hewed *bány* lefejtett; lejövesztett; ~ **sleeper** *vasút* faragott talpfa; ~ **tie** bárdolt talpfa
hewer kőfaragó; kőcsiszoló; *bány* elővájó vájár; *ép* csákányozó; ~ **in payment per shift** *bány* időbéres vájár
hewing | axe *fa* ácsbárd; ~ **out** *bány* vájás
hewn ácsolt; ~ **building timber** *fa* faragott épületfa/gerenda; ~ **on two opposite sides** *fa* kétoldalt bárdolt; ~ **stone** *ép* nagyolt kő; ~ **surface** *fa* megfaragott oldalfelület; ~ **thickness** *fa* gerenda vastagsága; ~ **timber** *ép* ácsolt gerenda; *fa* faragott választék
hex → hexadecimal; ~ **pad** *szt* hexadecimális billentyűzet
HEX → hexadecimal notation
hexabasic hatszög alapú; *vegy* hatbázisos
hexacarboxy acid *vegy* benzolhexakarbonsav, mellitsav
hexachlorid *vegy* hexaklorid
hexachloroethane (HC) *vegy* hexaklór-etán
hexad hat számból/elemből álló sorozat, hatos csoport; ~ **(axis)** *krist* hatfogású tengely, hexagir
hexadecane *vegy* hexadekán
hexadecimal (hex) hexadecimális; ~ **code** *szt* hexadecimális kód; ~ **keyboard** *szt* hexadecimális billentyűzet; ~ **notation (HEX)** *szt* hexadecimális jelölés, HEX; ~ **number system** *szt* hexadecimális számrendszer
hexagon *mat* hatszög; ~ **bar** *koh* hatszögacél; ~ **bolt** hatlapfejű csavar; ~ **coach-screw** hatlapfejű facsavar; ~ **ga(u)ge** *szer* hatszögmérő; ~ **head** hatszögletű fej; *gép* hatlapfej; ~**-head screw** hatlapfejű csavar; ~ **iron** *heng* hatszögszelvényű rúd; ~ **nipple** kettős közcsavar; ~ **nut** hatlapú anya; ~**s** *koh* hatszögacél; ~ **spanner** *szer* hatszögkulcs, dugókulcs; ~ **swage** *szer* hatszögidomverő; ~ **turret** *forg* hatszögrevolverfej; ~ **turret lathe** *forg* hatszög-revolvereszterga
hexagonal hatszöges, hatszögű, hatoldalú, hexagonális; *ásv* hatszöges forgású; ~ **alternating class** *ásv* romboéderes osztály; ~ **bar** hatszögű rúd; ~ **bipyramidal class** *ásv* hexagonális bipiramisos osztály; ~ **bolt** hatlapfejű csavar; ~ **class** *ásv* hexagonális/hatszöges osztály; ~ **close-packed (h.c.p.)** *krist* hatszöges szoros illeszkedésű; ~ **close-packed structure** *krist* hatszöges szoros illeszkedés; ~ **crystal system** *krist* hatszöges (kristály)rendszer; ~ **dipyramid** *krist* hexagonális bipiramis; ~ **dipyramidal class** *krist* hexagonális bipiramisos osztály; ~ **enantiomorphy** *krist* hatszöges enantiomorfia; ~ **hemimorphy** *krist* hatszöges hexagonális hemimorfia; ~ **holohedry** *krist* hatszöges/hexagonális holoédria; ~ **indices** *krist* hexagonális indexek; ~ **kelly** *ol* hatszögletű forgatórúd; ~ **lattice** *krist* hatszöges rács; ~ **modification** hatszögletű változat; ~ **net** *krist* hatszöges hálózat/síkrács; ~ **paramorphy** *krist* hatszöges paramorfia; ~ **(paving) set** *ép* hatszögű burkolókő; ~ **prism** *krist* hatszöges prizma; ~ **pyramid** *krist* hatszöges piramis; ~ **reel** hasábszita; ~ **steel** *koh* hatszögacél; ~ **symmetry** *krist* hatszöges szimmetria; ~ **system** *krist* hatszöges (kristály)rendszer; ~ **tetartohedry** *krist* hatszöges tetartoédria; ~ **tetartohedry of the second kind** *krist* romboéderes tetartoédria; ~ **trapezohedral class** *krist* hatszöges/hexagonális trapezoéderes osztály; ~ **two-dimensional lattice** *krist* hatszöges hálózat/síkrács
hexagram hatágú csillag
hexagyre *krist* hatfogású tengely
hexagyric *krist* hatszöges forgású
hexahedron *mat* hexaéder, hatlap, kocka
hexahydroaniline *vegy* ciklohexilamin
hexahydrobenzene *vegy* ciklohexán
hexahydrobenzoic acid *vegy* hexahidrobenzoe-sav
hexahydrocatechol *vegy* ciklohexándiol
hexahydrophenol *vegy* ciklohexanol
hexahydropyrazine *vegy* piperazin
hexahydropyridine *vegy* piperidin
hexakisoctahedral class *krist* hexakiszoktaéderes osztály

hexakisoctahedron *krist* hexakiszoktaéder
hexakistetrahedral class *krist* hexakisztetraéderes osztály
hexakistetrahedron *krist* hexakisztetraéder
hexalin *vegy* hexalin, ciklohexanol
hexamethylene *vegy* ciklohexán
hexamethylenediamine *vegy* hexametilén-diamin
hexamethylenetetramine (HMT) *vegy* hexametilén-tetramin
hexamine *vegy* hexametilén-tetramin
hexandioic acid *vegy* adipinsav
hexane *vegy* hexán
hexanetriol *vegy* hexántriol
hexanoic acid *vegy* hexánsav, kapronsav
hexaphase hatfázisú
hexastyle *ép* hat oszlopból alkotott oszlopcsarnok
hexasymmetric *krist* hexaszimmetrikus
hexode *rád* hatelektródás cső; hexóda
hexose *vegy* hexóz
hexphase *el* hatfázisú
Heysing | choke *távk* modulátor-fojtótekercs; ~ **modulation** *távk* Heysing-moduláció
Hf → hafnium
HF → height finder; → high flux; → high frequency; → hydrofluoric acid
HFA → high-frequency amplifier
HFC → high frequency current
HFDF → high-frequency direction finder
Hf H. → half-hard steel
HFI → height-finding instrument
HFR → high-flux reactor
hg → helical gear
Hg → mercury
HG → high gear
HGR → hangar
HH → half-hard; → heavy hydrogen
HHC → hand-handling computer
HHW → highest high water
hi *US* → high
HI → height of instrument
HI/LO → high/low
hiatal texture *geol* salakos szövet
hiatus hasadék; *bány* rétéghiány; *hang* hangmentes rész *(hangfelvételen)*; ~**-gap** *bány* üledékhézag
hibulk *US tex* nagy terjedelmű
HIC → hydrogen ion concentration
hick joint *ép* teljes kihézagolás *(kihullott vakolat pótlására)*
hickey csőhajlító *(készülék, fogó)*
hicksaw grains *mzg* sérült/csorbult (gabona)szemek
hidden rejtett; ~ **arc welding** zárt ívű hegesztés; ~ **file** *szt* rejtett állomány; ~ **flaw** rejtett hiba; ~ **sealing** *hidr* héj alatti szigetelés; ~ **vice** *tex* rejtett hiba
hiddenite *ásv* hiddenit
hide *bőr* (nyers) irha; ~ **fibre/fiber** nyersbőrrost, kollagénrost; ~ **glue** bőrenyv; ~ **powder** bőrpor, pőrepor *(cserzőanyag-elemzésekhez)*; ~**-powder method** bőrporos cserzőanyag-elemzési módszer; ~ **rope** szironybőrszíj; ~ **split** hasítékbőr; ~ **substance** bőranyag, nyersbőr-(anyag)állomány; ~ **with head** nyersbőr fejjel
hider fedő, elrejtő *(személy, szerelvény)*
hiding power elnyelőképesség *(festékre)*
hielmite *ásv* hjelmit
hierarchic(al) | computer network *szt* hierarchikus számítógép-hálózat; ~ **database** *szt* hierarchikus adatbázis; ~ **network** *szt* hierarchikus hálózat; ~ **structure** *rendsz* hierarchikus struktúra
hierarchically hierarchikusan; ~ **synchronized system** hierarchikusan szinkronizált rendszer
hierarchy hierarchia, hierarchikus reláció; ~**: input, process, output (HIPO)** *szt* HIPO *(grafikus eszköz programfunkció tervezéséhez)*
hieratite *ásv* hieratit
Hi-fax polietilén *(márka)*
hi-fi → high fidelity
high I. *a* magas; nagy; nagyfokú; (fel)emelt; legmagasabb ponton levő; intenzív; *bány* vastag *(telep)*; *geof* maximum; *hajó* szélhez közeli; **II.** *n* magaslat; *gépk* legnagyobb sebesség(fokozat), direkt; *met* nagynyomású terület/zóna, légnyomási maximum, anticiklon; ~**/low (HI/LO)** *szt* magas/alacsony, HI/LO *(bájtok elrendezése)*; ~ **accuracy** nagyfokú pontosság; ~**-accuracy instrument** precíziós (mérő)műszer; ~**-acid waste** *hidr* erősen savas szennyvíz; ~ **alloy** *koh* erősen ötvözött ötvözet; ~**-alloyed** erősen ötvözött; ~**-alloy filler metal** erősen ötvözött hegesztőanyag; ~**-alloy steel** erősen ötvözött acél; *koh* nemesacél; ~**-altitude (HA)** *rep* nagy magasságú; ~**-altitude aircraft** *rep* nagy magasságú repülésekre alkalmas repülőgép; ~**-altitude control** repülőgép irányítása nagy magasságban; ~**-altitude engine** *rep* nagy magasságú repülésre alkalmas hajtómű; ~**-altitude flight** *rep* sztratoszférarepülés; nagy magasságú repülés; ~**-altitude jet aircraft** *rep* nagy magasságú repülésekre alkalmas sugárhajtóműves repülőgép; ~**-altitude launching satellite** *űr* nagy magasságban indított mesterséges hold; ~**-altitude navigation** *rep* nagy magasságú navigáció; ~**-altitude photography** sztratoszféra-fényképezés; ~**-altitude rocket** magassági/légkörkutató rakéta; ~**-altitude traffic** *rep* nagy magasságú légiforgalom; ~**-alumina cement** *ép* bauxitcement, alumíniumcement; ~**-analysis fertilizer** *mzg, vegy* nagy tápanyagtartalmú műtrágya; ~**-and-dry** szárazon levő *(hajó)*; ~**-angled twill** *tex* meredek bordázású sávoly; ~**-angle fire** *kat* magas röppályájú tűz; ~**-angle fire weapon** *kat* meredek röppályájú fegyver; ~**-angle grain boundary** *koh* nagyszögű kristályhatár; ~**-angle mounting** *kat* felső szögcsoportú lövegtalp; ~ **angle of attack** *rep* nagy állásszög; ~**-aperture beam** nagy apertúrájú sugárnyaláb; ~**-arched roof** *ép* meredek (ívelésű) tető; ~**-ash coke** *koh* hamudús koksz; ~**-assay** *bány* kiváló, dús; ~**-band standards** *pl* **(HB standards)** *vid* HB szabvány; ~**-bay stacker/truck** *csom* magasraktári emelőtargonca; ~ **blasting explosive** *ép* brizáns robbanóanyag; ~ **blast temperature** nagy fúvószél-hőmérséklet; ~**-boiled pulp** *pa* lágy(ra főzött) cellulóz; ~ **boiling** *vegy* magas forr(ás)pontú; ~**-boiling fraction** *vegy* magas forrpontú frakció; ~ **boost** magas kiemelés; ~ **brass** sárgaréz *(17-37% Zn-tartalommal)*; ~**-breaking capacity fuse** nagy megszakító teljesítményű biztosító; ~**-breaking-capacity contactor** *aut, el* nagy lekapcsolási teljesítményű gyors működésű kontaktor; ~**-breast (water) wheel** *hidr* felül csapott vízikerék; ~**-building type** *ép* magas beépítési jelleg; ~**-bulking board** *pa* voluminőz papírlemez; ~**-bulking paper** *pa* voluminőz papír; ~**-bulking**

printing-paper *pa* vastag nyomópapír; ~ **calorific value** *koh* égésmeleg; ~**-capacity (HC)** nagy teljesítményű/kapacitású; ~**-capacity belt conveyor system/installation** szállítószalag-rendszer; ~**-capacity cylinder** *élip* nagy teljesítményű triőr; ~**-capacity fuse** késes biztosító; ~**-capacity storage** *szt* nagy kapacitású tároló; ~**-capacity tub/waggon** *bány* nagy űrméretű csille; ~**-capacity water-cooled tungsten tube** nagy teljesítményű vízhűtéses volfrámcső; ~**-capacity water power plant** *hidr* nagy teljesítményű vízerőmű; ~**-carbon** *koh* nagy széntartalmú; ~**-carbon alloy** nagy széntartalmú ötvözet; ~**-carbon ferromanganese** *koh* ferromangán karbüré; ~**-carbon steel** *koh* nagy karbontartalmú acél; ~**-chrome alloy** *koh* nagy krómtartalmú ötvözet; ~**-class** elsőrangú; ~**-class fit** 1-es pontossági osztályú illesztés; ~ **clouds** *rep* magas felhők; ~**-coal deposit** *bány* vastag széntelepes előfordulás; ~**-coercivity material** keménymágneses anyag; ~**-colo(u)r cotton** *tex* erősen színezett vöröses pamut; ~**-colo(u)red** *pa* élénk színű *(színezék)*; ~**-compression engine** *gép* nagy kompressziójú motor; ~**-conductivity copper** elektrotechnikai réz; ~**-count cloth** *tex* nagy sűrűségű szövet; ~**-creep-strength steel** *koh* hőálló acél, nagy tartósfolyási határú acél; ~**-crowned arch** magasított ív; ~**-current accelerator** *el* nagy áramerősségű gyorsító; ~**-current discharge** *el* nagy áramerősségű kisülés; ~**-current weld** *heg* nagy áramerősséggel hegesztett varrat; ~**-current welding** *heg* nagy áramerősségű hegesztés; ~ **cut-off low-pass filter** *távk* felülvágó aluláteresztő szűrő; ~**-cycle** nagyfrekvenciás; ~ **dam** *hidr* völgyzáró gát; ~ **damping** nagy csillapítás; ~ **dam with inclined downstream face** *hidr* lejtős hátfalú gát; ~ **dam with steep downstream face** *hidr* meredek hátfalú gát; ~ **data rate** *szt* gyors adatátvitel; ~**-data rate laser system** *szt* gyors adatátvitelű lézeres távközlő rendszer; ~ **definition** *tv* nagy hűségű képátvitel; ~**-definition** *tv* nagy felbontóképességű/feloldóképességű/képélességű; ~**-definition lidar** *aut* nagy feloldóképességű lidar; ~**-definition television (HDTV)** nagy képfelbontású televízió; ~**-definition video system (HDVS)** *szt* nagy felbontású videorendszer, HDVS; ~ **degree link control (HDLC)** *szt* magas szintű kapcsolatvezérlés, HDLC *(átviteli szabvány)*; ~ **density (HD)** nagy sűrűség; ~**-density (HD)** nagy sűrűségű; ~**-density area** *rep* sűrű forgalmú légtér; ~**-density baler** *mzg* nagynyomású bálázó; ~**-density bipolar code (HDB code)** *távk* HDB kód; ~**-density bleaching** *pa* sűrűpép-fehérítés; ~**-density concrete** *ép* extranehéz beton; ~**-density digital recording** nagy sűrűségű számjegyes adatrögzítés; ~**-density metal** *koh* nehézfém; ~**-density polyethylene** *műa* nagy fajsúlyú *v.* „kisnyomású" polietilén; ~**-density tape** "high density" szalag; ~**-density welding** nagy energiasűrűségű hegesztés; ~**-diastatic malt** *élip* diasztázmaláta; zöldmaláta; ~ **dipping** *geol* meredek lejtés/dőlés; ~ **directivity** *rád* éles irányítottság; ~**-discharge mill** *bány* centrális kiömlésű dobmalom; ~ **discharge-rate accumulator** nagy kisütőáramú akkumulátor; ~**-dispersion nozzle** nagy szórású porlasztó; ~ **doors** *bány* felső kezelőtér; ~ **draught/draft** *tex* erős/nagy nyújtás; ~**-draught/**~**-draft** *tex* nagy nyújtású; ~**-ductile alloy** erősen képlékeny ötvözet; ~**-ductility steel** nagy képlékenységű acél; ~ **dump** *bány* magashányó; ~ **duty** → heavy duty; ~**-duty cast iron** *koh* nehéz üzemi viszonyokra alkalmas öntöttvas; ~**-duty tube** nagy teljesítményű cső; ~**-efficiency engine** *gép* nagy teljesítményű motor; ~**-efficiency nozzle hot flue** nagy teljesítményű fúvókás hőlégszárító (kamra); ~ **elasticity** *fiz* nagyfokú rugalmasság; ~ **emission-density cathode** *el* nagy emissziósűrűségű katód; ~ **energy** nagy energia; ~**-energy accelerator** *at* nagy energiájú gyorsító; ~**-energy collision** *at* nagy energiájú ütközés; ~**-energy component** *at* nagy energiájú (sugárzás)összetevő; ~**-energy fission** *at* nagy energiájú maghasadás; ~**-energy laser (HEL)** nagy sugárzásenergiájú lézer; ~**-energy level** *at* magas *v.* nagy energiájú szint; ~**-energy neutron** *at* nagy energiájú neutron; ~**-energy nuclear physics** *at* nagy energiájú magfizika; ~**-energy particle** *at* nagy energiájú részecske; ~**-energy radiation** *fiz* nagy energiájú *v.* kemény sugárzás; ~**-energy-radiation accelerator** *at* nagy energiájú gyorsító; ~ **energy-rate forging/forming (HERF)** *gép* gyorsalakítás, nagy energiájú/sebességű alakítás; ~**-energy-rate forming** *koh* nagy energiájú alakítás; ~**-energy region** nagy energiájú tartomány; ~**-energy state** *at* nagy energiájú nívó/állapot; ~**-expansion alloy** *koh* nagy hőtágulási együtthatójú ötvözet; ~**-expansion cement** *ép* duzzadó cement; ~ **expansion foam (HI-EX foam)** *rep* nagy terjedési tényezőjű (HI-EX) hab; ~ **explosive (HE)** *bány* brizáns robbanóanyag; ~**-explosive ammunition** *kat* repesz-robbanólövedék; ~**-explosive antitank projectile (HEAT)** *kat* tankelhárító robbanólövedék; ~**-explosive-antitank ammunition** *kat* repesz-robbanó-páncéltörő lövedék; ~**-explosive bomb** *rep* aknabomba; robbanóbomba; ~**-explosive forming** *alak* nagy energiájú robbantásos alakítás; ~**-explosive operation** sajtolás erős robbanóanyaggal; ~**-explosive rocket** *kat* repesz-robbanó rakétalövedék; ~ **extraction magnetic filter** *bány* szűrőszeparátor; ~ **fidelity (hi-fi)** hifi, HIFI; torzításmentes hangvisszaadás; ~**-fidelity amplifier** *rád* hifierősítő, HIFI-erősítő; torzításmentes erősítő; ~**-fidelity delay line** *távk* frekvenciatorzítás-mentes művonal; ~**-fidelity-emission arc** téremissziós ív; ~**-fidelity loudspeaker** hifi/HIFI-hangszóró; ~**-fidelity reproduction** *rád* kiváló minőségű hangvisszaadás; ~**-field-emission arc** téremissziós ív; ~ **finish** végső simítás/kikészítés; ~**-flash** magas lobbanáspontú; ~ **flow** *műa* nagy/jó folyóképesség; ~**-fluid** *any* hígfolyós; ~ **flux (HF)** *fiz* nagy/erős fluxus; ~**-flux reactor (HFR)** *at* nagy neutronáramú reaktor; ~ **flying** *rep* nagy magasságú repülés; sztratoszférarepülés; ~ **fog** *met* felemelt köd; ~**-forest system** *fa* szálfaerdő-tenyésztés; ~ **frequency (HF)** *el* nagyfrekvencia; ~**-frequency** nagyfrekvenciás, nagyfrekvenciájú, nagy rezgésszámú, rádiófrekvenciás; ~**-frequency alternator** *el* nagyfrekvenciás generátor *(forgógépen)*; ~**-frequency alternator for ultrasonic transducer** *aut* nagyfrekvenciás generátor ultrahangos jelváltóhoz; ~**-frequency amplification** nagyfrekvencia-erősítés, rádiófrekvencia-erősítés; ~**-frequency amplifier (HFA)** *el* nagyfrekvenciás/rádiófrekvenciás erősítő; ~**-frequency analytical measuring method** *aut* analitikus nagyfrekvenciás mérési eljárás; ~**-frequency band** *el* nagyfrekvenciasáv;

~-**frequency bias** *el* nagyfrekvenciás előfeszültség *(magnetofonon)*; ~-**frequency bridge** *el* nagyfrekvenciás mérőhíd; ~-**frequency cable** *el* nagyfrekvenciás kábel; ~-**frequency carrier** *távk* nagyfrekvenciás vivő(hullám); ~-**frequency choke coil** nagyfrekvenciás fojtótekercs; ~-**frequency circuit** *el* nagyfrekvenciás kör; ~-**frequency communications channel** *aut* nagyfrekvenciás hírközlési/távközlési csatorna; ~-**frequency compensation** *el* magas/nagyfrekvenciás kompenzálás; ~-**frequency (coreless) induction furnace** *koh* nagyfrekvenciás indukciós kemence; ~-**frequency curing** *gumi* nagyfrekvenciás vulkanizálás; ~-**frequency current (HFC)** *el* nagyfrekvenciás áram; ~-**frequency (dielectric) heating** *el* nagyfrekvenciás dielektromos fűtés; ~-**frequency direction finder (HF DF)** *rep* rövidhullámú rádió-iránymérő; ~-**frequency direction finding** *rep* rövidhullámú rádió-iránymérés; ~-**frequency engineering** *el* nagyfrekvenciás technika, rádiótechnika; ~-**frequency equipment** *rep* rövidhullámú rádiókészülék; ~-**frequency field** *el* nagyfrekvenciás tér; ~-**frequency furnace** *gép* nagyfrekvenciás kemence; ~-**frequency generator** *el* nagyfrekvenciás generátor; *koh* nagyfrekvenciás generátor; ~-**frequency hardening machine** nagyfrekvenciás edzőberendezés; ~-**frequency hazards** *pl el* interferencia, interferenciafütty, rádiófrekvenciás zavar; ~-**frequency heating** *el* nagyfrekvenciás hevítés/melegítés; ~-**frequency heating generator** *el* nagyfrekvenciás indukciós fűtőgenerátor; ~-**frequency induction furnace** *koh* nagyfrekvenciás indukciós kemence; ~-**frequency induction heater** *el* nagyfrekvenciás indukciós fűtőgenerátor; ~-**frequency induction heating** *el* nagyfrekvenciás indukciós fűtés; ~-**frequency interference(s)** interferenciafütty, rádiófrekvenciás zavar; *rád* nagyfrekvenciás zavarás; ~-**frequency jamming** rádiófrekvenciás zavar; ~-**frequency loudspeaker** magas hangú hangszóró; ~-**frequency machine** nagyfrekvenciás generátor; ~ **frequency mass spectrometer** nagyfrekvenciás tömegspektrométer; ~ **frequency measuring technique** *aut* nagyfrekvenciás méréstechnika; ~-**frequency method** *geof* nagyfrekvenciás módszer; ~-**frequency mo(u)lding** *műa* nagyfrekvenciásan előmelegített anyag préselése; ~-**frequency oscillator** *el* nagyfrekvenciás oszcillátor; ~-**frequency photograph** *foto* nagy sebességű fényképfelvétel; ~-**frequency-pumping quantum amplifier** *el* kvantumerősítő nagyfrekvenciás szivattyúzással; ~-**frequency radio telephone** *rep* rövidhullámú rádió-távbeszélő készülék; ~-**frequency range** *el* nagyfrekvenciás tartomány; ~-**frequency record(ing)** *foto* nagy sebességű (fénykép)felvétel; ~-**frequency remote signalling apparatus** *bány* nagyfrekvenciás távjelző készülék; ~-**frequency resistance** *el* nagyfrekvenciás ellenállás; ~-**frequency resistance welder** *el* nagyfrekvenciájú ellenállás-hegesztőgép; ~-**frequency resistance welding** *el* nagyfrekvenciás ellenállás-hegesztés; ~-**frequency selective circuit** *el* nagyfrekvenciás szűrőkör/zárókör; ~-**frequency sound** *hang* nagyfrekvenciájú hang; ~-**frequency spray(ing) pistol/gun** *ép, szer* nagyfrekvenciás szórópisztoly; ~-**frequency telegraphy along lines** *távk* vezetékes nagyfrekvenciás távírás; ~-**frequency telephony** *el* vivőfrekvenciás/nagyfrekvenciás telefónia; ~-**frequency titration** *vegy* nagyfrekvenciás titrálás; ~-**frequency transistor** *szt* nagyfrekvenciás tranzisztor; ~-**frequency valve** *el* nagyfrekvenciás erősítőcső; ~-**frequency vulcanization** *gumi* nagyfrekvenciás vulkanizálás; ~-**frequency welding** nagyfrekvenciás hegesztés; ~-**frequency winding** *el* nagyfrekvenciás/rádiófrekvenciás tekercs(elés); ~-**gain amplifier** *el* nagy erősítésű erősítő; ~-**gain laser** *fiz* nagy erősítésű lézer; ~-**gain maser** *fiz* nagy erősítésű mézer; ~-**gain transition** *fiz* nagy erősítésű átmenet; ~-**gamma tube** *el* nagy gammaértékű képcső; ~ **gear (HG)** *gép* közvetlen áttétel; ~ **glaze** *el* tükörfény; ~-**glazed paper** *pa* nagy fényű *v.* erősen simított papír, glaszépapír; ~ **gloss** tükörfényes készbőr; ~-**glossy** tükörfényes; ~ **grade** *hidr* nagy esés *(mederé)*; ~-**grade** jó/kiváló/elsőrendű minőségű, minőségi; nagyfokú; ~-**grade cast iron** *koh* kiváló minőségű öntöttvas; ~-**grade concrete** *ép* nagy szilárdságú beton; ~-**grade fuel** *ol* kiváló minőségű fűtőanyag/tüzelőanyag; ~-**grade gas** *ol* jól éghető gáz; ~-**grade matte** *koh* koncentrált kéneskő; ~-**grade ore** *ásv* dús érc; ~-**grade steel** *koh* minőségi acél; nemesacél; ~-**grade steel forging** *koh* nemesacél-kovácsolás; ~-**grade tube** *koh* minőségi cső; ~ **gradient** *hidr* nagy esés *(vízszinté)*; ~ **gradient magnetic separator** *bány* nagy térerejű/térerőgradiensű (nedves) mágneses szeparátor; ~ **grading** *bány, koh* dús termék; dúsítás nagy koncentrációra; ~ **green syrup** *cu* nyerslé; ~ **grinding** *élip* magasőrlés; ~ **ground** magaspart; ~-**growth** *fa* hossznövedék, hossznövés; ~ **hardenability** nagyfokú edzhetőség; ~ **harmonics in convertors** *el* felharmonikusok áramirányítókban; ~ **head** *hidr* nagy esés *(vízerőműé stb.)*; ~-**head hydroelectric development/plant** *hidr* nagy esésű vízerőmű; ~-**head pump** *hidr* nagy emelőmagasságú szivattyú; ~-**head water-power development/scheme** nagy esésű vízerőmű; ~ **heap** *bány* magashányó; ~-**heat treatment** *hőt* nagy hőmérsékletű hőkezelés; ~-**heat value** *koh* égésmeleg; ~ **humidity** nagy víztartalom/nedvességtartalom; ~ **incidence** *rep* nagy állásszög; nagy beépítési szög; ~-**intensity accelerator** *at* nagy áramerősségű gyorsító; ~-**intensity laser fusion** *önt* olvasztás nagy intenzitású lésersugárral; ~-**intensity lights** *rep* nagy intenzitású fények; ~-**intensity magnetic separator** *koh* nagy térerősségű szeparátor; ~-**intensity magnetic separation** *koh* szeparálás erős mágneses térben; ~-**intensity pulsed laser illumination** *el* nagy intenzitású besugárzás impulzusos lézersugárral; ~ **in turbidity** *hidr* zavaros, iszapos *(víz)*; ~ **inverse-voltage rectifier** *el* nagy zárófeszültségű egyenirányító; ~ **ionized laser plasma** *fiz* erősen ionizált lézerplazma; ~-**iron portland cement** *ép* nagy vastartalmú portlandcement; ~-**level** magas színvonalú/szintű, magasan fekvő; *fiz* erősen radioaktív, forró; ~-**level bridge** *ép* felsőpályás híd; ~-**level cyclones** *met* magas szintű ciklonok; ~-**level data link control (HDLC)** *szt* magas szintű kapcsolatvezérlés, HDLC *(átviteli szabvány)*; ~-**level flight forecast** *rep* időjárás-előrejelzés magas szintű repüléshez; ~-**level holding procedures** *rep* nagy magasságú várakozási eljárások; ~-**level karst** *bány* magas karszt; ~-**level language** *szt* magas szintű programnyelv; ~-**level logic (HLL)** *szt* magas jelszintű logika, HLL; ~ **level modulation** *el, távk* nagy szintű moduláció; ~-**level order/pallet picker** *ép* magasraktári komissiózó targonca; ~-**level protocol** *szt* magas szintű protokoll; ~-**level radiation** → high-energy radiation; ~-**level source** nagy energiájú sugárzó; ~-**level turbulence** *rep* nagy magasságú *v.* magas szintű turbulencia; ~-**level waste** *at* erősen sugárzó szennyvíz; ~ **lift boom** *ép* meghosszabbított gém *(darué)*; ~-**lift device** *rep* felhajtóerőt növelő szerkezet; ~-**lift flap** *rep* felhajtóerőt növelő fékszárny; ~-**lift fork (stacking) truck** *csom* villás emelőtargonca; ~-**lift order/pallet picker** → ~-level order picker; ~-**lift platform truck** *ép* nagy emelésű emelőlapos kocsi; ~-**lift pump** *ép* nagy emelőmagasságú szivattyú; ~-**lift retrieval truck/vehicle** *ép* magasraktári komissiózó targonca; ~-**lift tipper** *ép* emelve billenő gépkocsi; ~-**lift truck** *ép* nagy emelésű emelőkocsi; ~-**lift wing** *rep* nagy felhajtóerejű szárny; ~-**lift wing profile** *rep* nagy felhajtóerejű szárny profilja; ~ **limit** tűrés felső határa, felső határméret; ~ **loss** nagy veszteség; ~-**loss line** *el* nagy veszteségű vezeték; ~-**low action** *aut* erős-gyenge hatás/viselkedés; ~-**low control** *aut* kétállású *v.* erős-gyenge szabályozás/irányítás; ~-**low governor** *aut* kétállású szabályozó; ~-**low graph** diagram maximális és minimális értékekkel; ~-**low inversion** *ásv* magas-alacsony hőfokú átalakulás; ~-**low level control** kétállású szintszabályozás; ~ **lustre/luster** csillogás; ~-**magnification** *opt* erős nagyítású; ~-**mass** *fiz* nagy tömegű; ~ **melter** *cu* középcukoroldó; ~-**melting** magas olvadáspontú; ~-**melting binder** nagy olvadáspontú kötőanyag; ~ **modulation rate** *rep* nagy modulációs sebesség; ~-**molecular** *fiz* nagy molekulájú; ~-**molecular hydrocarbon** *ol* nagy molekulájú szénhidrogén; ~ **moor** *geol* felláp; mohaláp; ~-**mu tube** *el* nagy erősítésű elektroncső; ~-**octane** *ol* nagy oktánszámú; ~-**octane rating** *rep* nagy oktánszámú minőség; ~-**ohmic** *el* nagyohmos; ~-**ohmic resistance** *el* nagy értékű ellenállás; ~-**order add circuit** *aut* magasabb rendű összegezőkör; ~-**order digit** *aut* nagy rendszámú számjegy; ~-**order dislocation** magas rendű diszlokáció; ~-**order harmonics** *hang* nagy rendszámú harmonikusok; ~-**output** nagy teljesítményű; ~-**output accelerator** nagy energiájú gyorsító; ~-**output apparatus** nagy teljesítményű készülék; ~-**output burner** *koh* nagy teljesítményű égő; ~-**oxide ore** erősen oxidos érc; ~-**panorama speaker** hifi/HIFI-hangszóró/hangfal; ~-**pass (HP)** *szt* felüláteresztő; ~-**pass circuit** *távk* felüláteresztő kör; ~-**pass filter (HPF)** *távk* felüláteresztő szűrő; ~-**peak power laser** nagy csúcsteljesítményű lézer; ~-**percentage ferrosilicon** nagy ferroszilícium-tartalom; ~ **percentage (of)** nagy százalékarányú; ~-**performance** nagy teljesítményű; ~-**performance equipment** *szt* kiváló tulajdonságú készülék; ~-**performance flight** *rep* nagy teljesítményű repülés; ~-**performance gliding** *rep* teljesítmény-vitorlázórepülés; ~-**performance industrial vacuum cleaner** ipari porszívó; ~-**performance material** kiváló jellemzőjű anyag; ~-**performance sailplane** *rep* teljesítmény-vitorlázógép; ~-**permeability material** *ép* nagy permeabilitású anyag; ~-**permeability steel** nagy mágneses permeabilitású acél; ~-**phosphorous iron** nagy foszfortartalmú vas; ~-**phosphorous pig iron** *koh* foszforos nyersvas; ~-**pickage** *tex* nagy vetüléksűrűségű; ~ **pillar** *bány* aknapillér; ~ **pitch** *rep* nagy emelkedés, nagy légcsavarlapátszög; ~-**pitch airscrew** *rep* nagy emelkedésű légcsavar; ~-**pitched** *ép* meredek *(tető)*; *hang* magas (hangszínű); ~-**pitched roof** *ép* magas/meredek tető; ~-**pitched tone** magas hangszínű hang; ~-**pitch note** *hang* magas hang; ~-**pitch position** *rep* nagy emelkedésű helyzet *(légcsavar)*; nagy emelkedésű helyzet; ~-**pitch screw** *gép* nagy menetemelkedésű csavar; ~ **point source** magasponti forrás; ~ **polish** tükörfény; ~ **polymer** *műa* óriásmolekula; polimer; ~-**porosity brick** nagy porozitású (agyag)tégla; ~-**potential point** *el* melegpont; ~ **power (HP)** nagy teljesítmény; ~-**power (HP)** nagy teljesítményű/teljesítőképességű; ~-**power accelerator** nagy energiájú gyorsító; ~-**power broadcasting station** *távk* nagyadó; ~-**power caterpillar grinder** *pa* folyamatos nagyfacsiszoló; ~-**power discharge** nagy teljesítményű kisülés; ~-**powered** erőteljes, nagy teljesítményű; ~-**powered lidar** *aut* nagy teljesítményű lidar; ~-**powered motor** nagy teljesítményű motor; ~-**powered open-hearth furnace** *koh* nagy teljesítményű SM-kemence; ~-**power klystron** teljesítményklisztron; ~-**power laser** *fiz* nagy teljesítményű lézer; ~-**power loudspeaker** *el* nagy teljesítményű hangszóró; ~-**power modulation** *távk* nagy szintű moduláció; ~-**power objective** → fast objective; ~-**power pile** *at* nagy teljesítményű reaktor; ~-**power radiation** nagy teljesítményű lézersugárzás; ~-**power tetrode** *aut, fiz* reznatron, csőtápvonallal egybeépített sugártetróda; ~-**power transmitter** *távk* nagyadó; ~-**power tube/valve** *el, távk* adócső; ~-**precision laser installation** nagy pontosságú lézerberendezés; ~-**precision micromanometer** *fiz* nagy precizitású mikromanométer; ~ **pressure (HP)** *met* nagy nyomás; ~-**pressure (HP)** *met* nagynyomású; ~-**pressure air-conditioning system/plant** nagy légsebességű klímaberendezés, nagynyomású klímaberendezés; ~-**pressure area** *met* nagynyomású terület/zóna, légnyomási maximum, anticiklon; ~-**pressure boiler** *gép* nagynyomású kazán; ~-**pressure carbonyl process** *koh* nagynyomású karbonilos eljárás; ~-**pressure cleaner** *ép* nagynyomású tisztítóberendezés; ~-**pressure compressed-air conveying system** *ép* nagynyomású szállítóberendezés; ~-**pressure cut-out** *hőt* túlnyomás-kikapcsoló; ~-**pressure die-casting** nagynyomású öntés; ~-**pressure distillation plant** nagynyomású desztillációs üzem; ~-**pressure drilling oil** *ol* nagynyomású fúróolaj; ~-**pressure dyeing machine** *tex* nagynyomású színezőgép; ~-**pressure electric grease gun** *gép* nagynyomású zsírzópisztoly; ~-**pressure formation** *ol* nagynyomású réteg; ~-**pressure gas** *ol* nagynyomású gáz; ~-**pressure heater** *hőt* nagynyomású tápvíz-előmelegítő; ~-**pressure heat exhanger** *bány* nagynyomású hőcserélő; ~-**pressure hot-water cleaner** *ép* forróvízsugaras tisztítóberendezés; ~-**pressure internal cleaner** tartálytisztító berendezés; ~-**pressure laminates** *műa* nagynyomással sajtolt rétegelt anyagok; ~-**pressure laminating** *műa* nagy nyomású rétegelés; ~-**pressure line** *ol* nagynyomású (cső)vezeték; ~-**pressure liquid forming** *alak* alakítás nagynyomású folyadékkal; ~-**pressure lubricant** *gép* nagynyomású kenőanyag; ~ **pressure mercury(-vapour) lamp** *el* nagynyomású higanygőzlámpa; ~-**pressure mo(u)lding** *műa* nagynyomású sajtolás; ~-**pressure physics** nagy nyomások fizikája; ~-**pressure polyethylene** *műa* nagynyoású polietilén; ~-**pressure polymerization** *műa* nagynyomású polimerizáció; ~-**pressure pump** nagynyomású szivattyú; ~-**pressure ring balance** *aut* billenőgyűrűs nyomásmérő *(nagy nyomásokra)*; ~-**pressure safety cut-out** *fiz, gép* biztonsági túlnyomásszabályozó; ~-**pressure side** *gép* nagynyomású oldal; ~-**pressure sodium (vapour) lamp** *el* nagynyomású nátriumlámpa; ~-**pressure steam** *gép* nagynyomású gőz; ~-**pressure steam-cured concrete** *any, ép* autoklávolt *v.* nyomás alatt gőzölt beton; ~-**pressure steam-curing** *any, ép* autoklávkezelés; nagynyomású gőzkezelés/gőzérlelés; ~-**pressure steam generator** *ép* nagynyomású gőzfejlesztő; ~-**pressure steam heating** *ép* nagynyomású gőzfűtés; ~-**pressure synthesis** *krist* nagy nyomás alatti szintézis; ~-**pressure turbine** *rep* nagynyomású turbina; ~-**pressure vacuum pump** *gép* elővákuum-szivattyú; ~-**pressure valve** *ol* nagynyomású szelep; ~-**pressure washer** *ép* nagynyomású tisztítóberendezés; ~-**pressure water(-jet) cleaner** *ép* vízsugártisztító berendezés; ~-**pressure water pump** *koh* nagynyomású vízszivattyú; ~-**pressure welding torch** nagynyomású hegesztőégő; ~-**pressure well** *ol* nagynyomású fúrás/kút; ~-**priority message** *szt* magas prioritású információ; ~-**production spot welding** nagyteljesítményű ponthegesztés; ~-**protein feed** *élip* fehérjedús takarmány; ~-**purity** igen nagy tisztaságú; ~-**purity iron** *koh* nagy tisztaságú vas; színvas; ~-**purity metal** *koh* színfém; ~-**quality (HQ)** kiváló minőségű; elsőrendű minőségű; első osztályú; nagyfokú; minőségi; *rád* nagy jósági tényezőjű; ~-**quality cavity** *rád* nagy jóságú üregrezonátor; ~-**quality hydrogen** *vegy* tisztított hidrogén, nagy tisztaságú hidrogén; ~-**quality steel** *koh* nemesacél; ~-**quality superheterodyne receiver** *rád* nagyszuper; ~ **quartz** béta-kvarc; ~-**radiaton flux** nagy/erős sugárzó(energia-)fluxus; ~ **range overgear** *gépk* gyorsító áttétel; ~-**rate activated-sludge treatment** *hidr* biológiai résztisztítás; ~-**rate digester** *hidr* nagy terhelésű rothasztó; ~-**rate trickling filter** *hidr* nagy terhelésű csepegtetőtest; ~-**ratio gear** *gépk* terepsebesség *(fokozat)*; ~-**ratio transformer** *el* nagy áttételű transzformátor; ~ **recombination rate contact** *el* nagy rekombinációsebességű érintkező; ~-**relief printing board** *pa* mélynyomó karton; ~-**repetition-rate laser** *aut* nagy ismétlési/ismétlődési frekvenciájú lézer; ~ **resistance** *el* nagy (ohmos) ellenállás; ~-**resistance alloy** *koh* nagy ellenállású ötvözet; ~-**resistance d.c. voltmeter** *el* nagy belső ellenállású egyenfeszültségű voltmérő; ~-**resistance supply** *el* nagy belső ellenállású áramforrás; ~-**resolution (HI-RES)** *opt, tv* nagy felbontóképességű/feloldóképességű; ~-**resolution method** nagy felbontóképességű módszer; ~-**resolution spectroscopy** *fiz* nagy felbontású színképelemzés; ~ **resolving** *fiz* nagy feloldóképességű/felbontóképességű; ~ **resolving power** nagy feloldóképességű/felbontóképességű; ~-**rise (building)** *ép* magasház, toronyépület; ~-**rise fork-lift truck** magasraktári *v.* nagy emelésű emelőtargonca; ~-**river terrace** *geol* fellegvári terasz; ~ **road** főútvonal; országút, közút; ~ **roast** *élip* erősen pörkölt; ~ **rudder** *rep* magasan elhelyezett oldalkormány; ~ **sea** nyílt tenger; ~-**sensitive laser detection system** *aut* nagy érzékenységű lézeres detektáló/érzékelő rendszer; ~-**sensitivity laser receiver** *aut* nagy érzékenységű lézervevő; ~-**set wing** *rep* felső szárny; ~-**severity cracking** *ol* nagy szigorúságú krakkolás; ~-**shaft furnace** *gép* magasaknás kemence; ~ **sheet clouds** *rep* nagy magasságú fátyolfelhők; ~ **shrinkage** *tex* nagyfokú zsugorodás; ~ **side** *bány* felső szakasz *(fronté)*; *geol* vetős felemelkedő szárnya/oldala; ~-**silica iron ore** *bány* erősen kovaföld tartalmú vasérc; ~-**silica sand** kvarchomok; ~-**silicon cast-iron** *koh* nagy szilíciumtartalmú (saválló) öntöttvas; ~-**silicon surface layer** nagy szilíciumtartalmú felületi réteg; ~-**slope** *rád* nagy meredekségű *(rádiócső)*; ~-**slump concrete** *ép* nagy roskadású (plasztikus/folyós) beton; ~-**solvency naphtha** *ol* nagy oldóképességű benzin; ~ **specific thrust** *rep* nagy fajlagos tolóerő; ~-**speed (HS)** gyors állítású; nagy fordulatszámú; nagy sebességű; gyors járatú; *ép* gyorsan kötő *(cement)*; *gép* gyors *(acél)*; gyors forgású; *rep* sebességi; ~-**speed aerodynamics** *rep* nagy sebességű aerodinamika; ~-**speed aircraft** *rep* nagy sebességű repülőgép; ~-**speed automatic telegraphy** géptávíróüzem; ~-**speed bearing** *gép* nagy fordulatszámú csapágy; ~-**speed bed** *geof* nagy sebességű réteg; szeizmikus hullámokat gyorsan vezető réteg; ~-**speed belt** *bány* röpítő szalag; ~-**speed belt stowing** *bány* röpített tömedék; ~-**speed building hoist** *ép* építési gyorsfelvonó; ~-**speed burner** *koh* nagy sebességű égő; ~-**speed camera** *film* lassító/időnagyító (kép)kamera/filmfelvevő, zeitlupe; ~-**speed camera shooting** *film* lassított/zeitlupe/időnagyító felvétel; ~-**speed carburetter** gyors járatú karburátoros motor; ~-**speed carry** *szt* átvitelgyorsítás; ~-**speed centrifuge** ultracentrifuga; ~-**speed cinematograph** *film* nagy sebességű *v.* ultrarapid kamera; ~-**speed cinematography** *film* nagy sebességű *v.* időrövidítő felvétel; ~-**speed circuit breaker** *el* gyors működésű megszakító; gyorsmegszakító; ~-**speed clutch** *gépk* direkt kapcsoló; közvetlen fokozatkapcsoló; ~-**speed contactor** *aut* nagy lekapcsolási teljesítményű gyors működésű kontaktor; ~-**speed control** gyorsszabályozás; gyorsvezérlés; *rep* kormányzás nagy sebességen; ~-**speed cut** *forg* gyorsforgácsolás; ~-**speed data transmission** *szt* gyors adatátvitel; ~-**speed drill** *szersz* gyorsfúró; ~-**speed duplicating** *el* nagy sebességű átjátszás; ~-**speed electron** *fiz* gyorselektron; ~ **speed electro-pneumatic switch** gyors működésű elektropneumatikus kapcsoló; ~-**speed engine** gyors járatú *v.* nagy fordulatszámú motor; *rep* nagy fordulatszámú hajtómű; ~-**speed excitation** *el* gyors szabályozású gerjesztés; ~-**speed exit taxiway** *rep* gyorslegurulóút; ~-**speed extruder** *műa* nagy fordulatszámű extruder; ~ -**speed flight (HSF)** *rep* nagy sebességű repülés; ~-**speed forging/forming machine** *koh* Dynapak-kalapács; nagy sebességű alakítógép; ~-**speed forming** *koh* nagy sebességű alakítógép; nagy sebességű kovácsolás; ~-**speed Francis turbine** *hidr* gyors járású Francis-turbina; ~-**speed generator** *el* gyors járatú generátor; ~-**speed gripping carriage** *fa* gyorsbefogó szállítókocsi; ~-**speed guillotine** *pa* gyorsvágógép; ~-**speed hardening furnace** gyors hevítésű edzőkemence; ~-**speed hobbing machine with automatic work changing device** önműködő munkadarab-szerelő berendezéssel ellátott gyors működésű lefejtő (fog)marógép; ~-**speed information retrieval** *szt* nagy sebességű információ-visszakeresés; ~-

speed infrared radiometer *aut* gyors működésű infravörös sugárzásmérő/radiométer; **~-speed ion** *fiz* nagy sebességű/energiájú ion; **~-speed laser printout equipment** *szt* lézeres gyorsnyomtató; **~-speed lathe** *forg* gyorseszterga; **~-speed layer** *geof* nagy sebességű réteg; **~-speed line printer** *nyom* nagy sebességű sornyomtató; **~-speed local network (HSLN)** *szt* gyors helyi hálózat, HSLN; **~-speed logic (HSL)** *szt* gyors logikai áramkör, HSL; **~-speed machine tool** nagy sebességű szerszámgép; **~-speed magazine** *tex* csévetartó *(gyorsfelvető)*; **~-speed magnetic amplifier** *el* gyors működésű mágneses erősítő; **~-speed medium** *geof* nagy sebességű közeg; **~-speed memory (block)** *szt* nagy sebességű memóriaegység/tárolóegység, gyorsmemória, gyorstároló egység; **~-speed mill** *heng* gyorshengersor; **~-speed mixer** *élip* zárt dagasztógép; **~-speed Morse telegraph** morzegyorstávíró; **~-speed MOS (HMOS)** *szt* kiváló teljesítményű MOS; **~-speed neutron** *at* nagy sebességű neutron; **~-speed oscillograph** nagy írósebességű oszcillográf; **~-speed particle** *at* gyorsrészecske, nagy sebességű részecske; **~-speed photograph** nagy sebességű fényképfelvétel; **~-speed photographic analysis** nagy sebességű fotografikus analízis; **~-speed photographic camera** nagy sebességű felvevőgép/kamera; **~-speed photography (for low-speed projection)** nagy sebességű *v.* zeitlupe/időnagyító fényképezés; **~ speed plunger mo(u)lding** *műa* kétdugattyús/duplex fröccssajtolás; **~-speed printer (HSP)** *szt* gyorsnyomtató, HSP; **~-speed propeller** *rep* nagy fordulatszámú légcsavar; **~-speed reader (HSR)** *szt* nagy sebességű dokumentumolvasó, HSR; **~ speed recorder** *aut* gyorsregisztráló; **~-speed record(ing)** nagy sebességű felvétel; **~-speed relay** *el* gyors működésű relé, pillanatrelé; **~-speed response of remote control systems** *aut* távirányítási rendszer gyors válasza; **~-speed servomechanism** *aut* gyors követőrendszer; **~-speed shooting for low-speed projection** *film* lassított/zeitlupe/időnagyító felvétel; **~-speed soil compacting machine, ~-speed soil compactor** *ép* gyors járatú talajtömörítő gép; **~-speed spectrometer** *fiz* gyors működésű színképmérő; **~-speed spindle** nagy fordulatszámú orsó; **~-speed steel (HSS)** *koh* gyorsacél; **~-speed storage/store** *szt* gyors hozzáférésű/kiolvasású (adat)tároló, gyorstároló; **~-speed sweep** *el* gyors letapogatás; *mzg* szárnyas művelőtest *(gyors járatú kultivátorhoz)*; **~-speed switch** *el* gyorskapcsoló, pillanatkapcsoló; **~-speed take-in carriage** *fa* gyorsbefogó kocsi; **~-speed tape punch** gyors szalaglyukasztó; **~-speed telegraph** gyorstávíró; **~-speed track** *vasút* nagy sebességű pályaszakasz; **~-speed tunnel** *rep* nagy sebességű szélcsatorna; **~-speed turnoff (turnout)** *rep* nagy sebességű forduló; **~-speed tyre/tire** gumiabroncs *(versenykocsié)*; **~-speed vibratory/vibration screen** gyors járatú vibrációs rosta; **~-speed welding** nagy sebességű hegesztés; **~-spliced heel** *kh* magasított sarokemelés, magas sarok; **~ splicing** *kh* magasított sarokerősítés; **~ spot** *sug* „melegpont", nagy sugárzássűrűségű pont; **~-stability (HS)** *el, fiz, rád* nagy stabilitású; **~ stable laser** nagy stabilitású lézer; **~ stage** *hidr* nagyvíz; **~-stop filter** *távk* aluláteresztő szűrő; **~-storage turret truck** *ép* magasraktári emelőtargonca; **~-store density** *szt* nagy tárolósűrűség; **~-strain fatigue** *any* anyagkifáradás nagyfokú mechanikai feszültség következtében; **~-strain-rate forming** nagy sebességű alakítás; **~-strength** nagy szilárdságú; **~-strength bolt** nagy szilárdságú feszített csavar; **~-strength concrete** nagy szilárdságú beton; **~-strength low alloy steel (HSLA steel)** *koh* HSLA acél; **~-strength structural steel** *koh* növelt folyáshatárú szerkezeti acél; **~-stress** erősen terhelt/igénybevett; **~-style fabrics** *tex* divatos kelmék; **~-sugar beet** *mzg* nagy cukortartalmú cukorrépa; **~-symmetric** nagymértékben szimmetrikus; **~ tech(nology)** csúcstechnológia; **~-temperature ageing** *koh* öregítés; **~-temperature cement** *ép* hőálló cement; **~-temperature distillation** *ol* desztilláció nagy hőmérsékleten; **~-temperature fatigue** *any* anyagkifáradás nagy hőmérséklet következtében; **~-temperature forming** *any* nagy hőmérsékletű alakítás; **~-temperature fracture** *any* törés nagy hőmérsékleten; **~-temperature hardness** *any* keménység nagy hőmérsékleten; **~-temperature insulation** hőálló szigetelés; **~-temperature isomerization process** *ol* nagy hőmérsékletű izomerizációs eljárás; **~-temperature kiln** *fa* szárítókamra 100°C feletti hőmérséklethez; **~-temperature maser** *fiz* nagy hőmérsékletű mézer; **~-temperature microscope** *opt* nagy hőmérsékletű mikroszkóp; **~-temperature oil** *ol* nyári (motor)olaj; **~-temperature physics** nagy hőmérsékletek fizikája; **~-temperature plasma** *fiz* nagy hőmérsékletű plazma; **~-temperature plasma physics** termonukleáris reakciók fizikája, plazmafizika; **~-temperature plasticizer** *műa* nagy hőállóságú lágyító; **~-temperature powder camera** nagy/magas hőfokú porkamra; **~-temperature reactor** *at* nagy/magas hőmérsékletű reaktor; **~-temperature resistant material** hőálló anyag; **~-temperature strain ga(u)ge** *any* nagy hőmérsékletű nyúlásmérő; **~-temperature strength** *koh* melegszilárdság; **~-temperature thermomechanical treatment** *koh* nagy hőmérsékletű alakításos hőkezelés; **~ tempering temperature material** nagy lágyítási hőmérsékletű anyag; **~-temper steel** *koh* magas hőmérsékleten megeresztett acél; **~-tensile (HT)** *fiz* nagy szakítószilárdságú; **~ tension (HT)** *el* nagyfeszültség; **~-tension battery** *el* nagyfeszültségű telep; **~-tension cable** *el* nagyfeszültségű kábel; **~-tension circuit** *el* nagyfeszültségű áramkör; **~-tension current** *el* nagyfeszültségű áram; **~-tension fuse/igniter** *bány* szikragyújtó; **~-tension ignition** *el* nagyfeszültségű gyújtás; **~-tension insulator** *el* nagyfeszültségű szigetelő; **~-tension rectifier** *el* nagyfeszültségegyenirányító; **~-tension switchboard** *el* nagyfeszültségű kapcsolótábla; **~-tension terminals** *el* nagyfeszültségű kapcsok; **~-tension transformer** *el* nagyfeszültségű transzformátor; **~-tension transmission line** *el* nagyfeszültségű távvezeték; **~-test** *vegy* nagy tisztaságú; **~-test metal** *koh* nagy tisztaságú fém; **~ thread-count fabric** *tex* sűrű szövet; **~-threshold logic (HTL)** *szt* magas küszöbszintű áramkör, HTL; **~ tide (HT)** *hajó, hidr* dagály; **~ time-constant correction/regulation** *távk* nagy időállandójú szabályozás; **~-to-low level (HL)** *szt* HL jelátmenet, jelátmenet magasról; **~-top heat** *koh* nagy torokgázhő; **~ top pressure** *koh* nagy toroknyomás; **~ transconductance** nagy meredekség; **~ turbulence** *rep* erős/intenzív turbulencia; **~-type boiler** magas tűzterű kazán; ~-type pavement *ép* nehéz/tartós útburkolat; ~-type surfacings *ép* nehéz útburkolatok; ~-usage toll/trunk line *távb* nagy forgalmú helyközi vonal; ~ vacuum *fiz* nagyfokú vákuum; nagyvákuum, finomvákuum; ~-vacuum arc furnace *koh* vákuumos ívkemence; ~-vacuum deposition (by evaporation) nagyvákuumos metallizáció, nagyvákuumú fémgőzölögtetéses bevonás; ~-vacuum diode *el* vákuumdióda; ~-vacuum pump *koh* nagyvákuum-szivattyú; ~-vacuum rectifier *el* vákuum-egyenirányító; ~-vacuum tube/valve *el* vákuumcső; ~-vacuum welding hegesztés nagyvákuumban; ~-velocity (HV) → ~-speed; ~-velocity air *rep* nagy sebességű légáramlás; ~-velocity air-conditioning system/plant *szell* nagy légsebességű klímaberendezés, nagynyomású klímaberendezés; ~-velocity armo(u)r-piercing ammunition *kat* nagy kezdősebességű páncéltörő lövedék; ~-velocity burner *koh* nagy sebességű égő; ~-velocity cartridge hammer *szer* nagy sebességű szögbelövő készülék; ~-velocity dual-duct unit *ép* befúvórácsos keverőszerkezet; ~-velocity forming nagy sebességű alakítás; ~-velocity ram machine nagy sebességű prés; ~-velocity rocket nagy sebességű rakéta; ~-velocity stud gun/driver *szersz* nagy sebességű szögbelövő készülék; ~-velocity train *koh* HV-hengersor; HV-hengersor; ~-viscosity nagy viszkozitású; ~-volatile coal *vegy* nagy illótartalmú szén; ~ voltage *el* nagyfeszültség; ~-voltage (HV) *el* nagyfeszültségű; ~-voltage accelerator *el* nagyfeszültségű gyorsító; ~-voltage apparatus *el* nagyfeszültségű készülék; ~-voltage coil *tv* malomkerék; ~-voltage DC distribution *el* nagyfeszültségű egyenáramú energiaátvitel; ~-voltage diode *el* nagyfeszültségű dióda; ~-voltage electrophoresis *el* nagyfeszültségű elektroforézis; ~-voltage engineering nagyfeszültségű technika; ~-voltage flash *foto* örökvaku, villanólámpa, flashlámpa; ~-voltage fluorescent tube *el* nagyfeszültségű fénycső, neoncső; ~-voltage generator *el* nagyfeszültség-generátor; ~-voltage mast → ~-voltage transmission mast; ~-voltage measuring bridge *el* nagyfeszültségű mérőhíd; ~-voltage protection *el* nagyfeszültség elleni védelem; ~-voltage rectifier *el* nagyfeszültségű egyenirányító; ~-voltage technique *at* nagyfeszültségű eljárás; ~-voltage test *el* nagyfeszültségű próba *(kábelé)*; ~-voltage transmission mast nagyfeszültségű távvezetékoszlop; ~-wall *bány* rézsű; pásztarézsű; ~-warp *tex* sűrű lánc; ~-warp loom *tex* függőleges elrendezésű szövőgép; ~-wash syrup *cu* fehérszörp; ~ water (HW) *hidr* nagyvíz(állás); ~-water bed *hidr* árvízi meder; ~-water mark (HWM) *hidr* árvíznyom; árvízszint; árvíztábla; legmagasabb vízállás szintje; ~-water overflow *hidr* árapasztó; ~-water span *ép* ártéri (híd)nyílás; ~-water stage *hidr* nagyvíz(állás); ~-webbed tee-iron magas gerincű T-acél; ~-weight mud *ol* nehéz öblítés, nehéz iszap, nagy fajsúlyú öblítés; ~ wind *rep* erős szél; ~ wing *rep* felső szárny; ~-wing *rep* felső szárnyas, felső szárnyú; ~-wing aircraft/monoplane *rep* felső szárnyas repülőgép; ~-yield alloy *koh* nagy folyáshatárú ötvözet; ~-Z material nagy atomszámú anyag

highboy magas lábú fiókos szekrény

higher magasabb; felsőbb; felsőfokú; ~ apsis távolpont; ~ harmonic *fiz* magasabb rendű harmonikus, felharmonikus; ~ harmonic current *el* magasabb harmonikusú áram; ~ isotope *at* magasabb izotóp; ~ mathematics magasabb/felső(bb) matematika; ~-order ellipse *mat* elliptoid, magasabb rendű ellipszis; ~-order lag element *szt* többtárolós tag; ~-order language *szt* magas szintű programnyelv; ~-order logic *mat* magasabb rendű logika/függvénykalkulus; ~-order modes *mat* magasabb rendű modulusok; ~-order partial derivative *mat* magasabb rendű parciális derivált; ~-order transformation *krist* magasabb rendű átalakulás; ~-rated *el* erősebb *(biztosító)*

highest legmagasabb, legnagyobb; ~ common factor (HCF) *mat* legnagyobb közös osztó; ~-degree term *mat* legmagasabb fokú tag, főtag; ~ efficiency *el* csúcshatásfok; ~ high water (HHW) *hidr* legnagyobb víz(állás); ~ output *el, gép* maximális/legnagyobb teljesítmény, teljesítménymaximum; ~ possible reliability lehető legnagyobb megbízhatóság; ~-priority interrupt *szt* legmagasabb prioritású megszakítás; ~ recorded stage *hidr* legnagyobb víz; ~ root *mat* legnagyobb gyök; ~ sailing water *hidr* legmagasabb hajózási vízszín/vízszint; ~ stress legnagyobb igénybevétel; ~ term *mat* legmagasabb fokú tag, főtag; ~ value optimális érték, optimum

highland *geol* felvidék; fennsík, felföld; hegyvidék

highlander felvidéki, hegyilakó; *tex* kockás szövet

highlight I. *v* kiemel; II. *n foto* csúcsfény; legfényesebb képrész; nagy fényerő; ~ brightness fénysűrűség; ~ laser nagy teljesítményű lézer; ~ mask *foto* csúcsfény-kiigazító lemez; tónuskiigazítás

highly nagyon, erősen; ~-branched *vegy* erősen elágazó; ~ burnished point tükörfényes csúcs; ~ burnished steel plate tükörfényes acéllapka; ~ chlorinated *ol* nagy klórtartalmú; ~ coherent beam erősen összetartó sugárnyaláb; ~ collimated beam *fiz* erősen kollimált sugárnyaláb; ~ concentrated erősen koncentrált, nagyon tömény; ~ conductive *el* jól vezető; ~ fluid *vegy* könnyen folyó, kis viszkozitású, hígfolyós; ~-glazed *pa* erősen fényezett; ~-polished fényesre csiszolt/munkált; finoman polírozott; ~ radioactive *fiz* erősen radioaktív, forró; ~ reducing atmosphere erősen redukáló hatású atmoszféra; ~ resinous *fa* dús gyantatartalmú; ~ sensitive *el* igen érzékeny, túlérzékeny; ~ stable/stabilized nagy stabilitású; ~ symmetric nagymértékben szimmetrikus; ~-twisted *tex* nagy sodratú; ~ viscous *vegy* nagy viszkozitású, sűrűn folyó, viszkózus

highway országút; közút; műút; főútvonal; *szt* gyűjtősín; ~ air marker műúti repülőjelző; ~ authority *ép* közúti építési hatóság; ~ bridge közúti híd; H~ Code közúti közlekedés szabályai, KRESZ; ~ construction *ép* útépítés; ~ contractor *ép* útépítési vállalkozó; ~ crossing útátjáró, közúti útkereszteződés; ~-engineering *ép* úttechnika, útépítés; ~-grade separation *ép* útkereszteződés különböző szinten; ~ grooving machine *ép* útburkolatmaró; ~ junction *ép, közl* közúti csomópont; útkereszteződés; ~ lighting *gépk* közúti/országúti világítás; ~ maintenance *ép* útkarbantartás; ~ radio system *távb* országúti rádiótelefon; ~-rail bridge *ép* közúti és vasúti híd; ~ roller *ép* úthenger; ~ spiral *ép* klotoid; ~ traffic control radar közlekedés-ellenőrző radar; ~ traffic information útinformáció; ~ transportation közúti szállítás; ~ tunnel *ép* közúti alagút

Hilbert | **class field** *mat* abszolút osztálytest, Hilbert-féle osztálytest; ~ **space** *mat* Hilbert-tér; ~ **transform** *mat* Hilbert-transzformáció
hill I. *v* halmoz, halomba rak, máglyáz; bakhátat képez; feltöltöget *(burgonyát stb.)*; **II.** *n* (kis) hegy, domb; halom *(kőé, homoké stb.)*; *bány* dőlésmenti vágat; hajlás; külszín; *kat* magaslat; *mzg* fészek *(ültetésé, vetésé)*; fészekültetés; ~ **and dale recording** mélyírás, Edison-írás; *hang* mélyhornyú hangfelvétel; ~ **climb** *közl* hegymenet *(járműé)*; ~**-climbing** hegymászás; *szt, távk* hegymászás *(szélsőérték-kereső módszer)*; ~**-climbing system** *szt, távk* hegymászó rendszer; ~ **creep** *bány* lejtőmozgás; ~**-crest** *geol* dombtető; ~**-drill** *mzg* bakhátas sorbavetés; ~**-drill planter** *mzg* bakhátas ültetőgép; ~ **foot excavation** *bány* hegylábnyesés; ~**s** *pl geol* (kifutó) dombok, dombvidék; hegyalakulatok; ~ **waste** *geol* görgeteg
Hill|**-Milburn's method** *ol* Hill—Milburn-módszer; ~**-reaction** *vegy* Hill-reakció
hiller bakhátkészítő; *mzg* töltögető kultivátor
hillock halom, kis domb; *bány* meddőhányó; telérkibúvás; *geol* bucka; hegynyereg
hillside domboldal, hegyoldal; part; ~ **bin** *ép* bedöntőbunker; ~**concrete mixing plant** *ép* rézsűbunkeres betongyár; ~ **cut and fill** *ép* vegyes szelvény *(töltés és bevágás)*; ~ **failure** *bány* lejtőmozgás; ~ **plough/plow** *mzg* váltóeke
hilly dombos; *bány* sziklás; ~ **ground** *bány* sziklás talaj
hilt fogó, fogantyú, markolat, nyél; ~ **shank** *cipő* talplágyék hátsó része
hind hátsó, hátulsó
hinder (meg)gátol, (meg)akadályoz; hátráltat
hindered | **diffusion** *fiz* gátolt diffúzió; ~ **settling** *bány* hátráltatott ülepedés; *fiz* késleltetett ülepítés; ~**-settling classifier** *bány* gátolt esésű osztályozó; *ép* hidraulikus áramkészülék; ~ **settling ratio** *bány* hátráltatott ülepedési hányados
Hindley screw/worm *fiz* globoidcsiga
hindrance gát, akadály; megakadályozás, meggátlás
hinge I. *v* csuklósan kapcsol/illeszt/felfüggeszt; zsanérral/sarokvassal ellát; sarokvasat beakaszt; megvasal; sarka körül forgat; vmi körül forog/fordul; **II.** *n* *ép* csuklópánt, csuklós pánt, forgópánt; kapocsvas; sarokvas, zsanér; vasalás *(szerelvény)*; *gép* csukló, forgósarok; ~ **auger** *ép* szétnyitható fúrókanál; ~ **axis** *rep* csuklótengely; ~ **bolt** csuklócsap; csuklócsavar *(szemes)*; ~ **clip** *el* csuklós villa *(kapcsolóban)*; ~ **eye** forgósarok furata; kapocs szeme; ~**-hook** *ép* ajtópánt csapja; ~**-impost** *ép* csuklós boltváll/gyám; ~**-joint** csuklós kötés/pánt; *ép* csuklópánt; ~**-lug** csuklós kampó/fül/horog; ~ **moment (HM)** *rep* csuklónyomaték; ~ **pedestal** *ép* lengőállvány; ~**-pin** forgópántcsap, forgópecek; (sarok)-csap; csuklópecek; sarokvastengely; ~ **rod** csuklós rúd; ~ **strap** *ép* ajtósarokpánt *(hosszú szárnyú)*; pántheveder; ~ **tail** *ép, szer* pánt mozgó szárnya; ~**-type ripper** *ép* lengő talajlazító; ~**-type towed ripper** *ép* vontatott talajlazító
hinged csuklós; csuklósan kapcsolt; felfüggesztett; ~ **arm** csuklós kar; ~ **bar** *bány* csuklós süveg; ~ **beam** Gerber-tartó, csuklós többtámaszú tartó; ~**-body side** *gépk* lehajtható oldalfal; ~ **bucket** szétnyitható szállítóedény; ~ **cantilever girder** *ép* csuklós konzolos tartó; ~ **connection** *ép* csuklós kapcsolat; ~ **coupling** *gép* csuklós kapcsolás; *vasút* tömlőkapcsolat *(járművek között)*; ~ **cowl** *gépk* felhajtható motorfedél; *rep* csuklós/kihajtható motorburkolat; ~ **cutter/cutting chain** *bány* csuklós réselőlánc; ~ **cutter jib** *bány* csuklós réselőkar; ~**-disk valve** csapó(korong)-szelep; ~ **door** *ép* csuklós ajtó, forgóajtó; ~ **electromagnet** *el* csuklós elektromágnes; ~**-end column** csuklósan megtámasztott oszlop; ~ **fixture** csuklós rögzítésű készülék; ~ **flap** lecsapható csappantyú, felcsapható lap; *rep* csuklós fékszárny; terpeszlap; ~ **flap spoiler** *rep* csuklós szárnyféklap; ~ **flashboard weir** *hidr* kitámasztott táblás gát; ~ **follower mo(u)ld** *műa* csuklós-betétes sajtolószerszám; ~ **frame** *mech* csuklós keret; ~ **funnel** *hajó* lehajtható kémény; ~ **girder** Gerber-féle tartó, Gerber-tartó, csuklós tartó; ~ **guard** felhajtható védőfal; ~ **hopper** billenőtartály; ~ **jib** *em* csuklógém; ~ **joint** csuklós kapcsolat/csomópont; ~ **leaf** *hidr* billenőlap; ~**-leaf gate** *hidr* billenőlapos gát; ellensúlyos gát; ~**-leaf tainter gate** *hidr* billenőtáblás szegmensgát; ~ **leg** *ép* ingaláb; ~ **member** *gép* csuklóelem; ~ **panel** *rep* kihajtható műszerlap/szerelvénylap; ~ **peg** *tex* felcsapható tüske; ~ **piece cutter** *környv* csuklós daraboló; ~ **pier** *ép* ingaoszlop *(hídon)*; ~ **platform** *bány* függőpad; ~ **seat (HS)** billenőülés, csapóülés; ~ **shutter** beakasztott ajtótábla/ablaktábla; ~ **spade** *kat* felhajtható talptusa; ~ **support** csuklós alátámasztás/megtámasztás; ~ **ventilating panel** *ép* (billenő) szellőzőablak; ~ **window shutter** *ép* ablaktábla; ~ **windscreen** nyitható szélvédő
hingeless csukló nélküli; *mech* befogott
hip vápa; *ép* élszaru(fa); tetőél; ~ **bath(tub)** *ép* ülőkád; ~ **end** *ép* konty; ~**-knob** *ép* fedéloromdísz; ~ **rafter** *ép* kontyszaruzat; ~ **ridge** *ép* vápaszaru; ~ **roof** *ép* kontytető; ~**-slate** *ép* vápapala; ~**-tile** gerinccserép; *ép* vápa(cserép)
HIPO → hierarchy: input process output
hipped | **end** *ép* konty(olás); ~**-gable roof** *ép* csonkakontytető; ~**-plate roof** *ép* lemezmű, redőtető; ~**-plate structure** *ép* lemezmű
Hippurites *pl geol* Hippurites; ~ **limestone** *bány* hippuriteszes mészkő
Hiran (High Intensity Radar Aids to Navigation) *aut* Hiran; ~ **positon finder** Hiran-iránymérő készülék
HI-RES → high-resolution
hirving *bány* réselés
His → histidine
hiss I. *v* sistereg, sziszeg; sípol, fütyül, sivít *(rádió)*; suhog; **II.** *n rád* füyülés, sziszegés; sistergés, sivítás, suhogás, sípolás; sustorgás; zavar, zörej, zaj
hissing *rád* sustorgás
histamine *vegy* hisztamin
histidine (His) *vegy* hisztidin
histogram *mat* alapdiagram; blokkdiagram; hisztogram
histone *vegy* hiszton
historical geology *geol* földtörténet, történeti földtan
historigram idősordiagram
hit I. *v* (meg)üt, eltalál; elér; nekiütődik/hozzáütődik; kitalál, rájön *(megoldásra)*; összeütközik; *szt* két mező összehasonlítása kielégíti a feltételt; leüt (billentyűt); **II.** *n* találat; csapás, (meg)ütés, lökés; nekiütődés, hozzáütődés; összeütközés; becsapódás; el-

találás *(célé)*; eltalálás, kitalálás; ~ **against** *v* nekiütközik, nekiütődik; ~ **an air pocket** *rep* függőlegesen mozgó légáramba történő repülés; ~**-and-miss governing** *gép* kihagyásos motorszabályozás; ~**-and-miss valve** *gép* szabályozható (emelkedésű) szelep; ~**-and-miss ventilator** *ép* szabályozható többnyílású szellőző; ~**-and-run accident** *közl* cserbenhagyásos baleset/gázolás; ~ **on/upon** *v* ráhibáz, rátalál; ~**-on-the-fly printer** *szt* repülőnyomtató; ~ **rate** *szt* találati arány; ~ **the ceiling** *v rep* csúcsmagasságot elér; ~ **the field** *v* leszáll, eléri a repülőteret; ~ **theory** találatelmélet

hitch I. *v* bekapcsol; rögzít, megfog; rángat; beakaszt; összeerősít, összekapcsol, összehurkol; kiköt, befog *(lovat)*; lökésszerűen halad; fennakad; akaszkodik, kapcsolódik *(hurokkal)*; belekapaszkodik; összegubancolódik; **II.** *n* összekampózás, megkampózás; horog, hurok; hirtelen megrántás; hirtelen megállás; akadály, nehézség; fennakadás, akadozás; bökkenő; *bány* gyámlyuk; *geol* horpadás; kis alakváltozás; kisebb vetődés; vető *(telepvastagságnál kisebb)*; *tex* csomósodás; ~ **end-to-end** *v mzg* egymás mellé kapcsol *(munkagépeket)*; ~ **iron** kampóvas; ~ **pin** aggatópecek *(zongorán)*; ~ **roll** *pa* feszítőhenger, fordítóhenger

Hitchcock's method *szt* Hitchcock-módszer

hitcher csónakkampó, csónakhorog; *bány* aknacsatlós; *gép* megakasztó *(szerkezet)*; ~**-on** *bány* csillebetoló

hitching *bány* beréselés

hitting | area *kat* szórásterület; ~ **range** *geol* vetőtávolság; *kat* szórástávolság

Hittorf dark space *fiz* katód-sötéttér, Hittorf-féle sötéttér

hive kas, kaptár; dúc

HJ → hot junction

HL → headlight; → high-to-low level

HLL → high-level logic

HM → heavy metal; → hinge moment

h.m. → hand-made

HMG → heavy machine-gun

HMT → hand microtelephone; → hexamethylenetetramine

Ho → holmium; ~**-coefficient** *fiz* Ho-együttható

hoar dér, zúzmara; ~**-frost** dér; ~**-frost heating** zúzmaramentesítés; ~**-stone** mezsgyekő, határkő

hoard I. *v* felhalmoz, összegyűjt; **II.** *n* felhalmozott árukészlet

hoarding deszkafal, deszkakerítés, védőpalánk *(építkezés idejére)*; hirdetőtábla

hob I. *v alak* besajtol, benyom; *forg* csigamaróval fogaz; **II.** *n* cövek; kandallóvasbetét, kandallóvasállvány; tűzhelyasztallap; platni; *cipő* jancsiszög; *forg* lefejtő maró; *szersz* ütősajtoló bélyeg; ~**-arbor carriage** *forg* csigamarótüske-tartó; ~ **gear** csavarkerék; *gép* csigakerék

hobbing *alak* benyomás; *finm* gravírozás, vésés; *forg* hideg ütősajtolás *(prégelés)*; lefejtőmarás; ~ **battery** *tex* csévetár; ~ **machine** fogmaró gép *(csigamaróval dolgozó)*; ~ **press** *szersz* ütőprés, ütősajtológép

hobble I. *v* biceg; **II.** *n* béklyó *(lónak)*; bicegés

hobby *szersz* szegecsfejező kalapács

hobnail I. *v cipő* szegez *(talpat)*; **II.** *n* bakancsszeg; jancsiszeg; nagyfejű cipőszeg

hobnailing machine *cipő* talpkiszegező gép *(domborfejű fémszeggel)*

Hoboken converter *koh* szifonos konverter

hock *tex* juhcombgyapjú; ~**-lever** *ép* emelőfa

hod széntartó; *ép* habarcshordó/téglahordó saroglya

hodman habarcshordó, téglahordó *(munkás)*

hodograph *fiz* hodográf

hodometer *gépk* kilométerszámláló

hodoscope *at* hodoszkóp

hoe I. *v* kapál, sarabol; gyomlál; *bány* sarabolóval rakodik; **II.** *n* kapa; saraboló(kapa); kotrókanál; *ép* mélyásó kotró; ~ **arm** *ép* mélyásószár; ~ **coulter** *mzg* csoroszlya; ~ **dipper** *ép* mélyásó puttony; ~ **shovel** *bány* mélykotró; ~ **with boom tooth** *ép* felszakítóputtony; ~ **with cleaner plate** *ép* tisztítólemezes mélyásó puttony; ~ **with jib tooth/tine** *ép* felszakítóputtony

hoeing kapálás; gyomirtás; sarabolás; *bány* lazítás *(kőzeté)*

Höppler viscosimeter *vegy* Höppler-viszkoziméter

hog I. *v* súrol *(hajófeneket)*; rövidre nyír *(lósörényt)*; ívalakban emel; *hajó* kidomborodik, felpúposodik *(hajófenék)*; **II.** *n* kavarólapát; *any* dudor *(deformációs)*; *élip* sertés; *fa* őrlőgép *(hulladék rostosításához)*; *hajó* fenéktisztító kefe; hosszirányú domborulat *(fedélzeté)*; *pa* keverő, keverőmű; *tex* első nyírású gyapjú; ~ **beater** *bőr* verőszíj; ~ **box** *bány* derítőmedence; ~ **bristle** disznósörte; ~**-chain truss** *ép* rácsos merevítőgerenda *(lánchídé)*; ~ **dehairer** sörtekopasztó *(gép)*; ~ **fat** disznózsír; ~**-frame** *ép* felsőövű tartó; *hajó* hosszmerevítő fedélzeti tartó; ~ **hair** disznósörte; ~ **nose drill** egy forgácsoló élű telibefúró; ~ **pit** *pa* szitateknő, szitakád; ~ **skin** disznóbőr

hogback *bány* éles talpkiemelkedés; *geol* (gerinc)kitüremlés; izoklinális hegyhát

hogbacked túlemelt, felpúposodott; ~ **bottom** *bány* hullámos talp; ~ **girder** *mech* félparabola alakú tartó

hogged darált; ~ **fuel** tűzifahasáb *(rövidre vágott)*

hogger|-pipe kiürítő csőrész *(bányaszivattyún)*; ~ **pump** felső szivattyú *(átemelő rendszerben)*

hoggin *ép* homokkal/agyaggal kevert kavics; rostált kavics

hogging *ép* felhajlás, túlemelés *(tartóé)*; *hajó* felpúposodás, kidomborodás; ~ **moment** *mech* felhajlító nyomaték, negatív nyomaték

hoghorn *el* hoghorn *(mikrohullámú reflektor)*

hohlraum *fiz* abszolút feketetest/lyuk

hoick I. *v* hirtelen/lökésszerűen felhúz; *rep* meredeken felszáll; **II.** *n* rántás, lökés

hoist I. *v* felhúz; felvon; felemel *(csörlővel)*; **II.** *n* emelés, felvonás, felhúzás; emelőgép, emelőszerkezet; építési felvonó; csigasor; csörlő; vitla; horogszerkezet; *bány* aknaszállítás; műszak alatt kitermelt/kiadott érc; *hajó* jelzőzászlósor; *ol* gugora, emelőmű; ~ **block** (kötél)csigasor; ~ **bridge** *ép* emelőhíd; ~ **carriage** emelőkocsi; ~ **chamber** *bány* vitlakamra; ~ **chock-a-block** *v* csigasort csigaütközésig felhúz; ~ **draw-works** *ol* (rotari) emelőmű; ~ **engine house** *bány* aknagépház; ~ **jig** szállítókészülék, függesztőkészülék; ~ **mechanism** *ép* emelőmű; ~ **motor** emelőmotor, csörlőmotor; ~ **room** *bány* aknagépház; vitlakamra; ~**-rope** vitlakötél, emelőműkötél; *ol* fúrókötél; ~ **tower** *bány* aknatorony; *ép* felvonótorony; ~ **tower stand** *bány* toronyláb; ~**-way** *bány* szállítóosztály; ~**-way reverser** aknakapcsoló; ~**-way top cover** felvonóakna-födém; ~ **winch** csörlő

hoister (fel)emelő, felvonó, felhúzó; csörlő

hoisting emelés, felvonás, felhúzás; csörlés; *bány* aknaszállítás; aknaszállítási menet; *bőr* átfordítás; ~ **accessories** *pl ép* teherfelvevő szerkezet; ~ **belt conveyer** kazánházi ferdeszalag; ~ **block** *em* emelő csigasor; ~**-block** horogszerkezet; ~ **cable** *bány* aknaszállító kötél; ~**-cable sling** felvonókötél; ~ **cage** *bány* aknakas; ~ **capacity** *bány* aknaszállítás teljesítőképessége; szállítási teljesítmény; ~ **chain** felhúzólánc, emelőlánc *(gáté, zsilipé)*; ~ **compartment** *bány* szállító osztály; ~ **crab** teherfelvonó vitla; ~ **crane** *ol* emelődaru; ~ **device** *rep* emelő csigaszerkezet; ~ **drum** emelődob; ~ **duty** *bány* szállítóképesség; ~ **engine** emelőgép; *bány* aknaszállítógép; ~**-gear** emelőmű; ~ **height** emelőmagasság; ~**-hook** *ol* emelőhorog; ~ **jack** emelő *(készülék)*; *vasút* mozdonyemelő; ~ **ladder** *bány* mentőlétra; ~ **machine** *ép* emelőberendezés; ~ **rope** *bány* aknakötél; szállítókötél; ~ **shaft** *bány* szállítóakna; ~ **speed** emelési/szállítási sebesség; ~ **tackle** *ép* (emelő)csigasor; emelőberendezés; ~ **tonnage** *bány* aknaszállítás teljesítőképessége; ~ **unit** *ép* emelőmű; ~ **way (of a cage)** *bány* kasút

hold I. *v* tart, (meg)fog; rögzít, megtart; tartalmaz *(edény)*; feltart, visszatart; gátol, akadályoz; *bány* aláácsol; *rep* késleltet, várakozik; *tex* szélességében kifeszít; **II.** *n* fogás, fogó, fogantyú, támaszték; *film* kép túl hosszú időzése *(vetítővásznon)*; *hajó* hajófenék; hajóűr; rakodótér; *rep* késleltetés; poggyásztér; várakozás; ~**-back** gátlás, akadályozás, visszatartás, megfogás; *gép* visszafutásgátló kilincs; ~**-back carrier** *at* visszatartó anyag/reagens; ~ **capacity** *hajó* hajótér befogadóképessége; ~ **ceiling** *hajó* raktárburkolat; ~ **circuit** *szt* tartóáramkör; ~ **control** *tv* együttfutás-szabályozás; ~ **current** tartóáram; ~**-down** *bány* pakkerhorgony; *gép* lefogószerkezet, leszorítószerkezet; ~**-down nib** *tex* lefogónyelv *(árutartón)*; ~**-down screw** lefogócsavar, szorítócsavar; ~**-down shoe** *fa* leszorítópapucs; ~**-down spring** leszorítórugó; ~ **graphics** *szt* grafikatartás *(teletextnél)*; ~ **mode** *szt* tartóüzemmód; ~**-off card** *el* kapcsolást tiltó tábla; ~**-off condition** *szt* reteszelő feltétel *(számítógép)*; ~ **of ore** *koh* ércrakodó tér; ~**-on coil** *el* tartótekercs; ~ **over** *v* elhalaszt; ~**-over storage** *szt* többéves tározás; ~**-over tree** *fa* hagyásfa; ~ **range** *tv* szinkronizálási tartomány; ~ **the roof** *v bány* főtét alátámaszt/beácsol; ~ **time** *szt* tartási idő; ~ **up** *v* megtámaszt, alátámaszt; ~**-up** gátlás, akadályozás, visszatartás, megfogás; *közl* forgalmi akadály; *vegy* folyadék-visszatartás; ~**-up alarm** betörésjelző; ~**-up time** *at* tartózkodási/áthaladási idő; *koh* tartózkodási idő; ~ **voltage** tartófeszültség; ~ **water** *hajó* ballasztvíz; fenékvíz; ~**-yard** *vasút* fenntartási telep

holdback → hold-back

holder befogó/tartó készülék; foglalat; fogantyú; tartály; tám; támvas; tok; tokmány; irattartó *(polc)*; ~**-disc/disk** alátéttárcsa, alátétgyűrű; ~**-on** alultartó munkás *(szegecselésnél)*; ~**-up** szegecsfejtámasztó *(szegecselés közben)*

holderbat *ép* esőcsatorna-bilincs

holdfast *ép, gép* csíptető; kapocs; lehorgonyzórúd, lehorgonyzólemez; rögzítés, leszorítás; rögzítő/leszorító kampó; talpfaszorító kapocs; tartóvas; ~**s** *pl* tokmány

holding megfogás; alátámasztás; *ép* kidúcolás, biztosítás; *koh* hőntartás; *rep* várakozás; *szer* befogószerkezet; *szt* tárolás; tartás; *távb* foglaltság; ~ **action** *aut, szt* tartóhatás; ~ **aircraft** *rep* várakozási légtérben lévő repülőgép; ~ **altitude** *rep* várakozási magasság; ~ **and approach to land procedures** *rep* várakozási és megközelítési/bevezetési eljárások; ~ **area** *rep* várakozási légtér; ~ **at a temperature** hőntartás; ~ **axis** *rep* várakozási rendszer tengelye; ~ **bar** *távb* crossbar hídrúd; ~ **bay** *rep* várakozóhely; ~ **beacon** *rep* várópontjeladó; ~ **beam** *el* ívfenntartó sugár(nyaláb), stabilizáló sugárnyaláb; *szt* frissítő elektronsugár; ~ **bolt** rögzítő csapszeg; ~ **brake** *em* tartófék, biztosítófék; ~ **capacity** kapacitás, befogadóképesség, űrtartalom; ~ **carriage** *bány* függőpályai rakonca; ~ **chamber** *koh* hőkiegyenlítő kamra; ~ **circuit** *el* tartó/reteszelő áramkör, tartókör; ~ **collet** befogópatron; ~ **control** *tv* együttfutás-szabályozás, szinkronozás; ~ **course** *rep* repülési irány a várakozási légtérben; ~ **current** *félv* tartóáram; ~ **device** befogókészülék; ~**-down bolt** *ép, gép* rögzítőcsavar, lefogócsavar, szorítócsavar *(anyás)*; ~**-down clip** lefogóbilincs; ~**-down sinker** *kh* bezáró platina; ~ **element** *aut* tartóelem, tartószerv; ~ **elevator** *élip* készletsiló; ~ **fixture** befogókészülék; ~ **force** megtartó/rögzítő erő; ~ **freezer** *élip* fagyasztótároló; ~ **furnace** *koh* hőntartó kemence; pihentetőkemence; ~ **gun** *szt* frissítő elektronágyú; ~ **hearth** *koh* hőkiegyenlítő kamra; ~ **horn** *bány* kasszék fogószarva; ~ **jig** tartókészülék; ~ **key** *aut* tartókulcs, tartóbillentyű; ~ **ladle** *koh* üst; ~ **latch** támasztóretesz, tartóretesz; ~ **magnet** hídmágnes; ~ **marker** *rep* várópont-helyjeladó; ~**-off distance (for a shaped charge)** *bány* eltartási távolság; ~**-on coil** tartótekercs; ~**-out** *tex* szélességtartás; ~ **pasteurization** *élip* tartampasztőrözés; ~ **path** *rep* várakozási pálya; ~ **pattern** *rep* várakozási rendszer; ~ **pawl** támasztóretesz; ~ **period** *el* reteszelési időtartam; *ép* pihentetési idő *(beton gőzérlelése előtt)*; *szt* tárolási idő; ~ **point** *rep* várakozási pont; ~ **pond** halteleltető/haltartó medence/tó; ~ **position** *gép* befogott helyzet; ~ **power** kihúzással szembeni ellenállás *(vasbetété betonból)*; ~ **pressure** készenléti előnyomás; ~ **procedure** *rep* várakozási eljárás; ~ **pump** készenléti előszivattyú; ~ **relay** *el* blokkrelé; tartórelé; ~ **roll** *élip* lassan forgó henger *(hengerszékben)*; ~ **rope** tartókötél; *bány* hordkötél; ~**-rope anchoring** *bány* hordkötélhorgonyzás; ~ **speed** *rep* várakozási sebesség; ~ **stack** *rep* várakozási kürtő; ~ **temperature** *koh* hőntartás hőmérséklete; ~ **the subscriber's line** *távb* fővonali kapcsolat tartása; ~ **thread** kötő csavarmenet; ~**-through** *bány* összelyukasztás; ~ **time** tartózkodási/retenciós idő; *aut, el* tartási idő *(áramköré)*; tartásidő; *koh* hőntartási/pihentetési/tartózkodási idő; *rendsz* várakozási idő; *távb* foglaltsági idő *(kapcsológépé)*; ~ **time distribution** tartásidő-eloszlás; ~**-up lever** *gép* ütközőemeltyű; ~**-up tool** szegecselő ellentartó szerszám; ~ **vacuum** készenléti előnyomás; ~ **voltage** *el* tartófeszültség; ~ **winding** tartótekercs; ~ **wire** *el* C-ág, C-vezeték

holdor *fiz, szt* holografikus (adat)tároló/memória

hole I. *v* áttör *(lyukat)*; kiváj; betör; kilyukaszt; kifúr, átfúr; *bány* (alá)résel; fúrólyukat telepít; *ép* fúr *(alagutat)*; **II.** *n* lyuk; mélyedés; üreg; gödör; nyílás; furat; hasadás; *at* elektronlyuk, elektronvakancia, defektelektron; *bány* fúrólyuk; kutatóakna; mélyfúrólyuk; szűk vágat; *ép* légjárat; *geol* barlang; *gép* ékhorony; *hajó* horgonyláncjárat; *hang* rés *(üregrezonátoron)*; *ol* fúrt lyuk; kutatófúrás; *szell* szelelőnyílás; **~-and-slot magnetron** hasított üregű magnetron; **~-and-slot resonator** *rád* lyukhasíték-rezonátor; **~ aperture** *bány* szitanyílás; **~ armature** szellőzőcsatornás armatúra; **~ block** *ép* üreges blokk/tégla; **~ board** *tex* felvetődeszka, rendeződeszka; **~ bunches** *el* defektelektron-csoportok; **~ callipering** *geof* lyukbőségmérés; **~ carrier** *el* „lyukhordozó", pozitív töltéshordozó; **~ charge** *bány* robbantólyuk töltete; **~ collar** *bány* fúrólyuk szája/nyílása; **~ concentration** *el* lyukkoncentráció; **~ conduction** *el* elektronhiány-vezetés, lyukvezetés *(félvezetőben)*; p típusú vezetés, lyukvezetés; **~ conductivity** *el* elektronhiány-vezetőképesség; lyukvezetés; p típusú vezetés; **~ connection** *bány* lyukkapcsolás; **~ construction** *bány* kútkiképzés; **~ coordination** furatok fedésbe hozása; **~ current** *el* lyukáram, p típusú áram; **~ current density** *el* áramsűrűség lyuk/hibahelyek szerint; **~ cutter** *forg* dörzsár; **~-cutting shears** *pl szersz* lyukolló; **~ density** *el* lyuksűrűség; **~ diffusion** *at* vakanciadiffúzió, lyukdiffúzió, üreshely-diffúzió; **~ distance** *bány* fúrási (háló)sűrűség; **~-electron pair** *el* exciton, elektron-lyuk pár, lyuk-elektron pár; **~ field current** *el* lyuk-gerjesztőáram; **~ firing** *bány* fúrólyuk elrobbantása; **~-forming pin** furatalakító csapszeg; **~ for slider shot** *bány* csúsztató lyuk; **~ ga(u)ge** *szersz* furatátmérő-mérő; **~ inclination** *geof* lyukferdeség, fúrólyukelhajlás; **~ load** *bány* fúrólyuktöltet; **~ loading** *bány* robbantólyuk töltése; **~ migration** *el* elektronhiány-vándorlás, lyukvándorlás; **~ mobility** *el* elektronhiány-mozgékonyság; **~ opener** *bány* bővítőfúró; **~ pattern** furatterv, furatelrendezés; **~-piercing gun** lyukégető pisztoly; **~ placement** *bány* fúrólyuk-telepítés; **~ remnant** *bány* lyukcsonk; **~ retting** *tex* gödöráztatás; **~ saw** *szersz* lyukfűrész; **~ saw attachment** lyukfűrészelőtét; **~ semiconductor** p típusú félvezető; **~ setting** *bány* robbantólyukak telepítése; **~ size** *bány* szitanyílás; *ol* (fúró)lyukátmérő; **~ slant** *ol* fúrólyuk ferdesége; **~-storage effect** *el, félv, fiz* diffúziós képesség; lyukhalmozódási hatás; töltéshordozó-felhalmozódás; **~ storage protection** *félv* védő RC-tag; **~ theory (of electron)** Dirac-féle lyukelmélet/párelmélet; **~ wall** *bány* fúrólyukfal; **~ width** *pa* lyukbőség

holed lyukas

holeman *bány* robbantómester

holer *bány* réselővájár

holiday *ép* csővezeték csupasszá válása *(gázvezetéké)*; kihagyott/kimaradt rész/felület *(festésnél)*; **~-maker** *bány* hiányzó, kimaradó *(személy)*; **~-resort** *ép* üdülőhely; üdülőtelep

holing (ki)lyukasztás; kifúrás, átfúrás; kivájás, alávájás; rés; *bány* áttörés; betörés; réselés; **~ blast** *bány* lyukasztó/áttörő robbantás; **~ chute** *bány* osztófeltörés; **~ nog** *bány* réstuskó; **~-pick** aláverő csákány; **~ prop** *bány* réstám; **~ raise** *bány* összekötő feltörés; **~s** *pl bány* résapró, réspor; **~ sprag** *bány* réstuskó; **~-through** *bány* áttörés

holland *tex* nyersvászon

hollander *pa* hollandi (malom)

Hollerith|-card Hollerith-kártya; **~-code** *szt* Hollerith-kód

hollow I. *v* (ki)váj; üregessé tesz; **II.** *n* üreg, bemélyedés, vájat; vályúszerű mélyedés; árok; *bány* gödör; *ép* vápa; *geol* barlang; völgy; *hajó* hullámvölgy; *hidr* takaréküreg; *pa* vályú *(gépé)*; **~ abutment** fülkés támfal/ellenfal; **~ adze** kádárbárd; bodnárkés; **~-anode X-ray tube** üreges anódú röntgencső; **~ article** *műa* üreges test; **~ beam** *ép* üreges gerenda/tartó; *fiz* csősugárzás; **~ bit** *bány* üreges fúró; **~ block** *ép* üreges blokk; **~-bored spindle** üreges orsó; **~-bowl centrifuge** osztatlan forgórészű centrifuga; **~-bowl clarifier** *vegy* kavaró nélküli ülepítőedény; **~ brick** *ép* üreges tégla; **~-brick vault** *ép* üreges téglaboltozatú födém; **~ cap** *bány* szekrényes süveggerenda; **~-cast** *önt* üregesre öntött; **~ casting** *önt* üreges öntvény; **~ cathode** *el* üregkatód; **~ chisel** *szersz* félgömbölyű élű vágó; **~ concrete** *ép* egyszemcsés beton, homok nélküli beton; **~-cone charge** *kat* üreges töltet; **~-cone electrode** *el* kúpos burkolt elektród; **~ contact-element** üreges érintkezőelem; **~-core construction** *ép* üreges középrészű bútorlap; **~ core floor slab** *ép* üreges födémpanel; **~ core wall panel** *ép* üreges falpanel; **~ crystal** *krist* üres kristály; **~ cylinder** üreges henger; **~-cylinder electrode** *el* burkolt hengerelektród; **~ dislocation** *krist* üres diszlokáció; **~ dislocation line** *krist* üres diszlokációs vonal; **~ drill** *szersz* mélyfúró, csőfúró; **~ druse** *krist* kristály borította falú üreg, üreges kristálydrúza; **~-edged file** *szersz* homorú élű reszelő; **~ electrode** *koh* üreges elektród; **~ enclosure chamber** *fiz* abszolút feketetest/lyuk; **~ fibre/fiber** *tex* üreges szál; **~ filler** *ép* üreges (födém)béléstest; **~ floor slab** *ép* üreges födémlemez; **~ fold** *geol* üreges gyűrődés; **~ frame** *hajó* könnyített bordabókony; **~ goods** *gumi* üreges gumiáruk; **~ gypsum plank** *ép* üreges gipszpalló; **~ ingot** *koh* lyukas tuskó; **~ iron** kályhacső(áru); **~ key** *gép* dörzsék; **~ knot** *fa* kihulló ághely/göcs; **~ lode** üreges telér; **~ mandrel lathe** rúdeszterga; **~ masonry (work)** *ép* légréteges falazat; **~ mill, ~ milling-cutter** *forg* koronamaró; **~ mo(u)lding** *ép* homorú párkánytagozat; *önt* üreges formázás; **~ newel** *ép* üreges orsópillér/orsótér; **~ out** *v* kiüregel; (ki)váj; homorít; **~ pile** *ép* üreges cölöp; **~ piston** csődugattyú; **~-piston pump** csődugattyús szivattyú; **~ plane** *szersz* pálcagyalu; **~ prop** *bány* üreges tám; **~ punch** *gép* lyukasztóprés; **~ quoin** *ép* kapufészek; **~ ram pump** *ép* nortonkút, abesszin szivattyú; **~ rib** *hajó* könnyített bókony; **~ rivet** csőszegecs; **~ rod** *bány* üreges fúrószár; **~ rubber beading** *gépk* (üreges) gumiszegély, kéder; **~ screw** *gép* csavarzat; csőcsavar; furatos csavar; **~ shaft** csőtengely; **~-slug lattice** *at* üreges-rudas reaktorrács; **~ space** *fiz* abszolút feketetest/lyuk; **~-space oscillator** *el, fiz* üregrezonátoros oszcillátor; **~ spar** *rep* üreges főtartó; **~ spindle** csőtengely; **~-spindle lathe** *szersz* rúdeszterga; **~-stem valve** üreges szárú szelep; **~ sucker rod string** *ol* mélyszivattyú-csőrudazat; **~ turbine blade** *rep* üreges turbinalapát; **~ type propeller** *rep* üreges típusú légcsavar; **~ wall** üreges fal; **~-wall**

borer koronafalfúró; ~-ware üreges fém *v.* porcelán háztartási cikk; ~-way *ép* útszoros; ~-web girder *ép* szekrénytartó
hollowed-out spar *rep* könnyítőfuratos főtartó
hollowing | **file** homorú reszelő; ~ **knife** félkör alakú bőrfaragó kés; *szersz* görbe vonókés; ~ **out** kiüregelés
hollowness homorúság; üregesség, üresség; lyukacsosság
holm alacsony part; kis sziget *(folyón)*; síkság
holmian *vegy* holmiumtartalmú
holmium (Ho) *vegy* holmium
holoaxial | **group** *krist* holoaxiális csoport; ~ **symmetry** *krist* holoaxiális szimmetria
holocellulose *pa* holocellulóz
Holocene *geol* holocén
holocrystalline *krist* holokristályos
holoenzyme *vegy* holoenzim, holoferment
holoferment *vegy* holoferment, holoenzim
holofiche memory *szt* holografikus tároló
hologram *fiz* hologram, hológráf
holograph *fiz* hologram, hológráf
holographic *fiz* holografikus; ~ **storage** *szt* holografikus tár
holography *fiz* holográfia
holohedral *krist* holoéderes, teljes lapszámú; ~ **class** holoéderes osztály
holohedrism *krist* holoédria
holohedron *krist* holoéder, teljes lapszámú kristályforma
holohedry *krist* holoéderesség
holohyaline *krist* átlátszó; teljesen üveges/tiszta; zavartalan
holometer *fiz* holométer
holomictic holomiktikus, teljes vízfelkeveredésű *(tó)*
holomorphic *mat* analitikus, holomorf
holomorphy *mat* holomorfia
holonomic *mat* holonom; ~ **coordinates** holonom koordináták
holonomous *mat* holonom
holonomy *mat* holonómia
holosymmetric *krist* holoszimmetrikus
holotactic polymer *műa* holotaktikus polimer
holster pisztolytáska
holstway *ép* felvonóakna
holt erdő *(ligetszerű)*; bozót; berek
holystone I. *v hajó* horzsakővel súrol *(fedélzetet)*; **II.** *n* horzsakő
home I. *v rep* irányoz, irányít *(célra, automatikusan)*; rádió-irányadóra repül; *távb* alapállásra áll/állít; **II.** *n* visszaállás; *szt* kezdő pozíció, visszaállás, home; ~ **address** *szt* házi cím, helyi cím; ~ **address area** *szt* házi címmező, helyi címmező; ~ **address data** *szt* házi adatcím, helyi adatcím; ~ **beacon** *rep* célirányadó; „hazairányító" rádió-irányadó; ~**-bound** hazafelé tartó *(jármű)*; ~ **broadcasting** belföldi rádióadás; ~ **computer** *szt* házi számítógép; ~ **contact** *el* alapállási érintkező; ~ **data channel** *szt* helyi adatcsatorna; ~ **depot** *vasút* honos vontatási telep, fűtőház; ~ **head** *szt* nyomtatófej alaphelyzetbe állítása; ~ **jack** *távk* hívó kapcsolóhüvely; ~**-made** házi (készítésű); belföldi, hazai; ~ **mining** *bány* visszahaladó fejtés *(vájvégtől az akna felé)*; ~ **paper equipment** *szt* lapbeállító; ~ **port** *hajó* lajstromozási kikötő; ~ **position** nyugalmi helyzet; alapállás; ~ **receiver** *rád, tv* vevőkészülék; ~ **record** *szt* home rekord, láncolt rekordszerkezetű állomány első rekordja; *távk* saját vétel; ~ **scrap** *koh* visszatérő hulladék; ~ **signal** *vasút* bejárati jelző; ~ **station/terminal** *vasút* honállomás
homebanking *szt* házi bankszolgáltatások, lakásból kezdeményezhető bankügyletek
homeographic projection *geod* terület-aránytartó/homeografikus vetület
homeomorphic *mat* homeomorf; ~ **model** homeomorf modell
homeomorphism *mat* homeomorfizmus, topológiai izomorfizmus
homeostasis *rendsz* homeosztázis
homeostat *rendsz* homeosztát
homeostatic *fiz* homeosztatikus; ~ **mechanism** homeosztatikus mechanizmus/szabályzórendszer
homing I. *a el, fiz* alapállásba menő; *kat* célkereső; **II.** *n kat* célkeresés, irányítás; *rep* iránykeresés, hazairányítás; rárepülés, célra repülés; ~ **action** *rep* iránykeresés, célkövetés; *távb* (önműködő) visszaállítás *(műszeren)*; ~ **aid control panel** *rep* célrepülő berendezés kezelő szerelvénylapja; ~ **arc** *távb* alapállásba küldő ív; ~ **beacon (HB)** *rep* iránysávadó, leszállásjelző; ~ **device** *rep* célra tartó *v.* célrepülő berendezés; ~ **finder** *távb* visszaálló kereső; ~ **guidance** *rep, távk* célkereső távirányítás; célra repüléses irányítás, önirányítás, homing; ~ **information** *aut* célkeresési adatok; ~ **missile** *kat* önkereső/önirányító lövedék; ~ **on target** *kat* célba irányítás; ~ **phase** rárepülési *v.* célra repülési fázis; ~ **receiver** *rep* célrepülő berendezés vevőkészüléke; ~ **sensor** célkereső érzékelő; ~ **signal** *rep* célirányadó jele; ~ **station** *rep* célirányadó állomás; ~**-type switch** *el* visszaálló kapcsoló
homocentric *fiz* homocentrikus, koncentrikus, azonos középpontú; ~ **beam** homocentrikus sugárnyaláb
homochromatic *fiz* homokromatikus, homokróm, izokróm, izokromatikus, azonos színű/árnyalatú
homochrome, homochromous → homochromatic
homochronism *fiz* homokronizmus, egyidejűség
homochronous egyidejű, homokrón; ~ **terminating/termination** homokrón végződés/csatlakozás; ~ **transmission** homokrón átvitel
homocline *geol* monoklinális dőlés
homocyclic *vegy* homociklusos, izociklusos; ~ **nucleus** *vegy* izociklusos gyűrű
homodesmic structure *krist* homodezmikus szerkezet
homodromic *krist* homodromikus; ~ **end of isogyre** *ásv* izogir homodromikus vége
homodyne reception *távk* homodin vétel
homoeotectic group *krist* homoiotektikus csoport
homofocal *fiz* konfokális, közös fókuszú
homogeneity homogenitás, egyneműség, hasonneműség; egyöntetűség; ~ **of variances** *mat* homoszcedaszticitás, szóráshomogenitás, varianciák homogenitása
homogeneous homogén, egynemű, hasonnemű; ~ **alloy** egynemű ötvözet; ~ **anisotropy** *krist* homogén anizotrópia; ~ **building unit** *krist* homogén építőegység; ~ **carburizing** *vegy* egynemű felszenítés; ~ **catalysis** *vegy* homogén katalízis; ~ **cement** *ép* homogén cement; ~ **computer network** *szt* homogén számítógép-hálózat; ~ **connection** *krist* homogén kapcsolódás; ~ **crystallization** *krist* homogén kristályo-

sodás; ~ **deformation** *krist* homogén deformáció; ~ **differential equation** *mat* homogén differenciálegyenlet; ~ **differential system** *mat* homogén lineáris differenciálegyenlet-rendszer; ~ **earth dam** *hidr* homogén gát; ~ **equation** *mat* homogén egyenlet; ~ **equilibrium** *krist* homogén egyensúly; ~ **field** *el* homogén erőtér; ~ **glide** *krist* homogén csuszamlás; ~ **graph of degree** *mat* n-ed fokú reguláris gráf; ~ **light** monokromatikus/egyszínű fény; ~ **line** *el, fiz* homogén vezeték; ~ **material** *mech* homogén anyag; ~ **medium** homogén/egynemű közeg; ~ **nucleation,** ~ **nucleus formation** *krist* homogén gócképződés; ~ **partition wall** *ép* monolit válaszfal; ~ **phase** *vegy* homogén fázis; ~ **process of events** *rendsz* homogén eseményfolyamat; ~ **radiation** *fiz, sug* homogén sugárzás; ~ **ray** *fa* egynemű bélsugár; ~ **reaction** *at, vegy* homogén reakció; ~ **reactor** *at* homogén (atom)reaktor; ~ **shear** *krist* homogén nyírás; ~ **solution** *szt* homogén megoldás; ~ **stretches** *fiz* homogén szakaszok *(hullám terjedése mentén)*; ~ **system** *krist, vegy* homogén rendszer; *mat* homogén (lineáris egyenlet)-rendszer; ~ **transformation** *koh* homogén átalakulás; ~ **wall-board** *fa* farost szigetelőlemez; ~ **weld** egynemű varrat

homogeneously | broadened laser transition egyneműen szélesített lézerátmenet; ~ **broadened transition** *aut, el* homogén kiterjesztett átmenet

homogenization *bány* egyenlősítés; *élip* homogénezés; *koh* diffúziós izzítás; egalizálás; *vegy* homogenizálás; homogenizálódás; ~ **installation** egyneműsítő berendezés

homogenize *élip* homogénez *(tejet)*; *hők, vegy* homogenizál; ~ **alloy** egyneműsített ötvözet

homogenized | milk *élip* homogénezett tej

homogenizer *élip* homogenizátor, homogenizáló készülék/gép

homogenizing I. *a vegy* homogenizáló; **II.** *n koh* átlagosítás; egalizálás; *vegy* homogenizálás; ~ **annealing** *koh* diffúziós izzítás; *vegy* egyneműsítő lágyítás; ~ **bed** *koh* átlagosító ágy; ~ **drum** *vegy* homogenizáló dob, keverődob, „imamalom"; ~ **furnace** *koh* homogenizálókemence; ~ **of ore** *koh* érckeverés; ~ **time** *koh* homogenizálási idő; ~ **treatment** *koh* homogenizáló hőkezelés

homograde statistics *mat* kvalitatív statisztika

homographic(al) *mat* homografikus; ~ **diagram** *mat* affin ábrázolás; homografikus diagram; ~ **function** *mat* lineáris törtfüggvény

homojunction *fiz* homogén átmenet, homoátmenet

homolog *US* → homologue

homological *mat* homologikus

homologous hasonló; homológ; ~ **chromosome** homológ kromoszóma; ~ **equations** *mat* hasonlósági egyenletek; ~ **forces** *hidr* homológ erők; ~ **fraction** *vegy* homológ frakció; ~ **point** *geod* homológ pont; ~ **series** *vegy* homológ sor; ~ **turbines** *gép* geometriailag hasonló turbinák

homolographic *geod* terület-aránytartó (vetület)

homologue *vegy* homológ sor tagja, homológ tag

homology megfelelés, megegyezés, homológia; *mat, vegy* megfelelő jelleg, homológia; ~ **modulo the zero-divisors** *mat* gyenge homológia; ~ **with division allowed** *mat* gyenge homológia

homolosine *geod* szinuszos területtartó

homolysis *vegy* homolízis, heteroelektromer átalakulás

homolytic *vegy* homolitikus

homometalloid *krist* homometalloid

homometric structure *krist* homometrikus szerkezet

homomorphic *fiz, mat* homomorf; ~ **mapping** *mat* homomorfizmus

homomorphism *mat* homomorfizmus

homomorphous *fiz, mat* homomorf

homomorphy *fiz, mat* homomorfizmus

homophonic *hang* homofón

homoplastic *biot* hasonló felépítésű *(de nem homogén)*

homopolar *el* homopoláris, unipoláris; ~ **alternator** homopoláris generátor; ~ **binding/bond** *at, vegy* atomkötés, kovalens kötés, homopoláris kötés, unipoláris kötés; ~ **generator** *el* unipoláris generátor; ~ **induction** *el* homopoláris/unipoláris indukció; ~ **link(age)** → ~ binding/bond; ~ **sequence power** *aut* homopoláris teljesítmény

homopolymer *műa* homopolimer

homopolymerization *műa* polimerizáció, polimerizálás

homoscedastic *mat, stat* állandó feltételes eloszlású

homoscedasticity *mat, stat* homoszcedaszticitás, szóráshomogenitás, varianciák homogenitása

homotect *krist* homotektikus

homothetic centre/center *mat* hasonlóság-középpont *(pont, centrum)*

homotope *vegy* homotóp

homotopic *mat* homotóp; ~ **deformation** homotópia, homotóp deformáció

homotopy *mat* homotópia, homotóp deformáció

hone I. *v* (meg)fen *(kövön)*; *forg* hónol, dörzsköszörül; **II.** *n* fenőkő, csiszolórúd; *pa* finom fenőkő

honed finish *forg* dörzsköszörült/dörzscsiszolt/hónolt felület

honer dörzsköszörülőgép, hónológép

honest igazi, valódi; ~ **material** jó minőségű anyag

honestone fenőkő

honey méz; ~**-dew** *élip* mézharmat; ~ **extractor** *élip* mézpergető gép; ~**-stone** *ásv* mellit

honeycomb *bány* rövidpilléres fejtés; *ép* gázbeton, habbeton; kavicsfészek, kavicsfészkes beton; *foto* kondenzor; *műa* méhsejtszerkezetű tömb/lap *(szendvicsszerkezet magrétege)*; *önt* poloskás öntvény; *rep* méhsejtszerkezet; ~ **coil** *el* méhsejttekercs; ~ **concrete** *ép* habbeton, sejtbeton; ~ **core** *műa* méhsejtszerkezetű magréteg *(szendvicsszerkezetekben)*; ~ **duct** *rep* méhsejtrácsos szélcsatorna; ~ **mirror** méhsejttükör, méjsejtes/sejtrácsos tükör; ~ **net** *tex* sejtháló; ~ **of lenses** *foto* sejtkondenzor; ~ **pattern** *mat* szabályos hatszögrács; ~ **radiator** *gépk, rep* méhsejthűtő; ~ **rubber** habgumi, sejtgumi, szivacsgumi; ~ **structure** *műa* méhsejtszerkezet; ~ **system** *bány* rövidpilléres fejtési rendszer; ~ **weathering** *geol* sejtszerű elmállás; ~ **weave** sejtkötés; ~ **winding** *el* méhsejttekercselés

honeycombed átlyukasztott, átlyuggatott, likacsos, átszőtt; *ép* kavicsfészkes; *önt* poloskás, hámlóhelyes; *rep* méhsejtszerkezetű; *talt* sejtszerkezetű; ~ **casting** *önt* méhsejtszerkezetű öntvény; ~ **concrete** *bány* darázsfészkes beton; ~ **slag** habsalak

honeycombing poloska *(öntvényhiba)*; *bány* előkészítés rövid pillérekre; *ép* habosítás *(betoné)*; kavicsfészek *(betonhiba)*; *fa* belső repedezés *(szárított fá-*

ban); *koh* fészekképződés *(folyékony salakban)*; *önt* hámlás *(apró pontok)*

honing dörzsköszörülés; dörzscsiszolás, hónolás, élezés, lehúzás; fenés *(köszörűkövön)*; **~ head** dörzscsiszoló fej; **~ machine** dörzscsiszoló gép, hónológép

hood bura; kupak, fedél, védőtető; csuklya, kámzsa; süveg, sapka; *élip* ülepítőtér *(daratisztítón)*; *ép* (kapu)eresz; deflektor, huzatmegszakító; pajzsellenző; *gép* védőburok; *gépk* kabriolettető; lecsukható (vászon)tető; motorburkolat; *hidr* gépsátor; *koh* elszívóernyő; harang; huzatszabályozó harang; *vegy* elszívófülke; **~ fastener** *gépk* tetőkallantyú, tetőrögzítő; **~-fastening clip** *gépk* motorháztető-leszorító kapocs; **~ lacing** *gépk* motorháztető-szegély; **~ mo(u)ld** *ép* szemöldökpárkány; **~ release trigger** *gépk* motorháztető-kioldó; **~-rest strip** *gépk* motorháztető zörgésmentesítő szalagja; **~ test** *vák* keresőgázos integrális húzósságvizsgálat; **~ type annealing furnace** *koh* harangkemence

hoodoo *geol* eróziós oszlop

hook I. *v* horoggal megfog/megerősít; **II.** *n* kampó, horog; halászhorog; kapocs *(cipőn)*; éles kanyar *(folyóé)*; *gyógyv* hajlított ampullanyak; *mzg* sarló; **~-and-butt scarf** fogazott lapolás; **~-and-handle rule** kovácsüzemi léptékvonalzó; **~ belt fastener** *bőr* horgos szíjkapocs; **~ belt join** *bány* szalagfűző kapocs; **~ belt-joint** *bány* szalagfűző kapocs; **~ bolt** *ép* kampós csavar; **~ bottom block** horogcsiga *(darun, emelőcsigasoron)*; **~ bracket** *el* szigetelőtartó horog; **~ capacity** horogteherbírás; **~ casing** *em* horogház; **~ collector transistor** *el* hajlított kollektorú tranzisztor; **~ conveyer** *koh* horogpálya; **~-eye** fülecs; **~-fitting** *vasút* vonóhorog-szerelvény; **~ head** horgas/kampós fej; **~ height** horogmagasság *(darué)*; **~ ladder** horoglétra, beakasztható létra; **~-link chain** ízületes lánc, horgos lánc, Ewart-lánc; **~ nail** kampós horogszeg; **~-on** ráfüggeszthető, ráakasztható; *bány* aknacsatlós, bödönös *(munkás)*; **~ on/up** *v* felakaszt, ráakaszt; **~-on bucket** motoros markoló; **~-on instrument** ráakasztható műszer; **~-on ladder** kampós/beakasztós létra; **~ operation** *el* rudas működtetés/hajtás; **~-out blind** *ép* kitámasztható redőny; **~-rope** *hajó* kampós/horgas kötél *(lánchúzásra)*; **~ screw** kampós fejű csavar; **~ shank** *em* horogcsap, horognyak; **~-shaped bracket** szigetelőtartó horog; **~ spanner** horgas/körmös kulcs, egycsapos csavarkulcs; **~ switch** *távk* horogkapcsoló; **~ tap** *gép* hajlított anyamenetfúró; **~ thimble** beakasztó karika; füleshorog; **~ tooth** *gép* horgas fog; **~-tooth** *gép* horgas fogú *(lánckerék)*; **~-tooth file** *szersz* félkerek egyenes fűrészreszelő; **~-tooth gear** *gép* horgaskerék; kilincsfogas kerék, kilincskerék; **~-tooth sprocket gear** akasztó fogazású lánckerék; **~-transistor** *el* négyrétegű tranzisztor; **~-type** horgos; **~-type sluice gate** *hidr* kampós-táblás gát; **~-type tainter gate** *hidr* kettős szegmensgát; **~-up** *bány* kapcsolás, csatolás; *ol* kitörésgátló-rendszer; **~-up wire** kapcsolóhuzal; rendezőhuzal; **~ wall packer** *ol* falon ülő pakker; **~ wrench** → **~ spanner**

Hooke|'s law *fiz* Hooke-törvény; **~ universal joint shaft** *koh* csuklós kapcsolóorsó

Hookean elasticity Hooke-féle rugalmasság

hooked horgas, horgos; kampós, görbe; **~ bar** kampózott vasbetét; **~ rod** *tex* kampós platina

hooker *bány* csatlós; *tex* hajtogató-mérő gép

Hooker process Hooker-féle sajtolási eljárás

hooking machine *tex* hajtogató-mérő gép

hoop I. *v* abroncsoz, abroncsol *(hordót)*; **II.** *n* abroncs, karika, gyűrű, heveder; kengyel *(vasbetonban)*; *ép* gyűrűzés *(cölöpfejen)*; *pa* (papírgép)gyűrű; **~ antenna** abroncsantenna; **~ bond** abroncskötés; **~ brake** abroncsfék; **~-driving machine** abroncsozó gép; **~ drop relay** *el* csőkengyeles jelfogó; **~-iron** *ép* vaspánt; **~-linked chain** lemezkengyeles lánc; **~ mill** *koh* abroncssor; szalagacél-hengermű; **~ reinforcement** gyűrűirányú vasalás, gyűrűvasalás *(vasbeton)*; **~s** *pl* abroncsozat *(hordón)*; *ép* gyűrűvasalás *(vasbeton)*; **~ shears** *pl* pántolló; **~ steel** gyűrűvasalás *(vasbetoné)*; **~-stick** ponyvatartó ív *(tehergépkocsin)*; **~ stress** *mech* legnagyobb gyűrűirányú húzóerő *(tartályfalban belső nyomásból)*; tangenciális feszültség, gyűrűfeszültség, gyűrű-igénybevétel; **~ tension** *mech* gyűrűfeszültség; **~ tongs** *pl* abroncsozó fogó

hooped | column *ép* kengyelezett oszlop; **~ concrete** *ép* csavart vasbeton

hooper kádár, bodnár, pintér

hooping *ép* (körül)kengyelezés; *vasút* talpfapántolás

hoot I. *v* szirénázik; *gépk* dudál, tülköl; **II.** *n* dudálás, tülkölés, fütyülés, sípolás *(mozdonyé)*

hooter jelzőkürt, (gyári) sziréna; *gépk* jelzőkürt, duda

hop I. *v gépk* „felpiszkál", erőltet; **II.** *n élip* komló; *rep* repülőút; **~ jack** *élip* komlószűrő; **~-pole** *fa* komlókaró; **~-sack** *tex* panama; **~ sprayer** *mzg* komlópermetező; **~-vine board** *pa* komlókóró-lemez

hopped-up engine *rep* "felpiszkált" motor; túlterhelt hajtómű

hopper (töltő) garat, surrantó; bunker; edényperem *(kifutó forró víz felfogására)*; iszapszállító hajó; medence *(lefolyóval)*; tölcsér; ürítőtartály; *bány* bödön; tartály; töltőgarat; *gép* tár, magazin; *gyógyv* tablettázó gép tölcsére; *koh* bunker; tartály; *műa* etető(nyílás); etetőtölcsér, adagolótölcsér; *vasút* fenékürítő (vasúti) kocsi *v.* teherkocsi; **~ bale breaker/opener** *tex* szekrényes (bála)bontógép; **~ barge** *hajó* iszapszállító dereglye; *hidr* fenékürítős uszály; **~ bin outlet** adagológarat; **~ bottom rail car** *vasút* fenékürítésű vasúti kocsi; **~ car** *koh* önürítő kocsi; **~-cooled** párologtatással hűtött; **~ discharge gate** *ép* bunkerlezáró; **~ distributor** *ép* terítőládás betonelosztó gép; **~ dredge(r)** *ép* bunkerkotró; önrakodó úszókotró; *hidr* úszókotró; **~ dryer** *műa* fűthető etetőtölcsér/adagolótölcsér; **~ fanlight** *ép* bukóablak; **~ feeder** *tex* szekrényes etető; **~ gate** *ép* bunkerlezáró; **~ level** *ép* töltési szint; **~ light** *ép* bukóablak; **~ saddle** *élip* garatsaru; **~ scale** *ép* felvonóputtonymérleg; magassilómérleg; tartálymérleg; **~ spreader** *ép* terítőládás betonelosztó gép; **~ suction dredge(r)** *ép* önrakodó szívókotró; **~ trap** *ép* silóelzáró; **~-type grit chamber** *hidr* tölcséres homokfogó; **~ window** *ép* bukóablak

hoppered floor tölcsérfenék *(tartályé, silóé)*

hoppering *élip* garatkialakítás

hoppet *bány* mélyítő bödön

hopping | conductivity *el* „hopping" vezetőképesség; **~ process** *szt* ugrás

hordenine *vegy* hordenin

horizon lát(ó)határ, horizont; (munka)szint; *geol* rétegszint; **~ bar** *rep* látóhatár-mutató; **~ camera** horizontkamera; ~ **dial** *rep* látóhatárskála; ~ **dip** *rep* látóhatár-lehajlás; ~ **glass** *hajó* szextáns homályos félig átlátszó tükre; ~ **label** *geof* szintjelzés; ~ **light** *rep* láthatárpótló fénysor; ~ **line** *geod* képfővízszintes; ~ **mining** *bány* többszintes művelés; ~ **plane** *geod* képfővízszintes sík; ~ **scan(ning)** *tv* vízszintes letapogatás; ~ **transmission** *rep* adás/átvitel a közvetlen rálátás zónájában

horizontal vízszintes, horizontális; *forg* vízszintes orsójú; *gép* fekvő; ~ **alignment** *ép* alaprajzi vonalvezetés *(út)*; ~ **amplifier** *tv* vízszintes/sorirányú eltérítés erősítője, X erősítő; ~ **amplitude control** *tv* képszélesség-szabályozás; ~ **angle** *kat* vízszintesben mért (oldal)szög; ~ **attitude** *rep* a látóhatársíkhoz viszonyított repülőgéphelyzet; ~ **axis** *bány* fevőtengely; ~ **balance** *rep* vízszintes kiegyenlítés; ~ **bank** *rep* vízszintes síkbeli bedöntött forduló; ~ **bar** crossbar-jelölőrúd; ~ **black-out period** *el* sorirányú kioltási periódus; ~ **blanking** *el* sorkioltás, sorirányú kioltás; ~ **bobbin carrier** *tex* vízszintes csévetartó; ~ **boring machine** vízszintes fúrógép; ~ **bracing** vízszintes merevítés; ~ **carburettor/carburetter** *gépk* vízszintes porlasztó; ~ **cement pump** *ép* vízszintes cementszivattyú; ~ **cent(e)ring** *tv* sorirányú központosítás/képállítás; vízszintes képállítás; ~ **circle** *geod* vízszintes kör; ~ **clearence** *ép* híd alatti hajózható sávszélesség; ~ **coil (tube) furnace** *ol* vízszintes csőkígyójú kemence; ~ **component** *el* vízszintes összetevő; ~ **continuous casting** *koh* vízszintes folyamatos öntés; ~ **control** tájékozódás (térképen) fixpontok után; *félv* horizontális vezérlés; ~ **control net** *geod* vízszintes alapponthálózat; ~ **converter** *koh* dobkonverter; ~ **cut and fill** *bány* tömedékes szeletfejtés; ~**-cut underhand** *bány* talppásztafejtés vízszintes rétegben; ~ **cylinder** fekvő henger; ~ **definition** *fiz, opt* vízszintes felbontóképesség/felbontás; ~ **deflecting** *fiz, tv* vízszintes eltérítőlemez, X lemez; ~ **deflecting coil** *el* soreltérítő tekercs; ~ **deflection** *tv* vízszintes/sorirányú eltérítés; ~**-deflection amplifier** *el, tv* vízszintes/sorirányú eltérítés erősítője, X-erősítő; ~ **deflection amplitude control** *tv* képszélesség-szabályozás; ~ **deflection control** *tv* képszélesség-állítás; soreltérítés *v.* vízszintes eltérítés-szabályozás; ~**-deflection oscillator** *el* vízszintes kitérésű/eltérítésű oszcillátor, soreltérítős generátor; ~**-deflection plate,** ~ **deflector** *fiz, tv* vízszintes eltérítőlemez, X lemez; ~ **descending** *bány* felülről lefelé haladó szeletes művelés; ~ **directivity** *el* vízszintes irányítottság/irányhatás; ~ **dispersion** *ásv* horizontális diszperzió; ~ **displacement** *bány* vízszintes elmozdulás; *geol* vízszintes rétegáthelyeződés; ~ **drainage blanket** *hidr* talpszivárgó; ~ **draw bench** *koh* fekvő húzógép; ~ **drift** *bány* szintes vágat; ~ **drilling** *ol* vízszintes fúrás; ~ **drum mixer** fekvődobos keverőgép; ~ **earth boring machine** vízszintes földfúró; ~ **electric logging** *bány* horizontális elektromos szelvényezés; ~ **engine** *gép* fekvő motor; ~ **equivalent (HE)** *ép* alapvetület *(rézsűé)*; *geod* szintalap; ~ **escapement** hengerjárat, cilinderjárat; ~**-facing antenna** *el* vízszintes megfigyelő lokátorantenna; ~ **fault** *geol* rátolódás; ~**-field balance** vízszintes inga *(terepfelvételhez)*; ~ **fillet weld** *heg* vízszintes sarokvarrat; ~ **fine-sand classifier** vízszintes ülepítőberendezés; ~ **flat slide gate** vízszintes tolólapú elzáró; ~ **flow sand box/catcher** *környv* vízszintes átfolyású homokfogó; ~**-flow settling basin** *hidr* vízszintes átfolyású ülepítő; ~**-flow tank** *hidr* vízszintes átfolyású medence; ~ **flue oven** vízszintes melegítő járatú kemence; ~ **fly-back** *távk* sorvisszafutás; vízszintes (időtengely-irányú) visszafutás; ~**-force variometer** *el* H variométer, vízszintes térerősségmérő; ~ **forging machine** *koh* vízszintes kovácsológép; ~ **frequency** *el, tv* időtengely-irányban eltérő frekvencia *(katódsugárcsőé)*; soreltérítési frekvencia; sorfrekvencia; ~ **girder** *ép* vízszintes szélső pályatartó *(csapóhidé)*; ~ **grillage** *ép* gerendarács-alap, vízszintes rácsozat/rácsmű; ~ **grinder** *ép* egyenes (kézi) csiszológép; ~ **haulage** *bány* szintes szállítás; ~ **hold** *szt* képernyő vízszintes szinkronbeállítása; *távk* vonalszinkronizmus-tartás; ~ **hunting** *el* sorugrálás, vízszintes bizonytalanság; ~ **hydraulic press** *koh* fekvő hidraulikus sajtó; ~ **intensity** *geof* vízszintes/horizontális térerősség; ~**-intensity anomaly** *geof* horizontális térerősség-anomália; ~**-intensity contour** *geof* horizontális izodinámvonal; ~**-intensity curve** *geof* horizontális térerősséggörbe; ~**-intensity map** *geof* horizontális izodinámtérkép; ~**-intensity variometer** *el* H variométer, vízszintes térerősségmérő; ~ **lagging** *ép* vízszintes pallózású dúcolás; ~ **lens angle** *opt* tárgylencseszög vízszintes síkban; ~ **level** *geod* alhidádélibella; ~ **light component** *fiz* fényhullám vízszintes összetevője; ~ **limb** *geod* limbusz; ~ **line** *geod* izohipsza, (magassági) szintvonal; *mat* törtvonal, törtjel; ~ **line scanning cascade** *tv* sorletapogató-fokozat; ~ **loading** vízszintes terhelés; ~ **lobe** *rep* vízszintes vezérsík *(kötött léggömbön)*; ~ **lode** *bány* fekvőtelér; ~**-loop method** *geof* vízszintes/horizontális áramhurok módszere; ~ **magnetometer** *el* vízszintes/horizontális magnetométer; ~ **member** *mech* keretgerenda; ~ **mill** *tex* fekvő felvető keret; ~ **milling** *forg* vízszintes marás; ~ **milling-machine** *forg* vízszintes marógép, horizontál maró(gép); ~ **mix plant** *ép* vízszintes elrendezésű betongyár; ~ **nontilting mixer** *ép* fekvődobos keverőgép; ~ **order-picking truck/retriever** *ép* vízszintes komissiózó targonca; ~ **oscillator** *el* vízszintes kitérésű/eltérítésű oszcillátor, soreltérítős generátor; ~ **part of the pulse** *fiz* impulzustető; ~ **pattern** *el* vízszintes poláris diagram *v.* sugárzási karakterisztika; ~ **pendulum** *fiz* vízszintes inga; ~ **pipe still** *ol* horizontális csőkemence; ~ **pivot bearing** *el* vízszintes csúcscsapágyazás; ~ **plan** *ép* alaprajz, vízszintes vetület; ~ **plane** *mech* vízszintes sík; ~ **plane (of projection)** *mat* vízszintes (vetítési) sík, első képsík, alaprajz síkja; ~ **plan map of horizontal projection** *bány* vízszintes vetületi térkép; ~ **plate** *fiz* vízszintes (eltérítő)lemez, X lemez; *geod* alhidádé; ~ **plate-bending machine** vízszintes lemezhajlító gép; ~ **plunger die-casting machine** *önt* vízszintes dugattyús nyomásos öntögép; ~ **polar diagram** *el* vízszintes poláris diagram *v.* sugárzási karakterisztika; ~ **polarization (HP)** *távk* vízszintes polarizáció; ~ **power** *távk* sorfrekvencia; ~ **precipitation** *met* folyékony zúzmara; ~ **press-boring equipment** pneumatikus talajátütő kalapács; ~ **projection** *mat* vízszintes vetület; ~ **projection plane** *mat* vízszintes (vetítési) sík, első képsík, alaprajz síkja; ~ **pulses** *tv* sorindító jelek/impulzusok; ~ **range** *rep* vízszintes repülési távolság; ~ **redundancy character** *szt* blokkvég-biztosító jel; ~ **redundancy check** *szt* horizontális redundancia-ellenőrzés; ~ **resolution** *tv* vízszintes felbontás/felbontóképesség; ~ **retrace** *távk* vízszintes *v.* időtengely-irányú visszafutás; ~ **return tubular boiler** *hőt* kettős járatú vízcsöves kazán; ~ **ribbon feed printer** *szt* keskeny szalagos nyomtató; ~ **ring furnace** vízszintes gyűrű alakú csatornás indukciós kemence; ~ **roadway** *bány* szintes vágat; ~ **roll stand** *koh* vízszintes hengerállvány; ~ **rotation** *kat* oldalirányú forgatás; ~ **sand-drying oven** vízszintes homokszárító kemence; ~ **sander** egyenes (kézi) csiszológép; ~ **scanning** *tv* vízszintes letapogatás; ~-**scanning generator** *tv* vízszintes kitérésű/eltérítésű oszcillátor, soreltérítős generátor; ~ **screen** *ép* síkrosta; síkszita; ~-**section warper** *tex* szalagfelvető gép; ~ **separation** *tex* vízszintes szétválasztás; ~ **separator** *ol* fekvőszeparátor; ~ **shaft** vízszintes tengely, fekvő tengely; ~-**shaft centrifugal pump** vízszintes tengelyű örvényszivattyú; ~-**shaft mixer** *ép* vízszintes tengelyű kényszerkeverőgép; ~-**shaft turbine** fekvő turbina; ~ **sheeting** *ép* vízszintes pallózású dúcolás; ~ **shot** *film* horizontális felvétel; ~ **size control** *tv* sorirányú amplitúdószabályozás, képszélesség-szabályozás; ~ **slicing** *bány* szintes szeletfejtés; ~ **slider** *ép* ablak *(csúsztatható)*; ~ **slip** *geol* vízszintes elmozdulás; ~ **stabilizer** *rep* vízszintes vezérsík; ~ **stand** *koh* vízszintes hengerállvány; ~ **steering** *rep* kormányzás vízszintes síkban; ~ **stripe mechanism** *kh* lazaszemkészítő *(berendezés)*; ~ **stripes (HS)** *tv* keresztcsíkok; ~ **stroke** vízszintes löket; *gép* vízszintes állító távolság; ~-**stud pot** *koh* oldaltüskés kád; ~ **survey** *geod* vízszintes felmérés; ~ **sweep** *el, tv* vízszintes letapogatás; vízszintes/sorirányú eltérítés; ~ **sweep amplifier** *el* vízszintes/sorirányú eltérítés erősítője, X erősítő; ~ **sync circuit** *el, tv* sorszinkronizáló rendszer; ~ **synchronizing pulse** *el, tv* sorváltó jel; ~ **sync signal** *el* sorszinkronjel; ~ **tabulation character (HT)** *szt* vízszintes tabulálás, HT *(vezérlőkarakter)*; ~ **tail** *rep* vízszintes farokfelület; ~ **tail area** *rep* vízszintes farokrész felülete; ~ **thrust** *ép* ív oldalnyomása; *mech* vízszintes nyomóerő; ~ **timber** *ép* fogófa; ~ **timber sheeting** *ép* I gerenda és cölöpök közötti pallófal; ~ **trim** *rep* kiegyenlítés vízszintes repülésben; ~ **tube still** *ol* horizontális csőkemence; ~ **valve** *gép* fekvőszelep; ~ **variometer** *el* H variométer, vízszintes térerősségmérő; *geof* vízszintes változásmérő; ~-**vertical fillet weld** *heg* vízszintes és függőleges felület közötti sarokvarrat; ~ **vertical three o'clock welding** háromórás oldalhegesztés; ~ **vibrating screen** *ép* egyenes lengésű vibrorosta; ~ **visibility at surface** *rep* vízszintes látástávolság a talaj mentén; ~-**wedge breech-block** *kat* vízszintes ékes zártest; ~ **weld** *heg* kéz alatti varrat; vízszintes varrat; ~ **well** *hidr* csáposkút; ~ **wheel** *finm* cilinderkerék, hengerkerék; ~ **wind shear** *rep* vízszintes szélnyírás

horizontally | opposed engine *gépk* boxermotor; ~ **polarized wave** *fiz* vízszintesen polarizált hullám

hormone hormon

horn szarv; szaru(áru); *alak* üllőszarv; *bány* csillebetolás ütközője; homlokhoz 45°-os irány; *ép* beakasztó horog; facsap; kasszékbütyök; *geol* tölcséres torkolat; *gép* emeltyű; szarv alakú tartó, kampó; *gépk* kürt, duda; *hajó* hajókürt; *kat* zárfejszarv; *rep* emelőkar; kiegyenlítőlap; szarvkormány; *távk, hang* tölcsér *(hangszóróé)*; tölcsérantenna; tölcsérsugárzó; ~ **aerial/antenna** *távk* tölcsérantenna, tölcsérsugárzó; ~ **antenna with reflectors** *távk* hajlított tölcsérantenna; ~ **arrester** *el* szarvas túlfeszültség-levezető; ~ **balance** *rep* karos ellensúly *(kormányfelületen)*; szarvas kiegyenlítőlap; ~-**balanced elevator** *rep* szarvas kiegyenlítőlapos magassági kormány; ~-**balanced rudder** *rep* szarvas kiegyenlítőlapos oldalkormány; ~ **base** *hang* tölcsér nyaka; ~ **block** *vasút* ágyvezetékes csúszópofa; ~ **bulb** *gépk* dudalabda; ~ **button** szarugomb; ~ **coal** *bány* váll-lapra átlósan művelt széntelep; ~ **compensation** *rep* karos kiegyenlítés *(kormányfelületen)*; ~ **feed** *távk* tölcsérgerjesztés; ~ **fibre/fiber** szarufiber; ~ **fuse** *el* szarvas biztosító; ~ **gap** *el* szarvas szikraköz; ~ **knot** *fa* szárnyas csomó, keresztgöcs; ~ **layer** *bőr* szaruréteg; ~ **loudspeaker** *hang* tölcséres hangszóró; ~ **mercury** → calomel; ~ **mouth** tölcséres torkolat; ~ **on square wave** *távk* négyszöghullám túlrezgése; ~-**ore** *ásv* szaruérc; ~ **parabolic reflector** *távk* tölcsérparaboloid *(antenna)*; ~ **press** szarvas prés; ~ **push** *gépk* dudagomb; ~ **radiator** *távk* tölcsérantenna; ~ **rakes** *bőr* szarvdöfésnyomok; ~ **range** *hang* hangsugárzó hatósugara; ~ **set** *bány* tartókeret; ~ **signal** *vasút* kürtjelzés; ~ **silver** *ásv* kerargirit, szaruezüstérc; ~ **socket** *ol* tölcséres hüvely *(mentéshez)*; ~-**throat** tölcsértorok (keskeny része); ~-**type antenna** *távk* tölcsérantenna

hornblende *ásv* hornblende, amfibol

horned | (screw) nut koronás anya; ~ **scully** *kat* víz alatti partvédő akadály

Horner | scheme *szt* Horner-elrendezés; ~**'s method** *szt* Horner-módszer

horney train *bány* szarvas kocsi

hornfels *geol* szaruszirt

horning korcolás, falcolás, peremezés; ~ **hammer** korcoló kalapács; ~ **press** peremező prés

hornito *geol* lávakúp

hornstone *ásv* szarukő; *bány* chert; ~ **limestone** szaruköves mészkő

horny szaruszerű, elszarusodott

horocycle *mat* horociklus, határkör

horology órakészítés; időmérés

horopter *mat* horopter(görbe)

horse ló; bak, ló *(tornaszer)*; *bány* meddőkőzet-zárvány; *bőr* tímárbak, szárítóbak, bőrátvevő bak; *ép* lépcsőpofafa; párkányhúzó profil/sablon; *geol* telérzavargás; ~ **appointments** *pl* lószerszám; ~ **blanket** *tex* lópokróc; ~ **box** *mzg* istállóbox; *vasút* lószállító kocsi/rekesz; ~ **butt** lótükör *(farbőr)*; ~ **capstan** lóvontatású járgány; ~ **collar** *bőr* hámiga; ~ **comb** lóvakaró; ~-**drawn cart** lovas kocsi; ~-**drawn vehicle** lófogatú jármű; ~ **drive** *bány* lóvontatás; ~ **duster** lóvakaró; ~ **engine** járomgép, járgány; ~-**flesh ore** bornit; ~ **front** *bőr* lónyakbőr; ~ **gear** lószerszám; ~ **haulage** *bány* lószállítás; ~ **heading** *ép* előtűzés; ~ **hide** *bőr* lóbőr; ~ **lock** lóbéklyó; ~**(-)power** → horsepower; ~-**radish** *élip* torma; ~ **rake** lógereblye; ~ **rasp** *szer* lókörömráspoly; ~ **road** *bány* lószállítású vágat; szekérút; ~ **shank** *bőr* lólábbőr; ~ **traction** lóvontatás; ~-**tree** fűrészbak; ~-**whim** *bány* járgány

horseback *geol* hegynyereg, hegyhát

horsehair lószőr

horsehead *ol* lófej

horsepower (HP) *metr* lóerő (LE); ~-**hour (HP-HR)** lóerőóra

horseshoe (ló)patkó; ~ **arch** *ép* patkóív; ~ **bend** *hidr* túlfejlődött kanyar; *közl* patkókanyar; ~ **cutter** *szersz* pataverőkés; ~**-dressing knife** *szersz* patataszítókés; ~ **electromagnet** *el* patkó alakú elektromágnes; ~ **flame** patkó alakú láng; ~ **furnace** patkóaljas kemence; ~ **ga(u)ge** villás idomszer; ~ **iron** *koh* patkóvas *(minőségjelzés)*; ~ **magnet** *el* mágnespatkó, patkómágnes; ~ **main** patkó alakú *v.* gyűrűs levegőcső; ~ **mixer** ankeres keverőgép; ~ **mounting** patkós felállítás *(távcsőé, mikroszkópé)*; ~ **nail** patkószeg; ~ **vortex** *rep* patkóörvény, szárnyvégörvény; ~ **washer** patkó alakú alátétlemez

horsing *bány* lószállítás

horst (fault) *geol* vetődéses hegy, sasbérc, horszt

horticultural irrigation *hidr* kertészeti öntözés

horticulture kertészet, kertművelés

Horton | curve *hidr* Horton-görbe; ~ **tank** *ol* gömbtartály

hose I. *v* locsol, (meg)öntöz *(kertet)*; **II.** *n* (gumi)tömlő, gumicső, öntözőcső; *kat* gőzelvezető cső; *kh* harisnya *(hosszú)*; ~**-and-pipe nipple** csőcsatlakozó *(tömlőhöz)*; ~ **box** tömlőszekrény *(tűzoltó)*; ~ **clamp** *gépk* tömlőszorító bilincs; ~ **clip** *gépk* csőszorító; ~ **connection** tömlőcsatlakozás; ~ **connector** tömlővég; ~ **coupling** tömlőcsatlakozó, tömlőszorító csavar *(hollandi)*; tömlőkapocs; ~**-coupling thread** tömlőcsatlakozó (hollandi) menet; ~ **director** sugárcső *(tűzoltáshoz)*; ~ **down** *v* lemos *(pl. kocsit tömlővel)*; ~ **drum** tömlőtekerő dob *(tűzoltáshoz)*; ~ **fabric** tömlőszövet; ~ **house** tömlőház; ~ **leather** vízálló flexibilis marhabőr; ~ **line** *ép* tömlővezeték; ~ **machine** *kh* harisnyakötő gép; ~ **nozzle** tömlős fúvóka/szórócső; ~ **pipe** tömlő, gumicső; ~ **press clamp** *gép* elszorítós vákuumzár; ~ **reel** tömlőorsó, tömlőmotolla; ~ **reel balancer** *gép* tömlődobos tömegkiegyenlítésű csigasor; ~ **shaft** *ép* flexibilis tengely; ~ **tube** szövetbetétes tömlő; ~**-type sandblast tank machine** tömlős homokfúvó gép; ~ **union** tömlőösszekötő csavar; tömlőhollandi; ~ **wrench** tömlőkapcsoló csavarkulcs

hosiery kötöttáru; harisnya; kötöttáru-kereskedelem; ~ **boarder** harisnyaformázó gép; ~ **dyeing** harisnyaszínezés; ~ **factory** hurkológyár; ~ **finishing** harisnyakikészítés; ~ **frame** harisnyakötő gép; ~ **industry** harisnyaipar; ~ **knitting** *kh* hurkolás, kötszövés; ~ **mill** harisnyagyár; ~ **pre-setting plant** harisnya-előrögzítő berendezés; ~ **ribber** *kh* körszegélygép; ~ **steam press** harisnya-gőzvasaló

hospital kórház; ~ **elevator/lift** betegszállító felvonó; ~ **refuse** *környv* kórházi hulladék; ~ **sheeting** *gumi* ágybetét

host | computer *szt* gazdaszámítógép, gazdagép, hostgép; ~ **crystal** *ásv* gazdakristály; ~ **language** *szt* befogadó nyelv; ~ **mineral** elsődleges ásvány; ~ **node** *szt* gazdapont, host-csomópont; ~ **printing** *szt* központi nyomtatás; ~ **processor** *szt* erőforrás-processzor; ~ **rock** *ásv* primer/befogadó kőzet

hostalen *vegy* poliolefin *(márka)*

hot meleg, forró; izzó; melegalakítási, melegalakító; *at* erősen radioaktív, „meleg", „forró"; *bány* veszélyes *(gázos)*; *el* feszültség alatt levő, áram alatt levő; *élip* csípős *(fűszer)*; ~**-air balloon** *rep* hőlégballon; ~**-air cabinet** *műa* szárítószekrény; ~**-air cure/vulcanization** *gumi* vulkanizálás légkazánban; ~**-air deicer** forró levegős jégtelenítő; ~**-air dryer/drier** meleg levegővel szárító berendezés; ~**-air engine** hőerőgép; ~**-air fixation** *tex* hőlégszárítós rögzítés; ~**-air generator** kalorifer; ~**-air heating** *ép* légfűtés; ~**-air heating system** *ép* légfűtő berendezés; ~**-air slasher** *tex* légszárító írezőgép; ~**-air stove** léghevítő; ~**-air torch** forró levegős hegesztőégő; ~**-air welding** forró levegős hegesztés; ~ **asphalt-coated gravel** *ép* forró bitumenes kavics; ~ **asphalt gunite equipment** *ép* forróbitumen-szóró gép; ~ **atom** *at* radioaktív/sugárzó/„forró" atom; ~ **band meter** bolométer; ~**-bar shears** *pl heng* melegolló; ~ **bending** *koh* hajlítás melegen; ~**-bending test** hajlítópróba meleg állapotban; ~ **bent bend** melegen hajlított csőív; ~ **bitumen spraying machine** forróbitumen-szóró gép; ~ **blast** *koh* forró fúvószél; ~**-blast cupola** forró szeles kupolókemence; ~ **blasting** *bány* melegrobbantás; ~**-blast main** *koh* forrószél-vezeték; ~**-blast pig-iron** melegen fúvatott nyersvas; ~**-blast stove** *koh* léghevítő; ~**-blast valve** *önt* forrólég-szelep; ~ **box** *rep* égéskamra; ~ **box machine** *önt* melegszekrényes magkészítő gép; ~**-break** *élip* meleg áttörés; ~ **bridge** *koh* lánghíd *(forró levegő számára)*; ~ **briquetting** melegbrikettezés; ~**-brittle** melegtörékeny, vöröstörékeny; ~ **brittleness** *koh* melegtörékenység; ~**-brittle steel** vöröstörékeny acél; ~**-bulb engine** izzófejes motor; ~ **carrier** forró töltéshordozó; *félv* nagy energiájú töltéshordozók félvezetőkben; ~**-carrier diode (HCD)** *félv* fém-félvezető dióda; *rád* Schotty-barrier varaktor(dióda); ~ **cathode** *el* izzókatód; ~**-cathode emission** *el* izzókatódos emisszió; ~**-cathode gas discharge** *el* izzókatódos gázkisülés; ~**-cathode gas-filled valve** *el* tirátron, gáztöltésű trióda; ~ **cathode (ionization) vacuum ga(u)ge** *el* izzókatódos ionizációs nyomásmérő; ~ **cathode lamp** *el* melegkatódos lámpa; ~ **cathode mercury vapo(u)r tube** *el* izzókatódos higanygőz-egyenirányító cső; ~**-cathode rectifier** *el* izzókatódos egyenirányító; ~ **cathode tube/valve** *el* izzókatódos cső; ~ **cell** *at* melegcella, melegkamra; ~ **chamber die-casting machine** *koh* melegkamrás nyomásos öntőgép; ~**-channel factor** *at* „meleg" csatorna biztonsági tényezője; ~ **charge** *koh* folyékony betét; ~ **charge carrier** *el, fiz* forró töltéshordozó; ~ **chemistry** radioaktív atomok kémiája; ~ **chisel** meleg kovácsvéső; ~ **component** *rep* a hajtómű gázjáratának alkatrésze; ~ **compression strength** *koh* meleg nyomószilárdság; ~ **cooling** *koh* elgőzölögtető hűtés; ~ **crack** *koh* melegrepedés, melegtörés; ~**-crack(ing) test** *koh* melegrepedékenységi vizsgálat; ~ **cure** *gumi* meleg vulkanizálás; *műa* hőre keményedés; ~ **curing** *gumi* melegen vulkanizálódó; *műa* hőre keményedő; ~ **die** *alak* melegsajtolás; ~**-dip aluminizing** *koh* tűzi alumíniumozás; ~**-dip coating** *koh* tűzi bevonatkészítés; ~**-dip galvanizing,** ~ **dip(ping)** tűzihorganyzás, fémbevonás; ~**-dip welding** forrógázos/tűzi hegesztés; ~ **drawing** meleghúzás; ~ **drawn tube** *koh* melegen húzott cső; ~**-driven rivet** melegen bevert szegecs; ~ **drum** levegő-előmelegítő dob *(porlasztásnál)*; ~ **dump** salaktároló; ~ **electrode** fűtőszál, izzószál; ~ **enamel(l)ing** *önt* tűzi zománcozás; ~ **explosive forming** robbantásos melegalakítás; ~ **extrusion (mo(u)lding)** *műa* meleg extrudálás; ~ **fine** *pa* légszárított *(karton)*; ~**-finished material** melegen készremunkált anyag; ~ **flash drum** *ol* forróflash-szeparátor, forróflash-tartály; ~**-floor drying** *ép* melegpadlós szárítás *(tégla)*; ~ **forging** melegkovácsolás; ~ **forming** *koh, műa* melegalakítás; ~**-forming** *koh, műa* melegen alakítható; ~**-forming tool steel** *koh* melegszerszámacél; ~ **galvanizing** *koh* tűzi horganyzás; ~ **gas** *rep* forrógáz, kipufogógáz; ~ **gas blanket soldering** védőgáz alatti lágyforrasztás; ~**-gas welding** forrógázas hegesztés; ~ **groove** meleghengerlő üreg; ~**-ground pulp** *pa* forró csiszolat; ~ **hardness** *koh* melegkeményedés; ~ **heading** meleg fejezés *(szegecsé)*; ~**-heading machine** melegzömítő gép; ~ **investment casting** viaszmintás precíziós öntés; ~ **iron** *koh* folyékony vas, forróvas; ~ **junction (HJ)** meleg forrasz *(hőelemen)*; *aut* mérőhely; *el* meleg forrasztási hely; melegpont; ~ **key** *szt* gyorsító billentyűkombináció; ~ **laboratory** → ~ cell; ~ **laying** *ép* forró beépítés *(útburkolat)*; ~**-line tool** *el* szigetelt szerszám; ~ **loop** *at* meleg/radioaktív hurok; ~ **main** *koh* forrószél-vezeték; ~ **malleability** melegalakíthatóság; ~**-melt** *műa* magas hőmérsékleten olvadó; ~**-melt coating** *műa* forróolvadékos lakkozás; *pa* forró mázolás *(eljárás)*; ~ **melting boiler** *ép* beépített aszfaltfőző berendezés; ~**-melt pistol/gun** ragasztó(anyag-)szóró pisztoly; ~ **metal** folyékony fém; forró fém; ~**-metal after-treatment** *koh* folyékonyacél-utókezelés; ~**-metal-and-slag separator** *önt* salakgát; ~**-metal crane** *önt* kiöntő daru; ~**-metal ladle** *koh* nyersvasüst; ~**-metal ladle bogie/car** *koh* nyersvasüst-kocsi; ~**-metal mixer** *koh* nyersvaskeverő; ~**-metal process** *koh* olvasztás folyékony betéttel; ~**-metal receiver** *koh* keverőkemence; ~**-metal runner** öntöttvas-kieresztő csatorna; ~**-metal sawing machine** melegfűrész; ~**-metal taphole** öntöttvascsapoló nyílás; ~**-metal tapping** öntöttvascsapolás; ~**-metal treatment** *koh* fémkezelés; ~ **metalworking** melegalakítás; ~ **milling** *koh* melegmarózás; ~ **milling cutter** *koh* melegmarózó gép; ~ **mine** gázos/meleg bánya; ~ **mingler** *cu* fűtött kavaró; ~ **mix** *ép* meleg aszfaltkeverék; ~**-mo(u)lded** *műa* melegen préselt; ~**-mo(u)lded mica** melegen sajtolt mikanit; ~ **mo(u)lding** *műa* melegformázás; ~ **oil** szabálytalanul termelt olaj; ~**-oil quenching** *gép* edzés forró olajban; ~**-paint coating** *ép* forró bevonatú szigetelés; ~ **patch** *gépk* meleg ragasztó tömlőfolt; ~ **peening** átkovácsolás meleg állapotban; ~**-penetration bituminous macadam** *ép* meleg eljárással készült bitumenes makadám; ~ **pit** meleg utáncserzés *(beégetés)*; ~ **plate** → hotplate; ~**-plate press** *fa* fűthető lemezprés; ~ **plating** tűzi bevonat; ~ **plug** *gépk* kis hőértékű gyújtógyertya; ~**-point effect** *el* kráteresedés *(jelfogón)*; ~ **pond** *fa* gőzölő medence; ~ **pool** *geol* forró vizű medence; ~ **press** *fa* melegsajtó, ragasztóprés; *tex* simítógép, fényezőprés, csinozóprés; ~**-press** *v any, fa* melegen sajtol; *tex* csinoz; fényez; gőzöl *(anyagot)*; ~**-pressed polycrystalline laser** melegen sajtolt többkristályos lézer; ~**-pressing** *any, alak* melegsajtolás; ~ **pressure welding** *heg* melegpréshegesztés; ~ **probe** *el* izzószonda, izzított szonda, izzó segédelektród; ~ **probe method** *el* melegtűs mérés; ~ **pull** próbatest húzása melegen; ~ **quenching** *gép* izoterm(ális) edzés; ~ **repair** *koh* melegjavítás; ~ **reserve** terhelt tartalék; ~ **riveting** melegszegecselés; ~ **rock** *ol* forró terület; ~**-rolled** *alak* melegen hengerelt; ~**-rolled asphalt** *ép* melegen hengerelt aszfalt; ~**-rolled medium-width strip** *koh* középabroncs; ~**-rolled narrow strip** *koh* keskenyabroncs; ~**-rolled reinforcing-bar** *ép* melegen hengerelt betonacél; ~**-rolled steel (HRS)** *koh* melegen hengerelt acél; ~**-rolled strip** *koh* abroncs; ~**-rolled tube** *koh* melegen hengerelt cső; ~**-rolled wide strip** *koh* szélesabroncs; ~**-roll fixation** *tex* forróhengeres rögzítés; ~ **rolling** *koh* meleghengerlés; ~**-rolling mill** *koh* meleghengermű; meleghengersor; ~ **rubber** meleg kaucsuk; ~ **runner** *műa* melegcsatornás/olvadékcsatornás fröccsöntő szerszám; ~ **rupture** *koh* melegszakadás; ~ **saw** melegfűrész; ~ **scarfing** *koh* lángtisztítás; ~ **sealing** *műa* lehegesztés *(hővel és nyomással)*; ~ **setting** meleg fejezés *(szegecsé)*; ~**-setting** *műa* hőre keményedő, duroplaszt; ~**-setting adhesive** meleg(en kötő) ragasztó; ~ **shaping** *koh* melegalakítás; ~**-short** *koh* melegtörékeny, vöröstörékeny; ~**-shortness** *koh* melegtörékenység, vöröstörékenység; ~ **side** *el* nagyfeszültségű oldal; ~**-slag processing** *koh* melegsalak-feldolgozás; ~ **spark** *gépk* erős gyújtás; forró/meleg szikra; ~ **spot** *el* katódfolt; *film* vetítőlencse képe vetítővásznon *(háttérvetítésnél)*; *gépk* túlmelegedett hely *(helyi túlmelegedés)*; *koh* forró folt; *rep* melegpont a szívócsövön; *szt* forrópont; ~**-spot chamber** *gépk* előmelegítő kamra; ~**-spot indicator** *gép* melegpont-hőmérő; ~ **spraying** melegszórás, forrószórás *(festéké)*; ~ **spraying pistol/gun** forrószóró pisztoly; ~ **spring** *hidr* hőforrás, hévforrás, melegvíz-forrás; ~**-stage** fűthető mikroszkópasztal; ~**-stage microscope** *koh* melegmikroszkóp; ~ **stamping** *műa* melegbélyegzés; ~ **standby mode** *szt* meleg készenléti üzemmód; ~**-start lamp** *el* előfűtött lámpa; ~ **steel transport** *koh* folyékonyacél-szállítás; ~ **stove** *koh* nagyolvasztó-léghevítő; ~ **straightening** *koh* melegegyengetés; ~ **strength** melegszilárdság; ~**-strength alloy** hőálló ötvözet; ~ **strip instrument** *aut* hőszalagos mérőműszer; ~**-strip mill** *koh* abroncssor; ~ **stuffing** *bőr* beégetéses zsírozás; ~ **tear** *koh, önt* melegrepedés, meleghasadás; ~**-tensile test** *koh* melegszakító vizsgálat; ~ **thermionic tube/valve** izzókatódos cső; ~**-tinned wire** *el* tűzi horganyzású huzal; ~ **tinning** *koh* tűzi ónozás; ~ **tinting** *hők* futtatási szín; ~**-tool welding** hegesztés előmelegített szerszámmal; ~ **top** *koh* forró kokillasapka; ~**-top heating** tápfej melegítése; ~**-tube ignition** izzócsöves gyújtás; ~ **upsetting operation** melegzömítési művelet; ~**-wall vacuum furnace** hűthetetlen köpenyű vákuumkemence; ~ **water (HW)** meleg víz; ~**-water bath** *koh* forróvízfürdő; ~**-water boiler** *hajó* melegvíz-kazán; ~**-water circulator** *ép* forróvíz-keringető szivattyú; ~**-water cure** *gumi* forró vizes vulkanizálás; ~**-water curing** *ép* meleg vizes betonérlelés; ~**-water district heating** *ép* forróvíz-távfűtés; ~**-water heating** *ép* melegvíz-fűtés; ~**-water injection** *ol* forróvíz-besajtolás; ~**-water pipe** melegvíz-vezeték; ~ **water-polymerslug flooding** *ol* forróvíz-polimerdugós elárasztás; ~**-water pressure washer** *ép* forróvíz-sugaras tisztítóberendezés; ~**-water spinning** *tex* nedvesfonás meleg vízben; ~**-water supply** melegvíz-ellátás, melegvízszolgáltatás; ~**-water supply boiler** bojlerkazán; ~**-water supply calorifier** melegvíz-tároló, forróvíz-tároló, bojler; ~**-water supply(ing) equipment/**

installation/system vízmelegítő (berendezés); **~-water tank** melegvíz-tároló, forróvíz-tároló; **~-water tank with closed combustion chamber** zárt égésterű vízmelegítő; **~-water tank with gas firing** gázbojler; **~-water tube** *el* forrcső; **~-waxed board** *pa* (vízzel hűtött) viaszlemez; **~ weather concreting** *ép* betonozás meleg időjárás esetén; **~ welding** meleghegesztés; **~ well** *el* kondenzátorzsomp; **~ wetting** *ép* forró bevonatolás; **~ wire** *el* izzószál, fűtőszál, hődrót; **~-wire** *el* hődrótos; **~-wire anemometer** *met, rep* hődrótos anemométer; **~-wire flowmeter** fűtött szálas termikus áramlásmérő, hővezetéses áramlásmérő; **~-wire galvanometer** termogalvanométer, hőgalvanométer, hőelemes/hődrótos galvanométer; **~-wire ga(u)ge** *el, fiz* Pirani-(csöves) nyomásmérő, Pirani-vákuummérő, fűtött szálas nyomásmérő; **~-wire geophone** hődrótgeofon; **~-wire hygrometer** hődrótos nedvességmérő; **~-wire ignition** *el, gépk* izzószálas gyújtás; **~-wire instrument** hődrótos műszer; **~-wire manometer** *el, fiz* hődrótos manométer; Pirani-nyomásmérő; **~-wire microphone** *el* hődrótos mikrofon; **~-wire oscillograph** *el, fiz* hődrótos oszcillográf; **~-wire seismometer** *geol* hődrótos szeizmométer; **~-wire voltmeter** *el* izzószálas voltmérő; **~-wire wattmeter** *el* hődrótos wattmérő; **~-wire welding** *műa* vágóhegesztés *(hődróttal)*; **~-work** *alak* melegen alakít; **~ workability** *any* melegalakíthatóság; **~(-)working** *any* melegalakítás; **~-working steel** acél melegalakításra; **~-work tool steel** *koh* melegszerszámacél; **~ yield point** *koh* melegfolyási határ; **~ zone** forró/meleg öv/sáv/zóna; pörkölési tér

hotbed *mzg* melegágy

hotel *ép* szálloda, szálló, hotel

hotelvision szállodatelevízió

hotflue *tex* hőlégszárító *(kamra)*

hotplate főzőlap; tűzhely lapja; platni; meleg(ítő)pult

hour (h) óra *(idő)*; **~ angle (ha)** *csill* óraszög; **~ circle** *csill* órakör; **~ counter** *el* terhelési időmérő; **~-hand** óramutató, kismutató; **~ meter** *el* óraszámláló; **~s run** üzemórák; munkaórák; **~ wheel** órakerék

Hourdis floor *ép* acélgerendás födém; Hourdis-födém

hourglass homokóra; **~ coil** *el* hiperboloid alakú tekercs; **~ figure** kétszer homorú alak; **~ roller** *gép* homorú görgő; **~ spring** hiperbolikus rugó; **~ worm** globoid csiga

hourly óránként(i); **~ capacity** *vasút* órás teljesítmény; **~ consumption in flight** *rep* repülés közbeni óránkénti tüzelőanyag-fogyasztás; **~ efficiency** óránkénti hatásfok; **~ output** órateljesítmény; **~ period worker** órabéres munkás; **~ rating** *el* egyórás teljesítmény; **~ ton-mile productivity** *rep* óránkénti teljesítőképesség tonnamérföldekben; **~ wage (rate)** órabér

hourwheel cutter *finm* óráskerékmaró

house I. *v* beraktároz; *ép* befed, tető alá helyez; elhelyez; *gép* horonyba illesz; *hajó* leereszt *(árbocot)*; **II.** *n ép* családi ház; *gép* ház; **~ boat** *hajó* lakóhajó; **~ coal** *bány* háztartási szén; **~ connection** *ép* épületbekötés *(csatorna)*; **~ correction** *szt* házi javítás; **~-drain** *ép* lefolyócsatorna; **~ exchange** *távb* házizközpont; **~ flag** *hajó* társasági lobogó; **~ implement** házi szerszámok; **~ installation** házi (fűtő- *v.* világítási) berendezés; **~ junction** *hidr* házi bekötőcsatorna; **~ painter** épületfestő; **~ plumbing** épületszerelés *(víz-, gázvezetéké)*, víz- és gázszerelés(i munka); **~-service set** háziüzemi gépcsoport *(erőműben)*; **~ sewer** *ép* bekötő csatorna; **~s service** házi üzem; **~ timber** *fa* épületfa, építési faanyag; **~ tools** házi szerszámok; **~ top** *ép* háztető; **~ track** raktári vágány; **~ trailer** lakókocsi; **~ weaving** házi/kézi szövés; **~ wiring** *el* házi vezetékek; **~ wiring switch** *el* fogyasztói/leágazási kapcsoló, csoportmegszakító; **~-wrecker** *ép* bontási/épületbontó vállalkozó

housebreaker *ép* bontási/épületbontó vállalkozó

housebreaking *ép* épületbontás

household háztartás; háztartási; **~ appliances** háztartási gépek/készülékek; **~ foil** *koh* háztartási fólia; **~ fuel gas** háztartási palackgáz, PB-gáz; **~ garbage** *környv* háztartási hulladék; **~ industry** háziipar; **~ refrigerator** háztartási hűtőgép; **~ refuse** *környv* háztartási hulladék; **~s** *pl élip* sötét búzalisztfajta *(angol malmokban)*; **~ utensils** háztartási eszközök/felszerelések, konyhaedény(ek); **~ waste** *környv* háztartási hulladék; **~ waste-water** *környv* házi szennyvíz

Housekeeper seal Housekeeper-kötés

housekeeping *szt* rendbetevés *(rendszeré)*; **~ bit** *szt* háztartási bit; **~ digits** kisegítő digitek; **~ instruction** szervezési utasítás; **~ operation** adminisztratív művelet

housing lakás; szállás; hangározás; befedés; *bány* tárolás; *bőr* nyeregtakaró, csótár; szőrméjével cserzett juhbőr; *ép* lakásépítés; lakásügy; tervszerű lakótelep-építkezés; védőfedél; *fa* horonybaillesztés, beeresztés *(kötésmód)*; *gép* burkolat, foglalat; fészekbeillesztés; *hidr* fülke; *koh* állványkeret; *rep* befedés; burkolat; védőfedél; **~ cover** *kat* elsütőszerkezetház-fedél; **~-cover pin** *kat* elsütőszerkezetház-fedél csapja; **~ density** *ép* beépítési sűrűség; **~ development** lakótelep; **~ estate** *ép* lakótelep; **~ of airplane** *rep* repülőgép hangározása; **~ pin** *kat* markolatbiztosító rugóházcsap; **~-pin retainer** *kat* rugóházcsaprögzítő; **~ project** lakótelep; **~ roller** *koh* állványgörgő; **~ screw** *koh* állítóorsó

hover I. *v* lebeg; kering, köröz; **II.** *n* lebegés; **~ control** lebegés irányítása

hovercraft légpárnás hajó/jármű

hoverer csibekeltető gép

hovering lebegés *(levegőben, közegben)*; helyben repülés *(helikopteré)*; **~ ceiling** *rep* lebegési/statikai csúcsmagasság; **~ endurance** *rep* lebegés időtartama; **~ flight** helyben repülés

hoverport „hovercraft”-kikötő

Howard | press *koh* Howard-sajtoló; **~'s iteration scheme** *aut* Howard-féle iterációs séma

Howe truss *ép* Howe tartó *(fa)*

howitzer *kat* tarack

howl *rád* fütyülés, üvöltés *(kisfrekvenciás gerjedés)*

howlback *rád* akusztikai begerjedés

howler *bány* jelzőkürt; *távb* berregő

howling *rád* akusztikus visszacsatolás/begerjedés

hoy nehéz uszály

Hoyer method of prestressing *ép* tapadóbetétes előfeszítés

Hoyt balancing network Hoyt-féle vonalutánzat

HP → harmonic progression; → hawse pipe; → high(-)pass; → high(-)power; → high(-)pressure; → horsepower

HPBW → half-power beamwidth

HPF → high-pass filter
HP-HR → horsepower-hour
HPO → hydrogen peroxyde
HPS → hyperfine structure
HQ → high quality
HR → hand-radar; → hank roving; → humidity relative
h.r. → half-round
HRS → hot-rolled steel
HS → hand starter; → hard standing; → hard-sized; → heating surface; → high speed; → high-stability; → hinged seat; → horizontal stripes; → hydrogen sulfide
HSF → high-speed flight
HSL → high-speed logic
HSLA steel → high-strength low alloy steel
HSLN → high-speed local network
HSP → high-speed printer
HSR → high-speed reader
HSS → high-speed steel
HT → half-track(ed); → heat treatment; → high tension; → high tide; → high-tensile; → horizontal tabulation character
HTL → high-threshold logic
HTU → height of transfer unit
hub (kerék)agy; (kulcs)dió; *el* tekercsmag; *rep* légcsavaragy; *szt* lyuk a tárcsán, lyuk a csatlakozón, tekercsmag, fedő; *távk* persely *(kefeszerelvényé)*; ~ **and spigot joint** karmantyús (cső)kötés; ~ **arbor carriage** *forg* csigamaró szupport; ~ **bearing** *gépk* kerékagycsapágy; ~ **bolt** kerékagycsavar; ~ **bore** *gép* agyfurat; ~**-brake** kerékagyfék; ~ **cap** *gépk* dísztárcsa; *kat* kerékagy-porvédősapka; ~**-cap gasket** *kat* kerékagy-porvédősapka tömítése; ~**-drive key** kerékagyrögzítő ék; ~ **dynamometer** kerékagyba szerelt dinamométer; ~ **flange** *rep* légcsavaragy pereme; ~**-go-ahead polling** *szt* gördülő kérdezgetés, láncolt lekérdezés; ~ **hole** *szt* központi lyuk *(hajlékonylemezen)*; ~ **liner** kerékagybélés; ~ **part** *gép* agyrész; ~ **pin** kerékagyrögzítő pecek/szeg; ~ **puller** agylehúzó; ~ **seat** kerékagyülés; ~ **spider** *rep* légcsavaragy kardánkeresztje; ~ **vortex** *rep* légcsavaragy körüli örvény; ~ **washer** *kat* kerékagy nemeztömítése
Hubble redshift/effect vöröseltolódás, Hubble-jelenség
huck(aback) *tex* darázsfészkes kötésű törülközőnyag; ~ **weave** *tex* darázsfészkes kötés
HUD → head-up display
hudge *bány* bödön; lemezveder; sarabolószekrény; szánkó
hue színezet; (szín)árnyalat; *tex* szín; ~ **control** *tv* színességszabályozó, színérték-szabályozó; ~ **wavelength** *opt* domináns hullámhossz
huebnerite *ásv* hübnerit
hueless színtelen; ~ **colour** akromatikus szín
huff-and-puff injection method *ol* szakaszos gőzbesajtolás
huge storage vat *pa* anyagszekrény
Huggenberger extensometer Huggenberger-féle nyúlásmérő
hulk leszerelt hajótest
hull I. *v élip* kifejt, lehámoz, hüvelyez, hántol; **II.** *n* héj, hüvely, burok, pelyva; (hajó)test, törzs *(hajóé v. repülőgépé)*; ~ **amphibian** amfíbia-repülőcsónak; ~ **efficiency** *hajó* testhatásfok; ~ **fibre/fiber** *tex* maghéjszál; ~**-roof plate** *kat* harckocsitest-tetőpáncélzat; ~ **rubber** burkoló kaucsuklemez
Hull cell *koh* Hull-cella
Hull curves-Davey *krist* Hull—Davey-görbék
hulled rice hántolt rizs
huller *élip* fejtőgép, hüvelyezőgép; hántológép; ~ **gin** *tex* fűrészfogas egrenálógép, (gyapot-)magtalanító gép
hulling mill *élip* hántolójárat
hum I. *v hang, rád* búg; **II.** *n gép* gépzúgás; *hang, rád* búgás, búgó hang, moraj, morgás; ~**-balancing resistor** *rád* búgásgátló ellenállás; ~ **bucking** *rád* búgáskompenzálás; ~ **eliminator** hálózati zavarszűrő; ~ **equalizer** búgáspotenciométer; ~ **filter** *el, távk* hálózati szűrő; ~ **filtering** *el, távk* hálózati szűrés; ~ **frequency** *rád* búgási frekvencia; ~ **interference in picture-tube display** *tv* hálózati búgás a képvisszaadásnál; ~ **level** *távk* búgásnívó; ~ **modulation** váltakozó áramú búgás; ~ **potentiometer** *aut* búgáspotenciométer; ~ **voltage** *rád* búgófeszültség
human emberi; ~**-aided machine translation (HAMT)** *szt* felhasználóorientált gépi fordítás, HAMT; ~ **body counter** *at* teljestestszámláló; ~ **ceiling** *rep* emberi/fiziológiai csúcsmagasság; ~**-computer interaction (HCI)** *szt* ember-gép kapcsolat, HCI; ~ **control** kézi vezérlés; ~ **endurance to heat** *bány* hőtűrés; ~ **engineering (HE)** human engineering, ergonómia; ~ **error** emberi hiba; ~**-error failure** meghibásodás emberi tévedés következtében; ~ **error reliability criterion** megbízhatóság kritériuma emberi tévedéskor; ~ **excreta** emberi ürülék; ~ **factor** emberi tényező; egyéni együttható *(időméréshez)*; ~**-factor failure** meghibásodás emberi tényező következtében; ~ **flight control** kézi repülőgép-vezetés; ~ **magnetocardiogram** *aut* emberi magnetokardiogram; ~ **resource information system (HRIS)** *szt* emberi erőforrások információs rendszere, HRIS; ~ **tolerance to heat** *bány* hőtűrés
humanitarian flight *rep* humanitárius célú különjárat
Humble's formula *ol* Humble-formula
humboldtine *ásv* humboldtin
humdinger *el* búgáspotenciométer
humectant *vegy* nedvesítőszer
humectate *vegy* benedvesít
Hume-Rothery | phases *krist* Hume—Rothery-fázisok; ~ **rule** *krist* Hume—Rothery-szabály
humic *geol* humuszos; ~ **acid** *vegy* huminsav, humuszsav; ~ **acid extract** *ol* tőzegkivonat
humid nedves, nyirkos; ~ **climate** *bány* humid éghajlat
humidification nedvesítés; ~ **of blast** *koh* gőzbefúvás
humidified blast nedvesített fúvószél
humidifier nedvesítőszer; nedvesítőanyag; nedvesítőkészülék; párásítóberendezés; ~ **and dehumidifier system** *ép* légnedvesítő és légnedvesség-csökkentő berendezés; ~ **of building-block type** *ép* építőelemes nedvesítőberendezés
humidify nedvesít; párásít
humidifying nedvesítés; párásítás; ~ **of air** légnedvesítés; ~ **of blast** *koh* gőzbefúvás
humidimeter nedvességmérő
humidistat *fiz, vegy* higrosztát; nedvességszabályozó
humidity nedvesség, nyirkosság; páratartalom; ~ **barrier** *ép* nedvességtömítés; ~ **cabinet** *koh* vízgőz

kamra; higrosztát; ~ **control** nedvességszabályozás; ~ **controller** nedvességszabályozó; ~ **detector** nedvességérzékelő; ~ **feeler resistant to compression** *aut* nyomásálló nedvességérzékelő; ~ **indicator** nedvességindikátor; ~**-laden air** nedves levegő; ~ **load** *ép* nedvességterhelés; ~**-loss coefficient** *hang* páratartalom okozta csillapítási együttható; ~ **measurement** nedvességmérés; ~ **measuring instrument** nedvességmérő készülék; ~ **meter** nedvességmérő *(lítium-kloridos)*; ~ **meter of the gas under pressure** műszer nyomógáz (nyomás alatt tárolt gáz) nedvességmérésére; ~ **of air** (abszolút) légnedvesség(-tartalom); ~ **recorder** *met* nedvességíró; ~ **relative (HR)** *szt* relatív nedvesség, HR; ~ **sensing element** nedvességérzékelő; ~**-sensitive capacitor** nedvességérzékeny/higrometrikus kondenzátor; ~**-sensitive element** nedvességérzékelő; ~ **sensor for linen dryer/drier** nedvességérzékelő fehérnemű-szárítók számára; ~ **strength** nedvességszilárdság

humidor humidor, konstans nedvességtartalmú tároló, nedvességállandósító kamra

humidostat *fiz* higrosztát, humidosztát

humification *geol* televényképződés, humuszképződés

huminite *bány* huminit

humite *ásv* humit

hummer *el* zümmögő

humming *rád* búgó hang, zümmögés, berregés

hummock domb, magaslat; jégtorlasz; ~**-and-hollow topography** dombos/hullámos terepalakulat

humour, *US* **humor** nedv *(emberi testé)*

hump dudor; kis domb; *gumi* púp *(keréktárcsapánton)*; *vasút* gurítódomb; ~ **bulge** *any* (alakváltozási) dudor; ~ **locomotive** *vasút* tolatómozdony; ~ **pulley** lejtőtörési terelőcsiga; ~ **speed** *rep* vízirepülőgépek felszállási sebessége; ~ **yard** *bány* meddőhányó; *vasút* gurítódombos rendező pályaudvar

humpage hob betétfogas csigamaró

humpback bridge bogárhátú/púpos híd *(régi típusú boltozott közúti híd)*

humpbacked *ép* bogárhátú

humped road bukkanó

humper emelő rakodószalag *(rövid)*

Humphrey's spiral *bány* Humphrey-spirális

humping signal *vasút* gurításjelző

humproom *vasút* gurítóőrhely

humus *geol* televény, humusz; ~ **(sewage) sludge** *hidr* humuszképző rothasztott iszap; ~ **soil** humuszos föld; ~ **tank** *hidr* utóülepítő medence

hunch plate *élip* béléslemez *(malomé)*

hundred|s place *mat* százasok helye; száz; **by the** ~ százával; ~ **mesh** százas szitaszemnyílás *(100 lyuk 1"-re)*; ~**s digit** százas digit, százas számrendszerű jegy

hundredth századik; ~**-normal solution** *vegy* századnormál-oldat, 0, 01 N oldat

hundredweight (hwt) *metr GB* 50,80 kg; *US* 45,32 kg

hung függesztett, függő; ~ **ceiling** *ép* függesztett mennyezet, álmennyezet; ~ **decking** *ép* befüggesztett pályaszerkezet *(hídépítésnél)*; ~ **sash** *ép* függő tolóablakszárny; ~ **scaffolding** *ép* függőállvány; ~ **shot** *bány* késleltetett robbantás

Hungarian method *szt* magyar módszer

hungry | leather laza szerkezetű *v.* elégtelenül cserzett bőr; ~ **soil** sovány (termő)talaj; ~ **wool** sovány gyapjú

hunt I. *v aut* leng, instabillá válik; *távk* keres; **II.** *n rád* túlszabályozás; ~ **effect** *rád* túlszabályozási effektus

hunter kettős fedelű zsebóra; *távk* csoportválasztó; ~**'s screw** differenciálcsavar

Hunter-Douglas process *koh* Hunter—Douglas-eljárás

hunting *el, gép* állandósult lengés, önlengés; lengés, instabilitás; *gépk* kerékcsapáson haladás; tarakkírozás *(periodikus fordulatszám-ingadozás)*; *távk* szabadkeresés; ~ **calf** *bőr* antilopszerűen kikészített nehéz borjúbőr; ~ **detection** *el* parazita lengések felderítése/meghatározása/mérése; ~ **loss** *el* követési/ingadozási veszteség; ~ **movement** *vasút* bólintó mozgás *(járműé)*; ~ **period** *el* váltóperiódus; ~ **rifle** vadászpuska; ~ **slot** *el* helyesbítő üres horony; ~ **switch** *távk* szabad választó; ~ **zone** *el* váltási zóna

hurd sodrat *(kötélé)*; ~**s** *pl tex* kenderkóc

hurdle rosta; gát; *mzg* karám; *pa* rongyosztályozó asztal; ~ **scrubber** rácsos mosótorony; ~**-type tower** rácsos gázmosó torony; ~ **washer** aranymosó *(berendezés)*; ~ **work** *hidr* fonott cölöpkerítés; rőzsefal

hurdled ore rostált érc

hurdy-gurdy *hajó* csörlő *(háló kihúzására)*

hurl I. *v* dob, lök, hajít; **II.** *n* lendítés, hajítás

hurlbarrow kétkerekű taliga

hurley *bány, ép* facsille

hurricane *met* orkán, hurrikán; ~ **barrier** *hidr* folyótorkolat-védőmű; ~ **dryer** *pa* szárítókamra

hurter *ép* kerékvető kő *(falsaroknál)*

Hurwitz | criterion *aut* Hurwitz-kritérium; ~ **determinant** Hurwitz-determináns; ~**'s polynomial** *szt* Hurwitz-polinom; ~ **stability criterion** Hurwitz-féle stabilitási kritérium; ~ **test** → ~ criterion

husbandry mezőgazdaság; gazdálkodás

husk hüvely, burok, héj, tok; kukoricahāncs; ~**s** *pl tex* gubón maradt kócselyem

husker kukoricacső-fosztó gép

husking *élip* hántolás

husky héjas, tokos, hüvelyes; érdes

hut barakk, kunyhó, bódé

hutch I. *v bány* zöcsköl, ércet mos *(ülepítőszitán)*; **II.** *n* ketrec; láda; *bány* ércmosó teknő; facsille; ~ **runner** *bány* csilletol(ogat)ó; ~ **work** *bány* ülepítés

hutching *bány* zöcskölés *(ülepítőszitán)*, ülepítés, rostálás

hutment *ép* barakktelep

Huygens' | construction *fiz, krist* Huygens-szerkesztés; ~ **eyepiece** *fiz* Huygens-féle okulár/szemlencse, negatív szemlencse; ~ **principle** *fiz* Huygens-elv; ~ **undulation theory** *fiz* fény hullámelmélete, Huygens-elmélet; ~ **zone** *fiz* közeltér

HV → high-velocity; → high-voltage

HVL → half-value layer

HW → hardware; → high water; → hot water

HWP → harmonic-wire projector

HWR → heavy-water reactor

hwt → hundredweight

hyacinth *ásv* hiacint; ~ **oil** *vegy* jácintolaj

hyaline I. *a* üvegszerűen átlátszó; **II.** *n bány* holohialin; ~ **texture** *bány* üveges szövet

hyalite *bány* hialit

hyalopilatic *geol* üveges szerkezetű
hyalosiderite *ásv* hialosziderit
Hybinette process *koh* Hybinette-eljárás
hybrid I. *a* felemás, vegyes, hibrid; **II.** *n távb* hibrid vonal; *vegy* hibrid (elektron)pálya; ~ **balance** utánzatveszteség; ~ **binding/bond** *vegy* hibrid kötés; ~ **circuit** *távk* villaáramkör; ~ **coil** *távk* differenciáltranszformátor; villatekercs; ~ **computer** *szt* hibrid számítógép; ~ **coupler** *el* hibrid iránycsatoló; ~ **distributed processing** *szt* hibrid osztott feldogozás; ~ **electromagnetic wave (HEW)** *fiz* hibrid hullám; ~ **element** *el* hibrid elem; ~ **equivalent circuit** *el* hibrid paraméteres helyettesítő kép; ~ **integrated circuit** *el* hibrid integrált áramkör; ~ **interface** *szt* hibrid csatoló; ~ **ion** → amphoteric ion; ~ **junction** *távk* hibrid csatoló; ~ **MSI circuit** *el* hibrid MSI áramkör; ~ **network** *el* villaáramkör; *szt* hibrid hálózat; ~ **operation** hibrid működésmód; ~ **optimization** *aut* hibrid optimalizálás; ~ **orbit** *vegy* hibridpálya, hibrid elektronpálya; ~ **parameter** *aut* hibrid paraméter; ~**-pi equivalent circuit** *el* hibrid-π helyettesítő kép; ~ **program** *aut, szt* hibrid program; ~ **radar-infrared system** *aut* hibrid radar- és infravörös rendszer; ~ **ring** *távk* gyűrűs hibrid; hibrid hullámvezetőgyűrű; ~ **rock** *geol* keverék kőzet; migmatit; ~ **technique/technology** hibridtechnika; ~ **tee** *távk* hibrid T; ~ **three dB coupler** *el* hibrid 3 dB-es csatoló; ~ **transformer** → ~ coil
hybridization *vegy* hibridizáció *(atomvegyértékhéj pályájának keveredése)*
hybridized orbital hibrid (elektron)pálya
hybridizing → hybridization
hycar *gumi* mesterséges kaucsuk *(márka)*
hydrant (H) *hidr* tűzcsap; ~ **above ground level** feltalaj-tűzcsap; ~ **below ground level** altalaj-tűzcsap; ~ **box** tűzcsapszekrény; ~ **cart** *rep* tüzelőanyag-tankoló gépkocsi a hidráns rendszernél; ~ **casing** fali tűzcsapszekrény; ~ **key** tűzcsapkulcs; ~ **refueling system** *rep* hidráns tüzelőanyag-töltő rendszer
hydrargillite *bány* gibbsit
hydratation → hydration
hydrate I. *v vegy* hidratál; **II.** *n vegy* hidrát; ~ **classification** *koh* hidrátosztályozás; ~ **envelope** *hidr* hidrátburok; ~ **filtration** *koh* hidrátszűrés; ~ **of lime** *ép* oltott mész, mészhidrát; ~ **putty** *ép* mészpép; ~ **slurry** *koh* hidrátzagy; ~ **washing** *koh* hidrátmosás; ~ **water** *bány* kristályvíz; *koh* kötött nedvesség
hydrated | **concrete** *ép* hidrátbeton; ~ **ion** *vegy* hidratált ion; ~ **lime** *ép* oltott mész, mészhidrát; ~ **lime-mortar** *ép* mészhidráthabarcs
hydration *bőr* vízfelvétel; *geol, vegy* hidratáció, hidratálás, vízburokképződés; ~ **of ions** hidratáció; ~ **shell** *koh* hidrátburok; ~ **water** hidratációs víz
hydratization hidratáció, hidratálás
hydratize *tex* hidratál
hydraulic(al) hidraulikus, víznyomásos, folyadéknyomásos; vízsugárral/vízöblítéssel készült/végzett; vízműtani; *ép* víz alatt kötő *(cement)*; ~ **accumulator** *hidr* hidraulikus akkumulátor/tározó; nyomótartály; ~ **actuation** *bány* hidraulikus működtetés; ~ **actuator** *aut, gép* hidraulikus működtető/beavatkozó szerv; *ép* hidraulikus markolóforgató; ~ **addition** *ép* vízben kötő adalék; ~ **amplifier** *aut, gép* hidraulikus erősítő; ~ **articulated jib** *ép* hidraulikus törtgém; ~ **axial load of turbodrill shaft** *ol* hidraulikus fúróturbina-terhelés; ~ **backacter equipment** *ép* hidraulikus mélyásó szerelék; ~ **backhoe/backacter** *ép* hidraulikus mélyásó puttony; ~ **backhoe compactor attachment** *ép* hidraulikus lapvibrátor; ~ **backhoe equipment** *ép* hidraulikus mélyásó szerelék; ~ **back-pressure valve** *heg* vízzár; ~ **balance vessel/tank** *ép* nyitott (rendszerű) áramlóközeges szállítás; ~ **bar cutting shears** *ép* hidraulikus betonacélvágó (gép); ~ **bar (reinforcement) cutter** *ép* hidraulikus betonacélvágó (gép); ~ **binder** *ép* hidraulikus kötőanyag; ~ **bit** *ép* hidraulikus véső; ~ **bloom shearing machine** *önt* hidraulikus buganyíró gép; ~ **bolt cutter/shears** *ép* hidraulikus csapszegvágó; ~ **boom breaker combination** *ép* függesztett hidraulikus bontókalapács; ~ **bore** *hidr* lökéshullám; ~ **brake** *gépk* hidraulikus fék, folyadékfék; ~**-brake drain tube** *gépk* olajfék-légtelenítő cső; ~**-brake piston** *kat* folyadékfék-dugattyú; ~ **breaking chisel** *szersz* hidraulikus véső; ~ **buckling boom attachment** *ép* hidraulikus törtgémes szerelék; ~ **buckling jib/boom** *ép* hidraulikus törtgém; ~ **buffer** *ép* folyadékütköző; ~ **bulk material conveying** *ép* hidraulikus szállítás; ~ **bulk material pumping** *ép* hidraulikus szivattyús szállítás; ~ **burster** *bány* hidraulikus szénaprító; *ép* függesztett hidraulikus bontókalapács; ~ **cable cutter/shears** hidraulikus kábelvágó; ~ **cartridge** *bány* hidraulikus repesztőtöltény; ~ **(casing) tongs** *pl ol* béléscsőkulcs; ~ **cement** *ép* hidraulikus cement; ~ **channel/chute** *ép* hidraulikus szállítóvályú; ~ **circuitry** *bány* hidraulikus hálózat; ~ **clamshell** hidraulikus markoló; ~ **classification** *bány* hidraulikus osztályozás; *ép* együttülepedés szerinti osztályozás; ~ **classifier** *bány* hidraulikus osztályozó; *koh* áramkészülék; ~ **climbing equipment** *ép* hidraulikus kúszóberendezés; ~ **clutch** *gépk* folyadékkapcsoló, hidraulikus tengelykapcsoló; ~ **concrete lift transfer silo** *ép* hidraulikus betonfogadó bunker; ~ **concrete pump** *ép* hidraulikus betonszivattyú; ~ **conductivity (HC)** *hidr* k tényező; vízáteresztő képesség; ~ **connection** *koh* hidraulikus kapcsolás; ~ **connection in parallel system** parciális nyomás; ~ **connection in series** *koh* soros hidraulikus kapcsolás; ~ **control** *ép, gép* hidraulikus vezérlés; ~ **controller** *gép* hidraulikus szabályozó; ~ **control motor** *gép* hidraulikus szervomotor; ~ **converter** (hidraulikus) nyomatékváltó; ~ **conveying** *bány* elmosás; ~ **conveyor/conveyer** *gép* hidraulikus szállítóberendezés; ~ **core knockout machine** *önt* hidraulikus öntödei magkiverő gép; ~ **counterweight handling assembly** *ép* hidraulikus ellensúlyemelő berendezés; ~ **coupling** *aut, gép, gépk* hidraulikus csatolás/kapcsolás; hidrodinamikus tengelykapcsoló; ~ **crane** hidraulikus daru; ~ **crowd(ing)** hidraulikus előtolás; ~ **crowd shovel bucket jib/boom** hidraulikus hegybontó kotrógém; ~ **cyclone** *bány, ép* hidrociklon; ~ **cylinder** *koh* hidraulikus henger; ~ **deep-digging grab** *ép* hidraulikus mélymarkoló; ~ **deep-shaft drilling equipment** *ép* hidraulikus mélyaknafúró szerelék; ~ **descaling** *koh* hidraulikus revétlenítés; ~ **design of a sprinkler lateral** *hidr* szárnyvezeték hidraulikai méretezése; ~ **differential analyzer** *aut* hidraulikus differenciálanalizátor; ~ **distributor** *bány* hidraulikus elosztó; ~ **drag/dredger** *ép* szívókotró; ~ **dredge(r)** *bány* hidraulikus kotró; ~ **drill collar** *ol*

hidraulikus súlyosbító; ~ **drive** *ép, gépk* hidraulikus/víznyomásos hajtás, nyomóvízhajtás; ~ **driving frame** *ép* hidraulikus verőállvány; ~ **drop** *hidr* átbukás; ~ **dynamometer** *el* hidraulikus dinamométer/erőmérő; ~ **earth work** *talt* hidraulikus földmunka; ~ **efficiency** *fiz* hidraulikai hatásfok; ~ **electric/motor winch** *ép* hidraulikus csörlő; ~ **elevating table** *el* hidraulikus emelőasztal; ~ **elevator** hidraulikus (üzemű) felvonó; ~ **engine** *hidr* vízerőgép; ~ **engineer** vízépítő mérnök; ~ **engineering** vízépítés; ~ **erecting platform/deck** *ép* hidraulikus emelőállvány; ~ **establishment** *hidr* vízi létesítmény; ~ **evapotranspirometer** *talt* hidraulikus talajpárolgás-mérő; ~ **excavation** *bány* jövesztés vízsugárral; ~ **excavator** *ép* hidraulikus kotró; szívókotró; ~ **excavator leader** *ép* hidraulikus függesztett vezetőkeret; ~ **excavator loader** *ép* hidraulikus rakodókotró; ~ **extruder** *műa* dugattyús extruder; ~ **feed** *forg* hidraulikus előtolás; ~ **fill** *hidr, ép* hidraulikus feltöltés; ~ **fill dam** *hidr* iszapolt földgát; ~ **filling** *bány* iszaptömedékelés; ~**-fill method** *hidr* hidraulikus építés *(földgáté)*; ~ **final control elements** *ép* hidraulikus végrehajtószervek; ~ **fish lock** *hidr* hallift; ~ **fluid** *ép, gép* hidraulikafolyadék; ~ **fluid accumulator** *ép* hidraulikus akkumulátor; ~ **fluid discharge plug** *ép* hidraulikus akkumulátor; ~ **forging** kovácsolás hidraulikus kalapáccsal; ~ **forging press** *koh* hidraulikus kovácssajtó; ~ **forging press table** *koh* nyomóasztal; ~ **fracturing** *bány* hidraulikus rétegrepesztés; *ol* kőzetrepesztés; ~ **front-end loader** *ép* hidraulikus homlokrakodó; ~ **gear** *gépk, rep* hidraulikus hajtómű; ~ **gear pump** *ép* fogaskerék-szivattyú; ~ **giant** *bány* (hidro)monitor; ~ **glue** *vegy* nedvességálló enyv; ~ **gobbing** *bány* iszaptömedékelés; ~ **governor** *gép* hidraulikus regulátor/fordulatszám-szabályozó; ~ **grab** *ép* hidraulikus markoló; ~ **grab rotating device** *ép* hidraulikus markolóforgató; ~ **grade line** *hidr* nyomásvonal; ~ **gradient** *bány, ol* hidraulikus gradiens; *hidr* nyomásesés; ~ **gun** *hidr* vízágyú; ~ **hammer** *ép* (kézi) hidraulikus (bontó)kalapács; ~ **hammer drill** *bány* hidraulikus fúrókalapács; ~ **head** *hidr* nyomómagasság; ~ **hoisting** *bány* hidraulikus aknaszállítás; ~ **hose** *bány* hidraulikus tömlő; ~ **hose coupling** *bány* hidraulikustömlő-csatlakoztató; ~ **hose nipple** *bány* hidraulikus tömlőszerelvény; ~ **impact** *hidr* vízlökés; ~ **impact hammer** *ép* (függesztett) hidraulikus bontókalapács; ~ **impulse breaker** *ép* hidraulikus bontókalapács; ~ **integrator** *aut* hidraulikus integrátor; ~ **jack** *ép, gép* folyadéknyomásos emelőbak; folyadéknyomásos/hidraulikus emelő; ~ **jack hammer** *bány* hidraulikus fúrókalapács; ~ **jar** *bány* hidraulikus váltóolló; *ol* hidraulikus ütőolló; ~ **jetting** *bány* hidraulikus fejtés; ~ **jump** *hidr* vízugrás; ~ **laboratory** *hidr* vízépítési laboratórium; ~ **leather** *gép* tömítőbőr; ~ **lift** *em, ép* hidraulikus (üzemű) felvonó; *mzg* hidraulikus kiemelő szerkezet; ~ **lifting/erecting work platform** *ép* hidraulikus emelésű magasállvány; ~ **lime** *ép* vízben kötő mész, hidraulikus mész; ~ **linkage** *aut* hidraulikus rudazat; ~ **load** *hidr* hidraulikai terhelés; ~ **load cell** *aut* hidraulikus nyomásmérő szelence; ~ **loader (bucket) attachment** *ép* hidraulikus rakodókanalas szerelék; ~ **loader skip** *ép* hidraulikus felvonóputtony; ~ **lock** *műa* hidraulikus (szerszám)zárás *(fröccsöntőgépen)*; ~ **loss** *hidr* hidraulikai veszteség/ellenállás; ~ **machine** vízgép, vízerőgép, hidraulikus gép; ~ **machinery** vízerőgépek; ~ **main** *hidr* nyomóvízvezeték; ~ **medium** hidraulikus közeg; ~ **mining** *bány, ép* hidraulikus fejtés; hidromechanizáció; ~ **mining giant** *bány* hidromonitor; ~ **mixer skip** *ép* hidraulikus felvonóputtony; ~ **model** *hidr* vízépítési modell; ~ **mortar** *ép* vízben kötő habarcs; ~ **motor** *gép* hidraulikus motor; ~ **multi-ram** *ép* hidraulikus cölöpsajtoló *(berendezés)*; ~ **network** *bány* hidraulikus hálózat; ~ **oil** *gép* hidraulikaolaj; ~ **operation** *bány* hidraulikus működtetés; ~ **outrigger** *ép* hidraulikus támasztótalp/talptámasz; ~ **overlapping plate** *bány* hidraulikus átfedőlemez; ~ **pad** *ol* hidraulikus papucs; ~ **panel** *rep* hidraulikarendszer kapcsolótáblája; ~ **percussion hammer** *ép* hidraulikus bontókalapács; ~ **pick** *bány* hidraulikus fejtőkalapács; ~ **pile driver equipment** *ép* hidraulikus szádlemezverő szerelék; ~ **pile hammer** *ép* hidraulikus verőkalapács; ~ **pipe** *gép* hidraulikacső, hidraulikavezeték; *gépk* féktömlő; ~ **pipe bender** *ép* motoros csőhajlító gép; ~ **pit jack** *gépk* szerelőakna-emelő; ~ **placement boom** hidraulikus elosztógém; ~ **plate vibrator** *ép* hidraulikus lapvibrátor; ~ **potential** *ol* hidraulikus potenciál; ~ **power** *hidr* vízenergia; ~ **power cylinder** *aut, gépk* hidraulikus munkahenger/szervomotor; ~ **power transmission** *hidr* olajhidraulikus kapcsolat; ~ **press** *műa* víznyomásos/hidraulikus prés/sajtó; ~ **pressing unit** *ép* csősajtoló berendezés; ~ **pressure** *hidr* hidraulikus nyomás, folyadéknyomás; ~ **pressure drive** *gép* hidraulikus hajtómű; ~ **(pressure) test** *koh* víznyomáspróba; ~ **pressure test(ing)** *ol* szilárdsági nyomáspróba; ~ **process** *ol* rétegrepesztő eljárás, hidraulikus rétegrepesztés; ~ **prop** *bány* hidraulikus tám; ~ **propeller** *rep* hidraulikus állásszögvezérlésű légcsavar; ~ **prop prestressing apparatus** *bány* hidraulikus támelőfeszítő; ~ **prop with closed circuit** *bány* zárt rendszerű hidraulikus tám; ~ **prop with open circuit** *bány* nyitott rendszerű hidraulikus tám; ~ **pump** *ép* olajszivattyú; ~ **radius** *bány* hidraulikus sugár; ~ **ram** *hidr* vízemelő kos; ~ **ram effect** *hidr* hidraulikus lökés/kosütés; ~ **regulator** *aut* hidraulikus szabályozó; ~ **relay** *aut* hidraulikus erősítő; ~ **resistance** *hidr* hidraulikai ellenállás; ~ **rock breaker** *ép* hidraulikus bontókalapács; ~ **rodless pump** *ol* hidraulikus rudazat nélküli mélyszivattyú; ~ **rod pumping** *ol* hidraulikus rudazatos mélyszivattyúzás; ~ **rod shears** *pl ép* hidraulikus betonacélvágó (gép); ~ **roller** *hidr* folyadékhenger; ~ **rope-tension adjusting** *bány* hidraulikus kötélfeszültség-szabályozó; ~ **rotary head** *ép* hidraulikus markolóforgató; ~ **rotary vibrator** *ép* hidraulikus merülővibrátor; ~ **routing** *hidr* árhullámkép-áthelyezés; ~ **seal** folyadékzár, vízzár; ~ **servoactuator** *aut, gép* hidraulikus szervomechanizmus; ~ **servomotor** *aut, gép* hidraulikus szervomotor; ~ **servosystem** *aut, gép* hidraulikus szervorendszer, hidraulikus szabályozási kör; ~ **shears** *pl ép* hidraulikus vágógép; *koh* hidraulikus olló; ~ **sheet pile driver** *ép* hidraulikus cölöpsajtoló berendezés; ~ **sheet piling** *ép* hidraulikus szádlemezverő szerelék; ~ **shifting cylinder** *bány* hidraulikus előtoló henger; ~ **shock** *hidr* vízlökés, kosütés; ~ **shock strut** *rep* hidraulikus rugóstag; ~ **short-circuiting** *hidr* hidraulikai zárlat *(ülepítőmedencékben)*; ~

side-shift attachment *ép* hidraulikus törtgémes szerelék; ~ **side-shift boom** *ép* hidraulikus törtgém; ~ **slag** *koh* hidraulikus salak; ~ **slat** *rep* hidraulikus vezérlésű orrsegédszárny; ~ **slot-wall grab** *ép* hidraulikus résmarkoló; ~ **sluicing** *hidr* hidraulikus fejtés; ~ **spray gun** *ép* hidraulikus festékszóró pisztoly; ~ **spraying** *ép* hidraulikus festékszórás; ~ **spreader,** ~ **spreading mast** *ép* hidraulikus elosztógém; ~ **squeeze machine** *önt* hidraulikus sajtológép; ~ **stability** *hidr* hidraulikai állékonyság; ~ **stabilizer** *ép* hidraulikus támasztótalp/talptámasz; ~ **steel cutter** *szersz* hidraulikus acélvágó; ~ **stowage** *bány* iszaptömedék; ~ **structure** *hidr* vízépítési műtárgy; ~ **system** *gép* hidraulika, hidraulikus rendszer; *ol* öblítési körfolyam, cirkuláció; ~ **system with compounded control** *ép* összegező teljesítményszabályozási rendszer; ~ **system with single-point control** *ép* teljesítményszabályozású (hidraulikus) rendszer; ~ **test** *hidr* víznyomás-ellenőrzés, hidraulikus próba; víznyomáspróba; ~ **throttle** *gép* hidraulikus fojtószelep; ~ **torque converter** *gép* nyomatékváltó; ~ **tracer control** *aut* hidraulikus másolókészülék-vezérlés *v.* letapintóvezérlés; ~ **(track) ga(u)ge widening** *ép* hidraulikus nyomtávszélesítés; ~ **transmission** *gépk* hidraulikus hajtómű; ~ **transport(ation)** *bány* hidraulikus szállítás; ~ **truck crane** *ép* járműdaru; ~ **turbine** *hidr* vízturbina; ~ **turret** *bány* hidraulikus működtetésű réselőtorony; ~ **twin-cylinder pump** *ép* ikerdugattyús betonszivattyú; ~ **universal erection crane** *ép* hidraulikus univerzális szerelődaru; ~ **vibrator** *bány, ép* hidraulikus vibrátor; ~ **walking roof support** *bány* hidraulikus önjáró biztosítása; ~ **working platform** *ép* hidraulikus emelőállvány

hydraulically | **compacted concrete** *bány* sajtolt betonfalazat; ~ **controlled outrigger** *ép* hidraulikus támasztótalp/talptámasz; ~ **driven vibratory/vibrating (pile) hammer** *ép* hidraulikus vibrációs kalapács; ~ **filled dam** *hidr* hidraulikusan épült földgát; ~**-operated clutch** *bány* hidraulikus tengelykapcsoló; ~ **operated tracer** *aut* hidraulikus érzékelő; ~ **operated valve** hidraulikus szelep; ~ **rough pipe** *hidr* hidraulikailag érdes cső; ~ **smooth pipe** *hidr* hidraulikailag sima cső

hydraulician vízépítési szakértő

hydraulicity *ép* víz alatti kötőképesség

hydraulicking *bány* vízsugaras jövesztés; *bány, ép* hidraulikus fejtés; *hidr* vízsugárfejtés, öblítéses feltöltés

hydraulics hidraulika, vízerőtan, vízműtan; hidraulikus gép/berendezés; ~ **engineer** vízépítő mérnök; ~ **engineering project** vízépítési műtárgy

hydrazide *vegy* hidrazid

hydrazine *vegy* hidrazin, diamid

hydrazino radical *vegy* hidrazinogyök

hydrazobenzene *vegy* hidrazo-benzol

hydrazoic acid *vegy* azo-imid, nitrogén-hidrogénsav

hydrazone *vegy* hidrazon

hydride *vegy* hidrid

hydriodic acid *vegy* hidrogén-jodid, jód-hidrogén

hydrion *vegy* hidrogénion

hydroaccumulation plant *hidr* tározós erőmű

hydroacoustic hidroakusztikai; ~ **range finder** víz alatti hanglokátor; ~**s** hidroakusztika, víz alatti akusztika, vízi hangtantechnika

hydroairplane, hydro-aeroplane → hydroplane

hydrobacteriology *környv* hidrobakteriológia

hydrobiology *környv* hidrobiológia

hydroblast *önt* hidraulikus mageltávolító

hydrobomb vízibomba

hydrobromic acid *vegy* hidrogén-bromid, bróm-hidrogén, bróm-hidrogénsav

hydrocarbon (HC) *vegy* szénhidrogén; ~ **binder** bitumen(es) kötőanyag; ~ **black** lámpakorom; ~**-clean/dry vacuum** szénhidrogénmentes vákuum; ~ **exploration** *ol* szénhidrogén-kutatás; ~ **forecasting** *ol* szénhidrogén-prognózis; ~ **gas** *ol* szénhidrogéngáz; ~ **logging** *geof* szénhidrogén-szelvényezés; ~ **pool** *ol* szénhidrogéntelep; ~ **processing** *ol* szénhidrogén-feldolgozás; ~ **processing industry** ásványolaj-feldolgozó/kőolaj-feldolgozó ipar; ~ **production** *ol* szénhidrogén-kitermelés; ~ **prospecting** szénhidrogénkutatás; ~ **resins** *műa* szénhidrogéngyanták; ~ **system** *ol* szénhidrogénrendszer

hydrocarbonates *környv* hidrokarbonátok

hydrocellulose *pa* hidrocellulóz

hydrochloric | **acid** *vegy* hidrogén-klorid; sósav; ~ **acid pickling** *koh* pácolás sósavval

hydrochloride *vegy* hidroklorid

hydrochlorinated rubber *gumi* hidroklórkaucsuk

hydrochlorination *vegy* hidroklórozás

hydrocore knock-out machine *önt* hidraulikus mageltávolító

hydrocracking *ol* hidrokrakkolás, hidrogénező krakkolás

hydrocrane hidraulikus daru

hydrocyanic acid *vegy* cián-hidrogénsav, hidrogéncianid

hydrocyclone *hidr* hidrociklon

hydrodealkylation *ol* hidrogénező dezalkilezés; ~ **process** *ol* dezalkilezési eljárás, hidrogénező eljárás

hydrodrill | **jib** *bány* hidraulikus fúró; ~ **rig** *bány* hidraulikus fúróállvány/fúrókocsi

hydrodynamic(al) hidrodinamikai, hidrodinamikus, áramlástani; ~ **analogy** *aut, mech* hidrodinamikai hasonlat/analógia; ~ **basic phase** *koh* áramlástechnikai alapfázis; ~ **brake** *ol* hidrodinamikus fék; ~ **conductivity** *ol* hidrodinamikai vezetőképesség; ~ **coupling** *gépk* hidrodinamikus tengelykapcsoló; ~ **drive** *gépk* hidrodinamikus hajtómű; ~ **film lubrication** *vegy* folyadékfilmkenés, hidrodinamikus kenés; ~ **force** *fiz* hidrodinamikai erő; ~ **friction** *fiz* folyadéksúrlódás; ~ **lubrication** *gép* hidrodinamikus kenés, folyadékkenés; ~ **motion** *fiz* hidrodinamikai áramlás; ~ **power transmission** *gépk* hidrodinamikus erőátvitel/hajtómű; ~ **pressure** *hidr* áramlási nyomás; *koh* torlónyomás; ~ **radiation** *fiz* hidrodinamikai sugárzás; ~ **torque converter** *gép* nyomatékváltó; ~ **torque transformer** *gép* hidrodinamikus nyomatékváltó; ~ **ultrasound transducer** *aut, hang* hidrodinamikus ultrahangsugárzó; ~ **well test** *ol* hidrodinamikus kútvizsgálat

hydrodynamics hidrodinamika, áramlástan

hydroelectric hidroelektromos; ~ **construction** vízerőmű-építés; ~ **development** *en* vízerő-hasznosítás; vízerőműrendszer; ~ **exploitation** vízerő-hasznosítás; ~ **generating plant** *hidr* vízerőmű; ~ **generating (power) station** *el* vízerőmű; ~ **generating set** → ~ **generator**; ~ **generator** *el* hidrogéngenerátor; vízturbinás generátor; ~ **grab** *ép* elektrohidraulikus markoló; ~ **plant** *el* vízerőmű; ~ **plant built in a river bay** *hidr* öblözetbe épített vízerőtelep; ~ **power house** *hidr* vízerőtelep; ~ **power plant** *hidr* vízerőmű; vízerőtelep; ~ **power station** *hidr* vízerőmű; ~ **scheme** *el* vízerőműrendszer; ~ **station** *el* vízerőtelep, vízerőmű; ~ **winch** *ép* hidraulikus csörlő

hydroenergetic *fiz* hidroenergetikus, hidroenergetikai, vízerő-

hydroextractor *koh* centrifuga

hydrofall mill *bány* hidrofall malom

hydrofiner *pa* hidrofeiner, kúpos őrlő

hydrofining *ol* hidrogénező finomítás

hydrofluoric (HF) acid *vegy* fluorsav; hidrogén-fluorid

hydrofluorsilicic acid *vegy* hexafluoro-kovasav, hidrogén-fluoro-szilikát

hydrofoil szárnyashajó; siklófelület *(szárnyashajóé)*; *hajó* hordszárny

hydroforming *gép, vegy* hidroform eljárás, katalitikus dehidrogénező reformálás

hydroformylation *vegy* hidroformilezés(i eljárás), oxoszintézis

hydrofrac *ol* kőzetrepesztés

hydrogel *vegy* hidrogél

hydrogen (H) *vegy* hidrogén; ~ **absorption** *koh* hidrogénfelvétel; ~ **abstraction** dehidrogénezés; ~ **annealing** lágyítás hidrogénben; ~ **arc welding** *koh* arcatom hegesztés; ~ **arsenide** *vegy* arzén-hidrogén; ~ **blistering** *koh* hidrogénhólyagosodás; pácolási hólyagképződés; ~ **bomb (H-bomb)** *at, kat* hidrogénbomba; ~ **bond** hidrogénkötés, hidrogénhíd, H híd, protonhíd; ~ **brazing** hidrogénes keményforrasztás; ~ **bridge** hidrogénhíd, H híd; ~ **brittleness** *koh* hidrogénridegség; ~ **chloride** *vegy* hidrogén-klorid; ~ **content** *koh* hidrogéntartalom; ~**-cooled** *el* hidrogénhűtésű; ~ **cyanide** *vegy* hidrogén-cianid; kéksav; ~ **cylinder** *kat* hidrogéntartály *(lángszóróhoz)*; ~ **electrode** *vegy* hidrogénelektród; ~ **embrittlement** *hők* hidrogénes elridegedés; *koh* hidrogénridegedés; ~ **evolution** *koh* hidrogénleválás; ~ **extraction** *vegy* hidrogénkinyerés, hidrogén-visszanyerés; ~ **firing** hidrogénes kiégetés; ~ **fluoride** *vegy* hidrogén-fluorid; ~ **half-cell** *fiz, vegy* hidrogénelektród; ~ **index** → ~ ion exponent; ~ **ion** *vegy* hidrogénion; ~ **ion concentration (HIC)** *fiz, vegy* hidrogénion-koncentráció; ~ **ion exponent** *vegy* pH, pH érték, hidrogénexponens, hidrogénkitevő; ~**-iron resistance** *el* barretterscső, vas-hidrogén-ellenállás; ~**-moderated reactor** *at* hidrogénmoderátoros reaktor; ~ **nucleus** *at* hidrogénatommag, proton; ~ **number** → ~ ion exponent; ~ **overvoltage** *el* hidrogéntúlfeszültség; ~ **oxide** *vegy* víz, hidrogén-oxid; ~ **peroxide (HPO)** *vegy* hidrogén-peroxid, hidrogén-szuperoxid; ~ **plasma** hidrogénplazma; ~**-recoil proportional counter** *at* protonütközéses arányos számláló; ~ **recovery** hidrogénkinyerés, hidrogén-visszanyerés; ~ **reduction** *koh* hidrogénes redukció; ~ **selenide** *vegy* hidrogén-szelenid, szelén-hidrogén; ~ **sulphate** *vegy* hidrogén-szulfát; ~ **sulphide/sulfide (HS)** *vegy* hidrogén-szulfid, kén-hidrogén; ~ **swell** *élip* hidrogén(fejlődés) okozta puffadás; ~ **thyratron** hidrogéntöltésű tiratron; ~ **treating/treatment** hidrogénező finomítás; ~ **upgrading** hidrogéndúsítás; ~ **utilization** *koh* hidrogénkihasználás; ~ **wave** *vegy* (polarográfiai) hidrogénhullám; ~ **yield** *koh* hidrogénkihasználás

hydrogenate *vegy* hidrogénez

hydrogenated oil *élip* keményített olaj

hydrogenation *vegy* hidrogénezés; ~ **reactor** hidrogénezőreaktor

hydrogenesis *talt* kondenzációs vízképződés *(talajban)*

hydrogenetic rock *bány* evaporit

hydrogenic vízi eredetű; ~ **rock** vízi eredetű kőzet

hydrogenize → hydrogenate

hydrogenolysis *ol* hidrogenolízis

hydrogenous hidrogéntartalmú, hidrogén-; ~ **moderator** *at* hidrogéntartalmú moderátor

hydrogeological | **region** *hidr* vízföldtani körzet; ~ **regional unit** *hidr* vízföldtani tájegység

hydrogeology hidrogeológia, vízföldtan

hydroglider siklócsónak, hidroglisszőr

hydrograph *hidr* menetgörbe, vízjárásgörbe; *ol* vízszintváltozási görbe; ~ **(curve)** *hidr* menetgörbe

hydrographer vízépítő mérnök

hydrographic vízrajzi, hidrográfiai; ~ **survey boat** *hajó* kitűzőhajó

hydrography vízrajz, hidrográfia, felszíni víztan

hydroiodic acid *vegy* jódhidrogénsav

hydroisohypse hidroizohipsza, talajvízszintvonal

hydrokinetic *hidr* vízmozgástani; ~ **coupling** *gép* hidrodinamikus tengelykapcsoló; ~ **fluid drive** *gép* nyomatékváltó; ~ **power transmission** *gépk* hidrodinamikus hajtómű; ~ **torque converter** *gép* nyomatékváltó

hydrokinetics áramlástan, vízmozgástan

hydrolase *vegy* hidroláz

hydrolocation *hang* víz alatti hangiránymérés

hydrolocator *hang* víz alatti hanglokátor

hydrologic(al) hidrológiai; ~ **analogy** *hidr* hidrológiai hasonlóság; ~ **balance** *hidr* hidrológiai mérleg; ~ **behavio(u)r** *hidr* vízjárás; ~ **budget** *környv* vízháztartás; ~ **condition(s)** *hidr* vízjárás; ~ **cycle** *hidr* hidrológiai ciklus; *környv* hidrológiai körfolyamat; vízkörforgás; ~ **development** *bány* vízfeltárás; ~ **longitudinal section** *bány* hidrológiai hossz-szelvény; ~ **melioration** *környv* hidromelioráció; ~ **pattern** *hidr* vízjárás; ~ **regime** *környv* vízháztartás; ~ **sight distance** víz alatti látótávolság; ~ **similarity** *bány* hidrológiai hasonlóság; ~ **year** *hidr* hidrológiai év

hydrology hidrológia

hydrolysate *vegy* hidrolizátum

hydrolyse, *US* **hydrolyze** *vegy* hidrolizál

hydrolysis *vegy* hidrolízis

hydrolytic *vegy* hidrolitikus; ~ **degradation** *műa* hidrolízises lebomlás; ~ **enzyme** hidroláz

hydromagnetic *el* hidromágneses; ~ **instability** *el* magnetohidrodinamikus instabilitás; ~ **oscillation** *at* hidromágneses rezgés; ~ **wave** magnetohidrodinamikai hullám

hydromagnetics magnetohidrodinamika, hidromágnesség(tan)

hydromatic | **auxiliary brake** *ol* hidrodinamikus fék; ~ **welding** hidraulikus szabályozású önműködő ponthegesztés

hydromechanics hidromechanika; *hidr* folyadékok mechanikája

hydromel *élip* méz-víz keverék; mézsör

hydromelioration *környv* hidromelioráció
hydrometallurgical hidrometallurgiai; ~ **process** *koh* hidrometallurgiai/nedves eljárás
hydrometallurgy hidrometallurgia, nedveskohászat
hydrometeor *met* csapadékjelenség
hydrometeorology *met* hidrometeorológia
hydrometer *élip* fokoló; *fiz* areométer; folyadéksűrűség-mérő; *hidr* vízkifolyás-sebességmérő; vízmagasságmérő, hidrométer; ~ **analysis** *talt* iszapoló eljárás; ~ **method** *talt* hidrométeres eljárás, hidrometrálás
hydrometric *hidr* hidrometriai, vízméréstani; ~ **float** hidrometriai úszó; ~ **pendulum** *bány* ingás vízsebességmérő; ~ **process** *geol* hidrométeres eljárás; ~ **rod** *hidr* botúszó; ~ **vane** *bány* szárnyas vízsebességmérő
hydrometry hidrometria, vízméréstan
hydromodule *hidr* fajlagos vízhozam
hydromodulus *hidr* vízhozamjellemző
hydromonitor *ép* vízágyú; *hidr* vízágyú
hydronium ion *vegy* hidroxóniumion; oxóniumion
hydrophane *ásv* hidrofán
hydrophilic *vegy* hidrofil
hydrophobic *vegy* hidrofób, víztaszító; ~ **cement** *ép* víztaszító cement
hydrophobing, hydrophobization *vegy* hidrofóbozás
hydrophone *hang* hidrofon, víz alatti mikrofon, víz alatti lehallgatókészülék; ~ **sonar** *hang* víz alatti mikrofon és erősítő *(hanghullámos távolságméréshez)*
hydrophony *hang* víz alatti hangjelzés
hydrophore *hidr* hidrofor; vízmintavevő
hydropierce machine *mech* hidraulikus lyukasztógép
hydropitch propeller *rep* hidraulikus emelkedésszabályozású légcsavar
hydroplane *hajó* merülési kormány *(tengeralattjáróé)*; siklóhajó, hidroglisszőr; *rep* vízirepülőgép, hidroplán
hydroplant vízerőmű
hydropneumatic *fiz, gép* hidropneumatikus; ~ **assisted power steering** hidropneumatikus hengersegédkormány; ~ **counterrecoil mechanism** *kat* folyadékos léghelyretoló szerkezet; ~ **equilibrator** *kat* hidropneumatikus egyensúlyozószerkezet; ~ **suction/pump dredge(r)** *ép* hidropneumatikus szívókotró
hydropower | estimates *pl hidr* vízerő-gazdálkodási terv; ~ **plant** *hidr* vízerőmű
hydropower | development *hidr* vízerő-hasznosítás; ~ **resource** *hidr* hidraulikus energiaforrás, vízenergiakészlet
hydropulper *pa* hidropulper, anyagfeloldó
hydropulping *pa* hidropulperezés
hydroquinone *vegy* hidrokinon
hydrorefining hidrogénező finomítás
hydrorubber *gumi* hidrált kaucsuk, hidrokaucsuk
hydroscope → hygroscope
hydroseparator *bány, koh* hidroszeparátor
hydrosol *vegy* hidroszól
hydrosphere *geol* hidroszféra, vízburok
hydrospring system *kat* folyadékos-rugós rendszer
hydrostat biztonsági nyomásszabályozó; vízszintszabályozó
hydrostatic(al) hidrosztatikus, hidrosztatikai; ~ **balance** *ol* hidrosztatikus mérleg; ~ **compacting** *koh* hidrosztatikus sajtolás; ~ **construction tower crane** *ép* hidrosztatikus hajtású toronydaru; ~ **contents ga(u)ge** hidrosztatikus szintmérő; ~ **crab jib construction crane** *ép* hidrosztatikus hajtású toronydaru; ~ **curves** *hajó* jellemző görbék; ~ **densimeter** *aut* hidrosztatikus sűrűségmérő; ~ **drive** hidrosztatikus hajtómű; ~ **driven vibrator** hidrosztatikus hajtású vibrátor; ~ **equilibrium** hidrosztatikai egyensúly; ~ **force** *hidr* hidrosztatikai nyomóerő; víznyomóerő; ~ **fuse** *kat* víznyomás hatására működő gyújtó; ~ **ga(u)ge** hidrosztatikus nyomásmérő; ~ **head** hidrosztatikus nyomómagasság; hidrosztatikai esés; vízoszlopmagasság; ~ **(head) pressure** *fiz* hidrosztatikus nyomás; ~ **level** *hidr* hidrosztatikus vízszint; ~ **lift** *bány* hidrosztatikus emelőmagasság; ~ **(power) transmission** hidrosztatikus erőátvitel; ~ **press** → hydraulic press; ~ **pressing** *any, műa* hidrosztatikus sajtolás; ~ **pressure gradient** *bány* hidrosztatikus nyomásgradiens; ~ **(pressure) test** víznyomáspróba; *ol* szilárdsági nyomáspróba; ~ **sink** hidrosztatikus mérleg úszóteste; ~ **sounder** *hidr* hidrosztatikus mélységmérő; ~ **state of stress** hidrosztatikus feszültségi állapot; ~ **stress state** *bány* hidrosztatikai feszültségállapot; ~ **test** *hajó* vízpróba; ~ **weighing** fajsúly meghatározása hidrosztatikus mérleggel; ~ **wheel hub engine** hidrosztatikus kerékagymotor
hydrostatics hidrosztatika
hydrosulphide, *US* **hydrosulfide** *vegy* hidrogén-szulfid
hydrosulphite, *US* **hydrosulfite** *vegy* ditionit, hidroszulfit
hydrotalcite *ásv* hidrotalkit
hydrotator (classifier) *bány* hidrotátor
hydrotectonics *hidr* hidrotektonika
hydrotherm *fiz* hidroterm
hydrothermal *geol* hidrotermális; ~ **alteration** *bány* hidrotermális változás; ~ **crystal increasing** *krist* hidrotermális kristálynövekedés; ~ **(ore) deposit** *bány* hidrotermális érctelep; ~ **phase** *geol* hidrotermális szakasz; ~ **solution** *bány* hidrotermális oldat; ~ **stage** *bány* hidrotermélis szakasz; ~ **synthesis** *krist* hidrotermális szintézis
hydrothermostat *aut, fiz* hidrotermosztát
hydrotransmitter hidraulikus energiaátalakító
hydrotreating *ol* hidrogénező finomítás
hydrotropy *vegy* hidrotrópia
hydroturbine vízturbina
hydrous *ásv, vegy* víztartalmú; ~ **salt** kristályvizet tartalmazó só; ~ **wool fat** víztartalmú lanolin
hydrovalve vízszelep
hydrox *bány* hidrox
hydroxide *vegy* hidroxid; ~ **ion** *koh* hidroxidion; ~ **precipitate/precipitation** *koh* hidroxidcsapadék
hydroxonium ion *koh* oxóniumion
hydroxybenzoic acid *vegy* oxibenzoesav, szalicilsav
hydroxycycloheptane *vegy* cikloheptanol
hydroxy-ethylation *ol* hidroxietilezés, oxietilezés
hydroxyglutamic acid *vegy* oxiglutaminsav, α-amino-β-oxiglutársav
hydroxyisobutyric acid *vegy* oxiizovajsav
hydroxyl *vegy* hidroxil-ion; ~ **bond** hidroxilkötés; ~ **number** hidroxilszám; **~-terminated** hidroxilvégződésű *(lánc)*
hydroxylation hidroxilezés, hidroxilcsoport bevitele
hydroxylic alkalinity *hidr* hidroxillúgosság
hydrozincite *ásv* hidrocinkit

hyetograph *hidr* csapadéktérkép; *met* öníró csapadékmérő, csapadékíró, ombrográf
hyetography csapadékmennyiség-mérés, pluviometria, ombrográfia
hyetometer csapadékmérő, pluviométer, esőmérő, ombrométer
hyetometry csapadékmennyiség-mérés, pluviometria, ombrográfia
hygiene *környv* egészségvédelem; higiénia
hygienic egészségügyi, higiénikus
hygienisator *környv* higienizátor
hygrogram *met* nedvességíró görbéje
hygrograph *met* higrográf, légnedvességíró
hygrometer higrométer, (lég)nedvességmérő
hygrometric paper nedvesség-indikátorpapír
hygrometry légnedvességmérés, higrometria
hygroscope higroszkóp
hygroscopic higroszkópos, higroszkopikus, nedvszívó; ~ **dilatometric gas moisture meter** higroszkopikus dilatometrikus gáznedvességmérő; ~ **electrochemical gas moisture meter** higroszkopikus elektrokémiai gáznedvességmérő; ~ **moisture** *talt* higroszkópos nedvesség; ~ **water** *fa* „kötött" víz, rosttelítettség alatti víztartalom; *hidr* higroszkópos víz
hygroscopicity vízfelvevő/nedvességfelvevő/nedvfelszívó képesség, higroszkóposság
hygrostat higrosztát, humidosztát; nedvességszabályozó készülék
hygrothermograph *met* higrotermográf
hyoscine *vegy* hioszcin, szkopolamin
hyp *távk* hip *(csillapítás egysége)*, tizednéper
hypabyssic *geol* hipabisszikus; ~ **rock** hipabisszikus kőzet
hypalon *gumi* Hypalon *(szulfoklórozottpolietilén-márka)*
hypar shell *ép* hiperbolikus paraboloidhéj
hyperabrupt junction *fiz* hipergyors átmenet
hyperacoustic *hang* hallhatóság feletti
hyperatom *mat* hiperatom
hyperballistics hiperballisztika
hyperbola *mat* hiperbola
hyperbolic *mat* hiperbolikus; ~ **area coverage (HARCO)** *rep* HARCO *(hiperbolanavigációs rendszer)*; ~ **catenary** hiperbolikus láncgörbe; ~ **chart** *rep* nagy távolságú hiperbola-rádiónavigáció rácshálózati térképe; ~ **cologarithm** hiperbolikus kologaritmus; ~ **cotangent** hiperbolikus kotangens, cotangens hyperbolicus; ~ **function** hiperbolikus függvény; ~ **gear** *gép* hiperboloid fogaskerék; ~ **guidance** *aut* hiperbolairányítás; ~ **guidance system** *rep* hiperbolanavigációs irányítórendszer; ~ **logarithm** *mat* természetes *v.* Napier-féle *v.* e alapú logaritmus; ~ **mirror** *el* hiperbolikus tükör, hiperbolatükör; ~ **navigation** *aut* hiperbolikus navigáció; *rep* hiperbolanavigáció; ~ **navigation system** *rep* hiperbola-rádiónavigációs rendszer; ~ **paraboloid** *mat* hiperbolikus paraboloid, nyeregfelület; ~ **partial differential equation** *mat* hiperbolikus parciális differenciálegyenlet; ~ **plane** *mat* hiperbolikus sík; ~ **point** *mat* hiperbolikus pont, nyeregpont, hágó; ~ **programming** *szt* hiperbolikus programozási feladat; ~ **roller straightening machine** *koh* hiperbolikus görgőjű egyengetőgép; ~ **secant** *mat* hiperbolikus szekáns, secans hyperbolicus; ~ **sine** *mat* hiperbolikus szinusz, sinus hyperbolicus; ~ **sine integral** hiperbolikus integrálszinusz; ~ **tangent** *mat* hiperbolikus tangens, tangens hyperbolicus; ~ **trigonometry** *mat* hiperbolikus függvények elmélete, hiperbolikus trigonometria; ~ **velocity** *aut* hiperbolikus sebesség; ~-**wheel drive** *gép* hiperboloid fogaskerékhajtás
hyperboloid *mat* hiperboloid; ~ **of rotation** forgási hiperboloid
hyperboloidal *mat* hiperboloid
hypercomplex | number *mat* hiperkomplex szám; ~ **system** algebra, hiperkomplex rendszer, asszociatív algebra
hypercritical coupling *rád* túl szoros csatolás
hypercycle *mat* hiperciklus
hypercycloid *mat* hiperciklois
hyperelastic body *fiz* hiperelasztikus test
hyperelliptic *mat* hiperelliptikus
hypereutectic *koh* hipereutektikus; ~ **alloy** *koh* hipereutektikus ötvözet
hypereutectoid steel *koh* hipereutektoidos acél
hyperexponential law *mat* hiperexponenciális művelet
hyperfine | field *fiz* hiperfinom mező/tér; ~ **structure (HPS)** *at, fiz* hiperfinom szerkezet
hyperfluidity hiperfolyékonyság
hyperfocal distance *opt* végtelen gyújtóponton túli távolság
hyperfrequency wave *fiz* mikrohullám
hyperfunctor *mat* hiperfunktor
hypergene ore *geol* hipergén/szupergén érc
hypergeometric *mat* hipergeometrikus; ~ **equation** hipergeometrikus egyenlet, Gauss-féle differenciálegyenlet; ~ **function** hipergeometrikus függvény; ~ **series** hipergeometrikus sor
hypergraph *mat* hipergráf; ~ **with a faithful graph representation** konform hipergráf
hyperharmonic series *mat* hiperharmonikus sor
hyperhyperboloid *mat* hiperhiperboloid
hypermatrix *mat* hipermátrix, blokkmátrix, particionált (mátrixokból álló) mátrix
hypermicroscope *opt* ultramikroszkóp
hypermorphism *krist* hipermorfia
hyperon *at* hiperon; ~ **decay** hiperonbomlás; ~ **gas** hiperongáz
hyperplane *mat* hipersík
hyperpure igen nagy tisztaságú
hyperquantization *el* hiperkvantálás
hypersaprobic waters *környv* hiperszaprobikus vizek
hypersensitive túlérzékeny, hiperérzékeny
hypersensitiveness túlérzékenység
hypersensitization *foto* túlérzékenyítés
hypersonic *fiz, rep* hiperszonikus; ~ **aerodynamics** hiperszonikus aerodinamika; ~ **aircraft** *rep* hiperszonikus repülőgép; ~ **analyser** ultrahangos hibakereső készülék; ~ **flight** *rep* hiperszonikus repülés; ~ **flow** hiperszonikus áramlás; ~ **range/region** hiperszonikus tartomány; ~ **shock tube/tunnel** hiperszonikus lökéshullámcső; ~ **speed/velocity** *rep* hiperszonikus sebesség
hypersonics *aut, rep* hiperszonikus aerodinamika
hypersorption process *ol* hiperszorpciós eljárás
hypersound *hang* hiperhang
hyperspace *mat* hipertér
hypersphere *mat* hipergömb
hyperspherical surface *mat* hipergömbfelület

hyperstatic *mech* statikailag határozatlan
hyperstaticity *mech* statikai határozatlanság
hypersthene *bány* hipersztén
hypersthenite *bány* hipersztenit
hypersurface *mat* hiperfelület
hypersynchronous szinkron feletti, hiperszinkron; ~ **motor** kompenzált aszinkronmotor
hypertonic *vegy* hipertóniás; ~ **solution** *gyógyv* hipertóniás oldat
hypertrophic *környv* hipertrofikus
hyphae *élip* gombafonál
hyphenated pairs *tex* összekötött párok *(mintakiírásban)*
hyphenation *szt* kötőjelezés, elválasztás
hypidiomorphic *ásv* hipidiomorf; ~ **texture** hipidiomorf szerkezet
hypidiomorphous *ásv* hipidiomorf
hypnotic *gyógyv* altatószer
hypobromous acid *vegy* hipobrómossav
hypocentre, *US* **hypocenter** *geof, geol* hipocentrum, földrengésfészek; ~ **of the explosion** robbanási hipocentrum
hypochloric acid *vegy* alklórossav
hypochlorite *vegy* hipoklorit; ~ **sweetening** *el* hipokloritos „édesítés", hipokloritos merkaptánmentesítés
hypochlorous acid *vegy* hipoklórossav
hypocontinuity *mat* hipofolytonosság
hypocrystalline *geol* hipokristályos; ~ **texture** *geol* hipokristályos szövet
hypocycloid *mat* hipociklois
hypocycloidal curve *mat* hipociklois
hypodermic *gyógyv* hipodermikus, bőr alatti használatra készített, bőr alá adott; ~ **needle** injekciós tű; ~ **syringe** *orv* fecskendő; ~ **table** *gyógyv* hipoderm tabletta
hypoeutectic *koh* hipoeutektikus; ~ **alloy** *koh* hipoeutektikus ötvözet
hypoeutectoid steel *koh* hipoeutektoidos acél
hypogene | **ore** *bány* hipogén érc; ~ **zone** *bány* elsődleges ércöv
hypohalous acid *vegy* hipohalogénsav
hypohialine *ásv* hialin(os)
hypoid | **gear** hipoid fogazatú kúpkerék *(hajtómű)*; ~ **lubricants** hipoid kenőanyagok
hypoiodous acid *vegy* hipojódossav
hypolimnion *hidr, környv* hipolimnion
hypomorphic *krist* hipomorf
hypomorphism *krist* hipomorfia
hyponitrous acid *vegy* hiposalétromossav
hypopearlitic steel ferrit-perlites acél
hypophosphoric acid *vegy* hipofoszforsav
hypophosphorous acid *vegy* hipofoszforossav
hypostatization *szt* hiposztatizálás
hyposulphite, *US* **hyposulfite** *vegy* ditionit, tioszulfát
hyposynchronous *el* szinkron alatti
hypotenuse *mat* átfogó
hypothermia *orv* hipotermia
hypothesis hipotézis, feltevés, elmélet; ~ **tested** nullahipotézis
hypothesize feltételez, hipotézist (hipotézisként) felállít
hypothetical feltételezett, hipotetikus; ~ **proposition** *mat* feltételes állítás, hipotetikus ítélet; ~ **reference circuit** *el* elméleti referencia-áramkör; ~ **reference circuit communication-satellite** műholdas hipotetikus referencia-áramkör; ~ **reference circuit for digital transmission** digitális referencia-áramkör; ~ **span** közepes oszlopköz
hypotonic *gyógyv* hipotóniás
hypotrochoid → hypocycloid
hypoxanthite *ásv* sienai föld, hipoxantit
hypsochrome *vegy* hipszokróm
hypsogram *távk* szintdiagram
hypsograph regisztráló magasságmérő, hipszográf
hypsographic curve *geod* hipszometrikus görbe; izohipsza
hypsography hipszográfia
hypsometer *geod* hipszométer; magasságmérő
hypsometric *geod* hipszometrikus; ~ **altimeter** hipszométer; ~ **tints** hipszometrikus színezés/árnyalás
hypsometry *geod* hipszometria
hypsothermometer hipszo(termo)méter
hyssop oil *élip* izsópolaj
hysteresigraph hiszterézisgörbe-író *(önműködő)*
hysteresimeter hiszterézismérő
hysteresis *el, fiz* hiszterézis; ~ **branch** hiszterézisgörbe; ~ **coefficient** hiszterézis-együttható; ~ **constant** *aut* hiszterézisállandó; ~ **curve** hiszterézisgörbe; ~ **curve recorder** hiszterézishurok-regisztráló; ~ **cycle** hiszterézishurok, mágnesezési görbe; ~ **error** hiszterézishiba; ~ **loop** hiszterézishurok, mágnesezési görbe; ~ **loss** hiszterézisveszteség, energiaveszteség hiszterézis következtében; ~ **meter** hiszterézismérő; ~ **motor** *el* hiszterézismotor; ~ **of relative permeability curve** *ol* relatíváteresztőképesség-görbe hiszterézise
hysteresisograph → hysteresigraph
hysteretic | **angle** *el* hiszterézisszög; ~ **curve** hiszterézisgörbe; ~ **error** hiszterézishiba
hystogram *ol* porozitáseloszlási görbe
Hz → hertz

I

i → inch

I → illuminating power; → inclination; → inertia; → inspection; → iodine; ~**-arch** *bány, ép* ív I-tartóból; ~**-bar** I-tartó; ~**-beam** *ép* I-szelvényű *v.* kettős T-szelvényű tartó; *heng* I-gerenda; *koh* I gerenda; ~**-control** *aut* I-szabályozás, sztatikus szabályozás; ~**-head cylinder** *gépk* felülszelepelt henger; ~**-head engine** *gépk* felülszelepelt motor; ~**-iron** *ép* I-vas

I&A → indexing and abstracting

I/O → input/output

I/R → instrument rating

IAC → instrument approach chart

IAF → initial approach fix

IAGC → instantaneous automatic gain-control

IAL → international algebraic language

IAP → index of atmospheric purity; → initial approach; → international airport

IAS → immediate access stor(ag)e; → indicated air speed

IB → identification beacon; → incendiary bomb; → infinite baffle; → inner bottom; → instruction book; → interface bus

iberite *ásv* iberit

IBG → interblock gap

IBM → intercontinental ballistic missile; → International Business Machines; ~ **compatible** *szt* IBM-kompatíbilis

IBP → initial boiling point

IC → instruction counter; → intergrated circuit; → internal combustion; → internal connection

ICAO → International Civil Aviation Organization

ICB → interrupt control bit

ice I. *v* jegel; fagyaszt, jéggel hűt; *élip* cukormázzal díszít; *rep* eljegesedik; **II.** *n* jég; ~ **accretion** *rep* jegesedés; jéglerakódás, jégképződés; ~ **age** *geol* jégkorszak; ~ **apron** *ép* jégtörő *(hídpilléren)*, jégsarkantyú; ~**-bank** *geol* jégmező; ~**-bank refrigarating system** jégakkumulációs hűtőberendezés/hűtőrendszer; ~ **beam** *hajó* keresztirányú gerenda *(jégnyomás felvételére)*; ~ **blasting** *hidr* jégrobbantás; ~**-borne sediment** *geol* jég okozta lerakódás; ~**-bound** jég közé szorult, jégtől visszatartott *(hajó)*; ~**-bound road** *gépk* jeges út; ~ **break-up** *hidr* jéglevonulás; ~ **cake** jégtábla; ~ **calorimeter** jéghőmennyiség-mérő; ~ **can** jégtartó edény, jégcella; forma *(műjéggyártáshoz)*; ~ **cap** *geol* jégfedő, jégsapka; ~ **carapace** *geol* jégsapka; ~ **chest** jégszekrény; ~ **clew** jégtömb; ~ **cloud** *rep* jégfelhő; ~ **colo(u)r** *tex* jégszínezék; ~ **cover** jégtakaró, jégréteg; ~**-covered stream** *hidr* jéggel borított *v.* befagyott vízfolyás; ~**-cover ratio** jégborítottság mértéke; ~**-cream cabinet** *élip* fagylaltpult; ~**-cream freezer** *élip* fagylaltkészítő gép; ~**-crusted** *rep* jéggel borított; ~ **crystal** jégkristály; ~**-dammed lake** gleccsertó; ~**-deflecting device** *hidr* jégterelő berendezés; ~ **deposition** jégképződés; ~ **detector** *rep* jegesedésészlelő; ~**-diverting wall** *hidr* jéghárító fal; ~**-dressed** *geol, met* jéggel borított; ~ **drift** *hidr* jégzajlás; ~**-dump** jégcellabuktató; ~ **dye** *tex* jégszínezék; ~ **film** hártyajég; ~ **flap** *hidr* jéglebocsátó zsilip; ~ **floe** *hidr* jégtábla; ~ **flood** *hidr* jeges árvíz; ~ **fog (IF)** *rep* jégköd; ~**-foot** *geol* parti jég; *hidr* jégtorlasz; ~ **forecasting service** *hidr* jégmegfigyelő és -jelentő szolgálat; ~ **formation** jégképződés; ~ **gate** *hidr* jéglebocsátó zsilip; ~ **gorge** *hidr* jégdugó; jégtorlasz; ~ **guard** *hajó* jégsarkantyú; ~**-hazard prevention** *rep* jegesedésmegelőzés; ~ **hoist** jégdaru; ~ **hook** *hajó* jégcsáklya; ~ **jam** *hidr* jégtorlasz; ~**-laid deposit** jégkori lerakódások; ~**-lense** *talt* jéglencse; ~ **lining** *hajó* jégöv; ~ **machine** jéggép; ~ **melting** zúzmaraolvasztás; ~ **mo(u)ld** műjégforma; ~ **nail** *gépk* jégszeg *(kerékabroncsé)*; ~**-pack** *geol* jégtömb; ~ **patrol** *hajó* jégfelderítés; ~ **pellets** *met* jéggömb, jégmag; jégszemecske; ~ **period** *geol* jégkorszak; ~ **pick** jégcsákány; ~**-point** fagyáspont; ~ **pot** kis jégfejlesztő; ~ **pressure** *hidr* jégnyomás; ~ **puller** jégkiszedő (munkás); ~ **rain** *rep* jeges eső; ~ **rampart** *hidr* partvédő kőhányás jég ellen; ~ **shaver** jéglekaparó; ~ **shutter** *hidr* jéglebocsátó zsilip; ~ **sluice** jéglebocsátó (zsilip/csatorna); ~ **stone** *ásv* kriolit; ~ **storm** *met* ónos eső; ~ **strengthening** *hajó* jégerősítés; ~ **tackle** jégfogó; ~**-tank coil** jéggép spirálcsöve; ~ **thrust** jégnyomás; ~ **tray** jégtálca, jégkockafagyasztó tál *(hűtőszekrényben)*; ~ **trouble** jég okozta üzemzavar; ~ **up** *v el, rep* eljegesedik; ~ **vault** *hidr* jégboltozat; ~ **wall** *bány* fagyköpeny; fagyott kőzetfal; ~**-warning indicator** *rep* jegesedésészlelő; jegesedésjelző készülék; ~**-worked** gleccsertől (le)koptatott

ICE → in-circuit emulator

iceberg *geol* jéghegy

iceblink *met* sarki jég fénye

iceboat *hajó* jégvitorlás

icebox hűtőszekrény, jégszekrény

icebreaker *hajó, ép* jégtörő

iced van *vasút* vasúti hűtőkocsi

icehouse jégverem

Iceland | **moss** *bőr* karragénmoha, irlandi moha; ~ **spar** *ásv* izlandi pát, földpát, kalcit

icesheet *geol* jéglencse

ichnite *ásv* ichnolit

ichnography ichnográfia, részecskenyom-felvétel; *ép* alaprajz, méréthű rajz

ichnolith *ásv* ichnolit

ichthyophthalmite *ásv* ichtioftalm

icing (el)jegesedés; *élip* cukormáz; ~ **conditions** *rep* jegesedési körülmények; ~ **machine** *élip* cukormázzal bevonó gép; ~ **sugar** porcukor

ICL → indirect command language

icon *szt* ikon, piktogram

iconic(al) | **character** *aut* ikonikus jel; ~ **model** *rendsz* ikonikus modell

iconometer ikonométer

iconoscope ikonoszkóp; képtároló cső

iconotron szuperikonoszkóp

icosahedron *mat* (szabályos) ikozaéder, szabályos húszlap

icositetrahedron *krist* deltoidikozitetraéder; ikozitetraéder

ICP → indirect command processor

ICR → ion cyclotron resonance

ICS → inventory control system
ICW → interrupted continuous waves
icy jeges, fagyos; hideg
ID → identification; → identifier; → induced draught; → inside diameter; → inside dimension; → internal diameter
IDC → interdigit carry; **~-low water** *hidr* CID-vízszint
ideal I. *a* eszményi, ideális; *el* veszteségmentes; **II.** *n* ideál; **~ antenna** *távk* ideális/izotróp veszteségmentes antenna; **~ axial ratio** *krist* ideális tengelyarány; **~ behaviour** ideális viselkedés; **~ black body** *fiz* abszolút fekete test; **~ combustion** *fiz* tökéletes elégés; **~ composition of explosion gases** *bány* ideális gázösszetétel; **~ conductivity** *fiz* ideális vezetőképesség; **~ conductor** *fiz* ideális/tökéletes vezető; **~ critical diameter** *koh* ideális kritikus átmérő; **~ crystal** ideális/tökéletes kristály; **~ detonation** *bány* ideális detonáció; **~ distribution coefficient** *krist* ideális megoszlási hányados; **~ drag** *mech* profilellenállás; **~-elastic body** *mech* ideálisan rugalmas test; **~ explosion pressure** *bány* ideális robbanási nyomás; **~ explosion temperature** *bány* ideális robbanási hőmérséklet; **~ fault indicator** ideális hibamegállapító készülék; **~ fluid** *mech* ideális/tökéletes/súrlódásmentes folyadék; **~-fluid flow** *hidr* potenciálos áramlás; **~ gas** *fiz* ideális/tökéletes gáz; **~ gas constant** *fiz* általános gázállandó; **~ gas equation** *vegy* ideális gáz egyenlete; **~ gas law** *vegy* idális gáztörvény; **~ liquid** *mech* idális/tökéletes/súrlódásmentes folyadék; **~ magnetization curve** *fiz* idális/hiszterézismentes mágnesezési görbe; **~ mixture** *vegy* ideális elegy; **~ no load DC voltage** *el* ideális üresjárási egyenfeszültség; **~ plastic deformation** *krist* ideális plasztikus deformáció; **~ plastic material** *mech* ideálisan képlékeny test; **~ plate** *ol* elméleti (ideális) tányér; **~ position** *ásv* ideális helyzet; **~ reactance** *el* veszteségmentes reaktancia; **~ rocket** ideális rakéta; **~ separation factor** ideális dúsítási tényező; **~ simple process factor ~(SPF)** *at* egylépcsős elméleti elválasztási tényező; **~ solution** *vegy* ideális/tökéletes oldat; **~ speaker-hearer** ideális beszélő-hallgató; **~ transducer** *el* ideális transzformátor; veszteségmentes passzív átalakító; **~ transformer** *el* ideális transzformátor; **~ value** *aut* ideális érték, alapérték; **~ viscous liquid** *mech* Newton-féle folyadék, ideálisan viszkózus folyadék
idealization *aut* idealizálás; *rendsz* absztrakció
ideally | imperfect crystal ideálisan nem tökéletes *v.* imperfekt kristály; mozaikkristály; **~ perfect crystal** ideálisan tökéletes kristály; **~ plastic material** eszményien képlékeny anyag
idèle *mat* idél
idemfactor *mat* idemfaktor
idempotence *mat* idempotencia
idempotent *mat* idempotens
identical *mat* azonos, egybevágó; azonosan egyenlő; **~ equation** *mat* identikus egyenlet, azonosság; **~ operation** *mat* azonosság, identikus művelet, identitás; **~ plane** *ásv* identikus sík; **~ point** *ásv* identikus pont; **~ rotation** *ásv* identikus forgás; **~ transformation** *mat* azonos leképezés, egységtranszformáció, egységleképezés, azonosság, azonos/identikus transzformáció; **~ translation** *mat* identikus transzláció/eltolás
identically | equal *mat* azonos, azonosan egyenlő; **~ signed paths/ways** azonosan jelölt utak; **~ true/valid sentence/formula** *mat* általánosan/azonosan igaz formula, érvényes *v.* logikailag igaz formula
identifiable azonosítható
identification (ID) azonosítás; felismerés; *aut* identifikáció, jellemző értékek meghatározása; *metr* (folyamat)identifikáció; **~ beacon (IB)** *rep* azonosító fényjeladó; **~ code** *szt* azonosító kód; **~ disc** *rep* azonosító jel *(lajstromjel)*; **~ division** *szt* azonosító rész; **~ friend of foe** *rep* „saját" vagy „idegen" repülőgép-azonosító rendszer; **~ friend or foe system** *kat* „saját-idegen" felismerés/azonosítás, IFF; **~ light** *rep* azonosító fény; **~ machine** *hang* identifikációs magnó; **~ mark** *rep* azonosító jel(zés); **~ of a layer** *bány* telepazonosítás; **~ of failure** hibaazonosítás; **~ panel** *rep* azonosítható látjel; **~ pulse** azonosító impulzus; **~ signal** azonosító jel; **~ tag** azonossági cédula/címke/jegy; **~ tape** jelzőszál *(kábelek ereinek meghatározására)*
identifier (ID) *szt* azonosító, ID
identify azonosít, felismer
identifying | code azonosító kód; **~ mark** *aut, kat* ismertető jelzés; **~ punching** *szt* azonosító lyukasztás; **~ turn** *rep* azonosító forduló
identity azonosság, személyazonosság; *mat* egybevágóság; identitás; kongruencia; **~ check** *szt* azonosságvizsgálat; **~ code** *távk* azonosító jel(kulcs); **~ element** *mat* egységelem, neutrális elem; **~ element/gate** *szt* azonosságkapu; **~ matrix** *mat* egységmátrix; **~ period** *ásv, műa* identitásperiódus, azonossági periódus; **~ sign** *mat* egyenlőségjel; **~ symbol** *mat* azonossági jel/szimbólum; **~ transformation** *mat* azonos leképezés, egységtranszformáció; **~ unit** → **~** element
identometer *metr* hőelektromos acélrúd; szétválogató műszer
ideograph jelkép
idioblastic *geol* környezettől eltérő; **~ texture** *geol* idioblasztos szövet
idiochromatic *ásv* saját színű, idiokromatikus, idiokróm; **~ colo(u)ration** idiokróm színeződés, idiokromatizmus
idiochromatism idiokróm színeződés, idiokromatizmus
idiomorphic saját formát tartó, idiomorf; **~ crystal** *ásv* idiomorf kristály; **~ texture** *geol* idiomorf
idiostatic *el* idiosztatikus; **~ circuit** *el* idiosztatikus áramkör; **~ instrument** *metr* idiosztatikus (mérő)-műszer
IDL → international date line
idle I. *v gép* üresen jár; üzemen kívül helyez, kikapcsol, leállít; **II.** *a* üres(járati); *el* meddő, watt nélküli, reaktív; *gép* holt, szünetelő, nem dolgozó; **III.** *n rep* szabadforgás; üresjárat; **~ adjusting-screw** *gépk* üresjárat-szabályozó csavar; **~ adjustment** *gépk* alapjárat beállítása; **~ air bleed** *gépk, rep* üresjárati (levegőadagoló) fúvóka; **~ back** *bány* csille-visszaemelő; **~ capacity** *ip* kihasználatlan kapacitás; **~ channel noise** *távk* terheletlen csatornazaj; **~ character** *szt* inaktív karakter; **~ circuit** *el* szabad áramkör; **~ coil** *el* árammentes/kiiktatott tekercs; **~ component** *el* meddő összetevő; **~ control** *gépk* üresjárati fordulatszám-szabályozás; **~ course** *kh* vaksor; **~ current** *el*

meddőáram; ~-**current wattmeter** *el* meddőteljesítmény-mérő; ~ **cut-off** *gépk* kikapcsolás üresjáratra; ~ **cycles** *pl* üresjárás; ~ **discharge hole** *gépk* üresjárati kiömlőnyílás; ~-**empty suction** *bány* üresre szívás; ~ **flight** *rep* repülés alapgázas fordulaton; ~ **gear** *gép* előtét-fogaskerék; ~ **hours** *pl* meddő idő *(órában)*; munkaszünet; ~ **jet** *gépk* üresjárati fúvóka; ~ **machine time** állásidő, holtidő; ~ **motion of the dial** *távb* számtárcsa üresjárata; ~ **movement** *mech* holtút; ~ **needle** *kh* kikapcsolt tű; ~ **operation** üresjárat; ~ **pass** *koh* vakszúrás; vaküreg; ~ **period** holtidő, zárási idő; *koh* hézagidő; ~ **position** *gép* üresjárási helyzet; ~ **power** *el* meddő teljesítmény, watt nélküli teljesítmény; ~ **power rating** *rep* alapjárati üzemmód; ~ **pulley** *mech* laza tárcsa, járócsiga; ~ **roll** *koh* hajtás nélküli görgő; vonszolt henger; ~ **roller table** *koh* hajtás nélküli görgő; ~ **RPM** *rep* alapjárati fordulatszám; ~-**run discharge** *hidr* üresjárási víznyelés; ~ **running** üresjárat; *rep* szabadforgás; ~ **runway** *rep* használaton kívüli futópálya; ~ **selector** *távk* szabad választógép; ~ **shift** ünnepi műszak; ~ **space** káros tér; kihasználatlan tér; ~ **speed** üresjárási/üresjárati sebesség; ~ **speed adjusting screw** *gépk* üresjárási fordulatszám-szabályozó csavar; ~ **speed adjustment** *gépk* üresjárás(i sebesség) beállítása; ~ **speed air adjusting screw** *gépk* üresjárási levegőszabályozó csavar; ~ **stroke** *gépk* üreslöket; ~ **time** *szt* állásidő, holtidő, üres idő; készenléti idő; *vasút* meddő idő; ~ **turn** *el* inaktív menet; tekercs be nem kapcsolt vége; ~ **volt-amperes** *el* üresjárási teljesítmény(felvétel); ~ **wheel** → idler; ~ **wire** *el* terheletlen vezető *(árammentes)*

idleness állás(idő); veszteglés

idler *bány* görgő; *gép* futógörgő; közvetítő fogaskerék, szabadonfutó kerék; szíjfeszítő görgő/tárcsa; *koh* hajtás nélküli görgő; vonszolt henger; *vasút* futókerék; ~ **drive** *gép* előtétkerekes hajtás; ~ **gear** *gép* előtét-fogaskerék, bolygó(fogas)kerék; ~ **lever** *gép* előtétkar; ~ **pulley** *gép* vezetőtárcsa, feszítőgörgő; ~ **roller** *bány* tartógörgő, irányítógörgő; *gép* vezetőgörgő, vezetőtárcsa; ~ **shaft** *gép* szabadonfutótengely; ~ **sheave** *gép* feszítőgörgő; vezetőtárcsa; ~ **spacing** *bány* görgőosztás; ~ **wheel** *gép* állás, veszteglés; *kat* láncterelő kerék, láncvezető kerék *(harckocsin)*; ~ **with straight-through shaft** *bány* átmenőtengelyes görgő

idling *gépk* üresjárás; üresjárat; *rep* alapgáz *(üresjárat)*; ~ **adjustment** *gépk* üresjárat-szabályozás, üresjárás-beállítás; ~ **engine** *gépk* üresen járó *v.* lefojtott motor; ~ **jet** *gépk* üresjárati fúvóka; ~ **light** *aut, gépk* üresjárati jelzőlámpa; ~ **loss** *gép, gépk* üresjárási veszteség; ~ **mixture** *gépk* üresjárati keverék; ~ **position** *gépk* üresjárási helyzet; ~ **power** *rep* alapgáz üzemmód teljesítménye; ~ **propeller** *rep* üresjáratú légcsavar; ~ **speed** üresjárási fordulatszám; ~ **spring** *gépk* üresjáratszabályozó rugó *(befecskendező szivattyúé)*; ~ **thrust** *rep* üresjárati tolóerő

IDMS → integrated database management system

idocrase *ásv* vezuvián

idopropane *vegy* jódpropán, izopropiljodid; **1-**~ *vegy* 1-jódpropán, propiljodid

idose *vegy* idóz

IDP → integrated data processing

IDS → integrated data store

IEC → International Electrotechnical Commission; → International Electrotechnical Commission; → ion-exchange capacity

IEE → ion-exchange equilibrium

IEEE → Institute of Electronic and Electrical Engineers

IEM → ion-exchange membrane

IEN → interrupt enable

if | and only if *mat* akkor, és csak akkor; ~-**AND-ONLY-IF element/gate** *szt* egyenértékűség-kapu, ekvivalenciakapu; ~-**AND-ONLY-IF operation** *szt* ekvivalencia(művelet); ~-**clause** *mat* „if"-feltétel; ~-**statement** *mat* „if"-utasítás, „ha"-utasítás, feltételes utasítás; ~ **THEN element/gate** *szt* HA-AKKOR kapu, implikációkapu; ~ ... **then** ... *mat* ha ..., akkor ...

IF → ice fog; → image frequency; → intermediate frequency; ~ **tool joint** *ol* belül sima fúrócsőkapcsoló

IFA → intermediate-frequency amplifier

iff *mat* akkor, és csak akkor ha

IFR → in-flight refuelling; → Instrument Flight Rules; ~ **flight** *rep* műszer szerinti repülés

IFT → intermediate frequency transformer

IG → inertial guidance

I.G. → imperial gallon

IGFET → insulated-gate field-effect transistor

iglesiasite *ásv* iglesiasit

igloo *ép* eszkimó kunyhó; iglu

igneous *geol* eruptív, magmás, magmatikus; tüzes, tűzi eredetű; ~ **electrolysis** *koh* olvadékelektrolízis; ~ **emanation** *geol* magmaemanáció; ~ **interstices** *geol* eruptív kőzetek likacsai; ~ **magma** *geol* izzó láva, folyadékláva; ~ **metallurgy** pirokohászat; ~ **plug** *geol* erupciótelér; ~ **rock** *geol* magmás/eruptív kőzet

ignitability gyúlékonyság

ignitable gyúlékony; ~ **material** gyúlékony anyag

ignite *vegy* (be)gyújt, (meg)gyújt; (be)gyullad, (meg)gyullad; (el)hamvaszt

igniter *bány* gyújtó; lőmester; robbantógép; villamos gyújtógép; *el* gyújtócsap, ignitor; gyújtóelektród; ~ **agent** *bány* gyújtóanyag; ~ **bag** *kat* zacskózott gyullasztó lőpor; ~ **charge** *kat* gyújtási eszköz; ~ **control** ignitoros vezérlés; ~ **cord** *bány* gyújtózsinór; ~ **electrode** gyújtóelektród; ~ **head** *bány* villamos izzógyújtófej; ~ **lead wire** *kat* hajtóműbegyújtó drótvezeték; ~ **mixture** *koh* gyújtóelegy; ~ **plug** *gépk, rep* gyújtógyertya

igniting I. *a* gyújtó; → ignition is; **II.** *n* (be)gyújtás; ~ **circuit** *bány* gyújtóáramkör; ~ **current** *bány* gyújtóáram; ~ **impulse** *bány* fajlagos gyújtóimpulzus; ~ **mixture** *bány* gyújtóanyag; ~ **power** *bány* gyújtóképesség; ~ **pulse** gyújtóimpulzus

ignition (meg)gyulladás; (meg)gyújtás; *bány* elrobbantás; gyújtás; késleltetett gyújtás; *gépk, rep* (be)gyújtás; ~ **accelerator** *gépk, vegy* gyulladásgyorsító anyag; ~ **accumulator** *gépk* indítóakkumulátor; ~ **adjusting lever** *rep* gyújtásbeállító kar; ~ **adjustment** *gépk* gyújtás(be)állítás; ~ **advance** *gépk* előgyújtás; ~ **alloy** *vegy* piroforos ötvözet; ~ **analysis** égetési próba; ~ **analyzer** *metr, gépk* gyújtásanalizátor *(oszcillográf)*; ~ **angle** *gépk* gyújtási szög; ~ **anode** *el* gyújtóelektród, segédanód; ~ **burner** *koh* gyújtóégő; ~ **cable** *gépk* gyújtókábel; ~ **cam** *gépk* gyújtáselosztó bütyke; ~ **capacitator** *gépk* gyújtókondenzátor; ~ **capacity** *el* intermittens teljesítőképesség *(telepé)*; ~ **cartridge** *kat* indítótöltény; ~ **centre** gyújtási pont; ~ **characteristic** *gépk* gyújtási jelleggörbe; ~ **circuit** *el, gépk* gyújtóáramkör; ~ **coil** *el* begyújtótekercs; *gépk* gyújtástekercs, gyújtótranszformátor; ~ **control** *gépk* gyújtásszabályozás; ~ **control lever** *rep* gyújtásszabályozó kar; ~ **current** *bány* gyújtóáram; ~ **cycle** *gépk* robbanóütem, terjeszkedő ütem; ~ **delay** *bány, kat* késleltetett gyújtás/robbantás; *el* gyújtási idő; *gépk* gyújtáskésleltetés; gyulladási késedelem *(dízelmotoré)*; utógyújtás; ~ **device** gyújtószerkezet; szikragyújtó; ~ **distributor** *gépk* gyújtáselosztó; ~ **electrode** gyújtóelektród; ~ **furnace** gyújtótér; ~ **globe** *gépk* izzófej *(gyújtáshoz)*; ~ **hood** *koh* begyújtókemence; ~ **inhibitor** *vegy* gyulladást késleltető/lassító anyag/szer; ~ **interference** *gépk* gyújtási zavar; ~**-interference suppressor** *gépk* gyújtásárnyékoló; ~ **key** *gépk* indítókulcs, slusszkulcs; ~ **lag** *gépk* gyújtáskésleltetés, gyújtási késés; ~ **lead** *gépk* előgyújtás mértéke; gyújtásvezeték; ~ **lever** *gépk* gyújtásszabályozó kar; ~ **lighting** *gépk* gyújtásjelző lámpa; ~ **limit** robbanási/gyulladási határ; ~ **lobe** *gépk* gyújtáselosztó bütyke; ~ **lock** *gépk* gyújtáskapcsoló; ~ **loss** *at, bány, vegy* pörkölési veszteség; *koh* izzítási veszteség; ~ **magneto** *gépk* gyújtómágnes; ~ **mixture** *bány* gyújtóanyag; gyújtóelegy; ~ **noise** *gépk* gyújtási zavar/zaj; ~ **of the burner** égő átgyulladása/körülgyulladása; ~ **order** *gépk* gyújtási sorrend; ~ **pin** *gépk* gyújtócsap; ~ **plug** *gépk* gyújtógyertya; ~ **point** gyulladási hőmérséklet, gyulladáspont; gyújtási pont; ~ **power** *bány* gyújtóképesség; ~ **process** égési folyamat; ~ **promoter** *gépk, vegy* gyulladásgyorsító anyag; ~ **pulse** *el* gyújtóimpulzus; ~ **pulse generator** *el* gyújtóimpulzus-generátor; ~ **qualities** *pl vegy* gyúlékonyság; ~ **retard** *gépk* utógyújtás (mértéke); ~ **rod** gyújtóelektróda; ~ **safety-key** *gépk* biztonsági gyújtáskulcs; ~ **set** gyújtóberendezés; ~ **shielding** *gépk* gyújtásárnyékolás; ~ **spark** *gépk* gyújtószikra; ~ **stroke** *gépk* munkalöket; ~ **switch** *gépk* gyújtáskapcsoló; ~ **system** *gépk* gyújtás, gyújtószerkezet; *rep* gyújtórendszer; ~ **temperature** *vegy* gyulladási hőmérséklet; gyulladáspont; ~ **tension** *el* gyújtófeszültség; ~ **thimble** *gépk* saru *(gyújtókábelre)*; ~ **time** gyújtási idő; ~ **timer** *gépk* gyújtásbeállító; ~ **transformer** *koh* gyújtótranszformátor; ~ **tube** égetőcső; gyújtózsinór; ~ **uniformity of electric detonators** *bány* sorozatindíthatóság; ~ **velocity** gyulladási sebesség; ~ **voltage** gyújtási feszültség

ignitor → igniter

ignitron *el* ignitron; ~ **control** *aut* ignitronos szabályozás; ~ **locomotive** *vasút* ignitronos mozdony

ignoble metal nem nemesfém

ignore elhanyagol, nem vesz számításba; elvet, elutasít; ~ **character** *szt* töltőkarakter

IGY → International Geophysical Year

IH → interrupt handler

IHP → indicated horsepower

IL → instrument landing

Ilgner (type motorgenerator) set *el* Ilgner-áramátalakító

ill I. *a* rossz; **II.** *adv* rosszul; ~**-designed** rosszul tervezett; ~ **effect** *foto* ellentétes képhatás; *távk* káros (be)hatás; ~**-placed** rosszul elhelyezett; ~**-shaped** rossz alakú/formájú; *fa* nem megfelelő alak(zat)ú *(rönk)*

ILL → interlibrary loan

illegal törvénytelen, jogtalan; ~ **appropriation (of an invention)** jogellenes eltulajdonítás *(találmányé)*; ~ **character** *szt* illegális karakter; ~ **code** *szt* illegális kód; ~ **instruction** *szt* illegális utasítás; ~ **operation** *szt* illegális/szabálytalan művelet; ~ **waste deposition/placement** *környv* illegális hulladéklerakás

illegible *szt* olvashatatlan

illicit tiltott; törvénytelen; ~ **transmitter** *távk* kalózadó

illimitable elhatárolhatatlan, mérhetetlen

illinium → promethium

illite *ásv* illit

illium *koh* nikkelalapú ötvözet

illness from lead *környv* ólombetegség

illogical logic *mat* tiltott logika

illuminance megvilágítás; ~ **at the retro-reflector** fényvisszavető megvilágítása

illuminant I. *a* (meg)világító; **II.** *n* világító anyag/test; ~ **A** „A" szabványos színmérő fényforrás *(spektrális eloszlását a CIE 1931-ben rögzítette)*; ~ **charge** *kat* világító töltet *(gránátban)*; ~**s for colorimetry** (szabványosított) fényforrások kolorimetriás célokra

illuminate (meg)világít; színez *(festészetben)*; iniciálékkal/képekkel díszít *(kódexet, szöveget)*

illuminated | **bollard** *közl* forgalomterelő oszlop; ~ **diagram** *el* világító kapcsolási vázlat/tábla, világító áramkördiagram; ~**-dial instrument** *metr* kivilágított számlaoszlopos műszer; ~ **hand** *óra* világító mutató; ~ **landing marker** *rep* világító leszállójelzés; ~ **letters** *pl* világító felirat; ~ **road sign** *közl* világító közúti jelzés; ~ **sight** *kat* világító irányzék; ~ **traffic sign** *közl* világító közlekedési jelzés

illuminating *el* világítási, világító; ~ **ammunition** *kat* ejtőernyős világítólövedék; ~ **beam** megvilágító fénysugárnyaláb; ~ **bomb** *kat* világítóbomba; ~ **colo(u)r** *foto, nyom, tv* kontrasztszín; ~ **engineer** világítástechnikus; ~ **engineering** világítástechnika; ~ **force** *fiz* megvilágítás (erőssége), fényerősség; ~ **gas** világítógáz; ~ **glasware** lámpabura *(üvegből)*; ~ **laser beam/radar** *fiz, kat* megvilágító lézersugárnyaláb/lézerradar; ~ **oil** lámpaolaj, petróleum; ~ **pencil** *el* fázisceruza; ~ **pistol** *kat* világítópisztoly; ~ **power (I)** *fiz* fényerő; ~ **projectile/shell** *kat* világító lövedék

illumination kivilágítás, megvilágítás; fényhatás; besugárzás; képes díszítés; iniciálék *(kódexé)*; ~ **advertisement** fényreklám; ~ **effect** fényhatás; ~ **engineering** → illuminating engineering; ~ **gas** világítógáz, városi gáz; ~ **intensity** *rep* megvilágítás erőssége; ~ **level** *opt* megvilágítási szint; ~ **meter** *fiz, foto* megvilágításmérő, luxmérő, fénymérő; ~ **outfit** *el* világítási armatúra/szerelvény; ~ **photometer** *fiz, foto* fénymérő, luxmérő; ~ **power** *fiz* fényerő; ~ **resistance** *el* fényellenállás; fénytűrés; világító-ellenállás

illuminator világítótest; hajóablak

illuminometer *fiz, foto* megvilágításmérő, luxmérő

illusory correlation *mat* illuzórikus/értelmetlen korreláció

illustrate *nyom* ábrákkal/képekkel lát el, illusztrál

illustration *nyom* ábra, kép

illuvial horizon/zone of accumulation *bány* illuviális horizont

ILS *rep* műszeres megközelítési leszállító rendszer, ILS; ~ **facility reliability** *rep* ILS berendezés megbízhatósága; ~ **glide path** *rep* ILS siklópálya; ~ **glide path angle** *rep* ILS siklópályaszög; ~ **glide path bend** *rep* ILS siklópályahajlás; ~ **glide path sector** *rep* ILS siklópályaszektor; ~ **integrity** *rep* hitelesség; ~ **point „A"** *rep* ILS „A" pont; ~ **reference datum** *rep* ILS vonatkozási pont; ~ **signal reliability** *rep* ILS jel megbízhatóság

ilsemannite *ásv* ilsemannit

ilvaite *ásv* ilvait, lievrit

IM → intermediate modulation

image I. *v* lefest, ábrázol; visszatükröz; **II.** *n* ábrázolás; kép(más); *mat* képfüggvény, transzformált függvény; *nyom* másolat; ~ **accelerator** *el* képváltócsőgyorsítóelektród; ~ **admittance** *távk* hullámadmittancia; ~ **amplification** *tv* képerősítés; ~ **amplifier** *tv* képerősítő; ~ **amplifier tube** *tv* képerősítő cső; ~ **analysis** *at* képanalízis, képelemzés; ~ **angle** *tv* képszög; ~ **antenna** *távk* antennatükörkép; tükörantenna; ~ **area** *nyom* képméret; képmező; ~ **attenuation** *el* tükörcsatorna-csillapítás; tükörfrekvencia-csillapítás; ~ **attenuation coefficient/constant** *el, tv* képcsatorna-csillapítási tényező; ~ **band** *el* tükörsáv; ~ **blanking and synchronizing signal** *tv* képkioltó és szinkronjel; ~ **brightness** *tv* képfényesség, fényerő; ~ **carrier** *tv* kép(jel)vivő; ~ **channel selectivity** *el* tükörszelektivitás; ~ **charge** *el* tükörtöltés; ~ **composition** *tv* képösszerakás; ~ **conditioning** *tv* képvisszaadás; ~ **conversion** *tv* képátalakítás; ~ **converter (tube)** *tv* képátalakító (cső); ~ **curve** *mat* diagram, grafikon, függvénygörbe, grafikus ábrázolás; ~ **cut-off voltage** *tv* képlezáró feszültség; ~ **defect** *opt* aberráció, leképezési hiba, optikai lencsehiba; ~ **definition** *tv* képfelbontás; ~ **deflection** *tv* függőleges/képirányú eltérítés; ~ **deflection output stage** *tv* függőleges eltérítő *v.* képeltérítő, kimenő fokozat; ~ **deflection stage** *tv* függőleges/képirányú eltérítő fokozat; ~ **demodulator** *tv* video-demodulátor; ~ **discrimination** *rád* tükörszelektivitás; ~ **dissector** *szt* megvilágításszint-detektor; *tv* Farnsworth-cső, disszektorcső; ~ **distance** *tv* képszélesség; képtávolság; ~ **distortion** *tv* képtorzulás; ~ **drift** *tv* képelhúzás, képvándorlás *(hiba)*; ~ **drop-out** *tv* képkimaradás; ~ **effect** *rád* tükörhatás *(szupervételnél)*; ~ **erecting** *opt* képfelállító; ~ **erecting system** *opt* képfelállító rendszer; ~ **erecting telescope** *opt* fordítós teleszkóp; ~ **evaluation** *geod* képkiértékelés; ~ **fidelity** *at* képhűség; ~ **field** *opt* képmező; ~ **field dissection** *tv* képbontás; ~ **field of sight/view** *opt, tv* képmező; ~ **flicker** *tv* képvillódzás; ~ **framing knob** *film* képbeállító gomb; ~ **frequency (IF)** *távk* tükörfrekvencia; ~ **frequency changer** *tv* videodemodulátor; ~ **frequency interference ratio** *távk* tükörviszony; ~ **frequency response** *távk* tükörfrekvencia-görbe; ~ **function** eredményfüggvény; *mat* képfüggvény, transzformált függvény; ~ **horizon** *opt* képhorizont; ~ **iconoscope** *tv* szuperikonoszkóp, képikonoszkóp; ~ **IF amplifier** *tv* középfrekvenciás videoerősítő; ~ **impedance** *fiz, rád* tükörimpedancia; *távk* hullámhossz-impedancia; ~ **intensifier (tube)** *el, tv* képerősítő cső; ~ **interference** *távk* tükörfrekvencia-sáv okozta zavarok; *tv* képinterferencia; ~ **line** *mat* képegyenes; *távk* képzetes tápvonal; ~ **measuring** *metr* fényképes felmérés, fotogrammetria; ~ **measuring apparatus** *metr* fotogramméter, mérőkamera; ~ **memory** *tv* képmemória; ~ **method** *rád* tükörképmódszer; ~ **motion** *geod, tv* képvándorlás; ~**-multiplier orthicon** *el* képortikon; ~ **of convergent light** *foto* tengelykép; ~ **of source** *opt* fényforrás képe; ~ **orthicon** *el* képortikon; ~ **output** *tv* képidőtengely; ~ **output transformer** *tv* képváltó szinkronozó oszcillátor; ~ **parameter filter** *távk* hullámparaméteres szűrő; ~ **parameter network design** *távk* hullámparaméteres méretezés; ~ **parameters** *távk* hullámparaméterek; ~ **pattern** *tv* potenciálkép; töltéskép; ~ **phase change coefficient,** ~ **phase constant** *távk* fázisállandó képzetes része; hullámforgatás; ~ **pick-up** *tv* képfelvétel; ~ **plane** *mat, opt* képsík; ~ **point** *fiz* tükörpont; *mat, opt, tv* képpont; ~**-point construction** *geof* tükörpontszerkesztés; ~**-point method** *geof* tükörpont módszer; ~ **power amplifier (IPA)** *tv* video-végerősítő; ~ **printer** *szt* optikai nyomtató, képnyomtató; ~ **processing** *szt* képfeldolgozás; ~ **processor** *tv* képátalakító; ~ **protection** *rád* tükörfrekvencia elleni védelem; ~ **ratio** *rád* tükörszelektivitási arány, tükörviszony; *tv* képformátum, képméret; ~ **reactor** *at* képzetes/virtuális reaktor; ~ **reconstructor** *tv* képreprodukciós rész; ~ **recording media** képhordozók; ~ **refresh memory** *szt* képfelfrissítő tároló; ~**-rejecting amplifier** *távk* tükörkiszűrő középfrekvenciás erősítő; ~ **rejection** *távk* tükörfrekvencia kiszűrése; tükörszelektivitás; ~ **reproduction** *tv* képösszerakás; képrögzítés; képvisszaadás; ~ **response** *távk* tükörérzékenység; tükörszelektivitási karakterisztika; ~ **retaining panel** *orv, tv* képtároló lemez; ~ **retention** *tv* ernyőbeégés; képrögzítés; ~ **reversing telescope** *opt* fordítós teleszkóp; ~ **rotation** *tv* képelforgatás; ~ **scale** *geod, opt, tv* képoldalarány, képméretarány *(leképzési arány)*; ~**-seeking theory** *ásv* képkereső elmélet; ~ **selectivity** *távk* tükörszelektivitás; ~ **sensor** *szt* képérzékelő; *tv* képfelvevő; ~ **shift** *opt, tv* képeltolás; képeltolódás; ~**-side pupil** *foto* kilépési pupilla, kilépőpupilla, tárgylencse-fényrekesz; ~ **source** *at* tükörsugárzó, képzetes forrás, virtuális forrás; ~ **space** *foto* képosztásköz; *tv* képtér; ~ **spacing** tükörjelek frekvenciatávolsága; ~ **spot number** *tv* képelemszám; ~ **storage on tape** *tv* szalagos képrögzítés; ~ **storage plate** *orv, tv* képrögzítő lemez; ~ **storing tube** *tv* képtároló cső, ikonoszkóp; töltéshalmozó képfelvevő cső, töltéstároló cső; ~ **suppression** *távk* tükörszelektivitás, tükörfrekvencia-kiszűrés; ~ **transfer coefficient/constant** *távk* hullámátviteli/tükörátviteli mérték; ~ **transfer storing tube** *tv* képátviteli tárolócső; ~ **translator** *tv* képátvivő; ~ **transmission** *tv* képátvitel; ~ **tube** *el, tv* képátalakító cső, televíziós képfelvevőcső; ~ **understanding** *szt* képfelismerés; ~ **upside down** *opt* fordított kép; ~ **vergence** *tv* képoldali sugármenet; ~ **viewing tube** *tv* (elektronoptikai) képátalakító (cső); képváltó cső; ~ **wave** *tv* képhullám

imagery képek, képanyag, ábrázolás

imaginary kitalált, képzelt; *fiz, el* meddő, watt nélküli, reaktív; *mat* imaginárius, képzetes; ~ **axis** *mat* képzetes tengely; ~ **circle** *mat* képzetes kör; ~ **circle diagram** *aut* képzetes kördiagramm; ~ **component** *el* meddő összetevő; ~ **current** *el* meddőáram, watt nélküli áram; ~ **experiment** gondolati/elképzelt kísérlet; ~ **frequency response** *aut, távk* képzetes frekvenciafüggvény; ~ **logarithm** *mat* képzetes logaritmus; ~ **number** *mat* képzetes/imaginárius szám; komplex szám; ~ **part** *mat* imaginárius/képzetes rész; ~ **point** *mat* képzetes pont; ~ **power** *el* meddőteljesítmény, watt nélküli teljesítmény; ~ **quantity** *mat* képzetes/ imaginárius mennyiség; ~ **root** *mat* képzetes gyök; ~ **sphere** *mat* képzetes gömb; ~ **unit** *mat* képzetes egység; ~ **voltage** *el* reaktív feszültség

imaging | **crystallization** *ásv, fiz* leképező kristályosodás; ~ **device** *rep* leképező rendszer; ~ **quality** *at* képhűség; ~ **system** leképező rendszer

imbalance egyensúlyhiány, kiegyensúlyozatlanság

imbed beágyaz; *el* földbe (le)fektet; *ép* alapoz; ~ **in concrete** *ép* bebetonoz

imbeddability *mat* beágyazhatóság

imbedding of cables *el* földbe fektetés *(kábelé)*, földvezeték-fektetés

imbibe befogad, beiszik, beszív, magába szív *(folyadékot, levegőt)*; áthat, átjár

imbibition átitatás, átitatódás; beszívás, beszívódás; beszűrődés; telítés; *ol* felszívódás; *tex* avatás; ~ **printing** *foto* szívó eljárású (szín)másolás; ~ **value** *tex* duzzadás mértéke; ~ **velocity** *ol* felszívódási sebesség

imbrex *ép* hollandi (hézagfedő) cserép

imbricate I. *v ép* cseréppel fed, cserepez; **II.** *a* → imbricated

imbricated pikkelyesen rétegzett, pikkelyszerűen egymásra boruló; átlapolva fedő; ~ **overlapping** *ép* cserépszerű borítás; ~ **roofings** *ép* pikkelyszerű fedések; ~ **structure** *geol* pikkelyszerkezet

imbrication *ép* átlapoló díszítés, pikkelydísz; átlapoló/ cserépszerű fedés; ~ **structure** *hidr* pikkelyes szerkezetalakulás

imbrown barnít, sötétít; barnára éget

imbue áztat; bemárt; *pa* átitat; benedvesít; enyvez; sötétre fest

IMC → instrument meteorological conditions

Imhoff-basin/tank *hidr* Emscher-medence; Imhoff-medence

imidazole *vegy* imidazol, glioxalin

imide *vegy* imid

imido *vegy* imidogyök; ~ **group** *vegy* imidocsoport; ~ **radical** *vegy* imidogyök

imine *vegy* iminogyök

imino → imido

imitate (le)utánoz, (le)másol; *nyom* utánzatot készít

imitated experiment modellkísérlet

imitation utánzás, követés; utánzat, hamisítvány; modellezés, szimulálás, szimuláció; ~ **art paper** *pa* illusztrációs papír; ~ **copy** másolat; ~ **deckle edge** *pa* utánzott merített szél; ~ **diamond** strassz; ~ **fur** *tex* szőrmeutánzat; ~ **gauze** *tex* forgószálas kötés utánzata; ~ **hand-made paper** *pa* merítettpapír-utánzat; ~ **leather** *bőr* műbőr, bőrutánzat; ~ **leather board** *pa* bőrutánzat-lemez; ~ **machine** *gép* másoló szerszámgép; ~ **milk** *élip* műtej; ~ **of wood** *műa* fautánzat; ~ **parchment** *pa* pergamenpótló; ~ **pigskin** *bőr* disznóbőrutánzat; ~ **pressboard/presspahn** *pa* prespánpótló; ~ **seam** *cipő, tex* varrásutánzat, álvarrás; ~ **silk** *tex* mercerezett pamut; selyemutánzat; ~ **textile-crape** *pa* textilpótló krepp; ~ **watermark** *pa* vízjelutánzat; ~ **yarn** *tex* vigogne-fonal, hulladékfonal, gyapjúutánzó pamutfonal

imitative utánzó; utánzásra hajlamos; utánzott, imitált; ~ **intelligence** *kat* imitáló zavarás

immanate kisugároz, áraszt; beárad; kiárad; kisugárzik; származik, ered

immanent immanens, benne rejlő, belső

immaterial testetlen, anyagtalan; lényegtelen

immature éretlen; kiforratlan; elhamarkodott; idő előtti; ~ **cotton** *tex* éretlen pamut; ~ **failure** meghibásodás az üzemeltetés kezdeti szakaszában; ~ **fibre/fiber** *tex* éretlen elemi szál; ~ **invention** kiforratlan találmány; ~ **valley** *geol* juvenilis völgy

immeasurable mérhetetlen, végtelen

immeasurably small *mat* végtelenül kicsi

immediate közvetlen; azonnali; sürgető; közeli; ~ **access** *szt* közvetlen elérés; ~**-access storage/store (IAS)** *szt* közvetlen elérésű tár/memória; ~ **address** *szt* közvetlen operandus; ~ **addressing** *szt* közvetlen címzés; ~**-bearing prop** *bány* terhelést azonnal felvevő tám; ~ **data output** *szt* közvetlen adatkimenet; ~ **failure** azonnali meghibásodás; ~ **image system** *tv* közvetlen képrendszer; ~ **inference** *mat* közvetlen következtetés; ~ **instruction** *szt* (közvetlen) operandusos utasítás; közvetlen utasítás; ~ **memory** *szt* átmeneti tároló; ~ **processing** *szt* közvetlen feldolgozás; ~ **reloading** *bány* közvetlen átrakás; ~ **ringing** *távk* azonnali hívás; első csengetés; ~ **roof** *bány* közvetlen fedű; ~ **storage** *szt* átmeneti tároló/tárolás; ~ **vicinity** közvetlen környezet

Immelmann turn *rep* amerikai forduló

immerge → immerse

immerged drum *vegy* merítőhenger, merítődob

immerse (be)márt, (be)merít; fürdet; elmerül; *bány* eláraszt

immersed | **compass** *geod* úszókompasz; ~ **grain** *hidr* fenéksarkantyú; terelőgát, terelősarkantyú; ~ **liquid-quenched fuse** *el* olajos biztosító; ~ **oil-quenched fuse** *el* olajos biztosító; ~ **pipe** merített cső; ~ **volume** *fiz* kiszorított térfogat

immersible bemártható; eláraszható, elönthető; *bány* merülő; süllyeszthető; *hajó* vízáthatlan; ~ **apparatus** *el* vízálló *v.* víz alatt is munkaképes készülék

immersion elmerítés, bemerítés, bemártás; besüllyesztés, elsüllyesztés; bemerülés, elmerülés; *csill, opt* immerzió; ~ **battery** *el* merülőelem; ~ **boiling device** *el* merülő forraló; ~ **bruner furnace** *hőt* merülőégős kemence; ~ **cell** *vegy* immerziós kamra; ~ **coating** *koh* mártó bevonás; ~ **condenser** *opt* immerziós kondenzor *(mikroszkópoknál)*; ~ **counter tube** *at* bemerülő számlálócső; ~ **cyclic test** *any* váltakozó bemerítéses vizsgálat; ~ **depth** *ol* bemerülési mélység; ~ **depth of the after-body** *hajó* hajófar merülési mélysége; ~ **dose** *at* bemerülő dózis; ~ **drum** *tex* alámerítőhenger, bemártóhenger *(gyapjúmosó gépen)*; ~ **electron microscope** immerziós elektronmikroszkóp; ~**-fired furnace** *hőt* merülőégős kemence; ~ **gain** *aut* immerziós erősítés; ~ **gas burner** *hőt* süllyesztett gázégő; ~ **hardening** *koh* mártóedzés; ~ **heater** *el* (elektromos) merülőforraló; hevítőpatron; ~ **implement** *műa* mártókészülék, mártógép; ~ **lance** *koh* merülőlándzsa; ~ **length** *fiz* bemerülési úthossz; ~ **lens** *opt* immerziós lencse; ~ **lubrication** *gép* merülő kenés, elárasztó olajzás; ~ **medium** *fiz* immerziós közeg; ~ **microscope** immerziós mikroszkóp; ~ **objective** *opt* immerziós objektív; ~ **of cables** *távk* tenger alatti kábelfektetés; ~ **oil** *ol* immerziós olaj; ~ **plating** *vegy* bemártó bevonás/bevonat; ~**-point** *v* (be)mártva lakkoz; ~**-pointing** *vegy* (be)mártó lakkozás; ~ **probe** *metr* merülőszonda; ~ **process** merítő/mártó(ogat)ó eljárás; ~ **pyrometer** *koh* merülő termoelem; *metr* merülőpirométer; ~ **refractometer** *metr* immerziós/merülő refraktométer; ~ **roller** *tex* merítőhenger *(irezőgépé)*; ~ **test** *any* merülővizsgálat, merítővizsgálat; ~ **thermocouple** *koh* merülő termoelem; ~ **thermostat** *aut* bemerülő termosztát; ~ **tube** *el* merülőcső; ~**-type electrode** *koh* bemerülő elektród; ~**-type pyrometer** *metr* merülőpirométer; ~ **vibrator** *ép, mzg* merülővibrátor; ~ **vibrator for soil compaction** *mzg* talajtömörítő merülővibrátor

immigration bevándorlás; bevándorlók száma; *műa* vándorlás *(lágyítóé)*; ~ **check point** *rep* bevándorlási ellenőrző pont; ~ **control** *rep* bevándorlás-ellenőrzés

imminent bekövetkező, fenyegető, küszöbön álló

immingle összekever, elvegyít; összekeveredik, elvegyül

immiscibility *vegy* nem teljes elegyedés, elegyíthetetlenség; ~ **area** *vegy* elegyedési hézag, nem teljes elegyedés tartománya; ~ **gap** *hőt* heterogén keveréktartomány

immiscible *biot, vegy* elegyíthetetlen, vegyíthetetlen; ~ **liquid** *vegy* nem elegyedő folyadék

immission beengedés; beiktatás; behelyezés; *at, koh, környv* immisszió; ~ **analysis/control** *környv* immisszióvizsgálat; ~ **damage** *környv* immissziós kár

immittance *fiz* immittancia

immixture összevegyítés; összevegyülés

immobile rögzített, (meg)mozdíthatatlan; stacionárius, mozdulatlan; ~ **phase** *vegy* álló fázis; ~ **polluting source** *környv* helyhez kötött szennyezőforrás; ~ **wave** *fiz, távk* állóhullám, stacionárius hullám; állórezgés, stacionárius rezgés

immobility mozdulatlanság, (meg)mozdíthatatlanság; rögzítettség

immobilization rögzítés; befagyasztás *(hitelé, tőkéé)*; *biot* immobilizálás; *vasút* szünet(elés), állás; tárolás

immobilize rögzít, megerősít; megbénít; *biot* immobilizál

immobilized enzyme *biot* immobilizált enzim

immobilizing handle *gép* rögzítőkar

immovable beszerelt, megmozdíthatatlan; mozdulatlan, rögzített

immunity védettség, sértetlenség; immunitás; mentelmi jog; mentesítés; *távk* érzéketlenség

immunization védőoltás; mentesítés; *biot* immunizálás

immunochemistry immunkémia

immunoelectrophoresis *biot* immun-elektroforézis

immunogen *biot* immunogén

immunoglobulin *biot* immunglobulin

immunological immunológiai; ~ **memory** immunológiai memória; ~ **tolerance** immuntolerancia

immunology immunológia

immunosuppression immunszuppresszió

immuration *ép* befalazás, elfalazás, körülfalazás; befalazottság; befogás

immure bebörtönöz, bezár, elzár; *ép* befalaz, bekerít

impact I. *v* ütődik; ütközik; becsapódik; **II.** *n* ütés; *at, fiz, mech* ütközés; *bány* rázkódtatás; *kat, rep* (be)csapódás; *rep* ütés; ütközés; ~ **action** *mech* ütőhatás; ~ **air pressure** *rep* légáramlás torlónyomása; ~ **angle** *koh* fúvóka belépési szöge; ~ **anvil** *alak* kovácsolóüllő; ~ **area** *kat* becsapódási terület; ~ **avalanche transit-time diode (IMPATT)** *el* IMPATT-dióda; ~**-bending strength** *any* ütve hajlító szilárdság; ~**-bend(ing) test** *any* ütve hajlító próba/vizsgálat; ~ **breaker** *bány* hajítótörő; *koh* röpítőtörő; ~ **breaker with inclined crushing chamber** *koh* ütve működő törő; ~ **brittleness** *any* ütési ridegség/törékenység; ~ **cleaving** *mech* ütési hasadás; ~ **compaction** *alak* ütőtömörítés; ~ **compression test** *any* nyomó ütőpróba; ~ **concentrating table** *bány* lököttszér; ~ **crusher** *bány* hajítótörő; röpítőtörő; ~ **crusher with inclined crushing chamber** *bány* ütve működő törő; ~ **detonator** *kat* ütőgyutacs; ~ **ductility** *any* ütőképlékenység; ~ **electric wrench** *szersz* ütőműves csavarbehajtó gép; ~ **electron** *fiz* ütközési elektron; ~ **endurance test** *any* ütve fárasztó vizsgálat; ~ **energy** *fiz, mech* ütközési energia; ütőmunka; ~ **energy of hammer** *koh* kalapács ütési energiája; ~ **excitation** *el* lökésgerjesztés; ~**-excited transmitter** *aut* oszcillátorkör nélküli szikraadó; ~**-extruded** *alak* fröccsentett; hidegfolyatott; ütvesajtolt; ~ **extrusion** *alak* hidegfolyatás *(acélé)*; ütvesajtolás, fröccsentés, fröccssajtolás *(fémé)*; ~ **face** *fiz* ütközési felület; ~ **fatigue** *any* ütési kifáradás; ~ **fatigue test** *koh* ütvefárasztás; ~ **fluorescence** *at* ütközési fluoreszkálás; ~ **force** *mech* ütőerő; ~ **fuse** *kat* csapódó gyújtó, pillanatgyújtó; ütőgyutacs; ~ **grade** *műa* ütésállóság *(minőség)*; ~ **grinder** *élip* ütközéses őrlőgép; ~ **hammer demolition apparatus** *szersz* kalapácsos kemencebélés-bontó berendezés; ~ **hardness** *any* ütőkeménység; ~**-hardness test** *any* ütőkeménységi vizsgálat; ~ **ionization** *fiz* ütközési ionizáció; ~ **load** *bány* ütőterhelés; *mech* dinamikus terhelés; ütő teher; ~ **loss** *hang* testhangveszteség; *mech* ütközési veszteség; ~ **material** ütésálló anyag; ~ **mill** *bány* röpítőtörő; *élip* ütközéses őrlőgép; ~ **mixer** *vegy* porlasztótányéros keverő; ~ **modulator** *el* impakt elem, kitérítéses modulátor, ellensugárelem; ~ **mo(u)lding** *műa* ütősajtolás; ~ **number** *any* fajlagos ütőmunkaérték; *geol* ütésszám; ~ **parameter** *at* ütközési tényező/paraméter; ~ **pendulum** *any* ingás ütőgép; *gumi* lengőkalapács; ~**-pointing machine** *koh* ütve hegyező gép; ~ **pressure** *hidr, rep* torlónyomás; *rep* torlónyomás; ~ **printer** *szt* mechanikus/érintéses nyomtató; ~ **radiation** *at* ütközési sugárzás; ~ **rail** *gépk* lökhárító-hevedersín *(ütközőn)*; ~ **resistance** → ~ strength; ~**-resistant** *műa* ütésálló; ~ **screen** *élip* rázószita; ~ **sound** *hang* kopogó hang; testhang; ütközési hang; ~ **speed** *mech* ütközési/beesési sebesség; ~ **strength** *any* fajlagos ütőmunka; ütő-hajlító szilárdság; ütőszilárdság; *el* átütési lökőfeszültség, villamos lökőszilárdság; *mech* lökőerő; ~ **stress** *mech* ütő igénybevétel; ~ **tensile test** *any* ütve szakító vizsgálat; ~ **tension machine** *any* ütőfeszültség-vizsgáló gép; ~ **test** *any* (mechanikai) ütővizsgálat, ütőpróba, ejtőpróba; ~**-tester**, ~**-testing machine** *any* dinamikus vizsgálókészülék; ütővizsgáló készülék, ütőmű, ütőgép; ~ **test piece/specimen** *koh* ütőpróbatest; ~ **toughness** *koh* fajlagos ütőmunka; ~ **transition temperature** *koh* fajlagos ütőmunka átmeneti hőmérséklete; ~ **tube** torlasztócső; *el* Pitot-cső; ~**-type stilling basin** *hidr* csillapítómedence; ~ **value** *any* fajlagos ütőmunka; ~ **velocity** *mech* becsapódási sebesség; ~ **vibration** *mech* ütővibrálás; ~ **wave** *mech* lökéshullám; ~ **welding** *heg* robbantásos hegesztés; ~ **wheel mixer** *vegy* porlasztótányéros keverő; ~ **wreckage** *rep* földbe csapódott repülőgép roncsa; ~ **wrench** *szersz* ütőműves csavarbehajtó gép; ~ **wrench with angle attachment** *szer* ütőműves sarok-csavarbehajtó gép

impaction zone *bány* esőzóna

impactor *any, metr* impaktor, ütközésmérő

impair ront, károsít; gyengít, csökkent

impairing of environment *környv* környezetkárosítás

impairment (el)rontás, rongálás; gyengítés, csökkentés; gyengülés, csökkenés; leromlás, rongálódás; ~ **of light fastness** *any* fényállóságromlás

impale *ép* palánkokkal körülvesz, karókkal bekerít

impark *ép* parkosít

imparkation *ép* parkosítás

impart ad, átad, részesít, juttat; közöl, tudat; ~ **lustre** *tex* fényt ad; ~ **resistance to laddering** *tex* szemlefutás-mentessé tesz

impassable *közl* járhatatlan, áthatolhatatlan

impasse sikátor; zsákutca; *bány* vakvágat

impastation eltésztásítás; *ép* márványutánzó vakolat

IMPATT → impact avalanche transit-time (diode)

impedance *el* impedancia, látszólagos ellenállás; váltakozó áramú ellenállás; *fiz* áramlási ellenállás, impedancia; *hang* akusztikus impedancia, látszólagos/akusztikus ellenállás; ~**-admittance duality** *el* ellenállás-vezetés dualitás; ~ **at resonance** *el* rezonanciaellenállás; ~ **balancing block/unit** *aut* impedanciakiegyenlítő tag/egység; ~ **bond** *távk* fojtótekercses csatlakozás; ~ **bridge** *el* impedanciamérő híd; ~ **characteristic** *el* impedancia frekvenciafüggése; ~ **coil** *el* fojtótekercs; ~ **comparator** *el* impedanciakomparátor; ~ **compensator** *távk* impedanciakiegyenlítő; ~ **corrector** *el* impedanciahelyesbítő; ~**-coupled** *el* fojtótekercses csatolású; ~**-coupled amplifier** *el* fojtótekercs-csatolású erősítő; ~ **coupling** *el* fojtótekercs-csatolás; ~ **earthed/grounded system** *el* közvetve földelt hálózat; ~ **magnetometer** *metr* impedanciás magnetométer; ~ **matching** *távk* impedanciaillesztés; ~ **matching transformer** *távk* impedanciaváltó; ~ **measurement** *el* impedanciamérés; ~ **meter** *el* impedanciamérő; ~ **of driving-point** *el* bemeneti impedancia, bemenő impedancia; ~ **operator** *távk* komplex impedancia, impedanciavektor; ~ **parameters** *el* impedanciaparaméterek; ~ **pneumogram** *fiz* impedanciapneumogram; ~ **pneumograph** *fiz* impedancia-pneumográf; ~ **relay** *el* impedanciarelé; ~ **simulating network** *el* vonalutánzat; ~ **starter** *vasút* impedanciaindító; ~ **transformation** *távk* ellenállás-átalakítás; ~ **transformer** *el* impedanciatranszformátor; ~ **unbalance measuring set** *távk* hibacsillapítás-mérő; vonalutánzat-mérő

impede akadályoz, gátol; hátráltat, lassít

impedometer *el* impedanciamérő

impedor *el* földelő fojtó(tekercs)

impel hajt, ösztönöz; mozgat, űz

impeller munkakerék *(ventilátoron)*; *bány, hőt* futókerék; *élip* terelőlapát *(síkszitában)*; *gép* futólapát-koszorú; járókerék; *hidr* lapátkerék; *rep* munkakerék *(turbináé)*; *vasút* hajtószerkezet; ~ **blade** *hőt, hidr* járókeréklapát, futókeréklapát; ~ **disk** *gép* járókeréktárcsa; ~ **drive** *gép, rep* járókerékhajtás; ~ **pump** *hidr* centrifugális szivattyú; ~ **rim** *gép* hajtókerékabroncs

impelling power *mech* mozgatóerő

impellor → impeller

impending fenyegető, közelgő

impenetrability áthatolhatatlanság

impenetrable áthatolhatatlan

imperative parancsoló; szükséges; fontos; ~ **instruction** *szt* feltétel nélküli utasítás; ~ **macroinstruction** *szt* feltétel nélküli makroutasítás; ~ **statement** *szt* feltétel nélküli utasítás

imperfect hiányos; tökéletlen; befejezetlen; *pa* másodrendű; ~ **crystal** *ásv* nem tökéletes *v.* rendezetlen kristály; ~**dielectric** *el* veszteséges dielektrikum; ~ **dislocation** *ásv* nem tökéletes diszlokáció; ~ **frame** *ép* labilis vázszerkezet; ~ **gas** *fiz* reális/valós/valódi gáz; ~ **line interlace** *kh* sorpárosodás; ~ **maintenance** hiányos karbantartás; ~ **overfall** *bány* tökéletlen átbukás; ~ **plain** *geol* tökéletlen síkság

imperfection hiányosság; tökéletlenség; *ásv* rácshiba, hibahely, kristályhiba; ~ **centre** *ásv* hibahelyközéppont; ~ **of crystal** *ásv* kristályhiba

imperforate nem lyukasztott/perforált, lyukasztás/perforálás nélküli; *geol* hézagmentes

imperforated → imperforate

imperial | **dome** *gép* csúcsíves szelvény hegyes kupolája/teteje; ~ **gallon (I. G.)** angol gallon *(277,4 köbhüvelyk = 4,5 l)*

Imperial Smelting process *koh* Imperial—Smelting-eljárás

impermeability áthat(olhatat)lanság; *bány* kőzettömörség

impermeable áthatolhatatlan; át nem eresztő, impermeábilis; *tex* vízmentes, vízálló, vízhatlan, vizet át nem bocsátó; ~ **ground surface** *hidr* vízzáró felszín; ~ **layer** *geol* vízátnemeresztő/vízzáró réteg; ~ **medium** *geol* impermeábilis *v.* át nem eresztő közeg; ~ **protective clothing** *kat* áthatolhatatlan védőöltözék; gázvédő öltözet; ~ **rock** *geol* impermeábilis/vízzáró kőzet; ~ **soil** *ép, talt* kötött, vízátnemeresztő talaj; ~ **to heat** *hőt* hőátnemeresztő, adiatermikus, atermán; ~ **to light** *opt* fényátnemeresztő, átlátszatlan

impermissible megengedhetetlen; ~ **estimate** megengedhetetlen becslés

impervious áthatolhatatlan; *ép* tömör, hézagmentes, tömören záró; vízzáró; ~ **bed** *ol* nem áteresztő, impermeábilis réteg; ~ **blanket** *hidr* agyagszőnyeg; ~ **breakdown** *bány* áthatolhatatlan törés/szakadás; ~ **core** *hidr* szigetelőmag; ~ **core sealing** *hidr* magszigetelés; ~ **curtain wall** *hidr* vízzáró függöny; ~ **joint** *gép* vízhatlan szegecskötés; ~ **layer** *hidr* vízzáró réteg; ~ **lining** *bány* vízzáró/gázzáró biztosítás; *hidr* vízzáró burkolat; ~ **rock** *geol* vízátnemeresztő kőzet; ~ **separation joint** *hidr* vízzáró osztóhézag; ~ **strata** víz- és gázátnembocsátó rétegek; ~ **topsoil** *hidr* fedőréteg

imperviousness áthatolhatatlanság; járhatatlanság

impetus ösztönzés, lendület; *geol* határozott rengéskezdet; *mech* eleven erő; impulzus

impinge taszít; ütközik; visszaverődik; hatást gyakorol

impingement taszítás; ütközés; hatás, behatás; *fiz* visszaverődés; ~ **black** *vegy* lerakódott korom; ~ **effect** *at* ütközési hatás; ~ **intensity** *mech* ütközési intenzitás; ~ **rate** *at* felületi ütközési gyakoriság
impinger impinger, részecskeszámláló porleválasztó levegőszennyezettség vizsgálatára
impinging I. *a* ütköző; ható; *fiz* visszaverődő; **II.** *n* ütközés; hatás, behatás; *fiz* visszaverődés; ~ **beam** *opt* beeső sugár
implant I. *v* beolt; beültet, elültet; belehelyez; *gyógyv* implantál, bőr alá ültet; **II.** *n orv* beinjekciózott anyag; beültetett/behelyezett szövet/anyag
implantation be(le)oltás; beültetés; belevésés; átültetés *(szöveté, szervé)*; beágyazódás
implanted globule *geol* összelapított zárvány
implement I. *v* elvégez, kivitelez, véghezvisz; eszközökkel/szerszámokkal ellát/felszerel; kiegészít; feltölt; **II.** *n* eszköz; felszerelés; kellék, szerszám; *mzg* munkagép; ~**s of production** termelési eszközök; ~**s of war** *pl, kat* hadfelszerelés, hadianyag; ~ **tool (bar)** *mzg* művelőtest
implementation megvalósítás, végrehajtás; *szt* implementáció, kivitelezés; ~ **design** *szt* ráfordítástervezés, megvalósítástervezés
implicate I. *v* magában foglal; belekever; érint; összekever; begöngyöl; *tex* összebonyolít; **II.** *a* beleértett, bennefoglalt
implication következtetés; implikáció, kondicionálás; következmény; belefoglalás; *mat* feltételes állítás, hipotetikus ítélet; ~ **diagram** *mat* implikációs diagram; ~ **function** *mat* implikációs/Buerger-féle függvény; ~ **theory** *mat* implikációs elmélet; ~ **unit** *szt* implikációegység
implicit hallgatólagosan beleértett; ~ **address** *szt* implicit/közvetett cím; ~ **addressing** *szt* implicit címzés; ~ **equation** *mat* implicit egyenlet; ~ **form** *mat* ki nem fejtett alak; ~ **function** *mat* ki nem fejtett *v.* implicit függvény
implied addressing *szt* implicit címzés
implosion berobbanás, robbanásszerű összeroppanás; implózió; *at* láncreakciót előidéző belső robbanás; ~**-protected picture tube** *tv* robbanásbiztos képcső
imponderabilia → imponderables
imponderability *fiz* súlytalanság (állapota)
imponderable nem mérhető, súlytalan; ~ **fluid** *fiz* súlytalan folyékony közeg; ~ **matter** *fiz* nem mérhető anyag; ~**s** *mat* imponderábiliák
imponderableness → imponderability
imporosity tömörség; *geol* likacsmentesség
importance fontosság, jelentőség; ~ **function** *at* fontossági függvény, súlyozó függvény; lényegességi függvény, „importance"-függvény
imported | dirt/waste *bány* idegen meddő; ~ **water** *hidr* átvett vízkészlet
impose rárak, rátesz; *mech, el* ráad *(feszültséget, terhelést)*; *nyom* belő *(egy lapot)*; berak *(gépbe)*; kilő *(formát)*; kizár *(formát)*; tördel
imposed rárakott, rátett; *nyom* ráhelyezett; tördelt
imposition of silence *rep* rádióadás-tilalom elrendelése
impositor *nyom* tördelő
impossibility lehetetlenség, képtelenség; ~ **proof** *mat* lehetetlenség bizonyítása
impost adó; illeték; vám; súlytöbblet; *ép* boltozatot hordó pillérfej; vállkő, vállpárkány
impotable ihatatlan
impotent *mat* impotens; ~ **element** *mat* impotens elem; ~ **quantity** *mat* impotens (elem)
impound I. *v* bezár; beterel; befog; duzzaszt; lefoglal, elkoboz; **II.** *n* vízgyűjtő medence; ~ **the reservoir** *v hidr* tározómedencét lehatárol *(gátszelvénnyel)*
impoverished elszegényedett; legyengült; legyengített; ~ **deposit** *bány* elmeddülés; ~ **fuel** *vegy* kimerült fűtőanyagelem; ~ **material** *at* elszegényedett/kifáradt anyag; ~ **rock** *bány* elmeddülés
impoverishment kiürülés, elszegényedés; *bány* elmeddülés; elszegényedés; ~ **of the seam** *bány* telepelmeddülés
impracticability kivihetetlenség, megvalósíthatatlanság
impracticable kivihetetlen; nem kezelhető/végrehajtható
impreg *US műa* préselt fa
impregnability *fa, tex* telíthetőség, impregnálhatóság
impregnable *fa, tex* impregnálható; telíthető
impregnant telítő(anyag)
impregnate I. *v* átitat, felitat; átivódik, felivódik; telít, telítődik; *geol* beágyazódik; **II.** *a* átitatott, telített, impregnált; ~ **the warp** *v tex* láncot átitat
impregnated átitatott; *tex* telített, impregnált; ~ **bonded laminate** *el* rétegelt szigetelőlemez; ~ **cathode** *el* impregnált katód; ~ **duplicating paper** *nyom* viszszamásoló papír; ~ **paper** *pa* impregnált papír; ~ **sediment** *geol* átitatott üledék
impregnating átitatás, telítés, impregnálás; ~ **compound** telítőkeverék, telítőanyag; impregnáló maszsza, itatómassza; ~ **insulating varnish** *el* impregnáló szigetelőlakk; ~ **machine** *műa* itatógép, impregnáló gép/gépsor; *tex* telítőgép
impregnation telítettség; impregnálás, impregnáció; átitatás, telítés; *geol* beágyazódás; ~ **compound** telítőkeverék, telítőanyag, impregnáló massza; ~ **deposit** *bány* impregnációs telep
impregnator telítőberendezés; *fa, műa, tex* telítőanyag; *műa* impregnáló gépsor
impress I. *v* (rá)bélyegez; rányom; *el* ráad, rákapcsol; *nyom* (rá)nyomtat; **II.** *n* benyomás, rányomás; bélyegző; ismertetőjel; *nyom* lenyomat; ~ **motion** *v mech* mozgásba hoz
impressed | eletromotive force, ~ **e. m. f.** *el* átadott/közölt/ható elektromotoros erő; ~ **torque** *el* gerjesztő nyomaték; ~ **voltage** *el* ráadott feszültség; ~ **watermark** *nyom, pa* utánzott vízjel
impressible befolyásolható, fogékony; *nyom* nyomtatásra alkalmas
impression benyomás, impresszió; benyomódás; *alak* szerszámüreg; *műa, nyom* lenyomat; *nyom* levonat; nyomdai jel; nyomtatás; utánnyomás; *önt* kokillaüreg; ~ **block** *bány, ol* mintavevő; *ol* lenyomatszelence, viaszszelence *(mentéshez)*; ~ **cylinder** *pa* nyomóhenger; ~ **mo(u)lding** *műa* kontakt eljárás; nyomás nélküli *v.* kisnyomású sajtolás; ~ **paper** *pa* (nyomdai) átvivőpapír; ~ **wheel** *távk* nyomókerék *(távírógépen)*; *tex* nyomótárcsa
imprimatur *nyom* kinyomtatás engedélyezése, imprimatúra
imprint I. *v* rányom(tat); beüt; benyom; nyomtat; lebélyegez; **II.** *n any* benyomódás; *nyom* impresszum, megjelenési adatok; lenyomat; nyomdai jel

improper helytelen, nem megfelelő; *mat* improprius; ~ **adjustment** helytelen beállítás; ~ **cavitation** *ásv* álkavitáció; ~ **fraction** *mat* áltört; ~ **integral** *mat* improprius integrál; ~ **integral of the first kind** *mat* elsőfajú improprius integrál *(nem korlátos tartományra vonatkozó)*; ~ **integral of the second kind** *mat* másodfajú improprius integrál, nem korlátos függvény improprius integrálja; ~ **let-off** *tex* helytelen (lánc)-adagolás; ~ **symmetry operation** *mat* nem valódi szimmetriaoperáció

improperly helytelenül, pontatlanul; ~ **divergent sequence** *mat* oszcilláló sorozat

improve javít; tökéletesít; nemesít; javul; tökéletesedik

improved | **goods** nemesített áruk; ~ **site** közművesített telek; ~ **Venturi flume** *metr* Venturi-féle tökéletesített mérőcsatorna; ~ **wood** átitatott és sajtolt fa; rétegelt lemez

improvement javítás, nemesítés; tökéletesítés; felújítás; javulás; tökéletesedés; nemesedés; ~ **cutting** *fa* felújító vágás; ~ **fire** *kat* pontos belövés; ~ **of contrast** *nyom, tv* kontrasztjavítás; ~ **system time** *aut* rendszer kijavítási/helyesbítési ideje

improver újító, tökéletesítő, javító; fizetés nélküli ipari tanuló; adalék, serkentőszer; *élip* javítószer; *koh* nemesítő só

improving I. *a* finomító; javító; nemesítő; tökéletesítő; **II.** *n* finomítás; javítás; nemesítés; tökéletesítés; ~ **furnace** *koh* finomító kemence

improvised rögtönzött, hevenyészett; ~ **heliotrope** *geod* rögtönzött napfényvetítő

impulse lökés, taszítás; ösztönzés; *el* áramlökés, impulzus; ~ **accumulator** *el* impulzustároló; ~ **accuracy** *el* impulzusegyenletesség; ~ **amplifier** *el* impulzuserősítő; ~ **amplitude** *el* impulzusamplitúdó; ~ **approximation** *aut* impulzusközelítés; ~ **breakdown voltage** *el* impulzusátütési feszültség; ~ **characteristic** *el* lökőátütési jelleggörbe; ~ **circuit** *el, távk* impulzus(áram)kör; lökésgerjesztő áramkör; ~ **circuit-breaker** *el* olajszegény megszakító; ~ **code** impulzuskód; ~ **contact** *el* impulzusérintkező, törlőérintkező; ~ **contact of the dial** *távb* számtárcsa-impulzusrugó; ~ **control** *el* impulzusműködtetés; ~ **corrector** *el* impulzuskorrektor; ~ **counter** *at, el, metr* impulzusszámláló, scaler; ~ **current withstand test** *any* áramlökéssel szembeni ellenálló képesség vizsgálata; ~ **cutting machine** *alak* impulzusos vágógép; ~ **detector** *el* impulzus demodulátor; ~ **differential counter** *el* impulzuskülönbség-számláló; ~ **direction finder** *kat, metr* impulzusos iránymérő, impulzuslokátor; ~ **direction finding** *kat, metr* impulzusos (rádió-) iránymérés; ~ **distance modulation** *el* impulzus-fázismoduláció; ~ **element** *el* impulzuselem, mintavételező elem; ~ **excitation** *el* lökésgerjesztés; ~ **flashover** *el* lökőfeszültség okozta átívelés; ~ **flashover voltage** *el* lökőátívelési feszültség; ~ **force** *el* impulzuserősség; ~ **frequency** *el* impulzusismétlődési frekvencia; *rep* impulzusfrekvencia; ~**-frequency telemetering** *metr* impulzusfrekvenciás távmérés; ~ **function** *el, mat* impulzusfüggvény, tűfüggvény; ~ **generator** *el* impulzusgenerátor, lökésfeszültség-generátor, impulzusadó; ~ **group repetition period** *el* impulzuscsoport-ismétlődési idő; ~ **machine** *el* impulzusadó; ~**-magnet ignition** *gépk* feszültséglökéses mágnesgyújtás; ~ **meter** *el* impulzusszámláló, impulzusmérő; ~ **method** *távk* impulzusátvivő eljárás; ~**-modulated telemetering (IMT)** *metr* impulzusmodulációs távmérés; ~**-moment equation** *mech* lendülettétel; ~ **noise** *környv, szt* impulzuszaj; *távk* impulzusszerű zavarok; ~ **of recoil** *at* visszalökődési impulzus; *el* visszalökő/visszafutó/lezáró impulzus; ~ **oscillator** *el* impulzusgerjesztő, impulzusoszcillátor; ~ **period** *el* impulzusismétlődési idő; *rep* impulzusperiódus; ~ **pin** *óra* vezetőkő *(vezetőtárcsán)*; ~ **preselection** *el* impulzus-előválasztás; ~ **program(me) relay** *el* impulzus- és időtervrelé; ~ **radar** *kat, metr* impulzusos (rádió-)iránymérés, impulzuslokátor; ~ **ratio** *el* impulzusviszony, impulzusarány, impulzustényező; ~ **recorder** *el* (rajzoló) impulzusszámláló, impulzusíró; ~ **recurrence rate** *el* impulzusismétlődési gyakoriság; ~ **reflection method** *koh* impulzusvisszahang-eljárás; ~ **regenerator** *el* impulzusjavító, impulzusvisszaalakító; ~ **relay** *aut, táv, vasút* léptető/indító/gyorsító jelfogó/relé, impulzusjelfogó, impulzusrelé; ~ **repeater** *el* impulzusismétlő; ~ **response** *el* impulzusválasz; ~ **response function** *mech* súlyfüggvény; ~ **signal** *el* impulzusjel; ~ **signal(l)ing** *aut, távk* impulzusos kijelzés; ~ **sound** *fiz* ultrahangimpulzus; ~ **steam-turbine** *gépk* akciós gőzturbina; ~ **strength** *el* átütési lökőfeszültség, villamos lökőszilárdság; ~ **stroke** *gépk* munkalöket, munkaütem, terjeszkedési löket; ~ **tachometer** *gépk* impulzusos fordulatszámmérő, impulzustachométer; ~ **telemeter** *metr* impulzusüzemű távmérő; ~ **test** *el* lökővizsgálat; ~ **thyratron** *aut* impulzustirátron; ~ **timer** *el* impulzus-időkapcsoló; ~ **train** *el* impulzussor; *távk* (kivételező) számlánc; ~ **triggering** *el* impulzusindítás, impulzuskapuzás; ~ **turbine** *hőt* szabadsugár-turbina, akciós turbina; ~**-type modulator (for measuring and control systems)** *aut* impulzusmodulátor *(mérő- és vezérlőrendszerek számára)*; ~**-type remote control** *koh* impulzus-távvezérlés; ~ **ultrasound** *fiz* ultrahangimpulzus; ~ **voltage** *el* lökőfeszültség; ~**-voltage protection** *aut* lökőfeszültség elleni védelem; ~ **water turbine** *hidr* szabadsugár-turbina; ~ **wave** *el* lökőhullám; ~ **wavetail** *el* lökőhullám/impulzus háta; ~ **welding** *heg* impulzushegesztés; ~ **wheel** *hidr* szabadsugár-turbina

impulsing *el* rezgéskeltés, impulzusadás; ~ **rate** *fiz* számlálási sebesség, impulzusgyakoriság, impulzussűrűség; ~ **relay** *aut, el* léptető/indító, gyorsító jelfogó/relé, impulzusjelfogó, impulzusrelé; ~ **signal** *távk* választójel

impulsive ösztönző, gerjesztő; *mech* hirtelen ható; ~ **discharge** *el* lökőáram-kisülés; ~ **force** *mech* lökőerő; ~ **load** *mech* lökésszerű terhelés; ~ **moment** *at* szögimpulzus

impulsor *mat* impulzor, ejektor, torzor

impure szennyeződött, szennyezett; tisztát(a)lan; kevert; *bány* beágyazásos; rondított; ~ **air** szennyezett levegő; ~ **coal** *bány* rondított szén; ~ **metal** *koh* finomítatlan fém; ~ **semolina** *élip* tisztítatlan dara, fejdara

impurities *pl bány* ásványi szennyeződés, meddő; *élip* keverékességek; szennyeződés, idegen anyag; ~ **activation energy** *el* szennyezési aktiválási energia; ~ **addition** *félv* idegen anyag hozzáadása; ~ **atom** *ásv, félv* idegen/szennyező atom; zavaró atom; ~ **band**

conduction *félv* szennyezési vezetési sáv; ~ **concentration** *ásv, félv* hibahely-koncentráció, hibahelysűrűség, szennyezéskoncentráció, zavarhelysűrűség; ~ **conduction** *félv* zavarhelyvezetés, szennyeződéses *v.* idegen atomos *v.* extrinsic vezetés; ~ **conductivity** *félv* szennyezésből adódó vezetőképesség, zavarhelyvezetőképesség; ~ **content** szennyezőanyag-tartalom, szennyezéstartalom; ~ **crystal lattice defect** *ásv, félv* szennyezési központ/rácshiba; ~ **density** *ásv, félv* hibahely-koncentráció, hibahelysűrűség; ~ **diffusion in semiconductors** *félv* szennyezésdiffúzió félvezetőben; ~ **element** szennyező elem; ~ **level** *any* százalékos szennyezőtartalom; *félv* szennyezési energiaszint, hibahely-energiaszint; ~ **limitation** *bány* megengedett meddőtartalom; ~ **mobility** *félv* szennyezők mozgékonysága; ~ **semiconductor** *félv* hibahely-félvezető, extrinsic félvezető; ~ **spot** *félv* hibahely, zavarhely

impurity tisztát(a)lanság; szennyezés; szennyezettség; szennyeződés, szennyezőanyag, adalék, idegen anyag; *bány* meddő; rondító; ~ **degree** *környv* szennyezettségi fok; ~ **distribution** *környv* szennyezéseloszlás; ~ **element** *koh* szennyezőelem; ~ **grade** *környv* szennyezettségi fok; ~ **of air** *környv* légszennyeződés; ~ **of ore** *bány* ércszennyeződés; ~ **polluting material** *bány* ásványi szennyeződés

imputrescibility *fa* korhadásmentesség, rothadásmentesség

IMS → information management system

IMT → impulse-modulated telemetering

in | **flying condition/order** *rep* repülésre alkalmas/kész állapotban; ~ **mid-air** *rep* levegőben; repülés közben

In → indium

in → inch

inaccessibility elérhetetlenség, megközelíthetetlenség, hozzáférhetetlenség

inaccessible elérhetetlen, hozzáférhetetlen, megközelíthetetlen; ~ **aleph/cardinal** *mat* elérhetetlen számosság

inaccuracy pontatlanság; hiba; tévedés; ~ **of profile** *any* felületi egyenetlenség

inaccurate pontatlan; hibás, téves

inactivate semlegesít, hatástalanít, inaktivál, dezaktivál

inactivated enzyme *biot* inaktivált enzim

inactivation semlegesítés, hatástalanítás, inaktiválás; üzemleállítás; ~ **of an explosive charge** *bány* töltet hatástalanítása

inactive tétlen, álló, nem működő; *fiz* passzív, inert, inaktív; *vegy* semleges, közömbös, hatástalan, inaktív; ~ **area** *at* nem radioaktív terület; ~ **block** *geol* két vető közé eső *v.* nyugalomban levő rétegösszlet; ~ **face** *bány* álló *v.* nem művelt munkahely; ~ **gas** *vegy* közömbös/inert/semleges gáz

inactivity tétlenség, nem működés; *vegy* inaktivitás, semlegesség, közömbösség

inadaptability alkalmazkodóképtelenség; alkalmatlanság; alkalmazhatóság hiánya

inadequacy alkalmatlanság; elégtelenség; aránytalanság; ~ **gap** mulasztásból *v.* rossz munkából eredő hiányok

inadequate alkalmatlan; elégtelen; hiányos; tökéletlen; aránytalan; ~ **curing** *bőr* elégtelen tartósítás *(nyersbőré)*; ~ **information** megbízhatatlan információ; ~ **reliability** nem kielégítő megbízhatóság

in-air dose *at* besugárzási adag/dózis, levegődózis

inalterable nem változtatható, változhatatlan, megmásíthatatlan

in-and-out | **bolt** *gép* átmenő csapszeg; ~ **bond** *ép* futókötő kötés; ~ **furnace** időszakos működésű kemence; ~ **movement** *mech* ki- és befelé haladó mozgás

inapplicable használhatatlan, alkalmazhatatlan

inaptitude for flying *rep* repülésre való alkalmatlanság

inarticulate tagolatlan, artikulátlan; beszélni nem tudó; *távk* érthetetlen

inaudible nem hallható, gyenge, kivehetetlen *(hang)*

in-band | **signalling** *távk* sávon belüli jelzésátvitel; ~ **telegraphy** sávon belüli távíró(rendszer)

in-between *film* beiktatott rajz *(rajzfilmnél)*; ~ **position** közbenső helyzet

inboard I. *a hajó* hajótesten belüli; *rep* fedélzeti; törzsön belüli; **II.** *adv hajó* hajótesten belül; *mech* befelé; ~ **brake** *gépk* belső fékelrendezés; ~ **plank** *hajó* belső deszkaborítás

inbond | **brick** *ép* kötőtégla; ~ **bricks** *pl ép* kötősor

inbound föld felé tartó; beérkező, befutó, bejáró; *rep* rádiónavigációs pontra haladó; ~ **aircraft** *kat, rep* beérkező légijármű *(légtérbe)*; ~ **air traffic** *rep* repülőtérre érkező légiforgalom; ~ **course** *rep* rádióirányadóra vezető irányszög; ~ **procedures** *rep* érkező repülőgépeknek előírt eljárások; ~ **track** *rep* befelé tartó repülési útvonal; ~ **traffic** *közl* befelé irányuló forgalom

inbreaking *forg* beélezés

inbye *bány* egyenesen *v.* aknától munkahely felé (befelé) haladó; ~ **end** *bány* aknától távol eső vágatvég; ~ **opening** *bány* egyenesen haladó vágat *(határ felé)*; ~ **pipes** *pl bány* bevezető csőrakat; ~ **rib** *bány* védőpillér; ~ **workings** *bány* egyenesen haladó bányatérségek

incalescent *hőt* melegedő, forrósodó

incandesce melegít, (át)forrósít, izzít; melegedik, (át)-forrósodik, izzik

incandescence izzás(i állapot); fehérizzás

incandescent fehéren izzó; izzásig hevített; ~ **bulb** *el* izzólámpa; ~ **burner** *el* izzóégő, Auer-féle égő; ~ **cathode** *el* izzókatód; ~ **detritus** *geol* izzó kőzettörmelék *(vulkáni)*; ~ **electric lamp** *el* villamos izzólámpa; ~ **filament** *el* izzószál; ~ **gas-lamp** izzóharisnyás gázlámpa; ~ **gas-light** *fiz* gázizzófény; ~ **heat** *hőt* izzási hőfok; sugárzó hő; ~ **lamp** *el* izzólámpa; ~ **lighting** *foto* izzólámpás világítás; ~ **plug** *gépk* izz(ít)ógyertya

incapacitating bénító, harcképtelenséget okozó; megfosztó *(cselekvőképességtől)*, kikapcsoló; ~ **agent** *kat* harcképtelenséget okozó anyag

incapsulate bezár, bedobozol, tokoz

incarcerate besüllyesztett

in-car radio autórádió

in-cascade *el* sorba kapcsolt

incase ládába csomagol; tokba zár; befalaz; burkol; *ép* befalaz

incendiary gyújtó; gyúlékony, tűzveszélyes; ~ **ammunition** *kat* gyújtólövedék; ~ **bomb (IB)** *kat* gyújtóbomba; ~ **bullet** *kat* gyújtólövedék; ~ **device** gyújtó *(lobbantó)*; ~ **material/matter** *környv* tűzveszélyes hulladék; ~ **rocket** *kat* gyújtó rakétalövedék; ~ **shell** *kat* gyújtólövedék

incendive spark *bány* gyújtószikra

incendivity *vegy* gyújtóképesség
incentivity gyúlékonyság, lobbanékonyság
in-centre, *US* **in-center** *mat* beírt kör középpontja
inception kezdet, kezdés; *biot* felszívás; ~ **voltage** *el* ionozás küszöbfeszültsége *(villogás küszöbfeszültsége)*
inceptive kezdő, kezdeti; ~ **impulse** *el* kezdő impulzus
inch I. *v forg* léptet *(előtolást)*; **II.** *n* **(in)** *metr* hüvelyk (2,54 cm); ~ **measure** *fa* hüvelykméret; ~**-rule** mérőléc, „collstok"; ~ **thread** *forg* Whitworth-menet
inching *forg* kúszójárat *(gépé)*; léptető előtolás; *műa* szerszámzárás megszakítása; ~ **button** *gép* lassú/kúszó mozgás kapcsológombja; ~ **control** *aut* ugrásvezérlés, fokozatos vezérlés, fokozatonkénti irányítás; ~ **gear** araszolószerkezet, előtoló szerkezet, léptetőszerkezet *(darumacskánál)*; ~ **relay** *el* léptető relé; ~ **speed** *gép* mászósebesség; ~ **starter** *gép* kúszó/lassú indító
incidence elterjedtség, gyakoriság; *bány* dőlés; *gép, rep* állásszög; *kat* becsapódás *(lövedéké)*; *mat* incidencia; *opt* beesés; *rád* belépés; *rep* beesés; dőlés; szárnybeállítási szög; ~ **angle** *fiz* beesési szög; *gép, rep* állásszög; *kat* beesési/becsapódási szög; *rep* beépítési szög; ~ **indicator** *rep* állásszögmutató; ~ **norm** *opt* beesési normális/merőleges; ~ **of airscrew blade** *rep* légcsavarlapát állásszöge
incident I. *a* ráeső, ráverődő; beeső; velejáró; hozzá tartozó; *mat* illeszkedő, (egyenesen) rajta lévő, (ponton) átmenő; **II.** *n* véletlen esemény; *rep* repülési esemény; ~ **angle** *fiz* beesési szög; ~ **beam** *fiz* beeső sugár/nyaláb; ~ **direction** *fiz* beesési irány; ~ **electron** *at* belépő elektron, bombázóelektron; ~ **light** *fiz* beeső fény; **by** ~ **light** *opt* beeső fénynél; ~ **neutron** *at* beeső neutron; ~ **particle** *at* bombázó/beeső/becsapódó részecske; ~ **proton** *at* beeső/bombázó proton; ~ **radius** *fiz* beeső sugár; ~ **ray** *fiz* beeső sugár/nyaláb; ~ **wave** *távk* beeső/beérkező hullám; ~ **wave angle** *távk* hullámbeesési/hullámbelépési szög
incidental véletlen; vmivel együtt járó; ~ **amplitude modulation** *távk* járulékos amplitúdómoduláció; ~ **frequency modulation** *távk* sajátfrekvencia-moduláció; ~**-light microscopy** *koh* fémmikroszkópia; ~ **modulation** *távk* káros moduláció; ~**s analyzer** *távk* zajelemző készülék, zajanalizátor; ~ **time** *szt* mellékidő; ~ **variations** esetleges/véletlen ingadozások/zavarok
incinerate (el)hamvaszt, eléget, kremál
incinerating ignition hamvasztás
incineration elégés; (el)égetés; elhamvasztás; ~ **ash of oil** *vegy* olajhamu; ~ **furnace** égetőkemence, hamvasztókemence
incinerator incinerátor, hamvasztókemence; ~ **plant** incinerálóüzem, égetőüzem, szemétégető (üzem); ~ **power plant** szemétégető erőmű
incipience kezdet; keletkezés; *geol* elsődleges képződmény
incipient keletkező; kezdődő; kezdeti; ~ **boiling** *vegy* helyi forrás; ~ **crack** *any* (ki)fáradási repedés, hajszálrepedés; ~ **crystallization** *ásv* kezdődő kristályosodás; ~ **cyclone** *rep* kezdődő ciklon; ~ **decay** *fa* korhadás; ~ **failure/fault** kezdődő meghibásodás; ~ **fracture** → ~ crack; ~ **fusion** *koh* kezdeti olvadás; ~ **knock** *gép* kopogás kezdete; ~ **patent** úttörő szabadalom; ~ **red heat** *hők* kezdődő vörösizzás; sötétvörös izzás; ~ **white heat** *hők, koh* kezdődő fehérizzás
incircle *mat* beírt kör, háromszögbe írt kör
in-circuit (ICE) | emulator *szt* áramkör-emulátor, ICE; ~ **tester** *szt* áramkörön belüli teszter
incise bemetsz, bevés, bevág
incised meanders *geol* bevágott folyókanyarok/meanderek
incision bemetszés, bevésés, bevágás
incisory vágásra/vésére alkalmas(sá tett)
incitation izgatás, ingerlés; gerjesztés
incite gerjeszt
inciter gerjesztő *(anyag, gép, szerkezet)*
inclinable dönthető, billenő; lehajtható; hajlamos; ~ **stand** összecsukható állvány
inclination (I) meghajlás; lehajlás; résferdeség; *bány* ereszke; gurító; *csill* pályahajlás, inklináció; *fiz, geof* mágneses lehajlás, (mágneses) inklináció; *geol* dőlés; lehajlás; lejtő; *mech* irányszög *(erőé)*; *rep* inklináció; ~ **angle** hajlásszög, dőlésszög; *rep* kiegyenlítőszög; ~ **compass** *geof* inklinátor; mágneses lehajlásmérő/dőlésmérő kompasz; ~ **indicator** → ~ meter; ~ **map** *geof* mágneses izoklin térkép; ~ **meter** *metr* dőlésszögmérő, hajlásszögmérő; ~ **of drill hole** *ol* fúrólyuk elhajlása a függőlegestől; ~ **of orbit** *mech* pályainklináció, pályadőlés, pályalejtés; ~ **of ramp** *ép* feljáró út lejtésszöge; ~ **of roof** *ép* tető lejtése; ~ **of slope** *bány* rézsűszög; ~ **of the trajectory** *kat* érintő hajlásszöge, röppályaérintő *(ballisztika)*; ~ **recorder** → ~ meter
inclinator *geof* inklinatórium
incline I. *v* dől; hajlik, esik; *ép* lejt; **II.** *n* hajlás; lejtő; *bány* ereszke; lejtősakna; *ép* emelkedő szakasz *(úté)*; *geol* esés; lejtősség; meredekség; *vasút* gurítódomb; ~ **bogie** *bány* dőlt kas *(lejtősaknáé)*; ~ **braker** *bány* siklóvezető; ~ **cut** *bány* átlós munkahely; ~ **engine** *bány* csörlő; ~ **hoist** *bány* ereszkei felvonó; ~ **hoisting** *bány* ereszkeszállítás; ~ **hoisting slope** *bány* szállító ereszke; ~ **inset** *bány* alsó csilleforgató hely *(ereszkében)*; ~ **man** *bány* siklóvezető; ~ **stop** *bány* sorompó *(ereszkében)*
inclined elhajló; *bány* dőlt; ferde síkú; rézsútos; ~ **adit** *bány* lejtős akna; ~ **anticline** *talt* dőlt redő; ~ **arch** *ép* benyomott boltív, ereszkedő boltozat; ~ **arrangement** ferde fekvés; ~ **bar** *gép* felhajlított vasbetét; ~ **barrel vault** *ép* emelkedő tengelyű dongaboltozat; ~ **bearing** *ép* ferde síkú alátámasztás; *gép* ferde síkú csapágy; ~ **bed** *bány, ol* ferde/dőlt réteg; ~ **bedding** *bány* keresztrétegződés; ~ **belt** *bány* rézsűszalag; ~ **belt conveyer/conveyor** *gép* döntött szalagos szállítómű; ~ **body** *rep* ferde síkú *v.* rézsútos törzs; ~ **bore** *ol* ferde fúrás; ~ **builders' hoist** *ép* ferde oszlopos (építési) felvonó; ~ **casting** *koh* öntés döntött üregű öntőformába; ~ **characteristic** eső jelleggörbe; ~ **contractors' hoist** → ~ builders' hoist; ~ **conveyor** *bány* rézsűszalag; ~ **creel** *gép* ferdén fekvő cséveállvány; ~ **dispersion** *vegy* hajlott diszperzió; ~ **drift** *bány* lejtős vágat; ~ **drop** *hidr* surrantó; ~ **elevator** → ~ lift; ~ **flue** rézsútos füstjárat; ~ **fold** *bány* ferde redő; ~ **frame** *ép* ferde gerendájú keret; ~ **ground sample** *forg, óra* ferde csiszolat; ~ **hoist** *bány* ereszkevitla, ereszkefelvonó; lejtősakna-felvonó; *ép* ferde (oszlopos) felvonó; ~ **hole** *forg* ferde fúrás/lyuk; irányított ferde fúrás; ~ **lift** *bány, ép* ferde

(pályás/pályájú) felvonó; *koh* ferde felvonó, szkipfelvonó; ~ **loading** *mech* ferde teher/terhelés; ~ **microsection** *forg, óra* ferde csiszolat; ~ **overbridge** *vasút* lejtős vasúti felüljáró; ~ **plane** *mech* ferde sík; ~ **plane tongue** *vasút* cigányváltó elfutó csúcssíne; ~ **points** *pl vasút* cigányváltó; ~ **polished sample** *forg, óra* ferde csiszolat; ~ **position** → ~ arrangement; ~ **roadway** *bány* lejtős vágat; ~ **scrap selector** *környv* ferde szalagos kiválasztó; ~ **serration** *gép* ferde fogazat/fogazás; ~ **shaft** *bány* lejtős akna; ~**-shaft skip** *bány* szkip lejtősakna részére; ~ **shore** *ép* ferde gerendadúc; ~ **sight** *geod* ferde irányzás; ~ **slicing** *bány* dőlt szeletes fejtés; ~**-tube evaporator** *vegy* ferde csövű lepárló/besűrítő készülék; ~**-tube manometer** *metr* döntött/ferde csöves nyomásmérő; ~ **tuyere** *koh* ferdeforma; ~ **valve** *gép* ferde ülékű szelep; ~ **wall lamp holder** *el* ferde (fali) lámpafoglalat; ~ **well** *ol* ferde kút; ~ **winze** *bány* ereszke; ~ **"Z" calender** *műa, gumi* Z-típusú kalander

inclining | experiment/test *hajó* dőléspróba, döntési kísérlet; ~ **pendulum** *hajó* inga *(dőlésmérő)*

inclinograph *geol* dőlésmérő, dőlésmutató

inclinometer *bány* fekív; *bány, ol* fúrólyuk-ferdeségmérő; *ép* (el)hajlásmérő, klinométer; *geof, geol, rep* mágneseslehajlás-mérő, inklinométer; *hajó* dőlésmérő; ~ **surveying** *ol* fúrólyukferdeség-mérés

inclose bekerít, körbezár; mellékel

inclosure *ép* bekerítés, bekerített terület

include magában foglal; beleért; magába zár; *mat* bezár *(szöget)*; ~ **an acute angle** *mat* hegyes szögbe(n) áll

included | angle *mat* bezárt szög; ~ **grain** *koh* összenőtt szem; ~ **phloem** *fa* zárt háncs; ~ **sap-wood** *fa* beékelődő szijács

including bark *fa* kéreggel *(mért)*, kérgeletlen

inclusion *ásv, heg, önt* zárvány; *bány* zárvány; *biot* beékelődés, bezáródás; *mat* inklúzió, halmazelméleti tartalmazás, implikáció; *szt* beépítés, beleértés; ~ **compound** *vegy* zárványvegyület; ~ **of air** *műa* légzárvány; ~ **relation** *mat* implikációreláció; inklúzió, tartalmazási reláció; ~ **theorem** *mat* befoglalási tétel

inclusive | disjunction *mat, szt* megengedő VAGY kapcsolat, inkluzív diszjunkció; ~ **fare** *rep* teljes szolgáltatást magába foglaló menetdíj; ~ **OR** *mat* logikai összeadás, diszjunkció, megengedő VAGY, alternáció; ~ **OR element/gate** *szt* MEGENGEDŐ-VAGY kapu; ~ **OR operation** *mat* megengedő VAGY művelet, diszjunkció; ~ **tour** *rep* teljes szolgáltatást magába foglaló út; ~ **tour charter flight** *rep* IT különjárat; ~ **tour traffic** *rep* teljes szolgáltatást magába foglaló légiszállítás

INCO | furnace *koh* INCO-kemence; ~ **process** *koh* INCO-eljárás

incoagulable *vegy* nem dermedő/koagulálódó; nem koagulálható

incoercible *fiz* nyomással nem cseppfolyósítható; összenyomhatatlan

incoherence következetlenség, összefüggéstelenség, inkoherencia; *any* lazaság, porhanyósság

incoherency → incoherence

incoherent *any* laza, porhanyós; *fiz* nem koherens, inkoherens; ~ **analog(ue) modulation** *távk* nem koherens analóg moduláció; ~ **boundary** *fiz* inkoherens fázishatár; ~ **colloidal system** *vegy* szól, kolloidoldat, szuszpenziós kolloid; ~ **detection** *távk* inkoherens detektálás; ~ **elastic scattering** *at* inkoherens elasztikus szórás; ~ **grain boundary** *fiz* inkoherens szemcsehatár; ~ **inelastic scattering** *at* inkoherens inelasztikus szórás; ~ **infrared arrangement** *fiz* nem koherens infravörös berendezés; ~ **light** *fiz* nem koherens fény; ~ **optical arrangement** *opt* nem koherens optikai berendezés; ~ **precipitation** *fiz* inkoherens kicsapódás; ~ **radiation** *fiz* inkoherens sugárzás; ~ **receiver** *távk* inkoherens vevőkészülék; ~ **reception system** *távk* inkoherens vevőrendszer; ~ **scattering** *at* inkoherens szórás; ~ **signal** *el* nem koherens jel; ~ **soil** *hidr* laza talaj; ~ **system** *aut* inkoherens rendszer

incombustibility éghetetlenség, tűzállóság

incombustible I. *a* éghetetlen, tűzálló, égést gátló; **II.** *n* éghetetlen anyag; égést gátló szer; ~ **construction** *ép* tűzálló szerkezet; ~ **dust** *bány* kőpor; ~ **gas** *ol* nem éghető gáz; ~ **waste** *környv* nem éghető hulladék

incoming I. *a* belépő; beömlő; beérkező; **II.** *n* belépés, beérkezés; ~ **air** *bány* behúzó/friss légáram/levegő; ~ **call** *távb* bejövő hívás; ~ **charge** *hőt* friss töltés; ~ **circuit** *el* bemenő áramkör; ~ **circuit responsibility list** *rep* becsatlakozó áramkör felelősségi jegyzéke; ~ **feeder** *el* bevezető tápvezeték; ~ **frequency** *távk* bejövő frekvencia; ~ **laser beam** *fiz* beérkező lézersugárnyaláb; ~ **material control** beérkező anyag minőségellenőrzése; ~ **position B** *távk* B munkahely; ~ **register** *aut* bejövőregiszter; ~ **selector** *távb* bejövőválasztógép; ~ **traffic** *rep* érkező légiforgalom

incommensurability *mat* összemérhetetlenség, inkommenzurabilitás

incommensurable *mat* összemérhetetlen, össze nem mérhető; ~ **quantities** *mat* összemérhetetlen mennyiségek

incommensurate *mat* közös mérték nélküli, nem összehasonlítható, összemérhetetlen

incommutable változtathatatlan; kicserélhetetlen; felcserélhetetlen

incompact laza, nem rendezett

incompatibility összeférhetetlenség, elegyíthetetlenség; *szt* inkompatibilitás

incompatible összeférhetetlen, elegyíthetetlen; *tv* inkompatibilis *(színes tv)*

incomplete befejezetlen; hiányos; tökéletlen; ~ **annealing** *koh* részleges lágyítás; ~ **block** *stat* nem teljes statisztikai adatcsoport; ~ **check-out** részleges ellenőrzés; ~ **combustion** *gépk* tökéletlen égés; ~ **discharge** *gép* utánhúzás; ~ **dislocation** nem teljes diszlokáció; ~ **fusion** *koh* beolvadási hiba; nem teljes átolvadás; ~ **induction** *mat* nem teljes indukció; ~ **invention** nem teljes értékű találmány; ~ **miscibility** *vegy* korlátolt elegyedés; ~ **overfall** *hidr* fenékgát, talpgát; ~ **quadratic equation** *mat* nem teljes másodfokú egyenlet; ~ **reaction** *vegy* tökéletlen reakció; ~ **root fusion** *koh* elégtelen gyökösszeolvadás; ~ **root penetration** *koh* elégtelen gyökbeolvadás; ~ **shadow** *csill, foto* félárnyék; ~ **(solid) solubility** *koh* korlátozott oldhatóság

incompletely barked *fa* félig hántolt

incompressibility *fiz* összenyomhatatlanság, inkompresszibilitás

incompressible *fiz* összenyomhatatlan, inkompresszibilis; ~ **body** *mech* nem tömöríthető test; ~ **flow** *fiz*

összenyomhatatlan/inkompresszibilis áramlás; ~ **fluid** *hidr* összenyomhatatlan folyadék; ~ **material** *fiz* összenyomhatatlan anyag
incomputable *mat* kiszámíthatatlan; megszámlálhatatlan(ul sok)
incondensable (össze)sűríthetetlen
incongruence nem egyezés; *mat* inkongruencia
incongruent *mat* inkongruens, nem egybevágó, nem kongruens; ~ **melt** *koh* inkongruens olvadék; ~ **melting** *koh* inkongruens olvasztás
incongruity egybevágóság hiánya, inkongruencia
incongruous összeférhetetlen; lehetetlen; *mat* inkongruens, nem egybevágó, nem kongruens
inconometry *geod* fényképes mérés
inconsistency következetlenség, logikátlanság; (belső) ellentmondás; nem egyező jelleg, össze nem illő jelleg, ellentmondásos jelleg; állhatatlanság
inconsistent következetlen; állhatatlan; ellentmondásos; nem egyező/egybevágó/összeillő *(adatok)*; *mat* túlhatározott; ~ **equation** *mat* megoldhatatlan/ellentmondásos egyenlet; ~ **system of equation** *mat* túlhatározott egyenletrendszer
inconspicuous nehezen észrevehető, nem feltűnő; lényegtelen
inconstancy változékonyság
inconstant változó, változékony
inconsumable *el* el nem égő, tartós *(elektróda)*
incontrollable *rep* kormányozhatatlan
inconvertibility átalakíthatatlanság
inconvertible átalakíthatatlan
incoordinate nem egybehangolt/összehangolt, koordinálatlan
incoordination egybehangolás/összehangolás hiánya
in-core detector *at* „in-core" detektor, aktív zónában elhelyezett detektor
incorporate egyesít; összekever; fuzionáltat; bekebelez, beolvaszt; megtestesít; jogi személlyé *v.* testületté alakít; bejegyez *(cégjegyzékbe)*; *gép* beépít *(szerkezetbe)*; *gumi* bekever *(töltőanyagot kaucsukba stb.)*; *műa* be(le)dolgoz
incorporating mill *élip* keverőmalom
incorporation beépítés; *at* beépülés; *környv* inkorporáció; *műa* bedolgozás; *vegy* bekeverés, bekeveredés
incorrect helytelen, téves; pontatlan; nem szabályos; tisztességtelen; ~ **bearing** *hajó* pontatlan betájolás; ~ **rating** hibás becslés, becslési hiba; ~ **tuning** *el* pontatlan behangolás
incorrectly | formulated problem nem korrekt *v.* helytelen kitűzésű feladat; ~ **ripped** *bőr* rosszul felmetszett
incorrodibility *vegy* korrózióállóság
incorrodible *vegy* korrózióálló
incorruptibility *élip* tartósság, romlással szembeni ellenállóság
incorruptible ellenállóképes; romlásálló
increase I. *v* fokoz, növel; emel; nagyít, nagyobbít; nagyobbodik; növekszik; fokozódik; *kh* szaporít; szaporodik; **II.** *n* növelés; fokozás; emelés, nagy(obb)ítás; növekedés:; fokozódás; emelkedés, nagyobbodás; *kh* szaporítás, szaporodás; ~ **by increments** fokozatosan növel/emel; fokozatosan növekszik/emelkedik; ~ **gear** *gép* gyorsító fogaskerék; ~ **in concentration** *vegy* koncentrációnövekedés; ~ **in deformation** alakváltozás-növekedés, növekvő alakváltozás; ~ **in length** *tex* fonalnyúlás; ~ **in reactivity** *at* reaktivitásnövekedés; ~ **in size** (méret)növekedés; ~ **in speed** sebességnövekedés; ~ **in strength** *koh* szilárdságnövekedés; ~ **in temperature** hőmérséklet-növekedés; ~ **in the production** termelésnövekedés, termelésnövelés; ~ **in volume** *fiz* térfogatnövekedés; ~ **of load** *mech* fokozott terhelés, terhelésnövekedés; ~ **of output** teljesítménynövelés; ~ **of pressure** *fiz* nyomásnövekedés; nyomásnövelés; ~ **of productivity** teljesítménynövelés; ~ **of speed** *fiz* gyorsulás; ~ **of spot-luminosity** *fiz* fényerősség-növekedés; ~ **of temperature** *fiz* hőfoknövekedés; hőfoknövelés; ~ **of tension** → ~ of voltage; ~ **of velocity** *fiz* gyorsulás; ~ **of voltage** *el* feszültségnövekedés; feszültségnövelés
increased | productivity termelékenységnövekedés; ~ **scale** *geod* nagyított méretarány/lépték; ~ **strength** nagyobb szilárdság
increaser fokozó *(berendezés/készülék)*; átmeneti/szűkítő idom/darab
increasing I. *a* emelkedő, növekvő; fokozódó; **II.** *n* növelés, fokozás; növekedés; ~ **failure rate average** a meghibásodások növekvő számának középarányosa; ~ **function** *mat* (monoton) növekvő függvény; ~ **invasion** *ol* növelő elárasztás; ~ **of anode area** *koh* anódkeresztmetszet-növelés; ~ **of the number of stitches** *kh* szemszaporítás; ~ **oscillation** *fiz* növekvő lengések; ~ **pitch** *gép* növekvő (menet)emelkedés; ~ **progression** *mat* (monoton) növekvő sorozat; ~ **sequence** *mat* (monoton) növekvő sorozat *(nem csökkenő)*; ~ **twist** *kat* növekvő meredekségű huzagolás
increment növekmény, inkrement; növekedés, nagyobbodás, szaporodás; haszon; *fa* növedék; ~ **charge** *kat* részlettöltet; ~**-cut file** *szersz* eltolt fogsoros reszelő; ~**-cut reamer** *szersz* egyenlőtlen fogosztású dörzsár; ~ **load** *mech* járulékos terhelés; ~ **of a function** *mat* függvény növekménye; ~ **of charge** *el* töltésnövekmény; ~ **value** *mat* növekmény (értéke)
incremental növekvő; járulékos, adalékos; *mat* differenciális; *szt* növekményes; ~ **apparent inductance** *távk* dinamikus induktivitás; ~ **capacitor** *el* hangerő-szabályozó kondenzátor; ~ **computer** *szt* növekményes számítógép; ~ **conductance** *el* differenciális vezetőképesség; ~ **control** *aut* növekményes szabályozás; ~ **controller** *aut* növekményes szabályozó; ~ **data recorder** *szt* inkrementális adatrögzítő; ~ **equivalent circuit** *el* kiegyenlítő áramkör; ~ **extrusion** *műa* szakaszos fröccsöntés; ~ **heat rate** *fiz* növekmény-hőfogyasztás; ~ **hysteresis loss** *el* differenciális hiszterézisveszteség; ~ **impulse** *at* impulzusnövekmény; ~ **inductance** *el* járulékos induktancia; váltakozó áramú induktivitás; ~ **iron losses** *pl el* járulékos vasveszteség; ~ **loss** *el* járulékos veszteség, veszteségnövekmény; ~ **measuring method** *metr* növekményes mérési módszer; ~ **permeability** *aut, távk* reverzíbilis permeabilitás *(Rayleigh-féle egyenlet)*; ~**-pitch capacitor** *el* hangmagasság-hitelesítő kondenzátor; ~ **plotter** *szt* növekményes rajzgép; ~ **representation** *szt* növekményes ábrázolás; ~ **resistance** *el* belső ellenállás; ~ **sensitivity** *rep* differenciális érzékenység; ~ **starting** fokozatos indítás; ~ **tape storage** *szt* mágnesszalagos adatrögzítő rendszer
incrementation parameter lépésköz-paraméter
incrementer *szt* inkrementáló
incrementing key *távk* erősítő kapcsoló kulcsa

increscent emelkedő; fokozódó; növekvő, növő
incrust I. *v* (kéreggel) bevon, kérgesít; burkol; fed *(felületet)*; kérgesedik; **II.** *n ép* felületberakás
incrustant kazánkőképző; kérgesedő
incrustate kérgesít; bekérgeződik
incrustated iron ore *ásv* meddőkőzet-zárványos vasérc
incrustation borítás; kéreg(képződés); kérgesedés; lepedék; inkrusztáció; kazánkő-lerakódás; *bány* ásványi bevonat; ~ **of fouling matter** *hajó* lerakódás, benövés, szakáll; ~ **of piston** *gépk* dugattyúrásülés; ~ **of the ballast** *vasút* kavics eliszaposodása; ~ **promoting agent** *vegy* kazánkőképző
incrusting I. *a* kéregképző; kazánkőképző; **II.** *n* kéregképződés, kérgesedés; burkolás; ~ **matter** *fa* lerakódás, fásító anyaglerakódás; ~ **water** *bány* szivárgóvíz
incubate (ki)költ, (ki)keltet; lappang
incubation (ki)költés; lappangás; inkubáció; ~ **period** lappangási idő; *koh* inkubációs idő; ~ **time** *koh* inkubációs idő
incubator *hőt* hőszekrény, termosztát; *mzg* keltetőgép; *orv* inkubátor
incurvate I. *v* görbít, görbül; hajlít, hajlik; homorít; **II.** *a* (meg)görbített, (meg)görbült; (meg)hajlított, (meg)hajlott, meghajolt; homorú; felkunkorodó
incurvation (meg)görbítés; (meg)görbülés; (meg)hajlítás, (meg)hajlás; görbület; homorulat; (meg)hajlítottság
incurvature (meg)görbülés, (meg)hajlás; (meg)hajlítottság; görbület, homorulat
incurve I. *v* görbít; görbül, (be)hajlik, ível; **II.** *n* görbület, hajlat
indamine *vegy* indamin; ~**s** *vegy* indaminszínezékek
indanthrene *vegy* indantrén, N, N'-dihidroantrakinonazin; indantrénkék; ~ **blue 5 G** *vegy* indantrénkék 5 G, 4, 4'-dioxiindantrén; ~ **dye** *vegy* indantrén színezék; ~ **gold orange** *vegy* piratron, indantrén-aranyoranzs; ~ **printing blue** *tex* csávanyomókék; ~ **red 5GK** *vegy* dibenzoil-1, 4-diaminoantrakinon; indantrénvörös 5GK, algovörös 5G; ~ **violet RN** *vegy* indantrénibolya RN, antrakinon-diakridon; ~ **yellow** *vegy* indantrénsárga, flavantrén
indecomposability *mat* felbonthatatlanság
indecomposable *mat* felbonthatatlan; ~ **cardinal number** *mat* felbonthatatlan számosság
indefectibility elpusztíthatatlanság; hibátlanság; romolhatatlanság
indefectible elpusztíthatatlan; hibátlan; *élip* nem romló
indefinability *mat* definiálhatatlanság
indefinable *mat* meghatározhatatlan
indefinite határozatlan; korlátlan; *szt* meghatározatlan; ~ **aquifer** *ol* végtelen víztároló; ~ **integral** *mat* határozatlan integrál; primitív függvény, törzsfüggvény; ~ **phase** *geof* határozatlan/bizonytalan fázistengelyű reflexió
indefinitely increasing series *mat* minden határon túl növekvő sor
indefiniteness *mat* (meg)határozatlanság; indefinitás
indeflagrable (el)ég(et)hetetlen
indelible *vegy* kitörölhetetlen *(vegytinta)*; ~ **ink** *vegy* kitörölhetetlen vegytinta; ~ **pencil** tintaceruza
indemonstrability (be)bizonyíthatatlanság
indemonstrable (be)bizonyíthatatlan
indene *vegy* indén; ~**-phenol resin** *vegy* (kumaron-)indolgyanta; indén-fenolgyanta
indent I. *v* bemetsz, bemélyeszt; bemélyed; benyom; benyomódik; bevág, bevés; bevésődik; kicsipkéz; kicsipkéződik; megrendel *(tengerentúlról árut)*; szerződtet *(tanoncot)*; *alak* hornyol; nyakal; rovátkol; *fa* csapol; *nyom* bekezdéssel szed, beljebbez; sort behúz; perforál, átlyuggat; **II.** *n* kicsipkézés; bemélyesztés; bemetszés; benyomás; bevágás; bevésés; bemélyedés; kicsipkéződés; *any* benyomódás; bevésődés; horony; rovátka; *élip* sejt *(triőrön)*; *fa* csap
indentation benyomódás; horpadás; mélyedés; *any* lenyomat; ütésnyom; ütődés *(hiba)*; *cipő* recézés *(talpkereten)*; *ép* fogazott dísz; *geol* medence, teknő; *gép* benyomás; *nyom* bekezdés (szedése); ~ **chisel** *szersz* fogasvéső, fogasvágó; ~ **cup** *any* benyomódási gömbsüveg; ~ **hardness** *any* szúrókeménység, statikus keménység; *műa* Rockwell-keménység; ~ **machine** *any* benyomódásos rendszerű keménységvizsgáló gép; ~ **method** *any* Brinell-féle keménységmérő módszer; ~ **test** *any* keménységvizsgálat, keménységi próba; *koh* mélyhúzhatósági vizsgálat
indented benyomott; recézett; csipkézett; *alak* nyakalt; *ép* fogazott; ~ **bar** *ép* fogazott betongerenda; ~ **chisel** *szersz* fogasvéső; ~ **joint** *gép* fogazott illesztés/kapcsolás; ~ **line** mélyesztett vonal; ~ **ornament** *ép* csipkedíszítés; ~ **sill** *hidr* fogazott küszöb
indenter *ép* bordáshenger, recéshenger
indenting *cipő* (ráma)recézés; talpkeretrecézés, stupfolás; *nyom* bekezdés szedése; ~ **hammer** *any* pöröly benyomódáspróbához; ~ **hardness** *any* szúrókeménység, statikus keménység; *műa* Rockwell-keménység; ~ **pressure** *any* horpasztónyomás; ~ **tool** *any* eszköz benyomódási próbához
indention benyomódás, bevágás; bevésés; horony, rovátka; *nyom* bekezdés *(szedése)*
indentor *any* keménységmérő benyomódó teste *(golyó)*; *ép* bordáshenger, recéshenger
indenture I. *v* hornyol, rovátkol; barázdál; **II.** *n* horony, rovátka; ~ **in a key** *gép* kulcs foga(zata); ~ **number** sorszám
independence függetlenség
independent egyéni; független, önálló; *gép* szabadon álló *(daru)*; *gépk* egyedi *(hajtás)*; ~ **arc heating** *heg* melegítés független ívvel; ~ **arm crowd(ing)** *forg* független puttonyszár-előtolás; ~ **axle** *gépk, vasút* önálló hajtású tengely; ~ **backdraft** *szell* kemencehuzat beállítása a léghevítőtől függetlenül; ~ **chuck** *forg* külön állítható pofás tokmány; ~ **control** *aut* független vezérlés/szabályozás; ~ **control system** *aut* független vezérlési/szabályozási rendszer; ~ **cut** *forg* egyesvágat; ~ **drive** *gép, gépk* független/egyedi hajtás; ~ **event** *rendsz* független esemény; ~ **excitation** *el* külső/független gerjesztés; ~ **failure** elsődleges meghibásodás; ~ **feeder** *el* sugaras tápvezeték; ~ **front suspension** *gépk* független első rugózás; ~ **handle crowd(ing)** *forg* független puttonyszár-előtolás; ~ **heater** szobai hősugárzó; ~ **heterodyne** *távk* keverő oszcillátor; ~ **linearity** *el, mat* független linearitás; ~ **magneto** *gépk* független gyújtómágnes; ~ **manual operation** *aut* független kézi üzem; ~ **mesh** *bány* független hurok; ~ **mining triangulation network** *bány* önálló helyi bányászati háromszögelési hálózat; ~ **of direction** nem irányított, irányhatás-

mentes, iránytól független, irányhatás nélküli; ~ **of temperature** hőfüggetlen, hőmérséklettől független; ~ **of time** időfüggetlen, időtől független, szkleronóm, autonóm; ~ **operators** *rep* egyéni (önálló) légiközlekedési vállalatok; ~ **parameters** független paraméterek; ~ **particle model** *at* függetlenrészecskés modell; ~ **patent** önálló szabadalom; ~ **patentability of a subclaim** aligénypont önálló szabadalmazhatósága; ~ **patent protection** független szabadalmi oltalom; ~ **placing boom** *gép* alapkeretes elosztógém; ~ **rear suspension (i. r. s.)** *gépk* független hátsó rugózás; független hátsókerék-felfüggesztés; ~ **seconds** *óra* független másodpercmutató; ~ **settlement** *ép* önálló település; ~ **sideband (ISB)** *rep* független oldalsáv; ~ **sideband transmission** *távk* független oldalsávos átvitel; ~ **stick crowd(ing)** *forg* független puttonyszár-előtolás; ~ **subsidence** *bány* független/szabad süllyedés; ~ **supercharging** *gépk* külső feltöltés; ~ **suspension** *gépk* független rugózás; ~**-suspension axle** *gépk* független rugózott keréktengely/lengőtengely; ~ **system of axioms** *mat* független axiómarendszer; ~ **table** *forg* szabadon állítható asztal; ~ **time-lag** *el* független késleltetés; ~ **time-lag relay** *el* független késleltetésű időrelé; ~ **traverse** *gép* független eltolás; ~ **variable (IV)** *mat* független változó, argumentum; ~ **yield** *biot* primér hozam

independently | **adjustable** *gép* külön/függetlenül állítható/eltolható; ~**-mounted roller** *tex* lengő-csapágyazású fogóhenger *(fonalőrszerkezetben)*; ~ **sprung** *gépk* független rugózású; ~**-sprung car** *gépk* független rugózású gépkocsi

inderdot pontok közötti; ~ **flicker** *szt, tv* villogás, vibrálás *(pontok között)*

indestructibility of matter anyagmegmaradás

indestructible elpusztíthatatlan; *tex* (el)nyűhetetlen

indetectable észrevehetetlen, felfedezhetetlen

indeterminable *mat* meghatározhatatlan

indeterminacy indetermináltság; (meg)határozatlanság; ~ **principle** *fiz* (Heisenberg-féle) határozatlansági elv

indeterminate *ép* statikailag határozatlan; *mat* határozatlan; ~ **beams** *mech* statikailag határozatlan gerendák/tartók; ~ **equation** *mat* diofantoszi egyenlet, határozatlan egyenlet; ~ **structure** *ép* (statikailag) határozatlan szerkezet

indeterminateness (meg)határozatlanság

indetermination *mat* (meg)határozatlanság; ~ **principle** *fiz* (Heisenberg-féle) határozatlansági elv

indetermined *mat* (meg)határozatlan

indeterminedness *mat* (meg)határozatlanság

indeterminism *aut* indeterminizmus

index I. *v* meghatározott szöggel elforgat; tárgymutatóval/névmutatóval ellát; **II.** ~ **(*pl* indices)** *n finm* szabályozókar, kompasz *(óráé)*; *fiz* mutató, index; *mat* (hatvány)kitevő, gyökkitevő; jelzőszám; *metr* beosztás *(skálán)*; mutató, tű; *nyom* (tárgy)mutató; *szt* tárgymutató, index; ~ **accumulator** *szt* indexregiszter; ~ **adjuster** *óra* beállító(gomb); ~ **apparatus** *gép* osztókészülék; ~ **arm** *geod* körívmérő, alhidáde; ~ **around** *v forg* oszt; ~ **bed** *geol* vezető réteg; ~ **board** *pa* könyvelőkarton, kartotékkarton; ~ **buffer** *vegy* pufferkapacitás; ~ **card(board)** *pa* kartotékkarton, könyvelőkarton; ~ **centre/center** *szersz* egyszerű osztófej; ~**-chart** *nyom* tárgymutató; ~ **correction** műszerkorrekció; ~ **crank** *szersz* osztófejkar; ~ **dial** *metr* skálalap, számlap, mutatókörlap; *szersz* osztótárcsa, osztókör; ~ **dies** *szersz* revolverfejes sajtolószerszám; ~ **disc/disk** *szersz* osztótárcsa, osztókör; ~ **drive** *finm, forg* osztómozgásos/szakaszos hajtás; ~**-driving shaft** *szersz* osztófelhajtó tengely; ~ **ellipsoid** *mech* főfeszültségi ellipszoid *(háromdimenziós feszültségtérben)*; ~ **engine** → ~ apparatus; ~ **error** műszerhiba, mérőműszer hibája; ~ **feed** *forg* szakaszos/osztómozgásos előtolás; ~ **forms** *geod* jellegzetes domborzati formák; ~ **fossil** *geol* vezérkövület; vezérlő ősmaradvány; ~ **gear** *gép* osztó fogaskerék; ~ **glass** *geod* forgatható tükör *(szextánsé)*; ~ **head** *szersz* osztófej; ~ **hole** *szt* indexlyuk *(mágneslemezen)*; ~ **indeterminateness** *ásv* indexmeghatározatlanság; ~ **lever** *forg* osztó emeltyű, osztókar; ~ **line** *szersz* jelzővonal *(mikrométeré)*; ~ **machine** *tex* nyüstösgép; ~ **map** *geod* fényképhelyzet-mutató térkép; ~ **mark** *szersz* beállítójel; referenciajel, vonatkoztatási jel; ~ **milling** *forg* marás osztással, osztótárcsás marás; ~ **mineral** *ásv* vezetőásvány; ~ **mirror** → ~ glass; ~ **notch** *gép* mérőosztás; ~ **number** *mat* indexszám, index; kóta *(rajzon)*; méretszám; mérőszám; ~ **numbers of navigation performance** *hidr* hajózási teljesítménymutatók; ~ **of a logarithm** *mat* logaritmus kitevője; ~ **of a root** *mat* gyökkitevő; ~ **of atmospheric purity (IAP)** *környv* levegőtisztasági index, IAP; ~ **of basicity** *vegy* bázikusság; ~ **of co-operation** *távk* együttműködési index/tényező *(képtávírónál)*; ~ **of correlation** *mat* korrelációs index; ~ **of dangerous character** *környv* veszélyességi index; ~ **of exploitation** *bány* kitermelési tényező; ~ **of instability of metal prices** *bány* fémár-instabilitási index; ~ **of lattice direction** *ásv* rácsirány indexe; ~ **of liquid limit** *bány* folyási index; ~ **of oscillation** *aut* oszcillációs index; ~ **of plasticity** *rep* képlékenységi tényező; ~ **of refraction** *any* törési index; törésmutató; ~ **of the scanning helix** *távk* együttműködési index; ~ **of the zone** *fiz* zónaindex; ~ **page** *szt* indexlap, indexoldal; ~ **paper** *pa* kartotékpapír; ~ **part** *mat, szt* indexrész; ~ **pin** *finm* osztócsap; reteszelő(csap); ~**-pin holder** mutatótű-hordozó; ~ **plane** *bány* vezetőszint; *geol* jelzőszint; ~ **plate** mutatólap, számlap; ~ **plunger** *finm, forg* osztófejrögzítő (retesz); ~ **profile** *bány* típusszelvény; ~ **register (IX)** *szt* indexregiszter, IX; ~ **ring** *szersz* beosztásos gyűrű/karima; jelzőgyűrű; ~ **section** *bány* típusszelvény; ~ **setting** *óra* mutató beállítása; ~ **stop pin** *metr* mutatóütköző; ~ **strip** indexcsík; ~ **table** *szersz* osztóasztal; ~ **thermometer** *metr* mutatós hőmérő; ~ **triple** *mat* indexhármas; ~ **value** *at* beállítási érték; *szt* alapérték/parancsolt érték; ~ **variation method** *mat* indexvariációs módszer; ~ **wheel** *gép, szersz* beosztással ellátott tárcsa; ~ **word** *szt* címmódosító, indexszó

indexable instruction *szt* indexelhető utasítás

indexed beosztásos; osztó; jegyzékbe felvett; *szt* indexelt; ~ **address** *szt* indexelt cím; ~ **addressing** *szt* indexelt címzés; ~ **collection of elements** *mat* elemek halmaza, elemek rendszere; ~ **disc/disk** *gép, szersz* fokbeosztású tárcsa; ~ **file** *szt* indexelt állomány; ~ **sequential access method (ISAM)** *szt* indexszekvenciális elérési módszer, ISAM; ~ **sequential file** *szt* indexszekvenciális állomány; ~ **sequential file organi-**

zation *szt* indexszekvenciális állományszervezés; ~ set of elements *mat* elemek halmaza/rendszere

indexing I. *a* elforduló; *gép* osztó (mozgású); **II.** *n* indexelés; jelölés; mutatóba/címjegyzékbe (fel)vétel; mutatóval ellátás; *ásv* indexelés *(kristálylapoké)*; *gép, mt* osztómozgás, (szakaszos) szögelfordítás; ~ **and abstracting (I&A)** *szt* indexelés és tömörítvénykészítés, I&A; ~ **attachment** *szersz* osztókészülék; ~ **drum** *szersz* osztódob; ~ **error** *gép* osztáshiba; ~ **fixture** *gép* osztókészülék; ~ **gear** *szersz* kilincskerék; osztófej; ~**-gear constant** *forg* osztófej állandója; ~ **head** *szersz* osztófej; ~ **hole** *gép* mérőlyuk; ~ **in degrees** fokbeosztás készítése; ~ **lever** *forg* osztó emeltyű/kar; ~ **machine** *szersz* szakaszos működésű körasztalos szerszámgép; ~ **mechanism** *gép* osztókészülék; ~ **movement** *forg* osztómozgás; ~ **plate** *szersz* osztólemez; ~ **position** *gép* osztáshelyzet, kapcsolóállás; ~ **precision** osztási pontosság; ~ **ring** → index ring; ~ **spindle** *tex* osztótengely, osztóorsó; ~ **table** *szersz* osztóasztal; ~ **time** *gép* osztásidő; ~ **wheel** *gép* osztótárcsa

India | cable *el* gumikábel, gumiszigetelésű kábel/vezeték; ~ **ink** → Indian ink; ~ **ink pen** tustoll; ~ **insulation** *el* gumiszigetelés; ~ **paper** *pa* biblianyomó/kínai papír *(pehelykönnyű nyomópapír)*; ~**(-)rubber** → Indiarubber; ~ **wire** *el* gumikábel, gumivezeték

in-dialling *US* **in-dialing** *távb* közvetlen tárcsázás

Indian|-grass oil *vegy* durracirokolaj; ~ **ink** tus(festék); ~ **kip** *bőr* kelet-indiai zebu; ~ **red** *vegy* indiai vörös, vas(III)-oxid; ~ **steel** *koh* indiai acél; ~ **tannage** *bőr* bablah-cserzés; ~**-tanned kip** *bőr* kelet-indiai bablah előcserzésű kipbőr

indianite *ásv* indianit

Indiarubber radír(gumi), törlőgumi; *műa* gumi; kaucsuk

indican *vegy* indikán/indioxil-glukozid

indicant jelző

indicate javasol; közöl; sejtet; jelez; mutat; kijelöl; kimutat; meghatároz; (meg)mutat; *hőt, gépk* indikál

indicated javasolt, közölt, (ki)mutatott; indikált; *rep* műszer szerinti; ~ **air speed (IAS)** *rep* műszer szerinti sebesség; ~ **altitude** *rep* műszer szerinti magasság *(tengerszinthez viszonyított)*; ~ **angle** *aut* beállítási szög; indikált szög *(vevő-szinkronál vagy szinkroindikátornál)*; ~ **course line** *rep* irányvonal *(ILS)*; ~ **course sector** *rep* indikált irányszektor *(ILS)*; ~ **displacement error** *rep* indikált eltolódási hiba *(ILS)*; ~ **effect** *gép* előírt/megadott teljesítmény; ~ **efficiency** *gép* indikált hatásfok; ~ **flight path** *rep* indikált repülési pálya *(ILS)*; ~ **glide path angular error** *rep* indikált siklópálya-szöghiba *(ILS)*; ~ **glide path curvature** *rep* indikált siklópálya-görbület *(ILS)*; ~ **horsepower (IHP)** *gép, vasút* indikált (lóerő-)teljesítmény; ~ **ILS glide path** *rep* indikált ILS siklópálya; ~ **ILS glide path angle** *rep* indikált ILS siklópályaszög; ~ **ILS glide path sector** *rep* indikált ILS siklópályaszektor; ~ **linearity sector** *rep* műszeres linearitási szektor; ~ **mean effective pressure** *fiz* indikált effektív középnyomás; ~ **power** *gép, vasút* indikált teljesítmény; ~ **profile** *rep* műszer szerinti profil; ~ **slant course directional error** *rep* indikált siklópálya/iránysáv metszésvonal irányhiba *(ILS)*; ~ **slant course line** *rep* indikált siklópálya/iránysáv metszésvonal; ~ **thermal efficiency** *gép* indikált hőhatásfok; ~ **work** *fiz* indikált munka

indicating I. *a* jelző, mutatós; **II.** *n* jelzés; (ki)mutatás; kijelölés; megadás; indikálás; *fiz* teljesítménymérés indikátorral; ~ **apparatus** *metr* mutatós műszer; ~ **arrow** jelzőnyíl; ~ **callipers** *pl mt* mérőórás tapintókörző; ~ **circuit** *aut* jelzőáramkör; ~ **control** *aut* jelző szabályozás; ~ **controller** *aut* indikáló/jelző szabályozó; ~ **device** *metr* mutatóműszer, indikátor(egység); ~ **element** *el* indító elem, működtető elem; kiolvadásjelző; ~ **flag** jelzőzászló; ~ **fuse** *aut* olvadó biztosíték; ~ **ga(u)ge** *metr* mérőóra; ~ **head** *rep* műszer mutatólapja; ~ **instrument** *metr* mutatós műszer, kijelző műszer; ~ **lamp** *aut* jelzőlámpa, jelzőizzó; ~ **light** *aut* jelzőlámpa, jelzőfény; ~ **neon tube** *aut* neon indikátorcső; ~ **plug ga(u)ge** *metr* mutatós dugós idomszer; ~ **range** *metr* mérési/mutatási tartomány *(műszeré)*; ~ **relay** *el* jelzőrelé; ~ **self-balancing potentiometer** *aut* közvetlenül mutató önműködő kiegyenlítésű kompenzátor; ~ **selsyn** *aut* jelzőszelzin, mutatószelzin; ~ **system** *aut* figyelmeztető rendszer; ~ **unit** *szt* kijelző készülék/egység

indication indikálás, kijelzés; előirányzat; javallat; megjelölés; leolvasás *(skálán)*; (mutató)jelzés *(műszeren)*; *bány* indikáció; *hőt, távk* bemutatás; *szt* jelzés, kijelzés; ~ **altitude** → ~ elevation; ~ **code** *közl* jelző/értesítő jelcsoport *(forgalomirányítónak)*; ~ **elevation** *geod* magassági méretszám/méretpont; ~ **error** *metr* mutatási/indikációs hiba; ~ **of level height in the tank** *gépk, metr* szintmagasság indikálása a tartályban; ~ **of perspective** *foto* távlati érzékeltetés; ~ **range** *metr* mérési/mutatási tartomány; ~ **sensitivity** *metr* (mérési) érzékenység; ~**s summation in telemetering** *metr* távméréssel indikált értékek összegezése; ~ **time** *aut* beállási idő/válaszidő

indicator indikátor; mutató; tű; vizuális kijelzős egység, display (egység), megjelenítő (egység); jelzőműszer; *bány* aknamélység-mutató; ásványindikátor; jelzőréteg; *el* (elektromágneses) jelzőberendezés; *gép* mérőműszer, mutatóműszer; munkaíró; *gép, koh, vegy* indikátor; *kat* jelzőcsap *(puskán)*; *koh* kijelző műszer; *szt, távk* indikátor; *vasút* látjelző, optikai jelző; ~ **arm** *metr* irányjelzőkar, index; ~ **board** *gép* műszeres kapcsolótábla; ~ **card** *aut, metr* indikátordiagram; ~ **console** *rep* radarernyő kezelőpultja; ~ **diagram** *aut, metr* indikátordiagram; ~ **dial** *metr* mérőskála; műszerskála; ~ **disc/disk** *tex* osztótárcsa; ~ **display** *rád* indikáló egység *(lokátorban)*; ~**-drop board** *távb* esőlemezes jelzőtábla, annunciátor; ~**-drop disc/disk** *távb* jelzőtábla; ~ **element** *at* indikátorelem, nyomjelző elem; ~ **exponent** *metr* indikátor átcsapási pontja; ~ **finger** *metr* mérőmutató; ~ **flow** *ol* nyomindikátor, színindikátor *(mélységi folyadékok áramlási irányának kimutatására)*; ~ **function** *mat* indikátrix; ~ **gate** *el, távk* sugárkioltó; ~ **gear** *metr* indikátormechanizmus; ~ **invention** mérőórára vonatkozó találmány; ~ **key** *távk* látjelző; ~ **lamp** *vasút* jelzőlámpa; ~ **light** *rep* jelzőlámpa; ~ **meter** *el* csúcsfogyasztásmérő, maximumwattmérő; ~ **organism** *környv* indikátorszervezet; ~ **paper** *vegy* reagenspapír; ~ **pipe** *aut, metr* jelzővezeték; ~ **plate** *metr* jelzőtábla; ~ **position** *metr* mutatóállás; ~ **register** *szt* jelzőregiszter; ~ **relay** *aut* jelzőrelé; ~ **strain** *biot* indikátortörzs; ~ **test** *metr* indikálás, indi-

kátordiagram felvétele; ~ **tube** *aut, metr* hangolásjelző cső; kijelzőcső, indikátorcső, display, képmegjelenítő/adatmegjelenítő cső; *rád* jelzőcső *(varázsszem)*; képcső *(lokátoré)*; ~ **unit** *metr* mutatóműszer, indikátor(egység)
indicatrix *mat* indikátrix; ~ **of diffusion** *opt* szórási indikátrix/felület
indices *pl* → index
indicial | **admittance** *távk* átmeneti függvény; ~ **response** *aut* átmeneti függvény; *távk* Heaviside-egységlökés átvitele
indifference érzéketlenség; közömbösség; ~ **curves** *mat* közömbösségi görbék
indifferent közömbös; semleges; ~ **equilibrium** *mech* indifferens/közömbös egyensúly; ~ **oxide** *vegy* közömbös oxid *(nem sóképző)*
in-diffusion *vegy* diffundálás; diffundáltatás; diffúzió
indigested meg nem emészett; összekevert; vegyes; *pa* feltáratlan *(fa)*
indigo *vegy* bisindol-2,2'-indigó; indigó, indigotin; ~ **brown** *vegy* indigóbarna; ~ **carmine** *vegy* indigókármin; ~ **fund** *vegy* indigóalap; ~ **grey/gray** *vegy* indigószürke; ~ **printing** *nyom* indigónyomás; ~ **purple** *vegy* indigóbíbor; ~ **red** *vegy* indigóvörös, indirubin; ~ **solution** *vegy* indigóoldat; ~ **white** *vegy* indigófehér, leukoindigó; ~ **yellow** *vegy* indigósárga
indigoid *vegy* indigoid, indigószerkezetű; ~ **dye** *vegy* indigoid színezék
indigolite *ásv* indigolit
indigosol dye *vegy* indigószol színezék
indigotic *vegy* indigótartalmú
indigotin *vegy* indigotin, indigókék
indirect közvetett, indirekt; kerülő, kitérő; ~ **acting pile extractor** *szersz* indirekt működésű kihúzó; ~**-acting recording instrument** *aut* közvetett működésű *(segédenergiával működő)*; ~**-action controller** *aut* közvetett működésű szabályozó; segédenergiával működő szabályozó; ~ **address** *szt* cím címe; indirekt/közvetett cím; ~ **addressing** *szt* közvetett címzés; ~ **air pollution** *környv* közvetett légszennyeződés; ~**-arc furnace** *koh* közvetett íves ívkemence; ~**-arc heating** *heg* közvetett melegítés villamosívvel; ~ **call** *távb* átmenő kapcsolás; ~ **charged mixer** közvetett töltésű keverőgép; ~ **chlorination** *hidr* indirekt klórozás; ~ **colorimetry** *fiz, opt* objektív kolorimetria; ~ **combustion chamber** *gépk* osztott/közvetett égéstér; ~ **command language (ICL)** *szt* indirekt parancsot leíró nyelv, ICL; ~ **command processor (ICP)** *szt* parancsállomány-végrehajtó, ICP; ~ **control** *aut* segédenergiával működő szabályozás; ~ **controller** *aut* segédenergiával működő szabályozó; ~**-control regulator** *aut* közvetett működésű szabályozó; ~**-control system** *aut* segédenergiával működő szabályozási rendszer; ~ **cost(s)** *ip* járulékos költség(ek); ~ **coupled motor drive** *gépk* közvetett hajtás; ~ **cycle reactor** *at* közbenső körös reaktor; ~ **draft** *koh* közvetett nyomás; ~ **drive** *hajó* közvetett hajtás; ~ **efficiency measurement** *fiz* közvetett hatásfokmérés; ~ **energy loss** *fiz* közvetett energiaveszteség; ~ **excitation** *aut, el* közvetett gerjesztés; ~ **fire** *kat* közvetett irányzású tűz; ~**-fired furnace** *gép* közvetett tüzelésű/fűtésű kemence; ~ **fitting** *el* közvetett/rejtett világítószerelvény; ~ **flow control** *aut* közvetett átfolyásszabályozás/átömlésszabályozás; ~ **flow controller** *aut* közvetett átfolyásszabályozó; ~ **frequency modulation** *távk* közvetett frekvenciamoduláció; ~ **glare** *opt* közvetett káprázás; ~**-heated mo(u)ld** *műa* nem közvetlen fűtésű *v.* közvetett fűtésű présszerszám; ~ **heating** *hőt* közvetett melegítés/fűtés; ~**-heating furnace** *hőt* közvetett fűtésű kemence; ~ **heating (system)** *hőt* központi fűtés; ~**-high gear** *gépk* gyorsjárati sebességfokozat; ~ **illumination** → ~ lighting; ~ **initiation** *bány* fordított élesítés; fordított indítás; ~ **injection** indirekt/közvetett befecskendezés; ~ **input** *el* indirekt/közvetett bevitel/bemenet; *ip* közvetett ráfordítás; ~ **instruction** *szt* indirekt/közvetett címes utasítás; ~ **levelling** *bány* trigonometriai magasságmérés; ~ **lighting** *el, foto* közvetett (meg)világítás; ~ **lighting fitting** *el* közvetett világító lámpatest; ~ **lightning stroke** *fiz* közvetett villámcsapás; ~ **load** *mech* közvetett teher/erő, átviteles teher; ~ **material** segédanyag; ~ **measurement** *metr* indirekt mérés; ~ **measurement of voltage** *el* feszültség közvetett mérése; ~ **measuring of shaft depths** *bány* közvetett aknamélységmérés; ~ **piezoelectricity** *el* elektrosztrikció; ~ **pointing** *kat* közvetett irányzás; ~ **proof** *mat* indirekt bizonyítás; ~ **pulse** *fiz* visszaverődött impulzus; ~ **radiation** *távk* közvetett/visszavert sugárzás; **in** ~ **ranges** *gépk* alacsonyabb sebességfokozatokban; ~ **ray** *távk* térhullám, térbeli hullám; ~ **reduction** *koh* közvetett redukció; ~ **refrigerating system** *hűt* közvetett elpárologtatású hűtőberendezés; ~ **route** *közl, vasút* kerülőút; ~ **sampling** *stat* közvetett mintavétel; ~ **scan** *tv* futósugaras letapogatás; ~ **steam** *hőt* fáradt gőz; ~ **system of refrigeration** *hűt* közvetett hűtés; ~ **temperature lamination** *met* poláris/indirekt hőmérsékleti rétegeződés; ~**-vision device** *kat* periszkópos figyelőberendezés *(harckocsivezetőé)*; ~ **water cooling system** *hűt* közvetett vízhűtő rendszer; ~ **wave** *távk* térhullám, térbeli hullám; ~ **wave propagation** *fiz* közvetett hullámterjedés
indirected graph *mat* irányítatlan gráf
indirectly | **controlled system** *aut* közvetve szabályozott rendszer; ~**-heated cathode** *el* közvetett fűtésű katód
indirubin *vegy* indigóvörös, indirubin
indiscernible észrevehetetlen; megkülönböztethetetlen; felismerhetetlen; szabad szemmel nem látható
indiscriminate válogatás nélküli, válogatatlan
indissolubility *vegy* oldhatatlanság
indissoluble *vegy* oldhatatlan, nem oldható
indistinct határozatlan; alig kivehető; *ásv* rosszul fejlett *(kristály)*; ~ **design** *tex* elmosódott minta
indistinctive nem jellegzetes
indium (In) *vegy* indium; ~ **dichloride** *vegy* indium(II)-klorid; ~ **monochloride** *vegy* indium(I)-klorid; ~ **monoxide** *vegy* indium(II)-oxid; ~ **perchlorate** *vegy* indium(III)-perklorát; ~ **sesquioxide** *vegy* indium(III)-oxid; ~ **suboxide** *vegy* indium(I)-oxid; ~ **sulphate/sulfate** *vegy* indium(III)-szulfát; ~ **trichloride** *vegy* indium(III)-klorid
individual I. *a* egyedi; egyéni; egyes, független; külön(álló); **II.** *n* mintavételi egység; ~ **apparatus** egyedi készülék; ~ **appliance** egyedi készülék; ~ **(central) heating for each apartment** *hőt* egyszinti fűtés, etázsfűtés; ~ **check** egyedi ellenőrzés; ~ **component reliability** különálló alkatrész megbízhatósága; ~ **connecting system** *koh* egyes kapcsolás; ~ **cut** *forg* egyes-

vágat; ~-**cylinder engine** *gépk* különálló hengerű motor; ~ **decision maker** *ip* egyedi döntéshozó; ~ **dosemeter** *at* személyi doziméter; ~ **drive** *gép* egyéni/egyes meghajtás, egyedi hajtás; tengelyenkénti meghajtás; ~ **equipment** egyedi készülék; ~ **error** szubjektív hiba; ~ **filament heating** *hőt* egyedi fűtőszálas fűtés; ~ **footing** egyes alaptest, oszloptalp; ~ **frame** *bány* egyedi biztosítókeret; ~ **inclusive tour** *rep* egyéni IT út; ~ **inclusive tour fare** *rep* egyéni IT díjszabás; ~ **(independent) axle-drive** *vasút* egyes tengelyhajtás; ~ **invention** egyéni találmány; ~ **line** *távb* különvonal; *US* előfizetői fővonal; ~ **lubrication** *gép* egyedi kenés; ~ **manger** *mzg* önetető jászol; ~ **motor** *gép* egyedi (hajtó)motor; ~ **odour threshold** egyéni szagküszöb; ~ **outdoor air ratio** egy főre jutó külső légmennyiség; ~-**particle state** *at* egyedi részecske állapota; ~ **part reliability** különálló alkatrész megbízhatósága; ~ **picture** *film* képkocka, filmkocka; ~ **power-supply** *távk* egyedi áramellátás; ~ **reception** *távk* egyedi vétel; ~ **scale** *metr* egyes mérleg; ~ **steering brake** *kat* független kormányfék *(lánctalpas járműé)*; ~ **strand** *tex* egyes fonal; ~ **supply air ratio** egy főre jutó szellőző légmennyiség; ~ **suspension** *gépk* önálló felfüggesztés, független rugózás; ~ **test** *ip* darabpróba, darabonkénti vizsgálat; ~ **turn-off** *félv* egyenkénti oltás; ~ **water demand** *hidr* személyi vízigény; ~ **weighing** *metr* egyedi mérés

individually | controlled hydraulic system *aut* teljesítményszabályozású (hidraulikus) rendszer; ~ **suspended** *gépk* önálló felfüggesztésű, független rugózású

indivisibility (fel)oszthatatlanság

indivisible I. *a* (fel)oszthatatlan; **II.** *n mat* oszthatatlan mennyiség; ~ **crew work** *bány* oszthatatlan csapatmunka

indoctrination *kat* (be)tanítás, kiképzés

indol(e) *vegy* indol, benzopirrol

indoor *ép* belső, házi, szobai; ~ **aerial/antenna** *tv* szobaantenna; ~ **concrete pump with spreading mast** *ép* zárt téri elosztógémes betonszivattyú; ~ **equipment** belső téri berendezés; ~ **facility** belső téri berendezés; ~ **illumination** → ~ lighting; ~ **installation** *ép* belső téri berendezés; ~ **lighting** *ép* belső (téri) világítás; ~ **substation** *távk* belső téri alállomás; ~ **transformer** *el* belső téri szerelésű transzformátor; **for ~ use** belső (téri) használatra; ~ **work** *fa* házon belüli munkálat

indoors szobában, zárt helyiségben, bent

indophenol *vegy* indofenol

indoxyl *vegy* indoxil, 3-indolol

indoxylic acid *vegy* indoxilkarbonsav, indoxilsav

indraft *US* → indraught

indraught beáramlás; *geol* folyóág; *rep* beömlés; beszívás; ~ **velocity** *rep* beáramlási/beszívási sebesség

induce rávesz, késztet; létrehoz; gerjeszt; *el* (áramot) gerjeszt, indukál

induced előidézett; kényszer-; *el* gerjesztett, indukált; ~ **activity** *at* előidézett radioaktivitás; ~ **air** *gép* beszívott levegő; ~ **bremsstrahlung** *el* indukált fékezési sugárzás; ~ **caving-in** *bány* irányított omlasztás; ~ **circulation** *hőt* szivattyús keringetés; ~ **cleavage** *bány* lemezes elválás; nyomásos váll-lap; ~ **current** *el* gerjesztett/indukált/indukciós áram; ~ **dipole** *at* elektromos dublett; *távk* gerjesztett dipólus; ~-**draft** *US* → ~ draught; ~ **drag** *rep* indukált ellenállás; ~ **draught (ID)** *bány* mesterséges szellőztetés; *hőt* mesterséges léghuzam, kényszerhuzam; ~-**draught fan** *gép* elszívó ventilátor; szívó/nyomó szellőző; ~ **draught furnace** mesterséges huzatú kemence; ~ **drift** *at* indukált részecskeelhúzás; ~ **environment** mesterséges környezet; ~ **field** *el* indukált/indukciós tér; ~ **fission** *at* kényszerű/gerjesztett hasadás; ~ **fit theory** *vegy* alkalmazkodáselmélet, kulcs-lakat elmélet; ~ **flow** *rep* indukált áramlás; ~ **force** *el* mágneses térerősség; ~ **ignition current** *bány* indukált gyújtóáram; ~ **noise** indukált zaj; ~ **nuclear reaction** *at* előidézett magreakció; ~ **oscillation** *el* gerjesztett rezgés, kényszerrezgés; ~ **polarization** *geof* gerjesztett polarizáció; ~-**polarization logging** *bány* gerjesztettpotenciál-szondázás; *geof* gerjesztettpotenciál-szelvényezés; ~-**polarization map** *geof* gerjesztettpotenciál-térkép; ~-**polarization method** *geof* gerjesztett polarizáció/potenciál módszere; ~ **potential** *bány* gerjesztett potenciál; ~ **precipitation** *met* mesterséges eső; ~ **radioactivity** *at, vegy* indukált radioaktivitás; ~ **reaction** *vegy* indukált reakció; ~ **secondary current** *el* indukált szekunder áram; ~ **sheath voltage** *el* köpenyfeszültség; ~ **spectral gamma-ray log** *ol* indukált gamma-spektrumszelvényezés; ~ **subgraph** *mat* részgráf, algráf *(feszített részgráf)*; ~ **transformation** *at* gerjesztett átalakulás, kényszerátalakulás; ~ **ventilation** mesterséges szellőztetés; ~-**ventilation motor** *el* kényszerszellőzésű motor; ~ **vibration** *el, fiz* kényszerrezgés; ~ **voltage** *el* indukált feszültség

inducer *biot* indukálószer

inducing I. *a* keltő; *el* gerjesztett, indukáló; **II.** *n* okozás, befolyásolás, létrehozás, indukálás, kiváltás; előidézés, indítás; *el* (elektromágneses) indukció; ~ **electrostatic charges** *el* elektromos megoszlás/influencia

induct beiktat; bevezet; kezdeményez

inductance *el* induktancia, induktív ellenállás/reaktancia; induktivitás, (ön)indukció-tényező; kölcsönös indukció; ~ **balance** *el* mágneses szimmetria; ~ **bridge** *el* induktanciamérő híd; induktivitásmérő híd; ~-**capacitance oscillator** *el* LC-oszcillátor; ~ **coefficient** *el* induktivitástényező, önindukciós tényező; ~ **coil** *el* fojtótekercs; induktív/(ön)indukciós tekercs; szikrainduktor; ~ **coupling** *el* induktív csatolás; ~ **decade** *el* dekadikus *v.* tízes osztású induktanciaszekrény; ~ **error** *el* önindukció-hiba; ~ **furnace** indukciós kemence; ~ **ga(u)ge** *any* induktív nyúlásmérő; ~ **meter** induktivitásmérő, önindukció-mérő, henrymérő; ~ **pick-up** *el* induktív (jel)adó; ~ **potential divider** *el* induktív feszültségosztó; ~ **rule** *el* induktivitás; ~ **strain ga(u)ge** *any* induktanciás nyúlásmérő; ~ **transducer** *távk* induktív átalakító/adó; ~-**type strain ga(u)ge** *any* indukciós nyúlásmérő; ~ **unbalance** *el* mágneses aszimmetria

inductile *any* hajlíthatatlan; nem nyújtható; rideg, merev

inductility nyújthatatlanság; hajlíthatatlanság; ridegség, merevség

induction belépés; beiktatás; bevezetés; előidézés, kiváltás, indítás; okozás; befolyásolás, létrehozás; *el, távk* (elektromágneses) indukció; (mágneses) indukció/indukciós vektor; *gép* szívás, töltés; *hőt* beömlés;

mat indukció, induktív okoskodás *(érvelés)*; ~ **accelerator** *at* betatron; indukciós gyorsító; ~ **aeromagnetometer** *metr* indukciós légmágnességmérő; ~ **agitation** *koh* indukciós keverés; ~ **air-conditioner** *gép* indukciós klímaberendezés; ~ **air inlet device** *gép* indukciós befúvószerkezet; ~ **amplifier** *fiz* indukciós fluid elem; ~ **annealing** *hők* indukciós lágyítás; ~ **axiom** *mat* teljes indukció axiómája, indukciós axióma; ~ **balance** *el, geof* indukciós híd/mérleg; ~ **billet heater** *hőt* indukciós bugahevítő berendezés; ~ **brazing** *heg* indukciós keményforrasztás; ~ **bridge** *el* induktivitásmérő híd; ~ **channel** *koh* csatornakő; ~ **clutch** *gépk* indukciós tengelykapcsoló; ~ **coil** *el* indukciós tekercs, induktor, Ruhmkorff-tekercs; szikrainduktor; ~ **compass** *geod* indukciós iránytű; ~ **compensator** *geof* indukciós kompenzátor; ~ **cooler** *gépk* szívóléghűtő; ~ **crucible furnace** *koh* indukciós tégelykemence; ~ **current** *el* indukált/indukciós áram; ~ **density** *rád, távk* mágneses indukció; ~ **effect** *el* induktív/indukciós hatás; ~ **elbow** *gép* szívókönyök; ~ **exploder** *bány, kat* indukciós robbantógép; ~ **field** *el* indukált/indukciós tér/mező; ~ **flowmeter** *el* indukciós áramlásmérő, elektromágneses áramlásmérő; indukciós fogyasztásmérő; induktív átfolyásmérő; ~ **flux** *el* mágneses fluxus; ~**-free** *távk* induktivitásmentes; ~ **furnace** *koh* indukciós kemence; ~ **furnace with plasma arc** *koh* plazmaíves indukciós kemence; ~**-gas plant** *gép* gázszívó generátorberendezés; ~ **generator** *el* aszinkron generátor; ~ **guard of liquid flow** *aut* indukciós folyadék-átáramlásellenőrző berendezés; ~ **hardening** *any* nagyfrekvenciás edzés; *koh* indukciós edzés; ~ **hardening plant** *any* indukciós edzőberendezés; ~ **heat** *fiz* indukciós hő; ~ **heater** *hőt* indukciós hevítőberendezés; ~ **heating** *hőt* indukciós hevítés; ~ **hypothesis** *mat* indukciós feltevés *(feltétel)*; ~ **ignition device** *aut* indukciós szikragyújtó; ~ **instrument** *el* indukciós műszer; ~ **log** *geof* indukciószelvény; ~ **logging** *geof* indukciós lyukszelvényezés/karottázs; ~ **loss** *el* indukciós veszteség; *gép, hidr, hőt* beömlési veszteség; ~ **machine** *el* indukciós/aszinkron gép/motor; ~ **manifold depression** *gépk* szívócső-depresszió; ~ **melted titanium** *koh* indukciós kemencében olvasztott titán; ~ **melting** *koh* indukciós olvasztás; ~ **melting furnace** *koh* indukciós olvasztókemence; ~ **meter** *el* indukciós fogyasztásmérő; ~ **method** *geof* indukciós módszer; ~ **motor** *el* indukciós motor; ~ **motor-generator** *el* aszinkron motorgenerátor; ~ **period** *vegy* indukciós periódus; ~ **pipe** *gépk* bevezető cső; szívócső; ~ **potentiometer** *el* induktív feszültségosztó; ~ **pressure welding** *heg* indukciós préshegesztés; ~ **pump** *at* indukciós szivattyú; ~ **regulator** *el* modulációs feszültségfokozó/feszültségemelő, indukciós feszültségszabályozó; ~ **relay** *el* indukciós relé; ~ **seismometer** *geof* indukciós szeizmométer; ~ **signal(l)ing** *el* indukciós távjelzés; ~ **soldering** *heg* indukciós lágyforrasztás; ~ **sound** *geof* indukciós mérőszonda; ~**-spark lighter** *el* indukciós szikragyújtó; ~**-stirred furnace** *koh* indukciós fémkeverésű kemence; ~ **stirrer** *koh* indukciós keverőberendezés; ~ **stirring** *koh* indukciós keverés; ~ **stroke** *gépk* szívóütem; ~ **system** *gépk* töltési rendszer; ~ **tacho-generator** *metr* aszinkron tachométergenerátor; ~ **tempering** *hőt* megeresztés indukciós melegítéssel; ~ **torque** *el* aszinkron nyomaték; ~ **transducer** *aut* indukciós jelváltó/jelátalakító; ~ **tube** *gép* szívócső; ~ **unit** *gép* fúvókás/indukciós klímakonvektor; ~ **valve** *gépk* beömlőszelep, beeresztőszelep; szívószelep; ~ **variometer** *geof* indukciós variométer; ~ **voltage regulator** *aut* indukciós feszültségszabályozó; ~ **welding** indukciós hegesztés; ~ **wind tunnel** *rep* indukciós szélcsatorna; ~ **zone** *el* közeltér

inductive *el, fiz* indukciós, induktív; ~ **accelerometer** *fiz* induktív gyorsulásmérő; ~ **behavio(u)r of diodes** *félv* induktív viselkedés *(diódánál)*; ~ **capacity** *el* dielektromos állandó, permittivitás; ~ **circuit** *el* indukciós/gerjesztő/indukáló áramkör; ~ **compensation** *el* induktív kompenzálás; ~ **conclusion** *mat* induktív következtetés; ~ **coupling** *el* induktív/mágneses csatolás; ~ **current** *el* indukciós áram; ~ **displacement pick-up** *el* induktív elmozdulásátalakító/útadó; ~ **drop** *el* induktív feszültségesés; ~ **feed-back** *el* induktív visszacsatolás; ~ **flowmeter** *el* induktív átfolyásmérő/átömlésmérő; ~ **geophone** indukciós geofon; ~ **heating** *hőt* induktív fűtés; ~ **heating current** *el* indukciós fűtőáram; ~ **hypothesis** *mat* indukciós feltevés *(feltétel)*; ~ **inference** *mat* indukciós okoskodás/következtetés/érvelés; ~ **interference** *el* indukció okozta zavar; ~ **iris** *távk* induktív membrán/írisz; ~ **load** *el* induktív terhelés; ~ **method** *geof* induktív potenciálgerjesztés módszere; ~ **output tube** *el* induktív kicsatolású cső; ~ **pick-off** *el, aut* induktív érzékelés; induktív/transzformátoros érzékelő elem; ~ **position transmitter** *aut* induktív helyzettávadó; ~ **potential divider** *el* indukciós feszültségosztó; ~ **pressure transducer** *aut* induktív nyomásátalakító; ~ **probability** *mat* szubjektív/induktív valószínűség; ~ **reactance** *el* induktív reaktancia/ellenállás, induktancia; ~ **reaction** *el* induktív ellenállás; ~ **resistor** *el* induktív ellenállás; ~ **set** *mat* véges halmaz; ~ **spring** *el* mágneszárrugó; ~ **surge** *el* induktív lökőfeszültségcsúcs; lökőfeszültség; ~ **transducer** *el* induktív (jel)átalakító, induktív adó; ~ **tuning** *el* tekercshangolás

inductively loaded circuit *el* nagy induktivitású vonal, nagy indukciós terhelésű vonal

inductivity *el* dielektromos állandó, permittivitás; induktancia, induktív ellenállás/reaktancia, induktivitás; önindukció

inductometer *el* induktivitásmérő, (ön)indukció-mérő, henrymérő

inductor *el* fojtás, fojtótekercs; forgórész *(nagyfrekvenciás generátoré)*; gerjesztő; indukciós tekercs; induktor; *vegy* reakció lefolyását beindító adalék; ~ **attachment** *geof* rátétföldinduktor; ~ **device** *el* induktív tekercs, fojtótekercs, induktivitás; ~ **drum** *el* induktordob; ~ **generator** *el* induktoros generátor, induktorgenerátor; ~ **loudspeaker** *el* elektromágneses hangszóró; ~ **microphone** *el* lengőtekercses mikrofon

inductorium *el* induktor, indukciós tekercs, Ruhmkorff-tekercs

inductosyn scale *metr* induktoszin skála/lépték

indulin(e) *pa* tűlevelű falignin *(szulfát-eljárásnál)*; *vegy* indulin(kék); ~ **dye** *vegy* indulinszínezék

indurate I. *v* megkeményít, megedz; megkeményedik; **II.** *a* megkeményített, megedzett

indurated fibre/fiber szigetelő fiberutánzat

induration (meg)keményedés; megkeményítés, megedzés; *koh* keményre égetés
industrial ipari; vállalati, üzemi; ~ **accident** üzemi baleset; ~ **air-conditioning system** *szell* ipari klímaberendezés; ~ **alternating current** *el* ipari áram; ~ **application** ipari értékesítés/alkalmazás/felhasználás; ~ **area** *ip* ipari terület; ~ **art** iparművészet; ~ **atmosphere** *koh* ipari légkör; ~ **automatics/automation** ipari automatika; ~ **building** *ip* ipari épület; ~ **carbon dioxide** *ol* ipari szén-dioxid; ~ **chemistry** *vegy* kémiai technológia; ~ **cleaning machine** ipari épülettisztító gép; ~ **control** *aut* termelési folyamatok szabályozása, ipari automatika; ~ **crane** ipari daru; ~ **disease** *környv* ipari ártalom; ~ **electronics** *el* ipari elektronika; ~ **engine** *gép* stabil *v.* helyhez kötött erőgép/motor; ~ **engineering** gyártásszervezés; ~ **exhausting system** *szell* helyi elszívóberendezés; ~ **explosive** *bány* ipari robbanóanyag; ~ **film** *film* reklámfilm; ~ **flour** *koh* ipari liszt; ~ **frequency** *el* ipari áram frekvenciája *(50—60 Hz)*; ~ **furnace** *koh* ipari kemence; ~ **harm** *környv* ipari ártalom; ~ **heating** *hőt* ipari hevítés/melegítés; ~ **heat reactor** *at* ipari célú fűtőreaktor; ~ **hurt** *környv* ipari ártalom; ~ **hygiene** ipari higiéné; üzemegészségügy; ~ **instrument** *metr* ipari/üzemi műszer; ~ **lift truck** emelőkocsi; ~ **management** *koh* üzemgazdaságtan; ~ **metal** *koh* ipari fém; ~ **meteorologist** műszaki meteorológus; ~ **methylated spirit** *vegy* denaturált szesz; ~ **mineral resources** *bány* ipari készlet; ~ **noise** *környv* ipari zaj; ~ **occupancy** *ip* helyiség ipari felhasználása; ~ **oxygen** *koh* technikai oxigén; ~ **patent** ipari szabadalom; ~ **photography** *foto* ipari fényképezés; ~ **physics** műszaki fizika; ~ **plant** *ip* gyárüzem; ~ **plant canalization** *környv* ipartelepi csatornázás; ~ **poison** *vegy* ipari méreg; ~ **power plant/station** ipari/gyári erőmű/erőtelep; saját használatú erőmű; ~ **process control (IPC)** *aut* (gyártási) folyamatszabályozás; *szt* ipari folyamatszabályozás, IPC; ~ **process simulation (in digital computers)** *ip* termelési folyamatok modellezése (digitális számítógépen); ~ **property** ipari tulajdon; ~ **psychology** *ip* üzempszichológia; ~ **quality control** *ip* ipari minőségellenőrzés; ~ **rail car** *bány* billenőteknős csille; ~ **raw water** *környv* ipari nyersvíz; ~ **reactor** *at* ipari atomreaktor; ~ **refuse** *környv* ipari hulladék; ~ **remote signal(l)ing** *aut* ipari/üzemi távjelzés; ~ **sewage** *hidr* ipari szennyvíz; ~ **shed** *ip* ipari csarnok; ~ **suction cleaner** *ip* ipari felszívógép; ~ **suction dryer** *ip* ipari felszívó-szárító gép; ~ **sweeping machine** *ip* ipari seprőgép; ~ **telemetering system** *metr* ipari távmérőrendszer; ~ **telescope** *opt* ipari teleszkóp; ~ **telesignal(l)isation** *aut* ipari/üzemi távjelzés; ~ **television (ITV)** ipari *v.* zárt áramkörű televízió; ~ **test** üzemi kísérlet; ~ **town** *ép* ipari város; ~ **track** *vasút* iparvágány; ~ **tractor** vontatótraktor, univerzáltraktor; ~ **untreated water** *környv* ipari nyersvíz; ~ **use** *ip* ipari értékesítés; ~ **vacuum cleaner** *ip* ipari felszívógép/porszívó; ~ **waste** *ip* ipari hulladék; ~ **waste-water** *környv* ipari szennyvíz; ~ **water** üzemi/ipari víz; ~ **water abstraction** *hidr* ipari vízelvonás; ~ **water demand** *hidr* ipari vízigény; ipari vízszükséglet; ~ **water economy** *környv* ipari vízgazdálkodás; ~ **water management** *hidr* ipari vízgazdálkodás; ~ **water quality** *hidr* ipari vízminőség; ~ **water rate** *hidr* ipari vízdíj; ~ **water supply** *környv* iparivíz-ellátás; ~ **water treatment** *környv* iparivíz-kezelés; ~ **wet and dry vacuum/suction cleaner** *ip* ipari felszívógép/porszívó; ~ **wood** *fa* iparifa; ~ **works** *fa* ipartelep; ~ **zone** → ~ area
industrialization iparosítás
industrialize iparosít
industry (segéd)ipar; ~ **of man-made fibres/fibers** *vegy* műszálgyártás; ~ **track** *vasút* ipari/üzemi vágány
inedible nem ehető, ehetetlen; ~ **fat** *élip* technikai zsiradék; ~ **oil** *vegy* ipari/technikai olaj
inedited *nyom* jegyzetek nélküli; kiadatlan; szerkesztés nélkül kiadott
ineffaceable kitörölhetetlen; megsemmisíthetetlen
ineffective eredménytelen; hatástalan; ~ **call** *távb* sikertelen hívás; ~ **invention** hasznosíthatatlan találmány; ~ **time** *szt* improduktív *v.* nem hatékony idő
ineffectual eredménytelen; hatástalan; tehetetlen
inefficacious eredménytelen; hatástalan
inefficacy eredménytelenség, hatástalanság
inefficiency eredménytelenség; hatástalanság
inefficient elégtelen; eredménytelen; hatástalan; nem kielégítő/termelékeny; ~ **production** *ip* rossz hatásfokú termelés
inelastic rugalmatlan, nem rugalmas; merev; ~ **bending** *alak* képlékeny hajlítás, rugalmas tartományon túlmenő hajlítás; ~ **buckling** *alak* képlékeny kihajlás; ~ **collision** *at, mech* rugalmatlan ütközés; ~ **deformation** *any* maradandó/képlékeny alakváltozás; ~ **event/impact** *at, mech* rugalmatlan ütközés; ~ **scattering** *at* rugalmatlan szórás; ~ **scattering cross-section** *at* rugalmatlan szórási hatáskeresztmetszet; ~ **thermal stress** *at* rugalmatlan hőfeszültség
inelastically scattered *at* rugalmatlanul szórt
inelasticity rugalmatlanság
inequal egyenetlen, egyenlőtlen
inequality *mat* egyenetlenség; egyenlőtlenség; ~ **method** *mat* egyenlőtlenségi módszer; ~ **sign** *mat* nemegyenlőség jele
inequation *mat* egyenlőtlenség
inequigranular *any* egyenlőtlen szemcsenagyságú/szemcséjű/szemcsézetű
inequilateral *mat* egyenlőtlen oldalú
inequivalve *geol* egyenlőtlen teknőjű
inerasable kitörölhetetlen
inert *fiz, vegy* inert, inaktív; tehetetlen; tehetetlenségi, inercia-; *vegy* közömbös, semleges hatású; ~ **alloy** *at* neutronokat nem szóró ötvözet; ~ **anode** *koh* INCO-kemence; ~ **arc welding** *heg* semleges védőgázas ívhegesztés; ~ **argon gas** *koh* argon védőgáz; ~ **atmosphere annealing** lágyítás semleges atmoszférában; ~ **atmosphere arc melting** *hőt* olvasztás villamos ívvel iners atmoszférában; ~ **corundum** *koh* nemeskorund; ~ **dust** *bány* kőpor; ~ **electrode** *el* közömbös elektród; ~ **filler** *gumi* közömbös töltőanyag; ~ **fuse** *el* lomha biztosító; ~ **gas** *at, vegy* közömbös/semleges/inert gáz, nemesgáz; ~**-gas arc welding** *heg* semleges védőgázas ívhegesztés; ~**-gas back-up shielding** → back shielding; ~**-gas injection** *ol* inertgáz-besajtolás; ~**-gas metal-arc overlay welding** *heg* AFI-felrakóhegesztés; ~**-gas metal-arc weld** *heg* AFI-hegesztéssel készült varrat; ~**-gas-shielded arc spot welding** *heg* semleges védőgázas ívponthegesztés; ~**-gas-shielded arc welding** *heg* semleges védőgá-

zas ívhegesztés; ~-**gas-shielded butt welding** *heg* semleges védőgázas tompahegesztés; ~-**gas-shielded spot welding** *heg* semleges védőgázas ponthegesztés; ~-**gas-shielded tungsten-arc welding** *heg* semleges védőgázas wolframívhegesztés; ~-**gas spot welding** *heg* semleges védőgázas ponthegesztés; ~-**gas system** *hajó* inertgázcső-rendszer; ~-**gas tungsten arc butt welding** *heg* semleges védőgázas volfrámíves tompahegesztés; ~-**gas tungsten arc spot welding** *heg* semleges védőgázas volfrámíves ponthegesztés; ~-**gas tungsten arc welding** *heg* inert gázas volfrámívhegesztés; ~-**gas welding box/chamber** *heg* semleges védőgáz-atmoszférájú hegesztőkamra; ~ **mass** *fiz* tehetetlen tömeg; ~ **material** *ép* adalékanyag; *vegy* semleges anyag; ~ **oil** holt olaj; ~ **practice rocket** *kat* nem robbanó gyakorló rakéta; ~ **satellite** *távk* passzív távközlési műhold; ~ **substance** *hidr* inert anyag; ~ **waste** *környv* inert hulladék

inertance *fiz* tömeghatás, tehetetlenség

inerteen transformer *el* védőgáztöltésű olajtranszformátor

inertia (I) *fiz* tehetetlenség, inercia, inaktivitás; ~ **centre/center** *fiz* tömegközéppont, súlypont, tehetetlenségi központ; ~ **constant** *fiz* inerciaállandó, tehetetlenségi állandó; ~ **damper** *gép* tehetetlenségi/lendkerekes csillapító; ~ **diagram** *fiz* tehetetlenségierő-diagram; ~ **firing-mechanism** *aut* tehetetlenségi elsütőszerkezet; ~ **fluctuation** *fiz* tehetetlenségi erő ingadozása; ~ **force** *fiz* tehetetlenségi erő, tömegerő; ~ **governor** *aut* tehetetlenségi/lendítőtömeges szabályzó; ~ **guidance** *rep* inerciális irányítás; ~-**lock synchromesh** *gépk* kényszerszinkronozás; ~-**operating firing-hammer** *kat* tehetetlenségi elsütőkakas; ~ **reel (safety) belt** *gépk* automata biztonsági öv; ~ **revolution counter** *finm* centrifugális fordulatszámláló; ~ **safety-device** *finm* inerciális biztosíték; ~ **separator** *környv* inerciális leválasztó; ~ **starter** *gép* lendkerekes indító(berendezés); ~ **switch** *el* tehetetlenségi kapcsoló; ~ **transformer** *el* védőgáztöltésű olajtranszformátor; ~ **weld** *heg* tehetetlenségi erővel hegesztett varrat; ~ **welding** *heg* hegesztés tehetetlenségi erővel

inertial *fiz* tehetetlenségi, inercia-, tehetetlen; *rep* inerciális; ~ **autopilot** *rep* inerciaadójú robotpilóta; ~ **control** *rep* inerciális vezérlés; ~ **control system** *rep* inerciális vezérlőrendszer/irányítórendszer; ~ **effect** *fiz* tehetetlenségi hatás; ~ **filter** centrifugálszűrő; ~ **force** *fiz* tehetetlenségi erő, tömegerő; ~ **frame** *mech* tehetetlenségi rendszer; ~ **guidance (IG)** *aut* inerciális/tehetetlenségi irányítás/irányítórendszer/navigáció; ~ **laser sensor** *aut* lézeres pörgettyű; lézeres tehetetlenségérzékelő; ~ **load** *rep* inerciaterhelés; ~ **mass** *fiz* tehetetlen/lendítő tömeg; ~ **moment** *fiz* tehetetlenségi nyomaték; ~ **navigation** *rep* tehetetlenségi/inerciális navigáció; ~ **navigation system** *rep* inerciális navigációs rendszer; ~ **separator** *környv* inerciális leválasztó; ~ **system** *mech* tehetetlenségi rendszer; ~ **time** *fiz* inerciaidő, tehetetlenségi idő; ~ **tracking** *rep* inerciális útiránykövetés; ~ **turn indicator** *rep* inerciális fordulójelző

inertialess *fiz* tehetetlenségmentes

inertness *fiz* tehetetlenség, inercia, inaktivitás; *vegy* közömbösség, semlegesség

inesite *ásv* inezit

inessential lényegtelen; ~ **discontinuity** *mat* megszüntethető szakadás; ~ **game** *mat* lényegtelen játék, másodlagos játék

inexact helytelen; pontatlan; ~ **parallelism** *geol* megzavart fejlődés

inexactitude helytelenség; pontatlanság

inexactness helytelenség, pontatlanság

inexhaustibility kimeríthetetlenség

inexhaustible kimeríthetetlen

inexplicit nem explicit, implicit

inexploitable *bány* nem műrevaló

inexplosive *vegy* nem robbanó

inextensible kinyújthatatlan, kihúzhatatlan

inextinguishable *vegy* olthatatlan

inextirpable elpusztíthatatlan, kipusztíthatatlan, kiirthatatlan

inextricable kibogozhatatlan; feloldhatatlan

infallibility hibamentesség, feltétlen biztonság; üzemzavar-mentesség

infallible hibamentes, tévedésmentes; abszolút biztos, üzemzavarmentes

infantile gyermekes, infantilis; gyermekkori; ~ **failure** *ip* meghibásodás az üzemeltetés kezdeti szakaszában

infantry *kat* gyalogság; ~ **howitzer** *kat* hegyi tarack; ~ **radio-set** *kat* hordozható rádió adó-vevő

infantryman *kat* gyalogos

infect fertőz

infected fertőzött; ~ **seed** *biot* fertőzött vetőmag

infection fertőzés, infekció; ~ **of water** *környv* vízfertőződés

infectious fertőző; ~ **material/matter** *környv* fertőző anyag; ~ **waste** *környv* fertőző hulladék

infective material/matter *környv* fertőző anyag

infectivity fertőzőképesség

infeed I. *v forg* előtol *(fogásvételhez)*; **II.** *n mt* beszúró/keresztirányú előtolás; harántelőtolás, keresztelőtolás; ~ **grinding** *forg* beszúró köszörülés; ~ **lever** *forg* keresztelőtolás-váltókar, beszúró-előtoló kar

infer következtet; magában foglal

inference *mat* konklúzió, végkövetkeztetés; logikai következtetés; *stat* statisztikai következtetés/értelmezés; ~ **chain** *szt* következtetési lánc; ~ **engine** *szt* következtető gép; ~ **method** *szt* következtetési módszer; ~ **net** *szt* következtetési hálózat

inferential levezetett, levezethető; deduktív

inferior alacsonyabb rendű; alsóbbrendű, másodrendű; alsó; alárendelt; gyenge minőségű; selejtes, silány; ~ **conjunction** *csill* alsó együttállás; ~ **geodesy** (alsó) geodézia, földméréstan; ~ **goods** selejt(áru); silány áru; ~ **limit** *mat* alsó határérték, limes inferior, legkisebb torlódási pont, lim inf, lim; ~ **mirage** *rád* délibábhatás; ~ **purlin** *ép* talpszelemen

inferiority alsóbbrendűség; alacsonyabb helyzet/állás/fekvés

infernal machine *kat* pokolgép

infertility terméketlenség

infest fertőz; megtámad, eláraszt, ellep

infill feltölt; betölt

infilling repedések betöltése; feltöltés; ~ **well** *ol* sűrítőkút

infiltrate beszivárogtat; beszivárog, beszűrődik

infiltrated air *koh* hamis huzat/levegő

infiltration beszivárgás; beszűrődés; ~ **basin** *bány* infiltrációs medence; ~ **by gravity** *bány* gravitációs be-

szivárgás; ~ **coefficient** *környv* szivárgási tényező; ~ **ditch** *hidr* szikkasztóárok; ~ **of water** *bány* vízbeszivárgás
infimum *mat* alsó határ, infimum, legnagyobb alsó korlát, inf
infinite *mat* határtalan, korlátlan; végtelen, infinit; ~ **aspect ratio** *rep* végtelen oldalviszony; ~ **assemblage** *mat* végtelen halmaz; ~ **attenuation** *fiz, távk* végtelen csillapítási tényező; ~ **automaton** *fiz* végtelen automata; ~ **baffle (IB)** *hang* végtelen hangfal; ~ **bus** *el* végtelen teljesítményű gyűjtősín; ~ **decimal** *mat* végtelen tizedes tört; ~ **degree of stability** *aut* végtelen stabilitásfok; ~ **dilution** *vegy* végtelen hígítás; ~ **game** *mat* végtelen játék; ~ **half-space** *mat* féltér; ~ **integral** *mat* elsőfajú improprius integrál *(nem korlátos tartományra vonatkozó)*; ~ **lattice** *at* végtelen rács; ~ **line** *távk* végtelen vezeték/vonal; ~ **memory filter** *el* korlátlan emlékezőképességű szűrő; ~ **multiplication constant** *at* sokszorozó tényező végtelen közegre; ~ **multiplication factor** *at* végtelen sokszorozási tényező; ~ **number of elements** *mat* végtelen sok elem; ~ **plane source** *távk* végtelen sík sugárzó; ~ **progression** *mat* végtelen sorozat; ~ **quantity** *mat* végtelen nagy mennyiség/szám; ~ **queueing system** *aut* várakozásos rendszer; ~ **ratio** *rep* végtelen mennyiség aránya; ~ **rays** *opt* párhuzamos sugarak; ~ **reflux** *fiz* végtelen/teljes reflux *(visszafolyás)*; ~-**rejection filter** *rád* végtelen levágású szűrő; ~ **sequence** *mat* végtelen sorozat; ~ **series** *mat* végtelen sor; ~ **set** *mat* végtelen halmaz; ~ **slab** *at* végtelen síklapsugárzó; ~ **slab reactor** *at* végtelen lemezreaktor/hasábreaktor; ~ **span** *rep* végtelen szárnyterjedtség; ~ **wing** *rep* végtelen terjedtségű szárny
infinitely | continuously derivable/differentiable function *mat* akárhányszor folytonosan differenciálható függvény; ~ **dilute** végtelenül vékony; ~ **fine control** *aut* folytonos vezérlés/szabályozás; ~ **increasing series** *mat* minden határon túl növekvő sor; ~ **many elements** *mat* végtelen sok elem; ~ **small** *mat* infinitezimális, végtelenül kicsiny; ~ **small area/surface** *mat* végtelen(ül) kicsi felület; ~ **variable** *mat* fokozat nélküli; fokozatmentes; ~ **variable gear** *gép, gépk* fokozatmentes hajtómű; ~ **variable regulation** *aut* fokozat nélküli szabályozás; ~ **variable speed gearing** *gép* fokozatmentesen változtatható sebességű szabályozómű; ~ **variable speed machine** *gép* fokozatmentesen állítható gép
infinitesimal *mat* infinitezimális, végtelenül kicsiny; ~ **analysis** → ~ calculus; ~ **calculus** *mat* infinitezimális számítás; ~ **dipole** *távk* elemi dipól(us); ~ **displacement** *mech* infinitezimális elmozdulás; ~ **operator** *mat* infinitezimális operátor; ~ **variation** *mat* variáció *(függvényé)*
infinitude *mat* határtalanság, végtelenség; ~ **of elements** végtelen sok elem
infinity *mat* határtalanság; végtelen *(szám)*; végtelen távoli pont, végtelen; végtelenség; **at** ~ *mat* a végtelenben; ~ **bar** *metr* hitelesítő mérőléc *(távolságmérőhöz)*; ~ **focus(s)ing** *foto* végtelen fókuszbeállítás; ~ **point** *mat* végtelenben levő pont; **to** ~ *mat* a végtelenségig, ad infinitum
infix erősít, beilleszt; be(le)vés; be(le)told; ~ **notation** *szt* belső jelölés; infix jelölés
inflame fellizzít, lángra lobbant/lobban
inflammability *vegy* éghetőség, meggyújthatóság; gyúlékonyság; lobbanékonyság; tűzveszélyesség; ~ **classification** *any* tűzveszélyességi fok/besorolás; ~ **(hazard) grade** *ol* tűzveszélyességi fokozat
inflammable *vegy* éghető; égő; gyúlékony, lobbanékony, tűzveszélyes; ~ **gas** gyúlékony gáz; ~ **liquid** *vegy* gyúlékony folyadék; ~ **material/matter** éghető/gyúlékony anyag; tűzveszélyes hulladék; ~**s** *vegy* gyúlékony anyagok
inflammableness gyúlékonyság; lobbanékonyság
inflammation lángralobbantás; lángralobbanás; (be)gyulladás; ~ **point** *vegy* lobbanáspont; ~ **temperature** *vegy* gyulladáspont, gyulladási hőmérséklet
inflammatory gyújtó, lángra lobbantó
inflatable felfújható; ~ **dam** *bány* felfújható gát; ~ **raft** *rep* felfújható tutaj; ~**s** felfújható szerkezetek; ~ **weir** *hidr* tömlősgát
inflate felfúj *(gumiabroncsot)*; felfúvódik; felpuffad; éleszt *(tüzet)*; *rep* gázzal tölt
inflated felfújt *(gumiabroncs)*; felpuffadt
inflating plant *rep* léggömbtöltő állomás
inflation duzzadás; megdagadás; *élip* kelés; *gépk, rep* felfúvás; ~ **hose** gáztöltő tömlővezeték; ~ **pressure** *rep* tömlőnyomás; ~ **pressure of tyre/tire** *gépk* abroncs belső nyomása; ~ **valve** töltőszelep
inflator *gépk* gumitömlő-felfúvó; kézipumpa; légnyomó szivattyú
inflect *any* (el)görbít, (el)hajlít; (el)görbül; (el)hajlik; hajt(ogat)
inflected arch → inverted arch
inflection *any* begörbítés, elgörbítés; begörbülés, elgörbülés; behajlás, elhajlás; behajlítás, elhajlítás; *mat* inflexió; ~ **point** *mat* elhajlási/inflexiós pont *(görbéé)*; ~ **stretch** *mat* inflexiós szakasz
inflectional-tangent method *mat* inflexiós-érintő módszer
inflective *any* elgörbítő, elhajlító; elgörbülő, elhajló
inflector *at* „inflektor", részecske-beterelő
inflexibility *any* hajlíthatatlanság; merevség
inflexible *any* merev; nem hajlítható
inflexion → inflection
in-flight *rep* levegőben; repülésben, repülés közben; ~ **conditions** *rep* repülési feltételek; ~ **control** *rep* repülés közbeni irányítás; ~ **determination** *rep* repülés közbeni meghatározás; ~ **refuel(l)ing (IFR)** *rep* levegőben történő tüzelőanyag-feltöltés; ~ **report** *rep* repülés közbeni jelentés; ~ **research** *rep* levegőből történő kutatás; ~ **stability** *rep* repülés közbeni stabilitás
inflow beáramlás, befolyás, beömlés; *bány* beszivárgás; vízbetörés; vízhozzáfolyás; *élip* beáramlás, bevezető nyílás; *ol* elárasztás; hozzáfolyás; *rep* beszívás; ~ **current** *el* bevezetett áram; ~ **performance relationship (IPR)** *ol* hozamgörbe; ~ **performance test** *ol* beáramlásmérés; ~ **performance testing** *ol* lyukfigyelés; ~ **regulator** *hidr* beömlésszabályozó
influence I. *v* befolyásol; hat; **II.** *n* befolyás, (be)hatás; ~ **chart** *mech* síkbeli hatásábra; ~ **diagram** *mech* hatásábra, behatási ábra; ~ **factor** *mech* behatási tényező; ~ **function** *mech* hatásfüggvény; ~ **fuse** *kat* érintkező nélküli gyújtó; ~ **line** *mech* hatásábra, behatási ábra; ~ **machine** *el* influenciagép, elektrosztatikus gép/generátor, Winter-gép; ~ **of heat** *fiz* hőhatás; ~ **of potential** *el* potenciálbefolyásolás; ~ **of the**

walls *mech* falhatás; ~ **on the surface** felületi hatás; ~ **ordinate** *mech* hatásordináta, hatásábra-ordináta; ~ **piston** *gép* beavatkozó dugattyú; ~ **table** *mech* hatástáblázat

influenced | **by overlying workings** *bány* föléfejtett; ~ **zone** *bány* hatásterület

influencing befolyásolás; ~ **function** *mech* hatásfüggvény; ~ **value** *mech* befolyásoló mennyiség, paraméter; ~ **variable** *aut* működtető jellemző

influent I. *a* beáramló, befolyó, hozzáfolyó; **II.** *n* beáramló/befolyó víz; *koh* influátum; ~ **pipe** *hidr* vízbevezető cső; ~ **river** *geol* mellékfolyó; ~ **seepage** *geol* beszüremlés; ~ **valve** *hidr* vízbeeresztő szelep/csőzár

influential curve *mech* függőségi görbe

influx beáramlás, befolyás, hozzáfolyás; *geol* torkolat *(folyóé)*; *koh* influátum

inform közöl, tudat, tájékoztat, értesít, felvilágosít, informál

informatics *szt* információtechnológia, informatika

information információ; tájékoztatás; ~ **action** *aut* információ(be)hatás, információellenőrzés; ~ **area** információmező; ~ **bit** *szt* információbit, információs bit; ~ **board** → ~ desk; ~ **bureau** tudakozóiroda; ~ **carrier** *szt* információhordozó; ~ **centre/center** *rep* tájékoztató központ; ~ **channel** *szt* hírcsatorna, információcsatorna; ~ **circuit** *el* információ-áramkör; ~ **coding levels** *aut* információkódolási szintek; ~ **configuration** *szt* információalakzat; ~ **content** *szt* információmennyiség; információtartalom; ~ **density** *szt* információsűrűség; ~ **desk** *távk* felvilágosító munkahely; ~ **dump** információveszteség; ~ **during flight** *rep* repülés közbeni meteorológiai tájékoztatás; ~ **element** *szt* információelem; ~ **exhange** információcsere; ~ **feedback** *szt* információ-visszacsatolás; ~ **feedback system** *aut* információ-visszacsatoló rendszer; ~ **film** ismeretterjesztő film, dokumentumfilm; ~ **flow** *aut, szt* információáram; információfluxus; ~ **input** információ felvétele; információbemenet; ~ **input signal** információbemeneti jel; ~ **management system (IMS)** *szt* adatfeldolgozó rendszer, IMS; ~ **matrix** *szt* információmátrix; ~ **memory cell** *szt* információ-memóriarekesz; ~ **network** információhálózat; ~ **office** *rep* tudakozó/tájékoztató iroda/hivatal; ~ **of ship's stability** *hajó* kapitányi információ; ~ **parameter** *szt* információparaméter; jelhordozó paraméter; ~ **pattern** *szt* információspektrum; ~ **pedagogics** információpedagógia; ~ **position** tudakozó-munkahely; ~ **processing** *aut, szt* információfeldolgozás; ~**-processing language (IPL)** *aut, szt* információfeldolgozási nyelv; ~**-processing network** *szt* információfeldolgozó hálózat; ~ **provider (IP)** *szt* információszolgáltató, IP; ~ **psychology** információpszichológia; ~ **rate** *aut* információátviteli sebesség; információsebesség; ~ **readout time** *aut, szt* információkiolvasási idő; ~ **recording** *szt* információrögzítés; ~ **redundance** redundancia; ~ **restoring** *szt* információ-visszatárolás; ~ **retrieval (IR)** *szt* információkeresés, IR; ~ **sampling system** *aut* információleérzékelő rendszer; ~ **saturation** *aut, szt* információtelítettség; ~ **science** informatika; ~ **separator (IS)** *szt* információelválasztó karakter, IS; ~ **sign** *közl* tájékoztató jelzőtábla; ~ **signal** *szt* hasznos jel; ~ **source** információforrás; ~ **specialist** informatikus; ~ **storage** *aut, szt* információtárolás; ~ **storage and retrieval (ISAR)** információtárolás és -visszakeresés; ~ **storage density** *aut, szt* információtárolási sűrűség; ~ **store cell** *el* információtároló rekesz; ~ **stream** *aut* információáram; ~ **supply** információkészlet; ~ **system** *aut* információrendszer; *szt* információs/válaszadó rendszer; *távk* hírközlési rendszer (modellje), hírközlési modell; ~ **technique** *aut* információtechnika; ~ **technology (IT)** *szt* információtechnológia, IT; ~ **theory (IT)** *mat, távk* információelmélet, a hírközlés matematikai elmélete; ~ **threshold** *aut, szt* információküszöb; ~ **track** információcsatorna; ~ **transfer** *szt, távk* információátvitel; ~ **transfer in remote action technics** *aut* információátvitel a telemechanikában; ~ **transmission** *aut, szt, távk* adatátvitel, információátvitel, méréseredmény-átvitel; ~ **unit** *szt* információs egység; ~ **volume** információtartalom, információmennyiség; ~ **word** *aut, szt* gépi szó; kódszó; ~**-write wire** *aut* információíró huzal

informative tájékoztató, felvilágosító; ~ **message** tájékoztató jellegű közlés; ~ **sign** *közl* tájékoztató jelzés

infra-acoustic *hang* hallásküszöb alatti, szubtonális, hallhatóság határán aluli; ~ **frequency** *hang* infrahangfrekvencia; ~ **telegraphy** *távk* beszédsáv alatti távíró

infrablack *tv* ultrafekete

infracrustal (rock) *bány* infrakrusztális

infracrystalline *ásv* kristályon belüli

infralittoral *geol* parti lerakódásokon belül fekvő; tengerszint alatti

inframundane *geol* föld színe alatt fekvő

infrangible (össze)törhetetlen

infraoligocene denudation *geol* infraoligocén denudáció

infrared (IR) I. *a fiz* infravörös, vörösön inneni; **II.** *n fiz* infravörös sugárzás; ~ **activity** *fiz* infravörös aktivitás; ~**-aimed laser** *kat* infravörös célzású lézer; ~**-aimed laser radar** *kat* infravörös (sugárzású, céltárgyra irányító) lézerradar; ~ **air-to-air missile** *kat* infravörös irányítású levegő-levegő rakétalövedék; ~ **analyser/analyzer** *aut* infravörös hibakereső készülék; ~ **analyser/analyzer of gases** infravörös gázanalizáló (készülék); ~ **angle tracker** *aut* infravörös szögkövető rendszer; ~ **angle tracking** *aut* infravörös szögkövetés; ~ **antijamming** *aut* infravörös berendezések zavarelhárítása; ~ **arrangement** *aut* infravörös berendezés; ~ **background** *aut* infravörös háttér; ~ **beacon** *aut, kat* infravörös irányadó; ~ **beam** *fiz* infravörös sugárnyaláb; ~ **beam capture** *aut* infravörössugárbefogás; ~ **beam control** *aut* infravörös-sugaras szabályozás; ~ **beam divergence** *fiz* infravörös sugár divergenciája; ~ **beam flying** *aut, rep* infravörös vezetősugaras repülés; ~ **beam follower** *kat* infravörös sugárral irányított rakéta; ~ **beam-rider control** *aut* infravörös (sugaras) irányítás; ~ **beam-rider missile** *kat* infravörös (sugaras) irányítású rakétalövedék/repülőtest; ~ **beam-riding system** *aut* infravörös sugaras irányítási rendszer; infravörös vezetősugár-rendszer; ~ **beamsplitter** *fiz* infravörössugárnyaláb-felbontó; ~ **bond defect detection system** *aut* infravörös ragasztásihiba-detektor; ~ **camera** *foto* infravörös fényképezőgép; ~ **camou-**

flage *fiz* infravörös maszkolás; ~ **communication link** *aut, távk* infravörös összeköttetés; ~ **communication system** *távk* infravörös (sugaras) távközlési/kommunikációs rendszer; ~ **decoy system** *aut, kat* infravörös csapdarendszer; ~ **detection** *aut* infravörös érzékelés; ~ **detection unit** *aut, metr* infravörös detektor, infravörössugárzás-érzékelő; ~ **detector** *aut, metr* infraérzékelő; ~ **detector cell** *aut, metr* infravörös detektorcella/érzékelőcella; ~ **diode demodulator** *el* infravörös diódademodulátor; ~ **diode detector** *aut, metr* infravörös diódás detektor; ~ **dryer/drier** *élip* infravörös szárító(berendezés); *koh* infraszárító; ~ **drying** *élip* infravörös szárítás; *koh* infraszárítás; ~ **drying stove** *élip* infravörös sugaras szárítókemence; ~ **electrical heater** *hőt* infravörös-hősugárzó, villamos hősugárzó; ~ **emanation** *fiz* infravörös sugárzás; ~ **emanator** *fiz* infravörös sugárzó forrás; ~ **emissing ability** *fiz* infravörös emittálási/sugárzási képesség; ~ **fire alarm** *aut* infravörös tűzjelző berendezés; ~ **fire control** *aut, kat* infravörös tűzvezetés; ~ **flashlight** *foto* infravörös vaku; ~ **flaw detector** *aut* infravörös hibakereső készülék; ~ **follow-up device** *aut, kat* infravörös követőkészülék; ~ **furnace** *hőt* infravörös-sugárzó kemence; ~ **gas analyzer** *aut* infravörös-gázelemző; ~ **gas heater** *hőt* infravörös-gáz(hő)sugárzó; ~ **guidance system** *aut, kat* infravörös vezetősugár-rendszer; ~ **heating** *koh* infrasugárzó fűtés; ~ **heat source** *hőt* infravörös-hősugárzó forrás; ~ **homing** *aut, kat* infravörös vezérlésű; ~ **homing action** *aut, kat* infravörös (célra)irányítás; infravörös öncélzó rendszer működése; ~ **horizont attitude** *aut* infravörös horizont helyzete; ~ **humidifier** infravörös nedvesítő; ~ **identification** *aut, kat* infravörös identifikáció; ~ **image-convertor** *aut* infravörös képátalakító; ~ **image translator** *aut* infravörös képátalakító cső; ~ **inspection** *aut* hibakeresés infravörös sugarakkal; ~ **instrumentation** *aut* infravörös műszerezés; ~ **lamp** infralámpa, infravörös sugárzó; ~ **laser (iraser)** *fiz* infravörössugár-lézer; ~ **laser light** *fiz* infravörös lézersugárzás; ~ **light** *fiz* infravörös sugárzás; ~ **light source** *fiz* infravörös sugárzó forrás; ~ **location** *aut, kat* infravörös helymeghatározás/lokáció; ~ **locator** *kat* infravörös lokátor *(helymeghatározó berendezés)*; ~ **maser** *fiz* iraser; ~ **measurement (IRM)** *metr* infravörös mérés; ~ **microscope** infravörös mikroszkóp; ~ **modulation** *távk* infravörös moduláció; ~ **navigation** *aut, kat* infravörös (sugaras) navigáció; ~ **noise level** *aut* infravörös zajszint; ~ **oven** *élip* infravörös sugaras szárítókemence; ~ **passive homing** *aut, kat* infravörös passzív (célra)irányítás; ~ **photography** *foto* infravörös fényképezés; ~ **pointing control** *aut, kat* infravörös (sugaras) iránybeállítás; ~ **polarization** *fiz* atompolarizáció; ~ **position finder** *aut, kat* infravörös lokátor; ~ **position finding** *aut, kat* infravörös helymeghatározás/lokáció; ~ **powder** *vegy* infravörösérzékeny foszforpor; ~ **proximity fuse** *aut, kat* közelítésre gyújtó infravörös szerkezet, infravörös közelségi gyújtó *(közelgyújtó)*; ~ **pulse** *aut* infravörös impulzus; ~ **pulse modulation system** *távk* impulzusmodulált infravörös rendszer; ~ **pyrometry** *metr* infravörös pirometria; ~ **radiant heater** *hőt* hősugárzó, infrahősugárzó, infravörös-hősugárzó, infrasugárzó; ~ **radiation (IR)** *fiz* infravörös sugárzás; ~ **radiation curve** *fiz* infravörös sugárzási görbe; ~ **radiator** → ~ radiant heater; ~ **range and detection equipment** *aut, kat* infravörös radar/lokátor; ~ **rangefinder** *aut, kat* infravörös távolságmérő; ~ **rapid response detector** *aut* gyors működésű infravörös detektor *(gyorsan megszólaló)*; ~ **rays** *pl fiz* infravörös sugárzás; ~ **receiving set** infravörös(sugárzás-)vevő; ~ **red homing method** *aut, kat* infravörös(sugaras) cél(ra)repülési/rárepülési módszer; ~ **red surveillance system** *aut, kat* infravörös ellenőrző rendszer; infravörös sugaras felderítő rendszer; ~ **region** *fiz* infravörös tartomány; ~ **scanner** *kat* infravörös felderítőberendezés; ~ **search apparatus** *aut, kat* infravörös felderítőkészülék/keresőkészülék; ~ **search-track set** *aut, kat* infravörös (cél)kereső és (cél)követő készülék; ~ **seeker system** *aut, kat* infravörös célrairányító rendszer; ~ **sensing element** *aut* infravörösérzékeny elem; ~ **sensing head** *aut* infravörös sugaras érzékelőfej; ~ **sensing system** *aut, kat* infravörössugárzás-érzékelő rendszer; ~**-sensitive** *fiz, vegy* infravörös sugarakra érzékeny, infraérzékeny; ~ **sensitive detector** *aut, kat* infravörösérzékeny detektor; ~ **sensitive system** *aut, kat* infravörösérzékeny rendszer; ~ **sensor** *aut* infravörös érzékelő; ~ **signal(l)ing** *aut, távk* infravörös (sugaras) (ki)jelzés; ~ **signature** *fiz, kat* hőkisugárzás; ~ **source** *fiz* infravörössugárzó forrás; ~ **spectrograph** *fiz* infravörösspektrográf; ~ **spectrography** *fiz* infravörösspektrográfia; ~ **spectrometer (IRSP)** infravörösspektrométer; ~ **spectrometer detector** *metr* infravörös-színképmérő detektor; ~ **spectrometry** *metr* infravörösspektrometria; ~ **spectrophotometer** *metr* infravörös-spektrofotométer, infravörös színképfotométer, infravörösszínkép-fénymérő; ~ **spectroscopy** *fiz, metr* infravörös-spektroszkópia; ~ **spectrum** *fiz* infravörös színkép/spektrum; ~ **star tracker system** *csill* infravörös (sugaras) csillagkövető rendszer; ~ **stove** *koh* infraszárító; ~ **suppression** *aut* infravörössugárzás-elfojtás; ~ **surveillance** *aut, kat* felderítés infravörös sugárral; ~ **surveillance equipment** *kat* infravörös felderítő berendezés; ~ **target capture** *kat* infravörös (sugaras) célbefogás; ~ **target coordinator** *aut, kat* infravörös (sugaras) célkoordinátor; ~ **telescope** *opt* infravörös távcső; ~ **tracker (IRT)** *aut, kat* infravörös (sugaras) követőberendezés; ~ **tracking** *aut, kat* infravörös (sugaras) (cél)követés; ~ **transmitter,** ~ **transmitting set** *aut, távk* infravörös adó; ~**-transparent substrate** *kat, vegy* infravörös sugárzást áteresztő hordozóréteg; ~ **two-colo(u)r detector** *aut* infravörös sugaras kétszíndetektor

infrasonic (IS) *hang* infrahang-; ~ **frequency** *hang* infrahangfrekvencia; ~ **sound** *hang* infrahang; ~ **vibrational wave** *hang* infrahang

infrasound *hang* infrahang

infrastructure *ép* alépítmény; *ép, szt* infrastruktúra; *rep* földi berendezés

infuse be(le)önt; beáztat; forráz

infusibility *vegy* (meg)olvaszthatatlanság

infusible *vegy* (meg)olvaszthatatlan, (meg)ömleszthetetlen; ~ **blanket** *vegy* nehezen olvadó réteg

infusion leforrázás; forrázat; beömlesztés; *bány, ép* belövellés; *gyógyv* infúzió

infusorial earth *geol* kovaföld, diatomaföld
ingate *koh* beöntőcsatorna; *önt* forma megvágása, rávágás; függőleges beöntőnyílás, öntőlyuk
ingenious addressing *szt* értelem szerinti címzés
ingiver machine *tex* láncbefűző gép
ingo → ingoing
ingoing I. *a* bemenő; *bány* befelé haladó *(aknától munkahely felé)*; **II.** *n ép* ajtótok, ablakkáva; belépés; falnyílás; ~ **material** *ip* kiinduló anyag, nyersanyag; ~ **press** hengersor adagoló berendezése
ingot nemesfémrúd; *koh* folytacél; ingot; öntecs, tuskó, öntvény, buga; ~ **bar** *koh* tuskó, cipó; ~ **bay** *koh* öntecsraktár; ~ **bleeding** *koh* folyékony fém kitörése az öntecsből; ~ **breaker** *koh* tömbtörő, cipótörő; törőmű; ~ **buggy** *koh* öntecsszállító/tuskószállító kocsi; ~ **buggy track** *koh* öntecsszállító kocsi pályája; ~ **carrier** *koh* öntecsszállító kocsi; ~ **casting** *koh* tömböntés; tuskóöntés; ~ **casting bay** *koh* öntőcsarnok öntecsrészlege; ~ **casting platform** *koh* öntecsöntő padozat; ~ **cast steel** *koh* folytacél; ~ **chair-tilting frame** *koh* öntecsszállító kocsi billentő kerete; ~ **charging** *koh* tuskóberakás; ~ **chill** *koh* kokilla; ~ **conditioning** *koh* tuskókikészítés; ~ **cooling can** *koh* öntecshűtő kamra; ~ **copper** nyersréz; ~ **cracking** *koh* öntecs repedezettsége; ~ **crane** → ~ drawing crane; ~ **crop end** *koh* az öntecs holtfej vége; ~ **crusher** → ~ breaker; ~ **(cutter) lathe** *koh* tuskóhántoló pad; ~ **dogs** *pl koh* tuskófogó; ~ **drawing crane** *koh* mélykemencedaru; öntecsszállító/bugakiemelő/öntecslehúzó daru; ~ **feed lock** *koh* öntecsadagoló tolózár; ~**-forming equipment** *koh* öntecsalakító berendezés; ~ **foundry** *koh* tuskóöntöde; ~ **freezing** *koh* öntecsdermedés; ~ **gold** aranyrúd; ~ **gripper** *koh* öntecsfogó; ~ **head** *koh* öntecsfej; ~ **iron** *koh* armco-vas; műszakilag tiszta vas; ~ **lathe** *forg* öntecshántoló eszterga; ~ **metal** *koh* öntecsfém; ~**-milling machine** *koh* tuskó-melegmarózó gép; tuskómaró gép; ~ **mo(u)ld** *koh* (öntecs)kokilla; acélműi kokilla; ~ **mo(u)ld bay** *koh* kokillacsarnok; ~ **mo(u)ld blackening** *koh* kokillamáz; ~ **mo(u)ld bottom plate** *koh* alaplap; kokilla fenéklapja; ~ **mo(u)ld cleaning** *koh* kokillatisztítás; ~ **mo(u)ld coating** *koh* kokillalakk; kokillamáz; ~ **mo(u)ld conveyor** *koh* öntőforma-szállítómű; ~ **mo(u)ld scrap** *koh* kokillatöredék; ~ **mo(u)ld varnish** *koh* kokillalakk; ~ **peeling** *koh* tuskóhántolás; ~ **piping** *koh* öntecs lunkeresedése; ~ **pit** *koh* öntecshevítő akna; ~ **pusher** *koh* bugakitoló; ~ **receiving table** *koh* öntecsfogadó görgőjárat; ~ **run** *koh* pálya öntecsszállító kocsihoz; ~ **sampling** *koh* mintavétel öntecsből; ~ **scales** *pl koh* öntecsmérleg; ~ **scalping** *koh* tuskóhántolás; ~ **shears** *pl koh* bugaolló, blokkolló; ~ **shell** *koh* öntecskéreg; ~ **skin** *koh* tuskókéreg; ~**-slab mill** *koh* blokk-brammasor; ~**-slab-mill stand** *koh* blokkbramma-hengerállvány; ~ **slab mo(u)ld** *koh* öntőforma lemezbugák öntéséhez; ~**-slicing machine** *koh* öntecsleszúró gép; ~ **solidification** *koh* öntecsdermedés; ~ **steel** *koh* folytacél; ~ **steel-pipe** folytacél cső; ~ **stirrup** *koh* öntecsfogó; ~**-storing bay** *koh* öntecsraktár; ~ **stripper** *koh* öntecslehúzó; ~ **structure** *koh* öntecsszerkezet; ~ **suitable for rolling** *heng* rúdbuga, hengertuskó; ~ **tilter/tipper** *koh* blokksori manipulátor; tuskóbuktató; tuskófektető; ~ **tongs** *pl koh* öntecsfogó, tuskófogó; ~ **tons** *koh* nyersacéltermelés; ~ **transfer car** *koh* tuskószállító kocsi; ~ **truck** *heng* bugakocsi; ~ **tumbler** *koh* öntecsbuktató; ~ **turning device** *koh* öntecsforgató készülék; ~ **yard** *koh* öntecsraktár; ~ **yield** *koh* előállított öntecsmennyiség
ingoting *koh* tömböntés
ingrain I. *v tex* színtartóan fest; tartósít, fixál *(festést)*; **II.** *a tex* lazán színezett *(gyapjú)*; **III.** *n pa* színes papír; ~ **carpet** *tex* kettős szőnyeg; ~ **colo(u)r** *tex* diazofesték; ~ **dye** *tex* szálon előhívott színezék; ~ **hosiery** *tex* fonalban színezett kötött-hurkolt áru
ingrained *ásv* homokkristályos; ~ **paper** *pa* színes papír
ingredient adalék, alkotó(rész); hozzávaló, kellék; keverék alkatrész; tartozék; *élip* ízesítő; járulékos anyag; *gumi* töltőanyag; *gyógyv* hatóanyag; *koh* alkotó; *műa* ingrediens
ingress I. *v kat* behatol; *rep* belép, beszáll; **II.** *n* beáramlás; bejárás *(munkahelyre)*; belépés; *geol* behatolás; ingresszió; *gépk* bejárás; *ol* elárasztás; ~ **of water** *ol* elvizesedés
inguiding tongue *vasút* vezetősín *(váltóé)*
inhabitant equivalent *környv* lakosegyenérték
inhalant I. *a* belégző; belégzés céljait szolgáló; **II.** *n gyógyv* belégző anyag/készülék; inhalálószer
inhalation *at* belégzés útján történő beépülés; *gyógyv* belehelés, beszívás; belélegzés, inhalálás; ~ **hose** *bány* belégzőtömlő; ~ **resistance** *bány* belégzési ellenállás; ~ **toxicity** *környv* inhalációs toxicitás; ~ **valve** *bány* belégzőszelep
inhale beszív, belehel, belélegzik
inhaler belégző/légtisztító/inhaláló készülék; respirátor
inharmonious *hang* diszharmonikus, nem összhangzó
inhaul(er) *hajó* vitorlabevonó kötés, levonókötél
inhaust *pa* beszív, hozzászív
inhere benne van, benne rejlik, hozzátartozik; magában foglal
inherence hozzátartozandóság, összetartozás; velejárás; bennerejlés
inherent benne rejlő; hozzá tartozó; inherens; elválaszthatatlan; *el* jellemző *(feszültségváltozás)*; ~ **ash** *bány* kötött hamu; ~ **bias** *el* elháríthatatlan hiba; ~ **capacitance** *el* önkapacitás, saját kapacitás; ~ **colo(u)r** sajátszín; ~ **control** *aut* belső szabályozás, önszabályozás; ~ **distortion** *távk* sajáttorzítás; ~ **emulsion sensitivity** *foto* emulzió saját fényérzékenysége; ~ **feedback** *aut, el* belső visszacsatolás/visszavezetés; ~ **filtration** *at* sajátszűrés; *sug* természetes/belső szűr(őd)és/szivárgás; ~ **flexibility** belső rugalmasság; ~ **frequency** *el* sajátfrekvencia; ~ **hardenability** *any* velejáró edzhetőség; ~ **instability** *távk* rezgési hajlam; ~ **large signal beta** *el* inherens nagy jelű béta; ~ **losses** *pl fiz* sajátveszteség; ~ **memory** *szt* beépített tároló; ~ **moisture** szervi nedvesség; ~ **noise** *rád* sajátzaj, háttérzaj; ~ **noise level** *rád* önzajszint; ~ **overheating protection** *aut* belső túlmelegedési védelem; ~ **proportional band** *aut* belső arányossági tartomány; ~ **regulation** *aut* belső/inherens szabályozás, önbeállás, önszabályozás; ~ **regulation rate** *aut* önszabályozási sebesség; ~ **reliability** velejáró megbízhatóság; ~ **resistance** *el* belső ellenállás; ~ **restriking voltage** *el* kör berezgési feszültsége; ~ **stability** *mech* dinamikus/strukturális *v.* benne rejlő sta-

bilitás, eleve stabil jelleg; ~ **value of the forward current ratio** *el* inherens nagyjelű béta; ~ **vice** rejtett hiba; ~ **viscosity** *műa* sajátviszkozitás; ~ **weakness failure** rejtett meghibásodás

inherently unstable *mech* strukturálisan/szerkezetileg labilis

inheritance hierarchy *szt* öröklési hierarchia

inherited error *szt* örökölt hiba

inhibit I. *v* (meg)akadályoz; (meg)gátol, késleltet; felfüggeszt; *műa* inhibitál; *szt* tilt; **II.** *n szt* tiltás; ~ **driver circuit** *aut* tiltójelkeltő áramkör; ~ **line** *szt* letiltó vonal; ~ **pulse** *aut* tiltóimpulzus; tiltójel; ~ **signal** *szt* tiltójel; ~ **wire** lezáró huzal

inhibited | **engine** konzervált motor; ~ **oil** *vegy* oxidációgátló adalékanyagot tartalmazó olaj

inhibiting | **action** *aut* inhibitorhatás; ~ **circuit** *aut* lezáró áramkör; ~ **corrosion** *vegy* korróziógátló; ~ **input** *aut* tiltójel; ~ **matter** *környv* inhibitor; ~ **signal** *szt* tiltójel

inhibition tilalom; inhibíció; (meg)akadályozás, (meg)gátlás; késleltetés; *szt* tiltás; ~ **of corrosion** *vegy* korrózió meggátlása, passziválás; ~ **of selfoscillations** *aut* önrezgések/önlengések elnyomása

inhibitive akadályozó, gátló

inhibitor *vegy* gátló(szer), késleltető(szer); inhibitor; ~ **circuit** *aut* inhibitorkör, gátló(áram)kör; ~ **injector** *ol* inhibitoradagoló; ~ **of firedamp explosion** *bány* sújtólégrobbanást fékező szer

inhibitory | **action** *aut* inhibitorhatás, inhibíció, tiltó hatás; ~ **gate** *szt* tiltó elem, inhibitor, NEM-ÉS kapu; ~ **substance** *vegy* védőanyag

in-hole shooting *bány* lyukrobbantás

inhomogeneity heterogenitás

inhomogeneous heterogén, inhomogén, nem egynemű; ~ **differential equation** *mat* inhomogén (lineáris) differenciálegyenlet; ~ **field** *el* inhomogén erőtér; ~ **glide** *geol* inhomogén csuszamlás; ~ **integral equation** *mat* inhomogén (lineáris) integrálegyenlet; ~ **linear differential equation** *mat* inhomogén (lineáris) differenciálegyenlet; ~ **linear integral equation** *mat* inhomogén (lineáris) integrálegyenlet; ~ **material** *mech* inhomogén anyag; ~ **medium** *fiz* inhomogén közeg; ~ **process of events** *aut* inhomogén folyamat; ~ **reservoir** *ol* heterogén tároló(kőzet)

inhour *at* inverz óra

in-house házon/cégen/vállalaton belüli; belső; házi; ~ **environment** üzemi/munkahelyi klíma; ~ **line** *szt* házi vonal; ~ **system** *szt* házi rendszer

INI → initialize

initial I. *v* kézjegyével ellát, láttamoz, szignál; **II.** *a* kezdeti, kezdő, első; kiinduló; (ki)indulási; kezdeti, kezdő, kiinduló; **III.** *n* kezdőhang; iniciálé; *nyom* kezdőbetű; ~ **address** *szt* kezdő cím, kulcscím; ~ **age** kezdeti élettartam; ~ **air traffic control center** *rep* a felszállás légiforgalmi irányító központja; ~ **angle** *kat* vetőszög; ~ **approach (IAP)** *rep* kezdeti megközelítés; rárepülés; ~ **approach area** *rep* kezdeti megközelítési légtér; távoli bevezető légtér; ~ **approach fix (IAF)** *rep* kezdeti megközelítési vonatkozási pont; ~ **approach path** *rep* kezdeti megközelítési pálya; ~ **boiling point (IBP)** desztilláció kezdő hőmérséklete; ~ **call-up** *rep* kezdeti hívás/felhívás; ~ **capacitance** *el* kezdőkapacitás; ~ **card** *szt* kezdő kártya; ~ **charge** kezdő feltörés; *bány* iniciáló töltet; *el* első töltés *(telepé)*; kezdőtöltés; kiindulási/kezdeti/eredeti terhelés; ~ **clearance** *rep* előzetes engedély; ~ **climb speed** *rep* kezdeti emelkedési sebesség; ~ **command** *szt* kezdő utasítás; ~ **compactness** *geol* kezdeti tömörség; ~ **compression** *mech* kezdeti nyomófeszültség; ~ **concentration** *vegy* kezdeti koncentráció; ~ **condition mode** *szt* kezdeti feltételt beállító üzemmód; ~ **conditions** kezdeti feltételek; *koh* kezdeti feltételek; ~ **constellation** *at* kritikus molekuláris állapot; ~ **contact** *rep* kezdeti összeköttetés; ~ **cost** beruházás(i költség); befektetési költség; ~ **creep** primer folyás, lassú alakváltozás; ~ **crookedness** *any* kezdeti görbeség; ~ **cross-section** *any* kiindulási hatásos keresztmetszet; ~ **current** *el* indulóáram, indítóáram, bekapcsolási áram; kezdeti (zárlati) áram; ~ **current of emission** *el* induló/kezdeti áram, maradékáram; ~ **curve** *el* első mágnesezési görbe, mágnesezési szűzgörbe; ~ **cut** *bány* betörés; ~ **cycle ratio** kezdeti ciklusviszonyszám; ~ **data** kezdeti értékek; kezdőadatok; *rep* kiindulási adatok; ~ **deep drawing** *koh* előhúzás; ~ **descent clearance** *rep* előzetes süllyedési engedély; ~ **displacement** kezdeti zavarás; *rep* kezdeti elmozdulás; ~ **drawing** *koh* előhúzás; ~ **error** kezdeti hiba; ~ **failure** kezdeti kiesés/hiba; törés kezdete *(tartószerkezetnél)*; ~ **fuel mass** *at* kezdeti fűtőanyagtömeg; ~ **gel point/strength** *ol* folyási határ; ~ **heating** előmelegítés; ~ **impulse** *bány* indító impulzus; ~ **inductance** *el* kezdő/indító induktív ellenállás; ~ **information** *mat* kezdeti értékek; ~ **instructions** *szt* kezdőutasítások; ~ **letter** *nyom* nagybetű; ~ **level** *geod* kiindulási szint/magasság; ~ **load** *mech* kezdeti terhelés, előterhelés; ~ **magnetic permeability** *el* kezdeti permeabilitás; ~ **mass** *mech* indítási tömeg; ~ **material** *ip* alapanyag; kiindulóanyag; ~ **melting temperature** *fiz, koh* kezdeti olvadási hőmérséklet; ~ **modulus** *any* kezdeti modulusz; ~ **notification** *rep* kiinduló bejelentés; ~ **nuclear radiation** *at* áthatoló sugárzás; ~ **objective** *kat* közelebbi feladat; ~ **order** *aut, szt* kezdő utasítás; ~ **output** *ol* kezdeti termelés, kezdeti hozam; ~ **overlap angle** *félv* kezdeti fedési szög; ~ **parameter** kezdőparaméter; ~ **particle** *at* eredeti/kezdeti részecske; ~ **pass** *koh* csapolás; ~**-pass section** *heng* kezdő hengerüreg; ~ **permeability** *el* kezdeti permeabilitás; ~ **phase** bevezető szakasz; ~ **point** *mat* kezdőpont, origó; támadási pont *(vektoré)*; ~ **position** alapállás; ~ **precipitation** *met* elsődleges csapadék; ~ **pressure** *ol, vegy* kezdő nyomás; ~ **prestressing** *ép* kezdeti előfeszültség *(feszített betonszerkezetekben)*; ~ **production** *ol* kezdeti hozam/termelés; ~ **program loader (IPL)** *szt* elsődleges töltőprogram, IPL; ~ **rate of climb (IRC)** *rep* kezdeti emelkedési sebesség; ~ **reactant** *ip* nyersanyag, kiindulási anyag; ~ **reaction rate** *vegy* kezdeti reakciósebesség; ~ **resistance** *el* kezdeti/kiindulási ellenállás, indítóellenállás; ~ **running** *gép* bemelegítés; *rep* hajtómű bemelegítése; ~ **set** *ép* kötés kezdete; ~ **setting time** *ol* cementkötés kezdeti ideje; ~ **shock wave** *bány* iniciáló lökéshullám; ~ **slope** *any* szakítási görbe főszakaszának hajlásszöge; ~ **speed** *mech* kezdősebesség; ~ **stability** *hajó* kezdeti stabilitás; ~ **stage** kezdeti fázis/stádium; ~ **state** *aut* kezdőállapot, kezdeti állapot; ~ **strength** *any, műa* eredeti szilárdság *(igénybevételi vizsgálatnál)*; ~ **stress** *mech* kezdeti feszültség/igénybevétel; ~ **strike** *kat* első csapás; ~ **subword** *nyom* szókezdő részszó; ~ **symbol** *nyom, szt* kezdőjel, kezdőszimbólum; ~ **task** *ép, gép* felvonulás *(szereléshez)*; ~ **taxi clearance** *rep* előzetes gurulási engedély; ~ **temperature of rolling** *koh* hengerlés kezdő hőmérséklete; ~ **tension** *mech* kezdeti húzófeszültség/húzás; ~ **term** *mat* első tag, kezdőtag; ~ **test flight** *rep* berepülés; első próbarepülés; ~ **theorem** *mat* kezdetiérték-elmélet; ~ **thickening time** *ol* cementkötés kezdeti ideje; ~ **thickness** *koh* kiinduló vastagság; ~ **time delay gap** *aut* időkésésretesz; ~ **transconductance** *el* indulási meredekség; ~ **transient** *aut* berezgés; ~ **vacuum** kezdeti vákuum, elővákuum; ~ **value** kiindulási/kezdeti érték; *szt* kiindulási érték, kezdőérték; ~ **value of a parameter** paraméter alapértéke; ~**-value problem** *mat* kezdetiérték-probléma, Cauchy-feladat, kezdetiérték-feladat; ~**-value theorem** *mat* kezdetiérték-tétel; ~ **velocity** *mech* kezdősebesség; kilépési sebesség; ~ **voltage** *el* indulófeszültség; ~ **voltage on charge** *el* kezdeti töltőáram; ~ **watertable** *ol* nyugalmi vízszint; ~ **yield load** *bány* előfeszítési terhelés

initialization *szt* inicializálás, indulási állapot beállítása; ~ **macros** *pl szt* kezdő makroutasítás

initialize (INI) *szt* inicializál, kezdőértékkel ellát, alaphelyzetet beállít

initializing program *szt* bevezető program

initiate megindít, kezd(eményez); elkezd

initiating | agent *kat* csappantyúelegy; ~ **cap** *kat* detonátor; ~ **charge** *bány* alaptöltet; indító töltet; ~ **composition** *bány* gyújtóelegy; ~ **electrode** *el* vezérlőelektród; ~ **electron** *el* primérelektron; ~ **explosive** *bány* iniciáló robbanóanyag; ~ **power** *bány* iniciálóképesség; ~ **pulse** *aut* kioldóimpulzus, indítóimpulzus, triggerimpulzus; ~ **reaction** *vegy* startreakció; ~ **relay** *aut* indító relé *(védelemben)*; ~ **the chain** *at, aut* láncindító reakció, primer aktus; ~ **unit** *aut* indítóegység

initiation indukálás, előidézés, kiváltás, indítás; láncindítás *(startreakció iniciálás)*; *bány* iniciálás; *műa* iniciálás, kezdő reakció; ~**-control device** *távk* indító-vezérlő berendezés; ~ **of chain** *aut* láncindító reakció, primer aktus; ~ **sensitivity** *bány* robbanóanyag indítási érzékenysége

initiator *kat* gyújtó, iniciáló gyutacs; *műa* iniciátor; *szt* kezdő; *vegy* indítóanyag *(láncreakcióhoz)*

inject *ép* befecskendez; belövell; injektál; *gépk* befecskendez; *műa* fröccsönt

injected | body *geol* betüremlett anyag; ~ **curtain-wall** *ép* injektált (záró)függöny-fal; ~ **gas** *ol* visszanyomott *v.* rétegbe benyomott gáz; ~ **particle** injektált/belövellt részecske

injecting I. *a bány, ép* belövellő; **II.** *n* besajtolás; injektálás, befecskendezés; *bány, ép* belövellés; injektálás; ~ **nozzle** *gépk* befecskendező fúvóka, porlasztó; ~ **pipe** *alak* sajtolócső

injection belövés, injektálás; befecskendezés; befúvás; *bány* injekció; injektálás; *bány, ép* belövellés; *geol, gyógyv* injekció; *hidr, ol* besajtolás; *koh* befúvatás; lövés; *műa* fröccsöntési folyamat; ~**-advance lever** *gép(k)* előbefecskendezés-szabályozó kar; ~ **amplifier** *el* félvezető erősítő; ~ **apron** *talt* vízzáró függöny, kötény *(vízzáráshoz)*; ~ **blow mo(u)lding** *műa* fröccsöntött előforma fúvása; ~ **capacity** *műa* shot capacity; ~ **casting** *koh* nyomásos öntés, nyomásos öntéssel készült öntvény; ~ **circuit** *távk* keverőkör; ~ **cock** befecskendező csap; *gépk* fúvófej; ~ **condenser** *hőt* keverő kondenzátor; ~ **contact** injektáló határréteg; ~ **cure** *élip* gyorspácolás; ~ **current** *félv* injekciós áram; ~ **cycle** *ol* besajtolási ciklus; ~ **cylinder** *műa* fröccshenger; ~ **die** *műa* fröccsöntő forma; ~ **efficiency** *félv* emitterhatásfok; ~ **energy** *at* bevezetési/injektálási energia; ~ **equipment** injektálóberendezés; ~ **factor** injekciós tényező; ~ **fluid solution** *bány* injektáló oldat; ~ **gas breakthrough** *ol* gázelőresiklás; ~ **grid** *el* keverőrács; ~ **grout** *bány* injektáló habarcs; ~ **head** *mzg* permetezőfej; szórófej; ~ **hole** *bány* tömítőfúrés; ~ **installation** *ép* injektálóberendezés; ~ **jet** *bány* befecskendező berendezés; ~ **lance** *koh* lándzsa; ~ **laser diode** *fiz* belövellő/félvezető/injekciós lézerdióda; ~ **laser junction** *fiz* félvezetős lézer átmenete; ~ **lead** *geol* injekciós telér; ~ **line** nyomócső; ~**-locked magnetron** *aut* behúzással stabilizált magnetron; ~ **logic** *mat* injektáló logika; ~ **machine** *műa* fröccsöntőgép; ~**-metamorphosis** *krist* injekciós metamorfózis; ~ **mo(u)ld** *műa* fröccs(öntő)szerszám/öntőforma; ~**-mo(u)lded** *műa* fröccsöntött, fröccsöntésű; ~ **mo(u)lding** *műa* fröccsöntés, fröccsölés; fröccsöntő; ~**-mo(u)lding composition/compound** *műa* fröccsanyag; ~**-mo(u)lding machine** *műa* fröccsgép, fröccsöntőgép; ~**-mo(u)lding technique** *műa* fröccsöntési eljárás; ~ **nozzle** *gépk* befecskendező fúvóka, porlasztó; ~ **of (minority) carriers** *félv* injektálás *(kisebbségi töltéshordozóké)*; ~ **of mortar** *ép* cementhabarcs injektálása; ~ **of water** *ol* vízvisszanyomás; ~ **operation** *műa* fröccsöntés; ~ **pipe** befecskendező cső; *alak* sajtolócső; ~ **plant** injektálóberendezés; ~ **plunger** *műa* fröccsdugattyú; ~ **press** *műa* fröccsöntőgép; ~ **pressure** *műa* fröccsnyomás; *ol* besajtolási nyomás; ~ **property** *műa* fröccsönthetőség; ~ **pump** *alak* sajtolószivattyú; *gépk* üzemanyag-befecskendező szivattyú; *hidr* tápszivattyú; *ol* adagolószivattyú; ~ **pump station** *ol* szivattyúállomás; ~ **ram** *műa* fröccsdugattyú; ~ **rate** *ol* besajtolási sebesség; ~ **shot** → ~ operation; ~ **system** *ol* besajtolási rendszer; ~ **timing** *gépk* befecskendezés vezérlése; ~**-timing housing** *gépk* előbefecskendezés önműködő szabályozójának háza; ~**-timing sleeve** *gépk* előbefecskendező szabályozóhüvely; ~ **transistor** *félv* bipoláris tranzisztor; ~**-type engine** *gépk* tüzelőanyag-befecskendezéses motor; ~ **valve** → injector; ~**-valve tester** *gépk* porlasztóvizsgáló *(dízelporlasztók vizsgálatára)*; ~ **vein** *geol* injekciós telér; ~ **water** *vegy* kondenzvíz; ~ **well** *ol* besajtolókút

injective homomorphism *mat* monomorfizmus

injectivity injektivitás, elnyelési képesség; ~ **(factor)** *ol* elnyelési tényező; ~ **index** *ol* injektivitási index

injector fecskendő, befecskendező fúvóka; injektor; lövettyű, sugárszivattyú, sugárfecskendő, befecskendező; *gépk, rep* porlasztó *(dízel)*; ~ **blowpipe** kisnyomású égő; ~ **body** lövettyűház; ~**-case retainer** *gépk* fúvókaperem; ~ **cutting torch** *heg* injektoros vágópisztoly; ~**-driven-type wind tunnel** *rep* injektor típusú szélcsatorna; ~ **flowmeter** *ol* izotópos áramlásmérő; ~ **holder** *gépk* porlasztótartó; ~ **mixer** keverő lövettyű; ~ **needle** *gépk* fúvókatű; ~ **nozzle** *gépk* befecskendező fúvóka, porlasztó; ~ **pin** → ~

needle; ~ **pipe** *bány* sugárcső; *hidr* szórócső; ~ **transformer** *el* póttranszformátor, feszültségnövelő (auto)transzformátor; ~**-type mill** *bány* sugármalom
injured by snow *fa* hónyomást kapott, hótól sérült
injurious káros, ártalmas; ~ **impurity** káros szennyeződés
injury károsodás, sérelem; sértés; sérülés
ink I. *v* tintával megjelöl, betintáz; *nyom* nyomdafestékkel beken, festékez *(labdát, tampont)*; **II.** *n* tinta; *foto* fekete (színérzékeny) festék; ~**-blot** tintafolt; ~**-blue** *vegy* tisztakék; ~ **colo(u)r** tintafesték; ~ **cushion** bélyegzőpárna; ~ **drawing** tusrajz, kihúzott rajz; ~**-ductor roller** *nyom* festékezőhenger; ~ **eraser** *vegy* tintaeltávolító; ~**-floating test** *pa* tintaúszópróba; ~ **for marking linen** *tex* vegytinta; ~**-form roller** *nyom* festékezőhenger; ~**-fountain roller** *nyom* festékvályúhenger; ~ **in** *v* kihúz *(rajzot)*; tussal kirajzol; ~ **jet printer** *szt* festéksugaras nyomtató; ~**-line test** *pa* tintavonalpróba; ~ **pad** bélyegzőpárna; festékpárna; ~ **pipe** *távk* írócső; ~ **recorder** *rád, távk* tintaíró; ~ **temperature** színhőmérséklet; ~**-trough** *nyom* festékvályú; *távb* festéktartó; ~**-tub** *nyom* festékvályú; ~**-vapo(u)r recorder** *távk* tintaporlasztásos fénytávíró felvevő készülék; ~**-vapo(u)r recording** *aut* tintasugaras regisztrálás; ~**-wheel recorder** *távb* festékkorongos írógép; kékíró; ~ **writer** *távb* tintaíró, kékíró
INKA-type aeration *hidr* INKA-rendszerű levegőztetés
inker festékíró; *nyom* festékezőhenger; *rád, távk* kékíró; *távb* betűs vevőkészülék
inkhorn tintatartó
inkies *foto* izzólámpás műtermi reflektorok
inking *cipő* befeketítés *(talpé, talpszélé)*; *nyom* festékezés; ~ **ribbon** festékes írógépszalag; ~ **roller** *pa* felhordó henger; ~**-wheel support** *nyom* írókeréktartó kar
inkle loom *tex* szalagszövő gép
inkometer *metr* festékviszkozitás-mérő műszer
inkstand tintatartó
inkstone *ásv* ásványi vasgálic, melanterit; *nyom* festékező asztal
inkwell tintatartó; ~ **influence** *metr* festékszinthatás
inky (korom)fekete; festékes; tintás
inlaid berakásos, berakott; *ép* mozaik-; parkettes; *fa* berakásos, fabetétes; intarziás; ~ **floor(ing)** *ép* mozaikpadló, cementlappadló; ~ **lock** *ép* bevésett zár *(ajtókivágásban)*; ~ **pieces** *pl ép* mozaik; ~**-tile flooring** *ép* cserépberakásos padló; ~ **work** berakásos munka
inland az ország belseje, belföld; ~ **basin** *bány* belső medence; ~ **canal** *hidr* hajócsatorna; ~ **communication** *közl, vasút* belföldi közlekedés/forgalom; ~ **drainage** *bány* belvízvédelem; ~ **dune** *geol* futóhomokbucka; ~ **harbo(u)r** *hajó* belvízi kikötő; ~ **ice** *geol* szárazföldi jég(mező); ~ **navigation** *hajó* belvízi hajózás; ~ **sea** *geol* beltenger; ~ **traffic** *közl, távb* belföldi forgalom; ~ **vessel** *hajó* belvízi hajó; ~ **water** *környv* belvíz; ~ **water drilling** *ol* belvízi fúrás; ~ **water transport** *hajó* folyami hajózás; ~ **waterway (IWW)** *hajó* belvízi út
inlay I. *v* beilleszt, berak, betöm; elhelyez; *fa* berakással díszít; intarziát készít; **II.** *n* berakás; *fa* (fa)berakás, intarzia; *műa* fémbetét; *nyom* beillesztés; kötési táblára alkalmazott díszítés; *tv* trükkbekeverés, rákeverés; trükkbetét; ~ **hammer** *fa* intarziakészítő kalapács; ~ **pattern** *tex* színoldali hurok berajzolása mintába
inlaying | **of floors** *ép* parkettlerakás; ~**saw** *fa* lombfűrész
inleakage rate *vák* húzósság
inleaked air *koh* hamis huzat/levegő
inlet I. *a hidr* bebocsátó; befolyó, bemenő, beömlő; beszívó; **II.** *n* belépés, belépő/bemeneti nyílás; *hidr* bemenet; beömlés; beszívás; beszívónyílás; bevezető csőcsatlakozás; *hőt* bebocsátás, bebocsátónyílás *(gőzé)*; *koh* bevezetés; *műa* felöntés; *pa* anyagfelfutó; *rep* bemenet, bemenő nyílás; ~ **air** *bány* bejövő levegő; ~ **air temperature** *rep* bemenő levegő hőmérséklete; ~ **angle** bemeneti szög; ~ **bell mouth** *hidr* szívószáj; ~ **blade** bemenőlapát; ~ **box** *élip* beömlőkamra; ~ **branch** *gép* szívócsonk; *hidr* szívószáj; ~ **bush** *el* bevezetőszigetelő, bevezetőhüvely; ~ **cam** *gépk* szívóbütyök, szívószelep-vezérlő bütyök; ~ **camshaft** *gépk* szívószelep-vezérlő bütyköstengely; ~**-ceiling fitting** *el* süllyesztett mennyezeti szerelvény; ~ **chamber** *gép* szívókamra, szívótér; ~ **compressor stages** *rep* kompresszor bemenő fokozatai; ~ **connection** *hidr* bemenőcsőcsonk; ~**-controlled water heater** *hidr* gázvízmelegítő, átfolyós vízmelegítő; ~ **culvert** *hidr* bebocsátó csatorna/csőfej *(szivattyúé)*; ~ **duct** *gép* beömlőcsatorna; ~ **edge** *hőt* belépőél; ~ **elbow** *hidr* szívó csőkönyök; ~ **end** *hidr* befolyási tér; ~ **fan** *szell* bemenőventilátor; ~ **filter** *gép* bemenőszűrő, belépőszűrő; ~ **fitting** *koh* bevezető; ~ **for inflating** *gépk* töltőnyílás *(tömlőn)*; ~ **funnel** *el* bevezetőpipa; *gép* bemenőnyílás, beömlőnyílás; ~ **gas** *vegy* belépőgáz; ~**-gear rod** *gépk* szívószelep-vezérlő rúd; ~ **grill** *szell* szellőzőrács; ~ **guide vane** *rep* bemeneti álló terelőlapát; ~ **head** *gép, hidr* beömlőfej, bevezetés; ~ **inner home-signal** *hajó, vasút* bejárati szabad jelzés; ~ **limits** *környv* bevezetési határértékek; ~ **line** *hidr* szívócsővezeték; ~ **manifold** *gépk* elágazó szívócső; *hidr* beömlő fővezeték; ~ **nozzle** *gépk* befecskendező fúvóka, porlasztó; ~ **opening** *gépk, hidr* szívónyílás, beömlőnyílás; ~ **orifice** *gépk, hidr* szívónyílás; ~ **pipe** *gép* beeresztőcső, beömlőcső; *hidr* szívócső; ~ **piping** *gépk* szívócsővezeték; ~ **port** *gépk, hidr* beömlőnyílás; szívócsatorna; szívónyílás; ~ **pressure** *hidr* szívónyomás; *vák* belépőnyomás, (bemeneti) szívóoldali nyomás; ~ **pressure recovery** *rep* nyomásnövekedés a beömlőnyílásban; ~**-rose box/head** *hidr* szívókosár; ~ **screen** *gép* szűrőszita; ~ **shock wave** *rep* bemeneti lökéshullám; ~ **side** *gépk, hőt* szívóoldal; ~ **signal** *vasút* szabad jelzés; ~ **sluice** *hidr* turbinazsilip, beeresztőzsilip; ~ **space (of the settling tank)** *hidr* befolyási tér; ~ **standards** *környv* bevezetési határértékek; ~ **stroke** *gépk* beömlési ütem; szívólöket; szívóütem; ~ **temperature** *hőt* belépő/bemeneti hőmérséklet; ~ **throat** *rep* szívótorok; ~ **tube** szívócső; *hidr* bevezetőcső; ~ **tubing** *hidr* szívócsővezeték; ~ **valve** *gépk, hidr* beömlőszelep; gázbeeresztő szelep; szívószelep; ~**-valve needle** *gépk* úszótű, tűszelep; ~**-valve seat** *hidr* szívószelepülés; ~**-valve spring** *hidr* szívószeleprugó; ~ **velocity** *hidr* beömlősebesség; *koh* belépési sebesség; belépősebesség; ~ **wedge** *rep* központi éktestes légbeszívó; ~ **well** *ol* visszanyomó

kút, benyomókút, injektálókút; ~ **work** *hidr* vízkivételi mű

inlier *geol* idegen kőzetsáv; kibúvás fiatalabb kőzetrétegek között

in-line egy vonalban lévő; *rep* sorban; ~ **code** *aut* belső kód; ~ **colo(u)r picture tube** *tv* in-line képcső; ~ **combustion chamber** *rep* tengely menti égéskamra; ~ **computing** *szt* számítás az adatok beérkezési ütemében; ~ **cutter** *pa* hossz- és keresztvágó; ~ **cutter-slitter** *pa* hossz- és keresztvágó; ~ **engine** *gépk* soros motor; ~ **exhaust sytem** szivattyúsor; ~ **form** *gépk* soros elrendezés *(hengereké)*; ~ **heat treatment** *hők* folyamatrendszerű hőkezelés; ~ **installation** *ép* soros elrendezésű betongyár; ~ **processing** *szt* valós idejű feldolgozás; ~ **production** *ip* sorozatgyártás futószalagon; ~ **silos** *pl mzg* silósor; ~ **slitter** *pa* hossz- és keresztvágó

inmiscible *vegy* elegyíthetetlen, nem keveredő

innavigable nem hajózható *(folyó)*

inner belső, belül lévő; ~ **anhydride** *biot* belső anhidrid, molekulán belüli anhidrid; ~ **aperture** *fa* belső nyílás; ~ **bar** *ép* harántgerenda; *vasút* belső heveder; ~ **bark** *fa* háncs, benőtt kéreg; ~ **bearing** *gép* belső csapágy; ~ **body** *rep* központi test; ~ **book** *nyom* könyvtest, könyvtömb; ~ **bottom (IB)** *hajó* belső fenék; ~ **breadth** belvilág; ~ **bremsstrahlung** *at* belső fékezési sugárzás; ~ **calibre/caliber** *hidr, szersz* belső átmérő, belvilág; ~ **care** *bány* belső mag; ~ **casing** *rep* belső burkolat; ~**-cell jar** *el* galvánelem belső pohara; ~ **circle** *mat* belső/beírt kör; ~ **cocking-lever** *kat* belső elsütőszerkezet-felhúzókar; ~ **conductor** *el* belső vezeték; középső ér/vezető; nullavezeték; ~ **cone** *gép* belső kúp; *rep* reaktív fúvóka kúpja; ~ **conversion** *at* belső konverzió; ~**-cooled** *hőt* belső hűtésű; ~ **crucible** *koh* olvadóhát *(nagyolvasztóban)*; ~ **dead-centre/center** *mech* belső/alsó holtpont; ~ **diameter** *hidr, szersz* belső átmérő, belvilág *(csőé)*; ~ **dimension** *hidr, szersz* belső méret, belméret; *vasút* szabad szelvény; ~ **ester** *vegy* belső észter, lakton; ~ **exhaust cone** *rep* hátsó, kúpos levegőterelő kamra; ~ **gearing drum** *gépk* (belső fogazású) tengelykapcsolóház; ~ **grid** *rád* vezérlőrács; ~ **harbo(u)r** *hajó* belvízi/édesvízi/folyami kikötő; ~ **height** *ép* belvilágmagasság; ~ **home-signal** *vasút* szabad jelzés; ~ **horizontal surface** *rep* belső vízszintes felület; ~ **leads** *el* (integrált áramkör) belső kontaktusok; ~ **line of rails** *pl vas* belső sínszál; ~ **lining** *koh* koptatóbélés; ~ **locator** *rep* belső irányadó; ~ **locator beacon** *rep* belső helyjeladó; ~ **loop** *el* belső hurok; *rep* belső áramlási út; belső keret; *szt* belső hurok; ~ **macro-instruction** *szt* belső makroutasítás; ~ **main** *el* nullavezeték; ~ **margin** *nyom* belső szél; köthely; ~ **marker** *rád* főjeladó; *rep* belső jeladó/markeradó; belső marker; ~ **marker beacon** *rep* leszállási helyjeladó, középső marker; ~ **mask** *bány* belső álarc; ~**-packing weft** *tex* szöveterősítő töltő vetülék *(pikénél)*; ~ **pass** közbenső réteg; ~ **perimeter** belső kerület; ~ **phloem** *fa* belső/körülnőtt kéreg; ~ **post** *hajó* fartőketámasz; ~ **product** *mat* belső/skalár(is) szorzat; metszet, közös rész, szorzat, halmazelméleti metszet; ~ **prop (member)** *bány* belsőtám; ~ **protection area/zone** *bány, hidr* belső védőövezet; ~ **quantum number** *at* belső kvantumszám; ~ **race(way)** *gép* belső gyűrű/futópálya *(csapágyé)*; ~ **reflected reactor** *at* zónán belüli reflektoros reaktor; ~**-ridge girder** *hajó* belső rácsos merevítő; ~ **ring** *gép* belső gyűrű; ~ **sash** *ép* belső ajtókeret/ajtószárny/ablakkeret/ablakszárny; ~ **screw** *szer* belső menetes csavar; ~ **sheath** *szell* béléscső; ~ **shell** *at* belső héj; *rep* belső égéskamraház; belső hüvely; ~**-shell electron** *at* belső elektron; ~**-shield welding** *heg* porhuzalos hegesztés, csőelektródos hegesztés; ~ **short-circuit** *el* belső zárlat; ~ **slide** *gép* belső tolattyú/dugattyú *(másik dugattyúban)*; ~ **sole** *cipő* talpbélés, köztalp; ~ **sole board** *cipő* talpbéléslemez; ~ **span** belméret, belszélesség; ~ **stair(s)** *ép* belső lépcső; ~ **steering column/post** *gépk* kormánycső; ~ **subroutine** *szt* belső szubrutin; ~ **tube** béléscső, magcső; *gépk* belső (gumiabroncs)tömlő; ~ **width** belvilág; ~ **work function** *fiz* belső kilépési munka

innings *pl* hordalékos talaj; lecsapolás/kitisztítás által nyert terület

innocuous ártalmatlan

innovate (fel)újít, (meg)újít

innovation (fel)újítás, ésszerűsítés, innováció

innovational újító

innovationist újító

innovative újító

innovator újító

innoxious ártalmatlan

innumerable számtalan; *mat* megszámlálhatatlan

innumerous → innumerable

inobservance elhanyagolás, figyelmen kívül hagyás

inoculant *biot, koh* oltóanyag; *koh* módosítóanyag; nemesítő só

inoculate beolt, oltást ad

inoculated cast iron *koh* módosított vasöntvény

inoculating beoltás, oltás *(kristállyal)*; ~ **agent** *koh* módosítóanyag; oltóanyag; ~ **crystal** *ásv* magkristály, csírakristály, oltókristály, anyakristály

inoculation (be)oltás *(kristállyal)*; *biot* inokulálás; *koh* módosítás

inoculum (*pl* inocula) módosítóanyag, oltóanyag, oltószer

inodorous szagtalan

inoperable time *szt* működőképtelen állapot ideje

inoperative hatástalan; *gép* álló, nem működő; ~ **failure** *gép* a működőképesség megszűnését okozó meghibásodás; ~ **patent** hatálytalan szabadalom; ~ **position** állás, veszteglés; ~ **power-unit** *rep* nem működő hajtómű

Inor *koh* nikkel-króm-molibdén ötvözet

inordinacy rendezetlenség

inordinate rendezetlen, szabálytalan

inorfil → inorganic fibre

inorganic *vegy* szervetlen; ~ **chemistry** szervetlen kémia; ~ **compound** *vegy* szervetlen vegyület; ~ **fibre/fiber (inorfil)** *tex* szervetlen műszál; ~ **impurities** *környv* szervetlen szennyezőanyagok; ~ **liquid laser** *fiz* anorganikus/szervetlen folyadéklézer; ~ **mud** *bány* ásványi iszap; ~ **pigment** *biot* szervetlen pigment; ~ **pollutants** *környv* szervetlen szennyezőanyagok; ~ **polymer** *műa* szervetlen polimer; ~ **refuse** *környv* szervetlen hulladék; ~ **salt** *vegy* szervetlen só, fémsó; ~ **soil** *talt* szervetlen talaj; ~ **waste** *környv* szervetlen hulladék

inosculate *szer* egyesül; egymásba tol, egymásbaillesztéssel egyesít *(csöveket)*; összeilleszt

inosculating *geol* egymásba torkolló
inosculation összeillesztés, egyesítés
inosilicates *ásv* inoszilikátok; láncszilikátok
inosine *vegy* inozin, hipoxantinribozid
inosinic acid *biot, vegy* inozinsav *(nukleotid)*
inosite → inositol
inositol *vegy* inozit, hexaoxiciklohexán
inoxidability rozsdaállóság, korróziómentesség, rozsdamentesség, korrózió iránti érzéketlenség
inoxid(iz)able rozsdamentes, nem oxidálódó
inoxidize rozsdaállóvá tesz; rozsdától mentesít, rozsdát eltávolít
in-phase *el* azonos fázisú; ~ **component** *el* azonos fázisú összetevő/komponens *(fázisban levő)*; ohmos/wattos/aktív elem/összetevő; ~ **detector** *metr* szinkronizmusdetektor; ~ **element** *el* hatásos áramköri elem; ~**-fed** *távk* azonos fázisban táplált; ~ **operation** *el* fázisban levő üzem
in-plant üzemi, telephelyi; ~ **system** *szt* házi/telepi rendszer; telephelyi rendszer *(nincs kapcsolata hálózattal)*; ~ **water management** *hidr* üzemi vízkészletgazdálkodás; ~ **water supply** *hidr* üzemi vízellátás
inpour beömlik; beönt
input I. *v* bevisz, betáplál *(adatokat)*; **II.** *a el, szt* bemenő, belépő; **III.** *n* bemenőteljesítmény, bemeneti/bevezetett teljesítmény; teljesítményfelvétel; ráfordítás; *el* bemenőjel; bemenőkapcsok; *szt* (adat)bevitel; bemenet, input; bemenőadatok; ~ **admittance** *el* bemeneti admittancia, bemenőadmittancia; ~ **air** bevezetett/bevitt levegő; ~ **alphabet** bemenő alfabéta; ábécé; ~ **amplifier** *el* előerősítő; ~ **apex** *távk* táplálócsúcs *(rombuszantennán)*; ~ **block** *el* bemeneti egység, bemenet, adatbeviteli egység; ~ **bound** *szt* a beviteli egység sebessége által meghatározott teljesítményű *(feldolgozó egység)*; ~ **buffer** *el* beviteli/bemeneti egység; ~ **buffer store** *szt* bemeneti közbenső tároló; ~ **capacitance** *távk* bemenőkapacitás; ~ **card** *szt* bemenőkártya; ~ **channel** *el* bemeneti csatorna; ~ **characteristic** *el, szt* bemeneti jelleggörbe; ~ **circuit** *el* bemenő áramkör, bemenőkör; ~ **code** *szt* bemeneti kód; ~ **conductance** *el* bemeneti/bemenő vezetőképesség; ~ **configuration** *szt* bemeneti állapot; ~ **coordinate** *aut* bemeneti koordináta; ~ **coupled logic** *szt* bemenetcsatolt logika; ~ **current** *el* bemeneti áram; ~ **cutoff (frequency)** *félv* bemeneti határfrekvencia; ~ **data** *szt* bemenőadat(ok); ~ **data carrier** *szt* bemeneti adathordozó; ~ **data flow** *szt* bemeneti adatáram; ~ **data word** *szt* bemeneti adatszó; ~ **device** *el* bemeneti berendezés; *szt* beviteli egység; ~ **element** *aut* bemeneti elem/tag/egység/berendezés; ~ **flow** *szt* bemeneti (adat)áram; ~ **function space** *szt* bemeneti függvénytér; ~**-gear shaft** *gépk* sebességváltó-nyelestengely; ~ **grid capacity** *aut* bemenő rácskapacitás; ~ **impedance** *el* bemenő/bemeneti impedancia; ~ **information** *szt* bemeneti információ; ~ **leakage** *távk* bemenő átvezetés; ~**-limited** *szt* bemenetigényes; ~ **logic variable** *szt* logikai bemeneti változó; logikai bemenőjel; ~ **matrix** ráfordítási mátrix *(költségmátrix)*; ~ **memory** *szt* bemeneti memória; ~ **message** *szt* bemeneti hír; ~ **noise resistance** *távk* ekvivalens zajellenállás; ~ **of data** *szt* adatbevitel; ~ **of final control element** *aut, szt* beavatkozójel; ~ **offset current** *szt* bemenethiba-áram, ofszetáram; ~ **offset voltage** *aut* bemenetihiba-feszültség; ~ **of real time** *szt* valós idejű bemenet; ~ **of single words** *szt* szavankénti bevitel; ~ **operation** *szt* bemeneti művelet; ~**-output (I/O)** *szt* bemenet-kimenet, B/K; ~**-output analysis** *el, szt* bemenet-kimenet analízis, input-output analízis/elemzés; *ip* ágazati kapcsolatok mérlegelemzése; ~**-output buffer** *szt* bemenet/kimenet buffer; ~**-output channel (IOC)** *szt* bemenet/kimenet csatorna; ~**-output characteristic** *távk* átviteli görbe; bemeneti-kimeneti karakterisztika; ~**-output control** *aut* bemeneti-kimeneti vezérlés; ~**-output controller (IOC)** *szt* bemenet/kimenet vezérlő, B/K vezérlő; ~**-output data transfer** *szt* bemeneti-kimeneti adatátvitel; ~**-output device** *el* bemeneti-kimeneti berendezés; ~**-output limited system** *aut* be- és kimenettől függő rendszer; ~**-output line** *el* bemeneti-kimeneti vezeték; ~**-output logic** *szt* bemeneti-kimeneti logika; ~**-output model** *rendsz* input-output analízis, ágazati kapcsolatok mérlege/modellje ÁKM; ~**-output operation** *szt* bemeneti-kimeneti művelet; ~**-output pair** *el* bemenet-kimenet pár; ~**-output program** *szt* bemeneti-kimeneti program; ~**-output relation** *rendsz* bemenet-kimenet reláció; ~**-output statement** *szt* bemeneti-kimeneti utasítás; ~**-output state relation** *rendsz* bemenet-kimenet állapotreláció; ~**-output switching** *szt* bemenet/kimenet kapcsoló; ~**-output table** *rendsz, szt* input-output táblázat; ~**-output trap (IOT)** *szt* programvezérelt megszakítás, IOT; ~**-output unit** *el* bemeneti-kimeneti egység; ~ **parameter** *el* bemeneti paraméter; ~ **pattern** *el* bemeneti állapot; ~ **power** *el* bemenőteljesítmény, bemeneti teljesítmény; bevezetett teljesítmény; ~ **power winding** *el* bemenőtekercs; ~ **pressure** *ol* visszanyomó/injektáló nyomás; ~ **process** *rendsz* beérkezési folyamat; *szt* adatbevitel; ~ **program(me)** *szt* bemeneti program, beolvasóprogram; ~ **pulse** *el* bemenő impulzus; ~ **punched tape** *szt* bemeneti lyukszalag; ~ **quantity** *el* bemeneti jellemző; bemenőérték; ~ **rate** beérkezési ráta; ~ **reader** *szt* bemeneti olvasó; ~ **register** *szt* bemeneti regiszter; ~ **resistance** *el* bemenőimpedancia *(átviteli vonalé)*; *el, szt* bemeneti ellenállás; *rád* rácsköri ellenállás; ~ **routine** *szt* bemeneti/beolvas(tat)ó program; ~**s** *rep* bemenőadatok; kiindulási adatok; ~ **section** *el* bemeneti szakasz; ~ **sensitivity** *el* bemeneti érzékenység; ~ **sequence number** *szt* bemeneti sorszám; ~ **set** *szt* bemeneti jelek halmaza; ~ **shaft** *gép* bemenőtengely, behajtótengely; ~ **shorted feedback admittance** *félv* rövidzárási visszahatási meredekség; ~ **shorted remittance** *félv* rövidzárási visszahatási meredekség; ~ **signal** *el* bemenőjel, bemenet; ~ **signal voltage** *el* bemeneti jelfeszültség; ~ **speed** *gép* hajtótengely sebessége; *szt* beviteli sebesség; ~ **stage** *el* bemenőfokozat; ~ **state** *szt* bemeneti állapot; ~ **storage** *szt* beolvasó tár, beviteli tároló; ~ **store** *szt* bemeneti tároló; ~ **subroutine** *szt* bemeneti szubrutin; ~ **system** *rád* bemenőrendszer; ~ **tape** *szt* bemeneti szalag; ~ **tension** *tex* előfeszítés; előfeszültség; ~ **terminal** *el* bemenőkapocs; ~ **terminals** *pl szt* bemenet; ~ **time** beérkezési idő; ~ **time constant** bemeneti időállandó; ~ **torque** *mech* bemenőnyomaték; ~ **transformer** *el* bemenő transzformátor, rácstranszformátor; ~ **translator (INTRAN)** *szt* bemeneti fordító/transzlátor; ~ **tube output** *el* bemenő *v.* első fokozati cső kimenete; ~ **unit** *el* adatbeviteli

egység; bemeneti egység/berendezés; ~ **value** *aut* bemeneti érték; ~ **variable** *szt* bemenőváltozó; ~ **voltage** *el* bemenőfeszültség, bemeneti feszültség; ~ **voltage range** *el* bemeneti feszültségtartomány; ~ **well** *ol* besajtolókút; ~ **winding** *el* bemeneti tekercs; ~ **word** *szt* bemenőszó; ~ **work** *ip* bevezetett munka; ~ **work queue** bemeneti sor

inquartation *koh* kvartálás; negyedelés

inquire (meg)kérdez, kutat, vizsgál

inquiry kutatás, vizsgálás, vizsgálat, lekérdezés; *szt* lekérdezés, kérdezgetés; ~ **and transaction processing** *szt* lekérdező és tranzakciós feldolgozás; ~ **call** *távb* tudakozó hívás; ~ **character** *szt* lekérdezőkarakter; ~ **circuit** *távk* tudakozó áramkör; ~ **language** *szt* keresőnyelv; ~ **office** tudakozó(iroda); ~ **processing** lekérdezésfeldolgozás; ~ **service** tudakozószolgálat; ~ **station** vizsgálati/ellenőrzési hely; *szt* lekérdezőállomás

inradius *mat* beírt kör sugara

inrush berohanás, betódulás; *bány* váratlan kőzetomlás; *ép* talajbetörés *(alagútba)*; ~ **current** *el* bekapcsolási túláram; ~ **effect** *el* bekapcsolási áramhatás; ~ **of air** levegőbetörés; ~ **of gas** *bány* gázbetörés; ~ **of water** *bány* vízbetörés

insalubrious egészségtelen

insanitary egészségtelen

inscattering befelé szórás

inscribe bevés; *mat* berajzol, beír

inscribed | **angle** *mat* kerületi szög; ~ **circle** *mat* beírt kör, háromszögbe írt kör; ~ **polygon** *mat* húrsokszög, beírt sokszög; ~ **triangle** *mat* beírt háromszög

inscriber vésnök; *szt* kódoló berendezés

inseam I. *v cipő, tex* beszeg, bevarr; **II.** *n* belső varrat; *cipő* talpvarrat; ~ **trimmer** *cipő* varratkeret-levágó gép, belső keretkörülvágó gép

insect rovar; ~ **attack** *fa* fakárosító rovarok tömeges fellépése; ~ **control** *biot* rovarkár elleni védekezés; ~ **grease** *élip* rovarirtó (készülék); *fa* rovarnyálka, rovarenyv, hernyóenyv; ~**-killer** *környv* rovarölő szer; ~ **pest** *biot* rovarkár; ~**-repellent** *vegy* rovarűző, rovarriasztó; ~ **sprayer** *mzg* rovarirtó permetező/spray; ~ **trap** *koh* rovarcsapda; ~ **wax** rovarviasz, kínai viasz

insecticide *vegy* inszekticid; rovarirtó szer, rovarölő (szer)

insection bevágás, bemetszés

insensibility eszméletlenség; érzéketlenség; közömbösség; ~ **to shocks and shaking** rázás- és ütésállóság

insensible érzéketlen; eszméletlen; észrevétlen, észrevehetetlen

insensitive érzéketlen, fásult, közönyös; ~ **interval/time** *fiz* holtidő, érzéketlenségi idő

insensitivity érzéketlenség, fásultság, közönyösség

inseparable elválaszthatatlan, oszthatatlan

insert I. *v* behelyez, berak, betesz, bedug; beilleszt, bejuttat; beereszt; dugaszol; bevezet; felvezet; *bány* betol *(csillét kasba)*; *el* behelyez, beiktat, beilleszt; *forg* berak *(formát présbe)*; *szt* beszúr, közbeiktat; **II.** *n* beszúrás; fémbetét; *bány* fúrókorona-beültetés *(gyémánttal)*; *film* szövegfilmezés, inzert; *gép* alátét; csapágybélés; *gumi, koh* betét; *koh* betétanyag; csapágytőke; *műa* (fém)betét *(formázott tárgyban)*; ~ **a fuse in a shell** *v kat* lövedéket élesít; ~ **by spinning** *v tex* belesző; ~ **cartridge** *el* hangszedőbetét; ~ **ceiling** *ép* emelet közti födém; kazettás mennyezet; ~ **crossing** *vasút* beiktatott vágánykeresztezés; ~ **earphone** *el* fülhallgató; rejtett/beillesztett hallókészülék; ~ **joint(s)** *ép* betétes kötés(ek); ~ **pin** *műa* betéttartó csap; ~ **pump** *ol* béléscsőszivattyú; ~ **socket** *el* dugaszolóaljzat; *műa* hüvelybetét; ~ **the weft** *v tex* vetüléket bever

inserted | **attemperator** *élip* közbenső hőfokszabályozó *(sörerjesztésnél)*; ~**-chaser die** *forg* betétkéses menetvágófej; ~**-cutter tool** *forg* betétkéses szerszám; ~ **gudgeon** *gép* szorosan illesztett dugattyúcsap; ~**-joint casing** *ol* karmantyú nélküli béléscső; ~ **journal** *gép* beilleszhető tengelycsap; ~ **piece** *koh* kokillabetét; ~ **pump** *ol* rudazatszivattyú; ~ **tooth** fogbetét *(fűrészen)*; betétfog; ~**-tooth broach** *szersz* betétfogas üregelőtüske; ~**-tooth cutter** *forg* betétfogas maró; ~**-tooth hob** *forg* betétfogas csigamaró; ~**-valve cage** *hidr* szelepbetétkosár

insertion behelyezés, beiktatás; beszúrás, beillesztés; beépítés, addíció, dopolás, adalékolás; betét; *fa* berakás, intarzia; ~ **attenuation** *távk* beiktatási csillapítás; ~ **character** beszúrt jel; ~ **compound** *vegy* klatrát, okklúziós vegyület, addukt; ~ **gain** *távk* beiktatási erősítés; ~ **loss** *távk* beiktatási veszteség/csillapítás; ~ **of data** *szt* input, adatbevitel; ~ **of electrons** *félv* elektronbeépítés; elektronbeépülés; ~ **paper** *pa* betétpapír; ~ **parameter filter** *távk* beiktatási paraméteres szűrő; ~ **phase change** *távk* beiktatási forgatás; ~ **ring** *gép* közbetétgyűrű; ~ **sheeting** *bőr, cipő* tömítőlemez; ~ **switch** *szt* inzertkapcsoló; ~ **test signal** *tv* ellenőrzőjel; ~ **track** *távk* közbenső csatorna; ~ **transfer function** *távk* beiktatási átviteli függvény

inset I. *v* beilleszt, beékel, beszúr, berak; **II.** *n* beágyazás; betét; közdarab; *bány* aknaablak; aknarakodó; vágatkezdés; ~ **eye** *bány* aknarakodó ablak; ~ **flat** *bány* aknarakodó; ~ **illustration** *nyom* képmelléklet; ~ **light** *rep* süllyesztett fény; ~ **sheet** *nyom* behúzóív; ~ **transmitter** *el* dobozmikrofon; ~ **wing-bar** *opt* pályaszegély-keresztfénysor

inside I. *a* belső; *bány* föld alatti; **II.** *n* belső tér/rész; *bány* belvilág; **III.** *adv* belül, benn, befelé; ~ **aerial/antenna** *tv* szobaantenna; ~ **backstrap** *cipő* csúszószíj; ~ **blow-out preventer,** ~ **BOP** *ol* belső kitörésgátló; ~ **boring tool** felfúró szerszám; ~ **breadth** belvilág; ~ **building-height** *ép* belső épületmagasság; ~ **building-line** *ép* belső építési vonal; ~ **cable** *el* belső téri kábel; ~ **calibre/caliber** *szersz* belső átmérő; ~ **cal(l)iper(s)** *szer* belső tapintókörző; ~ **casing cutter** *bány* belső csővágó; ~ **chamber area** *rep* égéskamra munkafelülete; ~ **chaser** *forg* belső menetfésű; ~ **construction** *ép* belső berendezés/kialakítás; ~ **corner tool** *szersz* szerszám belső sarkok alakításához; ~ **cylinder** *vasút* belső henger; ~ **diameter (ID)** *ép* belső átmérő, csőbelvilág; ~ **diameter of neck** *gyógyv* belső nyakátmérő *(ampulláé)*; ~ **dimension (ID)** *ép* belméret; ~ **dump** *bány* belső hányó; ~ **facing** *cipő* belső fűzőkarikaszíj *(ringliszíj)*; ~ **fillet** *heg* belső sarokvarrat; ~**-flange tubbing** *bány* belsőkamarás tübbing, német tübbing; ~ **foreman** *bány* aknász; ~**-frosted lamp** *el* opálizzó, belül homályosított (izzó)lámpa; ~ **ga(u)ge** *szersz* dugós idomszer, furatidomszer; ~ **gearing** *gép* belső fogaskerék-kapcsolódás; ~ **jaw chuck** *forg* belső pofás tokmány; ~ **lead** *hőt* kiömlés előnyitása *(gőzgépen)*; ~ **locking** *vasút* kampós/csuklós váltózár; ~ **main drain** belső alapcsatorna; ~ **micrometer** *szersz* furatmérő mikrométer; ~ **micrometer cal(l)ipers** *pl szersz* belső mikrométeres tapintókörző; ~**-out motor** *gép* „kifordított" szinkronmotor; ~ **parting** *bány* közbenső csillekitérő; ~ **passmeter** *gép* passziméter; ~ **pipe cutter** *bány* belső csővágó; ~ **pliers** *pl szersz* csőtágító fogó; ~ **screw-cutting tool,** ~ **screwing tool** *szersz* belsőmenet-vágó szerszám; ~ **shedding** *tex* belső lábítós szádképzés; ~ **slope** *bány* két szintet összekötő ereszke; ~ **spring callipers** *pl szersz* rugós belső tapintókörző; ~ **submerged-arc welding** *heg* fedettívű belsővarrat-hegesztés; ~ **the bark** *fa* kéreg alatti; ~ **threading tool** *szer* belsőmenet-vágó szerszám; ~ **treading** *tex* belső lábító; ~ **turn** *rep* belső szárnyra bedöntött forduló; ~ **turning** *forg* kiesztergálás, esztergafúrás; ~ **wall** *ép* belsőfal, közfal; ~**-wheel pressing** *tex* rugónyelvszorítás belső tárcsával; ~ **width (i.w.)** belvilág; ~ **worker** *bány* föld alatti munkás; ~ **workings** *bány* föld alatti bányaterek; föld alatti műveletek

insignificant *élip* szagtalan, „unalmas" ízű, ízetlen; *szt* jelentéktelen

in-situ helyszínen végzett, in situ; ~ **cast concrete** *ép* helyszínen öntött beton; ~ **combustion** *ol* tűzelárasztás; ~ **combustion with additives** *ol* adalékolt föld alatti tűzelárasztás; ~ **leaching** *koh* lúgzás lelőhelyen; ~ **testing** *bány* in situ vizsgálat; ~ **value** *bány* in situ érték

insolameter *met* inszolációmérő, napsugárzásmérő, napfénytartammérő

insolate napra tesz, napfénynek kitesz

insolation napfénybesugárzás; napfény hatásának való kitevés; *csill* naptájolás; *geol* inszoláció; ~ **meter** *met* inszolációmérő, napsugárzásmérő, napfénytartammérő

insole *cipő* talpbélés(bőr), talpbetét, bronzol; ~**-cementing machine** talpbélésároknyelv-ragasztó gép; ~ **channelling** talpbélésöltés-ároknyílás; ~**-channelling machine** talpbélésárok-hasító gép; ~**-flexing machine** talpbélés-rovátkázó gép *(riccelőgép)*; ~**-leather** talpbélésbőr; ~ **leather belly** talpbéléshasrész; ~**-leather shoulder** talpbélésnyak; ~ **mo(u)lding** talpbélésformálás; ~**-seat trimming** saroktalpbélés-maratás; ~**-slitting-and-marking machine** talpbéléssarok-levágó és jelölő gép; ~ **stapling** talpbélés felerősítése kapoccsal; ~**-sticking-on machine** talpbélésvarratfal-cementező gép; ~ **tacking** talpbélés felerősítése; ~**-turning-up machine** talpbélésvarrat-árokfelhajtó gép

insoling board *cipő* talpbéléslemez

insolubility *vegy* oldhatatlanság

insolubilize *vegy* oldhatatlanná tesz

insoluble *mat* megoldhatatlan; *vegy* nem oldódó; oldhatatlan; ~ **anode** *koh* oldhatatlan anód; ~ **equation** *mat* megoldhatatlan/ellentmondásos egyenlet; ~ **in water** *vegy* vízben oldhatatlan *v.* nem oldható/oldódó; ~ **residue** *vegy* oldhatatlan maradék

insolvable → insoluble

insp. → inspection; → inspector

inspect ellenőriz; felügyel; felülvizsgál, megvizsgál; megszemlél; szemügyre vesz

inspected article *ip* ellenőrzött gyártmány

inspecting I. *a* ellenőrző, vizsgáló; **II.** *n* ellenőrzés, vizsgálat, szemle; ~ **machine** *text* átnézőgép; ~ **of mines** *bány* bányarendészet; ~ **the files** betekintés az iratokba

inspection ellenőrzés, felügyelés; felügyelet; felülvizsgálat; szemle, megszemlélés; ~ **acceptance ga(u)ge** *ip* ellenőr idomszer; ~ **accuracy** *ip* ellenőrző vizsgálat pontossága; ~ **action/activity** ellenőrző vizsgálat; ~ **apparatus** *ip* minőség-ellenőrző készülék; ~ **area of a canal guard** *hidr* csatornaőrjárás; ~ **authority** átvételi vizsgálati hatóság; ~ **bench** vizsgálópad, ellenőrző pad; ~ **board** átvételi bizottság; ~ **box** kémlelőablak; ~ **by attributes** *ip* átvételi vizsgálat, minősítéses mintavétel; ~**-car** *vasút* ügyeleti kocsi; vizsgálókocsi; ~ **certificate** ellenőrzési bizonylat; ~ **chamber** ellenőrző akna, kémlelőakna; ~ **characteristic** *ip* minőség-ellenőrzési jellemző; ~ **control** felügyeleti ellenőrzés; ~ **cradle** függő vizsgálókocsi; ~ **crib** *ip* művezetői fülke; ~ **criterion** átvételi vizsgálat kritériuma; ~ **data** átvételi vizsgálati adatok; ~ **division** *ip* műszaki ellenőrzési osztály; ~ **door** *rep* ellenőrző nyílás/ablak; ~ **equipment** ellenőrző berendezés; ~ **error** ellenőrzési hiba; ~ **flap** *rep* lehajtható ellenőrző lap; ~ **frame** *tex* átnézőgép; ~ **frequency** műszaki ellenőrzés gyakorisága; ~ **gallery** *hidr* ellenőrző folyosó/alagút *(műtárgyakban)*; ~ **ga(u)ge** *metr* ellenőrző idomszer; ~ **glass** betekintőablak; ~ **hole** nézőablak; ellenőrző nyílás; ~ **instrumentation** *metr* műszerezés ellenőrzéshez; ~ **kit** *metr* ellenőrző műszerkészlet; ~ **lamp** ellenőrző lámpa, kézilámpa; ~ **layout** *ip* műszaki ellenőrző rendszer; ~ **level** *aut* ellenőrzési szint; ~ **log** ellenőrzési napló; ~ **lot** ellenőrző tétel; ~ **machine** *metr* átvételi ellenőrző gép; *tex* átnézőgép; ~ **of the mine** *bány* bányajárás; ~ **of waters** *hidr* vízügyi felügyelet; ~ **opening** kémlelőnyílás; ~ **pit** *gép, gépk* kémlelőakna, szerelőakna, vizsgálóakna; *vasút* tisztítógödör, vizsgálógödör; ~ **planning** *ip* átvételi vizsgálat tervezése; ~ **plug** *el* ellenőrző dugó *(akkumulátorcellán)*; ~ **port** kémlelőnyílás, kémlelőablak, betekintőablak; ~ **program** átvételi vizsgálati program; ~ **quality control** *ip* átvételi minőség-ellenőrzés; ~ **record** vizsgálati/ellenőrzési jegyzőkönyv; ~ **routine** *rep* szokásos ellenőrzés/felülvizsgálat; ~ **scheme** *ip* átvételi vizsgálati terv; ~ **shaft** figyelőakna, kémlelőakna; ~ **stand** *metr* próbapad ellenőrző vizsgálatokhoz; ~ **system** *aut* ellenőrzési rendszer, ellenőrzőrendszer; ~ **table** *metr* ellenőrző asztal; ~ **technique** *ip* ellenőrzési módszer; ~ **trolley** *vasút* pályamesteri hajtány; ~ **tube** kémlelőcső; ~ **window** betekintőablak

inspector *ip* (munka)átvevő; ellenőr; felügyelő

inspectoscope *any* átvilágítógép; repedésvizsgáló detektor, defektoszkóp

inspiration belélegzés; sugalmazás; ihletettség; ötlet; *gépk* beszívás

inspirator belégző(készülék), inhalátor; *szersz* lövettyű, injektor

inspire belélegzik, beszív; sugalmaz, ösztönöz

inspissation *pa* bepárlás, besűrítés; ~ **agent** *vegy* sűrítő(anyag), sűrítőszer; ~ **of oil** *ol* olajsűrűsítés

inspissator *pa* bepárló, besűrítő

instability instabilitás, labilitás; nem stabil állapot; változékonyság; gerjedékenység; *mech* kihajlás; ~

point *aut* bizonytalansági pont; ~ **region** *aut* labilitási tartomány; ~ **shower** instabilitási eső

instable ingatag, bizonytalan, labilis; ~ **crack growth** *koh* repedés instabilis növekedése; ~ **equilibrium** *fiz* labilis egyensúly; ~ **fluidized zone** *koh* híg fluidizált fázis; ~ **focal point** instabil fókuszpont; ~ **running** egyenetlen futás

install beiktat; beállít, beépít, berendez; beszerel, felszerel; üzembe helyez; *rep, távk* telepít; *szt* bevezet, beállít, telepít, üzembe helyez, installál; ~ **fuses** *el* biztosítékkal ellát

installable *szt* rendszerbe állítható, üzembe helyezhető, installálható

installation berendezés; készülék; beépítés; beszerelés, összeszerelés; telepítés; mérő-adagoló mű; fogyasztóberendezés; *kat* objektum; *szt* üzembeállítás, installálás; ~ **accessories** *pl szersz* szerelési anyag; ~ **cost** *ip* felszerelési költség; ~ **diagram/drawing** *szer* szerelési rajz; ~ **engineer** épületgépészeti/installációs mérnök; ~ **features** *rep* fékpadon mért jellemző adatok; ~ **fixture** *szer* beépítési készülék, szerelőkészülék; ~ **mass** *rep* felszerelési tömeg; ~ **material** *szer* szerelési anyag; ~ **(of) a mine** *bány* bányaépítés; ~ **of instrument** *szer* műszerbeépítés; ~ **post** csőposta; ~ **specification** *rep* felszerelési előírás; ~ **tolerance** *rep* felszerelési tűrés/tolerancia

installed | **capacity** beépített teljesítmény; ~ **load** *el* beszerelt/installált (legnagyobb) megengedett terhelés; csatlakozási teljesítmény; ~ **power** *el* beépített/beruházott teljesítmény; ~ **thrust** *rep* felszerelt hajtómű tolóereje

instant I. *a* azonnali, rögtöni, közvetlen; **II.** *n* pillanat, időpont; ~ **agent** *kat* azonnali hatású harci anyag; ~ **coffee** *élip* azonnal oldódó/oldható *v.* instant kávé; ~ **short-circuit current** *ip* dinamikus rövidzárási áramerősség; ~**-start** *aut* késedelem nélküli induló/begyújtó; ~**-start lamp** *el* azonnal világító fénycső; hidegen gyújtó lámpa

instantaneous azonnali; pillanatnyi; ~ **acoustic pressure** *hang* hangnyomás; ~ **action detector** *aut* késleltetésmentes/pillanatszerű működésű detektor/érzékelő; ~ **assembly** *kat* pillanatszerű összeillesztés *(atombombáé)*; ~ **automatic gain-control (IAGC)** *rád* erősítés-gyorsszabályozó; ~ **axis** *mech* pillanatnyi forgástengely; ~ **cap** *aut* pillantgyújtó; ~ **centre/center** *gép, mech* pillanatnyi forgáspont; ~ **contact** *aut* pillanatműködésű/rugós érintkező, pillanatérintkező; ~ **current** *el* pillanatnyi *v.* pillanat értékű áram; ~ **cutout** *él* pillanatnyi (áram)kimaradás; ~ **detonator** *bány* pillanathatású villamos gyutacs; ~ **deviation of controlled variable** *aut* pillantnyi szabályozási eltérés; ~ **electromagnetic release** *aut* pillanatműködésű elektromágneses kioldó; ~ **exposure** *foto* pillanatfelvétel; ~ **firing** *bány* pillanatrobbantás; ~ **flashlight** *foto* villanófény; ~ **frequency** *távk* pillanatnyi frekvencia; ~ **fuse** *bány* pillanatgyújtó; ~ **gas water heater** → ~ water heater; ~ **heating rate/velocity** *koh* pillanatnyi hevítési sebesség; ~ **horse power** *fiz* pillanatnyi lóerő-teljesítmény; ~ **load** *mech* pillanatnyi terhelés; ~ **neutron** *at* prompt neutron; ~**-outburst mine** *bány* gázkitöréses bánya; ~ **power** *el, mech* pillanatnyi teljesítmény; ~ **recording** *hang* közvetlen felvétel *(változatlan leadásra)*; ~ **relay** *aut, el* gyors működésű relé, pillanatrelé; ~ **safety gear** *szersz* merev működésű fogókészülék; ~ **sample** *távk* pillanatnyi jelminta; ~ **sampling** *el* pillanatnyi mintavétel; szakaszos letapogatás; ~ **shutter** *foto* pillanatzár; ~ **sonic/sound pressure** *hang* pillanatnyi hangnyomás, hangnyomás pillanatértéke; ~ **speed** *mech* pillantnyi sebesség; ~ **squib** *bány* pillanatgyutacs; ~ **store/storage** *szt* zéró elérési idejű memória; ~ **tape speed** *távk* pillanatnyi szalagsebesség; ~ **temperature** *hőt* pillanatnyi hőmérséklet; ~ **value** *aut, el, mech* pillanatérték, pillanatnyi érték; ~ **value of the off-state current** *félv* pillanatnyi záróirányú áram; ~ **value synchronization** *aut* pillanatértékszinkronozás; ~ **volume control** *aut* erősítés-gyorsszabályozás; ~ **water control** *bány* azonnali vízvédelem; ~ **water heater** *ép* átfolyó(s) (rendszerű) vízmelegítő, autogejzír

instep lábfej *(cipőn v. harisnyán)*; *cipő* mar *(lábbeliméret)*; rüszt; *el* alsó könyök *(mágneses görbén)*; *kh* lábfejfelsőrész *(harisnyán)*; ~ **impulse** *távk* impulzust bevételez

institute I. *v* alapít, létesít, megindít; **II.** *n* intézet; **I ~ of Electrical and Electronical Engineers (IEEE)** *szt* Nemzetközi Elektrotechnikai és Elektronikai Szervezet, IEEE

institution intézmény; intézet; ~ **for public supply** *ép* közmű

instock *cipő* cipőraktári készlet

instruction tanítás, oktatás; tanulság; rendelkezés; *szt* utasítás; ~ **address** *szt* utasításcím; ~ **area** *szt* utasításmező; ~ **array** *szt* utasításmező, utasításövezet; ~ **book (IB)** használati/kezelési utasítás/útmutató; ~ **buffer** *szt* utasítástároló; ~ **by remote control** *aut* távutasítás, távirányítási utasítás; ~ **card** *szt* utasításkártya; ~ **code** *aut, szt* műveleti kód (rész); *szt* utasításkód; ~ **counter (IC)** *szt* utasításszámláló, IC; ~ **cycle** *szt* utasításciklus; ~ **deck** *szt* utasításcsomag, utasításköteg; ~ **decoder** *szt* utasításdekódoló; ~ **distribution channel** *szt* utasításelosztó csatorna; ~ **execution** *szt* utasítás-végrehajtás; ~ **execution time** *szt* utasítás-végrehajtási idő; ~ **fetch** *aut, szt* utasításhívás; ~ **fetch microprogram** *szt* utasításhívási mikroprogram; ~ **flying** *rep* oktatórepülés; ~ **forest** *fa* mintaerdészet, oktató erdészet; ~ **format** *szt* utasításfelépítés, utasításformátum; ~ **forming** *szt* utasításformálás; ~ **for operation/working** kezelési utasítás/előírás; ~ **input microprogram** *szt* utasításbemeneti mikroprogram; ~ **length** *szt* utasításhossz; ~ **length code** *szt* utasítás hosszúsági kódja; ~ **location** *szt* utasításhely; ~ **loop** *szt* utasításhurok, utasításciklus; ~ **machine** *aut* parancsadó készülék; ~ **manual** gépkönyv, kezelési könyv; ~ **modification** *szt* utasításkiegészítés; utasításmódosítás; ~ **register** *szt* utasításregiszter; ~ **repertoire/repertory** *aut, szt* utasításkészlet; ~**s counter** → ~ counter; ~ **sequence** *aut, szt* utasítássorrend; ~ **set** *aut, szt* utasításkészlet; utasításrendszer; ~**s on measurement** *hidr* mérési utasítás; ~ **structure** *aut, szt* utasításstruktúra, utasításszerkezet; ~ **system** *aut, szt* utasításrendszer; ~ **tape** *szt* utasításszalag; ~ **unit** *aut, szt* utasításegység; ~ **waste** *szt* üres utasítás; ~ **word** *aut, szt* utasításszó

instructional oktató, kiképző, tanulmányi; ~ **film** *film* oktatófilm; ~ **grenade** *kat* oktató kézigránát; ~ **television** iskolatelevízió

instructor oktató, tanító, kiképző; kiskáté, segédkönyv; *US* egyetemi oktató; ~ **rating** oktatói jogosítvány; *rep* oktatói minősítés

instrument I. *v* műszerez, műszerekkel felszerel; hangszerel; **II.** *n* eszköz; készülék; műszer; hangszer; szerszám; ~ **accuracy** *metr* műszer pontossága; ~ **air** *ol* sűrítettlevegő-eljárás; ~ **approach** *rep* műszeres megközelítés/bevezetés; vakbevezetés; ~ **approach chart (IAC)** *rep* műszeres megközelítési/bevezetési térkép; ~ **approach course** *rep* műszeres megközelítési/bevezetési irány; ~ **approach landing** *rep* műszeres megközelítéssel/bevezetéssel történő leszállás; ~ **approach procedures** *rep* műszeres megközelítési/bevezetési eljárások; ~ **approach runway** *rep* műszeres futópálya; ~ **autotransformer** *metr* takarékkapcsolású mérőtranszformátor, műszer autotranszformátor; ~ **bay** *rep* műszerkamra; ~ **bearing** műszercsapágy; ~ **board** *gép* műszertábla; szerelvényfal; ~ **box** *koh* műszerszekrény; ~ **bridge** *metr* mérőhíd; ~ **capable of plotting from aerial photographs** *geod* aerokartográf, sztereoszkopikus légitérképező műszer; ~ **car** *geof* műszerkocsi; ~**-carrying rocket** *metr* műszerrakéta; ~ **certificate** *rep* műszerrepülésre szóló szakszolgálati engedély; ~ **channel** *rep* vízirepülőtér műszeres futócsatornája; ~ **check** műszerellenőrzés; ~ **column** műszerállvány; ~ **conditions** *rep* műszerrepülési körülmények; ~ **constant** *metr* műszerállandó; ~ **cord** *távb* telefon-csatlakozózsinór; ~ **correction** *metr* műszerkorrekció; ~ **dial** *metr* műszerszámlap; ~ **display** *rep* műszeradat-feltüntetés; ~ **equipment** *aut* műszerezés; műszerrel való felszerelés; ~ **error** *metr* műszerhiba, mérőműszer hibája; ~ **flight** *rep* műszerrepülés, vakrepülés; ~ **flight plan** *rep* műszerrepülési terv; ~ **flight rating** *rep* műszerrepülési minősítés/szakszolgálati engedély; **I~ Flight Rules (IFR)** *rep* IFR; műszerrepülési szabályok; ~ **flight time** *rep* műszerrepülési idő; ~ **flying** → ~ flight; ~ **for absolute measurements** *metr* mérőműszer abszolút mérésre; ~ **for field measurements** *metr* térmérő műszer; ~ **glass** ablaküveg *(műszeren, készüléken)*; ~ **ground time** *rep* műszerrepülésre való földi kiképzés ideje; ~ **head** *metr* mérőfej, érzékelőfej, szonda; ~**-head(ed) screw** *szer* lencsefejű csavar; ~ **illumination** *rep* műszerek megvilágítása; ~ **lamp** *metr* skálalámpa; ~ **landing (IL)** *rep* műszeres leszállás; ~ **landing approach** *rep* megközelítés/bevezetés műszeres leszálláshoz; ~ **landing runway** *rep* műszeres leszállópálya; ~ **landing system** → ILS; ~ **layout** műszerelrendezés, műszerelhelyezés; ~ **lead(s)** *metr* műszercsatlakozó, műszervezetékek; művezeték, mérővezeték; ~**-light clamp** *kat* világítóberendezés befogószerkezete *(lövegen)*; ~ **lighting** *rep* műszerek alsó megvilágítása; ~**-maker's thread** *forg* műszerész-csavarmenet; ~**-man** *bány* megfigyelő; mérő; ~ **meterological conditions (IMC)** *rep* műszeres meteorológiai körülmények; ~ **multiplier** *el* előtétellenállás; sönt; ~**-operation runway** *rep* vakleszállási futópálya; ~ **panel** *gépk, rep* műszerfal, műszertábla; ~ **pilot school** *rep* műszerrepülésre kiképző repülőgép-vezetői iskola; ~ **post** *hajó* műszeroszlop; ~ **probe** *metr* mérőfej, érzékelőfej, szonda; ~ **rack** *geod* műszerállvány; ~ **range** *metr* mérőműszer-tartomány; ~ **rating (I/R)** *metr* műszer méréshatára; *rep* műszer szerinti repülésre szóló minősítés; ~ **reading** *metr* műszerjelzés; ~ **room** műszerszoba, mérőterem; ~ **runway** *rep* műszeres fel- és leszállópálya; ~ **set-up** *geof* műszerterítés; ~ **shunt** *metr* műszersönt; ~ **speed servomechanisms** *aut* gyors működésű készülékszervomechanizmusok; ~ **switch** *el* műszerkapcsoló; ~ **table** mérőasztal; műszerasztal; ~ **take-off** *rep* műszeres felszállás; ~ **time** *rep* műszer szerinti idő; ~ **trainer** *rep* műszeres repülést gyakorló készülék; ~ **transformers** *aut* transzduktor, (jel)átalakító, mérőátalakító, mérőváltó, műszertranszformátor; ~ **truck** *geof* műszerkocsi; ~ **turn** *rep* műszeres forduló; ~ **variation** *geof* műszerjárás; ~ **weather conditions** *rep* műszeres időjárási körülmények; ~ **with contacts** *metr* érintkezős műszer, kontaktműszer; ~ **with locking device** *metr* reteszelő/esőkengyeles műszer; ~ **with magnetic screening** *metr* mágnesesen árnyékolt műszer/készülék; ~ **with optical pointer** *metr* fényjeles/fénymutatós műszer, optikai mutatós műszer

instrumental műszeres; ~ **analysis** *geof* műszerekkel végzett kiértékelés/elemzés; ~ **colo(u)r matching** *tv* műszeres színkeverés; ~ **constant for gyrotheodolite** *bány* giroteodolit műszerállandója; ~ **drift** *geof* műszerjárás; ~ **error** *metr* műszerhiba, mérőműszer hibája, mérőműszer által okozott hiba; ~ **parallax** *metr* műszerparallaxis; ~ **refraction** *metr* műszerrefrakció; ~ **stimuli** *tv* műszer alapszínei; ~ **straggling** *metr* műszerek okozta szórás; ~ **work** *bány* műszeres felvétel/mérés

instrumentation műszerezés, műszerezettség; felszerelés műszerekkel; ~ **console** *rep* kezelőpult; műszerlap

instrumented | rocket műszerrakéta; ~ **satellite** műszeres mesterséges hold/bolygó

insufficient elégtelen; hiányos; alkalmatlan; ~ **cropping** *koh* öntecs nem kielégítő körülvágása; ~ **lubrication** *gép* elégtelen olajozás

insufflator pótlevegő-injektor

insulance *el* szigetelési ellenállás

insulant *el* szigetelő(anyag)

insulate szigetel *(hőt, vezetéket, zajt)*; elszigetel; elkülönít; különválaszt; ~ **acoustically** hangot szigetel, hangszigetel

insulated | cable *el* szigetelt vezeték/kábel/huzal, gumikábel; ~ **conductor** *el* szigetelt vezeték; ~ **conductor with alumin(i)um wire** *el* alumínium vezetőjű szigetelt vezeték; ~ **conductor with copper wire** *el* réz vezetőjű szigetelt vezeték; ~ **conduit** *el* Bergmann-cső, Bergmann-csöves vezeték; ~ **feeder** *koh* szigetelt tápfej; ~**-gate field-effect transistor (IGFET)** *félv* szigetelt vezérlőelektródos térvezérelt tranzisztor, MOS tranzisztor, fémoxid-záróréteges tërvezérlésű/térbefolyásolt tranzisztor; ~ **ingot transfer car** *koh* hőszigetelt öntecsszállító kocsi; ~ **rod** *vasút* szigetelt váltóállító rúd; ~ **system** *el* földeletlen hálózat, szigetelt hálózat; ~ **tube** *koh* szigetelt cső; ~ **wire** *el* szigetelt vezeték

insulating I. *a* dielektromos, nem-vezető, szigetelő; **II.** *n el, hang, hőt* szigetelés; ~ **base** *el* szigetelőalapzat; ~**-base cleat** *el* szigetelt alapzatú vezetéktartó (kar); ~ **bead** *el* szigetelőgyöngy; ~ **binder** *távk* szigetelő kötőanyag; ~ **bitumen** *ép* szigetelési bitumen; ~ **board** *ép* szigetelőlemez, szigetelő fa(rost)lemez; ~ **brick** *ép* szigetelőtégla; ~ **bush** *el* szigetelőhüvely, szigetelőpersely; ~ **bushing** *el* szigetelőcső; ~ **capability** *el* szigetelőképesség; *ol* csőtávvezeték-szigetelőképesség; *távk* legnagyobb torzításmentes modulációmélység; ~ **cardboard** szigetelőkarton; ~ **case** *el* szigetelődoboz; ~ **cement** *el* szigetelőmassza; ~ **clamp** *el* szigetelőkapocs, szigetelősaru; ~ **coat(ing)** *el* szigetelőréteg; záróréteg; ~ **compound** *el, távk* kábeltelítő anyag, kábelmassza, kábelkompound; ~ **conduit** *el* Bergmann-cső, Bergmann-csöves vezeték; ~ **course** *ép* szigetelőréteg; ~ **disc/disk** *el* (köztartó) szigetelőtárcsa, szigetelőkorong; ~ **film** szigetelőréteg, szigetelőhártya; ~ **flange** *gépk* sugárzás elleni védőlemez; ~ **foil** *el* szigetelőfólia; ~ **gap** *el* szigetelőkötés *(kábelköpenyben, korrózió ellen)*; ~ **hub** *el* szigetelőhüvely; ~ **joint** *vasút* szigetelt sínütköző; ~ **kraft tissue-paper** *el* nátronszigetelő selyempapír; ~ **layer** *el* szigetelőréteg; ~ **layer of slag** *ép* szigetelő salakréteg; ~ **lining** szigetelőbélés; ~ **mat** szigetelőszőnyeg; ~ **material** szigetelő(anyag); ~ **medium** szigetelő közeg; ~ **mortar** *ép* szigetelőhabarcs; ~ **moving belt electrostatic accelerator** *fiz* van de Graaff-generátor, szalaggenerátor; ~ **oil** *el* szigetelőolaj; ~ **paper** *el* szigetelőpapír; *ép* kátránypapír; ~ **paste** *el* szigetelőpaszta; ~ **plastic** préselt szigetelőanyag, szigetelő présanyag; ~ **plate** *ép* szigetelőlemez; ~ **power** szigetelőképesség; ~ **property** szigetelőtulajdonság; ~ **refractory** *koh* hőszigetelő tűzálló anyag; ~ **resistance** *el* szigetelési szilárdság; ~ **ring** *el* szigetelőgyűrű; ~ **segment** *el* kommunátorszeletszigetelés; ~ **sleeve** *el* szigetelőcső; ~ **sleeving** *el* szigetelőtömlő; ~ **stand** szigetelt terület/munkahely; ~ **stool** szigetelőzsámoly; ~ **strength** *el* villamos/dielektromos átütési szilárdság; ~ **tape** *el* szigetelőszalag; ~ **transformer** *el* szigetelő transzformátor, elválasztó transzformátor; ~ **tube** *el* szigetelőcső, Bergmann-cső; ~ **varnish** *el* szigetelőlakk; ~ **washer** *el* szigetelő alátét

insulation szigetelés; elszigetelés, elkülönítés; ~ **breakdown test** *any* átütésiszilárdság-vizsgálat; ~ **coordination** szigetelések koordinálása *(lépcsőzése)*; ~ **current** *el* levezetési áram; ~ **defect** → ~ failure; ~ **detector** → ~ tester; ~ **distance** *el* kúszóúthossz; ~ **failure (between the primary and secondary circuit)** *el* feszültségáthatolás; szigetelési hiba; ~ **fault** → ~ failure; ~ **hum** *el* szigetelési búgás; ~ **indicator** *el* szigetelésvizsgáló; ~ **leakage** *el* szigetelő átvezetése; ~ **level** *el* szigetelési szint; ~ **mat** szigetelőanyag; ~ **measuring bench** *el* szigetelésvizsgáló pad; ~ **of conductive parts of electrical equipment** *el* burkolás; ~ **pad** *gumi* rezgéscsillapító tömb; ~ **paper** *ép* kátránypapír; *ép, el* szigetelőpapír; ~ **resistance** *el* szigetelési ellenállás; ~ **spacer** *el* szigetelőbetét; ~ **stripper** *el* csupaszoló; ~ **test** *el* szigetelésvizsgálat, szigeteléspróba; ~ **tester** *el* szigetelésmérő, megger; ~ **time constant** *el* szigetelési időállandó

insulativity *el* fajlagos szigetelési ellenállás

insulator *el* dielektromos közeg, dielektrikum; szigetelő(anyag); *gépk* baba; gyújtógyertya-szigetelőtest; *távk* harangszigetelő; ~ **bracket** *el* szigetelőtartó; ~ **cap** *el* szigetelőharang; ~ **chain** *el* láncszigetelő, szigetelőlánc; ~ **gland** *gépk* gyújtógyertya leszorító csavarja; ~ **holder** *el* szigetelőtartó; ~ **pin** *távk* szigetelőtartó csap/pecek; ~ **spindle** → ~ holder; ~ **strength** *el, mech* szigetelési szilárdság; ~ **string** *el* szigetelőlánc; ~**-type transformer** *el* szigetelő típusú transzformátor, fazéktranszformátor

insulin *vegy* inzulin

insurance biztosítás *(tűzkár stb. ellen)*; biztosítási díj; biztosítási kötvény; ~ **calculus** *mat* biztosítási matematika; ~ **statistics** *mat* biztosítási statisztika

insusceptibility érzéketlenség, fogékonyság/hajlamosság hiánya

insusceptible érzéketlen, nem fogékony

intact rock *bány* ép kőzet

intaglio I. *v* metsz, vés; **II.** *n* metszés, vésés; metszet, véset; ~ **cylinder** *koh* mélynyomó henger; ~ **paper** *nyom* mélynyomó papír; ~ **printing** *koh* mélynyomtatás; *nyom* mélynyomás; ~ **(printing) press** *koh* mélynyomó berendezés

intake beömlés, beszívás; szívónyílás; *at* szervezetbe való beépülés; *bány* behúzó légáram; légvágat, szállítóvágat; levegőbejutás; szellőzőjárat; vízgyűjtő; vízhozzáfolyás; *élip* átvétel; légbeeresztő berendezés; *rep* levegő-beömlőnyílás; ~ **adapter** *gépk* szívócsonkillesztő idomdarab *(porlasztón)*; ~ **air** *bány* behúzó légáram; *gépk, rep* beszívott levegő; ~ **airway** *bány* behúzó vágat; ~ **annulus** *rep* gyűrűs levegő-beömlőnyílás; ~ **area** *geol* elnyelőtér; *rep* levegőbeömlőnyílás bemeneti keresztmetszeti felülete; ~ **center body** *rep* levegő-beömlőnyílás központi belső teste; ~ **chamber** szívókamra; ~ **construction** *hidr* vízkivételi mű; ~ **control** *aut* belépés irányítása; ~ **elbow** szívókönyök(cső); ~ **entry** *bány* friss levegős vágat; ~ **filter** szívókosár; ~ **flow** *bány* behúzó légáram; ~ **gate** *hidr* vízkivételi zsilip; ~ **grill** *szell* szellőzőrács; ~ **head** *hidr* szívómagasság; ~ **header** *hidr* nyomószivattyú szívócsöve; ~ **hopper** *élip* beömlőgarat, átvevőgarat; ~ **lip** *rep* légbeszívó bemeneti pereme; ~ **manifold** beömlő fővezeték; *rep* levegőbeömlő gyűjtőcső; ~ **momentum drag** *rep* levegő-beömlőnyílás bemeneténél fellépő veszteség; ~ **part** szívócsatorna; ~ **pit** *élip* beömlőgarat; ~ **plant** *élip* gabonaátvevő berendezés; *nyom* berakókészülék, berakóberendezés; ~ **port** szívónyílás; ~ **pressure** *hidr* szívóoldali nyomás, szívónyomás; ~ **regulator** *hidr* beeresztő zsilip; ~ **road(way)** *bány* behúzó vágat; ~**-roar silencer** *gépk* szíváshangtompító; ~ **shaft** *bány* behúzó akna; ~ **sill** *hidr* torkolati küszöb; ~ **sluice** *hidr* beeresztő zsilip; ~ **stream** *bány* behúzó légáram; ~ **stroke** *gépk* szívólöket; ~ **tower** *hidr* vízkivételi torony; ~ **valve** szívószelep; ~ **velocity** *rep* beáramlási sebesség; ~ **well** *ol* visszanyomó/benyomó/injektáló kút; ~ **work** *hidr* beömlési teljesítmény *(szivattyúé)*; szívómunka; vízkivételi mű; ~ **working** *bány* friss levegős vágat

intangible meg nem fogható; felfoghatatlan; sérthetetlen; intagibilis

intarsia *fa* berakásos áru; famozaik, intarzia; *tex* intarzia *(kötöttáruminta)*

integer I. *a mat* egész számú, egész értékű; **II.** *n* (csorbítatlan) egész; *mat* egész (szám), racionális egész; ~ **constant** *mat* egész/integer konstans; ~ **function** *mat* egész függvény; ~ **number** *mat* egész szám; ~ **optimization** *aut* egész számú optimalizálás; ~ **programming** *aut, szt* egész számos/értékű programozás, integer programozás; ~ **subfield** *mat* egész számú részmező; ~**-valued entire/integral function** *mat* egész értékű egész függvény

integrability *mat* integrálhatóság; ~ **condition** integrálhatósági feltétel

integrable *mat* integrálható; ~ **solid** integrálható test *(értelmezhető térfogatú)*, köbözhető test

integral I. *a* teljes; tömör; egy darabból készült; *mat* egész *(szám)*; osztatlan; **II.** *n fiz, mat* megoldás, integrál; ~ **absorbed dose** *at* teljes elnyelt dózis; ~ **action** együttműködés, együttes hatás; integráló hatás, I-hatás; ~ **action control** *aut* integráló szabályozás, integrálszabályozás, I-szabályozás; ~ **action controller** *aut* integráló szabályozó, I-szabályozó; ~ **action factor** integrálási tényező; ~ **action rate** integráló hatás mértéke; ~ **action regulator** *aut* integráló szabályozó; ~ **action time** *aut* integrálási/utánállítási idő, követési idő; ~ **bearing** *gép* szemcsapágy, osztatlan csapágy; ~ **bias summing coincidence spectrometer** *metr* csúcsösszegező (koincidencia)spektrométer; ~ **body and frame,** ~ **body-frame** *gépk* önhordó karosszéria; ~ **calculus** *mat* integrálszámítás; ~ **(connection) drill pipe** *ol* integrál fúrócső; ~ **constant** *mat* integrációs állandó; ~ **constraint** *aut* integrálkorlátozás; ~ **control** *aut* asztatikus/integráló szabályozás, I-szabályozás; ~ **control factor** *aut* integráló szabályozás arányossági tényezője; ~ **controller** integráló szabályozó, integrálszabályozó, I típusú/asztatikus szabályozótag, I-szabályozó; ~ **convergence test** *mat* Cauchy-féle integrálkritérium; ~ **convolution** *aut* integrálkonvolúció; ~ **correction factor** *aut* integrálhelyesbítési/integrálkorrekciós tényező; ~ **cosine** *mat* integrálkoszinusz, Ci; ~ **curve** *mat* integrálgörbe; ~ **cylinder head** *gépk* egy darabban öntött hengerfej, hengerrel egybeöntött hengerfej; ~ **dependence** *aut* integrálösszefüggés; ~ **discriminator** *at* integráldiszkriminátor; ~ **domain** *mat* integritási tartomány; ~ **dose** *at* integráldózis; ~ **drill collar** *ol* integrál súlyosbító; ~ **electric starter** *gépk* beépített villamos indítómotor; ~ **element** *aut* integráló tag, I-tag; ~ **equation** *mat* integrálegyenlet; ~ **equipment** *mzg* traktorra szerelt munkagép/szerelvény; ~ **error method** *aut* integrálhiba-módszer; ~ **estimation** *mat* integrálkritérium; ~ **extinction** integrális extinkció/kioltás; ~ **function** *mat* egészrész-függvény, entierfüggvény, egész-függvény; ~**-furnace-type boiler** *hőt* belső tüzelésű kazán; ~ **griefstem** *gép* integrál forgatórúd; ~ **heat** *vegy* teljes hő; ~ **heat of dilution** *vegy* totális hígítási hő; ~ **hinge** *műa* egybekészült csuklópánt *(a tárgy anyagából összefüggő részként)*; ~ **intensity** *ásv* integrális intenzitás; ~ **in the Riemann sense** *mat* Riemann-integrál, R-integrál; ~ **kelly** *ol* integrál forgatórúd; ~ **leak detection** *any* integrális húzósságvizsgálat; ~ **(machine) group** *gép* egybeépített gépcsoport; ~ **matrix** *mat* integrálmátrix, egész elemű mátrix; ~ **measurement** *at* integrális/globális mérés; ~ **motor** *gép* beépített motor; ~ **multiple** *mat* többszörös, egész számú többszörös; ~ **nacelle** *rep* süllyesztett gondola; ~ **network** *szt* integráló hálózat; ~ **neutron flux** *at* integrált neutronfluxus; ~ **number** *mat* egész (szám), racionális egész; ~ **of areas** *mat* felületi tétel, Kepler második törvénye; ~ **of Cauchy type** *mat* Cauchy-integrál, elsőfajú improprius integrál; ~ **of error** *aut* (lineáris) szabályozási terület; ~ **of living force** energiaintegrál; ~ **of squared error** *aut* négyzetes szabályozási terület; ~ **of the second kind** *mat* másodfajú integrál; ~ **operator** *mat* integráloperátor; ~ **performance criterion** *aut* minőségi integrálkritérium; ~ **printing** *foto* összegező másolás *(színes)*; ~ **propeller** *rep* egy darabból készült légcsavar; ~ **quantity** *mat* diszkrét mennyiség; ~ **quench furnace** *koh* edzőtartályos kemence; ~ **range** *at, mech* teljes úthossz; ~ **reactor** *at* integrált reaktor, zónán belüli hőcserélős reaktor; ~ **relay** *aut* integrálrelé; ~ **sign** *mat* integráljel; ~ **sine** *mat* integrálszinusz, si, Si; ~ **sledge runners** *bány* osztatlan pajzstalp; ~ **structure** *rep* egy darabból álló/készült szerkezet; ~ **surface** *mat* integrálsokaság, integrálfelület, megoldásfelület; ~ **table** *mat* integráltáblázat; ~ **tank** *rep* szárnyba beépített tüzelőanyagtartály; ~ **theorem of Gauss** *mat* Gauss tétele, Gauss—Osztrogradszkij-tétel, divergenciatétel; ~ **transcendental function** *mat* transzcendens egész függvény; ~ **transformation** *mat* integráltranszformáció; ~ **transistorized amplifier** *aut* tranzisztorizált integráló erősítő; ~ **tubing** *ol* integrál termelőcső; ~ **unit** *rep* teljes gépegység; ~ **variety** *mat* integrálsokaság, integrálfelület

integrand *mat* integrandus, integráljel alatti *v.* integrálandó függvény; ~ **function** *mat* integráljel alatti függvény

integrant szervesen hozzátartozó, lényeges, nélkülözhetetlen; *mat, el* integráló, integráns

integraph integrátor, integráf, planiméter, integrálógép

integrate I. *v* egybeépít; teljessé tesz; egyesít; kiegészít; összesít; koordinál; *mat* integrál; **II.** *a* egész, teljes, egységes

integrated *aut, el, mat* integrált; ~ **analog(ue) circuit** *el* integrált analóg áramkör; ~ **automatization** *aut* komplex automatizálás; ~ **battlefield** *kat* integrált harcmező; ~ **circuit (IC)** *el* integrált áramkör; szilárdtestkapcsolás; ~ **control** *aut* teljes ellenőrzés; ~ **control system** *rep* teljes/egyesített vezérlőrendszer/irányítórendszer; ~ **database management system (IDMS)** *szt* általános célú adatbázis-kezelő rendszer, IDMS; ~ **data processing (IDP)** *aut, szt* integrált adatfeldolgozás, IDP; ~ **data store (IDS)** *szt* integrált adattároló; ~ **digital circuit** *el* integrált digitális áramkör; ~ **flight instrumentation** *rep* egyesített repülőgépvezetési-navigációs műszerrendszer; ~ **flying control system** *rep* integrált repülésirányító rendszer; ~ **information processing** *aut* integrált információfeldolgozás; ~ **injection logic** *mat* injektáló logika; ~ **iron-and-steel works** *koh* kohászati kombinát; ~ **micro-circuit** *el* integrált mikroáramkör; ~ **micro-circuit element** *el* integrált mikroáramköri elem; ~ **mill** *tex* textilkombinát; ~ **motor** *gép* beépített motor; ~ **path length** *fiz* teljes úthossz; ~ **plant protection** *környv* integrált növényvédelem; ~ **power function** *mat* spektrális (eloszlás)függvény; ~ **press** *alak* egyedi hajtású hidraulikus prés; ~ **processing** *aut, szt* integrált adatfeldolgozás; ~ **processing centre/center** *szt* integrált adatfeldolgozó központ; ~ **reliability test program** *metr* komplex megbízhatóságvizsgálati program; ~ **resistor** *el* diffundált ellenállás; ~ **river basin development** *hidr* vízgazdálkodási keretterv; ~ **semiconductor circuits** *el* integrált félvezető-áramkörök; ~ **services digital network (ISDN)** *szt* integrált szolgáltatású digitális hálózat, ISDN; ~ **software package** *szt* integrált programcsomag; ~

system *rep* egyesített/teljes rendszer; ~ **telecommunication system** *távk* integrált hírközlő rendszer; ~ **wattmeter** *el* fogyasztásmérő
integrating *el, mat* integráló, összegező *(számológép)*; ~ **accelerometer** *fiz* integráló/integrációs gyorsulásmérő; ~ **actinometer** *fiz* integráló sugárzásmérő; ~ **action** integrálóhatás, I-hatás; ~ **amplifier** *el* integrátor, integrálóerősítő; ~ **bellows** *pl aut* integráló-csőmembrán; ~ **capacitor** *el* integrálókondenzátor; ~ **circuit** *el* integráló-áramkör; ~ **circuit introduction** *aut* integrálótaggal történő kompenzálás; ~ **controller** *koh* integráló szabályozó; ~ **converter** *aut* integráló átalakító; ~ **counter circuit** *aut* integráló számolókör; ~ **current meter** *el* fogyasztásmérő; ~ **device** *metr* számlálószerkezet; ~ **digital voltmeter** *el* integráló digitális voltmérő; ~ **dose meter** *at* összegező/integráló dózismérő/doziméter; ~ **electronic conveyor type scale** *metr* integráló elektronikus szalagmérleg; ~ **element** *aut, el* integrálótag, integrálóelem, integráló áramkör, I-tag; ~ **factor** integrációs tényező; ~ **flowmeter** *metr* integráló áramlásmérő; ~ **frequency meter** *el, távk* integráló frekvenciamérő; ~ **galvanometer** *el* integráló galvanométer; ~ **gyro(scope)** *gép* integrációs pörgettyű; ~ **instrument** *aut, metr* impulzussűrűség-mérő, impulzusszámláló, ratemeter; integrálóműszer, számlálóműszer; *geod* planiméter; ~ **ionization-chamber** *fiz* integráló ionizációs kamra; ~ **manometer** *fiz* integráló nyomásmérő; ~ **measuring instrument** *metr* integráló/összegező mérőműszer, számláló(műszer); ~ **meter** *metr* integráló műszer, számlálóműszer; ~ **method** integráló módszer; ~ **network** *aut* integrálótag, integrálóegység, integrálókör; ~ **of electric signals** *aut* villamos jelek integrálása; ~ **photometer** *foto* integráló fotométer, fényárammérő, fotométer gömb; ~ **photon counter** *metr* integráló fotonszámláló; ~ **relay** *aut* integrálórelé; ~ **sphere** integrálógömb; ~ **stage** integrálóasztal; ~ **train** → ~ device; ~ **transformation element** *aut* integrálóelem, integrátor; ~ **unit** *aut* integrálótag, integrálóegység; integrátor; ~ **wattmeter** *el* fogyasztásmérő; ~ **Weissenberg camera** *tv* integráló Weissenberg-kamera
integration egységbe rendezés, koordinálás, koordináció; *mat* integrálás; integrálódás; megoldás; ~ **amplifier** *el* integráló erősítő; ~ **by Monte-Carlo methods** *mat* integrálok kiszámítása Monte-Carlo-módszerrel; ~ **by parts** *mat* parciális integrálás, Gausstétel, Gauss—Osztrogradszkij-tétel, divergenciatétel; ~ **by substitution** *mat* helyettesítéssel való integrálás; ~ **by terms** *mat* tagonkénti integrálás; ~ **circuit** *el* integráló áramkör; ~ **constant** integrációs állandó; ~ **formulas** kvadratúraformulák; ~ **method** *ásv* integráló módszer; ~ **per parts** *mat* parciális integrálás; ~ **step** *aut* integrációs lépésköz; ~ **term by term** *mat* tagonkénti integrálás; ~ **time** *aut* integrálási/utánállási idő; ~ **time constant** *aut* integrálásiidőállandó; ~ **variable** *aut* integrációs változó
integrator *aut* impulzussűrűség-mérő, impulzusszámláló, ratemeter; integrálótag, integrálóelem, integrálóegység, I-tag; integrátor, integráf, planiméter; *el, távk* integráló áramkör; *mat* integrálógép; ~ **block** *aut* integrátor
integrity integritás, teljesség, oszthatatlanság

integro|-differential equation *mat* integro-differenciálegyenlet; ~**-differentiating network** *aut* integráló-differenciáló kör/hálózat
integrometer *metr* integráló mérőműszer; integráló planiméter
integument kültakaró, bevonat, burkolat, huzat
intellectual I. *a* észbeli, szellemi, intellektuális; **II.** *n* értelmiségi; ~ **ability amplification** intelligenciaerősítés, intellektuális képesség erősítése; ~ **property** szellemi tulajdon
intelligence felfogás, értelem; belátás; intelligencia; *kat* felderítés; felderítési adatok; *szt* intelligencia; *szt, távk* értelem, tartalom *(átvitt jelé)*; hír, információ; ~ **amplification** intelligenciaerősítés, intellektuális képesség erősítése; ~ **automaton** *aut* intelligens/tanuló robot/automata; ~ **bandwidth** *távk* hírközlés sávszélessége; ~ **gathering** *kat* felderítési adatok gyűjtése; ~ **signal** *szt, távk* információtartalmú jel
intelligent *szt* intelligens; ~ **automaton** → intelligence automaton; ~ **controller** *szt* intelligens vezérlő; ~ **copier** *szt* intelligens másológép; ~ **keyboard** *szt* intelligens billentyűzet; ~ **knowledge-based system** *szt* intelligens tudásalapú rendszer; ~ **terminal** *szt* intelligens terminál
intelligibility (beszéd)érthetőség; ~ **of characters** karakterek érthetősége/olvashatósága/felismerhetősége
intelligible érthető; ~ **crosstalk** *távk* érthető áthallás
intended purpose/use rendeltetés
intenerate lágyít, puhít
intense élénk *(fény)*, nagyfokú, hathatós; erős *(fényű)*; ~ **cooling plant** *hűt* mélyhűtő berendezés/telep; ~ **current** *el* erősáram; ~ **irrigation** *hidr* intenzív öntözés
intenseness erősség, intenzitás
intensification (fel)erősítés; fokozás; (el)mélyítés
intensifier erősítő, fokozó; *el* utángyorsító; *foto* erősítőoldat; *hidr* nyomásfokozó; ~ **electrode** begyújtóelektród, gyorsítóelektród, utángyorsító elektród; ~ **hardening** edzés nagyfrekvenciás árammal; ~ **key** *aut* jobbhallás-billentyű; ~ **potential** *el* utángyorsító feszültség; ~ **ring** utángyorsító gyűrű/elektród
intensify erősít, fokoz; (meg)gyorsít; erősödik, fokozódik; (meg)gyorsul
intensifying erősítés, fokozás, (meg)gyorsítás; erősödés, fokozódás; gyorsulás; ~ **agent of accelerated action** *vegy* reakciógyorsító; ~ **factor** *el* erősítési tényező; ~ **screen** *at, fiz* erősítőernyő, erősítőfólia
intension *mat* intenzió, tartalom
intensitometer *sug* intenzitométer *(röntgensugárzásé)*
intensity erősség, intenzitás; sűrűség; *opt* fényerő; ~ **control** *aut* intenzitásszabályozás; *tv* fényerőszabályozás; ~**-control type screeen** *aut* fényvezérlő réteg; ~ **distribution** *fiz* intenzitáseloszlás; ~ **function** *mat* intenzitásfüggvény; ~ **gate** *film* fényerőhatároló; ~ **gradient** *geof* térerősség-gradiens; ~ **grid** *távk* fényerő-szabályozó rács; ~ **level** *hang* erősségi szint, hangosságszint; *tv* fényességnívó; ~**-modulated beam** *távk* intenzitásmodulált/erősségmodulált sugár(nyaláb); ~ **modulation** *távk* fény(esség)moduláció; fényerő-szabályozás *(katódsugárcsőben)*; ~ **of colo(u)r** *nyom, tv, vegy* színerősség, színmélység, színintenzi-

tás; ~ **of combustion** *koh* járatintenzitás; ~ **of compression force** *mech* fajlagos nyomóerő; ~ **of cooling** *koh* hűtéserősség; ~ **of current** *el* (elektromos) áramerősség; ~ **of draught/draft** *szell* légáram erőssége; ~ **of (electric) field** *el* villamostér-erősség; ~ **of electrification** *el* elektromos polarizáció, töltésintenzitás; ~ **of freezing** *geol* fagyintenzitás; ~ **of illumination** *opt* fényerősség; ~ **of light** *opt* fényerő, fényintenzitás; ~ **of magnetic field** *el* mágnesestér-erősség; ~ **of magnetization** *el* mágneses erő, mágnesezési intenzitás; mágnesezettség; ~ **of radiation** *környv* sugárzási intenzitás; ~ **of radioactivity** *at* (radio)aktivitás, radioaktív sugárzás intenzitása; ~ **of rainfall** *hidr* esőintenzitás; ~ **of resonance current** *fiz* rezonanciaintenzitás, rezonanciaerősség; ~ **of shearing force** *mech* fajlagos nyíróerő; ~ **of sound** *hang* hangintenzitás, hangerősség; ~ **of tensile force** *mech* fajlagos húzóerő; ~ **of test** vizsgálat/próba/teszt (nehézségi) fokozata; ~ **of traffic carried** *távk* átvitt forgalom sűrűsége; ~ **of traffic lost** *távk* forgalomveszteség sűrűsége; ~ **of traffic offered** *távk* felajánlott forgalom sűrűsége; ~ **of work** *fiz, ip* munkateljesítmény; ~ **ratio** *fiz* intenzitásarány; ~ **region** *ásv, fiz* intenzitástartomány; ~ **space** *ásv, fiz* intenzitástér; ~ **statistics** *mat* intenzitásstatisztika; ~ **telemetering system** *távk* intenzitás-távmérő rendszer

intensive összpontosított, erős, fokozott; nyomatékosító; belterjes; ~ **farming** *mzg* belterjes gazdálkodás; ~ **property** intenzív tulajdonság; ~ **supports** *pl ép* megerősített ácsolat

intent-to-launch (ITL) *rak* startra/felszállásra kész

interact kölcsönhatásba lép, kölcsönhatásban áll; egymásra hat, kölcsönösen hat (egymásra)

interacting | **control** többváltozós/többparaméteres/összetett szabályozás; kapcsolt önszabályozás; ~ **forces** egymásra ható erők

interaction kölcsönhatás; egymásra hatás; interakció; *rendsz* befolyásolás; ~ **automatic control system** *aut* kapcsolt/többparaméteres/összetett szabályozási rendszer; ~ **chamber** kölcsönhatási tér/hatáskamra; ~ **circuit phase velocity** *el* hideg elektronáram-hiányos fázissebesség; ~ **closed-loop sampling data system** *aut* zárt többparaméteres/kapcsolt/összetett mintavételező szabályozási rendszer; ~ **control system** *aut* kapcsolt szabályozási renszer; ~ **cross-section** *at* kölcsönhatási keresztmetszet; ~ **crosstalk** *távk* közvetített áthallás; ~ **energy** *fiz* kölcsönhatási energia; ~ **factor** *at* kölcsönhatási/interakciós tényező; *aut* függőségi tényező; ~ **gap** *el* kicsatolórés; ~ **impedance** *el* csatoló/csatolási impedancia; ~ **law** *fiz* Newton harmadik axiómája, kölcsönhatás törvénye; ~ **loss** interakciós veszteség; ~ **management** *szt* kölcsönhatás-menedzselés, párbeszédvezérlés; ~ **of dislocations** *ásv* diszlokációk kölcsönhatása; ~ **of electrons** *fiz* elektron-kölcsönhatás; ~ **potential** *at* kölcsönhatási potenciál; ~ **sampled-data system** *aut* kapcsolt/összetett/többparaméteres mintavételező rendszer; ~ **space** *at* kölcsönhatási tér; ~ **strength** *at* kölcsönhatási intenzitás; ~ **time** *aut* kölcsönhatási idő; ~ **with pulse-frequency** *aut* impulzusfrekvenciával való befolyásolás

interactive egymásra/kölcsönösen ható; *szt* interaktív, párbeszédes *(rendszer, üzemmód)*; ~ **communication** *szt* interaktív információfeldolgozás; párbeszédes üzemmód, kérdező-válaszoló mód; ~ **mode** *szt* interaktív/párbeszédes üzemmód; ~ **processing** *szt* interaktív feldogozás; ~ **surfaces** kölcsönösen érintkezésben lévő felületek; ~ **terminal** *szt* párbeszédes terminál; ~ **video** *szt* interaktív video; ~ **videodisc** *szt* interaktív videolemez; ~ **videotex** *szt* interaktív videotex, teledata

interaileron strut *rep* csűrőösszekötő rúd/dúc

interaircraft *rep* repülőközi, repülők közti

interarc basin *bány* ívközi medence

interarea communication *rep* körzetek közötti összeköttetés

interatomic *fiz* atomközti; ~ **force** *fiz* atomok között ható erő

interattraction *fiz* kölcsönös vonzás

interaxial angle *gép* tengelyszög

interaxis *gép* tengelytávolság, kerettávolság

interband *távk* sávközi, sávok közötti; ~ **measuring frequency** *távk* sávok közötti mérőfrekvencia; ~ **telegraphy** sávok közötti távíró(rendszer)

interbasin diversion (of water) *hidr* vízátvezetés

interbay connections *pl távk* keretközi csatlakozás

interbed *geol* rétegköz

interbedded *geol* közéréteg(e)ződött, közbeépült, beágyazódott

interbedding *geol* beágyazás; közbeágyazás; közbetelepülés, beágyazódás, közbeágyazódás

interblock gap (IBG) *szt* blokk-közi hézag

interbracing *gép* belső merevítés

intercalate I. *v* beágyaz, beilleszt, betold, beszúr; (köz)beiktat; *geol* közberétegeződik; **II.** *a* (köz)beiktatott; beillesztett, beszúrt; *geol* rétegzett

intercalation *bány* közbetelepülés; ~ **of ore** *bány* ércbeágyazódás

intercalibration *aut* kölcsönös kalibráció

intercarrier | **frequency** *távk* intercarrier KF; ~ **sound system** *távk* közbenső vivőhullámú hangrendszer, intercarrier-hangrendszer; ~ **system** *tv* interkarrier-rendszer, különbözeti vivős rendszer; ~ **television** *tv* interkarrier-rendszerű televízió

intercell connector *el* cellaösszekötő

intercellular *biot, fa* sejtközi, sejt közötti; ~ **layer** *fa* sejtközi réteg; ~ **space** *biot, fa* sejtközi járat

intercept I. *v* felfog; *at* befog, elfog *(pl. atommag neutront)*; *ép* keresztez *(egyik út a másikat)*; *kat* elfog; lehallgat; *mat* átmetsz, átszel; *rep* elfog; keresztez; **II.** *n kat* elfogott/lehallgatott rádiójelentés/rádióüzenet; *mat* metszék, ordinátatengely-metszet; *mech* nyomatéki metszék; *rep* elfogás; ~ **distance** *geof* abszcisszametszék; ~ **valve** *aut* elzárószelep

intercepted terminal *szt* csak adatbevitelre alkalmas terminál

intercepting | **canal** *hidr* külvízcsatorna; ~ **device** *hidr* vészkiömlő, záporbukó; ~ **ditch** övárok; ~ **drain** *hidr* metszett drén; ~ **grid** *el* fékezőrács; ~ **mirror** *geof* vetítőtükör *(Eötvös-ingán)*; ~ **rocket** légvédelmi (távirányítású) rakéta; ~ **screen** vetítőernyő, felfogóernyő; ~ **sewer** *hidr* vészkiömlő; ~ **trap** *ép* bűzelzáró/szagelzáró (szifon); ~ **valve** *vasút* indítószelep *(kompaund mozdonyé)*

interception *hidr* intercepció; *kat* befogás, elfogás; *rád* összeköttetés megszakítása; *távk* lehallgatás; ~ **circuit** *távk* közbelépő áramkör; ~ **range** *aut, tv* szinkronizálási tartomány; ~ **service** lehallgatószolgálat

interceptor *ép* bűzelzáró/szagelzáró (szifon); *kat* védő/könnyű vadászgép; *metr* csapadékgyűjtő; *ol* gázcsapadékgyűjtő; *rak* interceptor, áramlatmegszakító; *tex* fonalválogató *(csipkegépen)*; ~ **control** *kat* elfogás irányítása; ~ **fighter** *kat* (könnyű) védő vadász(repülő)gép; ~ **missile** *kat* vadászrakéta

interchange I. *v* kicserél, elcserél, felcserél; kicserélődik *(egymás között)*; *bány* sorjáz; **II.** *n* átalakulás, vált(ak)ozás *(több mennyiségé)*; *bány* (műszak)váltás; sorjázás; *el* átkapcsolás, kommutáció; *közl* többszintű/különszintű útkereszteződés/csomópont, közúti csomópont; *mat* permutáció, felcserélés; ~ **energy** *fiz* kölcsönhatási energia; ~ **graph** *mat* élgráf; ~ **of heat** *fiz* hőcsere; ~ **of lanes** *közl* sávváltás; ~ **of sites** *ásv* helyváltoztatás; ~ **reaction** *vegy* cserebomlás; ~ **track** *vasút* váltóvágány

interchangeability (fel)cserélhetőség, kicserélhetőség; *gép* csereszabatosság

interchangeable (fel)cserélhető, kicserélhető; helyettesíthető; *gép* csereszabatos; ~ **cloth roller** *tex* cserélhető áruhenger; ~ **disk** *szt* cserélhető lemez; ~ **equipment (rig/attachment)** függesztett/cserélhető munkaszerelék; ~ **gear** *gép* cserekerék; ~ **lens** *foto* cserélhető objektív; ~ **micro program** *szt* cserélhető mikroprogram; ~ **mo(u)ld** *koh* cserélhető öntőforma; ~ **outer protective cover** *gép* cserélhető külső védőcső; ~ **quick-action plate** *aut* gyorskapcsoló szerkezet; ~ **slide-in chassis** *gép* cserélhető betét/fiók; ~ **stand** *koh* csereállvány

interchanging | **of bands** *távk* sávfonás; ~ **of the rows and columns** *mat* transzpozíció, a sorok felcserélése az oszlopokkal *(mátrixé)*

interchannel | **modulation** *távk* keresztmoduláció; ~ **noise suppressor** *rád* vezeték közti zajcsökkentő; ~-**space measuring device** *távk* csatornaközi generátor

intercity *közl* városközi; ~ **air service** *rep* városközi légiszolgálat; ~ **bus** *közl* távolsági/városközi autóbusz; ~ **line** vasúti fővonal; ~ **traffic** *közl* helyközi közlekedés/forgalom

intercoastal partközi

intercolumnar *ép* oszlopközi

intercolumnation *ép* oszlopköz *(távolság)*

intercom *távb* duplex távbeszélő rendszer; kaputelefon

intercommunicate I. *v* érintkezik *(egymással)*; **II.** *a ép* egymásba nyíló *(szobák)*

intercommunicating | **pore-spaces** *ol* egymással összekötött pórusterek; ~ **tubes** *fiz* közlekedőcsövek; ~ **vessels** *fiz* közlekedőedények

intercommunication országok közötti kereskedelmi forgalom; egymásba nyílás; összeköttetés; kapcsolat; érintkezés; kapcsolás; *rep* belső/fedélzeti távbeszélő-összeköttetés; ~ **aircraft** *kat* összekötő repülőgép; ~ **service** *rep* belső/fedélzeti összeköttetési üzem/szolgáltatás; ~ **switch** *távk* vonalváltó; ~ **system** *rep* belső/fedélzeti összeköttetési rendszer; *távb* duplex távbeszélőrendszer; ~ **telephone** *rep* belső/fedélzeti távbeszélő-berendezés

intercommutation plant *távb* vonalválasztó berendezés

intercompany üzemek közötti, üzemközi

intercondenser *hűt* közbülső/közbenső hűtő

interconnect összeköt, közbekapcsol, közbeiktat; *távb* összekapcsol *(központ előfizetői vonalakat)*

interconnected egymással összekötött/összekapcsolt/kommuni-; káló; ~ **controls** *rep* összekapcsolt kormányszervek; ~ **gantry cranes** *gép* összekapcsolt bakdaruk; ~ **network** *aut* kapcsolt hálózat; ~ **pore-spaces** *ol* egymással összekötött pórusterek; ~ **star connection** *el* zegzug-kapcsolás; ~ **voltage** *el* láncfeszültség, vonalfeszültség

interconnecting | **duct** *ép* bekötővezeték; ~ **feeder** *el* csatlakozó/bekötő tápvezeték; ~ **line/main(s)** *el* bekötővezeték; ~ **piece** *gép* kapcsolóelem; ~ **pipe** *ép* bekötővezeték; ~ **road** *közl* bekötőút; ~ **wires** *pl el* bekötővezeték

interconnection egyesítés; (kölcsönös) összefüggés/kapcsolat; *szt* összekapcsolás; *távk* csatolás, összeköttetés, kapcsolás; jelvivő vezeték; ~ **diagram** *el* kapcsolási rajz; ~ **of phases** *el* fázisláncolás; ~ **tie** *en* kooperációs vezeték; *szt* összekötővonal

interconnector (line) *el* csatlakozó/bekötő tápvezeték, bekötővezeték

intercontinental földrészek közötti, interkontinentális; ~ **ballistic missile (IBM)** *kat* interkontinentális (ballisztikus) rakéta

interconversion *vegy* egymásközti átalakulás, egymásba való átalakítás/átalakulás

interconvertible *vegy* egymásba/kölcsönösen átalakítható

intercooled engine *gépk* közbenső hűtésű motor

intercooler *hűt* közbenső edény; közbenső hűtő; ~ **pressure** *hőt* közbenső hűtő nyomása

intercooling *hűt* közbenső hűtés

intercorrelation *mat* (egymás közötti) korreláció; keresztkorreláció

Intercosmos *űr* Interkozmosz

intercostal *hajó, rep* bordaközi; ~ **floor attachment** *rep* bordaközi padlórögzítés; ~ **girder** *rep* bordaközi hossztartó

intercrescence *ásv* összenövés

intercross *közl* egymásba fon, kereszteződik; keresztez *(egyik út a másikat)*

intercrossing data keveredő/interferáló adatok/értékek

intercrystalline *ásv, any* kristályközi; ~ **brittleness** *any* kristályközi/szemcseközi törékenység; ~ **corrosion** *koh* kristályközi korrózió; ~ **corrosion resistance** *vegy* kristályközi korrózióállóság; ~ **crack** *any* kristályközi repedés; ~ **diffusion** *koh* kristályhatár menti diffúzió; ~ **embrittlement** *any* kristályközi törékenység; ~ **failure/fracture** *any* kristályközi törés; ~ **oxidation** *vegy* kristályközi oxidáció; ~ **rupture** *any* kristályközi törés; ~ **segregation** *any* kristályközi szegregáció; ~ **shrinkage crack** *any* zsugorodáskor keletkező kristályközi repedés; ~ **swelling** *műa* krisztallitok közötti *v.* interkrisztallitos duzzadás

intercut I. *v film* közbevág *(jelenetet)*; **II.** *a* közbevágott; **III.** *n film* közbevágott jelenet; ~ **scene** *film* közbeiktatott jelenet

intercutting *film* inzert

interdendritic | **porosity** *any* dendritközi pórusosság; ~ **space** *koh* dendritek közötti tér

interdependence egymástól függés, kölcsönös függőség/függés/kapcsolat/egymásrautaltság

interdependent (kölcsönösen) egymástól függő, egymással összefüggő

interdict megakadályoz, letilt; *kat* lefog *(bombázással),)* elszigetel

interdiction *kat* lefogás *(bombázással)*; ~ **fire** *kat* zárótűz

interdiffusion kölcsönös diffúzió
interdigit carry (IDC) *szt* belső adatátvitel, IDC
interdigital ujjközi; számjegyek közötti; ~ **magnetron** *el* interdigitális magnetron, turbátor; ~ **pause** *távb* számok (tárcsázása) közti szünet; ~ **surface wave transducer** *távk* interdigitális felületihullám-átalakító; ~ **time** *távb* számjegyek tárcsázása közti idő
interdigitate összefonódik, egymásba kapcsolódik
interdigitated | structure *félv* fésűs szerkezet; ~ **transistor** *félv* osztott emitterű tranzisztor
interdigitation *geol* kölcsönös beékelődés; összefogazódás
interelectrode *el* elektródok közötti, elektródközi; ~ **capacitance** elektródközi kapacitás; csőkapacitás; belső kapacitás; ~ **conductance** elektródközi vezetőképesség; ~ **gap** elektródhézag; ~ **leakage** átvezetés elektródok között
interest érdeklődés; érdek(eltség); *mat* kamat; ~ **account/calculation/computation** *mat* kamatszámítás
interesterification *vegy* átészterezés
interexchange junction circuit *távk* központi fővonal
interface *ásv, bány* elválasztó/érintkező felület, határfelület; *el* adapter; *ép* belső válaszfelület; *szt* illesztőegység, interface, interfész; interaktív információfeldolgozás; ~ **active** *vegy* határfelület-aktív; ~ **bus (IB)** *szt* interfészbusz, IB; ~ **for data transmission** adatátviteli csatlakozás; ~**-free oxide cathode** *el* közbensőréteg-mentes oxidkatód; ~ **layer** közbenső réteg; ~ **region** választófelület, határfelületi zóna; ~ **seepage** *hidr* kontúrszivárgás; ~ **signal sequence** *szt* illesztő jelsorrend; ~ **temperature** *at* üzemanyag felületi hőmérséklete; ~ **tension** *koh* határfelületi feszültség
interfacial felületközi; határfelületi; ~ **activity** *vegy* határfelületi aktivitás; ~ **angle** *ásv* (kristály)lapszög; ~ **(cathode) layer** *el* közbenső réteg; ~ **energy** *ol* határfelületi energia; ~ **failure** *any* határfelületi anyagtörés; ~ **film** határfelületi film; ~ **force** *ol* határfelületi erő; ~ **layer** közbenső réteg; ~ **polycondensation** *műa* határfelületi polikondenzáció; ~ **structure** *ásv* határsíkszerkezet; ~ **surface energy** *fiz* határfelületi feszültség/energia; ~ **surface tension** *fiz* határfelületi feszültség; ~ **tensiometer** *metr* határfelületi feszültséget mérő műszer, határfelületi feszültségmérő; ~ **tension (IT)** *fiz* (határ)felületi feszültség
interfactory transport üzemen/gyáron belüli szállítás
interfenestral *ép* ablakközi; ~ **space** *ép* ablakosztás, ablaktáv, ablaktérköz
interfenestration *ép* ablakosztás, ablaktáv, ablaktérköz
interfere beavatkozik, megakadályoz; egymásra/kölcsönösen hat; összeütközik; *fiz, távk* zavar, interferál
interference beavatkozás; befolyásolás; *fiz* interferencia, (zavaró) kölcsönhatás; *gép* fedés *(illesztésé)*; *rep* zavaróhatás; *távk* áthallás; interferencia(fütty), (nagyfrekvenciás) zavar(ok), (légköri) vételzavar; lebegés; zaj, búgás, vadrezgés; zavarási nagyság; ~ **area** *távk* zavarási tartomány; zavarótér; ~ **band** *távk* interferenciacsík; ~ **blanker** *távk* zavarszűrő; ~ **colo(u)r** *tv* interferenciaszín; ~ **comparator** *távk* interferenciakomparátor, interferenciás komparátor; ~ **current** *el* kóboráram, parazitaáram, kúszóáram; ~ **device** *távk* zavarelhárító készülék; ~ **drag** *rep* kölcsönhatási ellenállás; ~ **effect** interferencia(jelenség), zavaróhatás; ~ **elimination** *távk* interferenciakiszűrés, zavarmentesítés; ~ **eliminator** *távk* zavarvédő, zavarvédelem; ~ **ellipse** *geof* interferenciaellipszis; ~ **factor** zavartényező; ~ **field** *távk* interferenciamező, interferenciatér; ~ **figure** *fiz* interferenciakép; ~ **filter** *távk* interferenciaszűrő, füttyszűrő, zavarszűrő; ~ **finder** *távk* zavarmérő (készülék); ~ **fit** *gép* ékelődő sajtoló illesztés; szilárd illesztés; ~**-free** *távk* (rádió)zavar ellen védett; interferenciamentes; zavarmentesített; ~ **fringe(s)** *fiz* interferenciacsík(ok); ~**-guard band** *távk* vételzavar/interferencia ellen védő (szabad/üres) sáv; ~ **image** *fiz* interferenciadiagram, interferenciakép; ~ **inverter** *távk* zavarvédő/zavarszűrő dióda; ~ **level** *távk* zavarszint; ~ **limiter** *távk* zavaráskorlátozó; ~ **lines for measuring material strain** *any* interferenciavonalak az anyagfeszültség méréséhez; ~ **location apparatus** *távk* zavarmérő (készülék); ~ **measurement** *távk* interferenciamérés; ~ **measuring apparatus/instrument/set** *távk* zavar(ás)mérő (készülék), interferenciamérő (készülék); ~ **method** *geof* interferencia módszer; ~ **microscope** *opt* interferenciamikroszkóp, interferenciás mikroszkóp; ~ **note** *hang* heterodin hang, interferenciahang, lebegőhang; ~ **of interstellar origin** *távk* kozmikus eredetű zavar; ~ **pattern** *fiz* interferenciakép, interferenciadiagram; *nyom* moaré; ~ **phenomenon** interferenciajelenség; ~ **pick-up** *rád* rádiózavarok; ~ **potential** *geof* interferenciapotenciál; ~ **protected loop antenna** *távk* zavarmentesített keretantenna; ~ **pulse** *távk* interferenciaimpulzus; zavaróimpulzus; ~ **radiation** *távk* zavaró sugárzás; ~ **range** *távk* interferenciasáv; ~ **reduction factor** *távk* interferenciajavulási tényező; ~**-refractometer** *metr* interferenciarefraktométer; ~ **rejection circuit** *távk* zavarszűrő (áramkör); ~ **spectroscope** *fiz, metr* interferenciaspektroszkóp; ~ **spectrum** *fiz* diffrakciós színkép; zavarspektrum, interferenciás spektrum, interferenciaspektrum; ~ **suppression** *távk* interferenciakiszűrés, zavarmentesítés; ~ **test** *ol* interferenciavizsgálat; ~ **transit instrument** *gép* interferenciás passzázsműszer; ~ **trap** *távk* interferenciaszűrő, füttyszűrő; zavarszűrő; ~ **voltage** *távk* zajfeszültség, zavarófeszültség; ~ **with transmission** *rep* adási zavarok
interfering | application ütköző bejelentés *(szabadalomé)*; ~ **effect** *el* zavaróhatás; ~ **field** *el* idegen/külső tér; ~ **frequency** *távk* zavarófrekvencia; ~ **signal** *távk* zavar, zavarójel, zavaró jelzés; ~ **transmitter** *távk* zavart okozó adó, zavaróállomás
interferogram *opt* interferenciaábra
interferometer *távk* interferométer; ~ **base** *távk* interferenciamérő-alap, antennatávolság; ~ **for gases** *fiz* gázinterferométer; ~ **for mine gas** *bány* bányagáz-interferométer
interferometric *fiz* interferométeres; interferometriás; interferometrikus; ~ **analysis** *metr* interferométeres vizsgálat; ~ **control** *aut* interferométeres ellenőrzés
interferometry *metr* interferenciamérés, interferometria
interferons *pl biot* interferon
interferric space *el* tekercsvasmagok közti légrés
interfingering *bány* összefogazódás
interfin-space *gép* bordaköz
interflection *fiz* interflexió

interflex scheme *rád* kristály-egyenirányítós reflexkapcsolás
interflow I. *v* összekeveredik, összefolyik, közbefolyik; **II.** *n hidr* felszín alatti lefolyás
interfluent összevegyülő, közbefolyó; *hang* egymásba folyó/olvadó
interformational sheet *bány* teleptelér; *geol* képződmény közti réteg
intergalactic *csill* galaktikák köz(öt)ti
interglacial stage *geol* interglaciális
intergranular *koh, talt* szemcsék közti; szemcseközi; **~ brittleness** *any* szemcseközi törékenység; **~ corrosion** *vegy* szemcseközi korrózió; **~ corrosion resistance** *vegy* szemcseközi korrózióállóság; **~ failure** *any* szemcsközi anyagtörés; **~ fracture** *any* szemcseközi törés; *koh* interkrisztallin törés
intergrowth *geol* közbeágyazás; *krist* közbenövés, összefonódás, összenövés
interhalogen compounds *vegy* halogének egymás közti vegyületei
interim ideiglenes, átmeneti, helyettesítő; időközi, közbenső; **~ inspection** *gépk* közbenső vizsgálat; **~ reliability evaluation** megbízhatóság közbenső értékelése
interionic *vegy* ionok közti; **~ attraction** *vegy* ionok közti vonzás
interior I. *a* belső; **II.** *n* belső; *foto* belső/szobai felvétel; **~ accommodation** belső berendezés/szerelvény; **~ alternate angles** *mat* belső váltószögek; **~ angle** *mat* belső szög; **~ ballistics** *kat* belső ballisztika; **~ basin** *bány* belső medence; **~ decoration/design** belsőépítészet, lakberendezés; **~ decoration plasterings** *ép* belső díszítővakolatok; **~ decorator** *ép* belsőépítész, lakberendező, térberendező; **~ defect** *koh* belső hiba; **~ illumination** *ép* belső világítás; **~ label** *szt* belső címke; **~ lighting** *ép* belső (téri) világítás; **~ maximum** belső maximum; **~ minimum** belső minimum; **~ orientation** *geod* belső tájolás *(fotogrammetriában)*; **~ plane of a wall** *ép* belső falfelület; **~ point** *mat* belső pont; **~ stairs** *pl ép* épületlépcsők; **~ support** *ép* közbenső alátámasztás/támaszpont *(tartószerkezet)*; **~ trim** *gépk* belső kiállítás *(kárpitozás, kényelmi berendezések stb.)*; **~ utilities engineering** épületgépészet; **~ view** belső nézet; *ép* belnézet; **~ wall** *ép* belső fal, közfal; **~ width** belvilág; **~ works** *ép* belső/befejező munkák; **~ wrap** *pa* belső csomagoló
interjacent *geol* beékelődött; rétegek közé zárt
interjoist *ép* fiókgerenda(-térköz); közbenső gerenda
interknit I. *v* közbefűz, közbeköt; összefon, összeköt, összefűz; **II.** *a* egymásba kapcsolódó, összefogódzó, összefonódó
interlace közbeilleszt; összefűz, összeköt; keresztez; összefonódik, összefűződik; *műa* összehálóz; *tex* egybefon, közbefon
interlaced összekötött, összefont, keresztezett; *tv* sorváltós, váltott soros; **~ field** *tv* sorkihagyásos letapogatású kép; **~ joint** átfont kapcsolás; **~ network** hurkos hálózat; **~ pattern** *tv* sorváltásos ábra; **~ raster** *tv* sorkihagyásos raszter; **~ scanning** *tv* sorkihagyásos/váltósoros *v.* váltott soros letapogatás; sorváltás; **~ storage** egymásba építés/skatulyázás; összekapcsolt memória/tárolás; **~ structure** *ásv* egymásba szövődő kristályszerkezet
interlacement egymásbafonódás, összefonódás; egybefonás, egybekötés; *tex* fonalkereszteződés
interlacing I. *a* egymásba fonódó; *ép* egymást metsző *(ívek)*; **II.** *n* összefűzés, láncolás, összefonás; összefonódás; *cipő* felsőrészbefűzés; *műa* hálózódás, hálózottság; *szt* összefűzés, válogatott soros letapogatás; *tex* egybefonás, egybekötés; kereszteződés *(lánc- és vetülékfonalé)*; kötéspont; *tv* sorváltás; váltott soros letapogatás; *vasút* vágány-egybefonódás; **~ agent** nedvesítőszer; **~ balance** *mech* összekapcsolódási egyensúly; **~ point** *tex* (keresztezési) kötéspont; **~ vein** *geol* finom telérhálózat
interlamellar spacing *koh* lemeztávolság
interlaminar *műa* rétegek közti, lemezecskék közé beszorított/ékelt; **~ bonding** *műa* rétegek közti kötés; **~ strength** *koh* kötésszilárdság; *műa* hasítószilárdság
interlamination resistance *műa* rétegek közötti ellenállás
interlay *geol* közbetelepül
interlayer *bány, geol* beágyazás; közbetelepülés; *műa* közbenső réteg; **~ capacitance** *el* rétegközi kapacitás *(tekercsben)*
interleaf (*pl* interleaves) I. *a* lapközi, lapok közötti; **II.** *n* levélköz; melléklevél; *pa* belövőlap; fehér/tiszta/üres lap; **~ friction** *mech* súrlódás rugólapok között *(rugókötegben)*
interleave *nyom* könyv lapjai közé tiszta/üres lapokat köt/illeszt, betétlapokat illeszt be, védőpapírral belő; *szt* összesorol; **~ fill** *szt* sakktáblaszerű kitöltés *(grafika)*
interleaved *el* átlapolt *(vasmag-összeállítás)*; *nyom* belőtt, betétlapos; **~ transaction schedule** *szt* kevert tranzakcióütemezés
interleaving | of a number of channel time slots *el* bizonyos számú csatornaidőzést besoroló; **~ paper** *nyom* betétpapír
interlensing *geol* lencse alakú átrétegződés
interlibrary loan (ILL) *szt* könyvtárközi kölcsönzés, ILL
interline I. *v nyom* ritkít; sorok közé ír; *tex* közbülső béléssel ellát; **II.** *a nyom* sorközi; űrtöltő, betét; **~ baggage agreement** *rep* légi-fuvarozók egyezménye közös poggyászszállításra; **~ carriage** *rep* két vagy több szállítmányozót magába foglaló fuvarozás/szállítás; **~ connecting passenger** *rep* tranzitutas, átutazó utas; **~ fare** *rep* légi-fuvarozók közös díjszabása; **~ flicker** *tv* sorcsillogás, sorvillogás; **~ transportation** *rep* több légiközlekedési vállalat által közösen végzett szállítás
interlinear *nyom* sor közötti; sorok közé írt, interlineáris; váltakozó sorú
interlining *cipő* belső bélés; közbélés cipőfelsőrészen; *rep* légitársaságok közötti fuvarkapcsolás; *tex* közbenső bélés
interlink egybeláncol, összefűz; egybeláncolódik, összefűződik
interlinkage (össze)láncolás; láncolat; **~ of phases** *el* fázislánc; fázisláncolás
interlinked összekötött, összeláncolt; *el* fázisláncolt; **~ transfer line** *gép* láncolt átviteli út
interlinking of phases *el* fázisláncolás
interloading switch *el* reteszelő kapcsoló
interlobate moraine középmoréna

interlock I. *v aut* reteszel; *fa* összeereszt; *gép* blokíroz; egymásba kapaszkodik; körülzár; *hajó, vegy* blokíroz; *rád* kényszerkapcsol; *tex* egymásba hurkol; **II.** *n aut* kölcsönös reteszelés; *bány, gép* blokkoló/elhatároló berendezés; *el* reteszelés, lezárás, rögzítés, blokkolás; reteszelő; *ép* egymásbaeresztés; szádpallóhorony; zárószerkezet; *tex* háromfalas széláthurkoló gép; ~ **against electric shock hazards** *aut, el* biztonsági reteszelő; ~ **ball** *gép* reteszgolyó; ~ **circuit** *aut, el* reteszelő áramkör; ~ **friction** *ép* horonysúrlódás *(szádfal)*; ~ **knitting machine** *kh* interlock kötőgép; ~ **plunger** *gépk* sebességváltó biztosítópecek; ~ **register** *aut* reteszelő regiszter; ~ **relay** *el* reteszelő jelfogó/relé; ~ **time** *aut* reteszelési/blokkolási idő

interlocked kényszerkapcsolt; reteszelt; ~ **operation** *aut* reteszelt/blokkolt művelet/eljárás; ~ **points** *pl vasút* biztosított váltó, biztosítóberendezésbe bekapcsolt váltó; ~ **signal** *rep* egybefolyó A-N jel; *vasút* biztosított jelző; ~ **texture** *geol* közbezárt szerkezet

interlocker *vasút* állítóberendezés, központi jelzőállító mű

interlocking I. *a* érintkező; összefonódó, keresztező; reteszelő; *fa* eresztékes; **II.** *n* reteszelés; összefonódás; kapaszkodás; rögzítés; *ép* hornyos, csapos kapcsolódás; szemcsék egymásbaékelődése; *fa* összeeresztés, egymásbaeresztés; *gép* blokírozás; kényszerkapcsolat; *rep* kényszerkapcsolat; *vasút* térközbiztosítás; ~ **bar** *vasút* függőségi vonalzó *(biztosítóberendezéshez)*; ~ **blocking** *vasút* térközbiztosítás; ~ **cabin** *vasút* állítóberendezés; ~ **chart** *vasút* elzárási táblázat *(jelző- és biztosítóberendezéshez)*; ~ **circuit** *rep* blokkoló áramkör; ~ **clay tile** *ép* hornyos (tető)cserép; ~ **device** *aut* reteszelőberendezés, reteszelőszerkezet; ~ **electromagnet** *aut* reteszelő elektromágnes; ~ **frame** *vasút* állítóközpont, állítómű; ~ **gear** *gép* kapcsolószerkezet, reteszelőszerkezet; kényszerkapcsolás; ~ **grains** *ány* egymásba nőtt szemcsék; ~ **installation** *vasút* állítókészülék *(biztosítóberendezéshez)*; ~ **lever** *aut, gép* reteszelőkar; ~ **limits** *vasút* biztosított állomás bejárati jelzői közé eső vágányszakaszok; ~ **machine** *vasút* elzáró reteszelőgép; ~ **mechanism** *aut* reteszelőszerkezet; ~ **motor** *aut* szelzin, szinkro; ~ **pile** *ép* szádcölöp; ~ **plant** → ~ installation; ~ **relay** *aut* reteszelő/reteszelt jelfogó/relé; ~ **roofs** *ép* egymásba metsződő tetők; ~ **side (milling) cutter** *forg* kéttárcsás/többtárcsás oldalmaró; ~ **system** *aut, távk* reteszelőmű, reteszelőrendszer; ~ **table** *vasút* elzárási táblázat *(jelző- és biztosítóberendezéshez)*; ~ **tile** *ép* hornyolt cserép; ~ **tower** *vasút* váltóállító torony; ~ **twill** *tex* mintás törtsávoly

interloop *kh* összehurkol

interloper *csill* kvazár, csillagszerű galaxis, kék csillag

interlude *szt* közjáték

intermediary közvetítő; közbenső; ~ **language** *szt* közbenső nyelv

intermediate I. *v* közvetít, közbenjár; **II.** *a* középső, átmeneti; *vegy* közbenső, közti; közvetett; **III.** *n* közvetítő; féltermék; *műa* közbenső termék, köztitermék, intermedier; ~ **abutment** → ~ pier; ~ **airport** *rep* közbenső repülőtér; ~ **annealing** *hők* közbenső lágyítás; ~ **approach** *rep* közbenső megközelítés; ~ **approach fix** *rep* közbenső megközelítési vonatkozási pont; ~ **arbor support** *forg* báb, merevítő csapágy *(marógépen)*; ~ **assembly** *szer* előszerelvény, félkész szerelvény; ~ **ballistics** *kat* közbenső ballisztika; ~-**base crude** *ol* paraffinbázisú kőolaj/olajfinomítvány; vegyes bázisú nyersolaj; ~ **bearer** *ép* közbenső tartóelem; ~ **belt-conveyor** *bány* gerincszalag; ~-**belt gearing** *gép* előtéthajtásos áttétel; ~ **blocking** *vasút* közbenső vonalbiztosítás; ~ **bloomer** *heng* közbenső bugasor; ~ **boiling** *cu* középtermék; ~ **brake** *bány* előtétfék; ~ **cage suspension** *bány* kötélkapcsoló; ~ **calculation** *mat* részletszámítás, mellékszámítás; ~ **calender** *pa* nedves simító; ~ **card** *tex* bundázó kártológép; ~ **casing** *gép* forgattyúház-közbensőrész; ~ **casing string** *ol* technikai béléscsőoszlop; ~ **chair** *vasút* közbülső sínszék; ~ **circuit** *at* közbenső (hűtő)-kör; *el* közbenső áramkör, előtétáramkör; *rád* tankkör; ~ **column** *ép* közbenső oszlop/pillér; ~ **connecting plug** *el* közvetítő dugaszoló; ~ **constituent** *vegy* fémközi/intermetallikus vegyület, fémvegyület; ~ **control field** *aut* közbenső ellenőrző mező; ~ **cooler** *hűt* közbenső hűtő; ~ **crusher** *bány, koh* középaprítógép; ~ **data** *szt* közbenső adat; ~ **DC circuit** *félv* egyenáramú közbenső kör; ~ **deck** *ép* süllyesztett pálya *(hídon)*; *hajó* középfedélzet; ~ **diameter** *koh* közbenső átmérő; ~ **distributing frame** *gép* közbenső teherelosztó; ~ **draught/draft** *tex* résznyújtás; ~ **drawing** *koh* középhúzás; ~ **drawing die** *szersz* közbenső húzószerszám; ~ **drawn** *heng* középhúzás; ~-**duty rating** *at* szakaszos üzemű osztályba sorolás; ~-**energy region** *at* közepes energiájú tartomány; ~ **equipment** közbenső berendezés; ~ **(filter) section** *távk* közbenső szűrőtag; ~ **floor** *ép* félemelet; ~ **flyer** *tex* középflyer-kezelő; ~ **fraction** *mat* közbenső frakció; ~ **frame** *hajó* közbenső borda, jégborda; ~ **frequency (IF)** *távk* középfrekvencia; ~-**frequency amplification** *távk* középfrekvenciás erősítés, középfrekvencia-erősítés; ~-**frequency amplifier (IFA)** *távk* középfrekvenciás erősítő (IFA); ~-**frequency band-pass filter** *el* középfrekvenciás sávszűrő; ~-**frequency deviation** *távk* középfrekvenciás frekvencialöket; ~-**frequency filter** *távk* középfrekvenciás szűrő; ~-**frequency generator** *el* középfrekvenciás generátor; ~-**frequency harmonic distortion characteristic** *távk* középfrekvenciás harmonikusok torzítási jelleggörbéje; ~-**frequency harmonic distortion factor** *távk* középfrekvenciás harmonikusok torzítási tényezője; ~-**frequency method** *geof* középfrekvenciás módszer; ~-**frequency modulation** *távk* középfrekvenciás moduláció; ~-**frequency oscillator** *el, távk* középfrekvenciás oszcillátor, KF-oszcillátor; ~-**frequency pass band** *távk* középfrekvenciás áteresztőtartomány; ~-**frequency picture signal** *tv* középfrekvenciás videojel/képjel; ~-**frequency receiver** *távk* frekvenciaváltó-vevő, szuper(heterodin-)vevő, középfrekvenciás vevő, transzponáló vevő; ~-**frequency selectivity** *el* középfrekvenciás szelektivitás; ~-**frequency sensitivity** *távk* középfrekvenciás érzékenység; ~-**frequency stage** *távk* középfrekvenciás egység, KF-egység; ~-**frequency strip** *távk* középfrekvenciás erősítő; ~-**frequency transformer (IFT)** *el* középfrekvenciás transzformátor; ~-**frequency trap** *távk* középfrekvenciás zárókör; ~ **gear** *bány* kasfelfüggesztő szerkezet; *gép* közvetítő fogaskerék, előtét-fogaskerék; ~-**gear quadrant** *gép* előtétfogasív; ~ **glass** *üveg* kötőüveg; ~ **grid** *el* segédrács; ~

group *koh* közbülső sor; ~ **haulage** *bány* közbülső szállítás; szállítás kamaraszájtól főszállító vágatig *(kamarapillér-fejtésnél)*; ~ **infrared region** *fiz* középső infravörös színképtartomány; ~ **interplane strut** *rep* szárnyak közti merevítődúc; ~ **jack rafter** *hajó* fedélközép-szarufa; ~ **ladle** *koh* közbenső öntőüst; ~ **language** *szt* közbenső nyelv; ~ **layer** *geol* földréteg közbülső rétege/héja; *gép* közbetét; *koh* közbenső réteg; ~ **level** *bány* segédszint; ~ **level waste** *at* közepes aktivitású hulladék; ~ **life** mezozoikus korszak élővilága; ~ **light** *rep* közbenső akadályfény; ~ **link** közbenső tag/elem; köztag, közvetítő elem; ~**-lived radionuclide** *at* közepes élettartamú radioaktív anyag; ~ **longitudinal girder** *ép* másodrendű hossztartó; ~ **loop** *at* előtéthurok; közbenső kör/hurok; ~ **member** *ép* közbenső mező *(többtámaszú tartóé)*; ~ **memory** *szt* közbenső/átmeneti memória/puffermemória; ~ **mill** *koh* közbülső sor; ~ **modulation (IM)** *távk* segédmodulálás; ~ **mountains** *pl geol* közbenső hegység; ~ **neutrons** *at* közbenső/intermedier neutronok; közepes energiájú neutronok; ~ **node** *szt* közbenső csomópont; ~ **nucleus** *at* közbenső mag; *vegy* összetett atommag *(befogott neutron+atommag)*; ~ **observation** közvetett megfigyelés; ~ **oil** *ol* intermedier olaj; ~ **operating cycle** *aut, szt* közbenső műveleti ciklus; ~ **oscillation state** *környv* átmeneti rezgésállapot; ~ **path** *rep* közbenső megközelítési pálya; ~ **phase** *koh* közbenső fázis; *krist* intermedier/közti fázis; ~ **piece** *gép* csőtoldat; összekötő alkatrész, közdarab; ~ **pier** *ép* közbenső pillér; ~ **pipe joint/junction** *bány* csőátmenet; ~ **ply free special cathode** *el* közbenső réteg nélküli katód; ~ **position** *aut* közbenső állás/helyzet; ~ **post** *ép* közbenső oszlop/támasz *(rácstartóé)*; ~ **pressure** *fiz* középnyomás, közbenső nyomás; ~ **principal plane of stress** *fiz* középső főfeszültség síkja; ~ **principal stress** *fiz* középső főfeszültség; ~ **product** *ip* félkész termék/gyártmány; *mat* részletszorzat *(számok szorzásánál)*; *műa* köztitermék, intermedier; ~ **radial strut** *rep* keretmerevítő dúc; ~ **rafter** *ép* fiókszarufa, fiók-szarugerenda, fiókszaruállás; ~ **rafters** *pl ép* fiókszaruzat, mellékszaruállás; ~ **range** *rep* közepes hatótávolság; ~**-range** *kat* közepes hatósugarú/hatótávolságú; ~**-range ballistic missile (IRBM)** *kat* közepes hatótávolságú (ballisztikus) rakéta/lövedék; ~ **reactor** *at* epitermiális reaktor; közepes energiájú neutronokkal működő reaktor; ~ **receiver** *hőt* közbenső kiegyenlítő gőztároló; ~ **reflux** *vegy* belső/közbenső reflux; ~ **reheating furnace** *koh* közbenső hevítőkemence; ~ **repeater** *távk* közbenső erősítő; ~ **result** *mat* részeredmény; ~ **roadway** *bány* osztóvágat; ~ **rock** *bány* átmeneti kőzet; ~ **rocks** *pl geo* közbetelepült/telített/semleges kőzet; ~ **roll(s)** *pa* nedvesprés; ~**-rolls train** *heng* középhengersor; ~ **roving frame** *tex* középfinom előfonógép; ~**s** félkész gyártmányok; (segéd)szerszámok; (segéd)anyagok; *műa* közbenső termékek; ~ **sewage pumping station** *hidr* közbenső átemelő; ~ **shaft** *gép* előtéttengely; *rep* összekötő tengely; ~ **sight** *geod* irányzás közbeeső pontokkal; ~ **socket** *el* mignonfoglalat; ~ **span** *ép* közbenső nyílás; ~ **speed** *gépk* második sebességfokozat *(háromfokozatú rendszernél)*; ~ **stage** *el* közbenső fokozat; ~ **station** *vasút* középállomás, közbenső állomás; ~ **stemming** *bány* közbülső fojtás; ~ **step** *ép* közbenső lépcsőfok; *tex* átemelő lépés; vaklépés *(hosszú áthúzásnál)*; ~ **stop** *rep* közbenső leszállás; ~ **storage** közbenső tárolás; *szt* közbenső tár; ~ **storage medium** *szt* közbenső adathordozó; ~ **storage tank** *at* közbenső tárolótank; ~ **store** *szt* közbenső tároló; ~ **storey/story** *ép* félemelet, köztes födém; ~**-strength alloy** *koh* közepes szilárdságú ötvözet; ~ **stress relieving** *koh* közbülső feszültségcsökkentés; ~ **stuff box** *pa* sűrűségszabályozós kád; ~ **tank** *rep* segédtartály; ~ **temperature** *hőt* közbenső/közepes/mérsékelt hőmérséklet; ~ **tenter** *tex* középnyújtó gép; ~ **transverse frame** *rep* közbenső gyűrűs törzskeret; ~ **traverse** *ép* közbeiktatott keresztgerenda; ~**-type surfacings** *ép* közép-útburkolatok; ~ **value theorem** *mat* középértéktétel; ~ **water** *geol* átmeneti/közbeiktatott övek vize; ~ **wave** *távk* közbenső hullám; ~ **well** *ol* közbeeső/sűrítő fúrás; ~ **yarn** *tex* kötőfonal

intermediation közvetítés

intermesh *kh* beköt, láncol

intermeshed *el* fázisláncolt; *gép* egymásba kapcsolódó; ~ **scan** *tv* sorkihagyásos letapogatás

intermeshing I. *a gép* (egymásba) kapcsolódó; **II.** *n* összekapcsolás, (össze)kötés; ~ **twin-rotor helicopter** *rep* átfedő rotorkörös helikopter

intermetallic *vegy* fémközi, intermetallikus; ~ **compound** *vegy* fémvegyület, fémközi/intermetallikus vegyület; ~ **inclusion** *ásv* fémközi zárvány; ~ **phase** *ásv* intermetallikus fázis

intermicellar swelling *gumi, műa* intermicelláris duzzadás

intermingle belevegyít; belekever, összekever

intermiscibility *vegy* kölcsönös keveredési képesség

intermiscible *vegy* egymással keveredő/elegyedő

intermission kihagyás, szünet(elés); *rád* adásszünet; ~ **of current** *el* áramkihagyás, áramszünet

intermit szünetel; kihagy *(elmarad)*; megszakít, félbeszakít

intermitted noise *környv* szakaszos zaj; változó zaj

intermittence szünetelés, kihagyás, megszakítás, intermittencia(hatás)

intermittent *el, gép* időszakos, intermittens; megszakításos, megszakításokkal működő; szaggatott, kihagyó; szakaszos (működésű/üzemű); *film* kockánkénti, képenkénti *(filmtovábbítás)*; ~ **arc** *heg* közbenső ív, magától újragyulladó ív; ~ **arc welding** *heg* szakaszos ívhegesztés; ~ **bucket (type) elevator** *ép* merítő töltésű elevátor; ~ **butt welding** *heg* szakaszos tompavarrat-hegesztés; ~ **control** *aut, távk* nem folytonos szabályozás; szakaszos (üzemű) szabályozás; ~ **controller** *aut, távk* nem folytonos (működésű) szabályozó, szakaszos szabályozó; ~ **conveying** *bány* szakaszos szállítás; ~ **crushing** *bány* szakaszos aprítás; ~ **current** *el* szaggatott áram; ~ **dredge(r)** *ép* egy munkaedényes kotró; ~ **dryer/drier** *élip* szakaszos működésű szárítóberendezés; ~ **duty** *távk* intermittens/szakaszos üzem/terhelés; ~**-duty** *távk* szakaszos üzemű; ~ **emergence** *geol* szakaszos kiemelkedés; ~ **error** *szt* időszakos hiba; ~ **excavator** *ép* egy munkaedényes kotró; ~ **failure** időszakos meghibásodás; ~ **fault** ismétlődő hiba; ~ **feed** *forg* szakaszos előtolás; ~ **fillet** *heg* szakaszos sarokvarrat; ~ **fillet welding** *heg* szakaszos sarokhegesztés; ~ **film feed/motion** *film* kockánkénti/képenkénti filmtovábbítás;

~ **function** → ~ control; ~ **(gas-lift/production) cycle** *ol* időszakos termelési ciklus; ~ **gas lift(ing)** *ol* időszakos segédgázas termelés; ~ **gear** *gép* szakaszos/részfogazású fogaskerék; ~ **gearing** *gép* szakaszos működésű fogaskerékáttétel; ~ **grinding** *forg* szakaszos köszörülés; ~ **input** *el, szt* diszkrét *v.* nem folytonos bemenőjel; szakaszos bemenőjel, szakaszos bemenet; ~ **integration** *távk* szakaszos integrálás; ~ **jet** *rep* rezgőszelepes torlósugár-hajtómű; ~ **kiln** *ép* szakaszos üzemű téglaégető kemence; ~ **leaching** *koh* szakaszos lúgzás; ~ **let-off** *tex* szakaszos lefejtés; ~ **life** *any* élettartam szakaszos terheléskor; ~ **light** *opt* felvillanó fény; ~ **line** szaggatott vonal; ~ **load** *el* intermittens/ismétlődő/szakaszos terhelés; ~ **lubrication** *gép* szakaszos kenés; ~ **operating excavator** *ép* szakaszos működésű kotró; ~ **operation** szakaszos működés/üzem; ~**-operation** megszakításos üzemű, szakaszos üzemű/működésű; ~ **oscillation** *távk* szaggatott rezgés; ~ **process** *ol, vegy* szakaszos eljárás; ~ **production** *ol* szakaszos/intermittáló termelés; ~ **radiation** *fiz* intermittens/időszakos/megszakított sugárzás; ~ **ramjet** *rep* rezgőszelepes torlósugár-hajtómű; ~ **rating** *el, fiz* névleges teljesítmény intermittens üzemben; ~ **redundancy** időbeli tartalékolás; ~ **regulation system** *aut* szakaszos *v.* nem folytonos szabályozási rendszer; ~ **running/service** szakaszos üzem; ~**-running** megszakításos/szakaszos üzemű; ~ **stream** *hidr* időszakos vízfolyás; ~ **system** *aut* szakaszos *v.* nem folytonos rendszer; ~ **take-up motion** *tex* szakaszos áruhenger-szabályozás; szakaszos működésű szövetfelhengerlő (berendezés); ~ **transport** *bány* szakaszos szállítás; ~**-type blast roaster** *élip* szakaszos működésű fúvószeles pörkölőkemence; ~ **weld** *heg* szakaszos varrat; ~ **welding** *heg* szakaszos hegesztés; ~ **wind tunnel** *rep* megszakításokkal működő szélcsatorna

intermittently szakaszosan, időnként, megszakítással; ~ **running/working** megszakításos üzemű, szakaszos üzemű; ~ **working equipment** szakaszosan működő berendezés; ~ **working loader** szakaszos működésű rakodógép

intermitter *aut* időszakos segédgáz-adagoló

intermitting factor *el* impulzusviszony, impulzusarány, impulzustényező

intermix (bele)vegyít, (bele)kever; össze(kever); (bele)vegyül, (bele)keveredik, összevegyül

intermixable keverhető, elegyedő

intermixture összekeverés, hozzákeverés; *gyógyv* elegyrész, adalék; gyógyszervegyület, gyógyszerkeverék, mixtúra

intermodal többféle/különböző eszközű/állású/üzemmódú; ~ **carriage** *rep* összetett szállítási mód; ~ **container** *rep* többcélú konténer; ~ **transport** *közl* szállítás különböző járművekkel

intermodulation *távk* intermoduláció; keresztmoduláció; ~ **distortion** *távk* intermodulációs torzítás; ~ **distortion ratio** *távk* intermodulációs tényező; ~ **products** *távk* intermodulációs termékek

intermolecular *vegy* intermolekuláris, molekulák közti; ~ **force(s)** *vegy* molekulák között ható erő(k), intermolekuláris erő(k), van der Waals-erő(k); ~ **reaction** *vegy* molekulák közti reakció

intermount basin *geol* tektonikus medence

internal belső; belföldi; bel-; ~ **absorption** *at* belső abszorpció/elnyelés; belső elnyelési tényező; önabszorpció, sajátabszorpció; ~ **action** *ép* (meg)kötés *(betoné)*; ~ **angle** *mat* belső szög; ~ **antenna** *távk* szobaantenna; ~ **aperture width** lyukbőség; ~ **architecture** *szt* belső architektúra; ~ **attachment** készülék belső megmunkáláshoz; ~ **back gearing** *gép* belső kapcsolódású fogaskerekes előtéthajtás; ~ **ballistics** *fiz* belső ballisztika; ~ **bar force** *mech* rúderő; ~ **barrier layer** *félv* (belső) záróréteg, kiürülési tartomány; ~ **base point** *félv* belső bázispont; ~ **battery resistance** *el* telep/elem belső ellenállása; ~ **blow-out preventer** *ol* belső kitörésgátló; ~ **bracing** *rep* belső keresztmerevítés; ~ **broaching** *forg* belső húzómarás; ~ **busy** *távb* helyileg foglalt; ~ **cable** *távk* háziüzemi kábel; ~ **cable method** *ép* belsőkábeles utófeszítési rendszer; ~ **calibre/caliber** belső átmérő; ~ **capacitance** *el* belső/elektródközi kapacitás, csőkapacitás; ~ **centre/center** *forg* csúcsfészek, központfurat; ~ **charge** *bány* belső töltet; ~ **check** *szt* belső ellenőrzés; ~ **circuit** *aut* belső lánc; *el* belső áramkör; ~ **cleaning machine** *ép* épülettisztító gép *(épülettakarító)*; ~ **clock** *szt* belső óra; ~ **code** *szt* belső kód; ~ **combustion (IC)** *gép* belső égés *(motoré)*; ~**-combustion engine** *gép* belső égésű motor; ~**-combustion-engine power** *el* motoros erőmű; ~**-combustion-engined rail-car** *vasút* belső égésű motorkocsi; ~**-combustion-engined rammer** *ép* robbanódöngölő; ~**-combustion-engined winch** *ép, gép* belső égésű motoros csörlő; ~**-combustion turbine** *hőt* gázturbina; ~ **communication** *közl* belföldi forgalom; ~ **compensation** *aut* belső kompenzálás; ~ **conductance** *el* (cső)-meredekség, sztatikus meredekség, transzkonduktancia; ~ **cone** *gép* anyakúp, kúpos furat, ellenkónusz; ~ **configuration** *aut* belső állapot; ~ **conical refraction** *gép* belső kúpos refrakció; ~ **connection (IC)** *szt* belső kapcsolat, IC; ~ **contamination** *at* belső *v.* szervezeten belüli radioaktív szennyezés; ~ **control** *aut* belső szabályozás; *szt* belső vezérlés; ~ **controller** *aut* belső szabályozó; ~ **conversion** *at* belső konverzió; ~ **conversion coefficient** *at* belső konverziós együttható; ~ **crack** *koh* belső repedés; ~ **current** *at* belső áram *(plazmában)*; ~ **cutter** → ~ milling cutter; ~ **cylindrical ga(u)ge** *gép* furatidomszer; ~ **defect** *koh* belső hiba; ~ **deposition** *at* belső lerakódás; ~ **depression** *hidr* belső süllyedék; ~**-dial ga(u)ge** *gép* mérőórás furatidomszer; ~ **diameter (ID)** belső átmérő, csőbelvilág; ~ **disturbances** *pl aut* önzavar; ~ **dovetail** *el* belső fecskefarkvezeték; ~**-drag truss** *ép* belső merevítő rácsostartó; ~ **efficiency** *rep* belső hatásfok; ~ **electrode position control** *aut* belső elektród helyzetszabályozása; ~ **emitter** *at* belső sugárzó; ~ **emitter point** *félv* belső emitterpont; ~ **energy** *at, fiz* belső energia; *mech* alakváltozási munka; ~ **energy generation** *at* belső energiatermelés; ~ **evacuation** *szell* belülről történő elszívás; ~ **excess voltage** *aut* belső túlfeszültség; ~**-expanding brake** *gépk* belsőpofás fék; ~**-expanding clutch** *gépk* oldógyűrűs tengelykapcsoló; ~ **exposure** *at* belső sugárterhelés/besugárzás; ~ **feedback** *távk* belső visszacsatolás; ~ **feedback cut-off frequency** *távk* belső visszacsatolási határfrekvencia; ~ **fissure** *koh* belső repedés; ~ **flaw** belső hiba; ~**-flue boiler** *hőt* forrcsöves kazán; ~**-flush drill-pipe** *ol* belül sima fúrócső *(kívül vastagított)*; ~-**flush tool joint** *ol* belül sima fúrócsőkapcsoló; ~ **force** *mech* belső/metszeti erő; ~ **fragmentation** *szt* belső tagolás; ~ **free face** *bány* belső szabad felület; ~ **friction** *gép, vegy* belső súrlódás, viszkozitás; ~ **friction coefficient** *talt, vegy* belső súrlódási tényező; ~ **furnace** *hőt* belső tüzelésű kazán; ~ **gas consumption** *ol* sajátgáz-felhasználás; ~ **ga(u)ge** *gép* dugós idomszer, furatidomszer; ~ **gear(e)d wheel** *gép* belső fogazású fogaskerék; ~ **gearing** *gép* belső fogazás; ~ **girth weld** *heg* belső körvarrat; ~ **girth welding** *heg* belső körvarrathegesztés; ~ **graticule** *geod* belső raszter; ~ **grinder** *forg* furatköszörű(gép); kézi lyukköszörűgép; ~ **grinding** *forg* furatköszörülés, belső köszörülés; ~-**grinding fixture** *forg* belső köszörű, furatköszörű; furatköszörülő készülék; ~ **hooded tube** *el* belső rekeszes cső; ~ **idle time** *aut* belső állási idő, belső holtidő; ~ **immersion poker vibrator (with handle)** *el, ép* vezetőrudas belső motoros vibrátor, belső merülővibrátor; ~ **impedance** *el* belső impedancia; ~ **input conductance** *el* bemeneti belső vezetőképesség; ~ **instrumentation** *rep* fedélzeti műszerezés; ~ **interrupt** *szt* belső megszakítás; ~-**junction field** *távk* belső csatolású erőtér; ~ **logic variable** *mat* belső logikai változó; ~ **machine code** *szt* belső gépi kód; ~ **macro-instruction** *szt* belső makroutasítás; ~ **main memory** *szt* belső főmemória; ~ **massif** *hidr* belső hegység; ~ **memory** *szt* belső memória, főmemória, operatív tár; ~ **milling cutter** *forg* belső maró; ~ **mixer** zárt keverő(gép); ~ **mix spray gun, mixing air spray(ing) gun** *ép* (pneumatikus) belső keverésű szórópisztoly; ~ **model** belső modell; ~ **mo(u)ld** *bány* kőbél; ~ **mo(u)ld lubricant** *koh* kenőanyag; ~ **mountain** *geol* belső hegység; ~ **noise** *el* belső zaj, sajátzaj; ~ **noise voltage** *el* sajátzajfeszültség; ~ **oxidation** *koh* belső oxidáció; ~ **pair production** *at* belső párkeltés; ~ **pattern** *aut* belső állapot; ~ **peaking factor** → local peaking factor; ~ **phase** diszpergált/diszperz fázis; ~ **phase laser modulator** *fiz* lézer belső fázismodulátora; ~ **phasing** *távk* belső fázisállítás *(antennáé)*; ~ **phloem** *fa* belső háncs; ~ **photoeffect** *el* fotokondukció; ~ **photoelectric effect** *el* belső/fényelektromos fotoelektromos hatás; ~ **plasticizer** *műa* belső/kémiai lágyító; ~ **poker vibrator** *el, ép* belső vibrátor; ~ **pole generator/dynamo/alternator** *el* belső/hengeres pólusú generátor; ~ **power density** *at* belső energiasűrűség; ~ **programming** *szt* belső programozás; ~ **quenching** *at, aut* belső kioltás; önzárás, önkioltás; ~ **reaction** *vegy* intramolekuláris *v.* molekulán belüli reakció; ~ **recycle** *aut* belső recirkuláció *(visszakeringtetés)*; ~ **reflection** *fiz* totális/teljes reflexió *(kineszkópban)*; ~ **reflux** *fiz* belső/közbenső reflux; ~ **rendering** *ép* belső vakolás/vakolat; ~ **resistance (IR)** *el* belső ellenállás; ~-**rod counterrecoil buffer** *kat* rudas helyretoló ütközőszerkezet *(úszódugattyún)*; ~ **roll extrusion** *heng* belső nyújtóhengerlés; ~ **rot** *fa* nem látható belső korhadás; ~ **salt** *vegy* belső só *(molekulán belüli só)*; ~ **scattering** *távk* rezonanciaszórás; ~ **scour** *talt* belső erózió, kimosás, aláüregelés; ~ **screw** *gép* csavaranya; ~ **screw-thread** *gép* belső (csavar)menet, anyamenet; ~ **seam** *tex* belső varrat; ~ **shake** *fa* rejlő hasadás; ~ **shield (IS)** *rád* belső árnyékolás; ~ **shrinkage** *koh* belső zsugorodási üreg; ~ **slackness** *gép* kotyogás, lötyögés, holtjáték; ~ **sort** *szt* belső rendezés; ~ **space** *gépk* karosszéria belső térfogata; ~ **speaker** *kat* belső telefon; ~ **spoil heap** *bány* belső hányó; ~ **standard** *biot, metr* belső standard; ~ **state** *aut* belső állapot; ~ **storage/store** *szt* belső tár/tároló/memória; ~ **stored program** *szt* belső tárolású program; ~ **stress** *mech, vegy* belső feszültség, sajátfeszültség; ~ **strutting** *gép* belső merevítés; ~ **subcalibre/subcaliber tube** *kat* űrméreten aluli béléscső, lövegcsőbe szerelt űrméreten aluli fegyver; ~ **sustainer rocket** *rak* belső hajtórakéta; ~ **taper** *gép* anyakúp, kúpos furat, belső kúp; ~ **telephone** házitelefon; ~ **thread** *gép* anyamenet, belső (csavar)menet; ~ **thread-grinding machine** *forg* belső menetköszörű; ~ **threshold** *hidr* középküszöb; ~ **toothing** *gép* belső fogazás/fogazat; ~ **traffic** *közl* belső forgalom; ~ **transmission density** *opt* belső feketeség; ~ **transmittance** *távk* belső áteresztési tényező; ~ **transport** üzemen/gyáron belüli szállítás; ~ **trouble** önzavar; ~-**tubular pasteurizer** *élip* belső csöves pasztőr(öző); ~ **(-type) plasticizing** *műa, gumi* belső lágyítás; ~ **upset drill pipe** *ol* belső végvastagítású fúrócső; **for** ~ **use** *gyógyv* „belsőleg" *(belső használatra)*; ~ **vibrator** *el* belső vibrátor; ~ **vibrator with built-in motor** *el* belső (villamos) motoros vibrátor; ~ **vibrator with flushing water** *el* öblítőberendezéses merülővibrátor; ~ **vibrator with handle** *el* (vezetőrudas belső motoros) belső vibrátor; ~ **viscosity** *műa* saját viszkozitás; ~ **voltage** *el* belső feszültség; ~ **water** *hidr* föld alatti vizek; ~ **water loss** *hidr* belső vízveszteség; ~ **wave** *távk* térhullám; ~ **waviness of glass** *üveg* üveg hullámossága; ~ **welding** *heg* belső varrathegesztés; ~ **work** *fiz* belső munka, belső erők munkája *(szilárdságtan)*

internally belül, belsőleg; ~ **accessible flue** *ép* mászható kémény; ~ **acting/applied brake** *gépk* belső működésű fék; belső pofás fék; ~ **coated bulb** *el* belül festett bura; ~ **coated lamp** *el* belül festett lámpa; ~-**cooled slug** *at* belső hűtésű tüzelőanyagtömb; ~ **fired furnace** *hőt* lángkemence; ~-**geared motor** *gép* belső reduktoros motor; ~ **loss modulated laser** *fiz* belső veszteségek által modulált lézer, belső (veszteség)modulációs lézer; ~ **oxidized alloy** *koh* belsőleg oxidált ötvözet; ~ **phase-modulated laser** *fiz* belső fázismodulációs lézer; ~ **plasticized** *műa* belsőleg/kémiailag lágyított; ~ **reflected component of daylight factor** *opt* nappali világossági tényező belső visszaverésű hányada; ~ **scanned lasser** *fiz* belső (sugár)letapogatású lézer; ~-**threaded** *gép* belső (csavar)menetes; ~ **vibrated** *ép* belülről vibrált *(beton belsejében)*

international nemzetközi, internacionális; ~ **agreement on water** *hidr* nemzetközi vízügyi szerződés; ~ **air navigation** *rep* nemzetközi légi navigáció; ~ **airport (IAP)** *rep* nemzetközi repülőtér; ~ **air route** *rep* nemzetközi légi útvonal; ~ **air service** *rep* nemzetközi légi közlekedés/járat; ~ **air traffic** *rep* nemzetközi légiforgalom; ~ **air transport** *rep* nemzetközi légi szállítás; **I~ Air Transport Association (IATA)** *rep* Nemzetközi Légi Szállítási Szövetség; ~ **algebraic language (IAL)** *szt* nemzetközi algebraorientált nyelv, IAL; **I~ Association for Water Pollution Research** *hidr* Nemzetközi Vízszennyeződési Kutatási Szövetség; **I~ Business Machines (IBM)** IBM *(számítógépgyártó cég)*; ~ **candle** nemzetközi szabványgyertya; ~ **cargo invoice** *rep* nemzetközi árujegyzék/

faktúra; ~ **carriage (by air)** *rep* nemzetközi (légi) szállítás; **I~ Civil Aviation Organization (ICAO)** *rep* Nemzetközi Polgári Repülési Szervezet, ICAO; ~ **class symbol** nemzetközi osztályszimbólum; ~ **commodity agreement** *rep* nemzetközi áruegyezmény; **I~ Danube Commission** *hidr* Nemzetközi Duna-Bizottság; ~ **date line (IDL)** dátumvonal, naptárvonal; **I~ Electrotechnical Commission (IEC)** Nemzetközi Elektrotechnikai Bizottság, IEC; ~ **fare structure** *rep* nemzetközi díjszabásrendszer; **I~ Federation for Information Processing (IFIP)** *szt* Nemzetközi Információfeldolgozási Szövetség, IFIP; ~ **flight** *rep* nemzetközi repülés/járat; ~ **flight stage** *rep* nemzetközi járatszakasz; ~ **formula** *geof* nemzetközi képlet *(nehézségi erőé)*; ~ **general aviation** *rep* nemzetközi közforgalmon kívüli repülés; **I~ Geophysical Year (NGY)** Nemzetközi Geofizikai Év, NGÉ; **I~ Health Regulations** *rep* nemzetközi egészségügyi előírások; ~ **joule** *vegy* 1 nemzetközi joule = $1{,}0002 \cdot 10^{7}$ erg; ~ **monitoring** *rep* nemzetközi frekvenciafigyelés; ~ **natural rubber type** *gumi* nemzetközi növényi kaucsuktípus; ~ **non-scheduled operator** *rep* nemzetközi nem-menetrendszer járató; ~ **NOTAM office** *rep* nemzetközi NOTAM-iroda; ~ **ohm** *el* nemzetközi ohm; ~ **operating agency** *rep* nemzetközi járató ügynökség; **I~ Organization for Standardization (ISO)** Nemzetközi Szabványügyi Szervezet, ISO; ~ **pitch** *hang* kamarahang *(440 Hz-es hang)*; ~ **position** *távk* nemzetközi munkahely; ~ **radiosilence** *rep* nemzetközi rádióadás-tilalom; ~ **registration of trademarks** nemzetközi védjegylajstromozás; ~ **rivers** *hidr* nemzetközi folyók; ~ **standard atmosphere (ISA)** *rep* nemzetközi egyezményes légkör, NEL; **I~ Standard Bibliographic Description (ISBD)** nemzetközi szabványos bibliográfiai leírás, ISBD; **I~ Standard Book Number (ISBN)** ISBN-szám; **I~ Standard Serial Number (ISSN)** ISSN-szám; ~ **system of units (SI)** *metr* nemzetközi mértékrendszer, SI rendszer; ~ **telecommunication service** *rep* nemzetközi távközlő/távközlési szolgálat; ~ **telegraph alphabet/code** nemzetközi távírókód; ~ **telephone circuit** *távb* nemzetközi telefonáramkör; ~ **telephone line** *távb* nemzetközi telefonvonal; ~ **teletype alphabet/code** → ~ telegraph alphabet; ~ **traffic** *közl, távk* nemzetközi forgalom; ~ **unit (iu)** *metr* nemzetközi egység; ~ **water law** *hidr* nemzetközi vízjog; ~ **water resources management** *hidr* nemzetközi vízkészlet-gazdálkodás; ~ **waterway** *hidr* nemzetközi víziút; ~ **yellow** *rep* nemzetközi sárga

internet protocol (IP) *szt* hálózatok közötti protokoll, IP

internetwork *szt* hálózatok közötti

internid mass *bány* internid tömeg

internode *pa* szárcsomó; *tex* csomóköz

interocular distance *opt* szemtávolság, tengelytáv

interoffice | cable *távb* trönkvonalkábel; ~ **trunk** *távb* kereszt-összeköttetés; központközi trönk

interpass annealing *hők* közbenső lágyítás

interpenetrate behatol; egymásba hatol/nyúl

interpenetration *ép* behatolás, benyomulás; egymásba áramlás *(tereké)*; *gép* egymásba nyúlás; ~ **twins** *ásv* penetrációs/átnövési iker/ikrek

interpersonal messaging (IPM) *szt* személyközi üzenetváltás, IPM

interphase *el, vegy* fázishatár; ~ **reactor** → ~ transformer; *el* kiegyenlítőtranszformátor; ~ **transformer** *félv* szívófojtótekercs; ~ **transformer connection** *el* szívófojtós kapcsolás

interphone *távb* házitelefon, belső telefon; kaputelefon; ~ **amplifier** *rep* fedélzeti vagy a légiforgalmi irányítóegységek közötti távbeszélőrendszer erősítője; ~ **control box** *távb* háziközpont; ~ **system** *rep* fedélzeti vagy a légiforgalom-irányító egységek közötti távbeszélőrendszer

interpilaster *ép* pillér(tér)köz, pillértávolság

interplanar síkok közötti; ~ **crystal spacing** *ásv* rácssíktávolság, hálózati síktávolság; ~ **distance/spacing** *ásv* rácssíktávolság, hálózati síktávolság

interplane *rep* szárnyközi; ~ **bracing** *rep* szárnyközi merevítés; ~ **engine nacelle** *rep* szárnyak közti motorgondola; ~ **interference** *rep* szárnyközi zavaróhatás; ~ **struts** → ~ bracing

interplanetary asztronautikai, bolygóközi, interplanetáris; ~ **aviation** *rak* bolygóközi űrrepülés; ~ **communications** *pl távk* bolygók közti *v.* interplanetáris távközlés; ~ **navigation** *rak* bolygóközi navigálás/navigáció; ~ **physics research** *rak* űrkutatás; ~ **probe** *rak* bolygóközi űrszonda; ~ **rocket** *rak* űrrakéta, bolygóközi rakéta

interplant I. *v* sorok közé vet; **II.** *a* köztes *(növény)*; üzemek közötti; ~ **communication** *távk* gyáron belüli összeköttetés; háziüzemi összeköttetés

interplatform subway *ép* peronalagút

interplay I. *v* közrejátszik; **II.** *n* összjáték, együttlengés; kölcsönhatás

interpolar *el* interpoláris; ~ **distance** *el* pólustávolság; ~ **gap** *el* pólusköz, pólustávolság

interpolate átültet; betold; közbeiktat; *mat* interpolál

interpolating contour *geod* közbeiktatott szintvonal

interpolation átültetés, beszúrás, toldás; *mat* közbeiktatás, interpolálás, interpoláció; ~ **formula** *mat* interpolációs formula, interpoláció; ~ **method** *mat* interpolációs módszer, közelítés; ~ **polinomials** *mat* interpolációs polinomok

interpolator *szt* interpolátor

interpole *el* fordulópólus, segédpólus; ~ **arc** *el* segédpólus-szélesség; ~ **generator** *el* segédpólusos generátor; ~ **motor** *el* segédpólusos motor; ~ **winding** segédpólus-tekercselés

interpolymer *műa* kevert polimer, interpolimer, kopolimer

interpolymerization *műa* kopolimerizáció, interpolimerizáció

interpose közbehelyez, közbeiktat; közbelép, közvetít

interposed vault *ép* gerendák közti boltív; közbeiktatott boltozat

interposition közbehelyezés, közbeiktatás, közvetítés; ~ **trunk** *távb* szolgálati trönk

interpret *szt* értelmez

interpretability értelmezhetőség; kiértékelhetőség

interpretable értelmezhető; kiértékelhető; ~ **language** *szt* interpreter nyelv

interpretation kiértékelés; *szt* értelmezés; ~ **diagram** *geof* (ki)értékelő diagram; ~ **error** értelmezési hiba; ~ **method** *geod* kiértékelési eljárás *(fotogrammetria)*; ~ **sketch** magyarázó vázlat

interpretative | model *mat* magyarázó modell; ~ **routine** *szt* értelmező/interpretáló program/rutin

interpreter *geof* kiértékelő; *szt* értelmező(program), (kártya)feliratozó; ~ **code** *szt, távk* értelmezőkód
interpreting program/routine *szt* értelmezőprogram, értelmezőrutin, interpretálóprogram, interpretálórutin
interpretive tolmácsoló, magyarázó, értelmező; ~ **code** *szt* pszeudokód, értelmezőkód; ~ **system** *szt* pszeudoprogram
interpulse interval *el* impulzusok közötti távolság, impulzusköz, impulzusok közti szünet
interreaction kölcsönhatás
interrecord gap *szt* rekordköz, blokk-köz
interreflection *távk* többszöri sugár-visszaverődés, interflexió; ~ **ratio** *távk* interflexió hatásfoka
interrelation összefüggés, kölcsönös viszony/vonatkozás/kapcsolat
interrelationship kölcsönös kapcsolat/viszony/vonatkozás, összefüggés
interrogated | information *szt* lekérdezett információ; ~ **stored information** *szt* lekérdezett tárolt információ
interrogation lekérdezés; *rep* kérdezés; ~ **frequency** *távk* hívófrekvencia; keresőfrekvencia *(radaré)*; ~ **pulse** *szt* (le)kérdező impulzus; ~ **pulse pair** *rep* kereső impulzuspár; ~ **register** *szt* (le)kérdező regiszter
interrogator *rád* kérdezőadó, kérdező adó-vevő; ~-**responder (I-R)** *rád* kikérdező-válaszoló *(azonosító módszer)*; *rep* kérdező-válaszoló adó-vevő
interrun *szt* közmenet
interrupt I. *v* megszakít, félbeszakít, elvág, elzár, közbeszól; *el* lekapcsol, szétkapcsol, bont; szaggat; **II.** *n szt* (program)megszakítás, interrupt; megszakítás; ~ **a circuit** *v el* áramkört bont; ~ **channel** *aut* megszakítási csatorna; ~ **control bit (ICB)** *szt* megszakításvezérlő bit, ICB; ~ **control unit** *szt* megszakítási vezérlőegység; ~ **driven** *szt* megszakításvezérelt; ~ **enable (IEN)** *szt* megszakításengedélyezés, IEN; ~ **flag register** *szt* megszakításjelző regiszter; ~ **handler (IH)** *szt* megszakításkezelő; ~ **key** *aut, szt* megszakítóbillentyű; ~ **mask bit** *szt* megszakításmaszkbit; ~ **mask register** *szt* megszakításfeltételi regiszter; ~ **priority** *szt* megszakításprioritási sorrend; ~ **processing** *szt* megszakításfeldolgozás; ~ **request (IRQ)** *szt* megszakításkérés, IRQ; ~ **routine** *szt* megszakítási program; ~ **signal** *aut, szt* megszakítási jel; *szt* beavatkozójel; ~ **stacking** *szt* megszakításmaszk-késleltetés; ~ **status** *szt* megszakítási állapot; ~ **status register** *szt* megszakítási állapotregiszter; ~ **trap** *szt* megszakításmaszk-csapda; ~ **vector (IV)** *szt* megszakítási vektor, IV
interrupted félbeszakított, megakasztott; *el* megszakított *(áram)*; szaggatott; ~ **autooscillations** *aut* diszkrét önlengések; ~ **continuous waves (ICW)** *rád* billentyűzött folytonos hullámok; *távk* szaggatott csillapíthatatlan hullámok; ~ **hardening** *hők* szakaszos edzés; ~ **pour** *koh* megszakított öntés; ~ **quenching** *hők* megszakított edzés; ~ **ringing** *távb* váltakozó áramú szaggatott csengetés; ~ **screw** *gép* szakaszos/hornyolt menetű csavar; ~ **thread** *gép* megszakított menet; ~ **waves** *távk* periodikusan megszakított hullámok
interrupter *el* kapcsoló; megszakító; ~ **cam** *távk* szaggatóbütyök, szaggatótárcsa; ~ **contact** *el* (áram)-szaggató; kalapácsszaggató; megszakító érintkező; *kat* késleltető pecek; tölténygátló; *távk* érintkező *(szaggató szerkezetben)*; ~ **frequency** *távk* megszakítási frekvencia; ~ **spring** *kat* tölténygátlórugó; ~ **switch** *el* megszakító
interrupting | capacity *aut* megszakítóképesség, lekapcsolási teljesítmény; ~ **time** *aut, el* lekapcsolási/szétkapcsolási idő
interruption félbeszakítás, megszakítás; gátlás; *el* bontás; nyitás; szétkapcsolás; ~ **arc** *el* megszakítási ív; ~ **of current** *el* árammegszakítás; ~ **of fuse voltage** *aut* megszakítási feszültség biztosítónál, biztosító megszakítási feszültsége; ~ **of the arc** *el* ívmegszakítás; ~ **of working** üzemmegszakítás, megszakítás az üzemelésben; **without** ~ *ip* megszakítás nélkül, folyamatosan
intersatellite *távk* mesterséges holdak közötti, műholdak közötti; ~ **communication** mesterséges holdak közötti összeköttetés; ~ **service** műholdak közötti szolgálat
intersect *ép* keresztez *(egyik út másikat)*; *mat* átszel, metsz; egymást szelik/metszik; kereszteződik, megszakad
intersected pin *gép* keresztfuratú csapszeg
intersecting I. *a mat* (egymást) metsző/keresztező/szelő; **II.** *n tex* kettős tűsléc(mező); kettősléces nyújtó; ~ **arcade** *ép* keresztező boltozatsor; ~ **(gill) drawing-frame** *tex* nyújtógép kettős tűslécmezővel; ~ **plane** *mat* metszősík; ~ **roof** *ép* kontyolt tető
intersection *bány* áttörés; harántolás; összelyukasztás; *geod* előremetszés; *közl* útkereszteződés, csomópont; *mat* keresztezés, metszés(pont); közös rész, szorzat, (halmazelméleti) metszet; metsződés; metszőpont; *rep* metszéspont; metsződés, keresztezés; *szt* ÉS művelet, metszet; *tex* kötéspont; ~ **angle** *mat* metszésszög, hajlásszög; ~ **jog** *ásv* átmetszési ugrás; ~ **leg** *ép, közl* útkereszteződésbe torkoló egyik út; ~ **line** *mat* metszésvonal, metszési egyenes, metszésgörbe; ~ **of dislocations** *ásv* diszlokációk metszése; ~ **of sets** *mat* halmazok metszete *v.* közös része; ~ **of warp** *tex* lánckereszteződés, lánckötéspont; ~ **of weft** *tex* vetülékkereszteződés, vetülékkötéspont; ~ **photogrammetry** *opt* előmetszéses fotogrammetria; ~ **point** *mat* metszéspont; *ol* áttörési pont
interseptal *geol* interszeptális
intersolid diffusion *fiz* szilárdtest-diffúzió
intersolubility *vegy* kölcsönös oldhatóság *(oldékonyság)*
interspace I. *v nyom* betűközökkel szed, ritkít; **II.** *n* hézag; távolság; térköz; intervallum
intersperse azonos távolságokra beoszt; beszerel
interstage közbenső, köztes; ~ **annealing (operation)** *hők* közbenső lágyítás(i művelet); ~ **cooler** *hőt* közbenső hűtő; ~ **coupling** *rád* fokozatközi csatolás; ~ **function** *mat* ugrásfüggvény; ~ **network** *távk* csatoló áramkör; fokozatcsatoló négypólus; ~ **pressure control/regulation** *aut* közbenső nyomásszabályozás; ~ **punching** *szt* sorok közötti lyukasztás; ~ **shielding** *rád* fokozatközi árnyékolás; ~ **transformer** *el* átmenő/fokozatközi (csatoló)transzformátor
interstar | connection *el* zegzugkapcsolás; ~ **winding** *el* zegzugkapcsolású tekercselés
interstate river basin *hidr* nemzetközi érdekeltségű vízgyűjtő terület

interstation *távk* csatornák közötti, csatornaközi; ~ **muting** *rád* áthalláscsillapítás; ~ **noise** *távk* csatornaközi áthallás; ~ **noise suppression** *rád, távk* állomások közötti zaj kiküszöbölése
interstellar *csill* csillagközi, bolygóközi, intersztelláris, világűri; ~ **dust** *csill* csillagközi/kozmikus por; ~ **flight** *rak* űrhajózás, bolygóközi repülés; ~ **grains** *pl csill* csillagközi/kozmikus por; ~ **material/matter/medium** *csill* csillagközi anyag/közeg
interstice hézag, (tér)köz; *at* intersztíciós pont; *el* sejtszerű üreg/nyílás *(akkumulátorban)*; *ép, koh* fuga; *geof* likacs; üreg, pórus; *krist* rés; *műa* közbenső tér; ~ **of the cloth** *tex* szövetpórus, szövethézag; ~ **ramming** *koh* fugadöngölés
interstitial közbeeső, térközi; *ásv* rácspontok közti, intersztíciós; *at* interszticiális *(atom)*; ~ **air** *geof* talajlevegő, póruslevegő; ~ **alloy** *koh* szilárd oldat szerkezetű ötvözet, interszticiális ötvözet; ~ **atom** *at* interszticiális atom; ~ **compound** *vegy* interszticiális vegyület; ~ **contact water** *hidr* szegletvíz; ~ **ice** *talt* föld alatti jég; ~ **impurity** *félv* interszticiális szennyezés; ~ **lattice site** *krist* interszticiális hely/helyzet; ~ **material** *geol* mezosztázis; ~ **migration** *ásv* interszticiális vándorlás; ~ **mixed crystal** *ásv* interszticiális elegykristály; ~ **position** *ásv* kristályrácspontok közötti helyzet; ~ **pressure** *ép* pórusvíznyomás *(betonban)*; ~ **site** *ásv* interszticiális hely/helyzet; ~ **solid solution** *koh* intersztíciós szilárd oldat; ~ **solution** *ásv* interszticiális/szilárd oldat; ~ **space** *ol, talt* pórustér; ~ **water** *ásv* vízzárvány *(kőzetben)*; *bány* hasadékvíz; *ol* tapadóvíz; ~ **waters** *hidr* átitató vizek
interstratification *geol* (be)ágyazódás *(rétegek közé)*; ~ **bed** *bány* beágyazás; ~ **seam** *geol* közbezárt telep
interstratified *geol* közbetelepült; rétegsorrendben levő; ~ **coal** *bány* összenőtt szén; ~ **tuff** *geol* üledékes kőzetekkel rétegezett tufa
interstream area *geol* folyamköz, folyóköz, vízfolyások közti terület
interswitchboard line *távb* közvetlen vonal
interterrestrial optical transmission *távk* atmoszférán keresztüli optikai átvitel
intertexture *tex* összefonás, összekeveredés; szövet, szövedék, beleszövés
intertie *ép* szemöldökfa
intertonguing *gép* összefogazódás
intertooth space *gép* foghézag
intertrack bond *vasút* vágányközi átkötés
intertripping *aut* tárkioldás
intertropical *geol* trópusi; ~ **convergence zone (ITCZ),** ~ **front (ITF)** *met* egyenlítői front; ~ **front** *rep* trópusi front
interturn *el* menetközi, menet-; ~ **capacitance** *el* menetkapacitás; ~ **insulation** *el* menetszigetelés; ~ **short circuit** *el* menetzárlat
intertwine belefon, összefon; egybefonódik, összefonódik, kuszálódik; *tex* összesodor, egybefon
intertwining I. *a* egymásba fonódó/kapcsolódó/kapaszkodó; **II.** *n* egybefonás; *mat* összefűzés, láncolás
interurban helyközi, interurbán; ~ **bus** távolsági/helyközi autóbusz; ~ **railway** *vasút* távolsági/helyközi vasút; ~ **traffic** *közl* helyközi forgalom
interval időköz, intervallum; szünet; tartomány; hézag, hiányhely; hívójel; *bány* csilletávköz; *hang* féltónus; hangköz, térköz; *mat* (nyílt) intervallum, számköz; *vasút* térköz *(biztosítóberendezésé)*; ~**-change method** *geof* változó időközű módszer; ~ **closed at the left** *mat* balról zárt számköz/intervallum; ~ **error** *aut* intervallumhiba; ~ **estimation** *mat* intervallumbecslés; ~ **factor** *ásv* atomi g-faktor; Landé-faktor; ~ **in transmission** *távk* adásszünet; ~ **memorizer** *ol* jelkésleltető; ~ **of convergence** *mat* konvergenciaintervallum; ~ **of high frequencies** *távk* nagyfrekvenciás intervallum/tartomány; ~ **of low frequencies** *távk* kisfrekvenciás intervallum/tartomány; ~ **open at one end** *mat* félig zárt intervallum; ~ **rule** *fiz* távközszabály; ~ **selection code** *aut* intervallumszelektáló kód; ~ **signal** *távk* szünetjel; ~ **signal/station identification machine** *távk* szünetjelgép; ~ **timer** *aut* idő(impulzus-)adó; időosztó; intervallumidő-mérő
intervalometer *aut* időközmérő, képsorrend-rendező
intervalve szelepek közötti; *rád* két cső közötti *(áramkör)*; ~ **coupling** *el* csőközi csatolás, csatolás két cső között
intervene közbejön, közbelép, beavatkozik; (meg)történik, bekövetkezik; befigyel
intervening rail *vasút* átmeneti ívsín
intervention közbelépés, beavatkozás, intervenció; ~ **level** *at* beavatkozási szint
intervisibility *geod* tereppontok kölcsönös láthatósága
interweave belefon, összefon, belekever; belefonódik, összefonódik, belekeveredik; *tex* belesző *(mintát)*
interwinding capacitance *távk* tekercsközi kapacitás
interwork egybedolgoz; → interweave
in-the-field failure helyszíni meghibásodás
in-the-shop welding *heg* üzemi hegesztés
intonation *hang* hang megadása; hanglejtés; megszólaltatás, intonáció
intoxicant mérgező/toxikus anyag; ~ **gas** bódító gáz
intoxicate (meg)mérgez
intoxicating mérgező; ~ **gas** bódító gáz
intoxication intoxikáció; mérgezés
intraannular tautomerism *vegy* tautoméria a gyűrűben
intraarea communication *rep* belterületi távközlés/összeköttetés
intraatomic *fiz* atomon belüli; ~ **force** *fiz* atomon belüli erő
intracell cellán belüli; ~ **flux distribution** *at* reaktorcellán belüli neutronáram-megoszlás
intracellular enzyme *biot* intracelluláris enzim
in-track *vasút* érkezési oldal; ~ **platform** érkezési peron
intracrystalline *ásv* intrakrisztallin, szemcsén belüli; ~ **failure** *ásv* kristályon belüli anyagtörés; ~ **rupture** *ásv* kristályon belüli törés
intrados *ép* boltív alja, belső boltozatoldal, ívbéllet; ~ **springing line** *ép* ívbéllet kezdete
intraformational *geol* formáción belüli; ~ **folding** *geol* redőképződés a formáción belül
intragranular szemcsén belüli; ~ **failure** *any* szemcsén belüli anyagtörés; ~ **structure** *any* szemcsén belüli szerkezet
intramicellar swelling *műa, gumi* intramicelláris duzzadás
intramolecular *vegy* molekulán belüli, intramolekuláris; ~ **reaction** *vegy* intramolekuláris reakció; ~ **respiration** *biot* intramolekuláris légzés; ~ **transposition** *vegy* intramolekuláris átrendeződés
intramural *ép* falon belüli; ~ **water loss** *hidr* belső vízveszteség

INTRAN → input translator
intranuclear *at* intranukleáris, magon belüli; ~ **forces** *at* magerők
intraplant vállalaton belüli; ~ **control** üzemen belüli ellenőrzés; ~ **transportation** üzemen belüli szállítás
intrasystem *en* energiarendszeren belüli
intratelluric *geol* mélységi, földrétegek közötti
intraterminal switching *vasút* vasúti kocsik áttolása csonkavágányra/határvágányra
intra-video system *tv* háztömb-televíziós rendszer
intrawar defence *kat* elrettentési stratégia
intrench *fa* hornyol; *kat* beássa magát; körülsáncol
intrenching tool *kat* sáncszerszám
intricate ~ **method** bonyolult módszer; ~ **part** *műa* komplikált darab; ~ **shape** bonyolult alak/keresztmetszet; ~ **system** bonyolult rendszer
intrinsic belső; lényeges; valódi; *félv* intrinsic, sajátvezető; *fiz* saját; ~ **accuracy** *metr* valódi pontosság; ~ **angular momentum** *at, fiz* sajátimpulzus-nyomaték; ~ **angular momentum of atomic nucleus** *at* magspin; ~ **barrier transistor** *félv* közbenső intrinsic rétegű tranzisztor, pnip-tranzisztor; *szt* szerkezeti félvezető rétegtranzisztor; ~ **brightness** *opt* valódi/effektív fényesség; ~ **conduction** *at, félv* sajátvezetés, sajátfélvezetés, intrinsic vezetés; ~ **conductivity** *félv* sajátvezető-képesség, intrinsic vezetőképesség; ~ **curve** *talt* Mohr-féle burkológörbe; ~ **density** *félv* intrinsic sűrűség; ~ **energy** *at* sajátenergia, belső energia; ~ **equation** *mat* invariáns egyenlet *(görbéé)*; ~ **error** *at* sajáthiba; ~ **failure** típushiba, szériahiba *(adott gyártmányra jellemző meghibásodás)*; ~ **function** *mat* belső függvény; ~ **impedance** *távk* hullámellenállás; ~ **induction** *el* belső/különbözeti indukció; mágnesezettség; ~ **internal energy** *at* saját belső energia; ~ **lattice disorder** *ásv* belső rácsrendezetlenség; ~ **layer** *félv* intrinsic réteg; ~ **luminosity** *csill* valódi fényesség; ~ **luminous intensity** *csill, opt* világosság, luminencia, fénysűrűség; ~ **mass** *fiz* sajáttömeg, belső/mechanikai tömeg; ~ **number** *félv* intrinsic szám; ~ **parity** *at* belső/saját paritás; ~ **permeability** *el* tényleges/belső permeabilitás; *hidr* kőzet áteresztőképessége; ~ **pressure** *fiz* kohéziós nyomás; ~-**region transistor** *félv* közbenső intrinsic rétegű tranzisztor, pnip-tranzisztor; ~ **responsivity** *el* sajátérzékenység; ~ **semiconduction/semiconductivity** *félv* sajátfélvezetés, intrinsic félvezetés; ~ **semiconductor** *félv* belső/sajátvezetésű/intrinsic félvezető; ~ **separation factor** *at* dúsítási sajáttényező; ~ **shear strength** *bány* kohézió; ~ **speed** *fiz* intrinsic szívássebesség; ~ **spin** *at* sajátspin; ~ **strain** *fiz* belső feszültség; ~ **strength** fajlagos robbantóteljesítmény *(robbanóanyagé)*; ~ **temperature** *félv* intrinsic hőmérséklet; ~ **time** *aut* sajátidő; ~ **viscosity** *vegy* határviszkozitás; valódi/belső viszkozitás
intrinsically | **safe circuit** *bány* gyújtószikramentes áramkör; ~ **safe electrical apparatus** *bány* gyújtószikramentes készülék
introduce ~ **drop by drop** *vegy* (be)csepegtet
introducing bevezető, indító; ~ **box** *el* bevezető hüvely
introduction bevezetés, behelyezés, kezdés, indítás; beépítés, addíció, dopolás, adalékolás; ~ **of dummy bar** *koh* kristályosítórúd-bevezetés
introductory bevezető, ajánló, előzetes
intromission beengedés; behatolás; belépés; beavatkozás, beleszólás; bebocsátás *(gőzé)*
intron *biot* intron
introscope csőbelvilág-vizsgáló műszer
intrude behatol, benyomul
intruded *geol* intrudált, bepréselt, benyomulásos; ~ **(aggregate) concrete** *ép* prepakt beton; ~ **(aggregate) concrete method** *ép* prepakteljárás
intruder betolakodó; *kat* behatoló; ~ **alarm** *aut* betörésjelző
intrusion behatolás; *geol* intrúzió; ~ **aid** *ép* injektálási adalék *(utófeszítés)*; ~ **alarm infrared detector** *aut* infravörös betörésjelző; ~ **detector** *aut* betörésjelző (berendezés), betörőjelző; ~ **mortar** *ép* injektálóhabarcs; ~ **mo(u)lding** *műa* folyásöntés, intrúzió; ~ **of water** *bány* vízbetörés; ~ **rock/sheet** *bány* telérkőzet; ~ **tone** *távk* titkossági hang
intrusive *geol* intruzív, intrúziós, benyomulásos; ~ **rock** *geol* intruzív kőzet; ~ **sheet** *bány, geol* teleptelér; ~ **wave** *mech* vándorhullám
intumesce kitágul, megnagyobbodik, felfúvódik, megduzzad
intumescence *vegy* megnagyobbodás, (meg)duzzadás *(hőhatás folytán)*; ~ **lava** *geol* dagadó kúp *(lávából)*
intumescent dagadt, duzzadt, püffedt; ~ **agent** *rep* duzzadó hatóanyag
inturned befelé fordult/nőtt; ~ **welt** *kh* kettős szegély; visszaakasztott szegély
intwist egybefon, befut, belefon; *tex* körülfon
inulin *vegy* inulin
inundate vízzel eláraszt/elönt; *bány* elfullaszt
inundated mine (section) *bány* elárasztott bánya(rész)
inundation elárasztás, vízáradat, elöntés; *hidr* kiöntés; ~ **bridge** *ép* ártéri híd; ~ **(by excess surface waters)** *hidr* belvízelöntés; ~ **limit** *hidr* árvízi meder; ~ **of a petroliferous well** *ol* olajkút elvizesedése; ~ **of deposit** *bány* előfordulás elárasztása; ~ **protection** *hidr* árvízvédelem
INV → inverter
invade betör, eláraszt, elözönöl; *bány* betör *(víz a vágatba)*
invaded | **formation** *geol* intrúziós képződmény; ~ **zone** *geof* elárasztott zóna
invalid érvénytelen; semmis; ~ **address** *szt* érvénytelen cím; ~ **character** *szt* érvénytelen jel; ~ **code** *szt* érvénytelen kód; ~ **entry** *szt* téves bevitel; ~ **patent** hatálytalan szabadalom; ~ **protocol data unit** *szt* érvénytelen protokoll-adatelem
invalidate megsemmisít, hatálytalanít, érvénytelenít
invar *koh, gép* invar *(hőtágulásmentes vas-nikkel ötvözet)*; ~ **band** invar mérőszalag; ~ **measurement** mérés invar mérőszalaggal; ~ **steel** *koh* invaracél
invariability változatlanság
invariable *mat* konstans, állandó, változatlan, invariábilis, rögzített; ~ **plane** *mech* változatlan/invariábilis sík
invariance *mat* invariancia, változatlanság, invariáns jelleg; ~ **of a cybernetic system** *aut* kibernetikai rendszer invarianciája; ~ **property** *mat* invariancia, invariancia tulajdonsága
invariant **I.** *a mat* invariáns, változatlan; **II.** *n mat* invariáns; skalár, skaláris mennyiség, másodrendű tenzor, skaláris invariáns; változatlan mennyiség; ~ **control system** *aut* invariáns szabályozási rendszer;

~ **estimate** invariáns becslés; ~ **factor** *mat* elemi osztó; ~ **group of quantities** *hidr* invariáns mennyiségcsoport; ~ **imbedding** *aut* invariáns leágazás; ~ **number** *mat* invariáns szám; ~ **property** *aut, mat, vegy* invariancia, invariancia tulajdonsága; ~ **system** *vegy* invariáns rendszer

invasion betörés; benyomulás; *ol* elárasztás; ~ **by grass** *ép* füvesítés; ~ **depth** *ol* elárasztási mélység; ~ **of mud filtrate** *ol* iszapelárasztás; ~ **sweep efficiency** *ol* elárasztási hatásfok; ~ **vertical efficiency** *ol* rétegezettségi elárasztási hatásfok

invasive (meg)támadó, inváziós, behatoló; ~ **magma** *geol* intrúziós magma

invent feltalál, kigondol

invention találmány, felfedezés

inventor feltaláló

inventory leltár; leltári tárgyak; *ip* felszerelés/berendezés (összessége); ~ **adjustment** *ip* raktárkészlet-elosztás; ~ **change report** *ip* leltárváltozási jelentés; ~ **check/control** *ip* készletellenőrzés, raktárállomány ellenőrzése; ~ **control problem** *ip* készletprobléma, készletezési probléma; ~ **control system (ICS)** *szt* készletfelügyelő rendszer, ICS; ~ **data** *ip* leltári adat; ~ **management** *ip* raktárkészlet-gazdálkodás; ~ **management problem** *ip* készletprobléma, készletezési probléma; ~ **memory** *ip* készletmemória, állománymemória; ~ **model** *ip* raktármodell; ~ **problem** *ip* készletprobléma, készletezési probléma; ~ **record** *ip* készletnyilvántartás, állomány-nyilvántartás; ~ **store** *ip* készletmemória, állománymemória; ~**-to-sales balance** *ip* a készlet és az eladott mennyiség közötti viszony

inverse I. *a* fordított irányú, visszafutó, visszaforgó, ellenirányú *(mozgás)*; *mat* inverz, fordított, reciprok; **II.** *n mat* inverz (mátrix/görbe/elem); reciprok (érték); ~ **action** *félv* inverz üzem; ~ **alpha** *félv* inverz áramerősítési tényező; ~ **amplifier** *el* fordító erősítő; ~ **anode amplification factor** *el* anódáthatás; ~ **average** *mat* harmonikus közép(érték); ~ **bandwidth** *távk* inverz frekvenciasáv; ~ **cam** *gép* bütyköstárcsa; horpadó vonalú *v.* negatív bütyök; ~ **chain parameters** inverz láncparaméterek; ~ **characteristic** *aut* zárási tulajdonság; ~ **circular function** *mat* árkuszfüggvény, ciklometrikus *v.* inverz trigonometrikus függvény; ~ **control** *aut* fordított működésű szabályozóberendezés; ~ **cosine** *mat* árkusz koszinusz; ~ **cotangent** *mat* árkusz kotangens; ~ **counter** *aut* inverz számláló; ~ **current** *el, félv* ellenirányú/záróirányú áram; visszáram; ~ **curve** *mat* inverz (görbe); ~ **diode** *félv* (felületi) záróréteges dióda; ~ **direction** *félv* záróirány; ~ **dissipation** *félv* záróirányú veszteség; ~**-duplex circuit** *távk* reflexkapcsolás; ~ **electron capture** *at* inverz K-befogás; ~ **element** *mat* inverz (elem); ~ **epitaxy** *krist* inverz epitaxia; ~ **feedback** *aut* kimenetről vett visszavezetés; *el* negatív visszacsatolás; ~ **flow** *rep* fordított áramlás; ~ **form** *mat* inverz alak; ~ **Fourier transform(ation)** *mat* inverz Fourier-transzformáció; ~ **fraction** *mat* inverz tört, tört reciproka; ~ **function** *aut, mat* inverz függvény; ~ **gradation** *bány* fordított gradáció; ~ **grid current** *el* pozitív rácsáram; ~ **henry** *el* reciprok henry; ~ **hour** → inhour; ~ **H parameters** *el* inverz hibrid paraméterek; ~ **hyperbolic** *mat* inverz hiperbolikus, area-; ~ **hyperbolic function** *mat* inverz hiperbolikus függvény, areafüggvény; ~ **hyperbolic sine** *mat* area szinusz hiperbolikusz; ~ **initiation** *bány* fordított élesítés; ~ **integrator** *aut* jelfordító/inverz integrátor; ~**-isomorphic** *mat* antiizomorf; ~ **iterative parameters** inverz láncparaméterek; ~ **K-capture** *at* inverse K-befogás; ~ **Laplace transformation** *aut, mat* inverz Laplace-transzformáció; ~ **locus of points** *mat* inverz helygörbe; ~ **logarithm** *mat* antilogaritmus, numerus logarithmi, antlog, logaritmus inverze; ~ **magnetism** *el* inverz mágnesség; ~ **magnetostrictive effect** *aut* magnetoelasztikus jelenség; ~ **matrix** *mat* inverz mátrix; ~ **modulation** *távk* ellenmoduláció, inverz moduláció; ~ **number** *mat* inverz, reciprok (érték); ~ **of a matrix** *mat* inverz/reciprok mátrix; ~ **of an implication** *aut* inhibíció; ~ **of the amplification factor** *el* áthatás; ~ **operation** *aut, félv* inverz üzem; **in** ~ **order** *aut, mat* fordított sorrendben; ~ **period** *el* zárási idő negatív anódfeszültségen; ~ **phase-amplitude characteristic** *el* inverz amplitúdó-fázis jelleggörbe; ~ **photoelectric effect** *el* inverz fotoelektromos hatás, lumineszkálás; ~ **piezoeffect** *ásv, el, fiz* inverz piezoeffektus; ~ **piezoelectricity** *v.* **pizoelectric effect** *ásv, el, fiz* inverz piezoelektromosság; ~ **pole figure** *ásv* inverz póluskép; ~ **proportion** *mat* fordított arány; ~ **proportionality** *mat* fordított arányosság; ~**-rate cooling curve** *hűt* inverz sebességérdekű hűtési görbe; ~ **ratio** *mat* fordított viszony/arány; ~ **regression** *mat* negatív/inverz regresszió; ~ **relation telemeter** *metr* inverziós táv(olság)mérő; ~ **resonance** *el* áramrezonancia; ~ **rotation** *ásv* inverz forgás; ~ **segregation** *aut, gép* inverz szegregáció; *koh* fordított dúsulás; ~ **sine** *mat* árkusz szinusz; ~ **soap** *vegy* inverz/kationaktív szappan; ~**-speed motor** *gépk* soros jelleggörbéjű motor; ~ **spinel structure** *ásv* inverz spinellszerkezet; ~ **square law** *at* inverz négyzetes törvény, I/r-es távolságtörvény; *mat* reciprocitási tétel; ~ **structure** *aut* inverzióstruktúra; ~ **tangent** *mat* árkusz tangens; ~ **theorem** *mat* inverz tétel, tétel megfordítása; ~**-time delay** *aut* (időtől) függő *v.* inverz késleltetés; ~ **time-lag** *aut, el* függő/inverz időkésleltetés; ~ **time-lag circuit-breaker** *aut, el* függő/inverz időkésleltetésű megszakító; ~ **time-lag over-current release** *aut, el* függően késleltetett túláramkioldó; ~ **time-lag relay** *aut, el* függő késleltetésű relé; ~ **time-lag release** *aut, el* függő késleltetésű kioldó; ~**-time relay** *aut, el* függő késleltetésű relé; ~ **transfer function** *el, távk* inverz átviteli függvény; ~ **transfer locus** *el, távk* inverz átviteli függvény helygörbéje; ~ **transformation** *aut, mat* inverz transzformáció; ~ **trigonometric function** *mat* árkuszfüggvény, ciklometrikus *v.* inverz trigonometrikus függvény; ~ **value** *mat* reciprok érték; ~ **voltage** *el, félv* visszfeszültség; záróirányú feszültség, zárófeszültség

inversely *mat* fordítottan, fordítva; ~**-allocated band** *távk* fordított fekvésű sáv; ~ **isomorphic** *mat* antiizomorf; ~ **phased** *el* oppozíciós, ellenfázisú; ~ **proportional** *mat* fordítva/fordítottan arányos

inversion irányváltozás; sorrendi csere, megfordítás; eltévelyedés; visszacsapódás; *bány* fordított rétegeződés; *bány, körny, szt* inverzió; *el* egyenáram-váltóáram átalakítás; *geol* átbuktatott redő; *mat* inverz mátrix képzése, mátrix invertálása; megfordítás, inverzió; *met* hőmérsékleti inverzió/visszásság; *vegy* (cukor)inverzió; ~ **casting** *koh* öntés dönthető formába; ~ **centre/center** *ásv* inverziócentrum, inverziós központ; ~ **chromosome** *biot* inverziós kromoszóma; ~ **curve** *vegy* inverziós görbe; ~ **fog** *met* talaj menti köd; ~ **formula** *mat* inverziós képlet/tétel; ~ **height** *környv* inverziós magasság; ~ **layer** *aut, környv* inverziós réteg; ~ **level** *aut* inverziós szint; ~ **matrix** *ásv, mat* inverz mátrix; ~ **of complex matrix** *mat* kompex mátrix inverze; ~ **of phases** *el* fázisfordítás, fázisinverzió; ~ **point** *vegy* inverziós pont; ~ **rotation axis** *ásv* inverziós forgástengely; ~ **scanning** *aut, tv* inverz letapogatás; ~ **telemeter** *metr* inverziós táv(olság)mérő; ~ **telescope** *opt* fordítós teleszkóp; ~ **temperature** *ásv, vegy* inverziós hőmérséklet

inversive plane *mat* Möbius-sík, inverzív sík

invert I. *v* (át)fordít, kifordít, felfordít, megfordít, ellenirányba fordít; átállít; visszafordul; *élip* invertál; **II.** *a* megfordult; átfordított, reciprok; **III.** *n ép* ellenív; talp *(alagúté)*; talpboltozat, fenékboltozat, ellenboltozat *(alagúté)*; talpív; *hidr* fenék; ~ **a matrix** *v mat* mátrix reciprokját képezi; ~ **emulsion mud** *ol* invert emulziós öblítőiszap; ~ **level** *hidr* fenékmagasság *(csatornáé)*; ~**-lift** *ép* fenékfelpúposodás *(alagút)*; ~ **soap** *vegy* invert szappan; ~ **stoker** *gép* visszatoló rostélyszerkezet; ~ **sugar** *vegy* invert cukor

invertase *vegy* invertáz

inverted (át)fordított, megfordított, felfordított, inverz; *szt* invertált; ~ **alpha** *félv* inverz áramerősítési tényező; ~ **arch** *ép* ellenboltozat, ellenboltív, fordított boltozat/boltív; elleniv; ~**-arc lamp** *el* fordított polaritású ívlámpa; ~ **band** *távk* inverz frekvenciasáv; ~ **band width** *távk* inverz frekvenciasáv; inverz sávszélesség; ~ **bar-and-chain girder** *gép* egyenes felső övű halhasú tartó; ~ **carburetter** *gépk* fordított áramú porlasztó; ~ **connection** *távk* keresztezett átkötés; ~ **converter** *el* inverter, váltakozó áramú átalakító; ~ **cross(-)talk** *távk* érthetetlen áthallás, telefónia; ~ **cut** *bány* katlanos betörés; ~ **electrode arrangement** *ol* fordított elektródelrendezés; ~ **engine** *gép, rep* lógóhengeres/függőhengeres motor; ~ **exclusive OR** *szt* fordított kizáró VAGY; ~ **extrusion** *műa* fordított irányú fröccssajtolás; ~ **fan** *bány* reverzált szellőztető; ~ **field pulses** *tv* fázisfordított képindító impulzusok/jelek; ~ **file** *szt* invertált állomány; ~ **filter** *hidr, talt* fordított szűrő; ~**-filter drain** *hidr* réteges kavicsdrén; ~ **flight** *rep* hátrepülés; ~ **fold** *geol* átbuktatott redő; ~ **frame pulses** *tv* fázisfordított képindító impulzusok/jelek; ~ **gull wing** *rep* felfelé tört szárny; W szárny, fordított sirályszárny; ~ **image** *tv* fordított kép; ~**-image range finder** *metr* fordított képes távolságmérő, invert távmérő; ~ **in-line engine** *gép* lógóhengeres soros motor; ~ **jet** *hőt* visszafordított gőzsugár; ~ **jig** *szer* fordított szerelőkészülék; ~ **king-post truss** *ép* lefelé fordított egyoszlopos függesztőmű; ~**-L calender** *gumi, műa* L-típusú kalander; ~ **lever** *gép* himba; ~ **loop** *rep* bukfenc előre; ~ **loudspeaker** *el* belső mágnesű hangszóró; ~ **operation** *aut* inverz üzem(elés); **in** ~ **order** *aut, mat* fordított sorrendben; ~**-outside loop** *rep* bukfenc hátrepülésből felfelé; ~**-pan method** *biot* szúrócsapos talajfertőtlenítés; ~ **pendulum** *geof* megfordítható/megfordított inga; ~ **piercing die** *szersz* ellenirányú lyukasztó szerszám; ~ **pipe reducer** *hidr* bővítőcső; ~**-pyramid antenna** *távk* tölcsérantenna, tölcsérsugárzó; ~ **queen (post) truss** *ép* kétoszlopos függesztőmű; ~ **siphon sewer** *hidr* bújtatócsatorna *(szennyvíz)*; ~ **spin** *rep* hátdugóhúzó; ~**-steps working** *bány* főtepásztafejtés; ~ **stream** *hidr* visszafolyás; ~ **suspension** *gép* alsó forgáspontú felfüggesztés; ~**-taper spigot** *gép* fordított kúposságú csap; ~ **triode** *el* fordított trióda; ~ **T section** fordított T keresztmetszet; ~ **valve** *aut* függőszelep; ~ **V-engine** *gép, rep* függőhengeres V-motor; ~ **V-strut** *rep* fordított V alakú dúc; ~ **welding** *heg* fej feletti hegesztés; ~ **well** *bány, hidr* nyelőkút; *hidr* függőleges talajcső; nyelő

inverter (INV) *aut, el* áramirányító, váltóirányító; egyen-váltakozó áramú átalakító, inverter; jelfordító/inverter/negáló kör, negátor; *szt* előjelváltó; NEM-áramkör, negátor, inverter; *távk* frekvenciaátalakító; ~ **circuit** *el* inverter; ~ **knob** *geod* váltógomb; ~**-operated furnace** *hőt* inverterrel táplált kemence; ~ **stage** *aut, el* inverter/fordító fokozat; *távk* fázisfordító fokozat; ~ **tube** *el* fázisfordító elektroncső; ~ **unit** *rád* fordítóegység

inverting (meg)fordítás, (át)állítás, invertálás; invertálódás; *el* váltóirányítás; ~ **amplifier** *el* invertáló/(előjel)fordító erősítő; mintaáramkör; ~ **bit** *szt* fordító bit; ~ **circuit** *el* hintaáramkör; ~ **enzyme** *vegy* cukorbontó enzim; ~ **eyepiece** *opt* képfordító szemlencse; ~ **gate** *szt* invertáló kapu, negátor; ~ **input/port** *el, szt* invertáló bemenet; ~ **prism** *opt* fordító prizma

investigate kikutat; megvizsgál; kivizsgál

investigation kutatás, nyomozás; kivizsgálás, vizsgálat; próba; *ép* kutatás, szondázás, feltárás; ~ **hole** *ép* kutatógödör; ~ **of accident** *rep* repülőesemény kivizsgálása; ~ **radius** *ol* behatolási sugár; ~ **shaft** *ép* kutatóakna

investigator-in-charge *rep* kijelölt kivizsgáló *(baleseté)*

investment beruházás; (tőke)befektetés; ~ **casting** *koh* viaszbevonásos öntés, viaszmintás precíziós öntés; ~ **compound** *koh* összetétel viaszbevonásos öntéshez; ~ **costs per unit pipe length** *hidr* csőszakasz egységköltsége; ~ **mo(u)ld** *koh* viaszbevonásos öntéshez használt öntőforma; ~ **mo(u)lding** *koh* viaszbevonásos formázás; ~ **process** *koh* viaszbevonásos öntési eljárás

invigilator *szt* visszajelentő egység

inviscid *fiz* könnyen folyó, kis viszkozitású, hígfolyós; ~ **fluid** *fiz* ideális/tökéletes/súrlódásmentes folyadék

invisible láthatatlan, észrevehetetlen; ~ **glass** *üveg* reflexiómentes üveg; ~ **mending** *ruh* műbeszövés, műstoppolás; ~ **spectrum** *fiz* a színkép láthatatlan része; ~ **to the naked eye** szabad szemmel nem látható

in vitro *biot* in vitro

in vivo *biot* in vivo

invoicing machine *szt* számlázógép

involute befelé görbülő/csavarodó; *mat* evolvens; ~**-arc bevel gear** *gép* palloid kúpfogaskerék; ~ **curve** *aut, mat* evolvens görbe; ~ **function** *mat* involút/evolvens függvény; ~ **gear** *gép* evolvens fogaskerék; ~**-gear cutter** *forg* modulmaró; ~**-gear teeth** *gép* evolvens fogak, evolvens fogazat; ~**-gear testing machine** *metr* evolvens fogazású fogaskerék-vizsgáló gép; ~ **(of evolute)** *mat* evolvens, fonálevolvens; ~ **profile** *gép* evolvens (fog)profil; ~ **tooth** *gép* evolvens fog; ~ **toothing/teeth** *gép* evolvens fogazás

involution komplikáltság, bonyolultság; komplikálás, bonyolítás; *mat* hatványozás, hatványra emelés; involúció, involutorikus leképezés/transzformáció; ~ **map(ping)** involúció, involutorikus leképezés; ~ **point** *mat* involúciós pont

involutory transformation involúció, involutorikus leképezés/transzformáció

involve beburkol, becsavar; belekever; magában foglal, vele jár; involvál; *mat* hatványra emel

involved velejáró, bennefoglalt, involvált; ~ **rock** *geol* kapcsolt kőzet

inwall I. *v* körülfalaz; **II.** *n koh* belső falazat; ~ **lining** *koh* kemenceakna belső falazata

inward belső, benti; ~ **flange** *hőt* belső perem *(kazáné, csőé)*; ~**-flow rotary-screen** *pa* külső beömlésű centrifugálosztályozó; ~**-flow turbine** *hőt* centripetális turbina; ~ **side-slip** *rep* csúszás *(fordulóban)*; ~ **stress** *geol* befeszülés

inwash I. *v bány* beiszapol, beiszaptömedékel; **II.** *n bány* iszaptömedékelés; *hidr* (be)sodrás, (be)mosás

inweave *tex* besző

IOC → input-output channel; → input/output controller

iod- *vegy* jód-

iodate I. *v vegy* jódoz; **II.** *n vegy* jodát, jódsav

iodian *ásv* jódtartalmú

iodic *vegy* jódos, jód-; ~ **acid** *vegy* jódsav

iodide *vegy* jodid; ~ **process** *koh* Arkel-eljárás

iodinate *vegy* jódoz

iodinated *vegy* jódozott; ~ **salt** *vegy* jódozott konyhasó

iodination *vegy* jódozás

iodine (I) *vegy* jód; ~ **azide** *vegy* jód-azid; ~ **deficiency** jódhiány; ~ **monochloride** *vegy* jód-monoklorid; ~ **number** *vegy* jódszám; ~ **pentafluoride** *vegy* jód-pentafluorid; ~ **pentoxide** *vegy* jód(V)-oxid; ~ **tetroxide** *vegy* jód(III,V)-oxid; ~ **trichloride** *vegy* jód-triklorid; ~ **value** *vegy* jódszám

iodism jódmérgezés

iodo *vegy* jód-; ~ **radical** *vegy* jódgyök

iodoacetic acid *vegy* jód-ecetsav

iodoazide *vegy* jód-azid

iodobenzene *vegy* jód-benzol

iodobromite *vegy* jodobromit

iodobutane *vegy* jód-bután, butil-jodid

iodoethane *vegy* jód-etán, etil-jodid

iodoform *vegy* jodoform, trijód-metán

iodogorgoic acid *vegy* jód-gorgosav, 3,5-dijód-tirozin

iodomethane *vegy* jód-metán, metil-jodid

iodometry *biot, vegy* jodometria

iodonium *vegy* jodónium; ~ **compound** *vegy* jodónium-vegyületek

ioduretted *vegy* jódozott

iodyrite *ásv* jodirit

ion *fiz, vegy* ion; ~ **acceleration** *fiz* iongyorsítás; ~ **accelerator** *fiz* iongyorsító; ~ **acceptor** *fiz* ionakceptor; ~ **avalanche** *at* ionlavina; ~ **beam** *at, fiz* ionsugár; ~**-beam scanning** *fiz* ionsugaras letapogatás; tömegspektrométeres ionsugáranalízis; ~**-beam tube** *fiz* ionsugárcső; ~ **binding** *vegy* ionkötés, ionos (hetero)poláris kötés; ~ **bombardment** *fiz* ionbombázás; ~ **bombardment cleaning** parázsfénykisüléses felülettisztítás; ~ **bond** *vegy* ionkötés, ionos (hetero)poláris kötés; ~ **burial** *fiz* ionelnyelés; ~ **burn** *fiz* ionkráter, ionfolt; ~ **centrifuge** *fiz* ioncentrifuga; ~ **chamber** *at* ionizációs kamra; ~ **charge** *fiz* iontöltés; ~ **charge density** *fiz* iontöltés-sűrűség; ~ **cloud** *at* ionfelhő; ~ **cluster** *at* ioncsoport; ~ **collector** *fiz* ionkollektor; ~ **column** *at* ionoszlop; ~ **complex** *fiz* ionkomplex; ~ **concentration** *fiz, vegy* ionkoncentráció; ~ **conduction** *félv, fiz* ionos vezetés; ~ **counter** *at, metr* ionszámláló; ~ **crater** *fiz* ionkráter; ~ **current** *at, félv, fiz* ionáram; ~ **cyclotron resonance (ICR)** *fiz* ionciklotron-rezonancia; ~ **deflection** *at* ion(sugár-)eltérítés; ~ **density** *at, fiz* ion(pár)sűrűség; ~**-dipole bond** *vegy* ionkötés, ionos (hetero)poláris kötés; ~ **emission** *fiz* ionemisszió; ~ **energy** *at* ionenergia; ~ **engine** *at* ionmeghajtás; ~ **etching** *fiz* ionmarás; ~ **exchange** *vegy* ioncsere; ~**-exchange capacity (IEC)** *koh* ioncserélő kapacitás; ~**-exchange chromatography** *koh* ioncserélő kromatográfia; ~**-exchange column** *vegy* ioncserélő oszlop; ~**-exchange equilibrium (IEE)** *koh* ioncsere-egyensúly; ~**-exchange isotherm** *koh* ioncserés izoterma; ~**-exchange material** *vegy* ioncserélő anyag; ~**-exchange mechanism** *koh* ioncserés mechanizmus; ~**-exchange membrane (IEM)** *biot, vegy* ioncserélő membrán; ~**-exchange process** *koh* ioncserélő eljárás; ~ **exchanger** *vegy* ioncserélő; ~**-exchange reaction** *vegy* ioncserélő reakció; ~**-exchange resin** *vegy* ioncserélő gyanta/műgyanta; ~ **flow/flux** *fiz* ionáram(lás), ionfluxus; ~ **gas** *at* iongáz; ~ **gas laser** *fiz* iongázlézer, ionizált gázlézer; ~ **ga(u)ge** *metr* ionizációs nyomásmérő; ~ **getter pump** *at* ion-getterszivattyú; ~ **grid** *fiz, vegy* ionrács; ~ **gun** *at* ionágyú; ~ **hose** *at* ionburok, ionréteg, plazmazsinór; ~ **impact ionization** *at* ionütközési ionizáció; ~ **implantation** *félv* ionbeültetés; ~**-ion-recombination** *vegy* ion-ion rekombináció; ~ **laser** *fiz* ionlézer; ~ **laser spectroscopy** *fiz* ionlézer-spektroszkópia; ~ **lattice** *fiz, vegy* ionrács; ~ **layer** *fiz* ionburok, ionréteg, plazmazsinór; ~ **lens** *fiz* ionlencse; ~ **magnet** *fiz* ionmágnes; ~ **meter** *metr* ionizációs manométer; ~ **microscope** *fiz* ionmikroszkóp; ~ **migration** *at, vegy* ionvándorlás; ~ **nitriding** *koh* ionnitridálás; ~ **noise** *fiz* ionizációs zaj; ~ **number density** → ~ density; ~**-optic(al)** *fiz* ionoptikai; ~**-optic image** *fiz* ionoptikai leképezés; ~ **optics** *fiz* ionoptika; ~ **orbit** *fiz* ionpálya; ~ **pair** *at, fiz* ionpár; ~**-pair yield** *at* ion(pár)hozam; ~ **path** *at, fiz* ion(röp)pálya, ionúthossz; ~ **photography** *fiz* ionfotográfia; ~ **physics** *fiz* ionfizika; ~**-producing arc** *fiz* ionizáló ív; ~ **pump** *at* ionszivattyú; ~ **recombination** *at* ionrekombináció; ~**(-repulsed) rocket** *fiz* ionrakéta; ~ **sheath** *at, fiz* ionburok, ionréteg, plazmazsinór; ~ **shell** *at, fiz* ionburok; ~ **source (IS)** *at, fiz* ionforrás; ~**-specific electrode** *koh* ionszelektív elektród; ~ **spectrum** *fiz* ionspektrum; ~ **spot** *fiz* ionfolt; ~ **striking** *at, fiz* ionütközés; ~ **temperature** *fiz* ionhőmérséklet; ~ **track** *at* ionnyom; ~ **trajectory** *at* ionpálya; ~**-transit-time measurement** *metr* áramlási sebesség mérése ionmódszerrel; ~ **trap** *at, fiz* ioncsapda; ~ **trap magnet** *at, fiz* ionmágnes; ~ **tube** *fiz* ioncső, gázkisülési cső; ~ **twin** *fiz* ionpár; ~ **yield** *at, fiz* ionhozam

ionic *fiz* ion-; ionos; ~ **activity** *fiz* ionaktivitás; ~ **atmosphere** *vegy* ionatmoszféra; ~ **binding** *vegy* ionkötés, ionos (hetero)poláris kötés; ~ **bombardment** *at, fiz* ionbombázás; ~ **bond** *vegy* ionkötés, ionos (hetero)poláris kötés, elektrosztatikus kötés; ~ **catalyst** *vegy* ionos katalizátor; ~ **centrifuge** *fiz* ioncentrifuga; ~ **charge** *at, fiz* iontöltés; ~ **complex** *fiz, vegy* ionkomplex; ~ **compound** *vegy* ionkötésű vegyület; ~ **concentration** *at, fiz* ionkoncentráció; ~ **conduction** *at, félv, fiz* ionos vezetés, ionvezetés; ~ **conductivity** *félv, fiz* ionos vezetőképesség, ion-vezetőképesség, ionvezetés; ~ **crystal** *ásv* ionkristály; ionos kristály, ionrácsos kristály, poláris kristály; ~ **current** *félv, fiz* ionáram; ~ **deformation** *ásv* iondeformáció; ~ **drive power coefficient** *aut* ionos hajtás teljesítménytényezője; ~ **energy** *at, fiz* ionenergia; ~ **equilibrium** *at, fiz* ionizációs egyensúly, dinamikus ionegyensúly; ~ **flotation** *bány* ionflotálás; ~ **fraction** *koh* iontört; ~**-heated cathode** *at, fiz* ionforrású katód; ~ **lattice** *fiz, vegy* ionrács; ~ **link(age)** *vegy* ionkötés, ionos (hetero)poláris kötés; ~ **loudspeaker** *el* ionhangszóró; ~ **mean free path** *at* ion közepes szabad úthossza; ~ **microphone** *el, hang* ionmikrofon; ~ **migration** *at, fiz* ionvándorlás; ~ **mobility** *fiz* ionmozgékonyság; ~ **oscillation** *fiz* ionrezgés; ~ **plasma** *at, fiz* ionplazma; ~ **polarization** *fiz* ionpolarizáció; ~ **polymerization (mechanism)** *műa* ionos polimerizáció(mechanizmus); ~ **potential** *at* ionizációs potenciál; ~ **quantimeter** *metr* iondózismérő; ~ **radius** *ásv, fiz* ionsugár; ~ **reaction** *vegy* ionreakció; ~ **refraction** *fiz* ionos sugártörés; ~ **relation** *vegy* ionkötés, ionvonatkozás, ionviszony; ~ **relay** *aut* gáztöltésű relé; ~ **replacement** *vegy* ioncsere; ~ **semiconductor** *félv* ionos félvezető; ~ **solid** *fiz, vegy* ionkötésű szilárdtest; ~ **spectrum** *at, fiz* ionspektrum; ~ **strength** *at, fiz* ionerősség; ~ **tube** *el, fiz* ioncső; ~ **valence** *vegy* elektrovalencia; ~ **valve** *el, fiz* gáztöltésű cső, ioncső, elektroncső; ionegyenirányító; ~ **weight** *fiz* ionsúly; ~ **wind voltmeter** *el* ionszeles voltmérő

Ionic order *ép* ión/jón oszloprend

ionite *vegy* ioncserélő

ionitriding *fiz* nitridálás parázsfénykisülésben

ionium *vegy* ionium

ionizable *fiz, vegy* ionizálható; ionizálódó

ionization ionizáció, ionizálás, ionozás; ionizálódás; ~ **anemometer** *metr* ionizációs szélsebességmérő; ~ **balance** *at* dinamikus ionegyensúly; ~ **by X-rays** *fiz* röntgensugaras ionizáció; ~ **calorimeter** *fiz, metr* ionizációs hőmennyiségmérő; ~ **chamber** *at* ionizációs kamra; ~ **chamber detector** *at* ionkamrás detektor; ~ **chamber dosimeter** *at* ionkamrás doziméter; ~ **coefficient** *at, fiz* ionizációs együttható/tényező; ~ **counter** *at* ionizációs számláló; ~ **cross-section** *at* ionizációs hatáskeresztmetszet; ~ **current** *at, félv, fiz* ionizációs áram; ~ **density** *at, fiz* ionizációs sűrűség; ~ **dosimeter** *metr* ionizációs dózismérő; ~ **effect** *at, fiz, vegy* ionizáló/ionizációs hatás; ~ **electrometer** *metr* ionizációs elektrométer; ~ **energy** *at, fiz* ionizációs energia; ~ **equilibrium** *at* dinamikus ionegyensúly; ~ **event** *at* ionizáció(s „esemény"); ~ **flowmeter** *metr* ionizációs áramlásmérő; ~ **flue gas indicator** *metr* ionizációs füstgázjelző, „elektronikus orr"; ~ **ga(u)ge** *at, metr* ionizációs vákuummérő/nyomásmérő/manométer; ~ **glow** *fiz* ionizációs/elektronütközési lumineszcencia; ~ **loss** *at* ionizációs veszteség; ~ **manometer** *metr* ionizációs nyomásmérő/manométer; ~ **noise** *fiz* ionizációs zaj; ~ **of air** *fiz* levegőionizáció; ~ **path** *at, fiz* ionizációs út/nyom; ~ **point** *fiz* ionozási könyök; ~ **potential** *at, fiz, vegy* ionizálási/ionizációs feszültség/potenciál; ~ **probability** *at* ionizációs valószínűség; ~ **pulse** *at, fiz* ionizáló impulzus; ~ **pump** *at* ionszivattyú; ~ **rate** *at* ionizációs sebesség; ~ **spectrometer** *metr* ionizációs spektrométer; ~ **track** *at* ionizációs út; ~ **vacuummeter** *metr* ionizációs vákuummérő; ~ **yield** *at* ionizációs hozam

ionizator ionizátor

ionize *fiz* ionizál

ionized *fiz* ionizált; ~ **argon laser** *fiz* ionizált argonos lézer; ~ **atom** *at, fiz* ionizált atom; ~ **gas** *fiz* ionizált gáz; ~ **gas anemometer** *at* ionizációs gázsebességmérő; ~ **gas detector** *metr* (gáz)ionizációs detektor; ~ **gas laser** *fiz* ionizált gázos lézer; ~ **laser plasma** *fiz* ionizált lézerplazma; ~ **layer** *at, fiz* ionizált réteg; ~ **molecule** *at, fiz* ionizált molekula; ~ **space** *at, fiz* ionizált tér

ionizing *fiz* ionizáció, ionizálás, ionozás; ~ **action** *fiz* ionizáló/ionizációs hatás; ~ **capacity** *fiz* ionizálóképesség; ~ **collision** *at* ionizáló/ionizációs ütközés; ~ **energy** *at, fiz* ionizáló/ionizációs energia; ~ **event** *at* ionizáció(s „esemény"); ~ **particle** *at, fiz* ionizáló részecske; ~ **power** *fiz* ionizálóképesség; ~ **radiation** *at, biot, fiz* ionizáló (hatású) sugárzás; ~ **voltage** *el* ionizációs feszültség; ~ **wave** *fiz* ionizációs hullám

ionocolorimeter *metr* ionokoloriméter

ionogen *fiz* ionogén; ~ **atomic radius** *at, fiz* ionizálható atom sugara

ionogenic *vegy* ionogén, ionokat szolgáltató; ~ **bond** *vegy* ionkötés, ionos kötés

ionoluminescence *fiz* ionlumineszcencia

ionomer *műa* ionomer

ionometer ion(o)méter, hidrogénionkoncentráció-mérő

ionone *vegy* ionon

ionophone *el* ionofon

ionophoresis *vegy* ionoforézis

ionosonde *metr* ionoszférakutató

ionosphere *fiz* ionoszféra, termoszféra, Heaviside-réteg; *rád* ionoszféra; ~ **sound** *rád* ionoszférahang; ~ **storm** *rád* ionoszféravihar

ionospheric *fiz* ionoszférai, ionoszféra-; ~ **characteristic** *rád* ionoszférakarakterisztika; ~ **layers** *fiz, rád* ionoszférarétegek; ~ **research** ionoszférakutatás; ~ **retardation** *rád* ionoszferikus késleltetés; ~ **scatter** *rád* ionoszferikus szórás; ~ **sounder** ionoszférakutató; ~ **storm** *rád* ionoszféravihar; ~ **wave** *rád* térhullám

ionotron *fiz* tirátron

ionotropy *vegy* ionotrópia

ionselective electrode *ol* ionszelektív elektród

iontophoresis *fiz* iontoforézis

IOT → input/output trap

IP → information provider; ~**-message** *szt* IP-üzenet

IPA → image power amplifier

IPC → industrial process control

IPL → information-processing language; → initial program loader

IPM → interpersonal messaging; ~**-status-report** *szt* IPM-állapotjelentés

IPR → inflow performance relationship

Ir → iridium

IR → information retrieval; → infrared; → infrared radiation; → internal resistance

I-R → interrogator-responder
IRBM → intermediate-range ballistic missile
IRC → initial rate of climb
Ireland moss *bőr* karragénmoszat, írlandimoha
iridescence *fiz* irizálás, szivárványhatás
iridescent szivárványszínű, irizáló; ~ **cloud** *met* gyöngyházszínű felhő; ~ **effect** szivárványosság; *ásv* színjáték; *opt* irizálás
iridian *ásv* irídiumtartalmú
iridium (Ir) *vegy* irídium; ~ **dichloride** *vegy* irídium(II)-klorid; ~ **dioxide** *vegy* irídium(IV)-oxid; ~ **disulphide/disulfide** *vegy* iridum(IV)-szulfid; ~ **monochloride** *vegy* irídium(I)-klorid; ~ **monosulphide/monosulfide** *vegy* irídium(II)-szulfid; ~ **sesquioxide** *vegy* irídium(III)-oxid; ~ **sesquisulphide/sesquisulfide** *vegy* irídium(III)-szulfid; ~ **tetrachloride** *vegy* irídium(IV)-klorid; ~ **trichloride** *vegy* irídium(III)-klorid
iridosmine *ásv* iridozmium
iris *ásv* szivárványkvarc; *foto, opt* fényrekesz; írisz; ~ **diaphragm** *opt* íriszblende, írisz(fény)rekesz; ~ **(-loaded) waveguide** *opt* rekeszes hullámvezető
irisation *opt* irizálás, szivárványhatás, szivárványszínekben játszás
irised *opt* irizáló; ~ **tarnish** *opt* irizáló futtatás
Irish | bridge *hidr* burkolt gázló; ~ **finish** *tex* lenutánzó kikészítés *(pamuté)*; ~ **moss** *bőr* karragénmoha, írlandi moha; *gyógyv* karragén, gyöngyzuzmó, ír zuzmó
irising *opt* blendézés, diafragmálás, rekeszelés
irization → irisation
irized → irised
IRM → infrared measurement
iron I. *v alak, ép* (meg)vasal, vasalással ellát; **II.** *n* **(Fe)** *vegy* vas; ~ **absorber** *at* vasabszorber; ~ **alloy** *koh* vasötvözet; ~ **ammonium alum** *vegy* ammónium-vas-timsó; ~ **and steel manufacture** *koh* vaskohászat; ~ **and steel works** *koh* vasmű; ~ **angle** *heng* L-acél; ~ **arc** *heg* vaselektródos ív; ~ **band** vaspánt, vasabroncs; ~ **bar** vascövek; ~**-base alloy** *koh* vasalapú ötvözet; ~**-bearing alloy** *koh* vastartalmú ötvözet; ~**-bearing ore** *ásv* vastartalmú érc; ~**-bench stop** *fa* gyalupadvas; ~ **black** *vegy* vasfekete, kicsapott antimon, bőrfeketítő festék; ~ **blast-furnace slag** *koh* nagyolvasztósalak; ~ **boride** *vegy* vas-borid, vas(II)-borid; ~**-bound** megvasalt, vasabroncsos; ~ **cap** *bány* vaskalap; ~ **carbide** *vegy* vas-karbid; ~**-carbon alloys** *koh* vas-szén ötvözetek; ~**-carbon diagram** *koh* vas-karbon egyensúlyi diagram; ~**-carbon martensite** *koh* vas- és széntartalmú martenzit; ~**-carbon metal** *koh* széntartalmú vasfém; ~ **carbonyl** *vegy* vas-karbonil; ~ **carcase** *szer* vasváz; ~**-cased** vassal burkolt/bélelt; páncélos; ~ **casting** *koh* vasöntés; ~ **cell** *el* vaselektródos elem; ~ **channel** *ép* U vas, U gerenda; ~ **charge** *koh* betét, adag; ~ **circuit** *el* vasmagos mágneskör; ~**-clad** → ironclad; ~ **copperas** *koh* vasgálic; ~ **core** *el* vasmag; ~**-core betatron** *el* vasmentes/légmagos betatron; ~**-core coil** *el* vasmagos tekercs; ~**-cored** *el* vasmagos; ~**-cored choke (coil)** *el* vasmagos fojtótekercs; ~**-cored deflecting coil** *el* vasmagos kitérítő tekercs; ~**-cored type instrument** *metr* vasmagos mérőműszer; ~**-core inductance** *el* vasmagos önindukciós tekercs; ~**-core instrument** *metr* vasmagos mérőműszer; ~ **cover** *szer* vasköpeny; ~ **covering** *szer* vasborítás, vastető; ~ **crust** *bány* vaskéreg; ~ **cylinder** vashenger; ~ **disulphide/disulfide** *vegy* vas-diszulfid; ~ **dog** *ép* ácskapocs; ~ **down** *v* levasal; ~ **dust** vaspor, vasreszelék; ~ **dust core** *távk* porvasmag; ~ **dust-core coil** *távk* porvasmagos tekercs; ~ **elimination** *koh* vaskiejtés; ~ **fighter** *ép* acélszerkezeti építésszerelő; ~**-filament ballast tube** *el* vas-hidrogén ellenálláscső; ~**-filament lamp** *el* vas-hidrogén ellenálláscső; ~ **filler** *vegy* vastapasz, vasragasz; ~ **fling** vasreszelék; ~ **for anvils** *szersz* üllőbetét; ~ **foundry** *koh* vasöntöde; ~ **framework** *hajó* vasváz; ~**-free** *vegy* vasmentes; ~**-free betatron** *el* vasmentes/légmagos betatron; ~ **glance** *koh* hematitérc; ~ **hardpan** *bány* vaskéreg; ~ **hat** *ásv* vaskalap; ~ **head** *bány* vágósaru; *geod* szintezősaru; ~**-hydrogen ballast tube** *el* vas-hidrogén ellenállás; ~**-hydrogen resistance** *el* vas-hidrogén áramszabályozó cső; ~ **hydroxide** *vegy* vas-hidroxid; ~ **industry** vasipar; ~ **jacket** *szer* vasköpeny; ~ **lining** *bány* vasbiztosítás; *ép* tübbing; vasburkolat *(alagúté)*; ~ **lintel** *ép* vas kiváltógerenda *(ablaknyílás, ajtónyílás felett)*; vas szemöldökgerenda; ~ **liquor** *bőr* faecetsavas lé; *koh* vaspác; ~ **loss** *el* vasveszteség; ~ **loss coefficient** *el* vasveszteségi tényező; ~ **loss measurement** *el* vasveszteségmérés; ~ **lumps** *pl koh, önt* bugavas; ~**-lung** *orv* vastüdő; ~**-man** *bány* „vasember" *(réselőgépet kifeszkéző csavaros tám)*; ~ **mantle** *szer* vasköpeny; ~ **melt** *koh* vasolvadék; ~**-melting furnace** *koh* vasolvasztó kemence; ~ **meteorite** *geol* vasmeteorit; ~ **mill** *koh* vasmű; ~ **mill floor** *koh* kohószint; ~ **minium** *koh* vasmínium; ~**(-)mordant** *vegy* vaspác, vas(III)-szulfát; ~ **mo(u)ld** *bőr, tex* vasfolt; *önt* öntöttvas öntőforma; *pa* rozsdafolt; ~ **mounting** *ép* hágcsóvas; ~ **nail** vasszeg; ~**-nickel accumulator** *el* nife-akkumulátor, Edison-akkumulátor, lúgos akkumulátor; ~**-nickel sponge** *koh* vas-nikkel szivacs; ~ **nitride** *vegy* vas-nitrid; ~ **notch** *koh* nyersvascsapoló nyílás; ~ **oolite** *bány* oolitos vasérc; ~ **ore** *bány, koh* vasérc; ~**-ore beneficiation** *koh* vasérc-előkészítés; ~**-ore briquetting** *koh* vasércbrikettezés; ~**-ore deposit** *bány* vasércteleр; ~**-ore dressing** *koh* vasérc-előkészítés; ~ **oxide** *koh* vas-oxid; ~ **oxide (III)** *vegy* vas(III)-oxid; ~ **oxide (II)** *vegy* vas-oxid, vas(II)-oxid; ~ **(oxide) addition** *koh* vasaspótlék; ~ **oxide film mask** *el, vegy* vas-oxid maszk; ~ **(oxide) flux** *koh* vasaspótlék; ~ **pan** *koh* vasrakodó teknő; vasserpenyő; ~ **particle** *fiz* vasrészecske; ~ **paving** *ép* bordás vaslemezből készült járdaburkolat/padlóburkolat; ~ **pentacarbonyl** *vegy* vas-pentakarbonil; ~ **phosphide** *vegy* vas-foszfid; ~ **pig** *koh* (nyersvas) cipó, (nyersvas) tömb; ~ **pipe** vascső; ~ **plate** vaslap; ~ **plating** *vegy* vasbevonat; ~ **potassium alum** *vegy* kálivastimsó; ~**-pot furnace** *koh* vastégelyes kemence; ~ **powder** *koh* vaspor; ~**-powder core** *távk* porvasmag; ~ **powder electrode** *el* vasporos bevonatú elektród; ~ **print** *foto* égkéknyomat; ~ **prop** *bány* vastám; ~ **pyrite** *vegy* pirit, vaskovand; ~ **ration** *koh* vastartalék, tartalékadag; ~ **receiver** *koh* mellmedence, vastartály, vasgyűjtő; ~ **removal** *hidr* vastalanítás; ~ **reservoir** *koh* vastartály; ~**-ring support** *bány* acélgyűrűs biztosítás; ~ **rod** vasrúd, vascövek; ~**-roller blind** vasredőny; ~**-rolling mill** *heng* vashengermű; ~ **runner** *koh* vascsapoló vályú; ~ **safe** tűzbiztos

szekrény; ~ **sand** *bány* vasérctartalmú homok; ~ **sash bar** *ép* hágcsóvas; ~ **scale** *heg* vasreve; ~ **scrap** *koh* törtvas; *környv* ócskavas; ~ **screening** *távk* vasleárnyékolás; ~ **section** profilvas, idomvas; ~ **shears** *pl alak* vasvágó olló; ~ **sheath** *el* acélköpeny *(kábelen)*; ~ **sheet** *heng* vasbádog, finomlemez; ~ **sheet pile** *ép* vas szádpalló; ~ **sheet piling** *ép* vas szádfal; ~**-shielded instrument** *metr* vasárnyékolású műszer; ~ **shot** *koh* vassörét; ~ **shot concrete** *at* vasgranulátumos beton; ~ **silicate** *koh* vas-szilikát; ~ **silicide** *vegy* vas-szilicid; ~ **sleeper** *rád* vasköpeny; *vasút* vasalj(zat); ~**-sleeve** vasborítás; ~ **slug** *koh* vassalak; ~ **spar** *ásv* sziderit, vaspát; ~ **spinel** *ásv* vasspinell, pleonaszt; ~**-sponge process/treatment** *ol* vasszivacsos kéntelenítés; ~ **stack** *koh* vaskémény; ~ **stage** *szer* vasváz; ~ **stain** (vas)rozsda(folt); *bőr* vasfolt; ~ **strap** vaspánt; ~ **sulphate/sulfate** *vegy* vasszulfát; ~ **sulphide/sulfide** *ásv* pirit; ~ **tank** *koh* vastartály; ~ **tannage** *bőr* vascserzés; ~ **tapping** *koh* nyersvascsapolás; ~ **T-bar clamp** *szer* ajtócsavarszorító; ~ **tie** *vasút* vasalj(zat); ~ **tophole** *koh* nyersvascsapoló nyílás; ~ **trestle** *szer* vasállvány, vasváz; ~ **tube** *szer* vascső; ~ **vitriol** *ásv* melanterit; *vegy* zöldgálic, vas(II)-szulfát; ~ **wax** *ol* paraffin *(vasaló kenésére)*; ~**-wire armo(u)ring** *el* huzaltekercselésű páncélozás; ~**-wire mesh** vas sodronyszövet; ~**-wire reinforcing** *ép* acélhuzal-vasalás; ~ **works** → ironworks; ~ **yarn** *tex* keményített fonal

ironability *tex* vasalhatóság

ironable *tex* vasalható

ironclad páncélozott, páncélos; vasburkolatú; vastokozású; *el* tokos, tokozott; ~ **dynamo** *el* páncélozott generátor; ~ **electromagnet** *el* köpenymágnes; ~ **galvanometer** *el* páncélozott galvanométer; ~ **magnet** *el* fazékmágnes; harangmágnes; ~ **reactance coil** *távk* tokozott fojtó(tekercs); ~ **switch** *el* tokozott kapcsoló

ironer vasalónő, vasalómunkás; vasalógép

ironing vasalás *(vasalóval)*; *alak* mélyhúzás elvékonyítással; *bőr* vasalás; *forg* finomköszörülés; ~ **cylinder** vasalóhenger; ~ **equipment** *tex* ruhavasaló gép, vasalógép; ~ **fastness** *tex* vasalásállóság; ~ **machine** *cipő* felsőrészvasaló gép; *tex* jacquard-gép; simítógép, fényezőgép, vasalógép; ~ **screed** *ép* finiserpalló *(útfiniserben)*

ironless vasmentes; ~ **betatron** *el* légmagos betatron

ironmonger vaskereskedő

ironmongery vasáru, lakatosáru; épületlakatosság, szegezőlakatos-munka

ironscreen *el* mágneses árnyékolás

ironscreened *el* mágneses árnyékolású; ~ **movement** *metr* mágneses árnyékolású mérőmű

ironstone *ásv, bány* barnavasérc; keménymeddő; vaskő *(széntelérekben előforduló)*

ironwire *ép* kötözőhuzal *(betonacél-szerelés)*

ironwood *fa* vasfa; *pa* keményfa

ironwork *szer* épületlakatosság, vasszerkezet; vasalás; ~ **fault** *el* testzárlat; ~ **of a door** *szer* ajtóvasalás; ~**s** *koh* nagyolvasztómű; vasmű, kohómű

ironworker *ép* vaskötöző *(betonacélváz-szerelés)*

irony vastartalmú, vasas

irradiance *fiz* (ki)sugárzás; besugárzott felületi teljesítmény; ragyogás, fény

irradiant *fiz* kisugárzó, ragyogó, fénylő

irradiate megvilágít; besugároz; kisugároz

irradiated *fiz* (be)sugárzott; kisugárzó; megvilágított; ~ **alloy** *koh* besugárzott ötvözet; ~ **food** *at* besugárzott élelmiszer; ~ **fuel element** *at* besugárzott/fáradt tüzelőanyag-elem; ~ **heat** *fiz* (ki)sugárzó hő/meleg

irradiation *at, fiz* besugárzás, irradiáció; *opt* fényudvar; ~ **channel** *at* besugárzási csatorna; ~ **corrosion** *at* besugárzási korrózió, sugárkorrózió; ~ **dosage/dose** *környv* besugárzási dózis; ~ **growth** *at* besugárzási duzzadás; ~ **hardening** *at* besugárzási felkeményedés; *hők* sugárzásos edzés; ~ **reactor** *at* besugárzó reaktor; ~ **rig/source** *fiz* sugárforrás; ~ **time (IT)** *fiz, orv* besugárzási/expozíciós idő

irradiator *fiz* sugárforrás

irrational *mat* irracionális (szám); ~ **algebraic expression** *mat* irracionális kifejezés; ~ **fraction** *mat* irracionális tört; ~ **function** *mat* irracionális függvény; ~ **number** *mat* irracionális szám

irrationality irracionalitás

irreducible nem csökkenthető/kisebbíthető; *mat* nem egyszerűsíthető *(tört, egyenlet)*; ~ **equation** *mat* irreducíbilis *v.* tovább nem egyszerűsíthető egyenlet; ~ **ore** *koh* nehezen redukálható érc; ~ **system** *aut* irreducíbilis rendszer; ~ **water saturation** *ol* redukálhatatlan víztelítettség

irredundant irredundáns

irrefrangible *opt* törhetetlen

irregular szabálytalan, rendszertelen; aszimmetrikus; rendhagyó; szabálytalanul osztályozott; ~ **blast-furnace performance** *koh* egyenetlen nagyolvasztójárat; ~ **code** *aut, szt* szabálytalan kód; ~ **cut** *fa, forg* szabálytalan felület megmunkálása; ~ **data flow** *szt* szabályozatlan adatfolyam; ~ **distortion** *távk* véletlenszerű/sztohasztikus torzítás *(nem szabályos)*; ~ **distribution of current** *el* egyenetlen áramelosztás; ~ **feed** *forg* egyenetlen előtolás; ~ **fracture** *any* szabálytalan törés; ~ **imbricated slate rooting** *ép* szabálytalan (ónémet) pikkelypalafedés; ~ **metal** *bány* agyagpala; ~ **motion** *mech* szabálytalan/rendezetlen/random/véletlenszerű/statisztikus mozgás; ~ **roll pass design** *koh* szabálytalan üregezés

irregularity szabálytalanság, rendellenesség; *távk* egyenetlenség *(vonalon)*

irregularly szabálytalanul, rendszertelenül; ~**-accelerated motion** *mech* szabálytalanul gyorsuló mozgás

irrelative viszonyban nem lévő, kölcsönösség nélküli; lényegtelen

irrelevance *szt* irrelevancia

irrelevant nem odaillő/helytálló, tárgyhoz nem tartozó, lényegtelen, jelentéktelen; *szt* irreveláns; ~ **data** *szt* nem lényeges adatok

irremovability elmozdíthatatlanság

irreplaceable ki nem cserélhető, pótolhatatlan

irresoluble felbonthatatlan, feloldhatatlan; ~ **equation** *mat* megoldhatatlan/ellentmondásos egyenlet

irresolvable feloldhatatlan, megoldhatatlan

irrespirable *vegy* légzésre alkalmatlan, belélegezhetetlen, beszívhatatlan

irreversibility irreverzibilitás, megfordíthatatlanság, visszfordíthatatlanság

irreversible megfordíthatatlan, visszafordíthatatlan, irreverzibilis; ~ **adsorption** *vegy* kemoszorpció, kemiszorpció, kémiai adszorpció; ~ **cell** *aut* fordított kapcsolásban nem működő elem; ~ **gear** *gép* meg nem fordítható áttétel; ~ **loss** *fiz* irreverzibilis *v.* vissza nem nyerhető veszteség; ~ **magnetic process** *szt* irreverzibilis mágnesezés; ~ **process** *szt* irreverzibilis folyamat; ~ **reaction** *vegy* meg nem fordítható *v.* irreverzibilis reakció; ~ **steel** *el* széles hiszterézistartományú acél; ~ **steering** *gép* irreverzibilis kormánymű; ~ **worm drive** *szer* önzáró csavarhajtás

irrigable area of an irrigation scheme *hidr* öntözőrendszer hatásterülete

irrigate öntöz; átfolyik; *pa* bevizez

irrigated farm *hidr* öntözőtelep

irrigating | shovel *mzg* árokhúzó eke; ~ **wheel** *élip, hajó* vízkerék

irrigation *ép* öntözés szennyvízzel; *hidr* öntözés; *mzg* csatornázás; öntözés, elárasztás; ~ **by gravity** *hidr* gravitációs öntözés; ~ **by pumps** *hidr* szivattyús öntözés; ~ **canal** *hidr* öntözőcsatorna; ~ **cooler** *hűt* csörgedeztető hűtő; ~ **cooling** *hűt* csörgedeztető hűtés; ~ **efficiency** *hidr* öntözés műszaki hatásfoka; vízfogyasztási együttható; ~ **engineering** *mzg* öntözéstechnika; ~ **furrow** *hidr* öntözőbarázda; ~ **interval** *hidr* két öntözés kezdete közötti időtartam; ~ **loss** *mzg* öntözővíz-veszteség; ~ **method** *hidr* öntözési módszer; ~ **module** *hidr* fajlagos vízhozam; ~ **of meadows and pastures** *hidr* rét—legelő-öntözés; ~ **of tillage crops** *hidr* szántóföldi öntözés; ~ **plant** *mzg* öntözőberendezés; ~ **project** *hidr* öntözőrendszer; ~ **requirement** *hidr, mzg* öntözővíz-szükséglet; ~ **scheme** *hidr* öntözőrendszer; ~ **sewage disposal** *mzg* öntözés szennyvízzel; ~ **supply** *hidr* öntözővíz-ellátás; ~ **system** *hidr* öntözőberendezés; ~ **system with a basic network of underground pipelines** *hidr* gerincvezetékes öntözőberendezés; ~ **waste** *mzg* öntözővíz-veszteség *(árapasztón)*; ~ **water** *hidr* öntözővíz; ~ **(water) charge/rate** *hidr* öntözővízdíj; ~ **weir** *hidr* öntözőzsilip

irrigator *mzg, szersz* fecskendő

irritant ingerlő hatású (anyag/szer); ~ **agent** *kat* ingerlő harci gáz

irritating irritáló, ingerlő; ~ **gas** *környv* ingerlő gáz

irrometer *talt* talajnedvesség-mérő műszer

irrotational *távk* örvénymentes, rotációmentes; ~ **field** *távk* rotációmentes/örvénymentes tér; ~ **flow** *hidr* örvénymentes folyadékmozgás; potenciálos áramlás; ~ **motion** *mech* örvénymentes mozgás

irrotationality örvénymentesség

irruption beomlás; betörés; *geol* lávakitörés; ~ **of water** *bány* vízbetörés

irruptive benyomuló, feltörő, kitörő

i.r.s. → independent rear suspension

IRSP → infrared spectrometer

IRT → infrared tracker

Irwin oscillograph *metr* hődrótos oszcillográf

IS → infrasonic; → internal shield; → ion source

ISA → international standard atmosphere

isabelline szürkéssárga (szín)

isallobar *met* izallobár, izallobarikus görbe

isallobaric (line) *met* izallobár, izallobarikus görbe

isallotherm *mat* izalloterma, egyenlő hőváltozások görbéje

ISAM → indexed sequential access method

isametral *met* izametrál, egyenlő hőmérsékleti anomáliák görbéje

isanemon(e) *met* izanemone, izanemona, egyenlő szélerősségek görbéje

isanomalic *geof* izoanomál; ~ **line** *geof* izoanomálvonal; ~ **map** *geof* anomáliatérkép, izoanomál térkép

isanomalics *geof* egyenlő anomáliájú helyek; izanomálvonalak

isanomaly *geof* egyenlő rendellenesség, izoanomália; *met* egyenlő eltérés *(légnyomásban, hőmérsékletben)*; ~ **contour** *geof* izoanomálgörbe, izoanomálvonal

ISAR → information storage and retrieval

isatin *vegy* izatin, izatinsavlaktám

ISB → independent sideband

ISBD → International Standard Bibliographic Description

ISBN → International Standard Book Number

ISDN → integrated services digital network

isenthalpic *fiz* izentalpiás, izentalpikus

isentropic *fiz, vegy* adiabatikus; izentropikus, izentrópiás; ~ **change of state** *bány* adiabatikus állapotváltozás; ~ **coefficient** *vegy* izentropikus együttható; ~ **expansion** *rep* izentropikus/adiabatikus expanzió; ~ **process** *vegy* izentropikus folyamat; ~ **shock** *mech* izentropikus/adiabatikus lökéshullám

isentropy izentrópia

iserine *ásv* iserin

iserite *ásv* iserit

ishikawaite *ásv* ishikawait

isinglass *üveg* máriaüveg; *vegy* vizahólyag *(ragasztószer)*

island *geol* sziget; ~ **hill** *geol* szigethegy(ség); ~ **horst** *geol* szigetsasbérc; ~ **platform** *ép* szigetperon *(városépítésnél)*; ~ **silicate** *ásv* nezoszilikát, szigetszilikát; ~**-type of powerhouse** *hidr* sziget-vízerőtelep; ~ **universe** *csill* extragalaktikus köd

ISO → International Organization for Standardization

isoacoustic *hang* izoakusztikus, azonos/egyenlő hangosságú; ~ **curve/line** egyenlő hangossági szint görbéje

isoallobar *met* izallobár, izallobarikus görbe

isoamyl | acetate *vegy* izoamilacetát; ~ **alcohol** *vegy* izoamilalkohol, izobutilkarbinol, 3-metil-butanol-1; ~ **radical** *vegy* izoamil-gyök

isoamylene *vegy* 2-metil-pentén

isoanomalous lines *hidr* izoanomáliagörbék

isobar *fiz, geol, met* (mag)izobár (vonal) *(egyenlő légnyomású pontokat összekötő vonal)*; izobár atom; ~ **change of state** *bány* izobár állapotváltozás; ~**s** *at* nukleáris izobárok

isobaric *geol, met* egyenlő nyomású; izobár; ~ **curve/line** *met* izobár (vonal); ~ **map** *ol* izobártérkép; ~ **space** *at* izobár tér; ~ **spin** *at* izospin, izobárspin, izotópspin; ~ **spin doublet** *at* izobárspindublett, izodublett, töltésdublett; ~ **spin singlet** *at* izobárspinszinglett, izo(spin)szinglett; ~ **(spin) space** *at* izobár tér, izotóptér; ~ **transformation/transmutation** *at* izobár transzmutáció; ~ **triad** *at* izobár triád/hármas csoport

isobarism *geol, met* izobária

isobary *geol, met* izobária

isobases *geol* izobáz vonalak

isobath I. *a geol* egyenlő mélységű, izobát; **II.** *n geol* izobáta, egyenlő (víz)mélységek vonalai; *hidr* mélységvonal; ~ **line** *hidr* batimetrikus vonal
isobathytherm *geol* azonos mélységű izoterma, izobát izoterma
isobutane *vegy* izobután
isobutene *vegy* izobutén, izobutilén
isobutyl | alcohol *vegy* izobutil-alkohol, 2-metilpropanol-1; ~ **aldehyde** *vegy* izobutil-aldehid; ~ **carbinol** *vegy* izobutilkarbinol, izoamilalkohol, 3-metil-butanol-1; ~ **cyanide** *vegy* izobutilcianid, izovaleronitril; ~ **radical** *vegy* izobutil-gyök
isobutylene *vegy* izobutén, izobutilén, metilpropén; ~ **radical** *vegy* izobutilén-gyök
isobutylidene *vegy* izobutilidén; ~ **radical** *vegy* izobutilidéngyök
isobutyraldehyde *vegy* izobutiraldehid
isobutyrate *vegy* izobutirát
isobutyric anhydride *vegy* izovajsav-anhidrid
isobutyryl | chloride *vegy* izobutirilklorid, izovajsavklorid; ~ **radical** *vegy* izobutiril-gyök
isocandela → isocandle
isocandle | curve *fiz* izokandelagörbe, egyenlő fényerősség görbéje; ~ **diagram** *fiz* fényerősség-eloszlási görbe, azonos fényerősségek görbéje/polárdiagramja, izokandeladiagram; ~ **line** *fiz* izokandelagörbe, egyenlő fényerősség görbéje
isocaproid acid *vegy* izokapronsav
isochore *ol* izochor (vonal) *(két szint között azonos merőleges távolságok vonala)*; ~ **change of state** *bány* izochor állapotváltozás
isochromatic I. *a nyom* izokróm, izokromatikus, homokromatikus, azonos színű; **II.** *n mech* izokromáta; ~ **line** *mech* izokromáta; ~ **plane** *ásv* izokromatikus sík; ~ **stimuli** izokróm színingerek
isochrome *ásv, nyom* izokróm, azonos színű, egyszínű
isochronal *hidr* izokrón, egyidejű; ~ **line** *hidr* izokrón, egyidejű lefolyásvonal; ~ **map** *geod* izokrón térkép
isochrone I. *a hidr* izokrón, egyidejű; **II.** *n* izokrón vonal; *hidr* egyidejű lefolyásvonal; ~ **line** *hidr* izokrón(vonal), egyidejű lefolyásvonal; ~ **region** *aut* izokrón/egyidejű tartomány
isochronism egyidejűség
isochronous *mech, tv* egyidejű, izokrón; ~ **modulation** *távk* izokrón moduláció; ~ **restitution** *aut* izokrón visszaállítás; ~ **scanning** *tv* egyidejű letapogatás; ~ **signal** *távk, aut* izokrón jel; ~ **well testing** *ol* izokrón gázkútvizsgálat
isocinetical lines *hidr* izokin görbe
isoclasite *ásv* izoklász
isoclinal *geol* egyenlő irányban dűlő/lejtősödő, izoklinális; ~ **fold** *geol* izoklinális redő; ~ **line** *geof* izoklinavonal; *mech* izoklina; ~ **map** *geof* mágneses izoklinatérkép
isocline *geof* izoklina, izoklinavonal, izoklin (vonal); *geol* izoklinális redő; ~ **method** *geof* izoklinamódszer; ~ **series of strata** *geol* izoklinális rétegcsoport
isoclinic *any, fiz* izoklin; *geof* izoklina(vonal), izoklin vonal; *geol* egyenlő/azonos lejtésű; ~ **line** *geof, mech* izoklina(vonal), izoklin vonal
isocorrosion curve *any* izokorróziós görbe
isocount contour(s) *at* izoimpulzus-görbe
isocrotonic acid *vegy* izokrotonsav, allokrotonsav
isocurve *hang* egyenlő hangossági szint görbéje
isocyanate *vegy* izocianát
isocyanide *vegy* izocianid, izonitril; ~ **acid** *vegy* izociánsav
isocyclic *vegy* izociklusos; ~ **compound** izociklusos vegyület
isodesmic *ásv* izodezmikus; ~ **structure** *ásv* izodezmikus szerkezet
isodiasphere *at* izodiaszféra
isodomon *ép* izodomon *(egyenlő méretű kövekből rakott falazat)*
isodose *at* izodózis; ~ **chart** *at* izodózisdiagram
isodoublet *at* izobárspindublett, izodublett, töltésdublett
isodrome *fiz* izodróma
isodromic *fiz* izodróm; ~ **control** *aut* izodróm szabályozás; ~ **line** *fiz* izodróma
isodynamic *fiz* izodinamikus; ~ **curve/line(s)** *fiz* izodinamikus görbe
isoelectric *biot, el* izoelektromos, izovillamos; ~ **focus(s)ing** *biot* izoelektromos fókuszálás; ~ **point** *vegy* izoelektromos pont; ~ **precipitation** *el* izovillamos ponton történő kicsapódás
isoelectronic *fiz* izoelektronikus *(azonos számú elektronnal rendelkező)*; ~ **row** *aut* izoelektronikus sor
isoentetic line *any* izoentata
isoenzyme *biot* izoenzim
isoeugenol *vegy* izoeugenol, 4-propenil-guajakol
isogal *geof* izogal; ~ **line** *bány* izogal vonal
isogam *fiz, geof* izogamma
isogeny *mat* izogénia
isogeotherm *geof* geoizoterma
isogeothermal surface *geof* geoizotermikus felület
isogonal *mat* egyenlő szögű, izogonális; ~ **line** *geof* izogon vonal, izogona, izogonális görbe; ~ **map** *geof* mágneses elhajlást feltüntető *v.* mágneses izogon térkép; ~ **mapping** *mat* konform leképezés/transzformáció
isogonic I. *a mat* izogon(ális), egyenlő szögű; **II.** *n mat* egyenlő szögű sokszög/poligon, izogon; ~ **line** izogona, izogonális görbe; *geof* izogonvonal
isogram *mat* izogram
isogyre *ásv* izogir
isohaline *geof* izohalin, egyenlő sótartalmú; ~ **line** *geof* izohalin vonal
isoheptane *vegy* izoheptán
isohexacosane *vegy* cerán
isohexane *vegy* izohexán
isohydric *vegy* azonos pH-értékű
isohyet *hidr* izohiéta
isohyetal *hidr* izohiéta; ~ **line** *hidr* izohiéta; ~ **map** *hidr* csapadéktérkép; szóráskép
isohyetose *hidr* izohiéta
isohypse izohipsza, (magassági) szintvonal; ~ **line** izohipsza, (magassági) szintvonal; ~ **voltage** *félv* csúcsfeszültség *(nyitóirányú)*
isokeraunics *pl met* villámstatisztika
isokerma *at* izokerma
isokinetic | line *környv* izokinetikus vonal; ~ **sampling** *környv* izokinetikus mintavétel
isokurtosis *mat* szimmetria *(gyakorisági görbéé)*
isolate elválaszt; (el)szigetel; *el* szigetel; *vegy* elkülönít, izolál; ~ **point** *hidr* szinguláris pont
isolated elkülönített, elszigetelt, izolált; ~ **building** *ép* egyedülálló épület; ~ **burst** *el* izolált burst, egyes su-

gárlökés; ~ **footing** egyes alaptest, oszloptaltp; ~ **foundation** egyedi/szoliter alaptest; ~ **gas pool** *ol* szabadgáztelep; ~ **hail** *met* tiszta jégeső; ~ **locations** *szt* védett tárrekeszek; ~ **neutral** *el* földetlen/szigetelt csillagpont; ~ **patch** *ásv* elszigetelt zárvány; ~ **plant** *rád* állomás önálló áramellátással; ~ **plasma** *fiz* elszigetelt plazma; ~ **reaction** *vegy* elszigetelt reakció; ~ **system** zárt/izolált rendszer

isolating I. *a* leválasztó, szigetelő; **II.** *n el* elszigetelés, leválasztás, szétkapcsolás; szakaszolás; ~ **cock** *szell, hidr* elzárócsap *(csőé, légvezetéké)*; ~ **diode** *el* leválasztódióda; ~ **link** *el* szigetelőbetét, leválasztóbetét; ~ **lock** *gép* biztosítózár; ~ **switch** *el* leválasztókapcsoló; szakaszoló; ~ **transformer** *el* szigetelőtranszformátor, 1:1 áttételű transzformátor; ~ **valve** *hidr* leválasztószelep, szétkapcsolószelep; tolózár *(csővezetéké)*

isolation izoláció; *el* (el)szigetelés; *vegy* elkülönítés, izolálás; ~ **amplifier** *el* leválasztóerősítő, szigetelőerősítő; ~ **bell** *gép* záróharang; ~ **link** *el* szigetelőbetét, leválasztóbetét; ~ **mo(u)nting** rezgésmentes gépfelszerelés; ~ **of forces** *mech* aktív lengésszigetelés; ~ **of motions** *mech* passzív lengésszigetelés; ~ **transformer** *el* szigetelőtranszformátor, 1:1 áttételű transzformátor; ~ **valve** *hidr* leválasztószelep; ~ **voltage** *el* szigetelési feszültség

isolator *el, távk* izolátor; szakaszoló, szigetelő; ~ **stage** *el* szakaszolófokozat

isoleucine *vegy* izoleucin

isoline *hang* egyenlő hangossági szint görbéje; ~ **map** *geod* izovonalas térkép

isologous series *vegy* izológ sorozat

isologue I. *a vegy* izológ; **II.** *n vegy* izológ (sorozat tagja)

isoluminance curve *fiz* azonos fénysűrűség görbéje, izonitgörbe

isolux egyenlő megvilágítású; ~ **curve/line** *fiz* izolux görbe

isomagnetic *geof* azonos mágnességű, izomágneses; ~ **line** *geof* mágneses izoanomálvonal, izodinámvonal; ~ **map** *geof* mágneses anomáliatérkép, izoanomál térkép

isomaltose *vegy* izomaltóz

isomer *műa, vegy* izomer; ~ **separation** *műa, vegy* izomerszétválasztás

isomerase *biot* izomeráz

isomeric *vegy* izomer; ~ **nuclei** *at* izomer magok; ~ **state** *at* izomer állapot; ~ **transition (IT)** *at* izomer átmenet

isomeride *műa, vegy* izomer

isomerism *ásv, fiz, műa, vegy* izoméria; ~ **of atomic nucleus** *at* magizoméria, atommagok izomériája

isomerization *műa, vegy* izomerizálás, izomerizáció; ~ **of oils** *műa* olajok izomerizálása; ~ **plant** *műa* izomerizáló üzem, izomerizálóegység; ~ **polimerization** *műa* izomerizációs polimerizáció; ~ **reactor** *at* izomerizáló reaktor; ~ **temperature** *műa, vegy* izomerizálási hőmérséklet; ~ **unit** *műa* izomerizáló egység

isomerize *műa, vegy* izomerizál

isomerized *műa, vegy* izomerizált; ~ **rubber** *műa* izomerizált kaucsuk

isomerizer *műa* izomerizáló üzem/egység

isomery *ásv, műa, vegy* izoméria

isometric *met* egyenlő méretű/mértékű, izometrikus; ~ **drawing** *mat* izometrikus ábrázolás; ~ **line** *hidr* izometrikus vonal; ~ **map** *geod* izometrikus térkép; ~ **mapping/transformation** *mat* izometria, izometrikus leképezés/transzformáció, hossztartó leképezés; ~ **projection/representation** izometrikus ábrázolás; ~ **system** *ásv* köbös rendszer; szabályos rendszer

isometrograph párhuzamvonalzó

isometry *mat* izometria, izometrikus leképezés/transzformáció, hossztartó leképezés

isomorph *mat, vegy* izomorf; ~ **mapping** *mat* izomorfizmus, izomorf leképezés

isomorphic *at, krist, mat, vegy* izomorf; ~ **correspondence** *mat* izomorfizmus, izomorf leképezés; ~ **mapping** *mat* izomorfizmus, izomorf leképezés; ~ **model** *mat, vegy* izomorf modell; ~ **replacement** *bány* izomorf helyettesítés; ~ **system** *mat, vegy* izomorf rendszer

isomorphism *krist, mat* izomorf leképezés; izomorfizmus; *vegy* izomorfia

isomorphous *krist, mat, vegy* izomorf, egyalakú, egyenlő; ~ **replacement** *krist* izomorf helyettesítés; ~ **series** *krist, mat* izomorf sorozat/sor

isomorphy *krist, vegy* izomorfia; *mat* izomorfizmus

isomultiplet *at* izobárspin-multiplett, izomultiplett, töltésmultiplett

isoneph *met* izonéfa

isonitrile *vegy* izonitril, izocianid

isooctane *vegy* izooktán, 2,2,4-trimetilpentán

isoohmic map of forehole logging *bány* telepszondázási izoohm-térkép

isooleic acid *élip* izoolajsav

isoosmotic *vegy* izoozmotikus, azonos ozmózisnyomású

isopach(ic) *ol* izopach görbe; ~ **line** *mech* potenciálvonal *(azonos összegű főfeszültségek pontjait összekötő vonal)*; *ol* izopach vonal *(azonos rétegvastagságú pontokat összekötő vonal)*; ~ **map** *ol* izopachtérkép

isopachous *geof, mech, ol* izopach; ~ **map** *geof, ol* rétegvastagság-térkép, vastagságtérkép, izopachtérkép

isopachyte *mech, ol* izopachita

isopag *geol* azonos évi jégtartamú helyeket összekötő vonal

isoparaffin *vegy* izoparaffin

isopentane *vegy* izopentán

isoperimetric(al) *mat* egyenlő kerületű, izoperimetrikus; ~ **problem** *mat* izoperimetrikus probléma

isoperimetry *mat* izoperimetria

isophase light *fiz* egyenletesen szakaszos fény

isophased *ásv, fiz* izofázisos; ~ **fractional crystallization** *krist* izofázisos kristályosodás; ~ **fractional recrystallization** *krist* izofázisos rekristályosodás

isophot *fiz, opt* egyenlő megvilágítású (hely/vonal); ~ **curve** *fiz, opt* egyenlő megvilágítású helyek görbéje

isophthalic acid *vegy* izoftálsav

isopic *geol* izópikus; ~ **facies** izópikus fáciesz

isopiestic *vegy* egyenlő gőznyomású; ~ **solutions** *vegy* egyenlő gőznyomású oldatok; ~ **specific heat** *fiz* állandó nyomáson mért fajhő

isoplanar *mat* izoplanáris; ~ **integrated injection logic** izoplanáris injektáló logika; ~ **technology** izoplanáris technológia

isoplere *vegy* izochor

isopleric *vegy* izochor; ~ **line** *vegy* izochor görbe

isopleth *vegy* izopléta *(állandó összetételű állapotpontokat összekötő egyenes)*
isopluvial | **chart** *met* csapadéktérkép; ~ **line** *hidr* izohiéta
isopor *geof* izopor
isoprene *vegy* izoprén, 2-metil-1,3-butadién; ~ **extraction process** *vegy* izoprénextrakciós eljárás; ~ **recovery** *vegy* izoprén kinyerése *(visszanyerése)*
isoprenoids *ol* izoprenoidok
isopropanolamine *vegy* izopropanol-amin
isopropenyl *vegy* izopropenil-gyök
isopropyl *vegy* izopropilgyök; ~ **acetate** *vegy* izopropil-acetát; ~ **alcohol** *vegy* izopropil-alkohol, propanol-2; ~**-benzene** *vegy* izopropil-benzol, kumol; ~ **bromide** *vegy* izopropil-bromid, 2-brómpropán; ~ **butyrate** *vegy* izopropil-butirát; ~ **chloride** *vegy* izopropil-klorid, 2-klórpropán; ~ **iodide** *vegy* izopropil-jodid, 2-jódpropán; ~ **mercaptan** izopropilmerkaptán, propántiol-2; ~ **methyl ketone** *vegy* izopropil-metil-keton, metilbutanon; ~ **sulfuric acid** *vegy* izopropil-kénsav, kénsav-izopropilészter
isoptic *mat* izoptikus
isopulse contour *at* izoimpulzus-görbe
isopycnic *vegy* izochor
isoquant curve *mat* egyenlő mennyiségek görbéje
isoquinoline *vegy* izokinolin, 2-benzazin
isorad *at* izorad *(azonos aktivitású talajminták előfordulási helyeit összekötő vonal)*; ~ **map** *at* izorad térkép
isorosinduline *vegy* izorozindulin; ~ **dye** *vegy* izorozindulinszínezék
isosceles *gép, mat* egyenlő szárú/oldalú; ~ **crank mechanism** *gép* egyenlő oldalú négycsuklós szerkezet; egyenlő szárú forgattyúmű; ~ **trapezoid** *mat* egyenlő szárú trapéz; ~ **triangle** *mat* egyenlő szárú háromszög
isoseism *geof* földrengés-egyenlőségi vonal, izoszeizta
isosinglet *at* izobárspinszinglett, izospinszinglett
isospin → isotopic spin
isostasy *geof* izosztázia
isostatic(al) *geol, mech* izosztatikus *(minden oldalról egyenlő nyomásnak kitett)*; *mech* statikailag határozott; ~ **compensation** *el* fáziskiegyenlítés; *geof* izosztatikus kiegyenlítődés; ~ **correction** *geof* izosztatikus helyesbítés; ~ **curve** *geol, mech* izosztatikus görbe; ~ **equilibrium** *bány* izosztatikus egyensúly; ~ **line** *mech* potenciálvonal, főfeszültségek vonala, főfeszültségi trajektória; ~ **method** *geof* izosztatikus módszer; ~ **patterns** *mech* főfeszültségi trajektóriahálózat; ~ **pressing** *alak* izosztatikus sajtolás; ~ **settling** *geof* izosztatikus kiegyenlítődés; ~ **wheel suspension** *mat* izosztatikus kerékfelfüggesztés
isostere *vegy* izosztéra
isosteric *vegy* izoszter, izoszterikus
isostrain *geol, mech* egyenlő feszültségű; ~ **curve** *mech* potenciálgörbe
isostrophy *mat* izosztrófia
isostructural *krist* izomorf, izostrukturális, azonos szerkezetű
isotach *hidr* egyenlő sebességű vonal
isotactic *műa* izotaktikus; ~ **polymer** *műa* izotaktikus polimer
isoteniscope *vegy* izoteniszkóp *(folyadékok gőznyomását mérő műszer)*
isoteric *met* egyenlő légsűrűségű
isotherm *fiz, met* izoterma, izoterm vonal; izotermális görbe
isothermal *hőt, met* izoterm; izotermás; izotermikus; ~ **annealing** *hők* izoterm(ikus) lágyítás; ~ **calorimeter** *hőt* izotermikus hőmennyiségmérő; ~ **capacity** *hőt* izotermikus kapacitás; ~ **change of state** *hőt* izotermikus állapotváltozás; ~ **curve** *hőt* izoterma, izotermális görbe; ~ **distillation** *vegy* izoterm desztilláció *(lepárlás)*; ~ **efficiency** *hőt* izotermikus hatásfok; ~ **hardening** *hők* izotermás/izotermikus edzés; ~ **heat treatment** *koh* izotermás hőkezelés; ~ **line** *hőt, met* izoterma, izoterm vonal; ~ **plasma** *fiz* izoterm plazma; ~ **process** *fiz* izotermikus állapotváltozás; ~ **quenching** *hők* izotermás/izotermikus edzés; ~ **reactor** *at* izoterm reaktor; ~ **softening anneal** *koh* izotermás lágyítás; ~ **transformation** *koh* izotermikus átalakulás; ~ **transformation diagram** *koh* izotermás átalakulási diagram; ~ **TTT diagram** *koh* izotermás átalakulási diagram
isothermic(al) → isothermal; ~ **expansion** *fiz* izoterm kiterjedés; ~ **recrystallization** *krist* izoterm rekrisztallizáció
isothiocyanate *vegy* izotiocianát
isothiocyanic acid *vegy* izotiociánsav
isotime *geof* izokrón
isotone *fiz* izotón görbe; ~**s** *at* izotónok; ~ **sequence** *mat* (monoton) növekvő sorozat
isotonic *vegy* izotóniás; izotonikus, azonos ozmotikus nyomású; ~ **sequence** *mat* (monoton) növekvő sorozat; ~ **solution** *gyógyv* izotóniás oldat
isotonicity *mat* izotónia, (monoton) növekvés
isotony → isotonicity
isotope *at* izotóp; ~ **cask** *at* izotópszállító tartály; ~ **chart** *at* izotóptáblázat; ~ **dating** *at, metr, vegy* izotópos kormeghatározás; ~**-derivative method** *vegy* izotópszármazék-módszer; ~**-dilution method** *vegy* izotóphígítási módszer; ~ **effect** *at, vegy* izotóphatás; ~ **exchange** *at* izotópcsere; ~**-exchange rate** *at* izotópcsere-sebesség; ~ **fractionation** *at, vegy* izotópfrakcionálás; izotópleválasztás; ~ **group** *at* izotópcsalád, izotópcsoport; ~ **mixture** *at, vegy* izotópkeverék; ~**-producing/production reactor** *at* izotóptermelő reaktor; ~ **separation** *at, vegy* izotópelválasztás, izotópszétválasztás; ~**-separation plant** *at, vegy* izotópszétválasztó üzem; ~ **separator** *at, vegy* elektromágneses tömegelválasztó/szeparátor, elektromágneses (izotóp)dúsító; ~ **shift** *at* izotópeltolódás; ~**-specific activity** *at* fajlagos izotópaktivitás; ~ **therapy** *orv* izotópterápia; ~ **tracer** *at, vegy* izotópos indikátor, nyomjelző izotóp; ~ **water-level ga(u)ge** *metr* radioaktív izotópos vízállásmérő állomás; ~ **weight** *at, fiz* atomtömeg, izotópsúly
isotopic *at, vegy* izotóp-; ~ **abundance** *at, vegy* izotópelőfordulási gyakoriság; ~ **abundance measurement** *at, metr, vegy* izotópgyakoriság-mérés; ~ **carrier** *at* izotóphordozó; ~ **composition** *at* izotópösszetétel; ~ **dating** *at, metr, vegy* izotópos kormeghatározás; ~ **deformation** *mat* izotóp deformáció, izotópia; ~ **density ga(u)ge** *at* izotópos sűrűségmérő; ~ **dilution** *at, vegy* izotóphígítás; ~ **dilution analysis** *at, vegy* izotóphígitásos analitika; ~ **double** *at* izotópdublett; ~ **equilibrium** *at* izotópegyensúly; ~ **exchange** *at* izotópcsere; izotópkicserélődés; ~ **indicator** *at, metr*

izotópos indikátor, nyomjelző izotóp; ~ **label(l)ing** *biot* izotópos jelzés; ~ **laboratory** *at* izotóplaboratórium; ~ **level ga(u)ge** *at* izotópos szintmérő; ~ **marker** *at, metr* izotópos indikátor, nyomjelző izotóp; ~ **mass** *at* izotóptömeg; ~ **moisture ga(u)ge** *at* izotópos nedvességmérő; ~ **multiplet** *at* izotópmultiplett; ~ **number** *at* izotópszám; ~ **power generator** *at* radioaktív feszültségforrás/telep; ~ **ratio** *at* izotóparány; ~ **spin** *at* izo(tóp)spin, izobárspin; ~ **spin doublet** *at* izobárspindublett, izodublett, töltésdublett; ~ **spin multiplet** *at* izobárspin-multiplett, izomultiplett, töltésmultiplett; ~ **spin singlet** *at* izobárspinszinglett, izo(spin)szinglett; ~ **(spin) space** *at* izobártér, izotóptér; ~ **thickness ga(u)ge** *at* izotópos vastagságmérő; ~ **thickness measuring** *koh* izotópos vastagságmérés; ~ **tracer** *at, metr* izotópos indikátor, nyomjelző izotóp; ~ **triplet** *at* izotóptriplett; ~ **variable** *at* izospin, izobárspin; ~ **weight (IW)** *at, fiz* atomtömeg, izotópsúly

isotopism *mat* izotópia

isotopy *mat* izotóp deformáció, izotópia

isotron (separator) *at* izotron(szeparátor)

isotropic *at, fiz* izotrop(ikus) *(minden irányban azonos tulajdonságú)*; ~ **antenna** *távk* gömbsugárzó/körsugárzó (izotropikus) izotrop/szférikus antenna, gömbantenna; ~ **body** *fiz* izotrop test; ~ **dielectric** *el* izotrop dielektrikum; ~ **flux** *at* izotrop fluxus; ~ **material** *fiz* izotrop anyag; ~ **medium** *vegy* izotrop közeg; ~ **point** *mech* izotrop pont; ~ **radiator** *távk, fiz* gömbsugárzó, izotrop sugárzó; ~ **scattering** *at* izotrop szórás/szóródás; ~ **steel** *koh* izotrop acél; ~ **target** *távk* homogén cél; ~ **temperature correction** *aut, krist* izotrop hőfokkorrekció; ~ **tensor** *koh* gömbtenzor; *mech* izotrop tenzor; ~ **thermal motion** *hőt* izotrop hőmozgás; ~ **thermal vibration** *hőt* izotrop hőrezgés

isotropy *krist* izotrópia; ~ **condition** izotrópia feltétele

isotruxtillic acid *vegy* truxinsav

isotypic *krist* izotip

isovaleronitril *vegy* izovaleronitril, izobutil-cianid

isovariation(al) chart *geof* izovariációs térkép

isovel *hidr* egyenlő sebességű vonal

isovol map *ol* izovoltérkép

isozingilberene *vegy* izozingilberén

issue I. *v* forgalomba hoz, kibocsát; nyílik *(vhová)*; kilép *(folyadék)*, kiömlik; kioszt, kiad; **II.** *n* végeredmény, megoldás; kérdés; kimenet, kijárat; kiadás; kiadvány; kiutalás, kiosztás; *vegy* kibocsátás; kifolyás; lefolyás; ~ **of fire-damp** *vegy* metánkiválás

isthmus *geol* földnyelv; *mat* elvágó él, híd *(gráfban)*

IT → information technology; → information theory; → interfacial tension; → irradiation time; → isomeric transition

ITA → internal target area

itacolumite *ásv* itakolumit

itaconic acid *vegy* itakonsav, metilén-borostyánkősav

Italian olasz; ~ **cloth** *tex* félgyapjú bélés(szövet); ~ **marble** *pa* hajszáleres márvány; ~ **method** *ép* olasz alagútépítési módszer; ~ **roof** *ép* kontytető; ~ **tile** *ép* kúpcserép

italic I. *a nyom* dőlt, kurzív; **II.** *n nyom* dőlt betű; ~ **fount** *nyom* dőlt/kurzív betűsorozat

italicize *nyom* dőlt betűvel *v.* kurzívval szed, kurziválni

italicized *nyom* dőlt betűs, kurzív

item tétel, adat; (mintavételi) egység; részlet, fejezet; ~**-by-item sampling** tételenkénti mintavétel; ~ **counter** darabszámláló; ~ **inspection** tételellenőrzés; ~ **of data** *szt* adat

itemize tételekbe szed

iterated ismételt; ~ **fission expectation** *at* ismételt hasadás valószínűsége

iterating I. *a* ismétlődő, iterációs, iteratív; **II.** *n mat, szt* ismétlés; iteráció, iterációs eljárás

iteration *mat, szt* szukcesszív approximáció, sorozatos/lépésenkénti megközelítés, iteráció(s eljárás); ~ **cycle/loop** *szt* iterációs ciklus/hurok; ~ **method** *mat* iteratív/iterációs módszer; ~ **method in one step** *mat* egylépéses iterációs módszer; ~ **procedure** *mat, szt* iteráció, iterációs eljárás

iterative *mat* ismétlő; iterációs; iteratív; ~ **analog(ue) computer** *szt* iteratív működésű analóg számítógép; ~ **attenuation** *távk, aut* lánccsillapítás; ~ **attenuation coefficient/constant** *távk, aut, távk* (lánc)csillapítási tényező/állandó *(szűrőláncé)*, iteratív csillapítás; ~ **calculation** *mat* iterációs számítás, iteráció; ~ **calculation method** *aut, mat* iterációs számítási módszer; ~ **command** *szt* ismétlőutasítás; ~ **computation** *mat* iterációs számítás; ~ **constant** *távk, aut* láncparaméter; ~ **design** iteratív tervezés; ~ **encoding** *szt* iteráló/bitenkénti kódolás; ~ **impedance** *fiz, távk* iteratív impedancia, láncimpedancia; ~ **instruction** *szt* ismétlőutasítás; ~ **linear program(m)ing** *szt* ismétlő/iteratív lineáris programozás; ~ **method** *mat* iterációs eljárás/módszer, fokozatos közelítések módszere, szukcesszív approximáció; ~ **mode** *szt* iterációs eljárás; ~ **network** *távk* négypóluslánc, ismétlődő négypóluslánc/művonal, lánckapcsolás; ~ **order** *szt* ismétlőutasítás; ~ **parameters** *aut, távk* láncparaméterek; ~ **phase-change coefficient/constant** *távk* iteratív forgatás; ~ **phase constant** *aut, távk* fázistényező *(szűrőláncé)*; ~ **program loop** *szt* ismétlődő programhurok; ~ **program(m)ing** *szt* iteratív programozás; ~ **structure** *aut, távk* lánckapcsolás; ~ **switching circuit** *aut* iteratív kapcsoló áramkör; ~ **transfer coefficient** *távk* iteratív átvételi mérték

ITL → intent-to-launch

Itron (tube) Itron-cső

ITT → inter-turbine temperature

itternite *ásv* itternit

ITV → industrial television

iu → international unit

IU drill pipe *ol* belső végvastagítású fúrócső

IV → independent variable; → interrupt vector

ivaarite *ásv* ivaarit

ivory I. *a* (elefánt)csontszínű; **II.** *n* elefántcsont, csontszín; ~ **black** *nyom, vegy* csontfekete; ~ **edge** *pa* hullámos szél; ~ **porcelain** *ép* fénytelenített porcelán; ~ **wax** *ol* izzasztott nyersparaffin; ~ **white** *nyom, vegy* elefántcsontfehér

IW → isotopic weight

i.w. → inside width

IWW → inland waterways

IX → index register

ixio(no)lite *ásv* ixiolit

Izod | (impact) test *any* Izod-ütővizsgálat, Izod-próba; ~ **(impact) testing machine** Izod-módszerű ütőigénybevétel-vizsgáló gép; ~ **specimen** *any* Izod-próbatest

J

J → joule; **~-acid** *vegy* J-sav, 2-amino-5-naftol-7-szulfonsav; **~-box** *tex* J-torony, kiegyenlítő *(fehérítésnél)*; **~ butt weld in a corner joint** *heg* sarokvarrat élelőkészítéssel; **~-display** *vegy* J-típusú indikátor; **~-groove weld** *heg* J-varrat; **~-I-bolt** *távk* hajlított tartóvas *(szigeteléshez)*; **~-sum** *mat* J szumma

jack I. *v* emel *(csavaros emelővel)*; *bőr* kővel kitaszít *(bőrt)*; színel; **II.** *n bány* állítható/csavaros tám; jövesztőék; *ép* csigasor; emelő(rúd); emelőbak; sajtó, feszítősajtó; *fa* fafűrészelő bak, fűrészbak; *gépk* (gép)kocsiemelő, emelő; *kh* segédtű; *rep* hidraulikus emelő; hidraulikus munkahenger; *szt* csatlakozó, kapcsolóhüvely, dugasz; *távk* (kapcsoló)hüvely, dugaszhüvely; *tex* lengő platina, leverőfésű; **~ arch** *ép* egyenes boltöv; lapos boltív/borda; **~ a roof** *v bány* főtét biztosít; **~ bit** → jackbit; **~ box** → jackbox; **~ bush** *távk* kapcsolóhüvely; **~-catch** *bány* csillefogó; **~ chain** *fa* rönkvontató lánc; **~ circle** *szersz* pergőfurdancs furata; **~ column** *bány* kifeszkéző tám; **~ contact** *távk* hüvelyes érintkező; **~ cord** *el, távb* hordozható csatlakozózsinór; **~ creel** *gép* láncfelvető állvány; **~ cylinder range** *ép* (feszítő)sajtó lökethossz; **~ field** *távk* kapcsolómező; **~ frame** *tex* legfinomabb/finom előfonó gép; **~ hammer** → jackhammer; **~-head pit** *bány* vakakna; **~ hole** *bány* áttörés; **~-in-the-box** *v.* **~ i'th box** *szer* álkulcs; emelőcsavar; *tex* bolygókerekes áttétel; szárnyasorsófordulatszám-szabályozó; **~ ladder** *fa* faszállító lánc; **~ lamp** *el* kapcsolólámpa; **~ leg** *bány* csavaros tám; fúróállvány; **~-leg support** *bány* fúróláb; **~-of-all-trades rig** *ép* univerzális építőgép; **~-operating lever** *gép* emelőműködtető kar; **~ panel** *távk* kapcsolómező; **~ plane** *ép, fa* eresztőgyalu; nagyológyalu; **~ plug** *szt* csatlakozódugó; **~-post** *bány* csavaros tám; *ol* forgattyútengely-tartó oszlop *(mélyfúró gépen)*; **~ presser** *tex* mintaprés; **~-rabbit** *ol* csőellenőrző dugó; **~ rafter** *ép* csonka szarugerenda/szarufa, (toldó)szaru; **~-screw** *em* csavaros/csavarorsós/törpe emelő; emelőcsavar, emelőorsó, szorítócsavar; kocsiemelő bak; **~ setter** *bány* ácsolóvájár; **~ shaft** → jackshaft; **~ sinker** bemérő platina; *kh* hurkoló/hullámosító platina; *tex* előplatina; **~ socket** *távk* csatlakozófoglalat; hüvelytest; **~ spring** *távk* kapcsolóhüvely-rugó; **~ strip** *távk* hüvelysáv; **~ switch** *távb* dugaszos (át)kapcsoló; **~-thread selector** *tex* fonalszelektor *(csipkegépé)*; **~ towel** *tex* egybeszabott törülköző *(hengeren mozgó)*; **~ up** *v* felemel *(gépkocsit emelővel)*, felbakol; **~ up** *ol* lábakra emelhető fedélzet

jackbit *bány, szersz* fúrófej

jackbox *gép* kilincsműház, kilincsműtok; *rep* csatlakozó/kapcsoló doboz

jacked(-in) pile *ép* sajtolt cölöp

jacket I. *v* burkol, fed; **II.** *n at* hűtőkör; *el* elemtok; kábelköpeny, kábeltömlő; *gép* borítás, burkolat; hengerbevonat; *gépk* köpeny; *gumi* fedőréteg; *hidr* karmantyú; *koh* elszívóburkolat; köpeny; *nyom* borító *(könyvé)*; *pa* főzőfalazás; hűtőköpeny, manson; *rep* (mentő)mellény; *tex* ujjas, zubbony; **~ brush** *pa* mansonkefe; **~ cooling** *at, önt, pa* (víz)köpenyes hűtés; **~ core** *önt* köpenyképző öntödei mag; **~-drain cock** *pa* hengerköpeny leeresztő csapja; **~ heating** *hőt* vízköpenyfűtés; **~ set** *bány* ideiglenes aknakeret; **~ water cooling** *at, önt, pa* vízhűtőköpeny

jacketed kettős falú, kívülről borított *(kazán)*; *pa* köpenyes; **~ induction manifold** *gép* vízköpenyes szívócső; **~ trough** *vegy* köpenyes *v.* kettős falú üst/vályú *(nyitott)*; **~ vacuum chamber/vessel** *vegy* kettős falú vákuumedény

jacketing *at, gép* tokozás; *ép* körülköpenyezés

jackhammer légkalapács; *bány* fúrókalapács; pneumatikus kőzetfúró kalapács, döngölő/lyukasztó/pneumatikus kalapács; **~ drill** pneumatikus ütőfúró

jackhead *bány* vakakna; **~ pit** *bány* ereszke

jacking *bány* csavaros tám; kifeszkézés; *ép* feszítés, megfeszítés; sajtolás *(pl. cölöp)*; *gépk* kocsiemelés csavaremelővel; *tex* utánnyújtás *(szelfaktoron)*; **~ anchorage** *ép* feszítési lehorgonyzás; **~-delivery motion** *tex* sodratkiegyenlítő szerkezet *(fonógép leállításakor)*; **~ device** *gép* feszítőberendezés; **~ end of a bed** *ép* feszítőpad feszítési vége; **~-jetting process** *ép* préselő-öblítő eljárás; **~ pad** *ép* darukitámasztó tányérja; **~ screw** *em* csavarorsós emelő, kocsiemelő bak

jackknife I. *v* összecsukódik; összeesik; összehajt; **II.** *n* zsebkés; **~ apparatus/board** *távk, vasút* késes kapcsolószekrény; **~ derrick** *ol* összecsukható fúrótorony; **~ (drilling) mast** *ép* összehajtható (fúró)állvány

jackladder feljáró *(fatelepen)*; kötélhágcsó

jackleg *bány* fúrókalapácsláb; fúrótámasz

jackrod *bány* fúrórudazat

jackshaft *bány* előtéthajtás; gurító; vakakna; *gépk* lánchajtó fogaskerekes tengely; *vasút* forgattyús előtéttengely *(többmotoros villamos mozdonyon)*

Jackson structured programming (JSP) *szt* Jackson módszere szerinti strukturált programozás, JSP

jacksonite *ásv* jacksonit

jackstay *rep* hosszmerevítő huzal

jackstraw *üveg* orientálatlan vágott üvegszálnemez

Jacob's staff *geod* letűzős tájolótartó bot; tolóindexes távmérőléc

Jacobi | method *mat* Jacobi-módszer; **~'s matrix** *mat* Jacobi-(típusú) mátrix

jacobsite *ásv* jakobsit

jacot tool *finm* csapköszörű

jacquard *pa* jacquard-gép; *tex* jacquard-szövőgép; **~ board** *pa* kivágó karton; *tex* jacquard-rendeződeszka; **~-card repeater** *tex* kártyamásoló gép; **~ cloth** *tex* jacquard-szövet; **~ construction** *tex* jacquard-kötés; **~ cylinder** *tex* jacquard-hasáb; **~ design** *tex* jacquard-minta; **~ fabric** *tex* jacquard-szövet; **~ loom** *tex* jacquard-szövőgép; **~ pattern** *tex* jacquard-minta; **~s** *pl tex* jacquard-áruk, jacquard-szövetek; **~ tie-up** *tex* nyüstzsinórbekötés *(jacquard-gépen)*; **~-transfer cam** *tex* mintakártyatovábbító bütyök *(jacquard-gépen)*; **~ upholstery brocade** *tex* bútorbrokát; **~ weights** *tex* jacquard-súlyok; **~-woven towel** *tex* jacquard-mintás törülköző

jad *bány* betörés

jade I. *v* elcsigáz, kifáraszt; lankad, csökken; **II.** *n ásv* jáde(kő), nefrit(kő), jadeit; ~ **green** *vegy* nefritzölt
jadeite *ásv* jadeit, jade(kő), nefrit(kő)
Jäderin wires *pl geod* Jäderin-féle alapvonalmérő szalag
jag I. *v* rovátkol; kicsipkéz; behasít; fogakat készít; fogaz; **II.** *n* kis teherrakomány, adag; fogazott kiképzés; szabálytalan csipkézés; rovátka, fog; *fa* csap; *távk* fűrészrezgés; ~**-about** seprő, takarító; ~ **bolt** *ép* lehorgonyzócsap; *geod* gúlalábrögzítő csap; *gép* alapzatcsavar, kőcsavar; *ol* horgonycsavar
jagged egyenetlen, fűrészfogas, csipkés, kicsorbult, szaggatott; ~ **bit** *bány* fogas harangfúró; ~**-core bit** *forg* recézett magú fúrókorona
jagging board *bány* álló iszap(oló) szér
jalapin *vegy* jalapin *(jalapagyökér glukozidja)*
jalpaite *ásv* jalpait
jam I. *v* présel, sajtol, (be)szorít; (be)szorul; *élip* cukorban eltesz; *pa* (fel)ragaszt, (fel)ragad; *rep* zavar *(rádióadást)*; **II.** *a* (össze)préselt, sajtolt, szoros; **III.** *n* préselés, sajtolás; (be)szorulás; *élip* darabos gyümölcsíz, dzsem; *közl* torlódás, forgalmi/közlekedési dugó; *pa* gépzavar; *rád* interferencia, összeköttetés zavarása; *szt* zavarjel; ~**-free** *rep* zavarmentes, vételbiztos; ~ **nut** *szer* ellenanya; ~**-to-signal ratio** *rád* zaj—jel-viszony; zavarás és jel aránya
jamaicin *vegy* berberin
jamb beékelődés; teletömés; *bány* szorító *(réselőkarhoz)*; *ép* ablakfélfa, ajtófélfa, keret; falnyílás függőleges oldalfelülete; nyílás oldala; *koh* pillér(ek); ~**-lining** *ép* ablakkeret függőleges bélése; ajtóborítás; ~**-post** *ép* ajtófélfa, ajtószárfa; ~ **riveter** *bőr* szorítópofás szegecselőgép; ~**s** *pl hang* regiszterbeállító polc *(orgonán)*; ~ **stone** *ép* függőleges szegélykő ajtónyíláson/ablaknyíláson; *közl* kerékhárító oszlop; ~ **wall** *ép* ablakkáva *(falazat)*; kéményfal
jamesonite *ásv* jamesonit
Jamin-effect *fiz* Jamin-hatás *(gázbuborékok áramlásfékező hatása)*
jammer *kat, rád* zavaróadó, zavaróállomás
jamming *alak* préselés, sajtolás, összenyomás; *gép* beragódás, elakadás, fennakadás; *rád* (rádió)zavarás; zaj, búgás, vadrezgés, interferencia(fütty), nagyfrekvenciás zavarok; ~ **generator** *kat, rád* zavaróoszcillátor; ~ **(of the drilling tool)** *ol* fúrószár lyukfalba ékelődése; ~ **roller** *gép* szorítógörgő, fékezőgörgő; *gépk* ékelődő görgő *(szabadonfutóban)*; ~ **station/transmitter** *kat, rád* zavaróadó, zavaróállomás
jamproof *kat, távk* zavarálló; ~ **system** *rep* zavarmentes/vételbiztos rendszer
jangle I. *v* csörget; csörömpöl; **II.** *n* hangzavar, csörömpölés
jangling I. *a* csörömpölő, diszharmonikus; **II.** *n* hangzavar, csörömpölés
janking *cipő* talpdíszítés
Jansky-noise *rád* kozmikus rádiózavar
Janus antenna *távk* Janus-antenna
japan I. *v* lakkoz, fényez; **II.** *n* lakkozott áru/tárgy; *vegy* japánlakk; szigetelőlakk
Japan | **camphor** *vegy* japánkámfor, α-kámfor; ~ **tallow** japánfaggyú, japánviasz *(japán szumakfa bogyóit borító zsír)*; ~ **twin** *ásv* japán iker; ~ **varnish** *vegy* japánlakk; ~ **velvet** *tex* selyembársony; ~ **wax** *vegy* japánviasz, japánfaggyú
Japanese japán; ~ **gelatin** *élip* agar-agar; ~ **paper** *pa* japánpapír *(eperfaháncsból)*; ~ **paper fibre/fiber** *pa* gampi; ~ **tissue/vellum** *pa* japánpapír
japanned lakkozott, fényezett; ~ **leather** *bőr* lakkbőr; ~ **sheet metal** lakkozott fémlemez
japanning lakkozás, fényezés; (zománc)máz; *vegy* zsaponlakk, japánlakk; ~ **works** lakkbeégető üzem, lakkbőrgyár
japonais *tex* könnyű selyemszövet
jar korsó, köcsög, bödön, széles szájú kőedény; tégely; *ol* váltóolló; *rep* vibrálás, rezgés; *szersz* ütőolló; ~**-mo(u)lding**, ~**-ramming machine** *alak, önt* döngölőformázó gép; rázó rendszerű formázógép; ~ **socket** *bány* átmeneti darab *(fúródarué)*; ~ **wagon** *vasút* edénykocsi
jargon, jargoon *ásv* jargon
jarosite *ásv* jarozit; ~**-precipitating process** *koh* jarozitos eljárás
jarring I. *a* csikorgó, nyikorgó; rezgő; *hang* disszonáns, fülsértő; **II.** *n* rázás; csikorgás; zúgás; ~ **machine** *alak, önt* rázó rendszerű formázógép; ~ **of ingot** *koh* öntecs tömörítése rázással
jarvey *közl* (bér)kocsis; bérkocsi
jasmine oil *vegy* jázminolaj
jasp opal *ásv* jaspopál
jaspé *tex* kétszínű fonal; nyomott láncfonal; ~ **board** *pa* gránitlap, gránitlemez
jasper *ásv* jáspis
jaspideous *óra* jáspisból készült; jáspisszerű
JATO → jet-assited take-off
Jaumann filter *távk* differenciális szűrő, Jaumann-szűrő
jaunting car *közl* könnyű nyitott kocsi, bricska
Javel(le) water *gyógyv* eau de Javel, kálium-hipoklorit-oldat
javellization *vegy* klórozás *(vízfertőtlenítés hipoklorittal)*
jaw *at* manipulátor-fogókapocs; *ép* csatornaszájnyílás; *geol* (völgy)torkolat; *gép* befogópofa; mérőpofa; ~ **bit** *vasút* ágyvezeték kötvas; ~ **breaker** *bány* pofástörő; ~ **breaker with inclined crushing chamber** ütve működő törő; ~ **capacity** *gép* pofatávolság, befogóméret; ~ **chuck** *forg* belső (szorító)pofás tokmány; ~ **clutch/coupling** *gépk* körmös/kétfogas tengelykapcsoló; ~ **crusher** *bány, ép* pofástörő; ~ **crusher with inclined crushing chamber** ütve működő törő; ~ **mandrel** szorítópofás tüske; ~ **of the chair** *vasút* sínszék befogópofaköze; ~ **opening** *szersz* harapófogó pofanyílása; szájnyílás; ~ **plate** *bány* törőpofa; ~ **socket** *szersz* sikattyúpofa-tartó; ~ **spanner** *szersz* pofás csavarkulcs *(állítható)*; ~ **steady-rest** *gép* pofás báb; ~**-type rail-brake** *vasút* gerendás vágányfék; ~**-type trailer connection** *gépk* pofás vonószerkezet; ~**-type trailer coupling** *gépk* pofás vonószerkezet; ~ **vice** *szersz* pofás satu
jawslide *vasút* ágyvezeték
jay *bány* odasült főteszén
JB → junction box
JBD → jet-blast deflector
JCL → job-control language
JDC → jet-deflection control
jeep I. *v kat* dzsipen jár/közlekedik; **II.** *n kat* terepjáró kocsi, dzsip
jeer *hajó* többszörös csigamű

Jeffcott tachymeter *metr* Jeffcott-féle tachiméter
jefferisite *ásv* jefferisit
jeffersonite *ásv* jeffersonit
jejune terméketlen, meddő, nem tápláló
jell kikristályosodik, formát ölt; *élip* kocsonyába/aszpikba rak; megkocsonyásodik
jellied *élip* dermedt, kocsonyás, zselatinizált
jellification *élip* dermedés, kocsonyásodás, zselatinizálás
jellify *élip* dermed, kocsonyásodik, zselatinizálódik; dermeszt, kocsonyásít, zselatinizál
jelly *élip* (gyümölcs)kocsonya, zselé; gél; *vegy* (bio)gél; **~-filled capacitor** *el* géltöltésű kondenzátor; **~ filter** *opt* zselatinszűrő *(vetítőlámpa színképének kiegyenlítésére)*
jellying power *élip, vegy* kocsonyásodási képesség
jemming *cipő* kisámfázás *(sámfára húzás)*
jemmy → jimmy
jenkin *bány* áttörés; keskenyvágat
jenny *em* kézicsörlő; *tex* mozgókocsis fonógép; **~ winch** *szersz* (hajlított szárú) körző; kis kézicsörlő
jeremejewite *ásv* jeremejevit
jerk I. *v* lök, lódít, ránt, taszít; zökken; *élip* szárít *(húst napon)*; **II.** *n* hirtelen lökés/ütés; rángás, rángatózás; *mech* (magasabb rendű) gyorsulás, menetgyorsulás, gyorsulás időderiváltja; **~-ins** *pl tex* csíkosság *(feszítésből)*; **~ line** *ol* emelőkötél; rángatókötél; verőkötél; **~ pump** *hidr* lüktető szivattyú
jerkin *bőr* bőrmellény; *tex* ujjas; **~ head** *ép* oromfalkonty, csonkakonty; **~ head roof** *ép* csonkakontyfedél
jerking rángás, rántás, rázkódás, zökkenés; **~ motion** *mech* lüktető mozgás
jerkmeter *mech* gyorsulásváltozás-mérő; másodrendűgyorsulás-mérő
jerky szaggatott, rángató(zó), egyenetlen; **~ feed** lökésszerű adagolás/táplálás
Jernkontoret (cleanness) rating *koh* Jernkontoret-vizsgálat
jerry I. *a ép* rosszul és olcsón épített; **II.** *n bány* szénpala; **~ built** rosszul és olcsón épített
jerrycan marmonkanna; benzineskanna
jerryman *bány* ácsolóvájár; meddőfeltakarító; vágányfenntartó
jersey *tex* dzsörzé; dzsörzéfonal, dzsörzészövet; **~ fabric** *kh* egytűsoros kötésű kelme; **~ stitch** *kh* egytűsoros kötés(ű kelme)
Jerusalem artichoke sugar *gyógyv* csicsókacukor, inzulin
jet I. *v* (ki)fecskendez, (sugárban) kilövell, kibuggyan; *ol* öblítőfúrással fúr; *rep* sugárhajtású repülőgéppel repül/szállít; **II.** *a* dobás, hajítás; sugár; kilövellés; *ásv* gagát, fekete borostyánkő, zsett; *bány* barnaszén; *gép* fúvóka; szórófej; *hang* kiáramlónyílás; *hidr* folyadéksugár; szabad vízsugár; szökőkút; *hőt* gőzsugár; *koh* csapolóvályú; *nyom* betűsorja *(öntésből)*; *ol* szelvényszűkítés; *rep* (gáz)sugár; sugárhajtású (repülő)gép; sugárhajtómű; **III.** *n* gagátfekete, zsettfekete, koromfekete; *hidr* vízsugár; *koh* fúvóforma; *rep* gázsugár; sugárhajtómű; sugárhajtóműves repülőgép; **~-action trencher** víz alatti vízsugár-öblítéses árokásó; **~ aircraft** *rep* sugárhajtóműves repülőgép; **~ air pump** *szell* folyadéksugaras légszivattyú; **~ alloy** *koh* turbinalapát-ötvözet; **~ analyzer** *aut* átfolyásanalizátor, átömlésanalizátor; **~ angle** *gépk* fúvócsőkúpszög; sugárnyílásszög; *koh* fúvóka belépési szöge; **~ apron** *gépk* fúvókaernyő; **~ area** *rep* kiömlő sugárcső/fúvócső keresztmetszete; **~ assembly system** *gépk* fúvókaszerelvény; **~-assisted take-off (JATO)** *rep* segédrakétás felszállás; **~ axis** *rep* gázsugár tengelye; **~ barker** *fa, mzg* sugárhántoló; **~ bit** *ol* jetfúró, fúvókás fúró; **~ bit drilling** *ol* jetfúrás; **~-black** gagátfekete, szurokfekete, koromfekete; **~ blast** *rep* sugárhajtómű kiáramló levegősugara; **~-blast accident** *rep* sugárhajtómű kiáramlása okozta baleset; **~-blast deflector (JDB)** *rep* sugárterelő; **~ blower** *gép, hőt* sugár(lég)fúvó; **~ bore** *gépk* fúvókanyílás; **~ carburettor/carburetter** *gépk* fúvókás porlasztó; **~ carrier** *rep* fúvókatartó; **~ chimney** *hőt* felszálló gőzcső; **~ coal** *ásv* szuroklángú szén; **~ condenser** *gép, hőt* keverőkondenzátor; **~ cone** *rep* reaktív fúvóka kúpja; sugáráram terjedési kúpja; **~ contraction** *rep* sugáráram összezsugorodása; **~ control** *aut* reaktív vezérlés; *rep* kormányzás sugárárammal; **~ control device** *rep* a sugáráram irányát megváltoztató szerkezet; **~ conveyor/conveyer** *ép* szóró rakodógép; szórószalag; **~ cowl** *gépk* fúvókaharang; **~-deflecting governor** *hidr* vízsugár-eltérítő szabályozó; **~ deflection** *rep* sugáráram-eltérítés; **~-deflection control (JDC)** *aut* reaktív vezérlés; **~ deflector** *hidr* sugárterelő *(Pelton-turbinában)*; *rep* fékező sugárterelő; sugáráram-terelő; sugárterelő; **~ deviation control system** *rep* sugáráram-terelőt vezérlő rendszer; **~ diffuser** *gép* sugárdiffúzor; **~-direction control** *aut* reaktív vezérlés; **~ disintegration** *hidr* sugárbontás; **~ disperser** *gépk* porlasztófúvóka; **~ drill** *bány, geof* öblítőfúró; **~ drilling** *bány, geof* öblítéses mélyfúrás; **~-driven wind tunnel** *rep* sugárhajtóművel hajtott szélcsatorna; **~ effect** *bány* jet-hatás; **~ elevator** *hidr* vízsugaras emelőszivattyú; **~ engine** *rep* sugárhajtómű; **~ exhaust** *rep* kiömlő sugárcső/fúvócső; sugárhajtómű kiömlő sugárárama; **~ exhaust deflection** *rep* kiömlő sugáráram eltérítése; **~ exit** *rep* sugáráram kimenete; sugárhajtómű fúvócsöve; **~ flame** *hőt* szúróláng; *rep* kiömlő fáklya; **~ flap** *rep* kiáramló gázsugár által létesített fékszárny; **~ flow** *rep* sugáráram; sugárhajtómű sugárárama; **~ flux** *vegy* hígfolyós folyósítószer; **~ focus** *bány* jetfókusz; **~ for winter use** *gépk* téli fúvóka; **~ front** *rep* sugáráramfront; **~ fuel** *rep* sugárhajtóműves repülőgépek tüzelőanyaga; **~ helicopter** *rep* sugárhajtóműves helikopter; **~ injection** *gépk* sugárbefecskendezés; **~ injector** *gép* sugárfecskendő; **~-interaction amplifier** *gép* szabadsugaras elem; **~ into place** *v bány* bemosással beszállít; **~ lance** *hőt* szúróláng; **~ lancet** *ép* szórócső; **~ lift** *rep* sugáráram vagy sugárhajtómű létrehozta felhajtóerő; **~-lift engine** *rep* függőleges tolóerőt létrehozó sugárhajtómű; **~ liner** *rep* sugárhajtóműves utasszállító repülőgép; **~ lock** *ép* injektoros adagoló; **~ mill** *bány* sugármalom; **~ mixing** *ép* injektoros keverés; **~ mixing hopper** *ol* hidraulikus keverőtölcsér; **~-mo(u)ld** *műa* fröccsszerszám *(hőre keményedő anyagok fröccsöntéséhez)*; **~-mo(u)lding** *műa* fröccsöntés *(hőre keményedő anyagoké)*; **~ needle** *gépk* fúvókatű *(porlasztóban)*; **~ nozzle** *bány* fúrófúvóka; sugárcső; *gép* fúrófúvóka; fúvóka; lövőke; *rep* propulziós fúvóka/sugárcső; **~ nozzle area** *rep* propulziós fúvóka/sugár-

cső keresztmetszete; ~ **nozzle of carburettor** *gépk* porlasztófúvóka; ~ **of fuel** *gépk* üzemanyagsugár; ~ **of pressure water** *hidr* nyomás alatti vízsugár; ~ **of water** *hidr* vízsugár; ~ **oilfoam separator** *ol* fúvókás habtalanító, levegő-olaj szeparátor; ~ **orifice** *gépk* injektornyílás; ~ **particle drilling** *ol* abráziós rotarifúrás; ~ **perforating** *ol* jetperforálás; ~ **perforator** *ol* jetperforátor; ~**-piercing** *ol* termikus fúrás; ~ **pile** *ép* öblítéses cölöp; ~ **pilot (JP)** *rep* gázsugárhajtóműves repülőgép vezetője; ~ **pipe** befecskendezőcső, szórócső; *ép* homokfúvócső; *gépk* fúvócső, fúvóka, porlasztócső, sugárcső; ~**-pipe cutter** *ol* jetcsővágó; ~**-pipe expansion efficiency** *rep* a fúvókában történő kitágulás hatásfoka; ~**-pipe gas velocity** *rep* a fúvócsőből kiáramló gázok sebessége; ~**-pipe nozzle** *rep* propulziós fúvóka/sugárcső; ~**-pipe oil-operated controller/regulator** *aut* hidraulikus sugárcsöves szabályozó; ~**-pipe oil-operated control** *aut* hidraulikus sugárcsöves szabályozás; ~**-pipe relay** *távk* sugárcsöves jelátalakító; ~**-pipe temperature** *rep* kiáramló gázhőmérséklet; ~ **plane** *rep* gázsugárhajtóműves repülőgép; ~ **powered** *rep* sugárhajtású; ~ **pressure** *bány, hidr* (víz)sugárnyomás; ~**-proof lighting fitting** *el* vízsugár ellen védett lámpatest; ~**-propelled (jp)** *rep* sugárhajtású; ~**-propelled aeroplane/aircraft** *rep* sugárhajtású repülőgép; ~ **propulsion (JP)** *rak, rep* rakétahajtás; sugárhajtás, reakciós hajtás; ~**-propulsion engine** *rep* gázsugárhajtómű; ~**-propulsion unit** *rak, rep* (gáz)sugárhajtómű; ~**-propulsive efficiency** *rak, rep* sugárhajtómű hatásfoka; ~ **pump** *at* (gáz)sugárszivattyú, légsugárszivattyú; *bány* injektor; sugárszivattyú; *ol* folyadéksugár-mélyszivattyú; ~ **rose** *mzg* fecskendőrózsa, permetezőrózsa; ~ **separation** *rep* áramlásleválás; ~ **setting** *gépk* fúvókabeállítás *(porlasztóban)*; ~**-shooting** *ol* jetperforálás; ~ **silencer** *rep* gázsugárhajtómű hangtompítója; ~ **skirt** *gépk* fúvókaköpeny; ~ **speed** *rep* gázsugáráram sebessége; ~ **spread** *rep* gázsugáráram kiszélesedése; ~ **steering** *aut* gázdinamikus kormányzás; ~ **stream** *rep* futóáramlás; ~**-stream axis** *rep* futóáramlás tengelye; ~**-stream core** *rep* futóáramlás magja *v.* központi része; ~**-stream region** *rep* futóáramlási körzet/zóna; ~ **tail cone** *rep* fúvócső kúpja; ~ **temperature indicator** *rep* kiáramló gáz hőmérsékletének jelzőműszere; ~ **thrust** *rep* gázsugárhajtómű tolóereje; ~ **transport autopilot** *rep* robotpilóta sugárhajtóműves szállítógép részére; ~**-turbine engine** *rep* gázturbinás sugárhajtómű; ~**-type reflux ratio head** *aut* fúvókás refluxarány-szabályozó feltét; ~ **valve** *aut* fecskendőszelep; ~**-vane control** *rep* kormányzás sugáráram-terelő lapáttal; ~ **velocity** *fiz* kiáramlási/kilépési/kiömlési sebesség; *rep* sugáráram sebessége; ~ **wash** *rep* sugárhajtómű sugáráramszele

jetcrete *ép* lövellt beton; ~ **gun** *ép* betonlövellő gép

jetting kilövellés, kiáramlás; *bány* bemosás vízsugárral; hidraulikus fejtés; *ép* cölöpözés vízöblítéssel; vízsugaras földfejtés/feltöltés; *gépk* (be)fecskendezés; ~ **drilling** *bány* öblítéses mélyfúrás; ~ **gear** *ép* vízsugaras fejtőgép, hidromonitor; ~ **gun** *hidr* vízágyú; ~ **nozzle** *ép* vízsugárfúvóka; ~ **tool** *ol* mosatófej

jettison | **gear/valve** *rep* tüzelőanyagot levegőbe ürítő csap; ~ **switch** *rep* kidobókapcsoló

jettisonable *rep* ledobható, leválasztható; ~ **fuel tank** *rep* ledobható tüzelőanyag-tartály; ~ **landing-gear** *rep* ledobható futómű; ~ **tank** *rep* ledobható üzemanyagtartály

jettisoning *rep* teher ledobása; tengerbe dobás; tüzelőanyag gyors leeresztése a levegőbe; ~ **latch** *kat, rep* ledobószerkezet-zár; ~ **latch-plate** *kat, rep* ledobószerkezet-zárlemez; ~ **roller** *kat, rep* ledobószerkezet; ~ **roller bracket** *kat, rep* ledobószerkezet görgőfutóháza

jetty I. *a* gagátfekete, szurokfekete, koromfekete; **II.** *n ép* kiugró épületrész; sarkantyú; *hidr* kőgát, hullámtörő gát, révgát; móló; vezetőmű; ~ **crane** *em* parti daru; ~**-wall** *hidr* kikötőpartfal

jetware *ker* feketemázas (vörösagyag) edény

Jeu de Taquin *mat* 15-ös türelemjáték

jewel I. *v óra* ékszerrel/ékkővel díszít; rubinnal ellát; **II.** *n* ékszer, ékkő, drágakő; *finm* féldrágakőcsapágy, iránytűcsapágy; *óra* kő, rubin; ~ **bearing** *finm* kőcsapágy; ~ **cup** *finm* drágakő-csapágycsésze, lyukaskő; ~**-hole ga(u)ge** *óra* órás csaplyukmérő; ~**-setting closer** *óra* kőfoglalatzáró; ~**-setting opener** *óra* kőfoglalatnyitó

jewelled, *US* **jeweled** *finm, óra* köves, rubinos; ~ **bearing** köves csapágy

jeweller, *US* **jeweler** ékszerész, drágakő-kereskedő; ~ **snips** *pl* ékszerészolló; ~**'s saw frame** *szer* fémlombfűrészkeret

jewellery, *US* **jewelry** ékszerkereskedés; ékszeripar; ékszerek; ~ **alloy** *óra* ékszeripari ötvözet

Jewish stone *ásv* írásgránit

JFET → junction field-effect transistor

jib I. *v hajó* átbillent, átlendít; **II.** *n bány* jövesztőgém; réselőlap, réselőkar; *em* (daru)kar, (daru)gém; *ép* alátét *(boltozókő alá)*; tartókar, darugerenda; *hajó* orrvitorla; ~**-adjusting gear** *em* billentőszerkezet; ~ **arm** *em* darugém; ~**-boom** *ép* gémtoldat; *hajó* orrvitorlarúd; ~ **crab** gémfutómacska *(darun)*; ~ **crane** *em* Derrick-daru; ~ **door** *ép* tapétaajtó; ~ **extension** *em* segédgém; ~ **for heavy load** *em* nehézteher-emelő gém; ~ **head** → jibhead; ~ **luffing** *em* gémbillentés; ~ **member** *em* gémtag; ~**-mounted ripper** *em* gémre szerelt felszakító; ~ **of variable radius** *em* billenő/változtatható kinyúlású gém; ~ **raising and lowering** *em* gémbillentés; ~ **section** *em* gémtag, segédgém; ~ **sheave** *em* gémcsiga, darugémvezető görgő; ~ **swing angle** gém-forgásszög *(vízszintes)*

jibe *US* → gybe

jibhead *bány* tornyos réselőgép fészke; *em* felső gémfej; ~ **adapter** *bány* réselőkartartó nyúlvány; ~ **pulley** *em* gém felső csigája

jibstay *em* darugém-merevítő (huzal)

jiffy | **bag** *pa* vastag bélelt boríték; ~ **tools** *(pl) szersz* különleges rendeltetésű szerszámkészlet

jig I. *v* megráz, rostál; *bány* ércet mos; nedvesen előkészít; ülepít; *fa* fűrészel; **II.** *n* rázás, lengés; *bány* rázórostás (érc)dúsító; rázószita *(szénosztályozáshoz)*; sikló(szállítás); ülepítőgép; *gép, forg* (befogó)készülék; tokmány; *távk* csillapodó hullámsorozat; *tex* szövetfestő gép, jigger; ~ **bed** *bány, koh* ülepítőágy; *mzg* rostaágy *(rázórostán)*; ~ **borer,** ~ **boring-machine** *forg* koordináta-fúrógép; ~ **box** *bány* rázórostaszekrény; ~ **brow** *bány* sikló; ~ **bushing** *forg* vezetőpersely *(fúrókészüléké)*; ~ **construction** *szer* (fel)készülékezés, készülékszerkesztés; ~ **coupler** *szer* készülékkapcsoló; ~ **deflection** *szer* készülék behajlása; ~ **design** *szer* készüléktervezés, (fel)készülékezés; ~ **down** *v forg* befog; ~ **dyeing** *tex* színezés jiggeren; ~ **ejector** *mzg* rázórosta-ürítőnyílás; ~ **foot** *em* alsó gémcsukló; ~ **grinder,** ~ **grinding machine** *forg* koordinátaköszörű; ~ **haulage** *bány* csörlődomb, csörlőlejtő; siklózás; ~ **lathe** *forg* készülékgyártó eszterga; másolóeszterga; ~ **plate** *gép* fúrósablon; ~ **saw** *szersz* betétszálas (fém)fűrészgép; gépi fűrészlap; kézi szúrófűrészgép; lombfűrész; ~**-shaken tray** *bány* rázóvályú; ~ **support** *szer* szerelőkészülék-állvány; ~ **tank** *bány* ülepítőteknő; ~ **vice** *gép* gépsatu; ~**-washer** *bány* ülepítőgép; ~ **welding** *műa* formahegesztés, kontúrhegesztés; ~ **work** *gép* sablon szerinti megmunkálás

jigger *bány* derítőgép; rostálógép, rosta, szita; ülepítőgép; vibrátor; *élip* zsákbarázó (munkás); *em* hidraulikus felvonó; *gép* rázómozgást létesítő gépelem; *hajó* tatvitorla; tatvitorlás halászbárka, kutter; *ker* korongozógép, korongozóminta; *koh* ülepítőgép; *rád* periodicitásbizonytalanság; változó csatolású (rádiófrekvenciás) transzformátor; *tex* nemezgyártó/szövetfeső gép, jigger; *vasút* kapcsolókorong; ~ **boss** *bány* ülepítő előmunkás; ~ **conveyor/conveyer with inclined vibration direction** *bány* ferde lengésirányú rázóvályú; ~ **conveyor/conveyer with horizontal oscillation direction** *bány* vízszintes lengésirányú rázóvályú; ~ **coupling** *távk* induktív/mágneses csatolás; ~ **dyeing** *tex* színezés jiggeren; ~ **transformer** *rád* változó csatolású transzformátor; ~ **work** *bány* dúsítás ülepítőgéppel; ülepítőmű

jiggermast *hajó* keresztárboc

jigging I. *a mech* lengő, rángó, rázó; **II.** *n bány* rostálás, szitálás, összerázás; ülepítés; *fa* fűrészelés; ~ **chute** *bány* ferde lengésirányú rázóvályú, rázócsúszda; ~ **conveyor** *bány* rázócsúzda; ~ **conveyor/conveyer** rázó rendszerű szállítómű; rázócsúszda; *bány, ép* lengő szállítómű; ~ **conveyor engine** *bány* rázócsúszdamotor; ~ **feeder** *gép* rezgő adagoló; ~ **frame** *bány, élip* rázókeret *(osztályozógépen)*; ~ **machine** *bány* ülepítőgép; ~ **middlings** *bány* ülepítési középtermék; ~ **motion** *mech* rázómozgás; ~ **plunger** *bány* ülepítőgép-dugattyú; ~ **refuse** *bány* ülepítési meddő; ~ **screen/sieve** *bány* lengőszita; rázócsúszda; ülepítőszita; *bány, ép* rázórosta, rázószita; *koh* rázott szita

jigsaw → jig saw

jim-crow *forg* gyalugépfej *(oda- és visszalöketben egyaránt forgácsoló)*; *szersz* feszítővas, bontóvas; *vasút* (hidraulikus/kézi) sínhajlító

jimmy I. *v* feszítővassal feltör, felfeszít; **II.** *n bány* csuklós csillekapcsoló; *szersz* emelőrúd; feszítőrúd, feszítővas

jink I. *v* kitér, kikerül; **II.** *n* kikerülés, kitérés

jinking *rep* kerülő mozdulat(ok)

jinny *bány* vontatóvitla; ~ **road** *bány* sikló

jitter *távk* vibrálás, remegés *(nem kielégítő szinkronizálás folytán)*, dzsitter; ~**-force output signal** dzsittermentes kimenőjel; ~ **reducer** dzsittercsökkentő

jk → jack

JK circuit *szt* JK-tároló (áramkör)

job munka, feladat; *alak* munkadarab, megmunkálandó tárgy; ~ **account log** *ip* feladatrészletezés nyilvántartása; ~ **aid** *szt* műveleti utasítás; ~ **analysis** *ip* munkaműveletek elemzése, munkaelemzés; munkaviszonyok tanulmányozása; ~ **assessment** *ip* munkaértékelés; ~ **card** *ip* munkalap; ~**-case** *nyom* betűszekrény; ~ **clean-up** *ép* munkahely felszámolása; ~ **compositor** *nyom* órabéres szedő(munkás); ~ **conditions** *ip* munkakörülmények, munkahelyi adottság; ~ **control** *szt* munkavezérlés; ~**-control card** *szt* munkavezérlő kártya; ~**-control language (JCL)** *szt* munkavezérlő nyelv, JCL; ~**-control statement** *szt* munkavezérlő utasítás; ~**-control system** *szt* munkavezérlő rendszer; ~**-cured test specimen** *any, ép* építési körülményeknek megfelelően kezelt próbatest *(betonvizsgálatban)*; ~ **deck** munkafeladat kártyacsomagja; ~ **description** *ip* munkaleírás; ~ **evaluation** *ip* munka(ki)értékelés; ~ **flow control** *szt* munkafolyamat-vezérlés; ~ **hazard analysis** *ip* munkabiztonsági elemzés; ~ **"housekeeping"** *ép* építéshely-szervezés; ~ **information** *ip, szt* feladatinformáció; ~ **information card** *ip, szt* feladatinformációs kártya; ~ **library** *szt* munkakönyvtár; ~ **log** *ip* feladatnyilvántartás; ~ **lot** *ip* gyártmánytétel; ~**-made** *ép* építéshelyen előállított; ~ **management** *ip* feladatirányítás, munkairányítás; ~ **mechanic** *ép* építéshelyi lakatos; ~**-mix(ed) concrete** *ép* építéshelyen kevert beton, helyszíni beton, kézzel kevert beton; ~ **number** *ip* munkaszám; ~ **office** *ép* építés(hely)i iroda; ~ **of quality control** *ip* minőség-ellenőrzési munka; ~ **order** *ip* munkautalvány; ~ **plan** *ép* helyszíni ütemterv; ~**-poured** *ép* munkahelyen készített *(beton)*; ~**-processing control** *ip* feladatmegoldás irányítása; ~ **rate** *ip* darabbér; ~ **record** *ép* építési napló; ~ **rolling** *koh* bérhengerlés; ~ **schedule** *ép* helyszíni ütemterv; ~ **scheduler** *szt* munkaütemezés; ~ **set-up** *ip* feladatfelépítés; ~**-shop system** *ip* zárt ciklusos munkarendszer; ~**-shop welding** *heg* javítóhegesztés; ~ **site** munkahely; ~**-site** helyszíni; ~ **statement** *ip, szt* feladatutasítás; ~ **step** *ip, szt* feladatlépés; ~ **ticket** *ip* munkautalvány, munkalap; ~**-to-job hauling** *ép* építéshelyváltás-szállítás; ~ **wage** *ip* darabbér; ~ **welding** *heg* javítóhegesztés

jobber nagykereskedő; tőzsdeügynök; bérkocsi-tulajdonos; darabbérben/akkordban dolgozó munkás; *szersz* spirálfúró; ~**'s founts** *nyom* kéziszedéshez való betűtípusok

jobbing I. *a* darabbérben dolgozó; nyerészkedő; **II.** *n* akkordmunka, rendelésre végzett munka; közvetítő kereskedelem; bérkocsi-fuvarozás; ~ **chase** *nyom* keret *(egylapos nyomtatvány számára)*; ~ **foundry** *koh* béröntöde; szerződéses öntöde; ~ **founts** → jobber's founts; ~ **mill** *heng* finomlemezsor; ~ **shop** *ip* (külső) megrendelésre dolgozó/gyártó üzem; egyedi gyártású üzem(rész); javítóműhely

jobload *tex* munkaleterhelés

jobwork *ip* bérmunka, darabbérben végzett munka

jockey | pulley *gép* szíjfeszítő tárcsa/görgő; ~ **relay** *el* kétlengőtekercses jelfogó; ~ **roller** *gép* vezetőgörgő; ~ **sprocket** *gép* láncfeszítő; ~ **valve** *aut* mellékszelep; ~ **wall** *film* hangszigetelő lemez *(filmfelvevő gépen)*; ~ **weight** *metr* lovas *(mérlegkaré)*; tolósúly; ~ **wheel** *gép* szíjfeszítő kerék

joey *bány* (bánya)ács, ácsoló *(fejtő műszakban)*

jog I. *v* ráz; lök; taszít; **II.** *n* rázás; lökés, taszítás; *ép* falfogkiugrás; kis falüreg; *krist* diszlokációs ugrás;

~ **formation** *krist* ugrásképződés; ~ **trough conveyor/conveyer** *bány, élip* rázóvályús szállítómű

jogged line egyenetlen/fűrészfogas vonal

jogging I. *a* rázó; zötyögő; ugráló; **II.** *n* (meg)lökés; rázás; *mech, finm* araszoló/finombeállító mozgás; ~ **control** *aut* pillanatimpulzusos vezérlés

joggle I. *v* ráz; inog; zötyögve megy; *fa* fát beereszt/csapoz/lapol, fogazással illeszt; fogazott kötés; *szt* összeráz; **II.** *n ép* falfog(azás) *(falkötésnél)*; *fa* beeresztés, vállazás, falc, lapolás *(fakötésnél)*; ék(elés) gerendakötésnél; illesztési vájat; *gép* fogazás *(illesztéshez)*; illesztőcsap; *hajó* lemezperemezés; *pa* ék, fogazás; hajtás; ~**-beam** *ép, fa* ékelt/fogazott gerenda; ~**-butt joint** *ép, fa* tompa illesztés beeresztéssel; ~**-frame** *ép, fa* csapozott keret; ~**-joint** *hidr* ékelt/fogazott (kő)kötés; ~**-lap weld** *heg* átlapolt varrat *(két lemez összehegesztésekor)*; ~**-post** *ép* feszítőmű csapos oszlopa, vállcsapos oszlop; függesztőműoszlop; ~**-truss** *ép* székoszlopos fedélszék; ~ **work** *ép* falfogazás *(falkötésnél)*

joggled frame *gép* könyökös állvány, hattyúnyakállvány

joggling *alak* meghajlítás Z-alakban; peremezés; rázás; ~ **beam** *ép* fogazott gerenda; ~ **die** *szersz* peremező/zömítő szerszám; Z alakban meghajlító szerszám; ~ **machine** *alak* lemezhajlító gép; *koh* rázó rendszerű formázógép; ~ **operation** *alak* peremezési művelet; ~ **press** *alak* peremező prés

johannite *ásv* johannit

johannsenite *ásv* johannsenit

Johansson ga(u)ge *metr* mérőhasáb

johnboat ponton

Johnson | noise *el* hőmozgásból eredő zaj; termikus zaj, hőzaj, Johnson-zaj; ~ **power meter** *metr* differenciál-wattmérő, Johnson-féle teljesítménymérő

johnstrupite *ásv* johnstrupit

join I. *v* (össze)köt, (össze)illeszt, egyesít; közbeiktat; (bele)torkollik; kapcsolódik; *el* kapcsol; **II.** *n* (össze)kapcsolás; (össze)kötés; *mat* érintkezési pont, metszéspont; felső határ, legkisebb felső korlát, supremum, sup; *szt* összekapcsolás; ~ **by rabbets** *v fa* csapozással illeszt; ~ **homomorphism** *mat* egyesítés-homomorfizmus; ~**-isomorphic mapping, isomorphism** *mat* egyesítés-izomorfizmus

joiner *ép, fa* asztalos; épületasztalos; *film* ragasztóprés; ~**'s bench** asztalospad; ~**'s cross-cut sawbench** asztaloskörfűrész; ~**'s deal** *fa* asztalospalló; ~**'s glue** asztalosenyv; ~**'s hammer** asztaloskalapács; ~**'s machinery** faipari gépek; ~**'s-shop** *fa* asztalosműhely; ~**'s vice** *fa* (asztalos)satu, satupad; ~**'s work** *fa* asztalosmunka

joinering *ép, fa* asztalosmunka

joinery asztalosmunka, asztalosműhely; *ép* épületasztalos-munka; ~ **industry** *fa* (bútor)asztalos-ipar; ~ **timber** *fa* műhelyfa; ~ **work** asztalosmunka, épületasztalos-munka

joining I. *a* csatlakozó; **II.** *n* egyesítés; (össze)kötés, (össze)kapcsolás; *el* összekötés, összeköttetés; *ép, fa* eresztékék; hézagolás; kötőalakítás; összeeresztés; *gép* csuklós csatlakozás; ~ **balk** *ép* kötőgerenda; ~ **by mortise and tenon** *ép* beeresztés *(csappal és csaplyukkal)*; ~ **by welding** *heg* kötőhegesztés; ~ **channel/drain** *ép* házi bekötőcsatorna; ~ **flange** *gép* csatlakozó perem/karima; ~ **nipple** *gép* csatlakozó csőidom(darab); ~ **on butt** *gép* bütüillesztés; ~ **piece** → ~ nipple; ~ **seam** *heg* kötővarrat; ~ **sewer** → ~ channel; ~ **shakle** *hajó* lánctoldószem; ~ **tie** → ~ nipple; ~ **turn** *rep* belépő forduló; ~**-up** *el* bekapcsolás; ~ **weld** → ~ seam; ~ **with passing tenon** *ép* fa csapozása (teljesen) átmenő csappal; ~ **with peg shoulder** *fa* vállcsapos kötés; ~ **yard** *ép* lekötőhely, ácsmunkahely, zsinórpad(udvar)

joint I. *v* összeköt, csatlakoztat; *ép* hézagol; *fa* illeszt; **II.** *a* közös, együttes, egyesített; illesztett, kapcsolt; összekötött; illeszkedő, kapcsolódó; **III.** *n* csatlakozás; illesztés; illesztési hely; kapcsolás; kötés; *bány* ácsolatkötés; összenövés; váll-lapirány; *el, távk* (össze)kötés; csatlakozás; összeköttetés; tápvonalcsatlakozó; *ép* csomópont *(tartószerkezeté)*; hézag; *ép, fa* ereszték; illesztés, fakötés *(faszerkezet)*; illesztési hézag; *geol* (zárt) hasadék; feszültség okozta repedezettség; litoklázis; repedés; *gép* csatlakozókarmantyú; csukló(s csatlakozás); *heg* varrat; *nyom* hátszalag; *ol* csőszakasz *(gázvezetéken)*; *rep* csatlakozás; kapcsolás, csatolás; kötés; ~ **ageing time** *vegy* ragasztás kötési ideje; ~ **angle** *gép* csatlakozó sarokelem; ~ **band** *bány* fugaszalag; ~ **bar** *ép* összekötő rúd, kötőrúd; ~ **bolt** *gép, kat* csuklócsap; ~ **box** *el* csatlakozódoboz, bekötődoboz; ~**-box compound** *el* kábelfejkiöntő massza; ~ **chair** *vasút* ütközési sínszék; ~ **closure** *rep* hézagkitöltés, hézagolás; ~**-connecting rod** → ~ bar; ~ **connection** *ép* csomópont; csomóponti kapcsolat; ~ **couple** *mech* társerőpár; ~ **coupling** *gép, gépk* egyetemes tengelykapcsoló; kapcsolófej; ~ **cover** *vasút* síillesztési (fedő)heveder; sínillesztési talpfa; ~ **current** *el* eredő áram; ~ **cutter,** ~ **cutting machine** *alak* hézagvágó gép; ~ **denial** *mat* SEM-SEM jel, együttes tagadás jele; ~ **density function** *mat* közös sűrűségfüggvény, eloszlássűrűség; ~ **diagram** *bány* tagoltsági diagram; ~ **distribution** *mat* együttes (valószínűség)eloszlás; ~ **drain** *hidr* függőleges szivárgó; ~ **effect** együttes hatás; ~ **entropy** *szt* együttes entrópia; ~ **face** *fiz, gép* elválasztó felület; ~ **face of pressure die** *koh* szerszámosztósík; ~ **fare** *rep* összesített menetdíj/viteldíj; ~ **fastening** *vasút* ütközési sínillesztés; ~ **fault set** *bány* vetőnyaláb; ~ **fault system** *bány* törési szerkezet; ~ **file** *szersz* csuklópántreszelő; ~ **filler** *ép* hézagkiöntő anyag, kiöntőanyag *(fugákhoz)*, hézagkitöltő *(üleptéshez)*; hézagtömítő csík/kitt; *rep* kiöntő anyag; ~**-filling compound** *el* kábelmassza, kábelszigetelő/kábeltöltő/kábelkiöntő massza; ~ **flange** *szer* tengelykötő/csőkötő karima/perem; ~ **for allowance** *ép* átfogásos toldás; ~ **force** *mech* társerő, csuklóerő; ~**-fork** *gépk* kardánvilla; ~ **freight rate** *rep* közös árudíjtétel; ~ **gear** *hajó* egyesítő hajtómű; ~ **grease** *gép* csuklózsír; tömítőzsír; ~ **guide** *gép* csuklós vezeték; ~ **hinge** *gép* csuklópánt; ~ **in the strata** *bány* osztóhézag; ~ **leakage** *gép* kötés tömítetlensége; ~ **lever** *em* könyökemelő; *gép* összekötő kar; ~ **lithoclare** *bány* kőzetrés; ~ **marker** *el* kábeltolódás-jelző; ~ **needle file** *szersz* csuklós tűreszelő; ~ **of girders** *ép* gerendacsatlakozás, gerendaillesztés; ~ **of pipes** *ép* csőkapcsolás; ~ **operation** *ip* együttes üzem; ~ **pattern** *bány* váll-laposodási kép; ~**-pin** *gép* csapszeg, forgócsap, csuklócsap; ~ **place** *el, gép* érintkezési hely; ~ **plane** *geol* elválási lap/sík; ~ **plate** *gép* csomólemez, csomóponti lemez; összekötő lemez; ~

pliers *pl szersz* csuklós fogó; ~ **pole** *el* vegyes oszlop *(erős- és gyengeáramú)*; ~ **probability distribution** *mat* együttes (valószínűség)eloszlás; ~ **rate** egyesített díjszabás; ~ **reinforcement** *ép* hézagvasalás; ~ **ring** *ép, gép* csőtömítő gyűrű; kapcsológyűrű; ~ **rod** *gép* kapcsolórúd; ~ **runner** *ép* hézagtömítő zsinór; ~**s** *ép* lépcső csomópontjai; ~ **sawing** *rep* hézagfűrészelés; ~**-sawing machine** *fa* hézagvágó gép; ~ **screw** *gép* kötőcsavar; ~ **sealing** *rep* hézagkiöntés szigetelőanyaggal; ~ **sealing compound** *ép* hézagtömítő massza; ~ **set** *bány* tagoltsági nyaláb; *geof* csuszamlási repedések rendszere; ~**-shaped arch support** *bány* csuklós íves biztosítás; ~ **spacer** *rep* hézagtérköztartó betétdarab; ~ **spacing** *rep* hézagelosztás; hézagok közötti távolság; ~ **spring** *ol* hasadékforrás; ~ **strip** *ép, gép* hézagtömítő csík; kapcsolóheveder; ~ **surface** *koh* osztósík; ~ **system** *bány* tagoltsági rendszer; ~ **tariff** *vasút* kötelékí/közös díjszabás; ~ **test** közösségben végzett kísérlet; ~ **tie** *ép* csatlakozó/illesztett keresztgerenda/kötőgerenda; *gép* alátámasztott/talpas illesztés; *vasút* ütközési talpfa; ~ **tongue** *ép, fa* eresztték; ~ **traffic** *vasút* csatlakozó/kombinált forgalom; ~ **tringle** *ép, fa* eresztték; ~ **weld** *heg* hegesztett varrat, kötővarrat; ~ **welding** *heg* kötőhegesztés, kötővarrat-hegesztés; ~ **with scarf and joggle** *fa* lépcsős lapolású illesztés; ~ **with skew scarf and key** *fa* ferdén ékelt lapolás

jointed ízelt; tagolt; *bány, geol* repedezett; *cipő* flexibilis, hajlékony; *ép* hézagolt; összeeresztett *(felsőrész)*; tagolt; *gép* csuklós; illesztett, összekapcsolt; *tex* csomózott; ~ **arm** *gép* csuklós kar, forgókar; ~ **brake** *gépk* csuklós fék; ~ **cap** *bány* csuklós pajzstető; ~ **connecting rod** *gép* többrészes hajtórúd; ~ **coupling** *gépk* egyetemes tengelykapcsoló

jointer összeállító/összerakó munkás; *ép* fugázóvas, hézagolóvas; téglafalazat kötése; *fa* eresztőbak, eresztőgyalu, eresztőpad; illesztő/simító gyalugép, kecskegyalu, kádárgyalu; *mzg* előhántó *(ekén)*; ~ **plane** → jointing plane

jointing I. *a el, gép* bekötő, összekötő, csatlakozó; *ép* hézagoló, közölő; **II.** *n* darabolás, ízelés; *ép* bevésés; fugázás; hézagolás; köz, hézag, fuga; *gép* illesztés, egyesítés, összekapcsolás; *ol* törésrendszer; ~ **box/chamber** *el* bekötőszekrény, csatlakozószekrény, leágazószekrény; ~ **clamp** hosszabítószorító, bekötőszorító; ~ **compound** *vegy* osztófelület-tömítő anyag; ~ **manhole** → ~ box; ~ **material** *vegy* kötőanyag; ~ **mortar** *ép* hézagolóhabarcs; ~ **of teeth** *ép, fa* fűrészfog-egyengetés, abstószolás; ~ **of timbbers** *bány* ácsolatkötés; ~ **paste** *el* csatlakozástömítő kenőcs; ~ **pattern** *bány* tagoltság; ~ **plane** *fa* eresztő gyalupad; eresztőgyalu; illesztő gyalugép; simítógyalu; *geol* elválási lap/sík/szint; ~ **press** *pa* rányomóprés; ~ **rivet** *gép* bekötőszegecs; ~**-rule** *ép* fugázóvonalzó; ~ **sleeve** *el, távk* csatlakozóhüvely; kötőhüvely; ~ **structure** *bány* tagoltság

jointless ízeletlen; *ép* hézagmentes, hézagtalan *(padló)*; tagolatlan; *tex* végtelenített; ~ **floor** *ép* öntött/hézagmentes padló; ~ **structures** *rep* hézag nélküli szerkezet

jointy *any* (hajszál)repedéses

joist I. *v ép* födémgerendát beszerel; gerendára felerősít; **II.** *n ép* (födém)gerenda *(fa, acél v. beton)*, kötőgerenda, padozattartó gerenda, ászokfa, padlótartó gerendaszerkezet; kisebb áthidaló gerenda, nyílásáthidaló, tartó; párnafa; ~ **ceiling** *ép* gerendafödém; ~ **head** *ép* gerendavég; ~ **spacing** *ép* bordatávolság *(födémé)*

joisted floor *ép* bordásfödém, látható fafödém

Jokro mill *pa* Jokro-malom

jolly (boat) *hajó* (hajó)csónak; „boci"

Jolly balance *fiz, vegy* rugós légsűrűségmérő

jolt I. *v* ráz, zökkent, zötyögtet; rázkódik, zökken, zötyög; *pa* rakásba rak; **II.** *n* lökés, rázás, zökkenés; ~**-mo(u)lding-machine** *önt* (egyszerű) rázó formázógép; ~ **pattern-draw mo(u)lding-machine** *önt* rázó rendszerű húzókeretes formázógép; ~**-rammer** *ép* gyors ütemű döngölő; ~**-ramming machine** rázó formázógép; ~ **roll-over mo(u)lding-machine** *önt* fordítóasztalos rázó formázógép; ~ **roll-over pattern-draw mo(u)lding-machine** *önt* rázó rendszerű átfordítható asztalos és húzókeretes formázógép; ~**-squeeze mo(u)lding-machine** *önt* rázó-sajtoló formázógép; ~**-stripper mo(u)lding-machine** *önt* áthúzólapos rázó formázógép

jolting *ép* sokkolás *(betontömörítés)*; ~ **machine/press** *alak* zömítőgép; *önt* (egyszerű) rázó-formázógép; ~ **vibrator** *ép* sokkoló vibrátor *(betontömörítő)*

Jominy | distance *koh* Jominy-távolság; ~ **end-quench curve** *any* Jominy-féle edzhetőségi görbe; ~ **end-quench test** *any, hők* edzhetőségi próba, Jominy-próba

Jones zone *krist* Jones-zóna

Jordan *geol* Jordán; *pa* Jordán malom; ~ **canonical form** *szt* Jordan-féle kanonikus alak/forma; ~ **canonical transformation** *szt* Jordan-féle kanonikus transzformáció; ~ **curve** *mat* egyszerű zárt görbe, zárt Jordan-görbe; ~**-elimination** *szt* Jordan-elimináció; ~ **mill** *pa* Jordán malom; ~ **plug** *pa* Jordán kúpkéselés; ~ **refiner** *pa* Jordán-kúpos malom

joseite *ásv* joséit

josephinite *ásv* josephinit

Josephson | contact/junction *el, félv* Josephson-kontaktus, Josephson-átmenet, alagútkontaktus; ~ **effect** *el* Josephson-effektus

jot I. *v* bepontoz; **II.** *n* csekélység; *nyom* pont, iota; ~ **down** *v* lejegyez

Joukowski profile *rep* Zsukovszkij-féle (szárny)szelvény

joule (J) *fiz* joule

Joule | cycle *el, fiz* Joule-féle körfolyamat; ~ **effect** *el, fiz* Joule-effektus, áram hőhatása; ~ **efficiency** *el, fiz* Joule-féle hatásfok; ~ **heat** *el* Joule-féle hő, Joule-hő, áramhőhatás, Joule-hőfejlődés; ~ **loss** *el, vegy* Joule-(hő)veszteség; ~ **meter** *el, metr* joulemérő; ~**'s (energy) law** *el, vegy* Joule-féle energiatörvény; ~**-Thompson effect** *fiz* Joule-Thompson-effektus

Joulean heat → Joule heat

journal újság; folyóirat; *gép* (cső)csap, hengercsap, hengeres csap, tengelyvégcsap; ~ **a shaft** *v gép* tengelyt csapágyaz; ~ **bearing** *gép* tengelycsapágy; ~ **box** *vasút* tengelyágy, ágytok; ~ **cross** *gépk* kardánkereszt; ~**-grinding machine** *forg* tengelycsapköszörű; ~**-milling machine** *forg* csapmaró gép; ~ **neck** *gép* tengelycsapnyak; ~ **pin** *gép* tengelycsap; *vasút* alvázforgócsap; ~ **pressure** *gép* tengelynyomás; ~**-turning machine** *forg* tengelycsapeszterga

journalbox oil tengelyolaj

journalled-in *gép* becsapolt
journey *rep* út, utazás; ~ **log-book** *rep* fedélzeti napló
jowl *bány* kopogóz *(ellenvágatok hajtásánál)*
jowling I. *a bány* összekopogtató *(ellenvágatok hajtásánál)*; **II.** *n bány* összekopogtatás
joyce sweep *mzg* szárnyas művelőtest *(középgyors járatú kultivátorhoz)*
joystick *gép* kezelőemeltyű, kezelőfogantyú; *rep* botkormány, kormánybot; *szt* botkormány; joystick
jp → jet-propelled
JP → jet pilot; → jet propulsion
JSP → Jackson structured programming
jubilee | skip/wagon *bány, ép* billenőteknős csille; keskenyvágányú billenőcsille; ~ **track system** *vasút* keskeny nyomtávú vágányrendszer
jud *bány* körülréselt széntömb
judder *szt* képtorzulás *(telefaxnál)*
judg(e)ment becslés; *mat* állítás, ítélet; mondat, zárt mondat/állítás; nézet; ~ **by eye and hand** *tex* szubjektív minősítés(i eljárás); ~ **by the eye** szemmérték; ~ **sampling** tudatos kiválasztás
jug I. *v* párol; **II.** *n* edény, kanna, köcsög, kancsó, korsó; *geof* geofon
JUGFET → junction-gate field-effect transistor
juggernaut kamion
juggler *bány* ferde tám
juice *élip* (gyümölcs)lé; szörp; ~ **catcher** *élip* léfogó; ~ **heater** *élip* lémelegítő; ~ **height** *cu* léállás; ~ **inlet** *cu* lébelépés; ~**-level indicator** *élip* lészintmutató; ~ **liming** *cu* léderítés; ~ **meter** *élip* lémérő; ~ **outlet** *cu* lékilépés; ~ **purification** *cu* létisztítás; ~ **side** *cu* léoldal; ~ **valve** *élip* lészelep; ~ **with cells** *élip* szűretlen gyümölcslé
juicer *film* fővilágosító
juicing-up *cu* feleresztés, bekeverés
jumbo I. *a* óriás(i); **II.** *n ép* védőpajzs *(alagútfúrásnál)*; *koh* salakhűtő szekrény; ~ **arm/column** *bány* fúrótartó kar *(fúrókocsin)*; ~ **cops** *pl* nagyméretű tömlővetülék-cséve; ~ **jack** *bány* fúrókocsit kifeszkéző tám; ~ **jet** *rep* óriásgép, jumbo jet; ~ **roll** *pa* gépgörgő, géptekercs; ~ **truck** *bány* fúrókocsi csillealváza
jumboizing *hajó* átépítés középrészbetoldással
jump I. *v* (fel)ugrik, átugrik; *heg* zömítve hegeszt; *koh* zömít, összekovácsol; **II.** *n* ugrás; *bány* vetődés; *el* átmenet, ugrás; *geol* kisebb vetődés; *mat* ugrás, folytonossági hiány; *met* hirtelen hőmérséklet-változás; *rep* kiugrás (ejtőernyővel), ejtőernyős ugrás; *szt* ugrás; vezérlésátadó utasítás, ugróutasítás, ugrásutasítás; ~ **address** *szt* ugráscím; ~ **command** *szt* ugrásutasítás; ~ **condition** *szt* ugrásfeltétel, ugrási feltétel; ~ **control** *aut, szt* ugrásvezérlés, fokozatos/léptető vezérlés; ~ **cross-out saw** *fa* emeltyűs/lábítós fűrészgép; ~ **discontinuity** *el, mat* ugrás(pont); ~ **drilling** *bány* kézi fúrás; ~ **feed** *forg* lökésszerű előtolás; ~ **function** *szt* lépcsős függvény, ugrásfüggvény; ~**-gap distributor** *gépk* gyújtáselosztó *(átütő szikraközös)*; ~ **hammer** *szersz* frikciós kalapács; ~ **in brightness** *fiz, tv* fényességugrás; ~ **instruction** *szt* ugróutasítás, ugrásutasítás, vezérlésátadó utasítás; ~ **method** *mat* ugrásmódszer, Krilov-módszer; ~ **of spark** *el* szikraátütés, szikra átugrása; ~ **of temperature** *koh* hőmérsékletugrás; ~ **order** → ~ instruction; ~ **out of gear/mesh** *v gépk* kiugrik a sebességből *(sebességváltó)*; ~**-over spark** *el* felületi kisülés; ~ **phenomenon** *fiz, mat* ugrási jelenség; ~ **resonance** *ásv* ugrásrezonancia; ~ **saw** *fa* gépi fűrész, ingafűrész; gépi fűrészlap; ~ **spark** *el* átütőszikra; ~**-spark coil** *gépk* gyújtótekercs; ~**-spark ignition** *gépk* szikragyújtás; ~ **up** *v* felugrik; felver *(árat)*; ~ **wedge** *cipő* kivájt éksarok rövid sarokfelülettel; ~ **weld** *heg* zömített tompa hegesztővarat, T-varrat
jumped sheet *heng* zömített élű lemez
jumper I. *v távb* átköt *(ágat)*, átimpregnál; **II.** *n bány* (kézi) ejtőfúró; kezdő fúró; *el* áthidaló vezeték, záróvezeték; *kat, rep* ejtőernyős; *kh* kötött blúz; matrózblúz; pulóver, szvetter; *mzg* ekevas; *szersz* kézi fúrószerszám; kézivágó, hidegvágó; *szt* áthidaló (vezeték); *távb* átkötés; *távk* többszörös kábelkapcsoló; ~ **bar** *bány* ütve (működő) fúró rudazat; ~ **bit** *bány, forg* ütőfúrófej; ~ **cable** *vasút* kocsiközi kábel; ~ **cord** *távk* kapcsolózsinór; ~ **field** *távk* kapcsolózsinórral kapcsolható kapcsolótábla-mező; ~ **hammer** *bány* bunkó(kalapács), ráütő kalapács *(kézifúróhoz)*; ~ **head** *vasút* összekötő dugaszoló; ~ **receptacle** *vasút* kocsikapcsoló vezeték dugaszolóaljzata; ~**-top (blast) pipe** *vasút* mozdonyfüstszekrénycső; ~ **wire** *távk* kapcsolóhuzal, rendezőhuzal, bekötőhuzal
jumpered fuse *el* szabálytalanul áthidalt *v.* megtalpalt biztosító
jumpering *távk* (oldható) átkötés; összekötés, összeköttetés
jumpforming *ép* kúszás *(kúszózsaluval)*
jumping I. *a* ugró, ugráló; **II.** *n* ugrás, ugrálás; *bány* előfúrás kézifúróval; *ép* tömörítés; *koh* zömítés; *mech* függőleges bizonytalanság; *tex* nyomóhengerfelugrás *(nyújtógépen)*; *tv* táncolás *(képé)*; ~ **bar** *szersz* feszítőrúd; ~ **cam** *gép* bütykös kontroller/vezérkapcsoló; ~**-figure watch** *óra* ugrószámos óra; ~ **form(work)** *ép* kúszózsalu; ~ **frog** *alak* nehéz robbanódöngölő; ~**-off** *gép* leugrás *(szíjé, kábelé)*; ~**-up process** *koh* zömítő kovácsolási eljárás
junction egyesítés; egyesülés; *bány* csomópont; elágazás; összekötő vágat; telértalálkozás; *el, félv, távk* átmenet; csatlakozás *(légvezeték és kábel között)*; kapcsolás; leágaz(tat)ás; *ép* kapcsolat, csomópont; toldás *(ácsmunkánál)*; *geol* összefolyás, egybetorkollás; *gép* illesztés; *hidr* elágazás *(cső)*, összefolyás, hozzáfolyás; *közl* (út)elágazás; csomópont; *szt* átmenet, csatlakozás, csomópont; *vasút* csatlakozás; csomópont, gócpont; oldalvonal; pályaudvar, állomás; ütközés *(síné)*; ~ **arm** *ép* útkereszteződésbe vezető egyik út; ~ **board** *el, távk* kapcsolótábla *(érintkezőkkel)*; ~ **box (JB)** *el, távk* elágazódoboz, csatlakozódoboz, bekötődoboz, leágazószekrény; ~ **cable** *el, távk* bekötőkábel, összekötő kábel; *távb* trönkkábel; ~ **cell** → ~ photocell; ~ **circuit** *távb, távk* harántösszeköttetés; központok közötti áramkör; ~**-depot** *vasút* csatlakozási állomás, tehervonat-indító állomás, rendezőállomás; ~ **diagram** *távk* kapcsolási rajz *(hálózaté, központé)*; ~ **diode** *félv* rétegdióda; ~**(-gate) field-effect transistor (JFET, JUGFET)** *félv* pn-átmenetes *v.* záróréteges *v.* Shockley-féle tér-vezérelt/térvezérlésű tranzisztor; ~ **gusset (plate)** *ép* csomólemez *(acélszerkezet)*; ~**-line** *ép* összekötő csővezeték; *távb* közvetlen vonal; *vasút* összekötő vonal; ~ **of lodes** *bány* telérkereszteződés; ~ **of veins** *bány* teléregyesülés; ~ **photocell** *el* (záróréteges) fényelem/fotocella; ~ **piece** *ép* bekötődarab, össze-

kötődarab; ~ **pipe** *ép, szer* összekötő cső; *gép* csomólemez, csatlakozólemez; ~ **platform** *bány* mozgó kasfenék; ~ **point** *el, félv* érintkezési pont; *mat* csúcs, szögpont *(2-nél nagyobb fokú gráfban)*; keresztezési pont; ~ **pole** *el, távk* csatlakozási oszlop; ~ **polygon** *bány* biztosító sokszögvonal; ~ **rail** *vasút* (körvasúti) vágány; ~ **railway** *vasút* összekötő vasút(vonal); ~ **rectifier** *el, félv* pont-egyenirányító, záróréteg-egyenirányító, kontakt-egyenirányító; ~ **route** *GB távb* összekötő vonal *(két központ között)*; ~ **signal** *vasút* elágazásjelző; ~ **station** *vasút* csatlakozó/elágazó/csomóponti állomás; ~ **temperature** *félv* pn-átmenet hőmérséklet; ~ **tetrode** *félv* tranzisztortetróda, rétegtetróda; ~ **transistor** *el, félv* rétegtranzisztor; ~ **traverse** *bány* biztosító sokszögvonal; ~**-type triode** *el, félv* rétegtranzisztor; ~ **welding** *heg* kötőhegesztés

juncture egybekötés, egyesülés; találkozás; csatlakozó rész; *gép* csukló; eresztték

Junghans-Rossi process *önt* folyamatos öntési eljárás a kristályosító ide-oda mozgatásával

juniper borókafenyő; ~ **oil** *vegy* borókaolaj; ~ **tar** *vegy* borókafakátrány

junk I. *v* nagy darabokra vág; kiselejtez; **II.** *n* (fém)hulladék, szemét; szösz; halom, rakás; *hajó* dzsunka; *szer* kenderkóc; *szt* szemét, haszontalan; ~ **basket** *bány* fúrógallér; *ol* markoló; *szersz* fúrógallér; ~ **film** *film, fotó* selejtfilm, hulladékfilm; ~ **head** *gépk* hengerfej; ~ **remover** *pa* nehézhulladék eltávolító; ~ **ring** *gép* tömítőgyűrű; ~ **ring bolt** *gép* dugattyúfedél-csavar; ~**s** *cipő* keménylemezminta

junked film *film, fotó* selejtfilm, hulladékfilm

Junkers ('-type gas) calorimeter *metr* vízátfolyásos kaloriméter, Junkers-kaloriméter

jupon *tex* (alsó)szoknya; taftselyem; zeke, ujjas

Jura, Jurassic period/system *geol* jura

jury esküdtszék; versenybíróság, zsűri; *hajó* ideiglenes, rögtönzött, szükség-; ~ **pump** *hidr* biztonsági szivattyú; ~ **steering gear** *gépk* ideiglenes kormánymű

justifiable megokolható, menthető, jogos; *mat* igazolható

justification *nyom* soregyenlősítés, sorkizárás; ~ **routine** *szt* beállító/beszabályzó program

justify *nyom* egyenlősít, sort kizár; színel, egalizál, jusztíroz, szabatosít

jut I. *v* kiugrik, kiáll; **II.** *n ép* kiszögellés, kiugró rész

jute *tex* juta; ~ **and heavy linen yarn counts** *pl tex* jutafonal-számozás; ~ **board** *tex* jutakarton, jutalemez *(nem jutából, szívós triplexkarton)*; ~ **butt** *pl tex* jutahulladék; ~ **canvas** *tex* juta zsákszövet; ~ **jew's mallow** *pa* jutarongy; ~**-line** *tex* hosszú szálú jutafonal; ~ **opener** *tex* jutabontó gép; ~**-packing tool** *szer* kötélvas; ~ **paper** *pa* kötélpapír; ~ **sacking** *tex* jutagöngyöleg; ~ **softener** *tex* jutapuhítógép; ~**-tow (yarn)** *tex* rövid szálú jutafonal, jutakócfonal; ~ **washing** *tex* jutamosás; ~ **weaver** *tex* jutaszövő; ~ **yarn** *tex* jutafonal

jutty *ép* kiszögellés

juvenile *geol* juvenilis; ~ **gas** *ol* juvenilis gáz; ~ **water** *geol* magmavíz, juvenilis víz

juxtapose melléhelyez, egymás mellé helyez, mellérendel

juxtaposition melléhelyezés, mellérendelés; *gép, szer* csatlakozó helyzet; *mat* egymás mellé helyezés, juxtapozíció; ~ **metamorphism** *geol* kontakt metamorfózis; ~ **twin(s)** *krist* juxtapozíciós ikrek, kontaktikrek

K

k *vegy* reakció gyorsasági mutatója; **~-factor** *at* fajlagos gamma-sugárzási állandó, gamma-sugárdózisállandó; **~-fold root** *mat* *(k)*-szoros gyök; **~-linear algebra** *mat* lineáris algebra, *(k)*-lineáris algebra; **~-saturated graph** *mat* *(k)*-telített gráf; **~-torus** *mat* *(k)*-tórusz; **~-tuple root** *mat* *(k)*-szoros gyök
K → keel; → kelvin; → kilo-; **~-acid** *vegy* K-sav, 1-amino-8-naftol-4,6-diszulfonsav; **~-electron** *at* K-héj elektronja, K-elektron; **~-electron capture** *at* K-befogás, elektron befogása K-héjba; **~-joint** *heg* K-varrat; **~-meson** *at* K-mezon, kaon; **~-scan** *tv* K-típusú letapogatás; **~-shell** *at* K-héj, kételektronhéj; **~-shell electron** *at* K-héj elektronja, K-elektron; **~-strut** *ép* K alakú állvány, K-merevítő, K-dúc, K-rácsozás; **~-support** *bány* K-biztosítás; **~-term** *csill* K-effektus; **~-truss** *mech* K-rácsozású tartó; **~-value** *műa* k-érték, Fikentscher-féle érték
kA → kiloampere
kabak cloth *el* szigetelőbatiszt
kaersutite *ásv* kaersutit
Kagomé net *krist* Kagomé-hálózat
kahr *geol* karr, ördögszántás
kainite *ásv* kainit
Kainozoic → Cenozoic
Kaldo | converter *koh* Kaldo-konverter; **~ process** *koh* Kaldo-eljárás; **~ steelmaking plant** *koh* Kaldo-konverteres acélolvasztó műhely
kali *vegy* kálium-oxid
kaliborite *ásv* káliborit
kalinite *ásv* kalinit
kaliophilite *ásv* kaliofilit
kallaite *ásv* kallait
Kalle's acid *vegy* Kalle-sav, 1-naftilamin-2,7-diszulfonsav
kallitron *távk* kallitron
Kalman filtration *szt* Kálmán-féle szűrés
kalott model *fiz* kalottamodell
kalsilite *ásv* kalszilit
kamacite *ásv* kamacit
kamarezite *ásv* kamarecit
kame *geol* kame
kammererite *ásv* kämmererit
kampometer *geod* látótérmérő, kampiméter
kampyle of Eudoxus *mat* Eudoxosz-féle kampilé
kamsin *met* egyiptomi meleg déli szél
kandite *ásv* kandit
kanonenspath *ásv* ágyúpát
Kansas City Audio Cassette Standard *szt* mágneskazettás tároló illesztési szabványa
kaolin(e) *geol* kaolin
kaolinite *ásv* kaolinit
kaolinization *geol* kaolinitesedés
kaon *at* K-mezon, kaon
Kaplan | pump *hidr* állítható lapátú szivattyú; **~ turbine** *hidr* Kaplan-turbina
kapnicite *ásv* kapnicit
kapok *tex* kapok(szál)
Kapp | diagram *el* Kapp-diagram; **~ phase advancer** *el* Kapp-féle fázistoló
kappa | curve *mat* kappa-görbe; **~ number** *pa* kappa
karat *metr* karát
Karaya-gum *gyógyv* Karaya-gumi
karb(ing) *bány* forrásfoglalás
karinthin *ásv* karintin
Karle-Hauptmann method *krist* Karle—Hauptmann-módszer
Karlik's rope drive system *bány* Karlik-tárcsás kötélhajtómű
Kármán vortex street/trail *hidr* Kármán-féle örvénysor
Karnap-system incinerator *környv* Karnap-rendszerű égetőberendezés
Karnaugh map/table *geod* Karnaugh-diagram, Karnaugh-táblázat, Karnaugh-tábla
Karnic stage *geol* karni emelet
Karpathian stage *geol* kárpáti emelet
karst *geol* karszt; karsztforrás; **~ area** *geol* karszt; **~ bauxite** *geol* karsztbauxit; **~ marsh** *geol* karsztláp; **~ rock** *geol* karsztos kőzet; **~ spring** *geol* karsztforrás; **~ surface** *geol* karszt térszín; **~ topography** *geol* karszt térszín; **~ water** *geol* karsztvíz, triászvíz; **~-water level** *geol* karsztvízszint; **~ water replacement** *geol* karsztvízpótlás
karstic *geol* karsztos, karszt-; **~ aquifer** *ol* karsztvíztároló; **~ cave(rne)** *bány* zsomboly; **~ water** *geol* karsztvíz; **~ water resources** *pl hidr* karsztvízkészlet
karstification *geol* karsztosodás
kasha *tex* kasa
kasolite *ásv* kaszolit
Kasper polyhedron *krist* Kasper-poliéder
kata- → cata-
katabatic | front *met* katafront, lesiklási front; **~ wind** *met* leszálló szél, katabatikus/gravitációs szél, lefelé irányuló légáramlás
Katadyn-process *környv* Katadyn-eljárás
katafront *met* katafront, lesiklási front
katamorphism *geol* felületi változás
kataphorite *ásv* katoforit
kataposition *vegy* katahelyzet
katarocks *geol* katazóna-kőzetek
katathermal mineralization *geol* katatermális ércképződés
katathermometer *metr* katatermométer, lehűlésmérő
katazone *geol* katazóna
katharometer *vegy* hővezető-képességi cella, katarométer, hővezetőképesség-mérő
katharometry *vegy* katarometria, hővezetőképességmérés
kathetron *el* katetron, külsőrácsos trióda
kation → cation
katophorite *ásv* katoforit
kauri kaurifa; **~-butanol test** *vegy* kauri-butanol próba; **~-butanol value (k.b.v.)** *vegy* kauri-butanol szám; **~ gum** kaurigyanta
Kazanian stage *geol* kazáni emelet
KB → kiloband; → kilobyte; → kite balloon
k.b.v. → kauri-butanol value
kbyte (KB) → kilobyte
kcal → kilocalorie
kCi → kilocurie
KC, kc → kilocycle

KCS, kcs, kc/s → kilocycles per second
K. ct → Keene's cement
KD → kiln-dried; → knocked-down
KDP → potassium dihydrogen phosphate
KE → kinetic energy; → kinetic equation
keatite *ásv* keatit
kebar *ép* gerenda, rúd
kebbock *élip* sajt
keckle *tex* borít *(kötéllel, fonallal)*, védőborítást alkalmaz
kedge I. *v hajó* kukázik; **II.** *n hajó* kis horgony; kukázás; ~ **anchor** *hajó* kis horgony, kukázóhorgony
keel I. *v hajó* oldalára borul, felborul; oldalára fektet; **II.** *n hajó* hajógerinc, fenékborda; tőkesúly; *metr* szénsúly-mértékegység = 21,2 *(long ton)*; *rep* léghajótörzs alsó része; repülőgép alsó része; *tex* (szövetvég)jelölés; ~**-angle iron** *hajó* gerinchossz-merevítő kapcsoló szögvasa; ~ **arch** *ép* szamárhátív, szamárhátú boltív; ~ **block** *hajó* gerinccönk, tőkecönk; gerinctám *(dokkolásnál)*; ~ **bolt** *hajó* tőkesúlyrögzítő csavar; ~ **girder** *hajó* fargerenda; ~ **line** *hajó* gerincvonal; ~ **over** *v hajó* átfordít; átfordul; ~ **plate** *hajó* gerinclemez; ~ **surface** *hajó* fenékfelület
keelson *hajó* gerinc *(evezőshajóé)*
keen I. *v forg* élez, köszörül; **II.** *a forg* éles; ~ **draught/draft** *hőt* éles huzat; ~**-edged** *forg* éles, jól vágó
Keene's cement *ép* márványgipsz, keményalabástrom, timsógipsz
keenness *forg* élesség
keep I. *v* marad; (meg)tart; *gép* fenntart *(jó karban)*; karbantart; **II.** *n* élelmezés, ellátás; *ép* vár(torony); *gép* biztosítócsappantyú, tartókapocs, rögzítőkapocs; ~ **ahead** *v bány* előresiet; előz; ~**-alive circuit** *el* (elő)ionizáló áramkör; ~**-alive contact** *el* áramkörfenntartó segédérintkező; ~**-alive current** *el* ionizációs/ionizálási áram; ~**-alive electrode** *el* kialvást gátló elektród, begyújtóelektród, ívfenntartó elektród; ~**-alive voltage** *el* gerjesztőfeszültség, előionizációs feszültség; készenléti feszültség; ~**-bolt** *gép* csapágyfedélcsavar, fedélleszorító csavar; ~ **constant** *v aut* állandó értéken tart; ~ **down** *v* lenyom, lefog, megfékez; *hang, opt* tompít; *nyom* címsorokban belül kis kezdőbetűkkel szedni *(utasítás)*; ~ **dry** *v* szárazon tárol; szárazon tárolandó *(utasítás)*; ~ **forward** *v bány* előtűző munkát végez; előz, előzéssel/előresietve hajt *(vágatot)*; ~ **in good order** *v gép* jó karban tart; ~ **in tension** *v el* feszültség alatt tart; ~ **keen** *v forg* élesen tart; ~ **level** *v rep* magasságot tart; ~ **on the beam** *v rep* iránysávon repül; ~**-pin** *gép* sasszeg; ~ **running** *v gép* üzemben tart; ~**s** *pl bány* kasszék; *ép* biztonsági zár; ~ **standing** *v nyom* állva hagy *(szedést)*; ~ **the dust** *v bány* (szálló) port leküzd; ~ **to the right** *v közl* jobbra hajts! *(mint utasítás)*; jobbra tart *(forgalomban)*; ~ **true to shape** *v any* pontos alakját megtartja; ~ **up** *v* fenntart; *gép* karbantart; *nyom* állva hagy *(szedést)*; címsorokban belül nagy kezdőbetűkkel szedni *(utasítás)*
keepable *élip* sokáig eltartható/tárolható
keeper őr; vezető; tulajdonos; *bány* külszíni felvigyázó; *bőr* (bőr)karika; bújtató; *el* armatúra; mágneszár; *ép* pánt; *gép* tartó(anya), ellenanya; *gépk* (szelep)tartó; ~ **hinge** *gép* csuklópánt; ~ **of a magnet** *el* (mágnes)fegyverzet, mágnesforgórész; ~ **pin** *gép* védőszeg
keeping I. *a* (meg)őrző; *élip* tartós, elálló; **II.** *n* (meg)tartás, (meg)őrzés; *gép* fenntartás; ~ **open** *bány* nyitva tartás; ~ **property/quality** *gumi, vegy* tartósság, tárolóképesség
kef *gyógyv* indiai kender
keg *fa* (kis) hordó; *metr (súlyegység szegek számára = 100 lb)*; *vegy* bádogtartály *(festékhez)*; ~ **beer** *élip* hordósör; ~ **spring** *gép* hasas rugó
Keighley dobby *tex* kettős emelésű kétsoros nyüstösgép
keilhauite *ásv* keilhauit
kelcoloid *gyógyv* alginsav-propilen-glikolszármazék
kelcosal *gyógyv* nagy viszkozitású nátrium-alginát *(keresk. név)*
Kelex reagent *koh* Kelex-reagens
kelgin *gyógyv* kis viszkozitású nátrium-alginát *(keresk. név)*
Kelleyfication *mat* kellifikáció
Kell-factor *tv* Kell-faktor
kelly *ol* forgatórúd; ~ **bar** *ol* forgatórúd; ~**-(drive) bushing** *ol* forgatóbetét; ~ **joint** *ol* forgatórúd, forgatószár, kelly; ~ **saver sub** *ol* forgatórúd-védőátmenet; ~ **stem** *ol* forgatórúd; ~ **(stop) cock** *ol* forgatórúdcsap; ~ **telescope (for trenching)** *ép* Kelly-teleszkóposzlop; ~**-telescopic mast** → ~ telescope
Kelly filter *koh* Kelly-szűrő
kelp *vegy* Laminaria-moszat jodidtartalmú hamuja
kelson → keelson
keltose *gyógyv* kalcium-alginát és ammónium-alginát keveréke
Kelvin | balance *el* Kelvin-mérleg; ~ **bridge (double)** *el* Thomson-híd; ~ **compass** *hajó* Kelvin-féle iránytű; ~ **effect** *el* felületi effektus; ~ **electrometer** *el* abszolút elektrométer; ~ **equation** *távb* távíróegyenlet; ~**('s absolute temperature) scale** *fiz, metr* abszolút hőfokskála *v.* hőmérsékleti skála; Kelvin-féle hőmérsékleti skála; ~ **skin effect** *el* szkinhatás, szkineffektus, szkinjelenség; ~ **temperature** *fiz, metr* abszolút hőmérséklet/hőfok, Kelvin-hőmérséklet; ~ **temperature scale** → ~ scale
kelvin (K) *fiz* kelvin
kelyphite *ásv* kelifit
kemp *tex* színezhetetlen holtszál
kempy hair gyapjúebszőr
kenaf *tex* kenáf
kench *bőr, élip* sózókamra
Kendal *tex* zöld színű szövet
Kennedy key *gép* Kennedy-féle ék, négyzetes ék
Kennelly-Heaviside layer → Heaviside layer
kenotron *el* vákuum-egyenirányító cső, kenotron; ~ **rectifier** *el* kenotron-egyenirányító
Kent cap *pa* papíralak *(21"x18")*
kentallenite *ásv* kentallenit
kenter-shakle *hajó* kenterszem
kentledge *ép* ellensúly, stabilizáló teher, próbateher; *hajó* vasból álló ballaszt, (állandó) nyersvas fenéksúly
kentrolite *ásv* kentrolit
kenyite *ásv* kenyit
Kenyon machine *any* (korrózió okozta) kifáradásvizsgáló gép
KEPAL process *koh* KEPAL-eljárás
Kepler('s) | area law *csill* felületi tétel, Kepler második törvénye; ~ **laws** *csill* Kepler-törvények; ~ **second law** *csill* felületi tétel, Kepler második törvénye

keps *pl bány* kasszék; *élip* védő zárókilincs
keramohalite *ásv* alunogén
kerasin *ásv* kerazin
keratin *vegy* keratin
keratophyre *geol* keratofir
keraunophone *met* akusztikus villámjelző
kerb *bány* forrásfoglalás; *ép* (járda) szegély, útszegélykő; **~-stone** *ép* járdaszegély(kő)
ker-coker sequence *mat* kígyódiagram, kígyólemma
kerf I. *v* rovátkol; **II.** *n bány* bevágás, rés, rovátka; *fa* fűrészjárat; levágott darab/rész; *szt* bevágás; **~-chain** *bány* réselőlánc; **~ of saw** *szersz* fűrész vágási szélessége
kerfing *bány* védő rovátkolás
kerma → kinetic energy released in matter/material
kermesite *ásv* kermezit
kern I. *v nyom* aláväg; **II.** *n élip* mag; *nyom* alávágás, kinyúló betűkép, „überhang"; **~ cross-section** *ép* magkeresztmetszet, kengyellel határolt keresztmetszet; **~ distance** *mech* magponti távolság; **~ point** *mech* magpont
kernel *at* belső mag; hatásfüggvény, magfüggvény; *élip, mzg* gabonaszem, bél, (belső) mag; gyümölcsmag; *mat* mag, integrálegyenlet-mag, magfüggvény; *mech* magidom; *önt* mag; *pa* vasmag *(papírtekercsekhez)*; *szt* mag; rendszermag; **~ function** *mat* magfüggvény; **~ matrix** *mat* magmátrix, forrásmátrix; **~ of the integral equation** *mat* integrálegyenlet magja; **~ oil** *élip* magolaj; **~ point** *mech* magpont; **~-point moment** *mech* magponti nyomaték
Kerner's iteration *szt* Kerner-féle iteráció
kernite *ásv* kernit
kerogen *ol* kerogén; **~ shale** *ol* olajpala
kerosene *ol, vegy US* petróleum, világítópetróleum; **~ distillate** petróleumpárlat; **~ lantern** *hőt* petróleumlámpa; **~ oil** *ol* könnyű gázolaj; **~ shale** *ol* olajpala; **~ tube** *ol* petróleumcső
kerosine → kerosene
Kerr | cell *el* Kerr-cella; **~ effect/phenomenon** *el, fiz* Kerr-effektus, Kerr-jelenség
kerrite *ásv* kerrit
kersantile *geol* kerzantil
kersey *tex* durva bordás háziposztó, durva gyapjú háziszőttes
kerseymere *tex* kasmír(szövet)
Kessener-type aeration tank *hidr* Kessener-medence
Kesternich test *koh* Kesternich-próba
ketazine *vegy* ketazin
ketch *hajó* ketch *(kétárbocos gyors vitorláshajó)*
ketene *vegy* ketén
ketimine *vegy* ketimin
keto | acid *biot, vegy* keto(n)sav; **~-enolic tautomerism** *vegy* keto-enol tautoméria; **~ form** *vegy* keto-alak; **~ radical** *vegy* keto-gyök
ketocycloheptane *vegy* cikloheptanon
ketocyclopentane *vegy* ciklopentanon
ketogenesis *élip* ketontestek képződése
ketoheptamethylene *vegy* cikloheptanon
ketohexamethylene *vegy* ciklohexanon
ketohexose *vegy* ketohexóz
ketol *vegy* ketol
ketone *vegy* keton; **~ resins** *műa* ketongyanták; **~s** *pl vegy* ketoncsoport
ketonic acid *vegy* ketonsav
ketopantamethylene *vegy* ciklopentanon
ketopentose *vegy* ketopentóz
ketose *vegy* ketóz
ketotetrose *vegy* ketotetróz
ketoxime *vegy* ketoxim
kettle bödön; üst, katlan; *bány* kupola *(főteomlasztásnál)*; *csill* iránytű tokja; *geol* gleccserüst; *hőt* kazán; *műa* gyantafőző üst; **~ dye** *vegy* kádszínezék; **~ furnace** *koh* üstkemence; **~-maker** *mt* kazánkovács; **~ wax** kisózott szappan
kettledrum *hang* üstdob
kettlestich *nyom* láncöltés
Keuper (series/subdivision) *geol* keuper
keV → kilo-electron-volt
kevel *ép* kőfaragó kalapács; *hajó* kötélbak
kevlar *műa* kevlar *(műszál)*
Kew | certificate *GB óra* Kew-tanúsítvány *(a National Physical Laboratorytól)*; **~-pattern barometer** *met* szinthelyesbítésű edényes barométer
Keweenawan *geol* keweenawan rétegsorozat
key I. *v* kulccsal bezár; *bány* megékel, megerősít; *el* szaggat *(vivőáramot)*; *ép* kiékel, kipeckel; *fa* összefogaz, csapoz; *gép* csapszeggel rögzít; felékel, mereven ékel *(kereket, tengelyt)*; *hang* hangol *(hangszert)*; **II.** *n* kulcs, retesz; megoldás, kulcs *(feladatoké)*; billentyű *(hangszeré is)*; hangnem, kulcs; jelmagyarázat; *bány* boltozatzárókő; ék; *ép* fog *(gáttestben)*; kitöltőhabarcs, kötőhabarcs; záradék; *geol* alacsony sziget/zátony, korallsziget, korallzátony; *gép* kulcs, retesz; rögzítőék; *hang* hangolókulcs *(hangszerhez)*; *irgép* billentyű; *ol* kulcs, (tengely)ék; *pa* hajtás *(ívé)*; *szt* kulcs, billentyű, nyomógomb; *távk* betűkar; billentyű; kulcs, retesz; nyomógomb; *tex* rögzítőkulcs *(fésülőgépen)*; **~ a call number** *v távk* lebillentyűz *(hívószámot)*; **~ address** *szt* kulcscím; **~ bar** *fa* lőcs; *gép* vakrúd; *koh* ékacél; **~ bed** *bány, geol* alaptelep; vezérszint; vezetőszint, vezetőréteg, vezérréteg; **~ bit** *gép* kulcstoll; **~ blank** *gép* nyerskulcs; **~ block** *fa* vonalas dúc *(fametszethez)*; **~ bolt** *gép* ékcsavar; **~ button** *el, távk* billentyű; **~ cell** *film* kulcsrajz *(rajzfilmen)*; **~ chain** *gép* kulcslánc; **~ clicks** *távk* billentyűzörej, billentyűzési zörej; **~ command** *szt* kezdő utasítás; **~ component** *vegy* kulcskomponens; **~ course** *ép* zárókőréteg; **~ cutting** kulcsmásolás; **~ drawing** *nyom* körvonalrajz; **~ drift** *tex* verőék; **~ drill** *bány* Keystone-fúró; **~ drilling** *ol* kulcsfúrás; **~ drop** *ép* kulcslyukfedő, kulcslyukpajzs; **~ equation** *mat* kulcsegyenlet; **~ equipment** *ip* kulcsfontosságú berendezés; **~ feather** *gép* retesz; **~ field** *szt* kulcsmező; **~ file** *szersz* kulcsreszelő; **~ fossil** *bány* vezérlő ősmaradvány; **~ fraction** *ol* kulcsfrakció, kulcspárlat; **~ hole** → keyhole; **~ horizon** *geof, ol* vezérszint, vezető/vonatkozási szint; **~ in** *v szt* beír, bevisz *(számítógépbe)*; **~-in** *szt* bebillentyűzés; **~ (in) an arch** *v ép* boltozatot lezár; **~ industry** kulcsipar; **~ instruction** *szt* kulcsutasítás; **~ interlocking** *vasút* kulcsos elzárás; **~ letter** *távk* betűjel, kulcsjel; **~ lever** *gép, távb* billentyűkar; **~ light** *film, foto* főfény *(stúdióban)*, kulcsfényforrás; **~ line** *nyom* jelkulcsot tartalmazó sor; **~ lock** → keylock; **~-making attachment** *gép* ékgyaluló készülék; **~ map** *ép, gép* magyarázó/elhelyezési (terv)rajz; **~ modulation** *távb* billentyűzéses moduláció; **~ motion** *tex* billentyűszerkezet; **~ number** *mat, szt* mutatószám, kulcs-

szám, index; ~ **of (an) arch** *ép* ívzárókő, záradék; *pa* ív hajtása; ~**-operated switch** *el* billentyűs kapcsoló, tömblerkapcsoló; ~ **order** *szt* kezdő utasítás; ~**-out region** *távk* jelközi vezérlési karakterisztikaterület; ~**-pad** → keypad; ~ **patent** *ip* kulcsfontosságú szabadalom; ~ **pile** *ép* szádfal zárócölöpje; ~ **pipe** *ép* kulcscső; ~ **plan** *ép* elhelyezési (terv)rajz; ~ **plate** *ép* kulcscím(er), kulcslap, kulcslyukpajzs; *hang* vezérlemez *(hangfelvételnél)*; ~ **plug** *távb* dugasz; ~ **punch** *szt* kártyalyukasztó gép, billentyűs (kártya)lyukasztó; ~ **relay** *ol* átkapcsolórelé, átkapcsoló jelfogó; *távb* billentyűjelfogó; ~ **ring** *gép* kulcskarika; ~ **rock** *bány, geod* vezérkőzet, szintjelző kőzet; ~ **room** *bány* főkamra; ~**-room system** *bány* osztókamarás előkészítési rendszer; ~ **sample** reprezentatív minta; *nyom* támpéldány; ~ **saw** *szersz* ékhoronyfűrész; ~ **seat** *gép* ékhorony; ~**-seat ga(u)ge** *gép* ékhoronyidomszer; ~ **seating** *forg* fúrószár lyukba ékelődése *(fúrószár beragadása)*; ~**-seating machine** *fa* horonyvéső gép, horonymaró gép; ~**-seat rule** *gép* ékhoronylléc; *szersz* ékhorony-bejelölő szögvonalzó; ~ **segment** *ép* csőgyűrű-zárószegmens; ~ **sender** *távk* billentyűs közvetítő; ~**-sending register** *távk* billentyűs regiszter; ~ **shelf** *távb* kulcsmező; ~ **slot** *gép* ékhorony; ~**-slotted** *gép* ékhornyos; ~ **station** *távk* vezéradó; ~ **stone** → keystone; ~ **strap** *távk* nyomóbillentyűs kapcsolósáv; ~ **strip** *távb* billentyűsáv; ~ **stroke** → keystroke; ~ **substance** *vegy* kulcsanyag, kritikus anyag, kiindulási anyag, alapanyag; ~ **switch** *el* kulcsos kapcsoló; ~ **telephone set** *távb* személyhívó (berendezés); ~ **thump** → ~ clicks; ~**-to-address transformation** *szt* kulcsról címre való átváltás; ~**-to-disk** *szt* adatbevitel billentyűzetről lemezre; ~**-top** *tex* négyszögletes orsóvég *(elzárócsapon)*; ~**-to-tape** *szt* adatbevitel billentyűzetről szalagra; ~ **trace** *geol* vezércsatorna; ~ **up** *v ép* aláékel; *hang* felhangol *(hangszert)*; ~ **wall** *ép* körömfal; ~**-way** *gép* (kulcs)horony; ékhorony; ~**-way attachment** *forg* ékhoronygyaluló/ékhoronyvéső készülék; ~**-way broach** *gép* ékpályahúzó tüske; ~**-way chisel** *szersz* ékhoronyvágó; ~**-way cutter** *forg* horonymaró; ~**-way drill** *forg* horonyfúró (gép); ~**-way ga(u)ge** *gép* ékhoronyidomszer; ~**-way grinding machine** *forg* ékhoronyköszörű; ~**-way milling machine** *forg* ékhoronymarógép; ~**-way planing machine** *forg* ékhoronygyalu; ~**-way slotting machine,** ~**-way tool** ékhoronyvéső gép; ~ **wedge** *gép* tangenciális ék; ~ **well** *ol* kulcsfúrás; visszanyomókút, benyomókút, injektálókút; ~**-winding watch** *óra* kulcsos óra; ~ **word** → keyword

keyboard I. *v szt* beír, bevisz *(számítógépbe)*; **II.** *n* billentyűzet; *aut, el, távk* vezérlőpult, vezérlőasztal, kezelőpult, konzol, kapcsolótábla; *rep* elosztótábla; *szt* billentyűzet, klaviatúra; ~ **actuated tape punch** *szt* billentyűzettel működtetett szalaglyukasztó; ~ **computer** *szt* billentyűs számítógép; ~ **control keys** *szt* vezérlőbillentyűk; ~**-controlled** *aut, el, szt* billentyűvezérlésű; ~**-controlled printer** *szt* billentyűvezérlésű nyomtató; ~ **input** *szt* bevitel a billentyűzeten keresztül; billentyűs bemenet; ~**-oriented computer** *szt* billentyűzetorientált számítógép; ~ **oscillator** *el* nyomógomb-hangolású oszcillátor; ~ **page printer** *szt* billentyűs lapnyomtató; ~ **perforator** *rep* billentyűs lyukasztógép; *szt* billentyű(zete)s lyukasztó-(gép); ~ **programming unit** *szt* nyomógombos programvezérlő berendezés; ~ **punching** *szt* billentyűs lyukasztás; ~ **send/receive (KSR)** *szt* billentyűzettel ellátott B/K műveletekre képes terminál, KSR; ~**-to-disk system** *szt* adatbevitel billentyűzetről lemezre; ~**-to-tape system** *szt* adatbevitel billentyűzetről szalagra

keyboarder *szt* beíró

keyboarding *szt* beírás

keyed *gép* ékelt, megerősített; *hang* (fel)hangolt; ~ **joint** *gép* ékkötés

keyer *távk* manipulátor, modulátor

keyhole *bány* betörő fúrólyuk, kulcsfúrás, robbantólyuk; *ép* kulcslyuk; *gép* csaplyuk, csapszegfurat; *hang* hanglyuk *(fúvóshangszeren)*; ~ **notch** *mt* kulcslyuk alakú bemetszés; ~ **saw** *szersz* lyukfűrész

keying I. *a ép, gép* ékelő; *hang* hangoló; *távb* billentyűző, billentyűzési; *távk* moduláló, modulációs; **II.** *n ép* fogazás *(gáttestben)*; *ép, gép* (alá)ékelés, toldás ékcsappal; ékkötés; *távb* (át)billentyűzés; keresés; tárcsázás; választás; *távk* billentyűzés, moduláció, nyitás és zárás *(vivőfrekvenciáé)*; ~ **chirps** *pl távb* billentyűzési mellékzörej; ~ **control voltage** *aut, távk* modulációs/pulzált/kaparó szabályozófeszültség; ~ **crystal** *félv* egyenirányító kristály; ~ **cycle** *rep* billentyűzési ütem; ~ **error** *távb* billentyűleütési hiba, billentyűzési hiba; ~ **fit** *gép* ékelődő illesztés; ~**-on** *gépk* rákapcsolás; ~ **pulse** *távb* billentyűzőimpulzus; ~ **rate** *rep* billentyűzési sebesség; ~ **relay** *el* átkapcsolórelé/átkapcsoló jelfogó; ~**-up** *ép, gép* aláékelés, felékelés, kiékelés

keyless *óra* nem kulccsal felhúzható

keylock *szt* biztonsági kulcs

keynote I. *v hang* alaphangot megad; **II.** *n hang* alaphang, hangnem

keypad *el, szt (kisebb)* billentyűzet

keypunch *szt* billentyűs lyukasztó

keysender → key sender

keyset *el, távk* billentyűzet; ~ **telephone** *távb* billentyűs telefonkészülék

keystone *bány, ép* zárókő; *kat* fogasívzáróék; ~ **component** *szer* alapvető alkatrész; ~ **correction** *tv* trapéztorzítás korrigálása; ~ **distortion/effect** *el, tv* trapéztorzítás; ~ **layer** *bány, ép* zárókősor; ~ **scan(ning)** *tv* trapéz alakú letapogatás; ~ **setting(-in) setting(-in) of the arch key** *bány* záró falelem beépítése

keystoning *tv* trapéztorzítás

keystroke *szt* billentyűleütés; ~**s per hour (kph)** *szt* leütés per óra; ~ **verification** *szt* billentyűzetről bevitt információ ellenőrzése

Keythrope system *hidr* keresztirányú talajcsőhálózat

keyword *szt* kulcsszó; ~ **and context (KWAC)** *szt* (kulcsszavakon és a szöveg tartalmán alapuló) automatikus indexelés, KWAC; ~ **in context (KWIC)** *szt* (a szövegben előforduló kulcsszavakra épülő) automatikus indexelés, KWIC; ~ **macroinstruction** *szt* kulcsszó-makroutasítás; ~ **parameter** *szt* kulcsszavas paraméter

kg → kilogram(me)

KG → height of the centre of gravity over the keel

kg/s → kilograms per second

khaddar *tex* háziszőttes pamutszövet

khaki I. *a* khaki színű; **II.** *n tex* khaki szín; ~**-dyed** *tex* khaki(ra festett/színezett); ~ **twill** *tex* katonasávoly

KHN → Knoop hardness number
kHz → kilohertz
KIAS → knots, indicated air speed
kibble I. *v élip* durván darál/őröl; **II.** *n bány* (szállító)-bödön; ~**-filler** *bány* aknacsatlós, bödönrakodó; ~ **hole** *bány* betörő robbantás, betörő/kezdő fúrólyuk
kibbled *élip* durván őrölt/darált; ~ **cake** gorombán őrölt olajpogácsa
kibbler *élip* durva őrlésű malom
kibbling *élip* durvára darálás/őrlés
kick I. *v* rúg, visszapattan, felugrik; **II.** *n* rúgás; erő; ellenállás; *bány* kiborítás, kidöntés; *ol* fúrólyuk megindulása; *rep* éles kormánykitérés; lökés; ~**-back** *el* impulzuscsúcs, impulzustúllövés, visszafutás; *gépk* visszavágás, visszarúgás, hátrarúgás; *vasút* elmozdítható csonkavágány; ~**-back power supply** *tv* nagyfeszültség előállítása sorirányú terelőáram visszafutásából; ~ **copy** *nyom* ellenőrzőpéldány *(rotációs nyomásnál)*; ~**-down buffer** *em* felvonó lökhárítója/ütközője; ~ **dump** *ép* buktató; ~ **in** *v gépk* berúg *(motort)*, indít; ~ **lever** *gépk* berúgókar; ~**-off gas** *ol* indítógáz; ~**-off mechanism** *gép* kiborító mechanizmus; ~**-off of drift** *rep* rátartás a széleltérítésre; széleltérítés megelőzése; ~**-off point** *ol* elferdítési pont; ~**-off port** *ol* indítónyílás; ~**-off pressure** *ol* indítónyomás; ~**-off torque** *mech* megindulási nyomaték; nyugvó súrlódási nyomaték; ~**-off valve** *ol* indítószelep *(termelőcsőé)*; segédgázszelep; ~**-off valve string** *ol* indítószelepsor; ~**-out** *gép* ejektor, kilökőkészülék; ~ **plate** *ép* védőlemez *(ajtó alján)*; *szersz* kaparóvas *(cipőtalp tisztítására)*; ~ **press** *tex* lábítós sajtó; ~ **stage** *rak* kiegészítő fokozat; ~**-stand** *közl* kitámasztó *(kerékpáron, motoron)*; ~**-start** *v* berúg *(motort motorkerékpáron)*; ~**-start(er)** *gépk* pedálos indító, berúgó *(motorkerékpáré)*; ~**-starter shaft** berúgótengely; ~**-up** *metr* lökésmérő ütköző; ~**-up finger** *heng* kilökőujj, kilökőcsap; ~**-up frame** *gép* süllyesztett alvázkeret, hátul felhúzott alváz
kickback → kick back
kicker *foto* keretvilágítást fokozó berendezés; *gép* ejektor, kilökőkészülék; *hajó* farmotor; *hidr* fecskendő *(szivattyún)*; *mzg* boglyarakó gép; *nyom* kiütőszerkezet *(hajtogatógépen)*; *vasút* ütköző; ~ **rod** *gép* kilökő, kivető, kidobó
kicking I. *a* rugó(s); **II.** *n* rúgás; ellenállás; *el* lökés; ~ **coil** *el* impedanciatekercs, indukciós tekercs; ~**-up** *gép* kilökés *(megmunkált darabé)*
kickover tool *ol* oldalzsebes be- és kiépítő szerszám
kicksorter *at, el* impulzusamplitúdó-analizátor, impulzusamplitúdó-szelektor, amplitúdóelemző, amplitúdóanalizátor
kid *bőr* gidabőr, sevró, glasszé; kecske(nyers)bőr; *hajó* kis fadézsa, fakád; *hidr* rőzse terelőmű; ~ **finish** *pa* pergamenszerű felület; ~ **lining leather** *bőr* gidabélésbőr
kidney | ore *ásv* vörös vaskobak; ~**-shaped** *any* vese alakú; ~**-shaped fracture** *any* tojásdad alakú törés; ~ **stone** *ásv* nefrit
kidskin *bőr* gidabőr, sevró, glasszé
kier I. *v tex* fehérít; **II.** *n pa* főző; *tex* fehérítőfürdő; fehérítőkád, lúgos fehérítő(üst), textilfőző üst; ~ **boil(ing)** *tex* lúgos főzés, lefőzés *(pamutszöveté)*
kiering *pa, tex* (lúgos) főzés
kieselgu(h)r *geol* kovaföld, infuzóriumföld, sejtkova, szilikagél
kieserite *ásv* kieserit
kieve *bány* iszapolóedény
kieving *bány* iszapolás
Kikuchi | band *fiz, krist* Kikuchi-sáv; ~ **diagram** *fiz, krist* Kikuchi-diagram; ~ **line** *fiz, krist* Kikuchi-vonal
kil → kilometre
kilderkin *fa* kis hordó; *metr* 18 gallon *(kb. 80 l)*
kill I. *v* (meg)öl, levág, elpusztít, kiirt; *el* csillapít, kiolt; *koh* megnyugtat, oldott gázoktól megszabadít, csillapít *(acélt)*; **II.** *n* zsákmány; *kat* találat; ~ **a well** *v ol* „megöl" egy kutat/fúrólyukat *(kitört lyukat iszappal megtöltve megfékez)*; ~ **capability/level** *kat* pusztító hatás, pusztítóképesség; ~ **fluid** *ol* kútmegölő folyadék; ~ **line/string** *ol* fúrólyuktöltő vezeték; ~ **the grain** *v élip* kristályosodást megakadályoz; ~ **well** *ol* mentesítő fúrás
killed megölt, elesett; *el* csillapított; *koh* nyugtatott; ~ **cement** *ép* döglött cement; ~ **heat** *koh* nyugtatott hő; ~ **ingot** *önt* csillapított/nyugtatott ingot; ~ **line** *távk* kikapcsolt/lekapcsolt vonal; ~ **spirit(s)** *heg* forrasztósav, forrasztóvíz; ~ **steel** *koh* csillapított acél
killer *távk* visszhangzár; *vegy* méreg *(lumineszkáló)*; ~ **field** *el* legerjesztőtekercs mezeje; ~ **satellite** *kat* támadó műhold, támadószatellit; ~ **winding** *el* lemágnesező tekercselés
killfrost paste *vegy* fagykenőcs
killick *hajó* (kis) horgony, (nagy) kő *(horgonynak)*
killing I. *a el* csillapító, lemágnesező; *koh* nyugtató; **II.** *n* (meg)ölés, leölés; *bőr* sorvasztás *(szőrméé)*; *gumi* döglöttre hengerlés, túlhengerlés, túlképlékenyítés; *koh* dezoxidálás; megnyugtatás *(acélé)*; ~ **a well** *ol* lyukmegölés; ~ **effect** *kat* terítés *(puskáé)*; ~ **floor** *élip* (le)szúróhelyiség; ~ **period** *koh* nyugtatási időszakasz
killinite *ásv* killinit
killock → killick
kiln I. *v élip* szárít; *ép* kiéget *(téglát, meszet)*; **II.** *n ép, koh* égetőkemence, kemence, szárítókemence; ~**-dried** *ép* kemencében szárított; *fa* mesterségesen kiszárított; ~**-dry** *v ép* égetőkemencében szárít/szárad; ~**-drying** *ép* szárítás kemencében; *fa* (mesterséges) faszárítás; ~ **gas** *hőt* kemencegáz; ~ **liner** *hőt* égetőkemence-bélés; ~ **roasting** *élip* pörkölés kemencében
kilning *élip, ép* égetés/szárítás kemencében
kiloammeter *el* kiloampermérő
kiloampere (kA) *el* kiloamper
kiloband (KB) *szt* kiloband, KB
kilobase *biot* kilobázis
kilobyte (KB) *szt* kilobyte, KB
kilocalorie, *US* **kilocalory (kcal)** *fiz* kilokalória
kilocurie (kCi) *at* kilocurie; ~ **source** *at* kilocurie aktivitású sugárforrás
kilocycle (kc, KC) *el* kilociklus; ~**s per second (kcs, KCS, Kc/s)** *el* kilohertz, kHz
kilogram(me) (kg) *fiz* kilogramm
kilohertz (kHz) *el* kilohertz
kilojoule (kJ) *metr* kilojoule
kilo- (k) *metr* kilo- *(10^3)*; *szt* kilo-, K *(2^{10})*; ~**-electron-volt (keV)** *at* kiloelektronvolt
kilomegacycle (kMc) *el* gigahertz, GHz

kilometer → kilometre
kilometre, *US* **kilometer (km)** *metr* kilométer (km); ~ **board indicator** *hidr* kilométertábla; ~**s per hour (km/h)** kilométer per óra; ~ **stone** *közl* kilométerkő
kilometric *metr* kilométeres, kilométer-; ~ **wave** *rád* kilométerhullám; kisfrekvenciás hullám, hosszúhullám, LF-hullám; ~ **wavelength (range)** *rád* kisfrekvencia-tartomány, LF-tartomány
kilotex (ktex) *tex* kilotex
kiloton (kt) *at, fiz* kilotonna
kilovar (kVAr) *el* kilovar; ~**-hour meter** *el* kilovarórászámláló
kilovarmeter *el* kilovarmérő
kilovoltage *el* feszültség kV-ban
kilovolt (kV) *el, fiz* kilovolt; ~**-ampere (kVA)** *el* kilovoltamper
kilowatt (kW) *fiz* kilowatt; ~**-demand charge** *el* csúcsfogyasztási pótlék; ~**-hour (kWh)** *el* kilowattóra; ~**-hour meter** *el* fogyasztásmérő
Kimball tag *szt* Kimball-cédula
kimberlite *geol* kimberlit
Kimble-ampula *gyógyv* Kimble-ampulla
Kimmerian orogeny *geol* kimmériai (orogén) fázisok
Kimmeridgian stage *geol* kimmeridgei emelet
kind faj(ta); *ip* minőség, osztály; *mat* rang, faj; ~ **of paper** papírféleség, papírminőség; ~ **of syllogism** *mat* következtetési mód; ~ **of the course** *hidr* szakaszjelleg
kindle *hőt* begyújt, szít *(tüzet)*, fellángol *(tűz)*
kindling *hőt* begyújtás, tűz felszítása; *vegy* begyújtószer; ~ **point** *koh* lobbanáspont
kindred *any* egynemű, hasonló; ~ **process** *mt* egynemű eljárás
kinematic *fiz* kinematikai, kinematikus, mozgástani; ~ **chain/scheme** *fiz* mozgástani/kinematikai lánc(olat); ~ **similarity/similitude** *hidr* kinematikai hasonlóság; ~ **viscosity (k.v.)** *fiz, vegy* kinematikai viszkozitás, kinematikai nyúlóssági/viszkozitási tényező
kinematical → kinematic
kinematically admissible deformation *fiz* kinematikailag lehetséges alakváltozás
kinematics *fiz* kinematika, mozgástan; ~ **of mechanisms** *fiz* műszaki kinematika
kinematograph → cinematograph
kinematography → cinematography
kinemometer *mech* (érzékeny) fordulatszámláló, kinemométer
kinescope *tv* (tv-)képcső, tévéképcső, kineszkóp; képrögzítés; ~ **recording** *tv* televízióprogram filmszalagra rögzítése, képrögzítés (filmszalagra)
kinescoping → telerecording
kinesimeter *fiz* kineziméter
kinesiometer → kinesimeter
kinesthetic control *rep* ösztönös repülőgépvezetés
kinetic *fiz* kinetikus, kinetikai, mozgástani; ~ **behavio(u)r** *fiz* kinetikai/dinamikai viselkedés; ~ **chain** *műa* kinetikus lánc; ~ **chain length** *műa* kinetikus lánchossz(úság); ~ **control system** *aut* helyzetbeállító szervomechanizmus; ~**-dynamic simulation** *koh* kinetikai-dinamikai szimuláció; ~ **energy** *fiz* kinetikai/kinetikus/mozgási energia; ~ **energy head** *fiz* sebességmagasság, sebességi magasság; ~ **energy released in matter/material (kerma)** *fiz* kerma; ~ **equation** *at* kinetikai egyenlet; ~ **equilibrium** *fiz* kinetikus egyensúly; ~ **head** *hidr* sebességmagasság, sebességi magasság; ~ **heating** *rep* kinetikai felmelegedés; ~ **jet energy** *rep* sugáráram kinetikai energiája; ~ **momentum** *fiz* kinetikus mozgásmennyiség/impulzus; ~ **pressure** *fiz* dinamikus/gázkinetikai/kinetikus nyomás; ~**s** → kinetics; ~ **temperature** *fiz* kinetikus/kinetikai/maxwelli hőmérséklet; ~ **theory of gases** *fiz* kinetikus gázelmélet; ~ **vacuum system** *fiz* dinamikus vákuumrendszer
kinetics *fiz* kinetika, mozgástan; ~ **of polymerization** *műa* polimerizáció kinetikája; ~ **of polyreactions** *műa* polireakciók kinetikája; ~ **of reaction** *vegy* reakciókinetika
king | bolt *bány* királyrúd; *ép* függesztőrúd *(feszítőműben)*; *gép* központosítócsap, királycsap, forgócsap; ~ **class** *el, távk* rádióelektromos távirányítási rendszer; ~ **closer** *ép* háromnegyedes tégla; ~ **formation** ugrásképződés; ~ **journal** *gép* királycsap, királytengely; *vasút* alvázforgócsap; ~**(-)pin** *gépk* lengőcsap, királycsap, függőleges csap/tengely; tengelycsonkcsapszeg; ~**-pin inclination** *gépk* csapterpesztés; ~ **pivot** *gép* függőleges csap; ~ **post** *ép* függesztőoszlop, császárfa, székoszlop, függesztőrúd; ~**-post girder** *ép* egykötéses feszítőműves gerenda; ~**-post truss** *ép* függesztőmű; ~ **rod** *ép* függőleges rúd *(függesztőműben)*; ~ **roll** *pa* kalander alsó hengere; ~ **roof** *ép* egyszékű fedélszék; ~**'s blue** *vegy* királykék, smalte; ~**'s yellow** *vegy* auripigment, királysárga, arzén(III)-szulfid; ~ **tower** *em* Derrick-daru függőleges oszlopa; ~ **truss** *ép* tetőszerkezet/fedélszék főgerendája
Kingston valve *hajó* fenékszelep
kink I. *v* csomóz; összegubancol; összegubancolódik *(telefonzsinór)*; *alak* (meg)hajlít, (meg)hajlik; *tex* túlsodor; **II.** *n* összebogozódás, összecsomósodás, csomóképződés; *at* kígyózás *(plazmáé)*; *bány* telérszabálytalanság; *el* törés *(jelleggörbén)*; *gépk* gyűrődés, horpadás; *hajó* kötélfüge, kötélgöcs, kötélgyűrű; *kh* hurkolás; *tex* cérnahurok, fonalhurok; fonalcsomósodrás *(hiba)*; ~ **band** *krist* huroksáv; ~ **band density** *krist* huroksávsűrűség; ~ **instability** *at* korbácshatás, instabil kígyózás *(plazmáé)*; ~ **up** *v tex* hurkolódik, összeugrik *(cérna, fonal)*
kinked *alak* csavart, hajlított; *távk* csomós *(vezeték)*; *tex* összegubancolódott, gubancos, túlsodrott; ~ **faces** *ásv* huroksíkok
kinking I. *a alak* kihajló; *kh* hajlító; *távk* csomó(d)zó; *tex* összegubancolódó; **II.** *n alak* kihajlás; *kh* hajlítás; *távk* csomó(d)zás *(zsinóré)*; *tex* túlsodrás, összegubancolódás; ~ **perturbation** *at* csapkodás, korbácshatás *(plazmáé)*
kinky *tex* hurkos; ~ **filling** *tex* hurkos vetülék *(hiba)*
Kinney pump *hidr* Kinney-szivattyú
kino *vegy* kinomézga
kiosk *ép* bódé, kioszk, pavilon, fülke, kerti ház; ~ **substation** *távb* utcai telefonfülke
kip I. *v ép* kontyol *(tetőt)*; **II.** *n bőr* kip(bőr), növendékmarhabőr, zebu(bőr); *el* billenés *(kapcsolóé)*; *ép* kontycsúcs *(tetőé)*; *geol* kúpos hegy; *metr* 1000 font *(súly)*; ~ **relay** *el* billenőrelé; ~**s coated with a lime paste** *pl bőr* meszes bevonatú mázolt kipbőr
Kipp's apparatus *vegy* kippgenerátor
kipped *ép* kontyolt; ~ **end** *ép* lekontyolás *(tetőé)*; ~ **roof** *ép* kontytető

kipping I. *a ép* kontyoló; **II.** *n élip* mérlegserpenyő-kiöntés; *ép* kontyolás *(tetőé)*
Kirchhoff|'s law *el, fiz* Kirchhoff-törvény; **~'s voltage law** *el* Kirchhoff huroktörvénye
Kirchner beater *tex* Kirchner-léces verőgép
Kirkendall effect *fiz* Kirkendall-jelenség
kish *koh* grafithab, grafittapadék; **~ formation** *koh* grafittapadék képződése kohóban
kiss | impression *nyom* nyomtatás érintkezőnyomással; **~ paper** *pa* bonbonpapír; **~ spot** *bőr* csókfolt *(cserzetlen rész bőrön)*
KISS | (keep it simple sir) *szt* „csináld minél egyszerűbben" *(programozói zsargon)*
kisser *koh* revefolt
kit I. *v kat* felszereléssel ellát, felszerel; **II.** *n* készlet, felszerelés; *élip* fahordó; *kat* (fel)szerelés; *rep* kellék; készlet; *szer* (szerszám)készlet, kellék(ek); *szt* készlet, kit
kitay *pa* (keskeny) béléskarton
kitbag *kat* utazózsák, oldalzsák; *szer* kelléktáska; **~ receiver** *távk* hátikészülék
kitchen *ép* konyha; **~ drawer principle** *mat* skatulyaelv; **~ equipment** konyhafelszerelés; **~ furniture** *ép, fa* konyhabútor; **~ garbage** konyhai hulladék; **~ living-room** *ép* lakókonyha; **~-midden** *geol* kjökkamödding; **~ range** konyhai tűzhely; **~ saw** *szer* kézifűrész; **~ stove** konyhai tűzhely; **~-ware** konyhaedény; **~ waste** konyhai hulladék
kitchenette *ép* teakonyha, főzőfülke
kite I. *v rep* sárkányként repül; **II.** *n mat* deltoid, sárkányalakzat; *rep* sárkány; **~ balloon** *rep* kötött léggömb; **~ control surface** *rep* sárkánykormány-felület; **~ winder** *ép* húzott lépcsőfok
kJ → kilojoule
Kjeldahl | flask *vegy* Kjeldahl-lombik; **~ method** *vegy* Kjeldahl-eljárás *(nitrogéntartalom meghatározására)*
Kjellin furnace *koh* színesfémolvasztó indukciós kemence
kjerulfine *ásv* kjerulfin
klaprothite *ásv* klaprothit
Klein | bottle *mat* Möbius-szalag; **~-Gordon equation** *fiz* Klein—Gordon-egyenlet; **~-Nishina formula** *fiz* Klein—Nishina-képlet
Kleine floor *ép* Kleine-födém
Klieg lights *pl film* jupiterlámpa
Klinkenberg effect *ol* Klinkenberg-hatás
Klinker brick *ép* klinkertégla
klippe *geol* tektonikus rétegmaradvány
klirr factor *el* klirrfaktor, (nemlineáris) torzítási tényező
klockmannite *ásv* klockmannit
Klöckner-Yungstown process *koh* KY-acélgyártó eljárás
KLTO → knurling tool
klydonograph *el* áramhullám-rajzoló műszer, túlfeszültségíró, klidonográf
klystron *el* klisztron, sebességvezérelt cső; **~ amplifier** *el* klisztronerősítő; **~ frequency multiplier** *el* frekvenciasokszorozó klisztron; **~ generator/oscillator** *el* klisztrongenerátor, klisztronoszcillátor; **~ transmitter** *el, távk* klisztronos adó
km → kilometre
KM → height of metacentre over the keel
km/h → kilometres per hour
kMc → kilomegacycle
kn → knot
Kn. → knuckle
knabs *pl tex* selyemgubó-motollahulladék
knacker *bány* gebe, bányaló; *ép* bontási vállalkozó
knag *fa* fadudor, csomó, göcs, fából készült szeg
knap I. *v* összeroppant, zúz, tör *(kavicsot, követ)*; **II.** *n* összeütődés; *geol* dombtető, hegytető
knapping I. *a ép* (kő)törő, zúzó; **II.** *n ép* (kő)zúzás; törés; **~ hammer** *ép* kőtörő kalapács *(hosszú nyelű)*
knapple *alak* (törmelékké) zúzódik
knapsack hátizsák; *kat* borjú; **~ leather** *bőr* szőrmés borjúbőr; **~ receiver** *távk* hátikészülék; **~ sprayer** *mzg* hátipermetező
Knapsack-Griesheim process *koh* Knapsack—Griesheim-eljárás
knar csomó, bütyök, göcs *(fában)*
knead *élip* dagaszt, gyúr, képlékenyít, masztikál; *talt* (át)gyúr, talajmintát megzavar; *tex* kallóz, ványol
kneader *élip* dagasztógép, gyúrógép, keverőgép; *gumi, műa* gyúró-dagasztó keverő, gyúrókeverő, elegyítő, masztikátor; *pa* rostosító; **~ arm blade** *gumi, műa* gyúró-keverő kar; **~ for waste papers** *pa* feloldóhollandi; **~ head** *gumi, műa* gyúrófej
kneading I. *a élip* gyúró, dagasztó; *gumi, műa* keverő; **II.** *n élip* gyúrás, dagasztás; masztikálás; *ép* kényszerkeverés *(beton)*; *gumi, műa* keverés; **~ arm/mixer** *élip* tésztadagasztó gép; **~ machine** *bány* malaxeur; *élip* dagasztógép, gyúrógép, keverőgép
knebelite *ásv* knebelit
knee I. *v ép* könyökfával megerősít; **II.** *n* térd; könyökcső; (könyök alakú) görbület; *bány, ép, fa* derékszög; hónaljfa; *forg* konzol *(marógépen)*; marógyám; *gép* (cső)könyök, könyöklemez; *hajó* sarokgerinc; saroklemez; *mat* töréspont; *tex* védősáv, vetőfejfékező bőrszíj *(orsón)*; *vasút* görbe meredeksége; **~-and-column milling-machine** *forg* konzolos marógép; **~ bearing** *gép* prizmás éltámasz; **~ board** *tex* térdvédő, motollát határoló gerenda; **~ brace** *gép* kitámasztókönyök, K alakú merevítés, könyökrúd, (könyök)pillér; **~-braced bracket** *ép* merevítőkonzol; **~ bracing** *ép* merevített szárnylemez, könyökkonzol; **~ bracket** *forg* marókonzol; **~ bracket plate** *ép* csomólemez, saroklemez *(acélszerkezet)*; **~ brake** *tex* térdfék; **~-edge** *mt* sablonvonalzó; **~ folds** *pl geol* könyök/térd alakú gyűrődés; **~ frame** *gép* csuklós sajtolókar; **~ grip** *gép* térdtámasz, térdpárna; **~-high hosiery** *ruh* térdharisnya; **~ joint** *gép* könyökcsöves csatlakozás; **~ lever** *gépk* térdelő *(motorindító)*; *hang* térdregiszter *(harmóniumon)*; **~ mortar** *kat* könnyű aknavető; **~-operated switch** *el* térdkapcsoló; **~ pad** *ép* térdpárna, térdvédő *(követezetmunkákhoz)*; **~ pipe** *ép* könyökcső; **~ plate** *hajó* könyöklemez; *pa* alapmű *(hajlított)*; **~ rafter** *ép* (térdfalra fekvő) szarugerenda; *ép, hajó* könyökmerevítő; **~ roof** *ép* manzárdtető; **~ room** *gépk* térdtávolság; **~ section** *bány* rázócsúszda könyökszakasza; **~ stabilizer** *ép* térdpárna, térdvédő *(követezetmunkákhoz)*; **~ staker** *bőr* törővas, puhítóvas; **~ staking** *bőr* kézi puhítás; **~ timber** *bány, ép* feszítőműves ácsolat; könyökfa; **~-toggle lever** *gép* könyökemelő; **~-type milling-machine** *forg* konzolos marógép

kneed *fa* csomós, göcsös, bütykös; *gép* könyökös, könyök alakú
knib *tex* csomó, egyenlőtlenség *(selyemszálban)*
knife kés, penge; *gumi, műa* kenőkés, levonókés; *nyom* rákel; *pa* hollandi kés; ~ **barker** *élip, fa* késes hántoló(gép); ~**-barking machine** *fa* kéreghántoló; ~ **bearing** *gép* prizma alakú támasz; ~**-blade** (kés)penge; ~**-blade contact** *el* késérintkező, késes érintkező; ~**-breaking machine** *tex* rugós törőgép/puhítógép; ~**-break switch** → ~ switch; ~ **cheek** *nyom* vágóléc; ~ **coater** *bőr, gumi, műa* kenőkéses szövetkenő gép; *pa* késes mázológép; ~ **cylinder** *mzg* fűkaszáló dob, aprítódob *(kaszálórakodón)*; ~ **disc/disk** *gép* késtárcsa, vágótárcsa, szegélylevágó tárcsa; ~ **drum** *pa* hollandidob, késdob, őrlődob, késhenger, őrlőhenger; ~ **edge** késél; *geof* forgóél, achátél; *gép* éktámasz, éltámasz; ~**-edge (angle) block** *forg, metr* (leélezett) prizmás mérőtömb; ~**-edge die** *mt* laposmatrica; ~**-edge filter** *any* résszűrő; ~**-edge load** *mech* él menti (koncentrált) terhelés; ~**-edge relay** *el* késéljelfogó, késél-csapágyazású jelfogó; ~**-edge seal** *gép* késéltömítés; ~**-edge support** *any* élmeneti alátámasztás *(hajlítókísérletnél)*; ~**-edge suspension** *gép* késes felfüggesztés, élrefüggesztés, prizmafelfüggesztés; ~ **file** *szersz* késreszelő; ~ **fold** *nyom* lengőkéses hajtogatás, ütőhajtogatás; ~**-gap lightning protector** *el* szívóéles túlfeszültség-levezető; ~ **grinder** *forg* gyalukés-köszörülő gép; ~**-grinding machine** *forg* szerszámkésköszörű, késélesítő gép; ~ **handle** *szersz* késfogantyú; ~ **head** *mzg* kaszafej *(aratógépen, kaszálógépen)*; ~ **in the bedplate** *pa* alapműkés; ~ **needle file** *szersz* késtűreszelő; ~ **orifice** *gép* éles peremű (kiömlő)nyílás; ~ **pressure** *mech* késnyomás; ~ **profile** *rep* éles belépőélű szárnyszelvény; ~ **pruning-saw** *szersz* késfűrész; ~ **rest** *élip* evőeszköztámasz; *kat* spanyolbak, spanyollovas; ~ **saw** *szersz* gallyazófűrész; ~ **scriber** *fa* mintázó *(mintaasztalosé)*; *kat* spanyolbak, spanyollovas; ~ **section** *mzg* fűkasza; penge, vágókés *(aratógépé)*; ~ **steel** *koh* késacél, pengeacél; ~ **switch** *el* késes kapcsoló; ~ **tackle** *szersz* pengekészlet; ~ **tool** *forg* oldalkés, leszúrókés; *szersz* kés alakú szerszám; ~**-weeder blade** *mzg* gyomirtótest *(kultivátoron)*
knight's move *mat* lóugrás
Knight shift *fiz* Knight-eltolódás
knit I. *v ép* köt *(cement)*; összefon; *kh* hurkol, összefonódik; köt; **II.** *n kh* kötésmód; ~**-cloth rolling-machine** *kh* kötszövöttáru-göngyölítő *v.* -tekercselő gép
knitted *kh* kötött, hurkolt, kötszövött; ~**-cotton heald** *tex* cérnanyüst; ~ **garment** *kh* kötött/hurkolt ruha(darab); ~ **pattern** *kh* kötött minta
knitter *kh* kötőgép, hurkológép, hurkolómunkás, kötőmunkás
knitting I. *a kh* hurkoló, kötő; **II.** *n kh* kötés, hurkolás; ~ **cam** *kh* süllyesztőlakat; ~ **elements** *kh* szemképző berendezések; ~ **frame** *kh* kötőgép, hurkológép, hurkolómunkás, kötőmunkás; ~ **industry** *kh* kötőhurkoló ipar; ~**(-)machine** *kh* kötőgép, hurkológép, hurkolómunkás, kötőmunkás; ~**(-)needle** *kh* (kézi) kötőtű; ~ **pin** *kh* gombos végű (kézi) kötőtű; ~ **silk** *kh* kötőselyem; ~ **thread** *kh* kötőcérna; ~ **yarn** *kh* kötőfonal
knitwear *kh* kötöttáru

knives *pl* → knife; *mzg* pengesor *(arató-fűkaszáló gépen)*
knob I. *v mt* kidomborít, kidudorít, kidudorodik; **II.** *n* gomb; *any* dudor, kidudorodás; *ép* ablakzáró gomb, gombkilincs; gomb; *fa* dudor, kidudorodás; göcs, bütyök; *geol* kerekded halom, kiemelkedés, kitüremlés; *gép* (fogó)gomb, gombfogantyú; *óra* felhúzókorona *(zsebórán)*; *rep* (forgató)gomb; gomb, nyomógomb; *ruh* bojt; *távk* (forgató)gomb; ~ **handle** *gép* kézifogantyú; ~ **insulator** *el* szigetelőgörgő, szigetelőcsiga
knobbed *any* egyenetlen, kidudorodó; *fa* göcsös, bütykös; *gép* fogantyús, gombos
knobbing *ép* durva megmunkálás *(kőé)*
knobble I. *v koh* buzgat; **II.** *n any* kis dudor, bütyök
knobbly → knobby
knobby *any* dudoros; *fa* göcsös, bütykös; *geol* dombos
knock I. *v* üt; kopog(tat); *bány* kopogóz, kiver *(ácsolatot)*; *gépk* kopog, kotyog *(motor)*; *rep* kopog; üt; **II.** *n* ütés; lökés; *gépk* kopogás, kotyogás; *rep* kopogás; lökés; ütés; ~ **against** *v* nekiütődik, beleütközik; ~ **back** *v élip* áthajt *(kenyeret)*; ~ **down** *v bány* kiver *(ácsolatot)*; *fa, ép* szétszerel, leszerel *(bútort)*, szétszed; ~**-down** *bány* kivert ácsolat; ~**-free** *bány* görcs nélküli *(bányafa)*; *gépk* kopogásmentes, kopogásálló; ~ **inhibitor** *ol* kopogásgátló/oktánszámnövelő adalék; ~ **meter** *gépk* kopogásmérő; ~ **off** *v* leüt, lever; *vasút* lekapcsol *(vasúti kocsit)*; ~**-off** leverés; *bány* csille lekapcsolása a kötélről, kiverés *(ácsolaté)*; *gép* kiiktatás; *kh* huroklehúzó *(kötőgép tűin)*; *vasút* szétkapcsolás; ~**-off core** *önt* gátas öntödei mag; ~**-off hook** *vasút* lekapcsolóhorog; ~**-off lap** *kh* vakfektetés; ~**-off mechanism** *kh* vakfektető szerkezet; ~ **out** *v bány* kiver *(ácsolatot)*; ~**-out** *alak* lyukasztóvas, lyukverő vas; *bány* kiverés *(ácsolaté)*; *gép* biztonsági szelep; *műa* kidobószerkezet, kilökőszerkezet; *önt* kivétel formából; ~**-out atom** *at* ütközéssel helyéből kimozdított atom; ~**-out attachment** *műa* kidobó/kilökő berendezés; ~**-out core** *önt* kiverhető öntödei mag; ~**-out die** *műa* kilökőcsap, kilökőkészülék; ~**-out drum** *ol* szeparátor, elválasztó, ülepítő, leválasztó; ~**-out machine** *önt* kiverőgép; ~**-out mo(u)ld** *műa* kidobós szerszám, szerszám kilökővel; ~**-out pin** *műa* kivetőcsap, kidobócsap, kidobórúd; ~**-out-plate** *műa* kilökőlap, kidobólap; ~**-out rod** *gép* kikapcsolószerkezet rúdja; ~**-out surface** *tex* letolóél *(árutartón)*; ~ **over** *v kh* átbuktat, áthúz, lever *(szemet)*; ~**-over position** *kh* buktató helyzet; ~ **promoter** *gépk, ol* kopogáspromotor; ~ **rating** *gépk, ol* oktánszám(-meghatározás), kopogásállóság/kopogásmentesség mérőszáma; ~ **rating of petrol** *gépk, ol* benzin oktánszáma; ~ **resistance** *gép, ol* kopogásállóság, kompressziótűrés; ~**-sedative dope** *gépk, ol* kopogásgátló adalék; ~**-suppressing agent** *gépk, ol* kopogásgátló szer; ~ **supressor** *gépk, ol* kopogásgátló/oktánszámnövelő adalék; ~ **up** *v bány* aláver *(ácsolatot)*, aláácsol; *rep* összetör *(gépet)*
knocked|-down (KD) *szer* szétszerelve, leszerelve *(szállításhoz)*; ~**-on atom** *at* ütközést szenvedett atom; ~**-out atom** *at* ütközéssel helyéből kimozdított atom
knocker *ép* (ajtó)kopogtató; *vasút* jelzőharang; ~ **line** *bány* jelzőhuzal; ~**-out** *forg* ütköző *(hosszgyalugépen)*

knocking I. *a* ütő; lökő; kopogtató; *gépk* kopogó, kotyogó, kopogási; **II.** *n* kopogás, kotyogás; ütés, lökés; *gépk* kopogás, kotyogás; ~ **effect** *gépk* kopogási jelenség; ~ **gear** *gép* ütőkészülék, verőkészülék; ~**-off bracket** *tex* leállítóbak; ~**-off finger** *tex* biztonsági bordaleállító, kikapcsolópecek; ~ **of the piston** *gépk* dugattyúkopogás; ~**-out** *at* Wigner-effektus; ~ **out (of) the prop(s)** *bány* támkiverés; ~**-over cam** *kh* segédlakat, szemleverő lakat; ~**-over sinker** *kh* szemleverő platina; ~**-over wheel** *kh* szemleverő kerék/tárcsa; ~ **pen** *élip* vágóhídi fülke *(elkábításra)*; ~**s** *pl bány* darabos szén; *ép* törmelék, szilánkok *(véséskor)*

knockout *ol* folyadékleválasztó

knockproof *gép, ol* kopogásálló

knoll I. *v* szól *(harang)*; harangoz; *tex* csomóz; **II.** *n any* gumó; *geol* halom, dombocska, bucka; *tex* csomó

knolly *geol* dimbes-dombos *(vidék)*; *tex* csomós

Knoop | hardness *any* Knoop-féle keménység; ~ **hardness number (KNH)** *any* Knoop-féle keménységszám

knop *any* dudor, kidudorodás; *gép* gomb; *tex* csomó; ~ **yarn** *tex* csomós díszítőfonal/díszítőcérna/effektfonal, noppos fonal

knopite *ásv* knopit

Knopp work *kh* (jacquard-felszereléssel ellátott) kötőgépen készült áru

Knöpp test *hidr* Knöpp-féle teszt

knopper *fa* tölgyfagubó

knopping effect *tex* csomós hatás

knot I. *v* (össze)kötöz; *ép* kispatulyáz, gittel, tapaszol; *tex* (össze)bogoz, (össze)csomóz, csomókat eltávolít *(szövetből)*; **II.** *n bány* csomópont; *ép, közl, mat* csomópont; *fa* göcs, görcs, csomó; *hajó* csomó *(óránként 1 tengeri mérföld = 1853 m/óra)*; *önt* buborék; *tex* csomó, bog; fejelt fonalmotring; takácscsomó; ~**-boring machine** *fa, pa* csomófúró gép; ~**-catcher** *kh* csomófogó *(leállítószerkezet)*; *pa* átfogó, csomófogó; ~**-chipper** *pa* ágbaltázó, csomóaprító gép; ~**-cluster** *fa* fürtös göcs; ~**-hole** *fa* göblyuk, ághelylyuk; ~**-saw** *szersz* ágfűrész; ~**-screen** *pa* csomófogó szita; ~ **tenacity** *tex* csomószilárdság; ~ **the warp ends** *v tex* becsomóz

knotted *tex* csomós, bogos, csomózott; ~ **carpet** *tex* csomózott szőnyeg; ~ **curve** *mat* csomózott görbe

knotter *mzg* kötözőszerkezet *(aratógépen)*; *pa* ágfogó, csomófogó, szilánkfogó; *tex* csomózógép, csomózó-(munkás), motringbefogó/motringfejező (munkás)

knottiness *fa* csomósság, csomorosság; *tex* csomósság, bogosság

knotting I. *a ép* gittelő, elfedő; *tex* csomózó, bogozó; **II.** *n ép* fagitt; gittelés, tapaszolás, csomóhelyek spatulyázása *(mázolás előtt)*; *fa* csomóképződés *(faanyagban)*; *tex* csomózás, bogozás; *vegy* fagitt, kence csomóhelyek elferdésére; ~ **skip** *tex* takácsfészek

knotty bonyolult *(kérdés)*; *fa* ággöcsös, ághelyes, bütykös, csomós, csomoros; *geol* zárványos *(pala)*; *tex* kuszált, csomós, bogos

know tud, ismer; ~**-how** *ip* gyakorlati/technikai/szakmabeli tudás, szaktudás, szakértelem, know-how; technológia; ~**-how license** *ip* know-how licencia; ~**-how licensing** *ip* licencia adása know-how-ra

knowledge tudás, ismeret; ~ **base** *szt* ismeretalap, tudásbázis; ismeretbázis, tudásbázis; ~**-based system** *szt* tudásalapú rendszer; ~ **engineering** *szt* ismerettechnológia, tudásalapú feldolgozás; ~ **representation** *szt* ismeretreprezentáció

known ismert, tudott; ~ **and probable** *bány* megkutatott és valószínű *(készlet bányabecslésnél)*; ~ **number** *mat* ismert szám

knub(s) *tex* legombolyítási hulladék, selyemhulladék *(gubómotollálásnál)*, selyemgubómotolla-hulladék

knuckle I. *v* üt, pöcköl; ökölbe szorítja a kezét; **II.** *n bány* nyereg *(telérben, telepen)*; talphágás változása/törése, vágatelgörbülés, telérdőlés-változás; *cipő* bütyök; *ép, gép* behajlítás könyökben; csukló; csuklós pánt lyuka; *koh* boltozatválltartó *(martinkemencében)*; ~ **bearing** *ép* csuklós saru; *gép* csukló csapágya; ~ **bolt** *gép* csuklócsap; ~ **gear** *gép* durva fogaskerék; ~**-joint** *gép* ferdítőcsukló, csuklós kapcsolás/kapcsolat; ~**-joint embassing press** *gép* könyökemeltyűs domborítóprés; ~**-joint press** *gép* könyökemeltyűs prés/sajtó; ~ **pin** *gép* csuklócsap; ~ **rail** *vasút* könyöksín; ~ **rod** *gép* kötőrúd; ~ **sheave** *bány* kötélleszorító tárcsa; ~ **thread** *gép* zsinórmenet

Knudsen | flow *fiz, vegy* átmeneti áramlás; ~ **ga(u)ge/manometer** *fiz, vegy* radiometrikus nyomásmérő/Knudsen-féle mérőeszköz/abszolút nyomásmérő, radiométer-nyomásmérő; ~ **number** *fiz, vegy* Knudsen-szám

knurl *fa* (ág)csomó, göcs, görcs, bütyök; *forg* rece, peremezés, rovátka; recéz(ést esztergál), peremel *(érmét)*, rovátkol

knurled *fa* göcsös, görcsös, csomós; *forg* recézett, rovátkolt, rovátkás, peremezett; ~ **cable adjuster** *gép* recésfejű bowden-huzalállító csavar; ~ **drum jacket** *bány* recézett dobpalást; ~ **head** *gép* recés/recézett fej; ~**-head/knob screw** *gép* recés/recézett fejű csavar; ~ **nut** *gép* recézett anya; ~ **roller** *pa* bordáshenger

knurling I. *a forg* recéző, peremező, rovátkoló; **II.** *n forg* recézés, peremezés, rovátkázás; ~ **die** *forg* menetmángorló pofa; ~ **tool** *forg* recézőszerszám

knurly *fa* göcsös, bütykös; görcsös, csomós

kobellite *ásv* kobellit

Koch | resistance *távk* fénycsöves ellenállás; ~**'s acid** *vegy* Koch-sav, 1-naftilamin-3,6,8-triszulfonsav

Koepe minding system *bány* torony-Koepe; ~ **pulley/sheave/wheel** *bány* hajtókorong

Koettstorfer number *vegy* elszappanosítási szám

kogasin *ol* kogazin *(Fischer—Tropsch-szintézis terméke)*

KOH → potassium hydroxide

Köhler principle *ásv* Köhler-elv

Kohlrausch's law *vegy* Kohlrausch-törvény

Ko-kneader *élip* csigás keverőgép *(koknéter)*

koksharovite *ásv* koksarovit

kollergang *pa* görgőjárat

Kolmogoroff|-Alexander product *mat* csészeszorzat; ~**-distribution** *mat* Kolmogorov-eloszlás; ~**-Wiener filter** *szt* Kolmogorov—Wiener-szűrő

Konal *koh* hőálló kobalt-nikkel ötvözet

konimeter *szell* koniméter, porszámláló, pormennyiséget meghatározó műszer

koninckite *ásv* koninckit

koniogravimeter *pa, szell* pormérő

koniscope *szell* koniszkóp

Kooman's array *távk, el, tv* függönyantenna

Kopp's law *fiz, vegy* Kopp-törvény
Köppen classification *met* Köppen-féle éghajlat-osztályozás
koppite *ásv* koppit
koprolith *geol* koprolit
Korndorfer starter *el* autotranszformátoros indító, takaréktranszformátoros indító
kornelite *ásv* kornélit
kornerupine *ásv* kornerupin
Kossel | line pattern *krist* Kossel-vonaldiagram; **~ model** *krist* Kossel-modell
Kössen facies/strate *geol* kösseni rétegek
köttigite *ásv* köttigit
Kovar *koh* kovar, ferniko; **~ seal** *koh* kovarkötés
kp → keep; → kick plate; → king post
kph → keystrokes per hour
Kr → krypton
Kraemer—Sarnow softening point *any* Kraemer—Sarnow lágyuláspont
kraft *pa* nátronpapír, vastag csomagolópapír; **~ bag** nátronpapírzsák; **~ bleaching** kraftcellulóz-fehérítés; **~-board** kraftlemez, nátronlemez; **~-crepe paper** nátronkrepp-papír; **~-liner paper** kraftborítópapír; **~-packing paper** nátron-csomagolópapír; **~ paper** nátronpapír, vastag csomagolópapír; **~ pulp** kraftcellulóz, nátroncellulóz; **~ speciality** különleges nátronpapír; **~-spinning paper** nátronfonópapír; **~ tissue(-)paper** nátronselyempapír
Kramer control *el* Krämer-kaszkád
krapp *vegy* buzérvörös festék(anyag), krapp *(festék)*
Krarup cable *el* krarupkábel
krennerite *ásv* krennerit
kreuzstich *tex* keresztöltés
kröhnkite *ásv* kröhnkit
Kroll|-Betterton process *koh* Betterton—Kroll-eljárás; **~ process** *koh* Kroll-eljárás
Kronecker delta *mat* Kronecker-delta
Kronig-Penny model *fiz* Kronig—Penny-modell
Krueger flap *rep* Krüger-orrsegédszárny
krugite *ásv* krugit
Krupp-Renn process *koh* Krupp—Renn-eljárás
Krylov's method *szt* Krilov-módszer
kryolith *ásv* kriolit
kryotron *szt* kriotron; **~ memory** *szt* kriotronos memória/tár
kryptol furnace *hőt* kriptolkemence
kryptonian *ásv* kriptontartalmú
krypton (Kr) *vegy* kripton; **~ flow detection** kriptonos hibakeresés
KSR → keyboard send/receive
kst → key seat
kt → knot; → kiloton
ktd → knotted
ktex → kilotex
Ku → kurchatovium
kühlschiff *hűt* hűtőbárka
kulaite *ásv* kulait
Kummer's convergence test *mat* Kummer-féle konvergenciakritérium
Kundt|'s rule *fiz* Kundt-szabály; **~'s tube** *heng* Kundt-cső
kunzite *ásv* kunzit
kupfernickel *ásv* nikkelin, arzénnikkel, vörösnikkelérc
kupfferite *ásv* kupfferit
kurchatovium (Ku) *vegy* kurcsatóvium
kurie plot *fiz* kurie-diagram
kurtosis *mat* kurtózis, csúcsosság, eloszlásgörbe meredeksége/púpossága
kV → kilovolt
k.v. → kinematic viscosity
kVA → kilovolt-ampere
kVAr → kilovar
kW → kilowatt
KWAC → keyword and context
kWh → kilowatt-hour
KWIC → keyword in context
kwy → keyway
KY process *koh* KY-acélgyártó eljárás
kyanite *ásv* cianit
kyanization *vegy* kianizálás, szublimátos fatelítés
kyanize *vegy* szublimátoldattal telít
kyanizing I. *a vegy* kianizáló; **II.** *n vegy* kianizálás szublimátos fatelítés
Kylite *ásv* kylit
kymograph *orv* kimográf
kymography *orv* kimográfia
kynurenic acid *vegy* kinurénsav
kynurenine *vegy* kinurenin
kytoon → kite balloon

ANGOL—MAGYAR
MŰSZAKI ÉS TUDOMÁNYOS
SZÓTÁR

ENGLISH-HUNGARIAN
DICTIONARY
OF TECHNOLOGY AND SCIENCE

ENGLISH-HUNGARIAN
DICTIONARY
OF TECHNOLOGY AND SCIENCE

SECOND VOLUME

L–Z

AKADÉMIAI KIADÓ
1993

ANGOL–MAGYAR MŰSZAKI ÉS TUDOMÁNYOS SZÓTÁR

MÁSODIK KÖTET

L—Z

AKADÉMIAI KIADÓ
1993

SZERKESZTŐK

MAGAY TAMÁS KISS LÁSZLÓ

DÉCSI GYULA
TARDOS KATALIN
VÉGH BÉLA
VÉRTES LÁSZLÓ

MUNKATÁRSAK

BERKA ANDRÁSNÉ
DOROGMAN GYÖRGY
PÁLFFY ÉVA

ISBN 963 05 6480 7 I—II. kötet
ISBN 963 05 6482 3 II. kötet

Kiadja az Akadémiai Kiadó, Budapest
Első kiadás: 1993

A kiadásért felelős az Akadémiai Kiadó és Nyomda Vállalat igazgatója
A szerkesztésért felelős: Zigány Judit
Műszaki szerkesztő: Szakács Sándorné
A kötésterv Maczó Péter munkája
A szerkesztés számítógépes támogatása és a szedés a Scriptum Kft., Szeged munkája
Felelős vezető: Dr. Vas Zoltán
Terjedelem: 74,36 (A/5) ív
Nyomdai táskaszám: 21610

Akadémiai Kiadó és Nyomda Vállalat, Budapest — Felelős vezető: Zöld Ferenc

Printed in Hungary

L

l → lepton; → litre; **~-by n (matrix)** n-dimenziós oszlopvektor; **~-isomer** balra forgató izomer, α-izomer; **~-pentyne** *vegy* l-pentin, n-propilacetilén
L → learner driver; → left; → low-power; **~-acid** *vegy* L-sav, 1-naftol-5-szulfonsav; **~-antenna** L-antenna; **~-attenuator** *távk* L tag, féltag; **~-band** *el* hosszúhullám-sáv *(1—2 GHz)*; *rád* deciméter-hullámsáv *(390—1550 MHz, 77—19,35 cm)* (radar); **~-bar** egyenlőtlen szárú szögvas/szögacél; **~-bar connection** csatlakozás szögvassal; **~ blade** *mzg* szögmérő; **~ capture** *at* L-befogás; **~-cathode** L-katód; **~-circuit** L-kapcsolás; **~ component** *el* L-tag; **~ display** *távk* L-típusú indikátor; **~-electron** *at* L-elektron; L-héjas elektron; **~-filter** *távk* L-tag, féltag, α-kapcsolás; **~-head cylinder** *gépk* oldalszelepelt henger *(egyoldalas)*; **~-headed combustion chamber** L-végű égőkamra/égőtér; **~-head engine** oldalszelepelt motor; **~-iron** L-vas, szögvas; **~-isomer** *műa, vegy* balra forgató izomer, L-izomer; **~-key** *szersz* csavarkulcs belső hatlapfejű csavarhoz; **~-network** L-tag, féltag; **~-pad** *el* L-csillapító; **~-rest** *mt* L alakú kéztámasz; **~-section** *hidr* hossz-szelvény; *távk* L-tag; **~-series** *vegy* L-sorozat; **~-shaped beam** *ép* egyenlőtlen szárú gerenda; **~-shaped cavity** *rád* L keresztmetszetű üregrezonátor; **~-shell** *at* L héj; **~-signal level** L-jelszint; **~-simulation** L-szimuláció; **~-steel** L idomacél, szögvas, szögacél; **~-train** magasvasút
l. → linear amplification
L/D → lift-drag ratio
L/M ratio *at* L/M arány
La → lanthanum
LA → lactic acid; → lag angle; → lightning arrester; → linear accelerator; → linear amplification; → low altitude
l.a. → light alloy
lab labor; **~-examination** laboratóriumi vizsgálat
Labarraque's solution *vegy* Labarraque-féle lúg, nátrium-hipokloritoldat
label I. *v* címkéz, címkével ellát/megjelöl; osztályoz, besorol; *at* nyomjelző izotóppal jelöl; *vasút* bárcáz; **II.** *n* címke, árujegy; felirati tábl(ácsk)a; *ép* (kiugró) kőkeret *(fanyílásé)*; koszorúléc; *pa* cédula; *rep* jel; *szt* címke; *tex* szövött címke, minőségjelzés; *vasút* bárca; **~ coding** címkés kódolás; **~ holder** *vasút* bárcatartó *(teherkocsin)*; **~ information** címkeinformáció; **~ license** címkézési licencia; **~ of quality** minőségjelölő címke; **~ paper** címkepapír, etikettpapír; **~-pasting machine** *pa* címkegumizó gép; **~ record** *szt* azonosítórekord; **~ statement** feltüntetés az áru címkéjén *(adalékból)*; **~-sticking machine** címkeragasztó/rangjegyragasztó gép; **~ track** címkecsatorna
labeled *US* → labelled
labelled, *US* **labeled** | **atom** *at* jelzett atom, radioaktív atom; **~ compound** *at* izotóppal jelölt *v.* nyomjelző vegyület; **~ molecule** *at* nyomjelzős-atomos molekula
labeller, *US* **labeler** címkézőgép, címkeragasztó gép
labelling, *US* **labeling** címkézés, címkeragasztás; osztályozás, besorolás; *at* izotópos jelölés; *tex* minőségjelzés; *vasút* (kocsi)bárcázás; **~ machine** címkézőgép, címkeragasztó gép
labial microphone ajakmikrofon
labile labilis, ingatag; ingadozó; változékony; instabil; *vegy* bomlékony; **~ stratification** *met* labilis légállapot
lability labilitás, labilis egyensúlyi állapot; instabilitás; *el* gerjedékenység
labilize labilissá tesz
labilized gravimeter asztalikus graviméter
labiograph ajakmozgás-regisztráló műszer
labor *US* → labour
laboratory laboratórium; **~ analysis** laboratóriumi elemzés; **~ apparatus/appliance** laboratóriumi készülék; **~ assistant** laboráns; **~ basin** laboratóriumi kiöntő/tölcsér *(asztalba épített)*; **~ bench** laboratóriumi asztal; **~ bench top** laboratóriumi asztallap; **~ bottle with outlet at bottom** csőcsonkos üveg; **~ bottle with wide mouth** szélesszájú állványpalack; **~ check** laboratóriumi ellenőrzés; **~ course** laboratóriumi gyakorlat; **~ crusher** laboratóriumi mozsármalom; **~ cupel** laboratóriumi tégely; **~ equipment** laboratóriumi felszerelés; **~ experiment** laboratóriumi kísérlet; **~ findings** laboratóriumi kísérleti adatok; **~ frame** → **~** system; **~ furnace** laboratóriumi kemence; **~ glassware** laboratóriumi üvegedények; **~ installation** laboratóriumi berendezés; **~ instrument** laboratóriumi készülék; **~ model of circulation** *met* laboratóriumi cirkulációs modell; **~ operator** laboráns; **~ reliability test** laboratóriumi megbízhatóság-vizsgálat; **~ research** laboratóriumi kutatás; **~ resistor** mérőellenállás; **~ roller mill** *műa, gumi* laboratóriumi hengerszék; **~ sample** laboratóriumi minta; **~ scale** laboratóriumi lépték/méret; **~ sieve** ellenőrzőszita; **~ sifter** laboratóriumi síkszita; *koh* szitasor; **~ sink** → **~** basin; **~ stage** kísérleti stádium; **~ study** laboratóriumi kutatás; **~ system (LS)** *at* laboratóriumi (koordináta-)rendszer, L-rendszer; **~ technician** vegyésztechnikus; **~ test** laboratóriumi vizsgálat/próba; **~ testing and analyses** *pl* laboratóriumi anyagvizsgálat; **~ work table** laboratóriumi munkaasztal
laborer *US* → labourer
laborious munkaigényes
labour, *US* **labor** munka, erőkifejtés; munkaerő *(dolgozók)*; **~ agreement** munkaszerződés; **~ burden** közvetett munkabérköltség; **~ charge** → cost; **~ conditions** munkafeltételek; **~-consuming** munkaigényes; **~ consumption** munkaráfordítás; **~ cost** munkabérköltség; **~ economy** munkatakarékosság; **~ efficiency** munkateljesítmény; **~ element of cost** a költség munkabér-összetevője; **~ force** munkaerő; **~ force shortage** munkaerőhiány; **~ hygiene** munkaegészségügy; **~-intensive** munkaigényes; **~-saving** emberi munkát megtakarító; **~ turnover** munkaerő-vándorlás
labourer, *US* **laborer** munkás, (fizikai) dolgozó; segédmunkás, napszámos; segéderő; *mzg* mezőgazdasági munkás
labrador *ásv* labradorit *(anortozit)*; **~-porphyrite** *ásv* labradorporfirit

labradorescence *ásv* labradorizálás
labradorite *ásv* labradorit *(plagioklász)*
labyrinth *bány* csatornarendszer *(iszapülepítő)*; ~ **baffle** *el* labirintuscsapda; ~ **bearing** labirinttömítésű csapágy; ~ **box** labirint-tömszelence; ~ **gland** *gép* labirinttömítés; ~ **oil trap** *gép* labirint-olajtömítés; ~ **packing** *gép* labirinttömítés; ~ **piston** labirinttömítésű dugattyú; ~ **problem** *mat* labirintusprobléma; ~ **ring** labirint-tömítőgyűrű; ~ **seal** *gép* labirinttömítés
lac *US* lakk *(természetes)*; ~**-dye** festéklakk, színezéklakk; ~ **smearing machine** lakkozógép
lacc → lathe chuck
lacca *vegy* sellak
laccolith *geol* lakkolit
lace I. *v* befűz; köt, megköt, leold, lefűz *(kábelt)*; csipkéz, csipkével szegélyez; *bány* deszkáz, borít, bordafáz *(vágatot)*; *tex* zsinóroz, befűz; **II.** *n* cipőfűző; *bőr* fűző(szalag); *el* litzehuzal; *kh* csipkés kötés; *tex* csipke(szalag), gépi csipke; fűzőzsinór; sujtás, paszomány *(egyenruhán)*; szegő; ~ **board** *pa* cipőorrlemez; ~ **bobbin** csipkeverő cséve; ~ **boot** fűzős cipő *(magas szárú)*; ~ **clock** *kh* azsúrnyíl *(harisnyában)*; ~**-fabrics** *tex* csipkeáruk; ~ **ground** *tex* csipkealap; ~ **machine** *tex* csipkeverő/paszománykészítő gép; klöplizőgép; ~**-making** csipkekészítés, csipkeverés; ~**-mesh stocking** csipkekötésű harisnya; ~ **needle** hímzőtű; ~ **paper** tortapapír; ~ **shoe** fűzős cipő; ~**s of Brussels** brüsszeli csipke; ~ **stitch** *kh* lyukacsos/áttört kötés; ~ **thread** hímzőfonal; ~ **together** *v* összefűz; ~ **up** *v* összecsatol, összekötöz, összefűz; befűz *(filmet)*; ~ **warp fabric** áttört mintázatú lánc fonalrendszeres kelme
LACE → local automatic circuit exchange
laced összefont; szalag-; ~ **beam** *ép* rácsszerkezetű gerendatartó; ~ **belt** *pa* varrott szíj; ~ **valley** *ép* bekötött hajlat
lacelike csipkeszerű, hálószerű
lacerate szétszakít
lacework *tex* áttört kötés
lachrymator → lacrimator
lacing *bány* bélelés, bélésdeszka; főtegerenda; széldeszkázás; *ép* elosztóvasalás; rácsozás; *gép* lánccsukló-beállítás *(réselőgépen)*; *tex* csipke; összefűzés; zsinórozás; ~ **bar** átlós merevítőrúd, rácsrúd; ~ **bars** kétfalú szelvény összekötő rácsozása *(hídon)*; ~ **board** *el* kábelsablon *(szalagozáshoz)*; ~ **bond** *ép* kalodakötés; ~ **cord** *tex* csépszalag; ~ **course** *ép* átkötő téglasor *(terméskő falazatban)*; felső kiegyenlítő téglasor; ~ **hook** *cipő* fűzőkapocs, cipőkapocs; ~**-in** *nyom* befűzés; ~ **of flat bars** laposacél-rácsszerkezet; ~ **stud** kerek fejű lapos cipőkapocs
lack hiány; ~ **of air** *bány* léghiány; ~ **of coincidence** nemegyezés; ~ **of definition/focus** *foto* életlenség; ~ **of fit** nemegyezés, eltérés; ~ **of fuel** üzemanyaghiány, tüzelőanyag-hiány; ~ **of fusion** *fiz* kötési hiba; *koh* beolvadási hiba; ~ **of mass** *fiz* tömeghiány; ~ **of material** anyaghiány; ~ **of novelty** újdonság hiánya *(szabadalomban)*; ~ **of oxygen** oxigénhiány; ~ **of penetration** *heg* elégtelen áthegedés; *koh* beolvadási hiba; ~ **of petrol/gasoline** üzemanyaghiány, tüzelőanyag-hiány; ~ **of root fusion** *koh* elégtelen gyökösszeolvadás; ~ **of root penetration** *koh* elégtelen gyökbeolvadás; ~ **of space** helyhiány; ~**-of-symmetry error** *rep* külpontossági hiba; ~ **of water** vízhiány
lacker → lacquer
lackmoid *vegy* lakmoid, rezorcinkék
lacquer I. *v* lakkoz, politúroz; **II.** *n vegy* kencés lakk; lakk, fénymáz; politúr; ~ **coat(ing)** *koh* lakkbevonat; ~**-curing furnace** lakkszárító kemence; ~ **master** hanglemezmatrica; ~ **printing** *tex* lakknyomás; ~ **replica** lakkmásolat; ~ **sanding** lakkbevonat csiszolása csiszolópapírral
lacquered mázolt, fényezett; ~ **board** *pa* lakkozott lemez; ~ **hardboard** *fa* lakkozott keménylemez; ~ **leather** *cipő* lakkbőr
lacquerer lakkozó
lacquering (védő)lakkozás, fényezés; politúrozás; *élip* vernírozás; ~**-machine** *pa* lakkozógép
lacrimator *kat* könnyfakasztó gáz, könnygáz; *vegy* könnyfakasztó szer
lacrimatory *vegy* könnyeztető
LACT → lease automatic custody transfer
lactalbumin *vegy* laktalbumin
lactam *vegy* laktám
lactase *vegy* laktáz, laktózbontó enzim
lactate *vegy* laktát
lactic *élip* tejes, tej-; ~ **acid (LA)** *vegy* tejsav; ~ **fermentation** tejsavas erjedés
lactide *vegy* laktid, tejsav dimer észtere
lactim *vegy* laktim, laktám enolalakja
lactobacilus *vegy* tejsavbacilus
lactobionic acid *élip* laktobionsav
lactobiose → lactose
lactobutyrometer tejsavmérő
lactoflavine *vegy* B_2-vitamin
lactogen *vegy* luteotrop hormon, luteotropin
lactoglobulin *élip* laktoglobulin
lactol *pa* ezüstlaktát; *vegy* laktol, gyűrűs félacetál
lactometer laktométer; tejfajsúlymérő, tejsűrűségmérő
lactone *vegy* lakton, belső észter
lactonization laktonképződés
lactose *vegy* laktóz, tejcukor
lacuna hézag, térköz
lacustrine *geol* tavi, tó-, lakusztrikus, limnikus, édesvízi; ~ **deposit/sediment** tavi/lakusztrikus üledék; ~ **facies** tavi fáciesz
ladar lézerradar
ladder I. *v kh* szem lefut *(harisnyán)*; **II.** *n* létra, hágcsó; *ép* merítéklétra; *hajó* függőlétra; külső/leereszthető hajólépcső; viharhágcsó, kötélhágcsó; *kh* lefutó szem, szemlefutás *(harisnyán)*; *mat* skála; *rep* átjáró; ~ **attenuator** *el* lépcsős csillapító(tag), csillapítóelosztó; *rád* egypontos szabályozó; ~ **(bucket) dredger** *ép* serleges/vederláncos/vedersoros úszókotró; ~ **chain** hevederes lánc, Gall-lánc; ~ **circuit** *aut* létrakapcsolás, lánckapcsolás; ~ **compartment** *bány* járóosztály, létraosztály; ~ **ditcher** *ép* serleges/vederláncos árokásó; ~ **excavator** *ép* serleges/vederláncos/vedersoros kotrógép; ~ **filter** *távk* lánckapcsolású szűrő, láncszűrő, létraszűrő; többtagú szűrő; ~ **network** *el* négypóluslánc, lánctag; *távk* létrakapcsolás, lánckapcsolás; ~ **of an excavator** vederlétra, merítőlétra; ~ **polymer** *vegy* létrapolimer, hágcsópolimer; ~**-proof**, ~**-resistant** *kh* szembiztos *(haris-*

nya); ~ **rack** *gép* vezető fogasléc; ~ **road** *bány* járóosztály, létraosztály; ~ **rope** *hajó* kötélhágcsó, oldallépcső; ~ **round/rung** létrafok; ~ **scaffold(ing)** *ép* létraállvány; ~ **sollar** *bány* járópadozat; ~ **spoke/step** létrafok; ~ **track** *vasút* anyavágány; kurrens vágány; ~ **trencher** *ép* vedersoros árokásó; ~**-tripod** *foto* létra-kameraállvány; ~ **trolley** *vasút* létráskocsi; ~ **truck** létrás tűzoltókocsi; *vasút* létrás kocsi; ~**-type** *távk* többtagú *(szűrő)*; ~ **vein** *bány* lépcsős ércér; ~ **work** létrán végzett munka *(mázolóé)*

laddering *kh* szemlefutás/szemleszaladás, leszaladt/lefutott szem

ladderway *bány* létraosztály, járóosztály

laddic *szt* többnyílású mágneses elem

lade I. *v* (meg)terhel, megrak; tölt; *hajó* hajóra rak; kimer *(vizet)*; rakodik; **II.** *n bány* derítőfejtés; *geol* folytótorkolat

laden terhelt, megrakott; ~ **axle weight** (névleges) tengelyterhelés; ~ **weight** *gépk* terhelt súly

ladies' | **coating** női kabátszövet; ~ **dress fabric** női ruhaszövet

lading teher, (meg)terhelés; megrakás, töltés; *hajó* kimerés; rakodás, rakomány; ~ **door** *hajó* berakóajtó; töltőnyílás, rakodónyílás

Ladinian stage *geol* ladini emelet

ladle I. *v* merít; **II.** *n* merítőkanál, merőkanál; *koh* kezelőüst; üst; *önt* öntőüst, öntőkanál; ~ **additions** üstadalékok; ~ **analysis** *koh* adagelemzés; ~ **bail** öntőüströgzítő kengyel; ~ **barrow** *önt* kanáltartó villa; ~ **bogie** *koh* csapolótargonca; üstkocsi; ~ **brick** tűzálló tégla *(öntőüst béleléséhez)*; ~ **brickwork** tűzálló bélelés *(acélöntőüsté)*; ~ **capacity** öntőüst befogadóképessége; ~ **car/carriage** *koh* csapolótargonca; öntőüstszállító kocsi; vederkocsi; ~ **carrier** *koh, önt* üsttartó; ~ **casing** *koh* üstköpeny; ~ **cement** *önt* cement *(kötő- és adalékanyag)*; ~ **chill** lerakódás az öntőüstben; ~ **continuous degassing** folyamatos gázeltávolítás az öntőüstből; ~ **cooling** *önt* pihentetés; ~ **crane** öntödei daru; ~ **degassing** *koh* gáztalanítás üstben; ~ **dryer/drier** öntőüstszárító berendezés; ~ **drying plant** *koh* üstszárító berendezés; ~ **foot** üstláb; ~ **hanger** öntőüstjárom; ~ **heating plant** *önt* üsthevítő berendezés; ~ **inoculant** öntőüstbe töltendő módosítóanyag; ~ **lining** *koh* üstfalazat; ~ **lip** *önt* kanálcsőr, lapátcsőr, öntőüstcsőr; ~ **metallurgy** *koh* üstmetallurgia; ~ **nozzle** *önt* öntőüst-kifolyónyílás; ~ **nozzle seating block** üstkagyló; ~ **pit** *koh* üstgödör; ~ **platform** *önt* öntőpódium; ~ **plug** *koh* dugó; ~ **preheating** *koh* üst-előmelegítés; ~ **sample** üstpróba; ~ **sampling** mintavétel az öntőüstből; ~ **scrap** öntőüstben maradt öntvénytöredék; ~ **shank** *koh* üstvilla; ~ **shell** öntőüstház, öntőüstköpeny; ~ **skull** *koh, önt* üstmedve, üstmeredvény, üsttapadvány, salakkoszorú; ~ **spout** *önt* öntőcsőr; ~ **stand** öntőüstállvány; ~ **support** öntőüstfüggesztő-kengyel; ~ **tilter** öntőüstbillentő berendezés; ~ **tipping** öntőüstbillentés; ~**-tipping gear** üstbillentő szerkezet; ~ **treatment** *koh* üstmetallurgia; ~ **truck** öntőüstszállító kocsi

ladleful mer(ít)őkanál(nyi)

ladling fémleöntés öntőüstből

laevogyrate, *US* **levogyrate** *opt* balra forgó

laevogyration, *US* **levogyration** *vegy* balra forgatás

laevogyratory, *US* **levogyratory** *opt* balra forgató

laevogyric, *US* **levogyric** *opt* balra forgató

laevogyrous, *US* **levogyrous** *opt* balra forgató

laevoisomer, *US* **levoisomer** *vegy* balra forgató izomer, L-izomer

laevorotation, *US* **levorotation** *vegy* balra forgatás, levulorotáció

laevorotatory, *US* **levorotatory** *vegy* balra forgató

laevotartaric, *US* **levotartaric acid** *vegy* L-borkősav

laevulinic, *US* **levulinic acid** *vegy* levulinsav, 4-oxo-valeriánsav

laevulose, *US* **levulose** *élip* fruktóz, levulóz

lag[1] **I.** *v* (be)borít, beburkol; bevon, bélel; *bány* bordafával/széldeszkával bélel; ülepít; **II.** *n* borítás; *bány* bélésdeszka

lag[2] **I.** *v* késik; lemarad; késlekedik; *tex* pihentet; **II.** *n* késés, elmaradás; *el* fáziskésés, fáziseltolás; holtidő *(áramé)*; *mat* lag, késleltetés; *tex* pihentetés; ~ **angle (LA)** *fiz, el* (fázis)késési szög, fáziselmaradás szöge; ~ **circuit** *távk* késleltető áramkör *(jelformáló)*; ~ **coefficient** *fiz* késleltetési/késési tényező; ~ **curve** *fiz* késleltetési jelleggörbe; ~ **effect** *tv* utánhúzás, utánvilágítás *(képcsőé)*; ~ **element** *aut* késleltető tag, holtidős tag/elem, késéses tag; ~ **filter** *távk* késleltető szűrő; ~ **in phase** *v el* fáziskésésben van; ~ **member** *aut* differenciáló-integráló tag; ~ **network** *aut* (fázis)késleltető áramkör/hálózat; ~ **of release** *fiz* kioldási/lekapcsolási idő; ~ **phase** *élip* lappangás ideje, lappangási fázis; ~ **regression** *mat* lag-regresszió; ~ **representation** *aut* holtidő-ábrázolás; ~ **theorem** *aut* fáziskésés tétele, késéstétel; ~ **time** késés, elmaradás; késleltetési idő

lager beer *élip* világos (ászok)sör

lagged[1] hőszigetelt, szigetelt; ~ **centre** *ép* borított mintadeszkázat

lagged[2] késleltetett; ~**-demand meter** késleltetett csúcswattmérő; ~ **pulley** *em* bevont dob

lagger *kh* szárkötő gép

lagging[1] bélés, borítás; bélelés; hőszigetelés; *bány* bordafázás; hátbélelés; *ép* bélésdeszka; hézagos dúcolás; mintadeszkázat; széldeszka, félfa; ~ **adhesive** hőszigetelő ragasztó; ~ **board** *bány* széldeszka, félfa; ~ **jack** *ép* megtámasztó állvány; ~ **ring** *gép* borítást/burkolatot tartó gyűrű; ~ **slab** *bány* bordafa; ~ **strip** *ép* zárléc; ~ **timber** *bány* bélésfa(anyag)

lagging[2] *el* késés, késleltetés; ~ **coil** kompenzálótekercs *(méréshez)*; ~ **current** *el* fázisban késő áram; ~ **edge** *fiz* impulzuslefutás; ~ **element** *aut* holtidős rendszer; ~ **feedback** *aut* késleltetett visszacsatolás; ~ **filter** *távk* késleltető szűrő; ~ **load** *el* induktív terhelés; ~ **of phase** *fiz* fáziskeresés; ~ **phase angle** *fiz* fáziskeresési szög; ~ **phase shift** *fiz* késleltető fáziseltolás; ~ **power factor** *el* induktív teljesítménytényező; ~ **tail** *fiz* impulzuslefutás; ~ **voltage** *fiz* feszültségkésés; késleltető feszültség

lagoon lagúna; *hidr* derítőtó; ~ **deposit** lagúnaüledék; ~ **island** *geol* atoll

lagoonal facies *geol* lagúnafáciesz

lagooning *hidr* derítőtavas szennyvíztisztítás

Lagrange | **equation** Lagrange-egyenlet; ~ **function** Lagrange-függvény; ~ **interpolation** Lagrange-interpoláció; ~ **multiplier** Lagrange-multiplikátor; ~ **polynomial** Lagrange-polinom; ~ **remainder** Lagrange-féle maradéktagképlet; ~ **theorem** Lagrange-tétel

Lagrangian → Lagrange
Laguerre polynomials *szt* Laguerre-polinomok
lahar *geol* lahar
LAI → leaf area index
laid (le)fektetett; sodort, vert *(kötél)*; *kat* irányított; *pa* keresztirányban bordázott; *tex* nyújtott *(pl. bolyh)*; ~ **bare** *ép* feltárt, kiszabadított; ~ **course** *hajó* meghatározott irány; ~**(-)dry** *ép* szárazon rakott *(fal)*; ~ **fabric** *kh* vetülékfonalas/bélelt kelme; ~ **fallow** *mzg* parlagon fekvő/hagyott; ~ **flatwise** élére állított; ~ **grain** dőlt gabona; ~**-in** *fa* berakott, intarziás; ~**-in ducts** csőben fektetett *(kábel)*; ~**-in key** *gép* fészkes ék/retesz; ~**-in pattern** *tex* berakásos minta; ~ **length** lerakott/lefektetett hossz *(vezetéké)*; ~**-lines** *pl pa* bordázat; ~ **mo(u)ld** *pa* bordázott ráma; ~**-on** *fa* ráenyvezett; ~ **on public inspection** közszemlére tett; ~**-out distance** *geod* kimért távolság; ~ **paper** *pa* bordázott/recézett víznyomású papír; ~ **pile** *tex* nyújtott bolyh; ~ **rope** összetett kötél, kábelkötél; ~ **side by side** egy síkban fekvő *(kábelek)*; ~**-up** raktározott; *hajó* leszerelt; ~**-wire(s)** *pa* alapdrót; bordázó drót, kötöződrót, kötözőhuzal
laitance *ép* híg cementhabarcs, cementtej; ~ **injection** *hidr* cementlé-besajtolás
lake[1] tó; ~ **asphalt** trinidadi/természetes aszfalt *(aszfalttóból)*; ~**-bed placer** édesvízi lerakódás; ~ **breeze** *met* tavi szél; ~ **conservancy** *hidr* tófenntartás; **L**~ **copper** a Felső-tó vidékéről való réz; ~ **fill** *geol* feltöltődés, feliszapolódás; ~ **iron ore** *geol* gyepvasérc, mocsárérc, tóérc; ~ **navigation** tavi hajózás; ~ **of cold air** *met* hideg légtó; ~ **oil** *bány* olajréteg, pakura; ~ **retention** *hidr* tóretenció; ~ **shore** tópart; ~ **surface** *hidr* vízszín
lake[2] *vegy* festéklakk, színezéklakk; ~ **pigment** pigment lakk
lakelet tengerszem, gleccsertó
lamb bárány; ~**'s wool** báránygyapjú
Lamb | shift *at* Lamb-féle vonaleltolódás; ~ **wave** Lamb-hullám
lambda | definiable function *mat* lambda-definiálható függvény; ~ **diode** *távk* lambda-dióda; ~ **hyperon** *fiz* lambda-hiperon, Λ-hiperon; ~ **leak** *fiz* lambda-folyás, szuperfolyékonyság, Kammerlingh-Onnes-hatás; ~ **limiting process** *at* lambda-határolás, egész hullámú határolás; ~**-particle** *fiz* lambda-hiperon, Λ-hiperon; ~ **pipetta** ultra-mikropipetta, lambda-pipetta; ~ **point** *fiz* lambda-pont, λ-pont; ~ **shock wave** → ~-type shock wave; ~ **transistor** lambda-tranzisztor; ~ **triode** lambda-tranzisztor; ~**-type shock wave** szétágazó lökéshullám, λ-lökéshullám
lambert (unit) *opt* lambert
Lambert|-Bouguer law of absorption *fiz* Bouguer-Lambert-törvény; ~ **projection** Lambert-leképzés, izocilindrikus leképzés; ~**'s cosine law** *fiz* Lambert-koszinusztörvény; ~**'s law** Lambert-törvény
Lambertian emitter/radiator *opt* Lambertsugárzó
lambrequin *tex* ruhafodor
lambskin báránybőr; ~ **cloth** *tex* bárányutánzatú anyag
lame megereszkedett *(rugó)*
lamé *tex* lamé
Lamé | constant *geof* Lamé-féle (rugalmassági) állandó; ~ **curve** *mat* Lamé-féle görbe
lamella vékony lemez, lamella; hártya; *gép* vékony tárcsa; *távk* membrán; ~ **of a glide twin** *geol* csuszamlási ikerlamella; ~ **pump** lamellás szivattyú
lamellar lamellás, lemezes; réteges; *pa* leveles; ~ **annealing** *koh* acél lágyítása lemezes perlitszerkezet elérésére; ~ **brush** *el* lemezelt kefe; ~ **cleavage** *geol* lemezes elválás; ~ **cooler** lemezes/lamellás hűtő; ~ **diaphragm** *foto* lemezes fényrekesz; ~ **field** *el* örvénymentes tér/mező; ~ **fracture** réteges törés; *koh* lépcsős töret; ~ **graphite cast iron** lemezgrafitos öntöttvas; ~ **growth** *geol* lamellás növekedés; ~ **gypsum** leveles gipsz; ~ **magnet** lemezes mágnes; ~ **magnetization** *el* lamellás mágnesezés; ~ **martensite** *ásv* lemezes martenzit; ~ **perlite** lemezes perlit; ~ **powder** szalaglőpor; ~ **prop** *bány* lemezes tám; ~ **shutter** *foto* lemezes zár; ~ **structure** *fiz* lamellás/rétegelt szerkezet; *koh* lemezes szövet; ~ **tearing** *koh* teraszos töret; ~ **V-belt** réteges ékszíj
lamellate I. *v* lemezel, rétegel; **II.** *a* lemezes
lamellated lemezes; *geol* réteges, leveles
lamellibranchi *geol* kagylók
lamelliform lemez alakú, lemezes
lamina vékony réteg/lemez; *geol* vékony kőzetréteg; vetési/csúszási sík; *rep* magassági réteg; réteg; ~ **of wood** furnérlemez, borítólemez; ~ **parquet** *fa* lamellás parkett
laminar réteges, lemezes; vékony rétegekből/lemezekből álló; *fiz, geol* lamellás, lamináris; *hidr, rep* lamináris; *rep* réteges, lemezes, vékony rétegekből álló; ~ **airfoil** *rep* lamináris szárnyszelvény; ~ **boundary layer** *hidr, rep* lamináris határréteg; ~ **conditions** *rep* lamináris áramlásviszonyok; ~ **cooling** *koh* lamináris hűtés; ~ **flow** *fiz* lamináris áramlás; *hidr* vízszálas áramlás; *rep* lamináris/réteges áramlás; ~**-flow airfoil** *rep* lamináris szárnyszelvény; ~ **fracture** réteges hasadás; ~ **friction** *rep* lamináris súrlódás; ~ **habit** *ásv* lemezes habitus; ~ **layer** *geol* lamináris réteg; ~ **profile** *rep* lamináris szárnyszelvény; ~ **separation** *hidr, rep* lamináris határréteg leválása; lamináris leválás/leszakadás; ~ **structure** *ásv* lamináris szerkezet; ~ **talc** *ásv* pikkelyes talkum; ~ **velocity** *hidr* lamináris folyási sebesség; ~ **wing** *rep* lamináris szárny
laminarization *fiz* laminarizálás, laminarizáció
laminate I. *v* rétegez, rétegel; lemezekre/rétegekre választ; lemezekre/rétegekre válik/foszlik; lemezel, lemezekből összerak; *fa* vékony lemezre fűrészel; *geol* lemezesen/pikkelyesen elválik; *heng* lemezzé hengerel/nyújt; plattíroz; **II.** *a* lemezes; rétegelt; *pa* leveles; **III.** *n* rétegelt/lemezelt anyag; rétegelt műanyag; *koh* laminátum; ~ **antenna** rétegelt antenna; ~ **moulding** *műa* rétegelt anyag sajtolása
laminated többrétegű, lemezes; réteges, rétegelt; *el, gép* lemezelt; *geol* leveles, vékony rétegekből álló; *pa* leveles; ~ **arch** *fa* deszkarétegekből készült ív; ~ **armature** *el* lemezelt armatúra/forgórész; ~ **beam** *fa* rétegelt gerenda; ~ **bending** *gép* lemezelt hajlítás; ~ **board** falemez, asztaloslap, asztalospanel; *pa* dekorpapír; ~**-brush switch** *el* kefekapcsoló; ~ **cardboard** *pa* ragasztott (gép)karton; ~ **channel section** rétegelt U-szelvény; ~ **cloth** *műa* rétegelt textilvázú műanyag; *tex* kétrétegű szövet; ~ **conductor** *el* lemezelt (áramvezető) sín; ~ **constituent** *geol* lemezes elegyrész; ~ **construction** réteges szerkezet; ~ **contact** *el* lamellás kapcsoló; ~ **core** *el* lemezelt vasmag, lemez-

test; *fa* falemez hámozott középrésze; ~ **fabric** *műa* rétegelt (textilvázú) műanyag; ~**-fibre/fiber building board** (rétegelt) farostlemez; ~ **film** *műa* társított fóliák, rétegelt műanyag film; ~ **foil** *koh* laminátum; ~ **fracture** *koh* lépcsős/teraszos töret; ~ **glass** szekurit(üveg); triplex üveg, többrétegű biztonsági üveg; ~ **glass pane** biztonsági üveg *(ablaküvegből)*; ~ **hook** lemezhorog; ~ **insulation** *el* rétegezett szigetelés; ~ **iron core** *el* lemezelt vasmag, lemeztest; ~ **leather coupling** *gép* bőrlemezes/bőrlamellás tengelykapcsoló; ~ **magnet** lemezelt/lemezes mágnes; ~ **material** *koh* laminátum; *műa* rétegelt műanyag; *tex* kétrétegű/dublé szövet; ~ **metal** többrétegű fém; kettősfém; ~ **mica** *ásv* lemezes csillám; ~ **mo(u)lded rod** *műa* rétegelt műanyag rúd; ~ **mo(u)lded tube** rétegelt műanyag cső; ~ **mo(u)lding** *műa* rétegelt présdarab; ~ **nickel stack transducer** nikkellemezes ultrahanggenerátor; ~ **panel** *ép* kötőlemez, szendvicslemez, szendvicspanel; ~ **paper** *műa* rétegelt papírvázú műanyag; ~ **plastics,** ~ **plastic (sheet)** *ép, műa* rétegelt műanyag; ~ **plate** rétegelt lemez; ~ **plate glass** biztonsági üveg *(tükörüvegből)*; ~ **plywood** párhuzamosan enyvezett furnérlemez; ~ **pole** *el* lemezelt pólus; ~ **pole-shoe** *el* lemezelt pólussaru; ~ **preform** *műa* rétegelt előformázott anyag; ~ **pressboard** rétegelt prespán; ~ **radial core** *el* radiális/sugárirányú vasmag; ~ **record** rétegelt hanglemez; ~ **rib** *ép* pallókból összerakott faborda; ~ **rolled tube** *műa* rétegelt tekercselt cső; ~ **safety sheet glass** rétegelt biztonsági üveg; ~ **sheet** *műa* rétegelt műanyag; réteglemez, réteglap; ~**-sheet iron** réteges vaslemez; ~**-sheet metal** plattírozott lemez; ~ **shield** *rád* többrétegű árnyékolás; ~ **shim** többrétegű alátét, vékony lemezekből készült betét; ~ **ski** ragasztott síléc; ~ **soil** *talt* leveles talaj; ~ **spring** *gépk* laprugó; *vasút* lemezrugó; ~**-spring coupling** lemezrugós tengelykapcsoló; ~**-spring hammer** *koh* laprugós kalapács, Ajax-kalapács; ~ **structure** *koh* lemezes szövet; *talt* lemezes szerkezet; ~ **suspension spring** *vasút* lemezes hordrugó; ~ **tube** tekercselt cső; *koh* laminált tubus; ~ **wall-board** *fa* sokrétű faburkolólap; ~ **waterproof fabric** *tex* réteges vízhatlan szövet; ~ **windscreen** szekurit szélvédőüveg; ~ **wood** rétegelt fa; műfa; többrétegű furnérlemez; ~ **yoke** *el* lemezelt járom

laminating lemezelés, rétegelés; *heng* kasírozás, laminálás, társítás; *pa* kasírozás; ~ **machine** *műa* rétegelőgép; *pa* kasírozógép; ~ **mill** *heng* lemezlapka-hengersor, platinahengersor; ~ **press** *fa* lapprés, furnérlemezprés; ~ **resin** *műa* rétegragasztó; ~ **sheet** *műa* réteglemez, réteglap; ~ **with foam** *tex* rétegelés habbal

lamination rétegződés, rétegezettség; lemezes szerkezetű elrendezettség; rétegelés; *bány* lamináció; *el* lemez(test), vasmaglemez; *geol* rétegesség, réteges elválás; *heng* kasírozás, laminálás, társítás; lemezhengerlés; rétegelődés *(hiba, porkohászatban)*; túlhengerlés *(simítóhengerlésnél)*; ~ **coupling** *gép* lemezes kapcsoló; ~ **crack** réteges leválás; ~ **factor** *el* kitöltési tényező; ~ **insulation** *el* rétegezett szigetelés; ~**-link** *el* átkötő lamella *(érintkezőkeféhez)*; ~ **sheet** védőfólia

laminator *pa* kasírozógép

laminboard *ép* furnérbetétes asztaloslap

laminiform lemezes, lemez alakú

laminium washer rétegelt alumínium tömítőgyűrű

laminography *orv* rétegfelvétel, tomográfia

laminose → laminar

La Mont boiler La Mont-kazán

lamp lámpa, világítótest; fényforrás; barretter; *gépk* (segéd)fényszóró; *távk* ellenálláscső; ~ **arch** *ép* emelt csúcsív; ~ **base** → ~ cap; ~ **bezel** lámpafoglalat *(tetőlámpáé)*; ~ **body** fényszóróház; ~ **bracket** lámpatartó, lámpahorog, lámpaállvány, lámpakar; ~ **burning test** *el* égésidőtartam vizsgálata; ~ **cabin** *bány* lámpakamra; ~ **call** *távk* izzólámpás jelzés; ~ **cap** lámpafej *(izzóé)*; ~ **capping cement** lámpafejrögzítő cement; ~ **carbon** *ol* földgázkorom; ~ **chimney** lámpaüveg; ~ **condenser diaphragm** *opt* látótérfényrekesz; ~ **cord** *el* lámpazsinór; ~ **cover** fényrekesz; ~ **detector** *el* keresőlámpa; ~ **diaphragm** *opt* látótérfényrekesz; ~ **efficiency** lámpa optikai hatásfoka; ~ **field stop** *opt* látótérfényrekesz; ~ **field stop slider** látótérfényrekesz-fedő; ~ **fitting** *el* lámpaszerelvény; ~ **glass** lámpaüveg; ~ **globe** haranglámpa; ~ **guard** *bány* lámpavédő háló/kosár; ~ **hoist** *el* lámpatestemelő *(szerkezet)*; ~ **hole** csatornaakna; ~ **hood** lámpaernyő; ~ **hour** *el* égési óraszám; ~ **indicator** *távk* jelzőlámpa; ~ **jack** lámpatartó, lámpahorog, lámpaállvány, lámpakar; ~ **kerosene** petróleum, világítóolaj, világítópetróleum, kerozin; ~ **key** *bány* lámpaszár; ~ **man** *bány* lámpakezelő; lámpamester; ~ **mount** szerelt állvány; ~ **oil** → ~ kerosene; ~ **panel** *távb* lámpatábla, lámpamező; ~ **power** fényerő *(lámpáé)*; ~ **resistance/resistor** *távk* lámpaellenállás; ~ **room** *bány* lámpakamra; ~ **screen** *rád* csőbura; ~ **signal** *távk* fényjelzés, lámpajelzés; ~ **signal call** *távk* lámpahívás; ~ **signal(l)ing switchboard** *aut* izzólámpa-jelzéses kapcsolótábla; ~ **socket** lámpafoglalat, izzólámpa-foglalat; ~**-socket antenna** hálózati antennapótló; ~ **stand** lámpaállvány, lámpatartó; állólámpa; ~ **standard** lámpaoszlop; ~ **station** *bány* lámpaállomás; ~ **strip** *távk* lámpasáv; ~ **support** lámpahorog; ~ **switch** *gépk* lámpakapcsoló; ~ **switchboard** *távk* lámpakijelzős kapcsolótábla; ~ **tender** *bány* lámpakezelő; ~**-timing** *el, foto* lámpaidőzítés; ~**-trimmer** lámpatisztogató; ~ **tube** lámpaüveg; ~ **voltage** *opt* működési feszültség; ~ **wick** lámpabél; ~ **window** *ép* gótikus ablak; ~ **working** lámpaüvegfújás; ~ **yoke** *gépk* lámpatartókengyel, lámpatartóvilla

lampasette félselyem bútorszövet

lampblack *vegy* lámpakorom, lángkorom

Lampén mill *pa* Lampén-malom

lampholder lámpafoglalat, izzólámpa-foglalat; *rád* csőfoglalat; ~ **plug** csavaros csatlakozóaljzat *(lámpához)*

lamphouse lámpaház *(vetítőgépé)*

lamppost lámpaoszlop

lamprophyre *geol* lamprofir

lampshade lámpaernyő; ~ **base board** lámpaernyőkarton; ~ **cardboard** lámpaernyőkarton

LAN → landing aid; → linear active network; → local area network; ~**-bridge** *szt* helyi hálózatok közötti híd

lana(l)in vízmentes lanolin

lanameter *opt, tex* lanaméter

lanarkite *ásv* lanarkit

lanate(d) pelyhes; gyapjas *(igen finoman szőrös)*

Lancashire boiler *gép* Lancashire-kazán
lance I. *v* bevág, beszúr *(hideg alakításnál)*; **II.** *n koh* lándzsa; ~ **cooling** *koh* lándzsahűtés; ~ **lifting equipment** *koh* lándzsaemelő; ~ **with explosive charge** *koh* robbantólándzsa
lanceolate lándzsaszerű, lándzsa alakú; ~ **arch** lándzsaív
lancet *önt* formasimító; ~ **arch** *ép* lándzsaív; ~ **window** lándzsaíves ablak
lancewood lándzsafa *(dél-amerikai fafajta)*
lancing bevágás, beszúrás *(hideg alakításnál)*; ~ **tool** szúrószerszám
Lancy system Lancy-eljárás *(galvanizálás)*
land I. *v* partra szállít; hajóból kirak; partra száll; kiköt; kiszáll, leszáll *(járműről)*; *rep* leszáll, landol, földet ér; letesz *(repülőgépet)*; **II.** *n* föld, szárazföld; vidék, táj; talaj; *bány* külszín; *ép* építési terület; hornyok közötti felület; két barázda között hagyott sáv; *gép* két rovátka közti terület; vágóélszalag; *kat* vájatmező *(fegyvercsőben)*; *kh* tűágyoromzat; *műa* vágószegély; *rád* forrasztószem; ~ **abutment** *ép* hídfő; ~ **aerodrome** *rep* szárazföldi repülőtér; ~ **and sea breezes** *met* szárazföldi-tengeri szelek; ~ **angle of the face** *forg* élszög; ~ **angle of the flank** *forg* hátszög; ~ **area of a mo(u)ld** *műa* nyomószegély; ~ **area width** *műa* nyomószegélyszélesség; ~**-based** *kat* szárazföldön telepített, földi (telepítésű); ~**-based satellite station** *távk* reléállomás; ~**-board intercontinental missile** *rak* földi telepítésű interkontinentális rakéta; ~ **boiler** állókazán; ~ **breeze** *met* parti szél; ~**-bridge** földnyelv; ~ **cable** vonszolt kábel *(járműhöz)*; ~ **camera** polaroid fényképezőgép; ~**-carriage** szárazföldi szállítás; ~ **casing** *ol* béléscső-leültetés *(fúrólyukban)*; ~ **chain** *geod* földmérő lánc *(66 láb = 10,12 m)*; ~ **circuit** *el* földvezeték; ~ **clearing** *ép* bozót- és gyökérirtás; ~**-clearing rake** gyökérgereblye; ~ **compass** *geod* felmérő/földmérő iránytű; ~ **consolidation** *mzg* (talaj)konszolidáció; ~ **container** szárazföldi konténer; ~**-conveyance** szárazföldi szállítás; ~ **craft** szárazföldi jármű; ~ **dead** *v rep* leállított hajtóművel száll le; ~ **drainage** *ép, mzg* lecsapolás, melioráció; *hidr* vízrendezés; ~**-drainage operations** *pl hidr* belvízvédekezés; ~**-driven** *mzg* talajkerékről hajtott, járókerék-hajtású; ~ **end of the groyne** *hidr* sarkantyútő; ~ **form** *geol* talajalakulat, terepalakulat; ~ **for soldering** *rád* forrasztószem; ~ **ice** parti *v.* parttal összefüggő *v.* szárazföldi jég; ~ **improvement** *mzg* talajjavítás, melioráció; ~**-line** → landline; ~**-locked** partokkal körülvett, part által körülzárt *(öböl)*; ~ **mass** szárazföldi tömb; ~**-measuring** geodézia, földmérés; ~ **mine** *kat* taposóakna; ~ **mobile satellite service** *távk* műholdas földi mozgószolgálat; ~ **mobile service** *távk* földi mozgószolgálat; ~ **of an extruder die** *műa* vezetőhossz; ~ **of a twist drill** *szersz* vezetőél; ~ **of the face** *forg* homloklap, homlokfelület; ~ **on the moon** *v* leszáll a holdra; ~ **packer** *mzg* tömörítőhenger; ~ **parcel** *ép* telek; ~ **pattern** *el* vezetőalakzat *(NYÁK-on)*; ~ **phosphate** *ásv* foszforit; ~ **pier** parti pillér; ~ **plane** *rep* szárazföldi repülőgép; ~ **plaster** *vegy* őrölt gipsz *(trágyázásra)*; ~ **plot** földcsík; ~ **radio mobile service** mozgó URH-távbeszélő szolgálat; ~ **radio station** földi rádióállomás; ~ **reclamation** *mzg* talajjavítás, melioráció; talajvisszanyerés, lecsapolás; ~ **reconstruction** *mzg* talaj megjavítása, rekultiváció; ~**-register** telekkönyv; ~ **registration** telekkönyvezés; ~ **return** *rád* földi visszaverődés; ~ **roller** *mzg* rögtörő henger; ~ **shield** *ép* szárazföld alatti alagútépítő pajzs; ~ **side (of airport)** *rep* nem ellenőrzött mozgásterület *(repülőtéré)*; ~ **sign** *hidr* parti jel; ~ **smoothly** *v rep* simán leszáll; ~ **spout** *met* porforgatag, portölcsér; ~ **station** *rep* földi állomás; ~ **subsidence** földsüppedés; ~ **surface** terepfelület; *élip* őrlőlap *(malomkőé)*; ~ **survey(ing)** *geod* kataszteri felmérés, földmérés; ~ **surveyor** *geod* földmérő; ~ **tie** parti kihorgonyzás *(hídon)*; *ép* hátrahorgonyzó rúd; ~ **ties** *pl* cölöpfal, cölöpsor; ~ **tile** *hidr* perforált agyag dréncső; ~ **treatment** *hidr* öntözés szennyvízzel; ~**-type boiler** állókazán; ~ **upheaval** *talt* felszínemelkedés; ~ **use** földhasználat; ~**-utility tractor** *mzg* mezőgazdasági vontató traktor; ~ **waste** *geol* elmállott kőzetek; ~**-water-air system** *rak* föld-víz-levegő rendszer; ~ **wheel** *mzg* talajkerék; tarlókerék *(ekén)*; ~ **width** *műa* menetprofil-szélesség *(extrudercsigán)*; ~ **wind** *met* parti szél
Landau diamagnetism *ásv* Landau-féle diamágnesség
Landé (splitting) factor *at* atomi g-faktor; Landé-faktor
landed *hajó* kirakodott; *műa* vágószegélyes *(szerszám)*; *rep* leszállt, földet ért; ~ **mo(u)ld** *műa* vágószegélyes szerszám; ~ **positive mo(u)ld** *műa* vágószegélyes töltőforma; ~ **quality** kirakott áru minősége; ~ **weight** érkezési súly *(árué)*; kihajózási súly
Landenian stage *geol* landeni emelet
lander *bány* kasszék; külszíni aknacsatlós; *koh, önt* öntőcsatorna; *rep* űrszonda
landfall *geol* földcsuszamlás; *hajó* kikötés; *rep* földközelbe érkezés, partraérés; leszállás, földre szállás; ~ **buoy** *hajó* irányjelző bója; ~ **light** navigációs irányfény
landfast ice *hidr* parti jég
landfill *ép* szemétgödör; terepfeltöltés; *környv* lerakóhely; ~ **with covering** *környv* takarásos területfeltöltés
landfilling *környv* hulladéklerakás
landing I. *a rep* leszálló, leszállási; **II.** *n bány* aknarakodó (padozat); kasfelültetés; kiszállás *(bányából)*; létrapad, pihenő; rakodópad; *em* emelet, felvonóbejáró; *ép* (lépcsőházi) pihenő; *fa* farakodó tér; farakodótéri munka; *hajó* kikötő(hely); kirakodás; partraszállás, kikötés; *rep* földetérés; leszállás, érkezés; ~ **accident** *rep* repülési esemény leszállás közben; ~ **against the wind** *rep* leszállás széllel szemben; ~ **aid (LAN)** *rep* leszállásirányító berendezés/eszköz; ~ **altimeter** *aut* finom/leszállási magasságmérő; ~ **angle** *rep* leszállási szög; ~ **approach** *rep* bevezetés leszálláshoz; ~ **approach speed** *rep* megközelítési sebesség; ~ **area** *rep* leszállási terület; leszállóhely, leszállótér; ~**-area floodlight** *rep* futópálya-világító; ~ **area lighting** leszállópálya-világítás; ~ **base** *ép* lépcsőpihenő; ~ **bay** *hajó* kikötőhíd, pallóhíd; ~ **beacon** *rep* leszállító rádióirányadó; ~ **beam** *rep* leszállító/bevezető sugárnyaláb; ~ **beam station** *rep* leszállító/bevezető sugárnyalábot kisugárzó rádióállomás; ~ **beam transmitter** *rep* leszállító/bevezető sugárnyalábot kisugárzó rádióadó; ~ **boat (LB)** *kat* partraszálló jármű; ~ **bottom** alsó kezelőtér *(siklón)*; ~ **brake** *rep* leszálló fék; ~ **burr** *kh* szemterelő kerék/tárcsa; ~

call *em* felvonólehívás; ~ **call push** *em* felvonóhívógomb; ~ **capacity** *rep* repülőtér leszállási teljesítőképessége; ~ **carriage** *ép* lépcsőpihenő-tartókeret; *hajó* partrakodási díj; ~ **charge** *rep* leszállási díj; ~ **chart** *rep* leszállási térkép; ~ **circle** *rep* leszállás előtti forgalmi kör; leszállókör; ~ **clearance** *rep* leszállási engedély; ~ **configuration** *rep* leszállási alakzat; ~ **craft (LC)** *kat* partra szálló jármű; ~ **crew** *rep* leszállószemélyzet; ~ **deck** *hajó* repülőfedélzet *(anyahajón)*; ~ **depth** *geof, ol* beépítési mélység *(béléscsőé)*, béléscsövezés mélysége; ~ **direction indicator (LDI)** *rep* leszállási irányjelző; ~ **direction indicator light** *rep* leszállási irányjelző fény; ~ **direction light (LDL)** *rep* leszállási irányfény; ~ **distance (LD)** *rep* kifutás hossza; leszállási távolság; ~ **distance available (LDA)** *rep* rendelkezésre álló leszállási úthossz; ~ **dock** *bány* aknarakodó (padozat); ~ **door/entrance** *ép* lakásajtó *(emeletes lakásban)*; ~ **fee** *rep* leszállási illeték/díj; ~ **field** *rep* kis, füves repülőtér; leszállási mező; ~**-field runway** leszálló futópálya; ~ **flap** *rep* leszállási fékszárny; ~ **flare** *rep* leszállórakéta; ~ **flare path** *rep* kivilágított leszállópálya; ~ **floodlight** *rep* leszálló fényszóró; ~ **forces** *pl kat* légi deszant; ~ **forecast** *rep* leszállási időjárás-előrejelzés; ~ **forecast code** *rep* kódolt leszállási időjárás-előrejelzés; ~ **frame** *ép* lépcsőpihenő váza; ~ **gear (LG)** *rep* futómű; ~**-gear axis** *rep* futókeréktengely; ~**-gear brake** *rep* futómű fékje; ~**-gear control** *rep* futóműmozgatás, futóművezérlés; ~**-gear emergency hand crank** *rep* futómű kézi vészkieresztő karja; ~**-gear for semitrailer** nyerges vontató kitámasztója; ~**-gear latch** *rep* futóműzár; ~**-gear latch control** *rep* futómű mechanikus rögzítőkarja; ~**-gear leg** *rep* futószár; ~**-gear light** *rep* futómű helyzetét jelző lámpa; ~**-gear load** *rep* futómű szárára ható terhelés; ~**-gear lower cylinder** *rep* futómű alsó lökhárító hengere; ~**-gear motor** *rep* futóműmozgató motor; ~**-gear rear brace strut** *rep* futómű hátsó támasza; ~**-gear (retracting) strut/leg** *rep* futóműbehúzó rudazat; ~**-gear retraction lock** *rep* futómű benti helyzetzára; ~**-gear safety latch** *rep* futómű biztonsági zárja; ~**-gear tread** *rep* futóműkeréktáv; ~**-gear warning device** *rep* futómű kibocsátását jelző készülék; ~**-gear wheel arrangement** *rep* futómű kerekeinek elrendezése; ~**-gear wheel base** *rep* futómű tengelytáv; ~ **ground (LG)** *rep* leszállóhely, leszállótér; ~ **headlight** *rep* leszállási fényszóró; ~ **in crosswind** *rep* leszállás oldalszélben; ~ **instruction** *rep* leszállási utasítás; ~ **interval** *rep* leszállások közötti időköz; ~ **joist** *ép* lépcsőpihenő-gerenda; ~ **lamp** *rep* leszállási fényszóró; ~**-latch control** *rep* futóműrögzítő; ~ **length** *rep* leszállási távolság; ~ **lights** *rep* leszállási fények; ~ **load** *rep* leszállási megterhelés; ~ **mark** *rep* leszállójel; ~ **mass** *rep* leszállási tömeg *(repülőgépé)*; ~ **minimum** *rep* időjárásminimum leszálláshoz; ~ **minimum of aircraft** *rep* repülőgépre előírt leszállási időjárásminimum; ~ **net** *rep* leszállásfékező huzalháló *(anyahajón)*; ~ **nipple** *ol* ültető közdarab; ~ **parachute** *rep* fékezőernyő; ~ **path** *rep* leszállópálya, leszállómező; ~ **pattern** *rep* leszálláshoz való megközelítés rendje; ~ **place** *bány* aknarakodó (padozat); *ép* lépcsőpihenő; *hajó* kikötőhely; *rep* leszállóhely; ~ **point** *mech* ütközési pont, erő támadáspontja; ~ **procedure** *rep* leszállási eljárás; ~ **radio beacon** *távk* leszállásirányító állomás; ~**-rate capacity** repülőtér leszállási teljesítőképessége; ~ **rocket** *rak* leszálló segédrakéta; ~ **roll/run** *rep* leszállás utáni kifutás; ~ **runway** *rep* leszállási futópálya; ~ **searchlight** *rep* leszálló fényszóró; ~ **sequence** *rep* leszállási sorrend; ~ **ship** *kat* deszanthajó; ~ **ship for tanks (LST)** *kat* harckocsideszant-hajó; ~ **shock** *rep* leszállás közbeni ütődés; ~ **shock absorber** *rep* leszállási lökésgátló; ~ **ski** *rep* sítalpas futómű; ~ **skid** *rep* szántalp; ~ **slab** *ép* pihenőlemez; ~ **slope** *rep* leszállási siklószög; ~ **speed** *rep* leszállási/földetérési sebesség; ~ **stage** rakodópadozat; *bány* kezelőtér; *hajó* kikötőhely; ~ **stairs** *pl* hajólépcső; ~ **step** *ép* bejárati lépcső; *közl* feljárat *(parton)*; lépcső ki- és beszálláshoz; ~ **strip (LS)** *rep* leszállópálya; leszállósáv, leszállótér; repülőtéri gurulópálya/futópálya; ~ **surface** *rep* leszállási felület; ~**-switch** *el* lépcsőházi kapcsoló; *em* földszinti kikapcsoló; ~ **system** *rep* leszállítórendszer; leszállórendszer; ~ **T** *rep* leszállási „T"; ~ **terrain** *rep* leszállóhely, leszállótér; ~ **tetrahedron** *rep* leszállási tetraéder; ~ **transmitter** *rep* leszállást jelző sugáradó; ~ **triangle** *rep* leszállási irányjelző, leszállónyíl; ~ **turn** *rep* forduló leszálláshoz; ~ **wheel** *kh* szemterelő kerék/tárcsa; *rep* futómű kereke; ~ **wires** *pl rep* földkábel *(merevítőhuzallal)*; ~ **with side load** *rep* leszállás oldaldőléssel

landless *el* forrasztószem nélküli *(NYÁK)*

landline *távk* légvezeték, szabadvezeték; ~ **communications service** *rep* vezetékes távközlő szolgálat

landlocked sea *bány* beltenger; *hajó* beltenger

landmark határjel, határkő, mezsgyekaró; *geod* jellegzetes tájékozódási pont *v.* tereppont, fixpont, tereppjel; *hajó* irányjelző bója, parti péce; *rep* földi tájékozódási pont; határjel, határkő; tájékoztató irányfény; tereptárgy; ~ **beacon** *rep* navigációs/tájolási jeladó; tájékoztató irányfény/fényjeladó; ~ **navigation** *rep* tereptárgyak utáni navigáció; ~ **tree** *geod* jelzőfa *(tájékozódásra)*

landplane → land plane

landrover terepjáró személygépkocsi, dzsip

landscape terep, táj, vidék; *kat* vájatmező *(fegyvercsőben)*; ~ **architect** tájkertész; ~ **architecture** tájrendezés; ~ **conservation** tájvédelem; ~ **gardener** tájkertész; ~ **gardening** → ~ architecture; ~ **improvement measures** tájvédelmi intézkedések; ~ **lens** *foto* tájképlencse; ~ **protection** tájvédelem

landscaped strip *ép* gyepesített elválasztósáv

landscaping works tájvédelmi munkák

landside *hidr* mentett oldal; *mzg* tartólap *(ekealkatrész)*; *rep* érkezési oldal

landslide, *US* **landslip** *geol* földcsuszamlás, sziklaomlás, hegyomlás, suvadas; *hidr* suvadás; ~ **scar** földcsuszamlás utáni barázda

landslip *US* → landslide

lane dűlőút; ösvény; sikátor, köz; (mellék)utca; *közl* (forgalmi) sáv; elválasztott/kijelölt pálya; *rep* elválasztott/kimért futópálya; rácsosztás *(Decca-hálóé)*; ~ **alleyway** átjáró; ~ **fraction** *rep* rácsvonalelosztás *(Decca-készüléké)*; ~ **joint** *ép* hosszhézag *(út)*; ~ **line** *közl* sávelválasztó vonal; **with separate** ~**s** *közl* osztott pályás *(út)*

Lane-Emden function zérus értékű hiperbola *(radarnál)*

lanette wax lanettviasz

Lang | **lay rope** egyenletesre vert kötél; ~ **method** Lang-módszer; ~ **topogram** *ásv* Lang-topogram
langbanite *ásv* langbanit
langbeinite *ásv* langbeinit
Lange cell *el* (záróréteges) fényelem/fotocella
Langevin | **function** *fiz* Langevin-függvény; ~ **theory** *fiz* Langevin-elmélet
langite *ásv* langit
langley langley (4,1868 joule/cm^2 = 1 cal/cm^2)
Langmuir | **adsorption isotherm** *fiz* Langmuir-izoterma; ~ **balance** Langmuir-féle mérleg; ~ **chain reaction** *met* Langmuir-láncreakció; ~**-Child equation** Langmuir-Child egyenlet; ~ **dark space** *el* Langmuir-féle (katódoldali) sötéttér; ~ **frequency** *el* Langmuir-frekvencia; ~ **isotherm** *fiz* Langmuir-izoterma; ~ **law** Langmuir-Child egyenlet; ~ **manometer** Langmuir-manométer; ~ **probe** *el* Langmuir-szonda; ~ **trough** *fiz* Langmuir-völgy
language nyelv; ~ **for special purposes** műszaki nyelv, szaknyelv; ~ **lab(oratory)** nyelvi labor(atórium); ~ **output** *szt* nyelvkimenet; ~ **processor** *szt* nyelvprocesszor; ~ **theory** *szt* nyelvelmélet; ~ **translator,** ~ **translation computer** *szt* fordítógép
lani(ch)ol *vegy* vízmentes lanolin
lanolin *vegy* lanolin, (tisztított) gyapjúzsír; ~ **alcohol** *vegy* lanolinalkohol
lanometer *tex* lanometer
lansfordite *ásv* lansfordit
lantern világítótest, lámpa; zseblámpa; *ép* felülvilágító; huszártorony *(négyzeten)*; laterna *(kupolán)*; *gép* tömítőgyűrű; *hajó* jelzőfény/jelzőtűz; *mech* csapkerék, lécdob; *tex* hasáblakat *(jacquard-cilinderen)*; ~ **carrier** *gépk* lámpatartó, lámpahorog, lámpaállvány, lámpakar; ~ **column** lámpaoszlop; ~ **gear** csapkoszorús/csapos kerék; ~ **light** tetőfelülvilágító; ~ **light roof** *ép* felülvilágítós tető; ~ **pinion** *gép* csapkoszorús kerék; ~ **plate** *nyom* vetítőlemez; ~ **pole** lámpaoszlop; ~ **pole with elliptical arm curvature** elliptikus görbületű ostorlámpa; ~ **roof** *ép* felülvilágítós tető; ~ **slide** *foto* dia(pozitív); vetített kép *(állókép)*; ~**-slide projector** állóképvetítő gép, diavetítő; ~ **tooth** *finm* csapfog; ~ **tower** *ép* huszártorony; ~**-wheel** *gép* csapkoszorús kerék; ~**-wheel gearing** csapkoszorús kerekes áttétel
lanthana *vegy* lantán(III)-oxid
lanthanian *ásv* lantántartalmú
lanthanide *vegy* lantanoidelem; ~ **contraction** *at* lantanoidkontrakció; ~ **ferrite** lantanoid ferrit; ~ **series** *vegy* ritka földfémek, lantanoidák, lantánsorozat
lanthanides *vegy* ritka földfémek, lantanoidák, lantánsorozat
lanthanite *ásv* lantanit
lanthanum (La) *vegy* lantán; ~ **chloride** *vegy* lantánklorid; ~ **crown/glass** *üveg* lantán koronaüveg; ~ **oxid** *vegy* lantán(III)-oxid
lanyard *hajó* rövid vastag kötél; vitorlafeszítő kötél; *kat* elsütőzsinór
lap I. *v* betakar, eltakar, elfed, lefed, ráborít, hajt(ogat); körülvesz; felcsavar, felteker; felcsavarodik, feltekeredik; átlapol, átfed; rétegez, rétegel; *forg* (finoman) csiszol *(fényesít)*; becsiszol; összecsiszol; tükrösít, leppol, tusíroz; *kh* fonalat fektet; *nyom* felcsavar, felteker; *tex* felvet *(láncfonalat)*; **II.** *n* átlapolás, fedés, takarás; lebernyeg; egyszeri fordulat *(kötélé hengeren)*; lógó szárny; szegély; *ép* (híd)heveder; túlnyúlás; *forg* csiszolórúd; köszörűtüske *(tükrösítéshez)*; tükrösítő szerszám; *gép* felületi átfedés; *heng* gyűrődés; *hőt* túlfedés; *kh* fonalfektetés; *koh* hidegforradás; *pa* cellulózlemez, facsiszolatlemez; ívből álló papírcsomag; *tex* (bunda)tekercs; áthúzás fonákoldalra; szalag *(bontó- v. kártológépről)*; tekercs *(pamutfonal)*; ~**-and-lead lever** *vasút* elősietési emeltyű; ~ **and lead of the slide valve** *vasút* elősietés; ~ **bolt** *ép* állványcsavar; négylapfejű facsavar; ~ **breaker** *tex* bundafeltépő szerkezet *(kártológépen)*; ~ **butt** → ~ joint; ~ **conveyer** *ép* átfedő serleges szállítólánc; ~ **dissolve** *film* áttűnés, átúsztatás; ~ **dissolve shutter** *tv* átúsztató/képkereső berendezés; ~ **doffing** *tex* bundaleszedés; tekercsleszedés, szalag leszedése *(kártológépről)*; ~ **doubler** szalagegyesítő és tekercsképző gép; ~ **dovetail** *ép* fogas saroklapolás, cinkelés; ~**-drawing frame** *tex* bundatekercsnyújtó gép; ~ **drum** *tex* bundadob, bundaképző dob *(kártológépen)*; ~**-drum machine** *tex* tekercsképző gép; ~ **fillet weld** átlapolt sarokvarrat; ~ **formation** *tex* tekercsképzés; ~**-forming machine** *tex* szalagelkészítő és tekercsképző gép; ~**-forming opener** *tex* bundázó-bontógép; ~ **grinder** finomköszörű, tükrösítő gép; ~**-held computer** *szt* hordozható számítógép, táskaszámítógép; ~ **hemmer** szegélyező talp *(varrógépen)*; ~ **in** *v* becsiszol, összecsiszol; ~ **joint (l.j.)** *ép, fa* átlapolt illesztés; *heg* átlapolt/rálapolt hegesztés/kötés; ~**-jointed sheeting** *ép* lapolt deszkaborítás/deszkaburkolás; ~ **joint piston ring** → ~ ring; ~ **lattice** *tex* léces szállítóheveder; ~ **length** *ép* (átfogásos) toldási hossz; ~ **machine** *tex* bundázó-bontógép; ~**-making** *tex* tekercskészítés; ~ **of splice** *ép* átfedés hossza *(betonvasalás illesztésénél)*; ~ **over** *v* átlapol, átfed; túlnyúlik; *nyom, tex* átfed, fedi egymást; ~ **pin** *tex* bundarúd; ~ **plate** összekötő lemez; *ép* heveder *(hídon)*; *tex* vezetőlemez, terelőlemez *(fésülőgépen)*; ~ **position** *vasút* középállás *(mozdonyvezetői fékszelepé)*; ~ **ring** átlapolt felmetszésű dugattyúgyűrű; ~ **riveting** *ép* toldó/átlapoló szegecselés; ~**-rivet joint** átlapolt szegecsvarrat; ~ **rod** *tex* bundarúd; ~ **roll** *tex* (bunda)tekercs; ~ **roller** *kh* leszedőhenger; *tex* tekercsnyújtó henger, áthúzóhenger; ~**s** *pl tex* szalaghulladék; ~ **scale** *tex* tekercsmérleg; ~ **scarf** *fa* szegélyes eresztték; ~ **seam** *fa* átlapolt illesztés; *geol* átfedő réteg; *heg* átlapolt varrat; ~ **seam weld** átlapolt vonalhegesztési varrat; ~ **seam welding** vonalhegesztés; ~ **spot weld** átlapolt pontvarrat; ~ **spot welding** átlapolt ponthegesztés; ~ **weld** átlapolt (hegesztett) varrat; ~**-weld** *v* átlapolva hegeszt; ~**-weld(ed) joint** átlapolt hegesztett kötés; ~**-welded pipe** átlapolt hegesztésű cső; ~**-welding (l.w.)** *ép* toldó/átlapoló hegesztés; ~ **winder** *tex* bundatekercselő készülék; ~ **winding** *el* hurkos tekercselés
lapel microphone *el* gomblyukmikrofon
lapilli *pl geol* lapilli
lapis | **crucifer** *ásv* lapis crucifer; ~**-lazuli** *ásv* lazurit, lazúrkő
Laplace('s) | **coefficient** *mat* Laplace-együttható; ~ **criterion** Laplace-kritérium; ~ **demon** Laplace-démon; ~ **distribution** Laplace-eloszlás; ~ **equation** *mat* Laplace-egyenlet; ~ **operator** Laplace-operátor; ~ **spherical function** *mat* gömbfelületfüggvény;

Laplace-féle gömbfüggvény; ~ **transform** *mat* Laplace-transzformáció; Laplace-transzformált; ~ **transformation** Laplace-transzformáció
Laplacian *mat* Laplace-operátor; ~ **of lattice** *at* rácsoperátor; ~ **operator** *mat* Laplace-operátor
lapped *el* hurkos *(tekercselés)*; tekercselt *(szigetelés)*
lapper *tex* hajtogató (szerkezet); ~**s** lelógó láncfonalak
lappet *ép* kulcscím, kulcslyukpajzs; *ruh* felhajtható/legombolható ruharész; *tex* fonalvezető deszka; ~**(-figured) fabric** *tex* lanszírozott szövet; ~ **figuring** *tex* lanszírozás; ~ **loom** hímzőládás szövőgép
lapping betakarás, eltakarás, elfedés, lefedés; borítás; hajtás; átlapolás, fedés, takarás; *ép* toldásos/átfedéses illesztés; *forg* tükrösítés, (felület)tusírozás, lappolás; *gépk* becsiszolás, összecsiszolás; *kh* fonalfektetés; ~ **abrasive** *forg* tükrösítő anyag, tükrösítő por; ~ **agent** tükrösítő olaj; ~ **arbor** tükrösítő tüske; ~ **compound** csiszolómassza, tükrösítő paszta; ~**-in** becsiszolás, hozzácsiszolás, összecsiszolás; *gépk* szelepcsiszolás; ~ **machine** *forg* tükrösítőgép; *kh* mérő hajtogatógép; ~ **movement** *kh* létraelmozdulás; ~**-out** belső felületek tükrösítése; ~ **plate** tükrösítő lap; ~ **plug** tükrösítő tüske; ~ **position** *kh* tűkezdőállás; ~**s** *pl* borítópapír; ~ **wheel** simító korong; ~ **work** tusírozás
lapse lejár/megszűnik *(szabadalom)*; elévül; ~ **conditions** *met* felszálló légáramlás; konvekció; ~ **of time** időszak; ~ **rate** *met* (vertikális) léghőmérsékleti gradiens
lapsed patent megszűnt szabadalom
laptop *szt* hordozható; ~ **PC** *szt* hordozható személyi számítógép, laptop
lapwork átfedéses munka
laram memory → line addressable random access memory
Laramian orogeny *geol* larámi (orogén) fázis
larch *ép* vörösfenyő; ~ **shingle** *ép* fenyőzsindely *(vörösfenyőből)*
lard I. *v élip* spékel, (meg)tűzdel; **II.** *n élip* disznózsír; ~ **lubrication** kenés sertészsírral; ~ **oil** (sertés)zsírolaj, disznózsírból préselt olaj, lardolaj; ~ **stearin** *vegy* disznózsírsztearin; ~ **stone** *ásv* zsírkő
lardaceous zsírszerű, zsíros, elzsírosodott, szalonnás
larder éléskamra, spájz; ~ **beetle** *élip* szalonnabogár
larderellite *ásv* larderellit
lardite *ásv* zsírkő
large I. *a* széles, nagy; tágas; **II.** *n* papíralak *(4 1/2"x3"; karton)*; ~ **adit** *bány* főtáró; ~**-angle grain boundary** *koh* nagyszögű kristályhatár; ~**-angle scattering** *at* széles szórás; ~**-aperture optical system** *opt* nagy apertúrájú optikai rendszer; ~**-area-contact rectifier** *félv* (nagy) felületi egyenirányító, p-n átmenetes egyenirányító; ~**-area photomultiplier** nagy felületű többszöröző fotocella; ~**-area proportional counter** *aut* nagy felületú arányos számláló; ~**-area sweeping machine** nagy felületű seprőgép; ~**-band cable** *távk* szélessávú kábel; ~**-beam chopper** *at* szélesnyalábú szelektor/szaggató; ~ **bell** *koh* adagolókúp; ~ **belt-conveyor system** *ép* szállítószalag-rendszer; ~**-berried** *élip* nagyszemű; ~ **calorie/calory** kilokalória, nagykalória (= 4186,8 J); ~**-capacity** nagy befogadóképességű; ~**-capacity cable** *távk* pászmáskábel; ~**-capacity disk store** *szt* nagykapacitású lemezmemória; ~**-capacity transport** *rep* nagy befogadóképességű szállító repülőgép; ~**-capacity wagon** *vasút* nagy rakodótérfogatú teherkocsi; ~ **casing** papíralak *(40"x48" v. 38"x48")*; ~ **circle** *rep* nagy forgalmi kör; ~ **coal** *bány* darabos szén; ~ **compartment soaking pit** *koh* nagy terű mélykemence; ~ **computer** *szt* nagy számítógép; ~ **consumer** nagyfogyasztó; ~**-core memory** *szt* nagykapacitású magmemória; ~**-diameter blasting cartridge** *bány* nagy átmérőjű töltény; ~**-diameter water well** *ol* nagy átmérőjű vízkút; ~**-dimension lathe** nagy teljesítményű eszterga; ~ **double** papíralak *(6"x4 1/2")*; ~ **double loaf** papíralak *(23"x16 1/2")*; ~ **draught** *pa* borítékalak *(11 1/2"x5")*; ~ **driving wheel** *óra* középkerék; ~**-extension** nagy kiterjedésű; ~ **fast computer** *szt* nagy kapacitású gyors számítógép; ~**-formate** nagyalakú; ~ **furniture store** bútoráruház; lakberendezési áruház; ~ **grain** durva szemcse; ~**-grained (l.g.)** durvaszemcsés; ~ **halo** *met* nagy halo, 46 fokos halo; ~ **hammer** gyorsjáratú kalapács; ~**-hole blasting** *bány* nagy fúrólyukú robbantás; ~**-hole drilling** *bány* nagy átmérőjű fúrás; ~ **imperial** papíralak *(22"x32")*; ~**-kernel barley** *élip* nagyszemű árpa; ~ **knuckle radius** nagy kazánfenék-rádiusz; ~ **margin** széles margó; ~ **memory** *szt* nagy kapacitású memória; ~**-meshed** *tex* nagyszemű, nagyhurkú; ~ **nuclei** *met* nagy magvak *(aeroszolrészecskék)*; ~**-panel construction/technique** *ép* nagypaneles építési rendszer *(házgyár)*; ~**-patterned** *tex* nagymintás; ~ **phased array radar (LPAR)** fázisvezérelt széles antennarácsú radar; ~**-plate process** széleslemez-eljárás *(gázkoromtermelésnél)*; ~**-plate vibrator** nagylemezes lapvibrátor; ~ **porcupine (cylinder) opener** vízszintes tengelyű bontógép; ~ **post (LP)** *pa* papíralak *(16 1/2"x21")*; ~ **primary jaw crusher/breaker** nagy pofástörő; ~ **quantity manufacture/production** tömeggyártás; ~ **sample** *mat* nagy minta; ~**-sample test** *mat* nagymintás próba; **on a** ~ **scale** nagyított méretarányban; nagy méretekben/arányokban; ~**-scale** nagyméretű, nagyüzemi/ipari méretű; ~**-scale brazing** nagysorozatú keményforrasztás; ~**-scale business** nagyüzem, nagyvállalat; ~**-scale campaign** *geof* nagyléptékű felmérés *v.* kutatási kampány; ~**-scale consumer** nagyfelhasználó; ~**-scale drawing** nagyléptékű rajz/terv; ~**-scale experiment** nagyüzemi kísérlet; ~**-scale industry** nagyipar; ~**-scale integrated circuit** LSI áramkör, nagy bonyolultságú áramkör; ~**-scale integration (LSI)** *szt* nagy (bonyolultságú) integráltság *(áramköré)*; ~**-scale manufacturing/production** tömeggyártás, nagyüzemi előállítás; ~**-scale map** nagy méretarányú térkép; ~**-scale system** bonyolult rendszer, összetett/komplex/nagy rendszer; ~**-scale turbulence** *fiz* nagyturbulencia; ~**-scale welding** nagysorozatú hegesztés; ~**-screen movie** szélesvásznú film; ~**-screen television** nagy képernyőjű televízió, mozivászonra kivetített televíziós kép; ~**-screen televison projection** nagy képernyőjű vetítős televízió; ~**-section** nagy keresztmetszetű/szelvényű; ~**-sheet roofing** *ép* táblás fedések; ~ **signal** *ép* erősítőjel; ~**-signal amplification** *el* nagyjelerősítés; ~**-signal behavio(u)r** *el* nagyjelű működés; ~**-signal beta** *el* nagyjelű béta; ~**-signal current amplification/gain** *el* nagy áramú béta erősítése; ~**-signal gain** *el* nagy szintű erősítési tényező; nagy-

jelerősítés; ~ **size** *nyom* nagy alak; ~**-size(d)** nagy méretű; *nyom* nagy alakú; ~**-sized cable** *távk* pászmás kábel; ~ **source** *at* erős sugárzó/sugárforrás; ~ **square folio** *nyom* atlaszformátum; ~ **twill** diagonálkötés; ~ **unit** *kat* magasabb egység; ~ **vibrator** *ép* mamutvibrátor; nagyvibrátor; ~ **volume flow meter** iparivízfogyasztás-mérő óra

largely nagymértékben

largest | common divisor *mat* legnagyobb közös osztó; ~ **topology** *mat* legfinomabb topológia

lariat hurkos végű kötél, lasszó, pányva(kötél)

larimer *ép* koszorúléc

Larmor | frequency *el* Larmor-frekvencia, girofrekvencia; ~ **precession** *el* Larmor-precesszió

larnite *ásv* larnit

larry I. *v ép* híg habarccsal beönt; **II.** *n* mészkavaró, habarcskeverő; ~ **car** *koh* ércmérlegkocsi

larrying *ép* beöntés/befröcskölés híg habarccsal

Larsen effect *hang* akusztikai regeneráció

larsenite *ásv* larsenit

Larssen's sheet pile *bány* Larssen-palló

larvicide *vegy* lárvaölő szer, larvicid

larvikite *ásv* larvikit

laryngophone *rád, távk* gégemikrofon

laryngoscope *orv* gégetükör, laringoszkóp

LAS → light-activated switch; → low-alloy steel

lasant *fiz* lézeraktív anyag

lase *fiz* lézersugarat kibocsát; ~ **crystal** összetartó sugárzást keltő kristály; ~ **gas** összetartó fénysugarat keltő gáz; ~ **system** összetartó fénysugárzást keltő rendszer

laser (light amplification by stimulated emission of radiation) *fiz* lézer; ~ **accelerometer** lézeres gyorsulásmérő; ~ **accumulation** lézerenergia-tárolás; ~ **acquisition** céltárgybefogadás lézerrel; ~ **action** lézerhatás; ~ **activity** lézertevékenység; lézerműködés; ~ **aerocamera** repülőgép-fedélzeti lézerkamera; ~ **aid** lézereszköz; ~ **aiming** lézeres célzás/irányítás; ~ **aircraft tracking system** lézeres röppályakövető rendszer; ~ **air-to-ground ranging system** lézeres levegőföld távolságmérő rendszer; ~ **alignment** lézeres beállítás/beszabályozás; ~ **alignment error** lézerbeállítási hiba; ~ **altimeter** lézeres magasságmérő; ~ **altitude ga(u)ge** lézeres magasságmérő; ~ **amplifier** lézererősítő; ~ **aperture** lézerapertúra; ~ **arrangement** lézerberendezés, lézeres készülék/berendezés; ~ **array** lézerrács; ~ **avoidance device** összeütközést elhárító lézerberendezés; ~ **base** lézer alaplemeze; ~ **beacon** lézeres irányítóadó; ~ **beacon range** lézeres irányítóadó hatótávolsága; ~ **beam** lézersugár(nyaláb); ~**-beam acquiring** lézersugár megcélozása; ~**-beam aiming error** lézersugár irányzási/célzási hibája; ~**-beam cutting** lézersugaras vágás; ~**-beam deflection** lézersugár-eltérítés/elhajlás; ~**-beam detector cell** lézersugár-érzékelő cella; ~**-beam direction control(ling)** *geol* lézeres iránykitűzés; ~**-beam equipment** lézersugaras irányító-berendezés; ~**-beam expander** lézersugár-szélesítő; ~**-beam flying** lézeres távirányítású (rá)repülés; ~**-beam focus(s)ing** lézersugár(nyaláb) fókuszálása; ~**-beam follower** lézersugárral irányított rakéta; ~**-beam fusion welding** lézersugaras ömlesztőhegesztés; ~**-beam machining** lézersugaras megmunkálás; ~**-beam modulation** lézersugár modulálása, lézersugár-moduláció; ~**-beam piercing** lézersugaras lyukasztás; ~**-beam reflecting device** lézersugártükör, lézersugár(nyaláb)-visszaverő berendezés/készülék; ~**-beam riding** lézersugaras irányítás; ~**-beam splitter** lézersugárosztó; ~**-beam-transmitter radar** lézersugárral rávezető radar; ~**-beam welding** lézersugaras hegesztés; ~ **bistable device** bistabil lézerkészülék; ~ **blasting** lézeres robbantás; ~ **bombardment** besugárzás lézersugárral; ~ **bond** lézerrel hegesztett kötés; ~ **bonding** hegesztés lézerrel; ~ **boring** lézeres fúrás, fúrás lézersugárral; ~ **brazing** lézeres keményforrasztás; ~ **burst** lézerimpulzus; ~ **butt(-)weld** lézerrel hegesztett tompavarrat; ~ **butt(-)welding** tompahegesztés lézerrel; ~ **camera** lézerkamera; ~**-camera linescanning system** sorletapogatású lézerkamera-rendszer; ~**-camera system** lézerkamera-rendszer; ~ **carrier** lézervivő (frekvencia); ~ **cascade connection** lézerkaszkádkapcsolás; ~ **CAT detector** → ~ clear-air turbulence detector; ~ **cavity** lézerrezonátor; ~ **cavity mode structure** lézerrezonátor rezgésmódstruktúrája; ~ **cavity surface** lézerüreg felülete; lézerrezonátor-felület; ~ **ceilometer** lézeres magasságmérő; ~ **channel capacity** lézercsatorna kapacitása/áteresztőképessége; ~ **circuit** lézerkör; ~ **clear-air turbulence detector,** ~ **CAT detector** felhőtlen légkörben örvénylést jelző lézeres műszer; ~ **coating** lézer (aktívanyag-)bevonata; ~ **coherence** lézersugárkoherencia, lézersugár-összetartás; ~ **COM** *szt* lézeres COM, lézeres mikrofilmes számítógép-kimenet; ~ **communication** *távk* lézeres hírközlés/távközlés; lézeres összeköttetés; ~ **communication gear** lézeres kommunikációs/távközlési berendezés; lézeres távközlő berendezés; ~ **computer** lézeres számítógép; lézeres adatfeldolgozó gép; ~ **crystal** lézerkristály; ~ **crystal contamination** lézerkristály-szennyezés; lézerkristály-szennyeződés; ~ **crystal growing** lézerkristály-növekedés; ~ **crystal symmetry** lézerkristály szimmetriája; ~ **cutting** vágás lézerrel; ~ **damage energy** lézersugár roncsoló energiája; ~ **damage threshold** lézersugár okozta károsodás küszöbértéke; ~ **data display engineering** lézeres adatábrázolástechnika; ~ **data transmission** lézeres adatátvitel; ~ **demodulator** lézersugár-demodulátor; ~ **designator pod** lézeres célzókészülék; ~ **detection system** lézeres érzékelőrendszer; felderítő lézerrendszer; ~ **diode** lézerdióda; diódalézer; ~ **display** lézerkijelző; ~**-effect diode** lézerdióda; ~ **electrophotographic printing** *szt* lézersugaras nyomtatás; ~ **emission** lézermisszió, lézer(ki)sugárzás; ~ **emitter** lézersugárzó; ~ **emulsion storage** *szt* lézeremulziós tároló; ~ **end reflector** lézerrezonátor visszaverő homoklapja; ~**-energized detonation device** lézerenergiájú robbantóberendezés; ~**-energized explosive system** lézerenergiával működő robbantórendszer; ~ **energy** lézerenergia; ~ **enrichment** lézeres dúsítás; ~ **excitation** lézer gerjesztése, lézergerjesztés; ~**-excitation efficiency** lézer gerjesztési hatásfoka; ~**-excitation source** lézer gerjesztőforrása; ~ **fibre/fiber** lézertechnikai üvegszál; ~ **fire control** lézeres tűzvezetés; ~ **firing** lézergyújtás; ~ **flash tube** lézer-villanólámpa; ~ **flowmeter** lézeres átfolyásmérő/átömlésmérő; ~ **fluctuation** lézersugárzás ingadozása; ~ **fluorescence** lézersugárzás; ~ **focus(s)ing system** lézerfókuszáló rendszer; ~ **frequency** lézerfrekvencia, lézersugárzás frekvenciája; ~ **frequency correction** lézerfrekvencia helyesbítése/korrekciója; ~ **frequency regulation** lézerfrekvencia-stabilizálás; lézerfrekvencia-szabályozás; ~ **frequency stability** lézersugárzás frekvenciastabilitása; ~ **fusion** lézeres fúzió; ~ **fusion reactor** *at* lézeres atomreaktor; ~ **gain** lézer erősítési tényezője; ~ **gear** lézerberendezés, lézeres készülék/berendezés; ~**-generated second harmonic** lézer által keltett második harmonikus; lézersugárzás-keltés; ~ **generation** lézeres rezgésgerjesztés; ~ **generator** lézergenerátor; ~ **guidance control** lézeres távirányítás; ~**-guided** *kat* lézer-irányítású; ~**-guided missile** *kat* lézerirányítású (rakéta)lövedék/rakéta; ~ **gun sight** *kat* lézeres irányzék *(lőfegyverhez)*; ~ **gyro(scope)** lézergiroszkóp, lézerpörgettyű; ~ **hardening** *koh* lézeredzés; ~ **harmonic** lézerharmonikus; ~ **head** lézerfej; ~ **head assembly** lézerfejegység; lézerfej összeszerelése; lézerfej-alkatrészcsoport; ~ **head block** lézerfej; ~ **hologram** lézerhologram; ~ **holograph** lézerholográf; ~ **holography** lézerholográfia; ~ **homing engineering** lézeres célkeréséstechnika; ~ **homing equipment** lézeres célkereső berendezés; ~ **homing missile** a céltárgyról visszaverődött lézersugarakkal irányított rakéta; ~**-illuminated target** lézerrel megvilágított cél(tárgy); ~ **illuminator** lézersugaras céltárgy-megvilágító berendezés; *kat* lézermegvilágító; ~**-induced generation** lézer által indukált/keltett rezgések, lézeres rezgésgerjesztés; ~**-induced heating** lézersugaras melegítés/hevítés; ~**-induced spark** lézer által indukált/keltett szikra; ~ **information display system** információábrázoló lézerrendszer; ~ **intelligence** lézeres felderítés; ~**(-)interferometer** lézeres interferométer, lézerinterferométer; ~**-irradiated gas** lézerrel besugárzott gáz; ~ **irradiation** lézerbesugárzás; ~ **Kerr-cell** Kerr-féle lézercella; ~ **level** *geod* lézeres szintező; ~ **light** lézerfény, lézersugárzás; ~ **light beam** → laser beam; ~**-light demodulator** lézerjel-demodulátor; ~**-light emitter** lézerfénysugárzó; ~ **lighting** megvilágítás lézersugárral; ~**-light sensing head** lézerfényes letapogatófej/érzékelőfej; ~ **line** lézer sugárzási tengelye/vonala; ~ **line profiling system** profilozó lézerrendszer; ~ **line-width** lézersugárzás spektrumvonalának szélessége, lézersugár-színképvonalszélesség; ~ **local oscillator** lézerheterodin; ~ **locator** lézerlokátor, lézeres helymeghatározó berendezés; ~ **locking** lézerszinkronizáció; ~ **locking engineering** lézerszinkronizálás-techinika; ~ **long-range source** nagy hatótávolságú lézersugárzó forrás; ~ **luminescence** lézerlumineszcencia; ~ **machining engineering** lézeres megmunkálástechnika; ~ **mapping equipment** térképészeti lézerberendezés; ~ **material** lézeranyag; ~ **material host** lézer aktív alapanyaga; ~**-measured height** lézerrel mért magasság; ~ **medium** lézerközeg; ~ **memory** *szt* lézermemória, lézertároló; ~ **memory circuit** *szt* lézeres memóriarekesz; ~ **microprobe** *koh* lézeres mikroszonda; ~ **microspectroanalysis** lézeres mikrospektroszkópia; ~ **milling engineering** lézeres marástechnika; ~ **mirror** lézertükör; ~ **missile** *kat* lézeres irányítású rakéta; ~ **modulation** lézermoduláció, lézerjel modulálása; ~ **modulator** lézermodulátor; ~ **monitoring apparatus** ellenőrző lézerberendezés; ~ **multimode operation** többhullámtípusú lézerüzem; ~ **navigation aid** lézeres navigációs (segéd)berendezés; ~ **night-time reconnaissance device** lézeres éjszakai felderítőkészülék; ~ **obstacle avoidance sensor** összeütközés-elhárító lézeres érzékelő; ~ **obstacle detector** lézeres akadálydetektor/akadályérzékelő; ~ **operation** lézerműködés, lézerüzem; ~ **optics** lézeroptika; ~ **oscillations** lézerrezgések; ~ **oscillator** lézeroszcillátor, optikai generátor; ~ **output** lézer kimeneti teljesítménye; ~ **penetration** lézersugár behatolása; ~**-phased array** fázisvezérelt lézerrendszer; fázisba állított lézerrács; ~ **photography** lézeres fényképezés; ~ **photoreconnaissance package** lézerrendszerű fényképes felderítőegység; ~ **pick-off** lézeres mérőfej; ~ **pick-off unit** lézer érzékelőeleme; ~ **piercing power** lézer áthatolási/átütési képessége; ~ **plate maker** *szt* lézerlemez-nyomtató; ~ **power source** lézer-energiaforrás; lézerszivattyúzó forrás; ~ **preamplifier** lézer-előerősítő; ~ **pressure ga(u)ge** lézeres nyomásmérő; ~ **printer** *szt* lézernyomtató, lézerprinter; ~**-produced plasma** lézerrel létrehozott plazma; ~**-pumped maser** lézerrel szivattyúzott/pumpált mézer; ~ **pumping** lézerszivattyúzás; ~ **pump source** lézerszivattyúzó forrás; ~ **pump transition frequency** adott átmenethez szükséges lézerszivattyúzási frekvencia; ~ **radar** lézerradar, lézerlokátor; ~ **radar altimeter** lézerlokátoros magasságmérő; ~ **radar echo** lézerjelvisszhang; ~ **radiation** lézersugárzás; ~**-radiation damage** lézersugárzás okozta károk/károsodások; ~ **range and detection equipment** lézerradar, lézerlokátor; ~ **rangefinder/ranger** lézeres táv(olság)mérő; ~ **ranging** lézeres táv(olság)mérés/távolságmeghatározás; ~ **ranging device/equipment** lézeres táv(olság)mérő; ~ **receiver system** vevő lézerrendszer; ~ **receiving station** lézer-vevőállomás, lézerjel-vevő állomás; ~ **reconnaissance** lézeres felderítés; ~ **reconnaissance equipment/gear** felderítő lézerberendezés; ~ **reflector** lézerreflektor; ~ **regeneration** lézerregenerálódás; ~ **rendezvous beacon** lézeres irányadó űrrandevúhoz; ~ **resonator** lézerrezonátor; ~ **risk** lézersugárveszély; ~**-rod-cooling jacket** lézerrúd körüli hűtőköpeny; ~ **scanner** *szt* lézersugaras olvasó, lézersugaras bontó/letapogató; ~ **scanning head** lézeres letapogató/mintavételező fej; ~ **schlieren** árnyképes lézerfényképezés; ~ **schlieren device** lézeres csíkmérő berendezés; ~ **seeker** lézeres célkereső; ~ **semiactive homing** félaktív lézeres (célratartó/célrepülő) irányítás; ~ **sending station** lézer-adóállomás, lézerjeladó állomás; ~ **sensor** lézeres érzékelő; ~ **short-range source** rövid hatótávolságú lézersugárzó forrás; ~ **sight** lézeres célzókészülék; ~ **signal** lézer(sugár)jel; ~ **signal photomixing** lézerjelek optikai keverése; ~ **signature study** lézersugárzás jellemzőinek tanulmányozása; ~ **spectral output** lézer kimeneti spektruma; lézersugárzás színképe; ~ **spectroscopy** lézeres spektroszkópia; ~ **spectrum** lézerspektrum, lézerszínkép; ~ **spike** lézerimpulzus; ~ **spot frequency** rögzített lézerfrekvencia; ~ **spot weld** lézerrel hegesztett pontvarrat; ~ **state** lézer energiaállapota; ~ **stopping time** lézer leállási ideje; ~ **storage capacity** lézeres tároló/memória kapacitása; ~ **suppression** lézersugárzás-elfojtás; ~ **surveillance** lézeres ellenőrzés/felderítés; ~ **switch** lézeres kapcsoló; ~ **system** lézerrendszer, lézeres rendszer; ~ **target designation** céltárgy kijelölése a lézerrendszer részére; ~ **target**

positioner lézeres célhelyzetbeállító; ~ **technology** lézertechnika; ~ **television** lézertelevízió; ~ **television camera** lézeres televíziós kamera; ~ **television pack** hordozható lézertelevízióegység; ~ **television system** lézeres televíziórendszer; ~ **termination** lézer végegység; ~ **terrain avoidance sensor** földfelülettel való összeütközést elhárító lézeres érzékelő; ~ **terrain following radar** terepkövető lézerradar; ~ **test console** lézervizsgáló asztal; ~ **threshold** lézerszivattyúzási küszöbérték; ~ **threshold current** lézer küszöbárama; ~**-tracked satellite** lézerrel követhető műhold; ~ **tracker** lézeres követőkészülék; ~ **tracking** lézeres (cél)követés; ~**-tracking head** lézeres célkövető fej *v.* követőfej; ~ **transit instrument** *geod* lézerteodolit(műszer); ~ **transition** lézerátmenet; ~ **transmitter,** ~ **transmitting set** lézeradó; ~ **transmitting station** lézer-adóállomás, lézerjeladó állomás; ~**-tube cavity** gázlézer-rezonátor; ~ **umbilical cord** lézeres távmérő rendszer *(űrhajó-berendezések indítás előtti ellenőrzéséhez)*; ~ **underwater communication** víz alatti lézeres összeköttetés/távközlés; ~ **visible radiation** lézerfény, lézersugárzás; ~ **vision (LV)** *szt* (Philips rendszerű) lézerlemez (videolemez); ~ **voice link** lézeres beszédkapcsolat/beszédösszeköttetés; ~ **weapon** lézerfegyver; ~ **weapons delivery system** tűzvezető lézerrendszer; ~ **weld** lézerrel hegesztett varrat; ~**-weld(ed) joint** lézerrel hegesztett kötés; ~ **welding** lézeres hegesztés

LaserCard *szt* optikai adathordozó, lézerkártya

lash I. *v* odaerősít, leköt, leszíjaz, összekötöz; csapkod *(szíj, lánc)*; nekicsapódik; **II.** *n* heveder *(emelő)*; *tex* szád; ~ **down** *v* leköt(öz) *(rakományt)*; ~ **up** *v* összekapcsol *(készüléket kipróbálás céljából)*; ~**-up** összekapcsolás *(készüléké kipróbálás céljából)*

Lash system félaktív célrairányító lézerrendszer

LASH → lighter aboard ship

lashing I. *a* kötöző; *vasút* összekötő; **II.** *n ép* (állvány)kötés; bélésdeszkázat, lekötő deszkázat; összeköttetés; *hajó* rögzítőbilincs; *tex* összeütődés *(fonalballonoké)*; *vasút* hevederezés; ~ **chain** emelőlánc, béklyózólánc; *bány* csatlólánc, vonólánc; ~**-in** *tex* vetülékbarázda; ~**-on** *bány* csillefelkapcsolás *(csatolóláncal)*; ~ **rope** *bány* csatlókötél; ~ **wire** kötözőhuzal

lasing | **ability** képesség összetartó fénysugár kibocsátására; ~ **action** lézerhatás; ~ **time** lézer üzemideje

Lassaigne's test *vegy* Lassaigne-próba

last[1] tart, folytatódik

last[2] **I.** *v cipő* fára foglal *(cipőfelsőrészt)*; kaptafára húz; **II.** *n cipő* kaptafa; ~ **slipping** lehúzás *(kaptafáról)*; kikaptafázás; ~**-slipping machine** kaptafakihúzó gép; ~ **stands** *pl* kaptafaállvány

last[3] utolsó; ~ **coat of paint** utolsó festékréteg; ~ **digit** utolsó számjegy; ~ **drawing** *alak* készrehúzás, utolsó húzás; ~ **engaged thread** *ol* utolsó ép menet; ~ **groove** *koh* készüreg; ~ **in first out (LIFO)** *szt* LIFO sorbanállási technika; ~ **in-first out (memory)** *szt* LIFO tároló; ~ **in last out (LILO)** *szt* LILO sorbanállási technika; ~ **in-last out (memory)** *szt* LILO tároló; ~ **link/member** → ~ term; ~**-party release** → ~-subscriber release; ~ **pass** *koh* készüreg; ~ **runnings** *pl* utópárlat, végpárlat; ~ **sheet of purifier** daratisztító utolsó (átmenet)szitája; ~ **significant digit** utolsó értékes számjegy; ~**-subscriber release** *távk* kétoldali bontás; ~ **term** *mat* utolsó tag, zárótag

lastex *tex* lasztex; ~ **fabric** lasztexszövet

lasting[1] **I.** *a* tartós, hosszú élettartamú; *tex* színtartó; **II.** *n* tartósság; élettartam; ~ **accuracy** tartós pontosság; ~ **dye** fényálló festék; ~ **finish** *tex* tartós kikészítés; ~ **properties** *pl tex* színtartóság; ~ **quality** tartósság; élettartam

lasting[2] *cipő* kaptafára húzás; ~ **machine** fárahúzó/„cvikkoló" gép; ~ **pincers** ráncfogó, cvikkfogó; ~ **room** cvikkolórészleg

lasulite *geol* lazulit, kékpát

lasurite *ásv* lazurit, lazúrkő

lat → latitude; ~ **long computer** *rep* navigációs számítógép

LAT → lateral control; → local apparent time

latch I. *v* kilinccsel bezár, (be)reteszel; *szt* lezár, kizárólagos használatra lefoglal; **II.** *n* kilincs, ajtózár(nyelv), tolózár, retesz; kallantyú; összekötő pánt; *el* ütköző; zárószerkezet; *kat* kamó; szorítótengely; *kh* tűkanál, tűnyelv; *szt* logikai áramkör tárolóeleme; ~ **block** reteszelőlap; *távk* reteszelőlemez; ~ **catch** zárnyelv, zárcsapda, kilincsnyelv, kilincscsapda; ~**es** *pl távk* reteszelő lemez; *vasút* vágányváltó; ~ **guard** *kh* kanálbiztosító, kanálterelő; ~ **lever** biztosítókar; ~ **lock** reteszzár; ~ **lug jaw** rögzítő/tartó kilincs; ~ **needle** *kh* kanalastű, nyelves (kötő)tű, kanalas/nyelves gépkötőtű; ~**-needle machine** *kh* kötőgép; ~**-needle warp loom** *kh* lánckötő gép; ~ **opener** *kh* kanálnyitó; ~**-pick** *v* bekapcsol *(relé)*; ~**-pin** tokcsapszeg; ~**(-)plate** kötőgéplemez; *kat* zárlemez; *műa* betéttartó lap; ~ **relay** mechanikai reteszelésű jelfogó, zárókilincses jelfogó; ~**-rod thimble** *gépk* tolórúdszabályozó anya; ~ **spoon** *kh* kanál *(gépkötőtűn)*; ~**-spring** zárórugó, rögzítőrugó; ~**-up** *el* latch-up (állapot)

latchet cipőfűző, cipőszíj, cipőcsat; ~ **boot** csatos cipő

latching bezárás (kilinccsel), bereteszelés; *bány* bányamérés; *szt* tartás; *távk* reteszelés; *vasút* reteszelés; ~ **button** beugró/becsappanó gomb; ~ **current** *el, félv* bekapcsolási határáram *(hajtásé)*; dinamikus tartóáram; ~ **key** *távk* megállókulcs; ~ **relay** mechanikai reteszelésű jelfogó, zárókilincses jelfogó

latchkey kapukulcs; lakáskulcs

late I. *a* késleltetett; késő; kései, késői; legutóbbi; utó-; **II.** *adv* későn; ~**-bearing capacity of support** *bány* engedékenység *(támé)*; ~ **closing of valve** késleltetett szelepzárás; ~ **detonation** *bány* utódetonáció; ~ **ignition** utógyújtás, késleltetett gyújtás; ~ **Jurassic** *geol* felső júra; ~ **Kimmerian orogeny** *geol* újkimmériai fázis; ~**-prop** *bány* terhelést későn felvevő tám; ~ **running** *közl* késés, elmaradás; ~ **spark** utógyújtás, késleltetett gyújtás; ~ **Tertiary** *geol* újharmadkor; ~ **type star** *csill* késői spektrumosztályú csillag; ~ **wood** *fa* kései fa, nyári pászta

latency latens állapot, lappangás; lappangási idő, latenciaidő; *szt* várakozási idő; ~ **time** latens idő, lappangási idő, latenciaidő

lateness time késési idő

latensification *foto* latenzifikálás

latent latens, rejtett, lappangó; *foto* lappangó; *vegy* rejtett; ~ **defect** rejtett hiba; ~ **electricity** *el* kötött villamosság; ~ **energy** rejtett/latens energia; ~ **failure** rejtett hiba; ~ **glide** latens csuszamlás; ~ **hardening** rejtett edzés; ~ **heat (LH)** *bány* rejtett hő; *fiz, vegy* latens/rejtett hő; ~ **heat content of the humid air**

bány levegő rejtett hőtartalma; ~ **heat of evaporation** *vegy* latens párolgási hő; ~ **heat of fusion** *fiz, vegy* olvadáshő; ~ **heat of gas** *fiz* gázhő; ~ **heat of solidification** *krist* dermedési hő, kristályosodási hő; ~ **heat of sublimation** *fiz, vegy* szublimációs hő; ~ **heat of transformation** *fiz* átalakulási hő; ~ **image** *foto* rejtett/lappangó kép, elő nem hívott kép; ~ **instability** *met* latens feltételes instabilitás; ~ **magnetization** *fiz* latens mágnesezőképesség; ~ **period** lappangási idő, latenciaidő; ~ **range** *mat* értékkészlet, értéktartomány; ~ **root** *mat* sajátérték; ~ **zone** *krist* latens zóna

later[1] cserép *(anyag)*; tégla

later[2] **I.** *a* későbbi; **II.** *adv* később; ~ **application** későbbi bejelentés *(szabadalomé)*; ~ **on** később, a későbbiek folyamán

lateral I. *a* oldalsó, oldalirányú, laterális, oldal-; *rep* oldalsó; **II.** *n ép* elágazó idom; mellékcsatorna; ~ **acceleration** keringő gyorsulás, gyorsulás oldalirányú komponense; *rep* oldalgyorsulás; ~ **adit** *bány* kereszttáró; ~ **adjustment** oldalirányú beállítás; ~ **air** *finm* oldalsó játéktér; ~ **alley** *ép* oldaljárat; ~ **amplification** *opt* oldalirányú nagyítás, leképezési/vetületi lépték; ~ **amplitude** *fiz* oldalkilengés; ~ **angle** *rep* oldalszög; ~ **area** *mat* lapfelszín; ~ **attitude** *rep* bedőlési szög; repülőgép oldaltengely helyzete; ~ **axis** *rep* kereszttengely, oldaltengely; ~ **block profile** *gépk* oldalblokkprofil *(gumié)*; ~ **blow(ing)** *koh* oldalfúvatás; ~ **bracing** *bány* vágatelágazás, elágazásvágat; *ép* szélrácsrudazat; ~ **branch** *bány* oldalág; ~ **buckling** (oldalirányú) kihajlás; *vasút* vágánykivetődés; ~ **canal** → ~ channel; ~ **chain** *vegy* oldallánc; ~ **channel** *hidr* párhuzamos (hajózó)csatorna, mellékcsatorna; ~ **component** oldalirányú összetevő *(erőé)*; ~ **component of velocity** sebesség oldalirányú összetevője; ~ **contraction** keresztmetszet-csökkenés; *any* kontrakció; ~ **control (LAT)** *rep* oldalirányú kormányzás; oldalkormány; oldalkormányszervek; ~ **convergence magnet** laterális konvergenciamágnes; ~ **cooling** közvetett felületi hűtés *(kábeleké)*; ~ **correction** *geof* oldalirányú/laterális sebességkorrekció; *kat* oldalhelyesbítés; ~ **curve** *ol* laterálgörbe; ~ **cutting** oldalvágású horony készítése *(gramofonnál)*; ~ **deflection** oldalirányú eltérítés/eltérés; *geol* kiöblösödés; *kat* oldaleltérés; ~ **deflection mechanism** *kat* oldalosztás-állító tárcsa; ~ **deformation** oldalirányú alakváltozás; *krist* transzverzális összehúzódás; ~ **deviation** oldalirányú eltérítés/eltérés; oldalkeringés; *kat, rep* oldaleltérés; ~ **diagonal** *ép* szélrácsrúd; ~ **dihedral** *rep* oldalirányú, keresztirányú V-beállítás; ~ **dihedral angle** *rep* oldalirányú, keresztirányú V-beállítás szöge; ~**-directional controllability** oldalkormányozhatóság; ~ **discharge** *el* oldalkisülés; ~ **dispersion** szélességi szórás *(ballisztika)*; ~ **displacement** *fiz* oldalirányú eltolódás; *geod* helyzeti eltolódás *(légifényképen)*; ~ **distance** oldaltávolság; ~ **distortion** *vasút* vágánykivetődés; ~ **distribution** szárnyvonalas/elosztóvezetékes elosztás; ~ **ditch** *hidr* belvízárok; ~ **drain** *hidr* belvízfelfogó csatorna; oldaldrén; szívó; ~ **drift** *bány* irányvágat; ~ **drift landing** *rep* leszállás oldalirányú elsodródással; ~ **drift (of a bore hole)** *ol* (fúrólyuk) oldalirányú kitérése; ~ **drive** *bány* oldalhajtás; ~ **edge** *mat* (oldal)él; ~ **elasticity** *tex* rugalmasság szélességben; ~ **erosion** *geol* oldali erózió; ~ **exploration** *geof* oldalirányú/laterális kutatás; ~ **extension** oldalirányú kiterjedés; ~ **extensometer** *fiz* vastagságmérő; *mech* harántnyúlásmérő; ~ **extrusion** *műa* oldalsó fröccssajtolás; ~ **face** *mat* oldalfelület, lap, oldal, oldallap; ~ **fin** *rep* oldalsó függőleges vezérsík; ~ **flow** *heng* (nemkívánt) nyúlás; ~**-flow spillway** *hidr* oldalvezetésű árapasztó(csatorna); ~**-flow turbine** *hidr* oldalbeömlésű turbina; ~ **force** *fiz* nyíróerő, hajlítóerő; *gép, mech* oldalerő, szélerő; ~ **friction** *ép* köpenysúrlódás *(cölöpé)*; ~ **guidance** *rep* oldalirányú irányítás; ~ **impact** *mech* oldalirányú üt(köz)és; ~ **inclination** *mech* oldalirányú elhajlás; ~ **instability** *rep* hossztengely körüli *v.* orsózó instabilitás; ~ **inversion** oldaltorzítás; *nyom, távk* oldalfelcserélődés; ~ **investigation** *geof* oldalirányú kutatás; ~ **jump** vízszintesben mért kirepülési szög; ~ **lead** *kat* oldal-előretartás; ~ **lift truck** *ép* oldalvillás targonca; ~ **load** *gép* oldalerő, szélerő; vízszintes teher; ~ **logging** *geof* behatoló/laterális szelvényezés, BKZ-szelvényezés; ~ **magnification** *opt* nagyítás oldalirányban; ~ **migration** *geol* oldalvándorlás, laterális migráció; ~ **mirage** *mat* oldalsó tükrözés; ~ **moraine** *geol* oldalmoréna; ~ **movement** *tex* oldalmozgás *(fonalvezetőé)*; ~ **noise measurement point** *rep* oldalsó zajmérő pont; ~ **offset** túlnyúlás; ~ **oscillation** *mech* oldalrezgés; ~ **overlap** *geod* oldalirányú átfedés; ~ **passage** *ép* oldaljárat; ~ **pitch** *rep* dőlés; harántdőlés; ~ **pitching control gyro** *rep* bedőlést vezérlő pörgettyű; ~ **plan** *hajó* oldalmetszet; ~ **plane** *mech* oldalsík; ~ **play** *gép, mech* oldalirányú játék, oldaljáték, oldalhézag; ~ **power** *mech* hajlítóerő; ~ **pressure** *fiz* oldalirányú nyomás, oldalnyomás; *talt* oldalirányú földnyomás; ~ **pull** *gép* oldalirányú húzás; *gépk* oldalra húzás; ~ **radius rod** *gépk* hátsóhíd-merevítő; ~ **reach mast truck** *ép* oldalra tolható oszlopú emelőtargonca; ~ **rear mirror** *gépk* visszapillantó tükör; ~ **recording** *hang* oldalírás; oldalvágású hangfelvétel; ~ **reinforcement** *ép* keresztirányú/elosztó betonvasalás; kör alakú vasalás, (spirál)kengyelezés; ~ **reversing** *nyom* oldalfelcserélés; ~ **rigidity** oldalmerevség, kihajlási merevség; ~ **run-out** oldalütés *(keréké)*; ~ **secretion** *geol* laterálszekréció; ~ **section** oldalmetszet, keresztmetszet; ~ **separation** *rep* oldalirányú elkülönítés; ~ **shift** *geol* vízszintes vetődés; *tv* képoldaleltolódás; ~ **side** *mat* oldal, szár; ~ **sonde** *ol* gradiens szonda; ~ **sound** *geof* behatoló/laterális szonda, BKZ-szonda, gradiensszonda; ~ **sounding** *geof* behatoló/laterális szondázás, BKZ-szelvényezés; ~ **sprinkler (pipe) line** *hidr* esőztetővezeték, öntözővezeték; ~ **stability** *rep* keresztstabilitás; oldalirányú/keresztirányú stabilitás; ~ **stiffness** oldalirányú/keresztirányú merevség; ~ **strain** *mech* oldalirányú alakváltozás; ~ **stripe** keresztcsík, harántcsík; ~ **strut** *ép* szélrácsoszlop; ~ **support** *ép* oldalirányú *v.* vízszintes irányú megtámasztás; ~ **surface** oldalsík, oldalfelület; ~ **system** *ép* szélrácsrendszer; ~ **targent arcs** *met* Lowitz fényíve; ~ **thrust** *mech* oldalnyomás, oldalirányú nyomás; ~**-thrust unit** *hajó* orrsugárkormány; ~ **tie** *ép* vasbeton oszlop kengyele; ~ **tipping** oldalbuktatás, oldalbillentés; ~ **transistor** *el* laterális tranzisztor; ~ **traverse** *ép* oldalsó gerenda; *mech* oldalmozgás; *vasút* oldaljáték *(mozdonytengelyé)*; ~ **trim** *rep, hajó* keresztirányú kiegyensúlyozás; ~ **velocity** *rep* keresztirányú összetevő sebesség; ~ **vibration** oldalrezgés; ~ **waste** *műa* sorja; ~ **weld** oldalvarrat; ~ **wing** *ép* oldalszárny, mellékszárny; ~ **wing flow** *rep* oldalirányú, szárnyat körülvevő áramlás; ~ **yielding** oldalirányú kitérés/utánengedés; *talt* oldalkitérés *(talajé)*

laterally oldalról, oldalt, oldalirányban; ~ **confined compression test** *any* nyomóvizsgálat az oldalirányú kitérés meggátlásával; ~ **inversed/inverted** → ~ reversed; ~ **reinforced concrete** keresztirányban vasalt beton; ~ **reversed** *foto* oldalfelcserélt; ~ **sprung** oldalsó rugós alátámasztású; ~ **transposed** → ~ reversed; ~ **uninverted/uninversed picture** normális állású, oldalhelyes

laterite *ásv* laterit

lateritic *geol* laterites; ~ **alteration** laterites mállás; ~ **bauxite** lateritbauxit; ~ **weathering** *bány* laterites mállás

lateritization *bány* laterites mállás

laterization *geol* lateritté alakulás

laterlog *geof* laterlogeljárás, laterlogszelvény, laterlogszelvényezés; ~ **equipment** laterlogberendezés

laterlogging *geof* laterlogszelvényezés; ~ **device** laterlog szonda

laterolog *geof* laterolog; ~ **process** *geof* laterolog

laterologging *geof* laterolog

latest legutolsó, legutóbbi; legfrissebb, legújabb

latex *pa, vegy* kaucsuktej, gumitej, latex; ~ **adhesive** latexragasztó; ~**-albumen cement** latexalbumin-ragasztóoldat; ~ **beater** *műa* latex habverő; ~**-bitumen emulsion** latexbitumen emulzió; ~ **board** *pa* latexkarton, latexlemez; ~**-bulking equipment** latextároló berendezés; ~ **cement** latexragasztó, latexcement; ~ **cream** latex föle; ~ **cylinder** latexgyűjtő edény; ~**-deposited article** latexelválasztással nyert gumicikk; ~ **film** latexhártya, latexfilm; ~ **foam (rubber)** gumitejhab, latexhab; ~ **gelling** latexgélesedés; ~ **paint** latexfesték; ~ **proofing** latexszel való bevonás; ~ **skim/sludge** lefölözött latex; ~ **thread** latexgumi szál

latexosis *talt* talajnedvfolyás

lath I. *v* léccel lehúz, lécel; lécet odaszegez; **II.** *n ép* (simító)léc; dongadeszka; léc; támasztópalló; ~ **and half-laths** *pl* 1x1/4-es léc; ~**(-)and(-)plaster** *ép* egyrétegű vakolat vakolattartón; ~ **conveyor** *ép* rekeszes futószalag; ~**-cutting saw** *fa* zsindelyfűrész, lécvágó fűrész; ~ **fence** *fa* léckerítés; ~ **floor** lécrostély, padlórács; ~ **panel** *bány* deszkaburkolat; ~ **partition** *ép* lécfal; ~ **shaped habit** *krist* oszlopos (léc)habitus; ~ **wood** *fa* hasítani való fa

lathe *forg* eszterga(pad); *tex* borda(láda); ~ **apron** lakatszekrény *(esztergán)*; ~ **attachment** esztergatartozék; ~**-axis indicator** eszterga-tengelybeállító készülék; ~ **barrel** vezérorsó *(esztergáé)*; ~ **bed** esztergaágyazat; ~ **carriage** esztergaszupport; ~ **carrier** esztergaszív; ~ **centre/center** esztergacsúcs; ~ **check** gyűrűs elválás *(fában)*; ~ **chisel** *szersz* esztergályosvéső; ~ **chuck (lacc)** esztergatokmány; ~ **dog** esztergaszív; ~ **file** fűrészreszelő; ~ **for facing axle ends** tengelyvég-oldalazó eszterga; ~ **hand** esztergályos; ~ **machining** esztergálás, megmunkálás esztergálással; ~ **operator** esztergályos; ~ **saddle/slide** esztergaszupport; ~ **spindle** esztergafőorsó; ~ **stand** esztergagépágy; ~ **tool** esztergakés; ~ **tool grinding machine** esztergakés-élező gép; ~ **tool holder** késtok, késtartó; ~ **tooling** esztergálás, megmunkálás esztergálással; ~ **tool with high speed steel blade** gyorsacél esztergakés; ~ **ways** *pl* esztergaágy-vezeték; *forg, gép* prizma; ~ **with draw-in attachment** patronbefogású eszterga; ~ **with lead screw** vezérorsós menetvágó eszterga; ~ **work** esztergáló megmunkálás, esztergálás; esztergályozás, esztergályos munka, esztergált munkadarab; ~ **worm** esztergán vágott csiga; ~ **wrench** esztergacsavarkulcs

lathed | ceiling *ép* lécezett vakolású mennyezet; ~ **space** *ép* lécburkolat, lécborítás

lather I. *v* habzik *(szappan)*; **II.** *n* (szappan)hab; ~ **breakage/collapse** *műa* hab összeesése

lathing *ép* lécszerkezet, lécezés; nádazás; rácsozat; stukatúrlécezés; vakolattartó lécezés; ~ **hatchet** keskeny (lécvágó) fejsze

lathwork *ép* vakolattartó lécezés, nádazás

Latin | cross *ép* római kereszt; ~ **print** *nyom* groteszk *(betűtípus)*; ~ **square** *mat* latin négyzet

latitude (lat) szélesség; földrajzi szélesség; szélességi fok; *fiz* érzékenységi tartomány; *foto* érzékenységhatár; ~ **adjustment** *geof* szélességi beállítás; ~ **correction** *geof* szélességi korrekció/javítás; ~ **scale** *rep* szélességi skála/beosztás

latitudinal szélességi; földrajzi szélességi

latosol *talt* vörösföld

Latour circuit *el* Greinacher-kapcsolás

latrine latrina

latrobite *ásv* latrobit

latten sárgaréz lemez; ~ **clippings** *pl* sárgarézhulladék; ~**s** *pl* finomlemez, finombádog *(0,4—0,5 mm)*

lattice I. *v* rácsoz, rácsosan kialakít; ráccsal elzár; **II.** *n* rács, ablakrács, rostély, hálózat; *at* reaktorzónarácselrendezés; uránrúdrács; *el* vonalas raszter/rács; *fiz* rács, háló; *krist* (kristály)rács; *mat* rács, hálózat, háló; *rep* hiperbola-térképhálózat; *tex* léces etető; ~ **analogy** *krist* rácsanalógia; ~ **anisotropy** *at* rácsanizotrópia; ~ **anode** *el* rácsos anód; ~ **apron** *tex* léces szállítóheveder; ~ **arm** *távk* keresztág *(x-tagban)*; ~ **arrangement** *at* rácselrendezés, rácsszerkezet; ~ **array** *krist* rácselrendeződés; ~ **atom** *at* rácsatom; ~ **bar** *ép* rácsrúd, átlós merevítőrúd; ~ **barrier** rácsos kerítés; ~ **base** *krist* rács bázisa; ~ **beam** *fa* rácsos gerenda; ~ **binding** rácskötés; ~ **binding energy** *krist* rácsenergia, rácskötési energia; ~ **blind** *ép, fa* redőnyszekrény; zsalu; ~ **bond** → ~ binding; ~ **boom** *ép* rácsos gém; ~ **boundary** *fiz* rácshatár; ~ **bracing** rácsos merevítés; ~ **bridge** *ép* rácsos híd; ~ **calculation** *at* hálózatszámítás; zónaszámítás; *el* rácsszámítás; ~ **cell** *el, fiz* elemi cella; *koh* elemi rács; ~ **cent(e)ring** *krist* rácscentrálás; ~ **chain** *krist* rácslánc; ~ **chart** *kat* koordinátahálózatos térkép; ~ **coil** *el, távk* méhsejttekercs; többrétegű tekercs(elés); ~ **column** *ép* rácsos szerkezetű *v.* rácsosan áttört oszlop; rácsoszlop; ~ **complex** *krist* rácskomplex; ~ **configuration** *krist* rácselrendeződés; ~ **connection** *el* keresztezett tekercsfejbekötés; ~ **constant** *el* rácsállandó; *krist* rácsparaméter, rácsállandó; ~ **crane boom** *ép, gép* rácsos gém; ~ **crane-girder** *ép, gép* rácsszerkezetű darufőtartó; ~ **defect** *krist, vegy* rácshiba, hibahely *(kristályrácsban)*; ~ **design** *at* reaktormag-elrendezés, uránrúdrács-rendszer, zónatervezés, zónaméretezés; ~ **dimension** *fiz* hálózatméret;

rácsméret; ~ **direction** *krist* rácsirány; ~ **dislocation** *krist* rácsdiszlokáció; ~ **distortion** *krist* rácstorzulás; ~ **drying** *tex* függesztő szárítás; ~ **dynamics** *fiz* rácsdinamika; ~ **electron** *el, fiz* rácselektron; ~ **element** *el, fiz* rácselem; ~ **energy** *krist* rácsenergia, rácskötési energia; ~ **factor** *krist* rácsfaktor; ~ **feeder** *tex* léces etető; ~ **fence/fencing** *ép* léckerítés, karókerítés, rácsos kerítés; ~ **filter** *távk* hídkapcsolású szűrőtag; ~ **fracture** *krist* rácsos törés/töret; ~ **frame** → ~ girder; ~ **function** *mat* rácsfüggvény, rácspontokban értelmezett függvény; ~ **geometry** *krist* rácsgeometria; ~ **girder** *ép* rácskeret, rácsos keret; rácsos tartó; ~ **girder bridge** rácstartós híd, rácsos szerkezetű híd; ~ **grate** rácsrostély; ~ **heat** *fiz, krist* rácshő; ~ **homomorphism** *mat* (háló)homomorfizmus; ~ **imperfection** *krist* rácshiba, rácsdiszlokáció; ~ **iron** rostélyrúd; ~ **jib** *ép* rácsos gém; ~ **knot** *krist, ép* kristályrács-csomópont, rácsszerkezeti csomópont; ~ **mast** *ép* rácsos (szerkezetű) antennaárbóc; rácsos oszlop; rácsszerkezetű oszlop; ~ **matrix** *krist* rácsmátrix; ~ **member** *ép* rácselem *(rácsos tartóé)*; ~ **mesh structure** *ép* rácsos szerkezet; ~ **model of liquid** *krist* folyadék rácsmodellje; ~ **network** *krist* rácsháló; *távk* hídkapcsolás, kereszttag, hídtag; keresztezett négypólus; X tag; ~ **node** *krist* rácspont; rácsszerkezeti csomópont; ~ **of lines** *fiz* vonalrács; ~ **operation** *mat* hálóművelet; ~ **optics** *fiz, opt* rácsoptika; ~ **parameter** *krist* rácsparaméter, rácsállandó; *távk* hídparaméter; ~ **partition** lécfal; ~ **peak function** *krist* rács csúcsfüggvénye; ~ **pier** → ~ pole; ~ **pitch** *at* rácsosztás; rácstávolság, kazettatávolság; ~ **plane** *fiz* hálózati sík, rácssík; ~ **plate** *opt* rácslemez; ~ **point** *krist* rácspont; ~**-point method** *mat* rácspont-módszer, differenciamódszer, véges differenciák módszere; ~**-point row** *krist* rácspontsor; ~ **polarization** *krist* rácspolarizáció; ~ **pole** *ép* rácsos szerkezetű *v.* rácsszerkezetű oszlop, rácsos oszlop; ~ **pole for aerial lines** *el* rácsos oszlop, távvezetéki oszlop; ~ **polynomial** *mat* hálópolinom; ~ **position** *krist* rácshely, rácspont; ~ **potential** *krist* rácspotenciál; ~ **potential function** *krist* rácspotenciál-függvény; ~ **purlin** *ép* rácsos szelemen; ~ **reactor** *at* rúdrácsreaktor; ~ **rod** *ép, krist* rácsrúd, átlós merevítőrúd; *tex* rácspálca *(jacquard-gépen)*; ~ **row** *krist* rácsegyenes; ~ **sampling** *mat* rácsos mintavétel; ~ **satisfying the descending and ascending chain condition** *mat* diszkrét háló; ~ **section** *távk* kereszttag *(négypólusé)*; ~ **sided container** drótrácsfalú konténer; ~ **site** *at* rácshely, rácspont; ~ **space** *krist* rácstér; ~ **spacing** *ép* rácsosztás; *krist* rácsállandó, rácsparaméter; ~ **spectrum** *fiz, krist* rácsspektrum; ~**-stable** *mat* metszésre és egyesítésre nézve zárt; ~ **structure** *at, fiz, krist* rácsszerkezet; *mat* hálóstruktúra; ~ **suspension-bridge** *ép* függő rácsoshíd; ~ **suspension-girder** *ép* függesztőműves rácsos tartó; ~ **table** *önt* forgóasztal; ~ **theory** *at* rácselmélet; *mat* hálóelmélet; ~ **tower** *ép* rácsszerkezetű torony; ~ **translation** *ásv* rácstranszláció; ~ **truss** *ép* többszörös rácsozású rácsos tartó; ~ **type filter section** hídkapcsolású szűrőtag; ~ **vacancy** *krist* rácshibahely, rácslyuk, vakancia; ~ **vector** *krist* rácsvektor; ~ **vibration** *krist* rácsrezgés; ~ **wave** *krist* rácshullám; ~ **wave field** *krist* rácshullámtér; ~ **wave vector** *krist* rácshullámvektor; ~ **winding** *el* méhsejttekercs(elés); ~ **window** *ép* rácsos ablak; rombusz alakú ólomrácsozatba foglalt üvegablak; ~**-work** rácsozat; *ép* rácsmű, rácsszerkezet; ~**-work skeleton** *krist* rácsos váz; ~ **wound** *el* kereszttekercselt; ~ **wound coil** *el* méhsejttekercs

latticing rácsozás, rácsozat

Lattorfian substage *geol* lattorfi emelet

Laue | class (of symmetry) *krist* Laue-osztály; ~ **cone** *krist* Laue-kúp; ~ **diagram,** ~ **diffraction pattern** *krist* Laue-diagram; Laue-felvétel; ~ **equation** *krist* Laue-egyenlet; ~ **index** *krist* Laue-index; ~ **interference condition** *krist* Laue-féle interferencia-feltétel; ~ **method** *krist* Laue-módszer; ~ **pattern** *any, krist* Laue-diagram; ~ **photograph** *krist* Laue-diagram; Laue-felvétel; ~ **spot** *krist* Laue-reflex, Laue-folt; ~ **symmetry** *krist* Laue-szimmetria

laughing gas *vegy* kéjgáz, dinitrogén-oxid

laumontite *ásv* laumontit

launch I. *v hajó* kilő *(torpedót)*; vízre bocsát; *rak* kilő, fellő *(rakétát)*; *rep* (el)indít *(repülőgépet, rakétát)*; **II.** *n* kisebb hajó, csónak, dereglye; *hajó* vízre bocsátás; *rep* indítás *(repülőgépé)*; kilövés *(torpedóé)*; kilövés, fellövés *(rakétáé)*; ~ **abort** indítási hiba, starthiba; ~ **a satellite into orbit** *v* műholdat Föld körüli pályára bocsát/juttat; ~ **azimuth** indítási azimutszög; ~ **base** rakétakilövő állvány, indítóállvány; ~ **by towing** *rep* indítás vontatással *(vitorlázó repülőgépé)*; ~ **control (LC)** indítás-ellenőrzés; ~ **engine** csónakmotor; ~**-escape system (LES)** mentőrendszer *(űrhajóé)*; ~ **frame** *rak* indítóállvány; ~ **from catapult** *v rep* katapultról indít; ~ **guidance** *rep* indítás közbeni irányítás; ~ **pad** *rak, rep* indítóállvány; rakétaindító állvány; ~**-phase tracking laser** követőlézer *(rakéta indítási fázisához/szakaszához)*; ~ **rail** *rak* kilövősín, vezetősín; *rep* felszállósínpálya; ~ **rocket** *rak* indítórakéta, indítófokozat; ~ **site** *kat, rak* indítóállás; indítóhely, indítóállomás; ~ **success probability (LSP)** indítási siker valószínűsége; ~ **system** *rak* hordozórakéta; ~ **vehicle** → ~ rocket; ~ **window** *rak, rep* indítási ablak

launcher *kat* rakétavető *(ház)*; *rak, rep* indítóállvány, indítóasztal; indítószerkezet, kilövőszerkezet; ~ **container** *rak* indítótüzelőanyag-tartály; ~ **device** *rep* indítóberendezés; ~ **rail** → launch rail; ~**-rail assembly** *kat* rakéta-sorozatvető ház; ~ **release gear** *rak* indítókészülék; ~ **rocket** → launch rocket; ~ **tube** kilövőcső; ~ **vehicle** → launch rocket

launching vízre bocsátás, indítás *(repülőgépé)*; *hajó* kilövés *(torpedóé)*; vízre bocsátás; *rak* kilövés, fellövés; *rep* (el)indítás; *távk* élesztés; ~ **accuracy** *kat* kilövési pontosság; ~ **apron** *hidr* kődepónia; ~ **base** → launch base; ~ **booster** hordozórakéta; ~ **catapult** *rep* katapult; ~ **complex** indítókomplexum; ~ **cradle** *hajó* sólyaszán; ~ **facilities** *pl* indítókomplexum; ~ **frame** → launch base; ~ **nose** *ép* szabadszerelőállvány, szabadszerelésű rúd szerelőállványa; ~ **pad** → launch pad; ~ **pawl** *hajó* sólyaék; ~ **phase** *rak* indítási szakasz; ~**-phase guidance** indítási irányítás; ~ **rack** indítóállvány; ~ **ramp** *rak* indítóasztal; ~ **rocket** hordozórakéta; ~ **silo** *kat* föld alatti rakétakilövő, rakétaakna, rakétasiló; ~ **site** *rak* indítóhely; ~ **slide** *hajó* sólyaszán; ~ **tower** *rak* indítótorony; ~ **vehicle** hordozórakéta; ~ **ways** *hajó* sólyapálya

launder I. *v* (fehérneműt) mos és vasal *(mosodában)*; *bány* mos; **II.** *n* szennyvízlevezető, csatorna; *bány* ércmosó vályú; *önt* öntőcsatorna; ~ **refuse** *bány* mosómeddő

launderability moshatóság

launderable mosható

laundering (fehérnemű-)tisztítás, (fehérnemű)mosás *(mosodai)*; ~**-fast finish** *tex* mosásálló kikészítés; ~ **instruction** *tex* mosási előírás

laundry mosoda; mosás; mosott ruha; ~**-bag** szennyeszsák *(papír)*; ~ **blue** kékítő; ~**-dryer/drier** ruhaszárító; ~ **equipment** mosodai gépek; ~**-glossing calender** fényező kalander *(mosodában)*; ~ **machinery** → ~ equipment; ~**-proof** mosásálló, színtartó; ~**-soap** mosószappan, mosodai szappan; ~ **starch** háztartási keményítő

lauramide *vegy* lauramid, laurinsavamid

Laurasia *geol* Laurázia

laurate *vegy* laurát, laurinsav sója/észtere

laurdalite *ásv* lardalit

laurel babér, borostyán; ~ **butter** borostyánolaj, babérolaj; ~ **camphor** *vegy* természetes kámfor, D-kámfor; ~ **fat** borostyánolaj, babérolaj; ~ **leaf** *élip* babérlevél; ~ **oil** borostyánolaj, babérolaj

Laurent | **expansion** *mat* Laurent-sorfejtés; ~**'s acid** Laurent-sav, 1-naftilamin-5-szulfonsav; ~ **series** *mat* Laurent-sor

lauric acid *vegy* laurinsav, dodekánsav

laurionite *ásv* laurionit

laurite *ásv* laurit

Lauritsen electroscope Lauritsen-féle elektroszkóp

lauroleic acid *élip* laurolajsav, dodecénsav

laurvikite *ásv* larvikit

lauryl | **alcohol** *vegy* laurilalkohol; ~ **aldehyde** *vegy* laurinaldehid

laurylamine *vegy* laurilamin

laurylsulphuric acid *vegy* laurilkénsav

lautarite *ásv* lautarit

lauter tub/tun/vat *élip* szűrőkád

Lauth mill *heng* Lauth-féle trióhengersor

lautite *ásv* lautit

lava *geol* láva; ~**-ball** *geol* lávagolyó; ~ **bed** *geol* lávaréteg; ~**-column** *geol* lávaoszlop; ~ **cone** *geol* lávakúp; ~ **dome** *geol* lávakupola; ~ **flows** *pl geol* lávaár, lávafolyam; ~ **nappe** *geol* lávatakaró; ~ **plug** *geol* lávadugó; ~ **sheet** *geol* lávaréteg; ~**-shield** *geol* lávatakaró; ~ **upheaval** *geol* dagadó lávakúp

lavabo *ép* mosdó, mosdókagyló

Laval nozzle Laval-fúvóka

Lavalier microphone *hang* gégemikrofon

lavatory *ép* mosdó(helység); vécé, WC; vizelde; ~ **basin** mosdó, mosdókagyló; ~ **bowl/pan** vécécsésze, vécékagyló; ~ **siphon** mosdószagelzáró, mosdószifon

lavender levendula; ~ **copy/print** *foto* levendulakópia; ~ **oil** levendulaolaj; ~ **shade** levendula(kék) színárnyalat

lavenite *ásv* lavenit

Laves phase Laves-fázis *(ötvözeteké)*

law törvény; szabály; ~ **calf** *nyom* világosbarna borjúbőr könyvkötés; ~ **of absorption** *mat* elnyelési szabály; ~ **of action and reaction** *fiz* akció-reakció törvénye, hatás-ellenhatás törvénye; Newton harmadik axiómája, kölcsönhatás törvénye; ~ **of addition** *mat* VAGY-gyal való bővíthetőség tétele; ~ **of a new factor** *mat* bővítési törvény; ~ **of areas** *fiz* felületi tétel, Kepler második törvénye; ~ **of averages** *mat* nagy számok törvénye; ~ **of Beer** *vegy* Beer törvénye; ~ **of Boyle and Mariotte** *fiz* Boyle—Mariotte-törvény; ~ **of commutation** *mat* kommutatív/felcserélési/kommutációs törvény; ~ **of conservation** *fiz* megmaradási törvény; ~ **of conservation of energy** *fiz* energia megmaradásának törvénye, energiamegmaradás törvénye; ~ **of conservation of mass/matter** *fiz, vegy* tömegmegmaradás/anyagmegmaradás törvénye; ~ **of constant proportions** *vegy* állandó/meghatározott súlyviszonyok törvénye; ~ **of corresponding states** *vegy* megfelelő állapotok törvénye; ~ **of cosines** *mat* koszinusztörvény, koszinusztétel; ~ **of decay** *fiz* csillapítási/lecsengési törvény; ~ **of definite proportions** → ~ of constant proportions; ~ **of double negation** *mat* kettős tagadás törvénye; ~ **of edge normal** *krist* élnormálistörvény; ~ **of electrostatic attraction** *fiz* Coulomb-törvény (az elektromágneses térről); ~ **of equivalent proportions** *vegy* reciprok súlyviszonyok törvénye; ~ **of error propagation** hibaterjedés törvénye; ~ **of excluded middle,** ~ **of the excluded third** *mat* „tertium non datur" elve, harmadik kizárásának elve/törvénye; ~ **of gravitation** *fiz* Newton-féle gravitációs törvény, általános tömegvonzás törvénye; ~ **of Guldberg and Waage** *vegy* tömeghatás törvény, Guldberg—Waage-törvény; ~ **of independent migration if ions** *vegy* az ionok független vándorlásának törvénye, Kohlrausch-féle törvény; ~ **of inertia** *fiz* Newton első axiómája, tehetetlenség törvénye; ~ **of intergrowth** *krist* összenövési törvény *(kristályoké)*; ~ **of isomorphism** *vegy* Mitscherlich—Grimm-szabály; ~ **of large numbers** *mat* nagy számok törvénye; ~ **of least heating effect** *fiz* a legkisebb mennyiségű hő törvénye; ~ **of lever** *koh* emelőszabály; ~ **of mass action** → ~ of Guldberg and Waage; ~ **of mining** *bány* bányajog; ~ **of moment of momentum** *fiz* perdülettétel; ~ **of multiple proportions** *vegy* többszörös súlyviszonyok törvénye; ~ **of nature** természeti törvény; ~ **of octaves** *vegy* oktávok törvénye; ~ **of partial pressures** *fiz, vegy* parciális nyomások törvénye, Dalton törvénye; ~ **of pendulum oscillation/motion** *fiz* ingatörvény, lengőmozgás törvénye; ~ **of photochemical equivalence** *vegy* Einstein-féle fotokémiai törvény; ~ **of plan normal** *krist* lapnormálistörvény *(kristályoké)*; ~ **of proximity theory** *fiz* közelhatás törvénye; ~ **of radii-quotients** *krist* sugáraránytörvény *(kristályoké)*; ~ **of rational indices** *krist* racionalitás törvénye; ~ **of reaction** *fiz* Newton harmadik axiómája, kölcsönhatás törvénye; ~ **of reciprocal proportions** → ~ of equivalent proportions; ~ **of refraction** *opt* (fény)törés törvénye, törési törvény; ~ **of signs** *mat* előjelszabály; ~ **of similarity transformation** *mat* hasonlósági tétel; ~ **of sines** *mat* szinusztörvény, szinusztétel; ~ **of smallest volume** *krist* legkisebb térfogat törvénye; ~ **of stress** *fiz* Newton harmadik axiómája, kölcsönhatás törvénye; ~ **of tangents** *mat* tangenstétel; ~ **of the mean** *mat, szt* középértéktétel; ~ **of the propagation of errors** hibaátviteli törvény; ~ **of thermal equilibrium** *fiz* termodinamika nulladik főtétele; ~ **of universal gravitation** *fiz* általános tömegvonzás törvénye; ~ **of volumes** *vegy* Gay-Lussac térfogati törvénye, vegyülő

gázok térfogati törvénye; ~ **of zones** *krist* zónatörvény; ~**s of motion** *fiz* mozgástörvények
LAW → light antitank weapon
lawn[1] *tex* linon, batiszt; *vegy* szűrőkendő, finom szűrő; ~ **finish** *pa* lennyomás
lawn[2] pázsit, gyep; ~ **mower,** ~**-mowing machine** *mzg* fűkaszáló gép, fűnyíró gép; ~ **mower with driver seat** vezetőüléses/önjáró fűnyírógép; ~ **mower with rotating blades** rotációs rendszerű fűkaszáló gép; ~ **roller** *mzg* pázsithenger; ~ **sprayer/sprinkler** gyepesőztető, pázsitpermetező
Lawrence tube kromatron, Lawrence-cső
lawrencite *ásv* lawrencit
lawrencium (Lw) *vegy* laurencium (Lr)
Lawson | criterion *at* Lawson-kritérium; ~ **range** *at* Lawson-terület
lawsonite *ásv* lawsonit
lay I. *v* (le)fektet, helyez; kiterít, ráterít, felterít; rak *(téglát v. követ)*; (össze)sodor, ver *(kötelet)*; *kat* (be)irányoz *(löveget)*; *mzg* lefekszik, megdől *(gabona)*; *rep* irányoz, irányra áll; **II.** *n* rajzösszeállítás *(jelzővonalak alapján)*; helyzet, fekvés; *el* sodrás, sodrat *(kábelé)*; *geol* (telep)réteg; *gép* barázdairány; *tex* borda(láda); pászmairány; ~ **a bridge** *v* hidat épít; ~**-alignment** *tex* bordaláda egyenesbe állítása; ~ **a pavement** *v* kövez *(utat)*; ~ **a second track** *v vasút* kétvágányúra épít; ~ **a smoke screen** *v kat* füstfüggönyt/ködfüggönyt bocsát ki; ~ **away** *v bőr* ültet *(talpbőrcserzésnél)*; ~**-away pit** *bőr* ültetőgödör; ~ **ballast** *v vasút* ágyaz, kavicsol, kavicsot aláterít; ~ **bare** *v ép* feltár, kiszabadít; *geol* kimos, kiüregel, elmállaszt, lehord; ~ **barge** *ép* fektetőhajó *(kábel v. cső)*; *hidr* (csatorna-)kitérőhely, hajókitérő; *vasút* kitérővágány; ~ **boy** → layboy; ~ **bricks** *v* falaz, téglát rak; ~**-by** *hajó* fordulás; kitérő/keresztező hely; *közl* (autós)pihenő, pihenőhely; leállóhely; *vasút* kitérővágány; ~**-cap** *tex* borda(láda)fedél; ~ **changing** sodrásváltás *(kötélé)*; ~ **concrete** *v ép* betonoz; ~ **down** *v* fektet; *ép* épít, vezet; építeni kezd hajót; ~ **down a carpet** *v* szőnyeget lerak; ~ **down a road** *v* utat épít; ~**-down (concrete) bucket** billenő szállítóedény *(papucskonténer)*; ~ **down dry** *v* szárazon *(v.)* habarcs nélkül rak; ~ **edges** *pl nyom* illesztékoldali ívszél; ~ **flags** *v* csempéz, kőlapokkal kirak/burkol; ~ **flatwise** *v* lapjával fektet; ~ **for direction** *v kat* oldalra irányoz; ~ **for elevation** *v kat* felfelé irányoz; ~**-in** lefektetés *(csőé)*; ~ **in asphalt/tar** *v* aszfaltoz; ~**-lease band** *tex* csépszalag; ~ **light** → laylight; ~ **mash** *nyom* passzerkereszt, egyenkereszt; ~ **mines** *v* aknákat rak/telepít; ~ **off** *v* felrajzol, felvázol; *geod* koordinátahálót felrak; ~**-off** elbocsátás, leépítés *(dolgozóké)*; ~ **off as abscissa** *v* abszcisszának felvesz; ~ **off as ordinate** *v* ordinátának felvesz; ~ **off a straight line** *v* szakaszt felvesz; ~ **of line** *geod* vonalvezetés; ~ **of the strand** sodratirány *(kötélen)*; ~ **on** *v* csövezéssel ellát, csövez, vizet levezet; *ép* felhord *(vakolatot)*; *tex* rásodor; ~ **on colo(u)r** *v* festéket felhord; ~ **on edge** *v* élére fektet; ~ **on paint** *v* festéket felhord; ~ **on trains** *v vasút* új járatot beállít; ~ **open** *v* feltár, kiszabadít; ~ **out** *v* megtervez; lefektet *(kábelt)*; kibélel *(olajkutat)*; *ép, vasút* nyomjelez; *geod* kitűz; *geof* (be)terít; ~**-out of bore-holes** *bány* fúrólyuktelepítés; ~ **out on the contour** *v* rétegvonalon vezet; ~ **over** *rep* megáll; megszakítja a repülést; várakozik; ~ **pages** *v* *nyom* oldalt állít; ~ **shaft** → layshaft; ~ **sword** *tex* bordaláb, ládaláb; ~ **the foundations** *v ép* alapoz, alapot lerak; ~ **the metal foundation** *v ép* kővel/murvával kitölt; ~ **the tile** *v* tetőcserepet felrak; ~ **up** *v* kikapcsol, használaton kívül helyez; *ép* felfalaz; *hajó* (ideiglenesen) leszerel
layboy *pa* ívrakó
layby *hidr* kitérő; ~ **basin** *hidr* előkikötő
laydown anyagraktár
layer I. *v* rétegez, rétegel; **II.** *n* réteg, borítás; fekvés; *bány* telep; *bőr* beszórás cserrel; süllyesztőgödör *(talpbőr-cserzésél)*; *ép* felrakás; téglasor; *geol* földkéreg héja; rétegződés, rétegezettség; ülepedési réteg, (telep)réteg, takaró, réteglap; *ol* tárolóréteg; *pa* lapfektető (munkás); *tex* fonalrétegződés; *vegy* (elkülönült) fázis *(nem elegyedő folyadékok)*; abszorpciós réteg; ~ **board** *fa* válaszlemez; ~ **cathode** *el* rétegkatód; ~ **charge** *fiz* rétegtöltés *(elektroné)*; ~ **chromatography** *vegy* rétegkromatográfia; ~ **corrosion** rétegkorrózió; réteges korrózió; ~ **filtration** rétegszűrés, lapszűrés; ~ **growth** *krist* réteges növekedés; ~ **intermission** *geol* rétegkihagyás; ~ **lattice** *krist* réteges rács; rétegrács; síkrács *(kristályé)*; ~ **line** *krist* rétegvonal; ~ **line method** *krist* rétegvonal-eljárás; rétegvonalmódszer; ~ **line of the first kind** *krist* elsőfajú rétegvonal; ~ **line screen** *krist* rétegvonalrés; ~ **line separation** *krist* rétegvonaltávolság; ~ **management** *szt* rétegmenedzselés; ~ **of air** légréteg; ~ **of atmospheric inversion** *met* inverziós réteg; ~ **of bricks** *ép* téglasor; ~ **of bricks to prevent fissures** *ép* éktéglasor; ~ **of broken stones** *hidr* terméskőréteg *(jászolgátban)*; ~ **of cement** cementréteg; ~ **of coal** *bány* széncsík; ~ **of concrete** *ép* betonburkolat; ~ **of fibres/fibers** rostréteg; ~ **of filler/weld(ing) metal** varratfémréteg; ~ **of grit** zúzottkőréteg; ~ **of insulating material** *el* szigetelőréteg; ~ **of mortar** habarcsréteg, habarcságy; ~ **of puddled clay** *hidr* agyagszigetelés; ~ **of sand** *bány* homokréteg, homokágy *(szűrő)*; ~ **of scale** *koh* reveréteg; ~ **of separation** elválasztó/elválasztott réteg; ~ **of shale/stone** *bány* közbenső réteg, közbeágyazás; ~ **of sorption** *koh* szorpciós zóna; ~ **of straw sheaves** zsúpréteg; ~ **of the cop-bit** *tex* kezdőkúp réteg; ~ **of tin foil** *el* sztaniolfegyverzet; ~ **of wires** *ép* huzalréteg, huzalsor; ~ **of wood** réteg *(furnérlemezé)*; ~**-on** *nyom* berakó; ~ **pinch-out** *geol* rétegkiékelődés; ~ **resistor** rétegellenállás; ~**s** *bőr* cserzőkád; *tex* menetszám; **in** ~**s** rétegelt *(faelrendezés)*; ~**-standard cable** *el* vezetéksodrony; ~ **step** magassági fokozat *(térképen)*; ~ **structure** *ásv* réteges rács; rétegrács; *at, fiz* rétegszerkezet; *geol* takarós szerkezet; ~ **test** *el* rétegszigetelés-próba; ~**-thickness** rétegvastagság; ~**-thickness meter** rétegvastagság-mérő; ~ **tint** magassági színezés *(térképen szintenként változó színnel)*; ~**-to-layer capacitance** *el* rétegközi kapacitás *(tekercsben)*; ~ **treatment** *ol* rétegkezelés; ~ **vat** süllyesztőgödör; ~ **welding** többrétegű hegesztés; ~ **width** rétegszélesség; ~ **winding** *el* réteges tekercselés
layered *geol* rétegezett; ~ **cable** *el* vezetéksodrony; ~ **formation** *geol* rétegzett tárolókőzet; ~ **map** színes magasságszinttérkép; ~ **medium** *geof* réteges közeg
layering apparatus *tex* fátyolrakó szerkezet
laying elrendezés; fektetés, elhelyezés, beépítés; borítás; lerakás; *ép* fektetés, elhelyezés, beépítés; letétel

(alapkőé); *kat* irányzás, célzás; *kh* fektetés *(fonalé)*; *távk* irányítás; *tex* kötélsodrás, kötélverés; **~-away** *bőr* ültetés, süllyesztés *(kádba)*; **~ bare** *ép* feltárás, kiszabadítás; *geol* kimosódás, kiüregelés; **~ bricks** *ép* téglafalazás, téglafelrakás; **~ cat** csőfektető daru; **~ depth** *el* (kábel)fektetési mélység; **~ down** *hajó* (hajó)gerincfektetés; **~ down gig** *tex* szálirányító gép; **~ for direction** *kat* vízszintes irányzás; **~ for elevation** *kat* függőleges/magassági irányzás; **~ gap of rail-joints** *vasút* sínütközési hézag; **~ gear** *kat* irányzókészülék; **~ in** *ép* bevonás; **~ in sawdust** *bőr* nedves fűrészporba fektetés; **~-in screw** beeresztő csavar; **~ machine** drótkötélsodró gép; **~ of cables** kábelfektetés; **~ of crop** *mzg* lefekvés, megdőlés *(gabonáé)*; **~ of plaster** *ép* vakolat felhordása; **~ of railway tracks** vágányfektetés; **~ of the foundation stone** alapkőletétel; **~ of tubes** csőfektetés; **~-on** *tex* csévefelrakás, csévefeltűzés; **~ open to public inspection** közszemlére tétel *(szabadalomé)*; **~-out** elrendezés; *bány* telepítés; *ép, geod* kijelölés, kitűzés; *gép* előrajzolás; *hajó* gerincfektetés; *vasút* nyomjelzés; **~-out buoys** *hajó* kijelölés bójákkal, kibójázás; **~-out length of a cable** kábel tényleges hossza; **~-out table** kitűzőasztal; **~ plan** csőfektetési terv; **~ press** *nyom* kéziprés; **~ reel** *koh* dróthengersori motolla; **~ surface** *ép* felfekvési felület; **~ temperature** *ép* beépítési hőmérséklet *(útburkolaté)*; **~-up** *ép* felfalazás; **~-up machine** *el* kábelsodró gép; *koh* huzalsodró berendezés

laylight *ép* mennyezetvilágító *(ablak)*

layout helyzet, elrendezés, térbeosztás; tervezet; tervrajz, alaprajz, helyszínrajz; *bány* talajegyengetés; terítés; *ép* (belső építészeti) elrendezés; területrendezési terv; *geod* kitűzés, nyomjelzés; *geof* terítés; *gép* általános elrendezés; *nyom* beosztás; szedéstükör; *pa* alak(zat); *szt* elrendezés, topológia, szerkezet, felosztás; **~ block** kitűző/tusírozó lap; **~ board** *nyom* ívberakó asztal; **~ character** *szt* formátumvezérlő karakter, FE; **~ department** tervezési osztály; **~ draftsman** kitűző rajzoló; **~ engineer** tervezőmérnök; **~ of a surface** *mat* görbe felület lefejtése; **~ of cables** kábelfektetés; **~ of forms** *ép* zsaluzási terv; **~ of reinforcement** *ép* vasvezetés *(vasbeton)*; **~ of the (explosive) charge** *bány* töltetszerkezet; **~ of the line** *vasút* nyomvonal; **~ plan** *ép* általános elrendezési terv; beépítési/szabályozási terv; **~ scheme** géptelepítési rajz; **~ shaft** *gép* elosztótengely; **~ table** koordinátaasztal, vágóasztal

layshaft *gép* előtéttengely; vezértengely; vízszintes tengely; **~ end-float** *gépk* sebességváltó-előtéttengely hosszjátéka; **~ gear cluster** *távk* előtétcsoport-kerék; sebességváltó-előtéthüvely; **~-locking screw** *gépk* sebességváltó előtéttengely-rögzítő csavarja; **~ of a drum** *gép* dobtengely

layup sodrás, sodrat

lazulite *ásv* lazulit; **~ blue** *ásv* ultramarin

lazurite *ásv* lazurit, lazúrkő

lazy lomha; **~ jack** csigasoros emelő; **~ tongs** *pl* távfogó, nürnbergi olló

lazyboy távfogó, nürnbergi olló

lb → pound

LB → landing boat; → local battery

l. b. p. → length between perpendiculars

LBR → Librarian utility; → line of bomb release

lc → light current

LC → landing craft; → launch control; → lethal concentration; → level control; → level crossing; → light cone; → line of communications; → liquid crystal; → local call; → lower case; → lower-case letter; → luminosity class; **~-cable** → lead-covered cable; **~ circuit/component** *el* L/C-tag; **~-coupling** *el* fojtótekercs-csatolás; **~ dipole** LC dipólus; **~-drive** *el* vezéroszcillátor; **~-filter** *el* induktancia; **~ network** LC-tag; **~ oscillator** LC oszcillátor; **~ section** LC tag

LCD → liquid crystal display; → lowest common denominator

LCL → lower control limit; **~ load** → less-than-carload load

LCM → least/lowest common multiple

LCN → load classification number

LCT → local civil time

L-C-Z meter induktivitás, kapacitás- és impedanciamérő

LD → landing distance; → leak detector; → lethal dose; → load draught/draft; → long distance; → low density; → low-drag; **~ cable** → long-distance cable; **~ loop** → long-distance loop; **~ plant** oxigénkonverteres üzem; **~-process** → Linz-Donawitz process

LDA → landing distance available

LDB → linguistic data bank

l. d. c. → line-drop compensator

LDC → long-distance call; → lower dead centre

LDD → long-distance dialling

LDI → landing direction indicator; → letter of intent; → load indicator

LDK → lower deck

LDL → landing direction light; → lower detection limit

LDO → light Diesel oil

LDPE → low-density polyethylene

LDR → light-dependent resistor

LDRI → low data rate input

LDT → level detector; → linear differential transformer

LE → leading edge; → lifting eye; → low explosive

lea[1] rét, legelő, mező

lea[2] lea *(fonalmérték)*; *tex* fonalköteg, motring, pászma

leach I. *v* kilúgoz; átáztat, átmos, öblít; kilúgozódik; átázik; **II.** *n* telített sólé; *bőr, pa* lúgzó/kilúgozó kád; **~ pit** *bőr* kilúgozó kád; **~ solution** *koh* lúgzószer; **~ temperature** *koh* lúghőmérséklet

leachate *vegy* kilúgozott anyag

leached | **cavity** *bány* kilúgozott üreg; **~ wood** *pa* kilúgozott fa

leaching kilúgozás; átáztatás, átmosás, öblítés; átázás; kilúgozódás *(talajé)*; beoldódás *(fonasztásnál)*; **~ agent** *koh* lúgzószer; **~ apparatus** *koh* lúgzóberendezés; **~ by agitation** *koh* kavarólúgzás; **~ effluent** *cu* nyerslé; **~ equipment** *koh* lúgzóberendezés; **~ in place, ~ in situ** *koh* lúgzás lelőhelyen; **~ irrigation** *mzg* talajjavító öntözés; **~ plant** lúgozóüzem; lúgzóberendezés; **~ process** kilúgozási eljárás; **~ residue** *koh* lúgzási maradvány; **~ under pressure** *koh* nyomás alatti lúgzás

lead[1] **I.** *v* ólommal bevon; ólommal lezár; ólmoz; *hajó* mérőónnal mélységet mér, szondáz; **II.** *n* **(Pb)** ólom;

ólomtömítés; ólomzár, plomba; *ép* ólomcsík *(üvegezéshez)*; *hajó* mélységmérő ón, mérőón; *nyom* ceruzabél; sortágító, térző, ritkító, durchschuss; ~ **accumulator** *el* ólomakkumulátor, savas akkumulátor; savas akkumulátor; ~ **acetate** *vegy* ólom(II)-acetát, ólomcukor; ~**-acetate paper** *vegy* ólompapír; ~**-acid accumulator/battery** → accumulator; ~ **age** *at* ólomkor; ~ **alkyl** *vegy* ólom-alkil; ~ **alloy** ólomötvözet; ~ **annealing** *vegy* lágyítás ólomfürdőben; ~ **anode** *koh* ólomanód; ~ **antimoniate** *vegy* ólomantimonát, nápolyi sárga; ~**-antimony alloy** ólom-antimon ötvözet; ~ **arsen(i)ate** *vegy* ólom-arzenát; ~ **arsen(ol)it** *vegy* ólom-arzenit; ~ **aryl** *vegy* arilólom; ~ **ashes** *pl koh* ólomhamu; ~ **azide** ólom-azid; ~ **azide detonator** ólom azid-gyutacs; ~ **babbit** ólom csapágyfém *(78% Pb, 14% Sb, 8% Sn)*; ~ **ball** függőón; ~**-base additive** ólom-adalékanyag; ~**-base alloy** ólomalapú ötvözet; ~**-base bearing metal** ólomalapú csapágyfém; ~ **bath** *koh* ólomfürdő; ~**-bath furnace** ólomfürdős kemence; ~**-bath patenting** hőkezelés ólomfürdőben *(huzalgyártásnál)*; ~ **battery** savas akkumulátor; ~**-bearing** ólomtartalmú; ~ **blast furnace** *koh* ólomkohászati aknás kemence; ~ **bleach** *bőr* ólomcukros-kénsavas fehérítés; ~ **block/brick** ólomtégla *(atomreaktorban)*; ~ **bronze** ólombronz *(8-30% Pb, 5-10% Sn, a többi Cu)*; ~ **bronze for castings** ólombronz öntvényekhez; ~ **bullion** *koh* nyersólom; ~ **burning** *ép* ólomforrasztás; ~**-burning outfit** forrasztólámpa; ~ **button** *koh* ólomregulusz; ~ **cable** ólomköpenyes kábel, ólomkábel; ~ **cable press** ólomköpenyprés; ~ **cable sheath** ólomkábelköpeny, ólomköpeny; ~ **calcining furnace** ólomolvasztó kemence; ~**-calcium alloy** ólom-kalcium ötvözet; ~ **cask** *at* ólomtartály, ólomhordó; ~ **caster** ólomöntő (munkás); ~ **casting** ólomöntés; ~ **castle** *at* ólomtorony; ~ **cell** ólomakkumulátor-cella; ~ **chamber** *vegy* ólomkamra; ~**-chamber process** ólomkamrás eljárás *(kénsavgyártás)*; ~ **charge** *kat* csappantyús gyutacs; ~ **chloride** *vegy* ólom-klorid; ~ **chromate** *vegy* ólom-kromát; ~**-coated** *koh* ólmozott; ~**-coated (steel) sheet** *koh* ólmozott lemez; ~ **coating** ólmozás, ólombevonás; ólomborítás, ólomköpeny; ~**-colo(u)red** ólomszürke; ~ **composition** *el* ólomantimon; *nyom* ólomszedés; ~ **compounds** *vegy* ólomvegyületek; ~ **content** ólomtartalom; ~ **core** ólommag; ~ **core drill steel** *bány* ólommagú fúróacél; ~ **cover** ólomköpeny *(kábelé)*; ~ **covered armo(u)red cable** *el* páncélozott ólomkábel; ~**-covered cable (LC cable)** *el* ólomköpenyű kábel, ólomkábel; ~**-covered rubber cable** *el* ólomgumi kábel; ~ **covering** *el* ólomköpeny *(kábelé)*; *ép* ólomtető; ~ **crystal** ólomkristály *(üveg)*; ~ **cubicle** *at* ólomszekrény, ólomtrezor *(rádiumnak)*; ~ **cut-out** *el* ólombiztosító; ~ **damp courses** *pl* vízszigetelő ólomréteg; ~ **deposit** ólomlerakódás *(motorban)*; ~ **dioxide** *vegy* ólom-dioxid, ólom(IV)-oxid; ~ **disilicate** *vegy* ólom-diszilikát; ~ **disc/disk** ólom alátéttárcsa; ~ **drier/dryer** ólomszikkatív; ~ **dross** → ~ ashes; ~ **electrodeposit** galvanikus ólomkicsapódás; ~ **electrolysis** *koh* ólomelektrolízis; ~ **equivalent** *at* ólomegyenérték; ~ **extrusion press** *gumi* ólomprés; ~ **facing** ólombélés; ~ **file** ólomreszelő; ~ **filler** ólombetét; ólomtömítés; ~ **fitting** ólomarmatúra; ~ **(flotation) concentrate** *koh* ólomszínpor; ~ **foil** ólomfólia, ólomfüst; ~ **for assaying** *koh* próbaólom; ~ **founder** ólomkohász; ~ **frit** → ~ disilicate; ~ **fuel** *v* benzint „ólmoz" *(benzinhez ólomtartalmú kopogásgátlót ad)*; ~ **fume** ólomfüst, ólomgőz; ~ **fuse** *el* ólombiztosító; ~ **gasket** *gép* ólom tömítőgyűrű; ~ **glance** *ásv* galenit; ~ **glass** ólomüveg; röntgensugárvédő üveg; ~ **glaze** ólommáz; ~ **glazing** ólommáz; *ép* ólomüvegezés; ~ **grid/grill** ólomrács; ~ **grip** *el* ólomkarmantyú *(ólomköpenyes kábel toldásához)*; ~ **hammer** ólompörköly, ólomkalapács; ~ **hardening** *hők* patentírozás; ~ **hood** *el* ólom védőtető; ~ **hydroxycarbonate** *vegy* bázisos ólomkarbonát, ólomfehér; ~ **(II) carbonate** *vegy* ólom(II)-karbonát, ólomfehér; ~ **(II) chromate (IV)** krómsárga, ólom-kromátsárga; ~ **(II) ethanolate** *vegy* ólom(II)-acetát, ólomcukor; ~ **(II) hydroxide** *vegy* ólom(II)-hidroxid; ~ **(II) oxide** *vegy* ólom(II)-oxid, ólomsárga *(festék)*, ólommázag, masszikot; ~ **ingot** ólomöntecs; ~ **iodide** *vegy* ólom(II)-jodid; ~ **(IV) oxide** *vegy* ólom(IV)-oxide, ólom-dioxid; ~ **joint** ólomcsőkötés; ~ **jointing** ólomtömítés; ~ **joint socket** ólomcsőkötés; ~ **ladle** *önt* ólomöntő kanál; ~ **line** *hajó* mélységmérő kötél; ~**-lined** ólombélésű; ~ **lining** ólombélés; ólomborítás, ólomburkolat; ~ **linoleate** ólom-linoleát; ~ **lump** ólomtömb, tömbólom; ~ **manufactory** ólomöntöde; ~ **matte** *koh* ólomkő, ólomkénes kő; ~ **melting kettle** ólomöntő kád; ~ **mercaptide** *vegy* ólommerkaptid; ~ **metallurgy** *koh* ólomkohászat; ~ **method for age definition** *at* ólommódszer *(kormeghatározás)*; ~ **mine** ólombánya; ~ **monoxide** → ~ oxide; ~ **mordant** ólompác; ~ **mouse** *rep* ólomsúly; ~ **nail** ólomhoz való szeg; ~ **nitrate** *vegy* ólom(II)-nitrát; ~ **oleate** *vegy* ólom-oleát; ~ **ore** ólomérc; ~ **ore mine** ólomércbánya, ólombánya; ~ **out** *v nyom* sorközt tágít/ritkít; ~ **oxide** *vegy* ólom-oxid; ~ **oxide red** mínium; ~ **oxide vidicon** *el* ólom-oxidos vidikon; ~ **oxychloride** kasseli sárga; ~ **packing** ólomtömítés; ~**-packing tool** *szer* tömítővas; ~ **paint** ólomfesték; ~ **paint regulations** *ép* ólomfestékre vonatkozó előírások; ~ **pan** ólomedény; ~ **parings** *pl* ólomhulladék; ~**-patent** *v* ólomfürdőben edz; ~ **patenting** ólomfürdőben való edzés, ólompatentozás; ~ **pencil** (grafit)ceruza, irón; ~ **peroxide** ólom(IV)-oxid, ólom-dioxid; ~ **pig** → ~ lump; ~ **pigment** ólompigment; ~ **pipe** ólomcső, ólom lefolyócső; ólomcső(kötés); ~**-pipe expanding pliers** *pl szer* kúpos ólomcsőtágító fogó; ~ **plaster** *gyógy* ólomtapasz; ~ **plate** ólomlemez; ~ **plating** ólmozás, ólombevonás; ~ **plug** olvadóbetét *(kazánban)*; *ép* ólomtömítés; *geol* plombált fix pont; ~ **poisoning** ólommérgezés; ~ **protection** *at* ólomvédelem; ~ **pump** *koh* ólomszivattyú; ~ **rectification column** *koh* ólomelválasztó torony; ~ **refill** ceruzabél; ~ **refining** *koh* ólomfinomítás; ~ **refining (reverberatory) furnace** *koh* ólomfinomító kemence; ~ **response of a fuel** üzemanyag ólomérzékenysége; ~**-resticted** ólomszegény, csökkentett ólomtartalmú; ~ **riches** *pl* dúsított ólom; ~ **ring** ólom tömítőgyűrű; ~ **rubber** *at* ólomgumi; ~ **rubber apron** ólomgumi kötény; ~ **rule** *nyom* ólomlénia, ólomvonal; ~**s** *pl nyom* vakanyag; ~ **scavenger** *gépk* ólomlerakodást gátló szer; ~ **screen** *at* ólomárnyékolás; ~ **seal** ólomtömítés; ólomzár, plomba; *rád* kivezetés beforrasztása; ~**-sealed** *ép* ólomtömítésű *(hézag)*;

~ **sealing** ólomtömítés; ólomzár, plomba; ~ **sealing pliers** *pl* ólomzárfogó; ~ **selenide cell** ólom-szelenid fényellenállás; ~ **service pipe** ólom nyomócső; ~ **sesquioxide** *vegy* ólom(II, IV)-oxid; ~ **sett** *hajó* dugarozóvas, tömörítőszerszám; ~ **sheath** *el* ólom(kábel)köpeny, ólompáncélzat; ~**-sheathed cable** ólomköpenyes kábel, ólomkábel; ~ **sheathing** → sheath; ~ **sheet insulation** ólomlemez szigetelés; ~ **sheet roofing** horgonyzott acéllemez táblafedés; ~**-shield** *el* ólompáncélzat; ~**-shielded** ólom sugárvédelemmel/árnyékolóelemmel ellátott; ~ **shielding** *at* ólom páncéllemez; ólom sugárvédelem; ~ **shim** ólomtömítés; ~ **shot** ólomsörét; ~ **silicates** *pl vegy* ólomszilikátok; ~ **skim** *koh* ólomhab; ~ **slag** ólomsalak; ~ **sleeve** ólomkarmantyú, ólom összekötőkarmantyú; *távk* ólomhüvely; ~ **sludge** ólomiszap *(akkuban)*; ~ **smoke** ólomfüst, ólomgőz; ~ **soap** *vegy* ólomszappan; ~ **solder** *szer* ólomforrasz; ~ **soldering** *ép, szer* ólomforrasztás; ~ **stamping punch pliers** *pl* ólomzárfogó; ~ **stannate** ólom-sztannát; ~ **stearate** *vegy* ólom-sztearát; ~ **storage battery** ólomakkumulátor, savas akkumulátor; ~ **strip** ólomcsík *(üvegezéshez)*; ~ **subacetate** *vegy* bázisos ólom-acetát; ~ **subcarbonate** *vegy* ólomfehér, bázisos ólomkarbonát; ~ **suboxide** *vegy* ólom-szuboxid; ~ **sugar** *vegy* ólom-acetát, ólomcukor; ~ **sulphate/sulfate** *vegy* ólom-szulfát; ~ **sulphide/sulfid** *vegy* galenit, ólom-szulfid; ~ **superoxid** *vegy* ólom(IV)-oxid, ólom-dioxid; ~ **susceptibility** *vegy* ólomérzékenység *(oktánszámnövekedés adott ólomhozzáadás esetén)*; ~ **sweat** ólomizzadás *(öntvényhiba)*; ~ **tap** ólomcsap; *koh* ólomlecsapolás; ~ **telluride** *vegy* ólom-tellurid; ~ **tempering** megeresztés ólomfürdőben; ~ **tetraethyl** *vegy* ólom-tetraetil, tetraetilólom; ~**-tin solder** forrasztóón; ~ **trap** *ép* ólomszifon, ólom bűzelzáró; ~ **tree** *vegy* ólomfa; ~ **trinitroesorcinate** ólom-trinitroezorcinát; ~ **tube** ólomtubus; ólomcső, ólomvezeték; ~ **vein** *bány* ólomér; ~ **washer** ólomalátét(lemez); ~ **waste** ólomhulladék; ~ **weight** *óra* ólomsúly; ~ **welding** ólomforrasztás összeolvasztással; ~ **wire** ólomhuzal; ~ **wool caulking** *ép* ólomtömítés, stemmelés; ~ **work** ólommal való munka, ólomfeldolgozás; ~ **worker** ólommunkás; ~ **works** ólomöntöde

lead[2] **I.** *v el* siet *(fázisban)*; vezet; *gép* (előre)siet; **II.** *n bány* telér; *el* sietés *(áramé)*; vezeték, vezető; *ép* szállítási távolság *(talajszállítás)*; *gép* előnyitás *(tolattyúé)*; emelkedés *(több-bekezdésű meneté)*; menetmagasság; *gépk* előgyújtás; *hidr* mesterséges folyómeder; *kat* előretartás; *szer* fűrészfog homlokszöge; *távk* tő *(kefeszárnyé)*; *vasút* kitérőhossz *(váltócsúcstól keresztezésig)*; ~ **angle** *el* fázissietés/előresietés szöge; *gép* csavarvonal-emelkedési szög; *kat* előretartási szög; ~ **angle to work** *forg* hátszög; ~ **around** *v* körülvezet; ~ **away** *v el* leágaztat/elvezet *(áramot)*; ~ **bed** *ol* vezérszint; ~ **between ice floes** szabad vízfelület jégtáblák között; ~ **board** *bány* (tübbingre/csőgyűrűre erősített) irányító deszka; ~ **bonder** *el* vezetékkötő (eszköz) *(mikroelektronikában)*; ~ **cam** *gép* vezérgörbe; ~ **circuit** fázissiettető tag; ~ **control** differenciáló szabályozás; ~ **controller** differenciáló szabályozó; ~**-curve** *vasút* váltókanyar; ~**-down** *el* leágazás; ~ **dress** *el* huzalozás; ~ **drier/dryer** *pa* felvezető henger; ~ **error** csavarmenet-emelkedési hiba; ~ **frame ribbon** szerelőszalag; ~ **horizon** *ol* vezérszint; ~ **in** *v el* bevezet *(áramot)*; ~**-in** bevezetés; bevezető(nyílás); *el* átvezetés, átvezetőszigetelő; hálózati csatlakozókábel; *rep* bevezető tápvezeték; ~**-in cable** bevezetőkábel; ~ **inductance** *el* kivezetések impedanciája; ~**-in groove** *hang* bevezető barázda *(hanglemezen)*; ~**-in insulator** *el* bevezető szigetelő; ~**-in lighting system** *rep* irányfényrendszer; ~**-in manhole** kábelvezető akna; ~ **in phase** *v el* fázisban előresiet; ~ **in phase** *el* fázis-előresietés; ~**-in pole** *el* bevezetési oszlop; ~**-in table** *fa* felfutóasztal; ~**-in wire** bevezető huzal *(izzólámpa része)*; ~**-lag circuit** *el* integráló-differenciáló tag; ~**-lag network** integráló-differenciáló kör/hálózat; ~ **lamp** *bány* kézilámpa; ~ **network** *el* fázissiettető tag; vezetékhálózat; ~ **of a cable** *el* kábelér; ~ **of brushes** *el* kefeállítás; kefék előretolása; ~ **of slide value** tolattyú-előresietés; ~ **of the field** *el* mező előresietése; ~**-out groove** *hang* kifutóbarázda; ~**-out wire** huzalkivezetés; ~**-over groove** *hang* átvezetőbarázda; ~**-over of paper** papírátvezetés; ~**s** *el* (föld feletti) vezetékek/vezetők; ~ **screw** vezérorsó *(esztergáé)*; ~**-screw bracket** *forg* vezérorsó-csapágy; ~**-screw drive** csavarhajtás; ~**-screw driven** csavarhajtásos, vezérhajtású; ~**-screw gear** *forg* vezérorsó-fogaskerék; ~**-screw nut** vezérorsóanya, lakatanya; ~**-screw traverse** csavarorsós előtolás; ~ **stope** *bány* szellőzővágat *(főtepásztafejtés)*; ~ **through** *v el* kivezet; ~**-through** *el* átvezetés, átvezetőszigetelő; átvezetési; bevezető; ~**-through capacitor** átvezetési kondenzátor; ~**-through terminal** átvezető kapocs; ~ **track** *vasút* kihúzóvágány; ~ **wagon** *koh* kihúzókocsi; ~ **wire** *el* huzalkivezetés; *távk* vezetőér

leadage *bány* csillézési távolság

leaded ólommal kiöntött/nehezített; *gépk* etilezett *(benzin)*; *kat* elólmosodott *(puskacső)*; ~ **alloy** 0, 5%-nál több ólmot tartalmazó ötvözet; ~ **bronze** ólombronz *(8-30% Pb, 5-10% Sn, a többi Cu)*; ~ **fuel** ólmozott üzemanyag; ~ **lights** *pl* → ~ window; ~ **matter** *nyom* ritkított szedés; ~ **window** ólomablak

leaden ólmozott, ólom-; ~ **case/covering** *el* ólomköpeny *(kábelé)*; ~ **end box** *el* ólom elzárókarmantyú; ~ **jacket** ólomköpeny *(kábelé)*; ~ **jaw** ólom betétpofa *(satué)*; ~ **pipe** ólomcső, ólom lefolyócső; ~ **seal** plomba, ólomzár; ~ **sealing washer** ólom tömítőgyűrű; ~ **sheath(ing)** ólom kábelköpeny; ~ **shim** ólom tömítés; ~ **tube** ólomcső, ólom lefolyócső; ~ **washer** ólom alátét

leader irányító; *bány* főtelér; *ép* esőcsatorna; vezetőkeret, vezetőléc, vezetőgerenda, vezetőcölöp; *foto* blankfilm *(tekercs végein)*; *gumi* vezetőszövet *(kenőgépen)*; *hang* befűzőszalag *(magnószalaghoz)*; *heng* utolsó előtti kikészítő hengerállvány/hengerüreg; *kat* parancsok; *nyom* sorkitöltő pontsor; *szt* mágnesszalag-befűző; *tex* futószövet *(nyomógépen)*; ~ **and trailer** befűző- és kifutószalag; ~ **attachment** *ép* függesztett vezetőkeretű szerelék; ~ **cable** *el* vezetőkábel, irányítókábel; *rep* irányítókábel, vezérlőkábel; ~ **cable receiver** *rep* vezérlőkábel jeleit vevő készülék; ~ **cam** *gép* vezetőhornyos bütyköstárcsa; ~ **clamp** *szer* csőbilincs; ~ **diamond** *koh* simítórauta; ~ **dots** *pl nyom* sorkitöltő pontsor; ~ **for bulk goods** *ép* ömlesztettanyag-rakodó; ~**-hook**

ép esőcsatorna-rögzítő; ~ **mill** simító hengermű; ~ **of a lode** *bány* érkiágazás; ~ **oval** *koh* simítóovál; ~ **pass** *koh* kész előtti üreg; simítóüreg; ~ **pilot** *rep* főpilóta, első pilóta; ~ **pin** *műa* vezetőcsap, vezetőszár; ~ **pipe** *ép* (esővíz-)lefolyócsatorna; *gép* lefolyócső; ~ **stone** *ép* kikötő; ~ **strap** csőbilincs; ~ **streamer** *met* vezéráram; ~ **tape** *hang* befűzőszalag *(magnószalagé)*; ~ **van** *rep* repülőgép-vontató

leadhillite *ásv* leadhillit

Leadicon *tv* plumbikon

leading[1] ólommal kitöltés/fedés/zárás; ólommal bevonás; ólomtömítés; ólomzár, plomba; *nyom* sorritkítás; ~**-out** *nyom* sorritkítás

leading[2] vezetés, irányítás; ~ **axle** *vasút* vezető/elülső tengely; ~ **beacon** *rep* útvonaladó; ~ **bits** *szt* vezető bitek; ~ **bogie** *vasút* elülső forgózsámoly; ~ **branch** felfutó ág *(kötélé, szíjé)*; ~ **brush** *el* felfutó *v.* ferdére állított kefe; ~ **carrying wheel** *vasút* elülső futókerék; ~ **circuit** *el* vezető/megelőző (áram)kör; ~ **current** *el* fázisban siető áram; ~ **defect** alaphiba; ~ **dike/dyke** *hidr* terelőtöltés; ~ **dimensions** *pl* főméretek; ~ **distortion** *távk* előresietési torzítás; ~ **down** antennalevezetés; ~ **edge (LE)** *el* felfutó szél/él; *hajó, rep* belépőél *(propelleré)*; *távk* jelhomlok, impulzusfelfutás; ~**-edge flap** *rep* Krüger-lap, Krüger-orrsegédszárny; ~**-edge inlet** *rep* szárny belépőélében lévő levegőbeszívó-nyílás; ~ **edge of a shield** *ép* pajzs(vágó)él; ~**-edge radius** *rep* belépőél-lekerekítés sugara; ~**-edge slat** *rep* orrsegédszárny; ~**-edge strip** *rep* légcsavarfémélbetét; orrléc; ~**-edge sweep** *rep* belépőél nyilazása; ~ **element** *aut* vezető/megelőző elem; ~ **end** *szt* szalagkezdet, szalagvég; ~ **face** *bány* előresiető munkahely; ~ **grate** *hidr* (fa)úsztatógereb, elterelőgereb; ~ **hand** előmunkás; ~**-in** *el* vonalbevezetés; ~**-in cable** *el* vonalbevezetés, bevezetőkábel; ~**-in conductor** *el* bemenő vezeték; ~**-in conduit** *el* bevezetőcső; ~**-in cup** *el* bevezetőtölcsér; ~**-in insulator** *el* levezetőszigetelő, átvezetőharang; ~**-in line** *vasút* mellékvágány; ~**-in manhole** kábelakna; ~**-in sleeve** *el* bevezető karmantyú/hüvely; ~**-in socket/tube** *el* bevezetőpipa; ~ **in wire** bevezető(huzal); kivezetés; elektródkivezetés; ~ **light** *hajó* irányfény; ~ **load** *el* kapacitív terhelés; ~ **mark** *geod* tájékozási pont; ~ **motor** *el* túlgerjesztett szinkronmotor; ~ **note** *heng* vezérhang; ~ **of phase** fáziselőresietés; fázissietés szöge, fáziskésési szög; ~ **oral** *heng* ovál készüreg; ~**-out wire** *el* kimenővezeték; ~ **pass** *heng* első szúrás; ~**-pass section** *heng* első hengerüreg; ~ **phase shift** *el* siettető fáziseltolás; ~ **pole tip/horn** *el* elülső/kiálló pólus(saru)él; ~ **power factor** negatív (előresiető) kapacitív teljesítmény tényező; ~ **ramp** munkavezetéksín felfutó szakasza *(villamosvasúté)*; ~ **roll** *pa* vezetőhenger *(könnyű)*; ~ **screw** mozgatócsavar, állítócsavar; *forg* vezérorsó; ~ **section** csévesazakasz; ~ **shoe** forgásirányba eső fékpofa; ~ **spaces** *szt* karaktersorozat elején álló szóközök; ~ **spindle** *forg* vezérorsó; ~ **spring** *vasút* mellsőrugó; ~ **term** *mat* legmagasabb fokú tag, főtag; ~**-through** átvezetés, átvezetőszigetelő; ~**-to** odavezető; ~ **tongs** *pl* ólomzárfogó; ~ **truck** *vasút* elülső forgózsámoly; ~ **voltage** előresiető feszültség; ~ **wheel** *vasút* első kerék; futókerék *(mozdonyon)*; ~ **wire** *távk* vezetőhuzal; ~ **zeros** *szt* kezdő/vezető nullák

leadless[1] ólommentes; ~ **glaze** ólommentes máz

leadless[2] csatlakozó nélküli *(chip)*; ~ **inverted device (LID)** flip-chip

leadsman *hajó* szondázó, lótozó, mélységmérő *(matróz)*

leady ólomszürke, ólomszínű; ólmos; ~ **matte** *koh* ólmos kéneskő

leaf levél; lehajtható asztallap/székülés, asztallapbetét; ajtószárny, ablakszárny; *ép* híd emelőszárnya/csapószárnya; levéldísz; *foto* lamella, lemez *(fényrekeszé)*; *gép* csapos kerék (kis) csapja; *heng* vékonylemez, fólia, fémfüst; *hidr* duzzasztótábla, bukótábla; *kat* irányzéklemez; *nyom* lap; *szt* levélcsúcs; *tex* nyüstszár; ~ **alumin(i)um** alumíniumfólia; ~ **area** *mzg* levélfelület; ~ **area index (LAI)** *mzg* levélfelületindex; ~ **bridge** *ép* mozgóhíd; ~**-by-leaf injection** *bány, ép* rétegezett injekció; ~ **canopy** fakorona, lombsátor; ~ **catcher** *mzg* répafejfogó; ~ **dam** *hidr* duzzasztótáblás gát/bukótáblás gát; ~ **edge joint** *nyom* ívélösszefűzés, ívélösszekötés; ~ **electroscope** *el* lemezes elektroszkóp; ~ **fibre/fiber** levélrost; ~ **filter** *bány* szűrőlap; *élip* lapszűrő; ~ **gilding** aranyozás aranyfüsttel; ~ **gold** aranyfüst; ~ **green** levélzöld; ~ **lard** *élip* háj; ~**-like structure** *biot* leveles szerkezet; ~ **metal** fémfólia; ~ **miner** *mzg* aknázómoly, aknázólégy; ~ **mo(u)ld** *geol* lombföld, televényföld; ~ **node** *szt* levélcsúcs; ~ **of holder** *el* elektródfoglalat; ~ **of sight** *kat* irányzéklemez; ~ **shutter** *foto, opt* változtatható nyílású fényrekesz, íriszzár; ~ **sight** *kat* keretirányzék; ~ **spring** *gépk* laprugó; *vasút* lemezrugó; ~ **spring coupling** *gép* lemezrugós kapcsoló; ~ **spring hammer** rugós kalapács, Ajax-kalapács; *koh* laprugós kalapács; ~ **tin** ezüstpapír; ónhártya; ~ **valve** *gép* csapószelep; ~**-wing** *ép* ajtószárny, ablakszárny; ~ **wood** lombos fa *(faanyagé)*; ~ **work** *ép* levéldísz

leafage lombozat; *ép* levéldísz

leafing *ép* lebegés *(fémporé festékben)*

leaflet *nyom* kivágólap; *pa* prospektus, reklámfüzet; röplap

leafy réteges, lemezes; ~**-branched** *fa* sűrűn csomós, ággal teli; ~ **wood** *fa* lombos fa; *mzg* lomberdő; ~**-wood pulp** *pa, vegy* lombosfa-cellulóz

leak I. *v* átereszt *(folyadékot)*; ereszt, folyat, folyik, csöpög *(tartály)*; elillan, elszökik *(gáz)*; *bány* izzad; *hajó* léket kap; **II.** *n* lék, rés, hézag, hasadék; elfolyás, (ki)szivárgás, (ki)csepegés, tömítetlenség; szivárgási/csepegési hely; *el* (mágneses) szóródás; átvezetés, átvezetőszigetelő; vezetékhiba; *műa* vágószegély, vágóél; ~ **circuit** *távk* levezető áramkör; ~ **clamp** *szer* repedésgátló bilincs *(gázvezetéken)*; ~ **coil** levezető tekercs; ~ **conductance** *el* átvezetés, levezetés; ~ **current** *el* kúszóáram, kóboráram; ~ **current protective switch** *el* áramvédő kapcsoló, hibaáram-kapcsoló; ~ **detecting element/head/tube** *el* lyukkeresőcső; ~ **detection** *el* szivárgásfelderítés; *vák* húzósságvizsgálat, lyukkeresés; ~ **detector (LD)** *ép* lyukkereső, tömítetlenségvizsgáló; tömítésvizsgáló; *ol* csővezetéki szivárgásjelző; ~ **detector tube** *el* lyukkeresőcső; ~ **finder** tömítetlenségkereső műszer; ~ **hunting** szivárgáskeresés, tömítésvizsgálat; ~ **impedance** *el* párhuzamosan kapcsolt impedancia; ~**-in** gázbeeresztés; ~**-off** *el* megcsapolás *(tekercsé)*; ~**-off gallery pipe** *gép* visszafolyó vezeték *(nyersolaj-porlasztóktól)*; ~**-off lantern/ring** *gép* szivárgáselvezető gyűrű;

~ **out** *v* kifolyik, kiszivárog; **~-proof** → leakproof; ~ **proving** *ép* tömítettségvizsgálat; ~ **rate** *hidr* szivárgási veszteség nagysága; *vák* húzósság; ~ **relay** *el* átvezetésrelé, levezetésrelé; ~ **resistance/resistor** *el* levezető ellenállás; ~ **sensing tube** *el* lyukkeresőcső; ~ **sniffer** *vák* szimatoló; ~ **test** *fiz* tömítettségvizsgálat; **~-test channel** *at* szivárgásvizsgáló csatorna; ~ **tester** *fiz* lyukkereső, tömítettségvizsgáló; ~ **testing** *at* szivárgásvizsgálat; *el* levezetésvizsgálat, szigetelésvizsgálat; ~ **through** *v* átszivárog; ~ **tube** túlfolyócső; ~ **valve** gázbeeresztő szelep; ~ **water** *v* vizet átereszt

leakage kiszivárgás, elszivárgás, kifolyás, kicsurgás, csőfolyás; tömítetlenség, tömörtelenség, áteresztés, súlyveszteség; *at* neutronkiszökés, neutronveszteség, neutronelfolyás; *el* (mágneses) szóródás; felületi kúszás; levezetés, átvezetés; *ép* szivárgási/csepegési hely; *gép* szivárgás; *hajó* lékesedés; *hidr* csurgási veszteség; *koh* elfolyás; *szt* szivárgás, átvezetés; *talt* szivárgási veszteség; vízelszökés; ~ **attenuation** *el* levezetési csillapítás; ~ **circuit** *távk* levezető áramkör; ~ **coefficient** *el* mágneses szóródási tényező; ~ **conductance** *el* átvezetés, levezetés; *félv* szivárgási vezetőképesség; ~ **configuration** *geof* szivárgási viszonyok; ~ **control** → configuration control; ~ **coupling** *el* szórt/szórási csatolás; ~ **current** visszáram *(egyenirányítóban)*; (rövid)zárlati áram, hibaáram; *el* átvezetési/levezetési áram; felületi kúszás; maradékáram, kapacitív áram; ~ **current limits** *pl* maradékáram határértéke; ~ **current relay** *el* hibaáramrelé; ~ **detector** *el* földzárlatvizsgáló, földzárlatjelző; *ép* tömítésvizsgáló; ~ **distance** *el* kúszóáramút; ~ **factor** *el* szórási tényező; ~ **field** szórt mágneses tér, szórási mező; szóródási (erő)tér; ~ **field transformer** *el* szórótranszformátor; ~ **finding** *ol* csővezetéki szivárgáskeresés; ~ **flow** *el* tengelyirányú visszaáramlás; ~ **flux** *el* szórási fluxus; ~ **hum** *el* átvezetési búgás; ~ **indicator** *el* földzárlatjelző; tömítetlenségjelző; ~ **inductance** *el* szórt induktivitás; ~ **line** *el* szórásvonal; ~ **loss** *el, távk* levezetési veszteség; *hidr* elszökési veszteség; *hőt* szivárgási veszteség; ~ **measurement** *el* rövidzárási mérés; *vák* szivárgásmérés; ~ **meter** *el* levezetésmérő, földzárlatmérő; ~ **of electricity** elektromos veszteség; ~ **of neutrons** *at* neutronkiszökés, neutronveszteség, neutronelfolyás; ~ **on one phase** *el* fázisföldzárlat; ~ **path** *el* kúszóáramút; szóródási út, szivárgó út; ~ **pipe** *gép* túlfolyó-olajvezeték; ~ **place** szivárgási hely; ~ **probability** *at* szivárgási tényező; ~ **protection** földzárlatvédelem; ~ **protective system** *el* földzárlat-védőkapcsolás; ~ **radiation** *at* elszivárgási/tömítetlenségi sugárzás; szórt sugárzás; ~ **rate** *hidr* szivárgási veszteség nagysága; *vák* húzósság; ~ **reactance** *el* szórt reaktancia; **~-relay** *el* átvezetésrelé, levezetésrelé; ~ **resistance/resistor** *el* levezetési ellenállás; ~ **spectrum** *at* kiszökési spektrum; ~ **test** *any, ép* tömítettségvizsgálat; ~ **tester** *el* földzárlatjelző; ~ **to ground** *el* levezetés, átvezetés; ~ **water** *hidr* szivárgó víz

leakance *el* átvezetés, szigetelési vezetőképesség, perditancia; fajlagos levezetés

leaker *élip* nem tökéletesen zárt *v.* szivárgó dobozkonzerv

leakiness *vák* tömítetlenség, tömörtelenség, áteresztés, súlyveszteség

leaking I. *a* szivárgó; *bány* tömítetlen; **II.** *n* szivárgás; ~ **float** lyukas úszó; ~ **in** gázbeeresztés; ~ **out** szivárgás, szivárgó; ~ **water** szivárgó víz

leakproof szivárgásmentes; *hajó* lékbiztos; ~ **fit** szivárgásálló illesztés

leakproofing tömítettségvizsgálat; ~ **material** tömítőanyag, tömítés

leakproofness tömítettség

leaky áteresztő, szivárgó, hasadt, tömítetlen; *el* levezetéses, rosszul szigetelt; *hajó* léket kapott; ~ **aquifer** *geol* félig áteresztő víztartó; ~ **capacitor** levezetéses kondenzátor *(hibás)*; **~-grid detection** *rád* audionegyenirányítás; ~ **pipe antenna** *távk* felhasított/hornyolt hengerantenna; ~ **riveting** laza szegecselés; ~ **tube** *el* levegős cső; ~ **valve** *gép* tömítetlen szelep; ~ **waveguide** *távk* sugárzó/veszteséges csőtápvonal

lean[1] **I.** *v* hajol, hajlik, (neki)dől, támaszkodik; ferdén/rézsútosan áll; (neki)támaszt; **II.** *n* (el)hajlás, dőlés; esés; lejtő; ~ **out** *v* kihajol *(járműből)*; **~-to** *ép* (toldalék)barakk, fészer; féltető, félnyereg; **~-to purline** *ép* bakszelemen; **~-to roof** *ép* (falhoz támaszkodó) félnyeregtető; **~-to strut** *ép* bakoszlop; **~-to tile** *ép* félnyeregtető-cserép; **~-to truss** *ép* félnyeregtető-kötőgerenda

lean[2] híg; sovány, (valamiben) szegény, gyenge minőségű; száraz; *bány, talt* sovány *(szén, talaj)*; *élip* sovány *(hús)*; zsírszegény; *gép* szegény *(keverék)*; ~ **alloy** gyenge ötvözet; ~ **alloy steel** enyhén ötvözött acél; ~ **clay** sovány agyag; ~ **coal** sovány szén; ~ **coke** sovány koksz; ~ **concrete** *ép* soványbeton; ~ **gas** sovány/száraz gáz; *hőt* vízgőzmentes generátorgáz; *ol* benzinszegény földgáz; ~ **lime** *ép* sovány mész; ~ **limit** *gépk* elszegényítési határ *(keveréké)*; ~ **mixed concrete** *ép* soványbeton; ~ **mixture** *gép* híg/sovány/szegény (gáz)keverék; *gépk* szegény keverék; ~ **mortar** *ép* soványhabarcs; ~ **oil** sovány/gázszegény olaj; ~ **ore** szegényérc; ~ **sand** *ép* sovány homok; *önt* sovány formázóhomok; ~ **solution** sovány oldat, regenerált mosóoldat, kimerült oldat; ~ **solvent** sovány oldószer, telítetlen oldószer, oldószer extrakció előtt

leaning I. *a* elhajló, ferde; **II.** *n* elhajlás, ferdeség (a függőlegeshez képest); ~ **thread** trapézmenet; ~ **tower** *fiz* ferde torony

leap I. *v* ugrik; fellobban, fellángol, felcsap *(láng)*; **II.** *n geol* rétegeltolódás; vetődés; **~-frog** *ép* döngölőbéka; *vasút* bakugrás *(csúcsbetét-alátámasztási hézagnál)*; **~-frog test** *szt* ugratóvizsgálat; ~ **second** *csill* szökőmásodperc; ~ **year** szökőév

leaping | formwork *ép* kúszóállvány; ~ **frog** → leapfrog; ~ **shuttering** *ép* kúszózsaluzat; ~ **weir** *ép, hidr* bukógát

lear → leer

learner (driver) (L) *gépk* tanulóvezető (T)

learning tanulás; ~ **automaton** *mat* tanulóautomata; ~ **control** tanulóirányítás; ~ **machine** tanulógép, tanulóautomata; ~ **matrix** tanulómátrix, tanulási mátrix; ~ **model** tanulási modell; ~ **program** tanulóprogram; *szt* oktatóprogram; ~ **system** tanulórendszer; ~ **time** betanítási idő

lease I. *v* bérbead *(jogosítványt, területet)*; bérel; *tex* csépszalagot befűz; **II.** *n* bérbeadott jog(osítvány)/terület; koncesszió; *tex* fonalkereszt *(csépen)*; ~ **at intervals** *v tex* csépszalagot fogkihagyásokkal befűz; ~

automatic custody transfer (LACT) *ol* központi automatikus olajátadó rendszer; ~ **bar** *tex* cséppálca; ~ **by porters** *v tex* befűz csoportonként; ~**-container** cserekonténer; ~**-cord** *tex* csépszalag; ~ **eye** *tex* nyüstszem; ~ **peg** *tex* cséppálca; fonalkereszt-szeg *(felvető kereten)*; ~ **reed** *tex* felvetőborda; ~ **rod** *tex* cséppálca; ~ **slasher** *tex* színesláncírező gép; ~ **stand** *tex* felvetőborda-állvány; ~ **station** *ol* kútközpont
leased | **car** *vasút* bérelt vagon; ~ **line** *távk* bérelt vonal
leaser *tex* beolvasó
leash *tex* nyüstzsinór, szárnyzsinór nyüstkiemeléshez
leasing bérbeadás; *tex* beolvasás *(bordába)*; csépszalag *(v.)* borda befűzése; fonalkereszt *(csépen)*; ~ **arrangement** bérleti szerződés; ~ **comb** *tex* befűzőborda *(felvetőn)*; ~ **heck** *tex* irányítóborda *(felvetésé)*; ~ **machine** *tex* beolvasó; ~ **reed** *tex* keresztképző borda *(felvetésnél)*, felvetőborda
least legkisebb; legkevesebb, legcsekélyebb; ~ **common denominator** *mat* legisebb közös nevező; ~ **common multiple (LCM)** *mat* legkisebb közös többszörös; ~ **count** *mat* legkisebb osztás *(nóniuszon)*; ~ **energy principle** *fiz* Dirichlet-féle stabilitási tétel; ~ **mean square error** *mat* négyzetes középhiba, standard hiba, közepes négyzetes eltérés; ~ **of the limits** *mat* alsó határérték, limes inferior, legkisebb torlódási pont, lim inf.; ~ **significant bit (LSB)** *szt* legkisebb helyiértékű bit, LSB; ~ **significant digit (LSD)** *mat* legalacsonyabb értékes helyi érték; *szt* legkisebb helyértékű számjegy, LSD; ~ **squares method** *mat* legkisebb négyzetek módszere; ~ **term** *mat* legkisebb tag; ~ **upper bound** *mat* felső határ, legkisebb felső korlát, supremum, sup; ~ **value** *mat* abszolút minimum, minimum, globális minimum; ~ **volatile fuel** *US* nehezen illó fűtőolaj
leat *bány* vízcsorga; *hidr* felvízcsatorna; vízlevezető árok/csatorna
leather I. *v* (be)bőröz; **II.** *n* (kikészített) bőr, készbőr; ~ **back** *nyom* bőrgerinc *(könyvé)*; ~ **bag** bőrtok, bőrtáska; ~ **beading** *cipő* bőrszegés; ~ **belt** bőrszíj; ~ **binding** *nyom* bőrkötés; ~**(-)board** → leather board; ~**-bound** egészbőr kötésben; ~ **bucket** *gép* tömítő bőrkarmantyú; ~ **cardboard** *pa* kemény lemez; ~ **case** *bőr* bőrtok, bőrtáska; ~ **cement** bőrragasztó; ~ **clipping** bőrhulladék; ~ **collar** bőrtömítés, tömítő bőrkarmantyú; ~ **cripping machine** puhítógép, fodorítógép, barkázógép; ~ **cuff** *gép* bőralátét; tömítő bőrkarmantyú; ~ **cup** *gép* tömítő bőrsapka *(dugattyún)*; ~**-currying** bőrkikészítés; ~ **dressing** bőrappretálás; ~**-dressing oil** bőrolaj; ~ **dubbing** bőrzsír; ~**-embossing machine** bőrtalpmárkázó gép; ~ **fabric** textil alapú műbőr(kelme); ~ **fibre/fiber board** bőrrostlemez; ~**-finish(ing)** bőrkikészítés; ~ **flap** bőrkötény; ~ **for bags** táskabőr; ~ **for furniture** bútorbőr; ~ **gasket** bőrtömítés, tömítő bőrkarmantyú; ~ **ga(u)ge** bőrvastagságmérő; ~ **glue** bőrenyv; ~ **grease** bőrzsír; ~ **handle** *gép* bőrfogantyú; ~ **hand-pad** (bőr) tenyérvédő; ~**-hard** bőrkeménységű; ~**-hardness** bőrkeménység; ~ **helmet** motorossisak *(„haube")*; ~ **hoop** bőrabroncs; ~**-insole** *cipő* talpbélés; ~**-lined** bőrrel bélelt/bevont, bőrbélésű; bőrözött; ~**-lined driving sheave** bőrözött hajtókerék *(kötélpályán)*; ~ **lining** bőrbélés; ~**-measuring machine** bőrfelületmérő gép; ~ **offal** *bőr* hulladékrészek; ~ **oil** bőrolaj; ~ **packing** bőrtömítés; ~ **packing collar** bőrmandzsetta, bőrtömítőgyűrű; ~ **paper** bőrutánzatú papír; ~**-picker** *tex* bőrvetőfej; ~**-pin clutch** bőrcsapos tengelykapcsoló; ~**-pin coupling** bőrdugós tengelykapcsoló; ~**-replacing** bőrpótló; ~ **roller** *pa* bőrhenger(lő); ~ **rot** *bőr* vörösesbarna bőrfoltok *v.* rothadási foltok; ~ **scrapings/shavings** *pl* bőrhulladék; ~ **sling** bőrhurok; ~**-splitting machine** *cipő* felsőbőrhasító gép; ~**-staking machine** *bőr* puhítógép; ~ **strap** bőrszíj; ~ **strap for sewing** varrószíj; ~ **strip** bőrszalag, bőrsáv; ~ **substitute** bőrpótló, bőrutánzat, műbőr; ~ **tanned in the bark** növényi cserzésű kikészítetlen bőr; ~ **tape** *tex* fátyolosztó szíj; ~ **trimming** bőrhulladék; ~ **varnish** bőrlakk; ~ **washer** bőr alátét, bőr tömítés, bőr tömítőgyűrű; ~ **waste** bőrhulladék; ~ **wax** bőrkenőcs
leatherboard *bőr* bőrlemez; rostműbőr; *cipő* műtalpbőr; *pa* keménylemez
leatherbording machine puhítógép, fodorítógép, barkázógép
leathercloth *tex* textil alapú műbőr (kelme)
leatherette (paper) bőrutánzat(ú papír), műbőr; műbőrpapír
leathering bőrözés, tömítés
leatherlike bőrszerű
leatheroid bőrutánzat(ú papír), műbőr, műbőrpapír
leathery bőrszerű; *élip* szívós, rágós
leave I. *v* (el)hagy; elindul; elutazik; **II.** *n bány* bent hagyott pillér; ~ **bark** *v fa* leválik, lehámlik *(kéreg)*; ~ **no remainder** *v mat* maradék nélkül osztható; ~ **the mine** *v bány* kiszáll *(bányából)*
leaved leveles, lemezes
leaven I. *v* erjeszt, (meg)keleszt, kovászol; **II.** *n* kovász, élesztő, erjesztőszer
leavening *élip* lazítás, kelesztés
Leavers machine *tex* csipkeverő/paszománykészítő gép
leaving | **edge** *el* lefutó szél *(szénkeféé)*; *fiz* kilépő él; ~**-off time** *szt* üzemzárási idő; ~ **point** *rep* kilépőpont; ~**s** *pl bány* vadár, mosalék *(dúsítási)*; ~ **temperature control** hőmérséklet-szabályozás a kimeneten; ~ **up** *bány* benthagyás
leberkies *ásv* pirrhotin, magnetopirit, mágneskovand
Lebesgue | **integrable** *mat* Lebesgue-integrálható; ~ **integral** *mat* Lebesgue-integrál; ~ **measure** *mat* Lebesgue-mérték
Leblanc | **connection** *el* Leblanc-kapcsolás; ~ **phase advancer** *el* Leblanc-féle fázistoló; ~ **process** *vegy* Leblanc-eljárás, Leblanc-szódagyártás
LEC → load-extension curve
LECA (lightweight expanded clay aggregate concrete) *ép* duzzasztottanyag-könnyűadalékos beton
Le Chatelier-Braun principle *vegy* Le Chatelier—Braun-elv
lechatelierite *ásv* lechaterlierit
Lecher line/wire *távk* Lecher-vezeték
lecithin *vegy* lecitin
lecithinase *vegy* lecitináz
lecker *tex* szappanozó *(gép)*
Leclanché cell *el* Leclanché-elem
lecontite *ásv* lecontit
lecture galvanometer iskolai/demonstrációs galvanométer
LED → light-emitting diode

ledeburite *koh* ledeburit; ~ **eutectic** *koh* ledeburiteutektikum
ledeburitic steel *koh* ledeburitos acél
ledge polc; *bány* réteg, előfordulás, telep, ér, település; vágatvédő sillér; *ép* él, szál, szegély, kiszögellés, perem; fedőléc; keresztborda; párkány(zat); szélléc, szegélyléc; szemöldökfa; *geol* szakadék, sziklapárkány; szirt *(zátony)*; telep, réteg; *gumi* kerékpántváll; ~ **beam** *ép* taréjszelemen; ~ **(filling) matter** *bány* telérkitöltés; ~ **of rock** sziklapárkány
ledged | **and braced door** *ép* átlós merevítésű deszkaajtó; ~ **door** *fa* deszkaajtó
ledgement *ép* párkány, párkányzat
ledger *ép* hossztartógerenda *(állványozás)*; korlátsüveg; szemöldökkő; vízszintes keretmerevítő, keresztgerenda-merevítő; ~ **board** *ép* keresztgerenda-tartó; ~ **paper** *pa* kartotékpapír; könyvelőpapír *(kék vonalozású)*; könyvpapír; ~ **plate** *mzg* késes lemez *(aratógépen)*; ~ **wall** *bány* fekü(oldal) *(meredek telepé)*
ledgy zátonyos
Leduc | **effect** *el* Righi—Leduc-jelenség; ~**'s rule** Leduc-féle törvény, Amagat—Leduc-szabály
lee széltől mentes *v.* szélárnyékos/fedett hely/oldal, szélárnyék; ~**-board** *hajó* szélárnyas oldal; ~ **depression** *met* orografikus ciklon, lee-ciklon; ~ **eddies** *met* lee-örvények; ~**-lurch** *hajó* megdőlés *(rakomány szél alatti oldalra csúszása folytán)*; ~**(-)shore** szélárnyas/szélárnyékos part; ~ **side** → leeside; ~ **trough** *met* dinamikus teknő, lee-teknő; ~ **wave** *met* akadályhullám, hegy mögötti leáramlás; lee-hullám
leeboard → lee
leeching lúgozás, kilúgozás
LEED → low-energy electron diffraction
leer *üveg* üveglágyító kemence
lees *pl* üledék, alja (vminek), zacc, seprő
leeside *hajó* szél alatti oldal; *met* lee-oldal; *rep* szélárnyék; széltől mentes/szélárnyékos oldal; ~ **vortices** *met* lee-örvények
leeward (lwd) szél alatti, szélárnyékos; ~ **side** → leeside
leeway *hajó* elvetődés, elsodródás; *hajó, rep* széleltérítés; *rep* eltérés az útiránytól, eltérés a szél irányába
left[1] **(L) I.** *a* bal, bal oldali; **II.** *n* bal oldal; ~**/left construction** bal-bal kötés *(síkkötőgépen)*; ~ **bank** *hidr* bal part; *rep* bedöntött balforduló; ~**-bank** *rep* balra dőlés; ~ **bound** *mat* alsó korlát; ~**-bounded set** *mat* alulról korlátos halmaz; ~ **crossing** *tex* balra forgó *(gézlánc)*; ~ **division** balról való osztás; ~**-half boundary/limit** *mat, szt* bal oldali határérték; ~**-half plane** *mat, szt* bal félsík; ~**-hand (LH)** bal oldali, bal kéz felőli; bal irányú; ~**-hand airscrew** *rep* balra forgó légcsavar; ~**-hand approach** *rep* megközelítés/bevezetés balfordulóval; ~**-hand column** *gép* bal állvány; ~**-hand cross-lay cable** balsodratú keresztveretű (sodrony)kötél; ~**-hand cut(ting) (lhc)** *szersz* balra vágó; ~**-hand door** *ép* balos ajtó; ~**-hand drill** balos fúró; ~**-hand drive (LHD)** *gépk* bal oldali kormány(mű); bal oldali kormányzás; ~**-hand drive car** (gép)kocsi bal oldali kormánnyal; ~**-handed** balos; bal irányú; balmenetes, balmenetű, balos; balforgású, órajárással ellentétes (irányú); ~**-handed circular(ly polarized)** balra forgó cirkulárisan polarizált; ~**-handed machine** balra forgó gép; ~**-handed polarization** *fiz* poláros fény síkjának balra forgatása; ~**-handed quartz** balra forgató kvarc; ~**-hand(ed) rotation** óramutató járásával ellenkező értelmű forg(at)ás, balra forgatás; ~**-hand engine** balra forgó motor; ~**-hand execution** balos kivitel; ~**-hand helical gearing/toothing** balhajlású ferde fogazás; ~**-hand lane** *közl* bal oldali sáv; külső sáv; ~**-hand lay** balsodrat *(kötélé)*; ~**-hand limit** *mat* bal oldali határérték; ~**-hand loom** *tex* balindítású szövőgép; ~**-hand machine** balra forgó gép; ~**-hand motion/movement** balmenet, balra irányuló mozgás; ~**-hand page** páros oldal; ~**-hand propeller** balra forgó légcsavar; ~**-hand reaction** *mech* bal oldali reakció; ~**-hand rotation** → ~-handed rotation; ~**-hand rule** *fiz* balkéz-szabály; ~**-hand side (lhs)** bal oldal; *mat* bal oldal, első tag; ~**-hand side of the road** az út(test) bal oldala; ~**-hand switch** *vasút* balváltó; ~**-hand thread** balmenet *(csavaré)*; *tex* balsodrat; ~**-hand threaded bolt** balmenetű csavar; ~**-hand tool** balos szerszám; *forg* balos oldalazó esztergakés; ~**-hand travel** elmozdulás balra; ~**-hand tributary** *hidr* bal oldali mellékvíz; ~**-hand turn** *közl* balra kanyarodás; *rep* balforduló; ~**-hand turnout** *vasút* bal kitérő; ~**-hand twill** *tex* balátlós sávoly; ~**-hand twine/twist** *tex* balsodrat, S-sodrat; ~**-hand twisted yarn** balsodratú fonal; ~**-hand volume** *el* bal oldali sztereo hangerőszabályozó; ~**-hand welding** balra hegesztés; ~ **ideal** *mat* balideál; ~ **identity** *mat* balegység, bal oldali egységelem, bal oldali neutrális elem; ~**-justified** *nyom* balra zárt; ~**-justify** *v nyom* sort balra zár; ~**-laid rope** belsodratú kötél; ~ **lane** *közl* bal oldali sáv; ~ **lay** bal oldali sodrás *(kötélen)*; ~**-lay** *v* balra ver *(kötelet)*; ~ **liberty (map)** *mat* univerzális nyíl; ~ **limit** *mat* bal oldali határérték; ~ **longitude** *hajó* túlhaladott földrajzi hosszúság; ~ **member** *mat* bal oldal, első tag; ~ **module** *mat* balmodulus; ~ **monotonicity** *mat* bal oldali monotonitás, balmonotonitás; ~ **neutral element** *mat* balegység, bal oldali egységelem, bal oldali neutrális elem; ~ **oblique** *szt* visszafelé dőlt törtjel, backslash; ~**-ordered set** *mat* rendezett halmaz; ~ **parenthesis** nyitó (kerek) zárójel; ~**-polarized electron** *at* balra polarizált elektron; ~**-quotient** *mat* bal kvóciens; ~ **recursion** *mat* bal rekurzió; ~**-recursive symbol** *mat* balrekurzív jel/szimbólum; ~ **remainder** *mat* bal oldali maradék; ~**-right direction finder** *el* rádióiránymérő, rádiótájoló, rádiópelengátor; ~**-right hand meter** *rep* célrepülőkészülék; ~**-right indicator** *rep* célrepülő-készülék; ~**-right needle** *rep* iránymérőműszer mutatója; ~**-right recording** *rád* klasszikus sztereofelvétel; ~ **shift** *szt* balra léptetés; ~ **side** *mat* bal oldal, első tag; bal oldali, bal kéz felőli; *tex* fonák (oldal), bal oldal; ~**-side bank** bal part; ~ **side of fabric** *tex* szövet bal oldala *v.* fonákja/visszája; ~ **spin** *rep* dugóhúzó balra; ~**-to-right twill** *tex* bal irányú sávoly; ~ **turn** *közl* balra kanyarodás; *rep* balforduló; **no** ~ **turn** balra kanyarodni tilos!; ~**-turn circuit** *rep* bal forgalmi kör; balfordulós forgalmi kör; ~**-turn filter/lane** *közl* balra kanyarodó sáv; ~**-turning traffic** balra kanyarodó forgalom; ~ **twill** *tex* bal irányú sávoly; ~**-twisted** balsodratú; ~ **unit(-element)/unity** *mat* balegység, bal oldali egységelem, bal oldali neutrális elem

left[2] hátrahagyott, elhagyott; **~-luggage locker** poggyászmegőrző automata; **~-luggage office** *vasút* ruhatár, poggyászmegőrző *(pályaudvaron)*; **~-over** fölösleges, fennmaradt; **~-overs** maradékok *(áruból)*
leftmost *szt* balról a legszélső
leftward bal, bal oldali; bal felőli; bal felé tartó; **~(s)** balra, bal felé; **~ welding** balra hegesztés
leg szár *(szögacélé)*; láb; *bány* oldaltám, láb, oszlop; *bőr* lábszár; *cipő* borítás; *el* ág *(antennáé)*, oldal *(rombuszantennáé)*; elágazó műszeráramkör; fázis; többfázisú rendszer egyik fázisa; vasmagoszlop; vezetékág; *élip* függőleges aspirációs csatorna; *ép* alagútmintaív bordája; állvány, bak; keretoszlop; oszlop, pillér, lábazat; pilon *(függőhídé)*; *geol* (antiklinális) oldal(a); alapredő; *gép* csőbevezető, csőérintkező; láb, talp, alátét; *heg* varratoldal; *kh* szár *(harisnyáé)*; *közl* útkereszteződésbe betorkolló egyik út; *mat* befogó *(derékszögű háromszögé)*; oldal, szár *(pl. szögé)*; *rep* ág; bevezető iránysáv; oszlop; szár; útszakasz; *ruh* szár *(nadrágé)*; **~ bridge** keretlábas híd; **~ fabric** *kh* harisnyaszár; **~ head floor** *élip* csőpad; **~ narrowing** *kh* szárfogyasztás; **~ of a boot** csizmaszár; **~ of a magnet** *el* mágnessaru, pólussaru; **~ of circuit** *el* áramkör egyik ága; **~ of trajectory** pályagörbe; **~ piece** *gép* lábazati rész; **~ pipe** csőág; barometrikus kondenzátorcső; **~ room/space** *gépk* lábférőhely *(ülésnél)*; **~ strap** ejtőernyő combhevederei; **~-type bed** *gép* szekrénylábas gépágy; **~ vice** száras sikattyú; **~ wool** *mzg* haslábgyapjú
legal törvényes; **~ approval of water rights** *hidr* vízjogi engedély; **~ caps** *pl pa* papíralak *(13"x16")*; **~ character** *szt* megengedett karakter; **~ payload** megengedett raksúly *(tehergépkocsin)*; **~ water demand** *hidr* jogszerű vízigény
legenbachite *ásv* legenbachit
legend képfelirat, ábrafelirat; jelmagyarázat *(térképen)*; feliratozás *(integrált áramköré)*; **~-engraved button** jelöléssel ellátott gomb; **~ line** *nyom* kép alatti szövegrész, képaláírás
Legendre | polinomials *mat* Legendre-polinomok; **~'s differential equation** *mat* Legendre-egyenlet *(gömbfüggvények differenciálegyenlete)*
legging | fitting lábszárvédő kellék; **~s** *pl* lábszárvédő
legibility *távk* (távírójel)jóság; olvashatóság, világosság; **~ of characters** karakterek érthetősége/olvashatósága/felismerhetősége; **~ test** olvashatósági próba
legible világos, (jól) olvasható
legit *mat* legit
legshield lábvédő lemez *(motorkerékpáron)*
lehm *geol* löszből képződött agyag
lehr → leer
Leibniz | series *mat* Leibniz-sor, váltakozó előjelű harmonikus sor; **~ wheel** (lépcsős) bordáshenger *(számológépen)*
Leica *foto* Leica képméret, 24x36 mm-es képméret
leiocom *ép* dextrin
Leipzig yellow ólom-kromát, krómsárga, lipcsei sárga
Leitch's process dombormaratás
leizure szövetszegély *(selyemé)*
LEM → lunar excursion module
Lemberg's stain test *geol* Lemberg-próba *(mészkő és dolomit szétválasztására)*
lemma *mat* lemma, segédtétel
Lemnian | bole/earth *ásv* bolusz; **~ terra** *ásv* pecsétföld, lemnoszi föld
lemniscate *mat* lemniszkáta; **~ bar** *bány* lemniszkátarúd; **~ function** *mat* lemniszkátafüggvény; **~ rod** *bány* lemniszkátarúd
lemon | chrome ólom-kromát, kromsárga, lipcsei sárga; bárium-kromát, baritsárga, sárga ultramarin *(festék)*; **~-grass oil** *élip* citromfűolaj; **~ gratings** *pl élip* citromhéjreszelék; **~ juice** *élip* citromlé; **~ peel/rind** *élip* citromhéj; **~ salt** (tisztított) borkő; **~-shaped bearing** *gép* citrom alakú persely; **~ yellow** citromsárga; baritsárga, sárga ultramarin
Lenard-tube *fiz* Lenard-cső
lending | circuit *távk* helyközi vonal/áramkör; **~ itself to confusion** összetévesztésre alkalmas *(védjegy)*
length hossz(úság), hosszdarab; *gyógyv* ampullahossz, mérethossz *(ampullán)*; *hidr* profilindex; *mat* nagyság, hosszúság, hossz, abszolút érték, modulus, (euklideszi) norma; *szt* szó hossza; *távk* hullámhossz; *tex* fürdőarány; **~ attribute** *szt* hosszattribútum; **~ between buffers** *vasút* teljes hossz *(vasúti járműé)*; **~ between perpendiculars (l.b.p.)** *hajó* függélyek közötti hossz; **~ code** *szt* hosszúságkód; **~ counter** *tex* hosszmérő gép, méterszámláló; **~ error** *szt* hosszúsági hiba; **~ feedstop** hosszütköző *(esztergán)*; **~-ga(u)ging** hosszúsághitelesítés; **~ indicator (LI)** *szt* hosszindikátor, hosszjelző, LI; **~ in meters** hosszúság méterben; **~-mass-time system** hossz-tömeg-idő-mértékrendszer; **~ measurement** hosszméret; **~-measuring interferometer** interferenciás komparátor, hosszmérő interferométer; **~ meter** hosszúságmérő; **~ method** *at* hosszúságok módszere; **~ modulation** szélességmoduláció; **~ of a cut** vágáshossz; **~ of a dam** *hidr* koronahossz; **~ of a line** vezetékhossz; **~ of approach path** kapcsolóhossz *(fogaskeréknél)*; **~ of arc** *mat* ívhossz; **~ of bath** *tex* fürdőarány; **~ of bearing** vezetési hossz *(fúrótüskéé)*; **~ of brake path** *közl* fékút; **~ of break** *el* megszakítóút; **~ of cable** *el* kábelhossz; **~ of class interval** osztályköz, intervallum hossza, osztályszélesség, cellaszélesség; **~ of cloth** *tex* darab *(szövet)*; **~ of conversation** *távk* beszélgetés időtartama; **~ of curve** *mat* ívhossz; **~ of cut** *tex* vágási hossz *(nyírás)*; **~ of engagement** *gép* becsavarási hossz; **~ of exposure** *at* expozíciós tartam; **~ of jib** gémkinyúlás *(darué)*; **~ of line operated** *vasút* üzemi hossz; **~ of path** úthossz; **~ of path of contact** kapcsolóhossz *(fogaskeréknél)*; **~ of pipe** csővezetéktag, csőszakasz; **~ of piston travel** *gép* dugattyúlökethossz; **~ of repeat** *tex* rapport/mintaismétlődési hossz; **~ of run-out** menetkifutás hossza *(csavaré)*; **~ of shadow** árnyékhossz; **~ of spit** *gyógyv* kétcsúcsú ampulla csúcshossza; **~ of steps** *ép* lépcsőkar szélessége; **~ of stretch** *tex* kifutás *(szelfaktorkocsié)*; **~ of stroke** *gép* emelési magasság; lökethossz; **~ of support** *ép* felfekvési hossz; **~ of suspension** *gép* (fel)függesztési magasság; **~ of test specimen** próbadarab hossza; **~ of the chord** *mat* húr hossza; **~ of the longwall face** *bány* fronthossz; **~ of the marp** *tex* felvetési hossz; **~ of thread** menethossz *(csavaré)*; *tex* fonalhossz; **~ of time** időtartam; **~ of travel** *el* kapcsolónyitás (út); **~ of turret feed** *forg* esztergálási hossz *(revolverfejé)*; **~ of vision** *gép* látástávolság; **~ over all** *v.* **overall (LOA)** teljes hossz; **~ over buffers** *vasút* teljes hossz *(vasúti járműé)*; **~**

over the flanges karimák távolsága; **~-preserving mapping** *mat* izometrikus/hossztartó leképezés; **~-setting rod** *gép* hosszbeállító rúd; **~ stop** *forg* hosszütköző; **~ to be turned** esztergálási hossz; **~ trip** lökethossz-határoló; **~ under head** *gép* szegecsszárhossz

lengthen (ki)nyújt, (meg)nyújt, (meg)hosszabbít; (meg)nyúlik, (meg)hosszabbodik; kiterjed

lengthened traverse *bány* nyújtott sokszögvonal

lengthening (meg)hosszabbítás, (meg)nyújtás; nyúlás; kiterjedés; meghosszabbodás; *ép* toldás *(gerendáé)*; **~ arm** hosszabbítókar, toldókar; **~ bar** hosszabbítórúd; **~ bar for compasses** körzőhosszabbító; **~ coefficient** *heng* nyújtási tényező; **~ coil** *rád* antennahosszabbító tekercs; **~ inductance** *távk* meghosszabbító tekercs; **~ lever** → **~** bar; **~ piece** *gép* toldalék, toldat, hosszabbítás; **~ pipe** *gép* toldalékcső, csatlakozócső; *hidr* csőtoldat, toldalékcső; **~ rod** *bány* fúróhosszabbító rúd; *gép* nyéltoldat; szárhosszabbító

lengthsman útkarbantartó őr, útőr; *vasút* pályaőr, pályamunkás

lengthways → lengthwise

lengthwise I. *a* hosszirányú, hosszanti; **II.** *adv* hosszirányban; **~ adjustability** hosszirányú állíthatóság; **~ crease** *pa* hosszanti ránc; **~ direction** hosszanti irány; **~ motion** hosszanti irányú mozgás; **~ movement of rails** *vasút* vágányeltolódás, sínvándorlás

lengthy hosszú, hosszú ideig tartó

Lennard-Jones potential *vegy* Lennard-Jones-potenciál

leno I. *a tex* gézkötésű; **II.** *n tex* gézszövet; **~ brocade** *tex* gézbrokát; **~ cloth/fabric** *tex* gézszövet; **~ warp** forgólánc *(gézszövésnél)*; **~ weave** *tex* gézszövés

lens *bány* érclencse; *foto, opt* (optikai) lencse; objektív, optika; **~ aberration** *foto* lencsehiba; **~ action** *fiz* lencsehatás; **~ adapter** *foto* objektívgyűrű; **~ antenna** *el* lencseantenna; **~ aperture** *foto* lencsenyílás; **~ assembly** lencsesorozat; **~ barrel** *opt* tubus; **~ blooming** *foto* lencse reflexiócsökkentő réteggel való bevonása; **~ cap** *foto* lencsevédő sapka; **~ carrier** *foto* objektívtartó lap; **~-carrying scanning disk** *tv* lencsés képbontó dob; **~ cell** *foto* egybeépített lencsecsoport/lencserendszer; **~ coating** *foto* lencse reflexiócsökkentő réteggel való bevonása; **~ combination** *opt* lencserendszer; **~-coupled range finder** lencsebeállítású távmérő; **~ coverage** *foto* lencse látótere; **~ diopter** lencsés dioptra; **~ disk** *el* lyukelektród; **~ drum** *tv* lencsés képbontó dob; **~ drum scanner** *el* lencsedobos képbontó/letapogató; **~ effect** *fiz* lencsehatás; **~ equation** *opt* általános lencseegyenlet, Gauss-féle lencseformula; **~ error** *opt* lencsehiba; **~ flare** *fiz* visszfény, reflex(fény), fényvisszaverődés; **~ formula** → **~** equation; **~ for shooting** *film* felvevőobjektív; **~ grinding** *opt* lencse becsiszolása; **~ guard** *foto* lencsevédő kupak; **~ holder** *foto* objektívtartó; **~ hood** *foto* ellenfényrekesz, napellenző, árnyékoló sapka; lencsevédő ernyő; **~ impairment** *foto* lencsehiba; **~ magnification** *opt* lencse nagyítása; **~ mount(ing)** *foto* lencsefoglalat; **~ of the headlight** *opt* fényszórólencse; **~ opening** *foto* lencsenyílás, apertúra; **~ panel** *foto* objektívtartó lap; **~ paper** *opt* lencsepapír; **~ port** *film* vetítőhelyiség-ablak, kabinablak; **~ resolution** *opt* lencse képfelbontó képessége; **~ ring** *foto* objektívgyűrű; **~ screen** *opt* lencseernyő; **~ seat(ing)** *opt* lencsefoglalat; **~-shade** *opt* lencseárnyékoló, lencseernyő; **~-shaped** lencse alakú; **~-shaped aquifer** *geol* lencsés víztároló; **~ shield** *opt* lencseernyő; **~ spotlight** *el, opt* lencsés fényvető; **~ standard** *foto* objektívtartó lap; **~ stop** *foto* rekeszérték, rekeszszám; **~ system (LS)** *foto, opt* lencserendszer; **~ system of camera** *film, tv* felvevőoptika; **~ telescope** *csill* refraktor; **~ tube** *foto* tubus; **~ turret** *opt* objektívváltó, revolveres objektívtartó, revolverfoglalat

lensing *geol* lencse alakú rétegződés, lencse(kőzet)

lensmeter *opt* csúcstörőértékmérő

lentic állóvízi, tavi

lenticel *fa* kéregpórus, lenticella

lenticle → lensing

lenticular lencse alakú; *ép* halhas alakú, hasított *(gerenda)*; **~ aquifer** *geol* lencsés víztároló; **~ beam** *ép* halhas/lencse alakú tartó; *rep* lencse-keresztmetszetű jelkapu; **~ bob** *óra* ingalencse, ingasúly; **~ deposit** *hidr* lencsés település; **~ gasket** lencsetömítés; **~ girder (bridge)** *ép* halhas/lencse alakú tartó; **~ process** *foto* lencserácsos színeljárás; **~ screen** *film* recés képernyő, gyöngyvászon; **~ stone** *ásv* oolitos mészkő, oolit, ikrakő; **~ truss** *ép* halhas/lencse alakú tartó

lenticularity *geol* lencse alakú rétegződés, lencse(kőzet)

lenticulated | film *foto* raszteres színes film; **~ screen** *film, tv* recés képernyő, gyöngyvászon

lenticulation *foto* filmréteglencsézés *(színes fényképezésnél)*

lentiform lencse alakú

lentil *geol* (kőzet)lencse

lentisk gum masztix

lentoid lencse alakú

Lenz's law *el* Lenz-törvény

Leo minor *csill* Kisoroszlán

Leonard | converter *el* Ward—Leonard-átalakító; **~ scheme** *el* Ward—Leonard-kapcsolás

leonhardite *ásv* leonhardtit

Leonids *csill* Leonidák *(meteorraj)*

leonine | conductor *el* leoni vezeték; **~ spun** leoni fonal

leonite *ásv* leonit

Leontief | inverse *rendsz* Leontief-féle inverz mátrix, Leontief-inverz; **~ mátrix** *rendsz* Leontief-mátrix

leopoldite *ásv* leopoldit

lepidoblastic texture *geol* lepidoblasztos szövet

lepidocrocite *ásv* lepidokrokit, rubincsillám

lepidolite *ásv* lepidolit, lítiumcsillám

lepidomelane *ásv* lepidomelán

lepidomorphite *ásv* lepidomorfit

Lepol kiln/furnace *ép* Lepol-kemence

Leporello fold/pleat *pa* leporellóhajtás

leptite *geol* leptit

leptochlorite *ásv* leptoklorit

leptokurtic | curve *stat* éles csúcsú eloszlásgörbe; **~ distribution** *stat* éles csúcsú eloszlás

leptokurtosis *stat* éles csúcsú eloszlásgörbe

lepton (l) *at* lepton; **~ charge/number** leptontöltés, L

leptonic *at* lepton-

leptynite → leptite

LES → launch-escape system

less I. *a* kisebb; kevesebb; *mat* kisebb, megelőző; **II.** *adv* kevésbé, kisebb mértékben; **~ active** *vegy* paszszív; ~-common metal ritka fém; ~-than-carload freight *vasút* darabáru; ~-than-carload load (LCL-load) darabáru-szállítmány; ~ than or equal to *mat* kisebb vagy egyenlő, nem nagyobb; ~ than sign *mat* „kisebb mint" jel

lessen kisebbít, csökkent, redukál, leszállít; kisebbedik, csökken, fogy

let hagy, enged; kiad, bérbe ad; ~ **come down** lesülylyeszt; ~ **cool down** lehűt; ~ **crystallize** kikristályosít; ~ **down** leenged; *koh* (le)csapol; *rep* leszáll, landol, földet ér; letesz *(repülőgépet)*; ~-**down** csökkenés, visszaesés; leereszkedés; ~ **down stitches** *kh* szemet fogyaszt; ~ **down the landing gear** *rep* futóművet kienged; ~ **drop** lecseppent; ~ **escape** enged, folytat, tömítetlen; ~ **fall** kidob, kienged *(bombát)*; ~ **fall a perpendicular** merőlegest húz/állít; ~ **fall in** *bány* beomlaszt; ~ **flow** kifolyat, kiereszt; ~ **flow into** belefolyat, belevezet; ~ **go** elereszt; ~-**go current** *el* érintésvédelmi határáram; ~ **go the colo(u)r** ereszti a színét; ~ **idle** üresben/üresen járat; ~ **in** beenged; beilleszt, betold, beágyaz, besulykol; *fa* összeró, összeilleszt, összeereszt; ~-**in flush** *ép* süllyesztett, színelve beeresztett; ~-**in handle** süllyesztett fogantyú; ~-**in piece** ék, beékelt darab; ~ **in the clutch** tengelykapcsolót bekapcsol, felengedi a kuplungot; ~ **into concrete** *ép* betonba ágyaz, bebetonoz; ~ **loose** kienged, meglazít; ~ **off** elfolyat, kienged *(folyadékot)*; kiereszt; elsüt *(puskát)*; ~-**off** kiengedés; elsütés *(puskáé)*; *tex* (lánc)hengerlés; ~-**off motion** láncfeszültség-szabályozó; ~-**off of the warp** *tex* lánchengerlés; ~ **off steam** gőzt kienged; ~ **out** kienged *(ruhát)*; *koh* (le)csapol; ~ **out the jib** gémet kinyújt; ~ **run** járat; ~ **run at no-load** üresen/tehetetlenül járat; ~ **slip the clutch** tengelykapcsolót csúsztat; ~ **the clutch in** *gépk* felengedi a kuplungot; ~ **the clutch out** *gépk* kioldja/kinyomja a tengelykapcsolót/kuplungot; ~ **through** *fiz* átereszt

LET → linear energy transfer

lethal halálos, letális; ~ **chemical agents** *kat* halálos vegyi harceszközök; ~ **concentration (LC)** *orv* letális koncentráció; halálos töménység; ~ **dose (LD)** *at* halálos dózis/adag; ~ **exposure** *at* halálos besugárzás; ~ **factor** *at* halálos tényező, halált okozó tényező; ~ **gas** *kat* mérgező harcgáz; ~ **irradiation** → ~ exposure; ~ **mutation** *at* halálos mutáció

lethality halált okozó képesség, letalitás

lethargy | **of the neutron** *at* neutronletargia; ~ **scale** *at* letargiaskála

letter I. *v* betűt rajzol; betűvel jelöl; **II.** *n* levél; betű; ~ **a drawing** *v* megír *(rajzol)*; ~-**and-figure stamp** *szer* beütőszám- és beütőbetű-készlet; ~ **balance** levélmérleg; ~ **belt** levélszállító futószalag; ~ **blank key** *távk* betűbillentyű; ~ **box** *ép* levélszekrény, levélbedobó nyílás; ~ **case** *nyom* szedőszekrény; ~ **castor** *nyom* betűöntő; ~ **chute** ejtőakna leveleknek *(felhőkarcolókban)*; ~ **clip** gemkapocs; ~ **code** betűkód, betűkulcs; ~ **designations for microwave bands** mikrohullámú sávok betűjelei; ~ **drop** → letter box; ~-**figure shift** *szt* betű-szám váltó; ~ **file** *pa* levélrendező; ~ **folding and enveloping machine** levélhajtogató és -borítékoló gép; ~ **founder** *nyom* betűöntő; ~ **foundry** *nyom* betűöntöde; ~ **ga(u)ge** → ~ sizes; ~**(-keyed) lock** betűkódos zár; ~ **metal** *nyom* betűfém; ~ **of intent (LOI)** szándéknyilatkozat; ~ **of patent** szabadalmi okirat; ~ **opening** levélnyílás *(levélszekrényen)*; ~-**out** *szt* betűtörlés; ~ **paper** levélpapír; papíralak *(10"x16")*; ~ **plate** → letter box; ~ **press** → letterpress; ~-**quality print** *szt* levélminőségű nyomtatás; ~-**quality printer** *szt* levélminőségű nyomtató; ~-**quality printing** *szt* levélminőségű nyomtatás; ~-**reading machine** *távk* olvasógép; ~ **scales** *pl* levélmérleg; ~ **shift** *szt* betűléptetés; *távk* betűváltás; ~ **shift key** *távk* betűváltó *(távírógépen)*; ~ **sizes** *pl* fúrómérték *(A—Z, 0,234—0,413")*; ~ **sorting** levélosztályozás; ~-**sorting device** levélosztályozó gép; ~ **spacing** *nyom* ritkítás, spacionálás; ~-**spacing travel** kocsimozgás, kocsihaladás *(írógépé)*; ~ **stamp** *nyom* betűkölyű; ~ **string** *szt* betűsorozat, betűlánc; ~ **symbol** betűjel; ~ **telegram** levéltávirat

letterhead cégjelzés *(levélpapíron)*

lettering megírás, ellátás felirattal *(rajzé)*; ~ **style** *nyom* betűfajta

letterpress *nyom* magasnyomás, könyvnyomás; másolóprés; szöveg, szöveges rész *(könyvben)*; ~ **paper** *pa* magasnyomó papír; ~ **printing** *koh* magasnyomtatás; ~ **printing form(e)** *nyom* magasnyomóforma, könyvnyomóforma; ~ **printing machine** *nyom* magasnyomógép, könyvnyomtatógép; ~ **(printing) machine** *koh* magasnyomógép; ~ **rotary machine** *nyom* rotációs magasnyomógép

letterset printing *nyom* szárazofszet nyomtatás

letting|-down *bány* anyagszállítás; *koh* megeresztés; ~-**off** kioldás *(rugóé)*

letup szünet, munkaszünet

leucine *vegy* leucin, 2-amino-4-metil-pentánsav

leuciotophyre *ásv* leucitofir

leucite *ásv* leucit

leucitite *ásv* leucitit

leucobase *vegy* leukobázis

leucocompound *vegy* leukobázis, leukovegyület

leucocratic rock *geol* leukokrata kőzet

leucodye leukoszínezék

leucomanganite *ásv* fairfieldit

leucotile leukotil

leucoxene *ásv* leukoxén

Levantian stage *geol* levantei emelet

levee rakodópart; *gép* bakhát; *hidr* árvédelmi töltés/gát; gát; iszapzátony, lerakódás *(árvíz után)*; osztógát, elválasztótöltés; ~ **breach** *hidr* gátszakadás; ~ **district** betöltésezett árterület/öblözet

level I. *v* vízszintessé tesz, egy szintre hoz, kiegyenlít, elegyenget; hozzászab, alkalmaz; egyenget *(felületet)*; *cipő* mángorol *(talpat)*; *geod* (be)szintez, belibelláz; *kat* irányoz; **II.** *a* egyenlő, azonos szinten levő; sík, egyszintű, lapos, egyenes; szintes; **III.** *n* vízszintes felület, sík vonal; szint, felszín, színvonal, nívó, tükör *(folyadéké)*; azonos magasság; *bány* emelet, szintmező, szintes bányatér; főszállító vágat/folyosó; vízlefolyó vágat, zsompvágat, vízárok; *ép* magassági méret; *ép, geod* (víz)szintező, vízmérték; libella; szintezőműszer, vízszintmérő; *fiz* (energia)szint, energianívó; konfidenciaszint, konfidenciaegyüttható, konfidenciavalószínűség; *geod, geol* sík vidék; terepszint; *hidr* tükör; *rep* repülési szint; *szt* szint; *távk* jelnívó; ~ **absorption** *tex* egyenletes felhúzás *(színezék)*; ~ **adjustment** *el, távk* szintbeállítás; ~ **analysis** termanalízis, energiaszintek analízise; ~ **attitude** *rep* vízszintes helyzet; ~-**bar** *ép, geod* (szintező)libella;

~-bed glazing machine *bőr* vízszintes asztalú bőrfényező gép; **~ body** *kat* szintezőház; **~-book** *geod* szintezési jegyzőkönyv; **~ boss** *bány* szállítási felvigyázó; **~ broadening** *fiz* nívókiszélesedés, szintkiszélesedés; **~ bubble** *geod* libellabuborék; **~-by-level encoding** *távk* számlálókódolás; szintenkénti kódolás; **~ canal** *hidr* zsilip nélküli csatorna; **~ changeover** *bány* szintváltás; **~ change value** *aut* kapcsolási pont; **~ characteristic** *távk* szintdiagram; **~-clamping** *el* szinthelyreállító kapcsolás; **~ coal** *geol* szintesen települt szén; **~ compenstator** *el* szintkiegyenlítő; **~ contact** *távk* dekádérintkező; **~ control (LC)** folyadékszint-szabályozás; *koh* töltésiszint-szabályozás; *távk* szintszabályozás, szintszabályozó; **~-control box** *tex* íranyagszint-szabályozó; **~-control coefficient** *hang* kivezérlési fok; **~ control equipment** szintszabályozó, folyadékszint-szabályozó; **~ -controlled** szintszabályozott, szintvezérelt; **~ controller** szintszabályozó, folyadékszint-szabályozó; **~ course** *bány* szintes folyosó/vágat; *ép* kiegyenlítő réteg; **~ crossing (LC)** *vasút GB* szintbeli útkereszteződés/keresztezés, vasúti átjáró; **~-crossing barrier** *vasút* sorompó *(pályaszinti keresztezésnél)*; **~-crossing side/wicket gate** *vasút* gyalogos átjáró *(szintbeli keresztezésnél)*; **~-crossing warning signal** *vasút* figyelmeztető jelzés szintbeli keresztezéseknél; **~ crossing without gate** *vasút* sorompó nélküli vasúti kereszteződés; **~ cruise** *rep* vízszintes utazórepülés; **~ curve** *mat* nívógörbe, nívóvonal, szintvonal; *met* izohipsza, (magassági) szintvonal; **~ cutting** *bány* szintes szeletes fejtés; **~ demand signal** *at* referenciajel, előírt szintjel; **~ density** *at* magnívósűrűség, (energia)szintsűrűség; **~ detector (LDT)** *aut* szintérzékelő, szintdetektor; **~ diagram** *távk* szintdiagram; **~ difference** szintkülönbség; **~ distribution** *at* energiaszint-eloszlás; **~ down** *v* szintet mélyít, (lefelé) kiegyenget; **~-drift** *bány* mezővágat; **~ dyeing** *tex* egyenletes színezés; színezés végben terítve; **~ dyeing assistant** *tex* egalizálószer; **~ error** *geod* magassági hiba *(mérésnél)*; szintező dőlési hibája, kollimációhiba; **~ flight** *rep* vízszintes repülés; **~ flight indicator** *rep* vízszintességjelző műszer *(repülésé)*; **~-flight speed** *rep* vízszintes repülési sebesség; **~ gateway** *bány* alapközle, alapvágat; **~ ga(u)ge** szintező; szintjelző, folyadékállás-mutató; **~ generator** *távk* szintadó; **~ height** szintmagasság; *bány* szintköz; **~ hunting** *távk* emeletkeresés; **~ indicator** szintjelző, folyadékállás-mutató; folyadékszint-indikátor, folyadékszintjelző; *el* szintindikátor, kivezérlésmérő; *rep* mesterséges horizont; *távk* szintmérő/szintmutató; **~ instrument** szintezőműszer, vízszintmérő; **~ land** *geod, geol* sík terület; **~ landing** *rep* kétpontos leszállás vízszintes törzshelyzettel; **~ line** *fiz* izohipsza, magassági szintvonal; *geod* szintezési vonal; *geol* rétegvonal; *hidr* vízvonal; *mat* nívógörbe, nívóvonal, szintvonal; *vasút* vízszintes vonalszakasz; **~ loaded** színültig rakott; **~-luffing crane** *ép* billenődaru, derrikdaru; vízszintes tehermozgású billenőgémes daru; **~-luffing jib** *ép* billenőgém; **~-luffing slewing crane** *ép* billenő-forgó daru; **~ maintenance** *bány* vágatfenntartás; **~ measurement/measuring** szintmérés *(folyadéké)*; *távk* szintmérés; **~-measuring set (LMS)** *távk* szintmérő; **~ meter** *rád* szintmérő; **~ monitoring** *távk* szintellenőrzés; **~ number** *szt* szintszám; **~ of abrasion** *geol* abráziós térszint; **~ of background wise** *hang* alapzajszint; **~ of energy** *fiz* energiaszint; **~ of error** *mat* szignifikanciaszint, túllépési valószínűség, hibavalószínűség, hibaráta; **~ off** *v* kiegyenlít, egy szintre hoz, planíroz; **~ of foundation** *ép* alapozási szint; **~ of groove** *koh* üregmagasság; **~ of loudness** *hang* hangosságszint; **~ of metal** *koh* fémszint; **~ of non-divergence** *met* divergenciamentes szint; **~ of performance** teljesítményszint; **~ of radioactivity** *at* radioaktivitásszint; **~ of significance** *fiz* konfidenciaszint, konfidenciaegyüttható, konfidenciavalószínűség; *stat* szignifikanciaszint, túllépési valószínűség, hibavalószínűség, hibaráta; **~ of stacking** rakodási magasság; **~ of surrounding noises** *környv* (környezeti) zajszint; **~ of underground water** *hidr* talajvízszint; **~ of upper pond/pool** *hidr* duzzasztott vízszint, duzzasztási szint; **~ of water** *hidr* vízállás, vízmagasság, vízszint; **~-operated input** *szt* állapotvezérelt bemenet; **~ out** *v ép* kiegyenlít, egy szintre hoz, planíroz; szintez, szintezővel mér; *rep* kilebegtet; **~ overflow motion** *távk* folytonos keresés; **~ peg** *geod* (töltés)szintjelző karó; **~ picture receiver** válaszgörbevevő, amplitúdóválasz-vevő; **~ plane** *vasút* pályasík; **~ prism** *geod* libellanéző prizma; **~ recorder (LR)** *el, távk* szintjelző író, regisztráló szintjelző; szintregisztráló; *hidr* regisztráló vízszintmérce; **~ regulator** *el, hidr* folyadékszint-szabályozó; **~ resistor** *el* karos dekádellenállás, karos/forgattyús változtatható ellenállás; **~ restoration** *távk* szinthelyreállítás; **~ road** *ép* sík út; **~ roller runway** *ép* vízszintes görgő(s)pálya; **~ screen** *ép* síkrosta, síkszita; **~ seam** *bány* vízszintes réteg/telep; **~ section** *ép* vízszintes útszakasz; **~ sensor** *gép* töltésszint-érzékelő; **~-setting** *tv* szinthelyreállító kapcsolás; **~ shifting circuit** *távk* szintáthelyező áramkör; **~ sieve** *élip* vízszintes szitakeret; **~ signal** *el* szintjel; **~ spacing** *at* szintköz, energiakülönbség, magnívótávolság; **~ square** vízmércés szögmérő; **~ stake** *ép, geod* (töltés)szintjelző karó; **~ stretch of a road** *ép* vízszintes útszakasz; **~ surface** *fiz* geopotenciális felület; **~ switch** *el* szintkapcsoló; **~ system** *at* termrendszer, energiaszint-rendszer; **~ teleindicator** *aut, el* szinttávjelző készülék; **~ test** → **~** tube; **~-theodolit** *geod* egyetemes szintjelző(műszer); **~ tolerance of the logic variables** *el* logikai értéktolerancia; **~ track** *ép, vasút* vízszintes pálya; **~ transportation** *közl* vízszintes szállítás; **~ trier** *geod* libellavizsgáló, libellamérleg; **~ tube** *geod* csöves libella, csőlibella; **~ vessel** *fiz* szintkiegyenlítő edény; **~ vial** *fiz* libellacső; **~ width** *at* energiaszint-szélesség, magnívószélesség; **~ with bubble** *geod* libellás szintezőműszer; **~ with the ground** talajszinten

levelled, *US* **leveled** kiegyenlített; ferdén levágott *(pl. fog)*

leveller, *US* **leveler** szintező(műszer); *em* mikrobeállító, finom emeletbeállító; *ép* egyengetőgép; planírozóberendezés; **~ bar/beam** egyengetőrúd *(kokszoló kemencéhez)*

levelling, *US* **leveling** vízszintezés, vízszintesbe állítás; műszer szintezése; kompenzálás, kiegyensúlyozás, kiegyenlítés; *cipő* talpmángolás, talpsimítás; *ép* egyengetés, planírozás; kiegyenlítés, lehúzás, lesimítás *(betoné)*; *geod* (be)szintezés, lejtmérés; magasságmérés; műszertalp; *tex* egalizálás; **~ adjustment**

bány jövesztési mélység szabályozása; ~ **agent** *tex* egalizálószer; ~ **bar** → leveller bar; ~ **blade** *ép* talajegyengető lapát; ~ **block** *geol* szintezőlap; *gép* egyengetőlap; ~ **board** *geod* szintezőléc; ~ **bottle/bulb** szintezőcső, szintezőedény; ~ **concrete** *ép* kiegyenlítő beton(réteg); ~ **course** *ép* kiegyenlítőréteg; ~ **curve** *vasút* átmeneti ív; ~ **dye** *tex* egalizáló színezék; ~ **effect** kiegyenlítő hatás; ~ **filler** szintkiegyenlítő anyag *(padlóburkolat alatt)*; ~ **frame** *tex* egalizálógép, kiegyenlítőgép *(színezésnél)*; ~ **instrument** *geod* szintezőműszer, vízszintmérő; ~ **jib** *ép* egyengetőgém; ~ **layer** → ~ course; ~ **machine** *alak* egyengetőgép; *bőr* egalizálógép, kiegyenlítőgép *(színezésnél)*; simítógép; ~ **mechanism** *kat* kiegyenlítő talpszerkezet *(légvédelmi ágyúé)*; ~ **of a profile** *geod* vonalszintezés, hossz-szelvényszintezés; ~ **of lower order** *geod* alsóbbrendű szintezés; ~ **of the healds** *tex* nyüstszemek egy síkba állítása; ~ **of two surfaces** *ép* színelőillesztés, tompa ütközés; ~ **out** *rep* felrántás *(gépé)*; ~ **peg** *ép, geod* szintezési cövek; ~ **pipe** *ép, gép* szintkiegyenlítő cső *(két tartály között)*; ~ **plank** *ép* szinteződeszka; ~ **power** *tex* egalizálóképesség, kiegyenlítőképesség *(színezéké)*; ~ **rod** *geod* egyengetőrúd, szintezőléc; ~ **rule** szintezővonalzó; *ép* simítóléc; ~ **screed** *ép* lehúzódeszka; ~ **screw** *geod* szintbeállító csavar; szintezőcsavar; ~**-screw cup** *geod* talpcsavar-alátétcsésze; ~ **solvent** *vegy* homogenizáló oldószer, segédoldószer; ~ **staff** *geod* szintezőléc; ~ **stenter** *tex* egalizáló feszítőkeret; ~ **survey** *geod* magasságmérési felvétel; szintezés; ~ **tape** szintezőszalag; ~ **work** *ép* egyengetés, planírozás(i munka)

levelman *geod* szintezőmunkás

levelness *tex* egyenletesség *(színezési)*; színezékegalizáló/színezékkiegyenlítő képesség

lever I. *v* emelővel/emelőrúddal emel; **II.** *n* feszítővas; emelő, emelőrúd; *finm* horgony, anker *(óráé)*; *gép* (működtető)kar, himba, emeltyű, fogantyú; *mech* emelő, emelőrúd; *tex* fonalmérleg; ~ **action** emelőhatás; ~**-and-screw coupling** *gép* karos csavaros kötés; ~ **apparatus** *gép* emelőszerkezet; ~ **arm** *gép* emelő karja, nyomatéki kar; ~ **arm of a force** erőkar; ~ **arrangement** emelőkar-elrendezés; ~ **bar** emelőrúd; *távk* kapcsolókar; ~ **brace** *szersz* emelőkaros fúrógép; ~ **brake** *gépk* emelőkaros fék, kézifék; ~ **catching device** *bány* himbás fogószerkezet; ~ **chuck** *gép* emeltyűs befogótokmány; ~ **clamp** *gép* karos szorító; ~ **collar** (kézi) emeltyűs zár; ~ **commutator switch** *el* villás átkapcsoló; ~ **control** *el* karos vezérlés; kezelőkar; *vasút* (emelőkaros) irányváltó; ~ **cut(ting) nippers** *pl szer* emeltyűs csípőfogó; ~ **disengaging gear** *gép* emelőkaros kikapcsolómű; ~ **dolly** *szersz* himbás szegecselőszerszám; ~ **drill** *szersz* emelőkaros fúrógép; ~ **escapement** *óra* horgonyjárat; ~ **feed** *forg* karos előtolás; ~ **fire** *kat* ütőszeggel végrehajtott tüzelés; ~ **fork** villás emelőkar; ~ **fulcrum** *mech* emelőkar forgáspontja/támaszpontja; ~ **ga(u)ge** *metr* (karos-himbás) mérőóra; ~ **gear** *gép* karos áttétel; ~ **hammer** *szersz* karos/himbás kalapács; ~ **harrow** *mzg* állítható (forgó)karos borona; ~ **head** *szersz* emelőkar feje; himbafej; ~ **indication** *vasút* emeltyűállás visszajelentése; ~ **jack** *gépk* karos kocsiemelő; ~ **key** *távk* karos kapcsoló; ~ **latch** emeltyűkilincs; ~ **lid** benyomható konzervtető; ~**-lid can** benyomható tetejű konzerv; ~ **light** *vasút* emeltyűállás-jelző lámpa; ~ **lock** emeltyűzár; ~ **machine** karos vezérlésű gép; ~ **manipulation chart** *vasút* elzárási táblázat; ~ **movement** *óra* horgonymű; ~ **nail extractor/puller** *szer* emeltyűs szegkihúzó; ~ **nippers** *pl óra* karos huzalvágó; ~**-operated chuck** → ~ chuck; ~**-operated punch** → ~ punch; ~**-pick loom** *tex* alsóvetésű szövőgép; ~ **power cylinder** *gép* forgattyús szervomotor; ~ **press** *gép* kézikaros sajtó; ~ **pressure** *mech* emelőnyomás; ~ **principle** *mech* emelőszabály, emelőtörvény; ~ **pulling chart** → manipulation chart; ~ **punch** karos lyukasztó; ~ **relationship rule** → ~ rule; ~ **resistance box** *el* karos dekádellenállás, karos/forgattyús változtatható ellenállás; ~**-reversing gear** *gép* emeltyűs irányváltómű, reverzálómű; ~ **ring** nyitógyűrű *(konzerven)*; ~ **rule** *mech* emelők szabálya; ~ **safety valve** *gép* súlyemeltyűs biztonsági szelep; ~ **shaft** *gép* forgattyútengely; ~ **shears** *pl szersz* lemezolló; ~ **stop** *mech* emelő ütközője; ~ **stopper** *szersz* kengyelzár *(palackon)*; ~ **switch** *távk* karos kapcsoló; ~ **system** *gép* emeltyűrendszer; ~ **tackle** *tex* emelőkaros nyüstfelszerelés; ~ **tongs** *pl szersz* emelőkaros fogó; ~ **transmission** *gép* karos áttétel; ~**-trip hammer** *szersz* karos kioldású kalapács; ~ **tumbler** Norton-szekrény karja, előtolásváltó kar; ~**-type brush-holder** *el* csapos kefetartó; ~**-type hand gun** *szer* kenőprés, kenőpumpa; ~**-type limit switch** *el* himbás/emeltyűs végálláskapcsoló; ~**-type shock-absorber** *gépk* karos lengéscsillapító; ~**-type starter** *el* karos indító; ~ **valve** *el* karos (működtetésű) szelep; ~ **watch** *óra* ankeróra; ~**-weighted safety valve** → ~ safety valve; ~ **weir** *hidr* bukótáblás gát; ~ **wheel** *finm* ankerkerék; ~ **wind** *foto* gyorsfelhúzó; ~ **with eccentric fulcrum** *gép* excentrikusan ágyazott emelőkar; ~ **yoke** → ~ tumbler

leverage *mech* emelőkarviszony; emeltyűhatás, emelőerő

leverman *vasút* jelzőkezelő, jelzőállító

leviathan washer *tex* leviathan-mosógép

levigate porrá őröl *(nedves őrléssel)*; simára őröl; *koh* iszapol

levigation porrá őrlés *(nedves őrléssel)*; *pa* elkeverés; *vegy* ülepítés, dekantálás

levitate emelkedik, lebeg; úszik

levitated súlytalan

levitation lebegés; emelkedés, (fel)úszás; ~ **melting** a lemért súlyú fém megolvasztása

levo . . . *US* → laevo . . .

levulinic *US* → laevulinic

levulose *US* → laevulose

levyne, levynite *ásv* levynit

lewis *ép* kőemelő kapocs/kabala; kőmarkoló fogó; ~ **bolt** *ép* lehorgonyzócsap; *geod* gúlalábrögzítő csavar; *gép* alapzatcsavar, kőcsavar; *ol* horgonycsavar; ~ **hole** köblyuk *(kőemelőnek)*

Lewis key érintős ék

lewising tool fecskefarkvéső

lewisite *ásv* lewisit; *kat, vegy* mustárgáz, diklór-(2-klór-vinil-)arzin

lexeme *szt* lexéma

lexical | analysis *szt* lexikai elemzés; ~ **category** lexikai kategória; ~ **entry** lexikai egység

lexicographic function *mat* lexikografikus függvény

Leyden jar *el* leydeni palack
LF → line feed (character); → line finder; → load factor; → low frequency; → low-frequency
LFA → low-frequency amplifier
LFDF → low-frequency direction finder
LFF → low-frequency filter
lg → logarithm to base 10
Lg → ligroin
LG → landing gear; → landing ground; → low gear
l.g. → large-grained
lg.tn. → long ton
LH → latent heat; → left hand; → lightening hole; → lighthouse; → liquid hydrogen; → low-to-high level
L-H olaj-víz emulzió
LHA → local hour angle
lhc → left-hand cut(ting)
LHD → left hand drive
LHe → liquid helium
lherzolite *ásv* lherzolit
L'Hospital's rule *mat* L'Hospital-szabály
lhr → lumen hour
lhs → left-hand side
li → lunitidal interval
Li → lithium
LI → length indicator; → liquidity index; → lithographer
liabilities passzívák
liability hajlamosság; kötelezettség; ~ **for defects** meghibásodási hajlam; ~ **to accidents** balesetveszélyesség; ~ **to creasing** gyűrődési hajlamosság
liable alávetett, kötelezett; hajlamos; ~ **to chip** *fa* hasadó; ~ **to flow** folyásra hajlamos; ~ **to spontaneous ignition** öngyulladásra hajlamos; ~ **to subsidence** *ép, talt* süllyedésérzékeny
liaison összeköttetés; kapcsolat; kölcsönhatás; ~ **aircraft** összekötő repülőgép, futárgép; ~ **circuit** *távk* harántösszeköttetés, közvetlen vonal; ~ **officer** *kat* összekötő
Lias *geol* liász; ~ **clay** *geol* liászkori agyag; ~ **sandstone with ferruginous parts** *geol* vasmészkő, mészköves vasérc; ~ **stone** *geol* liászmészkő
liber *fa* háncs
liberal bőségesen/biztonságosan méretezett
liberated | **energy** felszabadított/felszabadult energia; ~ **moisture** *élip* szabaddá tett nedvesség
liberation *bány* ércelőkészítés aprítással; *fiz, vegy* (gáz)fejlesztés; elszakadás, eltávolítás; kibocsátás; kilépés; kiszabadítás, felszabadítás; kiválás, kiszabadulás, felszabdulás; ~ **cell/tank** *el* elektrolitregeneráló kád; ~ **time** *el* lekapcsolási/kioldási idő
liberator tank *el* elektrolitregeneráló kád
libethenite *ásv* libetenit
libollite *ásv* libollit
Libra *csill* Mérleg
Librarian utility (LBR) *szt* könyvtárkezelő program
library *szt* programkönyvtár; ~ **automation** *szt* könyvtár-automatizálás; ~ **binding** *nyom* díszkötés; ~ **maintenance routine** *szt* könyvtári karbantartó program; ~ **(of data)** *szt* (adat)könyvtár, (adat)állomány-rendszer; ~ **program/routine** *szt* könyvtárprogram
librate egyensúlyban tart, egyensúlyoz, (meg)mér
libration mérés; kiegyensúlyozás; *csill* libráció; ~ **in latitude** *csill* szélességi libráció; ~ **in longitude** *csill* hosszúsági libráció; ~ **point** *csill* librációs pont

LIC → linear integrated circuit
licence, *US* **license** (hatósági) engedély, felhatalmazás; iparengedély; szabadalmi koncesszió, licencia; eltérés *(szabálytól)*; *gépk* vezetői engedély, jogosítvány; *rep* szakszolgálati engedély; ~ **agreement** licenciaegyezmény; ~ **fee** licenciadíj; ~ **holder** licencia jogosultja/tulajdonosa; tv-előfizető; ~ **number** *gépk* (forgalmi) rendszám; ~ **plate** *gépk* rendszámtábla; ~ **plate light** *gépk* rendszámtábla-világító lámpa; ~ **revenue** licenciadíjból származó jövedelem
license I. *v* felhatalmaz, feljogosít, engedélyt/jogosítványt ad, engedélyez; **II.** *n US* → licence
licensed képesített; ~ **aircraft engineer** *rep* ellenőrzésre jogosított repülőmérnök; ~ **party** licencia jogosultja/tulajdonosa, licenciavevő; ~ **pilot** *rep* szakszolgálati engedéllyel rendelkező repülőgépvezető
licensee szabadalom engedményese; licencia birtokosa, hasznosító
licenser licenciaadó
licensing engedélyezés; licencia átengedése, licenciaadás; ~ **authority** *rep* engedélyező hatóság; ~ **contract** licenciaszerződés, hasznosítási szerződés; ~ **procedure** *at* engedélyezési eljárás
licensor → licenser
lich gate → lych gate
Lichtenberg figures *fiz* Lichtenberg-féle ábrák
licker-in *tex* behúzóhenger, etetőhenger, előbontóhenger
licking *tex* tekercsképzés
lick-up *pa* papírvezetés vákuum nélkül; ~ **overfelt** *pa* felsőnemez
lid fedél, fedő, csapófedél, kupak; tető; *bány* alátét; főtebélés; párnafa; süveg(fa); *szt* tető, fedél; ~ **catch** fedeles lezárás *(konzervé)*; ~ **joint** *gép* ráhajtott illesztés; ~ **lock** → ~ catch; ~ **of manhole** *távk* kábelaknafedél; ~ **of the blast furnace** *koh* nagyolvasztó-pódium
LID → leadless inverted device
lidar (light detection and ranging) lidar, lézerlokátor
lie[1] fekszik; ~ **flat** simán fekszik; ~ **still** nyugalomban van
lie[2] ~ **detector** hazugságvizsgáló gép
Lie | **algebra** *mat, fiz* Lie-algebra; ~ **group** Lie-csoport
liebenerite *ásv* liebenerit
Liebenow circuit *el* Greinacher-kapcsolás
Liebermann|-Storch test *pa* Liebermann—Storch-vizsgálat; ~ **test for phenols** *vegy* Liebermann-féle fenolvizsgálat
Liebig condenser *vegy* Liebig-hűtő
liebigite *ásv* liebigit
lier[1] → lear
lier[2] ~ **of a stone** *ép* kő talpfelülete
lierne *ép* csillagboltozat gyűrűbordája; ~ **vault** csillagboltozat
Liesegang rings *vegy* Liesegang-gyűrűk
lievrite *ásv* lievrit
life élettartam, üzemi időtartam; hasznos működési idő; *rep* működési időtartam; ~**-belt** mentőöv, biztonsági öv; ~ **bench** *hajó* mentőpad; ~ **between repairs** javítások közötti élettartam; ~ **boat** *hajó, rep* (felfújható) mentőcsónak; ~**-boat transceiver** *rád* mentőeszköz-állomás; ~ **buoy** *hajó, rep* mentőbója; ~ **characteristic** élettartam-jelleggörbe, élettartam-karakterisztika; ~ **cycle** fejlődésmenet; *szt* életcik-

lus; ~ **expectancy** átlagos/várható élettartam; ~ **jacket** *hajó, rep* mentőmellény; ~**-line** mentőkötél; búvárt leeresztő/felvonó kötél; ~ **of a furnace** *koh* kemencekampány, kemence-üzemidő; ~ **of a lamp** lámpa hasznos működési ideje; ~ **of face** *bány* fejtési hossz; ~**-period** élettartam *(radioaktív elemé)*; ~ **preserver** mentőöv, mentőmellény; életmentő (készülék); ~ **raft** mentőtutaj; *rep* felfújható mentőtutaj; ~**-restoring apparatus** *bány* lélegeztetőkészülék; ~ **ring** *hajó* mentőgyűrű; ~ **rocket** *hajó* életmentő rakéta; ~**-saving apparatus** *hajó* mentőkészülék; ~**-saving service (LSS)** *bány, hajó* mentőszolgálat; ~**-saving station (LSS)** *bány* bányamentő-állomás; ~ **search** élet nyomainak keresése *(más bolygón)*; ~ **shaft** *gépk* hajtótengely; ~**-size(d)** életnagyságú; ~ **support** életfeltételek biztosítása az űrben; ~**-support system** *orv* életbentartó rendszer; ~ **support systems** *rep* létszükségleti rendszerek; ~ **table** *könyv* életkortáblázat, élettartam-táblázat, halandóságtáblázat; ~ **test** élettartam-vizsgálat; fárasztópróba, tartóssági vizsgálat; ~**-testing machine** élettartam-vizsgáló gép; ~ **time** → lifetime; ~ **train** *vasút* segélyvonat; ~ **utility** felhasználhatósági időtartam; ~ **vest** *rep* mentőmellény; mentőruházat

lifeless rubber rugalmasságát vesztett kaucsuk/gumi

lifetime élettartam, üzemi időtartam; *at* felezési idő; *félv* töltéshordozó élettartama; ~ **dose** (egy életen keresztül kapott) sugárdózis; ~ **emission** *gépk* 100 000 mérföld városi forgalomra számított kipufogógáz *(új motoré)*; ~ **lubrication** *gép* élettartam kenés; ~ **of excited state** *at* gerjesztett állapotú élettartam

LIFO → last in first out; ~ **list** *szt* LIFO-lista, verem; ~ **memory** *szt* LIFO tároló; LIFO-memória

lift I. *v* emel, megemel, kiemel, felemel; felszed *(növényt/palántát)*; felszakít *(útburkolatot)*; emelkedik, felemelkedik, kiemelkedik; felszáll; *bány* felvon; *pa* felfest; **II.** *n* lift, felvonó; emelőmagasság; emelőerő, felhajtóerő; emelés, kiemelés, felemelés; (fel)emelkedés; emelő *(gép/szerkezet)*; *bány* duzzadás; fogás; szállítóvágat; talpszedés; *cipő* sarokfolt; *ép* ejtési magasság *(verőkosé)*; fektetési/beépítési/öntési réteg; munkaszintek közti magasság; *finm* horgonyvezetés; *gép* fogantyú; löket; *mat* felhúzás, lift; *rep* légi szállítás; ~**-all** *mzg* kiemelő szerkezet *(traktoron)*; ~ **and descent** fel-le mozgás; ~**-and-force pump** szívó- és nyomószivattyú; ~**-and-gravity drainage system** *hidr* szivattyús gravitációs belvízrendszer; ~ **arm** emelőkar; ~ **axis** *rep* felhajtóerő tengelye; ~ **block** *em* emelő csigasor; ~ **bracing** *rep* lefelé feszítő huzalmerevítés; ~ **brake** felvonófék; ~ **bridge** *ép* felvonóhíd, emelhető híd; ~ **cabin** felvonófülke, fülke, járószék; ~ **cable** felvonókötél; *el* függőkábel; ~ **cage** felvonójárószék; ~**-cage guide** felvonó-járószékvezeték; ~ **capability** *kat* légiszállítási lehetőség/eszközök; ~ **capacity** *em* teherbírás; *rep* légiszállítási kapacitás; ~ **car** felvonójárószék; ~ **coefficient** *rep* felhajtóerőtényező; ~ **component** *rep* felhajtóerő-összetevő; ~ **counter** *gép* löketszámláló; ~ **crank** *gép* emelőkar; ~ **curve (of a cam)** felfutási görbe; ~ **curve slope** *rep* felhajtóerő-tényező iránytangense; ~ **decrement** *rep* felhajtóerő-csökkenés; ~ **direction** *rep* felhajtóerő iránya; ~ **distribution** *rep* felhajtóerő-eloszlás; ~**-drag ratio (L/D)** *rep* felhajtóerő-légellenállás arány, aerodinamikai arány; ~ **end of a lever** emelőkar; ~ **engine** *rep* függőleges tolóerejű hajtómű; ~ **flank** felfutási felület *(bütyöké)*; ~ **for books** könyvtári felvonó; ~ **force** *rep* felhajtóerő, emelőerő; ~ **fork** *ép* emelővilla; ~ **frame** *em* felvonóvezeték, vezetősín; *koh* adagoló felvonó váza; ~ **from the mo(u)ld** *v önt* kiemel a formából; ~ **gas** *ol* segédgáz; ~**-gate** *ép* felvonókapu; ~**-grip gear** *bány* karfogó szerkezet; *em* biztonsági fogókészülék *(felvonóé)*; ~ **hammer** *gép* ejtőkalapács; ~ **increasing device** *rep* felhajtóerő-növelő szerkezet; ~ **inland lock** *hidr* kamrazsilip; ~ **jack** kocsiemelő, autóemelő; *vasút* mozdonyemelő; ~**-jet engine** *rep* emelősugaras hajtómű; ~ **lock** *hidr* kamrazsilip, hajózsilip; ~ **motor** *el* felvonómotor; ~ **of a lock** *hidr* zsilipkamra; ~ **of a pump** *hidr* szivattyú emelési magassága, szállítómagasság; ~ **of cam** *gép* bütyök emelőmagassága; ~ **off** *v* kiemel, leemel; *rep* elemelkedik *(felszálláskor)*; ~**-off** kiemelő; kiemelkedő, kiemelhető; *rep* felszállás; repülőgép földtől való emelkedése; ~**-off mass** *rak* indulótömeg, indítási tömeg; ~**-off parachute** kényszerkioldású ejtőernyő; ~**-off speed** *rep* emelési/elvételi sebesség; ~**-off tape** javítószalag *(írógépen)*; ~ **of keys** *szt* billentyű holtjáték; ~ **of stroke** verőkos ejtési magassága; ~ **of the floor** *geol* talajemelkedés; ~ **of tide** árapály-ingadozás; ~ **operated by the passangers** vezető nélküli felvonó; ~ **operator** felvonókezelő; ~ **out** *v* kiemel, leemel; ~ **outlet** *hidr* szivattyús vízkivétel; ~ **platform** *em, ép* szállítólap, felvonó emelőlapja; ~ **platform truck** *gépk* emelőplatós tehergépkocsi; ~ **platform with (protective) railing** *ép* keretes szállítólap; ~ **pump** *hidr* nyomószivattyú; ~ **ram** *gép* emelődugattyú; ~ **rope** felvonókötél; ~ **shaft** *ép* felvonóakna; ~**-slab system** *ép* lift-slab eljárás, emeletemeléses építési mód; ~ **span** *ép* felemelhető hídnyílás; ~ **stage** *ép* szállítólap, felvonó emelőlapja; ~ **stop** *gép* emelkedésgátló ütköző; ~ **strut** *rep* felhajtóerő-felvevő dúc; ~**-to-drag ratio** → ~-drag ratio; ~ **tower** *ép* felvonóakna; ~ **truck** rakodótargonca; *ép* emelőkocsi, (magasraktári) emelőtargonca; ~**-type check valve** függőleges működésű visszacsapó szelep; ~**-up lid** *ép* csapófedél; ~**-up tailgate** *gépk* csomagtartóajtó; ~ **web** *rep* heveder *(ejtőernyőé)*; ~ **well** *ép, gép* felvonóakna; ~ **wires** *pl rep* tartókötél

lifter emelő, emelőrúd; *bány* felfelé irányított fúrólyuk; talpfúrólyuk; zúzónyíl; *gép* billenőkar; emelőbütyök; *mzg* kiemelő továbbító-szállító rostély; *önt* homokformázó hézagoló *(spatulya)*; *pa* lapfektető *(munkás)*; *tex* gyapjúmosó gép kiemelő szerkezete; platina; ~ **blade** *mzg* kiemelőkés *(répakiszerelő stb.)*; *tex* jacquard-emelőpenge; ~ **head** *tex* platinafej; ~ **hole** *bány* felfelé irányított fúrólyuk; ~ **lever** *gép* kioldóemelő, kiváltóemelő, kioldókar; ~ **rod** *tex* nyüstemelő kar; ~ **trimmer charge** *bány* talptöltet

lifting emelés, kiemelés, felemelés; megemelés; emelkedés, felemelkedés; kiemelkedés; felszállás; felvonás; talpemelkedés; felhordás *(festéké előző rétegre)*; *bány* meddőutánvét; *ép* felszakítás *(útburkolaté)*; *mat* felhúzás, lift; *mzg* felszedés *(növényé/palántáé)*; *pa* felfestés; ~ **and conveying** emelés és szállítás; ~ **and forcing pump** szívó-nyomó szivattyú; ~ **and lowering spindle** *gép* emelőcsavar; ~ **and tipping device** emelő-billentő szerkezet; ~ **apparatus** *ép* emelőberendezés; ~ **arm** emelőkar; ~ **bar** emelőrúd; *tex* késkeret, pengekeret; ~ **barrier** *vasút* sorompó; ~ **beam** *ép* emelőgerenda, emelőhimba; ~ **blade** *mzg* kiemelőkés *(répakiszedő stb.)*; *tex* jacquard-emelőpenge; ~ **block** (kötél)csigasor; ~ **bracket** tartókarom; ~ **bridge** felvonóhíd, emelhető híd; ~ **bucket** felvonó vedre; ~ **cable** emelőkötél, felvonókötél; ~ **capacity** *em* teherbírás; *rep* légiszállítási kapacitás; ~ **capacity free-on-wheels** emelési teherbírás kitámasztás nélkül *(autódaru)*; ~ **capacity on outriggers** emelési teherbírás kitámasztással *(autódaru)*; ~ **carriage** *önt* leemelő szán; ~ **cog** emelőbütyök; ~ **controller** *em* emelőmű kormányhengere; ~ **cord** *tex* emelőzsinór *(felvetőkereten)*; ~ **cord of the warp** láncfonalemelő; ~ **costs** *pl ol* termelési költség; ~ **crane** emelődaru; ~ **cylinder** *gép* emelőhenger; ~ **device** emelőberendezés, felvonó; ~ **direction** emelési irány; ~ **dog** *bány* fúrórudazat-kiemelő szerszám; ~ **drum** *em* emelővitladob; ~ **electromagnet** *em* emelőmágnes; ~ **eye (LE)** emelőfülecs, emelőfül; ~ **eye bolt** gyűrűs csapszegpecek; ~ **eye nut** gyűrűs anya, menetes gyűrű; ~ **fingers** *pl heng* bugafordító, manipulátor; ~ **flank** felfutási terület *(bütyöké)*; ~ **force** *fiz* felhajtóerő, emelőerő; ~ **fork** *ép* emelővilla; ~ **gas** *rep* léghajógáz, léggömbgáz, emelőgáz; ~ **gate** *ép* felvonókapu; ~ **gear** emelőmű *(darun)*; *em* emelőberendezés; ~ **height** emelőmagasság *(szivattyúé)*; szállítómagasság; ~ **hole** *bány* emelőlyuk; ~ **hook** daruhorog, emelőhorog, teherhorog; *tex* platina; ~ **injector** emelőlövettyű; ~ **jack** kocsiemelő/autóemelő (szerkezet); emelőcsavar, emelőorsó; ~ **lug** emelőfül(ecs); ~ **magnet** emelőmágnes; ~ **magnet with tines** mágneses markoló; ~ **main** nyomócsővezeték; ~ **mechanism** emelőmű; ~ **motion** emelő *(gyűrűsfonón)*; ~ **motor** emelőmotor; ~ **of potatoes** *mzg* burgonya kiemelése; ~ **of the pattern** *önt* mintakiemelés; ~ **over** *bány* átemelés; ~ **piece** *óra* kioldókar; ~ **pipe** nyomócső; ~ **piston** *gép* emelődugattyú; ~ **plan** *tex* nyüstemelés; ~ **plate (of a pattern)** *önt* emelőlap, kiemelőlap; ~ **platform** emelőpad; ~ **plough/plow (for potatoes)** *mzg* (burgonya)kiszántó eke; ~ **poker** *tex* emelőpálca; ~ **power** felhajtóerő, emelőerő; teherbíró képesség *(darué)*; ~ **pump** (vákuum)szivattyú; ~ **rod** emelőrúd; ~ **roller** emelőgörgő; ~ **rope** emelőkötél, felvonókötél; ~ **rotor** emelő légcsavar, emelőcsavar; ~**s** *pl élip* könnyű átcsapat, röpkorpa; ~ **screw** emelőcsavar, emelőorsó; csavaros emelő; szállítócsiga; gyűrűscsavar, fülescsavar, szemcsavar; *rep* emelő légcsavar, emelőcsavar; ~ **speed** emelési sebesség; ~ **spider** háromlábú állvány *(emelőcsiga felfüggesztésére)*; ~ **spindle** *forg* emelőorsó; ~**-spindle valve** *hidr* emelkedőorsós szelep; ~ **stage** emelőállvány; ~ **strain** *tex* szádképzés okozta méretváltozás; ~ **surface** *rep* hordfelület, szárnyfelület; ~ **table** *heng* emelőasztal; ~ **tackle** *em* emelő csigasor; ~ **tailplane** *rep* emelő vezérsík; ~ **thrust** *rep* emelő tolóerő; ~ **toe** emelőbütyök; ~ **tongs** *pl* faemelő fogó; ollós fogó; *koh* tégelyfogó; ~ **truck** → lift truck; ~ **tube** *ép* nyomócső; ~**-up** felemelés; ~ **velocity** emelési sebesség; ~ **vortex** *rep* emelőerőt kifejtő örvény; ~ **wedge** beállító ék; ~ **wheel** emelőkerék; ~ **winch** *ép* emelőcsörlő; ~ **wire** *tex* jacquard-platina; ~ **work** *fiz* emelőmunka

ligament kötelék, kötés; kötőszál; csuklópánt; *hőt* merevítő ászokcsavar

ligand *vegy* ligand, ligandum; ~ **field theory** *vegy* ligandtérelmélet, ligandumtér-elmélet

ligarin könnyűbenzin, lakkbenzin, oldóbenzin

ligase *vegy* ligáz, szinteáz

ligasoid *fiz* köd, aeroszol folyékony diszpergált fázissal

ligation *tex* összekötés, összesodrás

ligature (be)kötés; kötelék, kötés; *nyom* kettősbetű, ligatúrás betű; kötővonal; ~ **scissors** *pl orv* varratszedő olló

light[1] **I.** *v* gyújt, meggyújt, felgyújt; világít, kivilágít, megvilágít; fénylik; kivilágosodik; izzik; meggyullad; lángra lobban; **II.** *a* tiszta, fényes, világos, jól megvilágított; halvány, világos *(színű)*; **III.** *n* fény, világosság; (meg)világítás; tűz, (gyújtó)láng; *el* fényforrás; fényjelzés, lámpajelzés; fényszóró; lámpa; villanyégő, világítótest; *ép* ablak; ablaknyílás, ablaktábla; ablakszárny; *közl* fény *(piros, sárga stb.)*; jelzőlámpa, jelzőfény; ~**/dark range** *el* világos-sötét intervallum; ~**/dark ratio** *el* világos-sötét viszony; ~ **aberration** fényaberráció; ~**-absorbing** fényelnyelő; ~ **accumulator** fénytároló, fényhatástároló; ~**-activated switch (LAS)** fényműködtetésű kapcsoló; ~**-actuated SCR/thyristor** fototirisztor; ~**-adapted** fényhez alkalmazott; ~ **adjustment** *film* fénybeállítás; ~**-admitting** fényáteresztő; ~ **ageing** *gumi* öregedés fény hatására; *műa, gumi* fényöregítés, öregítés fényhatással; ~ **amplification** fényerősítés; ~ **amplification by stimulated emission of radiation (laser)** lézer; ~ **amplifier** fényerősítő; ~ **and ignition switch** *gépk* világítás- és gyújtáskapcsoló; ~ **and power plant operation and water supply** áram- és vízellátás; ~ **an engine** *v rep* hajtóművet beindít; ~ **antenna** fénysugár-irányító antenna; ~ **aspect** *vasút* jelzőfény; ~**-back** visszacsapás *(lángé)*; ~**-balance** megvilágítási egyensúly; ~ **band** *fiz* fénysáv; ~**-band instrument** fénymutatós műszer; ~**-band width** fénysávszélesség; ~ **barrier** *fiz* fotoelektromos relé; ~ **beacon** világítópéce; *rep* fényjeladó; ~ **beam** *opt* fénykéve, fénysugár; ~**-beam instrument** fénymutatós műszer; ~**-beam localizer** *rep* leszállási irányfény; ~**-beam recording** *opt* optikai regisztrálás, fényírós rögzítés; ~ **beam welding** *heng* hegesztés fénysugárral; ~ **bias** *fiz* fényeltolódás; ~ **blue** világoskék; halványkék; ~ **board** *el* világításkapcsoló tábla; ~ **boat** világítóhajó; ~ **bomb** *kat* világítóbomba; ~**(-)box** → lightbox; ~ **buoy** világítóbója; ~ **call installation** *távk* fényjelző (hívó)berendezés; ~ **cell** *el* fényelem; ~ **centre/center length** *el* fényközéppont magassága *(lámpáé)*; ~ **centre/center position** *el* fényközéppont *(lámpáé)*; ~ **characteristic** *el* fényeloszlási jelleggörbe; ~ **circuit** *el* világításvezeték; ~ **circuit coupling** *vasút* világítási hálózatcsatlakozás; ~**-colo(u)red** világos színű, élénk színű; ~ **column** (közúti) lámpaoszlop; ~ **commutation circuit** optikai kapcsolókör; ~ **conductance** *fiz* optikai fluxus, fényáram; ~ **cone (LC)** *opt* fénysugárkúp, fénykéve; ~ **control** *film* fénymodulátor, fényvezérlő berendezés; ~ **control means** *el* fényrelé; ~ **converter** *opt* fényátalakító; ~ **cord** villanyzsinór; ~ **corpuscle** *fiz* foton, fénykvantum; ~**-coupled semiconductor switch** fénycsatolási félvezető-kapcsoló; ~**-court** *ép* világítóudvar; ~ **crack** *gumi* fényhatás okozta repedés; ~ **cross** *met* fénykereszt; ~ **current (lc)** *el* fényáram; ~-**current meter** fénykvantumszámláló, fotonszámláló; ~ **curve** *csill* fénygörbe *(változó csillagé)*; ~-**demanding** fényigényes; ~ **demodulator** *aut* fénymodulátor, fényvezérlő berendezés; ~-**dependent control element** fénytől függő szabályozó/vezérlő szerv; ~-**dependent resistor (LDR)** fényérzékeny ellenállás; ~ **detection and ranging (lidar)** *el* lidar, lézerlokátor; ~ **detector** *el* fénydetektor; ~ **diffraction** *opt* fényelhajlás, fénytörés; ~ **diffuser** diffúzor, integrátor; ~-**diffusing screen** *foto* szóróernyő, lágy fényt adó ernyő; ~ **dimmer** fényszabályozó; ~ **distribution** *opt* fényerősség-eloszlás; ~ **distribution curve** *opt* fényerősség-eloszlási görbe, azonos fényerősségek görbéje/polárdiagramja; ~ **efficiency** fényhasznosítás; ~-**electric amplification** fotoelektromos erősítés; ~ **emission** fénykibocsátás; ~-**emitting diode (LED)** világító dióda, LED; ~ **energy** *fiz* fényenergia, fénymennyiség; ~ **equivalent** *fiz* fényekvivalens, fényegyenérték; ~ **excitation** *el, fiz* fényenergia-gerjesztés; ~ **exciting pulse** *el, fiz* gerjesztő fényimpulzus; ~ **exposure** *el* megvilágítottság, expozíció; ~ **extinction** *fiz* fényelnyelés; ~ **face** → lightface; ~-**fast** fényálló; ~-**fastness** fényállóság; ~-**fastness testing** fényállóság-vizsgálat; ~ **filter** *foto* fényszűrő; ~ **fitting/fixture** *el* világítótest, lámpatest; ~ **flare** *kat* világítórakéta, jelzőtöltény; ~ **flour** *élip* világos liszt, fehérliszt; ~ **fluctuation** fényingadozás; ~ **flux** *fiz* fényáram, fényfluxus; ~-**fog** *foto* fényudvaros emulziórész, fátyol; ~ **fuse** *el* világításbiztosító; ~ **gain** *fiz* fényerősítés; ~ **gap** *opt* fényrés; ~-**gap regulator** *opt* fényrésszabályozó; ~ **gathering power** *opt* fényerő *(műszeré)*; fénygyűjtő képesség; ~ **generated by glow discharge** *el* parázsfény, ködfény; ~ **grasp** *opt* fényerő; ~ **gray/grey** világosszürke; ~ **green** világoszöld; ~ **green N** malachitzöld; ~ **guide** fényvezető; ~ **gun** → ~ pen; ~ **hole** *geol* ponor; ~ **homing (guidance)** *aut* fénysugaras automatikus célkeresés; ~ **hour** *el* égési óraszám; *rád* égési idő, csőélettartam; ~-**house** → lighthouse; ~ **impulse** fényimpulzus; ~-**inducted pulse** fényimpulzus; ~ **input** *aut* fény(sugár)bemenet, beeső fénysugár; *opt* beeső fényáram; ~ **intensity** *fiz* fényerő, fényintenzitás; ~-**intensity modulation** *fiz* fényességmoduláció; ~-**intensity scale** *foto* fényerősségskála; ~-**intensity variation** fényerősség-ingadozás; ~ **level** *tv* fényességszint; ~ **line** fényvezető; ~ **mains** *el* világításvezeték, világítási hálózat; ~ **mast** lámpaoszlop; ~**(-)meter** *el* megvilágításmérő; *foto* fénymérő; ~ **microscope** *opt* fénymikroszkóp, optikai mikroszkóp; ~ **modulation** *opt* fénymoduláció; ~ **modulator** *opt* fénymodulátor, optikai modulátor; fényrelé; ~ **modulator tube** *tv* fényvezérlő cső; ~-**negative** *foto* fotorezisztens, fotoellenálló, fény hatására ellenálló; ~-**optical** fényoptikai; ~-**optical microscope** fénymikroszkóp, optikai mikroszkóp; ~ **optics** fényoptika; résoptika *(mikroszkópé)*; ~ **output** *opt* fényhasznosítás, fénytechnikai hatásfok *(világítótesté)*; fényteljesítmény; ~ **particle** *fiz* foton, fénykvantum; ~-**passing** fényáteresztő; ~ **path** *opt* optikai átviteli út; ~ **pen** *szt* fényceruza, fénytoll, kódolvasó (ceruza); ~-**pen hit** *szt* fényceruzás bevitel; ~ **period** *film* megvilágítási periódus; ~ **permeability** fényáteresztő képesség; ~ **pipe** *opt* fényvezető; ~ **plug** *el* világítási csatlakozó; ~ **pointer** *szt* fényceruza, fénytoll, kódolvasó (ceruza); ~ **pole** lámpaoszlop; ~-**positive** *foto* fotokonduktív, fotovezető; ~ **pressure** *fiz* fénynyomás; ~ **printer** fényíró *(műszer)*, optikai regisztráló műszer; ~-**producing** *fiz* fotogenikus, fénykibocsátó, fénykeltő; ~ **protecting goggles** *pl* fényvédő szemüveg; ~ **pulser** fényimpulzusadó; ~ **pulse welding** *heg* fényimpulzusos hegesztés; ~-**pumped solid state laser** fénnyel szivattyúzott/pumpált szilárdtestlézer; ~ **quantity** fénymennyiség; fotometriai/fénytechnikai mennyiség; ~ **quantum** *fiz* foton, fénykvantum; ~ **radiation** fénysugárzás; ~ **ray** fénysugár; ~ **ray telephone** *távk* fénytelefon; ~-**reactive** *vegy* fényre reagáló; ~ **receiver** fénydetektor; ~ **red** halványvörös; ~-**red heat** halványvörös izzás; ~-**red silver-ore** *ásv* proustit; ~ **reduction** fénygyengítés; ~ **regulator** fényszabályozó, fénybeállító; fényerő-beállítás; ~ **relay** *távk* fényrelé; optikai modulátor; ~-**resistance** fényállóság; *el* fényellenállás; ~-**resistant** fényálló; ~-**resisting** fényálló; ~ **rocket** világítórakéta, jelzőtöltény; ~**s** *pl* világítás, fények; *közl* (forgalmi) jelzőlámpa; ~ **scatter(ing)** fényszórás; ~ **scattering diagram** *met* fény szóródásának diagramja; ~ **scattering table** *met* fény szóródási táblázata; ~ **screen** *fiz* ernyő; ~ **section** *opt* fénymetszet; ~ **section procedure** *opt* fénymetszeti eljárás; ~ **sector antenna** hálózati antenna; ~-**sensitive** *fiz* fényérzékeny; ~ **sensitiveness/sensitivity** fényérzékenység; ~ **sensitiveness tester** fényállóság-vizsgáló műszer; ~ **shade** világos színárnyalat; lámpaernyő; ~ **shaft** világítóakna; ~-**shutoff device** fényelzáró berendezés; ~ **signal** fényjel, optikai jel; *opt* fényjelző, fény; *vasút* fényjelző, fény; ~ **signalling installation** *távk* fényjelző (hívó)berendezés; ~ **signal transfer characteristic** átviteli karakterisztika/jelleggörbe *(fotokatódé)*; ~**s marking an obstruction** *közl* akadályjelző fény; ~ **socket** *el* világítási csatlakozó; ~ **source** fényforrás; ~ **spectrometer** optikai spektrométer; ~ **spectrum** *fiz* látható/optikai spektrum; ~ **speed** *fiz* fénysebesség; ~ **spindle switch** *gépk* fényszórókapcsoló; ~ **spot** *fiz* fénypont, spot; *tv* fénypont, fényfolt; ~-**spot galvanometer** fénymutatós galvanométer; ~-**spot recorder** fénypontíró; fénypontos regisztráló; ~ **stability** fényállóság; ~-**stability agent** fényvédő szer *(festékhez)*; ~ **standard** lámpaoszlop; ~ **station** *hajó* világítótorony; ~ **stimulus** fényinger; ~ **switch** *el* világításkapcsoló; ~ **switch box** világításkapcsoló doboz; ~-**switch lever** *gépk* világításkapcsoló kar; ~ **table** *nyom* montírozóasztal; ~ **text, dark screen** *szt* világos tónusú szöveg sötét képernyőn; ~-**tight** *opt* fényt át nem eresztő, fényzáró; ~-**time** *csill* fényidő; ~ **tone** világos színárnyalat; ~ **transformer** fénytranszformátor, fényátalakító; ~ **transmission** fényátbocsátás, fényáteresztés; ~-**transmitting capacity/power** átlátszóság, fényáteresztő képesség; ~-**trap** fénycsapda *(kártevő rovarok ellen)*; *foto* fényzsilip; ~ **tube** fénycső; ~ **unit** *opt* fotométeregység, fénytechnikai egység; ~ **up** *v* begyújt, alágyújt, lángra lobbant; lángra lobban; felvillan; kivilágít *(járművet)*; bekapcsolja a világítást; bevilágít; ~ **value** *opt* megvilágítási érték, fényérték; ~ **valve** résoptika *(mikroszkópé)*; *foto, távk* fényszelep, optikai modulátor; ~ **vector** fényvektor *(kristályé)*; ~ **velocity** *fiz* fénysebesség; ~ **wall socket** *el* világításcsatlakozó; ~ **watt** *fiz* fotometriai sugárzási ekvivalens; ~ **wave** *fiz* fényhullám; ~ **wave Doppler radar** *opt* optikai Doppler-radar; ~ **wave guide cable** *el* fényhullámvezető kábel; ~ **wave train** *el* fényhullámvonulat; ~ **well** világítóudvar; világítóakna; ~ **writing** villanyújság; ~**-year (l.y.)** *csill* fényév; ~ **yellow** világossárga, kankalinsárga

light[2] **I.** *v* (meg)könnyít; *fa* ritkít; **II.** *a* könnyű, csekély; híg; vékony *(vonal)*; ~ **air** *met* gyenge fuvallat; ~ **alloy (l.a.)** könnyűfémötvözet; ~ **alloy disk wheel** *gépk* könnyűfém keréktárcsa; ~ **alloy spoked wheel** *gépk* könnyűfém küllőskerék; ~ **annealing** *koh* enyhelágyítás; fehérlágyítás; ~ **anti-tank weapon (LAW)** *kat* könnyű tankelhárító fegyver; ~ **ashes** *pl* pernye, szállóhamu, porszénhamu; ~ **atom** *at* könnyűatom; ~**-bodied** könnyen folyó, kis viszkozitású, hígfolyós; ~**-bodied wine** *élip* könnyű bor; ~ **bomber** *kat* könnyűbombázó; ~ **bombing aircraft** *kat* könnyűbombázó; ~**-branched** kevéssé elágazó; ~ **breeze** *met* gyenge szellő; ~ **brick** *ép* könnyűtégla, sejttégla; ~**-brown** világosbarna; ~**-brown calf binding** *nyom* világosbarna egészbőr kötés; ~ **building board** *ép* fagyapotlemez; ~ **burden** *koh* könnyű adag; ~ **car** könnyű/kétüléses gépkocsi; kisautó; *kat* futárgépkocsi; ~ **carburet(t)ed hydrogen gas** telített szénhidrogéngáz, metángáz, bányalég; ~ **casting** *önt* könnyű öntvények készítése; ~ **chamotte** *koh* habsamott; ~ **chlorination of drinking water** *hidr* ivóvíz enyhe klórozása; ~**-clay product** finomkerámia; ~ **coal stuff** *koh* híg massza; ~ **construction** *ép* könnyűszerkezet; ~ **continous turbulence** *rep* állandó, gyenge széllökés; ~ **cracked gas oil** könnyű krakkgázolaj; ~ **crude (oil)** *ol* könnyű nyersolaj; ~ **current** *távk* gyengeáram; ~**-current engineering** gyengeáramú elektrotechnika; *távk* távközlés; ~ **cut** *gép* finom fogás/megmunkálás; *ol* könnyűpárlat; ~**-density material** kis sűrűségű anyag; ~ **Diesel oil (LDO)** könnyű dízelolaj; ~ **displacement** *hajó* vízkiszorítás terheletlen állapotban; ~ **distillate** *vegy* könnyű párlat; ~**-diver** könnyűbúvár; ~**-draft** → ~-draught; ~ **dragon** *kat* könnyű vontató; ~**-draught/draft** sekély merülésű; ~**-drive fit** sajtolóillesztés; ~**-duty** könnyű típusú; ~**-duty detergent** finom mosószer, finom textiláruk mosószere; ~**-duty flooring** *ép* padlóburkolat kis igénybevételre; ~**-duty machine** könnyű típusú munkagép; ~**-duty syndet** finom mosószer, finom textiláruk mosószere; ~ **element** *at* könnyűelem; ~ **ends** *pl ol* könnyű frakció(k), előpárlat, fejtermék; ~ **end tower** *ol* előpárlat-kolonna, előpárlattorony, fejtermékkolonna, fejterméktorony; ~ **engineering** finommechanika; ~ **engineering work** finommechanikai munka; ~ **expanded clay aggregate** duzzadóagyag; ~ **fraction** → ~ ends; ~ **fuel** könnyen illó üzemanyag, karburátor-üzemanyag; ~ **gage** → ~ gauge; ~ **gas oil** *ol* könnyű gázolaj; ~ **gasoline** vegyvizsgáló benzin, (könnyű) oldószerbenzin, könnyűbenzin; ~ **ga(u)ge** vékony méret *(lemez, huzal)*; *koh* vékony, finom; ~ **ga(u)ge carriageway/decking** *ép* könnyű/ortotrop lemezes hídpálya; ~**-ga(u)ge construction/design** *ép* könnyűszerkezet; ~**-ga(u)ge locomotive** *vasút* keskeny nyomtávú mozdony; ~**-ga(u)ge sheet metal** vékony fémlemez; ~**-gun tank** *kat* könnyű harckocsi; ~ **haze** *met* páraréteg; párásság; ~ **hydrocarbon** könnyű szénhidrogén; ~ **hydrogen** könnyűhidrogén, protium; ~ **industry** könnyűipar; ~ **intermittent turbulence** *met* bő széllökés; időnkénti, gyenge turbulencia; ~ **line** vékony vonal; *ásv* Becke-féle vonal; *hajó* merülési vonal *(üres hajóé)*; ~ **line antenna** hálózati antenna; ~ **load** kis terhelés; ~ **loading** *távk* kis pupinozás; ~ **load test** kisterhelési próba; ~ **lorry** *gépk* kisteherautó; ~ **machine-gun (LMG)** *kat* golyószóró; ~ **material** vékony szelvényű anyag; ~ **meson** *fiz* könnyű mezon; ~ **metal (LM)** *any* könnyűfém; ~ **metal alloy** könnyűfém ötvözet; ~ **metal construction** könnyűfémszerkezetes építés; ~ **metal product (LMP)** könnyűfém termék; ~ **metal tubular scaffolding** *ép* könnyűfém csőállvány; ~ **mill** *heng* könnyű sor; ~ **minerals** *ásv* könnyű ásványok; ~ **motor lorries and delivery vans** *gépk* szállító gépjárművek; ~ **naphtha** *vegy* vegyvizsgáló benzin, (könnyű) oldószerbenzin, könnyűbenzin; ~ **nucleus** *at* könnyűmag; ~ **observation helicopter (LOH)** könnyű megfigyelőhelikopter; ~ **oil** *ol, vegy* könnyűolaj, kis viszkozitású olaj, „vékony" olaj; ~ **oil maximizing process** *ol* Lomax-eljárás; ~ **on/upon** *v* rátalál/rábukkan vmre; ~ **petrol** vegyvizsgáló benzin, (könnyű) oldószerbenzin, könnyűbenzin; ~ **petroleum fraction** könnyű ásványolaj-frakció/kőolajfrakció; ~ **pitching** *bány* lapos dőlés; ~ **plastic sheathed cable** *el* kábelszerű vezeték, kiskábel; ~ **plate rolling mill** *heng* könnyűlemez-hengermű; ~**-press fit** laza sajtoló illesztés; ~ **rail motor tractor** *vasút* kismozdony; ~ **railway (LR)** keskeny nyomtávú vasút; *vasút* mellékvonal, gazdasági vasút; ~ **running** üresjárat, alapjárat; ~**-running** könnyű járású; *gép* tágan futó; ~ **running adjustment** *gépk* alapjárat-beállítás; ~ **section** *hang* kis keresztmetszetű szelvény; *koh* könnyű szelvény; ~**-section mill** *koh* finomsor; ~ **sheet metal** könnyűfém lemez; ~ **ship (LS)** *hajó* terheletlen hajó; ~ **soil** *mzg* laza/szemcsés talaj; ~ **solvent** *vegy* illékony oldószer; ~ **steel construction** *ép* könnyűacélszerkezetes építés; ~ **steel section** könnyűacél szelvény; ~ **steel structure** → ~ steel construction; ~ **traffic period** *távk* kis terhelésű idő; ~ **train** *koh* könnyű sor; ~ **truck** *gépk* kisteherautó; ~ **turbulence** *met* gyenge turbulencia; széllökés; ~ **vehicle lane** *közl* személygépkocsi sáv; ~ **vessel (LV)** *hajó* terheletlen hajtómű nélküli hajó; ~**-volatile fuel** karburátor-üzemanyag; ~ **washing** finommosás; ~ **water** *at* könnyűvíz; *vegy* közönséges víz, hidrogénoxid; ~**-water cooled** *at* könnyűvízzel hűtött; ~ **water-line** *hajó* merülési vonal *(üres hajóé)*; ~**-water power reactor** *at* könnyűvíz-teljesítményreaktor; ~**-water reactor (LWR)** *at* könnyűvizes reaktor; ~ **weight** → lightweight; *gépk* üres súly, önsúly; *pa* alsúly; ~**-weight alloy** *koh* könnyűfémötvözet; ~ **weld** *heg* homorú varrat; ~ **yeast** *élip* könnyű élesztő

lightbox átvilágítódoboz *(rajzfilmhez)*

lighted égő, világító; ~ **beacon** *hajó* világítópéce; ~ **buoy** *hajó* világítóbója; ~ **push button switch** *el* világító kapcsolóbillentyű

lighten[1] villámlik; szikrázik; (meg)világít; fellobbant; élénkít *(színt)*

lighten[2] könnyebbedik; súlyt csökkent; könnyebbít, könnyít; ~ **down** kiélesít, levékonyít *(gépszíjat)*; ferdére levág

lightened silver 90%-os ezüstfinomítvány
lightening | **file** 108 fokos háromélű reszelő; ~ **hole (LH)** *gépk* könnyítőlyuk *(alvázban)*; *hajó* könnyítőnyílás, kivágás; ~ **key** hornyas/beverő ék
lighter[1] gyújtó *(eszköz/személy)*; öngyújtó; *koh* gyújtólándzsa
lighter[2] könnyebb; ~**-than-air craft** *rep* levegőnél könnyebb légijármű
lighter[3] rakodóhajó, kikötői rakodóbárka; ~ **aboard ship (LASH)** Lash hajó
lighterage *hajó* átrakodási költség; rakodóhajó-forgalom; rakodóhajók; rakodóhajózás
lightface *nyom* vékony betű(típus)
lighthouse (LH) *hajó* világítótorony; ~ **triode** *távk* megatrontrióda; ~ **tube** *rád* megatron; világítótorony-cső; *távk* tárcsás trióda; világítótorony-cső; ~ **with double revolving light** két forgó fényforrással felszerelt világítótorony; ~ **with fixed light** rögzített fényforrással felszerelt világítótorony
lighting[1] **(ltg)** gyújtás, begyújtás, meggyújtás, felgyújtás; világítás, kivilágítás; megvilágítás; fénylés, kivilágosodás; izzás; meggyulladás; világosság, fény; fénytechnika *(színházban)*; *film* világosítás, belámpázás; *rád* átizzás *(rádiócsőé)*; ~ **bus bar** világításvezeték; ~ **cable** *gépk* világításvezeték; ~ **circuit** *el* világítási áramkör; ~ **column** lámpaoszlop; ~ **connection** *el* világítási csatlakozás; ~ **console** fényszabályozó vezérlőasztal; ~ **control** *tv* fényerő-szabályozás; ~ **current** *el* fényáram; ~ **drawing** világítóberendezés tervrajza; ~ **dynamo** *vasút* áramfejlesztő gép; ~ **electrician** *film* világosító; ~ **engineer** világítástechnikus; ~ **engineering** világítástechnika; ~ **equipment** világítási berendezés; ~ **feeder** világítási tápvezeték; ~ **fitting** világítótest, lámpatest; ~ **fixture** lámpafoglalat, izzólámpa-foglalat; ~ **force** megvilágítás (erőssége), fényerősség; ~ **gas** világító/városi gáz; ~ **grid** terelőrács; ~ **hour** *el* égési óraszám; *rád* égési idő, csőélettartam; ~ **installation** világítóberendezés; ~ **lines/mains** *pl* világítási hálózat; ~ **man** világosító *(színházban)*; ~ **mast** (közúti) lámpaoszlop; ~ **module** lámpaház *(mikroszkópon)*; ~ **of luggage boot/trunk** *gépk* csomagtér-világítás; ~ **of obstructions** *rep* akadályfények; akadályok kivilágítása; ~ **outlet** *el* világítási csatlakozó; ~ **plant** *vasút* kocsivilágító berendezés; ~ **pole** lámpaoszlop; ~ **pylon** közúti lámpaoszlop; ~ **screen** világító ernyő; ~ **set** *el* áramfejlesztő aggregát; ~ **switch** *gépk* világításkapcsoló; ~ **technique/technology** világítástechnika; ~ **transformer** világítási transzformátor; ~ **unit** világítótest, lámpa; ~ **up** kivilágítás, lámpagyújtás; begyújtás; *koh* begyújtás; felfűtés; ~**-up burner** *koh* gyújtólándzsa; ~**-up sprayer** *gépk* gyújtófúvóka; ~**-up time** lámpagyújtás *v.* kötelező kivilágítás ideje; ~ **with portable lamps** hordozható világítás
lighting[2] (meg)könnyítés; *fa* ritkítás, spacionálás
lightly|**-coated electrode** vékonyan bevont elektród/hegesztőpálca; ~ **printed pattern** ritka mintájú nyomás; ~**-stretched warp** *tex* lazán feszített lánc
lightness[1] *opt* világossági fok; ~ **of surface colour** színintenzitás
lightness[2] könnyűség *(súly)*
lightning ezüstös/aranyos csillogás *(fémé)*; *met* villámlás, villám; ~ **arrester (LA)** villámhárító; túlfeszültség-levezető; ~**-arrester air gap** túlfeszültség-levezető légrése; ~ **cable** *el* villámhárító-(föld)vezeték; ~ **cage** *el* villámcsapás elleni kalitka, Faraday-kalitka; ~ **call** *távk* villámkapcsolás; ~ **cameraman** filmoperatőr; ~ **channel** *met* villámcsatorna; ~ **conductor** villámhárító(-vezeték); villámvédő; ~ **damage** villám okozta kár; ~ **discharge** villámkisülés; ~ **discharger** villámhárító, túlfeszültség-levezető; ~ **flash** villámcsapás; ~ **gap** villámhárító-szikraköz; ~ **generator** próbatermi impulzusgenerátor; ~ **guard** villámhárító, túlfeszültség-levezető; ~ **protection** villámvédelem, légköri túlfeszültség elleni védelem; ~ **protection earth/ground** villámvédelmi földelés; ~ **protection fuse** *el* villámvédelmi biztosító; ~ **protection installation** villámhárító berendezés; ~ **protection rope** villámhárító kábel; ~ **protector** villámvédő, villámhárító, túlfeszültség-levezető; ~ **recorder** villámregisztráló berendezés; ~ **rod/stem** villámhárító, túlfeszültség-levezető; felfogó; villámhárító rúd; ~**-streamer crest** villámkisütő csúcs; ~ **stroke** villámcsapás; ~ **strom** villámlással együttjáró vihar; ~ **surge** légköri túlfeszültség; ~ **surge arrestor** *el* villámvédő; ~ **switch** *rád* földelőkapcsoló; ~ **tubes** *pl ásv* fulguritok, villámcsövek
lightproof fényálló, színtartó *(festék)*; *fiz* fényt át nem eresztő, fényzáró
lightproofness fényállóság, színtartóság; *fiz* fény át nem eresztés, fényzárás
lightship lehorgonyzott világítóhajó; ~ **station** meteorológiai állomás világítóhajón
lightweight könnyű, csekély; könnyűsúlyú; ~ **aggregate** *ép* könnyű adalékanyag; ~ **aggregate concrete** *ép* könnyű-adalékanyagos beton; ~ **coated paper (LWC paper)** *pa* LWC-papír, kis máztartalmú papír; ~ **concrete (LWC)** *ép* könnyűbeton; ~**-concrete aggregate** *ép* könnyűbeton adalékanyag; ~ **construction** *ép* könnyűszerkezet; ~ **fibreboard/fiberboard** *ép* fagyapotlemez; ~ **material** *ép* könnyű építőanyag; ~ **metal train** *vasút* könnyűvonat; ~ **partition wall** *ép* könnyű válaszfal; ~ **piston** *gép* könnyűfém dugattyú; ~ **plaster slab partition wall** *ép* albafal; könnyű gipsz válaszfal; ~ **precast concrete panel** *ép* előre gyártott könnyű betonelem; ~ **refractory brick** *ép* könnyű tűzálló tégla; ~ **scaffolding** *ép* könnyűállvány; ~ **scrap** *koh* könnyű hulladék; ~ **section** könnyű szelvény/profil *(fém)*; ~ **stacker** könnyű rakodógép; ~ **steel construction** könnyű acélszerkezet
lightwood (gyantás) gyújtós *(fenyőből)*; *fa* könnyűfa; magas gyantatartalmú tűlevelű fa
ligne *óra* vonal *(0,88" = 2,2558 mm)*
ligneous fa-, fából való; fatartalmú; *élip* fás; ~ **brown coal** *geol* fás barnakőszén; ~ **compound** *fa* lerakódás, fásítóanyag; ~ **fibre/fiber** farost
lignification (el)fásodás; elfásítás
lignify elfásodik; elfásít
lignifying elfásodás; elfásítás
lignin *vegy* lignin, faanyag; ~ **resin** ligningyanta; ~ **uptake** ligninfelvétel; ~ **works** *pa* facsiszolatgyár
lignite *geol* barnakőszén, barnaszén, lignit, xilit; ~ **bed** *bány* lignittelep; ~ **briquet(te)** barnaszén brikett; ~ **bucket wheel excavator** marókerekes lignitexkavátor; ~ **carbonization power station** barnaszén-tüzelésű erőmű; ~ **clay** lignites agyag; ~ **coke** barnaszénkoksz; ~**-cooking plant** lignitlepárló telep; ~ **district** barnaszénlelőhely; ~ **dressing plant** barnaszén-elő-

állító üzem; ~ **excavator** *bány* barnaszénkotró; ~ **mine** barnaszénbánya; ~ **open cast/cut** *bány* külszíni barnaszénfejtés; ~ **pit** → ~ mine; ~ **power station** lignittüzelésű erőmű; ~ **tar** barnaszénkátrány; ~-**tar oil** lignitkátrányolaj; ~ **tar pitch** barnaszénkátrány-szurok; ~ **wax** ozokerit, földiviasz, montánviasz
lignitic lignites; ~ **coal** *bány* földes barnakőszén
lignitiferous lignites
lignocellulose *pa* lignocellulóz, facellulóz
lignoceric acid *élip* lignocerinsav
lignon lignin, faanyag
lignum vitae guajakfa
ligroin (Lg) *vegy* könnyűbenzin, ligroin
ligurite *ásv* ligurit
like hasonló; azonos; ~ **charges** *el* azonos előjelű töltések; ~-**grained** egyszemcséjű, azonos szemnagyságú; ~ **poles** *el* egynemű/azonos pólusok; ~ **powers** *mat* azonos hatványok; ~ **sign** *mat* azonos előjel
likelihood valószínűség; látszat; *mat* valószínűség
likely valószínű, valószerű
lilac lila
lillianite *ásv* lillianit
lillite *ásv* lillit
LILO → last in last out; ~ **memory** *szt* LILO-memória
LIM → line impedance matching; → linear induction motor
lim. → limit; → limited
limacide *vegy* molluszkicid
limaçon *mat* Pascal-féle csiga
limb tag; *csill* égitesttányér pereme; *el* (tekercs)mag; *fa* vastag faág; *fiz* szár *(mágnesé)*; *geod* limbusz, limbuszkör, vízszintes kör; *geol* redőszárny; ~-**darkening** *csill* szélsötétedés; ~ **off** *v fa* legallyaz *(döntött fát)*
limber[1] **I.** *v* ruganyossá/hajlékonnyá tesz; ruganyossá/hajlékonnyá válik; **II.** *a* hajlékony, ruganyos
limber[2] kocsirúd; *kat* szállítótengely; ~ **frame** *kat* szállítótengely-keret; ~ **seat** *kat* szállítótengely-zsámoly; ~ **wheel** *kat* szállítótengely-kerék
limberhole *hajó* fenékvíz-átfolyónyílás
limberness rugalmasság, hajlékonyság
limbers *pl hajó* vízvezető csatorna
limburgite *geol* limburgit
lime[1] **I.** *v* meszel; *bőr* meszez; **II.** *n bőr* meszes; *vegy* kalcium-oxid; mész, mészhidrát; ~ **addition** mészadagolás; ~-**addition wheel** *cu, élip* mészadagoló kerék; ~-**base grease** kalciumbázisú kenőzsír; ~ **bin** meszesgödör; mészkád; ~ **blast** *bőr* mészfolt, mésznyom; ~ **boil** *koh* frissítő salakreakció; mészsalak frissítőreakciója; ~ **broadcaster** *mzg* meszesműtrágya-szóró gép; ~ **brush** *ép* meszelőecset; ~-**burner** mészégető (munkás); ~ **burning** mészégetés; ~-**burning kiln** mészégető kemence; ~ **cartridge** *bány* mésztöltény; ~ **cast** *ép* mészvakolat; ~ **catcher** mésztelenítőszer; ~ **chest** *ép* meszesgödör, meszesláda; ~ **concrete** mészbeton; ~ **concretion** *ép* mészkukac; ~ **content** mésztartalom; ~ **cracker** durva mészzúzómű; ~ **cream** *bőr* meszezőpép; *ép* mésztej, mészpép; ~ **cream containing realgar** *bőr* arzén-diszulfidos mészpép; ~ **crusher** mészőrlő; ~ **crystal** *üveg* cseh kristályüveg; ~ **defecation** *cu* létisztítás, derítés; ~ **diluted cement concrete** *ép* hosszabbított cementbeton; ~ **dinas brick** *ép* mészdinasztégla, szilikatégla; ~ **distributor** meszezőgép; ~ **dust** *mzg* mésztrágya; ~ **feldspar** *geol* mészföldpát; ~ **floor** *ép* esztrich; ~ **for building purposes** *ép* építőmész, építési mész; ~ **furnace** mészégető kemence; ~ **glue** csontenyv; ~ **hydrate** oltott mész; ~ **hydration** mészoltás; ~ **kiln** mészégető kemence; ~ **kilning** mészégetés; ~ **light** → limelight; ~ **malm brick** *ásv* meszes homokkő; mészhomoktégla; ~ **marl** mészmárga; *ép* mészhomokkő; ~ **milk** *cu* mésztej, mészpép; ~ **mill** mészőrlő; ~ **mix** *cu* mésztejmérő és -keverő edény; ~ **module** *ép* mészszám; ~-**mortar (l.m.)** *ép* mészhabarcs; ~ **mud** *ol* meszes öblítőiszap; *pa* mésziszap; ~ **nitrogen** mésznitrogén *(műtrágya)*, kalcium-ciánamid; ~ **nodule** *geol* löszbaba; ~ **ooze** *geol* mésziszap; ~ **paint** *bőr* svődolópép, meszezőpép; ~ **paste** *bőr, ép* mészpép; ~ **pigment** mészfesték; ~ **pit** mészkőbánya; *bőr* mészgödör, meszesgödör; ~ **plastering** *ép* mészvakolat; ~ **pond** *cu* iszapülepítő tó; ~ **powder** *ép* mészpor, porlómész; *mzg* mésztrágya; ~ **pyrolignite** soványmész, szürkemész; ~ **rake(r)** *ép* mészkeverő lapát; ~ **rock** *ásv* mészkő; ~ **salts** *pl cu* mészsók; ~ **sand** *ép* mészhomok; ~-**sand brick** *ép* mészhomoktégla; ~ **scum** *cu* mészlerakódás *(festéken)*; szűrőiszap, szűrőprésmésziszap; ~ **set** *koh* mésztapadvány *(nagyolvasztóban)*; ~ **silicate** *vegy* mészszilikát; ~-**silicate glass** közönséges üveg; ~ **slaked in the air** *ép* állott/döglött mész; ~ **slaker** mészoltó; ~ **slaking** *ép* mészoltás; ~-**slaking drum** forgódobos mészoltó gép; ~-**slaking plant** *ép* mészoltó gép; ~ **sludge** *cu* szűrőiszap, szűrőprésmésziszap; *pa* mésziszap; ~ **slurry** *bány* meszes zagy; ~ **soap** mészszappan; ~ **soap dispersing property** *tex* mészszappan-diszpergáló képesség; ~ **soap stain** *tex* mészszappanfolt; ~-**soda process** meszes-szódás eljárás *(vízlágyítás)*; ~ **soil** *geol* meszes talaj, mésztalaj; ~ **sower** *mzg* mésztrágyaszóró gép; ~ **spar** *ásv* izlandi/kettőző spát; ~ **spreader** *mzg* mészszóró gép, meszező; ~ **stain** *bőr* mészfolt, meszezési folt; ~ **stuff** *ép* mészhabarcs vakolat; ~ **sulphur/sulfur** *mzg* mészkénlé; ~-**test of water** víz mésztartalom-vizsgálata; ~-**trass mortar** mészpuccolán-habarcs; ~ **treatment** *cu* mésztejadagolás; ~ **tuff** mésztufa; ~-**uranite** *ásv* mészuráncsillám, autunit, mészuranit; ~ **wagon** *vasút* mészszállító kocsi; ~ **water** *vegy* meszes víz; ~ **(water) colo(u)r** mészfesték; ~ **water for sizing** *tex* írmassza; ~ **white (l.w.)** mészfehér *(festék)*; ~ **yard** *bőr* meszesműhely
lime[2] *élip* savanyú citrom
lime[3] hársfa
limed meszezett; ~ **ginger** meszezett gyömbér; ~ **juice** *cu* derített lé; ~ **resin** keményített fenyőgyanta/kolofónium
limekiln → lime kiln
limelight *el* fényszóró; reflektorfény, rivaldafény; *vegy* Drummond-féle mészfény
limen küszöb, határ, határszél
limer *bőr* meszező
limespar → lime spar
limestone mészkő; *geol* kagylós mészkő; ~ **chips** *pl koh* mészzúzalék; ~ **deposit** mészkőtelep; ~ **device** *geof* mészkőszonda; ~ **dust** *ép* mészkőpor; ~ **flux** *koh* folyósító mészkő, mészkőadalék; ~ **kiln** mészégető kemence; ~ **porosity** mészkőporozitás; ~

quarry mészkőbánya; ~ **rocks** *pl* mészkőzet; ~ **sonde** *ol* mészkőszonda; ~ **sound** *geof* mészkőszonda
limewash I. *v ép* meszel; **II.** *n ép* meszelés; mésztej, mészpép
limeworks mészégető (telep)
liminal value *fiz* küszöbérték
liming *bőr* meszezés; *mzg* mésszel való trágyázás; ~ **apparatus** *ép* mészoltó berendezés; ~ **bath** *koh* mésztejfürdő; ~ **materials** *mzg* talajjavító anyagok; ~ **of hides (in fellmongering)** *bőr* meszezés; ~ **of the cane juice** cukornádlé derítése mésszel; ~ **paddle** *bőr* meszező kelepce; ~ **to loosen the hair** *bőr* szőrlazító meszezés; ~ **tub** *bőr* meszeshordó, meszezőkád
limit (lim.) I. *v* korlátoz; (el)határol, határt szab; megszorít; **II.** *n* határ, korlát; határoló, ütköző (berendezés); *bány* határpillér; *mat* határérték, limesz; korlát; ~ **angle** *geod* határszög; ~ **bridge** *el* tűrésmérő híd; ~ **case** *mat* határeset, extrém eset; ~ **circle** *mat* horociklus, határkör; ~ **comparator** *aut* határérték-komparátor; ~ **contact** határérintkező; ~ **count** küszöbérték; ~ **cycle** *aut* határciklus; ~ **cycle point** *aut* határcikluspont; ~ **damping capacity** határcsillapítás; ~ **design** *mech* határterhelési eljárás; ~ **detector** határérzékelő; ~ **deviation** *gép* határeltérés; ~ **dimension** *gép* határméret; ~ **distance** *opt* fotometrikus határtávolság; ~ **frequency** határfrekvencia, kritikus frekvencia; ~ **from above** *mat* jobb oldali határérték; ~ **from below** *mat* bal oldali határérték; ~ **from the left** *mat* bal oldali határérték; ~ **from the right** *mat* jobb oldali határérték; ~ **function** *mat* limeszfüggvény, határfüggvény; ~ **gap ga(u)ge** *gép* villás határidomszer; ~ **ga(u)ge** *gép* tűrésmérő, határidomszer, határmérő idomszer; ~ **gust** *rep* határ széllökés; ~ **hydrocarbon** telített szénhidrogén; ~ **line** *mat* határvonal, limeszvonal; ~ **load** határterhelés; ~ **load-carrying capacity** határteherbírás; ~**-load design** *ép* méretezés határteherre; ~**-load factor** *rep* határterhelési tényező; ~ **number** *mat* torlódási pont; ~ **of adhesion** tapadási határ; ~ **of ash content** hamutartalom-határ; ~ **of audibility** hallhatósági határ; ~ **of backwater effect** *hidr* duzzasztási határ; ~ **of capacity** legnagyobb teljesítmény, csúcsteljesítmény; ~ **of carrying capacity** *vasút* legnagyobb méret *(rakományé)*; maximális teherbírás *(vasúti kocsié)*; ~ **of consistency** *talt* konzisztenciahatár; ~ **of elasticity** *fiz* rugalmassági határ; *tex* nyúlási határ; ~ **of equalization** *távk* kiegyenlítési/jeljavító határ; ~ **of error** *szt* hibakorlát; ~ **of hearing** *hang* hallásküszöb; ~ **of inflammability** gyulladási határ; ~ **of integration** integrációs határ; ~ **of linearity** linearitás határa; ~ **of loading capacity** → ~ of capacity; ~ **of medium tolerance** közepes tűrés határa; ~ **of nucleation** *krist* gócképződési határ; ~ **of panel** *bány* fejtési határ; ~ **of plasticity** *mech* képlékenységi küszöb; ~ **of power range** teljesítményhatár; ~ **of proportionality** *mech* arányossági határ; ~ **of resolution** *opt* feloldóképesség határa; ~ **of safe obstacle clearance** *rep* akadályok feletti biztonságos zóna határa; ~**-of-shunt signal** *vasút* tolatási határjel, tolatási határjelző; ~ **of springiness** *any* rugalmassági határ; ~ **of submersion** *hidr* elöntési határ; ~ **of tension** *mech* határfeszültség; ~ **of tension under tensile load** *mech* legnagyobb megengedett szakítóterhelés; ~ **of the face/forehead** *bány* munkahelyi főte; ~ **of the gas load** határgázterhelés; ~ **of the heat load** határhőterhelés; ~ **of the ultimate strength** *mech* törési/szakadási határ; ~ **of travel** végső helyzet, véghelyzet; ~ **of variation** szóráshatár *(minőség-ellenőrzés)*; ~ **of velocity** *fiz* kritikus sebesség, határsebesség; ~ **of visibility** *rep* látótávolság határa; ~ **oxygen index (LOI)** minimális oxigénérték; ~ **plug ga(u)ge** határ-furatidomszer; ~ **point** *mat* határpont; torlódási pont, torlódáspont; ~ **screw** ütközőcsavar; ~ **size** határérték *(mereté)*; ~**s of possible triggering** *pl* gyújtási határ; ~**s of science** határtudomány; ~**s of size** *pl* tűrési határok; ~ **speed** határsebesség, legnagyobb sebesség; ~ **state** *ép* határállapot; ~ **stop** *aut* ütköző; *el* végálláskapcsoló; *gép* határoló ütköző; ~ **stop washer** *szersz* ütközőkorong, ütközőtárcsa; ~ **stress** *mech* határfeszültség, határ-igénybevétel; ~ **switch (LS)** *el* végálláskapcsoló, véghelyzetkapcsoló; ~ **system** tűrési rendszer; ~ **testing** tűrésvizsgálat; ~ **value** *szt* határérték, limesz; ~ **viscosity** határviszkozitás
limitation korlátozás, megkötés; (el)határolás; végállás; *távk* jelvágás; ~ **in space** térbeli határok; ~ **of interference** zavarkorlátozás, zavarjelamplitúdó-korlátozás; ~ **of production** termeléskorlátozás; ~ **of spring travel** rugólöket-határolás
limited (lim.) korlátozott; korlátolt; kötött; ~ **action** korlátozott hatás; ~ **choice** *szt* korlátozott választási lehetőség; ~ **height of buildings** *ép* kötött építési magasság *(városépítés)*; ~ **nuclear response** *kat* korlátozott nukleáris visszacsapás; ~ **nuclear retaliation** *kat* korlátozott nukleáris megtorlás; ~ **proportionality** korlátozott arány; ~ **proportionality region** *at* behatárolt arányossági tartomány; ~ **route concept** *rep* korlátozott útvonal-kijelölési elv; ~ **sequence** *mat* korlátos sorozat; ~ **slip differential** *gépk* önzáró kiegyenlítőmű/differenciálmű; ~ **solubility** *vegy* korlátozott oldhatóság; ~ **space-charge accumulation diode (LSA diode)** LSA dióda; ~ **space-charge accumulation (LSA)** *félv* korlátozott tértöltés-felhalmozás; ~ **stability** *távk* korlátozott stabilitás; ~ **white noise** korlátozott fehérzaj
limiter *távk* határoló, korlátozó, limiter; ~ **characteristic** határoló/korlátozó jelleggörbéje; ~ **diode** határolódióda; ~ **stage** *el* korlátozó, határoló, limiter; ~ **tube/valve** *el* limitercső
limiting határoló, határ-, korlátozó; ~ **angle (of friction)** súrlódási szög; ~ **backing pressure** *vák* előnyomástűrés; ~ **case** határeset, extrém eset; ~ **characteristic function** *aut* karakterisztikus limitfüggvény/határfüggvény; ~ **charge** határtöltés *(akkumulátoré)*; ~ **circuit** *el* korlátozó kapcsolás; ~ **concentration** határkoncentráció; ~ **condition** határfeltétel; ~ **conductivity** *vegy* határ-vezetőképesség; ~ **cone** *krist* határkúp; ~ **current** *el* megszakítási határáram; telítési áram, határáram; *vegy* határáram *(polarográfia)*; ~ **current density** *el* impulzus-határáramsűrűség; ~ **density** *fiz* gázsűrűség végtelen kis nyomásnál, határ-nyomássűrűség; ~ **dimension** *gép* határméret; ~ **distribution** *mat* határeloszlás; ~ **error** *mat* hibahatár, maximális hiba; ~ **factor** *környv* korlátozó/limitáló tényező; ~ **forepressure** *vák* előnyomástűrés; ~ **form** *krist* határforma; ~ **frequency** *el* határfrekvencia, küszöbfrekvencia, levágási frekvencia; ~ **friction** *fiz* határsúrlódás; ~ **gradient** *ép* mértékadó emelkedés; *vasút* határemelkedő, határlejtésszög; ~

grading curve *ép* szemeloszlási határgörbe; ~ **grain** határszemcse; ~ **load** *mech* határ-igénybevétel; ~ **Mach-number** *rep* megengedett legnagyobb repülési Mach-szám; ~ **magnitude** magnitúdóhatár *(távcsőé)*; ~ **number** *mat* torlódási pont, torlódáspont; ~ **of peak demand** csúcsfogyasztás-korlátozás; ~ **overload characteristic** *félv* határáram-jelleggörbe; ~ **overload current** *el* határáram *(transzformátoré)*; ~ **particle** határszemcse; ~ **point** *mat* határpont; torlódási pont, torlódáspont; ~ **pressure** *vák* végnyomás; ~ **process** *fiz* határátmenet, határfolyamat; ~ **quantity** *fiz* alapjelérték, paraméter; ~ **range of stress** *any* lengőszilárdság; ~ **regulator** alapjelképző szerv; ~ **resistance** *el* korlátozó/határoló ellenállás; ~ **sensitivity** *el* érzékenységhatár; ~ **size** határméret; ~ **span length** maximális fesztáv/támaszköz; ~ **speed** legnagyobb sebesség, határsebesség; ~ **sphere** *krist* határgömb; ~ **state** határállapot; ~ **stress** *fiz* határigénybevétel; ~ **temperature rise** kritikus hőmérséklet-emelkedés, megengedett hőmérséklet-emelkedés; ~ **vacuum** *vák* végvákuum; ~ **value** *aut, mat* határérték, limes; *mat* torlódási pont, torlódáspont; ~ **value of gate current** *félv* csúcsvezérlőáram; ~ **value of mean on-state current** *el* tartós üzemi határáram; ~ **values** határadatok; ~ **velocity** *rep* határsebesség, legnagyobb sebesség; ~ **viscosity number** határviszkozitás; ~ **wall** *ép* térfal; ~ **wavelength** *el* kritikus hullámhossz, határhullámhossz; ~ **weather conditions** *rep* határértékű időjárási körülmények

limitless határtalan, korlátozatlan

limitrophe *mat* szomszédos, határos

limnetic → limnic

limnic édesvízi, tavi, limnikus; ~ **chalk** *geol* tavi kréta; ~ **coal seam** *geol* limnikus kőszéntelep; ~ **facies** *geol* tavi fáciesz

limnigraph vízszintíró, limnográf

limnite *ásv* forrásérc

limnobiology limnobiológia

limnograph vízszintíró, limnográf

limnology *geol* limnológia

limnoplankton édesvízi plankton

limonene *vegy* limonén, 1,8-p-mentadién

limonite *ásv* limonit, barnavaskő, barnavasérc

limonitization *geol* limonitosodás

limous zavaros, iszapos, sáros

limousine *gépk* limuzin; *tex* kallózott és gyengén bolyhozott fésűsgyapjúszövet

limp *nyom* rugalmas, puha *(kötés)*; *tex* petyhüdt

limpet *ép* fröcskölt azbesztszálas hangnyelő vakolat; ~ **mine** *kat* tapadóakna; ~ **washer** hullámlemez-alátét

limpid átlátszó, tiszta *(folyadék)*

limpidity átlátszóság, fényáteresztő képesség

limy meszes, mésztartalmú, mész-

LIN → liquid nitrogen

linac → linear accelerator

linaloe oil *vegy* linaloéolaj

linalool *vegy* linalool, linali-alkohol, 3,7-dimetil-1,6-oktadien-3-ol

linarite *ásv* linarit, ólomlazúr

linch határszegély; kiugró perem *(terepen)*; ~ **hoop** tengelyvéggyűrű, tengelykarika *(kocsin)*; ~ **pin** tengelypecek, kerékrögzítő csap *(szekéren)*

lincrusta *ép* linkruszta falburkolás

Linde process *vegy* Linde-féle eljárás

Lindeck potentiometer *el* Lindeck(—Rothe)-potenciométer, fényelektromos potenciométer

Lindemann | electrometer *el* Lindemann-féle elektrométer; ~ **window** *fiz* Lindemann-ablak

linden hárs

lindstromite *ásv* lindströmit

line I. *v* vonalkáz, (meg)vonalaz, rajzol; vonalat/vonalakat húz; burkol, átfed; bevon *(felületet)*; (be)borít, beburkol; megtöm, tölt; (ki)bélel; sorba állít, felsorakoztat; szegélyez; sorban áll; *bány* bedeszkáz; egyenesbe hoz *(ácsolatot)*; **II.** *n* vonás, vonal, egyenes; körvonal; sor; sorozat; irány; útvonal; fonál, zsinór, zsineg, kötél; ültetőzsinór *(palántáé)*; gyeplőszár; irányvonal, szabály, zsinórmérték; (cső)vezeték; távvezeték; *ép* beépítési vonal/sík; irányvonal, szabály, zsinórmérték; kitűzőzsinór; vonaljelzés; *fiz* (színkép)vonal, (spektrum)vonal; *geod* egyenlítő; mérőszalag; napéjegyenlőségi vonal; *hajó* hajótest síkmetszetvonala; *hang* vonalhangszóró; *kat* sorgyalogság, erődítési vonal; *közl* járat; vasútvonal; vontatókötél; *mat* egyenes, egyenes vonal; él, szál, szegély, kiszögellés, perem; sugár; vonal, görbe; *metr* 1/12 inch; *ol, koh, távk* vezeték *(cső, drót)*; *óra* súlyt tartó zsineg; *távk* vezeték, vonal, tápvonal; *tex* len, lenszövet; ~ **a bearing** *v* csapágyat bélel/kiönt *(fehérfémmel)*; ~ **a blast furnace** *v koh* nagyolvasztót bélel; ~ **abreast** *hajó* harántirány(vonal); ~ **absorption** *fiz* vonalas abszorpció; ~ **accumulator** *el* pufferakkumulátor; ~ **adapter** *szt* vonaladapter; ~ **adapter set** *távk* vonalcsatlakozó berendezés; ~ **addressable random access memory (laram memory)** *szt* soronként címezhető véletlen elérésű tár, LARAM; ~ **addressing** *szt* sorcímzés; ~ **advance** soremelés *(írógépen)*; *tv* (képelem)sorok távolsága; ~ **ahead** *hajó* nyomdokvonal-alakzat; ~ **amplifier** vízszintes/sorirányú eltérés erősítője, X-erősítő; *távk* vezetékerősítő, vonalerősítő; ~ **amplitude** soramplitúdó; ~ **amplitude control** sorirányú amplitúdószabályozás, sorszélesség-szabályozás; ~ **and level** *ép* alaprajzi és magassági vonalvezetés; ~ **a piston rod** *v* hajtórúdcsapágyat kiönt; ~ **assembly** *mt* futószalagos szerelés; ~**-at-a-time printer** *szt* sornyomtató; ~**-at-a-time printing** *szt* sornyomtatás; ~ **at infinity** *mat* végtelen távoli egyenes; ~ **attenuation** *távk* vonalcsillapítás; ~ **automatic circuit** *tv* sorfrekvenciás automata áramkör, sorautomata; ~ **balancer** *távk* torzításkiegyenlítő; ~ **balancing** *távk* vezetékkiegyenlítés, vonalkiegyenlítés; ~ **bank** *távk* vonalkapcsoló-mező, érintkezőmező; ~ **bearing** *geof* vonal irányszöge/tájolása; ~ **bend** *tv* sortorzítás; ~ **bend correction** sorgörbültség-korrekció; ~ **blanking** *távk* sormentesítő (áramkör); *tv* sorkioltás; ~ **blanking interval** sorkioltási idő; ~ **blanking signal** sorkioltójel; ~ **block** *nyom* vonalas klisé; ~ **boring** együttes fúrás *(tengely összes csapágyaié)*; *geol* kötélfúrás; ~**-boring machine** *forg* vízszintes fúrómű, horizontáleszterga; ~ **break** vezetékszakadás, huzalszakadás; ~ **breakage** *ol* (cső)vezetéktörés; ~ **breakdown** *távk* vonalszakadás; ~ **breaker** *el* vonalmegszakító; *vasút* főkapcsoló, vészkapcsoló; ~**-break relay** vonalszakadás-jelző jelfogó; ~ **bridge** *ép* csőhíd, vezetékhíd; ~ **broadcasting** vezetékes rádió; ~ **broadening** *csill* vonalkiszélesedés *(spektrumé)*; ~ **buffer** *szt* vonalpuffer, szövegszerkesztő sortárolója; ~ **building** *távk* vonalépítés; ~ **building-out network** *távk* kiegészítő vonal; ~ **busy** *távb* a vonal foglalt; ~**-by-line** soronként(i); ~**-by-line scanning** soronkénti letapogatás; ~**-by-line tape reader** lyukszalag-leolvasó; ~ **carrier** vezetéktartó; ~**-casting machine** *nyom* soröntő gép; ~ **centre/center** *fiz* színképvonal középpontja; ~ **characteristic** *távk* vonalkarakterisztika; ~ **chart** *szt* vonaldiagram; ~**-choking coil** *el* vonali fojtótekercs; ~ **circuit** *távk* előfizetői vonaláramkör; ~ **circuit-breaker** vonalmegszakító; ~ **clear** *vasút* menetállás, jelző „szabad" állása; ~ **code** *távk* vonali kód; ~**-colo(u)r** *nyom* színes vonal; ~ **communication** vezetékes távközlés/összeköttetés; ~**-commutated** *el* hálózaton továbbított; ~**-commutator** *távk* vonalátkapcsoló, vonalváltó *(szerkezet)*; ~ **concentrator** *szt* vonalkoncentrátor; *távb* bérházközpont; ~ **conductor** vezeték *(vonali)*; ~ **connection anode battery** *el* hálózati anódpótló/anódtápegység; ~ **constant** *távk* vonaljellemző, vonalkarakterisztika; ~ **construction** *távk* vonalépítés; ~ **contact** vonalérintkezés *(hiba)*; ~ **contactor** *távk* vonaljelfogó, vonalrelé, hívójelfogó, hívórelé; ~ **control** *tv* sorvezérlés; ~ **converter** *tv* sorszám-átalakító; ~ **coordinates** *mat* vonalkoordináták; ~ **copy** *nyom* vonalas eredeti; ~ **cord** *el* hálózati csatlakozóvezeték; ~ **counter** *szt* sorszámláló; ~**-critical graph** *mat* élkritikus gráf; ~ **current** *el* vonaláram; ~ **defect** *krist* egydimenziós hiba; vonalhiba; ~**-deflecting coil** *tv* soreltérítő tekercs; ~**-deflection circuit** *tv* soreltérítő áramkör; ~**-deflection oscillator** *tv* soroszcillátor; ~ **density** *távk* vonalsűrűség; ~ **diagram** vonalas ábra; ~ **dialling** *távk* vonalválasztás; ~ **direction determination** vonalvezetés, vonalfektetés; ~ **disconnection** hálózati hiba/áramkimaradás; ~ **displacement** *fiz* vonaleltolódás *(spektrumé)*; ~ **display** *szt* vonalas megjelenítés; ~ **distortion** *tv* sortorzítás; ~ **disturbance** *el* hálózati zavar; *távk* vonalzavar; ~ **divider** sorfrekvencia-osztó; ~ **drawing** vonalas rajz; ~ **drawing display** *szt* vonalrajzoló display; ~ **driver** *szt* vonalmeghajtó; ~ **drop** *el, távk* vonalfeszültség-esés; ~**-drop compensator (l.d.c.)** *el* vezetékfeszültségesés-kiegyenlítő; ~**-drop contour chart** magassági térkép; ~ **duration** *tv* soridő; ~ **dynamometer** *távk* vezetékfeszítés-mérő; ~ **editing** *szt* sorszerkesztés; ~ **electrode** vonalelektród; ~ **element** *el* áramköri elem; *fiz, mat* ívelem, ívkülönbség, vonalelem, elemi vonal; ~**-end** *vasút* csonkavágány; ~ **energy** *krist* vonalenergia; ~ **entrance** *el* vezetékbevezetés, vonalbemenet; ~ **equalization** *távk* torzításkiegyenlítés; ~ **equalizer** *távk* torzításkiegyenlítő; ~ **equipment** *távk* vonalszerelvények; ~ **failure** hálózati hiba/áramkimaradás; ~ **fault** *távk* vezetékhiba; vonalhiba; ~ **fault finder** *el* vonalvizsgáló, vezetékvizsgáló; ~ **fault service** *el* hibaelhárítás, zavarelhárítás; ~ **feature** *szt* vezetékcsatlakozás; ~**-feed (character) (LF)** *szt* soremelés, LF *(vezérlőkarakter)*; ~**-feed lever** *irgép, távk* soremelő; ~ **filling** *nyom* sorkitöltés, sorkizárás *(szedésnél)*; ~ **finder (LF)** *távk* vonalkereső, keresőgép; ~ **finder switch** *távk* híváskereső; ~ **finding** *távk* vonalkeresés; ~ **fittings** *el* vezetéki szerelvények; ~ **flicker(ing)** *tv* sorvillogás *(hiba)*; ~ **flyback** *tv* sorvisszafutás; ~ **flyback pulse** sorvisszafutási impulzus; ~ **focus** *opt* Goetze-fókusz; ~**-free** *tv* sormentes; ~**-free circuit** *aut* kireteszelő áramkör; ~ **frequency** sorfrekvencia; *távk* vezetéki frekvencia; ~**-frequency generator** *tv* sorfrekvencia-generátor; ~**-frequency induction furnace** *koh* hálózati frekvenciás indukciós kemence; ~ **gap** *el* vonalszikraköz; ~ **ga(u)ge** *geod* végvonásos mérőrúd; *nyom* tipométer; ~ **graduation** vonalbeosztás; ~ **graph** *mat* élgráf; ~ **grating** *nyom* vonalas raszter/rács; ~ **group** *távk* vonalnyaláb; ~ **half-tone combination** *nyom* kombinált vonalas és autótípiai maratás; ~ **identification** *tv* sorazonosítás; ~ **impedance** *távk* (bemenő) vonalimpedancia; művonal, vonalutánzat; ~ **impedance matching (LIM)** *szt* hullámellenállás-illesztés, LIM; ~ **impulse method** *rád* sorimpulzus módszer; ~ **indexing** *nyom* sorszámozás; ~**-inspection car/trolley** *vasút* pályafelügyeleti motoros hajtány; ~ **installation** *távk* vonalépítés; ~ **integral** *mat* vonalintegrál, vonal/görbe menti integrál; ~ **intensity** *fiz* színképvonal intenzitása; ~**-interceptor apparatus** *kat* lehallgatókészülék; ~ **interface** *szt* vonali interfész; ~ **interlace** *tv* sorkihagyásos/váltósoros letapogatás; ~ **interlace flicker** *tv* sorközi villogó; ~ **interval** *tv* sorköz; ~ **jack** *távk* vonalkapcsoló hüvely; ~ **jitter** *tv* sorvillogás, sorvillódzás; ~**-jump scanning** sorkihagyásos/váltósoros letapogatás; ~ **lamp** *távk* hívólámpa, hívójelző lámpa; ~ **lattice** vonalrács; ~ **length** sorhossz; *el* vezetékhossz; ~ **lengthener** vonalnyújtó *(hullámvezetőnél)*; ~ **load** *el* vezetékterhelés; *mech* vonal menti teher; ~ **location** nyomvonalrajz; ~ **lock** margóbeállító *(írógépen)*; *tv* sorszinkronozás; ~ **lockout** *távk* vonal kiiktatása; ~ **loop** *távk* vonalhurok; ~ **loop operation program** *szt* távfeldolgozási program; ~ **loss** *el* vonalveszteség, vezetékveszteség; *távk* vonalcsillapítás, vonalveszteség; ~ **machine** *el* sorkapcsolású/főáramkörű gép; ~ **mark** *pa* vízjel; ~ **matching** *távk* vonalillesztés; ~ **microphone** mikrofoncsoport; ~ **monitor** vezetékvizsgáló monitor; *tv* kimeneti monitor/ellenőrzővevő; ~ **negative** *nyom* vonalas negatív; ~ **network** *el* vezetékhálózat; ~ **noise** áramköri zaj, hálózati/átviteli zaj; vonal okozta zaj; ~ **number** képsorszám; *szt* sor száma; ~ **occupancy** *távk* vonal foglaltsága; ~ **of action** *mech* hatásvonal; ~ **of aim** *geod* irányzóvonal; ~ **of anchorage** *hidr* horgonyvonal; ~ **of application** *mech* hatásvonal; ~ **of apsides** *csill* ellipszispálya nagytengelye, apszisvonal; ~ **of a road** utca nyomvonala; ~ **of a scanned image** *tv* képsor; ~ **of bearing** *bány* csapásirány, csapásvonal; *geod* irányvonal, iránytengely; *rep* irányvonal, szabály, zsinórmérték; ~ **of best fit** *hidr* kiegyenlítő görbe; ~ **of boundary** → ~ of demarcation; ~ **of breakage** *geol* törésvonal; ~ **of buildings** *ép* (be)építési vonal; ~ **of cage-onsetting machines** *bány* aknarakodói gépláncon; ~ **of centres/centers** *mat* centrális, centrális egyenes; ~ **of centres of a waveguide** *távk* hullámvezető tengelye; ~ **of centres of gravity** *mat* súlypontok mértani helye, (általános) súlyvonal; ~ **of collimation** irányvonal, szabály, zsinórmérték; *geod* irányzóvonal; ~ **of communications (LC)** *kat* hírvonal, összekötési vonal; ~ **of constant/equal temperature** *fiz* izoterma, izotermvonal; ~ **of constant pressure** *koh* izobár; ~ **of constant temperature** *fiz* izoterma; ~ **of constant volume** *fiz* izochor; ~ **of corresponding stages** *hidr* mércekapcsolati vonal; ~ **of course** *hajó, rep* útirány, járat; ~ **of creep** *hidr* szivárgási út; ~ **of demarcation** határvonal, limeszvonal; ~ **of descent** *rep* süllyedési/merülési/siklási pálya/vonal; ~ **of dip** *geol* dőlésirány; ~ **of direction** *geod* irányzóvonal; ~ **of dislocation** *geol* törésvonal; ~ **of electric flux** *fiz* fluxusvonal, indukcióvonal; ~ **of elevation** *kat* lővonal; ~ **of equal intervals** két szint között azonos merőleges távolságok vonala; *ol* izochorvonal; ~ **of equal pressure** *fiz* izobár(vonal); ~ **of equal rainfall** *met* izohiéta(vonal); ~ **of equal stream function** áramvonal, áramlási vonal; ~ **of equal temperature** izoterma, izotermális vonal; ~ **of fault(ing)** *geol* törésvonal; ~ **of fire** *kat* célvonal; ~ **of flight** *rep* repülési pálya/vonal; ~ **of flight velocity** *rep* repülési sebesség vektorvonala; ~ **of flow** áramvonal, áramlási vonal; ~ **of flux** *fiz* fluxusvonal, indukcióvonal; ~ **of force** *fiz* erővonal; ~ **of fracture** *geol* törésvonal; ~ **of fusion** olvadáspontgörbe, likviduszvonal; ~ **of impact** ütés/ütközés irányvonala; ~ **of influence** *mech* hatásvonal; ~ **of intersection** metszésgörbe, metszésvonal; ~ **of least resistance** *bány* legkisebb ellenállás vonala (LEV); ~ **of level** izohipsza, (magassági) szintvonal; ~ **of lode** *bány* telér csapásiránya; telércsapás; ~ **of longitude** meridián, meridiángörbe, meridiánvonal, hosszúsági vonal; ~ **of magnetic field strength** mágneses térerősségvonal, H-vonal; ~ **of magnetic force** mágneses erővonal; ~ **of orientation** *geod* tájékozási vonal; ~ **of outcrop** *bány* kibúvás csapása; ~ **of pit** *bány* bányahatár; ~ **of poles** *geod* jelzőrúdsor; ~ **of position (LOP)** *geod* alapvonal, bázisvonal; *rep* helyzetvonal; ~ **of products** gyártási sorozat; ~ **of projection** *mat* vetítési vonal; ~ **of racks** állványsor, gépállványsor; ~ **of rails** *vasút* vágány; ~ **of reference** alapvonal, bázisvonal; *metr* 0-vonal, alapvonal; ~ **of rivets** szegecssor; ~ **of rollers** *tex* nyújtó hengerpár; ~ **of rupture** *mech, talt* törésvonal *(Mohr-féle)*; ~ **of scatter** *el* szóródási vonal; ~ **of seepage** *hidr* szivárgási görbe; ~ **of segregation** *koh* dúsulási/likvációs zóna; ~ **of sight** látótávolság; *geod* irányzóvonal; *kat* látóvonal, irányzóvonal; ~**-of-sight coverage** kvázioptikai kutatótávolság *(radaré)*; ~**-of-sight distance** *rep* közvetlen rálátási távolság; ~**-of-sight range** *rep* rálátási távolság; ~**-of-sight transmission** *rep* rálátásos adás; ~**-of-sight velocity** *csill* radiális/látóvonal-irányú sebesség; ~ **of sliding** *talt* csúszólap; ~ **of slope** *geol* rézsűvonal, lejtővonal; ~ **of stair flight** *ép* lépcsőkarvonal; ~ **of stop** *aut* megállási/ütközési vonal; ~ **of stratification** *geol* rétegvonal; ~ **of stretchers** *ép* futósor, kötősor; ~ **of strike** *geol* csapásvonal; ~ **of tangency** *mat* érintési vonal, érintő(vonal); ~ **of thrust** *mech* nyomás irányvonala, támaszvonal; *rep* vonóerő hatásvonala; ~ **of total head** *hidr* energiavonal; ~ **of total magnetic force of the earth** a föld mágneses mezejének iránya; ~ **of troughs** *bány* csúszdarakat; ~ **of unobstructed sight** *rád, távk* látási vonal; ~ **of white** *nyom* üres sor; ~ **of zero drift** *rep* széleltérítés nélküli útvonal/irányvonal; ~ **on a falling gradient/grade** *vasút* lejtős vonalrész; ~ **on poles** *távk* oszlopra szerelt vezeték; ~**-operated priming apparatus** *bány* hálózati robbantógép; ~**-operated wireless set/radio** hálózati rádiókészülék; ~ **optics** száloptika; ~ **oriented** *szt* vonalorientált; ~ **original** *nyom* vonalas eredeti/rajz; ~ **oscillator** vízszintes eltérítésű oszcillátor, soreltérítő generátor; ~ **out** *v* előrajzol; béléssel kitölt; zsinórral jelöl; *geod* függőz, vonalat kitűz, vonalba átállít; ~ **output** *el* sorkimenet; ~ **output stage** sorvégfok; ~ **output transformer (LOPT)** vízszintes eltérítés kimenőtranszformátora, sortranszformátor; ~ **out with chalk** *v* krétával kijelöl; ~**-packing machine** *vasút* vágányaláverő gép; ~ **pairs** vonalpárok *(spektroszkópiában)*; ~ **parting** *geol* egyenes (vonalú) elválás; ~ **pattern** *el* hálózat elrendezése; ~**-pattern eliminating circuit** *tv* sormentesítő; ~ **period** *tv* soridő, sorintervallum, sorváltási periódus; ~ **pipe** *ol* vezetékcső; ~ **pole/post** vezetékoszlop; ~ **posting** sorbeállítás; ~ **powered** *US el* hálózati; ~ **pressure ga(u)ge/indicator** *gépk* olajnyomásmérő, olajnyomás-mutató; ~ **printer** *szt* sornyomtató; ~ **printing** *szt* sornyomtatás; ~ **production** sorozatgyártás; ~ **profile** *geof* vonal menti szelvény, vonalszelvény; *krist* vonalprofil; ~ **protecting cutout** *el* vezetékvédő kapcsoló; ~ **protection** *távk* vonalvédelem; ~**-pulling** *tv* sorvándorlás, soreltolódás; ~ **pulse** *tv* sorszinkronozó impulzus; ~**-pulsing modulator** *távk* művonalas modulátor; ~ **radiator** *távk* vonalsugárzó; ~ **radio** vezetékes rádió; ~ **ranger** *geod* alineátor; ~ **raster** *el* raszter; ~ **rate converter** *tv* sorszám-átalakító; ~ **reactor** *US el* fojtótekercs; ~ **recorder** görberajzoló, görbeszerkesztő; ~ **reflection** *távk* vonali reflexió/visszaverődés; ~ **relay (LR)** *távk* vonaljelfogó, hívójelfogó; ~ **repeater** *távk* vonalerősítő; ~ **resistance** vezeték-ellenállás; ~ **reversion** *at* önkifordulás *(színképé)*; ~**-roll conveyer** szállító görgősor; ~ **rule** *geod* végvonásos mérőrúd; ~**s** *pl* (cső)vezeték; távvezeték; ~ **safety switch** *el* vezetékvédő kapcsoló; ~ **sag** *el, távk* vezetékbelógás; ~ **scale** *metr* beosztásos skála; ~ **scan** *tv* sorletapogató; soronkénti/vonalas/soros letapogatás; ~**-scan circuit** *tv* sorletapogató kapcsolás; ~ **scanning** *tv* sorletapogatás; vonalas/soros/soronkénti letapogatás; ~**-scanning frequency** *tv* sorfrekvencia; ~**-scanning pattern** *tv* (sor)raszter; ~**-scanning rate** sorletapogatási sebesség; ~ **scratches** *tv* érintkezési zajok; ~ **screen** vonalrács; ~ **section** *távb* vonalszakasz; *vasút* vágánymező, sínmező; ~ **segment** *vasút* pálya, vonal, szakasz; ~ **selection** → ~ identification; ~ **selector** *távk* vonalkereső, keresőgép; *tv* sorválasztó; ~ **separating filter** *távk* vezetékcsatoló; ~ **separation** sortáv *(nyomtatón)*; ~ **sequential system** *tv* sorváltórendszer *(színes tv)*; ~ **service** *vasút* pályafenntartó szolgálat; ~ **shaft** transzmissziós tengely; előtéttengely; ~ **shafting** mennyezeti közlőmű; ~ **shake** *tv* sorvillogás, sorvillódzás; ~**-shaped** lineáris, egyenes vonalú, egydimenziós; ~ **shape function** vonalalakfüggvény *(színképvonalé)*; ~ **shift** vonaleltolódás; ~ **shooting** *geof* vonal mentén végzett szeizmikus mérés; ~ **shunt capacity** vonalkapacitás, vezetékkapacitás; ~ **side** *el* hálózati oldal; ~ **signal** *távk* csengetési visszhang; *vasút* vonaljelzés; ~**-simulating network** *távk* művonal *(négypólus)*; ~ **simulator** *távk* művonal; ~ **skipping** *szt* soremelés; ~ **slip** *tv* sorelcsúszás; ~**s of curvature** *mat* görbületi vonal; ~ **source** lineáris forrás; *at* vonalas sugárzó/neutronforrás; ~ **sources** *környv* vonalforrás *(légszennyezés)*; ~**-space control** sortávbeállítás *(írógépen)*; ~**-space lever** sortávolságbeállító kar *(írógépen)*; ~ **spacing** *szt* sortávolság, sorköz; sortovábbítás *(nyomtatónál)*; ~ **spectrum** *fiz* vonalas spektrum/színkép; ~ **speed** *szt* átviteli sebesség, nyomtatási sebesség; ~**s per minute (LPM)** *szt* sor/perc, LPM; ~**s plan/drawing** *hajó* vonalrajz; ~ **splitting** *fiz* vonalfelhasadás, színképvonalak felhasadása; ~ **squall** *met* szélbetörési front; *rep* szélroham front; ~ **stabilization** *távk* vezetékstabilizálás; ~ **stake** *fa* kitűzőcövek, kitűzőpózna; ~ **standard** *geod* végvonásos mérőrúd; ~ **starter** *el* közvetlen indító; ~**-start motor** *el* teljes feszültségen indítható motor; ~ **storage tube** *tv* sortároló cső; ~ **stretcher** *el, távk* vonalfeszítő; ~ **structure** vonalas szerkezet; ~ **sweep** *tv* vízszintes/sorirányú eltérítés; ~ **sweep circuit** sorfűrészáramkör; ~ **switch** *távk* vonalkereső, keresőgép; ~ **switching** *szt* vonalkapcsolás; *távk* vonalválasztás; ~ **switching surge** *el* kapcsolási hullám/túlfeszültség; ~**(-)synchronization/synchronizing, line-sync** *tv* sorszinkronizálás, sorszinkronozás; ~ **synchronizing pulse** sorszinkronjel; *tv* sorszinkronozó impulzus; ~ **system** *el, távk* elosztóhálózat, vonalhálózat; ~ **team** *távk* vonalnyaláb; ~ **telephony** *távk* vezetékes telefónia; ~ **tension** lineáris feszültség; ~ **tensioner** *el* vonalfeszítő; ~ **terminal/termination** *távk* vezetéklezárás, vonallezáró egység; vonalkapocs; ~ **tester** *távk* vonalellenőrző készülék; ~ **texture** *krist* vonalas textúra; ~ **the foot** *v* az alsó véget beállítja; ~ **the roll(s)** *v nyom* hengert beállít; ~ **through** *v* áthúz, kihúz; ~ **throwing apparatus** *hajó* kötélkilövő készülék; ~ **tilt** *tv* sortorzítás; ~**-to-earth fault** *el* földzárlat; ~**-to-line fault** *el* fázisközi/kétfázisú zárlat; ~**-to-line voltage** láncolt feszültség, vonalfeszültség; ~ **transformer** *távk* átvivőtekercs; *tv* sortranszformátor; ~ **transient** *el* áramlökés; ~ **transmission** vonalátvitel, vezetékátvitel, vezetékes átvitel; ~ **transport** *szt* soremelés; ~ **up** *v* egy vonalba esik, egyezik; *rep* kigurul a felszállási pontra; ~**-up** *rep* felszállási pont *(futópályán)*; *távk* hitelesítés; ~**-up model** *US* sorbanállási modell; ~**-up problem** *US* tömegkiszolgálási probléma; ~**-up tone** *távk* normálhang; ~ **usage** *távk* vonalkihasználás; ~ **variations** *pl el* hálózati ingadozás, feszültségingadozás; ~ **vertical spacing lever** sortávállító kar *(írógépen)*; ~ **voltage** *el* hálózati feszültség; *távk* vonalfeszültség; ~ **voltage change** *el* hálózati feszültségingadozás; ~ **voltage fluctuation** hálózati feszültségingadozás; ~ **vortex** vonalörvény, egyszerű örvény; ~ **walker** *ol* vonalbejáró; ~ **welding** *heg* görgős hegesztés, vonalhegesztés; ~ **width** *fiz* vonalszélesség; *távk* vonalvastagság; *tv* sorszélesség, sortávolság; ~ **wiper** *távk* vonalkefe; ~ **wire** *távk* vonalvezeték; ~ **with** *v ép* beirányít, egyenesbe állít; ~ **with boards** *v bány* beácsol, kiácsol; *ép* kidúcol, kiácsol; ~ **with cast iron rings** *v bány* öntöttvas gyűrűvel biztosít; ~ **with heavy gradient** *vasút* hegyi pálya; ~ **with lead** *v* ólommal bélel; ~ **with leather** *v* bőrrel bevon; ~ **with masonry** *bány* falazott biztosítás; ~ **with paper** *v* papírral bevon; ~ **with reed** *v ép* nádaz; ~ **with wadding** *v* kivattáz; ~ **wobbling** *tv* soringadozás

lineac → linear accelerator

lineage structure *krist* „lineage-structure", származékszerkezet

lineal egyenes vonalú; vonalas; egyenes, egyenes vonal; ~ **element** vonalelem

lineales *pl nyom* talp nélküli lineáris antikva, groteszk

lineament *geol* lineamentum

linear vonalas; egyenes vonlú/alakú/irányú; hosszirányú, hosszanti; hosszirányban mért; *fiz* lineáris, egyenes vonalú, egydimenziós; *mat* lineáris, elsőfokú; ~ **absorption coefficient** *opt* lineáris elnyelési együttható; ~ **acceleration** *mech* lineáris/vonalas gyorsulás; ~ **accelerator (LA, linac)** *at* lineáris gyorsító/akcelerátor, linac; ~ **active network (LAN)** *szt* lineáris aktív hálózat, LAN; ~ **activity** *at* lineáris aktivitás; ~ **actuator** lineáris működtető szerv; ~ **algebra** lineáris algebra, k-lineáris algebra; ~ **algebraic system** lineáris egyenletrendszer; ~ **amplification (LA)** *rád* torzításmentes erősítés; ~ **amplifier** *el* lineáris erősítő; ~ **antenna array** *távk* dipólussor; lineáris antennarendszer; ~ **area** *mech* rugalmas tartomány; ~ **array** → ~ antenna array; ~ **attenuation** *aut* lineáris csillapítás; ~**-ball bearing** lineáris csapágy; ~ **beam tube** *el* lineáris elektronnyalábcső, O-típusú cső; ~ **block** *aut* lineáris tag; ~**-chain** *vegy* egyenes láncú; ~ **charge density** *fiz* lineáris töltéssűrűség; ~ **city** *ép* szalagváros, sávos építésű város; ~ **cleavage** *bány* párhuzamos vállap; *geol* egyenes elválás; ~ **collision stopping power** *at* lineárisütközés-fékező képesség; ~ **colloids** *vegy* lineáris kolloidok, fonalkolloidok; ~ **combination** lineáris kombináció; ~ **contraction** lineáris összehúzódás/rövidülés, hosszirányú zsugorodás; ~ **control** lineáris szabályozás; ~ **control system** lineáris szabályozórendszer; ~ **coordinates** lineáris koordináták; ~ **correction** *geof* lineáris korrekció; ~ **defect** *krist* vonalszerű rácshiba; ~ **deformation** hosszváltozás; ~ **density** *tex* lineáris sűrűség, fonalfinomság; ~ **dependence** *szt* lineáris függőség; ~ **detection** *rád* lineáris egyenirányítás; ~ **detector** *el* lineáris/ideális egyenirányító; *távk* lineáris detektor; ~ **differential** *mat* lineáris differenciál; ~ **differential equation** *mat* lineáris/közönséges differenciálegyenlet; ~ **differential equation of order** *n* n-ed rendű lineáris differenciálegyenlet; ~ **differential transformer (LDT)** differenciáltranszformátor; ~ **diffractometer** lineáris diffraktométer; ~ **dilatation** *fiz* lineáris tágulás/terjedés; *hőt* lineáris hőtágulás; ~ **dimension** lineáris dimenzió/kiterjedés; ~ **direct current amplifier** lineáris egyenáramú erősítő; ~ **dispersion** *at* lineáris diszperzió; ~ **displacement** *aut* lineáris eltolódás; *ol* lineáris kiszorítás; ~ **distance** légvonal, légvonaltávolság; ~ **distortion** *távk* lineáris torzítás; ~ **drift** *at* lineáris eltérés/vándorlás; ~ **eccentricity** *mat* lineáris excentricitás; ~ **elasticity** Hooke-rugalmasság; lineáris rugalmasság; ~ **electron accelerator** *at* lineáris elektrongyorsító; ~ **electro-optical effect** *fiz* Pockels-jelenség; ~ **element** *ép* hosszelem; *mat* ívelem, ívkülönbség, vonalelem, elemi vonal; lineáris tag; ~ **encoding** *távk* lineáris/egyenletes kódolás; ~ **energy transfer (LET)** *at* lineáris energiaátadás, LET-érték, fékezési sebesség; ~ **equation** *mat* lineáris/elsőfokú egyenlet; ~ **erosion** *geol* lineáris erózió; ~ **expansion** *hőt* lineáris hőtágulás; ~ **expansion coefficient** *hőt* lineáris hőtágulási együttható/tényező; ~ **extension** *mech* lineáris nyúlás; ~ **extent** *fiz* lineáris kiterjedés; ~ **extinction coefficient** *el* lineáris gyengítési együttható; ~ **extrapolation distance** *at* lineáris extrapolációs távolság; ~ **file** *szt* szekvenciális fájl; ~ **filter** *aut* lineáris szűrő; ~ **flow** *fiz* lineáris áramlás; ~ **focus** *opt* Goetze-fókusz; ~ **foliation** *geol* nyugodt település;

~ **fractional function** *mat* lineáris törtfüggvény; ~ **function** *mat* elsőfokú/lineáris függvény; ~ **graduation** lineáris skálabeosztás; ~ **grammar** *szt* lineáris grammatika; ~ **hardening** *hők* lineáris edzés; ~ **heat expansion** *hőt* lineáris hőtágulás; ~ **holding** *rep* egyenesvonalú várakozás; ~ **independence** *szt* lineáris függetlenség; ~ **induction motor (LIM)** *el* lineáris indukciós motor; ~ **injection laser diode** lineáris injekciós lézerdióda; ~ **integrated circuit (LIC)** lineáris integrált áramkör; ~ **interpolation** *mat* lineáris interpoláció; ~ **ionization** *at* lineáris/fajlagos ionizáció; ~ **junction** *félv* lineáris átmenet; ~ **lattice** *krist* lineáris rács; ~ **law** *mat* egyenes vonalú *v.* lineáris összefüggés; ~ **light** *rep* lineáris fény; ~ **macromolecule** *vegy* lineáris makromolekula; ~ **magnetron** *távk* lineáris magnetron; ~ **mapping** *mat* lineáris leképezés; ~ **measure** *metr* hosszmérték; ~ **measurement** hosszméret; hosszmérés; ~ **measuring scale** *aut* lineáris skála; ~ **measuring slide** *metr* lineáris mérőcsúszka; ~ **memory** *szt* lineáris memória; ~ **metre/meter** folyóméter; ~ **modulation** *távk* lineáris *v.* torzítás nélküli moduláció; ~ **molecular chain** *vegy* lineáris molekulalánc; ~ **molecule** *vegy* lineáris molekula; ~ **momentum** *fiz* lineáris/elsőfokú/elsőrendű/statikai nyomaték; ~ **mono-olefins** *vegy* egyenes szénláncú monoolefinek; ~ **motion feedthrough/leadthrough** *vák* tengelyirányú mozgásbevezető; ~ **motor** *el* lineáris motor; ~ **movement friction welding** *műa* lineáris hegesztés; ~ **network** *el, távk* lineáris hálózat; ~ **optimization** lineáris programozás/optimalizálás; ~ **orientation** *geol* tengely szerinti irányítottság; ~ **oscillator** *távk* lineáris oszcillátor/vibrátor; ~ **pattern** *geof* vonalszerű *v.* lineáris töltetcsoport, geofoncsoport; ~ **perspective** vonaltávlat; ~ **pinch** *fiz* lineáris pinch; ~ **pitch** *gép* tengelyirányú osztás, fogaslécosztás; ~ **polarization** *fiz* síkban való polarizálás; ~ **polymer** *vegy* egyenes láncú *v.* lineáris polimer; ~ **potentiometer** *el* lineáris csúszóérintkezős ellenállás, lineáris potenciométer; ~ **predictive coding (LPC)** *távk* lineáris előbecslő kódolás; ~ **predictive vocoder** *távk* lineáris előbecslő vocoder; ~ **pressure** *gép, pa* vonalnyomás; ~ **problem** *szt* lineáris programozási feladat, LP feladat, lineáris optimális programozás; ~ **program** *szt* lineáris program; ~ **programming (LP)** *szt* lineáris programozás/optimalizálás; ~ **pulse code modulation (LPCM)** lineáris impulzuskódmoduláció; ~ **quantization** *távk* egyenletes kvantálás; ~ **radiator** *távk* lineáris sugárzó *(antenna)*; ~ **range** *fiz* lineáris/hosszúsági tartomány; ~ **rate** *fiz* lineáris sebesség; ~ **reactor** *at* lineáris reaktor; ~ **rectification** lineáris egyenirányítás; ~ **rectifier** *el* lineáris/ideális egyenirányító; ~ **reduction** *heng* abszolút fogyás; ~ **regression** *mat* lineáris regresszió; ~ **resistor** *el* ohmos ellenállás; ~ **resonance accelerator** *fiz* lineáris rezonanciagyorsító; ~ **scale** lineáris skála; ~ **scan(ning)** *tv* egyenletes felbontás, egyenletes sebességű letapogatás; ~ **scheduling calculation** *aut* lineáris tervezési módszer; ~ **selection** direkt szókiválasztás; ~ **shortening** *heng* fogyás; ~ **shrinkage** *talt* vonalas/lineáris zsugorodás; ~ **slope delay filter** *távk* lineáris jelleggörbe-meredekségű késleltetőszűrő; ~ **space** *mat* lineáris tér, vektortér; ~ **speed** lineáris *v.* vonal menti sebesség; *tv* vonalsebesség; ~ **stopping power** *fiz* lineáris fékezőképesség; ~ **store** *szt* lineáris memória/tároló; ~ **strain** *mech* lineáris/hosszirányú alakváltozás, fajlagos nyúlás/hosszváltozás; ~ **superpolymer** *vegy* lineáris szuperpolimer; ~ **sweep** *tv* lineáris eltérítés, soreltérítés; ~ **sweep generator** *tv* fűrész(fog)generátor, lineáris eltérítőjel-generátor; ~ **system** lineáris rendszer; ~ **thermal expansion** *hőt* lineáris hőtágulás; ~ **time base** *tv* fűrészfog-generátor; fűrészfogfeszültség; ~ **time-base generator/oscillator** fűrészfog-generátor; ~**-to-log converter** *aut* lineáris-logaritmikus átalakító/konverter; ~ **transducer** *aut* lineáris jelváltó; ~ **transfer circuit** *aut* lineáris átviteli tag; ~ **transfer element** *aut* lineáris átviteli elem; ~ **transformation** *mat* lineáris transzformáció; ~ **variety** *mat* lineáris sokaság/halmaz; ~ **vector space** *mat* vektortér, lineáris tér; ~ **velocity** *fiz* lineáris sebesség; ~ **viscous damping** *mech* lineáris csillapítás; ~ **voltage** *el* lineáris feszültség; ~ **watermark** *pa* lineáris vízjegy/vízjel; ~ **wave shaping** *távk* lineáris jelformálás

linearity linearitás; egyenesség; *mat* elsőfokúság; ~ **circuit** *el* linearizáló kör; ~ **control** *távk* linearitásszabályozás, linearitásszabályozó; ~ **deviation** *el* linearitási eltérés/hiba; ~ **distortion** *tv* lineáris torzítás; ~ **error** *szt, távk* linearitási hiba; ~ **sector** *rep* linearitás szektora

linearizable *mat* linearizálható; ~ **non-linearity** linearizálható nemlinearitás

linearization *mat* linearizálás; ~ **by method of small oscillations** linearizálás a kis eltérések módszerével

linearize *mat* lineárissá tesz/átalakít, linearizál

linearized flow *rep* linearizált áramlás, lineárissá tett áramlás

linearizing | **circuit** *el* linearizáló kör; ~ **resistor** *el* linearizáló ellenállás

linearly | **accelerated** *rep* lineárisan gyorsuló; ~ **dependent** *mat* lineárisan függő; ~ **distorted** lineárisan torzított, lineáris torzítású; ~ **independent** *mat* lineárisan független; ~ **polarized** lineárisan/síkban/parallel polarizált/sarkított; ~ **polarized wave** lineárisan polarizált hullám

lineation *geol* tengely szerinti irányítottság

lined vonalas; *tex* bélelt; ~ **board** *pa* bevonólemez, kasírozott lemez; hullámlemez-fedőréteg; ~ **bore-hole** *talt* béléscsövezett fúrólyuk; ~ **brass** kiöntött sárgarézpersely; ~ **canal** *hidr* burkolt csatorna; ~ **chip board** *pa* kasírozott szürkelemez; ~ **dug well** *hidr* aknakút; ~ **excavation** *ép* burkolt munkagödör; ~ **tricot** *tex* kétlétrás trikó *(láncfonalrendszerű kötés)*; ~ **tunnel** bélelt/burkolt alagút; ~ **with boards** *ép* deszkával borított/burkolt, deszkázott

linekeeper *vasút* pályaőr, pályamunkás

lineman (LM) *el* távvezeték-szerelő; *távk* vezetékszerelő, vonalkarbantartó; *vasút* pályaőr, vonalvizsgáló, vonalfelügyelő

linen I. *a* lenből készült; **II.** *n* vászon, fehérnemű; lenfonal, lenvászon, lenbatiszt; ~ **and cotton union** *tex* féllen(vászon); ~**-backed paper** *pa* papírolin; ~ **bag** szennyeszsák *(papír)*; ~ **batiste** *tex* lenbatiszt; ~ **bend** *tex* lenszalag; ~ **cambric** *tex* lenbatiszt; ~ **chips** *pl* lenhulladék; ~ **cloth** *tex* lenszövet; ~ **crash** *tex* lensávoly; ~ **damask** *tex* lendamaszt; ~ **drier/dryer** fehérnemű-szárító; ~ **drill** *tex* lensávoly; ~**-embossed paper** *pa* lenvászonpapír; ~ **fabric** *tex* lenszövet; ~**-faced paper** lenvászonnyomású papír, organtinpapír; ~ **finish** *pa* lenvászonnyomás; ~**-finish(ed)** *pa* vászonpréselésű *(papír)*; ~**-grained paper** lenvászonnyomású papír, organtinpapír; organtin papír; ~**-ground weft** *tex* alapvetülék lenből; ~ **industry** lenipar; ~ **interlining** *tex* közbenső lenbélés; ~ **notepaper** *pa* lenpostapapír; ~ **paper** lenpapír; ~ **paper envelope** *pa* lenpapír boríték; ~ **parchment** *pa* lenpergamen; ~**-rag paper** *pa* lenrongy papír; ~ **sheeting** ágyterítővászon; ~ **table-cloth** *tex* lenabrosz; ~ **texture** *tex* lenszövet; ~ **thread** *cipő* talpvarró lenfonal; ~ **(twist) tape** *tex* lenszalag, vászonszalag; ~ **weaver** *tex* lenszövő; ~ **weaving** *tex* lenszövés; ~ **yarn** *tex* lenfonal, lenvászon, lenbatiszt

liner alátét; *bány* béléscső; betétcső; párnafa; *ép* bélésfa; bélésfal, burkolófal; szobafestőecset *(egyenes vonalakhoz)*; *gép* (henger)hüvely, hengerpersely; bélés(cső); belső cső; *gumi* kísérőszövet; *hajó* menetrendi járatokban résztvevő hajó; óceánjáró, személyszállító hajó; sorhajó; vonalhajó *(kötött útvonalú)*; *koh* páncélzat; *nyom* könyvfedélenyvező; *ol* betétcső, „liner" *(fúrólyukba az olajtartó szint magasságába beépített perforált csőszakasz)*; *pa* bevonópapír, kasírozópapír, fedőrétegpapír; *rep* forgalmi repülőgép; *tex* bélésanyag; burkolószövet; ~ **barrel** betétes henger; *ol* betétes mélyszivattyúhenger; ~ **completion** *ol* beakasztott béléscsőoszlopos kútkiképzés; ~ **form** *ép* zsaluzóállvány; ~ **hanger** *bány, ol* betétcsőakasztó; ~ **hanger setting tool** *ol* betétcső-elhelyező közdarab; ~ **locking-screw** bélésrögzítő csavar; ~ **of cylinder** *gép* hengerpersely; ~ **paper** *pa* bevonópapír, kasírozópapír, fedőrétegpapír; ~ **plate** *ép* alagútburkoló lemez *(acél)*; borítólemez; ~**s** *pl* béléspapír; ~ **stock** *pa* külső réteg *v.* fedőréteg anyaga; ~ **string** *ol* beakasztott béléscsőoszlop

lineside → line side

lingerie *ruh* női alsó ruházat *v.* fehérnemű *(finom)*

lingering időzés; ~ **period** késlekedési/várakozási periódus/idő; *at* tartózkodási idő *(elektroné a felső pályán)*; ~ **sound/tone** utánzengés, reverberáció

lingo *tex* nyüstszálfeszítő súly *(jacquard-gépen)*

Linguistic data bank (LDB) *szt* nyelvi adatbank

liniment *vegy* fájdalomcsillapító oldat *(külső használatra)*

lininess *kh* hosszirányú szövettorzulás

lining bélés, borítás; burkolás; burkolat, bevonat; betét; kárpit(ozás); szegélyezés; szigetelés; *bány* ácsolás; bányamérés; biztosítás; borítás; *cipő* bélés, borítás; *el* szigetelő betét; *ép* béléscsövezés; burkolás, burkolat; csőgyűrű; deszkázat; lemezburkolat; *geol* szegély; *gép* alátét, tömítés; csapágybélés, csapágykiöntés; *gumi* belső gumiréteg; tömlőlélek; *hidr* burkolat; csatornaburkolat; *hőt* kazánbélés; *koh* bélésfalazat; kemencebélés; kidöngölés; kifalazás; páncélzat; tűzálló bélés; *nyom* bélelés, tükrözés *(kartonnal)*; *rep* burkolat, borítás, befedés; *tex* bélésvászon; ~ **board** *ép* bélésdeszka; *pa* többrétegű kézilemez/papírlemez, töltött lemez, kasírozókarton; ~ **bounded to the rock** *bány* kőzethez kötött falazat; ~ **brick** *ép* burkolótégla; *koh* béléstégla; ~ **cleaning** *tex* béléstisztítás; ~ **construction of roadways** *bány* bányabiztosítás; ~ **fabric** *tex* bélésanyag; ~ **felt** *tex* bélésnemez; ~ **figures** *nyom* vonalban álló számok; ~ **fitch** *ép* vonalzóecset; ~ **leather** *cipő* bélésbőr; ~ **loss** *koh* falveszteség; ~ **material** *bány* biztosítóanyag; *tex* bélésanyag; ~ **mixture** *koh* döngölőanyag; ~ **of brake-disc/brake-disk** *gépk* féktárcsabetét; ~ **of door frame** *ép* ajtótokborítás; ~ **of track** *vasút* vágányigazítás; ~**-out** *geod* vonalkitűzés; *ruh* előrajzolás *(szabásmintáé)*; ~**-out (by chalked line)** *ép* kitűzés krétázott zsinórral; ~ **paper** *pa* kasírozópapír; könyvhátpapír; ~ **peg** *geod* jelzőkaró; ~ **phosphate** *koh* foszfátbevonat; ~ **pole** *geod* jelzőkaró; ~ **rail** *vasút* béléssín; ~ **repair** *koh* bélésjavítás; ~ **set** *bány* ajtókeretácsolat, ajtókeret-biztosítás; ~ **sight** *bány* nézőkés függőón; ~ **strip** *gépk* díszléc; ~ **tissue-paper** *pa* béléselyempapír; ~ **turf** gyeptégla; ~**-up** *geod* betájolás *(adott vonalra)*; *távk* üzembeállítás; ~**-up and cutting-in** *geod* betájolás és oldalmetszés; ~ **up (of props)** *bány* támkiegyenesítés; ~**-up of the camera** *tv* kamerabeállítás; ~ **wall** *ép* burkolófal, bélésfal; ~ **wear** *koh* tűzállóbélés-kopás; ~ **wheel** *ép* vonalzógép; ~ **with bricks** *ép* hátfalazat, bélésfal; ~ **with masonry** *bány* falazott biztosítás; ~ **with white metal** *gép* fehérfémkiöntés, csapágykiöntés, csapágybélés

link I. *v* összeköt, összeláncol, összekapcsol, összefűz; beköt; összekapcsolódik, összefűződik; *szt* kapcsol *(programot)*; **II.** *n* lánctag; kapcsolat, kapocs; összekötőrész; kapcsoló elem; láncszem; *el* biztosítóbetét; *ép* bekötőút; kengyel *(vasbetonban)*; összekötővonal; *forg* himba *(harántgyalun)*; kulissza; *geod* 1/100 lánc *(hosszúságegység)*; *gép* csukló; csuklós tag/rúd; kulissza; *gépk* rugókengyel; *kat* csőrögzítő; *mat* él, szál, szegély, kiszögellés, perem; elem, tag; összefűzés, láncolás; *rep* kapocs; *szt* visszatérő cím, csatolóbit; *távb* bekötővezeték; *távk* reléállomás; *vegy* kötés; ~**-and-pin coupler** *gépk* kapcsolórudas vonókészülék; ~**-and-test connector for printed boards** nyomtatott áramköri csatlakozó és vizsgáló aljzat; ~ **bar** *gép* kulisszás könyökemelő; lengő kulissza; *vasút* kocsiváltókar; reteszsín; ~ **belt** *gép* összekötőszalag, Ewart-lánc, ízületes hajtólánc; ~ **block** *gép* kulisszakő; ~ **box** *el* elosztódoboz; ~ **bracket** *gép* lengősaru, ingasaru, kulisszatartó; ~ **brake** osztott fék; ~ **bush** *gép* lánctagpersely; ~ **canal** *hidr* összekötő csatorna; ~ **cap** *bány* csuklós pajzstető; ~ **chain** *bány* szemeslánc; *gép* csuklóslánc, Gall-lánc; ~ **check** *gép* kulisszaoldalív; ~ **circuit** *távk* csatoló/összekötő áramkör *(kereszt-összeköttetés)*; ~ **connection** *távb* linkkapcsolás; ~ **connection rod** *rep* mellékhajtórúd; ~ **conveyor** (vonszoló)láncos csúszda; ~ **coupling** *távk* kis impedanciájú csatolás; ~ **drive** *vasút* rudazathajtás; ~ **flag** *szt* kapcsolásjelző bit; ~ **frame** *távb* kapcsolómező; ~ **fulcrum** *ép* balansztámasz; *gép* kulisszacsapágy; ~ **gear** *gép* kulisszás hajtómű/vezérmű; ~ **guiding** *gép* kulisszavezetés; ~ **harrow** *mzg* csuklós borona, láncborona; ~ **heald** *tex* félnyüst *(gézszövő széken)*; ~ **join** csuklós kötés; ~**-level loopback** *szt* (adat)kapcsolatszintű visszavezetés; ~ **lever** *gép* kulissza(kar); ~ **line** *távk* kapcsolóvonal, kis impedanciájú vonal; ~ **management** *szt* (adat)kapcsolatirányítás; ~ **mechanism** *gép* kulisszás mechanizmus, kulisszamű; ~ **motion** *gép* kulisszamű; ~**-motion drive** *gép* kulisszás hajtómű; ~**-mounted gear train** *gép* forgattyúkerék-hajtás; ~ **on** *v tex* hozzáláncol, láncolással egyesít; ~ **pin** *gép* lánccsap, forgócsap; láncpecek; ~ **plate** *gép* láncheveder; lánczáró lemez; ~ **polygon** *mech* kötélsokszög, kötélpoligon; ~ **protocol** *szt* (adat)kapcsolati protokoll; ~ **rod** *gép* csatlórúd, csuklós rúd; ~ **roller** *gép* láncgörgő; ~**s** *ép* kengyelezés; ~ **saw** láncfűrész; láncfogas fűrész; ~ **sliding plane** *bány* csuklós csúszótalp; ~ **stirrup** *gép* lengőkarkengyel; ~ **support** *vasút* lengőívcsapágy; ~ **trainer** *rep* vakrepülés-gyakorló készülék *(földi)*; **L~ trainer** *rep* vakrepülésgyakorló készülék, „linktréner"; ~ **transmitter** *távk* közvetítőadó mikrohullámú átviteli láncban; ~ **up** *v* összekapcsol; összeláncol; *kat* csatlakozik; ~**-up** *kat* csatlakozás; *rád* műsorcsere; ~**-valve gear** *gép* kulisszás szelepvezérlés/tolattyúvezérlés

linkage I. *v szt* kapcsol *(programozási nyelv)*; **II.** *n* kapcsolat, kapcsolódás, összeköttetés; *aut* kapcsolószerkezet; lánc(olódás), lánckép(ződ)és; összekapcsolás, láncolás; *el* tekercsfluxus; *gép* rudas/csuklós mechanizmus; *szt* programkapocs; *vegy* kötés; ~ **brake** *gépk* rudazatfék; ~ **course** *kh* laza szemsor, láncolósor; ~ **dimension** *gép* csatlakozó/csatlakozási méret; ~ **editing** *szt* összekapcsolás; ~ **editor** *v szt* szerkesztőprogram; ~ **electron** *fiz* kötési elektron; ~ **force** *vegy* kötőerő, kötéserősség; ~ **of bars** *mech* rudazat

linked kapcsolt *(azovegyület)*; ~ **circuits** *távk* lánckapcsolású áramkörök; ~ **control system** *közl* koordinált jelző(lámpa)rendszer; ~ **element** *gép* csuklós tag; ~ **list** *szt* kapcsolt lista; ~ **numbering scheme** *távb* láncolt számozási terv; ~ **vein** *bány* csatlakozó telér; láncszerkezetű telér

linker *kh* lánckötő/lánchurkoló gép; *szt* kapcsolóprogram; szerkesztőprogram

linking összekötés, összeláncolás, összekapcsolás, összefűzés; bekötés; *kh* összekötés *(két huroksoré)*; *tex* összekötés *(elszakadt fonalvégeké)*; ~ **machine** *kh* láncológép; ~ **seam** láncvarrás; ~**-up** összekapcsolás, összecsatolás, összekötés *(gépalkatrészeké)*

linkless toe orrláncolás nélküli *(harisnya)*

linnaeite *ásv* linneit, kobaltkovand, kobalt nikkelkovand

lino → linotype

linocut *nyom* linóleummetszés

linoleic acid *vegy* linolsav, lenolajsav

linolenic acid *vegy* linolénsav

linoleum linóleum; ~ **cement** *vegy* linóleumcement

linolite (lamp) szoffitalámpa

linotype (lino) | composing machine *nyom* sorszedő gép, linotip szedőgép; ~ **composition** linószedés, linotype szedés; ~ **metal** nyomdaipari ötvözet

linoxyn *vegy* linoxin, oxidált lenolaj

linseed lenmag; ~ **cake** lenmaglepény, lenmagpogácsa; ~ **fatty acid** lenolajsav; ~ **oil** len(mag)olaj; ~ **oil/cement putty** *ép* lenolajkitt; ~ **oil lacquer** lenolajlakk; ~ **standoil** sűrű lenolaj, standolaj

linsey-woolsey *tex* félgyapjú szövet

lint *el* szöszmöt; *pa* papírpor; ~ **ductor** *mzg* magtalanító kés; *tex* egrenált gyapot; gyapotpihe; sebkötöző gyapot; tépés; ~ **fly** *tex* bolyhos hely *(műselyem felületén)*; ~**-free** *tex* pihementes; ~ **yield** *tex* pamuthozam

lintel *ép* architráv; áthidaló; falnyílás; kiváltógerenda, nyílásáthidaló gerenda; szemöldökfa, fejgerenda, hevedergerenda; ~ **canopy** (konzolos) előtető *(kapu felett)*; ~ **girder** *koh* aknatartó gyűrű, hordgyűrű

linters *pl tex* gyapothulladék *(egrenálási)*; pamutpihe

linting porzás *(papíré)*

lintol → lintel

Linville truss kétszeres rácsozású tartó

Linz-Donawitz process (LD process) *koh* LD-eljárás, felsőfúvatásos eljárás

lip I. *v fa* szegélyez, élet ragaszt; **II.** *n* ajak; perem; szegély; szél; *bány* tömedékvágat vájvége, kivágás; *ép* párkány, párkányzat; *forg* vágóél; *gép* élszalag; *gépk* perem *(fékhenger-dugattyúé)*; *koh* kifolyócsőr; öntőcsőr; túlfolyó él; ~ **anger** *fa* rúdfúró, rudasfúró, ácsfúró; ~ **angle** *forg* ékszög; ~ **bit** *szersz* egyenes hornyú fúróbetét; ~ **gasket** *vák* ajakos tömítőgyűrű; ~ **lifting** *bőr* varratfal-felállítás; ~ **microphone** ajakmikrofon; ~ **plate** *fa* ajaklemez; ~ **pouring** *önt* billentőöntés, buktatóöntés; ~**-pouring ladle** *önt* csőrös öntőüst; ~ **ring** *koh* aknatartó gyűrű, hordgyűrű; ~ **screen** *bány* álló rosta; ~ **seal** *gép* fésűs tömítés; ~ **surface** *szersz* vágóél kiképzése; ~ **synchronizing, lipsyncing** *film* ajakszinkron(izálás); ~**-turning machine** *cipő* talpbélésvarratfal-állító gép; ~**-type oil seal** *gépk* karmantyús tömítőgyűrű; ~ **washer** *vák* ajakos tömítőgyűrű

liparite *geol* liparit

lipase *vegy* lipáz

lipid *vegy* lipid

lipochrome *vegy* lipokróm

lipoid *vegy* lipoid

lipolysis *vegy* zsiradékok bomlása

lipolytic enzyme *vegy* zsírbontó enzim, lipáz

lipophilic *vegy* liofil, zsírban oldódó, zsíroldó

lipophily *gyógyv* zsírban oldódás képessége

lipophoby *vegy* zsírtaszítás

lipoprotein *vegy* lipoprotein, lipoproteid

liposolubility *vegy* zsírban oldhatóság

liposoluble *vegy* zsírban oldható/oldódó

Lipowitz alloy/metal *koh* Lipowitz-fém

lipped visszahajtott szélű/peremű; *rep* peremezett, visszahajtott szélű/peremű; ~ **joint** *fa* csapos illesztés

lipping *fa* szélragasztás

Lippmann | capillary electrometer *fiz* Lippman-féle kapillárelektrométer; ~ **emulsion** *foto* Lippmann-emulzió; ~ **process** *foto* Lippmann-eljárás

Lipschitz condition *szt* Lipschitz-feltétel

liquate I. *v koh* csurgat; csurgatással elválaszt; kiolvaszt; **II.** *n koh* csurgatás, csurogtatás, különválasztás

liquation *fiz, geol* likváció; *koh* csurgatás, csurogtatás, csurogtató olvasztás; dúsulás; ~ **cracking** *heg* likvációs repedés; ~ **disc/disk** *koh* csurgatótárcsa; ~ **hearth** *koh* csurgatókemence; ~ **kettle** *koh* csurogtatóüst; ~ **temperature** *koh* csurogtatási hőmérséklet; ~ **thorn** *koh* tűs kiválás

liquator furnace *koh* csurgatókemence

liquefaction *fiz* cseppfolyósítás; cseppfolyósodás; elfolyósítás; elfolyósodás; *hidr* folyósodás; *koh* olvasztás; ~ **failure** *ép* folyósodás miatti csúszás; ~ **of air** levegő-cseppfolyósítás; ~ **of gases** *fiz* gázok cseppfolyósítása; ~ **temperature** *fiz* cseppfolyósodási hőmérséklet

liquefactive cseppfolyósító

liquefiable cseppfolyósítható

liquefied cseppfolyós, folyékony; ~ **CO_2-gas** *ol* cseppfolyós szén-dioxid; ~ **gas** propán-bután; ~ **gas product** *ol* cseppfolyósított gáztermék; ~ **natural gas (LNG)** cseppfolyós gáz, cseppfolyósított földgáz; ~ **petroleum gas (LPG)** cseppfolyós propángáz

liquefier fluxuáló folyósítószer, cseppfolyósító anyag; *koh* lunkermentesítő anyag
liquefy cseppfolyósít; elfolyósít; cseppfolyósodik; megfolyósodik
liquefying cseppfolyósítás; ~ **agent** *fiz* fluxuáló folyósítószer, cseppfolyósító anyag
liquescency *fiz* olvaszthatóság, elfolyósodás; ömleszthetőség
liquescent olvadó; folyósodó
liquid I. *a* cseppfolyós, folyékony; folyékony; híg; **II.** *n* folyadék; *bány* öblítőfolyadék; *geol* likvidusz; ~ **absorption** *fiz* folyadékfelvétel; ~ **air** cseppfolyós levegő; ~ **air breathing apparatus** cseppfolyós levegővel működő lélegeztetőkészülék; ~ **air plant** *bány* levegő-cseppfolyósító készülék *(robbantáshoz)*; ~ **air rectification** *vegy* cseppfolyós levegő rektifikálása; ~ **air trap** *vák* folyékonylevegő-csapda, kifagyasztó; hűtött csapda; ~ **alloy** *el* olvadék, olvadt fém; ~ **amber** cseppfolyós ámbra *(balzsam)*; ~ **ammonia** *vegy* szalmiákszesz, vizes ammóniaoldat; ~ **ammonia receiver** cseppfolyósammónia-tároló edény; ~ **asphalt** *ol* folyékony bitumen; ~ **at high temperature** *koh* tűzfolyós; ~ **ballasting** *hajó* vízballaszt, vízfenéksúly; ~ **barometer** folyadékos/higanyos barométer; ~ **bleach** *vegy* fehérítő/fertőtlenítő lúg; ~ **bulk container** folyadékkonténer; ~ **butter of antimony** *vegy* antimon (III)-klorid-oldat, antimonvaj oldata; ~ **capacitor** *el* folyadékkondenzátor; ~ **carburizing** *önt* felszenítés folyékony közegben; ~ **cathode** *koh* folyékony katód; ~ **caustic soda** folyékony marószóda; ~ **cell** *vegy* folyadékküvetta *(adszorpciós spektroszkópiában)*; ~ **charge** *koh* folyékony betét; ~ **chiller** zárt rendszerű folyadékhűtő; ~ **chromatographgy** *fiz* folyadékkromatográfia, átfolyásos kromatográfia; ~ **circulation** *tex* fürdőfolyadék körforgása; ~ **CO_2-gas** *ol* cseppfolyós szén-dioxid; ~ **column** folyadékoszlop; ~**-column ga(u)ge** *fiz* hidraulikus nyomásmérő; ~**-column manometer** *fiz* folyadékoszlopos nyomásmérő; ~**-column pressure element** *aut* folyadékoszlopos nyomásérzékelő; ~ **compass** *hajó* folyadékkompasz; ~**-compressed** folyékony állapotban sajtolt; ~ **concrete** *ép* híg beton; ~ **condition of aggregation/matter** *fiz* cseppfolyós halmazállapot; ~ **conduction** *fiz* vezetőképesség cseppfolyós állapotban; ~ **controller** *el* folyadékindító; ~ **coolant** *gépk* hűtőfolyadék; ~**-cooled reactor** *at* folyadékhűtéses reaktor; ~ **cooling** *at* folyadékos hűtés; ~ **counter** *fiz* folyadékszámláló, folyadék-radioaktivitás-mérő, áramlásos számláló; ~ **crystal (LC)** folyékony kristály, kristályos folyadék, mezomorf fázis, mezofázis; ~ **crystal display (LCD)** folyadékkristály-kijelző, folyadékkristályos megjelenítő, LCD; ~ **cycle** *fiz* folyadékkörforgás; ~ **damp(en)ing** *fiz* folyadékos lengéscsillapítás, folyadékcsillapítás; ~ **detergent** folyékony mosószer; ~ **dielectric** *el* folyékony dielektrikum; ~**-drop model** *at* folyadékcseppmodell; ~ **dryer/drier** *műa* folyékony szikkatív; ~ **dung** *gép* hígtrágya; ~ **effluent** *at* radioaktívan szennyezett folyadék; ~ **expansion thermometer** *metr* borszeszes/folyadékos hőmérő; ~ **extraction** *fiz* folyadékkivonás; ~ **fallback** *ol* folyadék-visszacsorgás; ~ **fertilizer** *mzg* folyékony műtrágya; ~ **fertilizer application** *mzg* folyékony műtrágyázás; ~**-filled thermometer** → ~ expansion thermometer; ~ **filling** vízballaszt *(abroncsban)*; ~ **film** folyadékfilm; ~ **fire** *kat* lángszórósugár; ~**-fire gun** *kat* lángszóró; ~ **firing** *ol* folyadéktüzelés, tüzelés folyékony fűtőanyaggal; ~ **flow** folyadékáram; *tex* fürdőfolyadék körforgása; ~**-flow counter** áramlófolyadékszámláló, áramlófolyadék-detektor; *at* folyadékradioaktivitás-mérő; ~ **flux** forrasztóvíz; ~ **fuel** *ol* folyékony tüzelőanyag/üzemanyag; fűtőolaj, tüzelőolaj, cseppfolyósított tüzelőanyag; ~**-fuel engine** *gépk* folyékony üzemanyagú motor; ~**-fuelled rocket** folyékony hajtóanyagú rakéta; ~ **gas** folyékony gáz; ~ **gas application** *mzg* műtrágyázás cseppfolyós gázzal; ~ **gasket** folyadéktömítés; ~ **glue** folyékony enyv; ~ **header** folyadékgyűjtő cső/kamra; ~ **heat** folyadékhő; ~ **heat treatment** *koh* austemperálás; izotermás/sófürdős edzés; ~ **helium (LHe)** *vegy* szuperfolyékony hélium; ~ **honing** *mt* folyadéksugaras tükrösítés; ~ **hydrogen (LH)** *vegy* cseppfolyós hidrogén; ~ **inclusion** *geol* folyadékzárvány; ~ **infrared analyzer** *aut* infravörös folyadékanalizátor; ~ **in-glass thermometer** *fiz* folyadékos (üveg)hőmérő; ~ **ion exchanger** folyékony ioncserélő; ~ **jet pump** *fiz* folyadéksugaras vákuumszivattyú, folyadék-sugárszivattyú; ~**-junction potential** *vegy* diffúziós potenciál, folyadékpotenciál; ~ **lapping** *mt* folyadéksugaras tükrösítés; ~ **laser** *fiz* folyadéklézer; ~ **level** folyadékszint; ~**-level control** *aut* folyadékszint-szabályozás, nívószabályozás; ~**-level controller (LLC)** *aut* folyadékszint-szabályzó; ~**-level hypochlorite** *vegy* folyékony klórmész *(fehérítő oldat)*; ~**-level indicator** *aut* folyadékszint-indikátor, folyadékszintmutató, töltésszintjelző; ~**-level manometer** *metr* folyadékos nyomásmérő; ~**-level meter** *fiz* folyadékszintmérő; ~**-level recorder** *aut* folyadékszint-regisztráló, folyadékszintíró; ~**-level regulation** *aut* folyadékszint-szabályozás; ~ **lime hypochlorite** folyékony klórmész *(fehérítő oldat)*; ~ **limit (LL)** *talt* Casagrande-féle folyási határ; folyási határ, folyáshatár; ~**-liquid** *ol* folyadékfázis; ~**-liquid contactor** *v.* **contacting column/tower** *ol* folyadék-folyadék extrakciós kolonna/torony; ~**-liquid extraction** *vegy* folyadék-folyadék extrakció, elválasztásos extrahálás; ~**-liquid potential** diffúziós potenciál, folyadékpotenciál; ~ **lubricant** kenőolaj; ~ **manometer** *fiz* folyadékos manométer/nyomásmérő; ~ **manure** *mzg* trágyalé, folyékony trágya; ~ **manure application** *mzg* létrágyázás; ~ **manure spreader** *mzg* trágyalészóró; ~ **measure** *metr* folyadékmérték; ~ **metal** folyékony fém; ~**-metal charge** *koh* folyékony betét; ~**-metal coolant** folyékonyfém-hűtőközeg; ~**-metal cooled reactor** *at* folyékony fémmel hűtött reaktor; ~**-metal cooling** *at* folyékony fémes hűtés, nátriumhűtés; ~**-metal fast breeder reactor (LMFBR)** *at* folyékony fémes gyors tenyésztőreaktor; ~**-metal-fuelled reactor (LMFR)** *at* folyékonyfém-fűtőanyagú reaktor; ~**-metal heat exchanger** *at* folyékonyfémhőcserélő; ~ **metal level (in mo(u)ld)** *koh* folyékonyacél-szint; ~**-metal reactor (LMR)** *at* folyékony tüzelőanyagú reaktor; folyékonyfém-hűtésű reaktor; ~ **mixture** *fiz* folyadékelegy; ~ **monopropellant** *rak* monergol, monopropellens; ~ **mortar** *ép* mészöntés, öntött vakolat; ~ **natural gas (LNG)** *ol* folyékony földgáz; ~ **nitriding** *hők* folyadékos nitridálás; ~ **nitrogen (LIN)** *vegy* folyékony nitrogén; ~ **oxygen**

(LOX) *rak* cseppfolyós oxigén; ~**-oxygen explosive (LOX)** *kat* folyékony oxigénes robbanóanyag; ~ **packing** folyadéktömítés; ~ **paraffin** *gyógyv* paraffinolaj; ~**-penetrant inspection** *any* penetrációs vizsgálat; *koh* folyadékbehatolásos repedésvizsgálat; ~**-penetrant test** *koh* folyadékbehatolásos repedésvizsgálat; ~ **petrolatum** vazelinolaj, folyékony petrolátum, paraffintartalmú olajpárlat; ~ **petroleum gas (LPG)** *ol* cseppfolyós (PB-)gáz; ~ **phase** *koh* tócsa; *vegy* folyadékfázis; ~**-phase adsorption** *ol* folyadékfázisú adszorpció; ~**-phase cracking** *ol* folyadékfázisú krakkolás; ~**-phase epitaxy** *krist* folyadékfázisú epitaxia; ~**-phase hydrogenation** *ol* folyadékfázisú hidrogénezés, hidrogénezés folyadékfázisban; ~ **phase sintering** *koh* folyadékfázisos szinterelés *(porkohászatban)*; ~ **pitch** gyantaszurok, fagyanta; ~ **pool** *önt* salakcsapda; ~**-pressure ga(u)ge** *fiz* folyadékmanométer; ~ **production per cycle** *ol* ciklushozam; ~ **propellant (l.p.)** *űr* folyékony rakéta-üzemanyag; ~ **propellant rocket** *rak* folyékony hajtóanyagú rakéta; ~ **purification** nedvestisztítás; ~ **receiver** folyadéktartály; ~ **resin** *műa* folyékony gyanta; ~ **resistance** *fiz* folyadék ellenállása; ~ **resistor/rheostat** *el* folyadék-ellenállás; ~ **ring compressor** folyadékgyűrűs kompresszor; ~ **ring pump** folyadékgyűrűs szivattyú; ~ **ring vacuum pump** folyadékgyűrűs vákuumszivattyú; ~ **sample holder** folyadék-mintavevő edény; ~ **scintillator** *at* folyadékszcintillátor; ~ **seal** *vák* folyadéktömítés, folyadékzár, vízzár; ~ **shrinkage** zsugorodási üregképződés, lunkerképződés; ~ **silicon rubber (LSR)** folyékony szilikongumi; ~ **sludge** *hidr* folyékony iszap; ~ **(slug) recovery** *ol* folyadékkihozatal; ~ **soap** folyékony szappan; ~**-solid extraction** *vegy* folyadék-szilárd extrakció; ~**-solid interface** *fiz* folyadék/szilárdtest hatásfelület; ~ **solubility** *fiz* oldhatóság folyékony állapotban; ~ **solution** *fiz* folyékony oldat; ~ **spray diffuser** porlasztófúvóka; ~ **spray thrustor** *rak* folyékony hajtóanyagú rakétahajtómű; ~ **stage meter** *fiz* folyadékszintjelző; ~ **stage recorder** folyadékszintíró; ~ **stain remover** folyékony folttisztító; ~ **starter** *el* vízellenállásos *v.* folyadék-ellenállásos indító; ~ **state (of aggregation)** *fiz* folyékony halmazállapot; ~**-steam equilibrium** *fiz* folyadék-gőz egyensúly; ~ **storage** folyadéktárolás; ~ **storax** *vegy* sztiraxolaj; ~ **stream** *fiz* folyadékáram; ~ **structure** *fiz* folyadékszerkezet; ~ **sugar** *cu* folyékony cukorfinomítvány; ~ **sugar feed-stock** *cu* híglé; ~ **thermometer** → ~ expansion thermometer; ~**-tight** folyadékot át nem eresztő, vízzáró, folyadékzáró; ~ **trap** folyadékfogó, folyadékleválasztó; ~**-vapo(u)r equilibrium diagram** forráspontdiagram; ~**-wall ionization chamber** *at* folyadékfalas ionizációs kamra; ~ **waste** szennyvíz, szennylúg; *at* radioaktívan szennyezett folyadék; *gép* folyékony hulladék

liquidity folyékonyság, cseppfolyós állapot; cseppenthetőség; ~ **index (LI)** *talt* folyási index

liquidus *vegy* likvidusz(vonal), folyékony fázis határvonala; ~ **area** *vegy* likviduszfelület; ~ **curve/line** *vegy* likviduszgörbe, likviduszvonal

liquitainer folyadékkonténer

liquor I. *v* lével kezel, zsíroz; *bőr* likkerez; **II.** *n* folyadék, lé; *bőr* flotta, lé; *cu* deríték; *élip* szeszes ital; *vegy* főzet; lúg; oldat; ~ **condensate** szeszpárlat; ~ **distillation** alkohollepárlás; ~ **effectiveness** *koh* oldathatékonyság; ~**-man** *tex* festékelőkészítő (munkás); ~ **preparation** *pa* lúgelőkészítés; ~ **tanning** *bőr* cserzés cserlében

liquorice *élip* édesgyökér

liroconite *ásv* lirokonit

LIS → Lockheed information system

liskeardite *ásv* liskeardit

lisle thread *tex* finom pamutcérna, flór

LISP → list processing

Lissajous' curve/figure *fiz* Lissajous-görbe

lisse *tex* finom kreppsifon

list[1] **I.** *v* bevon, bélel; szegélyez; *ép* műemlékké nyílvánít; *szt* listáz; **II.** *n* él, szél szegély; jegyzék; *ép* párkány, párkányzat; *szt* lista; ~ **cycle** jegyzékelő művelet *(statisztikai gépen)*; ~ **data memory** *szt* zsáktároló; ~ **mill** drágakőcsiszoló gép; ~ **of dimensions in stock** készletjegyzék; ~ **of equipment** berendezésjegyzék; ~ **of instructions** *szt* utasításlista; ~ **of materials** anyagjegyzék; ~ **of parts** darabjegyzék; ~ **of standards** szabványjegyzék; ~ **of types** típussorozat; ~ **price** árjegyzéki ár; ~ **processing (LISP)** *szt* listafeldolgozás, LISP *(programozási nyelv)*; ~ **processing language** *szt* listafeldolgozó nyelv; ~ **program generator (LPG)** *szt* listaprogram-generátor, LPG; ~**s** *pl* gerendaheveder; ~ **structure** *szt* listastruktúra, listaszerkezet; ~ **yarn** *tex* szélfonál, szegély

list[2] **I.** *v hajó* oldal(á)ra dől; *rep* belóg; **II.** *n ép* megdőlés *(épületé, kerítésé)*; *hajó, rep* oldalirányú megdőlés

listed *tex* hibás szegélyű *(szövet)*; ~ **building** *ép* műemlék épület

listel *ép* palástléc *(hornyolt oszlopé)*

listen I. *v távb* befigyel, lehallgat, behallgat; **II.** *n* (le)hallgatás; ~ **before talk** *szt* adás előtti vivőfigyelés/csatornafigyelés; ~ **in** *v távb* befigyel, lehallgat; behallgat; ~ **while talk** *szt* adás alatti vivőfigyelés/csatornafigyelés

listener hallgató

listening | and speaking key *távk* lehallgató és beszélő nyomógomb; ~ **angle** *rád* hallgatási szög; ~ **cam** *távb* beszélőváltó; ~ **device** *távk* lehallgatókészülék; ~ **frequency** *rep* lehallgató frekvencia; ~**-in** *távk* befigyelés *(kezelőé)*; lehallgatás; ~**-in button** *távb* figyelőbillentyű; ~**-in circuit** *távb* lehallgatóáramkör; ~**-in key** *távb* figyelőbillentyű; ~ **jack** *távb* lehallgatóhüvely; ~ **key** *távb* befigyelőkulcs; lehallgatóbillentyű; ~ **loudspeaker** *távb* lehallgató-hangszóró; ~ **plug** *távb* lehallgatódugó; ~ **position** *távb* lehallgatómunkahely; ~ **service** lehallgató-szolgálat; ~ **station** *távb* lehallgatóállomás; ~**-through** *távb* lehallgatás; ~ **watch** *rád, rep* vételkészültség; *rep* rádiófigyelő szolgálat

lister *mzg* grubber, talajlazító gép; ~ **bottom** *mzg* mélybarázdáló fej; ~ **cultivator** *mzg* töltögetőeke

Lister's comb *tex* Lister-féle fésülőgép

listing[1] bevonás; szegélyezés; *ép* szegély, perem; *szt* listázás, kiírás; ~ **machine** szegélybevarró gép

listing[2] *hajó* oldalradőlés; *rep* belógás

listric *geol* lisztrikus; ~ **plane** *geol* lisztrikus/görbült törésfelület

liter *US* → litre

literal I. *a* betű szerinti; betűkből álló, betű-; *szt* literál; **II.** *n nyom* betűhiba, nyomdahiba; *szt* literális

cím; ~ **data** betűadat; ~ **equation** *mat* algebrai egyenlet; ~ **error** *nyom* betűhiba, nyomdahiba; ~ **expression** *mat* betűs írásmód, betűkifejezés; ~ **notation** *mat* betűjelölés; ~ **number** *mat* algebrai mennyiség
literature search *szt* (szak)irodalomkeresés *(online rendszerrel)*
lith process *foto* lith-filmes eljárás
litharge *ép, vegy* lithargyrum, ólom(II)-oxid, ólomglét, ólommázag, masszikot; ~ **cement** *vegy* glicerines ólom-oxid; ~ **steck** *gumi* ólom-oxidos keverék; ~ **varnish** *foto* retuslakk
lithargite → litharge
lithergol *rak* litergol
lithia *vegy* lítium-oxid; ~ **emerald** *ásv* hiddenit; ~ **mica** lepidolit, lítiumcsillám
lithian *ásv* lítiumtartalmú
lithification *geol* megkövesedés
lithiophilite *ásv* litiofilit
lithium (Li) *vegy* lítium; ~ **acetate** *vegy* lítium-acetát; ~ **aluminium hydride** *vegy* lítium-alumínium-hidrid, lítium-alanát; ~**-base grease** *vegy* lítiumbázisú kenőzsír; ~ **base saponification** *vegy* lítiumbázisú szappanosodás; ~ **borohydride** *vegy* lítium-bór-hidrid; ~ **carbonate** *vegy* lítium-karbonát; ~ **cell** lítium cella; ~ **chloride** *vegy* lítium-klorid; ~ **feeding** *koh* lítiumadagolás; ~ **fluoride** *vegy* lítium-fluorid; ~**-fluorine-hydrogen tripropellant system** *rak* triergol; ~ **hydride** *vegy* lítium-hidrid; ~ **hydroxide** *űr, vegy* lítium-hidroxid; ~ **hydroxide pellet** lítium-hidroxidtabletta; ~ **mica** *ásv* lítiumcsillám, lepidolit; ~ **nitrate** *vegy* lítium-nitrát; ~ **oxide** *vegy* lítium-oxid; ~ **phen(ol)ate** *vegy* lítium-fenolát
litho → lithography; ~ **oil** *nyom* lítiumkence; ~ **paper** *pa* könyvnyomópapír; ~**-retransfer paper** *pa* lenyomatpapír
lithocholic acid *vegy* litokolsav, 3α-hidroxi-kolánsav
lithofacies *geol* kőzetfáciesz
lithogenesis *geol* litogenezis
lithograph I. *v* litografál; **II.** *n* litográfia; kőnyomat
lithographer litográfus
lithographic *nyom* litográfiai; ~ **board** *pa* kőnyomó karton; ~ **chalk** zsírkréta, litográfiai kréta; ~ **colo(u)r** *nyom* plakátnyomó festék; ~ **draw/engraving** *nyom* litográfia, kőnyomat; ~ **oil** *nyom* litográfiai kence; ~ **paper** *nyom* litográfiai papír; ~ **press** kőnyomdai sajtó; ~ **stone** *geol, nyom* litográfpala, litográfkő, litográfiai kő; ~ **transfer paper** *pa* átnyomópapír; ~ **varnish** *nyom* litográfiai kence
lithography *geol* kőzettan; *nyom* litográfia, kőnyom(tat)ás, kőnyomat
lithoidal *geod* megkövesedett; *geol* kőszerű
lithologic(al) *geol* litológiai; ~ **facies** *geol* fáciesz
lithology *geol* litológia, kőzettan
lithophil(e), lithophilic elements *pl geol* litofil elemek
lithopon(e) *ásv, vegy* emailfehér, zománcfehér *(festék)*; litopon, Griffith-fehér, Charlton-fehér *(festék)*
lithosphere *geol* litoszféra
lithostatic pressure *geol* fedőkőzetnyomás
lithostratigraphic unit *geol* litosztratigráfiai egység
lithostratigraphy *geol* litosztratigráfia
litmus *vegy* lakmusz; ~ **paper** *vegy* lakmuszpapír; ~ **solution** *vegy* lakmuszoldat
litre, *US* **liter (l)** *metr* liter; ~ **capacity** *gépk* litertérfogat; ~ **flask** *vegy* literes lombik; ~ **volume** motor hengerűrtartalma
litter I. *v mzg* almoz; **II.** *n* hulladék, szemét; *mzg* alom; ~ **basket/bin** (utcai) szemétkosár
little kis, kicsi, gyenge; **L**~ **Bear** *csill* Kismedve; ~ **by little** apránként, fokozatosan; ~**-iron fitting** apróanyag *(sínkötéshez)*; ~ **jacquard** *tex* nyüstösgép; ~**-noise** csendes járású, kis zajszintű; ~ **pulley** *tex* csévélőorsó hajtócsigája; ~ **winds** *bány* vakakna
Littleway lasting machine *cipő* Littleway-keresztülvarrógép
littoral I. *a geol* litorális, parti; **II.** *n geol* tengerpart; ~ **deposits** *pl* litorális, parti üledék; ~ **facies** partszegélyi fáciesz; ~ **mud/underwater deposit** litorális *v.* partmenti iszap; ~ **region** parti tájék; ~ **seam** tenger menti (szén)telep; ~ **zone** litorális öv
Littrow | grating mounting *fiz* Littrow-felállítás; ~ **prism spectrograph** *fiz* Littrow-spektrográf
Litz wire, litzendraht *el, távk* litzehuzal
livable lakható
live I. *v* él, lakik; **II.** *a* eleven; működő; valódi; valóságos; mozgó/változó *(terhelés)*; *el* bekapcsolt, feszültség/áram alatti *(vezeték)*; *tv* élő, egyenes *(közvetítés)*; **III.** *adv rád, tv* élőben, egyenesben *(közvetít)*; ~ **ammunition** *kat* éles lőszer; ~ **axle** *gépk* hajtott tengely; ~ **boom** kotrógém *(exkavátoré)*; ~ **bottom bin** *pa* mozgó fenekű siló; ~ **broadcast** élő/egyenes adás; ~ **capacity** hasznos térfogat; ~ **cartridge** *kat* éles lőszer; ~ **centre/center** *el* terhelési súlypont; *forg* forgócsúcs; ~ **circuit** *el* feszültség alatt álló kör; ~ **coals** *pl* parázs, zsarátnok; ~ **contact** áram átjárta érintkező; ~ **coverage** *rád* helyszíni közvetítés; ~ **end** *hang* terelőfal; ~ **fence** élősövény; ~ **firing** *kat* éleslövészet; ~ **flange** *koh* nyitott láb; ~**-front** *el* előrészén áramvezető részeket tartalmazó; ~ **head** *forg* főorsószekrény; mozgóbáb; ~ **heading** *nyom* élőfej; ~ **hole** *koh* tüzelőnyílás, fűtőajtó *(kemencén)*; ~ **keyboard** *szt* aktív billentyűmező; ~ **knot** *mzg* egészséges ággöcs; ~ **load (LL)** *mech* hasznos/változó/mozgó terhelés; ~ **main** *ép* nyomóvezeték; ~ **matter** *nyom* nyomásra váró szedés; ~ **metal part** *el* feszültség alatti fémrész; ~ **oil** gáztartalmú nyersolaj; gázos olaj; ~ **parking** *közl* parkolás benn ülő utassal; ~ **part** *el* áramütés-veszélyes rész; ~ **pass** *heng* alakítóüreg; ~ **pit** *bőr* friss hamvas lé; *heng* fűtött mélykemence; ~ **power take-off** *mzg* hajtó tengelycsonk; ~ **rail** *el* áramvezetősín, áramsín; *vasút* mérlegsín; ~ **reflector** *at* eltávolítható reflektor; ~ **ring** futógyűrű *(gördülőcsapágyban)*; ~ **roll** hajtógörgő *(szállítószalagon)*; ~ **roller bed** *heng* hajtott görgősor; ~ **roller conveyor** hajtott görgős futószalag; ~ **rollers** *heng* etetőgörgős járat; ~ **roller table/train** *heng* hajtott görgősor; ~ **room** *hang* zárt hangtér; ~ **shaft** *gép* hajtótengely; ~ **shell** *kat* éles lövedék; ~ **side** *távk, el* „meleg” oldal; ~ **soaking pit** *koh* fűtött aknakemence/mélykemence; ~ **sound** *rád, tv* élő hang; ~ **spindle** *gép* forgótengely; ~ **steam** friss gőz; ~ **steam evaporator** friss gőzzel fűtött bepárló/elpárologtató; ~ **steam reclaiming process** *gumi* termikus regenerálás közvetlen gőzöléssel; ~ **steam turbine** *gép* frissgőz-turbina; ~**-stock** → livestock; ~ **studio** *rád* nagy utánrezgésű stúdió; ~ **transmission** *rád, tv* egyenes/élő adás; ~ **ware** →

liveware; ~ **water** *környv* élővíz; ~ **weight** *élip* élősúly; ~ **wire** *el* áram/feszültség alatti vezeték; ~ **wood** *fa* élőfa; ~ **working** *bány* működő/művelt munkahely; *el* feszültség alatt végzett munka
liveingite *ásv* liveingit
liveliness *tex* élénkség *(színéárnyalaté)*; *vegy* hevesség *(reakcióé)*
lively *gumi* rugalmas, puha *(kötés)*; ~ **combustion** *vegy* erőteljes elégés; ~ **yarn** *tex* eleven fonal
liven *hang* nyílthangzásúvá tesz
livening treatment *tex* festés élénkítése
liver I. *v ép* megdermed, összeáll *(festék)*; **II.** *n élip* máj; ~ **of sulphur/sulfur** *vegy* kénmáj; ~ **opal** *ásv* májopál; ~ **poisons** *gyógyv* májmérgek; ~ **pyrites** *ásv* pirrhotin, magnetopirit, mágneskovand; ~ **spot** *élip* húsfolt *(tojásé)*
livering (up) *ép* megdermedő, összeálló *(festék)*
liverstone *ásv* hepatit
livery[1] májszínű *(mázhiba)*
livery[2] ~ **cloth** *tex* gyapjú(szövet), posztó; ~ **lace** *tex* livrépaszomány, livrészegély
livestock *mzg* lábasjószág, állatállomány; ~ **dung** *mzg* istállótrágya; ~ **husbandry** *mzg* állattartás; ~ **manure** *mzg* istállótrágya; ~ **platform** *vasút* állatrakodó, élőrakodó; ~ **production** *mzg* állattenyésztés; ~ **traffic** *vasút* élőállat-forgalom; ~ **wastes** *pl mzg* istállótrágya
liveware *szt* számítógépkezelő személyzet
livid ólomszürke, kékesszürke, hamuszürke
living eleven, élő; izzó; működő; ~ **and walling** *bány* biztosítás; ~ **deck** *hajó* lakófedélzet; ~ **hut** *ép* lakóbarakk; ~ **module** *ép* lakóegység; *űr* lakómodul *(skylab)*; ~ **process** életfolyamat; ~ **river bed** *hidr* élőmeder; ~ **room (LR)** *ép* lakószoba; nappali (szoba); ~ **space** *ép* lakótér; lakóterület *(házban)*; ~ **standard** életszínvonal; ~ **van** *vasút* lakókocsi *(pályaépítéshez)*; ~ **water** *hidr* élővíz
livingstonite *ásv* livingstonit
lixiviant *vegy* lúgzószer
lixiviate *vegy* kilúgoz
lixiviating | **bath** *tex* lúgozófürdő *(mercerezés)*; ~ **plant** kilúgozóüzem
lixiviation *koh* lúgzás; *vegy* kilúgozás; ~ **residue** *koh* lúgzási maradvány
lixivium *vegy* lúgozófolyadék
lizard leather *bőr* gyíkbőr
lizardite *ásv* lizardit
l.j. → lap joint
Ljapunow stability *aut* Ljapunov-stabilitás
Ljungstrom | **regenerative air heater** Ljungström-léghevítő; ~ **turbine** Ljungström-turbina
LL → liquid limit; → live load
l.l. → leased line; → load line; → loose-leaf
llama | **hair** lámaszőr; ~ **shirting** lámagyapjú szövet
Llandeilian stage *geol* llandeiloi emelet
Llandoverian stage *geol* llandoveri emelet
Llanvirnian stage *geol* llanvirni emelet
LLC → liquid-level controller
LLD → lower level discriminator; → lyoluminescence dosimeter
LLL → low-level logic
LLLTV → low-light-level television
Lloyd | **Register of Shipping** *hajó* Lloyd hajólajstrom; ~**'s mirror** *fiz* Lloyd-tükör; ~**'s rules and regulations** *hajó* Lloyd-előírások
LLR → load limiting resistor
LLS → low-level solid
LLV → lunar logistics vehicle
lm → lumen
LM → light metal; → lineman; → lunar module; ~ **porosity** *ol* mészkőporozitás
l.m. → lime mortar
LMFBR → liquid-metal fast breeder reactor
LMFR → liquid-metal-fuelled reactor
LMG → light machine-gun
lmh → lumen hour
l.m.h.c.p. → lower mean hemispherical candlepower
LMP → light metal product
LMR → liquid-metal reactor
LMS → level-measuring set
LMT → local mean time
LMTD → logarithmic mean temperature difference
LNG → liquefied/liquid natural gas; ~**-harbo(u)r** metánkikötő; ~ **tanker** folyékony földgáz-szállító tankhajó
lo *rep* 200 láb alatti repülés
LO → local oscillator; → longitudinal oscillation; → lubricating oil
LO/HI → low/high
LOA → length over all; → length overall
load I. *v* (meg)terhel, megrak; megrak; berakodik; *élip* hamisít *(bort)*; *film, foto* betölt, behelyez *(filmet)*; *kat* tölt *(fegyvert)*; *mech* igénybe vesz; *pa* telít; *szt* betölt; *tex* nehezít *(fonalat, szövetet)*; *vegy* festéket fehérrel kever; **II.** *n* teher, (meg)terhelés; rakomány; nyomás; terhelés; terhelési/szállítási egység; adag; *el* munkaellenállás; terhelés; *kat* töltet *(lőfegyveré)*; *koh* olvasztási adag/betét; *mech* igénybevétel; *távk* pupintekercs; ~ **action** terhelési (be)hatás; ~**-actuated** teher hatására működő; ~ **address** *szt* betöltési cím; töltőcím; ~ **admittance** *el* terhelő/terhelési admittancia; ~ **alleviation** *mech* terhelés megszüntetése; ~ **allocation** *el* teherelosztás; ~ **allowance** *hajó* megengedett többletterhelés; ~ **alternation** *mech* terhelésváltozás; ~ **and go** *szt* töltés és futtatás módszere, tölts-indíts-módszer; ~**-and-go assembler** *v szt* betöltés után azonnal futó assembler program; ~ **and inflation table** *gépk* terhelés/abroncsnyomás táblázat; ~ **and trim sheet** *rep* tömegközéppont-számítási diagram; ~ **angle characteristic** *el* terhelési szög-karakterisztika; ~ **application point** *mech* teher támadáspontja; ~ **at rupture** *mech* törőteher, törőterhelés; ~ **back rest** *gépk* védőrács *(a vezető és a rakomány között)*; ~ **balance** terhelés kiegyenlít(őd)ése; ~ **barrel** teheremelő dob; ~ **bay** *rep* csomagtér; ~**-bearing** teherviselő, teherhordó; ~**-bearing capacity** *mech* teherbíró képesség, teherbírás; ~**-bearing chain** *bány* hordlánc; ~**-bearing member** *ép* teherviselő szerkezet; ~**-bearing skeleton** *ép* teherviselő váz(szerkezet); ~**-bearing support** *bány* teherhordó biztosítás; ~**-bearing wall** *ép* teherhordó/szerkezeti fal; ~**-bearing wing covering** *rep* teherhordó szárnyborítás; ~ **bearring implement** *ép* tartógerenda, teherviselő tartó; ~ **block** *aut* differenciálóegység; ~ **board** *ép* rakodólap; ~ **box** *el, távk* ellenállásszekrény; ~ **brake** *em* leeresztőfék, súlyterhelésű fék, súlyfék; ~**-break switch** *el* teljesítmény szakaszoló; ~ **by human crowd** *ép* élőteher; *mech* embertömeg-terhelés; ~ **cable** *bány* vontatókötél; ~ **capacitor** *el, fiz* terhelés-

kondenzátor; ~ **capacity** teherbírás, terhelhetőség, hasznos terhelés; *em* teheremelő képesség; *gépk* raksúly; *távk* terhelési határ; ~ **capacity of control circuit** *félv* vezérlőáramkör terhelhetősége; ~ **capacity of hydraulic prop** *bány* hidraulikus tám teherbírása; ~ **card** *szt* betöltőkártya; ~ **carrier** *ép* csilleteknő *(kötélpálya)*; teherhordó szerkezet; ~**-carrying** *mech* teherhordó; ~**-carrying capacity** teherbíró képesség, hordképesség, teherbírás; ~**-carrying rivet** *gép* teherviselő szegecs, tartószegecs; ~**-carrying skin** *rep* erőhordó borítás; ~**-carrying wing covering** *rep* teherhordó szárnyborítás; ~ **cell** *any* erőmérő szelence/cella; *aut* nyomásmérő szelence; ~ **centre/center** *mech* terhelés súlypontja; ~**-centre/center substation** *en* terhelés súlypontjába épített alállomás; ~ **chain** teheremelő lánc; *bány* hordlánc; ~ **change** terhelésváltozás; ~ **characteristic (curve)** *el* terhelési jelleggörbe; ~ **circuit** *el* terhelő áramkör, terhelőkör; ~**-circuit efficiency** terhelőkör-hatásfok; ~ **classification number (LCN)** *rep* terhelésmutató szám; ~ **coefficient** *el* terhelési együttható; ~ **coil** *el* terhelőtekercs; ~ **commutation** *el* terhelésről vezetett kommutáció; ~ **compensated** kiegyenlített terhelésű; ~ **compensation** *el* terhelés kiegyenlí(tőd)ése; ~ **compensator** *el* terhelésszabályozó; ~ **conditions** terhelésfeltételek; ~ **control** *aut* terhelésszabályozás; ~**-controlled** terheléstől függő; ~ **controlled braking** *gépk* terheléstől függő fékerő-szabályozás; ~ **controller** *aut* terhelésszabályozó; *rep* áruforgalmi tisztviselő; ~**-conversion table** *mech* terhelésátszámítási táblázat; ~ **current** *el* terhelőáram, terhelési áram; ~ **curve** *el* terhelési görbe; *ép* hatásábra; ~ **cycles** *mech* terhelésváltakozás, erőjáték, terhelésismétlődés; ~**-deflection curve** *műa* (terhelés-)behajlási görbe; ~ **density** *en* fogyasztósűrűség, terheléssűrűség; ~**-dependent** *gépk* terhelésfüggő *(fék)*; ~ **despatcher** → ~ dispatcher; ~ **diagram** *el* terhelési diagram/ábra; ~ **disconnecting switch** *el* szakaszoló-kapcsoló; ~ **dispatcher** *el* teherelosztó; ~ **dispatching** *el* teherelosztás; ~ **dispatching centre/center** *el* teherelosztó állomás; ~ **displacement** *hajó* vízkiszorítás terhelt állapotban; ~**-distributing structures** *mech* teherelosztó szerkezet; ~ **distribution** *mech* tehereloszlás; teherelosztás, terheléselosztás; *rep* terheléselosztás; ~ **distributor** *el* teherelosztó; ~ **draught/draft (LD)** *hajó* mélymerülés; ~ **(drilling) bit** *ol* pilótafúró; ~ **drum** *em* teheremelő dob; ~ **due to wind pressure** *el* szélterhelés; ~ **duration** *el* terhelési időtartam; ~**-duration curve** *el* terhelésiidőtartam-görbe, terhelések tartamgörbéje; ~**-efficiency** *távk* terhelés hatásfoka; ~**-elongation diagram** *tex* terhelés-nyúlás görbe; ~ **equalization** *el* terheléskiegyenlítés; ~**-extension curve (LEC)** *tex* terhelés-nyújtás görbe; ~ **face** *at* oldal, berakótöltőoldal *(reaktoré)*; ~ **factor (LF)** *at* terhelési/kihasználási tényező; *el* terhelési tényező; ~**-frequency control** *em* (terhelés-)frekvenciaszabályozás; ~ **from wind pressure** *ép, mech* szélterhelés, szélnyomás; ~ **hauled** *vasút* hozzákapcsolt elegy; ~**-holder** tehertányér *(mérlegen)*; csilleteknő *(kötélpályacsillén)*; ~ **hook** daruhorog, teheremelő horog; ~ **image file** *szt* felügyelőprogram nélkül is működőképes program; ~ **impedance** *el* terhelőimpedancia, terhelőellenállás; ~ **impedance diagram** generátordiagram; ~ **increment** terhelési lépcső/fokozat, teher növekménye; ~ **index** *gépk* teherbírási index *(gumiabroncsé)*; ~ **indicating resistor** terhelésmérő/töltésmérő/terhelésjelző ellenállás; ~ **indicator (LDI)** *any* terhelésjelző; ~ **instruction** *szt* betöltési utasítás; ~ **jib** rakodógém; ~**-level(l)ing relay** *el* kiegyensúlyozó/terhelés-kiegyenlítő jelfogó; ~ **life** élettartam teljes terheléskor; ~ **limit** terhelési/terhelhetőségi határ; *vasút* legnagyobb méret *(rakományé)*; maximális terhelhetőség *(vasúti kocsié)*; ~ **limit ga(u)ge** *vasút* rakszelvény; ~**-limiting resistor (LLR)** *el* terheléskorlátozó ellenállás; ~ **limit sensing control** hatásterhelés-szabályozás; ~ **line (l.l.)** *hajó* merülési vonal; *mech* terhelési görbe; *rád* csőkarakterisztika; ~**-line marking** *hajó* merülési jel/mérce; ~ **loss** terhelési veszteség; ~ **master** *rep* áruforgalmi csoportvezető; ~ **message** *rep* terhelési távirat/közlemény; ~ **module** *szt* betölthető modul; ~ **moment** *mech* terhelőnyomaték, terhelőmomentum; ~ **of environment** *környv* környezetterhelés; ~ **of the receiving water** *hidr* befogadó terhelése; ~ **on call (LOCAL)** *szt* betöltés hívásra, LOCAL; ~ **pattern** terhelési ábra; ~ **peak** *el* igénycsúcs, terhelési csúcs; ~ **period** terhelési időtartam; ~ **per surface unit** *ép* felületegységre eső terhelés; ~ **point** *hajó* rakodási határ; ~**-point (address)** *szt* töltéspontcím; ~ **point marker** *szt* (betöltésjelző) fémcsík mágnesszalagon; ~ **polygon** erőpoligon, erősokszög; ~ **position** *mech* teherállás; ~ **pressure** *el* terhelés alatti feszültség; ~**-pressure brake** raksúlyváltós fék; ~ **projecting behind the vehicle** *közl* hátra kinyúló rakomány *(járművön)*; ~ **proportional** terhelésfüggő *(fék)*; ~ **range** terhelési tartomány; ~ **rate** *mech* felületegységre eső terhelés; ~**-rate prepayment meter** *el* terhelésfüggő pénzbedobós fogyasztásmérő; ~**-rate tariff** *el* kettős díjszabás; ~ **rating** *gépk* abroncsteherbírás; ~ **ratio (LR)** *rep* terhelési arány; ~ **relay** terhelésszabályozó relé; ~ **relief** tehermentesítés; ~**-relieving device** tehermentesítő berendezés *(mérlegen)*; ~ **removal** *mech* tehermentesítés; ~ **resistor** *el* terhelőellenállás, munkaellenállás; ~ **rock** *bány* telérmeddő; ~**s** *pl bány* rakott csillék *(útban)*; ~**-sensing device** erőmérő; ~**-sensitive** terhelésfüggő *(fék)*; ~**-settlement curve** *talt* cölöpbehatolási diagram/görbe; ~**-sharing operation** *távk* terhelésmegosztásos üzemmód; ~ **sheave** homorú talpú görgő; teheremelő csiga; ~ **shed** *en* leterhelés, terheléscsökkentés, lekapcsolás; ~ **sheet** *rep* kísérő árujegyzék; kísérő terhelési jegyzék; ~**-shift gearing** terhelés alatt kapcsolható hajtómű; ~ **shifting** *en* terhelés átrendezése/átkapcsolása; ~ **shown by the counter/indicator** számlálóállás, mérőállás; ~ **spacing** *távk* csévezakasz; ~ **spectra under service conditions** terhelési karakterisztika; ~ **splitting** terheléselosztás *(antennáé)*; ~**-stabilization coefficient** terhelésiáram-szabályozási együttes; ~**-start motor** terheléssel indítható motor; ~**-strain curve** *any* erőnyúlás görbe, terhelés-alakváltozás görbe; ~ **suspension device** teherfüggesztő berendezés; ~ **suspension means** teherfüggesztő eszköz; ~ **swing** teher kilengése; terhelésingadozás; ~ **test** *any, ép* teherbírás-vizsgálat, próbaterhelés, terhelési próba; ~**-test bearing plate** *geol* próbaterhelő asztal; ~ **to failure** *v any* törésig/tönkremenetelig terhel; ~ **ton-mile operated** *rep* teljesített áruforgalom tonnamérföldekben; ~ **ton-miles** *rep* teljesített tonnamérföldek; ~**-totalizing**

curve *hidr* terhelésösszegező görbe; ~ **train** *ép* terhelővonat, vonatterhelés *(hídon)*; ~ **transfer ability** *mech* teherátadó képesség; ~ **transfer device** terheléselosztó szerkezet; ~ **transfer from an axle** tengely tehermentesítése; ~ **transistor** munkaellenálláss-tranzisztor; ~ **transmission** *mech* erőátvitel; ~ **unit** *szt* betöltőegység; ~ **up** *v* rárak, felrak *(terhet)*; megterhel; *kh* ledob *(szemet)*; ~ **variation** terhelésingadozás; ~ **waterline (LWL)** *hajó* legnagyobb merülési vonal; ~**-yield curve** *bány* terhelés-utánengedés görbe

loadability terhelhetőség; ~ **of soil** *talt* talajterhelhetőség; ~ **of the receiving water** *hidr* befogadó terhelhetősége

loadable *szt* betölthető, futtatható; ~ **program format** *szt* betölthető programformátum

loaded terhelt, megrakott; töltött *(fegyver)*; *foto* töltött; ~ **at third** *ép* fesztáv egyharmadáig terhelt; ~ **cable** *el, távk* pupinkábel, terhelt kábel; ~ **concrete** *at* nehézbeton, sugárvédelmi beton; ~ **continuously** *távk* krarupozott; ~ **diaphragm** *hang* kifeszített hártya; ~ **draught/draft** *hajó* merülés terheléssel; ~ **impedance** *távk* terhelő impedancia; ~ **length of spring** terhelt rugóhossz; ~ **line** *távk* terhelt vonal; ~ **paper** nehezített/töltött/töltőanyagtartalmú papír; ~ **Q T** *távk* terhelt jósági tényező; ~ **radius** terhelt sugár; ~ **reserve** *távk* terhelt tartalék; ~ **side** *bány* terhelt ág; ~ **silk yarn** *tex* nehezített selyem; ~ **stock** *gumi* töltőanyaggal kevert gumimassza; *koh* beadagolt elegy; ~ **to capacity** teljesen megrakott; ~**-top antenna** *rád* felsőellensúlyos antenna; ~ **track** *vasút* teli vágány; ~**-up condition** terhelési/terhelt állapot; ~ **yarn** *tex* nehezített fonal

loader rakodógép; rakodóasztal; rakodó(munkás); töltő(gép); rakodóberendezés, feladóberendezés; *kat* ágyú; lőfegyver; *mzg* rakodó, markoló *(traktorra szerelt)*; *szt* betöltő; betöltőprogram; ~ **backhoe** *ép* mélyásó-homokrakodó berendezés; ~ **boom** rakodógép gémje *v.* kirakodó karja; ~ **bootstrap program** *szt* önbetöltő program; ~ **bucket** rakodókanál; ~ **for bulk goods** ömlesztettanyag-rakodó; ~ **gathering head** *bány* kacsacsőr; rakodógép rakodófeje; ~ **scraper** *bány* rakodóeke; ~ **skip** anyagfelvonó puttony; ~ **tramming** rakodógép mozgása *(bányavágányokon)*

loading I. *a* terhelési; rakodási; igénybevételi; telítési; nehezítési; **II.** *n* hamisítás *(boré)*; teherelosztás; töltés; lapátolás *(emelőre)*; berakás; megterhelés; rakodás, rakomány; terhelés; *at* (nukleáris) fűtőanyagtöltés; besugárzási minta behelyezése; töltési tüzelőanyag behelyezése *(reaktorba)*; *bány* felrakás; töltés *(fúrólyuké)*; *bőr* talpbőr nehezítése/telítése; *el* terhelés; *ép* felrakás, feladás, terhelés; *koh* adagolás; feltöltés; terhelés; *mech* terhelés; *pa* nehezítés, töltés; töltőanyag; *rep* feltöltés; megterhelés; terhelés; *szt* töltés; *távk* pupinozás; *tex* nehezítés, töltés; nehezítési súlytöbblet; ~ **agent** *pa* töltőanyag; ~**-and-driving station** feladó- és hajtóállomás *(drótkötélpályán)*; ~ **and unloading** *at* (nukleáris) fűtőanyagtöltés és -kiürítés; *hajó* be- és kirakodás; ~ **and unloading point** rakodóhely, rakodótér; ~ **and unloading siding** *vasút* szabad rakodóvágány; ~ **and weight distribution** *rep* terhelés- és súlyelosztás; ~ **apron** *rep* áruforgalmi előtér; rakodó előtér; ~ **area** *bány* rakodóhely, rakodótér; *rep* rakodóterület; *vasút* rakfelület; ~ **bay** *rep* rakodópódium *(repülőtéren)*; *vasút* rakodószektor *(pódiumon)*; ~ **bed** *gép* rakodó görgősor; ~ **belt** *ép* rakodószalag, felrakószalag; ~ **berth** *hajó* rakodó kikötőhely; ~ **bin** töltőgarat; ~ **bridge** *bány* rakodópadozat, rakodóhíd; ~ **bucket** *bány* rakodókanál; ~ **bucket excavator** rakodókotró; ~ **bunker** *bány* készletbunker; ~ **by coils** *távk* pupinozás; ~ **by hand** *bány* kézi rakodás; ~ **canal** *hidr* bevezetőcsatorna; ~ **capability** terhelhetőség; ~ **capacity** kapacitás *(ioncserélőé)*; *gépk* hasznos/megengedhető terhelés; maximális terhelhetőség, raksúly; ~ **chart** *rep* terheléselosztási terv; terhelési ábra (táblázat) terv; ~ **chute** *bány* rakodócsúszda; töltőcsúszda; töltősurrantó; ~ **coil** *el* terhelőtekercs; *rád* hosszabbítótekercs *(antennáé)*; *távk* pupincséve; ~ **coil case/pot** *távk* pupinfazék; ~ **coil for open lines** *távk* szabadvezetéki pupintekercs; ~ **coil section** *távk* csévesszakasz, csévemező, pupinizálási szakasz; ~ **compartment** *bány* döntőosztály; ~ **conveyor** szállítószalag; ~ **crane** *em* rakodódaru; ~ **cross cut** *bány* csapolóvágat; ~ **cutter chain** *bány* réselőlánc; ~ **deck** *vasút* rakodórámpa felülete; ~ **device** adagolóberendezés; ~ **diagram** *vasút* terhelési kimutatás/táblázat; ~ **earth blanket** *hidr* terhelőpaplan; ~ **equipment** *bány* rakodóberendezés, feladóberendezés; ~ **face** → charging face; ~ **facilities** *rep* rakodóberendezések, rakodóeszközök; ~ **factor** *bány* töltési tényező; ~ **finger** *rep* berakodó folyosó; ~ **for maxima** mértékadó terhelés; ~ **frame** *talt* terhelőkeret; ~ **funnel** *bány* töltőgarat; ~ **gangway** *vasút* rakodóhíd; ~ **gate** *rep* berakodókapu, beszállókapu; ~ **ga(u)ge** *vasút* rakszelvény; ~ **ga(u)ge height** *vasút* rakszelvénymagasság; ~ **grab (bucket)** rakodómarkoló *(kétpofás)*; ~ **graph** *koh* terhelési diagram; ~ **hatch** *hajó* rakodónyílás; ~ **height** rakodó magasság *(járműé)*; ~ **hopper** anyagfelvonó puttony; adagolótölcsér; *élip* töltőtölcsér; ~ **hose** *bány* töltőtömlő; ~ **inductance** *rád* hosszabbítótekercs *(antennáé)*; *távk* pupincséve; terhelőtekercs; ~ **machine** *at* töltő-átrakó gép; *ép* rakodógép; ~ **material** *bőr, vegy* töltőanyag; ~ **meter** mérő-adagoló berendezés; ~ **of environment** *gép* környezetterhelés; ~ **of sludge** *gép* iszapterhelés; ~ **of the electrodes** elektródterhelés; ~ **of the loom** *tex* cévefelrakás, cévefeltűzés; ~**-out** *bány* kiszállítás; ~ **pallet** *ép* rakodólap; ~ **place** rakodási terület; ~ **plant** rakodótelep; *koh* rakodóberendezés; ~ **plate** *ép* terhelőlap; ~ **platform** *közl* felszállóperon; *vasút* nyílt rakodó, rámpa; ~ **platform for tracks** jármű-rakodóhíd; ~ **pocket** *bány* rakodótartály; ~ **point** *bány* táppont; *mech* erő támadáspontja; *távk* tekercspont, tekercs beállítóhelye; *vasút* rakodóállomás; ~ **procedure** *at* töltés-átrakás; ~ **program** *szt* (be)töltőprogram; ~ **rack** *vasút* rakodópont; ~ **rammer** *kat* kézi töltőszerkezet; ~ **ramp** *bány* rakodópad; *rep* rakodórámpa, rakodótér; *vasút* rakodópont; ~ **resistor** *el* terhelőellenállás, munkaellenállás; ~ **section** *távk* csévemező; ~ **shift** *bány* rakodási műszak; ~ **shovel** rakodólapát; ~ **skip** anyagfelvonó puttony; ~ **solicitation** *fiz* terhelés felvétele; ~ **spiral** *bány* rakodóspirál; ~ **station** *vasút* rakodóállomás; ~ **stool** *élip* rakodóasztal; ~ **surface** tehergépkocsi-rakfelület; ~ **terminal** *vasút* rakodó-végállomás; ~ **test** *any* terheléspróba, próbaterhelés; törőkísérlet; ~ **time** *koh* berakási idő; *rep* rakodási idő; ~ **tray** rakodósurrantó; adagolóvályú; ~ **trough** *bány* rakodófej kacsacsőrön; töltőteknő; ~ **tube** töltőcső; ~ **unit** egységrakomány; ~ **weight** raksúly; *any* terhelősúly; ~ **well** hengeresen adagoló *(folyadékoké)*; *műa* töltőtér; ~ **yard** *vasút* rakodóhely, rakodótér

loadstone *ásv* magnetit

loaf *élip* cipó, kenyér *(egész)*; *gumi* kaucsukkoagulátum; ~ **sugar** *élip* süvegcukor

loafers *pl* könnyű cipő, mokaszin

loam I. *v* tapaszt; **II.** *n geol* agyag, vályog(talaj); *önt* formázóagyag; ~ **beater** *ép* agyagkeverő lapát; ~ **board** *önt* sablon; ~ **brick** *ép* agyagtégla; ~**-casting** *önt* agyagba öntés; ~**-core** *önt* agyagmag; ~ **hole** agyaggödör; ~ **mixer** *ép* agyagkeverő (gép); *önt* formázóagyag-keverő gép; ~ **mo(u)ld** *önt* agyagforma; ~ **mo(u)lding** agyagformázás; ~ **pit** *ép* vályoggödör, agyaggödör; ~ **pugging** agyaggyúrás; ~ **seal** *ép* agyagtömítés; ~ **wall** *ép* agyaggal tapasztott fal

loamy agyagos; vályogos; *talt* agyagtartalmú; ~ **addition** *ép* agyagos adalék; ~ **gravel** agyagos kavics; ~ **ground/soil** *talt* homokos agyagtalaj; ~ **subsoil** agyagos altalaj

loan kölcsön *(banki stb.)*; ~ **paper** *pa* bankpapír

lobar antenna *távk* fecskefarkantenna

lobate lebenyes; karéjos

lobby *ép* előcsarnok, oszlopcsarnok; ~ **carpeting** futószőnyeg

lobe karéj; lógó szárny; lebeny; lebernyeg; *ép* teknő, vályú, medence; *gép* bütyök; *mat* karéj; *önt* öntecsfül; *rád* hurok *(sugárzási diagramban)*; *rep* szirom *(sugárzási iránykarakterisztikáé)*; ~ **of the cam** *gépk* bütyköstárcsa bütyke; ~ **of the distributor shaft** *gépk* elosztó-bütyköstengely lap; ~ **plate** *ép* talplemez; *gép* alaplemez; ~ **switch** *rád* sugárzási főirány átkapcsolója; ~ **switching** *rád* antennaátkapcsolás; ~ **switching interferometer** *rád* hurokátkapcsolásos rádióinterferométer; ~ **width** *rád* félértékű nyalábszélesség *(antennáé)*; sugárzási hurokszélesség

lobed lebenyes; karéjos; ~ **flowmeter** szárnyas áramlásmérő/folyadékáramlás-mérő; ~ **rotor meter** forgódugattyús mennyiségmérő

lobeline *vegy* lobelin

lobing *rád* nyalábátkapcsolás

lobstick határjelző oszlop

LOCA → loss of coolant accident

local helyi; helybeli, helyiérdekű *(vonat)*; ~ **action** *el* helyi korrózió *(akkumulátoré)*; ~ **air-navigation map** *rep* helyi léginavigációs térkép; ~ **air pollution** *gép* lokális légszennyeződés; ~ **amenities** *pl* városszépítés; ~ **annealing** *koh* helyi lágyítás; ~ **apparent time (LAT)** *csill* helyi szoláris idő; *rep* helyi, napállás szerint becsült vagy valódi idő; ~ **area** *távk* helyi központ körzete; ~ **area network (LAN)** *szt, távk* helyi hálózat; ~ **attraction** *bány, geod* helyi vonzás; ~ **automatic circuit exchange (LACE)** *távb* helyi automata távbeszélőközpont; ~ **base** *geof* helyi bázis; ~ **batch mode** *szt* helyi csoportos üzemmód; ~ **batch processing** *szt* helyi kötegelt feldolgozás; ~ **battery (LB)** *távk* helyi telep; ~ **battery area** LB hálózat; ~ **battery exchange** LB központ; ~ **battery operation** LB rendszer; ~ **broadcasting station** *rád* helyi adó; ~ **buckling** *mech* helyi kihorpadás/kihajlás; ~ **cable** *távb* előfizetői kábel; ~ **call (LC)** *távb* helyi beszélgetés; ~ **carburization** *koh* helyi cementálás; ~ **carrier** *rep* helyi légiközlekedési vállalat, helyi szállító; ~ **carrier demodulation** *távk* vivőhullám-visszacsatolás; ~ **(cell) couple** *koh* helyi elem; ~ **central office** *távb* helyi központ; ~ **centre/center** *ép* helyi központ *(városépítés)*; ~ **channel (station)** *rád* helyi adó; ~ **circuit** *távk* helyi áramkör; ~ **civil time (LCT)** *rep* helyi polgári idő; ~ **climate** *met* lokális klíma; ~ **communication** *távk* helyi forgalom; ~ **connection** *távb* helyi összeköttetés; ~ **control** *aut* helyi vezérlés/szabályozás; ~ **convexity** *mat* lokális konvexitás; ~ **corrosion** helyi korrózió; ~ **current** *el* helyi áram; ~ **data net** *szt* helyi adathálózat; ~ **defect** helyi hiba; ~**-distant switch** közel-távol vételátkapcsoló; ~ **echo** *távk* szekunder/utólagos reflexió; ~ **element** helyi/lokális elem, lokálelem *(korrózió)*; ~ **end** *távk* lezáróberendezés; ~ **exchange** *szt* házi (telefon)központ, alközpont; *távb* helyi központ; ~ **extension** *távk* helyi csatlakozás; ~ **extremum** *mat* helyi/lokális/relatív szélsőérték; ~ **fallout** → close-in fallout; ~ **fare** *rep* helyi díjszabás; ~ **feedback** *aut* helyi visszacsatolás; ~ **final-selector** *távb* helyi vonalválasztó; ~ **flight** *rep* repülés helyi légiútvonalon; ~ **flight clearance** *rep* repülési engedély egy adott körzetre; ~ **fog** *met* helyenkénti köd; ~ **forecast office** *rep* helyi időjárás-előrejelző állomás; ~ **function** *mat* helyfüggvény, koordinátafüggvény; ~ **goods traffic** *közl* helyi teheráru-forgalom; ~ **groups** *csill* lokális galaxiscsoport, lokális szupergalaxis; ~**-group switch** *távk* helyi csoportválasztó; ~ **hardening** *koh* helyi edzés; ~ **horizon** látszólagos horizont; ~ **hour angle (LHA)** *csill* óraszög; ~ **industry** helyi/kiszolgálási ipar; ~ **inspection** *hidr* helyszíni szemle; ~ **intensification** *foto* helyi/részleges képerősítés; ~ **interference** *rád, távk* helyi zavar; ~ **jack** *távk* helyi hüvely; ~ **junction** *távb* helyi kapcsolás *(központok között)*; ~ **junction cable** *távk* helyi csatlakozókábel; ~ **junction line** *távk* helyi csatlakozóvonal; ~ **keying** *távk* helyi billentyűzés; ~ **line** *távk* helyi vonal; ~ **line selector** *távk* helyi vonalválasztó; ~ **loop** *szt* helyi hurok *(adatbázis-kezelő program)*; ~ **Mach number** *rep* lokális Machszám; ~ **main exchange** *távb* helyi főközpont; ~ **matter** *szt* helyi ügy *(OSI)*; ~ **maximum** *mat* helyi/lokális/relatív maximum; ~ **mean time (LMT)** helyi középidő; ~ **meridian** *csill* lokális délkör/meridián; ~ **minimum** *mat* helyi/lokális/relatív minimum; ~ **mode** *szt* helyi/önálló üzemmód; ~ **network** *szt, távb* helyi hálózat; ~ **office** kirendeltség; *távb* helyi központ; ~ **oscillations** *távb* helyi oszcillációk; ~ **oscillator (LO)** *távk* helyi oszcillátor; ~ **oscillograph** helyi oszcillográf; ~ **peaking factor** *at* helyi teljesítménycsúcstényező; ~ **plan for development** *ép* beépítési terv; ~ **plan for housebuilding** helyi beépítési terv; ~ **pole** *geof* helyi pólus; ~ **pressure** *rep* helyi légnyomás; ~ **railway** *vasút* keskeny nyomközű vasút; ~ **range** holtzóna *(lokátoré)*; ~ **rate** *távk* helyi díj; ~ **receiver** *rád* helyi vevő; ~ **road** *közl* bekötőút, helyi forgalmú út; ~ **satellite exchange** *távb* helyi mellékközpont; ~ **schedule of charges** *távb* helyi díjszabás; ~ **scientific survey module (LSSM)** *űr* holdfelszínkutató jármű; ~ **selector** *távb* helyi vonalválasztó; ~ **sender** *rád* helyi adó; ~ **sercice area** *távk* helyi központ körzete; ~ **service** *távk, vasút* helyi forgalom;

~ **service airline** *rep* helyi légiforgalmi útvonal; helyi légijárat; ~ **shear failure** *talt* helyi törés; ~ **shock** *rep* helyi lökéshullám; ~ **side** *távk* helyi oldal; ~ **solidification time** *koh* helyi dermedési idő; ~ **standard time (LST)** helyi idő; *rep* helyi szabványos vagy zónaidő; ~ **strain** *krist* helyi/lokális feszültség; ~ **subscriber** *távb* helyi előfizető; ~ **survey** *hidr* helyszíni szemle; ~ **tariff** *távb* helyi díjszabás; ~ **telephone network** *távb* helyi hálózat; ~ **television** helyi televízió; ~ **time (LT)** *csill* helyi idő; ~ **title** *szt* helyi megnevezés; ~ **traffic** *távk, vasút* helyi forgalom; ~ **train** *vasút* helyiérdekű vonat, helyi vonat; ~ **training works watershed control** *hidr* helyi vízrendezés; ~ **user** *szt* helyi felhasználó; ~ **value** *mat* helyi érték *(számjegyé)*; ~ **variable** *szt* helyi változó; ~ **vent** *ép* szabadba nyíló szellőző; ~ **water resources** *hidr* helyi vízkészlet; ~ **weather report** *rep* helyi időjárás-jelentés

LOCAL → load on call

locale színhely, terep

localisation of disrupted strata *bány* vetőmegoldás

locality hely; helyszín; terep, táj, vidék; fekvés; környék; körzet; ~ **map** *hidr* áttekintő helyszínrajz; ~ **of a deposit** *bány* lelőhely

localization behatárolás, lokalizálás; helymegállapítás; helyhezkötés; *mat* lokalizáció; *rád* helyzetbemérés; térbeli korlátozás; ~ **of faults** *távk* hibahelymeghatározás; ~ **of rockets** rakétalokalizálás

localize behatárol, lokalizál; helyet meghatároz; helyhez köt

localized lokalizált, helyi; ~ **contact** *mech* pontbani érintkezés; ~ **corrosion** *any* pontkorrózió; ~ **dyeing** *tex* helyi/részleges színezés; ~ **heating** helyi melegítés; ~ **lighting** irányított/helyi világítás; ~ **sun bleaching** *tex* nap okozta foltok; ~ **tempering** helyi jellegű megeresztés; ~ **unbalance** *távk* behatárolt/helyi asszimmetria; ~ **vector** *mat* (egy ponthoz) kötött vektor; ~ **water-mark** centrikus vízjel

localizer *rep* iránysávadó, leszállási jelzőfény; ~ **aerial** *rep* iránysávadó-antenna; ~ **beacon** *rep* iránysávadó, leszállási jelzőfény; ~ **beam** *rep* iránysávadó sugárnyalábja; vezetősugár, irányítósugár; ~ **beam deviation** *rep* vezetősugár-eltérés; ~ **control** *rep* irányítás rádióirányadó sugarával; ~ **course** *rep* iránysávadó iránysávja; ~ **course bend** *rep* iránysávadó iránysávhajlás; ~ **receiver** *rep* iránysáv-vevőkészülék

localizing | **dike/dyke** *hidr* lokalizáló töltés; ~ **line** *hidr* lokalizációs vonal

locally lokálisan, helyileg; ~ **bounded function** *mat* lokálisan korlátos függvény; ~ **choked flow** *rep* helyileg elzárt (telített) áramlás; ~ **finite graph** *mat* lokálisan véges gráf; ~ **varying steady flow** *hidr* permanens hirtelen lokálisan változó folyadékmozgás

locate elhelyez; telepít; lokalizál, helyét megállapítja/meghatározza vminek; meghatároz, megállapít, bemér *(helyet)*; *bány* határol, kimér, kitűz, kijelöl *(helyet)*; *forg* betájol, bázisra állít; *kat* bemér; felderít; nyomjelez *(vasútvonalat)*; *rep* elhelyez; helyet megállapít; telepít; ~ **a field** *foto* képmezőt rögzít; ~ **by measuring** *geod* bemér; ~ **centres/centers** központokat kitűz; ~ **high spots** kiugró helyeket megtalál *(tusírozáskor)*

locating elhelyezés; telepítés; helymegállapítás; betájolás; ~ **center/centre** *forg* központozócsúcs; ~ **centre/center punch** *forg* központkijelölő pontozó; ~ **device** *aut* helyzetrögzítő berendezés; ~ **equipment** *rád* rádióiránymérő készülék; ~ **information** *rep* helyzetjelentés; tájékoztatás a helyzetről; ~ **mark** beállítójel, beállítóvonal; ~ **of mine levels** *bány* szintképzés; ~ **peg** *gép* rögzítőpecek; tájolócsap; ~ **pin** *gép* beállítócsap, központosítócsap; illesztőpecek; *műa* betéttartó csap; ~ **point** rögzített/mozdulatlan/fix pont; *any* befolyási pont megmunkáláshoz; *hidr* lehorgonyzási pont; ~ **punch** *alak* szélvágó szerszám; ~ **slot** rögzítőhorony *(szerszámgép munkaasztalán)*; ~ **surface** *gép* bázisfelület; beállítófelület; ~ **tag** szerelést megkönnyítő címke

location elhelyezés; fekvés; hely; helyzet, fekvés; telepítés; település; *film* külső helyszín; *geod* álláspontbemérés, helyzetpontrögzítés; kijelölés; kitűzés, nyomjelzés; *kat* felderítés; *szt* memóriarekesz, tárolórekesz; *vegy* kémiai csoport helyzete *(molekulában)*; ~**-action corrosion** *koh* helyi korrózió; ~ **address** *szt* elhelyezési cím; ~ **beacon** *hajó* irányítópéce; *rep* bevezető/irányjelző fény; helyjeladó; ~ **counter** *szt* rekeszszámláló; ~ **error** iránymérési/tájolási hiba; ~ **finder** helyzetmeghatározó, lokátor; ~ **hole** bázisfurat; ~ **indicator** *rep* helyjel; ~ **line** *ép, geod* nyomvonal, irányvonal; ~ **of address** *szt* utasításcím; ~ **of fault** *koh* hibahely; ~ **of instruction** *szt* utasításrekesz; ~ **of mining** *bány* telepítési hely; ~ **of the observer** megfigyelő helye; ~ **of working** *bány* telepítési hely; ~ **plan** *ép* elrendezési terv; ~ **shooting** *tv* külső felvétel; ~ **survey** *ép* közigazgatási bejárás

locator helymeghatározó berendezés/elem; helyzetmeghatározó, lokátor; *gép* beállítópecek, rögzítőpecek, illesztőcsap; *kat* aknakutató; *rep* bevezető helyjeladó/irányadó; *távk* lokátor; ~ **beacon** lokátoriránysugár; ~ **device** *szt* kurzort megjelenítő pozicionáló eszköz; ~ **middle marker** *rep* középső helyjeladó/irányadó; ~ **outer marker** *rep* külső helyjeladó/irányadó

lock I. *v* (be)zár; (el)reteszel; rögzít; bezárul; záródik; csukódik; összekapcsolódik, összefűződik; célt követ és nyomon követ, célra áll és nyomon követ; *hidr* átzsilipel; emel *(zsilipet)*; *rep* reteszel; rögzít; *szt* lezár, kizárólagos használatra lefoglal; *távk* szinkronba ugrik; szinkronizál; **II.** *n* lakat; zár; *ép* hajózsilip; kampó, kapocs; *gép* biztosítóelem; retesz; záróelem; *gépk* kormányozhatósági szög; *hidr* hajózsilip; *kat* kulcs, retesz *(puskán)*; závárzat *(lőfegyveré)*; *nyom* záróvas, zárókészülék; *rep* zár; *távk* reteszelés; *tex* fürt *(gyapjúé)*; *vasút* függőségi elem; ~ **a bolt** *v* csavart/csapszeget biztosít; ~ **airtight** *v* légmentesen zár; ~ **and block** *vasút* térközbiztosítás vonatbefolyásolással; ~**-and-follow scanner** *távk* céltárgykövető radar; ~ **approach** *hidr* várakozóhely; ~ **bail** zárórúd, zárógerenda *(kapun)*; ~ **ball mechanism** *gép* golyós kilincsmű, golyósretesz; ~ **bay** *hidr* zsilipkamra; ~ **bolt** záróretesz, zárócsapszeg, zárótolóka; *ép* rögzítőcsavar, szorítócsavar; ~ **canal** *hidr* hajózsilip-csatorna; ~ **cap** *gép* biztosítósapka, zárókupak; ~ **case** lakattok, lakatház; ~ **chain** *gép* féklánc, zárólánc; ~ **chamber** *ép, hajó, hidr* zsilipkamra; ~ **chamber-type fishway** *hidr* hallift; ~ **channel** *hidr* hajózsilip-csatorna; ~ **charges** *pl* zsilipdíj; ~ **corner cutter** *szersz* sarokfűrész, fecskefűrész, rókafarkfűrész; ~ **counter** *el* szinkronszámláló; ~ **crown** *hidr* rögzítőkapocs *(hajózsilipé)*; ~ **die** *alak* zárt ódor/matrica; ~**-down** *ép* rönkkapocs; ~ **end** *hidr* zsilipfő; ~ **escutcheon** *ép* zárpajzs *(bevésőzáré)*; ~ **extension** fekvőzsiliptoldat *(alagútépítésnél)*; ~ **file** *szersz* zárreszelő, tűreszelő; ~ **for long tows** *hidr* hajóvonatzsilip; ~ **for navigation** *hidr* hajózsilip; ~ **for signal lever** *vasút* jelzőemeltyűzár; ~ **furniture** *ép* záróvasalat; ~ **gate** *hidr* zsilip; zsilipkapu; ~ **gear** *gép* akasztószerkezet, reteszelőszerkezet; *vasút* elzáróretesz, emeltyűzár *(biztosítóberendezésen)*; ~ **head** *hidr* zsilipfő; ~ **in** *v* bezár; ~**-in amplifier** *el* reteszelőerősítő, záróerősítő; ~**-in detector** *el* reteszelődetektor, záródetektor; ~**-in position** nyugalmi helyzet/állás; ~ **input** *távk* szinkronozó jelbemenet, ütemezőjel; ~**-in range** *tv* befogási tartomány; szinkronizálási tartomány; ~**-in relay** önreteszelő jelfogó; ~ **in synchronism** *v* szinkronba kapcsol; ~**-in synchronism** *rád, tv* közös hullámú szinkronizálás; ~**-in tube** *rád* szuronyzáras foglalatú cső; ~ **joint** *fa* rovátkolt illesztés; ~**-joint divider** rögzíthető csuklóskörző; ~ **keeper** → lockkeeper; ~**-knit** → locknit; ~ **knot** *tex* takácscsomó; ~ **lever** *gép* rögzítőkar; *távb* reteszelőemelő; ~ **nut** biztosítóanya, kettősanya, ellenanya; ~**-on** (cél)befogás *(radarral)*; *at* befogás; ~ **out** *v* kizár; ~**-out** kizárás, kirekesztés; munkáskizárás; *szt* műveletvédelem; védelem, zárolás; ~**-over circuit** *el* bistabil áramkör, billenőkör; ~ **pin** *ép* kallantyú; rögzítőcsap; ~ **pintle** *hajó* fejes kormánycsap; ~ **plate** zárólemez, zárólap; ~ **pool** *hidr* előkikötő; ~ **rail** *ép* középkeret *(ajtóé)*; retesznyelv, zárónyelv *(záré)*; ~ **range** *aut* behangolási/szinkronozó tartomány; ~ **relay** *távk* reteszelő jelfogó/relé; ~ **retention** *hajó* böge *(duzzasztott folyószakasz)*; ~ **ring** *gépk* kerékabroncs-zárógyűrű *(lapos ágyazású abroncsnál)*; ~ **saw** *szersz* kézifűrész, fémfűrész, hidegfűrész; ~ **screw** *gép* biztosítócsavar; ~ **seam** *alak, szer* korcolt varrat, korcvarrat; ~ **side wall** *hidr* zsilipkamrafal; ~ **sill** *hidr* zsilipküszöb; ~ **socket** *forg* lakatszekrény(ház); ~ **spring** *gép* zárrugó; ~ **stile** *ép* faburkolatbetét; ~ **stitch** → lockstitch; ~ **switch** *el* kulcsra zárható kapcsoló; ~ **the breech** *v kat* biztosít, elreteszel *(závárzatot)*; ~ **tile** *ép* záró tetőcserép; ~ **to the right** *v gépk* jobbra húz; ~**-type** rögzíthető; ~ **unit** *tv* szinkronizáló egység; ~ **up** *v* becsuk, bezár *(kulccsal)*; *nyom* bezár *(zárókeretbe)*; ~**-up** *ép* foghíjépítmény; *szt* program eljáráshoz csatolása; ~**-up (garage)** *ép* egyes garázs; ~**-up key** lezárható billentyű; ~**-up valve** elzárószelep *(féké)*; ~ **washer** *gép* rugós/záró alátét, biztosítógyűrű; ~ **wire** biztosítóhuzal *(csavarok biztosítására)*; ~ **with a falling latch** *ép* csapózár, csappantyús zár, csapdazár; ~ **with chambers** *hidr* kamrazsilip; ~**-woven mesh** *ép* vas betétháló

lockable zárható

lockage *hidr* átzsilipelés, zsiliptöltés; zsilipmagasság; zsilipsorozat; ~ **fee** *hidr* zsilipelési díj

locked *el* elzárt, lezárt; ~ **armo(u)ring** *el* belső páncélozás; ~**-coil rope** *bány* zárt szerkezetű kötél; ~ **controls** *rep* reteszelt kezelőszervek; ~**-cover (switch)** *el* dobozba zárt kapcsoló; ~ **(eccentric) groove** *hang* zárórovátka, kifutóbarázda *(hanglemezen)*; ~ **in phase** *el* fázisban stabil; ~ **lamp** *bány* záras biztonsági lámpa; ~ **pair** *szt* csatolt alagútdióda-pár; ~ **points** *pl vasút* reteszelt váltó; ~ **rotor** *el* befékezett forgórész; ~**-rotor current** *el* befékezett forgórésszel mért áram, rövidzárlati áram; ~**-rotor impedance characteristic** *el* rövidzárlati karakterisztika *(aszinkron motornál)*; ~**-rotor torque** statikus nyomaték, befékezett forgórésszel mért nyomaték, állóra fékezett motor nyomatéka; ~ **switch** *vasút* zárt váltó; ~ **trip** *aut* reteszelt kioldás; ~**-up stress** *mech* belső feszültség; ~ **wheel** *gépk* blokkolt kerék

locker zárható fiók/szekrény; (öltöző)szekrény *(pl. uszodában)*; *bány* fékfa; ~ **for instrument** szerszámláda; ~ **room** öltöző *(gyárban)*; ~ **seat** *hajó* fiókos pad

locket képtartó függelék; *finm* kapocs *(órában)*

lockfast zárható

Lockheed information system (LIS) *szt* Lockheed információs rendszer, LIS

locking I. *a gép* biztosító; *távk* szinkronozó; **II.** *n* rögzítés; zárás; eltömődés *(szitáé)*; elzárás; reteszelés; *ép* (át)zsilipelés *(keszonban)*; *gép* biztosítás *(elmozdulás ellen)*; *hidr* átzsilipelés, zsiliptöltés; *koh* reteszelés; *szt* reteszelő; *távk* reteszelés; szinkronozás; *tv* hálózati szabályozás *(vevőoldali szinkronizálás)*; ~ **action** *kat* reteszelés; ~ **angle** *finm* beakasztódási szög; ~ **apparatus** *vasút* reteszelőberendezés *(biztosítóberendezés)*; ~ **arm** reteszelőkar; ~ **ball** biztosítógolyó; ~ **bar** tartórúd; *vasút* tapintósín; ~ **bolt** *kat* reteszelő zár *(géppuskán)*; ~ **box** *vasút* elzárószekrény; ~ **cam of the Geneva stop** egyfogú/egyfogas kerék; ~ **case** lakattok, lakatház; ~ **catch** zárókapocs, zárókilincs, zárópecek, kallantyú; *kat* zárbiztosító; ~ **circuit** *el* záróáramkör; *távk* tartóáramkör; ~ **contact** *el* záróérintkező; ~ **counter-nut** biztosító ellenanya; ~ **device** reteszelőszerkezet, állítómű, záróberendezés; *ép* lehorgonyzó szerkezet/berendezés; *koh* reteszelőberendezés; *rep* rögzítőszerkezet, rögzítőberendezés; *tex* fonalcsíptető, fonalfogó; *vasút* záró szerelvény; ~ **disc/disk** kilincskerék; *vasút* zárótárcsa *(biztosító berendezésé)*; ~ **dog** → ~ tappet; ~ **feeder** zsilipes adagoló; ~ **force of pressure die** *koh* szerszámzáró erő; ~ **frame** *vasút* állítómű, állítóközpont; ~ **frame with wire gear** *vasút* vonóvezetékes állítóközpont; ~ **gas cap** zárható tanksapka; ~ **gear** *gép* akasztószerkezet, reteszelőszerkezet; *vasút* elzáróretesz, emeltyűzár *(biztosítóberendezésen)*; ~ **handle** *mt* pecekfogantyú; ~ **hoop** zárókarima, zárópánt; ~ **in** *ép* bezsilipelés *(keszonba)*; ~ **key** *gép* súrlódó/nyerges ék; *szer* záróék, zárókulcs; *távb* megálló kulcs; ~ **knob** rögzítőfogantyú; ~ **latch** zárókilincs, záróretesz; ~ **lever** *gép* rögzítőkar; ~ **lug** *ép* zártoll; ~ **magnet** *el* reteszelőmágnes; ~ **mechanism** reteszelőszerkezet, állítómű, záróberendezés; ~ **of ships** *hajó* átzsilipelés, zsiliptöltés; ~ **of the leaves** *ép* csapóhídszárnyak reteszelése; ~ **of the mo(u)ld** *műa* formazárás; ~ **out** *ép* kizsilipelés *(keszonból)*; ~ **pawl** *vasút* zárófog *(biztosítóberendezésé)*; zárókúp *(állítóművön)*; ~ **petrol cap** zárható tanksapkka; ~ **piece** *gép* biztosítódarab; *vasút* elzáróelem, záróelem; ~ **pin** rögzítőcsap; rugós csapszeg; ~ **plate** *ép* szendvicslemez, lehorgonyzólemez *(feszítés)*; *óra* zárókorong; ~ **point** *el* indítási holtpont; ~ **position** *távb* megáll-helyzet *(távbeszélőkulcsé)*; ~ **pressure** *műa* szerszámzáró erő; ~ **push-button with magnetic release** *aut* mágneses kioldású reteszelt nyomógomb; ~ **range** *tv* szinkronozási tartomány; ~ **ratchet** reteszelőkilincs; ~ **relay** *távk* tartó/reteszelő jelfogó; ~ **rib** *kat* retesz; ~ **ring** *kat* reteszelőgyűrű *(géppuskán)*; *vák* szorítóbilincs, rögzítőkarika; ~**-ring mount** zárógyűrűs foglalat; ~**-ring pin** *kat* reteszelő gyűrűcsap; ~ **ring prop** *bány* szorítógyűrűs tám; ~ **rod** zárórúd, zárógerenda *(kapun)*; ~ **screw** *gép* csavarretesz; rögzítőcsavar, szorítócsavar; ~ **shift character** *szt* váltókarakter; ~ **signal** *távb* foglalttá tevő jelzés; ~ **sleeper** *vasút* lezáró talpfa; ~ **strip** *gép* ékalátét *(szerszámgépen)*; ~ **tab** biztosítónyúlvány *(alátétlemezen)*; ~ **tappet** *gép* elzáródarab, elzáróelem; ~ **time** *aut* zárási idő; *hidr* zsilipelési idő; ~ **tin disc/disk** zárótárcsa; ~**-up (of form)** *nyom* formazárás; ~ **vapo(u)r** *gép* zárógőz; ~ **voltage** *el* behúzó/szinkronozó feszültség; ~ **washer** *gép* biztosító alátét; ~ **wedge** záróék, zárókulcs; *távb* reteszelő él; *vasút* elzáró elem; ~ **wheel** zárókerék, kilincskerék; *óra* zárkerék; ~ **wire** plombáláshoz való huzal

lockkeeper *hidr* zsilipmester

locknit *kh* nehezített trikókötés, charmeuse

lockout → lock

locksmith lakatos, géplakatos; ~ **nail** kovácsolt vasszeg; ~**'s hammer** lakatoskalapács; ~ **specialized in construction work** épületlakatos

lockstitch *tex* fűzőkötés; sűrű varrógépöltés; tűzőöltés; ~ **bar** *kh* fedőtűket tartó sín; ~ **machine** *cipő* talpszéllevarró gép; ~**-sole-sewing machine** *cipő* kettős öltésű keresztülvarró gép

locomobile *hőt* lokomobil, önjáró gőzgép

locomotion helyzetváltoztatás

locomotive I. *a* mozgó, helyzetváltoztató, önjáró; mozgatható, hordozható; **II.** *n gépk* nehéz tehergépkocsi *(7,5 t fölött)*; *vasút* mozdony, gép; ~ **boiler** *vasút* tűzszekrényes/tűzcsöves kazán, mozdonykazán; ~**-changing point** *vasút* mozdonyváltó/mozdonycserélő állomás; ~ **charging station** *bány* mozdonytöltő állomás; ~ **crane** *vasút* mozgó gőzdaru; ~ **depot** *vasút* mozdonyszín; ~ **engineering** mozdonyépítés; ~ **hauling** *bány* mozdonyvontatás; vontatás mozdonnyal; ~ **heaver** *vasút* mozdonyemelő bak; ~ **house** *vasút* mozdonyszín; ~ **log** *vasút* mozdony-nyilvántartási könyv, mozdony törzskönyv; ~ **rectifier** *el* mozdony-egyenirányító; ~ **side-tank** *bány* mozdonypalack; ~ **signal bell** *vasút* harangmű; ~ **traction** *vasút* mozdonyvontatás; ~ **with a.c./d.c. motor converter set** *vasút* egyenirányítós mozdony; ~ **works** mozdonygyár

locomotiveness önjáróképesség, helyzetváltoztató képesség

locomotor *vasút* kismozdony, tolatómozdony

loctal base/socket *el* loktálfoglalat, színüveg foglalat

locus *pl* **loci** hely, elhelyezkedés, pontos fekvés; *mat* mértani/geometriai hely; *mech* mozgásdiagramm; *távk* helygörbe, kördiagram; ~ **curve method** helygörbemódszer; ~ **of instantaneous centres/centers** *mech* pillanatnyi forgási középpontok mértani helye; ~ **of minimum** *mat* minimumhely; ~ **of points equidistant from . . .** *mat* . . .-től egyenlő távolságra lévő pontok mértani helye; ~ **of the picture** *opt* képhely

lode *bány* előfordulás, lelőhely; érces ér, telér; érctelér; réteg, borítás; telep; *hidr* levezető árok; ~ **branching** *bány* telérszétszakadás; ~ **gold** *bány* telérarany; ~ **intersection** *bány* telérkereszteződés; ~ **nearly vertical** *bány* álló telér; ~ **of ore** *geol* ércér; ~ **ore** *geol* telérérc; ~ **plot** *geol* telepelszlási vázlat; ~ **rock** telérkőzet; ~ **stuff** *bány* érces kőzet, meddőkőzet

loden *tex* lóden

lodesman *bány* fejtővájár

lodestar *csill* sarkcsillag

lodestone *ásv* mágnesvaskő, magnetit

lodge I. *v* odaerősít, leköt, leszíjaz, összekötöz; elhelyez; elszállásol; **II.** *n* őrbódé; portásfülke, portáslakás; hétvégi ház

Lodge-Cottrell | detarrer *vegy* Cottrell-féle gázkátránytalanító berendezés; ~ **precipitator** *vegy* Cottrell-féle gázportalanító berendezés

lodger *pa* anyagfolt, „pacni"

lodging lakásügy, elhelyezés

loellingite *ásv* löllingit

loess *geol* lösz; ~ **doll** *geol* löszbaba; ~ **wall** *geol* löszfal; ~ **well** *geol* löszkút

loessic soil *hidr* makroporózus talaj

loesskindchen *geol* löszbaba

Löffler boiler Löffler-kazán

loft I. *v hajó, rep* rajzpadláson kitűz, kirajzol; *tex* rugalmassá tesz; **II.** *n ép* karzat, galéria; padlás, padlásműhely, padlástér; padlásszoba, tető alatti helyiség; tetőemelet; tetőtér; *hajó, rep* rajzpadlás; *tex* élénkség, elevenség, rugalmasság; ~ **antenna** *távk* padlásantenna; ~ **bombing** *kat* zuhanóbombázás; ~**-dried** *pa* fedett (emeletes) szárító; légszárított; ~ **drying** *tex* légszárítás; ~ **of a stage** *ép* zsinórpadlás; ~ **templet** *hajó* rajzpadlási sablon

Loftin-White circuit *rád* Loftin—White-kapcsolás

lofting *rep* rajzpadlós kitűzés

loftsman *hajó* rajzoló; *pa* akasztómunkás

lofty magas, kiemelkedő; *tex* telt fogású; ~ **tree** *mzg* magas törzsű fa; ~ **wool** *tex* telt fogású gyapjú

log[1] **I.** *v fa* felkészít *(kidöntött fát)*; kivág és legallyaz, hosztol *(rönköt)*; *hajó* hajónaplóba beír; *ol* fúrónaplóba beír; **II.** *n* napló; nyilvántartókönyv; *bány* félfa, talpgerenda; fúróhaladási görbe; fúrólyukszelvény; *fa* gerenda; rönk, dorong; szálfa, gömbfa, törzsfa, fűrészrönkfa, gömbölegfa; tuskó, fatönk; *geof* lyukszelvény, karottázsszelvény; *hajó* hajónapló; log *(sebességmérő)*; *pa* hosszú fa; *rep* gépnapló; *szt* napló, log; ~ **and cut-off band saw** *fa* rönkhasító szalagfűrész; ~ **band-saw** *fa* rönkszalagfűrész; ~**-barking machine** *fa* gömbfahántoló gép; ~ **blue** *fa* rönkkékülés; ~ **board** *hajó* feljegyző tábla; ~**-book** → logbook; ~ **cabin** *ép* blokkház; gerendaház, boronafalas ház; ~ **carriage** *fa* rönkkocsi; ~ **causeway** *hidr* dorongút; ~ **chip** *hajó* helyzettartó fakvadráns *(logzsinóron)*; ~ **chute** *hidr* tutajozó csatorna/áteresz/surrantó, tutajáteresztő; ~ **circular saw(ing machine)** rönkdaraboló körfűrész; ~ **conveyer** *fa* facsúsztató *(függőpályás)*; rönktovábbító szalag; ~ **crosscut sawing machine** *fa* rókafarkfűrészgép; ~ **data storage** *ol* szelvényadat-tárolás; ~**-driver** *hajó* tutajos; ~**-floating** *fa* szálfatutajozás; ~ **frame** *fa* gatter; keretfűrész, fűrészkeret; ~ **haulage** *fa* (rönk)vontatás; ~**-hoist** *fa* máglyázócsörlő; ~ **in** *v szt* bejelentkezik; ~**-in** *szt* bejelentkezés; ~**-level indicator** *geof* jelzaj arány indikátor; ~ **line** *hajó* logkötél; ~**-masking** *tv* gammatorzítás, gradációtorzítás; ~ **off** *v szt* kijelentkezik; ~**-off** *szt* kijelentkezés, kilépés; ~ **of failure** hibanapló; ~ **on** *v szt* bejelentkezik; ~**-on** *szt* bejelentkezés; ~ **out** *v szt* kijelentkezik, kilép; ~**-out** *szt* kijelentkezés, kilépés; ~ **pond** *fa* rönktároló ág/öböl, rönktó; ~ **reel** *hajó* logkötéldob; ~ **register** *hajó* sebességmérő számlálómű; ~ **rule** *fa* rönkfa tömegtáblázat; ~ **sheet** *gép* gépnaplólap; *gépk* menetlevél; ~ **skidding** *fa* rönkvontatás; ~ **slate** *hajó* logtábla; ~ **slip** *fa* farönkcsúsztató *(fűrésztelepen)*; ~ **step** *ép* tömörfok, tömörfa kezdőfok *(falépcsőn)*; ~ **tape** *szt* adatszalag; ~**-tier** *fa* gerendasor, gerendaréteg, rönkréteg; ~ **tooth** *fa* rönkszállító lánckarom; ~ **utilities** *szt* naplózó segédprogram; ~ **wall** *fa* boronafal, gerendafal; ~ **washer** *bány, koh* tengelyes mosó; ~**-wood** → logwood; ~ **yard** *fa* gömbfatelep

log[2] → logarithm; ~ **characteristic** *mat* logaritmikus karakterisztika/jelleggörbe, Nichols-féle helygörbe; $\sim_e$ *mat* természetes/Napier-féle *v.* *e* alapú logaritmus, ln, $\log_e$; ~**-log paper** log-log papír, kettős logaritmusbeosztásos papír; ~**-log scale** kettős logaritmikus lépték/skála; ~**-normal distribution** *mat, stat* logaritmiko-normális eloszlás; ~ **paper** logaritmuspapír; ~**-periodic (antenna)** *távk* log-periodikus antenna; ~ **plot** felrakás logaritmikus léptékben; ~ **scale** (egyszerű) logaritmikus lépték; ~ **table** *mat* logaritmustábla; ~ **transformation** *mat* log-transzformáció, logaritmus-transzformáció

loganite *ásv* loganit

logarithm (log) *mat* logaritmus, log; logaritmusfüggvény; ~ **table** *mat* logaritmustábla; ~ **to base e** *mat* természetes/Napier-féle *v.* *e* alapú logaritmus, ln, $\log_e$; ~ **to base 10 (lg)** Briggs-féle logaritmus, 10-es alapú logaritmus, lg, $\log_{10}$

logarithmic *mat* logaritmikus; ~ **amplifier** *el* logaritmikus erősítő; ~ **array** *távk* logaritmikus antennarendszer; ~ **average** *mat* mértani/geometriai közép; ~ **barometer** logaritmikus barométer; ~ **calculation/calulus** *mat* logaritmusszámolás, számolás logaritmussal; ~ **calibration** logaritmikus hitelesítés/kalibrálás; ~ **capacitor** *rád* logaritmikus forgókondenzátor; ~ **channel** *at* logaritmikus csatorna; ~ **characteristic** *aut* logaritmikus karakterisztika; ~ **chart** logaritmuspapír; ~ **curve** *mat* logaritmusgörbe, logaritmusfüggvény görbéje; ~ **damping ratio** logaritmikus csillapítási tényező/viszony; ~ **decrement** *fiz* logaritmikus dekrementum; ~ **derivate** *mat* logaritmus derivált; ~ **diagram** (egyszerű) logaritmikus diagram; ~ **energy decrementum** *at* logaritmikus energiadekrementum; ~ **equation** *mat* logaritmikus egyenlet; ~ **exposure** *foto* logaritmikus megvilágítás; ~ **function** *mat* logaritmusfüggvény, logaritmus (log, lg); ~ **gain-phase characteristic** *el* logaritmikus amplitúdó-fázisjelleggörbe; ~ **horn** *rád* exponenciális tölcsér; ~ **increment** *mat* logaritmikus inkrementum; ~ **mean temperature difference (LMTD)** *at* logaritmikus közepes hőmérséklet-különbség; ~ **paper** logaritmuspapír; ~ **phase-frequency characteristic** *el* logaritmus fázis-frekvencia jelleggörbe; ~ **potentiometer** *rád* logaritmikus potenciométer; ~ **ratemeter** *aut* logaritmikus impulzusgyakoriság-mérő; ~ **resistor** *rád* logaritmikus ellenállás; ~ **series** *mat* logaritmikus sor; ~ **slide rule** számolóléc, logarléc; ~ **spiral** *mat* logaritmikus spirál; ~ **system** *mat* logaritmusrendszer; ~ **table** *mat* logaritmustábla; ~ **unit** *metr* logaritmikus egység; ~ **viscosity number** *fiz* logaritmikus viszkozitásszám

logatom *távk* logatom; ~ **articulation** *távk* logatomérhetőség; ~ **audiometer** *távk* beszédaudiométer

logbook *gépk* forgalmi engedély; menetlevél, gépkocsiokmányok; *hajó* hajónapló

log$_e$ → log

logged rönkökkel rögzített; ~ **float** vízzel telt úszótest

logger[1] *fa* favágó, rönkölő *(munkás)*; *gépk* rönkemelő vontató

logger[2] *aut, el* adatgyűjtő, írószerkezet, regisztráló szerkezet; jelentéstároló; regisztrálókészülék

loggia *ép* lodzsa

logging *fa* fadöntés, fadöntő munkálat, kitermelés, hosztolás, felkészítés; kitermelt fa elszállítása; *geof* fúrólyuk-szelvényezés, karottázs; *hajó* naplóvezetés; *pa* hosszfaszállítás; *rád* (állomás)meghatározás; *szt* adatgyűjtés, adatcsoportosítás; naplózó szoftver, naplózás; ~ **cable** *geof* szelvényezőkábel, mérőkábel; ~ **cablecrane** *fa* hosztoló kábeldaru; ~ **camp** fakitermelő szállás/telep; ~ **car** *geof* fúrólyukszelvényező kocsi; ~ **detector** *geof* lyukgeofon; mérőszonda; ~ **engineer** *ol* fúrómérnök; ~**-in** *szt* bejelentkezés; ~ **instrument** *ol* szelvényezőberendezés; ~ **locomotive** *vasút* erdei iparvasúti mozdony; ~**-off** *szt* kijelentkezés; ~ **of well** *bány* mélyfúrás-szelvényezés; ~**-on** *szt* bejelentkezés; ~ **operation** *fa* szálfakitermelés; ~**-out** *szt* kijelentkezés; ~ **place** *fa* munkahely szálfák/hosszfák felkészítésére; ~ **plan** *fa* vágási terv; ~ **railway** *vasút* erdei iparvasút; ~ **road** *fa* faszállító út; ~ **saw** *fa* hasítófűrész, darabolófűrész; ~ **season** *fa* fakitermelési idény; ~ **slab** *bány* félfabélés; ~ **sledge** *fa* szálfacsúsztató szán; ~ **sound** *geof* mérőszonda; ~ **tongs** *pl* famegfogó szerkezet; ~ **truck** *geof* fúrólyuk-szelvényező kocsi; ~ **waste** *fa* döntési hulladék; *pa* vágott hulladék; ~ **water** pangó víz; ~ **wheels** *pl fa* fatörzsszállító szekér, kétkerekű gerendaszekér; ~ **work** *fa* fakitermelés

logic I. *a* logikai; → logical; **II.** *n mat, szt, távk* logika; *távk* logikai hálózat; ~ **algebra** *szt* logikai algebra, kapcsolásalgebra; ~ **AND circuit** *aut* logikai ÉS áramkör/kapu; ~ **array** *szt* logikai tömb; ~ **base circuit** *aut* logikai alapkapcsolás; ~ **based methods** *szt* logika alapú módszerek; ~ **base operator** *aut* logikai alapoperátor; ~ **building block (element)** *aut* logikai építő/építőkocka; ~ **calculus** *mat* logikai kalkulus; ~ **circuit** *szt* digitális áramkör; logikai áramkör/kapcsolás; ~ **design** *szt* logikai terv; ~ **device** *szt* logikai eszköz; ~ **diagram** *szt* logikai diagram/folyamatábra; logikai vázlat; ~ **element** *szt* logikai áramkör; logikai elem; ~ **expression** *mat* Boole-kifejezés; ~ **factor** *szt* Boole-tényező; ~ **family** *szt* logikaiáramkör-család; ~ **function** *mat* logikai művelet/függvény; *szt* bináris/logikai függvény; Boole-függvény; ~ **gate** *mat, szt* logikai kapu; ~ **identity** *mat* általánosan/azonosan igaz formula, érvényes *v.* logikailag igaz formula; ~ **implication** *mat* logikai ellentmondás; ~ **instruction** *szt* logikai utasítás; ~ **level** *szt* logikai szint; ~ **map** *aut* logikai diagram/függvénytáblázat; ~ **module** *szt* logikai kártya; ~ **multiplication** konjunkció, ÉS művelet, logikai szorzás, logikai ÉS; ~ **negation** *mat* logikai tagadás, negáció; ~ **network** *távk* logikai hálózat; ~ **noise** *szt* rendszerzaj; ~ **NOT circuit** *aut* logikai NEM (áram)kör, (logikai) NEM kapu; ~ **of the computer** *szt* számítógépi logika, számítógép-logika; ~ **operation** *mat, szt* logikai művelet; ~ **operator** *mat, szt* logikai *v.* Boole-féle operátor; ~ **OR circuit** *aut* logikai VAGY áramkör/kapu; ~ **product** *mat* konjunkció, logikai szorzás, és; logikai szorzat; ~ **program** *szt* logikai program; ~ **programming** *szt* logikai programozás; ~ **proposition** *mat* logikai ítélet; ~ **relation** logikai viszony; ~ **sequential control** *aut* logikai sorrendi vezérlés; ~ **shift** *szt* logikai léptetés; ~ **state** *aut* logikai állapot; ~ **switch** *szt* logikai kapcsoló; ~ **value** *szt* logikai érték, igazságérték, Boole-érték; ~ **variable** *szt* logikai változó

logical → logic; ~ **addition** *mat* alternáció, diszjunkció, logikai összeadás, megengedő VAGY; ~ **block** *aut* logikai egység; ~ **channel** *szt* logikai csatorna; ~ **chart** *szt* folyamatábra, blokkdiagram; ~ **comparison** *szt* logikai összehasonlítás; ~ **conjunction** *mat* konjunkció, logikai szorzás, és; ~ **connection** *szt* logikai kapcsolat; ~ **connective** *mat* logikai/halmazelméleti konstans, logikai műveletjel, szünkategorematikus jel; *szt* logikai összekötő; ~ **connector** *szt* Boole-operátor; ~ **control signal** *szt* logikai vezérlőjel; ~ **data processing** *szt* logikai adatfeldolgozás; ~ **decision** *szt* logikai döntés; ~ **error** *szt* logikai hiba; ~ **functional calculus** *mat* függvényszámítás, (logikai) függvénykalkulus; ~ **machine** *aut* logikai gép; ~ **scheme** *aut* logikai ábra; ~ **sum** *mat* logikai összeg; ~ **symbol** *mat* (logikai) műveletjel, junktor, logikai konstans, igazságfunktor; *szt* logikai szimbólum/jel; ~ **system** logikai rendszer; ~ **unit (LU)** *szt* logikai egység, LU; ~ **unit number (LUN)** *szt* logikai egységszám, LUN

logically | **false proposition** *mat* logikailag hamis állítás; ~ **true proposition** *mat* logikailag igaz állítás

logistic *kat, mat* logisztikai, logisztikus; ~ **area** *kat* utánpótlási zóna/terület; ~ **comparator** *szt* logisztikus komparátor; ~ **method** *mat* logisztikus módszer

logistical *kat* hadtáp-; ~ **support** *kat* logisztikai utánpótlás

logistics *kat* hadtáp; *kat, mat* logisztika

logo → logotype

LOGO language *szt* LOGO nyelv

logogram → logotype; *szt* logogram, logikai terv

logometer *el* hányadosmérő, logométer, keresztstekercses műszer

logotype *nyom* embléma; logotípia; védjegy

logway *hidr* tutajáteresztő

logwood *fa, vegy* kékfa, kampesfa, pecsétfa; ~ **black** kékfafekete *(színezék)*; ~ **extract** kékfakivonat; ~ **paper** *vegy* hematoxilin-kémlőpapír

LOH → light observation helicopter

LOI → limit oxygen index; → loss on ignition; → lunar orbit insertion

loktal base/socket *el* loktálfoglalat, színüveg foglalat

lollingite *ásv* löllingit

Lomer-Cottrell dislocation *fiz* Lomer—Cottrell-diszlokáció

Londinian stage *geol* iprézi emelet

London | **board** *pa* Bristol-karton; ~ **colo(u)r** *tex* bézs *(színárnyalat)*; ~ **forces** *vegy* London-féle erők; ~ **plane** *fa* közönséges/juharlevelű platán; ~ **white** *vegy* ólomfehér, bázisos ólom-karbonát

lone | **electron** *fiz, vegy* pár nélküli elektron; ~ **(electron) pair** *vegy* magányos/kötetlen elektronpár

long I. *a* hosszú, hosszú ideig tartó; *ép* hosszabbított *(habarcs)*; *vegy* híg, hígan folyó *(tinta)*; **II.** *n* hossza *(vmnek)*; hosszoldal; ~ **acceleration** *rep* hosszantartó gyorsulás; ~ **accent** *nyom* hosszúságjel *(betű fölött)*; ~ **acting** *gyógyv* késleltetett hatású, retard; ~-**addendum tooth** *finm* megnövelt magasságú *v.* korrigált fog *(fogaskeréken)*; ~ **afterglowing** *tv* hosszú utánvilágítású; ~ **approach** *rep* hosszú megközelítés; ~ **arc** *heg* hosszú ív; ~-**arc lamp** *el* hosszú ívű lámpa; ~-**arc welding** *heg* hegesztés hosszú ívvel; ~-**axle cutter head** *bány* hossztengelyes marófej; ~ **barrelled gun** *kat* hosszúcsövű löveg; ~-**base diode** *távk* széles bázisú dióda; ~-**base range finder** *geod* kétbázisú táv(olság)mérő; ~ **bend** *ép* ív; ~ **block** *ép* hosszú horogszerkezet; ~ **boat** *hajó* legnagyobb hajócsónak; ~-**bodied type** *nyom* nagyobb testre öntött betű; ~-**boled** *fa* hosszú törzsű; ~ **carriage** *szersz* keresztszán, ágyszán; ~-**chain molecule** *vegy* hosszú láncú molekula; ~ **column** *ép* kihajlásra igénybevett rúd; ~-**cracking** *koh* hosszrepedéses; ~-**crested weir** széles koronájú gát/bukó; ~ **crimp** *pa* köperszita; ~ **cross-peen hammer** *szersz* bádogos simítókalapács, élkalapács; ~-**cut wood/timber** *fa* hosszfa; ~-**delay echo** *hang* késleltetett visszhang; ~-**delong detonator** *bány* hosszú késleltetésű villamosgyutacs; ~ **descender** *nyom* hosszú alsó szár *(betűé)*; ~-**direction** *pa* gyártási irányú, hosszirányú; ~-**distance (LD)** nagy távolságú, távolsági; *kat* messzehordó; *met* hosszú távú *(előrejelzés)*; *távb* interurbán, városközi, helyközi; ~-**distance aid** *távk* távolsági rádiónavigációs eszköz; ~-**distance airplane** *rep* távolsági repülőgép; ~-**distance automatic dialling** *távb* automatikus távválasztás; ~-**distance beam** *gépk* távfényszóró; ~-**distance belt conveyor** *bány* távolsági szalag; ~-**distance broadcasting station** *rád* nagyadó; ~-**distance bus** *közl* távolsági busz; ~-**distance cable (LD cable)** *távk* távkábel; ~-**distance call (LDC)** *távk* nagy távolságú hívás, távhívás, távolsági beszélgetés; ~-**distance circuit** *távk* távolsági vonaláramkör; ~-**distance coach** *közl* távolsági autóbusz; *vasút* távolsági vasúti kocsi; ~-**distance communication** *távk* nagy távolságú összeköttetés; ~-**distance conduit** *ol* távvezeték; ~-**distance connection** *távk* nagy távolságú hívás, távhívás, távolsági beszélgetés; ~-**distance control** távvezérlés, távirányítás; ~-**distance data transmission** *szt* távolsági adatátvitel; ~-**distance dial(l)ing (LDD)** *távb* távválasztás; ~-**distance exchange** *távb* interurbán központ; ~-**distance flight** *rep* nagy távolságú repülés; ~-**distance gas** *ol* távvezetéki gáz; ~-**distance gas supply** *ol* távvezetékigáz-ellátás; ~-**distance gas transport** *ol* távvezetéki gáz-szállítás; ~-**distance goods traffic** távolsági áruforgalom; ~-**distance heating** távfűtés; ~-**distance junction** *távb* félautomatikus távhívás; ~-**distance line** *távk* távolsági vonal; ~-**distance loop (LD-loop)** *távk* előfizetői hurok, vonalhurok; ~-**distance lorry** *gépk* kamion; távolsági teherautó; ~-**distance lorry driver** távolsági-teherautó-sofőr; kamionvezető; ~-**distance network** *távk* távhívóhálózat; ~-**distance operation** távműködtetés; ~-**distance radio link** *rád* nagytávolságú rádió-összeköttetés; ~-**distance railway** *vasút* fővonal; ~-**distance receiver** *rád* távolsági vevőkészülék; ~-**distance reception** *rád* távolsági vétel; ~-**distance road** *közl* főútvonal; ~-**distance run** *hajó* tartós menet; ~-**distance service** *vasút* távolsági összeköttetés; ~-**distance station** *rád* nagyadó; ~-**distance supply work** *távk* nagy távolságról táplált üzemvitel; ~-**distance switch (point) operation** *vasút* váltó távműködtetése; ~-**distance switchboard** *távb* távolsági kapcsolószekrény; ~-**distance system** *távk* távolsági hálózat; ~-**distance table** *távk* távolsági munkahely; ~-**distance traffic** *közl* távolsági forgalom; *távb* távolsági/helyközi forgalom; ~-**distance train** *vasút* távolsági vonat; ~-**distance transmission** *szt* nagy távolságú átvitel; ~-**distance trial** *közl* nagy távolságú próbaút; ~-**distance waveguide communication** *aut* hullámvezetős távolsági összeköttetés; ~ **dolly** *ép* verőtoldat *(cölöpverés)*; ~ **draught/draft** *tex* nagy nyújtás(ú); ~-**duration echo** *hang* késleltetett visszhang; ~-**duration rocket** *rak* hosszú égésidejű rakéta; ~ **dye bath** *tex* híg színezőfürdő; ~-**face** *bány* fejtési munkahely, front, széles homlokú fejtés; *ép* futótégla hosszoldala; ~-**face mining** frontművelés; ~-**fib(e)red** *tex* hosszú szálú; ~ **fibre/fiber flocking** *tex* hosszú szálú szálpehelyfelület-képzés; ~-**flaming coal** *bány* hosszúlángú szén; ~-**float(ed)** *ép* simítóléc, lehúzóléc; *tex* hosszú lebegésű; ~ **focal distance** *opt* nagy gyújtótáv(ú)/fókusztávolság(ú); ~ **fold** *pa* hosszanti ránc; ~-**goods** *élip* csőtésztafélék; szálas áruk, száraztészta-készítmények; ~ **grain** *bőr* vonalas barkarajz; *pa* hosszanti rost; ~-**grained Russian leather** *bőr* longrén, barkás bagariabőr; ~-**grinder** *pa* hosszfacsiszoló; ~-**half-life material** *at* hosszú felezési idejű anyag; ~ **hand** folyóírás, kézírás; ~-**hand division** *mat* minden lépésével kiírt osztás; ~-**handed drive** *bány* LHD-technológia; ~-**handled hammer** *szersz* hosszú nyelű kalapács; ~-**haul** *szt* távolsági; ~-**haul airliner** *rep* távolsági légiútvonalakon üzemeltetett forgalmi repülőgép; ~-**haul carriage** *közl* távolsági fuvarozás; ~-**haul operator** *rep* távolsági légiútvonalakon üzemelő légiközlekedési vállalat; ~-**haul service** *rep* nagy távolságú szolgáltatás; ~-**haul traffic** *közl* távolsági forgalom, távolsági teherforgalom; ~-**haul transmission** *távk* nagy távolságú átvitel; ~ **haul truck** *közl* kamion; túrakocsi *(személykocsi)*; ~-**head bumping hammer** *szersz* mélyítőkalapács, mélyítőpöröly; ~ **hole** *gép* hosszlyuk, hosszú furat; ~-**hole blasting** *bány* hosszú fúrólyukas robbantás; ~-**hole drilling** *bány* hosszúfúrólyukas fúrás; ~-**hole milling cutter** *forg* hosszlyukmaró gép, ékhoronymaró gép; ~ **hundred weight** 114 font *(50,8024 kg)*; ~ **ink** *nyom* hosszúfesték, nagy viszkozitású festék; ~-**lasting** tartós, hosszú élettartamú; ~ **lay** hosszanti veret/sodrat *(kötélé)*; ~ **lay wire rope** hosszfonású kötél; ~-**length threads** *tex* nagy kiszerelésű varrócérnák; ~ **letters** *nyom* hosszú betűk *(a betű fölött vízszintes vonással)*; ~ **life** hosszú élettartam; ~-**life** *el* hosszú élettartamú, tartós *(pl. elem)*; ~-**life engine** *rep* hosszú élettartamú hajtómű; ~-**life material** hosszú élettartamú anyag; ~-**life sound head** *rád* hosszú élettartamú hangszedő; ~-**life tube** *vák* hosszú élettartamú elektroncső; ~-**line effect** *távk* hosszútápvonal-hatás; ~-**line fishery** fenékhorgos halászat; ~-**line pretensioning** *ép* hosszúpados (tapadóbetétes) előfeszítés; ~-**link chain** német *v.* hosszú szemű lánc; ~-**lived** hosszú élettartamú, tartós *(pl. elem)*; *at* hosszú felezési idejű; ~-**lived radiation** *at* hosszú felezési idejű sugárzás; ~-**lived wastes** nehezen bomló hulladék; ~ **log** *fa* legallyazott fatörzs, szálfa; ~ **lumber** *fa* hosszú (fűrész)áru; ~ **malt** *élip* csírázott árpa *(sörgyártásban)*; ~ **measure** *metr* hosszúságegység; ~ **mortar** *ép* hosszabbított habarcs; ~-**neck flask** *vegy* hosszú nyakú lombik; ~-**nosed** erősen kiálló/kinyúló; ~-**nose pliers** *pl szersz* hegyes csőrű fogó; ~ **oil** *műa* zsíros alkidgyanta; ~-**oil varnish** zsíros/olajos lakk; ~ **pane of roof** *ép* tető hosszoldala; ~ **period** *vegy* nagy periódus *(a periódusos rendszerben)*; ~-**period variable** *csill* hosszú periódusú változócsillag; ~-**persistence** *tv* hosszú utánvilágítási idejű; ~-**persistence screen** *tv* utánvilágító ernyő; ~ **pile** *tex* plüss; ~-**piled** *tex* hosszú szálú *(szálbunda)*; ~-**pillar method** *bány* hosszúpilléres pillérfejtés; ~-**pitch screw** nagy menetemelkedésű csavar; ~-**play(ing) record (LP)** *hang* hosszanjátszó/mikrobarázdás lemez; mikrolemez; ~ **play(ing) tape** *hang* hosszanjátszó szalag; ~ **plug** *gépk* nagy hőértékű gyújtógyertya; ~ **prop** *fa* hosztolatlan bányafa; ~-**pull electromagnet** *el* nagylöketű elektromágnes; ~-**pulse laser** *fiz* hosszú impulzusú lézer; ~ **radius (LR)** *mat* körülírt kör sugara; ~ **raising** *tex* hosszanti bolyhozás; ~-**range (LR)** nagy hatótávolságú/hatósugarú; hosszú távú; távolsági; *kat* messzehordó; ~-**range accuracy system (Lorac)** távolsági precíziós navigációs rendszer, Lorac-rendszer; ~-**range aircraft** *rep* nagy hatótávolságú repülőgép; távolsági repülőgép; ~-**range aircraft communication** *rep* nagy távolságú repülőgép-gépösszeköttetés; ~-**range air-navigation chart** *rep* nagy távolságú léginavigációs térkép; ~-**range alternate aerodrome** *rep* távolsági váltó repülőtér; ~-**range ballistic missile (LRBM)** *kat* nagy hatótávolságú ballisztikus rakéta; ~-**range camera** *foto* távfényképező kamera; ~-**range control** *aut* távvezérlés, távirányítás; ~-**range effect** *at* távolhatás; ~-**range fighter** *rep* nagy hatósugarú vadászrepülőgép; ~-**range flight** *rep* távolsági repülés; ~-**range force** *at* távolhatási erő; ~-**range forecast** *met* hosszú távú előrejelzés; távprognózis; ~-**range gas** távvezetéki gáz; ~-**range gun (LRG)** *kat* messzehordó löveg; ~-**range lamp** *gépk* különleges távfényszóró; ~-**range laser** nagy hatótávolságú lézer; ~-**range laser communication** lézeres távolsági összeköttetés; ~-**range laser radar** nagy hatótávolságú lézerradar; ~-**range missile** *kat* nagy hatótávolságú rakéta; ~-**range navigation system** → Loran; ~-**range objective** *kat* távolsági célpont; ~-**range operation** távműködés; ~-**range order** *krist* hosszútávú rendeződés; ~-**range plan** távlati terv; ~-**range radar (LRR)** nagy távolságú radar; ~-**range radio beacon** *rep* távolsági rádió-irányadó; ~-**range radio communication** *távk* nagy távolságú rádióösszeköttetés; ~-**range reconnaissance** *kat* mélységi felderítés; *rep* távolfelderítés; ~-**range reconnaissance patrol** *kat* távolfelderítő járőr; ~-**range regular aerodrome** *rep* távolsági forgalomra rendszeresített repülőtér; ~-**range rocket** *kat* nagy hatótávolságú *v.* messzehordó rakéta(lövedék); ~-**range search aircraft** *rep* nagy távolságú kutató légijármű; ~-**range surveillance radar** *rep* nagy hatótávolságú légtérellenőrző radar; ~-**range water demand** *hidr* távlati vízigény; ~-**range weather forecast** → ~-range forecast; ~ **residue** *ol* hosszú kőolajmaradvány; *vegy* gyengén bekoncentrált lepárlási maradék; ~ **rod insulator** *el* hosszúrúd-szigetelő; ~ **ruffer** *tex* (durva) legerebenező; ~**-run** tartós *(vizsgálat)*; ~**-run average quality** tartósan megmaradó közepes minőség; ~**-run test** *any* tartóssági próba; ~**-run work** sorozatgyártás, tömeggyártás; ~ **saw** *ép, fa* hasítófűrész, hosszfűrész; ~**-scale instrument** *metr* nyújtottskálás műszer; ~ **scan** lassú letapogatás; ~ **scarf** *ép* flamand illesztés; ~ **series twist drill** *szersz* hosszú spirálfúró; ~ **shot (LS)** *foto* totálplán; ~ **slide** *forg* keresztszán, ágyszán; ~**-slotted** hosszanti hornyos/hasítékos; ~**-slotted cross-head** *forg* hosszhasítékos keresztfej; ~**-span** nagy fesztávolságú; ~ **spread** *geof* hosszútávú elosztás; ~**-stalk tee** *heng* magas gerincű T acél; ~**-staple(d)** *tex* hosszú szálú; ~**-staple(d) wool** *tex* fésűsgyapjú; ~**-stemmed** hosszú szárú; ~**-stick insulator** *el* hosszúrúd-szigetelő; ~ **stretched-out** megnyúlt; ~**-stringed guttler tile** *ép* hosszbarázdás hornyos cserép; ~**-strip footing** *ép* sávalap(ozás); ~**-stroke engine** *gép* hosszú löketű motor; ~**-stroke jack** nagy lökethosszú sajtó; ~**-stroke rod pumping** *ol* hosszúlöketű rudazatos mélyszivattyúzás; ~ **superstructure** *hajó* hosszú felépítmény(ű); ~ **tail(ed) pair** *távk* emittercsatolt tranzisztorpár; ~**-tailed timber/wood** *fa* szerfa, szálfa, hosszfa; ~**-tail tube** *rád* szabályozócső; ~**-term** hosszú távú, távlati; ~**-term annealing** *koh* tartós lágyítás; ~**-term behavio(u)r** *mech* hosszú távú viselkedés/működés; ~**-term forecast** *hidr* hosszú idejű előrejelzés; ~**-term pumping test** *ol* próbaszivattyúzás; ~**-term reactivity change** *at* hosszú időre vonatkoztatott reaktivitásváltozás; ~**-term reliability** megbízhatóság tartós üzemeltetéskor; ~**-term stability** *el* hosszú idejű stabilitás; ~**-term test** *any* tartós vizsgálat; ~**-thread milling machine** *forg* hosszúmenet-maró gép; ~ **thresher** *mzg* hosszában cséplő gép; ~ **timber** *fa* hosszú méretű ipari fa; szerfa, szálfa, hosszfa; ~ **timber double grab** *fa* kettős szálfamarkoló; ~**-time burning oil** *ol* égőolaj *(világítóolaj)*; *vasút* biztonsági égőolaj; ~**-time fading** *rád* hosszú ideig tartó elhalkulás/fading; ~**-time load** *mech* tartós teher; ~**-time rupture strength** *any* kifáradási/tartós szilárdság; ~**-time stability** *mech* hosszú idejű stabilitás; ~**-time strength** *mech* kifáradási szilárdság, tartósfolyás-határ, kúszásszilárdság; ~**-time test** *any* tartamipróba; ~ **ton (lg.tn.)** *metr* 1016,05 kg; ~ **tow** *hajó* hajóvonat; hajóvonta; ~ **turning automatic screw machine** *forg* hosszeszterga-automata; ~ **vehicle** kamion; ~ **wave (LW)** *el* kisfrekvenciás hullám, hosszúhullám, L.F. hullám *(1000 m fölött)*; ~**-wave phase** *geol* főfázis *(földrengésnél)*; ~**-wave range** *rád* hosszúhullámú tartomány; ~**-wave receiver** *rád* hosszúhullámok vételére alkalmas vevő, hosszúhullám-vevő; ~**-wave station/transmitter** *rád* hosszúhullámú adóállomás; ~**-wearing** *gép* hosszú élettartamú, kopásálló; *tex* tartós, viselésálló; ~**-wearing material** kopásálló anyag; ~ **welded rails** *vasút* hegesztett sín; ~**-wire antenna** *rád* hullámantenna, Beverage-antenna; ~ **wood** *fa* rönk, dorong

longeron (spar) *rep* főtartó, hossztartó

longevity tartósság, hosszú élettartam; ~ **evaluation** élettartam értékelése

longevous hosszú élettartamú, tartós *(pl. elem)*

longholing *bány* hosszúfúrólyukas fúrás

longish hosszúkás; ~ **wire** *pa* hossz-szita

longitude *csill* (földrajzi) hosszúság; ~ **correction** *geof* hosszúsági korrekció; ~ **scale** *rep* hosszúsági skála/beosztás

longitudinal **I.** *a* hosszirányú, hosszúsági, longitudinális; **II.** *n hajó* hosszborda; *hajó, rep* főtartó, hossztartó; ~ **axis** hossztengely; ~ **bar** *ép* hossz(vas)betét; ~ **beam** hossztartó; *rep* főtartó; hosszmerevítő törzshossztartó; ~ **bond** hosszmerevítés, hosszrácsozás *(acélszerkezeté)*; ~ **boring machine** hosszlyukfúró gép; ~ **bracing** → ~ bond; ~ **bulkhead** *hajó* hosszfal; hosszválaszfal; ~ **butt joint** *heg* hosszanti tompavarrat; ~ **carriage** *mt* hossz-szán, ágyszán; ~ **clearance** *gép* hosszirányú/tengelyirányú játék; ~ **clinometer** *rep* hosszdőlésmutató; ~ **compression** *mech* tengelyirányú nyomás; ~ **confinement** *at* hosszirányú behatárolás/összeszorítás; ~ **control** *közl* járatindítás; *rep* magassági kormányzás; ~ **crack** hosszirányú repedés; ~ **cross-section** hosszmetszet; ~ **culvert** *hidr* végigfutó töltőcsatorna *(hajózsilip alatt)*; ~ **currents** *pl távk* hosszirányú áram *(mindkét vezetőben)*; ~ **dead circuit** hosszúsági határ, hosszütköző; ~ **deformation** *mech* hosszváltozás, megnyúlás; ~ **deviation** *kat* oldalgás; ~ **differential protection/section** *el* hosszkülönbözeti védelem, hosszirányú különbözeti/összehasonlító védelem *(zárlatvédelem)*; ~ **direction** hosszirány, hosszanti irány; ~ **displacement** *mech* hosszirányú elmozdulás; ~ **dividing machine** *forg* hosszosztó gép; ~ **edge** hosszanti él; ~ **electro-optical effect** *fiz* Pockels-jelenség; ~ **error** hosszúsági hiba; ~ **expansion/extension** *mech* lineáris/vonalas hőtágulás; ~ **expansion coefficient** *mech* hőtágulási együttható; ~ **face crack** *koh* hosszirányú felületi repedés; ~ **faults** *pl geol* párhuzamos vetődések, hosszanti vetőrendszer; ~ **feed** *forg* hosszelőtolás; ~ **fibre/fiber** hosszirányú rost; ~ **flow settler/sinker** hosszanti átfolyású ülepítő; ~ **fold** *pa* hosszirányú hajtogatás; ~ **force** *mech* hosszirányú erő; ~ **frame** *hajó* hosszborda; ~ **galvano-thermomagnetic effect** *fiz* Nernst—Ettinghausen-effektus/-jelenség, galvanomágneses longitudinális effektus; ~ **girder** *bány* futógerenda; járomgerenda; *ép* hosszanti tartó, hossztartó; ~ **glueing** *fa* szálirányú enyvezés, szálenyvezés; ~ **grinding** *forg* hosszelőtolású köszörülés; ~ **groove** hosszanti horony; ~ **induction** *el* hosszirányú indukció; ~ **instability** *rep* hosszinstabilitás; ~ **joint** *ép* hosszhézag, hosszanti/dilatációs hézag; ~ **keyway** hosszanti horony/vájat; ~ **level** *kat* terepszögszintező; ~ **machine** vízszintes gép *(gumikenéshez)*; ~ **magnetic field** *fiz* hosszirányú mágneses tér; ~ **magnetization** *fiz* hosszirányú mágnesezés *v.* mágneses felvétel; ~ **magnetostriction** *fiz* hosszirányú magnetostrikció; ~ **magnification** *opt* hosszirányú/mélységirányú nagyítás; ~ **member** *gépk* alvázhossztartó; *rep* szerkezeti hossztartótag; ~ **metacentre/metacenter** *hajó* nagy metacentrum; ~ **milling machine** *forg* hosszmaró gép; ~ **moment** *mech* bólintónyomaték; ~ **motion/movement** *mt* hosszirányú mozgatás; ~ **oscillation (LO)** *rep* hosszirányú/longitudinális rezgés; ~ **parity check (LPC)** *szt* hosszirányú paritás-ellenőrzés, LPC; ~ **perforation** hosszanti perforálás; ~ **pitch** szegecsosztás; ~ **plane of symmetry** hosszirányú szimmetriasík; ~ **planing** *fa* hosszgyalulás; ~ **play** hosszirányú/tengelyirányú játék; ~ **profile** *geod* hossz-szelvény; ~ **profile of dyke quality** *hidr* töltésállapot hossz-szelvénye; ~ **profile of peak stages** *hidr* árvízi hossz-szelvény; ~ **pumping** hosszirányú pumpálás *(lézeré)*; ~ **radiating antenna** *távk* hosszirány-sugárzó; ~ **recording** *rád* hosszirányú/longitudinális felvétel *(magnetofonon)*; ~ **redundancy check (LRC)** *szt* hosszirányú-redundancia ellenőrzés, LRC; ~ **reinforcement** *ép* hosszirányú vasbetét, hosszvasbetét; ~ **resistance** *rep* hosszirányú szilárdság; ~ **rib** hosszanti borda; ~ **rivet seam** hosszanti szegecssor; ~ **scale** *fa* hosszmérő léc; ~ **seam** *heg, tex* hosszanti varrat; ~ **seam pipe** *koh* hosszvarratos hegesztett cső; ~ **seam welding** *heg* hosszanti varrathegesztés; ~ **section (l.s.)** *ép* hosszmetszet, hossz-szelvény; *geod* hossz-szelvény; ~ **separation** *rep* hosszirányú elkülönítés; ~ **shaft** hosszanti tengely; ~ **shake** *fa* hosszrepedés; ~ **shearing load** *mech* hosszirányú nyíróerő; ~ **sill** *ép* hosszanti küszöb; ~ **sleeper** *ép* hosszanti alátétgerenda; *vasút* hossztalpfa, hosszalj, hosszaljzat; ~ **sleeper track** *vasút* hosszaljas felépítmény; ~ **slide** *forg* hossz-szán, ágyszán; ~ **slope of ditch** *hidr* árok esése; ~ **sloping hearth furnace** *koh* gurítókemence; ~ **slot** hosszanti horony/vájat; ~ **specimen** *any* hosszanti próbatest; ~ **stability** *rep* hosszirányú stabilitás; ~ **stay** *ép* kihorgonyzó gerenda; ~ **stiffener** *ép* hosszanti merevítő *(acélszerkezet)*; ~ **stiffening** *ép* hosszanti merevítés; ~ **stitching** *nyom* hosszirányú fűzés; ~ **strain** *rep* hosszirányú alakváltozás; ~ **stress** *rep* hosszirányú feszültség; *rep, tex* szálfeszültség; ~ **structural framing** *rep* hosszirányú szerkezeti merevítés; ~ **swinging arm** *gépk* hosszlengőkar; ~ **test piece/specimen** *any* hosszanti próbatest; *koh* hosszirányú próbatest; ~ **tie** *ép* ászok, hosszgerenda, váltótalpfa; ~ **travel/traverse** *mt* hosszirányú előtolás; ~ **trim** *rep* magasságikormány-kiegyenlítés, trimmelés; ~ **turning** *mt* hosszesztergálás; ~ **velocity** *rep* hosszirányú sebesség; ~ **vibration** *mech* hosszirányú lengés; ~ **voltage** *távk* hosszanti feszültség; ~ **wave** *fiz* longitudinális hullám; ~ **weld** *heg* hosszanti varrat; ~ **welded tube** *koh* hosszvarratos hegesztett cső; ~ **wind component** *rep* hosszirányú szélösszetevő; ~ **work** *hidr* hosszirányú szabályozási mű

longitudinally | polarizred neutrino *fiz* kétkomponensű/longitudinálisan polarizált neutrinó; ~**-ribbed cylinder** *gépk* hosszbordás henger; ~ **striped** *tex* hosszcsíkos minta; ~ **traversable** hosszirányban eltolható

longshore | current *geol* part menti áramlat; ~ **drift** *geol* part menti sodrás

longshoreman kikötőmunkás

longstrap floor *ép* hosszú hajópadló, hosszparkettás padló

longwall *bány* frontfejtés, széles homlokú *v.* megszakítatlan fejtés; ~ **advancing** *bány* egyenesen (befelé) haladó frontművelés; ~ **advancing on strike** *bány* csapásban haladó frontfejtés; ~ **advancing to dip** *bány* dőlésben lefelé haladó frontfejtés; ~ **advancing to rise** *bány* dőlésben felfelé haladó frontfejtés; ~ **advancing to the strike** *bány* csapásmenti frontfejtés; ~ **coal-cutting machine,** ~ **coal-cutter** *bány* frontrésélő gép; ~ **face** *bány* frontfejtés homloka, haladópászta, fejtési front; fronthomlok; ~ **face foreman** *bány* frontmester; ~ **face mining** *bány* frontfejtés; széles homlokú fejtés; ~ **face worked to the rise** *bány* dőlésmenti frontfejtés; ~ **face working** *bány* frontfejtés; széles homlokú fejtés; ~ **method** *bány* frontfejtési rendszer; ~ **retreating** *bány* visszahaladó frontfejtés; ~ **shearing and heading machine** *bány* jövesztő és vágathajtó gép; ~**-shortwall cutter** *bány* egyetemes résélőgép; ~ **slicing** *bány* szeletes frontfejtés; ~**-stall** *bány* széles homlokú; ~**-stall system** *bány* széles homlokú fejtés, frontfejtési rendszer *(egyenes v. visszahaladó)*; ~ **stope** *bány* frontfejtés, széles homlokú *v.* megszakítatlan fejtés; ~ **stoping** *bány* főpásztás frontfejtés, főtepásztafejtés; ~ **undercutter** *bány* frontrésélő gép; ~ **with caving** *bány* omlasztásos frontfejtés; ~ **work(ing)** *bány* frontfejtés, széles homlokú fejtés; ~ **working in inclined slices** *bány* szeletes dőlésmenti frontfejtés

look I. *v* néz; **II.** *n* kinézet, külső; ~ **ahead** *szt* átvitelgyorsító, előzetes elemzés; ~ **car** *vasút* kilátókocsi; ~**-down** ránézet; ~**-out** → lookout; ~ **over** *v* felülvizsgál, átnéz; ~ **slot** nézőnyílás; ~**-through** *pa* átnézet; **in the** ~**-through** átnézetben; ~**-up** *szt* adatválogató; ~**-up table** *szt* adatválogató táblázat; referenciatábla

looking | angle nézőszög; ~**-glass** tükör

lookout kilátás; kilátóhely; figyelőhely; megfigyelőpont; őrhely; őrszolgálat; perspektíva, kilátás(ok)

loom[1] **I.** *v* homályosan feltűnik *v.* láthatóvá válik; **II.** *n* *hajó* homályos/elmosódó körvonal; *met* enyhe szél

loom[2] *gépk* varniscső; *hajó* evezőlapát nyele *(villán belül)*; *tex* szövőszék, szövőgép; ~ **and spindle oil** *tex* orsóolaj; ~**-assignment** *tex* szövőgépterhelés; ~ **beam** *tex* láncheneger; ~ **blade** *tex* hurokvágó kés/penge *(plüssszövő gépen)*; ~ **bolt** laposmenetű csavar; ~ **brake** *tex* szövőgépfék; ~ **chain** *tex* lánchenger lánca; ~ **check** *tex* lánclap; ~ **dobby** *tex* nyüstös szövőgép; ~ **draught/draft** *tex* láncfonalbefűzés; ~ **driver** *tex* vetőfej, picker; ~**-drop pin/wire** *tex* fonalőr; ~ **duster** *tex* szövőgéptisztító kefe; ~**-feeler motion** *tex* tapintó *(szövőszéken)*; ~**-finished fabric** *tex* szövőszékről lekerülő áru; ~ **fly** *tex* szövési hulladék, szövőszékpehely; ~ **foot-plate** *tex* szövőszéktalplemez; ~ **for braiding** zsinórverő gép; ~ **for sample weaving** *tex* mintaszövőszék; ~ **gaiter** *tex* láncbeszerelő; ~ **master** *tex* szövőgépmester; ~ **motor** *tex* szövőgépmotor; ~ **of cables/wires** *el* kábelforma; ~ **oil** *tex* szövőszékolaj; ~ **paper** *pa* textilcsomagoló papír; ~**-pick count** *tex* vetésszám; ~ **picker** *tex* vetőfej, pikker *(szövőszéken)*; ~ **race** *tex* vetélő mozgás, vetélő áthaladása a szádon; ~**-rail** *tex* szövőszékkeretsín; ~ **reed** *tex* szövőborda; ~ **roller** → ~ beam; ~ **seating** szövőszékalváz, szövőszékaljzat; ~**-sley** *tex* bordaláda; ~**-state** *tex* székkész; ~**-state fabric** *tex* szövőszékről lejövő szövet; ~ **take-up** *tex* lánctovábbítás; ~ **temple** *tex* szövetfeszítő berendezés; ~ **top** szövőszék felső része; ~ **tuning** *tex* szövőgép-beállítás; ~ **waste** *tex* szövési hulladék; ~ **with automatic bin/shuttle changing** *tex* automata szövőgép (önműködő csévevaltó/vetélőváltó szerkezettel); ~ **with bilateral rapiers** *tex* fogós szövőgép kétoldali fogóval; ~ **with circular battery** *tex* revolver csévevaltó szerkezettel ellátott szövőgép; ~ **with circular skip battery** *tex* átugró revolverszerkezetű szövőgép; ~ **with weft grifting device** *tex* fogós szövőgép

loomery *tex* szövőterem

looming[1] *fiz, met* felmagasodás, látóhatár bővülése, felső tükrözés/délibáb, légtükrözés; ~ **at sea** *met* felső délibáb a tengeren

looming[2] *tex* szövőgép-beállítás, láncbefűzés; ~**-in** szövőgép-beállítás; ~ **line** *tex* befűzési irány/sor

loop I. *v* hurkot formál, (össze)hurkol, hurokkal megerősít; *kh* láncol, hurkol; *rep* bukfencezik, lupingoz; **II.** *n* fül *(edényé/cipőé)*, fülecs, kampó, fogantyú; hurok, karika, gyűrű, akasztó; *aut* kör; *cipő* cipőhúzó szalag, cipőhúzó fül; *el* áramhurok; haspont; hullámrajzoló-hurok; hurokvezető; *ép* (hurok)kanyar *(úton)*; pánt *(ajtóé/ablaké)*; *film* (film)hurok; *finm* karóratokfül; *fiz* amplitúdópont, rezgési haspont; *kh* szem(hurok), hurokőltés; *mat* hurok, karika, gyűrű, akasztó; *rád* (hurkos) keretantenna; *rep* bukfenc; hurok, karika, hurokvezető; *szt* (program)ciklus, (program)hurok; ciklusutasítás, ciklus, ciklikus program; szabályozási kör/hurok; végtelen ciklus, zárt hatáslánc/hurok; *távk* keretantenna; szem *(vezetőér végén)*; *tex* bársonyszövet csomója; ~ **accumulation** *kh* szemhalmozódás; ~ **admittance** *távk* visszacsatoló admittancia; ~ **aerial** *rád* hurokantenna, (hurkos) keretantenna; ~ **aerial with goniometer** *rád* rádióiránymérős keretantenna; ~ **antenna** → ~ aerial; ~ **attenuation** *távk* hurokcsillapítás; ~ **bearing** *rep* rádióirány; ~ **body** *szt* huroktest, ciklusmag; ~ **cable** *el* kéterű vezeték; ~ **catcher** hurokfogó *(varrógépen)*; ~ **chain** *gép* végtelen lánc; ~ **characteristic** *aut* hurok alakú jelleggörbe; ~ **circuit** *távk* hurokáramkör, fémes áramkör; ~ **coding** *szt* ciklikus programozás; ~ **connection** hurkos kapcsolás; ~ **counter** *szt* ciklusszámláló; ~ **coupling** *el, távk* hurkos csatolás; ~ **current** *el* hurokáram; ~ **decrementer** *távk* vonalhurok-csillapításmérő; ~ **depot** *vasút* hurokvágány-állomás; ~ **depth** *rep* laza talajréteg mélysége; ~ **dial(l)ing** *távb* távtárcsázás *(vonalhurkon át távoli telepre)*; ~ **direction finder** *rád* keretantennás iránymérő; ~**-disconnect pulsing** → ~ dial(l)ing; ~ **dryer/drier** *tex* függő szárító; ~ **element** *aut* szabályozási kör tagja, hurokelem, szabályozóköri elem; ~ **expander** *kh* szemtágító *(segédtű)*; ~ **expansion pipe** csőkiegyenlítő; csőlíra; ~ **eye** záróhorog; ~ **fabric** *tex* frottírszövet; ~ **feedback signal** *szt* hurok-(ciklus)visszacsatoló jel; ~ **feeder** gyűrűs tápvezeték; ~ **for ceilings** *ép* födémkengyel; ~ **for girder** *ép* tartókengyel; ~ **formation** *kh* szemképzés; ~**-forming element** *kh* szemképző berendezések; ~**-forming sinker** *tex* hullámosító/szegecselt/vasalt platina; ~**-forming sinker web machine** *tex* hullámosító hurkológép; ~ **frame** *ép* felülvilágítós ajtótok; *rád* keretantenna; ~ **gain** *távk* hurokerősítés, körerősítés; zárt áramkör erősítése; ~ **galvanometer** *fiz* hurkos galvanométer; ~ **goniometer** *rád* rádióiránymérős keretantenna; ~**-hole** *ép* kémlelőnyílás *(ajtón)*, búvónyílás; lőrés; ~ **impedance** *el* áramközi/rezgőközi impedancia; ~**-inductance** *távk* hurokinduktivitás; ~ **instruction** *szt* hurokutasítás; ~ **iteration** *szt* iterációs ciklus; ~ **length** *kh* szemhossz; ~ **lifter** *heng* hurokemelő, hurokfeszítő; ~ **line** *vasút* hurokvágány, fordulócsonka, terelőcsonka; ~ **matching** *el* hurokillesztés; ~ **network** *szt* hurokhálózat; ~ **of rope** *bány* kötélhurok; ~ **oscillograph** *fiz* hurkos oszcillográf; ~ **panel** *távb* csatlakozó szerelvény, csatlakozósín; ~ **pile** *tex* hurokképző fonal *(hurkos díszítőfonalban)*; ~ **receiver** *rád* keretvevő; ~ **receiving antenna** *rád* keret-vevőantenna; ~ **reception** *rád* keretes (rádió)vétel; ~ **resistance** *távk* hurokellenállás; ~ **road** *közl* terelőút, elterelés; ~ **rod** függesztőrúd; ~**-scavenging engine** huroköblítéses motor; ~**-side** *távb* állomásoldal, vételoldal; ~**-sinking** *kh* hullámosítás; ~ **system** *el* hurkolt vezetékrendszer, gyűrűs rendszer; ~ **tensile test** *tex* hurokszakító vizsgálat *(cérnáé)*; ~ **test** *el* hurokvizsgálat, hurokmódszer; ~ **transfer** *kh* szemátrakás, hurokátrakás, szemátakasztás; ~ **transfer function** *mat* felnyitott kör átviteli függvénye; ~**-transferring** *kh* szemátakasztó; ~ **tuning** *aut* szabályozó-áramkör beállítása; ~ **tunnel** *vasút* fordulóalagút; ~ **warp** *tex* hurokláno *(bársonyszövésnél)*; ~ **wheel** *kh* szemképző kerék, hullámosítókerék, platinakerék; ~**-wheel machine** *tex* körhurkoló gép *(angol rendszerű)*; ~ **wire** *el* összekötő vezeték; ~**-wire antenna** → ~-aerial; ~ **yarn** *tex* hurokképző láncfonal

loopback *szt* visszavezetés, adatok visszajuttatása a küldő állomásra

looped *el* hurokba kapcsolt, hurok-; *tex* hurkos; ~ **carpet** *tex* buklészőnyeg; ~ **circuit** *távk* hurokáramkör, vezetékhurok; ~ **coupling link** *vasút* csavarkapocskengyel; ~ **fabric** *tex* frottírszövet; ~ **filament** *el* hurkos izzószál; ~ **weft** *tex* hurkolódott vetülék *(hiányos feszítéstől)*

looper *heng* kohószint alatti kifutócsatorna; *kh* láncológép; *koh* átvezető *(hurokkal)*; hurokemelő; ~ **thread** *tex* alsószál, fogószál

looping *heng* hurokfeszítés; *kh, tex* hurkolás, láncolás; *koh* hurokképződés; kézi átvetés; *rep* bukfencvetés; *szt* hurkolás, hurokzárás; *távk* hurokzárás; *tex* szemképzés; ~ **channel** *koh* hurokcsatorna; ~ **conduit** *hidr* körvezeték; ~ **element** *tex* szemképző berendezés; ~ **floor** *heng* kohószint alatti kifutócsatorna; *koh* hurokcsatorna; ~ **machine** *kh* láncológép; ~ **mill** *heng* hurokfeszítésű hengermű; ~ **pit** *koh* hurokgödör; ~**-the-loop** *rep* bukfencrepülés, lupingozás; ~ **tower** *koh* huroktorony; ~**-type rolling mill** hurokfeszítésű hengermű; ~ **wheel** *kh* láncolókerék

loopmaker *tex* paszománykészítő

loopstick antenna *rád* ferritrúdantenna

loose I. *v* felold, elold, kiold, megold(oz), kibont; *bány* egyenget, (fel)lazít, kiszenel; *hajó* horgonyt felszed; *kat* elsüt; **II.** *a* laza, szabadon álló, szabad; *bány* elegyengetett *(munkahely)*; gyenge, meglazult, könynyen ülő; *gép* szabadonfutó, ékeletlen, laza; tömítetlen; ~ **axle** *vasút* szabadonfutó tengely; ~ **back** *nyom* álbordás/ugróhátas kötés; ~ **boss roller** *tex* nyújtóhenger *(mozgatóasztalé nyújtógépen)*; ~ **bottom** *hidr* laza fenék *(vízfolyásé)*; ~**-boundary model** *hidr* hordalékos kisminta; ~ **bulk material** ömlesztett áru, tömegáru; ~ **bush** szabadonfutó persely; ~**-butt hinge** *ép* oldható csatolású ajtópánt; ~ **cable drum** *bány* lazítható kötéldob; ~ **cargo** ömlesztett rakomány; ~ **ceiling** *hajó* felszedhető padlózat; ~ **change gear wheel** *gép* feltűzhető váltókerék; ~ **chippings** *pl* hengerelési zúzalék *(úthengerléshez)*; ~ **clastic** laza törmelék; ~ **connection/contact** *el* érintkezési hiba, rossz érintkezés; ~ **controls** *rep* elengedett kormányok; ~ **cop** *tex* tárcsás/forgótárcsás cséve; ~ **core** *ép* szegregálódott durva adalékanyag *(betonban)*; ~ **cotton dyeing** *tex* pamutszínezés szálban;

~ **cotton stock** *tex* nyerspamut; ~ **coupling** *gép, rád* laza csatolás; ~ **course** *kh* tágsor, lazasor; ~ **course motion** *kh* lazasorkészítő berendezés; ~ **dyeing** *tex* színezés szálban; ~ **earth** *talt* laza talaj; ~**-end** *bány* szabadszél, aláréselt rész *(munkahelyen)*; ~ **equipment** *rep* beerősítetlen felszerelés; ~ **fastening** *gép* oldható kötés; ~ **fill** *ép* laza feltöltés; ~ **filter** ritka szűrő; ~ **fit** *gép* átmeneti/mozgó illesztés; laza illesztés; ~ **flange** *gép* laza karima; *gépk* kerékpánt-oldalkarima; *vák* forgóperem; ~ **fold** *tex* önrakodó *(készülék)*; ~**-frame core box** *önt* kirázó magszekrény; ~ **framing** *tv* széles képbeállítás; ~ **gland** *gép* terjeszkedési tömítőgyűrű; ~ **ground** *bány* laza kőzet; *ép* könnyen fejthető talaj; ~ **head** *forg* szegnyereg; ~ **headstock** *forg* állítható orsószekrény; ~ **ice** zajló jég; ~ **joint** *ép* oldható kötés; ~ **key** csúsztatható ék; ~**-key switch** *el* kapcsoló kivehető működtetőkulccsal; ~ **knot** *fa* kieső ággöcs, kihulló ág; ~**-leaf (l.l.)** *nyom* cserélhető betétlapos, gyűrűs *(könyv)*; ~**-leaf gold** *ép* aranyfüstlemez *(könyvalakban)*; ~**-leaf paper** *pa* utántöltő (fűzetlen) papír; ~ **liner** *kat* kicserélhető béléscső *(lövegé)*; ~ **masonry** *ép* száraz falazás *(kötőanyag nélkül)*; ~ **material** porhanyós anyag; *bány* ömlesztett anyag; ~ **mo(u)lding spindle** *fa* marótüske; ~ **nailer** *cipő* talpfémszegező gép; ~ **pattern mo(u)lding** *önt* formázás sima minta szerint; ~ **piece** *önt* lejárórész, kijárórész; ~ **pin** *önt* vezetőcsap; ~**-powder pan** *gyógyv* porfogó *(tablettázógépen)*; ~ **pulley** *gép* laza/szabadonfutó tárcsa; ~ **reed** *tex* lengőborda; ~ **rock** *bány* laza kőzet; lejövesztett kőzet; ~ **roller** *koh* hajtás nélküli görgő; ~ **roof** *bány* omlós főte; ~ **rot** *fa* puha korhadás; ~**-running fit** *gép* tágan futó illesztés; ~ **sand** *geol* laza homok; *önt* kiverés után az öntvényen maradt formázóhomok; ~ **shaft** *gép* előtéttengely; ~ **side** laza ág *(szíjé)*; ~ **smut of wheat** *mzg* búza porüszöge; ~ **soil** *geol* laza talaj; ~ **soot** szállókorom; ~ **standard** → ~ rate; ~ **standed** lazán összeeresztett *(kötélverésnél)*; ~**-striker cam** *tex* szegélyhatároló laza bütyök; ~ **twist** *tex* gyenge/laza sodrat; ~**-twisted** *tex* lágy sodrású, laza sodratú; ~ **weight** laza anyag *v.* lazán beeresztett szemcsés anyag térfogatsúlya; ~ **wheel** *gép* szabadonfutó kerék/tárcsa; ~ **wool** *tex* laza gyapjú

loosely lazán; ~ **constructed fabric** *tex* lazán szerkesztett szövet; ~ **spun yarn** *tex* laza fonat; ~ **woven** *tex* lazán szőtt

loosen (meg)lazít, megenged, utánaenged *(kötést, csavart)*; (meg)old, szétbont; meglazul, felbomlik, kibomlik, kioldódik; *bány* lejöveszt, kiszenel; *tex* lazábbra vesz *(kötést)*; ~ **by arsenic** *tex* kipácol *(gyapjút)*; ~ **by vibrations** szétráz(ódik); ~ **the wedge** éket meglazít

looseness lazaság; játék, térköz, hézag; *bány* laza szerkezet

loosening (meg)lazítás; kioldás, kibontás; (fel)lazulás, megereszkedés; (fel)lazítás, felszakítás, feltörés *(talajé)*; ~ **equipment** *ép* felszakítógép; ~ **shot** *bány* lazító robbantás

loosing kiáramlás, kiszabadulás *(gázé)*; ~ **of colo(u)r** *tex* szín fakulása

lop *fa* lenyes; ~ **off branches** visszavág *(ágakat)*

LOP → line of position

LOPAR → Low-Power Acquisition Radar

loparite *ásv* loparit

lopped *fa* göcsös, csomós; ~ **sleeper** *vasút* faragott talpfa

lopper *fiz* amplitúdólimitáló, amplitúdókorlátozó

lopping *fa* fanyesés; hulladék, nyesedék

lopsided féloldalas, oldalt hajló, ferde; *hajó* oldalra dőlő

lopsidedness *hajó* oldalra dőlés

LOPT → line output transformer

Lorac → long-range accuracy system

Loran (long-range navigation system) *rep* Loran-hiperbola rendszerű távolsági rádiónavigáció; ~ **chain** *rep* Loran-lánc; ~ **lattice** *rep* Loran-rendszer hiperbolahálózata; ~ **pair** *rep* Loran-pár

lorandite *ásv* lorandit

Lorentz | contraction *fiz* Lorentz-kontrakció; ~ **factor** *krist* Lorentz-faktor, Lorentz-tényező; ~ **field** *fiz* Lorentz-tér; ~ **force** *fiz* Lorentz-erő, elektrodinamikai erő; ~ **law** *fiz* Lorentz-törvény, Lorentz-féle erőtörvény; ~**-Lorenz equation** *vegy* Lorentz—Lorenz-képlet; ~ **transformation** *fiz* Lorentz-transzformáció

Lorenz main beacon *rep* Lorenz-féle főiránysávadó

lorettoite *ásv* lorettoit

loricated pipe bitumenbélelésű cső

lorry kamion; teherautó, tehergépkocsi, teherjármű; *bány* csille, lóré; platókocsi; *vasút* nyitott rakfelületű kocsi; ~ **body** tehergépkocsi-szekrény; ~ **(-mounted) crane** teherautóra szerelt daru, teherautó-daru, járműdaru; ~ **scale** hídmérleg, tehergépkocsi-mérleg; ~**-trailer** teher(gépkocsi)-pótkocsi; ~ **truck** tartálygépkocsi; ~ **tyre/tire** teherautógumi

Loschmidt number *vegy* Loschmidt-szám

lose (el)veszít; kifolyik, kiszivárog *(folyadék, gáz)*; *óra* késik; ~ **altitude** *rep* magasságot veszít; ~ **colo(u)r** *tex* (ki)fakul, veszít a színéből; ~ **control of** *közl* elveszíti uralmát *(jármű felett)*; ~ **magnetism** lemágneseződik

losing | clock késő óra; ~ **production** *bány* veszteséges termelés; ~ **water** víznyelő, nyelőlyuk *(mederfenéken)*

loss hiány; csökkenés, visszaesés; veszteség; *koh* égési veszteség, tűzi fogyaték; *távk* csillapítás, átviteli veszteség; veszteséges elem; ~ **angle** *fiz* (dielektromos) veszteségi szög; ~ **at a sudden expansion** *hidr* Borda-féle veszteség; ~ **attenuation** *távk* csillapítási veszteség; ~ **by burning** *koh* kiégés; ~ **by erosion** *geol* eróziós lemosás/beszakadás; ~ **by leakage** *hidr* szivárgási veszteség; ~ **by volatilization** *koh* illanási veszteség; ~ **caused by fire** tűzkár; ~ **characteristic** veszteségi görbe/karakterisztika; ~ **cone** *at* veszteségi kúp; ~ **current** *el* veszteségi áram; ~ **curve** *el, fiz* veszteségi görbe/karakterisztika; ~ **damping** *távk* veszteségi csillapítás; ~ **degree** *hang* veszteségi fok; ~ **due to coupling** *el* csatolási veszteség; ~ **due to friction** *fiz* súrlódási veszteség; ~ **due to heating by current** *el* ohmos veszteség; ~ **due to pipe bend** *hidr* könyökellenállás; ~ **due to slippage** *mech* csúszási veszteség, szlipveszteség; ~ **factor** *el* dielektromos veszteségi tényező/faktor, dielektromos veszteségi szög tangense; ~ **factor meter** *el* veszteségitényező-mérő; ~**-free** veszteségmentes; ~**-free line** *el* veszteségmentes/ideális vezeték; ~ **in bends** elágazási veszteség *(csővezetékben)*; ~ **in free space** *távk* szabadtéri csillapítás; ~ **in output** *bány* termeléskiesés; ~ **in suppressed band/range** *fiz* záróirányú csillapítás; ~ **in value** értékcsökkenés; ~ **in washing** *bány* mosási veszteség; ~ **in weight** súlycsökkenés; ~ **meter** *aut* veszteségmérő; ~ **modulation** abszorpciós moduláció; ~ **of accurancy** *aut* pontosságveszteség; ~ **of charge** *el* töltésveszteség; ~ **of coal (due to working)** *bány* vesztett szén; ~ **of control** *rep* kormányzás elvesztése; ~ **of coolant accident (LOCA)** *at* hűtőközeg elvesztésével járó baleset; ~ **of current** *el* áramveszteség; ~ **of cycle** *aut* ciklusveszteség; ~ **of energy** *el* energiaveszteség, degradáció; *koh* energiaveszteség; ~ **of energy due to flowing** *bány* áramlási veszteség; ~ **of field protection** *el* gerjesztéskimaradás-védelem; ~ **of flow** áramlási veszteség; ~ **of flow accident** *at* hűtőközeg áramláscsökkenésével járó baleset; ~ **of ga(u)ge** *ol* átmérőszűkület *(fúrólyuké)*; ~ **of head** *hidr* nyomásveszteség, nyomásesés, nyomómagasság-veszteség; ~ **of heat** *fiz* hőveszteség; ~ **of information** *szt* információveszteség; ~ **of life** élettartam-csökkenés; ~ **of lift** felhajtóerő-veszteség; ~ **of luminance** *opt* fénysűrűség-csökkenés; ~ **of material/matter** *any* anyagveszteség; ~ **of metal** *koh* fémveszteség; ~ **of ore** *bány* ércveszteség; ~ **of output** *en* termeléskiesés, termelési veszteség; ~ **of picture lock** *tv* függőleges képeltérítés; ~ **of potential** *el* feszültségveszteség; ~ **of power** *el* áramkiesés; *koh* energiaveszteség; ~ **of precision** *aut* pontosságvesztés; ~ **of pressure** *koh* nyomásveszteség; ~ **of prestress** *mech* előfeszültségcsökkenés; ~ **of production** *ip* termeléskiesés, termelési veszteség; ~ **of propeller thrust** *rep* a légcsavar vonóerejének elvesztése; ~ **of time** időveszteség; ~ **of vacuum** *vák* vákuumcsökkenés; ~ **of voltage** *el* feszültségveszteség; ~ **of volume** tömegveszteség; ~ **of work** munkaidő-veszteség; ~ **on ignition (LOI)** *koh* égési veszteség, tűzi fogyaték; izzítási veszteség; ~ **on no lead** *el* üresjárati veszteség; ~ **rate** fajlagos veszteség, veszteségi százalékarány; ~ **resistance** *el, fiz* veszteségi ellenállás; ~ **tangent** *el* dielektromos veszteségi tényező/faktor, dielektromos veszteségi szög tangense; ~ **time** *szt* veszteségidő; ~ **under load** *el* terhelés alatti veszteség, terhelési veszteség

losser | **circuit** *rád* nagyfrekvenciás/rádiófrekvenciás rezonáló áramkör; ~ **tube** *rád* elnyelő cső *(abszorpciós moduláláshoz)*

Lossev effect *fiz* Lossev-jelenség

lossless line *távk* veszteségmentes tápvonal

lossy *el, távk* veszteséges; ~ **line** *távk* nagy veszteségű tápvonal; ~ **material** *el* veszteséges anyag

lost | **circulation** *bány, ol* iszapveszteség; ~ **coal** *bány* vesztett szén; ~ **head** *bány, hidr* veszteségmagasság; ~ **heat** *koh* hőveszteség; ~ **prop** *bány* benthagyott tám; ~ **property office** *rep* elveszett tárgyak osztálya

lost[1] elveszett, holt, kihasználatlan; ~ **area** *ép* kihasználatlan alapterület; ~ **call** *távk* elveszett hívás; ~ **casing** *ol* lyukban maradt fúrócső; ~ **circulation** *ol* öblítési/cirkulációs iszapveszteség; ~ **coal** *bány* vesztett szén; ~ **effect** meddő teljesítmény, teljesítményveszteség; ~ **flux** *el* szórási/szórt fluxus; ~ **head** *bány, hidr* veszteségmagasság; *önt* holtfej, felöntés; ~ **heat** *hőt* hulladékhő, hulladékmeleg, fáradt hő/meleg; ~ **metal** *koh* fémveszteség; ~ **motion** *gép* üresjárat, holtjárat, játék, kotyogás; *mech* mozgásveszteség; ~**-motion link** *gép* holtmozgást megengedő tag; ~ **pick** *tex* kimaradt vetés; ~**-plastic mo(u)lding** *önt* héjformázás; ~ **power** disszipált/veszteségi teljesítmény, teljesítményveszteség; ~ **prop** *bány* benthagyott tám; ~ **record** *geol* rétegmegszakadás; ~**-wax casting** viaszmintás precíziós öntés/öntvény

lost[2] *vegy* loszt, iperit, mustárgáz

lot I. *v* felparcelláz; **II.** *n* mennyiség, tétel, adag; *ép* házhely, telek, parcella, földrészlet; *közl* kocsicsoport; *mat* (vizsgálati) tétel; *tex* tételáru; ~**-by-lot acceptance** tételenkénti átvétel; ~ **control** tételellenőrzés; ~ **inspection** átvételi vizsgálat; ~ **size** sorozatnagyság

lotic folyóvízi

lottery sampling *mat* sorsolásos mintavétel

Lotus 1-2-3 *szt* Lotus 1-2-3 *(adatbázis-kezelő program)*

loud hangos, erős *(hang)*; ~ **hailer** (kézi) megafon, nagy teljesítményű irányított hangszóró; ~ **pedal** hangkitartó pedál *(zongorán)*; ~ **shade** *tex* feltűnő színárnyalat

loudness *hang* hangerő, hangosság; hangosságszint; ~ **change** *hang* hangerő-ingadozás; ~ **control** *hang* hangerőszintgörbe, egyenlő hangossági szint görbéje; *rád* hangerő-szabályozás; ~ **index** *rep* hangerőindex; ~ **level** *hang* hangerőszint, hangosságszint; *rád* zajszint, zavarszint; ~**-level contour** *hang* egyenlő hangossági szint görbéje; ~**-level indicator** *rád* hangszintjelző, hangerőjelző, volumenindikátor; ~ **ratio** *hang* hangerősségarány; ~ **scale** *hang* szónskála; ~ **threshold** *hang* hangerősségküszöb; ~ **unit** *hang* szónegység *(hangerősségegység)*; ~ **variation** *hang* hangerősség-ingadozás

loudspeaker (LS) *hang, rád* hangosbemondó; hangszóró; ~ **cabinet/case** hangszóródoboz; ~ **coverage** *hang* hangszóró hatáskörzete; ~ **diaphragm** *rád* hangszórómembrán; ~ **dividing network** *hang* hangváltó; ~ **enclosure (with two channels)** *hang* (kétcsatornás) hangfal; ~ **funnel/horn** hangszórótölcsér; ~ **housing** hangszóródoboz; ~ **microphone** *hang* hangszórómikrofon; ~ **output transformer** hangszóró-kimenőtranszformátor; ~ **plug** hangszóró-csatlakozódugó; ~ **socket** hangszóró-csatlakozóaljzat

loudspeaking *hang* hangszórós *(kocsi stb.)*; ~ **telephone set** hangosan beszélő telefon; *távk* hangszórós telefonkészülék

louver *US* → louvre

louvered *US* → louvred

louvre, *US* **louver** *ép* szellőzőnyílás; zsalu, zsalugáter; *gépk* szellőzőzsalu, légnyílás *(hűtőé)*; *hang* hangrésvájat; *opt* káprázást gátló rács; ~ **board** *ép* zsaluléc; *pa* redőnykarton; ~**-boards** *pl ép* ablaktábla, fix zsalulécezés; hangvezető zsalu *(templomtornyon)*; ~ **deduster** *bány* zsalus porleválasztó; ~**-protected** *el* védett szellőzőnyílású; ~ **roof** felülvilágítós és felülszellőző tető; ~**-turret** *ép* tetőtorony, huszártorony; ~**-ventilated** → ~-protected; ~ **window** *ép* harangtoronyablak

louvred, *US* **louvered** *ép* zsaluzott, zsalus; *gépk* szellőzőzsalus, légnyílással ellátott; ~ **blast fence** *rep* rácsos szerkezetű, a sugárkiáramlást csökkentő berendezés/terelőlemez; ~ **ceiling** *el* rácsos mennyezet *(világítóberendezés)*

lovage *élip* lestyán; ~ **root** lestyángyökér

love arrow *ásv* rutil

Love wave *geof* Love-féle hullám; *geol* felületi keresztbhullám

Lovibond colorimeter/tintometer Lovibond-koloriméter, Lovibond-féle színárnyalatmérő

low I. *a* alacsony *(méret, hőmérséklet)*; csekély, kis *(mennyiség)*; halk, mély *(hang)*; *bány* laposdőlésű; vékony *(telep)*; **II.** *n* minimum, mélypont; *geol* alföld, mélyföld; *gépk* első sebesség(fokozat); *met* ciklon, alacsony nyomású terület, barometrikus/légnyomási minimum; **~/high (LO/HI)** alacsony/magas, LO/HI *(bájtok elrendezése)*; **~-access memory/store** *szt* gyorstároló, gyorsmemória, kis elérésű *v.* hozzáférési idejű tároló/memória; **~-activity material** *at* kis aktivitású anyag; **~ airburst** *kat* alacsony légirobbantás; **~ aisle** *ép* mellékhajó, oldalhajó *(templomé)*; **~ alloy** *koh* gyengén ötvözött ötvözet; **~-alloy steel (LAS)** *koh* gyengén ötvözött acél; **~-altitude (LA)** *kat* kis magasságban történő; **~-altitude controllability** *rep* kormányozhatóság kis magasságban; **~-altitude flight** *rep* repülés kis magasságon; **~ amperage welding** *heg* csekély áramerősségű hegesztés; **~-angle grain boundary** *koh* kisszögű kristályhatár; **~ angle of attack** *rep* kis állásszög; **~-angle plane** *szersz* homlokgerenda-gyalu; **~-angle radiation lens antenna** *távk* csekély sugárzásszögű lencseantenna; **~-arched** *ép* lapos ívelésű; **~-ash reducing material** kevés hamutartalmú redukáló anyag; **~ aspect wing** *rep* kis oldalviszonyú szárny; **~-background counter assembly** *at* alacsonyháttér-számláló berendezés; **~-background detector** *at* alacsony hátterű detektor; **~ band** *tv* 54-88 MHz frekvenciasáv; **~ beam** *gépk* tompított fény; **~ bed** *bány* fekütelep, feküréteg; **~-bed semitrailer** *gépk* nyerges tréler/vontató; **~-bed trailer** *gépk* tréler; **~-bed truck** *gépk* mély rakterű tehergépkocsi; **~-boiled pulp** *pa* kemény cellulóz; **~-boiling** *fiz* alacsony forráspontú; **~-boiling component/fraction** *vegy* alacsony forráspontú komponens/frakció; **~-boiling naphtha** *vegy* vegyvizsgáló benzin, (könnyű) oldószerbenzin, könnyűbenzin; **~-boiling part/portion** *vegy* alacsony forráspontú komponens/frakció; **~ brass** 4-8% cinket tartalmazó sárgaréz; **~-built** *ép, gépk* alacsony építésű; **~ capacity** kis kapacitású; **~-capacity water power plant** *hidr* kisteljesítményű vízerőmű; **~-carbon** *koh* szénszegény, kis széntartalmú; **~-carbon alloy** kis széntartalmú ötvözet; **~-carbon ferrochrome** kis széntartalmú ferrokróm; **~-carbon steel** szénszegény acél, kis széntartalmú acél; **~ ceiling** *rep* alacsony felhőzet; **~ check** *rád* mélyhangszabályozás; **~ clouds** *met* alacsony felhők *(2000 m-ig)*; **~ consumption** *el* kis fogyasztású; **~-contrast image** *tv* lágy kép; **~ cooling** *hűt* mélyhűtés; **~-count cloth** *tex* ritka beállítású szövet; **~ count of thread** *kh* alacsony fonalszám; **~ current** *el* gyengeáram; **~-current amplifier** gyengeáramú erősítő; **~ data rate input (LDRI)** *szt* kis sebességű adatbemenet, LDRI; **~ DDM zone** *rep* kis modulációs mélységkülönbségű zóna; **~-deck trailer** *gépk* alacsony rakfelületű tréler; **~-definition television** *tv* durva felbontású *v.* kis felbontóképességű televízió *(képenként 200 sor alatt)*; **~ density (LD)** kis sűrűség, lazaság; **~-density alloy** kis sűrűségű ötvözet; *koh* könnyűfémötvözet; **~-density area** *rep* kisforgalmú légtér; **~-density material** csekély térfogatsúlyú anyag; **~-density metal** *koh* csekély sűrűségű fém; könnyűfém; **~-density polyethylene (LDPE)** *vegy* kis sűrűségű/fajsúlyú polietilén; **~-density press baler** *mzg* kis nyomású szalmabálázó; **~ density wind tunnel** *rep* kis sűrűségű szélcsatorna; **~-diameter** kis átmérőjű, kisméretű; **~ dissipation logic** *távk* kis disszipációjú logika; **~-distortion magnifier** *aut* kistorzítású nagyítókészülék; **~ dome** *ép* laposkupola, nyomott kupolaboltozat; **~-drag (LD)** kis (lég)ellenállású; **~-drag aerial** *rep* kis aerodinamikai ellenállású antenna; **~-drag airfoil** *rep* kis ellenállású szárnyszelvény; **~-drag antenna** *távk* uszályantenna; **~-drag blade** *rep* kis ellenállású légcsavarlapát; **~-drain** *el* kis ellenállású, kisohmos; **~-ductile alloy** kis képlékenységű ötvözet; **~ ductility fracture** *koh* rideg törés; **~-ductility steel** kis képlékenységű acél; **~ duty** *hőt* kis teljesítmény *(gőzgépé)*; **~ end** *el* talppont; **~-end computer** *szt* kisszámítógép; **~-end frequency** alsó határfrekvencia; **~-energy** *fiz* kis energiájú, lágy, puha, szegény, nem áthatoló *(sugárzás)*; **~-energy component** *fiz* lágy komponens, kis/alacsony energiájú komponens; **~-energy developer** *foto* lassú előhívó; **~-energy electron** *fiz* lassú elektron; **~-energy electron diffraction (LEED)** *fiz* kis energiájú elektrondiffrakció, lassú elektronok diffrakciója; **~-energy laser welding** *heg* kisenergiájú lézeres hegesztés; **~-energy neutron** *fiz* kisenergiájú neutron; **~-energy particle** *fiz* kisenergiájú részecske; **~-expansion alloy** kis hőtágulási együtthatójú ötvözet; **~ explosive (LE)** *bány* nem-brizáns *v.* toló hatású robbanóanyag; **~ fermentation** *élip* alsóerjedés; **~-fermentation beer** *élip* alsóerjedésű sör; **~ fermentation yeast** *élip* alsóerjesztésű élesztő; **~(-)fidelity** *hang* alacsony hanghűség(ű); **~ flame** takarékláng; **~-flash** *vegy* alacsony lobbanáspontú; **~-flash oil** *ol* kis lobbanáspontú olaj; **~ flow** *hidr* vízhozam alacsony vízállásnál; *műa* kis folyásképesség; **~-flux reactor** *at* kis neutronáramú atomreaktor, kis/alacsony fluxusú reaktor; **~ flying** *rep* alacsony repülés, mélyrepülés; kis magasságú; **~ foaming** *vegy* csökkentett habzású *(mosószer)*; **~ frame** *gépk* süllyesztett alvázkeret; **~-frame chassis** *gépk* süllyesztett keretű alváz; **~-freeze explosive** *vegy* fagyálló robbanóanyag; **~ freezing** *hűt* mélyhűtés; **~-freezing** alacsony fagypontú; **~-freezing oil** mély dermedéspontú olaj; **~ frequency (LF)** kisfrekvencia, hangfrekvencia, hosszúhullám (LF) *(30-300 KHz)*; **~-frequency (LF)** *el* kisfrekvenciás, hangfrekvenciás; **~-frequency amplifier (LFA)** *el* hangfrekvenciás/audiofrekvenciás erősítő; **~ frequency content** *aut, el* kisfrekvencia-tartalom; **~-frequency demodulator** *aut, el* kisfrekvenciás demodulátor; **~-frequency dial(l)ing** *távb* beszédfrekvencia alatti távhívás; **~ frequency direction finder (LFDF)** *rep* hosszúhullámú rádióiránymérő; **~-frequency distortion** *aut* kisfrekvenciás torzítás; **~-frequency filter (LFF)** hangfrekvenciás szűrő; **~-frequency furnace** *koh* kisfrekvenciás indukciós kemence; **~-frequency generator** kisfrekvenciás generátor; **~-frequency notes** *rád* mély hangok; **~-frequency oscillator** kisfrekvenciás generátor; **~-frequency padder** *rád* padding-kondenzátor; **~-frequency preamplifier** *tv* kisfrekvenciás előfokozat; **~ frequency range** *rád* kisfrekvencia-tartomány, hangfrekvenciás tartomány *(30-300 KHz)*; **~-frequency rejection filter** *rád* hangfrekvenciás szűrő; **~-frequency resistance** *rád* kisfrekvenciás ellenállás; **~-frequency speaker** *rád* mélyhangú/mélysávú hangszóró; ~ **furnace** *koh* mélykemence, (sugárzó) lángkemence; ~ **gear (LG)** *gépk* első fokozat/sebesség, egyes (fokozat); ~-**geared steering** *gépk* nagy áttételi viszonyszámú kormánymű; ~ **grade** *hidr* kis esés *(mederé)*; ~-**grade** silány, alacsonyrendű, gyenge/rossz minőségű; *hidr* kis esésű *(meder)*; ~-**grade coal** kis fűtőértékű szén; ~-**grade concrete** *ép* alacsony minőségű beton; ~-**grade fuel** gyenge minőségű üzemanyag; ~-**grade gas** sovány gáz; nehezen éghető gáz; ~-**grade material** silány minőségű anyag; ~-**grade matte** *koh* sovány nyerskő, nyerskéneskő; ~-**grade ore** *koh* szegény érc; ~ **gradient** *hidr* kis esés *(vízszíné)*; ~-**gradient** *hidr* kis esésű; ~ **green syrup** *cu* híglé; ~ **grinding** *élip* sima őrlés; ~-**ground charging machine** *koh* adagolószinten futó adagológép; ~ **hade** *bány* lapos dőlés; ~-**hade(d)** *bány* laposdőlésű; ~ **hardenability** *koh* kisfokú edzhetőség; ~ **head** *hidr* kis esés *(vízerőműé stb.)*; ~-**head** *hidr* kis esésű; ~-**head aerator** *hidr* alacsony nyomású levegőztető berendezés; ~-**head dam** *hidr* alacsony duzzasztású gát; ~-**head hydroelectric station** *hidr* kisesésű vízerőmű; ~-**head pump** kis emelőmagasságú szivattyú; ~-**heat** *ép* kis hőfejlődéssel kötő *(cement)*; *hők* alacsony hőmérsékletű; ~-**helix drill** *szersz* kis emelkedésű fúró; ~-**high junction** koncentrációátmenet; ~ **hydrogen weld metal** *heg* kevés széntartalmú varratfém; ~ **hysteresis steel** *koh* kis hiszterézisű acél; ~ **impedance** *el* kis impedancia; ~-**impedance** *el* kis impedanciájú, kisohmos; ~ **inclination** *bány* lapos dőlés; ~-**intensity approach lighting system** *rep* kis intenzitású bevezető fényrendszer; ~-**intensity lights** *rep* kis intenzitású fények; ~-**intensity magnetic separation** *koh* szeparálás gyenge mágneses mezőben/térben; ~-**intensity magnetic separator** *koh* kis térerősségű szeparátor; ~-**key** *film, foto* sötét tónusú; ~-**key lighting** *foto* kiserejű világítás; ~-**lead** *gépk* ólomszegény *(üzemanyag)*; ~ **level** *rep* a légkör alsó rétegei; kis magasság; ~-**level** *szt* alacsony jelszintű; ~-**level aerobatics** *rep* alacsony műrepülés; ~-**level altimeter** *rep* kis magasságban érzékeny magasságmérő; ~-**level approach** *rep* kis magasságú megközelítés/bevezetés; ~-**level bog** *geol* alföldi tőzegelőhely, mélyszintű ingovány; ~-**level cloud condition** *rep* kis magasságú felhőállapot; ~-**level direct current data transmission equipment** *távk* kis szintű egyentávíró; ~-**level flight** *rep* kis magasságú repülés; mélyrepülés, tereprepülés; ~ **level groyne** *hidr* fenéksarkantyú; ~-**level karst** *geol* mélykarszt; ~-**level language** *szt* alacsony szintű (programozási) nyelv; ~-**level logic (LLL)** *szt* alacsony jelszintű logika, LLL; ~-**level modulation** *távk* kis szintű moduláció; ~-**level parameter amplifier** *aut* kétszintes parametrikus erősítő; ~-**level protocol** *szt* alacsony szintű protokoll; ~-**level radioactivity** *at* gyenge radioaktivitás; ~-**level scintillation counter** *at* szcintillációs számláló gyenge sugárzás mérésére; ~-**level solid (LLS)** *at* kis aktivitású szilárd anyag; ~-**level waste** *at* gyengén radioaktív hulladék/szennyvíz; kis aktivitású hulladék; ~-**lift** *em* kis emelésű; *hidr* kis emelőmagasságú; ~-**lift air-foil** *rep* kis felhajtóerejű szárnyszelvény; ~-**lift ball pump** *bány* gömbszivattyú; ~-**lift feed pump** *bány* átemelő szivattyú; ~-**lift platform truck** kis emelésű szállítókocsi; ~-**lift pump** kisnyomású szivattyú; *bány* átemelő szivattyú; ~-**light-level television (LLLTV)** *tv* kis megvilágítási szintű tv; ~-**limed cement** *ép* kis mésztartalmú cement; ~ **limit** tűrés alsó határa; ~-**loader** alacsony rakfelületű tehergépkocsi/tréler; ~-**loading amplifier** illesztett ellenütemű erősítő; ~-**load start** indítás kis terhelés mellett; ~ **loss** *el* kis veszteség; ~-**loss** *el* kis veszteségű *(tekercs)*; ~-**loss capacitor** kis (dielektromos) veszteségű kondenzátor; ~-**luminosity** *tv* fényszegény; ~-**lying** *geol* alacsony fekvésű; ~ **magnification** kis nagyítás; ~-**maintenance** kis karbantartást igénylő; ~ **melt** *koh* kis széntartalmú olvadék; ~-**melting** alacsony olvadáspontú; ~-**melting(-point) alloy** *koh* kis/alacsony olvadáspontú ötvözet; ~-**melting-point eutectic** kis olvadáspontú eutektikum; ~-**metal content ore** *koh* szegény érc; ~ **modulation rates** *rep* kis modulációs sebességek; ~-**molecular hydrocarbon** *vegy* kis molekulájú szénhidrogén; ~-**noise** kis zajú, zajmentes; ~-**noise amplifier** *távk* kis zajú erősítő; ~-**oblique photograph** *foto* enyhén ferde tengelyű légi felvétel *(láthatár nélkül)*; ~-**orbiting satellite** *űr* kis távolságra keringő műhold; ~-**order add circuit** *aut* alacsonyabb rendű összeadókör; ~-**order position** *szt* karaktersorozat jobb szélső pozíciója; ~ **overfall** *hidr* fenékgát; ~ **paraffins** *vegy* kis szénatomszámú paraffinok; ~-**pass (LP)** *távk* aluláteresztő *(szűrő)*; ~-**pass circuit** *rád* aluláteresztő kör; ~-**pass filter (LP)** *rep, szt, távk* aluláteresztő szűrő; ~-**pass selective circuit** *távk* kisfrekvenciás zárókör; ~ **pearlite structural steel** *koh* perlitszegény szerkezeti acél; ~ **percentage** alacsony tartalom; ~-**percentage** alacsony . . . tartalmú; ~ **pitch** *bány* kis dőlés; *rád* mély hang; *rep* kis állásszög; ~-**pitched roof** *ép* kishajlású fedélszék; ~-**pitch note** *rád* mély hang; ~-**pitch position** *rep* kis állásszögű helyzet; kis emelkedésű helyzet *(légcsavaré)*; ~-**pitch roof** *ép* kislejtésű tető; ~-**pitch setting** *rep* légcsavar beállítása kis állásszögre; ~-**platform trailer** *gépk* mélyplatós/alacsonyplatós utánfutó; ~-**pollution** környezetbarát *(gép)*; ~ **position** alsó állás *(pl. fűtéskapcsolóé)*; ~ **potential** *el* kisfeszültség *(GB < 250 V, US nincs meghatározva)*; ~-**potential lead/circuit** *el* mérőkör; ~ **power (LP)** kis teljesítmény; ~-**power(ed) (L)** kis teljesítményű; *szt* kis fogyasztású, L; ~-**powered furnace** *koh* kis teljesítményű kemence; ~-**power measurement** *távk* kis teljesítményű mérés; ~-**power modulation** *távk* kis szintű moduláció; ~-**power motor** kis teljesítményű motor; ~-**power pile** *at* kis teljesítményű reaktor; ~-**power range** kis energiájú tartomány; ~-**power source** kis energiájú sugárzó; ~-**power termination** *távk* kis teljesítményű kivezetés *(hullámvezető)*; ~-**power test** *at* meleg járatás, kis teljesítményű járatás; ~ **precipitation (rate)** *mzg* kis intenzitású esőztetés *(1/4 inch/óra)*; ~ **pressure (LP)** kis nyomás; ~-**pressure (LP)** kisnyomású; ~-**pressure area** *met* ciklon, alacsony nyomású terület, barometrikus/légnyomási minimum; ~-**pressure atomizer** kisnyomású égő; ~-**pressure chamber** *rep* magassági vizsgálókamra; ~-**pressure conveyer** *ép* kisnyomású szállítóberendezés; ~-**pressure cylinder** *hőt* kisnyomású henger; ~-**pressure (die) casting** *koh* kisnyomású öntés; ~-**pressure formation** *ol* kisnyomású tárolókőzet; ~-**pressure gas** *ol* kisnyomású gáz; ~-**pressure gas burner** kisnyomású gázégő; ~-**pressure ga(u)ge** kisnyomású manométer; ~-**pressure generator** *heg* kisnyomású fejlesztő; ~-**pressure heat treatment** *koh* hőkezelés vákuumban; ~-**pressure indicator** *gépk* nyomáshiányjelző *(féken)*; ~-**pressure laminate** *műa* kisnyomású rétegelt anyag; ~ **pressure mercury (vapour/vapor) lamp** kisnyomású higanylámpa; ~-**pressure mo(u)lding** *műa* kisnyomású sajtolás; ~-**pressure pump** kisnyomású szivattyú; ~ **pressure resin** *műa* kontakt gyanta *(kisnyomású sajtoláshoz)*; ~-**pressure side (lps)** kisnyomású oldal; ~-**pressure sodium (vapour/vapor) lamp** kisnyomású nátriumlámpa; ~-**pressure spool** *rep* kis nyomású fokozat; ~-**pressure spraying** *ép* pneumatikus festékszórás; ~-**pressure stage** kisnyomású fokozat; ~-**pressure steam** *koh* kisnyomású gőz; ~-**pressure steam curing** *ép* gőzérlelés *(normál légköri nyomáson)*; ~-**pressure steam generator** kisnyomású gőzfejlesztő; ~-**pressure steam heating** kisnyomású gőzfűtés; ~-**pressure torch** *heg* injekciós égő/pisztoly; ~-**pressure turbine** kisnyomású turbina; ~-**pressure tyre/tire** *gépk* ballonabroncs; kisnyomású (gumi)abroncs; ~-**pressure unit** kisnyomású berendezés/üzem/egység; ~-**pressure warning device** *gépk* abroncsállapot-jelző; ~-**pressure welding** *heg* kisnyomású hegesztés; ~-**priority** *szt* kis prioritású; ~ **product** *vegy* másodtermék, utótermék, melléktermék; ~-**quality greyboard** *pa* srenclemez; ~-**quality packing-paper** *pa* srencpapír; ~ **quartz** *ásv* alfa-kvarc; ~ **radar** *kat* terepkövető lokátor; ~ **rail** *vasút* ív belső sínszála *(vágánykanyarban)*; ~-**range** *kat* kis lőtávolságú; ~-**rank coal** kis fűtőértékű szén; ~-**rate** kismértékű, lassú; ~-**rate trickling filter** *hidr* kisterhelésű csepegtetőtest; ~ **ratio** kis arány; ~ **raw product** *cu* utótermék; ~-**red heat** sötétvörös izzítás *(825-970 K)*; ~ **relief** síkdombormű; ~ **resistance (LR)** kis ellenállás; ~-**resistance (LR)** kis ellenállású, kisohmos; ~-**resistance amplifier** kis impedanciájú erősítő; ~-**resistance direction** *félv* áteresztő irány, vezetési irány; ~-**resolution graphics** *szt* kisfelbontású grafika; ~-**retentivity** *fiz* lágy mágneses; ~-**rise** *ép* nem (túl) magas *(épület, építkezés)*; ~ **roast** *élip* enyhén pörkölt; ~ **scale-formation** *koh* kis reveképződés; ~-**seam conveyer** alacsony építésű szállítószalag; ~ **season** *rep* kisforgalmú idény; ~-**set camshaft** alsó elhelyezésű vezértengely; ~-**set relay** kis beállítású relé; ~-**set wing** *rep* alsó szárny; ~ **severity cracking** *ol* kis szigorúságú krakkolás, krakkolás enyhe körülmények között; ~-**shaft (blast) furnace** *koh* alacsonyaknás nagyolvasztó; ~ **shore** lapos tengerpart; ~-**shrinkage** *tex* kismértékű zsugorodású; ~ **side** *geol* vető alsó része; ~-**sided** alacsony oldalú/oldalfalú; ~-**sided wag(g)on** *vasút* alacsony oldalfalú teherkocsi; ~-**silicon pig iron** kevés szilíciumot tartalmazó nyersvas; ~ **size** legkisebb méret, alsó határméret; ~ **solid (weighted) mud** *ol* kis szilárdanyag-tartalmú öblítőfolyadék; ~ **speed (l.s.)** *gép* lassú járat; *gépk* első sebességfokozat *(háromfokozatú rendszernél)*; kis sebesség; ~-**speed** *gép, gépk* kis sebességű; lassú járatú; ~-**speed aerodinamics** *rep* kis sebességű aerodinamika; ~-**speed engine** *gép* lassú járatú *v.* kis fordulatszámú motor; ~-**speed flight** *rep* kis sebességű repülés; ~-**speed Francis turbine** *hidr* lassú járású Francis-turbina; ~-**speed logic (LSL)** *szt* lassú logikai áramkör, LSL; ~-**speed needle** *gépk* részterhelésű tű *(karburátorban)*; ~-**speed nozzle** *gépk* üresjárati fúvóka; ~-**speed spindle** kis fordulatszámú orsó; ~-**speed storage** *szt* lassú tároló; ~-**speed transmission** *szt* kis sebességű átvitel; ~-**speed wind tunnel** *rep* kis sebességű szélcsatorna; ~ **stage** *hidr* kisvíz; ~-**stage water resource** *hidr* kisvízi készlet; ~ **steel** *koh* szénszegény *v.* kis széntartalmú acél; ~-**stop filter** *távk* felüláteresztő szűrő, nagyfrekvencia-szűrőlánc; ~-**strength concrete** *ép* alacsonyszilárdságú beton; ~-**sulphur/sulfur iron** *koh* kis kéntartalmú öntöttvas; ~-**supersonic wind tunnel** *rep* kis szuperszonikus sebességű szélcsatorna; ~ **syrup** *cu* zöld szörp; ~ **temperature (LT)** alacsony hőmérséklet, kis hőmérséklet; ~-**temperature** alacsony/kis hőmérsékletű; ~ **temperature absorption gasoline process** *ol* hideg mosóolajos gazolinleválasztás; ~-**temperature adsorber** alacsony hőmérsékletű adszorbeáló anyag; ~-**temperature behavio(u)r** *fiz* viselkedés alacsony hőmérsékleten; ~-**temperature bolometer** alacsony hőmérsékletű bolométer/hődetektor; ~-**temperature cabin** *élip* hűtőkamra; ~-**temperature carbonization** *vegy* alacsony hőmérsékletű szénlepárlás, félkokszolás, svélkokszolás; ~-**temperature carbonization furnace** izzasztó kemence, félkokszoló kemence, lepárló kemence; ~-**temperature carbonization gas** félkokszgáz, svélgáz; ~-**temperature carbonization plant** lepárlóüzem; ~-**temperature carbonization tar** alacsony hőmérsékletű kátrány, félkokszkátrány, svélkátrány; ~-**temperature cooling plant** mélyhűtő berendezés; ~-**temperature disintegration** alacsony hőmérsékletű aprítás; ~-**temperature distillation** *vegy* alacsony hőmérsékletű desztilláció/lepárlás; ~-**temperature fluorescent lamp** *opt* hidegben működő fénycső; ~-**temperature fractionation** *vegy* alacsony hőmérsékletű frakcionálás; ~-**temperature insulation** *ép* hidegszigetelés; ~-**temperature laboratory** alacsonyhőmérsékleti laboratórium, hideglaboratórium; ~-**temperature liquefaction** *vegy* alacsony hőmérsékletű cseppfolyósítás; ~-**temperature physics** alacsony hőmérsékletek fizikája, hidegfizika; ~-**temperature polymer (L.T.P.)** *gumi, műa* hidegkaucsuk; ~ **temperature pyrolysis** *gép* kis hőmérsékletű pirolízis; ~-**temperature rectification** *vegy* alacsony hőmérsékletű frakcionálás; ~-**temperature separation** *ol* expanziós gázelőkészítés; kis hőmérsékletű szeparálás; mélyhűtéses szeparálás; ~-**temperature separator** *ol* expanziós szeparátor; ~-**temperature sinking process** *bány* fagyasztásos aknamélyítési eljárás; ~-**temperature stability** *ol* hidegállóság, hidegstabilitás; ~-**temperature tension impact test** alacsony hőmérsékletű ütve-húzó próba; ~-**temperature thermomechanical treatment** *koh* kis hőmérsékletű alakításos hőkezelés; ~-**temperature welding** *heg* alacsony hőmérsékletű hegesztés; ~-**tensile alloy** csekély szakítószilárdságú ötvözet; ~ **tension (LT)** *el* kisfeszültség; ~-**tension** *el* kisfeszültségű; ~-**tension battery (LTB)** fűtőelem, fűtőtelep; ~-**tension bridgewire cap/igniter** *bány* villamos izzógyújtó; ~-**tension circuit** fűtőáramkör; ~ **tension current** *bány* gyengeáram; ~ **tension detonator of low impulse sensitivity** *bány* érzéketlen villamos gyutacs; ~-**tension detonator cap/igniter** *bány* villamos izzógyújtó; ~-**tension detonator of normal impulse sensitivity** *bány* normálérzékenységű villamos gyutacs; ~-**tension detonator,**

~-tension fuse *bány* kisfeszültségű (robbantó)gyutacs; ~-tension ignition *gépk* kisfeszültségű gyújtás; ~-tension line *el* kisfeszültségű vezeték; ~-tension magneto *gépk* kisfeszültségű gyújtómágnes; ~-tension side *el* kisfeszültségű oldal; ~-tension supply *távk* kisfeszültségű táplálás; ~-tension switch gear *el* kisfeszültségű kapcsolóberendezés; ~-tension voltage kisfeszültség; ~-texture steel csekély textúráltságú acél; ~-threshold laser *fiz* alacsony gerjesztési küszöbértékű lézer; ~ tide *csill, hidr* apály; ~-time-constant regulation *távk* kis időállandójú szabályozás; ~-to-high level (LH) *szt* LH jelátmenet; ~ tone mély hang; ~-tone correction *rád* mélyhangkiemelés; ~-toxic component kis/csekély toxicitású *v.* mérgező hatású komponens; ~ twist (LT) *tex* kis sodrat; ~-twist *tex* alacsony sodratú; ~-type surfacings *ép* könnyű útburkolatok; ~ vacuum gyenge vákuum; ~ value legkisebb/minimális érték; ~-velocity air-conditioning system/plant kis légsebességű klímaberendezés, kisnyomású klímaberendezés; ~-velocity electron *fiz* lassú mozgású elektron; ~-velocity medium *geof* kis sebességű közeg; ~-velocity scanning *el* lassú letapogatás; ~ viscosity index (LVI) *ol* alacsony viszkozitási index; ~-viscosity oil *ol* könnyű *v.* kis viszkozitású olaj, vékony olaj; ~ visibility *rep* rossz látási viszonyok; ~-visibility approach *rep* megközelítés/bevezetés rossz látási viszonyok mellett; ~ visibility landing *rep* leszállás kis látótávolságnál; ~-volatile *vegy* enyhén illó; ~ voltage (LV) *el* kisfeszültség; ~-voltage (LV) *el* kisfeszültségű; ~-voltage cable *el* kisfeszültségű kábel; ~-voltage circuit-breaker kisfeszültségű megszakító; ~ voltage current *bány* gyengeáram; ~-voltage fuse-link *el* kisfeszültségű olvadóbetét; ~-voltage HRC-fuse *el* kisfeszültségű erősáramú biztosító; ~-voltage lamp *el* kisfeszültségű lámpa, törpefeszültségű izzólámpa; ~-voltage mains *el* kisfeszültségű hálózat; ~-voltage neon-glow lamp *el* parázsfénylámpa, ködfénylámpa, glimmlámpa; ~-voltage power fuse *el* kisfeszültségű erősáramú biztosító; ~-voltage relay *el* feszültséghiány-kioldó relé; ~-voltage release (LVR) *el* feszültséghiány-kioldó; ~-voltage side *el* kisebb feszültségű oldal *(transformátoré)*; ~-voltage transmission line *el* kisfeszültségű távvezeték; ~-voltage winding *el* kisebb feszültségű tekercselés *(transzformátoré)*; ~-volt release *el* feszültséghiány-kioldás; ~-warp *tex* alacsony fonalszámú *(szövet)*; ~-warp loom *tex* vízszintes elrendezésű *v.* mélyen fekvő nyüstös szövőgép; ~ water (LW) *hidr* alacsony vízállás, apály, kisvíz; ~-water alarm alacsony vízállást jelző riasztás *(kazánban)*; ~-water bed/basin *hidr* kisvízi meder; ~-water channel line *hidr* kisvízi sodorvonal; ~-water ga(u)ge *hidr* kisvízi mérce; ~-water mark *hidr* apályszint; legalacsonyabb vízállás; ~-water mark zero *hajó* nullvíz; *hidr* legkisebb vízállás; ~-water period *gép* kisvízi időszak; ~-water stage *hidr* kisvíz; ~-water turbine kis esésre szerkesztett vízturbina; ~-water valve *hőt* biztonsági szelep *(kazánban)*; ~ wine *vegy* előpárlat; ~-wing monoplane *rep* alsószárnyas/mélyszárnyú repülőgép; ~-yield *kat* kis hatóerejű; ~-yield alloy *koh* csekély folyáshatárú ötvözet

löweite *ásv* löweit

Löwenhertz thread *finm* Löwenhertz-menet

lower I. *v* leenged, leereszt, lebocsát, lesüllyeszt; süllyed, csökken, leszáll; *rep* kienged *(futóművet)*; **II.** *a* alsó; ~ a boat *v hajó* csónakot kitesz; ~ apsis közelpont; ~ arithmetics *mat* közönséges aritmetika, számtan; ~ atmosphere *rep* a légkör alsó rétege; troposzféra; ~ bainite *koh* alsó bénit; ~ bainitic structure *koh* alsó bénites szerkezet; ~ balance cock *finm* alsó hengerhíd; ~ bank *bány* vágat alsó oldala; ~ base *mat* alap, alaplap; ~ bay *hidr* alsó öböl, alvízi öböl; ~ beam *gépk* tompított fény, bilux; ~ beam headlamp *gépk* tompított fényszóró; ~ bed *ép* ászok, hosszgerenda, váltótalpfa; ~ belt *gép* alsó szalag *(futószalag)*; ~ bend *fiz* alsó könyök *(mágnesesgörbén)*; ~ blade *gép* alsó kés; ~ blade holder *gép* alsókéstartó; ~ block *em* alsó csigaház *(emelőn)*; ~ boiling fraction *ol* könnyűolaj, kis viszkozitású olaj, „vékony" olaj; ~ boom alsó öv *(hídé)*; ~ border alsó szegély/él; ~ bound *mat, szt* alsó korlát, alsó határ; ~ box *önt* alsószekrény; *vasút* alsó ágytok; ~ caloric unit alsó fűtőérték; ~ caloric value *koh* alsó fűtőérték; ~ case (LC) *nyom* alsó szedőszekrény; kisbetű; ~-case letter (LC) *nyom* kisbetű; ~ chord *ép* alsó öv *(tartóé)*; ~ clearing grain *ép* kő felfekvő felülete; ~ climatic category temperature alsó kategória-hőmérséklet; ~ coal measures *bány* alsó karbonrétegek; ~ coating alsó réteg *(útépítésnél)*; ~ continuous function *mat* alulról (félig) folytonos függvény; ~ control limit (LCL) alsó szabályozási határ; ~ coupling *gép* alsó csatlakozás; ~ course *ép* alsó réteg *(makadámútban)*; *hidr* alsó szakasz; ~ crankcase *gépk* forgattyúház-alsórész; olajteknő, olajtálca *(motoré)*; ~ cretaceous *geol* alsókréta; ~ culmination *csill* alsó delelés; ~ cut *bány* talprés, alsó rés; *forg* alsó vágat *(reszelőn)*; ~ cut-off frequency *távk* alsó határfrekvencia; ~ dead centre/center (LDC) *mech* alsó holtpont; ~ deck (LDK) *ép* alsó pálya *(hídé)*; *hajó* alsó fedélzet, fedélzetköz; ~ detection limit (LDL) *at* detektálás alsó határa; ~ deviation megengedett alsó méreteltérés; ~ die *gép* alsó süllyeszték/odor; *koh* matrica; ~ down lefelé, felülről lefelé; ~ edge alsó szegély/él; ~ emission limit *környv* maximális emissziókoncentráció; ~ end tőrész, alsó vége vmnek; ~ end piece *óra* alsó fedőlap; ~ face alsó oldal; ~ flange *ép* tartó alsó övlemeze; ~ flange of rail *vasút* síntalp; ~ flank of fold *bány* feküszárny; ~ flask *önt* alsó formaszekrény; ~ flood gate *hidr* alsókapu *(zsilipé)*; ~ forks *tex* alsó fonalkeresztszegek *(felvetőkereten)*; ~ freeness *pa* őrlésfokemelés; ~ frequency limit alsó frekvenciahatár; ~ griffe *tex* alsó késkeret *(jacquard-gépen)*; ~ gudgeon of an upright shaft *gép* állócsap, talpcsap, gyámcsap, támasztócsap; ~ half *gépk* forgattyúház-alsórész; ~ harmonic *hang* harmonikus alhang; ~ head *hidr* alsó zsilipfő; ~ header *gép* alsó vízgyűjtő csatorna *(gőzgépé)*; ~ hemispherical (luminous) flux *opt* alsó térfélbe kisugárzott fényáram; ~ heterodyning *távk* alsó keverés; ~ homology *mat* homológia; ~ immission limit *környv* maximális immissziókoncentráció; ~ index *mat* alsó/alulírt index; ~ insulator gasket gyújtógyertya alsó tömítőgyűrűje *(motorban)*; ~ Jurassic *geol* alsó júra; ~ laser level *fiz* alsó lézerszint; ~ layer alsó réteg *(makadámútban)*; *vegy* alsó réteg, alsó folyadékfázis; ~ leaf *bány* alsó szelet;

~ **level discriminator (LLD)** *at* alsó diszkriminátor; ~ **limit** *mat* alsó határérték, limes inferior, legkisebb torlódási pont, lim inf.; ~**-limit dimension** legkisebb méret, alsó határméret; ~ **limit of audibility/hearing** hallhatósági határ, hallhatósági tartomány alsó határa; ~ **limit of integration** alsó integrációs határ; ~ **limit of linearity** *távk* linearitás alsó határa; ~ **longitudinal swinging arm** *gépk* alsó hosszlengőkar; ~ **loop** *kh, tex* fonákoldali hurok; ~ **magnetosphere** *geof* alsó magnetoszféra; ~ **mean hemispherical candle-power (l.m.h.c.p.)** *fiz* félgömbre vett átlagos fényerő/fénysűrűség (alsó értéke); ~ **member** *mat* alacsonyabbrendű tag *(soré)*; ~ **motion** *geod* limbuszmozgás; ~ **oolite** *geol* a jura időszak középső része, dogger; ~**-oxygen acid** *vegy* oxigénszegény sav; ~ **part** alsórész; *bány* műszertalp; ~ **part of the hearth** *koh* alsó medence; ~ **pass** *heng* alsó üreg; ~ **pile** *tex* alsó hurok *(frottírnál)*; ~ **plane** *bány* feküréteg, fekü síkja; *ép* alapozás, alapterület, alapzat; *mech* alsó lap; *rep* alsó szárny; ~ **plate** *geod* limbusz, limbuszkör, vízszintes kör; *óra* alsó fedőlap; ~ **pond/pool** *hidr* alvíz, vízlépcsőt követő szakasz, alsó böge; ~ **pool elevation** *hidr* alvízszint; ~ **(prop) member** *bány* külsőtám; ~ **quartile** *stat* alsó kvartilis; ~ **reach** *hidr* alvíz, vízlépcsőt követő szakasz, alsó böge; ~ **roll** *heng* alsó henger; ~**-roll scraper** *élip* alsó henger kaparója *(hengerszéken)*; ~ **seam** *bány, geol* feküréteg, fekütelep, alsóbb telep/réteg; *heg* alsó varrat; ~ **semi-continuous function** *mat* alulról (félig) folytonos függvény; ~ **shaft** *koh* alsóakna; ~ **shed** *tex* mélyített/alsó szád, szád alsó fele; ~ **side** alsó oldal; ~ **sideband (LSB)** *távk* alsó oldalsáv; ~ **size** alsó méret; ~ **sprocket wheel** *film* utótovábbító görgő; ~ **storage space** *hidr* alsó biztonsági tér; ~ **storey/story** *ép* földszint; ~ **stratum** *ép* alsó réteg *(makadámúté)*; ~ **surface** alsó oldal; *bány* fekü; *mat* alaplap, alap, alapkör; ~ **swage** alsó süllyeszték/odor; ~ **temperature** alsó hőmérséklet; ~ **texture** *tex* alapszövet, szövet bal oldala; ~ **the pitch** *v* mélyebbre hangol; ~ **threshold of audibility/hearing** *hang* hallásküszöb; ~ **tolerance limit** alsó tűréshatár; ~ **tool slide** *gép* alsó késszán; ~ **toxic limit** *környv* MAK-érték; ~ **transit** → ~ culmination; ~ **transom** *ép* talpgerenda; ~ **triangular matrix** *mat* alsó háromszögmátrix; ~ **valve** fenékszelep, talpszelep; ~ **voltage** *el* kisfeszültség; ~ **wall** *bány* feküoldal *(meredek telepé)*; *geol* alsó szárny *(vetőn)*; ~ **water** *hidr* alsó víz; *ol* feküvíz, víz az olajszint alatt *(attól elválasztva)*; ~ **water box** *gépk* alsó víztér *(hűtőben)*; ~ **white line** *nyom* lezáró űrpótló tükör alatti szélléc; ~ **window edge** *szt* ablak alsó széle; ~ **wing surface** *rep* szárny alsó/nyomott oldala; ~ **yield point** *mech* alsó folyási határ, folyás kezdete; ~ **yield stress** *mech* folyási határ, folyási feszültség

lowerable süllyeszthető, leengedhető; ~ **plate/table** *koh* öntőasztal

lowerator *ép* lesüllyesztő berendezés *(kiállványozásnál)*

lowered (le)süllyesztett; ~ **ground-water level/table** *ép* süllyesztett talajvízszint/talajvíztükör

lowering I. *a* süllyedő, csökkenő, süllyesztő, csökkentő; **II.** *n* süllyedés, csökkenés, esés; süllyesztés, leeresztés, leengedés; *bány* leszállítás; *ép* (talaj)víztükör süllyesztése; *hajó* horgony ledobása; *kh* süllyesztés, leeresztés, leengedés; *rep* a futómű vagy a fékszárnyak/féklapok kibocsátása; süllyesztés; ~ **brake** süllyesztő/utánengedő fék; ~ **cam** *kh* süllyesztett lakat; ~ **control** *el* süllyesztőfékezés; ~ **course** *em* ejtési magasság, süllyesztési mélység; ~ **device** süllyesztőberendezés; ~ **direction** süllyesztési irány; ~ **harness** *tex* lehúzó nyüst; ~ **method** *krist* süllyesztési módszer; ~ **of ground-water level** *ép* talajvízszint-süllyesztés; ~ **of quality** minőség csökkenése/romlása/rontása; ~ **of the degree** *mat* fokcsökkentés; ~ **of the freezing point** *vegy* fagyáspontcsökkenés; ~ **of the ground-water table through deep wells** *hidr* mélykutas talajvízszint-süllyesztés; ~ **of the melting point** *vegy* olvadáspont-csökkenés; ~ **of the order** *mat* rendszámcsökkentés; ~ **of the surface tension** felületi feszültség csökkentése; ~ **of the track** *vasút* vágánysüllyesztés; ~ **of the water level** *hidr* apadás; ~ **of the water table** *hidr* talajvízsüllyesztés; ~ **of vapo(u)r pressure** gőznyomáscsökkentés; ~ **platform** süllyeszthető rakodóasztal/plató; ~ **shaft** *kh* alsó szádhelyzetben levő nyüst; ~ **speed** *em* ejtési/süllyesztési sebesség; ~ **stage** süllyeszthető rakodóasztal/plató; ~ **the lining** *bány* falazatsüllyesztés; ~ **winch** süllyesztőcsörlő

lowest legkisebb, legalacsonyabb; legalsó; ~ **atmospheric layer** *rep* a légkör legalsó (földdel érintkező) rétege; ~ **bidder** legalacsonyabb költségszintű pályázó *(versenytárgyaláson)*; ~ **common denominator (LCD)** *mat* legkisebb közös nevező; ~ **common multiple (LCM)** *mat* legkisebb közös többszörös; ~ **energy level** *at* alapnívó, alapállapot, alapszint, alapterm; ~ **low water** *hidr* legkisebb víz(állás); ~**-order bit** *szt* legkisebb helyiértékű bit; ~ **rate** legalacsonyabb tarifa; ~ **recorded level** *hidr* legalacsonyabb ismert/regisztrált vízszint; ~ **sailing water** *hidr* legkisebb hajózási vízszín/vízszint; ~ **term** *mat* legkisebb fokú tag; ~ **upper bound** *mat* felső határ, legkisebb felső korlát, supremum, sup; ~ **usable frequency (LUF)** *rád* legkisebb használható frekvencia; ~ **value** *mat* abszolút minimum, minimum, globális minimum; ~ **water level (LWL)** *hidr* legkisebb víz(állás)

lowland alföld, mélyföld; ~ **reservoir** *hidr* síkvidéki tározó

lowry *vasút* lóré, pőrekocsi, csille

lox *vegy* folyékony oxigént felvesz/tankol

LOX → liquid oxygen; → liquid oxygen explosive

loxoclase *ásv* loxoklász

loxodrome *hajó, mat, rep* loxodróma; ~ **curve** *mat* loxodróma

loxodromic | **automorphism/mapping/transformation** *mat* loxodromikus leképezés/transzformáció/automorfizmus; ~ **curve/line/spiral** *mat* loxodróma; ~ **sailing** *hajó* loxodrom hajózás

loxodromics *hajó* loxodrom hajózás

loxygen *vegy* folyékony oxigén

loy (rúdra szerelt) keskeny ásó *(póznalyukásáshoz)*

lozenge rombusz; *ásv* rombusz alakú lap; *gyógyv* rombusz alakú cukorka/gyógyszer; *szt* „dokumentum vége" jel; ~ **file** *szersz* négyélű rombuszreszelő; ~ **riveting** *gép* eltolt szegecselés; ~**-shaped grain** *bőr* ferde négyzetű *v.* rombusz alakú barka

lozenged rombusz alakú, rombuszmintás; ~ **glass** rombuszmintás üveg

LP → large post; → linear programming; → long play(ing) record; → low power; → low pressure; → low-pass; → low-pass; → low-pass filter; → low-pressure
l.p. → liquid propellant
LPAR → large phased array radar
LPC → linear predictive coding; → longitudinal parity check
LPCM → linear pulse code modulation
LPF-process (leaching, precipitation, flotation) *koh* LPF-eljárás
LPG → liquefied/liquid petroleum gas; → list program generator
LPM → lines per minute
lps → low-pressure side
LR → level recorder; → light railway; → line relay; → living room; → Lloyd Register of Shipping; → load ratio; → long radius; → long-range; → low resistance; → low-resistance
LRBM → long-range ballistic missile
LRC → longitudinal redundancy check; **~-protection** LRC-védelem
LRG → long-range gun
LRR → long-range radar
LS → laboratory system; → landing strip; → lens system; → light ship; → limit switch; → long shot; → loudspeaker; → luminescent screen; → lump sum
l.s. → longitudinal section; → low speed
LSA → limited space-charge accumulation; **~ diode** → limited space-charge accumulation diode
LSB → least significant bit; → lower sideband
LSD → last significant digit; → least significant digit; → lysergic acid diethylamide
LSI → large scale integration
LSL → low-speed logic
LSP → launch success probability
LSR → liquid silicon rubber
LSS → life-saving service; → life-saving station
LSSM → local scientific survey module
LST → local standard time
LT → local time; → low temperature; → low tension; → low twist
LTB → low-tension battery
Lt.-V. → light vessel
Lu → lutetium
LU → logical unit
lubber | error *rep* ránézeti irányhiba; **~ line** *geod* kormányvonal *(tájolón)*; *kat* irányvonal, iránytengely, nézővonal, célzóvonal; kalibráló tápvonal *(lokátorhoz)*; **~'s knot** *hajó* vénasszonycsomó
lube *vegy* kenőolaj; **~ additive** *vegy* kenőolaj-adalék; **~ cut** *vegy* kenőolaj-frakció; **~ distillate** *vegy* kenőolajpárlat; **~ oil** *vegy* kenőolaj; **~ oil fraction** *vegy* kenőolaj-frakció; **~ stock** *vegy* alapolaj
lubricant I. *a* kenő, síkosító; **II.** *n vegy* kenőanyag, kenőolaj; **~ carrier** *koh* kenőanyag-hordozó; **~ content** kenőanyag-tartalom; **~ exudation** *műa* kenőanyag kiizzadása; **~ stock** kenőolaj-alapanyag; **~ supply** kenés *(kenőanyagbevitel a kenési helyre)*
lubricate olajoz, zsíroz, (meg)ken; *gyógyv* csúsztat, síkosít
lubricated petrol/gasoline *gépk* keverék *(kétütemű motorhoz)*
lubricating I. *a* kenő, zsírzó; **II.** *n* olajozás, kenés, zsír(o)zás, síkosítás; **~ action** *vegy* kenőhatás; **~ arrangement** kenőberendezés; **~ by oil circulation** *rep* olajkeringéses kenés; **~ car** kenőkocsi; **~ distillate** *vegy* kenőolajpárlat; **~ effect** *vegy* kenőhatás; **~ equipment** *gép* kenőszerkezet; **~ feed mechanism** *gép* kenőszivattyú; **~ felt** kenőfilc; **~ film** *vegy* kenőanyagfilm, olajfilm; **~ grease** gépzsír, kenőzsír; *koh* kenőanyag; **~ groove** kenőhorony, olajhorony; **~ gun** nyomó-olajfecskendő, zsírzófecskendő, nyomózsírzó; **~ hole** *gép* kenőanyag-adagoló nyílás; kenőlyuk, kenőfurat; kenőnyílás; **~ nipple** zsírzófej, zsírzógomb, fedős olajozó; **~ oil (LO)** *gép, vegy* kenőolaj; **~ oil container** *gép* kenőolajtartály; **~ oil fraction** *vegy* kenőolaj-frakció; **~ oil tank** *gép* kenőolajtartály; **~ pad** *gép* kenőpárna; **~ pipe** *gép* kenőanyag-adagoló cső; kenőcső; **~ piping** *gép* kenőcsővezeték; **~ plug** zsírzófej, zsírzógomb, fedős olajozó; **~ point** *gép* kenési hely; **~ press** *gép* zsírzóprés; **~ propeties** *gép* kenési tulajdonságok; **~ pump** *gép* olajszivattyú *(kenőrendszerben)*; **~ quality** *vegy* kenőképesség; **~ ring** *gép* kenőgyűrű; **~ stuff** kenőanyag, kenőzsír; **~ syringe** → **~ gun**; **~ system** *rep* kenőrendszer; **~ wick** *gép* kenőbél, kenőkanóc
lubrication kenés, olajozás, zsír(o)zás; **~ by circulation of the oil** *gép* keringő/cirkulációs kenés; **~ chart/diagram** *gép* kenési utasítás/vázlat; **~ cock** kenőcsap; **~ engineering** *gép* kenéstechnika; **~ hole** *gép* kenőlyuk, kenőfurat; **~ ring** *gép* kenőgyűrű; **~ screw** zsírzócsavar, menetes zsírzó, Stauffer-szelence; **~ specification** *gép* kenési utasítás; **~ system** kenőolaj-csőrendszer; **~ tap** → **~ cock**
lubricator *gép* olajozó, kenőberendezés, kenőszelence, (önműködő) zsírzó; *ol* lubrikátorcső; **~ box** *gép* lubrikátor, kenőszelence; **~ cock** kenőcsap; **~ gear** *gép* olajszivattyú-hajtó kerék; **~-shaft pulley** olajszivattyú-tengely szíjtárcsája; **~-shaft worm** olajszivattyútengely-hajtó csiga; **~ tap** kenőcsap; **~ valve** *ol* kanalazótoló
lubricity *fiz, vegy* lubricitás, kenőképesség; **~ meter** kenőképesség-mérő
lubrification → lubrication
lubrifier *gép* kenőcsap, olajcsap
lubrify *gép* ken, zsíroz, olajoz
lubrifying *gép* kenőképes
lubri-seal bearing *gép* tömítőgyűrűs csapágy
lucarne padlásablak
Lucas reagent *vegy* Lucas-vegyszer *(cink-klorid oldata koncentrált sósavban)*
lucid *opt* fényes
lucimeter *opt* fénysűrűségmérő
lucite *műa, vegy* lucit
Ludian stage *geol* ludi emelet
ludlamite *ásv* ludlamit
Ludlovian stage *geol* ludlovi emelet
Ludlow *nyom* Ludlow-féle kéziszedő-öntőgép
Ludolphian number, Ludolph's number *mat* Ludolf-féle szám, π (szám)
Ludwick hardness *fiz* Ludwick-keménység
ludwigite *ásv* ludwigit
Lueders → Lüders
Lüders' | glide/slip *mech* Lüders-féle csuszamlás; **~ lines** *mech* Lüders-féle vonalak, folyási vonalak

LUF → lowest usable frequency

luff I. *v em* gémkinyúlást változtat; *hajó* szélbe fut, „luvgierig”, szélnek fordul; széllel szembefordul; **II.** *n hajó* szél felett/felőli (oldal), széloldal, luv oldal; ~ **tackle** *ép* gémbillentő/árbóctartó csigasor *(kotrón)*; *hajó* könnyű csigasor, csigázó; ~ **the load** *v em* terhet gémbillentéssel áttesz

luffability *em* vonóképesség

luffer-board → louvre-board(s)

luffing *ép* gémkinyúlás, gémállás változtatása; ~ **boom (extension)** *em* billenő segédelem; ~**-boom shovel** *ép* kanalas hegybontó, hegybontó kotró; ~ **crane** *em* billenőgémes portáldaru; ~ **drum** *em* gémbillentő dob; ~ **flying jib** *em* billenő segédgém; ~ **gear** *em* billentőszerkezet; ~ **jib** *em* billenő segédgém; billenőgém; ~**-jib crane** *em* billenőgémes daru; ~ **jib extension** *em* billenő segédgém; ~ **screw** darugém emelő- és süllyesztőcsavarja; ~ **shovel** *ép* hegybontó kotró; ~ **trolley jib** *em* futómacskás billenőgém

lug csomag *(kb. 12 kg)*; kapaszkodó *(traktoron)*; fül, fogó, fülecs, szem, kampó, hurok, fogásra szolgáló nyílás; akasztó, horog, pecek; *alak* csatló; *el* kábelsaru; *ép* szegecsfejező, szorítókengyel, emelőfül; *önt* ráöntés, öntőcsonk, öntvényfül; ~ **angle** csatlakozási szög; ~ **base tyre/tire** *gumi* terepjáró gumiabroncs; ~**-boss** fogó; *geol* vastagodás; ~ **brick** *ép* fülestégla; ~ **head** füles fej; *gép* szárnyas fej; ~ **of the fork** *gépk* sebességváltó-kapcsolóvilla agya/szeme; ~ **plate** szorítólemez; *gép* heveder; ~ **point** *vasút* csúcssínfül; ~ **support** *gép* beállítási támaszték; ~ **suspension** *vasút* hurkos felfüggesztés; ~**-type chain** csapós hólánc; ~ **wrench** fülescsavarkulcs

Lugeon water testing *bány, hidr* víznyeletés

luggage poggyász, csomag; ~ **accomodation** ruhatár, poggyászmegőrző; ~ **boot/compartment** *gépk* csomagtér, csomagtartó; ~ **carousel** *rep* poggyászkiadás *(reptéren)*; ~ **carrier** *gépk* csomagtartó *(kocsi tetején)*; ~ **compartment** *rep* poggyásztér, poggyásztartó; ~ **grid** *gépk* csomagtartó (rács); ~ **hoist/lift** csomagszállító felvonó; ~ **hold** *rep* poggyásztartó; poggyásztér; ~ **locker** *vasút* poggyászmegőrző rekesz/automata; ~ **rack** *gépk* csomagtartó *(kocsi tetején)*; *vasút* csomagtartó *(vasúti)*; ~ **reclaim area** *rep* poggyászkiadás *(reptéren)*; ~ **room** *vasút* poggyászmegőrző; ~ **space** *vasút* poggyászmegőrző hely; ~ **trolley** *vasút* csomagszállító targonca; ~ **truck** szállítótargonca, „poggyászkuli”; ~ **trunk** *gépk* csomagtartó, csomagtér; ~ **van** *vasút* áruszállító/poggyászszállító kocsi, poggyászkocsi, „paklikocsi”

lugged fülekkel ellátott

lugger *hajó* luggervitorlás *(halászhajó)*

Lugol's solution *vegy* Lugol-(féle jód)oldat

Lukasiewicz notation *szt* Lukasiewicz-féle/lengyel/zárójelmentes jelölés, prefixjelölés

luke *hajó* nyílás *(hajótesten)*

lukewarm kézmeleg, langyos

lumbar support *gépk* deréktámasz

Lumbeck process *nyom* Lumbeck-eljárás

lumber I. *v US* fát dönt, erdőt kitermel; megmunkál/feldolgoz *(fát)*; **II.** *n* rönkfa, fa(anyag), épületfa, fűrészelt fa, fűrészáru; ~ **board** *tex* rendeződeszka; ~ **callipers** *pl fa* rönkátlózó; ~ **car** *vasút* szálfaszállító kocsi; ~ **carrier** *hajó* faszállító hajó; ~ **core** falemez tömörfa középrésze; ~**-core board** *fa* deszkamagú bútorlap; ~ **crayon** ácsceruza; ~ **house** faház; ~ **impregnating plant** faimpregnáló üzem; ~**-jacket** *ruh* dzseki; ~ **mill** *fa* fűrésztelep; ~ **pile** *fa* máglya, farakat, farakás *(fűrészáruból)*; ~ **room** *ép* lomtár; ~**-stacking machine** *fa* deszkamáglyázó gép; ~ **trade** *fa* fűrészáru-kereskedelem; ~ **wharf** → ~ yard; ~ **wood** *fa* faragatlan épületfa; ~ **yard** fatelep

lumberer favágó, famunkás

lumbering *fa* fakitermelés

lumberjack favágó, famunkás

lumberman favágó, famunkás; fakereskedő; fűrésztelep-tulajdonos

lumbermill → lumber mill

lumberwork construction *fa* ácskötés, fakötés

lumen (lm) *fiz* lumen; ~ **hour (lhr)** *fiz* lumenóra; ~ **second** *fiz* lumenmásodperc

lumenize *opt* reflexcsökkentő bevonattal ellát *(lencsét)*

lumenized *opt* visszaverődés-mentes

lumenizing *opt* reflexcsökkentő bevonattal ellátott

lumenmeter *el* fényárammérő, lumenmérő

lumeter → lumenmeter

luminaire *el* (közúti) világítótest, (közvilágítási) lámpa; *film* világosítólámpa; ~ **efficiency** világítótest hatásfoka

luminal *vegy* luminál, szevenál, etil-fenil-barbitursav

luminance *fiz* világosság, luminancia, fénysűrűség; ~ **amplifier** fényerő-erősítő; ~ **channel** *tv* világosságjelcsatorna; ~ **contrast** *tv* fénysűrűség-kontraszt; ~ **factor** *opt* fénysűrűségi tényező; ~ **flicker** *tv* fényességvillódzás; ~ **fluctuation** *tv* fényességingadozás; ~ **indicatrix** *opt* világosságjelző, luminanciaindikátrix, fénysűrűségjelző; ~ **limit** *opt* luminancia-határérték, világosság-határérték, fényerő-határérték, fénysűrűség-határérték; ~ **meter** fénysűrűségmérő; ~ **ratio** *opt* fénysűrűségarány; ~ **signal** *tv* világosságjel, színes fényességjel; ~ **temperature** *fiz* fekete hőmérséklet, Planck-hőmérséklet; feketetest-hőmérséklet

luminancy → luminance

luminary I. *a* fényt kibocsátó, fénylő; **II.** *n* → luminaire; *csill* (világító) égitest

luminator crystal *fiz* villanókvarc, frekvenciamérő kvarc

luminesce *fiz* lumineszkál

luminescence *fiz* lumineszcencia, lumineszkálás; ~ **activator** lumineszcenciaaktivátor; ~ **flaw detection** lumineszcenciás hibakeresés; ~ **in crystal** *fiz* kristálylumineszcencia, krisztallolumineszcencia; ~ **microscope** lumineszcens mikroszkóp; ~ **spectrum** *fiz* lumineszcenciaspektrum

luminescent *fiz* lumineszcens, lumineszkáló; ~ **activator** lumineszencia aktivátor; ~ **band** lumineszcens sáv, lumineszcenciasáv; ~ **centres/centers** *vegy* lumineszcens központ, F-centrum, színcentrum; ~ **crystal** *fiz* luminofor, lumineszkáló kristály; ~ **diode** lumineszcens/világító dióda, LED; ~ **glass** luminofor üveg; ~ **grade** *fiz* luminesen tiszta; ~ **hand** fénymutató *(műszerben)*; ~ **layer** emittáló/lumineszkáló réteg; ~ **material** fénypor; ~ **microscope** lumineszcens mikroszkóp; ~ **pigment** luminofor pigment; ~ **screen (LS)** fluoreszkáló ernyő, képernyő, világítóré-

teg, fényporréteg; ~-**screen tube** világító képet rajzoló cső; ~-**screen voltage** ernyőfeszültség; ~ **spectrum** *fiz* lumineszcenciaspektrum
luminometer number *ol* luminometrikus szám
luminophore *vegy* lumineszcenciát előidéző/növelő szerves csoport; luminofor, fénypor, fénykeltő anyag
luminosity *fiz, opt* felületi fényerősség, (szubjektív) fényesség; ~ **class (LC)** *csill* fényességosztály; ~ **curve** *fiz* fényerősség-eloszlási görbe, luminozitásgörbe; ~ **factor** *fiz* fényhasznosítás; ~ **function** *csill* luminozitási függvény; ~ **modulation** *tv* fényességmoduláció; ~ **surface** sugárzási felület
luminous *opt* fényt kibocsátó, sugárzó; világító, világos, fényes; ~ **advertising** fényreklám; ~ **aigrette** *opt* fény(sugár)nyaláb; ~ **arc** *el* ív; ~ **band** *el* világító sáv; ~ **beam** *opt* fény(sugár)nyaláb; ~ **calcium sulphide/sulfid** *vegy* foszforeszkáló kalcium-szulfid; ~ **call system** *távk* fényjelző (hívó)berendezés; ~ **ceiling** világító mennyezet; ~ **circuit diagram** *el* világító kapcsolási vázlat; ~ **clouds** *pl* világító sáv *(műszerfalon)*; ~ **colo(u)r** világító szín; ~ **colo(u)r print** *nyom* világítófestékes nyomat; ~ **compass** világító tájoló; ~ **compound** *vegy* luminofor, fénykeltő anyag; ~ **control panel** világító vezérlőpult; ~ **crystal** *ásv* luminofor, lumineszkáló kristály; ~ **dial** világító számlap; ~ **dial scale** világító skálájú mérleg; ~ **discharge** *el* glimmkisülés, parázsfénykisülés; ~ **effect** fényhatás; ~ **efficiency** *opt* fényhasznosítás, fényhatásfok; ~ **electron** *at* világító elektron; ~ **element** sugárzó test *(izzólámpáé)*; ~ **emittance** *opt* fajlagos fénykibocsátás; ~ **energy** fényenergia, fénymennyiség; ~ **energy intensity** sugárzáserősség, sugárzásintenzitás; ~ **environment** *opt* világítási klíma; ~ **exitance** *opt* kisugárzott felületi fényáram; ~ **field** fénymező, világítómező; ~-**field diagram** *opt* látótérfényrekesz, világosképmező-rekesz; ~ **figure** világító szám; ~ **flame** *vegy* világító láng; ~ **flux** *opt* fényáram, fényteljesítmény; ~ **flux meter** fényárammérő, lumenmérő; ~ **flux surface density** felületi fényáram, fajlagos fénykibocsátás; ~ **hand** világító mutató *(műszeré)*; ~ **indication** fénykijelzés; ~ **indicator** fénymutató (műszerben); ~ **intensity** *fiz* fényerősség; ~-**intensity distribution** fényerősség-eloszlás; ~-**intenstity distribution curve** fényeloszlási görbe; ~ **key** világító billentyű; ~ **layer** emittáló réteg; ~ **lighting** izzószál nélküli fénykibocsátás; ~ **material** luminofor, lumineszkáló anyag; ~ **paint** világító festék, luminofor festék; ~ **pencil** fény(sugár)nyaláb; ~ **phenomenon** *opt* fényjelenség; ~ **point** *opt* fénypont, spot; ~ **pointer** fénymutató *(műszerben)*; ~ **pointer galvanometer** fénymutatós galvanométer; ~ **power** *opt* sugárzáserősség, sugárzásintenzitás; ~ **printing** *tex* világító nyomás; ~ **push-button key** világító nyomógomb; ~ **quartz** *rád* villanókvarc, frekvenciamérő kvarc; ~ **radiation** látható sugárzás, fénykisugárzás; ~ **reflectance** fényvisszaverődés; ~ **screen** fluoreszkáló ernyő, képernyő, világítóréteg, fényporréteg; ~ **sensitivity** *fiz* fényérzékenység; ~ **sign** *vasút* világító jel; ~ **signal** *opt* fényjel, optikai jel; jelzőfény; ~-**signalling installation** *távk* fényjelző (hívó)berendezés; ~ **source** *opt* fényforrás; ~ **spectrum** *opt* látható színkép; ~ **spot** *tv* fénypont, spot; ~ **spot on the sun** *csill* napfáklya; ~-**spot-suppression** *tv* fénypontkioltás; ~ **standard** *el* szabványos fényforrás, fényerősségmérő etalon; ~ **stimulus** *fiz* fényinger; ~ **substance** lumineszkáló anyag; ~ **sulphides/sulfides** *vegy* világító szulfidok; ~ **surface** *opt* világító felület; ~ **tube (lamp)** *el* fénycső; ~-**tube transformer** *el* fénycsőtranszformátor
luminousness → luminosity
Lummer|-Brodhun photometer *fiz* Lummer-Brodhun-féle fotométer; ~-**Gehrcke interferometer** *fiz* Lummer—Gehrcke-lemez
lump I. *v* összehord, csomóba rak; **II.** *a bány* darabos *(szén)*; nagydarab; **III.** *n* göröngy, csomó, rög; rakás, tömeg; *koh* fémtömb; ~ **absorbent** darabos abszorbeáló; ~ **breaker (roll)** *pa* ellen-gaucshenger; ~ **coal** *bány* darabos szén; ~ **lime** *ép* égetett/oltatlan mész; ~-**load** *v távk* pupinoz, pupinizál; ~-**loaded cable** *távk* pupinozott kábel; ~-**loaded circuit** *távk* pupinozott kör; ~ **of native gold** aranyrög; ~ **of sugar** egy szem kockacukor; ~ **ore** *bány* darabos érc; ~ **parameter** *mat* lokalizált paraméter; ~ **pyrite** *koh* nyers pirit; ~ **quartz** *rád* csiszolatlan/nyers kvarc; ~ **salt** darabos kősó; ~ **scrap** *geol* törmelék; *koh* tört hulladék; ~ **screen** *bány* durva szénrosta; ~ **slag** *koh* darabos salak; ~ **structure** *geol* rögös szerkezet; ~ **sugar** kockacukor; ~ **sulphur/sulfur** kéntömb; ~ **sum (LS)** összérték; ~-**sum contract** fixáras szerződés; ~ **tariff** *távk* átalánydíjszabás; ~ **wood** rakás fa
lumped halomban lévő; *el* koncentrált, összpontosított, csoportosított; ~ **capacitance** *el* koncentrált kapacitás *(nem megoszló)*; ~ **characteristic** *rád* egyenértékű/koncentrált karakterisztika, jelleggörbemező; ~ **circuit** *el* összevont elemekből álló kör; ~ **constant** *mech* koncentrált/összevont állandó/jellemző; ~-**constant circuit** *el* koncentrált paraméterű áramkör; ~-**constant element** *el* koncentrált elem; ~ **impedance** *el* koncentrált impedancia; ~ **inductance** *el* koncentrált induktivitás; ~ **load** *mech* pontszerű/koncentrált terhelés; ~ **loading** *távk* koncentrált terhelés; torzításkiegyenlítés; ~ **resistance** *el* koncentrált ellenállás; ~ **voltage** *rád* egyenértékű feszültség
lumper (hajó)rakodó munkás
lumpiness darabosság; ~ **of cement** *ép* cement darabossága
lumping salakrögképződés; *el* összevonás, összpontosítás, koncentrálás; *élip* darabban összeállás
lumpy formátlan, darabos, csomós, göröngyös, rögös; háborgó, hullámos *(tenger)*; ~ **run-of-mine coal** *bány* darabos aknaszén
LUN → logical unit number
lunar hold-; holdtól függő; ~ **ascent** *űr* felszállás a holdra; ~ **base** *űr* holdállomás, holdbázis; ~ **bows** *pl met* holdszivárvány; ~ **caustic** *vegy* megolvasztott ezüst-nitrát, lápisz, pokolkő; ~ **cornea** *vegy* ezüstklorid; ~ **crater** *csill* holdkráter; ~ **day** *csill* holdnap; ~ **echo** (radar)holdechó, Holdról visszaverődő jel *(lokátoron)*; ~ **equation** holdegyenlet; ~ **excursion module (LEM)** → ~ modul; ~ **ferry** *űr* holdrakéta; ~ **gravity assisted** a Hold gravitációja segítségével; ~ **highlands** *pl csill* Hold-felföld; ~ **landing** *űr* holdraszállás, leszállás a Holdra; ~ **logistics vehicle (LLV)** *űr* teherszállító holdjármű; ~ **module (LM)** *űr* holdkomp, holdmodul; ~ **month** *csill* holdhónap; ~ **orbit** *csill* hold körüli pálya; ~ **orbit insertion (LOI)** *csill* hold körüli pályára bocsátás; ~ **parallax** *csill* holdparallaxis; ~ **probe** *űr* holdrakéta; ~ **rocks** *pl*

csill holdkőzet; **~-tide component** *geof* lunáris árapályösszetevő; **~ tides** *pl geof* holdárapályok; **~ variation** *geof* lunáris változás; **~ vehicle** *űr* holdjármű; **~ year** *csill* holdév
lunate félhold/sarló alakú
lunation *csill* holdváltozás, holdkeringés, lunáció
lune *csill* hold *(égitest)*; *mat* kétszög hold, gömbkétszög
lunette *ép* íves ablak boltozatban, ablak félkörös ajtó felett; *óra* középen lapos csapágykő
Lunge scale *fiz* Baumé-skála
lunisolar precession *csill* luniszoláris precesszió
lunistice *csill* holdforduló
lunitidal interval (li) *csill* holdváltozások okozta dagályhullámok közti idő
lunometer *tex* optikai szövetsűrűség-mérő, lunométer
lunosol *vegy* kolloidális ezüst-nitrát
lunulate félhold/sarló alakú
lupin(e) *mzg* farkasbab, csillagfürt
lupinidin *vegy* lupinidin, 1-(—)-spartein *(alkaloid)*
lupinin(e) *vegy* lupinin, 1-hidroxi-metil-kinolizidin *(alkaloid)*
lupulin *élip, vegy* lupulin, komlóliszt
lurch I. *v hajó* megdől, inog; **II.** *n hajó* megdőlés
Lurgi|-Galluser process *koh* eljárás szivacsos vas közvetlen előállítására aknás kemencében; **~-Mittelberg process** *koh* Lurgi—Mittelberg-eljárás; **~ process** *hidr* Lurgi-eljárás
lurid piszkosvörös, piszkossárga
lurry *bány* híd az akna fölött
lusec *fiz* lusec
Lusitanian *bány* luzitániai emelet
luster, lustering, lusterless → lustre, lustring, lustreless
lustescent sárgás, fakósárga
lustracellulose *vegy* rézselyem, réz-oxidammoniák selyem
lustre, *US* **luster I.** *v bőr* fényesít; *tex* fényez, mercerizál; **II.** *n* fény(ezés); *ásv* ragyogás, fényesség *(drágakőé)*; *ép* csillár; fényesség *(festéké)*; *tex* fény *(szövete, fonalé)*; **~ cloth** *tex* lüszterszövet; **~ colo(u)r** muffolaszín *(kerámia)*; **~ decatizing** *tex* dekatálás; **~ glaze** magas olvadáspontú máz/zománc; **~ rayon** műselyem fényesfonal; **~-shrinking machine** *tex* dekatálógép; **~ yarn** *tex* fényezett selyemfonal
lustreless, *US* **lusterless** fénytelen, fakó, matt; **~ fracture** *any* fénytelen törés/töret
lustrine *tex* sűrű habselyem
lustring, *US* **lustering** *bőr* fényesítés; *tex* fényezés, mercerizálás; **~ machine** *tex* lüsztrírozó gép, fényesítőgép
lustrous (tükör)fényes, csillogó, fénylő, ragyogó; **~ coal** *bány* fényes kőszén; **~ fabric** fényes műselyem(szövet); **~ white metal** fénylő fehérfém
lutation tömítés *(lepárlóedényé)*
lute I. *v* összetapaszt, betöm, beragaszt, beken; kittel/anyaggal kitölt, kittel; **II.** *n* ragasztószer; tömítőkitt, tömítőanyag; kittelés, tömítés; gumigyűrű, gumitömítés *(palackra)*
lutecium → lutetium
lutein *vegy* lutein, xantofil
luteo|-cobalt chloride *vegy* luteokobalt-klorid, hexamminkobalt(III)-klorid; **~ compound** *vegy* luteo-vegyület, koordinációs hexamminfémvegyület
luteol *vegy* luteol
luteolin *vegy* luteolin
luteotropin *vegy* luteotropin, luteotrop hormon, sárgatestképző hormon
luteous sárgásvörös, agyagsárga
lutescent sárgás, fakó sárga
lutestring *tex* selyemdroget
Lutetian *bány* lutéciai emelet
lutetium (Lu) *vegy* lutécium
luthern *ép* függőleges tetőablak
lutidine *vegy* lutidin, dimetil-piridin
luting *ép* kitt
lutite *geol* lutit; pelit
lux (lx) *fiz* lux; **~-second (lusec)** *fiz* luxmásodperc, lusec
Luxemburg effect *rád* Luxemburg-effektus
luxfer prism *ép* luxferüvegprizma
luxmasse *vegy* luxmassza, Lauta-massza, gáztisztító massza
luxmeter megvilágításmérő, luxméter, luxmérő
luxor *tex* nehéz selyemszövet
luxul(l)ianite *geol* luxullianit
luzonite *ásv* luzonit
LV → laser vision; → light vessel; → low voltage; → low-voltage
LVI → low viscosity index
LVR → low voltage release
Lw → lawrencium
LW → long wave; → low water
l.w. → lap welding; → lime white
LWC → lightweight concrete; **~ paper** → lightweight coated paper
lwd → leeward
LWL → load waterline; → lowest water level
LWR → light-water reactor
lx → lux
l.y. → light year
Lyapunov | function *mat* Ljapunov-függvény; **~ stability** *aut* Ljapunov-féle stabilitás
lych gate *ép* fedett temetőkapu
lycine *vegy* betain
lyddite *vegy* liddit *(robbanóanyag)*
Lydian stone *ásv* lidit
lydite *ásv* lidit
lye *vegy* lúg, nátronlúg; mosólúg; **~ bath** lúgos fürdő; **~-boiling** *tex* lúgos főzés; **~ change** *tex* lúgváltás; **~ concentration plant** lúgbepárló üzem; **~ maker** *pa* lúgkészítő; **~-proof rubber cloth** *koh* lúgálló gumiruha; **~ pump** lúgszivattyú; **~ recovery** lúgvisszanyerés; **~ resistance** lúgállóság; **~-resistant** lúgálló; **~ temperature** *koh* lúghőmérséklet; **~-tower** *pa* lúgtorony; **~ treatment** lúgos kezelés; **~-vat** *pa* lúgkád
lying fekvő; **~ flatwise** élére állított; **~ panel** *ép* fekvő ajtótábla; **~ period** *élip* (gabona)pihentetési idő; **~ press** *nyom* kéziprés; **~ side** *bány* fekü, feküoldal; *ép* nekifekvő oldal; **~ window** *ép* fekvőablak
Lyman series *fiz* Lyman-szériesz, Lyman-sorozat
lymnetic *geol* limnikus, édesvízi
lyogel *vegy* liogél, zselé
lyoluminescence dosimeter (LLD) *at* liolumineszcens doziméter
lyolysis *vegy* szolvolízis
lyophile *vegy* liofil, zsírban oldódó, zsíroldó

lyophilic *vegy* liofil, zsírban oldódó, zsíroldó; **~ colloid** *vegy* liofil kolloid
lyophilization *élip, vegy* liofilizálás, liofilezés, krioszárítás, fagyasztva szárítás
lyophilize *élip, vegy* liofilizál, liofilez, fagyasztva szárít
lyophilized *élip, vegy* liofilizált; **~ injection** *gyógyv* liofilizált *v.* fagyasztva szárított injekció
lyophilizing *élip, vegy* liofilizálás, krioszárítás, fagyasztva szárítás
lyophobe *vegy* liofób
lyophobic *vegy* liofób
lyosorption *fiz* lioszorpció
lyosphere *fiz* lioszféra
Lyot filter *csill* Lyot-szűrő
Lyotropic *fiz* liotrop; **~ series** *vegy* liotrop sorozat
Lys → lysine
lysergide *gép* LSD
Lysholm | grid *fiz* Lysholm-féle stacionárius rács/fényrekesz (röntgen); **~-Smith torque converter** *gép* Lysholm—Smith nyomatékváltó
lysimeter *élip* liziméter
lysine (Lys) *vegy* lizin
lysol *vegy* lizol, krezol-szappanos oldata
lythomorphic *geol* litomorf
lytic *vegy* bomló
lyxose *vegy* lixóz

M

m → magnet; → mass; → mile; → milli; **~-value** *hidr* m-érték *(metilnarancs-lúgosság)*
M → Mach (number); → marker (beacon); → mega; → million; **~-acid** *vegy* M-sav, 1-amino-5-naftol-7-szulfonsav; **~ acidcapture** *at* M-befogás; **~ acid electron** *at* M-elektron; **~ acid shell** *at* M-héj
mA → milliampere
Ma → masurium
maar *geol* maar, tengerszem, vulkáni eredetű tó
Maastrichtian substage *geol* maastrichti emelet
MAC → machine-aided cognition; → maximum admissible concentration; → maximum allowable concentration; → mean aerodynamic chord; → medium access control; → multiaccess computer; → multiaccess computing; → multiplexed analog components; **~ value** → maximum allowable concentration
macadam *ép* makadám, makadámút; zúzott kő *(makadámút építéséhez)*; **~ pavement** *ép* makadámburkolat; **~ road** *ép* makadámút; **~ roller** *ép* háromkerekes henger; **~ surfacing** *ép* makadámburkolat
macadamize *ép* makadámoz, makadámmal burkol, makadámutat épít
macadamized road *ép* makadámút
macaroni *élip* makaróni, csőtészta; *ol* makaróni termelőcső; **~ curing** *élip* tésztaszárítás; **~ die** *élip* makarónimatrica, makaróni-présforma; **~ press** *élip* tésztaprés; **~ products** *élip* száraztészta-készítmények; **~ tubing** *ol* makaróni termelőcső
mace *bőr* bőrmegmunkáló fakalapács
macerals *bány* macerálok
macerate I. *v* (be)áztat; *bőr* puhít, foszlat, lemállaszt; *pa, tex* macerál; **II.** *n tex* textilvázas sajtolóanyag; *vegy* vagdalék, macerátum; **~ mo(u)lding** *műa* vagdalék vázú műanyagsajtolás
macerated material *műa* műanyagvagdalék
maceration (ki)áztatás, beáztatás; *bőr* puhítás, foszlatás, elmállasztás; *vegy* hideg (alkoholos) kivonás; macerálás, macerációs eljárás; **~ pit** *tex* rothasztómedence
macerator puhító/kioldó/lágyító anyag; *bőr* kioldóedény, áztatóedény, foszlató, pácolókád
Mach (M) *rep* Mach-szám, Mach, M; **~ angle** *rep* Mach-szög; **~ cone** *rep* Mach-kúp, központi kúp; **~ meter** *rep* Mach-számmérő, machméter; **~ number (M)** *rep* Mach-szám, Mach, M; **~ number computer** *rep* Mach-szám számítógép
machinability *any, forg* forgácsolhatóság, (gépi) megmunkálhatóság; **~ index** *any* gépi megmunkálhatósági mutató(szám)
machinable *any, forg* forgácsolható, megmunkálható; **~ data carrier** *szt* géppel feldolgozható adathordozó; **~ medium** → **~** data carrier; **~ weld** *heg* megmunkálható varrat
machine I. *v forg* forgácsol *(fémet, fát)*; géppel megmunkál; *ip* gépesít, gépi felszereléssel lát el; géppel/futószalagon állít elő; *tex* géppel varr/tűz, steppel; **II.** *n* (munka)gép, gépezet; *at, fiz* részecskegyorsító; *forg* szerszámél-köszörűgép; *gépk* gépkocsi, „gép"; *rep* repülőgép, gép; **~ address** *szt* gépi cím; **~-aided cognition (MAC)** *szt* mesterséges intelligencia; **~-aided index (MAI)** *szt* számítógépes index, MAI; **~-aided translation (MAT)** *szt* gépi fordítás, MAT; **~ allowance** *gép* gépi tűrés; **~ application** *ép* gépi felhordás; **~ assistant** *nyom* géptermi segédmunkás; **~-available time** *ip* készenléti idő; *szt* gépidő; **~ board** *pa* gépkarton; **~ bolt** *gép* gépipari csavar, gépcsavar; **~-broke** *pa* gépselejt; **~ brush** *pa* gépkefe; **~ building** gépgyártás; **~ chain** *gép* géplánc, gépi/közönséges lánc; **~ check interrupt** *szt* géphiba miatti megszakítás; **~ chest** *pa* gépkád; **~ clothing** *gép* gépburkolat; *pa* gépbevonat *(nemezszita)*; **~-coated board** *pa* gépmázolt karton; **~ coating** *pa* gépi mázolás; **~ code** *szt* gépi kód/nyelv; **~-code compatible instruction set** *szt* gépinyelv-kompatíbilis utasításkészlet; **~-code instruction** *szt* gépi nyelvi utasítás; **~-code program** *szt* gépi program; **~ cognition** *szt* mesterséges intelligencia; **~ computation/computing** *mat, szt* gépi számítás; **~-computing technique** *mat, szt* gépi számítástechnika; **~ countersink** *gép* kúpos süllyesztő; **~-craped paper** *pa* gépen kreppelt papír; **~ current** *távb* gépáram; **~-cut** *forg* forgácsolt; **~-cut thread** *forg* forgácsolt/vágott csavarmenet; **~ cutting** *forg* gépi vágás; **~-cutting torch** *forg* gépi vágóégő; **~ cycle** *szt* gépi idő, gépidő; gépi/számítási ciklus/periódus; **~ data carrier** *szt* gépi adathordozó; **~ data processing** *szt* gépi adatfeldolgozás; **~-dependent code** *szt* gépfüggő kód; **~ design** *gép* gépszerkesztés; *szt* számítógépes tervezés; **~ direction** *gép* gépirány, hosszirány; *pa* gyártási/futási irány; **~ down-time** *szt* leállási idő; **~-dried** *pa* gépen szárított; **~-dried paper** gépszáraz papír; **~ drilling** *ol, talt* gépi fúrás; **~-drying** *pa* gépszárítás; **~ dye** *tex* gépi színezék; **~ dyeing** *tex* gépi színezés; **~ engineering** *gép* gépészet, gépgyártás; **~ equation** *szt* gépi egyenlet; **~ error/fault** *gép, szt* gépi hiba, géphiba; **~ fault time (MFT)** *szt* meghibásodási idő, MFT; **~ feed control** *forg* előtolás-szabályozás; **~ fillet** *heg* gépi (hegesztéssel készült) sarokvarrat; **~ finish (MF)** *pa* simítatlan kikészítés; **~-finish book-paper** *pa* gépsima könyvpapír; **~ finished** *pa* gépsima, egyoldalt sima; **~ for case breaking with wheel breaker** *koh* kerekes kéregbetörő gép; **~ for counterpressure casting** *önt* ellennyomásos öntőgép; **~ for drawing store** *heng* gyűjtvehúzó gép; **~ foreman** *ip, pa* főgépvezető; **~ for expanding cloth in rope form** *tex* áruköteg-felnyitó gép; **~ for parchmentizing** *pa* pergamenpapírgép; **~ frame** *gép* gépváz, gépágy; **~ glazed (MG)** *pa* gépsima, egyoldalt sima; **~-glazed board** *pa* gépsimított karton; **~-glazed paper** (gép)sima *v.* egyoldalt fényezett papír; **~-glazed poster** *pa* plakátpapír; **~-glazing cylinder** *pa* fényezőhenger; **~ gumming** *bány* gépi résporkihordás; **~ gun (MG)** *kat* géppuska, gépfegyver; légcsavarkörön át tüzelő géppuska; **~-gun** *v kat* géppuskáz; **~-gun block** *kat* géppuskazávárzat; **~ hammer** *szersz* gépi/mechanikus kalapács; **~-hauled** *gép* gépvontatású; **~ hour** *ip, szt* gépóra, gépidő; **~ house** *gép* gépterem, gépház; **~-independent interface** *szt* gépfüggetlen interfész; **~-independent language** *szt* gépfüggetlen nyelv; **~ instruction** *szt* gépi utasítás; **~ intimate** *szt* gépközeli; **~-key**

ringing *távb* félautomata csengetés; ~ **knife** *pa* gépkés; ~ **language** *szt* gépi kód/nyelv, számítógépkód; ~**-language code** *szt* gépi (utasítás)kód/nyelv; ~**-language program** *szt* gépi nyelven írt program; ~ **lathe** *forg* egyetemes/vezérorsós/menetvágó eszterga; ~ **learning** *szt* gépi tanulás; ~ **life** *gép, ip* élettartam; ~**-limited system** *ip* gépben korlátozott rendszer; ~**-made** gépi, géppel készített/gyártott; ~**-made board** *pa* géplemez; ~**-made paper** *pa* gépen gyártott papír; géppapír; ~ **manufacturer** *gép* gépgyártó; ~ **minder** *gép* gépszerelő, gépész; *nyom* gépmester; ~ **mining** *bány* gépi jövesztés, gépesített művelés; ~ **mo(u)lding** *önt* gépi formázás; ~ **off** *v forg* lemunkál; ~ **of the pack** *tex* berakószerkezetes gép; ~ **oil** *gép* gépolaj; ~ **operation** *szt* gépi művelet; ~ **operation synchronizing** *aut, ip* gépműködés szinkronizálása; ~ **order** *szt* gépi utasítás; ~**-oriented (high-level) language (MOHLL)** *szt* géporientált (magas szintű) programozási nyelv, MOHLL; ~ **paper** *pa* gépi/gépen gyártott papír; ~**-picked** *mzg* gépi szedésű *(gyapot)*; ~ **picking** *élip* gépi kopasztás; ~ **pistol** *kat* géppisztoly; ~ **plotting photogrammetric photographs** *geod* aerokartográf, sztereoszkopikus légitérképező műszer; ~ **printing** *tex* hengernyomás; ~ **processing** *szt* gépi feldolgozás; ~ **program** *szt* gépi program; ~ **programming** *szt* gépi programozás; ~ **proof** *nyom* géplevonat; ~**-punched card** *szt* gépi lyukkártya; ~**-readable** *szt* géppel olvasható; ~**-readable cataloging (MARC)** *szt* számítógéppel olvasható katalógusrendszer, MARC; ~**-readable data carrier** *szt* géppel olvasható adathordozó; ~**-readable data file (MRDF)** *szt* géppel olvasható adatállomány, MRDF; ~ **reamer** *szersz* gépi dörzsár; ~ **recognition** *szt* gépi felismerés; ~**-recognizable data carrier** *szt* géppel olvasható adathordozó; ~ **reconversion** *aut* gépátállítás; ~ **reliability** *gép* gép megbízhatósága; ~ **ringing** *távb* csengőáram; ~ **riveting** *szer* gépi szegecselés; ~ **room** *gép* gépházhelyiség; *nyom* gépterem; ~ **routine** → ~ program; ~ **run** *szt* futtatás; ~ **runway** *bány* géppászta, gépmező *(fronton)*; ~ **script** *szt* gépi írás; ~**-searchable** *szt* géppel kereshető *(adatállomány)*; ~**-sensible** *szt* géppel olvasható/érzékelhető; ~ **setter** *gép* gépbeállító; gépszerelő; *nyom* gépi szedő; ~ **setting** *aut, gép* gépbeállítás; *nyom* gépszedés; ~ **set-up time** *ip* gépfelállítási idő; ~ **sewn** *cipő* géppel varrott; ~ **simulation** *szt* gépi szimuláció; ~**-spoiled time** *szt* veszteségidő; ~ **steel (MS)** *koh* gépacél; ~ **stitched** *bőr, tex* géppel varrott/tűzött; ~ **stoppage** *tex* gépállás; ~**-switching system** *távb* gépi kapcsolású rendszer; ~ **tap** *forg* gépi menetfúró; ~ **tender** *ip, pa* gépvezető; ~ **test (run)** *gép* géppróba; ~ **time** *ip* gépüzemidő; *szt* gépi idő, gépidő; ~ **tool (mt)** *gép, szersz* munkagép; szerszámgép; ~**-tool control** *aut, gép* szerszámgépvezérlés; ~**-tool shop** *gép* szerszámgépműhely; ~ **translation (MAT)** *szt* gépi fordítás, MAT; ~ **transmitter** *rád* gépadó; ~**-turned** *forg* (géppel) esztergált; ~ **twist** *tex* gépselyem, gépcérna, gépfonal; ~ **unit** *ip, szt* gépegység, gépi egység; ~ **utilization factor** *ip* gépkihasználási tényező; ~ **variable** *szt* gépi változó; ~ **vice** *forg, szer* gépsatu; ~ **wall** *bány* gépesített front; ~**-washable** *tex* géppel/gépben mosható; ~ **welding** *heg* gépesített hegesztés; ~**-welding torch** *heg* gépi hegesztőégő; ~ **width** *pa* gépszélesség; ~ **winding** *tex* gépi csévélés; ~ **wire(-cloth)** *pa* gépszita; ~ **with flexible shaft** *gép* hajlékonytengelyes kézigép; ~ **word** *szt* (gépi) szó; ~ **wound** *tex* géppel csévélt; ~ **zero** *szt* gépi nulla

machineman *ip, pa* gépvezető

machinery (munka)gép, gépezet, felszerelés, (gép)szerkezet; gépi berendezés, mechanizmus; ~**-casing** *hajó* gépakna; ~ **for catering-kitchens** *élip* nagykonyhai készülékek; ~ **oil** *gép* gépolaj; ~ **room** *hajó* géptér; ~ **steel** *koh* gépacél

machining gépi/forgácsoló megmunkálás, forgácsolás; forgácsoló alakítás; ~ **allowance** *forg, gép* megmunkálási/forgácsolási tűrés/ráhagyás; ~ **shop** forgácsoló műhely/üzem; ~ **time** megmunkálás időtartama

machinist gépész, gépkezelő; géptervező; *tex* gépvarrónő; *vasút* mozdonyvezető; ~**'s clamp** *mt* párhuzamsikattyú; ~**'s hammer** *szer* szerelőkalapács, lakatoskalapács

machinize *ip* gépesít, mechanizál

machmeter → Mach meter

macigno *geol* csillámos homokkő a felső eocén osztályból, flis

Macintosh *szt* Macintosh számítógép

mackerel *élip* makrahal, makréla; ~ **sky** *met* bárányfelhős ég(bolt)

mackintosh *ruh* esőkabát; *tex* vízhatlan anyag/szövet, kaucsukkal bevont textil

mackintoshite *ásv* mackintoshit

mackle I. *v nyom* életlenül nyom; nyomásnál eltolódik; piszkít; smiccel, széttörlődik; **II.** *n ásv* ikerkristály, chiastolit; *nyom* elkenődés, tisztátalan nyomás; makulatúra

Maclaurin-Cauchy test *mat* Cauchy-féle integrálkritérium; gyökkritérium

macle *ásv* ikerkristály, chiastolit

maco *tex* makkó, egyiptomi pamut

maconite *ásv* maconit

macramé *tex* csomózott terítő, makramé; paszománycsomózás

macro *szt* makro; makroutasítás

macroaction *szt* makrolefutás

macroassembler *szt* makroasszembler

macroatom *fiz* makroatom

macroaxis *krist* főtengely, nagytengely, makrotengely

macro-Brownian movement *fiz* makro-Brown-mozgás

macrochemistry *vegy* makrovegyészet

macroclimate *met* makroklíma

macrocode *szt* makrokód

macrocommand *szt* makroutasítás

macrocorrosion *vegy* makrokorrózió

macrocosm *csill* világegyetem, makrokozmosz

macrocrack *at* makrorepedés

macrocrystalline *krist* makrokristályos, nagykristályos

macrodefect *any, ásv* makrohiba

macroeconomic makroökonómiai; ~ **statistics** nemzetgazdasági statisztika

macroeconomics makroökonómia

macroelements *vegy* makroelemek

macroenvironment makrokörnyezet

macroetching *vegy* makromaratás

macroexamination *any* makrovizsgálat, makroszkópos vizsgálat

macrofacilities *szt* makronyelvi eszközök
macrogenerating program *szt* makrogenerátor
macrogenerator *szt* makrogenerátor
macrograin *any* makroszemcse
macrograph *foto, tv* makrofelvétel
macrography *any* makroszkópos vizsgálat
macroinstruction *szt* makroutasítás
macrointerrelationship *távk* makroösszeköttetés
macroion *műa* makroion
macrolanguage *szt* makronyelv
macrolibrary *szt* makrokönyvtár
macrometeorology *met* makrometeorológia
macrometer *metr* makrométer
macromol → macromolecule
macromolecular *vegy* makromolekulájú, nagymolekulájú
macromolecule *vegy* makromolekula, óriásmolekula, polimer
macromosaic structure *krist* makromozaik szerkezet
macrooperation *szt* makroművelet
macroorder *szt* makroutasítás
macroparticle *at* makrorészecske
macrophotograph *foto* makrofelvétel
macrophotography *foto* makrofényképezés
macropinacoid *krist* makropinakoid
macroporose *any, geol* makroporózus; ~ **ground/soil** *talt* makroporózus talaj; ~ **structure** makroporózus szerkezet
macroporosity *at* makroporozitás
macroporous → macroporose
macroprecipitation *met* makrocsapadék
macroprogram *szt* makroprogram
macroprogramming *szt* makroprogramozás; ~ **language** *szt* makroprogramozási nyelv
macroroughness *gép* makroérdesség
macroscale *metr* makroszkopikus skála, makroskála
macroscopic(al) *any* makroszkopikus, szabad szemmel látható; makroszkópos; ~ **cross-section** *any, at* makroszkopikus hatáskeresztmetszet; ~ **degree of purity** *koh* makroszkópos zárványosság; ~ **equation** *at* makroszkopikus egyenlet; ~ **flux distribution** *at* makroszkopikus/durva fluxuseloszlás; ~ **imperfection** *krist* makroszkopikus hiba; ~ **motion** *at* makroszkopikus mozgás; ~ **neutron capture cross-section** *geof* makroszkopikus neutronbefogási hatáskeresztmetszet; ~ **property** *at* makroszkopikus tulajdonság; ~ **scale** *metr* makroszkopikus skála, makroskála; ~ **segregation** → macrosegregation; ~ **state** *at* makroszkopikus állapot, makroállapot; ~ **stresses** *koh* elsőrendű feszültségek; ~ **velocity** *at* makroszkópos sebesség; ~ **X-ray analysis** *any* makroszkopikus röntgenanalízis
macrosection *any* makrometszet, makrocsiszolat
macrosegregation *ásv* makroszkópos szegregáció/szétválás, makroszegregáció
macroseism *geof* nagyrengés
macroseismic *geof* makroszeizmikus
macrosonics *hang* nemlineáris akusztika
macrostate *at* makroszkopikus állapot, makroállapot
macrostress *any, mech* makrofeszültség, elsőrendű feszültség
macrostructure *any* makroszerkezet, makrostruktúra; makroszövet

macrosystem *szt* makrorendszer
macroturbulence *fiz* nagyturbulencia
macula *pl* **maculae** *csill* napfolt; ~ **lutea** *opt* sárga folt, macula lutea
maculate I. *v* beszennyez, foltot ejt; **II.** *a* szennyezett, foltos; ~ **paper** *nyom* makulatúrapapír
maculature *nyom* makulatúra, hibásan/szennyezetten nyomott ív
Madagascar topaz *ásv* citrin
madapo(l)lam *tex* sifon
madder *vegy* buzérvörös, törökvörös; krapp(lakk)
made kész, elkészült, (mesterségesen) előállított; ~ **ground** *ép* feltöltött talaj; ~**-to-measure** *ruh* mérték után készült; ~**-up ground** *ép* feltöltött talaj, feltöltés; *geof* megmozgatott talaj
Madeira topaz *ásv* citrin
Madelung | constant *krist* Madelung-állandó; ~ **energy** *krist* Madelung-energia; ~ **number** *krist* Madelung-szám
madistor *félv* madisztor
Maerz|-Boelens furnace *hőt* Maerz-Boelens kemence; ~ **burner tip** *koh* Maerz-tűzfej
Mae West *rep* mentőmellény
mafic *geol* máfikus; ~ **minerals** máfitok, máfikus ásványok
MAG → maximum available gain
magamp → magnetic amplifier
magazine *kat* (lőszer)raktár, fegyverraktár; (töltény)tár; *szt* magazin *(képújságnál)*; ~ **assembly** *kat* társzerkezet; ~ **attachment** *forg, gép* munkadarab-tároló; *kat* tár; ~ **block** *kat* tárfészek; ~ **bottom** *kat* tárfenék; ~ **camera** *foto* többlemezes fényképezőgép; ~ **capacity** *kat* tölténybefogadó képesség; ~ **catch** *kat* tártartó; ~**-catch spring** *kat* tártartó rugó; ~ **centre/center** *kat* tártengely; ~**-centre/center disc** *kat* táradagoló tárcsa; ~ **centreblock/centerblock** *kat* tárfészekrugó; ~**-cover plate** *kat* szekrényfenék *(puskáé)*; ~ **creel** *tex* csévetár; ~ **drill** *kat* töltés-ürítés gyakorlása; ~ **feed** *kat* táras etetés/adagolás; ~ **filling** *kat* tártöltés; ~**-filling machine** *kat* tártöltőgép; ~ **fire** *kat* sorozatlövő fegyverrel *v.* ismétlőfegyverrel leadott tűz; ~ **grinder** *pa* magazin-facsiszoló; szekrényes csiszoló; ~ **gun** *kat* tölténytáras ismétlőfegyver; ~ **housing** *kat* tárfészek; ~ **latch** *kat* töltőretesz *(gépágyúnál)*; ~**-latch spring** *kat* töltőreteszrugó *(gépágyúnál)*; ~ **loader** *kat* tártöltő gép; ~**-lock stud** *kat* tárrögzítő csap; ~ **mechanism** *kat* ismétlőszerkezet, társzerkezet; ~ **mining** *bány* tároló fejtés; ~ **nailing pistol/machine** *szersz* táras/pneumatikus szegezőgép; ~**-opening cover** *ép* aknarács; *kat* tokfedél, tártöltőnyílás fedőlemeze; ~ **paper** *pa* magazinpapír; ~ **pin** *kat* tártengely; ~ **pistol** *kat* ismétlőpisztoly; ~ **platform** *kat* tárfedél, adagolólemez; ~**-platform spring** *kat* tárfedélrugó; ~ **projector** *el* automata diavetítő; ~ **release** *kat* tárkioldókar; ~**-release catch** *kat* tárrögzítő; tártartó kamó; ~**-release lever** *kat* tárkioldó kar; ~**-retaining spring** *kat* tárrögzítő rugó; ~**-retaining spring hole** *kat* tártartórugó-fészek; ~ **rifle** *kat* ismétlőpuska; ~ **riveting pistol/gun** *szersz* táras szegecselőpisztoly; ~ **slide** *kat* tárcsúszka; ~ **spring** *kat* adogatólemez-rugó *(puskánál)*; tárrugó; ~**-spring screw** *kat* tárrugó-rögzítőcsavar; ~**-stop pin** *kat* tármegállító csapszeg; ~

support *kat* tártartó; ~**-support pin** *kat* tártartó csap; ~**-tool holder** *szersz* szerszámkéstartó; ~ **weapon** *kat* sorozatlövő fegyver
magenta *vegy* fukszin, bíborszín, lilásvörös, magenta; ~ **shift** *fiz* magentavörös-eltolódás, ibolyaeltolódás
maggot *biot* lárva, kukac, bogár, féreg
magic | circle *mat* mágikus kör; ~ **cube** *mat* bűvös kocka; ~ **eye (ME)** *távk* varázsszem, hangolásjelző; ~ **latin square** *mat* latin négyzet; ~ **neutron number** *at* mágikus neutronszám; ~ **nuclei** *at* mágikus (számú) magok; ~ **number** *at, mat* mágikus/bűvös szám; ~**-number nuclide** *at* mágikusszám-összetételű nuklid; ~ **square** *mat* bűvös négyzet *(n-ed rendű)*; ~ **sum** *mat* sorösszeg *(bűvös négyzetben)*; ~ **T** *távk* bűvös T
magma *pl* **magmata** *v.* **magmas** *cu* (affináláshoz) bekevert cukor; *geol* magma, zagy, szuszpenzió; ~ **part** *geol* részmagma; ~ **pump** *hidr* búvárdugattyús szivattyú *(szívószelep nélkül)*
magmatic *geol* magmás, magmatikus; ~ **assimilation** magmás asszimiláció; ~ **differentiation** magmatikus differenciálódás/elkülönülés; ~ **ore deposit** magmás érctelep; ~ **rock** magmás kőzet; ~ **segregation ore deposit** likvidmagmás érctelep
magmatism *geol* magmatizmus
magnadur *koh* mágneses ötvözet
magnaflash | weld *heg* ütvehegesztéssel készült varrat; ~ **welding** *heg* ütvehegesztés
magnaflux inspection/test *any* mágneses pormódszer, mágneses repedésvizsgáló eljárás
magnal base *el* magnálcsőfej, 11-csapos csőfej
magnalium (alloy) *koh* magnálium
magnescope *foto, opt* magneszkóp, előtétlencse
magnesia *vegy* (égetett) magnézia, magnézium-karbonát, magnézium-oxid; ~ **brick** *ép* magnéziatégla; ~ **cement** *ép* magnéziacement; ~**-iron spinel** *vegy* klorospinell; ~ **mixture** *vegy* magnéziaelegy *(magnéziumklorid + ammóniumklorid + ammónia vizes oldata)*
magnesian *ásv* magnéziumtartalmú
magnesioferrite *ásv* magnezioferrit
magnesiothermic process *koh* magneziotermikus eljárás
magnesite *ásv, gép* magnezit, magnézium-karbonát; ~ **brick** *koh* magnezittégla; ~ **flooring** *ép* magnezitburkolat; ~ **ramming mass** *koh* magnezit döngölőanyag
magnesium (Mg) *vegy* magnézium; ~ **acetilyde** *vegy* magnézium-karbid; ~ **alloy** *koh* magnéziumötvözet; ~ **aluminate** *vegy* magnézium-aluminát; ~ **ammonium phosphate** magnézium-ammónium-foszfát; ~**-base alloy** *koh* magnéziumalapú ötvözet; ~**-bearing alloy** *koh* magnéziumtartalmú ötvözet; ~ **carbonate** *vegy* magnézium-karbonát; ~ **chlorate** *vegy* magnézium-klorát; ~ **chloride** *vegy* magnézium-klorid; ~ **hunger** *talt* magnéziuméhezés; ~ **metallurgy** *koh* magnéziumkohászat; ~ **mica** *vegy* magnéziumcsillám; ~ **oxide** *vegy* magnézium-oxid; ~ **perchlorate** *vegy* magnézium-perklorát; ~ **peroxide** *vegy* magnézium-peroxid; ~**-rare earth-zirconium alloy** *koh* magnéziumritka földfém-cirkon ötvözet; ~ **silicate** *vegy* magnézium-szilikát; ~ **soap** *vegy* magnéziumszappan; ~ **sulphate/sulfate** *vegy* magnézium-szulfát; ~**-treated cast iron** *önt* magnéziummal kezelt öntöttvas
magneson *vegy* magneson *(magnéziumreagens)*
magnesyn *el* permanens mágneses szelszin
magnet (m) *el* (elektro)mágnes; *gépk* indítómágnes, gyújtómágnes; ~ **carrier** *el* mágnestartó; ~ **(cloud) chamber** *fiz* mágneses ködkamra; ~ **coil** *el* mágnestekercs, mágnesező tekercs, gerjesztőtekercs; ~ **core** *el, fiz* vasmag, mágnesmag; ~**-core aerial** *el, távk* vasmagos antenna; ~ **crane** *koh* mágnesdaru; ~ **field tracer** *el, metr* mágnestér-érzékelő; ~ **frame** *el* mágnesjárom; motorház; vasmagjárom; ~ **gap** *el* légrés; ~**-handling crane** *koh* emelőmágneses daru; ~ **leg** *el* mágnessaru; ~ **pole** *el* mágnespólus; ~ **pole piece** *el* mágnessaru, pólussaru; ~ **rake** *pa* mágnesrács; ~ **space** *el* légrés; mágneses tér; mágneskamra; ~ **steel** *koh* mágnesacél; ~ **tuning** *távk* mágneses hangolás, permeabilitáshangolás; ~ **valve** *aut* elektromágneses szelep; ~ **with superconducting winding** *el* szupravezetékes tekercsű mágnes; ~ **yoke** *el* mágnesjárom
magnetic *el, fiz* mágneses; ~ **account card** *szt* mágneses számla; ~ **account computer** *szt* mágneskontós számítógép; ~ **activity** *fiz* mágneses tevékenység; ~ **ageing** *any* mágneses öregítés; ~ **alloy** *koh* mágneses ötvözet; ~ **amplifier (magamp)** *el* mágneses erősítő/transzduktor; *távk* egyenárammal előmágnesezett fojtótekercs; ~ **amplifier electric drive control** *aut* villamos hajtómű/hajtások/motorok mágneses erősítős vezérlése; ~ **amplifier temperature controller** *aut* transzduktoros/mágneses erősítős hőmérséklet-szabályozó; ~ **analog-to-digital converter** *el* mágneses analóg-digitális konverter/átalakító; ~ **analysis** mágneses hibaelemzés; ~ **analyzer** mágneses analizátor; ~ **anisotropy** *krist* mágneses anizotrópia; ~ **annealing** *hők* lágyítás mágneses erőtérben; ~ **anomaly** *geol* mágneses anomália; ~ **attenuator** *távk* mágneses csillapító(egység); ~ **axis** *fiz* mágneses tengely, pólustengely; ~ **azimuth** *geod* mágneses azimut/oldalirányszög; ~ **balance** *el* Kohlrausch-féle szolenoid; ~ **bar stirrer** *vegy* mágneses keverő; ~ **bearing (MB)** *geod, rep* mágneses irányszög/peleng; ~ **belt pulley/sheave** *bány* mágneses szalagdob; ~ **belt separator** *koh* szalagmágnes; szalagos szeparátor; ~ **bias** *el, hang* előmágnesezés; ~ **blow** *el* mágneses ívfúvás; *fiz* mágneses fúvószél; ~ **blowout circuit-breaker** mágneses fúvású megszakító; ~ **blowout fuse** mágneses ívfúvású biztosító; ~ **body** mágneses anyag; ~ **bottle** *at, el* mágneses csapda; ~ **brake** *gépk* mágnesfék, elektromágneses fék; ~ **braking** *gépk* elektromágneses fékezés; ~ **bridge** *el* permeabilitásmérő híd; ~ **bubble** *fiz* mágneses buborék; ~ **bubble memory** *szt* buborékmemória, mágneses buboréktároló; ~ **cap** *gépk* elektromágneses gyújtó; ~ **capstan** *tv* mágneses orsó; ~ **card** *szt* mágneskártya, mágneses kártya; ~ **card assembly** *szt* mágneskártyacsomag; ~ **card computer** *szt* mágneskártyás számítógép; ~ **card file** *szt* mágneskártya-állomány; ~ **card memory** *szt* mágneskártyás memória; ~ **card reader** *szt* mágneskártya-olvasó; ~ **card recording** *szt* mágneskártyás adatrögzítés; ~ **card storage/store** *szt* mágneskártyás tár; mágneskártyás tároló; ~ **cartridge** *szt* mágneskazetta; ~ **cell** *szt* mágnescella; ~ **centre/center** *geof* mágneses góc; ~ **chamber** *el* mágnesház; *fiz* mágneses ködkamra; ~ **character** *szt* mágneses karakter; ~ **character reader**

szt mágneses karakterolvasó; ~ **character recognition** *szt* mágnesesen írt karakterek felismerése; **~-character voucher** *szt* mágnesesen írt bizonylat; ~ **charge** *fiz* mágneses töltés; ~ **chart** *geof* mágneses/földmágnességi térkép; ~ **chuck** *gép* mágneses (befogó)tokmány; ~ **circuit** *el* mágneses kör, mágneskör; ~ **cloud chamber** *fiz* mágneses ködkamra; ~ **clutch** *gépk* mágneses tengelykapcsoló; mágnesporos tengelykapcsoló; ~ **coating** *el* mágnesréteg; ~ **cobber,** ~ **cobbing-machine** *bány, koh* mágneses szeparátor; ~ **code** *szt* mágneskód, mágneses anyaggal írt azonosító; ~ **coil** *el* mágnestekercs, gerjesztőtekercs; ~ **coincidence spectrometer** *fiz* mágneses koincidencia-spektrométer; ~ **compass** *geod* (mágneses) tájoló/busszola/iránytű/kompasz; ~ **compensator** *geof* mágneses kompenzátor; ~ **concentration** *bány* mágneses dúsítás; ~ **conductance** *el* mágneses vezetőképesség; ~ **confinement** *at* mágneses összeszorítás/behatárolás *(plazmáé)*; ~ **constant** *el* vákuum permeabilitása; ~ **constriction** *at* mágneses összenyomás/beszűkítés; ~ **contour** *geof* mágneses izogammavonal; ~ **controller** *aut, el* mágneses szabályozó; ~ **controlling equipment** *aut, el* mágneses vezérlőberendezés; ~ **converter** *el* mágneses átalakító; ~ **copying** *fiz* átmágneseződés; ~ **core (MC)** *el* vasmag, mágnesmag, mágnesgyűrű, ferritmag, ferritgyűrű; **~-core memory/store/storage (MCM)** *szt* mágnesgyűrűs tároló, ferrittároló; ~ **cotton balance** *mzg* mágneses gyapotmérleg; **~-coupled torquemeter** *mech* elektromágneses kapcsolású forgatónyomaték-mérő; ~ **coupling** *távk* induktív/mágneses csatolás; ~ **coupling flowmeter** *metr* mágneses csatolású átfolyásmérő; ~ **course (MC)** *rep* mágneses útirányszög/géptengely-irányszög; ~ **crack detection** *any* mágneses repedésvizsgálat; ~ **creeping** *el* térerősség-növekedés *(vasmagban)*; ~ **cross** *geof* mágneskereszt; ~ **crystal class** *ásv* mágneses kristályosztály; ~ **current** *el* mágneses áram; ~ **current density** *el* mágneses áramsűrűség; ~ **cushion** *fiz* mágnespárna; ~ **cycle** *el* hiszterézishurok, mágnesezési görbe; ~ **damping** *távk* mágneses csillapítás; ~ **data medium** *szt* mágneses adathordozó; ~ **data storage** *szt* mágneses adattárolás; ~ **declination** *fiz, geof* mágneses deklináció/elhajlás; ~ **deflection** *tv* mágneses eltérítés, (elektro)mágneses kitérítés; ~ **delay line** *távk* mágneses késleltető művonal; ~ **dense-medium recovery** *bány* mágneses közegregenerálás; ~ **density** *el, távk* mágneses indukció; ~ **detector** *el* mágneses detektor; ~ **development** *foto* mágneses előhívás; ~ **deviation** *geof* mágneses deklináció/elhajlás; ~ **device** *tex* mágneses fonalfék; ~ **differentiation** *ásv* mágneses differenciálódás; ~ **dip** *geof* mágneses lehajlás/inklináció; ~ **dip circle** *geof* mágneses elhajlásmérő (műszer); ~ **dipole** *at, fiz* mágneses dipól(us); ~ **dipole moment** *fiz* mágneses dipól(us)momentum/dipólusnyomaték; ~ **dipole moment per unit volume** *fiz* mágnesezettség; ~ **dipole sheet** *any* mágneses kettős réteg; ~ **direction** *rep* mágneses (menet)irány; ~ **disk** *szt* mágneslemez, hajlékony lemez; **~-disk data acquisition device** *szt* mágneslemezes adatgyűjtő berendezés; ~ **disk drive** *szt* mágneslemez meghajtó(egység); **~-disk memory** *szt* mágneslemezes memória/tároló; **~-disk recorder** *szt* mágneslemez-felvevő; **~-disk storage/store** → ~-disk memory; **~-disk storage density** *szt* mágneslemezes tárolás sűrűsége; ~ **dispersion** *ásv* mágneses szórás/diszperzió; ~ **displacement** *el, hang* előmágnesezés; ~ **disturbance** *fiz* mágneses zavar/háborgás; ~ **document sorter-reader** *szt* mágneses dokumentum rendező-olvasó; ~ **domain** *fiz* ferromágneses domén, Weiss-tartomány, Weiss-féle tartomány, Weiss-körzet, (Weiss-)domén; ~ **double layer** *any* mágneses kettős réteg; ~ **drag** *fiz* mágneses vonzás; ~ **drill stand** *szersz* elektromágneses fúróállvány; ~ **drive** *gépk* elektromágneses tengelykapcsolós hajtás; ~ **drum (MD)** *szt* mágnesdob; **~-drum memory** *szt* mágnesdobos tároló, dobtároló, mágnesesdob-memória; **~-drum memory address** *szt* mágnesdobos memóriacím; ~ **drum separator** *koh* dobszeparátor; **~-drum storage/store** → ~-drum memory; **~-drum storage unit** *szt* mágnesdobos emlékezőegység; ~ **dynamics of gas** *fiz* magnetogázdinamika, gázok magnetodinamikája; **~-electric (ME)** *távk* magnetoelektromos; ~ **electron microscope** *fiz* mágneses elektronmikroszkóp; ~ **energy** *el* mágneses energia; ~ **energy density** *fiz* mágneses energiasűrűség; ~ **energy quantum** *fiz* magnon, mágneses energiakvantum; ~ **equator** *geof* mágneses egyenlítő; ~ **examination** *any* mágneses hibakeresés; ~ **exploration** *geof* mágneses kutatás; ~ **field** *fiz* mágneses (erő)tér; mágneses térerősség; **~-field coil** *at, el* mágnesező tekercs; ~ **field due to the current circuit** *el* áramkör sajáttere; **~-field energy** *el, fiz* mágneses tér erőhatása/intenzitása; **~-field intensity** *el, fiz* mágneses térerősség; **~-field measurement by Hall generator** *el* mágnesmező Hall-generátoros mérése; **~-field pattern** *el, fiz* mágneses erővonalábra; **~-field penetration** *távk* szkinmélység; **~-field probe** *el* mágneses térerősség-érzékelő, mágnesszonda; ~ **fields having the same direction** *el, fiz* egynemű/azonos polaritású terek; ~ **fields of opposite directions** *el, fiz* ellentétes polaritású terek; **~-field stabilization** *el* mágnestér-stabilizálás; **~-field strength** *el, fiz* mágneses térerő(sség); **~-field strength meter** *el* mágneses térerősségmérő; **~-field-tuned laser** *fiz* mágneses mezővel hangolt lézer, mágneses erőtér-hangolású lézer; ~ **figure** *el* mágneses spektrum; ~ **film** *vid* mágnesfilm; ~ **film storage** *szt* mágneskártyatár; ~ **flaw detection** *any* mágneses hibakeresés/repedésvizsgálat; ~ **flaw detector** *any* mágneses hibakereső készülék; ~ **float-type level transmitter** *aut* mágneses úszós szinttávadó; ~ **flowmeter** *fiz* indukciós/elektromágneses áramlásmérő/átfolyásmérő; **~-fluid/particle clutch** *el* mágneses porkapcsoló; ~ **flux** *el* mágneses fluxus; *heg* mágneses hegesztőpor; ~ **flux density** *el* mágneses fluxussűrűség/indukció/indukciós vektor; ~ **flux gas-shielded welding** *heg* mágneses hegesztőporos védőgázas hegesztés; ~ **fluxmeter** *el* mágneses fluxusmérő; ~ **flux quantum** *el* fluxon, mágneses fluxus kvantuma; ~ **flux stabilizer** *el* mágneses fluxusstabilizátor; ~ **focus(s)ing** *távk* mágneses fókuszolás; ~ **force** *fiz* mágneses erő/térerősség; ~ **form factor** *krist* mágneses formatényező; ~ **forming** *alak* mágneses alakítás; ~ **forming machine** *alak* elektromágneses lemezsajtológép; ~ **free-swinging speaker** *hang* lengőnyelves hangszóró; ~ **friction** *el* mágneses súrlódás; ~ **gap** *el* légrés *(járomban)*; ~ **gas analyzer** *el* mágneses gázanalizátor; ~ **grader** *bány* mágneses ércosztályozó/szeparátor; ~ **gradient** *geof* mágneses gradiens; ~ **gradiometer** *geof* mágneses gradiométer/gradiensmérő; ~ **hardness** *any* mágneses keménység; ~ **head (MH)** *hang* mágnesfej *(magnetofoné)*; ~ **heading (MH)** *rep* mágneses irányszög/géptengelyirányszög; ~**-heading indicator** *rep* mágneses irányszögjelző készülék; ~ **high** *el* mágneses maximum; ~ **holding** *fiz* mágneses tartás; ~ **holding device** *szer* mágneses befogókészülék; ~ **hysteresis** *el* mágneses hiszterézis; ~ **hysteresis loop** *el* mágneses hiszterézishurok; ~ **inclination** *geof* mágneses lehajlás/inklináció; ~ **induction** *el* (mágneses) indukció; ~ **induction flux** *el* mágneses (indukciós) fluxus; ~**-induction-pumped laser** *fiz* mágneses indukció által szivattyúzott/pumpált lézer, mágneses indukciós szivattyúzású lézer; ~ **inductive capacity** *el* mágneses permeabilitás; ~ **inertia** *el* mágneses inercia/renyheség; ~ **ink** *szt, vegy* mágneses tinta; ~**-ink character recognition (MICR)** *szt* mágneses tintával írás felismerése; mágnestintás karakterfelismerés, MICR; ~ **ink reader** *szt* mágnestintás jelolvasó/karakterolvasó; ~**-ink scanner** *szt* mágneses tintával írás olvasója; ~ **inspection** *any* roncsolásmentes mágneses anyagvizsgálat/defektoszkópia/ellenőrzés; ~ **instrument** *el* lágyvasműszer; ~ **intensity** *el, fiz* mágneses térerősség; ~ **intensity contour** *el* mágneses izodinámvonal; ~ **iron** *any, el* mágnesvas; ~ **iron-ore** *ásv* mágnesvasérc; magnetit; ~ **iron separator** *bány* mágneses vasleválasztó; ~ **latching relay** *el* mágneses zárószerkezetű/reteszelésű relé; ~ **layer** *any* mágneses réteg; ~ **layer storage** *szt* mágnesréteges tár; ~ **leader cable** *rep* mágneses irányítókábel, vezérlőkábel; ~ **leakage** *el* mágneses szórás/szóródás, szórt fluxus; ~ **leakage field** *el* szórt mágneses tér, szórási mező; ~ **lens** *at, fiz* mágneses lencse; ~ **line of force** *fiz* mágneses térerősségvonal, mágneses (tér)erővonal, H-vonalak; ~ **linkage** *el* tekercsfluxus; ~ **locking relay** *el* tapadójelfogó; ~ **lock-out contactor** *el* mágneses reteszelésű mágneskapcsoló; ~ **loss** *el* mágneses veszteség; ~ **loudspeaker** *hang* permanens mágneses hangszóró; ~ **low** *geof* mágneses minimum; ~ **map** *geof* mágneses térkép, izogammatérkép; ~ **mapping** *geof* mágneses felmérés; ~ **mark detector** *ol* mélységjelfogó; ~ **mass** *fiz* mágneses tömeg; póluserősség; ~ **material** *any* magnetikum, mágneses anyag/közeg; ~ **matrix memory/storage/store** *szt* mágneses mátrixmemória/mátrixtároló; ~ **measurements** *bány, geof* földmágnességi mérések; ~ **medium** *any* magnetikum, mágneses anyag/közeg; ~ **memory** *szt* mágneses memória; ~ **memory scaling unit** *szt* mágnesmemóriás számlálóegység; ~ **meridian** *geof* mágneses délkör/meridián; ~ **metal** *any* mágneses fém; ~ **metallic iron** *any* mágneses fémvas; ~ **microphone** *hang* (elektro)mágneses mikrofon; ~ **micropulsation** *fiz* mágneses mikrorezgések; ~ **microscope** *fiz* mágneses elektronmikroszkóp *(mágneses lencsékkel)*; ~ **mine** *kat* mágneses akna; ~ **mine detector** *kat* mágneses aknakereső; ~ **mirror** *at* mágneses tükör; ~ **modulator** *távk* mágneses modulátor, szabályozható fojtótekercs; ~ **moment** *fiz* mágneses nyomaték; ~ **moment of the atom** *fiz* atommag mágneses momentuma; ~ **needle** *geod* mágnestű; ~ **neutron diffraction** *ásv* mágneses neutrondiffrakció; ~ **noise** *el* (elektro)mágneses (erősáramú) zaj; ~ **north** *geof* mágneses észak; ~ **nuclear resonance** *at* mágneses nukleáris rezonancia; ~ **nuclear resonance spectrometry** *at* mágneses magrezonanciás színképmérés, mágneses magrezonancia-spektrometria *(kémiai struktúraanalízisre)*; ~ **nuclear resonance spectroscopy** *at* mágneses magrezonancia-spektroszkóp; ~ **nuclear resonance-spectrograph** *at* mágneses-nukleáris rezonanciaspektrográf; ~ **observatory** *geof* mágneses obszervatórium; ~ **oxide of iron** *ásv* mágnesvasérc, magnetit; ~ **panel** *el* vezérlő/szabályozó kapcsolótábla; vezérlőasztal, kapcsolópult; vezérlőtábla, kontaktortábla; ~ **particle flaw detection** *any, gép* mágnesporos hibakeresés/vizsgálat, mágneses repedésvizsgálat; ~ **particle inspection/method/test** → ~ particle flaw detection; ~ **particle welding** *heg* mágnesporos hegesztés; ~ **permeability** *el* mágneses permeabilitás; ~ **perturbations** *rep, távk* mágneses perturbációk/zavaróhatások; ~ **phenomenon** *geof* mágneses jelenség; ~ **pick-up** *hang* mágneses hangszedő; ~ **plasma** *at* magnetoplazma, mágnesesen aktív plazma; ~**-plated wire** *hang* mágnesköpenyes huzal; ~ **plate memory/storage/store** *szt* mágnestárcsás/mágneslemezes memória/tároló; ~ **polarity** *fiz* mágneses sarkosság/polaritás; ~ **polarization** *fiz, vegy* mágneses polarizáció/sarkítás; ~ **pole** *fiz* mágnespólus, mágnessarok, mágneses sark; ~ **pole strength** *fiz* póluserősség; ~ **potential** *fiz* mágneses potenciál; ~ **potential difference** *fiz* mágneses potenciálkülönbség; ~ **potentiometer** *el* mágneses potenciométer; ~ **powder clutch** *gépk* mágnesporos tengelykapcsoló; ~ **powder inspection** → ~ particle flaw detection; ~ **power** *el* mágneses teljesítmény; ~ **pressure** *at* mágneses nyomás; ~ **printing** *fiz* átmágneseződés; *hang, távk, vid* átmásolódás, áthallás; *szt* mágneses nyomás *(elektronikus adatfeldolgozás)*; ~ **printing level** *fiz* átmásolódási csillapítás; ~ **probe** *el* mágneses térerősség-érzékelő, mágnesszonda; ~ **profile** *geof* mágneses szelvény; ~ **property** *any* mágnesesség, mágneses tulajdonság; ~ **prospecting** *ol* mágneses kutatás; ~ **pull** *fiz* mágneses vonzás; ~**-pulse forming** *alak* mágneses impulzusos alakítás; ~**-pulse process** *alak* elektromágneses sajtolási eljárás; ~ **pumping** *fiz* mágneses szivattyúzás/pumpálás; ~ **pyrite** *ásv* pirrhotin, mágnesvaskovand; ~ **quantum number** *at* mágneses kvantumszám; ~ **radio bearing** *rep, távk* mágneses irányszög/peleng; ~ **record** *geof* magnetofon-szeizmogram; ~ **recorder** *hang* mágneses hangrögzítő/felvevő/jelrögzítő magnetofon; ~ **recording** *hang* magnetofonfelvétel, magnófelvétel, mágneses hangfelvétel/(jel)rögzítés; ~ **recording on labels** *szt* mágneses rendszerű címkés adatrögzítés; ~ **rectifier** *el* rezgőnyelves/vibrátoros egyenirányító; ~ **relay** *el* eletromágneses jelfogó; ~ **remanence** *el* mágneses remanencia, remanens indukció; ~ **repulsion** *fiz* mágneses taszítás; ~ **resistance** *el* mágneses ellenállás, reluktancia; ~ **resistive effect** *el* magnetorezisztív hatás; ~ **resonance method** *fiz* molekulasugár-rezonanciamódszer, Rabi-módszer, Rabi-féle mágneses rezonanciamódszer; ~ **retentivity** *el* látszólagos remanencia; ~ **reverberator** *hang* zengetőmagnó; ~ **reversal** *fiz, geol* mágneses póluscsere, átmágnesezés; ~ **rigidity** *fiz* mágneses merevség; ~ **ring core** *fiz* gyűrűmágnes; ~ **roasting** *koh* mágnesező pörkölés; ~ **rod memory/store** *szt* mágnesrudas memória; ~ **rotation** *fiz* mágneses rotáció; ~ **rotor** *el* mágneskerék; ~ **saturation** *el* mágneses telítettség *v.* telítési határ; ~ **scattering** *ásv* mágneses szórás/diszperzió; ~ **screen** *el* mágneses árnyékolás; ~ **sector field mass spectrometer** *fiz* mágneses tömegspektrométer; ~ **sensitivity** *metr* mágneses érzékenység; ~ **separating drum** *bány* dobszeparátor; ~ **separation** *bány* mágneses osztályozás/dúsítás; *koh, mzg* mágneses leválasztás/szeparálás; ~ **separator** *bány* mágneses dúsító (készülék); *élip, koh* mágneses szeparátor/vaskiválasztó; *mzg* mágneses magtisztító; ~ **separator drum** *élip* fémkiválasztó mágnesdob; ~ **shell** *any, el* mágneses kettős réteg; ~ **shield(ing)** *el, hang* mágneses árnyékolás/védőernyő; ~ **short rod storage** *szt* mágnesrudas tár; ~ **shunt** *el* erővonal-kitérítő vasbetét, mágneses sönt; ~ **signal recorder** *hang, szt* mágneses jelrögzítő; ~ **sound recorder chassis** *hang* magnetofonalváz; ~ **sound recording** *hang* mágneses hangrögzítés; ~ **sound tape** *hang* hangszalag; ~ **south** *geof* mágneses dél; ~ **space group** *krist* mágneses tércsoport; ~ **spectrograph** *fiz* mágneses spektrográf; ~ **spectrometer** *fiz* mágneses spektrométer; ~ **spin quantum number** *at, fiz* spinmágneses kvantumszám; ~ **standard (of comparison)** *fiz* etalonmágnes, mágnesetalon; ~ **station** *el* kontaktorcsoport; ~ **stirring effect** *koh* mágneses keverőhatás; ~ **storage** *szt* mágneses tár; mágneses tárolás; ~ **storm** *geof* mágneses vihar; ~ **strain** *fiz* mágneses alakváltozás; ~ **strain ga(u)ge** *fiz* elektromágneses nyúlásmérő; ~ **stray field** *el* szórt mágneses tér, szórási mező; ~ **strength** *el* mágneses indukció; ~ **stripe** *szt* mágnescsík; ~ **stripe identification** *szt* mágnescsíkos azonosító rendszer; ~ **stripe system** *szt* mágnescsíkos tárolórendszer; ~ **structure** *ásv, fiz* mágneses szerkezet; ~ **superlattice line** *krist* mágneses felsőbbrácsvonal; ~ **surface** *fiz* mágneses felület, mágnesfelület; ~ **survey** *bány* mágneses kutatás; *geod* felmérés tájolóval; ~ **susceptibility** *el, fiz* mágneses szuszceptibilitás; ~ **susceptibility logging** *ol* mágneses szuszceptibilitás szelvényezése; ~ **suspension** *el, óra* mágneses felfüggesztés; ~ **switch** *el* mágneskapcsoló, kontaktor; ~ **switching core** *szt* mágneses kapcsológyűrű; ~ **tape** mágnesszalag; ~**-tape cassette** mágnesszalag-kazetta; ~**-tape cassette storage** mágnesszalagos tároló; ~**-tape converter** mágnesszalag konverter; ~**-tape data collecting** mágnesszalagos adatgyűjtés; ~**-tape deck/drive** mágnesszalag-meghajtó; ~**-tape input** mágnesszalag-bemenet; ~**-tape memory** szalagmemória, szalagtároló, mágnesszalagos memória/tároló; ~**-tape order** mágnesszalag-utasítás; ~**-tape reader** mágnesszalag-olvasó; ~**-tape recorder** mágnesszalagos (adat)rögzítő; ~**-tape recording** mágnesszalagos rögzítés; ~**-tape storage** mágnesszalagos memória/tároló/tárolás; ~**-tape unit** mágnesszalagegység; ~ **testing** *any* roncsolásmentes mágneses anyagvizsgálat/defektoszkópia; ~ **theodolite** *geof* mágneses teodolit; ~ **thermal relay** *aut* mágneses hőrelé; ~ **thickness measuring instrument** *metr* mágneses vastagságmérő (műszer); ~ **thin film storage** *szt* mágnesfilmes tároló; ~ **time relay** *aut* mágneses időrelé; ~ **torsion balance** *metr* mágneses torziós mérleg, torziós variométer; ~ **track** *geod* mágneses térképirányszög; *szt* mágneses sáv; ~ **track angle** *geod* mágneses térképirányszög; ~ **track-brake** *vasút* mágneses sínfék; ~ **transducer** *el* mágneses jelváltó; ~ **transformation** mágneses átalakulás; ~ **transition temperature** *fiz* Curie-pont; ~ **transmission** → ~ clutch; ~ **trap** *at, el* mágneses csapda; ~ **underwater support** *tv* víz alatti mágneses tartóállvány *(tévékameráé)*; ~ **unit** *fiz* mágneses mértékegység; *szt* mágneslemezes egység; ~ **valve** *aut* mágneses (működtetésű) szelep, mágnesszelep; ~ **variation** *fiz, geof* mágneses deklináció/elhajlás, mágneses variáció/változás; ~ **variometer** *fiz, geof* mágneses variométer; ~ **video recording** *vid* mágneses képrögzítés; ~ **viscosity** *fiz* mágneses viszkozitás/utóhatás; ~ **voltage control** *aut* mágneses feszültségszabályozás; ~ **water softening** *hidr* mágneses vízlágyítás; ~ **wind** *fiz* mágneses szél; ~ **wire** *el, hang, szt* mágneses huzal, mágneshuzal, magnetofonhuzal; ~**-wire memory/store/storage** *szt* mágneshuzalos memória/tároló, mágneshuzal-tároló; ~ **yoke** *tv* mágneses eltérítőtekercs *(katódsugárcsövön)*; ~ **zenith** *geof* mágneses zenit; ~ **zero balance** *fiz* mágnességmérő műszer

magnetically *fiz* mágnesesen; ~ **active plasma** *at* magnetoplazma, mágnesesen aktív plazma; ~ **attached monitoring thermometer** *aut* mágneses tapadó ellenőrző hőmérő; ~ **bias(s)ed transistor** *félv* mágneses előfeszítésű tranzisztor; ~ **confined laser** *fiz* mágnesesen fokuszált *v.* mágneses fokuszálású lézer; ~ **confined plasma** *at* mágneses térrel bezárt plazma; ~ **controlled pneumatic tube** *aut* mágneses vezérlésű csőposta; ~ **deflected tube** *tv* mágneses kitérítésű katódsugárcső; ~ **focus(s)ed** *tv* mágneses fokuszálású; ~ **hard material** *any* mágnesesen kemény anyag; ~ **operated valve** *aut* mágneses (működtetésű) szelep; ~ **vibrated screen** *bány* elektromágneses vibrátor

magnetics *fiz* mágnességtan

magnetipolar *ásv* poláris mágneses

magnetism *fiz* mágnes(es)ség

magnetite *ásv* mágnesvasérc; magnetit; vas(II, III)-oxid; ~ **coating** *koh* magnetitmáz

magnetizability *fiz* mágnesezhetőség

magnetizable *fiz* mágnesezhető; ~ **area** *szt* mágnesezhető terület

magnetization *fiz* (fel)mágnesezés; mágneseződés, mágnesezettség; ~ **by electricity,** ~ **by electric current** *el* elektromos mágnesezés; ~ **curve** *el* mágnesezési görbe, B-H görbe; ~ **loop** *any, el* mágneses hiszterézishurok; ~ **phenomenon simulation** *fiz* mágnesezési jelenségek modellezése; ~ **process** *el, fiz* (fel)mágnesezés

magnetize *fiz* mágnesez

magnetizer *el* mágnesező berendezés/készülék

magnetizing I. *a fiz* mágnesező; **II.** *n fiz* (fel)mágnesezés; ~ **coil** *el* gerjesztőtekercs; mágnesező tekercs; ~ **current** *el* gerjesztőáram, mágnesező áram; ~ **force** *fiz* mágneses térerősség; mágnesező erő; ~ **roasting** *koh* mágnesező pörkölés; mágnesező pörkölés

magneto *el* elektromágnes; magnetoelektromos generátor; *gépk* gyújtómágnes; *távb* induktor; ~ **bell** *el* induktoros csengő; ~ **breaker arm/bar** *gépk* gyújtómágnes megszakítókalapácsa; ~ **breaker cam** *gépk* gyújtómágnes-megszakítóbütyök; ~ **carbon brush** *gépk* gyújtómágnes szénkeféje; ~ **control** *gépk* gyújtómágnes vezérlése/szabályozása; ~ **coupling** *gépk* gyújtómágnes kapcsolója; ~ **distributor** *gépk* gyújtómágnes elosztója; ~ **generator** → ~ inductor; ~ **ignition** *gépk* mágnesgyújtás; ~ **inductor** *el* elektromágnes; magnetoelektromos generátor; *gépk* gyújtómágnes; *távb* induktor; ~ **ringing** *távb* induktoros csengetés; ~ **shaft** *gépk* gyújtómágnes tengelye; ~ **strap** *gépk* gyújtómágneskengyel; ~ **telephone set** *távb* induktoros telefonkészülék; ~ **timing** *gépk* gyújtás(be)állítás, előgyújtás (be)állítása *(mágnesgyújtásnál)*

magnetoacoustic *fiz* magnetoakusztikai; ~ **resonance (MAR)** magnetoakusztikai rezonancia

magnetoacoustics *fiz* magnetoakusztika

magnetoaerodynamics magnetoaerodinamika

magnetocaloric effect *ásv* magnetokalorikus hatás

magnetochemistry *vegy* magnetokémia

magnetocohesion *fiz* mágneses összetapadás/tapadóerő

magnetocompass *geod* földmágnesség-gerjesztésű stabilizált iránytű

magnetocrystalline *ásv* magnetokristályos; ~ **anisotropy constant** *ásv* krisztallográfiai anizotrópia állandója

magnetodielectric *el* magnetodielektrikum, mágneses szigetelőközeg

magnetodynamic *fiz* magnetodinamikus; ~ **aeromagnetometer** magnetodinamikus légmágnességmérő

magnetodynamics *fiz* magnetodinamika

magnetoelastic | **dynamometer** *fiz, mech* magnetoelasztikus erőmérő; ~ **effect** magnetoelasztikus jelenség; ~ **energy** *krist* magnetoelasztikus energia; ~ **pressure ga(u)ge** *fiz* magnetoelasztikus nyomásmérő; ~ **strain ga(u)ge** *any* magnetoelasztikus nyúlásmérő; ~ **torquemeter** *mech* magnetoelasztikus nyomatékmérő; ~ **transducer** *el* magnetoelasztikus jelátalakító

magnetoelectric *fiz* magnetoelektromos, magnetoelektrikus, mágnesvillamos; ~ **effect** *el* galvanomágneses hatás; ~ **generator** → magneto generator; ~ **instrument** *metr* mágnesvillamos műszer; ~ **relay** *el* magnetoelektromos/elektromágneses jelfogó/relé; ~ **semiconductor device,** ~ **transducer/transductor** *el* magnetoelektromos félvezető eszköz/műszer/transzduktor/jelváltó

magnetoelectricity *fiz* mágnesvillamosság

magnetofluiddynamics (MFD) → magnetohydrodynamics

magnetogasdynamics (MGD) *fiz* magnetogázdinamika, gázok magnetodinamikája

magnetogram *geof* magnetogram

magnetograph *fiz* rajzoló/öníró mágnességmérő, magnetográf

magnetographic inspection *any* roncsolásmentes mágneses anyagvizsgálat/defektoszkópia

magnetohydrodynamic (MHD) *hidr* magnetohidrodinamikai; ~ **concentration** magnetohidrodinamikus dúsítás; ~ **effect** magnetohidrodinamikai hatás; ~ **equilibrium configuration** magnetohidrodinamikai egyensúlyi konfiguráció/szerkezet; ~ **generator (MHD generator)** *el* magnetohidrodinamikai/magnetohidrodinamikus generátor, MHD-generátor; ~ **pumping source** *hidr* magnetohidrodinamikus szivattyúzó forrás; ~ **separation** magnetohidrodinamikus dúsítás; ~ **wave** magnetohidrodinamikai hullám

magnetohydrodynamics (MHD) *hidr* magnetohidrodinamika, hidromágnesség(tan)

magnetoionospheric storm *met* mágneses ionoszférikus vihar

magnetomechanical *fiz* magnetomechanikai, magnetomechanikus, giromágneses; ~ **damping** *fiz* magnetomechanikus csillapító; ~ **gas analyzer** *vegy* magnetomechanikus gázanalizátor

magnetometer *geof* magnetométer, mágneses terepmérleg; ~ **crew/party** *geof* magnetométeres kutatócsoport; ~ **profile** *geof* magnetométer-szelvény; ~ **survey** *geof* magnetométeres felmérés

magnetometry *geof* magnetométeres mérés

magnetomotive force (MMF) *fiz* magnetomotoros erő, mágneses feszültség

magneton *at* magneton *(egységnyi mágneses momentum/nyomaték)*

magnetoohmmeter *el* induktoros ohmmérő, megger

magnetooptic(al) *fiz* magnetooptikai, magnetooptikus; ~ **laser** *fiz* magnetooptikai/magnetooptikus lézer; ~ **rotation** → magnetic polarization

magnetooptics *fiz* magnetooptika, mágnesoptika

magnetopause *fiz* magnetopauza

magnetophone *hang* magnetofon, magnó, mágneses hangrögzítő

magnetoplasma *at* magnetoplazma, mágnesesen aktív plazma

magnetoplasmadynamics (MPD) *at* magnetoplazmadinamika

magnetoresistance *el* mágneses ellenállás, magnetorezisztencia

magnetoresistive effect *el* magnetorezisztív hatás/effektus

magnetoscope *fiz* mágnességjelző (műszer), magnetoszkóp

magnetosphere *csill* magnetoszféra

magnetostatic *fiz* magnetosztatikus; ~ **field** *at* magnetosztatikus tér

magnetostatics *fiz* magnetosztatika

magnetostriction *fiz* magnetosztrikció; ~ **controller** *aut* magnetosztrikciós szabályozó; ~ **delay line** *távk* magnetosztrikciós késleltetővonal *v.* késleltető művonal; ~ **loudspeaker** *hang* magnetosztrikciós hangszóró; ~ **measuring optical method** *opt* optikai magnetosztrikciómérési módszer; ~ **microphone** *hang* magnetosztrikciós mikrofon; ~ **oscillator** *el* magnetosztrikciós oszcillátor/vibrátor; ~ **receiver** *távk* nagyfrekvenciás vevő

magnetostrictive *fiz* magnetosztrikciós; ~ **converter** *el* magnetosztrikciós átalakító; ~ **effect** *fiz* magnetosztrikciós effektus/hatás; ~ **filter** *távk* magnetosztrikciós szűrő; ~ **ga(u)ge** *el* magnetosztriktív érzékelő; ~ **material** *any* magnetosztrikciós anyag; ~ **oscillation** *fiz* magnetosztrikciós oszcilláció; ~ **resonator** *fiz* magnetosztrikciós rezonátor; ~ **strain** *any* nagyfrekvenciás alakváltozás/deformáció; ~ **transducer** *el* magnetosztrikciós jelváltó/átalakító

magnetostrictor *távk* magnetosztrikciós oszcillátor

magnetotelluric method *geof* magnetotellurikus módszer, Cagniard-módszer

magnetothermal effect *ásv* magnetotermikus hatás

magnetron *el* magnetron; ~ **cavity** *el* magnetron-rezonátorüreg; ~ **diode** *el* magnetrondióda, magnetron típusú dióda; ~ **ga(u)ge** magnetron-nyomásmérő; ~ **generator** *távk* magnetronos oszcillátor; ~ **mode** *távk* magnetronrezgésmód; ~ **oscillator** *távk* magnetronoszcillátor; ~ **rectifier** *el* magnetron-egyenirányító, mágnesesen vezérelt egyenirányító; ~ **sput-**

tering system *el* magnetron *(porlasztáshoz)*; ~-**type instruments** *el* magnetron típusú készülékek; ~-**type vacuum ga(u)ge** *metr* magnetron-nyomásmérő
magnification *opt* (fel)nagyítás; ~ **factor** *fiz* nagyítási tényező *(rezgésé)*; ~ **ratio (of a lighting fitting)** *opt* (lámpatest) erősítési tényező(je)
magnifier *opt* nagyítóüveg, előtétlencse, nagyítókészülék; *tex* optikai fonalvastagság-mérő; ~ **lens** *opt* nagyítólencse; ~ **of phase difference** *el* fáziskülönbség-sokszorozó
magnify *opt* (meg)növel, (fel)nagyít, (ki)nagyít
magnifying I. *a* túlzó; *el* erősítő; *opt* (fel)nagyító; **II.** *n opt* (fel)nagyítás, növelés; ~ **glass** *opt* nagyítóüveg; ~ **lens** *opt* nagyítólencse; ~ **power** *fiz* nagyítás (mértéke); ~ **viewer** *opt* nagy kereső *(lencse)*
magnistor *el* magnisztor
magnitude *csill* fényrend, magnitúdó; *mat* nagyság, hosszúság, hossz, abszolút érték, modulus, (euklideszi) norma; nagyságrend; ~ **contour** *mat* magnitúdógörbe; ~ **of alternating current** *el* váltakozóáramnagyság; ~ **of angular velocity** *fiz* szögsebesség; ~ **of a vector** *mat* vektor abszolút értéke; ~ **of direct current** *el* egyenáramnagyság; ~ **of earthquake** magnitúdó, földrengési méret; ~ **order** *mat* nagyságrend *(számé)*
magnolite *ásv* magnolit
magnon *fiz* magnon, mágneses energiakvantum
Magnoval-tube *fiz* magnoválcső
Magnus effect *fiz* Magnus-jelenség
magslip *el* (érintkező nélküli váltakozóáramú) szelszin, szinkró; ~ **deflection ga(u)ge** *metr* (érintkező nélküli) szelszines lehajlásmérő
mahogany *fa* mahagóni(fa); ~ **sulphonic/sulfonic acid** *vegy* olajban oldható szulfonsav
mahwa | **butter** *vegy* mahwaolaj; ~-**seed oil** → ~ butter
MAI → machine-aided index
maiden | **flight** *rep* első repülés *(gépé)*; ~ **trip/voyage** *hajó* első hajóút
mail posta; *tex* hurok, nyüstszem; ~ **aircraft** *rep* postarepülőgép; ~-**bag** postazsák; ~-**boat** postahajó; ~ **chute** csőposta *(épületen belül)*; ~ **cloth** *tex* méhsejtmintájú selyemszövet *(hímzés alapszövete)*; ~ **flight** *rep* postarepülés; ~-**order firm** katalógus-áruház, csomagküldő áruház; ~ **parachute** *rep* postaledobó ejtőernyő; ~ **plane** *rep* postaszállító repülőgép; ~ **rate** *rep* postai díjszabás; ~ **ton-mile** *rep* posta tonnamérföld; ~ **train** *vasút* postavonat; ~ **tunnel** *közl* postaforgalmi aluljáró; ~ **van** *vasút* mozgóposta(kocsi), vasúti postakocsi
mailbox *szt* postaláda; ~ **service/system** *szt* elektronikus postai szolgáltatás
mailer postahajó, postarepülőgép; postázó; címezőgép
mailing | **board** *pa* feladókarton, postai szállítókarton; ~-**tube board** *pa* csőpostatokkarton
maille *kh* hurok, szem
mailleuse wheel *kh* platinakerék
main I. *a* fő, legfontosabb, alap-; *bány* gyűjtő-; **II.** *n bány* fővágat; *el* fővezeték, gyűjtősín; *em* etetőszerkezet; *ép* (fő)vezeték *(gázé, vízé)*, alapvezeték; főépület; *geol* szárazföld, kontinens; *vasút* fővonal; ~ **absorption** *fiz* főabszorpció; ~ **adit** *bány* altáró; főtáró; ~ **air** *rep* kétáramú hajtómű első fokozatán átáramló levegő; *szell* levegő alapmennyisége; ~ **air bleed** *rep* fő levegőadagoló fúvóka; ~ **air duct** *szell* elosztócsatorna; ~ **air tank** *gépk* légfékfőlégtartály; ~ **airway** *bány* főlégvágat; ~-**and-tail rope haulage** *bány* elülső és hátulsó köteles szállítás *(egy vágányon)*; kettős kötelű szállítás; ~ **angle** *bány* főátlósvágat; ~ **anode** *el* főanód; ~ **attack** *kat* főcsapás; ~ **axis of tensor** *krist* tenzor főtengelye; ~ **bang** *aut* kioldóimpulzus, indítóimpulzus, adóimpulzus; ~ **bar** *ép* fővasalás, hosszvasbetét; ~ **base** *geof* főbázis; ~ **battery (MB)** *távk* vonaltelep; ~ **battle tank** *kat* fő harckocsi; ~-**beacon receiver** *rep* Lorenz-féle sávirányvevő; ~ **beam** *ép* főtartó, kötőgerenda, mestergerenda; *gépk* távolsági/országúti fény; *hajó* főborda fedélzeti gerendája; *tex* főlánchenger *(többlánchengeres gépen)*; ~ **bearing** *gép* főcsapágy, forgattyústengely-csapágy; ~ **bearing cap** *gép* forgattyústengely-csapágyfedél; ~ **body (MB)** *hidr* géttest; *rep* repülőgéptörzs, héj; ~ **boiler** *hőt* főkazán; ~ **boom** *ép* daruhídfőtartó, fogém; *hajó* főárboc(rúd); ~ **bore** *kat* huzagolt csőrész; ~ **bottom** *bány* alapkőzet, mélyfekü; szálban álló kőzet; ~ **box** *gép* főcsapágyrésze; ~ **bracing** *rep* fő merevítőrendszer/feszítőrendszer; ~ **brake-cylinder** *gépk* főfékhenger; ~ **brake-pipe** *vasút* (lég)fékfővezeték; ~ **busbar** *el* főgyűjtősín; ~ **cable** *távb* fővonali kábel; ~ **canal** *hidr* főcsatorna; ~ **carburettor** *gépk* főporlasztó; ~ **card(ing) cylinder** *tex* kártolófődob; ~ **carriage** *forg* szám(nyereg); ~ **cell** *el* törzscella *(akkumulátoré)*; ~ **central exchange** *távb* főgócközpont; ~ **centre/center** *távb* gócközpont; ~ **channel** *hidr* anyameder; főcsatorna, főmeder; *távk* főcsatorna; ~ **charge carriers** *el* fő töltéshordozók; ~ **circuit** *el* főáramkör; ~ **circulating pump** *hidr* keringető főszivattyú; ~ **cleavage plane** *geol* fő elválási lap, fővállap; ~ **cloud base** *rep* felhőmagasság, plafon; ~ **clutch** *gépk, kat* főtengelykapcsoló; ~ **coil** *el* főtekercs; ~ **conduit** alapvezeték; fővezeték; ~ **contact** *el* munkaérintkező *(jelfogón)*; ~ **contactor** *el* főkontaktor; ~ **contractor** *ép* fővállalkozó; ~ **coupling** *vasút* főkapcsolat *(járműkapcsolásé)*; ~ **crank** *gép* főforgattyú; ~-**crankshaft journal** *gép* forgattyútengelycsap; ~ **cross-cut** *bány* gerincvágat; ~ **cross-head** *gép* hajtórúdkeresztfej; ~ **current** *el* főáramköri áram; *hidr* sodorvonal; ~-**current line** *hidr* sodorvonal; ~ **cutting edge** *forg* főél; ~ **cylinder** *tex* fődob *(kártológépé)*; ~ **data address** *szt* fő adatcím; ~ **data store** *szt* fő adattároló; ~ **deck** *hajó, rep* felső fedélzet, főfedélzet; *rep* utaskabin; ~ **deep** *bány* főereszke; ~ **device** *metr* alapműszer, alapeszköz, főműszer; ~ **diagonal** *ásv* főátló; *ép* főátló, főrácsrúd; ~ **dike** *hidr* árvédelmi töltés/gát; ~ **dip** *ép* legnagyobb lejtés; ~ **dispersion** *el* kerületi szórás, légrésszórás; ~ **distribution frame (MDF)** *távk* rendezőállvány, vonalrendező állvány; ~-**distribution-frame soldering strip** *távk* kábelborda; ~ **drain** *hidr* belvízgyűjtő főcsatorna; gyűjtőcső; ~ **drain within the building site** *ép* alapcsatorna, alapvezeték; ~ **draught/draft** *tex* főnyújtás; ~ **drive** *bány* alapvágat, fővágat; *gép* főhajtás; ~ **drive coupling** *gép* főtengelykapcsoló; ~ **drive motor** *heng* sorvonó motor; ~ **drive pinion** *gépk* kúpkerék *(differenciálműben)*; ~ **drive shaft** *gép* fő hajtótengely; ~ **drum** emelődob; *tex* fődob *(kártológépen)*; ~ **effort (ME)** *kat* fő erőkifejtés; ~ **electrode** *el* fő-

elektród; ~ **entry** *bány* fő szállítóvágat, alapvágat; ~ **equipment** *ip* főberendezés; ~ **exchange** *távb* főközpont; ~ **extension** *el* fővezeték-meghosszabbítás; ~ **fan** *bány* főszellőztető, főventilátor; ~ **farm road** *hidr* gyűjtőút; ~ **feed** *távk* főtápvezeték; ~ **feeder** *ép* fővezeték; ~ **field** *el* gerjesztőtér, gerjesztőmező; ~ **file** *ip, szt* főjegyzék; ~ **float** *rep* főúszó; ~ **flue** *hőt* rókatorok, füstcsatorna; ~ **frame** *ép* teherviselő vázszerkezet; *gépk* alvázkeret; *hajó* főborda, főbókony; *rep* főkeret, törzskeret; *szt* nagyszámítógép, nagygép, központi egység; *távb* központi vezérlőegység; ~ **fringe drift** *bány* főirányvágat; ~ **fuse** *el* főbiztosító; ~ **gan** *el* kisülési főszikraköz; ~ **gas pipeline** gázelosztó vezeték, gázközművezeték, közművi gázvezeték; ~ **gate** *bány* fővágat; *rep* főkapu, főkijárat; *távk* főkiválasztó impulzus; ~ **gate signal** kapujel; ~ **gear beam** *rep* főfutószár; ~ **girder** *ép* hosszanti tartó, főtartó; ~ **group (of details)** *ép* főcsoport; ~-**hatch (MH)** *hajó* főhombárszád; ~ **haulage way** *bány* fő szállítóvágat; ~ **head** *koh, műa* medve *(sajtológép felső kereszttartója)*; ~ **header** *ép* fő gyűjtővezeték; ~ **heading** *bány* főfolyosó, fővágat, alapvágat; ~ **heat-exchanger** *hőt* alapmelegítő; ~ **hoist** *bány* főaknaszállítás; főaknaszállító (gép); ~ **index** *szt* főindex; ~ **inductance** *el* főinduktivitás; ~ **input** *el* fő bemenet; ~ **intake airway** *bány* főbehúzó légvágat; ~ **jet** *gépk* főfúvóka; ~ **jib** *ép* főgém; ~ **joist** *bány* tetőgerenda *(tárόban)*; ~ **karstic water** *geol* főkarsztvíz; ~ **landing gear** *rep* főfutómű; ~ **laser** *fiz* főlézer, alaplézer; ~ **lead** *el* fővezeték, erősáramú vezeték; ~ **lighting** fővilágítás; ~ **liming** *cu* főderítés; ~ **line** *el* alapvezeték; fővezeték; *ép, vasút* főág; *hidr* fővezeték; *közl* főútvonal; *távb* fővonal; ~-**line electrification** *vasút* fővonali villamosítás; ~ **line network** *távb* gerinchálózat; ~ **lobe (of radiation)** sugárzási főhurok/főirány; ~ **memory** *szt* főtároló; ~ **memory address** főmemóriacím; ~ **menu** *szt* főmenü; ~ **mill** *heng* fő hengermű; ~ **mine opening(s)** *bány* bányászati főlétesítmény; ~ **motor (MM)** *gép* főmotor; ~ **network** *el* fővezeték-hálózat; ~ **nozzle** *hidr* főfúvóka; ~ **office** *ip* központi hivatal; ~ **overhaul** *hajó* nagyjavítás; ~ **parameter** alapvető paraméter; ~ **phase** *el* főfázis; ~ **pipe** *hidr* (fő)gyűjtő, (fő)elosztó(cső); ~ **pipeline** *ép* gerincvezeték; ~ **plane** *bány* főszállítóvágat; *rep* fő hordfelület; repülőgépszárny; ~ **population** *stat* fősokaság; ~ **power fuse** *el* főbiztosíték; ~ **production time** *koh* főidő; ~ **program** *szt* főprogram, törzsprogram; ~ **program input** *szt* főprogram-bemenet; ~ **program output** *szt* főprogram-kimenet; ~ **protection** *aut* alapvédelem; ~ **pulse** *távk* keresőimpulzus *(lokátoré)*; ~ **pump** *hidr* főszivattyú; ~ **pumping station** *hidr* torkolati szivattyútelep; ~ **quantum number** *at* főkvantumszám; ~ **radar centre/center** *távk* főközpont *(lokátoré)*; ~ **radiation direction** *távk* sugárzási főirány; ~ **rafter** *ép* főszaru; ~ **receiving direction** *távk* vételi főirány; ~ **record** *aut* főregiszter; ~ **reinforcement** *ép* fővasbetét *(vasbetonban)*; ~ **repeater section** *távk* főerősítőszakasz; ~ **repeater station** főerősítő-állomás; ~ **reservoir** *gépk* főlégtartály *(légféké)*; ~ **return** *bány* főkihúzó légáram/légvágat; ~ **ring** *rep* törzskeret; ~ **road** *kat* felvonulási út; *közl* főútvonal; ~ **rocket** *kat* főrakéta, rakéta-alapfokozat; ~ **roof** *bány* magas fedü; *koh* főboltozat; ~ **rope** *bány* elülső kötél; ~-**rope system** → ~-and-tail rope haulage; ~ **rotary bushing** *ol* forgatóasztal-főbetét; ~ **rotating assembly** *rep* forgórész *(hajtóműé)*; ~ **rotor** *rep* emelő légcsavar, emelőcsavar; ~ **route** *közl* főútvonal; *távk* főirány, fővonal; ~ **routine** *szt* főprogram; ~ **rudder** *hajó* főkormány; ~ **runway** *rep* fő futópálya; ~**s** → mains; ~ **saddle** *gép* hossz-szán; ~ **scanner** *rep* radar főantennája; ~ **section of subsidence trough** *bány* süllyedési horpa főmetszetei; ~ **sequence** *aut, szt* alapsorrend; ~ **sewer** *ép* alapcsatorna, alapvezeték; *hidr* főcsatorna, főgyűjtő; ~ **shaft** *gép* főtengely; ~ **sideband** *tv* főoldalsáv; ~ **spar** *rep* főtartó; hosszmerevítő törzshossztartó; ~-**spar fitting** *rep* főtartóvasalás; ~ **spindle** *forg* maróorsó, esztergafőorsó; *gép* főorsó; ~ **stage** *rak* főfokozat; ~ **staircase** *ép* főlépcső, díszlépcső; ~ **station** *távk* (előfizetői) főállomás; *vasút* főpályaudvar; ~ **stop with separator** *bány* adagoló vágányzár; ~ **storage/store** *szt* operatív tár, központi tár; ~ **store address** *szt* főtárolócím; ~ **stream** → mainstream; ~ **street** *közl* főutca; ~ **supply** *el* villamos hálózat; ~ **supporting surface** *rep* fő hordfelület/támfelület; ~ **switch** *el* főkapcsoló; ~ **symmetry plane** *krist* főszimmetriasík; ~ **system** *el* elosztóhálózat; ~ **table** *alak, szer* főasztal; ~ **tandem office** *távk* fögócközpont; ~ **theorem of the theory of game** *mat* játékelmélet főtétele; ~ **thrust** *rep* főhajtómű tolóereje; ~ **thyristor** *félv* főtirisztor; ~ **timber set** *bány* anyaácsolat; ~ **time** *szt* főidő; ~ **title** *film, vid* főcím; ~ **toll centre/center** *távk* főgócközpont, fő(gyűjtő)központ; ~-**traffic road** *közl* főforgalmi út; ~ **transmitter** *távk* főadóállomás; ~ **trunk exchange** *távb* fő(gyűjtő)központ; ~-**trunk sewer** *ép* szennyvízfőgyűjtő (csatorna); ~ **undercarriage** *rep* főfutómű; ~ **unit** *metr* alapműszer, alapeszköz, főműszer; ~ **uptake** *ép* fő felszállóvezeték, felszálló-fővezeték; ~ **valve** *ol* főtoló, főszelep; vizsgálószelep; ~ **ventilation** *bány* főszellőztetés; ~ **warp** *tex* alaplánc; ~ **welding current** *heg* fő hegesztőáram; ~ **wheel** *rep* főfutómű kereke

mainflue → main flue

mainframe → main frame

mainland szárazföld

mainmast *hajó* főárboc

mainplane → main plane

mains *pl el* (elektromos/villamos) hálózat, elosztóhálózat; (villamos) fővezeték; ~ **adapter/adaptor** *el* hálózati adapter; ~ **antenna** *távk* hálózati antenna(pótló); ~ **branch** *vasút* fővonal-elágazás; ~ **circuit connection** *el* hálózati csatlakozás; ~ **current/electricity** *el* hálózati áram; ~ **failure** *el* hálózati hiba/áramkimaradás; ~ **fluctuation** → ~ voltage fluctuation; ~ **frequency** *el* hálózati frekvencia; ~ **gas supply** *ép* vezetékes gázellátás; ~ **hold** *el* hálózati kötés; *távk* hálózati szinkronizálás; ~ **input** *el* hálózati feszültség; ~ **leakage** *el* vonalveszteség, vezetékveszteség; ~ **locking** *távk* hálózati szinkronizálás/együttfutás; ~ **noise** *el* hálózati zaj; ~-**operated radio receiver/set** *távk* hálózati rádióvevő; ~-**operated unit** *távk* hálózatról táplált berendezés; ~ **outlet** *el* hálózati csatlakozóaljzat; ~ **plug** *el* hálózati csatlakozódugó/dugaszolóaljzat; ~ **power supply voltage** *el* hálózati feszültség; ~ **pressure** *ép* hálózati nyomás *(gáz, víz)*; ~ **receiver** → ~-operated radio receiver; ~ **rectifier** *el* hálózati egyenirányító; ~ **ripple** *el* hálózati feszültségingadozás; ~ **set** → ~-operated radio receiver; ~ **sheath** *el* főcső; ~ **supply** *el* hálózati táplálás/csatlakozás; ~ **supply transformer** *el* hálózati transzformátor; ~ **synchronization** *távk* szinkronozás hálózaton át; ~ **transformer** *el* hálózati transzformátor; ~ **voltage** *el* hálózati feszültség; ~ **voltage fluctuation** *el* hálózati feszültségingadozás; ~ **voltage range** *el* hálózati feszültségtartomány; ~ **voltage variation** *el* hálózati feszültségingadozás; ~ **water** *ép* vízvezetéki víz, vezetékes víz

mainsail *hajó* fővitorla

mainsman *el* vezetékszakasz-ellenőr

mainspring hajtóerő, főok; *kat* ütőrugó, elsütőrugó *(puskáé)*; *óra* főrugó, hajtórugó; ~ **casing** *kat* helyretolórugó-ház; ~ **collet** *finm, óra* főrugó foglalata; *kat* helyretolórugó-tárcsa; ~**-punching pliers** *pl óra* rugólyukasztó fogó; ~ **tube** *kat* helyretolórugó csöve; ~ **tube screw** *kat* helyretolórugó-cső csavarja; ~ **winder** *finm, óra* főrugófelhúzó

mainstay *hajó* főárboctarcs, főárbocfeszítő kötél

mainstream *hidr* sodor; *hidr, rep* főáram(lat), az áramlat közepe

maintain fenntart, karbantart, gondoz *(gépet)*; ~ **at grade** *vasút* pályaszintben fenntart; ~ **battery** *el* telepet állandó feszültségen tart; ~ **flight level (MFL)** *rep* iránymagasságon repül; ~ **pressure** *fiz* nyomást (fenn)tart

maintainability *gép, szt* karbantarthatóság; ~ **analysis/assessment** *gép* karbantarthatósági elemzés, karbantarthatóság értékelése; ~ **specification criterion** *gép* karbantarthatóság biztosítási kritériuma

maintainable software *szt* karbantartható szoftver

maintainer *ép* útkaparó könnyű útgyalu

maintaining I. *a gép* fenntartó, karbantartó; **II.** *n gép* fenntartás, karbantartás; *koh* pihentetés; ~ **at the requisite temperature** *koh* hőntartás; ~ **furnace** *koh* pihentetőkemence; ~ **voltage** *el* kisülést fenntartó feszültség *(neoncsőben)*

maintenance *ép* fenntartás, tatarozás; *gép* karbantartás, gondozás, kezelés; ~ **action/activity** *gép* műszaki karbantartási művelet; ~ **after flight** *rep* repülés utáni karbantartás; ~ **aids** *gép* karbantartási eszközök; ~ **area** *gép* karbantartási munkaterület; *rep* műszaki előtér; ~ **capability** *gép* karbantarthatóság; ~ **category** *gép* műszaki karbantartás fajtája; ~ **charge** *gép* fenntartási költség; ~ **circuit** *távk* tartóáramkör; ~ **console** *szt* műszaki kezelőtábla/konzol; ~ **control** *gép* karbantartás ellenőrzése; ~ **cost** *bány* termelési költség; üzemi költség; *gép* fenntartási költség(ek); ~ **crew** *rep* műszaki karbantartó személyzet; ~ **data** *gép* karbantartásra vonatkozó adatok, karbantartási adatok; ~ **dependency chart** *gép* műszaki karbantartási diagram; ~ **depot** *rep* karbantartó műhely; ~ **division (MD)** *ip* karbantartási osztály; ~ **dock** *rep* karbantartó szerelőállvány-rendszer; ~ **electrician** karbantartó villanyszerelő; ~ **engineering** *gép* karbantartás műszaki megszervezése; ~ **facilities** *rep* műszaki kiszolgáló berendezés; ~ **factor** *opt* fénycsökkenési tényező; ~**-free** karbantartást nem igénylő; ~ **hangar** *rep* műszaki karbantartó hangár; ~ **inspection** műszaki ellenőrzés/felülvizsgálás; ~ **of competency** *rep* szakmai minősítési szint megtartása; ~ **of frequency stability** *távk* frekvenciakarbantartás; ~ **of permanent way** *vasút* felépítmény-karbantartás, pályafenntartás; ~ **of pressure** *ép* nyomástartás; ~ **outlay** karbantartási költségek; ~ **panel** *szt* mérnöki panel; ~ **party** *rep* műszaki karbantartó munkacsoport; ~ **personnel** *ép* fenntartó személyzet, karbantartók; ~ **schedule** *gép* üzemmeneti diagram; ~ **service** műszaki karbantartó szolgálat; ~ **shift** *bány* fenntarási műszak; ~ **shop** *rep* karbantartó műhely; ~ **sidewalk** *US ép* karbantartójárda *(hídon)*; ~ **software** *szt* karbantartó szoftver; ~ **upkeep** *bány* fenntartás; ~ **vehicle** *szer* műhelykocsi; ~ **welding** *szer* karbantartó hegesztés; ~ **work** *vasút* pályafenntartási munka

maintop *hajó* fő árbockosár

mainway *bány* fővágat

mainyard *hajó* keresztvitorlarúd

maiolica *ép* majolika

maisin → maizin

maisonette, maisonnette *ép* kétszintes kislakás/ház(rész)

maitlandite *ásv* maitlandit

maize kukorica; ~**-colo(u)red** kukoricasárga; ~ **dryer/drier** *mzg* kukoricaszárító; ~ **oil** *biot* kukoricaolaj, kukoricacsíra-olaj; ~ **protein fibre/fiber** *tex* zeinszál; ~ **sheller** *mzg* kukoricamorzsoló; ~ **stalk** kukoricaszár; ~ **starch** kukoricakeményítő; ~**-straw pulp** kukoricaszár-cellulóz; ~ **yellow** kukoricasárga

maizin kukoricaprotein

majolica *ép* majolika

major I. *a* nagyobb, nagyfokú, jelentős(ebb); **II.** *n* (főtan)szak; *hang* dúr; *kat* őrnagy; ~ **anomaly** *geof* nagyobb rendellenesség/anomália; ~ **attribute** alapvető minőségi ismertetőjel; ~ **axis** *mat* főtengely, nagytengely, nagytengely hossza *(ellipszisé)*; ~ **bed** *hidr* árvízi meder; ~ **bend** *alak* lapjára állított hajlat; ~ **cycle** *szt* nagyciklus, főciklus; ~ **defect** lényeges hiba; ~ **diameter** *forg* menetátmérő, külső átmérő *(csavaré)*; ~ **failure** *gép* jelentős/jelentékeny/komoly meghibásodás; ~ **hysteresis loop** *el* teljes mágnesezési görbe; ~ **insulation** *el* főszigetelés; ~ **interval** *hang* nagy hangköz; ~ **lobe** *távk* sugárzási főirány/főhurok; ~ **loop** *szt* külső kör/hurok, főhurok; ~ **opening** *bány* fővágat; ~ **overhaul** *szer* főjavítás, generáljavítás, nagyjavítás; ~ **premise** *mat* felső premissza; ~ **principal plane of stress** *mech* legnagyobb főfeszültség síkja; ~ **principal stress** *mech* legnagyobb főfeszültség; ~ **produce** *mzg* főhasználati termék *(erdőgazdálkodásban)*; ~ **relay station** *távk* fő átjátszóállomás/közvetítőadó; ~ **repair** *szer* nagyjavítás; nagyobb javítás; ~ **road** *közl* főútvonal; ~ **segregation** → macrosegregation; ~ **semiaxis** *mat* fél főtengely, fél távolság, fél nagytengely; ~ **thrust-plane** *geol* fővetődés síkja

majorant *mat* majoráns (sor/függvény); ~ **function** *mat* majoráns függvény; ~ **series** *mat* majoráns sor

majority | **carrier** *el, fiz* (többségi) töltéshordozó; *távk* alapvivő; ~ **carrier admittance** *el* többségi töltéshordozó-admittancia; ~ **carrier current** többségi töltéshordozó áram; ~ **carrier density** többségi töltéshordozó-sűrűség; ~ **charge carrier** (többségi) töltéshordozó; ~ **current** többségi áram; ~ **element** *szt* többségkapu, majoritáskapu; ~ **emitter** *félv* többséghordozó emitter; ~ **game** *mat* többségi játék, majoritásjáték; ~ **gate** *szt* többségkapu, majoritáskapu; ~

logic *szt* többségi logika; ~ **logic element** *szt* többségi logikai elem, többségi kapu; ~ **operation** *szt* többség(művelet), majoritás(művelet)
majorization *hang* transzponálás dúrba; *mat* majorizálás, felső becslés
majorize *hang* dúrba transzponál; *mat* majorizál, majorál
majorized sequence *mat* felülről korlátos sorozat
majorizing set majoráns halmaz
make I. *v* csinál, készít, gyárt; előállít, termel; *bány* (ki)hajt *(bányateret)*; elővájl, előkészít; *el* zár *(áramkört, érintkezőt)*; *mat* eredményül ad; *ol* (ki)termel *(olajat, gázt)*; **II.** *n* gyártmány, fajta, márka, készítmény; kiállítás, forma, kivitel; kikészítési díj; *bány* (érc)előfordulás; *el* zárás *(áramköré)*; *tex* szabásmód; ~ **a heat** *v koh* adagot olvaszt; ~ **a hole** *v bány* robbantó fúrólyukat fúr; ~ **alive** *v el* bekapcsol, feszültség alá helyez; ~ **and break** *v el* ki- és bekapcsol *(áramot)*; ~**-and-break** *el* ki-bekapcsolás *(áramé)*; villamos áramszaggató; ~**-and-break cam** *gépk* gyújtómágnes elosztóbütyke; ~**-and-break current** *el* szaggatott áram; ~**-and-break device/vibrator** *el* áramszaggató; ~**-and-break ignition** *gépk* megszakításos gyújtás; ~**-and-break switch** *el* áramkörnyitóbontó kapcsoló; ~**-before-break contact** *el* bontás előtt záró érintkező; követőérintkező, előbb záró aztán bontó érintkező; záró-bontó érintkező; ~**-break ratio** *el* zárás-nyitás viszony; ~ **busy** *v aut* foglalttá tesz; ~**-busy jack** *el* reteszelő kapcsolóhüvely; ~ **circuit** *el* bekapcsoló áramkör; ~**-contact (unit)** *el* munkaáramú érintkező, záróérintkező, munkaérintkező; ~ **dead** *v el* kikapcsol, áramtól mentesít; ~ **fast** *v forg, szer* befog, rögzít, megszorít, megerősít; ~ **flush** *v gép* egy síkba állít; ~ **gas** *v bány* gázt ereszt; ~ **ground** *v ép* alaptalajt előkészít/feltölt; ~**-hole** *bány* betörő fúrólyuk; ~**-impulse** *aut* indítóimpulzus, áramkörzáró impulzus, záróimpulzus; ~ **into bundles** *v* kötegbe köt; ~ **into page** *v nyom* (be)tördel; ~ **level** *v nyom* kiegyenget; *nyom, ép* egyenget; ~**-position** *el* bekapcsolt állás/helyzet; záróhelyzet *(érintkezőé)*; ~**-pulse** *aut* indítóimpulzus, áramkörzáró impulzus; *el* bekapcsolási áramlökés; ~ **push-button** *el* zárónyomógomb; ~ **ready** *v* el(ő)készít; ~**-ready** *nyom* egyengetés, „curichtolás"; ~**-ready paper** *pa* krétapapír; ~ **round** *v alak, forg* (le)kerekít, kikerekít, (le)gömbölyít, kigömbölyít; ~ **sing** *v távk* begerjeszt; ~ **steam** *v hőt* gőzt fejleszt; ~**-switch** *el* szakaszoló; ~ **the joint** *v ol* csöveket/fúrócső-rakatokat összecsavar; ~ **tight** *v csom* tömít, hermetikusan lezár, leforraszt; ~ **time** *el* bekapcsolási idő, zárási (ön)idő; ~**-to-break ratio** *el* bekapcsolási viszony; ~ **up** *v* pótol, kompenzál, kiegészít; *csom* csomagol, kiszerel; *ép* feltölt; kiegyenlít; *ip* összeállít, kikészít, elkészít; *nyom* tördel; *ol* összecsavar *(fúrócsöveket)*; ~**-up** utántöltés, pótlás, kiegészítés, feltöltés; összeállítás, kikészítés, elkészítés; *any* szerkezet, (molekuláris) struktúra; *csom* kiszerelés, csomagolás; *film* smink; *foto* kikészítés; *nyom* tördelés; tördelt; ~**-up area** előkészítő terület; ~ **up a train** *v vasút* szerelvényt összeállít; ~**-up cathead** *ol* bepörgető csévé; ~**-up caustic soda** *koh* frisslúg; *vegy* utántöltőlúg *(használt lúg pótlására)*; ~**-up equipment** *film* sminkfelszerelés; ~**-up fan** *szell* levegőfelújító szellőző; ~**-up gas** *vegy* feltöltőgáz, utántöltőgáz; ~**-up heat** *hőt* járulékos hő; ~ **up in slips** *v nyom* hasábokra tördel; ~**-up medium** *vegy* friss szuszpenzió; ~**-up piece** *gép* illesztett rész; kiegészítő darab/rész; ~**-up pipe** *szer* csőillesztek; ~**-up reservoir** *hidr* kiegyenlítőtároló, kiegyenlítőtartály; ~**-up room** *ip* felépítőműhely; ~**-up water** *en, hidr* járulékos víz; pótvíz; *ép* keverővíz; *vegy* feltöltővíz, utántöltővíz, feltöltő/utántöltő friss víz
maker előállító, gyáros; gyártó üzem; ~**-up** *csom* csomagolómunkás, kiszerelőmunkás; *film* sminkes, sminkmester; *nyom* tördelő, mettőr
making I. *a* készítési, előállítási; *el* bekapcsolási; **II.** *n* gyártás, készítés, előállítás; alak, forma; ~ **automatic flash shots** *orv* automatikus villanófényes (röntgen)felvétel készítése; ~**-capacity** *el* (be)kapcsolóképesség, bekapcsolási teljesítmény; ~ **contact** *el* munkaáramú érintkező, záróérintkező; ~**-current** *el* bekapcsolási határáram/csúcsáram; ~ **department** *cipő* kigyártó osztály; ~ **iron** *hajó* dugarozóvas; ~ **oversize** túlméretezés; ~ **position** *el* záróhelyzet *(érintkezőé)*; ~**-ready** *nyom* egyengetés, „curichtolás"; előkészítés; ~**s** *pl bány* szénpor, réspor; ~ **switch** *el* bekapcsoló megszakító; ~ **tower** *vegy* kicsapótorony *(második Solvay-torony)*; ~ **unit** *el* bekapcsolóegység; ~**-up** *csom* jelzés és csomagolás; *tex* kiszerelés; ~**-up of trains** *vasút* vonatösszeállítás, vonatképzés; ~**-up strip** *nyom* térző; ~ **up-to-date** aktualizálás, korszerűsítés; ~ **up water** *hidr* vízpótlás
Maksutov telescope *opt* Makszutov-távcső, meniszkuszos távcső
MAL → mass action law
malachite *ásv* malachit; ~ **green** *vegy* malachitzöld *(színezék)*
malacolite *ásv* malakolit
malacon *ásv* malakon
maladjustment hibás/rossz *v.* nem megfelelő beállítás; rossz megoldás; ~ **failure** *gép* meghibásodás helytelen beállítás következtében
malalignment *rep* koncentricitáshiány, excentricitási tűrés
malate *vegy* malát
malaxate elken, szétdörzsöl; gyúr
malaxator *élip* adagkeverőgép; gyúrógép, keverőgép; *ép* habarcskeverőgép
Malayan camphor *vegy* borneókámfor, borneol
malconformation aránytalanság, alkati hiba, torzulás, torzképződmény
maldistribution *vegy* rossz eloszlás *(desztillációs kolonnákban)*
maldonite *ásv* maldonit
male körülfogott, beillesztett; bedugott, behelyezett, belső; ~ **and female** *el* dugó és aljzat *(csatlakozóé)*; ~ **and female adapter** *gép* külső-belső menetes közcsavar; ~ **beaded forging** *alak* külső peremezéses kovácsolás; ~ **connector** *el* csatlakozódugó; ~ **contact** *el* dugós érintkező; ~ **die** *alak* alakverő; bélyeg; tüske; ~ **dovetail** *gép* belső fecskefarkvezeték; ~**-end of pipe** *szer* betevő csővég; ~ **flange** *szer* tömítőléces karima; ~ **friction cone** *gép* dörzskapcsoló belső kúpja; ~ **ga(u)ge** *metr* dugós idomszer, furatidomszer; ~ **mo(u)ld** *műa* bélyeg, apaszerszám, patrica; ~ **pipe** *szer* betolt cső; ~ **plug** *el* érintkezőcsap; ~ **screw** *gép* csavar; külső csavarmenet; ~ **screw-cutting tool** *forg* külsőmenetvágó szerszám; ~ **templet** *vasút*

rakminta; űrszelvény; ~ **thread** *forg* orsómenet, külső csavarmenet; ~ **union** *gép* külső csavarmenetű karmantyú
maleate *vegy* maleát
maleic | **acid** *vegy* maleinsav; ~ **anhydride** *vegy* maleinsavanhidrid; ~ **resin** *műa* maleinátgyanta
malenoid form *vegy* geometriai izoméria cisz-alakja
malformation hibás alkat, deformáltság
malfunction I. *v gép* rosszul/hibásan működik; **II.** *n gép* hibás/rossz működés; működési hiba, zavar; ~ **alarm** *aut* meghibásodásjelző készülék; ~ **analysis** *gép* működési rendellenesség elemzése; ~ **control panel** *aut* működési zavart ellenőrző pult; ~ **detection system (MDS)** *aut* működési rendellenességet felderítő rendszer; ~ **information** *aut* zavar jelzése, hibajelzés; ~ **repair** *szer* működési rendellenesség megszüntetése; ~ **replacement** *szer* meghibásodott alkatrész kicserélése; ~ **routine** *szt* hibavizsgáló rutin
malic acid *vegy* almasav, oxid-borostyánkősav
mall[1] **I.** *v* üt, ver, sulykol; **II.** *n ép* (kőfaragó) fakalapács; *szersz* sulyok; ~ **hammer** *ép* (kőfaragó) fakalapács
mall[2] *ép* sétálóutca
Mallard constant *krist* Mallard-állandó
mallardite *ásv* mallardit
malleability *alak* alakíthatóság *(nyomással)*, kovácsolhatóság, nyújthatóság, hajlíthatóság
malleabilization *hők* temperálás
malleable *alak* (nyomással) alakítható, formálható, kovácsolható, kalapálható, nyújtható, képlékeny; *önt* temper-; ~ **annealing** *hők* temperöntvény lágyítása; ~ **annealing furnace** *hők* temperöntvény-lágyító kemence; ~ **cast-iron (MCI)** *önt* temperöntvény; ~ **iron (MI)** *koh* alakítható vas
malleableize, malleablize *hők* temperál
malleableizing, malleablizing I. *a* temperáló, temperálási; **II.** *n hők* temperálás; ~ **ore** *ásv* érc öntöttvas temperálásához
mallet *élip* tagló; *ép* (kézi)döngölő, mozsártörő; bunkó; fakalapács, sulyok; *hidr* tömősulyok, verősulyok
malm *geol* malm, agyagmárga
malobservation téves megfigyelés
malonate *vegy* malonát
malonic | **acid** *vegy* malonsav; ~ **acid mononitrile** *vegy* cián-ecetsav
malonyl *vegy* malonil-; ~ **radical** *vegy* malonilgyök
malonylurea *vegy* malonil-karbamid-barbitursav
maloperation *gép* működési hiba
malourea *vegy* veronál, 5,5-dietil-barbitursav
malposition rossz elhelyezkedés/elhelyezés/fekvés
malt I. *v élip* malátává változik; malátáz, csíráztat; **II.** *n élip* maláta; ~ **bin** *élip* malátatartály; ~ **culms** *pl élip* szárított malátacsíra; ~**-dressing plant** *élip* malátakészítő üzem; ~ **drier/dryer** *élip* malátaszárító; ~ **drum** *élip* csíráztatódob, dobcsírázó; ~ **extract** *élip* malátakivonat; ~ **flour** *élip* malátaliszt; ~**-house** *élip* malátagyár, malátacsíráztató; ~ **husks** *pl élip* sörtörköly; ~ **mash** *élip* malátacefre, (sör)cefre; ~ **mill** *élip* malátaőrlő; ~ **oar** *élip* vidrázólapát; ~ **returns** *pl élip* szeszgyári moslék; ~ **sprout** *élip* malátacsíra; ~**-sugar** *élip* maltóz, malátacukor
maltase *vegy* maltázenzim
malted milk *élip* malátás tej
maltery installation *élip* malátázó berendezés
Maltese cross *finm* máltai kereszt
maltha *vegy* földi szurok, gudron
malthene *vegy* maltén
malting I. *a élip* malátázó, csíráztató; **II.** *n élip* malátázás, csíráztatás; ~ **drum** *élip* csíráztatódob, dobcsírázó; ~ **water** *élip* erjesztővíz
maltman *élip* malátakészítő (munkás)
maltobiose *élip* maltóz, malátacukor
maltose *élip* maltóz, malátacukor; ~ **figure** *élip* maltózszám
maltster *élip* malátakészítő (munkás)
MAM → memory access multiplexer
mamillary structure *ásv* szemölcsös szerkezet
mamma *met* gomolyfelhő(k)
mammock *any* töredékdarab; *talt* göröngy
mammoth | **blast** *bány* nagykamrás robbantás; ~ **pump** *hidr* mamutszivattyú; *koh* mamutcső; ~ **pumping** *ol* mamutszivattyúzás; ~ **rotor** *hidr* mamutrotor; ~ **vibrator** *ép* mamutvibrátor
man I. *v hajó, rep, űr* legénységgel ellát; **II.** *n* ember, munkás; ~**-carrying kite** *rep* megfigyelősárkány; ~**-carrying rocket** *rak* embert vivő rakéta; ~**-door** *koh* búvónyílás; ~ **engine** *bány* szállógép, „Fahrkunst"; ~**-hole** → manhole; ~**-hour** *ip* emberóra; munkaóra; ~**-hour need** munkaóra-szükséglet; ~ **lock** *ép* (lég)zsilip; személyzsilip *(légnyomásos alapozásnál)*; ~**-machine communication** *szt* ember-gép kommunikáció; ~**-machine interaction** *szt* ember-gép párbeszéd; ~**-machine interface (MMI)** *szt* ember-gép interfész, ember-gép kapcsolat, MAM; ~**-machine simulation** ember-gép szimuláció; ~**-machine system** ember-gép rendszer; ~**-made** ember által készített; mesterséges, mű-; szintetikus, mesterséges, mű-; ~**-made Earth's satellite** *rak, távk* (Föld) mesterséges bolygó(ja), műhold, szputnyik, műbolygó; ~**-made environment** mesterséges környezet; ~**-made fibre(s)/fiber(s)** *tex* műszál; szálas műanyag; vegyiszálak; ~**-made interference** *távk* ipari rádiózavar; ~**-made noise** *távk* mesterséges zaj; ~**-made rubber** *gumi* szintetikus kaucsuk; ~**-made satellite** *rak, távk* mesterséges hold/bolygó, műhold; ~**-made staple fibre/fiber** *tex* vágott műszál; ~**-made statics** *távk* mesterséges rádiózavarok; ~ **of war** *hajó* csatahajó; ~**-pack laser unit** *fiz* hordozható/háti lézerkészülék; ~**-portable** *gép* hordozható, háti-; ~**-rated reliability** megbízhatóság az emberi tényező figyelembevételével; ~**-riding** *bány* személyszállítás; ~**-shift** *bány* műszak *(emberek)*; ~ **signal** *bány* személyszállítási jelzés; ~**-size** ember nagyságú; ~**-sized chimney** *hőt* mászható kémény; ~ **troll(e)y** *ép* darukezelő kocsi; kezelőkosaras villamos futómacska; ~**-week** személy per hét; ~**-winding** *bány* személyszállítás *(aknában)*
MAN → metropolitan area network
manageability kezelhetőség; megvalósíthatóság
manageable kezelhető, vezethető, irányítható; kivihető, megvalósítható
management gépgondozás; jártasság; szervezés, ügykezelés, vezetés, gazdálkodás, menedzselés; *kat* irányítás; ~ **domain** *szt* menedzselési tartomány; ~ **for water protection** *környv* vízvédelmi igazgatás; ~ **game** üzleti játék; ~ **information** *ip* igazgatási információ; ~ **information system (MIS)** *szt* vezetői információs rendszer, MIS; ~ **of mineral wealth** ásvány-

vagyon-gazdálkodás; ~ **sciences** *szt* vezetéstudomány; ~**-type problem** *ip* igazgatási típusú probléma
manager igazgató, (vállalat)vezető; menedzser; ~**-and-secretary station** *távk* főnök-titkári berendezés
mancage *bány* személyszállító kas
mandatory | **arms embargo** *kat* kötelező fegyverembargó; ~ **licensing** *ip* kényszerlicencia-adás; ~ **sign(s)** *közl* utasítást adó jelzőtábla; ~ **space** *szt* kötelező szóköz
mandelic acid *vegy* mandulasav, fenil-glikolsav
mandelonitrile *vegy* mandulasav-nitril
mandelstone *ásv* mandulakő
Mandler filter *gyógyv* Mandler-szűrő
mandoor *ép* búvónyílás
mandrel, mandril I. *v forg* kifúr, tágít; **II.** *n bány* csákány; *ép* cölöpöző; előfúrómag *(betoncölöpfúráshoz)*; zömök oszlop *(hídon)*; *forg* (eszterga)tüske, kúpos tüske; fúrótengely; *gép* forgótengely; *gumi, műa* tüske *(csőextrudáló szerszámban)*; vulkanizálócső; *koh* dugó; *pa* vízjelhenger-bordázat; *szersz* tágítótüske, dörgölőár, irányítókúp, gömbölyítőhenger; *távk* járattisztító *(kábelfektetéshez)*; ~ **die** *műa* kombinált matrica; ~ **drawing** *heng* csőfelhengerlés, csőhúzás *(tüskével)*; ~ **for bending** *ép* hajlítótüske *(betonacélnál)*; ~ **mill** *heng* tüskés csőhengermű; ~ **press** *alak* tövises prés; ~ **work** *forg* megmunkálás tüskén
Manebach | **law** *krist* Manebach-törvény, manebachi ikertörvény; ~ **twin** *krist* manebachi iker
maneton *gépk* osztott forgattyútengely forgattyúkarja
maneuver *US* → manoeuvre
maneuverability *US* → manoeuvrability
maneuverable *US* → manoeuvrable
maneuvering *US* → manoeuvring
manganate *vegy* manganát
manganblende *vegy* mangánfényle, mangán(II)-szulfid
manganese (Mn) *ásv* mangán; ~ **alloy** *koh* manganin, mangánötvözet; ~ **alum** *ásv* apjohnit; ~ **black** *ásv* piroluzit, barnakő; *vegy* mangán-dioxid; ~ **bog** *vegy* mangánhab; ~ **bronze** *koh* mangánbronz; ~ **brown** *vegy* mangánbarna, oroszbarna *(festék)*; ~ **carbide** *vegy* mangán-karbid; ~ **carbonate** *vegy* mangánkarbonát; ~ **content** mangántartalom; ~ **copper** mangánbronz, mangánréz; ~ **dichloride** *vegy* mangán(II)-klorid; ~ **dioxide** *vegy* mangán(IV)-oxid, mangán-dioxid; ~ **ferrite** *vegy* mangán-ferrit; ~ **heptoxide** *vegy* mangán(VII)-oxid; ~ **iron** *koh* mangánvas; ~**-killed steel** *koh* mangánnal nyugtatott acél; ~ **lignolate** *vegy* faolajsavas mangán *(szikkatív)*; ~ **metallurgy** *koh* mangánkohászat; ~ **monoxide** *vegy* mangán(II)-oxid; ~ **mordant** *fa* mangánpác; ~ **mud** *vegy* mangániszap; ~ **nodules** *geol* mangángumók *(tengerfenéken)*; ~ **ore** *ásv* mangánérc; ~ **recovery** *koh* mangánkihozatal; ~ **reduction** *koh* mangánredukció; ~ **sesquioxide** *vegy* mangán(III)-oxid; ~ **silicate** *vegy* mangán-szilikát; ~ **spar** *vegy* rodokrozit; ~ **steel** *koh* mangánacél; ~ **trichloride** *vegy* mangán(III)-klorid; ~ **trioxide** *vegy* mangán(IV)-oxid, mangán-trioxid; ~ **wad** *vegy* mangánhab
manganian *ásv* mangani-
manganic *vegy* mangán(III)-; ~ **oxide** *vegy* mangán(III)-oxid; ~ **sulphate/sulfate** *vegy* mangán(III)-szulfát; ~ **sulphide/sulfide** *vegy* mangán(IV)-szulfid, mangán-diszulfid
manganiferous *vegy* mangántartalmú; ~ **white cast-iron** *önt* mangántartalmú fehéröntvény
manganin *el* manganin; ~ **sheet** *el* manganin finomlemez; ~ **wire** *el* manganinhuzal
manganite *ásv* manganit, szürke mangánérc, mangán-oxid-hidrát
manganoan *ásv* mangano-
manganocyanic acid *vegy* hexacianomangán(II)sav
mangano-manganic oxide *vegy* mangán(II,III)-oxid, mangano-manganit
manganophyllite *ásv* manganofillit
manganosite *ásv* manganozit, mangán(II)-oxid
manganostiblite *ásv* manganosztiblit
manganous *vegy* mangán(II)-; ~ **carbonate** *vegy* mangán(II)-karbonát; ~ **chloride** *vegy* mangán(II)-klorid; ~ **oxide** *vegy* mangán(II)-oxid; ~ **silicate** *vegy* mangán(II)-szilikát; ~ **sulphate/sulfate** *vegy* mangán(II)-szulfát; ~ **sulphide/sulfide** *vegy* mangán(II)-szulfid
manger *mzg* etető, jászol, vályú; ~ **partition** *mzg* takarmányrács
mangle I. *v* összevagdal; megcsonkít; *heng* hengerel; *tex* kalanderez, mángorol; **II.** *n tex* mángorló, kalander; ~ **gear** *gép* csaposkerék; ~ **gearing** *gép* csapkoszorús fogaskerekes áttétel; ~ **roll** *heng* egyengetőgörgő, egyengetőhenger
mangler *tex* mángorló(munkás); mángorlógép, simítógép
mangling I. *a heng* hengerlő; *tex* mángorló, kalanderező; **II.** *n heng* hengerlés; *tex* kalanderezés, mángorlás
mangrove *fa* mangrovefa; ~ **bark** *fa* mangrovekéreg
manhandle *bány* lapátol; *csom* kézzel rakodik/felrak, kézi erővel mozgat/szállít
manhauler *bány* munkásszállító (föld alatti) vonat
manhead *ép* búvólyukfedél
manhoist *bány* személyszállítás *(aknában)*
manhole (MH) *bány* szűk vágat; *ép* búvónyílás, búvólyuk, búvófülke, beszállónyílás, ellenőrzőakna, vizsgálónyílás; *ép, vasút* alagútfülke; *hőt* katlantisztító nyílás; *pa* iszapnyílás; ~ **cover (MC)** *ép* búvónyílás fedele, aknarács, aknafedő él, beszállónyílás-fedő; *hajó* búvónyílásfedél; ~ **dog** *ép* búvónyílás/tisztítónyílás rögzítőkengyele; ~ **end-plate** *ép* tisztítónyílás zárófedele; ~ **head** *ép* aknafedlap kerettel *(öntöttvasból)*; ~ **ring** *ép* búvónyíláskeret; ~ **yoke** *ép* búvónyílás/tisztítónyílás rögzítőjárma
manifold I. *v* sokszorosít, sokszoroz; **II.** *n* sokféleség; *ép* elosztócső, elosztóvezeték, csőelosztó; *gép* kipufogó- és szívócsővezeték; többszörös hajlatú *v.* sokágú *v.* soklyukú cső; villa; *mat* halmaz; *nyom* sokszorosított irat/példány; *ol* többcsonkos csőelágazó; ~ **bank** *pa* átütőpapír; ~ **block** *gép* elágazó csőidom; ~ **circuit** *el* villaáramkör; ~ **header** *hőt* csőkamra *(vízcsöves kazáné)*; ~ **heat control** *gépk* szívóvezeték hőszabályozása; ~ **paper** *pa* átírópapír, átütőpapír, sokszorosítópapír; ~ **pen** *nyom* átírótoll; ~ **pressure (MP)** *rep* kezdeti nyomás; ~ **pressure regulator** *aut* szívónyomás-szabályozó; ~**s** *élip* csőcsonk, tömlő; *pa* sokszorosítópapír; ~ **valve** *hőt* elosztószelep *(gőzhöz)*; ~ **writer** *nyom* masszás sokszorosítógép
manifolding-machine *nyom* sokszorosítógép

manila *pa* manila; ~ **board/cardboard** *pa* manilakarton; ~ **cover** *pa* kötéllemezfedél; ~ **hemp** *tex* manilakender, manilafű; ~ **paper** *el* manila(kábel)papír, kraftpapír; ~ **tissue-paper** *pa* manilaselyem-papír
manilla(-) → manila(-)
manipular keys *távk* adóbillentyű
manipulate megmunkál, feldolgoz
manipulated variable *aut* beavatkozójel; módosított/konvertált/transzformált jellemző/változó
manipulating drive *gép* anyagmozgató berendezés/szállítóberendezés hajtóműve, manipuláló gépsor
manipulation kezelés, bánás, eljárás; művelet; manipuláció; megmunkálás, feldolgozás; ~ **cell** *at* manipulációs kamra/szekrény; ~ **chart** *gép* kezelési táblázat
manipulator *at, heng* manipulátor; *távk* kezelőszerelvény; *vegy* vegyészmunkás, laboráns; ~ **arm** *at, heng* manipulátor karja; ~ **for turning ingots** *heng* blokksori manipulátor; ~ **for turning-over and shifting** *heng* vályús bugafordító
manna manna; *gyógyv* kőrisfa hashajtó gyantája, mannacukor, mannit
mannane *vegy* mannán
manned *kat, rak, rep* ember vezette, kezelőszemélyzettel ellátott; ~ **aircraft** *rep* személyzettel ellátott légi jármű; ~ **control** *rep* kézi vezérlés; ~ **flight** emberes űrrepülés; ~ **orbital laboratory (MOL)** lakott űrállomás; ~ **satellite** *rak* mesterséges bolygó emberrel/utassal; ~ **spacecraft** embert szállító űrhajó; ~ **time** üzemidő
manner mód, módszer; ~ **of action** *aut* működési mód; ~ **of aggregation** *ásv* kőzetszerkezet; ~ **of fastening** *szer* megerősítés módja; ~ **of operation** *aut* működési mód
Mannesmann | method of piercing *heng* Mannesmann-féle lyukasztási eljárás; ~ **mill** *heng* csőlyukasztó/ferde hengerállvány; ~ **piercer,** ~ **piercing mill** *heng* Mannesmann-hengermű
Mannheim process *vegy* Mannheim-eljárás
mannite *gyógyv* mannit, mannacukor
mannitic acid *vegy* mannonsav
mannitol *vegy* mannit
mannose *vegy* mannóz
manoeuvrability, *US* **maneuverability** *aut* irányíthatóság, kormányozhatóság, vezérelhetőség, manőverezhetőség, navigálhatóság; *rep* fordulékonyság
manoeuvrable, *US* **maneuverable** *aut* kezelhető, (könnyen) mozgó; mozgatható, irányítható, kormányozható; *rep* fordulékony
manoeuvre, *US* **maneuver I.** *v aut* kezel, irányít; működtet, mozgat; *kat* hadmozdulatokat végez; megkerül; *közl* manőverez *(járművel)*; *vasút* rendez; **II.** *n kat* hadmozdulat, manőver; *vasút* rendezés
manoeuvring, *US* **maneuvering I.** *a aut* irányító, kezelő, kormányozó; *kat, közl* manőverező; **II.** *n aut* kezelés, irányítás; *kat, közl* manőverezés; ~ **area** *rep* manőverezési terület; ~ **autopilot** *rep* manőverező robotpilóta; ~ **flight** *rep* manőverezés; manőverrepülés, műrepülés; ~ **load** *rep* manőverezési igénybevétel, alapterhelés; ~ **load factor** *rep* manőverezési terhelési tényező
manograph manográf, nyomásregisztráló, (ön)író/feljegyző nyomásmérő, regisztráló manométer
manometer feszmérő, nyomásmérő, manométer; *rád* gáznyomásmérő ionizációs trióda; ~ **capsule** manométerdoboz, dobozos manométer, fémmanométer; ~ **tube** Bourdon-cső
manometric manometrikus; ~ **balance** dugattyús manométer, nyomásmérleg; ~ **delivery head** manometrikus emelőmagasság; ~ **pressure head** manometrikus nyomásmagasság; ~ **scale** dugattyús manométer, nyomásmérleg; ~ **suction head** manometrikus szívómagasság; ~ **thermometer** nyomáshőmérő
manometry nyomásmérés, manometria
manostat *aut* nyomásszabályozó, manosztát
manovacuumneter mano-vákuummérő, manométeres vákuummérő
manpower *ip* emberi/kézi erő; munkaerő; munkáslétszám; munkások; *kat* élőerő; ~ **control** *ip* munkaerő-gazdálkodás; ~ **shortage** *ip* munkaerőhiány
mansard *ép* manzárd, tetőemelet; ~**-cornice mo(u)lding** manzárdpárkányfríz; ~ **dormer window** manzárdtetőablak; ~ **roof** manzárdtető; ~ **roofs** manzárd fedélszékek
Mansbridge capacitor *el* hengeres kondenzátor
mansion családi ház; udvarház, uraság kastély; ~**s** *pl ép* lakóháztömb, bérház, bérpalota
mantel(piece) *ép* kandallópárkány, kandallópolc, kandallóburkolat
mantelshelf *ép* kandallópárkány, kandallópolc
mantissa *mat* mantissza, logaritmus törtrésze
mantle I. *v* befed, beburkol, eltakar; habzik, tajtékzik; **II.** *n* köpeny, palást; *csom* burkolat, burkolóréteg; *hőt* gázizzóharisnya; *koh* elszívóburkolat; *önt* formaköpeny; *talt* fedőréteg; ~ **clock** *óra* kis állóóra; ~ **of glacial drift** *geol* jégkori üledék; ~ **of the Earth** *geol* földköpeny; ~ **of vegetation** *biot* növénytakaró; ~ **plate** *csom* borítólemez; ~ **ring** *koh* tartókoszorú *(nagyolvasztón)*; ~ **rock** *geol* lejtőtörmelék; mállott kőzettakaró; ~ **sheet** *csom* borítólemez
mantled burkolt
manual I. *a* kézi (kezelésű/irányítású), kézzel történő/végzett; manuális; **II.** *n* kézikönyv; *hang* manuál, billentyűzet; *kat* fegyverfogás, puskafogás, fegyvergyakorlat; ~ **access** kézi elérés/hozzáférés; ~ **adjustment** *pa* kézi beállítás; ~ **arc welding** *heg* kézi ívhegesztés; ~ **area** *távb* kézi kapcsolású központ körzete; ~ **block** *vasút* kézi működtetésű biztosítóberendezés; ~ **board** *távb* kézi kapcsolóasztal; ~ **butt welding** *heg* kézi tompahegesztés; ~ **card punching** *szt* kézi kártyalyukasztás; ~ **case breaker** *koh* kézi kéregbetörő; ~ **closed-loop control system** kézi szabályozási rendszer; ~ **command** *rep* kézi vezetés/irányítás; ~ **control (MC)** kézi vezérlés/szabályozás/működtetés/irányítás; *rep* kézi kormányzás/irányítás; ~**-controlled** kézi irányítású/vezérlésű; ~**-control of feedback system** visszacsatolt rendszer kézi irányítása/vezérlése/szabályozása; ~ **control unit** kézi működtetőegység; ~ **cutting** *mt* kézi vágás; ~ **cutting torch** *mt* kézi vágóégő; ~ **data input (MDI)** *szt* kézi adatbevitel; ~ **electric welding** *heg* kézi villamoshegesztés; ~ **electroslag welding** *heg* kézi villamos salakhegesztés; ~ **entry** *szt* kézi bevitel; ~ **exchange** *távb* kézi kapcsolású/kezelésű központ; ~ **flame-cutting** *alak* kézi lángvágás; ~ **free-spinning operation** *tex* forgató rendszerű kézi fémnyomási művelet; ~ **free-spinning process** *tex* szabadkézi fémnyomó eljárás; ~ **gas metal-arc welding** *heg* kézi AFI-hegesztés; ~ **gas tungsten-arc welding** *heg* kézi

AVI-hegesztés; ~ **gun** *szersz* kézipisztoly; ~ **haulage** *bány* csillézés; ~ **holder** *heg* kézi hegesztőégő; ~ **input (MI)** *szt* kézi adatbevitel; ~ **input unit** *szt* kézi bevivőmű/bevivőkészülék; ~ **labo(u)r** *ip* kézi munka; ~ **loudness control** hangerő-szabályozó; ~ **manipulation** kézi működtetés/művelet; ~ **metal-arc welding** *heg* kézi fémíves hegesztés; ~ **MIG torch** *heg* kézi AFI-hegesztőfej; ~ **MIG welding** *heg* kézi AFI-hegesztés; ~ **mixture control** keverék-összetétel kézi szabályozása; ~**-monitored control system** kézi szabályozási rendszer; ~ **mo(u)lding** *koh* kézi formázás; ~ **multi-pass welding** *heg* kézi többrétegű hegesztés; ~ **mute** audiométer kézi hangmegszakítója/hangszaggatója; ~ **of navigation** *rep* navigációs kézikönyv; ~**-operated** kézi hajtású; ~**-operated rail clamp** *vasút* kézi sínfogó; ~ **operation** kézi működtetés/kezelés/művelet; ~ **oxyacetylene welding** *heg* kézi gázhegesztés; ~ **paper feed knob** *szt* kézi papírtovábbító gomb *(nyomtatónál)*; ~ **program** *aut, szt* kézi program; ~ **program input** *aut, szt* kézi programbemenet; ~ **puncher** *szt* kézi lyukasztó; ~ **punching** *szt* kézi lyukasztás; ~ **reduction hoist** *ép* kötélvonó-elemes emelő; ~ **remote control** kézi távműködtetés/távvezérlés; ~ **ringing** *távb* kézi csengetés; ~ **setting** kézi beállítás; ~ **switchboard** *vasút* kézi kezelésű váltó; ~ **switching** *rep* kézi kapcsolás/adás; *távb* kézi kezelés; ~ **switch room** *távb* manuális kapcsolóterem; ~ **system** kézi kezelésű rendszer; ~ **telephone system** *távb* kézi kapcsolású rendszer; ~ **teleprinter** *távb* kézi távíró; ~ **Tig welding** *heg* kézi AVI-hegesztés; ~**-training lathe** *forg* tanulóeszterga; ~ **truck** *élip* kézitargonca; ~ **tungsten-arc welding** *heg* kézi AVI-hegesztés; ~ **volume control (MVC)** *hang* erősítésszabályozó, kézi hangerő-szabályozó; kézi hangerő-szabályozás; ~ **welding** *heg* kézi hegesztés

manually kézzel (végzett/vezetett), kézi (vezérlésű), manuális működtetésű; ~ **adjustable water flowmeter** *ép* kézi beállítású vízmennyiségmérő; ~**-controllable propeller** *rep* kézzel állítható légcsavar; ~**-controlled** kézi vezérlésű; ~**-guided** kézi irányítású/vezetésű; ~**-guided drag loader shovel** *ép* kézi vezetésű géplapát; ~**-guided drag skip** *ép* kotrólapát, (kézi vezetésű) géplapát; ~**-guided unloader** *ép* géplapát; ~ **held** kézzel vezetett/tartott; ~**-moved internal-combustion rammer** *ép* kézi mozgatású robbanódöngölő; ~**-moved plate vibrator** *ép* kézi mozgatású lapvibrátor; ~**-operated (m.o.)** kézzel vezetett/tartott/hajtott; ~**-operated (industrial) lift truck** *ép* kézi működtetésű emelőkocsi; ~**-operated screw-gear/pulley block** *ép* kézi hajtású csigakerekes láncos emelő; ~**-operated valve** kézi működtetésű szelep; ~**-operated water flowmeter** *ép* kézi működtetésű vízmennyiségmérő

manufactory *ip* gyár(telep), ipartelep, üzem, műhely

manufacture I. *v ip* gyárt, előállít, készít; megmunkál; **II.** *n ip* (nagyüzemi) gyártás, termelés, előállítás; gyáripar; gyártmány, készítmény; ipar; ~ **patent** gyártási szabadalom; ~**s** *ip* gyári áruk

manufactured *ip* gyárilag előállított, futószalagon készült; ~ **gas** *ol* világítógáz, városi gáz, gyártott éghető gáz; ~ **ice** *élip* műjég; ~**'s test** *any* gyártási (ellenőrző) vizsgálat/próba; ~**'s waste** *tex* gyártási hulladék; visszatérő hulladék

manufacturer gyáros, gyártó; kivitelező, készítő

manufacturing I. *a ip* gyártási, gyári, ipari; **II.** *n ip* gyártás, előállítás, termelés; ~ **automation protocol (MAP)** *szt* gyártásautomatizálási protokoll; ~ **control** *ip* gyártásirányítás; ~ **cost scheduling** *ip* termelésiköltség-tervezés; ~ **defect** *ip* gyártási hiba *(terméké)*; ~ **error** *ip* gyártási hiba *(folyamaté)*; ~ **facilities** gyártó berendezések/üzem; ~ **imperfection** → ~ defect; ~ **industry** gyáripar; ~ **lathe** *forg* termelőeszterga; ~ **licence/license** *ip* gyártási licencia; ~ **milling-machine** *forg* merev marógép; ~ **number** *szer* gyári szám; ~ **overhead** *US ip* gyártási általános költségek, gyártási rezsiköltségek; ~ **plant** *ip* gyári berendezés/felszerelés; ~ **process** gyártási eljárás; gyártástechnológia; ~ **quality control** gyártás minőség-ellenőrzése; ~ **reliability** gyártás megbízhatósága; ~ **tolerance** *any* gyártási tűrés

manure I. *v mzg* trágyáz; **II.** *n mzg* (szerves) trágya; ~ **carrier** trágyaszállító kocsi/csille; ~ **distributor** istállótrágya-szóró; ~ **pulverizer** trágyaaprító *(szórógépen)*; ~ **pump** trágyalészivattyú; ~ **spreader** szervestrágya-szóró, trágyalészóró; ~ **works** *vegy* műtrágyagyár

manurial effect/value *mzg* trágyázóérték, trágyaérték

manuring *mzg* trágyázás

manuscript I. *a nyom* kéziratos, kézzel írott; **II.** *n nyom* kézirat

manway *bány* járóvágat, járóosztály, gyalogjáró *(vágány mellett)*; ~**-down** *bány* lejáróosztály *(vágány mellett)*; ~ **raise** *bány* járógurító; ösvény *(emberek számára)*; ~**-up** *bány* feljáróosztály *(vágány mellett)*

many sok; ~**-body model (of nucleus)** *at* sokrészecskemodell *(atommagé)*; ~**-body problem** *csill* soktestprobléma; ~**-degree-of-freedom system** *aut* több szabadságfokú rendszer; ~**-dimensional** → multidimensional; ~**-particle state** *at* sokrészecske-állapot; ~**-valley semiconductor** *félv* többvölgyes félvezető anyag; ~**-valued** → multiple-valued

manyness *mat* kardinális szám, számosság

MAOS → metal-alumina-oxide-semiconductor

map I. *v geod* (fel)térképez; **II.** *n geod* térkép; *ip* tervrajz; *mat* leképzés; *szt* térkép, lista, leképezés; ~**-colo(u)ring problem** *mat* térképszínezési probléma; ~ **display** *rep* térképszerű indikáció/adatfeltüntetés; ~ **distance** *rep* térkép szerinti távolság; ~ **expression** *geod* terep jellemző ábrázolása *(térképen)*; ~ **holder** térképtartó, térképtáska; ~**-maker** térképész, kartográfus; ~**-making** térképészet, kartográfia; ~ **measurer** térképhosszmérő készülék; ~ **network** *geod* térképhálózat; ~ **of bedding/beds** *geof* települési térkép, rétegtérkép; ~ **of main store** *szt* főtártérkép; ~ **of oblique projection** *geol* ferde vetületi térkép; ~ **of vertical projection** *geol* függőleges vetületi térkép; ~ **out** *v ip* (munkatervet) kidolgoz, kitervez; eltervez; ~ **over** *v szt* leképez; ~ **paper** térképpapír; ~ **plotting** *geod* térképszerkesztés; ~ **plumb point** *geod* térképnadírpont; ~ **pocket** *gépk* ajtózseb; ~**-portray** *v geod* térképszerűen ábrázol; ~ **range** térképi távolság; ~ **scale** térképskála, térképlépték; ~ **sheet** térképlap; ~ **sweep** *kat* térkép szerinti pásztázás; ~ **symbols** térképjelek; ~ **tracer** *geod* térképrajzoló készülék; ~ **varnish** rajzvédő lakk; ~ **with bedrock contour lines** *bány* feküszintvonalas térkép; ~ **with seam contour lines** *bány* telepszintvonalas térkép

MAP → manufacturing automation protocol; → missed approach procedure

mapharsen *vegy* mafarzén, 3-amino-4-oxifenil-arzinoxid

maple *fa* juharfa; ~ **sap** *élip* juharlé; ~ **sugar** *élip* juharcukor; ~ **syrup** *élip* cukorjuhar besűrített leve

mapped system *szt* hardver tárkezelést tartalmazó rendszer *(vizuális tárcímzéshez)*

mapping I. *a geod* (fel)térképező, (le)térképezési; *mat* leképező, leképezési; **II.** *n geod* (fel)térképezés, letérképezés, felmérés; *mat* (egyértelmű) leképezés, transzformáció, vonatkozás, megfeleltetés; *szt* leképezés; ~ **camera** légifényképező kamera; ~ **function** *mat* leképezésfüggvény; ~ **into . . .** *mat* leképezés . . . be; ~ **lens** térképfényképező lencse; ~ **out of the magnetic field** *fiz* mágneses spektrumrögzítés, spektrumfelvétel; ~ **pen** térképrajzoló toll

mar I. *v* elront, megrongál, tönkretesz; (fel)horzsol, (fel)karcol; **II.** *n* karcolás, horzsolás; ~**-proof** *any* karcolásálló

MAR → magnetoacoustic resonance; → memory address register; → mercury arc rectifier; → microanalytical reagent

marabout *tex* félselyemplüss

maraging *koh* martenzitre keményítés; ~ **steel** *hők* marazsing acél, martenzites acél

marble I. *v ép* márványoz; **II.** *n* márvány; *ép* márványozás; márványtábla; *üveg* üveggyöngy; ~ **board** *pa* márványkarton; ~ **chips** *pl* márványzúzalék; ~ **cutting** *ép* márványfaragás, márványmegmunkálás; ~**-edged** *nyom* márványozott szegélyű *(könyv)*; ~ **facing** *ép* márványburkolat; ~ **flag** *ép* márványlap; ~ **lime** *ép* márványmész; ~ **paper** *pa* márványpapír; ~**-pasting paper** *pa* márványbevonó papír; ~**-white** *vegy* márványfehér *(festék)*

marbled *ásv* erezett, szemcsés; *élip* zsíreres *(hús)*; *ép* márványos, márványszerű; márványozott; ~ **edge (ME)** *nyom* márványos metszés; ~ **glass** *üveg* márványüveg; ~ **grain** *bőr* márványszerű barka *(kész bőrön)*; ~ **leather** *bőr* márványozottság *(bőrhiba)*; ~ **paper** *pa* márványpapír; ~ **soap** *vegy* márványszappan

marbling I. *a élip* erező; *ép, pa* márványozó; **II.** *n ép* erezés, flóderezés; márványozás; *nyom* márványmetszés, márványozás; ~ **fat** *élip* (húst) átszövő/márványozó zsír

marc *élip* (préselt szőlő)törköly; seprő

MARC → machine-readable cataloging

marcasite *ásv* markazit, vas-diszulfid, vaspiritkristály

marcbrandy *élip* törkölypálinka

marceline *ásv* marcelin; *tex* ritka (beállítású) műselyemszövet

march I. *v* elhatárol; halad; *bány* lehatárol; *kat* menetel; **II.** *n* területhatár, határtartomány; fokozatos (előre)haladás; *bány* bányamezőhatár, bányatelekhatár; telepítetlen lemművelt terület; *kat* (dísz)lépés; menet; ~ **stone** *bány* határkő *(külszínen)*

marching I. *a bány* elválasztó, leválasztó; *kat* menetelő; **II.** *n* elhatárolás; *bány* művelés a bányatelek határán; *kat* menetelés, vonulás

Marconi | commutator *rád* forgótárcsás szikraköz; ~**-Franklin antenna** *távk* Franklin-antenna; ~**-Franklin beam array** *rád* (rövidhullámú) irányantenna

marcus *ép* nagykalapács

Marcusson test *fiz* lobbanáspont-meghatározás Marcusson szerint

mare *csill* holdtenger

marekanite *geol* marekanit

mareogram → marigram

mareograph → marigraph

marezzo marble *ásv, ép* márványutánzat, márványimitáció

margaric acid *vegy* margarinsav, n-heptadekánsav

margarine *élip* margarin

margarite *ásv* margarit

margarodite *ásv* margarodit

margin I. *v* szegélyez, szegéllyel ellát; *nyom* margóval ellát; **II.** *n* szegély, szél, perem; tűrés, tolerancia, eltérés; teljesítőképesség határa; *ép* leállósáv; padka, (burkolatlan) oldal; *fa* (kép)keretszél; *ip* alsó határ *(gazdaságosságé)*; *nyom* margó, lapszegély, lapszél; *távk* vételhatár; ~**-adjust mode** *szt* szegélybeállító üzemmód; ~ **bell** *nyom* sorvégjelző csengő; ~ **line** *hajó* biztonsági vonal; ~ **of deck** *hajó* fedélzetszegély; ~ **of energy** *fiz* energiafelesleg; ~ **of error** *ip* szóráshatár; *stat* hibahatár; ~ **of image** képszegély *(fotogrammetriában)*; ~ **of lift** *rep* felhajtóerő tartaléka; ~ **of manufacture** gazdaságos termelés alsó határa; ~ **of power** *rep* teljesítmény tartaléka; ~ **of safety (MS)** *gép* biztonság foka/mértéke; biztonsági tűrés; ~**-of-safety line** *hajó* vízvonal felső határa *(lék esetén)*; ~ **of speed** *rep* sebesség tartaléka; ~ **of stability** *rep* stabilitás tartaléka; ~ **plate** *hajó* medersori kettősfenék-zárólemez, koporsólemez; ~ **sheet** *nyom* alátétív; ~ **tile** *ép* szegélycserép

marginal lapszéli, határ-, szegély(ező); marginális; *opt* szélső, marginális *(sugár)*; ~ **amplifier** *rád* oldalsáv-erősítő; ~ **area** *fiz* határterület; *geol* peremterület; ~ **bars** *ép* osztólécek *(üvegezéshez)*; ~ **beam** *ép* szélső tartó, szegélygerenda; *opt* marginális/szélső sugár; ~ **check** *szt* határeset-vizsgálat; ~ **checking** *mat* határérték-vizsgálat; ~ **concrete strip finishing unit/train** *ép* betonszegély-készítő szerelvény; ~ **condition** *mat* kerületi feltétel; ~ **cost** *ip* határköltség; ~ **crevasse** *geol* oldalszakadék; ~ **current** *el, távk* impulzus-határáram; megszakítási határáram; ~ **depression** *hidr* peremsüllyedék; ~ **discharge** *el* csúcsok közötti kisülés; peremkisülés, élkisülés; ~ **facies** *geol* szegélyképződmények; ~ **fissure** *geol* peremtörés; ~ **girder** *gép* szegélytartó, szélső tartó; ~ **inscription** körirat *(érmén)*; ~ **lubrication** *gép* határkenés; ~ **moraine** *geol* szegélymoréna, oldalmoréna; ~ **note** *nyom* széljegyzet; ~ **ore** *bány* (még éppen) gazdaságosan bányászható érc; ~ **perforation** *pa* peremlyukasztás; ~ **producer** *ol* csepegő kút; ~ **product** *ip* határtermék; ~ **punch(ed) card** *szt* peremlyukkártya, széllyukkártya; ~ **radius** *opt* marginális sugár; ~ **region** *geol* peremvidék; ~ **reinforcement** *gép* szélső vasalás; ~ **relay** *távb* határolt működésű jelfogó, kényes beállítású jelfogó; ~ **release** *nyom* margókioldó *(írógépen)*; ~ **sea** *geol* parti tenger; ~ **spines** *geol* peremtüskék *(láván)*; ~ **stability** *gép* biztonságos stabilitás; ~ **state** *el* határállapot; ~ **stop** *nyom* sorzár *(írógépen)*; ~ **stripe** *nyom* szegélyvonal, vezetősáv; ~ **sum** *mat* sorösszeg, oszlopösszeg; ~ **testing** *el* marginális vizsgálat, határvizsgálat; *mat* határérték-vizsgálat; ~ **tests** *any* határvizsgálatok; ~ **texture** *geol* szegélymenti szerkezet; ~ **utility** *aut* határhaszon; ~ **utility theory** *aut* határhaszon-elmélet; ~ **water** *hidr* szélvíz; ~ **well** *ol* fúrás az olajmező határán; kis termelésű olajkút, csepegő kút; peremfúrás; ~ **zone** szélső övezet/sáv; *geol* parti öv(ezet); *opt* margínális öv/zóna

marginalism *mat* határelemzés, marginalizmus

marginally kis/csökkent mértékben

marialite *ásv* marialit

Marietta-process *ol* Marietta-eljárás, nyomás-visszaállítás *(kimerült telepen)*

marigram *hidr, met* mareogram

marigraph *hidr* dagálymérő, apálymérő, marigráf, mareográf

marinade *élip* boros ecetes fűszeres pác

marinate *élip* bepácol, besóz, mariníroz

marinated *élip* pácolt, sózott, marinírozott

marine I. *a geol* marin; *hajó* tengerhajózási, hajó-; tengeri, tengerészeti; **II.** *n hajó* tengerészet; *kat* (hadi)-tengerész; ~ **barometer** *hajó* hajóbarométer; ~ **blue** tenger(ész)kék; ~ **boiler** *hajó* hajókazán; ~ **chronometer** *hajó* tengerészeti időmérő; ~ **coatings** *ép* vízálló bevonatok; ~ **communications** *pl hajó* tenger(észet)i távközlés/összeköttetés; ~ **compass** *hajó* kompasz; ~ **deposit** *geol* tengeri/marin üledék; ~ **Diesel fuel (oil)** → ~ heavy fuel; ~ **drilling** *ol* tengeri fúrás; ~ **engine** *hajó* hajógép, hajómotor; ~ **engineering (ME)** *hajó* hajómérnöki tudomány; ~ **engine oil** *ol* gőzhajóolaj, hajózási motorolaj, gőzhengerolaj; ~ **erosion** *geol* tengeri letarolás; ~ **facies** *geol* tengeri fáciesz; ~ **force** *kat* tengerészgyalogság; ~ **fuel oil** *ol* hajózási/tengerészeti fűtőolaj; ~ **glue** *ép* vízálló ragasztó; ~ **guidance** *hajó* tengeri irányítás; ~ **heavy fuel** *ol* nehézgázolaj, hajózási/tengerészeti gázolaj *(lassú járású dízelmotorok üzemanyaga)*; ~ **leg** *hajó* hajókirakó felvonó, uszálykirakó berendezés; ~ **liver oil** *élip* tengeri halmájolaj; ~ **magnetometer** *hajó* tengeri magnetométer; ~ **oil** *élip* tengeri állatok olaja; *ol* halolajjal kompaundált gépolaj *(hajógépek kenésére)*; ~ **paint** *vegy* hajófesték; ~ **radar** *rád* tengeri lokátor, hajólokátor; ~ **railway** *em* hajófelvonó berendezés; ~ **reduction gear** *hajó* hajóreduktor, fordulatszám-csökkentő hajófogaskerékmű; ~ **screw (propeller)** hajócsavar; ~ **sediment** *geol* tengeri üledék; ~ **set** *hajó* hajógépegység; ~ **shooting** *geof* tengeri szeizmikus mérés

mariner's pathfinder *hajó* helyzetezőkör

maritime *geol* tengeri; tengerparti, tengermelléki; *hajó* tengerészeti; tengerhajózási; ~ **cableway** *em* hajórakodó kötélpálya; ~ **mobile (satellite) service** *távk* (műholdas) tengeri mozgószolgálat; ~ **radionavigation (satellite) service** *távk* (műholdas) tengeri rádiónavigáció-szolgálat; ~ **station** *távk* tengerészeti rádióállomás

marjoram *élip* majoranna

mark I. *v* (meg)jelöl, mutat, jelez; bélyegez; nyomot hagy; feljegyez; **II.** *n* határ(vonal), mérték; jel; bélyeg; *bány* stufa; *geod* alappontjelölés; határjel, segédjel; *ip* gyári jel; márka, típus; *kat* cél(tábla), célpont; *nyom* bélyeg(zőlenyomat); *szt* határjel; *távb* megkülönböztető jelzés; ~ **and space signals** *távk* jel- és szünetimpulzusok; ~ **bit** *szt* előjelbit; ~ **buoy** *el* kábeljelző bója; ~ **leaf** *nyom* bélyegzőfólia melegbélyegzéshez; ~ **modulator** *távk* nagy nyugalmi csillapítású modulátor; ~ **of assay** nemesfém-hitelesítő jel, fémjelzés; ~ **off (MO)** *v* kijelöl, megjelöl; előrajzol; munkát feloszt; *bőr* lefest; színét elhagyja; ~ **of reference** *nyom* utalójel; ~ **of suspension** *nyom* gondolatjel; ~ **out** *v* kijelöl, kitűz, kitervez; ~ **position** *aut* jelállapot; ~**-pulse generator** *el* markerimpulzusgenerátor; ~ **reader** *szt* jelölésolvasó; ~ **scanning** *szt* jelölésolvasás; ~ **sense reader** → ~-sensing device; ~ **sensing** *szt* jelöléésérzékelés; ~**-sensing device** *szt* jelolvasó készülék; ~**-side** *távk* jel oldal; ~**-signal** *aut* azonosító jel; ~**-space** *el* jel-szünet; ~**-space ratio** *el* jel-szünet viszony/arány; ~ **up** *v szt* kódol

marked | card *szt* jelzett kártya; ~ **point** *geol* rözgített pont; ~ **relief** *geol* jellegzetes/markáns domborzat

marker (M) (figyelmeztető) jel; szövegkiemelő; eredménymutató készülék; darabjelző, lebélyegző; *el* jelgenerátor, jeladó generátor, impulzusgenerátor, marker(oszcillátor); *fa* hajkolómunkás; *fiz* izotópos indikátor, nyomjelző izotóp; *geod* szintjelző; *geof* vezérszint, vezetőszint, vonatkozási szint; *kat* jelzőrakéta; találatjelző; *mzg* nyomsorjelző *(ültetőgépen)*; *rád* világító jelző; *rep* jelkapu; jelző(tábla); kirakható jel/jelzés; *szt* mutató, jelző; *távk* irányjeladó; marker; *vasút* jelzőzászló; vörös jelzőlámpa *(vonat végén)*; ~ **beacon** *hajó* helyjelző péce; *rep* helyjeladó, markeradó; ~ **beacon receiver (MBR)** *rep* helyjelvevő; ~ **bed** *geof* vezérréteg, vezérszint; ~ **bullet** *geof* mélységjelző lövedék; ~ **buoy** *hajó* útirányjelző bója; ~ **current** *távk* kapuáram, markeráram; ~ **dipole** *rep* helyjeladó dipólusantenna; ~ **frequency** *távk* markerfrekvencia; ~ **gate** *távk* jelkapu, markerkapu; ~**-gate pulse** kivilágosító impulzus; ~ **generator** *el* jelgenerátor, jeladó generátor, impulzusgenerátor, marker(oszcillátor); ~ **groove** *hang* jelzőrovátka *(hanglemezen)*; ~ **horizon** *geof* vezérszint, jelzőszint; ~ **impulse** *távk* markerimpulzus; ~ **lamp** *aut* méretjelző lámpa; ~ **light** *hajó, rep* jelzőfény; ~**-off** *ép* előrajzoló; ~ **pen** szövegkiemelő; ~ **post** *ép* kerékvető; ~ **projectile** *kat* nyomjelző lövedék; ~ **pulses** *távk* markerimpulzusok, szinkronjel; ~ **radio beacon** helyjeladó, markeradó; markerrádió; ~ **receiver** helyjelvevő; ~ **stake** *hidr* őrkaró; ~ **switch** *rád* jelző *(rádiólokátorban)*; *távb* számjegygép; ~ **thread** *tex* jelzőfonal

market I. *v* értékesít, forgalomba hoz, piacra visz; **II.** *n* piac; ~ **analysis** *ip* piacelemzés, piackutatás; ~ **bleach** *tex* normálfehérítés *(nem festendő árué)*; ~ **conditions** értékesítési lehetőségek, piacviszonyok; ~ **model** *mat* piacmodell; ~ **research** *ip* piackutatás; ~ **value** elérhető/piaci ár

marketable coal *bány* kereskedelmi szén

marketing *ip* értékesítés, forgalombahozatal; piackutatás, marketing; ~ **organization** értékesítési szervezet

marking szegélyrecézés *(érmén)*; jelzés, (meg)jelölés; *bány* pontjelölés; *hajó* előrajzolás; *ip* márkázás; *metr* (festett) beosztás *(mérőlécen)*; *távk* kioltás; ~ **ax(e)** *fa* jelölőkalapács, hajkoló; ~ **band** *tex* hosszellenőrző szalag; ~ **blue** *vegy* jelölőtinta, jelzőfesték; ~ **circuit** jelzőáramkör; ~ **compound** *vegy* jelzőfesték *(tusírozáshoz)*; ~ **condition** *távb* munkahelyzet *(távíró áramköré)*; ~ **current** *távb* jeláram; ~ **desk** *kat* jelzőtábla *(lőoktatáshoz)*; ~ **die** *alak* betűbeütő/bélyegző sajtolószerszám; ~ **dot** *geod* pontjelzés; ~ **felt** *nyom* nemezalátét *(bélyegzéshez)*; *pa* mintázónemez, mustrázónemez; ~ **foil** *alak* bélyegzőfólia *(melegbélyegzéshez)*; ~ **ga(u)ge** *szer* vasalt vonómérő; ~ **generator** *el* jelgenerátor, jeladó generátor, impulzusgenerátor, marker(oszcillátor); ~ **impulse** *távb* munkaimpulzus; ~ **ink** *koh, tex* jelzőfesték; *vegy* rajztinta; ~ **iron** sütővas, billog; ~ **knife** *ép* ácsjelölőkés; ~**-machine** *alak* jelölőgép; ~ **multiple** *távb* kijelölő vezetékmultiplikáció; ~ **notch** *szer* szerelőjel; ~ **of cuts** *tex* végáruk jelzése; ~**-off** kijelölés; *tex* színezési foltok *(hiba)*; ~**-off board** *ip* bélyegzőasztal; ~**-off plate** *finm* mérőlap; pontossági egyengetőlap, tusírlemez; ~ **of the type/value** *ip* típusbélyegzés; ~**-out** *ép* előrajzolás; *geod* kijelölés, kitűzés; ~**-out boat** *hajó* kitűzőhajó; ~**-out of the course** *vasút* nyomjelzés; ~**-out of the navigation channel** *hidr* hajóútkitűzés; ~**-out of the pipeline(track)** *ol* nyomvonaljelzés; ~**-out pulse** *el* záróimpulzus *(jelsorozat vége)*; ~**-out with radar buoys** *hidr* radarkitűzés; ~ **panel** *rep* jelzőtábla, jelzővászon, jelzőlap; ~ **peg** *fa* kitűzőcövek; ~ **pin** *bány* pontjelző szeg; ~ **pole** *geod* jelzőkaró, kitűzőkaró; ~ **post** *vasút* jelzőoszlop; ~ **punch** *nyom* jelzőbélyegző; ~ **rod** *gépk* szélességjelző rúd; ~ **roll** *pa* moletthenger; vízjelnyomó henger; ~ **row** *mzg* sorjelzés *(ültetésnél)*; ~**s** *bőr* mintázat *(szőrméé)*; pettyek, foltok; ~ **scriber** jelölő rajztű; kirajzoló szerszámkészlet; ~ **shop** *ip* márkázóhelyiség; ~ **signal** *távb* jel; ~**-spacing** *távk* jel-szünet; ~ **standards in coppice** *mzg* erdővágási terület kijelölése; ~ **strip** *metr* jelzőszalag; ~ **tool** *szersz* jelölőszerszám; ~ **transmission** *rep* rádióadás hangolásra; ~ **wave** *rád* billentyűzőhullám

Markov | algorithm *mat* Markov-algoritmus, univerzális algoritmus; ~ **chain** *mat* Markov-lánc; ~ **process** *mat* Markov-folyamat; ~**-source** *távk* Markov-forrás; ~ **strategy** *szt* Markov-stratégia

markstone határkő

Markus thermocouple *aut* Markus-féle termoelem

marl I. *v hajó* pólyázózsineggel hurkol; *talt* márgával javít, márgáz; **II.** *a tex* melírozott *(kötőfonal)*; **III.** *n geol* márga, agyagos mészföld, (harmadkori) csapóföld; ~ **yarn** *tex* melírozott fonal

marlaceous *geol* márgás, márgaszerű

marline *hajó* kettős fonású vékony pólyázózsineg; ~**-spike** → marlinspike

marlinspike *hajó* bújtatófa, kötélbontó tövis/vas

marlit *ásv* marlit, márgakő

marly *geol* márgás

marmairolite *ásv* marmairolit

Marmarosch diamond *ásv* mármarosi gyémánt

marmatite *ásv* christophit, marmatit

marmolite *ásv* marmolit

marmorate *ép* márványozott, márvánnyal borított; márványszerűen színezett

marmoration *ép* márványborítás; márványozás

marmoreal *ásv* márvány(ból való), márványszerű

marmorization *geol* márványosodás, márványképződés

marocain *tex* marokén (selyem)szövet

maroon I. *a* gesztenyeszínű; **II.** *n kat* petárda, jelzőrakéta

marquenching *hők* megszakított edzési művelet

marquetry *fa* (fa)berakás, famozaik, intarzia

marquise *ép* eresztető *(épületbejáró felett)*

marquisette *tex* vékony selyemszövet

married sound *tv* kísérőhang

marrow *tex* bélsejt

marsh *geol* láp, mocsár; ~ **buggy** *gépk* mocsárjáró traktor; ~**-buggy tyre/tire** *gépk* gumiabroncs mocsaras talajra; ~ **caterpillar** *ép* mocsárjáró tológép; ~ **gas** *bány* metán, sújtólég, mocsárgáz; ~ **ore** *ásv* barna vasérc, limonit

Marsh funnel *ol* Marsh-tölcsér, öblítőiszap-tölcsér

marshal *kat* elrendez, felállít; *vasút* tolat; vonatot rendez

Marshall gear *gép* Marshall-féle kulisszás gőzgépvezérlés

marshaller *rep* forgalmi előtér ügyeletese; repülőgépbeállító

marshalling | masonry *ép* téglasoros falazás; ~ **siding** *vasút* rendezővágány, rendező mellékvágány; ~ **signals** *rep* beállító jelzések; ~ **track** *vasút* rendezővágány; ~ **vehicle** *vasút* tolató jármű; ~ **yard** *vasút* tolató/rendező pályaudvar; ~**-yard control office** *vasút* gurítóberendezés

marshite *ásv* marshit

marshland *geol* mocsár, láp, ingovány; ~ **tractor** *gépk* mocsárjáró traktor

marshy *geol* mocsaras, lápos; ~ **flat** *geol* lápterület; ~ **ground** *talt* tőzeges/mocsaras talaj

martempering *hők* martemperálás, termáledzés, lépcsős edzés

marten nyest, nyuszt; *bőr* nyestprém, nyestbőr

Martens | hardness *any* Martens-féle (módszerrel meghatározott) keménység; ~ **hardness number** *any* Martens-féle keménységszám

martensite *koh* martenzit; ~ **area** martenzitövezet; ~ **decomposition range** martenzitbomlási hőmérséklettartomány; ~ **formation** martenzit képződése; ~ **hardening** martenzites edzés; ~ **hardness** *any* martenzitkeménység; ~ **microstructure** *any* martenzites mikroszerkezet; ~ **quenching** *hők* martenzites edzés; ~ **transformation** *koh* martenzitátalakulás

martensitic *koh* martenzites, martenzit-; ~ **condition** martenzitállapot; ~ **hardening** *hők* martenzites edzés; ~ **iron** *koh* martenzites vas; ~ **stainless steel** martenzites rozsdamentes acél; ~ **state** martenzitállapot

Martin | furnace *koh* martinkemence; ~ **steel** *koh* Siemens-Martin-acél

martinite *ásv* martinit

martite *ásv* martit

Marvin ga(u)ge *geol* Marvin-féle úszós csapadékmérő

MAS transistor → metal-alumina semiconductor transistor

mascagnine *ásv* mascagnin

mascagnite *ásv* mascagnit

mascon *csill* tömegkoncentráció *(a Holdon)*

maser (microwave amplification by stimulated emission of radiation) *távk* mézer(erősítő), molekuláris rezgéskeltő/oszcillátor; mikrohullámú (molekuláris) erősítő; ~ **amplifier** *at, távk* mézererősítő, molekuláris rezgéskeltő erősítő; ~ **bandwidth** *távk* mézer sávszélessége; ~ **circuit** *távk* mézerkör; ~ **crystal** *távk* mézerkristály; ~ **gain** *távk* mézererősítés, mézer erősítési tényezője; ~ **interferometer** *távk* mézeres interferométer; ~ **medium** *távk* mézerközeg; ~ **medium gain** *távk* mézer aktív anyagának erősítési tényezője; ~ **operation** *at, távk* mézerüzem, mézerhatás, mézermű-

ködés; ~ **oscillator** *távk* mézeroszcillátor, mikrohullámú kvantumgenerátor, molekuláris generátor; ~ **preamplifier** *távk* mézeres előerősítő; ~ **receiver** *távk* mézervevő, mézer-vevőkészülék; ~ **signal transition** *távk* mézer(jel)átmenet; ~ **system** *at, távk* mézerrendszer; ~ **technique** *at, távk* mézertechnika
masering material *at, távk* mézeranyag
mash I. *v* szétnyom *(péppé)*; zúz, áttör; *élip* cefréz; *távk* elfed, elnyom; **II.** *n élip* pép, keverék, cefre; **~-copper** *élip* cefrefőző, cefrézőüst, cefréző rézüst; ~ **goods** *pl élip* cefrézendő anyag; ~ **off** *v élip* szűrőkádba szivattyúz; ~ **tub/tun** *élip* cefrézőkád; ~ **welding** *heg* ellenállás-préshegesztés
mashed (össze)tört, zúzott; *élip* cefrézett
masher *élip* cefréző, zúzógép, keverőgép
mashing péppé zúzás, áttörés; *élip* cefrézés; *távk* elfedés, elnyomás; **~-machine** *élip, pa* keverőmű; **~-off** *élip* szivattyúzás szűrőkádba
mashy *élip* pépes, zúzott
mask I. *v* elnyom, elfojt; *ép* eltakar; *félv* maszkol, (le)fed; *hang, távk* elfed; *kat* álcáz; *szt* maszkol; **II.** *n* álarc; sablon *(rejtjelezésben)*; *félv* maszk; *foto* maszk, fedőmaszk, másolómaszk; *heg* védőálarc; *nyom* védőlap; *szt* maszk, kiemelés; ~ **aligner and photomask exposure unit** *foto* fotomaszk-beállító és megvilágító; ~ **alignment jig** *félv* maszkbeállító sablon; ~ **design** *félv, foto* maszkábra; **~-making engine** *félv* első klisé-film; ~ **microphone** *hang* búvármikrofon; **~-mounted regulator** *aut* oxigén-légzőálarcba szerelt szabályzó; ~ **set** *félv, foto* maszkkészlet; ~ **valve** *aut* ernyőzött szelep, tányérszelep
maskable interrupts *félv* maszkolt megszakítás
masked (el)takart, lefedett; *félv, foto* maszkolt; ~ **diffusion** *félv* maszkolt diffúzió; ~ **valve** *gépk* árnyékolt szelep
maskelynite *ásv* maskelynit
masking I. *a* eltakaró, elfedő; elnyomó; *félv* maszkoló, maszkolási; *kat* álcázó; *távk* takaró, fedő; **II.** *n* eltakarás; *félv* maszkolás; *foto* takarás(i színbehelyettesítési eljárás); *gép* burkolat *(géprészé)*; *hang* hangelfedés; *kat* álcázás; *szt* maszkolás, maszkoló eljárás; *távk* elfátyolozódás; takarás, fedés; *vegy* álcázás, maszkírozás; ~ **agent** *félv, vegy* maszkolóanyag, maszkolóreagens; ~ **aperture** *gépk* résszabályozó *(fényszórón)*; ~ **device** *szt* fedőszerkezet; ~ **effect** *hang* zavarás hanggal, akusztikai zavarás; *távk* fedőhatás; ~ **effect of hail in radar display** *rád* jégeső által okozott visszaverődések; ~ **of sound** *hang* hangelfedés, zavarás hanggal, akusztikai zavarás; ~ **process** *foto* (diapozitív-)keretezési eljárás; ~ **tape** enyvezett fedőpapír
mason I. *v ép* falaz, téglát rak; **II.** *n* kőműves; ~ **flagger** *ép* útkövező; **~'s broom** *ép* kőművesecset; **~'s brush** *ép* korongecset; **~'s chisel** *ép* kőművesvéső; **~'s float** *ép* kőművessimító; **~'s rule** *ép* kőművesvonalzó
masonite *ásv* masonit; *ép* sajtolt farost hangelnyelőlap; ~ **process** *pa* masoniteljárás
masonry *ép* falazás; falazat, kőfal; kőművesség, kőművesmesterség; *koh* kemencebélés; ~ **arch** *ép* falazott boltív; ~ **ballast** ráfalazás; ~ **block** falazótömb, falazóelem; ~ **bridge** kőhíd; ~ **cement** kőművescement; ~ **chimney** falazott kémény, orosz kémény; ~ **construction** falazott szerkezet/építmény; ~ **dam** falazott (völgyzáró) gát; kőgát; ~ **flue** falazott füstjárat/kürtő; ~ **guide** falazókaloda; ~ **in bond** falkötéses/téglakötéses falazás; ~ **lime-mortar** falazó mészhabarcs; ~ **lining** *bány* téglabiztosítás, falazott biztosítás; *ép* téglaburkolás, téglaburkolat; ~ **mortar** építészeti habarcs, falazóhabarcs; ~ **partition** elemekből épített válaszfal; ~ **plate** támaszlemez; ~ **saw** kővágó fűrész; ~ **shaft** *bány* falazott akna; ~ **unit** *ép* falazótest, falazótömb; ~ **vault** kőboltozat; ~ **wall** falazott fal; ~ **work** falazat
mass (m) tömeg, massza, test, tömb; *bány* tömzs; *fiz* tömeg; *távk* test; ~ **absorption coefficient** *at, fiz* fajlagos elnyelési együttható; tömegabszorpciós tényező; ~ **abutment** *ép* tömeghatású ellenfal *(hídon)*; ~ **action** *fiz, vegy* tömeghatás; **~-action law (MAL)** *fiz, vegy* tömeghatás törvénye; ~ **analysis** *fiz* tömegspektrográfia; ~ **analyzer** tömegspektrométer; ~ **anodizing** *koh* tömegesanódos oxidáció; **~-area ratio** *rep* tömeg-terület viszony/arány; ~ **at rest** *mech* nyugalmi tömeg; ~ **attenuation coefficient** *at, fiz, vegy* fajlagos gyengítési együttható, tömeggyengítési tényező; ~ **balance** *mech, rep* tömegkiegyenlítés; ~ **blower** *gép* csoportfúvó; ~ **brazing** *heg* keményforrasztás sorozatgyártáskor; ~ **centre/center** *mech* tömegközpont, súlypont, tehetetlenségi központ; ~ **coefficient (of reactivity)** *at* reaktivitás tömegtényezője; **~-colo(u)red** *tex* masszában színezett; ~ **communication** *közl* tömegközlekedés; *távk* tömegkommunikáció, tömegtájékoztatás; ~ **concentration** *mech* tömegkoncentráció; ~ **concrete** *ép* tömegbeton; **~-concrete foundation** *ép* betontömbalap; **~-concrete plant** *ép* nagy teljesítményű betongyár; ~ **conservation law/principle** *fiz* tömegmegmaradás törvénye/elve; **~-consumption articles** *ip* tömegfogyasztási cikkek; ~ **contact** *el* földzárlat, testzárlat, terhelés, terhelő érintkezés; testelőérintkező, testelés; ~ **conversion factor** *fiz* tömegkonverziós tényező; ~ **crystallization** *krist* tömeges kristályosodás; ~ **decrement/defect/deficiency/deficit** *at, fiz* tömegdefektus, tömeghiány, hibahely; ~ **deviation** *fiz* tömegeltérés; ~ **diagram** *ép* elosztóvonal *(földmunkáé)*; *mech* tömegeloszlási diagram; ~ **distribution** tömegelosztás, tömegeloszlás *(pl. repülőgépen)*; ~ **effect** *at, fiz, vegy* tömeghatás, tömegeffektus; **~-energy conversion formula** *fiz* Einstein-képlet; **~-energy equivalence** *at* tömeg-energia egyenértékűség/ekvivalencia, Einstein-törvény; **~-energy total** *at* teljes tömegenergia; ~ **equivalent** *at* tömegegyenérték; ~ **excess** *at, fiz* tömegfelesleg; ~ **feeding** *koh* masszázás; ~ **filter** *at* tömegszűrő; ~ **flow** *fiz* tömegáram(lás); *koh* anyagáramlás, masszafolyás; **~-flow diagram** anyagfolyamábra; ~ **flowmeter** átfolyómennyiség-mérő, átfolyásmennyiség-mérő; súlyhozammérő, tömegáramlás-mérő; ~ **fog** *met* belső köd; ~ **force** *mech* tehetetlenségi erő, tömegerő; ~ **forces** *kat* erőket összpontosít; ~ **formula** *at* tömegképlet, tömegformula; ~ **furnace brazing** *heg* keményforrasztás kemencében sorozatgyártáskor; ~ **galvanization** *koh* tömeggalvanizálás; **~-haul curve** *ép* földtömeg-mozgósítás/földmozgatás görbéje; ~ **inertia** *fiz* tömegtehetetlenség; ~ **item** *rep* tömegösszetevő, rakománytétel; **~-lifting ability** *rep* hordképesség, szállítóképesség, teherbíró képesség, teherbírás; ~ **loading** *mech* (hosszegységre eső) tömegterhelés; **~-luminosity**

law/relation *csill* tömeg-fényesség összefüggés; ~ **media** tömegtájékoztató eszközök, tömegtájékoztatás, a média; ~ **memory** *szt* tömegtár; ~ **moment of inertia** *mech* (tömeg)tehetetlenségi nyomaték; ~ **number** *at, fiz* tömegszám, A, atomszám, magszám; ~ **number discrimination** *at, fiz* tömegszám-diszkrimináció; ~ **of dislocation** *krist* diszlokációk tömege; ~ **of (the) electron** elektrontömeg; ~ **of (the) neutron** neutrontömeg; ~ **of (the) proton** protontömeg; ~ **overthrust** tömegáttolódás; ~ **peak** tömegspektrográfiai élesvonal; ~ **percent** *at, fiz* súlyszázalék, tömegszázalék; ~ **per volume** térfogattömeg; ~**-plug accelerometer** *mech* rezgőtömeges gyorsulásmérő; ~ **point** *at, fiz* anyagi pont, tömegpont; ~ **power** *fiz* egységnyi tömegre eső teljesítmény; ~**-produced** *ip* tömeggyártású; ~**-produced goods** *ip* tömeggyártási termékek; ~ **production** *ip* tömeggyártás, tömegtermelés; ~ **raid transportation system** *közl* gyors-tömegközlekedési rendszer; ~ **range** *fiz* tömeg(szám)tartomány; ~ **recovery** *koh* tömegkihozatal; ~ **resistivity** *el* térfogati ellenállás *(fajlagos)*; ~ **separation** *at* tömegek szétválasztása *(bombában)*; ~ **separator** *at* elektromágneses tömegelválasztó/szeparátor/(izotóp)dúsító; ~**-service system** kiszolgálórendszer, tömegkiszolgálási rendszer; ~**-serving theory** *mat* sorbanállási elmélet; ~ **spectrograph** *at, fiz* tömegspektrográf; ~ **spectrometer (ms)** *fiz* tömegspektrométer; ~ **spectrometer-type leak detector** *fiz* tömegspektrométeres lyukkereső; ~ **spectrometer with vacuum lock** *fiz* vákuumzsilipes tömegspektrométer; ~ **spectrometric analysis** *fiz* tömegspektrométeres analízis; ~ **spectrometric structural analysis** *fiz* tömegspektrométeres struktúraanalízis/szerkezetanalízis; ~ **spectrometry (MS)** *fiz* tömegspektrometria; ~ **spectrometry for industrial process control** *fiz* tömegspektrometria ipari folyamatok irányítására; ~ **spectroscopy** *fiz* tömegspektroszkópia; ~ **spectrum** *fiz* tömegszínkép, tömegspektrum; ~ **stitch** *cipő* disztűzés *(tömör)*; ~ **storage** *szt* tömegtár; ~ **sum** *at* teljes tömeg; ~ **synchrometer** *fiz* szinkrométer, nagyfrekvenciás/ciklotronrezonanciás tömegspektrométer; ~ **traffic flow** *közl* tömegforgalom; ~ **transfer** tömegátadás, tömegátvitel, anyagátadás, anyagátmenet; *csom* tömegtranszport, anyagszállítás, hordalékszállítás; ~ **transfer coefficient** *at, hőt* tömegátviteli tényező; ~ **transport(ation)** tömegtranszport, anyagszállítás, hordalékszállítás; *közl* tömegközlekedés; ~ **unit** *at, fiz* tömegegység; ~ **velocity** *mech* tömegsebesség; ~ **wasting** *geol* (kőzet)erózió

MASS → multi-access sequiental selection

massaging *szt* formátumbeállítás

massecuite *cu* pép

massed felhalmozott, összegyűjtött, összpontosított

massey paper *pa* massey-papír, gépen mázolt papír

massicot *vegy* ólomglét, ólom(II)-oxid

massif *fa* zárt állomány; *geol* masszívum, (hegy)tömb

massive masszív, tömör; nagy tömegű; *bány* érintetlen pillérben levő; nem rétegezett; *geol* tömeges *(kőzet)*; *krist* vaskos; ~ **coal** *bány* széntelep érintetlen része, szálban álló szén; ~ **deposit** *bány* tömzsös előfordulás; ~ **level(l)ing plate** *szer* durva tömör egyengetőlap; ~ **metal** *koh* tömör fém; ~ **rock** *geol* tömör kőzet; ~ **transformation** *koh* masszív átalakulás; ~ **wire insulation** *el* tömör szigetelés

massiveness súlyosság, tömöttség, kompaktság, tömörség, masszívság

massless *fiz* nulla/zérus tömegű, tömeg nélküli

mast *el* oszlop; *em* daru (kinyúló) karja; *geod* gúla rúdja; *gépk* kormányoszlop, kormánycső; *hajó* árboc; *távk* antennatorony; ~ **antenna** *távk* árbocantenna; ~ **arm** *el* (lámpa)oszlopkar; ~ **base** *hajó* árboctő; ~ **bracket** *ép* oszloptám, oszloptartó konzol; ~**-collar ring** *hajó* árbocbefoglaló gyűrű; ~ **crane** *em* oszlopállító daru; ~**-head** *hajó* árboccsúcs; ~**-heel** *hajó* (árboc)talp, árbocláb; ~**-hoisting drum** *ol* fúróárbocemelő csörlő; ~ **leg** *bány* toronygyertya; *távk* toronyláb; ~ **mooring** *hajó* árboc rögzítése; ~ **pin** *em* függőleges csap *(árbocdarun)*; ~ **section** *ép* oszloptag; ~ **signal** *geod* rúdjel; ~ **switch** *el* árbockapcsoló; ~ **timber** *hajó* árbocfa; ~ **working platform** *ép* oszlopos munkaállvány

MAST → metal-alumina semiconductor transistor

masted *hajó* árbocos; ~ **hull** *hajó* felárbocozott hajótest

master I. *a rep* fő, alapvető; *szt* törzs, fő-, gazda; **II.** *n alak* sablon, mintadarab; *hajó* parancsnok; *hang* fémnegatív *(hanglemezé)*; *távk* mesterrajz; ~ **aerial** *távk* közösségi antenna; ~ **airdrome** *rep* bázisrepülőtér; ~ **alloy** *koh* előötvözet; ~**-batch (MB)** *bány* süvegfa; *gumi* előkeverék, mesterkeverék; ~ **blank** *alak* nyersdarab *(idomszeré)*; ~ **block** *alak* összehasonlító darab; ~ **bore** *bány* fúrómester; ~**-brake-outlet valve** *gépk* főfékhenger-kiömlőszelep; ~**-builder** *ép* építőmester; ~ **cam** *forg* másolóvezető; ~ **card** *szt* vezérkártya, vezérlőkártya; ~ **card operation** *szt* vezérkártyás művelet; ~ **clear** *szt* általános törlés; ~ **clock** *aut, el* (fő)óra, ütemadó; órajel-generátor, óragenerátor; *szt* vezérlőóra, szinkronizáló óra; ~ **clutch** *gépk* főtengelykapcsoló; ~ **cock** *aut* ellenőrzőcsap; *hidr* főcsap *(vízvezetéké)*; ~ **compass** *hajó* anyakompasz; ~ **computer** *szt* központi számítógép; ~ **connecting-rod** *gép* főhajtórúd *(csillagmotoron)*; ~ **control** *aut* fő vezérlőállás; vezérszabályozó, főszabályozó, rendezőasztal; ~ **control board** *aut, el* központi rendezőasztal; *rep* központi vezérlőpult/kezelőpult; ~ **controller** *aut, vasút* mesterszabályozó, vezérkapcsoló, vezérkontroller; ~ **controller with universal lever** *aut, el* vezérkapcsoló egyetemes kapcsolókarral; ~ **control panel** → control board; ~ **control program** *szt* operációs rendszer, OS; ~ **control room** *aut, el* központi kapcsolóterem, rendezőfülke; ~ **copy** *szt* program eredeti lemeze; *vid* mesterkópia, mesterkazetta; ~ **cylinder** *gépk* főfékhenger; ~ **data** *pl szt* törzsadat; ~ **data record** *szt* törzsadatfeljegyzés; ~ **data set** *szt* törzsadatállomány; ~ **die** *alak* első/etalon sajtolószerszám; mintaszerszám; *nyom* anyabetű; ~ **disk** *hang* anyalemez; *szt* törzslemez; ~ **dividing gear** *gép* osztó etalon fogaskerék; ~ **drawing** *nyom* kliséeredeti; ~ **driller** *bány* fúrómester; ~ **drum** *el* kontrollerdob; *gép* ellenőrződob, ellenőrzőhenger; ~ **element** *aut* főrelé, indítórelé, kapcsolórelé; ~**-feed chuck with jaws** *forg* pofás adagolótokmány; ~ **file** *szt* főjegyzék, törzsadatrendszer; törzsállomány; ~ **film** *film* mesterfilm; ~ **form** *alak* másolóeredeti, mesterminta; ~ **fracture** *geol* főrepedés; ~ **frame** *mzg* főkeret *(művelőtestek felvételére)*; ~ **frequency** *aut, távk* vezérfrekvencia, referenciafrekvencia; ~ **frequency meter** *távk* mintafrekvenciamérő; ~ **gain control** *rád* fő erősítésszabályzó; ~

gate *ol* főtoló, főszelep; ~ **ga(u)ge** *mt* mesteridomszer, vizsgáló idomszer; ~ **gear** *gép* etalon-fogaskerék; ~ **grid** *geod* fő koordinátahálózat; ~ **group** *távb* alapmestercsoport; ~ **group link** *távb* mestercsoport-összeköttetés; ~ **group pilot** *távb* mestercsoportpilot; ~ **group section** *távb* mestercsoportszakasz; ~ **gyro system** *rep* fő giroszkóprendszer; ~ **handle** *aut* működtetőfogantyú; ~**-holding table** *forg* sablontartó asztal; ~ **instruction tape** *szt* törzsprogramszalag; ~ **international frequency register** *rep* nemzetközi frekvenciakatalógus; ~**-key** *aut* főbillentyű; *szer* álkulcs, tolvajkulcs; ~ **lever** *aut* csoportkapcsoló; főkapcsolókar; ~ **line** *el* alapvezeték; ~ **list** *szt* alapjegyzék; ~ **lode** *bány* főtelep; főtelér; ~ **matrix** *hang* matrica, anyalemez; ~ **mechanic** *gép* főmechanikus, gépészmester; ~ **meter** hiteles műszer, vezérműszer, alapműszer; ~ **monitor** *tv* „levegőből vevő" képellenőrző monitor; ~ **motor** *aut* szabályozómotor; ~ **mo(u)ld** *finm* etalon-ellendarab; *önt* mesterforma; ~ **operation** *gép, mt* főművelet, alapművelet, alapmegmunkálás; ~ **operation list** *mt* alapműveletek jegyzéke; ~ **oscillator (MO)** *távk* vezéroszcillátor, főoszcillátor; ~**-oscillator (power) amplifier (MOPA)** *távk* vezéroszcillátoros erősítő; ~ **password** *szt* alapjelszó; ~ **pattern** *mt* etalon; *műa* mártóforma; *önt* mesterminta; ~ **pin** *gép* vezércsap, főcsap; ~ **plan** *ép* általános terv, főterv, vezérterv, generálséma, általános rendezési terv *(városépítésnél)*; ~ **plan in detail** *ép* tervezési program *(városépítéshez)*; ~ **planning design** *ép* általános elrendezési terv; generálséma; ~ **plan of settlement** *ép* település általános terve; ~ **plan of water resources development** *hidr* vízgazdálkodási keretterv; ~ **plate** *alak* sablonlemez; ~ **positive** *hang* matrica, anyalemez; ~**-print** *foto* első filmkópia, mintanyomat; ~ **program** *szt* főprogram, törzsprogram; ~ **pulse** *aut* szinkronizálóimpulzus; ~ **punch** *alak* mesterbélyeg; ~ **record** *szt* törzsrekord; ~ **rod** *gép* főhajtókar *(csillagmotorban)*; ~ **rotary bushing** *ol* forgatóasztal-főbetét; ~ **routine** *szt* főprogram, vezérlőprogram; ~ **ruler** *mt* másolóvonalzó; ~ **sample** *mat* általános célú minta; ~ **selector** *távk* főhangolókör; ~**-sheet feed** vezérívbefogó *(statisztikai gépen)*; ~**-sheet rack** vezérívtartó *(statisztikai gépen)*; ~**-slave computer** *szt* master-slave számítógép, mester-szolga számítógép; ~**-slave concept** *szt* mester-szolga koncepció; ~**-slave flip-flop** *szt* master-slave tároló(áramkör); ~**-slave manipulator** *at* másoló/utánzó manipulátor; ~**-slave synchronization** *aut* master-slave szinkronizálás; ~ **spectrogram** *fiz* összehasonlító színképfelvétel; ~ **spring chuck with jaws** *gép* pofás rugóbetét; ~ **station (MS)** *szt* vezetőállomás, gazdaállomás; *távk* vezéradó, vezérállomás; ~ **straight-edge** *mt* ellenőrző-vonalzó; ~ **sweep generator** *távk* vobulátor; ~ **switch (MS)** *aut, el* főkapcsoló, vezérkapcsoló; mesterkapcsoló; ~ **tap** *forg* menetmetsző-menetfúró; ~ **tape** *hang, vid* eredeti felvétel; vezérszalag, anyaszalag, mesterszalag; ~ **templet** *mt* vezetősablon; ~ **timer** *aut, el* időzítő főkapcsoló; ~**-timing switch** *aut, el* időzítő főkapcsoló/alapfrekvencia; ~ **tool** *szersz* mintaszerszám, ellenőrzőszerszám; ~ **transmitter** *távk* fő adóállomás, vezéradó; ~ **unit** *aut, szt* főegység, alapegység; ~ **valve** *aut* vezérszelep; *ol* főtoló(zár); ~ **wheel** *gép* főkerék, mesterfogaskerék

mastering *szt* vezérlés

mastic *vegy* masztix; ragacs, ragasztómézga; ~ **asphalt** *ép* öntött aszfalt, aszfaltmasztix; ~ **asphalt crimper** *ép* öntöttaszfalt-henger; ~ **asphalt paving/finishing train** *ép* öntöttaszfalt-bedolgozó szerelvény; ~ **asphalt smooth/intended roller** *ép* öntöttaszfalthenger; ~ **blocks** *pl ép* aszfaltburkoló tégla; ~ **cake** *ol* ragacslepény; ~ **cement** *ép* kőkitt; *vegy* ragasztómézga; ~ **cooker** *ép* aszfaltolvasztó; ~ **filler** *ép* plasztikus kitöltőanyag; ~ **gum** *vegy* masztixgyanta; ~ **varnish** *vegy* masztixkence

masticate *élip* pépesít, képlékenyít, masztikál; *műa* hengerel

mastication *élip* pépesítés, képlékenyítés, masztikálás; *műa* hengerlés

masticator *élip* keverőgép, gyúrógép, masztikátor, húsdaráló, zúzógép; *műa* masztikáló hengerszék

masting shears *pl el* oszlopemelő villa

mastix → mastic

masurium (Ma) → technetium

masut → mazout

mat I. *v* homályosít, fénytelenít; mattíroz; gyékénnyel borít; összekuszálódik, összegubancolódik; összekuszál, összegubancol; futtat *(üveget)*; **II.** *a* tompa fényű, fénytelen; homályos, matt; **III.** *n* gyékény; (gyékény)borítás, rőzseborítás; *bány* lepallózás; *ép* vasbetét háló, vasalási háló; *film* maszk; *gépk* lábszőnyeg; *nyom* présmatrica; *pa* paszpartu, képszegély; ~ **art paper** *pa* érdes műnyomó papír; ~ **board** *pa* alátétkarton; ~ **brown coal** *bány* fénytelen barnakőszén; ~ **coating/covering** *ép* gyékényborítás; ~ **dike** *hidr* rőzsefonásos gát; ~ **drawing** *mt* tompa fényűre húzás; ~ **finish** matt felület; ~ **footing** *ép* lemezalapozás, tömör alapzat; ~ **foundation** *ép* lemezalapozás, tartórács-alapozás; ~ **foundation supported on the soil** *ép* talajon fekvő lemezalap(ozás); ~ **foundation supported on piles** *ép* cölöpökön nyugvó lemezalap(ozás); ~ **print** *nyom* matt levonat; ~ **reinforcement** *ép* háló(s) vasalás; ~ **reinforcement bender/bending machine** *ép* hálóhajlító gép; ~ **reinforcement cutting machine** *ép* hálóvágó gép; ~ **side** *koh* matt oldal; ~**-type revetment** *ép* rőzseszerű burkolat; ~ **weave** *kh* panamakötés

MAT → machine-aided translation; → microalloy transistor

match I. *v* (össze)párosít; összepászít; összehangol; összeillik, harmonizál, passzol; *élip* kénez *(hordót, gyümölcsöt)*; *fa* egymásba ereszt, összeilleszt, csappal egyesít, hornyol; *foto* összehangol *(szint)*; *gép* egybehangol, illeszt; méretet egyeztet; *nyom* összeválogat, osztályoz; *távk* illeszt; **II.** *n* gyufa; gyújtó, kanóc; *élip* hordókénező; *fa* failleszték; *szt* illesztés, ekvivalenciaművelet; ~ **co-processor** *szt* aritmetikai koprocesszor; ~ **cord** *tex* öngyújtózsinór; ~ **crab** *ép* csapóajtós teheremelő csille; ~ **gear** *gép* kapcsolódó fogaskerék; ~**-joint** *fa* csapos kötés; ~ **mark** *szer* illesztési jelzés, összejelölés *(alkatrészen)*; ~**-packing machine** *fa* gyufacsomagoló gép; ~ **paper** *pa* gyufaskatulya-dörzspapír; ~ **plate mo(u)lding machine** *önt* kétoldali mintalapos formázógép; ~ **siding** *ép* hornyos és eresztékes deszka *(burkolat)*; ~**-splint shaper** *fa* gyufaszálgyalu; ~ **up** *v* összeegyeztet

matchbook levélgyufa

matchbox gyufaskatulya, gyufadoboz; **~-board** *pa* gyufadobozkarton; ~ **paper** *pa* gyufapapír
matched illesztett, illeszkedő; (össze)párosított; *fa* eresztékes; ~ **aggregate** *ép* szárazon kevert beton; ~ **boards** *pl ép, fa* hajópadló; ~ **coil** *távk* párosított átvivőcséve; ~ **die mo(u)lding** *műa* rétegelés kétrészes szerszámban; ~ **doublet** *at* konjugált/illesztett dublett; ~ **electron tubes** *el* azonos karakterisztikájú elektroncsövek; ~ **filter** *távk* illesztett szűrő; ~ **impedance** *távk* illesztett impedancia/ellenállás; ~ **junction** *távk* illesztett tápvonal-elágazás; ~ **load** *el* illesztett terhelés; **~-mo(u)lds** *pl műa* kétrészes szerszám *(rétegeléshez)*; ~ **pair for phase discriminator** *félv* illesztett fázisdiszkriminátor-diódák; ~ **pair for ratio detector** *félv* illesztett aránydetektorpár *(diódák)*; ~ **resistance** *távk* illesztett ellenállás; ~ **set of connectors** *el* csatlakozópár; ~ **termination** *távk* reflexiómentes/illesztett lezárás
matcher *fa* profilhornyoló gép *(borítódeszkákhoz)*; *távk* illesztő(tag)
matchet *szersz* nádvágó kés
matching I. *a fa, gép* (össze)illő; passzoló, összetartozó; *távk* illeszkedő; **II.** *n élip* kénezés; *ép, fa* egybeillesztés *(furnéré)*, (össze)illesztés; hajópadló(zás); *gép* (össze)passzítás; *mat* párosítás; *távk* összehangolás, egybehangolás, illesztés; ~ **device** *el, távk* illesztőegység, illesztő négypólus, adapter; ~ **field** *szt* azonosítómező; ~ **impedance** *távk* illesztőimpedancia; ~ **member** *alak* párdarab; ~ **network** *távk* illesztőkör, illesztő négypólus, illesztőtag; ~ **plate** *gép* illesztőrekesz; ~ **response** *kat* arányos visszavágás; ~ **section** *távk* illesztő tápvonal(szakasz); ~ **strip** *gép* illesztőlemez; ~ **stub** *távk* (tápvonal)csonk, hangolócsonk, illesztőimpedancia; illesztőcsonk, illesztőhurok, illesztő vonalszakasz, vezetéktranszformátor; ~ **transformer** *el* illesztőtranszformátor; ~ **transmission line** *távk* illesztő tápvonal(szakasz)
matchwax *vegy* gyufaipari paraffin
matchwood *fa* aprófa, gyufafa, gyufaszál
mated | threads *tex* kétágú fonalak; ~ **tyre/tire** *gumi* párosított gumiabroncs
matelassé *tex* matlasszészövet, kettős selyemszövet
material *ip* (nyers)anyag, hozzávaló; ~ **analysis** *any* anyagelemzés; ~ **backroll** *bány* anyag-visszagördülés; ~ **balance** anyagmérleg; ~ **balance (equation)** *ol* anyagmérleg-egyenlet; ~ **buckling** *at* anyagi görbület(i paraméter); anyagi Laplace-transzformáció; ~ **code** anyagazonosító szám, anyagkód(szám); ~ **constant** *fiz* anyagállandó; ~ **damping** *mech* anyagcsillapítás; ~ **data bank** anyagadatbank; ~ **defect** anyaghiba; ~ **efficiency** *at* anyaghasznosítási fok; ~ **failure** *any* meghibásodás az anyagtulajdonságok változása következtében; ~ **feeder,** ~ **feeding device** *ép* feladószerkezet; ~ **feed(ing)** *ép, ip* adagolás; ~ **flow** *ép, ip* anyagáramlás; ~ **flow diagram** anyagfolyamat-ábra; ~ **hoist** *em* anyagemelő csörlő; ~ **implication** *szt* feltételes implikáció művelet; ~ **in bulk** *ép* ömlesztett anyag; ~ **inventory** *ip* anyagleltár; ~ **loader** *ép* rakodógép; **~-loading machine** *ép* rakodógép; ~ **lock** *ép* anyagzsilip *(pneumatikus keszonban)*; ~ **loss** *koh* anyagveszteség; ~ **mass** *fiz* anyagi tömeg; ~ **non-equivalence** *mat* kizáró vagy, ekvivalencianegáció, (kizáró) diszfunkció; ~ **non-implication** *mat* negált implikáció *(..., de nem ...)*; ~ **pick-up** *csom* anyagátvitel; ~ **point** *fiz* anyagi pont, tömegpont; ~ **quality analysis** *any* anyagminőségelemzés; ~ **rays** *fiz* anyagi sugarak; **~s accounting** *at, ip* (nukleáris) anyagkönyvelés; **~s feeder** *ép* adagoló, feladószerkezet; **~s fluctuation clause** *ép* anyagár-csúszóklauzula; **~s handling** anyagmozgatás, anyagszállítás, anyagrakodás, anyaghordás, anyagemelés; **~s-handling equipment** anyagmozgató berendezés, rakodóberendezés; **~s shortage** *ip* anyaghiány; **~s testing** mechanikai anyagvizsgálat; **~s testing laboratory** *any* anyagvizsgáló laboratórium; **~s testing reactor (MTR)** *at* anyagvizsgáló reaktor; ~ **stock yard** *bány* anyagtér; ~ **stream** anyagáramlás; anyagáram; ~ **supply** *csom* anyagszállítás; ~ **track** *ép* anyagszállító vágány; ~ **transfer** *koh* anyagátadás; **~-transporting bridge** *vasút* árurakodó híd; ~ **utilization control** *ip* anyagfelhasználás ellenőrzése; ~ **well** *műa* töltőtér
materialization megtestesítés, megjelenés; *at* materializáció, anyaggá válás
materialman *ép* épületanyag-kereskedő; *ip* anyagraktáros
materials → material
math/~(s) processing *szt* matematikai műveletek végzésének lehetősége *(szövegfeldolgozónál)*
mathematical matematikai; ~ **analysis** *mat* matematikai elemzés/analízis; ~ **analysis of downtime** veszteglési idő matematikai elemzése; ~ **economics** matematikai közgazdaságtan; ~ **expectation** *mat* várható érték, matematikai valószínűség/remény; ~ **game** *mat* matematikai játék; ~ **linguistics** *mat* matematikai nyelvészet; ~ **logic** *mat* matematikai/szimbolikus/formális logika; ~ **model** *mat* matematikai modell; ~ **model of failure** meghibásodás matematikai modellje; ~ **model of reliability** megbízhatóság matematikai modellje; ~ **pendulum** *mech* matematikai inga; ~ **programming** *szt* matematikai programozás *(optimalizálás)*; ~ **ruler** vonalzó, matematikai (egyélű) vonalzó; ~ **simulation** *mat* matematikai modellezés; ~ **statistics** *stat* matematikai statisztika; ~ **theory of communication** információelmélet, hírközlés matematikai elmélete
mathematician matematikus
mathematics matematika
mathematization *mat* matematizálás, matematikai nyelvre való fordítás
matildite *ásv* matildit
mating I. *a* összeillő, összetartozó; *gép* együttműködő; érintkező; **II.** *n ép* (jó) illeszkedés, összeillés, kapcsolódás; *gép* párosítás *(géprészeké)*; ~ **face** *gép* együttműködő felület; ~ **flange** *vák* ellenperem; ~ **ga(u)ge** *mt* párosító idomszer; ~ **gear** *gép* kapcsolódó fogaskerekek; ~ **member** *gép* párdarab; ~ **pair of connectors** *el* csatlakozópár; ~ **profile** *gép* együttműködő profil; ~ **width of plate** *hajó* együtt dolgozó lemezszélesség
matlockite *ásv* matlockit
matric *mat* mátrix-; ~ **algebra** *mat* mátrixalgebra
matrices *pl* → matrix
matrix *pl* **matrices** *v.* **matrixes** *bány* anyakőzet; cementáló közeg; *ép* kötőanyag, ágyazóanyag, cementáló anyag; *heng* üregméret; *koh* alapfázis; alapszövet; anyapác; *mat* mátrix; *műa* szerszámcsésze, anyaforma; *nyom* (szedőgép)matrica, odor; betűanyaminta;

önt öntőforma, matrica; *pa* matrica, lehúzókép; *tex* lyukasztó alaplemez; *vegy* beágyazóanyag; ~ **algebra** *mat* mátrixalgebra; ~ **analysis** *mat* mátrixanalízis; ~ **board** *pa* matricalemez; ~ **calculation/calculus** *mat* mátrixszámítás, mátrixelmélet; ~ **decoder** *aut* dekódolómátrix; ~ **element** *mat* mátrixelem; ~ **encoder** *aut* kódolómátrix, mátrixkódoló; ~ **exponential function** *mat* mátrixexponenciális függvény; ~ **form** *mat* mátrixalak; ~ **game** *mat* téglalap alakú játék, mátrixjáték; ~ **inversion** *mat* inverz mátrix képzése, mátrixinverzió, mátrix invertálása, mátrixinvertálás; ~ **memory** *szt* mátrixtároló; ~ **metal** *koh* fémkötő anyag; ötvözet alapfémje; ~ **method** *mat* mátrixmódszer; ~ **model** *mat* mátrixmodell; ~ **of degree** *mat* n-ed rendű négyzetes *v.* n-szer n-es *v.* nxn-es mátrix; ~ **of direct input** *ip* közvetlen ráfordítások/szükségletek mátrixa, közvetlen ráfordítási együtthatók mátrixa; ~ **of full/cumulated input** *mat* teljes ráfordítások/szükségletek mátrixa; ~ **of matrices** *mat* hipermátrix, blokkmátrix, particionált mátrix, mátrixokból álló mátrix; ~ **of moments** *mat* momentummátrix, momentumok mátrixa; ~ **of order/size m by n** *mat* m-szer n-es mátrix, m x n-es mátrix; ~ **of rock** *geol* kőzetmátrix; ~ **of technical coefficients** technológiai együttható mátrixa; ~ **of the lattice** *krist, ásv* rácsmátrix; ~ **paper** *pa* matricapapír; ~ **porosity** *ol* mátrixporozitás; ~ **printer** *szt* mátrixnyomtató, mátrixelemes nyomtató; ~ **product** *mat* mátrixok szorzata, mátrixszorzat; ~ **representation** *mat* mátrixelőállítás; ~ **representation of a lattice point** *krist* rácspont mátrixábrázolása; ~ **sentence** *szt* mátrixmondat; ~ **storage** → ~ memory; ~ **storage tube** *szt* mátrixos emlékezőcső; ~ **store** → ~ memory; ~**-striking press** *mt* matricanyomó sajtó; ~ **telemetering system** *metr* mátrixos távmérő rendszer; ~ **theory** *mat* mátrixszámítás, mátrixelmélet; ~ **with no entries** *mat* üres mátrix

matroid *mat* matroid

matt → mat

matte[1] → mat

matte[2] *film* maszk; *koh* kéneskő, szulfidos keverék; ~ **bath** *koh* kéneskőfürdő; ~ **electrolysis** *koh* kéneskőelektrolízis; ~ **formation** *koh* kéneskőképződés; ~ **ladle** *koh* kénesköves üst; ~ **shot** *film* trükkfelvétel, montírozás; ~ **smelting** *koh* kéneskőolvasztás; ~**-smelting electric furnace** *koh* kéneskőolvasztó elektromos kemence; ~ **taphole** *koh* kéneskőcsapoló nyílás

matted gyékénnyel borított/befedett; *tex* összetapadt, nemezesedett; ~ **crystal** *ásv* krisztallit; ~ **material** *tex* nemezelődött anyag; ~ **thread** *tex* összegubancolt szálak; ~ **wool** *tex* nemezelődött gyapjú

matter *fiz* anyag; *nyom* kézirat, szedendő anyag; szedés, szedett szöveg(rész); ~ **constant** *fiz* anyagállandó; ~ **current/flow** anyagáram; ~ **forming a scum** *hidr* lefölözhető anyag *(szennyvíztisztítás)*; ~ **wave** *fiz* anyaghullám, de Broglie-féle hullám

matting gyékényszőnyeg, lábtörlő, vesszőfonat; *koh* kéneskőképződés; *pa* kasírozás, képszegély; *tex* gubanc; nemezelődés; ~ **power/property** *tex* nemezelődőképesség

mattock *bány* bányászfejsze, csákánybalta, bontócsákány; fejtőcsákány; *ép* ásókapa, csákánykapa; ~ **man** *ép* bontómunkás

mattress rőzsefonat, rőzseágy; *ép* lemezvasbetét *(betonútban)*, betonlemez-gépalap; *hidr* rőzsegát, rőzsepaplan; *tex* ágybetét, derékalj; ~ **array** *távk* többszörös antenna; ~ **reflector** *távk* többsorú sugárzó

MATTS → Multiple Airborne Target Trajectory System

maturate *élip* megérik; megérlel

maturated *élip* érlelt; ~ **stock** *gumi* pihentetett keverék

maturation *élip* (meg)érés; (meg)érlelés; *ip* előkészítés; ~ **of source rock** *ol* anyakőzet-érettség

mature I. *v any* öregít, stabilizál; *élip* (meg)érik; (meg)érlel; kiforr *(must)*; **II.** *a élip* érett, kiforrott; *pa* elraktározott, pihentetett *(papír)*; ~ **compost** *mzg* érettkomposzt; ~ **fibre/fiber** *műa* érett elemi szál; ~**-reduce** *v vegy* előredukál; ~ **tree** érett fa; ~ **wood** *fa* érett fa(anyag)

matured cement *ép* állott cement

maturing *el* elfáradás, öregedés, kimerülés *(mágnesé)*; *élip* érés; érlelés

maturity *el* készre formált állapot *(akkumulátorlemezé)*; *élip* érettség, kiforrottság; *geol* érettségi periódus *(eróziós ciklusban)*; ~ **computer** érlelőszámítógép *(betonérlelési folyamat ellenőrzésére)*

maturized cotton *tex* érett pamut

maucherite *ásv* maucherit

maulstick *ép* festőecset

Maumené number *vegy* Maumené-szám

maundril → mandrel

Maupertuis principle *mech* Maupertuis-elv

mauve I. *a* mályvaszínű; **II.** *n vegy* mályva *(anilinszínezék)*

mauzeliite *ásv* mauzeliit

mavar (microwave amplification by variable reactance) *távk* parametrikus erősítő, reaktanciaerősítő, mavar

maverick *stat* nem reprezentatív mintavétel

mawseed oil *élip* mákolaj

max *aut, mat* maximum, maximális érték, max; ~ **gross** *rep* megengedett maximális/legnagyobb felszállósúly; ~ **problem** szélsőérték-feladat, extremális feladat; ~ **take-off weight** → ~ gross

Maxalog-system *aut* Maxalog-rendszer *(teljesen pneumatikus vezérlésű rendszer)*

maximal legnagyobb; *mat* maximált, maximális; ~ **degree** *mat* maximális fokszám; ~ **distance of a vertex** *mat* csúcs legnagyobb távolsága *(csúcshoz rendelt szám)*; ~ **unramified abelian extension** *mat* abszolút osztálytest, Hilbert-féle osztálytest; ~ **valency** *mat* maximális fokszám; ~ **value** *aut, max* maximum, max, maximális érték

maximally maximálisan; ~**-flat** *el* maximálisan lapos *(erősítő)*

maximax *fiz* abszolút csúcs(érték)

maximin *mat* maximin

maximization *mat* maximalizálás; ~ **problem** *mat* szélsőérték-feladat, extremális feladat

maximize végsőkig felfokoz, maximálisan kihasznál; *mat* maximalizál

maximizing I. *a mat* maximalizáló; **II.** *n mat* maximalizálás

maximum I. *a* legnagyobb, legtöbb; *mat* maximális; **II.** *n pl* **maxima** legnagyobb érték, csúcsérték; *mat* maximum, max, maximális érték; maximumhely; ~ **acceptance angle** *mat* befogadási határszög; ~ **admissible concentration (MAC)** *vegy* megengedett maximális koncentráció; ~ **admissible current** *el* legnagyobb megengedett áramerősség; ~ **admissible forward current** *el* legnagyobb megengedett nyitóirányú áram; ~ **admissible grid voltage** *el* legnagyobb megengedett rácsfeszültség; ~ **allowable concentration (MAC)** MAK-érték; ~ **allowed working pressure** *gép* maximális üzemnyomás; ~ **amplitude** *el, fiz* legnagyobb kilengés; ~ **and minimum ga(u)ge** *hidr* maximum-minimum mérce; ~ **asymmetric short-circuit current** *el* zárlati csúcsáram; ~ **available gain (MAG)** *el* maximálisan elérhető teljesítményerősítés; ~ **boost** *gépk* maximális töltőnyílás; ~ **braking gradient** *vasút* fékezési határlejtő; ~ **capacity** legnagyobb teljesítőképesség; ~ **ceiling** *rep* csúcsmagasság; ~ **charge** *el* legnagyobb teher/terhelés; ~ **circuit-breaker** *el* túláram-megszakító; ~ **clearance** *gép* legnagyobb játék; *műa* nyílástávolság; ~ **climb** *rep* maximális emelkedés; ~ **climbing angle** *rep* maximális emelkedési szög; ~ **coil diameter** *el* maximális tekercsátmérő; ~ **concentration** *vegy* csúcskoncentráció; ~ **concentration of emission** maximális emisszió-koncentráció; ~ **concentration of immission** maximális immissziókoncentráció; ~ **continuous output** *fiz* állandó legnagyobb teljesítőképesség; ~ **continuous power** *rep* legnagyobb tartós teljesítmény; ~ **continuous rating (MCR)** legnagyobb üzemi teljesítmény; ~ **creditable accident** *at* legnagyobb hihető baleset; ~ **cross-section** *hajó* főborda-középmetszet; *mech* legnagyobb/mérvadó keresztmetszet; ~ **cruise** *hajó, rep* maximális utazósebesség; ~ **current** *el* áramcsúcs; ~ **cut-out** *aut* túláramkioldó; ~ **deflection** *el, metr* legnagyobb kitérés; ~ **demand (MD)** *el* csúcsfogyasztás; csúcsterhelés; ~**-demand indicator** *el* csúcsfogyasztás-mutató; ~**-demand meter** *el* csúcsfogyasztásmérő; ~**-demand recorder** *aut* maximális fogyasztást regisztráló fogyasztásmérő; ~**-demand tariff** *el* csúcsfogyasztási díjszabás; ~**-demand time lag relay** *aut* késleltetett csúcsterhelésrelé; ~ **deviation** *aut* maximális/legnagyobb szabályozási eltérés; *el* legnagyobb kitérés; ~ **diameter** *gép* főmetszet átmérője; maximális átmérő; ~ **elevation** *kat* legkisebb átlőhetőség *(tüzérségnél)*; legnagyobb csőemelkedés/irányzómagasság; ~ **endurance** *rep* leghosszabb repülési időtartam; ~ **engine overspeed** *rep* hajtómű maximálisan megengedett fordulatszáma; ~**-equipment line** *vasút* jármű-szerkesztési szelvény; ~ **error** *aut, mat* hibahatár, maximális hiba; ~ **flap extended speed** *rep* maximális sebesség kibocsátott fékszárnyakkal; ~ **flatness** *el* maximális laposság; ~ **flying speed** *rep* megengedett maximális/legnagyobb repülési sebesség; ~ **frequency of oscillation** *félv* rezgési határfrekvencia; *távk* maximális oszcillációs frekvencia; ~ **gate trigger current** *el* felső gyújtóáram; ~ **gate trigger voltage** *el* felső gyújtófeszültség; ~ **gradient** *vasút* határlejtő; ~ **gross mass for landing** *rep* legnagyobb leszállási tömeg; ~ **gross mass for takeoff** *rep* legnagyobb felszállási tömeg; ~ **heat demand** *hőt* fűtési csúcsigény; ~ **holding time** *aut* maximális várakozási idő; ~ **humidity (of air)** *met* telítési nedvesség, maximális légnedvesség; ~ **immission concentration (MIC)** maximális immissziókoncentráció, MIK-érték; ~ **indication** *aut* maximumindikálás, csúcsleolvasás; ~ **indicator** maximum mutató; ~ **interference** *gép* legnagyobb (túl)fedés; ~ **in the small** *mat* helyi/lokális/relatív maximum; ~ **landing gear extended speed** *rep* maximális sebesség kibocsátott futóval; ~ **landing mass** *rep* legnagyobb leszállási tömeg; ~ **lift** *rep* legnagyobb felhajtóerő; ~ **limes superior** *mat* felső határérték; ~ **load** *el, gép* legnagyobb terhelés, csúcsterhelés; ~ **machine load** *gép* gépkapacitás; ~**-minimum principle** *mat* minimax elv; ~**-minimum thermometer** maximum-minimum hőmérő; ~ **moving dimensions** *pl vasút* jármű-szerkesztési szelvény; ~ **of a function** *mat* függvény maximuma; ~ **of atmospheric pressure** *met* nagynyomású terület/zóna, légnyomási maximum, anticiklon; ~ **operating current** *el* legnagyobb munkaáram; ~ **ordinate** *kat* röppályatetőpont; ~ **or minimum condition** *mat* maximum- vagy minimumfeltétel; ~ **output** *fiz* maximális (kimenő) teljesítmény, teljesítménymaximum, legnagyobb teljesítmény/termelés; ~ **output power** *fiz* maximális kivehető teljesítmény; ~ **overshoot** *távk* maximális (jel)túllövés, maximális túllendülés; ~ **permissible accumulated dose** *at* legnagyobb megengedett felhalmozódott dózis; ~ **permissible concentration** *at, orv* legnagyobb megengedett koncentráció; ~ **permissible dose** *at, el* legnagyobb megengedett/elviselt fluxussűrűség/dózis; ~ **permissible error** *aut* megengedhető legnagyobb hiba; ~ **permissible exposure (MPE)** *at* legnagyobb megengedett expozíció/besugárzás; ~ **permissible loading** *fiz* megengedett legnagyobb terhelés; ~ **permissible transient energy** *fiz* megengedett legnagyobb tranziens energia; ~ **point** *mat* szélsőértékhely, maximumhely; ~ **pointer** maximummutató; ~**-power altitude** *rep* legnagyobb teljesítmény magassága; ~**-power relay** *aut* csúcsteljesítmény-relé; ~ **pressure** *fiz* legnagyobb nyomás, csúcsnyomás; ~ **principle** *aut, mat* maximumelv; ~ **propeller governed speed** *rep* légcsavar legnagyobb szabályozott fordulatszáma; ~ **pulse indicator** *aut* maximális impulzusindikátor, maximálisérték-indikátor; ~ **range** *kat* legnagyobb (ható)távolság; *rep* legnagyobb repülési távolság; ~ **rate of climb** *rep* legnagyobb emelkedési sebesség; ~ **rate of runoff** *hidr* legnagyobb nagyvízhozam; ~ **ratings** *aut* határértékek, határérték-adatok, határadatok; ~ **rating system** *félv* határértékrendszer; ~ **reading** *metr* leolvasási maximum, legnagyobb leolvasási érték; maximumindikálás, csúcsleolvasás; ~ **recorded flood** *hidr* legmagasabb észlelt árvíz; ~**-recording attachment** *aut* maximummérték-író; ~ **relay** *aut, el* túláramrelé, maximumrelé; ~ **residue concentration** *vegy* megengedett szermaradék; ~ **revolutions** *pl* legnagyobb fordulatszám; ~ **safe current** *el* megengedett legnagyobb áram; ~ **scale value** legnagyobb skálaérték; ~ **sparkover voltage** *el* maximális átívelési feszültség; ~ **speed** legnagyobb sebesség; ~ **supply voltage** *el* legnagyobb hálózati feszültség; ~ **suppressor** *vegy* maximumot elnyomó/kiküszöbölő adalék; ~ **surge** *hidr* legnagyobb víztükörkilengés *(kiegyenlítőműben)*; ~ **swing** *forg* legnagyobb megmunkálható átmérő *(kétszeres csúcsmagasság)*; ~ **takeoff mass** *rep* legnagyobb felszállási tömeg; ~ **takeoff power** *rep* legnagyobb felszállási teljesítmény; ~ **tensile load** legnagyobb terhelőerő; ~ **tensile stress** szakítószilárdság; ~ **thermometer** *metr* maximumhőmérő; ~ **threshold speed** *rep* maximális küszöbátrepülési sebesség; ~ **thrust** *rep* legnagyobb to-

lóerő; ~ **time of reading** *aut* maximális leolvasási idő, leolvasásidő-maximum; ~ **torque (MT)** *el* billenőnyomaték; ~ **turning value** *mat* helyi/lokális/relatív maximum; ~ **usable frequency (MUF)** *távk* legnagyobb használható frekvencia; ~ **value** *fiz* csúcsérték; *mat* maximum, max, maximális érték; ~ **waiting time** *aut* maximális várakozási idő; ~ **water draw-off** *bány* teljes vízelvonás; ~ **weak-mixture power** *rep* maximális teljesítmény szegény keverékkel; ~ **with a condition/constraint** *mat* feltételes maximum; ~ **work** *fiz* szabad energia; ~ **yaw angle** *rep* legnagyobb legyezőmozgási szög
maxirolling *heng* hengerlés maximális erővel
maxivalence *vegy* maximális vegyérték
maxterm *mat* kitüntetett konjunktív normálalak/maxterm
Maxton screen *bány* dobrosta
maxwell (mx) *el, metr* maxwell
Maxwell | and Betti reciprocity theorem *fiz* Betti-tétel, Betti-féle reciprocitási tétel; **~-Boltzmann statistics** *mat* Maxwell—Boltzmann-féle statisztika; ~ **bridge** *el* maxwell-híd; **~-Cremona diagram** *mech* Cremona-fél erőterv, reciprok erőterv; ~ **distribution** *at* Maxwell—Boltzmann-eloszlás, Maxwell-eloszlás; ~ **distribution function** *at* Maxwell-féle sűrűségfüggvény; ~ **equations** *el* Maxwell-egyenletek; ~ **experiment** *tv* Maxwell-kísérlet; ~ **M-L bridge** *el* Maxwell-féle M-L mérőhíd; ~ **primaries** *tv* Maxwell-féle főszínek; ~ **relation** *fiz* Maxwell-reláció; **~'s law** *fiz* Maxwell-féle törvény; **~'s laws** *fiz* Maxwell-egyenletek; **~-'s reciprocal theorem** *mech* Maxwell-féle felcserélhetőségi tétel; **~-Wien bridge** *el* Maxwell—Wien-féle mérőhíd
maxwellmeter *metr* mágneses fluxusmérő
Mayday, mayday *rád* segélyhívás, segélykérés, SOS
Mayer-curve *bány* Mayer-diagram
mayonnaise *élip* majonéz
mazapilite *ásv* mazapilit
maze *at* árnyékoló labirintus/csapda, sugárzsilip, sugárcsapda, egészségügyi zsilip
mazout *ol* (nehéz) fűtőolaj, pakura, mazut
MB → magnetic bearing; → main battery; → main body; → master batch; → medium bomber; → megabyte; → motor boat
mbar → millibar
MBFR → mutual and balanced force reductions
MBR → marker beacon receiver
MC → magnetic core; → magnetic course; → manhole cover; → manual control; → megacycle; → missile control; → moisture content; → Morse code; → motor car; → motor converter; → moving coil; → multicontact; → muzzle-cap
MCC → mid-course correction; → mission control centre
McCabe-Thiele diagram *vegy* McCabe—Thiele-diagram
MCF → mean carrier frequency
McGregor sweep *mzg* szárnyas művelőtest *(kultivátorhoz)*
mCi → mullicurie
MCI → malleable cast-iron
McLeod ga(u)ge McLeod-nyomásmérő; McLeod-vákuummérő, McLeod-féle manométer
MCM → magnetic-core memory
MCN → mid-course navigation
McNally tube *el* klisztron
McQuaid-Ehn grain size *koh* McQuaid-Ehn szemnagyság
MCR → maximum continuous rating
MCS → megacycles per second; → microcomputer system
MCU → microprogram control unit
MCW → modulated continuous wave
Md → mendelevium
MD → magnetic drum; → maintenance division; → maximum demand; → mean deviation; → message dropping; → mo(u)lded depth
m.d. → mean difference; → mud drum
MDA → minimum decision altitude; → minimum descent altitude; → minimum detectable activity
MDF → main distribution frame; → medium frequency direction finder
MDI → manual data input
MDS → malfunction detection system; → minimum detectable signal; → minimum discernible signal; → multipoint distribution system
MDT → mean down time
Me → methyl
ME → magic eye; → magnetic-electric; → main effort; → marbled edge; → measuring equipment; → mechanical efficiency
MEA → monoethanolamine
Meacham oscillator *távk* Meacham-oszcillátor
meadow ore *ásv* gyepvasérc
meagre, *US* **meager** *bány* sovány *(szén)*; ~ **milling** *tex* gyenge kallózás
meal I. *v élip* megőröl, porrá tör; **II.** *n élip* korpa, durvaliszt, gorombán őrölt liszt; magbélőrlemény; *ép* kőliszt; ~ **bench** liszttartály; ~ **counter** ételpult; **~-drier** daraszárító; ~ **groats** *pl* daraliszt; ~ **machine** takarmánylisztgép; **~-tub** lisztesláda
Me. alc. → methyl alcohol
mealiness *élip* lisztesség, lisztszerűség
mealy *élip* lisztes, lisztszerű; ~ **surface** *ép* lisztes felület *(festésen)*
Mealy automaton *aut* Mealy-automata
mean I. *a mat* közepes, átlag(os); középső, belső *(tag)*, közép-; **II.** *n hang* középhang; *mat* közép(arányos), középérték, átlag, átlagérték, beltag, aránypár belső tagja; ~ **access time** *szt* átlagos elérési idő; ~ **aerodynamic chord (MAC)** *rep* aerodinamikai középhúr; ~ **age** *gép* közepes élettartam; ~ **amount of maintenance work** *gép* átlagos karbantartási munkanagyság; ~ **amount of repair work** *gép* átlagos javítási munkanagyság; ~ **angular motion** *mech* átlagos pályamenti sebesség; ~ **annoyance level, Q index** *távk* átlagos zavarási szint, Q-index; ~ **anomaly** *el* közepes anomália; ~ **binding energy per nucleon** *vegy* (egy nukleonra jutó) átlagos kötési energia; ~ **calory** *fiz* középkalória; ~ **carrier frequency** *távk* vivő-középfrekvencia; ~ **collision frequency (MCF)** *mech* átlagos ütközési gyakoriság/frekvencia; ~ **collision number** *mech* átlagos ütközési szám; ~ **cost of maintenance** *gép* átlagos karbantartási költség; ~ **cost of repair** *gép* átlagos javítási költség; ~ **curvature** *geod* középgörbület; ~ **deflection** *el, metr* átlagos/közepes kitérés; ~ **depth of pull** *bány* kirobbantott fogásmélység; ~ **deviation (MD)** *mat* középeltérés, közepes el-

térés; ~ **diameter** *mat* átlagos átmérő; ~ **difference (m.d.)** *mat* átlagos különbség; ~ **distance** *gép* félfőtengely-középtávolság; ~ **down time (MDT)** átlagos üzemszüneti idő; ~**-effective horse-power (m.e.h.p.)** *fiz* effektív középteljesítmény *(lóerőben)*; ~ **efficiency** *gép* közepes hatásfok; ~ **energy** *fiz* közepes energia, középenergia; ~ **error** *geod* középhiba; *mat* négyzetes középhiba, standard/átlagos hiba, közepes négyzetes eltérés; ~ **error of mean value** *mat* átlagérték-középhiba; ~ **failure rate** *gép* meghibásodási középarány; ~ **flow** *hidr* vízhozam közepes vízállásnál; ~ **force** *fiz* közepes erő; ~ **free path** *at* közepes/átlagos szabad úthossz; ~ **free path for absorption** *at, vegy* abszorpciós szabad úthossz; ~ **free path for capture** *at* (átlagos) befogási szabad úthossz; ~ **free path of dislocation** *ásv* diszlokációk szabad úthossza; ~ **free time** *fiz* közepes szabad utazási időtartam; ~ **frequency (MF)** *távk* frekvencia-középérték; középfrekvencia; ~ **grain size** átlagos szemcseméret; ~ **highwater (stage)** *hidr* közepes nagyvíz(állás); ~ **kinetic energy** *fiz* közepes kinetikai energia; ~ **land level** *geod* szárazföld átlagos szintje; ~ **lead** *ép* átlagos szállítási távolság; ~ **lethal dose (MLD)** *at, orv* átlagos halálos dózis; ~ **level (ML)** *geod* középszint; ~ **life** *at, gép* átlagos/közepes élettartam; ~ **life criterion** *gép* átlagos élettartam kritériuma; ~ **lifetime** *at, gép* átlagos/közepes élettartam; ~ **line** *geod* földfelszín átlagos magassága; *mat* felező(vonal); ~ **load** *gép, mech* közepes igénybevétel; ~ **longevity** *gép* átlagos élettartam; ~ **lowwater (stage)** *hidr* közepes kis víz(állás); ~ **mass velocity** *mech* baricentrikus sebesség, tömegközponti sebesség; ~ **motion** *mech* közepes szögsebesség, átlagos pályamenti sebesség; ~ **noon** *csill* középdél; ~ **normal curvature** *geod* középgörbület; ~ **number of failures** *gép* meghibásodási folyamat paraméterei; ~ **observed range** *rep* közepes látótávolság; ~ **of high stages** *hidr* közepes magas vízállás; ~ **of low stages** *hidr* közepes alacsony vízállás; ~ **of sample** *mat* minta átlaga/középértéke; ~ **operating time** *gép* átlagos tényleges működés tartama; ~ **operating time between failures** *gép* meghibásodásonkénti tényleges működés tartama; ~ **particle diameter** közepes szemcseátmérő; ~ **path** *at* közepes úthossz; ~ **piston pressure** *gépk* dugattyú-középnyomás; ~ **place** *csill* középhely; ~ **point** *mat* középső pont, átlagpont; ~**-point of impact (MPI)** *mech* ütközési főpont; ~ **power** átlagteljesítmény; ~ **power in one channel** *el, távk* csatorna átlagteljesítménye; ~ **pressure** *fiz* középnyomás; ~ **product (deviation)** *mat* szorzatátlag, átlagos szorzatos eltérés; ~ **proportional** *mat* mértani közép, geometriai közép(arányos); ~ **range** *at* közepes úthossz; ~ **rate of face advance** *bány* átlagos fejtési sebesség; ~ **repair time** átlagos javítási idő; ~ **restoration time** átlagos helyreállítási idő; ~ **running life** *gép* átlagos üzemeltetési élettartam; ~ **sample** átlagminta; ~ **sea level (MSL)** *geod* középtengerszint; ~ **section of turns** *el* átlagos tekercskeresztmetszet, menetkeresztmetszet; ~ **shelf-life** *ip* átlagos tárolhatósági idő *v.* eltarthatóság; ~ **size** *mt* középméret *(főméret)*; ~ **solar day** *csill* középnap; ~ **solar time** *csill* középidő; ~ **span** *rep* közepes fesztáv; ~ **speed** *mech* középsebesség; ~ **spherical luminous intensity** *opt* átlagos térbeli fényerősség; ~ **square** *mat* közepes négyzetes eltérés, átlagos eltérésnégyzet; ~**-square convergence** *mat* négyzetes középértékbeni konvergencia; ~**-square deviation** *mat* variancia, szórásnégyzet, szórás, eltérések négyzetes közepe, közepes négyzetes eltérés, átlagos eltérésnégyzet; ~**-square distance** *mat* mértani középtávolság; négyzetes/mértani középtávolság; ~**-square error** *szt* négyzetes középhiba, standard hiba, közepes négyzetes eltérés; ~**-square error minimum** *aut* négyzetes középhiba minimuma; ~**-square error moment** *mat* négyzetes középhiba-nyomaték; ~**-square length** *at, fiz* effektív hossz, négyzetes középhossz, közepes négyzetes úthossz; ~**-square momentum change** *at* mozgásmennyiség-változás négyzetes középértéke; ~ **square of error** *mat* közepes hibanégyzet; ~**-square value** *mat* négyzetes középérték; ~**-square value of current** *el* intenzitás négyzetes középértéke; ~ **stage** *hidr* középvíz; ~**-stage ga(u)ge** *hidr* középvízi mérce; ~**-stage river bed** *hidr* középvízi meder; ~ **storage time** *ip* átlagos tárolhatósági idő; ~ **sun** *csill* középnap *(égitest)*; ~ **suspended sediment concentration at a vertical** *hidr* függély-középtöménység; ~ **temperature difference (MTD)** *at, hőt* közepes/átlagos hőmérséklet-különbség; ~ **term** *mat* beltag, középső/belső tag, közép; ~ **time (MT)** *at, csill* középidő; ~ **time between failures (MTBF)** meghibásodások közötti átlagos idő, MTBF; ~ **time between maintenance (MTBM)** karbantartások közötti átlagos idő, MTBM; ~**-time clock** *csill* középidőmérő óra; ~ **time to maintain** átlagos karbantartási idő; ~ **time to renewal (MTTR)** *ép* átlagos helyreállítási idő; ~ **time to repair (MTTR)** átlagos javítási idő, MTTR; ~ **total reaction power density** *at* térfogategységre eső közepes teljes reakcióteljesítmény; ~ **trajectory** *kat* középső röppálya *(ballisztikában)*; ~ **value** *mat* közép, (számtani) középérték, átlag, átlagérték, integrálközép; ~ **value of a periodic quantity** *mat* (lineáris) középérték; ~ **value of on-state current** *félv* átlagos/közepes nyitóirányú áram; ~ **value of reverse current** *félv* átlagos/közepes záróirányú áram; ~ **value rectifier** *el* átlagérték-egyenirányító; ~ **value theorem** *mat* Lagrange-féle középérték-tétel, differenciálszámítás első középérték-tétele; ~ **variation (MV)** *geod* közepes mágneses elhajlás; ~ **velocity** *mech* átlagsebesség, középsebesség; ~ **volume** *fa* átlagos köbtartalom; ~ **water level (MWL)** *hidr* középvíz(állás); ~ **water training** *hidr* mederszabályozás; ~ **wind** *rep* közepes erősségű szél

meander I. *v* kanyarog, kígyózik; **II.** *n* kanyargás, kígyózás; *ép* indadísz, meander, szalagdíszítmény; *hidr* (folyó)kanyar, meander; *közl* szerpentinút; *pa* tekercselés; ~ **belt** *hidr* meanderkanyar nyaka; ~ **length** folyókanyar hossza; ~ **profile** *gép* meanderszelvény, meanderprofil; ~**s** *pl ép* útvesztő, labirintus; ~ **scar** bevágódó folyószakasz; ~ **width** folyókanyar kihajlása

meaningful | proposition *mat* értelmes állítás/kijelentés; ~ **significant figure** *mat* értékes számjegy *(számé)*

meaningless proposition *mat* értelmetlen állítás/kijelentés

means eszköz; mód, út; ~ **of communication** közlekedési eszköz; *rep* távközlő eszköz/berendezés; ~ **of identification** *rep* azonosítási eszköz; ~ **of transport** szállítóeszköz; → mean

measurability (meg)mérhetőség, lemérhetőség
measurable (meg)mérhető, lemérhető; ~ **function** *mat* mérhető funkció; ~ **quantity** *mat* mérhető mennyiség; ~ **variable** *mat, metr* mérendő/mérhető változó
measurand *metr* mérendő mennyiség/érték; ~ **pick-up** *metr* mérésadat-felvevő
measure I. *v* mér, megmér, kimér, lemér, felmér, összemér; **II.** *n* intézkedés, jogszabály, rendszabály; *hang* ütem, taktus; *mat* osztó; *metr* mérőedény, mérőeszköz; mérték, méret, nagyság; *nyom* sorhossz(úság); ~ **effect** *metr* volumenhatás, skálahatás; ~ **of angle in radians** *mat* ívmérték, ív, radiánmérték; ~ **of forgeability** *alak* kovácsolhatóság mértéke; ~ **of hardenability** *hők* edzhetőség mértéke; ~ **of interdependence** *aut* kölcsönös függőség kritériuma; ~ **of kurtosis** *mat* kurtózis mértéke; ~ **of quality** *any, ip* minőségi mutatószám; ~ **of reliability** *ip* megbízhatósági mutatószám; ~**s** *pl bány* geológiai korú rétegek; rétegcsoport, összlet; ~**s of dispersion** *mat* szórásjellemzők; ~**s of the day** *ép* belméret; ~ **theory** *mat* mértékelmélet; *metr* méréselmélet
measured | **depth** *ol* mért mélység; ~ **feedback** *el* mért visszacsatolás; ~ **in the clear** *ép* belvilágon mérve; ~ **reliability** *ip* mért megbízhatóság; ~ **response** *aut* mért reakció/válasz; ~ **unit** *el* mért egység; ~ **value** mért/észlelt érték; ~ **value cell** *el* mértékértékcella; ~ **variable** *mat* mért változó/érték
measurement (meg)mérés, felmérés, távmérés; meghatározás *(méréssel)*; méret, nagyság, mérték; *hajó* köbözés; ~ **accuracy** *metr* mérési pontosság; ~ **amplifier** → measuring amplifier ~ **bolt** *bány* mérőhorgony; ~ **by nuclear radiation detector** mérés nukleáris sugárzásdetektorral; ~ **cargo** *hajó* térfogati áru; ~ **certification** *hajó* köbözési bizonyítvány; ~ **chart** *geod* mérési eredmények térképe; ~ **device** → measuring device; ~ **domain** mérési tartomány; ~ **error** → measuring error; ~ **goods** *csom* terjedelmes áru(k); ~ **in the microsecond range** mérés a mikromásodperces értéktartományban; ~ **of atmospheric pressure** légnyomásmérés; ~ **of cable** *ol* kábelmérés; ~ **of circular dichroism** *ásv* cirkuláris dikroizmus mérése; ~ **of coating thickness** *koh* rétegvastagság mérése; ~ **of crest value** *metr* csúcsérték mérése; ~ **of density** sűrűségmérés; ~ **of depth** *geof* (ultrahangos) mélységmérés; ~ **of distance** távmérés; ~ **of electrical quantities from a distance** elektromos távmérés; ~ **of electron density** *fiz* elektronsűrűség mérése; ~ **of humidity by means of neutrons** neutronos nedvességmérés; ~ **of ion concentration** *fiz* ionkoncentráció-mérés; ~ **of load and extension** *any* terhelési nyúlásmérés; ~ **of nuclear induction** *at* mágneses magrezonancia-mérés; ~ **of oscillation period** *mech* lengések periódusának mérése; ~ **of radioactive pollution** *környv* radioaktív szennyezettségmérés; ~ **of small flows** kis átfolyó mennyiségek mérése; ~ **of temperature** hőmérsékletmérés; ~ **of the audibility threshold** *hang* hallásküszöb mérése, hallásküszöbmérés; ~ **of the mass absorption coefficient** *fiz* (tömeg)gyengülési együttható mérése; ~ **of thermoelectric force by the compensation method** *el* termoelektromos erő mérése kompenzációs módszerrel; ~ **of velocity** *mech* sebességmérés; ~ **of very small currents** *el* igen kis áramerősségek mérése; ~ **sample** *bány* elemzési minta
measurer mérő(berendezés), mérőműszer; *geod* földmérő; *ip* hosszmérő gépen dolgozó munkás
measuring (meg)mérés, lemérés; mérték, méret, nagyság; *aut* adagolás; ~ **amplifier** *el* mérőerősítő; ~ **and folding machine** *tex* mérő- és hajtogatógép; ~ **antenna** *távk* mérőantenna; ~ **apparatus** mérőberendezés, mérőműszer; ~ **assembly** *at* sugárzásmérő (berendezések), doziméter; ~ **at middle** *fa* hosszközépen mérve; ~ **band** mérőszalag; ~ **bar** mérőpálca *(textiláruméréshez)*; ~ **bin** adagolótartály; ~ **block** mérőegység, mérőhasáb; ~ **boundary contact stress in shafts** *bány* érintkezési határfeszültségek mérése; ~ **bridge** *el* (mérő)híd; ~ **buoy** *hidr* mérőbója; ~ **by headphones** *hang* fejhallgatós mérés; ~ **by highly resistant measuring chain** nagy ellenállású mérőlánccal történő mérés; ~ **by stadia** *geod* lécmérés; ~ **by volume** *ép* térfogat szerinti mérés/adagolás; ~ **capsule/cell** *koh* mérőcella ~ **chain** mérőlánc; ~ **channel adjustment** mérőcsatorna beállítása *(távmérő berendezésben)*; ~ **circuit** *el* mérőkör; ~ **coil** *el* mérőtekercs; ~ **connection** *távk* mérőcsonk; ~ **conveyor/conveyer belt scale** *ép* adagoló szalagmérleg, szalagos adagolómérleg; ~ **cord** *bány* mérőzsinór; ~ **dam** *hidr* mérőgát; ~ **device** mérőberendezés, mérőrendszer; mérőműszerskála; ~ **diaphragm** *metr* mérődiafragma; ~ **dipole** *távk* mérőantenna; ~ **dome** mérődóm; ~ **drum** *ép, koh* adagolódob; ~ **element** érzékelő, érzékelőszerv; mérőelem, mérőtag, mérőszerv; ~ **engine** kimérő automata; mérőgép *(kalibráláshoz)*; ~ **equipment (ME)** mérőberendezés; ~ **error** mérési hiba; ~ **error of the first order** *metr* elsőrendű (mérési) hiba; ~ **face** mérősík; ~ **feeder** *élip* adagoló tápláló; ~ **feeler** *metr* mérőérzékelő; ~ **flume** *hidr* hidrometriai csatorna; ~ **frequency** *távk* mérőfrekvencia; ~ **gamma-gamma angular correlation with four detectors** gamma-gamma szögkorreláció/iránykorreláció mérése négy detektorral; ~ **ga(u)ge** mérőeszköz, mérőfej; *forg* mérőütköző; ~ **generator** *el* mérőgenerátor, hitelesített jelű generátor, (hitelesített) jeladó/jelgenerátor; ~ **grid** mozgórács *(sztereo-fotogrammetriai műszerben)*; ~ **head** mérőfej, érzékelőfej, szonda, mérőcső; ~ **height** *fa* mérésmagasság; ~ **instrument calibration** mérőkészülékek/mérőműszerek hitelesítése; ~ **instrument constant** műszerkonstans, mérőműszer állandója; ~ **instrument error** műszerhiba, mérőműszer hibája; ~ **instrument for non-electric values** mérőkészülék nemvillamos mennyiségek méréséhez; ~ **instrument of physical variables** fizikai mennyiségeket mérő műszer; ~ **instrument to measure the linearity of radiation receivers** mérőműszer sugárzásvevő lineárisságának mérésére *(az addiciós módszer szerint)*; ~ **instrument with digital indication** számjegykijelzésű/digitális mérőkészülék; ~ **instrument with electronic compensation teletransmitter** elektronikus kompenzációs távadós mérőkészülék; ~ **instrument with light barriers for speed measurement of motorcars** *közl* fénysorompós mérőkészülék gépkocsik sebességének mérésére; ~ **ionizing radiations** mérőhely, mérőcsatlakozás; *fiz* ionizáló sugárzások mérése; ~ **lath** mérőléc; ~ **limit** méréshatár; ~ **line** *el* C-ág, C-vezeték; ~ **loop** *el* mérőhurok, mérőkör; ~ **loss** *fa* bemérési veszteség; ~ **machine** mérőgép *(kalibráláshoz)*; *bőr* kvadrátozógép; ~ **methods in architectural acoustics**

hang mérési módszerek az építészeti akusztikában; ~ **microphone** mérőmikrofon; ~ **motion** *tex* mérőszerkezet; ~ **nozzle** mérőfúvóka; *ol* szűkítőelemes mérő; ~ **of pit depth** *bány* aknamélységmérés; ~ **of reverberation** *fiz* utórezgésmérés; ~ **of rock movements** *bány* külszíni kőzetmozgás mérése; ~ **orifice** mérőperem; ~ **pad** *ol* mérőpapucs, szondapapucs; ~ **panel for testing installations** mérőtábla vizsgálóberendezésekhez; ~ **peak** mérőcsúcs, érzékelőtapintó; ~ **pin** mérőcsap; *forg* menettű; ~ **pipe bend** *bány* mérőkönyök; ~ **plant** *aut* adagolóberendezés; ~ **pocket** *bány* adagolótartály; ~ **point** mérőhely; mérési pont/hely; ~ **point selector** *aut* mérőhelyválasztó; ~ **port** mérőcsonk; ~ **precision** mérési pontosság; ~ **probe** mérőfej, érzékelőfej, szonda; ~ **profile** *bány* mérőszelvény; ~ **pulse** *el* mérőimpulzus; ~ **rack** mérőhely; ~ **range** mérési/érzékelési tartomány, méréstartomány; ~ **recorder** regisztrálókészülék/regisztrálóműszer, regisztráló mérőműszer; ~ **rectifier** *el* mérő-egyenirányító; ~ **reel** mérőszalagtekercs; ~ **region** méréstartomány; ~ **result** mérési eredmény; ~ **ring** *el* mérőgyűrű; ~ **rod** lyukmérő idomszer; mérce, mérőléc; ~ **roller** *tex* mérőhenger; ~ **rule** mérőrúd, mérőléc, mérővonalzó, mérce, lépték(vonalzó); ~ **screw** mérőorsó, mikrométerorsó; ~ **sensitivity** mérésérzékenység; ~ **set-up** mérőberendezés, mérőrendszer; ~ **sinker** *tex* kiegyenlítőplatina; ~ **spark-gap** *el* mérőszikraköz; ~ **staff** mérce, mérőpálca, mérőléc; ~ **station** mérőállomás, mérőhely; ~ **stick** *fa* mérőléc, méretjelző cövek; ~ **system** mérőberendezés, mérőrendszer; ~ **tank** mérőtartály, adagolótartály, adagmérő, mérőedény *(benzinkútnál)*; ~**-tank LACT system** *ol* mérőtartályos LACT rendszer; ~ **tape** mérőszalag; ~ **technique of fluidity** fluidmérés-technika; ~ **telescope** *geod* mérőtávcső; ~ **the base** *geod* alapvonalmérés; ~ **the conversion of electric power into impulse sequence** villamos teljesítmény impulzussorozatba való átalakításának mérése; ~ **the correlation functions** korrelációs függvények mérése; ~ **the crest value of high alternating voltages independent of frequency** *el* nagy váltakozó feszültségek frekvenciafüggetlen csúcsértékmérése; ~ **the density of photographed spectrum lines** *fiz* fényképezett spektrumvonalak sűrűségmérése *(mikrodenzitométerrel)*; ~ **the dispersion by refractometer** refraktométeres diszperziómérés; ~ **the errors of potential transformers by differencial bridge method** *el* feszültségváltók hibájának meghatározása differenciál-hídkapcsolás segítségével; ~ **the grating constant of a concave grating** *ásv* konkáv rács rácsállandójának mérése; ~ **the interfacial tension** *fiz* határfelületi feszültség mérése; ~ **the interference wavelengths** *távk* interferáló hullámhosszúságok mérése; ~ **the linearity of radiation receivers** *távk* sugárzásvevők linearitásának mérése; ~ **the longitudinal section(s) of a shaft** *bány* függőleges akna hossz-szelvényezése; ~ **the partial pressure in vacuum** *fiz* parciális nyomás mérése vákuumban; ~ **the stresses on the surface** *fiz* felületi feszültségek mérése; ~ **the surface stress of wetting liquids** *fiz* nedvesítőfolyadékok felületi feszültségének mérése; ~ **the tristimulus values** *opt* alapszínértékek mérése; ~ **the ultraviolet radiation of the sun** *fiz* a nap ultraibolya-sugárzásának mérése; ~ **the X-ray small-angle scattering** *orv* kisszögű röntgensugár-szóródás mérése *(impulzusszámlálással)*; ~ **transducer for gas analyzers** mérőátalakító gázanalizátorok/gázelemzők számára; ~ **transformer** transzduktor, (jel)átalakító, mérőátalakító, mérőtranszformátor, mérőváltó; ~ **transmitter** mérőgenerátor, hitelesített jelű generátor, (hitelesített) jeladó/jelgenerátor, mérő(táv)adó; ~ **value** mért érték, észlelt érték; ~ **value conversion** mért/mérési érték átalakítása; ~ **wall** *ép* adagolófal; ~ **weight gear** adagolómérleg; ~ **weir** *hidr* mérőbukó; ~ **wheel** kerekes vízóra; *geod* térképmérő kerék, hodométer; ~ **worm conveyor/conveyer** csigás mérőadagoló

meat *at* aktív elem *(reaktoré)*; *élip* hús; magbél; ~**-and-bone meal** *élip* húscsontliszt; ~ **canning** húskonzervgyártás; ~**-chopper** húsdaráló; ~ **flour** húsliszt; ~**-grinder** *US* húsdaráló; ~ **hook** húsakasztó horog; ~ **inspection** *élip* húsvizsgálat; ~**-packing** húsfeldolgozás; ~**-packing establishment/plant** húsfeldolgozó üzem; ~ **warmer** *élip* vízmedence étel-melegentartó

meaty *bőr* rosszul húsolt; *élip* húsos, húsból való, húsjellegű

mechanic *szer* szerelő, műszerész, mechanikus, gép(lakatos)

mechanical gépi; mechanikai; mechanikus; ~ **accelerometer** mechanikai gyorsulásmérő; ~**-acoustical coupling** mechanikai-akusztikai csatolás; ~ **admittance** mechanikai admittancia/vezetőképesség; ~ **aeration** *hidr* mechanikus levegőztetés; ~ **agitator** *ép* gépi keverő; ~ **air machine** *gép* pneumomechanikai rendszerű gép; ~ **analog(ue)** mechanikai analógia; ~ **analysis** *talt* (mechanikai) szemeloszlási vizsgálat; ~ **analyzer** *talt* mechanikus analizátor; ~ **application** *ép* gépi felhordás; ~ **ashing** *koh* gépi hamueltávolítás/salakozás; ~ **axis** *ásv* mechanikai tengely, Y-tengely; ~ **blending** *ép, vegy* gépi keverés; ~ **board** *fa* (barna) falemez; *pa* facsiszolatlemez; ~ **booster (pump)** *vák* Roots-szivattyú; ~ **burner** *hőt* szabályozható égő; ~ **cager** *bány* gépi csillebetoló; ~ **calcining oven** *koh* mechanikai rendszerű pörkölőkemence; ~ **calculator** *szt* mechanikus számológép; ~ **car park** *közl* gépesített tárolóhely; ~ **characteristic** *el* fordulatszám-nyomaték jelleggörbe; ~ **chopper** *at* szaggató, mechanikus neutronszaggató, csopper, chopper; ~ **classifier** mechanikai osztályozó; *el* mechanikai áramkészülék; ~ **cleaning** *bány* gépi dúsítás; ~ **comminution** *alak* mechanikus aprítás; ~ **compensator** *aut* mechanikus kompenzátor; ~ **compliance** *any* fajlagos inverz merevség; ~ **concrete pump** *ép* mechanikus betonszivattyú; ~ **continuous conveyor/conveyer** folyamatos működésű mechanikus szállítógép; ~ **coring** *geof* mechanikus fúrómagszelvényezés; ~ **crane hook weigher** *em* mechanikus daruhorogmérleg; ~ **data acquisition** *szt* gépi adatgyűjtés; ~ **data processing** *szt* gépi adatfeldolgozás; ~ **degradation** *gumi, műa* mechanikai degradáció, mechanikai lebontás/lebomlás; ~ **depolarization** *el* mechanikus depolarizáció; ~ **descaling** *koh* mechanikus revétlenítés; ~ **dictionary** *szt* fordítógép; ~ **dodge** *ip* szakmai fogás/fortély; ~ **draught/draft** *hőt, szell* mesterséges huzat; ~ **drawing** *ép* géprajz; ~ **drilling** *geol* gépi fúrás; ~ **drilling log** *geof* fúróhaladás-görbe; ~ **drive** *gép* gépi meghajtás; mechanikus hajtómű; ~ **drop hammer** mechanikus ejtőkalapács;

~ **dust collector** *koh* mechanikus pernyeleválasztó; ~ **earthmoving/earthworks** *ép* gépi földmunka; ~ **efficiency (ME)** *ip* mechanikai hatásfok; ~ **ejection** *műa* mechanikus kidobás; ~ **energy** *fiz* gépi erő; ~ **engineer** *gép* gépészmérnök; ~ **engineering** *gép* gépészet, gépgyártás; ~ **equivalent** *mech* mechanikai egyenérték; ~ **equivalent of heat** *fiz* mechanikai hőegyenérték; ~ **equivalent of light** *fiz* mechanikai fényegyenérték; ~ **escapement relay** *el* ingás relé; ~ **evaluation** *szt* gépi kiértékelés; ~ **exciting** *gép* mechanikai gerjesztés; ~ **expression** *élip* gépi sajtolás; ~ **extensometer** *mech* mechanikai nyúlásmérő; ~ **fabric** *tex* műszaki szövet; ~ **failure** *ip* üzemzavar; ~ **feed** *forg* gépi előtolás; ~ **feed press** *alak* automatikus előtolású prés; ~ **figure merit** mechanikus jósági tényező; ~ **filling** *bány* gépi rakodás; ~ **filter** mechanikus szűrő; ~ **float** *ép* simítógép; ~ **flotation cell** *bány, hidr* mechanikus flotálókészülék; ~ **flying** *bőr* gépi nyúzás; ~ **foam** *vegy* léghab; ~ **force** *mech* mechanikai erő; ~ **gas-seller** pénzbedobásos/pénzbedobós gázadagoló; ~ **gate** *hidr* mechanikus zsilip; ~ **gear** *gép* mechanikus hajtómű; ~ **grate** *ép* vándorrostély, mozgórostély; ~ **gripping device** *tv* mechanikus fogó *(víz alatti tv-nél)*; ~ **gummer** *bány* porkihordó; portoló; ~ **hammer** *szersz* gépi kalapács; ~ **handling** gépi rakodás/szállítás; ~ **hardening** *any* mechanikai edzés; ~ **harmonic analyzer** *távk* mechanikus harmonikusanalizátor; ~ **high-precision time switch** *aut* mechanikus nagyprecizitású időkapcsoló (készülék); ~ **impedance** *mech* mechanikai impedancia, teljes mechanikai ellenállás; ~ **imperfection (in crystals)** *ásv* mechanikai hiba; ~ **impurities** *pl koh* mechanikus szennyezés; ~ **incidence control** *kat* mechanikai szárnyállásszög-vezérlő rendszer; ~ **inertia** *mech* tömegtehetetlenség; ~ **injection** *gépk* kompresszor nélküli *v.* mechanikus befecskendezés; ~ **injury** *at* erőművi károsítás; *gép* mechanikai/fizikai károsodás; ~ **inlet and extract ventilation** *szell* befúvó és elszívó szellőztetés; ~ **integration** *mat* gépi/mechanikus integrálás; ~ **interlocking-machine** *vasút* mechanikai vasútbiztosító berendezés; ~ **lead-in** *pa* mechanikus papírfelvezetés; ~ **level ga(u)ge/indicator** *aut* mechanikus töltésszintjelző; ~ **lever interlocking cabin** *vasút* mechanikus állítóközpont *(biztosítóberendezésnél)*; ~ **line printer** *szt* gépi sornyomtató; ~ **loading** *bány* gépesített rakodás; ~ **lock** *hidr* mechanikus zsilip; ~ **lubrication** *gép* kényszerkenés; ~ **manometer** mechanikus manométer/nyomásmérő, mechanikai mutatórendszerű/áttételű nyomásmérő; ~ **mass** *fiz* mechanikai tömeg; ~ **material testing** mechanikai anyagvizsgálat; ~ **metal losses** *pl koh* mechanikus fémveszteség; ~ **mining** *bány* gépesített művelés; ~ **motion** *mech* mechanikai mozgás; ~ **mo(u)lding** *önt* gépi formázás; ~ **network** *gép* mechanikai hálózat; ~ **neutron chopper** *at* szaggató, mechanikus neutronszaggató, csopper, chopper; ~ **noise** *távk* recsegés *(csőben)*; ~ **non-listing calculator** *szt* írómű nélküli mechanikai számológép; ~ **ohm** *el* mechanikai ohm; ~ **outfit** gépi felszerelés; ~ **pick** *bány* fejtőkalapács; ~ **picker** *bány* rosta gépi dúsításhoz; ~ **piler** *csom* rakodógép, máglyázógép; *vasút* sínrakodó; ~ **pilot** *aut* automatikus repülésirányítás; ~ **plaster throwing machine** *ép* mechanikus habarcsszóró; ~ **platform weighing machine** *ép* mechanikus hídmérleg; ~ **plough/plow** *bány* fejtőgyalu; ~-**plunger lubricator** *gép* (Mollerup-féle) kettősdugattyús kenőszivattyú; ~ **polishing** *mt* mechanikai polírozás; ~ **potentiometer recorder** *el* mechanikusan/automatikusan író potenciométer/kompenzátor; ~ **power** gépi erő; *mech* mechanikai energia; ~ **power amplifier** *fiz* mechanikus teljesítményerősítő; ~ **preparation** *bány* gépi dúsítás/előkészítés; ~ **press** *műa* mechanikus sajtológép; ~ **pressure ga(u)ge** *fiz* mechanikus manométer/nyomásmérő; ~ **pressure transducer** *fiz* mechanikai nyomásátalakító; ~ **properties** *koh* szilárdsági tulajdonságok; ~ **puddling furnace** *hőt* gépesített kavarókemence; ~ **pulp** *pa* facsiszolat; ~ **pulpwood** *fa* faköszörületre használható papírfa; ~ **pump having two stages in series** *hidr* kétlépcsős forgószivattyú; ~ **purification of sewage/waste-water** mechanikai szennyvíztisztítás; ~ **rabbling** *koh* gépi lapátolás; ~ **reactance** *fiz* mechanikai reaktancia; ~ **recorder** *hang* mechanikus hangfelvevő; ~ **recording (of sound)** *hang* mechanikus hangregisztrálás/hangfeljegyzés/hangrögzítés; ~ **recording potentiometer** *el* mechanikusan/automatikusan író potenciométer/kompenzátor; ~ **rectifier** *el* szinkronkommutátoros egyenirányító; ~ **rectilineal/rectilinear reactance** *fiz* mechanikai reaktancia, mechanikai reaktív ellenállás; ~ **reduction** *alak* mechanikus aprítás; ~ **refrigerator** *hűt* kompresszoros hűtőberendezés; ~ **register** mechanikai regisztrálókészülék; ~ **reliability** *gép* mechanikai megbízhatóság; ~ **remote control** *el* mechanikus távirányítás/távvezérlés; ~ **removal of acid** *vegy* mechanikai savtalanítás; ~ **repair shop** *szer* javító gépműhely; ~ **scanner** *tv* mechanikus letapogató; ~ **scanning** *tv* mechanikus képbontás/letapogatás; ~ **scrubber** *ol* mechanikus mosóberendezés; ~ **seam welding control** *heg* mechanikai rendszerű vonalhegesztés-ellenőrzés; ~ **sensing** *aut, el* mechanikai leérzékelés; ~ **servo** *gép* szervomechanizmus; ~ **sewage treatment** *hidr* elsődleges tisztítás, mechanikai szennyvíztisztítás; ~ **sharpener** *bány* fúróélesítő pad; ~ **shovel** *szersz* géplapát; ~ **signal** *vasút* alakjelző; ~ **simulation** *szt* gépi szimuláció; ~ **sound recording** *hang* mechanikai hangrögzítés/hangregisztrálás/hangfeljegyzés; ~ **steering gear** *gépk* mechanikus kormánymű; ~ **stoker** *vasút* gépi (rostély)adagoló *(gőzmozdonyon)*; ~ **stowage** *bány* gépi/hajított/hajító tömedékelés; ~ **straw-pulp** *pa* sárga szalmaanyag; szalmafélanyag; ~ **strength** mechanikai szilárdság; ~ **stress** *mech* mechanikai/mechanikus igénybevétel/feszültség; ~ **subdivision** *alak* törés, aprítás, darabolás; ~ **sweeper** *közl* utcaseprő gépjármű; ~ **technology** mechanikai technológia; ~ **testing** *any* mechanikai (anyag)vizsgálat; ~ **testing of welds** *heg* a hegesztett varratok mechanikai vizsgálata; ~ **time fuse (MTF)** *kat* óraműves gyújtó; ~ **timer** *aut* mechanikus időrelé; ~ **translation computer** *szt* fordítógép; ~ **transport (MT)** gépi szállítás; ~ **treatment** *mt* gépi megmunkálás; ~ **trip** *gép* gépi beindítás; ~ **trowel** *ép* simítógép; ~ **trowel for concrete** *ép* betonsimító gép; ~ **twin** *krist* mechanikai iker; ~ **twin formation** *krist* mechanikai ikerképződés; ~ **twisting-in** *tex* gépi befűzés; ~ **ultrasonic emitter** *hang* mechanikus ultrahangsugárzó; ~ **vacuum ga(u)ge** *fiz* mechanikus nyomásmérő; ~ **value** *mech* mechanikai mennyiség; ~ **ventilation** *szell* mesterséges szellőztetés; ~ **viscosity** *vegy* keveredési együttható; ~ **washer** *gép* mechanikus mosóberendezés; ~ **waste-water treatment** → ~ sewage treatment; ~ **weathering** fizikai elhasználódás/mállás; ~ **weighbridge** *ép* mechanikus hídmérleg; ~ **weight scale** mechanikus mérleg; ~ **welding** *heg* gépi hegesztés; ~ **woodpulp** *pa* facsiszolat, farostpép; ~ **work** gépészeti munka; ~ **working** gépi megmunkálás; ~ **wrapping paper** *pa* barna facsiszolatpapír; ~ **zero** *aut* mechanikus zéruspont-beállítás

mechanically | **actuated contact** *el* mechanikus működtetésű érintkező; ~ **driven interrupter** *el* mechanikus áramszaggató, motoros szaggató; ~ **operated contact** *el* mechanikus működtetésű érintkező; ~ **operated controller** mechanikus/mechanikai szabályozó; ~ **operated cutter** *ép* lazítószerkezet; ~ **switched cardioide-type homing equipment** *kat* célrepülő-készülék

mechanician gépszerelő, műszerész; ~**'s screwdriver** műszerész-csavarhúzó

mechanics gép(szerkezet)tan; szerkezet; mechanizmus; működés; *fiz* mechanika; ~ **of continua,** ~ **of continuous media** *mech* folytonos közegek mechanikája, kontinuummechanika; ~ **of flight** *rep* repülésmechanika, repüléselmélet; ~ **of fluids** *mech* folyadékok mechanikája; ~ **of the continuum** → ~ of continua

mechanism mechanizmus; *gép* (gép)szerkezet, gépezet; ~ **for reversing the ventilation** *bány* irányváltó szerkezet; ~ **of crystal growth** *krist* kristálynövekedés mechanizmusa; ~ **of fine adjustment** *finm* finombeállító csavar, mikrométercsavar; ~ **of graphitization** *ásv* grafitosodás mechanizmusa; ~ **of nucleation** *krist* gócképződés mechanizmusa

mechanization *ip* gépesítés, mechanizálás; ~ **of mining operations** *bány* bányagépesítés

mechanize *ip* gépesít, mechanizál; *kat* motorizál

mechanized *ip* gépesített; *kat* gyorsan mozgó, motorizált; ~ **data processing** *szt* gépesített adatfeldolgozás; ~ **drifting** *bány* gépi vágathajtás; ~ **dross skimming** *koh* gépi salakozás; ~ **extraction** *bány* gépi fejtés; ~ **foundry** *önt* gépesített öntöde; ~ **full face driving** *bány* teljes szelvényű kihajtás; ~ **heading** → ~ drifting; ~ **infantry** *kat* gépesített gyalogság; ~ **mill** *heng* gépesített hengermű; ~ **mining** *bány* gépesített bányászat; gépi fejtés; ~ **vehicle** *kat, közl* gépjármű; ~ **welding** *heg* gépesített hegesztés

mechanoacoustic coupling *hang* mechanikai-akusztikai csatolás

mechanochemical *vegy* mechanokémiai; ~ **degradation** *műa, vegy* mechanokémiai degradálás/degradálódás; ~ **processes** mechanokémiai folyamatok

mechanochemistry *vegy* mechanokémia

meconic acid *vegy* mekonsav

media *pl* → medium; *szt* adathordozó; *távk* (tömeg)kommunikációs eszköz(ök); közvetítő közeg; *tex* töltőanyag; ~ **descriptor** *szt* adathordozó jelzésére szolgáló byte; ~ **drive** *szt* mágneslemez-meghajtó/mágnesszalag-meghajtó egység; ~**-resident software** *szt* (mágneslemezes) adathordozón tárolt program

medial középső; átlagos nagyságú/kiterjedésű; *opt* lencsés tükrös *(teleszkóp)*, mediál-; ~ **algebra** *mat* entropikus algebra; ~ **moraine** *geol* középmoréna; ~ **quasi(-)group** *mat* entropikus félcsoport; ~ **telescope** *opt* lencsés tükrös teleszkóp, mediálteleszkóp

median I. *a* középső, közép-, középi; **II.** *n mat* mediáns, felezőérték; súlyvonal, oldalfelező, középvonal, medián; ~ **lane** *közl* középső közlekedési sáv; ~ **lethal dose (MLD)** *at* közepes/50%-os valószínűségű halálos/letális dózis; ~ **lethal time (MLT)** *at* 50%-os letális időtartam, átlagos halálozási/túlélési idő; ~ **life** *biot* élettartam-medián; ~ **line** *mat* felező; ~ **moraine** *geol* középmoréna; ~ **operating time** üzemidő mediánja; ~ **plane** *mat* felezősík, szimmetriasík; ~ **shelf/storage life** tárolhatósági idő mediánja; ~ **stage** *hidr* átlagos vízállás; ~ **strip** *közl* középső elválasztósáv; ~ **value** *mat* medián; ~ **zone** *ásv* mediánzóna, középzóna

mediate *mat* felez; interpolál

mediation *mat* interpoláció, közbeiktatás

medical | **air lock** *ép* betegzsilip *(légnyomásos alapozású)*; ~ **certification** *rep* orvosi alkalmassági bizonyítvány; ~ **confectionery** *gyógyv* gyógycukorka; ~ **electronics** *pl orv* orvosi elektronika; ~ **evacuation vehicle** *kat* sebesültszállító jármű; ~ **fitness** *rep* egészségügyi alkalmasság; ~ **physics** *pl orv* orvosi fizika; ~ **radiology** *orv* (orvosi) radiológia/sugárzástan; ~ **radionuclide** *orv* orvosi célra használt radioaktív izotóp; ~ **wash stand/basin** *orv* orvosi mosdó

medicament *gyógyv* gyógyszer, orvosság

medicate *gyógyv* gyógyanyaggal telít

medicated *gyógyv* gyógy-, gyógyanyaggal telített; ~ **soap** *vegy* gyógyszappan

medicinal gyógyító, gyógyhatású, gyógy-; ~ **baths** *hidr* gyógyfürdő; ~ **carbon** *gyógyv* carbo medicinalis; ~ **grade benzine** *ol* gyógybenzin, sebbenzin; ~ **water** *hidr* gyógyvíz

medicine *gyógyv* gyógyszer; ~ **chest** *orv* mentőláda; ~ **dropper** *gyógyv* cseppentő(üveg), cseppentős üveg

medio | **board** *pa* zselatinnyomó/litográfiai karton; ~ **twist/yarn** *tex* félláncsodratú *v.* közepes sodratú fonal

mediterranean mediterrán; ~ **series/suite** *geol* káliprovincia, kálikőzet

medium I. *a* közepes, közép-, átlagos; *geol* mérsékelt; *tex* középhosszúságú *(szál)*; **II.** *n pl* **media** *v.* **mediums** szer, eszköz; közeg; *any* hordozó, vivő; *foto* félközel; *ip* közepes minőségű áru; *opt* transzparens ernyő *(színpadi hangulatvilágításhoz)*; *stat* közép, átlag; *szt* hordozó, közeg; *talt* táptalaj; *vegy* oldószer, kötőanyag; ~ **access control (MAC)** *szt* közeghozzáférés-vezérlés, MAC; ~ **access memory/store** *szt* közepes elérésű tároló/memória; ~ **aggregate** *vegy* közepes szemcsenagyságú adalékanyag; ~ **annealing** *hők* lágyítás mérsékelt hőmérsékleten; ~**-baked brick** *ép* félig égetett tégla; ~ **bomber (MB)** *kat* közepes bombázó(gép); ~ **borer** *forg* középvastag fúró; ~ **bran** *élip* középkorpa; ~ **bridge** *ép* közepes teherbírású híd; ~**-burnt brick** *ép* közepes mértékben égetett tégla; ~**-capacity water power plant** *hidr* közepes teljesítményű vízerőmű; ~ **car** *gépk* kétliteres osztályú gépkocsi; ~**-carbon alloy** *koh* közepes széntartalmú ötvözet; ~**-carbon steel** *koh* közepes széntartalmú acél; ~ **chain length** *műa* közepes lánchossz, átlagos láncvégtávolság; ~ **climbing turn** *rep* közepes emelkedő forduló *(maximum 45 fokos bedöntéssel)*; ~ **count** *tex* középfonalszám; ~ **cracking severity** *ol* közepes szigorúságú krakkolás, közepes szigorúság; ~ **dip** *geol* lapos dőlés; ~ **distillate** *ol* középpárlat; ~

drawing *heng* közbenső húzás, középhúzás; ~ **drawing machine** *heng* középhúzó gép; ~**-duty** *ip* közepes üzemi viszonyok között működő; ~**-duty machine** közepes teljesítményű gép; ~**-energy nuclear physics** *at, fiz* közepes energiák fizikája; ~ **fabric** *tex* közepes súlyú szövet; ~**-faced** *nyom* félkövér, halbfett; ~**-fast scan(ning)/sweep** *tv* közepes sebességű letapogatás; ~ **fit** *gép* futó illesztés; ~**-force fit** *gép* középerős illesztés; ~ **frequency (MF)** *távk* közepes frekvencia, középfrekvencia; ~ **frequency direction finder (MDF)** *rep* középhullámú iránymérő/rádióiránymérő; ~ **frequency generator** *távk* középfrekvenciás generátor; ~ **frequency induction furnace** *koh* középfrekvenciás indukciós kemence; ~ **frequency range** *távk* középfrekvencia-tartomány; ~ **frequency wave** *rád* középhullám; ~ **frequency wavelength** *távk* középfrekvencia-tartomány; ~ **gauge wire** középhuzal; ~ **gliding turn** *rep* közepes merülőforduló *(maximum 45 fokos bedöntéssel)*; ~**-grade ore** *bány* középérc; ~ **gradient** *bány* lapos dőlés; ~**-grained** *any* közepes szemcsenagyságú/szemcséjű; ~**-grained sand** *bány* középszemű homok; ~**-gun tank** *kat* közepes harckocsi; ~**-hard** *any* középkemény; ~**-hard board** *fa* félkemény lemez; ~**-hard steel** *koh* félkemény acél; ~**-haul airliner** *rep* közepes hatótávolságú utasszállító repülőgép; ~**-head hydroelectric station** *hidr* közepes esésű vízerőmű; ~ **heavy gasoline** *ol* középbenzin; ~ **high vacuum** *fiz* finomvákuum; ~ **intermediate pump** *hidr* boosterszivattyú; ~**-keying fit** *gép* ékelődő illesztés; ~ **level modulation** *távk* középszintű moduláció; ~**-lived radionuclide** *at* közepesen hosszú felezési idejű radioaktív izotóp; ~ **middling** *élip* középfinom dara; ~ **oil** *ol* középolaj; ~ **paper** *foto* normálpapír; ~**-phosphorus iron** *koh* közepes foszfortartalmú vas; ~ **pier** *ép* középpillér *(hídé)*; ~ **pitch** *bány* közepes dőlés; *tex* középosztású (jacquard-)gép; *vegy* középkemény kátrányszurok; ~ **plane** *mat* középsík; ~ **power modulation** *távk* középszintű moduláció; ~ **pressure (MP)** *fiz* közepes nyomás; ~ **pressure process** *ol* közepes nyomású eljárás, középnyomású eljárás; ~**-pressure turbine** közepes nyomású turbina; ~**-printing paper** *pa* középfinom nyomópapír; ~**-processing** *mt* közepesen könnyen feldolgozható; ~**-quality packing paper** *pa* középfinom csomagolópapír; ~ **range** *kat* közepes hatótávolság; ~**-range** *rep* közepes hatótávolságú; ~**-range ballistic missile (MRBM)** *kat* közepes hatótávolságú ballisztikus rakéta; ~**-range regular aerodrome** *rep* repülőtér közepes távú forgalomra; ~**-resolution detector** *metr* közepes feloldóképességű detektor; ~ **scale integration (MSI)** *szt* közepes mértékű integráltság, MSI; ~**-section mill** *heng* középhengermű; középsor; ~ **semolina** *élip* középdara; ~ **severity cracking** *ol* közepes szigorúságú krakkolás, közepes szigorúság; ~ **shot (MS)** *film* szekondplán; ~ **size (Ms)** középméret; ~**-size coal** *bány* durva szén; ~**-sized** *metr* közepes méretű; ~**-sized log** *fa* közepes méretű fűrészrönk; ~ **slope** *bány* átlagos rézsű; ~**-speed engine** *gép* közepes fordulatszámú gép/motor; ~**-speed modem** *szt* közepes sebességű modem; ~**-steep seam** *bány* enyhén lejtősödő réteg; ~**-strength alloy** *koh* közepes szilárdságú ötvözet; ~**-strength steel** *koh* közepes szilárdságú acél; ~**-strong mo(u)lding sand** *önt* félkövér formázókeverék; ~**-sweep elbow** közepes legömbölyítési sugarú csőkönyök; ~ **tank** *kat* közepes harckocsi; ~**-temper** *koh* középkemény, közepesen megeresztett *(acél)*; ~ **temperature** *met* közepes/mérsékelt hőmérséklet; ~ **temperature difference** *met* közepes/logaritmikus hőmérséklet-különbség; ~**-temper steel** *koh* közepesen megeresztett acél; ~ **term** *mat* középtag; ~ **vacuum** finomvákum; ~ **vacuum pump** *vák* boosterszivattyú; ~ **vacuum welding** *heg* hegesztés közepes vákuummal; ~**-volatile coal** *vegy* közepes illótartalmú szén; ~ **voltage (MV)** *el* közepes feszültség, középfeszültség; ~**-wave band** *távk* középhullámsáv; ~ **wave(s) (MW)** *távk* középhullám, hektométeres hullám; ~ **welt** *cipő* középszéles ráma; ~ **white** *pa* félfinom, félfehér; ~**-width strip mill** *heng* középabroncssor

medjitite *ásv* medzsitit

medulla *fa* bél; *tex* bélsejt

medullary | ray *fa* velősugár; ~ **spot** *fa* bélsáv

Meehanite (cast-iron) *koh* módosított öntöttvas

meerschaum *ásv* szepiolit; tajték, habkő

meet I. *v gép* illeszt, (össze)köt, (össze)ereszt; *mat* kielégít; metsz, átszel; **II.** *n mat* érintkezési pont, metszéspont; metszet, közös rész, szorzat, halmazelméleti metszet; *szt* találkozás, ÉS művelet; ~**-preserving mapping** *mat* metszettartó leképezés

meeting I. *a mat* metsző, érintkező; **II.** *n el* kötés; *ép* csatlakozás; *fa* ereszték; *mat* metszés; ~ **beam** *opt* tompított fényvető; ~ **corrosion** *vegy* kontaktkorrózió; ~ **engagement** *kat* találkozóharc; ~ **post** *ép* támkapu csaposzlopa

mega (M) *metr* mega- *(10^6)*; *szt* mega- *(2^{20})*; ~**-undation** *fiz* megahullámzás

megabasite *ásv* megabazit

megabyte (MB) *szt* megabyte, MB

megacycle (MC) *el* megaciklus, megahertz; ~ **per second (MCS)** *el* megahertz

megadeath *at* milliós nagyságrendű elhalálozás

mega-electron-volt (MeV) *el* megaelektronvolt

megagon *mat* igen sok oldalú sokszög

megahertz (MHz) *távk* megahertz

megaline *el* 10 maxwell

megalopic population *kat* városhalmaz lakossága

meganode URH-zavarforrás

megaparsec (Mpc) *csill* megaparsec

megaperm *koh* vas-nikkel ötvözet

megaphone *hang* megafon, hangszóró; szócső

megapulse laser *fiz* megawattos *v.* megawatt nagyságrendű impulzusteljesítményű lézer

megascopic *any* szabad szemmel látható, megaszkopikus

megaseism *geof* megaszeizmus, heves földrengés

megatectonics *geol* nagytektonika

megatron *el* világítótorony-cső

megavarmeter *el* megavarméter

megawatt (MW) megawatt; ~**-hour (MWh)** *el* megawattóra; ~**-year** *at* megawattév

megerg *el* meg(a)erg

Megger, megger *el* szigetelésmérő, (meg)ohmmérő; ~ **method** *geof* meggermódszer

megizoseismic area *geof* legerősebben megrázott terület

megohm (MΩ) *el* megohm; ~ **bridge** *el* megohmmérő híd

megohmer *el* megohmmérő

megohmmeter *el* megohmmérő

m.e.h.p. → mean-effective horse-power

Meidinger cell *el* Meidinger-elem

meionite *ásv* mejonit

meiosis *biot* meiozis

Meissner | effect *fiz* Meissner-jelenség; ~ **oscillator** *el* induktív (visszacsatolású) oszcillátor; Meissner-oszcillátor

MEK → methyl ethyl ketone; ~ **dewaxing** *ol* metil-etil-ketonos paraffintalanítás

mel *hang* mel *(hangmagasság egysége)*

melaconite *ásv* tenorit

melamine *vegy* melamin, 2,4,6-triamino-1,3,5-triazin; ~ **resin** *műa* melamingyanta

melange keveredés, vegyülés; *élip* keverék; *tex* tarkafonal; ~ **print** *tex* melanzs(-vigonpenx-)fésűs szalagnyomás

melangeur *élip* csokoládékeverő gép; keverőgép

melangeuring *élip* (csokoládé)keverék

melanine *vegy* melanin

melanite *ásv* melanit

melanocerite *ásv* melanocerit

melanochroite *ásv* fönicit

melanocratic *geol* melanokrát; ~ **rock** *geol* melanokrata kőzet

melanophlogite *ásv* melanoflogit

melanotekite *ásv* melanotekit

melanothallite *ásv* melanotallit

melanterite *ásv* melanterit

melaphyr(e) *geol* melafir

melilite *ásv* melilit

melinite *kat* melinit *(robbanóanyag)*

melinophane *ásv* melinofán

meliorate *talt* (fel)javít

melioration *talt* melioráció

melissic acid *vegy* melisszinsav

mellite *ásv* mellit

mellitic acid *vegy* mellitsav, benzol-hexakarbonsav

mellow I. *v* (meg)lágyít; (meg)érlel; bársonyossá válik; (meg)lágyul; (meg)érik; *bőr* meszest/cserzőlevet enyhébbé *v.* kevésbé adstringenssé tesz; **II.** *a* érett, lágy, bársonyos; ~ **handle** *tex* lágy fogás; ~ **lime** *bőr* enyhén ható meszes; ~ **lime liquor** *bőr* szürke meszes/hamvas (lé); ~ **liquor** *bőr* fáradt lé *(meszes, cserző)*; ~ **paper** *pa* pihentetett/klimatizált papír

mellowing I. *a* lágyító, lágyuló; *élip* érlelő, érési; érő; **II.** *n* lágyulás; lágyítás; *élip* érés; érlelés

mellowness lágyság; *bőr* enyhe hatás *(cserzőléé, meszesléé)*; *élip* érettség; *tex* lágy fogás

melnikovite *ásv* melnikovit

melonite *ásv* melonit

melopsite *ásv* melopsit

melt I. *v* (el)olvad, megolvad; *el* átég, kiég *(biztosító)*; *foto, opt* elmosódik, összefolyik; *koh* (meg)olvaszt; *met* esővé alakul *(felhő)*; *önt* megömleszt; **II.** *n* (meg)olvasztás; (el)olvadás; *önt* olvadék, ömledék; olvadéktócsa; ~ **away** *v* szétolvad, szétoszlik; ~ **coating** *pa* olvasztott máz(anyag); ~ **crucible** *koh* (olvasztó)tégely; ~ **down** *v élip* elolvad; *heg* leolvaszt; *koh* megolvaszt, beolvaszt; szétfolyik; *önt* ömleszt; ~**-down** *at* zónaolvadás; ~**-down carbon** *koh* beolvadási karbontartalom; ~**-down slag** *koh* beolvadási salak; ~ **extraction** *koh* olvadékextrakció; ~ **grid** *műa, tex* olvasztórács; ~ **off** *v* elolvad, leolvad; ~**-off rate** *heg, hőt* leolvadási sebesség; ~ **out** *v el, koh* kiolvad; ~**-out** *at* üzemanyag-olvadás; ~ **purifying/refining** *koh* olvadéktisztítás; ~**-spinning** *műa* szálképzés/szálhúzás ömledékből; ~ **zone** homogenizáló szakasz

meltability olvaszthatóság, olvadékonyság

meltable *koh* olvadó, olvasztható; *önt* megömleszthető

meltableness *koh* olvaszthatóság, olvadékonyság; *önt* ömleszthetőség

meltback *koh* átolvasztás, átömlesztés, újraolvasztás; ~ **method** *félv* zónás ömlesztési eljárás

melted (fel)olvadt, megolvadt; *foto, opt* elmosódott, összefolyt; *koh* (meg)olvasztott; *önt* ömlesztett; ~ **base metal** *koh* megömlött alapanyag; ~ **flux** *heg* ömlesztett hegesztőpor; ~ **ingot** *önt* olvasztott öntecs; ~ **pool** *heg* hegesztőfürdő

melter *cu* cukoroldó kád/üst; *koh* olvasztár; olvasztótégely

melting *el* kiégés, átégés *(biztosítóé)*; *foto, opt* elmosódás, összefolyás; *koh* (be)olvasztás, megolvasztás; *üveg* adag; ~ **capacity** *koh* olvasztási teljesítmény; *műa* plasztikáló teljesítmény; ~ **chamber** *koh* olvasztókamra; olvasztótér; ~ **characteristic** *el* biztosító kiolvadási jelleggörbéje; *félv* kiolvadási jelleggörbe; ~ **charge** *koh* olvasztási adag; ~ **composition** *koh* beolvadási összetétel; ~ **cone** *hőt* pirometrikus kúp, Seger-kúp; ~ **crucible** *koh* olvasztótégely; ~ **disc/disk** olvadótárcsa; ~**-down** *koh* beolvadás; megolvasztás; ~**-down period** *koh* olvasztási időszakasz; ~**-down power** *koh* olvasztóképesség; ~ **duct** *koh* olvasztókemence-csatorna; ~ **electrode** *heg* leolvadó elektród; ~ **furnace** *koh* olvasztókemence; ~ **hearth** *koh* olvasztótér; ~ **heat** *koh* olvasztási hő; ~ **I^2t value** *félv* kiolvadási I^2t érték; ~ **ladle** *önt* olvasztóüst; ~ **layer method** *ásv* olvadékréteg-módszer; ~ **loss** *koh* leégés, tűzi folyaték, káló; leégési/olvasztási veszteség; ~**-out** *koh* kiolvadás; kiolvasztás; ~ **pan** *cu* cukoroldó kád/üst; ~ **plug** *el* biztosítódugó; *kat* szájcsavar *(gyújtó biztosítására)*; ~ **point (MP)** olvadáspont; ~**-point curve** *fiz* olvadáspontgörbe; ~**-point test** *any* olvadáspont-vizsgálat; ~ **pot** *koh, önt* olvasztótégely; ~ **range** *fiz* olvadási hőmérséklettartomány; ~ **rate** *heg* leolvadási sebesség; *koh* olvadási/olvasztási sebesség; olvasztási teljesítmény; ~**-refine** *koh* ömlesztve finomítás; ~ **scrap** *koh* átolvasztásra kerülő ócskavas; ~ **shop** *koh* acélműcsarnok; ~ **shop teeming bay** *koh* acélolvasztó üzem leöntőcsarnoka; ~ **stage** *opt* olvasztópad *(mikroszkópon)*; ~ **stock** *koh* elegyanyag olvasztáshoz; ~ **stove** *koh* olvasztókályha; ~ **tank** *koh* olvasztókatlan, olvasztóüst; ~ **temperature** *fiz* olvadáspont; ~ **time** *el* kiolvadási idő; *koh* olvasztási idő; ~ **under controlled atmosphere** *koh* olvasztás szabályozható atmoszférában; ~ **under slag** *koh* salak alatti olvasztás; ~ **under white slag** *koh* olvasztás fehérsalak alatt; ~ **unit** *koh* olvasztóberendezés; ~ **vessel** *műa* ömlesztőüst; ~ **water** olvadékvíz; ~ **zone** *koh* beolvadási övezet

melton *tex* meltonszövet; ~ **cardboard** *pa* képalátétkarton; útlevélkarton

member tag, alkatrész, elem *(gépé, szerkezeté)*; *ép* állványzatrész, tagozat; keresztrész, keresztborda; szerkezeti elem, rúd, rácsrúd; *mat, szt* tag, elem, oldal; *mech* feszültségmentes rúd *(rácsos szerkezetben)*; ~ **connection** *gép* rúdkapcsolat; ~ **in bending** hajlításra igénybe vett elem/tag; ~ **in compression** nyomásra igénybevett elem/tag, nyomott rúd; ~ **in shear** nyírásra igénybevett elem/tag; ~ **in tension** húzott rúd; ~ **of bottom** *ép* alsó övrúd

membership sign/relation symbol *mat* „eleme" jel, E

membranaceous *biot* hártyás

membrane (lemez)hártya; lemez; membrán; *hidr* szigetelőmag; ~ **actuating mechanism** membrános működtetőszerv; ~ **analogy** *mech* hártyahasonlat, membránanalógia; ~ **burning controller** *hőt* membrános égésszabályozó; ~ **capacitor** *el* membránkondenzátor; ~ **curing compound** *ép* tömítőbevonat *(betonutókezelésnél)*; ~ **equilibrium** *mech* Donnan-egyensúly, membránegyensúly, hártyaegyensúly; ~ **filter** *el, vegy* membránszűrő, ultraszűrő, dializáló hártya; ~ **force** *mech* héjerő; ~ **ga(u)ge** membrános mérőműszer; ~ **manometer** membrános nyomásmérő; ~ **potential** membránpotenciál; ~ **pump** *ép, hidr* membránszivattyú; ~ **state of stress** membrán-feszültségállapot; ~ **stress** *mech* héjfeszültség; ~ **valve** *ép, hidr* membránszelep

memel *bőr* műbarkamintázat

memistor *el, fiz* memisztor, memóriaellenállás

memory feljegyzés; *szt* tároló(egység), tár, memória(egység); ~ **access** *szt* tároló hozzáférés; ~ **access multiplexer (MAM)** memória-hozzáférésű multiplexer, MAM; ~ **addressing** memóriacímzés; ~ **address register (MAR)** tároló címregisztere; ~ **allocation** tárkiosztás; ~ **array** tártömb; ~ **bank** memóriabank; ~ **block** tárblokk; ~ **buffer register** pufferregiszter; ~ **bus** tárbusz; ~ **capacity** memóriakapacitás; ~ **cell** (memória)rekesz, tárolórekesz; ~ **circuit** memóriaáramkör; tárolóáramkör; ~ **core** memóriaanyag; ~ **cycle** memóriaciklus; ~ **cycle time** memória ciklusidő; ~ **data register** memória-adatregiszter; ~ **dependent** memóriafüggő; ~ **device** tárolómemória; ~ **dump** tárkiírás; ~ **effect** remanencia, utóhatás, memóriajelenség, memóriaeffektus, tehetetlenségi hatás, emlékezés; ~ **elements with thin magnetic layers** mágneses vékony réteges tárolóelemek; ~ **erasing** tároló/memória törlése, memóriatörlés; ~ **expansion** tárbővítés; ~ **field** memóriamező; ~ **fill** memóriafeltöltés; ~ **function** tárolóhatás, emlékezőképesség; memóriafüggvény; ~ **guard** memóriavédelem; ~ **interface (MI)** memóriainterfész, MI; ~ **interleaving** memória-közbeiktatás; ~ **location** tárolórekesz, memóriarekesz; ~ **management (MM)** tárkezelés, tárvezérlés; ~ **management unit (MMU)** tárkezelő egység, MMU; ~ **map** tártérkép; ~ **mapped input/output** memóriatérképezett bemenet/kimenet; ~ **operations** memóriaműveletek; ~ **organization** társzervezés; ~ **page** tárolólap *(lapszervezésű tárolónál)*; ~ **print-out** tárkinyomtatás, tartalomkinyomtatás; ~ **protection** tárvédelem, memóriavédelem; ~ **rate** jelrögzítés sebessége; ~ **register** tárolóregiszter, memóriaregiszter; ~ **size** memóriakapacitás, tárolókapacitás; ~ **store circuit** tárolóáramkör; ~**-stored control** programvezérlés memóriaegység felhasználásával; ~**-testing algorithm** memóriavizsgáló algoritmus; ~ **time** emlékezési idő; jelrögzítési idő; ~ **tube** emlékezőcső, raktározócső; ~ **tuner** *távk* emlékező hangolóegység; ~ **unit** memóriaegység, tárolóegység; blokktartó; ~ **word** tárolószó *(címezhető tárterület)*; ~ **workspace** tároló munkaterület; ~ **write command** memóriakiírási utasítás

memoryless *szt* emlékezet/memória nélküli; ~ **failure** *szt* utóhatással nem járó meghibásodás; ~ **object** *gép, szt* memória nélküli objektum

men|-carrying rocket *rak* több embert vivő rakéta; ~ **haulage** *bány* személyszállítás; ~ **lock** *ép* személyzsilip *(keszonban)*

Menabrea's theorem *fiz* legkisebb munkák tétele

menaccanite *ásv* menakanit

mend I. *v* (ki)javít, (meg)javít, megigazít, rendbehoz; *bőr* meszest élesít; *fa* felújít; *ruh* foltoz, stoppol; **II.** *n* kijavítás, megjavítás; *ruh* folt; ~ **breaks** *v tex* szakadást rendbehoz; ~**s** *ip* harmadrendű áru

mendeleevite *ásv* mendelejevit

Mendeleev('s) | classification (of the elements) *vegy* periódusos rendszer, Mengyelejev-féle periódusos rendszer; ~ **periodic law** *vegy* periódusos törvény, (Mengyelejev-féle) periódusos rendszer alaptörvénye; ~ **periodic table** *vegy* (Mengyelejev-féle) periódusos tábla

mendelevium (Md) *vegy* mendelévium

mender *heng* másodrendű fehérbádog; *tex* csipkejavító nő; javítómunkás; ~**s** *pl* kiselejtezett alkatrészek; selejtes *v.* kijavításra szoruló munkadarabok; *kh* hibás harisnya/kötöttáru

mending (ki)javítás *(hibáé)*; *ép* (út)javítás, útfoltozás; *ruh* folt/stoppolás helye; foltozás, stoppolás; *tex* kivarrás *(javítás)*; ~ **kit** javítószerszám-készlet; ~ **needle** *kh* szemfelszedő tű; ~ **of warp break** *tex* láncfonalszakadás kiküszöbölése; ~ **of weft break** *tex* vetülékfonal-szakadás kiküszöbölése; ~ **tissue** *tex* foltozószövet

mendipite *ásv* mendipit

mendozite *ásv* mendozit

meneghinite *ásv* meneghinit

menhanden oil *ol* menhandenolaj

menilite *ásv* menilit; ~ **shale** *ásv* menilitpala

meniscal félhold alakú

meniscus *pl* **menisci** félhold, holdsarló, sarlóalak; *fiz* felszíngörbület *(folyadéké)*; *geol* meniszkusz; *koh* acéltükör; *opt* meniszkusz, konvex-konkáv lencse, sarlólencse; ~ **correction** *geol* meniszkuszkorrekció; ~ **lens** *opt* sarlólencse, meniszkusz, kagylókeresztmetszetű lencse; ~ **telescope** *csill* meniszkusztávcső

menstruum *pl* **menstrua** *vegy* oldószer, oldóeszköz, oldóközeg

mensurable *hang* menzurális; *metr* mérhető

mensuration *ép* tömegszámítás *(földműé)*; *mat* mértékmeghatározás, méretmeghatározás; *metr* (fel)mérés, kimérés, megmérés, lemérés

mental | arithmetic/computation *mat* fejszámolás; ~ **experiment** *mat* gondolati/elképzelt kísérlet

menthane *vegy* m-mentán, 1-metil-3-izopropil-ciklohexán

menthol *vegy* mentol, mentanol-3, hexahidrotimol

mentholated *élip, vegy* mentolos

menthonaphthene *vegy* m-mentán, mentén, 1-metil-3-izopropil-ciklohexán

menthone *vegy* menton, mentanon-3

menu *szt* választék, menü; ~**-driven** *szt* menüvezérelt; ~ **selection** *szt* menü szerinti választás

mephitic(al) *bány* szén-dioxidos; *szell* fojtó szagú, romlott *(levegő)*; ~ **air** *bány* szén-dioxidos levegő

mercantile arithmetic *mat* kereskedelmi számtan

mercaptal *vegy* merkaptál, tioacetál

mercaptan *vegy* merkaptán, tioalkohol, tiol; ~ **removal** *vegy* merkaptánmentesítés, merkaptáneltávolítás

mercaptide *vegy* merkaptid

mercapto *vegy* merkapto-; ~ **radical** merkaptogyök

mercaptole *vegy* merkaptol

Mercator | **chart** *geod* Mercator-térkép; ~ **course** *rep* Merkátor-térkép szerinti útirányszög; ~ **flying** *rep* loxodróm repülés *(állandó irányszöggel)*; ~ **map** → ~ chart; ~ **sailing** *hajó* Mercator-navigáció; ~**('s) function** *mat* Mercator-féle függvény; ~**('s) projection** *geod* Mercator-térkép; Mercator-vetület, hengervetület

Mercatorial bearing *rep* Mercator-térkép szerinti irányszög

mercerizating → mercerizing

mercerization *tex* mercerizálás, mercerezés, fényesítés, selymesítés

mercerize *tex* mercerez, mercerizál, fényesít, selymesít

mercerized *tex* fényesített, selymesített, mercerizált; ~ **cotton** mercerezett pamut; ~ **wool** *tex* mercerezett gyapjú

mercerizer *tex* láncos mercerezőgép

mercerizing *tex* fényesítés, selymesítés, mercerezés, mercerizálás; ~ **in the grey** *tex* nyersáru-mercerezés; ~**-machine** *tex* mercerezőgép

merchant | **bar-iron** *koh* szokványos minőségű idomacél; ~ **fleet** *hajó* kereskedelmi tengerészet; ~ **mill (train)** *heng* profilsor, idomsor; ~ **plate** *koh* kereskedelmi minőségű lemez; ~ **rolls** *pl bány* közepes széntörő; ~ **sheet** → ~ plate; ~ **steel** *koh* idomacél

merchantable kelendő, értékesíthető, piacképes; *fa* feldolgozási célra eladható

mercurate *üveg* foncsoroz; *vegy* higanyoz

mercurated *üveg* foncsorozott; *vegy* higanyozott

mercuration *üveg* foncsorozás; *vegy* higanyozás

mercurial *vegy* higanyos, higany-; higanytartalmú; ~ **barometer** *met* higanyos barométer; ~ **fahlore** *ásv* higanyfakóérc; ~ **ga(u)ge** *fiz* higanymanométer; ~ **horn-ore** *ásv* higanyszaruérc; ~ **pendulum** *csill* higanyos hőkompenzációs inga; ~ **presure ga(u)ge** *fiz* higanyos manométer/nyomásmérő

mercuric *vegy* higany(II)-; ~ **chloride** *vegy* higany(II)-klorid, szublimát; ~ **fulminate** *vegy* durranóhigany; ~ **nitrate** *vegy* higany(II)-nitrát; ~ **oxide** *vegy* higany(II)-oxid; ~ **sulphate/sulfate** *vegy* higany(II)-szulfát; ~ **sulphide/sulfide** *vegy* higany(II)-szulfid, cinóber

mercurification *vegy* amalgámozás, higanykezelés

mercurify *vegy* amalgámoz, higanyoz

mercurous *vegy* higanyos, higany-, merkuro-; ~ **chloride** *vegy* higany(I)-klorid, kalomel; ~ **nitrate** *vegy* higany(I)-nitrát; ~ **oxide** *vegy* higany(I)-oxid; ~ **sulphate/sulfate** *vegy* higany(I)-szulfát; ~ **sulphide/sulfide** *vegy* higany(I)-szulfid

mercury (Hg) *vegy* higany; higanyoszlop; ~ **acetylide** *vegy* higany-karbid; ~ **air pump** *szell* higanyos vákuumszivattyú; ~ **arc** *el* higany(fény)ív, higanygőzkisülés; ~**-arc bulb** *el* higanygőzszelep; ~**-arc converter** *el* higanygőzös átalakító; ~**-arc rectifier (MAR)** *el* higanygőz-egyenirányító; ~**-arc rectifier tube/valve** *el* higanygőz-egyenirányító cső; ~**-arc tube** *el* higanygőzlámpa; ~ **azide** *vegy* higany-azid; ~ **barometer** *met* higanyos barométer/légnyomásmérő; ~ **breaker** *el* (higanyos) billenőkapcsoló; ~ **column** higanyoszlop; ~ **compounds** higanyvegyületek; ~ **cut-off** *el* higanyzár, higanykapcsoló; ~ **delay line** *távk* higanyos késleltető műszonal; ~ **detectors** *távk* higanydetektorok; ~ **diffusion pump** *vák* higanydiffúziós szivattyú; ~ **discharge lamp** *el* higanygőzlámpa; ~ **distiller** *koh* higanydesztilláló; ~ **ejector (pump)** *vák* higanygőz-ejektorszivattyú; ~ **ethylmercaptide** *vegy* higany-etil-merkaptid; ~**-filled** *vegy* higanytöltésű; ~ **float-type manometer** *fiz* higanyúszós nyomásmérő; ~ **for scaling** *vegy* tömítőhigany; ~ **fulminate** *kat, vegy* brizáns robbanóanyag; *vegy* higany(II)-fulminát, durranóhigany; ~ **ga(u)ge** *fiz* higanyos manométer/nyomásmérő, higanymanométer; ~**-in-glass thermometer** *metr* higanyos hőmérő; ~ **interrupter** *el* higanymegszakító, higanykapcsoló; ~**-ions propulsion unit** *rak* higanyionos hajtómű; ~ **jet break** *el* higanyos megszakító; ~ **jet magnetometer** *fiz* higanysugaras magnetométer; ~ **lamp** *el* higanygőzlámpa; ~ **line** → ~ delay line; ~ **manometer** *fiz* higanyos manométer/nyomásmérő, higanymanométer; ~ **mercaptide** *vegy* higanymerkaptid; ~**-mercurous chlorid electrode** *el* kalomelektród; ~**-motor meter** *el* higanyos forgó fogyasztásmérő, higanyos motormérő; ~ **nitride** *vegy* higany-nitrid; ~ **plating** *üveg* foncsorozás; ~ **plunger relay** *el* merülődugattyús higanykapcsoló; ~ **pool** *el* higanytócsa; ~**-pool cathode** *el* higanykatód; ~**-pool rectifier** *el* higanygőz-egyenirányító; ~ **pressure ga(u)ge** *fiz* higanyos nyomásmérő; *hidr* higanynyomásos rendszerű vízállásmérő állomás; ~ **relay** *el* higanyérintkezős jelfogó/relé; ~ **seal** higanyzár; ~ **sealing** higanytömítés; ~**-seal stop-cock** higanydugó; ~ **soap** *vegy* higanyszappan; ~ **spectral lamp** *el* higanygőz-spektrumlámpa; ~ **storage** *szt* higanyos tár; ~ **switch** *el* higanykapcsoló, (higanyos) billenőkapcsoló; ~ **switch pulse generator** *el* higanyrelés impulzusgenerátor; ~ **switch tube** *el* higanykapcsolócső; ~ **vacuum ga(u)ge** *fiz* higanyos/higanygőzös vákuummérő; ~ **valve** *el* higanyzár; ~**-vapo(u)r lamp** *el* higanygőzlámpa; higanylámpa; ~**-vapo(u)r rectifier (tube/valve)** *el* higanygőz-egyenirányító (cső); ~**-vapo(u)r tube** *el* higanygőztöltésű cső, tiratron; ~ **watt-hourmeter** *el* higanyos wattóramérő

mere *bány* bányatelek határvonala; *geod* mezsgye, határszél

merge I. *v* összevegyít, összeolvaszt, egybeolvaszt; beolvad, egybeolvad, fuzionál; *szt* összeválogat, összesorol, összefésül; **II.** *n szt* összeválogatás, összesorolás, összefésülés; ~ **exchange sort** *szt* összeválogató kicseréléses rendezés; ~ **order** *aut* összeválogatási rend; ~ **program** *szt* összeválogató program

merged transistor logic (MTL) *szt* egybeolvadt tranzisztoros logika

merging I. *a* beolvasztó, összevegyítő; beolvadó; bemerülő; **II.** *n* beolvasztás, egybeolvasztás, összevegyítés; beolvadás, egybeolvadás; becsatlakozás; *koh* elnyelés *(ötvözet alkotóié)*; *közl* befonódás; *önt* oldás

meridian tetőpont, csúcs; *csill* dél, delelő; délkör, meridián; ~ **adjustment** *fiz* mágneses délkörre való beállás/beállítás; ~ **circle** *csill* meridiánkör; ~ **curve** → ~ line; ~ **diameter** *csill* délkörátmérő; ~ **instrument** passzázsműszer; ~ **line** *csill* meridián(görbe), meridiánvonal, hosszúsági vonal; ~ **of longitude** → ~ line; ~ **passage** áthaladás délkörön; ~ **plane** *csill, mat* meridiánsík; ~ **ray** *csill* meridionális sugár; ~-**velocity component** meridiánsebességi összetevő

meridional csúcsponti, tetőponti; *csill* déli, délköri, meridionális; ~ **magnetic field** *geof* déli mágnestér; ~ **plane** *csill, mat* meridiánsík; ~ **ray** meridionális sugár; ~ **stress** meridiánfeszültség

Merill process *koh* Merill-eljárás

merino merinói juh; *tex* merinói gyapjú, merinógyapjú; ~ **wool** *tex* merinógyapjú

meristem *fa* gyarapodási sejtsáv, merisztéma

merlon *ép* falpárta, pártázat, merlon

merocrystalline *krist* merokristályos

merohedral *krist* meroéderes, nem teljes alakú *(kristály)*; ~ **crystal class** *krist* meroéderes kristályosztály; ~ **twin** *krist* meroéderes iker

merohedrism → merohedry

merohedron *krist* meroéder

merohedry *krist* meroédria, nem teljes alakúság

mű, többalakú; ~ **function** *mat* meromorf függvény

merosymmetric *krist* meroszimmetrikus

merosymmetry *krist* meroszimmetria

merotropy *vegy* dezmotrópia

meroxene *ásv* meroxén

merry-go-round machine *gép* körhinta, ringlispil, karusszelgép

merveilleux *tex* selyemszatén

mesa *el, félv* meza; ~ **diode** *félv* mezadióda; ~ **technology** *félv* mezaeljárás; ~ **transistor** *félv* mezatranzisztor

mescaline *vegy* meszkalin *(alkaloid)*

MESFET → metal-semiconductor-field effect transistor

mesh I. *v* köt, hurkol; *el* behatol *(kondenzátorlemez)*; *gép* (be)kapcsolódik, összefonódik, összeakaszkodik, kapcsolatba kerül *(fogaskerék)*; *kh* leköt *(szemet)*; **II.** *n* háló; *el* hurok *(kapcsolásban)*; *élip* szitaszem, rostaszem, szitasűrűség, nyílásméret, messzám, csokorszám, csomó *(szitáé)*; *ép* (huzal)háló; rabic(háló); *gép* fogaskerekek egymásba kapcsolódása; *kh, tex* (háló)szem; kötés, hurok; lyukbőség, szemnagyság; ~ **analysis** *koh* szitaelemzés; *mat* hurokanalízis; ~ **anode** *el* hálóanód; ~ **aperture** *bány, élip* szitanyílásméret; ~-**connected circuit** *el* láncolt kör, sokszögkapcsolás; ~ **connection** *el* deltakapcsolás, háromszögkapcsolás, sokszögkapcsolás; ~ **current** *el* hurokáram, láncolt áram; ~ **electrode** *el* földelőháló; ~**es of the screen** *nyom* szitanyílásméret *(filmnyomásnál)*; ~ **ga(u)ge** *tex* szitaszövet lyuknagysága/mérete; ~ **grid** *távk* hálós rács; ~ **method** *at* hálózatos módszer; ~ **netting** *tex* csomózás; ~ **network** *el* hurkos hálózat; *szt* szövevényes hálózat; ~ **number** *élip* csokorszám *(szitán)*; ~ **of regular hexagons** *mat* szabályos hatszögrács; ~ **of the grid plate** *el* rácsnyílás; ~ **opening** *élip, ép* rostanyílás, lyukbőség, szitanyílásméret; **out of** ~ *gép* kikapcsolva; ~ **panel** *élip* szitalap; ~-**reinforced** *ép* hálós vasalású; ~ **reinforcement** *ép* köracélháló, vasbetétháló, háló(vasalás); ~-**screen filter** *ol* szitaszövetes kútszűrő; ~ **spacing** *el* rácsnyílás, rácstávolság; ~ **structure** *ép* rácsosszerkezet, hálószerkezet; *geol* likacsos elmálló (kőzet)szerkezet; ~ **tissue** *tex* szitaszövet; ~ **voltage** *el* láncolt feszültség; legkisebb vonalfeszültség; ~ **weld** *heg* ponthegesztett varrat *(huzalgyártmányon)*; ~ **wire** *el* fémrács; ~-**wire plate** *el* hálóanód

meshed szitaszerű, hálószerű; sejtes; *bány, gép* perforált; *el* egymáshoz csatolt, láncolt; háló-; láncolódó; rácsos; ~ **anode** *el* hálóanód; ~ **dolomite** *geol* sejtes dolomit; ~ **network** *el* szövevényes hálózat; ~ **sieve** *élip* szövetszita

meshing behálózás; *el* láncolás; *gép* (be)kapcsol(ód)ás *(fogaskeréké)*; kapcsolat; *tex* összefonódás; ~ **gear** *gép* kapcsolódó fogaskerekek

meshwork *el* hálózat; *tex* szitavászon

meshy *geol* likacsos, porózus, sejtes; *kh* hálószerű(en kötözött), bogozott

mesic | **atom** *at* mezon(atom); ~ **molecule** *vegy* mezonikus molekula; ~ **resonance** *fiz* mezonrezonancia

mesidine *vegy* mezidin, 2,4,6-trimetil-anilin

mesitite *ásv* mezitit

mesityl oxide *vegy* mezitil-oxid

mesochronous *el* mezokron

mesocolloid *műa* mezokolloid

mesocratic rock *geol* mezokrata kőzet

mesodesmic *krist* mezodezmikus; ~ **structure** *krist* mezodezmikus szerkezet

mesoionic *vegy* mezoionikus

mesokurtic *stat* egyenletes eloszlású; ~ **curve** *stat* normális csúcsú eloszlásgörbe

mesolite *ásv* mezolit

Mesolithic period *geol* mezolitikum

mesomer *vegy* mezomer

mesomeric effect *vegy* mezomériaeffektus, mezomerhatás

mesomerism *krist, vegy* mezomerizmus, mezoméria

mesomethylene carbon *vegy* mezometilén-szénatom

mesomorph(ic) *krist* mezomorf; ~ **phase** *krist* folyékony kristály, mezofázis, kristályos folyadék, mezomorf fázis; ~ **state** *krist* mezomorf állapot

mesomorphism *krist* mezomorfia

mesomorphous → mesomorphic

meson *at* mezon; ~ **absorption** mezonabszorpció; ~-**active** mezonaktív; ~ **cloud** mezonfelhő; ~ **emission** mezonemisszió; ~ **factory** mezonkeltő; ~ **field** mezontér; ~ **of the nucleus** mag-pi-mezon, magpion, magmezon, Yukawa-mezon, Yukawa-részecske; ~ **physics** mezonfizika, mezonok fizikája; ~ **potential** mezonpotenciál; ~ **resonance** mezonrezonancia; ~ **shower** mezonzápor; ~ **spectrum** mezonspektrum, bozonspektrum; ~ **transformation** mezonátalakulás

mesonic *at, vegy* mezon-, mezonikus; ~ **atom** *at* mezon(atom), mezonikus atom; ~ **molecule** *vegy* mezonikus molekula

mesopause *met* mezoszféra felső határa

mesophase *krist* mezofázis, mezomorf fázis, anizotróp olvadék, kristályos folyadék, folyékony kristály, parakristály

mesophilic | **digestion** *hidr* anaerob iszapkezelés; ~ **fermentation** *biot* mezofil fermentáció

mesopic vision *opt* szürkületben látás, mezopikus látás

mesoposition *vegy* mezohelyzet, középhelyzet

mesoprogramming *szt* mezoprogramozás

mesorock *geol* mezozoikus kőzet
mesosaprobe, mesosaprobic *hidr* közepes szennyesvízi *v.* mezoszaprobikus szervezet
mesosphere *met* mezoszféra, középső légkör
mesothermal *geol* mezotermális; ~ **ore deposit** *geol* mezotermális érctelep
mesothorium *at* mezotórium
mesotomy *vegy* optikailag aktív izomerek szétválasztása
mesotron → meson
mesoxalylurea *vegy* mezoxalil-urea, alloxán
Mesozoic era *geol* másodkor, mezozoikum
mesozone *geol* középső metamorf öv, mezozóna
message üzenet, közlés, jelentés; hír(adás); távirat; *szt* közlemény, üzenet; *távk* hír, információ; ~ **bag** *kat, rep* jelentéscsomag; ~ **category** *rep, távk* közleménykategória; ~ **centre/center** *távk* hírközpont; ~ **code** *szt* üzenetkód; ~ **control flag** *szt* üzenetjelzőbit-vezérlés; ~ **control program** *szt* üzenetvezérlő program; ~ **display console** *szt* üzenetkijelző konzol; ~ **dropping (MD)** *rep* jelentésledobás; ~ **exchange** *szt* üzenetváltás; ~ **field** *szt* közleménymező; ~ **format** *szt* üzenetformátum; ~ **group** *szt* üzenet(et alkotó szavak összessége); ~ **handling address** *szt* üzenetkezelési cím; ~ **handling system** *szt* üzenetkezelő rendszer, üzenetközvetítő rendszer; ~ **heading** *szt* közleményfejléc; ~ **identification** *aut, szt* információfelismerés; ~ **identification group** *szt* közleményazonosító csoport; ~ **path** *szt* üzenetút; ~ **rate** *távk* kapcsolási díj; ~ **register** *távb* beszédszámláló, beszélgetésszámláló (készülék); ~ **routing** *szt* üzenet(átviteli) út kiépítése; ~ **shell** *kat* híradólövedék; ~ **sink** *szt* (információ)nyelő; ~ **source** *szt* információforrás; ~ **switching** *szt, távk* üzenetkapcsolás; ~ **switching centre/center** *szt* üzenetkapcsoló központ; ~**-to-noise ratio** *távk* jel-zaj arány; ~ **transfer agent (MTA)** *szt* üzenetközvetítő ügynök, MTA; ~ **transfer agent entity (MTAE)** *szt* üzenetközvetítő ügynök funkcionális eleme, MTAE; ~ **transfer layer (MTL)** *szt* üzenettovábbító réteg, MTL; ~ **transfer service** *szt* üzenettovábbító szolgálat; ~ **transfer system (MTS)** *szt* üzenetközvetítő rendszer, MTS
messaline *tex* atlaszselyem
messelite *ásv* messzelit
messenger hírvivő; *hajó* bevonó segédkötél; ~ **cable** *el, vasút* légkábelfüggesztő huzal, főtartó vezeték; *vasút* tartósodrony; ~ **call** *távb* beszélgetés meghívással; ~ **hanger** *gép* függesztősodrony-tartó; ~ **RNA** *biot* hírvivő RNS; ~ **rope/strand** *hajó* hordkötél; ~ **wire** → ~ cable; ~**-wire clamp** *el* tartókötélkarmantyú
Messinian strage *geol* messinai emelet
messroom *ép* étkezde, étkezőhelyiség; kantin
messuage *ép* (lakó)ingatlan
mestha jute *tex* kenáf
met → meteorological, meteorology; ~ **flight** meteorológiai repülés
metaantimonic acid *vegy* metaantimonsav
metablastesis *krist* metablasztézis
metabolic | heat production *geol* metabolikus hő; ~ **product** anyagcseretermék
metabolically controlled fermentation *biot* metabolikusan ellenőrzött fermentáció
metabolism *biot* anyagcsere, metabolizmus
metabolite *biot* metabolit
metabolizable energy *biot* metabolizálható energia
metaboric acid *vegy* metabórsav
metacentre, *US* **metacenter** *fiz, hajó* metacentrum
metacentric *hajó* metacentrikus; ~ **height** *hajó* metacentrikus magasság; ~ **radius** *hidr* metacentrikus sugár
metachromotype *nyom* matrica; ~ **paper** *nyom* lehúzóképpapír, metakromotip papír
metacinnabar(ite) *ásv* metacinnabarit
metacode *szt* metakód
metadirecting substituent *vegy* metahelyzetbe irányító szubsztituens
metadyne *el* metadin(generátor), metadinátalakító; ~ **drive** *gép* amplidines hajtás; ~ **generator** *el* metadingenerátor, metadinátalakító
metaelement *vegy* átmeneti fém/elem
metafile *szt* eszközfüggetlen (formájú) állomány
metagalaxy *csill* metagalaxis, metagalaktika
metage *metr* (le)mérés, megmérés; űrmérték-hitelesítés, súlymérték-hitelesítés
metageometry *mat* metageometria
metahalloysite *geol* metahalloizit
metainstruction *szt* metautasítás
metaisomerism *vegy* metameria
metaknowledge *szt* metatudás
metal I. *v ép* kőzúzalékkal megalapoz, makadámoz, kaviccsal burkol; *mt* fémréteggel bevon, galvanizál, fémburkolattal lát el; **II.** *n* fém; *bány* érces kőzet, érc; *ép* (útépítő) zúzalék, zúzottkő, zúzott anyag; *kat* hadihajó ágyúi/tűzereje *(lövedéksúlyban)*; *nyom* betűfém, betűanyag; *üveg* üvegmassza, üvegolvadék; ~ **activator** *vegy* fémaktivátor; ~ **alloy** *koh* fémötvözet; ~**-alumina-oxide-semiconductor (MAOS)** *félv* MAOS; ~**-alumina semiconductor transistor (MAST)** *félv* MAS-tranzisztor; ~**-arc cutting** *mt* fémelektródos ívvágás; ~**-arc ga(u)ging** *forg* fémíves horonygyalulás; ~**-arc inert-gas welding** *heg* AFI-hegesztés; semleges védőgázas fogyóelektródás ívhegesztés; ~**-arc spraying** *mt* fémíves felszórás; ~**-arc welding** *heg* fémíves hegesztés, fémelektródos ívhegesztés; ~ **armo(u)ring** fémburkolat, fémveret; ~**-asbestos gasket** *gép* fém-azbesztszövet tömítés; ~**-backed screen** *tv* fémezett/fémtükrözésű ernyő; ~ **backing** *csom* aluminizálás, fémborítás; *tv* kontrasztnövelő alumíniumfólia; ~ **barometer** *met* aneroid barométer, fémbarométer; ~ **base** *el* fémfej; ~**-base paper** *pa* fémalappapír; ~**-bath hardening** *hők* edzés fémfürdőben; ~ **bin** *élip* fémcella, fémkamra; ~ **binding** *mt* fémveret; ~ **biscuit** *mt* fémszivacs, fémtapló; ~ **bonding** *koh* fémragasztás; ~ **bonding joint** ragasztott fémkötés; ~ **bonnet** *bány* védőkosár; ~**-braided** *el* fémhuzallal körülfont, fémszövésű; ~**-braided wire** *el* fémszövésű vezeték; ~ **break-out** *koh* vaskitörés; ~ **brush** vízkefe, fémkefe *(horganyzáshoz)*; ~ **can** fémedény, (fém)tok, fémdoboz, fémház; ~ **can with terminal for carbon electrode** *el* szénelektród-fémsapka; ~**-carbonyl** *vegy* fém-karbonil; ~ **case** fémburkolat, fémház, fémtok; ~**-cased** fémburkolatú; ~**-cased conductor** *el* páncélozott vezeték; ~ **casting** *önt* fémöntés; ~**-ceramic** *ker* cermet, keményfém, fémkerámiai anyag; ~**-ceramic composition/mixture** cermet, fémkerámia; ~ **ceramics** porkohászat; ~**-ceramic seal** *heg* fémkerámia forrasz-

tás; ~ **chaser** *finm* fémdomborműves *(munkás)*; ~ **chasing** *finm* cizellálás; domborítás; ~ **chloride** *vegy* fém-klorid; ~**-clad** *el* fémtokozású; *fa* fémborítású; *heng, mt* plattírozott, fémborkolatú; ~**-clad airship** *rep* fémburkolatú léghajó; ~**-clad base material** *félv* borított lap; ~ **cladding** *heng* plattírozás; ~**-clad distributing switchboard** *el* lemeztokozású elosztóberendezés; ~**-clad distribution centre/center** *el* lemeztokozású elosztóberendezés; ~**-clad substation** *távb* tokozott alállomás; ~**-clad switchgear** *el* tokozott kapcsolóberendezés; ~**-clad unit** *el, gép* tokozott egység; ~**-cleaning machinery** *gép* gépi fémtisztító berendezés; ~ **clip** *rep* légcsavar élbetétje; *szersz* fémkapocs; ~ **cloth** *finm* fémszövet; ~**-coated** fémmel bevont; ~**-coated screen** *tv* fémezett ernyő; ~ **coating** fémbevonás, fémborítás; fémbevonat; ~ **colo(u)ring** *koh* fémszínezés; ~ **cone** *tv* fémfókusz *(képcsőé)*; ~**-cone picture tube** *tv* fémezett világítóréteg, aluminizált képtányér; ~ **connector** *ép* fémszerkezetű fakapcsolóbetét; ~**-containing developer** *foto* fémsós előhívó; ~ **content** fémtartalom; ~ **core** *önt* fémmmag; ~**-cored carbon** *el* fémbetéses ívlámpaszén; ~ **covering** fémborítás, fémbevonat, fémburkolat; ~ **cutting** *forg* fémforgácsolás, fémvágás, forgácsoló megmunkálás; ~**-cutting machine** *forg* forgácsoló szerszámgép; ~ **deactivator** *vegy* fémdezaktiváló (szer), fémdezaktivátor; ~ **deposition** *koh* fémleválás; fémleválasztás; ~**-detection kit** *kat* aknakereső/fémkereső berendezés; ~ **detector** *el, geof, kat* fémkutató *(elektronikus készülék)*, fémtárgykereső, metalloszkóp, aknakutató; ~**-disc/disk machine** *élip* fémtárcsás hántolójárat; ~ **drift** *bány* meddővágat; ~ **drop(let)** *koh* fémcsepp; ~ **drum** *élip* fémhordó; ~**-edging strip** *gép* szegélyező fémszalag; ~ **electrode** *el* fémelektród; ~ **electrode welding** *heg* fémelektródos hegesztés; ~ **encapsulated/enclosed component** *el* tokozott alkatrész; ~ **envelope** *félv* fémbura *(rádiócsőé)*; ~**-fabric gasket** *gép* fémszövet-tömítés; ~**-faced** lemezelt; ~**-faced plywood** *fa* fémmel vértezett falemez; ~ **filament** *el* fém izzószál; *tex* fémszál; ~**-filament lamp** *el* fémszálas izzó(lámpa); ~**-film resistor** *el* fémréteg-ellenállás; ~ **fitter** *gép* géplakatos; ~ **flume** *gép* fémcsatorna; ~ **foil** *mt* fémfüst, fémfólia; ~**-foil body-paper** *pa* fémfólia-hordozó papír; ~**-foil detector** *at* fémfólia-detektor; ~ **forming** *mt* fémalakítás, fém forgácsmentes megmunkálása; ~**-forming die** *mt* fémalakító szerszám; ~ **form(work)** *ép* fémzsaluzat; ~ **foundry** *koh* fémöntőde; ~ **frame/framing** *gép* fémváz, fémkeret; ~ **gasket** *gép* fémtömítés; ~ **gauze** *ép* sodronyháló; ~**-halide lamp (MH lamp)** *el, opt* fém-halogén lámpa; ~ **hose** *gép* fémcső, fémtömlő; ~ **housing** *hidr* gépsátor; ~ **impurity** fémszennyezettség; ~ **inert-gas welding (MIG)** *heg* AFI-hegesztés; ~ **insert** fémbetét; fémes betét; ~**-insulator-semiconductor/**~**-insulator-silicon field-effect transistor (MISFET)** *félv* fém-szigetelő-félvezető térvezérelt tranzisztor; ~ **interface transistor, MI transistor** *félv* MI-tranzisztor; ~ **iron** *koh* fémes vas; ~ **jet** *koh* fémsugár; ~ **joint** *gép* fémillesztés; ~ **lacing** *bány* acéllemez/fémlemez bélelés; ~ **lath** *ép* fémléc; ~ **lathing** *ép* sodronyháló *(vakolat alá)*; ~ **lattice** *krist* fémrács; ~ **layer** *félv* fémbevonat; ~ **leaf** *mt* fémfólia; ~ **lens** *távk* lencseantenna; ~**-lined (ML)** fémbetétes; ~**-lined hose** *gép* fémbetétes tömlő/cső; ~ **lining** *bány* acélbiztosítás, fémbiztosítás; ~ **locator** *el, geof, kat* aknakereső/fémkereső *(műszer)*; ~ **loss** *koh* fémveszteség; ~ **master** *önt* első mestermásolat; ~ **mesh and plaster partitions** *ép* rabicok; ~ **mining** *bány* ércbányászat; ~ **mo(u)ld** *ép* fémanyagú sablon *(előregyártáshoz)*; *koh* fémforma; ~**-mo(u)ld reaction** *önt* fém kölcsönhatása az öntőformával; ~ **mould with hot top part** *koh* melegfelsőrészes kokilla; ~ **mount** *nyom* fémláb nyomóformához; ólomstég; ~ **negative** *el* fémnegatív; ~ **nitride oxide semiconductor (MNOS)** *félv* fém-oxid-félvezető térvezérelt tranzisztor, MNOS; ~ **notch** *koh* fémlecsapoló nyílás; ~**-organic compound** *vegy* szerves fémvegyület; ~ **overlay** *ép* fémdíszítés; ~ **oxide** *koh* fém-oxid; ~**-oxide film resistor** *el* fémréteg-ellenállás; ~**-oxide rectifier** *el* fém-oxid-egyenirányító; ~**-oxide semiconductor (MOS)** *félv* fém-oxid-félvezető eszköz; MOS félvezető; ~**-oxide semiconductor (field-effect) transistor (MOSFET)** *félv* fém-oxid-félvezető (térvezérelt) tranzisztor, fémoxid-záróréteges térvezérlésű tranzisztor, MOS-tranzisztor; ~**-oxide silicon (field-effect) transistor (MOSFET)** *félv* fém-oxid-félvezető térvezérelt tranzisztor; ~**-oxide surface field-effect transistor** *félv* fém-oxid-záróréteges térvezérlésű tranzisztor, MOS-tranzisztor; ~ **pallet** *ép* rakodólap fémből, fém raklap; ~ **paste** fémporpép; ~ **pattern** *önt* fém öntőminta; ~ **penetration** *önt* felrágás; ~ **physics** *fiz* fémek fizikája, fémfizika; ~ **pipe** fémcső; ~ **plate** fémlap, fémlemez; ~**-plated** fémmel bevont, plattírozott; ~**-plate guard-rail** *ép* fémlap (út)korlát; ~**-plate waveguide lens** *távk* fémlemezlencse; ~ **plating** *heng* plattírozás; ~ **pool** *heg* hegesztőfürdő; ~ **pouring temperature** *koh, önt* fémöntési hőmérséklet; ~ **powder electrode** *el* porbéléses elektródhuzal; ~**-powder forming** fémporalakítás; ~ **powder metering apparatus** fémporadagoló berendezés; ~**-powder pre-printing** *tex* fémporos előnyomás; ~**-powder rolling mill** *heng* hengermű fémpor hengerlésére; ~ **powder spraying** → ~ spraying; ~**-preparing machine** *ép* útépítő kőtörő gép; ~ **prop** *bány* fémtám; ~ **pulverization** fémporlasztás; ~ **quality** *koh* fémminőség; ~ **ratio analyzer** fémtartalom-analizátor; ~ **reclamation** *koh* fémvisszanyerés; ~**-recovery** *bány* fémkihozatal; ~ **rectifier** *el* záróréteg-egyenirányító, kontaktegyenirányító, szárazegyenirányító; ~ **ridge** *bány* felduzzadt talp; támpillér; ~ **road** *ép* makadámút; ~**s** *vasút* sínek; ~ **sample** *koh* fémminta; ~**-sawing machine** *forg* fémfűrész; ~ **scales** *pl koh* fémmérleg; ~ **science** fémismerettan, metallográfia; ~ **screen** *el* fémárnyékolás; *film* fémmel bevont vetítővászon; ~ **seal** *gép* fémtömítés; ~**-semiconductor diode** *félv* fém-félvezető dióda; ~**-semiconductor field-effect transistor (MESFET)** *félv* fém-félvezető átmenetes térvezérelt tranzisztor; ~**-semiconductor junction/transition region** *félv* fém-félvezető átmenet; ~ **sheath** *el* fém védőcső/védőköpeny; ~**-sheathed** fémburkolatú, fémköpenyes; ~**-sheathed conductor** *el* árnyékolt erű vezeték; ~**-sheet cladding/facing** fémlemezburkolat; ~ **sheeting** *hajó* fémbevonat, fémburkolat; ~**-sheet insulation** *el, ép* fémlemez-szigetelés; ~**-sheet roofings** *ép* fémlemez fedések *(tetőé)*; ~**-sheet (tin) constructions** *ép* fémlemez (bádogos)szerkezetek; ~ **shoe** *el, gép* fémsaru; ~ **sleeper** *vasút* vasalj(zat); ~ **sleeve** *ép* tágulási hézagtakaró sáv; ~-**slitting machine** tárcsás fémlemezhosszvágó gép; ~-**slitting saw** *forg* (fém)daraboló fűrész, fémvágó körfűrész; ~ **(s)melting furnace** *koh* fémolvasztó kemence; ~ **snips** *pl szersz* lemezvágó olló *(kézi)*; ~ **soap** *vegy* fémszappan, sztearát; ~ **spinning** *alak* fémnyomás; ~-**spinning lathe** *forg* fém(lemez)nyomó eszterga; ~ **splasher** fémszóró; ~-**spray gun** fémszóró pisztoly; ~ **spraying** fémszórás; ~-**spraying pistol/gun** fémszóró pisztoly; ~ **stone** *geol* homokos pala; ~ **structure** *ásv* fémes szerkezet; ~ **stud** *ép* jelzőszeg *(úttesten)*; ~ **sulphate/ sulfate** fém-szulfát; ~ **sulphide/sulfide** fém-szulfid; ~ **support** *bány* acélbiztosítás; ~ **surface bend** *koh* fémfelszíngörbület; ~ **sweepings** *pl* fémhulladék; ~-**tank rectifier** *el* vasedényes (higanygőz-)egyenirányító; ~-**taped cable** *el* szalagpáncélos kábel; ~ **thread** *tex* fémszál; ~-**through connection** *el* fémes kapcsolat; ~ **tie** *vasút* vasalj(zat); ~-**tight** *any* fémáthatolhatatlan; ~ **tipping** *rep* légcsavarvég fémbevonata; ~-**to-glass seal** *heg* fém-üveg forrasztás; ~-**to-metal contact** *el* fémes *v.* fém-fém érintkezés; ~-**to-metal fit** *gép* hézag- és feszítésmentes illesztés; ~-**to-metal joint** *gép* fém-fém kötés; ~ **transfer welding** *heg* rövidívű hegesztés; ~ **tub** fémedény; ~ **tube** fémcső; ~ **valley** *ép* bádoghajlat, vápacsatorna; ~ **vapo(u)r** fémgőz; ~-**vapo(u)r lamp** *el* fémgőzlámpa; ~ **varnish** *vegy* fémfesték; ~ **ware** → metalware; ~ **waste** fémhulladék; *koh* fémveszteség; ~ **weld** *heg* fémhegesztési varrat; ~ **welding** *heg* fémhegesztés; ~ **wire** *el* fémhuzal; ~-**wire pot-cleaner** *élip* huzalcsutak, fémszálas lábastisztító; ~-**worker** → metalworker; ~-**work(s)** → metalwork(s); ~ **yarn** → -thread

metalanguage *mat, szt* metanyelv; ~ **variable** *mat* metanyelvi változó

metaldehyde *vegy* metaldehid

metaled *US* → metalled

metalepsy *vegy* helyettesítés, szubsztitúció

metalescent *any* fémes fényű

metalevel knowledge *szt* metaszintű tudás

metalimnion *hidr* metalimnion

metalinear grammar *mat, szt* metalineáris grammatika

metaling *US* → metalling

metalist *US* → metallist

metalizatiom *US* → metallization

metalled, *US* **metaled** *ép* kikövezett, kavicsos, zúzottkővel burkolt; ~ **road** *ép* zúzalékos út fog 2

metallic fémből való, fém-; fémes; *el* fémes *(kapcsolat)*; ~ **additive** *ép* pórusképző adalék *(gázbetonhoz)*; ~ **arc** *heg* fémív, fémelektródos ív; ~ **arc welding** → metal-arc welding; ~ **armature** *el* fémvegyverzet; ~ **atomic radius** *at* fémes atomsugár; ~ **bead** *gép* fémregulus(z); ~ **bond** *vegy* fémes kötés; ~ **cathode** *el* fémkatód; ~ **cement** *ép* kemény salakcement; ~ **charge** *hőt* fémbetét *(kemencében)*; ~ **circuit** *el* fémes áramkör, hurokáramkör; ~ **coating** → metal coating; ~ **compound** fémvegyület; ~ **conduction** *el* fémes vezetés, fémek elektromos vezetése; ~ **conductor/conduit** fémvezető; ~ **connection** fémes csatlakozás/illesztés; ~ **crystal** *ásv* fémkristály; ~ **developing agent** *foto* fémsós előhívó; ~ **die** *koh* fémforma; ~ **filament** → metal filament; ~ **glass** *koh* fémüveg; ~ **grain** *ásv* fémszemcse; ~ **inclusion** *any* fémes zárvány *(öntvényhiba)*; ~ **line** *el* fémvezető; ~ **link(age)** *el, vegy* fémes kötés; ~ **lustre/luster** *ásv* fémes fény, fémfény; ~ **mineral** *ásv* fémes ásvány; ~ **mirror** fémtükör; ~ **mordant** *vegy* fémpác; ~ **mo(u)ld** → metal mo(u)ld; ~ **packing** *gép* fémtömítés; ~ **paint** *vegy* fémfesték; ~ **paper** *pa* csillagászpapír; ~ **pigment** *műa* fémpigment; ~ **print** *tex* fémnyomás; ~ **property** *any* fémesség, fémtulajdonság; ~ **pyrometer** *hőt* fémpirométer, bimetall-pirométer, termoelemes pirométer; ~ **rectifier** *el* záróréteg-egyenirányító, kontakt-egyenirányító, száraz egyenirányító, fémegyenirányító; ~ **resistance** *el* fémellenállás; ~ **resistance material** *koh* fűtőellenállás-ötvözet; ~ **rheostat** *el* fémes ellenállás; ~ **salt** *vegy* fémsó; ~ **sheen** *opt* fémfény; ~ **soap** → metal soap; ~ **sound(ing)** *hang* fémes hangzás; ~ **sponge** fémszivacs, fémtapló; ~ **tape** *aut* kapcsolószalag; *geod* fémbetétes mérőszalag; ~ **taste** *élip* fémes íz; ~ **thermometer** *hőt* fémhőmérő, bimetallhőmérő, bimetall-lemezes hőmérő; ~ **valve** *el* száraz egyenirányító, fémegyenirányító; ~-**woven fabric** *tex* fémszálas szövet; ~ **yield** *koh* fémkihozatal

metallicity *any* fémesség, fémes jelleg

metallide *ásv* metallid

metalliferous *ásv* fémes, fémet tartalmazó; fémtartalmú; ~ **dye** *vegy* fémtartalmú színezék; ~ **exhalations** *pl vegy* fémes kigőzölgés; ~ **vein** *bány* érctelér

metalliform *ásv* fémszerű, fémes; fémtulajdonságokkal bíró

metalline *ásv* fémszerű, fémes (külsejű)

metalling, *US* **metaling** *ép* sziklamegerősítés, sziklastabilizálás; útkavicsolás, zúzalékos útburkolat; zúzottkavics útborítás

metallist, *US* **metalist** fémmunkás

metallizable, *US* **metalizable** *vegy* krómozható *(színezék)*

metallization, *US* **metalization** *el* fémezés, fémbevonás; *koh* fémleválasztás; *mt* fémszórás, Schoop-eljárás

metallize, *US* **metalize** *el* fémez; *gumi* galvanizál; *mt* fémmel beszór

metallized, *US* **metalized** fémbevonatú, fémezett; metallizált; fémgőzölt; ~ **bulb** *üveg* tükrözött bura; ~ **dye** *vegy* fémkomplex-színezék; ~ **filament** *el* fémbevonatú fűtőszál; ~ **film resistor** *el* fémréteg-ellenállás; ~ **glass** *üveg* fémmel bevont üveg; ~ **glass envelope** *el* fémezett/metallizált csőbura; ~ **lamp** *üveg* tükrözött lámpa; ~-**mica capacitor** *el* fémbevonatú csillámkondenzátor; ~ **paper (MP)** *pa* fémpapír, fémezett papír; ~-**paper capacitor** *el* fémezettpapír-kondenzátor; ~ **plastic film capacitor** *el* fémezett műanyagfólia-kondenzátor; ~ **resistor** *el* fémbevonatú ellenállás; ~ **screen** *tv* fémezett világítóréteg, aluminizált képtányér; ~ **termination area** *el* kontaktozási fémezés; ~ **yarn** *tex* krómozott/fémsóval nehezített/átitatott fonal

metallizer, *US* **metalizer** *szersz* fémszóró

metallizing, *US* **metalizing I.** *a* fémező, fémbevonó; krómozó; **II.** *n* fémszórás; fémezési eljárás; krómozás; fémezés, fémbevonás; *koh* fémleválasztás; ~ **burner** fémporlasztó; ~ **by high-vacuum evaporation** *félv* nagyvákuumú/nagyvákuumos metallizáció/fémgőzölögtetéses bevonás; ~ **head** fémezőfej

metallochromy fémkrómozás

metallogenetic *geol* fémeredetű; ~ **province** *geol* ércprovincia

metallographic(al) fémtani, metallográfiai; ~ **etching** *forg* metallográfiai csiszolatok maratása; ~ **examination/investigation** *any* metallográfiai (anyag)vizsgálat, fémszerkezet-vizsgálat; ~ **microscope** ércvizsgáló mikroszkóp, fémmikroszkóp; ~ **microscopy** fémmikroszkópia; ~ **section/specimen** metallográfiai csiszolat
metallography fémtan, metallográfia
metalloid nemfém, mettaloid, félfém; ~ **structure** *krist* metalloid szerkezet
metallomagnetic *el* mágneses és fémes
metallometric balance fémvizsgálati mérleg
metallomicroscope *any* ércvizsgáló mikroszkóp, fémmikroszkóp
metallo-organic compounds *vegy* metalloorganikus/fémorganikus vegyületek
metallophone *hang* metallofon
metalloscope *geof, kat* fémtárgyjelző, metalloszkóp
metallostatic pressure *koh* ferrosztatikus/metallosztatikus nyomás
metallothermic process/reduction *mt* metallotermikus/fémtermikus eljárás
metallurgic(al) *koh* fémipari, vasipari; kohászati, metallurgiai; ~ **blast cupola** *koh* kohászati kupolókemence; ~ **chemistry** *vegy* kohászati vegytan; ~ **coal** *bány* kokszolható szén; ~ **coke** *koh* kohókoksz; ~ **efficiency** előkészítési hatásfok; ~ **engineer** kohómérnök; ~ **extraction** kohászati kivonás; ~ **factory** fémmű; ~ **load on a furnace** fenékterhelés; ~ **microscope** *any* ércvizsgáló mikroszkóp, fémmikroszkóp; ~ **operation** *koh* kohósítás; ~ **plant** fémmű, vasmű; kohászati üzem, kohómű; ~ **plasma apparatus** kohászati plazmaberendezés; ~ **process** kohászati/metallurgiai folyamat; tűzi eljárás; ~ **system** metallurgiai rendszer; ~ **treatment** kohászati kezelés; ~ **weldability** hegesztési alkalmasság; ~ **works** → ~ plant
metallurgist *koh* kohász, fémmunkás, vasmunkás
metallurgy *koh* (fém)kohászat, metallurgia; fémgyártás; kohászattan; ~ **of aluminium** alumíniumkohászat; ~ **of ferrous metals** vaskohászat; ~ **of non-ferrous metals** fémkohászat
metalman *bány* fenntartó munkás; *koh* fémmunkás
metalware *ip* fémáru, fémtömegcikk
metalwork fémkészítmény; fémek megmunkálása, lakatosmunka; test; ~**s** *pl* fémfeldolgozó üzem, fémmegmunkáló vállalat
metalworker fémmunkás
metalworking forgács nélküli alakítás, fémmegmunkálás, fémfeldolgozás; ~ **machinery** gépi fémmegmunkáló berendezés; ~ **process** alakítási eljárás
metamagnetism *krist* metamagnetizmus
metamathematical *mat* metamatematikai
metamathematics *mat* metamatematika
metamer(ic) *vegy* metamer; ~ **colo(u)r stimuli** *opt* metamer színingerek; ~ **ion** *fiz* metamerion
metamerism *vegy* metameria
metamict *krist* metamikt; ~ **decay** *ásv* metamikt szétesés; ~ **state** *ásv* metamikt állapot
metamorphic *geol* metamorf, átalakult; ~ **growth** *ásv* metamorf keletkezés; ~ **rock** *geol* metamorf/átalakult kőzet
metamorphism *geol* metamorfózis, átalakulás
metamorphose *geol* átalakul, metamorfózison megy át
metamorphosis *pl* **metamorphoses** *geol* metamorfózis, átalakulás
metanil yellow *vegy* metanilsárga *(monoazoszínezék)*
metanilic acid *vegy* metanilsav, anilin-m-szulfonsav
metaphase *at, vegy* metafázis
metaphosphate *vegy* metafoszfát
metaphosphoric, metaphosphorous acid *vegy* metafoszforossav
metaposition *vegy* metahelyzet
metarule *szt* metaszabály
metasedimentary rock *geol* metaszediment
metasilicic acid *vegy* metakovasav
metasomatic *geol* metaszomatikus; ~ **growth** *ásv* metaszomatikus keletkezés
metasomatism *geol* metaszomatózis
metasomatosis *pl* **metasomatoses** *geol* metaszomatózis
metastability *mech* metastabilitás
metastable *mech* metastabil(is); ~ **austenite** *ásv* metastabil ausztenit; ~ **equilibrium** *vegy* metastabil(is) egyensúly; ~ **equilibrium position** *vegy* metastabil(is) állapot; ~ **level** *at* metastabil energiaszint; ~ **phase** *krist* metastabil(is) fázis; ~ **range/region** *krist* metastabilis tartomány; ~ **state** *szt* instabil állapot; *vegy* metastabil(is) állapot
metastatic electron *fiz* metasztatikus elektron
metastibnite *vegy* metasztibnit
metasulphuric, *US* **metasulfuric acid** *vegy* Caré-féle sav
metate *élip* kézi padkő
metathesis *pl* **metatheses** áttétel; *vegy* cserebomlás, metatézis
metathetical reaction *vegy* cserebomlás
metavoltine *ásv* metavoltin
metaxite *ásv* metaxit
metaxylene *vegy* metaxilol
meteor *csill* meteor, hullócsillag; *met* légköri jelenség; ~ **crater** *csill* meteor ütötte kráter, meteoritkráter; ~ **shower** *csill* meteorzápor; ~ **stream** meteoráram; ~ **train** *csill* meteorcsóva
meteoric *csill* meteorikus, meteor-, meteorszerű; ~ **ionization** *met* meteorionizáció; ~ **iron** *ásv* meteorikus vas, meteorvas; ~ **stone** *geol* meteorit, meteorkő; ~ **water** *geol* vadózus/freatikus víz; *met* esővíz
meteorite *csill* meteorit
meteorogram *met* meteorogram
meteorograph *met* meteorográf, légállapot-író
meteoroid *csill* meteoroid, meteorit, meteorkő, meteorvas
meteorological *met* meteorológiai, időjárással kapcsolatos, időjárás(tan)i, időjárás-; ~ **aids service** *rep* meteorológiai távközlési szolgálat; ~ **broadcast** *rep* meteorológiai rádióadás; ~ **broadcasting station** *met, rep* meteorológiai rádióállomás; ~ **conditions** *met* időjárás, időjárási/meteorológiai viszonyok; ~ **data** meteorológiai adatok; ~ **depression** ciklon, alacsony nyomású terület, barometrikus/légnyomási minimum; ~ **detector** időjárás-érzékelő; ~ **information (MIF)** meteorológiai információ; ~ **laser radar** meteorológiai lézerradar; ~ **measuring tower** meteorológiai mérőtorony; ~ **message** meteorológiai közlemény/jelentés; ~ **minimum** időjárási minimum; ~ **network** meteorológiai távközlési hálózat; ~ **observation** *met* meteorológiai megfigyelés; ~ **observer (MO)** meteorológiai megfigyelő; ~ **office (MO)** meteorológiai hivatal; ~ **optics** *met* meteorológiai opti-

ka, légkör optikája; ~ **radar station** meteorológiai radarállomás; ~ **radio service** rádiómeteorológiai szolgálat; ~ **reconnaissance flight** *rep* meteorológiai felderítő repülés; ~ **report** *met* meteorológiai jelentés; ~ **rocket** *met* meteorológiai/légkörkutató/időjáráskutató rakéta; ~ **satellite** meteorológiai műhold; ~ **satellite service** műholdas meteorológiai szolgálat; ~ **service** meteorológiai szolgálat; ~ **situation** meteorológiai viszonyok, időjárási körülmények; ~ **station** meteorológiai állomás; ~ **summary** meteorológiai összesítő; ~ **symbols** meteorológiai jelek; ~ **warning** *rep* meteorológiai figyelmeztetés; ~ **watch** meteorológiai figyelés; ~ **wind tunnel** meteorológiai szélcsatorna

meteorologist *met* meteorológus

meteorology meteorológia, időjárástan, légkörtan

meter I. *v* adagol; (meg)mér, lemér, kimér; jelez *(időtartamot parkolóóra)*; **II.** *n* méter *(hosszmérték)*; *hidr* vízóra, vízmennyiségmérő; *közl* parkolóóra; *metr* (integráló/összegező) mérőműszer, számláló(műszer), számlálóberendezés; fogyasztásmérő *(villany, gáz)*; mérőberendezés, mérőeszköz; ~ **board** *el* műszertábla; ~ **book** *hőt* gázmérőnapló; ~**-braking element** *finm* fogyasztásmérő fékezőeleme; ~ **bridge** *el* mérőhíd; ~ **chamber** *hidr* vízmérő óra aknája, mérőakna; ~ **change-over clock** *el* fogyasztásmérős kapcsolóóra; ~ **cock** *hidr* vízóracsap; ~ **counter** *tex* méterszámláló szerkezet; ~ **crew** állomásszemélyzet, graviméteres csoport; ~ **cupboard** (mérő)óraszekrény; ~ **display** fogyasztásmérő által mért érték ábrázolása; ~ **error** műszerhiba, mérőműszer hibája; ~ **flume** *hidr* hidrometriai csatorna; mérőszűkület; ~ **key** *távb* számlálóbillentyű; ~ **log** *hőt* gázmérőnapló; ~ **loss** fogyasztásmérő-veszteség; ~ **multiplier** *el* előtételellenállás, sönt; ~ **panel** *el* óratábla, fogyasztásmérő tábla; *rep* mérőműszertábla; ~**-parking** *közl* várakozás/parkolás parkolóóránál; ~ **protection circuit** műszervédő áramkör; ~ **prover** mérőhitelesítő; ~ **quality** mérőműszer jósági tényezője; ~ **rack** *távb* mérőállvány, számlálóállvány; ~ **rate** *el* fogyasztáson alapuló árszabás; ~**(-)reader** díjbeszedő *(aki leolvassa a mérőt)*; ~**(-)reading** fogyasztásmérő leolvasása; ~**-reading variations** a műszer által mutatott érték ingadozásai; ~ **realy** *távb* számláló-jelfogó, mérőműszer-jelfogó; ~ **rule** méterrúd; ~ **scale** *geod* méterrendszerben felrakott lépték; ~ **sensitivity** műszerérzékenység; ~ **setting** távolságbeállítás; ~ **stick** *hajó* rakománymérő csúszólapos mércerúd; ~ **switch** műszerátkapcsoló; ~ **the fuel** *v hőt* tüzelőanyagot adagol; ~**-type relay** műszertípusú relé; ~ **wire** számlálóág; ~ **with maximum demand indicator** maximutatós fogyasztásmérő; ~ **with maximum demand recorder** maximumregisztráló fogyasztásmérő; ~ **zone** *közl* parkolóórával ellenőrzött parkoló(hely)/várakozóhely

meterage méterben kifejezett hossz; *ol* fúrási teljesítmény

metered (ki)mért, megmért; adagolt; *távb* számlált; ~ **call** *távb* fizetett beszélgetés; ~ **seeding** *mzg* egyenletesen elosztott vetés

metering I. *a* adagoló; mérő; *távb* számláló; **II.** *n* adagolás; (ki)mérés, megmérés; *távb* számlálás; ~ **circuit** *el* mérőkör; ~ **device** *koh* adagolókészülék; ~ **equipment** mérőberendezés; mérőműszer, jelzőműszer; ~ **hole** *gép* mérőnyílás; ~ **impulses** *el* számlálóimpulzusok; ~ **instrument** mérő(készülék); ~ **jet** *gépk* adagolószivattyú; ~ **key** → meter key; ~ **orifice** mérőperem; ~**-out** *koh, vegy* adagolás, beadagolás, betöltés, sarzsírozás; ~**-pin carburetter** *gépk* szabályozótűs porlasztó; ~ **plug** adagolódugasz; ~ **pump** adagoló tápszivattyú; ~ **relay** *távb* számláló jelfogó; ~ **roll** *pa* adagolóhenger, mérőhenger; ~ **section** *hidr* kiépített mérési szelvény; ~ **separator** *ol* automatikus mérőszeparátor; ~ **tank** *vegy* adagoló tartály *(térfogatra kalibrálva)*; ~ **transformer** *el* mérőtranszformátor; ~ **unit** adagolókészülék

methacrylate *vegy* metakrilát, metakril-észter

methacrylic | **acid** *vegy* met(il)akrilsav; ~ **ester** *műa* metakril-észter; ~ **methylester** *műa* metil-metakrilát; ~ **resin** *műa* metakril(át)gyanta

methanal *vegy* metanal, formaldehid

methanamide *vegy* formamid, hangyasavamid

methanation *vegy* metánosítás, metanizálás; ~ **reactor** *vegy* mentanizálóreaktor

methanator *vegy* metanizálóreaktor

methane *bány* bányalég; *vegy* metán; mocsárgáz; ~ **blower** *bány* metánkifúvó; ~ **detector** *bány* metánindikátor; ~ **escape** *bány* metánszivárgás; ~ **fermentation** *biot, élip* metánerjedés, metánfermentáció; ~ **flow counter** metánátfolyás-számláló; ~ **hydrate** *ol* metánhidrát; ~ **hydrocarbons** *ol* paraffin-szénhidrogének; ~ **outburst** *bány* (váratlan) metánkitörés; ~ **pocket** *bány* gázüreg; ~ **reforming** *vegy* metánreformálás; ~ **removal** *vegy* metánleválasztás, metán eltávolítása; ~ **tester** *bány* metánjelző, metánvizsgáló

methanethiol *vegy* metántiol, metil-merkaptán

methanization *vegy* metanizálás, metánozás

methanogen *biot* metanogén

methanoic acid *vegy* hangyasav, metánsav

methanol *vegy* metanol, metil-alkohol, karbinol

methanolysis *vegy* metanolízis

methanophone *bány* metánjelző *(hanggal)*

methine *vegy* metingyök

methionine *vegy* metionin, α-amino-α-metiltiovajsavéter

methocel *gyógyv* metil-cellulóz

method mód(szer), eljárás; rendszer(esség); ~ **by comparison** *el* összehasonlító módszer; ~ **of acoustical images** *hang* akusztikai tükrözés; ~ **of approach/approximation** *mat* közelítő eljárás/módszer; ~ **of associated particles** *at* társrészecske-módszer, együtt keletkező részecskék megfigyelésének módszere; ~ **of Bode** *szt* Bode-módszer; ~ **of characteristics** *el* karakterisztikamódszer, karakterisztikák módszere; ~ **of coefficient comparison** *mat* együtthatók összehasonlításának módszere, együttható-összehasonlítás, együttható-összevetés; ~ **of control** *aut* szabályozási/irányítási/vezérlési módszer; ~ **of cutting planes** *mat* metsző síkok módszere, metszősíkmódszer; ~ **of electric images** *távk* tükörképmódszer; ~ **of equating coefficients** *mat* együtthatók összehasonlításának módszere, együttható-összehasonlítás, együtthatóösszevetés; ~ **of estimation** *mat* becslési módszer; ~ **of Evans** *mech* Evans-módszer *(stabilitásvizsgálat)*; ~ **of excitation** *el* gerjesztésmód; ~ **of failure** *geod* hibakiküszöbölési módszer; ~ **of false position** *mat* regula falsi, húrmódszer; ~ **of fastness assessment** *tex* színtartósságmódszer, ellenállóság-meghatározási módszer; ~ **of fictive playing** *szt* fiktív lejátszás módszere; ~ **of forming** *alak* formálásmód, formálóeljárás; ~ **of geodetic distance measuring** *bány* geodéziai/geodetikus távolságmérési módszer; ~ **of infra-red spectroscope analysis** *fiz* infravörös spektroszkópiai/színképelemzési eljárás; ~ **of interest calculation** *mat* kamatszámítás; ~ **of joint** *mech* Cremona-módszer, csomóponti módszer *(rúderők számítására)*; ~ **of Kochenburger** *mech* Kochenburger-módszer *(stabilitásvizsgálatban)*; ~ **of least squares** *biot, mat* legkisebb négyzetek módszere/elve; ~ **of least work** *mech* legkisebb munka tétele; ~ **of lines** *mat* egyenesek módszere; ~ **of lowering crucible** *koh* süllyesztési módszer; ~ **of maximum likelihood** *stat* maximális valószínűség módszere; ~ **of measurement** mérőmódszer, mérőeljárás, mérési módszer/eljárás; ~ **of mining** *bány* művelési mód/rendszer; ~ **of momenta** *mech* momentumok módszere; ~ **of moving average** *mat* mozgó átlagok módszere; ~ **of nuclear resonance absorption** *at* magrezonancia-abszorpció módszere, NMR-módszer; ~ **of Nyquist** *szt* Nyquist-módszer; ~ **of opposing currents** *el* ellenkapcsolásos módszer/eljárás; ~ **of payment** *ip* elszámolási/fizetési mód; ~ **of phase plane** *távk* fázissíkmódszer; ~ **of postulation** *mat* axiomatikus módszer; ~ **of preparation** *mat* ábrázolásmód; ~ **of quickest descent** *mat* leggyorsabb leereszkedés módszere; ~ **of radiochemical analysis** *fiz* rádiókémiai/sugárzáskémiai elemzési módszer; ~ **of residues** *mat* reziduummódszer; ~ **of sections** *mech* rúderő-meghatározás (átmetszéssel), (hármas) átmetszés módszere, Culmann-eljárás; ~ **of slices** *talt* csúszólapos módszer; ~ **of statistical testing** *stat* Monte-Carlo-módszer, Monte-Carlo-technika, statisztikai ellenőrzés módszere; ~ **of steepest descent** *mat* leggyorsabb leereszkedés módszere; legmeredekebb esés módszere; ~ **of substitution** *mat* helyettesítéssel való integrálás; ~ **of successive approximation** *mat* iterációs módszer/eljárás; szukcesszív approximáció közelítés módszere; ~ **of superimposed currents** *el* szuperponáló/összegező módszer; ~ **of the polygon of forces** *mech* Culmann-féle eljárás; ~ **of the quickest/steepest descent** *mat* leggyorsabb ereszkedés módszere; ~ **of thermal decomposition on a hot wire** *krist* forró drótton való bontás módszere; ~ **of town development** *ép* beépítési mód, városfejlesztési mód(szer); ~ **of trapezoidal frequency responses** *távk* trapézformájú frekvenciajelleggörbék módszere, trapézmódszer; ~ **of trial and error** *aut* fokozatos közelítés módszere; ~ **of two lances** *koh* kétlándzsás eljárás; ~ **of undetermined coefficients** *mat* együtthatók összehasonlításának módszere, együttható-összehasonlítás, együttható-összevetés; ~ **of variation of constants** *mat* állandók variálásának módszere; ~**s and procedures department** *ip* szervezőrészleg; ~**s of corrosion control** *koh* korrózióvédelmi módszerek; ~**s of storage battery operation** *el* akkumulátorüzemi mód, akkumulátorok üzemeltetési viszonyai; ~**s of water saturation determination** *ol* formációvíz-telítettség meghatározás

methodic(al) módszeres, rendszeres

methodize rendszerbe foglal, rendszerez

methodology módszertan, metodika

methoxide *vegy* metilát

methoxybenzene *vegy* metoxi-benzol, anizol

methoxychlor *vegy* metoxiklór

methoxyl group *vegy* metoxilcsoport

methyl (Me) *vegy* metilgyök; ~ **acetate** *vegy* metil-acetát; ~ **acrylate** metil-akrilát, akrilsav-metil-észter; ~ **alcohol (Me. alc.)** metil-alkohol, metanol, karbinol; ~ **benzoate** metil-benzoát, benzoesav-metil-észter; ~ **bromide** metil-bromid, bróm-metán; ~**-bromide fire-extinguisher** *hőt* metil-bromiddal oltó készülék; ~ **carbonate** *vegy* metil-karbonát; ~ **chloride** metil-klorid, klór-metán; ~ **cyanide** metil-cianid, acetonitril; ~ **ether** metil-éter, metoximetán; ~ **ethyl ether** metil-etil-éter, metoxietán; ~ **ethyl ketone (MEK)** metil-etil-keton, butanon; ~ **fluoride** metil-fluorid, fluor-metán; ~ **formate** metil-formiát; ~ **glucoside** metil-glukozid; ~ **glycolate** glikolsav-metil-észter, metil-glikolát; ~ **green** metilzöld, hepta-metil-pararozanilin-klorid; ~ **group** metilcsoport, metilgyök; ~ **iodie** metil-jodid, jód-metán; ~ **mercaptan** metil-merkaptán, metán-tiol; ~ **methacirilate resins** *műa* metil-metakrilátgyanták; ~ **methacrylate** *vegy* metil-metakrilát; ~ **n-butyl ether** metil-n-butil-éter, metoxibután; ~ **nitrate** metil-nitrát; ~**-n-propylcarbinol** metil-n-propil-karbinol, pentanol-2; ~**-n-propyl ether** metil-n-propil-éter, metoxipropán; ~**-n-propyl ketone** metil-n-propil-keton, pentanon-2; ~ **orange** metilnarancs, metiloranzs, heliantin; ~ **phenyl ether** metil-fenil-éter, anizol; ~ **phenyl ketone** metil-fenil-keton, acetofenon; ~ **phenyl nitrosoamine** metil-fenil-nitrozoamin; ~ **propionate** metil-propionát; ~ **radical** metilgyök; ~ **red** metilvörös; ~ **rubber (MR)** *gumi* metilgumi; ~ **salicylate** *vegy* metil-szalicilát, szalicilsav-metil-észter, gaulteria olaj; ~ **sulphate/sulfate** metil-szulfát; ~ **sulphuric/sulfuric acid** metil-kénsav; ~ **toluate** metil-toluilát; ~ **violet (MV)** metilibolya

methylacetylene *vegy* metil-acetilén, propin

Methylal *vegy* formaldehid-dimetil-acetál

methylamine *vegy* metil-amin; ~ **hydrochloride** *vegy* metil-amin-hidroklorid, metil-ammónium-klorid

methylammonium chloride *vegy* metil-ammónium-klorid, metil-amin-hidroklorid

methylaniline *vegy* metil-anilin

methylate I. *v vegy* metilez; **II.** *n vegy* metilát

methylated *vegy* metilezett, metiles, metil-; ~ **spirit** *vegy* metil-alkohollal denaturált szesz

methylation *vegy* metilezés; ~ **plant** *vegy* metilezőüzem

methylbutanone *vegy* metil-butanon, izopropil-metil-keton

methylcarbinol *vegy* metil-karbinol, etil-alkohol, etanol

methylcarbitol *vegy* metil-karbitol

methylcellosolve *vegy* metil-celloszolv, etilén-glikol-monometil-éter

methylcyclohexanol *vegy* metil-ciklohexanol, hexahidrokrezol, metil-hexalin, heptalin

methylene *vegy* metiléngyök; ~ **blue** *vegy* metilénkék; ~ **bridge** *műa* metilénhíd; ~ **bromide** *vegy* metilén-bromid, dibróm-metán; ~ **chloride** *vegy* metilén-klorid, diklór-metán; ~ **dioxy** *vegy* metilén-dioxigyök; ~ **green** *vegy* metilénzöld *(színezék)*; ~ **iodide** *vegy* metilén-jodid, dijód-metán; ~ **radical** *vegy* metiléngyök; ~ **violet** *vegy* metilénibolya *(színezék)*

methylisopropylcarbinol *vegy* metil-izopropil-karbinol, 3-metil-butanol-2

methylmagnesium | bromide *vegy* metil-magnézium-bromid; **~ iodide** *vegy* metil-magnézium-jodid
methylmethacrylate resin *műa* metil-metakrilát műgyanta
methylotrophyc organisms *biot* metilotróf szervezetek
methylphenylcarbinol *vegy* metil-fenil-karbinol
methylpropene *vegy* metil-propén, izobutilén
methylsilicane *vegy* metil-szilán
metol *vegy* metol, kénsavas p-aminofenol; **~-quinol, ~-hydroquinone** *foto* metol-hidrokinon előhívó
Metonic cycle *csill* Meton-ciklus, holdciklus
metope *ép* metopa *(díszítés dór frízeken két triglif között)*
metre, *US* **meter** *met* méter *(hosszmérték)*; **~ bridge** *el* egyméteres mérőhúros híd; **~-candle** *fiz* lux, lx; **~ wave** → metric wave
metric I. *a* méterrendszerű; metrikus; **II.** *n mat* metrika, metrikus struktúra; *metr* méterrendszer; **~ centner** *metr* métermázsa; **~ count** *tex* metrikus fonalszámozás; **~ determination** mértékmeghatározás, felmérés, méretmeghatározás; **~ function** *mat* mértékfüggvény; **~ ga(u)ge** métermérték, metrikus mérce; **~ gear** *gép* metrikus/modulosztású fogaskerék; **~ horsepower** *fiz* metrikus lóerő *(75 mkp/s)*; **~ hundredweight** *metr* 50 kg; **~ measure** metrikus méret; **~ measurement** *fa* köbözés/számítás méterrendszerben; **~ number** *tex* metrikus fonalszám; **~ range** *távk* URH-tartomány, ultrarövid-hullámú tartomány; **~ scale** *metr* metrikus lépték; **~ screw-thread** → **~** thread; **~ space** *mat* metrikus tér; **~ system (MS)** *metr* méterrendszer; **~ theory of automata** *aut* automaták metrikus elmélete; **~ thread** *gép* metrikus csavarmenet, métermenet; **~ ton(ne) (MT)** *metr* tonna *(1000 kg)*; **~ wave** *távk* méteres hullám, metrikus hullám, ultrarövidhullám, URH; **~ wavelength** URH-tartomány, ultrarövid-hullámú tartomány
metrics *mat* metrika, metrikus struktúra
metro *közl* földalatti vasút, metró
metrology méréstan, metrológia; súlyok és mértékek tana, mértékrendszer
metronome *hang* ütemmérő, ütemjelző, metronóm
metropolitan I. *a* (fő)városi; **II.** *n közl* földalatti (vasút), metró; **~ area network (MAN)** *szt* nagyvárosi hálózat, MAN; **~ railway/railroad** *közl* városi vasút
MeV → mega-electron-volt
mew kalitka; *ép* garázssor; *mzg* istállók és kocsiszínek
Mexican | grass *tex* szizálfű, szizálkender; **~ onyx** *ásv* onixmárvány
Meyer hardness number *any* Meyer-féle keménységszám
meymacite *ásv* meymacit
mezzanine *ép* félemelet
mezzo-cotto *tex* félig hámtalanított *(selyem)*
mezzotint *nyom* mezzotinto
MF → machine finish; → mean frequency; → medium frequency; → microfilm; → mill finish; → multifrequency
MFD → magnetofluid dynamics
MFL → maintain flight level
MFS → multifrequency system
MFT → machine fault time
mg → milligram(me)
Mg → magnezium
MG → machine glazed; → machine gun; → missile guidance; → motor generator
MGD → magnetogasdynamics
MH → magnetic head; → magnetic heading; → mainhatch; → manhole; → mounting height; **~ lamp** → metal-halide lamp
MHD → magnetohydrodynamic; → magnetohydrodynamics; **~ generator** → magnetohydrodynamic generator
mho *el* mho, siemens, reciprok ohm
MHz → megahertz
MI → malleable iron; → manual input; → memory interface; → metal interface (transistor); → military intelligence; → moment of inertia
miargyrite *ásv* miargirit
miazine *vegy* pirimidin, 1,3-diazin
MIC → maximum immission concentration; → microelectronic integrated circuit; → microwave integrated circuit; → monolithic integrated circuit
mica *ásv* csillámpala; csillám(kő), mika; *el* csillámlemez; **~ capacitor** *el* csillámkondenzátor; **~ card** *el* csillámlemez; **~-card-type resistor** *el* laposellenállás *(csillámlemezre tekercselt)*; **~ clip** *el* csillámfoglalat; **~ cloth** *tex* mikanitszövet; **~ combination** *ásv* csillámkombináció; **~ cone** *el* csillámgyűrű, csillámtartó; **~-end-window counter** *el* csillámlemez-ablakú végablakos számlálócső; **~ film** *el* csillámlemez; **~ flake** *geol* csillámpikkely; **~ lamination** *el* csillámlemez; **~-paper tape** *el, pa* csillámpapírszalag, csillámlemez; **~ punching machine** *mt* csillámstancoló/csillámlyukasztó gép; **~-schist** *ásv* csillámpala; **~ sheet** *el* csillámlemez; **~-slate** → **~**-schist; **~ spacer** *el* csillámlemez-alátét; **~ spark plug** *gépk* csillámszigetelésű gyertya; **~ strip** *el, pa* csillámcsík, csillámlemezszalag; **~ V-ring** → **~** cone; **~ washer** *el* csillámtartó-alátét, csillámtartó, csillámalátét-tárcsa
micaceous *ásv* csillámos; **~ habit** *ásv* lemezes habitus; **~ iron hematite** *ásv* csillámos vasérc, hematit, hematitérc; **~ iron-ore** *ásv* csillámos vasérc, hematit; **~ sand** *ásv* csillámtartalmú homok; **~ schist** *ásv* csillámpala
micafolium *el* csillámlemez
micanite *ásv* mikanit
micarelle *ásv* micarell
micarta *el* hetinax, bakelitpapír
micella *vegy* micella, kolloid molekulaaggregátum
micellar *vegy* micelláris; **~ interstices** *any* micellák közötti tér; **~-polymer flooding** *ol* micellás-polimeres elárasztás; **~ solution** *ol* micellás oldat
micelle → micella
Michailov criterion *szt* Michailov-féle kritérium
Michelson | actinometer *fiz* Michelson-féle sugárzásmérő; **~ interferometer** *fiz* Michelson-interferométer; **~-Morley experiment** *fiz* Michelson-Morley-kísérlet; **~-type laser** *fiz* Michelson-féle lézer
Michler's ketone *vegy* Michler-keton, tetrametil-diaminobenzoferon
mickle hammer *szersz* törőkalapács
MICR → magnetic ink character recognition
micro (μ) *metr* mikro- *(10^{-6})*; *szt* mikroszámítógép
microadjuster mikrobeállító berendezés
microalloy | junction *ásv* mikroötvözetű átmenet; **~ transistor (MAT)** *félv* mikroötvözetű tranzisztor

microalloyed structural steel *koh* mikroötvözött szerkezeti acél
microalloying *koh* mikroötvözés; ~ **element** *koh* mikroötvöző
microammeter *el* mikroampermérő
microampere (μA) *el* mikroamper
microanalysis *vegy* mikroelemzés, mikroanalízis
microanalytical *vegy* mikroanalitikai; ~ **reagent (MAR)** *vegy* mikroanalitikai reagens
microautoradiogram *fiz* mikroauto-radiogram
microbalance *metr* mikromérleg
microbar (μbar) *fiz* mikrobar
microbarograph *fiz* mikrobarográf
microbeam *at* mikrosugár, finomsugár
microbending *alak* mikrohajlítás
microbicide *gyógyv* mikrobaölő anyag
microbiological mikrobiológiai; ~ **corrosion** *koh* mikrobiológiai korrózió
microbiology mikrobiológia
microblock *el* mikroblokk
microburner *vegy* mikroégő
microburst *rep* konvektív leáramlás
microcalorimeter mikrokaloriméter
microcalorimetry mikrokalorimetria
microcamera *foto* mikrofelvevő gép
microcanonical assembly *fiz* mikrokanonikus sokaság
microcapillary *any* mikrokapilláris
microcard *szt* mikrofilmkártya; ~ **reader** mikrokártya-olvasó
microcassette *szt* mikrokazetta, kiskazetta, mikrofilmkazetta
microcator mikrokátor, mérőrugós fej
microcellular | rubber *gumi* mikrocellás habgumi; ~ **soling sheet** *cipő* mikroporózus talp(lemez)
microchanneling *szt* sínrendszer *(IBM PS2)*
microchemical analysis *vegy* mikrokémiai elemzés
microchemistry *vegy* mikrokémia, nyomelemkémia
microchip *félv, szt* mikrocsip, mikroáramköri lapka
microchronometer mikroidőmérő
microcinematography *fotó* mikrofilmfelvétel
microcircuit *el, szt* mikroáramkör, mikroelektronikus (áram)kör, integrált áramkör; ~ **card** *szt* mikroáramkörös (hitel)kártya, csipkártya; ~ **isolation** *el* mikroáramkör-szigetelés; ~ **module** *el* mikromodul(egység)
microcircuitry *el* mikroáramkör, mikroelektronikus (áram)kör, integrált áramkör; mikroáramkör-technika
microclimate *met* mikroklíma
microclimatic layer *met* talajmenti légréteg
microclimatology *met* mikroklimatológia, alkalmazott klimatológia
microcline *ásv* mikroklin
microcoaxial tubes *távk* mikroaxiális pár
microcode *szt* mikroutasítás, mikrokód
microcomputer *szt* mikroszámítógép; ~**-based development system** *szt* kisszámítógép alapú fejlesztő rendszer; ~ **development** *szt* mikroszámítógép fejlesztő készlet; ~ **development kit** *szt* mikroszámítógép fejlesztő készlet; ~ **numerical control (MNC)** *szt* mikroszámítógépes számjegyvezérlés; ~ **software** *szt* mikroszámítógépes szoftver; ~ **system (MCS)** *szt* mikroszámítógépes rendszer, MCS
microcontrolled modem *szt* mikrovezérelt modem
microcontroller *finm* mikrokontroller, finombeállító kontroller; *szt* mikrovezérlő
microcopy *foto* mikrofilmkép
microcorrosion *any* mikrokorrózió, szerkezeti korrózió; ~ **test** *koh* mikrokorróziós vizsgálat
microcosm mikrokozmosz
microcosmic salt *vegy* foszforsó; nátrium-ammónium-hidrogén-foszfát
microcrack *any* mikrorepedés
microcreep *krist* mikrokúszás
microcrystal *krist* mikrokristály
microcrystalline *krist* mikrokristályos; ~ **wax** *ol* csőviasz
microcurie (μCi) *at, fiz* mikrocurie
microdefect *any, ásv* mikrohiba
microdensitometer *foto* mikrodenzitométer, mikrosűrűség-mérő; ~ **record** *foto* mikrodenzogram
microdensitometry *opt* mikrodenzitometria
microdensograph *foto* regisztráló mikrodenzitométer, denzográf
microdial finom állítású skála
microdispersed finoman diszpergált
microdosimetry *at* mikrodozimetria
microdot *foto* mikrofénykép
microdrive *em* mikrohajtás, finom emeletbeállító hajtás
microdynamometer *el* mikrodinamométer
microeconomics mikroökonómia
microelectronic mikroelektronikai; ~ **integrated circuit (MIC)** *el* mikroelektronikai áramkör, mikroáramkör, mikroelektronikus (áram)kör, integrált áramkör
microelectronics *el* mikroelektronika
microelement *el* mikroáramkör, integrált áramkör; *vegy* mikroelem, nyomelem, helyi/ritka elem
microemulsion *ol* mikroemulzió; ~ **displacement** *ol* mikroemulziós kiszorítás
microenvironment mikrokörnyezet
microetching mikromaratás
microexamination *any* mikrokutatás
microfarad (μF) *el* mikrofarad
microfaradmeter *el* mikrofaradmérő
microfiche *szt* mikrofiche, mikrofilmlap, filmkártya; ~ **management system** *szt* mikrofiche-kezelő rendszer; ~ **reader** *szt* mikrofiche-olvasó
microfilm I. *v foto* mikrofilmre felvesz, mikrofilmez; **II.** *n* **(MF)** *foto* mikrofilm; *szt* mikrofilm, MF; ~ **camera** *szt* mikrofilmkészítő kamera; ~ **memory** *szt* mikrofilm-memória; ~ **printer** *szt* mikrofilmnyomtató; ~ **projector** *opt* mikrofilmolvasó készülék; ~ **punched card** *szt* mikrofilmkártya; ~ **reader** *opt, szt* mikrofilmolvasó; ~ **reader-printer** *szt* mikrofilmolvasó és nyomtató; ~ **recording** *fotó* mikrofilmezés, mikrofilmfelvétel; ~ **slide** *foto* mikrofilm-diapozitív; ~ **viewer** mikrofilmnéző
microfilming *foto* mikrofilmezés, felvétel mikrofilmre
microfiltration *vegy* mikroszűrés
microfissure *any* mikrorepedés
microflash *foto* vill(an)ófény; ~ **lamp** *foto* vill(an)ófény-lámpa
microflaw *any* mikroporozitás
microfloppy *szt* hajlékony mikrolemez
microflow *any* mikrofolyás
microfluidal *any* mikroszkopikusan fluidális szövetű

microform *foto* mikrofotokópia; ~ **reproduction** mikro(repro)gráfia, mikrofilm; mikrofotokópia
microfossils *pl geol* mikrofosszília
microfurnace *hőt* mikrokemence
microgram(me) (µg) *metr* mikrogramm
micrograph *finm* mikrogravírozó szerszám; *fiz* mikrográf; *foto* mikrofénykép, mikrofelvétel, mikrográfia; *koh* szövetkép
micrographic *szt* mikrografikus
micrography *fotó* mikrofotográfia, mikrográfia
microgravity *rak* mikrogravitáció
microgroove *hang* mikrobarázda; ~ **record** *hang* mikrobarázdás hanglemez
microgrowth *krist* mikronövekedés
microhardness *any* mikrokeménység; ~ **indentation** mikrokeménység meghatározása golyóbenyomódási módszerrel; ~ **test** mikrokeménységvizsgálat, mikrokeménységmérés; ~ **tester** mikrokeménységmérő; ~ **tester for steel** mikrokeménységmérő acélhoz; ~ **testing** mikrokeménységvizsgálat
microhydraulic elements *hidr* mikrohidraulikai elemek
microinch *metr* milliomod hüvelyk
microindentation test(ing) *any* mikrokeménységi vizsgálat
microinstruction *szt* mikroutasítás; ~ **address holder** mikroutasítás címhordozó; ~ **code** mikroutasításkód; ~ **memory** mikroutasításmemória; ~ **register (MIR)** mikroutasításregiszter, MIR; ~ **word** mikroutasításszó
microinterferometer *fiz* interferenciamikroszkóp
microjoining process *mt* mikrokötési eljárás
microjoint *mt* mikrokötés
microlaterolog (MLL) *geof* mikrolaterolog eljárás/szelvény(ezés); ~ **equipment** *geof* mikrolaterolog berendezés
microlaterologging *geof* mikrolaterolog szelvényezés; ~ **device/sound** *geof* mikrolaterologszonda
microlathe *finm* finomműszerész-eszterga, óráseszterga
microlevel ga(u)ge mikroszintmérő
microlevelling, *US* **microleveling drive** *mt* mikrohajtás, finom emeletbeállító hajtás
microlite *ásv* mikrolit
microlock mikrolok, (nagy érzékenységű) távmérőrendszer
microlog *geof* mikrolog eljárás/szelvényezés; ~ **curve** *geof* mikroszelvénygörbe; ~ **equipment** *geof* mikroszelvényező berendezés
micrologging (ML) *geof* mikrologszelvényezés; ~ **device/sound** *geof* mikroszonda
microlux (µlx) *fiz* mikrolux
micromagnetometer *geof* mikromagnetométer
micromainframe *szt* igen nagy teljesítményű mikroszámítógép
micromanipulation *biot* mikromanipulálás, génmanipulálás
micromanipulator *at, finm* mikromanipulátor, finomszabályozó manipulátor
micromanometer *fiz* mikromanométer, mikronyomásmérő
micromax controller *hőt* mikromax hőszabályozó
micrometeorite *csill* mikrometeorit
micrometeorology *met* mikrometeorológia
micrometer *metr* mikrométer, mikromérő; *US* → micrometre; ~ **calliper** (papír)mikrométer; ~ **calliper ga(u)ge** mikrométer(es idomszer), mikrométertűmérték; ~ **calliper holder** mikrométerállvány; ~ **dial** mikrométer-körskála; ~ **eyepiece** *opt* mikrométerokulár; ~ **feed** *forg* mikrométeres előtolás; ~ **gap** *gépk* mikrométerbeállítású szikraköz; ~ **ga(u)ge** *metr* mikrométer(csavar); ~ **head** mikrométer feje, mikrométertoldat; ~ **microscope** *geod* leolvasómikroszkóp, mozgószálas mikroszkóp; ~ **motion** *finm* mikrométermozgás; ~ **screw** mikrométercsavar; ~ **spacer** *forg, gép* mikrométerbeállítású feszítő hengertok; ~ **spark-gap** *gépk* mikrométerrel szabályozott szikraköz; ~ **stage** *opt* mikroszkóp mikrométeres tárgyasztala; ~ **stop dog** *finm* finombeállítású kikapcsolóütköző, kikapcsolópecek; ~ **with dial indicator** mérőórás mikrométer
micrometre, *US* **micrometer (µm)** *metr* mikrométer *$(10^{-6}$ m)*
micrometric(al) | **screw** mikrométercsavar; ~ **spark discharger** szikrakisüléses mikrométer; ~ **stop** paránymérős ütköző
micrometron *fiz* mikrometron, elektronmikroszkóp
micromho *el, metr* mikromho, mikrosiemens
micromicro *metr* piko *(10^{-12})*
micromicrofarad (mmf) *el* pikofarad
micromicron *metr* mikromikron
micromineralogy *geol* mikromineralógia
microminiature *el* mikrominiatűr; ~ **computer** *szt* mikrominiatűr számítógép; ~ **electronics** *el* mikrominiatűr elektronika
microminiaturization *el* mikrominiatürizálás
microminiaturize mikrominiatürizál
microminiaturized | **core memory** *szt* mikrominiatürizált magmemória; ~ **data store** *szt* mikrominiatürizált adattároló
micromodule *el* mikromodul, mikroegység; ~**-digital computer construction** *szt* mikromodulos felépítésű digitális számítógép; ~ **technique** *el* micromodultechnika
micromorphometric soil analysis *talt* mikromorfometrikus talajelemzés
micron (µ) *metr* mikron, mikrométer
micronics *távk* mikrohullámtechnika, mikrohullámú technika
micronite *ásv* mikronit
micronize *finm* mikronizál
micronized coal *bány* mikronizált szén
micronutrient *talt* nyomelem, mikroelem; ~ **fertilizers** *mzg* mikroelemtrágyák
microohm *el, metr* mikroohm
micro-opaque mikrofotokópia, mikromásolat
microorganism *biot* mikroorganizmus, mikróba
microoscillograph *el* mikrooszcillográf
micro-oven → microwave oven
micropaleontology *geol* mikropaleontológia
microparticle *at* mikrorészecske
microperthite *ásv* mikropertit
microperveance *el* mikroperveancia
microphone *el, hang* mikrofon, hangfelvevő; ~ **adapter** *hang* mikrofoncsatlakozó; ~ **boom** mikrofonállvány, mikrofontartó; ~ **burring** mikrofonbúgás; ~ **cable** mikrofonkábel; ~ **carbon** *távb* mikrofonszén; ~ **current** *el* mikrofonáram; ~ **current supply** mikrofontáplálás; ~ **for studio** stúdiómikrofon; ~ **gallows** *pl* mikrofongém; ~ **hiss(ing)** mikrofonsuhogás, mik-

rofonsistergés, mikrofonzörej, mikrofonzaj; ~ **hummer** mikrofonzümmögő; ~ **inset** szelencésmikrofon; ~ **noise** mikrofonbúgás, mikrofonzaj, mikrofonzörej; ~ **preamplifier** *hang* mikrofonerősítő, mikrofon-előerősítő; ~ **quality** *hang* átviteli minőség; ~ **response** *hang* mikrofonátviteli jelleggörbe; ~ **screening** *hang* mikrofonárnyékolás; ~ **stand** mikrofonállvány; ~ **transformer** *el* mikrofontranszformátor; ~ **tripod** mikrofonállvány; ~ **with cardioid directivity** *távk* kardioid mikrofon
microphonic *hang* hangérzékeny, mikrofonhibás; ~ **effect** *hang* mikrofónia; ~ **noise** *hang* mikrofonhatás
microphony *hang* csőkongás, csengés; hangérzékenység; mikrofónia, mikrofonhatás
microphoto → microphotograph
microphotocopy *foto* mikrofotokópai, mikrokard, mikrofelvétel, mikrográfia
microphotogrammetry *geol* mikrofotogrammetria
microphotography *foto* mikrofényképészet, mikrofotográfia
microphotograpic print *fotó* mikrofotokópia, mikrokard, mikrofelvétel, mikrográfia
microphotometer *fotó* mikrofotométer, mikrofénymérő
microphysics *fiz* mikrofizika
microplasma *at* mikroplazma; ~ **emission** *at* mikroplazma (ki)sugárzása; ~ **process** *at* mikroplazmaeljárás; ~ **torch** *at* mikroplazmaégő
microplasticity *any* mikroplaszticitás
microplication *geol* mikroredőzöttség
micropolarimeter *metr* mikropolariméter
microporosity *at* mikroporozitás
microporous *any* mikropórusos
microprecipitation *met* mikrocsapadék
micropressure ga(u)ge *fiz* mikromanométer
microprint *fotó* mikromásolat, mikrosztát; *szt* mikronyomtatvány
microprobe *koh* mikroszonda
microprocessor *szt* mikroprocesszor; ~**-based application** *szt* mikroszámítógépes alkalmazás; ~ **board** *szt* nyomtatott áramköri mikroprocesszorlap; ~**-controlled terminal** *szt* mikroprocesszorral vezérelt terminál; ~ **system (MPS)** *szt* mikroprocesszorrendszer, MPS; ~ **unit (MPU)** *szt* mikroprocesszoregység, MPU
microprogram (me) *szt* mikroprogram; ~ **address** *szt* mikroprogramcím; ~ **control unit (MCU)** *szt* mikroprogramvezérlő egység, MCU; ~ **run** *szt* mikroprogramfutás; ~ **storage** *szt* mikroprogramtár; ~ **tape** mikroprogramszalag
microprogrammable computer *szt* mikroprogramozható számítógép
microprogrammed | computer *szt* mikroprogramozott számítógép; ~ **control** *szt* mikroprogramozott szabályozás/vezérlés
microprogramming *szt* mikroprogramozás
microprolog *szt* mikrogépes PROLOG *(mesterséges intelligencianyelv)*
microprophilometer *metr* mikroszelvénymérő
micropulser *el* négyszöghullám-generátor, négyszöggenerátor
micropulverizer *gyógyv* aprító
micropyrometer *hőt* mikropirométer
microradiography *orv* mikroradiográfia, mikroröntgenográfia
microradiometer *fiz* mikrosugárzásmérő
microray *at, távk* mikrosugár; ~ **oscillator tube** *távk* mikrohullámú adótrióda
microrobotics *szt* mikrorobotika
microroughness *any* mikroérdesség
microscale *vegy* mikromérleg
microscope *opt* mikroszkóp; ~ **barrel** *opt* mikroszkópdob; ~ **count method** mikroszkópos számlálás; ~ **for the examination of nuclear tracks** *at* részecskenyom-vizsgáló mikroszkóp; ~ **ocular** *opt* mikroszkópszemlencse, okulár; ~ **slide** *opt* mikroszkóptárgylemez; ~ **stage** mikroszkópasztal; ~ **theodolite** *geol* olvasómikroszkópos/mikroszkópleolvasású teodolit; ~ **with lines** becslő mikroszkóp
microscopic(al) mikroszkópi, mikroszkópos; mikroszkopikus; ~ **cleanness** *koh* mikroszkópos zárványosság; ~ **cross-section** *at* mikroszkopikus hatáskeresztmetszet; ~ **degree of purity** *koh* mikroszkópos zárványosság; ~ **imperfection** mikroszkópos kristályhiba; ~ **metallography** mikroszkópos fémvizsgálat; fémmikroszkópia; ~ **pyrites** *any* mikroszkopikus piritzárványok; ~ **segregation** → microsegregation; ~ **stresses** *koh* másodrendű feszültségek
microscopy by reflection *fiz* reflexiós elektronmikroszkópia
microsection *any* vékony metszet/csiszolat, mikrometszet
microsegregation *ásv* mikroszkópos szegregáció/szétválás, mikroszegregáció; *koh* mikrodúsulás
microseism *geof* mikroszeizmikus rengés
microseismic *geof* mikroszeizmikus
microsheet film *foto* mikrosíkfilm
microsieve mikroszita
microslide *foto* mikrodia; ~ **camera** *foto* mikrodiakamera, mikrovetítőgép; ~ **reader** *film* mikroleolvasó készülék
microslip *krist* finom csuszamlás; mikrocsuszamlás; ~ **line** *krist* mikrocsuszamlási vonal
microsommite *ásv* mikrosommit
microspectrometry *fiz* mikrospektrometria
microspectroscopy *fiz* mikrospektroszkópia
microstrain *krist* mikronyúlás
microstress *any, mech* mikrofeszültség, másodrendű feszültség
microstrip *távk* mikroszalag-tápvonal, mikroalapvonal, szalagérpár; ~ **circuit** mikroszalagvonal-áramkör; ~ **multilayer board** miroszalagos sokrétegű nyomtatott lap; ~ **technique** mikroszalag(táp)vonaltechnika
microstructure *any* mikroszerkezet, finomszerkezet; mikroszövet
microswing unit *gép* finomforgató mű
microswitch *el* mikrokapcsoló, miniatűr kapcsoló, paránykapcsoló
microsyn *el* precíziós szelszin
microthrow vibrating trough conveyor *ép* kis löketű rezgővályú
microtome kismetsző, metszetvágó, metszőgép mikrotom *(metszet készítésére)*
microtomy *any* mikrotómia
microtorch *el* mikroégő
microtron *fiz* mikrotron, kis ciklotron; ~ **with strong magnetic field** *fiz* erősített mágnesmezős mikrotron
microvolt (µV) *el* mikrovolt

microwatchdog *szt* rendszerparaméter-figyelő és -monitor
microwatt (μW) *el* mikrowatt
microwave I. *a* mikrohullámú; **II.** *n távk* mikrohullám; **~ absorbing material** *távk* elnyelő anyag; **~ amplification** *távk* mikrohullámú erősítés; **~ amplification by stimulated emission of radiation** → maser; **~ amplification by variable reactance** → mavar; **~ antenna** *távk* mikrohullámú antenna; **~ background** *csill* mikrohullámú háttérsugárzás; **~ cavity** *távk* mikrohullámú üregrezonátor; **~ cavity maser** mikrohullámú (üreg)rezonátoros mézer; **~ circuit** mikrohullámú áramkör/kapcsolás; **~ communication link** mikrohullámú összeköttetés; **~ device** mikrohullámú készülék *(dielektromos anyagállandók mérésére)*; **~ drying** *koh* mikrohullámú szárítás; **~ electronics** mikrohullámú elektronika; **~ energy** mikrohullámú energia; **~ engineering** URH-technika, mikrohullámú technika; **~ flaw detection** *any* mikrohullámú hibafelderítés; **~ heating** *hőt* mikrohullámú melegítés; **~ humidity meter** mikrohullámos nedvességmérő; **~ integrated circuit (MIC)** *el* mikrohullámú integrált áramkör; **~ interferometer** mikrohullámú interferométer, mikrohullám-frekvenciamérő; **~ landing system (MLS)** *rep* mikrohullámú megközelítési- és leszállítórendszer, MLS; **~ lens** *távk* lencseantenna; **~ link** mikrohullámú reléállomás *v.* átviteli lánc; **~ localizer** mikrohullámú sávirányadó; **~ method** mikrohullámmódszer; mikrohullámú technika; **~-modulated optical Doppler radar** mikrohullám-modulált optikai Doppler-radar/Doppler-lokátor; **~ oven** mikrohullámú sütő; **~ power meter** mikrohullámvattmérő; **~-pumping quantum amplifier** kvantumerősítő mikrohullámú pumpálással; **~ refractometer** mikrohullámú refraktométer/sugártörésmérő; **~ resonance** mikrohullámú rezonancia/rezgés; **~ resonator** mikrohullámú rezonátor, üregrezonátor; **~ set for humidity measurement** mikrohullámú egység nedvességméréshez, mikrohullámú nedvességmérő; **~ spectroscopy** *fiz* mikrohullám-spektroszkópia, mikrohullámú spektroszkópia; **~ spectrum** *távk* mikrohullámú spektrum; **~ technique** mikrohullámú technika; **~ transformer** mikrohullámú transzformátor; **~ triode** mikrohullámú trióda; **~ tube/valve** mikrohullámú (elektron)cső
microwax *ol* csőviasz
microweighing *metr* mérés mikrosúlyokban
microweld *heg* mikrovarrat
microwelding *heg* mikrohegesztés
microwire *el* mikrohuzal; **~ fuse** *el* üvegcsöves olvadóbetét; **~ (gas-shielded) welding** *heg* mikrohuzalos (védőgázas) hegesztés
mid-air *rep* légi, levegőben; **~ collision** *rep* összeütközés a levegőben; **~ collision control** *rep* légi összeütközési veszély megelőzése; **~ refuelling** *rep* levegőben történő üzemanyagfeltöltés
mid-band frequency *távk* közepes átviteli frekvencia
mid-barrel *vegy* középpárlat
mid-course *kat, rak, rep* repülés/pálya közbeni; *rep* irányvonalon; útvonal középső részén; **~ control** *aut* vezérlés aktív pályaszakaszon; **~ correction (MCC)** *rak, rep* pályahelyesbítés a felszálló fázis középső szakaszán; **~ flight** *rep* repülés irányvonalon/útvonal középső részén; **~ guidance** *rak, rep* pálya/repülés közbeni irányítás/vezérlés; **~ navigation (MCN)** *rep* útvonalnavigálás
middings *pl élip* mosogatóvíz; *talt* iszap, sár
middle I. *a* középső, közép-; **II.** *n* közép, közepe; **~ band** *geol* közbetelepült réteg, beágyazódás; **~ compartment** *el* közbenső tér *(anód-és katódtér között)*; **~ conductor** *el* középső ér/vezető, nullavezető; **~ course** *hőt* kazán középső köpenygyűrűje; **~ cut** *szersz* durva vágat, középvágat *(reszelőn)*; **~-cut file** *szersz* nagyolóreszelő; **~ cutting** *bány* középbetörés; **~ diameter** *fa* középátmérő; **~ distillate** *vegy* középpárlat; **M~ East crude (oil)** *ol* közel-keleti nyersolaj; **~ flap** *fa* középső lap/tábla/mező; **~ fraction** *vegy* középpárlat; **~ horizontal wire** *geod* középső vízszintes szál; **M~ Jurassic** *geol* középső júra; **~ lamella** *biot* sejtközi hártya; **~-latitude sailing** *hajó* közepes szélességi navigáció; **~ limb** *geol* középszárny; **~ line (ML)** *rep* húzózsineg, húzókötél *(ejtőernyőn)*; **~-line keelson** *hajó* középső fenékhossz-merevítő; **~ log** *fa* törzs közepéről szakaszolt rönk; **~ marker (beacon)** *rep* középső jelkapu; *távk* középső jeladó/markeradó; **~ oil** *ol* középolaj, középbenzin; **~-parallel flight** *rep* repülőnavigáció középszélesség szerint; **~ plank** *fa* szívdeszka; **~ point (MP)** *mat* felezőpont; **~ prop** *bány* középtám; **~ rail** *bány* harmadik sín; **~ running** *vegy* középpárlat; **~s** *pl pa* betétív, betétlap, nyerskarton kasírozáshoz; **~s board** papíralak *(18,5"x22", karton)*; **~ shaft** *gép* előtéttengely; **~-shell ring** *hőt* kazántest középső tagja; **~ sill** *ép* mellgerenda; **~ soap** *vegy* üveges szappan; **~ sole** *cipő* köztalp; **M~ Stone Age** *geol* mezolitikum; **~ strut** *rep* középső szárnymerevítő dúc; **~ surface** *mech* középfelület, tengelyfelület, középsík; **~ third** *ép* belső harmad *(tartószerkezet)*; **~-third core** *ép* belső mag *(tartóé)*; **~ wheel** *gép* középső kerék; **~ wing aircraft** *rep* középszárnyas repülőgép; **~ worsted** *tex* félfésűs
middlebreaker, middlebuster *mzg* töltőgetőeke
middlemost középponthoz legközelebb eső, centrális, középső
middleware *szt* felhasználói szoftver
middling | cotton *tex* átlagos/középminőségű pamut; **~-fair cotton** *tex* legjobb középminőségű pamut; **~s** *bány* átmeneti termék, középtermék; *élip* finomdara, finomkorpa, derce, középtöretek; *koh* középtermék; *tex* középminőségű gyapot; **~s mill** *élip* tányéros felbontó, detasőr; **~s reduction** *élip* daraőrlés, derceőrlés
middy (blouse) *tex* tengerészblúz
mid-feather *pa* közfal
mid-frequency *távk* középfrekvencia
mid-gain *távk* középen mért erősítési tényező
midge *ép* doroszol; **~s** *pl bány* lánggal égő lámpa
mid-gear *gép* mechanizmus semleges helyzete; **~ position** *gép* középállás
midged *ép* doroszolt
midget *fotó* miniatűr fénykép; **~ bay** *távk* törpekeret; **~ concrete mixer** *ép* kis betonkeverő; **~ filling feeler** *tex* csúszóvetülék-tapintó; **~ lamp** *el* törpe izzólámpa; **~ motor** *gépk* törpemotor; **~ receiver** *rád* kisvevő, miniatűr vevő; **~ relay** *el* törpe jelfogó; **~ tube/valve** *el* törpecső, szubminiatűrcső; **~ water-power plant** *hidr* törpe vízerőmű; **~ weft-feeler motion** *tex* csúszó vetüléktapintó mozgás

mid-grey level *opt, tv* közepes szürkeszint
mid-height *ép* félmagasság
midicomputer *szt* közepes számítógép, midiszámítógép
mid-line *mat* középvonal; ~ **capacitor/plate condenser** *el* logaritmikus hangolókondenzátor
midmost (pontosan) középső
mid-mounted *mzg* középre szerelt, hasalatti *(munkagép)*; ~ **implement** *mzg* két tengely közé szerelt művelőtest; ~**-tool bar** *mzg* két tengely közé szerelt művelőtestkeret *(traktornál)*
mid-perpendicular *mat* oldalfelező merőleges *(háromszög oldalánál)*
mid-phase grounding *el* fázisközép-földelés
mid-plane *mat* középsík
mid-point *mat* felezőpont, középpont; ~ **circle** *ép* alámetsző körcsúszólap; ~ **of shuttle** *tex* vetélő súlypontja; ~ **tap** *el* középleágazás
mid-position *aut, gép* középhelyzet; ~ **contact** *el* középállású érintkező
mid-potential *el* egyenpotenciál(ú)
mid-range *távk* sávközép
midriser encoder *el, szt* középemelkedésű/midriser kódoló
mid-series|-series termination *távk* félcsévés végződés *(pupinkábelé)*; ~ **terminated section** *távk* T-tag
midshaft *bány* közbülső szint; ~ **pump(ing-)station** átemelőszivattyú, átemelő szivattyúállomás
midship *hajó* hajóközép; ~ **beam** főborda fedélzeti gerendája; ~ **frame** középborda, főborda, főbókony; ~ **section coefficient** főbordateltség
mid-shunt | terminated section *távk* pi-tag; ~ **terminations** *távk* félmezős végződés
mid-side recording *hang* közép-oldalirányú sztereo felvétel
mid-sole board *pa* cipészlemez
midspan *él* nyílásközép, tartó-fesztávolság középpontja
mid-square method *mat* középnégyzet-módszer, középérték négyzetének módszere
midstep encoder *el, szt* középlépcsős/midstep kódoló
mid-stroke *gépk* löket közepe
mid-tap *el* középelágazás, középelágazás *(szekunderen)*
mid-tone *hang* közepes gradáció
midwall *bány* tömedékborda; *ép* középső fal, középfőfal; *hőt* kazánhuzam-választófal; ~ **building** *bány* közbenső tömedékborda építése; ~ **construction** *bány* meddősávos berakás/tömedékelés
midweight középnehéz
mid-wing *rep* középszárny; ~ **monoplane** *rep* középszárnyú repülőgép
mid-zero meter középnullás műszer
miersite *ásv* miersit
miesite *ásv* miesit
MIF → meteorological information
MIG (metal inert-gas welding) | butt welding *heg* AFI-tompavarrathegesztés; ~ **dip-transfer welding** rövidívű AFI-hegesztés; ~ **high-current welding** nagy áramerősségű AFI-hegesztés; ~ **manual torch** kézi AFI-hegesztőégő; ~ **pipe welding** AFI-csőhegesztés; ~ **semi-automatic welding** félautomatikus AFI-hegesztés; ~ **spot welding** AFI-ponthegesztés; ~ **torch** AFI-hegesztőégő; ~ **weld** AFI-hegesztéssel készült varrat; ~ **welding** AFI-hegesztés; ~ **welding torch** AFI-hegesztőégő

migmatite *geol* migmatit
mignonette rezedazöld, halványzöld; ~ **lace** *tex* (finom) francia csipke
migrate vándorol, migrál
migrating vándorló, vándor-; ~ **reflection** *geof* szelvénysíkból kieső reflexió
migration vándorlás, migráció; *geof* szivárgás; *vegy* (ion)vándorlás; ~ **area** *at* migrációs terület/felület; *geol* migrációs zóna/övezet; ~ **current** *el, vegy* ionvándorlás okozta áram; ~ **length** *at* migrációs hossz; *geol* migrációs úthossz; ~ **of dye** *vegy* színezékvándorlás; ~ **of electrons** *el* elektronok vándorlása, elektronvándorlás; ~ **of grain boundaries** *ásv* szemcsehatár-vándorlás; ~ **of ions** *el, vegy* ionvándorlás; ~ **of lattice defects** *félv* rácshibavándorlás; ~ **of plasticizer** *műa* lágyítóvándorlás; ~ **of vacancies** *félv* lyukvándorlás; ~ **potential** *bány* áramlási potenciál; ~ **ratio** *geol* migrációs tényező; ~ **speed** *fiz* vándorlási sebesség; ~ **stain** *gumi* átvándorlási elszíneződés
migratory | anticyclone *met* vonuló anticiklon; ~ **wave** *távk* vándorhullám
Miguet furnace *koh* Miguet-féle kemence *(ferroötvözetek olvasztásához)*
mikado orange *vegy* mikádósárga *(sztilbénszínezék)*
mike mikrofon
miking *hang* mikrofonelrendezés
milage → mileage
milarite *ásv* milarit
mild enyhe, mérsékelt; ~**-ductile steel** → ~ iron; ~ **iron** *koh* lágyvas; ~ **mortar** *ép* mészhomokhabarcs; ~ **mo(u)lding sand** *önt* sovány formázókeverék; ~ **slope** *hidr* kis esés *(mederé)*; ~ **steel (MS)** *ép* lágyvas *(vasbetonban)*; *koh* lágyacél *(kis széntartalmú)*, rendes folyasztott acél, feszítetlen vas; ~ **steel ingot** *önt* lágyacélöntecs; ~ **steel reinforcement** *ép* lágyvasbetét; ~ **stream** *hidr* szelíd járású vízfolyás; ~ **thermal cracking** *vegy* enyhe termikus krakkolás
mildew I. *v* penészedik, rozsdásodik, megüszkösödik; rozsdát, üszögöt okoz, penészesít; **II.** *n* rozsda, üszög, penész; ~ **preventive** penészgátló; ~**-proof** penészálló; ~ **proof finishing** *vegy* penészálló kikészítés; ~ **proofing** → ~-proof finishing; ~**-resistant** penészálló
mile (m) mérföld *(szárazföldi — 1, 609 km, tengeri — 1, 853 km)*; ~ **of standard cable** *távk* kábelmérföld
mileage *gépk, rep* mérföldteljesítmény; *közl* mérföldjelzés; ~ **counter/indicator/recorder** *gépk* távolságmérő, mérföldszámláló; ~ **system** *rep* mérföldrendszer
mileometer → milometer
milestone (MS) *közl* mérföldkő
Miliolina limestone *geol* miliolinás mészkő
military | autopilot *rep* robotpilóta harci repülőgépek részére; ~ **capabilities** *kat* katonai potenciál; ~ **computer** *szt* katonai célú számítógép; ~ **equipage** *kat* katonai (egyen)ruházat; ~ **game** *mat* katonai játék; ~ **grey** táboriszürke; ~ **hardware** *kat* harcitechnika; ~ **intelligence (MI)** *kat* katonai felderítés; ~ **objective** *kat* katonai célpont; ~ **occupational speciality (MOS)** *kat* katonai szakképzettség; ~ **vehicle** *kat* katonai jármű
milk I. *v el* utántölt; *kat* lehallgat; *mzg* (meg)fej *(tehenet)*; **II.** *n* tej; *óra* felhő, ködszerű folt *(gyémántban)*; ~ **a battery** *v el* telepet utántölt; ~**-borne** *élip* tejben

terjedő; ~**-bottle filler** tejpalackozó gép; ~ **bread** tejeskenyér; ~ **can** tejeskanna; ~**-cap board** tejkupaklemez; ~ **clarifier** tejtisztító centrifuga; ~ **fat** tejzsír; ~ **glass** *el* takarékkatód, sötéten izzó katód; *üveg* opálüveg, tejüveg; ~ **of barium** *vegy* bárium-hidroxidszuszpenzió; ~ **of individual cows** *élip* egyedi tej; ~ **of lime** *vegy* mésztej; ~ **of magnesia/magnesium (MOM)** *vegy* magnéziatej, magnézium-hidroxidszuszpenzió; ~ **of sulphur/sulfur** *vegy* kéntej; ~ **plant** *élip* tejüzem; ~**-powder** tejpor; ~ **product** tejtermék; ~**-receiving station** tejátvevő állomás; ~ **scale** számolóléc *(a tej zsírtartalmának kiszámítására)*; ~ **sugar** *vegy* tejcukor, laktóz; ~ **the wire** *v el* vezetéket szabálytalanul leágaztat

milker *el* utántöltő berendezés; *mzg* fejő(munkás); fejőgép

milkiness *ásv, üveg* opálosság, tejszerűség; *vegy* zavarosság

milking | **booster** *el* utántöltő dinamó; ~ **generator** *el* utántöltő generátor; ~**-machine** *mzg* fejőgép; ~**-plant** *mzg* fejőberendezés

milkstone *élip* tejkő

milky *ásv, üveg* tejes, tejszerű, opálos; ~ **opalescence** *ásv, üveg* tejopálosság; ~ **quartz** *ásv* tejkvarc

mill I. *v alak* aprít, zúz; porít; *bány* tömedékmalomba bedönt; *bőr* hordóban forgat; *élip, ép* kollerjáraton összezúz, (meg)őröl, anyagot gyúr; *forg* mar, marógéppel megmunkál; *gumi, műa* hengerel, képlékenyít, kalanderez; *heng* hengerel; *pa* görgőz; *tex* kallóz, ványol; nemezel; *vegy* pilíroz *(szappant)*; **II.** *n bány, koh* döntőgarat; dúsítómű; ércgurító; *élip* (gyümölcs)prés; (őrlő)malom, darálógép; *ép* keverőgép; törőgép, zúzógép; *forg* maró(gép); *heng* hengermű; hengersor, hengerállvány; *ip* gyár, telep; üzem; *koh* kovácsműhely; *pa* papírgyár, papírmalom; ~ **adjustment** *élip* malmi elrendezés; ~ **bar** *heng* hengerelt anyag; nyerstömb; ~ **blanc** *pa* egyrétegű karton; ~**-brand** *pa* vízjelezett papír; ~ **carton** *pa* gaucsolt karton; ~ **cinder** *heng* hengerlési salak/reve; ~ **clack/clapper** *élip* garatkopogtató; ~**-coal** *bány* nem kokszolható szén; ~ **cog** zúzógép törőbütyke; ~**-cut** *pa* körülvágatlan; ~**-dam** malomgát, malomtó gátja; ~ **diagram** őrlési folyamatábra; ~ **dust** *élip* malompor; ~**-edge** *pa* vágatlan szél; ~**-end** *tex* szövetmaradék; ~ **feeds** *élip* őrlési takarmánycikkek; ~ **file** fűrészreszelő; ~ **finish (MF)** *pa* gépfény; ~**-finished** gépsima; ~**-finished paper** kikészített papír; ~ **fitting** *el* izzólámpa-foglalat *(üzemi világítótestekhez)*; ~ **floor** *koh* kohószint; ~ **frame** hengerszékszekrény; ~ **grain** *pa* kalander(szemcse)-hatás; ~ **hole** *bány* zuhintóakna, külfejtési tölcsér, gurító; *élip* berakatmalom; ~**-hopper** *bány* döntőgarat, ércgurító; *élip* malomgarat, öntőgarat; ~ **housing post** *koh* süveggerenda; ~ **knife** *heng* lemezvágó kés; ~ **layout** hengersori elrendezés; ~ **level** *koh* kohószint; ~**-man** *heng* hengerész; ~ **off** *v forg* lemar, marással lemunkál; ~ **output** *élip* malmi teljesítmény; *gumi, heng* hengerteljesítmény; ~**-pit** *bány* tömedékmalom; ~**-pond** malomtó; ~ **product** őrlemény; *koh* hengerelt termék; ~**-race** malomárok, malomfolyóka; ~ **rigs** *tex* kallózási gyűrődések *(hiba)*; ~**-roll scale** *koh* hengerműi reve; ~**-roofing material** *pa* tetőfedő lemez; ~**-run ore** *bány* dúsítóműbe feladott átlagos nyersérc; ~**-saw** *szersz* keretfűrész(lap); ~ **scale** *heng* reveréteg, hengerlési reve; ~ **scrap** *koh* visszatérő hulladék; ~ **silk** *tex* szitaselyem; ~ **soap** *vegy* pilírozott szappan; ~ **spindle** *élip* szálvas *(kőjáraton)*; ~ **stand** *heng* hengerállvány; ~ **step** kőjárat talpcsapágya; ~ **stock** őrlési félkésztermék; őrlőanyag; ~**-stream** malomárokban folyó víz; ~ **system** *bány* (érc)tárolós művelés; ~ **table** *heng* görgősor, görgőasztal; ~ **test** üzemi kísérlet; ~**-tested** gyárilag ellenőrzött; ~ **to template** *v forg* mintasablon szerint mar; ~ **train** *heng* hengersor; ~ **train workshop** *koh* hengersori csarnok; ~**-type lamp** *el* rezgésálló izzólámpa; ~**-type motor** *gép* hengerdei (nehéz) motor; ~ **warping** *tex* gépi felvetés; ~ **weld** *heg* gyári varrat; ~**-wheel** malomkerék, vízimalom kereke; ~ **wrapper** *pa* gépcsomagolópapír; ~ **wrinkles** *tex* kallózásnál keletkező gyűrődések *(szövethiba)*; ~ **yards** *tex* gyári szövethossz *(yardban)*

millboard *pa* kemény/vastag (papír)lemez; kézilemez, szürkelemez

mille *pa* új rizsma *(1000 ív papír)*; ~ **point** *tex* millpoén(minta)

milled | **clay** *ép* gyúrt agyag; ~ **cloth** *tex* kallózott szövet; ~ **coal** *bány* őrlőgaratba döntött szén; ~ **head** *gép* recés/recézett fej; ~ **joint** gyári illesztés *(acélszerkezeté)*; ~ **nut** fényes anya; ~ **rice** *élip* hántolt rizs; ~ **screw** hornyosfejű csavar; ~ **tooth** mart fog; ~ **worsted** *tex* ványolt fésűsgyapjúszövetek

millefiori glass *üveg* üvegmozaik

miller *élip* (fő)molnár; kollerjárat; *forg* marógép; ~ **centre/center** *forg* marócsúcs; ~ **hand/operator** *forg* marós; ~**'s gauze** *tex* szitaszövet, malomszövet; ~**'s sieve** *tex* malomszövet, malomszita

Miller | **bridge** *el* Miller-féle mérőhíd; ~ **circuit** Miller-integrátor, feszültség-utánhúzó kör; ~ **effect** Miller-jelenség; ~ **indices** *krist* Miller-féle indexek; ~ **integrator** *el* Miller-integrátor; ~ **process** *koh* Miller-eljárás; ~ **time base** *tv* Miller-letapogatás *(a Miller-integrátor kapcsolásán alapuló letapogatás)*

millerainize *tex* millerainizál

millerainized fabric *tex* millerainizált (szövet)

millerite *ásv* millerit

millesimal *mat* ezredrész(nyi)

milli (m) *metr* ezred, milli- (10^{-3})

milliammeter milliampermérő

milliampere (mA) *el* milliamper

milliard *mat* milliárd

millibar (mbar) *fiz, met* millibar (mbar)

millicurie (mCi) *at* millicurie

millidarcy *geol* millidarcy

milligram(me) (mg) milligramm

millihenry *el* millihenry

millilitre, *US* **milliliter (ml)** milliliter, köbcentiméter

millilux (mlx) *fiz, metr* millilux

millimass unit (mmu) *at* ezredtömegegység

millimetre, *US* **millimeter (m)** milliméter; ~ **laser** *fiz* milliméteres hullámhosszúságú lézer; ~ **of mercury** *fiz* higanymilliméter (mm Hg); ~ **pitch** → metric thread; ~ **squared paper** *pa* milliméterpapír, diagrampapír, grafikonpapír; ~ **wave maser** *távk* milliméteres hullámhosszúságú mézer

millimetric wave *távk* milliméterhullám

millimicron (mμ) *el* millimikron, nanométer

milling őrlés; *bány* garatos művelés; *bány, koh* dúsítás; *élip* őrlés; *forg* marás; peremrecézés *(érmén)*; *koh* finomra aprítás; *tex* kallózás, ványolás, töretés; nemezelés; ~ **angle** *forg* marási szög; ~ **arbor** marótüske; ~ **capacity** őrlőképesség; ~ **cutter** *forg* maró; ~-**cutter feed** *forg* maróelőtolás; ~-**cutter guard** *forg* maróvédő; ~ **drum** *bőr* forgóhordó; ~ **effect** *tex* kallózási tömörség; ~ **fan** ventilátormalom; ~-**feed range** *forg* maróelőtolási tartomány; ~ **fixture** marókészülék; ~ **flocks** *pl tex* kallózási gyapjúhulladék; ~ **grade** *bány* zúzóérc; ~ **green** zöld festék *(kallózáshoz)*; ~ **head** marófej; ~ **jig** marókészülék; ~ **loss** *élip* porlás, őrlési veszteség; ~ **machine** *forg* marógép; *pa* őrlőkészülék; *tex* kallózógép, ványológép; ~ **mill** *forg* peremrecéző kerék; *tex* kallózógép, ványológép; ~ **of wool** *tex* gyapjúványolás; ~ **ore** *bány, koh* dúsítandó érc; ~ **pit** *bány* döntőgarat *(garatos művelésnél)*, zuhintóakna; *élip* malomgarat, tömedékmalom; ~ **plant** *bány* őrlőmű; *élip* malomüzem, malom; ~ **property** *tex* ványolhatóság; ~ **quality** *élip* őrlőképesség, őrlőtulajdonság *(gabonáé)*; ~ **shoe** *forg* marókorona; ~ **shop** maróműhely; ~ **slide** marószán; ~ **speed** marófordulatszám; ~ **spindle** maróorsó; ~ **stock** *tex* kalapácsos kallózógép; ~ **time** *heng* hengerlési idő; ~ **tool** *forg* marószerszám; ~ **yellow** kallózható sárga színezék; ~ **yield** *élip* őrlemény kiaknázása, teljes kiaknázás

milliohm (mΩ) *el, metr* ezredohm, milliohm

million (M) *mat* millió; ~**s of instructions per second (MIPS)** *szt* millió utasítás másodpercenként, MIPS

milliroentgen *fiz, metr* milliröntgen

millisecond (ms) *metr* millimásodperc, milliszekundum; ~ **delay blasting** *bány* millszekundumos (késleltetésű) robbantás; ~ **delay detonator** *bány* millszekundumos villamos gyutacs

millivolt (mV) *el* millivolt; ~ **signal** *el* millivoltos jel; ~ **signals group converter** *el* csoportátalakító millivoltos jelek számára

millivoltammeter *el* millivoltamper-mérő

millivoltmeter *el* millivoltmérő

milliwatt (mW) *el* milliwatt

milliwattmeter *el* milliwattmérő

Millon's base *vegy* Millon-féle bázis, dihidroxohigany(II)-ammónium-hidroxid

millrows *tex* ványolási hibából eredő kallócsíkok

millspun yarn *tex* gyári fonal

millstone *élip* malomkő, őrlőkő; ~ **box** malomkőpersely; ~ **cutter** malomkővágó szerszám; ~ **dresser** malomkő-rovátkoló; ~ **eye** malomkőlyuk; ~ **furrow** malomkőbarázda; ~ **rock** *geol* malomkőmészkő; ~ **runner** őrlőkő *(malomé)*

millwork *élip* malom gépi berendezése; *ip* gyári munka, gyári termék, gyártmány

millwright *élip* malomépítő, malomszerelő, malomtervező; *fa* fűrészélesítő *(dolgozó)*

Milne's method *szt* Milne-módszer

milometer *gépk* mérföldmérőóra, mérföldóra, mérföldszámláló (óra)

mimeo → mimeograph

mimeograph I. *v* sokszorosít, stencilez; **II.** *n* (stenciles) sokszorosítógép; ~ **paper** *pa* lehúzópapír

mimeographic *nyom* sokszorosított; ~ **copy** *nyom* sokszorosított példány

mimetesite *ásv* mimetezit

mimetic (szín)utánzó, alakutánzó, környezetutánzó; *krist* iker, mimetikus; pszeudometrikus; ~ **twin** *krist* mimetikus iker

mimic | diagram *el, gép* blokkséma, tömbvázlat, eleven folyamatábra; ~ **diagram for purified water circuit** *hidr* tisztított vízkörfolyamat világító sémája

min → minute

minable reserve *bány* kitermelhető készlet

minaret *ép* minaret

minasragrite *ásv* minasragrit

mince I. *v élip* darál *(húst)*; összevág, összevagdal, felaprít; **II.** *n élip* darált hús, vagdalt hús, fasírozott

mincer *élip* húsdaráló

mincing-machine *ip* húsdaráló

Mindelian *geol* mindel; ~ **glacial stage** *geol* mindeleljegesedés

minder *bány* felvigyázó; *gép* gépkezelő, gépkarbantartó

mine I. *v bány* (ki)bányász, (ki)termel, művel; bányászkodik; *kat* (alá)aknáz, (el)aknásít; **II.** *n bány* aknaüzem, széntelep; bánya; *kat* akna; ~ **adit** *bány* táró; ~ **air** *bány* bányalevegő, bányalégkör; ~ **cage** aknakas; ~ **camp** bányatelep; ~ **car** bányacsille; ~ **car cleaning device** csilletisztító; ~-**car stop** csillefogó; ~-**car trap** csillefogó gerenda; ~ **casemate** *kat* aknaállomás; ~ **chain** *kat* aknalánc *(telepített)*; ~ **clearance** aknafelszedés; ~ **defence/defense** aknazáras védelem; ~-**detecting set** elektronikus aknakereső; ~ **detector** aknakereső; ~ **dial** *bány* bányatájoló, bányakompasz; ~ **digger** bányász; ~-**disaster** bányaszerencsétlenség; ~ **district** fejtési körlet; ~ **drainage** *bány* bánya víztelenítése; ~ **dust** bányapor; ~ **face** munkahelyi/fejtési front/homlok; ~ **factory ambulance post** üzemi bányamentő-állomás; ~ **fan** bányaszellőző; ~ **feeler** → ~ detector; ~ **foreman** főaknász; ~ **gallery** → mining gallery; ~ **gas** *bány* bányagáz, sújtólég; ~ **haulage** bányaszállítás; ~ **headframe** aknatorony; ~ **hoist** aknaszállítógép, felvonógép; ~ **igniter** bányabeli robbantógép; ~ **inflow** *bány* vízhozzáfolyás; ~ **involving water hazard** *bány* vízveszélyes bánya; ~ **lighting** bányavilágítás; ~ **locator** → ~ detector; ~ **map** bányatérkép; ~ **marker** *kat* aknajelző; ~ **openings** *bány* feltáróvágat, bányavágat; ~ **out** *v* kibányász, kitermel; ~ **railway** bányavasút; ~ **recovery** bányahelyreállítás, bányafelújítás; ~-**rescue apparatus** bányamentőkészülék; ~-**rescue crew** *bány* mentőcsapat; ~ **resistance** bánya fajlagos (lég)ellenállása; ~ **rig** fúrókocsi; ~ **roadway** folyosó, bányatérség; ~ **rubbish** meddő(hányó), saját meddő; ~ **shale** bányászott pala; ~ **surveying** *bány, geod* bányamérés; ~-**surveying instrument** *bány, geod* bányafelmérő műszer; ~-**survey plug** *bány, geod* bányabeli (fel)mérési pont; ~ **sweeper** → minesweeper; ~ **sweeping** → ~ clearance; ~ **telephone (set)** *bány* bányatelefon-készülék; ~ **thrower** *kat* aknavető; ~ **train** *bány* bányavasút; ~-**ventilation** bányaszellőztetés; ~-**water management** bányavíz-gazdálkodás; ~ **water utilization** bányavíz-hasznosítás; ~ **with hydraulic winning and haulage** hidraulikus művelésű bánya; ~ **with risk of water inrush** vízveszélyes bánya; ~ **yard** *bány* bánya külszíni berendezése

mineable *bány* műrevaló, művelhető; ~ **width** *bány* művelhető telepvastagság

mined area *bány* lefejtett felület
minefield *kat* aknamező
minefire *bány* bányatűz
minelayer (ML) *kat* aknarakó hajó
minelaying *kat* aknatelepítés
miner *bány* bányász, bányamunkás, vájár; **~'s auger** bányászfúró; **~'s bar** fúrórúd; **~'s box** szerszámláda; **~'s coal-ton** széntonna *(= 2352 font)*; **~'s code of law** bányajog; **~'s compass** bányászkompasz; **~'s dial** bányatájoló, bányakompasz; **~'s friend/lamp** biztonsági lámpa, bányászlámpa; **~'s light** bányamécs; **~'s lung** pneumokoniózis; **~'s pan** kéziszér; **~'s protecting apron** farbőr; **~'s rod** bányaszintezőléc; **~'s truck** bányakocsi, csille; **~'s wedge** bányászék
mineral I. *a ásv* ásványi, ásványos; **II.** *n ásv, geol* ásvány; érc; *bány* szén; **~ aggregates** *pl ép* ásványi adalékanyag; *geol* ásványtársulás; **~ amber** *ásv* borostyánkő; **~ antipathies** *ásv* egymást kizáró ásványok; **~ area** *geol* érces övezet; **~ assemble/association** *geol* ásványtársulás; **~ blossom** *ásv* ásványi kivirágzás; **~ butter** *vegy* keményvazelin; **~ caoutchouc** *gumi* rugalmas földiszurok; **~ carbon** *bány* kőszén; **~ composition** *geol* ásványi összetétel; **~ concentrate** *bány* ércdúsítmány, érckoncentrátum; **~ constituent** ásványi alkatrész; **~ cotton** *ép* azbesztgyapot; **~ density** *geof* természetes kőzetsűrűség; **~ deposit** *geol* ásványtelep, ásványlelőhely; **~ diluent** *vegy* ásványi hígító; **~ dye** *vegy* ásványi színezék; **~ facies** *geol* ásványfáciesz; **~ fibre/fiber** *ásv* ásványi szálasanyag; **~ filler/filling material** *ép, gumi, műa* ásványi töltőanyag; **~ formation/genesis** *geol* ásványgenezis; **~ grain** *geol* ásványi szemcse; **~ green** *vegy* malachitzöld; **~ industry** ásványipar; **~ intergrowth** *ásv* ásványok (szabályos) összenövése; **~ jelly** *ol* kocsonyásított petróleum, petrolátum; **~ layer** *geol* ásványréteg; **~ lubricating oil** *ol* ásványi/kőolajbázisú kenőolaj; **~ matter** *fa* ásványi tartalom; *vegy* hamu, szervetlen anyag; **~ mill** *koh* ásványőrlő malom; **~ mud** *hidr* ásványi iszap; **~ oil (MO)** *ol* ásványolaj, nyersolaj, kőolaj; **~ oil processing plant** *ol* kőolaj-feldolgozó üzem; **~ oil product** *vegy* kőolajtermék, ásványolajtermék; **~ oil refinery/refining plant** kőolajfinomító, ásványolaj-finomító, olajfinomító; **~ particle** ásványi lerakódás, szemcse; **~ petroleum jelly** → **~** jelly; **~ pigment** szervetlen pigment; **~ pitch** *geol* természetes aszfalt, bitumen, földiszurok; **~ processing** *koh* ásványelőkészítés; **~ prospecting** ásványkutatás; **~ recources management** ásványvagyon-gazdálkodás; **~ resources** ásványvagyon; **~ rubber (MR)** *gumi* gilzonit, fúvatott aszfalt *(gumikeverékekhez)*; **~s** ásványvíz, kristályvíz, szénsavas italok; **~ salt** kősó; **~ seal oil** *ol* biztonsági világítóolaj; mosóolaj; **~ seam** *geol* ásványréteg; **~ slurry** *hidr* ásványi iszap; **~ sperm oil** *ol* ásványi/kőolajbázisú kenőolaj; **~ spirit(s)** *vegy* vegyvizsgáló benzin, (könnyű) oldószerbenzin, könnyűbenzin, petroléter, terpentinpótló szer; **~ spots** *ásv, bány* ásványi zárványok; **~ spring** *geol* ásványvízforrás; **~ stock** *ásv* ásványi nyersanyag; **~ suite** *geol* ásványtársulás; **~ superphosphate** *vegy* szuperfoszfát; **~ surface** *ép* szórás *(lapostető-szigetelésen)*; **~ surveyor** *bány, geol* bányamérő, bányatérképező; **~ tar** *ép, ol* ásványolajaszfalt, ásványi kátrány; **~ turpentine** *vegy* oldószerbenzin, lakkbenzin *(magas forráspontú benzinfrakció)*; **~ vein** *bány, geol* ásványtelér; érctelér; **~ water** ásványvíz; **~ weighting** *tex* ásványi nehezítés; **~ white** *ép, vegy* alabástromfehér; **~ wool** *ép* ásványgyapot; **~ zone** *geol* érces övezet
mineralization *geol* ásványosodás, ércesedés, mineralizáció; **~ ore formation** ércesedés
mineralizator *ásv* mineralizátor
mineralize *ásv* ásványosít, ércesít, fémesít, mineralizál, ásványos anyagokkal átitat/impregnál; ásványosodik, ércesedik; *élip* ásványos ízűvé tesz
mineralized *ásv* ásványosított, ércesített, mineralizált; ásványosodott, ércesedett; **~ gold** elércesedett arany
mineralizer *ásv* mineralizátor
mineralogical *geol* ásványtani; **~ paragenesis** *geol* ásványparagenezis
mineralogist *geol* mineralógus, ásványtudós
mineralography *geol* leíró ásványtan
mineralogy *geol* ásványtan, mineralógia
minerogenesis *geol* ásványképződés, ásványkiválás
minerogenetic province *geol* ásványképződési terület
Minerva press *nyom* tapósó/tégelyes gyorssajtó
minesweeper *kat* aknakereső/aknaszedő hajó
minette *ásv* minette, borsóvasérc
mineworker *bány* bányász
mineworking *bány* bányaművelés
mineworks *bány* bányavállalat
mingle I. *v élip* bekever; *vegy* (össze)vegyül; összevegyít; **II.** *n* keverék
mingler *élip, gép, vegy* keverő, kavaró
mingling syrup *cu* bekeverőszörp
mini → minicar
miniature I. *a* kisméretű, miniatűr; **II.** *n* miniatűr *v.* kis léptékű ábrázolás; *foto* kis másolat; **~ boiler** *hőt* törpekazán; **~ building-block elements** *el* miniatűr építőelemek; **~ bulb** *el* miniatűr lámpa, törpeizzó, törpelámpa; **~ camera** *fotó* kisfilmes/kiméretű fényképezőgép; **~ cap** *el* miniatűr csőfej/foglalat; **~ casting** *önt* parányi alkatrészek öntése; parányi öntvény; **~ Edison screw-cap** csavarmenetes izzólámpa, mignonfej; **~ joint** *heg* miniatűr hegesztett kötés; **~ lamp** → **~** bulb; **~ programme transmitter** *szt* miniatűr programadó; **~ soldering copper** *heg* törpe forrasztópáka; **~ strip chart recorder** *el* miniatűr szalagos regisztrálókészülék; **~ transistorized photorelay** *el* miniatűr tranzisztorizált fotorelé; **~ transmitter** *távk* mikroadó; **~ valve** *el* miniatűr elektroncső; **~ vibration absorber** *mech* miniatűr lengéscsillapító/rezgéscsillapító; **~ welding** *heg* miniatűrhegesztés, finomhegesztés; **~ wire fuse** *el* üvegcsöves olvadóbetét; **~ wire potentiometer** *el* parányi huzalpotenciométer
miniaturization miniatürizálás
miniaturize miniatürizál
miniaturized miniatürizált, miniatűr; **~ air-operated hammer** *ép* miniatűr légkalapács; **~ memory** *szt* miniatürizált memória; **~ TIG welding** *heg* miniatürizált AVI-hegesztés
minibus *gépk* minibusz
minicar *gépk* törpeautó
minicomputer *szt* miniszámítógép, kisszámítógép
minicomputerization *szt* miniszámítógépesítés
minify kisebbít, (le)kicsinyít, csökkent
minim *metr* minim *(1/16 cm^3)*

minimal *mat* minimális, minimál-; ~ **form** *mat* minimálalak; ~ **graph** minimális gráf; ~ **polynomial** minimális polinom; ~ **principle** minimálelv, minimalitás elve

minimax *mat* minimax; ~ **control** *aut* minimax eltérésű vezérlés; ~ **decision function** *mat* minimax döntésfüggvény; ~ **principle** *mat* minimax elv; ~ **procedure** *szt* minimax eljárás; ~ **strategy** *mat* minimax stratégia; ~ **theorem** *mat* minimax tétel/elv/kritérium, maximin kritérium

minimization minimalizálás, minimizálás; minimumra csökkentés; *mat* minimummeghatározás; ~ **of integral squared-error** négyzetes középhiba minimalizálása; ~ **problem** szélsőérték-feladat, extremális feladat

minimize minimumra csökkent, minimalizál

minimizing minimalizálás, minimumra csökkentés; ~ **method/technique** *mat* minimalizálási módszer; ~ **the state** állapotminimalizálás

minimum I. *a aut, mat* legkisebb, legalacsonyabb, minimális; **II.** *n el* minimumhely; *mat* (abszolút/globális) minimum, min, minimális/legkisebb érték; alsó határérték, limes inferior; ~ **acceptable flow** *hidr* mederben hagyandó vízhozam; ~ **access coding** *szt* kódolás minimális elérési időre; ~ **access programming** *szt* programozás minimális hozzáférési időre; ~ **access routine** *szt* optimálisan kódolt *v.* minimális elérési idejű program; ~ **access time** *szt* legkisebb hozzáférési idő; ~ **articulation set** *mat* minimális tagolási halmaz; ~ **authorized altitude** *rep* legkisebb engedélyezett repülési magasság; ~ **blowing current** *el* (ki)olvadási áram(erősség); ~ **breakdown voltage of a gap** *el* minimális átütési feszültség, szikrapotenciál; ~ **capture velocity** zárósebesség, elszívási sebesség; ~ **clearance** *gép* legkisebb játék; ~ **code distance** *el* minimális kódtávolság; ~ **contact surface** *el* minimális/legkisebb érintkezés; ~ **control speed** *rep* minimális kormányozhatósági sebesség; ~ **cost criterion** *ip* minimális ráfordítás kritériuma; ~ **cruising level** *rep* legalacsonyabb utazószint; ~ **current** *el* legkisebb áram, áramhiány; ~ **cut-out** *el* feszültséghiány-kioldó, alfeszültség-kioldó; ~ **decision altitude (MDA)** *rep* legkisebb elhatározási magasság; ~ **delay coding** *szt* kódolás minimális késleltetési időre; ~ **descent altitude (MDA)** *rep* minimális süllyedési magasság; ~ **design mass** *rep* legkisebb szerkezeti tömeg; ~ **detectable activity (MDA)** *at* legkisebb detektálható aktivitás; ~ **detectable signal (MDS)** *távk* minimális detektálható/érzékelhető jel; ~ **discernable signal (MDS)** *el* minimális feldolgozható/észlelhető jel; ~ **error controller** *szt* optimális szabályozó, minimális hibájú szabályozó; ~ **error decoding** *szt* minimális hibájú dekódolás; ~ **error probability detection** minimális hibavalószínűséggel történő érzékelés; ~ **flame** *hőt* takaréklláng; ~ **flight altitude** *rep* legalacsonyabb repülési magasság; ~ **flight path** *rep* legrövidebb repülési útvonal; ~ **flying speed** *rep* legkisebb repülési sebesség; ~ **function** *mat* minimumfüggvény; ~ **fusing current** *el* biztosító-határáram; ~ **gas consumption** *hőt* takarék gázterhelés; ~ **gliding angle** *rep* legkedvezőbb siklószög; ~ **heat consumption** *hőt* takarék hőterhelés; ~ **height clearance** *rep* legkisebb engedélyezett magasság; ~ **holding altitude** *rep* legalacsonyabb várakozási magasság; ~ **instrument altitude** *rep* legkisebb biztonságos vakrepülési magasság; ~ **intensity of shade** *nyom, tex* színárnyalat minimális mélysége; ~ **interference** *gép* legkisebb (túl)fedés; ~ **in the large** *mat* (abszolút/globális) minimum; ~ **in the small** *mat* helyi/lokális/relatív minimum; ~ **latency** *aut, szt* legkisebb várakozási idő; ~ **latency code** *szt* optimalizáló kód; ~ **latency programming** *szt* optimális programozás/kódolás; ~ **limit** *mat* alsó határérték, limes inferior, legkisebb torlódási pont, lim inf, lim; ~ **loss** *el* legkisebb veszteség, veszteségminimum; ~ **measurable dose** *at* legkisebb mérhető dózis; ~ **miss distance** *kat* minimális célelérés; ~ **mixing time** *ép* legkisebb keverési idő; ~ **noise route** *rep* minimális zajútvonal; ~ **nozzle area** *gép* legkisebb fúvóka-keresztmetszet; ~ **operating voltage** *el* meghúzási feszültség; ~ **outdoor air ratio** *szell* kötelező külső légmennyiség; ~ **pendulum** *fiz* minimuminga; ~ **performance** legkisebb teljesítmény; ~ **phase-frequency characteristic** *el* minimálfázis-frekvencia jelleggörbe; ~ **phase-shift network** *el* minimálfázisú hálózat; ~ **phase-shift principle** *el* legkisebb fáziseltolás elve; ~ **phase-shift system** *el* minimális fázis(el)tolású rendszer, minimálfázisú hálózat; ~ **point (on a curve)** *mat* minimumpont, minimumhely, szélsőértékhely; ~ **polished rod load (MPRL)** *ol* minimális simarúdterhelés; ~ **range** *kat* legkisebb lőtávolság/átlőhetőség; *rep* legkisebb repülési távolság; ~ **redundance code** *szt* legkisebb redundanciájú kód; ~ **redundancy coding** *szt* minimális/legkisebb redundanciájú/információfeleslegű kódolás; ~ **reflux** *ol* minimális reflux; ~ **relay** *el* áramhiányrelé, minimumrelé, feszültséghiány-relé; ~ **resistance** *el* kezdeti rezisztencia; ~ **safe altitude/height** *rep* minimális biztonságos magasság; ~**-signal position** *rep, távk* jelminimum helye; ~ **stage between two peaks** *hidr* völgyelés; ~ **steady-flight speed** *rep* átesési sebesség; ~ **supply voltage** *el* legkisebb távfeszültség; ~ **synchronizing level** *el* legkisebb szinkronizálási szint; ~ **take-off safety speed** *rep* minimális biztonságos felszállási sebesség; ~ **threshold of hearing** *hang* hallásküszöb; ~ **threshold speed** *rep* minimális küszöbátrepülési sebesség; ~ **time to capture** *el* minimális befogási idő; ~ **time track** *rep* legrövidebb időigényű útvonal; ~ **turning radius** *gépk, rep* legkisebb fordulósugár; ~ **turning value** *mat* helyi/lokális/relatív minimum; ~ **value** *mat* (abszolút/globális) minimum, min; minimális érték; ~ **value of indication** műszer által mutatott legkisebb érték; ~ **wavelength** *távk* legrövidebb/kritikus hullámhossz, határhullámhossz; ~ **well head pressure** *ol* minimális kútfejnyomás; ~ **working current** *el* legkisebb munkaáram, minimumaktivitás koronája, korona az aktivitásminimum-periódusban; meghúzási áram

mining I. *a bány* bányászati, fejtési; **II.** *n bány* bányász(kod)ás, bányaipar, bányászat, fejtés; bányászszakma; kiaknázás; *kat* (el)aknásítás; ~ **area** bányavidék; ~ **by level workings** szintes pásztafejtés; ~ **by open-cast method** külfejtés, külszíni fejtés, külművelés; ~ **captain** főaknász; ~ **compass** bányászkompasz, bányakompasz, bányatájoló; ~ **damage** alábányászási károk; ~ **dial** → ~ compass; ~ **engineering** bányamérnöki tudomány, bányászat, bányamérnökség; ~ **field** fejtési mező; ~ **floor** fejtési/művelési szint; ~ **gallery** fejtési vágat; ~ **geological mapping**

bányaföldtani térképezés; ~ **geology** bányaföldtan; ~ **industry** bányaipar; ~ **in slices** szeletfejtés; ~ **lease** bányatelek; ~ **level** művelési/fejtési szint; ~-**machine** bányagép; ~-**machines engineering** bányagéptan; ~ **method** fejtési rendszer, fejtésmód; ~ **operations** bányamunka; bányaműveletek; ~-**out (of coal)** kiszenelés; ~ **pillars** fejtés *(pillérfejtésben)*; pillérvisszafejtés *(kamara-pillérfejtésben)*; ~ **plan** bányatérkép; ~ **plant** bányaüzem, bányatelep; ~ **plough/plow** fejtőgyalu; ~ **plough/plow share** szénekevas; ~ **regulation** bányaművelési szabályzat, bányatörvény; bányarendészeti utasítás; ~ **right** bányajog; ~ **site** bányatelep; ~ **slab** széldeszka; ~ **subsidence** alábányászás okozta süllyedések, süllyedés alábányászott területen; ~ **system** bányaművelési rendszer; fejtési rendszer; ~ **theodolite** bányászteodolit; ~ **timber** bányafa; ~ **track** bányaszakasz; ~ **with stowing** tömedékes fejtés; ~ **yield** fejtési teljesítmény

mininuke *kat* mini nukleáris robbanótest

minion *nyom* kolonel *(7 pontos betűnagyság)*

miniradio zsebrádió

miniscule → minuscule

minisifter *élip* törpe síkszita

miniswitch *el* miniatűr kapcsológép

minitrack *távk* minitrack eljárás

minium *vegy* mínium, ólom(II,IV)-oxid

Minkowski | coordinates *mat* Minkowski-koordináták, világkoordináták; ~-**Leontief matrix** *mat* Minkowski-Leontief mátrix; ~ **space** *mat* Minkowski-féle tér, Minkowski-tér

minnesotaite *ásv* minnesotait

minor *hang* moll (hangnem); *mat* aldetermináns, minor; ~ **arch** *ép* másodrendű ív; ~ **array** *mat* részmátrix, blokk *(mátrixé)*; ~ **axis** *mat* melléktengely, kistengely *(ellipszisé)*; ~ **bend** *gép* élére állított hajlat/könyök; ~ **crystal segregation** → microsegregation; ~ **cycle** *aut* kisciklus; ~ **determinant** *mat* minor, aldetermináns; ~ **diameter** magátmérő, belső átmérő *(csavaré)*; ~ **elements** mikroelemek; ~ **exchange** *távb* középközpont; ~ **failure** jelentéktelen meghibásodás; ~ **group** *szt* alcsoport; ~ **hysteresis loop** *el* belső mágnesezési görbe; ~ **insulation** *el* mellékszigetelés; ~ **lobe** *távk* mellékhurok *(sugárzási diagramban)*; ~-**lobe angle** *távk* kishurok nyílásszöge *(antennasugárzási diagramon)*; ~ **loop** *el* belső hurok; ~ **mineral** *geol* ritkább ásvány; ~ **planet** *csill* aszteroid; ~ **premiss** *mat* alsó premissza; ~ **principal plane of stress** *mech* legkisebb főfeszültség síkja; ~ **principal stress** *mech* legkisebb főfeszültség; ~ **road** *közl* alsóbbrendű út; ~ **stream brook** *hidr* kisvízfolyás; ~ **term** *mat* alsó terminus; ~ **triangulation** *geod* kisháromszögelés

minorant *mat* minoráns (sor/függvény), alsó korlát; ~ **function** *mat* minoráns (függvény); ~ **series** *mat* minoráns, minoráns sor

minority | carrier *el* kisebbségi (töltés)hordozó; ~ **carrier admittance** kisebbségi töltéshordozó-admittancia; ~ **carrier density** kisebbségi töltéshordozó-sűrűség; ~ **carrier emitting efficiency** emitterhatásfok; ~ **charge carrier** kisebbségi töltéshordozó

minorized sequence *mat* alulról korlátos sorozat

minster *ép* apátsági templom, apátság/kolostor temploma; székesegyház, katedrális

mint I. *v* ver *(érmét, pénzt)*; **II.** *n* pénzverde; ~ **bronze** *koh* érmebronz

mintage pénzverés

minterm *mat* kitüntetett diszjunktív normálalak, minterm

minting (pénz)verés; ~ **die** pénzverő szerszám; ~ **press** pénzverő sajtó

minuend *mat* kisebbítendő *(kivonásnál)*

minus I. *a el* negatív *(töltés)*; *mat* mínusz, negatív; **II.** *n mat* mínusz(jel); ~ **charge** *el* negatív töltés; ~ **colo(u)r** *opt, tv* kiegészítőszín; ~ **ice** *hűt* olvadásmentes jég; ~ **infinity** *mat* mínusz végtelen; ~ **mark** → ~ sign; ~ **material** rostaalja; ~ **quantity** negatív menynyiség; ~ **sight** *geod* lécleolvasás előre *(szintezésnél)*; ~ **sign/symbol** *mat* mínusz(jel), kivonás jele, negatív előjel; ~ **thread** *gép* szárátmérővel egyenlő külső átmérőjű menet; ~ **wire** *el* mínuszér, mínuszvezeték

minuscule *nyom* kisbetű, kurrens, minuszkula

minute[1] **I.** *v* pontosan megmér, stoppol; **II.** *n* **(min)** perc; *mat* szögperc, ívperc, régi perc, min; ~ **circle** perckör *(óráé)*; ~ **glass** *óra* egyperces homokóra; ~ **hand** percmutató *(óráé)*; ~ **of angle/arc** *mat* (szög)perc, ívperc, régi perc, min; ~ **per scan** letapogatási idő percekben; ~**s** *pl* jegyzőkönyv; ~ **system** *ip* percteljesítményi munkarendszer; ~ **wheel** *finm* váltókerék, perckerék; ~-**work** *finm* mutatószerkezet

minute[2] apró, kis(mértékű), parányi, finom; részletes; ~ **adjustment** finom/pontos szabályozás; szabatos beállítás *(műszeré)*; ~ **examination** aprólékos vizsgálat; ~ **fissure** *geol* apró kőzetrepedés; ~ **friction** *mech* kapilláris súrlódás; ~ **surface** *any* tükörsima/tükrös felület

Miocene period *geol* miocén

miogeosyncline *geol* miogeoszinklinális

mipor *any* mikropórusos

MIPS → millions of instructions per second

MIR → microinstruction register

mirabilite *ásv* mirabilit, kristályos glaubersó

mirador *ép* kiugró ablakfülke, erkély, balkon, kilátó *(spanyol házak tetején)*; őrtorony

mirage *met, opt* délibáb, fénytükrözés, káprázat

mirbane oil *vegy* mirbánolaj, nitrobenzol

mire *geol* mocsár, ingovány; *talt* iszap

mirror I. *v opt* (vissza)tükröz; tükröződik; **II.** *n opt* tükör; *távk* reflektor; ~ **antenna** *távk* reflektoros antenna; ~ **arc** *el* tükrös ívlámpa, tükörív; ~ **camera** *fotó* tükörreflex-kamera, tükörkamera; ~ **checking** *bány* palacktükrözés; ~ **compass** *geod* tükrös tájoló; ~ **drum** *tv* tükörkerék; ~ **drum scanner** *tv* képbontó dob; ~ **effect** *rád* szuperheterodinhatás; ~ **extensometer** *any* tükrös nyúlásmérő; ~ **finish** *pa* tükörsimaság, tükörsima fényesítés/simítás; ~-**finish polishing** *mt* tükörfényesre polírozás; ~ **foil** *üveg* tükörbevonat, tükörfoncsor; ~ **galvanometer** *el* tükrös galvanométer; ~ **glass** tükörüveg; ~ **image** *mat, opt* tükörkép; ~-**image structure** *vegy* tükörképszerkezet; ~ **instrument** fénymutatós/tükrös (mérő)műszer; ~ **iron** *koh* tükör(nyers)vas; ~ **knife-edge** *gép* finomélű megtámasztás; ~ **lens** *film, foto, opt* tükrös lencse, tükörobjektív; ~-**lens objective** *opt* katadioptrikus lencse, tükörlencse-objektív; ~-**like** *opt* tükröző; ~ **machine** *at* pirotron; ~ **microscope** elektrontükrös mikroszkóp, tükrös elektronmikroszkóp;

~ **monochromator with diffraction grating** *opt* diffrakciós rácsos tükrös monokromátor; ~ **nuclide** *at* tükörnuklid; ~ **optics** *opt* tüköroptika; ~ **oscillograph** tükrös oszcillográf; ~ **plane** *ásv, mat* tükörsík, szimmetriasík; *távk* reflektálósík; ~ **plane of symetry** *geol* szimmetriasík; ~ **plate** *üveg* tükörüveglemez; ~ **quicksilvering** tükörfoncsorozás; ~ **ratio** *el* mágneses tükörviszony; ~ **reading** tükrös leolvasás *(műszeré)*; ~ **reflection isomerism** *ásv* tükörkép-izoméria; ~ **reflector** *opt* tükrös reflektor; ~ **scale** tükörskála, tükörvetített skála; ~ **screw** *gép* tükörcsavar; ~ **symmetry** *ásv, mat, opt* tükörszimmetria; ~ **telescope** *opt* tükrös teleszkóp/távcső, tükörteleszkóp; ~ **transit instrument** tükröző passzázsműszer; ~**-type electron microscope** *opt* elektrontükrös mikroszkóp, tükrös elektronmikroszkóp; ~ **velvet** *tex* tükörbársony; ~ **wavebeam structure** *opt* tükrös fénysugárterelő; ~ **wheel** *tv* tükörkerék, tükördob *(mechanikus képbontó eszköz)*

mirrored *mat* vetített; *opt* tükrözött; ~ **scale** tükörskála, tükörvetített skála

mirroring *szt* grafikatükrözés

mirrorscope *gépk* hátranéző/megfigyelő/visszapillantó tükör

mirrorsymmetric *opt* tükörszimmetrikus, enantiomorf, optikusan izomer

MIRV → multiple independently targeted reentry vehicle

miry sand *talt* iszapos homok

MIS → management information system; → metal-insulator-semiconductor

misadjustment *aut, gép* hibás beállítás/beigazítás, rossz illesztés/kapcsolódás

misalign *gép* nem egy tengelyben/vonalban fekszik; rosszul kapcsol

misaligned *gép* rosszul kapcsolt, nem koaxiális, nem tengelyben/vonalban fekvő

misalignment *geof* rossz egyezés, bizonytalan/rossz reflexiós fázistengely; *gép* egyenetlen kitűzés/sorbaállítás, eltérés az egytengelyűségtől, téves beállítás; ~ **of optical fibres/fibers** *opt* szálcsatlakozási excentricitás

miscalculation *mat* hibás számítás, számítási hiba

miscarriage *vasút* téves irányítás

miscast *önt* öntési hiba

miscellaneous sokoldalú; kevert, különféle, vegyes; ~ **bay** *távb* vegyes keret; ~ **blues** *pl tex* vegyes kék *(rongy)*; ~ **charges order** *rep* különböző díjtételek sorrendje; ~**-feed equipment** *mzg* vegyesen vető szerkezet *(kukorica és bab egyidejű vetésére)*; ~ **goods** *pl ip* vegyes/kevert áru; ~ **time** *szt* mellékidő

mischcrystal *ásv, koh* elegykristály

mischmetal *koh* elegyfém; ritka földfémek keveréke

miscibility *vegy* elegyíthetőség, keverhetőség; ~ **gap** *ásv, ol* elegyedési/keveredési hézag, nem teljes elegyedés tartománya; ~ **pressure** *ol* elegyedési nyomás

miscible *vegy* elegyíthető, keverhető; keveredő, vegyülő; ~ **drive/flooding** *ol* elegyedéses olajkiszorítás; ~ **fluid displacement** *ol* elegyedéses olajkiszorítás

misclosure *geof* rossz (szelvény)zárás, rosszul záró kör, zárási hiba

misconnection *el* helytelen bekötés

miscount *mat* hibásan számol

miscut *alak* rosszul vág; ~ **lumber** *fa* rosszul vágott deszka

MISD (multiple instruction stream, single data stream) processor *szt* MISD processzor

misdial *távb* tévesen *v.* rossz számot tárcsáz

misdraw I. *v tex* hibásan fűz be; **II.** *n tex* hibás befűzés

misenite *ásv* mizenit

miser *bány, ép* kanálfúró, kanalasfúró, talajfúró

misfeed *szt* hibás adagolás

MISFET → metal-insulator-semiconductor field-effect transistor; → metal-insulator-silicon field-effect transistor

misfire I. *v bány* nem robban, eláll; *gépk* kihagy *(gyújtás)*; *kat* nem sül el *(fegyver)*; **II.** *n bány, kat* (f)el nem robbant töltet, állva maradt lövés; *gépk* gyújtáskihagyás, rossz/hibás gyújtás, kihagyásos járás; ~ **hole** *bány* el nem ment/robbant fúrólyuk

misfit I. *v gép* rosszul illeszt; *ruh* rossz szabással készít; **II.** *n gép* nem egyezés, rossz illesztés; ~ **cast** *koh* selejtadag; ~ **dislocation** *ásv* epitaxiális diszlokáció

misframe *film* elcsúszás *(filmvetítésnél)*; *foto* képkisiklás

Mishima alloy *koh* Mishima-féle ötvözet

misinterpretation helytelen értelmezés/kiértékelés

misleading information dezinformáció

mislift *tex* nyüstemelési hiba

mismachined *mt* hibás megmunkálású, hibásan, rosszul megmunkált

mismap *geod* tévesen mér fel

mismapping *geod* téves felmérés/felvétel

mismatch I. *v el, gép* hibásan/rosszul illeszt; **II.** *n gép* helytelen/hibás illesztés/párosítás; téves összeállítás; *távk* illesztetlenség; ~ **error** *távk* illesztetlenségi hiba; ~ **loss** *távk* ütközési csillapítás

mismatched *gép* rosszul illesztett; *távk* illesztetlen

mismatching *gép* rossz illesztés; *távk* illesztetlenség; ~ **data** *szt* nem egyező adatok; ~ **factor** *távk* illesztetlenségi/reflexiós tényező; ~ **loss** *távk* ütközési/illesztetlenségi csillapítás

misoperate *gép* hibásan/rosszul kezel

misoperation *gép* hibás kezelés

misorientation *geod* rossz tájolás, tájolási hiba

misphasing *el* fáziseltolás; fáziseltolódás

mispick *tex* hibás vetés, vetülékhiány

mispickel *ásv* arzénkovand, arzenopirit

misplaced outcrop *tex* vetődött kibúvás

misprint I. *v nyom* hibásan/tévesen nyom/szed, sajtóhibát vét; **II.** *n nyom* nyomásselejt, nyomdahiba, sajtóhiba, szedési hiba

misregistration *tv* színvisszaadási hiba, színes perem *(háromalapszínű kép átfedésének hibája)*

misrun *gépk* kihagyásos járás *(motoré)*; ~ **casting** *önt* formában megakadt öntés

miss I. *v* kihagy, elmarad; *gép* kihagy, elmarad *(gyújtás)*; *kat* mellélő, elhibáz, elvét; **II.** *n* hiba; *gépk* kihagyás *(gyújtásé)*; *kat* céltévesztés; ~ **of weft** *tex* vetülékcsík *(hiba)*

missed kihagyott, elmaradt; *tex* kiugrott; ~ **approach** *rep* megszakított megközelítés/bevezetés; ~ **approach procedure (MAP)** *rep* megszakított megközelítési/bevezetési eljárás; ~ **casting** *koh* öntési hiba; ~ **connection** *rep* járatok elmaradt csatlakozása; ~ **stitch** *kh* futó szem, leszaladt szem; ~ **threads** *tex* szádsíkból kiugró fonalak

misshaped alakját vesztett, deformálódott, hibás alakú; *bőr* rosszul nyúzott, rossz alakú
misshapen → misshaped
missile *kat, rak* lövedék, rakéta; rakétalövedék; ~ **autopilot** rakéta-robotpilóta; ~ **barrage** rakétalövedékes zárótűz; ~ **base** rakétabázis, rakétalövedék-indítóhely; ~**-bearing laser beam** rakétalövedéket *v.* repülő testet irányító/vezető lézersugár(nyaláb); ~ **control (MC)** rakétavezérlés; ~ **fuel** rakéta-üzemanyag, rakéta-hajtóanyag; ~ **guidance (MG)** lövedék-távirányítás; ~**-guidance laser beam** → ~-bearing laser beam; ~ **instrumentation** rakéta fedélzeti műszerezése; ~**-operation control** rakétarávezetés; ~ **ranging** Miran-féle pályamérő eljárás; ~ **ship** rakétaszállító/rakétaindító hajó; ~ **site** rakétasiló, indítóállás, kilövőállás; ~**-tracking laser radar** rakétakövető lézerradar; ~**-tracking lidar** repülő testeket követő lidar, rakétakísérő lézerlokátor
missilery repülőszerkezet-technika; távirányítású lövedéktechnika
mission *kat* bevetés; ~ **cloth** *tex* panamakötésű pamutszövet; ~ **control centre/center (MCC)** *rak* (földi) irányítóközpont; ~ **time** *gép* előírt üzemidő
misspelled keyword *szt* rosszul/hibásan leírt kulcsszó
mist I. *v met* ködbe borít, elhomályosít; szemerkél *(eső)*; **II.** *n met* pára, köd; szitáló eső; *rep* páraréteg, párásság; ~ **atomizer** ködágyú; ~ **blower** *mzg* ködszóró (gép), ködpermetező; ~ **board** *pa* felhős márványpapírlemez; ~ **drilling** *ol* ködöblítéses fúrás; ~ **eliminator/extractor** *ol* ködleválasztó, cseppfogó; ~ **flow** *bány* nedves légáram; *ol* ködáramlás; ~ **sprayer** → ~ blower; ~ **streaks** *met* ködfoszlányok
mistake *szt* hiba
mistral *met* misztrál *(szél)*
mistrim *rep* helytelen kiegyenlítés, hibás trimmelés
mistune *távk* széthangol, elhangol
mistuned *távk* elhangolt; ~ **circuit** *távk* elhangolt kör
mistuning *távk* elhangolódás; széthangolás, hibás hangolás
misty homályos; *met* ködös
misuse *gép* helytelenül *v.* nem rendeltetésszerűen használ; ~ **failure** alkalmazási meghibásodás
Mitchell | drive *fa* kétszíjáttételes hajtómű hosszgyalu részére; ~ **process** *gumi* savanyú regenerálás
miter *US* → mitre
Mitis green *vegy* Mitis-zöld
mitosis *biot* mitózis
mitrailleuse *kat* többcsövű géppuska
mitre I. *v alak* ferde alakra vág; *fa* 45° alatt hornyol; ferdén fűrészel; ferdén összeilleszt; **II.** *n ép* kéménytoldat, kéményfedő sapka, kémény-terelősüveg; *fa* ferde vágás, gérvágás; *gép* félderékszögmérő; félderékszögű illesztőfelület; *gépk* félderékszögű/45°-os kúpfogaskerék; ~ **angle** *fa, gép, mat* 45°-os szög, félderékszög; ~ **box** *fa* rézselő fűrészláda, gérvágó láda; ~**-box gib** *fa* rézselőláda; ~ **clamp/cramp** *fa* rézsszorító; ~ **cutting** *alak, fa* vágás félderékszögben *(45° alatt)*, ferde vágás; *heg* szöglethoronyvágás; ~ **drainage** *ép* halszálkadrénezés; ~**-faced valve** *ép* kúpos ülékű szelep; ~ **fillet welding** *heg* lapos sarokvarrat-hegesztés; ~**-flash welding** *heg* ferde leolvasztó tompahegesztés; ~ **gate** *hidr* támkapu *(hajózsilipé)*; ~ **gear** *gépk* 45°-os/félnyílásszögű kúpfogaskerék; ~ **half** *bány* 45°-os kötés, svéd ajtókötés; ~ **joint** *ép* ferde összeeresztés; ~ **knife** *fa, forg* ferdeélű gyalukés *(45° alatt álló hornyok készítéséhez)*; ~ **plane** *fa* gérgyalu; ~**-plug valve** *ép* kúpos csap; ~ **post** *hajó* hajózsilip támkapujának csaposzlopa/forgóoszlopa; ~ **rule** *fa* gérvágó vonalzó, félderékszög *(45°)*; ~ **saw** *fa* gérvágó fűrész, rézselőfűrész; ~ **square** *fa* félderékszögmérő; ~ **tenon** *ép* ferde sarokcsap; *fa* gérbevágás; ~ **valve** *ép* kúpos tányérszelep *(45°-os)*; ~ **welding** *heg* ferde hegesztés; ~ **wheel** *gépk* 90-os kúpfogaskerék; ~**-wheel gearing** *gépk* derékszögű kúpkerékáttétel
mitred *ép* gerincszerűen megtört, taréjszerű, sarokkötéssel illesztett; *fa, gép* 45° alatt vágott/illesztett; ~ **drainage** *ép* halszálkadrénezés; ~ **gate** *hidr* támkapu *(zsilipen)*; ~ **joint** *ép* (átlós) sarokillesztés
mitring *fa, gép* ferde illesztés; *nyom* ferde metszés/vágás; ~**-machine** *fa, gép* félderékszögben vágó gép
Mitscherlich | pulp *pa* Mitscherlich-cellulóz; ~**'s hygroscopic moisture-content** Mitscherlich-féle higroszkóposság
mitt → mitten
mitten *bőr* egyujjas kesztyű, baseballkesztyű
mittled sandstone *geol* triász-tarkahomokkő
mix I. *v élip, vegy* (össze)kavar, (össze)kever, elegyít; keveredik, elegyedik; **II.** *n élip, vegy* elegy, keverék; *film* áttűnés; ~ **bin** *tex* keverőszekrény; ~ **composition** *ép, vegy* keverék-összetétel; ~ **design** *ép, vegy* keverési képlet/receptúra; ~ **gantry** *ép* keverőportál; ~**-in-place method with rotary tiller** helybenkeverés; ~**-in-place travel(l)ing plant** talajkeverő gép; ~**-in-plant method** központi talajkeverés; ~**-in-travel plant** talajkeverő berendezés; ~ **material** *ép, vegy* elegy; ~ **plant with batching star** *ép* csillagtárolós betonkeverő üzem; ~ **plant with parallel pens** *ép* párhuzamos rekeszes betongyár; ~**-proportion problem** *ép, vegy* keverékarány-meghatározási probléma; ~ **proportions** *ép, vegy* keverési arány; ~**-type throttle** kombinált *v.* kevert típusú fojtószelep; ~ **with floating pistons** *v gumi* felemelt dugattyúval kever *(nyomás nélkül)*
mixed *élip, vegy* elegyített, kavart, kevert; *ip* vegyes; *nyom* vegyes betűtípusokkal szedett; ~ **admission** *hidr* vegyes/félaxiális beömlés; ~**-admission turbine** *hidr* vegyesbeömlésű turbina; ~ **anhydride** *vegy* vegyes anhidrid; ~**-base** *ol* vegyes bázisú *(nyersolaj)*; ~**-base (crude) oil** *ol* vegyes bázisú nyersolaj/kőolaj; ~**-base notation** *szt* kevert bázisú jelölési mód; ~**-base numeration system** *szt* vegyes alapú számrendszer; ~ **bituminous macadam** *ép* bitumenes kevert makadám; ~ **bond type** *ásv, vegy* vegyes kötéstípus; ~ **calculation** *szt* vegyes műveletek; ~ **carding engine** *tex* hengeres fedőléces kártoló(gép); ~ **cement** *ép* összetett cement; ~ **charged elevator** *ép* vegyes töltésű elevátor; ~ **cloud** *met* vegyes típusú felhőzet; ~ **construction** *ép* helyszínen készített útburkolat; ~ **control system** *aut* kombinált szabályozási rendszer; ~ **crystal** *krist* elegykristály, keverékkristály; ~ **crystal formation** *krist* elegykristály-képződés; ~ **crystallization** *krist* elegykristályosodás; ~ **derivative** *mat* vegyes derivált; ~ **dye** *vegy* keverékszínezék, összetett színezék; ~ **ester** *vegy* vegyes észter; ~ **ether** *vegy* vegyes éter; ~ **fertilizer** *mzg* összetett műtrágya; ~ **flow** *hidr* vegyes (át)áramlás/átfolyás; ~**-flow** *hidr* vegyes átfolyású/átáramlású; ~**-flow (American) water turbine** Francis-turbina; ~**-flow**

compressor axiális-radiális átömlésű kompresszor/sűrítő; **~-flow pump** félaxiális/ferde átömlésű szivattyú; **~-flow turbine** *hidr* Francis-turbina; **~ fraction** *mat* vegyes szám, vegyes tört; **~ friction** *fiz* vegyes/félfolyékony súrlódás; **~ game** *mat* kevert játék; **~ gas** *fiz, vegy* kevert/kombinált gáz; **~-ga(u)ge points** *pl vasút* kettős nyomú váltó; **~ glyceride** *vegy* vegyes glicerid; **~ grain** *any* vegyes szemcsézet; **~-grained** kevert szemcséjű/szemnagyságú; **~-grain steel** *koh* vegyes szemcseszerkezetű acél; **~ graph** *mat* kevert gráf; **~ ground** *talt* vegyes altalaj *(felső részén üledékes, alul sziklatalaj)*; **~ highs** *pl* nagyfrekvenciás keverék *(színes tévénél)*; **~ indices** *ásv, mat* vegyes indexek; **~-in-field concrete** *ép* építéshelyen kevert beton, helyszíni beton; **~-in-place concrete** → **~**-in-field concrete; **~-in-place method** *ép* talajkeverési eljárás; **~-in-situ concrete** → **~**-in-field concrete; **~ ketone** *vegy* vegyes keton; **~-light lamp** kevertfényű lámpa; **~ load** vegyes teher *(szállítás)*; **~ material dump/heap** *bány* kevertanyagú hányó; **~ melting point** *vegy* keverék-olvadáspont; **~ metal** *koh* elegyfém; **~ metal-vapo(u)r lamp** *el* kevertfémgőzlámpa; **~ network** *el* vegyes hálózat; **~ number** *mat* vegyes szám, vegyes tört; **~ pack** *élip* vegyes töltés *(növényi konzerv)*; **~ partial derivative** *mat* vegyes parciális derivált; **~ pass** *tex* vegyes befűzési rend; **~-phase cracking** *ol, vegy* vegyes fázisú krakkolás, krakkolás gőz-folyadék fázisban; **~-powder method** *any* porkeverék analízis; **~-pressure (steam)turbine** *hőt* friss és fáradt gőzzel dolgozó gőzturbina; **~ quantity** vegyes szám/tört; **~ radiation** *fiz* összetett sugárzás; **~ radix notation** kombinált radixú jelölés(i mód)/jelzésrendszer/számrendszer; **~ radix numeration system** *szt* vegyes alapú számrendszer; **~ reflexion** *távk* vegyes visszaverés; **~ salt** *vegy* vegyes só; **~ semiconductor** *félv* kompound-félvezető; **~ service** *távb* vegyesen irányított forgalom; **~ servomechanism** kombinált szervomechanizmus, kombinált/követő szabályozás; **~ settler** *at* keverőülepítő; **~ signal** *távk* keverőjel; **~ spectrum reactor** *at* kevert spektrumú reaktor, gyors és lassú neutronokkal működő reaktor; **~ spirit** *vegy* motalkó; **~ stand** *fa* vegyes (erdő)állomány; **~-state cloud** *met* vegyes halmazállapotú felhő; **~ strategy** *mat* kevert stratégia; **~ system** *aut* vegyes rendszer; **~ traffic** *közl* vegyes forgalom; **~ train** *vasút* vegyes vonat; **~ transmission** vegyes áteresztés; **~-type barrage** *hidr* vegyes gát; **~-type burner** *hőt* keveréses égő, légkeveréses gázégő; **~ valve** *ép* keverő csaptelep; **~ variable** *mat* kevert változó; **~ welding** *heg* kombinált hegesztés; **~ whites** *pl tex* vegyes fehér *(rongy)*

mixer keverő(berendezés); *cu* pépelosztó teknő; *ép* betonkeverő (gép), keverőgép; keverő csaptelep; *gumi* masztikátor; *hang* hangkeverő potenciométer; hangkeverő, hangmérnök; keverő(berendezés), keverőasztal; *pa* keverőhenger, keverőmalom; *szt* keverő; *távk* (nem oszcilláló) keverőcső; **~ arm** *élip* dagasztókar; *élip, ép* keverőlapát; **~ channel** *távk* keverőcsatorna; **~ circuit** *el* keverőkapcsolás; **~ diode** *félv* keverődióda; **~ drum** *ép* keverődob *(betonhoz)*; *műa* dobkeverő; **~ grid** *el* keverőrács; **~ lorry** *ép* betonkeverő gépkocsi; **~ lorry with separate engine** *ép* különmotoros betonkeverő gépkocsi; **~ metal** *koh* keverői nyersvas; **~ paddle** *élip, ép* keverőlapát; **~ scale** *ép* keverőmérleg; **~-settler** *koh* keverő-ülepítő berendezés; **~ shaft** *gép* keverőtengely; **~ size** *ép* keverőgép-típusnagyság; **~ skip** *ép* anyagfelvonó puttony; **~ slug** *koh* keverősalak; **~ stage** *távk* keverőfokozat, frekvenciaváltást végző fokozat; **~ station** *ol* keverőállomás; **~ tube** *el* keverőcső; **~-type blowpipe** *heg* keverőfúvókás hegesztőégő; **~ type hot metal car** *koh* mozgó nyersvaskeverő *(kocsira szerelt)*; **~ valve** *el* keverőcső; **~ with semi-automatic control** *ép* félautomatikus keverőgép

mixing I. *a* keverő; *távk* transzponáló; *vegy* vegyülő, keveredő; **II.** *n hang* keverés, hangkeverés; *koh* elegyösszeállítás; *távk* keverés, frekvenciaváltás, transzponálás; *vegy* (el)keverés, elegyítés, vegyítés; keveredés, vegyülés; **~ agitator** *ép* rázó-keverő; **~ amplifier** *el* keverőerősítő; **~ and control desk** *hang, tv* keverőasztal; **~ and weight-batching plant** *ép* mérőadagoló és keverő berendezés; **~ apron** *ép* keverőhenger terelőlapja; **~ arm** → mixer arm; **~ basin** *hidr* keverőmedence *(víztisztításhoz)*; **~ battery** *ép* keverő csaptelep; **~ bin** *élip, ép, vegy* keverőtartály; **~ blade** *élip, ép* keverőlapát; **~ box** *el* keverődoboz; *élip, ép, vegy* keverőedény; *pa* kavarókád, keverőkád; **~ burner** *hőt* keveréses égő, légkeveréses gázégő; **~ card** *tex* keverő kártológép; **~ chamber** *hidr* keverőkamra *(víztisztításhoz)*; *távk* keverőszekrény, keverődoboz; **~ chest** *pa* kavarókád, keverőkád; **~ cloth** *élip* keverővászon; **~ cock** *ép* keverő csap(telep); **~ condenser** *hőt* keverőkondenzátor; **~ cone** keverőtölcsér, keverőfúvóka; **~ console** *hang, tv* keverőasztal; **~ cycle time** *ép* keverési ciklusidő; **~ drum** *bány* keverődob; **~ efficiency** *at, élip, ép, vegy* keverési/keveredési hatásfok; **~ equipment** *hidr* keverőberendezés; **~ faucet** *ép* (keverő) csaptelep; **~ formula** *élip, ép, vegy* keverési recept; **~ funnel** *élip, ép, vegy* keverőtölcsér; **~ gun** *ép* keverőpisztoly; **~ head** *ép* keverőcsillag; **~ hopper** *élip, ép, vegy* keverőgarat, keverőtölcsér; **~ ladle** *élip, ép, vegy* keverőüst; **~ length** keveredési hosszúság; **~ machine** keverő(gép); **~ mill** *heng* keverő hengermű/hengerszék; **~ nozzle** *gépk, rep* keverőfúvóka; **~ of electric analog(ue) signals** *el* villamos analóg jelek keverése; **~ of ore** *koh* érckeverés; **~ of the heating water** *hőt* fűtővízkeverés; **~ pan mill** *heng* görgőjárat; **~ period** *élip, ép, vegy* keverési idő; **~ picker** *tex* gyapjúkeverő lazítógép; **~ pistol** *ép* keverőpisztoly; **~ plant** *ép* (beton)keverőüzem, keverőberendezés; **~ ratio** keverék százalékos aránya, keverési arány; *távk* keverési viszony; **~ relay** *el* keverőrelé; **~ roll** *műa* keverőhenger; **~ rolls** *pl heng* keverő hengerszék; **~ runner** *élip* keverő kollerjárat; **~ stage** *távk* keverőfokozat; **~ star** *ép* keverőcsillag; **~ tank** keverőtartály, agitálótartály; **~ tank-apparatus** *pa* keverőszekrény; **~ the charge** *koh* betétösszeállítás; **~ tile** *ép* keverőlapát; **~ time** keverési idő; **~ tool** *ép* keverőlapát; **~ tower** *ép* keverőtorony; **~ tube** *el* keverőcső; **~ valve** *el* keverőcső; *ép* keverő csaptelep, keverőszelep; **~ vessel** keverőtartály; *műa* keverőüst; **~ water** *ép* keverővíz *(betoné, habarcsé)*, készítési víz; **~ willow** *tex* keverőgép; **~ worm** *ép* keverőcsiga; **~ zone** *any* keveredési zóna

mixite *ásv* mixit

mixtruder *műa* mixtruder

mixture *gépk* keverék; *gyógyv* gyógyszer; *hang* vegyes regiszter *(orgonán)*; *vegy* elegy, keverék; ~ **analyzer** *vegy* keverékanalizátor; ~ **bin** *vegy* elegytartály; ~ **composition** *ép* keverék-összetétel; ~ **control** *gépk* keverékszabályozás, keverékszabályozó; ~**-delivery nozzle** keverékadagoló fúvóka; ~ **fabric** *tex* kevert anyagú szövet; ~ **making** *koh* adag-összeállítás, elegy-összeállítás; ~ **of gases and air** léggáz; ~ **of oxides** *koh* oxidkeverék; ~ **pump** *gépk* keverékadagoló szivattyú; ~ **ratio** keverési arány; ~**-ratio control** *gépk* tüzelőanyag-keverék összetételének szabályozása; ~ **regain** *tex* kevert fonal kondicionált nedvessége; ~ **slide-valve** *gépk* keverőtolattyú; ~**-storing bin** *vegy* elegytároló tartály; ~ **strength** *gépk* keverékminőség *(porlasztóban)*; ~ **turbine** *hőt* kevertgőzturbina; ~ **yarn** *tex* különféle színű anyagból font fonal

mizen, mizzen *hajó* farvitorla, tatvitorla; ~**-mast** *hajó* farárboc, tatárboc; keresztárboc; ~**-sail** *hajó* farvitorla, tatvitorla; ~ **yard** *hajó* fősudárvitorla-rúd

mizzonite *ásv* mizzonit

MKS (metre-kilogram(me)-second) system *metr* MKS-rendszer

MKSA (metre-kilogram(me)-second-ampere) system *metr* MKSA-rendszer

ml → millilitre

ML → mean level; → metal-lined; → micrologging; → middle line; → minelayer; → moisture loss; → mother liquor; → motor launch; → muzzle loading

MLD → median/mean lethal dose

MLL → microlaterolog

MLRS → multiple-launch rocket system

MLS → microwave landing system

MLT → median lethal time

mlx → millilux

mm → millimetre

MM → main motor; → memory management

mmf → micromicrofarad

MMF → magnetomotive force

MMI → man-machine interface

MMIC → monolithic microwave integrated circuit

mmu → millimass unit

MMU → memory management unit

Mn → manganese

MNC → microcomputer numerical control

M_{ne} (never exceed Mach number) *rep* kritikus Mach-szám

mnemonic *szt* emlékezeterősítő, emlékezeti, mnemotechnikai; ~ **code** *szt* mnemotechnikai kód; ~ **operation code** *szt* emlékeztető műveletkód; ~ **symbol** *szt* emlékeztető jelkép, mnemonikus jelkép

M_{no} (normal operating Mach number) *rep* normális repülési Mach-szám

MNOS → metal nitride oxide semiconductor

Mo → molybdenum

MO → mark off; → master oscillator; → meteorological observer; → meteorological office; → mineral oil; → molecular orbital; → Morse code

m.o. → manually operated

moat I. *v ép, kat* körülárkol, árokkal vesz körül; **II.** *n ép, kat* vizesárok, sáncárok, várárok

mobile hordozható, mozgatható, mobil, szállítható, nem beépített, kiemelhető; *vegy* folyékony; ~ **aggregate(s) preparation plant** *ép* vontatható adalékfeldolgozó berendezés; ~ **airport** *kat* táborirepülőtér-berendezés; ~ **asphalt plant for bituminous mix** *ép* mobil aszfaltkeverő telep; ~ **belt conveyor** *ép* vontatható szállítószalag; ~ **boiler** *ép* vontatható vízmelegítő *(berendezés)*; ~ **bucket scale** *gép* mozgatótartályos mérleg; ~ **calorifier** → ~ boiler; ~ **clinic** rohamkocsi; ~ **concrete mix plant** *ép* mobil betontelep; ~ **container handling crane** *em* két oldalra rakodó konténer-autódaru; ~ **conveyer** *bány* csillealvázas szállítószalag; ~ **crane** *em* önjáró/járműves daru; ~ **crusher with classifying plant** *ép* önjáró törő-osztályozó mű; ~ **defence/defense** *kat* mozgó védelem; ~ **departure lounge** *rep* utasbeszállító jármű/autóbusz; ~ **device** *szt* hordozható egység; ~ **drying, screening and mixing plant** *ép* mobil szárító-, osztályozó- és keverőtelep; ~ **dry rotary drilling-machine** *ép* önjáró földfúró gép; ~ **engine-driven hot asphalt boiler** *ép* mobil aszfaltfőző berendezés; ~ **equipment** *el* hordozható elektromos berendezés; ~ **excavator** *ép* önjáró kotró; ~**-gas** *ol* mobilgáz; ~ **hand scraper** *ép* mozgatható géplapát; ~ **height-finder** *rep* mozgó magasságbemérő; ~ **home** lakókocsi, mobilház; ~ **hopper scale** *ép* mozgatótartályos mérleg; silómérleg; ~ **industrial handling equipment** *ép* szintenjáró szállítógép; ~ **laboratory** *vegy* mozgó laboratórium; ~ **launching pad** *kat* mozgó indítóállvány; ~ **load** *mech* mozgó/dinamikus terhelés; ~ **locator** *rep* mozgó bevezető helyjeladó/irányadó; ~ **magnetometer** *el* mozgó magnetométer; ~ **mastic asphalt mixer** *ép* mobil aszfaltfőző berendezés; ~ **mastic cooker** → ~ mastic asphalt mixer; ~ **mechanical shovel** *ép* homlokrakodó; ~ **mix plant** *ép* mobil betontelep; ~ **phase** mozgó fázis; ~ **pumping aggregate** *hidr* mozgatható szivattyúgépcsoport; ~ **radio** *rád* gépkocsirádióadó; ~ **radio service** *rep* mozgó rádióösszeköttetés; ~ **radio transmitter** *rád* gépkocsizó rádióadó, gépkocsi-rádióadó; ~ **radio unit (MRU)** *távk* hordozható rádióegység/állomás; ~ **reactor** *at* mozgatóreaktor, propulziós reaktor; ~ **roof support** *bány* önjáró biztosítás; ~ **rotary crane** *em* önjáró forgódaru; ~ **satellite service** *távk* műholdas mozgószolgálat; ~ **service** *távk* mozgószolgálat; ~ **set** *el* hordozható készülék; ~ **ship station** *rep* mozgó vízi állomás; ~ **slewing crane** *em* önjáró forgódaru; ~ **station** *távk* mozgóállomás, járműre szerelt adóállomás; ~ **surface station** *rep* mozgó szárazföldi állomás; ~ **television** *tv* külső televíziós közvetítés; ~ **tower crane** *em* járműves toronydaru, kötetlen pályán mozgó toronydaru; ~ **track conveyor/shifter** *bány* önjáró vágányáthelyező; ~ **transmitter** *távk* járműre szerelt adóállomás, mozgóállomás; ~ **truck-mounted concrete pump** *ép* autó-betonszivattyú; ~ **TV camera** *tv* hordozható televíziókamera; ~ **water saturation** *ol* mozgóképes víztelítettség; ~ **workshop** *szer* műhelykocsi, mozgóműhely

mobility mozgékonyság; *fotó* felvevőgép követési képessége, mozgási szabadság; *gép* mozgathatóság; *kat* mobilitás; *ol* mozgékonyság; ~ **buffer slug** *ol* mozgékonyságszabályozó pufferdugó; ~ **constant** *mech* mozgékonysági tényező, mozgékonyság; ~ **degree** *mech* mozgékonysági fok; ~ **factor** *vegy* mozgékonyság; ~ **of a dislocation** *félv* diszlokáció mozgékonysága; ~ **of a program(m)ing address** *szt* prog-

ramcím eltolhatósága; ~ **ratio** *mech, vegy* mozgékonysági arány
mobilize *kat* mozgósít, mobilizál
Möbius | **band/strip** *mat* Möbius-szalag; ~ **plane** *mat* Möbius-sík, inverzív sík; ~ **process** *el, gép* Möbius-eljárás; ~ **transformation** *mat* Möbius-transzformáció
moccador *tex* bordás félselyem
moccasin *cipő* mokaszin
Mocha stone *ásv* mokkakő, tarkaachát
mock utánzat; hamis, utánzott; ~ **antenna** *távk* műantenna; ~ **buck** *bőr* őzbakutánzat; ~ **crepe** *tex* krepputánzat; ~ **drapery** *ép* drapériát utánzó falfestés; ~**-fashioned hose** *kh* varrás nélküli harisnya; ~ **fashioning** *kh* utánzott/hamis fogyasztás; ~ **fog** *kat, met* álköd, mesterséges köd; ~ **leno** *tex* gézutánzat; ~ **moons** *met* mellékholdak; ~ **seam** *cipő* varrásutánzat; *ruh* rejtett varrat, vakvarrat; ~ **stitching** *cipő* vaköltés; ~ **suns** *met* melléknapok; ~**-up** *gép* makett, nem működő modell; *műa* egyszerű gipszforma; *rep* repülőgép-attrap; *ruh* mintababa; ~**-up reactor** *at* reaktorszimulátor, reaktormodell; ~**-up test** *gép* modellkísérlet, kísérlet maketton, makettkísérlet; ~ **yarn** *tex* félfésűs gyapjúfonal
modal alaki; *hang, mat* modális; ~ **dispersion** *stat* módusdiszperzió; ~ **logic** modális logika; ~ **staple** modális elemiszálhossz; ~ **time spread** *stat* módusdiszperzió; ~ **value** *stat* módus, legvalószínűbb érték
modality módozat, körülmény; *hang, mat* modalitás; ~ **of truth** *mat* igazságérték, igazságmérték, logikai érték
mode eljárás; mód(szer); divat; *el, távk* módus; üzemmód; *hang* hangnem; *mat* modell; módus, modális/legvalószínűbb érték; *tex* csipke-alapkitöltés; ~ **changer** *távk* móduskonverter, hullámtípus-átalakító; ~ **control** *távk* hullámtípus-beállítás; ~ **converter** *távk* móduskonverter; ~ **coupled laser** *fiz* kapcsolt üzemmódú lézer; ~ **filter** *távk* hullámtípusszűrő; ~ **filter slot** *távk* résszűrő *(hullámtípushoz)*; ~**-frequency separation** *távk* frekvenciaszétbontás, frekvenciaszétválasztás; ~ **jump** *távk* üzemmódváltás; ~**-locked laser** *fiz* hullámtípus-szinkronizálású *v.* szinkronizált üzemmódú lézer; ~**-locked laser pulse** *fiz* fázisba hozott üzemmódú lézer impulzusa; ~ **of action** *gép* működési mód; ~ **of cooling** *koh* hűtési mód; ~ **of electric type** *távk* E-módus, E-hullám, TM-módus, TM-hullám, transzverzális mágneses hullám, transzverzális H-módus/H-hullám; ~ **of flight** *rep* repülési üzemmód; ~ **of frequency** *távk* rezgésmódus, hullámmódus, hullámforma; ~ **of functioning** *gép* működés(mód), munkamód, üzemmód, üzemeltetési mód; ~ **of magnetic type** *távk* H-módus, TE-módus, transzverzális elektromos hullám; ~ **of operation** → ~ of functioning; ~ **of oscillation** *távk* rezgésmódus, hullámmódus, hullámforma, rezgési mód; ~ **of propagation in a waveguide** *távk* hullámvezető módus; ~ **of radiation** *távk* sugárzás módusa/sajátrezgés formája/sajáthullám alakja; ~ **of vibration/wave** *távk* rezgésmódus, hullámmódus, hullámforma, rezgési módus, sajátrezgés; ~ **separation** *távk* frekvenciatáv; ~ **shade** *ruh* divatszín; ~ **shift** → ~ jump; ~ **suppressor** *távk* móduselnyomó; ~ **transducer/transformer** *távk* móduskonverter, módusátalakító, hullámtípus-transzduktor
model I. *v mt* alakít, formál, (meg)mintáz; **II.** *n* modell; *gép* makett; modell, szimulátor, kisminta; *mat, szt* modell; *mt* sablon; ~ **aeroplane** repülőmodell; repülőgép-kisminta *(szélcsatornához)*; ~ **analysis** *gép* kismintakísérlet; ~ **area** *környv* mintaterület; ~ **board** *pa* cipészlemez; ~ **building** *gép* modellezés; ~ **circuit** *el* áramköri modell; ~ **distortion** *el* kismintatorzítás, modelltorzítás; ~ **experiment** *geof, gép* modellkísérlet; ~ **for illustrating molecular theory of magnetism** *fiz* mágneses molekulamodell; ~ **home** *ép* mintaterem; ~ **method** *gép, szt* modellmódszer; ~ **of a communication process** *távk* információátviteli folyamat modellje; ~ **of a communication system** *távk* hírközlési rendszer modellje, hírközlési modell; ~ **of interbranch relations** *ip* ágazati kapcsolatok modellje; ~ **of sphere packing** *ásv* gömbilleszkedés modellje; ~ **of united atom** *at* egyesített atommodell; ~ **statement** *szt* modellutasítás; ~ **structure** *ásv* modellszerkezet; ~ **system optimization** *aut* rendszer-optimalizálás modell alapján; ~ **test** *gép* kismintakísérlet, modellkísérlet; *hidr* kismintavizsgálat; *távk* antennamodell-kísérlet; ~ **theory** *mat* modellelmélet
modeling *US* → modelling
modeller, *US* **modeler** mintakészítő, modellkészítő, mintázó; *rep* modellező
modelling, *US* **modeling** modellezés, szimulálás, szimuláció, utánzás; *mt* alakítás, formálás, mintázás; *opt* mélység érzékeltetése *(festésnél)*; *szt* modellezés; ~ **board** *mt* mintázóasztal, lehúzódeszka, mintázódeszka; ~ **light** *fotó* alapfény; ~ **subsystem** *szt* modellező alrendszer; ~ **the transfer lag by computing amplifiers** *el* holtidő modellezése műveleti erősítő segítségével
modellist, *US* **modelist** *mt* mintakészítő, modellkészítő, mintázó; *rep* modellező
modelmaker's lathe *forg* öntőminta-eszterga
modem → modulator-demodulator
moderate I. *v* enyhít, fékez, megnyugtat, visszatart, mérsékel; mérséklődik, enyhül; *at* lassít, moderál; **II.** *a* fékezett, közepes, mérsékelt; ~ **accelerator** *műa, vegy* közepes (hatású) gyorsító; ~ **breeze** *met* mérsékelt szél; ~ **continuous turbulence** *rep* közepes, állandó turbulencia; ~**-distance transmission** *távk* kistávolságú átvitel; ~ **gale** *met* erős szél; közepes erősségű vihar; ~ **icing in precipitation** *rep* közepes jegesedés csapadékban; ~ **intermittent turbulence** *rep* közepes, időszakos turbulencia; ~ **temperature** *hőt* közepes/mérsékelt hőmérséklet
moderated fékezett, közepes, mérsékelt; ~ **neutron** *at* lassított neutron; ~ **reactor** *at* moderált/moderátoros reaktor
moderately volatile fuel *ol* mérsékelt illékonyságú tüzelőanyag
moderating I. *a* csillapító, fékező, mérséklő; **II.** *n* fékezés, mérséklés; ~ **glass** ellenzőüveg; fénytompító üveg; ~ **power** *at* moderálási viszony/erősség, lassítási tényező; ~ **property** *vegy* moderátortulajdonság, lassítási tulajdonság; ~ **ratio** → ~ power
moderation csillapítás, fékezés, mérséklés; *at* lassítás, moderálás
moderator *at* (neutoron)lassító; csillapítóanyag, csillapítóberendezés, moderátor; *gép* szabályozós szerkezet; *vegy* lassítóanyag, fékezőanyag, moderátor; ~ **can** *at* moderátorköpeny, moderátortokozás; ~ **cap-**

ture *at* moderátor általi befogás; ~ **control** *at, aut* moderátoros szabályozás; ~ **coolant** *at* moderátor hűtőközege, moderátor-hűtőközeg; ~ **cooling system** *at* moderátor-hűtőrendszer; ~ **dumping** *at* moderátor-gyorskifolyatás; ~ **dumping safety mechanism** *at* moderátorelfolyatási biztonsági mechanizmus; ~**-fuel ratio** *vegy* tüzelőanyag arány; ~ **heat** *at* moderátorhő, lassításnál keletkezett hő; ~ **lattice** *at* moderátorrács; ~ **material** *at* moderátoranyag, lassítóanyag; ~ **sphere** *at* moderátorgömb

modern | **face** *nyom* modern antikva *(betűtípus)*; ~ **Roman roofing (tiles with ridge roll overlapping)** *ép* takarótagozatos (sajtolt) cserépfedés; ~ **typeface** *szt* modern karakterformátum

modernize korszerűsít, modernizál; *ép, gép* újjépít, újjászerkeszt, felújít

modification *gép* átalakítás, módosítás, változtatás; változat; *szt* módosítás; *vegy* módosulat; ~ **circuit** *el* átalakító áramkör; ~ **of instruction** *szt* utasításmódosítás; ~ **of product** termékmódosítás; ~ **of technology** technológiamódosítás

modified *gép* átalakított, módosított, modifikált; *szt* módosított; ~ **air** *rep* állapotában változó levegő; ~ **cast-iron** *koh* modifikált öntöttvas; ~ **cellulose** *pa* módosított cellulóz; ~ **complement code** *szt* módosított komplemens kód; ~ **cylindrical Bessel function (of the first kind)** *mat* módosított (elsőfajú) Bessel-függvény; ~ **glyptal** *műa* módosított gliptálgyanta; ~ **heat-resistant iron** *koh* módosított hőálló öntöttvas; ~ **instruction** *szt* változó utasítás; ~ **law of sines** *mat* módosított szinusztörvény; ~ **loess** *talt* modifikált lösz; ~ **mean** *mat* korrigált középérték; ~ **normal LP problem** *mat* módosított normálfeladat; ~ **phenolic resin** *műa* modifikált fenolgyanta, műkopál; ~ **refractive index** *opt* redukált törésmutató; ~ **resin** *műa* módosított gyanta; ~ **scattering** *ásv, távk* módosított szórás; ~ **simplex method** *mat* módosított szimplex módszer

modifier *aut* átirányító/irányváltó készülék; *műa* modifikáló; *szt* módosító; ~ **bit** *mat* módosító bit, kettes számrendszerű módosító számjegy; ~ **register** *szt* indexregiszter

modify átalakít, módosít, (meg)változtat; átalakul, módosul, (meg)változik; *önt, vegy* modifikál

modifying agent *vegy* modifikálószer, módosítóreagens

modular moduláris; *el* moduláris; *fa* elemes; moduláris, modulrendszerű; *mat* modulusos; ~ **building unit** *ép* moduláris (építő)elem; ~ **cast iron roll** *koh* gömbgrafitos henger; ~ **concept** *el, ép* modulos építési mód/szerkesztés; ~ **construction** *ép* modulméretben/modulrendszerben készült szerkezet; ~ **coordination** *ép* modulkoordináció, méretrend; ~ **design** *el, ép, fa* modulrendszerű konstrukció/tervezés; ~ **design principle** *el, ép, fa* építőszekrényelv, modulelv; ~ **memory** *szt* moduláris memória; ~ **principle (of construction)** → ~ design principle; ~ **program** *szt* moduláris program; ~ **programming** *szt* moduláris programozás; ~ **property** *mat* modularitás; ~ **ratio** *ép* n-érték *(vasbetét és beton rugalmassági tényezőjének viszonyszáma)*; ~ **system** *ép* modul(us)rendszer; *szt* moduláris rendszer; ~ **system automatic control** *aut* önműködő szabályozás modulrendszere; ~ **unit** *el, ép* modul(elem), modulblokk

modularity *szt* moduláris felépíthetőség

modularize *el, ép* modularizál

modularized *el, ép* modularizált, modul-

modulate *el, távk* modulációt hoz létre, modulál; szaggat *(vivőáramot)*; *hang* színez *(hangot)*, árnyal, modulál; változik, modulál

modulated *el, távk* modulált; szaggatott *(vivőáram)*; *hang* színezett, árnyalt; ~ **amplifier** *távk* modulált fokozat; ~ **carrier** *távk* modulált vivőfrekvencia; ~ **carrier channel** *távk* modulált vivőfrekvencia-csatorna; ~ **continuous wave (MCW)** *távk* modulált folytonos hullám; ~ **current** *el* modulált áram; ~ **light-beam** *opt, távk* modulált fénysugárnyaláb; ~ **power** *távk* modulált teljesítmény; ~ **projection** *ásv* modulált vetület; ~ **signal** *távk* modulált jel; ~ **stage** *távk* modulált fokozat; ~ **wave** *távk* modulált hullám

modulating I. *a el, távk* moduláló, modulációs; szaggató; *hang* színező, árnyaló; **II.** *n el, távk* moduláció, vivőáram-szaggatás; modulálás; *hang* színezés, árnyalás; ~ **choke** *távk* moduláló fojtótekercs, modulálótekercs; ~ **electrode** *el* vezérlőelektród; ~ **frequency** *távk* modulációs/moduláló frekvencia; ~ **signal** *távk* modulálójel; ~ **valve** *távk* modulátorcső, kivezérlőcső

modulation *el* moduláció; modulálás; *hang* hangnemváltoztatás, hangszínezés; *távk* kivezérlés; moduláció; ~ **amplifier** *távk* modulációs erősítő; ~ **by pulses** impulzusmoduláció; ~ **capability** modulációs kapacitás; ~ **choke coil** modulátor-fojtótekercs; ~ **condition** modulált állapot; ~ **degree** modulációs index, modulációfok, kivezérlési fok; ~ **depth** kivezérlés foka, modulációs mélység; ~ **envelope** modulációs burkológörbe; ~ **factor** modulációs/kivezérlési tényező/mélység; ~**-factor meter** modulációmélység-mérő; ~ **frequency** modulációs/moduláló frekvencia; ~ **frequency harmonic distortion** harmonikus torzítás; ~ **frequency limitation** modulációfrekvencia-korlátozás; ~ **gain** modulátorerősítés; ~ **gap** modulációs köz; ~ **index** modulációs fok/mélység; ~ **in phase-quadrature** kvadratúramoduláció; ~ **keying** *távk* távírómoduláció; ~ **loss** *távk* modulátorcsillapítás; ~ **measurement** modulációs mérés; ~ **monitor** moduláció-ellenőrző (műszer); ~ **noise** modulációs zaj/búgás; ~ **of (a) pulse (train)** impulzussorozat modulációja; ~ **of light** *opt, távk* fénymoduláció; ~ **products** *távk* modulációs termékek; ~ **rate** *szt* modulációs frekvencia; *távk* modulációs sebesség; ~ **reactor** *távk* modulációs fojtótekercs, modulátor-fojtótekercs; ~ **signal** modulálójel; ~ **transfer function** modulációs átviteli függvény; ~ **transformer** modulációs transzformátor, modulálótranszformátor; ~ **trough** modulációs mélypont; ~ **with a fixed reference** moduláció fix referenciával

modulator *el* áramszabályozó; *el, távk* modulátor, modulátoregység, modulátorcső; *hang* szolfézstáblázat; ~ **coil** *távk* modulálótekercs; ~ **control signal** modulátor-vezérlőjel; ~**-demodulator (modem)** *távk* modulator/demodulátor, modem; ~ **divider** *távk* frekvenciaosztó modulátorcső; ~ **electrode** Wehnelt-henger, vezérlőelektród; ~ **grid** vezérlőrács; ~ **multiplier** frekvenciasokszorozó modulátorcső; ~ **network** modulátorkapcsolás

module *el, ép* modul(egység), (alap)egység, modulelem, modulblokk, építőelem, cserélhető egység; *geol* metsző modulus; *mat* abszolút érték *(vektoré)*; arányszám, modulus; *szt* modul; *távk* modul(egység), szerelvényegység; ~ **assembly** *el, gép* modul(elem), modulblokk; ~ **circuit** *el* mikroszerelvényegység kapcsolás; ~ **furniture** *fa* továbbépíthető bútorzat, variabútor, elemes bútor; ~ **gear** *gép* metrikus/modulosztású fogaskerék; ~ **of a vector** *mat* vektor abszolút értéke; ~ **of elasticity** *any* rugalmassági modulus; ~ **pitch** *gép* modulosztás *(csigáé)*; ~ **principle (of construction)** *el, ép* építőszekrényelv, modulelv; ~ **standard unit** *el, ép* modul(elem), modulblokk; ~ **technique** → ~ principle

moduli *pl* → modulus

modulo *mat* moduló; ~**-2-addition** *szt* moduló 2-es összeadás; ~ **addressing** *szt* moduló-címzés; ~**-n** *szt* moduló-n; ~**-n-addition** *szt* moduló n-összeadás; ~**-n-counter** szt moduló-n számláló

modulus *pl* **moduli** modulus; *any, gumi* adott nyúláshoz tartozó terhelés; modulus; *mat, mech* modulus, együttható, tényező, nagyság, hosszúság, hossz, abszolút érték, (euklideszi) norma; ~ **in compression** összenyomási rugalmassági modulus; ~ **in shear** nyírási modulus; ~ **of compressibility/compression** nyomórugalmassági modulus; ~ **of deformation** *talt* alakváltozási (összenyomódási) modulus; ~ **of dynamical subgrade reaction** *talt* dinamikus ágyazási együttható; ~ **of elasticity** rugalmassági modulus, Young-féle modulus; ~ **of elasticity in shear** *bány* csúsztató rugalmassági modulus; ~ **of rigidity** csúsztató rugalmassági modulus; nyírási modulus; ~ **of rupture** szakítási együttható; törőmodulus, (névleges) hajlítószilárdság; ~ **of section** *rep* keresztmetszeti tényező; ~ **of ship girder** *hajó* bordatartó keresztmetszeti tényezője; ~ **of stiffness** merevségi együttható; ~ **of subgrade reaction** *ép* ágyazási együttható *(alapozásé)*; ~ **of transformation** *ásv, mat* transzformációs modulus; ~ **toothing** *gép* modulfogazás

Moebius → Möbius

moellon *bőr* moellon *(zsírozóanyag)*

mofette *geol* gázkitöréses hasadék, mofetta

mogas *gépk* motorbenzin *(91—93-as oktánszámú benzin)*

mohair *tex* angórakecskeszőr-szövet, moher(szövet), angóragyapjú

MOHLL → machine-oriented (high-level) language

Mohorovicic discontinuity *geol* Mohorovicic-féle törési felület

Mohr | balance Mohr-féle mérleg; ~ **litre/liter** *fiz* 1000 g víz térfogata 17,5 C^{o}-on; ~**'s circle of strain** *mech* alakváltozási kör; ~**'s circle of stress** *mech* (Mohr-féle) feszültségi kör; ~**'s clip** *ép* rugós zárócsap; ~**'s envelope** *any, mech* törésvonal; *talt* Mohr-féle burkológörbe; ~**'s enveloping curve** *mech* Mohr-féle kördiagram, határgörbe; ~**'s salt** *vegy* Mohr-féle só, ammónium-vas-szulfát; ~ **strain circle** *bány* Mohr-féle alakváltozási kör

Mohs|' hardness *any* karcolásos módszerrel meghatározott keménység, Mohs-féle keménység; ~**' hardness number** *any* Mohs-féle keménységszám; ~**' hardness scale,** ~**'scale (of hardness)** *any* Mohs-féle keménységi skála

moiety *metr* fél, fele rész; ~ **wool** *tex* bogáncsos gyapjú; félgyapjú

moil *bány* csákány; fúróvéső

moiling *bány* csákánymunka

moiré I. *v tex* moaréz, habossá tesz; **II.** *n* moiré(csíkok); *krist* moaré(csíkok); *tex* moaré, moaré(szövet), moaréselyem, habosselyem; *tv* moaré; ~ **antique** *tex* moaréfélselyem *(szövet)*; ~ **board** *pa* moarékarton; ~ **effect** *nyom, tv* moaré; *tex* habos moaréhatás; ~ **finish** *tex* moarékikészítés, moarézás; ~ **français** *tex* széles csíkú moarészalag; ~ **fringes** *krist, tex, tv* moaré(csíkok), moaréminta; ~**-gaufré ribbon** *tex* préseltmintás moarészalag; ~ **method** *krist* moarémódszer; ~ **mille-fleurs** *tex* apróvirágmintás ripszfélselyem; ~ **pattern** *krist* moaré; *nyom* moaré; *tex* moaréminta; *tv* moarécsíkok; ~**-renaissance ribbon** *tex* préselt hullámosmintás szalag; ~**-velours ribbon** *tex* moaré-bársonyszalag

moiréing *tex* moarézás

moist nedves, nyirkos; ~ **after-treatment** *ép* nedves utókezelés *(betoné)*; ~ **concrete** *ép* földnedves beton; ~ **curing** *ép* nedves utókezelés, nedvesen tartás; ~ **granulation** *gyógyv* nedves granulálás; ~ **half stuff** *pa* félanyagpép; ~**-labile** *vegy* nedveslabilis, pszeudolabilis; ~ **room** nedveskamra, páratér; ~**-stable** *vegy* nedvesstabilis; ~ **steam** *fiz* nedves/telített gőz; ~ **storage room** *any* klímakamra; ~ **water colo(u)r** *vegy* tubusos vízfesték

moisten benedvesít, megnedvesít, nyirkossá tesz; (meg)nedvesedik, nyirkossá válik, nyirkosodik; *bőr* nyirkosít, párásít, felnedvesít; *élip* (be)áztat; (be)-nedvesít, megnedvesít; benedvesedik

moistener *bőr, élip* nedvesítőanyag, nedvesítőkészülék, nedvesítő berendezés

moistening I. *a bőr, élip* nedvesítő; **II.** *n bőr* felnedvesítés; *élip* (be)áztatás, (be)nedvesítés, megnedvesítés; (meg)nedvesedés; *koh* nedvesítés; *talt* átázás; ~ **agent** *gyógyv* nedvesítőszer; ~ **apparatus** *pa* nedvesítőberendezés; ~ **box** *kh, pa* nedvesítőszekrény; ~**-machine** *pa* nedvesítőgép

moistness *any* nedvesség(tartalom), páratartalom, nyirkosság

moistograph *met* légnedvességmérő, nedvességfeljegyző készülék, légnedvességíró

moisture nedvesség(tartalom), páratartalom, nyirkosság; *ol* páracsapadék; ~ **absorption** nedvességfelszívás, nedvességelnyelés; ~ **ag(e)ing** *vegy* nedvességstabilizáló kezelés; ~ **applicator** *pa* nedvesítő; ~ **balance** *élip* nedvességtartalmi egyensúly; ~ **barrier** *any, ép* nedvességszigetelés, nedvességzárás, tömítés; ~ **breakthrough** *ol* nedvességáttörés; ~ **capacity** nedvességfelvevő/nedv(fel)szívó képesség; ~ **condition** *fa* nedvességmegoszlás, nedvességfelidéző körülmények; ~ **content (MC)** nedvességtartalom, páratartalom; ~**-content control** nedvességszabályozás; *ép* optimális víztartalom biztosítása; ~**-content indicator** nedvességtartalom-jelző; ~ **content of rocks** *talt* kőzetnedvesség; ~ **content of the humid air at saturation** *bány* telítettségi páratartalom; ~ **control** nedvességszabályozás; ~**-density curve** *talt* Proctor-féle nedvességtömörség görbe; ~ **detection/determination** nedvességmérés, nedvességmeghatározás; ~ **equivalent** vízegyenérték; ~ **expeller** *gép* nedvességkisajtoló gép; ~**-free** nedvességmentes, páramentes, száraz; ~ **ga(u)ging by (nuclear) no-contact method** nedvességmérés érintésmentes (nukleáris) módszerrel; ~ **head** nedvességérzékelő; ~**-impermeable** nedvességzáró, vízhatlan; ~**-laden air** *met* nedves levegő; ~ **load** nedvességterhelés; ~ **loss (ML)** *élip* beszáradás, nedvességtartalmi veszteség; ~ **measurement** nedvességmérés, nedvességtartalom mérése; ~ **measurement by infrared method** nedvességmérés infravörös módszerrel; ~ **measurement by means of radioactive radiation** nedvességmérés radioaktív sugárzással; ~ **meter** anyagnedvesség-tartalom mérő; nedvességmérő (készülék); ~ **movement** *ép* nedvesség felszívódása; ~**-permeable** nedvességáteresztő; ~**-proof** nedvességálló; ~**-proof lampholder** *el* nedvesség ellen védett foglalat; ~ **recorder** *met* páratartalom-regisztráló; ~ **regain** *tex* nedvességfelvétel, vízfelszívó képesség; ~**-repellent** nedvességzáró, vízhatlan; ~**-resistance** nedvességállóság; ~**-resistant** nedvességszigetelő, nedvesség-ellenálló; ~ **room** nedveskamra, páratér; ~ **sample** *bány* nedvességminta; ~ **seal** *ép* nedvességzárás/tömítés; ~ **separator** *ép* vízleválasztó, vízkiválasztó, vízelválasztó, víztelenítő; ~ **tester** nedvességmérő készülék, nedvességtartalom-vizsgáló; ~ **trap** nedvességleválasztó; ~ **treatment** nedvesség-előkezelés

mol → mole

MOL → manned orbital laboratory

molal *vegy* molális, mól-; ~ **concentration** molalitás, molális koncentráció, Raoult-koncentráció; ~ **specific heat capacity** molális fajlagos hőkapacitás; ~ **volume** móltérfogat, mólvolumen; ~ **weight** mólsúly

molality *vegy* molalitás, molális koncentráció, Raoult-koncentráció

molar *vegy* moláris; ~ **absorbance** moláris fajlagos abszorbció(képesség); ~**-absorption** moláris abszorpció; ~**-absorption coefficient** moláris abszorpciós tényező; ~ **absorptivity** moláris fajlagos abszorpció, moláris extinkciós koefficiens; ~ **boiling point elevation** moláris forráspont-emelkedés; ~ **concentration** moláris koncentráció, mólkoncentráció; ~ **conductance/conductivity** moláris vezetőképesség; ~ **dispersivity** két hullámhosszra vonatkoztatott mólrefrakció-különbözet; ~**-extinction** moláris extinkció; ~**-extinction coefficient** moláris extinkciós koefficiens; ~ **fraction** móltört; ~ **free enthalpy** moláris szabadentalpia; ~ **Gibbs free energy** moláris szabadentalpia; ~ **heat (capacity)** *vegy* moláris hő, mólhő; ~ **percent (Mol.%)** mólszázalék; ~ **polarization** mólpolarizáció; ~ **quantity** moláris mennyiség; ~ **ratio** mólarány, mólviszony; ~ **ratio after digestion** *koh* feltárás utáni mólviszony; ~ **ratio after precipitation** *koh* kikeverés utáni mólviszony; ~ **refraction** *vegy* mólrefrakció; ~ **rotation** moláris forgatóképesség; ~ **volume** moláris térfogat, móltérfogat, mólvolumen; ~ **weight** relatív molekulatömeg, mólsúly

molarity *fiz, vegy* molaritás, moláris koncentráció

molasses *pl élip* melasz; ~ **feed** melaszolt takarmány; ~ **film** melaszhártya; ~**-forming substances** melaszképző anyagok; ~ **pump** melaszszivattyú; ~ **sugar** melaszcukor

molassigenic *élip* melaszképző

mold *US* → mould

moldavite *ásv* moldavit

mole[1] vakond; *bőr* vakondirha; ~ **drain** *ép* vakondalagcső; ~ **drainage** *talt* vakond-talajcsövezés; ~**-drainage plough/plow** *mzg* vakondeke; ~**-drainer** *mzg* vakonddréneke; ~**-drain (pipe-laying) machine** *ép* vakonddréncsőhúzó/vakonddréncső-fektető gép; ~**-drain subirrigation** *hidr* vakondöntözés; ~ **grey** *opt, vegy* vakondszürke; ~ **plough/plow (drainer)** *mzg* vakondeke, járatkészítő gép

mole[2] *ép, hidr* kikötőgát, móló; ~ **jetty** *ép, hidr* móló

mole[3] **(mol)** *vegy* mól; ~ **fraction** *vegy* móltört; ~ **percent/%** *vegy* mólszázalék; ~**-per-litre concentration** *vegy* molaritás, moláris koncentráció; ~**-per-weight concentration** *vegy* molalitás, molális koncentráció, Raoult-koncentráció; ~ **ratio** *vegy* mólarány, mólviszony

molectronics *el* molekuláris elektronika

molecular *vegy* molekula-; molekuláris; ~ **abundance** *at* molekuláris előfordulási gyakoriság; ~ **acoustics** *hang* molekuláris akusztika; ~ **action** *vegy* molekuláris hatás; ~ **aerodynamics** molekuláris aerodinamika; ~ **amplifier** *távk* mézer, molekuláris rezgéskeltő; ~ **architecture** *vegy* molekulaszerkezet; ~ **arrangement** *vegy* molakulaelrendeződés; ~ **association** *vegy* molekulaasszociáció; ~ **attraction** *vegy* molekuláris vonzás; ~ **band** *fiz* spektrumsáv, színképsáv, molekulaszínkép sávja; ~ **beam** *at* molekuláris nyaláb/sugár, molekulasugár; ~**-beam maser** *távk* molekuláris (nyalábos) mézer, molakulasugaras mézer; ~**-beam spectrometer** *fiz* molekulasugaras spektrométer; ~ **biology** molekuláris biológia; ~ **bond** *vegy* molekuláris kötés; ~ **collision** *at* molekuláris ütközés; ~ **compound** *vegy* molekulavegyület; ~ **conductivity** *el* molekula-vezetőképesség; ~ **constellation** *at* molekuláris állapot; ~ **crystal** *krist* molekulakristály, molekularácsos kristály; ~ **crystal structure** *krist* molakulakristály-szerkezet; ~ **diffusion** *at, vegy* molekuláris diffúzió; ~ **dispersion** *vegy* molekuláris diszperzió; ~ **distillation** *vegy* molekuláris desztilláció/lepárlás; ~ **distiller** *vegy* molekuláris desztillátor; ~ **drag pump** *vegy* molekuláris szivattyú; ~ **electric currents** *el* molekuláris áramok; ~ **electronics** *el* molekuláris elektronika; ~ **excitation** *at* molekuláris gerjesztés; ~ **field** *fiz, távk* molekulaerőtér; ~ **flow** *vegy* molekuláris áramlás; ~ **formula** *vegy* tapasztalati/empirikus képlet, molekulaképlet; ~ **free path** *at* molekuláris közepes szabad úthossz; ~ **gas laser** *fiz* molekuláris gázlézer; ~ **ga(u)ge** molekuláris mérőműszer; ~ **heat (capacity)** *fiz* mólhő; ~ **heat conduction** *fiz* molekuláris hővezetés; ~ **laser** *fiz* molekuláris lézer, molekulalézer; ~ **link** *vegy* molekuláris kötés; ~ **lowering** *fiz, vegy* moláris csökkenés; ~ **magnet** *el* elemi mágnes, molekuláris mágnes; ~ **make-up** *vegy* molekulaszerkezet; ~ **mass** *fiz* molekulatömeg; ~ **mechanics** *fiz* molekuláris mechanika; ~ **motion** *mech* molekuláris (tömeg)mozgás; ~ **orbital (MO)** *at* molekulapálya, elektron kétcentrumú pályája, molekuláris elektronpálya; ~ **orientation** *vegy* molekulaorientáció; ~ **physics** *fiz* molekuláris fizika; ~ **radiation** *at* molekuláris sugárzás; ~ **ratio** *fiz, vegy* mólarány, mólviszony; ~ **relaxation** *műa* molekularelaxáció; ~ **repulsion** *vegy* molekuláris taszítás; ~ **rotary power,** ~ **rotation** *vegy* moláris forgatóképesség; ~ **shell** *vegy* molekulahéj; ~ **sieve** *vegy* molekulaszita, molekulaszűrő, molekuláris szűrő; ~ **spectroscopy** *fiz* molekulaspektroszkópia; ~ **spectrum** *fiz* molekulaszínkép, sávos színkép, molekulaspektrum; ~ **stopping power** *fiz* molekuláris fékezőképesség; ~ **structure** *ásv, vegy* molekulaszerkezet; ~ **structure amplitude** *ásv, vegy* molekulaszerkezeti amplitúdó; ~ **tension** *fiz* molekuláris vonzás; ~ **top** *fiz* molekuláris pörgettyű; ~ **tracer** *any* molekuláris (radioaktív) indikátor; ~ **transposition** *vegy* áthelyeződés; ~ **volume** *fiz, vegy* móltérfogat, molekulatérfogat, mólvolumen; ~ **weight (MW)** *fiz, vegy* mólsúly, molekulasúly; ~ **weight distribution** *műa, vegy* molekulasúly-eloszlás, mólsúlyeloszlás; ~ **weight modifier** *műa* molekulasúly-szabályozó, polimerizációfok-szabályozó

molecule *vegy* molekula; ~ **diffusion** *vegy* molekuláris diffúzió; ~ **lattice** *vegy* molekularács; ~ **nucleus** *vegy* molekulamag

molehill *talt* vakondtúrás

moleskin *bőr* vakondbőr, szatén; *pa* angolbőr; *pa, tex* moleszkin

Möller-pump *ép* Möller-szivattyú

mollescent lágyító, puhító; lágyuló, puhuló

Mollier diagram *fiz, vegy* Mollier-diagram

mollification lágyítás, puhítás; lágyulás, puhulás

mollify lágyít, puhít; lágyul, puhul

molluscicide *vegy* molluszkicid

Mol.% → molar per cent

molten *koh* (meg)olvadt; (meg)olvasztott, (meg)ömlesztett; *önt* öntött; ~ **bath** *heg* hegfürdő; *koh* olvadéktócsa; ~**-bismuth cooling** *at* folyékony bizmutos hűtés; ~**-cast refractory** *koh* olvaszott és öntött tűzálló anyag; ~ **iron break-through** *koh* vaskitörés; ~ **lava** *geol* folyékony láva; ~ **metal** *koh* fémolvadék; megolvadt fém; ~**-metal carrier** *koh* olvadtfémszállító kocsi; ~**-metal dyeing machine** *vegy* fémfürdős színezőgép; ~**-metal dyeing process** *vegy* fémfürdős színezési eljárás; ~**-metal pump** *koh* szivattyú megolvadt fém szivattyúzásához; ~**-metal welding** *heg* öntőhegesztés; ~ **pig (iron)** *koh* olvasztott nyersvas; ~ **plate metal** *koh* megömlött alapanyag; ~ **salt reactor** *at* olvasztott só üzemanyagú reaktor; ~**-slag bath pool** *heg* megolvadt salakfürdő; ~ **solder (pool)** *heg* forraszfürdő; ~ **state** megolvadt állapot; ~**-test sample** *koh* folyékony fémpróba; ~ **weld crater** *heg* folyékony hegesztési kráter; ~ **weld-metal puddle** *heg* hegesztőfürdő; ~ **zone** *any, krist* olvadt zóna

molybdate *vegy* molibdát

molybdenian *ásv* molibdéntartalmú

molybdenic *vegy* molibdén(III)-

molybdenite *ásv* molibdenit

molybdenous *vegy* molibdén(II)-

molybdenum (Mo) *vegy* molibdén; ~ **blue(s)** *vegy* molibdénkék; ~ **dichloride** molibdén(II)-klorid; ~ **dioxide** molibdén(IV)-oxid; ~ **disulphide/disulfide** molibdén(IV)-szulfid, molibdén-diszulfid; ~ **glance** *ásv* molibdenit; ~ **hexafluoride** *vegy* molibdén(VI)-fluorid; ~ **pentachloride** molibdén(V)-klorid; ~ **pentoxide** molibdén(V)-oxid; ~ **sesquioxide** molibdén(III)-oxid; ~ **tetrachloride** molibdén(IV)-klorid; ~ **trichloride** molibdén(III)-klorid; ~**-trioxide** molibdén-trioxid; ~ **trisulphide/trisulfide** molibdén(VI)-szulfid; ~ **(VI) oxide** molibdén(VI)-oxid

molybdic *vegy* molibdén(III)-, molibdén(VI)-; ~ **acid** *vegy* molibdénsav; ~ **anhydride** *vegy* molibdén(VI)-oxid; ~ **ochre** *vegy* molibdénokker

molybdite *ásv* molibdit

molybdomenite *ásv* molibdomenit

molybdous *vegy* molibdén(II)-

molysite *ásv* molizit

MOM → milk of magnesia

moment tényező; momentum; pillanat; időpont; *mech* erő, nyomaték, indíték, momentum; ~ **about mean** *mech* centrális momentum; ~ **area** *mech* nyomatéki terület; ~ **arm** erő karja, erőkar, emelőkar, nyomatéki kar; ~ **arm of the internal forces** belső erők karja; ~ **at fixed end** nyomaték a befogott végen, befogási nyomaték; ~ **at support** támasznyomaték; ~ **coefficient** nyomatékcsökkentő tényező; ~ **curve** nyomatékgörbe, nyomatéki ábra; ~**-distribution (method)** nyomatékosztás-módszer, Cross-módszer; ~ **excitor/exciter** *ép* nyomatékgerjesztő; ~ **generating function** *mat* momentumgeneráló függvény; ~ **impulse** *mech* nyomatékimpulzus; ~**-influence line** nyomatéki hatásábra; ~ **matrix** *mat* momentummátrix, momentumok mátrixa; ~ **of a magnet** *el* mágneses (dipól)momentum; ~ **of arc striking** *heg* hegesztőív meggyulladásának időpontja; ~ **of flexure** *mech* hajlítónyomaték; ~ **of force** *mech* erőnyomaték; ~ **of friction** súrlódónyomaték; ~ **of gyration** lendítőnyomaték; ~ **of inertia (MI)** másodrendű/tehetetlenségi nyomaték, inercianyomaték; ~ **of interception** *at* gyűjtés/befogás pillanata *(elektroné)*; ~ **of load** *mech* terhelő nyomaték; ~ **of momentum** impulzusnyomaték, impulzusmomentum, perdület, sebességnyomaték; ~ **of motion** hajtónyomaték; ~ **of random function** *mat* valószínűségfüggvény nyomatéka; ~ **of resistance (MR)** *mech* ellenálló nyomaték; ~ **of rotation** forgatónyomaték; ~ **of rupture** törőnyomaték; ~ **of span** mezőnyomaték; ~ **of sparking** *gépk* gyújtási időpont; ~ **of stability** *hajó* stabilizálónyomaték; ~ **of velocity** *mech* perdület, sebességnyomaték; ~ **resistance** *any* hajlítási ellenállás, nyomatékbírás; ~**-resistant connection** *gép* hajlítás felvételére alkalmas kapcsolat, sarokmerev kapcsolat; ~**s method** *at* nyomatékeljárás, nyomatékközelítés; ~ **value** *geof* nyomatékérték; ~ **vector** *mech* nyomatékvektor

momental equation *mech* nyomatéki (egyenlet)

momentary pillanatnyi, azonnali; ~ **compressor** *gép* momentán kompresszor; ~**-duty electromagnet** *el* pillanatműködésű elektromágnes; ~ **phase meter** pillanatérték-fázismérő; ~ **power** *el, mech* pillanatnyi teljesítmény; ~ **sample** *any* pillanatminta; ~ **sampling** pillanatnyi mintavétel; ~ **value** pillanatérték

momentum *pl* **momenta** mozzanat; tényező; *mat* végtelen kis csökkenés/növekedés; *mech* impulzus, lendület, elevenerő, mozgásmennyiség, nyomaték; ~ **balance** *mech* nyomatékkompenzáció; ~ **balance controller** nyomatékkompenzációs szabályozó; ~ **change** *at, mech* mozgásmennyiség-változás; ~ **conservation** *mech* impulzusmegmaradás, mozgásmennyiség megmaradása; ~ **equation/law** *mech* impulzustétel; ~ **space** *at, krist* impulzustér; ~ **storage** *mech, távk* mozgásmennyiség-raktározás; ~ **theorem** → ~ equation; ~ **transfer** *mech* impulzusátvitel; ~ **vector** *mech* impulzusvektor

mona wax *vegy* monaviasz

monacetin *vegy* glicerin-monoacetin, glicerin-monoacetát

monacid I. *a vegy* egysavas *(bázis)*; **II.** *n vegy* monosav, egybázisú sav

monad *mat* monád, hármas, monoid; *vegy* egyvegyértékű elem/gyök, oszthatatlan anyag, parány
monadic | **operation** *mat* egyváltozós/monadikus művelet; *szt* egyoperandusú/monadikus művelet; ~ **operator** *szt* egyoperandusú/monadikus műveleti jel; ~ **predicate** egyváltozós logikai függvény/predikátum
monadnock *geol* tanúhegy, maradékhegy, köbörc
monatomic *vegy* egyatomos
monaural *távk* egy hangcsatornás, monoaurális; ~ **beat** *hang* egy füllel észlelt lebegés; ~ **hearing** *hang* egyfülű hallás
monazite *ásv* monacit; ~ **sand** *ásv* monacithomok
Mond | **gas** *vegy* Mond-gáz; ~ **process** *gép* Mond-eljárás
Monel | **electrode** *el* monelelektród; ~ **filler wire** *heg* monel-hegesztőhuzal; ~ **metal** *koh* monelfém, monelötvözet
monetite *ásv* monetit
money paper *pa* pénzjegypapír
mongrel-type construction *ép* felemás/vegyes szerkezet
Monier's | **arch** *ép* Monier-ív; ~ **reinforced-concrete ceiling** *ép* Monier-födém
monimolite *ásv* monimolit
monitor I. *v* (folyamatosan) ellenőriz; *távk* (meg)figyel, lehallgat, behallgat; **II.** *n at* monitor, folyamatos ellenőrző-berendezés, sugárzásdetektor; *aut* monitor(rendszer), jelzőműszer, ellenőrzőműszer, monitor-programrendszer, vezérprogram; vészjelző *(berendezés/készülék)*; *bány* forgatható/nagynyomású fecskendő; vízsugárfejtő berendezés, kotróberendezés; *hajó, kat* monitor *(folyami hadihajó)*; *hidr* vízágyú; *rep* figyelőegység; *szt* monitor, figyelő; *távk* figyelőegység; *tv* monitor, képellenőrző készülék; ~ **checking routine** *szt* felügyelőprogram; ~ **chuck** *forg* fúrótokmány *(jobb- és balmenetű csavarszorítással)*; ~ **coil** *távk* figyelőtekercs *(önálló)*; ~**-controlled operation** *aut* monitorvezérlésű művelet; ~ **counter** *at* ellenőrző-számláló; ~ **desk** *távk* ellenőrző/megfigyelő munkahely; ~ **ionization chamber** *at* ellenőrző ionizációs kamra; ~ **kinescope** *tv* monitorképcső; ~ **lathe** *forg* revolvereszterga; ~ **nozzle** *mzg* forgatható szórófej; ~ **operating system** *szt* monitor(program-) rendszer, vezérprogram; ~ **panel** *távk* figyelőegység; ~ **position** *távb* hibabejelentő, ügyelet(es); ~ **printer** *szt* ellenőrző-nyomtató; ~ **program** *szt* monitor (program); ~ **receiver** *hang* hangfelvétel-ellenőrző készülék; *távk* ellenőrző vevőkészülék; ~ **roof** *ép* kiemelkedő tető; *vasút* tetővilágítás *(vasúti kocsin)*; ~ **routine** *szt* monitor(-programrendszer), felügyelőprogram; ~ **spout** *bány* hidromonitor; ~**'s table** *távb* ügyeletes/hibabejelentő (munkahely); ~ **system** *szt* monitorrendszer, felügyelőrendszer; ~ **unit** *aut* ellenőrzőtelep, megfigyelőtelep
monitored *aut, el, szt* ellenőrzött; ~ **control system** *aut, el, szt* zárthurkú/zártkörű irányítási rendszer
monitoring I. *a aut* ellenőrző; *kat, távb* megfigyelő; *távk* lehallgató; **II.** *n at, aut* (folyamatos) ellenőrzés/vizsgálat, monitoros vizsgálat; *kat* megfigyelés; *távk* lehallgatás; *tv* képcsöves ellenőrzés; ~ **aerial** *távk* ellenőrző-antenna, monitorantenna; ~ **amplifier** *távk* lehallgatóerősítő; ~ **antenna** → ~ aerial; ~ **circuit** *távb* figyelőáramkör; ~ **coil** *távk* ellenőrző-erősítő; figyelőtekercs; ~ **device** ellenőrző-készülék; *távk* lehallgatóberendezés; ~ **direction** *távk* felügyeleti irány; ~ **element** *távk* kimenőjel-formáló; ~ **equipment** *távk* adásellenőrző berendezés; ~ **feedback** *el* fő visszacsatolás/visszavezetés, stabilizáló visszacsatolás; ~ **flowmeter** ellenőrző átfolyásmérő; ~ **jack** *távk* ellenőrző/figyelő kapcsolóhüvely; ~ **key** *távk* befigyelőkulcs, visszakérdezőkulcs; ~ **loop** *távk* fő visszacsatolókör; ~ **loudspeaker** *rád* műsorellenőrző hangszóró; stúdió-ellenőrző hangsugárzó; ~ **machine with scanning** *aut* adatminta-vételező üzemellenőrző berendezés; ~ **point** mérési hely/pont; ~ **position** *távk* lehallgató munkahely; ~ **receiver** *távk* lehallgatóvevő; ~ **station** *távk* ellenőrző-állomás, lehallgatóállomás; ~ **teleprinter** *távb* vizsgáló/figyelő távgépíró; ~ **tube** *tv* monitorképcső; ~ **winding** *távk* figyelőtekercs *(menetek más tekercsben)*
monitron *at, aut* ellenőrző-riasztó készülék
monk *nyom* festékfolt *(a nyomaton)*; ~**'s cloth** *tex* panamakötésű pamutszövet
monkey *ép* cölöpverő kos; ejtőkörte; szabadon eső verő(kos); *koh* salakcsapoló nyílás; *üveg* olvasztótégely *(kis üvegadagokhoz)*; ~ **board** *el* kapcsolóállás; ~ **chatter** *távk* szomszédcsatorna-áthallás, szomszédcsatorna-zavarás, oldalsáv-interferencia; ~ **drift** *bány* irányvágat, keskeny kutatóvágat; ~ **engine** *ép* cölöpverő gép; ~ **entry** *bány* (kis szelvényű) légvágat; ~ **gangway** *em* futódaru pályája; ~ **way** *bány* légvágat; ~**-wrench** *szersz* állítható csavarkulcs, franciakulcs
mono → monophonic
monoatomic *vegy* egyatomos; egyértékű *(alkohol)*
monoazo | **dye** *vegy* monoazoszínezék; ~ **metallic complex dye** *vegy* monoazo-fémkomplex színezék
monoband *gumi* kerékpárköpeny-felépítő gép
monobasal *ásv* egybázisú *(kristály)*
monobasic *vegy* egybázisos; ~ **acid** *vegy* egybázisos sav; ~ **phosphate** *vegy* egybázisos foszfát
monobloc(k) *gép, önt* egy darabban/tömbben levő/öntött, egy darabból/tömbből készült/öntött; monoblokk-; ~ **boom** *ép* egyrészes gém; ~ **casting** *önt* monoblokköntvény, egy darabból álló öntvény; ~ **jib** → ~ boom; ~ **machine** *gép* egyszeres húzópad; ~ **sleeper** *vasút* vasalj(zat), magánalj
monoboom *ép* egyrészes gém
monocable I. *a gép* egyköteles; **II.** *n ol* perforálókábel; *vasút* egyköteles függővasút; ~ **ropeway** *gép* egyköteles kötélpálya
monocalcium ferrite *vegy* monokalcium-ferrit
monocentric *fiz, opt* egycentrumú; monocentrikus; ~ **eyepiece** *opt* monocentrikus szemlencse/okulár; ~ **orbital** *fiz* egycentrumú elektronpálya
monochloride process *koh* szubkloridos eljárás
monochord *hang* monochord
monochromatic *at* monokromatikus, egyenfrekvenciájú; *fiz, opt* egyszínű, monokromatikus; ~ **aberration** *tv* egyszínű/monokromatikus torzítás; ~ **beam** *fiz* egyszínű sugárnyaláb; ~ **laser spectrum** *fiz* egyszínű lézersugárzás színképe; ~ **light** *fiz* monokromatikus/egyszínű fény; ~ **light source** *rep* egyszínű fényforrás; ~ **polarimeter** *fiz* monokromatikus polariméter/sarkításmérő; ~ **radiation** *fiz* monokromatikus sugárzás; ~ **source** *fiz* egyszínű sugárzóforrás; ~ **spectrum** *fiz* monokromatikus színkép; ~ **vision** *opt* monokromázia, akromázia
monochromaticity *opt* monokromatizmus, egyszínűség

monochromatism *opt* monokromatizmus; monokromázia, akromázia, egyszínűség
monochromator *fiz* monokromátor
monochrome *nyom* egyszínű *(nyomás)*; *tv* fekete-fehér, monokróm; ~ **channel** *tv* egyszínű csatorna; ~ **information** *tv* egyszínű/fekete-fehér információ; ~ **receiver/television** *tv* fekete-fehér televízió/tévékészülék; ~ **transmitter** *tv* egyszínű/fekete-fehér adó
monoclinal *geol* monoklin(ális); *krist* egyhajlású *(kristály)*, monoklin; ~ **fold** *geol* monoklinális; ~ **structure** *geol* monoklinális szerkezet; ~ **system** *geol, krist* egyhajlású kristályrendszer
monocline I. *a geol* monoklinális; **II.** *n geol* monoklinális redő; ~ **crystal system** *krist* monoklin rendszer; ~ **wave** *fiz* monoklin hullám
monoclinic *geol* monoklinális, egyhajlású; *krist* monoklin; ~ **class** *krist* monoklin osztály; ~ **form** *krist* monoklin forma; ~ **hemihedry** *krist* monoklin hemiédria; ~ **hemimorphy** *krist* monoklin hemimorfia; ~ **holoedry** *krist* monoklin holoédria; ~ **sulphur/sulfur** *vegy* monoklin kén; ~ **system** *krist* monoklin rendszer
monoclonal antibodies *biot* monoklonális ellenanyag
monocoil *el* egytekercses
monocoque *rep* héjszerkezet; héjszerkezetű repülőgép; ~ **fuselage** *rep* héjszerkezetes repülőgéptörzs, héjtörzs; ~ **wing** *rep* héjszerkezetű szárny, héjszárny
monocrystal *krist* egykristály, egyes kristály; ~ **diffractometer** *metr* monokristályos/egykristályos diffraktométer/elhajlásmérő
monocrystalline *krist* egykristályos; ~ **cathode** *el* egykristálykatód
monocular *opt* egylencsés, monokuláris
monocyclic *vegy* egyciklusú, monociklusos
monocylindrical *gép* egyhengeres
monodirectional egyirányú
monodisk *gép* egytárcsás
monodisperse *at* egyenletes elosztású; *vegy* monodiszperz; ~ **system** *vegy* monodiszperz
monoeder *krist* monoéder
monoenergic *at* egyenergiájú, monoenergikus; ~ **radiation** *at* monoenergikus/monokromatikus sugárzás
monoethanolamine (MEA) *vegy* monoetanol-amin
monoethenoid *élip* egyszer telítetlen, egy kettős kötésű
monofilament *műa* egy szál; *tex* monofil; ~ **yarn** *élip* egyszálas fonal *(szitában)*; *tex* monofil fonal
monofilm *any* monomolekuláris hártya/réteg
monofrequent *fiz* egyfrekvenciás; ~ **radiation** *at* monokromatikus sugárzás
monofunctional *vegy* egyfunkciós; ~ **alcohol** *vegy* egyértékű alkohol
monogene *geol* monogén *(vulkán)*
monogenetic *geol* monogén
monoglyceride *élip* monoglicerid
monogyre *krist* monogir, egyfogású tengely
monogyro compass *geod* pörgettyűs tájoló
monohydrate *vegy* monohidrát
monohydric *vegy* egyértékű *(alkohol)*; ~ **alcohol** *vegy* egyértékű alkohol; ~ **phenol** *vegy* egyértékű fenol; ~ **phosphate** *vegy* kétbázisos foszfát
monohydroxy alcohol *vegy* egyértékű alkohol
monoid *mat* monád, hármas, monoid; *rep* egy darabból kifaragott *(légcsavar)*
monoionic electrolyte *fiz* izoionos (elektrolit)
monojet *gépk* egyfúvókás
monolateral fall *ép* egyirányú esés/lejtés *(tetőé, útburkolaté)*
monolayer *any* monomolekuláris hártya/réteg; ~ **time** *vegy* monomolekuláris lefedési idő
monoline *nyom* egysoros
monolith *ép* egy tömbből faragott oszlop, egy tömbből készült létesítmény; monolit; *geol* monolit
monolithic *el* monolit(ikus); *ép* egy tömbből készült/faragott; monolit, egy darabból álló; *geol* monolit; *szt* monolitikus, egynemű; ~ **bottom** *ép* monolitikus alap, keramitkövezet *(döngölt alapon)*; ~ **capacitor** *el* monolitikus kondenzátor; ~ **ceramic** *el* többrétegű kerámiahordozó; ~ **ceramic capacitor** *el* többrétegű/monolitikus kerámiakondenzátor; ~ **circuit on silicon base** *el* szilíciumbázisú monolitikus áramkör; ~ **concrete** *ép* monolitbeton; ~ **construction** *ép* monolitszerkezet; ~ **floor** *ép* monolit padló(burkolat); ~ **framework** *ép* monolit vasbeton váz (szerkezet); ~ **integrated circuit (MIC)** *el* monolitikus integrált áramkör; ~ **integrated crosspoint component** *el* monolit integrált keresztpont-építőelem; ~ **lining** *koh* döngölt bélés; ~ **memory** *szt* monolitikus memória; ~ **microwave integrated circuit (MMIC)** *el* monolitikus mikrohullámú integrált áramkör; ~ **partition wall** *ép* monolit válaszfal; ~ **reinforced concrete** *ép* helyszíni/monolit (vas)beton; ~ **reinforced concrete floors with bottom slabs** *ép* alul bordás vasbetonfödém; ~ **reinforced concrete floors with top slabs** *ép* felül bordás monolit vasbetonfödém; ~ **store** *szt* monolitikus tároló
monolithically monolitikusan; ~ **assembled floor slabs** *ép* monolitizált tárcsásított elemes födém
monome *mat* egytag, egytagú szám/kifejezés, monóm
monomer *vegy* monomer; ~ **reactivity** *vegy* reagálóképességi arány *(r érték)*; ~ **unit** *műa* monomer egység, láncszerkezeti egység
monomeric *vegy* monomer
monomial I. *a mat* egytagú; **II.** *n mat* egytag, egytagú szám/kifejezés, monóm; ~ **expression** *mat* monóm, egytagú kifejezés
monomineralic *geol* egy ásványt tartalmazó; ~ **rock** *geol* monominerális kőzet
monomolecular *fiz, vegy* monomolekuláris; ~ **film/layer** *el* egymolekulás/monomolekuláris réteg; ~ **reaction** *vegy* monomolekuláris reakció
monomorphic *mat* kategórikus, monomorf
monomorphism *mat* monomorfizmus
monomorphous *krist* monomorf, egyalakú
monomorphy *mat* kategorikusság, monomorfia
mononuclear *biot* egymagvas *(sejt)*
monoobservation egyszeri megfigyelés
monoolefine *vegy* monoolefin
monoperforated powder *kat* cső alakú lőpor
monophase *el* egyfázisú; ~ **a.c. mains supply** *el* egyfázisú váltakozóáramú hálózat; ~ **transformer** *el* egytekercsrendszeres transzformátor
monophonic *hang, távk* egy hangcsatornás, mono(aurális), monofon, mono; ~ **sound reproduction** *el* monofon hangvisszaadás/hangátvitel
monopiece body *gépk* egy darabból készített/hegesztett kocsiszekrény

monoplane *rep* egyfedelű/egyszárnyú repülőgép; ~ **filament** *el* síkszerelésű izzótest, egy síkban feszített izzószál, lapos spirálú izzószál
monopod *gép* egylábú; ~ **foot** *kat* egylábú állványtalp; ~**-mounting lug** *kat* egylábú állvány rögzítőhornya; ~ **pivot** *kat* egylábú állványtengely; ~ **tube** *kat* egylábú állványcső
monopolar *el* egypólusú, monopoláris
monopole *távk* monopolantenna; ~ **mass spectrometer** *fiz* monopol-tömegspektrométer
monoposto *gépk* együléses versenykocsi
monopropellant *rep* egynemű/egyalkotós rakétahajtóanyag; ~ **rocket** *rak* monopropellens/egyfolyadékos rakéta
monopteral *ép* egyszárnyú; oszlopkörös, monopterosz
monopulse I. *a* monopulzusos, egyimpulzusos; **II.** *n* monopulzus, egyimpulzus; ~ **laser sensor** egyimpulzusos lézeres érzékelő; ~ **lidar** egyimpulzusos lidar/lézerlokátor; ~ **optical receiver** *távk* egyimpulzusos optikai vevőkészülék; ~ **sensor** egyimpulzusos érzékelő
monorail *vasút* egysínű (függő)pálya; ~ **cabin** függőkabin; ~ **chain conveyer** *gép* egysínű szállítólánc; ~ **crane** *em* egysínű daru, kerékpárdaru; ~ **hoist** *ép* függőpályavitla, egysínű mozgócsörlő; ~ **ladle** *önt* függesztett öntőüst; ~ **locomotive** *bány* függőpályás vontató; ~ **railway/system/transporter** *vasút* egysínű vasút; ~ **suspension bank** *bány* függő ülőpad; ~ **track** egysínű függővasút; ~ **travel(l)ing crab** *ép* egysínű futómacska; ~ **trolley** *gép* egy sínen függő kocsi
monosaccharide *vegy* monoszacharid
monoscope tube *tv* monoszkóp(cső)
monose *vegy* monóz, monoszacharid
monospar *rep* egyfőtartós
monostable *el* monostabil; ~ **circuit** *el* monostabil/egybillenésű áramkör/kapcsolás; ~ **multivibrator (MSMV)** *el* egybillenésű/monostabil multivibrátor; ~ **trigger circuit** *el* monostabil áramkör; ~ **trigger element** *el* monostabil billenőfokozat
monostatic range finder egybázisú táv(olság)mérő
monosubstituted *vegy* egyszer behelyettesített
monosubstitution *vegy* monoszubsztitúció, egyszeri behelyettesítés
monosymmetric *krist, mat* monoszimmetrikus; ~ **system** *krist* monoklin rendszer
monotectic *vegy* monotektikum; ~ **change/reaction** *vegy* monotektikus kristályosodás
monotone → monotonic
monotonic egyhangú; *mat* monoton; *opt* egyszínű; ~ **decreasing/non-increasing sequence** *mat* monoton fogyó/csökkenő sorozat, monoton fogyó *v.* nem növekedő sorozat; ~ **function** *mat* monoton függvény; ~ **increasing sequence** *mat* (monoton) növekvő *v.* nem csökkenő sorozat; ~ **quantity** *mat* monoton függvénymennyiség
monotonically decreasing sequence → monotonic decreasing sequence
monotonous monoton, egyhangú, egyforma; ~ **process** *aut* monoton folyamat; ~ **transient response** *aut* monoton átmeneti folyamat
monotonously increasing *mat* monoton növekvő
monotooth | alternator *el* egypólustekercses generátor; ~ **winding** *el* egyfogas tekercselés
monotower *em* daruoszlop
monotron *el* monotron
monotropic *vegy* monotrop, irreverzibilis, visszafordíthatatlan; ~ **allotropy** *vegy* monotrop/irreverzibilis allotrópia; ~ **transformation** *vegy* monotrop átalakulás
monotropitoside *vegy* monotropitozid, szalicilsav-metil-észter-primverozid
monotropy *ásv* monotrópia
Monotype *nyom* monotype (gép); ~**-casting machine** *nyom* monotype betűöntő gép; ~ **set system** *nyom* monotype eljárás, monószedés; ~**-setting machine** *nyom* monotype/monó szedőgép
monounsaturated *élip* egyszer telítetlen, egy kettős kötésű
monovalent *vegy* egy(vegy)értékű; ~ **ion** *vegy* egy(vegy)értékű ion; ~ **metal** *vegy* egyvegyértékű fém
monovariant *vegy* egyszabadságfokú
monovibrator *el* monostabil multivibrátor
monoxide *vegy* monoxid
monradite *ásv* monradit
Monsanto apparatus *gyógyv* Monsanto-készülék *(keménységmérő)*
monsoon *met* monszun
montage I. *v film, foto* montíroz; **II.** *n film* filmaláfestés; montázs; *foto* fényképmontázs
montan wax *vegy* ozokerit, földiviasz, montánviasz
montanic acid *vegy* montánsav
montanite *ásv* montanit
Monte-Carlo analysis/method/technique *stat* Monte Carlo-módszer, Monte Carlo-technika, statisztikai ellenőrzés módszere
montejus *vegy* montejus, nyomóedény
monticellite *ásv* monticellit
monticle *geol* dombocska, halmocska
montmorillonite *ásv* montmorillonit
Montrose marker *mzg* öntözőbarázda-húzó készülék
montroydite *ásv* montroydit
monument *ép* emlékmű; műemlék (épület); *geod* alappontot rögzítő jelzés
monumental metal *koh* szoborfém
monzonite *ásv, geol* monzonit
moon *csill* hold; ~**-based laser communications system** *távk* holdon alapuló távközlő lézerrendszer; ~ **knife** *bőr* egyengetőtányér, nyújtókorong, hold alakú színelővas; **M**~ *csill* Hold; ~ **rocket** *rak* holdrakéta; **M**~ **year** *metr* holdév
Mooney viscosity *gumi* Mooney-viszkozitás, Mooney-féle szám
moonlanding holdra szállás
moonstone *ásv* holdkő
moor I. *v hajó* megerősít *(kötelekkel)*, kiköt; *kat* lerögzít *(aknát)*; **II.** *n geol* ingovány, láp, mocsár; ~ **canal** *talt* lecsapolócsatorna *(tőzegelésben)*; ~ **rock** *geol* durva szemű homokkő
moorband *geol* padka *(homokkötési homokrétegekben)*
Moore | automaton *el* Moore-automata; ~ **light/lamp/tube** *el* Moore-lámpa
moored *hajó* kikötött; *kat* lerögzített; ~ **mine** *kat* tengerfenékhez kötött akna
mooring *hajó* kikötés; kikötőeszköz, kikötőkötél *(sodronyok, láncok)*; *kat* lerögzítés *(aknáé)*; ~ **anchor** *hajó* egykapájú/egykapás horgony, bójahorgony; ~ **buoy** *hajó* kikötőbója; ~ **equipment** *hajó* kikötőbe-

rendezés *(hajón)*; ~ **guy** *rep* horgonyzókötélzet *(léghajón)*; ~ **harness** *hajó* kantárszerű kikötés; *rep* horgonyzókötélzet *(léghajóé)*; ~ **hawser** *hajó* kikötőkötél; *rep* pányva; ~ **mast** *rep* kikötőárboc; ~ **pipe (MP)** *hajó* kötélrés; ~ **post (MP)** *fa, hajó* kikötőpózna; ~ **ring** *hajó* kikötőkarika; ~ **rope** *hajó* kikötőkötél; *rep* horgonyzókötél *(léggömbé)*; **~s** *pl hajó* horgonybója; kikötési cölöp; hajókötél/hajólánc *(kikötéshez)*; ~ **screw** *ép* csavarhorgony; ~ **space** *hajó* várakozóhely *(zsilip előtt)*; ~ **tackle** *hajó* kikötőkötélzet; ~ **tower** *rep* kikötőárboc; ~ **winch** *ol* horgonyzó vitla
Moorish | **arch** *ép* mór ív; ~ **dome** *ép* hagymakupola
moorland *geol* lápos/mocsaras terület
moorstone *geol* iszapkő
mooting-machine *cipő* faszegbeverő gép
mootled *pa* melírozott, pelyhezett
mop I. *v* rongykoronggal políroz; **II.** *n forg* rongykorong; **~-making machine** *tex* háncsseprőkészítő/nyüstbojtkészítő gép; ~ **up** *v bány* ércmaradványokat fejt/eltávolít
MOP → movable oil plot
m.o.p. → mother-of-pearl
MOPA → master oscillator power amplifier
Moplen *gumi* moplén, polipropilén *(márka)*
mopping *hajó* rongykorongos polírozás; **~-up operations** *kat* tisztogató műveletek
moquette *tex* mokett(szőnyeg)
moraine *geol* moréna, gleccserturzás, morénás takaró, jéggörgeteg
morainic debris *geol* morénahordalék, morénatörmelék
morass *geol* mocsár, ingovány; ~ **ore** *ásv* barnavasérc, mocsárérc
mordant I. *v vegy* pácol *(festendő szálat)*; **II.** *a* maró, csípős; *tex, vegy* pácoló, páchatású; **III.** *n bőr* (szőrmefestő) pác; *film* színerősítő; *pa* pác; *tex, vegy* festőpác; *vegy* maratószer, pácolószer; ~ **colo(u)r** *tex* pácszínezék; ~ **dye** *pa* pácfesték; *vegy* pácszínezék; ~ **dyeing** *tex, vegy* színezés pácszínezékkel; ~ **dyestuff** *bőr* pácfesték; ~ **fader** *nyom* halványítófürdő, halványítópác; ~ **printing** *tex* pácnyomás; ~ **rouge** *pa* alumínium-acetát; ~ **toning** *foto* pácos árnyékolás
mordanter pácoló(mester)
mordanting I. *a* marató, pácoló; **II.** *n* maratás, pácolás; maratószer, pác; ~ **in the cold** *vegy* hideg pácolás; **~-machine** *bőr* szőrmepácoló gép
more|**-looms-to-a-weaver system** *tex* több szövőgépes rendszer; ~ **quadrant duty** *félv* többsíknegyedes üzem
moreen *tex* moarémintájú (kevert) gyapjúszövet
Morel's apparatus *tex* Morel-féle bogáncskiválasztó készülék
morenosite *ásv* morenosit
Moresque *ép* mór stílusú
morganite *ásv* morganit
Morgoil bearing Morgoil-csapágy
morinite *ásv* morinit
morion *ásv* morion
morling *tex* döggyapjú
morning | **civil twilight** *rep* reggeli polgári szürkület; **~-glory horn** *rád* exponenciális tölcsér; **~-glory spillway** *hidr* aknás árapasztó; bukótölcsér; körbukó; ~ **star** *csill* Esthajnalcsillag, Vénusz
Morocco *bőr* marokenbőr; ~ **leather** marokenbőr; ~ **paper** *pa* szattyánpapír
moroxite *ásv* moroxit
morpheme *szt* morféma
morphenol *vegy* morfenol, 3-oxi-4,5-oxido-fenantrén
morphine *vegy* morfin *(alkaloid)*
morphism *mat* morfizmus, nyíl
morphogram *krist* morfogram
morpholine *vegy* morfolin
morphological | **aspect** *krist* morfológiás aspektus; ~ **extinction** *krist* morfológiás kioltás; ~ **group** *krist* morfológiás csoport; ~ **type of river (course)** *hidr* szakaszjelleg
morphology *vegy* morfológia; ~ **of crystals** *krist* kristálymorfológia, kristályalaktan; ~ **of resolution** *vegy* oldódási morfológia
morphophonemic representation *szt* morfofonemikus reprezentáció
morphotropic series *krist* morfotróp sor(ozat)
morphotropism *krist* morfotrópia
morphotropy *krist* morfotrópia
morr coal *bány* laza barnaszén
Morse | **alphabet** *távk* morzekód, morzeábécé; ~ **apparatus** morzekészülék; ~ **code (MC)** morzekód; ~ **contacts** váltóérintkezők, morzeérintkezők; ~ **dash** morzevonás; ~ **dot** morzepont; ~ **equation** *fiz* Morse-egyenlet; ~ **flag** szemaforzászló; ~ **inker** morzeírógép; távírókékíró; ~ **key** morzebillentyű, morzekulcs; ~ **printer** morzeírógép; ~ **signal** morzejel; ~ **space** morzeköz; ~ **taper** *forg* morzekúp; **~-taper-shank drill** *forg* morzekúposszárú fúró; ~ **telegraphic paper** *pa* táviratpapír
mortar I. *v ép* vakol, habarccsal megköt; *kat* mozsárral ágyúz; **II.** *n ép* habarcs, vakolat; *kat* mozsárágyú, aknavető; *vegy* dörzscsésze, mozsár; ~ **admixture** *ép* habarcsadalék; ~ **and lime transporting vehicle** *ép* habarcs- és mészszállító kocsi; ~ **beater** *ép* habarcskeverő(gép); ~ **bed(ing)** *ép* habarcságyazat, habarcsréteg; ~ **board** *ép* simítófa; ~ **bond** *ép* habarcskötés; ~ **box** *ép* habarcsláda; zúzóköpü; ~ **cart** *kat* aknavető kocsi; ~ **clamp** *kat* aknavető csőbilincs; ~ **classification** *ép* habarcs jelölése; ~ **cover** *ép* habarcsterítő; ~ **funnel** *ép* habarcscsúszda; ~ **gun** *ép* vakológép, habarcslövellő berendezés; ~ **intrusion** *ép* habarcsinjektálás; ~ **joint** *ép* habarcshézag, habarccsal kitöltött hézag; ~ **ladle** *ép* habarcsmerő; ~ **larry** *ép* mészkavaró, mészvonó, habarcskeverő; ~ **layer** *ép* habarcsréteg *(téglasorok között)*; ~ **laying** *ép* habarcs felhordása; ~ **made with hydraulic binder** *ép* hidraulikus kötőanyagú habarcs; ~ **mill/mixer** *ép* habarcskészítő telep; habarcskeverő gép; **~-mixing machine** *ép* habarcskeverő gép; **~-mixing plant** *ép* habarcsgyár; **~-paving** *ép* betonjárda; habarcsborítás, habacsburkolás *(úttesten)*; ~ **pillar** *ép* habarcsállvány; ~ **pug** *ép* habarcskeverő gép; ~ **pump** *ép* habarcsszivattyú; ~ **pumping and air placing machine** *ép* vakológép, habarcsszivattyú és lövellőberendezés; ~ **shell** *kat* aknagránát, tüzérségi akna; ~ **spray/sprinkler nozzle** *ép* habarcsszóró fej; ~ **strip** *ép* durva vakolás *(habarccsal)*; ~ **trass** *ép* trasszhabarcs; ~ **trough** *ép* habarcsláda; ~ **tube** *kat* aknavetőcső; ~ **veneer** *ép* (vékony) habarcsborítás/burkolás; ~ **vessel** *ép* kőművesserpenyő; ~ **wall** *ép* habarcsba rakott fal; ~ **waterproofing** *ép* habarcsszigetelés; ~

with stone-powder *ép* kőporos habarcs; ~ **yoke** *kat* oldalirányzó gépház toldata
mortise I. *v bány* résel; *fa* átlyukaszt; hornyol, rovátkol, csapoz, csaplyukat vés, becsapol, beereszt, összeilleszt; **II.** *n fa* csaplyuk, csapmélyedés, csaphely, horony, furat; **~-and-tenon joint** *fa* csapos fakötés/kapcsolás, összecsapolás; ~ **axe** *fa* csapvéső, takarítóvas; ~ **bolt** *fa* csapszeg; ~ **chisel** *ép, fa* csapvéső; ~ **dowel joint** *fa* csapos kötés; ~ **ga(u)ge** *fa* csaplyuktolómérce; ~ **gear** *gép* csapfogaskerék; ~ **hole** *fa* csapfészek; ~ **joint** *ép, fa* eresztékes egyesítés/kötés; ~ **lock** *ép, fa* bevésett zár *(ajtókivágásban)*; ~ **out** *v fa* kivés; **~-sounding tool** *fa* csaplyukmélységmérő *(szerszám)*; ~ **tooth** *fa* fabetétfog
mortised *bány* réselt; *fa* csapolt, beeresztett, hornyolt; **~-in spoke** *fa* becsapolt küllő
mortiser *fa* facsapozó/horonymaró/csaplyukvéső gép
mortising I. *a bány* réselő; *fa* csapoló, véső, hornyoló, átlyukasztó, beeresztő; **II.** *n bány* réselés; *fa* átlyukasztás, kivésés, hornyolás, rovátkolás, csaplyukvésés; csapozás, összeillesztés, becsapolás, beeresztés; ~ **bit** *fa* csapfúró; ~ **chisel** *fa* (csap)lyukvéső; **~-machine** favéső gép; *forg* horonymaró gép; ~ **slot-machine** *forg* résfúrógép
morvenite *ásv* morvenit
MOS → metal oxid semiconductor; → military occupational speciality; ~ **capacitor** *félv* MOS-kondenzátor; ~ **logic (circuit)** *el, szt* MOS-logika; ~ **memory** *szt* MOS-tároló; ~ **technology** *félv* MOS technológia; ~ **transistor** *félv* MOS-tranzisztor
mosaic *tv* impulzuslemez; mozaik *(ikonoszkópban)*; ~ **block** *ásv* mozaikblokk; ~ **block distribution** *ásv* mozaikblokk-eloszlás; **~-cement tile** *ép* cementmozaiklap; ~ **claddings** *ép* kismozaik-burkolatok; ~ **crystal** *el, krist* mozaikkristály; ~ **electrode** *el* mozaikelektród; ~ **flag** *ép* mozaikcsempe; ~ **floor** *ép* mozaikpadló; ~ **formation** *ásv* mozaikképződés; ~ **gold** *óra* aranyutánzat sárgarézből; ~ **map** *geod* térképmozaik *(légi felvételekből összeállított)*; ~ **paper** *pa* mozaikpapír; ~ **pavement** *ép* mozaikpadló; ~ **plate** *távk* mozaikos fotokatód; ~ **presentation** *szt* mozaikábrázolás *(videotexnél)*; ~ **printer** *szt* tűs nyomtató, mozaiknyomtató; **~-printing mechanism** *nyom* mozaiknyomtató mechanizmus; ~ **structure** *krist* mozaikszerkezet, mozaikstruktúra; ~ **telegraphy** *távb* mozaiktávírás; ~ **tile** *ép* mozaiklap
mosandrite *ásv* mosandrit
Moscovian stage/subdivision *geol* moszkvai emelet
moscovite *ásv* muszkovit; *tex* ripszfélselyem
MOSFET → metal-oxide semiconductor (field-effect) transistor; → metal-oxide silicon (field-effect) transistor
moss moha; *geol* posvány, mocsár; ~ **agate** *ásv* mohaachát, mohaagát, mohakő; ~ **box** *bány* mohaszekrény; ~ **crepe weave** *kh* mosszkrepp(kötés); ~ **green** mohazöld; **~-hag** *talt* tőzegtelep; ~ **rubber** *gumi* mohagumi, habgumi
Mössbauer effect *krist* Mössbauer-hatás, Mössbauer-effektus
mossing *tex* bolyhozás
mossite *ásv* mossit
mossland *geol* tőzegmocsár
most | efficient cross-section *hidr* legkedvezőbb hidraulikai szelvény; ~ **probable value** *mat* módus, legvalószínűbb érték; ~ **selective confidence interval** *mat* legszűkebb konfidenciaintervallum; ~ **significant bit (MSB)** *szt* legmagasabb helyértékű bit, MSB; ~ **significant character** *szt* legnagyobb helyértékű jel; ~ **significant digit (MSD)** *szt* legnagyobb helyértékű számjegy, MSD; ~ **unfavourable load position** *mech* mértékadó teherállás
MOT (Ministry of Transport) test *közl* műszaki vizsga *(gépkocsié)*
mote I. *v tex* csomókat eltávolít; **II.** *n fiz* részecske, parány; *geol* kis hegy, domb(ocska); *tex* maghéj, csomó
moth ruhamoly, (selyem)pille; **~-damage** *ruh* molykár; **~-eaten** *ruh* molyrágta, molyrágott, molyette; **~-preventive finish** *ruh* molyálló kikészítés; **~-proof** *ruh* molyálló; **~-proofed serge** *ruh* molyálló kikészítésű béléssávoly; **~-proof finish** *ruh* molyálló kikészítés; **~-proofing agents** *vegy* molymentesítő szerek; ~ **repellent** *vegy* molyirtó vegyszer; **~-resistant** → ~-proof
mother *hang* (végleges) pozitív (hanglemez); *vegy* ecetágy; ~ **batch** *gumi* alapkeverék, anyakeverék; ~ **blank** *koh* anyalemez; ~ **crystal** *krist* anyakristály, mátrix; ~ **entry** *bány* gyűjtővágat; ~ **gate** *bány* főszállító járat; ~ **liquid/liquor (ML)** *élip* anyaszörp; *vegy* anyaoldat, anyalúg; ~ **liquor drum** *vegy* anyalúgtartály, anyalúggyűjtő; ~ **lode** *bány* főtelep, főtelér; ~ **lye** *koh* anyapác; *vegy* anyalúg; ~ **metal** *koh* anyafém; **~-of-coal** *bány* rostos szén, fuzit; **~-of-pearl (m.o.p.)** gyöngyház; ~ **oil** *ol* kiindulási olaj, primer nyersolaj; ~ **record** *hang* végleges pozitív hanglemez; ~ **rock** *geol* anyakőzet; ~ **shaker** *bány* főszállító rázócsúszda; ~ **solution** *vegy* anyaoldat, anyalúg; ~ **syrup** *élip* anyaszörp; ~ **tape** *hang* anyaszalag; ~ **water** *vegy* anyaoldat, anyalúg
motherboard *szt* váz, alaplap, anyakártya
motif *ruh, tex* felvarrt dísz, csipkedísz; mintaelem, motívum, ismétlődő minta; ~ **sector of reciprocal space** *krist* reciprok tér motívumszektora
motion *foto* forgatószerkezet; *gép, finm* hajtómű, szerkezet, mechanika, járat, mechanizmus; mozgásvezérlés; *mech* mozgás, helyváltoztatás; ~ **analysis** *mech* mozgáselemzés; ~ **analyzer** *mech* mozgásanalizátor; ~ **balance** *mech* útkompenzáció; **~-balance controller** *mech* útkompenzációs szabályozó; ~ **direction of the electrons** *fiz* elektronok mozgásiránya; ~ **displacement** *tv* mozgási képéletlenség; ~ **equation** *mech* mozgásegyenlet; ~ **group** *ásv, mech* mozgáscsoport; ~ **of liquid** *fiz* folyadékmozgás; konvekció; ~ **of magnetic field lines** *fiz* mágneses erővonalak mozgása; ~ **of transport** *mech* szállító mozgás; ~ **photomicrography** *foto* mikrofilmezés; ~ **picture (MP)** *film* mozgófénykép, film, mozi; ~ **picture camera** *film* filmfelvevő gép, (kép)kamera; ~ **picture operation** *film* mozgófénykép-felvétel, filmezés, filmfelvétel; ~ **plate** *vasút* vezérlőlemez *(mozdonyhengeré)*; ~ **rod** *gép* mozgatórúd; ~ **screw** *gép* mozgatócsavar, mozgásátadó csavar; ~ **thread** *gép* mozgató csavarmenet; ~ **weighing** *vasút* mérlegelés mozgás közben; ~ **with constraints** *mech* kényszermozgás; ~ **work** *óra* szerkezet, mechanika
motional *mech* mozgási, kinetikus, kinetikai; ~ **energy** *mech* mozgási/kinetikai energia; ~ **field** *el* mozgó erőtér; ~ **impedance** *távk* mozgási impedancia; ~

induction *at* mozgási/kinetikai indukció *(plazmában)*
motionless *mech* mozdulatlan, nyugalmi állapotban levő; ~ **satellite** *rak, távk* szinkron távközlési mesterséges hold
motionmeter *mech* relatív lengésmérő
motive I. *a* mozgató, motiváló, indító; **II.** *n* motívum, indíték; ~ **column** *bány* depresszió *(ventilátoré)*; ~ **fluid** *rak* folyékony rakéta-üzemanyag; ~ **force/power** *mech* hajtóerő, lendítőerő, mozgatóerő
motivity *mech* mozgási forma; mozgásképesség; mozgatóenergia, mozgatóerő, hajtóerő
motley I. *a* kevert, vegyes, zavaros; *tex* tarka, tarkán foltos; **II.** *n* keverék; zagyvaság; *tex* tarka/éles/elütő színek
motobug *ép* kisdömper; motoros japáner
motometer *mech* mozgásindikátor, elmozdulásmérő/mozgásmérő műszer
moto-plough, *US* **moto-plow** *mzg* motoros eke, motoreke
motor I. *v* autón visz/szállít; motoros járművön utazik, motorozik, autózik; **II.** *a gép* motoros; *mech* mozgató, hajtó *(erő)*; **III.** *n gép* motor, erőgép, hajtógép, hajtómű; ~ **alternator** *el* motorgenerátor; ~ **blower** *gép* motoros kompresszor; ~ **boat (MB)** *hajó* motorcsónak, motoros hajó; ~**-boating** *távk* kisfrekvenciás begerjedés, motorhangszerű zavar; ~ **bogie** *vasút* hajtott/motoros forgózsámoly/forgó(al)váz; ~ **bonnet** *gép* motorházfedél; ~**-borne** *gép* gépkocsival szállítható/szállított; ~ **bracket** *gép* motorágy, motortartó bak, villamosmotor-konzol; ~ **brake** *gépk* motoros fékberendezés; ~ **cab** *gépk* géperejű bérkocsi, taxi; ~ **cable-winch** *em* motoros csörlő; ~ **car (MC)** *gépk* gépkocsi, autó; *vasút* sínautóbusz; ~**-car antenna** *rád* gépkocsiantenna; ~**-car body** gépkocsi-karosszéria, kocsiszekrény; ~**-car chassis** *gépk* gépkocsialváz; ~**-car construction** *gépk* gépkocsigyártás; ~**-car industry** gépkocsiipar, autóipar; ~**-car lifting platform** *em* emelőhíd; ~**-car storage room** *gép* gépkocsiszín, garázs; ~**(-)coach** *közl* távolsági/városközi autóbusz; *vasút* motorkocsi; ~**-coach train** *vasút* motorvonat; ~ **compensator with PID regulator** *aut* PID-szabályozású motoros kompenzátor; ~ **compressor** *gép* motorkompresszor; ~ **control** motorirányítás, motorvezérlés; ~ **control assemblies** motorvezérlő egységek; ~ **control contactor** motorvezérlő kontaktor; ~**-controlled rheostat** motorral vezérelt szabályozó-ellenállás; ~**-controlled stabilizer** motorszabályozású stabilizátor; ~ **converter (MC)** *el* kaszkádátalakító; ~ **cowl** *gépk* motorház; ~ **crab** *em* motoros csörlő; ~**-crane truck** *vasút* motordarus teherkocsi; ~**(-)cycle** motorkerékpár; ~**-cycle engine** motorkerékpár-motor; ~**-cycle stay** hengerállvány *(motorkerékpáré)*; ~**-cycling** motorkerékpározás; ~ **drill and breaker** *ép* motoros fúró- és bontókalapács; ~ **drive** *gép* motoros (meg)hajtás, villamos hajtómű; ~**-drive interrupter** *aut* motoros szaggató; ~**-driven** *gép* motorhajtású, motorról közvetlen hajtott; ~**-driven breaker** mechanikus áramszaggató, motoros szaggató; ~**-driven final controlling element** motorhajtású beavatkozószerv; ~**-driven grab** *ép* motoros markoló; ~**-driven interrupter** → ~-driven breaker; ~**-driven unit** *vasút* motorvonategység; ~**-driven winch** *em, ép* gépi csörlő; ~**-drive punch** *szt* motorhajtású lyukasztó; ~ **dynamo** *el* motorgenerátor; ~ **element** beavatkozószerv, végrehajtószerv; ~ **fire-engine** *gép* motoros tűzifecskendő; ~ **footpath/footway cleaning machine** *gép* járdaseprő gép; ~ **fuel** *ol* motorüzemanyag, motorhajtóanyag; ~ **gas bleeding** *gép, rep* gázkivezetés az égéskamrából; ~ **generator (MG)** *el* motorgenerátor; ~**-generator locomotive** *el* áramátalakító aggregát; *vasút* motorgenerátoros mozdony; ~**-generator set** *el* áramátalakító/áramfejlesztő aggregát, motorgenerátor; ~**-generator substation** *vasút* motorgenerátoros alállomás; ~**-generator type welding-machine** *heg* motorgenerátoros hegesztőgép; ~ **glider** *rep* segédmotoros vitorlázó repülőgép; ~ **governor** *távk* motorszabályozó; ~ **grab** *ép* motoros markoló; ~ **grader** motoros földgyalu; autogréder; ~**-haulage level** *bány* mozdonyszállítási szint; ~ **hood** *gép* motorházfedél, motorháztető; ~**-hood heater** *gép* motorhűtő-takaró; ~**-integrating meter** *el* indukciós fogyasztásmérő; ~ **knocking** *gépk* motorkopogás; ~ **launch (ML)** *hajó* motorcsónak; ~ **lorry** *gépk* tehergépkocsi, teherautó; ~ **magnet** elektromágneses motoros fék; ~ **meter** motoros/indukciós (mérő)műszer/fogyasztásmérő; ~ **mower** *mzg* motoros fűkasza/fűnyíró; ~ **nacelle** *rep* hajtóműgondola; ~ **octane number** *ol* motoroktánszám, M. O. Sz. *(motormódszerrel meghatározott oktánszám)*; ~ **of (the) jigging chute** *bány* rázócsúszdamotor; ~ **oil** *ol* motorolaj; ~**-oil distillate** *ol* motorolajpárlat; ~**-operated** *gép* motorhajtású, motoros, motorral működtetett; ~**-operated switch/circuit-breaker** *el* motoros kapcsoló/megszakító; ~ **operator** *gép* szervomotor, bojtármotor, állítómotor; ~ **overhaul** *szer* motorjavítás, nagyjavítás; ~ **points** *pl vasút* távműködtetésű váltó, távolból állítható váltó; ~ **protecting switch** motorvédő kapcsoló; ~ **pulse control** motor impulzusvezérlése; ~**-return carriage** *finm* motoros kocsiváltó *(írógépen)*; ~ **roller** *ép* motoros úthenger; *vasút* villamos targonca; ~ **saw** *fa* motorfűrész, motoros kézifűrész; ~ **scooter** *mzg* motoros töltögetőeke; ~ **scraper** *ép* motoros földnyeső; ~ **scythe** *mzg* motoros kasza *(rézsütisztításhoz)*; ~ **set** *gép* gépcsoport; ~ **ship (MS)** *hajó* motoros hajó; ~ **sleigh** *gép* motorszán; ~ **speed control** motorfordulatszám-szabályozás; ~ **speed controller/governor** motorfordulatszám-szabályozó; ~ **spirit** *ol* autóbenzin, motorbenzin; ~ **stairs** *pl gép* mozgólépcső; ~ **starter** *el* motorindító kapcsoló/berendezés; ~ **sump** *gép* motorteknő; ~ **sweeper** utcaseprő gép; ~ **tamper** *ép* motoros döngölő(gép); ~ **tender** *hajó* motoros segédhajó; ~ **throat diameter** *rep* hajtóműfúvóka kritikus keresztmetszetének átmérője; ~ **time constant** *gép* motor időállandója; ~ **track loading crane** *em* járműdaru; ~ **tractor** *ép* vontató gépkocsi; ~ **traffic tunnel** *ép* közúti alagút; ~ **transformer** *el* motorgenerátor; ~ **transporter** *ép* gépi szállítótargonca; ~ **tricycle** háromkerekű motorkerékpár; ~ **truck loading crane** *em* járműdaru; ~ **tug** *hajó* motoros vontató; ~**-type relay** *el* motoros relé; ~ **tyre/tire** *gumi* autóabroncs; ~**-tyre/tire casing** *gumi* gépkocsi-gumiköpeny; ~ **uniselector** *aut* motorválasztó; ~ **unit** *rep* motoregység, hajtóműegység; ~ **valve** *aut* munka-

szelep; ~ **vehicle (MV)** *gépk* gépjármű; ~ **vibrator** *ép* motorvibrátor; ~ **wagon** *vasút* motorkocsi; ~ **winch** *em, ép* gépi csörlő

motoring I. *a gép* hajtó, mozgató; **II.** *n* autósport, motorsport; autózás, motorozás; ~ **torque** *mech* mozgatónyomaték

motorist gépkocsizó *(személy)*, autós

motorization *ip* gépesítés, motorizálás, motorizáció

motorize *ip* gépesít, motorizál, géperőre rendez be

motorized *ip* gépesített; *kat* gyorsan mozgó; ~ **artillery** *kat* gépesített tüzérség; ~ **baler** *mzg* motoros bálázó; ~ **cart** *ép* kisdömper; ~ **chain-saw** *fa* villanymotoros láncfűrész; ~ **fuel value** *gép* állítható adagolószelep; ~ **grab** *ép* motoros markoló; ~ **infantry** *kat* gépesített gyalogság; ~ **pulley** *ép* hajtódob; ~ **road machinery** *ép* motoros útépítő gépek; ~ **wagon rear-dump truck** *ép* hátrabillenő-teknős gépkocsi

motorless *gép* motor nélküli

motorman *gép* motorkezelő; *gépk* gépkocsivezető, villamosvezető; *vasút* mozdonyvezető, motorkocsi-vezető, kocsivezető

motorroad *ép* autóút

motorstairs → motor stairs

motorway *ép, közl* autópálya; ~ **information** *közl* útinformáció; ~ **traffic-control radar** *közl* közlekedés-ellenőrző radar

motorworks *gép* motorgyár, motorüzem

mototrol *el* tirátronról táplált motor

mottle I. *v* pettyez, tarkáz, tarkít; *koh* kifelesedik; *pa* márványoz; **II.** *n any* petty, folt; pettyesség, foltosság, tarkaság; *tex* kétszínű cérna

mottled tarka, pettyes; *koh* feles töretű; *pa* pettyezett, márványozott; ~ **cast-iron** *koh* feles öntöttvas; ~ **clay** *geol* foltos keuperagyag; ~ **effect** *any* foltosság; ~ **glass** *üveg* mattüveg, homályos(ított) üveg; ~ **iron** *koh* felesvas; ~ **paper** márványozott/pettyezett papír; ~ **pig-iron** *koh* feles nyersvas; ~ **soap** *vegy* márványszappan; ~ **yarn** *tex* tarkafonal

mottling I. *a koh* kifelesedő; *pa* pettyező, márványozó; *tex* tarkázó; **II.** *n film, foto* szemcsés folt; *koh* kifelesedés; *nyom* foltosság, márványozottság; *pa* pettyezés, márványozás; *tex* tarkázás

mottramite *ásv* mottramit

mould, *US* **mold I.** *v bőr* présel; *élip* bevonódik penésszel; dagaszt; *ép* földdel beborít; zsaluz; *fa* kelel; *mt* gyűr; képlékennyé tesz; profiloz; *műa* sajtol, présel, formába önt, alakadó szerszámmal feldolgoz; *mzg* körülkapál, feltöltöget; *önt* formába önt, kiönt; mintáz, formáz, alakoz; **II.** *n cipő* cipőalak, cipőforma; *élip* penész(folt); *ép* párkánysablon; zsaluzat, öntőminta, öntősablon, gyártósablon *(betonelemé)*; *koh* kristályosító; *műa* szerszám, présforma; *mzg, talt* humuszos/kert föld, humusz, lombföld, televényföld; *nyom* alakozás; lenyomat; *önt* kokilla, (öntő)-forma, öntőminta; *pa* merítőszita, merítőráma, merítőkeret, merítőkád; papíralak; ~**-and-die copying machine** *forg* szerszámkészítő másoló marógép, másoló térfogatmarógép; ~ **baking furnace/oven** *koh* formaizzító kemence; ~ **blacking** *koh* kokillafekecs; ~ **blower** *önt* homokfúvásos formázógép; ~ **board** *pa* modell-lemez; ~ **bottom half** *önt* alsó öntőformafél; ~ **box** → moulding box; ~ **car(riage)** *önt* öntőformakocsi, öntőforma-szállító kocsi; ~ **casting** *önt* formaöntés, formába öntés; ~ **cavity** *gumi* présforma ürege; *műa, önt* szerszámüreg, szerszámtest, munkaüreg; ~ **charge** *műa* szerszámtöltés, sajtolószerszámba betöltött anyagmennyiség; ~ **clamp** *önt* öntőformazár; ~ **closing** *önt* öntőformazárás; ~ **coating** *önt* formabevonó anyag; ~ **cope** *önt* felső öntőformafél; ~ **core** *önt* formamag; ~ **cup** *önt* kristályosító; ~ **cure** *gumi* nyomás alatti vulkanizálás *(formában)*; ~ **degassing** *műa* szerszámszellőztetés, szerszámgázosítás; ~ **design** *gumi* formaszerkesztés; ~ **die** *műa* présforma; *önt* öntőforma nyomásos öntéshez; ~ **drag** *önt* alsó öntőformafél; ~ **dressing** *önt* formabevonó anyag; ~ **drive** *önt* kristályosító hajtóműve; ~ **drying** *önt* öntőforma-szárítás; ~**-drying oven** *önt* öntőforma-szárító kemence; ~ **face** *önt* kristályosító homlokfelülete; ~ **facing** *önt* forma fekecselése; ~ **felt** *pa* hengerszitanemez; ~ **frame** *pa* merítőkeret; ~ **growth** *biot, élip, gumi* penészedés; ~ **half** *önt* öntőformafél; ~**-hardness tester** *any, önt* műszer az öntőforma keménységének meghatározására; ~**-hoop** *önt* formagyűrű *(erősítő)*; ~ **hydraulic cleaning plant** *önt* hidraulikus öntőforma-tisztító berendezés; ~ **impression** *műa* szerszámüreg; ~ **insert** *ép* sablonbetét; *önt* szerszámcsésze, betétcsésze; ~ **jacket** *önt* öntőformaköpeny; ~ **knock-out** *önt* öntőforma kiverése; ~ **life** *műa* sajtolási idő, présidő, érési idő; ~ **loft** *hajó* rajzpadlás; ~**-loft template** *hajó* rajzpadlási sablon; ~ **lubricant** *alak* szerszámkenő anyag; *gumi* formakenő szer; *műa* csúsztatóanyag; ~ **lubrication** *önt* öntőforma kenése; ~**-made paper** *pa* merített papír; ~**-maker** *pa* keretkészítő; ~ **matrix** *önt* forma tégelyek készítéséhez; ~ **movement** *önt* öntőforma mozgása; ~ **oil** *ép, önt* sablonolaj, formázóolaj, sablonleválasztó olaj; ~**-parting line** *önt* szerszámosztósík; ~ **preparation bay** *önt* öntőforma-előkészítő csarnok; ~ **press** *önt* formázóprés; ~ **rammer** *önt* formadöngölő; ~ **ratio** *önt* öntőforma-keresztmetszet területének viszonya az öntvénykeresztmetszet területéhez; ~**-reciprocating mechanism** *önt* öntőformát ide-oda mozgató mechanizmus; ~ **release** *gumi, műa* kenőanyag, formakenő (szer); ~**-release agent** *önt* formaválasztó szer, sablonleválasztó/tapadásgátló anyag; ~ **resistance** *biot, élip* penészállóság; ~**-resistant** penészálló; ~**-resistant board** *pa* penészálló karton; ~ **sand** → moulding sand; ~ **set** *önt* öntőformakészlet; ~ **setting** *önt* öntőformák beállítása; ~ **setting platform** *önt* öntőforma-állító padozat; ~ **shoe** *műa* szerszámkilökő/szerszámkidobó lap; ~ **shrinkage** *műa* sajtolási zsugorodás; ~ **slide** *műa* betétpofa; ~ **storage garage** *önt* öntőforma-tároló; ~ **stroke** *önt* kristályosítójárat; ~**-temperature control** *koh* szerszámhőfok-szabályozás; ~ **top half** *önt* felső öntőformafél; ~ **train** *önt* öntőforma-sorozat; ~ **vibrator** *ép* zsaluvibrátor; ~ **wash** *önt* fekecs; ~ **weight** *önt* öntőformasúly; ~ **welding** *heg* varratalakításos hegesztés; *önt* öntőhegesztés *(formába)*; ~ **yard** *önt* öntőformacsarnok; ~ **yard crane** *önt* kokillacsarnok-daru

mouldboard, *US* **moldboard** *ép, önt* alakozólap, alakozódeszka; *mzg* ekevas; ~ **hiller** *ép, mzg* kormánylemezes töltögető; ~**-type scraper** *mzg* különleges széles tisztító *(tárcsás boronán)*

moulded, *US* **molded** *élip* penészes; *műa* sajtolt, préselt, fröccsöntött; *önt* öntött, formázott, megformált; ~

article *műa* sajtolt áru; ~ **board** *pa* húzott papírlemez; ~ **brick** *ép* formatégla; ~ **capacitor** *él* beöntött/préselt kondenzátor; ~ **case** *műa* sajtolt műanyagház; ~ **coke** *koh* formázott koksz; ~ **core** *el, távk* porvasmag, préselt vasmag *(vasporból)*; ~ **depth (MD)** *hajó* oldalmagasság *(bordázat élvonalán mérve)*; ~ **electroslag welding** *heg* varratalakításos villamos salakhegesztés; ~ **goods** *pl műa* formasajtolt/préssajtolt áru; ~ **heel** *cipő* formasarok; ~ **hose** *gumi* préselt tömlő; ~ **impregnated wood** *műa* műfa; ~ **insulation/insulator** *el* formázott szigetelés, szigetelő idomdarab, sajtolt szigetelő; ~ **laminated material** *műa* rétegelt műanyag; ~ **lens** *opt* préselt lencse; ~ **macerate** *műa* préselt vagdalék; ~**-macerated article** *műa* műanyagvagdalékból sajtolt tárgy; ~**-macerated plastic** *műa* műanyagvagdalék; ~ **material** *műa* présanyag; ~ **mica** *ásv* mikanit; ~**-on** *önt* egy darabba öntött; ~**-on lug** *önt* öntvényszem, egybeöntött/ráöntött fül/szem; ~ **part** *műa* sajtolt/fröccsöntött/formázott tárgy/munkadarab; ~ **phenol** *távk* sajtolt bakelit; ~ **piece** *műa* sajtolt tárgy; *önt* formadarab; ~ **pirn** *tex* préselt műanyag vetülékcséve; ~ **plastic** *műa* préselt/sajtolt műanyag; ~ **plastic compound** *műa* műanyag; ~ **section** *gép* hajlított szelvény; ~ **tablet** *gyógyv* pasztilla; ~ **veneer** *fa* sajtolt/préselt furnér

moulder, *US* **molder I.** *v* elmállaszt, elkorhaszt; porlad, széttöredezik, széthull, szétmállik, széjjelkorhad; **II.** *n fa* kelelőgép; *mt* alakító, mintázó *(személy, gép)*; *műa* sajtoló; *önt* formázó(munkás), öntőmunkás; ~**'s blacking** *önt* (forma)fekecs; ~**'s brad** *önt* formázóvas; ~**'s brush** *önt* öntvénytisztító kefe; ~**'s clamp** *önt* formaszekrénykapocs; ~**'s hammer** *önt* mintalazító kalapács; ~**'s horse** *önt* formázó munkapad; ~**'s mallet** *önt* formázókalapács; ~**'s nail** *önt* formázószeg, magszeg; ~ **sole** *cipő* formagumitalp; ~**'s rule** *önt* zsugormérce; ~**'s shovel** *önt* formázólapát; ~**'s tool** *önt* formázószerszám

mouldery, *US* **moldery** *önt* formázóműhely

mouldiness, *US* **moldiness** *élip* dohos íz, dohosság; penészesség

moulding, *US* **molding I.** *a bőr* préselő; *élip* dagasztó; *ép* zsaluzó; *műa* sajtoló, fröccsöntő; *önt* öntő, formázó; *pa* merítő; **II.** *n bőr, műa* préselés; *élip* dagasztás; formába öntés *(csokoládéé)*; penésze(se)dés; *ép* párkányszelvény; párkányzat; zsaluzás, gerendamező; *fa* kelelés; kimunkált faél *(profil)*; vékony léc; *gépk* sajtolt díszléc, szegély, bordür; *gyógyv* pasztillakészítés; *mt* alakozás, profilozás; gyűrés; képlékennyé tevés; *műa* sajtolás, fröccsöntés, préselés; sajtolt/fröccsöntött/formázott tárgy/munkadarab; *mzg* beborítás *(földdel)*; *önt* (formába) öntés; mintázás, formázás; öntőminta, forma; *pa* merítés; ~ **apparatus** *önt* formázóberendezés; ~ **bed** *önt* öntőformaágyazat; ~ **board** *ép, önt* formázólap; ~ **box** *önt* formázószekrény, öntőszekrény, formaszekrény; ~ **chamber** *ép* extrudálókamra; ~ **clay** *önt* formafedő agyag; ~ **composition** *műa* préspor, sajtolópor; sajtolható anyag, fröccsanyag; *önt* formázóanyag; ~ **cutter** *fa* kelelőkés; *önt* formázókés; ~ **cycle** *műa* sajtolási/fröccsöntési/formázási (művelet) ciklus/periódus; ~ **defect** *műa* sajtolási/fröccsöntési hiba *(munkadarabon)*; ~ **die** → mould die; ~ **edge** *hajó* rajzél *(sablonokon)*; ~ **fault** *műa* préselési hiba; ~ **file** *önt* formázóreszelő *(homorú felületű)*; ~ **flask** *önt* formázókeret; ~ **frame** *önt* öntőforma; *pa* formázókeret; ~ **ink** *önt* formázófesték; ~ **iron** *ép* formázóvas; ~**-machine** *cu* kockaprés; *fa* kelelőgép; *műa* sajtó, prés; *önt* formázógép; ~ **material** → ~ composition; ~ **mixture** *önt* formázókeverék; ~ **paper** *pa* formapapír; ~**-parting line** *műa* szerszámosztó sík; ~ **pin** *önt* formaszeg; ~ **plane** *fa* hornyológyalu, profilgyalu, idomgyalu; ~ **plate** *önt* mintalap, formázólap; ~ **plough/plow** *mzg* töltőgetőeke; ~ **powder** *műa* sajtolópor, préspor; ~ **press** *önt* formázóprés; ~ **rammer** *ép* sulykoló *(betonbedolgozáshoz)*; ~ **sand** *önt* mintázóhomok, formázóhomok; ~ **sand mixture** *önt* formázóhomok-keverék; ~ **technique** *műa* sajtolási eljárás; ~ **time** *műa* sajtolási/préselési idő; ~ **tool** *műa* sajtolószerszám, présszerszám; ~ **wax** *önt* mintázóviasz

mouldy, *US* **moldy** *élip* dohos; penészes; virágos *(bor)*

moulin *geol* gleccsermalom

mound I. *v ép* földdel feltölt; prizmába rak; *mzg* felkupacol, felhantol, feldombol; **II.** *n ép* baba *(anyaggödör mélységének jelzésére)*; dombocska, természetes/mesterséges földhalom, kupac, rakás, kőhalom; *hőt* szénégető boksa

mount I. *v* növekszik, gyarapszik; tárgylemezre tesz/helyez *(mikroszkopikus vizsgálathoz)*; *bőr* áthúz, átemel *(bőrt meszesből)*; *fotó* (fel)kasíroz, felragaszt, montíroz, keretez; *gép* felállít, ráállít, összeállít; felszerel, rászerel, összeszerel, beszerel, ráerősít, montíroz; kiemel, felemel; *kat* felszerel; tüzelőállásba hoz; *mt* rögzít, befog; *nyom* kasíroz, ráragaszt; *óra* befoglal; **II.** *n félv* szerelvény; *geol* hegy, domb; *gép* állvány, tartó; emelvény; *kat* fegyvertalp; lövegtalp; *koh* foglalat; *nyom* lemezalátét, kliséalátét; *opt, óra* keret, foglalat; *pa* karton, lemez *(bevonásra)*; *távk* csőszerelvény; ~ **elastically** *v gép* rugalmasan/rázkódásmentesen felerősít; ~ **flax** *ásv* azbeszt; ~ **paper** *pa* szerelőpapír; ~ **support** *gép* szerelőállvány-támasz

mountain I. *a* hegyi; **II.** *n geol* hegy, hegység; ~ **arc** *geol* ív alakú hegylánc; ~ **building** *geol* hegységek keletkezése, orogenezis; ~ **chain** *geol* lánchegység; ~ **creek** *hidr* vadpatak; ~ **effect** *távk* hegyhatás *(iránymérésnél)*; ~ **entrapment** *hidr* vízmosáskötés; ~ **flour** *ásv* hegyiliszt; ~ **folding** *geol* hegységgyűrődés; ~ **hide** *ásv* hegyi nyersbőr; ~ **oil** *ol* kőolaj, petróleum *(nyersolaj)*; ~ **railway** *vasút* hegyivasút; ~ **ridge** *geol* hegygerinc, hegyorom; ~ **river** *hidr* hegyi folyó; ~**-rope hoist** *em* hegyi kötélpályacsörlő; ~ **slope** *talt* hegyoldal; ~ **spur** *geol* hegyoldalhát; oldalgerinc; ~ **station** *közl* hegyi állomás *(kötélvasúté)*; ~ **structure** *geol* hegységszerkezet; ~ **tallow** *vegy* montánviasz; ~ **torrent** *hidr* hegyi patak/zuhatag; ~ **tract** *geol* felsőszakasz-jellegű *(folyó, völgy)*; ~**-wave clouds** *rep* hegyi hullámfelhők; ~ **wood** *ásv* hegyifa

mountainous *geol* hegyes; hegyi; ~ **road** *ép* hegyi út

mounted *bőr* áthúzott; *gép* felszerelt, felerősített; *mt* befogott; *nyom* kasírozott; ~ **axle** *vasút* kerékpár; ~ **breaker** *ép* függesztett hidraulikus bontókalapács; ~ **combine** *mzg* traktorra szerelt arató-cséplő gép *v.* kombájn; ~ **drill** *forg* rászerelt fúrógép; ~ **hand scraper** *ép* beépített kézi vezetésű géplapát; ~ **in gimbals** *gépk* kardános felfüggesztésű; ~ **line** *vasút* lekötött vágány(mező); ~ **picker** *mzg* traktorra szerelt kukoricatörő/betakarító; ~ **unit** *mzg* függesztett szerszám

mounter *gép* szerelő, montőr; ~**'s pliers** *pl* szerelőfogó; ~**'s screwdriver** szerelő-csavarhúzó; ~ **wall** *ép* vizes fal

mounting I. *a ép* ajtótáblaosztó; *fotó, nyom* kasírozó, montírozó; *gép* szerelési; **II.** *n* felülés, felszállás *(vmire)*; *bőr* áthúzás, átemelés *(bőrt meszesből)*; *ép* ajtótáblaosztó léc; *foto, nyom* kasírozás, ráragasztás; montázs; montírozás; *gép* (fel)szerelés, rászerelés, összeszerelés; állvány, talapzat, keret; felállítás, ráállítás, összeállítás; felemelés, kiemelés; felerősítés, ráerősítés; vasalás *(szerelvény)*; *kat* agy *(puskáé)*; ágyutalp; tüzelőállásba hozás; *opt* lencsefoglalat; *óra* foglalat; *tex* nyüstszerelés *(Jacquard-gépen)*; ~ **bar** *bány* szintes tartórúd; ~ **base** *gép* szerelési alap(lemez), tartóalap, tartóelem; ~ **basket** *bány* aknaszerelőkosár; ~ **board** *pa* alátétkarton, felhúzókarton; ~ **boss** *rád* rögzítőpánt; ~ **bracket** *gép* szerelőkengyel, tartókengyel, szerelőkeret; ~ **crane** *em* autómentő daru; ~ **error** szerelési hiba; ~ **flange** *gép* szerelőperem, beépítőperem, szerelőkarima, beépítőkarima; ~ **for circuit packs** *félv* kád; ~ **frame** *el* saszszi; *mzg* művelőtestkeret; ~ **height (MH)** *szer* felfüggesztési/szerelési magasság; ~ **in stepped tiers** *gép* lépcsőzetes elhelyezés; ~ **leg** *kat* állandó hosszúságú állványláb; ~ **pad** *rep* szerelőtér; ~ **paper** *pa* szerelőpapír; ~ **plate** *félv* szerelvénylap, szerelőlap; *távk* rögzítőlap; ~ **platter** *műa* présasztal; ~ **point** felfogási/felfüggesztési pont; ~ **press** *fotó, nyom* ragasztóprés; ~ **ring** *bány* segédgyűrű; *gép* foglalógyűrű, szerelőgyűrű; ~**s** *ép* vasszerelvény *(vasbetoné)*; *gép* alkatrészek, szerkezeti elemek, szerelvények; felszerelés; vasalás; ~ **step** *vasút* felhágó; lépcső; ~ **strip** *félv* szerelősín; ~ **stud** *gép* illesztőcsap; ~ **test** *pa* szívómagasság-mérés; ~ **unit** *ép* kotróalváz; ~ **yoke** *kat* géppuskaállvány kengyele

mouse (pl mice) *ép* ellensúly *(tolóablakon)*; *rak, távk* műbolygó; *szt* egér *(beviteli eszköz)*; *tex* bog *(kötélen)*; ~ **hole** *szer* toldólyuk, egérlyuk; ~ **hole elevator** *ol* toldólyuk-szállítószék; ~ **of stag** *hajó* fékcsomó; ~ **roller** *nyom* festékelosztó henger

mousetrap *kat* rakétahajtóműves érintkezőgyűjtős lövedék; *ol* egérfogó *(mélyszivattyú-rudazat mentőszerszáma)*

mousing *hajó* fékcsomó

mousseline *tex* finomszálú selyemszövet, muszlin; ~**-laine** *tex* lenbatiszt

mouth lyuk; száj; *bány* aknaszáj, tárószáj; *ép* (kieresztő) nyílás, (kilépő)nyílás; szívónyílás; *fa* éknyílás *(gyalué)*; *geol, hidr* torkolat; *hőt* rostélytüzelés; *koh* garat *(nagyolvasztóé)*; *pa* kifolyónyílás; ~ **annealing** *hők* húzóüreg-lágyítás; ~ **grinding** *üveg* üvegnyak előköszörülése; ~ **of pipe** *ép* csőnyílás; ~ **of room** *bány* kamarabetörés; ~ **of the adit** *bány* tárószáj; ~ **of tongs** *gép* fogónyílás; ~ **of tunnel** *ép* alagútkapuzat; ~ **opening** *ép* szájnyílás; ~ **organ** *heng* szájharmonika; ~ **screen** *koh* torokköpeny *(nagyolvasztón)*; ~ **skull** *koh* torokmedve

mouthpiece *bány* csutora; *élip* szájdarab; szopóka; *hang* fúvóka; *műa* kilépőfej; szájnyílás; *távb* mikrofontölcsér, mikrofonfedő; ~ **of a jet pipe** lövőke *(sugárcsövön)*; ~ **plug** *bány* csutora-záródugó

movability *gép* (el)szállíthatóság; áthelyezhetőség, (meg)mozgathatóság, (el)mozgathatóság

movable *gép* (el)mozgatható, elmozdítható; áthelyezhető, hordozható; elszállítható; ~ **aerial** *távk* mozgatható v. nem helyhez kötött antenna; ~ **anchor** *ép* mozgó lehorgonyzás *(feszített beton)*; ~**-anode tube** *el* mozgóanódos cső; ~**-bar grizzly/screen** *ép* mozgatott rúdrács; ~ **beam** *opt* forgósugár *(világítótoronyé)*; ~ **bearing** *ép* mozgósaru, mozgó-alátámasztás; ~**-bed model** *hidr* mozgómedrű kisminta; ~ **belt bridge** *bány* önjáró szalaghíd; ~ **breech-block** *kat* mozgó zártest; ~ **bridge** *ép* mozgóhíd; ~ **brush** *pa* mozgókefe; ~ **contact member** *el* mozgóérintkező; ~ **conveyor** *bány* helyváltoztató szállító-berendezés; ~ **core** *önt* lejáró mag; *távk* hangolóvasmag; ~ **crane** *em* mozgódaru, futódaru; ~ **dam** *hidr* mozgógát; ~**-disk relay** *el* tárcsás relé; ~**-electrode electron tube** *el* mozgatható elektródás elektroncső *(mechanikusan vezérelhető)*; ~ **electronic gas-detection apparatus** hordozható elektronikus gázérzékelő készülék; ~ **end** mozgatható vég; ~ **fit** *gép* mozgóillesztés; ~ **flue** *hőt* szabályozható kémény; ~ **form(work)** *ép* mozgatható zsaluzat; ~ **frog** *vasút* állítható keresztezés; ~ **gate** *hidr* mozgógát; ~ **grizzly** *ép* mozgatott rács; ~ **hinge** *ép* mozgócsukló; ~ **inclined belt bridge** *bány* önjáró rézsűhíd; ~ **inlet guide vane** *rep* állítható terelőlapát; ~ **intake** *hidr* úszó szivattyútelep; ~ **jaw** tolóka, tolópofa *(tolómércén)*; ~ **jet** *rep* eltérített/kiáramló gázsugár; ~ **joint** *ép* tágulási hézag; ~ **machine-gun** *kat* forgatható géppuska; ~ **magnet** *el* lengőmágnes, mozgómágnes; ~ **medium storage** *szt* mozgóközeges tár; ~ **oil detection/plot (MOP)** *ol* mozgásképes olaj kimutatása; ~ **partition** *ép* mozgatható válaszfal; ~ **piston** mozgódugattyú; ~ **pulley** *gép* futócsiga, mozgócsiga; ~ **scaffold(ing)** *ép* mozgatható állvány; ~**-scale barometer** *met* mozgóskálás barométer; ~ **scene** *hang* stúdiókulissza; ~ **screen of bars** *ép* mozgatott rúdrács; ~ **shoe** *em* mozgófenék *(elevátoré)*; ~ **shuttering** *ép* mozgatható zsaluzat; ~**-sieve jig** *koh* mozgószitás ülepítő; ~ **slide** *geod* mozgószán; ~ **switch** *vasút* cigányváltó; ~ **switchboard** *el* hordozható/mozgatható kapcsolótábla; ~ **termination** *gép* állítható lezáró; ~ **track** *bány* létravágány; ~ **type** *nyom* mozgatható betű *(monotype gépen)*; ~ **weir** *hidr* mozgatható gát; ~ **window** *ép* nyíló ablakszárny; ~ **wing** *rep* mozgó/mozgatható szárny; ~**-wing attachment** *rep* oldható szárnybekötés

move I. *v* (el)mozdul; átállít, átvisz, áthelyez, áttesz; *gép* jár *(szerkezet)*; mozgásba hoz; mozgásba jön; *kat* menetel, mozog; *szt* mozgat, átad *(adatot)*; **II.** *n* átrakás, áthelyezés, átszállítás; *gép* indítás; *mat* lépés *(sakkban)*; ~ **earth** *v ép* földmunkát végez; ~ **in** *v el* bekapcsol; *gép* bevezet, betol; ~ **off** *v* elmozdul; eltávolodik; ~ **on** *v* előremegy, továbbmegy; ~ **out** *v gép* kihúz, kivezet; kiszállít; ~**-out time** *geof* beérkezési időkülönbség

moveable → movable

moved *gép* mozgatott, mozgó; ~ **bed** *ol* mozgóágy *(katalizátoré)*; ~**-bed catalytic cracking** *ol* mozgóágyas katalitikus krakkolás; ~**-bed process** *ol* mozgóágyas eljárás

movement *bány* csúszás; vető; *finm* óraszerkezet, óramű, (óra)mechanizmus; rugós hajtómű; *gép* mozgatószerkezet, mechanizmus; *hang* ütem, taktus; *mech* (haladó) mozgás; ~ **area** *rep* földi mozgásterület; gurulópálya, gurulómező; ~ **blur** *tv* mozgás okozta életlenség; ~ **en masse** *finm, kh* egyidejű mozgás *(kötőgépen)*; ~ **holder** *finm* munkaállvány; ~ **mainspring** *finm* órarugó, óraműhajtó rugó; ~ **of (earth-) masses** *ép* tömegmozgatás *(szállítás)*, földmunka; ~ **of the pointer** *metr* mutatókitérés, tű kitérése; ~ **plane** *geol* mozgásfelület

mover *gép* hajtógép; mozgató; *mech* mozgatóerő

movie *film* mozgókép, (mozi)film; ~**-camera angling** *film* filmfelvevő gép körmozgása, fahrt; ~**-flood lamp** *film* túlizzított vetítőizzó; ~**-set(ting)** *film* filmdíszlet; ~**-tone** *film* filmhangrögzítés *(változó fényerővel)*

moving I. *a* mozgó; mozgatható; *gép* hordozható, szállítható; mozgató; **II.** *n* mozgatás; *gép* áthelyezés; mozgás, járás; ~ **air** *rep* levegőáramlás; ~ **apportionment** *stat* változó eloszlás; ~ **average (method)** *mat* mozgó átlag; mozgó átlagok módszere; ~ **back** *gépk* hátramenet; ~**-bar grizzly** *ép* mechanikai keverőkaros rostély; ~ **bed** *ol, vegy* mozgó katalizátorágy, mozgóágy; ~**-bed process** *ol, vegy* mozgóágyas eljárás; ~ **blade** *gép* futólapát; ~**-boundary method** *vegy* mozgó határfelület módszere; ~ **car** *gépk* bútorszállító kocsi; ~**-catalyst cracking process** *vegy* áramló katalizátoros hőbontó eljárás; ~ **cleaning brush** *bány* mozgókefés hevedertisztító; ~ **cluster** *csill* csillagraj; ~ **coil (MC)** *el* lengőtekercs, forgótekercs; oszcillátortekercs; ~**-coil** *el* lengőtekercses; *hang* lengőcsévés *(pick-up)*; ~**-coil ammeter** *el* forgótekercses/Deprez-rendszerű ampermérő; ~**-coil cutting head** lengőtekercses lemezvágó fej; ~**-coil galvanometer** forgótekercses/lengőtekercses galvanométer; ~**-coil geophone** *geof* mozgótekercses geofon; ~**-coil instrument** forgótekercses műszer; ~**-coil loudspeaker** dinamikus/lengőtekercses hangszóró; ~**-coil measuring system** forgótekercses mérőrendszer/mérőmű; ~**-coil meter** → ~-coil instrument; ~**-coil microphone** lengőtekercses/dinamikus mikrofon; ~**-coil oscillograph** lengőhurkos oszcillográf; ~**-coil recorder** *távk* lengőtekercses modulátor; ~**-coil regulator** forgótekercses feszültségszabályozó; ~**-coil relay** *el* forgótekercses jelfogó/relé; ~**-coil system** → ~-coil measuring system; ~**-coil-type microphone** → ~-coil microphone; ~**-coil voltmeter** *el* forgótekercses voltmérő; ~ **conductor** → ~ coil; ~**-conductor** → ~-coil; ~ **cone** *hang* hangszórókúp, lengőkúp, lengőkónusz; *mech* mozgó alapkúp; ~ **contact** *el* leszedő; ~ **contact termination** *el* középkivezetés; ~ **coordinate system** *mech* mozgó koordinátarendszer; ~**-core coil** *el* behúzómagos tekercs; ~ **curve** *mech* mozgó pólusgörbe; ~ **cylinder** *mech* mozgó alaphenger; ~ **element** forgórész, lengőrész *(műszeré)*; *gép* mozgó elem/szerkezetrész/darab; ~ **equilibrium** *mech* mozgó egyensúly; ~ **field** *el* mozgó erőtér; ~**-film method** *ásv* mozgófilmmódszer; ~ **floor** *em* mozgólépcső; ~**-floor trailer** *mzg* mozgólapátos vontató; ~ **form(work)** *ép* mozgó/gördülő zsaluzat; ~ **gas** *ol* mobilgáz; ~ **gear** *gép* mozgató hajtómű; ~ **grate/grid** *koh* mozgórostély; ~ **head disk** *szt* mozgófejes mágneslemez; ~ **inlet vanes** perdületszabályozó; ~**-iron** *el* lengőnyelves, lágyvasas; ~**-iron ammeter** *el* lágyvasampermérő; ~**-iron galvanometer** *el* lágyvasas galvanométer; ~**-iron instrument** lágyvasas műszer, lágyvasműszer; ~**-iron loudspeaker** *hang* lengőnyelves hangszóró; ~**-iron meter** → ~-iron instrument; ~**-iron microphone** *hang* lágyvasas mikrofon; ~**-iron movement** lágyvasas mérőszerkezet; ~**-iron receiver** *távb* elektromágneses hallgató; ~**-iron voltage regulator** lágyvasas feszültségszabályozó; ~**-iron voltmeter** *el* lágyvasas voltmérő; ~**-iron wattmeter** *el* lágyvasas wattmérő; ~ **jaw** *forg, gép* mozgópofa; ~ **load** *ép, mech* mozgó/dinamikus terhelés/teher; ~ **magnet** *el* lengőmágnes, mozgómágnes; ~**-magnet galvanometer** *el* tűgalvanométer; ~**-magnet (measuring) instrument** *metr* lengőmágneses/forgómágneses műszer; ~**-mandrel drawing** *heng* húzás mozgó tüskén; ~ **mean** *mat* mozgó átlag; ~ **medium** *mech* mozgató közeg; ~ **pavement** mozgójárda; ~ **period** *film* továbbítási periódus; ~ **picture camera** *film* filmfelvevő gép, kamera; ~ **plates** *pl el* motor *(forgókondenzátoron)*; ~**-point calculation** *mat* lebegőpontos számítás; ~ **pollution source** *környv* mozgó szennyezőforrás; ~**-reed loudspeaker** → ~-iron loudspeaker; ~ **shield** *bány* fejtőpajzs; *ép* pajzs; ~ **sidewalk** → ~ pavement; ~ **stage** *ép* forgószínpad; mozgó szerelőállvány; tolópad; *hajó* mozgóponton; ~ **staircase** mozgólépcső; ~ **surface** *rep* kormányfelület; ~ **system** *mech* mozgó rendszer; ~**-tape system** *hang* mozgószalagú rendszer; ~ **target** *kat* mozgó célpont; ~**-target indication (MTI)** *kat* mozgócélpont-jelzés; ~**-target indicator (MTL)** *kat* mozgócélpont-indikátor; ~**-target-indicator system** *kat* (mozgó)célkövető rendszer; ~**-target selection** *kat* mozgó céltárgy kiválasztása; ~**-target selector** *kat* mozgócéltárgy-szelektor; ~ **time** *ip* átszállítási/áthelyezési idő; ~ **track** *mech* tolóút; ~ **wave** *mech* mozgóhullám; ~**-wing control** *aut* forgószárnyas vezérlés

moviola *film* hang- és képélességvizsgáló gép

mower *mzg* fűnyíró gép; kaszálógép, aratógép, fűkasza; ~**-crusher** *mzg* szártörős kaszálógép; ~ **knife** *mzg* (fű)kaszakés; ~**-knife grinder** *mzg* fűkaszaköszörű

mowing I. *a mzg* kaszáló, arató; **II.** *n mzg* kaszálás; ~**-machine** *mzg* kaszálógép, aratógép

MP → manifold pressure; → medium pressure; → melting point; → metallized paper; → middle point; → mooring pipe; → mooring post; → motion picture; → multipole

MP/M → multiprogramming control program for microprocessors

Mpc → megaparsec

MPC → maximum permissible concentration

MPD → magnetoplasmadynamics; → maximum permissible dose

MPE → maximum permissible exposure

MPI → mean point of impact

MPM process *koh* MPM-eljárás

MPRL → minimum polished rod load

MPROLOG → microprolog

MPS → microprocessor system

MPU → microprocessor unit

MQ → metol-hydroquinone; → metol-quinol

MR → methyl rubber; → mineral rubber; → moment of resistance

MRBM → medium-range ballistic missile

MRCA → multirole combat aircraft
MRDF → machine-readable data file
MRU → mobile radio unit
MRV → multiple reentry vehicle
ms → mass spectrometer; → millisecond
Ms → medium size
MS → machine steel; → margin of safety; → mass spectrometry; → master station; → master switch; → medium shot; → metric system; → mild steel; → milestone; → motor ship
MSB → most significant bit
MSD → most significant digit
MS-DOS (Microsoft Disk Operating System) *szt* MS-DOS *(operációs rendszer)*
MSI → medium scale integration
MSL → mean sea level
MSMV → monostable multivibrator
mt → machine tool
MT → maximum torque; → mean time; → mechanical transport; → metric ton(ne)
MTA → message transfer agent
MTAE → message transfer agent entity
MTBF → mean time between failures
MTBM → mean time between maintenance
MTD → mean temperature difference
MTF → mechanical time fuse
MTI → moving-target indication; → moving-target indicator
MTL → message transfer layer
MTR → materials testing reactor
MTS → message transfer system
MTTR → mean time to renewal; → mean time to repair
mu (μ) → micro; → micron; *távk* erősítési tényező; ~ **factor** *távk* erősítési tényező; ~**-factor (friction)** *rep* súrlódási tényező; ~**-meson** *at* μ-mezon, mű-mezon; ~**-neutrino** *at* neutrinó a műon-bomlásban, műon-bomlás neutrinója
m.u. → multiple-unit
much less/smaller *mat* nagyságrend(ek)ben kisebb, jóval kisebb, nagyságrenddel kisebb
mucic acid *vegy* nyálkasav, tetraoxiadipinsav
mucilage *vegy* nyálka, ragasztószer
mucin *vegy* mucin
muck I. *v bány* fejtményt csillébe rak; feltakarít *(meddőt)*; kicsilléz; *mzg* (meg)trágyáz; **II.** *n bány* meddő, meddőhányó, iszapos üledékréteg; *ép* fejtmény, fejtett talaj, robbantott kőzet; *mzg* trágya, komposzt; ~ **bar** *heng* nyerssín, egyszer hengerelt buga; ~**-bar shears** *pl önt* bugaolló; ~ **car** *ép* bontási anyagszállító kocsi; ~ **loading** *bány* meddőrakodás; ~**-lock** *ép* anyagzsilip *(keszonnál)*; ~ **pile** *bány* hányó; lerobbantott készlet; fejtmény; ~**-rolling mill** *heng* buzgatott acélbocshengerlő sor; ~ **sampling** *bány* fejtésmintázás; ~ **spreader** *mzg* szervestrágyaszóró, trágyalészóró
mucking I. *a bány* meddőfeltakarító, csillézõ; *ép* lapátoló; *mzg* trágyázó; **II.** *n bány* kézi csilézés; meddőfeltakarítás, meddőfelrakás, meddőrakodás; *ép* ellapátolás, átlapátolás; *ip* munkahelyi szállítás; *mzg* trágyázás; ~**-machine** *bány* törecsmeddő-rakodó gép
muckle *geol* fedőanyag
muckshifter *ép* földmozgató gép; földmunkás, kubikos
muckshifting *ép* földmunka, földmozgatás
muconic acid *vegy* mukonsav
mucoprotein *vegy* glikoprotein
mud I. *v* besároz; *ép* tapaszt *(sárral)*; **II.** *n bőr* szenny; *geof, ol* öblítőiszap, fúróiszap, zagy; *talt* (finomszemcsés) iszap, lápiszap, puha talaj, sár; ~ **acid** *ol* iszapsav; ~ **additive** *ol* öblítőiszap-javító anyag; ~**-analysis log** *geof* öblítőiszap-szelvény; ~**-and-daub wall** *ép* paticsfal; ~**-and-snow tyre/tire** *gépk* terepjáró gumiabroncs; ~ **apron** *gépk* sárvédő lebeny/kötény; ~ **auger (bit)** *ol* fúrókanál, kanálfúró; ~ **balance** *ol* öblítőiszap-mérleg; ~ **bank** *geol* homokzátony; ~ **barge** *hajó, hidr* iszapkotró hajó; ~ **bit** *geof, ol* iszapfúró fej; ~ **boat** *hajó, hidr* kotróhajó uszálya; *hidr* sárdereglye; ~ **box** *ép* derítőmedence, iszapgyűjtő; ~ **cake** *cu* mésziszap; *geof, ol* iszaplepény; ~ **caustification** *koh* iszapkausztifikálás; ~ **centrifuge** *ol* öblítőiszap-centrifuga; ~ **chamber** *ép* iszapfogó, iszapkamra; ~ **circulation** *ol* öblítőiszap köráramlása, (iszap)öblítés; ~ **clarifier** *ol* iszapderítő; ~ **cleaner** *ol* iszaptisztító egység; ~ **clearing** *ol* iszapülepítés; ~ **cock** *gép* iszapleeresztő csap; ~ **collector** *ép* iszapfogó, lefolyó; ~ **column** *geof, ol* iszaposzlop, öblítőiszap-oszlop; ~ **conditioning** *geof* öblítőiszap kezelése; *ol* fúróiszap-előkészítés; ~ **cone** *geof* iszapvulkánkráter; ~ **deflector** *koh* iszapterelő; ~ **density** *ol* öblítőiszap-sűrűség; ~ **ditch** *ol* fúróiszap-csatorna, (fúró)iszapvályú, fúróiszap-kanális, iszapcsatorna, iszapkanális; ~ **dredger** *hidr* iszapkotró (gép); ~ **drum (m. d.)** *ol* iszapgyűjtő, üledékgyűjtő; ~ **eruption** *geol* iszapkitörés; ~ **filtrate** *ol* iszapszüredék; ~ **filtration** *ol* iszapelárasztás; ~ **flat** *geol* iszapzátony, láp *(erózióbázis)*; ~ **flow** *geol* iszapkitörés, iszapömlés, iszapfolyás; ~ **flue** *ol* iszapcsatorna, iszapkanális; ~ **fluid** *geof, ol* öblítőiszap, fúróiszap; ~ **flush** *ol* fúróiszapzagy, nehéz öblítőfolyadék; ~ **gully** *ép* iszapfogó *(lefolyóban)*; ~ **gun** *koh* csapolónyílás-betömő gép; *ol* iszappuska; ~ **hole** *gép, hőt* iszaplebocsátó nyílás; *közl* iszaptócsa *(úton)*; ~ **invasion** *ol* fúróiszap benyomulása *(lyukfalba)*; ~**-laden fluid** *ol* iszappal nehezített öblítőfolyadék; ~ **lava** *geol* iszapömlés *(vulkánkitörésnél)*; ~ **leg** *geol* iszapzsák; *hőt* leeresztőnyílás *(gőzkazánon)*; ~ **lighter** *hajó* kotróhajóuszály, sárdereglye; ~ **logging** *geol, ol* iszapszelvényezés; ~ **lump** *geol* iszapvulkán; ~ **pipe** *gép, hőt* iszapleeresztő cső; ~ **pit** *geof, ol* iszapgödör, iszaptartály, zsomp; ~ **pocket** *ép, ol* iszapfogó, szennygyűjtő, szemétgyűjtő; *vasút* kavicszsák; ~ **pond** → ~ pit; ~ **pot** *geol* iszapgejzír, iszapvulkán; ~ **pressure** *ol* öblítési nyomás, öblítőnyomás; ~ **pump** *hidr* iszapszivattyú, zagyszivattyú, öblítőszivattyú; sűrűanyag-szállító berendezés; szilárdanyag-szállító (centrifugál)szivattyú; ~ **reconditioning** *geof* regenerálás *(iszapé)*; ~ **resistivity** *geof* öblítőiszap-ellenállás; ~ **resistivity logging** *geol, ol* iszapellenállás-szelvényezés; ~ **ring** *hőt* iszapkoszorú *(kazánon)*; ~**-rock flow** *geol* törmelékcsúszás; ~ **rush** *ol* iszapbetörés; ~ **scow** *hajó, hidr* iszapszállító dereglye; ~**-scow drilling** *bány* iszapöblítéses fúrás; ~ **scraper** *szersz* sárkaparó; ~ **screen** *ol* iszaprosta, iszapszita, rázószita; ~**-settling pit,** ~ **settler** *ép, geof* iszapülepítő (gödör), iszapfogó; ~ **sill** *ép* küszöbgerenda, alapgerenda; ~ **silting** *hidr* feliszapolás; ~ **socket** *ol* iszapolókanál; ~ **solids content** *ol* öblítőiszap-szilárd-

anyagtartalom; ~ **stability** *ol* öblítőiszap-stabilitás; ~ **tank** *ol* iszaptartály; ~ **thinner** *ol* öblítőiszap-viszkozitáscsökkentő; ~ **trap** *ép* iszapfogó, szennyfogó; ~ **treating agent** *ol* öblítőiszap-javító anyag; ~ **trough** *ol* iszapcsatorna, iszapkanális; ~ **up** *v* vályoggal kiken; *talt* eliszaposodik, elszennyeződik; ~ **valve** *bány* iszapleeresztő; ~ **volcano** *geol* iszapvulkán; ~ **wall** *ép* tapasztott fal, vályogfal; ~**-walled** *ép* vályogfalú; ~ **walling** *ép* faltapasztás; ~ **wall laid with pitchfork** *ép* rakott fal; ~ **weight** *ol* iszap(faj)súly

mudded *talt* sáros, iszapos

muddiness *talt* iszaposság

muddy zavaros; *talt* iszapos; ~ **ground** *talt* iszaptalaj; ~ **print** *nyom* elmosódott másolat; ~ **rock-flour** *geol* iszapos homokliszt

mudguard *cipő* védőperem; *gépk* sárhányó, sárfogó, sárvédő; ~ **stay** *gépk* sárvédőtartó

mudjacking *ép* agyagbesajtolás

mudstone *geol* agyagpala

MUF → maximum usable frequency

muff *gép* kapcsolóhüvely *(csőhöz)*; karmantyú; tok; ~ **coupling/joint** *gép* karmantyús kötés/csőkötés, tokos kötés

muffle I. *v* befed, beburkol, betakar; betokol; *gép* karmantyúval ellát; *hang* tompít, halkít; **II.** *n* burkolat, bevonat; tok; *em* csigasor; *gép* karmantyú; *gépk* hangtompító edény; *vegy* muffola, tokos kemence; ~ **burner** *vegy* tokoségő; ~ **colo(u)r** *vegy* tűz- és lángálló kerámiai festék; ~ **furnace** *vegy* muffola; tokos kemence; ~ **roaster** *élip* tokos pörkölőkemence

muffled | **boom** *rep* tompított hangrobbanás; ~ **multiple-hearth furnace** *vegy* többmedencés tokoskemence

muffler bokszkesztyű, egyujjas kesztyű; *gép* kipufogódob, hangtompító (dob); *hang* hangtompító

mug shot *foto* (rendőrségi) fénykép *(bűnügyi nyilvántartásban)*

muggy *met* nyirkos, fojtó, fülledt

mulberry *fa* eperfa; *kat* előregyártott úszó kikötő; ~ **fibre/fiber** *tex* hernyóselyem; ~ **silk** *tex* reálselyem, valódi (nemes)selyem; ~ **silkworm** *tex* nemesselyemhernyó

mulch I. *v ép* védőborítást alkalmaz *(friss útburkolaton)*; *mzg* takar, talajtakarást végez; **II.** *n mzg* talajtakarás; *talt* laza talajréteg; ~ **paper** *mzg* növényvédő papír

mulcher *mzg* porhanyítógép

mule *bány* siklóellensúly; *cipő* félmagas sarkú kéreg nélküli cipő; szegedi/sarkatlan papucs; *hajó* villamos hajóvontató csörlő, felmotollálókészülék; *tex* szelfaktor, szakaszos működésű fonógép; ~ **carriage** *tex* szelfaktorkocsi; ~ **doubler** *tex* többorsós szakaszos működésű kettőző- és cérnázógép; ~ **fitter** *tex* szelfaktorszerelő; ~ **pulley** *gép* állítható tárcsa; ~ **spinning-machine** *tex* szakaszos működésű fonógép; ~ **tramming** *bány* lóvontatás; ~ **travel(l)er** *em* segéddaru *(rácstartók felállítására)*; ~ **twist/warp/yarn** *tex* medióláncfonal; mulefonógépen/szefaktoron font pamutfonal

mulehead *ol* lófej

muley | **belt** *gép* szöghajtószíj; ~ **shaft** *gép* vezetőgörgős függőleges tengely

mull *tex* mull(szövet), muszlin, organdin; pamut függönyszövet

Mullen tester *pa* Mullen-készülék, repesztőgép

muller I. *v alak* széttör, szétdörzsöl; **II.** *n alak* dörzsölőgörgő, dörzsölőkő; *élip, gép* kollerjárat, járókerék; *heng* görgőjárat; *vegy* festékdörzsölő kő

Müller bands/fringes *pl krist* Müller-féle csíkok

müllerine *ásv* müllerin

mulling *alak* szétmorzsolás; *élip* összezúzás kollerjáraton; ~**-machine** *alak* szétmorzsológép

mullion *ép* ablakborda, ablak(szárny)osztó (léc), középoszlop; ablakosztás; ~ **structure** *ép* keretes/bordás szerkezet

mullite *ásv* mullit

mullock *bány* meddő(hányó); ~ **chute** *bány* meddőgurító; *ép* törmelékcsúszda, lerakodócsúszda

mullocker *bány* meddőhányó-kezelő, meddőbányász

mullpaper *pa* mullpapír

mulser *pa* emulgátor

multiaccelerator összetett gyorsító

multiaccess | **computer** *szt* többszörös hozzáférésű számítógép; ~ **computing (MAC)** többszörös hozzáférés *(a vivőjel érzékelése alapján)*; ~ **sequential selection (MASS)** *szt* multiplikált eléréssorrendi válogatás, MASS; ~ **system** *szt* többszörös hozzáférés

multiact relay system *aut* többütemű relérendszer

multiaddress | **calling** *szt* többcímű hívás; ~ **code** *szt* többcímű kód; ~ **computer** *szt* többcímű számítógép; ~ **instruction** *szt* többcímű utasítás; ~ **machine** *szt* többcímű gép; ~ **message** *szt* többcímű utasítás

multialgebra *mat* multialgebra

multiangular *mat* sokszögű

multiannual storage *hidr* többéves tározás

multianode *el* többanódos; ~ **rectifier** többanódos egyenirányító

multiaperture core *önt* többlyukú mag

multiar *el* multiar

multiarc | **weld** *heg* többíves hegesztéssel készült varrat; ~ **welding** *heg* többíves hegesztés

multiaxial stressed state *koh* többtengelyű feszültségállapot

multiaxle semitrailer *ép* oldalfal nélküli félpótkocsi

multiband *távk* többsávos; ~ **antenna** *távk* soksávú/többsávos antenna; ~ **receiver** *rád* több hullámsávú vevőkészülék

multibank | **engine** *rep* többsoros motor; ~ **memory** *szt* többtáras memória

multibarrelled, *US* **multibarreled** *kat* sokcsövű

multibay *ép* többmezős, többnyílásos, többhajós *(templom)*; ~ **frame** *mech* többnyílású keret

multibeacon *hajó* többsugarú jelzőpéce

multibead welding *heg* többrétegű hegesztés

multibeam → multiple-beam

multiblad(ed) *gép* többlapátos, többpengéjű; *rep* többágú, többszárnyú; ~ **airscrew** *rep* többágú légcsavar; ~ **cactus/grab** *ép* polipmarkoló; ~ **circular grab** *ép* polipmarkoló, többszeletes/többpofás markoló; ~ **(frame-)saw** *fa* több fűrészlapos keretfűrész

multiboiling system *cu* többtermékes séma

multibranched *gépk* többcsatornás

multibreak *aut* többszörös megszakítású; ~ **oil circuit-breaker** *el* többmegszakítású olajmegszakító

multibucket | **dredger** *hidr* serleges/vederláncos/vedersoros úszókotó, több kotróedényes úszókotró; ~ **excavator** *ép, hidr* serleges/vederláncos szárazkotró, több munkaedényes kotró; ~ **loader** *ép* serleges rakodó(gép)

multicapacity block/element *szt* többtárolós tag
multicascade servomechanism *gépk* többfokozatú szervomechanizmus
multicast address *szt* csoportcím, több állomásnak szóló cím
multicasting *rád* egyidejű rádióadás *(2 FM-állomás)*
multicavity *műa* többüreges; ~ **die** *alak* többüregű sajtolószerszám; *koh* többfészkes öntőszerszám; ~ **klystron** *távk* többüregű klisztron; többüregű klisztron; ~ **magnetron** *el* (több)üreges *v.* több üregrezonátoros magnetron; ~ **mo(u)ld** *műa* többszörös/többüreges/többférőhelyes szerszám
multicellular *el, vegy* sokcellás, többkamrás, többsejtű; ~ **hollow section** *ép* többnyílású szekrényes keresztmetszet; ~ **loudspeaker horn** *hang* sokcellás hangszórótölcsér; ~ **pump** *hidr* többkamrás szivattyú; ~ **screen** *tv* sokcellás képernyő; ~ **suction-roll** *pa* többkamrás szívóhenger
multichain jib-type continuous miner *bány* több réselőlapos (karos) folyamatos jövesztőgép
multichamber *ép, gép* többrekeszes, többkamrás, többszobás, többcellás; ~ **drier/dryer** *élip* rekeszes szárító, kulisszás szárító; ~ **kiln** *hőt* többkamrás kemence; ~ **settler/thickener** *koh* többkamrás ülepítő
multichambered *ép, gép* többrekeszes, többkamrás, többszobás, többcellás
multichannel *távk* többcsatornás, sokcsatornás, multiplex; ~ **amplifier** *távk* sokcsatornás erősítő; ~ **analyzer** *at* többcsatornás/sokcsatornás analizátor; ~ **carrier system** *távk* többszörös vivőfrekvenciás rendszer; ~ **circuit** *távk* többcsatornás áramkör; ~ **communication recorder** *távk* jelentéstároló; ~ **communication system** *távk* többcsatornás kommunikációs rendszer; ~ **control** többcsatornás szabályozás; ~ **detector** *at* sokcsatornás detektor; ~ **equipment** többcsatornás berendezés; ~ **loudspeaker** többcsatornás hangszóró; ~ **measuring point amplifier** többcsatornás mérőerősítő; ~ **pulse-height analyzer** *at* sokcsatornás amplitúdóanalizátor; ~ **radio transmitter** *távk* többcsatornás rádióadó; ~ **recorder** többcsatornás adatrögzítő; ~ **recording** többcsatornás regisztrálás; ~ **spectrometer** *fiz* többsugaras spektrométer; ~ **system** *távk* többcsatornás (adó)rendszer; ~ **telemetering system** többcsatornás távmérő rendszer
multichip *szt* multicsip, több (félvezető)lapkából álló csip; ~ **integrated circuit** *el* multicsipáramkör
multicircuit *el* több áramkörös; *távb* többvonalas; ~ **amplifier** *el* többfokozatú erősítő, kaszkáderősítő; ~ **control** többhurkú szabályozás, szabályozás hurkolt szabályozási körben; ~ **hydraulic system** *ép* többkörös hidraulikus rendszer; ~ **relay** *el* többáramkörös relé/jelfogó; ~ **switch** *el* sorozatkapcsoló; ~ **transformer** *el* több tekercsrendszerű transzformátor
multiclaw grab *ép* polipmarkoló
multicoat többrétegű; ~ **system** *at* sokbevonatos rendszer
multicode device többkódú berendezés
multicoil winding *el* többmenetű tekercselés
multicollector transistor *félv* többkollektoros tranzisztor
multicolor *US* → multicolour
multicolour, *US* **multicolor** többszínű, sokszínű, tarka; ~ **light beam** *fiz* többszínű fénysugárnyaláb; ~ **point recorder** *metr* többszínű regisztráló, esőkengyeles íróműszer, szaggatottvonalas öníró; ~ **press** *nyom* többszínnyomó sajtó; ~**-printing paper** *pa* sokszínnyomó papír; ~ **recorder** → ~ point recorder
multicoloured, *US* **multicolored** többszínű, sokszínű, tarka; ~ **paper** *pa* többszínű papír; ~ **yarn** *tex* többszínű fonal
multi-compartment | bin/silo *mzg* többkamrás siló; ~ **washer/washing machine** *gép* kamrás mosógép
multicomponent *vegy* többkomponensű, sokkomponensű; ~ **mixture** *vegy* sokkomponensű elegy; ~ **signal** *távk* összetett jel; ~ **spray(ing) gun** *ép* három komponensű szórópisztoly; ~ **system** *vegy* többkomponensű rendszer
multiconductor | line *el* sokcsatornás vonal, kötegelt/többszörös vezeték; ~ **system** *el* többvezetékes rendszer
multicone | clutch *gépk* többkúpos tengelykapcsoló; ~ **friction clutch** *gépk* többkúpos dörzskapcsoló
multiconnection *el* többszörös párhuzamos kapcsolás; ~ **endpoint identifier** *szt* többpontú összeköttetés végpont-azonosítója
multicontact | relay *el* sokérintkezős jelfogó; ~ **switch** *el* fokozatkapcsoló
multicore → multiple-core
multicored clay brick *ép* soklyukú tégla
multicourse *ép* többrétegű
multicrank engine *gép* többforgattyús gép
multicrystal spectrograph *orv* sokkristályos röntgenspektrográf
multicut | current jib *bány* hajlított réselőgép; ~ **drill** *forg* többélű fúró; ~ **lathe** *forg* többkéses eszterga
multicutter shearing-machine *mzg, tex* többhengeres nyírógép
multicutting *forg* megmunkálás többkéses esztergán; ~ **bar** *forg* többkéses *v.* több vágóélű fúrórúd
multicyclone multiciklon *(porleválasztó)*
multicylinder *gépk* többhengeres; ~ **engine** *gépk* többhengeres motor; ~ **grapple** *ép* többhengeres polipmarkoló; ~ **machine** *pa* sokhengeres gép; ~ **turbine** *hidr* többházas turbina
multidaylight press *alak* etázsprés
multideck | cage *bány* emeletes kas; ~ **oven** *hőt* többszintes kemence; ~**-purpose reservoir** *hidr* többcélú tározó; ~ **screen** *ép* több-betétes rosta
multidee cyclotron *távk* többelektródos ciklotron
multidetector system *at* sokdetektoros rendszer
multidie → multiple-die
multidigit *mat* többjegyű; ~ **number** *mat* többjegyű szám (egész)
multidimensional *mat* többdimenziós; ~ **analyzer** *at* sokparaméteres analizátor; ~ **maximization problem** *mat* többdimenziós maximalizálási probléma; ~ **space** *mat* többdimenziós tér; ~ **system** kapcsolt/többparaméteres/összetett szabályozási rendszer
multidirectional sokirányú, többirányú; ~ **interface latch element** *szt* többirányú interfész-tárolóelem; ~ **measurement** *geof* többirányú mérés
multidrop *szt* többpontú pont-pont kapcsolat; ~ **line** *szt* felfűzött hálózat, többpontú vonal
multiduty *gép* egyetemes, univerzális, többfeladatos
multiedged *forg* sokélű
multielectrode | electroslag welding *heg* több elektródos villamos salakhegesztés; ~ **sound** *geof* többelekt-

ródás mérőszonda; ~ **spot welding** *heg* többelektródos ponthegesztés; ~ **system** *el* többelektródás rendszer
multielement *gép* sokelemes, többelemű; ~ **antenna** *távk* sokelemes antenna; ~ **control** többváltozós/többparaméteres/hurkolt szabályozás; ~ **detector** *távk* többelemű detektor; ~ **directional antenna** *távk* sokelemes irányított antenna; ~ **silicon cell** *félv* többelemes szilícium-fotocella
multiemitter transistor *félv* többemitteres tranzisztor
multiended line *el* többleágazásos vezeték
multiendpoint connection *szt* többpontú összeköttetés végpont-azonosítója
multiengined aircraft *rep* többhajtóműves repülőgép
multiexchange *távk* sokközpontos csatlakozási terület; ~ **area/network** *távk* sokközpontos hálózat
multifilament *el* többszálas; *tex* multifil; ~ **lamp** *el* többszálas izzólámpa; ~ **rayon** *tex* többágú/finomszálú műselyem; ~ **yarn** *tex* többszálas fonál *(szitában)*
multifilm process *foto* többfilmes eljárás *(átmásolás több negatívról)*
multifinger *el* sokérintkezős
multiflame | **blowpipe** *heg* többlángú égő; ~ **oxy-acetylene torch** *heg* többlángú (oxigén-acetilénes) égő; ~ **welding** *heg* többlángú hegesztés
multiflight staircase *ép* többkarú lépcső
multiflow | **cooling system** *at* sokcsatornás/sokátfolyásos hűtőrendszer; ~ **hydraulic system** *ép* többkörös hidraulikus rendszer; ~ **mixer** *ép* többfázisú keverőgép; ~ **mixing** *ép* többfázisú keverés
multiflue boiler *hőt* sok tűzcsöves kazán
multifocal | **lens** *opt* többfókuszos lencse; ~ **viewfinder** *fotó* univerzális (kép)kereső
multifocus finder *fotó* univerzális (kép)kereső
multifold phase plane *el* többlevelű fázissík
multiform *fiz* sokalakú, többalakú
multiformity *fiz* sokalakúság, többalakusag
multiframe *távk* multikeret; ~ **page** *szt* több részből összeállított oldal *(szövegszerkesztés, videotex)*
multifrequency *távk* többfrekvenciás; ~ **dial(l)ing** *távb* többfrekvenciás rendszer; ~ **heterodyne** *el* heterodin hangforrás/oszcillátor; ~ **oscillator** *távk* többfrekvenciás oszcillátor; ~ **pulse** *távk* választójel; ~ **radio set** *rád* több hullámsávú rádió adó-vevő; ~ **system (MFS)** *távk* többfrekvenciás (jelző)rendszer; ~ **transmitter** *távk* többfrekvenciás adó; ~ **vibrator** *ép* többfrekvenciás vibrátor
multifunction többműködésű, többfeladatú; ~ **card machine** *szt* többfunkciós kártyaegység; ~ **relay** *el* többfeladatú relé/jelfogó
multifunctional többműködésű, többfeladatú
multigap *el* többszikraközös; ~ **arrester** *el* szikraközsoros túlfeszültség-levezető; ~ **discharger** *el* többszikraközös kisütő
multigrade motor oil *ol* többfokozatú/multigrade motorolaj
multigraph I. *v nyom* sokszorosít; **II.** *n nyom* irányítatlan gráf
multigrapher *nyom* másológép, sokszorosítógép
multigrid *el* többrácsú, többrácsos; ~ **tube/valve** *el* többrácsos (elektron)cső
multigroup *mat* sokcsoportos, többcsoportos; ~ **calculation** *at* többcsoportos számítás; ~ **equation** *at* többcsoportos egyenlet; ~ **model** *at* többcsoportmodell, sokcsoportos modell; ~ **theory** *at* többcsoportelmélet
multigun cathode ray tube *el* többágyús katódsugárcső
multiharmonigraph *el* multiharmonigráf
multihearth → multiple-hearth
multihit detector *at* sokbeütés-detektor
multiimpression → multiple-impression
multiinput *el* több-bemenetű, több bemenőjelű; ~ **controller** több bemenőjelű szabályzó; ~ **servomechanism** több bemenőjelű szervomechanizmus
multijet *gép* többlyukú fúvóka; ~ **wheel** *hőt* több sugárcsöves Pelton-turbina
multijib | **coal cutter** *bány* többkaros/többrudas réselőgép; ~ **cutter loader** *bány* többkaros/többrudas réselő rakodógép
multijob operation *szt* multijob/többfeladatos üzemmód
multikey *szt* több billentyű egyidejű lenyomása; ~ **retrieval** *szt* egyidejűleg több kulcs szerinti visszakeresés
multikeyboard *szt* többszörös billentyűzet
multiknife chipper *pa* aprítógép, baltázógép, korongbalta
multilag többszörös késleltetésű
multilaser(ed) | **lidar** *kat, rep* többlézeres lidar *v.* optikai lokátor; ~ **optical radar** *kat, rep* többlézeres optikai radar
multilateral *ásv, mat* többoldalú
multilattice *mat* multiháló
multilayer többrétegű, sokrétegű; *geof* többréteges (eset); *vegy* többmolekulás rétegű; ~ **arc welding** *heg* többrétegű ívhegesztés; ~ **board** *szt* többrétegű kártya; ~ **cathode** *el* rétegkatód, többrétegű katód; ~ **ceramic capacitor** *el* többrétegű kerámiakondenzátor; ~ **ceramic substrate** *el* többrétegű kerámiahordozó; ~ **coil** *el* többrétegű tekercs; ~ **colo(u)r film** *fotó* többrétegű színes film; ~ **conductive network** *el* többrétegű vezetőhálózat; ~ **crystal** *ásv* rétegkristály; ~ **curve** *geof* többréteges menetidőgörbe/hodográf; ~ **deposit** *heg* többrétegű varratfém; ~ **deposit welding** *heg* többrétegű felrakóhegesztés; ~ **fabric** *tex* többréteges kelme; ~ **interference filter** többréteges interferenciamérő; ~ **material** többrétegű anyag; ~ **phosphor screen** *tv* többrétegű ernyő; ~ **plastic material** *műa* rétegelt műanyag; ~ **printed board** *nyom* sokrétegű nyomtatott lap; ~ **problem** *geof* többréteges feladat; ~ **screen** *tv* többrétegű ernyő; ~ **tablet machine** *gyógyv* többfázisú tablettakészítő gép; ~ **technique** *félv* többrétegű technika; ~ **wall** *ép* köpenybetonfal, többrétegű fal; ~ **welding** *heg* többrétegű hegesztés; ~ **winding** *el* többrétegű tekercselés
multilayered → multilayer
multilead *el* többerű, többvezetékes
multilength | **arithmetic** *mat* többszörös hosszúságú aritmetika; ~ **number** *mat* változó hosszúságú szám
multilens camera *fotó* többlencsés fényképezőgép
multilevel | **action** *aut* többállású viselkedés; ~ **address** *szt* indirekt/közvetett címes utasítás; ~ **communication system** *távk* többszintes távközlőrendszer/kommunikációs/távközlési rendszer; ~ **controller** többállású szabályozó; ~ **guyed tower** *ép* több szinten kihorgonyzott torony; ~ **interrupt** *aut* többszintű meg-

szakítás; ~ **quantum amplifier** *el* több energiaszintű kvantumos erősítő; ~ **storage** *szt* többlépcsős memória/tárolás
multilinear function *mat* multilineáris függény
multilinked list *szt* többszörösen kapcsolt lista
multilobe antenna *távk* többszörös sugárvető/irányított antenna
multiloom system *tex* több szövőgépes rendszer
multiloop *el* többhurkú, többhurkos; ~ **control** többhurkos/hurkolt szabályozás, kaszkádszabályozás; ~ **control system** *aut* hurkolt szabályozási kör; ~ **digital control** digitális többhurkú szabályozás; ~ **feedback amplifier** *el* hurkolt visszacsatolású erősítő; ~ **sampled data system** hurkolt/többhurkú mintavételező rendszer; ~ **servosystem** *aut* hurkolt/többhurkú követőrendszer/szervorendszer; ~ **transmission** *el* többutas átvitel
multimedia publishing *szt* multimédia anyagok készítése *(szöveg, grafika, hang vagy kép)*
multimeter *el* több méréshatárú/mérési tartományú berendezés/műszer; univerzális műszer/mérőeszköz
multimetering *el* többszörös számlálás
multimission *gép* többrendeltetésű, univerzális
multimodal *távk* többmódusú; ~ **curve** *távk* többcsúcsú görbe
multimode | **behavio(u)r** *távk* több hullámtípusú viselkedés; ~ **fibre/fiber** *opt* többmodusú fényvezető szál; ~ **laser** *fiz* több üzemmódú/hullámtípusú lézer; ~ **laser cavity** *fiz* több üzemmódú lézerrezonátor; ~ **laser emission** *fiz* több hullámtípusú/üzemmódú lézeremisszió/lézersugárzás; ~ **laser oscillator** *fiz* több hullámtípusú/üzemmódú lézeroszcillátor/lézergenerátor; ~ **propagation** *távk* többmódozatú hullámterjedés; ~ **radar** *kat, rep* többcélú lokátor; ~ **recording** többmódozatú regisztrálás; ~ **waveguide** *távk* sokmódusú hullámvezető
multimolecular reaction *vegy* polimolekuláris reakció
multimotor(ed) *gépk* többmotoros
multinave *ép* többhajós (templom)
multineedle compass *geod* több iránytűs tájolótárcsa
multinomial *mat* polinom(iális), többtagú; ~ **series** *mat* polinomiális sor
multinuclear *at* többmagú
multioffice exchange area *távb* sokközpontos hálózat/csatlakozási terület
multioperating system *szt* többprogramozású operációs rendszer
multioperation *mat, szt* multiművelet, többértékű művelet
multioptimization *aut* többszörös optimálás
multipactor effect *el* spontán szekunderelektron-effektus
multiparameter | **analyzer** *at* sokparaméteres analizátor; ~ **control circuit** többparaméteres/kapcsolt/összetett szabályozási kör
multipart többrészes; ~ **stationery** *szt* többpéldányos papír
multipartite graph *mat* többosztályú gráf
multipass | **condenser** *hőt* többcsatornás/többjáratú kondenzátor (gőzgépen); ~ **heat exchanger** *gép* többjáratú hő(ki)cserélő; ~ **mixer** *ép* többjáratú keverő; ~ **soil stabilizer** *ép* többjáratú keverő; ~ **welding** *heg* többrétegű hegesztés
multipassage kiln *hőt* többjáratú kemence
multipassing *heg* többmenetű hegesztés
multipath *el, gép* többutas, többszörös; ~ **arrester** *el* több áramutas túlfeszültség-levezető; ~ **filter** *távk* többszörös szűrő; ~ **propagation** *távk* többszörös hullámterjedés; ~ **reception** *távk* térbeli diversity/szórás; ~ **transmission** *távk* többutas átvitel
multiperiodic | **function** *mat* többszörösen periodikus függvény; ~ **regime** többperiódusú üzemállapot
multiperson game *mat* többszemélyes/n-személyes játék
multiphase *el, ip* többfázisú; ~ **alloy** *koh* többfázisú ötvözet; ~ **cancellation** *távk* útkülönbözeti/időkülönbözeti kiegyenlítés; ~ **effect** *távk* útkülönbözeti hatás; ~ **flow** *ol* többfázisú áramlás; ~ **mixer** *ép* többfázisú keverőgép; ~ **mixing** *ép* többfázisú keverés; ~ **sampling** *stat* többlépcsős mintavétel; ~ **system** *el* többfázisú rendszer
multiplace *mat* többjegyű; ~ **number** *mat* többjegyű (egész) szám; ~ **predicate calculus** *mat* többváltozós predikátumkalkulus/relációkalkulus/függvénykalkulus
multiplane *rep* többsíkú/többfedelű repülőgép
multiplate *fiz* soklemezes, többlemezes; ~ **capacitor** *el* többfegyverzetű kondenzátor; ~ **cloud/expansion chamber** *fiz* soklemezes ködkamra/Wilson-kamra; ~ **press** *alak* többlemezes/többszintes sajtó
multiplayback process *tv* multiplayback-eljárás
multiple I. *a* sokszoros, összetett; sokrészes; többszörös; *gép* többsorú; *mat* (egész számú) többszörös; **II.** *n geof* többszörös reflexió; *mat* többszörös, többes; *távk* multiplikáció; ~ **access** → multiaccess; ~ **action** kapcsolt/többparaméteres/többtényezős/összetett szabályozás; ~**-action controller** többtényezőjű/többhatású/többszörösen ható szabályozó; ~**-address** → multiaddress; ~ **airborne target trajectory system (MATTS)** *kat, rep* többszörös légicélkövető rendszer; ~ **approach course** *rep* többiránysávos megközelítés/bevezetés; ~ **aquifer system** *ol* rétegvíz-emelet(ek); ~**-arc** → multiarc; ~**-arch bridge** *ép* többíves híd; ~**-arch dam** *hidr* boltívsoros/boltozatsoros gát; ~**-aspect colo(u)r-light signal** *vasút* többforgalmú fényjelző; ~**-bar chart** *any* több minőségi ismertetőjelet feltüntető hisztogram; ~**-bar joint** *gép* többrudas/többrácsrudas csomópont; ~ **barrel** *rep* csoportos hajtómű, hajtóműcsoport; ~**-barrel** → multibarrelled; ~**-base altimetry** *metr* több-bázisú magasságmérés; ~ **batcher** *ép* összegező mérőadagoló; ~**-bead welding** *heg* többrétegű hegesztés; ~**-beam interference** *fiz, távk* többsugaras interferencia; ~**-beam interferometer** *fiz, távk* többsugaras interferométer; ~**-beam interferometry** *fiz, távk* sokszoros interferometria módszere; ~**-beam oscillograph/oscilloscope** *el* többsugaras oszcillográf/oszcilloszkóp; ~**-beam photometer** *fotó* több fénykévés fénymérő; ~**-block signalling** *vasút* többforgalmú jelzési rendszer; ~ **branching decay** *at* sokágas bomlás; ~**-bucket** → multibucket; ~**-burner cutting** *hőt* többégős vágás; ~**-cage motor** *gépk* többkalitkás aszinkron motor; ~**-cam control** több-bütykös vezérlés; ~ **camera** *foto* többtestű fényképezőgép *(több felvétel egyidejű készítésére)*; ~ **capacitor** *el* ikerkondenzátor, többszörös (forgó)kondenzátor; összetett kondenzátor, kondenzátorcsoport; ~ **card** *szt* többmezős kártya; ~ **carriageway** *közl* több részre osztott

úttest; ~-**cavity** → multicavity; ~ **charge** *geof* csoportos töltet; ~ **choke-tube carburetter** *gépk* többáramú porlasztó; ~ **chucking** *mt* többpofás befogás; ~ **circuit** *el* párhuzamosan kapcsolt áramkör; ~ **coating** többrétegű bevonat; ~ **coincidence** *at, stat* sokszoros/többszörös koincidencia; ~-**column apparatus** *ol* többkolonnás berendezés; ~ **condenser** *el* többszörös forgókondenzátor, összetett kondenzátor; ~-**conductor** → multiconductor; ~ **connectors** *szt* többpontos csatlakozósávok; ~ **control** *aut* kapcsolt/összetett/többváltozós/többparaméteres szabályozás/irányítás; ~ **copying paper** *pa* sokszorosítópapír; ~-**core box** *önt* többüregű magszekrény; ~-**core cable** *el* sokerű kábel; ~-**core casting** *önt* öntés többmagos öntőformába, többmagos öntőformában készült öntvény; ~ **correlation** *mat* többszörös korreláció; ~ **course** *rep* széthasadt iránysáv; ~ **crit** *at* kritikusnál némileg nagyobb tömeg; ~-**crucible furnace** *hőt* soktégelyes kemence; ~ **decay** *at* elágazás, elágazásos/többfelé bomlás; ~-**degree-of-freedom system** *aut* több(szörös) szabadsági fokokkal rendelkező rendszer; ~ **die** *alak* többrészes szerszám/süllyeszték; ~-**die** *alak* többszerszámos; ~-**die heavy wire-drawing machine** *alak* többszörös nehéz huzalhúzó pad; ~-**die press** *alak* többsüllyesztékes sajtó; ~ **diffusion** *fiz* többszörös diffúzió; ~ **dipole** *távk* dipól(us)rendszer; ~-**dipole antenna** *távk* sokelemes dipólantenna; ~ **disintegration** *at* elágazásos/többszörös bomlás; ~-**disk brake** *gépk* lamellás fék; ~-**dome dam** *hidr* kupolasoros gát; ~-**dose vial** *gyógyv* több adagot tartalmazó edény; ~-**drill head** *forg* többorsós fúrófej; ~ **drilling** *forg* telibefúrás többorsós fúrógépen; *ol* bokorfúrás; ~ **drilling machine** *forg* többorsós fúrógép; ~ **drive** *gépk* többtengelyhajtás; ~ **earth electrode** *el* összetett földelő; ~ **echo** *hang* többszörös visszhang; ~ **effect evaporation** *élip, vegy* többlépcsős evaporáció, többfokozatú sűrítés; ~ **effect evaporator** *élip, vegy* többlépcsős elpárologtató/bepárló; ~ **effect vacuum evaporator** *élip, pa, vegy* többfokozatú vákuumbepárló; ~ **eigenvalue** *aut* többszörös sajátérték; ~ **electrometer** *el* univerzális/többszörös elektrométer; többkamrás/soklemezes voltméter; ~ **electron tube** *el* kombinált elektroncső; ~ **error correcting code** *aut* többszörös hibajavító kód; ~ **exciter** *el* többtekercselésű gerjesztő(gép); ~-**expansion engine** *hőt* osztott expanziójú gőzgép; ~ **experiment** *any* többszörös kísérlet; ~ **failure** *gép* többszörös meghibásodás; ~ **fault** *el* többszörös zárlat; ~ **feed** *távk* többszörös táplálás; ~-**feed machine** *tex* több adagolófejes gép; ~ **field** *távk* multiplikációs mező; ~ **fixture** *forg* több munkadarabos befogó készülék; ~-**flame** → multiflame; ~ **flap** *rep* többrészes fékszárny; ~ **flash** *fotó* sorozatos felvillanás; ~ **folded dipole** *távk* többszörös hajlított dipól(us); ~ **formation of nuclei** *ásv* sokszoros gócképződés; ~ **Fourier series** *mat* többváltozós Fourier-sor; ~ **frequency** *távk* többszörös frekvencia; ~-**frequency** → multifrequency; ~-**groove sheave** *gép* többhornyos tárcsa; ~ **guns** *kat* szinkronizált lövegek; ~ **gyroinclinometer** *geof* többpörgettyűs dőlésmérő; ~-**head arc welding** *heg* többfejes ívhegesztés; ~-**hearth furnace** *koh* etázskemence; többszintes kemence; többtűzterű (pörkölő)kemence; ~-**hole** *gépk* többlyukú (fúvóka); ~-**hole collimator** *at* soknyílásos kollimátor; ~-**horizon mining** *bány* többszintes művelés; ~ **horn** *távk* többszörös tölcsérantenna; ~-**impression die** *alak* többüregű süllyeszték; ~-**impression forging** *alak* több szerszámüreges kovácsolás; ~-**impression mo(u)ld** *műa* többszörös/többüreges *v.* több férőhelyes szerszám; ~ **independently targeted reentry vehicle (MIRV)** *kat* MIRV-típusú fejrésszel ellátott (több robbanófejes) rakéta; ~ **ingot** *önt* többüreges öntőformában előállított öntecs; ~-**injector carburetter** *gépk* többfúvókás porlasztó; ~-**instruction card** *szt* többutasításos kártya; ~ **integral** *mat* többszörös integrál; ~ **interference** *fiz, távk* többsugaras interferencia; ~ **interferometry** *fiz, távk* sokszoros interferometria módszere; ~ **intersection** *közl* (többágú) útkereszteződés; ~ **intrusions** *geol* sorozatos vulkáni intrúziók; ~ **ionization** *at* sokszoros ionizáció; ~ **jack** *el* multiplikált hüvely; ~ **jet** *rep* összetett sugáráram; ~-**jet** → multijet; ~ **jig** *forg* több munkadarabos befogó, több munkahelyes készülék; ~ **junction** *közl* (forgalmi) csomópont; *vasút* csomóponti állomás; ~ **karst aquifer system** *ol* karsztvízemelet; ~-**key** → multikey; ~ **label(l)ing** *at* többszörös izotópos jelölés; ~ **lamp** *el* multiplikált lámpa; ~-**lane road** *közl* többnyomú út; ~ **latticework** *gép* többszörös rácsozású rácsos tartó; ~ **launcher** *kat* rakéta-sorozatvető; ~-**launch rocket system (MLRS)** *kat* rakéta-sorozatvető rendszer; ~-**layer** → multilayer; ~ **level** *fiz* többszörös energiaszint; ~-**level** → multilevel; ~-**lift cam** *gép* többpályás bütyök; ~ **line** *távk* multiplikált vonal; ~-**line reasoning** *szt* többszálú következtetés; ~-**line spectrum** *fiz* sokvonalas spektrum/színkép; ~-**loop** → multiloop; ~ **loudspeakers** *pl hang* hangszórópár, hangszórórendszer; ~ **machining** *mt* többszerszámos megmunkálás; ~-**material scale/batcher** *ép* összegező mérőadagoló; ~ **messages** *távk* párhuzamos üzenetek; ~ **milling** *mt* egyidejű megmunkálás több maróval; ~ **modulation** *távk* többlépcsős/többszörös moduláció; ~ **mo(u)lding** *önt* többüregű formázás; ~ **net mesh** *ásv* többszörös hálózati hurok; ~-**nozzle lance** *koh* többfúvókás lándzsa; ~ **nucleation** *ásv* sokszoros gócképződés; ~ **nucleus strategy** *szt* több középpontú stratégia; ~-**object phase tracking and ranging** *kat, rep* többobjektumos pályakövetés és pályamérés; ~-**operation die** *alak* többműveletes szerszám; ~ **oscillograph** *el* többsugaras oszcillográf/oszcilloszkóp; ~ **output circuit** *aut* többparaméteres (szabályozási) kör; ~ **output meter** *el* többszörös teljesítménymérő/kimenőteljesítménymérő; ~ **overlapping** *aut* többszörös lépcsőzött átfedés; ~ **pattern** *geof* csoportos alakzat; *önt* többszörös minta; ~ **perforations** *pl fa* többszörös áttörés; ~-**piece insulator** *el* többrészes szigetelő; ~-**piece loom** *tex* többsoros szövőgép/szalagszövő gép; ~ **piercing die** *alak* több nyomófejes lyukasztószerszám; ~-**piston pump** *hidr* többdugattyús szivattyú; ~ **plough/plow** *mzg* többvasú eke; ~ **point** *mat* többszörös pont; ~ **precision** *szt* többszörös pontosság; ~ **press** *alak* összetett/több műveletet végző sajtó; ~ **printing machine** *nyom* többszörös nyomtatógép; ~ **process** *ip, mt* összetett folyamat; ~-**processor** → multiprocessor; ~ **production collision** *at* többtermékes ütközés; ~-**projection welding** *heg* többszörös dudorhegesztés; ~ **pumping** *ol* csoportos mélyszivattyúzás; ~-**punch press** *alak* több-bélyeges sajtó; ~-**purpose** → multipurpose; ~ **radial drill** *forg* többorsós radiális fúrógép; ~ **reception** *távk* társas vétel; ~-**record recorder** *metr* többszörösen regisztráló készülék; ~ **redundancy** *aut* többszörös tartalékolás; ~ **reentry vehicle (MRV)** *kat* többrobbanófejes légkörbe visszatérő vektor/hordozó; ~ **reflection** *at, távk* sokszoros/többszörös reflexió/visszaverődés; ~ **regression** *mat* többváltozós/többszörös regresszió; ~-**repair capability** *gép* többszörös javíthatóság; ~ **resonance** *távk* többszörös/soros-párhuzamos rezonancia; ~-**resonant line** *távk* többhengeres üregrezonátor; ~ **reuse of water** *környv* többszörös vízfelhasználás; ~-**rib pillar** *ép* sokbordás pillér/oszlop; ~-**ring valve** *gép* többgyűrűs tolattyú; ~ **rivet joint** *mt* többsoros szegecsvarrat; ~ **rocket launcher/thrower** *kat* (rakéta-)sorozatvető; ~ **roots** *mat* többszörös gyökök; ~-**rotary screen** *élip* többszitás dobrosta; ~ **saw** *fa* többtárcsás körfűrész; ~-**scale instrument/meter** *metr* több méréshatárú/mérési tartományú berendezés/műszer; ~ **scanning** *tv* sokcsatornás/többszörös letapogatás; ~ **scattering** *ásv, at* többszörös/sokszoros szórás/szóródás; ~ **scraper** *ép* földnyeső szerelvény; ~-**seated valve** *aut* többülékű szelep; ~ **section** *távb* multiplikációs mező; ~-**series circuit** *el* soros-párhuzamos áramkör; ~-**set framing** *ép* változtatható felállítású állványzat; ~-**shear rivet** *gép* többnyírású szegecsvarrat, többszörös nyírásra igénybe vett szegecskötés; ~-**sheet material** *pa* többrétegű *v.* több rétegből kasírozott anyag; ~ **signals** *pl távk* többszörös jel; ~-**slag process** *koh* többsalakos eljárás; ~-**slide** *forg* többszupportos; ~ **slip** *krist* többszörös csuszamlás; ~ **sound track** *hang* többsoros hangsáv; ~-**span** → multispan; ~-**spark gap** *el* több szikraközös túlfeszültség-levezető; ~-**spindle drilling-machine** *forg* többorsós fúrógép; ~-**spindle head** *forg* többorsós fej; ~-**spline shaft** *gép* hornyostengely, bordástengely; ~ **spooling-machine** *tex* többorsós gombolyítógép; ~-**spot welding** → multispot welding; ~-**stage** → multistage; ~-**stand rolling mill** *heng* többállványos hengermű; *koh* többállványos hengersor; ~-**start screw** *gép* több bekezdésű csavar; ~ **station** *vasút* csomóponti állomás, átszállóhely; ~ **stops** *vasút* leállító ütközősorozat; ~-**stor(e)y** → multistorey; ~-**strand** → multistrand; ~-**suspension grab(bing crane)** *ép* többköteles markoló; ~ **switch** *el* többpólusú átkapcsoló; ~ **switchboard** *távk* multiplikációs központ; ~ **switching check** többátkapcsolásos ellenőrzés; ~ **system** kapcsolt/többhurkú/összetett rendszer; multiplex rendszer; ~-**system reliability** *gép* többelemes rendszer megbízhatósága; ~-**tariff meter** *el* több díjszabásos fogyasztásmérő; ~ **tempering** *hők* többszörös megeresztés; ~-**text memory** *szt* többszörös szövegmemória; ~ **thread** *gép* több bekezdésű csavarmenet; ~-**thread screw** *gép* több bekezdésű csavar; ~-**thread worm** *gép* több-bekezdésű csiga; ~-**throw crankshaft** *gép* több fogattyúcsapos könyökös tengely; ~ **tool** *mt* többszerszámú; ~-**tool** *forg* többszerszámos, többkéses; ~-**tool block** *forg* több szerszámhelyes késtartó; ~ **tooling-up** *mt* többszerszámos felszerszámozás; ~-**tool lathe** *forg* többkéses eszterga; ~-**tool slide** *forg* többkéses szán; ~ **truss** *ép* többszörös rácsostartó; ~-**tube counts** *at* többszörösen számlált impulzus; *el* káros/parazita beütésszám; ~-**tube launcher** *kat* többcsövű rakétavető; ~-**tuned antenna** *távk* Alexanderson-antenna, soksávú/többszörös hangolású antenna; ~-**turn** → multiturn; ~ **twin** *krist* többszörös iker; ~-**twin cable** *el* D-M/négyes sodratú kábel; ~-**twin quad** *el* D-M/Dieselhorst-Martin érnégyes/kábel; ~-**type tube/valve** *el* összetett egyenirányítócső; ~-**unit** sokegységes; ~-**unit antenna** *távk* többemelet(es) antenna; ~-**unit capacitor** *el* ikerkondenzátor, többszörös (forgó)kondenzátor, összetett kondenzátor; ~-**unit code** *távk* egyenlő hosszúságú kód; ~-**unit semiconductor device** *félv* összetett félvezetőrendszer; ~-**unit steerable aerial (musa)** *távk* többszörös rombuszantenna, többelemes irányítható antenna, MUSA-antenna; ~-**unit tube/valve** *el* kombinált/összetett/többszörös cső, ikercső; ~-**valued** *aut, mat* többértékű; ~-**valued function** *mat* többértékű függvény; ~-**valued logic** *mat* többértékű logika; ~-**valuedness** *aut, mat* többértékűség; ~ **V-belt** *gép* többszörös ékszíj; ~ **viewfinder** *foto* univerzális (kép)kereső; ~ **warhead** *kat* több robbanótöltetű rakétafejrész; ~-**webbed truss** *ép* többszörös rácsozású tartó; ~ **well completion** *hidr, ol* többszintű kútkiképzés; ~-**wire** → multiwire; ~-**wound armature** *el* egyszerű párhuzamos tekercselésű armatúra; ~-**wound winding** *el* többszörös hurkos tekercselés; ~ **X-Y recorder** *metr* többszörös kétváltozós függvényregisztráló; ~-**zone furnace** *koh* többzónás kemence

multiplet *fiz* többszörös színképvonal, multiplett; ~ **structure** multiplett szerkezet

multiplex I. *a* többszörös, sokszoros; *távk* multiplex, többcsatornás; **II.** *n* **(MUX)** *szt* multiplex, MUX; ~ **autopilot** *aut, rep* többszörös tartalékolású robotpilóta; ~ **communication** *távk* multiplex átviteli eljárás; ~ **line** *távk* multiplex vonal; ~ **mode** *aut* multiplex üzemmód; ~ **operation** *távk* többszörös kihasználás (áramköré); ~ **system** *távk* multiplex rendszer; ~ **telemetering** *távk* sokcsatornás távmérés; ~ **thread** *gép* több bekezdésű csavarmenet; ~ **transmission** *távk* multiplex/többszörös átvitel

multiplexed | **analog component (MAC)** *szt* MAC televíziókódolási eljárás *(műholdas tv)*; ~ **operation** *szt* multiplikált működés

multiplexer (MX) *el* többutas kapcsolókör; *szt* multiplexer, MX; ~ **channel** *szt* multiplexercsatorna

multiplexing *szt* nyalábolás, multiplex üzemmód, multiplexelés; *távk* multiplex üzem; multiplikálás; nyalábolás, összefogás; ~ **equipment** *távk* többcsatornás/multiplex üzemű berendezés; ~ **of a signal stream** *távk* jelfolyam nyalábolása; ~ **station** *távk* multiplikálóállomás

multiplexor → multiplexer

multipliable *mat* szorozható, sokszorosítható

multiplicable *mat* szorozható, sokszorosítható

multiplicand *mat* szorzandó; szorzó; ~ **divisor register** *mat* szorzandó regisztere

multiplicate *mat, távk* többszöröz, multiplikál

multiplicated transmission *távk* multiplex átviteli eljárás

multiplication sokasítás, sokszorosítás; szorzás; *el* erősítés; *mat, távk* többszörözés, sokszorozás, multiplikáció; ~ **by numbers** *mat* skalárral szorzás *(mátrixoké)*; ~ **circuit** *el* sokszorozó áramkör; ~ **con-**

stant *at, el* sokszorozási/sokszorozó tényező; ~ **device** *szt* szorzóművű; ~ **factor** → ~ constant; ~ **of charge carriers at collector junction** *félv* töltéshordozók megsokszorozása a kollektorátmenetben; ~ **process** *at, el* sokszorozási folyamat; ~ **rate** → ~ constant; ~ **ratio** nagyítás aránya/mértéke; ~ **table** *mat* szorzótábla; ~ **table from eleven to twenty** *mat* nagy egyszeregy; ~ **table up to ten** *mat* kis egyszeregy; ~ **time** *aut, mat* szorzási idő; ~ **unit** *mat* szorzóegység

multiplicative | **group** *mat* multiplikatív csoport; ~ **identity** *mat* multiplikatív egyes, a szorzás egyes eleme; ~ **inverse** *mat* multiplikatív inverz, a szorzás inverz eleme; ~ **mixer** *aut, távk* multiplikatív keverő; ~ **mixing valve** *távk* sokszorozó keverőcső

multiplicativity *mat* multiplikativitás

multiplicator *mat* (függvény)szorzó

multiplicity *mat* multiplicitás; szorzatosság; ~ **factor** *at, el* sokszorozási tényező; ~ **of axes** *ásv, mat* tengelyek multiplicitása; ~ **order** *aut* multiplicitási rend

multiplied sokszorozott, sokszoros; ~ **pulses** *aut, távk* sokszorozó impulzusok

multiplier *at* mulitplier, sokszorozó; *aut* Euler-Lagrange-multiplikátor; *el* (foton)sokszorozó, szekunderelektron-sokszorozó; fotoelektromos/fényelektromos sokszorozó; *gép* gyorsító áttétel/fogaskerék; *mat* (függvény)szorzó; együttható, faktor, multiplikátor; *szt* szorzó(mű); szorzógép; ~ **circuit** *el* sokszorozó kapcsolás; ~ **diode** *félv* sokszorozódióda; ~ **gain** *el* (szekunderelektron-)sokszorozó erősítési tényezője; ~ **paper** *pa* lehúzópapír; ~ **phototube** *el* elektronsokszorozó (cső); fotosokszorozó; ~ **punch** *szt* szorzólyukasztó; ~**-quotient register** *szt* szorzó-hányados regiszter; ~ **register** *el* sokszorozóregiszter; *szt* szorzóregiszter, szorzó regisztere; ~ **section** *el* erősítőrész *(készüléké)*; ~ **tube** *el* sokszorozócső; ~**-type (image) dissector** *tv* Farnsworth-cső, disszektorcső

multiplunger pump *hidr* több búvárdugattyús szivattyú

multiply többszöröz, sokszoroz, sokszorosít; *mat* szoroz; ~ **charged** *el* többszörösen töltött; ~ **connected** *mat* többszörösen összefüggő; ~ **connected domain/region** *mat* többszörösen összefüggő tartomány; ~ **criss(-)cross/crosswise** *mat* keresztbe szoroz; ~ **instruction/statement** *mat, szt* szorzási utasítás; ~ **periodic(al) function** *mat* többszörösen periodikus függvény; ~ **rooted graph** *mat* többszörösen gyökerezett gráf; ~ **scattered radiation** *at* sokszorosan szórt sugárzás

multi-ply többrétegű; ~ **band** *tex* sokrétegű szalag; ~ **sheet material** *pa* többrétegű *v.* több rétegből kasírozott anyag; ~ **weave** *tex* kombinált kötés

multiplying I. *a at, el* sokszorozó, multiplikáló; *mat* szorzó; **II.** *n* sokasítás, sokszorosítás; *at, el* sokszorozás, multiplikáció; *mat* szorzás; ~ **arrangement** *at, el* többszöröző berendezés; ~ **coil** *el* előtét-ellenállás *(voltmérőn)*; sokszorozótekercs; ~ **diode** *félv* sokszorozódióda; ~ **drive** *gép* gyorsító fogaskerék-áttétel; ~ **ga(u)ge** *metr* kiterjesztett méréshatárú mérőműszer; ~ **gear** *gép* gyorsító fogaskerék-áttétel; ~ **medium** *at* sokszorozóközeg; ~ **punch** *szt* számolólyukasztó

multipoint *aut, gép* többállású, többpontos; ~ **change-over switch for control** *el* többutas kapcsoló *(szabályozáshoz)*; ~ **circuit** *szt* több pontot kiszolgáló áramkör; ~ **connector** *távk* csatlakozósáv; ~ **distribution system (MDS)** *szt* többpontos elosztórendszer, MDS; ~ **electrode** *el* több ponton érintkező elektród(a); ~ **grounding** *el* többszörös földelés; ~ **instrument** többgörberajzolós regisztráló; ~ **measuring instrument** több mérőhelyes mérőműszer; ~ **network** *szt* többpontú/felfűzős hálózat; ~ **recorder** többpontírós regisztrálókészülék; ~ **rotary selector switch** többszörös mérőhely-átkapcsoló; ~ **switch** *el* többfokozatú kapcsoló; ~ **tool** *szersz* többélű szerszám; ~ **tripping relay** *el* többfokozatú kioldó; ~ **welder** *heg* többpontos/többelektródás hegesztő

multipolar *fiz* többsarkú, többpólusú; ~ **circuit** *el* multipólus

multipole (MP) *fiz* többpólus, sokpólus; ~ **armature** *el* többpólusú forgórész; ~ **moment** *at* sokpólusmomentum; ~ **radiation** *távk* többpólussugárzás; ~ **relay circuit connection** *el* relékörök többpólusú csatolása

multiport *szt* többkapus, többportú, többnyílású; ~ **die** *alak* többcsatornás matrica

multiposition *aut* többfokozatú, többállású; ~ **action** többfokozatú hatás/irányítás; ~ **control** többállású szabályozás; ~ **controller** többállású szabályozó; ~ **element** többállású tag; ~ **relay element** többállású reléelem; ~ **signal** többszintű jel; ~ **switch** többállású/többfokozatú/többutas kapcsoló

multipositional *aut* többállású, többfokozatú; ~ **control** *aut* többállású szabályozás; ~ **controller** *aut* többállású szabályozó

multiprecision arithmetic *mat* többszörös pontosságú aritmetika

multiprobe radiation meter *at* sokszondás radiométer/sugárzásmérő

multiprocessing *szt* párhuzamos feldolgozás, multifeldolgozás

multiprocessor *szt* multiprocesszor; többprocesszoros számítógép; ~ **interleaving** *szt* párhuzamosan futó programok közötti memóriakiosztás; ~ **system** *szt* többprocesszoros rendszer

multiprogramming I. *a szt* multiprogramozású; **II.** *n szt* multiprogramozás, többszörös programozás; ~ **computer** *szt* többszörös programozású számítógép; ~**-control** *szt* többprogramos vezérlés; ~ **control program for microprocessors (MP/M)** *szt* mikroprocesszor multiprogramozást vezérlő program, MP/M operációs rendszer

multipulse controller *aut* többszörös impulzusos/mintavételezéses szabályozó

multipurpose *gép* többcélú, többrendeltetésű; ~ **automatic device** többcélú automata; ~ **computer** *szt* univerzális számítógép; ~ **concrete placing gun** *ép* többcélú betonlövellő gép; ~ **container** *ép* univerzális szállítótartály; ~ **electrode** *el* többcélú elektród; ~ **floor maintenance machine** *ép* többcélú padlóápoló gép; ~ **grease** *ol* univerzális zsír; ~ **instrument** egyetemes/univerzális (mérő)műszer; ~ **nailing-machine** *ép* többcélú szegezőgép; ~ **oil** *ol* univerzális olaj; ~ **oscillograph** *el* univerzális/többcélú oszcillográf; ~ **project/scheme** *hidr* többcélú vízilétesítmény/vízerőmű/vízerőműrendszer; ~ **punch card** *szt* többcélú lyukkártya; ~ **shearing-machine** *mzg, tex* többrendeltetésű nyírógép; ~ **shovel** *ép* kombinált rakodó-

kanál; ~ **test equipment** *any* többrendeltetésű vizsgálóberendezés; ~ **utilization of water resource** *környv* komplex vízhasznosítás; ~ **vehicle (carrier)** *ép* eszközhordozó
multiradix computer *szt* többradixes számítógép
multirange *el* több mérőhatáros, többtartományos; ~ **amplifier** *el* többtartományos erősítő; ~ **instrument** átkapcsolható műszer; több méréstartományú/méréshatárú (mérő)műszer/(mérő)készülék/berendezés
multirate *metr* többtételes (díjszabás); ~ **meter** *el* több díjszabásos fogyasztásmérő; ~ **sampled data system** *aut* többfrekvenciás mintavételes rendszer; ~ **tariff** *metr* többtételes díjszabás
multirecording *geof* többszörös/többmódozatú regisztrálás
multireed relay *el* többnyelvű relé
multiregion reactor *at* sok térrészes reaktor
multiregister *szt* szorzóregiszter; ~ **digital device** *szt* többregiszteres számjegyes berendezés
multiribbed floor *ép* sűrűbordás födém
multiring tyre/tire *gépk* többtarajos gumiköpeny
multirole combat aircraft (MRCA) *kat, rep* többcélú harcigép
multiroll *gép* többgörgős, többhengeres; ~ **bar-straightening machine** *alak* többgörgős rúdegyengető gép; ~ **crusher** *alak* többhengeres törő/zúzó; ~ **mill** *heng* sokhengeres hengerállvány; többhengeres hengermű
multi-rope | block *ép* több kötélágas horogszerkezet; ~ **haulage** *bány* többköteles szállítás; ~ **hoist** *bány* többköteles szállítógép
multi-row lights *rep* többsoros (bevezető) fénysor
multi-rubber-tyred roller *ép* (önjáró) gumiabroncsos henger
multirun | deposit *heg* többrétegű varratfém; ~ **welding** *heg* többrétegű hegesztés
multirunning *szt* multiprogramozás
multisample inspection *ip* többszakaszos ellenőrzés
multisection *gép* többrészes, többelemes; ~ **charge** *kat* több tagból álló lőpornyaláb; ~ **filter** *távk* szűrőlánc, többtagú szűrő
multisectional *gép* többrészes, többelemes; ~ **drier** *ép* rekeszes/kulisszás szárító
multisegment magnetron *el* többszegmenses anódú magnetron
multisequential system *szt* multiszekvenciális rendszer
multishell | condenser *el* csoportcsöves kondenzátor; ~ **grab** *ép* polipmarkoló
multishift work *ip* többműszakos munka
multishock compression *rep* kompresszió soklökéshullámú rendszerben
multishot exploder *bány* sokgyutacsos robbantógép
multisize *gép* állítható méretű/nagyságú
multislot | cylinder antenna *távk* hengeres sokrésantenna; ~ **magnetron** *el* többrésű magnetron; ~ **wing** *rep* többréses/réselt szárny
multi-span *ép* többfesztávú, soknyílású *(híd)*; ~ **beam** *ép* többtámaszú gerenda; ~ **bridge** *ép* többnyílású híd
multispar wing *rep* több főtartós szárny
multispecimen testing-machine *any* több próbatestes vizsgálógép
multispeed *gépk* több fordulatszámú, többsebességes *(motor)*; ~ **control action** többsebességű szabályozó hatás; ~ **controller** többsebességű szabályozó; ~ **floating control** többsebességű integráló szabályozás; ~ **hand drill** *forg* többsebességű kézi fúrógép; ~ **motor** Dahlander-motor; több fordulatszámú motor, pólusváltós motor
multisphere magnetron *el* több-gömbrezonátoros magnetron
multispiral scanning disk *tv* többspirálos lyuktárcsa
multispot welding *heg* többpontos hegesztés
multistability *aut* multistabilitás
multistable circuit több stabil állapotú kör
multistage *el, gép, rak* többfokozatú, többrészes; többlépcsős; ~**-air filter** *szell* többfokozatú légszűrő; ~ **allocation process** *aut* többszintű döntési folyamat; ~ **amplifier** *at* sokszintes erősítő; *el* többfokozatú erősítő, kaszkáderősítő; ~ **bleaching** *pa* többlépcsős fehérítés; ~ **centrifugal pump** *ép* turbószivattyú; ~ **cluster rocket** *kat* többfokozatú többszörös rakéta; ~ **compressor** *bány* többfokozatú kompresszor; *gép* többfokozatú kompresszor; ~ **cooling** *koh* lépcsős edzés; ~ **die** *alak* többlépcsős szerszám; ~ **diffusion** *at* soklépcsős diffúzió; ~ **diffusion unit** *távk* többfokozatú műsorszóró egység; ~ **game** *mat* többszintű játék; ~ **leaching** *koh* többfokozatú lúgzás; ~ **matrix game** *mat* többfokozatú mátrixjáték; ~ **memory** *szt* többlépcsős memória; ~ **mixing** *ép* többfázisú keverés; ~ **optimization** *aut, mat* többlépcsős optimalizálás; ~ **process** *ip* többlépcsős/többfokozatú folyamat; ~ **programming** *szt* többlépcsős programozás; ~ **pump** *hidr* többfokozatú/többlépcsős szivattyú; ~ **refrigerating system** *hűt* többfokozatú hűtőberendezés; ~ **rocket** *rak* többlépcsős/többfokozatú rakéta; ~ **sampling** többlépcsős mintavétel; ~ **satellite** *rak* többfokozatú mesterséges hold; ~ **tandem rocket** *rak* egymásra helyezett lépcsőkből álló többfokozatú rakéta; ~ **tube** *at* soklépcsős röntgencső; ~ **turbine** *hidr* többfokozatú turbina
multistaged rocket *rak* többfokozatú/többlépcsős rakéta
multistandard | deflection system *tv* sok képszabványos eltérítőrendszer; ~ **television,** ~ **televisor set** *tv* többnormás tv-készülék
multistation switch *el* többállású kapcsoló
multistep *aut* többfokozatú, többlépcsős, többállású; ~ **action** *aut* többállású viselkedés; ~ **control** többfokozatú vezérlés/szabályozás; ~ **controller** többállású/többfokozatú szabályozó; ~ **memory system** *szt* többlépcsős memóriarendszer; ~ **pressure regulator** többkamrás nyomáscsökkentő szelep; ~ **regulation** többfokozatú szabályozás; ~ **store system** *szt* többlépcsős tárolórendszer; ~ **switch** *el* fokozatkapcsoló; ~ **throttle** *aut* többfokozatú fojtószelep
multistop service (long haul) *rep* többszakaszos nagytávolságú szolgáltatás
multistorey *ép* többszintes; ~ **portal structure** *ép* emeletes/többszintes keret
multistrand *gép* többsorú *(szíjhajtás)*; *távk* többeres; ~ **casting machine** *koh* többszálas öntőgép; ~ **cathode** *el* többszálú katód; ~ **jacking device** *ép* többpászmás feszítősajtó; ~ **machine** *koh* több munkahelyes folyamatos acélöntő gép; ~ **prestressing cable** *ép* többpászmás feszítőkábel; ~ **rolling** *koh* többeres hengerlés; ~ **rope** *tex* többpászmás kötél

multistrike ribbon *szt* többszínű festékszalag nyomtatóhoz
multistrut biplane *rep* többdúcos kétszárnyú repülőgép
multistrutter *rep* sokdúcos/sokmerevítéses repülőgép
multitasking *szt* többfeladatos működésmód
multitendon beam *ép* több feszítőbetétes gerenda
multiterminal relay network többpólusú relés hálózat
multithroat vane *rep* többnyílású légfelvevő torok
multitine grapple *ép* polipmarkoló
multitired → multityred
multitong grab *ép* villás markoló
multitool → multiple-tool
multitrace | equipment *geof* többcsatornás berendezés, keverőberendezés; ~ **magnetic head** *el, hang* többnyomú mágnesfej
multitrack | head *el, hang* többcsatornás fej; ~ **operation** többcsatornás művelet; ~ **recorder** *el, hang* többsoros felvevő; ~ **recording** *el, hang* több-barázdás/többcsíkos felvétel *(magnetofoné)*
multitubular *gép* többcsövű; ~ **air heater** *élip* csőrendszerű léghevítő; ~ **boiler** *hőt* sokvízcsöves kazán; ~ **heater** *hőt* sokcsöves fűtőtest/hevítő; ~ **radiator** *gépk* méhsejthűtő; ~ **slab for cable** *ép* üreges kábelblokk *(beton)*
multitude sokaság, tömeg; *mat* nagy mennyiség, nagy szám
multiturn *el* sokmenetű; többmenetes; ~ **current transformer** *el* többmenetes primer tekercsű áramváltó; ~ **potentiometer** *el* többmenetű potenciométer
multiturning tool *forg* több esztergakéses szerszámtartó
multityred roller *ép* (önjáró) gumiabroncsos henger
multiunit → multiple-unit
multiuse *gép* többcélú; ~ **equipment/item** *ép* ismételten felhasználható berendezés; ~ **project/scheme** *hidr* többcélú vízi létesítmény/vízerőmű/vízerőműrendszer
multiuser system *szt* többfelhasználós rendszer
multivalence *szt* többszörös paraméterérték; *vegy* több vegyértékűség
multivalent *vegy* többértékű, több vegyértékű
multivalley semiconductor *félv* többvölgyes félvezető anyag
multivalued → multiple-valued
multivalve *aut* többszelepes; *el* többcsöves; ~ **amplifier** *el* sokcsöves erősítő
multivane air separation *szell* többkamrás légszérelés
multivariable *mat* többváltozós, többparaméteres; ~ **control** hurkolt/kapcsolt/többváltozós/többparaméteres/többhurkos/összetett szabályozás; ~ **controller** többparaméteres szabályozó; ~ **control system** többparaméteres szabályozórendszer, kapcsolt szabályozás; ~ **function generator** többváltozós függvénygenerátor
multivariant *mat* többváltozós, többparaméteres; ~ **quality inspection** *any, ip* többváltozós minőség-ellenőrzés
multivariate *mat* többváltozós, többparaméteres; ~ **analysis** *mat* többváltozós/többtényezős analízis; ~ **analysis of variance** *stat* szórásnégyzet többtényezős elemzése; ~ **control chart** több jellemzőt ellenőrző diagram; ~ **quality control** *any, ip* minőség-ellenőrzés több ismertetőjel alapján
multivat machine *pa* többszitás gép, kombinált papírgép
multivelocity *geof* többsebességes *(eset)*
multivibrator *el* flip-flop, multivibrátor; billenőkapcsolás; ~ **circuit** *el* vibrátorkapcsolás; ~ **oscillator** *távk* multivibrátor-oszcillátor
multivoltage control *el* feszültségváltoztatásos szabályozás
multivoltmeter *el* többskálás voltmérő
multiwall *any* többfalú; ~ **paper-sack** *pa* többrét(eg)ű papírzsák
multiwave *távk* többhullámú; ~ **transmitter** *távk* több hullámhosszú adó
multiway *el* többutas; ~ **switch** *el* több/többszörös áramkörű kapcsoló; ~ **turntable** *gép* többsínű fordítókorong
multiwheel(ed) *gépk* többkerekű; ~ **roller** *ép* önjáró gumiabroncsos henger
multiwheeler *gépk* többkerekű (jármű)
multiwinding *el* többtekercses; ~ **transformer** több tekercsrendszerű transzformátor
multiwire *el* többerű, többvezetékes; ~ **antenna** *távk* többerű/többágú antenna; ~ **drawing** *koh* többfokozatú dróthúzás; ~ **line** *távk* sokcsatornás vonal, többszörös vezeték; ~ **machine** *pa* több hengerszitás gép; ~ **system** *el* többvezetékes rendszer
mummy *vegy* fekete oltóviasz; múmiabarna (festék)
mundic *ásv* ferro-szulfid, pirit
mungo *tex* mungó, rövid szálú *v.* regenerált tépettgyapjú; ~ **from old rags** *tex* tépettgyapjú használt rongyból
municipal | airport (MAP) *rep* városi repülőtér; ~ **area** *ép* város belterülete; ~ **destructor** *ép* városi szemétégető berendezés; ~ **drainage** *hidr* települések vízrendezése; ~ **engineering** *ép* városi mélyépítés; ~ **intercepting sewer** *ép* városi gyűjtő(csatorna); ~ **planning** *ép* várostervezés; ~ **waste** *környv* kommunális hulladék; ~ **waste-water** *környv* kommunális szennyvíz; ~ **water supply** *hidr* városi vízellátás; ~ **waterworks** *hidr* települési vízmű
munition | board *kat* töltényhüvelykarton; ~**s** *pl kat* hadianyag, lőszer, muníció; ~**s dump** *kat* lőszerraktár
munnion *ép* ablakborda, ablakosztó (léc), ablakszárnyosztó léc
Muntz metal *koh* Muntz-fém
muon *at* müon, mű-mezon; ~ **neutrino** *at* neutrinó a müonbomlásban, müonbomlás neutrínója
muonium *at* müonium
mural I. *a ép* fal-, fali; falban levő; **II.** *n ép* falfestmény, freskó; ~ **advertisement** *nyom* fali hirdetés, falragasz; ~ **quadrant** *csill* falikvadráns
murbruck structure *geol* breccsaszövet
murchisonite *ásv* murchisonit
mure I. *v ép* (be)falaz, fallal körülvesz; **II.** *n ép* fal, falazat
muriate *vegy* klorid, sósavas só; ~ **of ammonia** *vegy* szalmiáksó, ammónium-klorid; ~ **of potash** *vegy* klór-káli, kálium-klorid
muriatic *vegy* sósavas; ~ **acid** *vegy* sósav
muriform *ép* falszerű
musa → multiple-unit steerable aerial
muscardine *tex* mészkór, penészbetegség
muscarine *vegy* muszkarin
muscatel *élip* muskotály
Muschelkalk *geol* kagylós mészkő; ~ **subdivision** *geol* kagylómészkorszak

muscle-adenylic | **acid** *biot, vegy* izomadenilsav; ~ **glycogen** *biot, vegy* izomglikogén
muscovado *cu* nyers nádcukor
muscovite *ásv* muszkovit, kálicsillám; ~ **mica** *ásv* fehércsillám, muszkovit
Muscovy glass *ásv* muszkovit
müsenite *ásv* müsenit
musette *hang* duda; *kat* lőszeresdoboz
mush I. *v élip* pépesít; **II.** *n cu* (répaszelet-)törmelék; *élip* pép, kása, pempő; *hang, távk* sistergés; zaj, búgás, vadrezgés; *távk* interferencia(fütty), nagyfrekvenciás zavarok; ~ **area** interferenciás zóna, zavart vételi övezet; ~ **winding** *el* rendetlen/szabálytalan tekercselés; ~**-wound coil** *el* rendszertelenül tekercselt tekercs
mushed *élip* pépesített, pépes, pempős
mushing *élip* pépesítés; *rep* hatástalan kormányműködés
mushroom gomba; *hajó* szellőzőgomba; ~ **anchor** *hajó* gombahorgony; serpenyőhorgony *(bója lehorgonyzásához)*; ~ **construction** *ép* gombafödém; ~ **head** *kat* gáztömítő fej; ~**-head column** *ép* gombafejű pillér; ~**-headed screw** *gép* gombafejű csavar; ~ **rock** *geol* kőzetasztal; ~**-shaped** gomba alakú, gomba formájú; ~ **slab** *ép* gombafödémlemez; ~ **support** *kat* támasztógomba *(puskán)*; ~ **tappet** szelepemelő talp; ~ **valve** gomba alakú szelep; tányérszelep
mushy *any* likacsos; *élip* pépes, pempős; puha; *távk* sercegő, recsegő; *tex* egyenetlen szálhosszúságú; ~ **casting** *önt* porózus öntvény; ~ **wool** *tex* egyenetlen szálhosszúságú gyapjú
music | **line** *hang* modulációs vonal; ~ **paper** *hang, pa* kottapapír; ~**-printing office** *nyom* hangjegynyomda; ~ **roll** *hang* villanyzongora darabhengere; ~ **wire (MW)** *hang* zongorahúr, zongorahuzal
musical | **box** *hang* zenélődoboz; ~ **clock** *finm, hang* zenélőóra; ~ **frequency** *hang* hangfrekvencia; ~ **interval** *hang* zenei hangköz; ~ **scale** *hang* zenei skála; ~ **sound** *hang* zenei hang; ~ **spark** *el* éneklő szikra; ~ **watch** *finm, hang* zenélő ismétlőóra
musk *vegy* pézsma, pézsmaszag; ~ **ketone** *vegy* pézsmaketon
muskeg *geol* mocsaras síkság, láp, mocsár; *talt* nyers tőzeg, tőzegláp; ~ **swamp** *geol* tőzegmohás mocsár
musky *vegy* pézsmaszagú, pézsmaillatú
muslin *tex* muszlin, csalánszövet, karton; ~ **paper** *pa* muszlinpapír
mussel silk *tex* kagylóselyem
must[1] **I.** *v élip* megsavanyodik; penészedik; **II.** *n élip* penész, doh
must[2] *élip* must
mustard *élip* mustár; ~ **flour** *élip* mustár(mag)liszt; ~ **gas** *kat, vegy* mustárgáz, diklór-dietil-szulfid; ~ **gold** *vegy* mustárarany *(festék)*; ~ **meal** *élip* őrölt mustármag; ~ **oil** *élip* mustármagolaj; *vegy* mustárolaj, allilizotiocianát; ~**-seed oil** *élip* mustármagolaj
mustiness *élip* dohosság, penészesség
musty *bőr* penészes; *élip* avas; dohos, penészes; fonnyadt; romló, erjedő, savanyodó
mutability változékonyság
mutable változó; *gép* cserélhető, változtatható
mutage *élip* erjedés mesterséges feltartóztatása/lassítása
mutarotation *vegy* mutarotáció
mutation *biot, vegy* változás, átalakulás, mutáció, változat; változtatás; ~ **rate** *at* átalakulási sebesség; *biot* mutációs ráta; ~**s** *hang* felhangjátékok
mutator *at* mutátor; *el* áramirányító, váltóirányító, inverter; ~ **shaft** *tex* főtengely *(szövőgépen)*
mute I. *v élip* (erjedést) lassít; *hang* (le)tompít; **II.** *a hang* tompított, néma; **III.** *n film* némafilm; *hang* hangtompító, hangfogó; ~ **antenna** *távk* műantenna; ~ **control** *el* zajmentes hangerő-szabályozás; ~ **film** *film* némafilm; ~ **shot** *film* némafilmfelvétel; ~ **sound** *hang* tompa hang
muted *élip* lassított *(erjedés)*; *hang* tompított
mutilate *el* torzít
mutilated *távk* torzított; ~ **call** *távb* torzított hívójel/hívás; ~**-character** *el* megcsonkított jel; ~ **selection** *távb* hibás keresés
mutilation *félv* lyukvezetés, hiányvezetés, p-típusú vezetés; *távk* csonkítás, torzítás
muting *hang* hangerőcsökkentés, tompítás; ~ **circuit** *el* zajzár; ~ **sensitivity** *távk* érzékenységcsökkentés; ~ **switch** *rád* némítókapcsoló (csendeshangoláshoz); ~ **system** *távk* zajelnyomó (rendszer); ~ **threshold** *távk* zajmentes hangolási küszöb; ~ **tube** *el* zajcsökkentő cső
mutochrom *opt* színösszeállító optikai készülék
mutton *élip* juhhús, birkahús, ürühús; *nyom* m betű szélességű négyzet; ~ **fat** *élip* birkafaggyú; ~ **rule** *nyom* m betű szélességű vonal; ~ **suet** *élip* ürüfaggyú; ~ **tallow** *élip* birkafaggyú
mutual kölcsönös, viszonyos; közös; ~ **action** kölcsönhatás; ~ **and balanced force reductions (MBFR)** *kat* kölcsönös és kiegyensúlyozott haderőcsökkentések; ~ **attraction** *fiz* kölcsönös vonzás; ~ **capacitance** *el* influenciatényező, kölcsönös kapacitás; ~ **characteristic** *el* rács(áram-)karakterisztika; ~ **coil** *el* csatolótekercs; ~ **collision** *at* kölcsönös ütközés; ~ **conductance** *el* (cső)meredekség, sztatikus meredekség; transzkonduktancia; ~ **diffusion** *at* kölcsönös diffúzió; ~ **exchange coefficient** *vegy* kölcsönös csereegyüttható; ~ **impedance** *el* kölcsönös impedancia; ~ **impedance of antennas** *távk* antennák kölcsönös impedanciája; ~ **inductance** *el* kölcsönös induktivitás/indukciótényező; ~**-inductance coupling** *el* induktív/mágneses csatolás; ~**-induction bridge** *el* kölcsönös indukciójú mérőhíd; ~ **inductivity** *el* kölcsönös induktivitás/indukciótényező; ~ **influence** kölcsönhatás; ~ **information** *szt* kölcsönös információ; ~ **interaction** *at* (sokoldalú) kölcsönhatás; ~ **miscibility** *vegy* kölcsönös elegyíthetőség; ~ **reactor** *távk* csatolófojtó; ~ **realtionship** *aut* kölcsönös kapcsolat; ~ **repulsion** *at* kölcsönös taszítás; ~ **repulsive force of particles** *fiz* kölcsönös taszítóerő; ~ **resistance** *el* reciprok meredekség; ~ **solubility** *vegy* kölcsönös oldékonyság/oldhatóság
mutually | **independent variables** *aut* kölcsönösen független mennyiségek; ~ **quenched injection lasers** *fiz* kölcsönösen irányítható belövellő lézerek; ~ **synchronized systems** *aut* kölcsönösen szinkronizált rendszerek
mutule *ép* négyszög keresztmetszetű párkánytartó konzol
MUX → multiplex
muzzle I. *v hajó* bevon *(vitorlát)*; **II.** *n kat* csőtorkolat, csőszáj; ~ **blast** *kat* torkolattűz; ~**-brake** *kat* cső-

szájfék; ~-brake buffle *kat* csőszájfék-betétgyűrű; ~-brake ferrule *kat* csőszájfékrögzítő pánt; ~-brake washer *kat* csőszájféktömítő; ~-brake wrench *kat* csőszájfék-lecsavaró kulcs; ~-cover *kat* csősapka; ~-cup (MC) *kat* visszalökés-erősítő; ~ flash *kat* torkolattűz; ~-flash deflector *kat* torkolattűz-elterelő; ~-gland *kat* mellső vastagítvány; ~ heaviness *kat* csőtorkolat-súlytöbblet; ~-loading (ML) *kat* elöltöltő; ~ ring *kat* csőtorkolatvédő gyűrű; ~-sight *kat* célgömb; ~-stopper → ~-cover; ~ velocity (MV) *kat* torkolati sebesség, kezdősebesség *(lövedéké)*

mV → millivolt

MV → mean variation; → medium voltage; → methyl violet; → motor vehicle; → muzzle velocity

MVC → manual volume control

mW → milliwatt

MW → medium wave; → megawatt; → molecular weight; → music wire

MWh → megawatt-hour

MWL → mean water level

mx → maxwell

MX → multiplexer

mycock expander *tex* (ív alakú) feszítőkészülék

mycosterols *vegy* mikoszterinek, gombaszterinek

mydriatic *gyógyv* pupillatágító szer

myelin *ásv* nakrit

Mylius test *koh* Mylius-próba

mylonite *geol* milonit

mylonization *geol* milonizáció

mym → myriametre

myosin *biot, vegy* miozin *(izomprotein)*

myriad *metr* tízezer

myrialitre, *US* **myrialiter** *metr* mirialiter *(= 10 000 l)*

myriametre, *US* **myriameter** *metr* miriaméter *(= 10 000 m)*

myricyl | alcohol *vegy* miricilalkohol; ~ **palmitate** *vegy* miricilpalmitát

myristate *vegy* mirisztát

myristic acid *vegy* mirisztinsav, tetradekánsav

myristica oil *vegy* muskotálydió-olaj

myristin *vegy* mirisztin, mirisztinsav-glicerid

myrmekite *ásv* mirmekit

myrrh oil *vegy* mirrhaolaj

myrtle green mirtuszzöld

N

n → nano; → neutron; ~**-address code** *aut* n-című kód; ~**-address electronic computer** n-című számítógép; ~**-bit memory** *szt* n bites memória; ~ **by n array/matrix** *mat* n-ed rendű négyzetes mátrix, n-szer n-es mátrix, nxn-es mátrix; ~ **by n square matrix** n-edrendű négyzetes mátrix; ~**-channel field-effect transistor** *v.* **FET** n csatornás FET; ~**-channel metal oxide semiconductor (N MOS)** *szt* n-csatornás MOS, NMOS; ~**-channel tape** *aut* n csatornás szalag; ~**-conducting,** ~**-conductor** *el* n-vezető, n típusú vezető; ~**-cube** *mat* n dimenziós kocka; ~**-digit number** *mat* n helyértékű számjegy, n jegyű szám; ~**-dimensional column vector** *mat* n dimenziós oszlopvektor; ~**-dimensional cube** *mat* n dimenziós kocka; ~**-dimensional space** *mat* n dimenziós tér; ~**-dimensional system** *szt* n dimenziós rendszer; ~**-figure number** → ~-place number; ~ **index** *mat* n-kitevő; ~**-person game** *mat* n személyes játék, többszemélyes játék; ~**-p junction** *el* n-p átmenet; ~**-place number** *mat* n helyértékű/jegyű szám; ~**-p-n bipolar transistor** *el* n-p-n bipoláris tranzisztor; ~**-p-n-p transistor** *el* négyrétegű *v.* n-p-n-p tranzisztor; ~**-p-n transistor** *el* n-p-n tranzisztor, n-p átmenet; ~**-point control** *aut* állásos szabályozás; ~**-region** *el* n-tartomány, n-réteg, elektronvezető tartomány; ~**-rowed (square) matrix** *mat* n-ed rendű négyzetes mátrix, n-szer n-es mátrix, nxn-es mátrix; ~**-state** n állapotú; ~**-th** *mat* n-ed rendű; n-edik; ~**-th difference** *aut* n-ed rendű különbség; ~**-th moment of the probability distribution** *aut* valószínűségeloszlás n-ik nyomatéka; ~**-th order digital filter of the recursive type** *aut* n-rendű digitális szűrő; ~**th order harmonic distortion** *fiz* n-ed rendű felharmonikus; ~**-th order matrix** *mat* n-ed rendű négyzetes/n-szer n-es mátrix; ~**-th order recursive digital filter** *aut* n-rendű digitális szűrő; ~**-th root** *mat* n-szeres gyök; ~**-type** *el* n-típus; ~**-type conduction** *el* elektronvezetés; n típusú vezetés, többletvezetés; ~**-type conductivity** *el* n-vezetőképesség, elektron-vezetőképesség; ~**-type conductor** *el* n-vezető, n típusú vezető; ~**-type doping** *félv* n-szennyezés; ~**-type impurity** *félv* donor, donorszennyező, n típusú szennyező(atom); ~**-type ionic conduction** *el* n típusú ionos vezetés; ~**-type semiconductor** *félv* n típusú félvezető; ~**-type silicon** *félv* n-szilícium; ~**-type transistor** *el* n típusú tranzisztor; ~**-type zone** *félv* n-zóna; ~**-value** *koh* keményedési kitevő; ~**-valued logic(al calculus)** *mat* n értékű logika; ~**-way spread** *mat* n dimenziós sereg

N → nitrogen; → network layer; → newton; → north; ~**-body** *fiz* Newton-féle folyadék, ideálisan viszkózus folyadék; ~**-oxides** *környv* nitrózus gázok; ~**-PLUS-ONE address instruction** *szt* N+EGY című utasítás; ~**-terminal pair network** *távk* N kapcsolású hálózat; ~**-truss** *ép* nyomott függőleges és húzott ferde rácsrudas tartó; ~**-wave** *rep* N-hullám

N/P ratio *hidr* nitrogén-foszfor arány

Na → sodium

NA → naval aircraft; → neutral axis; → nucleic acid; → numerical aperture

nab *ép* zárólemez *(ajtózáré)*; *kat* elsütő billentyű

Nabarro creep *krist* Nabarro-kúszás

nabla (operator/vector) *mat* nabla, nablaoperátor, nablavektor

nablock *geol* gömbölyű konkréció

nacelle *rep* hajtóműgondola; ~ **cooling (NACOOL)** *rep* hajtóműgondola-hűtés; ~ **structure** *rep* gondolaszerkezet

Nacken-Kyropoulos method *krist* Nacken—Kyropoulos-módszer

nacré print *tex* nakrényomás *(folyatott nyomás)*

nacreous gyöngyházszerű, gyöngyházfényű; ~ **paper** szivárványpapír

nacrite *ásv* nakrit

nadder *pa* törökvörös

nadir *csill* talppont, nadír; ~ **measurement** talppontmérés

nagelflue, nagelfluh *geol* nagelflue, nagelfluh, alpi konglomerátum

nagyagite *ásv* nagyágit

nail I. *v* szegez; szegekkel kiver; **II.** *n* szeg; ~ **board** *pa* szeglemez; ~**-catch** *pa* tűfogó; ~ **catcher/claw** *szersz* harapófogó; szeg(ki)húzó; ~ **cleaning** *koh* szegtisztítás; ~**-cleaning drum** *koh* szegtisztító dob; ~ **dog** *szersz* szeghúzó; ~ **drawer** *szersz* szeghúzó *(kalapács)*; ~**-drift** *szersz* szegverő; ~ **extractor** *szersz* szeghúzó; ~ **for tarred-felt** kátránylemezszeg; ~ **head** szegfej; ~ **head bond** golyós kötés; ~**-holding** *fa* szegtartó képesség; ~ **hole** *fa* szeglyuk; ~ **iron** szegvas(drót); ~ **machine** *koh* szegverő gép; ~ **mo(u)ld** szegüllő, szegodor; ~**-nippers** *pl el* szeghúzó fogó; ~ **on** *v* rászegez; ~**-pass** *heng* szegvaskaliber; ~ **puller** *szersz* szeghúzó; ~**-punch** *szersz* lemezlyukasztó, sasszegkiverő szerszám; ~ **puncture** szegpontozás; ~**-rod** *szersz* szegnyersanyag rúd, szegdrót; ~ **set** *szersz* lemezlyukasztó; ~ **side** *koh* szegszárny; ~ **up** *v* összeszegez, beszegez, felszegez; ~ **wing** szegszárny; ~ **wire** szeghuzal; ~**-work** szegezés; ~ **wrapping** *pa* szegcsomagoló

nailability *ép* szegezhetőség

nailed szegezett; ~ **joint** *ép* szegezett kötés; ~**-timber construction** szegezett faszerkezet; ~ **work** *bőr, cipő* szeges talpáru

nailer szegkovács

nailery szeggyártó üzem

nailing szegezés; ~ **block** *ép* falbetét, tipli *(téglafalba szegbeveréshez)*; ~ **concrete** szegezhető könnyű beton; ~**-up** felszegezés

nailsmith's chisel szegvágó véső

NAK → negative acknowledge character

naked *el* szigeteletlen; ~ **cable** csupasz vezeték; ~ **eye** szabad szem; ~ **flame** nyílt láng; ~**-flame lamp** nyílt lángú lámpa; ~ **karst** *geol* nyílt karszt; ~**-light** *bány* nyílt lángú világítás; ~**-molten metal** *heg* folyósító szerrel nem védett olvadék; ~ **reactor** *at* reflektor nélküli reaktor

name név; ~**-board** cégtábla; ~ **field** *szt* névmező; ~ **of agent/ingredient** *vegy* hatóanyagnév; ~ **of preparation** *vegy* készítménynév; ~**-plate** címtábla; teljesítménytábla; adattábla *(gépen)*; ~**-plate rating** névleges teljesítmény *(adattábla szerint)*

named paper *pa* névvízjeles papír
Namurian stage *geol* namuri emelet
NAND → NOT-AND
nano (n) *metr* nano- *(10^{-9})*
nanofarad (nF) *el* nanofarad
nanometre, *US* **nanometer (nm)** nanométer
nanophotogrammetry *fiz* nanofotogrammetria
nanoprocessor *szt* nanoprocesszor
nanosecond (ns) nanoszekundum; **~ (pulse) technique** nanoszekundumos (impulzus)technika
nap I. *v tex* bolyhosít, bolyhoz; felkefél; **II.** *n nyom* érdes felület *(litográfiai festékhengeren)*; *tex* bolyh; csiszolónemez; fonalcsomó; szálmente *(bársonyon)*; **against the ~** *tex* szálirány ellen; **~-cloth, ~-fabric** *tex* vetülékirányban bolyhozott áru; **~ finish** *tex* bolyhos/bolyhozó kikészítés; **~-of-the-earth flying** *kat* tereprepülés; **with the ~** *tex* szálirányban
napalm *vegy* napalm; **~ bomb** *kat* napalmbomba
napery *tex* háztartási lenáru
naphtha *ol* benzin, nafta; **~ cracking** *ol* benzinkrakkolás, benzinpirolízis; **~ cut** *ol* nehézbenzin-frakció; **~ desulphurization/desulfurization** *ol* benzin kénmentesítése; **~ gasification** *ol* benzinelgázosítás; **~ hydrotreating** *ol* hidrogénező benzinfinomítás; **~ reforming** *ol* benzinreformálás; **~ residue** *ol* mazut; **~ scrubber** *ol* benzinmosó torony; **~ sludge** *ol* benzinsavgyanta; **~ soap** *vegy* benzinszappan
naphthalene *vegy* naftalin
naphthalic acid *vegy* naftálsav, naftalin-1,8-dikarbonsav
naphthenate *vegy* naftenát *(nafténsav sója)*
naphthene *ol* naftén; **~-base crude** nafténbázisú nyersolaj; **~-base oil** nafténbázisú/aszfaltbázisú olaj; **~s** cikloparaffinok; **~ soap** nafténszappan
naphthenic | acid *vegy* nafténsav, nafténkarbonsav; **~ crude oil** *ol* nafténbázisú nyersolaj; **~ hydrocarbon** *ol* naftaszénhidrogén, cikloalkán; **~ hydrocarbons** *ol* cikloparaffinok
naphthenicity *ol* naftén jelleg
naphthionic acid *vegy* naftionsav
naphthoic acid *vegy* naftoesav
naphthol *vegy* naftol; **~ dye** *tex* naftolszínezék; **~ orange** *tex* naftoloranzs; **~ printing** *tex* naftolnyomás; **~ sulphonic/sulfonic acid** *vegy* naftolszulfonsav; **~ tannage** naftolos bőrcserzés; **~ yellow** *tex* flaviánsav, naftolsárga
naphthology *ol* ásványolaj-ismeret
naphthoquinone *vegy* naftokinon
naphthyl (radical) *vegy* naftilgyök
naphthylamine *vegy* naftil-amin, amino-naftil
naphthylene *vegy* naftiléngyök; **~ blue** *tex* naftilénkék
naphthylidene *vegy* naftilidéngyök
Napier | analogies *mat* Napier-féle analógiák; **~ compasses** *pl* Napier-körző; **~ logarithm (Nap. log.)** természetes/Napier-féle *v. e* alapú logaritmus
Napierian → Napier
napkin | machine *pa* asztalkendőgép; **~ paper** szalvétapapír; **~-printing-and-folding machine** *pa* asztalkendőnyomó és -hajtogató gép
Naples yellow nápolyi sárga
Nap. log. → Napier logarithm
nappa-leather nappabőr
nappe *geol* ablak *(tektonikai)*; *hidr* szabad vízsugár; *mat* palást; **~s** *geol* víztartó réteg(ek)
napped *tex* bolyhozott; **~ on back** fonákoldalon bolyhozott
napper *tex* bogáncsoló; bolyhozó; **~ clothing** *tex* bolyhozó kártbevonat
napping I. *a tex* bolyhozó; **II.** *n tex* bolyhos kikészítés; gyapjasítás, bolyhozás, borzolás; **~ frame** bolyhozógép; **~ machine** bolyhozógép
nappy *tex* bolyhos, gyapjas; csomós, szálas
narcotic I. *a* narkotizáló, altató, kábító; **II.** *n gyógyv* drog; narkotikum; **~ drug** kábítószer; **~ gas** *vegy* bódító gáz
narcotine *vegy* narkotin, opianin
narrow I. *v* (el)keskenyít, (be)szűkít, (el)vékonyít; (el)keskenyedik, (be)szűkül; *kh* fogyaszt; **II.** *a* keskeny; szoros; szűk; éles *(kanyar)*; **III.** *n bány* előkészítő; **~-aisle machine** *ép* raktári állványkiszolgáló gép; **~-aisle order-picking truck** *ép* komissiózó targonca; **~-aisle stacker** *ép* magasraktári emelőtargonca; **~ amplifier oscillations** *el* erősítő önrezgései/sajátrezgései; **~-angle coordinator** *aut* keskeny szögű koordinátor; **~-angle lighting fitting** keskenyen sugárzó *(lámpatest)*; *el, opt* mélysugárzó; **~ band** *szt* szűk sáv, keskeny sáv; **~-band (NB)** *rád* keskeny sávú; **~-band amplifier** *el* keskeny sávú erősítő; **~-band controller** *el* keskeny sávú szabályozó; **~-band filter** *el* keskeny sávú szűrő; **~-band frequency modulation (NBFM)** *el* keskeny sávú frekvenciamoduláció; **~-band frequency range** *el* keskeny sávú frekvenciatartomány; **~-band signal** *el* keskeny sávú jel; **~-band videotex** *szt* keskeny sávú videotex; **~-band width** *el* keskenysáv-szélesség; **~ beam** *at* kollimált sugárnyaláb; *opt* éles/keskeny sugárkéve; **~-blade propeller** *rep* kis húrhosszúságú légcsavarlapát; **~-boiling mixture** *ol* szűk forrásponthatárok között forró elegy; **~ bridge** *ép* keskeny híd; **~ cross-cut chisel** keresztvéső; **~ curve** *gépk* éles/erős kanyar; **~ cut** *ol* szűk frakció/párlat; **~-cut filter** *el* keskeny sávú szűrő; **~ distribution** *fiz* szűk eloszlás; **~ down** *v* lekeskenyít; **~ entry** *bány* keskeny vágat; **~ fabric** *tex* keskeny áru, szalagáru; **~-fabric loom** *kh* szalagszövő gép; **~ flame** *heg* forrasztóláng; hegesztőláng; **~-flange I-beam** *koh* keskeny talpú I gerenda; **~-gap welding** *heg* keskenyrés-hegesztés; **~ gate** *film* keskeny hangrés; *távk* kapuzó tűimpulzus; **~-gate circuit** *távk* keskeny kivilágosító impulzusáramkör; **~-gate multivibrator** *el* keskeny sávú multivibrátor; **~ ga(u)ge** *vasút* keskeny nyomtáv; **~-ga(u)ge film** *film* keskenyfilm *(8 vagy 16 mm)*; **~-ga(u)ge fork-lift/fork-truck** keskeny nyomtávú villás emelőkocsi; **~-ga(u)ge railway/railroad** *vasút* keskeny nyomtáv(olság)ú vasút; **~-line emission** *aut* keskeny vonalú emisszió; **~ matter** *nyom* szűk szedés; **~-mouth bottle** szűk szájú palack; **~-necked** szűk nyakú; **~ opencut** *ép* keskeny munkagödör; **~-ringed** *fa* finom évgyűrűzetű; **~s** *pl geol* hegyszoros; tengerszoros; *hajó* hajózóút szűkülete; **~ shower** *at* kis felületű kozmikus sugáreső; **~ strip** *koh* keskenyabroncs, keskenyszalag; **~-strip casting machine** *koh* keskenyszalagöntő gép; **~-strip (rolling) mill** *koh* keskenyabroncssor; **~ twist** *cipő* balra vágó tű; **~ wedge** ékvágó tű; **~ weld** *heg* keskeny varrat; **~ welt** *cipő* kes-

keny ráma; ~-**wide band level indicator** *aut* keskeny és széles sávú szintmérő; ~ **work** *bány* előkészítő munka, fejtés-előkészítés; keskeny homlokú művelés; *tex* fogyasztómunka
narrowed keskenyedő; ~ **waist** szűkület *(hengeres tárgyon)*
narrowing keskenyítés; szűkítés *(gyűrűé)*; szűkület; *hajó* szűkület *(hajóútban)*; *kh* fogyasztás, apasztás; ~ **cutter** *forg* szelepfészekmaró; ~ **machine** *kh* fogyasztó készülék
NASA → National Aeronautics and Space Administration
nascent *vegy* naszcens, in statu nascendi; ~ **red** kezdődő izzás halványvörös színe; ~ **state** *vegy* naszcens állapot
nasturan *ásv* uránszurokérc
NAT → natural unit of information content
nat freq → natural frequency
national nemzeti; országos; **N**~ **Aeronautics and Space Administration (NASA)** *US* Országos Repülésügyi és Űrkutatási Hivatal; ~ **airline** *rep* kijelölt légiközlekedési vállat; **N**~ **Bureau of Standards (NBS)** *US* Szabványügyi Hivatal; ~ **call** *távb* belföldi beszélgetés; **N**~ **Electric Code (NEC)** *US* villamos szerelési szabályzat; ~ **filing** hazai bejelentés; ~ **grid** energiahálózat; **N**~ **lock-out** amerikai szabványos csőmenet-biztosító ellenanyához; ~ **numbering scheme** számozási terv; ~ **park** *környv* nemzeti park; ~ **product** nemzeti termék; **N**~ **Screw Thread** szabványos menet; ~ **water resources management** *hidr* országos vízkészlet-gazdálkodás
nationality | **mark** *rep* felségjel; ~ **plate** *gépk* államjelzés, államjelző tábla
native természetes; hazai; *koh* termés-; ~ **asphalt** *ásv* természetes aszfalt, földi szurok; ~ **bismuth** *ásv* termésbizmut; ~ **copper** *ásv* termésréz; ~ **element** *ásv* terméselem; ~ **fibres/fibers** *tex* természetes szálasanyagok; ~ **gold** *ásv* termésarany; ~ **hide** belföldi származású bőr; ~ **iron** *koh* színállapotban talált vas; ~ **lignin** *pa* természetes lignin; ~ **magnet** természetes mágnes; ~ **metal** *ásv* termésfém; ~ **paraffin** *ol* természetes paraffin, földiviasz, ozokerit; ~ **platinum** *ásv* termésplatina; ~ **protein** *élip* természetes protein; ~ **rock** *geol* szálban álló kőzet; ~ **rubber** bennszülöttek által termelt kaucsuk; ~ **salt** *ásv* kősó; ~ **silver** *ásv* termésezüst
natrolite *ásv* nátrolit
natron *vegy* kristályszóda; ~ **lake** szikes tó
natural természetes; földi *(ásványi)*; ~ **abundance** *at* természetes izotópgyakoriság; ~ **activity** *at* természetes radioaktivitás; ~ **admittance** *el* karakterisztikus admittancia; ~ **ag(e)ing** *any* természetes öregedés/öregítés; ~ **agent** természeti erő; ~ **alloy iron** természetes ötvözésű öntöttvas; ~ **ambient** természetes környezet; ~ **ambient radiation** *at* természetes környezeti sugárzás; ~ **angle of incline/repose/slope** *bány* nyugalmi rézsűszög; ~ **angular frequency** *el* saját körfrekvencia, természetes körfrekvencia; ~ **asphalt** *ásv* természetes aszfalt; ~-**attenuation frequency** *aut* saját lecsengési frekvencia; ~ **background** *at* természetes háttérsugárzás; ~ **background exposure** *at* természetes háttérbesugárzás; ~ **bed** *geol* zavartalan réteg; *hidr* természetes folyómeder; ~ **binary code** *szt* természetes/egyenes bináris kód; ~ **bleaching** *pa, tex* napfényfehérítés; ~ **brown paper** natúrbarna csomagolópapír; ~ **capacitance** *el* önkapacitás, sajátkapacitás; ~ **carbon-dioxide** természetes szén-dioxid; ~ **cement** *ép* puccoláncement; ~ **circulation** *gépk* természetes hűtőberendezés *(termoszifonrendszer)*; ~ **circulation water cooling** termoszifonhűtés; ~-**colo(u)red** *tex* természetes színű, natúr; ~ **colo(u)ring matter** *bőr, pa, tex* természetes festék/festőanyag/színezék; ~-**colo(u)r reception** *tv* természetes színű vétel; ~ **contact angle** *bány* természetes határszög; ~ **convection** természetes hőközlés; *bány* szabad feláramlás; ~ **convection air heating** gravitációs légfűtés; ~ **cooling** természetes léghűtés; ~ **crimps of fibre** *tex* szál természetes hullámossága; ~ **data structure** *szt* természetes adatszerkezet; ~ **decay** *at* természetes bomlás; ~ **detector** *távk* kristálydetektor; ~ **draught/draft (ND)** *bány, koh* természetes légáram/léghuzat/szellőztetés; ~-**draught/draft cooling tower** természetes huzatú/szellőzésű hűtőtorony; ~-**draught/draft dryer** *élip* természetes huzatú szárító; ~ **drying** *fa* légszárítás; ~ **dye** → ~ colouring matter; ~ **ecosystem** *környv* természetes ökoszisztéma; ~ **elasticity** *pa* nyúlás; ~ **element** *at* természetben előforduló elem; ~ **environment** természetes/természeti környezet; ~ **exposure test** *fiz* természetes kitételi vizsgálat; ~ **face** *krist* természetes lap; ~ **feature** *geod* terepalakulat; ~-**felling** *fa* felújítási vágás; ~ **fibres/fibers** *tex* természetes szálasanyagok; ~ **field** *el* természetes erőtér; ~ **flocculation** *hidr* természetes pelyhesítés; ~ **flow** *ol* szabadfolyásos/felszálló termelés; ~-**force heating** *ép* gravitációs fűtés; ~ **forces** természeti erők; ~ **form of number representation** *aut* természetes számábrázolási forma; ~ **frequency (nat freq)** *el, mech, távk* legkisebb rezonáns frekvencia; önrezgésszám; sajátfrekvencia; ~ **frequency of antenna** *távk* antenna-sajátfrekvencia; ~ **function generator** *szt* funkciógenerátor; ~ **gamma-ray log** *ol* természetesgamma-szelvény; ~ **gamma-ray logging** *ol* gamma-szelvényezés; ~ **gas (NG)** *geol, ol* földgáz; ~ **gas cleaning** földgáztisztítás; ~ **gas dehydration/drying** földgáz szárítása/vízmentesítése; ~ **gas exploitation** *ol* földgáztermelés; ~ **gas firing** *hőt* földgáztüzelés; ~ **gas injection** *hőt* földgázbefúvás; ~ **gas liquefier** *ol* földgáz-cseppfolyósító; ~ **gasoline** *ol* (bélés)csőfej-gazolin, földgázbenzin, természetes gazolin; mezőkondenzátum; nyersgazolin; ~-**gasoline plant** gázfeldolgozó üzem; ~ **gas pipeline** földgázvezeték; ~ **gas processing** földgázfeldolgozás; ~ **gas production/recovery** földgáztermelés; ~ **gas reforming** földgázreformálás; ~ **gas reserves** gázkészlet; ~-**gas soot** földgázkorom; ~ **grain** *bőr* természetes barka; ~ **ground** természetes talaj; ~ **ground level** terepszint; ~ **hot water** termálvíz; ~ **impedance** *távk* hullámellenállás; ~ **impurity** *any* természetes szennyeződés; ~ **indigo** természetes indigó; indigófehér; ~ **infiltration** *ép* szellőzés nyílászárók tömítetlenségein keresztül; ~ **inlet and mechanical extract ventilation** *ép* elszívó szellőztetés; ~ **language** *mat, szt* természetes nyelv; ~ **language processing** *szt* beszélt nyelven megfogalmazott kérdések feldolgozása; ~ **latex** latex, kaucsuktej; ~ **leak** *at* sajátveszteség; ~ **light** *opt* természetes fény; ~ **lighting** *ép* természetes világítás; ~ **logarithm** *mat* természetes/Napier-féle *v.* *e* alapú logaritmus; ~ **lus-**

tre/luster *fiz* természetes fényhatás; ~ **magnet** *fiz* természetes mágnes; ~ **magnetization** *geof* természetes/remanens mágneseződés; ~ **mica** *ásv* nyerscsillám; ~ **mode** *mech* önlengés, főlengés, sajátlengés; ~ **moment** *geof* természetes/saját mágnesesnyomaték; ~ **musk** *bőr* valódi mósusz; ~ **neutron** *at* természetes (forrású) neutron; ~ **non-linearity** *aut, el* természetes nemlinearitás; ~ **number** *mat* természetes szám, pozitív egész; ~ **object** *geol* természetes tereptárgy; ~ **oil** kőolaj; ~ **oscillation** *el, mech* önrezgés, önfenntartó rezgés; sajátrezgés; ~ **oxide layer** természetes oxidhártya; ~ **period** *aut* saját lengési idő, természetes lengési idő; *el* önrezgés periódusa, sajátperiódus; ~ **period of oscillation** *el, távk* sajátperiódus, sajátfrekvencia, önfrekvencia; ~ **potential** *el* sajátpotenciál, természetes potenciál; ~ **power** *en* természetes teljesítmény; ~ **pressure** *talt* semleges feszültség; ~ **radioactivity** *at, fiz* természetes radioaktivitás; ~ **radionuclide** *at* természetben előforduló radioaktív mag; ~ **rectifier** *távk* kristályegyenirányító, kristálydetektor; ~ **refilling of aquifers** *hidr* vízutánpótlódás; ~ **refuse** *környv* természetes hulladék; ~ **resin** *műa* természetes gyanta; ~ **resonance** *el, távk* sajátrezonancia, teljes rezonancia, periódusrezonancia; ~ **resources** természeti kincsek/erőforrások; ~ **retting** *tex* természetes áztatás/nedvesítés; ~ **rubber (NR)** *any* növényi/természetes kaucsuk; ~ **scale** *hang* természetes hangsor/skála; ~ **science(s)** természettudomány(ok); ~ **seasoning** *fa* légszárítás; ~ **self-purification** *környv* természetes öntisztulás; ~ **silk** *tex* tiszta selyem, hernyóselyem; ~ **slope** *bány* természetes rézsű; ~ **sound** *film* természetes zörej; ~ **steam power plant** *en* földhőerőmű; ~ **stone** *ásv* terméskő; ~ **storage** *hidr* tározódás; ~ **surface water resources** *hidr* természetes felszíni vízkészlet; ~ **temperature** *el* sajáthőmérséklet; ~**-tinted fabric** *tex* nyers színű szövet; ~ **tracing-paper** *pa* natur pauszpapír; ~ **treatment of sewage** *hidr* természetes szennyvíztisztítás; ~ **twist** természetes íveltség *(elemi szálaké)*; ~ **unit of information content (NAT)** *szt* információtartalom természetes egysége, NAT; ~ **uranium** *vegy* természetes uránium; ~**-uranium reactor** *at* természetes uránummal működő reaktor; ~ **velocity** sajátsebesség; ~ **ventilation** *ép* kürtőszellőzés; természetes szellőzés; ~ **vent shaft** *ép* szellőztető kürtő; ~ **vermilion** *ásv* cinóber; ~ **vibration** *el, mech* önrezgés, önfenntartó rezgés; sajátlengés; sajátrezgés; ~ **voltage** *el* sajátfeszültség; ~ **waste** *környv* természetes hulladék; ~ **water-content** *talt* természetes víztartalom; ~ **water quality** *hidr* víz természetes minősége; ~ **water reserve/resources** *hidr* természetes vízkészlet; ~ **waterway** *hidr* természetes víziút; ~ **wave** *fiz* alaphullám, sajáthullám, önhullám; ~ **wavelength** *el, távk* sajátrezgési hullámhossz

naturally | aged *koh* hevertetett, hevertetéssel öregített; ~**-aspirated motor** *el* természetes szellőzésű motor; ~ **bonded mo(u)lding sand** természetes kötőanyagú formázó keverék; ~**-radioactive atom** *at* természetes radioaktív atom

nature természet; jelleg, sajátosság; *bány* fajta, osztály; ~ **conservation** természetvédelem; ~ **conservation area** *környv* természetvédelmi terület; ~ **of the course** *hidr* szakaszjelleg; ~ **reserve** *ép* védett terület, rezervátum

nautical tengeri, hajózási; ~ **instrument** hajóműszer; ~ **mile (NM)** *metr* tengeri mérföld *(GB 6080 ft = 1853,18 m, nemzetközi: 1852 m)*

NAVAID → navigational aid

naval tengeri, hajózási; haditengerészeti; ~ **aerodrome** *rep* vízi repülőtér; ~ **aircraft (NA)** *rep* haditengerészet által használt repülőgép; ~ **architect** hajótervező; ~ **architecture** hajóépítéstan; ~ **aviation (NAvn)** *rep* tengerészeti repülés; ~ **brass (N.Br.)** tengervízálló sárgaréz; ~ **construction (NC)** hajóépítés *(haditengerészet)*; ~ **rocket** haditengerészeti rakétalövedék; ~ **yard** haditengerészeti hajójavító telep

nave *ép* főhajó *(templom)*; középhajó; *gép* kerékagy; *rep* légcsavaragy; ~**-boss** esztergált kerékagy; ~**-box** *gép* agyra szerelt csapágy; ~ **collar** *gép* (kerék)agyperem, perselykarima; ~ **ring** kerékagygyűrű

Navier|'s formula *mech* Navier-féle képlet; ~**-Stokes equation** *mech* Navier—Stokes-féle differenciálegyenlet

navies → navy; *tex* sötétkék színárnyalatok

navigability *hajó, rep* hajózhatóság; irányíthatóság, kormányozhatóság, vezérelhetőség, manőverezhetőség, navigálhatóság

navigable *hajó, rep* hajózható; *rep* repülhető; ~ **airspace** repülhető légtér; ~ **canal** *hidr* hajózható csatorna; ~ **pass** *ép* hajózási hídnyílás; ~ **stream** hajózható vízfolyás

navigate *hajó, rep* hajózik; kormányoz, irányít; *rep* légijárművet vezet, repülést végrehajt

navigating officer *rep* navigátor, megfigyelő

navigation *hajó, rep* (tenger)hajózás; kormányzás, irányítás; navigáció; navigálás; *rep* repülőgépvezetés; ~ **beacon** földrajzi helyjeladó; *rep* távolkörzeti jeladó; ~ **break** *hidr* hajózási szünet; ~ **canal** *hidr* hajócsatorna; ~ **channel** *hidr* hajóút; ~ **channel marks** *hidr* hajóútkitűzési jelek; ~ **clearance** *hidr* hajózási szabad űrszelvény; ~ **computer** *rep* navigációs számolótárcsa/számolóléc; ~ **downstream** *hidr* völgymenet; ~ **flame-float** *rep* úszó lángjelző; ~ **light (NAV LT)** *rep* hajózási/légiforgalmi fény; helyzetlámpa; ~ **lights** *rep* navigációs helyzetfények; ~ **lock** *hajó* hajózsilip; ~ **log** *hajó, rep* útnapló, hajónapló, fedélzeti napló; ~ **mark** *rep* tájékozási pont; ~ **pendant** *rep* navigációs célzótávcső; ~ **plot** navigációs bemérés; ~ **plotter** *hajó* helyzetező kör; ~ **radar** *hajó, rep* hajózási radar; ~ **satellite (NAVSAT)** *rep* navigációs mesterséges hold; ~ **season** *hidr* hajózási idény; ~ **signal** *hajó* hajózási jel; ~ **smoke-float** *rep* úszó füstjelző; ~ **span (of a bridge)** *hidr* hajózási hídnyílás; ~**'s range** *hajó* hajózási körzet; ~ **system (NAVS)** *rep* hajózási/navigációs rendszer; ~ **table** *rep* navigátorasztal; ~ **tunnel** *hidr* hajóalagút

navigational *hajó, rep* hajózási, navigációs; tájolási; ~ **aid (NAVAID)** *rep* földi rádiónavigációs berendezés; ~ **instruments** *rep* navigációs műszerek; ~ **system** *távk* navigációs rendszer

navigator *hajó, rep* hajózó, navigátor; megfigyelő; navigációs tiszt; ~ **fix** *hajó* révkalauz-iránypont

NAV LT → navigation light

NAvn → naval aviation

NAVS → navigation system

NAVSAT → navigation satellite

navvy kotrógép; földmunkás, kubikus

navy haditengerészet; hajóhad, flotta; ~ **blue** sötétkék, tengerészkék; ~ **yard** *kat* haditengerészeti hajójavító telep
naze *geol* (hegy)fok; hegyorr
Nb → nimbus; → niobium
NB → narrow-band
N.Br. → naval brass
NBS → National Bureau of Standards
Nb St → nimbostratus
NC → naval construction; → nickel-cadmium accumulator; → nitrocellulose; → nose cone; → numerical control
NCC → normally-closed contact
NCP → network control program
NCR paper → no carbon required paper
Nd → neodymium
ND → natural draught
NDB → non-directional beacon
NDRO → non-destructive read-out; ~ **memory** → non-destructive read-out memory
NDT → non-destructive test(ing)
NDV → nuclear delivery vehicle
Ne → neon
neap (tide) (NT) *hidr* vakár, kvadratúrai dagály
neaped apály által megfeneklett/megrekedt *(hajó)*
near közel(i); ~**-accident analysis** balesetveszélyes helyzet elemzése; ~**-breeder** *at* csaknem-tenyésztő reaktor; ~**-critical** közel kritikus; ~**-Earth** *csill* földközeli; ~ **echo** *el* közeli reflexió *(radaré)*; ~**-end crosstalk** *távb* közelvégi áthallás; ~**-end crosstalk attenuation** *távb* közelvégi áthallási csillapítás; ~ **fading zone** *rád* fadingzóna; ~ **field** *rep* közelmező; ~**-field analyzer** *aut* közelitér-analizátor; ~**-field Cassegrain antenna** *távk* közelterű Cassegrain-antenna; ~**-field fringes** *távk* interferenciagyűrűk közeli lézersugárzási övezetben; ~**-field zone** *hang* közeltér, közelzóna; ~ **frequency** *el, távk* közepes átviteli frekvencia; ~ **infrared** *fiz* közeli infravörös tartomány; ~**-infrared communication** *távk* összeköttetés a közeli infravörös tartományban; ~**-infrared region** *fiz* közeli infravörös színképtartomány; ~**-infrared signal** *el* jel a közeli infravörös tartományban; ~**-IR communications system** *távk* közeli infravörös színképtartományban működő távközlő rendszer; ~ **letter quality (NLQ)** *szt* közel levél minőségű, NLQ *(nyomtatás)*; ~**-mesh grain** *bány* határszem; ~ **miss report** *rep* jelentés veszélyes megközelítésről; ~**-power electrode** *el* áramelektródával szomszédos mérőelektróda; ~ **side** → nearside; ~ **soil** *at* földközeli légréteg; ~**-sonic speed** *rep* hangsebességhez közeli sebesség; ~**-surface** felszínközeli, közel felszíni; ~**-surface effect** *geof* felszínközeli hatás
nearly közel, majdnem, csaknem
nearside *közl* járda felőli oldal, bal oldal; ~ **lamp** *gépk* bal oldali lámpa; ~ **lane** *közl* külső sáv/nyom, bal oldali sáv/pálya
neat | **cement** *ép* híg cementhabarcs; ~ **lines** *pl ép* névleges profil/szelvény *(földmunkáé)*; ~ **plaster** tiszta gipsz; ~ **silk** *tex* selyemcérna; ~ **soap** színszappan
neatness *tex* tisztaság *(nyersselyemé, grezsé)*
nebula *csill* köd
nebular hypothesis/theory *csill* nebuláris elmélet
nebulization *pa* porítás *(folyadéké)*; *vegy* felaprítás; porlasztás
nebulizer *pa* porlasztó, porító *(folyadékhoz)*
nebulosity *met* borultság; felhősség
nebulous *csill, met* felhős, ködös; homályos
NEC → National Electric Code
necessary szükséges; ~ **and sufficient condition** *mat* szükséges és elégséges feltétel
necessity szükségesség
neck I. *v alak* benyakal, behornyol, nyakat sajtol; elvékonyít *(kovácsolva)*; *bőr* nyakbőrt lehasít; *forg* körülhornyol; **II.** *n* töltőtölcsér; mikroszkópcső; csőtorkolat; nyak; *bány* száj; *ép* beszögellés; *forg* (gyűrűs) horony, beszúrás; *geol* földszoros; intrúzió; tengerszoros; vulkáni kürtő; *gép* fúvóka; nyakcsap; *gyógyv* ampullanyak; *koh* hengercsap; ~**-band** *ruh* gallér, nyakbőség; ~ **bearing** *gép* közbenső csapágy; ~ **bend** *tex* nyüstzsinór; ~ **down** *v alak* betör *(kovácsolt rudat)*; nyakal; nyomással szűkít; vékonyít; *any* kontrahál; összeszűkül; ~**-gutter** *ép* vápacsatorna; ~ **in** *v alak* beperemez; ~ **journal** *gép* főcsap, nyakcsap, tengelycsap; ~ **journal bearing** *gép* radiális csapágy; ~ **of pipe** *szer* csőnyak; ~ **of room** *bány* kamarafejtés betörése; ~ **of tube** *szer* csőnyak; ~ **out** *v alak* (ki)szélesít, kitágít; kiperemez; ~ **radius** *gép* tengelycsap sugara; ~ **ring** *gép* beesztergált gyűrű; tengelynyakgyűrű; ~ **shadow** *gép* nyakárnyék; ~ **twine** *tex* nyüstzsinór
necked *gép* beszűkült; csapos, hornyos; ~**-down** *alak* betört *(kovácsolt rúd)*; nyakalt; ~**-down section** *rep* szűkített keresztmetszet
necking *alak* betörés *(kovácsolt rúdon)*; szűkítő nyomás; *any* kontrakció, összehúzódás, keresztmetszeti szűkülés, befűződés; ~ **down** *alak* összehúzódás, pinchképződés, befűződés, kontrakció, helyi keresztmetszet-csökkenés; ~ **tool** behornyoló szerszám
necklace microphone *távk* mellmikrofon
neckstrap fényképezőgép-tartó szíj, fényképezőgépnyakszíj
necton *hidr* nekton; *ol* nekton
need I. *v* szükség van vmire, szükségel, megkíván, kell; **II.** *n* szükség(let); ~ **of paper** papírszükséglet
needle I. *v* átszúr; *élip* szeszfokot javít *(alkohollal)*; *ép* alátámaszt, aládúcol, megtámaszt; *ruh* kivarr; varr; **II.** *n* tű, mutató *(skálás műszeren)*; *ásv* tűkristály; *ép* obeliszk; *geol* sziklaszirt; tű alakú szikla; *gép* menettű; tűgörgő; ~ **bar** tűrúd *(jégkitermeléshez)*; *kh* tűágy; *tex* tűsléc; tűtartó rúd *(varrógépen)*; ~ **beam** *ép* kereszttartó *(hidon)*; ~**-beam (tray)** *tex* tűfogó vályú *(fonalőr-szerkezeten)*; ~ **bearing** *gép* tűgörgős csapágy; ~ **bed** *kh* tűágy; ~**-board** *tex* tűsdeszka; ~ **bottom** *koh* fúvókás fenék *(konverteren)*; ~ **breakage** *kh* tűtörés; ~ **butt** *kh* tűláb; ~ **cam** *kh* lakat; ~ **chatter** *hang* tűzörej; ~ **coke** *koh* tűszerű koksz; ~ **concrete** *bány* tűbeton; ~ **counter tube** *at* tűszámláló; ~ **coupling** *gépk* rúdkapcsolás; ~ **cup** tűtartó *(lemezjátszón)*; ~ **cylinder** *kh* tűshenger; ~ **dam** *hidr* tűsgát; ~ **deflection** *el* mutatókitérés, tű kitérése; ~ **detector** *kh* tűőr, tűtörés-leállító *(szerkezet)*; ~ **die grinding machine** *forg* tűs húzólapcsiszoló gép; ~ **die polishing machine** *forg* tűs húzólapfényesítő gép; ~ **distance** *kh* tűosztás; ~ **drag** *hang* tűsúrlódás, tűfékezés; ~ **drift** *metr* mutatóvándorlás, mutatókitérés; ~ **effect** *el* csúcs szívóhatása; ~ **electrode** *el* tűelektróda; ~ **electrometer** *el* tűelektrométer; ~ **eye** *tex* varrótűfok; ~ **felting** *tex* tűnemezelés; ~ **file** *szersz*

tűreszelő; ~ **fracture** *any* tű alakú törés; ~ **gate** *hidr* tűsgát; ~ **groove** *kh* tűhorony *(horgas tűn)*; ~ **head** *tex* drótvég, tűvég; ~ **holder** tűtartó; ~ **ice** *geol* jégtű; ~ **indicator** *finm* mutatós műszer; ~ **instrument** *el* mutatós műszer; *geod* iránytűs műszer; ~ **ironstone** *ásv* tűsvasérc; ~ **joint** *gép* tűs csukló; ~ **kinks** *pl kh* tűhajlítás fonalhullámhoz; ~ **lace** *tex* tűcsipke; ~**-like habit** tűalak; ~**-like habitus** *krist* tűs termet/külalak; ~ **loop** *kh, tex* tűhurok, tűszem; ~ **lubricator** *gép* tűs olajozó; ~ **lug** *kh* tűfok; ~ **mo(u)ld** *kh* tűöntő forma; ~ **noise** tűhang *(lemezjátszó)*; ~ **nozzle** *gép* tűs fúvóka; ~ **oil** *fa* fenyőtűolaj; ~ **oiler** *gép* tűs olajozó; ~ **ore** *ásv* aikinit; ~ **oscillograph** *el* tűs oszcillográf; ~ **penetration** *el* penetráció, tűpenetráció; ~ **pick-up** *el* tűs hangleszedő; ~ **pin** *hidr* tű *(gáté)*; ~ **pitch** *kh* tűosztás; ~ **plug** ütőszeres dugó; ~ **point** tűhegy; ~**-point gap** *el* tűs szikraköz; ~**-point lightning-arrester** *el* (szívó)csúcsos szikraköz; ~**-polishing wheel** *forg* tűköszörülő kerék; ~ **pressure** *távk* tűnyomás; ~ **printer** *szt* tűs nyomtató, mozaiknyomtató; ~ **pulse** tűimpulzus; ~ **radiation** tűsugárzás; ~ **regulation** *gép* tűszelepes szabályozás; ~ **resonance** *hang* tűrezonancia *(gramofoné)*; ~ **roller** *gép* tűgörgő *(csapágyé)*; *tex* tűs henger *(lehúzó hengeré)*; ~**-roller bearing** *gép* tűgörgős csapágy; ~ **scaffold** *ép* konzolos tartókon nyugvó állvány; ~ **scaler** *ép* tűkalapács; ~ **scratch** *hang* tűzörej; ~ **seat** *gép* tűszelepülés; ~ **shank** *kh* tűszár *(kanalas tűé)*; ~**-shaped** tű alakú; ~ **shoring** *ép* aládúcolás; ~ **slot** *kh* tűvezeték, tűcsatorna; ~**s per inch** *kh* gépfinomság; ~ **stem** *kh* tűszár *(horgastűn)*; ~ **step** *kh* tűosztás; ~**-stop motion** *kh* tűőr, tűtörés-leállító *(szerkezet)*; ~ **streaks** *kh, tex* tűnyomok *(hiba)*; ~ **talk** *hang* tűhang; ~ **tantering machine** *any* tűs feszítőgép; ~ **telegraph** *távk* tűs távíró készülék; ~ **traverse** *geod* iránytűvel bemért sokszögvonal; ~ **trick** *kh* tűhorony *(horgas tűn)*, tűágyvájat; ~ **type jib/boom** *ép* billenőgém; ~ **valve** *hidr* gyűrűs csőzár; *koh, ol, vák* tűszelep; ~**-valve control** *aut* tűszelepes vezérlés; ~**-valve relay** *aut* tűszelepes jelátalakító; ~ **vibrator** *ép* tűvibrátor; ~ **wale** *tex* tűhuroksor *(áruban)*; ~ **wear** tűkopás *(gramofoné)*; ~ **weir** *hidr* tűsgát; ~ **wire** tűvékony huzal; ~ **work** *tex* kézimunka

needler *rep* mutatós műszer

needling *ép* aládúcolás, megtámasztás; *kh, ruh* kötés; odatűzés; varrás

Néel | **point/temperature** *any* Néel-hőmérséklet/pont; ~ **wall** *krist* Néel-fal

negater *szt* inverter, negátor

negation *mat, szt* negáció, tagadás; *szt* egyeztetés; ~ **bar/sign/symbol** *szt* negációjel, tagadás jele; ~ **gate** *szt* NEM kapu

negative I. *a* negatív; **II.** *n foto* negatív; ~ **absorption** *el* gerjesztett emisszió; ~ **acceleration** *fiz* fékezés, lassítás, negatív gyorsítás, retardálás, lassulás; ~ **acknowledge character (NAK)** *szt* negatív nyugtázás, NAK *(vezérlőkarakter)*; ~ **allowance** *gép* illesztési fedés; ~ **amplitude modulation** *el, fiz* negatív amplitúdómoduláció; ~ **area** *met* negatív hőmérséklet-eltérésű terület; ~ **artesian well** *hidr* negatív artézi kút; ~ **beta decay** *at* negatronbomlás; ~ **bias** *el* negatív előfeszültség; ~ **booster** *el* feszültségcsökkentő; ~ **boosting transformer** *el, távk* szívó transzformátor; ~ **buoyancy** *ép* felúszás elleni biztosítás, túlterhelés, leterhelés; ~ **carrier** *el* negatív töltéshordozó, anion; ~ **centre/center** *el* negatív potenciálcentrum; ~ **charge** *el* negatív töltés; ~ **charge feedback** *el* negatívtöltés-visszacsatolás; ~ **clock** *szt* negatív órajel; ~ **conductance** *el* negatív vezetőképesség; ~ **conductance amplifier** *el* negatív vezetőképességű erősítő; ~**-connected** *el* negatív pólusra kötött; ~ **coulo(u)r film** *foto* színes negatív film; ~ **counting** *at* elektronszámlálás; ~ **coupling** *el* negatív csatolás; ~ **culmination** *hidr* völgyelés; ~ **current feedback** *távk* negatíváram-visszacsatolás; ~ **damping** *mech* negatív csillapítás; ~ **decalage** *rep* negatív szárnyelcsavarás; ~ **definite** *mat* negatív definit; ~ **definite matrix** *mat* negatív definit mátrix; ~ **dihedral** *rep* fordított V-állás; ~ **direction** *mat* óramutató járásával megegyező *v.* negatív irány/értelem; ~ **distortion** *el* párnatorzítás; ~ **edge delay** *szt* negatív élkésleltetés; ~ **electricity** *el* negatív elektromos töltés; ~ **electrode** *el* negatív elektród, katód; ~ **entropy** *mat* információforrás entrópiája, átlagos információtartalom, negatív entrópia, negentrópia; ~**-exponent power** *mat* negatív kitevőjű hatvány; ~ **eyepiece** *opt* Huygens-féle okulár/szemlencse, negatív szemlencse; ~ **feedback (NFB)** *el, távk* negatív visszacsatolás; ~**-feedback amplifier** *távk* negatív visszacsatolású *v.* ellencsatolású erősítő; ~**-feedback coupling resistor** *távk* negatívan visszacsatoló ellenállás; ~**-feedback loop** *távk* negatív visszacsatolású hurok, ellencsatolású hurok; ~ **feeder** *el, távk* negatív tápvezeték; ~ **frequency** *el* negatív frekvencia; ~ **g** → ~ load; ~ **glow** *el* katódfény, katódlumineszcencia; negatív parázsfény; ~ **glow lamp** *el* parázsfénylámpa, glimmlámpa; ~**-going edge** *szt* lefutó él; ~**-grid** *rád* negatív rácsú; ~ **hardening** *önt* megeresztés gyors lehűtéssel; ~ **image** *opt* negatív kép; ~ **impedance** *el* negatív impedancia; ~**-impedance amplifier** *el* negatívimpedancia-erősítő; ~ **incidence** *rep* negatív állásszög; ~ **ion** *el* negatív ion; ~ **ion vacancy** *el* negatívion-hiányhely; ~ **lead** *el* visszatolás *(keféké)*; ~ **lens** *opt* divergens/konkáv lencse, szórólencse, negatív lencse; ~ **lift** *rep* negatív felhajtóerő; ~ **load** *rep, űr* negatív túlterhelés; ~ **logic** *mat* negatív logika; ~ **matrix** *nyom* negatív matrica; ~ **meniscus** *opt* domború-homorú lencse, konvex/konkáv lencse; ~ **modulation** *rád, távk* negatív modulálás; ~ **moment** *mech* támasznyomaték, negatív nyomaték; ~ **phase sequence** *el* negatív/fordított fázissorrend; ~ **phase-sequence component** *el* negatív sorrendű szimmetrikus összetevő; ~ **phase-sequence relay** *el* negatív (fázis)sorrendű (összetevőt érzékelő) relé; ~ **photoresist** *el* negatív fotoreziszt; ~ **picture** *foto* negatív kép; ~ **pitching moment** *rep* negatív bólintónyomaték; ~ **plate** *el* katódlemez; ~ **pore-water pressure** *talt* pórusvízben fellépő kapilláris húzófeszültség; ~ **pressure wave** *fiz* negatív nyomású hullám, szívóhullám; ~ **print** *szt* negatív nyomás *(vonalkódnál)*; ~ **printing** *foto* negatívmásolás; ~ **proton** *at* antiproton; ~ **rain** *met* negatív zápor, negatív töltést hordozó eső; ~ **rake** *forg* negatív homlokszög; ~**-rake tool** *forg* negatív homlokszögű szerszám; ~ **reactance** *el* kapacitív ellenállás; ~ **real part** *mat* negatív valós rész; ~ **regression** *mat* negatív/inverz regresszió; ~ **reinforcement** *ép* negatív vasalás; ~ **resist** *el* negatív reziszt; ~ **resistance** *aut, el* negatív ellenállás; ~**-resistance amplifier** *el* negatív ellenállású erősítő; ~-resistance amplifier with circulator *el* reflexiós erősítő; ~-resistance oscillator *el* negatív ellenállású oszcillátor; ~-resistance relay *el* negatív ellenállású relé; ~ rolling moment *rep* negatív orsózónyomaték; ~ rotation *opt* balraforgatás, levulorotáció; ~ segregation *koh* negatív dúsulás; ~ self-regulation *aut* negatív önbeállás; ~ sense *mat* óramutató járásával megegyező *v.* negatív irány/értelem; ~ separation *ol* negatív elválás; ~ sequence *el* fordított fázissorrend; ~ sequence of screening *bány* negatív szitálási sorrend; ~ sequence power *el* negatív sorrendű teljesítmény; ~-sequence resistance *el* negatív fázissorrendű ellenállás; ~ series feedback *el, távk* soros negatív visszacsatolás; ~ shedding *tex* negatív szádképzés; ~ sign *mat* mínuszjel, negatív előjel; ~ signal temperature *el* negatív jelhőmérséklet; ~ source *el* negatív forrás, nyelő; ~ stagger *ép* negatív szárnylépcsőzés, előrelépcsőzés; ~ sweep(back) *rep* előrenyilazás; ~ take-up *tex* negatív áru(henger)szabályozó; ~ tappet *gép, mech* egyirányú emeltyű; ~ temperature coefficient (NTC) *fiz* negatív hőmérsékleti együttható/koefficiens; ~ temperature coefficient resistor *el, fiz* negatív hőmérsékleti együtthatós tranzisztor; ~ temperature coefficient thermistor *el, fiz* ntk ellenállás; ~-temperature-coefficient unit *el* negatív hőfok-karakterisztikájú ellenállásegység; ~ terminal *el* negatív sarok/kapocs; ~ tilt *távk* tetőesés; ~ transconductance *el* negatív transzkonduktancia; ~-transconductance oscillator *el* klisztronoszcillátor; ~ transmission *el* negatív modulációs átvitel; ~-true logic *szt* negatív logika; ~ vacuum *vák* rontott vákuum; ~ viewer *foto* negatívvizsgáló; ~ viscosity *fiz* endozitás, negatív viszkozitás; ~ vision modulation negatív amplitúdómoduláció; ~ voltage feedback *el* negatív feszültség-visszacsatolás; ~ water hammer *hidr* negatív vízlökés; ~ yawing moment *rep* negatív legyezőnyomaték

negator → negater

negatoscope *foto* negatívkiértékelő, negatoszkóp

negatron *el, fiz* negaton, negatív töltésű elektron

negentropy *mat* információforrás entrópiája, átlagos információtartalom, negatív entrópia, negentrópia

negistor *el* negisztor

neglect I. *v mat* elhagy *(tizedeseket)*; elhanyagol; **II.** *n* → neglection

neglection *mat* elhanyagolás

negligible *mat* elhanyagolható; ~ **risk** elhanyagolható kockázat

negligibly small elhanyagolható(an kicsi)

negotiate legyőz; leküzd; ~ **a bend/curve** *gépk* kanyart vesz

neighbour, *US* **neighbor effect** környezeti hatás

neighbourhood, *US* **neighborhood** *ép* környék *(városépítés)*; *mat* környezet; szomszédság; ~ **function** *mat* szomszédsági függvény; ~ **of zero** *mat* nulla környezete; ~ **on the left** *mat* bal oldali környezet *(valós számé)*; ~ **on the right** *mat* jobb oldali környezet *(valós számé)*; ~ **unit** *ép* szomszédsági egység

neighbouring, *US* **neighboring** szomszédos; ~ **group participation** szomszédcsoport-részvétel, szomszédoscsoport-hatás; ~ **seam** *bány* szomszéd telep

Neil's parabola *mat* háromkettedfokú parabola

neither-nor operation *szt* SEM-SEM művelet

nekton *geol* nekton

nematic phase *krist* nematikus állapot

nematicide *vegy* fonalféregirtó (szer), nematicid

nematoblastic texture *geol* nematoblasztos szövet

nematocide → nematicid

nemo → not emanating from main office

neoarsphenamine *gyógyv* Neosalvarsan

neoclassic(al) *ép* klasszicista

Neoclassicism *ép* klasszicizmus

Neocomian stage *geol* neokom emelet

neodymia *vegy* neodímium-oxid

neodymian *ásv* neodímiumtartalmú

neodymium (Nd) *vegy* neodímium; ~ **laser** *fiz* neodimlézer

Neogene *geol* neogén; ~ **period** *geol* neogén; újharmadidőszak

Neolithic Period *geol* neolitikum

neomineralization *bány* átkristályosodás

neon (Ne) *vegy* neon; ~ **bulb** *el* glimmlámpa, parázsfénylámpa; ~ **digital display** *el* parázsfénylámpás digitális jelzőkészülék; ~ **discharge lamp/tube** *el* nagyfeszültségű fénycső, neon(fény)cső, gázkisülésű lámpa; ~ **gas** *vegy* neongáz; ~ **indicator** *el* gázkisüléses indikátorcső, glimmlámpás indikátorcső; ködfényjelzőlámpa; ~ **indicator tuning** *el* gázkisüléses/glimmlámpás indikátorcső-hangolás; ~ **indicator wavemeter (tuning)** glimmlámpás indikátorcsöves hullámmérő; ~ **lamp** *el* neonlámpa, neoncső; ~ **light** *el* neonfény; neonfénycső, neoncső, neonlámpa; neonvilágítás; ~ **lighting** *el* neonvilágítás; ~ **oscillator** *el* neoncsöves kondenzátoros oszcillátor; ~ **sign** neonreklám; ~ **stabilizer** *el* glimmlámpás stabilizátor; ~ **tube** *el* neon(fény)cső; ~ **tube rectifier** *el* parázsfénycsöves egyenirányító; ~**-tube tester** *el* parázsfénycsöves vizsgálókészülék

neonian *ásv* neontartalmú

Neo-pilot system *hang* neopiloteljárás

neoprene *vegy* neoprén; ~ **bearing pad** *ép* neoprén alátét(lemez)

neotectonics *geol* neotektonika

neotocite *ásv* neotokit

neotron *rád* neontöltésű cső

neovolcanic *geol* neovulkáni; ~ **rock** *geol* neovulkáni kőzet

Neozoic *geol* neozoikum

NEP → noise equivalent power

Nepal paper *pa* Nepál-papír

neper (Np) *távk* neper *(8,686 dB)*

nepheline, nephelite *ásv* nefelin; ~ **syenite** *ásv* nefelinszienit

nephelinite *ásv* nefelinit

nephelite → nepheline

nephelometer *vegy* nefelométer, zavarosságmérő, turbidiméter

nephelometric *vegy* nefelometriás, nefelometrikus; ~ **analysis** *vegy* nefelometrikus analízis; ~ **measurement** *vegy* nefelometria, zavarosságmérés

nephelometry *vegy* zavarosságmérés, nefelometria

nephograph *foto, met* nefográf

nephoscope *met* felhőmérő *(felhők mozgási sebességét mérő készülék)*

nephrite *ásv* nefrit

nephroid *mat* nefroid, vesegörbe

neps *tex* éretlen (nem színeződő) elemi szálak; gyapjúcsomósodás

neptunian *geol* neptunikus; óceáni, tengeri, hajózási
neptunium (Np) *vegy* neptúnium
neq *mat* sem-sem jel, együttes tagadás jele
neritic *geol* neritikus; ~ **facies** *geol* neritikus fáciesz; ~ **zone** *geol* neritikus öv
Nernst | bridge *el* Nernst-híd; ~ **calorimeter** Nernst-féle hőmennyiségmérő; ~ **effect** *el* Nernst-hatás, Nernst-jelenség; ~ **equation** *el* Nernst-egyenlet; ~ **lamp** *el* Nernst-lámpa
nerol *vegy* nerol, geraniol
neroli oil neroliolaj
nerve *biot* ideg; *ép* borda; bordázat; ~ **gas** *kat, vegy* idegbénító gáz, ideggáz; ~ **networks** *aut* ideghálózatok; ~ **of rubber** *gumi* pattanósság; ~ **poisons** *vegy* idegmérgek
nervines *vegy* idegmérgek
nervure *ép* boltozat-peremborda
nervy *gumi* pattanós
nesosilicates *ásv* nezoszilikátok, szigetszilikátok
ness *geol* (hegy)fok; földnyelv
Nessler's reagent *vegy* Nessler-reagens
nest I. *v szt* (egymásba) ágyaz, beágyaz; **II.** *n* fészek; beágyazás; *mat* skatulyázás; *nyom* köteg; ~ **die** *alak* teljes présforma; ~**-off saw** *szersz* gallyazófűrész; ~ **of sieves** *élip* síkszitaszekrény, keretmáglya, keretgarnitúra
nested | caldera *geol* kettős kráter/kaldéra; ~ **loop** *szt* belső/beágyazott/skatulyázott hurok; ~ **sampling** *mat* hierarchikus mintavétel
nesting *ép* egymásba építés, egymásba skatulyázás; lakótelep, település; *mat* skatulyázás; ~ **level** *szt* beágyazási/skatulyázási szint
net[1] *el, fiz, mat* hálózati sík, rácssík; *el, fiz, mat, szt* hálózat; *rep* rádióhálózat; *tex* háló; hálóanyag; tüll; ~**-connector** *el* hálózati csatlakozó; ~ **control station** *távk* adóhálózat vezéradója; ~ **formation** *gumi* hálózat, hálózatképződés; ~**-form configuration** *fiz* hálózati alapforma; ~ **machine** *tex* tüllverő gép; ~**-making** *tex* hálókötés; ~**-making machine** *tex* hálókötő gép; ~ **multiplier** *el* hálózati sokszorozó; ~ **of observation boreholes/wells** *bány* észlelőkút-hálózat; ~ **of triangulation** *geod* háromszögelési hálózat; ~ **of Wulff** Wulff-hálózat; ~ **plane** *fiz* hálózati sík, rácssík; ~**-shaped** háló alakú; ~ **silicate** *ásv* hálózatos szilikát; ~ **silk** *tex* reálselyem
net[2] **I.** *v* tisztán keres; tiszta hasznot hajt; **II.** *a* nettó; ~ **amplitude** *el* teljes amplitúdó; ~ **area** *pa* tényleges felület; ~ **attenuation** *el* maradékcsillapítás; ~ **burden** *koh* készelegy; ~ **call sign** *rep* általános hívójel; rádióháló hívójele; ~ **calorific power/value** *hőt* (alsó) fűtőérték; ~ **capacity** *ép* nettó teljesítmény; ~ **counting rate** *fiz, krist* nettó számlálási sebesség; ~ **current** *el* effektív/nettó áram; maradékáram; ~ **delivery head** *hidr* hasznos emelőmagasság *(szivattyúé)*; ~ **effect** *el* eredő hatás; ~ **efficiency** *el, fiz* nettó/tényleges hatásfok; ~ **electric capacity** *at, el* hasznos villamos teljesítmény; ~ **flight path** *rep* tényleges repülési pálya; ~ **generation** hasznos/nettó energiatermelés; ~ **gradient** *rep* tiszta gradiens; ~ **head** *hidr* hasznos emelőmagasság *(szivattyúé)*; hasznos esés; ~ **height** *rep* tényleges terep feletti magasság; ~ **irrigable area** *hidr* öntözhető terület nagysága; ~ **length** nettó/tiszta hosszúság; ~ **load** *csom* hasznos súly/teher, raksúly; ~ **loss** *el, távk* maradékcsillapítás; maradékveszteség; *rep* tényleges/tiszta veszteség; ~ **loss variation with amplitude** *el* amplitúdófüggő csillapítás; ~ **oil computer (NOC)** *ol* tisztaolaj-számítómű; ~ **operating income** tiszta üzemeltetési jövedelem; ~ **output** nettó teljesítmény; ~ **pay** *ol* effektív tárolókőzet-vastagság; ~ **power** *el, en* hasznos teljesítmény; ~ **power balance** *en* nettó energiamérleg; ~ **profit ratio** tiszta nyereségi arány, rentabilitási tényező; ~ **propeller efficiency** *rep* légcsavar tényleges hatásfoka; ~ **pyrradiometer** *met* sugárzásegyenleg-mérő; ~ **rate of heating** *rep* tényleges melegítési sebesség; ~ **return** tiszta bevétel; ~ **section** *bány* (ténylegesen) dolgozó keresztmetszet, hasznos keresztmetszet; szabadszelvény; ~ **slip** *geol* vetődés amplitúdója; ~ **take-off flight path** *rep* tényleges felszállási repülőút; ~ **thrust** *rep* hasznos tolóerő; ~ **ton-kilometre** *vasút* árutonna-kilométer; ~ **tonnage** *hajó* nettó hajótér; tiszta tonnatartalom; ~ **torque** *mech* hasznos/nettó nyomaték; ~ **transmission equivalent** *el* maradékcsillapítás; ~ **transport** *at* hatásos/nettó átvitel; ~ **water demand** *hidr* nettó vízigény; ~ **weight (nt wt)** tiszta/nettó súly; *vasút* rakománysúly; ~ **wing area** *rep* tényleges szárnyfelület; ~ **work** *fiz, vegy* hasznos munka; ~ **yards** *pl tex* nettó szövethossz *(yardban)*
nether|-formed *geol* föld alatt képződött *v.* kristályosodott; ~ **millstone** alsó malomkő; ~ **roof** *bány* közvetlen fedü
netted hálóval borított/fedett; háló-; → net; ~ **structure** *geol* sík háló
netting sodronyfonat; hálózat; szikrafogó háló; hálócsomózás; hálóállítás *(vadfogáshoz, halászathoz)*; *el* hurkolás; *ép* betonvas háló; ~ **angle** szitaszögvas keret; ~ **index** *műa* hálózottsági fok; ~ **number** *műa* hálózottsági szám
nettle *tex* rami; ~ **cloth** csalánszövet; ~ **fibre/fiber** csalánrost
network hálós szerkezet; háló; hálózat; rácsozat; *mat* logikai hálózat; *műa* térháló; *rád, tv* (adó)hálózat; *távk* hálózat, kapcsolás; négypólus; ~ **access machine** *szt* hálózati számítógép; ~ **analysis** *el* hálózatanalízis, hálózatelemzés; ~ **analyzer** *el* hálózatvizsgáló áramkör-analizátor, hálózatanalizátor; ~ **architecture** *szt* hálózati architektúra *(OSI)*; ~ **attenuation** *el* rezgőköri csillapítás; ~ **constant** *el* hálózatállandó; ~ **control centre/center** *szt* hálózatvezérlő központ; ~ **control program (NCP)** *szt* hálózatvezérlő program, NCP; ~ **damping** *el* rezgőköri csillapítás; ~ **density** *hidr* hálózatsűrűség; *műa, gumi* térhálósűrűség; ~ **design** *tex* rácsos minta; ~ **diagram** *szt* hálózatdiagram; ~ **dome** *ép* kazettás boltozat/kupola; ~**-driven inverter** *el* külső gerjesztésű *v.* hálózatvezérelt váltóirányító; ~ **element** *el* hálózatelem; ~ **field** *el* kapcsolómező; ~ **functions** *el, fiz* hálózatfüggvények; ~**-independent pocket calculator** hálózattól független zsebszámológép; ~ **interface controller (NIC)** *szt* hálózatiinterfész-vezérlő, hálózaticsatoló-vezérlő, NIC; ~ **interface unit (NIU)** *szt* hálózaticsatlakozó-egység, NIU; ~ **layer (N)** *szt* hálózati réteg, N; ~ **layer service (NS)** *szt* hálózati(réteg-)szolgálat, NS; ~ **level** *el* hálózati sík, rácssík; ~ **management** *távb* forgalomvezérlés; ~ **node** *el* csomópont, elágazási pont; ~ **of logical elements** *aut* logikai terv; ~ **operating frequency** *el* hálózat üzemi frekvenciája; ~ **parameters** *távk* áramköri/kapcsolá-

si jellemzők; ~ **phasing relay** *el* hálózati fázisrelé; ~ **plan** *rendsz* hálóterv; ~ **planning** *rendsz* hálótervezés; ~ **relay** *el, távk* hálózati automata megszakító; ~ **service access point address** *szt* hálózati (réteg-) szolgálatelérési pont címe; ~ **side** *távk* művonaloldal; ~ **station** *rep* hálózati állomás; ~ **structure** *műa* térhálós szerkezet; ~ **switch function** *szt* hálózatkapcsolási funkció; ~ **synthesis** *aut* hálózatszintézis; ~ **technique** *rendsz* hálótervezés; ~ **theory** *el* hálózatelmélet; ~ **topology** *szt* hálózattopológia; ~ **transmission equivalent** *el* (hálózati) átviteli csillapítás/egyenérték, átviteli tényező; ~ **user address (NUA)** *szt* hálózati felhasználó címe, NUA; ~ **user identifier (NUI)** *szt* hálózati felhasználó azonosítója, NUI; ~ **voltage** *el* hálózati feszültség; ~ **with earthed neutral** *el, távk* földelt csillagpontú hálózat

networking *szt* hálózatba szervezés

Neumann | function *mat* Neumann-függvény; ~ **principle** *krist* Neumann-elv; ~ **problem** *szt* Neumann-feladat, második peremérték-feladat/-probléma; ~ **series** *mat, szt* Neumann-sor

neural networks *szt* agyműködést utánzó eszköz

neurine *vegy* neurin, trimetil-vinil-ammónium-hidroxid

neuristor *el* neurisztor

neurocybernetics neurokibernetika

neurodynamics neurodinamika

neuston *hidr* neuszton

neutral I. *a* semleges; közömbös; neutrális; **II.** *n el* csillagpont; nulla(vezeték); *gépk* üres állás *(sebességváltó karé)*; üresjárás, üres(járat); ~ **abnormality** nem üzemzavar jellegű működésleállás; ~ **armature** *el* polarizálatlan armatúra *(relén)*; ~ **atmosphere** *met* semleges atmoszféra; ~ **atom** *at* semleges atom; ~ **atom laser** *at* semleges atomú lézer; ~ **autotransformer** *el* földelő autotranszformátor; ~ **axis (NA)** *gép, mat, mech* semleges tengely; ~ **bar** *el* nullavezeték; **be in** ~ *gépk* üresben/üresjáratban van; ~ **brought out** *el* nullapont-kivezetés; ~ **compensator** *el* csillagponti kompenzátor; ~ **conductor** *el* nullavezető, nullázóvezeték; ~ **conductor cut-out** *el* nullavezető-bontó; ~ **controlled plant** *aut* semleges irányított berendezés/objektum; ~**-density filter** *opt* semleges/szürke szűrő; ~ **distortion** *távk* semleges állított jelfogó torzítása; ~**-dyeing metaldye complexes** *tex* semlegesen felhúzó fémkomplex színezékek; ~ **earthing** *el* nullázás; ~ **earthing/grounding reactor** *el* csillagponti fojtótekercs; ~ **equilibrium** *mech* semleges egyensúly; ~ **ester** *vegy* neutrális észter; ~ **feeder** *el* csillagponti vezeték; ~ **fibre/fiber** *mech* rugalmas szál *(hajlításnál)*; ~ **filter** *opt* nem szelektív szűrő, neutrális szűrő; ~ **gas** *vegy* semleges gáz; ~ **grey filter** *opt* nem szelektív szűrő, neutrális szűrő; ~ **grounding** *el* nullapontföldelés; nullázás; ~ **illumination** *opt* semleges fényű megvilágítás; ~ **leaching** *koh* semleges lúgzás; ~ **line** *el* nullavezeték; *mech* semleges szál; ~ **main** *el* nullavezeték; ~ **medium** *vegy* semleges közeg; ~ **meson** *at* semleges *v.* töltés nélküli mezon; ~ **middle conductor** *el* nullavezeték; ~ **molecule** *fiz* semleges molekula; ~ **oil** semleges olaj, neutrálolaj; ~ **particle** *el* (elektromosan) semleges részecske, töltés nélküli részecske; ~ **particle detector** *at* semlegesrészecske-detektor; ~ **pick-up** *el* teljes lemágnesezés utáni megszólalási áram; ~ **plane** semleges sík; *koh* semleges keresztmetszet; semleges szál/vonal; ~ **point** *aut* semleges pont, null(a)pont, zéruspont; *el* nullapont; *mat* eltűnési pont, iránypont; ~**-point (anode)** nullanód; ~ **position** *el* nyugalmi helyzet; zéruspont, nullaállás; *gépk* üres állás *(sebességváltóé)*; ~ **relay** *el* semleges jelfogó; ~ **return wire** *el* nullavezető, nullázóvezeték; ~ **rock** *bány* átmeneti kőzet; ~ **shaft** *bány* semleges akna; ~ **slag** *koh* neutrális salak; ~ **solution** *vegy* semleges kémhatású oldat; ~ **spirits** *pl élip* alkohol, szesz; ~ **step wedge** *opt* neutrális lépcsős szűrő; ~ **stress** *bány, hidr* semleges feszültség; *geol* passzív feszültségállapot; *hidr* pórusvíznyomás; *talt* pórusvízfeszültség; ~ **surface** *bány* semleges felület; ~ **system** *aut* semleges rendszer; ~ **theory (of nuclear forces)** *at* töltésfüggetlen magerőelmélet, töltésfüggetlenség; ~ **wedge** *opt* neutrális ék; szürkeék; ~ **wedge filter** *opt* neutrális szűrő, nem szelektív szűrő; ~ **wedge spectrometry** *opt* szürkeékes színképmérés; ~ **welding flux** *heg* semleges hegesztőpor; ~ **wire** *el* nullavezeték, nullázóvezeték; ~ **zone** *el* érzéketlenségi sáv/holtsáv, semleges zóna; *rep* gurulómezőny

neutrality *vegy* semleges kémhatás

neutralization semlegesítés, közömbösítés; hatástalanítás, neutralizálás; *el* kompenzálás, kiegyensúlyozás, kiegyenlítés; nullázás; *élip* tompítás *(tejé, tejszíné)*; *rád* gerjedékenység kiegyenlítése; ~ **heat** *vegy* semlegesítési hő; ~ **number (value)** *ol* közömbösítési szám; ~ **of cream** *élip* tejszín tompítása

neutralize hatástalanít; *el* kiegyenlítik egymást *(áramok)*; visszacsatolást megszüntet; *vegy* semlegesít, közömbösít

neutralized *el* neutralizált; ~ **amplifier** *el* neutralizált erősítő

neutralizer közömbösítő, semlegesítő; neutralizáló; *koh* semlegesítőszer

neutralizing I. *a* neutralizáló; **II.** *n* neutralizálás, semlegesítés; ~ **agent** *koh* semlegesítőszer; ~ **capacitor** *el* neutralizáló/kiegyenlítő/kompenzáló kondenzátor; ~ **circuit** *el* neutralizáló áramkör/kapcsolás, neutrodin kapcsolás; ~ **condenser** *el* kiegyenlítő/kompenzáló kondenzátor; ~ **resistance** *el* nullázási ellenállás; ~ **tank** *hidr* savtalanító medence; ~ **voltage** *el* kiegyenlítő feszültség; neutralizáló feszültség

neutretto *at* neutrettó

neutrino *at* neutrínó; ~ **charge** *at* neutrínótöltés; ~ **in beta decay** *at* béta-bomlás neutrínója; ~ **in mu-meson decay** *at* müonbomlás neutrínója; ~ **number** *at* neutrínótöltés; ~ **physics** *at* neutrínófizika

neutrodyne *el* neutrodin; ~ **circuit/connection** *el* neutralizáló/neutrodin kapcsolás; ~ **receiver** *el* neutrodin vevő

neutrodynization *el* neutralizálás, semlegesítés

neutron (n) *at* neutron; ~ **absorber** neutronelnyelő *(anyag)*; ~ **absorption** *at* neutronelnyelés; ~**-absorption analysis** *at* neutronabszorpciós analízis; ~**-absorption cross-section** *at* neutronabszorpciós hatáskeresztmetszet; ~ **activation** *at* neutronaktiválás, aktiválás neutronokkal; ~**-activation analysis** *at* neutronaktivációs analízis; ~**-activation logging** *ol* neutronaktiválásos szelvényezés; ~ **age** *at* Fermi-féle kor, Fermi-paraméter; ~ **balance** *at* neutronmérleg, neutronmegmaradási elv; ~ **bath** *at* neutrontér; ~ **beam** *at* neutronsugár, neutronnyaláb; ~**-beam**

attenuation *at* neutronsugár-csillapítás, neutronsugár-gyengülés; **~-beam refraction** *at* neutronsugártörés; **~-beam welder** *heg* neutronsugaras hegesztőgép; **~ bomb** *at* neutronbomba; **~ bombardment** *at* neutronbombázás; **~ booster** *at* neutronsokszorozó; **~ burst** *at* neutronimpulzus, neutronlökés; **~ capture** *at* neutronbefogás; **~-capture cross-section** *at* neutronbefogási hatáskeresztmetszet; **~ chain reaction** *at* neutron-láncreakció; **~ chamber** *at* neutronionizációs kamra; **~ chopper** *at* mechanikus neutronszaggató, neutronszelektor; **~ collimator** *at* neutronkollimátor; **~-collision radius** *at* neutronütközési sugár; **~ converter** *at* neutronkonverter, neutronátalakító; **~ counter** *at* neutronszámláló; **~ cross-section** *at* neutron-hatáskeresztmetszet; **~ current** *at* neutronáram; **~-current density** *at* neutronáram-sűrűség; **~ curve** *geof* neutronszelvényezési görbe; **~ cycle** *at* neutronciklus; **~ decay** *at* neutronbomlás; **~ degradation** *at* neutrondegradáció; **~ density** *at* neutronsűrűség; **~ detector** *at* neutrondetektor; **~ diffraction** *at* neutrondiffrakció; **~ diffusion** *at* neutrondiffúzió; **~ economy** *at* neutronmérleg, neutrongazdaság; **~ elastic scattering** *at* rugalmas neutronszóródás; **~ emitter** *at* neutronemitter, neutronkibocsátó; **~ energy** *at* neutronenergia; **~ escape** *at* neutronkilépés, neutronelszökés; **~ excess** *at* neutronfelesleg; **~ field** *at* neutrontér; **~-fission scintillation detector** *at* szcintillációs neutronszámláló; **~-fission threshold** *at* neutron okozta hasadási küszöb; **~ flux** *at* neutronfluxus; **~-flux density** *at* neutronáram-sűrűség; **~-flux measuring equipment** *at* neutronfluxus-mérő készülék; **~-gamma log** *geof* neutron-gammaszelvény; **~-gamma logging** *geof* neutron-gamma szelvényezés/karottázs; **~ gas** *at* neutrongáz; **~ generator** *at* neutrongenerátor; **~ gun** *at* neutronágyú; **~ hardening** *at* neutronspektrum felkeményedése; **~-induced** *at* neutron által létrehozott; **~-induced process** *at* neutronok által beindított folyamat; **~ inelastic scattering** *at* nem rugalmas *v.* rugalmatlan neutronszóródás; **~ intensity** *at* neutronintenzitás; **~ interference** *at* neutroninterferencia; **~-irradiated material** *at* neutronbesugárzású anyag; **~ leakage** *at* neutronkiszökés, neutronveszteség, neutronelfolyás; **~ lethargy** *at* neutronletargia; **~-level detector** *at* neutronáram-detektor; **~ lifetime** *at* neutron-élettartam; **~-lifetime log** *geof* neutronélettartam-szelvényezés; **~ log** *geof* neutronszelvény; **~ log(ging)** *geof* neutronszelvényezés; **~-magnetic scattering** *fiz* mágneses neutronszóródás; **~ mass** *at* neutrontömeg; **~ moisture measurement** *ép* neutronszámlálásos nedvességtartalom-mérés; **~ monitoring** *at* neutronellenőrzés; **~ multiplication** *at* neutronsokszorozás; **~ multiplication factor** *at* neutronsokszorozó tényező; **~-multiplication time** *at* neutronsokszorozási idő; **~ multiplicator** *at* neutronsokszorozó; **~-neutron coincidence** *at* neutron-neutron koincidencia, n-n koincidencia; **~-neutron log(ging)** *geof* neutron-neutron szelvényezés; **~-neutron scattering** *at* neutron-neutron szóródás, n-n szóródás; **~ number** *at* neutronszám; **~ optics** neutronoptika; **~ period** *at* neutronfluxus-időállandó; **~ physics** neutronfizika; **~ pile** *at* neutronszámláló teleszkóp; **~ poison** *at* reaktorméreg; **~ poison effect, ~ poisoning** *at* reaktormérgeződés; **~ population** *at* szabadneutron-sűrűség; **~ porosity** *ol* neutronporozitás; **~ pulse** *at* neutronimpulzus, neutronlökés; **~ radiation** *at* neutronsugárzás; **~ radiation capture** *at* radioaktívneutron-befogás; **~ radiographic inspection** *at* neutronradiográfiai hibakereső módszer; **~ radiography** *at* neutronradiográfia; **~ radius (of nucleus)** *at* neutronsugár, neutronnyaláb; **~ rate** *at* neutronperiódus, időegységenkénti neutronszám; **~ ray** *at* neutronnyaláb; **~ reaction** *at* neutronreakció; **~ reflector** *at* neutronreflektor, neutrontükör; **~ regeneration** *at* neutronsokszorozás; **~ richness** *at* neutronfölösleg; **~ scattering** *at* neutronszóródás; **~ shield(ing)** *at* neutronvédelem; **~ shower** *at* neutronzápor; **~ shutter** *at* neutronszaggató; **~ source** *at* neutronforrás; **~-source strength** *at* neutronforrás-intenzitás; **~ spectrometer** *at* neutronspektrométer; **~ spectrometry** *fiz* neutronspektrometria; **~ spectroscopy** *fiz* neutronspektroszkópia; **~ spectrum** *fiz* neutronspektrum, neutronszínkép; **~ speed** → **~** velocity; **~ star** *csill* neutroncsillag; **~ therapy** *orv* neutronterápia; **~ thermalization** *at* termikus sebességre lassítás *(neutroné)*; **~ thermocouple** *at* neutronhőelem, neutrontermoelem; **~ thermopile** *at* neutronos hőelem; **~-tight** *at* neutronok számára áthatolhatatlan, neutronáthatlan; **~ time of flight** *at* neutronrepülési/neutronutazási idő; **~ transition** *at* neutronátmenet; **~ trap** *at* neutroncsapda; **~ velocity** *at* neutronsebesség; **~-velocity selector** *at* neutronsebesség-szelektor; **~ warhead** *kat* neutron robbanófej; **~ wave** *at* neutronhullám; **~ wave-length** *at* neutronhullámhossz; **~ yield** *at* neutronhatásfok, neutronhozam

neutronics neutronfizika

neutronography neutronradiográfia

neutropause *at* ionoszféra kezdőszintje

neutrosphere *at* alsó légkör, neutroszféra

névé *geol* csonthómező; firn, csonthó

never-ending decimal *mat* végtelen tizedes tört

new új; **~ blue** újkék; **~ cutting** *tex* vágáshulladékok; **~ fuchsine** *vegy* újfukszin; **~ global tectonics** *geol* új globális tektonika; **N~ Jersey process** *koh* állóretortás cinklepárlás; **~ line character (NL)** *szt* új sor, NL *(vezérlőkarakter)*; **~ sand** *koh* friss formázóhomok; **~ silver** alpakka, újezüst; **N~ Stone Age** *geol* neolitikum; **~ wool** *tex* természetes gyapjú

newel *ép* korlátpillér; lépcsőorsó; orsópillér; **~ post** *ép* csigalépcső középső tartóoszlopa; orsóoszlop; **~-type spiral stair(case)** *ép* orsós csigalépcső

newly|-formed island *hidr* újonnan keletkezett sziget; **~-formed loop** *kh* új szem/hurok

news hír; **~ board** *pa* dobozkarton, palackkarton; **~ felt** *pa* újságnyomó nemez; **~-lined board** *pa* borított dobozkarton; **~ studio** hír(adó)stúdió; **~ theater** híradómozi

newscast *rád, tv* hírközvetítés, hírek

newspaper | flong *pa* újságmatrica; **~ wrapper** *pa* keresztkötő papír; **~-wrapping machine** *nyom* újságcímszalagozó gép

newsprint *pa* újságnyomó/rotációs papír; újságpapír; **~ in sheet** *pa* íves újságnyomó papír

newsreel *film* filmhíradó; **~ shot** *film* híradófelvétel

newton (N) *fiz* newton (N)

Newton|-Cotes integration formulas *szt* Newton—Cotes-kvadratúraformulák; **~ interpolation** *szt*

Newton-interpoláció; ~ **iteration** *szt* Newton—Raphson-módszer, Newton-iteráció; ~ **number** *hidr* Newton-féle invariáns; ~**-Raphson method** *szt* Newton—Raphson-módszer, Newton-iteráció; ~**'s axioms** *fiz* Newton-axiómák; ~**'s equation of motion** *fiz* Newton-féle mozgásegyenlet; ~**'s first law (of motion)** *fiz* Newton első axiómája, a tehetetlenség törvénye; ~**'s indefinite integral** *mat* primitív függvény, határozatlan integrál; ~**'s law of inertia** *fiz* Newton első axiómája, tehetetlenség törvénye; ~**'s law of (universal) gravitation** *fiz* Newton-féle gravitációs törvény, általános tömegvonzás törvénye; ~**'s mechanics** *fiz* klasszikus/newtoni mechanika; ~**'s motion equation** *fiz* Newton-féle mozgásegyenlet; ~**'s rings** *opt* Newton-gyűrűk; ~**'s second law (of motion)** *fiz* Newton második axiómája, dinamika alaptörvénye; ~**'s third law (of motion)** *fiz* Newton harmadik axiómája, kölcsönhatás törvénye

Newtonian *fiz* newtoni; ~ **absolute time** *fiz* abszolút idő, Newton-féle mechanika abszolút ideje; ~ **attraction** *fiz* Newton-féle tömegvonzás; ~ **flow** *fiz* ideális/newtoni áramlási viselkedés; ~ **fluid** *fiz* Newton-féle folyadék, ideálisan viszkózus folyadék; ~ **focus** *fiz* primer fókusz, Newton-féle fókusz; ~ **gas** *fiz* Newton-féle gáz; ~ **liquid** → ~ fluid; ~ **mechanics** → Newton's mechanics

newyanskite *ásv* ozmirídium

next higher/lower seam *bány* szomszéd telep

nexus *szt* kapcsolódópont

Neyrpic distributor/module *hidr* palástos vízadagoló

nF → nanofarad

NF → noise factor; → noise figure

NFB → negative feedback

NFM → narrow-band frequency modulation

Ng → nitroglycerin

NG → natural gas

NHE → normal hydrogen electrode

NHP → nominal horse-power

Ni → nickel; ~**-resist cast iron** *any* hő- és korrózióálló ausztenites öntöttvas

nib tollhegy; *élip* kakaómagbél; *ép* bütyök, fog, fül; *gép* bütyök; *kh* platinacsőr *(hullámosítón)*; *tex* bog *(gyapjúban/selyemben)*; horogorsó; ~ **joint** *el* félhüvelyes kötés *(szabadvezetéken)*; ~ **of the sinker** *tex* platinaorr; ~ **of tile** *ép* cserép füle/kampója

nibbed kihegyezett; hegyes *(csúcsos)*; ~ **bolt** orros csavar; ~ **tile** kampós tetőcserép

nibber *élip* kakaómagbél-zúzó gép

nibble *szt* négybites szó

nibbler *alak, szersz* kézi lemezkivágó

nibbling machine *alak, szersz* lemezkivágó gép

NIC → network interface controller

niccolite *ásv* nikkelin, vörös nikkelérc

niche I. *v bány* betör; fülkét készít; **II.** *n ép* (fal)fülke; (fal)mélyedés

Nichols | chart/diagram *aut* Nichols-diagram; ~ **locus** *mat* logaritmikus karakterisztika/jelleggörbe, Nichols-féle helygörbe; ~ **vane radiometer** *sug* Nichols-féle sugárzásmérő

Nichrome króm-nikkel *(ötvözet)*

nick I. *v* bemetsz; hornyol, betör, rovátkol; felhasít, hasítékot reszel; **II.** *n* bemetszés; rovás; horpadás, ütésnyom; *alak* betörés, hornyolás; *bőr* folt; *cipő* háromszögletű bevágás; *forg* forgácstörő horony; *pa* ívjelzés; ~ **break test** *ép* fajlagos ütőmunka-vizsgálat *(bemetszett próbatesten)*; ~**s** *pl bőr* kikaparás; lapos vágás

nicked rovátkás; karcos; csorba *(szerszám)*; ~ **bullet** *kat* dumdum, robbanógolyó; ~ **tooth** rovátkolt fog *(üregelőszerszámon)*; ~ **tooth taper reamer** *szersz* hornyolt fogazású kúpos dörzsár

nickel (Ni) *vegy* nikkel; ~ **alloy** *koh* nikkelötvözet; ~ **anode** *koh* nikkelanód; ~**-antimony glance** *ásv* ullmanit; ~ **arsenic glance** *ásv* gersdorffit; ~**-base alloy** *koh* nikkelalapú ötvözet; ~**-base brazing alloy** *koh* nikkelalapú keményforrasztó ötvözet; ~ **black** nikkelfekete *(festék)*; ~ **bronze** *koh* nikkelbronz; ~**-cadmium accumulator (NC)** *el* kadmium-nikkel akkumulátor; ~**-cadmium accumulator of the sealed type** *el* lezárt kadmium-nikkel akkumulátor; ~**-cadmium accumulator with incorporated gas-vent** *el* kadmium-nikkel akkumulátor biztonsági szeleppel; ~**-cadmium storage battery** *el* kadmium-nikkel akkumulátor; ~**-carbonyl process** *koh* nikkel-karboniles eljárás; ~ **chromium alloy** *koh* nikkel-króm ötvözet; ~**-chromium steel (Ni Cr S)** *koh* króm-nikkel acél; ~**-cobalt alloy** *koh* nikkel-kobalt ötvözet; ~ **concentrate** *koh* nikkelszínpor; ~**-copper alloy** *koh* nikkel-réz ötvözet; ~**-copper matte** *koh* rezes nikkelkéneskő; ~ **cube** *koh* kockanikkel; ~ **electrode** nikkelelektród; ~ **facing** *nyom* nikkelezés; ~ **filler metal** nikkel hegesztőanyag; ~ **foil** *koh* nikkelfüst; ~**-iron(-alkaline) accumulator/cell (Ni-Fe accumulator)** *el* nikkel-vas akkumulátor, Ni-Fe akkumulátor, Edison-akkumulátor; ~ **line store** *szt* nikkelhuzalos tároló/memória; ~ **matte** *koh* nikkelkéneskő; ~ **metallurgy** *koh* nikkelkohászat; ~ **monoxide** *vegy* nikkel(II)-oxid, nikkel-monoxid; ~ **oxide** *koh* nikkel-oxid; ~**-oxide battery** → ~-iron(-alkaline) accumulator; ~ **oxide sinter** *koh* nikkelszinteroxid; ~**-plated (NP)** nikkelezett; ~**-plating** nikkelbevonat; *koh* nikkelezés; ~ **pyrite** *koh* millerit; ~**-rich alloy** sok nikkelt tartalmazó ötvözet; ~ **scrap** *koh* nikkelhulladék; ~ **silver (Ni-Sil)** *koh* újezüst, argentán; ~ **silver wire** argentánhuzal; ~ **sinter-oxide** *koh* nikkelszinteroxid; ~ **speiss** *koh* nikkelfémeskő; ~ **steel (NS)** *koh* nikkelacél; ~ **sulphide/sulfide** *vegy* nikkelszulfid; ~**-sulphide/-sulfide anode** *koh* nikkel-szulfidanód; ~ **(tetra)carbonyl** *koh* nikkel-tetrakarbonil; ~ **vitriol** *ásv* morenozit; ~ **wire** nikkelhuzal

nickelian *ásv* nikkeltartalmú

nickelic *vegy* nikkel(III)-

nickeliferous nikkeltartalmú

nickeline *ásv* nikkelin, vörös nikkelérc; ~ **resistor** *el* nikkelin ellenállás

nickel(iz)ing *koh* nikkelezés

nickelous *vegy* nikkel(II)-

nicking *alak* betörés, hornyolás; *cipő* (kéreg)rovátkolás, kéregkapcsozás; *forg* hornyolás *(élen)*; ~ **file** *szersz* hasítékreszelő

Nicol prism *krist* nikol, Nicol-prizma

nicopyrite *ásv* pentlandit

nicotine *vegy* nikotin

nicotinic acid *vegy* nikotinsav, niacin

Ni Cr S → nickel chromium steel

nidge *ép* doroszol; szemcsész *(követ)*

niello *koh* nielló
Niemann's oscillator *el* pentódás/tranzitronos oszcillátor
Niers process *ol* Niers-eljárás
Niethammer sliver-screen *pa* Niethammer-féle csomófogó/szilánkfogó
nife *geol* nife; ~ **zone** *geol* nife-zóna
Ni-Fe accumulator/battery → nickel-iron (alkaline) accumulator
niggerhead *ép* macskakő
nigging *ép* doroszolás
Niggli matrix representation *ásv* Niggli-féle mátrixábrázolás
night éjjel, éjszaka; este; ~ **bolt** → ~ latch; ~ **bomber** *kat* éjjeli bombázó(gép); ~ **call** *távb* éjjeli hívás; ~-**call number** *távb* éjjeli hívószám; ~ **camera** *foto* különleges éjjeli felvevőgép; ~ **connection** *távb* éjjeli kapcsolás; ~-**driving** *gépk* éjszakai vezetés; ~ **effect** *el* éjjeli hatás; éjjeli iránymérési hiba; ~ **fare** *rep* éjszakai díjszabás; ~ **fighter** *kat, rep* éjszakai vadászrepülőgép; ~-**fighter radar** *kat* éjszakai vadászlokátor; ~ **flying** *rep* éjszakai repülés; ~ **header joint** *ép* napi munkahézag; ~ **latch** *ép* biztonsági (ajtó)zár; ~ **light** *opt* virrasztólámpa; ~ **load** *en* éjszakai völgy; ~ **obstruction marker** éjjeli akadályjelzés; ~-**operation runway** *rep* éjjeli futópálya; ~ **operator** *távb* éjszakai telefonkezelő; ~ **pair** *ip* éjjeli műszak/váltás; ~ **position** *el* éjszakai állás; ~ **reconnaissance system** *aut, el* éjszakai felderítőrendszer; ~ **service connection** *el* éjjeli (át)kapcsolás; ~ **service position** *el* éjjeli szolgálati munkahely; ~ **shift** *ip* éjjeli/éjszakai váltás/műszak; ~ **storage heater** *el* hőtárolós kályha; ~ **(thermal) sight** *kat* infra-célzókészülék; ~-**time** éjszakai, éjjeli; ~ **tracer (n.tr.)** *kat* éjjeli nyomjelző; ~ **valley** *en* éjszakai völgy; ~ **vision devices/goggles** *kat* éjjellátó eszközök; ~ **watchman** *ip* éjjeliőr
nightman éjszakai munkás
nigre *élip* aljlúg, szappanenyv; *gumi* lerakódás *(kaucsukoldatban)*
nigrescite *ásv* nigrescit
nigrine *ásv* nigrin
nigrosine nigrozin *(színezék)*
nil *mat* semmi, nulla, zérus; *rep* „semmi sincs"; ~ **algebra** *mat* nilalgebra; ~ **ideal** *mat* nilideál; ~ **left ideal** *mat* nilbalideál; ~ **pointer** *szt* nullamutató
Nile green níluszöld
nilpotency *mat* nilpotencia
nilpotent ideal *mat* nilpotens ideál
nimbostratus (NS) *met* réteges esőfelhő, nimbostratus; ~ **cloud** *met* csapadékfelhő
nimbus (Nb) *met* esőfelhő, nimbus
nine | **bearing** *gép* kilencszer csapágyazott *(főtengely)*; ~-**bearing crankshaft** *gép* kilencszer csapágyazott forgattyústengely; ~-**pin miniature tube** *el* noválcső; ~'**s complement** *szt* kilences komplemens; ~-**track magnetic tape** *el* kilenccsatornás mágnesszalag
ninety-degree approach *rep* 90 fokos forduló megközelítés/bevezetés előtt
ninhydrin *vegy* ninhidrin; ~ **test** *vegy* ninhidrinpróba
niobic *vegy* nióbium(V)-
niobite *ásv* kolumbit, niobit
niobium (Nb) *vegy* nióbium
niobous *vegy* nióbium(III)-
nip I. *v alak* becsíp *(kovácsolással)*; *bány* kiékül *(telep v. réteg)*; *gép, heng* beszorít, befog, behúz; *mzg* (le)metsz, lenyes; levág, lenyír; **II.** *n* lecsípés; becsípés; beszorítás; *bány* omlás; pillérösszenyomás; *gép* illesztés szorossága; *pa* érint(kez)ési vonal *(két henger között)*; *tex* fátyoltovábbító karom; fésülési munkaszakasz; *üveg* hengerrés; ~ **and tuck folder** *nyom* szelepes/pofás hajtogató; ~-**bound commutator** *el* kettős kúpos gyűrűs kommutátor; ~ **comb** *tex* Lister-féle fésülőgép; ~ **guard** *pa* felfutó védőrúd; ~ **off/out** *v* lecsíp; *geol* kiékelődik; ~ **of the roll** *élip, heng* behúzás, befogás *(hengerszéken)*; ~-**out** *bány* kiékülés, elvékonyodás; *geol* kiékelődés; ~ **pressure** *pa* élnyomás, vonalnyomás; *tex* befogási nyomás; ~ **rollers** *pl tex* fogóhengerek *(fonalőrszerkezetben)*; ~ **roll(s)** *pa* nedves/nyirkos simító; *tex* feszítőhenger, szorítóhenger
Nipkow disk *tv* Nipkow-tárcsa
nipper *vasút* talpfaszegező pályamunkás; ~ **bar** *tex* befogópofa *(felső)*; ~ **body** *tex* befogó *(fésülőgépen)*; ~ **head** *tex* tapintófej *(vetélőn)*; ~ **knife** *tex* alsó lehúzópofa *(fésülőgépen)*; ~ **peg** *tex* csipeszorsó *(hasított szárral)*; ~**s** *pl* fogó(szerszám); csíptető; csipesz; ~ **shuttle** *tex* szálfogó vetélő; ~ **sill** *ép* felső mellgerenda *(alagútácsolaté)*; ~ **temple** *tex* pofás szélfeszítő
nipping befogás; nyírás; *heng* behúzás, befogás; *tex* marópác kipréselése *(pamutból festés előtt)*; *vasút* talpfaékelés *(vágányfektetésnél)*; ~ **circular saw** *fa* daraboló/levágó körfűrész; ~ **fork** *gép* szorítóvilla; ~ **of flax** *tex* spiccelés; ~ **out** *bány* kiékelődés; ~ **saw** *fa* darabolófűrész
nipple *gép* bütyök; csecscsavar; kapcsolócső, csőkapcsoló; menetes csavarzat, hollandi anya; zsírzófej, „nippli"; *hőt* gázégőfúvóka; *koh* elektród-kötőelem; *ol* csőösszekötő darab *(külső menettel)*; ~ **chuck** *gép* tágítható tokmány; ~ **joint** *hidr* csőcsonkcsatlakozás; ~ **stud** *el* érintkezőrugó-csavar; ~-**threading machine** *forg* gázmenetvágó gép
Ni-Sil → nickel silver
nit (nt) *opt* nit
nitch shock test *any* ütőpróba bemetszett próbatesten
niter *US* → nitre
nitometer *opt* nitométer
Nitralloy nitridálható acél
nitramine *vegy* nitramin
nitrate I. *v vegy* nitrál; **II.** *n vegy* nitrát; ~ **elimination** *környv* nitráteltávolítás; ~ **film** nitrátfilm, nitrofilm
nitrated *vegy* nitrált; ~ **crape** *vegy* nitrált krepp; ~ **oil** *vegy* nitrált olaj; ~ **paper** nitrált papír
nitrating *vegy* nitrálás
nitration *vegy* nitrálás; ~ **case** *vegy* nitridált réteg; ~ **grade** *vegy* nitrálási fok; ~ **mixture** *vegy* nitráló keverék
nitrator *vegy* nitráló berendezés/készülék
nitre, *US* **niter** *ásv* salétrom; ~ **oven** *vegy* salétromkemence; ~ **paper** salétrompapír; ~ **pot** *vegy* salétromfazék
nitric *vegy* salétrom-; ~ **acid** *vegy* salétromsav; ~-**acid parting** *koh* salétromsavas válatás; ~-**acid plant** *vegy* salétromsavgyártó berendezés; ~-**acid still** *vegy* salétromsav-lepárló kazán; ~ **anhydride** *vegy* nitrogén-pentoxid; ~ **oxide** *vegy* nitrogén(II)-oxid

nitridation *hők* nitridálás
nitride I. *v hők* nitridál; **II.** *n vegy* nitrid; ~ **former** *koh* nitridképző; ~ **hardening** *hők* nitridálás; ~ **layer** *vegy* nitridréteg; ~ **process of blueing steel** *koh* acél kékrefuttatása folyékony kálisalétrom-fürdőben
nitrided steel *koh* nitridált acél
nitriding *hők* nitridálás; ~ **agent** *koh* nitridképző; ~ **range** *hők* nitridálási hőmérséklet-tartomány; ~ **steel** *hők* nitridálható acél
nitriferous *vegy* nitrogéntartalmú
nitrification *vegy* nitrifikáció, nitrifikálás
nitrify *vegy* nitrifikál
nitrifying bacterium *vegy* nitrifikáló baktérium
nitrile *vegy* nitril; ~ **base** *vegy* tercier amin
nitrite *vegy* nitrit
nitroaniline *vegy* nitroanilin
nitrobarite *ásv* nitrobarit
nitrobenzene *vegy* nitrobenzol
nitrobenzoic acid *vegy* nitro-benzoesav
nitrocalcite *ásv* nitrokalcit, mészsalétrom
nitrocellulose (NC) *vegy* nitrocellulóz, cellulóz-nitrát; ~ **rayon** *tex* nitrátselyem; ~ **silk** *tex* nitro(cellulóz-)selyem; ~ **varnish** nitrocellulózlakk
nitrocementation *hők* nitrocementálás
nitrocompound *vegy* nitrovegyület
nitrocotton *vegy* nitrocellulóz, cellulóz-nitrát; piroxilin
nitrodyes *vegy* nitroszínezékek
nitrogen (N) *vegy* nitrogén; ~ **arc** *heg* nitrogéntív; ~ **arc welding** nitrogén-ívhegesztés; ~ **balance** *hidr, környv* nitrogénháztartás; ~ **blanket** *vegy* nitrogén védőréteg/védőgáz; ~ **case-hardening** *hők* nitridálás; ~ **dioxide** *vegy* nitrogén(IV)-oxid; nitrogén-dioxid; ~ **fixation** *biot* nitrogénfixálás; ~ **gas flooding** *ol* nitrogéngázos elárasztás; ~**-lamp** *opt* nitrogénlámpa; ~ **oxides** *vegy* nitrogén-oxidok; ~ **pentoxide** *vegy* nitrogén(V)-oxid, nitrogén-pentoxid; ~**-phosphorus ratio (N/P ratio)** *hidr* nitrogén-foszfor arány; ~ **plasma jet** *fiz* nitrogén-plazmasugár; ~ **quenching** *hők* nitrogénes edzés; ~ **removal** *koh* nitrogéncsökkentés
nitrogenian *ásv* nitrogéntartalmú
nitrogenous *vegy* nitrogéntartalmú; ~ **fertilizer/manure** *mzg* nitrogénműtrágya
nitroglycerin(e) (Ng) *vegy* nitroglicerin, glicerin-trinitrát
nitrogroup *vegy* nitrocsoport
nitrohydrochloric acid *vegy* királyvíz
nitrolic acid *vegy* nitrolsav
nitrolime *vegy* mésznitrogén, kalcium-ciánamid
nitrometer nitrogénmérő
nitrorayon *tex* nitroselyem
nitrosamine *vegy* nitrozamin
nitrosation *vegy* nitrozálás
nitroshooting *ol* tárolókőzet-robbantás
nitroso *vegy* nitrozo-; ~ **compound** *vegy* nitrozovegyület
nitrosoamine *vegy* nitrozoamin
nitrosobenzene *vegy* nitrozobenzol
nitrosulphonic acid *vegy* nitroszulfonsav
nitrosyl *vegy* nitrozilgyök; ~ **sulphuric/sulfuric acid** *vegy* nitroszulfonsav, nitrozilkénsav
nitrotorpedoing *ol* tárolókőzet-robbantás
nitrourea *vegy* nitrokarbamid
nitrous nitrogén(III)-; ~ **acid** *vegy* salétromossav; ~ **anhydride** *vegy* dinitrogén-trioxid; ~ **ether** *vegy* etilnitrit; ~ **fumes/gases** *ol* nitrózus gázok; ~ **oxide** *vegy* kéjgáz, dinitrogén-oxid
nitroxyl → nitryl
nitryl *vegy* nitrilgyök; ~ **chloride** *vegy* nitrilklorid
nittings *pl bány* érchulladék, ércapró
NIU → network interface unit
nival belt *geol* nivális öv
nivation *bány* nivációó; *met* csonthóképződés
niveau surface *mech* nívófelület, ekvipotenciális felület
Nixie tube *el* Nixie-cső
NL → new line character; → noise level; → noise limiter
NLQ → near letter quality
nm → nanometre
NM → nautical mile; → noise meter
NMI → non-maskable interrupt
N MOS → n-channel metal oxide semiconductor
NMR → nuclear magnetic resonance
Nnu → Nusselt number
no | **address instruction** *szt* cím nélküli utasítás; ~**-bond tensioning** *ép* véglehorgonyzásos/szabadkábeles feszítés; ~ **carbon required paper (NCR paper)** *szt* többpéldányos nyomtatványpapír; ~**-charge loss** *el* üresjárási veszteség; ~**-clearance** *gép* hézag nélküli; ~**-clearance fit** hézagmentes illesztés; ~**-controllable semiconductor** *félv* nem vezérelhető félvezető; ~**-cracking condition** *hidr* repedésmentesség; ~ **current** *el* áram nélküli, árammentes, feszültségmentes; ~**-current trip** *aut, el* nyugvóáramú kioldó, szünetáramú kikapcsoló, nulláram-kikapcsoló; ~**-delay operation** *távk* gyorsszolgálati kezelés; ~**-delay position** *távb* gyorsszolgálati munkahely; ~**-delay service** *távb* azonnali kapcsolás; gyorsszolgálat; ~**-delay telephone exchange** *távb* gyorsszolgálati telefonközpont; ~**-delay telephone network** *távb* gyorsszolgálati hálózat; ~**-delay traffic** *távb* azonnali forgalom; ~**-draft forging** *alak* húzóerő nélküli kovácsolás; ~**-failure operation** *gép* hibamentes működés; ~**-fines concrete** *ép* finom adalékanyag nélküli beton; ~ **first use** *kat* tartózkodás az első csapás mérésétől; ~**-go side** *mt* selejtoldal, nemmegy oldal *(idomszeré)*; ~**-injection lever** *gépk* porlasztásleállító kar/emeltyű; ~**-iron finish** *tex* vasalásmentes *v.* vasalást nem igénylő kikészítés; ~**-lag cap** *geof* késés nélküli gyutacs; ~**-lag motor** *gép* kompenzált aszinkronmotor; ~**-lift** *rep* zérus felhajtóerőhöz tartozó; ~**-lift area** felhajtóerőt nem adó felület; ~**-load** *el, gép* nullaterhelésű, üresjárási; ~**-load admittance** *el* üresjárási admittancia, teljes vezetőképesség; ~**-load characteristic** *el* üresjárási jelleggörbe; ~**-load condition** *el* üresjárás, üresjárási feltétel; ~**-load consumption** *el* üresjárási fogyasztás; ~**-load current** *el* üresjárási áram; ~**-load curve** *el* üresjárási (jelleg)görbe; ~**-load field** *el* üresjárási erőtér; ~**-load friction** *el, fiz* üresjárási súrlódás; ~**-load gain** *el* üresjárási erősítés; ~**-load impedance** *el* üresjárási impedancia; ~**-load loss** *el* üresjárási veszteség; ~**-load nozzle** *gépk* üresjárati fúvóka; ~**-load open circuit operation** *el* üresjárás, üres(járat); ~**-load ratio** *el* üresjárási áttétel; ~**-load relay** *el* áramhiányrelé, minimumrelé; üresjárási relé; ~**-load release** *el* nullaáram-kioldó; ~**-load-release electromagnet** üresjárási kioldómág-

nes; ~-**load resistance** *el* üresjárási ellenállás; ~-**load run** *gépk* üresjárat, alapjárat; ~-**load running** üresjárat, alapjárat; terhelés nélküli járás; ~-**load shear strength** *mech, talt* kohézió *(nyomástól független nyírószilárdság)*; ~-**load speed** *el* üresjárási sebesség; ~-**load switch** *el* áramhiány-kioldó; ~-**load test** *any* üresjárati vizsgálat; ~-**load trip** *el* nullaáram-kioldó; ~-**load voltage** *el* üresjárási feszültség, üresjárási elektromotoros erő, generátor üresjárási feszültsége; ~-**load working** *aut* üresjárati munka; ~-**loss** *el* veszteségmentes; ~-**loss circuit** *el* veszteségmentes áramkör; ~-**loss line** *el* veszteségmentes vonal; ~-**operation instruction (NO-OP)** *szt* művelet nélküli utasítás; üres utasítás, NO-OP; ~ **parking** *gépk* várakozás tilos!; ~-**pressure laminating** *műa* nyomás nélküli rétegelés; ~-**pressure resin** *műa* nyomás nélkül keményedő gyanta; ~-**run take-off** *rep* nekifutás nélküli felszállás; ~-**show charge** *rep* bejelentés nélkül távol maradó utas által fizetendő összeg; ~-**show passenger** *rep* bejelentés nélkül távol maradó utas; ~-**signal noise** *el* nyugalmi zaj; ~-**sky line** *opt* égbolt-láthatósági határ; ~-**slip joint** *gép* (el)csúszásgátló kapcsolás/kötés; ~-**slump concrete** *ép* földnedves beton; ~-**symbol** *szt* jelhiány; ~-**throw silk** *tex* grézs; ~-**twist block** *koh* Morgan-blokk; ~-**twist mill** *koh* drótblokk; ~-**twist point** *tex* sodrat nélküli hely; ~-**voltage** *el* feszültségmentes; ~-**voltage (circuit-)breaker** *el* feszültséghiány-kioldós megszakító; ~-**voltage cut-out** *el* feszültséghiány-kioldó; ~-**voltage relay** *el* feszültséghiány-relé; ~-**voltage release/trip (NVR)** *el* feszültséghiány-kioldó; ~-**volt release** *el* feszültséghiány-kioldás; ~ **wait console input** *szt* azonnali adatolvasás a billentyűzetről; ~-**wheel-drive excavator undercarriage** *ép* hajtás nélküli kotró-járószerkezet; ~ **wind** *rep* szélcsend; ~-**wind conditions** *met* bizonytalan légmozgás; szélcsend; ~-**wind position** *rep* feltételezett helyzetpont szélcsendben

No → nobelium

Noar relation *krist* Noar-féle összefüggés

nob *fa* fadudor

nobelium (No) *vegy* nobélium

noble nemes *(anyag)*; ~ **cellulose** *pa* nemesített cellulóz; ~ **fission gas** *at* hasadási nemesgáz; ~ **gas** *vegy* nemesgáz; ~-**gas activity** *at* nemesgáz-aktivitás; ~-**gas ion laser** *fiz* nemesgázas ionlézer; ~ **metal** nemesfém; ~-**metal coating** *koh* nemesfém bevonat; ~-**metal scrap** *koh* nemesfémhulladék; ~-**metal thermocouple** *hőt* nemesfém hőelem; ~-**metal waste** *koh* nemesfémhulladék

Noble's comb *tex* Noble-féle fésülőgép

NOC → net oil computer

nock bekezdő rovás

nocking notch *kat* zárószemölcs

noctilucent cloud *met* világító felhő

noctovision *tv* infravörös televízió

nodal csomóponti; *vasút* központi; ~ **analysis** *aut* csomóponti módszer; ~ **circle** *mech* csomókör; ~ **conic** *mat* csomóponti görbe/kúpmetszet; ~ **diameter** *mech* csomóátmérő; ~ **distance** *el* csomóponti távolság; ~ **joint** *mech* csomópont; ~ **line** *mech* csomóvonal; ~ **plane** *foto, opt* lencsefősík; ~ **point** *el* elágazási pont; érintkezési pont; *el, távk* csomópont; *foto* képfőpont *(fotogrammetriában)*; *geod* csomópont; ~ **point of vibration** *fiz* lengési csomópont; rezgéscsomópont; ~ **shifting** *el* csomópont-eltolódás *(hullámvezetőben)*; ~ **singularity** *mat* csomópont; ~ **surface** *el* csomófelület; csomópontfelület; ~ **width** *el* csomóponttávolság

nodalizer *el, rád* minimumbeállító; rezgési csomópont-indikátor

nodding *fiz* nutáció; ~ **action** *vasút* bólintó mozgás; ~ **scan** *el, fiz* bólogató letapogatás

node csomó(pont); ~ **address** *szt* állomáscím; ~ **equation** *szt* csomóponti egyenlet; ~-**name mapping table** *szt* állomásnév-leképező táblázat; ~ **of fault** *geol* csomósodás *(vetőn)*; *gép* bütyök; *mat* csomópont; csúcs, szögpont *(2-nél nagyobb fokú gráfban)*; *mech* hullámcsomópont; ~ **of vibration** *fiz* lengési csomópont; ~-**pair method** *rád* csomópont-analízis; ~ **processor** *szt* csomóponti processzor; ~ **voltage** *el* csomóponti feszültség

NODE → noise diode

nodose csomós, bütykös

nodular bütykös; csomós *(csomószerű)*; csomó alakú; *önt* gömbszemcsés *(grafit)*, gömbgrafitos *(vas)*; *vasút* központos; ~ **graphite** *önt* gömbgrafit, gömbszemcsés grafit; ~**(-graphite) cast-iron** *önt* gömbgrafitos öntöttvas; ~ **iron ore** *bány* szemcsés barna vasérc; ~ **ore** *bány* csomós érc

nodulated bütykös

nodule góc; ágcsomó *(kisebb)*; kis göröngy; *ásv, koh* mag; *geol* kerek konkréció; *koh* gömbszemcse; *pa* csomó; ~ **inclusion** *koh* csomó alakú zárvány

nodulization darabosítás, zsugorítás

nodulize zsugorít, agglomerál; *bány* darabosít

nodulizing *bány* darabosítás, zsugorítás; ~ **drum** *ép* granulálódob; ~ **kiln** *koh* piritpörk-zsugorító kemence

Noeger-rath dynamo *el* unipoláris generátor

nog *bány* fapillér; máglya, máglyabiztosítás;réstuskó; *ép* (fa)tipli; faszeg, (fa)csap, faék; lehorgonyzó tömb; *gép* kiemelő csap *(tengelykapcsolón)*

nogging piece *ép* favázas fal szerkezeti eleme

noil *tex* fésűskóc; gyapjúhulladék *(fésülésnél)*; selyemkóc, burett; ~-**stripping comb** *tex* fésűskócleszedő fésülőgép

noise mellékzörej *(hangosfilmé)*; zaj; zörej; zúgás; *tv* zavarójel; ~ **abatement** zaj elleni védekezés, zajcsökkentés, zajelhárítás; ~ **abatement procedure** *rep* zajcsökkentő eljárás; ~ **absorption** zajelnyelés; ~ **analysis** *at* zajanalízis; ~ **autocorrelation** zavarok autokorrelációja; ~ **background** *geof* zavarnívó, zavarháttér; *távk* háttérzaj; ~-**balancing circuit** *aut* zavarelnyomó (áramkör)kapcsolás; *rád* zajkompenzáló áramkör; ~ **banding** zajsávosodás; ~ **bandwidth** *el* zajok sávszélessége; *rep* zajáteresztő sávszélesség; ~ **barrier** *ép* zajvédő (fal); ~ **cancelling** *el, hang* zajelnyomás; ~ **carpet** *rep* zajfüggöny; ~ **certification** *rep* zaj szerinti minősítés; ~ **contour** *rep* zajgörbe; ~ **control** *hang* zajvédelem; ~ **current** *el* sörétzaj hatására létrejövő áram; zajáram; ~ **density** *hang* zajerősség, zajszint; ~ **diode (NODE)** *el* zajdióda; ~ **discontinuity** *rep* zajmegszűnés; ~ **dispersion** *aut* zavaró zajok szórása; ~ **effect** *fiz, hang* söréthatás, sörétzaj, Schottky-effektus; ~-**eliminating device** *el* zavarvédő berendezések; ~ **emission** *környv* zajemisszió; ~ **equivalent circuit** *el* egyenértékű zajáramkör; ~ **equivalent flux density** *el* egyenértékű zajfluxussűrűség; ~ **equivalent power (NEP)** *el* egyenértékű zajteljesítmény, zajteljesítmény-egyenérték; ~ **equivalent resistance** *el* egyenértékű/ekvivalens zajellenállás; ~ **factor (NF)** *el, távk* zajtényező; ~**-field intensity** *el* zavaró térerősség; ~ **figure (NF)** *el, hang* zajszám; zajtényező; ~ **figure in dB** *félv* zajmérték *(logaritmikus)*; ~ **filter** *el, hang* zajszűrő; zavarszűrő; ~ **fourpole** *el* zajnégypólus; ~**-free** *hang* alacsony, kis zajú, zajmentes; ~**-free optimal regulator** *aut* zajmentes optimális szabályozó; ~ **gate** *aut, el* zavarszűrő, zavar(ás)zár; ~ **generator** *el, szt* zajgenerátor; ~ **immission** *környv* zajimmisszió; ~ **immunity** *el* zavarérzéketlenség, zavarvédettség; ~ **index** *környv* zajindex; ~ **(induced) injury** *hang* zajártalom; ~ **induction** *el, rád* zajgerjesztés; ~ **insulation tower (abatement)** *ép* zajcsökkentő verőköpeny; ~ **keying** *el* zajelnyomás; zavarvédelem, zavarszűrés; ~ **killer** *rád* hangcsapda, zajvágó; *szt, távk* zajcsökkentő; ~ **level (NL)** zajszint; ~**-level meter** *környv* zajmérő; ~**-limited detector** *el, hang* zaj által korlátozott detektor; ~ **limited sensibility** *el, hang* zajjal korlátozott érzékenység; ~ **limiter (NL)** *el, hang* zajhatároló; zavarszűrő, zavarkorlátozó; ~ **load** *környv* zajterhelés; ~ **logging** *ol* zajszelvényezés; ~ **margin** *el, hang* zavarhatár-feszültség; ~ **matching** *el, hang* zajillesztés; ~ **measure** *el, hang* négypólus zajtényezője; ~ **measurement/measuring** *el, hang* zajmérés; ~**-measuring set** *el* zajmérő *(nem pszofométer)*; ~ **meter (NM)** *hang* zajszintmérő; ~ **modulation** *el, rád* zajmodulálódás; ~ **muffler** *rep* hangfogó, hangtompító; ~ **nuisance** *ép, környv* zajártalom, zajterhelés; ~ **of a circuit** *el* áramkör háttérzaja; ~ **of exhaust** *gépk* kipufogás zaja; ~ **output** *fiz* zajteljesítmény; ~ **pattern** *el, rád* zajeloszlási görbe; *környv* zajkép; ~ **performance** *at* zajteljesítmény; ~ **pollution** *környv* zajártalom; ~ **potential** *el* zajfeszültség; ~ **power** *el* zajteljesítmény; ~ **quadripole** *el* zajnégypólus; ~ **ratio** jel-zaj viszony; ~ **reducer** *ép, hang* zajtompító; *távk* zajcsökkentő egység; ~ **reduction** *ép, hang* zajcsökkentés; zajelhárítás; ~ **reduction coefficient/factor** *el, hang* zajgyengítési tényező; ~ **reduction method** *el, hang* zajcsökkentő eljárás; ~ **reference** *el, hang* zajreferencia; ~ **reference meter** *el, hang* zajreferencia-egység; ~ **rejection** *el, hang* zajelhárítás; ~ **rejector** *el, rád* zajszűrő; ~ **resistance** *el, hang* zajellenállás; ~ **screening** *környv* zajcsökkentés; ~ **signal** *szt* zavarójel; ~ **source** *el, hang* zajforrás; zajgenerátor; zavarforrás; ~ **spectrum** *fiz, hang* zajspektrum, zajszínkép; ~**-standard temperature** *el, hang* vonatkoztató zajhőmérséklet, áramforrás zajhőmérséklete; ~ **suppression** *hang* zajelhárítás; zajelnyomás; zajszűrés; zavarvédelem, zavarszűrés; *rád* zavarelhárítás, zavarmentesítés; ~**-suppression device,** ~ **suppressor** *el, rád, távk* zajelnyomó rendszer/berendezés; zajfeszültségszűrő; ~ **survey** *el, rád* zajképvizsgálat; ~ **temperature** *el* zajhőmérséklet; ~ **test set** *hang* zajszintmérő; ~ **thermometer** *el, hang* zajhőmérő; ~ **transmission impairment (NTI)** *hang* átviteli jóság csökkenése áramköri zaj következtében; ~ **trap** *hang* zajcsapda, hangcsapda; ~ **tuning** *el, hang* zajkihangolás; ~**-type signal** *el* zajtípusú jel; ~ **voltage** *el, hang* zajfeszültség; zavarófeszültség; ~ **wave** *geof* zavaróhullám; ~ **weighting** *környv* zajértékelés

noiseless zajtalan; hangtalan; zajmentes; alacsony/kis zajú, zajmentes; ~ **channel** *távk* zajmentes csatorna; ~ **paper** zörgésmentes papír; ~ **recording** *rád* zajmentes hangfelvétel; ~ **running** *gép* zajtalan járás/működés; ~ **shift(ing)** *gép* zajtalan kapcsolás

noiseproof *rep* hangszigetelő

noisiness zajosság; ~ **level** *hang* zajosságszint

noisy zajos; ~ **arc** *el* zajos ív; ~ **blacks** *el* zavart fekete *(szinttartalom)*; ~ **channel** *távk* zajos csatorna; ~ **communication channel** *el, hang* zajátviteli csatorna; ~ **four-terminal network** *el* négypólusú zajforrás; ~ **mode** *szt* számnormalizálási módszer

nomenclature nómenklatúra; cikklista

nominal névleges; *tex* szabványostól kissé eltérő minőségű; ~ **activity** *at* névleges aktivitás; ~ **approach path** *rep* névleges megközelítési pálya; ~ **bore** névleges (bel)méret *(cső)*; ~ **breaking strength** *any* szakítóerő *(drótkötél)*; ~ **capacity** névleges teljesítmény; ~ **characteristic** *el* névleges jelleggörbe; ~ **circuit voltage** *el* névleges feszültség, maximális (megengedett) üzemi feszültség; ~ **cross-section(al) area** *koh* névleges keresztmetszet; ~ **current on cell side** *félv* egyenirányító felőli tekercs névleges árama; ~ **diameter** *ép* névleges átmérő; *ol* névleges csőméret; ~ **direct current** *el* névleges egyenáram; ~ **failure rate** névleges meghibásodási arány; ~ **feedback ratio** *el* elméleti/névleges visszatolási tényező/arány; ~ **flight path** *rep* névleges repülési pálya; ~ **gas load** *ép* névleges gázterhelés; ~ **heat capacity** *hőt* névleges hőteljesítmény; ~ **heat load** *hőt* névleges hőterhelés; ~ **horse-power (NHP)** *ép* névleges teljesítmény; ~ **internal diameter** *ép* névleges (bel)méret, névleges belső átmérő; ~ **level** *el* névleges/előírt szint; *szt* alapérték, parancsolt érték; ~ **load** *bány* névleges teherbíróképesség; *el, gép* névleges igénybevétel; névleges terhelés; ~ **loading test** *félv* névleges terhelési mérés; ~ **margin** *távk* névleges vételhatár; ~ **mean power in one channel** *távk* csatorna egyezményes teljesítménye; ~ **output** *el* névleges/kimenő teljesítmény; ~ **pipe size** *ép* névleges átmérő; ~ **power** *el, fiz* névleges teljesítmény; ~ **pressure** *ép, fiz* névleges nyomás; ~ **profile** *rep* névleges profil; ~ **reliability characteristic** *el* megbízhatósági jellemző névleges értéke; ~ **size** *ép* névleges/előírt/tervezett méret; ~ **speed** névleges fordulatszám; ~ **steepness of wave front** *aut, el* hullámhomlok névleges meredeksége; ~ **stress** *mech* névleges igénybevétel; számított/névleges feszültség; ~ **track** *rep* névleges útirány; ~ **transformation ratio of a current transformer** *el* áramváltó névleges áttétele; ~ **value (NV)** névleges érték; *mat* névérték; ~ **voltage** *el* névleges feszültség, maximális (megengedett) üzemi feszültség; ~ **weapon** *kat* nominális erejű nukleáris robbanótest; ~ **welding current** *heg* névleges hegesztőáram; ~ **welding voltage** *heg* névleges hegesztőfeszültség; ~ **working voltage** *el* névleges feszültség, maximális (megengedett) üzemi feszültség

nominator *mat* jelölő

nomogram *mat, szt* nomografikus leképezés, számolóábra; nomogram; ~ **with moving transparents** *mat, szt* mozgóalkatrészes nomogram

nomograph → nomogram

nomographic chart/map *mat* nomogram, nomografikus leképezés, számolóábra

non|-abrasiveness *műa* dörzsállóság, kopásállóság; **~-abrasive quality** *any* dörzsállóság, kopásállóság; **~-absolutely convergent series** *mat* nem abszolút konvergens sorok; **~-absorbing medium** *at* abszorpciómentes közeg; **~-absorption probability** *at* abszorpciókikerülési valószínűség; **~-accelerated** *fiz* gyorsulásmentes; **~-acceptable strategy** *aut* nem elfogadható stratégia; **~-acid food** *élip* szabad savat nem tartalmazó élelmiszer; **~-activated** *el* nem aktivált; **~-additive type motor oil** *ol* adalékmentes motorolaj; **~-addressable memory** *szt* nem címezhető tár; **~-adiabatic process** *vegy* nemadiabatikus folyamat; **~-adjustable standard** *mzg* merev művelőtestszár *(kultivátoron)*; **~-affinity group charter** *rep* jellegében különböző csoportos különjárat; **~-ageing** *tex* öregedésálló; **~-ageing alloy** *koh* öregedésmentes ötvözet; **~-aggressive carbon dioxide** *vegy* tartozékos/egyensúlyi szénsav; **~-anticipatorical system** *aut* nem anticipatórikus rendszer; **~-approved circuit** *rep* nyílt szöveg adására nem engedélyezett távközlőhálózat; **~-aqueous solvent** *vegy* nemvizes oldószer; **~-aqueous titration** *vegy* titrálás nemvizes közegben; **~-Archimedean geometry** *mat* nem arkhimédészi geometria; **~-arcing** *el* átütésbiztos *(légrés)*; szikramentes; **~-arcing arrester** *el* ívoltó túlfeszültség-levezető; **~-arcing fuse** *el* ívoltásos biztosító; **~-arcing metal** *el* ívhúzásmentes ötvözet; **~-Aristotelian logics** *mat* nem arisztotelészi logika; **~-arithmetic shift** *mat* ciklikus léptetés; **~-aromatics** *vegy* nem aromás szénhidrogének; **~-assignable license** át nem adható licenc; **~-associate** *mat* nem asszociált elem; **~-associated signalling** *el* nem összerendelt jelzésátvitel; **~-astatic gravimeter** *vegy* sztatikus graviméter; **~-atomic Boolean algebra** *mat* nem atomos Boole-algebra; **~-attended substation** *távb* kezelőszemélyzet nélküli alállomás; **~-automatic** kézi kezelésű; **~-automatic tripping** *aut* nem önműködő kioldás/kikapcsolás; **~-autonomous system** *aut* nem autonóm rendszer; **~-axial loading** *mech* külpontos terhelés; **~-axial trolley** *közl* oldalsó áramszedő; **~-bearing** *ép* nem teherbíró; **~-bearing walls** *ép* nem teherhordó falak; **~-beating test point** *pa* szilárdsági görbe 0-pontja; **~-Bergeronic precipitation** *met* közvetlen esőképződés; **~-biodegradable** *vegy* biológiailag nem lebontható; **~-bleed pilot relay** *aut* erősítőrelé; **~-bleed relay** *aut* szakaszos légfogyasztású teljesítményerősítő; **~-blind cloth** *bány* el nem duguló szitaszövet; **~-blocking network** *szt* nem reteszelődő hálózat; **~-boiling reactor** *at* forrásmentes reaktor; **~-bonded joint** *ép* száraz hézag; **~-boresafe fuse** *kat* nem csőrobbanásbiztos gyújtó; **~-branched structure** *műa* nem elágazó szerkezet, lineáris szerkezet; **~-breakable** törhetetlen; **~-breaking hyphen** *szt* szavakat nem elválasztó kötőjel *(szövegszerkesztőnél)*; **~-breaking space** *szt* szavakon belüli szóközjel *(képernyőn)*; **~-breeding material** *at* tenyésztésre alkalmatlan anyag; **~-browning glass** *at* nem homályosodó üveg; **~-burn-out cathode** *el* levegőbetöréssel szemben érzéketlen katód; **~-caked coal** *hőt* nemsülő szén; **~-caking coal** *koh* sovány szén; **~-cancel(l)able element** *mat* nem egyszerűsíthető elem; **~-capacitive** *koh* kapacitás nélküli; kapacitásmentes; **~-capture collision** *at* befogás nélküli ütközés; **~-capturing reflector** *at* befogásmentes reflektor; **~-carbonate hardness** *vegy* nemkarbonát-keménység; **~-carcinogenic oil** *vegy* fehér orsóolaj, vazelinolaj; **~-cellulosic** *pa* nem cellulózszerű; **~-central** középponton kívüli; **~-central force** *aut* nem centrális erő; **~-change-over control system** *el* non-change-over szabályozási rendszer; **~-choke screen** el nem tömődő rosta; **~-circuital field** *el* örvénymentes tér; **~-circular section tube** *koh* profilcső; **~-clashing gear set** *gépk* zajtalan sebességváltó *(állandóan kapcsolódó fogaskerekekkel)*; **~-clinkering coal** *hőt* nemsülő szén; **~-clogging** nem tapadó; **~-closed loop control** *aut* nem zárt hurkú irányítás/vezérlés; **~-clouding windscreen** *gépk* páramentes szélvédő üveg; **~-coherent boundary** *koh* inkoherens fázishatár; **~-coherent carrier** *el* széttartó vivő; **~-coherent optical carrier** *el, opt* nem koherens optikai vivő; **~-coherent optical detector** *el, opt* nem koherens fénysugárzás-detektor *v.* optikai detektor; **~-coherent optical receiver** *opt* inkoherens fénysugárzás-vevő készülék; **~-cohesive** *talt* kohézió nélküli, szemcsés, laza *(talaj)*; **~-combustible** éghetetlen; **~-combustible gas** *ol* nem éghető gáz; **~-commutability** *mat* nem kommutatív tulajdonság; **~-commutative ring** *mat* nem kommutatív gyűrű; **~-commutativity** *mat* nem kommutatív tulajdonság; **~-compensated aileron** *rep* ki nem egyenlített csűrőlap; **~-compression oil engine** *gép* kompresszor nélküli nyersolajmotor; **~-concentrated** *fiz* elosztott, szétosztott, nem koncentrált; **~-concurrent forces** *mech* nem egy pontban metsződő erők; **~-condensable fission gas** *at* nem kondenzálódó hasadási gáz; **~-condensable gas** *fiz, vegy* nem kondenzálható gáz; **~-condensable gas purger** *ép* légtelenítő berendezés; **~-condensing steam engine** *gép* kondenzáció nélküli gőzgép; **~-conducting** *el* dielektromos, nemvezető, szigetelő; **~-conducting material** *el* dielektromos, nemvezető, szigetelő (anyag); **~-conductor** *el* nemvezető (anyag); szigetelő; **~-confocal resonator** *hang* nem konfokális rezonátor; **~-conformable** *geol* egyenlőtlen településű; **~-conformance criterion** meg nem felelőség kritériuma; **~-conforming** nem megfelelő *(termék)*; **~-congealable** *vegy* fagyálló; **~-congruence** *mat* inkongruencia; **~-conservation of parity** *mat* paritás megmaradási elvének felbomlása/érvénytelensége; **~-constant lead** *műa* változó menetemelkedés *(extrudercsigán)*; **~-constructive language** *mat, szt* nem konstruktív nyelv; **~-consumable electrode** *el* el nem használódó/fogyó elektróda; **~-contact electrical relay** *el* érintkezőmentes villamos relé; **~-contact feeler device** *el* érintésmentes letapogató berendezés; **~-contacting laser device** *el* érintkezésmentes lézerkészülék; **~-contact(ing) thickness ga(u)ging/measuring** *el* érintés nélküli vastagságmérés; **~-contact level ga(u)ging** *ép* érintkezés nélküli szintmérés; **~-contact piston** *el* rövidre záró dugó; **~-contact relay element** *el* érintkezőmentes reléelem; **~-continuous** *el* nem állandó; **~-continuous electrode** *el* cserélhető elektród; **~-continuous signal transmission** *el* nem folytonos jelátvitel; **~-contributing area** *hidr* lefolyástalan terület; **~-coplanar forces** *mech* nem egy síkban fekvő erők; **~-correlation** *mat* korreláció hiánya, korrelálatlanság; **~-corrodible,** **~-corrosive** *any* korrózióálló; nem korrodáló(dó); rozsdamentes; **~-corrosive steel** *koh* korrózióálló acél; **~-crease** *tex* gyűrhetetlen; ~-

critical nem kritikus; ~**-critical point** *fiz* nem szinguláris/kritikus pont; ~**-crossing rule** *el* nem keresztezés szabálya; ~**-crush carpet** *tex* járásálló szőnyeg *(bolyha nem nyomódik le)*; ~**-crystalline** *vegy* nem kristályos, amorf; ~**-crystal oscillator** *el* kristályvezérlés nélküli oszcillátor; ~**-curling paper** *pa* nem kunkorodó papír; ~**-cut-off fitting** *opt* ernyőzetlen lámpatest; ~**-cutting stroke** *forg* meddőjárat; ~**-cyclical field** *el* örvénymentes tér; ~**-cyclic mining** *bány* folyamatos fejtés; ~**-dangerous depth** *bány* veszélytelen mélység; ~**-dangerous waste** *környv* nem veszélyes hulladék; ~**-Darcy flow** *ol* nem Darcy-áramlás; ~**-defective component** hibátlan alkatrész; ~**-deformation of pulse shape** *el* impulzus alakhűsége/torzításmentessége; ~**-deforming steel** *any* alakváltozás-álló acél; ~**-degenerate** nem degenerált/elfajult; ~**-degenerate electron beam parametric amplifier** *aut, el* nem degenerált/elfajult parametrikus elektronsugár-erősítő; ~**-degenerate energy level** *el* nem elfajult energiaszint; ~**-degenerate gas** *el* nem elfajult gáz; ~**-degenerate laser** *el* torzításmentes lézer; ~**-degerminating process** *élip* nem csírátlanító eljárásos kukoricaőrlés; ~**-delay fuse** *kat* nem késleltető gyújtó; ~**-destructive** *any, fiz* roncsolásmentes; ~**-destructive cable testing apparatus** *bány* roncsolásmentes kötélvizsgáló készülék; ~**-destructive cable testing examination** *bány* roncsolásmentes kötélvizsgálat; ~**-destructive inspection** *any* roncsolásmentes vizsgálat; ~**-destructive magnetic test(ing)** *any* roncsolásmentes mágneses anyagvizsgálat/defektoszkópia; ~**-destructive measurement of adhesive power** *any, aut* adhéziós erő roncsolásmentes mérése; ~**-destructive read-out (NDRO)** *szt* nemtörlő olvasás; ~**-destructive read out memory (NDRO memory)** *szt* kiolvasáskor nem törlődő tároló, NDRO memória; ~**-destructive test (NDT)** *any* roncsolás nélküli anyagvizsgálat; roncsolásmentes vizsgálat; ~**-detectable failure** *any, mt* felderíthetetlen hiba; ~**-deterministic automaton** *mat* nem determinisztikus automata; ~**-detonating fuel** *gépk* kopogásmentes/kompressziótűrő üzemanyag; ~**-detonating quality** *gépk* kopogásállóság, kompressziótűrés; ~**-diathermic** *fiz* hőátnemeresztő, adiatermikus, atermán; ~**-digital information** számjegy nélküli információ; ~**-dimensional** *fiz, mat* kiterjedés/dimenzió nélküli; ~**-dimensional coefficient** *mat* dimenzió nélküli együttható/koefficiens; ~**-dimensional curve** *mat* dimenzió nélküli görbe; ~**-dimensional parameter** *mat* dimenzió nélküli paraméter; ~**-dimensional response curve** *mat* dimenzió nélküli (válasz)görbe; ~**-dimensional value** *mat* dimenzió nélküli mennyiség/változó, relatív mennyiség/változó; ~**-dimensional variable** *mat* dimenzió nélküli mennyiség/változó, relatív mennyiség/változó; ~**-directed** *aut, fiz* nem irányított, irányhatásmentes, iránytól független, irányhatás nélküli; ~**-directed bond** *krist* nem irányított kötés; ~**-directed bucket ladder** *ép* vezetetlen merítték; ~**-directed graph** *mat* irányítatlan gráf; ~**-directed radiation** *sug* nem irányított sugárzás, körsugárzás; ~**-directional** *aut, fiz* nem irányított, irányhatásmentes; ~**-directional antenna** *el, távk* körsugárzó antenna, minden irányú antenna; ~**-directional beacon (NDB)** *el, távk* körsugárzó irányadó; ~**-directional counter** *at* irányítatlan számláló; ~**-directional current protection** *el* nem irányított áramvédelem; ~**-directional homer station** *rep* irányítatlan/körsugárzó célirányadó-állomás; ~**-directional microphone** *el, távk* irányérzéketlen/irányhatás nélküli mikrofon, gömbkarakterisztikájú mikrofon; ~**-directional pattern** *gumi* kétirányú futófelület/futómintázat *(köpenyé)*; ~**-directional relay** *aut, el* irányérzéketlen relé; ~**-directive** → ~-directional; ~**-disjunction** *mat* sem-sem jel, együttes tagadás jele, nemdiszjunkció; ~**-dispersion infrared gas analyzer with bolometric detection** *any* infravörös diszperziómentes gázanalizátor bolométeres/hődetektoros sugárzásérzékeléssel; ~**-dissipative** *távk* veszteségmentes; ~**-dissipative stub** *el* koaxiális tápvonalcsonk; ~**-distillables** *pl vegy* nem desztillálható anyag; ~**-distorting** *el* torzításmentes; ~**-drive end** *el* hajtással ellenkező oldal; ~**-driven wheel** *gépk* futókerék; ~**-drop stitch** *kh* le nem szaladó szem; ~**-drying oil** *vegy* nem száradó olaj; ~**-dusting** *tex* pormentes; ~**-echo chamber/room** *hang* süketszoba; ~**-elastic cross-section** *at* rugalmatlan szóródási hatáskeresztmetszet; ~**-electric value** *aut* nem villamos mennyiség; ~**-elevating mixing method** *ép* talajkeverési eljárás; ~**-elevating road mixer** *ép* többtengelyű talajkeverő berendezés *v.* kényszerkeverőgép; ~**-empty set** *mat* nem üres halmaz; ~**-equatorial reflection** *krist* nemegyenlítői/magasabb rétegvonalhoz tartozó reflexió; ~**-equilibrium** *fiz* egyensúlyhiány; ~**-equilibrium distribution** nem egyensúlyi eloszlás; ~**-equilibrium freezing** *any* kiegyensúlyozatlan dermedés; ~**-equilibrium state** nem egyensúlyi állapot; ~**-equilibrium thermodynamics** *koh* nemegyensúlyi termodinamika; ~**-equivalence** *mat* kizáró vagy, ekvivalencia negációja, (kizáró) diszjunkció; ~**-equivalence gate** *szt* antivalenciakapu; ~**-equivalence operation** *szt* exkluzív „VAGY" művelet *(Boole)*; ~**-erasable memory/storage** *szt* nem törölhető memória/tároló; ~**-escape probability** *at* kiszökéskikerülési valószínűség; ~**-euclidean geometry** *mat* nemeuklideszi geometria; ~**-euclidean space** *mat* nemeuklideszi tér; ~**-evaporable getter** *el* nem párologtatott getter; ~**-evident disconformity** *geol* rejtett egyenlőtlen rétegződés; ~**-executable statement** *szt* nem végrehajtható utasítás; ~**-fading** *pa, tex* színtartó; ~**-fading poster paper** *pa* színálló plakátpapír; ~**-failed status** hibátlan állapot; ~**-failure operation** *el* hibamentesség; ~**-faradaic current** *el* maradékáram, kapacitív áram; ~**-fat** *élip* kevés zsírtartalmú; ~**-fat dry-milk solid,** ~**-fat milk powder** *élip* soványtej-por; ~**-ferrous alloy** *önt* nemvasfém öntvény; ~**-ferrous metal** *koh* nemvasfém, színesfém; ~**-ferrous metallurgy** *koh* fémkohászat; színesfémkohászat; ~**-ferrous waste** *koh* fémhulladék; ~**-fission absorption** *at* hasadás nélküli abszorpció; ~**-fission capture** *at* hasadásmentes befogás; ~**-flame blasting** *bány* láng nélküli robbantás; ~**-flam film** éghetetlen film; ~**-flam(mable)** *műa* éghetetlen, nem gyúlékony; ~**-flowing artesian well** *hidr* negatív artézi kút; ~**-fluid oil** *gép* konzisztens/sűrű kenőanyag, kenőzsír; ~**-focal tube** *en* fókuszpont nélküli cső; ~**-form-relieved cutter** *szer* mart fogazású maró; ~**-free running material** *élip* nehezen folyó anyag; ~**-freezing** fagyálló; ~**-frontal** *met* időváltozási frontoktól független; ~**-glare** *szt* matt, nem tükröződő *(képernyő)*; ~**-grain-**

raising *fa* felborzolásmentes *(fakezelés)*; **~-guided optical transmission** *opt* vezeték nélküli optikai átvitel; **~-hardening steel** *koh* edzhetetlen acél; **~-Harker background** *krist* nem Harker-féle háttér; **~-Harker maximum** *krist* nem Harker-féle maximum; **~-harmonic motion** *mech* anharmonikus lengés; **~-harmonic sheet** *geof* nemharmonikus/torzult áramtér; **~-heat-treatable alloy** *hők* hőkezelhetetlen ötvözet; **~-homing finder** *távb* alapállás nélküli kereső; **~-homogeneous equation** *mat* inhomogén egyenlet; **~-hygroscopic** *vegy* nedvességálló; **~-ideal solution** *vegy* nem ideális oldat; **~-ignitable** nem gyúlékony; **~-impact printer** *szt* nem érintéses nyomtató; **~-implication** *mat* negált implikáció; **~-increasing sequence** *mat* fogyó/csökkenő sorozat, monoton fogyó *v.* nem növekedő sorozat; **~-indicating controller** *aut* nem jelző *v.* jelzés nélküli szabályozó; **~-inductive** *el* nem induktív, indukciómentes; **~-inductive capacitor** *el* indukciómentes kondenzátor; **~-inductive load** *en* indukciómentes terhelés; **~-inductive resistance/resistor** *el* indukciómentes/bifiláris ellenállás; **~-inductive set** *mat* végtelen halmaz; **~-inductive winding** *el* indukciómentes tekercselés; **~-inflammable** éghetetlen; nem gyúlékony; **~-inflammable finish** *tex* tűzálló/lángálló kikészítés; **~-instrument rated pilot** *rep* látás utáni repülésre jogosított repülőgép-vezető; **~-instrument runway** *rep* nem műszeres futópálya; **~-interacting control** *aut* kölcsönhatásmentes szabályozás; szétcsatolt szabályozás; **~-interaction** *aut* szétcsatolás; **~-interaction conditions** *aut* kölcsönhatásmentes állapot feltételei, autonomitás feltételei; **~-interaction control system** *aut* autonóm önműködő szabályozási rendszer; **~-interchangeability** *gép* nemcserélhetőség; **~-intercommunicating cell** *műa* zárt üreg, pórus; **~-interlocked points** *pl vasút* helyszínen állított váltó, kézi állítású váltó; **~-intermittent camera** *film* folytonos továbbítású filmfelvevő gép; **~-intersecting sets** *mat* diszjunkt *v.* közös elem nélküli *v.* nem metsző halmazok; **~-invertible matrix** *mat* szinguláris *v.* nem invertálható *v.* elfajuló mátrix; **~-inverting input** *el* nem invertáló bemenet; **~-ionic** *vegy* nemionos; **~-ionizing link** *vegy* nem ionizáló kötés; **~-ionizing radiation** *at* nem ionizáló (hatású) sugárzás; **~-iron** *ruh* vasalásmentes, vasalást nem igénylő; **~-isolated essential singularity** *mat* nem izolált lényeges szingularitás; **~-isomorphous addition** *ásv* nem izomorf adalék; **~-isotopic carrier** *at* nem izotóp hordozó; **~-laddering** *kh* szemfutásbiztos; **~-leaded** *vegy* ólommentes *(benzin)*; **~-leakage probability** *at* maradási valószínűség; **~-lift mixing action** *ép* kényszerkeverés; **~-linear** *mat* nemlineáris; **~-linear acoustics** *hang* nemlineáris akusztika; **~-linear aerodynamics** *fiz* nemlineáris aerodinamika; **~-linear amplifier** *el* nemlineáris erősítő; **~-linear block** *aut* nemlineáris tag; **~-linear bridge** *aut* nemlineáris híd; **~-linear capacitor** *el* nemlineáris kondenzátor; **~-linear control** *aut* nemlineáris szabályozás; **~-linear damping** *mech* nemlineáris csillapítás; **~-linear dependence** *aut* nemlineáris függés; **~-linear detector** *el* nemlineáris/torzítási detektor; **~-linear distortion** *aut, rád, távk* nemlineáris torzítás; *el* harmonikus torzítás; *félv* felhullámszínkép; **~-linear distortion factor** *el* klirrfaktor, (nemlineáris) torzítási tényező; **~-linear distribution** *mat* nemlineáris eloszlás; **~-linear effects in acoustical field** *aut* nemlineáris jelenségek akusztikai mezőben; **~-linear element** *aut* nemlineáris tag; **~-linear encoding** *szt* nemlineáris kódolás; **~-linear equation** *mat* nemlineáris egyenlet; **~-linear filter** *el* nemlineáris szűrő; **~-linear function generator** *aut* nemlineáris függvénygenerátor; **~-linearity** nemlinearitás; nonlinearitás; **~-linearity attenuation** *el* nemlinearitási csillapítás; **~-linear link** *aut* nemlineáris tag/építőelem; **~-linear mechanics** nemlineáris mechanika; **~-linear network** *el* nemlineáris hálózat; **~-linear optical interaction** *opt* nemlineáris optikai kölcsönhatás; **~-linear optics** *opt* nemlineáris optika; **~-linear optimization** *aut* nemlineáris optimalizálás; **~-linear oscillation** *el, fiz* nemlineáris rezgés/oszcilláció, nemlineáris karakterisztikájú rendszerek rezgése; **~-linear oscillator** *el* anharmonikus oszcillátor; **~-linear potentiometer** *el* nemlineáris csúszóérintkezős ellenállás, nemlineáris potenciométer; nemlineáris feszültségosztó; **~-linear programming** *aut, szt* nemlineáris programozás; **~-linear quantization** *fiz* egyenlőtlen kvantálás; **~-linear regulation** *aut* nemlineáris szabályozás; **~-linear resistance/resistor** *el* nemlineáris ellenállás; **~-linear scale** *aut* nemlineáris skála; **~-linear semiconducting dipole** *aut* varisztor; **~-linear speed controller** *aut* nemlineáris sebességszabályozó; **~-linear system of equations** *szt* nemlineáris egyenletrendszer; **~-linear transfer circuit** *aut* nemlineáris átviteli tag; **~-linear vibration** *el, fiz* nemlineáris rezgés/oszcilláció, nemlineáris karakterisztikájú rendszerek rezgése; *mech* nemlineáris lengés; **~-local information** *szt* összinformáció; **~-localized (molecular) orbital** *fiz* nem lokalizált molekulapálya; **~-local quantum field theory** *fiz* nemlokális (kvantum)térelmélet; **~-locking** *szt* nem reteszelő; **~-locking key** *távk* visszaugró billentyű; **~-locking position** *távb* visszaugró helyzet; **~-losable clamp-screw** *gép* elveszíthetetlen csavar; **~-luminous flame** *fiz* Bunsen-láng, nem világító láng; **~-magic nucleus** *at* nem mágikus (felépítésű) atommag; **~-magnetic** *fiz* nemmágneses; **~-magnetic alloy** *koh* nem mágneseződő *v.* antimágneses öntvény; **~-magnetic drill collar** *ol* nem-mágneses súlyosbító; **~-magnetic steel** *koh* nem mágnesezhető *v.* nemmágneses acél; **~-magnetizable steel** *koh* nem mágnesezhető acél; **~-maskable interrupt (NMI)** *szt* nem maszkolható megszakítás, NMI; **~-measurable (point) set** *mat* nem mérhető (pont)halmaz; **~-merohedral twin** *krist* nemmeroéderes iker; **~-metal** *vegy* nemfém; **~-metallic** *vegy* nemfémes; **~-metallic impurity** *koh* nemfémes szennyező; **~-metallic inclusion** *koh* nemfémes zárvány; **~-metered loss** *hidr* hálózati veszteség; **~-metering relay** *el* számlálókiiktató jelfogó; **~-minimum-phase system** *aut* nem minimál fázisú rendszer; **~-monoenergetic** *fiz* heterogén, nem egynemű, sokszínű, sokenergiájú; **~-monotonic reasoning** *szt* nemmonoton következtetés; **~-negative integer** *mat* természetes szám; **~-negative linear combination** *aut* nem negatív lineáris kombináció; **~-negative root** *mat* aritmetikai gyök; **~-network communication** *rep* hálózaton kívüli hírösszeköttetés; **~-Newtonian behavio(u)r/flow** *fiz* nemnewtoni (áramlási) viselkedés, nemnewtoni folyás; **~-Newtonian fluid** *ol* szerkezeti viszkozitású folyadék; **~-Newtonian liquid** *fiz* nemnewtoni folyadék; **~-New-**

tonian viscosity *fiz* nemnewtoni viszkozitás; **~-nuclear** *kat* hagyományos fegyverrel vívott, atomfegyvermentes; **~-numerical calculation** *mat* nemnumerikus számítás; **~-numeric algorithm** *mat* nemnumerikus algoritmus; **~-numeric item** *szt* nemnumerikus adatszó; **~-object (perceived) colo(u)r** *opt* szabad szín/színérzet; **~-occupied conductivity band** *el* üres *v.* be nem töltött vezetési sáv; **~-odorous** szagtalan; **~-ohmic resistor** *el* nemlineáris ellenállás; **~-oil** *élip* nem olaj jellegű; **~-operating control** *el* fedett/takart fogantyúk; **~-operation region** *aut* nyugalmi tartomány; **~-operative** *el* nem működő, nyugalmi, nyugvó, nyugalomban levő; szünetelő; **~-ordered alloy** *koh* rendezetlen ötvözet; **~-oriented graph** *mat* irányítatlan gráf; **~-oscillating system** *aut* nem lengő/rezgő rendszer; **~-oscillatory** *el, fiz* aperiodikus; **~-oscillatory damped exponential signal** *el* aperiodikus exponenciális jel; **~-overflow dam** *hidr* zárógát; **~-overlapping sets** *mat* diszjunkt *v.* közös elem nélküli *v.* nem metsző halmazok; **~-oxidizing annealing furnace** *hők* oxidálás nélkül lágyító kemence; **~-parallel sides** *pl mat* oldal, szár; **~-parametric analysis** nemparaméteres elemzés; **~-parametric statistics** nemparaméteres statisztika; **~-perennial system of irrigation** *hidr* időszakos öntözés; **~-periodic decimal (fraction)** *mat* nemperiodikus tizedes tört; **~-permanent deformation** *any* rugalmas alakváltozás; **~-permanent flow** *hidr* nem permanens áramlás; **~-permeable** nem áteresztő; **~-persistent** *szt* nem kiváró; **~-persistent gas** *kat* illanógáz; **~-phosphorous pig iron** *koh* acélnyersvas; **~-planar force** *mech* térbeli erő; **~-plane curve** *mat* térgörbe *(háromdimenziós euklideszi vagy projektív térben)*; **~-plastic** *talt* kohézió nélküli, nem kötött, szemcsés; **~-poisonous** nem mérgező; **~-polar compound** *vegy* nempoláris vegyület; **~-polar crystal** *krist* nempoláris kristály; **~-polar dynamo/generator** *el* unipoláris generátor; **~-polarizable electrode** *el* sarkításmentes/depolarizációs elektród; **~-polarized** *el* polarizálatlan; **~-polarized armature** *el* polarizálatlan armatúra *(relén)*; **~-polarized electrolytic capacitor** *el* bipoláris elektrolitkondenzátor; **~-polarized relay** *el* semleges/polarizálatlan relé/jelfogó; **~-polar-polar resonance structure** *krist* nempoláris-poláris rezonanciaszerkezet; **~-porous** *any* hézagmentes; nem porózus; pórustalan; **~-positive** negatív; **~-positive dobby** *tex* kettős emelésű kétsoros nyüstösgép; **~-potable water** nem ivóvíz; **~-power-fed station** *el* öntáplált állomás; **~-pressure diecasting** *önt* kokillába öntés; kokillaöntvény; **~-pressure weld** *heg* nyomóerő nélkül hegesztett varrat; ömlesztő hegesztéssel készült varrat; **~-pressure welding** *koh* ömlesztőhegesztés; **~-prestressed bar reinforcement** *ép* nem feszített vasalás; **~-printing character** *szt* nem nyomtatható jel; **~-process run** *szt* üres futtatás; **~-productive capture** *at* hasadásmentes befogás; **~-productive operations** *aut* nem produktív/szervező műveletek; **~-programmable decision** programozhatatlan döntés; **~-protected** védtelen; **~-public works** *ép* magán (építési) munkák; **~-Q-switched laser** *el* jósági tényezőt nem moduláló lézer; **~-quadded cable** *el* páros sodratú kábel; **~-quantized system** *el* nem kvantált *v.* klasszikus rendszer; **~-radar separation procedural control** *rep* nem radar elkülönítés, eljárás szerinti irányítás; **~-radiative recombination** *fiz* sugárzás nélküli rekombináció; **~-randomized test** *mat* nem randomizált próba; **~-random sampling** *szt* tudatos kiválasztás; **~-random signal** *el* determinisztikus jel; **~-rational function** *mat* irracionális függvény; **~-reactive** *el* nem reaktív; tisztán ohmos; visszacsatolás nélküli; **~-reactive gas** *vegy* közömbös/inert/semleges gáz; **~-reactive resistance** *el* tisztán ohmos *v.* nem reaktív ellenállás; **~-real number** *mat* nem valós szám; **~-reciprocal parametric amplifier** *aut* nem reciprok parametrikus erősítő; **~-recoverable deflection** *fiz* maradó alakváltozás; **~-recoverable rocket** *rak* nem visszatérő *v.* elpusztuló rakéta; **~-rectifying contact** *el* nem egyenirányító érintkező; ohmos átmenet; **~-rectifying inspection** *ip* ellenőrzés selejt kiválogatása nélkül; **~-reducible code** *el* irreducibilis kód; **~-refillable** *élip* újra nem tölthető; **~-reflecting** *fiz* reflexiómentes; **~-reflecting surface** *fiz* fényvisszaverésmentes felület; **~-reflecting termination** *fiz* reflexiómentes/illesztett lezárás; **~-reflection** *fiz* visszaver(ő-d)és-mentesség; **~-reflection attenuation** *távk* illesztési csillapítás; **~-reflection interval** *geof* reflexiómentes rész/szakasz; **~-regenerative** *el* visszacsatolás-mentes; **~-regenerative laser amplifier** *el* nem regeneratív lézererősítő; **~-registered call** *távb* díjmentes hívás/beszélgetés; **~-regular element** *mat* nem egyszerűsíthető elem; **~-reinforced** *ép* vasalatlan *(beton)*; **~-releasable** *gép* oldhatatlan; **~-relevant failure** *el* nem lényeges meghibásodás; **~-removable** *ép* fix, stacioner, rögzített; **~-removable discontinuity** *mat* lényeges szakadási hely; **~-renewable item/product** *ip* nem helyreállítható termék; **~-renewable reserve** *ip* nem helyreállítható tartalék; **~-repairable item/product** *ip* nem javítható termék; **~-repetitive peak reverse voltage** *félv* záróirányú átmeneti csúcsfeszültség; **~-replaceable closure** *élip* újra nem használható (palack)zár; **~-representative sample** *stat* nem jellemző minta; **~-resetting switch** *el* biztosító kikapcsoló; önkioldós kapcsoló; **~-residual deformation** *any* rugalmas alakváltozás; **~-residue cracking** *vegy* kokszig vezetett hőbontás; **~-resistive** *el* ellenállás nélküli; **~-resonant** *rád, távk* hangolatlan; **~-resonant antenna** *távk* aperiodikus/haladóhullámú antenna; **~-resonant feeder** *rád* hangolatlan tápvonal; **~-resonant line** *rád* haladóhullámú tápvonal; **~-resonant loop** *távk* aperiodikus keretantenna; **~-resonating** *en* lengésmentes; **~-resonating transformer** *el* rezonanciamentes transzformátor; **~-restorable item/product** *ip* nem helyreállítható termék; **~-retentive material** *any* mágnesesen lágy anyag; **~-return** meg nem fordítható; **~-returnable** vissza nem váltható, betétdíjmentes *(üveg stb.)*; **~-return flow wind tunnel** *rep* köráramú nyitott szélcsatorna; **~-return-flow wind-tunnel** *rep* köráramú nyitott szélcsatorna; **~-return-to-zero (NRZ)** *szt* nullára vissza nem térő; **~-return-to-zero code (NRZ code)** *szt* nullára vissza nem térő kód, NRZ-kód; **~-return-to-zero magnetization** *aut* NZ-mágnesezés; **~-return valve** *gép* visszacsapó szelep; *ol* elzárószelep *(automatikusan is záródik)*; **~-revenue flight** *rep* nem kereskedelmi célú járat; **~-revenue passenger** *rep* nem fizető utas; **~-reversibility** irreverzibilitás; **~-reversible** megfordíthatatlan; **~-reversible control** *aut* nem reverzibilis vezérlés; *rep* megfordíthatatlan kormányrendszer; ~-**reversible counter** *aut* egyirányú számláló; ~-**reversible steering** *gépk* önzáró kormánymű; ~-**reversing mill** *heng* egyirányú hengersor; ~-**rigid** nem rideg; nem merev; rugalmas; *műa* lágyított; puha, lágy; ~-**rigid airscrew** *rep* nem merev légcsavar; ~-**rigid airship** *rep* nem merev léghajó; ~-**rigid base course** *ép* rugalmas útalap; ~-**rigid carriageway** *ép* feketeburkolatú út; ~-**rigid (film) support** *film* rugalmas filmbázis; ~-**rigid pavement** *ép* feketeburkolat; ~-**rigid plastic** *műa* lágy műanyag; ~-**rimming ingot** *önt* csillapított/nyugtatott ingot; ~-**rimming steel** *önt* megnyugtatott acél; ~-**rotating clutch case** *gép* rögzített/álló tengelykapcsolóház; ~-**run stocking** *kh* szemfutásmentes harisnya; ~-**run texture** *tex* szemfutásbiztos kelme; ~-**rusting steel** nem rozsdásodó acél; ~-**salient pole** *el* hengeres pólus; ~-**saturated** *el, vegy* telítetlen; ~-**scaling alloy** *koh* revesedésmentes ötvözet; ~-**scanning antenna** *távk* álló antenna; ~-**scheduled flight** *rep* különjárat; menetrenden kívüli repülés; ~-**scheduled international air service** *rep* menetrenden kívüli nemzetközi légiszállítás; ~-**scheduled operations** *rep* különjárati légiszállítások; ~-**scheduled operator** *rep* menetrenden kívüli üzemeltető; ~-**scheduled tariff** *rep* nem menetrendszerű díjszabás; ~-**segregating bin** *önt* anyagokat elkülönítés nélkül tároló tartály; ~-**seismic** *geof* aszeizmikus; ~-**seismic region** *geof* rengésmentes terület; ~-**selective diffuser** *opt* nem szelektíven szóró test; ~-**selective filter** *opt* nem szelektív szűrő, neutrális szűrő; ~-**selective pneumatic detector** *aut* nem szelektív pneumatikus detektor/érzékelő; ~-**selective radiator** *opt* nem szelektív sugárzó; ~-**self-luminous (perceived) colo(u)r** *opt* nem önvilágító szín/színérzet; ~-**self-maintained discharge** *el* nem önfenntartó kisülés; ~-**self-quenching** *el* nem önlezáró/önkioltó; ~-**sensitivity** *aut* érzéketlenség; ~-**separable graph** *mat* kétszeresen pontösszefüggő gráf; ~-**sequential computer** *szt* kényszer műveletsorrendű számítógép; ~-**sequential scanning** *tv* váltott soros letapogatás/képfelbontás; ~-**shatterable glass** *üveg* szilánkmentes/törhetetlen üveg; ~-**sheathed** *bány* védőburok/hűtőburok nélküli *(robbanóanyag)*; ~-**shorting switch** *el* nem rövidre záró kapcsoló; ~-**shrink** *tex* zsugorodásmentes; ~-**shrink film** *foto* zsugorodásmentes/mérettartó film *(fotogrammetriához)*; ~-**singular matrix** *mat, szt* nem szinguláris mátrix; ~-**sinusoidal wave** *fiz* nem szinuszos hullám; ~-**sked** → ~-scheduled; ~-**skid** *gépk* csúszásbiztos, csúszásmentes; csúszásgátló; ~-**skid chain** *gép* kapaszkodólánc; ~-**skid depth** *gépk, gumi* futófelület mintájának mélysége; ~-**skid quality** érdesség mértéke; ~-**skid surfacing** *ép* csúszásmentes/durva burkolat; ~-**skid tread-portion** *gépk, gumi* futógumi mintázott része, futógumi csúszásgátló felső része; ~-**slewing jib (mobile) crane** *ép* fix *v.* nem lengő gémes (mobil) daru; ~-**slip drawing** *koh* csúszásmentes húzás; ~-**slip drawing machine** *koh* csúszásmentes húzógép; ~-**slip(pery)**, ~-**slipping** csúszásbiztos, csúszásmentes; csúszásgátló; ~-**slip(ping) block** *gépk* jégszeg *(kerékabroncson)*; ~-**soluble** *vegy* oldhatatlan; ~-**solvent** *vegy* nem oldó; nem oldószer jellegű hígító; ~-**solvent plasticizer** *műa* nem zselatináló lágyító; ~-**sparking** *el* szikramentes; ~-**specular reflection** *fiz* szórt visszaverődés; ~-**spiking behavio(u)r of laser** lézer csúcs nélküli üzemmódja; ~-**spillable accumulator** *el* savbiztos; ~-**spill pipe coupling** *at* kifolyásmentes csőcsatlakozás; ~-**spinning** *rep* dugóhúzóbiztos; dugóhúzómentes; ~-**spinning rope** ki nem sodródó kötél; ~-**split** osztatlan; ~-**staining** *tex* nem foltosodó, színtartó, „nem fogó”; ~-**staining oil** *vegy* fehér orsóolaj, vazelinolaj; ~-**staining paint** *tex* szétúszásmentes festék; ~-**stallable airplane**, ~-**stalling airplane** *rep* átesésre nem hajlamos repülőgép; ~-**standard** nem szabványos, nemstandard; ~-**standard propagation** *rád* szabálytalan hullámterjedés; ~-**stationary** *fiz* időfüggő, időben változó, nemstacionárius, idő függvényében nem állandó, reonóm; ~-**stationary airfoil** *rep* nem állandósult áramlásos szárnyszerelvény; ~-**stationary discharge** *el* nem állandósult kisülés; ~-**stationary flow** *fiz* nemstacionárius áramlás, instacionárius/instacioner áramlás; ~-**stationary front** *met* vonuló front; ~-**stationary input** *aut, el* nemstacionárius bemenet; ~-**stationary operation** *aut* instacioner működés; szakaszos üzem; ~-**stationary process** *aut* nemstacionárius/állandósult folyamat; ~-**stationary random process** *aut* nemstacionárius sztochasztikus/valószínűségi folyamat; ~-**steady** *fiz* nemstacionárius, (időben) nem állandó, időben változó; *rep* egyenetlen; nem állandó; ~-**steady aerodynamics** *rep* nem állandósult áramlásos aerodinamika; ~-**steady behavio(u)r** *el* nem egyenletes viselkedés; ~-**steady climb** *rep* lépcsőzetes emelkedés; ~-**steady flow** *fiz* nem permanens *v.* instacionárius/instacioner áramlás; ~-**stick** teflon *(cső, edények stb.)*; ~-**stock machine** *gép* nem szabványos *v.* nem raktárról szállított gép; ~-**stoichiometric compound** *vegy* nemsztöchiometrikus vegyület; ~-**stop** megállás nélküli; folyamatos; *rep* (közbenső) leszállás nélkül(i); ~-**stop flight** *rep* leszállás nélküli repülés; ~-**stop operation** megszakítatlan *v.* megállás nélküli üzem; ~-**stop slashing** *tex* folyamatos írezés; ~-**stop train** közvetlen vonat; ~-**straightness** *mat* görbevonalúság; ~-**strain-ageing steel** *any* mechanikai öregedéssel szemben állékony acél; ~-**stratified rock** *geol* rétegzetlen kőzet; ~-**sugars** *élip* nemcukor anyagok; ~-**sulphur/sulfur vulcanizing agent** *gumi* kénmentes vulkanizálószer; ~-**suspended weight** *vasút* rugózatlan súly; ~-**symmetrical** *el* aszimmetrikus; ~-**symmetrical array** *geof* aszimmetrikus terítéscsoport/geofoncsoport; ~-**symmetrical autooscillations** *aut* aszimmetrikus önlengések; ~-**symmetrical characteristic** *el* aszimmetrikus jelleggörbe; ~-**synchronous motor** *el* aszinkronmotor; ~-**synchronous network** aszinkron hálózat; ~-**synchronous vibrator** *rád* aszinkron vibrátor; ~-**systematic code** *aut* nem szisztematikus kód; ~-**systematic error** nem szisztematikus hiba; ~-**tannins** *bőr* nemcserzők; ~-**tapered array** *geof* egyforma érzékenységű geofonokból álló csoport; ~-**tapering** *fa* hengeres *(szálfa)*; ~-**tectonical movements** *geol* atektonikus mozgások; ~-**terminal symbol** segédszimbólum; *aut* nem terminális szimbólum/jel; ~-**terminating decimal** *mat* végtelen tizedes tört; ~-**terminating sequence** *mat* végtelen sorozat; ~-**test board** *pa* közönséges karton; ~-**tight (NT)** *any* átbocsátó; ~-**tilt(ing) drum mixer** *ép* irányváltós fekvődobos keverőgép; nem billenő keverőgép; ~-**topological graph** *aut* méretarányos gráf, nem topologikus/topológiai gráf; ~**-torque yarn** *tex* csavarodáskészség nélküli fonal; ~**-toxic** *vegy* nem mérgező; ~**-trailing truck type** *vasút* futókerék nélküli típus *(mozdonyé)*; ~**-transferred plasma arc** *gép* közvetett plazmaív; ~**-transient** *fiz* megállapodott, állandósult; ~**-translucent** *fiz* át nem látszó, át nem tetsző; ~**-transmitting-range attenuation** *el* csillapítás átnemeresztő tartományban; ~**-transparent** *opt* fényátnemeresztő, átlátszatlan; ~**-treated sludge** *hidr* friss iszap; ~-trivial derivation mat nem triviális deriválás; ~-trivial solution mat nem triviális megoldás; ~-turbulent plasma fiz turbulenciamentes plazma; ~-twisting any elhúzódásmentes; ~-uniform változó; nem egyenlő (mértékű); egyenetlen; ~-uniform acceleration fiz változó/egyenlőtlen gyorsulás; ~-uniform attenuation el szabálytalan v. nem egyenletes csillapítás; ~-uniform beam fa változó keresztmetszetű gerenda; ~-uniform combustion egyenlőtlen (el)égés; ~-uniform convergence mat nem egyenletes konvergencia; ~-uniform distribution of current el egyenetlen áramelosztás; ~-uniform exposure at egyenetlen besugárzás; ~-uniform field el változó v. nem homogén tér; ~-uniform flow fiz változó sebességű áramlás/mozgás; ~-uniformity egyenlőtlenség; ~-uniform laser beam egyenlőtlen lézersugár; ~-uniform magnetic field fiz nem homogén mágneses tér; ~-uniform movement talt egyenlőtlen süllyedés; ~-uniform structural member ép változó inerciájú tartószerkezet; ~-utilizable water hidr használhatatlan víz; ~-vacuous set mat nem üres halmaz; ~-vanishing mat el nem tűnés, nullává nem válás; nem nulla, nullától különböző, el nem tűnő; ~-vanishing solution mat nem triviális megoldás; ~-variable attenuator el fix csillapító; ~-variant fiz, mat nem változó, invariáns; ~-variant group of quantities mat invariáns mennyiségcsoport; ~-variant system fiz, vegy nulla szabadságfokú rendszer; ~-vibrator coil el megszakító nélküli gyújtótekercs; ~-viscous fluid/liquid vegy ideális/tökéletes folyadék; ~-visual sensory kat akusztikus, mágneses, szeizmikus és infraérzékelők; ~-void set mat nem üres halmaz; ~-volatile (n.v.) műa nehezen illó; vegy nem illékony/illó/párolgó; ~-volatile memory/storage szt nem felejtő tár/memória, permanens memória; ~-volcanic eruption geol pszeudovulkanikus kitörés; ~-wettable/wetted tex nem nedvesíthető; ~-wetting nemnedvesítő; víztaszító; ~-wetting liquid nemnedvesítő folyadék; ~ workable reserve bány nem műrevaló készlet; ~-woven fabrics tex nem szövött áruk; ~-woven mat üvegpaplan (megkülönböztetés az üvegszövettől); ~-yeasted dough élip nem élesztőzött tészta; ~-yielding bány merev, nem engedékeny; ~-zero mat nem nulla, nullától különböző, el nem tűnő; ~-zero conditions aut nem zéró kezdeti feltételek; ~-zero-sum game aut, mat nem nulla összegű játék; ~-zero term mat zérustól eltérő tag/kifejezés, zérussal nem egyenlő tag

nonane *vegy* nonán

nonanoic acid *vegy* nonánsav, pelargonsav

nonex glass bórüveg, káliüveg, kemény üveg

nonius *metr* nóniusz

nonpareil *nyom* nonpareille

nonsense correlation *mat, stat* nem értelmezhető kölcsönös viszony

nonsequence *geol* rétegsor folytonossági hiánya

nontronite *ásv* nontronit

nonyl alcohol *vegy* 1-nonanol, nonilalkohol

nook *ép* beugró sarok

noontide *hajó* délidő

NO-OP → no-operation instruction

noose *hajó* csúszóhurok; siklóhurok

nop *tex* csomó; nopp; ~ **yarn** *tex* csomós díszítőfonal/cérna, noppos fonal

noppy *tex* csomós, szálas

nopster *tex* árutisztító (személy); noppoló

NOR | **element/gate** *szt* NEM-VAGY kapu, NOR kapu; NOR elem, NEM-VAGY elem; ~ **function** *szt* NEM-VAGY kapcsolás/funkció; ~ **logic circuit** NOR logikai áramkör; ~ **operation** *szt* NEM-VAGY művelet, NOR művelet

noralite *ásv* noralit

Noranda | **process** *koh* Noranda-eljárás; ~ **reactor** *koh* Noranda-reaktor

norator *el* norátor

Nordhausen acid *vegy* nordhauseni kénsav, füstölgő kénsav, pirokénsav

noria *em* serleges emelő; *hidr* alulcsapott serleges kerék

Norian/Noric stage *geol* nóri emelet

norite *ásv* norit

norm I. *v* normalizál, szabványosít; normáz; *mat* normál; **II.** *n* minta, modell; szabvány (termelési *v.* munka) norma; *ásv* számított összetétel; *aut, mat, szt* hossznégyzet *(vektoré)*; *bány* normatív elegy; *mat* nagyság, hosszúság, hossz, abszolút érték, modulus, (euklideszi) norma; ~ **of irrigation** *hidr* öntözővíznorma; ~ **of vector** *szt* vektor normája; ~**s of matrices** *mat* mátrixnormák

normability *mat* normálhatóság

normal I. *a* szabályos, szabályszerű, rendes, normál(is); szabványos, hitelesített, standard; *mat* Gauss-féle *(eloszlás)*; normális, merőleges; *távb* üzemi; *vegy* egyenes, el nem ágazó; **II.** *n* merőleges (vonal); átlagos/szokásos mennyiség/színvonal/állapot; *mat* normális, felületi normális, felület normálisa; ~ **acceleration** *mech* normális/merőleges gyorsulás; ~ **acoustic impedance** *fiz* normális akusztikus impedancia; ~ **air** *rep* szokásos levegő; ~ **air cabin** *rep* nem túlnyomásos kabin; ~ **applicable fare** *rep* általánosan alkalmazható díjszabás; ~ **atom** *vegy* alapállapotban levő atom; ~ **band** *vegy* vegyértéksáv, valenciasáv; ~ **beam** *heng* normál gerenda; ~**-beam method** *krist* „normal-beam" módszer; ~ **bend** *távk* 90 fokos hajlat; ~ **blade** → ~ grader blade; ~ **brake application** *vasút* üzemi fékezés; ~ **cast weight** normális öntési súly; ~ **cell** *el* normálelem; ~ **component** *mech* merőleges összetevő; ~ **cone** *mat* egyenes kúp; ~ **cone volcane** *geol* rétegvulkán; ~ **contact** *el* nyugvóáramú/bontó/nyugalmi érintkező; *szt* normál kontaktus; ~ **coordinates** *fiz* normálkoordináták; ~ **crystal(l)ization** *krist* normális kristályosodás; ~ **current** *el* üzemi áram; ~ **curvature** *mat* normálgörbület; ~ **curve** *mat* hibaeloszlás görbéje, Gauss-görbe, (normális) hibagörbe, haranggörbe; ~ **cut** *el* „a" tengelyre merőleges metszet *(piezokristályé)*; ~ **deformation** *any* normális alakváltozás; ~ **derivative** *mat* normális mentén *v.* normális irányban vett derivált *(függvényé)*; ~ **deviation** *mat* normális eltérés; ~ **displacement** *geol* függőleges eltolódás; ~

distribution *mat* Gauss-féle (normális/szabályos) eloszlás; ~ **distribution curve** → ~ curve; ~ **distribution law** *mat* normális eloszlás, Gauss-eloszlás; ~ **economy class fare** *rep* rendes gazdaságos osztályú díjszabás/menetdíj/viteldíj; ~ **electrode** *el* normálelektród; ~ **electrode potential** *el* standard/normál elektródpotenciál; ~ **electron** *fiz* szupravezető kvázirészecskéje, „normál" elektron; ~ **energy level** *fiz* alap-energiaszint; alapállapot, alapszint, alapterm; ~ **equation** *mat* normálegyenlet, kanonikus egyenlet, központi egyenlet; ~ **equation of Hesse** *mat* Hesse-féle normálegyenlet; ~ **equivalent deviate/deviation (NED)** *mat* normális ekvivalens eltérés, NED; ~ **error (frequency, distribution) curve** → ~ curve; ~ **fare** *rep* általános díjszabás; ~ **fare ticket** *rep* általános díjszabású menetjegy; ~**-field correction** *geof* normáltér-korrekció; ~ **force** *mech* merőleges erő; ~ **form** *mat* normálalak, kanonikus alak *(mátrixé)*; normálforma, normalizált; ~ **form of LP problem** *szt* LP feladat normálalakja; ~ **form (of the game)** *szt* játék normálalakja; ~ **frequency** *fiz* etalonfrekvencia; ~**-frequency range** *el* üzemi frekvenciasáv; ~ **function of Poincaré** *mat* Poincaré-féle normálfüggvény, normalizálás, normált alakra hozás, normálás; ~ **glide** *rep* szabályszerű siklás; ~ **glow discharge** *el* normális parázsfénykisülés; ~ **grade of petrol/gasoline** *ol* normálbenzin; ~ **grader blade** *ép* normál gyalulemez; ~ **gravity** *fiz* elméleti gravitáció; ~ **growth** *ásv* normális növekedés; ~ **Hall effect** *fiz, krist* normális Hall-effektus; ~ **head** *hidr* szerkesztési esés; ~ **horsepower** *rep* névleges teljesítmény; ~ **hydrocarbons** *ol* normál szénhidrogének; ~ **hydrogen electrode (NHE)** *vegy* normál hidrogénelektród; ~ **impedance** *fiz* normális akusztikus impedancia; ~ **in-situ combustion** *ol* előrehaladó tűzelárasztás; ~ **intensity** *geof* elméleti térerősség; ~ **irrational number** *mat* normális (irracionális) szám; ~ **lamp** *el* normál izzólámpa; ~ **landing** *rep* szabályos (hárompont)leszállás; ~ **level** *hidr* terepszint; ~ **line** *mat* normális, normális egyenes *(görbéé)*; ~ **linearity** *aut, távk* független linearitás; ~ **load** *mech* normális terhelés; *távk* üzemi terhelés; *vasút* raksúly; ~ **low curve** *aut, mat* normál valószínűséggörbe; ~ **magnetization curve** *aut* normális mágnesezési görbe; ~ **Markov algorithm** *szt* normál Markov-algoritmus; ~ **matrix** *krist* normálmátrix; ~ **microsonde** *ol* potenciálszonda; ~ **mixture** *tex* fehér-fekete pamut- és gyapjúkeverék; ~**-mode** *rád, távk* normális rezgési mód; ~ **move-out** *geof* elméleti beérkezési időnövekmény *(vízszintes rétegeződésnél)*; ~ **number** *mat* normális (irracionális) szám; ~ **of slip plane** *ásv* csuszamlási sík normálisa; ~ **of the surface** *mat* (felületi) normális; ~ **one-way tourist class fare** *rep* rendes, egy útra érvényes turista osztályú díjszabás; ~ **orthogonal** *aut* ortonormális, ortonormált, normalizált ortogonális; ~ **output** *el* normális teljesítmény; ~ **paper** *pa* normálpapír, szabványpapír; ~ **paraffin** *ol* normálparaffin; ~ **permeability** *aut, szell* normális/ciklikus permeabilitás; ~ **phosphate** *vegy* tercier foszfát; ~ **plane** *mat* normálsík, merőleges sík; ~ **polarity** *geof* normális *v.* déli felszínközeli polaritás; *heng* normális pólus; ~ **pool level** *hidr* üzemi duzzasztás; ~ **pore pressure** *ol* normális kőzetnyomás; ~ **position** *el* alapállás, alaphelyzet *(pl. kapcsolóé)*; *geol* normális lerakódás/rétegződés; *krist* normálhelyzet; *távb* középhelyzet *(távbeszélő kulcsé)*; ~ **power** *el* normális teljesítmény; ~ **power rating** *rep* rendes névleges üzemmód; ~ **pressure (n.p.)** *fiz, vegy* normálnyomás; ~ **rated thrust** *rep* rendes névleges tolóerő; ~ **rating** *rep* rendes névleges üzemmód; ~ **ratio** *geof* elméleti gradiensviszony; ~ **ray** *geof* merőleges sugár; ~ **reaction** *mech* normális reakció; ~ **revolutions** *rep* névleges üzemű fordulatszám; ~**-running fit** futó illesztés; ~ **run of furnace** *koh* normáljárat; ~ **saline (solution) (NS)** *gyógyv* fiziológiás konyhasóoldat; ~ **salt** *vegy* semleges só; ~ **section of a surface** *mat* normálmetszet; ~ **segregation** *koh* makrodúsulás, makroszkopikus szegregáció; ~ **sensitivity** *el* redukált érzékenység; ~ **setting** *krist* normálhelyzet; ~ **shift** *geol* függőleges vonulat, normális vetődés, lezökkenés; ~ **shock** *rep* normális/merőleges lökéshullám; ~**-shock inlet** *rep* merőleges lökéshullámú levegő-beömlőnyílás; ~ **shock(wave)** *rep* merőleges lökéshullám; ~ **shovel dipper** *ép* normál puttony; ~ **shut-down safety assembly** *at* normál leállási biztonsági rendszer; ~ **size** normálméret; ~ **solution** *vegy* normáloldat; ~ **sound** *geof* normálszonda, potenciálszonda; ~ **space** *szt* normált tér; ~ **speed** *gép* üzemi fordulatszám; ~**-speed Francis turbine** *hidr* közepes járású Francis-turbina; ~**-speed screen** *el* rendes világítási idejű ernyő; ~ **stacker** *szt* normál lerakó; ~ **state** *fiz* normálállapot; ~ **step-out** *geof* elméleti/dőlésmentes beérkezési időkülönbség; ~ **strain** *mech* normális alakváltozás; nyúlás; ~ **stress** *mech* normálfeszültség, tiszta húzófeszültség/nyomófeszültség; normális igénybevétel; ~ **subgroup** *mat, szt* normális alcsoport; ~ **temperature and pressure (NTP)** *fiz, vegy* normálnyomás és -hőmérséklet, normálfeltételek; ~ **tenacity staple** *tex* szabványos szilárdságú szál; ~ **to surface** *mat* felületi normális, felület normálisa; ~ **turn** *rep* szabályos forduló; ~ **velocity** *fiz* normálsebesség; ~ **voltage** *el* tényleges feszültség; ~ **water surface elevation** *hidr* üzemi duzzasztás; ~ **weld** *heg* közönséges varrat; ~ **welding position** *heg* normális hegesztési helyzet

normality normalitás, szabályszerűség, természetszerűség; *mat* merőlegesség; *vegy* normalitás, normálkoncentráció

normalization szabványosítás; *fiz* normalizálás, normalizáló izzítás

normalize normalizál, szabályossá tesz; szabványosít; *mat* léptéket vált, átskáláz

normalized normalizált; szabványos, hitelesített, standard; *mat* normált; ~ **admittance** *el* normalizált admittancia; ~ **coordinates** *fiz* normálkoordináták; ~ **form** *szt* normalizált alak; ~ **function** *mat* normált függvény; ~ **impedance** *el* normalizált impedancia; ~ **orthogonal** *aut* ortonormális, ortonormált, normalizált ortogonális; ~ **plateau slope** *at* normált platómeredekség; ~ **(unitary) structure factor** *krist* normalizált egységstruktúrfaktor; ~ **vector** *mat* egységvektor, normált vektor, irányvektor

normalizing normalizálás; szabványosítás; ~ **furnace** *hők* normalizáló kemence; ~ **heat treatment** *fiz, hők* normalizálás, normalizáló izzítás; ~ **pass** *önt* lágyító fogás; ~ **scale** *önt* normalizáláskor keletkező reve

normally|-closed auxiliary contact *el* nyitó segédkapcsoló; ~**-closed contact (NCC)** *el* nyugalmi érintkező; nyugvóáramú/nyitó érintkező; ~**-closed gate** *aut* kikapcsoló kapu; ~-**closed interlock** *el* nyitó segédkapcsoló; ~-**closed relay** *el* nyugvóáramú relé; ~ **convergent series** *mat* normálisan konvergens sor; ~-**isolated neutral** *fiz* üzemszerűen szigetelt csillagpont; ~-**open contact** *el* munkaáramú/záró érintkező; ~-**open gate** *el* normál nyitású *v.* bekapcsoló kapu(áramkör); ~ **open interlock** *el* munkaáramú/záró érintkező; ~-**open relay** *el* munkaáramú relé

normed | coordinates *mat* normálkoordináták; ~ **linear space** *mat* lineáris normált tér

norming normalizálás, szabványosítás; normázás

Norsk-staal process *koh* eljárás szivacsos vas előállítására aknás kemencében

north (N) I. *a* északi; **II.** *n* észak; ~ **light** *met* északi fény; ~-**light roof** *ép* sédtető, fűrésztető; ~ **point (of the horizon)** északpont *(horizonton)*; ~ **pole** *fiz* északi mágneses pólus; ~-**south component** *geof* északdéli összetevő; ~-**south correction** *geof* észak-déli korrekció; ~-**south gradient** észak-déli gradiens; ~-**stabilized** *távk* északra tájolt *(radar)*; ~-**west corner method** *aut* „észak-nyugati sarok" módszer

northern → north; ~ **autumnal equinox** *csill* őszpont; őszi napéjegyenlőség

northing *csill, geod* északi szélesség

Northrup furnace *el* Northrup-kemence *(vasmag nélküli nagyfrekvenciás kemence)*

Norton's | equivalent *el* Norton-ekvivalens; ~ **theorem** *el* Norton-tétel

nose I. *v hajó* előrehalad, előretör; *vasút* bólint *(mozdony)*; **II.** *n* kiöntőcsőr *(edényé)*; orr(-rész), nyúlvány, dudor, kiszögellés; *ép* hídpillér-felsőfej, hídpillér-profil; szerkezeti kiugrás; *forg* késcsúcs; *geol* kiugró sziklafok; *gép* bütyök; ék; emelőfej; *távk* sugárzási diagram maximumvonala; ~ **area** *koh* konverter torokrésze; ~ **bay** *rep* orr-rekesz; ~ **bit** *ép, önt* kifolyó; kiöntőcsőr; ~ **camera** *rep* orrfényképezőgép; ~ **cap** *rep* orrburkolat, orrsüveg; ~ **clip** *bány* orrcsipesz; ~ **compartment** *rep* orrkabin, orr-rekesz; ~ **cone (NC)** *rak* rakéta(gyújtó)fej; *rep* orrkúp; orrkupak; ~-**cone instrumentation** *rak* műszerezés a rakéta fejrészében; ~ **cone wave drag** *rep* orrkúp hullámellenállása; ~ **control** *rep* orrkormány; ~ **cowling** *rep* orrborítás, orrburkolat; ~ **cup** *bány* belső álarc; ~-**dive** *rep* zuhanórepülés, bukórepülés; ~ **dome** *rep* áramvonalas orrburkolat; ~ **down** *v rep* orrával lefelé bukik/zuhan; ~-**down** *rep* meredek siklás; zuhanás; ~-**down pitch(ing)** *rep* orranyomott bólintómozgás; zuhanás; ~ **elevator** *rep* elülső kormányfelület; ~ **fairing** *rep* homlokrész áramvonalas burkolata; ~ **gas** *kat* ingerlő harcgáz; ~ **gear** *rep* orrfutómű, orrkerék; ~-**heaviness** *rep* orrnehézség; ~-**heavy** *rep* orrnehéz; ~ **inlet/intake** *rep* orrbeömlő nyílás; ~ **of pier** *ép* jégtörő sarkantyú *(pilléren)*; ~ **of the sinker** *kh* platinaorr; ~ **ogival** *rep* csúcsíves orr-rész; ~ **over** *v rep* átvágódik; ~-**piece** *ép, szersz* csővég; csúcs, orr-rész; fúvókafej; *opt* tárgylencsefoglalat; ~ **radius** *szersz* csúcssugár; ~-**relief angle** *forg* csúcshátszög; ~ **rib** *rep* elülső borda, belépőborda; ~ **spar** *rep* elülső főtartó; ~ **spin** *rep* dugóhúzó; ~ **spinner** *rep* légcsavaragy-burkolat; ~ **stiffener** *hajó* orrmerevítő gerenda; ~ **suspension** *el* marokcsapágyas motorfelfüggesztés *(villamosvasút)*; ~ **to tail** szorosan egymás mögött *(járművek)*; ~ **undercarriage** *rep* orrfutómű; ~ **up** *v rep* felemeli a repülőgép orrát; felránt; ~-**up** *rep* faroknehéz; ~-**up pitching** *rep* felrántás, túlhúzás; ~-**wheel** *rep* orrkerék; ~-**wheel landing gear** *rep* orrkerekes futómű; ~-**wheel steering** orrkerékkormányzás; ~-**wheel undercarriage** *rep* orrkerekes futómű

NOSFER speech level meter *távb* NOSFER-szintmérő

nosing *ép* élvédő szögvasalása; legömbölyítés *(lépcsőfoké)*; pálcatag; *hajó* előretörés; *koh* hegyezés; *rep* átvágódás; *vasút* bólintás *(mozdonyé)*; ~-**down** *rep* előrenyomás; ~ **motion** *vasút* bólintó járás *(járműé)*

not nem; ~-**AND connection** *szt* NEM-ÉS kapcsolat; ~-**AND gate/element** *szt* NEM-ÉS kapu, NAND kapu; ~ **built upon** *ép* beépítetlen; ~ **circuit** *szt* NEM áramkör, negátor, inverter; ~-**component** *szt* NEM elem, logikai „nem" elem; ~-**element** *szt* NEM elem/tag; ~ **emanating from main office (nemo)** *US rád* külső felvétel/közvetítés; ~ **equal** *mat* nem egyenlő; ~ **gate** *szt* NEM kapu, negátor, inverter; ~-**go end** *gép* nemmegy oldal; ~-**go ga(u)ge** *gép* nemmegy idomszer, selejt(oldali) idomszer; ~ **operation** *szt* NEM művelet; ~-**rifled** *kat* simacsövű *(puska, ágyú)*; ~ **sorted** osztályozatlan; ~-**top condition** *hang* felső frekvenciák hiánya; ~ **to scale (NTS)** nem mérethű; ~ **transparent** *opt* fényátnemeresztő, átlátszatlan

NOT → number of turns

notation jelölés(i mód), jelölésmód; jelzésrendszer; jelmagyarázat; ~ **coding** felírásmód kódolása; ~ **in form of a periodic decimal** *mat* periodikus tizedes törtként való előállítás

notch I. *v* bevág, rovátkol; *bány* gyámlyukat ás; *fa* fogaz; rovással összeerősít *(gerendát)*; *fa, forg* hornyol, betör, rovátkol; **II.** *n* rovás, rovátka, bevágás; behorpadás; bemetszés, bemélyítés; *bány* gyámlyuk; rés; *el* kontrollerállás; *fa* beeresztés; fadöntő hajk; horony; pengenyom; *forg* horony; *geol* hegyszoros, szurdok; rés; *hidr* mérőbukó kifolyóhornya; nyílás; töltésszakadás; *kat* szemölcs; *távk* alapjel, alaposztás; ~ **adjustment** *rád* szintbeállítás; ~ **aerial/antenna** *rep* réselt antenna; ~ **amplifier** *rád* mezőjel-erősítő, szintjelerősítő; ~ **bar** *any* bemetszett próbatest; ~ **bend impact test** *any* ütve-hajlító vizsgálat hornyolt *v.* bemetszett próbatesten; ~ **bending test** *any* hajlítópróba bemetszett próbatesttel; ~ **blade** *mzg* fogazott tárcsa *(tárcsás boronán)*; ~ **board** *ép* lépcsőpofa; ~ **brittleness** *any* bemetszett próbatest ridegsége; ~ **clay gun** *koh* dugaszológép *(nagyolvasztó csapolónyílásához)*; ~ **disc/disk** *finm* zárótárcsa; ~ **edge** ferde él; ~ **expansion** *rád* jelzésnyújtás; ~ **factor** *műa* relatív ütő-hajlító szilárdság; ~ **filter** *fiz* fésűs szűrő; ~ **flexure test** *mech* hajlítópróba bemetszett próbatesttel; ~-**free weld** *heg* bemetszésmentes varrat; ~ **ga(u)ge** *hidr* mérőbukó merőleges horonnyal; ~ **generator** *aut* ellenőrző időjel-generátor; *távk* alapjel-generátor; ~ **hook** *gép* csappantyúhorog; ~ **impact strength** *any* fajlagos ütőmunka *(bemetszett próbatesté)*; ~ **impact test** *any* ütőpróba bemetszett próbatesten; ~ **impulse** *aut* markerimpulzus; ~ **network** *aut* stabilizáló DI-kör; ~-**rupture strength** *mech* bemetszett szerkezet szilárdsága; ~ **sensitivity** *any* bemetszésérzékenység, horonyérzékenység; ~ **shock test** *any* fajlagos ütőmunka-vizsgálat *(bemetszett próbatesten)*; ~ **specimen** *any* bemetszett próbatest; ~ **toughness** *mech* fajlagos ütőmunka

notched hornyos; hornyolt; bemetszett; ~ **bar** *any* bemetszett próbatest; ~ **bar (impact bend) test** *any* hajlító ütővizsgálat; ~ **beam** *ép* hornyolt/fogazott tartó; ~ **bending test** *any* bemetszett próbatest hajlítópróbája; ~ **brick** *ép* hornyolt tégla; ~ **grid** *el* zömített rács; ~ **guide** *tex* fogazott vezetőrúd; ~ **impact strength** *any* bemetszett próbatesten mért fajlagos ütőmunka; *műa* hornyolt/bemetszéses ütőszilárdság; ~ **ingot** *önt* rovátkolt öntecs; ~ **lever** *gép* fogazott kar; ~ **nozzle** *rep* hornyolt fúvócső; ~ **shank** *gép* hornyos tüskeszár; ~ **specimen** *any* bemetszett próbatest; ~ **spike** *gép* tüskés csap(szeg); ~ **test specimen** *any* hornyolt próbatest; ~ **weir** *hidr* (hornyos) mérőbukó

notcher *foto* jelzőberendezés; *szersz* horonyvágó gyalu

notching bemetszés, rovátka; *bány* megékelés; pásztás művelés; *ép* földkiemelés vízszintes lépcsőkben; *fa* lapoló illesztés, beeresztési horony; *film* jelenetek jelzése; *vasút* fokozatonkénti (kézi) indítás; ~ **adze** *vasút* kapcsolófejsze *(fa)*; ~ **cutter** *fa* horonymaró; *forg* szélmaró; ~ **die** beszúró/hornyoló szerszám; ~ **knife** *fa* rovókés; ~ **press** kivágó prés; ~ **relay** *el* fokozatkapcsoló *(relé)*; léptetőrelé, léptető jelfogó; ~ **tool** rovátkoló/hornyoló szerszám

note jel(zés), megjelölés; feljegyzés; *hang* hang; hangjegy; hangnem; *pa* cédula; ~ **amplifier** *el, hang* hangfrekvenciás/audiofrekvenciás erősítő; ~ **block** *pa* jegyzettömb; ~ **frequency** *fiz* lebegési/üttetési frekvencia, lebegésszám; *hang* hangfrekvencia; ~ **of authorization** *ép* engedélyezési bizonylat; ~**-paper** *pa* levélpapír; ~**-paper case** *pa* lapos irattartó; ~ **statement** *aut* jelutasítás

notebook jegyzetfüzet, notesz; *szt* noteszgép; ~ **filler** noteszbetét; ~ **paper** noteszpapír

nothing semmi; *mat* nulla, zérus, zéró

notice I. *v* észrevesz, észlel; **II.** *n* értesítés; bejelentés; közlemény; felszólítás; felmondás; *rep* értesítés, közlés, közlemény; ~ **board** *ip* figyelmeztető tábla; hirdetőtábla; ~ **of award** megbízólevél; ~ **to airmen** *rep* repülőknek szóló tájékoztatás

notify értesít *(of vmiről)*; bejelent

notion fogalom; elképzelés; hasznavehető ügyes apróság; rövidáru; cipődísz *(olcsó)*

nought nulla, zérus, zéró, semmi

nouvistor *aut* nuvisztor

noval | **base** *el* kilenccsapos csőfej; ~**-tube** *el* noválcső

novelty siding hornyolt deszkázat/deszkaborítás

novocain *vegy* novokain

novolac *műa* novolak; ~ **resin** novolakgyanta

nowhere differentiable function *mat* sehol sem differenciálható függvény

noxious ártalmas, káros; ~ **clearance** *aut* holttér; ~ **clearance regulation** *aut* károstér-szabályozás; ~ **gas** *bány, vegy* mérgező gáz, ártalmas gáz

noxiousness ártalom

noy *hang, metr* noy

nozzle csővég; szórófej; fúvóka; *aut* mérőtorok; *bány* permetezőfej; *el* égő; hullámvezető-kilépőnyílás, csőtápvonal-kilépőnyílás; ívfúvószáj; *gépk* porlasztó(fej); *hajó* gyűrű, Kort-gyűrű; *heg* hegesztőpisztoly-fúvóka; *hidr* sugárcső(száj) *(Pelton-turbináé)*; *kat* gázkamrafúvóka; *koh* fúvóforma; *ol* kiömlőnyílás; *rep* propulziós sugárcső; *vák* fúvókaszáj; szívófej; ~ **apron** *vák* fúvókaernyő; ~ **area** *rep* fúvókakeresztmetszet; ~ **area ratio** *rep* fúvóka kimeneti és kritikus keresztmetszetének aránya; ~ **assembly system** *vák* fúvókaszerelvény; ~ **atomizer** *gép* fúvókás porlasztó; ~**-baffle combination** *aut* fúvókás torlólemezes jelátalakító; ~ **blade** *rep* fúvóka-terelőlapát; ~ **block** *gépk, hőt* fúvókatömb; *műa* fúvókafej *(fröccsöntőgépen)*; ~ **body** *gépk* fúvókatartó *(dízelmotorban)*; ~ **bore (hole)** *gép* fúvókanyílás; ~ **box** *rep* fúvókaház; ~ **brick** *koh* üstkagyló; ~**-cap nut** *gépk* porlasztótartó/fúvókaleszorító csavar; ~ **cascade** *rep* fúvóka; porlasztó; propulziós sugárcső; ~ **clamp** *gép* nyomócsonkkapocs, Storz-kapocs; ~ **clearance** *vák* diffúziós rés; ~ **closure** *rep* fúvókadugulás, porlasztódugulás; ~ **cone** *vák* fúvókaharang; ~**-contraction area ratio** *aut, vák* fúvóka konvergenciaviszonya; ~ **cross-sectional area** *koh* fúvóka-keresztmetszet; ~ **cup** *vák* fúvókaharang; ~ **discharge** *élip* fúvókás kiürítés; ~**-divergence loss factor** *aut* fúvókanyílás veszteségi tényezője; ~ **efficiency** *rep* fúvóka hatásfoka; ~ **end** *rep* hajtómű gáz-kiömlőnyílása; ~ **exhaust velocity** *rep* gázkiáramlási sebesség; ~ **exit** *rep* kiömlő nyílás kimeneti része; ~ **exit area** *rep* kiömlőnyílás kimeneti részének keresztmetszete; ~ **exit conditions** *rep* a kiömlőnyílás kimeneti részére vonatkozó feltételek; ~**-expansion area ratio** *aut* fúvóka nyílásviszonya; ~ **expansion ratio** *rep* kiömlőnyílás tágulási aránya; ~ **feed** *gép* adagoló fúvóka *(gőzé, folyadéké)*; ~ **flap** *rep* kiömlőnyílás terelőlapja; ~**-flapper** *aut* fúvóka-torlólemez; ~**-flapper relay** *el* takarólemezes jelátalakító; ~**-flapper system** *el* fúvóka-torlólemez rendszer; ~ **guide vane** *rep* fúvóka terelőlapátja; ~ **holder** *gépk* fúvókatartó *(dízelmotorban)*; ~ **inclination** *gépk* fúvókaszög; ~ **inlet** *rep* fúvóka bemeneti része; ~ **mixer** *gép* fúvófejes keverő; ~ **mouth** *vák* fúvókaszájnyílás; ~ **needle** *gépk* fúvókatű; ~ **of a ladle** *koh* üstkagyló; ~**-of-fire clay** *koh* samottfúvóka; ~ **opening** *vák* fúvókaszájnyílás; ~ **orifice** *hidr* kiömlőnyílás; *rep* fúvókanyílás; ~ **pin** *gépk* fúvókatű *(dízel)*; ~ **pipe** *szersz* csővég; fúvócsőszáj; ~ **pressure** *gép* fúvókanyomás; ~ **resistance** *aut* fúvókaellenállás; ~ **ring** *gép* fúvókagyűrű; ~ **section** *gép* fúvóka-keresztmetszet; ~ **skirt** *vák* fúvókaköpeny; ~ **space** *aut* fúvókatér; ~ **spray** *ép, gépk* porlasztó, porító *(folyadékhoz)*; ~ **sprayer** öntözőkanna *(rózsával)*; ~ **throat** *aut* mérőtorok; *gép* fúvókatorok; ~ **thrust coefficient** *rep* hajtómű tolóerőtényezője; ~ **tube** *rep* fúvócső; ~ **valve** *gépk* fúvókatűszelep *(dízelmotoré)*

Np → neap tide; → neper; → neptunium

NP → nickel-plated

n.p. → normal pressure

NPP → nuclear power plant

NR → natural rubber

NRZ → non-return-to-zero; ~**-code** → non-return-to-zero code

ns → nanosecond

NS → network layer service; → nickel steel; → nimbostratus; → normal saline (solution); → nuclear ship

nt → nit

NT → neap tide; → non-tight

NTC → negative temperature coefficient

nth → n-th

NTI → noise transmission impairment
NTP → normal temperature and pressure; → number of theoretical plates
n.tr. → night tracer
NTS → not to scale
nt wt → net weight
NU tone → number unobtainable tone
nuance árnyalat; csekély eltérés/különbség
nub yarn *tex* díszítő sodratú csomósfonal
nubuck *bőr* nubuk
nuclear *at* magfizikai; nukleáris, mag-, atom-; ~ **absorption** *at* magabszorpció; ~ **accident** *at* nukleáris baleset; ~ **activity** *at* bomlássebesség; ~ **angular momentum** *at* magspin; ~ **armament** *kat* nukleáris felfegyverzés/fegyverkezés; ~ **arms** *kat* nukleáris fegyverek; ~ **arsenal** *kat* nukleáris arzenál; ~ **atom** *at* atommag; ~ **attack** *kat* nukleáris támadás; ~ **attraction** *at* nukleáris vonzás, magvonzás; ~ **barrier** *at* magpotenciálgát; ~ **battery** *at* radioaktív feszültségforrás/telep; ~ **binding energy** *at* magkötési energia; ~ **blast** *kat* nukleáris robban(t)ás; ~ **Blitzkrieg** *kat* nukleáris villámháború; ~ **Bohr magneton** *at* nukleáris Bohr-magneton; ~ **bombardment** *at* atombombázás; ~ **breeder** *at* tenyészreaktor; ~ **burst** *at* magrobbanás, robbanásszerű megbomlás; ~ **cascade** *at* magkaszkád; ~ **catastrophe** *at, kat* nukleáris katasztrófa, atomkatasztrófa; ~ **cement log** *ol* nukleáris cementpalást-szelvényezés; ~ **chain reaction** *at* (atommag-)láncreakció; ~ **charge** *at* nukleáris töltet; nukleontöltés, magtöltés; ~**-charge number** *at* magtöltésszám; ~ **chemistry** *vegy* magkémia; ~ **constant** *at* nukleáris állandó, magállandó; ~ **constituent** *at* nukleon; ~ **constitution** *at* magszerkezet; ~ **control** *at* magfolyamat-szabályozás; radioaktív szabályozás; ~ **conversion ratio** *at* (belső) konverziós tényező/viszony; ~ **core** *at* atomtörzs; ~ **core isomerism** *at* (atom)magizoméria; ~ **cross-section** *at* teljes effektív hatáskeresztmetszet; ~ **data** *at* nukleáris állandók/adatok; ~ **decay** *at* bomlás, atommag bomlása, nukleáris/radioaktív bomlás; ~ **delay** *at* észlelés és beavatkozás között eltelt idő; ~ **delivery vehicle (NDV)** *kat* nukleáris vektor/hordozó; ~ **deterrence** *kat* nukleáris elrettentés; ~ **deterrent** *kat* nukleáris elrettentő erő/potenciál; ~ **diameter** *at* magátmérő; ~ **disarmament** *kat* nukleáris leszerelés; ~ **disintegration** *at* nukleáris/radioaktív bomlás; ~**-dispersed** *kat* nukleáris támadás esetére széttagolt; ~ **effect** *at* fotodezintegráció; ~ **electric moment** *at* mágneses magmomentum; ~ **electron** *at* magelektron; magon belüli elektron; ~ **electronic instrument** *el* magelektronikai mérőberendezés; ~ **electronics** *el* nukleáris elektronika; ~ **emission** *at* magsugárzás; ~ **emulsion** *at, foto* nukleáris fotoemulzió; ~ **energy** *at* nukleáris energia, atom(mag-)energia, magenergia; ~ **energy level** *at* atommagenergia-szint; ~ **engine** *at* nukleáris (hajtású) motor; ~ **engineering** *at* nukleáris atomtechnika; ~ **equivalence** → ~ parity; ~ **era** atomkor; ~ **evaporation** *at* magpárolgás; nukleáris evaporáció; ~ **explosion** *at* atomrobbanás; ~ **explosive** *at* nukleáris robbanóanyag; ~ **explosive device** *at* nukleáris robbanótest; ~ **ferromagnetism** *at* magferromágnesség; ~ **field** *at* atommag tere, nukleáris tér; magerők tartománya; ~ **fission** *at* (atom)maghasadás, (atom)maghasítás; ~ **fluid** *at* nukleáris közeg/folyadék; ~ **force** *at* magerő; nukleáris erő; ~ **force meson** *at* pi-mezon, π-mezon, pion; ~ **forces** *pl kat* nukleáris haderő; ~ **fragment** *at* magtöredék, magszilánk; ~ **frame** *at* atomtörzs; ~ **fuel** *at* hasadóanyag, reaktor-üzemanyag, nukleáris üzemanyag/fűtőanyag; ~ **fuel cycle** *at* tüzelőanyag-ciklus; ~ **fusion** *at* (atom)magfúzió; ~ **fusion cycle** *at* (atom)magfúziós ciklus; ~ **fusion energy** *at* fúziós energia; ~ **fusion physics** *at* termonukleáris reakciók fizikája, plazmafizika; ~ **fusion reactor** *at* termonukleáris/fúziós reaktor; ~**-grade** *at* nukleáris tisztaságú, nukleárisan tiszta; ~ **hazard** *at* nukleáris veszély; ~ **heat** *at* magreakcióval fejlesztett hő; ~ **heating** *at* nukleáris fűtés; ~ **induction** *at* nukleáris indukció; ~ **inflammability** *at* nukleáris „gyúlékonyság"; ~ **installation** *at* nukleáris berendezés; ~ **instrument** *at, metr* nukleáris mérőműszer, magfizikai sugárzásmérő műszer; ~ **interaction** *at* nukleáris kölcsönhatás, magkölcsönhatás; ~ **investigation** *at* magfizikai kutatás/tanulmányozás/vizsgálat; ~ **isobar** *at* (mag)izobár; izobármag; ~ **isomer** *at* izomermag, magizomer; ~ **isomerism** *at* magizoméria, atommagok izomériája; ~ **land** *geol* ősi pajzs; ~ **level** *at* magenergiaszint; ~ **log** *geof* radioaktív szelvényezés; ~ **magnetic log(ging)** *geof* nukleáris mágneses szelvényezés; ~ **magnetic moment** *el* mágneses magmomentum; ~ **magnetic resonance (NMR)** *at, vegy* magmágneses rezonancia (NMR); ~ **magnetic resonance absorption** *at* (mag)mágneses rezonancia-(abszorpció), magrezonancia-abszorpció; ~ **magnetic resonance measurement** *at* mágneses magrezonancia-mérés; ~ **magnetic resonance phenomenon** *at* (mag)mágneses rezonancia(jelenség); ~ **magnetic resonance signal** *at* magrezonanciajel, magmágneses rezonanciajel, NMR jel; ~ **magnetic resonance spectrograph** *at, vegy* magmágneses rezonanciaspektrográf, mágneses magrezonancia-spektrográf; ~ **magnetic resonance spectrometer** *at, vegy* magmágneses rezonanciaspektrométer, mágneses magrezonancia-spektrométer; ~ **magnetic resonance spectroscopy** *at, vegy* magmágneses rezonanciaspektroszkópia, NMR-spektroszkópia; *ol* mágneses magrezonancia-spektroszkópia; ~ **magnetic resonance spectrum** *at, vegy* mágneses magrezonancia-spektrum; ~ **magnetic resonance log** *geof* nukleáris mágneses szelvényezés; ~ **magnetism** *at* magmágnesség; ~ **magneton** *at* nukleáris magneton, magmagneton; ~ **mass** *at* magtömeg, atommag nyugalmi tömege; ~ **medicine** nukleáris medicina; ~ **meson** → ~ pi-meson; ~ **metallurgy** *koh* nukleáris kohászat; ~ **model** *at* (atom)magmodell; ~ **moment** *at* magmomentum, magnyomaték; ~ **multiplet** *at* magmultiplett; ~ **neutron** *at* magneutron; ~ **number** → mass number; ~ **operator** *mat* nukleáris operátor; ~ **panoply** → nuclear arsenal; ~ **paramagnetism** *at* magparamágnesség; ~ **parent** *at* anyaelem; ~ **parity** *kat* nukleáris egyensúly/paritás; ~ **particle** *at* nukleon, magrészecske; ~**-particle detection** *at* magrészecske-detektálás; ~**-particle track** *at* részecskenyom; ~ **periodicity** *at* nukleáris periodicitás/periodikusság; ~ **photoeffect** *at* magfotoeffektus; ~ **photography** *fiz* részecskenyom-felvétel; ~ **photomagnetic effect** *at* magfotoeffektus; ~ **physicist** magfizikus, atomfizikus; ~ **physics** magfizika, atomfizika; ~ **pile** *at*

atommáglya, (atom)reaktor; ~ **pile catastrophe** *környv* atomreaktor-szerencsétlenség; ~ **pile oscillator** *at* reaktoroszcillátor; ~ **pi-meson** mag-π-mezon, magpion, π magmezon, Yukawa-mezon, Yukawa-részecske; ~ **poison** *at* reaktorméreg; ~ **pollution** *környv* radioaktív szennyeződés; ~ **potential** *at* magpotenciál; ~ **power** *at, en* nukleáris energia, magenergia, atomenergia; ~**-powered** atomenergiával *v.* nukleáris energiával üzemelő/hajtott, nukleáris hajtású, atomhajtású; ~**-powered attack submarine** *kat* atomhajtású *v.* nukleáris hajtású támadó tengeralattjáró; ~**-powered rocket** *rak* nukleáris rakéta, atomenergiával hajtott rakéta; ~ **power plant (NPP)** atomerőmű; ~ **power production** atomenergia *v.* nukleáris energia előállítása, atomenergia felszabadítása; ~ **precession** *at* magprecesszió; ~ **precession magnetometer** *at, fiz* protonprecessziós magnetométer; ~ **process** *at* magfolyamat; magreakció; ~ **projectile** *kat* nukleáris lövedék, atomgránát; ~ **propelled** *at* atomenergiával *v.* nukleáris energiával üzemelő/hajtott; ~ **properties** *at* nukleáris tulajdonságok; ~ **propulsion** *at, gép* atommeghajtás, nukleáris meghajtás; ~ **proton** *at* magproton; ~ **pumping source** *aut* nukleáris szivattyúzási/pumpálási forrás; ~ **pure** *at* nukleáris tisztaságú, nukleárisan tiszta; ~ **purification** *at* nukleáris tisztítás; ~ **purity** *at* nukleáris tisztaság; ~ **radiation** *at* magsugárzás; ~ **radius** *at* magsugár, magrádiusz; ~ **reaction** *at* magreakció; ~ **reactor** *at* atomreaktor, (mag)reaktor; ~ **reactor catastrophe** atomreaktor-szerencsétlenség; ~ **reactor fuel** *at* hasadóanyag, reaktor-üzemanyag, nukleáris üzemanyag/fűtőanyag; ~ **reactor period** *at* reaktorperiódus, reaktor időállandója; ~ **reactor simulator** *at* nukleáris reaktorszimulátor, atom(mag)reaktorszimulátor; ~ **rearrangement** *at* magátrendeződés; ~ **recoil** *at* magemisszió, magreflexió; ~ **repulsion** *at* atommagon belüli taszítás; ~ **research** *at* atom(mag)kutatás; ~ **resonance** → ~ magnetic resonance; ~ **resonance scattering** *at* rezonanciaszórás; ~ **resonance signal** *at* magrezonancia-jel, magmágneses rezonanciajel; ~ **resonant scattering** *at* rezonanciaszórás; ~ **rest mass** *at* magtömeg, atomtömeg nyugalmi tömege; ~ **rocket** *rak* nukleáris rakéta, atomrakéta; ~**-rotational state** *at* magforgási állapot; ~ **runaway** *at* reaktor megszaladása; ~ **safeguard** *at* nukleáris biztonsági felügyelet; ~ **scattering** *at* magszórás; nukleáris szórás; ~ **scattering amplitude** *at* nukleáris szóródás amplitúdója; ~ **science** *at* magfizika, atom(mag)fizika; ~ **shell** *at* magburok, maghéj; ~ **shell structure** *at* atommag héjszerkezete; ~ **ship (NS)** *hajó* atomhajtású hajó; ~ **siting policy** *at* reaktortelephely-kiválasztási politika; ~ **species** *at* nuklid; ~ **spectrometer** *at* magspektrométer; ~ **spectroscopy** *fiz* magspektroszkópia; ~ **spectrum** *fiz* magspektrum; ~ **spin** *at* magspin; ~ **spin function** *fiz* magspinfüggvény; ~ **spin quantum number** *at* (mag)spinkvantumszám; ~ **stability** *at* magstabilitás; ~ **stage** *geol* ősállapot *(kontinensé)*; ~ **star** *at* csillag, sokrészecskés magreakció; ~ **strike force** *kat* atomütőerő; ~ **structure** *at* atommagszerkezet; ~ **study** magfizikai kutatás/tanulmányozás/vizsgálat; ~ **submarine** *kat* atomhajtású tengeralattjáró, atomtengeralattjáró; ~ **superheat** *at* reaktorban történő túlhevítés; ~ **temperature** *at* maghőmérséklet, atommag hőmérséklete; ~**-temperature coefficient** *at* reaktivitás hőfokváltozási tényezője; ~ **test** *kat* atomkísérlet, atomrobbantási kísérlet; ~ **test ban** *kat* atomcsendegyezmény; ~ **theory** *at* atomelmélet; ~ **thermodynamics** *at* nukleáris termodinamika, atommag termodinamikája; ~ **threat** *kat* nukleáris fenyegetés; ~ **threshold** *kat* nukleáris küszöb; ~**-tipped** *kat* nukleáris robbanófejjel ellátott; ~ **track** *at* részecskenyom; ~ **track chamber/detector** részecskenyom-detektor, részecskenyomkamra; ~ **track photograph** *at* részecskenyom-felvétel; ~ **transformation** *at* (atom)magátalakulás; ~ **transition** *at* magátmenet; ~ **transmutation** *at* (atom)magátalakulás; ~ **trunk** *at* atomtörzs; ~ **umbrella** *kat* atomernyő; ~ **war** *kat* atomháború; ~ **warfare** *kat* nukleáris háború/hadviselés, atomháború; ~ **warhead** *kat* nukleáris/atomtöltetű robbanófej; ~ **waste** *hidr* radioaktív szennyvíz; ~ **weapon** *kat* atomfegyver, nukleáris fegyver; ~**-weapon-free zone** *kat* atomfegyvermentes övezet; ~**-weapon power** atomhatalom, nukleáris hatalom; ~ **weaponry** *kat* atomfegyverek, atomfegyverzet, nukleáris fegyverek/fegyverzet; ~**-weapon test** *kat* atomfegyver-kísérlet, atomfegyverpróba; ~ **well logging** *ol* radioaktív szelvényezés; ~ **worker** *at, sug* radioaktív sugárzásnak kitett dolgozó; ~ **yield** *at, kat* atomrobbantás (ható)ereje

nucleate *at, vegy* mag képződik; magot képez

nucleated *ép* faluközpontos *(települési rendszer)*

nucleating generator *met* nukleáló készülék *(csőmegindításhoz)*

nucleation *krist, vegy* gócképződés; nukleáció; ~ **energy** *krist* gócképződés energiája; ~ **rate** *krist* gócképződési sebesség; ~ **ratio** *krist* kifagyási arány; ~ **time** *krist* gócképződés ideje

nuclei *pl* → nucleus

nucleic acid (NA) *vegy* nukleinsav

nucleon *at* nukleon; ~ **gas** *vegy* nukleongáz; ~ **number** *at* tömegszám, atomszám; ~ **shell** *at* nukleonhéj; ~ **spin** *at* nukleonspin; ~**s radiation energy** *at* nukleon sugárzási energiája; ~**-**~ **scattering** *at* nukleon-nukleon-szórás

nucleonic *at* nukleáris, mag-, magfizikai; nukleonikus, atommag-fizikai, atommag-technikai; ~ **charge** *at* nukleontöltés, magtöltés; ~ **field** *at* nukleon tere; ~ **isobar** *at* (mag)izobár

nucleonics nukleonika, magtechnika

nucleoprotein *vegy* nukleoproteid

nucleoside *vegy* nukleozid

nucleosynthesis *at* magfúzió

nucleotides *vegy* nukleotidok, nukleozid-foszfátok

nucleus *at, fiz* mag; sejtmag, nukleusz; *csill* (üstökös)mag; *ép* városmag; *koh* csíra; *krist* góc; kristálygóc; kristályosodási góc; *szt* magfüggvény, mag; ~ **formation** *koh* csíraképződés; *krist* gócképződés; ~ **formation energy** *krist* gócképződés energiája; ~ **frequency** *krist* gócgyakoriság; ~ **growth** *krist* gócnövekedés; ~ **interaction** *krist* góckölcsönhatás; ~ **of cell** *at, fiz* sejtmag, nukleusz, karion; ~ **of condensation** *koh* kondenzációs mag; ~ **of crystal** *krist* kristálygóc; kristályosodási góc; ~ **of the planetary nebula** *csill* központi csillag, csillagköd magja; ~ **plate** *krist* góclemez; ~**-seeking** *vegy* magkereső; ~ **selection** *krist* gócképződési szelekció; ~ **shell structure** *at* maghéjszerkezet; ~ **surface** *krist* gócfelület

nuclide *at* nuklid
nuclidic mass *at* nuklidtömeg
nude ga(u)ge tube *el* bemerülő mérőcső
nugget *ásv* aranyrög; *önt* ömledéklencse; ~ **shape** *önt* ömledéklencse-alak
nuisance *ép, környv* szennyezés, terhelés; *környv* ártalom; ~ **ground** szemétlerakó telep/hely
nuke *kat* atomfegyver, nukleáris fegyver; nukleáris robbanótest
null *mat* gyök, nullafüggvény, zérushely *(polinomé v. függvényé)*; ~ **balance** *aut, el* nullakiegyenlítés; ~**-balance device** *aut, el* nullázó készülék; ~**-balance indicator** *el* nullázóműszer, zéruspontjelző, zéruspont-indikátor; ~ **balancing** *el* zérusra/nullára való kiegyenlítés; ~ **circuit** *el* kompenzációs áramkör/nullázó; ~**-class** *mat* üres osztály, nullosztály; ~ **coil magnetometer** *el* zérustekercses magnetométer; ~ **detector** *el* nullázóműszer, zéruspontjelző, zéruspont-indikátor; zéruspontdetektor; ~ **device** *el* zéruspontjelző készülék; ~ **drift** *el* nullponthiba, zérusponthiba; ~ **function** *mat* nullafüggvény, zérusfüggvény *(majdnem mindenütt nullával egyenlő)*; ~**(-)geodesic** *geod* kezdő geodéziai vonal; ~**-gravity** *fiz* súlytalanság (állapota); ~ **hypothesis** *mat* nullahipotézis; ~ **indicating device** *el* zéruspontot/zérushelyzetet jelző készülék; *el, fiz* nullaindikátor, nullindikátor; nullázóműszer, zéruspontjelző, zéruspont-indikátor; ~ **instrument** *el* nullázóműszer, zéruspontjelző, zéruspont-indikátor; ~ **matrix** *mat* zérusmátrix, nullmátrix; ~ **method** *el* nullamódszer, nullázó/kompenzációs módszer; ~ **off-set** *aut* integráló szabályozás; ~ **operator** *fiz* nullaoperátor; ~ **plane** *mat* teljesen izotrop sík, nullasík, ametrikus sík; ~ **point** *mat* nullapont; ~**-point synchronization** *félv* nullapontszinkronozás; ~**-reading instrument** *el* nullázó műszer; ~**-reference path** *rep* nulla vonatkoztatású siklópálya; ~ **relation** *mat* üres reláció; ~ **set** *mat* nulla mértékű halmaz, nullahalmaz; üres halmaz; ~ **solution** *mat* nullamegoldás; ~ **statement** *szt* üres utasítás; ~ **surface** *mat* teljesen izotrop felület, nullafelület, ametrikus felület; ~**-type bridge circuit** *el* zéruspontjelzéses hídkapcsolás; ~**-type direction finder** *fiz* minimumkereső iránymérő; ~ **valence** *vegy* nullavegyérték; ~ **vector** *mat* nullvektor, zérusvektor
nullary function *mat* nullváltozós függvény
nullator *el* nullátor
nullify *mat* nullára redukál
nulling *el* nullázás
nullity *mat* nullitás
nullode *el* nullóda, elektróda nélküli cső
nullor *el* nullor
number I. *v* (meg)számoz; **II.** *n* szám; *fiz* rendszám, magtöltésszám; ~ **by weight** *tex* súly szerinti számozás *(fonalfinomság)*; ~ **code** *mat* számkulcs, numerikus kód; ~ **coding** *mat, szt* számkódolás; ~ **couple** *mat* számpár; ~ **cruncher** „számdaráló" *(a szuperszámítógép nem hivatalos elnevezése)*; ~ **density** *at* térfogategységre eső részecskeszám; ~ **density of molecules** *fiz* molekulasűrűség, térfogategységben levő molekulák száma; ~ **domain** *mat* számtartomány; ~ **field** *mat* algebrai számtest; ~ **group** *mat* számcsoport; ~**-indicating disk** *távk* számkerék; ~ **in fixed-point representation** *szt* fixpontos szám; ~ **in floating-point representation** *szt* lebegőpontos szám; ~ **interval** *mat* számköz; ~ **notation** *aut* számjelábrázolás; ~ **of air changes per hour** *ép* légcsereténvező; ~ **of ampere-turns** *el* ampermenetszám; ~ **of card** *tex* kártyarapport; ~ **of cloth** *élip* szitaszövetszám; ~ **of condensation nuclei** *fiz* kondenzációs magok száma; ~ **of conductors** *el* vezetékek száma, érszám, vezetékszám; ~ **of crew** *bány* műszaklétszám; ~ **of cycles** *el* ciklusszám; hertz, periódusszám; ~ **of cycles per day** *ol* ciklusszám; ~ **of cycling** *aut* lengésszám; ~ **of cyclings** *aut, gép* forgatási ciklusok száma; ~ **of degrees of freedom** *aut, fiz* szabadságfokok száma; ~ **of dents** *tex* bordasűrűség; ~ **of (double) strokes** *ol* mélyszivattyú-löketszám; ~ **of drawing stages** *koh* húzási fokozatok száma; ~ **of electrostatic lines of force** *el* elektrosztatikus tér erővonalszáma; ~ **of elements per unit area** *aut* elemsűrűség; ~ **of ends** *tex* lánc(fonal)sűrűség; ~ **of exciting turns** *el* gerjesztőmenet-szám; ~ **of flights** *ép* emeletek száma; ~ **of gang** *bány* műszaklétszám; ~ **of gears** *gépk* sebességfokozatok száma; ~ **of germs** *hidr* csíraszám; ~ **of impacts** *hidr* ütések száma; ~ **of lines** *tv* sorszám; ~ **of meshes** *pa* csomószám *(szitáé)*; ~ **of moles** *vegy* mólszám; ~ **of oscillations** *mech* lengésszám; ~ **of outside-air changes** *ép* légcsereténvező külső levegőre vonatkoztatva; ~ **of particles** *at* részecskeszám; ~ **of passes** *heng* szúrásszám; ~ **of permanent staff** *ip* állományi létszám; ~ **of picks** *tex* vetüléksűrűség; ~ **of picks to the round (of pattern)** *tex* vetülékismétlődés, vetülék-mintaelem; ~ **of plates** *vegy* tányérszám; ~ **of practical/real plates** *vegy* valódi/tényleges tányérszám/tálcaszám; ~ **of revolutions** *aut, el, gép* fordulatszám; ~ **of sections/steps** *el* fokozatszám; ~ **of sprinkler laterals** *hidr* szárnyvezetékek száma; ~ **of stitches** *tex* öltésszám; ~ **of sucker rod tapers** *ol* rudazatlépcsők száma; ~ **of theoretical plates/trays** *vegy* elméleti tányérszám; ~ **of turns (NOT)** *el* menetszám; ~ **of underground workers** *bány* föld alatti létszám; ~ **of vibration** *geol* önrezgésszám; ~ **of wires** *koh* szálszám; ~ **of yarn** *tex* fonalfinomsági szám; ~ **pair** *mat* számpár; ~ **period** *aut* számperiódus; ~ **pi/π** *mat* Ludolf-szám; π; ~ **plane** *mat* komplex (szám)sík, Gauss-féle számsík; ~**-plate** *gépk* rendszámtábla; ~ **plate lamp** *gépk* rendszámtáblalámpa; ~**-received signal** *el* „választás vége" jel; ~ **representation** *aut, szt* számábrázolás; ~ **representation in instruction code** *aut, szt* számábrázolás az utasításkódban; ~ **representation system** *mat* számrendszer *(n-es alapú)*; ~ **represented with a floating point** *szt* lebegőpontos (szám)ábrázolás; ~ **ring** *mat* számgyűrű; *távk* számlap; ~**s** számadatok; ~ **scale** *mat* számsor(ozat); ~ **set** *mat* számhalmaz; ~ **switch** *távk* szám- és jelváltó; ~ **symbol** *mat* számjegy; ~ **symbolism** *mat* számszimbolika; ~ **system** *mat, szt* (gépi) számrendszer; ~ **system base** *mat* számrendszer alapja; ~ **theory** *mat* számelmélet; ~ **triangle** *mat* Pascal-féle háromszög; ~**-unobtainable tone (NU tone)** *távb* hibásvonal-jelző hang, foglaltvonal-jelző hang
numbered számozott; ~ **card** *szt* számozott kártya
numbering (sor)számozás; *távk* számkiosztás; ~ **die** *szersz* számozó bélyegzőszerszám; ~ **head** *szersz* számozófej; ~ **scheme** *távk* számmező, egységes számrendszer

numeral I. *a* számokból álló; szám-; **II.** *n* számnév; szám(jegy); ~ **display/indicator** *aut* számkijelző; ~ **system** *mat* számrendszer *(n-es alapú)*
numeration (system) *mat* számrendszer *(n-es alapú)*
numerator számozó *(munkás)*; *mat* számláló *(törté)*; ~ **polynomial** *mat* számláló polinom
numeric(al) számszerű; szám szerinti; numerikus; számjegyes; ~ **accounting machine** *ip* számíró könyvelőgép; ~ **algebra** *mat* numerikus algebra; ~ **analogue** *szt* digitál-analóg; ~ **analysis** *mat, szt* numerikus analízis; ~ **aperture (NA)** *opt* numerikus apertúra; ~ **calculation** *mat, szt* numerikus számítás; ~ **calculus** *mat* numerikus számítás/eljárás; ~ **characteristics of measurement results** mérési eredmények számjegyadatai; ~ **check** *mat* próba, behelyettesítés, számítás próbája, numerikus ellenőrzés; ~ **code** *szt* numerikus kód, számjegykód; ~ **coded instruction** *szt* numerikusan kódolt utasítás; ~ **coding** *szt* numerikus/számjegyes kódolás; ~ **collator** *aut* koincidenciajel; ~ **comparison** számszerű összehasonlítás; ~ **computation** *szt* numerikus számítás; ~ **computation schemes** *szt* numerikus számítási vázlat; ~ **constant** *mat* numerikus állandó; ~ **control (NC)** *aut, gép* numerikus/digitális/számjegyes irányítás/vezérlés/szabályozás; ~ **control of tools** *aut, gép* szerszámgépek numerikus vezérlése; ~ **counting of multiple integrals** *szt* többváltozós integrálok numerikus kiszámítása; ~ **data** *mat, szt* numerikus adatok/értékek, számértékek; számszerű adatok; ~ **data processing** *szt* numerikus adatfeldolgozás; ~ **differentiation** *mat* numerikus differenciálás; ~ **display** *aut, szt* számjegyes információábrázolás/kijelzés; ~ **display tube** *el* numerikus kijelzőcső/display; ~ **entry** *szt* numerikus bevitel; ~ **equation** *mat* numerikus egyenlet; ~ **fault** *szt* számszerű hiba; ~ **field** *mat* numerikus mező; ~ **fraction** *mat* törtszám; ~**-graphic method** *aut* numerikus-grafikus módszer; ~ **handprinting** numerikus kézírás; ~ **impulse** *el* numerikus impulzus; ~ **integration** *szt* numerikus integrálás, kvadratúra, közelítő integrálás; ~ **item** *szt* numerikus adatszó; ~ **iteration** *at* numerikus iteráció; ~ **key** számjegybillentyű; ~ **keyboard/keypad** *szt* numerikus billentyűzet; ~ **machine program** *at* numerikus gépi program; ~ **machine tool control** *aut, gép* szerszámgépek számjegyes vezérlése, számjegyes szerszámgépvezérlés; ~ **mathematics** numerikus matematika; ~ **methods** numerikus módszerek, numerikus eljárások; ~ **move** numerikus adatátvitel; ~ **notation** gépi számrendszer; ~ **positional control system** *aut* digitális helyzetszabályozó rendszer; ~ **positioning control** *aut* numerikus/számjegyes helyzetvezérlés; ~ **print control** *aut* numerikus nyomtatásvezérlés; ~ **procedures** *szt* numerikus módszerek/eljárások; ~ **process control system** *aut* numerikus/digitális folyamatirányító/folyamatvezérlő rendszer; ~ **punching** *aut* numerikus lyukasztás; ~ **quantity** *mat* numerikus mennyiség; ~ **readout system** *aut* numerikus leolvasórendszer; ~ **reliability analysis** megbízhatóság mennyiségi elemzése; ~ **reservoir modelling/simulation** *ol* numerikus tárolószimuláció; ~**s** numerikus adatok/értékek, számértékek; ~ **selection** *távb* számjegyválasztás *(tárcsázásnál)*; ~ **selector** *távb* számjegyválasztó gép; ~ **semi-implicit simulation** *ol* numerikus szemiimplicit szimuláció; ~ **setting up** *aut* numerikus beállítás; ~ **signal** *aut* numerikus jel; ~ **solution** *mat* numerikus megoldás; ~ **sorting** *aut* numerikus válogatás; ~ **stability** *szt* numerikus stabilitás; ~ **ten-key keyboard** *irgép* numerikus tízes billentyűzet; ~**-type bar** *irgép* számírókar *(statisztikai gépen)*; ~ **value** *aut* numerikus érték, számérték; *mat* számszerű érték; ~ **value of the vector** *mat* vektor hossza
numerically controlled *aut* numerikusan vezérelt, számjegyvezérlésű
nummulites *geol* nummuliteszek
nummulitic limestone *geol* nummuliteszes mészkő
nuova *tex* sapp-hulladékfonal, selyemhulladék-fonal
nurse (wood) védőfa
nursery | furniture *fa* gyermek(szoba)bútor; ~ **pond** *hidr* hizlalótó; ~ **tree** faiskolai csemete
Nusselt number (Nnu) *fiz* Nusselt-szám
nut *bány* diószén; *gép* (csavar)anya; ~ **and column** *koh* anya és oszlop *(hidraulikus kovácssajtón)*; ~ **arbor** *forg* menetes tüske anyával; ~ **bolt** *gép* anyáscsavar; ~**-brown** dióbarna; ~**-burring machine** *gép, szersz* csavaranya-sorjázó gép; ~ **cam** *gép* csavaranyazáró bütyök; ~ **coal** *bány* diószén; ~ **key** *szersz* csavarkulcs; ~ **lathe** *forg* anyaggyártó eszterga; ~ **oil** *élip* dióolaj; ~ **plier** *szersz* csavaranyafogó *(egyszárú)*; ~ **press** *gép* csavaranyaprés; ~ **runner/setter** *szersz* csavaranya-behajtó; ~ **running attachment** *szersz* csavarbehajtó előtét; ~**s** *pl bány* diószén; ~ **switch** *el* miniatűr kapcsoló; ~ **tap** *gép* csavaranya-menetfúró; ~ **torque** *fiz, gép* csavaranya-meghúzó nyomaték; ~**(-type) insulator** *el* diószigetelő; ~ **wrench** *szersz* nyolcaskulcs
nutation *geod* nutáció; ~ **constant** *aut* nutációs állandó
nutmeat *élip* dióbél, ehető olajos magbél
nutmeg szerecsendió; ~ **butter** *élip* szerecsendióvaj; ~ **oil** *élip* szerecsendió-olaj
nutrient | chain *hidr* élelmi lánc; ~ **composition** *hidr* tápanyag-összetétel; ~ **content** tápanyagtartalom; ~ **deficiency** tápanyaghiány; ~ **enrichment** tápanyagdúsulás; ~**s** tápanyagok; ~ **substance** *hidr* táplálék; ~ **uptake** tápanyagfelvétel
nutritionist élelmezési szakértő/kutató
nutted-up *gép* anyával rögzített
nuvistor *el* nuvisztor
NV → nominal value
n.v. → non-volatile
NVR → no voltage release
nylon nejlon; ~**-acetone test** *tex* nejlon-acetonpróba; ~ **monofilament** nejlonmonofil; ~**-mousse** kreppnejlon, hullámosított nejlon; ~ **staple** nejlonszál; ~ **yarn** nejlonfonal
Nyquist | criterion *aut, távk* Nyquist-féle kritérium; ~ **curve** *aut* Nyquist-diagram; ~ **demodulator** *aut* Nyquist-demodulátor; ~ **diagram** Nyquist-diagram; helygörbe; ~ **flank** Nyquist-oldal; ~ **method** Nyquist-módszer; ~ **noise** *el* Nyquist-zaj; ~ **plane** Nyquist-sík; ~ **plot** Nyquist-féle görbe, amplitúdó-fázis jelleggörbe; ~ **point** Nyquist-pont; ~**'s stability criterion** *aut* Nyquist-kritérium, Nyquist-féle stabilitáskritérium

O

O → oxygen (O); *mat* nulla, zérus; ~**-datum** *geod* vonatkoztató alapsík, nullaszint
OA → office automation; → output axis; → outside air; → overall
o.a.d. → overall dimensions
oak *fa* tölgy(fa); tölgy-; ~**-bark coppice** *bőr* hántótölgyerdő; ~**-tanned** *bőr* tölgycserzésű; ~**-tanned leather** *bőr* tölgycserzésű bőr; ~**-wood** *fa* tölgyállomány; tölgyfa; ~**-wood bark** *fa* tölgyfakéreg
oakum kóc; tömítés; *pa* kenderkötélből készült rost; *tex* csepű, szösz
OAO → orbiting astronomical observatory
oar I. *v hajó* evez; **II.** *n élip* kavarókampó *(sörfőzéshez)*; *hajó* evező(lapát); ~**-shaft** *hajó* evezőlapátnyak
oarlock *hajó* evezővilla
oary *hajó* evező alakú
oast(-house) *élip* komlószárító, malátaszárító, dohányszárító
oat *élip* zab; ~ **crusher** *élip* zabdaráló, zabtörő gép
oatfeed *élip* zabkorpa
oatmeal *élip* zabliszt, zabdara; zabpehely; ~ **paper** *pa* falisztpapír
OB → observation balloon; → outside broadcast(ing)
Obach cell *el* Obach-cella, Obach-elem
obconic(al) *mat* fordított kúp alakú
OBD → omnibearing-distance (navigation)
OBE → operating basis earthquake
obelisk *ép* obeliszk; *nyom* kereszt *(utalás jegyzetre)*
obfuscate elsötétít, elhomályosít
obfuscation elsötétítés, elhomályosítás
OBI → omnibearing indicator
object tárgy, dolog; szándék; cél; feladat; akadály; kifogás, ellenvetés; *kat* célanyag, target, céltárgy, objektum; *rep* cél, tárgy; ~ **address register** *szt* tárgycímregiszter; ~ **architecture** *szt* tárgyfelépítés, tárgyorientált felépítés; ~ **carrier** *bány* tárgylemez; *finm, opt* tárgyasztalka, tárgylemez *(mikroszkópon)*; ~ **code** *szt* tárgykód; ~ **command** *szt* tárgyutasítás; ~ **computer** *szt* (tárgy)programfuttató számítógép; ~ **data** *szt* tárgyadat; ~ **deck** *szt* tárgyprogram-kártyacsomag; ~ **detection** *kat, rep* tárgyfelderítés *(lokátorral)*; ~ **distance** *kat, rep* tárgytávolság; ~ **function** *mat* kiindulási függvény, célfüggvény, tárgyfüggvény; ~**-glass** *opt* objektív, tárgylencse; ~ **instruction** *szt* tárgyutasítás; ~ **language** *szt* tárgynyelv; ~**-line** *opt* kontúrvonal; ~ **machine** *szt* tárgygép, célgép; ~ **micrometer** *metr* tárgymikrométer; ~ **module** *szt* tárgymodul; ~ **module library** *szt* modulkönyvtár; ~ **of functioning** *aut* működési cél; ~ **of measurement** *metr* mérési cél; ~**-oriented architecture** → ~ architecture; ~**-oriented language** *szt* tárgyorientált nyelv; ~**-oriented methods** *szt* objektumalapú módszerek; ~**-oriented programming (OOP)** *szt* objektumorientált programozás, OOP; ~ **pack** *szt* tárgycsomag; ~**-perceived colo(u)r** *opt* kötött szín/színérzet; ~ **plane** *opt* tárgysík; ~ **platform** *opt* tárgyasztalka, tárgylemez *(mikroszkópon)*; ~**-point** *opt* tárgypont; ~ **program** *szt* tárgyprogram, célprogram; ~ **program card deck** *szt* tárgyprogramkártya csomag; ~ **program instruction** *szt* tárgyprogram-utasítás; ~ **ray** *opt* képsugár, képalkotó sugár; ~ **time** *szt* programlefutási idő
objection kifogás, reklamáció
objective I. *a* tárgyi; tárgyilagos, objektív; **II.** *n* feladat; cél(pont); *opt* tárgylencse, objektív; ~ **analysis** *met* objektív/numerikus analízis; ~ **cap** *opt* objektívfedő sapka; ~ **casing** *opt* objektívfoglalat; ~**-changer** *opt* tárgylencsecserélő, tárgylencseváltó, objektívváltó (fej); ~ **colorimetry** *metr* fényelektromos kolorimetria/színméres; ~ **function** *mat* célfüggvény; ~ **grating** *opt* objektívrács; ~ **lens** *opt* objektívlencse, tárgylencse; ~ **measurement** *met* objektív mérés; ~ **mirror** *opt* főtükör; ~ **photometer** *opt* objektívfénymérő; ~ **quality evidence** *any* minőséget bizonyító objektív adatok; ~ **variable** *aut* objektív/valóságos jellemző, kisegítő szabályozott jellemző; ~ **words identity** *aut* objektív szóazonosság
oblate *any* (sarkain) összelapított, összenyomott, belapult; ~ **distortion** *el* lapos ellipszoid torzítás; ~ **ellipsoid** *mat* lapos ellipszoid; ~ **rotation ellipsoid,** ~ **spheroid** *krist, mat* lapult rotációs ellipszoid
oblateness *geol* lapultság *(földgömbé)*
oblique ferde (tengelyű), rézsútos, átlós; oldalsó; közvetett; ~ **aerial photograph/survey** *geod* ferde tengelyű *v.* ferdeszögű légi felvétel *v.* fotogrammetriai fénykép; ~ **air photography** *rep* ferde tengelyű fotogrammetriai légi fényképezés; ~ **angle** *mat* ferdeszög; ~**-angled triangle** *mat* ferdeszögű háromszög; ~ **arch** *ép* ferde boltozat/boltív; ~ **ascension** *geod* ferde aszcenzió, geocentrikus hosszúság; ~ **bedding** *geol* ferde település; ~ **belt** *gép* keresztezett hajtószíj; ~ **bending** *alak* ferde hajlítás; ~ **bond** *ép* átlós/ferde kötés, halszálkakötés; ~ **butt joint** *gép* ferdén élezett illesztés; ~ **chisel-hammer** *szersz* nyeles ferdevágó; ~ **cogging** *ép* ferde rovás; ~ **coordinates** *mat* ferdeszögű koordináták; ~ **cracking** *ép* ferde repedésképződés; ~ **depression** *hidr* harántsüllyedék; ~ **depth** *geof* ferde mélység; ~ **dispersion of bisectrices** *krist* biszektrixek ferde diszperziója; ~ **extinction** *krist* ferde kioltás/extinkció; ~ **filled weld** *heg* ferde varrat; ~ **frame of axes** *mat* ferdeszögű koordinátarendszer; ~ **ground sample** *any* ferde csiszolat; ~ **halved joint (with butt ends)** *ép* ferde lapolás *(fakötés)*; ~ **head** *műa* ferde extruderfej; ~ **illumination** *foto* ferdeszögű megvilágítás; ~ **impact** *mech* ferde ütközés; ~**-incidence method** ferde fénybeeséses módszer *(feszültségoptikában)*; ~**-incidence transmission** *távk* irányított térhullámos adás; ~ **lamination** *geol* ferde rétegeződés; ~ **microsection** *any* ferde csiszolat; ~ **mining** *bány* átlós művelés; ~ **offset** *geod* alapvonaltól mért nem merőleges távolság; ~ **photograph** → ~ aerial photograph; ~ **pillow-block bearing** *gép* ferde síkú csapágy; ~ **plane** *mech* ferde sík; ~ **polished sample** *any* ferde csiszolat; ~ **prism** *mat* ferde hasáb; ~ **projection** *mat* ferde vetület; ~ **pyramid** *mat* ferde gúla; ~ **ray** *fiz* tengelykitérő/ferde sugár; ~ **scarf-joint** *fa* ferdefogas rálapolás; ~ **shock wave** *mech* ferde lökéshullám; ~ **shooting** *bány* ferde lyukrobbantás; ~ **strophoid** *mat* ferde sztrofoid; ~ **system** *krist*

monoklin rendszer; ~ **triangle** *mat* ferdeszögű háromszög; ~ **two-dimensional lattice** *krist* általános hálózat; ferdeszögű síkrács; ~ **view** *foto* ferdeszögű fényképfelvétel; ~ **visibility** *rep* ferde látástávolság; ~ **weir** *hidr* ferde bukó; ~ **wing wall** *ép* ferde szárnyfal; ~ **wire** *pa* lejtős/ferde szita

obliquely ferdén, rézsútosan; ~ **cut piston ring** *gépk* dugattyúgyűrű ferde felvágással

obliquity ferdeség, rézsútosság; dőlés, eltérés a merőlegestől; ~ **factor** *fiz* Fresnel-féle elhajlási tényező; ~ **measurement of shafts** *bány* aknaferdeség-mérés; ~ **of the shaft lining** *bány* falazatferdülés

obliterate kiirt; megsemmisít; *nyom* kitöröl, kihúz

obliterating oscillator *el* törlőgenerátor

obliteration kiirtás; megsemmisítés; *geol* eliszaposodás *(tóé)*; *nyom* törlés, kihúzás; ~ **point** *foto* megsemmisülési pont *(retusvegyhatási fok)*

oblong I. *a mat* téglalap alakú, hosszúkás; **II.** *n mat* téglalap; ~ **aperture** *forg* hosszlyuk, hosszúkás furat; ~**-mesh reinforcement** *ép* hálóvasalás hosszirányban nyújtott hálóosztással; ~ **paper** *pa* derékszögű papírív

OBM → Ordnance Bench Mark

OBS → omnibearing selector

obscuration *opt* elsötétedés, elhomályosulás; elsötétítés, elhomályosítás

obscure I. *v opt* elsötétít, elhomályosít; eltakar; **II.** *a* bizonytalan, határozatlan; *opt* tompa *(szín)*; ~ **radiation** *fiz* sötétsugárzás

obscured *opt* eltakart, elhomályosított, elmosódott, bizonytalan; ~ **glass** *üveg* opálüveg, tejüveg; ~ **point** *távk* eltakart pont *(hullámterjedés elől)*

obsequent *geol* obszekvens, rétegek dőlésével ellentétes irányú; ~ **valley** *geol* obszekvens völgy

observability *met* megfigyelhetőség, észlelhetőség

observable I. *a* megfigyelhető, mérhető; **II.** *n* megfigyelhető/mérhető mennyiség

observation megfigyelés, észlelés; *metr* leolvasás; ~ **aircraft** *kat* felderítő repülőgép *(könnyű, tüzérségi)*; ~ **angle** *kat* megfigyelési szög; ~ **apparatus** *geod* szemlélőberendezés *(térképező műszeren)*; ~ **balloon (OB)** *rep* megfigyelő léggömb; ~ **borehole** *bány* észlelőfúrás; ~ **by mirror** megfigyelés tükörben; ~ **car** *vasút* kilátókocsi; ~ **circuit** *el* ellenőrzőkészülék; *távb* lehallgató áramkör; ~ **desk** *tv* ellenőrzőasztal, ellenőrzőpult; ~ **error** megfigyelési hiba; ~ **grid** *geod* fixponthálózat; ~ **hole** nézőke, megfigyelőnyílás; ~ **instrument** *kat* figyelőkészülék; ~ **lamp** *aut* felügyelőlámpa; ~ **mirror** *metr* megfigyelőtükör; ~ **network** *rep* megfigyelőhálózat; ~ **platform** *geof* észlelőállvány; ~ **point** *geof* észlelőhely, észlelőpont; *közl* forgalomszámláló hely; ~ **port** *metr* vizsgálónyílás; ~ **post (OP)** *kat* figyelőőrs; ~ **service** *kat* felügyeleti szolgálat; ~ **slit** kémlelőnyílás; *kat* figyelőrés *(harckocsin)*; ~ **stop** *gép* mozgó mutatóütköző; ~ **tower** *rep* meteorológiai megfigyelőtorony; ~ **well** *hidr* észlelőkút; megfigyelőkút; ~ **window** megfigyelőablak

observational (meg)figyelő, megfigyelésen alapuló; ~ **measurement** *metr* kvalitatív/minőségi mérés; ~ **network** *met* megfigyelőállomás-hálózat

observatory *csill* csillagvizsgáló (intézet), obszervatórium; *met* megfigyelőállomás

observe megfigyel, észrevesz, észlel

observed megfigyelt; észlelt; ~ **anomaly** *geof* valóságos/észlelési anomáliaérték; ~ **data** *rep* észlelt adatok; ~ **failure rate** megfigyelt meghibásodási ráta; ~ **gamma-percentile life** *at* megfigyelt gamma-százalékos élettartam; ~ **gravity** *fiz* mért nehézségi erő *v.* gravitáció; ~ **mean life** megfigyelt élettartam; ~ **mean time between failures, MTBF** megfigyelt átlagos meghibásodások közötti idő; ~ **mean time to failure, MTTF** megfigyelt átlagos működési idő; ~ **reliability** megfigyelt megbízhatóság; ~ **reliability characteristic** megbízhatósági jellemző megfigyelt értéke, megfigyelt megbízhatósági jellemző; ~ **threshold** *el* megfigyelt küszöbérték; ~ **value of the parameter** *aut* paraméter megfigyelt értéke

observer (meg)figyelő; észlelő

observing I. *a* megfigyelő; észlelő; **II.** *n* megfigyelés, észlelés; ~ **slit** *ép* megfigyelőrés *(távcső kupolájáé)*; ~ **stand** *geod* (gúla)műszerállvány; (műszer)álláspont, mérőállás

obsidian *ásv* obszidián

obsolescence (el)avultság, korszerűtlenség; ~ **audit** *ip* avulás következtében előálló veszteségek elemzése

obsolete elavult, korszerűtlen; *opt* elmosódott *(szín, minta)*

obstacle akadály; ~**-avoidance laser system** *aut* összeütközés-elhárító lézerrendszer; ~ **beacon** *rep* akadályjeladó; ~ **clearance altitude/height (OCA/OCH)** *rep* akadályok feletti legkisebb biztonságos magasság; ~ **clearance limit (OCL)** *rep* akadálymentesség határa; ~**-clearance line** *rep* akadály-határvonal; ~ **clearance surface (OCS)** *rep* akadálykorlátozási felület; ~ **clearing** *rep* akadálytalanítás, akadályok eltávolítása; ~ **detection** *aut* akadályjelzés, akadálymegállapítás; ~ **flag** *rep* akadályjelző zászló; ~ **indicator** *rep* akadályjelző; ~ **light** *rep* akadályfény

obstruct gátol, elzár, eltöm, eldugaszol; elzáródik, eldugul, eltömődik

obstruction akadály, gát(lás); elrekesztés, eltömés; eltömődés, eldugulás; ~ **clearance** *rep* akadályok feletti magasság; ~ **light(s)** *közl, rep* akadályjelző lámpa/határfény, akadályfény; ~ **marker** *rep* akadályjelző; ~**-marking surface** *rep* akadálymentességi jelzőfelület; ~ **meter** *ol* szűkítőelemes mérő; ~ **to traffic** forgalmi akadály

obtain *bány* kinyer, jöveszt; ~ **patents** *ip* szabadalmakat megszerez

obtaining I. *a bány* jövesztő; **II.** *n bány* jövesztés; lefejtés

obtruncate *alak* csonkra vág; *mat* lecsonkít *(kúpot)*

obturate eltöm, elzár, eldugaszol, elrekeszt; eldugul, eltömődik

obturated elzárt, elrekesztett; eldugult, eltömődött

obturating I. *a* elzáró, tömítő; **II.** *n* elzárás, eltömés, (el)dugulás, eltömődés; ~ **ring** *gép* olajvisszatartó/olajelzáró gyűrű

obturation elzárás, eltömés; eldugulás, eltömődés

obturator *gép* tömítőgyűrű, olajelzáró gyűrű; zár, rekesz, dugasz; *hidr* fojtószerkezet; *kat* gáztömítő; ~ **filling-in disc/disk** *kat* gáztömítő tárcsa; ~ **head** *kat* gáztömítő orsófej; ~ **ring** *kat* gáztömítő gyűrű; ~ **spindle** *kat* gáztömítő orsó

obtuse *mat* tompa; ~ **angle** *mat* tompaszög; ~**-angled triangle** *mat* tompaszögű háromszög; ~**-angle level gearing** *gép* tompaszögű kúpkerékáttétel; ~ **bisec-**

trix *krist* tompa biszektrix; ~ **triangle** *mat* tompaszögű háromszög
obverse I. *a gép, mat* ellenkező; szemben levő, másik *(oldal)*, kiegészítő, ellentétes; **II.** *n* másik oldal; megfelelője, ellentéte *(vminek)*; előlap *(érmée)*; *gép* előlap; *pa* felső oldal
OC → open circuit; → operating characteristic; → overcharge; → overcharging
O/C → open collector
OCA → obstacle clearance altitude
OCB → oil circuit-breaker
OCC → occulting light; → operating characteristic curve
occasional alkalmi, véletlen; esetleges; esetenkénti; ~ **maintenance** *gép* alkalomszerű karbantartás; ~ **reversal of electrodes** *el* elektródok időszakos átváltása; ~ **showers** *pl met* szórványos esőzés; ~ **table** *fa* bárhová állítható asztalka, kisasztal
occlude elzár, eltöm, betöm; bezár, zárványt tartalmaz; *met* felzárkózik, okkludál; *vegy* elnyel, abszorbeál, felszív, beszív
occluded *krist* bezárt, okkludált, elnyelt, abszorbeált; elzárt, eltömődött; ~ **cyclone/depression** *met* okkludált ciklon; ~ **front** *met* okklúziós/emelt front; ~ **gas** *ol* okkludált gáz, gázzárvány(ban levő gáz); ~ **wound** *fa* benőtt seb
occlusion bezáródás, elzáródás; elzárás, eltömés, (el)dugulás, eltömődés; elzártság; *krist* zárvány; *met* felzárkózás, okklúzió; *vegy* elnyelés, felszívódás, abszorpció; ~ **capacity of the electrode** *el* elektród gázelnyelő képessége; ~ **compound** *ol* klatrát, okkluziós vegyület, addukt; ~ **of gas** *félv* gázzárvány
occlusive elzáró, tömítő; elzáródó; *vegy* elnyelő, abszorbeáló
occult *csill* elfed, elhomályosít; elhomályosodik; *opt* ki-kialszik *(fény)*
occultation *csill* elfedés, (el)takarás, fogyatkozás *(égitesté)*
occulting I. *a csill* takaró, elhomályosító; *rep* ki-kialvó *(fényjel)*; **II.** *n csill* elfedés, elhomályosítás; ~ **light (OCC)** *opt* szaggatott fény; *rep* felvillanó fény
occupation foglalkozás; *távb* foglaltság; ~ **efficiency** *távb* foglaltsági tényező; ~ **factor** *krist* betöltési faktor; ~ **number** *at* foglaltsági/betöltési szám; ~ **probability** *krist* betöltés valószínűsége; ~ **road** *közl* bejáróút
occupational foglalkozással kapcsolatos, foglalkozási; ~ **accident** *ip* üzemi baleset; ~ **disease** foglalkozási betegség; ~ **dose** *at* foglalkozásszerű dózis; ~ **exposure/irradiation** *at* foglalkozási sugárterhelés/expozíció, foglalkozásból eredő besugárzás
occupied *krist* betöltött; *távb* foglalt; ~ **state** *el, krist* betöltött állapot; ~ **track** *vasút* foglalt vágány; ~ **zone** *at* tartózkodási zóna *(az a sugárzási terület, ahol személyek még tartózkodhatnak)*
occupy elfoglal; betölt; foglalkoztat
occur megtörténik, előfordul
occurrence esemény, történés; előfordulás; *bány* lelőhely, előfordulás; ~ **in beds** *bány* telepes előfordulás; ~ **in veins** *bány* teléres előfordulás; ~ **of sparks** *el* szikraképződés
ocean *geol* óceán, nagy tenger; ~ **cable** *távk* tenger alatti kábel; ~ **deep** *geol* mélytengeri mélység(ek); ~**-going** *hajó* óceánjáró; ~ **trough** *geol* tengerárok
oceanic *geol, met* óceáni; ~ **current** óceáni áramlás; ~ **trench** mélytengeri árok
oceanite *geol* oceánit
oceanity *met* oceanitás
oceanographic *geol* oceanográfiai, tengerkutatási
oceanography *geol* oceanográfia, tengerkutatás
oceanology *geol* oceanológia, tengertan
ocelot *bőr* ocelot
OCH → obstacle clearance height
ocher *US* → ochre
ochran *ásv* ochran
ochrated concrete *ép* okratbeton
ochre, *US* **ocher I.** *v tex, vegy* okkerrel befest/megfest; **II.** *a* okker(sárga); **III.** *n ásv, vegy* okker; ~**-coloured** okkerszínű
ochr(e)ous *vegy* okkeres, okkersárga
OCL → obstacle clearance limit; → operation control language
OCR → optical character recognition; → organic cooled reactor; ~**-A** *szt* géppel olvasható karakterek szabványa, OCR-A; ~**-B** *szt* géppel olvasható karakterek szabványa, OCR-B
OCS → obstacle clearance surface; → onboard checkout system; → operational call sign
octa → okta
octad *mat* nyolcas, nyolcas csoport; *vegy* nyolc vegyértékű elem/gyök
octadecanoic acid *vegy* oktadekánsav, sztearinsav
octadecanol *vegy* oktadekanol
octadecyl alcohol *vegy* oktadecilalkohol
octagon *mat* nyolcszög, oktogon; ~ **bar** *gép* nyolcszögű rúd; *koh* nyolcszögacél; ~ **ingot area** *önt* munkaállvány nyolcszögű öntecsek készítéséhez; ~**-sleeve brace** *fa* nyolcszögletes tokmányú asztalosfurdancs; ~ **steel** *koh* nyolcszögacél
octagonal *mat* nyolcszög(let)ű
octahedral *mat* nyolclapú, oktaéderes; ~ **atomic radius** *krist* oktaéderes atomsugár; ~ **class** *krist* oktaéderes osztály; ~ **copper-ore** *bány* vörösrézérc; ~ **environment** *krist* oktaéderes környezet; ~ **form** *krist* oktaéderes forma; ~ **group** *krist* oktaédercsoport; ~ **plane** *krist* oktaédersík; ~ **shear stress** *mech* háromtengelyű/oktaéderes nyírófeszültség; ~ **shear stress law** *mech* oktaéderes nyírófeszültség törvénye; ~ **symmetry** *krist, mat* oktaéderes szimmetria; ~ **system** *krist* oktaéderes elrendeződés; ~ **void** *krist* oktaéderes rácshézag
octahedrite *ásv* anatáz
octahedron *krist, mat* oktaéder, nyolclap; ~ **group** *krist* oktaédercsoport; ~ **structure** *krist* oktaéderes szerkezet
octal *mat* oktális, nyolcas számrendszerű; ~ **address** *szt* oktális cím; ~ **base** *el* oktál csőfej; ~ **code** *szt* nyolcas számrendszerű kód; ~ **notation** *mat, szt* oktális számábrázolás/írásmód; ~ **number** *szt* oktális szám; ~ **(number) system** *mat* nyolcas számrendszer; ~ **socket** *el* nyolccsapos/oktál csőfoglalat; ~**-to-binary converter** *szt* oktális-bináris átalakító/konverter
octane *ol* oktán; ~ **booster** *ol* kopogásgátló/oktánszámnövelő adalék; ~ **boosting** *ol* oktánszámnövelés, oktánszámjavítás; ~ **corrector** *gépk* előgyújtásállító skála *(elosztó alatt)*; ~ **number (ON)** *ol* oktánszám; ~ **number of blends** *ol* keverési oktánszám, keverékoktánszám; ~ **rating** → ~ number; ~ **re-**

quirement *gépk* oktánszámigény; ~ **selector** *gépk* előgyújtás-beállítás/gyújtási időpont beállítása oktánszám szerint; ~ **value** → ~ number
octangular *mat* nyolcszög(let)ű
octanoic acid *vegy* oktánsav, kaprilsav
octant *csill* égbolt nyolcadrésze; oktáns, csillagmagasság-mérő; *mat* környolcad, térnyolcad
octantal error *csill* oktánshiba, nyolcadkörös hiba
octavalent *vegy* nyolc vegyértékű
octave *hang* oktáv; ~ **analyzer** *el* oktávszűrő; ~ **coupler** *hang* dublett, oktávkapcsoló *(klaviatúrás hangszeren)*; ~ **filter** *el* oktávszűrő
octavo, 8vo *nyom* oktáv papírméret, nyolcadrét
octet *at, vegy* oktett; *szt* 8 bites bájt, oktet; ~ **shell** *at* L-héj
octode *el* októda, nyolcelektródos elektroncső
octodecimo *nyom* tizennyolcadrét *(alak)*
octoid(al) tooth *gép* oktoidális fog
octonary → octal
octopolar *el* nyolcpólusú *(hálózat)*
octopole *el* nyolcpólusú hálózat, oktopólus
octose *vegy* októz
octuple *mat* nyolcszoros; *távk* nyolccsatornás
octuplex telegraphy *távb* nyolccsatornás távírórendszer
octyl alcohol *vegy* oktilalkohol, 1-oktanol
ocular I. *a opt* szem-, szemmel kapcsolatos; **II.** *n opt* okulár; szemlencse; ~ **estimate** *metr* vizuális becslés, becslés szemmérték után; ~ **micrometer** *opt* okulármikrométer, okulárcsavaros mikrométer
oculus *ép* körablak, kerek ablak
OD → optical density; → order-disorder; → outside diameter; → overdraught
odd I. *a mat* páratlan, egyenlőtlen; **II.** *n* → odds; *mat* páratlan szám; ~ **address** *szt* páratlan cím; ~**-electron bond** *vegy* páratlan számú elektronok kötése; ~**-even check** *aut, távk* paritásellenőrzés; *szt* páratlan-páros ellenőrzés; ~**-even nuclei** *at* páratlan-páros atommagok; ~ **flight level** *rep* páratlan számozású iránymagasság *v.* repülési szint; ~**-frequency motor** *gép* nem szabványos periódusszámú motor; ~ **function** *mat* páratlan függvény; ~ **harmonics** *távk* páratlan (rendszámú) harmonikusok; ~ **leg** *mat* sánta/egyenlőtlen szárú körző; ~ **number** *mat* páratlan szám; ~**-odd nuclei** *at* páratlan-páratlan atommagok; ~**-order combination frequency** *távk* páratlan rendű kombinációs frekvencia; ~**-order modulation product** *távk* páratlan fokú modulációs termék; ~**-order waveforms** *távk* páratlan rendű hullámok; ~ **parity** *szt* páratlan paritás; ~**-parity check** *szt* páratlanparitás-ellenőrzés; ~**-pitch screw** *gép* páratlan hüvelykmenetszámú csavar; ~**-shape** különleges alakú; ~ **symmetrical non-linearity** *távk* páratlan szimmetriájú nemlinearitás; ~**-toothed** *gép* páratlan fogszámú; ~ **work** *ip* alkalmazott munka; különleges munka
oddments *pl ip* felesleg, visszamaradt árucikkek; *nyom* adalékívek
oddness különösség; *mat* páratlanság, egyenlőtlenség
odds *pl mat* esély
ODL → overlay description language
odograph *metr* odográf, mérőkerekes úthosszregisztráló, úthosszfeljegyző készülék
odometer *metr* hodométer, lépésszámláló, lépésmérő; kilométerszámláló; útmérő, úthosszmérő
odontograph *gép* regisztráló osztásmérő
odontolite *ásv* odontolit, csonttürkiz
odontometer *gép* fogosztásmérő
odor *US* → odour
odorant *vegy* illat(szer), illatosítóanyag; szagosító *(gázhoz)*
odorator *pa* porító *(folyadékhoz)*
odoriferous *vegy* illatozó, illatos, jó szagú; szagos, bűzös; ~ **matter** szaganyag
odorimetry *vegy* odorimetria, szagmérés, szagintenzitás mérése
odorization, odorizing szagosítás; ~ **of gas** gázszagosítás
odorometer *vegy* szagerősségmérő
odorometry *vegy* szagintenzitás mérése, szagmérés
odorous szagos, illatos; ~ **matter** szaganyag
odour, *US* **odor** *vegy* szag, illat; ~ **control** *vegy* szagtalanítás, bűztelenítés; ~ **index** szagindex; ~ **intensity** szagintenzitás; ~ **nuisance** szagártalom; *vegy* bűzszennyeződés; ~ **number** szagindex; ~**-resistance** *tex* ellenállás szaggal szemben; ~ **suppression** *vegy* bűzkorlátozás, szagtalanítás; ~ **threshold value** szagküszöbérték
odourless, *US* **odorless** *vegy* szagtalan
ODR → omnidirectional range
ODS → output data strobe
ODT → on-line debug tool
oedometer *talt* ödométer; ~ **test** *talt* ödométerkísérlet; ~ **test with watering** *talt* roskasztás
oellacherite *ásv* oelacherit
OEM → original equipment manufacturer
oenanthylic acid *vegy* önantilsav, n-heptánsav
oersted (Oe) *fiz* oersted (Oe)
oestradiol *biot* ösztradiol, dioxiösztrin
oestriol *biot* ösztriol, trioxiösztrin
oestrogenic *biot* ösztrogén
oestrone *vegy* ösztron, theelin, a-tüszőhormon
OF → oil filled; → oil fuel; → oxydizing flame
off I. *v alak* darabol; *hajó* kifut a nyílt tengerre; **II.** *a el* elzárt, elrekesztett; kikapcsolt; *gép* kiengedett *(fék)*; leállított, nem működő; **III.** *adv* el, messze, nagy távolságra; távol; *el* elzárva; kikapcsolva; ~**-air** *rád, tv* adásból nézett/hallgatott *(nem pl. lemezről)*; ~**-airport landing** *rep* repülőtéren kívüli leszállás; ~**-airway** *rep* légi útvonalon kívül; ~**-airway area** *rep* légi útvonalon kívüli légtér; ~**-airway routing** *rep* légi útvonalon kívüli útvonalon történő repülés; ~**-analysis iron** *koh* kondicionálatlan vas; ~**-axis** *rep* tengelyen kívüli; tengelyhez képest eltolt; ~**-axis aberration** *el* tengelyen kívüli aberráció/torzítás; ~**-axis angle** *mat* tengelyvonaltól való eltérés szöge; ~**-axis inlet** *rep* hajtómű tengelyéhez képest eltolt levegő-beömlőnyílás; ~**-balance** egyensúlyát vesztett, egyensúlyhiányos; ~**-blast period** *hőt* kemenceleállítás időtartama; ~**-cast** *önt* hibás öntésű, selejtes; ~**-centering** → ~-centring; ~**-centring** *gép, mat* középpont-kihelyezés; ~**-centre/**~**-center** *gép, mat* körhagyó, központhagyó, külpontos; tengelyen kívüli, excentrikus; ~**-centre display** *gép, mat* középpont-kihelyezés; ~**-centre stop** *gép* excenteres (holtponti) leállító berendezés; ~**-centring of optical fibres/fibers** *el, opt* szálcsatlakozási excentricitás; ~**-coated** *nyom*

papírgépen kívül mázolt; ~-**colo(u)r** *tex* színehagyott, kifakult; ~-**condition** *élip* rossz állapotú; ~-**course** *rep* eltérés az útiránytól, eltérés a szél irányába; ~-**course signal** *rep* irányvonaltól való eltérés figyelmeztető jele; ~-**cut** *pa* mellékjárat, nem használatos papírméret; ~-**cut pipe** *ép* csőmaradék, leszabott cső; ~-**design** *ip* tervezettől eltérő; ~-**design conditions** a számítottaktól eltérő állapotok; ~-**duty** üzemen kívüli, leállított; ~-**end driven ring frame** *tex* zsinórhajtású gyűrűsfonó; ~-**formwork concrete** *ép* felületi megmunkálás nélküli beton; ~-**gas** *at* kéményen keresztül kibocsátott gáz; *koh* füstgáz; ~-**gas tester** *ol* hulladékgáz-kezelő, távozógáz-kezelő; ~-**ga(u)ge** *gép, metr* mérettől eltérő; ~-**grade** *ip* gyenge/rossz minőségű; ~-**grade iron** *koh* kondicionálatlan vas; ~-**grades** *pl gumi* csökkent értékű nyersgumi lemez; ~-**ground** *el* földeletlen; ~-**ground cable** *el* légkábel; ~-**heat** *koh* selejtadag; ~-**highway crane** *ép* terepjáró daru; ~-**highway vehicle** *gépk* terepjáró jármű; ~-**hook signal** *távb* „hívott jelentkezett" jel, jelentkezési jel; ~-**latex crepe** *gumi* gyengén színeződött príma fehér kreppkaucsuk; ~-**line** *szt* a fő berendezéstől független(ített); kikapcsolt; offline; ~-**line acquisition system** *szt* offline/függetlenített adatgyűjtő rendszer; ~-**line charter** *rep* útvonalhálózaton kívül eső különjárat; ~-**line control** *aut* autonóm/független vezérlés; ~-**line converter** *szt* függetlenített adatátalakító; ~-**line data processing** *szt* függetlenített adatfeldolgozás; ~-**line data transmission** *szt* közvetett adatátvitel; ~-**line equipment** *szt* offline/önálló berendezés; ~-**line input** *szt* különálló bemenet; ~-**line operation** *szt* offline működés/üzemmód; ~-**line positioning** *szt* offline helyzetbeállítás; ~-**line print** *szt* offline (ki)nyomtatás; ~-**line storage** *szt* offline memória, függetlenített tárolás; ~-**line system** *szt* függetlenített adatfeldolgozó rendszer; ~-**load** *el* terhelésmentes; ~-**loading** kirakodó; kirakodás; ~-**loading mo(u)ld** *önt* öntecstől megszabadított kokilla; ~-**load refuelling** *at* üzemen kívüli üzemanyag-átrakás; ~-**load voltage** *el* elektromotoros erő, em.e.; ~-**loss** *félv* záróirányú veszteség; ~-**machine degassing procedure** *önt* eljárásmód (öntő)gépen kívüli gáztalanításra; ~-**net station** hálózaton kívüli rádióállomás; ~-**normal** rendkívüli; *távb* alaphelyzeten kívüli *(állapot)*; ~-**normal dial contacts** *pl távb* számtárcsa-zárórugó; ~-**normal position** *távb* szélső helyzet *(távbeszélőkulcsé)*; ~-**normal springs of a dial** *pl távb* számtárcsa-zárórugó; ~ **oil** *élip* gyenge minőségű növényi olaj; ~-**on control** *aut* kétállású vezérlés; ~-**peak** *el* csúcsterhelésen/csúcsidőn kívüli; ~-**peak demand** *el* csúcsidőn kívüli fogyasztás/energiaigény; ~-**peak load** *el* normális *v.* csúcson kívüli terhelés; ~-**peak period** *rep* főidényen kívüli időszak; ~-**peak period at night** *el* éjszakai völgy; ~-**period** megszakítási periódus; *el* zárási idő, holtidő; *gép* hűtési időszak; ~-**plant exposure** *at* (atom)erőművön kívüli besugárzás; ~-**position** nyugalmi/kikapcsolt helyzet/állás; *vasút* „szabad" állás *(jelzőé)*; ~-**premises extension** *távb* telken kívüli állomás; ~-**quality** *ip, pa* csökkentett minőség; ~-**quality loss** *ip* minőségi veszteség; ~-**rating** *rep* névlegestől eltérő üzemmód; ~-**road capability** *gépk* terepjáró képesség; ~-**road hauler** *ép* billenőteknős/terepjáró földszállító gépkocsi; ~-**route charter** *rep* útvonalhálózaton kívül eső különjárat; ~-**runway surface** *rep* futópályavég és oldalbiztonsági felülete; ~-**schedule maintenance** *szer* ütemtervben nem szereplő karbantartás; ~-**screen** *tv* képernyőre nem kerülő; ~-**screen option** *szt* a képernyő határait túllépő változat; ~-**screen positioning** *szt* képernyőn kívüli elhelyezés; ~-**season fare** *rep* szezonon kívüli díjszabás; ~-**shade** *tex* eltérő színárnyalatú *(mintához képest)*; ~-**shoot** → offshoot; ~-**shore** → offshore; ~-**side** → offside; ~-**site area** *at* atomerőmű kizárási területén kívüli terület; ~-**site engineer** *ép* irodai mérnök; ~-**site fabrication** *ép* üzemi előállítás; ~-**size** megengedett eltérés; nem szabványos (méretű), szabványmérettől eltérő, méreten kívüli; ~-**smell** *élip* rossz szagú; ~-**sort** *ip* gyenge minőségű; ~-**sorts** *pl tex* kiselejtezett gyapjú; ~-**spring** *at* szekunderrészecske; ~-**standard voltage** *el* nem szabványos feszültség; ~-**state blocking ability** *félv* pozitív záróképesség; ~-**state characteristic** *félv* negatív záróirányú jelleggörbe; ~-**state conductance** *félv* záróirányú vezetőképesség; ~-**state current by no triggering** *félv* pozitív nulla záróáram, záróirányú nullaáram; ~ **station** *rep* mellékállomás; ~-**take** → offtake; ~-**the-highway crane** *ép* terepjáró daru; ~-**the-job training** *ip* munkahelyen kívüli kiképzés; ~-**the-road operation** *gépk* terepüzem; ~-**the-road tyre/tire** *gépk* terepjáró gumiabroncs; ~-**the-shelf component** *gép* értékesítésre kerülő alkatrész; ~-**the-shelf software** *szt* kész program; ~ **time** *rep* felszállási idő; ~-**time (OT)** *gép* állási idő; *heg* nyitási szakasz; ~-**transition time** *félv* kikapcsolási idő; ~-**tube** *el* kikapcsolt cső; ~-**tuned circuit FM demodulator** *távk* félrehangolt rezgőkörös FM-demodulátor; ~-**tuned type discriminator** *távk* széthangolt kettős körű diszkriminátor; ~-**white** törtfehér, piszkosfehér, szürkés

offal hulladék, szemét; hordalék; maradék; *élip* aprólék, belek, állati belsőségek; *ép* törmelék, sitt; *ip* selejt; *mzg* ganéj; ~ **grading** *élip* hulladékosztályozás; ~ **mill** *élip* hulladékőrlő járat

offensive I. *a kat* támadó, offenzív; *vegy* undorító, bűzös; **II.** *n kat* támadás, offenzíva; ~ **action** *kat* támadó tevékenység; ~ **armament** *kat* támadó fegyverzet; ~ **fume** *vegy* maró/bűzös gőz; ~-**oriented** *kat* támadó jellegű

offer I. *v* felajánl, felkínál; **II.** *n ip* ajánlat; ~ **a call** *távb* hívást felajánl

offering signal *távb* felajánlási jel

offhand hevenyészett; ~ **grinding** *forg* kézi köszörülés; ~ **rolling** *koh* szabadkézi hengerlés

office iroda; ~-**and-flat block** *ép* iroda- és lakóház; ~ **automation (OA)** *szt* irodaautomatizálás, OA; ~ **block** *ép* irodaház; ~ **cable** *távb* házkábel, központi kábel; ~ **code (digit)** *távb* irányválasztó/központkijelölő számjegy, előtétszámjegy; ~ **equipment** irodai felszerelés; ~ **furniture** *fa* irodabútor; ~ **information system (OIS)** *szt* irodai információs rendszer, OIS; ~ **key** *távk* kérdőkulcs; ~ **pole** *el* állomási oszlop, leágazóoszlop, bevezetőoszlop; ~ **quieting** *ép* irodahangszigetelés; ~**s** *ép* gazdasági épületek, melléképületek; mellékhelyiségek; ~ **study** laboratóriumi kutatómunka; ~ **vehicle** szolgálati jármű; ~ **wire** *el* csengővezeték; ~ **wiring** *távb* állomáskábelezés

official hivatali; hivatalos; szolgálati; ~ **guide** *közl* hivatalos menetrend; ~ **paper** *pa* miniszterpapír; ~

sign *any* hivatalos hitelesítési jegy; ~ **test** *any* hatósági vizsgálat
offing kilátás, esély; *csill* látható horizont; *hajó* nyílt tenger
offprint *nyom* különlenyomat
offset I. *v aut* kiegyenlít, ellensúlyoz; *gép* kibillent a tengelyéből; kihajlít, dupla könyökkel ellát; *nyom* lehúzódik *(ív)*; *távk* eltol; **II.** *n* ellentétel; kiegyenlítés, ellensúly(ozás); *at* állandó kitérés/eltérés; *aut* maradó szabályozási eltérés, állandó hiba; *bány* fülke, főtáróból kiinduló rövid keresztvágat; telérelcsúszás; *el* mellékág, elágazás, kitérés, bekötővezeték, leágazó vezeték; *ép* elhúzás *(kéményé)*, perem, párkány, visszaugrás *(falazatban)*, falpillér, plató; falipillér-vastagítás; *forg* kiszögellés *(csiszolókorongon)*; *foto* negatív másolat; *geod, mat* egyenestől merőleges irányba mért vízszintes távolság, ordináta; *gép* dupla könyök, szifon; eltolódás, egytengelyűségi hiba, könyökcső, hajlottcső; *ip* leállás, üzemszünet; *nyom* ofszet(eljárás); *szt* eltolás; *vasút* bekötővonal; ~ **address** *szt* eltolási cím; ~ **axis** *gép* eltolt tengely; ~ **beam** *távk* eltolt tengelyű *v.* nemkoncentrikus nyaláb; ~ **bend** *gép* kettős hajlat; ~ **blade** *rep* eltolódott légcsavarszárny; ~ **blanket** *nyom* ofszetgumikendő, ofszetgumilap, ofszetlap; ~ **carrier** *rep* eltolt vivőfrekvencia; ~ **carrier system** *távk* ofszetrendszer, ofszet vivőhullámrendszer, ofszet üzem; ~ **characteristic** *aut* statikus jelleggörbe; ~ **coefficient** *aut* maradó eltérési együttható; ~ **collocation VOR/DME** *rep* külön telepített VOR/DME; ~ **component** *geod* eltolódás-összetevő; ~ **contour** *geod* eltolódott/torzult értékközű szintvonal; ~**-course computer** *rep* koordinátaátszámító készülék; ~**-crank drive** *gép* végforgattyús hajtás, tengelyeltolódású forgattyús mechanizmus; ~ **cylinder** *gépk* eltolt tengelyű henger; ~ **die** *alak* lépcsőhajlító/nyelvhajlító szerszám; ~ **direction** *geod* eltolódási irány; ~ **distance** *geod* ellentávolság, eltolási/eltolódási távolság; ~ **engine** *gépk* eltolt tengelyű hengeres motor; ~ **fitting** *gép* kifelé hajló csőszerelvény; ~ **frequency** *távk* eltolt frekvencia; ofszetfrekvencia; ~ **frequency simplex** *távk* eltolt frekvenciájú szimplex; ~ **heading** *rep* módosított irányszög; ~ **holder** *forg* hajlított késtartó; ~ **link** *gép* átmeneti/tolós láncszem/lánctag; ~ **method** *nyom* ofszeteljárás; ~ **mo(u)lding** *műa* ofszetsajtolás; ~ **nozzle** *rep* aszimmetrikus fúvóka; ~ **of transit** *geod* teodolit külpontossági hibája; ~ **paper** *nyom* ofszetpapír; ~ **press** *nyom* ofszetsajtó, ofszetgép, ofszetnyomó gép; ~ **printing** *nyom* ofszetnyomás; ~ **process** *nyom* ofszeteljárás, ofszetnyomás, ofszettechnológia; ~ **profile** *geof* kívül fekvő *v.* eltolódott *v.* nem dőlésirányú szelvény; ~ **ratio** *aut* eltérési viszony, szabályozási tényező; ~ **roller** *nyom* ofszethenger; ~ **section** *ép, gép* eltolt metszet; ~**-signal method** *távk* ofszetjelrendszer; ~ **spread** *geof* kívül fekvő *v.* vonalon kívüli terítés; ~ **steady-state deviation** *aut* maradó szabályozási eltérés, állandó hiba; ~ **tool** *szersz* hajlított szerszám; ~ **yield stress** *any* arányossági határ, Hook-tartomány
offsetting I. *a aut* kiegyenlítő, kompenzáló; *ép, gép* görbítő; könyökőző; *nyom* ofszet-; *távk* eltolási; **II.** *n aut* kiegyenlítés, ellensúly(ozás); *ép, gép* elgörbítés, elhúzás; könyökőzés; *távk* eltolás; ~ **reflection** *geof* eltolódott/ferde *v.* szelvényen kívüli reflexió; ~ **well** *ol* termelő fúrás *(közvetlenül a szomszéd engedményes terület mellett)*
offshoot *fa* oldalhajtás; *geol* nyúlvány
offshore *hajó* part felől jövő *(szél)*; partközeli, parti; ~ **connection** *hajó* parti csatlakozó; ~ **drilling** *ol* partközeli/partmelléki/tengeri fúrás; ~ **exploration** *geof* part előtti nyílt vízi kutatás; ~ **platform** *ol* tengeri fedélzet; ~ **well-drilling platform** *ol* fúrósziget; ~ **wind** *met* parti szél
offside *GB gépk* kormány felőli oldal, jobb oldal *(bal oldali közlekedésnél)*
offspur *geol* hegyorr, hegynyúlvány
offtake *ép* elvezetőcsatorna, kifolyócsatorna, elvezetővezeték, kifolyóvezeték, elvezetőcső, kifolyócső; ~ **construction** *hidr* vízkivételi mű; ~ **flange** *gépk* csatlakozóperem *(kipufogó gyűjtőcsövön)*; ~ **main** *ép* elvezető fővezeték; ~ **pipe** *ép* elvezetőcső; ~ **valve** *gép* leeresztőszelep; ~ **work** *hidr* vízkivételi mű
OFHC → oxygen-free high-conductivity copper
ogdohedron *krist* ogdoéder
ogdohedry *krist* ogdoédria
ogee *ép* hullámtag; szamárhátú boltív; szima *(párkánytag)*; ~ **arch** *ép* csúcsív, szamárhátív; ~**-dam** *hidr* íves hátfalú bukógát; ~ **plane** *fa* pártázógyalu; ~**-type spillway** *hidr* íves hátú árapasztó bukógát
ogival *ép* csúcsos, ogivál, csúcsíves, gótikus; ~ **arch** *ép* csúcsív
ogive *ép* csúcsív, gótikus ív, emelkedő boltív; *kat* lövedékcsúcsív, ogiva; *stat* kumulatív gyakorisági eloszlási görbe, eloszlásgörbe; *távk* kumulatív frekvenciagörbe, ogiva; ~ **nose cone** *rep* csúcsíves orrkúp; ~**s** *pl geol* csúcsív alakú gleccsergyűrődés
OGL → outgoing line
OGO → orbiting geophysical observatory
OH → open-hearth
OHC → overhead camshaft
ohm *el* ohm
Ohm law *el* Ohm-törvény
ohmage *el* ellenállás ohmértéke, egyenáramú rezisztencia
ohmic *el* ohmos; ~ **bulk resistance** *el* ohmos/rezisztív áramköri ellenállás; ~ **component** *távk* ohmos/hatásos összetevő; ~ **contact** *el* galvanikus érintkező; ohmos átmenet; ~ **coupling** → resistive coupling; ~ **drop** *el* ohmos feszültségesés; ~**-drop exciter** *el* feszültségesés-kiegyenlítő gerjesztő; ~ **heating** *el* ellenállásfűtés; ~ **load** *el* ohmos terhelés; ~ **loss** *el* ohmos veszteség; ~ **resistance** *el* ohmos/rezisztív ellenállás, egyenáramú rezisztencia/ellenállás; ~ **resistor** *el* ohmos ellenállás; ~ **value** *el* ohmérték
ohmmeter *el* ohmmérő, ohmméter
OHS → open-hearth steel
ohv → overhead valve
OHV → overhead valve engine
OI → oil-immersed
oil I. *v gép* olajoz, ken, (be)zsíroz; **II.** *n* olaj, kőolaj, nyersolaj, ásványolaj; ~ **absorption** *gép, ol* olajfelvétel, olajszám; ~ **accumulation** *ol* olajfelgyülemlés, természetes olajakkumuláció; olajtelep; ~ **additive/admixture** *ol* kenőolaj-adalék, olajadalék, olaj-adalékanyag; ~ **analysis** olajvizsgálat; ~**-and-fuel pressure panel** *rep* olaj- és tüzelőanyag-nyomást ellenőrző műszerek táblája; ~ **and gas gathering system** *ol* termelési gyűjtőrendszer; ~ **and gas recovery** *ol* szén-

hidrogén-kitermelés; ~ **and water extractor** *ép* olaj- és vízleválasztó; ~**-and-water servicing truck** *gépk* víz- és olajtöltő gépkocsi; ~**-and-water trap** *rep* olaj- és vízfogó; ~**-arresting** *gép* olajelzáró, olaj ellen tömített; ~ **asphalt** *ép* kőolajaszfalt, kőolajbitumen; ~ **atomizer** olajporlasztó; ~ **backstreaming** *ol* olajgőz-visszaáramlás; ~ **baffle** *gépk* olajterelő (lemez); ~ **band** *ol* olajszegély; ~ **bank** *ol* olajfront; olajpad; ~ **base mud** *ol* olajközegű iszap; ~ **basin** *ol* olajmedence; ~**-bath** *gépk* olajfürdő; ~**-bath filter** *gépk* olajfürdős (lég)szűrő; ~**-bath heating** *hők* melegítés olajfürdőben; ~**-bath lubrication** *gépk* olajfürdős kenés; ~**-bearing** *ol* (nyers)olajtartalmú *(kőzet)*, olajtartó, olajvezető; ~**-bearing region** *ol* olajvidék; ~**-bearing rock** *ol* olajtartalmú kőzet; ~**-bearing sand** *ol* olajlencse; olajtartalmú homok; ~ **belt** *ol* olajos öv; olajpad; ~**-black** *ol* olajkorom, petróleumkorom; ~**-bleaching apparatus** *ol* (színtelenítő) olajtisztító berendezés; ~ **blowing** *koh* olajbefúvás; ~ **board** *pa* olajlemez; ~**-boiling pot** *vegy* kencefőző üst; ~**-bomb** *kat* olajos gyújtóbomba; ~ **bore** *ol* olajozófurat; ~ **box** *gép* olajozó(szelence), olajkamra, olajtartály, zsírzószelence; ~ **brake** *gépk* olajfék; ~**-break** *el* olajkapcsoló; ~**-break fuse** *el* olajtöltésű biztosító; ~**-break switch** *el* olajmegszakító; ~ **brush** *gép* olajozókefe; ~ **buffer** *gépk, rep* olajkatarakt, olajlökhárító, olajfékező; ~**-buffer body** *kat* olaj-ütéscsökkentő test *(géppuskán)*; ~ **burner** *hőt* olajégő; ~**-burning** *hőt* olajtüzelésű; ~ **capacitor** *el* olajtelítésű/olajszigetelésű kondenzátor; ~ **capacity** olajtöltés, olajtérfogat; ~ **cataract** *gépk, rep* olajkatarakt, olajfék; ~ **catcher** *gépk, környv* olajfogó; ~**-catch ring** *gépk* olajfogó gyűrű; ~**-caustic separation** *ol* olaj-lúg elválasztás; ~ **chamber** *gép* olajkamra *(csapágyházban)*; ~ **change** *gépk* olajcsere; ~ **channel** *gép* olajvezető csatorna; ~ **charge** *gépk* olajtöltés, olajtérfogat; ~**-churning** *gépk* olajköpülés; ~ **circuit-breaker (OCB)** *el* olajmegszakító, olajkapcsoló; ~ **circulation** *gép* kenőolaj-keringés, olajkeringés; ~ **clarifier** *ol* olajderítő, olajtisztító; ~ **cleaner** *rep* olajtisztító; ~ **coating** *gépk* elolajozódás; ~ **cock** *gép* olajleeresztő csap, olajozócsap; ~ **coke** *ol* (kő)olajkoksz, petrolkoksz; ~ **collector** *környv* olajfogó; ~**-colo(u)r** *vegy* olajfesték; ~**-colo(u)r-printing paper** *pa* olajnyomatpapír; ~ **conduit** *ol* olajvezeték; ~ **conservator** *el* olajóvó edény; ~ **consumption** *gépk* olajfogyasztás; ~**-containing** *ol* olajtartalmú, olajtartó; ~**-contamination** *gépk* olajszennyeződés; ~**-content ga(u)ge** *gépk* olajállás-mutató; ~**-control (piston) ring** *gép* olajozógyűrű, olajlehúzó (dugattyú)gyűrű; ~**-cooled** *gép* olajhűtéses, olajhűtésű; ~**-cooled starter** *el* olajindító *(ellenállás)*; ~**-cooled transformer** *el* olajtranszformátor, olajszigetelésű transzformátor; ~**-cooled tube** *el* olajhűtésű cső; ~ **cooler** *gépk, rep* olajhűtő; ~ **cooler position indicator** *rep* olajhűtőhelyzet-jelző; ~ **cooling** *gépk, rep* olajhűtés; ~ **country** *geol* olajvidék; ~ **covering** *gépk* elolajozódás; ~ **crust** *gépk* olajráégés; ~ **cup** *gépk* olajozó(szelence), kenőolajedény; ~ **cut** *ol* olajfrakció; ~ **damping** *rep* olajcsillapítás; ~ **dashpot** *gép* olajkatarakt, olajlökhárító, olajfék; ~**-deflector** *gépk* olajterelő lemez; ~**-delivery tube** *gépk* olajszállító nyomócső; ~ **deposit** *gép* olajlerakódás; *ol* kőolajtelep; olajüledék, olajiszap; ~ **derrick** *ol* olajfúró torony; ~**-diffusion pump** *vák* olajdiffúziós szivattyú; ~ **dilution** *gépk* olaj(fel)hígulás *(motorteknőben)*; ~ **dipper** *gépk* olajszóró kanál; ~**-dip ring** *gép* kenőgyűrű; ~**-discharge plug** *ép* olajnyomás-tároló; ~ **dish** *gép* olajteknő; ~ **displacement** *ol* kihajtás; ~ **displacement by miscible phase** *ol* szén-dioxidos elárasztás; ~**-distributing box** *gép* olajelosztó *(ház)*; ~ **distribution** *gép* olajelosztás; ~ **drain** *gép* olajlefoly(at)ó; ~ **drainage** *ol* olajtalanodás, olajleszűrődés, olajszivárgás; ~ **draining** *gép* olajleeresztés; olajürítő; ~**-drain plug** *gép* olajleeresztő csavar/dugó; ~**-dressing** *bőr* zsírcserzés, zsíros kikészítés; ~ **drill** *ol* olajcsöves fúró; ~**-drilling mud** *ol* olajöblítés, olajiszap; ~ **drip** *ol* olajlehúzó; ~**-drip cup** *gép* olajcseppgyűjtő csésze; ~ **dripping** *ol* olajcsepegés, olajszivárgás; ~**-drip ring** *gép* olajozógyűrű, olajlehúzó (dugattyú)gyűrű; ~ **drum** *ol* olajoshordó; ~ **duct** *ol* olajvezeték, olajcsatorna; ~ **dust** *ol* olajpára; ~ **ejector** *gép* rugós fenekű olajozó; ~**-electric engine** *el* dízelgenerátor; ~ **emulsion** *gépk* olajemulzió *(olaj-gáz keverék)*; ~ **engine** *gépk* dízelmotor, olajmotor; ~ **equivalent** *ol* olajegyenérték; ~ **expeller** *hajó* fenékvíz-olajleválasztó; *ol* olajkiválasztó, olajkicsapó; ~ **exploitation** *ol* kőolaj-kitermelés; ~ **exploration** *geof* ásványolaj-kutatás; ~**-extended rubber** *gumi* olajjal szaporított kaucsuk; ~ **extractor** *ol* olajleválasztó; ~**-face** *gépk* olajnívó, olajszint; ~ **feed** *gép* olajtáplálás, olajadagolás; ~ **feeder** *gép* olajozó, olajbetápláló; ~**-feeding reservoir** *el* olajtelítő tartály; ~**-feed pump** *gép* olajtápszivattyú; ~**-field** → oilfield; ~**-filled (OF)** *gép* olajtöltésű, olajfürdős, olajfürdőbe merülő, olajos; ~**-filled bushing** *el* olajtöltésű bevezető szigetelő; ~**-filled cable** *ol* olajtöltésű kábel, olajkábel; ~**-filled condenser** *el* olajkondenzátor; ~**(-)filler** beöntőperem *(kenéshez)*; *gép* olajfeltöltő, olajozószelence; ~**-filler cap** *gépk* olajbeöntő nyílás fedele; ~**-filler pipe** *gépk* olajbeöntő cső; ~**-filling pipe** *gépk* olajbeöntő cső; ~ **film** *ol* vékony olajréteg, olajfilm, olajhártya; ~**-film bearing** *koh* folyadéksúrlódású csapágy; ~**-film rupture strength** *any* olajfilm szakítószilárdsága; ~ **filter** *gép* olajszűrő; ~**-fired** *hőt* olajfűtésű, olajtüzelésű; ~**-fired furnace** *hőt* olajtüzelésű kemence; ~**-fired plant** *koh* olajtüzelő berendezés; ~ **firing** *hőt* olajtüzelés; ~ **flame control installation** *aut* olajláng-ellenőrző berendezés; ~ **flask** *gép* olajozókanna; ~**-flood bearing** *koh* folyadéksúrlódású csapágy; ~ **flotation** *bány* olajflotálás; ~**-flow indicator** *metr* olajáramjelző; ~ **fog** *gép* olajköd; ~ **fogging** *gépk* olajporlasztás *(gázba)*; ~**-fog lubrication** *koh* ködkenés; ~ **foots** *pl* *ol* olajalja, aljolaj, olajüledék, olajiszap; ~ **for drilling** *ol* fúróolaj *(fúróemulzió olajkomponense)*; ~ **forge** *hőt* olajfűtésű kovácstűzhely; ~ **fraction** *ol* olajfrakció; ~**-free** olajmentes; ~ **fringe** *ol* olajpad; ~ **front** *ol* olajfront; ~ **fuel (OF)** *ol* tüzelőolaj, fűtőolaj; ~ **gallery** *gépk* olajfővezeték *(motorban)*; ~ **gasket** *gép* olajtömítés; ~ **gathering system** *ol* kőolajgyűjtőrendszer; ~ **ga(u)ge** *gépk* olajállás-mutató; *ol* olajfokoló; ~**-ga(u)ge glass** *gép, ol* olajszint-ellenőrző ablak/üveg; ~**-ga(u)ge rod** *gépk* olajszintmutató pálca; ~ **geology** *ol* olajgeológia; ~ **grade** *rep* olajminőség; ~**-green** olajzöld; ~ **grinding** *forg* olajcsiszolás; ~ **groove** *gép* olajhorony; ~**-guiding thread** *gépk* olajterelő menet; ~ **gun** *gép* olajozó nyomófecskendő, olajozóprés, zsírprés; ~**-gun lubrication** *gép* kenés olajozópréssel; ~ **hardening** *élip* olajkeményítés; *hők* olajedzés, edzés olajban; ~**-hardening steel** *hők* olajban edzhető acél; ~ **header** *gép* olajelosztó *(kenőrendszerben)*; ~ **heating** *koh* olajtüzelés; ~ **hole** *gép* olajzófurat; ~**-hole screw** *gép* olajozónyílászáró dugó *(menetes)*, menetes kenőfuratdugó; ~ **horizon** *ol* olajszint, olajtartalmú réteg; ~ **hose** *ol* olajtömlő; ~**-hydraulic concrete pump** *ép* olajhidraulikus betonszivattyú; ~**-hydraulic drop hammer** *koh* olajhidraulikus ejtőkalapács; ~**-hydraulic pump** *hidr* olajszivattyú; ~**-hydraulic speed controller** *aut* olajhidraulikus sebességszabályozó; ~ **hydrogenation** *élip* olajhidrogénezés, olajkeményítés; ~**-immersed (OI)** *gép* olajfürdős, olajfürdőbe merülő, olajos, olajba merített; ~**-immersed capacitor** *el* olajkondenzátor; ~**-immersed reactor** *el* olajszigetelésű fojtótekercs; ~**-immersed transformer** *el* olajtranszformátor, olajszigetelésű transzformátor; ~ **immersion** *biot* olajimmerzió; ~**-immersion test** *any* olajállósági vizsgálat; ~**-impregnated sand** *ol* olajtartalmú/olajos/produktív homok, olajhomok; ~ **in bulk** *ol* olajtöltet *(tartályhajókban nagy mennyiségben szállított kőolaj)*, kiszereletlen olaj; ~ **indications** *ol* olajindikációk, olajjelek; ~ **industry** olajipar; ~ **injection** *koh* olajbefúvás; ~ **inlet** *gép* olajbevezető; ~**-inlet pipe** *gép* olajbevezető/olajszívó cső; ~**-insulated** *el* olajszigetelésű; ~ **insulation** *el* olajszigetelés; ~ **insulator** *el* olajszigetelő; olajtöltésű szigetelő; ~**-intercepting device** *vasút* olajleválasztó *(légfékben)*; ~ **interceptor** *gép, ol* olajleválasztó, olajfogó; ~**-in-water emulsion** olaj-víz emulzió; ~ **jacket** *gép* olajköpeny; ~ **jar** *ol* olajedény; ~ **joint** *gép* tömítés olajkifolyás ellen; ~ **leak** olajfolyás; ~ **length** *műa* gyanta-olaj arány *(lakkban)*; ~ **lens** *ol* olajlencse; ~ **level** *gép* olajszint, olajnívó; ~**-level ga(u)ge/indicator** *gép* olajszintmutató, olajállás-mutató; ~**-level mark** *gép* olajszint-megjelölés; ~**-level plug** *gép* olajszintjelző zárócsavar; ~**(-)line** *ol* olajvezeték; ~**-line strainer** *ol* olajvezeték-szűrő; ~ **location** *geof* olajlelőhely meghatározása; ~ **lubrication** *gép* olajkenés; ~ **man** *ol* olajbányász; ~ **manometer** *metr* olajos nyomásmérő; ~ **master-batch** *műa* olajos előkeverék; ~ **melt** *műa* ömledék olajban; ~ **mill** *élip* olajprés, olajsajtoló *(üzem)*; ~ **mining** *ol* olajbányászat; ~ **mist** olajköd; ~**-mist lubricating/lubrication** *gép* olajködkenés; ~**-modified resin** *műa* olajjal módosított alkidgyanta; ~ **nozzle** *gép* olajfúvóka; ~ **of cassia/cinnamon** *vegy* fahéjolaj; ~ **of cloves** *élip* szegfűszegkivonat; ~ **of thuja** *vegy* tujafaolaj; ~ **of turpentine** terpentinolaj; ~ **of vitriol (OV)** *vegy* kénsav; ~**-operated control** *aut* hidraulikus szabályozás; ~**-operated power cylinder** *gép* hidraulikus munkahenger/szervomotor; ~ **pad** *gép* kenőolajpárna; ~**(-)paint** *vegy* olajfesték; ~**-pan** *gép* olajfogó csésze, olajteknő, olajkármentő; ~**-paper** *pa* olajpapír; ~ **passage** *gép* olajcsatorna; ~ **paste** *műa* olaj(festék)paszta; ~ **pest** *környv* olajpestis; ~**-pike** *óra* olajadagoló dárda; ~**(-)pipe** *gép* olajozócső; ~ **pipeline** *ol* olaj(cső)vezeték; ~**-pitch** *ol* olajszurok; ~**-plug accumulator** *ép* olajnyomás-tároló; ~ **pointer** *gépk* olajszintjelző; ~ **pollution** olajszennyeződés; ~ **pool** *ol* olajtelep; ~**-poor circuit-breaker** *el* olajszegény megszakító; ~ **preheater** *gép* olaj-előmelegítő; ~**-press** *élip* olajsatu, olajütő; ~ **pressure** *gép* olajnyomás; ~**-pressure brake** *gépk* olajnyomású fék, olajfék; ~**-pressure ga(u)ge/indicator** *gépk* olajnyomásjelző, olajnyomásmérő; ~**-pressure lubrication** *gép* nyomás alatti olajkenés; ~**-pressure regulator** *gépk* olajnyomás-szabályozó; ~**-pressure relief valve** *gépk* olajnyomás-biztosító szelep; ~**-pressure switch** *gépk* olajnyomásjelző érzékelőfej; ~ **priming** *ép* olajfesték-alapozás; ~ **process** *ol* olajflotálás; ~ **product** *ol* (kő)olajtermék, olajszármazék, ásványolajtermék; ~ **production** *ol* (kő)olajtermelés; ~**-proof** *any* olajálló, olajáthatlan/olaj-átnemeresztő; *koh* olajálló; ~**-proofing** *ép* cementfelület savállóvá tétele olajjal; ~ **prospecting** *ol* (kő)olajkutatás; ~ **pump** *ép, gép* olajszivattyú; ~**-pump casing** *gép* olajszivattyúház; ~**-pump gear** *gép* olajszivattyú-hajtó fogaskerék; ~**-pump strainer** *gép* olajszivattyú-szűrőszita; ~ **purifier** *ol* olajregenerátor, olajtisztító; ~ **putty** *ol* olajkitt; ~**-quenched** *hők* olajban edzett; ~**-quenched and tempered wire** *koh* olajban nemesített huzal; ~**-quenched fuse** *el* olajtöltésű biztosító; ~ **quenching** *hők* edzés olajban; olajedzés; ~**-quenching steel** *hők* olajban edzhető acél; ~ **radiator** *gépk* olajhűtő; ~**-reactive** *műa* olajreaktív; ~**-reactive resin** *műa* olajreaktív gyanta; ~**-reactivity** *műa* olajreaktivitás; ~ **reclaiming** olajregenerálás; ~ **recovery** *ol* kőolaj-kitermelés; ~**-refilling device** *gép* olajutántöltő készülék; ~ **refinery** *ol* olajfeldolgozó (üzem), olajfinomító, kőolaj-finomító; ~**-refining plant** *ol* olajfinomító berendezés; ~ **regeneration** *ol* olajfelújítás; ~**-regenerative apparatus** *ol* olajfelújító készülék; ~ **removal** olajleválasztás; olajmentesítés; ~ **research** *ol* olajkutatás; ~ **reserve(s)** *ol* kőolajkészlet(ek); ~ **reservoir** *ol* olajtartály; olajtelep; ~ **reservoir rock** *geol* olajtartó kőzet; ~ **residue** *koh* maradó olaj; ~**-resistant** *any* olajálló, olajáthatlan/olaj-átnemeresztő; ~**-resistant finish** *tex* olajtaszító kikészítés; ~**-resisting** *any* olajálló, olajáthatlan/olaj-átnemeresztő; ~**-retainer** *gép* olajfogó tárcsa; ~**-retaining** olajtartalmú, olajtartó; ~**-retaining ring** *gép* olajlehúzó gyűrű; ~ **return** *gép* olajvisszafutás; ~**-return scroll/thread** *gépk* olajvisszavezető menet *(főtengely végén)*; ~**-return way** *gép* olajvisszavezető csatorna; ~**-ring** *gép* kenőgyűrű; ~**-ring bearing** *gép* kenőgyűrűs csapágy; ~**-roll machine** *gép* görgős olajozógép; ~ **rubber** *ol* faktisz; ~ **sampler** *ol* mélységi olajmintavevő; ~ **sand (OS)** *ol* olajhomok; ~**-saturated sandstone** *ol* olajjal telített homokkő; ~ **saturated zone** *ol* olajos zóna; ~ **saturation** *ol* olajtelítettség; ~ **saver** *ol* olajfogó cső; ~ **scoop** *gépk* olajszóró kanál/nyúlvány; ~**-scraper (piston) ring** *gépk* olajlehúzó (dugattyú)gyűrű; ~ **screen** *gépk* olajszűrő szita; ~ **seal** *gép* olajtömítés, olajzár, tömítőgyűrű; ~ **sealed pump** *vák* olajtömítésű szivattyú; ~ **seasoning** *fa* olajtelítés; ~**-seed cake** *élip* olajpogácsa; ~**-seeds** *élip* olajos magvak; ~ **seep(age)** *ol* olajszivárgás; ~ **separation** olajleválasztás; ~ **separation of lubricating grease** *ol* olajkiválás kenőzsírokból, szinerézis; ~ **separator** *ol* olajszeparátor, olajleválasztó, olajfogó; ~ **servomotor** *gép* olajmotor; ~**-shale** *ol* olajpala, olajtartalmú pala; ~**-shale exploitation** *ol* olajpala művelése; ~ **shock absorber** *rep* olaj-lengéscsillapító; ~ **shock absorption** *rep* olaj-lengéscsillapítás; ~ **shows/showings** *ol* olajnyomok *(fúróiszapon)*; ~ **shrinkage** *ol* kőolaj zsugorodása; ~ **sink** *finm* olajtölcsér *(óra csap-*

ágyán); ~ **siphon** *gép* olajjal működtetett szivornya; ~**-sketching board** *pa* olajkartonlemez *(művészeti)*; ~ **slich** *ol* olajkiömlés; ~ **slinger** *gép* olajszóró kanál/nyúlvány; ~**-slinger ring** *gép* olajszóró gyűrű; ~**-slot ring** *gép* olajáteresztő gyűrű; ~ **sludge** *ol* olajiszap, olajüledék; ~**-soluble** *vegy* olajban oldható/oldódó; ~ **source rock** *geol* kőolaj-anyakőzet; ~ **spill** *ol* olajkiömlés; ~ **spill boom** *ol* olajkiömlést körülhatároló gát; ~**-splash baffle** *vák* olajfogó; ~**-splash guard** *ol* freccsenő olaj ellen védő ernyő; ~**-splitting plant** *élip* olajbontó/zsiradékbontó üzem; ~ **spot** *koh* olajfolt; ~ **spray** *vegy* olajos permetezőszer; ~**-spray baffle** *vák* olajfogó; ~**-spray gun** *ép* olajszóró pisztoly; ~**-spray lubrication** *koh* ködkenés; ~ **spring** *ol* olajszivárgás; ~**-stained** olajfoltos; ~ **starvation** *gép* olajhiány *(csapágyban, motorban)*; ~ **still** *ol* olajdesztilláló üst; ~**-storage tank** olajtároló, olajtartály, olajedény; ~ **stove** petróleumfőző, petróleumtűzhely; petróleumkályha; ~ **strainer** *gépk* olajszűrő *(durva)*; ~ **strike** *ol* olajra bukkanás; ~ **string** *ol* olajvezető cső *(legalsó béléscsőrakat olajréteg mélységében)*; termelési béléscsőoszlop; ~ **stripping** *ol* olajkigőzölés; ~ **suck-back** *vák* olajvisszafutás; ~**-suction filter** *gép* olajszívó szűrő; ~ **sump** *gépk* olajteknő; *rep* olajülepítő; ~**-sump bottom plate** *gépk* olajteknő-fenéklemez; ~**-sump face-joint washer,** ~**-sump gasket** *gépk* olajteknő-tömítés; ~**-sump heater** *gépk* olajteknő-melegítő; ~ **supply** *gép* olajozás, olajadagolás, olajszolgáltatás, olajtáplálás, olajellátás; ~**-supply head** *gép* elosztófej *(Kaplan-turbináé)*; ~**-supply tank** *gép* olajtartály, olajadagoló; ~ **switch** *el* olajmegszakító, olajkapcsoló; ~ **system** *gép* kenőrendszer; *rep* olajrendszer; ~ **tank** olajtároló, olajtartály, olajgyűjtő edény; ~**-tank car** *ol* (olaj)tartálykocsi; ~ **tank containing daily need** *ol* napi olajtartály; ~**-tank cooler** *rep* olajtartályhűtő; ~ **tanker (OT)** olajszállító hajó, tankhajó; ~**-tank heater** *rep* olajtartály-melegítő; ~**-tank vent** *ol* olajtartály-szerelőlyuk; *rep* olajtartályszellőző-túlfolyócső; ~ **tannage** *bőr* olajcserzés, zsírcserzés; ~**-temperature control** *rep* olajhőmérséklet-szabályozás; ~**-temperature ga(u)ge** *gép* olajhőmérő; ~**-temperature regulator** *aut, gép* olajhőfok-szabályozó; ~ **tempering** *hők* megeresztés olajfürdőben; ~ **testing** *koh* olajvizsgálat; *ol* olajelemzés; ~ **thief** *ol* mélységi olajmintavevő; ~**-thrower gear** *gépk* olajszóró fogaskerék-szerkezet; ~**-thrower ring** *gépk* olajszóró gyűrű; ~**-tight (OT)** olaj ellen tömített, olajáthatlan, olaj-átnemeresztő; ~ **trace** *ol* olajnyomok *(fúróiszapon)*; ~ **tracing** *ép, gép* olajpausz-rajzolás; ~ **tracing-paper** *pa* olajpauszpapír; ~ **transfer-press** *foto* olajnyomatátvitel; ~ **transformer** *el* olajtranszformátor, olajszigetelésű transzformátor; ~ **trap** *gépk* olajfogó; *ol* olajcsapda; ~ **tray** *ol* olajülepítő, olajfogó vályú; ~ **treating/treatment** *ol* kőolajkezelés; ~**-treating plant** *ol* olajtisztító berendezés; ~ **trough** *ol* olajszóró kanál/nyúlvány; ~ **tube** *gép* olajcső, olajozócső; ~ **tube cooler** *rep* olajcsőhűtő; ~**-tube drill** *ol* olajcsöves fúró; ~**-tube washer** *kat* olajozócső-tömítő; ~ **vapo(u)r** *ol* olajgőz; ~**-vapo(u)r diffusion pump** *vák* olajdiffúziós szivattyú; ~**-vapo(u)r ejector pump** *vák* olajgőzsugár-ejektorszivattyú; ~**-vapo(u)r trap** *vák* olajterelő; ~ **varnish** *vegy* lenolajkence; ~ **vessel** *ol* olajedény; ~**-vessel galvanometer** *met* olajcsillapítású galvanométer; ~ **warning light** *gépk* olajnyomásellenőrző lámpa; ~**-washed air cleaner** *gépk* olajtöltésű légszűrő; ~**-water contact** *ol* fázishatár; olaj-víz határ; ~**-water separator** *ol* olaj-víz elválasztó/szeparátor; ~ **well** *ol* olajkút; ~**-well cement** *ol* fúrási cement; olajkútcement; ~**-well microorganisms** *ol* olajbaktériumok; ~**-well pumping** *ol* olajkút-kanalazás, olajkút-szivattyúzás; ~**-well shooting** *ol* olajréteg torpedózása; ~**-well swab** *ol* kőolajtermelő dugattyú, szvab; ~ **wet reservoir** *ol* olajnedves tároló; ~ **white** olajfehér *(festék)*; ~ **wiper** *gép* olajlehúzó; ~ **with low ash content** *ol* kis hamutartalmú olaj; ~ **with low pour point** *ol* alacsony dermedéspontú olaj; ~ **zone** *ol* olajos zóna/öv

oilcake *élip* olajpogácsa; ~ **meal** olajpogácsaliszt, olajpogácsa-dara

oilcan *gép* olajoskanna, olajozókanna; *kat* olajosszelence

oilcloth *tex* olajjal impregnált szövet, viaszosvászon, linóleum

oildag *gép* (olajos) grafitpor-szuszpenzió *(kenésre)*, oildag

oiled olajos; olajozott; megkent; bezsírozott; ~ **board** *pa* olajpapírlemez; ~ **leather** *bőr* zsíros bőr; ~ **paper** *pa* olajjal itatott papír, olajos papír, olajpapír; ~**-paper tape** *pa* olajjal itatott papírszalag; olajpapír-szigetelés; ~**-shell egg** *élip* olajozott héjú tojás

oiler *gép* olajozó(kanna); *hajó* olajszállító (tartály)hajó; *ol* olajhártya *(flotáláshoz)*; ~ **and wiper** *gép* lengőolajozó; ~ **cap** *kat* olajozó csősapka; ~ **nut** *gép* kenőcsavar, kenőanya

oilery *élip* olajütő/olajsajtoló (üzem)

oilfield *ol* olajmező, olajlelőhely, kőolaj-előfordulás; ~ **brine** *ol* olajtelepet kísérő sós víz; ~ **water** *ol* rétegvíz

oilgas *ol* olajgáz, olajkrakkolásból származó gáz, kékgáz

oiliness *gép, ol* kenőképesség; olajosság, olajozottság

oiling I. *a gép* olajozó, zsírozó; **II.** *n gép* olajozás, (olaj)kenés, (be)zsírozás; *környv* olajszennyeződés; *tex* zsírozás; ~**-machine** *pa* impregnálógép; ~ **willow** *pa* olajozó rongytépő; *tex* olajozó farkasológép

oilland *ol* olajos/olajtartalmú terület

oilless *gép* olaj nélküli; olajmentes; ~ **bearing** *gép* önkenő csapágy; ~ **bushing** *gép* grafitkenésű csapágypersely

oilresin *vegy* gyantatartalmú illóolaj

oilresinous *vegy* olajos gyantalakk, olajgyantalakk

oilskin *tex* olajjal impregnált anyag/szövet

oilstearin *vegy* oleosztearin, présssztearin

oilstone *ásv* fenőpala; *forg* olajfenőkő; ~ **grinder** *forg* olajfenőköves köszörű

oilstrut *rep* olajlökésgátlós futóműszár

oilwet *ol* olajnedves

oily kenőképes; olajos; zsíros; ~ **residue** *ol* olajtelep, olajos terület; olajüledék, olajiszap; ~ **sweepings** *pl tex* olajos hulladék

ointment *gyógyv* kenőcs

OIS → office information system

OJT → on-the-job training

okenite *ásv* okenit

okta *met* okta *(felhőmennyiség egysége)*

OL → open loop; → overhead line; → overload

Olbers' Paradox *csill* Olbers-paradoxon

old öreg, régi; *bány* leművelt, kimüvelt, beomlasztott *(terület)*; **~-age stage** *geol* folyam régebbi időszaka/konfigurációja; **~ branche** *hidr* holtág; **~ channel** *bány* régi folyómeder *(aranytartalmú torlattal)*; **~ English bond** *ép* közönséges téglakötés; **~ growth** *fa* érett/régi növésű fa; **~ man** *bány* kimüvelt üreg, beomlasztott/lemüvelt terület, öregmunkák; **~ metal** *nyom* kiselejtezett betűanyag; **~-paper** *pa* hulladékpapír; **~-paper stock** *pa* hulladékpapír-anyag; **~ quantum theory** *fiz* kvantumelmélet; **~ quarters** *pl ép* óváros; **~ river-bed** *hidr* holtmeder; **~ scrap** *gumi* elhasznált gumihulladék; **~ silver** óezüst; **~ stand** *fa* érett állomány; **O~ Stone Age** *geol* paleolitikum; **~ territory** *bány* lemüvelt bányamező; **~ timber** *bány* ócskafa; *fa* érett fa; **~ workings** *bány* öregmunkák, régi vágatok

Oldham coupling *gép* Oldham-féle tengelykapcsoló

oldhamite *ásv* oldhamit

oleaginous olajszerű, olajos, olajtartalmú, zsíros; **~ insulating material** *el* olajos/olajtartalmú szigetelőanyag

oleate *vegy* oleát

olefin *vegy* olefin, etilén-szénhidrogén; **~ copolymers** *műa* olefinkopolimerek; **~ dihalide** *vegy* olefin-dihalogenid

olefinic *vegy* olefin-; **~ compound** *vegy* olefinvegyület

oleic acid *vegy* olajsav, sztearinolaj

oleiferous *ol* olajtartalmú

olein *vegy* olein, olajsav(-glicerid), sztearinolaj

oleo|-hydraulic leg *rep* olajrugós futóműtag; **~-hydraulic spring** *rep* olajrugó; **~-hydraulic undercarriage** *rep* olajrugózású futómű; **~-pneumatic** *gép* olaj-pneumatikus, olaj-levegős; **~-pneumatic brake** *rep* olaj-levegő fék; **~-pneumatic shock** *rep* olaj-levegős lengéscsillapító; **~-pneumatic shock strut** *rep* levegő-olajos rugós tag; **~ shock absorber** *rep* olaj-lengéscsillapító

oleobrake *rep* olajnyomású fék, olajfék

oleobrom process brómolaj(át)nyomás, brómolajeljárás

oleogear *rep* olajlökésgátlós futómű; olajrugós futómű

oleograph *nyom* olajnyomat

oleography *nyom* olajnyomás

oleoleg *rep* olajlökésgátlós/olajrugós futóműtag

oleomargarine *élip* művaj, olajmargarin

oleometer *fiz* olajfokoló, olajfajsúlymérő

oleooil *vegy* faggyúból préselt olaj, margarinolaj

oleophilic *vegy* oleofil

oleophobic *vegy* oleofób

oleorefractometer *fiz* olajfénytörés-mérő

oleoresin *vegy* gyantatartalmú illóolaj

oleoresinous *vegy* olajos gyantalakk, olajgyantalakk

oleostearin *vegy* oleosztearin, présztearin

oleostrut *rep* olajlökésgátlós futóműszár

oleum *vegy* óleum, füstölgő kénsav; **~ spirits** *pl ol* vegyvizsgáló benzin, (könnyű) oldószerbenzin, könnyűbenzin

olfactometry *vegy* odorimetria, szagmérés, szagintenzitás mérése; olfaktometria

olfactory | index *vegy* szagindex; **~ threshold value** *vegy* szagküszöbérték

olfactronics *vegy* olfaktometria

olfacty *vegy* szagintenzitás egysége *(a még érzékelhető koncentráció g/ml-ben)*

Oligocene *geol* oligocén

oligoclase *ásv* oligoklász, nátrium-kálcium-földpát

oligodynamic effect *vegy* oligodinamikus hatás

oligohaline *vegy* kevéssé sós; **~ salt-water** *geol* csökkent sótartalmú víz

oligomer *vegy* oligomer

oligomerization *vegy* oligomerizálás, oligomerizálódás

oligonite *ásv* oligonit

oligopolistic game *mat* oligopol játék

oligosaprobic zone *hidr* oligoszaprób zóna

oligotrophic lake *geol* oligotróf *v.* rosszul termő tó

oliphatic-cyclic compounds *ol* aliciklusos szénhidrogének/vegyületek

olivaceous olajzöld

olive I. *a* olív(a)zöld, olajzöld; **II.** *n élip* olíva, olajbogyó; **~-brown** olajbarna; **~ copper-ore** *ásv* arzénes rézérc; **~-green** olajzöld, olív(a)zöld; **~-kernel oil** *élip* olívamagolaj; **~ oil** *élip* olívaolaj

olivenite *ásv* olivenit

olivine *ásv* olivin, krizolit; **~ basalt** olivinbazalt; **~ diabase** olivindiabáz

OLP (oxygen-lime-powder) converter *koh* OLP-konverter, mészporos konverter

OM → organic matter; → outer marker; → overturning moment

ombré I. *a tex* árnyalt, ombré; **II.** *n tex* többszínű selyemszövet/láncfonal

ombrograph *met* öníró csapadékmérő, csapadékíró, ombrográf

ombrography *met* csapadékmennyiség-mérés, ombrográfia

ombrometer *met* csapadékmérő, ombrométer

ombrometry *met* csapadékmennyiség-mérés, ombrográfia

omega *at* ómega-hiperon, Ω-hiperon; *rád* Omega; **~ meson** *at* ómega-mezon, ω-mezon); **~ section** *koh* zórés-acél; **~ wrap** *hang* Omega-szalagvezetés

omegatron (mass spectrometer) *el* omegatron *(ciklotron elvén alapuló tömegspektrométer)*

omission elhagyás, kihagyás, mellőzés; *mat* elhagyás *(számjegyeké)*; *nyom* kihagyás; **~ of beds** *geol* rétegkimaradás *(vetődésnél)*

omitted-size (type) grain concrete *ép* frakcióhiányos beton

omitting *nyom* elhagyás, kihagyás, mellőzés; *tex* kihagyás *(be nem fűzés a fonalvezetőbe)*; **~ parentheses** *mat* zárójel elhagyása

omni-aerial, omni-antenna *távk* körsugárzó antenna

omnibearing *távk* 360 fokos; körsugárzó; **~-distance navigation (OBD)** *rep* polárkoordinátás rádiónavigáció; **~ facility** *rep* polárkoordinátás rádiónavigációs berendezés; **~ indicator (OBI)** *rep* polárkoordinációs rádiónavigációs rendszer jelzőműszere; **~ selector (OBS)** *rep* 360 fokos irányválasztó; azimut kiválasztó

omnibus *közl* omnibusz, autóbusz; *üveg* hűtőkemence vaslemez burkolata; **~ bar** *el* gyűjtősín, gyűjtővezeték; **~ channel** *rep* gyűjtőcsatorna; **~ operation** *távk* konferenciakapcsolás; **~ (telegraph) system** *távb* omnibuszrendszer; **~ train** *vasút* helyi vonat

omnidirectional *távk* körsugárzó, 360 fokos; **~ antenna** *távk* körsugárzó/irányítatlan antenna; **~ microphone** *hang* gömbi/irányérzéketlen *v.* irányhatás nélküli mikrofon, gömbkarakterisztikájú mikrofon; **~**

radiation *távk* nem irányított sugárzás, körsugárzás; ~ **radio beacon (ORB)** *rep* körsugárzó rádióirányadó; ~ **(radio) range (ODR)** *rep* körsugárzó rádióirányadó; ~ **range station** *rep* körsugárzó irányadó állomás

omnidirective antenna *távk* körsugárzó antenna

omnigraph *távb* automata távírógép

omnirange → omnidirectional

omphacite *ásv* omfacit

OMR → optical mark reader; → organic-moderated reactor

on *el, gép* be; bekapcsolt (állapotban), működésben; ~**-air** *hang, tv* adásban (szereplő); ~**-and-off switch** *el* kétállású/kétutas kapcsoló; ~ **base leg** *rep* „rövidfalon", „alapfalon"; ~ **bias** átlósan; ~ **board** *bány* lapra, fővállapra merőlegesen *(fejtés)*; *hajó, rep* fedélzeten; ~**-board** *hajó, rep* fedélzeti; ~**-board computer** fedélzeti számítógép; ~**-board instrumentation** *hajó, rep* fedélzeti műszerezés; ~**-board radio equipment** *távk* fedélzeti rádióberendezés; ~**-board retranslator** *távk* fedélzeti átjátszóállomás; ~**-board station** *rep* fedélzeti rádióállomás; ~**-call extraction** *kat* tűzigénylés; ~**-call extraction mission** *kat* bevetés igénylésre; ~ **coated** *pa* papírgépen mázolt; ~**-coming** → oncoming; ~**-cost** → oncost; ~**-cost man** *bány* uradági munkás; ~**-course beam** *rep* iránysáv-sugárnyaláb; irányvonal-sugárnyaláb; ~**-course line** *rep* irányvonal; ~**-course signal** *rep* irányvonaljel; ~ **cross-wind leg** *rep* „keresztszéli rövidfalon"; ~**-delay** *el* meghúzáskésleltetés; ~**-demand** kívánatra *(házhoz szállított stb.)*; bemutatásra/látra szóló; ~ **down-wind leg** *rep* „hátszéli hosszúfalon"; ~ **final** *rep* „végső egyenesen"; ~**-floor placing-machine** *ép* talajra gyártó gép, tojó gép, mobil betonblokkgyártó gép; ~**-gear** *gép* bekapcsolt; ~**-going** → ongoing; ~**-hand material** *ip* rendelkezésre álló anyag; ~**-hook signal** *távb* „hívott bont" jel, hívott oldali bontójel; ~ **left base leg** *rep* „bal rövidfalon", „bal alapfalon"; ~ **leg of approach** *rep* forgalmi körös megközelítés/bevezetés egyik szakaszán; ~**-line** *szt* online, számítógéppel közvetlen kapcsolatban levő; ~**-line charter** *rep* útvonalhálózatba tartozó különjárat; ~**-line computer** *szt* folyamatvezérlő/online számítógép/komputer; ~**-line computing** *szt* számítás az adatok beérkezésének ütemében; ~**-line control** *szt* vezérlés az alapberendezéstől; vezérlés valóságos időléptékben; ~**-line data input** *szt* valós időléptékű adatbevitel; ~**-line data output** *szt* valós időléptékű adatkivitel; ~**-line (data) processing** *szt* valós időléptékű adatfeldolgozás; ~**-line data reduction** *szt* közvetlen adatredukció; ~**-line debug tool (ODT)** *szt* interaktív hibakereső, ODT; ~**-line equipment** *szt* online berendezés; ~**-line input** *szt* közvetlen bemenet; ~**-line input-output** *szt* egybekapcsolt bemenet-kimenet; ~**-line operation** *szt* online üzemmód; ~**-line output** *szt* közvetlen kimenet; ~**-line training and practice (ONTAP)** *szt* online tanulás és gyakorlás, ONTAP; ~**-line unit** *szt* kapcsolt egység; ~**-load period** *ip* munkaszakasz, munkaperiódus; ~**-off** *el* be-ki, ki-be (kapcsolású); kétállású; ~**-off action** *aut* kétállású szabályozás/hatás/viselkedés; ~**-off code** *aut* igen-nem kód; ~**-off control** *aut* kétállású *v.* nem folyamatos szabályozás/vezérlés/irányítás; ~**-off controller** *aut* kétállású szabályozó; ~**-off error detector** *aut* kétállású hibadetektor; ~**-off mechanism** *aut* be-ki kapcsoló mechanizmus; ~**-off position** *aut* kapcsolási állapot; ~**-off regulator** *aut* kétállású szabályozó; ~**-off relay** *el* ki-be kapcsoló relé; ~**-off service** *aut* megszakított üzem; ~**-off servomechanism** *gép* ki-be kapcsolású *v.* bang-bang szervomechanizmus; ~**-off switch** *aut* kétállású/be-ki kapcsoló; ~**-off-type signal** *szt* igen-nem típusú jel, bináris jel; ~**-parameter** *aut* bekapcsolási paraméter; ~**-peak demand** → maximum demand; ~**-period** *aut* folyásidő; ~ **position** *rep* bekapcsolt helyzet; ~**-position** *aut, el* bekapcsolt állás/helyzet, behúzott állapot, munkahelyzet; ~ **right base leg** *rep* „jobb rövidfalon", „jobb alapfalon"; ~**-route charter** *rep* útvonalhálózatba tartozó különjárat; ~**-season fare** *rep* főidénydíjszabás; ~**-shore** → onshore; ~**-site** helyszíni; *kat* terepen történő; ~**-site casting yard** *ép* építéshelyi (előre)gyártó üzem; ~**-site conditions** *ép* építéshelyi viszonyok; ~**-site connection** *ép* építés(hely)i illesztés/kapcsolat; ~**-site data processing** *szt* helyszíni adatfeldolgozás; ~**-site inspection** *ép* helyi/helyszíni ellenőrzés/szemle; ~**-site prefabrication** *ép* helyszíni/építéshelyi előregyártás; ~**-site test** *szt* tesztelés a felhasználás helyén; ~ **speed** *rep* adott sebességen; ~**-state** *félv* nyitóállapot; ~**-state boundary characteristic** *félv* nyitóirányú határjelleggörbe; ~**-street** utcai, utcán történő; ~**-the-air monitor** *tv* levegőből vevő képellenőrző/adásellenőrző monitor, kimeneti monitor; ~ **the beam** *rep* sugárnyaláb hatósávján; ~**-the-fly printer** *szt* repülőnyomtató; ~**-the-job accident** *ip* üzemi baleset; ~**-the-job service unit** *szer* műhelykocsi; ~**-the-job training (OJT)** *ip* munkahelyi továbbképzés; ~**-the-job travel speed** *ép* üzemi sebesség; ~**-the-shelf component** *szer* raktáron heverő alkatrész; ~**-the-spot** helyszínen történő; helyszíni; azonnali; ~**-the-spot investigation** *közl* kiszállás a helyszínre, helyszínelés; ~ **the surface** *bány* külszín; ~**-top altitude** *rep* felhő feletti magasság; ~ **top cruising level** *rep* felhők feletti utazószint; ~ **upwind leg** *rep* „szembeszéli/ellenszéli hosszú falon"

ON → octane number

once egyszer, egy ízben; ~**-reflected** *távk* egyszeresen visszavert; ~ **through** *ol* egyszeri átbocsátással, recirkuláció nélkül; ~**-through boiler** *hőt* dob nélküli *v.* kényszeráramlású kazán; ~**-through control** *aut* egyenes működésű szabályozóberendezés; ~**-through cooling (by pump)** *at, gép* kényszerátfolyásos/kényszer-átáramoltatásos *v.* egyszeres átvezetésű hűtés; ~**-through fuel cycle** újrafeldolgozással nem járó üzemanyagciklus; ~**-through-type boiler** *hőt* kényszeráramlású kazán

oncoming közeledő, közelítő; *közl* szembejövő; ~ **traffic** *közl* szembejövő forgalom

oncophyllite *ásv* onkofillit

oncosin *ásv* onkozin

oncost *ip* rezsi(költség)

ondameter → ondometer

ondograph *távk* ondográf, hullámíró

ondometer *távk* hullámhosszmérő, frekvenciamérő, ondométer

ondoscope *el* hullámjelző ködfénylámpa; *távk* oszcilloszkóp, oszcillográf

one egy; egyetlen; *mat* egy; egységelem; ~**/3 octave bandpass filter** *távb* tercszűrő; ~**-address code** *szt* egycímű/egycímes utasításrendszer/kód; **~-address computer** *szt* egycímű számítógép; **~-address instruction** *szt* egycímű utasítás; **~-address instruction system** *szt* egycímű utasításrendszer; **~-address machine** *szt* egycímű számítógép; **~-ahead addressing** *szt* önléptető címezés; **~-armed** *gép* egykarú; **~-armed anchor** *hajó* egykapájú/egykapás horgony; **~-axis laser gyroscope** *fiz* egytengelyű lézergiroszkóp/lézerpörgettyű; **~-bath black** *tex* hullámos kelme; **~-bath dyeing** *tex* egyfürdős színezés; **~-bath impregnating** *tex* egyfürdős impregnálás; **~-bath tanning** *bőr* egyfürdős cserzés; **~-bed yard** *ép* előregyártó üzem egy feszítőpaddal; **~-belt reversing gear** *gép* egy szíjváltásos irányváltó előtét; **~-body welding set** *heg* egyházas áramátalakító *(hegesztéshez)*; **~-brick wall** *ép* egy tégla vastag fal; **~-case welding transformer** *heg* egyszekrényes hegesztőtranszformátor; **~-coat rendering** *ép* egyrétegű vakolás; **~-coil transformer** *el* autotranszformátor; **~-colo(u)r blotch print** *tex* egyszínű alapnyomás; **~-column array/matrix** *mat* oszlopmátrix, oszlopvektor; **~-compartment shaft** *bány* egyosztályos akna; **~-component cement** *ép* egykomponensű ragasztóanyag; **~-course** *ép* egyrétegű; **~-cycle engine** *gépk* együtemű motor/gép; **~-cylinder** *gépk* egyhengeres; **~-cylinder motor** *gépk* egyhengeres motor; **~-deck oven** *hőt* egyszintes kemence; **~-degree-of-freedom system** *aut* egy szabadságfokú rendszer; **~ digit** *mat* egyesek helye; **~-digit adder** *szt* egy helyértékű összeadómű; félösszeadó; **~-digit delay** *aut* egy(szám)jegyes késleltetés; **~-digit number** *mat* egyjegyű szám; **~-dimensional** *mat* egydimenziós, lineáris, egyenes vonalú; **~-dimensional circuit** *el* egydimenziós (áram)kör; **~-dimensional consolidation** *aut* egydimenziós konszolidáció; **~-dimensional disorder** *krist* egydimenziós rendezetlenség; **~-dimensional flow** *rep* egydimenziós áramlás; **~-dimensional gas** *at* egyváltozós függvényként kezelt gáz; **~-dimensional imperfection** *krist* egydimenziós hiba; vonalhiba; vonalszerű rácshiba; **~-dimensional integral** *mat* egyszeres integrál; **~-dimensional lattice** *krist* egydimenziós/lineáris rács; **~-dimensional quadric** *mat* kúpszelet, másodrendű (algebrai) görbe, másodrendű síkgörbe, pontkúpszelet; **~-dimensional space** *mat* egydimenziós tér; **~-dimensional (state of) stress** *mech* egytengelyű feszültségállapot; **~-drum Colcrete mixer** *ép* egydobos kolkréthabarcs-keverő v. kolkrétkeverő gép; **~-duct air-conditioning system/equipment/plant** *szell* egycsatornás klímaberendezés; **~-edge pebble** *geol* egylapú (görgeteg)kő; **~-eighth bend** *gép* 90%-nál kisebb hajlatú csőkönyök; hajlítás 1/8 körre; **~-eighty-degree approach** *rep* megközelítés/bevezetés két 90 fokos fordulóval; **~-electron bond** *vegy* egyelektronkötés, egyelektronos kötés; **~-element set** *mat* egyelemű halmaz; **~-end substation** *távb* vezetékvégi alállomás; **~-engined** *rep* egymotoros, egy hajtóműves; **~ engine stop landing** *rep* leszállás egy álló hajtóművel; **~-family house** *ép* családi ház; **~-figure number** → **~-digit number**; **~-fold axis/rotor** *krist* egyforgású tengely; monogir; **~-for-one conversion** *aut* egy az egybe átalakítás; **~-frame frequency** *tv* félképfrekvencia; **~-frame hammer** *koh* egyállványos kalapács; **~-frequency selection** *távb* egyfrekvenciás keresés; **~-grid tube** *el* egyrácsos elektroncső; **~-group model** *at* egycsoportos modell, egycsoport-modell; **~-group theory** *at* egycsoport-elmélet; **~-group treatment reactor** *at* egycsoport-elmélettel kezelt reaktor; **~-half-peak divergence/spread** *aut* félértékszög; **~-half-period rectification** *el* egyoldalas/egyutas egyenirányítás; **~-hop** *rád* egyszeri visszaverődésű; **~-hour rating** *vasút* órás teljesítmény/vonóerő; **~-instruction card** *szt* egyutasítás-kártya; **~-integration system** *aut* egyintegrációs rendszer; **~-in-two ratio** feles arány; **~-knob receiving set** *rád* egygombkezeléses vevő; **~-layer** *ép* egyrétegű; **~-level address** *szt* direkt/közvetlen cím; **~-level store** *szt* egyszintű tár; **~-limbed flexure** *geol* egyoldalú rétegelhajlás/flexura; **~-line** *vasút* egyvágányú; **~-line diagram** *távk* egyvonalas kapcsolási vázlat; **~-line operation/working** *vasút* egyvágányú pálya üzemvitele; **~-lip ladle** *önt* egycsőrű öntőüst; **~-loop aerial** *távk* egyhurkos keretantenna; **~-loop control system** *aut, távk* egyszerű/egyhurkú szabályozási rendszer; **~-man** egyszemélyes; egyszemélyi; *gép* egy ember által kezelhető; **~-man chain-saw** *fa* egyszemélyes láncfűrész; **~-man control** *gép* egyszemélyes irányítás/vezetés/kezelés; **~-man mo(u)lding box** *önt* kézi magszekrény; **~-man-operated** *gép* egy ember által kezelt; **~-man outfit** *mzg* traktorról kezelhető munkagép *(vezető által)*; **~-milliwatt generator** *el* normálgenerátor; **~-minute turn** *rep* 180 fokos forduló egy perc alatt; **~-net station** *távk* hálózaton belüli rádióállomás; **~-of-a-kind casting** *önt* egyetlen példányban gyártott öntvény; **~-off regulator** *aut* kétállású szabályozó; **~-off shop** *gép* különálló műhely; **~-operator welder** *heg* egy munkahelyes hegesztőgép; **~ or two frequency simplex** *távk* egy- vagy kétfrekvenciás szimplex; **~-out-of-n code** *szt* n-ből 1 kód; **~ output** *szt* egyértékű kimenet; **~-pair roller-mill** *élip* kéthengeres hengerszék; **~-pass** *heg* egyrétegű; **~-pass assembler** *szt* egymenetes assembler; **~-pass butt weld** *heg* egyrétegű tompahegesztéssel készült varrat; **~-pass fusion weld** *heg* egyrétegű ömlesztőhegesztéssel készült varrat; **~-pass MIG weld** *heg* egyrétegű AFI-hegesztéssel készült varrat; **~-pass program** *szt* egymenetű program; **~-pass projection weld** *heg* egyrétegű dudorhegesztéssel készült varrat; **~-pass stand** *heng* egyszúrásos hengerállvány; **~-pass submerged-arc weld** *heg* egyrétegű fedett ívű hegesztéssel készült varrat; **~-pass TIG weld** *heg* egyrétegű AVI-hegesztéssel készült varrat; **~-pass weld** *heg* egyrétegű hegesztés(sel készült varrat); **~-person game** *mat* egyszemélyes játék; **~-phase** *el* egyfázisú; **~-phase alloy** *koh* egyfázisú ötvözet; **~-piece** *mt* egy darabból készült, tömör, osztatlan; **~-piece casting** *önt* tömör öntvény; **~-piece ladder** *ép* egytagú merítéklétra; **~-piece propeller** *rep* egy darabból készült légcsavar; **~-piece shield socket** *bány* osztatlan pajzstalp; **~-piece wing** *rep* egy darabból készült szárny; **~-pipe heating system** *hőt* egycsöves fűtési rendszer; **~-pitch roof** *ép* sátortető; **~-place number** *mat* egyjegyű szám; **~-place predicate** *mat* egyváltozós logikai függvény/predikátum; **~-plane grading/levelling** *hidr* egysíkú tereprendezés; **~-plus-one address instruction** *szt* kétcímű utasítás; **~-ply yarn** *tex* egyágú fonal; **~-point landing** *rep* farokleszállás; **~-point set** *mat* egyelemű halmaz; **~-port cavity maser** *távk* reflexiós mézer; **~-port network/transducer** *el* kétpólus; ~-**position signal** *aut* egyfogalmú mutató/jelző/jelzés; ~-**position switch** *el* egyállású kapcsoló; ~-**process** *tex* egylépcsős; ~-**purpose information system** *szt* szakosított információrendszer; ~-**quadrant duty** *félv* egy síknegyedes üzem; ~ **quarter** *mat* egynegyed; ~-**region reactor** *at* egyzónájú/egyzónás reaktor; ~-**room flat** *ép* egyszobás lakás; ~-**rope drill/hammer grab** *ép* egyköteles fúrómarkoló; ~-**rope (suspension) grab** *ép* egyköteles markoló; ~-**round firing** *bány* együttindítás; ~-**run process** *ip* egymenetes eljárás; ~**'s complement** *szt* egyes komplemens; ~-**section** egyrészes; ~-**section filter** *gép* egyrészes szűrő; ~-**shift operation** *ip* egy műszakos üzem; ~-**shot lubrication** *gép* élettartamkenés, zsírzófejes kenés *(a zsírzófej időnkénti utánhúzásával)*; ~-**shot meter** *tex* központosított adagolóberendezés; ~-**shot multivibrator** *el* monostabil *v.* egy stabil állapotú multivibrátor; ~-**shot operation** *szt* lépésenkénti működés; ~-**shot pump** *hidr* egylöketű szivattyú; ~-**shot reliability** *any* egyszer használható termék megbízhatósága; ~-**shot rocket** *kat* egyszer felhasználható rakéta; ~-**shot routine** *szt* lépésenként végrehajtott rutin; ~-**side butt weld** *heg* egy oldalról hegesztett tompavarrat; ~-**side-coated** *pa* egyoldalt mázolt/fényezett; ~-**sided** féloldalas, egyoldalas; ~-**sided finish** *tex* egyoldalú kikészítés; ~-**sided groove weld** *heg* egyoldalas varratvályú; ~-**sided heap** *bány* egyszerű hányó; ~-**sided Laplace transformation** *aut, mat* egyoldalas Laplace-transzformáció; ~-**sided limit** *aut* egyoldali határérték; ~-**sided printing** *tex* egyoldali nyomás; ~-**sided punched tape card** *szt* egyoldalas lyukszalagkártya; ~-**sided storage** *szt* egyoldalas tároló/memória; ~-**sided surface** *mat* egyoldalú felület; ~-**side-napped** *tex* egyoldalt bolyhozott; ~-**side submerged-arc weld** *heg* egyoldali fedett ívű hegesztéssel készült varrat; ~-**side surface** *mat* egyoldalú felület; ~-**side weld** *heg* egyoldali hegesztéssel készült varrat; ~-**slot (cylinder) antenna** *távk* résantenna, egyrésű (hengeres) antenna, hengeres réssugárzó; ~-**spar** *rep* egy főtartós; ~-**spot tuning** *rád* egygombhangolás; ~-**stage** *el, gép* egylépcsős, egyfokozatú; ~-**stage amplifier** *el* egylépcsős/egyfokozatú erősítő; ~-**stage compressor** *gép* egyfokozatú kompresszor; ~-**stage leaching** *koh* egyfokozatú lúgzás; ~-**stage pump** *ép* egyfokozatú szivattyú; ~-**stage resin** *műa* egylépcsős gyanta; ~-**station fix** *rep* egy rádióállomás segítségével megállapított helyzetpont; ~-**step operation** *szt* lépésenkénti működés; ~-**step photograph** *foto* polaroid felvétel; ~-**step photographic process,** ~-**step photography** *foto* polaroid (fényképészeti) eljárás; ~-**step pressure regulator** *aut* egykamrás nyomáscsökkentő szelep; ~-**stitch cycle** *tex* hurkolószakasz; ~-**stop inclusive tour charter** *rep* egyleszállásos IT különjárat; ~-**strand** *el* egyeres *(kábel)*; ~-**strand continuous casting-machine** *önt* egy munkahelyes folyamatos acélöntő gép; ~-**strand rolling** *heng* egyeres hengerlés; ~-**strand rope** *szersz* egypászmás drótkötél; ~-**stroke engine** *gépk* együtemű motor/gép; ~-**summer road** *hidr* egynyári út; ~-**tact relay system** *el* együtemű relérendszer; ~-**term(ed) expression** *mat* monom, egytagú kifejezés; ~-**thread** *tex* egyszálas; ~-**throw crankshaft** *gép* egy forgattyúcsapos könyökös tengely; ~-**to-one** *mat* egy az egyben; ~-**to-one function** *szt* egyértelmű *v.* egy-az-egyben leképezés; ~-**to-one onto function** kölcsönösen egyértelmű leképezés; ~-**to-one transformer** *el* leválasztótranszformátor; ~-**to-one translating program** *szt* „egy az egybe" fordítóprogram; ~-**to-partial-select ratio** *távk* egyesjel-részszelekciósjel viszony; ~-**to-zero ratio** *szt* egyesjel-zérójel viszony; ~-**track** *vasút* egyvágányos, egyvágányú; ~-**track operation** *vasút* egyvágányú vasút üzemvitele; ~-**type ripper** *ép* egyfogas útbontó gép; ~-**valued function** *mat* egyértékű függvény, egyértelmű leképezés/függvény; ~-**velocity method** *at* egysebességes módszer; ~-**velocity model** *at* egysebességes modell; ~-**way (OW)** *közl* egyirányú; ~-**way analysis of variance** *stat* szórásnégyzet egytényezős elemzése; ~-**way at a time** *szt* váltakozó irányú; ~-**way circuit** *el* egyirányú/egyenirányú áramkör; ~-**way classification** *any* osztályozás egyféle ismertetőjel szerint; ~-**way clutch** *gépk* szabadonfutó tengelykapcsoló; ~-**way communication** *távk* egyirányú összeköttetés; ~-**way fare** *rep* egy útra érvényes díjszabás; ~-**way filter** *szt* egyirányú szűrő; ~-**way flight** *rep* repülés egy irányba; ~-**way linked list** *szt* egyirányú kapcsolt lista; ~-**way measurement** egyirányú mérés; ~-**way mining** *bány* egyszárnyú fejtés; ~-**way operation** *el, távk* egyirányú üzem; ~-**way pallet** *ép* eldobó rakodólap; ~-**way radio** *rep* egyirányú rádióadás; ~-**way road** *közl* egyirányú út; ~-**way slab** *mech* egy irányban teherbíró lemez; ~-**way spread** *mat* egydimenziós sereg; ~-**way street** *közl* egyirányú utca; ~-**way stress** *mech* pulzáló feszültség; ~-**way switch** *el* egy áramkörű kapcsoló; ~-**way textile articles** egyszeri használatra szolgáló textíliák; ~-**way ticket** *közl* egyszeri utazásra szóló jegy; ~-**way valve** *aut, ép* egyirányú átömlésű szelep, visszacsapószelep; ~-**wire** *távk* egyszálas *(antenna)*; ~-**word command/instruction/order** *szt* egyszavas utasítás

onegite *ásv* onegit

onemeter *el* kombinált mérőműszer, manométer

onion vöröshagyma; ~-**skin (paper)** *pa* légipostapapír, pelürpapír; ~-**skin structure** *távk* hagymaszerű szerkezet *(vasporé)*

onium *vegy* ónium(vegyület); ~ **dye** *tex, vegy* óniumszínezék

onlayable gyroscope *geod* rátét giroszkóp

onofrite *ásv* onofrit

onomasticon *szt* névszótár

onrush megrohanás; hirtelen ömlés; *kat* támadás, előretörés

onset I. *v kat* (meg)támad; **II.** *n* beérkezés; kezdet; *kat* roham, ostrom; ~ **time** *aut, orv* reakcióidő

onsetter *bány* aknacsatlós

onshore *ol* szárazföldi *(pl. fúrás)*

ONTAP → on-line training and practice

ontariolite *ásv* ontariolit

onyx *ásv* ónix; ~ **marble** *geol* ónixmárvány

oolite, oölite, *geol* oolit, mészkő

oolitic, oölitic *geol* oolitos; ~ **limestone** *geol* oolitos mészkő

oolong tea *élip* sárga (félig fermentált) tea

O.O.O. → out of order

OOS → out of sight

oosite, oösite *ásv* oosit

ooze I. *v* párásít; szivárog, (ki)csepeg; lassan kiáramlik, gyöngyöz; **II.** *n* (el)szivárgás, lassú kiáramlás;

bőr cserlé, páclé; *ép* átcsurgás; *geol* iszap, üledék; *koh* iszap; ~-**hose irrigation** *mzg* szivárgótömlős öntözési eljárás; ~ **leather** *bőr* kesztyűbőrszerű barkázatú marhabőr/borjúbőr
oozy *geol* iszapos, üledékes
op → outport; ~ **code** *szt* utasításkód, műveleti kód
OP → observation post; → osmotic pressure
O.P. process → Oppenheimer-Phillips process
opacate *ép* zavarosodik; *opt* elhomályosít
opacifier *ép* zavarosítóanyag
opacimeter *opt* opacitásmérő, átlátszatlanságmérő, homályosságmérő; *pa* áttetszőségmérő
opacity *opt* átlátszatlanság; homályosság, opacitás *(áteresztőképességi együttható reciproka)*; *pa* áttetszőség; *vegy* fedőképesség *(festéké)*
opal *ásv* opál; ~-**blue** opálkék; ~ **bulb** *el* opálbura; ~ **glass** *el* takarékkatód, sötéten izzó katód; *üveg* opálüveg, tejüveg; ~ **globe** *el* tejüveg bura; ~ **jasper** *ásv* jaspopál; ~ **lamp** *el* tejüveg burás (izzó)lámpa, opállámpa
opalesce *opt* opaleszkál, opalizál
opalescence *opt* opálosság, opalizálás, opaleszcencia
opalescent *opt* opálos, opalizáló, színeket játszó; ~ **glass** *üveg* opaleszcens/opálos üveg, opálüveg; ~ **pollution** *met* színjátszó légszennyezés
opaline board *pa* lámpaernyőkarton, opalinkarton
op amp → operational amplifier
opaque I. *a at* sugárzást át nem eresztő; *aut, fiz* nem stacionárius, (időben) nem állandó, időben változó; *opt* fényátnemeresztő, átlátszatlan; homályos; **II.** *n foto* retusfesték; ~ **body** *opt* átlátszatlan test; ~ **colo(u)r** *tex* fedőszín; ~ **crystal** *ásv* opakkristály, átlátszatlan kristály; ~ **curtain** *opt* fényáthatlan függöny; ~ **glass** *üveg* opaküveg; ~ **illuminator** *ásv* opakilluminátor, érccsiszolat-megvilágító Kri; ~ **medium** *orv* (röntgen)kontrasztanyag; ~ **mineral** *ásv* opakásvány; ~ **paper** *pa* átlátszatlan papír; ~ **rubber** *orv* ólomgumi *(röntgensugár ellen)*; ~ **white** *vegy* fényáthatlan fehér *(festék)*
open I. *v* (ki)nyílik, kitárul; (ki)nyit, (ki)tár; *csom* (ki)bont; *el* bont, lekapcsol, szétkapcsol, megszakít; **II.** *a* nyílt, nyitott; *bány* kül(színi), felszíni; *el* bontott, nyitott *(áramkör)*, érintésvédelem nélküli, burkolatlan *(kábel)*; *ép* beépítetlen, födém nélküli, egyszeres *(palatető)*, hézagos *(pallózás)*, keresztezetlen *(hajtószíj)*; **III.** *n hang* nyílt síp *(orgonáé)*; *nyom* kontúrbetű; ~ **a circuit** *v el* áramkört bont; ~ **action chain** *aut* nyitott hatáslánc; ~-**air** szabadtéri; *bány* felszíni, külszíni; *el* külső téri; ~-**air antenna** *távk* külső antenna; ~-**air burning** szabadtéri égetés; ~-**air drying** *élip, ép* szárítás szabadban, szabadtéri szárítás; ~-**air ionization chamber** *fiz* közönséges ionizációs kamra; ~-**air plant** *ép* szabadtéri üzem; ~-**air storage** *ép* szabadtéri tárolás; ~ **and shut action** *aut* kétállású szabályozás; ~-**angle conveyer** *gép* szögállványos fékezős szállítószalag; ~ **annealing** *tex* nyílt lágyítás; ~ **antenna** *távk* magas antenna; ~-**arc automatic hard surfacing** *heg* automatikus nyílt ívű kemény felrakóhegesztés; ~-**arc automatic welder** *heg* nyílt ívű hegesztőautomata; ~-**arc hard surfacing** *heg* nyílt ívű kemény felrakóhegesztés; ~-**arc semi-automatic welding** *heg* félautomatikus nyílt ívű hegesztés; ~-**arc surfacing** *heg* nyílt ívű felrakóhegesztés; ~-**arc weld** *heg* nyílt ívű hegesztéssel készült varrat; ~ **armo(u)ring** *el* nyílt kábelpáncélzat; ~-**back press** *alak* keresztállványos *v.* hátfal nélküli prés; ~-**band semiconductor** *félv* betöltetlen sávú félvezető; ~-**band twine** *tex* Z-sodratú kétágú cérna; ~-**band twist** *tex* jobbsodrat; ~-**band yarn** *tex* jobbsodratú fonal; ~ **base** *mat* nyílt bázis; ~ **bath** *ép* strandfürdő; ~ **beam** *tv* differenciáló (áram)kör *(videojel-meredekség növelésére)*; ~ **bearing** *gép* osztott/nyitott/kétrészű csapágy; ~-**belt drive** *gép* nyitott szíjhajtás; ~-**bottom mo(u)ld** *önt* nyitott alsó részű kokilla; ~ **bubble** *műa, gumi* nyílt sejt/cella *(habanyagban)*; ~-**butt joint** *gép* tompa illesztésű csatlakozás; ~ **caisson** *ép* nyitott kút/szekrény, alapozókeszon, alapozóköpeny; ~-**caisson foundation** *ép* süllyesztett kutasalapozás; ~ **canal** *hidr* nyílt csatorna; ~ **carbon chain** *vegy* nyílt szénlánc; ~-**cell structure** *műa* nyíltcellás habszerkezet; ~-**chain** *vegy* nyílt szénláncú; ~-**chain compound** *vegy* nyílt láncú vegyület; ~-**chain hydrocarbon** *vegy* nyílt láncú szénhidrogén; ~-**chain terpene** *vegy* nyílt láncú terpén; ~ **(-channel) dewatering/drainage** *bány* nyílt víztartás; ~-**channel flow** *hidr* szabad felszínű vízmozgás; ~-**channel flowmeter** *metr* átáramlásmérő nyílt csatornához; ~ **circuit (OC)** *el* nyitott/bontott/megszakított áramkör, szakadással lezárt áramkör; üresjárás; *em* nyitott körfolyamat; ~-**circuit** *el, távb* üresjárati, üresjárási nyitott áramköri; ~-**circuit admittance** *el* üresjárási admittancia, teljes vezetőképesség; ~-**circuit characteristic** *el* üresjárási karakterisztika/jelleggörbe; ~-**circuit condition** *el* üresjárás(i feltétel); ~-**circuit crushing** *ép* aprítás nyílt folyamatban; ~-**circuit current** *el* üresjárási áram, nyitott/bontott áramköri áram; ~-**circuit electromotive force** *el* üresjárási feszültség, üresjárási elektromotoros erő; ~-**circuit firing** *hőt* nyitott körű tüzelés; ~-**circuit function** → ~-circuit condition; ~-**circuit gain** *el* üresjárási erősítés; ~-**circuit impedance** *el* üresjárási/üresjárati impedancia, látszólagos ellenállás; ~-**circuit inductance** *el* üresjárási induktivitás; ~-**circuit line** *távk* terheletlen/lezáratlan *v.* üresen járó vonal; ~-**circuit loss** *el* üresjárási veszteség; ~-**circuit operation** → ~-circuit condition; ~-**circuit output conductance** *el* üresjárási kimenő vezetőképesség; ~-**circuit photoelectromotive force** *v.* **photovoltage** *el, opt* fényelem üresjárási feszültsége, üresjárási fotoelektromotoros erő; ~-**circuit potential** *el* üresjárási feszültség, üresjárási elektromotoros erő; ~-**circuit resistance** *el* üresjárási ellenállás; ~-**circuit system** *aut* munkaáramú riasztóberendezés; ~-**circuit voltage** *el* nyitott áramköri feszültség, üresjárási feszültség; ~-**circuit voltage transfer ratio** *el* üresjárási feszültség visszahatási tényezője; ~-**circuit winding** *el* nyitott áramkörű tekercselés; ~-**circuit wind tunnel** *rep* nyitott áramkörű szélcsatorna; ~-**circuit working** *el* munkaáramú üzem(mód); ~-**circular plate condenser** *távk* nyílt forgókondenzátor; ~-**coil annealing** *hők* szétnyitott tekercsek lágyítása; ~ **collector (O/C)** *szt* nyitott kollektor, O/C; ~ **compressor** *gép* külső hajtású (burkolatlan) kompresszor; ~ **continuous mill** *heng* nyitott rendszerű folyamatos hengermű; ~ **cooker** *élip* csírátlanító vízfürdő; ~-**corner joint** *gép* hézagos sarokkötés; ~-**cost work** *ip* órabéres/napidíjas munka; ~ **country** *kat* nyílt terep; ~ **creel** *tex* ék alakú cséveállvány; ~-**cup flash point** *ol* nyílt téri lobbanás-

pont; ~ **cure** *gumi* nyomás nélküli vulkanizálás; ~ **curve** *mat* nyílt görbe; ~ **cusp** *ép* zárógyűrű *(boltozaton)*; ~ **cut** *bány, ép* nyílt bevágás, külszíni fejtés, külfejtés; *geol* nyílt feltárás; ~**-cut benching** *bány* sávos külfejtés; ~**-cut drainage** *hidr* nyílt árkos lecsapolás; ~**-cut mining** *bány* külszíni fejtés, külművelés; ~**-cut outline** *bány* külfejtési kontúr; ~**-cut slope** *bány* külfejtési rézsű; ~ **cycle** *aut, el* nyitott ciklus/kör, nyílt körfolyamat; ~**-cycle control** *aut* nyílt hurkú irányítás/vezérlés, nyitott folyamatú szabályozás; ~ **dam** *hidr* mozgógátas duzzasztómű; ~**-date ticket** *rep* dátum nélküli jegy; ~**-deck car park** *ép* nyitott (oldalú) parkolóház; ~ **diapason** *hang* principál; ~**-diaphragm loudspeaker** *hang* tölcsér nélküli hangszóró; ~**-die forging** *koh* szabadon alakító kovácsolás; ~**-die technique** *alak* sajtolás nyitott süllyesztékben, nyitott alakítószerszám-technika; ~ **digging** *ép* külszíni/felszíni fejtés, nyílt bevágás; ~ **disc/disk** *közl, vasút* „szabad út" jelzőtárcsa; ~ **ditch** *ép* nyílt árok; ~ **diversion dam** *hidr* mozgógát; ~ **double-bevel butt weld** *heg* hézagos K-varrat; ~ **double-J butt weld** *heg* hézagos kettős J-varrat; ~ **double-V butt weld** *heg* hézagos X-varrat; ~ **dredging** *ép* alapozás nyitott munkagödörrel; ~**-drive shaft** *gépk* nyitott kardántengely; ~**-dump deposition** *környv* nyílt lerakás; ~**-end barometer** *met* nyitott végű légnyomásmérő; ~**-ended configuration** *szt* nyitott végű konfiguráció; ~**-ended high-speed clicking-machine** *gép* tányéros biztonsági gyorscsákozógép; ~**-ended mo(u)ld** *önt* nyitott végű kokilla; ~**-end(ed) spanner** *szersz* villáskulcs; ~**-end furrow** *hidr* nyitott barázda; ~**-end hole** *forg* átmenőfurat, átmenőlyuk; ~**-end impedance** *el* üresjárási impedancia, látszólagos ellenállás; ~ **equipment** *gép* nyitott berendezés; ~ **exhaust** *gépk* nyílt kipufogás; ~**-faced watch** *finm* fedél nélküli óra; ~**-face super-calender** *pa* kalanderállvány vízszintes henger részére; ~ **field** *kat* nyílt terület; ~ **field burning/combustion** *koh* nyílt téri égetés; ~**-fire kettle** *hőt* nyílt tüzelésű üst; ~**-flame furnace** *koh* lángkemence; ~**-flat platform body** *gépk* nyitott hátsó felépítmény; ~**-floor mo(u)ld** *önt* nyitott alsó részű öntőforma; ~**-flow conveying** *ép* nyitott (rendszerű) áramlóközeges szállítás; ~ **flow potential** *ol* potenciális hozam; ~**-flow test** *ol* termelési kísérlet *(nyitott tolóval)*; ~ **flume** *hidr* nyílt vízszínű turbinakamra; ~**-flume setting** *hidr* nyitott kamrás turbinaelrendezés; ~ **forging** *alak* szabadkézi kovácsolás; ~ **form** *krist* nyílt forma; ~ **frame** *gép* rácsrúd nélküli tartó, nyitott/egyoszlopos állvány; ~**-frame girder** *ép* Vierendeel-tartó; ~ **fuse** *el* nyitott biztosító; ~**-gap bed** *forg* mélyített ágy *(szerszámgépen)*; ~**-ga(u)ge tube** *vák* bemerülő mérőcső; ~**-grained** *fa* sűrű likacsú; ~**-grained iron** *any* durvaszemcsés vas; ~ **groove** *koh* nyitott üreg; ~ **ground** *ép* szabad terület *(városépítésnél)*; *kat* nyílt terep; ~**-hearth furnace** *koh* martinkemence; Siemens-Martin-kemence; ~**-hearth iron** *koh* martinnyersvas; ~**-hearth plant** *koh* martinüzem; ~**-hearth refining** *koh* lángfrissítés; ~**-hearth slag** *koh* martinkemencei salak, martinsalak; ~**-hearth steel (OHS)** *koh* martinacél; Siemens-Martin-acél; ~**-hearth tilting furnace** *koh* billenő martinkemence; ~ **hole** nem béléscsövezett fúrólyuk(szakasz); *gép* szerelési furatok; *ol* nyitott fúrólyuk; ~**-hole ca(l)liper** *ol* lyukbőségmérő; ~**-hole packer** *ol* nyitottlyuk-pakker; ~**-hole test** *ol* nyitottlyuk-formációvizsgálat; ~ **hook** *el* csillárhorog; *gép* nyitott horog; ~ **interval** *mat* nyitott/nyílt intervallum/számköz; ~**-jaw charter** *rep* nyitott útvonalú különjárat; ~**-jaw route** *rep* körutazás, körútvonal; ~**-jaw trip fare** *rep* körutazási díjszabás/menetdíj/viteldíj; ~ **jet** *rep* szabad sugáráram; ~**-jet wind-tunnel** *rep* nyitott mérőterű szélcsatorna; ~ **joint** *gép* tompaillesztés *(karima nélküli csőillesztés)*, nyitott/hézagos kötés; ~ **lagging** *ép* hézagos pallózás; ~**-leno weave** *tex* ritka forgószálas kötés; ~ **line** *el* szabadvezeték; ~**-link chain** *gép* nyitott szemű lánc; ~ **loop (OL)** *aut, távk* felhasított/felnyitott (szabályozási) kör, nyílt hatáslánc, nyitott hurok; *kh* nyitott szem; ~ **loop adaptive control** *aut, távk* nyílt hurkú adaptív vezérlés; ~**-loop control** *aut* nyílt hurkú irányítás/vezérlés; ~**-loop control system** *aut* felnyitott szabályozási rendszer; ~**-looped pulse system** *aut* felnyitott mintavételes rendszer; ~**-looped sampled-data system with variable parameters** *aut* (fel)nyitott változó paraméterű mintavételező rendszer; ~**-loop gain** *el* felnyitott kör eredő erősítőtényezője; hurokerősítés, körerősítés, hurokerősítési tényező, nyitott hurkú erősítés; ~**-loop process control** *szt* nyílt hatásláncú folyamatirányítás; ~**-loop stable** *el* nyitott szabályozó áramkör esetén stabil/begerjedésmentes; ~**-loop system** *aut* felnyitott rendszer; ~**-loop transfer function** *aut, el* hurokátvitel függvény, felnyitott rendszer átviteli függvénye; nyílt hatáslánc átviteli függvénye; ~ **matter** *nyom* erősen ritkított szedés; ~ **mesh** *kh* átakasztott szem, nyitott szem *(lánckötésnél)*; hálószerű/áttört kötés; ~ **mortise** *fa* átmenő csaplyuk; ~ **motor** *gép* nyitott kivitelű motor; ~**-newel stair(case)** *ép* orsófal nélküli lépcső, nyitott orsóteres lépcső; ~ **oscillation circuit** *el* bontott/nyitott áramkör; ~**-pan dough-mixer** *élip* nyitott dagasztógép; ~**-pan mixer** *ép* teknős keverőgép; ~ **pass** *heng* nyitott üreg; ~**-phase protection** *aut* vezetékszakadás-védelem, fáziskimaradás elleni védelem; ~**-phase relay** *aut* fázisszakadási relé; ~ **pipe** *hang* nyitott síp; ~ **pit** *bány* bányagödör; külszíni bányatérség; *ép* munkagödör, nyílt üreg; *koh* öntőgödör; ~**-pit mining** *bány* külfejtés; ~ **place** *ép* nyitott tér; ~ **plan** *ép* közös teres kialakítás; ~ **plan(ned)** *ép* közös teres *(iroda, iskola stb.)*; ~ **polygon** *mat* törött vonal, nyílt sokszög; ~**-pool reactor** *at* úszómedence típusú reaktor; ~ **port** *hidr* nyílt kikötő; ~**-poured steel** *koh* nem nyugtatott acél; ~**-press wheel** *mzg* kettős abroncsú magtartó kerék *(vetőgépen)*; ~ **program** *szt* megnyitott program; ~ **rapid filter** *hidr* nyitott gyorsszűrő; ~**-rate situation,** ~**-zone situation** *rep* nyitott díjszabású állapot; ~**-return bend** *gép* U-alakú csőkönyök; ~ **riveting** *alak* szilárd szegecselés; ~ **road** *közl* közút; ~ **roof** *ép* födém nélküli tető; ~ **routine** *szt* nyílt rutin; ~ **sand** *önt* laza öntőhomok; ~**-sand casting** *önt* öntés nyitott homokformába; ~**-sand mo(u)ld** *önt* nyitott homokforma; ~ **screening area** *bány* szabad szitafelület; ~ **sea** nyílt tenger; ~**-seam tube** *gép* látható varratú cső; ~**-seat** *gépk* nyitott ülésű; ~ **seepage** *bány* szabad felszínű szivárgás; ~ **set** *bány* nem teljes ajtókeret; *mat* nyílt halmaz; ~ **setting** *tex* ritka beállítás; ~**-sheet delivery** *nyom* nyitott ívkirakó; ~**-shelf system** *ép* szabadpolcos rendszer *(könyvtáré)*; ~ **shop** *szt* nyitott üzem *(számítógépközponté)*; ~-

side feeder *aut* nyitott tápfej; ~-**side grinder** *forg* egyállványos síkköszörű(gép); ~-**side planer** *forg* egyállványos gyalugép; ~-**sight** *geod* dioptrás; ~-**sight alidade** *geod* dioptrás vonalzó/irányzék; ~ **single-J butt weld** *heg* hézagos J-varrat; ~ **single-U butt joint** *gép* hézagos U-kötés; ~ **single-V butt weld** *heg* hézagos/tompa V-varrat; ~ **slating** *ép* egyszeres palafedés; ~ **slot** *el* nyitott horony; ~ **space** *ép* szabad/beépítetlen terület/tér; udvar; *gép* belvilág; ~-**space deposit** *geol* kőzetlerakódás üregekben; ~ **spandrel** *ép* takaréküreges ívhídmező-ráfalazás; ~-**spandrel arch** *ép* átviteles szerkezetű ív; ~ **spillway** *hidr* szabad átbukású túlfolyó; ~-**spiral worm** *ép* csigaszalag; ~-**spiral worm conveyor/conveyer** *ép* szalagos csiga; ~-**square butt joint** *gép* hézagos I-kötés; ~-**square butt weld** *heg* hézagos I-varrat; ~-**square weld** *heg* leélezés nélküli *v.* I-alakú varrat; ~-**stand system** *fa* erdőgyérítési rendszer; ~ **statement** *szt* megnyitási utasítás; ~ **steam** *gép, hajó* teljes gőz; *vegy* direkt/szabad gőz; ~-**steam cure** *gumi* vulkanizálás szabad gőzben; ~ **steel** *koh* nem nyugtatott acél; ~-**steel flooring** *ép* acélrács padló; ~ **stope mining (method)** *bány* nyitott üregű fejtés; ~ **storage** *ip* szabadtéri tárolás; ~-**storm drainage** *hidr* felszíni víztelenítés nyitott árkokkal; ~ **string** *ép* lépcsőpofa; *szt* nyílt jelsorozat; ~ **subroutine** *szt* nyílt/nyitott szubrutin/alprogram; ~ **surface** *élip* hasznos szitálófelület; ~-**surface evaporator** *ol* csörgedeztető elpárologtató; ~ **switch** *el* nyitott kapcsoló; ~ **system** *aut, en* nyílt rendszer; ~ **systems interconnection (OSI)** *szt* nyílt rendszerek összekapcsolása, OSI; ~ **tank battery** *ol* nyitott-tartályállomás; ~ **teaser** *tex* nyitott tépőgép; ~-**textured** *fa* nagy pórusú *(faszövet)*; ~ **the cover** *v élip* ritkább bevonatot húz fel; ~ **the rolls** *v élip* hengerrést/őrlőrést növel; ~-**throat wind-tunnel** *rep* nyitott torkú szélcsatorna; ~-**ticket** *rep* nyitott/kitöltetlen jegy; ~ **tie-up** *tex* nyitott befűzési rend *(jacquard-gépen)*; ~-**top container** *ép* nyitható fedőlapú szállítótartály; ~-**top feeder** *gép* nyitott tápfej; ~-**top furnace** *hőt* nyitott torokterű kemence; ~-**topped housing** *gép* nyitott tetejű burkolat; *koh* nyitott hengerállvány; ~-**top railway car** *vasút* nyitott teherkocsi; ~-**top roll housing** *heng* nyitott hengerállvány; ~ **traverse** *bány* nyitott sokszögvonal; *gép* nyitott sokszögmenet; ~ **trench** *ép* nyitott munkagödör; ~-**type** *el* nyitott, érintésvédelem nélküli; ~-**type compressor** *gép* tömszelencés hűtőkompresszor; ~-**type indirect heating system** *ép* nyitott rendszerű központi fűtés; ~-**type ladle** *önt* nyitott öntvényszállító üst; ~ **up** *v bány* megnyit, kezd; ~ **up the berry** *v élip* felnyitja a szemet; ~ **vessel** *tex* nyitott színezőkád; ~ **wall** *ép* takaréküreges fal; ~ **ward** *ép* (sokágyas) kórterem; ~ **water** *hajó* nyílt víz; *talt* felszíni víz *(folyás)*; ~ **water channel** *hidr* folyóka; ~ **water efficiency** *hajó* nyílt vízi hatásfok; ~ **web** *ép* nyílt rácsozat *(nem tömör falú tartón)*; ~-**web girder** *ép* áttört gerincű tartó, Vierendeel-tartó; ~-**web steel joist** *ép* acélrácsos födémgerenda; ~ **weir** *hidr* mozgógát; ~ **weld** *heg* hézagos varrat; ~ **well** *ép* nyílt kút; ~-**well (staircase)** *ép* nyitott orsóterű csigalépcső/körlépcső; ~-**wharf area** *hajó* szabad rakpartterület; ~-**width** *tex* teljes szélességben; ~-**width bleaching** *tex* kiterítve fehérítés; ~-**width bleaching plant** *tex* szélesen fehérítő berendezés; ~-**width boil-out** *tex* széles alakú lefőzés; ~-**width dyeing** *tex* színezés teljes szélességben, szélesen színezés; ~-**width scour** *tex* lefőzés széles alakban; ~-**width scouring machine,** ~-**width washer** *tex* széles mosógép; ~ **wind** *tex* laza sodrat; ~ **winding** *el* jobbra haladó tekercselés; ~ **wire (OW)** *el* légvezeték, külső vezeték, felsővezeték; ~-**wire** *el* légvezetékes; ~-**wire feeder** *távk* levegőtápvonal; ~-**wire line** *el* légvezetékes vonal; ~-**wire telegraphy** *távb* légvezetékes távíró; ~-**work(ing)** → openwork; ~ **yarn** *tex* laza fonal

opencast I. *a bány* külfejtési, külszíni (fejtésű), külfejtéssel művelt; **II.** *n bány* külszíni bányatérség; ~ **coal** *bány* felszíni/külszíni bányászással termelt/nyert szén; ~ **level** *bány* külfejtési szint; ~ **mine with conveyor bridge** *bány* szállítóhidas külfejtés; ~ **mining** *bány* külfejtés

opened nyílt, nyitott; *el* bontott, megszakított; ~ **loop** *aut* nyitott hurok, felnyitott szabályozási kör

opener *pa, tex* bontógép; *szersz* nyitó, bontó; ~ **for cloth in rope form** *tex* szövetkötegbontó *(szerkezet)*

opening I. *a* kezdeti, megnyitó; *el* bontó, megszakító; *ép* (ki)nyitható; *ip* előkészítő; **II.** *n* nyílás, rés, hézag, lyuk; feltörés, felhasadás; kezdet, kezdés; felnyitás; *bány* bányanyitó vágat; bányatérség; betörés; kutatóvágat, feltáróvágat; letakarítás; megnyitás, feltárás; *el* bontás, nyitás; *ép* szabad nyílás *(hídon)*, tartó nyílása/fesztávolsága, bejárat; *fa* nyiladék, tisztás *(erdőben)*; *gép* furat; *heng* üreg, kaliber; *szersz* kulcsbőség, kulcsnyílás *(csavarkulcsé)*; *talt* kutatógödör; *távb* elengedés *(billentyűé)*; *tex* bálabontás; ~ **action** *tex* bontóhatás, lazítóhatás; ~ **bit** *forg* furattágító tüske; ~ **capacity** *forg* legnagyobb nyílás *(satué)*; ~ **card** *tex* bontókártoló; ~ **current** *el* megszakítási áram; ~ **cut** *bőr* felmetszés, felvágás; ~ **date** *ép* beadási/ajánlatfelnyitási határidő; ~ **delay** *aut* nyitáskésleltetés; ~ **gas-lift pressure** *ol* nyitó segédgáznyomás; ~-**in** *ép* befelé nyíló; ~-**machine** *tex* lazítógép, bontógép; ~ **of discission** *geol* tektonikus repedés; ~ **of surface mining** *bány* külfejtésnyitás; ~ **of the valve** *aut* szelepnyitás; ~-**out** *tex* (ki)bontás *(szöveté)*; ~-**out of lattice** *krist* rácskitágulás; ~ **plate** *kat* porvédő; ~ **pressure** *gépk* nyitási nyomás; ~ **pulse** *el* bontóimpulzus; kapuzóimpulzus, nyitóimpulzus; ~ **ram** *műa* visszahúzó dugattyú *(sajtológépen)*; ~ **release** *aut* nyitáskioldó, nyíláskioldó; ~ **shock** *rep* ejtőernyő rántása kinyíláskor; ~ **shot** *bány* betörő robbantás; ~ **space** *élip, ép* lyukbőség *(rostán)*; ~ **time** kikapcsolási idő(tartam)/időkésés, nyitási önidő, folyásidő; ~ **to traffic** *ép* átadás a közlekedésnek; ~ **trench** *bány* főbevágás; ~-**up** üzembe helyezés; *bány, geol* nyitás, feltárás

openwork (OW) *bány* külfejtés, külművelés; *ép* áttört ékítményű fal(azás); *kh* csipke, áttört/szemakasztásos kötés; ~-**glass(es)** *opt* színházi látcső

operability *gép* működőképesség; ~ **index** *gép* működőképességi mutatószám

operable *gép* működőképes, működtethető; ~ **time** *szt* működőképes állapot ideje

operand *mat, szt* operandus; ~ **address** *szt* operanduscím; ~ **channel** *szt* operanduscsatorna; ~ **register** *szt* operandusregiszter

operandum *mat* operandum

operate üzemeltet, üzemben tart; működtet, járat; működik, üzemben van, üzemel; kiszolgál, kezel *(gé-*

pet); irányít; hat; *el* gerjeszt; meghúz *(jelfogó)*; megszólaltat; *közl* közlekedik; ~ **at capacity** *ip* teljes üzemmel dolgozik; ~ **at critical** *at* kritikussá válik, kritikus állapotban üzemel/üzemeltet; ~ **level of an echo suppressor** *aut* visszhangzár meghúzószintje; ~ **mode** *szt* műveleti/számító üzemmód; ~ **the clutch (to)** *gépk* tengelykapcsolót működtet/bekapcsol; ~ **time** *aut, el* meghúzási idő

operated működtetett, kezelt, irányított; *el* gerjesztett; meghúzott; ~ **by electricity** *el* villamos működtetésű; ~ **gap** *el* légrés meghúzott állapotban *(jelfogóé)*; ~ **shovel jib/boom** *ép* mechanikus hegybontó kotrógém

operating I. *a* üzemviteli; üzemelő, működő; kezelési, működési; üzemeltető, kezelő; üzemi, üzemeltetési; *el* gerjesztő; meghúzási; meghúzó; *gép* hajtó; **II.** *n* működtetés; működés, üzemelés, hatás; üzemeltetés, kezelés; *el* gerjesztés; meghúzás; ~ **accident** *ip* üzemi baleset; ~ **age** üzemi élettartam; ~ **agent** *vák* munkaközeg; ~ **angle** *aut* működési/üzemi szög; ~ **basis earthquake (OBE)** *at* üzemeltetési földrengés; ~ **board** *aut, távk* kezelői asztal; ~ **boots** *orv* műtőcipő; ~ **bridge** *aut, gép, hidr* kezelőhíd; ~ **by a line controller** *vasút* menetirányítás; ~ **capacity** *gép* tényleges igénybe vehető teljesítőképesség; ~ **ceiling** *rep* gyakorlati csúcsmagasság; ~ **channel** *rep* válaszjelcsatorna; ~ **characteristic (OC)** *aut* üzemi/átviteli jelleggörbe, operatív jellemző; ~ **characteristic curve (OCC)** *el, gép* működési jelleggörbe; ~ **characteristics** *rep* üzemi jellemzők; ~ **circuit** *el* működő áramkör; működtető/meghúzó áramkör; ~ **coil** *el* mágnestekercs, gerjesztőtekercs *(reléé)*; ~ **comfort** *gép* kezelési kényelem; ~ **condition** üzemi állapot; ~ **condition for vacuum tube oscillators** *vák* aláfeszített állapot; ~ **conditions** üzemi feltételek/követelmények, munkafeltételek; *el* meghúzási feltételek; ~ **contact** *el* munkaérintkező, záróérintkező; ~ **control** *aut* műveletvezérlés, lefutásvezérlés, műveletirányítás; ~ **controls** *rep* kormányszervek; működtető szervek; ~ **cost per capacity ton-miles** *rep* tonnamérföld-kapacitásra eső üzemeltetési költség; ~ **cost(s)** üzemi/működési/általános költség(ek); ~ **crew** *rep* üzemi személyzet; ~ **current** *el* megszólalási/meghúzási/működési/üzemi/átváltási áram, munkaáram; ~ **curve** *el* átviteli/dinamikus karakterisztika/jelleggörbe, munkagörbe; ~ **cushion** *orv* műtőasztalpárna; ~ **cycle** *gép* munkaciklus; ~ **data** *gép* műszaki/üzemi adatok; ~ **delay** *aut* működési/meghúzási késés; ~ **delays** *szt* üzemeltetési veszteségidők; ~ **desk** kapcsolóasztal; ~ **device** *szt* kezelőszerv; ~ **distance** *rep* működési távolság; ~ **duty** *el* működési sorozat; ~ **efficiency** üzemi hatásfok; ~ **engineer** üzemmérnök; ~ **environment** *szt* működési környezet; ~ **error** *gép* üzemeltetési hiba; ~ **expense(s)** → ~ cost(s); ~ **failure** üzemeltetési meghibásodás; ~ **figures** *koh* üzemi adatok; ~ **first cost** *koh* üzemi önköltség; ~ **floor** kezelőállás; kezelőhely; ~ **fluid** *gép, vák* munkaközeg, szervofolyadék; ~ **frequency** *el* üzemi/hálózati/működési frekvencia; ~ **gas-lift valve** *ol* üzemi segédgázszelep; ~ **gear** *gép* vezérmű, működtető szerkezet; ~ **handle** *el, gép* kapcsolókar, kezelőfogantyú; *kat* töltőfogantyú; ~ **height** *rep* üzemi magasság, működési magasság; ~ **house** *vasút* váltótorony; ~ **income** *rep* üzemi/üzemeltetési bevétel; ~ **instruction** *szt* használati/műveleti utasítás; ~ **instructions** *pl* üzemeltetési/üzemviteli utasítás; ~ **instrument** *aut, metr* üzemi mérőműszer/ellenőrzőműszer; ~ **key** *távb* működtetőbillentyű; ~ **labo(u)r** *gép, ip* kiszolgáló/üzemeltető személyzet; ~ **lever** *gép* kapcsolókar, működtetőkar, kezelőkar; ~ **licence** működési engedély; ~ **life** élettartam; ~ **limitation** *rep* üzemeltetési korlátozások; ~ **line** *el, gép* munkajelleggörbe, üzemi jelleggörbe, hatásvonal; *koh* munkavonal; ~ **loop** *at* üzemi hurok; *aut* működtetőhurok; ~ **magnet** *el* kapcsolómágnes; ~ **maintenance** *rep* üzemi karbantartás; ~ **manual** *gép* gépkönyv; ~ **mask** *orv* műtőálarc; ~ **material** *vák* munkaközeg; ~ **mechanism** *aut* vezérmű, működtetőszerkezet; *el* hajtás; *gép* működtetőmechanizmus, működtetőszerkezet; ~ **medium** *vák* munkaközeg; ~ **memory** *szt* operatív/belső tároló; ~ **memory cycle** *szt* tároló munkaciklusa; ~ **method/mode** *rendsz* működési mód, üzemmód; ~ **mode** *rep* munkarend; üzemmód; ~ **numbers** *el, gép* üzemi számadatok; ~ **order** *ép* üzemkész állapot; ~ **panel** *aut* kezelőlap; ~ **period** *el, gép* üzemi periódus; ~ **permit** → ~ licence; ~ **personnel** kezelőszemélyzet; *rep* hajózó személyzet; műszaki személyzet; ~ **plan** *ip* üzemi terv, üzemterv; ~ **planning** *rep* művelettervezés; ~ **point** *aut, rep* munkapont; ~**-point adjustment** *el* munkapont-beállítás; ~**-point displacement** *el* munkaponteltolás; ~ **position** *el, gép* munkahelyzet; ~ **power** üzemi teljesítmény; ~ **pressure** üzemi nyomás; ~ **prime cost** üzemi önköltség; ~ **procedure** *rep* üzemi eljárás; ~ **profit** *rep* üzemeltetési haszon; ~ **program** *aut, szt* működtető programrendszer, üzemeltetési program; ~ **pulpit** *koh* kormánypad; ~ **radius** *kat* hatósugár; ~ **range (OR)** *aut, el* működési tartomány, hatástartomány; *gép* működési terület; ~ **rod** *vasút* váltóhajtó rúd; ~**-rod spring** *kat* gázdugattyúkar-rugó; ~ **room (OR)** *aut* manuális kapcsolóterem, kezelőterem; *orv* műtő; ~ **side** *gép* kezelőoldal; *pa* vezetőoldal *(papírgépé)*; ~ **slide** *kat* csúsztatósín, csúsztatószán; ~ **space** kezelőhely; ~ **speed** *gép* üzemeltetési/üzemi sebesség/fordulatszám; *szt* műveleti/műveletvégzési sebesség; ~ **spring** működtetőrugó, hajtórugó; *kat* helyretoló rugó; ~ **staff** *gép* kezelőszemélyzet; ~ **stand** *koh* kormánypad; vezérlőasztal; ~ **state of relay circuit** *el* relés kör üzemi állapota; ~ **statistics** üzemi statisztika; ~**-stool** *orv* műtőszék; ~ **stress** *mech* tényleges feszültség, üzemeltetési igénybevétel; ~ **substance** *vák* munkaközeg; ~ **supervision** *rep* rendszeres ellenőrzés; repülésfelügyelet; ~ **surveillance/survey** üzemi felügyelet; ~ **system (OS)** *aut, szt* operációs/üzemeltetési rendszer, működtető programrendszer, műveletrendszer, OS; ~ **table** *aut, el, gép* kezelőasztal; *orv* műtőasztal; ~ **temperature** *gép* üzemi hőmérséklet; *koh* munkahőmérséklet; ~ **temperature range** *el, gép* működési hőmérséklet-tartomány, működési/üzemi hőmérséklet-határok; ~ **theatre** *orv* műtő; ~ **time** *el* meghúzási/megszólalási/kapcsolási idő; *szt* működési idő; ~ **time between repairs** javítások közötti üzemidő; ~ **time to the first general repair** üzemidő az első főjavításig; ~ **trouble** üzemzavar; ~ **turn-around time** *rep* üzemi fordulóidő; ~ **under shunting regulations** *vasút* látótávolságra közlekedés; ~ **units** *aut* munkarekeszek; ~ **vacuum** *koh* üzemi nyomás; ~ **value** *el* megszólalási/működtetési érték *(reléé)*; ~ **valve** *aut* gőzelosztó szelep; ~ **voltage** *el* égésfeszültség; meghúzási/megszólalási feszültség, üzemfeszültség; ~ **voltage of gas discharge** *el* égésfeszültség; ~ **voltage of power-direction relay** *aut* teljesítményirány-relé megszólalási feszültsége; ~ **with letters** *mat* elemi algebra, betűszámtan

operation működtetés, üzemben tartás, kezelés; kivitelezés, üzemmód; működés, üzemelés; működési mód, művelet; *bány* művelés, fejtés; *el* meghúzás; *ip* munka(folyamat), munkaművelet; *mat* (számítási) művelet; *szt* művelet; *vasút* üzemvitel *(pályáé)*; ~ **algorithm** *szt* műveleti/vezérlő/irányító algoritmus; ~ **amplifier** *el* műveleti erősítő; ~**-analysis chart** *ip* gyártási műveleteket elemző kártya; ~ **apparatus** *aut* kezelőszerelvények; ~ **array** *gép* műveletmező; **be in** ~ működik, üzemel; ~ **beacon** *hajó* működő világítópéce; ~ **code** *szt* műveleti/gépi kód, (gépi) utasításkód, műveletkód; ~**-code program** *szt* gépi program; ~**-code programming** *szt* gépi (kódú) programozás; ~ **control** *aut* műveletvezérlés, lefutásvezérlés, műveletirányítás; ~ **control language (OCL)** *szt* működést vezérlő nyelv, OCL; ~ **cycle** *szt* munkaciklus; ~ **decoder** *aut* műveletdekódoló; ~ **delay of a circuit-breaker** *aut* megszakító kapcsoláskiesése; ~ **factor** *aut* operációtényező, művelettényező; ~ **flow** *aut, ip, szt* műveletfolyamat; ~ **in parallel** *távk* párhuzamos üzem; ~ **inspection** *aut* műveleti ellenőrzés; ~ **instruction** *szt* műveleti utasítás; ~ **knob** *aut* működtetőgomb; ~ **life** *gép* élettartam; ~ **line** *hidr* géplánc; ~ **method** *aut* műveleti módszer; ~ **of conditional transfer of control** *aut* feltételes átvitelű művelet, ugrásművelet; ~ **officer** *rep* repülőüzemi tiszt; ~ **on slow wind** *koh* lassú járat; ~ **part** *szt* műveleti rész; ~ **planning** *ip, szt* művelettervezés; ~ **ratio** *aut* üzemviszony, üzemtényező; ~ **register** *szt* műveleti regiszter; ~ **room** *rep* kezelőterem, munkaterem; ~**s analysis** *szt* operációkutatás, műveletelemzés; ~ **schedule** *hidr* üzemelési rend; ~ **sequence** *aut, szt* működtetési sorrend; ~ **sheet** *ip* művelettervlap; ~**s manual** *rep* repülőüzemi szabályzat, repülés-végrehajtási kézikönyv; ~ **speed** *szt* műveleti sebesség, kapcsolás működési sebessége; ~**s per minute (OPM)** *szt* művelet/perc, OPM; ~**s research** *szt* operációkutatás, operációanalízis; ~**s research analyst,** ~**s researcher** *ip, szt* operációkutató szakember; ~**s security survey** *kat* rádiótechnikai ellenőrzés; ~**s table** *mat, szt* műveleti táblázat; ~ **stress** *gép, mech* üzemi igénybevételek okozta feszültségek; ~**s with fractions** *mat* törtszámítás, törtekkel való számolás, számolás törtekkel; ~ **symbol** *mat* műveleti jel; ~ **system** *szt* operációs rendszer, működtető programrendszer, üzemeltetési rendszer, műveletrendszer; ~ **test** *gép* üzemi vizsgálat; *rep* üzemelési próba; ~ **threshold** *aut* működési küszöb; ~ **time** *szt* műveleti/végrehajtási idő; ~ **tower** *rep* repülésüzemeltető torony; ~ **track** *vasút* munkavágány; ~ **trailer** *mzg* vontatott munkagép; ~ **under inspection** felügyelet alatti üzemeltetés; ~ **with sets** *mat* halmazelméleti művelet, halmazművelet, művelet halmazokkal

operational működési; *kat* bevethető, harcképes; operatív, operációs, hadműveleti; *mat, szt* műveleti; ~ **altitude** *rep* üzemi/működési magasság; ~ **amplifier (op amp)** *el* műveleti erősítő; *szt* számítógép-erősítő; ~ **analysis** *szt* operációanalízis; ~ **calculation/calculus** *szt* operációszámítás, operátorszámítás, műveletszámítás; ~ **call sign (OCS)** *rep* műveleti hívójel; ~ **capacity** *el* működőképesség; ~ **change-over** *gép* üzemátállítás; ~ **characteristic** *el, gép* üzemeltetési jellemző; ~ **chart** *el, gép* működési vázlat, folyamatábra, folyamatdiagram, szerkezeti diagram; ~ **check-list** *ip* művelet-ellenőrző jegyzék; ~ **clearance** *rep* működési engedély; ~ **code** *szt* műveleti kód(rész); ~ **conditions** *ip* üzemi viszonyok; ~ **control** *rep* operatív irányítás; repülésüzemeltetési felügyelet; ~ **control communications** *rep* járatói felügyeleti összeköttetések; ~ **cycle** *ip* munkaciklus; ~ **data** üzemeltetési/üzemi adatok; ~ **distance** *kat* akciótávolság; ~ **duration** *szt* működéstartam; ~ **error** *ip, szt* műveleti hiba; ~ **feature** *el, gép* üzemi/működési jellemző; ~ **flight plan** *rep* repülés-végrehajtási terv; ~ **frequency** munkafrekvencia; üzemi frekvencia; ~ **gain** *el* zárt hurkú erősítés; ~ **height** *rep* működési magasság; ~ **job** *ip, szt* feladat; ~ **key** *aut* műveleti billentyű; ~ **life** élettartam; működési időtartam; ~ **logical circuit** *szt* logikai műveleti vázlat/áramkör; ~ **magnetic amplifier** *el* mágneses műveleti erősítő; ~ **message** *rep* végrehajtással kapcsolatos közlemény; ~ **microprogram** *szt* műveleti mikroprogram; ~ **missile** *kat* bevethető/operatív rakéta; ~ **mode** *aut* üzemmód; ~ **notation** *mat* operátoros írásmód; ~ **objectives** *rep* működési célok; ~ **performance** *rep* I. kategória; ~ **plan** *kat* hadműveleti terv; ~ **planning chart** *rep* légi navigációs térképvázlat; ~ **problem** *ip, szt* feladat; ~ **process** *ip* technológiai folyamat, munkafolyamat; ~ **programming method** *szt* operátoros programozási módszer; ~ **range** *ép* hatósugár *(darué, földmunkagépé)*; *gépk* szállítási körzet; ~ **release** *at* üzemszerű kibocsátás; ~ **reliability (OR)** üzembiztonság; üzemeltetési megbízhatóság; ~ **requirements (OR)** üzemeltetési követelmények; ~ **research** *szt* operációkutatás, operációanalízis; ~ **safety** üzembiztonság; ~ **service test** üzemi vizsgálat; ~ **speed** *rep* üzemi sebesség; ~ **stand** *rep* rakodóhely; ~ **sump volume** *bány* üzemi zsomptérfogat; ~ **symbol** *mat* műveleti jel; ~ **water level** *bány* üzemi vízállás; üzemi vízszint

operative I. *a* gyakorlati; operatív, operációs, hadműveleti; cselekvő; hatályos, érvényben lévő; *gép* ható, működő; *ip* üzemi, üzemben levő; **II.** *n gép* gépkezelő; *ip* munkás, dolgozó, alkalmazott; ~ **attenuation** *távk* üzemi csillapítás; ~ **conditions** üzemi viszonyok/feltételek/körülmények; ~ **measurement** *ol* operatív mérés; ~ **memory** *szt* operatív/belső tároló; ~ **miller** *élip* malomüzem-vezető; ~ **sign** *mat* műveleti jel; ~ **water resources management** *hidr* operatív vízkészlet-gazdálkodás; ~ **weldability** *koh* hegesztési lehetőség

operator kezelő(nő); *geof* észlelő; *gép* gépész, műszerész, (gép)kezelő, irányítómunkás; *gépk* gépjárművezető; *heg* hegesztő; *koh* kormányos; *mat* műveleti jel, kvantor, operátor, kvantifikátor; *pa* gépvezető; *rep, szt* operátor; *távb* telefonkezelő, telefonos, központos; ~ **command** *szt* operátori utasítás; ~ **console** *szt* (operátori) konzol; ~ **control panel** *aut* működtetőpult, vezérlőpult; ~ **desk** *aut* vezérlőasztal; ~ **equation** *mat* operátoregyenlet; ~ **grammar** *szt* operátorgrammatika; ~ **indicator** *aut* kezelői jelzőberendezés; ~ **intervention** *aut* operátori beavatkozás; ~ **method** *mat* operátormódszer; ~ **of antineutrino** *at* antineutrínóoperátor; ~ **precedence** *szt* végrehajtási sorrend; ~ **quality control** *ip* egyéni minőség-ellenőrzés; ~**'s board** *távb* kezelői munkahely; ~**'s bridge** *hidr* kezelőpalló; ~**'s cab/cage** *em, ép, gép* kezelőfülke; ~**'s circuit** *távk* kezelői áramkör, kérdő áramkör; ~**'s console** *aut* vezérlőpult, kezelőpult, konzol; ~**'s desk** *aut* kezelőasztal; ~**'s jack** *távb* kezelői hüvely, kezelő kapcsolóhüvelye; ~**'s platform** *koh* kezelőpódium; kormánypad; ~**'s plug** *távb* kezelői kapcsolódugó; ~**'s position** *gép, távk* munkahely; ~**'s room** *hidr* kezelőépület; ~**'s seat** *gép, távk* kezelőülés; ~**'s stage** *gép* kezelőállvány; ~**'s stand** *gép* kezelőállás; ~**'s swivel seat** *gép* gépkezelő forgóülése; ~**'s (telephone) set** *távb* kezelői beszélőkészlet, vonalválasztós készülék; ~**'s tower** *hidr* kezelőtorony; ~ **variable** *mat* függvényváltozó

operon *biot* operon

ophiolite *ásv* ofiolit

ophite *ásv* ofit, szerpentinmárvány

ophitic *geol* ofitos, szerpentinszerű; ~ **texture** *geol* ofitos szövet

ophitron *aut* ofitron

ophiuride *mat* ofiurida, kígyófarokvonal

ophthalmic *orv* szem-, oftalmikus

ophthalmometer *orv* oftalmométer, szemészeti mérőműszer

ophthalmoscope *orv* oftalmoszkóp, szemtükör

opiate I. *v gyógyv* ópiummal kever; **II.** *n gyógyv* ópiumtartalmú altatószer/kábítószer

opium *gyógyv* ópium; ~ **wax** *gyógyv* ópiumviasz

OPM → operations per minute

Oppenheimer-Phillips process (O.P. process) *at* Oppenheimer—Phillips-reakció

opponent *gép* szemben lévő, szembenálló

opportunity (kedvező) alkalom; ~ **airfield** *rep* szükségleszállóhely

oppose *gép* szembehelyez, szembeállít

opposed *gép* ellentétes, szembenálló, szembeállított; ellentett; ~ **couple** *mech* ellentett erőpár; ~ **current** *hidr* szembeáramlás, ellenáramlás; ~**-cylinder engine** *gépk* boxermotor; ~ **extrusion** *műa* kétoldalú fröccssajtolás; ~ **force** *mech* ellentett erő; ~ **jet element** *távk* impaktelem, kiterítéses modulátor, ellensugárelem; ~ **patent application** *ip* ellenzett szabadalmi bejelentés; ~ **piston** *gépk* ellendugattyú; ~**-piston engine** *gépk* boxermotor, ellendugattyús motor; ~**-ram steering gear** *gépk* ellentett dugattyúelrendezésű hidraulikus kormánymű; ~ **screw** *gép, mech* ellentett erőcsavar; ~**-voltage protective system** *el* ellentétesen kapcsolt feszültségű védelem

opposing I. *a gép* szembenálló, ellentétes; **II.** *n gép* szembeállítás, szembehelyezés; szembenállás; ~ **coil** *el* szembenálló tekercs; ~ **currents** *el* ellentétes irányú áramok; ~ **forces** *v.* **force units** *kat* szembenálló erők; ~ **lane** *közl* szembejövő forgalmi sáv; ~ **light** *opt* szemközti világítás; ~ **reaction** *vegy* ellentétes/ellenkező irányú reakció *(megfordítható folyamatoké)*; ~ **torque** *mech* ellensúlyozó nyomaték; ~ **train** *vasút* ellenvonat

opposite *gép, mat* ellentétes, átellenes, szemben fekvő, szemben levő, ellenkező; *rep* ellentétes, átellenes; ~ **angles** *mat* szemben fekvő *v.* szemközti/átellenes szögek; ~ **arrangement** *gép* szemközti elrendezés; ~ **course** *rep* ellentétes útirány; ~ **direction traffic** *rep* ellentétes irányú forgalom; ~ **group** *mat* inverz csoport; ~**-hand view** *opt* tükörkép; ~ **magnetic poles** *fiz* különnemű mágnespólusok; ~ **phase** *el* ellenfázis, fordított fázis; ~ **side** *mat* szemben fekvő *v.* szemközti oldal/befogó *(háromszögben)*; ~ **sign** *mat* ellenkező (értelmű) előjel; ~ **spin** *at* ellentétes szpin

opposition *csill* oppozíció; *gép, mat* szembenfekvés; *kat, mech* ellenállás; ~ **method** *távk* szembekapcsolási módszer

OPR → optical pattern recognition

OPT → output transformer

optic I. *a* → optical; **II.** *n* → optics; *opt* optika, lencse

optical *opt* látási, látó; optikai, fénytani; szem-, szemmel kapcsolatos; ~ **accelerometer** *mech* optikai gyorsulásmérő; ~**-acoustic effect** *fiz* akusztooptikai jelenség, Tyndall-jelenség; ~ **activity** *ásv* optikai aktivitás, forgatóképesség; ~ **align(e)ment** *aut* optikai beállítás/kiegyenlítés; ~ **alphanumeric page reader** *opt, at* optikai alfanumerikus jelolvasó; ~ **altimeter** *rep* optikai magasságmérő; ~ **ammeter** *el* optikai ampermérő; ~ **amplification** *el* optikai erősítés; ~ **amplifier** *el* optikai erősítő; ~ **amplifier bandwidth** *el* optikai erősítő frekvenciasáv-szélessége; ~ **analog(ue) arrangement** *aut* optikai analóg készülék; ~ **analog(ue) computer** *szt* optikai analóg számítógép; ~ **analyzer** *opt* optikai analizátor/elemző; ~ **and/or acoustic(al) intrusion detector** *aut* betörésjelző; ~ **angle** *opt* optikai tengelyszög; ~ **angle tester** *metr* optikai szögmérő (készülék); ~ **anisotropy** *fiz* optikai anizotrópia; ~ **antenna angle** *távk* optikai antennanyílásszög; ~ **antenna aperture** *távk* optikai antennanyílás; ~ **antipode** *vegy* optikai ellenlábas, enantiomorf, tükörkép izomer; ~ **antipodes** *ásv* optikai antipólusok; ~ **axial angle** *krist* optikai tengelyszög; ~ **axial plane** *krist* optikai tengelysík; ~ **axial section** *krist* optikai tengelymetszet; ~ **axis** *opt* szemtengely, látótengely, optikai tengely, Z-tengely; ~ **beacon** *rep* optikai irányadó; ~ **beam deflection** *el* optikai sugárelterítés; ~ **beam-direction control** *aut* optikai sugárzásirány-vezérlés; ~ **beam-riding system** *aut* optikai vezetősugaras rendszer; ~ **beam-splitter** *opt* optikai sugárnyaláb-felbontó; ~ **bench** *opt* optikai (próba)pad; ~ **biaxial crystal** *krist* optikai kéttengelyű kristály; ~ **binormal** *krist* optikai binormális; ~ **bleaches** *vegy* optikai fehérítők; ~ **bleaching** *tex* optikai fehérítés; ~ **branch** *krist* optikai ág; ~ **brightener** *tex* optikai fehérítő; ~ **cable** *távk* optikai kábel; ~ **cavity** *távk* optikai rezonátor; ~ **centre/center** *opt* optikai/fénytani középpont; ~ **centr(e)ing** *opt* optikai központosítás/beállítás *(műszerfelállításnál)*; ~ **centr(e)ing/cent(e)ring device** *metr* optikai függélyező/centrírozó; ~ **characteristic** *opt* optikai jellemzők; ~ **character reader** *szt* optikai karakterolvasó/írásjelolvasó, optikai letapogatóegység; ~ **character recognition (OCR)** *szt* optikai karakterfelismerés, OCR; ~ **code reader** *szt* optikai kódolvasó; ~ **coherent radar** *távk* optikai koherens radar/lokátor; ~ **colo(u)ration** optikai színezés; ~ **communication(s) channel** *távk* optikai hírközlési csatorna; ~ **communication(s) device** *távk* optikai kommunikációs/távközlési készülék; ~ **communication(s) receiver** *távk* távközlő rendszer optikai vevőkészüléke; ~

communication(s) system *távk* optikai kommunikációs/távközlési rendszer; ~ **comparator** *aut* optikai komparátor/összehasonlító; ~ **compensating filter of photocathode** *aut, el* fotokatód optikai kiegyenlítő/kompenzációs szűrője; ~ **compensator** *opt* kiegészítő/komplementer szín; ~ **computer** *szt* optikai számítógép; ~ **conductivity** *fiz* optikai vezetőképesség; ~ **constants** optikai állandók; ~ **contact** *aut* optikai érintkező; ~ **convergence-angle ga(u)ge** *aut* optikai összetartásiszög-mérő/konvergenciaszög-mérő; ~ **correlator** *aut* optikai korrelátor; ~ **crown** *üveg* optikai koronaüveg; ~ **cube** *opt* biprizma, kettős prizma; ~ **data card** *szt* optikai adatkártya; ~ **data disc** *szt* optikai adattároló (lemez); ~ **data handling** *szt* optikai adatfeldolgozás; ~ **data processing system** *szt* optikai adatfeldolgozó rendszer; ~ **deflection multiplier** *aut* optikai eltér(ít)éssokszorozó; ~ **delay circuit** *aut* optikai késleltetőkapcsolás; ~ **demodulator** *távk* optikai demodulátor; ~ **density (OD)** *opt* optikai sűrűség, feketedés, opacitás logaritmusa; ~ **detection** *aut* optikai detektálás/érzékelés; ~ **detector** *aut* optikai detektor/érzékelő; ~ **diffractometer** *krist* optikai diffraktométer; ~ **digital disc** *szt* digitális optikai lemez; ~ **diode** *aut* optikai dióda; ~ **direction and ranging system** *aut* optikai irány- és távolságmérő rendszer; ~ **direction finder** *geod* optikai iránymérő, katódsugárcsöves rádió-iránymérő; ~ **direction finding** *geod* optikai iránymérés/tájolás; ~ **disk** *szt* optikai lemez; ~ **disk-type memory** *szt* optikai tárcsamemória; ~ **display system** optikai szemléltetőrendszer; ~ **distance** → ~ path; ~ **dividing head** *távk* optikai osztófej; ~ **document reader** *szt* optikai bizonylatolvasó; ~ **Doppler effect** *fiz* optikai Doppler-jelenség; ~ **efficiency** *fiz* optikai hatásfok *(sugárzásé)*; ~ **electron** *vegy* vegyértékelektron; ~**-electronic** → optoelectronic; ~ **encased fibre** *távk* körülburkolt fényvezető szál; ~ **encoder** *távk* optikai kódoló; ~ **exposure** *foto* megvilágítás (foka); ~ **exposure meter** *foto* optikai megvilágításmérő; ~ **extent** *el* optikai fluxus, fényáram; *opt* optikai terjedelem *(fénynyalábé)*; ~ **feedback** *aut* optikai visszacsatolás; ~ **feedback image intesifying system** *tv* optikai visszacsatolásos képerősítő/videoerősítő rendszer; ~ **fibre/fiber** *távk* fényvezető szál, optikai üvegszál; ~ **fibre/fiber cavity/resonator** *távk* üvegszálas optikai rezonátor; ~ **fibre/fiber network** *távk* száloptikás hálózat; ~ **filter** *foto* optikai (szín)szűrő; ~ **fire-control equipment/system** *aut* optikai tűzvezető készülék; ~ **fixed store** *szt* állandó optikai tároló; ~ **flat** optikai síküveg; ~ **flint** optikai flintüveg; ~ **flux** *el* optikai fluxus, fényáram; ~ **focusing** *aut* optikai élesre állítás; ~ **focus switch** *aut* fókuszálás/élességbeállítás átkapcsolója; ~ **frequency** *távk* optikai frekvencia; ~ **gain** *távk* optikai erősítés; ~ **gas analyzer** *metr* optikai gázanalizátor; ~ **glass** *üveg* optikai üveg; ~ **goniometer** *krist* reflexiós goniométer; ~ **gradient fibre/fiber** *távk* (optikai) gradiensszál; ~ **grate/grating** *opt* optikai rács; ~ **guidance system** *aut* optikai (rá)irányítórendszer; ~ **head** *szt* optikai fej; ~ **height finder** *rep* optikai magasságmérő; ~ **heterodyne receiver** *távk* heterodine fénysugárzásvevő készülék; ~ **homer** *aut, kat* optikai célkereső készülék; ~ **homing** *aut, kat* optikai célkeresés; ~ **homing device** → ~ homer; ~ **homing missile** *kat* optikai célrairányító készülékkel ellátott (rakéta)lövedék; ~ **homodyne receiver** *távk* homodin fénysugárzásvevő készülék; ~ **illusion** *opt* optikai csalódás; ~ **image** *opt* optikai kép/leképezés; ~ **indicator** *gépk* fénymutatós műszer; ~ **information storage** *szt* optikai információtárolás; ~ **input** *aut* optikai bemenet; ~ **integration** *aut* optikai integrálás; ~ **interference filter** *opt* optikai interferenciaszűrő; ~ **interpretation** *szt* feliratozás; ~ **isomer** *vegy* optikai izomer; ~ **isomerism** *vegy* optikai izoméria; ~ **isotropy** *geol* optikai izotrópia; ~ **journal tape reader** *szt* optikai újságszalag-olvasó; ~ **laser radar** *rád* optikai lézerradar/lézerlokátor; ~ **level indicator/ga(u)ge** *el* optikai töltésszintjelző; ~ **lever** *fiz* Kerr-cella, tükrös kar/emelő *(kis hosszak mérésére)*; ~ **light filter** *opt* optikai szűrő; ~ **line scan** *aut* optikai sorletapogatás; ~ **line scan device** optikai sorletapogató készülék; ~ **line-up** *aut* optikai tengelybe állítás; ~ **logical circuit** *szt* optikai logikai kör; ~ **mapping** *opt* optikai kép/leképezés; ~ **mark reader (OMR)** *szt* optikai jelölésolvasó, OMR; ~ **maser** *fiz* lézer; optikai mézer; ~ **maser action** *fiz* optikai mézerhatás, lézerhatás; ~ **maser altimeter** *rep* optikai mézeres magasságmérő; ~ **maser amplifier** *fiz* (optikai) mézererősítő; ~**-mechanical** *aut* optikomechanikus; ~ **memory system** *szt* optikai tárolórendszer/memóriarendszer; ~ **method of strain mesurement** *aut* feszültségoptika, fotoelasztikus feszültségvizsgálat; ~ **microscope** *opt* fénymikroszkóp, optikai mikroszkóp; ~ **mixing** *távk* optikai keverés *(jeleké)*; ~ **model** *at* optikai modell; *hang* optikai kisminta *(teremhangtani vizsgálathoz)*; ~ **model of the nucleus** *at* a nukleusz optikai modellje; ~ **navigation system** *hajó, rep* optikai navigációs rendszer; ~ **noise autocorrelation** *aut* optikai zaj autokorrelációja; ~ **noise level** *távk* optikai zajszint; ~ **normal** *opt* optikai normális; ~ **normal section** *ásv* optikai normálmetszet; ~ **output ratio** *fiz* optikai hatásfok *(világítótesté)*; ~ **parallax** *opt* optikai/beállítási/leolvasási parallaxis; szemtengelyek szöge; ~ **path** *távk* optikai átviteli út; ~**-path computer** *szt* fényterelős számítógép; ~ **pattern** *fiz* sugárkép; ~ **pattern recognition (OPR)** *szt* optikai alakfelismerés, OPR; ~ **phased array** *opt* fázisba állított optikai rács; ~ **phonon** *opt* optikai fonon; ~ **pick-up** *aut* optikai érzékelő/jeladó; ~ **picture** *opt* optikai kép/leképezés; ~ **play-back** *tv* optikai lejátszófej; ~ **plummet** *metr* optikai függélyező/centrírozó; ~ **pointer** *opt* fénymutató; ~ **potentiometer** *távk* optikai potenciométer; ~ **printing** *nyom* optikai nyomtatás; ~ **processing circuit** *aut* optikai megmunkálókör/kidolgozókör; ~ **pulse** *távk* optikai impulzus; ~ **pulse code modulation** *távk* optikai impulzuskód-moduláció; ~ **pulse height** *távk* fényimpulzus-amplitúdó; ~ **pumping** *fiz* optikai pumpálás; ~ **pumping energy** *fiz* optikai szivattyúzási energia *v.* pumpálóenergia; ~ **pumping quantum amplifier** *fiz* kvantumos erősítő optikai pumpálással; ~ **pumping source** *fiz* optikai szivattyúzóforrás; ~ **punched reader** *szt* optikai lyukszalagolvasó; ~ **pyrometer** *hőt* optikai/izzószálas pirométer; ~ **radar** *rád* optikai radar/lokátor, lézerradar; ~ **radar altimeter** *rep* optikai radaros/lokátoros magasságmérő; ~ **radar transmitter** *távk* optikai radaradó/lokátoradó; ~ **range** (egyenes) látótávolság; ~ **rangefinder** optikai táv(olság)mérő; ~ **rang-**

ing optikai táv(olság)mérés; ~ **reader** optikai olvasó/leolvasókészülék; ~ **receiver** *távk* optikai vevő, fénysugárzásvevő készülék; ~ **receiving station** *távk* optikai vevőállomás; ~ **recording** *metr* optikai regisztrálás, fényíró rögzítés; ~ **recording head** *tv* optikai felvevőfej; ~ **relay** *aut* optikai relé; ~ **reproducing head** *tv* optikai lejátszófej; ~**-ring sight** *kat* optikai gyűrűsirányzék; ~ **rotary dispersion (ORD)** *vegy* optikai rotációs diszperzió; ~ **rotation** *vegy* optikai forgatás; ~ **rotatory power** *vegy* optikai forgatóképesség; ~ **scanner** → ~ character reader; ~ **scanning** *aut, tv* optikai letapogatás; ~ **scanning device (OSD)** *szt* optikai bizonylatolvasó, OSD; ~ **scanning system** *aut, tv* optikai letapogatórendszer; ~ **scratch** *film* hangsávszakadás; ~ **sending station** *távk* optikai jeladó állomás; ~ **sensing head** *aut* optikai érzékelőfej/váltó; ~ **sensor** *aut* optikai érzékelő/szenzor; ~ **shaft projecting** *bány* optikai aknafüggélyezés; ~ **sight** *kat* irányzótávcső, optikai irányzék; ~ **sign** *ásv* optikai előjel; ~ **signal** *aut, távk* optikai jel, fényjel; ~ **signal amplifying** *aut, távk* optikai jelerősítés; ~ **signal carrier** *távk* optikai jelhordozó; ~ **signal detection** *aut, távk* optikai jeldetektálás/jelérzékelés; ~ **simulation** *szt* optikai szimuláció/modellezés; ~ **siren** *el* fénysziréna; ~ **slot** *opt* optikai rés; ~ **sound** *film* fényhang; ~ **sound recorder** *film* fényhangfelvevő berendezés, fényhang-kamera; ~ **sound recording/technique** *film* optikai/fotográfiai hangrögzítés, hangfényképezés, optoelektromos hangrögzítő eljárás; ~ **sound track(ing)** *film* (optikai) hangcsík, fényhangcsík, fényhangfeljegyzés; ~ **spectrometer** *fiz* optikai spektrométer; ~ **spectroscopy** *fiz* optikai spektroszkópia; ~ **spectrum** *fiz* optikai/látható színkép/spektrum; ~ **square** *geod* szögtükör; ~ **stimulus** *aut, opt* fényinger; ~ **storage** *szt* optikai tároló; optikai tárolás; ~ **storage capacity** *szt* optikai tároló/memória kapacitása; ~ **storage element** *szt* optikai tárolóelem, memóriaelem; ~ **storage line** *szt* optikai tárolókör/memóriakör; ~ **strain ga(u)ge** *metr* optikai nyúlásmérő; ~ **superheterodyne receiver** *távk* szuperheterodin fénysugárzásvevő készülék; ~ **superposition device** *távk* optikai keverőkészülék *v.* szuperpozíciós készülék; ~ **surveillance** *kat* optikai felderítés; ~ **switch** *aut* optikai (át)kapcsoló; *félv* fénycsatolású félvezető eszköz; ~ **switching circuit** *aut* optikai kapcsolókör; ~ **system** *opt* optikai rendszer, optika *(mint rendszer)*; ~ **system of/for projection** *opt* optikai vetítőrendszer; ~ **target coordinator** *aut, kat* optikai célkoordinátor; ~ **telegraphy** *távk* hírközlés látható jelekkel; ~ **telephone** *távb* fénytávbeszélő, fénytelefon; ~ **track** *film* fényhangcsík; ~ **track guidance** *aut* optikai követő irányítás; ~ **tracking** *aut* optikai célkövetés/pályakövetés; ~ **tracking control unit** *aut* optikai iránykövetés vezérlőegysége; ~ **tracking system** *aut* optikai követőrendszer; ~ **train** *opt* lencsesorozat; sugármenet *(lencserendszerben)*; ~ **trajectory** *opt* optikai átviteli út; ~ **transfer function (OTF)** *aut* optikai átviteli függvény; ~ **transmission** *távk* optikai átvitel; ~ **transmission through the atmosphere** *távk* atmoszférán keresztüli optikai átvitel; ~ **transmitter aperture** *távk* optikai rendszer adójának apertúrája; ~ **transmitting set** *távk* optikai adó(berendezés); ~ **transmitting station** *távk* optikai jeladó állomás; ~ **universal goniometer** *opt* optikai univerzális szögmérő; ~ **video disc** *vid* optikai videolemez; ~ **viewfinder** *foto, film* optikai kereső/képkereső; ~ **waveguide** *távk* optikai hullámvezető; ~ **wavelength multiplex system** *távk* optikai hullámhosszmultiplex; ~ **wedge** *opt* optikai ék; ~ **whites** *vegy* optikai fehérítők

optically optikailag, fénytanilag; ~ **active carbon** *vegy* optikailag aktív szénatom; ~ **anisotropic crystal** *krist* optikailag anizotróp kristály; ~ **coupled circuit** *távk* fénycsatolású (áram)kör; ~ **coupled isolator** *távk* fénycsatolású félvezető eszköz; ~ **excited electron** optikailag gerjesztett elektron; ~ **excited laser** optikai gerjesztésű lézer, optikailag gerjesztett lézer; ~ **focus(s)ed beam** *opt* optikailag fókuszált sugárnyaláb; ~ **inactive** *fiz* optikailag inaktív; ~ **isotrope** *krist* optikailag izotróp; ~ **negative** *fiz* optikailag negatív; ~ **neutral illumination** *foto* semleges fényű megvilágítás; ~ **positive** *fiz* optikailag pozitív; ~ **pumped ion** *fiz* optikailag szivattyúzott/pumpált ion; ~ **pumped laser** *fiz* optikai szivattyúzású lézer; ~ **uniaxial crystal** *krist* optikailag egytengelyű kristály

optician *opt* látszerész, optikus

opticity *fiz* optikai aktivitás/forgatóképesség

optico-acoustic phenomenon *fiz* akusztooptikai jelenség, Tyndall-jelenség

optics *opt* optika, fénytan *(mint tudomány)*; optikai rendszer, optika *(mint rendszer)*; ~ **of crystalline lattice** *krist* rácsoptika; ~ **of metals** *any* fémoptika; ~ **of stress and strain photoelectricity** *el* feszültségoptika, fotoelasztikus feszültségvizsgálat

optimal optimális, ideális, legkedvezőbb; ~ **adjustment** *aut* optimális (szabályozó) beállítás; ~ **control** *aut* optimális irányítás/szabályozás/vezérlés, optimumszabályozás; ~ **control criteria** *aut* optimális irányítási/szabályozási/vezérlési kritériumok; ~ **control of distributed parameter systems** *aut* elosztott paraméterű opimális vezérlés; ~ **control of dynamic systems** *aut* dinamikus rendszerek optimális vezérlése; ~ **control system** *aut* optimális szabályozási/vezérlési/irányítási rendszer; ~ **criterion** *aut* optimalitáskritérium; ~ **decision** *aut, ip* optimális döntés, szervezeti optimum; ~ **domain width** *krist* optimális tartománynagyság; ~ **encoding** *szt, távk* optimális kódolás; ~ **inventory** *ip* optimális raktárgazdálkodás; ~ **inventory problem** *ip* optimális raktárgazdálkodási probléma; ~ **load(ing) resistance** *el* optimális terhelőellenállás; ~ **merge tree** *szt* optimalizáló fa; ~ **regulation** → ~ control; ~ **solution** *rendsz* optimális megoldás/program; ~ **strategy** *aut* optimális stratégia; ~ **switching** *aut* optimális kapcsolás; ~ **switching function** *aut* optimális kapcsolási függvény; ~ **systems** *aut* optimális rendszerek; ~ **systems (statistical) synthesis** *aut* optimális rendszerek (statisztikus) szintézise; ~ **trajectory** *kat* optimális trajektória; ~ **value** *rendsz* optimum; ~**-value circuit** *aut* optimizátor, optimalizátor; ~ **value of the parameter** *aut* paraméter optimális értéke

optimality *rendsz* optimalitás; ~ **criterion** *aut* optimalitáskritérium, optimumkritérium

optimalization → optimization

optimalizer → optimizer

optimalizing → optimizing

optimally *aut* optimálisan; ~ **coded programme** *szt* optimális(an kódolt) program

optimization *aut, mat, szt* optimalizálás, optimálás, optimum megválasztása/meghatározása; ~ **of recovery** kitermelés optimalizálása; ~ **of the pipe system** *hidr* csőhálózat optimalizálása; ~ **problem** *aut* optimalizálási/optimalizációs probléma/feladat; ~ **system** *aut* optimalizáló rendszer

optimize *aut* optimalizál, legkedvezőbb értékre beállít, optimumot meghatároz

optimized | **data coding/encoding** legkedvezőbbé tett adatkódolás; ~ **trace of subsurface main line** *hidr* felszín alatti fővezeték optimális nyomvonala

optimizer *aut* optimalizátor; *szt* optimalizáló számítógép

optimizing I. *a aut* optimalizáló; **II.** *n aut* optimalizálás, optimálás, optimum megválasztása/meghatározása; ~ **control** *aut* szélsőérték-szabályozás, optimumszabályozás; ~ **controller** *aut* szélsőérték-szabályozó, optimumszabályozó; ~ **peak holding** *aut* szélsőérték-szabályozás, optimumszabályozás

optimum I. *a aut* optimális, legelőnyösebb, legjobb, legkedvezőbb; **II.** *n aut, mat* optimum, optimális/legkedvezőbb érték; ~ **angle** *aut* legkedvezőbb/optimális szög; *rep* legkedvezőbb állásszög; ~ **array** *geof* optimális geofoncsoport; ~ **behavio(u)r** *aut* optimális működés/üzemállapot; ~ **bunching** *távk* optimális csomósítás, kritikus/optimális nyalábolás; ~ **code** *szt* optimumkód; ~ **coding** *szt* optimális/legkedvezőbb programozás/kódolás; ~ **condition** *aut* optimális feltétel; ~ **control** *aut* optimális szabályozás, szélsőérték-szabályozás, optimumszabályozás; ~ **control chart** *aut* optimális ellenőrzési rendszer diagramja; ~ **coupling** *aut, el* optimális/kritikus csatolás; ~ **criterion** *aut* optimumkritérium; ~ **cure** *gumi* optimális vulkanizációfok; ~ **current density** *el* gazdaságos áramsűrűség; ~ **cutoff grade** *bány* optimális határfémtartalom; ~ **detecting filter** *aut* optimális keresőszűrő; ~ **filter** *aut* optimális szűrő; ~ **flowrate** *ol* optimális kúthozam; ~ **focus** *foto* legkedvezőbb élességbeállítás; ~ **maintenance chart** *gép, szer* optimális karbantartási rendszer diagramja; ~ **mean life** *gép* optimális átlagos élettartam; ~ **moisture** *hidr* sztatikus vízigény; ~ **noise measure** *el* optimális zajtényező; ~ **phase portrait** *aut* optimális fázisportré; ~ **point** *mat* optimális megoldás/pont; ~ **predictor** *aut* optimális prediktor/extrapolátor; ~ **process** *aut* optimális/legkedvezőbb folyamat; ~ **programming** *szt* optimális/legkedvezőbb programozás/kódolás, lineáris programozás/optimalizálás; ~ **response** *aut* optimális válasz; ~ **sampled-data system** *aut* optimális mintavételező rendszer; ~ **solution** *mat* optimális megoldás/pont/program/vektor; ~ **spot noise factor** *el* optimális színképi zajtényező; ~ **strategy** *aut, opt* optimális stratégia; ~ **switching function** *aut* optimális kapcsolási függvény; ~ **switching line** *aut* optimális kapcsolási vonal; ~ **system synthesizer** *aut* optimális rendszerszintetizátor; ~ **(total) dynamic head** *hidr* optimális emelőmagasság; ~ **traffic frequency** *távk* optimális (üzemi) frekvencia; ~ **transfer function** *aut* optimális átviteli függvény; ~ **trimming interval** *fa* legkedvezőbb élesítési időköz; ~ **value** *aut* optimális/legkedvezőbb érték, optimum; ~ **vector** *mat* optimális megoldás/vektor; ~ **water balance** *hidr* optimális vízmérleg; ~ **working frequency (OWF)** *távk* optimális/legkedvezőbb üzemi frekvencia; ~ **working life** *gép* optimális élettartam

option (választási) lehetőség, választás, alternatíva; *rep* elővételi jog, opció; *szt* opció, kiegészítés, választás, hardverbővítés

optional szabadon választott/választható, tetszőleges, tetszés szerinti; *szt* választható, opcionális; ~ **equipment** *gép* kiegészítő felszerelés *(szerszámgéphez)*; ~ **extra** *gép* extra; rendelésre beépített külön tartozék; ~ **halt** *vasút* feltételes megállóhely; ~ **pause instruction** *szt* feltételes felfüggesztési utasítás; ~ **sampling** *mat, stat* tetszés szerinti kiválasztás; ~ **sight** *kat* célzótávcső

optiphone *távk* optifon, fénytelefon

optoelectronic *el* optoelektronikai; optoelektronikus; ~ **amplifier** *el* optoelektronikus erősítő; ~ **circuit** *el* optoelektronikus kapcsolás; ~ **data storage** *szt* optoelektronikus adattárolás; ~ **device** *el* optoelektronikus egység/eszköz; ~ **digital logic** *szt* optoelektronikus digitális logika; ~ **matrix storage** *szt* optoelektronikus mátrixtároló/mátrixmemória; ~ **switch** *aut* optoelektronikus (csatorna)átkapcsoló; ~ **system** *el* optoelektronikus rendszer; ~ **transducer** *aut* optoelektronikai/optoelektronikus átalakító

optoelectronics *el* optoelektronika

optoisolator *félv* fénycsatolású félvezető eszköz

optomechanical analogy *fiz* optomechanikai analógia

optometer *opt* optométer

optometry *opt* optometria, látásmeghatározás

optophone *távk* optofon, fénytelefon

optorelay *félv* fénycsatolású félvezető eszköz

optron *aut* optron

optronic memory cell *szt* optronikai memóriarekesz

OR[1] *szt* VAGY; ~ **circuit** *szt* VAGY kapu/áramkör; ~ **diode gate** *szt* VAGY diódakapu; ~ **element** *szt* VAGY elem; ~**-ELSE operation** *szt* VAGY-KÜLÖNBEN művelet *(Boole)*; ~ **gate** *szt* VAGY kapu; ~ **logic element** → OR circuit; ~ **operation** *szt* VAGY művelet

OR[2] → operating range; → operational reliability; → operational requirements

oral szóbeli; *gyógyv* szájon át történő, orális, orálisan történő/(be)adott, per os *(beadás)*; ~ **administration** *gyógyv* per os *v.* perorális *v.* szájon át történő beadás *(gyógyszeré)*; ~**s** *geol* orális lemezek, orália; ~ **toxicity** orális toxicitás

orally szóban; *gyógyv, orv* szájon át, orálisan

orange I. *a opt, vegy* narancs(színű), narancsvörös, narancssárga; **II.** *n* narancs(fa); *opt, vegy* narancssárga *(szín)*; ~**-cyan line** *opt, tv* narancs-ciánkék tengely/vonal, I-tengely, narancs-kék-zöld vonal; ~**-flower oil** *vegy* narancsvirágolaj, neroliolaj; ~ **I** *vegy* orange I, diazotált szulfanilsav + alfanaftol; ~ **II** *vegy* orange II, diazotált szulfanilsav + betanaftol; ~ **III** *vegy* orange III, diazotált szulfanilsav + dimetil-anilin; ~ **IV** *vegy* tropeolin; ~ **lacquer** *vegy* narancssellak; ~ **load** *vegy* ólom-oxid; ~ **oil** *vegy* narancsolaj; ~ **oxide** *at* uránium-trioxid; ~ **peel** *ép* narancshéjfelület *(felületi hiba)*; ~ **peel bucket** *bány* három-négy szárnyas markolókanál; *ép* négypofás markoló; ~**-peel model** *fiz* narancshéjmodell; ~**-peel paraboloid** *mat* narancshéj alakú paraboloid; ~**-peel-shape dam** *hidr* kétszer görbült profilú duzzasztógát; ~**-red** *opt, vegy* narancsvörös; ~**-seed oil** *vegy* narancsmagolaj;

~ vermilion *opt, vegy* cinóbernarancs; **~ wrapper** *pa* narancscsomagoló papír; **~ yellow** *opt, vegy* narancssárga
orangite *ásv* orangit
Oranienburg grained soap *vegy* oranienburgi színszappan
oravitzite *ásv* oravicit
orb I. *v alak* gömb/kör alakúra formál; *csill* kör alakú pályán kering; **II.** *n csill* égitest; *mat* gömb
ORB → omnidirectional radio beacon
orbed gömb alakú, gömbölyű, kerek
orbicular *ásv* gömbszerű ásványokat tartalmazó; *mat* kör/korong/gyűrű/gömb alakú, gömbölyű, gömbszerkezetű
orbiculate *mat* kör alakú, gömbölyű, gömbszerkezetű
orbit I. *v at, csill, rak* kering; *rep* köröz(ve repül); **II.** *n* kör alakú pálya, körpálya; **~ equation** *csill, rak* pályaegyenlet; **~ meter** *rep* körözésmérő műszer; **~ plane** *csill* pályasík; **~-shift coils** *at* eltérítőtekercsek; pálya(el)toló tekercsek *(gyorsítóban)*
orbital I. *a at, csill, rak* pályához tartozó, pálya-, orbitális; **II.** *n at* elektronpálya; *rak, űr* (műhold)pálya, föld körüli pálya, körpálya; **~ angular momentum** *fiz* pályaimpulzus-momentum, pálya menti szögimpulzus; **~ arc** *csill* látszólagos ívpálya; **~-beam tube** *el* körpályás sugárcső; **~ control** *aut, rak* bolygópályás repülés irányítása; **~ degeneracy/degeneration** *rak* pályaelfajulás; **~ electron** *at* (atom)héjelektron, pályaelektron, extranukleáris elektron, keringő elektron; **~-electron capture** *at* K-elektron befogása *(magba)*; pályaelektron-befogás, héjelektron-befogás; **~ element** *csill, rak* pályaelem; **~ equation** *csill, rak* pályaegyenlet; **~ frequency** *at, rak* keringési/körözési/körbenfutási frekvencia; **~ magnetic moment** *fiz* pályamágneses momentum; **~ measurement** *rak* bolygópálya-jellemzők mérése; **~ moment (of momentum)** *fiz* pályamomentum, keringési mozgásmennyiség, pályaimpulzus-momentum; **~ motion** *at, csill, rak* keringés *(körpályán)*, pálya menti mozgás; **~ navigation** *rak* bolygóműves navigálás; **~ period** *rak* keringési idő; **~ plane** *at, csill, rak* pályasík; **~ quantum number** *at* keringési kvantumszám, pályakvantumszám, mellékkvantumszám; **~ refuel(l)ing** *űr* üzemanyag-utántöltés a körpályán; **~ rocket** *rak* mesterségeshold-rakéta; **~ velocity** *fiz, űr* keringési v. pálya menti sebesség, első kozmikus sebesség, körsebesség
orbiter *űr* műhold, föld körüli pályára helyezett rakéta/űrállomás
orbiting I. *a csill* (körpályán) keringő; *rep* körözö; **II.** *n csill* keringés *(körpályán)*, pályamenti mozgás; *rep* körözö repülés, körözés; **~ astronomical observatory (OAO)** csillagászati megfigyelő műhold; **~ geophysical observatory (OGO)** geofizikai megfigyelő műhold; **~ solar observatory (OSO)** napmegfigyelő műhold
orchard gyümölcsös(kert); **~ harrow** *mzg* kerti borona, gyümölcsösborona; **~-house** *mzg* gyümölcshajtató ház, melegház
orcinol *vegy* ocin, 3,5-dioxitoluol
ORD → optical rotary dispersion
order I. *v* rendbe rak, (el)rendez; (meg)rendel; **II.** *n* rend, sorrend(iség); előírás, rendelkezés; rendszer; *ip* (meg)rendelés, megbízás; *kat* parancs; *mat* fokozat, nagyságrend, fok, rend *(mátrixé v. determinánsé)*, permutáció, átrendezés, kardinális szám, számosság, gyökkitevő; hely *(egy szám valamilyen számrendszerben történő felírásánál)*; *rep* nagyságrend; *szt* parancs, utasítás; **~ blank** megrendelőlap; **~-disorder (OD)** *krist* rendezett-rendezetlen; **~-disorder structure** *krist* OD-szerkezet; rendezett-rendezetlen szerkezet; **~-disorder transformation** *krist* rendezett-rendezetlen átalakulás; **~ form** megrendelőlap; **~ line** *mat* rendező(vonal), rendezőegyenes; **~ linearly/simply** *v mat* lineárisan rendez; **~ number** megrendelési szám; **of ~** ... rendű; **~ of accuracy** *geod* szabatosság *(mértéke)*; **~ of an equation** *mat* fokszám *(egyenleté)*; **~ of connection** *aut* kapcsolási sorrend; **~ of controlled system** *aut* szabályozott szakasz rendszáma; **~ of equilibrium** *fiz* egyensúly rendűsége; **~ of iteration** *szt* iterációs folyamat rendszáma; **~ of magnitude** *mat* nagyságrend *(számé)*; **~ of multiplicity** *el* többszörösség; **~ of priority** elsőbbségi sorrend; **~ of reaction** *vegy* reakciórend, reakció rendűsége; **~ signal** *aut* utasítójelzés; **~ "start"** *aut* „bekapcsolás" utasítás/parancs; **~ statistics** *stat* rendstatisztika *(mint tudományág)*; **~ wire (OW)** *távb* szolgálati (telefon)vonal
orderability *mat* rendezhetőség
orderable set *mat* rendezhető halmaz
ordered *ásv, mat* rendezett; **~ according to magnitude** *mat* nagyság szerint rendezett; **~ alloy** *koh* rendezett ötvözet; **~ arrangement** *mat* permutáció, átrendezés; **~ assembly of optical fibres/fibers** *távk* képtovábbító köteg; **~ by magnitude** *mat* nagyság szerint rendezett; **~ deposition** *környv* rendezett hulladéklerakás; **~ motion** *mech* rendezett/szabályos mozgás; **~ pair** *mat* rendezett pár; **~ polynomial** *mat* rendezett polinom; **~ sample** *mat* rendezett minta; **~ scattering** *távk* Bragg-féle szórás; **~ series** → **~ sample**; **~ set** *mat* rendezett halmaz; **~ solid solution** *vegy* rendezett rácsú szilárd oldat; **~ state** *krist* rendeződött/rendezett állapot; **~ structure** *krist* rendezett szerkezet
ordering I. *a krist, mat* rendező; **II.** *n krist* rendeződés; *mat* rendezés *(halmazé)*, permutáció, átrendezés; **~ addition** *mat* egyesítés; **~ bias** *szt* rendezettség; **~ domain** *krist* rendeződési tartomány
ordinal I. *a aut, mat* sorrendi, rend-, sor-; **II.** *n mat* rendszám; **~ number** *at* rendszám, magtöltésszám, Z; *mat* rendszám, sorszám
ordinary rendes, közönséges, egyszerű, szokásos; **~ arithmetic mean** *mat* számtani közép; **~ compartment** *vasút* egész fülke; **~ cutting steel** *forg* szokványos forgácsolóacél; **~ daily range forecast** *rep* rendszeres, egy napra érvényes időjárás előrejelzés; **~ differential equation** *mat* (közönséges) differenciálegyenlet; **~ discontinuity** *mat* ugráspont; **~ distillation** *ol* egyszerű desztilláció; **~ fraction** *mat* közönséges tört; **~ geometric mean (value)** *mat* mértani/geometriai közép; **~ graph** *mat* irányítatlan/egyszerű gráf; **~ hessian** *tex* közönséges jutavászon, csomagolóvászon; **~ inflection point** *mat* közönséges inflexiós pont; **~-lay rope** *tex* keresztfonású kötél; **~ linear differential equation** *mat* lineáris (közönséges) differenciálegyenlet; **~ loom** *tex* egyszerű szövőgép; **~ point** *aut* reguláris pont; **~ portland cement** *ép* normál portlandcement; **~ private call** *távb* közönséges

magánhívás; ~ **punch** *szt* közönséges lyukasztó; ~ **ray** *fiz* rendes/ordinárius sugár; ~ **valency** *vegy* fővegyérték; ~ **wall** *ép* nehézbeton fal; ~ **wave** *fiz* rendes hullám, alaphullám, egyszerű/közönséges hullám; ~ **wave velocity** *fiz* rendes hullámsebesség; ~ **wedge** *cipő* éksarok *(lapos alapzattal)*; ~ **wool** *tex* rövid szálú gyapjú

ordinate I. *v* elrendez, rendbe hoz, koordinál; **II.** *a aut* szabályos; *mat* rendezett, rendszeres; **III.** *n mat* ordináta; ~ **intercept** *geof* ordinátametszék; ~ **wire** *el* ordinátahuzal

ordnance *kat* lőszer, löveganyag, szertári/anyagi szolgálat/ellátás; **O~ Bench Mark (OBM)** *geod* szintezési alappontra vonatkoztatott magassági (ős)jegy; ~ **corps** *kat* tüzérfegyverzeti szolgálat; **O~ datum** *geod* térképészeti hatóság szintjele; ~ **piece** *kat* tüzérségi löveg; ~ **rocket** *kat* tüzérségi rakéta, nem irányítható rakéta; ~ **sheet** *geod* katonai helyrajzi térkép; ~ **steel** *koh* ágyúacél, lövegacél; **O~ Survey** *geod* térképészeti szolgálat; **O~ Survey Map** *geod* részletes/katonai térkép; ~ **truck** *kat* lövegszállító kocsi

Ordovician *geol* ordovícium, alsó szilur

ore érc; ~ **addition** *koh* frissítőérc; ~ **annealing** *koh* lágyítás érccel; ~ **assay** *any, bány* ércelemzés; ~ **band** *bány* ércbeágyazódás; ~ **bank** *bány* (érc)pad; ~**-bearing** *bány* érces; ércvezető, érchozó, érctartalmú; ~**-bearing solution** *koh* érctartalmú oldat; ~ **bed** *bány* érctelep; *koh* ércréteg *(nagyolvasztóban)*; ~ **beneficiation** *koh* ércdúsítás; ~ **bin** *bány* érctároló, érctartály; ~ **blending** *bány* ércek átlagosítása; ~ **block** *bány* érctömb; ~ **body** *bány* érctest; érctömzs; ~ **bowl** *bány* ércemelő vastartály; ~**-breaking** *bány* ércfejtés; ~ **bridge** *koh* ércadagoló pódium; ~ **bringer** *bány* érchozó kőzet; ~ **bulk carrier** *hajó* vegyes ömlesztett árut szállító hajó; ~ **bunch** *bány* ércfészek, ércmag, érczseb; ~ **burden** *koh* ércelegy; ~ **carrier** *hajó* ércszállító hajó; ~ **caving** *bány* ércomlasztásos fejtés; ~ **charge** *koh* ércadag, ércelegy; ~ **chimney** *bány* érctölcsér; ~ **chute** *bány* dúsércszakasz *(telérben)*, érctartály; érccsúszda, ércgurító; ~ **chuting** *bány* ércsurrantás; ~ **cleaning** *koh* ércdúsítás; ~**-coke-pellet** *koh* vasérc-koksz pellet; ~ **concentrate** *bány, koh* dúsított érc; ~ **concentration** *bány, koh* ércdúsítás; ~ **content** *bány* érctartalom; ~ **crusher** *bány, koh* érczúzó; ~ **crushing** *bány, koh* érczúzás; ~ **crushing-works** *bány* érczúzó mű; ~ **degradation** *bány* ércminőség-romlás; ~ **deposit** *bány* érctelep; ~ **developing** *bány* ércelővájás, ércfeltárás; ~ **difficult to reduce** *koh* nehezen redukálható érc; ~ **dissemination** *bány* hintett árc; ~ **dressing** *bány, koh* ércdúsítás, ércelőkészítés; ~**-dressing diagram** *koh* dúsítási görbék; ~**-dressing mill** *bány* ércelőkészítő; ~ **dump** *bány* érces hányó; ~ **dumping** *bány* ércdöntés; ~ **enrichment** *koh* ércdúsítás; ~ **extraction** *koh* ércextrahálás; ~ **factor** *koh* ércfaktor; ~ **flotation** *bány* ércflotálás, ércúsztatás; ~ **fold** *bány* ásványréteg, ércbetüremkedés; ~ **for cooling** *koh* hűtőérc; ~ **for crushing** *bány* zúzóérc; ~ **formation/forming** *bány* ércképződés; ~ **formation due to volcanic exhalation** *bány* exhalációs ércképződés; ~**-forming fluid** *bány* ásványosító közeg/folyadék; ~ **grab** *bány* ércmarkoló; ~ **grinder** *bány* érczúzó; ~ **handling** *bány* ércmosás, érckezelés, ércszállítás, ércadagolás; ~ **heap** *bány* érces hányó; ~**-hunting evidence** *bány* ércelőfordulási nyom/jel; ~ **impregnation** *bány* ércimpregnáció; ~ **inclusion** *bány* ércbeágyazódás; ~ **in sight** *bány* feltárt ércvagyon; ~ **load** *koh* ércterhelés; ~ **location** *bány* érclelóhely meghatározása; ~ **loss** *bány* ércveszteség; ~ **magma** *bány* ércmagma; ~ **microscope** *bány, krist* ércmikroszkóp; ~ **mill** *bány* érczúzó mű, ércmalom, döntőgarat, ércgurító; ~ **milling** *bány* ércdúsítás; ~ **mine** *bány* ércbánya; ~ **mineral** *bány* ércásvány; ~ **mining** *bány* ércbányászat; ~ **nest** *bány* ércfészek; ~ **nodule** *koh* vese alakú ércdarab; ~ **occurrence** *bány* ércelőfordulás, érclelőhely; ~ **of manganese** *koh* mangánérc; ~ **of non-ferrous metals** *bány* tarkaérc; ~ **pass** *bány* ércgurító; ~ **pellet** *koh* ércpellet; ~ **picker** *bány* ércválogató; ~ **picking** *bány* ércválogatás; ~ **pipe** *bány* érckürtő, dúsérc-oszlop; ~ **plot** *bány* termésfémben dús telep; ~ **pocket** *bány* (kis termetű) érces lencse; ércfészek; ~ **preparation** *koh* ércdúsítás; ~ **process** *bány* ércelőkészítés; ~ **processing wastes** *pl hidr* ércdúsítók szennyvize; ~ **prospecting** *bány* érckutatás; ~ **province** *bány* ércprovincia; ~ **pulp** *bány* érces zagy; ~ **raising** *bány* érc felszállítása külszínre; ~ **reduction** *bány* érchígulás; ~ **reduction plant** *koh* ércredukáló berendezés; ~ **refining** *bány* ércfinomítás, ércdúsítás; ~ **requirement** *koh* ércszükséglet; ~ **reserves** *bány* érckészlet(ek); ~ **retirement** *bány* kivonás ércmosalékból; ~ **roasting** *koh* ércpörkölés; ~**-roasting plant** *koh* ércpörkölő mű; ~ **sample** *bány* ércminta; ~ **separating** *bány* ércdúsítás; ~ **shoot** *bány* ércbeágyazódás; műrevaló ércszakasz *(telérben)*; ~ **sinter** *bány* érczsugor; ~**-sintering furnace** *koh* érctömörítő kemence; ~**-sinter plant** *koh* zsugorítóberendezés; ~ **slime** *bány* érciszap; ~ **smelting** *koh* ércolvasztás; ~**-smelting furnace** *koh* ércolvasztó kemence; ~ **sorting** *bány* ércválogatás; ~ **specimen** *bány* ércminta; ~ **stamp** *bány, koh* érczúzó (gép); ~ **stamping** *bány, koh* érczúzás; ~**-steeping furnace** *koh* pörkölőkemence; ~ **stock** *bány* érckészlet; ~ **stone** *bány* érc(es kőzet); ~ **storage bin** *bány* érctároló tartály; ~ **take-up** *koh* ércfeladás; ~ **to be washed** *bány* mosóérc; ~ **vein** *bány* érctelér; ~**-washing machine/plant** *bány* ércmosó gép; ~ **yard** *bány* érctároló, érctartály; *koh* ércrakodó tér; ~ **yield** *koh* érckihozatal

orey *bány* érces

Orford process *koh* Orford-eljárás

organ szerv, orgánum *(intézményé is)*; *biot* szerv; *gép* gépelem; *hang* hangerő, hangszín, orgánum; orgona; ~**-blower** *hang* orgonafújtató; ~ **dose** *at* szervdózis, szervben elnyelt dózis; ~**-loft** *ép, hang* orgonaemelvény; ~ **of vision** *opt* látószerv; ~**-pipe** *hang* orgonasíp; ~**-reed** *hang* orgonasíp nyelve; ~**-stop** *hang* orgonaregiszter

organde, *US* **organdy** *tex* organtin, organdi

organelle *biot* organelle

organic szervezett; szerves *(rész)*; egységes; organikus; *biot, gyógyv* szervi, organikus; *vegy* szerves, organikus; ~ **acid** *vegy* szerves sav; ~ **addition agent** *koh* kolloidpótlék; szerkezetfinomító pótlék; ~ **aggregate** *ép* szerves adalékanyag; ~ **base** *vegy* szerves bázis; ~ **burden** *biot* szennyvíz szervesanyag-tartalma; ~ **chemistry** *vegy* szerves kémia; ~ **clay** *biot* szerves agyag; ~ **components** *biot, talt* szerves alkotórész; ~ **compound** *vegy* szerves vegyület; ~ **content** *biot, talt* szervesanyag-tartalom; ~**-cooled reactor**

(OCR) *at* szerves anyaggal hűtött reaktor; ~**-crystal scintillator** *at* szerves kristályos szcintillátor; ~ **deposit** *biot* biogén üledék; ~ **dye solution laser** *fiz* szerves festőanyagú lézer; ~ **efficiency** *bány* mennyiségi hatásfok; ~ **farming** *környv* biogazdálkodás; ~ **gas** *vegy* szerves gáz; ~ **glass** *műa* szerves/organikus üveg *(akrilát műanyagok)*; ~ **impurity** *ép* szerves szennyeződés; ~ **irrigation** *hidr* tápláló öntözés; *mzg* trágyázó öntözés; ~ **laser** *fiz* szerves anyagú lézer; ~ **liquid laser** *fiz* szervesfolyadék-lézer; ~ **load** → ~ burden; ~**-material content** *koh* szervesanyag-tartalom; ~ **matter (OM)** *biot, talt* szerves anyag(ok); ~**-moderated reactor (OMR)** *at* szerves moderátoros reaktor, szerves anyaggal moderált reaktor; ~ **moderator** *at* szerves moderátor/lassítóanyag; ~ **non-sugars** *vegy* szerves nemcukor anyagok; ~ **phase** *koh* szerves fázis; ~ **phosphor** *orv, vegy* szerves foszfor *v.* lumineszkáló anyag; ~ **pollutants** *környv* szerves szennyezőanyagok; ~ **radical** *vegy* szerves gyök; ~ **refuse** *környv* szerves hulladék; ~ **rock** *geol* organikus kőzet, biolit; ~ **sediment** *hidr* szerves üledék; ~**-sediment rock** *geol* szerves eredetű üledékes kőzet; ~ **semiconductor materials** *félv* szerves félvezető anyagok; ~ **silt** *biot, talt* szerves iszap; ~ **soils** *hidr* szerves talajok; ~ **solvent** *koh* szerves oldószer; ~ **sphere** *geol* bioszféra; ~ **waste** *környv* szerves hulladék

organism szervezet, organizmus

organization szervezés; szervezet, organizmus; ~ **of a data set** *szt* adattárszervezés; ~ **of routes** *rep* útvonalszervezés; ~ **of town development** *ép* városorganizáció; ~ **unit** *aut, szt* szervezési egység

organizational organizációs; szervezési; szervezeti; ~ **information system** *szt* szervezési információs rendszer; ~ **instruction** *szt* szervezési utasítás; ~ **optimum** *aut, ip* szervezeti optimum; ~ **suboptimum** *aut, ip* szervezeti szuboptimum

organogel *vegy* organogél

organogenous sediment *geol* szerves eredetű üledék

organolead compounds *vegy* szerves ólomvegyületek

organoleptic *vegy* organoleptikus, érzékszervekkel meghatározható; ~ **properties** érzékszervi tulajdonságok

organo-magnesium | **compounds** *vegy* szerves magnéziumvegyületek; ~ **halide** *vegy* szerves magnéziumhaloid, Grignard-vegyület

organometallic compound *vegy* szerves fémvegyület

organo-metallosiloxane *vegy* fémorganikus sziloxán

organophosphor *orv, vegy* luminofor, fénypor; szerves foszfor *v.* lumineszkáló anyag

organopollutants *környv* szerves szennyezőanyagok

organosol *vegy* organoszol

organo-tin compound *vegy* szerves ónvegyület

organzine I. *v tex* organzint sodor; **II.** *n tex* organzin; ~ **silk** *tex* selyem láncfonal *(cérnázott)*

orgware *szt* információs rendszerfejlesztés

oriel (window) *ép* erkélyablak; falsíkból kiugró ablakfülke, fedett kiugró erkély

orient I. *v csill, geod* orientál, beirányít *(egy vonalba)*; tájékozódik; tájol; **II.** *n fiz* gyöngyfényerősség *(mélység)*; ~ **map** *geod* térképet tájol; **O**~ *geod* Kelet

orientable *aut, gép* beállítható; *geod* betájolható; ~**-tail wheel** *rep* beálló farokkerék

oriental keleti; ~ **sapphire** *ásv* salamkő

orientate *aut* irányít; irányul, irányítódik; *ép* keletel; keletre néz; *geod* (be)tájol; *mat* előjelet tulajdonít *(vminek)*; *vegy* orientál, beirányít *(egy vonalba)*

orientated → oriented

orientation tájékozódás; *aut* irányítás; irányítottság; *geod* (be)tájolás, beirányítás; *hajó* iránymeghatározás; *krist* irányított elrendeződés; *műa, tex* nyújtás *(fóliáké, szálaké)*; orientálás; *távk* fekvés *(kristályé)*; *vegy* orientáció, orientálás; orientálódás; ~ **birefringence** *műa, tex* irányítódási kettős törés; ~ **effect** *távk* orientációs hatás; ~ **flight** *rep* szoktató repülés; tájékozódási repülés; ~ **frequency** *krist* orientálódás/rendeződés gyakorisága; ~ **mark** *geod, rep* tájékozási pont; ~ **measurements in mines** *bány* tájékozódó mérések bányákban/aknákban; ~ **medical test** *rep* tájékozódási képesség orvosi vizsgálata; ~ **of nuclei** *krist* gócrendeződés; ~ **system** *aut* tájékozódási rendszer; ~ **to winds** *hidr* kitettség; ~ **triangle** *krist* rendeződési háromszög

orientational oscillation *at* orientációs rezgés

orientator chart *rep* jeltér-azonosító térkép

oriented igazodó; orientált, irányított; *aut* irányított; *geod* (be)tájolt; *műa, vegy* orientált; ~ **adsorption** *vegy* orientált adszorpció; ~ **core** *ol* ismert helyzetű *v.* orientált fúrómag; ~ **crystal growth** *krist* epitaxia, epitaxiális/orientált ránövés; ~ **crystallization** *krist* orientált kristályosodás; ~ **formation of nuclei** *krist* orientált gócképződés; ~ **graph** *mat* irányított gráf; ~ **growth** → ~ crystal growth; ~ **line** *mat* irányított egyenes, sugár; ~ **nucleation** *krist* orientált gócképződés; ~ **silicon iron** *koh* irányított szövetszerkezetű szilíciumvas; ~ **space** *mat* irányított tér; ~ **steel** *koh* irányított szemcseszerkezetű acél; ~ **straight line** *mat* irányított egyenes, sugár

orienting I. *a aut* irányító; *geod* tájékozódó, tájoló; *vegy* orientáló; **II.** *n aut* irányítás; irányítottság; *geod* légi fénykép nyomvonalának megszerkesztése; tájékozódás; tájolás; *szt* címelosztás, címzés; *vegy* orientáció, orientálás; orientálódás; ~ **by map** *geod* térképes tájékozódás

orifice (száj)nyílás, kifolyónyílás, kilépőnyílás; *el* fojtás, fojtóelem, torlóelem, fojtótárcsa; *gép* kalibrált furat *(fúvókáé)*; *hidr* mérőperem; *tex* fonócső; ~ **coefficient** *aut, gép* nyílástényező; ~ **discharge-meter** *metr* mérőperem, diafragma; ~ **flange** *gép* torlóperem-karima; ~ **flowmeter** *hidr* mérőperemes vízmérő; ~ **ga(u)ge** *metr* mérőperemes áramlásmérő; ~ **land** *műa* vezetőhossz *(extruderszerszámban)*; ~ **meter** *hidr* mérőperemes/torlóperemes folyadékmérő; *ol* fojtótárcsás gázmérő; ~ **mixer** *gép* diafragmás keverő; ~**-nozzle-baffle combination** *aut* fojtásos jelátalakító; ~ **plate** *foto* fényrekesz; *hidr, ol* mérőperem, fojtóperemes/torlóperemes áramlásmérő; *opt* diafragma; ~ **restrictor** *gép* fojtótárcsa

orificed anode *el* gyűrűs anód

orificing the coolant *at* hűtőközeg beömlőnyílás-változtatásos szabályozása

origin eredet, kiindulás; *geof* szeizmikus robbantópont; *mat* középpont, nullapont, támadási pont; nullaelem, nullvektor *(vektortérben)*; pólus, kezdőpont, origó *(polárkoordinátáké vagy bipoláris koordinátáké)*, kiindulópont; ~ **distortion** *el* nullponthiba, zérusponthiba, kezdőponti ellaposodás *(katódsugárcsőé)*; ~ **of coordinates** *mat* origó *(koordináta-rend-*

szeré); ~ **of the current** *el* áram keletkezése; ~ **time** *geof* kipattanási idő
original I. *a* eredeti, természetes; **II.** *n* eredeti példány; *mat* kiindulási függvény, célfüggvény, tárgyfüggvény; ~ **address** *szt* eredeti cím; ~ **austenite** *ásv* eredeti ausztenit; ~ **card** *szt* eredeti kártya; ~ **cohesion** *talt* eredeti kohézió; ~ **data** *mat, szt* eredeti/kiindulási adatok; ~ **dip** *geol* természetes rézsű; ~ **equipment manufacturer (OEM)** *szt* eredetikészülék-gyártók; ~ **fission** *at* eredeti/első(dleges) hasadás; ~ **function** *mat* eredeti/kiindulási függvény; ~ **ground surface** *hidr* terepszint; ~ **invention** *ip* eredeti találmány; ~ **master** *hang* első negatív *(hanglemezé)*; ~ **mineral** *ásv* elsődleges ásvány; ~ **order** *geol* természetes rétegsorrend *v.* lerakódási rend; ~ **particle** *at* eredeti/kezdeti részecske; ~ **porosity** *ol* mátrixporozitás; ~ **river** *geol* ősfolyó; ~ **soil** *talt* termett talaj; ~ **strata/stratification** *geol* eredeti település; ~ **vortex** *rep* elsődleges örvény
originate I. *v* megteremt, létrehoz; keletkezik, ered; *ip* alapít *(vállalatot)*; *távb* kezdeményez *(hívást)*; **II.** *a* keletkezett
originated call *távb* kezdeményezett hívás
originating | aircraft *rep* járatba induló légijármű; kiinduló repülőgép; ~ **passengers** *rep* kezdeti/kiinduló utasok; ~ **station** *rep* kiindulási repülőtér
origination eredet, kiindulás; létrehozás, megteremtés; *ip* alapítás; *szt* adatszervezés; *távb* kezdeményezés; ~ **of a flight plan** *rep* repülési terv kidolgozása; ~ **of messages** *rep* közlemények összeállítása
originator *rep* feladó; szállítmányozó
Orion *csill* Kaszás, Orion; ~**'s belt** *csill* Orion öve; ~**'s hound** *csill* Nagy Kutya
orle *ép* szegélyléc *(oszlopon)*
orlon *tex* orlon *(poliakril-nitril műszál)*; ~ **dobby** *tex* nyüstösgépen készített orlonszövet
orlop (deck) *hajó* legalsó fedélzet
ormolu mozaikarany, muszivarany
ornament I. *v ép* díszít; **II.** *n cipő* (körül)borítás; bezecc; *ép* dísz(ítés), díszítmény; *hang* ékesítés, ornamentika; *tex* szövetminta, szövetmintázat; ~ **design** *ép, tex* díszítőminta; ~ **maker** *ép* díszítőfestő, díszítőszobrász
ornamental *ép* díszes; díszítő, ékesítő; ~ **bond** *ép* mintás díszítőkötés; ~ **border** *nyom* keretrajz; ~ **concrete** *ép* mintás betonfelület; ~ **glass** *ép* ornamens üveg; ~ **hardware** *ép* díszveret; ~ **initial** *nyom* díszes kezdőbetű, fejbetű; ~ **rule** *nyom* díszes vonal
ornamenting I. *a ép* díszítő, ékítő; **II.** *n ép* díszítés, ékesítés; díszítmény, dísz, dekoráció; ~**-machine** *cipő* (talpszél)díszítő gép; ~ **wheel** *cipő* cifrázókerék, rádli
ornate I. *v ép* díszít, ékesít; **II.** *a ép, tex* díszes, gazdagon díszített
ornated *ép* (gazdagon) díszített, ékes; ~ **rod** *fa* díszléc; ~**-rod roll** *fa* díszléchengerlő gép
ornithine *vegy* ornitin, α, δ-diaminovaleriánsav
ornithopter *rep* csapkodószárnyú repülőgép; csapkodószárnyú/madárszárnyú repülőgép, ornitopter
ornithuric acid *vegy* ornitursav, dibenzoil-ornitin
orogenesis → orogeny
orogenetic phase *geol* tektonikai fázis
orogenic *geol* orogén, hegységképző, maghegységi; ~ **belt** maghegységi öv; ~ **compression** kompressziós tektonika; ~ **cycle** tektonikai ciklus; ~ **fold** hegyképző gyűrődés
orogeny *geol* orogenezis, hegységképződés
orographic *geol* orografikus, hegyrajzi; ~ **ascent/lifting** *met* orografikus emelés/emelődés; ~ **cloud** *met* orografikus felhő; ~ **precipitation/rainfall** *met* orografikus/domborzati csapadék/eső(zés)
orography *geol* orográfia, hegyrajz
orology *geol* orológia, hegytan
orometric magasságmérési, orometriai; ~ **barometer** *rep* magasságmérő
oropion *ásv* oropion
orphan *szt* árva, hivatkozás nélküli *(lemezterület)*
orpiment *vegy* auripigment, arzén(III)-szulfid
orr-white *pa* litopon *(töltőanyag)*
Orsat (gas) analyzer *ol, vegy* Orsat-féle gázelemző, Orsat-készülék
orsellinic acid *vegy* orzellinsav, orcin-karbonsav
orsey (silk) *tex* organzin
orthicon (tube) *tv* ortikon
orthite *ásv* ortit
orthoaxis *krist* ortotengely
orthocarbonic acid *vegy* ortoszénsav
orthocentre, *US* **orthocenter** *met* magasságpont, magassági pont *(háromszögé)*
orthochlorite *ásv* ortoklorit
orthochromatic *foto* ortokromatikus *(lemez)*
orthoclase *ásv* ortoklász, káliföldpát
orthodiagraph *orv* ortodiagráf
orthodrome *geod* ortodróma
orthodromic | course *geod* ortodróma; ~ **map** *geod* szöghű térkép; ~ **projection** *geod* szöghű térkép; *krist* gnomonikus projekció
orthoester *vegy* ortoészter
orthofelsite *ásv* ortofir
orthoferrosilite *ásv* ortoferroszilit
orthoformic acid *vegy* ortohangyasav
orthogneiss *geol* ortogneisz
orthogon *mat* derékszög(ű idom)
orthogonal *mat* derékszögű, ortogonális, merőleges; ~ **Cartesian coordinates** *mat* Descartes-féle (derékszögű) koordináták, ortogonális koordináták; ~ **coordinate system** *mat* derékszögű/merőleges/ortogonális koordináta-rendszer; ~ **cross-course** *mat* derékszögű kereszteződés; ~ **crystal system** *krist* ortogonális kristályrendszer; ~ **diagram** *el* ortogonális diagram; ~ **filter** *távk* ortogonális szűrő; ~ **function** *mat* ortogonális függvény; ~**-function expansion** *mat* ortogonális függvények szerinti kifejtés; ~ **immittance diagram** *távk* ortogonális immittanciadiagram; ~ **matrix** *mat* ortogonális mátrix; ~ **polynomial** *mat* ortogonális polinom; ~ **projection** *krist, mat* ortogonális vetület; ~ **series expansion** *mat* ortogonális sorfejtés; ~ **system (of coordinates)** *mat* derékszögű/merőleges/ortogonális (koordináta)rendszer; ~ **trajectory** *mat* ortogonális trajektória; ~ **trajectory coordinates** *mat* normálkoordináták; ~ **transformation** *mat* ortogonális transzformáció; ~ **vectors** *mat* merőleges/ortogonális vektorok
orthogonally anisotropic *mech* ortotrop
orthographic (CAD) *mat* derékszögű, ortografikus, ortogonális; függőleges vetületű; ~ **projection** *geod, mat* merőleges vetítés, ortogonális projekció/vetület

orthography *mat* függőleges/ortogonális vetület, merőleges vetítés, ortogonális projekció
orthogroup *krist* ortocsoport
orthohexagonal *krist* ortohexagonális; ~ **correction** *aut* ortometrikus helyesbítés; ~ **elevation** *mat* ortometrikus magasság
orthokinetic coagulation *hidr* ortokinetikus koaguláció
orthomorphic | cylindrical projection *geod* szögtartó hengervetület; ~ **projection** *mat* szögtartó/konformis vetület/leképezés
orthonormal *mat* normalizált ortogonális, ortonormális, ortonormált; ~ **coordinates** *mat* Descartes-féle derékszögű koordináták, ortogonális koordináták
orthophonic *hang* hanghű
orthophony *hang* hanghűség
orthophosphate *vegy* ortofoszfát
orthophosphoric acid *vegy* ortofoszforsav
orthophosphorous acid *vegy* ortofoszforossav
orthophyre *geol* ortofír
orthopinacoid *ásv* ortopinakoid
orthoposition *vegy* ortohelyzet
orthopositronium *vegy* ortopozitrónium
orthopter *rep* csapkodó szárnyú *v.* madárszárnyú repülőgép, ornitopter, helyből felemelkedő repülőgép
orthoptic *opt* normális látást biztosító, ortoptikus; ~ **circle** *mat* főkör *(kúpszeletnél)*, Monge-féle ortoptikus kör; ~**s** *pl orv* ortoptika, szemizomgyógyászat; ~ **triangle** *mat* talpponti háromszög
orthoquartzite *krist* ortokvarcit
orthorhombic *krist* rombos, ortorombos; ~ **bipyramid** *krist* rombos bipiramis; ~ **bipyramidal class** *krist* rombos bipiramisos osztály; ~ **bisphenoid** *krist* rombos biszfenoid; ~ **bisphenoidal class** *krist* rombos biszfenoidos osztály; ~ **class** *krist* rombos osztály; ~ **crystal** *krist* rombos kristály; ~ **crystal axis** *krist* rombos tengelykereszt; ~ **dipyramid** → ~ bipyramid; ~ **disphenoid** → ~ bisphenoid; ~ **lattice** *krist* rombos rács; ~ **mineral class** *krist* rombos kristályrendszer; ~ **pyramid** *krist* rombos piramis; ~ **pyramidal class** *krist* rombos piramisos osztály; ~ **structure** *krist* rombos szerkezet; ~ **system** *krist* rombos kristályrendszer
orthoscope *krist, opt* ortoszkóp
orthoscopic | eyepiece *opt* ortoszkopikus/helyesbítő szemlencse/okulár; ~ **illusion** *foto* helyes képmeglátási illúzió; ~ **view** *mat* torzításmentes/ortoszkóp vetület; ~ **viewing** *opt* ortoszkópos vizsgálat
orthose *ásv* ortoklász, káliföldpát
orthosilicate *koh* szinguloszilikát
orthosilicic acid *vegy* ortokovasav
orthosurface *mat* ortofelület, merőleges felület
orthotelephonic response *távb* ortotelefonikus átvitel
orthotomous *geol* derékszögben hasadó
orthotropic *mech* ortotrop
orthoxylene *vegy* ortoxilol
ortsand *geol* ortszand
ortstein *geol* barázdatalp, ortstein
oryzanin *gyógyv* B_1-vitamin
os → overseas
Os → osmium
OS → operating system; → Ordnance Survey
O. S. → oil sand; → outsize
osazone *vegy* oszazon
OSC → oscillograph
osciducer *aut, metr* frekvenciavezérlő mérőjeladó
oscillate rezeg, leng, hullámzik, ingadozik, inog, oszcillál
oscillating I. *a* rezgő, lengő, hullámzó, oszcilláló; **II.** *n* rezgés, lengés, hullámzás, oszcilláció; ~**-base fan** *szell* lengő alapzatú ventilátor; ~ **beacon** *hajó, rep* villódzó péce, világítópéce, kaszáló/pásztázó irányfény; ~ **cam** *gép* lengőbütyök; ~**-cam gear** *gépk* lengő-bütyköstárcsás vezérlés; ~ **circuit** *távk* rezgőkör; ~**-coil potentiometer** *el* lengőtekercses potenciométer; ~ **contact** *el* rezgőérintkező; ~ **controller** *aut* vibrációs szabályozó; ~ **control servomechanism** *aut* oszcilláló/rezgő szabályozási kör; ~ **conveying channel** *bány* rázócsúszda, rázottcsúszda; ~ **conveyor** *koh* rezgő adagoló; ~**-crank gear** *gép* lengőkulisszás vezérlés; ~**-crank lever** *gép* lengőkulissza; ~ **crystal** *krist, távk* rezgőkristály, rezgőkvarc, vezérlő kvarckristály; ~**-crystal method** *krist, távk* oszcillációs módszer, rezgőkristálymódszer; ~ **current** *el* oszcilláló áram; ~ **dipole** *vegy* rezgődipólus; ~ **electronic circuit** *távk* rezgőkör; ~ **element** *gép* lengőtag; ~ **field** *távk* rezgőtér; ~**-film method** *krist* oszcillációs módszer, rezgőkristálymódszer; ~ **frequency** *távk* (rezgés)frekvencia, rezgésszám; ~ **geometric progression** *mat* oszcilláló mértani sorozat; ~ **granulator** *gép* oszcilláló granulátor; ~ **klystron** *távk* rezgőklisztron; ~ **link** *vegy* oszcilláló kötés; ~ **load** *mech* váltakozó irányú terhelés; ~ **meter** *metr* rezgőnyelves számláló; ~ **mill** *élip* rezgőmalom, vibrációs malom; ~ **motion** *mech* lengőmozgás; rezgőmozgás, alternáló/váltakozó irányú mozgás; ~ **mo(u)ld** *koh* mozgó kristályosító; ~ **(offshore) platform** *ol* csuklós rögzítésű termelési fedélzet; ~ **parallel circuit** *távk* párhuzamos rezgőkör; ~ **photometer-slit** *aut* rezgő fotométer-mérőrés; ~**-plunger pump** *hidr* lengődugattyús szivattyú; ~ **process** *távk* rezgési/lengési folyamat, oszcillálás, rezgés; ~ **quantity** *mech* lengő/lüktető mennyiség; *távk* rezgés erőssége, rezgésamplitúdó; ~ **quartz (crystal)** *távk* rezgőkristály, vezérlő kvarckristály; ~ **regulator** *önt* vibrációs szabályozó; ~ **relay** *el* rezgőnyelves jelfogó; ~ **saw** *fa* lengőfűrész; ~ **screen** *ép* lengőrosta; ~ **sequence/series** *mat* oszcilláló sorozat; ~ **shock wave** *at* rezgő lökéshullám; ~ **sieve** *élip* vibrálórosta, vibrálószita, lengőrosta, lengőszita; ~ **sight** *geod* lengőirányzék; ~ **sort** *szt* oszcillációs rendezés; ~ **spectrometer** *krist* oszcillációs filmspektrométer; ~ **strainer** *pa* rezgőosztályozó; ~ **stretcher** *tex* lengő szélességfeszítő; ~ **tray** *élip* lengővályú; *pa* rázókeret; ~ **trough** *ép* lengővályú; ~**-type screen** *ép* szabad lengésű rosta; ~ **vat** *pa* ingás keverőkád, ingáskád; ~ **voltage regulator** *el* vibrációs feszültségszabályozó
oscillation rezgés, oszcilláció, oszcillálás; lengés, ingadozás; *mat* ingadozás, oszcilláció *(valós függvényé egy halmazban v. egy pontban)*; *rep* rezgés, flatter; ~ **absorber** *gépk, hajó, vasút* lengéscsillapító; ~ **amplitude** *távk* rezgésamplitúdó; ~ **constant** *el, fiz* rezgésállandó; ~ **damping** *gépk, hajó, vasút* lengéscsillapítás; ~ **energy** *távk* rezgési energia; ~ **frequency** *távk* frekvencia, rezgésszám; ~ **function** *mat* oszcilláló függvény; ~ **generator** *talt* rezgéskeltő gép; *távk* oszcillátor; ~ **loop** *távk* rezgési haspont; ~ **magnetometer** *el* vibrációs magnetométer; ~ **node** *távk* rezgési csomópont, rezgéscsomópont; ~ **of the temple** *tex*

szélfeszítő lengése; ~ **point** *távk* berezgési pont, begerjedés helye; ~ **quantum number** *távk* rezgési kvantumszám; ~ **range** *távk* rezgési tartomány, rezgéstartomány; ~**s excitation** *távk* rezgéskeltés; ~ **spectrum** *fiz* vibrációs/rezgési színkép; ~ **stop** *távk* rezgési lyuk; ~ **suppressor** *távk* rezgésgátló tekercs; ~ **synchronization** *távk* rezgésszinkronizálás; ~**-valve detector** *rád* heterodin detektor
oscillator *el, távk* oszcillátor, rezgéskeltő (generátor), hullámgerjesztő, rezgésgerjesztő; *heg* ívgerjesztő; *mech* vibrátor, rezgéskeltő, lengéskeltő; ~ **alternating voltage** *el* oszcillátor-váltófeszültség; ~ **anode** *távk* oszcillátoranód, oszcillátorcső anódja; ~ **circuit** *távk* oszcillátorkapcsolás, oszcillátorkör; ~ **circuit with measuring photocell** *aut* mérőfotocellás rezgőkör; ~ **coil** *el* lengőtekercs, oszcillátortekercs; ~ **crystal** *távk* rezgőkristály, vezérlő kvarckristály; ~ **drift** *távk* oszcillátordrift, oszcillátor frekvenciájának kúszása, frekvenciavándorlás, frekvenciaeltolódás; ~ **klystron** *távk* rezgőklisztron; ~ **quartz** *távk* rezgőkvarc; ~ **tank** *távk* rezgőkör; ~ **tube/valve** *távk* oszcillátorcső
oscillatory rezgő, hullámzó, ingadozó, ingó, lengő, oszcilláló; ~ **circuit** *távk* rezgőkör, oszcillátorkör; ~ **inductions transmitter with two-valued output** *távk* oszcillátoros indukciós távadó kétértékű kimenőjellel; ~ **laser behavio(u)r** *fiz* lézer oszcilláló működésmódja; ~ **laser output** *fiz* lézer rezgés jellegű kimenőjele; ~ **laser state** *fiz* lézer rezgési állapota; ~ **motion/movement** *mech* rezgőmozgás, lengőmozgás, oszcilláló mozgás; ~ **scanning** *tv* oszcillációs letapogatás; ~ **sedimentation** *bány* oszcillációs üledékképződés; ~ **storm** *geof* lüktető mágneses vihar
oscillogram *távk* oszcillogram, oszcillográfgörbe, hullámrajz; ~ **time-marks** *távk* oszcillogram-időjelek
oscillograph (OSC) *el, távk* oszcillográf, hullámrajzoló; ~ **picture** *távk* oszcillogram, oszcillográfgörbe, hullámrajz; ~ **with bifilar suspension** *távk* hurkos oszcillográf
oscillographic *távk* oszcillográfiás, oszcillografikus; ~ **polarograph** *távk* oszcillografikus polarográf; ~ **polarography** *távk* oszcillografikus polarográfia; ~ **presentation of processes** *aut* folyamatok oszcillografikus ábrázolása; ~ **relay** *el* oszcillográfrelé; ~ **representation** *el* oszcillográfia, oszcilloszkópia; ~ **tube** *el* oszcillográfcső, katódsugárcső
oscillography *távk* oszcillográfia, oszcilloszkópia
oscillometer *távk* oszcillométer
oscillorecord camera *foto* oszcillográf-fényképezőgép
oscilloscope *el* katódsugárcsöves indikátor; oszcilloszkóp; ~ **tube** *el* oszcilloszkópcső, katódsugárcső
oscilloscopy oszcilloszkópia
oscillotitrator *távk* oszcillotitrátor
oscillotracer *távk* hullámrajz-átmásoló készülék
oscillotron *el* oszcillográfcső, katódsugárcső
osculate *mat* simul, találkozik, érint
osculating I. *a mat* simuló, érintő; **II.** *n mat* simulás, találkozás, érintés; ~ **curve** *mat* simuló görbe *(görbéé)*; ~ **plane** *mat* simuló/görbületi sík; ~ **space** *mat* simuló tér; ~ **tangent** *mat* simuló érintő *(görbéé)*
osculation *mat* simulás, találkozás, érintés
osculatory *mat* simuló, érintő; ~ **plane** *mat* simuló sík
OSD → optical scanning device
OSI → open systems interconnection
osmate *vegy* ozmát
osmazome *élip* ozmazom
osmian *vegy* ozmiumtartalmú
osmic *vegy* ozmium(IV)-, ozmium-, ozmiumos; ~ **acid** *vegy* ozmiumsav
osmious *vegy* ozmiumtartalmú
osmiridium *ásv* ozmirídium
osmium (Os) *vegy* ozmium; ~ **dioxide** *vegy* ozmium(IV)-oxid, ozmium-dioxid; ~ **monoxide** *vegy* ozmium(II)-oxid, ozmium-monoxid; ~ **sesquioxide** *vegy* ozmium(III)-oxid; ~ **tetroxide** *vegy* ozmium(VIII)-oxid, ozmium-tetroxid
osmogenic ozmogén
osmology ozmológia
osmometer *vegy* ozmométer
osmophore ozmofor; *vegy* ozmofor csoport
osmoscope *vegy* ozmoszkóp
osmose I. *v* → osmosize; **II.** *n* → osmosis
osmosis *vegy* ozmózis, átszivárgás; rekeszfal-átszűrődés
osmosize *vegy* ozmotikus nyomásnak alávet
osmotic *vegy* ozmotikus; ~ **coefficient** *vegy* ozmotikus koefficiens; ~ **potential** *geof* ozmotikus/diffúziós potenciál; ~ **pressure (OP)** *vegy* ozmózisnyomás, ozmotikus nyomás
osmous *vegy* ozmium(III)-, ozmiumtartalmú
OSO → orbiting solar observatory
ossein *vegy* osszein, csontanyag, csontenyv
osseous csontszerű, csontos
osteocolla *vegy* csontenyv
osteolith *vegy* csontfoszforit, oszteolit
Ostrogradsky('s) theorem *mat* Gauss-tétel, Gauss—Osztrogradszkij-tétel, divergenciatétel
Ostwald | colo(u)r atlas *opt* Ostwald-féle színatlasz; ~**-Miers range** *krist* Ostwald—Miers-tartomány; ~ **rule** *krist* Ostwald-féle lépcsőszabály; ~ **viscosimeter** *any* Ostwald-féle viszkoziméter
OT → oil tanker; → oil-tight; → overtime
OTF → optical transfer function
other | side *mat* befogó *(derékszögű háromszögé)*; ~**-than-wood forest products** *fa* erdei melléktermékek
otophone *hang* otofon
otoscope *orv* fültükör
otter *bőr* vidraprém; *kat* aknakereső sárkány; kétéltű gépjármű; ~ **boards** *hajó* aknakereső sárkány
Ottnangian *geol* ottnangi emelet
Otto | cycle *gépk* Otto-körfolyamat; ~ **engine** *gépk* Otto-motor
ottoman *fa* heverő, kerevet, dívány; *tex* láncbordázatú selyemszövet/gyapjúszövet
ottrelite *ásv* ottrelit
ouch I. *v óra* csattal díszít/összetűz; **II.** *n óra* csat, bross; drágakőfoglalat
ounce (oz) *metr* uncia *(= 28,3485 gramm)*
out I. *v el* kiiktat; **II.** *a* külső; *nyom* sérült, kiesett; **III.** *n nyom* szedési kihagyás; **IV.** *adv* ki; kifelé; kinn, kint; ~**-and-out** százszázalékos(an), teljesen; ~ **away** *v hang* elhalkul; ~**-away view** *gép* metszetes ábrázolás; ~**-bound path** *szt* kivezetőpálya; ~ **break** *ol* kitörésgátló; ~**-connector** *szt* kimeneti csatlakozó; ~**-end** *hidr* kiömlés, kilépés, kifolyás, ürítés; ~**-end table** *ép* bunkerasztal; ~**-gate** *önt* tápfej, felöntés, holtfej; ~ **impedance** *el* kimenőimpedancia, kimeneti impedancia; ~ **of alignment** *gép* hibás beállítású; ~**-of-**

alignment airscrew *rep* hibás beállítású légcsavar; **~-of-balance** *gépk* kiegyensúlyozatlan, elégtelenül kiegyensúlyozott *(dugattyús gép)*; **~-of-balance current** *el* hibaáram, maradékáram; **~-of-balance load** *mech* aszimmetrikus terhelés; **~-of-balance signal** *távk* kiegyenlítetlen jel; **~-of-band signalling** *szt* átvivő sávon kívüli jelzésmód; **~-of-blast** *koh* leállított fúvatású; **~-of-centre/center** *gép, mech* nem központos, külpontos, excentrikus; **~-of-chamber welding** *heg* hegesztés szabadon; **~-of-commission** *hajó* forgalomból kivont; **be ~ of contact** *el* nem érintkezik; **~-of-contact mask** *félv* nem érintkező maszk; **~-of-control** *aut* nem vezérelhető/irányítható *(hibás)*; *gépk, hajó, rep* nem kormányozható; **~-of-control well** *ol* vad kitöréses kút; **~-of-date** idejétmúlt, elavult, korszerűtlen; **~-of-doors** *ép* szabadtéri, szabad ég alatti, szabadban levő; **~-of-equilibrium** *fiz* egyensúlyból kieső; **~-of-face** *ép* kiegyengetendő *(földmunka)*; **~-of-focus** *foto* életlen *(kép)*; **~-of-frame** *tv* félképeltolódás, kiesés a keretszinkronizmusból; keretből kiesett; **~-of-frame position** *tv* képmezőből kiesett helyzet; **~ of gear** ki van kapcsolva, nem működik; **~-of-gear** *gép* elromlott, nem működő; kiiktatott, kikapcsolt, kioldott; **be ~ of level** *ép* szinten kívül van, nem vízszintes; **~-of-level** *ép* szinten kívüli, nem vízszintes; **~-of-line** *gép* eltolt, eltolódott, helyes irányból kimozdult, nem koaxiális, nem azonos tengelyű; **~-of-line axis** *gép* kitérő *v.* egybe nem eső tengely; **~-of-line coding** *szt* zárt szubrutin; **~-of-line joint** *gép* gömbcsuklós kötés; **be ~ of mesh** *gép* ki van iktatva/kapcsolva; **~-of-mesh** *gép* kiiktatott, kikapcsolt, nem kapcsolódó; **be ~ of operation** *gép* üzemen kívül van, nem üzemel; **~-of-operation** *gép* működésen/üzemen kívüli; **~ of order (O.O.O.)** *távk* nem működik, hibás; **~-of-phase** *el* fázishibás, fázisban eltolt, nem fázisban levő, fázisból/szinkronból kiesett; **~-of-phase voltage** *el* fázisban eltolt feszültség; **~-of-pitch** *gép* rossz magasságú/beállítású; *hang* hamis, rossz hangmagasságú; *rep* emelkedéshiba; **~-of-pitch airscrew** *rep* elállítódott légcsavar; **~ of range** *kat* lőtávolságon túl(i); **~-of-range number** *mat* túlcsorduló/túlcsordulási/végtelen szám; **~-of-reach** elérhetetlen, hozzáférhetetlen; **be ~ of register** *nyom* nincs fedésben; **~-of-register** *nyom* fedésben nem levő; **~-of-repair** *gép* rossz karban levő, lerobbant; **~-of-round** *gép* kerek alakját vesztett, nem hengeres/központos; **~ of scale** *mat* aránytalan, helytelen arányú; **~-of-service** *gép* üzemen kívül(i); **~-of-service inspection** *ip* gyártmányellenőrzés üzemen kívül helyezéssel; **~ of shape** *gép* alaktalan; **~ of sight (OOS)** *opt* nem látható; **~-of-size** *ip* méreten kívüli, mérethibás; **~ of square** *fa* megvetemedett; *mat* nem derékszögű, ferde, pontatlan, rendetlen; **~-of-step** *el* szinkronból kiesett; **~-of-stop protection** *aut* lengésvédelem; **~ of straight** görbe (vonalú), nem egyenes; **~-of-straightness** *mat* görbevonalúság; **~-of-synchronization** *aut* szinkronizmus szétesése; **~-of-track** *gép* rosszul beállított; **~-of-track airscrew** *rep* helytelen beállítású légcsavar; **~ of tram** *élip* nem párhuzamos *(két őrlőhenger)*; **~-of-trim** *rep* kiegyensúlyozatlanság; **~-of-truth** *gép* pontos beállítástól eltérő; **~-of-tune** *hang* lehangolódott, rosszul felhangolt *(hangszer)*; **~-of-vacuum welding** *heg* hegesztés vákuumon kívül; **~-of-weight** *metr* túlsúlyos; **~-of-wind** *ép* sima; **~-of-work** *el, gép* kikapcsolt, nem működő; **~-take** *bány* légvágat, kihúzó(akna); szellőző; *film* kivágott (film)részlet, selejt; **~-take road** *bány* légvágat; **~-take shaft** *bány* kihúzóakna; **~-to-out** *ép* határtól határig, széltől szélig, hosszban, hosszan át; **~-track platform** *vasút* indulási peron; rakodóhely; **~-turn** *ip* hozam, term(el)és; *pa* kieső minta; **~-turn sample/sheet** *pa* gyártási minta

outage leállás, munkaszünet, üzemszünet, kényszerkiesés; *el* áramszünet, árammegszakítás; **~ control chart** *gép* veszteglések számát nyilvántartó kártya; **~ time** kiesési *v.* üzemen kívüli idő

out-away I. *a* (el)távolódó, távlati; *hang* (el)halkuló; **II.** *n* eltávolodás; *hang* elhalkulás

outbalance többet nyom *(vminél)*

outband signalling *távk* sávon kívüli jelzésátvitel

outboard (OB) I. *a gép* külső; *hajó* hajóoldalon kívüli, kívül felszerelt *(fényszóró, csónakmotor)*; **II.** *adv rep* fedélzeten kívül; **~ bearing** *gép* külső csapágy; *rep* fordított irányszög; rádió-iránymérő állomástól a repülőgép felé mért irányszög; **~-boom** *hajó* támdorong; **~ brake** *gépk* külső fékelrendezés *(kerékagyon)*; **~ end** *rep* (külső) légcsavarvég; **~ engine** *hajó* farmotor; oldalmotor; *rep* szélső/külső hajtómű; **~ error** *szt* készülékhiba; **~ exciter** *fiz* külön gerjesztő; **~ fine** *rep* oldalsó függőleges vezérsík; **~ flaps** *rep* külső fékszárnyak; **~ float** *rep* szárnyvégbe épített úszó; **~ interplane strut** *rep* törzshöz nem csatlakozó szárnydúc; **~ lights** *rep* külső fedélzeti fények; **~ (machine-)gun** *kat* szárnyba épített géppuska; **~ propeller** *rep* oldalsó légcsavar; **~ slat** *rep* külső orrsegédszárny; **~ tank** *rep* külső/függesztett tüzelőanyagtartály; **~ work** *hajó* hajópalánkolás

outbond *ép* futóirányban elhelyezett *(tégla)*

outborne bearing *gép* külső csapágy

outbound *hajó* kifelé induló/tartó, kiinduló *(hajó, szállítmány)*; *ip* elszállításra kész *(áru)*; *rep* rádiónavigációs ponttól távolodó; *vasút* induló *(vágány)*; **~ air** *rep* a repülőtértől távolodó légiforgalom; **~ aircraft** *rep* a repülőtértől/rádiónavigációs ponttól távolodó repülőgép; határon át kirepülő repülőgép; **~ clearance** *rep* irányítói engedély a repülőgép indulására/felszállására; **~ course** *rep* rádió-irányadótól távolodó útirány; **~ data decision** *szt* kimeneti adatdöntés; **~ leg of circuit** *rep* forgalmi kör távolodó szakasza; **~ parallel track** *rep* külső párhuzamos egyenes; **~ procedures** *rep* indulási/kivezetési eljárások; **~s** *geod* határrészek, határvonal; **~ track** *rep* elrepülő útirány

outbow *alak* kidomborodik; kidudorít

outbowed *alak* kidudorított, domború; kidudorodó

outbreak *geol* erupció; kibúvás; kitörés, kirobbanás

outbuilding *ép* épületrész, épületszárny, épülettoldalék, udvari melléképület

outburst *bány* kifúvás *(robbantáskor)*; *geol* (vulkáni) kitörés, erupció; felbukkanás, kibúvás; **~ of carbon dioxide** *bány* szén-dioxid-kitörés

outby(e) I. *a bány* vissza-; **II.** *adv bány* hazafelé, vissza; **~ rib** *bány* védőpillér; **~ work** *bány* visszahaladó művelés

outcome következmény; *mat* (vég)eredmény

outcrop I. *v bány, geol* felbukkan, kibukkan, kibúvik; **II.** *n bány, ol* kibúvás; **~ of vein** *bány, geol*

telérkibúvás; ~ **shot** *geof* kibúváson végzett szeizmikus robbantás; ~ **velocity** *geof* kibúváson mért sebesség
outcropping *bány, geol* telepkibúvás; természetes feltárás
outdated → out-of-date
outdiffusion *vegy* kidiffundálás; kidiffundáltatás
outdoor *ép* külső, házon kívüli, szabadtéri; ~ **air** *szell* külső levegő; ~ **air louver/louvre** *ép* esővédő rács; ~ **air ratio** *szell* külsőlevegő-hányad; ~ **air ratio per capita** *szell* egy főre jutó külső légmennyiség; ~ **antenna** *távk* külső antenna; ~ **apparatus/device** *el, gép* szabadtéri berendezés/készülék; ~ **burning** szabadtéri égetés; ~ **corrosion** *koh* atmoszférikus korrózió; ~ **exposure** *gumi* öregítés szabadban; ~ **fitting** *ép, gép* szabadtéri szerelvény; ~ **flex-cracking** *gumi* hajtogatási berepedés szabadban; ~ **motor** *gép* szabadtéri kivitelű motor; ~ **program(me)** *távk* külső közvetítés; ~ **substation** *távk* szabadtéri alállomás; ~ **swimming-pool** *ép* nyitott uszoda; ~ **switchgear** *gép* szabadtéri kapcsolóberendezés; ~ **test** *koh* atmoszférikus kitéti vizsgálat; ~ **transformer** *el* szabadtéri (szerelésű) transzformátor
outdoors kívül, kint, szabadban, szabad levegőn
outer I. *a* külső; **II.** *n el* fázisvezeték; *kat* külső kör(t érintő lövés); *nyom* külső szél; *ruh* felsőruha; ~ **absorption jacket** *vegy* külső abszorpciós bevonat; ~ **air** *koh* külső levegő; ~ **aperture** *fa* külső nyílás; ~ **area** *ép* külterület; ~ **basin** *hajó* előkikötő; ~ **bearing** *gép* külső csapágy; ~ **case** *finm* védőtok *(zsebórára)*; ~ **casing of joint** *gép* külső csuklóház; ~ **cocking lever** *kat* külső elsütőszerkezet-felhúzó kar; ~ **conductor** *el* fázisvezeték; ~ **cover** *gépk* külső köpeny *(gumiabroncson)*; ~ **dead centre/center** *mech* külső holtpont; ~ **diameter** *mt* külső átmérő; ~ **dimension** *gép, mt* külső méret(ek), külméret; ~ **direct product** *mat* külső direkt szorzat; ~ **dome** *ép* külső/biztonsági kupola; ~ **edge of boundary layer** *rep* határréteg külső éle; ~ **electrode** *gépk* gyújtógyertya oldalelektródja; ~ **electron** *fiz* külső elektron; ~ **electron density** *fiz* külső elektronok sűrűsége; ~ **gap** *el* segédszikraköz; ~ **hole** *bány* szelvényezőlyuk, kisegítőlyuk, jövesztőlyuk, tágasítólyuk; ~ **horizontal surface** *rep* külső vízszintes felület; ~ **housing** *gépk* szabadonfutó külső gyűrűje; ~ **layer** *fa* külső réteg, kéreg; ~**-layer treatment** *élip* szegélyréteg-kezelés; ~ **locator** *rep* külső helyjeladó; külső irányadó; ~ **loop** *aut* külső kör/hurok; ~ **macroinstruction** *szt* külső makroutasítás; ~ **main** *el* szélső vezeték *(háromvezetékes rendszerben)*; ~ **main plane** *rep* hordfelület/szárny külső része; ~ **marker (OM)** *mzg* külső sorjelző; *rep* külső jeladó/markeradó; ~ **orbit** *félv* külső (elektron)pálya; ~ **orientation** *geod* külső tájolás; ~ **pericarp** *élip* felbőr *(gabonáé)*; ~ **pipe cutter** *ol* külső csővágó; ~ **plane** *rep* külső sík; ~ **plank** *ép, fa* széldeszka; ~ **ply** *fa* külső furnér, fedőfurnér; ~ **product** *mat* tenzorszorzat, direkt/tenzoriális szorzat, Descartes-szorzat; ~ **(prop) member** *bány* külső tám; ~ **protection area/zone** *bány* külső védőövezet; ~ **race** *gép* külső gyűrű *(csapágyé)*; ~ **radius** *ép* külső ív/sugár; ~**-ring girder** *rep* külső övrácsozat; ~ **shell** *at, vegy* vegyértékhéj, külső elektronhéj; *gépk* szabadonfutó külső gyűrűje; ~**-shell electron** *at, vegy* valenciaelektron, külső héj elektronja, vegyértékelektron; ~ **shell plating** *hajó* külhéjlemezelés; ~ **shroud** *rep* külső védő; külső védő borítása; ~ **skin** *élip* külső héj, felhám; ~ **space** világűr; ~ **strut** *rep* külső merevítődúc; ~ **suburb** peremváros; ~ **support** *forg* ellentámasz, ellentartó, asztaltámasz, külső támasztóvilla *(marógépen)*; ~ **telescoping sleeve** *kat* külső hengeroszlop; ~ **wall** *ép* külső fal; ~ **weld** *heg* külső varrat; ~ **wing** *rep* külső szárnyrész; ~**-wing flap** *rep* külső fékszárny; ~ **work function** *fiz* külső kilépési munka
outermost legkülső, legszélső, legtávolabbi; ~ **fibre/fiber** *any* szélső szál; ~ **shell** *at, vegy* legkülső elektronhéj
outerwear *tex* felsőruházat
outfall *geol* torkolat *(völgyé)*; *hidr* kieresztőnyílás, kifolyó(nyílás); ~ **pipe** *at* szennyezettfolyadék-elfolyató csővezeték; ~ **sewer** *ép* fő szennyvízcsatorna
outfeed *fiz* energiaelvétel
outfit I. *v kat* felkészít, felszerel; **II.** *n* készlet; felszerelés; *gép* berendezés, készlet; *kat* felszerelés
outfitting *gép* berendezés, felszerelés, készlet; *hajó* hajófelszerelés
outflanking *hidr* kiöntés
outflow I. *v* kifolyik, kiáramlik, kiömlik; **II.** *n* kiáramlás, kifolyás, kiömlés; ~ **line** *ol* kifolyócső; ~ **velocity** *hidr* kifolyási sebesség
outgas I. *v vegy* gázmentesít, gázt kiűz; **II.** *n vegy* hulladékgáz
outgassing *el* kigázosítás, evakuálás *(elektroncsőé)*; *geol, rak* gázleadás; gáztalanítás, gázok kivonása
outgate → out gate
outgoing I. *a ip* kimenő, távozó; **II.** *n ip* kimenetel, távozás; ~ **call** *távb* kimenőbeszélgetés; ~ **circuit** *el* kimenő áramkör, kimenőkör; ~ **connection** *távk* kimenő-összeköttetés; ~ **end** *távk* hívóoldal *(áramköré)*; ~ **laser beam** *fiz* kimenő lézersugár, kimenő lézersugárnyaláb; ~ **line (OGL)** *távk* elágazás, leágazás, csatlakozás, leágaztatás; kimenővonal; ~ **material control** *ip* kimenőanyag minőség-ellenőrzése; ~ **one-way circuit** *távk* kimenő áramkör, kimenőkör; ~ **pipe** *ép* előremenő vezeték; ~ **position** *távb* A-munkahely; ~ **quality level** *ip* kimenő minőségszint; ~ **rail** *vasút* kijárati vágány; ~ **side** *heng* kifutóoldal, kilépési oldal; ~ **signal** *távk* kimenőjel; ~ **signal train** *távb* távíró-moduláció
outgrowth eredmény, következmény; *el* kinövés *(NYÁK-on)*
outhaul *hajó* vitorlafeszítő kötél; ~ **cable** *hidr* vonókötél *(csapóhídon)*
outhouse *ép* árnyékszék; épületszárny, hátsó épület, (udvari) melléképület
outing *geol* erupció, kitörés; *hajó* tenger part menti része
outlet I. *v* kienged; **II.** *a ép, gép* kifolyó, kimenő, ürítő; *hidr* befogadó, recipiens; **III.** *n* kibocsátónyílás, kijárati nyílás, kivezetőnyílás, lecsapolónyílás, leeresztőnyílás; *bány* kijáróvágat, menekülőkijárat; *el* (csatlakozó)aljzat, dugaszolóaljzat; *élip* elvezetőcső, elvezetőnyílás; *ép* kilépő csőcsatlakozás; lecsapolás, lefolyás; lefolyó; *gép* elvezetés, levezetés; leürítés, leeresztés, kibocsátás, kijárat, kivezetés, kimenet; *gépk* kiömlőnyílás, kipufogónyílás; *hidr* befogadó vízfolyás; torkolat *(vízi műtárgyé/szerkezeté)*; ürítőberendezés, ürítőmű, ürítőzsilip; vízkibocsátó berende-

zés/mű; ~ **air** *szell* távozó/elhasznált levegő; ~ **angle** *gép* kimeneti szög; ~ **area** *rep* kiömlőnyílás területe; ~ **automatics** *pl aut* leeresztőautomatika; ~ **box** *el* (csatlakozó)doboz, elágazódoboz; csatlakozóaljzat, dugaszolóaljzat; ~ **branch** *hidr* vízkibocsátó csőcsonk; ~ **channel** *ép* kifolyócsatorna, túlfolyócsatorna; ~ **cock** *ép* tömlős kifolyószelep, lefolyócsap; *gép* ürítőcsap, kifolyócsap, vizsgálócsap; ~ **combination fitting** *ép* csaptelep; ~**-control gate** *ép* fenéktiltó; ~ **ditch** *hidr* vízelvezető árok; ~ **edge** *hőt* kilépőél; ~ **end** *gép* kilépőnyílás; ~**-end stud** lebocsátónyílás záródugója; ~ **filter** *gép* kilépőoldali szűrő; ~ **gas** *ol* kilépőgáz; ~ **guide** *rep* kimeneti terelőlapátok; ~ **header** *gépk* kiürítővezeték; ~ **of air** levegőelvezetés; ~ **orifice** *ép* kifolyónyílás; *távk* kilépőfojtás; ~ **pipe** *gépk* kiömlőcső, kipufogócső; ~ **pressure** kilépési nyomás; kilépőnyomás; ~ **rate of flow** *hidr* kilépő vízhozam; ~**-regulating gate** *ép* fenéktiltó; ~ **socket** *el* csatlakozóaljzat, dugaszolóaljzat; ~ **space (of a settling tank)** *hidr* kifolyási tér; ~ **stream** *hidr* befogadó vízfolyás; ~ **structure** *hidr* torkolati mű; ~ **temperature** *ol* ürítési/kilépési hőmérséklet; ~**-temperature control** *aut* hőmérséklet-szabályozás a kimeneten; ~ **tower** *hidr* barátzsilip; ~ **tube** *gép* lebocsátócső; ~ **valve** *ép, gép* leeresztőszelep, lefolyószelep; *rep* kipufogószelep; ~ **water** *ép* szennyvíz, távozó víz; ~ **work** *hidr* vízkivételi mű

outlier *geol* kibúvás idősebb kőzetek között; nyúlvány; takaróréteg

outline I. *v* körvonalaz, (fel)vázol; **II.** *n ép, gép* körvonal(azás), kontúr, körrajz, vázlat; *ip* tervezet, tanulmány; *vasút* külső vágány; ~ **chart** *rep* kontúrtérkép; ~ **drawing** *ép* körvonalrajz; ~ **of scanned area** *geod* fedési diagram; ~**s** *pl* áttekintés; körvonalrajz; ~ **sketch** körvonalas vázlat

outlining kijelölés; (fel)vázolás, körvonalazás

outlook kilátás, perspektíva; *ép* kilátó(torony)

outlying távol eső, távoli; ~ **district** peremkerület; ~ **hole** *bány* jövesztő/tágasító fúrólyuk; ~ **station** *távk* távoli állomás; ~ **well** *ol* külső fúrás *(olajterületen kívül)*

outnavigate *rep* elkerül *(vihart)*

outoffice *távb* alállomás

outperform *gép* túlteljesít, teljesítményben felülmúl

outphasing modulation *távk* fázisfordításos/szabályozó moduláció/modulálás, Chireix-moduláció

outpoint *hajó* jobban szélbe fordul, élesebben van a szélben

outport *hajó* előkikötő, kiindulási kikötő

outpour I. *v* kiáramlik, kiömlik, kifolyik; **II.** *n hidr* kiáramlás, kifolyás, kiömlés

outpunch *gép* kivetőcsap

output I. *v ip* termel, eredményez, produkál; **II.** *n bány* műszakeredmény, hozam, kihozatal, kitermelés; *el, távk* kimenőteljesítmény, kimeneti/leadott teljesítmény; *ip* teljesítőképesség, termelőképesség, teljesítmény, kapacitás; *szt* adatkiadás; adatkihozatal; kimenet, (adat)kivitel, output; kimeneti/adatkiviteli egység; *távk* kimenőjel; ~ **admittance** *távk* kimeneti admittancia, kimenőadmittancia; ~ **alphabet** *aut* kimenet alfabetikus kódja, ábécé, kimenőalfabéta; ~ **amplifier** *at* kimeneti erősítő; ~ **amplitude** *el, távk* kimeneti amplitúdó, kimenőamplitúdó; ~ **aperture** *távk* kicsatolórés; ~ **area** *szt* kimeneti mező; ~ **attenuator** *el, távk* kimenőosztó; ~ **axis (OA)** *távk* kimeneti tengely; ~ **block** *el, szt, távk* kimeneti egység; ~ **brushes** *el* kimeneti kefék; ~ **buffer (store)** *szt* kimeneti közbenső tároló/memória, kimeneti puffer; ~ **cable** *rep* kimenő kábel; ~ **capacitance** *el, távk* kimenőkapacitás, kimeneti kapacitás; ~ **capacitor** *el, távk* kimeneti kondenzátor; ~ **card** *szt* kimenő lyukkártya, kimenőkártya; ~ **card deck** *szt* kimeneti kártyacsomag; ~ **cavity** *távk* kimenő/kicsatoló üregrezonátor; ~ **channel** *szt* kimenő csatorna; ~ **characteristic curve** *el, távk* kimeneti jelleggörbe; ~ **characteristics** *szt* kimeneti jellemzők; ~ **characteristic value** *el, távk* kimeneti jellemző; ~ **choke** *el* kimenő fojtótekercs; ~ **code** *szt* kimeneti kód; ~ **coefficient** *el* teljesítmény-együttható; ~ **configuration** *szt* kimeneti állapot; ~ **connector** *at* kimeneti csatlakozó; ~ **control** *el, távk* teljesítményszabályozás; ~ **control in mechanical production** *ip* gyártásszabályozás *v.* kimeneti ellenőrzés a gépi termelésben; ~**-control program** *szt* kimenetvezérlő program; ~ **coupling** *el, távk* kicsatolás; ~ **current** *el, távk* kimeneti áram; ~ **curve** *el, távk* teljesítménygörbe; *ip* termelékenységi görbe; ~ **data** *szt* kimenőadat, kimeneti adatok, kivitel, output; ~ **data carrier** *szt* kimenőadat-hordozó; ~ **data set** *szt* kimenőadattár; ~ **data strobe (ODS)** *szt* kimenőadat-aktiváló jel, ODS; ~ **device** *szt* kimeneti berendezés, kimenőberendezés, outputberendezés; kimeneti egység; ~ **disturbance** *el, távk* kimeneti zavarás; ~ **equipment** *szt* kimenőegység, kimeneti egység, output-berendezés; ~ **feedback** *el, távk* kimenetről vett visszavezetés; ~ **file** *szt* kimenőadattár; ~ **force** *ép* rázóerő *(vibrátoré)*; ~ **function** *mat* kimeneti függvény, kimenetfüggvény; ~ **gap/hole** *távk* kicsatolórés; ~ **hunting loss** *aut* (kimeneti) lengésveszteségek; ~ **impedance** *el, távk* kimeneti impedancia, kimenőimpedancia; ~ **information signal** *szt* kimeneti információjel; ~ **instruction** *szt* kiviteli/kimeneti utasítás; ~ **limited** *szt* kimeneten korlátozott *(programosztály)*; ~ **logic** *szt* kimeneti logika; ~ **logic variable** *szt* kimeneti logikai változó; ~ **matrix** *mat* kimeneti mátrix; ~ **memory** *szt* kimeneti memória; ~ **meter** *el* kimenőteljesítmény-mérő; ~ **method** *szt* kimeneti módszer; ~ **monitor** *tv* aktív/kimeneti monitor, főmonitor, képellenőrző monitor; ~ **noise** *el* áramköri/termikus zaj, ellenállászaj; ~ **operation** *szt* kimeneti művelet; ~ **parameter** *el, távk* kimeneti jellemző; ~ **pattern** *szt* kimeneti állapot; ~ **pentode** *el* végerősítő-pentóda, kimenőpentóda; ~ **per day** *ip* napi teljesítmény; ~ **per hour** *ip* óránkénti teljesítmény; ~ **per litre/liter** *gépk* literteljesítmény; ~ **per (man)shift** *bány* munkahelyi teljesítmény; ~ **per shift** műszakteljesítmény; ~ **per year** évi termelés; ~ **port** *at* kimeneti kapu; ~ **power** *távk* kimenőteljesítmény, kimeneti/leadott teljesítmény; ~**-power meter** *távk* kimenőteljesítmény-mérő; ~ **pressure** *aut* kilépési nyomás, nyomás a kimeneten; ~ **printer** *szt* kimeneti nyomtató; ~ **process** *szt* (adat)kivitel; ~ **program** *szt* kimeneti program; ~ **pulse** *aut, távk* kimeneti impulzus, kimenőimpulzus; ~ **pulse amplitude** *aut, távk* kimeneti impulzusamplitúdó; ~ **punched card** *szt* kimenő lyukkártya; ~ **quantity** *el, távk* kimenőjellemző, kimenőmennyiség, kimeneti jellemző, kimenőteljesítmény; ~ **queue** *szt* kimeneti sor; ~ **regulation** *el* kimenetszabályozás; ~ **regula-**

tor *el* kimenetszabályozó; ~ **resistance** *el, távk* kimenő-ellenállás, kimeneti ellenállás; ~ **resonator** *távk* kicsatolórezonátor; ~ **routine** *szt* kiíróprogram, kiíratóprogram, memóriakiíratό program, kimeneti/kiviteli program/rutin, output-rutin; ~ **sampling controller** *aut* kimeneti mintavételes szabályozó, diszkrét érintőjelű szabályozó; ~ **section** *szt* kimenőszakasz; ~ **sequence** *szt* kimeneti sorrend; ~ **shaft** *gép* kimenőtengely; ~**-shorted transmittance** *félv* rövidzárási meredekség; ~ **signal** *el, távk* kimenőjel; ~ **signal converter** *el, távk* kimenőjel-átalakító; ~ **slot** *távk* kicsatolórés; ~ **source** *el, szt, távk* kimeneti forrás; ~ **speed** *gép* hajtott tengely fordulatszáma; *szt* kiviteli sebesség; ~ **stage** *el, távk* kimenőfokozat, végerősítő-fokozat; ~ **store** *szt* kimeneti tároló; ~ **stream** *szt* kimeneti adatfolyam; ~ **strobe** *szt* kapuzóimpulzus; ~ **terminal** *szt, távk* kimenet, kimenőkapocs; ~ **test** teljesítménypróba, teljesítménymérés; ~ **time-constant** *félv* kimeneti időállandó; ~**-transfer function** *aut* zárt szabályozási kör átviteli függvénye; ~ **transformer** *el, távk* kimenőtranszformátor; ~ **tube/valve** *el, távk* kimenőcső, végerősítőcső; ~ **typewriter** *szt* adatkimeneti írógép; ~ **unit** *el, szt, távk* kimeneti egység, kimenet, adatkiviteli egység; ~ **value** *el, távk* kimeneti érték; ~ **variable** *mat* kimeneti vált(ak)ozó; ~ **vector** *mat, távk* kimeneti vektor; ~ **voltage** *el, távk* kimenőfeszültség, kimeneti feszültség, kapocsfeszültség; ~ **voltage swing** *el, távk* kimeneti feszültségtartomány; ~ **well** *ol* termelőkút; ~ **winding** *el, távk* kimenőtekercs(elés); ~ **word** *szt* kimenőszó; ~ **writer** *szt* kimeneti nyomtató, kimenetregisztráló

outrigged *hajó* kitámasztott

outrigger támaszfa; külvilla *(evezős csónakon)*; külvillás evezős csónak; *em* stabilizálótámasz *(darun)*; támasztótalp, kitámasztókar; *gépk* alváz-keresztthosszabbítás; *hajó* árbocág, árboctámasz; *kat* terpesztett lövegtalp; *rep* kitámasztódúc; ~ **gear** *gép* állványkereten kívül elhelyezett erőátvitel; ~ **pole** *gép* segédkocsirúd; ~**s** *pl em* kitámasztás *(darué)*; ~ **scaffolds** *pl ép* konzolos állvány; ~ **shaft** *gép* külső tengely; ~ **tail** *rep* faroktartós törzsvég

outrunning *hajó* kifutás

outrush kilövellés, kitódulás, kiáramlás

outside I. *a* külső, kinti, szabadtéri; *bány* külszíni; **II.** *n* külső, külseje *(vminek)*; *közl* tető *(omnibuszon)*; **III.** *adv* kívül *(vmin)*; kivéve *(vmit)*; kint, kinn, a szabadban; ~**-admission valve** *gép* külső beömlésű tolattyú; ~ **air (OA)** *szell* külső levegő; ~ **antenna** *távk* külső antenna; ~ **bearing** *gép* külső csapágy; ~ **berm** *hidr* nyomópadka; ~ **broadcast(ing)** *távk* helyszíni/külső közvetítés; rádióriportázs; ~ **broadcast van** *távk* külső közvetítőkocsi; ~ **cal(l)iper(s)** *mt* külső tapintókörző; ~ **chaser** *forg* külső menetfésű; ~ **circle** *mat* fejkör; ~ **cone** *mat* külső kúp; ~ **corner weld** *heg* külső sarokvarrat; ~ **diameter (OD)** *gép* külső átmérő; *ol* névleges csőméret; ~ **diameter of neck** *gyógyv* külső nyakátmérő *(ampulláé)*; ~ **dirt/waste** *bány* idegen meddő; ~ **effect** *ip* környezeti hatás; ~ **energy** *gép* kiegészítő energia, segéderő; ~ **fillet weld** *heg* külső sarokvarrat; ~ **film coefficient** *ép, hőt* külső hőátadási tényező; ~**-flange tubbing** *bány* külső kamrás tübbing, angoltübbing; ~ **heap** *bány* külső hányó; ~ **height** *ép* teljes magasság; ~ **lap** *hőt* külső túlfedés *(gőzgépvezérlésnél)*; ~ **loop-aerial** *rep* szélső keretantenna *(körsávirányadóé)*; ~ **main drain** *ép* külső alapcsatorna; ~ **margin** *nyom* külső szél; ~ **measure** külméret, külső méret; ~ **measurements** *metr* külméretek; ~ **micrometer** *mt* tengelymérő mikrométer; ~**-operated component/unit** *gép* segédenergiával működő szerv; ~**-passband attenuation** *távk* áteresztősávon kívüli csillapítás; ~ **planking** *hajó* héjpalánkozás; ~**-plate tappet** *tex* excenteres nyüstemelő (szerkezet); ~ **rigidity** *ép* összmerevség, együttes merevség *(megerősítésnél)*; ~ **roll** *rep* hengerpalást külsején végzett orsó; ~**s** *pl pa* fedőréteg; hibás felső bálaív, papírbála külső/sérült része; *tex* rávarrott minta; ~ **scaffolding** *ép* külső állvány; ~ **screwing/screw-cutting tool** *forg* külső menetvágó szerszám; ~ **seam** *heg* külső varrat; ~ **slip** *rep* kifarolás, kifelé csúszás; ~ **sorts** *nyom* eltérő betű(típusok), jelek *(mellékjeles betűk, matematikai jelölések stb.)*; ~**-spring cal(l)iper(s)** rugós külső tapintókörző; ~ **storage** *ép* szabadtéri tárolás; ~ **surface** *ép, gép* külső felület; ~ **temperature** *met* külső hőmérséklet; ~ **the bark** *fa* kérgen (mérve); ~ **turn** *rep* bedöntött forduló a külső szárny felé; ~ **weld** *heg* külső varrat; ~ **world** *ép* külvilág

outsize (OS) I. *a metr* túlméretes, szokatlan/rendkívüli/extra méretű; **II.** *n metr* rendkívüli/szokatlan méret

outskirts *pl ép* külterület(ek), periféria, külvárosok

outslide I. *v vasút* kicsúszik, kisiklik; **II.** *n vasút* kisiklás

outsole *cipő* felsőtalp, járótalp, külső cipőtalp; *ép* alap, aljazat; lábazat; ~ **stitcher** *cipő* talpszéllevarró gép; ~ **stitching** *cipő* dopplizás, keresztülvarrás, talpszél(le)varrás; ~**-stitching thread** *cipő* dopplizófonal

outspread I. *v* kiterjeszt, széttár; **II.** *a* kiterített, széttárt, szétszórt; **III.** *n fiz* kiterjedés

outstanding kiváló, kiemelkedő, kiugró; elintézetlen; *ip* kifizetetlen, rendezetlen *(számla)*; ~ **lot** *ip* visszatartott tétel

outstepping counting *távk* kivételező számlánc

outstitching *cipő* talpszélvarrás, dopplizás

outswinging casement window *ép* kifelé nyíló ablakszárny

outtake → out-take

outturn → out-turn

outward I. *a* felületi, felszíni; külső; *hajó* kifelé *(irányuló)*; **II.** *n* külső, megjelenés; *ép* külső pavilon *(kórházban)*; **III.** *adv* kifelé; ~**-bound** *hajó* kifelé induló/tartó, kiinduló *(hajó, szállítmány)*; ~ **bulge** *ép* kihajlás, kihorpadás, kihasasodás, domborulat; ~ **cargo** *hajó, rep* kimenő rakomány; ~ **drilling** *ol* kilépő fúrás; ~ **flange** *gép* külső perem; ~ **flight** *rep* kirepülés, odarepülés; ~**-flow strainer** *pa* forgó csomófogó; ~ **forcing** *tex* kilökés *(bordaládából)*; ~ **side slip** *rep* kifarolás; kifelé csúszás; ~ **traffic** *vasút* kifelé irányuló forgalom

outwards kifelé; ~ **and inwards** *tex* kívül-belül

outwash I. *v geol* elmos, kimos; **II.** *n geol* elmosott/kimosott anyag, kimosás, oldalmoréna-hordalék; ~ **plain** *talt* hordalékkal feltöltött terület, kavicsos terület, kavicsmező, homokmező

outworn *ruh* elhasznált, (ki)kopott, elkoptatott, elnyűtt

OV → oil of vitriol

oval I. *a mat* tojás alakú, tojásdad, ovális; **II.** *n mat* tojásidom, tojásvonal, ovális, zárt konvex görbe; ~ **chuck/clutch** *forg* oválisra esztergáló tokmány; ~

countersink rivet head *mt* félig süllyesztett szegecsfej; ~ **eccentric gearing** *gép* tojásdad alakú fogaskerékkörhagyó fogaskerék-áttétel; ~ **file** *forg* madárnyelvreszelő; ~ **groove** *koh* oválüreg; ~ **head** *gép* lencsefej *(csavaré)*; ~**-head screw** lencsefejű csavar; ~ **lathe** → ~-turning lathe; ~**-link(ed) chain** patentlánc, ovális szemű lánc; ~ **mechanism** *forg* oválisra esztergáló készülék; ~ **pass** *heng* ovális üreg; oválüreg; ~ **ribbed wire** *ép* ovális bordás huzal; ~ **shears** *pl alak* ovális olló, ellipszisolló; ~ **socket** *bány* befogóharang, befogókehely *(betört kőzetfúró kihúzására)*; *gép* ovális karmantyú; ~**s of Cassini** *mat* Cassini-ovális; ~ **surface** *mat* ovális felület *(az ellipszoid, kétköpenyű hiperboloid és elliptikus paraboloid közös neve)*; ~ **T-head bolt** *gép* ovális kalapácsfejű csavar; ~**-turning device/lathe** *forg* ellipszisesztergáló gép

ovalbumin *biot* tojásfehérje-albumin

ovalization *forg* oválisra esztergálás; *gép* ovális elhúzódás, oválosodás *(hengeré)*

ovalize *forg* tojásdadra/oválisra formál/esztergál; *gép* oválosan kopik, oválosodik

oven *hőt* sütő *(tűzhelyben)*; *koh* kemence; ~ **cure** *gumi* kemencés vulkanizálás; ~**-dried** *fa* mesterségesen szárított; ~**-dry** *élip, pa* abszolút száraz, kemencében szárított; ~**-drying** *élip, pa* szárítás szárítókemencében, aszalás; *fa* mesterséges/kamrás szárítás; ~**-dry paper** *pa* abszolút száraz papír; ~**-dry weight** *élip, pa* szárazsúly; ~ **fork** *hőt* kályhavilla, kazánvilla; ~ **furnace** *koh* kis hőfokú kemence; ~ **glass** *üveg* tűzálló üveg; ~ **spring** *élip* tészta térfogat-növekedése kemencébe vetéskor

over I. *v nyom* fölös példányszámban nyom, többet nyom; **II.** *n* többlet; *élip* rostaátmenet, szitaátmenet; *kat* hosszú *v.* célponton túlmenő lövés; *kh* szaporítás; *ruh* felhajtás; **III.** *adv* felül *(vmin)*; túl; elmúlt, vége, befejeződött; *távk* „vétel", „áttérek vételre"; (teljes) hosszában; túl(zottan), túlságosan; ~**-and-under baffled mixing basin** *hidr* terelőfalas keverőmedence váltakozó felső-alsó átfolyással; ~**-and-under controller** *aut* határszabályozó; ~**s** *bány* szitamaradvány; *nyom* tartalék példányok, többletív; ~**-the-top flight/flying** *rep* felhő feletti repülés; ~**-tub haulage** *bány* felső köteles szállítás

overage *ip* leltártöbblet

overaged *gép* elöregedett, túlkoros, elavult

overall (OA) I. *a* átfogó; bruttó; globális; össz-; összes, teljes, mindenre kiterjedő; **II.** *n* → overalls; **III.** *adv metr* teljes hosszában/szélességében; ~ **accuracy** *aut* teljes/eredő pontosság, összpontosság; ~ **amplification** *el* teljes erősítés(i tényező); ~ **attenuation** *távk* maradó csillapítás/csillapodás, maradékcsillapítás; ~ **automation** *aut* komplex automatizálás; ~ **breadth** *hajó* legnagyobb szélesség; ~ **brightness(-transfer) characteristic** *tv* fényességkarakterisztika; ~ **coefficient** *aut* teljes/eredő együttható, teljes/bruttó tényező; ~ **coefficient of harmonic distortion** *el* klirrfaktor, (nemlineáris) torzítási tényező; ~ **conductance** *fiz* teljes vezetőképesség; ~ **contrast ratio** *tv* teljes kontraszt; ~ **diameter** *ép* teljes átmérő, főátmérő; ~ **dimension** *ép* külsőméret, külméret, külső főméret, összméret, átfogó méret; ~ **dimensions (o.a.d.)** *ép* befoglaló méretek *(hossz x magasság x szélesség)*; ~ **distortion** *el* összes/teljes torzítás; ~ **efficiency** *el, gép* összhatásfok, teljes hatásfok; ~ **efficiency of a sound reproducer** *hang* akusztikus-mechanikus hatásfok; ~ **equivalent** *távk* teljes maradékcsillapítás; ~ **error** *at* teljes hiba; ~ **gain** *el* teljes erősítés(i tényező); ~ **gear ratio** *gép* teljes módosítás; ~ **insulation** *ép* felső/külön szigetelés; ~ **length** egész hosszúság; ~ **lifetime** *gép* élettartam; ~ **line attenuation** → ~ attenuation; ~ **load factor** *at* átlagos terhelési tényező; ~ **loading** *rep* teljes terhelés; ~ **loss** *távk* végcsillapítás, teljes átviteli csillapítás/veszteség, maradékveszteség, összveszteség; ~ **mean velocity** *hidr* szelvény-középsebesség; ~ **noise figure** *távk* teljes zajtényező; ~ **permanent deformation** *koh* összes maradó alakváltozás; ~ **personnel** összlétszám; ~ **plate efficiency** *ol, vegy* bruttó/eredő tányérhatásfok, össztányérhatásfok; ~ **processing speed** *szt* teljes feldolgozási sebesség; ~ **processing time** *szt* teljes feldolgozási idő; ~ **protection** *aut* teljes védelem; ~ **rate of polymerization** *műa* polimerizációs reakció bruttó sebessége; ~ **reaction** bruttó reakció; ~ **reduction** *koh* összes keresztmetszet-csökkenés; ~ **reliability** általános megbízhatóság; ~ **reliability characteristic** összetett megbízhatósági mutató; ~ **selectivity** *távk* teljes szelektivitás; ~ **steady-flow coefficient** *fiz* stacionáris áramlás teljes együtthatója; ~ **stressing** *mech* teljes igénybevétel; ~ **thrust** *rep* teljes tolóerő, hajtóművek összegezett tolóereje; ~ **voltage** *el* összes/teljes feszültség

overalls *pl ruh* overall, kezeslábas, szerelőruha, munkaköpeny

overamplification *el* túlerősítés

overanneal *hők* túllágyít

overannealed | brass *hők* túllágyított sárgaréz; ~ **steel** *hők* túllágyított acél

overarch *ép* beboltoz, átível

overarm *em* felső emelőkar/emelőgém; *forg* fúrószárny; támasztógerenda *(marógépen)*

overbank I. *v rep* túlságosan bedönt/bedől; **II.** *n rep* éles forduló; túl nagy bedőlés/bedöntés

overbanked turn *rep* túldöntött forduló

overbar I. *v mat* fölülhúz; **II.** *n mat* vonás, felülvonás *(mennyiség fölött)*

overbend *hidr* szifonív, bújtató

overbiassing, *US* **overbiasing** *el* túlfeszítés *(előfeszültséggel)*; *hang* túlfeszített elővezérlés *(magnetofonnál)*

overbleaching *tex* túlfehérítés

overblow I. *v koh* átfúvat, túlfúj; **II.** *n koh* túlfúvás

overbolted *élip* átszitált

overbooking *rep* helykiadás-túllépés

overbreak *bány* többletkitörés; *ép* túlfejtés *(alagútnál)*; ~ **stowing** *bány* hátűrtömedékelés

overbridge *ép* felüljáró *(gyalogos átkelésre)*

overbuild *ép* föléje épít; túlzottan/zsúfoltan kiépít

overbunching *távk* túlcsomósítás, hiperkritikus nyalábolás

overburden I. *v el, gép* túlterhel; **II.** *n bány* fedőréteg, takaró(réteg); külfejtéssel letakarítható meddő; *el, gép* túlterhelés; *geol* egymásra települt rétegek; ~ **blasting** *bány* takaróréteg-robbantás; ~ **conveyor bridge/gantry** *bány* lehordóhíd; ~ **excavator** *ép* feltárókotró; ~ **layer** *bány* fedőréteg, takaróréteg; ~ **level** *bány* letakarítási szint; ~ **load** *bány* rétegnyomás; ~ **pressure** *ol* fedőkőzetnyomás; *talt* fedőréteg nyomása; ~ **recasting** *bány* meddő visszadobása külszín helyreállítására

overburdening *koh* túladagolás
overburn *ép* túléget *(anyagot)*
overcapacity *rep* többlet-befogadóképesség
overcar aerial/antenna *rád* gépkocsi-tetőantenna
overcarbonate *cu* túlsavaz, túlszaturál
overcarbonated juice *cu* túlszaturált lé
overcarbonation *cu* túlsavazás, túlszaturálás
overcast I. *v met* elhomályosít, eltakar; *ruh* beszeg; **II.** *a met* borús; **III.** *n bány* léghíd, keresztezés; *met, rep* felhőzet; **~ air bridge** *bány* légáthidalás; **~ clouds** *pl rep* teljes borultság; **~ stitch** *ruh* kivarróöltés, hímzőszegés, szegőöltés
overcasting I. *a ruh* szegő-; **II.** *n ép* vakolás, vakolat; *met* elhomályosítás, takarás; *nyom* hozzáfűzés *(egyes lapoké ívekhez bekötés céljából)*; *ruh* segélyezés, szegőzés
overcharge (OC) I. *v el* túltölt; *gép* túladagol, túlterhel; *ip* túlfizettet, túlszámláz; **II.** *n el* túltöltés; *gép* többletadag, többletsúly; túladagolás, túlterhelés
overcharging (OC) *el* túltöltés; *gép* túladagolás, túlterhelés; *ip* túlfizettetés, túlszámlázás
overclimb *fiz* áramlás leválása/leszakadása, túlhúzás
overcloak *ép* korcoláson túlnyúló bádogsáv
overcompaction *ép* túltömörítés
overcompensate *aut* túlkompenzál
overcompensated-meter *el* cosφ-re helyesbített (indukciós) fogyasztásmérő
overcompensation *aut* túlkompenzálás, túlkompenzáció
overcompound *hőt* túlkompaundált *(gőzgép)*; **~ excitation** *hőt* hiperkompaund gerjesztés
overcompounded generator *el* túlkompaundált gerjesztésű generátor
overcompression *at, fiz* túlnyomás
overconsolidated *talt* túlkonszolidált
overconvergence *mat* hiperkonvergencia
overcorrect *aut, foto* túlhelyesbít, túlkorrigál
overcorrection *aut, foto* túlhelyesbítés, túlkorrigálás
overcoupled *távk* szorosan csatolt; **~ circuit** *távk* szorosan csatolt kör; **~ IF transformer** *távk* szorosan csatolt középfrekvenciás sávszűrő
overcoupling *távk* szoros csatolás
overcritical *aut* hiperkritikus; **~ coupling** *távk* hiperkritikus csatolás, túlcsatolás; **~ nucleus size** *krist* kritikusnál nagyobb gócnagyság; **~ operation** *ép* kritikus feletti üzem
overcritically coupled circuits *távk* hiperkritikusan csatolt *v.* túlcsatolt áramkörök
overcrossing felüljáró
overcrust *mt* fedőréteggel befed, kéreggel bevon
overcure I. *v élip* túlsüt; *gumi* túlvulkanizál; **II.** *n élip* túlsütés; *gumi* túlvulkanizálás
overcurrent *el* túláram; **~ class** *el* túláramosztály; **~ cut-out** *el* túláramkapcsoló, túlfeszültség-kapcsoló; **~ factor** *el* túláramtényező; **~ protection** *el* túláramvédelem; **~ relay** *el* túláramrelé; **~ release/trip** *el* túláramkioldó; **~ trip-out** *el* túláramkapcsoló, túlfeszültség-kapcsoló
overcut I. *v fa* túlvág, túlságosan megritkít *(erdőt)*; **II.** *n bány* felső szinti nyitó fejtés; *fa* túlvágás
overcutting *fa* túlvágás; *hang* rovátkaátszakítás, rovátkaátvágás *(hangfelvételnél)*
overdamped *távk* túlcsillapított
overdamping *távk* túlcsillapítás, aperiodikus csillapítás
overdeeping *ép* túlmélyítés
overdense medium *vegy* sűrített szuszpenzió
overdesign I. *v* túlméretez; **II.** *n* túlméretezés
overdeterminate *mat* túlhatározott; **~ system of partial differential equations** *mat* túlhatározott parciális differenciálegyenlet-rendszer
overdetermination *mat* túlhatározottság
overdetermine *mat* túlhatároz
overdetermined *mat* túl(meg)határozott; **~ system** *mat* túlhatározott rendszer; **~ system of partial differential equations** *mat* túlhatározott parciális differenciálegyenlet-rendszer
overdevelop *foto* túlhív; *ip* túlfejleszt
overdeveloped meander *hidr* túlfejlődött kanyar
overdevelopment *foto* túlhívás; *ip* túlfejlesztés
overdimension túlméretez
overdimensioning túlméretezés
overdischarge *el* túlságosan kisüt/kimerít *(telepet)*
overdoor *ép* ajtó feletti díszítés/párkány
overdosage *gyógyv, ol* túladagolás, túlterhelés
overdose I. *v gyógyv, ol* túladagol, túlterhel; **II.** *n gyógyv, ol* túl nagy adag; túladagolás, túlterhelés
overdraft *US* → overdraught
overdrape *tex* felsőfüggöny, sztór, drapéria
overdraught, *US* **overdraft (OD)** *hőt* felső huzat/fúvószél *(tűz feletti légáram)*; **~ kiln** *hőt* felső huzatú kemence
overdraw roof *bány* belógó főte
overdrilling *bány* túlfúrás
overdrive I. *v el* túlvezérel; *gép* túlzottan igénybe vesz; **II.** *n el* túlvezérlés; *gépk* gyorsítóváltó, gyorsító(áttétel), „Schnellgang"; **~ level** *el* túlvezérlési szint; **~ transmission** *gépk* gyorsítóváltó, gyorsító(áttétel), „Schnellgang"
overdriven *el* túlvezérelt; *gép* túlhajtott; **~ amplifier** *el* túlvezérelt erősítő
overdriving I. *a el* túlvezérlő; *gép* felső húzott ágú *(szíj)*; **II.** *n el* túlműködtetés, túlvezérlés; *gép* túlhajtás, túlzott igénybevétel
overdry I. *v élip, tex* túlszárít; **II.** *a élip, tex* túl száraz
overdrying *élip, tex* túlszárítás
overequalization *távk* túlkiegyenlítés
overexcitation *el* túlgerjesztés
overexcite *el* túlgerjeszt
overexcited *el* túlgerjesztett
overexpanded nozzle *rep* túlexpandált fúvóka
overexpose *foto* túlexponál
overexposure *fiz* túlexponálás, túlzott besugárzás, besugárzás túldózissal; *foto* túlexponálás, túlexpozíció
overfall *hajó* rövid törőhullám, bukóhullám; *hidr* átbukás; túlfolyó; **~ crest** *hajó* bukó koronája, bukókorona; **~ dam** *hidr* állógát, bukógát; **~ height** *hidr* bukómagasság; **~ influenced by backwater effect** *hidr* visszaduzzasztott *v.* alulról befolyásolt átbukás; **~ pipe** *ép, hidr* túlfolyócső, túlömlőcső; **~ spillway** *hidr* árapasztó bukógát; **~ stand** *ép, hidr* túlfolyócső, túlömlőcső; **~-type fish-pass** *hidr* hallépcső, hallétra; **~ weir** *hidr* bukó(gát)
overfalling water *hidr* átbukó sugár
overfault *geol* rátolódás
overfeed I. *v élip* túletet; *gép* túladagol, túltáplál; **II.** *n élip* túletetés; *gép* túladagolás, túltáplálás; *tex* túletető szerkezet; **~ stoker** *hőt* előtolórostély *(tüzeléshez)*; felső adagolású önműködő tüzelőberendezés

overfelt *pa* felső lemez
overfill I. *v élip* túltölt, túlságosan megtölt, csordultig tölt; **II.** *n koh* túltöltés
overfilled profile/section *heng* túltöltött szelvény
overfilling *élip* túltöltés
overfire I. *v hőt* túlfűt, túltüzel; **II.** *n hőt* túlfűtés, túltüzelés
overflight *rep* átrepülés; ~ **clearance** *rep* átrepülési engedély; ~ **interdiction** *rep* átrepülési tilalom
overflood *hidr* eláraszt, vízzel borít
overflooding *hidr* elárasztás, vízzel borítás
overflow I. *v el* túlcsordul; *hidr* elönt, eláraszt, túlcsordul, kifolyik; **II.** *n el* többletterhelés; túlcsordulás; *hidr* átbukó vízhozam; elárasztás, kiáradás, kiömlés; túlcsordulás, túlfolyás, átcsordulás, bukás; túlcsorduló/felesleges folyadék; túlfolyó; *szt* túlcsordulás; ~ **alarm** *aut* túlcsordulásjelzés, túlfolyást jelző riasztó; ~ **armature** *ép* túlfolyó; ~ **attribute** *aut* túltöltöttségi jelzés, túlcsordulás ismertetőjele; ~ **bit** *szt* túlcsordulásbit; ~ **box** *ép* túlfolyó; ~ **channel** *koh* túlfolyóvályú; ~ **connection** *távk* kerülő utas *v.* többletforgalmi kapcsolás; ~ **contact** *el* túlterhelés-érintkező; ~ **dam** *hidr* bukógát; ~ **data** *szt* túlcsordulási adat; ~ **exit address** *szt* túlcsordulási kimenőcím; ~ **finder** *távb* többlethívás-kereső; ~**-group finder** *távk* többletforgalmicsoport-kereső; ~ **in addition** *szt* összeadási túlcsordulás; ~ **indicator** *szt* túlcsordulásjelző; ~ **in shifting** *szt* léptetéstúlcsordulás; ~ **length** *hidr* átbukási hossz; ~ **lip** *önt* túlfolyócsatorna; ~ **meter** *távb* többlethívás-számláló; ~ **number** *szt* túlcsordulási szám; ~ **pipe** *el, ép* túlfolyócső, túlfolyóvezeték; ~ **rate** *hidr* felületi terhelés; ~ **record** *szt* túlcsordulásfeljegyzés; ~ **register** *szt* túlcsordulásregiszter; ~ **selector** *távb* többlethívás-kereső; ~ **shaft** *bány* bukóakna; vízláda; ~ **spring** *geol* átbukó/felszökő/túláradó forrás; ~ **system** *távb* többlethívásrendszer; ~ **track** *szt* túlcsordulássatorna; ~ **traffic** *rep* forgalmi túlterhelés; *távb* többlethívás; ~ **tube** *ép* túlfolyócső, kieresztőnyílás; ~**(-type) spillway** *hidr* túlfolyás/bukás gátkoronán; ~ **valve** *ép* túlfolyószelep; ~ **weir** *hidr* fix gát, állógát
overflowing I. *a el* túlcsorduló; *hidr* kicsorduló, kiáradó, csordulásig teli; **II.** *n el* túlcsordulás; *hidr* túlfolyás, átbukás; ~ **(sheet of) water** *hidr* átbukó sugár
overflux *at* túlzottan magas fluxus; *el* túláram; ~ **circuit** *at* neutrontúláram-jelző kör; ~ **relay** *at, el* kikapcsolórelé, levágó/leválasztó jelfogó
overfly *rep* átrepül; túlrepül
overflying traffic *rep* átrepülő forgalom
overfold *geol* átbukott redő
overframing *at* képnagyítás
overgate *hidr* túlnyitás
overgear I. *v gépk* gyorsjáratra kapcsol; **II.** *n gépk* gyorsító fogaskerék
overglaze colo(u)r *ker* máz feletti festés
overgrate blast *koh* rostély feletti aláfúvatás
overgrind *élip* túlőröl
overgrinding *élip* túlőrlés
overground *élip* túlőrölt; *ép* föld feletti, felszíni; ~ **paired cable** *el* páros sodratú kábel; ~ **penstock** *ép* felszíni nyomócső; ~ **(power) station** *hidr* felszíni erőmű
overhand *bány* főtepászta- *(pl. fejtés)*, alulról fölfelé irányuló; ~ **mining/stoping** *bány* főtepásztafejtés; ~ **stoping with stepped face** *bány* lépcsős főteszeletfejtés
overhanding *tex* szegélyek összevarrása
overhang I. *v* beborít, díszít *(drapériával)*; *ép, gép* kiáll, kihajlik, kinyúlik, túlnyúlik; **II.** *n el* tekercsfej; *ép* eresz; kiugrás, kiálló/kiugró rész; konzol(os túlnyúlás); párkány; *forg, gép* kinyúlás, konzolméret; *nyom* fedéltúlnyúlás; *rep* (szárny)túlnyúlás; ~ **roll-type mill** *heng* konzolos hengermű; ~ **suspension** *gépk* konzolos rugózás
overhanging I. *a ép, gép* kihajlított, kihajló, túlnyúló; konzolos; **II.** *n* beborítás, díszítés *(drapériával)*; *ép, gép* kihajlás, túlnyúlás; ~ **arm** → overarm; ~ **beam** *bány* nyújtott süvegfa; *ép* konzolos tartó; ~ **length** *ép* konzolhossz; ~ **retaining wall** *ép* alámetszett támfal; ~ **roof bar** *bány* nyújtott süveg; ~ **strata** *geol* függő rétegek; ~ **support** *el* falikar; *ép, gép* bak, támtartó, gyám, konzol; ~ **tip** *rep* túlnyúló szárnyvég; ~**-type hammer** *szersz* egyállványos kalapács
overhaul I. *v ép* felújít, tataroz; *gép, gépk* alaposan átvizsgál; generáloz, nagyjavítást/generáljavítást végez; *hajó* tataroz *(hajót)*; utolér *(másikat)*; *nyom* átszortíroz, átválogat; *pa* utóosztályoz; **II.** *n ép* felújítás; többletszállítás, átkarolás; *ép, hajó* tatarozás; *gép, gépk* felülvizsgálat; főjavítás, nagyjavítás, generáljavítás; *rep* felújítás, nagyjavítás; felülvizsgálat; ~ **and repair** *rep* teljes felülvizsgálat/szétszerelés és nagyjavítás; ~ **instruction** *rep* nagyjavítási utasítás/előírás; ~ **life** *gép* főjavításig eltelt idő; *rep* nagyjavításig terjedő üzemidő; ~ **period** *rep* két főjavítás közti idő; nagyjavítási periódus; ~ **stand** *rep* nagyjavítási próbapad/fékpad; ~ **time** *rep* nagyjavítások közötti idő
overhauling *rep* felújító javítás, nagyjavítás; szét- és összeszerelés
Overhauser shift *fiz* Overhauser-eltolódás
overhead I. *a* felső; *bány* főtepászta-; külszíni; *ép* föld feletti, felszíni; *gép* felfüggesztett, felső/magas helyzetű, mennyezeten elhelyezett; *ip* állandó, fix, rezsi-; **II.** *n ip US* állandó költség, rezsiköltség; *ol* fejtermék, fejpárlat; **III.** *adv* fej felett, a magasban, a levegőben; ~ **approach** *rep* bevezetés a futópálya fölé történő ráfordítás után; megközelítés/bevezetés a futópálya irányára történő ráfordítással; ~ **arc welding** *heg* fej feletti ívhegesztés; ~ **bin** *gépk, rep* függesztett tartály, ejtőtartály; *koh* napiadag-tartály; ~ **bit** *szt* kiegészítőbit; ~ **bridge** *ép* felüljáró; ~ **bucket** *ép* fej feletti rakodó; ~ **butt welding** *heg* fej feletti tompahegesztés; ~ **cable** *el, távk* légkábel; ~ **cableway** *bány* függőkötélpálya; *ép* kábeldaru; ~ **camshaft (OHC)** *gépk* felső vezérlés/vezértengely, királytengelyes bütyköstengely; ~**-camshaft engine** *gépk* felül vezérelt motor; ~ **canter** *fa* rönkemelő és -fordító rúdfa; ~ **caving** *bány* (főte)omlás; ~ **chain-and-trolley conveyor** *bány* függősínpálya; ~ **chain conveyer/conveyor** *gép* felső futású (görgős) szállítólánc, függőelemes szállítógép; ~ **charges/costs/expenses** *ip* állandó költség, rezsi(költség); ~ **conductor** *el, távk* légvezeték, külső vezeték, felsővezeték; ~**-contact line** *közl* felsővezeték *(járműé)*; ~**-contact (wire) system** *el, közl* felsővezeték-rendszer, felsővezetékes áramellátás *(villamos vontatáshoz)*; ~ **control** *gépk* felső vezérlés; ~**-controlled** *gépk* felül vezérelt; ~**-controlled valve** *gépk* felül(ről) vezérelt szelep; ~ **conveyer/con-**

veyor *gép* függesztett szállítószalag; ~ **costs** → ~ charges; ~ **countershaft** *gépk* felső előtéttengely; ~ **countershaft with quick return** *gépk* gyors visszamenetű felső előtéttengely; ~ **counterweight** *ép* felső ellensúly; ~ **crane** *em* futódaru, híddaru; ~ **crossing** *el* felsővezeték-keresztezés; *ép* felüljáró; ~ **digestion** *pa* feleslegfőzet; ~ **distillate** *ol* fejpárlat; ~**-drive** *gép* felső hajtású; ~**-drive tachometer** *gépk* felső hajtású fordulatszámmérő; ~ **driving gear** *gépk* felső hajtómű; ~ **drum** *ol* fejterméktartály; ~ **eccentric-jaw crusher** *ép* ütve működő törő; ~ **electric cable** *el, távk* légvezeték, külső vezeték, felsővezeték; ~ **expenses** *ip* → ~ charges; ~ **fillet welding** *heg* fej feletti sarokvarrat-hegesztés; ~ **frog** *el* felsővezeték-elágazás; ~ **garage door** *ép* billenőkapu *(garázsé)*; ~ **gear** *gépk* felső elrendezésű előtéthajtás; ~ **grinding-machine** *forg* függesztett köszörű; ~ **heating** *hőt* mennyezetfűtés; ~ **highway** *közl* magasút; ~ **hoist** *em* függő futómacska; ~ **ingot turning-and-weighing machine** *önt* padló feletti öntecsforgató és súlylemérő gép; ~**-inlet/intake valve** függő *v.* felül vezérelt szívószelep; ~ **irrigation** *mzg* öntözés emelőművel, esőztetés; ~ **levelling crane** *koh* futódaru; ~ **line (OL)** → ~ pipeline; *el, távk* szabadvezeték, légvezeték, légvezetékes vonal; ~**-line omnibus** *közl* trolibusz; ~ **loader** *ép* fej feletti rakodó; ~ **luggage compartment** *rep* (ülés fölötti) csomagtér; ~ **monorail** *vasút* egysínű függővasút; ~ **pipe** *vasút* légvezeték *(biztosító és távközlő)*; ~ **pipeline** *ép* magas csővezeték, magasvezeték; ~ **pole** *el* felsővezeték-tartó oszlop; ~ **product** → ~ distillate; ~ **projector** *el, fiz* írásvetítő; ~ **railway** *vasút* magasvasút; ~ **reflux** *ol* fejtermékreflux, kolonnafejreflux; ~ **ropeway** *bány* függőkötélpálya; ~**s**, *US* ~ *ip* állandó költség, rezsi(költség); ~ **shovel** *ép* fej feletti rakodógép; ~ **spot welding** *heg* fej feletti ponthegesztés; ~ **stoping** *bány* főtepásztafejtés; ~ **tappet lever** *gépk* felső szelepemelő himba; ~ **track** *vasút* felső sínpálya; ~ **transmission gear** *gépk* felső előtéthajtás; ~ **transmission line** *el* felsővezetékes erőátviteli vonal, villamos távvezeték; ~ **travel(l)ing(-)crane** *em* (felsőpályás) futódaru; ~ **travel(l)ing troll(e)y** *em* felül futó macska; ~**-type worm drive** *gép* felsőcsigás csigakerékhajtás/hajtómű; ~ **valve (ohv)** *gépk* függőszelep; ~**-valve engine (OHV)** *gépk* felül szelepelt motor; ~**-valve push-rod** *gépk* szelepemelő rúd *(felül szelepelt motoré)*; ~ **vapo(u)r** *ol* fejtermék; ~ **weld** *heg* fej feletti varrat; ~ **wire** *el, távk* légvezeték, külső vezeték, felsővezeték, munkavezeték; ~ **worm** *gép* felső elrendezésű hajtócsiga

overhearing *hang, távb* áthallás

overheat I. *v gépk* túlmelegszik; *hőt* túlmelegít, túlfűt; *koh* túlhevít, eléget; **II.** *n gépk, hőt* túlmelegedés; ~ **control** *aut* hőmérséklet-szabályozás túlmelegedés megelőzésére; ~ **of the pellet/semiconductor element** *félv* lapkatúlmelegedés

overheated *gépk* túlmelegedett; *hőt* túlmelegített, túlfűtött; *koh* túlhevített, elégetett; ~ **brick** *ép* vasas tégla; ~ **cell/pot** *koh* kifőzött kád; ~ **steel** *koh* túlhevített/elégetett acél

overheating *el* túlfűtés *(izzószálé)*; *gépk* túlmelegedés; *hőt* túlfűtés, túlmelegítés; *koh* túlhevítés; ~ **protection** *aut* túlmelegedési védelem, túlmelegedés-védelem; ~ **sensitivity** *koh* túlhevítés-érzékenység

overhorizon optical communication *távk* horizonton/látóhatáron túli optikai összeköttetés

overhouse | **aerial/antenna** *távk* tetőantenna; ~ **construction** *ép* tetőjárda; ~ **work** *távk* tetőszerelés

overhung kinyúló, kiugró, kiszögellő, túlnyúló; *élip* porhanyós, soká állott *(hús)*; *gép* felfüggesztett, felső/magas helyzetű, mennyezeten elhelyezett; ~ **bearing** *gép* függőcsapágy; ~ **crank** *gép* végforgattyú; ~ **door** *ép* görgős felfüggesztésű ajtó; ~ **frame** *gép* felfüggesztett váz; ~ **girder** *ép* túlnyúló karos tartó; ~ **governor** *aut* felül beépített *v.* felső beépítésű szabályzó; ~ **moment** *rep* kitámasztónyomaték; ~ **motor** peremes motor; ~ **spring** *gépk* felső felfüggesztésű rugózás; ~ **support** *el, ép* falikar; *ép, gép* bak, támtartó, gyám, konzol

overidentification *mat* túlhatározottság

overidentified *mat* túlhatározott

overidentify *mat* túlhatároz

overincandescence *el* túlizzítás

overinterrogation gate *távk* lekérdezési határoló

overirradiation *at, orv* túlexponálás, túlzott besugárzás, besugárzás túldózissal

overkill *kat* túlfegyverkezés

overlagged *el* fáziskésésre átszabályozott

overlain *geol* fedő, ráhelyezett

overland I. *a* szárazföldi; *közl* távolsági; terepjáró; **II.** *adv közl* szárazföldön/kontinensen át; ~ **car** *gépk* terepjáró jármű/gépkocsi/autó; ~ **flight** *rep* szárazföld feletti repülés; ~ **flow** *hidr* felszíni lefolyás; ~ **line** *távk* távvezeték; ~ **route** *közl* földi útvonal

overlap I. *v ép* átfed, átfog, átlapol; egymáson feküsznek, fedik egymást, áthajolnak, ölelkeznek; félig egymás fölé rak, cserépszerűen egymás fölé rak; túlér, túlmegy *(vmin)*; *rep* átfed, lapol; **II.** *n el* (át)fedés, átváltás, túlfedés, kapcsolási hiszterézis; *ép* átfedés, átfogás, túlfedés, átlapolás; *fa* egymásra futás *(furnérillesztésnél)*; *geol* egymásra tolódás/rétegződés; *kh* tű előtti *v.* tűre fektetés *(láncfhurkoló gépen)*; *ol* egyenlőtlen egymásra település *(rétegeké)*; *szt* átlapolás; *távk* sávátfedés, túlfedés; *vasút* ölelkező blokkszakasz; ~ **action** *el* átfedési hatás, átfedésszabályozás; ~ **angle** *félv* (át)fedési szög; ~ **between adjacent signals** *rep* átfedés a szomszédos jelek között; jelegyenlőségi zóna; ~ **capacity** *el* átfedési kapacitás; ~ **control** *aut* túlfedéses szabályozás; ~ **end** *el* végzővég *(kábelé)*; ~ **fault** *geol* rétegfelgyűrődés; ~ **function** *mat* fedési függvény; ~ **integral** *krist* átfedési integrál; ~ **joint** *ép* átfogásos toldás *(betonacélé)*, átlapolt kötés; ~ **length** *ép* átfogásos toldási hossz *(betonacélé)*; ~ **of (frequency) bands** *távk* sávátfedés, túlfedés; ~ **region** *el, ép* átfedési tartomány; ~ **section** *ol* átfedési szakasz; ~ **slip joint** *ép* átlapolt illesztés; ~ **time** *el* átlapolási idő; ~ **welding** *heg* átlapolóhegesztés

overlapped *ép* átfedett, átlapolt, cserépszerűen egymásra rakott; ~ **access** *szt* átfedett hozzáférés; ~ **belt splice** *bány* átlapolt gumiheveder-toldás; ~ **card** *szt* átfedett kártya; ~ **processing** *szt* átfedett (információ)feldolgozás

overlapping I. *a el* átfedő, túlfedő; *ép* átfedő, átfogó, átlapoló, egymáson fekvő, egymást részben takaró, ölelkező; **II.** *n el* átfedés, túlfedés; *ép* átfogás, átlapolás, toldásos/átfedéses illesztés *(vasbetétė)*; *gép* tolattyúfedés; *kh* fektetés tűre *v.* tű fölé; *vasút* ölelkező blokkszakasz; ~ **control** *geod* átfedésszabályozó készülék *(fotogrammetriában)*; ~ **fault** *geod* rétegfelgyűrődés; ~ **fillet weld** *heg* átlapolt sarokvarrat; ~ **of additions** *mat* összeadási műveletek átfedése; ~ **of beds** *geol* rétegátlapolás, rétegátcsúszás; ~ **of disk areas** *rep* légcsavarkör területeinek átfedése/átlapolása; ~ **of jets** *hidr* vízsugarak átfedése; ~ **of lines** *tv* sorátfedés, átlapolás; ~ **operations** *szt* átfedéses műveletek; ~ **planks** *pl hajó* hézagborító deszkázás; ~ **plank sheeting** *ép* kétrétegű átfedett pallós dúcolás; ~ **procedure** *geof* átfedő eljárás; ~ **pulses** *el* egymást átfedő impulzusok; ~ **spread** *geof* átfedő/ölelkező terítés; ~ **weld** *heg* átlapolt varrat

overlay I. *v bány* rátelepül; *ép* beborít, befed, takar; *nyom* egyenget, curihtol *(nyomóhengert)*; **II.** *n ép* borítás, bevonás *(felületé)*; *fa* furnérberakás, furnérozás; *nyom* egyengetés, curihtolás; egyengetőpapír *(nyomáshoz)*; *szt* fedőszegmens, felülírás, overlay; *tv* overlay, átfedés; ~ **description language (ODL)** *szt* szegmentálást leíró nyelv, ODL; ~ **paper** *pa* kiszerelőpapír; ~ **program** *szt* átfedőprogram, átlapolóprogram, overlay program; ~ **transistor** *félv* overlay-tranzisztor; ~ **weld** *heg* felrakóhegesztéssel készült varrat

overlaying *környv* takarás *(hulladék befedése)*; ~ **strata** *geol* fedőkőzetsor; ~ **welding** *heg* felrakóhegesztés

overlength *metr* hosszúsági túlméret, túl nagy hossz(úság)

overlie *bány* fölé települ, felette fekszik; *ép* fed, takar, ráfekszik, ráborul

overlier *ép* fedőkő, párkány

overlifting system *koh* átemelő rendszer

overlimed *bőr* túlmeszezett

overline *mat* vonás, felülvonás *(mennyiség fölött)*

overlined quantity *mat* felülhúzott mennyiség

overlining *mat* fölülhúzás

overload (OL) I. *v* túlterhel; **II.** *n* túlterhelés, túlsúly, többletteher, megengedettnél nagyobb teher; ~ **breakage** *any* túlterhelés okozta törés; ~ **capacity** túlterhelhetőség; ~ **circuit-breaker** *el* túláram-megszakító; ~ **clutch** *gépk* biztosító tengelykapcsoló *(túlterhelés ellen)*; ~ **coefficient** túlterhelési tényező; ~ **control** *aut* túlterhelésszabályozás; ~ **controller** *aut* túlterhelésszabályozó; ~ **current** *el* túlterhelési áram; ~ **cut-out** *aut* túlterhelés-biztosítás; *el* túláramkapcsoló, túlfeszültség-kapcsoló; ~ **detector** *aut* túlterhelésjelző, túlterhelés detektor; ~ **device** *aut* túlterhelés ellen védő berendezés, túlterhelésvédelem; ~ **distortion** *el* túlterheléstorzítás; ~ **factor** *ép, rep* túlterhelési/biztonsági tényező; ~**-factor characteristic** *félv* túláramtényező-jelleggörbe; ~ **friction clutch** *gépk* biztonsági dörzskapcsoló; ~ **indicator** *aut* túlterhelésindikátor, túlterhelésjelző (készülék); ~ **kick-out** *aut* túlterhelésgátló; *el* túláramkapcsoló, túlfeszültség-kapcsoló; ~ **level** túlterhelési szint; ~ **point** *el* csúcsterhelés; ~ **protection** *aut* túlterhelésvédelem *(relé)*, túlterhelésgátló; *el* túláramvédelem; ~**-protection circuit** *aut* védőáramkör; ~ **protective system** *el* túláramvédelem; ~ **rating for two hours** *gép* kétórás teljesítőképesség; ~ **relay** *el* wattrelé, védőrelé, túláramjelfogó, túlterhelésrelé, védőkapcsoló; ~ **release** *el* túláramkioldó; ~ **shearing clutch** *gép* nyírócsapos biztosítókapcsoló; ~ **tank** *rep* függesztett tüzelőanyag-tartály; póttartály; ~ **test** túlterhelési vizsgálat; *el* túláramvizsgálat; ~ **warning system** *aut* túlterhelésjelző rendszer

overloader *ép* fej feletti rakodógép

overloading túlterhelés; *el* túlvezérlés; ~ **the electrode** *el* elektródtúlterhelés

overlock *ruh* kétfonalas széláthurkoló gép, overlock-varrógép

overlocked seam *cipő, ruh* fedett varrás

overlocking *tex* kétfonalas széláthurkolás

overlooker *ip* felügyelő, felvigyázó, áruátnéző, meós

overlying I. *a bány* fölé települt, rátelepült, fedő-; **II.** *n bány* rátelepült réteg; *el* szuperponálás, szuperpozíció; ~ **measures** *bány* rátelepült kőzetek; ~ **rock** *geol* takarókőzet, fedőkőzet; ~ **strata** *bány* rátelepült rétegek; takaróréteg; ~ **welding** *heg* felületi hegesztés

overmake *ip, pa* többlettermelés

overman *bány* bányamester, csapatvezető, főaknász; *ip* előmunkás, felügyelő, felvigyázó

overmanned *ip* fölös létszámú/személyzetű, munkaerőfeleslegel rendelkező

overmantel *ép* díszes kandallópolc

overmantle *ép* beborít, burkol

overmastication *gumi* túlhengerlés, döglöttre hengerlés, túlképlékenyítés, túlmasztikálás

overmatch *távk* föléillesztt, túlillesztt

overmatching *távk* föléillesztés; túlillesztés

overmature *élip* túlérett; *geol* elöregedett, túlkoros, elavult

overmelt *koh* átolvaszt

overmilling *gumi* túlhengerlés, döglöttre hengerlés, túlképlékenyítés, túlmasztikálás

overmixing *ip* túlkeverés

overmoderate *at* fölémoderál

overmoderated *at* fölémoderált; ~ **lattice** *at* modulátorfölösleges rács

overmodulate *el* túlmodulál, túlvezérel

overmodulated *el* túlmodulált *(áram)*

overmodulation *el* túlmoduláció, túlmodulálás; túlvezérlés

overmounted differential *gépk* alsó tányérkerékfélkörön hajtott differenciál/kiegyenlítőmű

overneutralization *távk* túlneutralizálás

overpass I. *v közl* átmegy, áthalad, átutazik; **II.** *n bány* átürítés; *ép* felüljáró

overpeak *aut* csúcsértéken túli kilengés

overpeening *alak* hidegkeményedés *(átkovácsoláskor)*

Overpelt furnace *koh* Overpelt-kemence

overperiodic throw-course *ép* periodikus feletti dobási folyamat

overpick *tex* felső vetés; ~ **loom** *tex* felső ütésű/vetésű szövőgép; ~ **motion** *tex* felső vetésű berendezés

overpickling *koh* túlpácolás

overpitched *ép* túl meredek *(háztető)*

overplumped *bőr* túlduzzadt

overplus *ép* falsíkból kiugró kő; *ip* felesleg, többlet

overpoint *vegy* kezdő forráspont, első csepp átmenetének hőmérséklete

overpoled | condition *koh* fémállapot túlkeveréskor; ~ **copper** *koh* túlbuzgatott réz

overpotential *el* túlfeszültség

overpour-type gate *hidr* vizet felül buktató gát(szerkezet)

overpower *el, gép* túl nagy teljesítménnyel/motorral lát el; ~ **protection** *aut* terhelésnövekedés elleni védelem, teljesítménykorlátozó védelem; ~ **scram** *aut* megfutamodás elleni gyorsleállítás
overpowered *rep* feleslegesen/túl nagy teljesítményű
overpress *alak* túlsajtol
overpressure *alak* túlsajtolás; *fiz* atmoszféra fölötti nyomás, túlnyomás; ~ **method of leak detection** *any* túlnyomásos lyukkeresés; ~ **sintering** *koh* túlnyomásos zsugorítás; ~ **turbine** *hőt* réstúlnyomásos/reakciós turbina
overpressured formation/reservoir *ol* túlnyomásos formáció/tárolókőzet
overprime *gépk* túldúsít; túlszívat
overpriming *gépk* túldúsítás, túlszívatás
overprint I. *v nyom* felülnyom, felülbélyegez; **II.** *n* többletpéldány; *nyom* felülnyomás, fedőnyomás, felülbélyegzés
overprinting *nyom* átnyomás, felülnyomás *(bélyegen)*; *szt* felülnyomás, többmenetes nyomtatás
overpunch I. *v szt* felüllyukaszt; **II.** *n szt* tizenkettes lyukasztás, Y lyukasztás, felüllyuk *(lyukkártyán)*; ~ **area** *szt* felüllyukasztási zóna/terület
overpunching *szt* lyukkártya felüllyukasztása; többszörös lyukasztás
overquenching *hőt* túledzés
overradiation alarm *at* veszélyessugárszint-jelző
overrating voltage névlegesnél nagyobb feszültség
overreduce *vegy* túlredukál
overreduced steel *koh* túlredukált acél
overregulate *aut* túlszabályoz
overreinforced *ép* túlvasalt, feleslegesen vasalt *(beton)*
overreinforcement *ép* túlvasalás
overretted *tex* túláztatott *(kender, len)*
overretting *tex* túláztatás *(kenderé, lené)*
overridden mass *geol* rátolt réteggel fedett alaptömb
override I. *v aut* kézi vezérlésre vált *v.* tér át; túlszabályoz; túlvezérel; *geol* átfed, átfog, átlapol; átnyúlik; *rep* kormánygéptől átveszi a kormányzást; távvezérlést hatástalanít; **II.** *n at* teljesítménymegfutás; *aut* áttérés kézi vezérlésre; túlszabályozás; túlvezérlés; *geol* átfedés, átnyúlás; ~ **control** *rak* irányítás a Földről; ~ **interrupt** *szt* legmagasabb szintű megszakítás; ~ **protection** *at* teljesítménymegfutási védelem
overriding I. *a geol* átfedő, átnyúló; **II.** *n at* teljesítménymegfutás; *aut* áttérés kézi vezérlésre; túlszabályozás; túlvezérlés; *geol* átfedés, átnyúlás; ~ **control** *rak* irányítás a Földről; ~ **face** *geol* átfedő/átnyúló felület
overripe *élip* túlérett; *fa* túlkoros, megkésett kitermelésből származó *(faanyag)*
overroad stay *ép* út másik oldalán rögzített merevítés
overroasting *élip* túlpörkölés
overrope *bány* felső kötél; ~ **haulage** *bány* felső köteles szállítás
overrun I. *v el* túlterhel, túlfeszít; *gépk* megcsúszik *(tengelykapcsoló)*; *hidr* eláraszt, vízzel borít; megárad, túlfut, túlömlik; *nyom* áttördel; *rep* túlfut; **II.** *n el* megfutamodás; túlterhelés, túlfeszítés; *élip* térfogat-növekedés *(fagylalté)*; *gép* többletsúly; *gépk* csúszás *(kuplungé)*; túlfutás; *hidr* elárasztás, vízzel borítás; kiáradás, megáradás, túlömlés; *rep* megcsúszás; túlfutás; túlgurulás a futópályán; *szt* túlfutás; ~ **barrier** *rep* a végbiztonsági pályán lévő vészfékező berendezés; ~ **brake** *gépk* ráfutófék; ~ **braking** *gépk* ráfutófékrendszer; túlfutási fékezés; ~ **stop** *vasút* vágányzáró bak/bika
overrunning I. *a el* túlterhelési; túlterhelő; *gépk* csúszó *(kuplung)*; *hidr* elárasztó; túlfutó; **II.** *n el* túlterhelés, túlfeszítés; *gépk* kuplung/tengelykapcsoló megcsúszása; ráfutás; *hidr* elárasztás, vízzel borítás; megáradás, túlfutás, túlömlés; ~ **clutch** *gépk* túlterhelésre megcsúszó tengelykapcsoló; ~ **joint** *gépk* csúszókengyel *(fékrudazatban)*; ~ **stop** → overrun stop; ~-**type trailer brake** → overrun brake
oversailing *ép* kinyúló, kiugró *(téglasor)*; ~ **course** *ép* kiugró kősor/téglasor
oversaturate *tex, vegy* túltelít
oversaturated *vegy* túltelített
oversea → overseas
overseaming *tex* borítóvarrás
overseas (os) I. *a* tengeren túli; külföldi; **II.** *adv* tengeren túl(ra); külföldön; ~ **hide** *bőr* vadbőr; ~ **licensing** *ip* tengeren túli licenciaadás; ~ **traffic** *hajó, rep* tengeren túli forgalom
overseeding *at* felhőnukleálás túladagolással
overseer *ip* felvigyázó, munkavezető, munkafelügyelő; ~ **of a factory** *ip* üzemvezető
oversensitivity túlérzékenység
oversew *nyom* felülvarr *(könyvkötő géppel kézi fűzőöltést utánoz)*; *ruh* föléje varr, átvarr, felülvarr
overshoes *pl cipő* hócipő, sárcipő; *rep* jégtelenítő gumitömlők
overshoot I. *v gépk* túlhalad, túlfut; *rep* túlrepül, impasszol; **II.** *n at* túllengés; *aut, távk* túllendülés, túllengés; túlszabályozás, túlvezérlés, túllövés; *gépk* túlfutás; *rep* átstartolás; túlrepülés, impassz; ~ **characteristic** *rep* átstartolási jellemző; ~ **distortion** *rep* telítődési torzítás; ~ **impulse** *aut, távk* túllendülésimpulzus; ~ **period** *aut, távk* túllendülési/túllövési periódus; ~ **ratio** *távk* túllövésarány
overshooting I. *a at* túllendülési; *aut, távk* túlszabályozási, túllövési; **II.** *n at* túllendülés, túllengés; *aut, távk* túlszabályozás, túllövés; *rep* átstartolás; ~ **landing** *rep* túlrepüléses leszállás; ~ **ratio** *aut* túlszabályozási tényező
overshot I. *a aut, távk* túlvezérelt, túllőtt, túlvezérlési, túllövési; *hidr* felül csapott *(vízkerék)*; **II.** *n aut, távk* túllengés, túllendülés, jeltúlemelkedés; túlszabályozás, túllövés; *gépk* túlfutás; *ol* mentőharang; *rep* túlrepülés, impassz *(leszállásnál)*; ~ **distortion** *távk* túllövési torzulás; ~ **feed** *gép* felülről történő etetés/adagolás; ~ **feeder** *gép* felső töltésű etető/adagoló; ~ **loader** *ép* fej feletti rakodó(gép); ~ **wheel** *hidr* felül csapott vízkerék
oversight *ip* felülvizsgálat, felügyelet
oversite concrete *ép* padozat alatti betonréteg *(épületen belül)*
oversize I. *v* túlméretez; *tex* túlirez; **II.** *a* méreten felüli, túlméretes; **III.** *n ép* fennmaradó szemcse/frakció *(szitán)*; *gép* illesztési fedés; *környv* rostamaradék; *metr* előírtnál nagyobb dolog; túlméret; ~ **block/boulder** *bány* batár; ~ **drill-collar string** *ol* túlméretes súlyosbítóoszlop; ~ **hole** *forg* felülméretes furat; ~ **material** *ép* szitamaradék; ~ **piston** *gépk* javító túlméretes dugattyú; ~ **product** *koh* fennmaradó hányad

oversized *ép, gép* túlméretezett, túlságosan biztonságos; *metr* túlméretes, szokatlan/rendkívüli/extra méretű; ~ **material** *ép* durva frakció *(adalékanyag, talaj)*; *metr* felülméretes anyag
oversizing *ép, gép* túlméretezés; *tex* túlírezés
oversoak *bőr, tex* túláztat; *koh* túlizzít
oversoaking *bőr, tex* túláztatás; *koh* túlizzítás
overspan I. *v ép* átível *(híddal)*; **II.** *n ép* átívelés *(híddal)*; ~ **bridge** *ép* felüljáróhíd
overspeed *gép* megszaladás, megfutamodás, normális sebesség túllépése; túlgyorsulás; ~ **device reset valve** *gépk* túlsebesség-készülék visszaállító szelepe; ~ **drive** *gép* gyorsítóáttétel; ~ **gear** *gép* sebességszabályozó berendezés; ~ **governor** *aut* sebességkorlátozó szabályzó; ~ **protection** *aut* túlsebesség-védelem, megfutamodási védelem, túlfordulatszám-védelem
oversplash *hidr* átcsapó víz
overspun *hang* bevont *(húr)*; ~ **yarn** *tex* túlsodrott fonal
oversquare engine rövidlöketű motor
oversteepened bed *geol* egymásra torlódó rétegek
oversteer *gépk* túlkormányzás
overstitch *tex* díszöltésekkel szegélyez *(többféle szállal)*
overstock I. *v ip* telít *(piacot)*; túl nagy árukészletet halmoz fel; **II.** *n ip* raktári felesleg
overstrain I. *v gép, mech* túlerőltet, rugalmassági határon túl terhel, túlságosan megfeszít/meghúz; **II.** *n any* alakváltozás *(túlzott igénybevételtől)*; *gép, mech* túlerőltetés, túlfeszítés, túlzott *v.* rugalmassági határon túli igénybevétel
overstrained *gép, mech* túlterhelt, túlfeszített; ~ **hot cathode** *el* túlterhelt izzókatód; ~ **yarn** *tex* túlfeszített fonal
overstress I. *v el, gép* túlterhel; **II.** *n el, gép* túlfeszültség, túlterhelés
overstressed *gép* túl igénybe vett
overstressing *ép* túlfeszítés *(feszített betoné)*
overstrike *szt* felülvonás, felülírás *(szövegszerkesztőnél)*
overstuff *bőr* túl feszesre töm; *fa* bekárpitoz
overstuffed túlzsírozott; *bőr* túl feszesre tömött; *fa* (teljesen be)kárpitozott
overswing *mech* túllengés; *rep* túlgerjesztés; *távk* túllövés, túllengés, túlgerjesztés
oversynchronous *el* szinkron feletti, hiperszinkron
overtail *élip* rostaátmenet, szitaátmenet
overtake *közl* (meg)előz
overtaking I. *a közl* előző; **II.** *n közl* előzés; ~ **lane** *közl* előzősáv; ~ **sight distance** *közl* előzési látótávolság; ~ **speed** *közl, rep* előzési sebesség
overtanned *bőr* agyoncserzett, túlcserzett
overtare *metr* túltáráz
overtaring *metr* túltárázás
overtask *gép* túlerőltet, túlterhel
overtemperature *hőt* többlethőmérséklet, hőmérséklet-túllépés, túlmelegedés; ~ **control** *aut* hőmérséklet-szabályozás túlmelegedés megelőzésére; ~ **cut-out** *aut* hőkioldó; ~ **protection** *aut* túlmelegedés-védelem; ~ **relay** *aut* túlmelegedési relé
overtempered *hők* túllágyított; ~ **wheat** *élip* túlpihentetett/túllágyított búza
overtension *el, mech* túlterhelés, túlfeszültség
overthin túlritkít; *vegy* túlhígít
overthrow I. *v vasút* váltót átdob; **II.** *n ép* kovácsoltvas kapuboltozat; *vasút* váltóállítás; ~ **stop** *távk* kilincsütköző; ütközőhenger
overthrust *geol* áttolódás, rátolódás; ~ **belt** *geol* áttolódásos terület; ~ **block** *geol* áttolt tömb *(vetődésnél)*; ~ **fold** *geol* áttolódott redő, takaróredő; ~ **fold layer** *geol* áttolt redőtakaró; ~ **mass** *geol* áttolt tömb *(vetődésnél)*; ~ **mountain** *geol* áttolt hegység; ~ **plane** *geol* áttolódási felület/sík; ~ **sheet** *geol* tektonikus takaró; ~ **strip** *geol* áttolódásos pászta
overtight túl szoros/feszes
overtighten *szer* túlhúz *(csavart, anyát)*
overtilt felbillent, felborít
overtime (OT) *ip* túlóra; túlórázás; ~ **hour** *ip* túlóra; ~ **shift** *bány* túlműszak
overtone I. *v foto* túlszínez; **II.** *n hang* felhang, felharmonikus; magasabb rendű harmonikus
overtop I. *v hidr* meghág *(víz a gátat)*; **II.** *a ép* felső, tető feletti; ~ **chamber** *hőt* felső füstjárat/huzat
overtopped dam *hidr* meghágott gát
overtopping *hidr* meghágás
overtravel I. *v gép* túlfut; **II.** *n aut* túlszabályozás; *gép* túlfutás; *mech* túllendülés, túllengés; *ol* lökethossznövekedés; ~ **limit** *gép* lökethatároló; ~ **switch** *aut* végálláskapcsoló
overturn I. *v gépk* felborít, felfordít; felborul, felfordul; *rep* átvágódik; **II.** *n geol* dőlés, ferdén állás; *gépk* felborítás; felborulás; túlfordulás; *ip* forgalom; ~ **bulkhead** *rep* fejvédő törzsborda *(átvágódás esetére)*; ~ **the thread** *v gép* csavarmenetet túlhúz
overturned *gépk* felborított; felborult, felfordult; *rep* átvágódott; ~ **fold** *geol* átbuktatott redő
overturning I. *a ép, gépk* felbillenő, felboruló; *rep* átvágódó; **II.** *n ép* billenés, (fel)borulás; *gépk* felfordítás; felfordulás, felborulás; *hidr* felbomlás *(gáté, műtárgyé)*; *rep* átvágódás; ~ **load** *ép* borító/billentő teher; ~ **moment (OM)** *mech* felbillentőnyomaték
overtype *szt* felülír *(szövegszerkesztőnél)*; ~ **engine** *hőt* kazán feletti v. félstabil gőzgép; ~ **worm gear** *gép* felsőcsigás hajtómű/hajtás
overtyre, *US* **overtire** *mzg* útvédő karika
overvibrate *ép* túlvibrál *(betont)*
overvibration *ép* túlvibrálás *(betoné)*
overvoltage *el* túlfeszültség, túlterhelés; ~ **factor** *el* túlfeszültség-tényező; ~ **protection** *el* túlfeszültség-védelem; ~ **protection with capacitance** *félv* kondenzátoros túlfeszültség-védelem; ~ **protection with spark-gap** *el* szikraközös túlfeszültség-védelem; ~ **protective device** → release; ~ **relay** *el* túlfeszültségrelé, feszültségnövekedési relé; ~ **release** *el* túlfeszültség-kioldó; ~ **suppressor** *el* túlfeszültség-levezető, villámhárító; ~ **trip** *el* túlfeszültség-kioldó; ~ **tripping** *el* túlfeszültség-kikapcsolás; ~ **tripping device** feszültségnövekedési kioldó, túlfeszültség-kioldó
overvolting *el* feszültségtúlterhelés
overwash *geol, hidr* kimosás; ~ **plain** *geol* kavicsmező, homokmező
overwater *rep* víz/tenger feletti; ~ **corridor** *rep* víz/tenger feletti légifolyosó; ~ **flight** *rep* tenger feletti repülés; ~ **path** *rep* tenger feletti útvonal; ~ **reflection** *opt* sugártörés vízen
overweather flight *rep* zivatarzóna feletti repülés
overweight I. *v mech* túlterhel; **II.** *a* túlsúlyos, súlyhatáron felüli; **III.** *n* súlytöbblet, túlsúly; ~ **hide** *bőr* súly-

határon felüli nyersbőr; ~ **kip** *bőr* nehéz súlyú zebubőr
overweighty túlsúlyos
overwelding *heg* áthegesztés
overwide- *metr* túl széles
overwidth *tex* szövetszélesség-többlet
overwind I. *v bány* túlemel; *tex* átcsévél; túlsodor *(kötelet)*; **II.** *n bány* kastúlemelés; *tex* átcsévélés; túlsodrás *(kötélé)*; ~ **indicator** *bány* túlemelésjelző
overwinding *bány* túlemelés *(aknakosáré)*; *tex* átcsévélés, fölös felcsévélés/tekercselés; kötél túlsodrása; ~ **gear** *bány* túlemelés elleni biztonsági berendezés
overwrite *nyom, szt* átír; felülír
overwriting I. *a nyom* föléirt, átírt, föléírási; **II.** *n nyom, szt* átírás; fölülírás; ~ **error** *nyom, szt* föléírási/átírási hiba
overyear storage *ip* többéves tározás
overyeared *élip* túlérett; *fa* túlkoros, megkésett kitermelésből származó *(faanyag)*
overzoom *fiz* áramlás leválása/leszakadása, túlhúzás
ovicide *vegy* ovicid
oviform ovális, tojásdad, tojás alakú
ovoflavin(e) *vegy* B_2-vitamin, riboflavin, laktoflavin
ovoglobulin *biot* tojásglobulin
ovoid ovális, tojásdad, tojás alakú; ~ **briquette** *bány* tojásbrikett
ovolo *pl* **ovoli** *ép* kerek/domború párkányléc, tojástag, tojásléc
ovonic device *félv* ovonikus eszköz
Ovshinsky effect *félv* Ovshinsky-jelenség
OW → one-way; → open wire; → openwork; → order wire
Owen bridge *távk* Owen-féle mérőhíd, Owen-híd
OWF → optimum working frequency
own I. *v* bír, birtokol, van *(vmije)*; **II.** *a* saját, tulajdon; **III.** *n* sajátja *(vkinek)*; ~ **code** *szt* saját kód; ~ **coding** *szt* saját kódolás, felhasználói/programozói kódolás; ~**-gas consumption** *ol* sajátgáz-felhasználás; ~ **right-of-way** *vasút* saját pályatest; ~ **scrap (arisings)** *koh* visszatérő hulladék; ~**-use charter flight** *rep* belső használatú különjárat; ~ **weight** *gép* önsúly, saját súly
owner tulajdonos, gazda; *ép* építtető, megbízó; ~ **of a patent** *ip* szabadalom tulajdonosa; ~ **of a patent application** *ip* szabadalmi bejelentés tulajdonosa
ownership tulajdon(jog), birtoklás; ~ **of a patent** *ip* szabadalmi tulajdonjog
ox *pl* **oxen** ökör; ~**-bow** *hidr* túlfejlődött kanyar; *mzg* járom; ~**-bow lake** *hidr* (átvágott) holtág; morotva, holtági tó; ~**-bow swamp** *hidr* mocsaras holtág; ~**-eye** *ép* ovális manzárdablak
oxalate *vegy* oxalát; ~ **coating** *koh* oxalátozás
oxalic acid *vegy* oxálsav, sóskasav
oxalite *vegy* oxalit
oxammite *ásv* oxammit
oxazine *vegy* oxazin; ~ **dye** *vegy* oxazinszínezék
oxazole *vegy* oxazol
oxbow *hidr* túlfejlődött kanyar
Oxford *cipő* férfi (fűzős) félcipő; *tex* oxford inganyag; ~**-India paper** *nyom* biblianyomó papír; ~ **shirting** *tex* oxford (inganyag) *(panamakötésű pamutszövet)*; ~ **shoe(s)** *cipő* férfi félcipő
Oxfordian (stage) *geol* oxfordi emelet
oxhide *bőr* ökörbőr
oxibenz cutting torch *heg* benzin-oxigén vágópisztoly
oxidable *vegy* oxidálódó
oxidant I. *a vegy* oxidáló; **II.** *n vegy* oxidálószer
oxidase *vegy* oxidáz(enzim)
oxidate *vegy* oxidál; oxidálódik
oxidating *vegy* oxidáció, oxidálás
oxidation *vegy* oxidáció, oxidálás; oxidálódás; ~ **air** *ol* oxidációs levegő; ~ **bleach** *tex* oxidációs fehérítés; ~ **by chlorination** *hidr* klóroxidációs eljárás; ~ **channel** *környv* oxidációs árok; ~ **decomposition/degradation** *környv* oxidációs lebontás; ~ **ditch** *környv* oxidációs árok; ~ **film** *vegy* oxidhártya, oxidréteg; ~ **inhibitor** *élip, vegy* antioxidáns, oxidációgátló; ~ **lake** *környv* oxidációs tó; ~ **losses** *pl koh* oxidációs veszteség; ~ **number** *vegy* oxidációs szám; ~ **pond** *hidr* oxidációs tó; szennyvíztó; ~ **potential** *vegy* oxidációs potenciál; ~ **power** oxidálóképesség; ~ **preventive** *élip, vegy* antioxidáns, oxidációgátló; ~ **product** *ol* oxidációs termék, oxidált termék; ~ **promoter** *vegy* oxidációgyorsító; ~**-proof** *vegy* oxidálló, oxidmentes, nem oxidálódó; ~**-reduction cycle** *vegy* redox ciklus, oxidációs-redukciós ciklus; ~**-reduction electrode** *vegy* redoxelektród; ~**-reduction potential** *vegy* redoxpotenciál; ~**-reduction process** *vegy* oxidációs-redukciós folyamat, redoxfolyamat; ~**-reduction reaction** *vegy* oxidációs-redukciós reakció, redoxreakció; ~**-reduction system** *koh* redoxirendszer; ~**-resistant alloy** *koh* oxidációálló ötvözet; ~ **retarder** → ~ inhibitor; ~ **stability** *ol, vegy* oxidációs stabilitás; ~ **state** *vegy* oxidációs állapot; ~ **style** *tex* oxidációs nyomás; ~ **zone** *koh* oxidációs zóna
oxidative | deamination *élip* oxidatív dezaminálás; ~ **regeneration** *ol* oxidatív regenerálás
oxide *vegy* oxid; ~ **ceramics** *koh* oxidkerámia; ~ **cleanness** *koh* oxidzárványosság; ~**-coated** *vegy* oxidált; ~**-coated cathode** *el* oxidkatód; ~**-coated filament** *el* oxidbevonatú izzószál; ~ **coating** *el, vegy* oxidhártya, oxidréteg, oxidfilm; *heg, hők* reve; ~ **copper ore** *koh* oxidos rézérc; ~**-dispersion strengthened metal** *koh* diszperziós módszerrel szilárdított oxidfázisú fém; ~ **dross** *koh* oxidos fölzék; ~ **duct** *koh* revecsatorna; ~ **film** → ~ coating; ~**-film arrester** *el* oxidhártyás túlfeszültség-levezető; ~**-growing furnace** *vegy* oxidálókályha; ~ **inclusion** *koh* oxidzárvány; ~ **isolation** *el* oxidszigetelés; ~ **layer** → ~ coating; ~**-of-copper cell** *el* vas-cink elem; ~ **semiconductor** *félv* oxid félvezető; ~ **shedding** *hők, vegy* oxidleválás; ~ **skin** → ~ coating
oxidic | film *el, hők, vegy* oxidhártya, oxidréteg, oxidfilm; ~ **ores** *bány* oxidos ércek
oxidimetry *vegy* oxidimetria
oxidizable *vegy* oxidálódó, oxidálható
oxidization *vegy* oxidáció, oxidálás; oxidálódás
oxidize *vegy* oxidál; oxidálódik
oxidized oxidált, oxidálódott; ~ **asphalt** *ép* fúvatott aszfalt; ~ **bitumen** *ol* fúvatott bitumen; ~ **cap** *bány* vaskalap; ~ **copper ore** *koh* oxidos rézérc; ~ **dross** *koh* oxidos fölzék; ~ **metal** *vegy* oxidált fém; ~ **ore zone** *bány* oxidációs öv; ~ **outcrop** *geol* vaskalap; ~ **resin** *műa* oxidált gyanta; ~ **rubber** *gumi* oxidált kaucsuk; ~ **turpentine** *műa* oxidált terpentin
oxidizer *vegy* oxidálószer
oxidizing I. *a* oxidáló-; **II.** *n vegy* oxidáció, oxidálás; oxidálódás; ~ **agent** *vegy* oxidálószer; ~ **atmo-**

sphere *vegy* oxidáló (hatású) atmoszféra; ~ **capacity** *vegy* oxidálóképesség; ~ **colo(u)r** *hők* futtatási szín, kékbe futó szín; ~ **enzyme** *élip* oxidálóenzim; ~ **flame (OF)** *vegy* oxidálóláng; ~ **furnace** *vegy* oxidálókályha; ~ **fusion** *koh* oxidáló olvasztás; ~ **losses** *pl koh* oxidációs veszteség; ~ **material** *vegy* oxidálóanyag; ~ **melting** *koh* oxidáló olvasztás; ~ **melting agent** *koh* oxidálósó; ~ **period** *koh* fövési szakasz; frissítési időtartam; ~ **process** *vegy* oxidáló eljárás; ~ **pyrolisis** oxidatív pirolízis; ~ **reaction** *koh* frissítés; *vegy* oxidáló hatás; ~ **roast(ing)** *koh* oxidáló pörkölés; ~ **slag** *koh* frissítősalak; ~ **zone** *koh* oxidációs zóna

oxidoreductase *biot* oxidoreduktáz

oxime *vegy* oxim

oxine *vegy* oxin

oxinite *ásv* oxinit

oxisalt *vegy* oxisó

oxo *vegy* oxogyök; ~**-process** *vegy* oxo-eljárás

oxonium | **compound** *vegy* oxóniumvegyület; ~ **ion** *vegy* oxóniumion; ~ **salt** *vegy* oxóniumsó

oxosynthesis gas *ol* oxoszintézisgáz

oxy|-acetylene → oxyacetylene; ~**-arc cutting** *heg* oxigénes ívvágás, lángívvágás; ~**-arc torch** *heg* oxigénes ívvágó égő; ~**-arc welder** *heg* oxigénes ívhegesztőgép; ~**-arc welding** *heg* oxigénes ívhegesztés; ~**-benz cutting torch** → oxybenz cutting torch; ~**-city-gas cutting** *heg* oxigénes lángvágás városi gáz felhasználásával; ~**-electric arc cutting** *heg* oxigénvágás villamos ívvel, oxigénes ívvágás; ~**-electric cutting** *heg* oxigénes villamos íves vágás; ~**-electric cutting-machine** *heg* oxigénes villamos íves vágógép; ~**-fuel burner** *koh* oxigén-fűtőanyag égő; ~**-gasoline cutting torch** → oxygasoline cutting torch; ~**-hydrogen** → oxyhydrogen; ~**-lancing** *heg* oxigénlándzsás vágás/lyukasztás; ~**-lancing machine** *heg* oxigénlándzsás vágógép/lyukasztógép; ~**-natural-gas cutting** *heg* földgáz-oxigénes vágás; ~**-propane** → oxypropane; ~**-town-gas cutting** → ~-city-gas cutting; ~**-welder** *heg* oxigénes hegesztőgép; ~**-welding** *heg* oxigénes hegesztés; ~**-welding machine** → ~-welder

oxyacetylene *vegy* oxiacetilén; ~ **blowpipe** *heg* autogén-vágópisztoly, autogénvágó; ~ **brazing** *heg* oxiacetilénes keményforrasztás; ~ **butt weld** *heg* gázhegesztéssel készült tompavarrat; ~ **butt welding** *heg* autogén tompahegesztés; ~ **cutter** *heg* autogénvágó, gázvágópisztoly; oxiacetilén-vágó; ~ **cutting** *heg* (oxi)acetilén-lángvágás; lángvágás; ~ **cutting-machine** *heg* oxiacetilénes lángvágógép; ~ **cutting torch** *heg* (acetilén) lángvágó; ~ **flame cutting** *heg* oxiacetilénes lángvágás, oxigén-acetilén lángvágás; ~ **flame cutting-machine** *heg* oxiacetilénes lángvágógép; ~ **flame cutting torch** *heg* oxiacetilénes lángvágóégő, acetilén-vágópisztoly; ~ **gas welding** *heg* acetiléngázhegesztés; oxigén-acetilén gázhegesztés/lánghegesztés; ~ **gouging** *heg* lánghoronygyalulás; ~ **heating** *hőt* melegítés acetilén-oxigén lánggal; ~ **multiflame torch** *heg* többlángú oxiacetilénes égő; ~ **pressure welding** *heg* oxiacetilénes sajtolóhegesztés; ~ **spraying** *hőt* oxiacetilénes felszórás; ~ **spraying gun** *hőt* lángfelszóró pisztoly; ~ **torch** *heg* autogénvágópisztoly, autogénvágó; oxiacetilénes égő; ~ **weld** *heg* oxiacetilénes hegesztéssel készült varrat; ~ **welding** *heg* autogénhegesztés, oxigén-acetilén lánghegesztés; ~ **welding blowpipe** → ~ blowpipe; ~ **welding torch** *heg* autogén-hegesztőpisztoly, autogén-vágópisztoly, autogénpisztoly

oxyacid *vegy* oxigénsav

oxybenzene welding *heg* hegesztés benzolánggal

oxybiont *biot* oxibionta

oxybiotic *biot* oxibiotikus

oxybutane | **welder** *heg* oxigénnel és butánnal hegesztő gép; ~ **welding** *heg* hegesztés oxigénnel és butánnal

oxycalorimeter *metr* oxigén-hőmennyiségmérő

oxycellulose *pa* oxycellulóz

oxychloride *vegy* oxyklorid; ~ **cement** *ép* Sorel-cement

oxygas *vegy* oxigáz; ~ **brazing** *heg* keményforrasztás lánggal; ~ **cutting** *heg* lángvágás; ~ **cutting-machine** *heg* lángvágógép

oxygasoline | **cutting torch** *heg* benzin-oxigénes vágóégő; ~ **welding** *heg* hegesztés benzinlánggal

oxygen (O) *vegy* oxigén; ~ **acid** *vegy* oxigénsav; ~ **anode** *koh* oxigénanód; ~**-arc cutting** *heg* oxigénes ívvágás, lángívvágás; ~**-arc cutting-machine** *heg* oxigénes ívvágó gép; ~ **assumption** oxigénfogyasztás; ~ **balance** *koh* oxigénmérleg; ~ **blow** *koh* oxigénfúvatás; ~**-blown process** *koh* oxigénes konverteres eljárás; ~**-blown steelmaking vessel** *koh* oxigénes acélolvasztó konverter; ~**-blown vessel** *koh* felső oxigénadagolású konverter; ~ **bottle** *heg, hidr* oxigénpalack; ~**-breathing equipment** *bány* önmentő készülék; ~ **budget** *környv* oxigénháztartás; ~ **consumption** oxigénfogyasztás; ~**-converter plant** *koh* oxigénes konverterüzem; ~ **converter steel plant** *koh* oxigénes konverteracélmű; ~ **curve** *környv* oxigénvonal; ~ **cutting** *heg* lángvégés, oxigénvágás; ~ **cutting-machine** *heg* oxigénvágógép; ~ **cutting torch** *heg* oxigén-vágópisztoly; ~ **cylinder** *heg* oxigén(gáz)palack; ~ **deficiency/deficit** oxigénhiány; ~ **demand** *környv* oxigénigény; ~ **diagram** *környv* oxigénvonal; ~**-diffusion electrode** *el* oxigénelektród; ~ **dryer cartridge** *bány* oxigénszárító patron; ~ **economy** *biot* oxigénháztartás; ~ **electrode** *koh* oxigénelektród; ~ **enriched (air) blast** *koh* oxigénnel dúsított fúvószél; ~**-enriched (air) blast** *koh* oxigénnel dúsított fúvószél; ~**-enriched skin layer** *koh, vegy* oxigénnel dúsított felületi réteg; ~ **enrichment** *koh* oxigéndúsítás; ~ **equipment** *rep* oxigénkészülék; ~ **filling pump** *bány* oxigénáttöltő szivattyú; ~**-flow control** *aut* oxigénadagolás szabályozása; ~**-free copper** *koh* oxigénmentes réz; ~**-free high-conductivity copper (OFHC)** *koh* OFHC réz; ~ **gouging** *heg* oxigénes/lángvágós horonygyalulás; ~ **grooving** *heg* oxigénes/lángvágós vájatkészítés; ~**-hungry metal** *koh* oxidálódásra hajlamos fém; ~ **inholing breathing apparatus** *bány* oxigénes légzőkészülék; ~ **intake** *hidr* oxigénbevitel; ~ **jet** *heg* oxigénsugár; ~ **lance** *heg* oxigénlándzsa; ~**-lance cutting** *heg* oxigénlándzsás vágás; ~ **lancing** *heg* oxigénfúrás; vágás oxigénlándzsával; ~**-lime-powder converter** *koh* mészporos konverter; ~ **line** *hidr* oxigénvonal; ~ **log(ging)** *ol* oxigénszelvényezés; ~ **machining** *heg* megmunkálás lángvágással; ~ **mask** *orv* oxigénmaszk; ~ **overpotential** *koh* oxigéntúlfeszültség; ~ **oversaturation** *vegy* oxigéntúltelítettség; ~ **potential** *koh* oxigénpotenciál; ~**-pressure regulator** *heg* nyomáscsökkentő oxigénszelep; ~ **probe** *koh* oxigénmérő szonda; ~

refining *koh* oxigénes frissítés; ~ **regime** *környv* oxigénforgalom; ~ **regulator** *rep* oxigénadagoló; ~ **respirator** *bány* oxigénes légzőkészülék; *orv* oxigénlégző álarc/készülék; ~ **saturation** *hidr, környv* oxigéntelítettség; ~ **saturation percentage** *hidr* oxigéntelítettségi százalék; ~ **sensor** *koh* oxigénmérő szonda; ~**-steam blast** *koh* oxigén-gőz fúvószél; ~ **steelmaking process** *koh* oxigénes acélgyártó eljárás; ~ **supersaturation** oxigéntúltelítettség; ~ **tank** *vegy* oxigéntároló; ~ **tent** *orv* oxigénsátor; ~ **transferring pump** *bány* oxigénáttöltő szivattyú; ~ **uptake** *vegy* oxigénfelvétel; ~ **valve** *heg, orv* oxigénpalack szelepe; ~ **welder** *heg* oxigénes hegesztőgép; ~ **welding** *heg* oxigénes hegesztés; ~**-yielding** *műa* oxigénleadó

oxygenate *vegy* oxigénez, oxidál, oxigénnel telít

oxygenation *koh* oxigéndúsítás; *vegy* oxidáció, oxidálás, telítés oxigénnel

oxygenian *krist* oxigéntartalmú

oxygenize *vegy* oxidál, oxigénnel telít

oxygon *mat* hegyesszögű háromszög

oxyhydrocarbon cutting *heg* oxigén-szénhidrogénes vágás

oxyhydrogen *vegy* durranógáz; ~ **blowpipe** *heg* durranógáz-hegesztőkészülék; ~ **cell** *el* hidrogén-oxigén galvánelem; ~ **cutting** *heg* durranógáz-vágás; ~ **cutting torch** *heg* durranógáz-vágópisztoly

oxyn *műa* oxidált száradóolaj

oxypropane | **welder** *heg* propán-oxigén hegesztőgép; ~ **welding** *heg* propán-oxigénes hegesztés, hegesztés oxigénnel és propánnal

oxysulphide, *US* **oxysulfide** *vegy* oxiszulfid

oxytetracycline *gyógyv* terramicin

oyster *élip* osztriga; ~ **fitting** → bulkhead fitting; ~**-shell fracture** *any* kagylós törés

Oz → ozone

OZ → ounce

ozalid paper *pa* ozalidpapír

ozarkite *krist* ozarkit

ozocerite *krist* ozokerit, földiviasz

ozogen *pa* hidrogén-peroxid

ozokerite → ozocerite

ozonate *vegy* ozonizál

ozonation *vegy* ozonizálás

ozone (Oz) *vegy* ózon; ~ **fading** *vegy* ózon okozta elszíneződés; ~ **layer** *met* ózonszféra, ózonréteg; ~ **layer depletion** *környv* ózonlyuk; ~**-resistance** *műa* ózonállóság; ~ **shield** *met* ózonpajzs; ~**-sonde** *met* ózonszonda; ~ **valve** *el* ózonozócső, ózonozólámpa

ozonide *vegy* ozonid

ozoniferous *vegy* ózontartalmú

ozonisation *hidr* ózonos vízkezelés; *környv* ozonizálás

ozonization *vegy* ózonozás, ozonizálás; ~ **of air** *vegy* levegő ózonozása

ozonize *vegy* ózonoz, ozonizál, ózonnal kezel *(pl. vizet)*

ozonizer *vegy* ózonfejlesztő (készülék), ozonizátor

ozonograph *met* ozonoszkóp *(önműködő írószerkezettel)*

ozonolysis *vegy* ozonolízis

ozonometer *met* ózonmérő, ózontartalom-mérő készülék

ozonometry *met* ózontartalom-mérés, ozonometria

ozonoscope *met* ozonoszkóp

ozonosphere *met* ózonszint, ozonoszféra

P

p → piko; → protón; **~-channel field(-)effect transistor** p-csatornás FET; **~-channel metal oxide semiconductor (P MOS)** *félv* p-csatornás MOS, P MOS; **~-conducting** *félv* p típusú, p-vezető, lyukvezető; **~-diazine** *vegy* p-diazin, pirazin; **~(-)form of the quadratic** *mat* redukált másodfokú egyenlet; **~-n-(p)** → p-n-(p) *(önálló címszó)*; **~-number** *vegy* p-szám; **~-orbit** *at* p-pálya, 1 mellékkvantumszámú elektronpálya; **~-type conduction** *el* p típusú vezetés; **~-type conductivity** *el* p típusú vezetőképesség/konduktivitás; **~-type semiconductor** *el* p típusú félvezető; **~-value** *hidr* fenolftaleinlúgosság, p-érték; *stat* p-érték

P → phosphorus; → poise; **~-band** *távk* P-sáv *(225—390 MHz)*; **~ controller** → portional controller; **~-line** → pole line; **~ wave** *ol* nyomóhullám

pa (porteur aménagé)|-container *ép, vasút* pa-szállítótartály; **~-system** *ép, vasút* pa-rendszer

Pa → pascal; → protactinium

PABX → private automatic branch exchange

pace I. *v* lép; *kat* menetel; **II.** *n* lépés; *ép* dobogó, lépcsővel emelt padozatrész; középhajó; *gépk* lassú bejáratás; *ip* munkaütem; *metr* lépéshossz; *tex* láncfeszítő *(szövőszéken)*; **~ off** *v fa* kilép, lépésekkel felmér

pacemaker *el, orv* ütemadó, pacemaker

pachnolite *krist* pachnolit

Pachuca tank *koh* Pachuca-kád

Pacific | series/suite *geol* alkáli-mész provincia; **~ standard time** csendes-óceáni övezeti idő; **~-type rock** *geol* pacifikus kőzet

pacing járás; adagolás; *kat* menetelés; *metr* távolság kilépése; **~ motion** *tex* láncfeszültség-szabályozó, láncadagoló berendezés; **~ of warp** *tex* láncfonaladagolás

pack I. *v bány* tömedékel; *csom* csomagol, összepakol, málház; megtölt; *ép* alátétekkel összefog *(hidat)*; bélel; csömöszöl, döngöl; kavicsol; megtölt; összeáll, tömörödik *(föld)*; *gép* tömít, dugaszt, tömítetten összeilleszt; *szt* tömörít; *vasút* aláver; rakodik; **II.** *n bány* kézi tömedékelés; száraz falpillér; tömedék(borda), berakat(borda), tömedékpillér, meddőberakat, meddőszekrény; *bőr* bőrpartie, egyszerre szállított/bedolgozott tétel; *csom* csomag, málha, göngyöleg, köteg; csomagolásmód, kiszerelés; csomagolóanyag, burkolat; *el* egység; *foto* filmcsomag; *gép* dugattyúbőrözés; tömítés; védőkenés; *heng* lemezcsomag; *hők* cementálóközeg; *ol* töltet, béléstest, töltelékest, betét; *szt* (lyuk)kártyacsomag; *tex* bála; zsák; **~ annealing** *hők* lágyítás kötegben; **~(-)band** *bőr* málhaszíj; **~ carburizing** *bány* felszenítés szilárd közegben; *koh* cementálás porban; **~(-)duck** *csom* csomagolószövet, durva csomagolóvászon; **~ dyeing** *tex* színezés csévén; **~ dynamometer** *bány* erőmérő cella tömedékben fellépő terhelés mérésére; **~(-)hardening** *bány* szenítés szilárd szenítőközegben; **~(-)heating furnace** *koh* lemezköteg-hevítő test/kemence; **~-ice** úszó jég(tábla), jégtorlasz, tömbjég; **~ in bulk** *v csom, élip* ömlesztve csomagol; **~(-)load** *kat* málhaegység; **~(-)mill** *heng* lemezköteg-hengermű; **~ of punched cards** *szt* lyukkártyaköteg; **~-out** *csom* távolságtartó elem; **~ rolling** *heng* csomagos/köteges hengerlés; **~(-)train** *csom* málhavonat, málhásállat-vonatoszlop; **~ up** *v csom* kötegbe rak; *rep* becsomagol; **~-up** *rep* szállításra kész áru; **~(-)wall** *bány* meddőberakat; meddőből rakott falazat/tömedékfal; *ép* száraz falazat; **~ with grease** *v gép* megzsíroz; **~(-)wool** *csom* fagyapot, papírgyapot, csomagolóforgács

package *csom* csomag(olás), csomagolási mód, kiszerelés; csomagküldemény, teherárudarab; göngyöleg; *el* tok; *gép* hidraulikus tápegység; *ip* csomagolási díj/költség; *szt* csomagolás; programcsomag; tok, csomag; *tex* bála; cséve; vég; **~ bleaching** *tex* fehérítés csévén; **~ deal** *ip* csomagterv; **~ dyeing** *tex* színezés csévén; **~-dyeing machine** *tex* csévén színező gép; **~-power reactor** *at* tokozott hordozható reaktor; **~ sealer** *csom* csomaglezáró *(készülék, anyag, munkás)*; **~-type** *csom* kisméretű; *el, gép* tokozott

packaged *at, el, gép* tokozott; *csom* becsomagolt, kiszerelt; **~ decimal number** *mat* tömörített tízes számrendszerű szám; **~ design** *el* blokkrendszer; tokozott kivitel; **~ program** *szt* programcsomag; **~ pump system** *vák* szivattyúállomás; **~ refrigerator** *hűtő* összeépített hűtőgépegység; **~ rotary(-)drum dryer** *hőt* forgódobos szárítóberendezés *(por alakú és szemcsésített anyagok szárításához)*; **~ unit** *gép* különálló/külön egység; szerelési egység

packaging *csom* burkolat, doboz; csomagolás, kiszerelés; *el* tokozás; **~ department** *csom, ip* csomagoló(üzem); **~ foil** csomagolófólia; **~ inspection** *csom, ip* csomagolás-ellenőrzés; **~ line** *heng* csomagolósor; **~-machine** csomagológép; **~ waste** csomagolási hulladék

packed *csom* becsomagolt, kiszerelt; *gép* rátétes; **~ BCD data** *szt* pakolt BCD kódolású adat; **~ bed** *koh* anyagoszlop; **~ cog** *bány* tömedékszekrény; **~ column** *ol, vegy* töltött/töltetes kolonna/torony, töltetes/betétes lepárlótorony; **~ crib** *bány* tömedékszekrény; *hidr* szekrénymű *(kővel töltött)*; **~ data** *szt* tömörített adat; **~ decimal** *szt* tömörített decimális szám; **~ decimal data** *szt* tömörített tízes számrendszerű adat; **~ decimal number** *szt* tömörített tízes számrendszerű szám; **~ joint** *gép* tömített kötés; tömszelence; **~ magnetron** *el* működésre kész magnetron; **~ nog** *bány* meddővel berakott máglya; **~ snow** *geol* csonthó, firn; **~ soil** *talt* döngölt talaj; **~ space** *geol* telített terület; *ol, vegy* megtöltött térfogat *(desztillációs toronyban)*; **~ tower** → **~** column; **~ valve** *gép* tömszelencés szelep

packer *bány* berakatkészítő, máglyaépítő *(munkás)*; *csom* bálázó, rakodó *(munkás)*; *élip* csőtésztagépdugattyú; zsákológép; zsákolómunkás; *em* rakodógép; *gép* csőfaggyú; *mzg* kévetömörítő *(aratógépen)*; talajtömörítő; *ol* pakker *(csőelzáró)*; tömítő, zömítő; *üveg* széles szájú üvegedény; **~ bin** *élip* lezsákolókamra; **~ flowmeter** *ol* pakkeres áramlásmérő; **~ fluid** *ol* pakkerfolyadék; **~ hold down** *ol* pakkerhorgony; **~ seating/setting** *ol* pakkerültetés; **~ tally** *élip* zsákológép számolóberendezése

packet I. *v csom* becsomagol, elcsomagol; **II.** *n el* csomag, nyaláb, köteg; *szt, távk* csomag, bitcsoport, üzenetcsomag; ~ **assembler/disassembler (PAD)** *szt* csomagösszeállító/-szétbontó, PAD; ~ **boat** postahajó; ~ **file** durva vágású reszelő; ~ **format** *szt* csomagformátum; ~ **level** *szt* csomagszint; ~**(-)mode operation** → ~ switching; ~ **overhead** *szt* csomagrátét; ~**-switched** *szt* csomagkapcsolt *(adatszolgáltatás)*; ~**-switched network** *szt* csomagkapcsolt hálózat; ~ **switching** *szt, távk* csomagkapcsolás; ~ **terminal** *szt* csomagkapcsolt hálózati terminál; ~ **type switch** *el* pakettkapcsoló

packfong *koh* alpakka, újezüst, argentán, pakfong, kínaezüst

packing I. *a bány* utódúsító; *csom* csomagoló, rakodó; *élip* tartósító, konzerváló; töltő; *ép* ágyazó; borító; kitöltő; pakoló; *gép* tömítő, tömörítő; *szt, távk* lezáró; sűrítő, tömörítő; *vasút* aláverő; *vegy* illeszkedő, egyesülő; **II.** *n* (be)csomagolás; begöngyölés; *at* töltet; tömítés; *bány* kipárnázás; tömedék; tömedékborda-rakás; utódúsítás; *csom* csomagolás; rakodás, megrakás *(emelőé)*; *élip* tartósítás, konzerválás; töltés, töltet; *ép* ágyazás; borítás; döngölés, csömöszölés; pakolás, kitöltés; *gép* (el)tömés, tömítés; *hidr* jégtorlaszképződés, megtorlódás; *koh* anyagoszlop; *mat* elhelyezés, párosítás; *nyom* egyengető-alátét papírral; nyomóhenger-borítás; *ol, vegy* töltés, töltet, béléstest, tölteléktest, betét *(toronyban)*; *szt, távk* sűrítés, tömörítés; *talt* hátűr kitöltése, hátfalazat; *távk* lezárás; szénszemcsék összesülése; *vák* tömítés; *vasút* aláverés; *vegy* illeszkedés, egyesülés, összetömörülés; ~ **auger** *élip* zsáktöltő csiga; ~ **block** *gép* feszítőék, feszítőtuskó; ~ **bolt** *gép* tömítőcsapszeg; ~**(-)box** *csom, fa* csomagolóláda, szállítóláda; *gép* tömszelence; ~ **bush** *gép* tömítőpersely; ~ **cage** *tex* berakóhenger; ~ **canvas** *csom, tex* csomagolóvászon; ~**(-) case** *csom* (csomagoló)láda; ~ **cloth** *csom, tex* csomagolószövet; ~ **collar** *gép* tömítőkarmantyú; ~ **cone** *koh* zárókúp; ~ **cord** *csom* zsineg; *gép* tömítőfonal, tömítőzsinór; ~**(-)course** *ép* döngölt útalap; ~ **defect** *at* tömegdefektus, tömeghiány, hibahely; ~ **density** *at* tömörítési sűrűség, tömöttség foka; *bány* kitöltési sűrűség; *fiz* térfogatsűrűség, halmazsűrűség; *krist* illeszkedési sűrűség; *szt, távk* elemsűrűség, jelsűrűség, írássűrűség; információsűrűség, tárolási sűrűség; ~ **disc/disk** *gép* tömítőtárcsa; ~ **drawer** *szersz* tömítéskihúzó kampó; ~ **drum** *gép, nyom* tömítőhenger; ~ **effect** *at* tömegdefektus, tömeghiány, hibahely; *ol, vegy* pakkolás jelensége, tömöttségi hatás; ~ **expander** *gép* tömítésszorító rugó *(tömszelencében)*; ~ **extractor** *gép* tömítéskihúzó kampó; ~ **factor** *at* tömörségi tényező; *szt* csomagolási tényező; ~ **flange** *gép* tömítőgallér; ~ **fraction** *at* tömegdefektus, tömeghiány, hibahely; tömörülési/tömöttségi/pakolási hányados; ~**-fraction curve** *at* tömeghiánygörbe; tömöttségi tényező görbéje; ~ **grease** *gép* tömítőzsír; ~**(-)house** *hűt* hűtőház; ~ **in ribs** *bány* bordás tömedék; ~ **labyrinth** *gép* labirinttömítés; ~ **leakage** *gép* tömítetlenségi veszteség; ~ **liquid** *gép* tömítőfolyadék; ~ **list** *csom* rakjegyzék; ~**(-)loss mass correction** *at* tömegdefektus, tömeghiány, hibahely; ~ **machine** csomagológép; ~ **machinery** *csom* gépi csomagolóberendezés; ~ **material** *gép* tömítőanyag; ~**(-)needle** *ruh* vastag fűzőtű, zsákvarró tű; ~ **nut** *gép* tömítőanya; ~**-paper** *pa* csomagolópapír; ~ **piece** *gép* betétlap, betéttárcsa, tömítőbetét; ~ **plate** *ép* nyomáselosztó lemez *(hídon)*; *gép* alátétlemez; tömítő betétlemez; *pa* tömítőlemez; ~**(-)press** *pa* bálaprés; ~ **problem** *mat* elhelyezési probléma; ~ **ratio** *bány* kitöltési sűrűség; ~ **ring** *gép* tömítőgyűrű, tömítőalátét; *gépk* dugattyúgyűrű; ~ **rock** *bány* tömedék(anyag); ~**(-)room** *csom, pa* csomagolóterem; ~ **scheme** *gép* összeállítási vázlat; ~ **sleeve** *gép* tömítőpersely; ~ **slusher** *bány* tömedékelő saraboló; ~ **station** *mzg* tojásosztályozó; ~ **stick** kitöltésbeverő szerszám; ~**(-)stock butter** *élip* gyűjtött vaj; ~ **strip** *gép* perselytömítő szelep/pánt; ~ **system** *tex* berakórendszer; ~ **volume** *vegy* adszorbenstöltet által elfoglalt térfogat *(kromatográfia)*; ~ **washer** → ~ ring; ~ **wedge** *gép* tömítőék; ~ **worm** *gép* tömörítőcsiga

packless *gép* tömítés nélküli; ~ **valve** *gép* tömszelence nélküli szelep

packsack *kat* málhazsák; *ruh* hátizsák

packsheet *pa* csomagolópapír; *tex* csomagolószövet

packthread *csom, tex* kötözőzsinór

paco wool *tex* alpakagyapjú

pad I. *v bőr* tamponál; *ép* bélel, (alá)párnáz, kipárnáz, kitöm, kivattáz; *fa* átitat *(páccal)*; *gumi* impregnál, vízhatatlanná tesz, gumiz; *tex* fuláruz; **II.** *n* dudor; *bőr* bokavédő *(ló lábán)*; párnázott nyereg; priccsnyereg; *ép* gyalogút; kitöltőelem, kitöltés; párnafa, vánkosfa, pakli; *finm* billegő *(óráé)*; *forg* fúrótokmány; *gép* alaplap, alaplemez, felhegesztett talp, talplemez; csapágykiöntés; hosszabbítótag; tömítés, alátét, betét; *hajó* kitöltőtömb *(fedélzetgerendáknál)*; ütközéshárító; *heg* helyi csomó *(varraton)*; *hidr* betétkarima *(szivattyún)*; *kat, rak* kilövőhely, indítóállás; *ol* mérőpapucs; *önt* felöntés *(kész öntvényen)*; *pa* írótömb, papírtömb, (író)blokk, notesz; *rep* alaplap, alaplemez, talplemez; helikopter-leszállóhely; *szersz* szerszámnyél; *szt* csatlakoztató felület, tábla; *távk* csillapítótag, műcsillapítás; T-négypólus; *tex* fonálköteg, gyapjúköteg; fulár *(festő/impregnáló berendezés)*; ~ **a bearing** *v gép* csapágyat kiönt *(fehérfémmel)*; ~**-and-jig method** *tex* folyamatos csávaszínezés; ~**-block** *pa* írótömb, íróblokk, papírblokk; ~ **cleaner** *élip* szitatisztító kölönc; ~**(-)dyeing** *tex* fulárszínezés, átitató/kloccoló színezés, festés sokkádas gyorsfestő gépen; ~**-dyeing method** *tex* fulár(színezési) eljárás; ~ **filter** *vegy* rétegszűrő; ~ **foundation** tömbalap, egyedi alap; ~**(-)ink** bélyegzőfesték; ~**-jigger method** *tex* jigger-fulározás; ~ **liquor** *tex* fulárfürdő; ~ **roller** *foto* vezetőgörgő; *tex* fulárhenger; ~**(-)roll machine** *tex* fulártekercselő *v.* Pad-Roll gép; ~**(-)roll process** *tex* fulártekercselő *v.* Pad-Roll eljárás; ~**-steam dyeing** *tex* folyamatos színezés, fulárgőzöléses/gőzfuláros eljárás; ~ **stone** *ép* alátétkő, támkő, gyámkő, talpkő; ~ **type sonde** *ol* falhoz szorított szonda; ~ **weld** *heg* felrakott hegesztési varrat, ágyazathegesztés, munkaléchegesztés; ~ **welding** *heg* felrakóhegesztés

PAD → packet assembler/disassembler; ~ **character** *szt* PAD karakter, időemésztő karakter

padded *ép* kitömött, (ki)párnázott, kibélelt, kivattázott; ~ **card** *szt* átíró lyukkártya; ~ **door** *ép* párnázott ajtó

padder *el* paddingkondenzátor, soros kiegyenlítőkondenzátor; *tex* fulár *(festő/impregnáló berendezés)*;

~ **capacitor** *el* soros kiegyenlítőkondenzátor; ~ **trough** *tex* fulárteknő

padding I. *a ép* alapozó; kipárnázó; *fa* pácoló; *távk* kiegyenlítő, összehangoló, illesztő; *tex* fulározó; tömő, vattázó; **II.** *n cipő* kipárnázás *(fedőtalpbélésé)*; *ép* alapozás; bélelés; bélés; kipárnázás, kitömés; *fa* pácolás; *gép* hosszabbítás; *gumi* tömlőanyag; *pa* felületi festés, festés merítéssel; *szt* kitöltő (karakter), kitöltés; *távk* (vonal)toldalék; kiegyenlítés, összehangolás, illesztés; *tex* fulározás; párnázóanyag, tömés, vattázás; ~ **balance** *távk* művonaloldali kompenzátor; ~ **capacitor** *el* paddingkondenzátor, soros kiegyenlítőkondenzátor, finomhangoló trimmerkondenzátor; ~ **dye** *tex, vegy* fulárszínezék; ~**-machine** *tex* fulárgép; ~ **process** *tex* fuláreljárás; ~ **weld** *heg* felrakott hegesztési varrat

paddle I. *v bőr* motollában/kelepcében forgat/ványol; *hajó* evez; *tex* sulykol; **II.** *n bőr* kelepce, motolla, haspli; *gépk* hűtővízszivattyú-lapát; *hajó* evező(lapát), kajakevező; vágóevező; *hidr* kis zsiliptábla *(zsilipkapun)*; vízikerék lapátja; *koh* kavaró(lapát); *ol* keréklapát, terelőlap, vezetőlap; *pa* keverő, kádkavaró, merítőkanál; ~ **arm** *hajó* lapátkerék küllője; ~ **board** *hajó* hajókeréklapát, vezetőlapát; ~ **boat** *hajó* lapátkerekes hajó; ~ **box** *hajó* kerékdob; lapátkerék dobköpenye; ~ **conveyer** *élip* lapátos szállítómű; ~**-drum bleacher** *pa* kanalas fehérítődob; ~ **dyeing** *tex* színezés motollás edényben; ~ **flight** *élip* lapátos csigaszárny; ~ **mill** verőszárnyas (ütő)malom; ~ **mixer** *ép* lapátos keverőgép; *tex* keverőszerkezet *(irfőzőben)*; ~ **panel** *bőr* nyeregpárna; ~ **steamer** *hajó* lapátkerekes gőzös; ~ **stirrer** *gép* lapátkeverő; ~ **trip** *aut* turbinalapát-kikapcsoló; ~ **vat** *bőr* motollás kád; ~ **wheel** *bőr* motolla *(ványolóhordóban)*; *gép* lapátkerék; *hajó* hajókerék, lapátkerék; *hidr* vízikerék; ~**-wheel** *hidr* lapátkerekes; ~**-wheel fan** *szell* szárnylapátos szellőző; ~ **wool-washing machine** *tex* villás gyapjúmosó gép

paddling I. *a bőr* cserző, ványoló; *hajó* evező; *tex* sulykoló; **II.** *n bőr* keverőkádas cserzés, ványolás; *hajó* evezés; *tex* sulykolás

paddock *élip* garat; *gépk* teleptér *(gépkocsiversenyen)*

paddy *élip* hántolatlan rizs; ~ **drill** állítható fúró; ~ **straw** *mzg* rizsszalma

Paddy eliminator *élip* válogatóasztal, Paddy-gép, Paddy-asztal

Pade approximation *mat* Pade-féle approximáció/közelítés

padlock I. *v gép* lelakatol; **II.** *n gép* (függő)lakat, függőzár; ~ **smith** *gép* lakatkészítő, lakatos

padsaw *fa* lyukfűrész

page I. *v nyom* oldalakat számoz, paginál, lapszámoz, betördel; **II.** *n nyom* lap, oldal *(könyvé)*; *szt* lap, oldal; ~**(-)copy teleprinter** *nyom* lapnyomtató; ~ **cord** *nyom* kikötőzsinór; ~ **file (PG)** *szt* lapokra bontott üzenetfájl, PG; ~ **heading (PH)** *szt* fejléc, PH; ~ **layout** *film* szöveges kép; ~ **number** *nyom* oldalszám; ~ **numbering** *nyom* oldalszámozás; ~ **paper** *pa* oldalalátét-papír; ~ **printer** *szt* lapnyomtató; *távb* lapraíró; ~**-printing apparatus** *távb* lapra író készülék, lapíró(távíró); ~**-printing reception** *távb* vétel lapíróval; ~**-printing telegraph** *távb* lapíró(távíró); ~**(-)proof(s)** *nyom* tördelt *(korrektúra, kefelevonat)*; ~ **reader** *szt* lapolvasó; ~**-setter** *nyom* tördelő; ~**-size** *nyom* szedéstükör; ~ **swapping** *szt* lapcsere a főtároló és segédtároló között; ~ **view terminal (PVT)** *szt* oldalmegjelenítő (grafikus) terminál, PVT

pager *nyom* lapszámozó, oldalszámszedő

Paget sinking action *tex* Paget-féle hullámosítás

paginal *nyom* lapokból álló, lapokra vonatkozó, lapról lapra való

paginate *nyom* lapszámoz, oldalszámoz, paginál

pagination *nyom* lapszámozás, oldalszámozás, paginálás, pagináció, lapszám; *szt* lapozás, lapokra szervezés

paging *nyom* lapszám(ozás), oldalszámozás, paginálás; *szt* lapozás, lapokra szervezés

pagodite *ásv* agalmatolit

pahoehoe (lava) *geol* fonatos láva, kötélláva

paid-off belt *gép* kifeszített szalag *(szállítószalagé)*

pail *élip* csöbör, veder, vödör; *mzg* fejőedény, (fejő)sajtár; tartályos fejőgép

paillette *tex* flitter, csillogó pikkelydísz; könnyű selyemszövet

paillon *óra* aranyfüst; vékony aranylemez/fémlemez

painfully loud sound *hang* fájdalomküszöb feletti hang/zaj

paint I. *v ép* (be)fest, kifest, mázol; **II.** *n bőr* mázolás; meszelés; *ép* festés, mázolás; máz; *vegy* festék; ~ **airbrush** *ip* festékszóró pisztoly; ~ **blower** *ép* festékfúvató készülék; ~ **burning** *ép* festékleégetés *(lángsugárral)*; ~ **coat** *ép* festékbevonat, festékréteg, fedőréteg; ~**-coat failure** *ép* mázolási hiányosság; ~ **container** *ép* festéknyomó tartály; ~**-filling machine** *vegy* tubustöltő gép; ~ **harling** *ép* alapfestés vasfelületen; ~ **layer** → ~ coat; ~ **locker** festékraktár; ~ **mark** *ép* festékkel történő jelölés; ~ **mixer** *ép* festékkeverő gép; ~ **pot** *geol* festékesfazék *(színes iszapot tartalmazó pocsolya)*; ~ **removal** festékmentesítés; ~ **remover** *ép, vegy* festékkaparó; színezékeltávolító/festékeltávolító/festéklemaró (anyag); ~**-roller** *ép* festőhenger; ~**-roller spray gun** *ép* festőhengeres szórófej; ~ **room** *ép* festőműhely; ~ **scraper** *ép* festékkaparó; ~ **scrubber** *ép* festékmosó kefe; ~ **sludge** *geol* festékiszap; ~**-sprayer room** *ép* festékszóró helyiség; ~**-sprayer table** *ép* festékszóró asztal; ~ **spray (gun)** *ép* festékszóró pisztoly; ~ **spraying** *ép* festékszórás; ~**-spraying booth** *ép* festékszóró fülke, festőkabin; ~**-spraying pistol** *ép* festékszóró pisztoly; ~ **store** festékraktár; ~ **stripper** *ép* festékkaparó, festékmaró, festékeltávolító; ~ **tank** *ép* festéknyomó tartály; ~ **thinner** *ép, vegy* festékhígító

paintbox festékdoboz

paintbrush *ép* festőecset, mázolóecset

painted *ép* festett, mázolt; *nyom, tex* színes, színezett; ~ **coating** *ép* mázolt szigetelés; ~ **design** *tex* színezett minta; ~ **insulation** → ~ coating; ~ **wire** *el* festett bekötés

painter *ép* festő, mázoló; *hajó* vontatókötél, kikötőkötél *(evezős csónakhoz)*; ~**'s torch** *ép* festékleégető benzinlámpa

painting I. *a ép* festő, mázoló; *tex* színező; **II.** *n ép* festés, mázolás *(olajjal)*; *koh* festékfelhordás; *tex* színezés; ~ **process** *tex* színezési eljárás

paintwork *ép* festés, mázolás, festési munkálatok; *gépk* fényezés

pair I. *v* párosít; *el* összesodor *(két huzalt)*; *tv* vonalpár képződik; *vegy* párosul; **II.** *a* pár; *el, távk* elektronpár; érpár; ~ **annihilation** *at* annihiláció, (pár)-szétsugárzás; ~ **attenuation coefficient** *at* párkeltési tényező; ~ **conversion** → ~ annihilation; ~ **creation/emission** *at* párkeltés, párképz(őd)és; ~ **energy(-) transfer coefficient** *at* párkeltési energiaátadási tényező; ~ **formation** → ~ creation/emission; ~ **furnace** *hőt* kétkamrás kemence; ~ **generation** → ~ creation/emission; ~**-oar** *hajó* kétevezős csónak, pair-oar; ~ **of compasses** *mt* körző; ~ **of complementary transistors** *félv* komplementer tranzisztorpár; ~ **of complex conjugate roots** *mat* konjugált gyökpár; ~ **of conductors** *el, távk* vezetékpár; ~ **of cords** *tex* zsinórpár; ~ **of dots** *krist* pontpár; ~ **of electrons** *vegy* elektronpár; ~ **of half scoops** *ép* kétpofás markoló; ~ **of jacks** *el* hüvelypár; ~ **of nips** *tex* facsaróhengerpár; ~ **of numbers** *mat* számpár; ~ **of phrases** *szt* kifejezéspár; ~ **of pliers** *szersz* fogó; ~ **of points** *mat* pontpár; ~ **of poles** *el* póluspár, sarokpár; ~ **of rods** *krist* vesszőpár; ~ **of semi-detached houses** *ép* ikerház; ~ **of squeezing rollers** → ~ of nips; ~ **of steps** *ép* kétágú létra *(szabadon felállítható)*; ~ **of tongs** *szersz* fogó; ~ **of vacancies/voids** *at, krist* kettős vakancia, divakancia, vakanciapár; ~ **product** *mat* Descartes-szorzat, (direkt)szorzat; ~ **production** *félv* párképződés; ~**(-)production energy** *félv* párképzési/párkeltési energia; ~ **theory** *at* Dirac-féle lyukelmélet/párelmélet; ~**-to-pair capacitance** *el, távk* vezetékpárok egymás közti kapacitása; ~ **twisting** *el* páronkénti összesodrás

paired páros, összepárosított; ~ **allocation of channel bands** *távk* páros csatornaelosztás; ~ **dislocation** *krist* páros diszlokáció; ~ **frames** *bány* páros biztosítókeret; ~ **lattice** *at* páros/konjugált rács; ~ **running** *vasút* egyes kocsivezérlés *(motorkocsié)*

pairing I. *a* párosító; *at* párkeltő, párképző; *el, távk* párosan sodró; *tv* párosodó *(sorok)*; **II.** *n* (össze)párosítás; párosodás; *at* párkeltés, párképz(őd)és; *el, távk* páronkénti összesodrás, páros sodrás; *pa* beigazítás; *tv* páros sorstruktúra, párosodás *(letapogatási hiba)*; ~ **energy** *fiz* párképz(őd)ési energia; ~ **-measuring device** *tv* párképződésmérő készülék; ~ **of electrons** *el, vegy* elektronok párosodása

paisanite *ásv* paisanit

pakfong → packfong

PAL → programmable array logic; ~**-nut** *gép* lapos önzáró csavaranya, PAL-anya, palanya; ~ **system (phase alternation line)** *tv* PAL-rendszer

palace *ép* palota

palaeo-, *US* **paleo-** *geol* paleo-, ős-

Palaeocene *geol* paleocén

Palaeogene *geol* paleogén

palaeogeography *geol* ősföldrajz, paleogeográfia

palaeogeomorphology *geol* paleogeomorfológia

Palaeolithic Period *geol* pattintott kőkorszak, paleolitikum

palaeomagnetism *geol* paleomágnesség

palaeontology *geol* őslénytan, paleontológia

palaeopedology *geol* őstalajtan

palaeotemperature *geol* paleohőmérséklet

palaeotypal rocks *geol* őskőzetek

palaeovolcanic *geol* paleovulkáni; ~ **rock** *geol* paleovulkáni kőzet

Palaeozoic *geol* földtörténeti ókor, paleozoikum

palaeozoology *geol* paleozoológia

palagonite *ásv* palagonit

pale[1] **I.** *v* kerítéssel körülvesz, körülkerít, bekerít; **II.** *n* bekerített hely; (határ)karó, cövek, cölöp; kerítésanyag; palánkkerítés; ~ **fence** *ép, fa* palánkkerítés, léckerítés

pale[2] **I.** *v* fehérít, halványít; fehérül, színtelenedik, halványul; **II.** *a* elszíntelenített, elszíntelenedett; fakó, fénytelen, halvány; **III.** *n* sápadt/fakó szín; ~ **crepe** *gumi* fehérkrepp *(legjobb kreppelt kaucsuk)*; ~**(-)drying oil** *vegy* fakón száradó olaj; ~ **oil** *ol* világos (finomított) olaj; ~ **shade** *opt, pa, tex* halvány színárnyalat; ~**-strength print** *tex* pasztell színű nyomás

paleo- *US* → palaeo-

palette *ép* paletta; *forg* mellvért *(mellfúrón)*; ~**(-)knife** *ép* palettakaparó kés, festőkés, spatulya; ~ **staff** *finm* retesztengely *(órában)*

Paley-Wiener criterion *rendsz* Paley—Wiener kritérium

palimpsest texture *krist* palimpszeszt szerkezet

paling *ép* elkerített hely; *ép, fa* karó(k), cövekek, kerítésoszlop(ok); palánkkerítés, léckerítés; ~**(-)picket fence** *ép, fa* karókerítés, léckerítés

palingenesis *biot, geol* palingenezis

palisade I. *v* karókkal/palánkkal körülkerít, körülpalánkol, palánkkal véd; **II.** *n ép* cölöpfal, léckerítés, cölöpsor, karózat, rácskerítés; *geol* éles kőszirt, bazaltoszlopsor; *kat* sánckaró, paliszád

pall *tex* fátyol, függöny, palást

Palladian *ép* Palladio-stílusú; ~ **architecture** *ép* palladianizmus

palladic *vegy* palládium(IV)-

palladinized asbestos *vegy* palládiumazbeszt

palladium (Pd) *vegy* palládium; ~ **barrier leak detector** *félv* palládiumos lyukkereső; ~ **charcoal** palládiumozott szénpor; ~ **chromite** palládiumtartalmú krómérc; ~ **dioxide** palládium(IV)-oxid, palládium-dioxid; ~ **disulphide/disulfide** palládium(IV)-szulfid; ~ **hydride** *vegy* palládium-hidrid, palládium-hidrogén; ~**-membrane leak detector** *félv* palládium-membrános lyukkereső; ~ **monosulphide/monosulfide** palládium(II)-szulfid; ~ **monoxide** palládium(II)-oxid, palládium-monoxid; ~ **sponge** palládiumszivacs; ~ **subsulfide** palládium(I)-szulfid

pallasite *ásv* pallaszit

pallatize *csom* palettára/rakodólapra rakodik, palettát/rakodólapot megrak

pallet raklap, szállítódeszka, szállítótálca, rakodótálca; terelőlemez *(szállítószalagon)*; *ép* (lapos) aranyozóecset, aranyozószerszám; formázólapocska, formázólapátka; *finm* lengőretesz *(óráé)*; *forg* pergőfúró-melltámasz; *gép* retesz *(kilincskeréké)*; *hang* légbeeresztő (csuklós) szelep, (beeresztő)szelep *(orgonán)*; *hidr* dugattyú, tárcsa *(láncos kútszivattyúé)*; *kat* páncélsisak; *önt* fatálca; ~ **brick** *ép* egyik élén hornyos tégla; ~ **container** *ép* halmazolható szállítótartály; ~ **conveyer** lemeztagos szállítószalag; ~ **feeder** *ép* palettaadagoló, alátéttálca-adagoló *(blokkgyártó gépen)*; ~**-free package** rakodólap nélküli csomagolás; ~ **jewel** *finm* horgonykő; ~ **loader** rakodólap-megrakó gép; ~ **of verge** *finm* orsólap; ~ **picker** *em* komissiózótargonca; ~ **stone** → ~ jewel; ~ **storer** → ~ loader; ~ **truck** *ép* kis emelésű szállítókocsi; ~**-type block machine** *ép* palettás blokk-

gyártó gép; ~ **with (a) covered jewel** *finm* takart kövű horgony *(óráé)*; ~ **with fixed sides** oldalfalas rakodólap; ~ **with wire sides** rácsos szekrényes rakodólap
palletization rakodólapra rakás
palletized movement áruszállítás rakodólapon
pallial sinus *távk* köpenyszinusz
pallid fakó, sápadt, hal(o)vány, színtelen
pallograph *mech* pallográf
palloid *gép* palloid
palm[1] tenyér, marok; *bőr, tex* tenyér(rész) *(kesztyűé)*; *gép* lapított csővég, rúdvég; *hajó* agancslapát, evezőlapát; horgonyköröm, horgonykapa; tenyérgyűszű *(vitorlavarráshoz)*; ~ **test** *ol* tenyérpróba
palm[2] pálma(fa); ~ **butter/grease** *élip* pálmamagolaj; ~**-kernel cake** *élip* pálmamagpogácsa; ~**-kernel oil** → ~ butter; ~ **oil** *élip* pálmamagolaj; ~**-oil soap** *vegy* pálmaolajszappan; ~**-pulp oil** *élip* pálmadióbélolaj; ~**-rose oil** *vegy* pálmarózsaolaj; ~ **wax** *vegy* pálmaviasz
palmer machine/tenter/unit *tex* feszítőszerkezet *(kalanderen)*
Palmer scan *tv* hurkos letapogatás
palmering *tex* lágy fogást adó kalanderezés
palmette *ép* palmetta *(pálma alakú díszítés)*
palmitate *vegy* palmitát
palmitic acid *vegy* palmitinsav, hexadekánsav, hexadecilsav
palmitin *vegy* palmitin, palmitinsav-glicerid
paludal *geol* ingoványos, lápos, mocsaras
paly fakó, hal(o)vány, színtelen
palygorskite *ásv* paligorszkit
palynology *bány, ol* palinológia
PAM → primary access method; → pulse amplitude modulation
PAM-FM → pulse-amplitude modulation-frequency modulation
pamphlet paper *pa* brosúrapapír
pams *pl pa* (másodosztályú) hulladékpapír
pan I. *v bány* aranyat mos; kézzel szérel; *élip* sót párol *(kádban)*, lepárol, főz; *film* felvevőgéppel követ, svenkol, úsztatja a gépet, keres; panorámafelvételt készít; pásztáz; **II.** *n bány* csúszdateknő, csúszdavályú, szállítóteknő, surrantó; kerekes saraboló; kéziszér, kézi aranyszér, szérke; *el* áramszedő saru; *élip* fazék, lábas, serpenyő, edény; gyűjtőkeret *(síkszitában)*; tálca; *em* szállítólejtő; *ép* nagy osztás *(külső falsíkon)*; téglakitöltés *(favázkeret között)*; *fa* szegélyezés; *film* felvevőgép forgómozgása *(felvételkor)*; panoráma(felvétel), követőfelvétel, svenk, pásztázás; *geol* keménypala; *gép* tányér; *koh* döngölőrúd feje; *pa* kád, teknő; *ruh* lebegő ruhadísz; *talt* alioszos süppedés, serpenyő alakú talajmélyedés; lapos terület; szilárd altalaj; ~ **amalgamation** *vegy* amalgámozás edényben/kádban; ~**-and-tilt(ed) head** *film* forgatható és dönthető állványfej; ~ **calender** *tex* vályúpréskalander; ~ **conveyor/conveyer** serpenyős szállítószalag; ~**-down** *film* felvevőgép/kamera függőleges buktatása; ~**-feed tank** *cu* vákuum-behúzatótartály; ~ **floor** *ép* kazettás födém; ~ **gas** *hőt* tévelygáz *(kénkemencéből)*; ~ **grinder,** ~ **grinding mill** *ép* kollermalom, kollerjárat, görgőjárat; ~**-line** *bány* csúszdarakat; ~ **loaf** *élip* formakenyér; ~**(-)magazine** *kat* forgótárcsás dobtár; ~**(-mill) mixer** → ~-type (concrete) mixer; ~ **on** *v* felvevőgépet ráirányít *(vmire)*; ~**-out turbine** *hőt* gőzelvételes turbina; ~ **shot** *film* panorámafelvétel; ~**(-)slab floor** → ~ floor; ~**-type (concrete) mixer** *ép* tányéros *v.* vízszintes/függőleges tengelyű kényszerkeverőgép; ~**-up** *film* kameradőlés; ~ **vibrator** *ép* lapvibrátor; ~ **vulcanization** *gumi* üstvulkanizálás
PAN → polyacrylonitrile
panache *ép* csegely, kupolapendentif
panadaptor *foto* lencsecserélő foglalat; *rád* pánadapter
panama fairlead *hajó* görgős kötélvezető
panary fermentation *élip* kenyértészta-lazítás, kenyérerjedés
panbreaker *mzg* (al)talajlazító (eke)
pancake I. *v rep* leszáll felhúzott elejű géppel; **II.** *n élip* palacsinta; *rep* futómű nélküli leszállás; hasraszállás; ~ **coil** *el* tárcsás/lapos tekercs, kosár(fenék)tekercs; ~ **engine** fekvő motor; ~**-type radiation pattern** *távk* tárcsa alakú irányjelleggörbe; ~ **winding** *el* tárcsás tekercselés
pancaking *rep* futómű nélküli leszállás
panchromatic *foto* pankromatikus *(film, lemez)*
panchromatism *fotó* pankromatizmus, minden színre érzékenység
pancreatin solution *gyógyv* pankreatin oldat
pandermite *ásv* pandermit
pane *ép* (osztás)mező; négyszögletes parcella; táblaüveg, üvegtábla, ablaktábla, ajtótábla, ablaküveg; *gép* (csavarfej)oldallap; *szersz* fok, ellenfej *(kalapácsé)*; *tex* szövetdarab, szövetkocka; ~ **hammer** *szersz* mintázókalapács, domborítókalapács, trébelőkalapács, árokkalapács; ~ **of anvil** *alak* üllő lapja; ~ **of glass** *ép* üvegtábla; ~ **of roof** *ép* tetőfelület, fedélsík; ~ **stalk** *ép* üvegtáblakeret függőleges széle
panel I. *v ép* fával/falapokkal burkol/borít, faburkolattal ellát; táblákra beoszt, táblát kialakít, tábláz; **II.** *n bány* kamracsoport *(a többi térségtől pillérekkel elválasztva)*; szintmező; *bőr* nyereglap, nyeregpárna; *el, távk* egység; foglalat; kapcsolótábla(-mező); panel *(áramköré)*, szerelvénylap; szigetelőlemez; vezérlőpanel, vezérlőtábla; vezérlőpult; *élip* bevetődeszka *(pékműhelyben)*; *ép* (burkoló)lap; (fal)mező; ablaktábla, ajtótábla; építőelem; hídmező, keretmező, kerítésmező, padlómező, mennyezetmező *(bordás mennyezeten)*; lemezes fal; panel *(vasbetonból)*; *fa* asztallap; faborítás, (fa)lemez, (falburkoló) tábla; fanyereg; *gép* szerelőlap; *gépk* műszerfal, szerelvényfal; *kh* harisnyaszár; *nyom* bordaköz; kiemelt szedési mező; könyvtáblamező; *rep* szárnyburkolatmező; *ruh* sávdísz *(ruhán)*; vasalódeszka; ~ **absorber** hangszigetelő panel; ~ **barrier** *bány* fejtési mező határa, tábla pillére; ~ **beating** *gépk* autókarosszériajavítás; lemezmunka, karosszérialakatos-munka; ~**(-)board** műszertábla, műszerlap; *el* elosztótábla; *fa* bútorlap; építőlemez; kemény lemez; *pa* karosszéria-karton(lemez); ~ **body** *gépk* lemezes teherkocsiszekrény; ~ **box** *el, távk* egységdoboz *(műszertáblán)*; műszertábla; ~ **burner** *ol* panelégő; ~**(-)door** *ép* lemezelt ajtó; ~ **drumming** *gépk* lemezmoraj *(karosszérián)*; ~ **entry** *bány* táblaosztó vágat; ~ **filling** *ép, fa* bútorlap; keretbetét; ~**-form print** *foto* hosszúkás alakú fénykép; ~ **girder** *ép* mezőkre osztott rácsos tartó; ~ **heating** *hőt* falpanelfűtés; sugárzólemezes hevítés, burkolatfűtés; ~ **lamp** *el, távk* műszertáblalámpa; ~ **length** *gép* kerettávolság, kerettáv; ~

light *gépk* műszerfal-világítás; ~ **meter** *metr* szerelékfali műszer; ~**-mounted** *el, távk* kapcsolótáblára szerelt *(műszer)*; panelépítésű, modulrendszerű; ~**-mounted instrument** *el, távk* kapcsolótábla-műszer; ~ **mounting** *el, távk* külön szerelőlapos szerelés; ~ **of a door** *ép* ajtólap; ~ **operator** *rep* fedélzeti mérnök/szerelő; ~**(-)parquet** *ép* táblaparkett; ~ **planing-machine** *fa* egyengető fagyalugép; ~ **plank** *fa* borítódeszka; ~ **point** *ép* keresztosztás/átvitel pontja *(hídon)*, csomópont, átviteli pont; ~**-raising machine** *fa* bútorlapgyártó gép; ~ **saw** *ép, szersz* furnérfűrész; ~ **section** *bány* táblaszakasz; ~ **selector** *el, távk* panelválasztó gép; ~ **spacing** *ép* keretosztás *(hídon)*; ~ **stake** *fa* falitáblakeret, falburkolat kerete; ~ **switch** *el* süllyesztett kapcsoló; ~ **system** *bány* táblás művelési rendszer; *ép* táblás/paneles rendszer, modulrendszer

panelled, *US* **paneled** *ép, fa* faburkolatú, fával burkolt; táblás *(faszerkezet)*; ~ **door** betétes ajtó(szárny)

panelling, *US* **paneling** *ép* táblákra/mezőkre való (fel)osztás; *fa* (vékony) falemez, furnér(lemez); faburkolat, fatáblás falburkolat/padlóburkolat, lambéria; fával való burkolás; furnérozás

Panhard rod *gép* keresztirányú rögzítőrúd

panhead *gép* trapézfej; ~ **rivet** *gép* kúpos fejű *v.* kúpfejű szegecs

panheaded *gép* trapézfejű, kúpfejű; ~ **bolt** *gép* kúpfejű csavar

panic bolt *ép* vészkijáratzár *(nyomásra nyílik)*

panidiomorphic *geof* pánidiomorf

panne *tex* finombársony; plüss-szerű selyem; ~ **satin** *tex* finomszatén; ~ **velvet** *tex* finombársony

pannier fűzfakosár, kenyérkosár; málhakosár *(málhás állaton szállításhoz)*; *hidr* rőzsekolbász; *kat* hordozható gyógyszereskosár; ~ **set** *bőr* nyeregtáska *(egy pár)*

pannikin *élip* kis csésze/serpenyő/fémpohár

panning *bány* aranymosás; kanálpróbavétel; kézi szérelés; *élip* drazsírozás; *film* kameraelforgatás, úsztatás, keresés; panorámafelvétel; svenk(olás); ~ **by dragee** *élip* drazsírozás; ~**-out** *bány* aranymosás; ~ **shot** *film* felvétel úsztatás közben, panorámafelvétel

Pannonian | **epoch** *geol* pannóniai kor; ~ **stage** *geol* pannoniai emelet

panocha *cu* mexikói nyerscukor

panorama *opt* körkép, látkép, panoráma; ~ **reception** *távk* panorámavétel; ~ **sight** *kat* célpanoráma, panorámairányzék; ~ **windscreen/(wind)shield** *gépk* ívelt szélvédő

panoramic | **adapter** *fotó* panorámaelőtét; ~ **camera** *foto* nagy látószögű fényképezőgép; panoráma-fényképezőgép; ~ **display** *távk* panorámaindikáció; ~ **head** *foto* panorámafej; ~ **lens** *foto* nagy látószögű lencse/objektív; ~ **monitor** *szt* frekvenciaspektrumelemző; ~ **radar** *rád* légtérellenőrző körsugárzó lokátor/radar; ~ **receiver** *távk* panorámavevő; ~ **surveillance radar** → ~ radar; ~ **telescope** *kat* lövegtávcső; ~ **unit** → ~ radar; ~ **view** *opt* panorámakép, panorámakilátás

pantile *ép* kétszer hullámos cserép, holland tetőfedő cserép

pantiled roof *ép* cseréptető

panting stress *hajó* víznyomási és torlónyomási feszültség *(hajó mellső bordázatában)*

pantograph I. *v* átrajzol, pantografál; **II.** *n* pantográf; ~ **(collector/trolley)** *vasút* pantográf-áramszedő, ollós áramszedő; ~ **gate** *ép* ollós rács(kapu)

pantometer *geod* pantométer

pantoscope *foto, film* pantoszkóp

pantry tálalóhelyiség

pants *pl rep* nadrágszárszerű futóműburkolat

PAP → pierced aluminium plank

papain *vegy* papain *(fehérjebontó enzim)*

papaverine *gyógyv* papaverin *(alkaloid)*

paper papír; ~ **advance** *szt* papírtovábbítás; ~ **advance mechanism** *szt* papírtovábbító mechanizmus *(pl. nyomtatónál)*; ~ **and cotton covered cable** *el* papír- és pamutszigetelésű kábel; ~**(-)bag** papírzsák, papírzacskó; ~**(-)bag machine** papírzsákgép, zacskógép; ~ **band** *szt* papír(lyuk)szalag; ~**-based phenol** *pa* bakelizált papír; ~ **birch** *fa* papírnyírfa; ~**(-)black** *vegy* papírfekete *(festék)*; ~**-board** papírlemez, karton; **in** ~**-board** *nyom* papírkötésben, kartonált; ~**-bobbin** papírtekercs, papírbobin, papírhüvely; ~ **calender** *pa* papírhenger, papírkalander; ~ **can** papírdoboz, papírpalack; ~**(-)can machinery** papírmaséárut előállító gép; ~ **capacitor** *el* papírkondenzátor, papírszigetelésű kondenzátor; ~ **capsule** papírkapszula; ~ **carriage** papírtovábbító/papírszalag-továbbító mű; papírlyukszalag-tartó, papírszalagtartó; ~ **chromatography** *vegy* papírkromatográfia; ~**(-)clamp** → ~(-)clip; ~ **clay** papíragyag *(papírtöltéshez)*; ~**(-)clip** *pa* iratkapocs, papírkapocs, gemkapocs; ~ **coal** *bány* leveles szén; ~ **colo(u)r** *vegy* papírfesték; ~ **conduit with alumin(i)um coating** *el* alumíniumburkolatú papír védőcső; ~ **conduit with steel(-)band coating** *el* acélszalag burkolatú papír védőcső; ~ **cone** *pa* papírkúp; ~ **container** papírtasak; ~**(-)converter** *pa* papírfeldolgozó; ~ **converting** papírfeldolgozás; ~**-converting industry** papírfeldolgozó ipar; ~**(-)copy** *nyom* másolat; ~**(-)cord** papírzsineg; ~ **core** *el* papírmag, papírbél *(kábelé)*; ~**-core cable** *el* papírmagú kábel; ~**(-)cornet** *pa* papírtölcsér; ~**-covered wire** *el* papírszigetelésű huzal; ~**(-)cover pouch** boríték; ~**(-)cutter** *pa* papírvágó gép, keresztvágó; ~ **cutting** *pa* papírszelet; papírvágás; ~**-cutting** papírvágó; ~**-cutting machine** papír(be)vágó gép; ~ **cutting-out** papírstancolás, papírkivágás; ~ **cylinder of the indicator** indikátor-papírhenger; ~ **deformation** *nyom, szt* papírgyűrődés; ~ **developer** *foto* papírelőhívó; ~ **doily/doyley** tortapapír; ~**-drilling machine** papírfúró gép; ~ **drum** írószalagdob *(öníró szerkezeten)*; papírhüvely; papírtovábbító henger; ~**(-)dryer** papírszárító; ~**(-)dryer regulator** papírszárazság-szabályozó; ~ **electrophoresis** papírelektroforézis; ~**-embossing press** papírmintázó prés; ~ **empty (PE)** *szt* kifogyott a papír a nyomtatóból, PE; ~ **face(-)mask** *pa* papírálarc; ~**(-)factory** *pa* papírgyár; ~ **fastener** fűzőkapocs, papírkapocs; ~ **feed** *nyom, szt* papírtovábbítás, papírelőtolás, papírmozgatás, papírbevezetés; ~**(-)feed mechanism** *nyom, szt* papírelőtoló/papírtovábbító szerkezet; ~**(-)feed roll** *nyom* papíradagoló henger; ~**(-)feed speed** *nyom, szt* papíradagolási sebesség; ~ **felt** *pa* papírnemez; ~**-fibre/fiber** *pa* papírrost; ~ **file** gyorsfűző; ~**(-)filler** *pa* papírtöltőanyag; ~**(-)film** *foto* papírfilm; ~**(-)filter** papírszűrő; ~ **finishing** *pa* papírnemesítés; ~**-finishing**

machine *pa* papírfeldolgozó/papírnemesítő gép; ~ **folder** *nyomd* papírhajtogató csontkés, simítócsont, falcbejn; ~ **for artificial drinking straw** *pa* műszalmaszálpapír; ~ **for calculating(-)machine** számológéppapír; ~ **for congratulation cards** *pa* üdvözlőkártyapapír; ~ **for display specimen** *pa* makettpapír; ~ **for forms** *pa* űrlappapír; ~**(-)ga(u)ge** *pa* normál papírméret, papírszabványméret; papírmikrométer; ~**(-)goods** papíráru(k); ~ **guide** *nyom, szt* papírlapvezető, papírvezeték; ~**-guide plate** *nyom, szt* papírvezető lemez; ~**-guide roll** *pa* papírvezető henger; ~**-guide roller** *finm* vezetőhenger *(írógépé)*; ~**-hanger** *ép* tapétázó; ~**-hangings** *pl ép* tapéta; ~**-holding rod** *szt* papírtartó sín; ~ **husk** papírhüvely; ~ **industry** papíripar; ~**-insulated** *el* papírszigetelésű; ~**-insulated cable** *el* papír-légűr szigetelésű kábel, papírkábel; ~ **insulation** *el* papírszigetelés; ~**-knife** papírvágó kés; ~ **labo(u)rer** papírgyári munkás; ~ **lace** papírcsipke; ~**-lacquering machine** papírlakkozó gép; ~**-lined** papírburkolatú; ~**(-)maker** papírgyártó; ~**-maker felt** papírgép nemez; ~**-maker's glue** gyantaenyv, papírenyv; ~**-maker's plaster** gipsz; ~**-maker's resin** gyantaenyv, papírenyv; ~ **making** papírgyártás; ~**-making machine** papírgyártó gép, papírgép; ~**-making wire** *pa* papírgépszita; ~ **manufacturer** papírgyártó, papírgyáros; ~ **mildew** penészfolt; ~**(-)mill** papírgyár, papírmalom; ~**(-)miller** papírgyáros, papírgyártó; ~**-mill machinery** papírgyári berendezés; ~**-mill wastes** *pl* papíripari szennyvíz; ~ **moistener** *pa* papírnedvesítő; ~**(-)mo(u)ld** papírmerítő keret; ~ **mount** képalátétpapír; ~ **movement** *nyom* szalagmozgás; ~ **mulberry** *fa* papíreperfa; ~ **napkin** papírszalvéta; ~ **pad** (levél)papírtömb; ~ **parchment** pergamenpapír; ~ **partition chromatography** *vegy* papírkromatográfia; ~ **path** *szt* papírvezetés; ~**(-)pattern** *pa* papírminta; ~ **peat** *bány* leveles tőzeg; ~ **perforator** *pa* (papírsor)lyukasztó, papírperforáló gép; ~ **plug** papírdugó; ~**-pocket machine** papírtasakgép, papírtáskagép; ~ **pot** *mzg* papírcserép; ~ **pouch** papírboríték, papírzacskó; ~ **processing** papírfeldolgozás; ~**(-)pulp** *pa* papírnyersanyag, papírpép, papírcellulóz, hollandi pép; ~ **punch** (papír)lyukasztó; ~ **rag** *pa* rongyanyag; ~**(-)reel** *pa* papírtekercs; ~**-reel cart** tekercsszállító kocsi; ~**-reel corner protector** papírtekercs-élvédő; ~**-reel for bookkeeping(-)machine** papírtekercs könyvelőgéphez; ~ **release lever** *szt* papírkioldó/meglazító kar; ~ **rod** *finm* papírleszorító rúd *(írógépen)*; ~**(-)roll** papírtekercs; ~**-roller** papírvezető görgő; ~**-roll holder** *nyom, szt* papírtekercstartó; ~**(-)roof** *ép* kátránypapír tető; ~**(-)rope** *pa* papírkötél, papírzsineg; papírkötés; ~**(-)ruler** papírvonalazó gép; ~**(-)sack** papírzsák; ~**(-)scale(s)** *pa* ívmérleg; ~**(-)scissors** *pl* papírolló; ~**(-)scrap** papírszelet; ~**(-)shavings** *pl pa* papírgyapot, papírforgács; ~**(-)shears** → ~ (-)scissors; ~ **sheet** papírív; ~**(-)shell** papírtekercsvédő; tekercscsomagoló papír; ~ **shredder** *pa* papírtépő, papírrostosító; ~**(-)size** *nyom, pa* papíralak *(formátum)*, papírnagyság; papírenyv; ~**(-)sizing** *pa* papírenyvezés; ~ **skip** *szt* papírfuttatás; ~ **sleeve** papírhüvely; ~**(-)slip** iratkapocs, papírkapocs; papírszelet; ~**-sorting department** *pa* papírterem; ~ **speck** *pa* folt a papírban; ~ **speed** papírsebesség *(regisztrálásnál)*; ~ **staining** *pa* tapétagyártás; ~ **stereotyping** *nyom* papírsztereotípia; ~ **stock** papíranyag, papírpép *(papírgyártásnál)*; ~**(-)store** *pa* papírraktár; ~**(-)straightener rod** *távb* papirosfeszítő rúd; ~ **string** papírkötöző fonal; ~ **strip** *el, pa* papírcsík; papírszalag *(kábelszigeteléshez)*; ~**-strip chromatography** *vegy* papíroscsík-kromatográfia; ~**(-)stuff** → ~(-)pulp; ~ **support** *finm* papírtámasztó *(írógépen)*; ~**-surface record** *hang* hanglemezfelvétel papírkorongra; ~ **table** *finm* papírvezető lemez *(írógépen)*; ~ **table-cloth** papír asztalterítő; ~ **tape** *szt* (lyuk)szalag; ~**-tape code** *szt* lyukszalagkód; ~**-tape device** *szt* lyukszalagos készülék; ~**-tape loop** *szt* végtelenített lyukszalag; ~**-tape organization** *szt* lyukszalagos szervezés; ~**-tape output** *szt* papírszalag-kimenet; ~**-tape punch** *szt* lyukszalaglyukasztó; ~**-tape reader** *szt* lyukszalagolvasó; ~**-tape storage** *szt* lyukszalagtároló, lyukszalag-memória; ~**-tape unit** *szt* lyukszalagos egység; ~ **technology** *pa* papírtechnológia; ~ **tester** *any* papírvizsgáló (készülék); ~ **testing** *any* papírvizsgálat; ~**(-)texture** *pa* papírszövedék; ~**(-)thread** *pa* papírzsineg, papírfonal; ~**-thread cloth** *tex* papírfonalból készített szövet, papírszövet; ~ **throw** *szt* papírfuttatás; ~**-throw character** *szt* többszörös soremelő karakter; ~ **trade** *ip, fa* papírkereskedelem; ~ **tray** papírlerakó doboz; ~**(-)trimmer** papír(be)vágó; ~**-trimming machine** *pa* papírbevágó gép; ~ **tub** *pa* papírtartály; ~**(-)tube** *ép* papírvödör; üregképző kartoncső; ~**-tube for yarn** *tex* papírcséve; ~**-tube machine** *pa* hüvelytekercselő gép; ~ **tuft** papírbojt, papírbóbita; ~**(-)twine** *pa* papírzsineg; ~ **varnish** *vegy* papírlakk; ~ **waste** papírhulladék; ~ **wax** papírparaffin; ~**-waxing machine** *pa* papírviaszoló gép; ~**(-)web** papírpálya; papírpólya, papírszövet, papírszalag; ~**(-)wool** papírgyapot, papírgyapjú; ~ **wrapping** *el* papírburkolat *(kábelé)*; ~**(-)yarn** papírfonal, papírzsineg

paperback *nyom* fűzött/kartonált könyv, puha kötésű könyv

paperbacked *nyom* fűzött, kartonált, puha fedelű/kötésű *(könyv)*

paperboard → paper board

papered *ép* papírral bevont, falkárpitos, tapétázott; ~ **wall** *ép* tapétázott fal

paperer *ép* tapétázó, falkárpitos

paperhanger → paper-hanger

papering I. *a ép* tapétázó; **II.** *n* falkárpitozás, papírkárpitozás

papery *pa* papírszerű, papírhoz hasonló, papírvékonyságú; ~ **shale** *geol* papírpala, táblás/leveles/réteges pala

papier mâché *pa* papírmasé

PAPM → pulse-amplitude-phase modulation

Pappus' theorem *mat* Papposz-tétel

pappy *any* pépes, kásás

papyraceous *pa* papírszerű, papírvékony; papirusz(ból készült)

papyrography *vegy* papírkromatográfia

papyrus *pl* **papyri** *pa* papirusz

par névérték, pari; ~ **weighting** *tex* parinehezítés *(súlyveszteség-kiegyenlítés)*

PAR → precision-approach radar

parabola *mat* parabola; ~ **of Descartes** *mat* Descartes-féle parabola; ~ **plane** *mat* parabolasík

parabolic(al) *mat* parabola-, parabolikus; ~ **antenna** *távk* parabolaantenna; ~ **arc** *ép* parabolaív; ~ **bit** *ol* parabolafúró; ~ **characteristic** *el* parabolikus *v.* parabola alakú jelleggörbe; ~ **cone** *mat* parabolikus kúp; ~ **creep** *krist* parabolikus kúszás; ~ **curve** *mat* parabolagörbe; ~ **detection** *félv* négyzetes egyenirányítás; ~ **differential equation** *mat* parabolikus differenciálegyenlet; ~ **geometry** *mat* euklideszi/parabolikus geometria; ~ **girder** *ép* parabolaövű tartó; ~ **horn** *hang* parabolakürt; ~ **load** *mech* parabolikus (eloszlású) teher; ~ **logarithm** *mat* parabolikus logaritmus; ~ **microphone** *hang* parabolamikrofon; ~ **mirror** *opt* parabolatükör; ~**-mirror control** parabolatükör-irányítás; ~**-mirror control for telecommunication satellites** távközlési műholdakat követő parabolatükrök irányítása; ~ **nozzle** parabolikus fúvóka; ~ **orbit** parabolikus (űrbeli) pálya, parabolapálya; ~ **partial differential equation** *mat* parabolikus (parciális) differenciálegyenlet; ~ **point (on a surface)** *mat* parabolikus pont *(síkgörbén, felületen)*; ~ **reflector** *távk* parabolareflektor, parabolaantenna, parabolatükör; ~**-reflector antenna** *távk* parabolaantenna, parabolatükör; ~**-reflector microphone** *hang* parabolatükrös mikrofon; ~ **segment** *mat* parabolaszelet; ~ **spinner** *rep* parabolikus légcsavarkupak; ~ **spiral** *mat* parabolikus spirális; ~ **tip** *rep* parabola körvonalú szárnyvég; ~ **trajectory** *űr* parabolapálya; ~ **truss** *ép* parabolikus rácsos tartó; ~ **velocity** *fiz, űr* parabolasebesség, szökési sebesség, parabolikus sebesség, második kozmikus sebesség; ~ **wave** *távk* parabolahullám

parabolograph *mat* parabolográf, parabolát rajzoló eszköz

paraboloid *mat* paraboloid, parabolatest; *távk* paraboloidantenna; ~ **antenna** *távk* paraboloidantenna; ~ **headlamp/headlight** *gépk* parabola fényszóró; ~ **mirror** *opt* parabolatükör; ~ **of revolution/rotation** *el* forgási paraboloid, forgásparaboloid, forgástest-paraboloid; ~ **reaction** *aut* parabola-visszahatás; ~ **reflector** *távk* parabolaantenna, parabolatükör, paraboloid reflektor; ~ **shell** *ép, mech* paraboloidhéj

paraboloidal → paraboloid

parabrake *rep* fékernyő

paracasein *élip* parakazein

paracentric(al) *mech* körmozgástól eltérő, paracentrikus

parachor *vegy* parachor

parachrosis *krist* elszíntelenedés *(ásványoké napfényben)*

parachute I. *v rep* ejtőernyővel leszáll/ugrik; **II.** *n* ejtőernyő; ~ **balloon** *met* ejtőernyős kutatóléggömb; ~ **canopy** *rep* ejtőernyő-kupola; ~ **dummy** *kat* ejtőernyős báb; ~ **fabric** *tex* ejtőernyőszövet; ~ **flare** *kat* ejtőernyős (világító)bomba/(világító)fáklya; *rep* ejtőernyős világítótest; ~ **harness** ejtőernyő-heveder; ~**-shroud lines** *kat* ejtőernyőtartó zsinórzat/függesztőkötelek; ~ **signal** *hajó* ejtőernyős röppentyű; ~ **supply** *kat* ejtőernyővel ledobott utánpótlás; ~ **tower** *kat* ejtőernyős ugrótorony; ~ **-type** *kat* ejtőernyővel felszerelt, ejtőernyős

parachutist *kat* ejtőernyős

paraclase *bány, geol* paraklázis, repedés, vetődés

paracril *műa* parakril *(mesterséges kaucsuk)*

paracrystal *krist* anizotróp olvadék, kristályos folyadék; folyékony kristály; mezomorf fázis, mezofázis; parakristály, kvázikristály

paracrystalline *krist* kvázikristályos; parakristályos; ~ **deformation** *krist* parakristályos torzulás

paradox *mat* antinómia, paradoxon; ~ **of Petersburg** *mat* pétervári paradoxon

paradoxical *mat* paradox; ~ **proposition** *mat* paradox állítás

paradoxicality *mat* paradoxia, paradox jelleg

paradoxite *ásv* paradoxit

paraelectric *el* paraelektromos

paraffin I. *v vegy* paraffinnal bevon, beparaffinoz; petróleummal beken/leönt; **II.** *n műa* paraffin-szénhidrogén; *ol, vegy* kerozin; paraffin; petróleum; ~**-asphalt petroleum** *ol* vegyes bázisú *v.* intermediens kőolaj, paraffin-aszfalt bázisú kőolaj; ~**-base** *ol* paraffinbázisú; ~**-base crude (oil)** *ol* paraffinbázisú nyersolaj/kőolaj/ásványolaj; ~**-base paper** *pa* paraffinalap-papír; ~ **bit** paraffinkés; ~ **butter** *vegy* lágy gyertyaparaffin; ~ **deposition** *ol* paraffinlerakódás; ~ **distillate** *ol* paraffinpárlat, paraffingacs; ~ **duck** *tex* paraffinimpregnálású ponyva; ~ **embedding** *ol* paraffinba való ágyazás; ~ **engine** *gépk* petróleummotor, dízelmotor; ~ **exudation** → ~ precipitation; ~ **flux** *ép* paraffinos lágyaszfalt; ~ **hydrocarbon** *vegy* paraffin-szénhidrogén, telített nyílt láncú szénhidrogén, alkán; ~ **hydrocarbons** paraffin-szénhidrogének; ~ **oil** *ol, vegy* folyékony petrolátum, paraffintartalmú olajpárlat, paraffinolaj; kerozin; petróleum; ~ **oxidation** paraffinoxidáció; ~ **precipitation** paraffinkicsapás, paraffinleválasztás; ~ **removal** paraffintalanítás; ~**-removing scraper** paraffinkés; ~ **scale** paraffinpikkely; pikkelyes nyersparaffin; ~**-scale wax** egyszer izzasztott nyersparaffin; ~ **scraper** paraffinkés; ~ **series** *műa* paraffinsorozat; ~ **slack wax,** ~ **sludge** paraffingacs, nyersparaffin; ~**-sweated wax,** ~ **sweats** (nyers) izzasztott paraffin; ~ **wax** csőviasz; paraffin(viasz); ~**(-)wax sizing** viaszenyvezés

paraffinaceous *ol* paraffinos, paraffin-, paraffinszerű

paraffined beparaffinozott, paraffinnal bevont; ~ **board** *pa* viaszkarton

paraffinic *ol* paraffinos, paraffin-, paraffinszerű; ~ **hydrocarbon** → paraffin hydrocarbon; ~ **petroleum** paraffinbázisú nyersolaj/kőolaj/ásványolaj

paraffinicity *ol* paraffinjelleg, paraffinosság

paraffining machine *pa* paraffinozógép, paraffinálógép

paraflow *vegy* parafló *(naftalin és klórozott paraffin kondenzációs terméke)*

parafocussing, parafocusing *krist* parafókuszoló; ~ **method** *krist* parafókuszoló eljárás

paraformaldehyde *vegy* paraformaldehid

parafuchsine *vegy* pararozanilin, triamino-trifenil-karbinol

paragneiss *ásv* paragneisz

paragon *krist* 100 karátnál nagyobb súlyú hibátlan gyémánt; nagy körte formájú gyöngy; ~ **steel** *koh* zsugorodásmentes ötvözött acél

paragonite *ásv* paragonit

paragraph I. *v nyom* paragrafusokra/bekezdésekre/szakaszokra oszt; **II.** *n nyom* szakasz, bekezdés, paragrafus, cikkely; ~ **mark** *nyom* szakaszjel

paralaurionite *ásv* paralaurionit
paraldehyde *vegy* paraldehid; ~ **dye** *tex, vegy* paraldehidszínezék
paralic *geol* paralikus; ~ **coal formation** *geol* paralikus kőszéntelep
parallactic *csill, geod* parallaktikus, parallaxisos; ~ **angle** *csill* parallaxisszög; ~ **error** *csill, geod* parallaxishiba; ~ **grid** *geod* parallaktikus rács, mérőrács
parallax *csill, geod* parallaxis, látószögelhajlás; ~ **adjusting** *csill, geod* parallaxisbeállítás; ~ **compensation/correction** *opt* parallaxiskiegyenlítés, parallaxishelyesbítés; ~**(-)correcting finder** *geod* parallaxishelyesbítéses irányoló/tájoló; ~ **displacement/error** *csill, geod* parallaxishiba; ~**-in altitude** *csill* magassági parallaxis; ~ **instrument** *csill, geod* parallaxismérő; ~ **photogrammetry** *geod* parallaktikus fotogrammetria; ~ **stereogram** *foto* térhatású fénykép
parallel I. *v* párhuzamosít, párhuzamba állít; *aut, el* összeegyeztet, szinkronizál; **II.** *a* hasonló; párhuzamos; *el* párhuzamosan kapcsolt; *mat* párhuzamos; **III.** *n geod* szélességi kör/fok; *mat* párhuzamos (vonal); *szersz* távolságtartó oszlop *(présszerszámé)*; ~ **access** *szt* párhuzamos hozzáférés; ~**-access (computer) store** *szt* párhuzamos (elérésű) tároló/memória; ~ **adder** *szt* párhuzamos összeadó; ~ **airway entry** *bány* párhuzamos (lég)vágat; ~ **and counter-flow/superheater** *el* párhuzamosan kapcsolt ellenáramú túlhevítő; ~ **antenna array** *távk* dipólcsoport, párhuzamos antennaelrendezés; ~ **arithmetic unit** *szt* párhuzamos aritmetikai egység; ~**-axis theorem** *fiz* párhuzamos tengelyek tétele; ~**-beam method** *krist* Barth-féle paralelsugár-módszer; ~ **bench vice** *gép* műszerészsatu; ~ **bit transmission** *szt* párhuzamos bitátvitel; ~ **body** *hajó* hajótest párhuzamos falú (középső) része; ~**-built winder** *tex* párhuzamos csévélésű csévélőberendezés; ~**-by-bit** *szt* kettes számrendszerű számjegyenként párhuzamos; ~ **capacitor** *el* párhuzamos/söntölő kondenzátor; ~ **carrier** *forg* párhuzamos menesztő; ~ **cascade action** *el* párhuzamos kaszkádműködés; ~ **cathode heating** *el* párhuzamos katódfűtés; ~ **chart** *mat* vonalsereges nomogram; ~ **cheese** *tex* hengeres keresztcséve; ~ **circuit** *el* párhuzamos/paralel áramkör; ~ **clamp** *mt* párhuzamsikattyú; ~ **code** *szt* párhuzamos kód; ~ **coil of wattmeter** *el* wattméter feszültségtekercse; ~ **combination** párhuzamos/paralel kapcsolás; ~ **combination of control loop elements** tagok párhuzamos kapcsolása a szabályozási körben; ~ **comparison operation** *távb* párhuzamos összehasonlító üzemmód; ~ **compensation** párhuzamos kompenzáció, visszacsatolásos kompenzáció; ~ **computer** *szt* párhuzamos működésű számítógép; ~ **computing channel multiplier** *szt* párhuzamos számítócsatornás szorzóberendezés; ~ **connection** → ~ circuit; ~ **control** *aut, szt* párhuzamos vezérlés/szabályozás; ~ **control loop** párhuzamos szabályozókör; ~ **coping** *ép* vízszintes fedőlapú fedőkő; ~ **correcting element** *aut* párhuzamosan kapcsolt jelmódosító tag *v.* kompenzálótag; ~**-coupled plate vibrator** *ép* párhuzamos kapcsolású lapvibrátor; ~**-crank mechanism** *gép* csuklós forgattyúmű; ~**-current condenser** egyenáramú kondenzátor/hűtő; ~**-current drying** *hőt* egyenáramú szárítás; ~**-current feedback** *el* párhuzamos áram-visszacsatolás; ~**-current roasting** *koh* egyenáramú pörkölés; ~**-curve rib** *ép* egyenlő vastagságú borda; ~ **cut** *bány* párhuzamos fúrólyukú betörés; *ép, gép* Y metszet; ~ **data input** *szt* párhuzamos adatbemenet; ~ **data output** *szt* párhuzamos adatkimenet; ~ **data transmission** *szt* párhuzamos adatátvitel; ~ **density** *foto* párhuzamos feketedés; ~ **digital computer** *szt* párhuzamos működésű digitális számítógép; ~ **displacement** *geol* teleprétegek párhuzamos eltolódása; ~ **distribution** párhuzamos elosztórendszer; ~ **drainage pattern** *hidr* párhuzamos csatornarendszer; ~ **drive** *gép* párhuzamos tengelyvonalú hajtás, csuklós paralelogrammaáttétel; ~ **embankment** *hidr* árvédelmi töltés/gát; ~ **equalizer** *távk* párhuzamos csillapításkiegyenlítő; ~ **fabric** *tex* párhuzamos vonalakkal mintázott szövet; ~ **feed** *távk* párhuzamos táplálás; ~ **feedback** *távk* párhuzamos visszacsatolás; ~**-feedback operational amplifier** *el* párhuzamos visszacsatolású műveleti erősítő; ~ **fence** *fa* vezetőlap *(fafűrészen)*; ~ **file** párhuzamos élű reszelő, egyenesreszelő; ~**-flanged beam** *ép* párhuzamos övű *v.* rácsozott gerincű vasbeton gerenda; ~ **flat-nose pliers** *pl* lapos párhuzamfogó; ~ **floating-point unit** *szt* párhuzamos lebegőpontos egység; ~ **flow** *fiz* egyenáram; párhuzamos áram(lás); ~**-flow heat exchanger** *en* egyenáramú hőcserélő; ~**-flow jet condenser** *en* egyenáramú keverőkondenzátor; ~**-flow superheater** *hőt* egyenáramú túlhevítő; ~ **flying** *rep* párhuzamos repülés; ~ **gate valve** *gép* párhuzamtolózár; ~**-gear drive** *gép* homlokkerekes hajtás, homlokkerék-áttétel, csuklós paralelogrammaáttétel; ~ **gliding** *krist* párhuzamos eltolás; ~ **growth** *krist* párhuzamos összenövés/növekedés; ~ **guide** *gép* egyenes vezeték; ~**-guided front(-)end shovel** *ép* párhuzamos vezetésű homlokkanál; ~ **hobbing cutter** *forg* hengeres csigamaró szerszám; **in** ~ *el* párhuzamosan kapcsolt, párhuzamos kapcsolású; ~ **in parallel out (PIPO)** *szt* párhuzamos bemenet, párhuzamos kimenet, PIPO; ~ **input** *szt* párhuzamos bemenet; ~ **input/output (PIO)** *szt* párhuzamos bemeneti/kimeneti egység, PIO; ~ **in serial out (PISO)** *szt* párhuzamos bemenet, soros kimenet, PISO; ~**-in-series hole connection** *bány* csoportos lyukkapcsolás; ~ **interface** *szt* párhuzamos csatoló/interfész; ~ **jack** *el* párhuzamos hüvely; ~ **key** *gép* csöves/német kulcs *(üreges szárral)*; ~**-line pen** kettős hegyű toll *(rajzhoz)*; ~ **linkage** *gép* paralelogramfelfüggesztés; ~ **magnetic-core memory** *szt* párhuzamos mágnesmagos memória; ~ **memory** *szt* párhuzamos/címfüggetlen memória; ~ **middle-body** *hajó* hengeres középrész; ~ **midship** *hajó* párhuzamos középrész; ~ **milling(-)machine** *forg* kétorsós függőleges marógép; ~ **mode** *szt* párhuzamos működésmód; ~ **modulation** *távk* anódmoduláció; ~ **motion** *mech* párhuzamos mozgás/elmozdulás; *tex* nyüstmozgató *(berendezés)*; ~ **multiple-spot welding** *heg* párhuzamos kapcsolású többpontos hegesztés; ~ **operation** *szt* együttfutó működésmód; párhuzamos működés/üzem(mód); ~ **output** *szt* párhuzamos kimenet; ~ **pendulum(-)saw** *szersz* párhuzamos ingafűrész; ~ **phase resonance** *távk* párhuzamos (áram)-rezonancia; ~ **photographs** *geod* párhuzamos tengelyű felvételek; ~**(-)plane** *mat* plánparalel, síkpárhuzamos; ~**-plane laser cavity** *fiz* síkpárhuzamos lézerrezonátor; ~**-plate capacitor** *el* síkkondenzátor; ~-

plate chamber *at* párhuzamos síkelektródás ionizációs kamra; ~-**plate counter** *metr* párhuzamos síkelektródájú számláló; ~-**plate (wave)guide** *távk* párhuzamos síkú hullámvezető; ~ **pliers** *pl* párhuzamfogó; ~ **printer** *szt* párhuzamos nyomtató; ~ **printer adapter (PPA)** *szt* párhuzamos nyomtató, PPA; ~ **processing** *szt* párhuzamos feldolgozás; ~ **processing system (PPS)** *szt* párhuzamos feldolgozás, PPS; ~-**ram steering gear** *gépk* párhuzamos dugattyúelrendezésű hidraulikus kormánymű; ~ **reaction** *vegy* másodlagos reakció, mellékreakció; ~ **register** *szt* párhuzamos regiszter; ~ **regulator** mellékáramkörű szabályozó; ~ **representation** *szt* párhuzamos ábrázolás; ~ **resistance** *el* párhuzamos ellenállás; ~ **resonance** *távk* áramrezonancia, párhuzamos rezonancia; ~-**rotating louvre blade damper** *ép* egy irányban forgó zsalu; ~ **round-nose pliers** *pl* kerek csőrű párhuzamfogó; ~ **rule(r)** *nyom* duplafinom lénia; *szersz* párhuzamvonalzó; ~-**run controller** *aut* párhuzamos szabályozó; ~ **running** *aut, szt* párhuzamos üzem(mód); *el* párhuzamos járás *(generátornál)*; ~-**running** *aut, szt* együtt haladó/futó; ~ **sailing** *hajó* szélességi köri navigáció; ~ **search storage** *szt* asszociatív tároló; ~ **serial converter** *szt* párhuzamos-soros átalakító; ~-**series circuit/connection** *el* párhuzamos-soros kapcsolás/áramkör; ~-**shank reamer** *szersz* hengeres szárú dörzsár; ~ **shears** *szersz* párhuzamolló; ~(-)**slit collimator** *at* párhuzamos nyílású kollimátor; ~ **slot** *el* párhuzamos (armatúra)horony; ~ **sphere** *csill* parallel szféra; ~ **stabilization** *aut* párhuzamos stabilizáció/stabilizálás; ~ **storage** *szt* párhuzamos tárolás; ~ **store** → ~ memory; ~ **string completion** *ol* párhuzamos termelőcsöves kútkiképzés; ~ **sweep search** *rep* párhuzamos (átfésülő) kutatás; ~ **swivel bench vice** *gép* párhuzamos pofás elfordítható satu, órássatu, munkapadsatu; ~ **terminating** *távk* párhuzamos végződés/csatlakozás; ~ **throw** *geol* vetődés rétegtani/sztratigráfiai szélessége; ~-**to-serial conversion** *el, szt* párhuzamos-soros átalakítás; ~-**to-serial converter** *el, szt* párhuzamos-soros átalakító; ~ **transfer/transmission** *szt, távk* párhuzamos átvitel; ~ **transmission of information** *szt, távk* párhuzamos információátvitel; ~(-)**travel(l)ing cableway** *ép* párhuzamos pályán mozgó kábeldaru; ~ **truss** *ép* párhuzamos övű rácsos tartó; ~ **tubing(-)string completion** *ol* párhuzamos termelőcsöves lyukkiképzés; ~ **unconformity** *geol, ol* párhuzamos nem egyező rétegeződés, paralleldiszkordancia; ~ **vein** *bány* kísérőtelér; ~ **vice** *gép* párhuzamos satu; ~ **voltage(-) feedback** *el* párhuzamos feszültség-visszacsatolás; ~ **ways** *pl gép* párhuzamvezeték; ~ **winding** *el* párhuzamos/mellékáramkörű tekercselés, sönttekercselés; ~ **wing** *ép* párhuzamos szárnyfal; ~-**wire cable** *ép* feszítőkábel párhuzamos huzalelrendezéssel; ~-**wire resonator** *el* Lecher-vezetékpár; ~ **word transmission** *távk* párhuzamos szótovábbítás; ~ **worm** *gép* hengeres csiga; ~-**wound bobbin** *tex* párhuzamos menetű cséve

paralleled párhuzamosított; *aut, el* szinkronizált; ~ **input** *távk* párhuzamosan kötött bemenet

parallelepiped *mat* paralelepipedon, paralelogramma alapú hasáb; ~ **laser cavity** *fiz* paralelepipedon alakú lézerrezonátor

paralleling I. *a* párhuzamosító; *aut, el* szinkronizáló; **II.** *n* párhuzamosítás, párhuzamba állítás; *aut, el* összeegyeztetés, szinkronizálás; *el* párhuzamos/párhuzamba kapcsolás; ~ **bar** *el* szinkronozósín; ~ **equipment** *aut* paralel járató berendezés; ~ **factor** *félv* csoporttényező; ~ **reactor** *el* kiegyenlítőfojtó

parallelism *el* együttfutás *(párhuzamos vezetéké)*, párhuzamos megközelítés *(vezetékeké)*; *mat* párhuzamosság, hasonlóság, megfelelés

parallelogram *mat* paralelogramma; ~ **of forces** *mech* erőparalelogramma; ~ **rule for addition of vectors** *mat* paralelogrammaszabály *(vektorokra)*; ~**(-type) ripper** *ép* párhuzamos vezetésű talajlazító; ~ **valve gear** *hőt* vezetőparalelogrammás szelepvezérlés

paralogism *mat* paralogizmus, téves következtetés

paralogite *ásv* paralogit

paralyser *vegy* katalizátorméreg, ellenkatalizátor

paralysis tehetetlenség; megbénítás; megbénulás; ~ **circuit** *at* bénítóáramkör, blokkolóáramkör; *aut, el* kioltókör, lezárókör; ~ **period/time** *at* holtidő, érzéketlenségi idő

paralyst → paralyser

paralyzer → paralyser

paramagenta *vegy* pararozanilin, triamino-trifenilkarbinol

paramagnetic *fiz* paramágneses; ~ **absorption** *fiz* paramágneses abszorpció; ~ **Curie point** *at* paramágneses Curie-pont; ~ **maser (amplifier)** *fiz* paramágneses mézer(erősítő)/kvantumerősítő; ~ **material** *fiz* paramágneses anyag; ~ **moment of the atom** *at* atommag mágneses momentuma; ~ **Néel temperature** *at* paramágneses Néel-hőmérséklet; ~ **neutron scattering** *at* paramágneses neutronszórás; ~ **quantum amplifier** *fiz* paramágneses kvantumerősítő; ~ **scattering** *at* paramágneses szórás; ~ **substance** → ~ material; ~ **system** *fiz* paramágneses rendszer

paramagnetism *fiz* paramágnesesség, paramagnetizmus

paramelaconite *geol* paramelakonit

parameter paraméter, jellemző; *krist* kristályparaméter; *szt* paraméter; ~**(-)access-control** *aut* paraméterkiválasztás-vezérlés; ~**(-)adjustment control** *aut* paraméterbeállítás elemei; ~ **approximation** *aut* paraméterapproximáció; ~ **card** *szt* paraméterkártya; ~ **estimation** *mat* paraméterbecslés; ~ **limit** paraméter határértéke; ~ **of the process of failures** *gép* meghibásodási folyamat paramétere; ~ **processing** *szt* paraméterfeldolgozás; ~**(-)setting instructions/orders** *aut* paraméterelhelyező utasítások; ~**s of state** állapotjellemzők; ~ **space** *fiz* paramétertartomány; paramétertér; ~ **surface** *mat* paraméterfelület; ~ **variation** *aut* paraméterváltoztatás

parametral face/plane *krist* paramétersík, egységsík

parametric *mat* parametrikus, paraméteres; ~ **amplification** *el* parametrikus erősítés, reaktanciaerősítés; ~ **amplifier** *el* parametrikus erősítő, reaktanciaerősítő, mavar; ~ **amplifier bandwidth** *el* parametrikus erősítő sávszélessége/frekvenciasáv-szélessége; ~ **amplifier with double frequency conversion** *el* kettős transzponálású/frekvenciaváltású parametrikus erősítő; ~ **backward wave amplifier** *távk* parametrikus záróirányú *v.* visszafelé haladó hullámú erősítő; ~ **converter** *távk* parametrikus keverő; ~ **damping** *távk* parametrikus csillapítás; ~ **diode** *félv* parametrikus dióda, kapacitásdióda, varikap; ~**-diode amplifier** *el* parametrikus diódás erősítő; ~ **double-circuit amplifier** *el* két áramkörös parametrikus erősítő; ~ **domain** *fiz* parametrikus tartomány; ~ **down-converter amplifier** *távk* lefelé transzponálásos parametrikus erősítő; ~ **electronic component** *el* parametrikus elektronikus építőelem; ~ **equation** *mat* paraméteres egyenlet; ~ **estimation** *mat* paraméterbecslés; ~ **excitation** *fiz* parametrikus gerjesztés; ~ **external feedback amplifier** *el* külső visszavezetéses parametrikus erősítő; ~ **frequency changer** *távk* parametrikus keverő/frekvenciaváltó; ~ **frequency conversion** *távk* parametrikus frekvenciaváltás/frekvenciatranszponálás; ~ **gain** *el* parametrikus erősítés; ~ **interaction** *aut* parametrikus kölcsönhatás; ~ **internal feedback amplifier** *el* belső visszavezetéses parametrikus erősítő; ~ **methods (of statistics)** *stat* parametrikus/paraméteres (statisztikai) módszerek; ~ **multiplier** *el* parametrikus sokszorozó; ~ **preamplifier** *el* parametrikus előerősítő; ~ **programming** *szt* parametrikus programozás; ~ **pumping energy (of laser)** *fiz* lézer parametrikus szivattyúzási energiája *v.* pumpálóenergiája; ~ **reactance-modulated amplifier** *el* reaktanciamodulátoros *v.* változó meddőellenállásos parametrikus erősítő; ~ **reflex amplifier** *el* reflex kapcsolású parametrikus erősítő; ~ **resonance** *távk* parametrikus rezonancia; ~ **single-circuit amplifier** *el* egy áramkörös parametrikus erősítő; ~ **space** → parameter space; ~ **surface** *mat* paraméterfelület, paraméteres felület, paraméteres alakban/egyenlettel/előállítással adott felület; ~ **varactor amplifier** *el* parametrikus diódás erősítő; ~ **variable** *aut, mat* paraméter(változó); ~ **variation** *aut* paraméterváltozás; paraméterváltoztatás

parametron *el* parametron; ~ **computer** *szt* parametronos számítógép; ~ **input signal** *szt* parametron bemeneti jele; ~ **storage circuit** *szt* parametronos tárolóáramkör

paramilitary *kat* katonai jellegű, félkatonai, paramilitáris

paramorph(ic) *ásv, krist* paramorf; ~ **hemihedral class of the cubic system** *krist* szabályos rendszer paramorf hemiédriája; ~ **hemihedry of the regular system** *krist* szabályos rendszer paramorf hemiédriája; ~ **transformation/transition** *krist* paramorf átalakulás

paramorphism *krist* paramorfizmus, paramorfózis

paramorphosis *krist* paramorfózis, paramorfizmus

paramorphous | **group** *krist* paramorf csoport; ~ **hemihedrism** *krist* paramorf hemiédria

parapet attika; mellvéd(fal), könyöklő(fal), felfalazás, hídkorlát(fal), karfa; gyalogjáró; ellenfal hátfalazata; ~ **(gas) convector** *hőt* parapet gázkonvektor; ~ **girder** *ép* gyalogjárótartó; szélső (fő)tartó *(hídé)*; ~ **gutter** *ép* attikacsatorna; ~ **wall** *ép* mellvéd(fal); ~ **(wall) height** *ép* parapetmagasság, mellvédmagasság

paraphase | **amplifier** *el* push-pull/ellenütemű/fázisfordító erősítő; ~ **coupling** *el* fázisfordító fok

paraposition *vegy* parahelyzet, paraállás

paraquat *vegy* paraquat *(gyomirtó, erős méreg)*

paraquinone *vegy* parakinon

parared *tex, vegy* paravörös, paranitranilin

pararock *geol* parakőzet

pararosaniline *vegy* pararozanilin, triamino-trifenilkarbinol

pararubber *gumi* paragumi, parakaucsuk

paraselene *pl* **paraselenae** *csill* holdudvar; mellékhold

parasite *távk* passzív antennaelem/dipól, parazitaelem; ~ **current** *el* parazitaáram, kóboráram, kúszóáram; ~ **drag/resistance** *el* parazitaellenállás, káros ellenállás; ~**s** *távk* káros rezgések

parasitic *el, rep* káros, parazita-; ~ **aerial/antenna (element)** *távk* parazitikus/passzív antenna(elem); ~ **array** *távk* nem gerjesztett antennaelemsor; ~ **capacitance/capacity** *el* szórt/káros/levezetési kapacitás, parazitakapacitás; ~ **capture** *at* parazitabefogás; ~ **count** *at* parazita számlálóimpulzus; ~ **cross(-)section** *at* káros hatáskeresztmetszet; ~ **current** *el* parazitaáram, kóboráram, kúszóáram; ~ **director** *távk* direktor, passzív antennaelem; ~ **drag** → parasite drag; ~**-drag coefficient** *rep* károsellenállástényező; ~ **element (of an aerial/antenna)** *távk* parazitaelem, passzív (antenna)elem, dipól, parazitasugárzó; ~ **frequency** *távk* parazitafrekvencia, zavarófrekvencia; ~ **harmonics** *távk* káros rezgések/felharmonikusok; ~ **induction** *el* káros indukció; ~ **junction** *félv* parazitaátmenet; ~ **loss** *el* örvényáramveszteségek; ~ **natural oscillations** *távk* káros sajátrezgések; ~ **neutron capture** *at* hasadásmentes neutronbefogás; ~ **noise** *film* mellékzörej; ~ **oscillation** *távk* begerjedés; vadrezgés, parazitarezgés, zavaróhullám, káros rezgés; ~ **oscillator radiation** *távk* zavaró oszcillátorsugárzás, oszcillátor-parazitasugárzás; ~ **pick-up** *távk* közvetlen vétel; ~ **products** *távk* parazitatermékek *(modulátorban)*; ~ **radiation** *távk* parazitasugárzás; ~ **radiator** *távk* parazitasugárzó; ~ **reflector** *távk* passzív reflektor, parazita-reflektor; ~ **resistance** *el, rep* káros ellenállás; ~ **signal** *szt, távk* parazitajel; ~ **suppressor** *távk* szűrőkör; ~ **suppressor circuit** *távk* (nagyfrekvenciás) fojtókör káros rezgések kiszűrésére; ~ **voltage** *távk* zajfeszültség, zavarófeszültség; ~ **wave** *távk* vadrezgés; zavaróhullám; ~ **wiring capacitance** *el* zavaró/káros huzalozási kapacitás

parasitically károsan, parazitikusan; ~ **excited antenna** *távk* passzív antennaelem/dipól

parasiticide *vegy* rovarirtó szer

parasitological test *hidr* parazitológiai vizsgálat

parasol (nap)ernyő; *rep* dúccal merevített felsőszárny

parastas *pl* **parastades** *ép* félpillér, pilaszter

paratape *el* paracsík, paraszalag, szigetelőszalag

parathion *vegy* paration *(rovarirtó szer)*

paratrooper *kat* ejtőernyős *(katona)*; ejtőernyőscsapat-szállító repülőgép

paratroops *kat* ejtőernyőscsapatok

paravane *kat* aknaszedő szerkezet *(hadihajó testén)*

paravisual | **director (PVD)** *rep* vizuális repülőgép-irányító rendszer; ~ **perception (indicator)** *rep* paravizuális érzékelő (műszer)

paraxial *fiz, opt* paraxiális; ~ **beam** paraxiális sugárnyaláb; ~ **focus** paraxiális fókusz; ~ **radius** paraxiális sugár *(vonal)*; ~ **ray** paraxiális sugár

parboil *élip* abál, félig megfőz; leforráz; *hőt* túlhevít; *vegy* kalcinál, kiéget

parbuckle *hajó* csúsztatókötél, gurítókötél *(hordófelhúzáshoz)*

ParC → Parian cement

parcel I. *v* (részekre) feloszt, felapróz; *ép* (fel)parcelláz; *hajó* beburkol, bepólyál *(kötelet vitorlavászonsávokkal)*; elzár, eltöm, betöm *(repedést, nyílást)*; *pa* elkészít; **II.** *n* csomag; *ép* telek, házhely, parcella; *fa* csomag, köteg, nyaláb, rakás; *ip* árutétel, áruköteg; *vasút* darabáru; ~ **bill** szállítólevél *(csomaghoz)*; ~ **carrier** csomagtartó; ~ **net** *vasút* csomagháló; ~ **patch** *ép, mzg* parcella; ~ **plating** *el* részleges galvanizálás; ~ **post** csomagposta; ~ **station** *vasút* darabáru-pályaudvar; ~ **ticket** csomagcímke; ~ **up** *v* becsomagol; ~ **van** *vasút* poggyászkocsi

parcelling, *US* **parceling** felosztás, felaprózás; csomagolás; *ép* parcellázás; *hajó* beburkolás, bepólyálás; betömés; *pa* elkészítés

parch *élip* aszal, (ki)szárít, fonnyaszt; éget, perzsel, (meg)pörköl; elszárad, kiszárad, elfonnyad, aszalódik, kiszikkad

parchment *bőr* pergamenbőr; *pa* pergamen; ~ **binding** *nyom* pergamenkötés; ~**-body paper** *pa* pergamen nyerspapír; ~ **cotton** *tex* pergamenutánzatú pamutszövet; ~ **glue** *pa* pergamenenyv; ~ **leather** *bőr* pergamenbőr; ~**-lined board** pergamennel borított *v.* kasírozott karton; ~ **paper** (valódi) pergamen/papír; ~ **sieve** *élip* hártyaszita; ~**-tracing paper** pergamen-pauszpapír

parchmentization *tex* pergamentálás

parchmentize *tex* pergamentál

parchmentizing *tex* pergamenkészítés, pergamentálás

parchmentlike notepaper *pa* pengőpostapapír

pare *alak* vág, nyes, nyír; *élip* hámoz, körülvág; *fa* hántol; lefarag, legyalul

pared bark surface bevágott fakéregfelület *(gyantacsapolásnál)*

paregoric *gyógyv* fájdalomcsillapító (szer)

parenchyma tissue *fa* parenchima; parenchimás szövet, sejtszövet, működő szövet

parent | **aircraft** *kat* hordozó repülőgép; ~ **atom** *at* anyaatom, radioaktívan bomló mag; ~ **directory** *szt* forráskatalógus; ~ **dough** *élip* anyatészta; ~ **dye** *tex* törzsszínezék; ~ **element** *at* (radioaktív) anyaelem, kiindulási elem; ~ **exchange** *távb* honos munkahely, anyaközpont; ~ **magma** *geol* elsődleges ősmagma; ~ **material** alapanyag; *at* radioaktív előfutár; *geol* anyakőzet; ~ **metal** *heg* (hegesztendő) alapanyag; *koh* alapanyag, alapfém; ~ **mill** *élip* anyamalom; ~ **nucleus** *at* anyaatommag, kiinduló atommag; ~ **nuclide** *at* kiindulónuklid, anyanuklid, radioaktív anyamag; ~ **page** *szt* információelérést irányító oldal *(videotex)*; ~ **population** *mat* populáció, (alap)sokaság; ~ **substance** *tex, vegy* kiindulási anyag; ~ **track** *vasút* anyavágány, fővágány

parenthesis *pl* **parentheses** *mat* kerek/gömbölyű zárójel *(egyik fele)*; *nyom* zárójel, kapocs *(egyik oldala)*

parenthesize *mat* (kerek) zárójelbe tesz, (be)zárójelez

parer vágószerszám; *élip* hámozógép; *fa* hántolókés; *pa* papírvágó, papírmetsző *(munkás)*

Pareto optimum *aut* Pareto-optimum

pargasite *ásv* pargasit

parget I. *v ép* (durván) bevakol; aranyoz; gipszréteggel bevon; kifest, díszít *(falat)*; **II.** *n ép* (külső alap)vakolat, díszvakolat; stukatúra, gipszdíszítés

pargeting *ép* alapvakolás, alapvakolat; füstjárat bevonása szőrhabarccsal; gipszvakolat, stukatúrozás

pargetry → parge-work

pargework, parging *ép* (durva) vakolás; kéménykitapasztás *(szőrhabarccsal)*

parhelic circle *csill* vízszintes napgyűrű

parhelion *pl* **parhelia** *csill* melléknap

Parian | **biscuit** *ép* pároszi márványutánzat; ~ **cement (ParC)** *ép* pároszi cement; ~ **marble** pároszi márvány; ~ **ware** *ép* pároszi porcelán, gyöngyházporcelán

paring I. *a* nyeső, vágó; *bőr* lefaragó; *élip* hámozó; *fa* hántoló, gyaluló; **II.** *n* nyesés, vágás; *bőr* faragási hulladék; lefaragás; *élip* hámozás, körülvágás; *fa* (gyalu)forgács, szilánk; hántolás, lefaragás, legyalulás; *nyom* eltávolított anyag; ~ **chisel** *fa* ferdevéső, hántolóvéső; ~ **gouge** *fa* ferde élű homorú véső; ~ **hammer** *alak* hajlítókalapács; *fa* asztalos fakalapács; ~ **knife** *bőr* félkör alakú faragókés, forgácsolókés; *élip* darabolókés, fejtőkés, dikics, kacorkés, görbe hámozókés; ~ **plough/plow** *mzg* hántolóeke, tarlóhántoló eke; ~**s** *pl fa* szilánk, (gyalu)forgács

Paris | **black** *vegy* lámpakorom; ~ **blue** *vegy* berlini kék, párizsi kék, ferriferro-cianid; ~ **green** *vegy* párizsi zöld, schweinfurti zöld, réz(II)-acetát-metaarzenát, réz-acetarzenit; ~ **plaster** *ép* modellgipsz, alabástromgipsz, égetett/párizsi gipsz; ~ **red** *vegy* párizsi vörös *(festék, csiszolóanyag)*; ~ **white** *vegy* párizsi fehér *(festék)*

Parisian group *geol* párizsi emelet

parison *üveg* pipára vett üveg, olvadt üvegmassza; ~ **mo(u)ld** *üveg* előformázási forma/minta

parity *at, fiz* paritás; *mat* egyenértékűség, egyenlőség; paritás; párosság *(függvényé vagy számé, lehet páros vagy páratlan)*; ~ **bit** *szt* ellenőrzőbit, paritásbit, parity-bit; ~ **check** *szt* paritásellenőrzés; ~**-check bit** *szt* paritásellenőrző bit/számjegy; ~**-check code** *szt* paritásbites kód; ~**-check digit** → ~-check bit; ~ **check(ing)** *szt* paritásellenőrzés, párosságellenőrzés; ~ **conservation law** *at* paritásmegmaradás törvénye; ~ **digit** *mat* paritás-helyiérték; *szt* párosságellenőrző számjegy/bit; ~ **effect** *at* paritáshatás; ~ **error** *szt* paritáshiba; ~**-line technique** *szt* kiválasztó üzemmód

park I. *v ép* kertesít, parkosít; körülkerít; *gépk, rep* parkol, várakozik; *ip* összegyűjt, elrendez *(telepen)*; **II.** *n ép* díszkert; liget, park; *gépk* parkoló(hely); *kat* anyagraktár; *rep* park, parkolóhely; ~ **block** többszintes gépkocsiparkoló; ~ **wedge** *ép* parksáv

Parker's cement *ép* román cement

parkerization *hők, koh* parkerizálás *(vastartalmú fémé)*

parkerize *hők, koh* parkerizál *(vastartalmú fémet)*

Parkes process *koh* Parkes-eljárás

parking *ép* parkosítás, kertesítés; *gépk, rep* parkolás, várakozás; parkolóhely, várakozóhely; *rep* szabadtéri tárolás; *szt* parkolás, parkolópályára állítás; ~ **apron** *rep* csoportos repülőgép-állóhely; forgalmi előtér parkolóhelyekkel; ~ **area** *közl* várakozóhely, parkolóterület; ~ **ban** *közl* várakozási tilalom; ~**(-)brake** *gépk* rögzítőfék, kézifék; ~ **charge** *rep* parkolási illeték; ~ **fee** *rep* parkolási díj; ~**(-)ground** *gépk* várakozóhely, tárolóhely; ~ **harness** *rep* lehorgonyzó szerelvény *(léghajóé)*; ~**(-)lamp** várakozást jelző lámpa, parkolólámpa; ~**(-)lane** *ép, közl* parkolósáv; ~**(-)light(s)** *gépk* városi lámpa, parkolólámpa; ~**(-)meter** *gépk* parkolóóra; ~ **orbit** *rak* parkolópálya, várakozópálya; ~(-)**place** *közl* parkolóhely, várakozóhely; ~ **ramp** *rep* hangárelőtér; műszaki előtér parkolóhelyekkel; ~(-)**space** → ~(-)place; ~ **stand** *rep* parkolóállás; ~(-)**tower** *ép, közl* autósiló

parkway *ép US* fasor, parkút; *vasút GB* parkolós vasútállomás/pályaudvar, pályaudvar/állomás nagy parkolóval

Parlanti casting process öntés eloxált alumíniumformába

parliament hinge *gép* H alakú csuklós pánt

parlor car *US vasút* szalonkocsi

parlorur, *US* **parlor** *ép* nappali; társalgószoba, fogadószoba; *ip* műhely; szalon; üzlet

paroxysmal state *geol* időszakos kitörési állapot *(vulkáné)*

parquet I. *v ép* parkettáz; **II.** *n ép* földszint(i ülések) *(színházban)*; parkett(a); ~ **block** *fa* parkettlemez; ~**-edge sander** *ép* parkettaszél-csiszoló gép; ~**-edge sanding(-)machine** *ép* parkettaszél-csiszoló gép; ~ **floor** *ép* parkett(a), parkettpadló; ~ **inlayer** parkettezőmunkás, parkettázó; ~ **mastic asphalt** *ép* parkettaszfalt; ~ **sander,** ~ **sanding(-)machine** parkettacsiszoló gép; ~(-)**work** parkettezőmunka, parkettfektetés

parquetry *ép* parkett(a), parkettpadló; parkettmunka; ~**-block cutting-off machine** parkettalevágó gép; ~**-block planing(-)machine** parkettagyalu; ~ **fillet** parkettléc; ~ **machine** parkettcsiszoló gép; ~ **planing(-) machine** parkettagyalu; ~ **stave/strip** → ~ fillet

parrot | coal *bány* boghead-szén; ~ **tooth** *forg* sarló alakú betétkés *(marón)*

Parry|'s gas exit *koh* Parry-féle gázlevezető *(nagyolvasztón)*; ~**-type cup and cone arrangement** *koh* Parry-torokzár

parse *szt* utasítássorozat széttördelése elemi részekre

parsec (pc) *csill, metr* parsec

parser *szt* szövegelemző, szövegfelbontó

Parseval theorem *rendsz* Parseval-tétel

Parshall flume *hidr* Parshall-mérőcsatorna

Parson's steam turbine *hőt* Parson-gőzturbina

parsonsite *ásv* parsonsit

part I. *v* szétválaszt, kettéválaszt (részekre/darabokra) oszt; felbomlik, szétesik, szétmegy; *mt* darabol, lemetsz; **II.** *n el* áramköri elem, alkatrész; *gép* (alkat)rész, darab, tag; *mat* részhalmaz; *nyom* füzet *(füzetes kiadványé)*; ~ **by mass** *ol* súlyrész; ~ **by volume** *ol* térfogattört, térfogatrész, parciális/részleges térfogat; ~ **by weight** *ol* súlytört, súlyrész; ~**-centre/center of gravity** *mech* részsúlypont; ~**-circle operation** *hidr* szektoros üzem; ~**-dependent reliability** *gép* alkatrésztől függő megbízhatóság; ~ **drawing** *gép* alkatrészrajz; ~**-lapped corner joint** *gép* részben átlapolt sarokkötés; ~**-linen weft** *tex* féllenáru; ~**-load operation turbine** részleges terhelésű turbinaüzem; ~**-load traffic** *vasút* darabáru-forgalom; ~**-machined** részben megmunkált; ~ **off** *v mt* levág, szétvág, elválaszt, darabol, kiszúr, leszúr; ~ **of the spectrum** *fiz* spektrumtartomány, színképtartomány; ~ **per volume** *ép, vegy* térfogathányad; ~ **plan** *ép, gép* részletterv; ~**s catalog(ue)** *el, gép* alkatrész-katalógus; ~**s categorization** alkatrész-osztályozás; ~**s control** *ip* alkatrészek minőségellenőrzése; ~**-sectioned view** *ép, gép* részmetszet; ~**-set bar** *tex* részben befűzött létra; ~**s list** *ip* darabjegyzék; ~**-span vortex sheet** *rep* rész-szárnyterjedtségű örvénylemez; ~**s per million (ppm)** *vegy* rész per millió rész (0,0001%), milligramm per liter *(híg oldatoknál)*, ppm; ~**s reliability** *gép* alkatrész megbízhatósága; ~**s reliability improvement** *gép* alkatrészek megbízhatóságának fokozása; ~**s store** *szer* pótalkatrészraktár; ~**s test program** *gép* alkatrész-vizsgálati program; ~ **sulphate/sulfate sackpaper** *pa* nátronkeverék-zsákpapír; ~**-throttle operation** *gép* üzem részleges fojtással; ~**-time** *ip* részidős, félnapos (munkás); ~**-time leased circuit,** ~**-time private(-)wire circuit** *távb* időszakosan bérelt vonal; ~**-transistorized** *el* részben tranzisztorizált; ~**-whole relation** *mat* inklúzió, tartalmazási reláció

partable *mat* osztható

parted megosztott, részekre osztott, elválasztott; ~ **hyperboloid** *mat* kétpalástú hiperboloid

partial I. *a* részleges, részbeni, rész-; *mat* parciális; **II.** *n hang, távk* részhullám, (fel)harmonikus; ~ **admission** *gépk* résztöltés; *hidr, hőt* részterheléses/fojtott üzem, részleges beömlés, részbeömlés; ~(-)**admission turbine** *hőt* részleges beömlésű turbina; ~ **algebra** *mat* parciális algebra; ~ **algebraic operation** *mat* parciális művelet; ~ **annealing** *hők* részleges lágyítás; ~ **automatization** részleges automatizálás; ~ **biological treatment** *hidr* biológiai résztisztítás; ~ **birefrigence** *krist* részleges kettős törés; ~ **bulkhead** *hajó* főfedélzetig nem érő vízhatlan választófal; ~ **capacitance** *el* részkapacitás; ~ **carry** *szt* tízesrész átvitel, részleges átvitel; ~ **colo(ur) blindness** dichromasia, dikromázia, rendellenes színlátás; ~ **condenser** *ol, vegy* deflegmátor, visszafolyós hűtő; ~ **construction permit** részleges építési engedély; ~ **correlation** *mat* parciális korrelációs együttható; ~ **crit** *at* kritikus tömegnél kisebb; ~ **decay constant** *at* parciális bomlási állandó; ~ **decontamination** *at* részleges dekontaminálás; ~ **derivate** *mat* parciális differenciálhányados/derivált; ~ **derivation** *mat* parciális deriválás; ~ **derivative** → ~ derivate; ~ **derivative of higher order** *mat* magasabb rendű parciális derivált; ~ **difference equation** *mat* parciális differenciaegyenlet; ~ **differential coefficient** → ~ derivate; ~ **differential equation** *mat* parciális differenciálegyenlet; ~ **differential equation of the parabolic type** *mat* parabolikus differenciálegyenlet; ~ **differentiation** *mat* parciális differenciálás *(művelet)*; ~ **dimension** részkóta, részméret; ~ **dislocation** *krist* részleges diszlokáció; ~ **double refraction** *krist* részleges kettős törés; ~ **draught/draft** *tex* résznyújtás; ~ **drop of pressure** *fiz* részleges nyomásesés; ~ **elevation** *ép* oldalnézet egy részlete; ~ **exposure** *at* a test egy részének besugárzása; ~ **failure** *gép* részleges meghibásodás; ~ **fixity** *mech* részleges befogás; ~**-flow filter** *gépk* mellékáramú (olaj)szűrő; ~ **Fourier synthesis** *krist* részleges Fourier-szintézis; ~ **fraction** *mat* parciális tört, résztört *(racionális számé)*; ~**-fraction expansion** *mat* felbontás résztörtekre, parciális törtekre bontás; ~**-fraction network** *távk* egyszerű (elemekből álló) dipólsík; ~ **graph** *mat* részgráf; ~ **heat treatment** helyi hőkezelés; ~ **hip** *ép* fedélsíkból kiugró konty; ~ **impulse** *el* részlökáramhullám, részimpulzus; ~ **inductance** *el* részinduktancia, parciális induktivitás; ~ **inspection** *ip* részleges ellenőrzés; ~ **integration (PI)** *mat* parciális/részenkénti/tagonkénti integrálás; ~-**integration control** *aut* arányos integráló szabályozás, PI-szabályozás; ~-**integration controller** *aut* arányos integrálószabályozó, PI-szabályozó; ~-**integration element** *aut* PI-tag; ~ **load** *mech* részterhelés; ~ **luminous flux** *el* részfényáram, részleges fényfluxus, részfluxus; ~ **matrix** *mat* részmátrix, blokk *(mátrixé)*; ~ **miscibility** *vegy* korlátolt elegyedés, részleges elegyíthetőség; ~ **mixing** *ép* utókeverés; ~ **mode** *hang* relatív rezgési csomó; ~ **molal free energy** *vegy* kémiai potenciál; ~ **molar quantity** *vegy* parciális moláris mennyiség; ~ **negation** *mat* részleges tagadás/negáció; ~ **operation** *mat* parciális művelet; ~ **oxidizing roast(ing)** *koh* részleges oxidáló pörkölés; ~ **pitch** *el* törtlépés; ~ **pressure** *fiz* parciális/részleges nyomás, résznyomás; ~-**pressure ga(u)ge** *fiz* parciálisnyomás-mérő; ~ **(pre)stressing** *ép* részleges feszítés; ~ **product** *mat* részletszorzat *(számok szorzásánál)*; ~ **pyrite smelting** *koh* félpiritolvasztás; ~ **quenched in-situ combustion** *ol* parciális tűzelárasztás; ~ **racemation** *vegy* parciális racemizálódás; ~ **radiation pyrometer** részsugárzásmérő pirométer; ~ **reaction** *vegy* részreakció; ~(-)**read pulse** *szt* részolvasó-impulzus; ~ **reduction** *koh* részleges redukció; ~ **redundancy** *ip* osztott tartalékolás; ~ **reflux** *ol* részleges/parciális reflux; ~ **regression** *mat* parciális regresszió; ~ **restraint** → ~ fixity; ~-**select output** *szt* részleges szelektív kimenet; ~ **shield** *at* árnyékolóvédelem; ~ **short circuit** *el* részleges rövidzárlat; ~ **sideband suppression** *távk* részleges oldalsávelnyomás; ~ **solubility** *vegy* korlátozott oldhatóság, nem teljes oldhatóság; ~ **step** *el* törtlépés; ~ **stoning** *bány* részleges tömedék; ~ **stowing** *bány* tömedékborda; ~ **subgraph** *mat* részalgráf; ~ **sum** *mat* részletösszeg *(kettős vagy egyszeres végtelen soré)*; ~ **suppression of sideband** *távk* részleges oldalsávelnyomás; ~ **symmetry element** *krist* részleges szimmetriaelem; ~ **symmetry operation** *krist* részleges szimmetriaművelet; ~ **tile drainage** *hidr* részleges talajcsövezés; ~ **transformation** *mat* parciális transzformáció; ~ **transposition** részleges áthelyezés; ~ **two-level forked junction** *ép* kétszintű széthúzott részleges ferde csatlakozás; ~ **vacuum** *fiz* elővákum, részleges/kezdeti vákuum; ~ **valence/valency** *vegy* részvegyérték, mellékvegyérték, parciális vegyérték; ~-**voltage starting** *el* indítás csökkentett feszültségen; ~ **volume** *fiz* parciális térfogat/volumen; ~ **wave** *hang, távk* részhullám, (fel)harmonikus; ~-**write current** *távb* részíróáram

partially | **automatic** *aut* félönműködő, félautomata; ~ **automatic text processing** *szt* részben automatikus szövegfeldolgozás; ~ **concealed trusses** *ép* süllyesztett fedélszékek; ~ **decayed** *fa* fülledő *(faanyag)*; ~ **differentiable function** *mat* parciálisan differenciálható függvény; ~ **distributed load** *mech* szakaszos megoszló teher; ~ **dried mo(u)ld** *önt* részben kiszárított öntőforma; ~ **fixed** *mech* részlegesen befogott; ~ **miscible liquid** *vegy* egymással részlegesen elegyedő folyadékok; ~ **occupied band** *fiz* részben betöltött (energia)sáv; ~ **penetrating well** *hidr* részleges kút; ~ **(pre)stressed** *ép* részlegesen feszített; ~ **restricted extension** *távb* féljogos alközponti állomás; ~ **reversed load** *mech* ellenkező értelmű határok között váltakozó teher; ~ **transmitting** *fiz* félig áteresztő/áttetsző/átlátszó

partibility *mat* oszthatóság

particle I. *v élip* szemcséz; **II.** *n at, fiz* (elemi) részecske, partikula, szemcse, parány; anyagi pont, tömegpont; *távk* vasporszemcse; ~ **accelerator** *at* részecskegyorsító; ~ **analyzer** *at* részecskespektrum-analizátor, részecskeelemző; ~ **aspect** *at* részecskeszemlélet, korpuszkuláris aspektus; ~ **beam** *at* részecskenyaláb; ~ **board** *pa* forgácslemez; ~ **booster** *at* közbülső gyorsító; ~ **charge** *at* (részecske)töltés; ~ **concentration** *vegy* részecskekoncentráció; ~ **counter** *at* részecskeszámláló; ~ **current** *fiz* részecskeáram; ~-**current density** *at* részecskeáram-sűrűség; ~ **density** *at* részecskesűrűség; ~ **detector** *at* részecskedetektor; ~ **diameter** *any* szemcseátmérő; ~ **diffusion** *at* részecskediffúzió; ~ **displacement** *at* részecskekitérés; ~-**distribution** *any* szemcseeloszlás; ~ **drift** *at* részecskeeltérés, részecskevándorlás; ~ **emission** *at* részecskekibocsátás; ~ **energy** *at* részecskeenergia; ~ **flow** *at* részecskeáramlás; ~ **fluence** *at* részecskefluencia; ~ **flux** *at* részecskefluxus; ~ **identification** *at* részecskeazonosítás; ~ **injection** *at* részecskebelövés; ~ **jet drilling** *ol* abráziós rotari-fúrás; ~ **localization** *at* részecskehelyzet-meghatározás; ~ **mass** *at* részecsketömeg; ~ **mean size** *any* átlagos szemcseméret; ~ **motion in corona electric field** *at* részecskemozgás a villamos koronamezőben; ~ **multiplier** *at* részecskesokszorozó; ~ **number** *at* részecskeszám; ~ **of finite rest mass** *at* véges nyugalmi tömegű részecske; ~ **optics** korpuszkuláris optika, részecskeoptika; ~ **physics** részecskefizika; ~ **pressure** *at* részecskenyomás; ~ **production (in nuclear collisions)** *at* részecskekeltés; ~ **pulse** *fiz* részecskeimpulzus; ~ **radiation** *at* korpuszkuláris/anyagi sugárzás, részecskesugárzás; ~ **range** *at* részecskeúthossz; ~ **size** *any* szem(cse)nagyság; *at* részecskenagyság, részecskeméret; ~-**size analysis** *any* szemcseméret-elemzés, szemcsenagyság-elemzés, szemelosztás-vizsgálat; *at* részecskenagyság-elemzés, részecskenagyság-analízis; ~-**size analyzer** *at* részecskenagyság-elemző, részecskenagyság-analizátor; ~-**size distribution** *any* szemeloszlás, részecskeméret-eloszlás; *at* nagyság szerinti részecskeeloszlás; ~(-)**size distribution curve** *any* szemeloszlási görbe; ~(-)**size distribution (curve) limit** *any* szemeloszlási határgörbe; ~ **system** *at* részecskerendszer; *mech* pontrendszer; ~ **track** *at* részecskenyom; ~ **trajectory** *at* részecskepálya; ~ **velocity** *hang* részecskesebesség; ~ **with halfinteger spin** *at* fermion; ~ **with spin** *at* spinnel rendelkező *v.* egész spinű részecske

particular részletes; *mat* partikuláris; ~ **address** *szt* egyedi cím; ~ **integral** *mat* partikuláris integrál/megoldás; ~ **microprogram** *szt* egyedi mikroprogram; ~**s** *el, gép* műszaki jellemzők; *tex* felvető előírás; ~ **solution** *szt* partikuláris megoldás

particularity sajátosság, különlegesség; (aprólékos) részletesség, szabatosság

particularly | **protected area** *környv* kiemelten védett terület; ~ **watertight metal sheet roofs with riveted and seamed joints** *ép* szegecs- és korckötésű fokozottan vízzáró fedések

particulate I. *a any* szemcsés; *at* makrorészecskés; **II.** *n at* makrorészecske, aeroszol részecske; ~ **activity** *at* radioaktív aeroszol miatti levegőaktivitás; ~ **filter** *at* aeroszolszűrő; ~ **material** *any* szemcsés anyag; *at* levegőben terjedő finom részecskés anyag; ~ **monitor** *at* aeroszol monitor; ~ **number** *at* részecskeszám; ~ **of aerosol** *at* aeroszol részecske

parting I. *a* leválasztó, szétválasztó; elváló, szétváló, szétágazó; **II.** *n* elválasztás, szétválasztás, (meg)osztás, elkülönítés; *bány* beágyazás, álvállaposság; elválasztás *(aranyé)*; gát, elgátolás; két telepet elválasztó meddőréteg, közkő; kitérő(vágat), kerülővágat, vágatelágazás; *ép* útelágazás, válaszút; *geol* csuszamlási repedés, elválás, repedezettség; *koh* válatás; *mt* darabolás; ~ **agent** *ép, koh* leválasztóanyag; ~ **cleavage** *geol* pados elválás; ~ **compound** *koh* leválasztóanyag; *műa* csúsztatószer, kenőanyag; ~ **die** *szersz* levágószerszám, darabolószerszám; ~ **flange** *gép* elválasztó perem; ~ **flask** *koh* válatólombik; ~ **furnace** *koh* (arany)elválasztó kemence; ~ **in nitric acid** *koh* salétromsavas válatás; ~ **in sulphuric/sulfuric acid** *koh* kénsavas válatás; ~ **line** választóvonal; *műa* szerszámosztás, varrat; ~**(-)machine** *alak* darabológép; ~ **medium** elválasztóközeg, leválasztóanyag; ~**-off** *alak* darabolás; *mt* leszúrás; ~**-off tool** *heng* leszúró esztergakés; ~ **plane** *geol* rétegsík, rétegeződési sík; *mech* (el)választófelület, határfelület; ~ **sand** *ép* választóhomok; *önt* szóróhomok; ~ **shears** *pl koh* darabolóolló; ~ **slip** *ép* osztódarab, válaszfal *(deszka)*; ~ **strip** *ép* választóléc; *közl* választósáv, választó zöldsáv *(kétpályás úton)*; ~ **surface** *mat, mech* osztófelület, elválasztófelület; ~ **tool** *forg* leszúrószerszám, leszúrókés; ~ **tool slide** *heng* leszúró szán

partition I. *v* feloszt, szétoszt, szétválaszt, elkülönít; *bány* elgátal, gátat épít; *ép* fallal elválaszt, kettéválaszt, megoszt; leválaszt; *szt* szegmentál; **II.** *n* felosztás, elosztás, megosztás, szétosztás, elkülönítés; *bány* gát; *ép* fülke, rekesz; szétválasztás, leválasztás; válaszfal, elválasztólap; *gépk* válaszfal; *mat* aláosztás, szétosztás, továbbosztás; particionálás, partíció, diszjunkt felbontás *(halmazé)*; *nyom* rekesz(fal); *stat* eloszlás; *szt* szegmens; ~ **beam** *ép* válaszfalat hordó födémtartó; ~ **box** *fa* rekeszes doboz/láda; ~ **brick** *ép* válaszfaltégla; ~ **chipboard** rekeszkarton; ~ **chromatography** *vegy* megoszlásos, eloszlásos kromatográfia; ~ **coefficient** *fiz* megoszlási/eloszlási hányados/koefficiens/tényező, koncentrációarány; ~ **function** *fiz* megoszlási függvény, eloszlásfüggvény; ~ **insulator** *el* átvezetőszigetelő; ~ **into blocks** *v mat* particionál, blokkokra bont; ~ **matrix** *mat* particionált *v.* mátrixokból álló mátrix, hipermátrix, blokkmátrix; ~ **noise** *el* árameloszlási zaj; ~ **of cement mortar on metal mesh** *ép* cementrabic válaszfal; ~ **of gypsum plaster on metal mesh** *ép* gipszrabic válaszfal; ~ **pier** *hidr* elválasztó pillér; ~ **rock** *bány* mellékkőzet; ~ **timber** *bány* osztógerenda; ~ **unit** *ép* válaszfallap; ~ **wall** *bány* gátfal; *ép* válaszfal, közfal

partitioned felosztott, szétosztott, feldarabolt; *ép* leválasztott, rekeszes; *mat* particionált; ~ **database** *szt* részekre osztott adatbázis; ~ **matrix** *mat* hipermátrix, blokkmátrix, particionált *v.* mátrixokból álló mátrix; ~ **radiator** *hőt* elemsoros radiátor

partitioning I. *a* felosztó, szétválasztó, elkülönítő; *bány* gátoló; *ép* leválasztó, válasz-; *mat* particionáló, aláosztó, szétosztó, továbbosztó; **II.** *n* felosztás, szétosztás, szétválasztás, elkülönítés; *bány* gátolás; *ép* leválasztás; *mat* aláosztás, szétosztás, továbbosztás; partíció, particionálás; ~ **method** *geof* felezőelektródás Lee-féle módszer

partitive *mat* partitív tört

partly | mechanized welding *heg* részben gépesített hegesztés; ~ **open (and partly closed) interval** *mat* félig zárt intervallum; ~ **open circuit firing** *hőt* félig nyitott körű tüzelés; ~ **seasoned** *fa* félszáraz, félig/részben kikészített/érlelt; ~ **transistorized** *el* részben tranzisztorizált

partner | saddle *mzg* pótülés, hátsó nyereg; ~ **seat** *gépk* pótülés, hátsó ülés

party *ip* különítmény, (munka)csoport; *szt* táv-adatfeldolgozásban résztvevők egyike; ~ **chief** csoportvezető, előmunkás; ~ **disturbed sample/specimen** *geol* részben zavart minta; ~ **line** *szt* osztott kommunikációs csatorna; *távb* ikerállomás, közös csatlakozás, csoportos vonal, omnibuszvonal; ~**-line equipment** *távb* társas vonalú berendezés, ikertávbeszélő készülék; ~**-line station** *távb* ikerállomás; ~**-line system** *távb* társas állomásos vonalrendszer; ~**-on-line work** *távb* állandóan vonalra kapcsolt készülékkel dolgozó üzem; ~**(-)wall** *ép* tűzfal

pascal (Pa) *fiz, metr* pascal

Pascal|'s law/theorem *mat* Pascal törvénye, Pascal-törvény; ~**'s triangle** *mat* Pascal-féle háromszög, Pascal-háromszög

PASCAL, Pascal *szt* Pascal programnyelv

Pascalian liquid *fiz* ideális/tökéletes/súrlódásmentes folyadék

Paschen|-Back effect *fiz* Paschen—Back-jelenség; ~ **bolometer** *hőt* Paschen-féle bolométer; ~ **circle** *fiz* Paschen-kör; ~ **series** *fiz* Paschen-szériesz; ~**'s law** *fiz* Paschen-törvény

pass I. *v* túllép; átad, lead, továbbít; megy, halad, jár; áthalad, átfut, keresztülmegy; *any* átszűr, átrostál; *hajó* átkel; *közl* előz *(jármű)*; *szt* továbbít; *távk* áteresztt; *tex* adogat *(befűzőnek)*; **II.** *n* átfutás, áthaladás; *forg* fogás; *geol* szoros, hágó; *gép* áteresztő(nyílás); *hajó* hajózható tengerszoros, szűk kikötőbejárat; *heg* hegesztési réteg; *heng* hengerüreg, kaliber; szúrás; *hőt* füstjárat; *ip* művelet, munkafolyamat, műveletelem; *szt* átfutás, menet; *tex* befűzés, szúrás, huzam; ~**-band** *szt* átviteli sáv; *távk* áteresztősáv, áteresztőtartomány, átmenősáv, átmenő frekvenciasáv, átviteli sáv; ~**-band attenuation** *távk* áteresztőcsillapítás; ~**-band filter** *távk* átviteli sávszűrő; ~**-band width** *távk* áteresztősáv-szélesség; ~ **filling** *heng* üregtöltés; ~ **for corner pieces** *tex* szegélybefűzés, sarokbefűzés; ~ **in** *v* átfolyat, átáramoltat; beereszt; ~ **into** *v* átalakul, átfordul, átmegy *(vmibe)*; ~ **of a screen** *ép* áthulló anyag/frakció *(szitán)*; ~ **off** *v* eltérel; elszállít; ~ **of roll** *heng* hengerlőüreg; ~ **of weld** *heg* varratréteg; ~**-over offset** *ép* keresztezési csőhajlat; ~ **range** *távk* áteresztőtartomány; ~ **schedule/sequence** *heng* szúrásterv; ~ **sheet** *nyom* imprimált ív/lap, imprimatúra; ~ **template** *heng* üregsablon; ~ **up** *v em* felhúz, felvon, felemel *(csörlővel)*

passable *közl* járható, áthatolható, hajózható

passage áthaladás, átutazás, átmenet; belépés; átvezetés; *bány* vágat, átjáró; *élip* folyás, rendszer, átesés; *ép* (összekötő)folyosó, korridor, átjáró; bejárat; *gépk* porlasztócsatorna; *gumi* áteresztés *(keverőhengerek között)*; *hajó* átkelés, hajóút; *hidr* járat, csatorna *(műtárgyban)*; *nyom* szakasz, szöveg(rész); *rep* átrepülés; *tex* szúrás, adogatás *(befűzőnek)*; ~ **bed** *geol* fácieszközi réteg; ~ **door** *ép* átjáróajtó; ~ **gallery** *ép* erkélyfolyosó; ~ **head** *tex* szalagnyújtó fej; ~ **of coke** *koh* kokszáthaladás; ~ **of current** *el* áramátmenet, áramátfolyás; ~ **of seams** *ruh* varrási szakasz; ~ **of the cloth** *tex* szövetátfutás; ~ **opening** *gép* átvezetőnyílás; ~ **time** *távb* átváltási idő *(jelfogóé)*; ~ **to the limit** *mat* határelmélet

passageway *bány* járóvágat, szállítóvágat, összekötővágat; *ép, közl* átjáró, köz, folyosó

passauite *ásv, geol* passauit

passband → pass-band

passed buffer *szt* átmeneti tároló *(szövegszerkesztőé)*

passenger *közl* utas; ~ **aerial-ropeway** személyszállító függőpálya; ~ **aeroplane/aircraft** *rep* utasszállító repülőgép; ~ **and goods/material hoist** *em* építési személy- és teherfelvonó; ~ **assembly area** *rep* utasgyülekező hely, várócsarnok; ~ **boat** *hajó* személyszállító hajó; ~ **cabin** *rep* utasfülke, utaskabin; ~ **capacity** *rep* utasbefogadó képesség, utasülőhelyek száma; ~ **car** *gépk* személy(gép)kocsi; ~ **carriage** *vasút* személykocsi; ~**-carrying** *közl* személyszállító; ~**-carrying aircraft** *rep* személyszállító/utasszállító repülőgép; ~**-carrying chassis** *gépk* személyszállító alváz, autóbuszalváz; ~**-communication handle** *vasút* vészfékfogantyú; ~ **compartment** *rep* utaskabin, utastér; ~ **conveyor/conveyer** *ép* mozgójárda; ~ **duty** *vasút* személyvonati szolgálat; ~ **elevator** → ~ lift; ~ **fare** *rep* utasdíjszabás; ~**-fatality rate** *rep* repülőgép-szerencsétlenség következtében meghalt utasok arányszáma; ~**-kilometre** *közl* utaskilométer; ~ **lift** személyfelvonó, személyszállító felvonó; ~ **list** *rep* utasjegyzék; ~ **loading** *rep* utasterhelés; ~**-loading steps** *rep* utaslépcső; ~ **locomotive** *vasút* személyvonati mozdony; ~ **lounge** *rep* utasváró; ~ **manifest** *rep* utasjegyzék; ~**-mile** *közl* utasmérföld; ~ **motor car** *vasút* motoros személygépkocsi; ~ **paternoster** *em* páternoszter; ~ **plane** *rep* utasszállító repülőgép, utasgép; ~ **railway station** *vasút* személypályaudvar; ~ **ramp** *rep* utaslépcső; ~ **rocket** *rak* utasszállító rakéta; ~ **ropeway** személyszállító kötélpálya; ~ **seat** *közl* utasülés; ~ **seat miles** *rep* férőhelymérföld; ~ **service** *közl* utasszolgálat, személyszállítás; ~ **shelter** *közl* (utas)várófülke; ~ **space** *közl* utashely; *rep* utastér; ~ **station** *vasút* személypályaudvar; ~ **steamer** *hajó* személyszállító gőzhajó; ~ **step** *rep* utaslépcső; ~ **terminal** *vasút* fejpályaudvar, nagy személypályaudvar; ~ **ton-mile** *közl* utastonnamérföld; ~ **traffic** *közl* személyforgalom, utasforgalom; utasáramlás; ~ **transport** *közl* személyszállítás, utasszállítás; ~ **tunnel** *közl* (személyforgalmi) aluljáró

passe-partout *ép* főkulcs, vezérkulcs; *foto* fényképkeret, fényképtartó *(két üveglap, sarkain összeragasztva)*; ~ **board** *pa* kartonkeretlemez, paszpartukarton

passer *tex* láncfonal-adogató *(munkás)*

passing elhaladás, áthaladás, elvonulás; *közl, vasút* megelőzés; *tex* haladás *(fonalé)*; ~ **area** *közl* kitérőhely; ~ **axle** *gépk* átmenőtengely; ~ **beam** *ép* átmenő gerendatartó; *gépk* tompított fény *(bilux)*; ~ **girder** *ép* átmenő gerendatartó; ~ **knot** *fa* átmenő ággöcs *(a faanyag másik oldalán is megjelenő)*; ~ **light** *rep* kisegítő helyzetlámpa; ~**-off** *bőr* szőrmefelfrissítés; ~ **place** *vasút* kitérő(hely); ~**s** *ép* átlapolások; ~ **siding** *vasút* kitérő; ~ **track** *vasút* kitérővágány

passivate *vegy* passzivál, dezaktivál

passivated metal *koh* passzivált fém

passivation *vegy* passziválás, dezaktiválás; ~ **current density** passziválási áramsűrűség; ~ **potential** passziválási potenciál

passive passzív; *vegy* passzív, inert, inaktív; ~ **adaptation** *szt* passzív adaptáció; ~ **aerial/antenna** *távk* passzív/parazitikus antennaelem/dipól; ~ **balance return loss** *távk* passzív hibacsillapítás; ~ **cathode (base) alloy** *el* passzív katódmagfém/katódmagötvözet; ~ **communications satellite** *távk* passzív távközlési mesterséges hold; ~ **component** *at* nem mozgó *v.* passzív alkatrész; ~ **detection and ranging** helymeghatározás primer radarral; passzív helymeghatározás; ~ **drag** *távk* parazitaellenállás, káros ellenállás; ~ **earth pressure/resistance** *talt* passzív földnyomás; ~ **electrode** *el* gyűjtőelektród; ~ **element** *el, szt* passzív tag/szerv/elem; ~ **element of antenna** *távk* passzív antennaelem/dipól; ~ **failure** *at* passzív alkatrész működési hibája; ~ **flight** *rep* passzív repülés, repülés leállított motorral; ~ **four-pole** *el* passzív négypólus; ~ **hardness** *mech* kopási keménység; ~ **headend** *szt* passzív fővég; ~ **homing** *aut, kat* passzív célkeresés/irányítás; ~ **homing guidance** *aut, kat* passzív célkereső irányítás; ~ **infrared range(-)finder** passzív infravörös táv(olság)mérő; ~ **infrared system** *el* passzív infravörös rendszer; ~ **infrared target detection** *aut, kat* infravörös passzív célérzékelés; ~ **laser-beam communications satellite** *távk* passzív lézersugaras távközlő műbolygó; ~ **mass** *mech* passzív tömeg; ~ **metal** rozsdamentes (nem nemes)fém; ~ **network** *el* passzív négypólus/áramkör; ~ **one-port** *el* passzív kétpólus; ~ **radar** *rád* passzív rádiólokátor; ~ **ranging Doppler system** *távk* passzív Doppler-hatáson alapuló távolságmérő rendszer *v.* távmérőrendszer; ~ **relay** *el* passzív relé; ~ **resistance** *el, rep* parazitaellenállás, káros ellenállás; ~ **return loss** *távk* passzív hibacsillapítás; ~ **satellite** *távk, űr* passzív műhold; ~ **singing point** *el* passzív füttypont; ~ **state** *koh* passzív állapot; ~ **transducer** *el* passzív átalakító/transzduktor; ~ **two-pole** *el* passzív kétpólus; ~ **two-port** *el* passzív négypólus; ~ **two-terminal network** *el* passzív kétpólus; ~ **two-terminal-pair network** *el* passzív négypólus; ~ **water control** passzív vízvédelem; ~ **water management** passzív vízgazdálkodás; ~ **water reserve** statikus vízkészlet

passivity passzív állapot; passzivitás

passkey álkulcs

passometer lépésmérő, lépésszámláló

password *szt* kulcsszó, jelszó

past cooler *hűt* túlhűtő

paste I. *v pa* (be)ragaszt, felragaszt, ráragaszt, tapaszt, csirizel, kasíroz; **II.** *n* paszta, kenőcs, pép; csiriz; *bőr* duzzasztókeverék *(glaszécserzéshez)*; *élip* tészta *(gyúrt)*; *ép* kitt; *ker* gyúrt agyag; *műa* paszta; *óra* strassz, drágakőutánzat; *vegy* festék *(bedörzsölt)*, fénymáz; ~ **blue** *vegy* porosz kék; ~ **bowl** *pa* csirizesbögre, enyvesedény; ~**-down** *pa* védőlemez, előtétpapír; ~**(-)dryer** *műa* pasztaszárító, pasztaszikkatív; ~ **dye** *tex, vegy* színezékpép; ~ **feeding** *koh* masszázás; ~ **flow** *koh* masszafolyás; ~ **flux** *vegy* folyósítópaszta; ~ **grain** *bőr* keményítőkikészítés, zselatinos kikészítés *(kesztyűbőröké)*; ~ **lubricant** *gép* pépszerű kenőanyag; ~ **mixer** *gyógyv* pasztakeverő gép;

~(-)mo(u)ld blowing machine *üveg* mázzal bevont fúvómintájú üvegfúvó gép; ~-on panel *nyom* kötési táblára alkalmazott díszítés; ~ paint *vegy* olajfesték; ~ soap *vegy* enyvszappan; ~ stone *óra* drágakőutánzat, hamis ékkő; ~ together *v* összeragaszt

pasteboard *pa* kartonlemez, kasírozott/réteges/ragasztott lemez/karton; ~ **mill** *pa* (papír)lemezgyár

pasted *pa* (fel)ragasztott, enyvezett, csirizelt; ~ **board** kasírozott/ragasztott/enyvezett lemez; ~ **cardboard** ragasztott (gép)karton; ~ **chipboard** ragasztott srenclemez; ~ **filament** *el* fémporpéppel bevont izzószál; ~ **paper** *pa* ragasztott/kasírozott papír; ~ **plate** *el* masszával kent/töltött akkumulátorlemez; ~ **square** *el* masszával töltött mező *(akkumulátorlemezben)*

pastel pasztell(kréta); pasztellfestés; ~ **paper** *pa* pasztellpapír; ~ **shade** pasztell színárnyalatok

pastelike *vegy* pasztaszerű, kásás, pépes

paster *el* akkumulátorlemez-kenő munkás; *pa* ragasztási hely; ragasztócímke, ragasztószalag; ragasztómunkás, kenőmunkás

Pasteur filter *gyógyv* Pasteur-féle szűrő

pasteurizability *élip* pasztőrözhetőség

pasteurization *élip* pasztőrözés

pasteurize *élip* pasztörizál, pasztőröz

pasteurizer *élip* pasztőröző

pasteurizing I. *a élip* pasztőröző; **II.** *n élip* pasztőrözés, pasztörizálás

pastil(le) *el* masszával töltött mező *(akkumulátorlemezben)*; *gyógyv* pasztilla, tabletta

pastiness *élip* tésztaszerűség

pasting *bőr* szárítás lemezre való ragasztással; *pa* (be)ragasztás, tapasztás, csirizelés, (be)kenés, kasírozás; ~ **apparatus** *cipő* kenőberendezés; ~**(-)machine** *el* lemezkenő gép *(akkumulátorhoz)*; *pa* ragasztógép, kasírozógép; ~**(-)paper** *pa* kasírozópapír, kasírpapír; ~ **plant** *pa* ragasztóüzem; ~ **royal** papíralak *(24"x19 1/2")*; ~**s** *pa* kasírozópapír, kartonfedő papír, fedőpapír, bevonópapír

pasty *any* pépszerű, tésztaszerű, pépes, képlékeny; ~ **iron** *koh* viszkózus/pépszerű vas; ~ **metal** *koh* pépes fém; ~ **process** *koh* félfolyékony eljárás

pat *élip* vajtömb; *ép* cementlepény; ~ **mortar** *ép* habarcsot kever; ~ **test** *ép* főzőpróba *(cementé)*

patand *ép* ászokpalló, küszöbpalló

patch I. *v ruh* foltoz; *szt* módosít, kijavít, beszúr; *távk* (össze)dugaszol; **II.** *n bány* vonatkísérő, fékes; *fa* furnírfolt; *geol* (érc)zárvány; *gépk* sallerfolt; *koh* döngölőanyag; *ruh* folt, toldás, tapasz, pecsét *(ruhán)*; *szt* betoldás, foltozás; ~ **bay** *távk* dugaszoló-csatlakozótábla, dugaszolótábla; ~ **board** → patchboard; ~ **card** *szt* változáskártya; ~ **cord** *távk* csatlakozózsinór, dugaszolózsinór; ~**-cord board** *távk* repülőzsinóros/dugaszzsinóros kapcsolótábla; ~ **effect** *félv* elmosódás(i jelenség), folthatás; ~ **error** *szt* javítási hiba; ~ **hole** *távk* kapcsolóhüvely; ~ **instruction** *szt* korrekciós utasítás; ~ **in the fabric** *tex* hibás hely *(szövetben)*; ~ **panel** *távk* hüvelymező, kapcsolómező, dugaszoló kapcsolótábla, dugaszolótábla; ~ **paper tape** *szt* változó adatok lyukszalagja; ~ **plug** *távk* dugaszoló; ~**(-)pocket** *ruh* rávarrott zseb; ~ **point** *szt* javítási pont; ~ **rubber** szelepalap *(gépkocsitömlőn)*; ~**-screw tap** *szersz* kazánjavító menetfúró; ~ **test** *tex* dörzsállósági vizsgálat; ~ **tip** → ~ plug; ~ **up** *v távk* ideiglenesen kijavít

patchboard *szt, távk* kapcsolótábla, dugaszolótábla, programtábla, programozótábla; kapocsszerelő lap *(bekötőzsinórhoz)*

patcher javítómunkás; *bány* vonatkísérő, fékes; *geol* (érc)zárvány

patching *ép* foltozás, javítás *(betoné, úté)*; *koh* bélésjavítás; ~ **compound** *ép* javítómassza *(útépítéshez)*; ~ **cord** *távk* kapcsolózsinór, dugaszzsinór, repülőzsinór, átkötőzsinór, bekötőzsinór; ~ **error** *szt* javítási hiba; ~ **material** *hőt* kemencebélés-javító anyag; *koh* javítóanyag; ~ **panel** *távk* hüvelymező, kapcsolómező, dugaszoló kapcsolótábla, dugaszolótábla

patchy *ép* egyenetlen; *ruh* foltos, foltozott; ~ **fog** *met* foszlányköd

patent I. *v hők* patentíroz, patentál; *ip* szabadalmaztat; **II.** *n élip* nullás búzaliszt; *ip* szabadalmazott találmány/gyártmány, szabadalom; ~ **act** *ip* szabadalmi törvény; ~ **ax(e)/pick** *ép* szemcsézőkalapács; ~ **block** *em* gördülőcsapágyas kötél/csiga; ~ **board** *pa* patentlemez; ~**-coated board** *pa* gaucsolt/rakosott karton; ~ **design** *kh* patentminta, szegélyminta; ~ **fastener** *ruh* nyomógomb, patentgomb; ~ **glazing** *ép* gitt nélküli üvegezés; ~ **leather** *bőr* lakkbőr; ~**(-)leather toe-cap/toecap scouring(-)machine** *cipő* lakkorrcsiszoló gép; ~ **lip** perem *(ampulláé)*; ~ **log** csavarsebesség-mérő, patentlog, propelleres sebességmérő; ~ **plastic** lakkműbőr; ~ **plate** *üveg* kétoldalt köszörült és csiszolt táblaüveg; ~ **slip** *hajó* gépesített sólyaberendezés *(hajó partrahúzására)*; ~ **split** *bőr* lakkhasítékbőr; ~**-strong yarn** *tex* vasfonal; ~ **white** *vegy* patentfehér *(festék)*

patented *ip* szabadalmilag védett, szabadalmazott; ~ **mining claim** *bány* kutatási engedély; ~ **product** *ip* szabadalmazott termék; ~ **steel wire** *koh* patentozott acélhuzal

patenting I. *a hők* patentírozó, patentáló; *ip* szabadalmaztató; **II.** *n hők* patentírozás, patentálás, patentozás; *ip* szabadalmaztatás; ~ **diameter** *hők* patentozási átmérő; ~ **furnace** *hők* patentírozókemence *(huzalgyártáshoz)*

patera *ép* kör alakú dombormű

paternoster (elevator/lift) *em* páternoszter *(körforgó rendszerű felvonó)*

path *at* (szabad) úthossz; *aut* hatásvonal; *el* áramköri út; *ép* út, kerékpárút, ösvény; *gép* futópálya; *hidr* áramlási vonal; *mat* út *(élek halmaza gráfban)*; *mech* (röp)pálya, nyomvonal, út, trajektória, hatásvonal; *opt* sugárút; *rep* út, pálya, nyomvonal; *szt* út, pálya; *távk* irány *(vétel-adás)*; ~ **acceleration** *mech* pályagyorsulás; ~ **angle** *rep* repülési pálya szöge, útirányszög; ~ **attenuation** *távk* szakaszcsillapítás; ~ **axis** *rep* repülési pálya tengelye; ~ **clearance** *távk* terep feletti magasság; ~ **control** *rak* röppályavezérlés; ~ **curve** *kat, mech* röppályagörbe; ~**-dependent control element** úttól függő szabályozóelem/vezérlőelem; ~ **difference** *opt* optikai útkülönbség, fényútkülönbség; ~ **element** *mech* pályaelem, útelem; ~ **inclination** *mech* pályainklináció, pályadőlés, pályalejtés; ~ **length** *at, mech* nyomvonalhossz, úthossz; ~**-length difference** *at, el* útkülönbség, úthosszkülönbség; ~ **line** *hidr* áramlási vonal; ~ **matrix** *mat* útmátrix; ~ **of current** *el* árampálya, áramút, áramkör; ~ **of integration** *mat* integrálási út; ~ **of motion** *mech* mozgási pálya, mozgáspálya; ~ **of propagation** *fiz* sugárzási/

terjedési út, sugárút; ~ **of rays** *opt* sugármenet; ~ **of short-circuit current** *el* rövidzárlati áramkör; ~ **of tear** *gumi* szakadási vonal; ~ **of the lines of force** *fiz* mágneses erővonalak útja, erővonalút; ~ **of totality** *csill* teljes napfogyatkozás útja; ~ **of transmission** *gép* átviteli út; ~ **resistance** pályaellenállás; ~ **velocity** pályasebesség

pathfinder *kat* ejtőernyős felderítő; felderítő repülőgép

pathological | chemistry *gyógyv* patológiai kémia, kórvegytan; ~ **function** *mat* patologikus függvény

pathology of crystals *krist* (kristály)patológia

pathometer *orv* pszicho-galvanométer

pathway *ép* gyalogösvény, kerékpárút, gyaloghíd

patin *ép* ászokpalló, küszöbpalló

patina *vegy* patina, nemesrozsda

patio *ép* (világító)udvar; sétaudvar; zárt földszinti terasz; ~ **door** *ép* teraszajtó

patrix *pl* **patrices** *alak, műa, nyom* bélyeg, patrica

patrol | boat *hajó, kat* őrhajó; ~ **camera** *csill* ellenőrzőkamera; ~ **car** járőrkocsi, URH-kocsi *(rendőrségi)*; *gépk, közl* segélykocsi, sárga angyal; ~ **grader** *ép* kéttengelyű motoros útgyalu; ~ **service** *távk* vonalfelügyelet; ~ **time** *tex* körüljárási idő

patrolling *kat* járőrözés

patronite *ásv* patronit

patten *ép* oszlopalj, (oszlop)alap

pattern I. *v ép, önt* mintát vesz/alkot, megmintáz; **II.** *n bány* tagoltsági diagram; *ép* felépítési módszer; motívum; *kat* szórásterület *(lövedéké)*; *kh* kötésminta; *mt* minta, modell, sablon, séma; mintadarab; *önt* öntőminta; *ruh* szabásminta, egy ruhára elegendő szövet; szövetminta; *stat* diagram, görbe; *szt* modell, alakzat, séma, fémréteg-összeköttetés, vázlat, sablon, pontminta; *távk* alak, jel; egyedi minta/példány; sugárzási diagram/karakterisztika; *tv* tesztkép, vizsgálóábra, mérőábra, monoszkóp; ~ **area** *kh* mintamező; ~ **board** *fa* szabásdeszka; ~**(-)book** *ip* (áru)mintakönyv; *tex* mintagyűjtemény; ~ **boring** *bány* fúrólyuk-telepítés; ~ **brickwork** *ép* mintás falazat, díszítőfalazat; ~ **card** *ip* (áru)mintalap; *tex* mintakártya, színkártya; ~**(-)card cartridge** *ruh* szabásmintapapír; *tex* szövésmintakarton; ~**-card paper** *ruh* mintakartonpapír; ~ **chain** *tex* mintázólánc; ~ **chart** → ~ card; ~ **cutting** *cipő* cipőminta-kivágás; ~ **displacement efficiency** *ol* hálózati kiseprési hatásfok; ~ **draw** *önt* minta kúpossága; ~**(-)draw machine** *alak* mintahúzó keretes formázógép; ~ **drum** *tex* mintázóhenger; ~ **for card(-)cutting** *tex* kártyakiverés-mintarajz; ~ **generator** *tv* ábragenerátor, tesztképgenerátor, mintagenerátor; ~ **glass** *ép, üveg* díszüveg, ornamens üveg; ~ **half** *önt* mintafél; ~ **holder** *önt* sablontartó; ~ **impulse control** *el* minta szerinti impulzusvezérlés; ~ **lathe** *forg* öntőmintaesztergа, mintaműhelyi esztergа, mintaasztalos-eszterga; ~ **loom** *tex* mintás szövőszék; ~ **lumber** *önt* mintakészítési faanyag; ~**-maker** *önt* mintaasztalos, öntőminta-készítő; ~**-maker's lathe** *forg* öntőmintaesztergа, mintaműhelyi esztergа, mintaasztalos-eszterga; ~ **making** *önt* mintakészítés; ~ **match** *önt* formázó álkeret; ~**(-)milling machine** *forg* öntőmintamaró gép; ~ **modulation** *tv* videomoduláció; ~ **mo(u)lding** *önt* mintaformázás, mintamarás; ~**-mo(u)lding machine** mintamaró gép; ~ **of deformation** *ép* betonacél bordamintázata; ~ **of farming** *mzg* gazdálkodás módja/rendszere; ~ **of flow** *rendsz* folyamatábra; ~ **of ore** *bány* ércminta; ~ **of the field** *fiz* erővonalak, fluxusvonalak; ~ **overlay** *ol* fedésbe hozás; ~ **paper** mintázópapír, pauszpapír; ~ **pin** *önt* öntőmintacsap, öntőmintaék; ~ **plate** *önt* mintázólap, formázósablon, alakzó; ~**(-)plate mo(u)lding** *önt* mintalapos formázás; ~**(-)printing block** *nyom* mintanyomó dúc; ~**(-)propagation factor** *távk* hullámterjedési tényező; ~ **punch** *alak* mintabeütő szerszám; ~ **range** *tex* mintagyűjtemény; ~ **recognition** *ol* szelvényalak-egyeztetés; *szt* alakfelismerés, jelfelismerés; ~ **recognition theory** *szt* jelfelismerés-elmélet; ~ **resolution** *tv* tv-kép felbontása; ~**(-)room** → ~(-)shop; ~ **selector** *távk* linearitásmérő választó; ~ **sensitive fault** *szt* alakérzékeny meghibásodás; ~ **sequence** *tex* mintaismétlődés; ~ **shears** *pl bőr* mintavágó olló; ~**(-)shop** *önt* mintaasztalos-műhely, mintakészítő műhely; ~ **size** *önt* mintaméret; ~ **staining** *ép* mennyezeti foltosodás/elszíntelenedés; ~**(-)store** *önt* mintaraktár; ~ **streak** *tex* mintacsíkosság; ~ **sweep efficiency** *ol* hálózati kiseprési hatásfok; ~ **turner** *önt* mintaesztergályos; ~ **warp** *tex* mintázólánc; ~ **weaving** *tex* mintás szövés; ~ **wheel** *kh* mintázókerék, létravezérlő kerék *(lánchurkoló gépen)*; ~**(-)wheel roller** *tex* másológörgő; ~**-work** *tex* tarkán szőtt áru

patterned *ip* mintázott, mintás; ~ **hardboard** *fa* mintázott keménylemez; ~ **rubber roller** *ép* (mintázó) gumihenger; ~ **sampling** *stat* szisztematikus mintavétel; ~ **tread** *gumi* mintázott futófelület

patterning *gumi* futófelület mintázása; *önt* mintázás; ~ **capacity** *kh* mintamező

Patterson | function *krist* Patterson-függvény; ~ **number** Patterson-szám; ~ **projection** Patterson-vetület; ~ **section** Patterson-metszet

pattersonite *ásv* pattersonit

Pattinson process *koh* Pattinson-eljárás *(ólom ezüsttelenítésére)*

Paulat wind motor Paulat-féle szélkerék

Pauli | girder *ép* Pauli-tartó; ~**('s) exclusion/prohibition principle** *fiz* Pauli-elv, (Pauli-féle) kizárási elv; ~ **silk** *tex* réz-oxid-ammóniaselyem

Pauling rule *krist* Pauling-szabály

paulopost *geol* utólagos, majdnem egyidejű *(vulkáni kőzetátalakulás)*

pause szünet(elés), megállás, leállás, megszakítás; *el, hang* pillanatmegállító *(magnón)*; *hang* szünetjel; ~ **instruction** *szt* felfüggesztési utasítás; ~ **switch** *el, hang* „pillanat állj" kapcsoló, pillanatkapcsoló

pave *ép* (ki)kövez, borít, burkol *(utat)*

paved *ép* kövezett, burkolt; ~ **crossing** *ép* kövezett átjáró; ~ **ford** *hidr* kiépített gázló; ~ **gutter** *ép* kövezett lefolyóárok/folyóka; ~ **road** *ép* kiépített/burkolt út, kövesút; ~ **runway** *rep* burkolt futópálya

pavement *bány* talp, fekü; *ép* (gyalog)járda, gyalogjáró; (út)pályaszerkezet; kövezet, útburkolat; *geol* talaj; ~ **breaker** *ép* útbontó kalapács, útburkolat-felszakító gép; ~ **brushing** *bány* talpszedés; ~ **construction** *ép* burkolatépítés, burkolatfektetés; ~ **design** *ép* útburkolat-méretezés, burkolatméretezés; ~ **evaluation load factor** *rep* üzemeltetett burkolat relatív szilárdságának terhelési tényezője; ~ **grip** *ép* burkolatcsúszásmentesség; ~ **hydrant** *ép* altalajtűzcsap, altalajvízcsap; ~ **pouring** *ép* burkolatbetonozás; ~**(-)spreader mast** *ép* különálló elosztógém

paver *ép* kövező, útburkolat-készítő, útburkoló; kövezőkocka, útburkoló kő, burkolókő; kövezősulyok, döngölősulyok, verőkos; útépítési betonkeverő gép; ~**-finisher** *ép* finiser, aszfaltbedolgozó gép; ~**'s hammer** *ép* kövezőkalapács, kövező kockakalapács; ~**'s hoe** *ép* kövezőkapa

pavilion *ép* épület kiemelkedő középrésze, tornyos/kiugró rész; pavilon, kerti ház, nyári lak; *hang* tölcsér *(fúvóshangszeré)*; *krist* fazettás ékkő alaplapja; ~ **roof** *ép* pavilontető *(négynél több oldallal)*

paving *ép* (ki)kövezés, útburkolás; kövezet; ~**(-)beetle** *ép* kövezetdöngölő, verőkos, kézisulyok; ~**(-)block** *ép* követzetkő, útburkoló kő, kockakő; nagyidomkő; ~**(-)breaker drill** *ép* útburkolat-feltörő fúró; ~**(-)brick** *ép* kövezőtégla, keramittégla, útburkoló tégla; ~ **company** *ép* útépítő vállalat; ~ **contractor** *ép* útépítési vállalkozó; ~ **flag(stone)** *ép* útburkoló csempe/kő; ~ **joint sealer** *ép* hézagkiöntő massza; ~**(-)machine** *ép* útépítési betonkeverő gép; ~**(-)mixer** → ~(-)machine; ~**(-)ram(mer)** *ép* döngölő, kövezősulyok; ~**(-)roller** *ép* úthenger; ~**s** *pl ép* útburkoló kövek, kőburkolat, útburkolat *(mesterséges, kemény)*; ~**(-)sett (making) machine** *ép* (beton)-útburkolókő-gyártó gép; ~**(-)stone** *ép* útburkoló kő; ~**(-)tile** *ép* csempe, falburkoló lap; keramittégla; padlóburkoló tégla/kőlap; ~**(-)train** *ép* betonozó kábeldaru; ~**(-)wood** *ép* útburkoló fakocka

paviour, *US* **pavior** *ép* kövező, útburkoló kő, kockakő; útburkoló (munkás), kövezőmunkás

pawl I. *v gép* zárópecekkel biztosít/megakaszt; **II.** *n gép* akasztókilincs, zárópecek, biztosítókampó, rögzítőkampó, rögzítőhorog; kallantyú; *távk* kilincs; ~ **coupling** *gépk* kampós tengelykapcsoló; *távb* kilincsmű; ~ **grip** *kat* hevederakasztó; ~**-lift spring** *kat* ütőszegfelhúzó rugó; ~**(-)pin** *gép* rögzítő csapszeg; ~ **roller** *gép* kilincsgörgő; ~ **spring** *gép* kilincsrugó; ~**-type skid** *gép* kilincsműves menesztőhenger

pax *rep* utasok

PAX → private automatic exchange

Paxolin *műa* paxolin *(rétegezett szigetelőanyag)*

pay[1] **I.** *v ip* (ki)fizet; **II.** *a bány* műrevaló, kitermelésre érdemes, gazdaságos; *ip* ipari *(pl szén)*; **III.** *n ip* fizetés, fizetség; ~ **away** *v hajó* kiereszt, utánaenged, lefuttat *(kötelet v. sodronyt)*; ~ **by piece** *v bány* darabbérben/szakmánybérben fizet; ~ **by shift** *v bány* műszakbérben fizet; ~ **by weight** *v bány* súlyszakmányban fizet; ~**-day** *ip* fizetésnap; ~ **dirt** → paydirt; ~ **gravel** *bány* műrevaló kavicstorlasz; ~ **lead** *bány* műrevaló *v.* fejtésre érdemes meléktelér; ~**-off** *ip* kifizetés; ~**-off function** *mat* kifizetőfüggvény, fizetési függvény; ~**-off matrix** *mat* játékmátrix, fizetőmátrix, nyereségmátrix; ~**-off reel** *hajó* leeresztővitla, letekercselőmotolla; ~**-ore** *bány* műrevaló érc; ~ **out** *v hajó* leengedi, legöngyöl, kisodor *(kábelt v. kötelet)*; ráenged *(vezetőkötelet)*; ~**-out period** *ip* megtérülési idő; ~ **phone** *távb* nyilvános telefon(állomás)/távbeszélő-állomás *(pénzbedobós)*; ~ **rock** *bány* kitermelésre érdemes kőzet; ~**(-)roll** → payroll; ~**(-)section** *ép* hasznos keresztmetszet *(alagúté)*; ~ **station** → ~ phone; ~ **streak** → ~ lead; ~**(-)TV** *tv* kábeltévé; ~ **wash** *bány* kifizetődő érctorkolat/aranytorkolat, műre való aranytorlasz; ~ **zone** *bány* (ki)termelésre érdemes terület

pay[2] *hajó* beken, kátrányoz

payable *bány* műrevaló

payday → pay-day

paydirt *bány* aranytartalmú hordalék/áradmány/föveny/kőzet/lerakódás; fejtésre érdemes anyag

paying[1] **I.** *a bány* fejtésre érdemes *(bánya, fejtő)*; *ip* kifizetődő, gazdaságos, jövedelmező; **II.** *n* (ki)fizetés; ~ **on hourly basis** *ip* órabérezés; ~**-out drum** *el* legombolyítódob *(kábelhez)*; ~**-out machine** etetőgép, adagológép; ~ **well** *ol* szonda; termelő fúrás/kút

paying[2] **I.** *a* kenő, kátrányozó; **II.** *n hajó* bekenés, kátrányozás

payload díjköteles rakomány; hasznos súly/teher, nettó súly; raksúly *(gépkocsié)*; *kat* harci töltet; *vasút* rakománysúly; ~ **capacity** *rep* hasznosteher-kapacitás; maximális hasznos teherbírás

payroll *szt* fizetési lista

pb → phosphor bronze

Pb → lead

PB → push button; ~**-gas** *ol* propán-bután gáz

P-B → point-blank

PBC → pitch-bank compensation

pbr → point-blank range

PBX → private branch exchange; ~ **calling number** *távb* csoportos hívószám; ~ **group** *távb* csoportos vonalak; ~ **hunting** *távb* csoportos keresés

pc → parsec

PC → personal computer; → power conversion; → printed circuit; → program counter; ~ **board** *szt* nyomtatott áramköri kártya

p.c. → punched card

PCB → printed circuit board

PCC → Portland-cement concrete; → printed circuit connector

PCD → pitch circle diameter

PC-DOS (Personal Computer Disk Operating System) *szt* PC-DOS operációs rendszer *(IBM)*

PCE → pyrometric cone equivalent

PCG → phonocardiogram

pcm → percentage of moisture

PCM → pulse-code modulation; ~ **multiplexing equipment** *távk* PCM multiplikálóberendezés

PCRV → prestressed concrete reactor vessel

pct → per cent

pd → potential difference

Pd → palladium

PD → pulse duration; → pump displacement; ~ **meter** *ol* térfogatszámláló

PDF → pobability density function

PDM → pulse duration modulation

PDP → plasma display panel; → programmed data processor

PDR → potential-drop ratio

PE → paper empty; → phase encoding; → photoelectron; → probable error

pea *bány* borsó *(szénnagyság)*; *élip* borsó; ~**(-)cutter** *mzg* borsóarató gép; ~ **gravel** *ép* gyöngykavics, borsó nagyságú kavics/zúzalék, éles szemű kavics; ~**(-)green** borsózöld; ~ **grit** *ép* pizolitos mészkő; ~**(-)harvester** → ~(-)cutter; ~**(-)huller** *mzg* borsófejtő/borsóhüvelyező gép; ~**(-)husk (removing) machine** *mzg* zöldborsócséplő gép; ~ **limestone** *geol* pi zolit; **~(-)sheller** *mzg* borsócséplő gép; **~(-)slack coal, ~s** borsószén; **~ stone** *geol* borsókő; pizolit; **~(-)viner** → **~**(-)huller

peach *élip* őszibarack; **~-colo(u)red** őszibarackszínű; **~-kernel oil** *élip* őszibarackmag-olaj

peacock | blue pávakék; **~ copper-ore** *ásv* bornit

peak I. *v* meredeken lebukik; *geol* felmered, emelkedik *(hegycsúcs)*; *hajó* függőlegesre állít *(evezőt)*; *mat, metr* csúcsértéket/maximumot ér el, tetőzik; **II.** *n at* csúcs; *el, mat* legmagasabb pont, maximum, tetőpont, csúcsérték; *geof* hullámmaximum; *geol* (hegy)-csúcs, orom, hegyfok; *hajó* (első *v.* hátsó) rekesz; csonkaárboc-vitorla felső sarka; csonkaárboc/gaff felső vége; *hidr* tetőzés; *mat* púp *(karakterisztikán)*; *ruh* szemellenző *(sapkán)*; **~ accelerometer** *mech* csúcsgyorsulásmérő; **~ alternating gap voltage** *el* váltakozóáramú csúcsfeszültség a légrésnél; **~ ammeter** *el* csúcsárammérő; **~ arc drop** *el* csúcsfeszültségesés gázkisüléses csőnél; **~ arch** *ép* csúcsív; **~ black** *tv* sötétjelcsúcs, feketejel-csúcsérték; **~ blocked voltage** *félv* lezáró csúcsfeszültség; **~ boiler** *hőt* csúcskazán; **~ cathode current** *félv* katódcsúcsáram; **~ cathode fault current** *félv* rövidzárlati katódcsúcsponti áram; **~ chopper** *távk* csúcsvágó; **~ clipping** *távk* csúcslevágás, csúcshatárolás; **~ coefficient** tapadási csúcsérték *(úté)*; **~ concentration** csúcskoncentráció; **~ consumption** *el, gép* csúcsfogyasztás; **~ cross-section** *fiz* legnagyobb hatáskeresztmetszet; **~ current** *el* csúcsáram, áram csúcsértéke; **~ daytime demand** *en* nappali csúcsigény; **~ demand** *en* csúcsigény; **~ diode-plate current** *el* diódacsúcsponti áram; **~ diode-plate voltage** *el* dióda-csúcsfeszültség; **~ dose** *at* csúcsdózis; **~ efficiency** *at* csúcshatásfok; **~ energy** *fiz* csúcsenergia, energiacsúcs; **~ envelope power** *távk* modulációs csúcsteljesítmény; **~ factor** *távk* csúcstényező, amplitúdófaktor, amplitúdótényező, szélsőérték, csúcsérték; **~ flood discharge** *hidr* árvízi csúcsvízhozam; **~ flux density** *el* fluxuscsúcssűrűség; **~ forward (anode) voltage** *el* áteresztőirányú anódfeszültség-csúcsérték; **~ full width** *at* fél(érték)szélesség; **~ gate voltage** *félv* vezérlő csúcsfeszültség; **~ heater** *en* csúcs-előmelegítő; **~ height** *at* csúcsmagasság; **~(-)holding control** szélsőérték-szabályozás, optimumszabályozás, csúcsszabályozás; **~ indicator** *távk* csúcsszintmérő; **~ intensity** *krist* maximum/peak intenzitás; **~-intensity method** *krist* peakintenzitás módszere; **~ inverse anode voltage** *el* záróirányú anódcsúcsfeszültség; **~ inverse voltage (PIV)** *el* záróirányú csúcsfeszültség; **~(-)joint** *ép* tetőgerinckötés; **~ level meter** *távk* csúcsmutató szintmérő; **~ limitation** *távk* csúcslevágás, amplitúdóhatárolás; **~ limiter** *távk* amplitúdólimitáló, amplitúdókorlátozó, amplitúdóhatároló; feszültségkorlátozó; kiemelőkör *(frekvenciamenetben)*; **~ load** *en* csúcsterhelés, igénycsúcs, terhelési csúcs, csúcsigény; **~-load hydroelectric project** *hidr* csúcsterhelésre üzemelő *v.* csúcsra járatott vízierőmű; **~-load (power) plant/station** *en* csúcserőmű, csúcsterhelés-felvevő erőmű; **~-load river power plant** *en* csúcsüzemű folyami vízerőmű; **~ localization** *at* csúcskeresés; **~ location** *at* csúcshely; **~ magnetizing force** *el* mágnesező erő csúcsértéke; **~ making(-)current** *el* bekapcsolási csúcsáram, dinamikus határáram; **~ of action** *film, foto* mozgási csúcspont; **~ of mass spectrum** *fiz* tömegspektrográfiai élesvonal; **~ of wave** hullámgerinc; **~ overpressure** túlnyomáscsúcs; **~ performance** csúcsteljesítmény *(teljesítőképesség)*; **~ period** *en, közl* csúcsidő; **~ plate current** *el* csúcsanódáram; **~ point** *el* haspont, csúcspont; *félv* csúcsáram *(alagútdiódánál)*; **~-point-to-valley point current ratio** *el* Ip/Iv, csúcs-mélyponti áramviszony; **~-point voltage** *el* VP, csúcsponti feszültség; **~ power** *fiz* csúcsteljesítmény; **~ power meter** *fiz* csúcsteljesítmény-mérő; **~ power output** *el* maximális kimenőteljesítmény; **~ production** *ol* csúcstermelés; **~ pulse current** *el* csúcsponti anódáram; **~ pulse power** *távk* impulzus-csúcsteljesítmény; **~ rate of discharge** *hidr* csúcshozam; **~ reading** *el* maximumindikálás, csúcsleolvasás; **~-reading ammeter** *el* csúcsárammérő; **~-reading voltmeter** *el* csúcsfeszültségmérő, csúcsvoltmérő; **~ restriking(-)voltage** *el* visszagyújtási feszültség csúcsértéke; **~ reverse voltage** *félv* csúcszárófeszültség; **~ season** csúcsidény; **~ selector** *távk* automata vonalválasztó; **~ separation** *távk* impulzustávolság; **~ shaving** *távk* csúcskiegyenlítés; **~ shift** *at* csúcseltolódás; **~ sound pressure** *hang* hangnyomás csúcsértéke; **~ spectral (threshold) sensitivity** *fiz* maximális spektrális érzékenység; **~ stage** *hidr* tetőző vízállás; **~ stage of design flood** *hidr* mértékadó árvízszint; **~ tank** *hajó* orrkamra, farkamra; **~ temperature** hőmérséklet-maximum; **~ time** csúcsidő; **~-to-background** *at* maximumtól háttérig; **~-to-background ratio** *at* csúcs-háttér viszony; **~ toe** *cipő* hegyes orrborítás; **~-to-peak (PP)** *el, szt* csúcstól-csúcsig, PP; **~-to-peak amplitude** *távk* teljes amplitúdó, amplitúdócsúcs; **~-to-peak value** *el, szt* csúcstól-csúcsig érték; **~-to-peak voltage** *el* csúcstól csúcsig mért feszültség; **~-to-peak voltmeter** *el* csúcstól csúcsig feszültségmérő, csúcsfeszültségmérő; **~-topped** *fa* sudarlós; **~-to-valley ratio** *el* csúcs-mélyponti áramviszony, maximum-minimum összefüggés; csúcsfeszültség; **~ traffic** *közl* csúcsforgalom, forgalmi csúcs; **~ transformer** *el* csúcstranszformátor, lökőtranszformátor; **~ value** *mat* csúcsérték; **~(-)value detector** *félv* csúcs-egyenirányító; **~ value of current** *el* csúcsáram, áram csúcsértéke; **~(-)value rectifier** *félv* csúcsegyenirányító; **~ voltage** *el* csúcsfeszültség; **~ voltmeter** *el* csúcsvoltmérő, csúcsvoltméter, csúcsfeszültségmérő; *távk* csúcsszintmérő; **~ white** *tv* fehérszint(-csúcsérték)

peaked *geol* hegyes, csúcsos *(hegy)*; **~ wave** *fiz* (éles) csúcsos hullám

peakedness *mat* csúcsosság, meredekség *(görbéé)*

peaker | circuit *tv* letapogatáshelyesbítő áramkör, triggerkör, impulzusélező kör, hegyezőkör, differenciáló áramkör *(videojel-meredekség növelésére)*; **~ strip** *el* fázisfordulás-jelző, differenciálótekercs

peaking tetőzés, maximum elérése; *aut* csúcsérték beállítása; *távk* kiemelés, kompenzálás; *tex* szövethulladék, posztómaradék; **~ circuit** → peaker circuit; **~ coil** *távk* kompenzálótekercs; **~ factor** *at* helyi csúcstényező; **~ flux** *at* helyi fluxusnövekedés/csúcs; **~ network** *távk* kiemelőkapcsolás, differenciálókapcsolás *(frekvenciamenetben)*; **~ power** *at* helyi teljesítménynövekedés/csúcs; **~ transformer** *távk* csúcstranszformátor, lökőtranszformátor

peaky *geol* hegyes, csúcsos; *metr* csúcsértékkel bíró *(görbe)*; **~ curve** *metr* csúcsos görbe

peal I. *v alak* szétzúz, széttör, kalapál; *hang* zúg, zeng, kong; **II.** *n hang* zúgás, zengés; ~ **strength** *any* hasíthatóság
pealing *bány* hántoló jövesztés
Peano's axiom *rendsz* Peano-axióma
peanut *élip* földimogyoró, amerikaimogyoró; ~ **butter** *élip* (földi)mogyoróvaj; amerikaimogyoró-paszta; ~ **capacitor** *el* miniatűr vákuumkondenzátor; ~ **oil** *élip* földimogyoró-olaj; ~ **ore** *bány* volframit; ~ **shaker** *mzg* földimogyoró-tisztító, földimogyoró-rázó *(betakarítógépen)*
pear körte; *fa* körtefa; ~ **oil** *vegy* amil-acetát; ~**-shaped** körte alakú; ~**-shaped quartic** *mat* körtegörbe; ~ **switch** *el* körtekapcsoló
pearl I. *v* gyöngyöz, gyöngyösödik; gyöngy alakúra formál; *élip* folyadékot felfőz *(buborékpontig)*; gyöngyözővé olvaszt *(cukrot)*; hántol, fényez *(rizst)*; mázzal bevon, drazsíroz; **II.** *n* gyöngy(szem); gyöngyszín; *élip* gyöngykása, árpagyöngy; *gyógyv* gyöngydrazsé, kis pirula; *nyom* gyöngybetű, gyöngy betűnagyság; *óra* gyöngy; ~ **alum** *vegy* gyöngytimsó; ~ **ash** *vegy* (fa)hamuzsír *(kalcinált fahamuból)*, kálium-karbonát; ~ **barley** *élip* árpagyöngy; ~ **bulb** gyöngyfényizzó; ~ **catalyst** *ol* gyöngykatalizátor; ~**(-)coating** *gyógyv* gyöngydrazsírozás; ~ **coke** *bány* apró szemű koksz; ~ **glue** *pa* gyöngyenyv; ~**-grey** gyöngyszürke; ~ **hardening** műgipsz töltőanyag; ~ **lamp** *el* gyöngyfénylámpa; ~ **markers** *foto* kis buborékok *(negatívon)*; ~ **mica** *geol* margarit; ~**-milled rice** *élip* csiszolt rizs; ~ **pebble** *bány* gyöngykavics; ~ **polymer** *műa* gyöngypolimer; ~ **polymerization** *műa* gyöngypolimerizálás; ~**(-)shell** gyöngyházkagyló; ~ **spar** *geol* dolomit *(kalcium-magnézium-karbonát)*; ~ **starch** *élip* szemcsés keményítő; ~ **white** *vegy* kalcium-szulfát töltőanyag
pearlescent I. *a* gyöngyházszerű; gyöngyházfényű; *bőr* gyöngyszerűen csillogó; **II.** *n* gyöngyházszerű anyag/kidolgozás
pearling I. *a* gyöngyöző, gyöngyösödő; *élip* hántoló, csiszoló; **II.** *n* gyöngyözés, gyöngyösödés; *élip* felfőzés *(buborékpontig)*; gabonahántolás, rizscsiszolás; gyöngyözővé olvasztás *(cukoré)*; *ruh* díszítés gyönggyel; *üveg* gömb alakú *v.* homorú metszés; ~**-off effect** *tex* (víz)lepergető hatás
pearlite *koh* perlit; ~ **microstructure** *any* perlites mikroszerkezet; ~ **region** *koh* perlittartomány
pearlitic *koh* perlites; ~ **ferrite** *koh* perlitferrit; ~ **iron** *önt* perlites vas; ~ **matrix** *any* perlites alapszerkezet; ~ **steel** *koh* perlites acél
pearly gyöngyházszerű, gyöngyház(ból való); gyöngy(ház)fényű
Pearson | measure of skewness *mat, stat* Pearson-féle ferdeség mérőszáma; ~**'s coefficient** *mat, stat* Pearson-féle mutató, Pearson-faktor
peat tőzeg; ~ **brick** *bány* tőzegbrikett; ~ **charcoal** *bány* tőzegkoksz; ~**(-)cutter** *bány* tőzegvágó, tőzegmaró; ~ **dust** *bány* tőzeghulladék, tőzegpor; ~**-gas producer** *vegy* tőzeggáz-generátor; ~ **litter/meal** *bány* tőzegliszt, tőzegpor; ~ **mo(u)ld** *talt* tőzegföld; ~ **pot** *talt* tőzegkocka; ~ **slab** *bány* tőzegpad; ~ **soil** *talt* tőzeges talaj; ~ **spade** *bány* tőzegvágó kés
peatbog *geol* tőzegmocsár, tőzegláp
peathag *bány* tőzegfejtő/tőzegtermelő hely
peatmoss *geol* tőzegláp, tőzegmocsár
peaty *talt* tőzeges, tőzegszerű
peavey *fa* rönkemelő horog, rönkfagörgető kampós nyárs
pebble I. *v bőr* barkáz; *ép* kavicsol, kövez; *pa* szemcséz; *tex* kreppel; **II.** *n bőr* barkázás; barkázott színoldal; préselt barkájú díszműbőr *(kavicspréssel)*; *geol* (folyami) kavics, kvarckavics; görgetett hordalék, kőgörgeteg; *ker* tarka kerámia; *óra* féldrágakő *(órában)*; ~**(-)bed** *geol* kavicságy; ~**(-)bed reactor** *at* gömbhalmazreaktor, gömbhalmaz-elrendezésű aktív zónájú reaktor, golyóágyas/kavicságyas reaktor; ~**(-)dash(ing)** *ép* benyomott kavicsos vakolat; kavicsos/kőtörmelékes vakolóhabarcs; ~**(-)leather** *bőr* préselt barkájú díszműbőr; ~ **mill** *bány* érczúzó; *ép* kavicsmosó berendezés/mű, kavicsmalom, kavicsosztályozó; ~**(-)ore** *bány* görgetegérc, kavicsérc; ~ **paving** *ép* terméskő útburkolás, kavicsburkolat; ~ **phosphate** *geol* foszforitkavics; ~ **powder** *bány, kat* durva szemcsés lőpor, robbantópor; ~ **reactor** → ~-bed reactor; ~ **roundstone** *geol* középnagyságú kavics; ~ **shield** *at* porózus védelem; ~**(-)stone** *geol* kőgörgeteg; ~**-work** *ép* kavicsolás, kövezés
pebbled *bőr* barkázott; *ép* kavicsolt, kövezett; *pa* szemcsézett; *tex* krepphatású, kreppelt; ~ **effect** *tex* krepphatás; ~ **foam** *gumi* bordázott habgumi *(cipőre)*
pebbling I. *a bőr* barkázó; *ép* kavicsoló, kövező; *pa* szemcséző; *tex* kreppelő; **II.** *n bőr* barkafelnyomás, barkázás; *ép* kavicsolás, kövezés; *pa* szemcsézés; *tex* kreppelés; ~**(-)machine** *forg, pa* szemcsézőgép
pebbly *ép* kavicsos, kavicsolt
PEC → photoelectric cell
peck I. *v alak* átlyukaszt; kiváj; *bány* csákányoz; *pa* kopaszt, tép; *távk* letapogat *(lyukasztott szalagot)*; **II.** *n bány* csákány; *metr* űrmérték *(8,81 liter)*
pecker *távk* tapintó, lyukletapogató *(lyukasztott szalagos adóban)*; ~ **block** *gép* ütköző(tömb)
pecking motor *gép* léptetőmotor
pectate *vegy* pektát
pectic acid *vegy* pektinsav *(metil-észtermentes poligalakturonsav)*
pectin *vegy* pektin; ~**-decomposing** *élip* pektinbontó
pectinaceous *élip* kocsonyás, pektinszerű
pectinic acid *vegy* pektinsav
pectinous *élip* kocsonyás, pektinszerű
pectization *élip, vegy* alvadás, kocsonyásodás, zselatinálódás, pektizáció
pectize *élip, vegy* alvad, kocsonyásodik, zselatinálódik, pektizálódik; alvaszt, kocsonyásít, zselatinál, pektizál
pectocellulose *pa* pektocellulóz
pectolite *ásv* pektolit
pectolytic *élip* pektinbontó
pectose *vegy* pektóz
peculiar tulajdon(ság), saját(ság); ~ **motion** *csill* valódi mozgás; ~**s** *nyom* mellékjelek, mellékjeles betűk
pedal I. *v gép, közl* pedált nyom/tapos, pedáloz, hajt; *hang* pedáloz, pedálon *v.* pedál-billentyűsoron játszik *(orgonista)*; **II.** *n gép* pedál, lábító, lábemeltyű, taposó(pedál); *hang* pedál; pedálbillentyű; *rep* lábkormány; ~ **board** *hang* pedáltartó; ~ **brace** *gép* tengelyágykötő vas; ~ **bracket** *gépk* pedálkar, pedálbak; ~ **brake** *gépk* lábfék; ~ **circle** *mat* talpponti kör; ~ **clutch** *gépk* lábkuplung; ~ **contact** *el* pedálos

(áram)kapcsoló; ~ **cover** *gép* taposógumi *(pedálon)*; ~ **curve** *mat* talppontgörbe; ~ **cycle** *közl* kerékpár; ~ **cycle track** *ép, közl* kerékpárút; ~ **drive** *gép* lábhajtás; ~ **effort** *gépk, mech* pedálerő; ~(-)**feed motion** *tex* lábítós adagolásszabályozó; ~ **footing** *ép* oszloptalp; *mzg* alapozás; ~ **force** → ~ effort; ~ **gear** *gép* pedálszerkezet; ~ **horn** *vasút* ágyvilla; ~ **keyboard** *hang* pedálbillentyűzet, pedálklaviatúra; ~ **lavatory** *ép* oszlopon álló mosdó; ~ **lever** *gép* pedálemelő, lábítókar; ~ **linkage** *gépk* pedálrudazat; ~ **mo(u)lding** *ép* talapzat párkánya; ~ **operation** *gép* lábhajtás; ~ **organ** *hang* pedálmű; ~ **pad** *gép* pedálfej; ~ **piano** pedálzongora; ~ **pier** *ép* hídlábazat; ~ **point** *hang* orgonapont; ~(-)**return spring** *gépk* pedálvisszahúzó rugó; ~ **slot** *gépk* pedálrés *(fenéklemezen)*; ~ **spindle** *gép* pedáltengely; ~ **stem** *gép* pedálszár; ~ **strut** *ép* pillért összekötő gyámfa; ~ **switch** *el* lábkapcsoló; ~ **wheel** *gép* pedálos hajtókerék

pedalling, *US* **pedaling** *gép, közl* pedálozás, taposás; *hang* pedálozás, pedáljáték *(zongorán)*

peddled grain *bőr* zsugorodásszerűen összerántott barka

peddler car *vasút* gyűjtőkocsi, gyűjtővagon

pedestal *ép* (sarutartó) állvány *(hídé)*; aljzat, talapzat, piedesztál, láb, lábazat(i kő), oszloptalp, pillértalp, talpkő, oszlop; *gép* alapzat, csapágyház; állvány; *tv* feketevállt, impulzusváll; kioltóimpulzus; *vasút* csapágytokvezetés; ~ **bearing** *gép* állványos csapágy; ~ **grinder** *forg* oszlopos köszörű; ~ **impulse** *tv* alapimpulzus; ~ **pile** *ép* széles(ített) talpú cölöp; ~ **spot welder** *heg* állványos ponthegesztő gép; ~ **voltage** *tv* alapimpulzus-feszültség

pedestrian gyalogos; ~ **bridge** *ép* gyalogjáró híd; ~ **control** *közl* gyalogosforgalom szabályozása/irányítása; ~(-)**controlled vibrating roller** *ép* kézi irányítású vibrohenger; ~ **crossing** *közl* gyalogátkelőhely *(úttesten)*; ~ **crossing lights** *pl közl* gyalogosforgalomirányító fényjelző; ~ **guard(-)rail** *közl* gyalogosvédő korlát, védőkorlát; ~(-)**operated signals** *pl közl* gyalogosoktól működtetett forgalmi jelzőlámpa; ~(-)**operated vibrating roller** *ép* kézi vezetésű vibrációs henger; ~ **precinct** *közl* sétálóutca; ~ **subway** *ép* gyalogos-aluljáró; ~-**type** *ép* gyalogosvezetésű; ~ **(under)pass** *ép* gyalogos-aluljáró

pedial class *krist* pediális/pedionos (kristály)osztály, triklinosztály

pediment *ép* nyílászáró feletti párkány/előtető; oromzat, (háromszögű) oromfal, timpanon

pedion *krist* pedion *(egysíkú forma)*

pedograph *geod* tereprajz-regisztráló készülék

pedology *talt* talajtan, pedológia

pedometer *geod* hodométer, lépésszámláló; lépésmérő

peel I. *v* lehámlik; *élip* hámoz; hántol; kifejt, kihüvelyez; *ép* lemállik, lepattogzik, lepereg *(vakolat, festék)*; *fa* lehánt, kérgez; *nyom* elvékonyít *(klisé élét)*, fazettál; *tex* tör, tilol *(lent v. kendert)*; **II.** *n élip* (sütő)lapát, péklapát; héj; ~ **oil** *élip* héjolaj

peelable protective coating *félv* lefejthető réteg

peeler *élip* hámozógép; hántológép

peeling I. *a élip* fejtő, hüvelyező, hántoló, hámozó; *ép* málló, repedező, lepergő; *rep* kanyarodó; *tex* törő, tiloló; **II.** *n* (le)hámlás; *élip* hámozás, hántás; hulladék, lehámozott héj; kifejtés, hüvelyezés; *ép* lemállás, lepattogzás, lepergés *(vakolaté, festéké)*; *gumi* lenyúzott futóhulladék; *koh* hántolás; *nyom* kliséélek elvékonyítása, fazettálás; *tex* törés, tilolás *(lené, kenderé)*; ~ **drum** *fa* hengeres kérgelőgép; *pa* hántolódob; ~(-)**machine** *élip* hántológép; *fa* hámozógép, furnírhámozó gép, kereghántoló pad; ~ **mill** *pa* hántolómalom; ~-**off** *bőr* fedőréteg/lakkréteg letöredezése/lehámlása; *élip* hántolás, hámozás, hüvelyezés; *ép* lemállás, letöredezés, lepattogzás, lepattanás *(vakolaté, festéké)*; *koh* leválás; *rep* kiválás, elkanyarodás *(kötelékből)*; ~-**type fracture** *any* kéregleválásos törés/töret

peen I. *v* kalapálva/kalapáccsal alakít, hidegen megmunkál; **II.** *n* kalapácsfej, kalapács/véső éle

peening (ki)kalapálás, kovácsolás alakos kalapáccsal, hidegkovácsolás, hidegmegmunkálás, szétkovácsolás, szétlapítás; ~ **hammer** alakverő kalapács/pöröly, árokkalapács, rovátkolókalapács, beverőkalapács, domborítókalapács, trébelőkalapács; ~ **of the weld** *heg* varratkalapálás

peep|-hole kémlelőablak, kémlelőnyílás, vizsgálóablak, nézőke; ~(-)**sight** *kat* nézőke, dioptra *(puskán)*, dioptrás irányzék; ~(-)**window** → ~-hole

peer | entity *szt* társentitás; ~ **level** *szt* egyszintű; ~ **process** *szt* társfolyamat

peg I. *v cipő* faszegez; *gép* rögzít, biztosít *(sasszeggel)*; **II.** *n* cövek, (fa)szeg, csap, faék, dugó, pecek; (létra)fok; *bány* támasz, tám; *ép* támfa; *forg* fúróvezető feje; *geod* határjel, jelzőpózna, jelzőrúd, (kitűző)cövek, (kitűző)karó; *geof* pikettkaró; *gép* bütyök, csap(fog), sasszeg; *hang* (hangoló)kulcs, húrfeszítő csavar; *ruh* fogaspecek *(ruhaakasztó)*; *tex* vetélőtüske, fésű; ~(-)**board** *távk* dugaszolótábla, kapcsolótábla; ~(-)**drum** *mzg* cséplődob; ~(-)**float** *cipő* faszeg-leegyengető gép; ~(-)**gate** *önt* gát; ~(-)**hole** *ép* falkivágás *(faék v. betéttuskó számára)*; ~ **model** *ol* cövekes minta; ~ **out** *v geod* kicövekel, kikaróz, kitűz; nyomjelez; ~(-)**pin** *gép* záró csapszeg; ~(-)**rail** *tex* vezetőfésű *(végáruszínezésnél)*; ~(-)**stake** *geod* karóbetét/cölöpbetét *(mérésnél)*; ~(-)**stay** *ép* ablakszárnyrögzítő; ~ **together** *v fa* faszeggel összeköt; összeszögez; ~(-)**tooth harrow** *mzg* merev fogú borona

pegged *cipő* faszegezett, faszegezésű; *fa* szögelt, szöggel összeerősített; *gép* rögzített, biztosított

pegging *cipő* faszegezés; *fa* szegezés, szegelés, szögelés; *gép* rögzítés, biztosítás; ~-**out** *ép, geod* kicövekelés, kikarózás; kitűzés; ~ **plan** *tex* kártyakiverés-mintarajz; ~ **rammer** *alak* hegyes formadöngölő

pegmatite *ásv* pegmatit

pegmatitic *ásv, krist* pegmatitos; ~ **growth** *krist* pegmatitos keletkezés; ~ **minerals** *geol* pegmatitos ásványok; ~ **ore deposit** *geol* pegmatitos érctelep; ~ **phase** *geol* pegmatitos szakasz

pegmatolite *geol* pegmatolit

pegtop paving *ép* merőleges (mintázatú) kövezés, kiskockakő burkolat

pegwood *finm* tisztítófa *(órához)*

Peierls stress *krist* Peierls-feszültség

Peirce | algebra *mat* Peirce-algebra; ~ **function** *mat* NOR művelet, NOR kapcsolat, Peirce-függvény; ~-**Smith converter** *koh* Peirce—Smith-konverter; ~'**s (universal) operation** *mat* Peirce-féle (univerzális) művelet

pekin *tex* csíkozott/virágmintás kínai selyemszövet

PEL → picture element
pelage *bőr* bunda, szőrme, szőrzet *(állaté)*
pelagian → pelagic
pelagic *geol* nyílt vízi/tengeri, óceáni, mélytengeri, pelágikus; ~ **facies** *geol* mélytengeri fáciesz; ~ **region/zone** *geol* pelágikus *v.* nyílt tengeri öv, nyílt víz; ~ **sediments** *geol* nyílt tengeri üledék
pelargonic acid *vegy* pelargonsav, nonánsav
pelargonin *vegy* pelargonin, pelargonsav-glicerid
pelerine *ruh* szőrmekabát, körgallér, pelerin
pelhamite *ásv, geol* pelhamit
pelicanite *ásv, geol* pelikánit
pelite *geol* pelit
pelitic *geol* finom szemcsés, iszapszerű, pelites; ~ **sediment** *geol* pelites üledék
pellet I. *v bány* pelletez, szemcsésít; *élip, kat* szemcséz; *gyógyv* labdacsokat/pasztillákat készít, tablettáz; *műa* tablettáz; *mzg* csáváz *(vetőmagot)*; **II.** *n bány* pellet, szemcse; *ép* golyó alakú díszítés; *félv* (szilícium)lapka *(félvezetőé)*; *gyógyv* labdacs, pasztilla, tabletta; *kat* (golyó)sörét; *koh* pellet; ~**(-)charge forming** brikett-töltetű robbantásos sajtolás; ~ **getter** *el* getterpasztilla; tárcsa alakú getter; ~ **powder** *kat* szemcsés lőpor; ~ **rubber** *gumi* szemcsézett kaucsuk; ~**-type (lightning) arrester** *el* szemcsés töltetű túlfeszültség-levezető
pelletierine *vegy* pelletierin, acetonil-piperidin
pelleting *bány, koh* pelletezés, szemcsésítés; *élip, kat* szemcsézés; *gyógyv* pasztillázás, tablettázás; *műa* tablettázás; *mzg* csávázás; ~ **disc/disk** *koh* pelletezőtányér; ~ **drum** *koh* pelleteződob; ~ **kiln** *koh* pelletégető kemence; ~**(-)machine** *gyógyv, műa* tablettázógép; ~ **process** *bány, koh* pelletezőeljárás
pelletize *bány* pelletez, szemcsésít; *élip, kat* szemcséz; *gyógyv, műa* tablettáz; *mzg* csáváz
pelletized iron(-)ore *koh* szemcsésített vasérc
pelletizing → pelleting
pellicle hártya, vékony héj, membrán, film; *bőr* felhám; *élip* maghéj; *foto* hártyás emulzió
pellicular hártyaszerű, hártyás, filmes (felületű); ~ **water** *talt* tapadóvíz, hártyavíz, filmvíz
pellicule → pellicle
pell-mell structure *geol* kuszált kőzetszerkezet
pelmet *tex* kárpit/függöny oromdísze, (karnis)drapéria, keresztdrapéria; ~ **lighting** *opt* függönyvilágítás
pelt I. *v bőr* lenyúz; **II.** *n bőr* pőre, nyersbőr pőreállománya; ~ **substance** *bőr* száraz pőre, nyersbőranyag; ~ **weight** *bőr* nyersbőr átlagsúlya; ~ **wool** *bőr* gyapjas bőr
Peltier | baffle *el* Peltier-csapda; ~ **cross** *el* Peltier-kereszt *(hőelem)*; ~ **effect** *el* Peltier-jelenség, Peltier-hatás; ~ **trap** → ~ baffle
pelting rain csapóeső, záporeső
Pelton | bucket *hidr* Pelton-kanál; ~ **turbine/wheel** *hidr* Pelton-turbina
peltry *bőr* irhák; szőrme(áru), bőráru, bőrnemű
PEM → photoelectromagnetic effect
pen[1] ~**-and-ink drawing** tollrajz; ~ **arm** írókar *(regisztrálóműszeren)*; ~**-light** → penlight; ~**(-)recorder** ejtőkengyeles íróműű *(regisztrálóműszereknél)*; ~ **stock** *koh* fúvócső; könyök; ~**-type dosimeter/dosemeter** *at* töltőtoll-doziméter, töltőtolldózismérő, töltőtoll típusú doziméter, tolldoziméter
pen[2] *hidr* gát, töltés; *mzg* karám, ketrec, akol, ól; ~**-fed** *élip* ólban hizlalt
penalty function *mat* büntetési függvény
penannular *csill, geol* közel gyűrű alakú
pencatite *geol* penkatit
pencil ceruza, irón; finom ecset; *opt* vékony sugár; ~ **beam** *távk* keskeny sugárnyaláb; ~**(-)beam antenna** *távk* nagy nyereségű URH-antenna; ~**(-)blue** *vegy* palakék; ~ **diamond** *üveg* fa foglalatú vágógyémánt; ~ **dosemeter** *at* tolldoziméter; ~ **drawing** *nyom* ceruzarajz; ~ **electron tube** *el* ceruzacső; ~ **file** ceruzareszelő; ~ **grinder** *forg* kézi lyukköszörűgép; ~ **of curves** *mat* görbesereg; ~ **of light** *opt* fénykéve, fénysugár; ~ **of lines/rays** *mat* egyenesnyaláb, sugárnyaláb; ~**(-)slat** *fa* deszkácska *(ceruzagyártáshoz)*; ~**(-)slate** palavessző; ~ **tube** → ~ electron tube; ~ **turbine internal grinder** → ~ grinder; ~**-type triode** *el* ceruzatrióda
pendant I. *a* felfüggesztett, függő, lógó; **II.** *n el* függesztővezeték; függőlámpa, csillár; *ép* gyámkődísz, ornamens, függődísz; *finm* óratokgomb; *hajó* feltartókötél; ~ **cord** *gép* függőzsinór; ~ **shackle** *gép* rugókengyel *(nyomott kengyel)*; ~ **switch** *el* zsinórkapcsoló; ~ **vertex** *mat* elsőfokú pont
pendency *geol* esés
pendent → pendant
pendentive *ép* boltfészek, csegely; függőkupola; ~ **dome** *ép* függőkupola
pending függőben lévő
pendular water *hidr* függő kapilláris víz
pendulous *mech* felfüggesztett, (le)lógó, függő; lengő, ingó
pendulum *finm* inga(kerék), regulátor *(óráé)*; *fiz* inga; ~ **anemometer** *met* ingás szélsebességmérő; ~ **bearing** *ép* ingaoszlop, ingás saru; *gép* önbeálló csapágy(azás), lengőtámasz; ~ **circular saw** *fa* ingafűrész, lengő körfűrész; ~ **circular vibrator** *ép* lengő felfüggesztésű vibrátor; ~ **clock** *finm* ingaóra; ~ **conveyor/conveyer** himbás szállítólánc; ~ **damper** *gépk* ingás ellensúly *(motoron)*; ~ **dynamometer** *el* ingás dinamométer; ~ **galvanometer** *el* ingás galvanométer; ~ **governor** *gépk* lengőszabályozó, ingás szabályozó; ~**(-)gradient indicator** *geod* ingás szintező; ~ **gravimeter** *fiz* ingás graviméter; ~ **grip gear** *em* emelőmű ingás biztosítószerkezete; ~ **gyroscope** *rep* ingás pörgettyű; ~ **hammer** *szersz* ingás kalapács, lengőkalapács; ~ **hardness** *any* ingás keménység, Herbert-keménység; ~ **hardness test** *any* ingás keménységvizsgálat, Herbert-féle keménységvizsgálat; ~ **hardness tester** *any* ingás szklerométer/keménységvizsgáló; ~ **impact tester** *any* ingás/Charpy-féle ütőmű, ingás ütőgép; ~ **instrument** ingás műszer; ~ **jibsaw** ingás szúró fűrészgép; ~ **jigger** *bőr* fényesítőgép, bőrfényező gép; ~ **law** *mech* ingatörvény, lengőmozgás törvénye; ~ **leaf** *gép* csuklós lemez; ~ **magnetometer** *fiz* ingás magnetométer; ~ **manometer** *fiz* ingás nyomásmérő; ~ **mill** *bány* ingás (gyűrűs)malom; *élip* lengőmalom; ~ **motion of electron** *at* elektronrezgés; ~ **press** *alak* lengőprés; ~ **prospecting** *geof* ingával végzett kutatás; ~ **rectifier** *el* rezgőnyelves/vibrátoros egyenirányító, szaggató; ~**-rod** *finm* ingaszár *(óráé)*; *fiz* inga rúdja; ~ **roller** *bőr* talpbőrhengerlő gép; ~ **saw** *fa* ingafűrész, lengőfűrész; ~ **sclerometer** *any* ingás szklerométer/keménységvizs-

gáló; ~ **shoe** *ép* lengősaru; ~ **stanchion** *ép* lengőtámasz; ~ **survey** *geof* ingamérési felvétel, ingafelmérés; ~ **test** *gumi* rugalmasság vizsgálata ingamódszerrel; ~**(-)tube distributor** *élip* ingacsöves elosztó; ~**-type** *fiz* lengő, rezgő, ingás; ~**-type tachometer** *rep* ingás fordulatszámláló; ~**-type water velocity meter** *hidr* ingás vízsebességmérő; ~ **vibrator** *ép* lengő felfüggesztésű vibrátor; ~ **weights** *élip* kiegyensúlyozó súlyok *(síkszitáé)*

peneplain *geol* lepusztulási/denudációs felület, lepusztult, erodált terület, félsíkság; peneplén (síkság), peneplén térszín

peneplanation *geol* peneplénesedés, tönkösödés; peneplenizáló folyamat

penetrability *távk* átbocsátóképesség, áteresztőképesség; *vegy* áthatolóképesség, penetrabilitás, átjárhatóság; érzékenység

penetrable *opt* átbocsátó, átlátszó; *távk* áteresztő; *vegy* áthatolható, áteresztő, permeábilis

penetrance *távk* áthatás; *vegy* behatolás, penetráció

penetrant I. *a hang* éles, átható; *vegy* átható, áthatoló, penetráns; **II.** *n gumi* áthatolószer

penetrate benyúlik *(vmbe)*; *alak* átfúr, átszúr, átdöf; belemélyül, belemélyed; keresztülhatol; *forg* átfúródik, befúródik *(maróeszköz)*; *vegy* áthatol, behatol, benyomul; átitat, átjár; ~ **by dyeing** *tex* keresztülszínez

penetrating *alak* áthatolás, behatolás; *vegy* áthatás, átitatás, penetráció; ~ **capacity** *at* áthatolóképesség; *tex, vegy* behatolóképesség; ~ **component** *at* kemény/behatoló sugárzás-összetevő; ~ **depth** *at, vegy* behatolási mélység, behatolás; ~ **depth of the dye** *tex, vegy* színezék behatolási mélysége; ~ **power (of radiation)** *at* áthatolóképesség *(sugárzásé)*, sugárzás keménysége; ~ **radiation** *at* áthatoló sugárzás, keménysugárzás, nagy behatolóképességű sugárzás; ~ **shower** *at, csill* behatoló zápor

penetration *alak* áthatolás, behatolás, átfúrás; behatolási mélység; *any* penetráció; *ép* alapozási sík mélysége *(a teherbíró talaj felső szintje alatt)*; *heg* áthegesztés; beégés, beolvadás; *kat* átütőképesség; *ol* behatolás *(rétegbe)*; *opt* tárgylencse fókuszon kívüli élessége *(mikroszkópnál)*; *önt* felrágás, pecsenye; *rep* felhőáttörés; *szt* ütéserő *(sornyomtatón)*; *vegy* átitatás, áthatás, penetráció; ~ **coefficient** *at* behatolási tényező; ~ **defect** *koh* beolvadási hiba; ~ **depth** behatolási mélység, behatolás; ~ **factor** *at* behatolási/áthatolási tényező/valószínűség; *geof* árambehatolási tényező; ~ **frequency** *geof* behatolási frekvencia; ~ **index** *ol* penetrációs index; ~ **macadam** *ép* telített/itatott makadám; ~ **method** *ép* itatás *(aszfalté)*; *rep* felhőáttörés *(leszálláskor)*; ~ **of the print** *tex* keresztülnyomás *(nyomott mintáé)*; ~ **potential** *at* penetrációs/behatolási potenciál; ~ **power** *at* áthatolóképesség *(sugárzásé)*, sugárzás keménysége; ~ **probability** *at* behatolási/áthatolási valószínűség, alagúteffektus; ~ **record** *ép* cölöpbehatolási diagram/görbe; ~ **resistance** *at* behatolási ellenállás; *ép* verési ellenállás *(cölöpé)*; ~**(-)screen (monitor) tube** *tv* színváltó ernyős elektronsugárcső; ~ **test** *any* benyomóvizsgálat, penetrációvizsgálat, behatolási próba, penetrációs próba *(bitumené)*; ~ **tester** *any* behatolásvizsgáló berendezés, penetrométer; ~ **twin** *krist* penetrációs iker; ~ **voltage** *el* átszúrási feszültség; ~ **wall** *ép* falkeresztezés, faltalálkozás; ~ **zone** *heg* beégési sáv

penetrative átható; *alak* áthatoló, behatoló; *vegy* átható, penetráns; ~ **convection** *met* áthatoló konvekció; ~ **rock** *geol* behatoló kőzet

penetrometer *bány, ol* behatolásmérő, penetrométer; *fiz* kvaliméter, röntgensugár-keménységmérő; *talt* szondacölöp, talajkutató (szonda)cölöp

penfieldite *ásv* penfieldit

penicillin *gyógyv* penicillin; ~ **potassium** *gyógyv* kálium-penicillin *(antibiotikum)*; ~**-sensitive** *gyógyv* penicillinérzékeny

peninsula *geol* félsziget

penlight zseblámpa; ~ **battery** *el* ceruzaelem

pennant *em* csigafüggesztő kötél, feltartókötél; *hang* kottazászló; *kat* jelzőzászló; ~ **staff** *kat* zászlótartó (rúd)

pennine *geol* pennin

Penning | ga(u)ge *vák* Penning-féle mérőműszer/nyomásmérő, Penning-nyomásmérő; ~**-type pump** *vák* porlasztásos ion-getterszivattyú; ~ **vacuum ga(u)ge** → ~ ga(u)ge

penninite *ásv* penninit

Pennsylvanian cable tool drilling (method) *ol* pennsylvaniai fúrásmód, (himbameghajtású) kötélfúrás

penny|-in-the-slot machine *gép* pénzbedobós automata; ~**-in-the-slot meter** *en* pénzbedobós áramszolgáltató/gázszolgáltató automata

pensile felfüggesztett, függő, lógó

penstock *hidr* nyomóvezeték, nyomócső; szivattyúkamra; vízvezető csatorna; ~ **capacity** *hidr* nyomócső vízszállító képessége; ~ **gate** *hidr* üzemvízcsatorna-tolózár; ~**(-)head closure** *hidr* nyomócső felső elzárószerve

pentacene *vegy* pentacén, 2,3,6,7-dibenzantracén

pentacyclic *vegy* ötciklusos, öttagú gyűrűt tartalmazó

pentad *csill* öt évnyi időszak; *met* ötnapos időjárási időszak, pentád, fél dekád; *vegy* öt vegyértékű elem/gyök

pentaerythrite *vegy* pentaeritrit, pentrit *(robbanóanyag)*

pentagon *mat* pentagon, ötszög

pentagonal *mat* ötsarkú, ötszögű *(alak)*; ~ **dodecahedron** *krist* pentagondodekaéder; ~ **icositetrahedral class** *krist* pentagonikozitetraéderes osztály; ~ **icositetrahedron** pentagon ikozitetraéder, giroéder; plagiéder; ~ **mirror** *opt* pentatükör

pentagontrioctahedron *krist* pentagonikozitetraéder, giroéder, plagiéder

pentagram *mat* pentagram, ötágú csillag

pentagrid *el* heptóda, ötrácsú keverőcső, pentagrid; ~ **converter/mixer** *el* pentagrid keverőcső/konverter, keverőoktóda, keverőpentagrid

pentahedral *mat* ötlapú

pentahedron *mat* pentaéder, ötlap(ú idom)

pentamethylantimony *vegy* pentametil-antimon

pentamethylene *vegy* ciklopentán

pentamirror *opt* pentatükör

pentanal *vegy* pentanal, valeraldehid

pentane *vegy* pentán; ~ **lamp** pentánlámpa, Vernon—Harcourt-lámpa; ~ **thermometer** pentánhőmérő

pentanoic acid *vegy* pentánsav, valeriánsav

pentanol *vegy* pentanol

pentanone *vegy* pentanon

pentaprism *opt* pentaprizma
pentavalent *vegy* ötértékű, öt vegyértékű
pentene *vegy* pentén
pentenoic acid *vegy* penténsav, allilecetsav
penthouse *bány* védőpadozat; *ép* fészer, toldaléképület; tetőszoba; tetőtoldalék, toldaléktető; *gép* gépházhelyiség; gépsátor; ~ **roof** *ép* félnyeregtető, eresz
pentlandite *ásv* pentlandit
pentode (tube/valve) *el* pentóda, háromrácsos/ötelektródos (elektron)cső
Penton *vegy* pentaeritrit
pentosan *vegy* pentozán
pentose *vegy* pentóz
pentroof *ép* félnyeregtető, eresz
pentyl *vegy* amilgyök
penumbra *at* sugárzási félárnyék; *csill, opt* félárnyék
penumbral *opt* félhomályos
peplolite *ásv* peplolit
pepper *élip* (fekete)bors; ~ **blister** *önt* öntvénykéreg alatti gázbuborék
peppermint *élip* borsos menta, borsmenta; ~ **oil** *élip* (bors)mentaolaj
pepsin *vegy* pepszin
peptidase *vegy* peptidáz
peptide *vegy* peptid; ~ **linkage** *vegy* peptidkötés
peptization *vegy* peptizálás, peptizáció
peptize *vegy* peptizál
peptizer *vegy* lerakódást gátló kenőolaj-adalékanyag, peptizátor
peptizing agent *műa, vegy* peptizálószer
peptolysis *vegy* peptolízis
peptone *vegy* pepton
peptonize *vegy* peptonná alakít/hidrolizál
per | **annum** évenként(i), évente; ~ **capita** *ip* egy főre eső; ~ **capita annual dose** *at* fejenkénti éves dózis; ~ **cent, *US* percent (pct)** *mat* százalék; százalékos; százalékrész; ~ **cent by volume** térfogatszázalék; ~ **cent of grade** *ép* százalékos emelkedés; ~ **day/diem** naponként(i), naponta; napibérben; napibér, napidíj; ~ **head** → ~ capita; ~ **hour (ph)** óránként; ~ **mensem** havonként; ~ **mil(le)** ezrenként; ~ **minute** percenként; ~ **ripple** *el* feszültségingadozási tényező *(százalékban, lüktető egyenáramnál)*, hullámosság százaléka; ~ **second** *metr* másodpercenként
peracetic acid *vegy* perecetsav
peracid, per-acid *vegy* persav
perambulation *ip* szemle, bejárás, felülvizsgálat; *vasút* vonalbejárás
perambulator *geod* hodométer, lépésszámláló, mérőkerék
perbenzoic acid *vegy* perbenzoesav
perborate *vegy* perborát
perborax *vegy* nátrium-perborát
perboric acid *vegy* perbórsav
perbunan *vegy* buna-N, perbunán
percale *tex* perkál
percarbonate *vegy* perkarbonát
perceived | **achromatic colo(u)r** akromatikus színérzet; ~ **chromatic colo(u)r** kromatikus színérzet; ~ **colo(u)r** színérzet, érzékelt szín; ~ **noise level** értékelt zajszint
percent *US* → per cent
percentage százalékarány; *any* százalékos részesedés/tartalom; ~ **by mass** tömegszázalék; ~ **by volume** térfogatszázalék; ~ **by weight** súlyszázalék; ~ **calculation** *mat* százalékszámítás; ~ **conductivity** *távk* százalékos átvezetés; ~ **coupling** *távk* csatolási fok; ~ **crimp** *tex* beugrási százalék; ~ **depth dose** *at* relatív mélységi dózis; ~ **differential protection** *el* százalékos különbözeti védelem; ~ **differential relay** *el* százalékos különbözeti relé; ~ **distortion** *távk* torzítási tényező, százalékos torzítás; ~ **elongation** *any* százalékos/fajlagos nyúlás; ~ **error** hibaszázalék, százalékos/relatív/viszonylagos hiba; ~ **inclination** *ép* százalékos lejtés; ~ **loss** százalékos veszteség; *at* teljes százalékos neutronveszteség; ~ **modulation** *távk* modulációs mélység/index, kivezérlés foka; ~ **of hydrolizable part** *vegy* hidrolizálható hányad; ~ **of moisture (pcm)** *élip* nedvességszázalék; ~ **of oversize yield** *bány* durvarész-kihozatal; ~ **of reinforcement** *ép* vasalási százalék *(betonban)*; ~ **of silt (and clay)** *talt* iszaptartalom; ~ **of the area irrigated** *hidr* öntözési arány; ~ **of voids** *ép* hézagtérfogat *(talajmechanikában)*; ~ **rate of interest** *mat* kamat, kamatláb; ~ **run-off** *hidr* lefolyási hányad; ~ **standard deviation** *stat* százalékos standard/mérvadó eltérés/szórás; ~ **standard error** *stat* százalékos mérvadó/standard hiba; ~ **test** *any, ip* szúrópróbavétel
percentile *mat* százalékosztály; ~ **curve** *mat* eloszlásgörbe, ogiva; *távk* kumulatív frekvenciagörbe
perceptible megfigyelhető, érzékelhető, észlelhető
perception megfigyelés; érzékelés, észlelés, percepció; ~ **of depth** térbeli érzékelés, mélységérzékelés, térbeli látás
perceptron *szt* perceptron; ~ **memory** *szt* perceptronmemória; ~ **theory** *szt* perceptronelmélet
perch I. *v* ráhelyez, rátelepít, rárak; *bőr* (ki)taszít *(barkahibát)*, kézzel puhít, stollol, nyújt; *tex* vizsgál, átnéz; **II.** *n bőr* nyújtóbak, feszítőbak *(bőrnyújtáshoz)*; *ép* gerincszelemen-fogó fa, kakasülő; *gép* rugóvezető orsó; *hajó* jelzőpózna, jelzőrúd; *mzg* bak *(kocsin)*; kocsirúd, nyújtófa, pózna; *tex* átnézőasztal, vizsgálókeret *(szövethez)*; ~ **bolt** *vasút* forgózsámolycsap, támasztócsap; ~ **clock** *tex* átnézőgép
perched *bőr* nyújtott, puhított; *ép* feszített *(talajvízszint)*; *tex* vizsgált, átnézett; ~ **aquifer** *ol* függő víztároló; ~ **(ground) water table** feszített talajvíztükör, feszített (artézi) talajvízszint; ~ **water** *hidr* áltatalajvíz
perching I. *a bőr* puhító, nyújtó, színelő; *tex* átnéző; **II.** *n bőr* puhítás *(korongos kéziszerszámmal)*, kitaszítás, stollolás, nyújtás; *tex* szövetátnézés; ~ **knife** *bőr* egyengetőtányér, színelőkorong, színelővas
perchlorate *vegy* perklorát, perklórsavas só
perchloric acid *vegy* perklórsav
perchloride *vegy* perklorid
perchloroethane *vegy* hexaklór-etán
percolate I. *v élip* átcsepegtet; átfolyik, átcsepeg, kicsepeg; *vegy* átszűr, megszűr; átszűrődik, átszivárog, átjár, átitat, perkolál; **II.** *n vegy* szüredék, szűrt folyadék
percolating-filter *vegy* csepegtetőtest
percolation *élip* átcsepegés; átcsepegtetés; *hidr* szivárgás, szivárgó vízmozgás; *vegy* átszűrés, megszűrés; behatolás, átszivárgás, beszűrődés, perkolálás, perkoláció; ~ **filter** *at* folyamatos szűrő; ~ **leaching** *at* szűrőlúgzás, abszorpciós lúgzás; *koh* átszüremkedő lúgzás; ~ **rate** *at* keresztüláramlási sebesség; *hidr*

beszivárgási sebesség; ~ **vat** *vegy* perkolálótartály; ~ **well** *hidr* szivárgókút

percolator *vegy* perkolálóedény, perkolátor

percussion *mech* lökés, ütés, rázkódás, (össze)ütközés; ütődés; ~ **borer** *bány, ép* ütőfúró, ütve fúró; ~ **breaker** *bány* ütőmalom; ~ **cap** *bány, kat* csapódógyutacs, ütésre robbanó gyutacs; ~ **contact(-) breaker** *el* vibrátor, áramszaggató; ~ **drill** *bány, ép, ol* pneumatikus fúrókalapács; *ép* ütőfúró, ütve fúró (gép); ~ **drilling** *ép* ütőfúrás, ütve működő *v.* perkussziós fúrás; *ol* kötélfúrás, pennysylvaniai fúrás; ~ **drilling equipment/outfit/rig** *bány, ép, ol* ütőfúróberendezés, ütve fúró *v.* perkussziós berendezés; ~ **figures** *bány, geol* ütési idomok; ~**(-)firing mechanism** *kat* mechanikus ütőszeges elsütőszerkezet; ~ **frame** *bány* lökött szér, lengőszér; ~ **fuse** *kat* csapódó gyújtó; ~ **hammer** *bány, ép* (pneumatikus) fúrókalapács; *orv* kopogtatókalapács; ~**(-)hammer firing mechanism** *kat* ütőszeges-kakasos elsütőszerkezet; ~ **hand-boring** *bány, ép* ütő kézifúrás, ütőfúrás; ~ **jig** *bány, koh* mozgószitás ülepítőgép; ~ **mill** *élip* zúzómalom; ~ **mortar** *bány* kőtörő mozsár; *élip* zúzóköpű; *gyógyv* törőmozsár; ~ **penetration method** *ép* verőszondázás; ~ **piston** *szersz* ütődugattyú *(szegecselőkalapácsban)*; ~ **powder** *kat* ütésre robbanó lőpor; ~ **press** *alak* ütőprésgép; ~ **riveting** *ép* verő szegecselés; ~ **riveting hammer** *ép* ütő szegecselőkalapács; ~ **sampler** *geol* perkussziós mintavevő; ~ **shell** *kat* pillanatgyújtású lövedék, repeszgránát, robbanógránát; ~ **system** *ol* ütőfúrásmód; ~ **table** *bány* lökött szér, lengőszér; ~**-type tie(-)tamper/track(-) tamper** *vasút* ágyazat-aláverő; ~ **welding** *heg* ütvehegesztés

percussive *mech* lökő, ütő, ütköző; ~ **boring** *ép* ütőfúrás; ~ **cutting(-)machine** *bány* ütve működő réselőgép; ~ **drill(ing)** → percussion drill(ing); ~ **rotary drilling** *bány, ép, ol* forgó ütvefúrás/ütőfúrás; ~ **rotary drilling(-)machine** *bány, ép, ol* forgó ütőfúró gép; ~ **weld** → percussion weld

percylite *geol* percilit

perdisulphate, *US* **perdisulfate** *vegy* peroxidiszulfát

perdisulphuric, *US* **perdisulfuric acid** *vegy* peroxidikénsav

perennial állandó; évelő *(növény)*; ~ **canal** *hidr* állandó csatorna; ~ **spring** *hidr* állandó forrás; ~ **stream/ watercourse** *hidr* állandó vízfolyás

perfect I. *v* befejez, bevégez; *nyom* ellenoldalra/hátoldalra nyomtat; **II.** *a* hiánytalan, hibátlan, tökéletes; ideális; **III.** *n nyom* hátoldalnyomás; ~ **cleavage/ cleaving** *krist* kitűnő hasadás; ~ **combustion** *gépk* tökéletes égés; ~ **conductivity** *fiz* ideális vezetőképesség; ~ **conductor** *fiz* ideális/tökéletes/veszteségmentes vezető; ~ **crystal** *krist* idális/tökéletes kristály; ~ **cube** *mat* köbszám, teljes köb(szám); ~ **dielectric** *el* ideális dielektrikum; ~ **dislocation** *krist* perfekt/tökéletes diszlokáció; ~ **earth** *el* tökéletes föld; ~ **elasticity** *any, mech* tökéletes rugalmasság; ~ **fluid** *fiz* ideális/tökéletes/súrlódásmentes folyadék; ~ **gas** *fiz* idális/tökéletes gáz; ~ **interval** *hang* tiszta hangköz; ~ **liquid** → ~ fluid; ~ **machine** *nyom* kettős nyomású sajtó, gyorssajtó; ~ **modulation-perfect restitution** *távk* tökéletes moduláció—tökéletes visszaállítás; ~ **number** *mat* tökéletes szám; ~ **overfall** *hidr* tökéletes átbukás; ~ **paper** *pa* hibamentes *v.* első osztályú papír; ~ **prestress** *ép* teljes feszítés; ~ **radiator** *csill* abszolút fekete test; ~ **reflecting diffuser** *opt* tökéletesen szórtan visszaverő test; ~ **restitution** *távk* torzításmentes vétel/(hang)visszaadás; ~ **set** *mat* tökéletes (pont)halmaz); ~ **solution** *fiz, vegy* ideális/ tökéletes oldat; ~ **square** *mat* teljes négyzet; ~ **transmitting diffuser** *opt* tökéletesen szórtan áteresztő test; ~ **vacuum** *fiz* tökéletes vákuum; ~ **well** *hidr* teljes kút; ~ **year** *csill* bővelkedő/abundáns/tökéletes év

perfecting befejezés, tökéletesítés; *nyom* nyomtatás ellenoldalra, hátoldalnyomás; ~ **cylinder** *nyom* hátoldalt nyomó henger; ~ **engine** *pa* kúpcsörlő, kúpos malom, rostosítógép; ~ **form** *nyom* hátoldalt nyomó forma

perfectly teljesen, tökéletesen, hibátlanul; ~ **elastic** *any, mech* teljesen/tökéletesen rugalmas; ~ **plastic material** *any, mech* ideálisan képlékeny/rugalmas anyag

perforate behatol; *alak* átfúr, (át)lyukaszt, áttör *(lyukat)*; átfúródik, perforálódik; *nyom* kilyuggat, kilyukaszt, perforál

perforated *alak, nyom* átlyukasztott, kilyukasztott, (ki)lyuggatott, perforált; ~ **anode** *el* lyuggatott anód; ~ **armature** szellőzőcsatornás armatúra; ~ **bottom** *élip* álfenék; *ol* perforált tányér, szitafenekű tányér; ~ **brick** *ép* üreges/soklyukú tégla, lyuktégla; ~ **casing** *hidr, ol* átlyukasztott/perforált béléscső/köpenycső; ~ **ceiling** *ép* perforált álmennyezet; ~ **disk** *tv* lyuktárcsa, Nipkow-tárcsa; ~ **file** *szersz* furatos reszelő; ~ **flap** *rep* lyuggatott fékszárny; ~ **hardboard** *fa* perforált keménylemez; ~**-hose lateral** *hidr* tömlős szárnyvezeték; ~ **pipe** *hidr* perforált cső; ~**(-)plate column** *ol* szitafenekű/perforált tányéros kolonna, szitatálcás oszlop; ~ **seat** *gép* perforált nyereg(ülés); ~ **sheet** lyukasztott/perforált lemez; ~ **slip** perforált szalag; ~ **steam spray** *gép* gőzbuborékoltató; ~ **steel plate** *gép* csőfal, csőrács; ~**(-)strip telegraph** *távb* géptávíró; ~ **tape** *szt, távk* lyukszalag, lyukasztott szalag; ~ **tape reader** *szt* lyukszalagolvasó; ~ **tray** *ol* perforált/szitafenekű tányér; ~ **tube** *tex* perforált cséve(hüvely); ~ **well-casing** → ~ casing; ~ **wing flap** *rep* lyuggatott fékszárny

perforating *alak* átlyukasztás, áttörés, átfúrás; *cipő* (dísz)lyukasztás *(felsőrészen)*; *nyom* kilyukasztás, perforáció, perforálás; *ol* kútperforálás; ~**-and-indenting machine** *cipő* díszlyukasztó/bőrperforáló és cakkozó gép; ~ **by shooting** *bány* perforáló robbantás; ~ **cable** *ol* perforálókábel; ~ **comb** *film, pa* perforálófésű, lyuggatófésű, lyukasztófésű; ~ **die** többszörös lyukasztószerszám; ~ **fold** *geol* átütőredő, diapírredő; ~ **gun** *geof* perforálópuska; ~**(-)machine** *pa* lyuggatógép, perforálógép; ~ **mandrel** lyukasztótüske; ~ **press** lyukasztóprés; ~ **punch** lyukasztószerszám, lyukasztótüske; ~ **rule** *pa* lyuggatóvonalzó

perforation perforáció; kis lyuk, lyuksorozat; *alak* (át)lyukasztás, átfúrás, áttörés; *nyom* (ki)lyukasztás, (ki)lyuggatás, perforálás, perforáció; ~ **comb** *film, pa* perforálófésű, lyuggatófésű, lyukasztófésű; ~ **ga(u)ge** *film* perforálófésű; ~ **rim** *fa* peremes áttörés

perforator *bány* ütve működő fúrógép, ütve fúró gép, perforátor; *nyom* lyukasztó(gép), perforálógép, perforátor; *szt, távk* (lyuk)szalaglyukasztó (gép); ~

characters *szt, távk* lyukasztójelek; ~ **gun** *geof* perforátorpuska
perform teljesít, (el)végez, végrehajt; ~ **transit functions** *távb* tranzitfunkciókat ellát
performance *el, gép* működés; teljesítmény, viselkedés, performancia; teljesítőképesség; *fa* kialakítás *(megmunkálással)*; *rep* repülési minőség/adatok/jellemzők; ~ **analysis** *ip* teljesítményelemzés; ~ **assurance** *gép* műszaki jellemzők biztosítása; ~ **bond** *ép, ip* kiviteli garancia; ~ **characteristic** *el, gép* teljesítményjelleggörbe; ~ **chart** *el, gép* jelleggörbesereg, karakterisztikasereg, munkadiagram, működési diagram; ~ **check** *ip* teljesítményellenőrzés; ~ **coefficient** *el, gép* teljesítménykoefficiens, teljesítmény-együttható; ~ **comparison** *szt* teljesítmény-összehasonlítás; ~ **control** → ~ check; ~ **criterion** *el* jósági feltétel, teljesítménykritérium, célkritérium; ~ **curve** → ~ characteristic; ~ **data** teljesítményadatok, üzemi adatok; ~ **factor** → ~ criterion; ~ **figures** teljesítményadatok *(számszerűen)*; ~ **flight** *rep* teljesítményrepülés; ~ **function** *mat* célfüggvény; ~ **index** *el, gép* teljesítményi mutatószám; *gépk, rep* fajlagos tüzelőanyagfogyasztás; ~ **limitation** *aut* átmeneti folyamat korlátozása; ~ **number** *ol* teljesítményszám *(repülőbenzin minőségi mutatója)*; ~ **of a/the program** *szt* programfuttatás; ~ **range** *rep* teljesítményi/működési tartomány; ~ **specifications** *el, gép* (előírt) teljesítményadatok; ~ **standard** *el, gép* teljesítményszint; ~ **test** *el, gép* teljesítményvizsgálat; ~ **testing** teljesítményvizsgálat
performeter *távk* mérő üregrezonátor
perfume I. *v vegy* illatosít; **II.** *n vegy* illat, aroma; ~ **base** *vegy* illatszer-esszencia; ~ **fixative** *vegy* illatrögzítő
perfumed paper *pa* parfümpapír
pergamyne (paper) *pa* pergamin(papír)
pergelisol *geol* örökké fagyott talaj, permafroszt, pergeliszol
perhydrol *vegy* peroxid, perhidrol
periclase *ásv* periklász
periclinal *krist* periklinális
pericline *ásv* periklin; ~ **law** *krist* periklintörvény
peridot *ásv* peridot
peridotite *ásv* peridotit
peridynamic loudspeaker *hang* peridinamikus/mélyhang-helyesbítéses (szekrényes) hangszóró
perigean velocity *csill* perigeumsebesség, földközeli sebesség
perigee *csill* perigeum, földközel
periglacial *geol* periglaciális
perigon *mat* teljes szög, 360-os szög
perihelion *csill* perihélium, napközel; ~ **motion** *csill* perihéliumprecesszió
perikinetic coagulation *vegy* perikinetikus koaguláció
perikon *ásv* vörös cink-oxid, cinkit
perilla oil *vegy* perillaolaj
perilune *csill* perilúnium, holdközel
perimeter *kat* körkörös védelem peremsávja; *mat* kerület; *opt* periméter; ~ **acquisition radar** *kat* nagy hatótávolságú céltárgyfelismerő radar; ~ **air(-)heating system** *szell* periméter-légfűtő berendezés; ~ **blasting** *bány* szelvénytartó robbantás; ~ **bracket** *ép* körkonzol *(pillér minden oldalán)*; ~ **convector** *hőt* szegélykonvektor; ~ **grooved (pressed) tile roofing** *ép* körülhornyos (sajtolt) cserépfedés; ~(-)**heating** *hőt* peremsugárzó, szegélysugárzó; ~ **of a circle** *mat* kör kerülete, kerület; ~ **wall** *ép* körítőfal
perimetric(al) *mat* kerületi
perimorphism, perimorphosis *krist* perimorfizmus, perimorfózis, beburkolási pszeudomorfózis
period időtartam, idő(szak); korszak; időköz, periódus; *at* reaktorperiódus, reaktor időállandója; *csill* keringési idő, periódus; *fiz* lengési idő, ismétlődő/visszatérő időszak, ciklus; periódusidő, periódus(hossz); *geol* (földtörténeti) időszak/kor; *hang* periódus, teljes zenei frázis; *mat* számcsoport, szakasz *(tizedes törté)*; *nyom US* pont *(írásjel)*; *szt* periódus; ~ **allowed for unloading** *vasút* kirakási határidő; ~ **analysis** *ip* üzemeltetési időszakasz elemzése; ~(-)**computing circuit** *metr* periodikus (működésű) számolókör *v.* számoló áramkör; ~ **control** *rak* keringési idő vezérlése; ~ **demand signal** *at* periódusreferencia-jel; ~ **indicator** *el* periódusmérő; ~-**luminosity relation/law** *csill* periódus-fényesség összefüggés; ~ **meter** *at* reaktorperiódus-mérő, reaktoridőállandómérő; ~ **of a state** *aut* állapot periódusa; ~ **of beat** *távk* üttetési/lebeg(tet)ési periódus; ~ **of bounce** *távk* pergési idő; ~ **of charging** *koh* berakási idő; ~ **of current flow** *el* folyásidő; ~ **of decay** *at* felezési idő; ~ **of duty** *gép, ip* üzemidő; ~ **of half decay** *at* radioaktív bomlás félideje; ~ **of half life** *vegy* felezési idő; ~ **of heating** *koh* melegítési idő; ~ **of intake** *fiz* szívás periódusa; ~ **of loading** → ~ of charging; ~ **of oscillation** *el* periódus, rezgésidő; ~ **of priority** *aut, távk* elsőbbségi időszakasz; ~ **of revolution** *csill, rak* keringési idő; *hidr* körülfordulási idő; ~ **of tempering** *élip* pihentetési/lágyítási időszak; ~ **of the reactor** *at* reaktorperiódus, reaktor időállandója; ~ **of valve opening** *aut, gép* szelepnyitási idő; ~ **range** *at* periódustartomány, periódusidő-tartomány; ~ **resonance** *fiz* teljes rezonancia; ~ **scram** *at* automatikus reaktor-gyorskikapcsoló berendezés; ~ **shut-down** *at* periódusidő-leállás; ~**s per second (PPS)** *el* hertz (Hz)
periodate *vegy* perjodát
periodic perjód-, perjódos; ~ **acid** *vegy* perjódsav
periodic(al) időszaki, időszakos, periodikus; szakaszosan ismétlődő; *mat* szakaszos *(tizedes tört)*; *vegy* periódusos, periodikus; ~ **annealing furnace** *koh* időszakos működésű lágyítókemence; ~ **antenna** *távk* váltakozó impedanciájú antenna; ~ **bond chain vector** *krist* PBC-vektor; ~ **chart** → ~ table; ~ **check** *ip* időszakos ellenőrzés; ~ **classification** → ~ system; ~ **component** *el* periodikus *v.* periodikusan változó összetevő; ~ **controller** *any* mintavételező szabályozó; ~ **decimal fraction** *mat* szakaszos tizedes tört; ~ **disorder** *krist* periódusos rendezetlenség; ~ **flow** *geof* periodikus hőáramlás; ~ **focus(s)ing** *opt* periodikus fokuszálás; ~ **function** *mat* periodikus függvény; ~ **inspection** → ~ check; ~ **law (of Mendeleev)** *vegy* periódusos törvény, (Mengyelejev-féle) periódusos rendszer alaptörvénye; ~ **line** *távk* szakaszos vonal; ~ **maintenance** *ép* felújítás; *gép* időszakos karbantartás; ~ **motion** *mech* periodikus mozgás; ~ **operating trouble** *el, gép* váltakozó meghibásodás; ~ **oscillation** *fiz* periodikus rezgés/lengés; ~ **quantity** *fiz* periodikus mennyiség; ~ **quantity phase** *fiz* periodikus mennyiség fázisa; ~ **redundancy** *aut* időbeli tartalékolás; ~ **reverse plating** *mt* fémbevonás időszakon-

ként átkapcsolt árammal; ~ **signal** *távk* periodikus jel; ~ **solution stability** *aut* periodikus megoldás stabilitása; ~ **system of elements** *vegy* periódusos rendszer; ~ **table** *vegy* periódusos rendszer/táblázat; ~ **tests** *el* periodikus vizsgálatok; ~ **test signal** *el* periodikus vizsgálójel; ~ **throw(-)course** *ép* periodikus dobási folyamat; ~ **time** *fiz* periódusidő, periódus(hossz); ~ **upkeep** → ~ maintenance; ~ **ventilation** *szell* szakaszos szellőztetés

periodically | keyed amplifier *el* periodikusan kapcsolt *v.* periodikus üzemű erősítő; ~ **reversing field** *fiz* periodikusan változó mágneses tér

periodicity időszakosság, ismétlődés; periodicitás; *mat* szakaszosság; *távk* frekvencia; *vegy* periodicitás

periodide *vegy* perjodid

peripheral I. *a* periferiális, periferikus; *ép* körzeti *(városépítés)*; *fiz* felületi, felszíni; *mat* kerületi, periferikus; *szt* periferikus; **II.** *n szt* periferiális egység, periféria; ~**(-)admission turbine** centrifugális turbina; ~ **angle** *mat* kerületi szög; ~ **blowhole** *önt* felületi hólyagosság; szegélyhólyag; ~ **controller** *szt* perifériavezérlő; ~ **data acquisition** *szt* peremadatgyűjtés; ~ **device** *szt* periferiális eszköz, periféria; ~**(-)discharge mill** *élip* oldalkiürítős malom; ~ **electron** *at* valenciaelektron, külső héj elektronja; ~ **element** → ~ device; ~ **equipment** *szt* periféria; ~ **force** *mech* kerületi erő; ~ **gills** *rep* kerületi örvlapok; ~ **input/output (PIO)** *szt* bemeneti/kimeneti egység elektronikája, PIO; ~ **interchange program (PIP)** *szt* általános állománykezelő segédprogram, PIP; ~ **interface adapter (PIA)** *szt* perifériaillesztő egység, PIA; ~**-limited** *szt* perifériaigényes *(program)*; ~ **loading** *el* áramterhelés; ~ **memory** *szt* külső memória; ~ **operation** *koh* kerületi járat *(rendellenesség)*; ~ **passage** *hidr* körülfutó csatorna; ~ **phase** *koh* peremfázis; ~ **point** *mat* kerületi pont; ~ **pressure** *mech* érintőleges nyomás; ~ **processor** *szt* perifériaprocesszor; ~ **region** *ép* kerületi övezet/zóna; ~**s** *szt* perifériák; ~ **speed** *mech* kerületi sebesség; ~ **stress/tension** *mech* kerületi feszültség, gyűrűfeszültség, gyűrűirányú feszültség; ~ **transfer** *szt* perifériák közötti átvitel; ~ **unit** *szt* periféria(egység); ~ **velocity** *mech* kerületi sebesség; ~ **vertex** → ~ point

periphery határvonal, szél, perem, szegély; *ép* kültelek, környék, határszél, periféria; *mat* kerület, körvonal; *rep* áramlástér *(gép körül)*; ~ **of a/the circle** kör kerülete, körkerület, körvonal

periposition *vegy* perihelyzet

peripteral *ép* oszlopokkal/oszlopsorral körülvett

peripteros *ép* peripterosz *(oszlopokkal körülvett épület)*

periscope *opt* periszkóp; ~**(-)block** *el, kat* vezetőhüvely *(vezetékek számára)*; ~**(-)block chain** *kat* vezetőhüvely-kihúzó lánc; ~ **drift angle sight** *rep* fedélzeti oldalgáskiegyenlítő irányzék; ~ **hoist** *opt* periszkópemelő berendezés

periscopic | lens *opt* periszkópobjektív, periszkopikus lencse; periszkópüveg, periszkóplencse; ~ **sight** *geod* szögtükör

perishable freight romlandó áru/rakomány

perishing *élip* megromlás; *koh* agyonégetés, elégetés *(acélé)*

peristerite *ásv* periszterit

peristylar *ép* oszlopsoros

peristyle *ép* perisztil(ium), oszlopsor, oszlopcsarnok

peritectic I. *a fiz, koh* peritektikus; **II.** *n fiz, koh* peritektikum; ~ **alloy** *koh* peritektikus ötvözet; ~ **composition** peritektikus összetétel; ~ **crystallization** peritektikus kristályosodás; ~ **halt** peritektikus megszakítási hely *(hevítési v. hűtési görbén)*; ~ **point** → ~ temperature; ~ **solidification** peritektikus megszilárdulás/kristályosodás; ~ **structure** peritektikus szövet; ~ **temperature** peritektikus hőmérséklet/pont; ~ **transformation** peritektikus átalakulás

peritectoid *fiz, koh* peritektoid; ~ **alloy** peritektoid ötvözet; ~ **composition** peritektoid összetétel; ~ **point/temperature** peritektoid hőmérséklet/pont; ~ **transformation** peritektoid átalakulás

peritrochoid *mat* peritrochoid

Perkins job *ol* Perkins-féle cementezés(i eljárás)

perlite *ásv, geol* perlit; ~ **cement** *ép* perlitcement

perlitic *geol* perlites; ~ **structure** *geol* perlites szerkezet

Perlon *műa* perlon, polikaprolaktam

permafrost *geol* örök fagy; örökké fagyott talaj, permafroszt, pergeliszol

permalloy *koh, távk* permalloy *(nikkel-vas ötvözet)*

permanence, permanency folytonosság; *fiz* permanencia, állandóság, tartósság, változatlanság; *mat* jelkövetkezés

permanent állandó, permanens; *ép* stacioner; telepített; *fiz* állandó, maradandó, (meg)maradó, nem változ(tathat)ó, tartós, permanens; ~ **airdrome mark** *rep* állandó repülőtéri jelzés; ~ **axis of rotation** *krist* állandó forgási tengely, stabilis forgástengely; ~ **bridge** *ép* állandó híd; ~ **caisson** *ép* elveszett/bennmaradó keszon; ~ **charge** *el* tartós/állandó/folytonos töltés *(energia)*; ~ **charging** *el* folytonos töltés *(árammal)*; ~**(-)chuck jaw** *forg* állandó szorítású tokmánypofa; ~ **cost of operation** állandó üzemeltetési költség(ek); ~ **crease** *tex* tartós él; ~**(-)crease finish** *tex* éltartó kikészítés; ~ **current** permanens áramlás; *el* tartós/állandó áram; ~ **data** *szt* változatlan adat; ~ **data memory/store** *szt* tartósan elraktározó adatmemória/adattároló; ~ **deformation** *any, mech* képlékeny/marad(and)ó alakváltozás/deformáció/torzulás; ~ **discharge** *el* tartós kisülés *(akkumulátoré)*; ~ **disposal** *at* teljes/végleges hulladékeltávolítás; ~ **droop** *aut* maradó egyenlőtlenség *v.* szabályozási eltérés; ~ **dye** *tex, vegy* fényálló színezék; ~ **echo** *távk* álló céltárgyról visszavert echojel; ~ **elongation** *any, mech* marad(and)ó nyúlás; ~ **equipment** *ép* helyhez kötött berendezés; ~ **error** *szt* állandó hiba; ~ **excitation** *fiz* folytonos gerjesztés; ~ **exposure** *at* krónikus besugárzás; ~ **fault** *szt* tartós meghibásodás; ~ **file** *szt* tartós elraktározású adattár; ~ **filtration** *ol* előtitrálás; ~ **finish** *tex* tartós kikészítés; ~ **flow** permanens áramlás; ~ **fold** → ~ crease; ~ **formwork** *ép* elveszett/bennmaradó zsaluzat; ~ **gas** *vegy* nem kondenzálható *v.* permanens gáz; ~ **ga(u)ge** *hidr* állandó jellegű vízállásmérő állomás; ~ **glide angle** *rep* állandó siklószög; ~ **hardness** *any* maradó keménység; *hidr, vegy* maradó/állandó (víz)keménység, nemkarbonát-keménység; ~ **joint** *gép* állandó/oldhatatlan kötés; ~ **light source** *at, el* permanens fényforrás; ~ **lining** *bány* állandó/végleges biztosítás; *ép* kifalazás *(alagúté)*; *koh* biztonsági bélés; ~ **load** *mech* állandó/tartós teher/terhelés; ~ **magnet (PM)** *fiz* állandó/permanens mágnes; ~**-magnet**

ammeter *el* mozgótekercses áramerősség-mérő; **~-magnet approximation switch** *aut* állandó mágneses közeledéskapcsoló; **~ magnetic field** *fiz* permanens mágneses tér; **~ magnetism** *fiz* permanens/állandó mágnesség; **~-magnet material** *any, fiz* keménymágneses *v.* állandó mágneses anyag; **~-magnet motor** *el* állandó mágnesű motor; **~-magnet moving(-)coil instrument** lengőtekercses/forgótekercses/mozgótekercses műszer; **~-magnet moving(-)iron instrument** (permanens mágneses) lágyvasas műszer; **~ memory** *szt* állandó memória; **~ mix plant** *ép* telepített betongyár; **~ mo(u)ld** *önt* állandó forma, kokilla; **~ offset** szabályozás maradó eltérése; **~ prestress** *ép* maradó/végleges előfeszültség *(feszített betonszerkezetben)*; **~ pumping station** *hidr* állandó jellegű szivattyútelep; **~ redundancy** *el* állandó tartalékolás; **~ repair** *gép* folyamatos karbantartás/javítás; **~ seepage** *bány* permanens szivárgás; **~ set** *any, at, mech* maradó alakváltozás; **~ setting** *tex* tartós/maradó rögzítés *(gyapjúé)*; **~ short(-)circuit current** *el* tartós zárlati/rövidzárási áram; **~ shutter(ing)** *ép* elvesző/bennmaradó zsalu(zat) *(vasbetoné)*; **~ sizing** *tex* tartós írezés; **~ staff** *ip* állományi létszám; törzsszemélyzet; **~ stopping** *bány* állandó gát; **~ storage** *szt* permanens/állandó tár; ROM-tároló; **~ strain** *any, mech* marad(and)ó nyúlás/alakváltozás; **~ support** *bány* állandó biztosítás; **~ threshold shift** tartós halláscsökkenés; **~ tower mix plant** *ép* telepített keverőtorony; **~ way (PW)** *vasút* felépítmény; pályatest; **~(-)way material** *vasút* felépítményi anyag; **~ white** *vegy* állandó fehér, bárium-szulfát; **~ wilting point (PWP)** *mzg* hervadáspont

permanently | accessible area *at* korlátozatlan hozzáférhetőségű terület; **~ convergent series** *mat* mindenütt konvergens sor; **~ operating laser** *fiz* tartós/állandó/folytonos üzemű lézer

permanganate *vegy* permanganát, permangánsav sója; **~ of potash** *vegy* kálium-permanganát, hipermangán; **~ value** *ol* permanganátszám

permanganic acid *vegy* permangánsav

permaspare *gépk* különleges pótkerék

permatron *el* permatron *(izzókatódos gáztöltésű ioncső)*

permeability átbocsátóképesség, áteresztőképesség; vízáteresztő képesség; *fiz* permeabilitás; *talt* filtrációs tényező; *vasút* átbocsátóképesség, vonali/állomási teljesítőképesség; **~ apparatus** áteresztőképesség-vizsgáló készülék; **~ bridge** *el* permeabilitásmérő híd; **~ coefficient/factor** *any, talt* áteresztőképességi tényező; *hidr* elárasztási/vízáthatolási tényező; **~ curve** *el* permeabilitási görbe; **~ index** → **~ coefficient**; **~ near the soil surface** *hidr* felszínközeli áteresztőképesség; **~ of a toroidal core** *el* gyűrűs vasmagon mért permeabilitás, anyagpermeabilitás; **~ of diaphragm** *el* membránpermeabilitás; **~ of free space, ~ of vacuum** *fiz* vákuum permeabilitása; **~ to gas** *vegy* gázáteresztő képesség; **~ to heat** *fiz* hőáteresztés *(jelensége)*; **~ to water** *talt* vízáteresztő képesség; **~(-)tuned transformer** *el* permeabilitáshangolású/vasmaghangolású transzformátor; **~ tuning** *távk* mágneses hangolás, permeabilitáshangolás, vasmaghangolás

permeable *fiz* áthatolható, áteresztő, permeábilis; *geol* (víz)áteresztő; **~ formation/layer** *geol* vízvezető/vízáteresztő réteg; **~ rock** *geol* permeábilis kőzet; **~ soil-surface** *talt* áteresztő felszín; **~ to air** *fiz* légáteresztő; **~ to light** *opt* átlátszó, transzparens, fényáteresztő

permeameter *hidr* áteresztőképesség-vizsgáló készülék

permeance *fiz* mágneses vezetőképesség; *vegy* áthatolás, átszűrődés, átitatás, átszivárgás, beszivárgás

permeate *vegy* átdiffundál; átjár, áthat, átitat, áthatol, keresztülhatol, átszűrődik, behatol, beszivárog, elterjed, szétterjed

permeation *vák* permeáció; *vegy* áteresztés, átbocsátás, átszivárgás, áthatolás, átszűrődés, átitatás; áthatolóképesség; **~ coefficient** *vák* permeációs állandó; **~ plant/unit** *vegy* permeációs üzem(egység)

permendur *távk* permendur

Permian epoch/period/system *geol* perm(korszak), diasz

permineralized fossils *geol* ásványosodott kövületek

Perminvar *távk* perminvár

permissibility megengedhetőség, engedélyezhetőség, engedélyezettség; *bány* robbanásbiztosság, veszélytelenség

permissible megengedett, megengedhető, elfogadható; *bány* veszélytelen, biztonsági; **~ amperage of electric detonator** *bány* biztonsági gyújtóáram; **~ bottom slope** *hidr* megengedhető fenékesés; **~ charge** *környv* megengedhető terhelés; **~ concentration** *at, vegy* megengedett koncentráció; **~ dose** *at* megengedett dózis, toleranciadózis; **~ dynamite** *bány* sújtólégbiztos/kezelésbiztos/biztonsági dinamit; **~ emission** emisszió megengedhető mértéke; **~ explosive** *bány* engedélyezett/biztonsági/sújtólégbiztos robbanóanyag; **~ exposure** *at* megengedett expozíció; **~(-)flame lamp** *bány* lánggal égő biztonsági lámpa; **~ impulse of electric detonator** *bány* biztonsági gyújtóimpulzus; **~ light** biztonsági lámpa; **~ limiting value of voltage** *félv* megengedett feszültség-igénybevétel; **~ loading** *mech* megengedhető terhelés; **~ noise** *hang, távk* zajelőírás; **~ peak inverse voltage** *félv* megengedett záróirányú csúcsfeszültség; **~ pure strategy** *rendsz* megengedett tiszta stratégia; **~ rate of rise of current** *félv* megengedett árammeredekség *v.* áramnövekedési sebesség; **~ rate of rise of voltage** *félv* megengedett feszültségnövekedési sebesség *v.* feszültségmeredekség; **~ residue concentration** *vegy* megengedett szermaradék; **~ single dose** *at* megengedett egyszeri dózis; **~ soil pressure** *talt* megengedhető talaj-igénybevétel; **~ solution** *szt* lehetséges/megengedett megoldás/program; **~ speed limit** *közl* megengedett legnagyobb sebesség; **~ stress** *mech* megengedett feszültség; **~ value** *mat* megengedett érték *(változóé)*; **~ weekly dose** *at* megengedett heti dózis

permission hozzájárulás, jóváhagyás, engedély; **~ block** *vasút* hozzájárulási blokk *(biztosítóberendezésé)*

permissive megengedő; *any* átengedő, áteresztő; **~ block** *vasút* hozzájárulási blokk *(biztosítóberendezésé)*; **~ magma** *geol* áteresztő magma; **~ signal** *vasút* feltételes megállásjelző

permit | of operation *ip* üzemeltetési engedély; **~ to perform preliminary works** *ép* előmunkálati engedély

permittance *el* kapacitás, permittancia; **~ current** *el* kapacitív áram

permitted megengedett, engedélyezett, jóváhagyott; ~ **band** *távk* megengedett sáv; ~ **electric detonator** *bány* sújtólégbiztos villamos gyutacs; ~ **explosives** *bány* engedélyezett robbanóanyagok

permitting radiant heat to pass through *hőt* hőáteresztő, diatermán

permittivity *el* permittivitás; *geol* áteresztőképesség; ~ **of free space,** ~ **of vacuum** *fiz* vákuum permittivitása

permonosulphuric, *US* **permonosulfuric acid** *vegy* peroxikénsav, peroximonokénsav

permutability változtathatóság; *mat* felcserélhetőség

permutable változtatható; *mat* felcserélhető

permutate *mat* megfordít, kifordít, permutál, felcserél

permutation *mat* (ismétléses) permutáció; felcserélés, sorrendváltoztatás, átrendezés; felcserélődés, sorrendváltozás; *szt* permutáció; ~ **code** *szt* permutációs kód; ~ **group** *mat* permutációs csoport; ~ **matrix** *krist* permutációs mátrix; ~ **method** *krist* permutációs módszer; ~ **of n things all at a time** *mat n* elem összes lehetséges permutációja; ~ **of n things taken k at a time** *mat n* elem *k*-ad osztájú permutációja; ~ **without repetition(s)** *mat* ismétlés nélküli permutáció; ~ **with repetition(s)** *mat* ismétléses permutáció

permutator *el* gépi/mechanikai (működésű) egyenirányító, (önműködő) átkapcsoló, permutátor

permute *mat* megfordít, kifordít, felcserél, permutál; ~ **cyclically** *mat* ciklikusan permutál/felcserél

Permutit *vegy* permutit *(vízlágyító)*; ~ **method/process** *vegy* permutiteljárás, vízlágyító eljárás

perovskite *ásv* perovszkit; ~ **structure** *krist* perovszkitszerkezet

peroxide *vegy* peroxid; ~ **effect** *vegy* peroxidhatás, peroxid katalitikus hatása; ~ **escape/rescue apparatus** *bány* peroxidos menekülőkészülék; ~ **number** *ol, vegy* peroxidszám

peroxidize *vegy* peroxidál, peroxiddal kezel; peroxidot képez

peroxyborate *vegy* peroxo-borát, perborát

peroxydiphosphate *vegy* peroxidifoszfát

peroxydiphosphoric acid *vegy* peroxidifoszforsav

peroxydisulphate, *US* **peroxydisulfate** *vegy* peroxidiszulfát

peroxydisulphuric, *US* **peroxydisulfuric acid** *vegy* peroxidikénsav

peroxymonophosphate *vegy* peroximonofoszfát

peroxymonophosphoric acid *vegy* peroximonofoszforsav

peroxymonosulphate, *US* **peroxymonosulfate** *vegy* peroximonoszulfát

peroxynitrate *vegy* peroxinitrát

peroxynitric acid *vegy* peroxisalétromsav

peroxysulphate, *US* **peroxysulfate** *vegy* peroxiszulfát

peroxysulphuric, *US* **peroxysulfuric acid** *vegy* peroximonokénsav

perpend stone *ép* átkötőkő, kötőtégla

perpendicular I. *a ép* függélyes; *mat* függőleges, merőleges; ortogonális; **II.** *n ép* függőón, mérőón, függélyező; *hajó* függély; *mat* függőleges/merőleges (vonal); ~ **bisector** *mat* felezőmerőleges; ~ **conveyance** *bány* függőleges szállítás; ~ **depth** *geol* függőmélység; ~ **displacement** *bány* valódi vetési magasság; ~ **heave** *bány* függőleges vetőmagasság; ~ **line** *mat* merőleges egyenes; ~ **magnetization** *el* merőleges/oldalirányú mágneses felvevés/rögzítés; ~ **plane** *mat* merőleges sík; ~ **recording** mélységmágnesezés *(magnetofoné)*; ~ **shaft** *bány* függőleges akna; ~ **slip** *geol* merőleges eltolás

perpendicularity *mat* merőlegesség, függőlegesség

perpetual | motion *mech* perpetuum mobile; ~ **screw** *fiz* archimedesi csavar; ~ **watch** *finm* automata/önfelhúzó óra

perpetually frozen soil *geol* örökké fagyott talaj, permafroszt, pergeliszol

perrhenate *vegy* perrenát

Perrot machine *kh* körhurkológép

perrotine | print *tex* dúcnyomású/perrotinnyomású szövet; ~ **printing** *tex* perrotinnyomás

persalts *vegy* persavak

Persel's method *szt* Persel-módszer

Persian *bőr* kelet-indiai juh- és kecskebőr, perzsa(bőr), karakül, perzsaprém; ~ **drill** *forg* sűrített levegős fúró; ~ **knot** *tex* perzsa csomó; ~ **red** *vegy* perzsavörös *(festék)*

persiennes *pl ép* lécsoros ablakredőny *(mozgatható redőnylécekkel)*, zsalugáter

persistence *fiz* megmaradás, folytonosság, perzisztencia; *tv* utófénylés, utóvilágítás, utóvilágítási idő; ~ **characteristic** *tv* utánvilágítási jelleggörbe/karakterisztika; ~ **of vision** *opt* látás tehetetlensége, szemtehetetlenség, szemérzékenység-küszöb; ~ **radiation** *at* maradó sugárzás *(hosszú felezési idejű hasadási termék sugárzása)*; ~ **screen** *at* lumineszkáló/emlékező képernyő; *tv* utánvilágító ernyő; ~ **time** *tv* utánvilágítási idő *(ernyőn)*

persistent *fiz* állandó, folytonos, maradandó; ~ **elongation** *any* maradó nyúlás; ~ **gas** *fiz* nyomásra nem folyósodó gáz, maradandó/maradékony gáz, nem illanó gáz; ~ **screen** *tv* utánvilágító ernyő; ~ **wave** *távk* csillapítatlan hullám

personal | call *távb* meghívásos telefonbeszélgetés, beszélgetés előzetes értesítéssel; ~ **code** *szt* ügyfél személyi kódja; ~ **computer (PC)** *szt* személyi számítógép, PC; ~ **dose** *at* személyi/egyedi dózis; ~ **dosimeter** *at* személyi doziméter; ~ **dosimetry** *at* személyi dozimetria; ~ **equation** *mat* személyi egyenlet; ~ **error** szubjektív hiba, észlelő hibája; ~ **exposure meter** *at* személyi besugárzásmérő; ~ **identification code (PIC)** *szt* személyi azonosító kód, PIC; ~ **identification number (PIN)** *szt* személyazonosító szám, PIN-szám; ~ **information retrieval system (PIRS)** *szt* személyi információkérő rendszer, PIRS; ~ **monitoring** *at* személyi dozimetriai felügyeleti vizsgálat; ~ **probability** *mat* szubjektív valószínűség; ~ **receiver** *rád* zsebrádió

personality card *szt* személyi kártya

personnel személyzet; személyi állomány, kezelőszemélyzet; ~ **access hatch,** ~ **airlock** *at* személyzeti légzáras bejárat; ~**(-)calling equipment/system** *távk* személykereső berendezés; ~**(-)carrier** *kat* csapatszállító jármű; ~ **decontamination** *at* személyzeti dekontaminálás; ~ **licensing** *rep* személyi alkalmasság-megállapítás; ~ **monitoring** személyi ellenőrzés, személyzeti belépési engedély ellenőrzése; ~ **of auxiliary plants** *bány* segédüzemi létszám; ~ **safety** személyzet biztonsága; ~ **strength** *kat* létszám

persorption *vegy* perszorpció, erős kötésű adszorpció

perspective I. *a* távlati, perspektivikus; **II.** *n* kilátás, távlat; *opt* távlati kép, perspektíva; ~ **distortion** *foto* távlat okozta torzítás; ~ **drawing** *ép, gép* távlati rajz; ~ **geometry** *mat* axonometria, perspektív geometria; ~ **grid** *geod* távlatos hálózat; ~ **plan** → ~ drawing
perspectivity *mat* perspektivitás; *opt* távlatiság
perspex *rep* plexiüveg, metitakrilsavas gyanta
perspicuous *opt* átlátszó
perspiration leather *ruh* verítékbőr *(kalapban)*
persulphate, *US* **persulfate** *vegy* peroximonoszulfát, peroxidiszulfát, perszulfát
persulphuric, *US* **persulfuric acid** *vegy* perkénsav
PERT → program evaluation and review technique
perthite *ásv* pertit
perturb *csill* (útjáról) eltérít/kitérít *(bolygót)*; *fiz* (meg)zavar, perturbál; *geod* hirtelen kiugraszt/kitérít *(iránytűt)*
perturbance *fiz* zavar, perturbáció, zavarás, zavaróhatás; *geod* hirtelen kiugrás/táncolás *(iránytűé)*
perturbate *csill* (útjáról) eltérít/kitérít *(bolygót)*; *fiz* (meg)zavar, perturbál; *geod* hirtelen kiugraszt/kitérít *(iránytűt)*
perturbated system *fiz* zavart rendszer
perturbation *fiz* zavar, perturbáció, zavarás, zavaróhatás; *geod* hirtelen kiugrás/táncolás *(iránytűé)*; ~ **action** *fiz* perturbálóhatás, zavaróhatás; ~ **analysis** *távk* érzékenységvizsgálat; ~ **coefficient** *távk* zavarási/perturbációs együttható; ~ **force** *fiz* perturbálóerő; ~ **method** *távk* perturbációs/zavarásos módszer; ~ **of equilibrium** *fiz* egyensúly megzavarása/perturbálása/felborítása; egyensúlyhiány, egyensúly megbomlása; ~ **sample** *at* perturbációt előidéző mintadarab; ~ **term** *at* perturbációs tag; ~ **theory** *mat* perturbációelmélet, perturbációszámítás, zavaráselmélet *(Hilbert- vagy Banach-térben)*
perturbing *fiz* zavaró, perturbáló; ~ **current** *el* kóboráram, parazitaáram, kúszóáram, zavaráram; ~ **mass** *fiz* zavarótömeg, perturbálótömeg
pervaporation *vegy* átpárologtatás
perveance *el* tértöltési állandó, perveancia
pervibration of concrete *ép* beton belső vibrálása
pervibrator with handle *ép* belső vibrátor *(vezetőrudas belső motoros)*
pervious *any* átengedő, (víz)áteresztő, porózus, lyukacsos, permeábilis; ~ **blanket** *hidr* talpszivárgó; ~ **concrete** *ép* szűrőbeton; ~ **layer** *talt* vízáteresztő réteg
perviousness *any* áteresztőképesség, (víz)áteresztés, porózusság, lyukacsosság, permeabilitás; *hidr* vízáteresztő képesség
pesticide *vegy* féregirtó szer, rovarirtó szer; növényvédő szer; peszticid
pestle I. *v gyógyv* (meg)tör, összezúz *(mozsárban)*; **II.** *n alak* zúzó; *gyógyv* kézi mozsártörő; ~ **mill** *alak* zúzómalom
petalite *ásv* petalit
petcock légtelenítőcsap, víztelenítőcsap, lefúvatócsap, leeresztőcsap; mintavételi/dekompressziós csap; vizsgálócsap
peter out kifogy, elfogy; *bány* kiékül, elvékonyodik, elszegényedik, kimerül *(készlet)*; *geol* kiékelődik *(érctelér)*
Petersen coil *el* Petersen-tekercs, ívoltó/kompenzáló tekercs
petersham *ruh* nehéz gyapjúkabát, gyapjúfelöltő; övszalag, ripszszalag; *tex* daróc
petrifaction *geol* (meg)kövesedés, (meg)kövülés; kövület
petrifactive *geol* kövesedési, kövesítő
petrification *geol* (meg)kövesedés, (meg)kövülés, petrifikáció; kövület
petrify *geol* megkövesít; megkövül, megkövesedik
petrochemical petrolkémiai; ~ **industry** petrolkémiai ipar; ~ **plant** petrolkémiai üzem *(egység, berendezés)*; ~ **processing** kőolaj-feldolgozás, ásványolaj-feldolgozás; ~ **refinery** petrolkémiai finomító, finomító petrolkémiai üzemmel egybeépítve; ~**s** petrolkemikáliák; ~ **unit** → ~ plant
petrochemistry petrolkémia
petrogenesis *geol* kőzetképződés, litogenezis
petrogenic *geol* kőzetképző
petrogeny *geol* kőzetkeletkezés-tan
petrographic province *geol* kőzetprovincia
petrography *geol* kőzetten, petrográfia; *nyom* kőrajzolás
petrol *GB* benzin; ~ **atomizer** *gépk* benzinporlasztó; ~ **chain(-)saw** *fa* kézi láncfűrészgép; ~ **cock** *gépk* benzincsap; ~ **coke** *ol* petrolkoksz, olajkoksz; ~ **consumption** *gépk* benzinfogyasztás; ~**(-)contents ga(u)ge** → ~ ga(u)ge; ~ **coupon** benzinjegy; ~**(-)depth ga(u)ge** → ~ ga(u)ge; ~**-driven** benzinüzemű; ~**-driven drill-breaker** fúrókalapács; ~**-electric generating set** belső égésű motoros *v.* benzinelektromos áramfejlesztő gépcsoport/aggregát; ~ **engine** benzinmotor, benzinüzemű motor; ~**(-)engine tamper** *ép* benzinmotoros döngölő; ~**-feed pump** benzin(táp)szivattyú; ~ **fraction** *ol* benzinfrakció, benzinpárlat; ~ **ga(u)ge** benzinállás-mutató, benzinszintmutató, benzinóra, benzinszintjelző; ~ **injection** benzinbefecskendezés; ~ **level** benzinszint; ~ **line** benzinvezeték; ~ **mower** benzinmotoros fűnyíró; ~**-operated pile(-)driving hammer** *ép* benzinüzemű cölöpverő fej/kalapács; ~**-powered lift-truck** *em* benzinüzemű villástargonca; ~**(-)pressure ga(u)ge/indicator** benzinnyomásmérő; ~**-proof** *vegy* benzinálló; ~ **pump** üzemanyag-szivattyú, benzinszivattyú, benzinpumpa; benzintöltő állomás, benzinkút; ~**-rich oil** benzindús olaj; ~ **separator** gazolinleválasztó, benzinszeparátor, benzincsapda; ~**(-)servicing truck** benzin-tartálygépkocsi; ~ **soldering iron** *heg* benzin-forrasztópáka; ~ **station** benzinkút, üzemanyagtöltő állomás, töltőállomás; ~**(-)tank** *gépk* benzintartály, benzintank, üzemanyagtartály; ~ **tap** → ~ cock; ~ **trap** → ~ separator; *környv* benzinfogó; ~ **used for blending** *vegy* hígítóbenzin; ~**(-)vault** *ép* falazott benzinkamra; ~ **vehicle** *kat* üzemanyag-szállító jármű
petrolatum *ol* petrolátum(kocsonya), olajtartalmú amorf paraffin, vazelin; ~ **stock** *ol* természetes vazelin, nyerspetrolátum; ~ **wax** *ol* petrolátumviasz
petroleum *ol* nyersolaj, kőolaj, ásványolaj; ~ **acid** *vegy* nafténsav; ~ **asphalt** *ép* petróleumaszfalt, kőolajbitumen; ~ **benzine** *ol* petróleumbenzin, petróleumbenzol; *vegy* mosóbenzin; ~ **bitumen** → ~ asphalt; ~ **burner** petróleumégő; ~ **butter** vazelin; ~ **car** *vasút* olajtartálykocsi; ~ **ceresin** *vegy* amorf ásványolajviasz, cerezin; ~ **coke** ásványolajkoksz, petróleumkoksz, petrolkoksz; ~ **cooker** petróleumfő-

ző; ~ **cracking** *ol, vegy* nyersolajkrakkolás, ásványolaj-krakkolás; ~ **cuts** *ol, vegy* kőolajfrakciók, kőolaj-származékok; ~ **diluent** *vegy* ásványi hígító; ~ **distillate** ásványolaj-frakció, nyersolajpárlat, kőolajpárlat; ~ **engineer** olajmérnök; ~ **ether** *vegy* gazolin, petróleuméter, petroléter, ligroin; ~ **exploitation** kőolaj-kitermelés; ~ **exploration** olajkutatás; ~ **fractions** *ol* kőolaj-származékok, kőolajfrakciók; ~ **gas** olajgáz, benzingáz; propán-bután gáz, PB-gáz; ~ **geologist** olajgeológus; ~ **geology** kőolajföldtan; ~ **industry** kőolajipar, ásványolajipar; ~ **jelly** *vegy* petrolátum(kocsonya), vazelin; ~ **naphtha** *ol* kőolajbenzin, ásványolajbenzin; ~(-)**naphtha spirit** *vegy* ligroin; ~ **oil** *ol* ásványolaj, kőolaj; ~ **ointment** *vegy* vazelin; ~ **pitch** petrolbitumen, petrolszurok, ásványolaj-bitumen, ásványolajszurok, petróleumszurok, kőolajszurok; ~ **plant** kőolaj-finomító, ásványolaj-finomító, olajfinomító; ~ **processing** *ol* kőolajfeldolgozás, ásványolaj-feldolgozás; ~ **product** *ol* kőolajtermék, ásványolajtermék; ~ **production/recovery** *ol* kőolaj-kitermelés; ~ **refinery** → ~ plant; ~ **refining** *ol* ásványolaj-feldolgozás, olajfeldolgozás, olajfinomítás, kőolaj-finomítás; ~ **residue** *vegy* ásványolaj-maradék; ~ **resin** *műa* petrolgyanta; ~ **solvent** *vegy* ásványi oldószer; ~ **spirit** *ol* petroléter, terpentinpótló, vegyvizsgáló benzin, (könnyű) oldószerbenzin, könnyűbenzin; petróleumbenzin, lakkbenzin; ~ **still** *ol* ásványolaj-lepároló üst; ~ **sulphonates,** *US* **sulfonates** *vegy* ásványolaj-szulfonátok; ~ **tar** *ol* kőolajkátrány, kőolajgudron; ~ **tester** petróleumvizsgáló műszer *(Abel-féle)*; ~ **vapo(u)r** *ol* petróleumgőz, petróleumgáz; ~ **wax** földiviasz, ásványolajviasz; ~(-)**well** *ol* olajfúrás, olajkút

petrolfree oil *ol* benzinmentes olaj

petroliferous *geol* ásványolaj-tartalmú, (nyers)olajtartalmú *(kőzet)*; olajos, olajvezető, olajtartó *(réteg)*; ~ **country** olajvidék; ~ **rock** kőolajtároló kőzet; ~ **structure** olajtartó, olajtartalmú szerkezet

petrological microscope petrográfiai (polarizáló)mikroszkóp

petrology *geol* kőzettan, petrológia

petrophysics kőzetfizika

petroprotein *ol* kőolajból nyert fehérje

petrosilex *ásv* szarukő

petrous *geol* köves, sziklás, kőszerű, megkövesedett

petticoat *el* szigetelőharang, harangszigetelő; *hidr* légszivattyúbura; *hőt* kúpos tölcsér *(gőzvezetéken)*; ~ **insulator** *el* harangszigetelő; ~ **pipe** *vasút* kúpos kifúvócső *(mozdonykéményben)*

petzite *ásv* petzit

pewter *koh* horganyötvözet, ónötvözet

pF → picofarad

PF | key → program function key; ~ **resin** *vegy* fenolformaldehid gyanta

PFA → pulverized fly ash

PFI → power factor indicator

PFM → pulse frequency modulation

PFN → pulse-forming network

pfs → preflight school

PFTS → primary flying training school

Pfund series *fiz* Pfund-szériesz

PG → page file

ph → per hour

pH (power of hydrogen) *vegy* pH(-érték), hidrogénexponens, hidrogénkitevő, hidrogénion-koncentráció; ~-**measurement** *vegy* pH-mérés; ~ **meter** *vegy* pH-mérő (készülék), pH-meghatározó készülék; ~-**value** → pH

Ph → phenyl

PH → page heading

phacellite *ásv* kaliofilit

phacolith *ásv* fakolit

phanerocrystalline *krist* fanerokristályos; ~ **texture** *geol* fanerokristályos szövet

phanotron *el* gáztöltésű egyenirányító cső, fanotron, gáztöltésű dióda/trióda

phantastron *rád* fantasztron; ~ **circuit** *rád* fantasztronkapcsolás, késleltetőcső áramköre *(lokátorban)*

phantom *at* fantom, modell, emberegyenérték; fantom, szimulátor, szövetekvivalens anyag; *távk* fantomjel; művonal, fantomkapcsolás; ~ **antenna** *távk* műantenna, hitelesítőantenna, egyenértékű antenna; ~ **cable** *el* érnégyessodratú kábel; ~ **channel** *távk* fantomhangcsatorna, hitelesítőcsatorna, művonalcsatorna; ~ **circuit** *távk* fantomkapcsolás, fantomáramkör; ~ **coil** *távk* fantomcséve; ~ **group** *távb* fantomcsoport; ~ **horizon** *geof* képzeletbeli felület, átlagolófelület, fantomhorizont; ~ **indication** hamis indikáció; ~ **load** *távk* fiktív terhelés, műterhelés; ~ **material** *at* fantomanyag, biológiai anyagot szimuláló anyag; ~ **measurement** *el* fantommérés; ~ **repeater** *el* mérőerősítő; ~ **signal** *távk* fantomjel, áljel; ~ **target** *távk* hitelesítő/kalibráló műcél; ~(-)**target antenna** *távk* mesterséges célantenna; ~ **telegraphy** *távb* fantomtávírás; ~ **telephone connection** *távb* távbeszélő fantomkapcsolás; ~ **telephony** *távb* távbeszélés fantomáramkörön; ~-**to-side unbalance** *távb* fantom—törzs-áthallás; ~ **transformer** *távk* művonal-transzformátor; ~ **transposition** *távk* fantomkeresztezés

phantoming *távk* fantomképzés

phantomization *távk* fantomképzés

phantomize *távk* fantomoz, fantomot képez

phantomizing *távk* fantomképzés

pharmaceutic(al) | chemistry *gyógyv* gyógyszerkémia, gyógyszervegyészet; ~ **preparation** *gyógyv* gyógyszerkészítmény; ~ **wastes** *pl hidr* gyógyszeripari szennyvíz

pharmaceutics *gyógyv* gyógyszertan, gyógyszerészet

pharmacist *gyógyv* gyógyszerész

pharmacolite *ásv* farmakolit, arzénvirág, arzenolit, arzénit

pharmacology *gyógyv* gyógyszertan, gyógyszerészet

pharmacosiderite *ásv* farmakosziderit

pharmacy *gyógyv* gyógyszerészet; gyógyszertár, patika

pharos *ép, hajó* világítótorony

phase I. *v* fázisokra oszt/bont *(folyamatot)*; *el, távk* fázisba hoz, szinkronizál, szinkronoz; *tv* élesre állít *(képet)*; **II.** *n* időszak; szakasz, fázis; *csill* holdváltozás, fényváltozás, fázis; *el* fázis, periódus; *mat* állapot; argumentum, arcus, fázis; *rep* periódus, időszak, ciklus, közbenső idő; *vegy* állapot, fázis; ~ **adapter/adaptor** *távk* fázisátalakító; ~ **adjuster** *távk* fázishelyesbítő, fáziskompenzátor; ~ **adjustment** *távk* fáziskorrekció; ~ **advance** *távk* fázissiettetés;

~-advance circuit/network *távk* fázissiettető tag/kör; **~ advancer** *távk* fázisszabályozó, fázistoló, fázissiettető; **~-advancing network** → ~-advance circuit; **~ analysis** *krist* fázisanalízis; **~ angle** *el* (null)fázisszög, fáziskülönbség (szögértéke), fáziseltolódás; **~-angle bridge** *el* fázishíd; **~-angle error** *el* fázisszög, fáziskülönbség (szögértéke), fáziseltolódás; **~-angle locus** *el* fázisszöghelygörbe; **~-angle modulation** *távk* fázisszög-moduláció; **~ angle of a current transformer** *el* áramváltó szöghibája; **~ anomaly** *geof* fázisanomália; *távk* fázis-rendellenesség; **~-anomaly map** *geof* fázisanomália térkép, izofázistérkép; **~-area theorem** *távk* fázisterületek tétele; **~ balance** *távk* fázisegybeesés, fázis-egyidejűség, szinkronizmus, fáziskiegyenlítettség, fázisegyenlőség; **~ balancer** *távk* fázisszimmetrizáló, feszültségkompenzátor; **~-balance relay** *el* aszimmetriarelé; **~ bandwidth** *távk* fázissávszélesség; **~ belt** *el* fázisvezeték; **~-belt voltage** *el* fázisfeszültség *(feszültségkülönbség a föld és fázisvezeték között)*; **~ boundary** *vegy* fázishatár; **~ bunching** *távk* fáziscsomósítás; **~ change** *el* fázisátkapcsolás, fázisváltás; **~-change coefficient** *el* fázistényező; **~ changer** *távk* fázisváltó, fázistoló, fázisszabályozó; **~ characteristic** *el* fázisgörbe, fáziskarakterisztika; **~ coefficient** *el* láncolási szám; **~ coincidence** → ~ balance; **~ commutator** *el* fázisváltó; **~-comparing network** *el* fázis-összehasonlító áramkör; **~ comparison** *el* fázis-összehasonlítás; **~-comparison circuit** *el* fázis-összehasonlító áramkör; **~-comparison protection** *el* fáziskülönbözeti védelem, áramirány-összehasonlító védelem; **~ compensation** *távk* fáziskiegyenlítés, fáziskompenzáció; **~ compensator** *távk* fáziskiegyenlítő, fáziskompenzátor, fázisjavító, fáziskorrektor; **~ conductor** *el* fázisvezető, fázisvezeték; **~ constant** *el* fázisállandó, fázistényező; **~ contrast** *krist* fáziskontraszt; **~ contrast image** *krist* fáziskontrasztkép; **~ contrast method** *el, krist* fáziskontrasztmódszer, fáziskontraszt-eljárás; **~ contrast microscope** fáziskontrasztmikroszkóp; **~ contrast microscopy** fáziskontrasztmikroszkópia; **~ control** *távk* fázisszabályozás; **~-control circuit** *távk* fázisszabályozó kör; **~-controlled rectifier** *févl* fázisvezérelt egyenirányító; **~ converter** *el* fázisváltó, fázisátalakító, fázisirányító; **~-converter substation** *el* fázisváltó alállomás; **~-corrected horn** *távk* fáziskompenzált tölcsérsugárzó; **~ correction** *távk* fáziskorrekció, fáziskiegyenlítés, fáziskompenzáció; **~-correction plug** *hang* hangszóró-segédmembrán; **~ corrector** *távk* fázisjavító, fáziskiegyenlítő, fázisjavító, fáziskorrektor, fázistoló; **~ correlation** *geof* fáziskorreláció; **~ cross-over frequency** *távk* fázisgörbe vágási frekvenciája, fázisátmetszési frekvencia; **~ current** *el* fázisáram; **~ defect** *el* fázistolás *(kondenzátoré)*; **~ delay** *el* fázisfutás, fáziskésés, fázisfutási idő; *szt* fáziskésleltetés; **~-delay distortion** *távk* fáziseltolási torzítás; **~-delay error** *távk* futásidő okozta hiba, csoportsebesség-hiba; **~-delay network** *távk* fáziskésleltető kör; **~-delay time** → ~ delay; **~ demodulation** *távk* fázisdemoduláció; **~ detector** *távk* fázisdetektor, fázisdiszkriminátor, szinkronoszkóp, fázissorrendjelző; **~ determination** *el* fázismeghatározás; **~ deviation** *el* fáziseltérés; **~ diagram** *krist, vegy* fázisdiagram, állapotdiagram, egyensúlyi diagram; **~ difference** *el* fáziskülönbség; **~-difference indicator** *távk* fázis-összehasonlító; **~-difference lidar** *rád* fáziskülönbség-lidar, fáziskülönbségű/fáziseltolású lézerlokátor; **~ discriminator** → ~ detector; **~ displacement** *el* fáziseltolás; fáziseltolódás; **~ distortion** *távk* fázistorzítás, fázisamplitúdó-torzítás, fázisidő-torzítás; **~ distribution** *geof* fáziseloszlás; **~ diversity** *távk* fázisdiversity(-vétel); **~ duration** *el* impulzustartam; **~ encoding (PE)** *szt* fáziskódolás, PE; **~-entry point** *szt* fáziskezdő cím; **~ equalization** *távk* fáziskiegyenlítés, fáziskompenzáció, fázisjavítás, fáziskorrekció; **~-equalization network** → ~ equalizer; **~ equalizer** *távk* fázisjavító, fáziskiegyenlítő, fáziskorrektor, fáziskompenzátor, késleltetéskiegyenlítő; **~ equation** *vegy* állapotegyenlet; **~ equilibrium** *vegy* fázisegyensúly; **~ equilibrium gas-liquid** *ol* gáz-folyadékegyensúly; **~ error** *el* fázishiba; **~-extension plane** *el* fázissík; **~ factor** → ~ coefficient; **~ failure** → ~ fault; **~ fault** *el* fázisszakadás; fázizárlat, fázisok közötti zárlat; **~-fault protection** *el* fázisszakadási/fázizárlati védelem; **~-fault relay** *el* fázisszakadási/fázizárlati relé; **~ focus(s)ing** *el* fázisfókuszálás; **~ frequency characteristic** *távk* fázisfrekvencia-jelleggörbe; **~ function** *mat* fázisfüggvény; **~ hologram** *opt* fázishologram; **~ hyperspace** *krist* fázistér; **~ in a mining field** *v bány* bányamezőt megnyit/kezd; **~ indicator** *el* fázismérő; **~ integral** *el* fázisintegrál; **~ inversion** *el* fázisfordítás, fázisinverzió; *élip* fázismegfordulás; **~-inversion amplifier** *el* fázisfordító/fázistoló erősítő; **~-inversion of emulsion** *ol* emulzióátcsapás; **~ inverter** *el* fázisszabályozó, fázistoló, fázisfordító, fázisinverter, fázisfordító elektroncső; **~-inverter circuit** *el* fázisfordító (kör), (fázis)inverter; **~-inverter stage** *el* fázisfordító fokozat; **~-inverter tube** *el* fázisfordító elektroncső; **~ jitter** *szt* fázistorzítás; **~ jump** *el* fázisugrás; **~ lag** *el* fáziskésés, fáziselmaradás; **~-lag angle** *el* fáziskésés szöge, fáziskésési szög; **~-lag element** *távk* fáziskésleltető tag; **~ lagging** → ~ lag; **~-lag method** *geof* fáziskésési módszer; **~ lead** *el* fázis-előresietés, fázissietés; fázissiettetés; **~-lead angle** *el* fázissietés *(szöge)*; **~-lead compensation** *távk* fázissiettetés-kompenzáció, fázissiettetés-kiegyenlítés; **~-lead element** *el* fázissiettető tag; **~-lead feedback** *el* ernyedő/differenciáló visszavezetés; **~ leading** → ~ lead; **~-lead network** *el* fázissiettető tag/kör; **~ library** *szt* programfáziskönyvtár; **~ localizer** *rep, távk* fáziseltolódásos iránysávadó; **~ lock** *távk* fázisszinkronizálás, fáziscsatolás; **~-locked** *távk* fázisban szinkronizált, fázisszinkronizált; **~-locked laser** *fiz* fázisszinkronizált lézer; **~-locked laser operation** *fiz* fázisszinkronizálású lézerműködés; **~-lock(ed) loop (PLL)** *szt* fázizárt hurok, PLL; *távk* fázisszinkronizáló/fáziscsatoló/fázisszabályozó hurok; **~ locking** *távk* fázisszinkronizálás, fáziscsatolás, fázisszabályozás; **~ locus** *el* fázis(jelleg)görbe, fázishelygörbe; **~ loss** *en* fázis kiesése/lekapcsolása; **~ margin** *el* erősítéshatár, legnagyobb feszültségerősítés; fázistartalék, fázistöbblet; fázistolerancia; **~ meter** *el* fázismérő, teljesítménytényező-mérő, cos φ-mérő; **~ microscope** *opt* fáziskontraszt-mikroszkóp; **~-modulated carrier** *távk* fázismodulált vivőfrekvencia; **~-modulated light beam** *opt, távk* fázismodulált fénysugárnyaláb; **~-modulated oscillations** *távk* fázismodulált lengések/rezgések; ~ **modulation (ph.m.)** *távk* fázismoduláció; ~-**modulation index** *távk* fázismodulációs index; ~ **modulator** *távk* fázismodulátor; ~ **monitor** *el* fázisjelző; ~ **of space** *mat* állapottér, fázistér; ~ **operator** *krist* fázisoperátor; ~ **opposition** *el* ellenfázis; ~ **out a mining field** *v bány* bányamezőt befejez/felhagy; ~ **path** *el* fázistrajektória; ~ **pattern** *el* fázisdiagram; ~ **picture** *el* fáziskép; ~ **plane** *el* fázissík; ~-**plane method** *el* fázissíkmódszer; ~ **plot** *el* fázis(jelleg)görbe; ~-**plot trajectory** *el* fázistrajektória; ~ **portrait** *el* fázisportré, fáziskép; ~ **problem of crystallography** *krist* krisztallográfiai fázisprobléma; ~-**pulse modulation** *távk* impulzusfázis-moduláció; ~ **quadrature** *el* 90°-os fáziseltolás; ~ **quadrature modulation** *távk* kvadratikus moduláció; ~-**reference information** *el* fázisvonatkoztató információ; ~ **relationship** *el* fázisszabály; ~ **resonance** *távk* fázisrezonancia; ~ **response** *távk* fázis-frekvencia-jelleggörbe, fázis(jelleg)-görbe, fázismenet, fázisválasz, fázisfüggvény; ~ **retardation** → ~ lag; ~ **reversal** *el* (180°-os) fázisváltás, fázisfordítás, fázisinverzió; ~-**reversal protection** *el* áramirány-védelem; ~-**reversal relay** *el* fázissorrendi relé; ~-**reversal switch** *el* fázisfordító kapcsoló; ~-**reversal transformer** *el* fázisfordító (transzformátor); ~ **reverser** *el* fázisfordító, fázisinverter; ~-**reversing** *el* (180°-os) fázisváltó, fázisfordító; ~-**reversing transformer** *el* fázisfordító (transzformátor); ~-**reverter stage** *el* fázisfordító, fázisváltó; ~-**rotation relay** *el* fázisforgató relé; ~ **rule** *krist* fázistörvény, Gibbs-féle fázisszabály; ~-**sensitive** *távk* fázisérzékeny; ~-**sensitive amplifier/detector** *távk* fázisérzékeny erősítő/érzékelőszerv/detektor, fázisdiszkriminátor, szinkronoszkóp, fázisdetektor; ~-**sensitive null indicator** *távk* fázisérzékeny zéruspont-indikátor; ~-**sensitive rectifier** *félv* fázisérzékeny egyenirányító; ~ **sequence** *el* fázissorrend; ~-**sequence indicator** *el* fázissorrend-mutató, fázissorrendjelző; ~-**sequence meter** *el* fázissorrendmérő; ~ **shift** *el* fázis(el)tolás, fázisléptetés; fáziseltolódás; ~-**shift characteristic** *távk* fázisfrekvencia jelleggörbe; ~-**shift circuit** *távk* fázis(el)toló (áram)kör; ~-**shifted** *el* fázishibás, fázisban eltolt, nem fázisban levő, fázisból kiesett; ~-**shifter** *el* fázisváltó, fázistoló, fázisszabályozó; ~ **shifting** *el* fázistolás, fázisjavítás, fázisszabályozás; ~-**shifting amplifier** *el* fázistoló erősítő; ~-**shifting capacitor** *távk* fázisjavító kondenzátor; ~-**shifting circuit** *távk* fázis(el)toló (áram)-kör; ~-**shifting transformer** *el* fázistoló transzformátor; ~ **shift keying (PSK)** *szt, távk* fázisbillentyűzés, fázisváltásos mód; fáziseltolásos módszer, PSK; ~-**shift method** *geof* fázisváltási módszer; ~-**shift network** *távk* fázis(el)toló áramkör; ~-**shift oscillator** *távk* fázistoló oszcillátor; ~-**shift section** *távk* fázistoló tag; ~ **signal** *távk* fázisbeállító jel; ~ **space** *fiz* fázistér; ~ **space cell** *fiz* fázistér elemi cellája; ~ **space decomposition** *fiz* fázistérfelbontás; ~ **splitter** *el* fázisosztó/fázishasító (áramkör); ~ **splitting** *el* fázisosztás, kötegelés *(fázisé)*; ~-**splitting amplifier** *el* fázishasító erősítő; ~-**splitting circuit** *el* fázishasító áramkör; ~ **stability** *távk* fázisstabilitás, (automatikus) fázisstabilizáció, szinkrotronelv; ~ **stability margin** *távk* fázisstabilitás-tartalék; ~ **stabilization** *távk* fázisstabilitás, (automatikus) fázisstabilizáció, szinkrotron-elv; ~-**start address** *szt* fáziskezdő cím; ~ **stereophony** *távk* futásidő-sztereofónia; ~-**swept interferometer** *el* fázisforgató interferométer; ~ **symmetry** *el* fázisszimmetria; ~ **synchronization** *távk* fázisszinkronizálás; ~-**table method** *krist* fázistáblázat-módszer; ~-**time modulation** *távk* fázisidő-moduláció; ~-**to-neutral voltage** *el* fázisfeszültség *(feszültségkülönbség a föld és fázisvezeték között)*; ~-**to-phase** *el* fázisközi; ~-**to-phase voltage** *el* láncolt feszültség, vonalfeszültség; ~ **transformation** *el* fázisátalakítás, fázisátalakulás; *krist* fázisátalakulási intervallum/köz; ~ **transformer** *el* fázisátalakító/fázisváltó *(transzformátor)*; ~ **transition** *at* fázisátmenet; *geol* fázisváltozás; *krist* fázisátalakulás; ~-**transition interval** *krist* fázisátalakulási intervallum/köz; ~-**transition point** *krist* fázisátalakulási pont; ~ **unbalance** *el* fáziseltérés, fázisegyensúly hiánya; ~ **velocity** *távk* fázissebesség, hullámterjedési sebesség; ~ **voltage** *el* fázisfeszültség; ~-**wound motor** *el* csúszógyűrűs aszinkron motor; ~-**wound rotor** *el* csúszógyűrűs forgórész

phased fázisokra bontott; *távk* fázisba hozott, fázismódosított, fázisvezérelt; ~ **array** *távk* fázisvezérelt antennarács; ~-**array laser radar** *rád* fázisvezérelt lézerradarrendszer; ~-**array lidar** *rád* fázisvezérelt lidarrendszer/lézerlokátor-rendszer; ~-**array radar set** *rád* fázisrácsvezérelt rádiólokátor állomás; ~-**laser array** *fiz* fázisvezérelt lézercsoport, fázisba állított lézerrács

phasemeter → phase meter

phaser *el, távk* fázistoló, fázisszabályozó; phaser, fononmézer, hangfrekvenciás mézer

phasing *ip* fázisokra bomlás; *távk* fázisba hozás, fázisállítás, szinkronizálás, összehangolás; *tv* élesre állítás *(képé)*; ~ **adjustment** *távk* fázisbeállítás; ~ **chain** *távk* fázistoló lánc; ~ **control** *rep* fázisszabályozás; ~ **line** *távk* szinkronozóvonal *(képtávírásé)*; ~ **network** → ~ chain; ~ **relay** *el* fázisba hozó relé; ~ **signal** *tv* együttfutási jel; ~ **transformer** *el* fázistoló transzformátor

phasitron *távk* fazitron, fázismodulátor-cső

phasmajector *tv* tesztjelgenerátor

phasograph *távk* fázistorzítás-mérő híd

phasometer *el* teljesítménytényező-mérő, cos φ-mérő, fázismérő

phasor *tv* (színezőjel)vektor *(színinformációt tartalmazó jel vektora)*

phasotron *távk* szinkrociklotron, frekvenciamodulációs ciklotron, fazotron

Phe → phenylalanine

PHE → plate heat exchanger

phellandrene *vegy* fellandrén, p-mentadién

phenacetin *vegy* fenacetin, acetfenetidin

phenacyl | bromide *vegy* α-bróm-acetofenon; ~ **chloride** *vegy* α-klór-acetofenon

phenakite *vegy* fenakit, berillium-ortoszilikát

phenanthrene *vegy* fenantrén

phenanthrenequinone *vegy* fenantrén-kinon

phenate *vegy* fenolát, fenát, fenolsó, fenol-éter

phenazone *vegy* fenazon, antipirin

phenetidine *vegy* fenetidin, p-aminofenetol

phenetole *vegy* fenetol, fenol-etil-éter, etil-fenil-éter

phengite *ásv* fengit

phenic *vegy* karbolos, karbol-; ~ **acid** *vegy* karbolsav, fenol

phenobarbital *vegy* fenobarbital, fenil-etil-barbitursav
phenol *vegy* fenol, karbolsav, oxibenzol; ~**-acetylene resin** *műa* perol-acetilén gyanta; ~**-aldehyde resin** *műa* fenol-aldehid műgyanta, fenoplaszt; ~**-base paper** *pa* bakelizált papír; ~ **coefficient** *vegy* fenolegyüttható; ~**-furfural(dehyde) resin** *műa* fenol-furfurol gyanta; ~ **refining** *ol* fenolos tisztítás/finomítás; ~ **removal** *hidr* fenoltalanítás; ~**-terpene resin** fenol-terpén (mű)gyanta
phenolase *vegy* fenoláz
phenolate *vegy* fenolát, fenát, fenolsó, fenol-éter
phenolic *műa* fenoltartalmú, fenolt tartalmazó, fenolos, fenol-; ~ **adhesive** *műa* fenoplaszt műanyagragasztó; ~**-aniline resin** *műa* fenol-anilin gyanta; ~ **asbestos composition** *műa* azbeszt vázanyagú fenolplaszt; ~ **cement** *műa, fest* fenolgyanta alapú ragasztó/kitt; ~ **foam** *műa* fenolgyantahab; ~ **laminate** *műa* rétegezett fenolgyanta; ~ **laminated sheet** *műa* fenolgyanta alapú rétegelt lemez; ~ **mo(u)lding composition/compound** *műa* fenolos/fenolplaszt préspor; ~ **resin** *műa* fenolgyanta
phenolphtaleinic alkalinity *hidr* fenolftaleinlúgosság
phenolphthalein *vegy* fenolftalein
phenolsulphonic, *US* **phenolsulfonic acid** *vegy* fenolszulfonsav
phenomenon *pl* **phenomena** | **of diffraction** *el* diffrakciós/elhajlási jelenség; ~ **of interference** *fiz* interferenciajelenség
phenosafranine *vegy* fenoszafranin, mezofenil-diaminofenazonium-klorid
phenotype *krist* fenotíp
phenoxide *vegy* fenolát, fenát, fenolsó, fenol-éter
phenoxy | **acid derivatives** *vegy* fenoxisav-származékok; ~ **resin** *műa* fenoxigyanta
phenyl (Ph) *vegy* fenil(gyök); ~ **group** *vegy* fenilcsoport; ~ **mercaptan** *vegy* fenilmerkaptán; ~ **methyl ether** *vegy* fenil-metiléter; ~ **p-tolyl ether** *vegy* fenil-p-tolil-éter; ~ **radical** *vegy* fenilgyök; ~ **salicylate** *vegy* fenil-szalicilát, szalol
phenylacetate *vegy* fenil-acetát
phenylacetic acid *vegy* fenilecetsav
phenylalanine (Phe) *vegy* fenil-alanin, β-fenil-α-aminopropionsav
phenylamidine *vegy* fenil-amidin
phenylamine *vegy* fenil-amin
phenylarsonic acid *vegy* fenilarzonsav, benzolarzonsav
phenylcyanamide *vegy* cián-anilid
phenylcyclohexylamine *vegy* fenil-ciklohexil-amin, ciklohexil-anilin
phenyldiazonium chloride *vegy* benzol-diazónium-klorid
phenylene *vegy* feniléngyök; ~ **ether** *vegy* fenil-éter; ~ **radical** *vegy* feniléngyök
phenylenediamine *vegy* fenilén-diamin, diaminobenzol
phenylethyl alcohol *vegy* fenil-etil-alkohol
phenylethylamine *vegy* fenil-etil-amin
phenylglycine *vegy* fenil-glicin, anilinoecetsav; ~**-o-carboxylic acid** *vegy* fenil-glicin-o-karbonsav
phenylhydrazine *vegy* fenil-hidrazin; ~ **hydrochloride** *vegy* sósavas fenil-hidrazin, fenil-hidrazin-hidroklorid
phenylhydrazone *vegy* fenil-hidrazon
phenylhydroxylamine *vegy* fenil-hidroxil-amin
phenylisocyanate *vegy* fenil-izocianát
phenylmagnesium bromide *vegy* fenil-magnézium-bromid *(Grignard-reagens)*
phenylmercuric chloride (PMC) *vegy* fenil-higany-klorid
phenylurethan *vegy* fenil-uretán, etil-fenil-karbamát
pheron *vegy* feron, apoenzim
PHI → position and homing indicator
phial *üveg* fiola
philadelphite *ásv* philadelphit
philharmonic pitch *hang* kamarahang
Phillips | **screw** csillagfejű csavar; ~ **screwdriver** csillagfejű csavarhúzó
phillipsite *ásv* phillipsit
PHL (Pavoni-Hagerty-Lee)-model *környv* PHL-modell *(veszélyes hulladékok rangsorolása)*
phloem *fa* háncs(réteg), fahács, floém; ~ **ray** *fa* kéreg bélsugara
phlogopite *ásv* flogopit
phloroglucinol *vegy* floroglucinol
phloxine *vegy* floxin, tetrabróm-tetraklór-fluoreszcein
ph.m. → phase modulation
pholidolite *ásv* folidolit
phon *hang, metr* fon; ~ **audibility/loudness** *hang* fon hangosság
phonation *hang* hangadás, hangképzés, fonáció
phonautograph *hang* mechanikus hangfelvevő/hangfeljegyző, hangrögzítő
phone I. *v távb* felhív, telefonál; **II.** *n távb* hallgató, (telefon)kagyló; távbeszélő, telefon; ~ **adapter** *hang* hang(le)szedődoboz-csatlakozás; ~ **booth** *távb* telefonfülke; ~ **cord** hallgatózsinór; ~ **jack** kapcsolóhüvely; ~ **system** távbeszélő rendszer/hálózat
phonetics hangtan, fonetika
phonic *hang* hang-; *távk* fónikus; ~ **reception** *távk* fónikus *v.* hallás utáni vétel; ~ **wheel** *távk* fónikus kerék
phoning *távb* fónia-összeköttetés; telefónia, távbeszélés, telefonálás
phonmeter *hang* hangosságmérő, fonométer, fonmérő, hangnyomásszintmérő, hangintenzitás-mérő
phono (jacks) *el, hang* pick-up csatlakozás, lemezjátszó-csatlakozás
phonocardiogram (PCG) *orv* fonokardiogram, szívhangfelvétel
phonocardiography *orv* fonokardiográfia
phonochemistry *vegy* ultrahangkémia
phonogram *hang* fonogram, hangrögzítés; gramofonlemez, hanglemez; *távb* telefontávirat *(szöveg)*; ~ **service** *távb* telefontávirat(-szolgálat)
phonograph fonográf, lemezjátszó; gramofon; ~ **connection** *el* gramofoncsatlakozó; ~ **equalizer** *el* hanglemez-sávkiegyenlítő; ~ **record** *hang* hanglemez
phonolite *ásv* fonolit
phonologic(al) *hang* fonologikus, fonológiai; ~ **component** *hang* fonológiai komponens
phonology *hang* fonológia
phonometer *hang* hangerősségmérő (készülék), fonométer, fonmérő; hangnyomás(szint)mérő, hangintenzitás-mérő
phonon *hang* fonon, hangkvantum; ~ **distribution** *hang* fononeloszlás; ~ **exchange** *hang* fononkicserélődés; ~ **excitation** *fiz* fonongerjesztés; ~ **gas** *vegy* fonongáz; ~ **laser** *fiz* fononlézer; ~ **maser** *távk* phaser, fononmézer, hangfrekvenciás mézer; ~

parametric amplifier *fiz* paraméteres fononerősítő; ~ **spectrum** *hang* fononspektrum; ~ **travel(l)ing(-) wave amplifier** *fiz* haladó hullámú fononerősítő
phonophore *távb* fonofor
phonoscope *hang* hanghullám-regisztráló műszer, fonoszkóp
phonozenograph *rád* akusztikus iránymérő/lokátor
phorone *vegy* foron
phosgene *vegy* foszgén, szén-oxiklorid, karbonil-klorid
phosgenite *ásv* foszgenit
phosphatase *vegy* foszfatáz; ~ **test** *élip* fosztatázpróba
phosphate I. *v vegy* foszfátoz, foszfatál; **II.** *n vegy* foszfát; ~ **coating** *el, vegy* foszfátréteg bevonat, foszfátozás *(transzformátorlemezé)*; ~ **fertilizer** *vegy* foszfátműtrágya; ~ **rock** *ásv* foszfátérc, kálcium-foszfát; ~ **slag** *koh* foszfátsalak
phosphatic *vegy* foszfátos, foszfát-, foszforsavas; ~ **deposits** *geol* foszfáttelepek; ~ **manure** *vegy* foszfátműtrágya; ~ **nodules** *geol* foszfátrögök *(tengerfenéken)*
phosphating *vegy* foszfátozás
phosphatize *vegy* foszfátoz, foszfatál
phosphide *vegy* foszfid; ~ **streak** *koh* foszfordúsulási csík
phosphine *vegy* foszfin, foszfor-hidrogén
phosphinic acid *vegy* foszfinsav
phosphite *vegy* foszfit, foszforsavas só
phospholipide *vegy* foszfatid
phosphonic acid *vegy* foszfonsav
phosphonitrile chloride *vegy* foszfor-nitril-klorid
phosphonium *vegy* foszfóniumgyök; ~ **chloride** foszfónium-klorid; ~ **compound** foszfóniumvegyület; ~ **sulphate/sulfate** foszfónium-szulfát
phosphoproteins *vegy* foszforproteinek
phosphor → phosphorus; ~ **bronze (pb)** *koh* foszforbronz; ~ **copper** *koh* foszforréz; ~ **dot** *opt, vegy* fényporpont, világító pont; ~ **laser** *fiz* foszforlézer; ~ **screen** *opt, vegy* fluoreszkáló (kép)ernyő, világítóréteg, fényporréteg
phosphoramide *vegy* foszforamid
phosphorate *vegy* foszforoz, foszforral átitat
phosphoresce *opt* foszforeszkál, villódzik
phosphorescence *opt* foszforeszkálás, villódzás, foszforeszcencia; *tv* utánvilágítás
phosphorescent *opt* foszforeszkáló, villódzó; *tv* utánvilágító; ~ **glow** *opt* foszforeszkálás; ~ **screen** *tv* utánvilágító ernyő
phosphoret(t)ed *vegy* foszforos, foszforral impregnált/átitatott/kevert, foszforozott
phosphorian *ásv, vegy* foszfortartalmú
phosphoric *opt* foszforeszkáló *(tenger)*; *vegy* foszfortartalmú, foszfor-; ~ **acid** *vegy* foszforsav; ~ **acid esters** foszforsavészterek; ~ **anhydride** foszforsavanhidrid, foszfor-pentoxid; ~ **fertilizer** *mzg* foszforműtrágya; ~ **iron** *koh* nagy foszfortartalmú vas; ~ **pig iron** *koh* foszforos nyersvas
phosphorite *ásv* foszforit
phosphorize *vegy* (be)foszforoz, foszforossá tesz, foszforral vegyületté alakít
phosphorocalcite *ásv* foszforkalcit
phosphoroscope *fiz* foszforoszkóp, foszforeszkálásmérő(eszköz)
phosphorous | acid *vegy* foszforossav; ~ **anhydride** *vegy* foszforossav-anhidrid, foszfor-trioxid; ~ **bronze (pb)** *koh* foszforbronz
phosphorus (P) *opt* fénypor, luminofor, fénykeltő anyag; *vegy* foszfor; ~ **compounds** foszforvegyületek; ~ **dichloride nitride** foszfor-nitril-klorid; ~ **nitride** foszfor-nitrid; ~ **oxychloride** foszfor(V)-oxiklorid; ~ **oxynitride** foszfor-oxi-nitrid; ~ **oxysulphide/oxysulfide** foszfor-oxi-szulfid; ~ **pentachloride** foszfor(V)-klorid, foszfor-pentaklorid; ~ **pentoxide** foszfor(V)-oxid, foszfor-pentoxid; ~ **removal** foszforeltávolítás; ~ **tetroxide** foszfor(III, V)-oxid, foszfor-tetroxid; ~ **thiocyanate** foszfor-rodanid, foszfortiocianát; ~ **trichloride** foszfor(III)-klorid, foszfortriklorid; ~ **trichloride diiodide** foszfor(V)-triklorodijodid; ~ **trioxide** foszfor(III)-oxid, foszfor-trioxid
phosphoryl *vegy* foszforilgyök; ~ **amide** *vegy* foszforamid; ~ **chloride** *vegy* foszfor(V)-oxi-klorid
phosphosiderite *ásv* foszfosziderit
phosphotungstic acid *vegy* foszfor-volfrámsav
phosphuranylite *vegy* foszfuranilit
phot (ph) *opt* fot
photic | layer *hidr* fotikus réteg; ~ **region** *geol* fotikus régió
photicon *tv* fotikon *(fokozott érzékenységű ikonoszkóp)*
photics *opt* fénytan
photistor *félv* fototranzisztor, fotisztor
photo I. *v* fényképez, fotografál; **II.** *a foto* fényképező, fényképészeti; foto-; **III.** *n* fénykép; ~ **aquatint** *foto* fotoakvatinta; ~ **attachment** *szt* fényképező-berendezés; ~**-FET** *félv* térvezérlésű/térbefolyásolt fototranzisztor; ~**(-)finish** *foto* célfotó; ~**-offset** *nyom* fotóofszet eljárás, fotomechanikai ofszeteljárás; ~**-optic memory** *szt* optikai tároló; ~**-oxidation** *vegy* fotooxidáció
photoabsorption *at* fotoelektromos abszorpció
photoactive *félv, vegy* fényérzékeny
photoaudio generator *távk* fénysziréna; *tv* videofrekvenciás generátor
photoblock tape reader *szt* fényelektromos szalagolvasó
photocatalysis *vegy* fotokatalízis
photocatalyst *vegy* fotokatalizátor, fotokémiai katalizátor
photocathode *el* foto(cella)katód
photocell *el* fotocella, fényelem, fotoemissziós/fényelektromos cella/érzékelő; ~ **amplifier** *el* fotocellaerősítő, fotocellás erősítő; ~ **matrix** *szt* fotocellamátrix; ~ **pick-up** *hang* fotocellás érzékelő/hangszedő; ~ **response/sensitivity** *el* fényelem érzékenysége
photochemical *vegy* fotokémiai; ~ **catalyst** fotokatalizátor, fotokémiai katalizátor; ~ **chlorination** fotokémiai klórozás; ~ **decomposition** fotokémiai bomlás, fotolízis; ~ **equilibrium** fotokémiai egyensúly; ~ **equivalence law** fotokémiai egyenértéktörvény *(Einstein-törvény)*; ~ **equivalent** fotokémiai ekvivalens; ~ **hardening** fotokémiai keményedés *(krómzselatiné)*; ~ **polymerization** fotopolimerizáció, fotokémiai polimerizáció; ~ **reaction** fotokémiai reakció; ~ **stationary state** fotokémiai stacionárius állapot
photochemistry *vegy* fotokémia
photochronograph *opt* fotokronográf

photoclinometer *geof* lyukferdeségmérő, fotoklinométer; ~ **picture** *geof* lyukferdeségmérő-regisztrátum
photocompose *nyom* fényszedéssel szed
photocomposer *nyom* fényszedőgép
photocomposing machine → photocomposer
photocomposition *nyom* fényszedés
photoconductance *félv* fényelektromos vezetés, fotokonduktív jelenség, belső fényelektromos effektus, fotovezetés
photoconducting *félv* fotokonduktív, fotovezető; ~ **cell** *el* fényérzékeny/fotoérzékeny ellenállás, fotoellenállás, fényelem, ellenállásos fotocella; ~ **cell compensator** *el* fotoellenállás-kompenzátor; ~ **detector** → ~ cell
photoconduction *félv* fotovezetés, fényelektromos vezetés, fotokondukció
photoconductive *félv* fotokonduktív, fotovezető, fényelektromos vezető; fotovezetéses; ~ **camera tube** *tv* vidikon; ~ **cell/detector** *el* fényvezető/fotokonduktív cella/érzékelő; ~ **effect** *félv* fotokondukció, belső fényelektromos hatás; ~ **layer** *félv* fényelektromos érzékelő záróréteg *(záróréteges fényelemé)*
photoconductivity *félv* fotokonduktivitás, fotokondukció, fotovezető képesség; fotovezetés, fényelektromos vezetés; ~ **cell** *el* fényérzékeny/fotoérzékeny ellenállás, fotoellenállás, fényelem, ellenállásos fotocella
photoconductor *félv* fényelektromos vezető, fotokonduktor; ~ **surface** *félv* fényelektromos vezető felülete
photoconstriction effect *fiz* fotokonstrikciós jelenség
photocopier *nyom* fénymásológép, xeroxgép, xerox másoló
photocopy I. *v nyom* fénymásol, fotokópiát készít; **II.** *n nyom* fotokópia, fénymásolat
photocopying *nyom* fénymásolás, xeroxozás; ~ **paper** *pa* fénymásolópapír
photocorner *pa* fényképsarok
photocurrent *félv* fényelektromos/fotoelektromos áram, fényelemáram, fényáram, fotoáram
photodetachment *fiz* sugárzás okozta elektronleválás
photodetector *at, el* fotoelektromos detektor, fotodetektor, fénydetektor
photodeuteron *at* fotodeuteron
photodiode *félv* (p-n) fotodióda; ~ **circuit** *el* fotodiódás áramkör/kapcsolás
photodisintegration *at* fotodezintegráció, magfotoeffektus; *vegy* fotokémiai bomlás
photodissociation *at, vegy* magfotoeffektus; ~ **threshold** *at, vegy* fotodisszociációs küszöb
photoduodiode *félv* fotoduódióda
photoeffect *fiz* fényelektromos jelenség/hatás, fényhatás
photoelastic *fiz* fotoelasztikus, feszültségoptikai; ~ **bench** optikai feszültségmérő pad/készülék; ~ **coefficient** feszültségoptikai/fotoelasztikus együttható; ~ **constant** feszültségoptikai állandó; ~ **effect** fotoelasztikus/feszültségoptikai/piezooptikus effektus/hatás; ~ **fringe patterns** feszültségoptikai interferenciaképek; ~ **investigation** *koh* feszültségoptikai vizsgálat; ~ **tensor** fotoelasztikus tenzor
photoelasticity *fiz* fotoelaszticitás, feszültségoptika; ~ **test** *fiz* feszültségoptikai vizsgálat; fotoelasztikus feszültségvizsgálat
photoelectric(al) *el, fiz* fotoelektromos, fényelektromos, fotocellás, fényvillamos; ~ **absorption** *fiz* fotoelektromos abszorpció; *ol* fényelektromos hatás; ~ **alarm** fotocellás riasztó(berendezés); ~ **amplifier** *el* fényelektromos erősítő; ~ **analog(ue) divider** *el* fotoelektromos analóg osztó; ~ **analog(ue) multiplier** *el* fotoelektromos analóg szorzó; ~ **attenuation coefficient** *at* fotoelektromos gyengítési tényező; ~ **building(-)block element** *el* fotoelektromos/fényvillamos építőelem; ~ **card reader** *szt* fényelektromos kártyaolvasó; ~ **cathode** *el* fotokatód, fényelektromos katód; ~ **cell (PEC)** *félv* fotocella, (záróréteges) fényelem, fotoemissziós/fényelektromos cella; ~ **cell amplifier** *el* fotocellaerősítő; ~ **chopper** *el* fotoelektromos szaggató; ~ **circuit** *el* fotoelektromos áramkör; ~ **colorimeter** *opt* fényelektromos/fotoelektromos koloriméter/színmeghatározó/színmérő készülék/műszer; ~ **colorimeter gas analyzer** *vegy* fotokolometrikus gázelemző készülék; ~ **colorimetry** *opt* fényelektromos kolorimetria/színmérés; ~ **comparator** *el* fényelektromos/fotoelektromos komparátor *v.* összehasonlító műszer; ~ **compensating polarimeter** *fiz* fotoelektromos/fényvillamos kompenzációs polariméter; ~ **conduction** *el* fotovezetés, fényelektromos vezetés, fotoindukció, fotokondukció; ~ **conductivity** *el* fotokonduktivitás, fotovezető képesség; ~ **constant** *el* fotoelektromos állandó; ~ **control** fényelektromos/fotoelektromos vezérlés/irányítás/szabályozás; ~ **controller** fényelektromos/fotoelektromos szabályozó; ~ **counter** *metr* fényelektromos/fotoelektromos számláló, fotocellás számlálóberendezés; ~ **counter of products** *ip* fotoelektromos termékszámláló; ~ **cryptometer** *nyom* fotocellás fedőképesség-mérő *(festékvizsgálathoz)*; ~ **current** *el* fotoáram, fényelektromos/fotoelektromos áram; ~ **dark resistance** *el* sötétellenállás; ~ **densitometer** *foto* fotocellás/fényvillamos feketedésmérő; ~ **detection** *szt* fotoelektromos detektálás; ~ **detector head** *opt* fotoelektromos detektorfej/érzékelőfej; ~ **dew(-)point meter** *metr* fényelektromos harmatpontmérő műszer; ~ **displacement transmitter** *távk* fotoelektromos eltolásadó; ~ **door opener** *el* fotoelektromos ajtónyitó; ~ **effect** *el* fotoelektromos/fényelektromos hatás/jelenség, fotoeffektus; ~ **efficiency** *el* fotoelektromos hatásfok; ~ **emission** *el* fotoelektromos emisszió, külső fényhatás, külső fényelektromos hatás; ~ **encoder** *távk* fotoelektromos kódoló; ~ **exposure meter** *foto* fényelektromos/fényelemes/fotocellás megvilágításmérő; ~ **fatigue** *el* fotocella-kifáradás; ~ **flame(-)failure detector** *hőt* fotocellás biztonsági készülék; ~ **flaw detector** *any* fényelektromos hibakereső készülék; ~ **function generator** *szt* fotoelektromos függvényátalakító; ~ **geophone** *geof* fotoelektromos geofon; ~ **glossmeter** *foto* fotoelektromos fényességmérő; ~ **impulse counter** *metr* fényelektromos/fotoelektromos impulzusszámláló; ~ **inspection** *ip* fotocellás minőségi ellenőrzés, fotocellás minőségvizsgálat/minőségellenőrzés; ~ **interaction** *el* fotoelektromos kölcsönhatás; ~ **intrusion(-)detector** *aut* fotocellás betörőjelző/betörésjelző; ~ **light barriers** *pl vasút* fotoelektromos fénysorompó/védőberendezés; ~ **magnitude** *csill* fényelektromos nagyságrend; ~ **material** *el* fényelektromos anyag; ~ **measurement by null method** *el* nullázó módszeres fotoelektromos mérés; ~ **membrane manometer** *fiz* fényelektromos membrános nyomásmérő; ~

method *geof* fotoelektromos lyukszelvényezési módszer; ~ **microphotometer** *opt* fényelektromos mikrofénymérő; ~ **multiplier** *at, el* fotoelektromos/fényelektromos sokszorozó, fotomultiplikátor, elektronsokszorozó, fotomultiplier; ~ **opacimeter** fotoelektromos zavarodásmérő/zavarosságmérő; *foto* fényelektromos feketedésmérő; ~ **paper(-)tape reader** *szt* fényelektromos papírszalag-olvasó; ~ **peak** *at, el* fotoelektromos csúcs; ~ **phenomenon** → ~ effect; ~ **photometer** *foto* fényelektromos fotométer/fénymérő; ~ **photometry** *foto* fényelektromos/fotoelektromos fotometria/fénymérés; ~ **pick-off** *el* fotoelektromos érzékelőszerv/jeladó; ~ **plethysmograph** *orv* fotoelektromos/fényelektromos pletizmográf/vérszínmérő; ~ **polarimeter** *opt* fényelektromos/fotoelektromos polariméter; ~ **position controller** *aut* fényelektromos/fotoelektromos helyzetszabályozó; ~ **potentiometer** *el* fényelektromos/fotoelektromos potenciométer; ~ **printing** *nyom* fényelektromos nyomtatás; ~ **pulse maker** *távk* fényelektromos/fotoelektromos impulzusadó; ~ **punched(-)tape reader** *szt* fényelektromos lyukszalagolvasó; ~ **pyrometer with micropreset** *hőt* fotoelektromos pirométer mikro-előbeállítóval; ~ **reader** *szt* fényelektromos/fotoelektromos olvasó; ~ **receiver** *távk* fotoelektromos vevő; ~ **receptor** *el* fényelektromos érzékelő; ~ **recorder** *film* fényelektromos hangfeljegyző készülék; ~ **reflection meter** → ~ reflectometer; ~ **reflectometer** fehérszintmérő, fotoelektromos reflexiómérő; ~ **relay** *el* fotoelektromos relé; ~ **resistance cell** *el* fényérzékeny/fényelektromos ellenállás, fotoellenállás; ~ **scanner** *any* cellás felületvizsgáló készülék; *szt* fotoelektromos leolvasó; *tv* fotoelektromos/fotocellás letapogató; ~ **scanning** *szt* fotoelektromos leolvasás; *tv* fotoelektromos/fotocellás letapogatás; ~ **scanning of the dial of (an) electronic counter** *el* elektronikus számlálókészülék fotoelektromos tárcsaletapogatása; ~ **seismometer** *geof* fényelektromos szeizmométer; ~ **sensing** → ~ scanning; ~ **sensitivity** *el* fényvillamos emittálóképesség; ~ **sensor** *el* fotoelektromos érzékelőelem/jelváltó; ~ **single-way cell** *el* fotoelektromos egyutas cella *(szabályozóhoz)*; ~ **smoke detector** *aut* fotoelektromos füst(gáz)detektor/füst(gáz)érzékelő; ~ **sorter** *ip* fotocellás fajtázóberendezés/osztályozóberendezés; ~ **spectrophotometer** *fiz* fényvillamos színképfotométer; ~ **speed control** *aut* fényelektromos fordulatszám-szabályozás; ~ **stabilization** *el* elektronpermetezés; ~ **strain ga(u)ge** *any* fényvillamos nyúlásmérő; ~ **structural unit** *el* fotoelektromos/fényvillamos építőelem; ~ **surface** *el* fényérzékeny felület; ~ **threshold** *at, el* fotoelektron-emissziós (energia)küszöb, fotoelektromos küszöbenergia; ~ **threshold frequency** *el* fotoelektron-emissziós küszöbfrekvencia; ~ **transducer** *el* fényelektromos/fotoelektromos jelváltó; ~ **transit instrument** *el* fényelektromos/fotoelektromos paszszázsműszer/átfutásműszer; ~ **tube** → ~ cell; ~ **turbidimeter** *vegy* fotocellás oldatzavarosság-mérő; ~ **work function** *at* fényvillamos energiafüggvény, fotoelektromos kilépési munka

photoelectricity *el* fotoelektromosság, fényelektromosság, fényvillamosság

photoelectroluminescence *el* elektrofotolumineszcencia

photoelectrolytic cell *el* elektrolitos fotocella

photoelectromagnetic | **detector** *el* fotoelektromágneses detektor/cella; ~ **effect (PEM)** *el* fotoelektromágneses effektus

photoelectromotive force *el* fényelektromos erő *(fotocelláé)*

photoelectron (PE) *el* fotoelektron, fényelektron; ~ **emission device** *el* fotoelektronikus emissziós elem; ~ **multiplier** *el* fotoelektronsokszorozó, fotomultiplikátor, elektronsokszorozó; ~ **spectroscopy** *fiz* fotoelektromos spektroszkópia; ~ **spectrum** *fiz* fotoelektromos spektrum/színkép

photoelectronic *el* fotoelektronikus, fényelektromos, fotocellás; ~ **planimeter** *metr* fényelektromos/fotoelektromos planiméter *v.* felületmérő készülék; ~ **reflex scanner** *el* fényelektromos/fotoelektronikus reflexletapogató készülék; ~ **reflex scanning instrument** → ~ reflex scanner; ~ **travel(l)ing(-)wave tube** *el* fényelektromos haladóhullámú cső

photoelectronics *el* fotoelektronika

photoemission *el* fényemisszió, fotoemisszió; fotoelektron-emisszió; külső fotoelektromos hatás; ~ **pick-off** *el* fotoemissziós érzékelőszerv/jeladó

photoemissive *el* fotoemissziós, fényemissziós, fotoemittáló; ~ **cathode** *el* fényemissziós katód, fotokatód; ~ **cell/detector** *el* fényelem, fotocella, fotoemissziós/fénykibocsátó cella; ~ **effect** *el* külső fotoeffektus *v.* fényelektromos hatás, fotoelektron-hatás; ~ **element/tube** → ~ cell; ~ **stress** *koh* főfeszültség

photoemittent cell *el* fotoemissziós/fénykibocsátó cella, fényelem, fotocella

photoemitter *félv* fotoemitter; fotokatód

photoemulsion *vegy* fényképészeti emulzió

photoengraving *nyom* autotípiai klisé; cinkográfia, autotípia, klisékészítés, fotokemigráfia

photoetch resin *vegy* fotoreziszt *(lakk)*

photoexcitation *félv* fénygerjesztés

photofission *at* foton okozta hasadás, fotohasadás; ~ **threshold** *at* fényhatásra bekövetkező hasadási küszöb

photofit mozaikkép

photoflash *foto* villanófény, vaku; ~ **lamp** *foto* villanólámpa, villanókészülék, vaku(lámpa)

photoflood lamp *foto* nitraphotlámpa, fényárlámpa, jupiterlámpa, fényképészeti lámpa

photofluorogram *orv* ernyőkép, röntgenfelvétel, röntgenfénykép, röntgenkép, radiográf

photogalvanography *nyom* fénynyomatos elektrotípia

photogenic *el* fotogenikus, fénykibocsátó, fénykeltő, fénygerjesztő; *foto* fényképezésre alkalmas, fotogén; ~ **paper** *foto* fényérzékeny papír

photogeological mapping légi térképezés

photogeology fotogeológia

photoglow | **lamp** *el* fotokatódos ködfénylámpa; ~ **tube** → phototube

photoglyptic engraving *foto* (Talbot-féle) fényképmetszet

photogoniometer *geod* fotogoniométer *(fotogrammetriában)*

photogram *geod* fényképmérés, fotogram

photogrammetric *geod* fotogrammetriai; ~ **apparatus** fotogramméter, mérőkamera, fényképmérő készülék; ~ **height measuring** fotogrammetrikus magasságmérés; ~ **intersection** előmetszéses fotogrammetria; ~ **mapping** fotogrammetrikus térképkészítés; ~ **measuring method** fotogrammetrikus mérési módszer; ~ **plotting instrument** aerokartográf, sztereoszkopikus légitérképező műszer; ~ **stereocamera** sztereo mérőkamera, sztereo fotogrammetriai kamera; ~ **survey** fotogrammetriai felmérés/felvétel; ~ **technics** *rak* fotogrammetrikus/fényképmérési technika *(a világűrben)*

photogrammetry *geod* fényképes felmérés, fényképmérés, fotogrammetria; ~ **by intersection** *geod* előmetszéses fotogrammetria, mérőasztal-fotogrammetria

photograph I. *v foto* (le)fényképez, (le)fotóz; **II.** *n foto* fénykép(felvétel), fotó; ~ **album** *foto* fényképalbum; ~ **case** *foto* fényképtok; ~ **frame** *film* film(kép)kocka; *foto* fényképkeret

photographic *foto* fényképészeti, fénykép-, fényképező; ~ **badge dosimeter** *at, kat* filmjelvény-doziméter; ~ **coordinate** *geod* fényképkoordináta *(fotogrammetriában)*; ~ **data memory/store** *szt* fotografikus adatmemória; ~ **density** *foto, opt* feketedés; ~ **dosimeter** filmdoziméter; ~ **emulsion** *vegy* fényképészeti emulzió, fotóemulzió; ~ **engraving of printing rollers** *nyom* nyomóhengerek fotogramja; ~ **film** fotofilm; ~ **flight** *geod* fényképező repülés; ~ **image** *foto* fénykép(észeti kép); ~ **intelligence** *kat* fényképkiértékelő/képkiértékelő felderítés; ~ **layer** *vegy* fényérzékeny réteg; ~ **lens** *opt* fényképészeti lencse; ~ **map** *geod* légi térkép, fototérkép, légi fényképekből készült térkép; ~ **memory** → ~ storage; ~ **mission** *geod, rep* fényképezési feladat; ~ **mount** *foto, pa* fényképkeretkarton; ~ **objective** *opt* (fényképezőgép-)objektív; ~ **overexposure** *foto* túlexpozíció; ~ **paper** *foto* fényképezőpapír, fotopapír, fényképészeti papír; ~ **plan** *geod* fototérkép *(fotogrammetriában)*; ~ **presentation** *szt* fotografikus ábrázolás *(videotexnél)*; ~ **print** *nyom* fényképnyomat; ~ **projection** *foto* fényképészeti vetítés/vetület; ~ **reconnaissance** *kat* felderítő fényképezés, fényképfelderítés; ~ **record** *foto* fényképfelvétel; *metr* fényképezéses adatfeljegyzés/regisztrálás; ~ **recording of electron(-)ray oscillogram** *fiz* elektronsugár-oszcillogram fotográfiai regisztrálása; ~ **reduction** *foto* kicsinyítés *(fényképészeti úton)*; ~ **safe(-)light** *foto* biztonsági sötétkamralámpa; ~ **sensitivity** *el, foto* optikai érzékenység; ~ **sketch** *geod* fényképmozaik; ~ **sound** *film* fényhang, hangfénykép; ~ **sound pick-up/pickup** fényhang-letapogató; ~ **sound recorder** fényhangkamera; ~ **sound recording** fényhangeljárás, fényhangfeljegyzés, optikai/fényképes/fotográfiai hangrögzítés/hangfeljegyzés; ~ **sound track** fényhangcsík; ~ **storage** *szt* fotografikus tár; ~ **store film** *szt* fotografikus tárolóréteg; ~ **subimage** *foto* rejtett/lappangó kép; ~ **surveying** *geod* fényképes felmérés, fotogrammetria; ~ **telescope** *csill* asztrográf; ~ **trace** *at* fotoemulzió-nyom; ~ **wrapping(-)paper** *pa* fényképészeti csomagolópapír

photographically recorded sound *film* fényképezéssel felvett hang, fényhang, hangfénykép

photography *foto* fényképészet, fényképezés

photogravure *foto, nyom* fénynyomat, autotípiai klisé; fotogravűr, heliogravűr, rácsmélynyomás, (raszter)mélynyomás; *szt* mélynyomás *(vonalkód-nyomtatási eljárás)*; ~ **paper** *nyom* rézmélynyomópapír

photohalide *vegy* fényérzékeny halogénsó

photoheliograph *csill, foto* fotoheliográf

photoimpact *fiz* fotonütközés, fénykvantumütközés

photoimpulse counter *el* fotoimpulzus-számláló

photointerpreter *geod* fénykép-kiértékelő

photoionization *fiz* fotoionizáció

photolamp *foto* fotolámpa

photolayer *el, vegy* fényérzékeny (emulzió)réteg

photolens chromatism *opt* fényképészeti tárgylencse kromatizmusa

photolithographic *nyom* fotolitográfiai; ~ **process** *nyom* fotolitográfia(i maratási eljárás)

photolithography *nyom* fotolitográfia

photolitho-paper *nyom* fotolitopapír

photology *opt* fizikai optikai/fénytan

photoluminescence *opt* fotolumineszkálás, fotolumineszcencia

photoluminescent *opt* fotolumineszcens; ~ **detector** *at* fotolumineszcens detektor

photolysis *vegy* fotolízis, fotokémiai bomlás

photomagnetic effect *fiz* fénymágneses jelenség/hatás

photomagnetoelectric effect *fiz* fotomagnetoelektromos jelenség/hatás

photomap *geod* légi térkép, fényképmozaik

photomask *félv* fotomaszk *(integrált áramkörhöz)*

Photomaton *foto* automata fényképezőgép

photomechanical *nyom* fotomechanikai, fotomechanikus, fototechnikai, fototípiai; ~ **printing** *nyom* fényképészeti sokszorosítás

photomeson *at* fotomezon

photometer *opt* fénymérő, fotométer, megvilágításmérő; ~ **bench** fotométerpad, fénymérőpad; ~ **head** fotométerfej, fénymérőfej; ~ **lamp** → photometric lamp; ~ **room** fénymérő szoba; ~ **test plate** felfogóernyő, fénymérő ernyő

photometering *opt* fénymérés

photometric(al) *opt* fotometrikus, fotometriai, fénymérési, fényerősség-mérési; ~ **balance** *opt* fotometrikus egyensúly; ~ **computer** *el* fotometrikus számolókészülék; ~ **equivalent** *opt* fotometriai egyenérték; ~ **field** *opt* fotometrikus/fénymérő (látó)mező; ~ **filter** *opt* fotométer-színszűrő; ~ **head** → photometer head; ~ **laboratory** *opt* fénymérő laboratórium; ~ **lamp** *opt* normál fényforrás fotométerhez, fotométer normál fényforrása; ~ **measurement** *opt* fénymérés; ~ **photomultiplier** *el* fotometrikus fotosokszorozó/fotomultiplier/elektronsokszorozó; ~ **picking** *bány* fotocellás válogatás; ~ **quantity** *opt* fotometriai/fénytechnikai mennyiség; ~ **unit** *opt* fotométeregység, fénymérő egység, fénytechnikai egység; ~ **wedge** *opt* fotometriai ék

photometry *csill, fiz, opt* fotometria, fénymérés(tan); *vegy* fotometria, fotometrálás

photomicrograph *foto* mikrofotogram, mikrofotográfia, mikrofénykép

photomicrography *foto, opt* mikroszkóp-fényképészet, mikrofotográfia, mikrográfia

photomicroscope *foto, opt* fotomikroszkóp

photomicroscopy *foto, opt* mikroszkóp-fényképezés, mikrofotográfia; ~ **with automatic camera** *foto, opt* mikrofotográfia automatikus kamerával

photomodulator *távk* fénymodulátor

photomount board *foto, pa* fényképészkarton, képalátét karton

photomultiplier *at, el* fotosokszorozó, fotoelektronsokszorozó, elektronsokszorozó, fotomultiplier; *el* fénysokszorozó cső; ~ **cell** *el* fotomultiplier(cső), elektronsokszorozó cső; ~ **counter** *at* fotosokszorozós/szcintillációs számláló; *krist* kristályszámláló; ~ **detector** *el* fotosokszorozós/fotoelektron-sokszorozós/fotomultiplieres detektor; ~ **for nuclear metrology** *at* fotomultiplier/fotosokszorozó a nukleáris méréstechnika számára; ~ **tube** → ~ cell
photomural *foto* dioráma, falnagyságra felnagyított fénykép
photon *fiz* foton, fénykvantum, sugárzási kvantum; ~ **absorption** *at* fotonabszorpció; ~**-activated switch** *aut* fotonnal vezérelt átkapcsoló; ~ **amplification** *at* fotonerősítés; ~ **arrival** *at* fotonok beáramlása; ~ **beam** *at* fotonsugárnyaláb; ~**(-)counting detection system** *aut* fotonszámláló detektorrendszer; ~ **coupler** *félv* fénycsatolású félvezető eszköz; ~**(-)difference** *at* fotonkülönbséges módszer; ~ **emission** *at* fotonsugárzás, fotonemisszió, fotonkibocsátás; ~ **energy** *fiz* fotonenergia; ~ **gas** *vegy* fotongáz; ~ **log** *ol* fotonszelvényezés; ~ **propulsion** *at* fotonmeghajtás; ~ **radiation** *at* fotonsugárzás; ~ **rocket** *rak* fotonrakéta; ~ **spin** *at* fotonspin; ~ **structure of a laser beam** *fiz* lézersugár fotonszerkezete; ~ **trap** *at* fotoncsapda
photonegative *vegy* fotonegatív; fotorezisztens, fotoellenálló, fény hatására ellenálló
photoneutron *at* fotoneutron
photonuclear | effect *at* fotonukleáris hatás; ~ **reaction** *at* magfotoeffektus, fotonukleáris reakció
photooffset → photo-offset
photooxidation → photo-oxidation
photopacking paper *foto, pa* film(tekercs)védő papír
photoparametric amplifier *el* fotoparametrikus erősítő
photopeak *at, el* fotoelektromos csúcsérték, fotocsúcs
photophone transmitter *távk* fénymodulációs adó
photophoresis *vegy* fotoforézis
photopic vision *opt* nappali/fotopikus látás, világosban látás
photopion *at* fotopion
photoplastic recording *metr* fotoplasztikus feljegyzés
photopolymer *nyom* fotopolimer; ~ **plate** *nyom* fotopolimer klisé
photopolymerization *műa* fotopolimerizáció, fénypolimerizáció, fotokémiai polimerizáció
photopositive *el* fotokonduktív, fotovezető; fotopozitív
photoprint fénynyomás
photoprocess fotomechanikai/fototechnikai eljárás
photoproduction *fiz, vegy* fényhatásra létrejövő folyamat; fotoemisszió
photoproton *at* fotoproton
photoradiation *at* fotonsugárzás, fotonemisszió, fotonkibocsátás
photoradiogram *távk* képtávirat, telefotográfia
photoradiography *orv* röntgenfényképezés
photoreaction *vegy* fotokémiai reakció
photoreconnaissance *kat, rep* fényképfelderítés, légifényképes felderítés; ~ **aircraft** *kat, rep* fényképfelderítő
photorecorder fotoregisztráló
photorecording optikai regisztrálás
photoresin *vegy* fotoreziszt *(lakk)*
photoresist *el, nyom* fotoreziszt(réteg); ~ **process** *el, nyom* fotoreziszt eljárás
photoresistance *el* fényérzékeny ellenállás, fényellenállás, fotoellenállás; *vegy* fényállóság; ~ **cell** *el* fényellenállásos cella; fényérzékeny ellenállás, fényellenállás, fotoellenállás; ~ **effect** *el* fényvillamos ellenállásváltozás; ~ **ga(u)ge** *el* fotoellenállás-érzékelő, fényérzékeny ellenállás-érzékelő
photoresistant *el* fotorezisztens, fotoellenálló, fény hatásának ellenálló; *vegy* fényálló; ~ **cell in flash unit** *foto* elektronikus villanókészülék fotoellenállás-cellája
photoresisting → photoresistant
photoresistive → photoresistant
photoresistor fényérzékeny ellenállás, fényellenállás, fotoellenállás; fotorezisztív réteg/film
photoresponsive *el, vegy* fényérzékeny
photoroentgenography *orv* röntgenfényképezés
photosalt *foto* fotosó
photosculpture *nyom* fényképészeti dombornyomás
photosensitive *fiz, vegy* fényérzékeny, fotoszenzibilis, fotoérzékeny; ~ **area** fényérzékeny felület; ~ **cathode** *el* fotokatód, fényérzékeny katód; ~ **cell** *el* fényérzékeny cella, fotocella; ~ **layer** *vegy* fényérzékeny réteg; ~ **printing** *szt* fénynyomtatás; ~ **thyristor** *el* fototirisztor
photosensitivity *fiz, vegy* fényérzékenység, fotoszenzibilitás
photosensitization *vegy* fotokémiai szenzibilizáció/érzékenyítés, fényérzékenyítés
photosensitize fényérzékennyé tesz, fényérzékenyít
photosensitized reaction *vegy* érzékenyített/szenzibilizált fotokémiai reakció
photosensitizer *vegy* fotokémiai érzékenyítő/szenzibilizátor
photosensitizing solution *vegy* fényérzékenyítő oldat
photosensor *el, szt* fényérzékelő; ~ **array** *el* fényérzékelő rács; ~ **element** *el* fényérzékelő elem
photosetter *nyom* fényszedőgép
photosetting *nyom* fényszedés
photospectroscope *opt* fotospektroszkóp
photosphere *csill* fotoszféra *(napé)*
photostability *vegy* fényállóság *(napfénnyel szemben)*
photostable *vegy* fotostabilis, fényálló
photostat (copy) *nyom* fotokópia, fénymásolat; papírnyomat
photosurveying *geod* fényképes felmérés, fotogrammetria, fényképező terepfelvétel
photosynthesis *biot, vegy* fotoszintézis
photosynthetic cycle *at* fotoszintézises körfolyamat
phototacheometry *geod* fototachimetria
phototelegram *távb* telefax, képtávirat
phototelegraph *távb* fototávíró, képtávíró, telefax
phototelegraphy *távb* képtávírás
phototelescope *csill* fényképészeti távcső
phototheodolite *geod* fototeodolit
photothermic *fiz* fototermikus *(egyidejűleg fényre és hőre vonatkozó)*
photothermomagnetic *fiz* fototermomágneses
photothermometry *fiz* fototermometria
photothyristor *el* fototirisztor
phototimer *foto* célfényképező gép *(célfotóhoz)*; *orv* fényvillamos megvilágítási időzítő *(röntgenfelvételhez)*
phototopography *geod* fényképes terepfelvétel, fototopográfia

phototransistor *félv* fototranzisztor, fotisztor; ~ **circuit** *el* fototranzisztoros áramkör/kapcsolás
phototronic *el* fényelektromos, fotoelektromos; ~ **photocell** *félv* szelén fényelem/fotocella, záróréteges fényelem/fotocella; ~ **printing** *nyom* fényelektromos nyomtatás
phototronics *el* fototronika, fényelektronika
phototropic *vegy* fototróp, fototropikus
phototropy *vegy* fototrópia
phototube *el* fényelem, fotocella, fotoemissziós cella; fotocső; ~ **control** *aut* fotocellás szabályozás/irányítás/vezérlés
phototype *nyom* fototípia, fénymásolat, fénynyomat, enyvnyomat; ~ **paper** *nyom* fénynyomópapír, fototípiapapír
phototypeset *nyom* fényszedéssel készült
phototypesetter *nyom, szt* fényszedőgép
phototypesetting *nyom, szt* fényszedés
phototyping paper *nyom* fénynyomópapír, fototípiapapír
phototypography *nyom* fototípia(-készítés), fénynyomás, fototípiai eljárás
phototypogravure *nyom* fototípia(-készítés), fénynyomás, fototípiai eljárás
phototypy *nyom* fototípia(-készítés), fénynyomás, fototípiai eljárás
photovalve *félv* fotocella, fotoemissziós cella
photovaristor fényérzékeny ellenállás, fényellenállás, fotoellenállás; fotovarisztor
photoviscous effect *any* viszkózus folyadékok fotoelasztikus viselkedése
photovoltaic *el* fényelektromos *(sugárzás hatására villamosságot fejlesztő)*; ~ **barrier-layer cell/detector** *félv* záróréteges fényelem/fotocella; ~ **cell** *el* fényelem; ~ **effect** *el* fényelemhatás, (záróréteges) fényelektromos hatás; ~ **sensor** fényérzékelő
photox cell *félv* rézoxid/kuprox fotocella/fényelem
photozincography *nyom* (foto)cinkográfia
photronic → phototronic
Phragmén-Lindelöf | **function** *mat* indikátrix *(egész függvényé)*; ~ **principle** *mat* Phragmén—Lindelöf-tétel
phrase *szt* mondat; ~**(-)marker** *szt* szerkezetjelölő; ~ **structure grammar** *szt* mondatszerkezeti grammatika, mondatszerkezet-grammatika
phreatic *geol* freatikus; ~ **aquifer** *hidr* nyílt tükrű víztároló; ~ **basin** *hidr* geológiai vízgyűjtő; ~ **curve** *hidr* szivárgási görbe; ~ **discharge** *hidr* talajvíz-kibukkanás; ~ **high** *hidr* talajvizek felső szintje; ~ **line** *talt* legfelső szivárgási vonal; ~ **low** *hidr* talajvizek alsó szintje; ~ **nappe** *hidr* talajvíztükör, talajvízfelszín; ~ **rise** *hidr* talajvízszint-emelkedés; ~ **surface** *hidr* talajvíztükör; *talt* legfelső szivárgási vonal; ~ **water** *bány* freatikus talajvíz
phreatometry *hidr* freatometria
phthalaldehydic acid *vegy* ftálaldehidsav
phthalamic acid *vegy* ftálaminsav
phthalate *vegy* ftalát
phthalein *vegy* ftalein; ~ **dye** *vegy* ftaleinszínezék
phthalic | **acid** *vegy* ftálsav; ~ **aldehyde** *vegy* ftálsavaldehid; ~ **anhydride** *vegy* ftálsavanhidrid; ~ **ester** *vegy* ftálsavészter
phthalimide *vegy* ftálimid, ftálsavimid
phthalocyamine dye *tex* ftalociamin színezék
phthalogen dye *tex, vegy* ftalogénszínezék
phthalonic acid *vegy* ftálonsav
phthanite *geol* ftanit
phugoid oscillation *rep* fugoid lengés
phyllite *geol* fillit
phyllosilicates *krist* filloszilikátok
physic *gyógyv* gyógyszer, orvosság
physical | **absorption** *ol* fizikai abszorpció; ~ **acoustics** hullámakusztika, fizikai akusztika; ~ **address** *szt* fizikai cím; ~ **adsorption** *fiz* fiziszorpció; ~ **adversity** *gép* kedvezőtlen fizikai tényező; ~ **aeration** *élip* fizikai lazítás *(tésztáé)*; ~ **analog(ue)** fizikai modell; ~ **analog(ue) simulation** fizikai analóg szimuláció; ~ **assay** *bány* fizikai ércvizsgálat; ~ **atmosphere** fizikai légkör, normállégkör, atm; ~ **atomic weight** *at* fizikai atomsúly; ~ **blast(-)furnace gas analyzer** *koh* fizikai torokgáz-analizátor/kohógáz-analizátor; ~ **channel** *szt* fizikai csatorna; ~ **chemistry** *fiz* fizikai kémia; ~ **circuit** *távk* fizikai beszédkör, alapáramkör, törzsáramkör; ~ **colorimeter** *opt* fizikai színmérő; ~ **colorimetry** *opt* fizikai színmérés, objektív kolorimetria; ~ **dosimetry** *at* fizikai dozimetria; ~ **electronics** *el* fizikai elektronika; ~ **exertion** *ip* fizikai munkaigény; ~ **geography** *geol* fizikai földrajz/geográfia; ~ **half-life period/time** fizikai felezési idő; ~ **input-output control system** *aut* fizikai bemeneti-kimeneti vezérlőrendszer; ~ **inspection** *ip* fizikai állapot ellenőrzése; ~ **life** *gép* műszaki élettartam *(gépé)*; ~ **line** → ~ circuit; ~ **link** *szt* fizikai kapcsolat(i réteg) *(OSI)*; ~ **mass unit** *at* atomi/atomfizikai tömegegység; ~ **measurement** *fiz* fizikai mérés; ~ **metallurgy** *any* fémtan, fémismerettan, metallográfia; ~ **methods of nondestructive testing** *any* defektoszkópia, roncsolásmentes anyagvizsgálat fizikai módszerekkel; ~ **mineralogy** *krist* kristályfizika; ~ **model** *fiz* fizikai modell; ~ **optics** *opt* fizikai optika/fénytan, hullámoptika; ~ **pendulum** *mech* fizikai inga; ~ **photometer** *opt* fizikai/objektív fénymérő/fotométer; ~ **photometry** *opt* fizikai/objektív fotometria/fénymérés; ~ **pollution** *környv* fizikai szennyezés; ~ **property** *fiz* fizikai tulajdonság; ~ **protection** *at* fizikai védelem/őrzés; ~ **receptor** *el* fizikai érzékelő; ~ **receptor of radiation** *at* fizikai sugárzásérzékelő; ~ **roentgen equivalent** *fiz* fizikai röntgenegyenérték, rep-egység; ~ **second** *at* atomszekundum; ~**-solvent process** *vegy* fizikai abszorpció; ~ **sorption** *fiz* fiziszorpció; ~ **space** *fiz* tárgytér; ~ **system of units** *metr* CGS-(egység)rendszer, centiméter-gramm-szekundum rendszer, abszolút mértékrendszer; ~ **test** *fiz* fizikai vizsgálat; ~ **tracer** *at* fizikai nyomjelző indikátor, fizikai nyomkövető; ~ **unit** *fiz* fizikai (mérték)egység; ~ **unit address** *szt* fizikai egység címe; ~ **wear** *gép* fizikai kopás; ~ **wearing-away,** ~ **weathering** *ép, geol* fizikai mállás, kőzetmállás
physically neutral illumination *opt* semleges fényű megvilágítás
physicochemical fizikai kémiai; ~ **basic phase** fizikai-kémiai alapfázis; ~ **store** *szt* fizikai-kémiai tároló
physicochemistry fizikai kémia
physics fizika; ~ **of elementary particles** elemi részecskék fizikája; ~ **of high temperatures** nagy hőmérsékletek fizikája; ~ **of metals** fémek fizikája, fémfizika;

~ **of superhigh energies** igen nagy energiák fizikája; ~ **of the sun** *csill* napfizika; ~ **of X-radiation** röntgenfizika, röntgensugarak fizikája
physioacoustics fiziológiai akusztika
physiography *geol* fizikai/természeti földrajz/geográfia, fiziográfia,; természetleírás
physiologic(al) fiziológiai, élettani; ~ **acoustics** *hang* fiziológiai akusztika; ~ **chemistry** fiziológiai kémia, biokémia; ~ **frequency range** *hang* fiziológiai frekvenciatartomány; ~ **limit value** élettani határérték; ~ **volume control** *el* fizológiai hangerő-szabályozás
physiology *biot* élettan, fiziológia; ~ **monitor** *orv* fiziológiamonitor *(aneszteziológia)*
phytochemistry *biot* növényvegytan, növénykémia
phytogenic rock *geol* növényi eredetű kőzet
phytohormone damage *at* fitohormonális zavar/károsodás
phytol *vegy* fitol
phytopathology növénykórtan
phytoplankton *biot, hidr* növényi plankton, fitoplankton
phytosterol *vegy* növényi szterin, fitoszterin
pi|-attenuator *távk* pi/π tag, csillapítótag, T tag; ~ **bond** *vegy* pi-kötés; ~ **characters** *nyom* (mellék)jelek; mellékjeles betűk; ~ **circuit/network** *távk* pi/π (szűrő)tag; ~ **electron** *fiz, vegy* pi-elektron; ~ **meson** *at* pi-mezon, pion
PI → partial integration
PIA → peripheral interface adapter
piano | cord *hang* zongorahúr; ~**-feed motion** *tex* lábítós adagolóberendezés; ~**-feed regulator** *tex* lábítós/billentyűs adagolóberendezés *(bálatörőn v. verőgépen)*; ~ **head** *gép* magas félgömbölyű fej *(facsavaré)*; ~**-head screw** *gép* félgömbfejű csavar; ~ **key** *hang* zongorabillentyű; ~**(-)switch** *el* (zongora)billentyűs/nyomógombos kapcsoló; ~ **wire** *hang* zongorahuzal; ~**-wiring** *távk* csupasz vezetékezés
piazza veranda; *ép* fedett nyitott folyosó; tér
PIB → polybutene; → polyisobutylene
PIC → personal identification code
picein *vegy* picein; ~ **wax** *vegy* picein *(tömítőanyag)*
picene *vegy* picén
piceous *vegy* gyúlékony; szurokfekete, szurokszerű
picite *ásv* picit
pick I. *v alak* (át)szúr, átfúr; átüt, átlyukaszt; lecsíp; *bány* csákányoz, jöveszt; osztályoz, válogat *(meddőszénből)*; szinít, felaprít; *élip* szemel *(szőlőt)*; tisztogat *(gyümölcsöt)*; *ép* feltör *(földet)*; követ vág, kivés; *fa* (le)tisztít; kivág, kiváj; lehántol; *ip* (ki)választ, kiszed; válogat, fajtáz; **II.** *n bány* (csákány)ütés, sújtás; (kéthegyű) csákány; fejtőkalapács, fejtőnyárs; lökés; réselőköröm; *ip* kiválogatás; *tex* fonalbevetés, fonalbeverés; vetülék(fonal); vetülékfonalátdobás; ~**-and-pick (silk) loom** egy-egy vetésű *v.* független váltódobos szövőgép *v.* selyemszövő gép; ~**-and-shovel man** *ép* kubikos; ~**-at-will** *tex* többletvetülék beszövését biztosító berendezés; ~**-at-will loom** *tex* független váltós többvetélős szövőgép; ~**-axe** → pickaxe; ~ **blow** *bány* fejtőnyárs felütése; ~ **box** *bány* késtartó; réselőlánc körömháza; ~**(-)counter** *tex* vetésszámláló *(szerkezet)*; ~**-down** *bány* egyengetés *(robbantás után)*; ~**(-)finding** *tex* vetülékfonal-visszakeresés, szakadt vetülék keresése *(szövőszéken)*; ~ **hammer** *szersz* palakalapács, fejtőkalapács; ~ **lever** *tex* vetőkar; ~ **mattock** *bány* fejtőcsákány; *ép* bontócsákány; ~ **mining(-)machine** *bány* csákányozó réselőgép; ~ **off** *v* leszed; ~**-off** *el* érzékelő, érzékelőszerv, felfogóelem; ~**-off diode** *el* leválasztódióda; ~**-off gear** *forg* cserekerék, váltókerék; ~ **of weft** *tex* vetülékvetés; ~ **out** *v* megkülönböztet, felismer; *ip* kézzel kiválogat; ~ **over** *v bány* csákánnyal felbont; *élip* átválogat *(gyümölcsöt)*; ~ **pincers** *pl tex* rugós szövettisztító csipesz; ~**(-)recorder** → ~(-)counter; ~**s** *pl nyom* maszatolódás; ~**s per minute** *tex* percenkénti vetésszám; ~**-type coal(-)cutter** *bány* csákányozó réselőgép; réselőkalapács; ~ **up** *v el, hang* felszed, felfog, felvesz; ~**-up** felszedés, felvétel; *el* behúzás; behúzási érték; letapogató, érzékelőelem; megszólalás, meghúzás; *hang* lejátszófej, hangszedő *(lemezjátszón)*, pickup; *metr* érzékelőfej, mérőfej, mérőátalakító; *mzg* rendfelszedő szerkezet; *távb* áthallás; lehallgatás; *tex* felhúzás *(színezéké)*; ~**-up amplifier** *el* felvételerősítő; ~**-up and play-back amplifier** *el* felvevő és visszajátszó erősítő; ~**-up arm** *hang* pickup kar, hangszedő kar; ~**-up baler** *mzg* felszedő bálarakodó; ~ **up carbon** *v koh* cementálódik; ~**-up carrier** *hidr* vízfelfogó árok, övárok *(öntözésnél)*; ~**-up characteristic linearization** mérőérzékelő jellegörbéjének linearizálása; ~**-up circuit** *távk* felvevő/felfogó áramkör; ~**-up coil** *el* csatolótekercs, bemenőtekercs, felvevőtekercs; *távk* antennatekercs; ~**-up current** *el* megszólalási áram *(jelfogóé)*; ~**-up device** *rep* felszedőszerkezet *(földről levegőbe)*; *tex* felszedőszerkezet *(selyemgombolyításhoz)*; ~**-up dipole** *távk* vevődipólus; ~**-up factor** *távk* vételi tényező *(iránymérő antennánál)*; ~**-up felt** *pa* felsőnemez, leszívónemez; ~**-up fraction** *ol* közbenső frakció; ~**-up goods train** *vasút* darabárugyűjtős/darabárus vonat; ~ **up guard** *mzg* kalászemelő ujj *(aratógépen)*; ~**-up head** *hang* pickup fej; ~**-up hook** *rep* felszedőhorog *(földről levegőbe)*; ~**-up inductor** *el* csatolótekercs; ~**-up light** *kat* légvédelmi fényszóró; ~**-up line** *távk* közvetítőhuzal; ~**-up loop** érzékelőhurok, érzékelőkör, mérőhurok, mérőkör; ~**-up mechanism** felvevőkészülék; ~**-up needle** *hang* lejátszótű, lemezjátszótű; ~**-up pattern** *hang* érzékenységi görbe *(mikrofoné)*; ~**-up pipe** *vasút* vízfelvevő készülék csöve; ~**-up point** *em* megfogási pont *(teheremeléshez)*; ~**-up reaction** *at* pick-up, P-reakció, kiragadó-reakció; ~**-up reel** *mzg* motolla *(felszedő)*; ~**-up roll** *pa* levevőhenger; *tex* felhordóhenger; ~**-up sensibility** *el* hangfrekvencia-erősítési érzékenység; megszólalási érzékenység *(jelfogóé)*; ~**-up service** *rep* utasszállító szolgálat a városból a repülőtérre; ~ **up speed** *v gépk* felgyorsul; ~**-up tine** *mzg* felszedődob foga; ~**-up tongs** *pl alak* (kovács) tűzifogó; ~**-up truck** *gépk* árugyűjtő könnyű tehergépkocsi, furgon; ~**-up tube** *tv* képfelvevő cső; ~**-up unit** *hang* felvevőberendezés; ~**-up value** *el* meghúzási/megszólalási érték *(reléé)*; ~**-up voltage** *el* működési/megszólalási feszültség; zárófeszültség *(kontaktoré)*
pickaxe, *US* **pickax** *szersz* (bányász)csákány
picked *élip, mzg* (le)szedett; ~ **1-and-1** *tex* egy-egy vetésű; ~ **cotton** *tex* géppel szedett nyersgyapot; ~ **dressing** *ép* durva kőfaragás; felületmegmunkálás, stokkolás *(csákánnyal)*; ~ **goods** *pl bőr* szedett áru;

~ **material** *ip* (kézzel) válogatott anyag; ~ **ore** *bány* fajtázott/válogatott érc

picker *bány* csákányozó *(munkás)*; ércválogató, salakválogató, ércosztályozó; fejtőkalapács; *élip* baromfikopasztó gép; *ép* kővágó kalapács; *ip* válogatógép, osztályozógép, válogatóberendezés; *kh* fogyasztóujj; tűdobó; *mzg* szedő(munkás), begyűjtő, marokszedő, bogyózó(munkás), szüretelő; *nyom* válogatószedő; *pa* osztályozó, csomófogó (munkás); *szersz* körömkés *(kovácsé)*; vágószerszám; *tex* gyapotszedő gép; tilolómunkás; vetőfej, ütőfej, pikker, ostorkalapács; ~(-)**husker** *mzg* kukoricacső-törő és -fosztó gép; ~ **roll** *pa* verődob; ~(-)**sheller** *élip* törőmorzsoló; ~ **shield** *tex* ütőfejvédő; ~ **stick** *tex* ütőkar; ~(-)**stick bumper** *tex* vetőkarfogó, vetőkarütköző; ~ **tongue** *tex* ütőfej vezetőnyelve; ~ **waste** *tex* verőgépi hulladék

pickeringite *ásv* pickeringit

picket I. *v ép* körülcövekel, kicövekel; **II.** *n ép* kerítésanyag; *fa* (hegyes) karó, cövek, pecek; pózna; *geod* jelzőcövek, kitűzőkaró

pickholder *bány* késtartó

picking *bány* fellazítás; meddőválogatás; *élip* megtisztítás; *ép* (fal)vésés; nem teljesen kiégetett tégla; *gyógyv* ragadás; *ip* válogatás, kiválasztás, osztályozás; *mzg* gyümölcsszedés, szüretelés; *pa* felragadás, feltépődés; *tex* bogáncsolás, borzasítás; csipkedés, tépés; ~ **arm** *tex* vetőkar *(szövőgépen)*; ~**-band** *tex* verőszíj; ~ **belt** → ~ conveyor; ~ **bowl** *tex* vetőgörgő; ~ **cam** *tex* vetőexcenter; ~**-cam point** *tex* ütőorr; ~ **chute** *bány* meddőválogató vályú; ~ **cone** *tex* ütőgörgő; ~ **contrivance** *tex* ütőszerkezet; ~ **conveyor/conveyer** *bány, koh* meddőválogató szalag, válogatószalag; ~ **drum** *mzg* (fel)szedődob; ~(-)**machine** *bány* sűrített levegős réselőgép; *élip* kocsányozógép; *tex* osztályozógép; ~ **machinery** *tex* ütőszerkezet; ~ **mechanism** *mzg* szedőszerkezet *(gyapotszedő v. kukoricabetakarító gépen)*; *tex* ütőszerkezet; ~ **nib** *tex* verőcsúcs *(excenteren)*; ~ **nose(-)bit** *tex* ütőorr; ~ **quadrant** *tex* verősarkantyú *(alsóverésnél)*; ~ **refuse** *bány, koh* kiválogatott meddő; ~ **resistance** *pa* feltépőszilárdság; ~**s** *pl bány* kiválogatott meddő; *ip* hulladék, maradvány; ~ **season** *mzg* (gyapot)szedés ideje; ~ **shaft** *tex* ütőtengely, verőtengely; ~ **shoe** *tex* ütőpapucs; ~ **spindle** *tex* verőfejvezető orsó; ~ **table** *bány, koh* meddőválogató asztal; ~ **tappet** *tex* ütőtárcsa; ~**-up machine** *távk* kábelkiemelő gép

pickle I. *v bőr* savaz, csáváz, pikkelez; *élip* (be)pácol, savanyít, mariníroz, sóba áztat; *koh* dekapíroz, pácol *(vasat)*, savval étet/marat, csáváz; **II.** *n* pácolás; *bőr* cserlé, pikkelezőoldat, pikkel, savas-sós oldat; *élip* sólé, sóoldat, páclé; *koh* fémtisztító sav, csávázósav, csávázólé; ~ **brittleness** *koh* pácolási ridegség; ~ **cure** *élip* nedves pácolás; ~ **curing** *bőr* tartósítás savas sólében, pikkelezés; ~ **fermentation** *élip* erjesztéses savanyítás; ~ **loss** *koh* pácolási veszteség

pickled *bőr* pikkelezett, pácolt; *élip* sózott, pácolt, marinírozott *(hal)*; *koh* pácolt, csávázott, savval maratott; ~ **sheepskin** *bőr* pikkelezett juhpőre; ~ **sheet** *heng* dekapírozott lemez

pickler *bány* ércválogató; *élip* ecetes konzerváru-készítő

pickling I. *a* pácoló; *bőr* pikkelező; *élip* sózó, marinírozó, savanyító; *koh* marató, revétlenítő; **II.** *n* pácolás; *bőr* csávázás, pikkelezés; *élip* sózás, marinírozás, eltevés ecetben, savanyítás; *koh* maratás *(savval)*, revétlenítés; ~ **accelerator** *koh* pácolásgyorsító; ~ **acid waste** *koh* fáradt pácoldat; pácolási szennyoldat; ~ **addition** pácadalék; ~ **agent** *koh* pác; ~ **basket** *koh* pácolókosár; ~ **bath** *bőr, élip* pácolókád; ~ **blistering,** ~ **blow holes** *koh* pácolási hólyagképződés; ~ **installation** pácolóberendezés; ~ **liquor** *koh* pác(lé); ~ **plant** *koh* pácolóberendezés; *mt* tisztítóberendezés *(fémbevonatok készítésére)*; ~ **promoter** *koh* pácolásgyorsító; ~ **residue** *koh* páciszap; ~ **restrainer** *koh* pácinhibitor; ~ **solution** *bőr* pácolóoldat, páclé, savanyú cserzőoldat; *koh* pác; ~ **water** *bőr, élip, koh* páclé

picklock *gép* tolvajkulcs, álkulcs

pickman *ép* csákányozó

picksman *bány* jövesztővájár, fejtővájár

pickup → pick-up

picnic plate board *pa* papírtányér karton

picnometer *krist* piknométer

pico *metr* piko (10^{-12})

picofarad (pF) *el* pikofarad

picot *ruh* szegélyhurok, pikó(zás); ~ **edge** *ruh* csipkés szegély, farkasfog; ~ **yarn** *tex* hurkolófonal

picotite *ásv* pikotit

picowatt (pW) *el* pikowatt

picramic acid *vegy* pikraminsav, 2-amino-4,6-dinitrofenol

picrate *vegy* pikrát

picric acid *vegy* pikrinsav, 2,4,6-trinitrol-fenol

picrite *ásv* pikrit

picrolite *ásv* pikrolit

picropharmacolite *ásv* pikrofarmakolit

picrosmine *ásv* pikrozmin

pictorial | diagram *rendsz* eleven folyamatábra; ~ **display** *rep* panorámaindikáció; *szt* grafikus display, grafikus megjelenítő; ~ **flying computer** *rád, szt* számítógép 360°-os radarkészülékhez; ~ **information** képszerű/rajzos információ/adatfeltüntetés, piktogram; ~ **navigation display** *rep* navigációs képernyő; navigációs panorámaindikáció

picture kép; *film* (mozi)film; *foto* fénykép(felvétel); *szt* szókép, ábrázolás, mezőleíró kép; ~ **amplifier** *tv* képerősítő; ~ **and wave form monitor** *tv* kép- és jelalak-ellenőrző (monitor); ~ **aperture** *opt* vetítőnyílás; ~**-appraisal test** *tv* képjóságvizsgálat; ~ **area** *tv* képmező, képfelület, képtér; ~**-aspect ratio** *tv* képoldalarány; ~**-backing board** *foto, pa* képalátétkarton; ~ **black** *tv* sötétszint, feketeszint; ~ **carrier** *tv* kép(jel)vivő; ~**-carrier current** *távb* képáram; ~ **channel** *tv* képcsatorna; ~ **compression** *tv* kép-összenyomódás; ~ **contrast** fényerőkülönbség; ~**-control coil** képbeállító/képközép-beállító tekercs; ~**-control receiver** képellenőrző vevő/monitor, képmonitor; ~ **converter** képátalakító cső; ~ **demodulator** televíziós demodulátor; ~ **detail** képrészlet; ~ **detector** képdetektor; ~(-)**dot interlace/interlacing** *tv* pontugrásos/képváltásos letapogatás; ~ **drum** *tv* képdob; ~ **element (PEL)** *szt* képelem, pixel, PEL; *tv* képelem, képpont; ~**-element signal** *tv* képelemjel; ~**-element size** *tv* képelemméret; ~ **frame** *foto, tv* képkeret; ~ **frequency** *film* képszám; *tv* képváltási frekvencia, teljes képfrekvencia; ~ **gate** *film* képablak, képkivágás; vetítőfej; ~ **generator** *tv* képminta-generátor, képgenerátor; ~ **geometry** *tv* képgeometria; ~ **guide** *el, opt* képtovábbító köteg; ~ **holder** → ~ drum; ~ **information** *foto* felvételi adatok; *tv* képinformáció; ~ **intermediate frequency** *tv* kép-középfrekvencia; ~ **inversion** *tv* képfordítás; ~ **line** *tv* (kép)sor; ~ **measuring** *geod* fényképes felmérés, fotogrammetria; ~ **modulation** *tv* képmoduláció; ~ **monitor** *tv* monitor; ~ **noise** *tv* videozaj; ~ **of flow** *fiz* áramlási kép, áramkép; ~ **of the dust spot** *bány* porkép; ~ **orthicon** *tv* képortikon; ~**-phone** → picturephone; ~ **pick-up tube** *tv* képfelvevő cső; ~ **plane** *mat, opt* vetítési sík, vetítősík, képsík, vetületsík; *tv* képsík; ~ **point** *tv* képelem, képpont; ~ **processing** *el, szt* képfeldolgozás; ~ **quality** *tv* képjóság; ~ **ratio** *mat* ábrázolási arány; ~**(-)recording device** *tv* átírókészülék *(filmre)*, (mágneses) képrögzítő berendezés; ~ **repetition** *tv* képváltás; ~ **resolution** *tv* képélesség, (kép)felbontás; ~ **scanning** *tv* kép(fel)bontás, képletapogatás; ~ **screen** *tv* képernyő; ~ **segment** *tv* képkivágás, képszegmens; ~ **sharpness** *tv* képélesség; ~ **signal** *tv* képjel, videojel; ~ **signal with blanking** *tv* képjel + kioltójel; ~**s in fast motion** *film* időrövidítő felvétel/film; ~ **slip** *tv* szinkronkiesés; ~ **speed** *film, tv* képsebesség; ~ **spot** *tv* képelem, képpont; ~ **synchronization** *tv* képszinkronozás; ~**-sync ratio** → ~-to-synchronizing ratio; ~ **synthesis** *tv* képösszeállítás *(letapogatással)*; ~ **telegraph** *távb* képtávíró, telefax; ~ **telegraphy** *távb* képtávírás, telefax(ozás); ~ **tone** *tv* képhang; ~**-to-synchronizing ratio** *tv* videojel—szinkron(ozó)jel arány, képjel—szinkron(ozó)jel arány; ~ **trace** *geod* fénykép nyomvonal *(függőleges térképsíkkal)*; ~ **track** *film* képre helyezett hangsáv; ~ **transmission** *tv* képátvitel, képtovábbítás; ~ **transmitter** *távb* képtávíróadó; *tv* képadó, képátvivő; ~ **tube** *tv* (televízió-)képcső; ~ **wave** *tv* képhullám; ~ **white** *tv* fehérszint

picturephone *távk* képtelefon

picturize megjelenít; képpel ábrázol; *film, tv* megfilmesít

PID (proportional, integral, differential)|-control *aut, szt* PID-szabályozás, arányos integráló-differenciáló szabályozás; ~**-control system** *aut* arányos integráló-differenciáló szabályozórendszer

Pidgeon process *koh* Pidgeon-eljárás

pie | **chart/diagram** *ip, szt* kördiagram; ~**(-)plate board** *pa* tányérhúzó karton; ~ **slice** *szt* körcikk *(kördiagramban)*; ~ **winding** *el* tárcsás tekercselés

piebald *opt* tarka, tarkán foltos *(rendszertelenül egybefolyó színfoltokkal)*

piece I. *v szer* összerak, összeilleszt, összeállít; *tex* köröz, csomóz *(fonalat)*; **II.** *n* darab; elem; szelet; *élip* csírázó árpa(halom) *(sörgyártásnál)*; *ép* épületelem; földdarab, telekrész, parcella; *gép* alkatrész; közbetét; nyeregdarab, T idom; *kat* löveg, ágyú; *mt* munkadarab, megmunkálandó tárgy; *nyom* bőr betétlap *(könyvtábláé)*; *tex* szövetvég; ~ **carrier** *opt* tárgytartó; ~**-dyed** *tex* végben/darabban színezett/festett; ~ **dyeing** *tex* kelmefestés; végben/darabban festés/színezés; ~**(-)dyeing machine** *tex* darab(ban) színező gép; ~**(-)glass** *tex* fonalsűrűség-számláló *(nagyító)*; ~**(-)goods** *tex* szövetvégek; végáru; *vasút* darabáru; ~ **hand** *nyom* (betű)szedő; ~ **holder** *opt* tárgytartó; ~ **in** *v mt* betold, beilleszt; ~ **of warp unwound** *tex* szabad lánchossz; ~ **out** *v* kiegészít, hozzátesz; *mt* (meg)told; kidarabol; ~ **production** *ip* egyedüli gyártás; ~ **rate** *ip* darabbér; ~ **register** *ip* darabjegyzék; ~**(-)scouring machine** *tex* végárumosó gép; ~**(-)separator** *ép* darableválasztó; ~**(-)sewing machine** *ruh* szövetösszevarró gép; ~ **sole** *cipő* toldott talp; ~ **the ends** *v tex* összeköt *(fonalvéget)*; ~ **time** *ip* darabidő; ~ **tongue** *gép* kiugró nyelv/pecek/csap; ~ **up** *v szer* helyrehoz, kijavít, megjavít; ~**-up** *tex* csomókötés *(szakadáskor)*; ~ **wage** *ip* darabbér; ~**-work** *ip* darabbérmunka; teljesítménybér; ~**-work pay** *bány* szakmánybér; ~**-work system** *ip* darabbérrendszer

piecemeal darabonként(i); ~ **replacement** *szer* fokozatos csere

piecewise | **approximation** *aut* szakaszonként lineáris közelítés; ~ **continuous** *mat* szakaszosan folytonos; ~ **continuous function** *mat* szakaszonként folytonos függvény; ~ **continuously differentiable function** *mat* szakaszonként folytonosan differenciálható függvény; ~ **linear** *mat* szakaszosan lineáris; ~ **linear characteristic** *el* szakaszonként lineáris jelleggörbe

piecing|-out *ip* válogatás; ~**-up** *tex* összekötözés *(szakadt fonalé)*

piedmont *geol* hegység lába, hegyláb, hegyalja; ~ **deposit** *geol* hegylábi lerakódás, lejtőtörmelék

piedmontite *ásv* piemontit

pier *ép* ablakköz, falköz; pilaszter, négyszögletes fali pillér, erősítő falpillér, támpillér, gyámoszlop; *gép* tartóoszlop; *hajó* rakpart, móló, kikötőgát, kirakodóhíd; *hidr* hajóhíd, pontonhíd; hídpillér, támpillér, ívpillér; hullámtörő gát, kőgát, cölöpgát, cölöpmű, cölöpépítmény; pillér *(duzzasztóműé)*; ~ **bond** *ép* oszlopkötés, oszlopkő; ~ **crane** *em* rakparti daru; ~ **fender** *hidr* pillérvédő lökhárító cölöpkerítés *(csapóhídé)*; ~ **foundation** *ép* pont(tömb)alapozás; ~ **gallery** *rep* beszállító utasfolyosó; ~**-head power plant/station** *hidr* pillérekre megosztott vízerőtelep; ~ **loss** *hidr* pillérveszteség, pillérellenállás; ~ **recess** *hidr* pillérfülke; ~ **shaft** *hidr* pillértest; ~ **system** *rep* beszállító folyosórendszer

pierce *alak* áthasít; átüt, (át)lyukaszt, kilyukaszt, perforál, (át)szúr, átfúr, megfúr; *bány* behatol; *heng* lyukaszt

Pierce oscillator *el* Pierce-oszcillátor

pierced *alak* átszúrt, kifúrt, (át)lyukasztott, perforált; ~ **billet** *gép* nyerscső; ~ **bond** *ép* üreges falazás/kötés; ~ **cathode** *el* lyukkatód; ~ **cocoon** *tex* lyukas gubó *(selyemhernyóé)*; ~ **masonry(-work)** *ép* üreges falazat; ~ **steel plank** *rep* lyukasztott burkoló acéllemez

piercer fúró(szerszám), lyukasztó(vas), átverőlyukasztó; *bőr* (szúró)ár; *fa* hordófúró; *heng* lyukasztó hengersor; lyukasztótüske, pilgertüske

piercing átütés, (át)lyukasztás, perforálás, átszúrás, átfúrás; lyuk, kis nyílás; *bány* kézi fúrómunka; *bány, kat* áttörés; *heng* beszúrás *(csőhúzásnál)*; lyukasztóhengerlés; ~**-and-raising tool** lyukasztó- és domborítószerszám; ~ **die** *alak* lyukasztószerszám; ~ **extrusion** *műa* fordított irányú fröccssajtolás; ~**(-)machine** lyukasztóprés; ~ **mandrel** *heng* lyukasztótüske; ~ **mill** *heng* (Mannesmann-rendszerű) lyukasztó hengersor; ~ **pass** *heng* lyukasztó szúrás; Mannesmann-hengerpár; ~ **power** *kat* átütőképesség; ~ **press** *heng* lyukasztóprés; lyukasztósajtó; ~ **pun-**

cheon *alak* lyukasztószerszám, lyukasztótüske; **~(-)saw** *fa* lyukfűrész
piezocaloric effect *krist* piezokalorikus hatás
piezoceramic accelerometer *mech* piezokeramikus gyorsulásmérő
piezochemistry *vegy* piezokémia
piezocrystal *krist* piezokristály
piezocrystallization *krist* nyomás alatti kristályosodás
piezoelectric *el* piezoelektromos; **~ accelerometer** piezoelektromos gyorsulásmérő; **~ axis** *krist* piezoelektromos tengely; **~ converter** piezoelektromos jelátalakító; **~ crystal** piezoelektromos kristály, piezokristály, rezgőkristály; **~ crystal plate/wafer** piezoelektromos kristályszelet; **~ delay line** *távk* piezoelektromos késleltető művonal; **~ effect** piezoelektromos hatás/jelenség, piezohatás; **~ filter** *távk* kvarcszűrő, kristályszűrő, piezoelektromos szűrő; **~ geophone** *geof* piezoelektromos geofon; **~ ignition device** piezoelektromos szikragyújtó; **~ laser modulator** piezoelektromos lézermodulátor; **~ loudspeaker** kristályhangszóró; **~ manometer** piezoelektromos nyomásmérő/manométer; **~ matrix** *krist* piezoelektromos mátrix; **~ measuring device/instrument** piezoelektromos mérőkészülék/mérőműszer; **~ memory** *szt* piezoelektromos memória/tároló; **~ microphone** piezoelektromos mikrofon, kristálymikrofon, piezomikrofon; **~ modulus** *krist* piezoelektromos modulus; **~ oscillator** *távk* kvarcvezérlésű oszcillátor, kvarcoszcillátor, kristályoszcillátor; **~ pick-up** *hang* piezoelektromos hang(le)szedő/letapogató; **~ pressure ga(u)ge** piezoelektromos nyomásmérő/dinamométer; **~ resonant circuit** *távk* kristályrezgőkör; **~ resonator** *távk* piezoelektromos rezonátor/kvarcrezonátor, kristályrezonátor; **~ seismometer** *geof* piezoelektromos szeizmométer; **~ sensing device** *el* piezoelektromos érzékelőszerv; **~ store** → **~ memory**; **~ strain ga(u)ge** piezoelektromos nyúlásmérő (bélyeg); **~ transducer** piezoelektromos jelváltó/(jel)átalakító
piezoelectricity *el* piezoelektromos jelenség; piezoelektromosság
piezoid *el, krist* készre munkált piezokristály, rezgőkristály, vezérlő kvarckristály
piezoluminescence *fiz* piezolumineszcencia
piezomagnetism *krist* piezomágnesség
piezometer *fiz* piezométer(cső), nyomásmérő (cső), nyomásszonda; **~ tube** *fiz* piezométercső, nyomásmérő cső, nyomásszonda; *hidr* megfigyelőcső, megfigyelőkút *(talajvízszintnél)*
piezometric *fiz* piezometrikus, nyomásmérési, nyomásmérő; **~ head** *hidr* piezometrikus nyomómagasság; **~ line** *hidr* piezometrikus vonal, nyomásvonal; **~ pressure** *fiz* piezometrikus nyomás; **~ surface** *fiz, hidr* piezometrikus felület; **~ water level** *hidr* artézi víz piezometrikus szintje, piezometrikus szint
piezometry *fiz* nyomásmérés
piezooptic | **constant** *opt* piezooptikus állandó; **~ effect** *opt* piezooptikus/fotoelasztikus hatás
piezoresistance *el* piezoellenállás, piezoelektromos ellenállás; **~(-)effect measuring method** piezoellenállás-hatáson alapuló mérési módszer
piezoresistive transducer *el* piezorezisztív jelátalakító
piezotransistor *félv* piezotranzisztor
pig *geol* jégtömb; *gumi* nyersgumi tömb; *ol* csőgörény, csőmalac; *önt* nyersvas, nyersfém tömb, vascipó, buga, medve; ólomöntvény, önöntvény; öntőforma, öntőminta, kokilla; **~-and-ore process** *koh* nyersvasérc eljárás; **~-and-scrap process** *koh* nyersvas-hulladék eljárás; **~-back** *koh* felszenítés *(konverterben)*; **~ bed** *önt* öntőgödör; **~ boiling** *koh* nyersvasbuzgatás; **~ casting** *önt* tömböntés; **~-casting machine** *önt* nyersvasöntő gép; öntőlánc; **~-casting operator** *önt* vasöntő munkás; **~ copper** *koh* tömbréz; **~(-)iron** *koh* nyersvas; **~-iron charge** *koh* nyersvas adag/betét; **~-iron ladle** *koh* nyersvasüst; **~-iron ladle bogie/car** *koh* nyersvasüst-kocsi; **~-iron mixer** *koh* nyersvaskeverő; **~ iron-ore process** *koh* nyersvas-érc eljárás; **~-iron output** *koh* nyersvas-kihozatal; **~ lead** *koh* tömbólom; **~ machine** → pig-casting machine; **~ metal** *koh* nyersfém; **~ mo(u)ld** *koh* nyersvascipóforma; **~ puddling** *koh* nyersvasbuzgatás; **~ trap** *ol* csőgörényállomás, csőgörényfogadó állomás; **~ up** *koh* nyersvasat adalékol *(fürdőbe)*
pigeon-hole, *US* **pigeonhole** *fa* rekesz *(íróasztalon, polcon)*; *szt* tárolórekesz, lyukkártyalerakó rekesz; **~ principle** *mat* skatulyaelv
pigeonite *ásv* pigeonit
pigging-up *koh* karbonizálás nyersvassal
piggy-back socket *szt* egymásba ültetett dugaljak
piggybacking *szt* nyugta küldése adat *v.* vezérlő üzenet hátán; valamire ráépített
pigment *vegy* festék, színezőanyag, pigment; **~ colo(u)r** *bőr* bőrfedő festék; **~(-)dyeing method** *tex* pigmentszínezési eljárás; **~ finish** → **~ colo(u)r**; **~ padder** *tex* festőfulár; **~ paper** *pa* pigmentpapír; **~ paste** *vegy* festékpaszta; **~ print** *tex* pigmentnyomás; **~ process** *foto* pigmenteljárás
pigmentation *vegy* festés, színezés, pigmentálás
pigmented *vegy* festett, színezett, pigmentált; **~ bond paper** *pa* biztonsági bankpapír
pigotite *ásv* pigotit
pigskin *bőr* disznóbőr, sertésbőr
pigsty *bány* aknakeret; famáglya; *mzg* disznóól
pigtail *el* huzalkivezetés; tartógyűrű *(izzólámpa része)*; vezetékhuzal-spirál(is); *tex* fonalvezető horog/hurok
pike *bány* (bányász)csákány; *élip* csuka; *hang* harangnyelv; *közl* fizető-autópálya, vámos/vámköteles autópálya; *szersz* döngölőtüske, vasfejű döngölő *(hosszú nyéllel)*; *vasút* sorompórúd; **~(-)grey** *opt* csukaszürke; **~(-)perch** *élip* fogas
pikeman *ép* alagútvájár
pilaster *ép* pillér, falgyámoszlop, négyszögletes fali pillér, falpillér, pilaszter; **~ cap** *ép* abakusz
pilbarite *ásv* pilbarit
pile *alak* alakmás *(érmesajtoláshoz)*; érme hátlapja; *at* atommáglya, (atom)reaktor; *bány* hegyezett tám; szádalópalló, cseglyekaró, előtűzőpalló; *bőr* nyersbőrrakás *(sózáskor)*; szőrme; *el* (villany)oszlop; elem, telep; *ép* cölöp, kitámasztópózna; *fa* farakás, farakat, máglya; *hidr* cölöp; *hőt* termooszlop, hőelemoszlop; *koh* halom; *pa* durva nemezfelület; papírrakás; *tex* (elemi) szál, rostszál, bolyh, pihe; bolyhosság; teveszőr; **~ bent** *ép* cölöpjárom; **~ block** cölöpfejvédő; **~(-)boring plant/rig** cölöpfúró berendezés/gép; **~ bridge** cölöphíd; **~ bulb** kiszélesedő cölöptalp; **~ butt** cölöpfej; **~ cap** cölöprácslemez, cölöpabroncs, cölöpsüveg, cölöpfejvédő gyűrű, oszlopfej;

~ **carpet** *tex* bolyhos szőnyeg, bársonyszőnyeg; ~ **casing** *ép* cölöpgyűrű; ~**-casing tube** *ép* cölöpköpenycső; ~ **cloth** *tex* bolyhos szövet; ~ **completely in the ground** *ép* alapcölöp; ~ **cover** *ép* verőfej; ~ **cure** *gumi* raktározás/tárolás alatti elővulkanizálás; ~ **diaphragm** *ép* cölöpzárófal; ~ **dike** *hidr* cölöpzárógát, cölöpjászolgát; ~ **drawer** *ép* cölöpkihúzó (gép); ~ **dressing** *tex* szálbunda fektetése; ~**-driven section** *hidr* szádfalazott szelvény/szakasz; ~**-driver** *ép* cölöpverő (kos/gép); ~**(-)driving** cölöpverés; dongahajtás, tűzőpallózás; ~**(-)driving by vibration** vibrációs cölöpsüllyesztés; ~**-driving frame** (cölöp)verőállvány, cölöpvezető keret; ~**-driving monkey** szabadon eső verő(kos); ~**-driving resistance** cölöp verési ellenállása; ~**-driving with (a) water-jet** öblítéses verés; ~**-emitted radiation** *at* reaktorsugárzás; ~**(-)engine** *ép* cölöpverő gép; ~**(-)extension** cölöpvédő bábu; ~ **extractor** cölöpkihúzó gép/készülék; ~**-extractor frame** kihúzóállvány; ~ **fabric** *tex* bolyhos szövet; szálbunda *(kelmén)*; ~ **factor** *at* reaktortényező, besugárzási tényező; ~ **foot** *ép* cölöptalp, cölöpvég; ~ **foreman** *ép* verőmester; ~ **foundation** *ép* cölöpalapozás; ~ **foundation grillage** → ~ framing/grillage; ~ **frame** *ép* verőállvány; ~ **framing/grillage** *ép* cölöprács, cölöpöket összefogó keret; ~ **gun** *at* reaktorszonda; ~ **hammer** *ép* verőkos, cölöpverő kos/szerkezet; ~ **head** cölöpfej; ~ **helmet** verőfej; ~**(-)hoop** cölöp(fej)abroncs, káva *(facölöpé)*; ~**(-)loading test** cölöp-próbaterhelés; ~ **mapping** *tex* szálbundanyírás; ~ **neutron** *at* reaktorneutron; ~ **of rubble** *ép* törmelékhalom; ~ **operation** *at* reaktorüzem; ~ **oscillator** *at* reaktoroszcillátor; ~ **partly in the ground** *ép* szabadon álló cölöp; ~ **period** *at* reaktorperiódus; ~ **pick** *tex* bársonyozó vetés; ~ **pier** *ép* cölöprácspillér; *hidr* cölöpmóló; ~ **plank** *ép* szádfal, száddeszka, szádpalló; ~ **planking** *ép* szádalás; ~ **point** *ép* cölöpcsúcs; ~ **poisoning** *at* reaktormérgeződés; ~**(-)pressing** *tex* bolyhpréselés; ~**(-)puller** *ép* cölöpkihúzó gép; ~**-puller frame** *ép* kihúzóállvány; ~ **radiation** *at* reaktorsugárzás; ~ **rake** *ép* cölöpferdeség; ~ **ram** cölöpverő kos; ~**(-)setting** cölöpbeverés; ~ **shoe** cölöpsaru; ~**(-)sinking** cölöpsüllyesztés; ~**(-)sinking by flushing** cölöpsüllyesztés alámosással; ~**(-)sinking with (a) water jet** öblítéses cölöphajtás; ~ **thread** *tex* szálbundaképző fonal; ~**(-)trestle** *ép* cölöpállvány, cölöpbak; ~**(-)trestle bridge** *hidr* feszítőműves híd; ~ **up** felhalmoz, halomba rak; felhalmozódik, felgyülemlik; *bány* szádal, cölöpöt bever; *bőr* sózott nyersbőrt rakatba tesz; *ép* cölöpöz, besulykol; *fa* bemáglyáz; *geol* megtorlódik *(jég)*; *hajó* zátonyra/partra fut; *ip* raktároz; *közl* egymásba fut/ütközik *(több jármű)*; *met* tornyosul *(felhő)*; ~**-up** *at* impulzusfelhalmozódás; *közl* ráfutásos baleset, tömeges autószerencsétlenség; ~**-up of pulses** *távk* impulzusszuperponálás; ~ **warp** *tex* szálbundalánc, bélelt láncfonal, bársonylánc, bolyhképző lánc; ~ **weaving** *tex* bársonyszövés, bolyhos szövés; ~ **winding** *tex* váltakozó irányú csévélés; ~ **wire** *tex* fémvetülék; ~**-wire motion** *tex* fémvetülék-adagoló berendezés; ~**-work base/framing** *ép* cölöprács, cölöpöket összefogó keret

piled *csom* halomba rakott; *tex* bolyhos; ~ **beet(s)** *cu* prizmába rakott cukorrépa; ~**(-)cord measure** *fa* 90 tömör köbláb; ~ **firewood** *fa* sarangolt tűzifa; ~ **plate cutting** *alak* lemezkötegvágás; ~ **steel** *heg* hegesztett vas/acél; *koh* finomított acél; ~ **volume** rakattérfogat; ~ **weight** halmazsűrűség, halmazsúly, halomsúly; ~ **wood** *fa* sarangolt fa

pileless *tex* sima, simára nyírt

pilemaster *ép* hidraulikus cölöpsajtoló berendezés

piler rakodó, emelő; *élip* zsákszállító szalag *(zsákmáglyázáshoz)*; *fa* sarangoló (munkás), máglyázó, rakodó

pilger *heng* pilgerez; ~ **mill** dugós/pilgerező csőhengerállvány, pilgersor; ~ **process** pilgerezés; ~ **roll** pilgerhenger; ~ **rolling** dugós csőhengerlés, pilgerhengerlés; ~ **rolling mill** pilgerhengersor

piling I. *a* felhalmozódó, felgyülemlő; *ép* cölöpverő, cölöpöző; *fa* rakatoló, sarangoló; **II.** *n* felhalmozódás, felgyülemlés; felhalmozás; *bány* előtűző biztosítás *(függőleges)*, cölöpverés; *ép* (cölöp)verés; cölöpözés, cölöpalapozás; cölöpszerkezet, szádfal, cölöpmű; *fa* rakatolás, sarangolás, máglyázás; *koh* rakásolás; *nyom* festéklerakódás; ~ **bin** máglyázótartály; ~ **frame** *ép* verőállvány; ~ **frame for sequence** *ép* sorozatverő állvány; ~ **jack** *fa* rakonca; ~ **place** *fa* farakodó tér, máglyatér; ~ **plant** *ép* cölöpverő gép; ~ **pole** *ép, fa* cölöp; ~ **sheet** *bány* acélszád; ~ **steel** *koh* szádacél; ~ **step** → ~ jack; ~ **strip** *fa* máglyázóléc, hézagléc; ~**-up** felhalmozás, felhalmozódás; *bőr* plattírozás; *fa* rönkök felmáglyázása; *gumi* előtüremlés; *hidr* megtorlódás *(jégé)*; ~ **wall** *bány* védőfal

pilite *ásv* pilit

pill *gyógyv* pilula, pirula; *tex* bolyh, göb; ~ **coating** *gyógyv* piluladrazsírozás

pillar I. *v ép* pillérrel/oszloppal alátámaszt/megerősít; **II.** *n bány* (biztonsági) pillér; *ép* (állvány)oszlop, támoszlop, tartóoszlop, pillér; *gép* támasz, tartóborda; *hajó* hajótámaszfa; ~**-and-breast** *bány* kamara-pillérfejtés; ~**-and-double-stall** *bány* kombinált egyenesen és visszahaladó fejtés; ~**-and-room** → ~-and-breast; ~**-and-stall** → ~-and-breast; ~ **bolt** *gép* távtartó/köztartó csavar; ~**(-)bracket bearing** *gép* ferde síkú *v.* döntött konzolos csapágy; ~ **caving** *bány* omlasztásos pillérfejtés; ~ **chock-type steel prop** *bány* pillértám; ~ **crane** *em* oszlopos (forgó)daru, toronydaru; ~ **drill** *forg* oszlopos fúrógép; ~ **extraction** *bány* pillérfejtés; ~ **file** *szer* borítóreszelő, horonyreszelő, hasítékreszelő; ~ **footing** *ép* oszloptalp; ~ **hydrant** *hidr* feltalajtűzcsap; föld/szint feletti tűzcsap; ~ **mining** *bány* üregszélesítéses fejtés; ~ **of coal** *bány* szénláb; ~ **plate** *finm* alváz *(óráé)*; ~ **press** *alak* oszlopos sajtó; ~ **recovery** *bány* pillérkiszedés; ~ **robbing** *bány* pillérvisszafejtés; ~ **shaper** oszlopos vésőgép; ~ **spacing** *ép* oszloptáv; ~**-steel prop** *bány* pillértám; ~ **stope** *bány* pillérfejtés; ~ **support** *ép* támasztóoszlop; ~**-type die** *alak* oszlopos (sajtoló)szerszám; ~**-type drill** *forg* oszlopos fúrógép; ~ **working** *bány* pillérfejtés

pillaring *bány* pillérezés; pillérfejtés; pillérkiszedés; *ép* oszlopsor, pillérsor, kolonnád; *koh* oszlopképződés

pillbox *foto* mikrofilmtartó doboz; *kat* harcállás, tüzelőállás, kazamata; ~ **antenna** *távk* sajtantenna

pilling *tex* göbösödés, pillingesedés

pillion seat *gépk* hátsó ülés

pillow *ép* párnafa, párnakő; *gép* ágy(azat), alátét; tengelycsapágy, csapágybélés, csapágycsésze; *hajó* árbocgomb, zászlógomb; kötélcsisza; *tex* verőpárna, csipkeverő párna; ~(-)**bar** *tex* mintaelemeket összekötő szál *(csipkében)*; ~ **block** *ép* sarukő *(hídon)*; *gép* (radiális) csapágyház; ágyazat, tengelyágy; főcsapágy; támasztó siklócsapágy; ~(-)**block bearing** *gép* sikló támcsapágy; ~ **cleavage** *geol* hasábos elválás; ~ **distortion** *opt* vánkos alakú torzulás *(lencserendszeré)*; *tv* párnatorzítás; ~ **lace** *tex* vert csipke; ~ **lava** *geol* párnás láva, vánkosláva; ~-**like jointing** *geol* párna alakú elválás; ~ **plate** *finm* szerkezetállvány, támoszlop, aljazat *(óráé)*; ~ **test** *heg* varratnyíró vizsgálat

pilocarpine *vegy* pilokarpin *(alkaloid)*

pilolite *ásv* pilolit

pilot I. *v el* elővezérel; *hajó* kalauzol; *rep* vezet, kormányoz, irányít; **II.** *n el, távk* ellenőrzőhuzal, ellenőrző érpár, pilotvezeték, vizsgálóhuzal; *hajó* kormánykerék; kormányos; révkalauz; *rep* jelzőlámpa; pilóta; repülőgép-vezető; vezetőkerék; ~ **balloon** *met* kutatóballon, kísérleti léggömb, szélmérő léggömb; ~-**balloon observation** *met* kutatóléggömbös megfigyelés/észlelés; ~ **bar** *gépk* rudas vezeték; *kh* fonalfektető; ~ **bearing** *gép* vezetőcsapágy; ~ **bell** *távk* ellenőrzőcsengő; ~ **bit** *ol* vezetőfúró, lépcsős fúró, pilótafúró; ~ **boat** *hajó* (rév)kalauzhajó; ~ **boring** *ol* próbafúrás, első fúrás; ~ **bridge** *hajó* vezénylőhíd; ~ **brush** *el* ellenőrzőkefe, segédáramköri kefe; ~ **bulb** *gépk* városi izzólámpa *(fényszóróban)*; ~ **burner** *hőt* gyújtó(láng)égő; ~ **bush** *gép* vezetőpersely; ~ **cable** *em* erőátviteli kábel; ~ **card** *szt* előkártya, vezérkártya; ~ **carrier (wave)** *távk* vezérlő vivőhullám, pilotvivő; ~ **casting** *önt* ellenőrzőöntés; ~ **cell** *el* ellenőrző mérőcella; ~ **channel** *távk* ellenőrzőcsatorna, pilotcsatorna; távreteszelő csatorna; ~ **chart** *rep* repülési útvonaltérkép; ~ **chute** *rep* nyitó ejtőernyő; ~ **circuit** *távk* pilotáramkör, ellenőrző-áramkör, irányító-áramkör, vezérlőáramkör, szabályozó-áramkör; ~ **cloth** *tex* vastag posztó; ~ **coil** *távk* ellenőrzőtekercs; ~ **contract** *ip* előszerződés; ~ **control** *gép* félüzemi ellenőrzés; szervoszelep vezérlése; *távk* pilotszabályozás; ~-**control circuit** *távk* pilotvezérlő; ~-**controlled** *rep* pilóta által vezetett; ~ **controller** → ~-control circuit; ~ **coupler** *vasút* előfutó kapcsoló; ~ **die** *önt* vezetőcsapos matrica; ~ **direction indicator** *rep* irányjelző automata; repülési irányjelző; ~ **drift** *bány* iránytáró, irányvágat; ~ **drilling bit** *ol* előfúró; ~ **element** *szt* pilotelem, mérőminta; ~ **engine** *gép* segédmotor, segédgép; ~ **exciter** *fiz* segédgerjesztő; ~ **fairway** *hajó* révkalauzzal járható vízszakasz; ~ **flame** *hőt* gyújtóláng, őrláng, folytonégő cseppláng; ~-**flame cut-out** *hőt* gyújtóláng-biztosító; ~ **flare** *ol* őrláng; ~ **foundry** *önt* kísérleti öntöde; ~ **frequency** *távk* ellenőrző-frekvencia; pilotfrekvencia; ~ **fuse** *el* jelzőbiztosító; ~ **generator** segédgenerátor *(szabályozási köré)*; ~ **hole** *bány* vezérlyuk; *geof* földtani alapfúrás; *ol* kézi vezérszelep; vezető *v.* kisebb átmérőjű fúrólyuk, vezetőfurat; ~ **house** *hajó* navigációs fülke, kormányosfülke; *rep* pilótafülke; ~ **injection** *gépk* lépcsős befecskendezés; ~ **instrumentation** *rep* pilótafülke műszerezése; ~ **jet** *gépk* üresjárati/alapjárati fúvóka; *hőt* gyújtócső, gyújtólángfúvóka; ~ **joint** *heg* ellenőrző hegesztési kötésminta; ~ **ladder** *hajó* kötélhágcsó *(révkalauz számára)*; ~-**lamp** *hajó, rep* vezetőlámpa; *távk* jelzőlámpa; *vasút* ellenőrzőlámpa; ~ **light** *hőt* gyújtóláng, folytonégő cseppláng, őrláng *(gázkészülékben)*; *közl* irányjelző lámpa; *ol* őrláng; *vasút* ellenőrzőlámpa; ~ **loudspeaker** *távb* lehallgató hangszóró; ~ **mine** *bány* kísérleti bánya; ~ **motor** *gépk* szervomotor, bojtármotor; ~-**navigator** *rep* pilóta-navigátor; ~-**operated controller** *aut* segédjellel vezérelt szabályozó; ~ **operation** *el* elővezérlés; *ip* félüzemi eljárás; kísérleti üzemeltetés; ~ **oscillator** *távk* vezéroszcillátor, vezérlő rezgéskeltő, pilotoszcillátor; ~ **parachute** *rep* nyitóernyő; segédernyő, kihúzóernyő; ~ **pin** *film* vezetőgörgő; *gép* vezérlőcsap, vezetőcsap; ~ **plant** *ip* félüzemi laboratórium; ~ **plough/plow** *vasút* mozdonyhóeke; ~ **print** *nyom* próbanyomat; ~ **protection** *távk* szakaszvédelem, nagyfrekvenciás reteszelésű védelem; ~ **protection with direct comparison** *távk* közvetlen összehasonlítású szakaszvédelem *(relés)*; ~ **protection with indirect comparison** *távk* közvetett összehasonlítású szakaszvédelem *(relés)*; ~ **pulse** *távk* indítóimpulzus, kioldóimpulzus, vezérlőimpulzus; ~ **reactor** *at* kísérleti reaktor; ~ **reamer** *szersz* vezetőcsapos dörzsár, nagyolódörzsár; ~ **receiver** *távk* pilotvevő; ~ **regulation** *távk* pilotszabályozás; ~ **regulator** *távk* pilotszabályozó; ~ **relay** *távk* ellenőrző-jelfogó, vezérlőjelfogó; pneumatikus teljesítményerősítő; ~ **run** *ip* kísérleti gyártás; *szt* kísérleti futtatás; ~**'s cabin** *rep* pilótafülke, pilótakabin; ~ **scale** *ip* félüzemi méret; ~**'s compartment** *rep* pilótakabin, vezetőfülke; ~ **selector** *távk* időválasztó; ~ **signal** *távk* pilotjel, vezérlőjel; ~ **spark** *fiz* ionizáló előszikra/segédszikra; ~**'s seat** *rep* vezetőülés; ~(-)**suppressing filter** *távk* pilotzáró szűrő; ~**'s wings** pilóták szárny alakú jelvénye; ~ **switch** *el* segédkapcsoló; *hang* végálláskapcsoló; ~ **system** *szt* kísérleti rendszer; *távk* piloteljárás; ~ **tap** *szersz* vezetőcsapos menetfúró; ~ **tape** *szt* vezérszalag; ~ **test** *koh* előpróba; ~(-)**tone process** *távk* mérőhangos eljárás; ~ **trace** *geof* vezérlőcsatorna; ~ **transformer** *el* ellenőrző mérőváltó; ~ **tunnel** *bány* iránytáró; *ép* irányvágat; ~-**type counterbore** *szersz* csapos süllyesztő; ~ **unit** → ~ plant; ~(-)**valve** *gép* szervoszelep, olajadagoló szelep, vezérszelep, vezérlőtolattyú, működtetőtolattyú, elővezérlő-szelep; tehermentesítő szelep; *távk* vezérlőcső; ~-**valve governor** *távk* segédszabályzó; ~ **warning instrument** *rep* fedélzeti fény- és hangjelző berendezés; ~ **wave** *távk* ellenőrzőhullám; ~ **weld** *heg* ellenőrzővarrat; ~ **wheel** *forg* revolverfej-állító kézikerék; *gép* kézikerék; *hajó* kormánykerék; ~ **wire** *távk* kísérleti huzal; pilotvezeték, pilothuzal, vizsgálóhuzal, jelzővezeték; ~-**wire circuit** *távk* szabályozó-áramkör, pilotáramkör; ~-**wire regulator** *távk* mérőhuzalos szabályozó

pilotage *hajó, rep* révkalauzolás; *rep* repülés

pilotaxitic *geol* pilotaxitos; ~ **texture** *geol* pilotaxitos szerkezet

piloted vezetett, irányított; *rep* pilóta által vezetett/irányított; ~ **recoverable(-)stage rocket** *rak* kormányozható visszatérő fokozatú rakéta

piloting *hajó* kalauzolás; *hajó, rep* kormányzás, irányítás, vezetés

pilotless *kat* irányítható, távirányítású; *rep* pilóta nélküli; ~ **aircraft** *rep* távvezérelt repülőgép

pilsenite *ásv* pilsenit

pimelic | acid *vegy* pimelinsav; ~ **ketone** *vegy* ciklohexanon

pimelinketone *vegy* ciklohexanon
pimelite *ásv* pimelit
pimple *hang* dudor *(nyomási hiba a hanglemezen)*; *műa* préselési hiba
pin I. *v alak* átüt, (át)lyukaszt; *ép* kiékel; köldököl; *gép* szeggel/csappal megerősít/odaerősít/összefog; **II.** *n* szeg(ecs); (gombos)tű; *bány* törőlyuk; *el* banándugó; csőfejpecek; tartóvas *(szigetelőé)*; *ép* hajlítótüske *(betonacélhoz)*; *fa* (fa)csap, faszeg, pecek; *geod* jelzőcövek; *gép* csapszeg; hengeres retesz/csap, (érintkező)csap; sasszeg; tengely, orsó; tű, (átverő)-szeg; ujj, pecek; *gépk* kerékszeg, tengelyszeg; *hang* (hangoló)kulcs; (henger)fog; *kat* céltábla középpont; *nyom* drótszeg, huzalszeg *(nyomólemezek falapra erősítéséhez)*; *ruh* biztosítótű, gombostű; *szt* csatlakozótű; **~(-)anchor** *finm* szeges horony; **~ assignment** *szt* csatlakozókiosztás; **~-ball board** *mat* Galton-deszka; **~(-)base** *gép* csapos fej; **~(-)beating drum** *pa* rudas verődob; **~(-)bit** pergőfúróbetét, furdancsfúró; **~-board** → pinboard; **~(-)bolt** rögzítőcsapszeg, retesz; **~(-)bracket** rögzítőcsapvilla; **~(-)bushing** *el* dugaszhüvely; **~(-)cap** csapos fej; **~ chain** *tex* tűs lánc; **~(-)chain tenter** *tex* tűs feszítő-szárító; **~(-)clamp** csapos (le)szorítólemez; **~(-)clutch** *gépk* csapos tengelykapcsoló; **~-compatibility** *szt* csatlakozószintű kompatibilitás; **~ compatible** *szt* csatlakozószintig azonos *(áramkör)*; **~(-)connection** *el* csőfejbekötés; **~(-)cop** vetülékkopsz, vetülékcséve; **~(-)coupling** *gép* csapos csatlakozás/csatolás; *gépk* csapos tengelykapcsoló; **~-cut plane** *fa* csapozógyalu *(küllőhöz)*, bokázógyalu; **~(-)diode** *félv* pindióda; **~ down** *v* lezár, lerögzít; letűz; **~(-)drill** *fa* kádárfúró; *forg* vezetőcsapos telibefúró szerszám; **~-end column** *ép* csuklósan megtámasztott oszlop; **~-extractor** csapszegkihúzó; **~(-)feed** *gép* tűkerék adagoló *(szerkezet)*; **~(-)file** pecekreszelő, tűreszelő; **~-friction coefficient** *mech* csapsúrlódási tényező; **~(-)ga(u)ge** *tex* tűmérték; **~(-)gear** csaposkerék; **~(-)grip** dugós összekötő; **~(-)guide** vezetőcsap; **~-head** → pinhead; **~(-)hinge** *ép* csapszeges csukló; **~-hole** → pinhole; **~(-)insulator** *el* csapos szigetelő, támasztószigetelő, tartószigetelő; **~ isolation** *félv* pinátmenetes szigetelés; **~(-)jack** *el* érintkezőhüvely; **~(-)joint** *gép* csapos kötés, csapkötés, csuklós kapcsolat, csukló; **~(-)jointed** *gép* csuklós; **~(-)jointed purlin** *ép* csuklós szelemen; **~(-)key** csapbiztosító; **~-lifting mechanism** *önt* emelőcsapos kiemelőberendezés *(formázógépen)*; **~-lift mo(u)lding(-)machine** *önt* emelőcsapos formázógép; **~(-)lock** *gép* csapos zár; **~(-)mill** *élip* peckes őrlőgép; verőpálcás malom; **~(-)nut** *gép* csapszeganya; **~ of a hinge** *gép* forgópántcsap; **~ out** *v élip* (ki)nyújt, kisodor, kisimít, kitaszít; **~(-)paper** *pa* tűpapír, tűcsomagoló papír; **~(-)plate** *ép* erősítőalátét; *távb* pecekház *(Hughes-gépen)*; **~-point** → pinpoint; **~-retainer pin** *kat* rögzítőcsap tartó; **~(-)riveting** *ép* csapszegecselés; **~(-)rocker bearing** *ép* (hengercsapos) billenősaru; *gép* himbás csapágy; **~-setter** *tex* kártolótű-beállító munkás; **~(-)spacing** *gép* csaposztás; **~(-)spanner** *szersz* (két)csapos csavarkulcs; **~(-)stenter** → **~**(-)tenter; **~(-)tacking** *cipő* kordeltűzés, zsinegtűzés *(cipőfelsőrészen)*; **~(-)tenter** *tex* tűs feszítő-szárító (berendezés), tűs feszítőberendezés/feszítőszerkezet; **~ together** *v tex* összetűz; **~(-)tongs** *pl fin* szegsikattyú *(óráé)*; **~(-)tooth** *gép* csapfog, pálcásfog; **~(-)tucking** → pin(-)tacking; **~-type diode** → **~**(-)diode; **~-type insulator** *el* pinszigetelő, támszigetelő, állószigetelő, csapos szigetelő; **~(-)vice** *finm* órás sikattyú; **~(-)weir** *ép* tűsgát; **~-wheel** *finm* csaposkerék *(órában)*; kalapácsemelő kerék *(ütőórában)*; *szt* tűkerék *(statisztikai gépben)*; **~-wheel escapement** *finm* szeges horgonyjárat; **~(-)winding** *el* behúzó tekercselés; **~(-)wire** *el* gombostűhuzal *(vékony acélhuzal)*; **~-work** *tex* kiemelkedő csipkeminta; **~-wrench** *szersz* (két)csapos csavarkulcs
PIN → personal identification number; → position indicator
pinacoid *geol, krist* pinakoid; véglap
pinacoidal class *krist* triklin-pinakoidos osztály
pinacol *vegy* pinakol
pinakiolite *ásv* pinakiolit
pinane *vegy* pinán
pinball board → pin-ball board
pinbar *tex* gerebentűsléc *(fonógépen v. előfonó gépen)*
pinboard *szt* dugaszolótábla; *távk* dugaszolótábla, kapcsolótábla; **~ programming** *szt* dugaszos programozás, dugaszolótábla-programozás
pincer|-like csipesz alakú; **~ spot welder** *heg* hegesztőfogós ponthegesztő gép
pincers *pl szersz* harapófogó, csipesz
pinch I. *v alak* (ki)csíp; *em* emelőrúddal megemel; *ép* beékel, kiékel; *fa* fát kiemel *(fűrészgépből)*; **II.** *n bány, geol* telér(el)vékonyodás; *bőr* csípéstől származó bőrhiba; *el* lapításos állvány *(pl. elektroncsőben)*; összehúzódás, pinch; *geol* kiékelődés; *gép* feszítőrúd; *mt* szorítás *(fogás)*; *vasút* körmös emelőrúd *(kerékátemeléshez)*; **~ bar** *ép* cölöptámasztórúd; *szersz* kis emelőrúd/feszítőrúd, feszítővas; **~ bolt** *gép* összefogócsavar; *gépk* szorítócsavar *(dugattyúcsapszeghez)*; **~ confinement** *at* pincheffektusos behatárolás; **~ current** *at* befűződési határáram, pinchhatás határárama; **~ discharge** *at* beszűkülő kisülés, pincheffektusos kisülés; **~-discharge-pumped laser** *fiz* reosztrikciós kisülésű lézer; **~ dog** *fa* menesztő *(faesztergáláshoz)*; **~ effect** *at* plazmaszál-befűződés, harapófogó-jelenség, pinchjelenség, pinchhatás, pincheffektus; *vegy* resztrikciós jelenség; **~-effect discharge** → **~** effect; **~ field** *at* pincheffektust okozó tér; **~-in effect** *el* árambeszűkülési jelenség; **~ instability** *at* pincheffektus instabilitása; **~ nut** *gép* ellenanya; **~-off** *el* elzáródás; *szt* szűkítés, kiürítés, elzáródás; **~-off die** *alak* peremlevágó verő; **~-off effect** *el* elzáródás; **~-off resistor** *szt* nagyértékű ellenállás; **~-off voltage** *el* elzáródási feszültség; **~ out** *v geol* kiékelődik; **~-out** *bány* telepelvékonyodás; *geol* kiékelődés; **~-pass mill** *heng* dresszírozósor; **~ point** *közl* útszűkület; **~ resistors** *el* befűzött ellenállások; **~ roll** *heng* húzógörgő; szállítógörgő; *műa* lehúzóhenger, szorítóhenger; **~ roller** *gép* nyomógörgő; **~-roller conveyor/conveyer** *ép* nyomógörgős szállítószalag; **~ stem** *el* lapításos állvány *(pl. elektroncsőben)*; **~-stem tube/valve** *el* lapításos cső
pinchcock *gép* gumicsőszorító, hajlékony csőszorító bilincs; *pa* gumitömlő-szorító; **~ clamp** bürettakapocs
pinched | gas *at* befűződött/beszűkült gáz(áram); **~-gas scattering** *at* befűződött plazma szórása; **~ head**

gép beékelt fej; ~**-head screw** *fa* nyakas facsavar; ~**-off oil** *ol* lefűződött olaj; ~**-top cathode** *el* felül összenyomott csőkatód

pincher feszítőrúd

pinching összehúzódás, helyi keresztmetszet-csökkenés; ~ **(discharge)** *at* plazmaszál-befűződés, harapófogó-jelenség, pinchjelenség; ~ **dislocation** *krist* befűzött diszlokáció; ~ **out** *bány* kivékonyodás *(teléré)*; *geol* kiékelődés, kiékülés; ~ **screw** *gép* szorítócsavar

pincushion *ruh* tűpárna; ~**-correcting magnets** *tv* párnamágnesek; ~ **distortion** *tv* párnatorzítás

pincushioning *tv* párnatorzítás

pine fenyő(fa); ~ **bark** *fa* fenyőkéreg; ~**-bark extract** *vegy* fenyőkéreg-kivonat; ~ **crystal** *krist* dendrit; ~**(-)leaf oil** *vegy* fenyőlevélolaj; ~ **oil** *vegy* fenyőolaj; ~ **plywood** *fa* rétegelt lemez *(fenyőfából)*; ~ **pulp** *pa* erdeifenyő-cellulóz; ~ **pulpwood** *fa* szulfátpapírfa; ~ **tar** *vegy* fenyőkátrány; ~**-tar oil** *ol* fenyőkátrányolaj, száraz lepárlású terpentinolaj; ~**(-)tree** *fa* fenyőfa; ~**-tree antenna** *távk* fenyőfaantenna; ~**-tree array** *távk* fenyőfaantenna, fenyőfaantenna-sorozat; ~**-wood** *fa* erdeifenyő/feketefenyő faanyag; ~ **wool** *tex* fenyőgyapot

pineapple *élip* ananász; ~ **cone** *tex* kettőskúpos/bikónikus cséve; ~ **coner** *tex* kettőskúpos/bikónikus csévélőgép; ~ **oil** *vegy* ananászolaj

pinene *vegy* pinén

ping *gépk* fémes csörgés, kopogás

pinging noise mikrofonhatás

Pingon excavator *ép* letalpalókotró

pinhead tűfej; *fa* (szeg)fej; ~ **oat** *élip* felaprított zab; ~ **weave** *tex* aprómintás szövés

pinheader *szt* tűfejes foglalat

pinhole *alak* kis átmérőjű lyuk, próbalyuk; *gép* szeglyuk, csaplyuk; *önt* lyukacs, tűszúrás; *pa* homoklyuk, tűszúrásszerű lyuk; *tex* lyukas/hibás hely *(kötszövött árun)*; ~ **detector** *any* likacsosságvizsgáló készülék; ~**-free material** *any* likacsmentes anyag; ~**s** *önt* tűlyukacsosság

pinholing légbuborék-képződés *(öntvényben)*; lyukképződés *(kötött kelmén)*

pinic acid *vegy* pinsav

pinion fogaskerék, hajtókerék; *finm* hajtófogaskerék; *gép* fogazott hajtótengely; közlőfogaskerék; *gyógyv* propellerhajtó fogaskerék *(tablettázógépen)*; *heng* pörgőfogaskerék; ~**-adjusting shim** *gépk* kúpkerékállító alátét; ~ **cage/carrier** *gépk* bolygókeréktartó; ~ **drive** *gép* indítófogaskerék-hajtás; ~**(-)gear** *finm* hajtófogaskerék; *gép* közlőfogaskerék, fogazott hajtótengely; ~ **of the starter motor** *gépk* önindító fogaskereke; ~ **paper** *pa* fogaskerékpapír; ~ **shaft** *ol* indítófogaskerék-tengely; ~**(-)shaft bearing** *gép* kis fogastengely csapágya; ~ **stand** *heng* pörgőállvány

pinite *ásv* pinit

pink I. *v* (ki)lyuggat, áttör *(lyukat)*; *ép, ruh* csipkéz; **II.** *a* rózsaszín(ű); ~**(-)fleshed** *élip* rózsaszín húsú; ~ **noise** *hang* rózsaszínű zaj; ~**-noise generator** *el* rózsaszínűzaj-generátor; ~ **out** *v bőr* díszít *(lyukasztással)*; ~ **stern** *hajó* hegyes hajófar; ~**-sterned** *hajó* keskeny faru

pinking lyuggatás, átütés *(lyuké)*; *ép, ruh* csipkézés, fogazás, cakkozás; *gépk* motorcsörgés *(nyomáshullámok hangja)*; ~ **iron** *alak* lyukasztóvas; ~**(-)machine** *ruh* mintacakkozó gép, cakkozógép

pinnace *hajó* naszád

pinnacle *ép* hegyes/csúcsos tetőtorony(dísz), dísztornyocska, pillértorony; *geol* orom, csúcs

pinned átütött, átlyukasztott; *ép* kiékelt; *fa* (oda)szegezett; *gép* csapos; csuklós; hozzáerősített, ráerősített, hozzátűzött, rátűzött; ~ **gill(-)bar** *gép* tűsléc; ~ **joint** *gép* csapos kötés, csapkötés; ~ **support** *gép* csuklós alátámasztás/megtámasztás

pinning *alak* átütés, (át)lyukasztás; *ép* kiékelés; *fa* szegezés; *gép* összefogás *(szeggel v. csappal)*; *ruh* összetűzés, megtűzés; ~ **action** *tex* kárttűhatás, gerebenezőhatás

pinnoite *ásv* pinnoit

pinnule *geod* dioptranézőke-lemez; *kat* irányzórés

pinole *vegy* pinol

pinonic acid *vegy* pinonsav

pinpoint I. *v rep* repülőgép helyzetét pontosan megállapítja; **II.** *n rep* repülőgép pontos helyzete; *tex* tűhegy, rapporttű; ~ **accuracy** *kat, rep* igen nagyfokú pontosság; ~ **control** pontos vezérlés; ~ **flame** *hőt* takarékláng; ~ **lightning-arrester** *el* (szívó)csúcsos szikraköz; ~ **navigation** *hajó, rep* pontos navigálás; ~ **orientation** *rep* tájékozódás pontról pontra; ~ **photograph** *geod* függőleges tengelyű légi felvétel; ~ **reference** *rep* pontos célmegjelölés

pint (pt) *metr* pint *(GB = 0,568 l, US = 0,473 l)*; ~**-size economy tractor** *mzg* minitraktor

pintle *gép* forgócsapszeg, rögzítőcsapszeg; sarokcsap, forgópántcsap; *gépk* vonóhorog; *hajó* kormánylapátcsap; *kat* kapcsolócsapszeg; ~ **chain** *gép* (kalibrált) csapos lánc; ~ **hook** *gép* kapcsolócsapszeg horga; ~ **socket** *kat* sarkcsapfészek; ~**-type nozzle** *gépk* csapos fúvóka *(dízelmotorban)*; ~ **wheel** *gép* lánckerék

pinwheel → pin-wheel

pinwrench → pin-wrench

PIO → parallel input/output; → peripheral input/output; → processor input-output channel

pion *at* pi-mezon, π-mezon, pion

piotine *ásv* piotin

pip *élip* gyümölcsmag; *rep* térjelző hang; *távk* impulzusjel, pip, időjelző hang, tűimpulzus, impulzuscsúcs, impulzustúllövés; ~ **matching** *rád* jelegyeztetés *(lokátoron)*; ~**-matching circuit** *távk* markerillesztő kör; ~ **squeak** *rep* tájolási hangjel

PIP → peripheral interchange program; → programmable integrated processor

pipage (cső)vezeték; *ép* csatornázás; *ol* szállítás csővezetékben

pipe I. *v ép* alácsövez, csővezetékkel ellát; *ol* csövön továbbít; *pa* kunkorodik; *ruh* csőszerűen vasal, guvríroz; zsinórral beszeg/szegélyez, paszpoloz; **II.** *n* cső; *bány* érckürtő, ércoszlop, érctölcsér; víznyelő; *ép, gép* (le)ürítőcső, cső(vezeték); *fa* nagy boroshordó; *hang* síp *(orgonáé)*; *heg* hegesztőpisztoly(-végcső); *hidr* csőtag; *ol* cső(vezeték), olajvezeték; *önt* fogyási üreg, lunker; ~**(-)aqueduct** *ép* csőhíd, víztávvezeték; ~ **armature** *gép* csőszerelvény; ~ **back** cső belső felülete; ~**-bar harrow** *mzg* csőkeretes borona; ~ **barrel** *ép* csőtörzs, csőszár; ~ **bend** csőkönyök, csőív, ívcső; ~ **bender** *el* páncélcsőhajlító készülék; *gép* (motoros) csőhajlító (gép); ~**-bending column** *gép* csőhajlító bak; ~-**bending machine** *gép* csőhajlító gép; ~ **billet** *önt* csőbuga; ~ **bore side** cső belső felülete; ~-**boring clamp** *ol* fúrócsőszorító; ~ **bracket** *bány* csőrakat-támasztó konzol; *ép* csőkonzol, csőbak, csőtámasz, csőtartó; ~ **branch** csőcsonk; elágazócső, leágazócső; ~ **bridge** *ép* csőhíd; ~(-)**brush** *ol* csőkefe; ~ **butt weld** *heg* csővezeték hegesztett tompavarrata; ~(-)**carrier** → ~ bracket; ~-**cased shaft** *bány* csőakna; ~(-)**casing** *bány* béléscső, béléscsövezés; ~-**caulking machine** *gép* csőkötéstömítő gép; ~ **cavity** *önt* fogyási üreg; ~-**chamfering machine** *gép* csővégleélező gép; ~ **choking** *gép* eldugulás, eltömődés *(csőé)*; ~ **clamp** *gép* csőbilincs, nyomócsonkkapocs, Storz-kapocs; ~(-)**cleaning** *ép* csőtisztítás; ~-**cleaning device** *ép* csőtisztító készülék; ~-**cleaning nozzle attachment** *ép* csőtisztító fúvófej; ~(-)**clip** → ~ clamp; ~ **closing organ** *hidr* csőelzáró szerkezet; ~ **coil** csőkígyó, spirális cső; ~(-)**column** *bány* csővezetékoszlop *(vízszállításhoz)*; *ol* csőrakat *(mélyfúrásnál)*; ~ **compensator** *ol* csőkompenzátor; ~ **connection** *gép* csőcsatlakozás, csőkötés; ~ **cooler** *hűt* (zárt) csöves hűtő; ~ **cooling** *élip, hűt* hűtés csövekkel; ~ **core** *ép* magcső *(kétrétegű beton nyomócsőnél)*; ~ **corrosion** *gép, vegy* csőkorrózió; ~(-)**coupling** (menetes) csőkarmantyú, tömlőleszorító csavar *(hollandi)*; csőkötés; ~(-)**covering** *ép* csőburkolás, földtakarás magassága cső fölött; ~-**cropping machine** csővágó gép; ~ **cross** kettős elágazócső; ~ **crown** *ép* csőzáradék, csőgerincvonal; ~-**crushing machine** csőlapító gép; ~ **culvert** *gép* csőáteresz(tő); *hidr* csőáteresz, duda; ~(-)**cutter** kézi csővágó (szerszám); ~ **cutting** *heng* csőleszúrás; ~-**cutting die** *gép* csőmenetvágó/csőmenetmetsző szerszám; ~-**cutting machine** *gép* csővágó/csődaraboló gép; *heng* csőleszúró gép; ~ **design** *gép* csőméretezés; ~ **die** → ~-cutting die; ~ **dilatation** *fiz* csőtágulás; ~ **dog** *szersz* csőfogó; ~(-)**drain** *ép* alagcső, dréncső; ~-**drained** *ép, mzg* alagcsövezett; ~ **drift** *ép* csőalagút; ~ **driving** *ép, hidr* csőátsajtolás; ~-**driving equipment** *ép, hidr* csőátsajtoló berendezés; ~(-)**duct** csővezeték; *ép* esőcsatorna; ~ **eliminator** *koh* lunkerpor; ~ **end** *gép* csővégződés, csőcsonk; ~ **erector** *szer* csőszerelő; ~ **expander** *gép* csővégtágító gép; ~ **expansion bend** *gép* csőlíra; ~ **extrusion die** *műa* csőextrudáló szerszám; ~ **eye** *gép* csőfül; ~ **fitter** *szer* csőszerelő; ~ **fitting** *gép* csőszerelvény, fitting; ~(-)**flange** *gép* csőkarima, csőperem; ~-**forcing system** *heng* csősajtoló berendezés; ~ **friction** *hidr, ol* csősúrlódás; ~ **friction factor** *hidr, ol* csőellenállási tényező; ~ **friction loss** csősúrlódási veszteség; ~(-)**furnace** *hőt, vegy* csőkemence; ~ **gallery** *ép* csőalagút; ~ **girth welding** *heg* csővezeték körvarrathegesztése; ~ **grab** *bány* fúrócső-kiemelő; *ép* különleges markoló; ~ **grip** *szersz* csuklós csőkulcs; láncos csőfogó; ~ **hanger (clip)** *gép* csőbilincs, csőtartó; ~ **head** *gép* csőfej, beömlőfej; ~ **header** *gép* elosztó csőkötés; ~ **heading** *ép* csőalagút; ~ **hook** *gép* fali csőtartó horog, csőnyereg, csőbilincs; ~-**jacking** → ~ driving; ~ **jigsaw** csővágó kardfűrész; ~(-)**joint** *gép* csőcsatlakozás, csőkötés, csőkapcsolat, csőillesztés; *ol* toldócső; ~-**joint composition** *gép* tömítőanyag csőcsatlakozóhoz; ~-**jointing ring** *gép* csőtömítő gyűrű; ~(-)**junction** → ~(-)joint; ~(-)**laying** *ép* csőfektetés, csőlerakás; ~-**laying machine** *ép* csőfektető gép; vakonddréncső-fektető gép; ~-**laying trestle** *gép* csőszerelő bak; ~-**laying winch** *ép* csőfektető csörlő; ~(-)**leader** → ~ bracket; ~ **leg** *el* csőláb, csőbevezető, csőérintkező; ~-**line** → pipeline; ~ **liner** *ép, ol* béléscső; köpenycső; ~ **location** *ép* csővezetés; ~ **locator** *geof* csőlokátor, csővezeték-kereső (műszer); ~ **loss** *hidr* csőveszteség, csőellenállás; *ol* csővezetéki veszteség; ~-**making machine** *gép* csőgyártó gép; ~ **mill** *heng* csőhengerállvány; ~-**mill machinery** *heng* gépi csőhengerlő berendezés; ~ **mo(u)ld** *ép* (beton)-csőgyártó sablon; ~ **mounting** *gép* csőállványos szerelés; ~(-)**network** *ép* csőhálózat; ~ **newel** *ép* orsócső *(lépcső)*; ~ **nipple** *gép* csőcsatlakozó-darab; ~ **outlet** *gép* csővégződés; ~-**outside reamer** *forg* külső csőmaró; ~ **passage** *ép* folyosó csővezeték számára; ~ **penstock** *hidr* nyomócsővezeték, turbinavezeték; ~ **piece** *gép* csőtag; ~ **pier** *gép* csőtámasztó tömb *(törésponton)*; ~ **pile** *ép* csőcölöp; ~ **pitch** *gép* csővezeték dőlése; ~ **plug** *gép* csődugó, vakkarima; ~ **prover** *heng* csővarratpróbapad; ~ **puller** *gép* csőegyengető készülék; ~ **pusher** *ép* csőátsajtoló, csősajtoló berendezés; ~ **race** *ép* csővezeték-ágyazás, csőágy; ~ **rack** *ol* csőhíd; ~ **racking board** *ol* fúrócsőasztal; ~ **radiator** *hőt* csőfűtőtest; *távk* csősugárzó; ~ **ramp** *bány, ol* csőrámpa; ~ **range** *ol* olajcsőhosszcsoport; ~ **reamer** *szersz* csődörzsár; ~ **resonance** *hang* síprezonancia; ~ **resonator** *hang* rezgősíp; ~ **rolling** *heng* csőhengerlés; ~-**rolling mill** *koh* csőhengermű; ~ **rosette** *ép* falirózsa, takarórózsa; ~-**rotary cutting(-)machine** *gép* csőkörvágó; ~ **roughness** *ol* csőérdesség; ~ **sample** *bány* magminta; ~ **sampling** *bány* magmintavétel fúrással; ~(-)**saw** *gép* csőfűrész; ~(-)**scraper** *ol* csőmalac, csőtisztító, csőgörény; ~ **scraping** *ol* belső csőtisztítás; ~ **seal** *hidr* csőzár; ~ **setback** *bány, ol* fúrócsőasztal; ~ **sewer** *ép* szennyvízcsővezeték, szennyvízcsatorna; ~ **size** *gép* csőátmérő; ~ **sizing** *heng* kalibráló csőhengerlés; ~-**sizing mill** *heng* kalibráló csőhengerállvány; ~ **socket** *ép* csőkarmantyú, csőtok; ~ **spinning** *gép* csőpörgetés; ~-**spinning equipment** *gép* csőpörgető berendezés; ~-**spring jaw** *gép* csőszorító; ~ **standard** *gép, ip* csőszabvány; ~ **still** *vegy* csöves desztillálókészülék, csőkemence *(lepárló)*; ~-**still furnace** *vegy* csőkemence; ~ **stock** *gép* csavarmenetmetsző fej; ~(-)**stool** *gép* csőbak; ~ **stop(per)** *gép* alagcsővizsgáló csődugasz; vakkarima; ~ **straightener** → ~ puller; ~ **strap** → ~ bracket; ~ **string** *bány, ol* fúrócsőoszlop; *ép* strang; *gép* csőág; ~ **stub** *gép* csőcsonk; ~ **support** *gép* csőágyazás, csőalátámasztás, törésponti csőtámasztó tömb, csőtámasz, csőbilincs; ~-**swabbing machine** *ép, ol* kefés csőtisztító gép; ~ **system** *gép* csőhálózat; ~ **tap** *gép* csőmenetfúró; ~ **tapping** *heng* csőleszúrás; ~ **thread** *gép* csőmenet; ~ **thread(-)cutting machine** *gép* (gáz)csőmenetmetsző/gázcsőmenetvágó gép; ~ **threading** *gép* csőmenetvágás; ~-**threading machine** *gép* (gáz)-csőmenetvágó/gázcsőmenetmetsző gép; ~-**threading tool** *gép* (gáz)csőmenetvágó/gázcsőmenetmetsző szerszám; ~(-)**tongs** *pl* csőfogó, rudazatkulcs; *ol* fúrócsőkulcs, rotarikulcs; ~ **track** *ol* szállító csővezeték; ~ **transport of concrete** *ép* csővezetékes betonszállítás; ~ **trench** *ép, ol* csőárok; ~ **tubing** *ol* makaróni termelőcső; ~ **turbine** *hidr* csőturbina; ~ **twister** *szersz* csőfogó, csőkulcs; ~ **union** *gép* csőkötés; hollandi anya; ~ **valve** *hidr* csőelzáró szerkezet; ~ **vein** *geol* csöves telér; ~**-ventilated (Pv)** *hűt* keringetőcsöves léghűtésű; ~ **vice** *gép* csősatu; ~ **weaver** *tex* tömlőszövő; ~ **weld** *heg* csővarrat; ~ **welding** *heg* csőhegesztés; ~ **winch** → ~-laying winch; ~ **with a riser outlet** *hidr* csonkos cső; ~**-wood sawyer** *fa* csődonga-fűrészelő munkás; ~**(-)wrapping** *gép* csőburkolás, csőburkolat; ~**-wrapping machine** *gép* csőburkoló gép, csőszigetelő gép; ~**(-)wrench** *gép, ol* (csuklós/svéd) csőfogó, csőkulcs, rudazatkulcs; ~**-yard** *gép, ol* csőrámpa, csőtároló hely

pipeclay *ásv* pipaagyag; tajtékpor

piped | **gas supply** *ol* vezetékes gázellátás; ~ **vehicle** *vasút* fékvezetékes jármű

pipeless *gép* cső nélküli; *hang* síp nélküli; ~ **bulb** *el* csúcs/csőr nélküli bura; ~ **organ** *hang* villanyorgona, elektromos orgona

pipeline csővezeték; *ép, ol* gázelosztó vezeték, gázközművezeték, közművi gázvezeték, olajvezeték; *szt* adatcsatorna, parancscsatorna; ~ **accessory** *gép* csővezeték-szerelvény; ~ **breakage** *ol* csővezeték törés; ~ **capacity** *ol* szállítási kapacitás; ~ **characteristic curve** *fiz* csővezeték-jelleggörbe; ~ **computer** *szt* csőtápvonalas számítógép; ~ **condensate** *ol* távvezetéki kondenzátum; ~ **dredger/excavator** *ép* csővezetékárokásó; ~ **flowmeter** *metr* csővezeték-átfolyásmérő; ~ **gas** *ol* távvezetéki gáz; ~ **loss** *ol* szállítási veszteség; ~ **orifice** csődiafragma, mérőperem; ~ **processing** *szt* adatcsatornás feldolgozás(i folyamat); ~ **register** *szt* csővonalregiszter; ~ **scraper** *ép, ol* csővezeték-tisztító berendezés, csőgörény; ~ **throughput** *ol* szállítási kapacitás; ~ **transportation cost** *ol* szállítási költség; ~ **welding** *heg* csővezeték hegesztése

pipelined *szt* csőtápvonalas

pipelining *szt* üzenetsorozat továbbítás *(nyugtázás nélkül)*

pipeman *ép* csőfektető; *gép* csőszerelő, csőlakatos

piper *bány* gázcsatorna, gázömlési rés

piperazine *vegy* piperazin, dietilén-diamin, hexahidropirazin

piperic acid *vegy* piperinsav, metilén-dioxisztiril-akrilsav

piperidine *vegy* piperidin, hexahidropiridin

piperine *vegy* piperin, 1-piperilpiperidin

piperonal *vegy* piperonal, metilén-dioxobenzaldehid

piperonyl-aldehyde *vegy* piperonál, heliotropin

piperylene piperilén, 1,3-pentadién

pipestone *ásv* pipaföld

pipet(te) *vegy* pipetta

pipework *gép* csősor, csőkészlet, csőhálózat; *hang* orgonaház; ~ **basement** *ép* cső(vezeték)pince; ~ **efficiency** *hidr, ol* csővezeték-hatásfok

piping csőhálózat; cső(vezeték)rendszer; lecsapolás, elvezetés *(vízé, gázé)*; *hidr, talt* árvédelmi töltés csurgása, cső alakú talajkimosódás, buzgárképződés, belső erózió, hidraulikus talajtörés; szivattyúzás csövön; *koh* zsugorodási üregképződés, szívódás, lunkerképződés, lunkeresedés; *pa* gyűrődés, ránc *(papírban)*; *ruh* csőszerű vasalás, guvrírozás; ruhaszegély, ruhaszél; zsinórozás, szegőzsinór, zsinórzat, paszomány; *szt* csőpostaelv; ~ **by spring erosion** *talt* hidraulikus talajtörés; ~ **diagram** *gép* csővezeték elrendezési rajza; ~ **plan** *gép* csőséma; ~ **system** (cső)vezetékrendszer; ~ **water** *hidr* fakadóvíz

PIPO → parallel in parallel out

pippin file *szersz* kis háromszögletű reszelő

pique *kat, rep* rácsap, rátámad *(zuhanórepüléssel)*

piqué *tex* lyukas gubó; piké; ~ **cocoon** *tex* lyukas gubó, le nem motollálható gubó; ~ **weave** *tex* pikékötés

Pirani (vacuum) ga(u)ge *fiz* hődrótos (Pirani-féle) vákuummérő, Pirani-vákuummérő, fűtött szálas nyomásmérő

pirazine *vegy* pirazin, 1,4-diazin

piritic ore *bány* piritérc

pirl thread *tex* aranyfonal, ezüstfonal

pirn I. *v tex* csévél *(vetüléket)*; **II.** *n tex* (vetülék)cséve, orsó; tekercselő; ~**-change mechanism** vetülékváltó berendezés; ~ **cone** vetülékkúpcséve; ~ **loom** csévéváltós automata szövőszék; ~ **skewer** csévetartó tüske *(vetélőben)*; ~ **stripper** vetülékcséve-tisztító készülék, csévetisztító készülék; ~ **winder** csévélőgép, vetülékcsévélő gép *(vetülékfonalhoz)*

pirning *tex* vetülékcsévélés

PIRS → personal information retrieval system

pirssonite *ásv* pirssonit

pisanite *ásv* pisanit

pisciform hal alakú/formájú

pisé *ép* csömöszölt/döngölt/vert agyagtalaj/(föld)fal; ~ **de terre** *ép* döngölt/csömöszölt/vert agyagfalazat/(föld)fal; ~ **wall** → ~ de terre

pisiform borsó alakú

PISO → parallel in serial out

pisolite *ásv* borsókő, pizolit

pisolitic *geol* pizolitos; ~ **rock** *ásv* pizolitos kőzet

pistachio pisztácia; zöld szín(ű festék), pisztáciazöld; ~**(-)nut oil** *élip* pisztáciaolaj

pistacite *ásv* pisztácit

pistol *kat* pisztoly; ~ **grip** *kat* pisztolyagy; *szersz* pisztolyfogantyú, pisztolyfogás, revolverfogantyú; ~ **radar** *rád* radarpisztoly; ~**-type stud(-)driver** *ép* szögbelövő pisztoly

pistomesite *ásv* pisztomezit

piston *gép* dugattyú, tolattyú; *hang* pisztonventil, pisztonszelep *(rézfúvós hangszeren)*; *kat* csappantyú; gázdugattyú; *műa* (dugattyú)bélyeg; *távk* csúszó csőtápvonal-csatlakozás; rövidre záró dugó/dugattyú, eltolható rövidzárdugó; ~ **air drill** *ép* légkalapács; ~ **aligner** *gépk* dugattyú derékszög-beállító; ~ **alloy** *koh* dugattyúötvözet; ~ **baffle** *gépk* dugattyúszemölcs, dugattyúköldök; ~ **blower** *gép* dugattyús fúvó; ~**-body** *gép* dugattyútest; ~ **boss** *gépk* dugattyúszem; ~**-boss bushing** *gép* dugattyúagypersely; ~**(-)buffer** *kat* gázdugattyú-ütéscsökkentő; ~**-buffer spring** *kat* gázdugattyú-ütéscsökkentő rugó; ~ **cage** *bány* kasdugattyú; ~**(-)chamber** *gép* dugattyúház; ~ **clearance** *gép* dugattyúhézag; *hőt* káros tér *(gőzgépé)*; ~**(-)compressor** *ép* dugattyús (lég)kompresszor/sűrítő; ~ **concrete pump** *ép* betonszállító szivattyú; ~ **crown** *gép* dugattyútető, dugattyúfenék; ~ **cup** *gép* dugattyúköpeny, dugattyúpalást; ~ **cylinder** *gép* dugattyúhenger; ~ **displacement** *gép* lökettérfogat; *ol* dugattyús kiszorítás; ~ **drive** *gép* dugattyúhajtás; ~ **engine** *gép* dugattyús motor; ~**-engined aircraft** dugattyús motorú repülőgép; ~ **flowmeter** forgódugattyús mennyiségmérő; ~ **friction** *mech* dugattyúsúrlódás; ~ **ga(u)ge** *fiz* dugattyús manométer/nyomásmérleg/nyomásmérő; ~ **gud-**

geon pin *gép* dugattyúcsap(szeg); ~ **head** *gép* dugattyúfej; ~**(-)jig** *bány* dugattyús ülepítőgép, ülepítőköpű; ~ **land** *gépk* dugattyúváll; ~ **manometer** → ~ ga(u)ge; ~ **motor** dugattyús hajtómotor; ~**(-)nut** *kat* gázdugattyúanya; ~ **packing** *gép* dugattyútömítő; ~**(-)pin** *gép* dugattyúcsapszeg; ~**-pin bearing** *gép* dugattyúcsapágy; ~**-pin eye** *gép* dugattyúcsap(szeg)szem; ~**-pin key** *gép* dugattyúcsap(szeg)ék; ~**-pin retainer** *gép* dugattyúcsap(szeg)-rögzítő; ~ **play** → ~ slap; ~ **pressure** *gép* dugattyúnyomás; ~ **pressure ga(u)ge** → ~ ga(u)ge; ~ **pump** dugattyús szivattyú; ~**(-)ring** *gép* dugattyúgyűrű; ~**-ring bed/groove** *gép* dugattyúgyűrű-horony; ~**-ring grinding(-)machine** *forg* dugattyúgyűrű-köszörű; ~**(-)rod** *gép* dugattyúrúd, hajtórúd; ~**-rod collar** *gép* dugattyúrúdváll; ~**-rod coupling** *gép* dugattyúrúd-karmantyú; ~**(-)sampler** *talt* dugattyús mintavevő; ~ **screw** *gép* dugattyúcsavar; ~ **skirt** → ~ cup; ~ **slap** *gépk* dugattyúverődés, dugattyúkopogás/dugattyúkotyogás; ~ **slide(-)valve** *gép* hengeres tolattyú; ~ **speed** *gép* dugattyúsebesség; ~ **stroke** *gép* dugattyúlöket; ~ **supercharger** *rep* dugattyús sűrítő; ~**-swept volume** *gép* lökettérfogat; ~ **throttle** *gép* dugattyús fojtótolattyú; ~ **thrust** *mech* dugattyúra ható nyomás; ~ **top** → ~ head; ~**-type concrete pump** *ép* betonszállító szivattyú; ~**-type membrane mortar pump** *ép* dugattyús membrán-habarcsszivattyú; ~**-type piling hammer** *ép* mozgó dugattyús cölöpverő; ~**-type pump** → ~ pump; ~**-type shock(-)absorber** *gépk* dugattyús lengéscsillapító; ~**(-)valve** *gép* dugattyús tolattyú; *hang* Perinet-féle szelep; *hidr* hengeres tolózár; ~ **with leather cup** *gép* bőrkarimás/bőrkarmantyús dugattyú

pistonless *gép* dugattyú nélküli; ~ **pump** *gép* dugattyú nélküli szivattyú, pulzométer; ~ **steam pump** *hőt* dugattyú nélküli gőzszivattyú

pistonphone *hang* dugattyúmembrán

pit I. *v élip* kimagoz; *ép* gödröt ás; *vegy* kimar, kiesz *(sav fémet)*; kimaródik; **II.** *n any* pontkorrózió okozta gödröcske; *bány* ércbánya, szénbánya; külfejtési tölcsér *(feneke)*; (kutató)akna; tárnalejárat; *élip* (csonthéjas) mag; *ép* akna, gödör, üreg, verem, bemélyedés; kút; *fa* gödörke; *gépk* (szerelő)akna, szerelőgödör *(garázsban)*; depó, box *(versenypályán)*; *koh* salakgödör; *műa* préselési/sajtolási hiba; *vasút* süllyeszték; szemlélőgödör; ~ **annealing** *koh* gödörlágyítás; ~ **asphalt** *ép* lágy aszfalt; ~**(-)ballast** *ép* bányakavics; ~**(-)bank** *bány* akna körüli építmények; akna(kezelő)tér, aknarakodótér, szénosztályozó térség *(aknaszájnál)*; ~ **barring** *bány* aknakoszorú, aknajárom; ~ **boards** *pl ép* munkagödör-dúcolás; ~**(-)bottom** *bány* aknatalp, aknafenék; ~ **candle** *bány* bányamécs; ~ **casting** *önt* öntés gödörben; ~ **catchment structure** *bány* aknás forrásfoglalás; ~ **coal** *bány* aknaszén; ~ **corrosion** *any* pontkorrózió; ~ **cover** *gépk* szerelőakna-fedél *(garázsban)*; ~**-cover plate** *ép* kútfedő lap; ~ **crane** *önt* öntőgödördaru; ~ **crater** *talt* omlástölcsér; ~ **drying stove** *hőt* aknás szárítókemence; ~ **excavation** *ép* munkagödörföldkiemelés; ~**(-)eye** *bány* aknarakodó, rakodóhely, aknazsomp; ~ **flat** → ~(-)eye; ~**-frame** *bány* aknaácsolat; ~ **furnace** *koh* mélykemence, izzítógödör; ~ **furnace cover** *koh* mélykemencefedél; ~ **furnace crane** *koh* mélykemencedaru; ~ **furnace slag** *koh* forrasztósalak; ~ **gas** *bány* sújtólég, bányalég, metán; ~ **gate** *bány* aknaajtó; ~ **gear** *bány* bányafelszerelés, bányaberendezés, aknafelszerelés; ~**-granulated slag** *koh* medencében szemcsésített salak; ~ **grate** *élip* kiöntőrács, kiöntőrosta; ~ **gravel** *ép* bányakavics; ~**(-)head** *bány* aknaépület, aknatorony; aknaszáj, aknalejárat, tárnalejárat; felső kezelőtér; ~**-head frame** *bány* aknatorony, aknaépület; ~**(-)head winch** *bány* aknafelvonó; ~**(-)heap** *bány* (meddő)hányó; ~ **heating furnace** → ~ furnace; ~ **hole** *önt* gödör; ~ **hook** *fa* szenítőkampó; ~**(-)kiln** *koh* kokszolókemence; ~ **lamp** *bány* bányászlámpa; ~ **lathe** *forg* ágyúeszterga *(nagyméretű darabokhoz)*; ~ **level indicator** *ol* iszaptartályszint-mérő; ~ **lime** *ép* vermelt mész, mészszalonna; ~**-lime pump** *ép* mészmájszivattyú; ~ **mo(u)lding** *önt* formázás gödörben; ~ **mouth** *bány* tárószáj; ~**(-)pair** *fa* verempár; ~ **plane(r)** *fa* süllyesztett gyalugép; ~ **point corrosion** *koh* lyukkorrózió; ~ **portal** *bány* táró bejárata; ~**(-)prop** *bány* bánya(tám)fa; ~ **railway** *bány* bányavasút; ~ **rope** *bány* aknafelvonó-kötél, aknakötél; ~**-run ballast/gravel** *ép* osztályozatlan bányakavics; ~ **sample** *önt* acél öntésekor vett minta; ~ **sampling** *bány* mintavétel kutatóaknából; ~ **sand** *ép* bányahomok; ~**(-)saw** *fa* hasítófűrész, deszkafűrész, hosszfűrész; ~**-saw file** *szersz* nagy félkerek fűrészreszelő; ~ **side** *önt* öntőcsarnok öntőoldala; ~ **silo** mélysiló; veremsiló; ~ **sleeper** *bány* bányatalpfa; ~ **sludge** *bőr* üledék; ~ **sump** *bány* aknazsomp; ~**(-)tip** → ~(-)heap; ~**(-)top** *bány* aknakezelő tér; aknaszáj, tárókülszín; ~ **type furnace** *koh* mélykemence; ~ **water** *bány* bányavíz; ~**-wet** *bány* bányanedves; ~ **wood** *bány* bányafa; ~**(-)yard** *bány* aknaudvar

pitch I. *v ép* alapoz; beszurkoz, bekátrányoz; földbe ver *(cölöpöt)*; kővel burkol, kövez; követ élez, rézel *(útépítésnél)*; megemel; *gép* egymásba illeszkednek *(fogaskerekek)*; *hajó* bukdácsol, hánykolódik; *rep* bólint; **II.** *n* dobás, hajítás; pálya *(sport)*; csúcs(pont); tetőfok, legmagasabb fok; *at* rácsosztás; *cipő* cipősarok-magasság; *el* perforációosztás, perforációtávolság, lyukak távolsága *(perforációnál)*; tekercslépés; *ép* ívemelkedés *(válltól koronáig)*; kátrány, szurok; mennyezetmagasság; nyeregtető emelkedése, tetőhajlás; *film* osztás; *geod* dőlés(szög), lejtés; nyeregtengely *v.* antiklinális tengely dőlése, hajlás; *gép* foghézag, fogosztás; (menet)osztás *(többbekezdésű meneté)*; menetemelkedés *(egybekezdésű csavaron)*; *hajó* bukdácsolás, bólintó mozgás, hányódás; hajócsavar emelkedése; hosszdőlés; *hang* hangmagasság; *koh* szurok; *pa* káros gyanta; *rep* bólintás; légcsavar emelkedése; *szer* menetmagasság, emelkedés *(csavaré)*; *szt* karakter/inch; *tex* láncsűrűség; *tv* televíziós sorköz, távköz; ~ **angle** *el* sodratszög *(kábelé)*; *hajó, rep* hosszanti hajlásszög; hosszdőlés, bólintószög; légcsavar emelkedése; légcsavarlapát beállítási szöge; ~ **attitude** *rep* hosszdőlési repülőgéphelyzet; ~ **axis** *hajó, rep* hosszdőlési tengely; repülőgép kereszttengelye; ~**(-)binder** *bány* kötőszurok; ~**(-)block** *ép* szuroktömb, szurokgolyó *(bádogosé)*; ~ **chain** *gép* kalibrált lánc *(lánckerékhajtáshoz)*; ~ **channel** *rep* bólintáscsatorna; ~ **characteristics** *rep* hosszdőlési jellemzők; ~ **circle** *gép* osztókör, lyukkör *(csőkarimán)*, sugárkör *(Pelton-turbi-*

nán); *koh* elektródosztókör; ~(-)**circle diameter (PCD)** *gép* osztókörátmérő; ~ **circle of engagement** *gép* kerékosztó kör; ~ **coal** *bány* bitumenes szén; ~ **coating** *ép* szurkolás; ~ **coke** *ol* szurokkoksz, kátrány(szurok)koksz; ~ **cone** *gép* osztókúp, alaposztó kúp; ~**-cone angle** *gép* osztókúpszög; ~**-cone line** *gép* osztókúp alkotójának hossza; ~**-cone radius** *gép* osztókúpsugár; ~ **control** *rep* állásszög-szabályozás; emelkedésszabályozás; *tv* egységhosszra eső vonalszám ellenőrzése; ~ **control system** *rep* hosszdőlésszabályozó rendszer; ~ **copper(-)ore** *bány* rézszurokérc; ~ **curve** *gép* osztógörbe; ~ **damping** *rep* hosszdőlés-csillapítás; ~ **diameter** *gép* osztókörátmérő; ~(-)**dipping** *bány* meredek dőlésű; ~**-down** *rep* előrebukás; zuhanás, zuhanórepülés; ~ **error** *gép* fogosztáshiba; ~**-faced** *ép* durva felületű *(terméskő)*; ~ **filling** *ép* kátrányhézagolás; ~ **formation** *pa* gyantakiválás, gyantakicsapódás; ~ **ga(u)ge** *gép* osztásmérő, menetemelkedés-mérő; ~ **gear** *gép* DP-osztású fogaskerék; ~ **glance** *ásv* szurokfény; ~**-grinding mill** *ép* szurokmalom; ~ **gyroscope** *rep* hosszdőlési pörgettyű; ~(-)**hole** *ép* kátyú; ~ **interval** *hang* hangköz, hangfrekvencia-arány; ~ **level** *hang* hangmagasság; ~ **lever** *rep* légcsavar állásszög-szabályozó karja; ~ **limit** *hang* magassági határ; *rep* határemelkedés; ~ **line** *gép* osztóvonal, osztógörbe; *koh* semleges vonal; ~ **macadam** *ép* kátrányzúzalékos makadám; ~ **moment** *rep* bólintónyomaték; ~(-)**mop** *hajó* kátrányozóecset; ~ **of arch** *ép* fesztávviszony; ívmagasság; ~ **of blade** *hajó, rep* csavarszárny-emelkedés; ~ **of drill** *forg* fúróorsók osztása/távolsága *(többorsós fúrógépen)*; ~ **of flutes** *élip* rovátkaosztás; ~ **of note** *hang* hangmagasság; ~ **of propeller** → ~ of blade; ~ **of roof** *ép* tetőlejtés; ~ **of the rivets** *gép* szegecsosztás; ~ **of tone** → ~ of note; ~ **of turns** *el* tekercsmenet-emelkedés; ~ **of warp threads** *tex* láncfonalosztás; ~ **of weld** *heg* varratosztás; ~ **of wire** *pa* szitalejtés; ~ **ore** *koh* uránszurokérc; ~ **paper** *ép* szurokpapír, kátránypapír; ~ **peat** *talt* kátrányos tőzeg; ~(-)**pine** *fa* szurokfenyő; *hang* hangsíp; ~ **point** *gép* főpont *(fogazásé)*; ~ **radius** *gép* osztó(kör)sugár; ~(-)**range** *rád, távk* hangmagasság-tartomány; ~ **rate** *rep* hosszdőlés/bólintás mértéke/foka; ~**-rate gyro** *rep* hosszdőlési/bólintási szögsebességi pörgettyű; ~ **ratio (PR)** *rep* légcsavar állásszöge; ~ **recorder** *hang* hangmagasságíró; ~ **remover** *ol* szurokeltávolító *(berendezés)*; ~ **reversing (of propeller)** *rep* negatív állásszögbe állítás *(légcsavaré)*; ~ **separator** *ol* szurokleválasztó; ~ **setting** *rep* légcsavarállásszög-beállítás; ~ **slip** *gép* eltérés a normális szegecstávolságtól; ~ **stability** *rep* hosszdőlési/hosszirányú stabilitás; ~ **stick** *rep* helikopter állásszögszabályozó-karja; ~ **stiffness** *rep* hosszirányú stabilitás; ~ **thread** *tex* szurkos fonal; **to the** ~ *bány* dőlésirányban; ~ **trouble** *pa* gyantanehézség; ~**-under** → ~-down; ~**-up** *rep* felrántás, túlhúzás; ~ **variation** *hang* nyávogás; ~**-variation indicator** *hang* nyávogásmérő; ~(-)**wheels** *pl gép* azonos osztású fogaskeréksor *v.* fogaskerék-sorozat

pitchblende *ásv* uraninit, uránszurokérc

pitchboard *ép* árokkidúcoló deszka

pitched *ép* kátrányozott, szurkozott; kőzúzalékkal megalapozott, köves, kövezett; *geod* lejtős; *gép* kalibrált; ~ **chain** *gép* kalibrált lánc *(lánckerékhajtáshoz)*; ~ **foundation** *ép* kőrakatalap, rakott kőalap; ~ **roof** *ép* magos tető, nyeregtető; nyeregfedél; ~ **slope** *ép* rézsű(kő)burkolat

pitcher *bány* csákány; *ép* gránit burkolókocka/kockakő, burkolókő; szurkozó, kátrányozó; *üveg* (vizes)-kancsó; ~ **tee** *gép* T darab 45°-os hajlított elágazással *(idomcső)*

pitchfork *hang* hangvilla; *mzg* szénavilla, trágyavilla, vasvilla

pitching I. *a ép* kátrányozó, szurkoló; kövező, alapozó; *geod* enye/lapos/meredek dőlésű, dőlt; *hajó, rep* bólintó; **II.** *n ép* (út)kövezés, (út)alapozás, kövezet; kátrányolás, kátrányozás, szurkolás; verőhelyzetbe juttatás *(cölöpé)*; *geod* dőlés, lejtés; *gép* egymásba illeszkedés *(fogaskerekeké)*; *hajó* bólintólengés, fikázás *(hajólengés)*; *hajó, rep* bukdácsolás, bólintó mozgás, bólintás, hosszirányú dőlés; *hidr* kőhányás; kőrakat; partburkolat kőből, rézsűkövezés; *mech* ingarezgés; *rep* felrántás, túlhúzás; hosszirányú mozgás; zuhanórepülés; ~ **coal** *bány* dőlt (szén)telep; ~ **moment** *hajó, rep* bólintónyomaték; ~ **oscillation** *gépk, rep* bólintórezgés; ~ **period** *hajó* bólintóperiódus, bólintóidő; ~(-)**piece** *ép* száraz kőburkolat *(habarcs nélküli)*; ~ **plane** *rep* bólintás síkja, függőleges/hosszdőlési sík; repülőgép szimmetriasíkja; ~ **rubble** *ép* terméskő burkolat; ~ **seam** *bány* meredek telep; ~ **tool** *ép* csőtömítő rúd, simítórúd; ~ **velocity** *rep* hosszdőlési/bólintási szögsebesség

pitchover *aut* átirányítás(i manőver/fázis)

pitchstone *ásv* szurokkő

pitchy koromfekete, kátránykorom-fekete, szurokfekete; *ép* kátrányos, szurkos, beszurkozott; ~(-)**fir oil** *vegy* fenyőolaj; ~ **wool** *tex* ragadós gyapjú

pitfall *szt* csapda

pith *el* mag, bél, ér; *élip* belső (fehér) héj; *fa* fabél; *finm, óra* tisztítófa; *tex* velőréteg; ~**-ball electroscope** *fiz* bodzabélgolyós elektroszkóp; ~ **fleck** *fa* bélfolt; ~ **ray** *fa* bélsugár

pithiness *élip* pudvásság

pithy *élip* pudvás, fás

pitman[1] *pl* **pitmans** *alak* mankó; *gép* csatlakozórúd; *mzg* hajtórúd *(kaszálógépen)*; ~ **bearing** *gép, ol* hajtórúdcsapágy, tolórúdcsapágy; ~ **coupling** *gép* hajtórúdcsukló, hajtórúdfej; ~ **head** *gép, mzg* excenterfej; vonórúdfej, hajtórúdfej

pitman[2] *pl* **pitmen** *bány* bányász, vájár, aknamélyítő munkás; *fa* fűrészelőmunkás

pitometer → Pitot-static tube

Pitot | head *rep* légnyomásvevőfej; ~ **pressure gauge** *rep* Pitot-csöves légnyomásmérő; ~**-(static) tube** *hidr* Pitot-csöves vízsebességmérő, Pitot-cső; ~**-Venturi tube** *rep* Pitot—Venturi cső

pitsaw → pit(-)saw

pitted *any* rozsdafoltos, rozsdamarta, gödrösödött, gödörkés *(korrózió folytán)*; üreges, lyukacsos; *élip* kimagvazott; *ép* árkolt, gödrös; *önt* himlőhelyes, poloskás, ragyás

pitticite *ásv* pitticit

pitting *any* gödrösödés, pitting, kipattogzás, lepattogzás, pontkorrózió; *ép* mélyedésképződés *(tűzálló téglában)*; *fa* gödörkézettség; *önt* hámlás, poloska, ragya *(felületi hiba)*; pitting; ~ **corrosion** *önt* lyukkorrózió; ~ **potential** *önt* lyukkorróziós potenciál

pittinite *ásv* pittinit

PIV → peak inverse voltage
pivot I. *v gép* csúcsokon agyaz; fordít *(csap körül)*; forog, fordul *(csap körül)*; leng; sarkaz, csapoz; **II.** *n* csúcságy; állócsap, forgócsap, lengőcsap, sarokcsap, tengely(vég)csap; függőleges csap/tengely; csap(szeg); *szt* pivotelem; ~ **angle** *rep* oldalszög; ~**(-)axle** *gép* királycsap; ~**(-)bearing** *ép* billenősaru, ingósaru *(hídépítésnél)*; *gép* csapágy; csuklós alátámasztás; ~ **bolt** *gép* csuklócsap; ~ **bore** *gép* csapfurat *(csapé)*; ~ **bridge** *ép* forgóhíd; ~ **broach** *finm* tűdörzsár *(óraművesé)*; ~**-cent(e)ring tool** *finm* csapfúró készülék; ~ **drill** *finm* csapfúró *(órásé)*; ~ **element** főelem, pivotelem, generálóelem; ~ **eye** *gépk* fékpofaszem; ~ **faults** *gép* tengelyirányú forgási vetődések; ~ **frame** *vasút* sorompórúd állványa; ~ **friction** *gép* csapágysúrlódás; ~ **ga(u)ge** *finm* óracsapvastagság-mérő; ~ **gearing** *gép* forgótengelyes fogaskerék-áttétel; ~ **hinge** *gép* csuklópánt; ~ **hole** *finm* csapágy *(óráé)*; *gép* csapfurat *(csapnak)*; ~ **journal** *gép* forgótengelycsap; ~ **nut** *gép* forgócsapanya; ~ **pier** *ép* forgóhídcsap-támasztó pillér; ~**(-)pin** *forg* forgáscsap; *gép* csuklócsap, lengőkarcsap; ~**(-)plate** *vasút* csúcssínforgócsap-lemez; ~ **reamer** *szersz* tengelycsapágydörzsár, önbeálló dörzsár; ~ **ring** *gép* gyűrűs talpcsap; ~ **screw** *gép* csapos csavar; ~ **seat** *gépk* forgóülés; ~ **shaft** *gépk* forgózsámoly csapja; hátsó tartótengely, akasztótengely; ~ **sinker** *finm* csapmaró; ~ **slewing crane** *em* forgócsapos forgódaru; ~ **span** *ép* forgatható híd nyílása; ~ **switch** *el* forgócsapos kapcsoló, forgókapcsoló
pivotal *gép* (forgó)csapos, csapozott, forgatható, forgócsapra felfüggesztett; forgó, forgási, sarkponti; ~ **bearing** *gép* csuklós támasz, lengőtámasz; forgócsapcsapágy
pivotdavit *hajó* forgatható csónakdaru
pivoted *gép* (forgó)csapos, csapozott, forgatható, forgócsapra felfüggesztett; ~ **arm** *gép* elfordítható kar; ~ **axle** *gép* lengőtengely; ~**-bucket carrier** *em* serleges emelőmű, elevátor; ~**-bucket conveyor/conveyer** *em* billenőserleges szállítómű/felvonó; ~ **carriage** *vasút* forgóállványos kocsi; ~ **clamp** *gép* elfordítható szorító; ~ **counterweight** *gép* csuklósan kapcsolt ellensúly; ~ **crutch** *gépk* motorkerékpár-állvány; ~ **fork** *gépk* lengővilla *(motorkerékpáré)*
pivoting *gép* forgás, lengés; sarkazás, csapozás, csapágycsúcsok behelyezése; ~ **advance** *gépk* önszabályozó előgyújtás; ~ **bearing** *gép* billenősaru; forgócsapcsapágy; ~ **centre/center** *finm* csapfinomító nyeregszeg; ~ **fan** *szell* lengőszellőző; ~ **point** *gép* forgáspont; ~ **tool** *finm* csapfinomító
pixel *szt* képelem, pixel
pixillation *tv* szétesés *(képé)*
PJ → pulse jet
PL/1 → programming language 1
PL/M → programming language for microcomputers
PLA → programmable logic array
place I. *v* (le)fektet, (el)helyez; *ép* bedolgoz *(betont)*; felhord, beépít; **II.** *n bány* bányatérség, munkahely, vágat, front; *ép* alapterület; *mat* helyi érték, helyérték *(számjegyé)*; sorhely, mértani hely, pont, hely *(felületen)*; *nyom* szöveghely, passzus; *szt* hely, digitpozíció, számjegypozíció; ~ **at ground potential** *v el* földel; ~**(-)brick** *ép* gyengén/félig/rosszul (ki)égetett tégla; ~ **for storage** *fa* farakodó tér, máglyatér; ~ **in circuit** *v el* áramkörbe bekapcsol; ~ **isomerism** *vegy* helyzeti izoméria; ~ **of destination** rendeltetési hely; ~ **of hundreds** *mat* százasok helye; ~ **of readiness** készenléti hely; ~ **out of service** *v gép, ip* üzemen kívül helyez; ~ **value** *mat* helyérték, helyi érték; ~**-value system** *mat* helyiértékrendszer
placeability *ép* bedolgozhatóság *(betoné)*
placeable concrete *ép* (jól) bedolgozható beton
placed elhelyezett, lefektetett; *ép* beépített, bedolgozott; ~ **for maximum** *ép* mértékadó teherállású
placement elhelyezés, helyzet; ~ **algorithm** *mat* elhelyezési algoritmus; ~ **moisture (content)** *ép, talt* beépítési/bedolgozási víztartalom; ~ **of concrete** *ép* betonbedolgozás, betonozás; ~ **water(-)content** *ép, talt* beépítési/bedolgozási víztartalom
placer *bány* torlat; ~ **gold** *bány* mosóarany; torlatarany; ~**s** *pl bány* alluviális lelőhely/település/telep(réteg), mosással művelhető lelőhely, torlat; ~ **tin** *koh* torlati ón
placing elhelyezés, beemelés, (le)fektetés; *ép* bedolgozás *(betoné)*; beépítés; *gép* telepítés; ~ **boom** *ép* hidraulikus elosztógép; ~ **distance** *gép* osztókúp alkotója; szerelési távolság; ~ **in service** üzembe helyezés; ~ **of bore-holes** *bány* fúrólyuk-telepítés; ~ **on production** *ol* kútindítás; ~ **over a common denominator** *mat* közös nevezőre hozás *(törteknél)*; ~ **plant** *ép* betonozóberendezés; ~ **sequence** *ép* beépítési sorrend
plafond *ép* (díszes) mennyezet
plagioclase *ásv* plagioklász
plagionite *ásv* plagionit
plain I. *a* sima, egyszerű; *ép* vasalatlan *(beton)*; *geol* lapos, sík, nyílt; *tex* egyszínű, színezetlen, mintázatlan; vászonkötésű; **II.** *n ép* tér; *geol* alföld, rónaság, lapály, síkság; *tex* vászonkötés; ~ **agar** *biot* egyszerű (peptonos) agar; ~ **air(-)foil** *gép* síklapszelvény; ~ **bar** *ép* sima felületű *v.* közönséges betonacél; ~ **beam** *ép* tömör gerincű gerenda *(nem rácsos)*; ~ **bearing** *gép* csúszósaru, felfekvés; szemcsapágy, osztatlan csapágy; ~**-bearing block** *gép* siklócsapágyazás; ~**-bearing liner** *gép* csúszócsapágybélés; ~**-bearing spindle** *tex* siklócsapágyas orsó; ~ **bed** *forg* híd nélküli gépágy; ~ **bending die** *alak* egyszerű hajlítószerszám; ~**-break circuit(-)breaker** *el* ívoltás nélküli megszakító; ~ **broth** *biot* peptonos táptalaj; ~**-butt joint** *heg* I kötés; ~ **butt weld** *heg* I varrat; ~ **butt welding** *heg* I varrathegesztés; ~**(-)cage** *cipő* nyitott szélű *(felsőrész)*; ~ **calender** *tex* öthengeres kalander; ~ **carbon steel** *koh* ötvözetlen acél; ~ **cloth** *tex* minta nélküli *v.* sima szövet, vászonkötésű szövet; ~ **concrete** *ép* vasalatlan *v.* vasalás nélküli beton; ~ **condensed milk** *élip* ipari feldolgozásra besűrített tej; ~ **conduit** *ép* sima acélpáncélcső; ~ **connecting rod** *gép* egyenes hajtórúd; V motor középső hajtókarja; ~ **coupler** *el* kábelkarmantyú; ~ **crane truck ladle** *em* kézi billentésű daruüst; ~ **cut-out** *el* nyitott olvadóbiztosító; ~**-cut pipe** *ép* simára vakolt végű cső; ~ **cutter** *forg* palástmaró; ~**-cutting disk** *alak* fémvágó acéltárcsa; ~ **cylindrical turning** *forg* hosszesztergálás; ~ **division** *geod* területosztás; ~ **drawing die** *alak* egyszerű húzószerszám; ~ **dyeing** *tex* egyszínűre színezés; ~**-edged** *fa* éles élű, ép élű, simára gyalult élű; ~ **extractor body** *ol* egyszerű extraktor, extraktorelem; ~ **fabric** *tex* vászonkötésű szövet; ~ **feeder** *el*

leágazás nélküli tápvezeték; ~ **fit** *gép* egyszerű illesztés; ~ **flap** *rep* terpeszlap, ívelőlap; ~**(-)flax(en) linen** *tex* lenvászon; ~ **flow** *rep* kétdimenziós áramlás; ~ **friction bearing** *gép* csúszósaru, egyszerű súrlódásos felfekvés, siklócsapágy; ~ **gap** *el* légréses túlfeszültség-levezető; ~ **girder** *ép* tömör gerincű tartó, teljes/tömör falú tartó; ~ **goods** *pl tex* simán szövött áru; ~ **grinding** *élip* sima őrlés; ~ **grinding(-)machine** *forg* síkköszörű, körköszörű; ~ **jersey fabric** *kh* sima egy tűsoros kötés; ~**-jointed floor** *ép* simán illesztett deszkapadló; ~**-knitted** *kh* simán hurkolt; ~ **knitting** *kh* sima egyszínoldalas kötés; ~**-laid** *tex* keresztveretű, keresztsodratú (kötél); ~**-laid rope** *tex* keresztveretű/keresztsodratú kötél; ~**-lap joint** *gép* lépcsőzés és peremezés nélküli átlapolt kötés; ~ **linen** *tex* vászonkötésű lenszövet, lenvászon; ~ **linoleum** *ép* egyszínű linóleum; ~ **loom** *tex* síkszövőgép; ~ **machine** *kh* simaárut készítő kötőgép; ~ **message** *rep* nyílt (nyelvű) közlemény/távirat; ~ **milling** *forg* palástmarás; ~ **milling cutter** *forg* hengermaró; palástmaró; ~ **milling(-)machine** *forg* egyszerű vízszintes marógép, síkmarógép; ~ **moreen** *tex* vetülékripsz; ~**-mountain device** *vasút* síkpálya-hegypálya átváltó; ~ **net** *tex* közönséges filé; ~**(-)paper** nem vonalazott *v.* sima papír; alappapír, nyerspapír; ~ **paper(-)filter** *gyógyv* sima papírszűrő; ~ **plug ga(u)ge** *ol* laposkúpos dugós idomszer; ~ **press** *pa* egyszerű prés; ~ **printing** *nyom* síknyomás; ~ **quality** *ip* harmadosztályú minőség; ~ **radial drill** *bány* merev sugárfúró; ~ **ring ga(u)ge** *gép* gyűrűs lemezidomszer; *ol* laposkúpos villás idomszer; ~ **roll** *koh* sima henger; ~ **roll crusher** *bány* sima hengeres törő; ~ **roof(-)tile** *ép* síkcserép, hódfarkú cserép; ~ **round bar** *ép* sima köracél *(nem bordázott)*; ~**-sawed** *fa* húrmetszetre fűrészelt; ~ **sawyer** *fa* hasítófűrész; ~ **sedimentation** *hidr* egyszerű ülepítés; ~ **sequence** *el* pozitív/egyenes sorrend; ~ **settlement** *hidr* egyszerű/mechanikus tisztítás *(szennyvízé)*; ~**-slide gate** *hidr* zsiliptábla; ~ **slide(-)valve** *gép* síktolattyú, kagylós tolattyú; ~ **steel** *koh* ötvözetlen szénacél; ~ **steel conduit** *ép* sima acélpáncélcső; ~ **strip shingle** *ép* nem öntapadó zsindely; ~ **surface** *geod, kat* sima szakasz; ~ **table** *geod* mérőasztal, síkasztal; ~ **tee joint** *heg* éllemunkálás nélküli T kötés; ~ **text** *szt* eredeti/kódolatlan szöveg; ~ **Thermit/thermit(e)** *heg* tiszta termitpor *(fémadalék nélkül)*; ~ **thrust(-)bearing** *gép* axiális/nyomó siklócsapágy; ~**(-)tile** *ép* hódfarkú cserép, lapos tetőfedő cserép; ~ **tract** *hidr* alsó szakasz; ~**(-)tract river** *hidr* alsószakasz-jellegű folyó; ~**-tube economizer** *hőt* sima csöves tápvíz-előmelegítő; ~ **turning** *forg* hosszesztergálás; ~**-turning lathe** *forg* egyszerű eszterga *(vezérorsó nélkül)*; ~**-turning slide** *forg* síkesztergaszán; ~ **valley** *geol* alsószakasz-jellegű völgy; ~ **vice** *gép* lapos sikattyú; ~ **washer** *gép* lapos alátétgyűrű; ~ **water** *hidr* közönséges víz *(lágyítatlan)*; ~ **weave** *tex* vászonkötés; ~**(-)web girder** *ép* gerinclemezes tartó; ~ **writing** *szt* kódolatlan írás

plainness egyenletesség, laposság, simaság

plait I. *v tex* (be)fon, összefon; hajt(ogat), ráncol, redőbe rak, plisszíroz; **II.** *n nyom* falc; *tex* felfűzés; hajtás, hajtogatás, redőbe rakás, ránc, pliszé; ~ **point** *el* hajláspont; *vegy* kritikus szételegyedési pont

plaited *tex* csomózott; fonatos, font; hajtogatott, ráncolt, redőzött, berakott, plisszírozott; ~ **shoes** *pl cipő* fonott cipő; ~ **work** *kh* fedőfonalas kötés

plaiter *csom* önrakodó készülék; *tex* berakógép, plisszényomó gép; fonómunkás; hajtogató

plaiting *tex* (be)fonás; fonat; hajtogatás, redőzés, berakás; ráncrakat, pliszé; ~ **frame** *tex* fonatos gép

plaitwork *tex* fonat

plan I. *v ép, gép* tervez, megtervez, alaprajzot/tervrajzot készít; **II.** *n* terv(ezet); *bány* feltárási/művelési rendszer; *ép* alaprajz, terv(ezet); felülnézet, vízszintes metszet/vetület; terv(rajz); vázlat; *geod* (kis léptékű) térkép; *gép* ábra, séma; ~ **area** *ép, gép* keresztszelvény, keresztmetszeti terület; ~ **assignment** *ip* tervelőirányzat; ~ **drawing** *geod* térképrajz; ~ **form** *ép* alaprajz; vízszintes vetület; ~**-form fillet** *rep* lapos alakú áramvonalas átmenet/borítás; ~ **of cable layout** *el, távb* kábelfektetési terv; ~ **of prospection** feltárási terv; ~ **of rolls** *koh* hengerrajz; ~ **of site** *ép* általános helyszínrajz/elrendezés; ~**(-)paper** *pa* tervrajzpapír; ~**-position fixing** *geod* térképhelyzet-meghatározás; ~**-position indication (PPI)** térképszerű ábrázolás, PPI, elektronikus térkép; ~**-position indicator (PPI)** *rád* panoramikus helyzetindikátor, PPI-indikálóegység, térképcső; *rep* síkhelyzet-kiértékelő radarernyő; ~**-position indicator tube** → PPI scope; ~**-position information** *rep* kétdimenziós helyzetjelentés; ~ **view** *ép* felülnézet, alaprajzi nézet(rajz), alaprajz

planar *el* planár; *mat* sík-, síkbeli, planáris, egy síkban fekvő, kétdimenziós; ~ **angle** *krist* lapszög; ~ **body** *mat* poliéder, soklap; ~ **conformation** *vegy* síkbeli konformáció; ~ **diode** *félv* síkdióda, planárdióda; ~ **disorder** *krist* síkrendezetlenség; ~ **epitaxial transistor/triode** *félv* epiplanáris tranzisztor/trióda, epitaxiális planártranzisztor/planártrióda; ~ **graph** *mat* síkba rajzolható gráf, síkgráf; ~ **grid** *távk* síkrács; ~ **Hall effect** *krist* sík Hall-effektus; ~ **integrated circuits** *szt* planáris integrált áramkör; ~ **interface** *mat* sík határfelület; ~ **lens** *opt* síklencse; ~ **mask** *félv* perforált betét/maszk, árnyékolómaszk; ~ **nucleus** *krist* sík góc; ~ **objective** *opt* síklencse; ~ **process** *el* planáreljárás; ~ **screen** síkszita; ~ **solid** *mat* poliéder, soklap; ~ **structure** *krist* felületszerkezet, lemezszerkezet, lemezes szerkezet; ~ **symmetry group** *krist* sík szimmetriacsoport; ~ **technology** *el, félv* planártechnológia, planáris félvezető technológia, planáreljárás; ~ **transistor/triode** *félv* planártranzisztor

planation *ép* egyengetés

planchet *alak* tárcsa, lapka *(érmesajtoláshoz)*; *gép* síkasztal; ~ **casting** *önt* lapkaöntés, mintadeszkás öntés; ~**(-)cutting press** *alak* pénzlapkakivágó sajtó

planchette *geod* mérőasztallap

Planck | constant *fiz* Planck-féle állandó/hatáskvantum, Planck-állandó; ~ **law** *fiz* Planck-törvény *(kvantumhipotézis)*; ~ **radiation formula** *fiz* Planck-féle sugárzási törvény; ~**'s elementary quantum of action** → Planck constant

Planckian | locus *fiz* feketetest-vonal; színtelen/akromatikus hely, Planck-féle hely, feketetest kisugárzási helye; ~ **radiator** *fiz* (abszolút) fekete test, fekete sugárzó

plane[1] **I.** *v cipő* egyenget *(kivágótőkét)*; *ép* (ki)egyenget, (ki)simít, kiigazít, planíroz; *fa, forg* (le)gyalul, (meg)gyalul; *hajó, rep* siklik *(vízen, levegőben)*; *nyom* formát egyenget; szedést lever *(formában)*; **II.** *a ép* sík, egyenletes; *mat* kétdimenziós, síkbeli, planáris; **III.** *n bány* ereszke, gurító, sikló; keresztvágat, főszállítóvágat; szint, vállap síkja; *fa* gyalu; *gép* síkidomszer; *krist* kristálylap; *mat* sík(felület), síklap; *rep* hordsík, hordfelület; repülő(gép); szárny; *vasút* gurító; ~ **aerial** → ~ antenna; ~ **algebraic curve of the third degree/order** *mat* harmadfokú/harmadrendű síkgörbe; ~ **angle** *krist* lapszög; *mat* síkbeli szög, síkszög, egyenesszög; ~ **angle between two edges** *mat* élszög; ~ **antenna** *távk* felületantenna, síkantenna, síkdipólantenna; ~ **area** *távk* keresztmetszeti felület; ~ **ashlar** *ép* sima faragott kő; ~ **away the irregularities** *v* legyalulja az egyenetlenségeket, simára gyalul; ~ **bending** *gép* egyenes/síkbeli hajlítás; ~**(-)block** *fa, forg* gyalukéstartó, gyalutest, gyalutok; ~**-borne** *rep* repülőgépen szállított; ~**-bottom hammer** *alak* simító kézi kalapács; ~**-cent(e)red** *krist* lapcentrált, lc, lapközéppontos, lk; ~ **circularly** *v fa, forg* hengerfelületet gyalul; ~ **coil** *el* tárcsás/lapos tekercs; ~**(-)concave** *opt* plánkonkáv, síkhomorú; ~**(-)concave lens** *opt* plánkonkáv/síkhomorú lencse; ~**(-)convex lens** plánkonvex/síkdomború lencse; ~ **cubic (curve)** *mat* harmadfokú/harmadrendű síkgörbe; ~ **curve** *mat* síkgörbe; ~ **cylindrical polar coordinates** *mat* (síkbeli) polárkoordináták; ~ **diaphragm** *hang* síkmembrán; ~ **dihedral angle** *mat* lapszög, két sík szöge; ~ **director** *mat, távk* iránysík; ~ **down** *v nyom* szedést lever *(formában)*; *rep* vitorlázva leszáll; ~**-earth attenuation** *távk* hullámcsillapodás sima földfelület mentén; ~ **elasticity** *mech* síkrugalmasságtan; ~ **field** *mat* sík(beli) vektortér/mező; ~ **figure** *mat* síkidom; ~ **flow** *fiz* kétdimenziós áramlás; ~ **flying** *rep* egyenes síkú repülés *(a Föld görbületének figyelmen kívül hagyásával)*; ~ **formula** *vegy* síkképlet; ~ **fracture** síktörés, síktöret; ~ **framework** *ép* síkbeli rácsos tartó, síkrácsos tartószerkezet; ~ **ga(u)ge** *gép* síkidomszer; ~ **geometry** *mat* planimetria, síkmértan, síkgeometria; ~ **girder** *ép* síkbeli tartó; ~**(-)gliding plane** *geol* sík csúszólap; ~ **graph** *mat* síkgráf; ~ **grate** *krist* síkrács; ~ **grinding** *forg* síkköszörülés; ~**-index transformation** *krist* síkindex-transzformáció; ~**(-)iron** *fa, forg* gyaluvas, gyalukés; ~**(-)knife** → ~(-)iron; ~ **membrane** *hang* síkmembrán; ~**-mile** *rep* repülőgépmérföld; ~ **milling** *forg* síkmarás; ~ **mirror** *opt* síktükör; ~ **motion** *mech* síkmozgás; ~ **of bending** *alak, mech* hajlítás síkja; ~ **of cleavage** *fa* hasadási irány, hasításirány(-felület); ~ **of collimation** *geod* kollimáció síkja; ~ **of complex numbers with exclusion of one point** *mat* átszúrt *v.* egy pontjától megfosztott számsík; ~ **of complex numbers** *mat* komplex/Gauss-féle (szám)-sík; ~ **of coordinates** *mat* koordinátasík, alapsík; ~ **of curvature** *mat* simulósík, görbületi sík; ~ **of departure** *kat* indulósík; ~ **of dipoles** *távk* dipólsík; ~ **of direction** *geod* iránysík; ~ **of equivalent thin lens** *opt* eredeti konvergenciasík; ~ **off** *v fa, forg* legyalul, meggyalul, gyalulással lemunkál; ~ **of fire** *kat* lősík; ~ **of fracture** *geol* törésfelület; ~ **of gravity** *mech* súlysík; ~ **of incidence** *bány* becsapódási sík; dőlési sík; *opt* beesési sík; ~ **of inertia** *mech* tehetetlenségi sík; ~ **of measurement** referenciasík, mérősík; ~ **of mirror** *krist, mat* reflektálósík, tükörsík; szimmetriasík; ~ **of motion** pályasík; ~ **of optic axes** *opt* optikai tengelysík; ~ **of polarization** *fiz* polarizáció síkja; ~ **of position** *kat* célsík; ~ **of principal symmetry** *krist, mat* fősík, főszimmetriasík, szimmetriasík (felületé); ~ **of projection** *mat, opt* vetítési sík, vetítősík, képsík, vetületsík; ~ **of reference** *krist* vonatkozási sík; *mat* koordinátasík, alapsík; ~ **of reflection** *távk* visszaverődési sík; ~ **of refraction** *távk* töréssík, törési sík, tőrősík; ~ **of rupture** *any* törés síkja, csúszófelület mentén bekövetkező törés síkja az anyagban; ~ **of saturation** *hidr* talajvíztükör; ~ **of sighting** *kat* irányzósík; ~ **of split** *gép* osztósík, osztófelület; ~ **of stratification** *bány* település síkja; ~ **of symmetry** *krist, mat* szimmetriasík, reflektálósík, tükörsík; ~ **of the meridian** meridiánsík; ~ **of the nominal ILS glide path** *rep* névleges ILS siklópálya síkfelület; ~ **of the orbit** pályasík; ~ **of the principal stresses** *geol* főfeszültségi sík; ~ **of the second order** *krist* másodfajú sík; ~ **of truncation** *geol* metszősík; ~ **of vision** *opt* látósík; ~**(-)parallel** *mech* plánparalel, síkpárhuzamos; ~**-parallel capacitor** *el* síkkondenzátor; ~**-parallel laser cavity** *fiz* síkpárhuzamos lézerrezonátor; ~**-parallel resonator** *fiz* síkpárhuzamos rezonátor; ~**-parallel structure** *geol* párhuzamos síkú rétegeződés; ~ **polarization** *opt* síkpolarizáció, síkban polározás; ~**-polarized light** *opt* síkban sarkított fény, parallel polarizált fény; ~**-polarized wave** *távk* síkban polarizált hullám; ~ **pole** *krist* síkpólus; ~ **quartic (curve)** *mat* negyedfokú síkgörbe; ~ **radiator** *távk* síksugárzó, felületi sugárzó; ~ **reflector antenna** *távk* síksugárzó antenna, felületantenna, síkantenna; ~ **reflector directional antenna** *távk* síksugárzó/síkreflektoros irányított antenna; ~ **round** *v fa, forg* hengeres felületet gyalul; ~**(-)set hammer** *alak* sima zömítőkalapács; ~ **sextic (curve)** *mat* hatodfokú/hatodrendű (algebrai) (sík)görbe; ~ **source** *at* sík sugárzó/forrás; ~ **space group** *krist* sík tércsoport; ~**(-)spherical** *mat* plánszferikus, síkszferikus; ~ **state of stress** *mech* síkbeli/kéttengelyű feszültségállapot; ~**(-)stock** *fa, forg* gyalutok, gyalutest; ~ **storage tube** *el* felületi emlékezőcső/raktározócső; ~ **strain** *any* kétirányú nyúlás, síkbeli alakváltozás; ~ **stress** *mech* síkbeli/kéttengelyű feszültség(állapot); ~ **surface** *mat* lap, oldal, oldallap; sík felület; ~ **surveying** *geod* vízszintes felmérés; ~ **symbol** *krist* síkszimbólum; ~ **symmetry** *krist, mat* síkszimmetria, síkra vonatkozó szimmetria, tükörszimmetria; ~**(-)table** *bány* ércválogató asztal; *geod* mérőasztal; *gép* síkasztal, előrajzoló asztal; ~**-table alidade** *geod* távcsöves vonalzó; ~**-table survey sheet** *geod* mérőasztal-felvételi szelvény; ~**(-)tabling** *geod* mérőasztal-felvétel; ~ **texture** *krist* sík textúra; ~**(-)tile** *ép* lapos/hódfarkú cserép; ~**(-)tool** *fa, forg* gyalukés; ~ **trigonometry** *mat* síkbeli trigonometria, síkháromszögtan; ~ **truss** *ép* síkrácsos tartószerkezet; *krist* felületszerkezet, lemezes szerkezet, lemezszerkezet; ~ **twin** *krist* sík iker; ~ **vector** *mat* síkpoláris vektor, síkvektor; ~ **void graph** *mat* üres síkgráf; ~ **wave** *távk* síkhullám, kétdimenziós hullám; ~**(-)wood** *fa* gyalutok, gyalutest

plane[2] *fa* platánfa; ~ **timber** *fa* platánfa *(faanyag)*

planed *ép* kiegyengetett, planírozott; *fa, forg* gyalult; *nyom* levert *(szedés)*; ~ **faults** *ép* befedett vetődések; ~ **surface plate** *pa* bordás előrajzolólap; ~ **tooth** *gép* gyalult/vésett fog

planeness *ép, geol* felület sík volta, síkság
planer *ép* földgyalu; szintező, planírozó; útegyengető henger; *fa, forg* (hossz)gyalugép; gyalus *(munkás)*; *nyom* egyengetőlap; *vegy* szappangyaluló gép; ~ **chuck** *fa, forg* gyalugép tárgyfogója/tokmánya; ~ **dog** *fa, forg* gyalugépütköző; ~ **jack** *fa, forg* gyalugépemelő *(szerkezet)*; ~ **rail** *fa, forg* hosszgyalugép keresztgerendája; ~ **screen** *koh* síkszita; ~ **shoe** *fa, forg* rögzítősaru *(gyalugép asztalán)*; ~ **table** *fa, forg* hosszgyalugép tárgyasztala; ~**(-)table drive** *fa, forg* gyaluasztalhajtás; ~ **tool** *fa, forg* gyalukés, gyaluszerszám; ~**-type grinder** *forg* portálköszörű; ~**-type machine** *forg* bugagyalu; ~**-type milling(-)machine** *forg* portálmaró gép, hosszmaró; ~**-type surface grinder** *forg* portálos síkköszörű
planerite *ásv* planerit
planet *csill* bolygó; ~ **gear** *gépk* bolygóáttétel, bolygókerekes hajtómű; ~ **pinion** *gépk* bolygókerék *(sebességváltóé)*; ~ **stirrer** *gép, vegy* bolygókeverő
planetary *at* kóborló, keringő; *csill* bolygó-, bolygókra vonatkozó; *forg* bolygórendszerű; *gépk* bolygóműves; ~ **circulation** *met* földi légkörzési rendszer; ~ **correction** *geof* planetáris korrekció; ~ **drive** *gépk* bolygókerékhajtás; ~ **electron** *at* keringő elektron, héjelektron, pályaelektron, extranukleáris elektron; ~ **gear** *gépk* bolygókerekes/bolygóműves hajtómű, bolygókerék-hajtómű; ~ **gear(-)box** *gépk* bolygókerekes sebességváltó; ~ **gearing** *gépk* bolygókerék-áttétel; ~ **grinder** *forg* bolygóköszörű; ~ **hot mill** *heng* bolygókerekes meleghengermű; ~ **mill** *heng* bolygóhengeres hengersor; ~ **motion** *gépk* bolygómozgás; ~ **nebula** *csill* csillagköd, ködfátyol; ~ **pan mixer** *ép* bolygóműves tányéros keverőgép; ~ **spindle** *forg* bolygómozgást végző orsó; ~ **variation** *geof* planetáris változás; ~ **vibrating oscillator** *el* bolygórendszerű vibrátor-gerjesztőmű; ~ **vibrator** *ép* bolygórendszerű vibrátor, pörgettyűs rúdvibrátor; ~ **year** *csill* bolygóév, keringési idő
planetography *csill* bolygótan, asztrogeológia, planetológia
planetoid *csill* aszteroid, planetoid, kisbolygó
planetology *csill* asztrogeológia, planetológia, bolygótan
planimeter I. *v* planimetrál, területet mér; **II.** *n* terület(műszer), planiméter; ~ **eyepiece** planiméter-szemlencse, planiméterokulár, planiméterlupe; ~ **trace** *mat* planimétergörbe
planimetering *mat* planimetrálás, területmérés
planimetration *mat* planimetrálás, területmérés
planimetric(al) *mat* planimetrikus
planimetry *mat* planimetria, területmérés; síkmértan, síkrajz
planing I. *a ép* egyengető, simító, planírozó; *fa, forg* gyaluló, gyalu-; *hajó, rep* sikló; **II.** *n ép* planírozás, (terep)egyengetés, simítás; *fa, forg* gyalulás; *hajó* siklás; *hidr* talajsimítás; *rep* siklórepülés; ~ **bench** *fa* gyalupad; ~ **blade** *fa, forg* gyalulemez; ~ **boat** *hajó* siklóhajó, hidroglisszőr; ~ **bottom** *hajó, rep* siklófenék; ~ **crosswise** *fa, forg* harántgyalulás; ~ **cut** *fa* gyalulóvágás; ~**(-)feed range** *fa, forg* gyalukés-előtolástartomány; ~ **fixture** *fa, forg* gyalukészülék *(nagyméretű)*; ~ **hammer** *alak* lapítókalapács; ~ **jig** *fa, forg* gyalukészülék; ~ **lengthwise** *fa, forg* hosszgyalulás; ~ **loss** *fa* gyalulási méretveszteség; ~**(-)machine** *fa, forg* gyalugép; ~**(-)machine for parquetry fillets** *ép, fa* parkettagyalu; ~ **margin** *fa* gyalulási ráhagyás; ~ **mill** *fa* gyaluüzem; ~**-off** *fa, forg* legyalulás; ~ **pattern** *fa, forg* gyalulási profil/alakzat; ~ **quality** *fa* gyaluképes minőség; ~**-speed range** *fa, forg* gyalusebesség-tartomány; ~**(-)tool** *fa, forg* gyalukés; ~**-tool carriage** *fa, forg* gyalukésszán
planish *alak* kikalapál, simára kalapál/kovácsol, kisimít, lapít; *ép* egyenget, planíroz, nivellál; *fa* simára gyalul; *heng* simára hengerel; *mt* fényesít, fényez, csiszol; *pa* máglyába rak; ~ **hammer** *alak* egyengetőkalapács, simítókalapács
planisher *heng* fényezőüreg; *mt* fényező, csiszoló, simító *(gép, készülék)*; *nyom* lemezegyengető
planishing *alak* kikalapálás, simára kovácsolás/kalapálás; kisimítás, kiegyenesítés; lapítás; *ép* egyengetés, planírozás, nivellálás; *fa* simára gyalulás; *heng* simítóhengerlés; *mt* fényezés, csiszolás; *pa* máglyába rakás; ~ **and grooving hammer** *ép* bádogos-simítókalapács; ~**-hammer** *alak* simítókalapács, egyengetőkalapács; ~ **mill** *heng* fényesítő hengersor, dresszírozósor; ~ **pass** *heng* fényezőüreg, fényezőszúrás; ~ **stake** *alak* munkapadüllő; ~ **stand** *heng* fényező hengerállvány
planisphere *geod, mat* planiszféra, síkban ábrázolt gömbfelület
plank I. *v bány* borít, széldeszkáz, bordafáz; *ép* (be)deszkáz, pallóz, deszkával borít; *ruh* nemezel *(kalapot)*; **II.** *n ép, fa* (széles) deszka, deszkaszál, (széles méretű) palló, palánk, burkolódeszka; *pa* kádpalló, gancspalló; ~**-bed car** *gépk* tehergépkocsi nyitott deszkázott kocsiszekrénnyel; ~ **body** *gépk* deszkázott pallós kocsiszekrény; ~ **butt** *hajó* hajópalánktoldás, hajópalánk-illesztés; ~ **carrier** *fa* pallószállító kocsi *(kétkerekű)*; ~ **casing** *ép* (vak)pallótok; ~ **covering** *ép* pallóborítás; ~ **door** *ép* deszkaajtó; ~ **flattener** *fa* pallóegyengető kalapács; ~ **flooring** *ép* deszkapadló; ~ **foundation** *ép* pallórács alapozás; ~ **hat** *ruh* nemezelt kalap; ~ **log** *fa, pa* fűrészrönk; ~ **nail** *fa* hajópalánkszeg *(rézből)*; ~ **pile** szádpalló; ~ **railing** *ép* mellvéd; ~ **road** *ép* pallóborítású út; ~ **run (way)** *ép* pallójárda; ~ **sheer** *hajó* hajópárkány; ~**(-)sheer rail** *hajó* hajópárkánykorlát; ~ **track** *ép* pallójárda; ~ **truss** *ép* rácsos tartó deszkaelemekből; ~**-type crossbar** *bány* feles főtefa, főtepalló, félfasüveg
planked | ceiling *ép* deszkamennyezet; ~ **floor** *ép* deszkapadló
planker *ép* talajdöngölő
planking I. *a ép* deszkázó, zsaluzó; *ruh* nemezelő, kallózó; **II.** *n bány* bordafázás; széldeszkázás; *bány, hajó* borítás; *ép* (be)deszkázás, körüldeszkázás, deszkával borítás; deszkabélés *(pallóval)*, deszkaburkolat, deszkázat, padlózat; deszkakerítés, palánk; zsaluzás; *gép* dobogó *(géphez)*; *ruh* nemezelés *(kalapé)*; ~ **timber** *ép, fa* kerítésdeszka
plankton *biot* plankton; ~**-induced colo(u)ring** *hidr* planktonszíneződés
planned | aggregate yield *kat* tervezett globális robbanóerő; ~ **course** *rep* tervezett/adott útirány/szög; ~ **motion** *film* előírt mozgás *(felvételkor)*; ~ **replacement** *gép* beütemezett csere; ~ **stock control** *ip* raktárállomány tervezett ellenőrzése
planner *ép, gép* tervező, rajzoló; *geod* térképész

planning *ip* (meg)tervezés, tervkészítés; műveletterve-zés; *szt* tervezés; ~ **and design office** *ép* tervezőiroda; ~ **area** *ép* tervezési terület *(városépítésé)*; ~ **authority** *ép, ip* tervezőszerv; ~ **balance** *ép* területrendezési mérleg *(városépítésnél)*; ~ **chart** *geod* térképvázlat; ~ **directive** *ip* tervezési irányelvek; ~ **element** *ép* területrendezési elem *(városépítésnél)*; ~ **grid** *ép* tervezési raszter; ~ **legislation** *ép* építésrendészet; ~ **of experiments** *ip* kísérlettervezés; ~ **of mines** *bány* bányatervezés; ~ **perspective** *ép, ip* tervezés távlata; ~ **sheet** *ip* műveletlap; ~ **standard specification** *ip* tervezési szabványnormák
planoconcave *opt* síkhomorú, plánkonkáv
planoconformity *geol* párhuzamos rétegződés
planoconvex *opt* síkhomorú, plánkonvex
planocylindrical *opt* síkhengeres
planographic *nyom* síknyomásos, kőnyomatos; ~ **printing/process** *nyom* síknyomtatás
planography *geod* térképrajzolás, planográfia; *nyom* síknyomás, síknyomtatás
planogrinder *forg* síkköszörű
planohead *fa, forg* gyalufej
planometer *metr* síkfelület-idomszer, vízszintező síklap, síkellenőrző lemez/egyengetőlap
planomiller *forg* síkmarógép, hosszmarógép, marófejes hosszgyalugép
planoparallel *opt* plánparallel, síkpárhuzamos
planospherical *opt* plánszferikus, síkszferikus
plansifter *élip* síkszita; síkszitás osztályozógép; ~ **chest** *élip* síkszitaszekrény; ~ **sieve** síkszitakeret
plant I. *v kat* elhelyez, lerak *(aknát)*; **II.** *n* növény, dugvány, palánta, csemete; *aut* vezérlési szakasz, szabályozókör, szabályozott szakasz/berendezés; *ip* gépcsoport, gépfelszerelés, gépállomás, géppark; gyár, üzem, telep, mű, üzemhely; ~ **at rest** *bány* szünetelő bánya; *ip* leállított üzem/telep; ~ **attenuation** *aut* szabályozott szakasz csillapítása; ~ **band** cserépszerű papíröv, papírcserép; ~ **capacity** *ip* üzem termelőképessége; ~ **characteristic** *aut* szabályozott szakasz jelleggörbéje, sajátjelleggörbe; ~ **cover** növénytakaró; ~ **damage** *környv* növénykárosodás; ~**(-)discharge (capacity)** *hidr* kiépítési vízhozam *(vízerőműé)*; ~ **dye** *tex, vegy* növényi alapú színezék; ~ **equipment** gyári/üzemi berendezés/felszerelés; ~**(-)hire rate** berendezésbérleti díj; ~ **identification** *aut* szabályozott szakasz identifikációja; ~ **intake** *hidr* vízfő; ~ **load factor** *ip* üzem fajlagos terhelése; ~ **maintenance work** *szer* berendezés- és gépkarbantartás; ~**-mixed** *ép* gépi/üzemi keverésű *(beton)*; ~ **mixer** *ép* telepített/beépített keverő(gép); ~ **mixing** *ép* központi/gépi/üzemi keverés *(betoné)*; ~ **nutrient** *biot* növényi tápanyag; ~ **paper** *pa* növényi papír; ~ **protection system (PPS)** *at* automatikus erőművédelmi rendszer; ~ **protective product** *vegy* növényvédő szer; ~**(-)proving run** *at* próbajáratás; ~ **scrap** *koh* visszatérő hulladék; ~ **site** *at* atomerőmű-telephely; ~ **spare** *gép* tartalék alkatrész; ~ **test** *ip* üzemi kísérlet; ~ **upkeep work** gépkarbantartás, berendezéskarbantartás; ~ **waste** növényi hulladék; ~ **without self-regulation** *aut* integráló *v.* nem önbeálló szakasz
plantation facsoport, liget; *bány* bányatelepítés; *mzg* ültetvény; ~ **hoe** *mzg* kerti kapa; ~ **latex** *gumi* természetes gumitej; ~ **rubber** ültetvénykaucsuk, plantázsgumi

Planté | cell *el* Planté-ólomakkumulátor; ~ **plate** *el* Planté-lemez
planter *mzg* ültetőgép
planting *kat* (le)telepítés, elhelyezés; *mzg* vetés, ültetés, dugványozás; *tex* színes vetülék helyenkénti bevetése
plaquette *alak* plakett, fémlapka, lemezke
plasma *biot* sejtanyag, protoplazma; *fiz* plazma; *gyógyv* vérplazma, vérsavó; ~ **accelerator** *at* plazmagyorsító; ~ **arc** plazmaív; ~**-arc burner** plazmaégő; ~**-arc cutting** *mt* plazmaíves vágás; ~**-arc cutting torch** *hőt* plazmaíves vágóégő; ~**-arc gouging** *forg* plazmaíves horonygyalulás; ~**-arc gun** plazmaíves pisztoly; ~**-arc induction furnace** *koh* plazmaíves indukciós kemence; ~**-arc melting furnace** *koh* plazmaíves kemence; ~**-arc weld** *heg* plazmaíves hegesztéssel készült varrat; ~**(-)arc welding** *heg* plazmaíves hegesztés; ~**-arc weld surfacing** *heg* plazmaíves felrakóhegesztés; ~**-beam melting furnace** *koh* plazmasugaras kemence; ~ **betatron** *at* plazmabetatron; ~ **capacitor** *at* plazmakondenzátor; ~ **chemistry** *vegy* plazmakémia; ~ **chromatography** *fiz* plazmakromatográfia; ~ **column** *at* plazmaoszlop, plazmazsinór; ~ **compression** *at* plazma beszűkítése; ~ **current** *at* plazmaáram; ~ **cutting** *koh* plazmavágás; ~ **cylinder** *at* plazmahenger; ~ **density** *at* plazmarészecskesűrűség; ~ **diode** *at* plazmadióda; ~ **display** *szt* plazmakijelző; ~ **display panel (PDP)** *szt* plazmamegjelenítő, PDP; ~ **drift** *at* plazmaelhúzás, plazmakitérés; ~ **dynamics** *at* plazmadinamika; ~ **electron** *el* plazmaelektron; ~**(-)etching** *forg* plazmamarás; ~ **filament** *at* plazmazsinór; ~**-flame cutting** *mt* plazmasugaras vágás; ~ **frequency** *at* plazmafrekvencia; ~ **furnace** *koh* plazmakemence; ~ **generator** *at* plazmagenerátor; ~ **heating** *at* plazmafűtés; ~ **heat treatment** plazmás hőkezelés; ~ **jet** *at* plazmasugár; ~ **layer** *at* plazmaréteg, rétegplazma; ~ **metallurgy** *koh* plazmametallurgia; ~ **oscillation(s)** *at* plazmarezgés(ek); ~ **panel numeral display tube** *at* plazmapanel-számjelző; ~ **phase(-)shifter** *at* plazmafázistoló; ~ **physics** *fiz* plazmafizika; ~ **pressure** *at* plazmanyomás; ~ **propulsion** *at* plazmameghajlás; ~ **radiation** *at* plazmasugárzás; ~ **ray** *at* plazmasugár; ~ **reactor** *at* plazmareaktor; ~ **rocket** *at* plazmarakéta; ~ **torch** *at, hőt* plazmafáklya, plazmaégő; ~**-torch cutting** plazma(ív)vágás, volfrám-nemesgázvágás; ~**-type waveguide** *távk* plazma hullámvezető; ~ **wave** *at* plazmahullám, plazmában terjedő hullám; ~ **welding torch** *heg* plazmaíves hegesztőégő; ~ **weld surfacing** *heg* plazmaíves felrakóhegesztés
plasmageneous gas *koh* plazmagén gáz
plasmajet *rep* plazmahajtómű
plasmatron *at* plazmatron
plasmid *biot* plazmid
plasmoid *at* plazmoid, plazmagyűrű
plasmon *at* plazmon; ~ **energy** *at* plazmaenergia, plazmonenergia
plasteline → plastiline
plaster I. *v ép* (be)vakol, bepucol; begipszel; *pa* beken, megken, teleragaszt; *talt* feljavít, gipszel *(mezőt)*; **II.** *n ép* gipsz, gipszvakolat; vakolat; *gyógyv* tapasz, flastrom; ~ **base** *ép* alapvakolat, durva vakolat; ~ **bond** *ép* habarcskötés; ~ **cast** *ép* gipszöntvény, gipszmásolat; ~ **coat(ing)** *ép* simítóvakolat; ~ **finish** vakolt burkolat/homlokzat/felület; ~ **hatchet** gipszfa-

ragó véső; ~(-)**kiln** gipszégető (kemence); ~(-)**lath** vakolatlehúzó léc; ~ **model** kisminta gipszből; ~ **mortar** gipszvakolat, gipszhabarcs; ~-**mortar mixer** vakolóhabarcs-keverő; ~ **mo(u)ld** gipszöntő forma, gipszforma, gipszminta; ~ **mo(u)lding** formázás gipszformába; ~ **of Paris** égetett/párizsi gipsz; ~ **on reed lath(ing)** vakolt nádszövet; ~ **panel** gipszpanel; ~ **power float/trowel** vakolatsimító gép; ~ **screen** *film* vetítőfelület gipszből; ~ **slab** *ép* gipszlemez *(válaszfalé)*; ~-**spray gun** *ép* vakolópisztoly; ~(-)**stone** *ásv* gipszkő; ~-**trowel(l)ing machine** *ép* vakolatsimító gép; ~ **up** *v ép* kijavít, bevakol *(lyukat)*; ~-**work** *ép* gipszelés; vakolómunka

plasterboard *ép, pa* enyvezett/építő papírlemez, gipszkarton lemez

plasterer *ép* gipszelő, gipszöntő, fehérmunkás; vakoló/homlokzatvakoló kőműves; ~'**s lath** stukaturzsindely; ~'**s tool** mintázókés; ~'**s trowel** acélsimító, vakolókanál, simítókanál

plastering|(-)machine *ép* vakológép; ~ **trowel** *ép* vakolókanál, simítókanál

plastery *ép* gipszes, gipszszerű

plastic I. *a any* képlékeny, plasztikus, alakítható, formázható; *műa* műanyag(-); *opt* térhatású, plasztikus; **II.** *n műa* műanyag tárgy; műanyag, plasztik; műgyanta; ~ **amines** *műa* aminoplasztik; ~ **anisotropy** *mt* alakítási/képlékenységi anizotrópia; ~ **band** *ép* műanyag heveder; ~ **bearing** *gép* műanyag csapágy; ~ **behavio(u)r** *any* képlékeny viselkedés; ~ **belt** *ép* műanyag heveder; ~ **bronze** *koh* ólombronz; ~ **capsulation** *el* plasztik/műanyag tokozás; ~ **card** *szt* műanyag kártya; ~-**clad distribution center/switchboard** *el* műanyag tokozású elosztóberendezés; ~ **clay** *geol* képlékeny agyag; ~ **coating** *mt* műanyag bevonat; ~ **concrete** *ép* képlékeny beton; ~ **covering** *koh* műanyag bevonat; ~ **deformation** *any* plasztikus/képlékeny/maradó alakváltozás/deformáció; ~ **design (method)** *mech* képlékeny számítási eljárás; ~ **domelight** *ép* műanyag felülvilágító kupola; ~ **duct** *ép* műanyag vezetékcsatorna; ~ **effect** *opt, tv* térhatás, plasztikusság; ~-**elastic properties** *pl any* képlékeny-rugalmas viselkedés; ~ **equilibrium** *geol* plasztikus egyensúlyi állapot; ~ **explosive** *bány* képlékeny robbanóanyag; ~ **extruder** *műa* műanyag-fröccssajtoló gép; ~-**faced** *mt* műanyag bevonatú; ~-**faced hardboard** *fa* műanyag bevonatú keménylemez; ~-**faced plywood** *fa* műanyag borítású/burkolású *v.* plasztikborítású rétegelt lemez; ~ **facing** *mt* műanyagbevonás; ~ **film** műanyag fólia; ~-**film capacitor** *el* műanyagfólia-kondenzátor; ~ **flow** *mech* kúszás, képlékeny/plasztikus folyás; ~ **foam** műanyaghab; ~-**foil capacitor** *el* műanyagfólia-kondenzátor; ~-**foil sealing** *hidr* szigetelés fóliával; ~ **fracture** *any* viszkózus törés; ~ **hinge** *gép* képlékeny/plasztikus csukló; ~-**insulated cable/conductor** *el* műanyag szigetelésű kábel/vezeték; ~ **insulation** *el* műanyag szigetelés; *ép* samotthabarcs szigetelés; ~ **limit** *geol, mech* folyáshatár, képlékenységi küszöb, kritikus folyásfeszültség, folyási határ, sodráshatár, plasztikus határ; ~ **mass** *any* képlékeny/alakítható anyag/test; ~ **material** *any* képlékeny/formázható anyag/test; *műa* műanyag; ~-**moderated reactor** *at* műanyag-moderátoros reaktor; ~ **mo(u)ld** *műa* műanyagsablon; ~ **mo(u)lding** *műa* műanyag-formázás, műanyag-alakítás; műanyagfeldolgozás; ~ **photography** *foto* térhatású/sztereo/plasztikus fényképészet/fényképezés, sztereofényképészet; ~ **pipe** műanyag cső; *el* műanyag védőcső; ~ **potentiometer** *el* plasztikus potenciométer; ~ **protective coating** *mt* műanyag védőbevonat; ~ **range** *any* képlékenységi/plasztikus tartomány; ~ **roof(ing) foil** *ép* műanyag tetőfólia; ~**s** műanyagok; ~ **scintillator** *at* műanyag szcintillátor/szcintillálóanyag; ~ **shaping** *mt* képlékeny alakítás; ~ **shear** *krist* plasztikus csuszamlás/csúszás, csuszamlási mozgás; ~ **sheathing** *el* műanyag kábelhurkoló cső; ~ **sheet** *műa* műanyag lap; ~-**sheet insulation** *el* műanyag szigetelés; ~-**sheet roofings** *ép* műanyaglemez-fedések; ~ **spraying** *mt* műanyagszórás; ~-**spraying equipment** *gép* műanyagszóró berendezés; ~ **state** *any* képlékeny állapot; ~ **strain** *any, talt* plasztikus/képlékeny alakváltozás; ~ **strength** *any* plasztikus szilárdság; ~ **stress** *any, krist* plasztikus feszültség; ~ **stress function** *krist* plasztikus feszültségi függvény; ~ **stress surface** *krist* plasztikus feszültségi felület; ~ **theory** *any, mech* képlékenységtan; ~ **viscosity** *fiz* differenciális viszkozitás; ~ **waste** műanyaghulladék; ~ **welding** sajtolóhegesztés, műanyaghegesztés; ~-**welding gun/pistol** *heg* műanyaghegesztő pisztoly; ~ **working** *mt* képlékeny alakítás; ~ **yield** *any, mech* képlékeny folyás; ~ **zone** *any* plasztikus (törési) zóna

plasticator *gumi, műa* plasztikátor, lágyító, képlékenyítő

plasticity *any, vegy* képlékenység, alakíthatóság, formálhatóság, plasztikusság, plaszticitás; *opt* térbeli hatás, plasztikusság; ~ **agent** *gumi, műa* lágyító(szer), puhító(szer), plasztikálószer; ~ **index** képlékenységi index; *talt* plasztikus index; ~ **of mortar** *ép* habarcsképlékenység; ~ **ratio** *any* képlékeny nyúlás és teljes törési nyúlás viszonyszáma

plasticization *ép* folyósítás; *gumi, műa* plasztikálás, képlékenyítés

plasticize *ép* folyósít *(betont)*; *gumi, műa* lágyít, képlékenyít

plasticized concrete *ép* folyósított beton

plasticizer *élip* ömlesztősó; *ép* plasztifikátor, folyósító *(betonhoz, habarcshoz)*; *gumi, műa* képlékenyítőszer, lágyítószer, plasztikálószer; ~ **loss** *gumi, műa* lágyítóveszteség

plasticizing *ép* folyósítás; *gumi, műa* plasztikálás, képlékenyítés, puhítás; ~ **agent** *gumi, műa* lágyító(szer), puhító(szer), plasztikálószer; ~ **of concrete** *ép* betonfolyósítás

plasticware műanyagféleség, műanyag tárgyak

plastifiant *gumi, műa* lágyító, képlékenyítő, plasztikátor

plastification *ép* folyósítás; *gumi, műa* képlékenyítés, lágyítás, plasztikálás

plastifier *gumi, műa* lágyító(szer), puhító(szer), plasztikálószer

plastify *ép* folyósít *(betont)*; *gumi, műa* lágyít, képlékenyít

plastiline *műa* plasztilin

plastisol *gumi, műa* plasztiszol

plastobalt *vegy* képlékeny kobalt-60

plastocrete *ép* betonképlékenyítő/betonplasztifikáló anyag

plastoelastic *any, mech* plasztoelasztikus, képlékeny-rugalmas; ~ **body** *any, mech* rugalmas-plasztikus/ideálplasztikus test

plastograph *gumi, műa* plasztográf

plastomer *műa* műanyag, plasztomer

plastometer *any* képlékenységmérő, plasztométer

plastosoluble *vegy* műanyagban oldható

plat I. *a geod* lapos, sík; **II.** *n bány* aknarakodó; *ép* földdarab, tábla; vázlat, terv; *geod* mérőasztal rajzsíkja; térképvázlat, kataszteri térkép; *tex* fonat; sima csipkeminta kitöltés; ~ **screen** *pa* síkosztályozó

platband *ép* áthidaló; hevedergerenda, szegély; léctag *(oszlophornyok között)*; vízszintes sáv/öv *(épületen)*

plate I. *v alak* laposít, lemezel, (szét)lapít, mángorol; *bőr* vasal; *ép* (fém)lemezzel bevon/fed; *kh* fed; *mt* nemesfémmel befuttat/bevon, galvanizál, aranyoz, ezüstöz; *nyom* dúcot csinál; klisíroz; tömönt; *pa* préseléssel fényez; *tex* plattíroz, dublíroz, kettőz; selyemszövetet/gyapjúszövetet fon/sző; **II.** *n at* buboréktálca; *bány* ácsolatgerenda; forgatólemez; sínreemelő; *bőr* összevarrt bélésszőrme, tábla; *el* akku-(mulátor)lemez, lemez; anód; kondenzátorfegyverzet; *élip* tányér; *ép* heveder *(hídon)*; lemezváz; sárgerenda, talpgerenda; *finm* kerékcsapágy-alaplemez *(óráé)*; *forg* asztal(lap); *foto* lemez; *geod* mérőasztal rajzsíkja; *geol* fekete agyagpala, szénpala; *gép* védőlap, boríték *(záron)*, lemez; *gyógyv* Petri-csésze; *hajó* hajólemez; *heng* durvalemez, (vastag) lemez; *krist* kvarckristály; *mt* ezüstbevonat, aranybevonat; nemesfémmel bevont (áru); *nyom* (nyomó)dúc, (nyomó)lemez, klisé; metszet, tábla, egész lapos ábra, oldalas melléklet; tömöntvény; *ol* lepárlóoszlop-tányér; *üveg* üvegtábla; *vasút* alátétlemez, illesztőlemez *(talpfán)*; ~ **air conduct** *ép* szellőztető lemezcsatorna; ~ **analogy** *mech* lemezanalógia; ~**-and-frame filter press** *alak* nyomólapos és keretes szűrőprés; ~ **anemometer** *met* lemezes szélsebességmérő; ~**(-)apron conveyor/conveyer** *ép* csuklótagos szállítószalag; ~ **armo(u)r** (hajó)páncél, páncéllemez; ~ **axis** *foto* fényképlemez tengelye; ~**(-)band winder** *heng* szalagcsévélő dob; ~ **battery** *el* anódtelep; ~ **beam** *ép* lemezgerinces gerenda/tartó; ~ **bearing** *ép* lemezsaru; *gép* lemezes alátámasztás, lemeztalp; ~**(-)bearing test** *ép, talt* felszíni próbaterhelés lemezzel; ~ **bending machine** *mt* lemezhajlító gép; ~ **buffer** *vasút* tárcsás ütköző; ~**-buffing spring** *vasút* ütközőtányér rugója; ~**(-)bypass capacitor** *el* anódlevezető kondenzátor; ~ **calender(-glazer)** *pa* (papír)simító prés/gép, lemezsimító; ~ **camera** *foto* lemezes fényképezőgép/kamera; ~ **capacitor** *el* síkkondenzátor; ~ **carcase/carcass** *ép* lemezváz; ~ **carrier** *foto* lemeztartó keret; ~ **centre/center** *opt* képlemezközéppont; ~ **characteristic (curve)** *el* anódjelleggörbe, anódkarakterisztika, anódáram-anódfeszültség jelleggörbe; ~**(-)circuit** *el* anódáramkör; ~**-circuit detector** *el* anód-egyenirányító; ~ **clippings** *pl ép* bádoghulladék; ~**-closing die** összefogó szerszám *(szegecseléshez)*; ~ **clutch** *gépk* tárcsás tengelykapcsoló; ~ **coal** *bány* aknaszén, darabos szén, antracit; ~**(-)coating** *mt* lemezbevonat; ~ **column** *ol* tányéros/tálcás (lepárló)oszlop/(lepárló)torony/kolonna; ~ **compactor with drums** *ép* görgősoros lapvibrátor; ~ **condenser** *el* lemezes kondenzátor, síkkondenzátor; ~ **conductance** *el* anódátvezetés; ~ **control** *távk* anódmoduláció; ~ **cooler** *ol* lemezes hűtő/kondenzátor, felületi hűtő; ~ **coordinates** *geod* lemezkoordináták *(fotogrammetriában)*; ~**-coupled multivibrator** *el* anódcsatolású multivibrátor; ~ **cover** *ép* lemezborítás *(vastag)*; ~ **cupboard** *fa* tányérszekrény; ~ **current** *el* anódáram; ~ **current flowing at full drive** *el* kivezérlési anódáram; ~ **cylinder** *nyom* nyomóformás henger; ~ **detection** *el* anód-egyenirányítás; ~ **die** *alak* matricatartó; ~ **dissipation** *el* anóddisszipáció, anódveszteség; ~ **dresser** *alak* lemezegyengető; ~**-drying machine** *pa* lapképző gép; ~**(-)duster** *foto* lemeztörlő ecset; ~**-edge bevel(l)ing-machine** *alak, fa* lemezélrézsűző gyalu, lemezbeélező gép, lemezélgyalu; ~**-edge plane(r)**, ~**-edger** → plate-edge bevel(l)ing-machine; ~ **efficiency (factor)** *ol* (eredő) tányérhatásfok, össztányérhatásfok; ~ **electrode** *el* lemezelektród, lemezes elektród, síkelektród; ~**-electrode welding** *heg* lemezelektródos hegesztés; ~ **filter** szűrőlap; ~**-fin heat exchanger** *vegy* lemezbordás hőcserélő; ~ **finishing** *pa* ívsimítás; ~**-flanging machine** *alak* lemezperemező gép; ~**-flattening machine** *alak* lemezegyengető gép; ~ **floor** *ép* síkfödém; *hajó* kettős fenék lemezfenékbordája; ~**-floor frame** *hajó* lemez bordakapcsoló szögvas *(héjazathoz)*; ~ **for artifical reverberation** *hang* zengőlemez; ~ **foundation** *ép* lemezalapozás; ~ **fraction** *ol* tányértermék *(lepárlási)*; ~ **fuse** *el* lemezes biztosító; ~ **gear** *gép* telitárcsás fogaskerék; ~**-girder** *ép* gerinclemezes tartó, tömör szelvényű/gerincű/falú (idomacél) tartó; ~**(-)girder bridge** *ép* lemeztartós híd; ~ **glass** *üveg* táblaüveg, tükörüveg; ~**(-)glazer** *pa* ívsimító; ~**-glazing machine** *pa* ívsimító; ~ **graphite** *geol* lemezes grafit; ~**-grid capacity** *el* anód-rács kapacitás; ~**-grid characteristic** *el* anód-rács karakterisztika; ~ **grinder** *élip* tárcsás daráló(gép); ~ **grip** *szersz* lemezfogó; ~**(-)gripping tongs** *pl heng* lemezfogó, lemezmarkoló; ~**-grip temple** *tex* szorítópofás szélfeszítő; ~ **gutter** *ép* bádogcsatorna; ~ **heat exchanger (PHE)** *hőt* lemezes hőcserélő; *vegy* lemezes hűtő/kondenzátor, felületi hűtő; ~**-heating furnace** *hőt* lemezizzító kemence; ~**(-)holder** *foto* fényképlemezkazetta, lemezkazetta, lemeztartó; ~ **horse** *pa* papírsimító kalander; ~ **ice** *hűt* táblajég; ~ **impedance** *el* anódimpedancia; ~ **input** *el* (beadott) anódterhelés; ~ **inverse voltage** *el* anódvisszfeszültség; ~**(-)iron** *heng* vasbádog, vaslemez, lemezvas; ~ **jewelry** *óra* aranyozott/ezüstözött ékszer; ~ **jib** *em* lemezszerkezetű gém; ~ **jig** *forg* (munkadarabra fogott) vezetőlemez; ~ **joint** *csom* lemezes varrat *(szállítószalagon)*; ~ **keel** *hajó* héjlemezelés gerincsora; ~ **lagging** *ép* lemezborítás *(vastag)*; ~ **layout** *ol* tányérelrendezés; ~**-levelling machine** *mt* lemezegyengető gép *(vastag lemezekhez)*; ~ **lightning(-)arrester** *el* lemezes villámhárító/túlfeszültség-levezető; ~ **link chain** *gép* csapos vonólánc; láncheveder; *koh* Gall-lánc; ~ **load** *el* anód-munkaellenállás; anódköri terhelés; ~**-load resistance** *el* anód-munkaellenállás; ~**(-)lug** *el* akkumulátorlemez-csatlakozó csavar; ~**(-)machine** *ép* fazekaskorong *(géphajtású)*; ~**(-)maker** *nyom* klisírozó, klisékészítő; ~**-making board** *pa* papírtányér karton; ~**-making plant** *nyom* klisírozófelszerelés; ~**(-)mark** *alak* nyomólemez okozta bemélyedés; *ip* fémjelzés; ~**-marked paper** *pa* (száraz) vízjeles papír; ~ **measuring** *geod* fényképes felmérés, fotogrammetria; ~(-)**metal** *koh* fehér nyersvas; ~ **mica** *el* mikanitlemez; ~ **mill** *heng* durvalemez-hengermű, durvalemez-hengersor; ~**-modulated** *távk* anódmodulációs; ~ **modulation** *távk* anódmoduláció; ~ **mo(u)lding** *önt* öntőforma-készítés alakzólemezzel; ~ **number** *ol* tányérszám; ~ **of a capacitor** *el* kondenzátorfegyverzet; ~ **of opposite polarity** *el* ellenelektród; ~ **orifice (meter)** *ol, vegy* mérőperem; ~ **paper** *pa* puha mattpapír; ~ **plane** *foto, geod* fényképlemez síkja; ~ **planer** *alak, fa* lemezszél-leélező gép, lemezélgyalu, lemezszélgyalu; ~ **pliers** *pl* lemezhajlító fogó; ~ **plug** *gép* lemezdugó; ~ **plumb point** *geod* fényképnadírpont; ~ **precipitator** *el* síkelektródos villamos szűrő; ~ **printing** *nyom* nyomás rézlemezről/acéllemezről; ~ **pulsing** *távk* anódimpulzus-vezérlés; ~(-)**punching machine** *alak* lemezlyukasztó gép; ~(-)**puzzle lock** *gép* jeltárcsás lakat; ~ **race** *foto* lemezszárító polcállvány; ~ **radiator** *hőt* lapfűtőtest, panelradiátor; ~ **rail** *gép* síksín; ~ **rectified** *el* száraz egyenirányító; ~ **resistance** *el* belső ellenállás *(elektroncsőé)*; ~ **resistor** *el* síkellenállás, lemezellenállás; ~ **roll** *heng* lemezelőhenger; ~**-rolled paper** *pa* fémfóliára kasírozott papír; ~ **rollers** *pl heng* nyújtógép, hengermű; ~ **rolling** *heng* lemezhengerlés; ~ **rolling mill** *heng* durvalemez-hengermű; ~ **roof** *ép* bádogtető; ~ **roofing** *ép* tetőbádogozás; ~ **rudder** *hajó* lemezkormány; ~ **saturation** *el* anód telítési állapota; ~(-)**scale** *csill* lemezskála; ~ **scrap** lemezhulladék, nyiradék; ~ **screen** *élip* lyukrosta; ~(-)**screw** *gép* lemezcsavar, talpcsavar; ~ **sedimentator** *környv* lemezes ülepítő; ~ **series** *el* lemezsor; ~ **shackle** *gép* lemezbilincs; ~**-shaped conductor** *el* vezérlőlemez, lemezes vezető; ~ **shears** *pl alak* lemezvágó olló, kézi lemezolló, lemezolló; ~ **sleeper** *vasút* alátétlemezes talpfa; ~ **slide(-)valve** *gép* nyelves tolattyú; ~ **spacing** *ol* tányértávolság, tányérköz *(lepárlóoszlopban)*; ~ **spring** *gép* laprugó, lemezrugó; ~**-staightening machine** *alak* lemezegyengető gép; ~ **stand** *gép* alaplemez, aljtálca; ~ **steel** *heng* lemezacél; ~**-steel casing** *gép* acéllemez csigaház; ~ **stiffener** *gép* alátét vaslemezből; rögzítőléc; ~**-straightening machine** *heng* lemezegyengető gép *(vastag lemezekhez)*; ~ **structure** *ép* lemezmű; ~ **superheater** *hőt* lemezes túlhevítő; ~ **supply** *el* anódáram-táplálás, anódbetáplálás; ~**-supply voltage** *el* anódtápfeszültség; ~ **sweeper** *heng* lemeztisztító hengerkefe; ~ **tank** *el* anódrezgőkör; *foto* tank, kád *(lemezek részére)*; ~**-tank circuit** *el* hangolt anódkör, anódköri rezgőkör; ~ **tectonics** *geol* lemeztektonika; ~ **templet** *gép* lemezsablon, lemezidomszer; ~ **tension** *tex* lemezes láncfék; ~**-to-cathode voltage** *el* anód-katód feszültség; ~**-to-grid circuit** *el* anód-rács áramkör; ~**-to-plate impedance** *el* terhelőimpedancia *(ellenütemű erősítőben, két anód között)*; ~ **tower** *ol* tányéros (reakció)torony; ~ **tumbler** *gép* (finom) lapos zárnyelv/rekesztő; ~**-type martensite** *koh* lemezes martenzit; ~**-type pasteurizer** *élip* lemezes pasztőr(öző); ~ **valve** *gép* tányérszelep; ~ **vernier** *geod* alhidádenóniusz; ~ **vibrator** *ép* lapvibrátor; ~ **vibrator with walking mechanism** *ép* lépőműves lapvibrátor; ~ **voltage** *el* anódfeszültség; ~**-voltage deviation** *el* anódfeszültség-ingadozás; ~ **washer** *élip* tányérmosogató gép; *foto* előhívótál, lemezmosó tál; ~**-web girder** *ép* gerinclemezes tartó; ~ **welding** *heg* lemezhegesztés; ~**-weld juncture** *heg* hegesztési hőhatásövezet; ~(-)**wheel** *gép* korongkerék, tárcsás kerék; ~ **with lead** *v mt* ólmoz; ~ **with metal** *v mt* fémmel bevon; ~ **with silver** *v mt* ezüstöz

plateau *at* plató *(számláló-jelleggörbén)*; *geol* fennsík, fennföld, plató; *gumi* plató; *mat* állandó/vízszintes szakasz *(görbén)*; ~ **characteristic** *at* platókarakterisztika, platógörbe, platójellemző *(számlálóé)*; ~ **glacier** *geol* szárazföldi jégtakaró; ~ **length** *at* platóhossz; ~ **reduction** *geol* fennsíkredukció; ~ **region** *at* platótartomány; ~ **relative slope** *at* platómeredekség, platóhajlás

plated *alak* lemezelt, szétlapított; *kh* fedett; *mt* galvanizált, nemesfémmel, arannyal/ezüsttel bevont; *nyom* klisírozott; ~ **carbon** *el* rézbevonatú szén; ~ **circuit** *el* nyomtatott áramkör; ~ **copper** *mt* galvánbevonatos/ezüstözött réz; ~ **electrode** *el* rácsapatott elektród *(kristályon)*; ~ **goods** *pl kh* fedett mintázású áru; ~ **knitting** *kh* fedőfonalas kötés; ~ **metal** *mt* galvanikusan bevont *v.* galvanizált fém; ~ **seat** *fa* rétegeltlemez székülés; ~ **sedimentator/settler** *környv* lemezes ülepítő; ~ **through hole (PTH)** *el* fémezett falú furat *(NYÁK-on)*; ~ **wire** *távk* bevonattal készített bekötés; ~ **wire storage** *szt* mágneshuzalos tár

platelayer *nyom* lemezt előkészítő *v.* formába rakó nyomdász; *vasút* vasúti pályamunkás, pályaőr; vasútlerakó (munkás), vasútépítő munkás, sínfektető/sínkarbantartó munkás; ~**'s ga(u)ge** *vasút* nyomtávmérce, alátétlemez-fektető mérce; ~**'s trolley** *vasút* hajtány, drezina

platelike lemezszerű

platen (tárgy)asztal; nyomólap *(törőgépeknél)*; *ép* nyomólemez *(kockatörő gépé)*; *gép* fémlap, fémlemez; *gumi* melegítőlap; *heng* platina; *műa* présasztal; *nyom* nyomólemez; *szt* íróhenger *(mátrixnyomtatón)*; *távb* íróhenger; ~ **area** *gép* felfogófelület; ~**-machine minder** *nyom* tégelynyomó; ~ **press** *műa* etázsprés; *nyom* tégelysajtó, tégelynyomó sajtó; ~ **printing(-)machine** *nyom* síknyomógép

plater *mt* galvanizáló, ezüstöző, fémmel bevonó (személy/szerkezet); *pa* simítógép, simítómű

platform *bány* fúrópadozat; tábla; *ép* állás *(istállóban)*; dobogó, (padló)emelvény, (színpadi) pódium; fedélszék, fedélszerkezet; gerendarács; járda; padozat, hídpadlózat; párkány; vaslap *(betonkeveréshez)*; *finm* síktárcsa *(óráesztergán)*; *geol* fennsík, terasz, plató; tönkfelszín; *hajó* fedélzet; fedélzetpárkány; *kat* lövegtalpágyazat; *rep* padozat; platform; *űr* űrállomás; *vasút* kocsielőtér, állomási előtér; peron, vágány; rakfelület; ~ **balance** hídmérleg, hídmázsa; ~ **body** *gépk* nyitott tehergépkocsi-felépítmény; ~ **car** *US vasút* rakoncás kocsi/vagon, pőrekocsi, platókocsi; ~ **conveyor/conveyer** elemes/lemeztagos szállítószalag; ~ **deck** *hajó* rövidfedélzet; ~ **elevator** → ~ **lift**; ~ **hoist** *ép* állványos járószékű (építési) felvonó, emelőlap; ~ **lift** *em* szállítópados/szállítólapos felvonó; ~ **lift truck** *em, vasút* emelőlapos targonca; ~ **lorry** *gépk* nyitott tehergépkocsi; ~ **on articulated spuds** *ol* csuklós fedélzet; ~ **ram** *ép* pajzsmunkaállás mozgatósajtója; ~ **roof** *ép* teraszos tető; *vasút* perontető; ~(-)**scale(s)** hídmérleg, hídmázsa; ~**-scale ammeter** *el* nyújtott skálájú ampermérő; ~ **semitrailer** *gépk* oldalfal nélküli félpótkocsi; ~ **shed** *vasút* perontető; ~ **stacker** *em* emelőlapos targonca; ~ **survey** *geod* észlelőállványról végzett felmérés; ~ **trailer** *gépk* oldalfal nélküli pótkocsi; utánfutó; ~ **vibrator** *ép* lapvibrátor, lapdöngölő, rázóasztal; ~ **weigh-bridge** (kocsi)hídmérleg, hídmázsa

platforming *vegy* platformálás, platinakatalizátoros dehidrogénező reformálás

platina *vegy* platina

platinate *vegy* platinát

plating *alak* (szét)lapítás, laposítás, lemezelés, mángorlás; *bőr* simítás; *el* elektród *(kristályon)*; fémleválasztás; galvanizálás, fémbevonás; *ép, gép* lemezburkolat; lemezelés, plattírozás, (fém)lemezzel bevonás/befedés; *kh* fedés; *koh* bélelés *(fémmel)*; *mt* aranyozás, ezüstözés; fémbevonat; *nyom* klisékészítés, klisírozás, lemezkészítés, nyomólemez-készítés; tömöntés; *pa* fényezés *(préseléssel)*; *tex* selyemszövetfonás, selyemszövetszövés, gyapjúszövetfonás, gyapjúszövetszövés *(olcsóbb belső oldalra, fonákoldalra)*; ~ **alloy** *koh* elektrolitikusan lecsapatható ötvözet; ~ **bath** *mt* galvanizálókád; ~ **capacitance** *el* foglalatkapacitás *(kristályé)*; ~ **finger** *kh* fedőfonal-vezető; ~ **generator** *el* galvánüzemi generátor; ~ **metal** *mt* borítófém, lemezelőfém; ~ **mill** *heng* plattírozó/lemezelő hengersor; ~ **rack** *el, mt* katódkeret *(galvánozáshoz)*; ~**(-)up** *mt* fémfelrakás; ~ **yarn** *kh* fedőfonal

platinic *vegy* platina-, platinából való; ~ **chloride** *vegy* platina-tetraklorid; ~ **hydroxide** *vegy* platina(IV)-hidroxid; ~ **oxide** *vegy* platina-dioxid

platinite *vegy* platinit

platinization *mt* bevonás platinával

platinize *mt* platináz, platinával bevon

platinochloride *vegy* kloroplatinát(II)

platinocyanide *vegy* cianoplatinát(II)

platinonitrite *vegy* nitroplatinát(II)

platinotype *nyom* platinanyomat; platinatípia

platinous *vegy* platinatartalmú, platina-; ~ **chloride** *vegy* platina(II)-klorid; ~ **hydroxide** *vegy* platina(II)-hidroxid; ~ **oxide** platina(II)-oxid

platinum (Pt) *vegy* platina(fém); ~ **alloy** *koh* platinaötvözet; ~ **black** *vegy* platinakorom; ~ **dichloride** *vegy* platina(II)-klorid; ~ **dioxide** *vegy* platina(IV)-oxid, platina-dioxid; ~ **disulphide/disulfide** *vegy* platina(IV)-szulfid, platina-diszulfid; ~ **metals** *koh* platinafémek; ~ **monosulphide/monosulfide** *vegy* platina(II)-szulfid, platina-monoszulfid; ~ **monoxide** *vegy* platina(II)-oxid, platina-monoxid; ~ **placer** *geol* platinatorlat; ~**-plated** *mt* platinával bevont, platinált; ~**-resistance thermometer** *hőt* platinaellenállás-hőmérő; ~ **sesquisulphide/sesquisulfide** *vegy* platina(III)-szulfid; ~ **sponge** *vegy* platinaszivacs; ~ **sulphate/sulfate** *vegy* platina(IV)-szulfát; ~ **tetrachloride** *vegy* platina(IV)-klorid; ~**-tipped** *szersz* platinavégű, platinahegyű; ~ **trichloride** *vegy* platina(III)-klorid; ~ **wire** *el* platinadrót; ~**-wire loop** *el* platinakacs

plation tube *el* plation, vezérlőlemezes elektroncső

Platonic regular body, Platonic solid *mat* szabályos poliéder/soklap, platonikus test, Platón-féle test

platter *hang* hanglemeztányér; *szt* tányér; *tex* fonalkészítő munkás

plattnerite *ásv* plattnerit, ólom(IV)-oxid

platy *ásv* lemezes, lapos, réteges; ~ **fracture** *any* lapos/lemezes törés; ~ **habit** *krist* lemezes habitus; ~ **parting** *geol* réteges elválás

play I. *v gép* játéka van, játszik, kotyog; *kat* (fegyvert) belő; **II.** *n finm* csapjátéktér *(óráé)*; *gép* szabad mozgás, kotyogás, (holt)játék, illesztési hézag; *hang* működés, játék; *mat* játék, játszma, parti; *ol* vállalat kutatási területe; ~ **back** *v hang* lejátszik *(hangfelvételt)*; ~**-back** → playback; ~ **for expansion** *ép* hosszváltozási lehetőség; ~ **free** *v gép* szabad játéka van, szabadon mozog; ~ **of axle(-)box** *vasút* csapágyjáték; ~ **of carriage** *tex* teljes kifutás *(szelfaktorkocsié)*; ~ **of colo(u)rs** *krist, opt* színjáték; ~**-off beam** *tv* törlő sugárnyaláb, törlősugár *(ikonoszkópé v. emlékezőcsőé)*; ~**-over** *hang* visszajátszás; ~ **winder** *hidr* lavírcsörlő

playback *hang* lejátszás, visszajátszás *(felvételé)*, playback; *opt* sugár-visszaverődés; ~ **amplifier** *el* lejátszóerősítő; ~ **equipment** *hang* lejátszókészülék; ~ **head** *hang* lejátszófej, hangszedőfej; *szt* olvasófej, hangszedőfej, lejátszófej; ~ **point** *hang* lejátszótű; ~ **process** *hang, film* playback-eljárás; ~ **speed** *hang* visszajátszási sebesség; ~ **tape reproducer** *hang* playbackmagnó

player *hang* zenész, muzsikus; *mat* játékos; ~**(-)piano** *hang* gépzongora, villanyzongora; ~**-type print** *foto* közvetlen nyomat

plaza *ép* köztér, építészeti tér

pleach *tex* összefon, egymásba fon

pleasure|(-)boat *hajó* kirándulóhajó, sétahajó; ~**(-)flight** *rep* sétarepülés; ~**(-)launch** *hajó* sportcsónak

pleat I. *v tex* befon, összefon; berak, redőz, ráncokba rak/szed, hajtást csinál; fodroz, pliszíroz; **II.** *n tex* berakás, ráncokba rakás; gyűrődés, ránc, redő, pliszé; összefonás, összesodrás; pliszírozás; ~ **retention** *tex* ráncmegőrzés

pleating *tex* befonás, összefonás; berakás, redőzés; fodrozás, ráncokba rakás/szedés; pliszé; pliszírozás; ~ **cardboard** *tex* redőkarton; ~ **down** *tex* táblázás; ~**(-)machine** *tex* fodrozógép, pliszírozógép

pleiobar *met* magas barometrikus nyomás izobárja

pleion *met* többletes terület

Pleistocene period *geol* pleisztocén

plenargyrite *ásv* plenargirit

plenum teltség, telítettség; *at* túlnyomásos gáztér; *fiz* telített/megtöltött tér *(vákuum ellentéte)*; *szell* nyomószellőztetés, kiszorítószellőztetés; ~ **chamber** *hőt* nyomókamra, gőzdóm; *műa* előformázó szívókamra; *rep* nyomáskiegyenlítő kamra/tér; ~ **heating (system)** *szell* szellőztető légfűtés; ~ **ventilation** *szell* kiszorítószellőzés, részleges légcserés szellőztetés

pleochroic *krist* több színben játszó, pleokroitikus; ~ **hale** *at* színes fényudvar, pleokroitikus udvar; ~ **halo** *ásv* pleokroos udvar

pleochroism *krist* pleokroizmus, több színben játszás; ~ **in reflected light** *krist* reflexiós pleokroizmus

pleochrous *krist* pleokroitikus, több színben játszó

pleomorphism *biot, vegy* többalakúság, polimorfizmus

pleonaste *ásv* pleonaszt

plesiochronous *távk* pleziokron

plessite *ásv* plesszit

plexiform *műa* fonatszerű, hálószerű

plexiglas *műa* plexiüveg, polimetil-metakrilát
pliability *any* hajlíthatóság, rugalmasság
pliable *any* hajlékony, simulékony; hajlítható, rugalmas, flexibilis; *pa* pengős fogású; *tex* ráncolható, redőzhető; ~ **connection** flexibilis csatlakozás; ~ **sheet(ing)** *műa* hajlékony/hajlítható lemez
pliant *any* hajlékony, rugalmas/flexibilis; ~ **rule(r)** *mat, műa* hajlékony vonalzó
plicate *geol* gyűrődött, gyűrt, gyűrődéses; *tex* ráncos
plicated *geol* gyűrődött, gyűrt, gyűrődéses; *tex* ráncos
plication *geol* gyűrődés; *tex* hajtás, ránc
plicature *geol* gyűrődés; gyűröttség; *tex* hajtás *(kettőbe)*; ránc, redőzöttség
Pliensbachian stage *geol* pliensbachi emelet
plier | **gun** *heg* hegesztőfogó; ~**s** *pl szersz* csipesz; fogó *(egyszárú)*; ~**s for bicycles** kerékpárkónusz-fogó; ~**s for sawing ring** gyűrűvágó fogó *(ékszerészé)*
Plimsoll line *hajó* Plimsoll-vonal, maximális terhelési/merülési vonal
plinth *el* porcelán alátét; *ép* oszloptalp(lemez), talapzat, alapzat; peremlap, lábazat(i párkány)
Pliocene (epoch/period/series) *geol* pliocén(kor)
Pliocenic epoch/period *geol* pliocén kor
PLL → phase-lock(ed) loop
PLM → pulse length modulation
plodder *ép* csigaprés; *tex* motringprés
plot I. *v ép* parcelláz, feloszt *(telektömböt)*; *geod* (fel)térképez/helyszínrajzot készít, bemetsz; kitűz; *gép* felrajzol, felrak, szerkeszt *(diagramot v. vázlatot)*; *mat* megszerkeszt *(görbét)*, grafikusan/grafikonnal ábrázol; **II.** *n bány* bányatérkép; *ép* telek, parcella, (birtok)tag; *geod* térkép, vázlat, helyszínrajz; *mat* diagram, grafikon, grafikus ábrázolás; pontsor, (függvény)görbe; *mech* grafikus haladási/mozgási vázlat; *mzg* mezőgazdasági tábla; ~ **a graticule** *v geod* térképhálózatot szerkeszt; ~ **a line** *v mat* vonalat felrajzol/kijelöl; ~ **extractor** *rep* digitális jelátalakító; ~ **of the function** *mat* függvénygörbe, függvényábra, diagram; ~ **plan** *ép* alaprajz, tervrajz; házhelyrendezési/házhelyelosztási/telekosztási terv; helyszínrajz; ~ **table** *ép, gép* rajzasztal; ~ **the course** *v geod* irányt kitűz *(térképen)*
plotted *ép* felparcellázott; *geod* feltérképezett; *mat* megszerkesztett, grafikusan ábrázolt; ~ **against frequency** *távk* a frekvencia függvényében ábrázolva; ~ **against X** *mat* X függvényében ábrázolva; ~ **area** *ép* telkesített terület; ~ **point** *geod* térképre felvitt pont
plotter *geod* rajzoló; térképező, térképszerkesztő; *geof* kiértékelőműszer; *metr* írószerkezet, regisztrálószerkezet; *rep* automatikus útvonalrajzoló, helyzetrajzoló készülék; *szt* (görbe)rajzoló; koordinátaíró, koordinátarajzoló; plotter, rajzgép, x-y rajzoló
plotting *ép* parcellázás; útvonalkitűzés, nyomvonalkitűzés, traszírozás; *geod* térképezés, terepfelvétel, helyszínrajzkészítés; *gép* rajzmásolás; szerkesztés, vázlatkészítés; *mat* felrakás, felszerkesztés, felvitel *(részletpontoké, színvonalaké)*; grafikus ábrázolás; *rep* tájolás *(szerkesztéssel)*, bemérés *(lokátorral)*; útvonalkitűzés; ~ **a curve** *mat* görbe felrakása; ~ **apparatus** *geod* térképezőműszer; ~ **area** *ép* telkesítendő terület; ~ **board** *ép, gép* rajzasztal, rajztábla; *geod* bemérő rajzasztal; *kat* tervtábla; *rep* helyzetfeltüntető tábla; ~ **chart** *rep* útvonal-szerkesztési térkép; ~**(-)machine** *geod* kiértékelőgép, aerokartográg; *szt* koordinátarajzoló; ~ **map** *geod* térképasztal *(helymeghatározáshoz)*; ~ **of characteristics** *metr* jelleggörbe felvétele; ~ **of details** *geod* részletpontok felszerkesztése; ~ **scale** *geod* kicsinyített lépték/méretarány, térképméretarány; ~ **table** *kat, távk* bemérőasztal; *rep* térképszerkesztő asztal; *szt* rajzgépasztal; ~ **unit** *geod* kitűzőcsoport
plough, *US* **plow I.** *v bány* gyaluval jöveszt/fejt; *forg* gyalul *(hornyot)*; *mzg* (fel)szánt, barázdákat von; *nyom* körülvág; **II.** *n bány* lehúzógereblye; széngyalu, széneke; *el* áramszedő (csúszó)saru; *ép* kavicságyterítő; szárnyvas *(fúrópajzselferdülés megakadályozására)*; *fa* hántolókés, tisztítókés; *geol* barázdálás *(jég által)*; *mzg* eke, szántás; *nyom* lapvágó kés, könyvkörbevágó; ~**(-)beam** *mzg* ekegerendely; ~ **bit** *bány* széngyalu-vágóél; ~**(-)bolt** *mzg* rövid csavar, ekecsavar; ~**(-)bottom** *mzg* eketest; ~ **carrier** *vasút* alsó áramszedőtartó keret; ~ **cleaner** *bány* súrlódószíj *(szalagtisztításhoz)*; ~ **collector** *el, vasút* csatornás áramszedő, áramszedő (csúszó)saru; ~ **excavator** *ép* nyeső-felrakó; ~ **for canalization** *hidr* csatornanyitó eke; ~ **ga(u)ge** *mzg* ekemélység-beállító; ~**(-)handle** *mzg* ekeszarv; ~**(-)harrow** *mzg* (tárcsás) ekeborona; ~**(-)iron** *mzg* ekevas; ~**-knife coulter** *mzg* késcsoroszlya, csoroszlyakés; ~**(-)packer** *mzg* tömörítőhenger; ~ **pit** *vasút* áramszedő-kiemelő nyílás; ~**(-)press drill** *mzg* traktoros ekére szerelt sorhengeres vetőgép; ~**(-)tail** *mzg* ekeszarv; ~**-type ditcher** *ép* árkolóeke, rigoleke, árokhúzó eke; ~**-type machine** *bány* hántóeke, széngyalu; ~ **unloader** *bány* lehúzógereblye
ploughing *bány* széngyalulás
plow → plough
pluck I. *v* leszakít, letép, leszed, (ki)szakít; tépdes; *élip* (meg)kopaszt, melleszt, foszt *(libát)*; kibelez; *pa* tép; *tex* kártol *(gyapjút)*; **II.** *n élip* belek, belsőség
plucked *élip* kibelezett; megkopasztott; *tex* egyenlőtlen vastagságú *(fonal)*; kártolt; ~ **wool** *tex* döggyapjú, tímárgyapjú
plucker *élip* baromfitisztító; *gép* poroló(gép); *tex* gyapjúkártoló
plug I. *v bány* követ repeszt *(ékkel)*; *el* bedug(aszol); ellenárammal fékez *(motort)*; *ép* (falba) tiplit ver, tipliz; *gép* betöm, tömít; **II.** *n at* besugárzásicsatornalezáró tömb; *bány* kőfejtő ék; *el* dugós csatlakozó, dugaszoló(érintkező), dugasz, konnektor; dugós olvadóbiztosíték; érintkezőcsap; *ép* facsap, faék, fapecek, fabetétrész, tipli; ledugózás *(feszítésnél)*; szád; vízöblítő *(WC-é)*; *fa* szádolófa, hordódugó; *finm* hengerbetét, beüthető hengercsap; *geod* kitűzőcövek; *geol* lávadugó; *gép* (záró)dugó, furat nélküli dugó; csapforgó, dugós idomszer, lyukkaliber; csapszeg, betétdarab; szeghegy; tömítődugó; *gépk* (gyújtó)gyertya; *koh* dugó; konverterfenék; *műa* bélyeg, csésze *(szerszámrész)*; *ol* dugó; *orv* plomba, tömés *(fogban)*; *pa* kúpos malom/őrlő forgórésze/kúpja; *vasút* sínbiztosító ékdugó, sínék; ~ **and socket connection** *el* csatlakozópár; ~**-assist forming** *alak* vákuumformázás mechanikus előnyújtással; ~ **back cementing** *ol* dugócementezés; ~**(-)board** *el* vezérlőtábla, működtetőtábla, vezérlőpanel, működtetőpanel; *szt* kapcsolótábla, dugaszolótábla, programtábla, programozótábla; *távb* dugaszoló kapcsolótábla, dugaszdeszka; ~**-board chart** *szt* dugaszolási rajz;

~-board computer *szt* kapcsolótáblás számítógép; ~-board programming *szt* dugasztáblás programozás; ~ bond *vasút* dugaszos sínillesztés-áthidaló; ~ bore *gép* csapfurat *(forgóé)*; ~-bottom ingot mo(u)ld *önt* fenékdugós öntőforma *(öntecsek készítéséhez)*; ~(-)box *el* kapcsolódoboz, csatolódoboz, dugaszolóaljzat, dugaszaljzat, konnektor; ~ bush *el* dugaszolóhüvely; ~ cap *el* dugós csatlakozó, dugaszoló, dugasz, konnektor; *gép* dugócsap; ~ capacitance box *el* dugaszolható kapacitásszekrény; ~ centre/center *forg* központfuratos dugó; ~(-)chain *gép* zárócsavar-bekötő lánc; ~ cluster *el* dugaszolóleágazás; ~ cock *gép* gázcsap, dugócsap; ~-compatible *szt* csatlakozó szinten kompatibilis; ~ connection *el* csatlakozópár; dugaszos csatlakozás, dugaszolócsatlakozás; ~ connector *el* dugaszolócsatlakozó; ~ contact *el* dugós érintkező, dugaszolócsatlakozó; ~ cord *el* dugaszzsinór; ~ cut-out *el* dugaszolóbiztosító; ~ displacement *ol* dugós olajkiszorítás; ~ dome *geol* dagadó lávakúp, dagadókúp; ~ drawing *heng* csőfelhengerlés, csőhúzás, hideghúzás (tüskével); ~ extractor *finm* hengerbetét-kiütő; *szersz* dugóhúzó; ~ flow *biot* dugós áramlás; ~-flow conveyance/conveying *ép* dugós szállítás; ~ fuse *el* dugós (olvadó)-biztosító; ~ ga(u)ge dugós/hengeres idomszer, furatidomszer, kaliberdugó, lyukkaliber; ~(-)hole *bány* repesztőéklyuk; *gép* csaplyuk, csapfurat; *hidr* kifolyólyuk, kifolyónyílás *(fürdőkádé)*, leeresztőszelep, lefolyószelep; ~ in *v el* (be)dugaszol, bedug, bekapcsol *(készüléket)*; áramkört létesít; beiktat, beilleszt, bekapcsol *(ellenállást)*; ~-in dugaszolható, dugaszolófejes, csatlakozófejes; beiktatás, bekapcsolás; ~-in amplifier dugaszolható erősítő; ~-in board *szt* bedugaszolható kártya; ~-in capacitor cserélhető/dugaszolható kondenzátor; ~-in card *szt* cserélhető/csereszabatos/dugaszolható kártya; ~-in circuit dugaszolható áramkör; ~-in coil dugaszolható/cserélhető tekercs; ~-in connection *szt* dugaszolható összeköttetés; ~-in expansion *szt* építőkockaelv; ~-in module dugaszolható (modulrendszerű) építőelem/építőegység; ~-in mounting dugaszolható szerelés/aljzat; ~-in point dugaszolási pont; ~-in system dugaszolásos rendszer; ~-in type dugaszolásos típus, dugaszolható; ~-in unit (PIU) *el* dugaszolható (al)-egység, fiók, építőkocka-egység, szelvénykeretes egység; *szt* dugaszolható egység; ~ lap joint *heg* lyukvarrat; ~ lead *gépk* gyertyakábel; ~ mill *heng* dugós hengersor; ~ of supply cord *el* hálózati csatlakozódugó; ~ packer *gép* tömítődugó; ~ pin *el* érintkezőcsap; ~ point *el* dugaszolóaljzat, dugaszaljzat, konnektor; ~-ramming machine *ép* talajdöngölő; ~ receptacle *el* dugaszolóhüvely; ~ resistance (box) *el* dugaszolható ellenállásszekrény; ~ reversal *el* ellenáramú irányváltás; ~ rheostat *el* dugaszolható/változtatható ellenállás(szekrény); ~ rolling *heng* dugós csőhengerlés; ~-rolling mill *heng* dugós/pilgerező csőhengerállvány, pilgersor; ~ seat *el* dugaszhüvely; ~-seat switch *el* dugaszdeszka-érintkező; ~ shelf *távb* dugómező; ~ shot *bány* dugóval fojtott robbantás; ~ socket *el* dugasz(oló)aljzat, csatlakozóaljzat, konnektor; ~-socket holder *el* dugaszolóaljzat; ~ switch *el* dugaszos (át)kapcsoló, áramszakító dugó; ~ switchboard *távb* dugaszos kapcsolótábla; ~ tap készrevágó menetfúró, menetcsiszoló tüske; ~ terminal *gépk* gyújtógyertya csatlakozófeje; ~ the wall *v ép* csapot/tiplit falba helyez; ~-to-plug compatibility *el* dugaszolók kompatibilitása/összeférhetősége; ~-to-plug compatible *szt* összecsatlakoztatható; ~(-)type conveying *ép* dugós szállítás; ~-type measuring bridge *el* dugaszolható mérőhíd; ~ up *v el* összedugaszol; ~ valve *el, gép* csap; ~ wedge *gép* ékes tolózár; ~ weld *heg* lyukvarrat, csapos varrat; ~ welding *heg* lyukhegesztés; ~ with protective contact *el* védőérintkezős dugós csatlakozó

pluggable telephone channel selector *távb* dugaszolható csatornaválasztó

plugged *bány* repesztett; *el* ellenárammal fékezett, (be)dugaszolt; *ép* tiplizett; *gép* bedugott, tömített; eldugult; ~ bit *ol* eltömődött fúró; ~ crib *bány* könyökös aknaácsolat

plugger *bány, ép* légkalapács, pneumatikus kalapács, fúrókalapács; *gép* dugaszoló *(munkás v. gép)*

plugging *bány* fúrólyukkezdés, lefelé fúrás; kőrepesztés *(ékkel)*; *el* bekapcsolás, bedugaszolás; ellenáramú fékezés; *élip* eltömődés *(pl. rostáé)*; *ép* hangszigetelő *(válaszfal)*; ledöngölés agyaggal; tiplizés, beverés; *gép* (be)dugaszolás, repedéseltömés; beverés; tömítés; ~ chart *távb* kapcsolótábla-diagram, dugaszolási terv; ~ chisel *ép* pántvéső; ~ of sleepers *vasút* köldöközés *(talpfáé)*; ~ resistor *el* ellenálláscső; ~ switch *vasút* fékkontroller; ~-up *távb* hibásvonal-átkapcsolás *(hibakeresőbe)*; *vasút* talpfaékelő/talpfaköldökőző szerkezet

plugman *bány* szivattyúkezelő, szivattyúfelvigyázó; *kat* lövegzárkezelő

plum szilva(fa); *ép* betonba ágyazott nagy kődarab, úsztatott kő; ~ gum *vegy* szilvamézga; ~(-)kernel oil *élip* szilvamagolaj; ~-pudding stone *bány* konglomerátum

plumb I. *v ép* függélyez, mérőónnal mér/ellenőriz; függőlegessé tesz, kiegyenesít; *hajó* megmér, mélységet mér *(függőónnal)*; *hidr* szerel *(vízvezetéket)*; **II.** *a ép* függőleges; **III.** *n ép* függőlegesség; ólomnehezék, függőón, függőólom; *hajó* mélységmérő, mérőón; ~-bob *ép* függőón, ólomnehezék; *hajó* mélységmérő, mérőón; ~-line deviation *ép, geof* függővonal-elhajlás; ~ pile *ép* függőleges cölöp; ~ point *geod* nadírpont, talppont, függőleges vetítéspont; ~-point triangulation *geod* nadírpont-háromszögelés; ~-rule *ép* függőón vonalzó, ácszsinór; ~ shaft *bány* függőleges akna

plumbaginous *vegy* grafitos, grafittartalmú

plumbago *ásv* grafit; ~ crucible *koh* grafittégely

plumbate *vegy* plumbát, ólomsavas só

plumber *ép* bádogos; ólomöntő, ólomforrasztó munkás; vízvezetékszerelő, vízvezeték- és gázszerelő; ~'s anvil *alak* fényelőtőke; ~'s black *távk* ólmozási jel; ~'s hardy *szersz* áthajtóvas; ~'s ladle *hőt* forrasztótégely, forrasztókanál; ~'s leadpipe cutter *szersz* ólomcsővágó; ~'s pliers *pl szersz* bádogosfogó; ~'s pot *koh* ólomolvasztó üst; ~'s scraper *szersz* bádogos-borítóvas; ~'s solder *ép* ólomforrasz; ~'s stove *szer* ólomolvasztó kályha

plumbery *ép* vízvezeték-szerelés, gázvezeték-szerelés; vízvezetékszerelő/gázvezetékszerelő műhely

plumbian *ásv, vegy* ólomtartalmú

plumbic *vegy* ólom(IV)-; ~ glaze *vegy* ólommáz

Plumbicon *tv* plumbikon

plumbiferous *ásv, vegy* ólomtartalmú
plumbing *el* ér nélküli kábelhálózat; ólmozás *(kábelkötésnél)*; *ép* (házi) csőhálózat, vízvezeték-hálózat; függélyezés, függőzés; vizesblokk; vízvezeték- és gázszerelés; *geod* pontvetítés; *hajó* mélységmérés, szondázás; *önt* ólomöntés, ólommívesség; *távk* csőtápvonalsor *(lokátoron)*; ~ **fitting** *ép* csővezeték-armatúra; ~ **pipe** *ép* épületgépészeti csővezeték; ~ **unit** *ép* vizesblokk
plumbite *vegy* plumbit
plumbness *ép* függőlegesség
plumboferrite *ásv* plumboferrit
plumbogummite *ásv* plumbogummit
plumboniobite *ásv* plumboniobit
plumbous *vegy* ólomtartalmú, ólom(II)-
plume *at* csóva, kibocsátott gáz és/vagy gőz; *csill* napkoronanyúlvány; ~ **model** *at* csóvamodell; ~ **of smoke** *környv* füstzászló; ~ **rise** *at* csóvaemelkedés
plummer block/box *gép* támcsapágy
plummet *ép* mérőón, függőón, függőón-vonalzó; *hajó* mélységmérő ón, fenékmérő (fonál)
plumose ore *ásv* plumozit
plumosite *ásv* plumozit
plunge I. *v* (be)márt, alámerít, (be)merít; *geod* hirtelen dől/lejt; *hajó* bukdácsol, bólint; *hők* edz; **II.** *n* besülylyesztés, bemerítés; bemerülés; *geod* hirtelen dőlés/lejtés; *geol* réteg lefelé hajlása; ~**-basin lake** *geol* lesüllyedt telepen keletkezett tó; ~ **battery** *el* kiemelhető eletródos telep; ~ **cell** *el* kihúzható elektródos elem; ~**-cut (grinding)** *forg* beszúró köszörülés; ~ **cutting** *forg* beszúró forgácsolás; ~ **feed** *forg* keresztelőtolás, harántelőtolás, beszúró előtolás; ~ **grinding** *forg* beszúró köszörülés; ~ **in** *v* bemerít, bemárt; ~ **pole** *hidr* szivattyúrudazat; ~ **pump** *hidr* radiális dugattyús szivattyú; ~ **up** *v bőr* felkever *(meszest)*
plunger búvár; *alak* bélyeg, tüske; *el* (eltolható) rövidzárdugó; behúzó vasmag; mikrofondugattyú *(szénmikrofonban)*; *ép* gumipumpa; *gép* (búvár)dugattyú, merülődugattyú, plunger; hengeres csap; *gépk* befecskendeződugattyú; szelepzár *(gumitömlőszelepé)*; *hajó* búvárdugattyú; *hidr* köldök *(szivattyún)*; *kat* inerciás ütőszeg, gyutacs leszálló része; *koh* merítőharang; *műa* (szerszám)bélyeg; *távk* csonk, tápvonalcsonk, hangolócsonk, illesztőimpedancia; ~ **cam** *kh* süllyesztőlakat; ~ **case** *gép* búvárdugattyúház; ~**-core machine** *önt* dugattyús öntödei magkészítő gép; ~**-diaphragm pump** *hidr* merülődugattyús membránszivattyú; ~ **die** *alak* tüske, bélyeg, alakverő; ~ **electromagnet** *el* behúzómágnes; ~ **elevator** *em* hidraulikus/dugattyús em•lő/felvonó; ~ **guide and tappet roller** *gépk* befecskendezőszivattyú görgős emelője *(dízelmotoré)*; ~**(-)housing** *gép* dugattyúház, hengerház; ~ **jig** *nyom* hidraulikus matricaprés; ~ **key** *el* bontókés; ~ **lift** *em* hidraulikus/dugattyús felvonó/emelő; ~ **lifting** *ol* plungerliftes termelés; ~ **magnet** *el* behúzó vasmagos mágnes, behúzómágnes; ~ **mo(u)ld** *műa* töltőszerszám; ~**(-)mo(u)lding** *műa* fröccssajtolás *(egy fajtája)*; ~ **overtravel** *gép* dugattyútúlhaladás; ~ **pin** *kat* rögzítőcsap; ~ **piston** *gép, ol* búvárdugattyú, plunger; ~ **pump** *hidr* (búvár)dugattyús/forgódugattyús szivattyú; ~ **spring** *gép* dugattyúrugó; ~ **stock(-)pump** *ép* dugattyús anyagszivattyú; ~ **stroke length** *ol* mélyszivattyú-lökethossz; ~**-type instrument** *el* behúzó vasmagos műszer; ~**-type line switch** *távb* dugattyús típusú előválasztó; ~**-type stirrer** *gép* merülőkeverő; ~ **valve** *ol* plungerszelep
plunging (be)mártás, (be)merítés; (be)merülés; *geod* hirtelen lejtés/dőlés; *hajó* bukdácsolás, bólintómozgás; *hők* edzés; ~ **anticline** *geol* süllyedő antiklinális; ~**(-)boiler** *pa* bukófőző; ~ **coupling** *gép* csúszóvillás kardán; ~ **siphon** *élip* hébér, lopó *(pincészetben)*
plural többszörös; ~ **drilling** *ol* bokorfúrás; ~**-phase alloy** *koh* többfázisú ötvözet; ~ **production collision** *al* többtermékes ütközés; ~ **scattering** *at* többszörös szóródás
plurality die *forg* többpofás menetvágó szerszám
plus I. *a mat* plusz, pozitív; több, többlet-; **II.** *n mat* összeadásjel, pluszjel; pozitív mennyiség; többlet, felesleg; ~**-and-minus limit** plusz-mínusz tűrési határ; ~ **infinity** *mat* plusz végtelen, $+\infty$; ~ **mesh** *bány* szitamaradvány; ~ **pole** *el* pozitív sarok; ~**-shaped** kereszt alakú; ~**-shaped twin** *krist* kereszt alakú ikerkristály; ~ **sight** *geod* hátra leolvasás; ~ **sign** *mat* összeadási jel, összeadás jele; pluszjel (+) *(valós szám előjele)*; ~ **tapping** *el* pluszelágazás *(tekercsé)*; ~ **thread** *gép* szárátmérővel egyenlő magátmérőjű menet
plush *tex* plüss; ~ **copper(-)ore** *ásv* kalkotrichit, szálas vörösrézérc; ~**-cutting machine** *tex* plüssvágó gép; ~ **pad** *bőr* plüsskefe
pluton *geol* plutón
plutonic *geol* mélységi, mélységben kikristályosodott, plutói, plutonikus; ~ **metamorphism** *geol* plutói metamorfózis; ~ **plug** *geol* mélységi kőzetforma; ~ **rock** *geol* plutón
plutonite *geol* plutonit
plutonium (Pu) *at, vegy* plutónium; ~ **bomb** *at* plutóniumbomba; ~ **credit** *at* konverzióval keletkezett plutóniummennyiség; ~ **cycle** *at* plutóniumciklus; ~ **fission** *at* plutóniumhasadás; ~ **pile** *at* plutóniumreaktor; ~ **poisoning** *at* plutóniummérgezés; ~**(-)producing reactor** → ~ reactor; ~ **reactor** *at* plutóniumreaktor, plutóniumtermelő/plutóniumtenyésztő reaktor
pluviograph *met* öníró csapadékmérő, csapadékíró, esőíró, ombrográf
pluviography *met* csapadékmennyiség-mérés, esőmérés, pluviometria, ombrográfia
pluviometer *met* csapadékmérő, pluviométer, esőmérő, ombrométer
pluviometry *met* csapadékmennyiség-mérés, esőmérés, pluviometria, ombrográfia
ply I. *v alak* lehajlik; lehajlít, meghajlít; *tex* kettőz *(fonalat)*; sodor, cérnáz; **II.** *n* réteg; vastagság; *bány, geol* hajlás, görbület, gyűrődés; redő, redőzetsáv, beágyazás, réteg; *fa* furnérréteg, furnérlap rétege; *gép* szíjág, szíjréteg; *gépk, gumi* textilbetét, textilréteg, fonalbetét *(abroncsban)*; *pa* erős papírszövet; hajtás, falc; *tex* beszőtt szövés *(szőnyegben)*; egyesítés *(cérnázott fonalban)*; fonat, sodrat, szál, ág, szövetréteg *(kettőzésnél)*; hajtás, redőzés, rétegezés, (szövet)ránc; ~ **adhesion** *gumi* betéttapadás, rétegtapadás; ~**(-)metal** *fa* fémmel színelt rétegelt lemez, alumíniumbetétes furnér; ~ **rating** *gumi* névleges betétszám; ~**-rating of tyre/tire** *gumi* betétszámarány *(gumiabroncsé)*; ~ **thread** *tex* többsodratú fonal; ~ **twist** *tex*

cérnázott fonal sodrata; ~(-)**yarn** *tex* cérna, cérnázott fonal

plywood *fa* lemezelt fatábla; réteges/rétegelt/ragasztott/enyvezett lemez, keresztlemez, furnér(lemez); ~ **form(work)** *ép* rétegeltlemez zsaluzat; ~ **mill** *fa* falemezgyár; ~ **panel(l)ing** *fa* keresztbeenyvezés; ~ **press** *fa* furnérprés; ~ **shuttering** *ép* rétegeltlemez zsaluzat

Pm → promethium

PM → permanent magnet; → powder metallurgy; → preventive maintenance

PMAT → pure machine translation

PMBX → private manual branch exchange

PMC → phenyl-mercuric chloride

PMD → postmortem dump

PMMA → polymethyl methacrylat

P MOS → p-channel metal oxide semiconductor

PMX → private manual exchange

p-n | **boundary/junction** *el* p-n átmenet; ~ **junction diode** *el* p-n átmenetű félvezető egyenirányító; rétegdióda; ~ **junction isolation** *el* p-n átmenetes szigetelés; ~ **junction photocell** *el* p-n fotódióda; ~ **region** *el* p-n átmenet; ~ **transition** *el* p-n átmenet; ~ **zone** *el* p-n átmenet

pneumatic I. *a gép* felfújható; sűrített levegőt tartalmazó, sűrített levegővel hajtott/működő, pneumatikus, préslég(hajtású), léghajtásos, lég-; **II.** *n gépk* köpeny, gumitömlő, légabroncs; ~ **actuation** pneumatikus működtetés; ~ **adder** pneumatikus összegező; ~ **amplifier** pneumatikus erősítő; ~ **analog(ue) computer** *mat* pneumatikus analóg számológép; ~ **analog(ue) model** *aut* pneumatikus analóg modell; ~ **ash removal** pneumatikus hamueltakarítás; ~ **autopilot** *rep* pneumatikus robotpilóta; ~ **ball vibrator** *ép* pneumatikus golyósvibrátor; ~ **beater** *vasút* sűrített levegővel működő aláverő; ~ **bolt cutter/shears** pneumatikus csapszegvágó; ~ **brake** *gépk* légfék; ~ **braking** *gépk* légnyomásos fékezés; ~ **breaker** *ép* pneumatikus bontókalapács; ~ **buffer** *kat* légcsillapító, lökésháritó légfék *(lövegen)*; ~ **caisson** *ép* sűrített levegős munkakamra, légnyomásos süllyesztőszekrény; ~ **capacity** *gép* pneumatikus kapacitás; ~ **car** sűrített levegő hajtotta kocsi; ~ **caulker** *ép* tömörítő légkalapács; ~ **caulking** *hajó* pneumatikus dugarozás; ~ **cement handling** *ép* pneumatikus cementszállítás; ~ **channel** pneumatikus csatorna; ~ **chipper** → ~ chipping hammer; ~ **chipping hammer** pneumatikus öntvényfaragó kalapács; ~ **chisel** sűrített levegővel működő véső; ~ **chuck** *forg* légnyomásos tokmány, préslégtokmány; ~ **chute conveying** *ép* pneumatikus vályús szállítás; ~ **circuit** *aut* pneumatikus kör; ~ **cleaning** *bány* légszérelés; ~ **clutch** *gépk* pneumatikus tengelykapcsoló; ~ **compression riveter** *ép* pneumatikus szegecselő; ~ **concrete conveying** *ép* pneumatikus betonszállítás; ~ **concrete gun** *ép* betonlövellő gép, kamrás szóróberendezés; ~ **concrete placer** *ép* pneumatikus betonszállító berendezés; ~ **concrete tamper** *ép* pneumatikus betondöngölő; ~ **continuous concrete placer** *ép* pneumatikus folyamatos betonszállító berendezés; ~ **control** *aut* pneumatikus vezérlés/szabályozás; ~**-control grapple** *ép* pneumatikus polipmarkoló; ~ **controller** *aut* pneumatikus szabályozó; ~ **controller with discontinuous action** szakaszos működésű pneumatikus szabályozó; ~ **controller with logical members** pneumatikus szabályozó logikai elemekkel; ~ **control of liquid level** pneumatikus folyadékszint-szabályozás; ~ **control system** pneumatikus szabályozórendszer; ~ **converter** *el* pneumatikus jelátalakító; ~ **conveying** *élip, ép* pneumatikus szállítás; ~ **conveyor/conveyer** *élip, ép* aerációs csatorna; pneumatikus/nyomóüzemű szállítóberendezés; ~ **cushioning** *gép* pneumatikus lökhárítás; ~ **cylinder** pneumatikus henger; ~ **de-duster** légszeparátor; ~ **delay unit** *aut* pneumatikus késleltetőegység; ~ **demolition pick (hammer)** *ép* pneumatikus bontókalapács/bontólégkalapács; ~ **descaling hammer** *heg* reveleverő légkalapács; ~ **detector** pneumatikus detektor/érzékelőelem/érzékelőrelé/érzékelőcella; ~ **diaphragm servomotor** *gépk* pneumatikus membrános szervomotor; ~ **digger** *ép* pneumatikus ásókalapács; ~ **dimensions transducer** *aut* pneumatikus méretjel-átalakító/méretmeghatározó; ~ **dispatch** csőposta; ~ **divider** pneumatikus osztó; ~ **door bumper** *ép* légkamrás ajtóütköző; ~ **drill** *bány, ép* préslégfúrógép, pneumatikus fúrókalapács; ~ **drive** *gép* pneumatikus meghajtás; ~ **driving plant** *ép* pneumatikus cölöpverő; ~ **ejector** *ép* torkrétágyú, betonlövelő berendezés, pneumatikus ejektor; ~ **elevating conveyor/conveyer** *ép* fluidizációs elevátor; ~ **elevator** *ép* pneumatikus elevátor/felvonó; ~ **equipment** *gép* préslégberendezés; ~ **external vibrator** *ép* pneumatikus külső vibrátor; ~ **flight conveying** *ép* lebegtető szállítás; ~ **float** *gép* felfújható tömlő, felfújható úszó *(műszaki)*; ~ **floor rammer** *ép* pneumatikus döngölő; ~ **flotation cell** *bány* pneumatikus flotációs cella; ~ **foundation** *ép* légnyomásos (keszon)alapozás; ~ **ga(u)ge** pneumatikus mérőműszer; ~ **glu(e)ing press** légnyomásos ragasztóprés; ~ **governor** *aut* pneumatikus szabályzó; ~ **grapple** → ~-control grapple; ~ **hammer** *bány* sűrített levegős fejtőkalapács; *ép* légkalapács; pneumatikus kalapács/cölöpverő; ~ **hand hammer (rock) drill** *ép* pneumatikus kőzetfúró kalapács; ~ **hand rammer** *ép* pneumatikus döngölő; ~ **helmet** *at* túlnyomásos védősisak; ~ **high(-)pressure control** *aut* pneumatikus nagynyomás-szabályozás; ~ **hoist** *em* légnyomásos emelő; ~**-hydraulic control system** *aut* pneumatikus-hidraulikus irányítási/szabályozási/vezérlési rendszer; ~**-hydraulic drive** *gép* pneumatikus-hidraulikus hajtás; ~ **jet pipe** *gép* légsugárcső; ~ **lap(-)welding tool** *heg* légnyomásos átlapoló hegesztőszerszám; ~ **level control** pneumatikus szintszabályozás; ~ **level transmitter** pneumatikus szint(táv)adó; ~ **lift-all** *em* pneumatikus kiemelőszerkezet *(traktoron)*; ~ **lifting device** légnyomásos emelő; ~ **lifting tackle and block** pneumatikus csigasor; ~ **linkage** *gép* pneumatikus rudazat; ~ **load take-up** *em* pneumatikus teherfelvevő szerkezet; ~ **lock** *ép* légzsilip *(sűrített levegős munkánál)*; ~ **logical elements** *aut* pneumatikus logikai elemek; ~ **logical installations** *aut* pneumatikus logikai berendezések; ~ **loudspeaker** *hang* pneumatikus hangszóró, rezgő légoszlopos hangszóró; ~(-)**magazine riveter** *ép* táras szegecselőpisztoly; ~ **mail** csőposta; ~ **measuring instrument** pneumatikus mérőműszer; ~ **measuring transducer** pneumatikus mérőváltó *(differencia nyomásra, különbözeti nyomásra)*; ~**-mechanical forming** *alak* pneumatikus ütősajtolás; ~ **mo(u)lding ma-**

chine *önt* pneumatikus formázógép; ~ **multipurpose controller** pneumatikus többcélú szabályozó; ~ **nailing(-)machine** *ép* pneumatikus szegezőgép; ~ **nut-runner** *szersz* csavarbehajtó gép; ~ **on-off relay** pneumatikus kétállású relé; ~ **operational amplifier** *el* pneumatikus műveleti erősítő; ~ **pick** *bány* fejtőkalapács; *ép* pneumatikus bontókalapács, légcsákány; ~ **pile-driving plant** *ép* pneumatikus cölöpverő; ~ **pile extractor** *ép* pneumatikus cölöpkihúzó; ~ **pile hammer** *ép* pneumatikus (verő)kalapács/cölöpverő légkalapács; ~ **pipe(-)pressure testing(-)machine** *ép, gép* pneumatikus csővizsgáló; ~ **pipe(-)saw** cső(kör)fűrész; ~ **pipe transport** *ép* zárt csöves pneumatikus szállítás; ~ **piston servo(-)drive** *gép* pneumatikus dugattyús szervomechanizmus; ~ **placing(-) machine** *ép* pneumatikus betonszállító berendezés; ~ **plant** *gép* pneumatikus berendezés; ~ **plug connector** *el* pneumatikus dugaszolócsatlakozó; ~ **positioning relay** pneumatikus helyzetbeállító relé; ~ **post** csőposta; ~ **power amplifier** *el* pneumatikus végerősítő; ~ **pressure transmitter** pneumatikus nyomástávadó; ~ **program timer** pneumatikus programadó; ~ **pump** *szell* légszivattyú; ~ **punch** pneumatikus lyukasztó; ~ **raft** *rep* felfújható mentőcsónak; ~ **rammer** *ép* pneumatikus döngölő; ~ **rapid-stroke pile hammer** *ép* pneumatikus gyorskalapács; ~ **receptor (of radiation)** *at* pneumatikus sugárzásérzékelő; ~ **recorder** *metr* pneumatikus írómű/regisztrálókészülék; ~ **refining** *koh* oxigénes frissítés; ~ **regulator** pneumatikus szabályozó; ~ **relay** *el* pneumatikus kapcsoló; ~ **remote control** pneumatikus távirányítás/távvezérlés/távszabályozás; ~ **resistance** *gép* pneumatikus ellenállás; ~ **resistance-capacity element** *aut* pneumatikus RC-tag; ~ **rivet driver** *ép* szegecsbehelyező gép; ~ **riveter** *ép* szegecselőpisztoly; ~ **rock breaker** *ép* függesztett pneumatikus bontókalapács; ~ **rock-drilling hammer** *ép* pneumatikus kőzetfúró kalapács; ~ **roller vibrator** *ép* pneumatikus görgős vibrátor; ~ **sand(-)strewing device** *önt* légfúvós homokszóró; ~ **scaling hammer** *heg* pneumatikus reveleverő kalapács; ~ **separation** *bány* száraz előkészítés/légszérelés; ~ **servo-motor** pneumatikus szervomotor; ~ **set(-)point device** *aut* pneumatikus alapjelképző szerv; ~ **setting vane** pneumatikus beavatkozószerv; ~ **sheeting driver** *ép* pneumatikus szádlemezverő kalapács; ~ **shutter** *gép* légnyomással működő pillanatzár; ~ **signal** pneumatikus jel; ~ **signal converter** *el* pneumatikus jelátalakító; ~ **simulator** *aut* pneumatikus szimulátor/modellezőberendezés; ~ **sinking** *ép* légnyomásos alapozás/süllyesztés; ~ **sizer** *bány* légszér; ~ **spray gun** *ép* pneumatikus szórópisztoly; ~ **spring** *gép* légpárna; ~ **starting device** *gép* sűrített levegős indítókészülék; ~ **steering gear** *gépk* pneumatikus kormánymű; ~ **stowing** *bány* fúvott tömedék; ~ **suit** *at* túlnyomásos védőöltözet; ~ **suspension** *gépk* levegőrugózás, légrugózás; ~ **switchboard** *el* pneumatikus kapcsolóasztal/kapcsolótábla; ~ **tackle and block** *em* pneumatikus csigasor; ~ **take-up set** *ép* pneumatikus feszítőszerkezet; ~ **tamper** *ép* sűrített levegős döngölő; ~ **tape transport** pneumatikus szalagtovábbítás; ~ **teletransmitter** pneumatikus távadó; ~ **throttle** *gép* pneumatikus fojtószelep; ~ **time(-)delay relay** pneumatikus időrelé; ~ **time(-)schedule transmitter** pneumatikus időtervadó; ~ **tool** *szersz* pneumatikus kéziszerszám, préslégszerszám, sűrített levegővel működő szerszám; ~ **transmitter** *távk* pneumatikus kimenetű jeladó, pneumatikus távadó; ~ **transport system** *ép* pneumatikus szállítóberendezés; ~ **tube conveying/transport** pneumatikus szállítás; ~ **tube conveyor/conveyer** csőposta; ~ **tyre/tire** *gépk* légabroncs, gumiabroncs; ~**-tyred**, ~**-tired** *gépk* gumiabroncsos, légabroncsos; ~ **unit controller** *aut* pneumatikus egységszabályozó; ~ **universal controller** *aut* pneumatikus univerzális/egyetemes szabályozó; ~ **valve** *gépk* légabroncsszelep, gumiabroncsszelep; ~ **vibrator** *ép* pneumatikus (belső motoros) vibrátor; ~ **winch** *bány* légvitla; *em* légnyomásos csörlő

pneumatically *gép* pneumatikusan, sűrített levegővel; ~ **applied concrete** *ép* lövelt beton; ~ **controlled valve** *gép* pneumatikus (működtetésű) szelep; ~ **operated circuit(-)breaker** *el* pneumatikus/légnyomásos kapcsoló; ~ **operated switch** *el* pneumatikus/légnyomásos kapcsoló

pneumatics *fiz* pneumatika, gáznemű testek tana

pneumatolysis *geol* pneumatolízis

pneumatolytic | **growth** *krist* pneumatolitikus növekedés/képződés; ~ **ore deposit** *geol* pneumatolitos érctelep; ~ **stage** *krist* pneumatolitos szakasz

pneumoelement *aut* pneumatikus elem

pneutronic level control *aut* pneumatikus-elektronikus szintszabályozás

p-n-i-p transistor *el, félv* közbenső intrinsic rétegű tranzisztor, p-n-i-p tranzisztor

PNM → pulse number modulation

p-n-p transistor *el, félv* p-n-p tranzisztor; rétegtranzisztor

p-n-p-n | **diode** *el, félv* p-n-p-n dióda, négyrétegű dióda; ~ **switching device** négyrétegű cella; tirisztor; ~ **switching diode** négyrétegű dióda, Shockley-dióda; ~**-type transistor** *el, félv* p-n-p-n tranzisztor

Po → polonium

PO | **box** → Post Office box; ~ **bridge** → Post Office bridge

poach megnedvesít; *élip* főz; *pa* lágyul

POC → port of call

Pockels' effect *el* Pockels-jelenség

pocket I. *v gép* fészekbe helyez, fészket készít; **II.** *n bány* kisebb érclencse; telepkivastagodás; vakbetörés *(szellőzetlen)*, vakvágat; *élip* súlytartó; triőrsejt; *ép* fészkesség; kazetta, fészek, mélyedés, fülke; *geol* réteg fészke, teknő, katlan; vízzel/gázzal telt üreg; *gép* horony, bemélyedés; olajzseb, hőmérőzseb; *gumi* betétpólya, betétpár *(nyersen összeragasztott)*; *ruh* zseb, zacskó, zsák; *szt* (lerakó)rekesz; ~ **anemometer** *met* kézi szélsebességmérő; ~ **beach** *geol* zsákszerű öböl; ~ **bearing** *gép* olajtartályos csapágy; ~**(-)belt conveyor/conveyer** *ép* tasakos szállítógép; ~ **calculator** *szt* zsebszámológép; ~ **chamber** *at* zsebionizációs kamra; ~ **computer** *szt* zsebszámítógép; ~**-cup anemometer** *met* kanalas kézi szélsebességmérő; ~ **current** *el* zsebáram; ~ **dosimeter** *at* zsebdoziméter; ~ **eye-glass** *opt* zsebnagyító *(órásé)*; ~ **grinder** *pa* préscsiszoló, szekrényes facsiszoló; ~ **illumination photometer** *foto* zsebluxmérő; ~ **instrument** *szersz* zsebműszer, kéziszerszám; ~ **ionization chamber** *at* zsebionizációs kamra; ~ **lamp** *el* zseblámpa; ~ **magnetometer** *bány* zsebmagnetométer; ~ **magnifier**

opt zsebnagyító *(órásé)*; ~ **meter** *at* zsebdoziméter; ~ **monitor** *at* zsebmonitor; ~ **noise** *gumi* horonyzaj; ~ **of resistance** *kat* ellenállási góc; ~ **receiver** *rád* zsebrádióvevő; ~ **rule** zsebmérőléc; ~**-size radio (receiver)** *rád* zsebrádió; ~ **star** *ép* táskás adagolófal; ~ **tracer** *el* hordozható hibakereső; ~ **watch** zsebóra; ~**-watch case** zsebóratok

pocketbook *bőr* irattáska, kézitáska; *nyom* zsebkönyv; *pa* jegyzetfüzet, notesz

pocketed *ép* süllyesztett *(oszlop stb.)*; *gép* fészekbe helyezett; ~ **valve** *gép* csőszelep

pocketing *ép* süllyesztés; *tex* zsebvászon

pockwood *fa* pockfa, guajakfa, franciafa; ~ **pillow** *gép* pockfacsapágy

pod *gép* tok, táska, (külső) hüvely; *kat* gondola, fegyverzettár; *rep* függesztett gondola/tartály; ~ **bit** egyenes hornyú fúróbetét; ~ **drill** kanálfúró, kanalas fúró

podded engine *rep* függesztett hajtómű

podsol, podzol *talt, ol* derítőföld; podzol

podsolization, podzolization *talt* podzolképződés

poecilitic → poikilitic

Poetsch process *bány* fagyasztásos talajszilárdítás

Poggendorff compensation method *vegy* Poggendorff-módszer

Pohlmann floor *ép* Pohlmann-födém

poikilitic *geol* poikilites; ~ **structure/texture** *geol* poikilites szövet

Poincaré limit cycle *mat* Poincaré-féle határciklus

point I. *v* mutat, jelez; *alak* hegyez, (ki)élez; *bány* kijelöl *(fúrólyukat)*; *ép* betapaszt, kihézagol *(falat)*, (ki)fugáz; *geod* megirányoz; mutat *(iránytű)*; *kat* irányít, irányoz, céloz; *tex* kötelet befejel; **II.** *n* pont; hegy; csúcs; *aut* beállítási érték; *bány* fúrólyuk feneke; *el* (dugaszoló)aljzat, fali csatlakozó(aljzat), konnektor; bekötési hely; szívócsúcs *(villámhárítóé)*; *ép* nézőpont; *forg* befogócsúcs; hegy, lapka, betétkés; *geod* irány *(iránytűn)*; *geol* fok, földnyelv; hegyorom, hegyfok, hegycsúcs; *gép* nyomócsúcs; *hang* tű; *kat* irány, célzás; *mat* pont, atom; tizedespont; *nyom* pont; *pa* ezredhüvelyk *(papírvastagság mérőszáma)*; *szersz* hegy, él, csúcs; *tex* (varrott) csipke; kárt(szalag)tű; szemtartó léc *(csipkeverő gépen)*; *vasút* váltó(csúcs); ~**-and-crossing planer** *vasút* csúcssíngyalu; ~ **approximation** pontonkénti közelítés; ~ **at infinity** *mat* végtelen távoli pont, végtelen; ~**-bearing** *ép* csúcsán teherátadó *(pl. oszlop)*; ~**-bearing capacity** *ép* csúcsteherbírás *(cölöpé)*; ~**-bearing pile** *ép* álló cölöp, csúcsán teherátadó cölöp; ~**-blank (P-B)** *kat* közvetlen; ~**-blank range (pbr)** *kat* közvetlen lőtávolság; ~ **block** *ép* pontház; ~ **brilliance** *opt* pontfényesség; ~**-by-point integration** *mat* pontonkénti integrálás; ~**-by-point method** *mat* pontról pontra módszer; ~**-by-point scanning** *tv* pontonkénti sorletapogatás/képfelbontás; ~ **cathode** *el* tűskatód, csúcskatód; ~**(-)conic** *mat* másodrendű (algebrai) görbe, másodrendű síkgörbe, (pont)kúpszelet; ~ **contact** *el* pontérintkező, érintkezőcsúcs, tűs érintkező; ~**-contact diode** *félv* tűs dióda, csúcsdióda; ~**-contact germanium diode** *félv* germániumtűs dióda, germánium csúcsdióda; ~**-contact junction** *félv* tűs átmenet; ~**-contact phototransistor** *félv* tűs fototranzisztor; ~**-contact rectifier** *félv* tűs (száraz) egyenirányító; ~**-contact transistor** *félv* tűs/pontérintkezős tranzisztor; ~ **control** *vasút* sínváltó-működtető készülék; ~**-control switch** *vasút* csúcssínellenőrző kapcsoló; ~ **counter (tube)** *at* csúcsszámláló (cső), pontelektródás számlálócső; ~ **defect** *el* pontszerű rácshiba; *krist* ponthiba, nulladimenziós rendezetlenség; ~ **detector** *távk* tűs detektor; *vasút* váltóállás-ellenőrző, váltóretesz; ~**-detonating** *kat* időzített robbantású; ~ **discharge** *el* csúcsok közötti kisülés; ~ **draught/draft** *tex* csúcsos fűzés; ~ **effect** *fiz* csúcshatás; ~ **electrode** *el* pontelektród(a); *félv* ponthegesztő elektród; tű(elektróda) *(tranzisztorhoz)*; ~ **element** *geof* pontelem; ~ **emitter** *at* pontforrás; ~ **equation** *mat* pont egyenlete; ~ **estimation** *stat* tizedespontnyi értékelés; ~ **explosive** *geof, kat* pontszerű töltet; ~ **file** *szersz* hegyes reszelő; ~ **focus** *opt* pontszerű gyújtópont/fókusz; ~ **focus(s)ing** *opt* pontosan gyújtópontba állítás; ~**-fuse** *kat* időzített robbantású; ~ **gearing** *gép* pontfogazás; ~ **grid** *krist* pontrács; ~ **group** *krist* pontcsoport; ~ **hardening** *hők* helyi edzés; ~ **harmonic conic** *mat* másodrendű harmonikus görbe; ~ **image** *mat* pontszerű ábrázolás/leképzés; ~ **imperfection** → ~ defect; ~ **in space** *mat* térbeli pont, tér pontja; ~**(-)junction transistor** *félv* tűs (réteg)tranzisztor; ~**(-)lace** *tex* tűcsipke, horgolt/velencei csipke; ~ **lamp** *el* pontlámpa, pontfénylámpa; ~ **lattice** *at* pontrács; *mat* atomos háló; ~ **lever** *vasút* váltóállító emeltyű/kar; ~ **light** *rep* pontfény; ~**(-)light (lamp)** *el* pontlámpa, pontfénylámpa; ~ **load** *mech* koncentrált teher, pontszerű terhelés, pontban ható *v.* összpontos teher; ~ **lock** *vasút* csúcssínzáró, váltózár *(váltónál)*; ~ **locking** *vasút* váltóelzárás, váltóbiztosítás; ~ **lug** *vasút* váltócsúcssínfül; ~**-mapping** *mat* ponttranszformáció; ~ **motor** *vasút* váltómotor, váltóállító motor; ~ **net** *krist* ponthálózat; ~ **of accumulation** *mat* torlódási pont; ~ **of application** *mat* kezdőpont, origó, támadási pont; *mech* támadáspont; ~ **of application of force** *mech* erő támadáspontja; ~ **of attachment** *el* felerősítési pont; ~ **of burst** *kat* robbanási pont; ~ **of congelation** *fiz* fagyáspont; ~ **of contraflexure point** *mat* inflexiós pont; ~ **of control** illesztőpont; ~ **of control (action)** *aut* beavatkozási hely; ~ **of debouchment** *geod* kiindulási pont; ~ **of discontinuity** *mat* szakadási hely, ugráspont; ~ **of disturbance** *távk* zavarási hely; ~ **of divergence** *mat* elágazási pont; ~ **of division** *mat* osztópont, osztáspont; ~ **of fall** *kat* becsapódási pont; ~ **of fault** *el* zárlati hely; ~ **of higher potential** *fiz* nagyobb/magasabb potenciálú pont; ~ **of horse** *bány* telér elágazási pontja; ~ **of ignition** *vegy* lobbanáspont; ~ **of impact** *kat* ütközési/becsapódási pont; ~ **of impact of the cathode rays** *el* csőfókusz, katódbombázási pont; ~ **of infinite attenuation** *távk* csillapításpólus; ~ **of inflection** *mat* inflexiós pont *(görbéé)*; ~ **of initial sensitivity** *távk* ingerküszöb; ~ **of intersection** *bány* áttörési pont; *mat* metszéspont; *tex* kötéspont; ~ **of jump** *mat* ugráspont; ~ **of lower potential** *fiz* alsó potenciálpont; ~ **of maximum** *mat* maximumhely; ~ **of minimum** *mat* minimumhely; ~ **of non-removable discontinuity** *mat* lényeges szakadási hely; ~ **of no return** *űr* választópont *(amely után a visszatérés v. az eredeti repülési állapot nem lehetséges)*; ~ **of operation (of a pump)** *hidr* szivattyú munkapontja; ~ **of origin (P. of. O.)** *kat* kilövési pont, kezdőpont; ~ **of osculation** *mat* érintési pont; ~ **of reference** *geod* vonatkozási pont;

rep tájékozódási pont; ~ **of resonance** *fiz* rezonanciahely, rezonanciapont; ~ **of return** *rep* utolsó visszafordulási pont; ~ **of reversal** *mat* visszafordulási pont; ~**-of-sale terminal, POS terminal** *szt* pénztárgépterminál, POS terminál; ~ **of separation** leválási pont; ~ **of solidification** *fiz* fagyáspont, dermedéspont; ~ **of support** *mech* támaszpont, felfekvési/felfüggesztési pont; ~ **of tangency** *mat* érintési pont; ~ **of triangulation** *geod* háromszögelési pont; ~ **of zero moment** *fiz* nyomatéki zéruspont; ~**(-)operating** *vasút* váltóállítás; ~ **out** *v* rámutat, kimutat; kijelöl, megjelöl *(helyet)*; ~ **pair** *mat* pontpár; ~ **paper** *tex* mintapapír, patronpapír; ~**(-)paper design/draft** *tex* mintarajz; ~ **particle** *at* pontszerű részecske; *fiz* anyagi pont, tömegpont; ~ **pass** *tex* ék alakú *v.* csúcsos befűzési rend; ~ **phototransistor** *félv* tűs fototranzisztor; ~ **projection electron microscope** *opt* téremissziós/árnyékolt (elektron)mikroszkóp; ~ **radiator** *at* pontszerű sugárzó; ~ **rail** *vasút* csúcssín; ~ **recorder** pontíró; ~ **resistance** *ép* cölöp csúcsellenállása; ~**(-)rod** *szersz* hegyes rúd; *vasút* váltóállító rúd; ~ **row** *krist* pontsor; ~**s** *pl vasút* váltó; ~ **scatterer** *at* pontszerű szóróközeg, szórópont; ~ **separator** *vasút* csúcssínbetét *(tuskó)*, csúcssínösszekötő rúd; ~ **set** *mat* ponthalmaz; ~ **setting** *vasút* váltóállítás; ~**(-)slope method** *mat* poligonmódszer, Euler-módszer, töröttvonalmódszer; ~ **slug** *at* pontszerű tüzelőanyagtömb; ~**s operated on site** *vasút* helyszíni/kézi állítású váltó; ~ **sound source** *hang* pontszerű hangforrás; ~ **source** *at* pontforrás, pontsugárzó, pontszerű sugárzó/forrás; *el* pontfénylámpa; ~**-source lamp** *el* pontlámpa, pontfénylámpa; ~ **source of radiation** *at* pontszerű forrás, pontforrás; ~**-source radiator** *at* pontsugárzó, pontforrás, pontszerű sugárzó/forrás; ~ **spur** *nyom* punktúratűhegy; ~**s signal** *vasút* váltójelző *(váltó állásáé)*; ~ **stretcher** *vasút* csúcssínösszekötő rúd *(váltóé)*; ~ **switch** *vasút* csúcssínes váltó; ~ **symmetry element** *krist* pontszimmetria-elem; ~ **symmetry group** *krist* pontcsoport; ~ **symmetry operation** *krist* pontszimmetria-művelet; ~ **target** *kat* pontcél; ~ **toothing** *gép* pontfogazás *(fogaskeréken)*; ~**-to-point (PTP)** *szt* két pont közötti, kétpontú, pont-pont, PTP; *távk* helyközi, két pont közötti, pont-pont (közötti); ~**-to-point circuit** *távk* ponttól pontig összeköttetés, pont-pont közötti áramkör; ~**-to-point communication** *távk* pont-pont (közötti) *v.* helyközi összeköttetés; távolsági távbeszélő-forgalom; ~**-to-point connection** *szt* közvetlen összeköttetés, pont-pont összeköttetés; ~**-to-point control** *aut* pontról pontra irányítás/szabályozás/vezérlés; ~**-to-point conversation** *rep* két pont közötti közvetlen, élőszavas összeköttetés; ~**-to-point method** pontról pontra-módszer; ~**-to-point radio facilities** *rád, rep* két pont közötti közvetlen rádió-összeköttetés; ~**-to-point speed** *rep* haladó mozgású sebesség; ~**-to-point transformation** *mat* ponttranszformáció; ~**-to-point transistor** *félv* tűs/pontérintkezős tranzisztor; ~**-to-point transmission** *távk* pont-pont közötti átvitel, távolsági rádióátvitel/rádióösszeköttetés; ~ **transformation** *mat* ponttranszformáció, pontleképezés; ~**-type transposition** *távk* pontszerű/egysíkú keresztezés; ~ **welding** *heg* dudorhegesztés, ponthegesztés; ~ **well** *hidr* vákuumkút

pointal *üveg* üvegformázó vaspálca

pointed hegyes; csúcsos; éles; *ép* csúcsos, csúcsíves, gótikus; *szersz* éles, kihegyezett, hegyes (végű); ~ **brackets** *pl nyom* hegyes/csúcsos zárójel; ~ **cathode** *el* csúcskatód; ~ **corrosion** *koh* lyukkorrózió; ~ **dome** *ép* csúcsíves kupola; ~ **effect** *fiz* csúcshatás; ~ **electrode** *el* tűelektróda; ~ **groove** *gép* csúcsíves hengerkaliber/hengerüreg; ~ **hammer** lyukasztókalapács; ~ **head** kúpos (szegecs)fej; ~**-peaky pulse** *távk* éles/hegyes impulzus; ~ **ram** *ép, hidr* verőcsúcs; ~ **shovel** hegyes ásó; ~ **style** *ép* csúcsíves/gótikus stílus; *szersz* hegyes véső/tű

pointer *ép* fugázó, kihézagolószerszám; *finm, metr* mérlegnyelv; tű, mutató *(skálás műszeré v. óráé)*; *heng* hegyezőgép; *szt* mutató, jelző; *vasút* váltóállító emelőkar, váltókar; ~ **base** *finm* mutatónyak *(óráé)*; ~ **deflection** mutatókitérés, tű kitérése; ~ **error** műszermutató-beállítási hiba, műszerhiba; ~ **fire** *hőt* szinkron áttételű tüzelés; ~ **ga(u)ge** mutatós mérőműszer; ~ **in annular slot** *geod* mutatócsúszka *(rádió-iránymérő szögtárcsáján)*; ~ **instrument** mutatós műszer, mutatóműszer; ~ **register** *szt* mutatóregiszter; ~**-stop meter** *metr* vonszolómutatós műszer, maximumműszer; ~ **support** *finm* mutatónyak *(órán)*; ~ **thermometer** *hőt* mutatós hőmérő; ~**-thrust ring** *metr* állítógyűrű *(mutatóé)*; ~**-type frequency meter** *el* mutatós *v.* közvetlen leolvasású frekvenciamérő; ~**-type instrument** mutatós műszer; ~ **typewriter** *nyom* látható írású írógép

pointing I. *a alak* élező, hegyező; *ép* fugázó, hézagoló; pontozó; *kat* irányzó, célzó; **II.** *n alak* (ki)élezés, (ki)-helyezés; *élip* szemhegyezés; *ép* fugázás, kihézagolás, hézagkikenés; pontozás *(kőfaragásnál)*; *geod, metr* mutatás; *hajó* helyzetmegállapítás; kötélvég hegyezése; *heng* hegyezés; *kat* irányzás, (be)irányítás, beállítás, célzás; *nyom* központozás, interpunkció, írásjelek kitétele; *vasút* váltóállítás; ~ **correction** *kat* irányzási helyesbítés; ~ **dye** *tex* pettyezőszínezék; ~ **gear** *kat* célzóberendezés; ~**(-)machine** *ép* pontozókészülék *(szoborfaragáshoz)*; *heng* hegyezőgép; ~ **mortar** *ép* falazóhabarcs, fugázóhabarcs; ~ **templet** *ép* hézagolószerszám, fugázósablon; ~ **trowel** *ép* fugázóvas, hézagolóvas, gipszkanál, hegyes vakolókanál

pointless *szersz* tompa (végű)

pointwise continuity *mat* pontonkénti folytonosság

pointy éles, hegyes; ~ **brackets** *pl mat* hegyes/csúcsos zárójel

Poirée dam *hidr* Poirée-keretes gát

poise I. *v fiz* egyensúlyoz, egyensúlyban tart; ingat; lebeg, egyensúlyban van; *metr* mérlegel; **II.** *n* **(P)** poise *(viszkozitás egysége)*; *fiz* egyensúly, nyugalmi állapot; ~ **beam** mérlegkar

poised *fiz* kiegyensúlyozott, egyensúlyban lévő, lebegő; ~ **river** *hidr* természetes egyensúlyban lévő *v.* stabil vízfolyás; ~ **series** *mat* kiegyenlített sor

poising (-)tool *finm* billegő egyensúlymérleg *(órás)*

poison I. *v* megmérgez; **II.** *n* méreg; *at* reaktorméreg; ~ **atmosphere** *bány* fojtó/káros légkör; ~ **gas** *kat, vegy* mérges (harci)gáz, mérgező gáz; ~ **limit** *at* kritikus mérgezettségi határ; ~ **range** *at* üzemi mérgezettségi tartomány; ~ **tower** *koh* arzénfogó kürtő

poisoning mérgezés; *at* mérgezettség; ~ **agents** *vegy* mérgező (ható)anyagok; ~ **computer** *at* xenonmérgezettség-követő analóg számítógép; ~ **cycle** *at* mérgeződési ciklus/periódus; ~ **of catalyst** *vegy* katalizátormérgeződés; ~ **of (the) cathode** *el* katódszennyeződés, katódmérgeződés; ~ **of the nuclear reactor (by fission products)** *at* reaktormérgeződés; ~ **predictor** *at* xenonmérgezettség-előrejelző analóg számítógép

poisonous *vegy* mérgező, mérges; ~ **effect** *vegy* mérgező hatás, méreghatás; ~ **gas(-)bomb** mérgező harcgázzal *v.* harci gázzal töltött bomba; ~ **waste** *környv* mérgező hulladék

Poisson | distribution *stat* Poisson-eloszlás, Poisson-féle eloszlás; ~ **input** *szt* Poisson-beérkezés; ~ **process** *szt* Poisson-folyamat; ~**'s distribution** → ~ distribution; ~**'s equation** *mat* Poisson-egyenlet; ~**'s ratio** *mech* Poisson-féle tényező

poke | gun *heg* kézi nyomóelektród; ~ **hole** *hőt* kaparónyílás, salakkaparó nyílás; kémlelőlyuk; ~ **out** *v bány* kiválogat; ~ **welding** *heg* kézi ponthegesztés

poker piszkavas, salakkotró, tűzvonó; *tex* asztaltartó *(gyűrűsfonógépé)*; fonalvezető rúd; ~ **hook** *hőt* szénvonó; ~**-shaped case** *ép* rázófej; ~ **vibrator** *ép* belső vibrátor; ~ **vibrator with handle** *ép* (vezetőrudas belső motoros) belső vibrátor; ~**-work** *bőr, fa* beégetés, pirográfia, pirogravúra

polar I. *a csill, geod* sarki, sark-, poláris; *el* sarkos, sarkított, pólus-; *fiz, vegy* poláris; **II.** *n mat* sarkgörbe, poláris; ~ **admittance diagramme** *fiz* poláris admittanciadiagram; ~ **air navigation** *rep* sarki léginavigáció; ~ **altitude** *geod* sarkmagasság; ~ **angle** *mat* argumentum, arcus, fázis, poláris szög; ~ **arc** *el* pólusív; ~ **axis** *fiz* pólustengely, mágneses tengely; *mat* polártengely, poláris tengely, kezdőirány nullirány; *opt* sarktengely *(távcsőé)*; ~ **axis of two funicular polygons** *mech* Culmann-féle egyenes; ~ **bond** *vegy* ionkötés, ionos/(hetero)poláris kötés; ~ **characteristic** *távk* iránydiagram; ~ **compound** *vegy* poláris vegyület; ~ **control** *rep* hossz-keresztirányú vezérlés; ~ **coordinate** *mat* polárkoordináta; ~ **coordinate cathode ray tube** *el* polárkoordináta-katódsugárcső; ~ **coordinates** *rep* polárkoordináták; ~ **coordinates in space** *mat* gömbkoordináták, térbeli/szferikus (polár)koordináták; ~ **coordinates in the plane** *mat* (síkbeli) polárkoordináták; ~ **coordinate system** *mat* polárkoordináta-rendszer; ~ **coordinate tube** *el* polárkoordinátás oszcillográfcső; ~ **crystal** *krist* ionkristály, poláris kristály; ~ **curve/diagram** *fiz, rep* poláris diagram, polárgörbe; *távk* sugárzási jelleggörbe; ~ **diagram of luminous intensity** *opt* fényerősség-eloszlási görbe; ~ **direct current system** *távk* kettős áramú átvitel; ~ **equation** *mat* egyenlet polárkoordinátákban, poláregyenlet; ~ **extension** *el* pólussaru; ~ **flattening** *geol* sarki lapultság; ~ **form** *mat* trigonometrikus alak *(komplex számé)*; ~ **ice cap** *met* sarki jégtakaró; ~ **impedance diagramme** *el* poláris impedanciadiagram; ~ **indication** *mat* polárkoordinátás indikálás; ~ **lattice** *krist* poláris rács; ~ **molecule** *vegy* poláris molekula, dipólusmolekula; ~ **moment** *mech* poláris nyomaték; ~ **moment of inertia** *mech* poláris tehetetlenségi nyomaték, poláris inercianyomaték; ~ **orbit** *rak* poláris körpálya; ~ **pattern** *távk* iránydiagram, sugárzási diagram; ~ **pitch** *el* pólusosztás, pólustávolság; ~ **planimeter** *geod* sarkított területmérő műszer; ~ **potentiometer** *el* sarkításos potenciométer; ~ **reciprocation** *mat* polárreciprocitás; ~ **red** *vegy* polárvörös (színezék); ~ **relay** *el* polározott/sarkított jelfogó; ~ **response** *hang, távb* irányfüggő átvitel; ~ **response curve** *hang, távk* átviteli irányjelleggörbe; ~ **scanning** *tv* poláris letapogatás; ~ **sequence** *csill* fényerőskála; ~ **solvent** *vegy* poláros/poláris oldószer; ~ **space** *mat* elliptikus tér; ~ **surface** *el* pólusfelület; ~ **symmetry** *krist* poláris szimmetria; ~ **tensor** *mat* poláris tenzor; ~ **tip** *el* pólusvastest; ~ **transmission** *távk* kettős áramú átvitel; ~ **triangle** *mat* polárháromszög, poláris háromszög *(gömbháromszögé)*; ~ **trough** *met* sarkvidéki mélynyomású csatorna; ~ **vector** *mat* poláris vektor, pólusvektor; ~ **voltage** *el* pólusfeszültség; ~ **wandering** *geof* pólusvándorlás

polarential *távk* kettős/nyugalmi áramú; ~ **operation** *távk* kettős/nyugalmi áramú üzemmód, körzetkábeles üzemmód

polarimeter *fiz, vegy* polariméter, sarkításmérő

polarimetry *fiz, vegy* polarimetria

Polaris *csill* sarkcsillag

polariscope *fiz* polariszkóp, sarkításvizsgáló, polarizációvizsgáló; *mech* feszültségoptikai berendezés

polaristrobometer *fiz, vegy* polariméter, sarkításos kapuzásmérő műszer

polarity *fiz, vegy* polaritás, sarkosság, kétsarkos/kétpólusú jelleg; *szt* polaritás; ~ **detector** *fiz* polaritásdetektor, polaritásérzékelő; ~ **diversity** *távk* polarizációs diversity; ~**-indicating lamp** *fiz* póluskereső lámpa; ~ **indicator** *fiz* pólusjelző, póluspapír; ~ **inversion** *el* polaritás megfordítása/megfordulása; ~ **inverter** *el* fázisfordító, fázisinverter; ~ **mark(ing)** *el* sarokjelzés; ~ **of picture signal** *tv* videojel-polaritás; ~ **reversal** *el* pólusváltás, sarokváltás, áramirányfordítás; ~**-reversing switch** *el* pólusváltó (kapcsoló), kommutátor; ~ **test on coil** *el* induktorpolaritásmeghatározás

polarizability *fiz* polarizálhatóság, sarkíthatóság; ~ **catastrophe** *el* polarizációkatasztrófa

polarizable *fiz* polarizálható, sarkítható; polarizálódó

polarization *fiz* sarkítás, polarizáció, polarizálás, polarizálódás; ~ **analyzer** *fiz* polarizációanalizátor, sarkításelemző; ~ **angle** *fiz* polarizáció szöge; ~ **anisotropy** *krist* polarizációs anizotrópia; ~ **by reflection** *fiz* reflexiós polarizáció; ~ **by refraction** *vegy* refrakciós polarizáció; ~ **by scattering** *fiz* diffúziós polarizáció; ~ **capacity of the electrode** *el* polarizációs/polározási képesség *(elektródé)*; ~ **compensator** *geof* polarizációkompenzátor; ~ **constant** *geof* sarkítási/polarizációs állandó/konstans; ~ **correction** *geof* polarizációs javítás/korrekció; ~ **current** *el* eltolódási/polarizációs áram, /(di)elektromos eltolódási/konvekciós áram; ~ **defect** *távk* polarizációs hiba; ~ **diversity** *távk* rendszertelen polarizálás, polarizációs diversity; ~ **ellipse** *geof* polarizációs ellipszis; ~ **energy** *fiz* polarizációs energia; ~ **error** *távk* polarizációs/polározási/éjszakai hiba; ~ **factor** *fiz* polarizációs tényező, Thomson-tényező; ~ **field** *fiz* polarizációs tér; ~ **filter** *fiz* polarizációs szűrő, polarizátor; ~ **matching** *távk* polarizációillesztés; ~ **microscope** *opt* polarizációs mikroszkóp; ~ **modulation** *távk* polarizációs moduláció, modulálás a polarizációs sík forgatásával; ~ **of dielectric** *el* (di)elektromos polarizáció, polarizációs vektor; ~ **of light** *opt* fénysarkítás; ~ **of radiation** *fiz* sugárzáspolarizálás; ~-**photometer** *foto* polarizációs fotométer, sarkításos fénymérő; ~ **plane** *fiz, krist* polarizációs sík; ~ **potential** *geof, vegy* polarizációs potenciál; ~ **receiving factor** *távk* polarizációs tényező a vételnél; ~ **resistance** *fiz* polarizációs ellenállás; ~ **rule** *fiz* polarizációs szabály; ~ **screen** *fiz* polarizációs szűrő; ~ **unit vector** *fiz* polarizáció-egységvektor; ~ **vector** *fiz* (di)-elektromos polarizáció, polarizációs vektor; ~ **voltage** *el* előfeszültség, polározófeszültség; ~ **wave** *távk* polarizációs hullám

polarize *fiz, vegy* polarizálódik; polároz, polarizál, sarkít

polarized *fiz, vegy* sarkított, polarizált; ~ **ammeter** *el* polarizált/sarkított *v.* kétirányú kitérésű ampermérő, központi nullaállású ampermérő; ~ **beam** *at* polarizált sugárnyaláb; ~ **capacitor** *el* polárkondenzátor; ~ **coil** *el* egyenárammal előmágnesezett tekercs; ~ **electromagnet** *el* polarizált/sarkított elektromágnes; ~ **ionic bond** *vegy* félkovalens kötés, polarizált ionkötés; ~ **light** *opt* sarkított/polarizált fény; ~ **plug** *el* polarizált csatlakozó; ~ **radiation** *at* polarizált sugárzás; ~ **ray** *opt* sarkított/polarizált fénysugár; ~ **relay** *el* polarizált/sarkított jelfogó/relé

polarizer *fiz* nikolprizma, polarizációs szűrő; polarizátor

polarizing I. *a fiz, vegy* polarizációs; polarizáló, polározó; **II.** *n fiz, vegy* sarkítás, polarizálás, polározás; ~ **angle** *fiz* Brewster-szög, polarizációs szög; ~ **apparatus** *fiz* polarizátor, polarizálókészülék, polarizálóberendezés; ~ **current** *el* polarizálóáram, előmágnesező áram; ~ **filter** *fiz* polarizációs szűrő, polarizátor; ~ **microscope** *opt* polarizációs mikroszkóp; ~ **nicol** *opt* nikol; ~ **sun prism** *opt* napfény-polarizáló prizma; ~ **target** *távk* rádióhullámokat sarkító tárgy; ~ **voltage** *el* előfeszültség; polarizálófeszültség

polarogram *fiz* polarogram

polarograph *fiz, vegy* polarográf

polarographic *fiz, vegy* polarográfiai; ~ **analysis** polarográfia; ~ **curve** polarográfiai görbe; ~ **maximum** polarográfiai görbe maximuma; ~ **technique** polarográfia; ~ **titration** polarografikus/polarográfiás titrálás; ~ **wave** polarográfiai hullám

polarography *fiz, vegy* polarográfia

Polaroid *foto* polaroid(lemez), fénypolarizáló műanyag lemez; ~ **camera** *foto* polaroid fényképezőgép; ~ **filter** *opt* polaroidszűrő, polarizációs szűrő; ~ **material** *foto* polaroid (anyag)

polaron *el* polaron

polder *hidr* polder, belvízártér

pole[1] **I.** *v bány* kidúcol, aládúcol; *ép, mzg* bekerít; karóz, cölöpöz, cöveket bever; **II.** *n bány* oszlop, tám; *el* (vezeték)oszlop; *ép* állványoszlop; *fa* rúd, karó, faoszlop; *hajó* felső árbocsudár, árboc; *koh* pólus; *metr* mérőrúd; *szersz* nyél; ~ **aerial** *távk* botantenna; ~ **and chain** *bány* farabló készülék, láncos emelőrúd; ~ **and flag** *geod* zászlós jelzőkaró; ~ **arm** *el* keresztartó; ~-**axe** *hidr* csáklya; ~ **bolt** *vasút* rúdszeg; ~ **brace** *el* bakoszlop; ~ **bridge** *ép* doronghíd; ~ **chain** *geod* mérőlánc; ~ **derrick** *em* árbocdarugém; ~ **diagram** *el* oszlopkép *(szabadvezetéké)*; ~-**dried** *bőr, pa* rúdon szárított; ~ **drill** *forg* merev rudazatú fúró; ~ **drilling** *bány* rudazatos fúrás, rúdfúrás; *ol* kanadai fúrás; ~ **erection** *el* oszlopállítás; ~ **fence** *ép* cölöpkerítés; ~ **fender** *el* oszlopvédő láb; ~ **footing** *el* vezetékoszlop alapteste, vezetékoszloptalp; ~ **grappler(s)** *el* mászóvas; ~ **hole** cölöplyuk, támaszték-lyuk; ~(-)**hook** halászcsáklya; ~ **lathe** *forg* kézi eszterga; ~(-)**line, P-line** *el* oszlopvonal, póznasor; ~ **mark** *bőr* rúdfolt *(szárítási)*; ~ **mounting** *el* oszlopra szerelés; ~ **plant** *el, ép* távvezetékoszlop-gyártó üzem; ~ **plate** *bány* talpgerenda, alj, alátét, talpszelemen; *ép* kötőgerendákra helyezett koszorúgerenda; ~ **raising** *el* oszlopállítás; ~ **route** *el, távk* távírósor, oszlopvonal, oszlopsor; ~ **setting** *el* póznaállítás, oszlopállítás; ~(-)**spinning machine** *ép* oszloppörgető berendezés; ~ **switch** *el* árbockapcsoló; ~(-)**tool method** *bány* ütvefúrás tömör rudakkal; ~ **top switch** *el* oszlopkapcsoló; ~ **trailer** *gépk* oszlopszállító utánfutó; ~ **transformer** *el* oszloptranszformátor; ~ **trolley** *el* rúdáramszedő; ~-**type transformer** *el* oszloptranszformátor

pole[2] *csill* sark(pont); *el* sarok, pólus, elektród; *geol* sark(pont); *gép* pólus, főpont; *mat* pólus, kezdőpont, origó *(polárkoordinátáké v. bipoláris koordinátáké)*; szferikus középpont *(gömbi köré)*; ~ **armature** kiálló/kiképzett pólusú armatúra; ~ **centre/center** *el* pólusközép; ~ **changer** *el* pólusváltó (kapcsoló), kommutátor, fázisváltó; ~ **changing** *el* pólusváltás, fázisváltás; ~-**changing control** *aut* pólusátkapcsolásos szabályozás; pólusváltás vezérlése; ~-**changing motor** *el* pólusváltós motor, Dahlander-motor; ~-**changing switch** *el* pólusváltó (kapcsoló), kommutátor, fázisváltó; ~ **core** *el* pólustörzs, pólusvastest; ~ **depth** *geof* pólusmélység; ~ **dislocation** *krist* pólusdiszlokáció; ~ **distance** *el, mat, mech* pólustávolság; ~ **face** *el* armatúra felőli pólusfelület; pólussaru; ~ **figure** *krist* pólusábra; ~ **fitting** *el* pólussaru; ~ **gap** *el* légrés; pólusköz, pólustávolság; ~ **horn** *el* kiálló pólus(saru)rész; ~-**indicating lamp** *el* póluskereső lámpa; ~ **indicator** *el* pólusjelző; ~ **leakage** *el* pólusszórás; ~ **of cold** *fiz* hidegpólus; ~ **of plane** *krist* sík pólusa; ~ **of the force diagram** *mech* vektoridom pólusa; ~ **of the function** *mat* pólus; ~ **of zone** *krist* zónapólus; ~(-)**piece** *el* pólussaru, pólusrátét, mágnessaru, mágnestoldat, pólustörzs, pólusvastest; ~-**piece head** *hang* mágnesfej *(magnetofonon)*; ~ **pitch** *el* pólustávolság; ~ **reverser** *el* pólusátkapcsoló, pólusváltó (kapcsoló), fázisváltó, kommutátor; ~ **shank/shoe** *el* pólussaru; ~**s of the same sign** *el* egynemű pólusok; ~-**star** → polestar; ~(-)**strap** → ~(-)piece; ~ **strength** *el* pólus térerőssége; ~(-)**test paper** *el* póluspapír; ~ **tip** *el* pólussaru; *hang* fejcsúcs; ~ **voltage** *el* pólusfeszültség; ~ **wheel** *gép* kiálló/kiképzett pólusú forgórész; ~-**zero configuration** *aut* pólus-zérushely elrendezés/eloszlás

poleless magnet *fiz* pólus nélküli mágnes

polestar *csill* sarkcsillag

polhode *mech* polhódiagörbe

polianite *ásv* polianit, piroluzit

policy space *mat* döntési tér

polimerization *műa* polimerizáció, polimerizálás; polimerizálódás; ~ **grade** *műa* polimerizációs fok; ~ **grade ethylene** *vegy* polimerizációs tisztaságú etilén; ~ **inhibitor** *műa* polimerizációszabályozó, polimerizációregulátor; ~ **product** *műa* polimerizációs termék, polimer termék; ~ **retarder** → ~ inhibitor

poling[1] *bány* dúcolás; süveg, feszke; *el* vezetéktartó oszlopsor; *ép* dongahajtás *(alagútban)*; karózás, cölöpözés, cövekbeverés, bekerítés; ~ **board** *ép* béllésdeszkázat, szádpalló, dúcpalló, tűzőpalló; ~**-board timbering** *ép, talt* előrehajtott pallózású (táró)ácsolat, dongadeszkás ácsolat; ~ **engine** *vasút* tolatómozdony *(szomszéd vágányon haladó kocsik rúddal tolatására)*; ~**s** *pl ép* lécezés; ~ **yard** *vasút* rúdtolatású pályaudvar

poling[2] *el, távk* polaritásváltás, ágcsere

polish I. *v bőr* csinel; *élip* fényez *(rizst)*; *mt* fényez, fényesít, políroz, csiszol; *tex* simít; **II.** *n* ragyogás, csillogás; fény; *bány* vetőtükör; *élip* csiszolási/kefélési hulladék, rizstakarmányliszt; *mt* csiszolás; simaság, fény, fényezés; *vegy* fényesítőszer, (fa)politúr, műanyagpolitúr; ~ **away** *v* eldörzsöl, lecsiszol, fényez; ~**-blue sheet** *heng* fényes kék lemez; ~ **dressing** *forg* polírozott kikészítés; ~ **for high lustre/luster** *fa* tükörfényes csiszolás/politúr; ~ **off** *v* lecsiszol; ~ **rod** *ol* csiszolt rúd és tömszelence *(mélyszivattyúé)*

Polish notation *aut, szt* lengyel/elülső jelölés

polished *élip* fényezett *(rizs)*; *mt* csiszolt; fényesített, fényezett; ~ **and etched section** *forg* polírozott és maratott csiszolat; ~ **coffee** *élip* mesterségesen szépített zöldkávé; ~ **meal** *élip* hántolási takarmányliszt; ~ **rod** *ol* simarúd; ~**-rod dynamometer** *ol* mélyszivattyú-dinamométer; ~**-rod stroke lenght** *ol* simarúdlökethossz; ~ **section** *krist, mt* csiszolat; ~ **surface** *krist, mt* csiszolt felület; ~ **surface polie** *bány* felületi csiszolat

polisher *élip* csiszolójárat; *mt* fényesítő, fényező, csiszoló *(gép, munkás)*; laparanyfelrakó kés; *vegy* fényesítőszer, csiszolószer; ~**-sander** *fa* kézi csiszolófényező gép

polishing *élip* fényezés; *mt* fényezés, fényesítés, csiszolás, polírozás; ~ **agent** *vegy* fényezőanyag; ~ **buff** fényesítőkorong, polírozókorong; ~ **clamp** *fa* fényezőszorító; ~ **cone** *élip* csiszolókúp; ~ **disc/disk** *bőr* fényezőkorong; ~ **down to thin wafers** elvékonyítás csiszolással; ~ **drum** fényeződob; ~ **file** csiszolóreszelő; ~ **filtration** *élip* szépítő szűrés; ~ **hammer** *alak* simítókalapács; ~ **ink** *cipő* talpfesték, fényezőtinta; *fa* politúr(a); ~ **iron** simítóacél; ~ **lathe** *forg* fényezőeszterga; ~**(-)machine** fényezőgép, fényesítőgép, polírozógép; ~ **pan** *gyógyv* fényezőüst; ~ **paper** rozsdapapír; ~ **paste** *vegy* fényesítőpaszta; ~ **press** *műa* fényezőprés; ~ **varnish** *vegy* fényezőlakk, politúrlakk; ~ **wax** *vegy* fényezőviasz; ~ **wheel** *mt* fényesítőtárcsa; *műa* csiszolókorong

political game *mat* politikai játék

poll I. *v fa* csonkáz, visszavág, visszanyes, levág; **II.** *n szersz* kalapács tompa vége *v.* foka

pollard I. *v fa* visszavág, visszanyes, lecsonkol, tetejez; **II.** *n élip* lisztes korpa, lisztből kiszitált korpa; *fa* lenyesett koronájú fa

polling *fa* csonkolás, visszanyesés; *szt* lekérdezés, lehívás; lekérdező üzemmód, lekérdezés; ~ **interrupt** *szt* lehívás megszakítása

pollucite *ásv* pollucit

pollutant *at, vegy* szennyezőanyag; ~ **transport** *at* szennyezőanyag-terjedés

polluted *vegy* szennyezett; ~ **air** *környv* szennyezett levegő; ~ **by sewage** *hidr* szennyvízzel szennyezett; ~ **water** *hidr* szennyezett víz

polluting agent/material/matter *at, vegy* szennyezőanyag

pollution *at, vegy* szennyezés, szennyeződés; környezetszennyezés; ~ **emitter** *at, vegy* szennyezőanyag-kibocsátó; ~ **from radioactivity** radioaktív szennyeződés; ~ **of air** légszennyeződés; ~ **of environment** környezetszennyezés; ~ **of soil** talajszennyezés

polonium (Po) *vegy* polónium

polyacetal *műa* poliformaldehid

polyacrylamide *vegy* poliakril-amid

polyacrylate *műa* poliakrilát

polyacrylic acid *műa* poliakrilsav

polyacrylonitrile (PAN) *műa* poliakrilnitril, PAN

polyaddition *műa* poliaddíció; ~ **product** *műa* poliaddíciós úton készült műanyag

polyadelphite *ásv* poliadelfit

polyadipic anhydride *vegy* poliadipinsav-anhidrid

polyalkane *műa* polialkán

polyalkylation *vegy* polialkilezés, többszörös alkilezés

polyallomers *műa* poliallomerek

polyamide *műa* poliamid *(nejlon)*

polyampholyte *műa* amfoter polielektrolit, poliamfolit

polyargite *ásv* poliargit

polyarsenite *ásv* poliarzenit, szarkinit

polyatomic molecule *vegy* többatomos/sokatomos molekula

polyazo dye *tex, vegy* poliazoszínezék

polybasic *vegy* több-bázisos, több-bázisú; ~ **acid** *vegy* több-bázisos sav; ~ **alcohol** *vegy* többértékű alkohol

polybasite *ásv* polibázit

polyblend *műa* polimerkeverék

polybutadiene *vegy* polibutadién

polybutene (PIB) *műa* polibutén-1

polybutylene *műa* polibutilén

polycarbonate *műa* polikarbonát; ~ **(film)capacitor** *el* polikarbonát-kondenzátor; ~ **plastics** *műa* polikarbonát műanyagok

polychloroprene *műa* polikloroprén

polychroilite *ásv* polikroilit

polychromatic *vegy* többszínű, sokszínű, színes, színjátszó, polikromikus, polikromatikus

polychrome I. *a vegy* sokszínű, színes; **II.** *n vegy* színesség; ~ **printing** *nyom* többszínű nyomás

polychromic *vegy* többszínű, sokszínű, színes, polikromikus, polikromatikus

polychromo paper *pa* polikromopapír

polycondensation *műa* polikondenzáció; ~ **plastics** *műa* polikondenzációs műanyagok; ~ **product** *műa* polikondenzációs termék

polyconic *mat* többcsúcsú, sokcsúcsú, sokkúpú, polikónikus; ~ **chart/map** *geod* sokkúpú térkép; ~ **projection** *geod* sokkúpvetület

polycrase *ásv* polikrász

polycrystal *krist* polikristály, sokkristály

polycrystalline *krist* sokkristályos, polikristályos; ~ **aggregat** *krist* polikristályos aggregátum; ~ **ferrite** *koh* sokkristályos ferrit; ~ **laser** *fiz* többkristályos lézer; ~ **metal** *koh* sokkristályos fém

polycyclic *el* többperiódusú; *műa* policiklusos, többgyűrűs; ~ **compound** *műa* többgyűrűs vegyület

polycyclization *műa* policiklizáció

polycylindrical *mat* sokhengeres; ~ **diffuser** *hang* hengeres szórófelület *(hangszórón)*; ~ **endovibrator** *távk* többhengeres koaxiális üregrezonátor

polydirectional *fiz* sokirányú; ~ **microphone** *hang* körkarakterisztikájú mikrofon
polydisc, *US* **polydisk plough/plow** *mzg* többtárcsás eke
polydisperse *műa* polidiszperz; ~ **system** *műa* polidiszperz kolloidrendszer
polydispersity *műa* polidiszperzitás
polydymite *ásv* polidimit
polyeder *mat* poliéder
polyelectrolyte *műa* polielektrolit
polyene *vegy* polién
polyenergetic *at* több energiaszintű, polienergetikus, sokenergiás, sokenergiájú; ~ **radiation** *at* polienergetikus/sokenergiás sugárzás
polyester *vegy* poliészter; ~ **(film)capacitor** *el* poliészterkondenzátor; ~ **(resin) concrete** *ép* poliészter (műgyanta) beton; ~ **urethane** *műa* poliészteralapú poliuretán, poliészteruretán
polyethene *műa* polietilén; politén
polyether *vegy* poliéter
polyetherurethane *vegy* poliéteruretán
polyethylene *műa* polietilén; ~ **glycol terephthalate** *műa* polietilénglikol-tereftalát; ~ **sulphide/sulfide** polietilénszulfid, tiokol
polyethylenoxide *vegy* polietilén-oxid
polyformaldehyde *műa* polioximetilén, poliacetál, poliformaldehid
polyfunctional *vegy* polifunkciós, több-bázisos; ~ **acid** *vegy* több-bázisos sav
polygenetic *geol* poligén; *vegy* poligenetikus; ~ **dye** *vegy* poligenetikus színezék
polygenic *geol* poligén; ~ **volcano** *geol* poligén vulkán
polygenous *geol* poligén
polygon *mat* sokszög, poligon; ~ **antenna** *távk* poligonantenna; ~ **connection** *el* sokszögkapcsolás; ~ **hammer** *alak* sokszögű kalapács; ~ **hob** *forg* csigamaró; ~ **of forces** *mech* erősokszög, erőpoligon; ~ **of resultants** *mech* eredők sokszöge; ~ **of vectors** *mat* vektorsokszög
polygonal *mat* poligonális, sokszögű; ~ **bar** *gép* sokszög keresztmetszetű (rostély)rúd; ~ **bond** *ép* sokszögű kötés; ~ **bowstring girder** *ép* sokszögvonalú vonóvasas tartó; ~ **chord** *gép* sokszögvonalú öv; ~ **course** *geod* sokszögmenet; ~ **disk roller** *ép* tárcsás henger; ~ **dislocation** *krist* poligonális diszlokáció; ~ **masonry** *ép* ciklopfalazás; ~ **method** poligonmódszer, Euler-módszer, töröttvonalmódszer; ~ **mo(u)ld** sokszögű öntőforma; ~ **network** *el* poligonális hálózat; ~ **random rubble masonry** *ép* ciklopfalazat; ~ **support** *bány* sokszögácsolat
polygoniometry *geod* sokszögmérés
polygonization *krist* poligonizáció; poligonizálás
polygram *orv* poligram *(poligráf görbéje)*
polyhalite *ásv* polihalit
polyhedral *mat* soklapú, poliéder-, poliédrikus; ~ **angle** *mat* testszöglet, szöglet, poliédertestszög; ~ **group** *krist* poliédercsoport; ~ **projection** *krist* poliéderes vetület
polyhedrometry *krist* poliedrometria
polyhedron *mat* poliéder, soklap; ~ **of coordination** *krist* koordinációs poliéder; ~ **with faces cutting each other** önmagát átmetsző *v.* önátmetsző poliéder/soklap
polyhydric *vegy* kettőnél több hidroxilgyököt tartalmazó
polyimide *műa* poliimid
polyisobutylene (PIB) *műa* poliizobutilén
polyisoprene *műa* poliizoprén
polylithionite *műa* polilitionit
polymer *műa, vegy* polimer *(vegyület)*; ~ **chain** polimer lánc; ~ **degradation** depolimerizáció; ~ **displacement** *ol* polimeres kiszorítás; ~ **gasoline** → ~ **petrol**; ~ **grade** polimerizációs fok; ~ **grade ethylene** polimerizációs tisztaságú etilén; ~ **isomorphism** *krist* polimer izomorfia; ~ **naphtha** → ~ **petrol**; ~ **petrol** polimer benzin
polymeric *vegy* polimer; ~ **anhydride** *vegy* polimer anhidrid; ~ **compound** *műa* polimer (vegyület); ~ **ester** *vegy* polimer észter; ~ **ion** *vegy* polimer ion
polymeride *műa* polimer (vegyület)
polymerizable *műa* polimerizálható
polymerization *vegy* polimerizáció
polymerize *műa* polimerizál; polimerizálódik
polymerized *műa* polimerizált; ~ **oil** *vegy* polimerizált olaj
polymerizing *műa* polimerizáció
polymethyl methacrylate (PMMA) *vegy* polimetilmetakrilát
polymignite *ásv* polimignit
polymineral(ic) | ore deposit *bány* poliminerális érctelep; ~ **rock** *bány* poliminerális kőzet
polymolecular *vegy* polimolekuláris
polymolecularity *műa* polidiszperzitás
polymorph *vegy* polimorf
polymorphic *vegy* polimorf, több kristályalakban előforduló; ~ **modification** *krist* allotróp változat; ~ **transformation** *fiz, krist* polimorf transzformáció/átalakulás; ~ **transformation of first/second order** *krist* első fajú *v.* másodfajú polimorf transzformáció/átalakulás
polymorphism *krist* polimorfizmus, polimorfia, allotrópia; ~ **under pressure** *krist* nyomási polimorfia
polymorphonuclear *krist* polimorf magvú
polymorphous *krist* polimorf
polymorphy *krist* polimorfizmus, polimorfia
polymyxin *gyógyv* polimixin *(antibiotikum)*
polynomial I. *a mat* polinom, többtagú; **II.** *n mat* polinom *(mint egytagú kifejezések összege)*, többtagú kifejezés, többtag; ~**-code** *szt* polinom kód; ~ **equation** *mat* algebrai egyenlet; ~ **function** *mat* polinom függvény; ~ **game** *mat* polinom játék; ~ **input** *szt* polinom karakterisztikájú bemenőjel; ~ **of even degree** *mat* páros rendű polinom
polynosic fibres/fibers *tex* polinóz viszkózszálak
polynucleotides *vegy* polinukleotidok, nukleinsavak
polyol *vegy* poliol, többértékű alkohol
polyolefine *ol, vegy* poliolefin
polypeptide *vegy* polipeptid
polyphase *el* többfázisú; ~ **alloy** *koh* többfázisú ötvözet; ~ **current** *el* többfázisú (váltó)áram; ~ **equilibrium** *krist* heterogén/többfázisú egyensúly; ~ **generator** *el* többfázisú generátor; ~ **mixer** *ép* többfázisú keverőgép; ~ **mixing** *ép* többfázisú keverés; ~ **motor** *el* többfázisú motor; ~ **oscillator** *el* sokfázisú oszcillátor; ~ **sort** *szt* többfázisú rendezés; ~ **structure** *any* többfázisú szövet; ~ **system** *el* többfázisú rendszer; ~ **voltmeter** *el* többfázisú voltmérő; ~ **watthourmeter** *el* többfázisú wattóramérő; ~ **wattmeter** *el* többfázisú wattmérő

polyphenyl *műa* polifenil
polyphosphate *vegy* polifoszfát
polypropylene *műa* polipropilén PP
polypropyleneglycol *műa* polipropilénglikol
polyreaction *műa* polireakció
polyring hydrocarbon *vegy* többgyűrűs szénhidrogén
polyrod antenna *távk* dielektromos rúdantennasor
polysaccharide *vegy* poliszacharid
polysiloxane *műa* polisziloxán
polyslot winding *el* sokhornyú tekercselés
polystage amplifier *el* többfokozatú erősítő, kaszkáderősítő
polystyle *ép* sokoszlopú *(udvar)*
polystyrene *ép* hungarocell; *műa* polisztirol, polisztirén; ~ **filmcapacitor** *el* polisztirolkondenzátor
polysubstitution *vegy* poliszubsztitúció, többszörös helyettesítés
polysulphide, *US* **polysulfide** *vegy* poliszulfid
polysynthetic *krist* poliszintetikus; ~ **twin** *krist* poliszintetikus iker
polyterpene *vegy* politerpén
polytetrafluoroeth(yl)ene (PTFE) *műa* politetrafluoretilén *(pl. Teflon)*
polythene *műa, vegy* polietilén, politén; politéngyanta; ~ **bag** nejlonzacskó
polythionate *vegy* politionát
polythionic acid *vegy* politionsav
polytrifluorochloroeth(yl)ene (PTFCE) *műa* politrifluor-klóretilén
polytropic *hőt* hőcserével járó *(nem adiabatikus)*; *krist* különböző tengelyirányú, politrop; ~ **change of state** *geol* politropikus állapotváltozás; ~ **curve** *hőt* politrop görbe; ~ **equation of state** *fiz* politropikus állapotegyenlet; ~ **expansion** politrop expanzió; ~ **exponent** politropikus kitevő; ~ **screw** politropikus csiga
polyurea *vegy* polikarbamid
polyurethane (PUR) *műa* poliuretán; ~ **foam** *műa* poliuretánhab
polyvalent *vegy* többértékű; ~ **ion** *vegy* többértékű ion
polyvinyl | **acetal** *műa* polivinil-acetál; ~ **acetate (PVA)** *vegy* polivinil-acetát, poli; ~ **acetate concrete** *ép* PVA-beton; ~ **alcohol (PVAL)** *vegy* polivinil-alkohol; ~ **butyral (PVB)** *műa* polivinil-butirál; ~ **carbazole** *műa* polivinil-karbazol; ~ **chloride (PVC)** *műa* polivinil-klorid, poli, PVC; ~ **ether** *műa* polivinil-éter; ~ **fermal** *műa* polivinil-fermál; ~ **pyrrolidone (PVP)** *műa* polivinil-pirrolidon
polyvinylidene chloride *műa* polivinilidén-klorid
polyword *mat* poliszó
pommel *bőr* bőrfodorító fa; mángorlódeszka; *ép* verőkos, döngölő; *kat* pisztolyagy; ~ **of cork** bőrbarkázó fa, pantofli
Pompeian red *tex, vegy* pompeji vörös (színezék)
PONA analysis *ol* PONA-analízis *(ásványolajtermék analízise paraffin-, olefin-, naftén- és aromás szénhidrogénekre)*
ponceau pipacsvörös *(szín)*; *vegy* ponszó, benzol-azonaftalinfesték
Poncelet weir *hidr* Poncelet-bukó
pond *élip* (halas)tó; *hidr* birge, mesterséges kicsiny tárolótér, mesterséges tó, (víz)medence; *koh* iszaptó; ~ **management** *hidr* tógazdaság; ~ **retting** *tex* áztatás állóvízben
pondage *hidr* medertározás; napi tározás
ponderable (meg)mérhető; ~ **amount** mérhető mennyiség
ponderator *at* ponderator, relativisztikus gyorsító
ponderomotive | **force** *el* ponderomotoros erő; ~ **wattmeter** *el* sugárnyomásos teljesítménymérő/wattméter
ponding *ép* elárasztás *(beton-utókezelés)*; vérzés, izzadás, bitumenfelfolyás *(feketeburkolatnál)*; *hidr* vízfelgyülemlés; vízvisszatartás; ~ **of sewage** *hidr* szennyvíztározás
po-neg transfer *foto* pozitív—negatív átvitel
ponor *geol* víznyelő
pontie, pontil *üveg* vaspálca *(lágy üveg kezelésére)*
pontoon *ép* ponton, úszó csónak; *hidr* dereglye; ponton; ~ **bridge** *ép* pontonhíd; ~ **on articulated columns/spuds** *ol* csuklós fedélzet; ~ **stage** *hajó* ponton, kikötőhely; ~**-type body** *gépk* pontonkarosszéria
Pontrjagin maximum principle *aut* maximumelv
pony | **axle** *gép* laza melléktengely; *mech* holttengely; *vasút* futótengely; ~ **engine** *vasút* kis tolatómozdony; ~ **haulage** *bány* lóvontatás; ~ **ladle** *koh* közbenső üst; ~ **motor** *gép* segédmotor, szervomotor; ~ **rod** *bány, ol* rövidrúd; ~ **roughing stand** *heng* finomsor második előhengerlő állványa; ~ **truck** *vasút* egytengelyű forgóállvány; ~ **truss** *ép* felső szélrács nélküli nyomott tartó *(hídon)*; ~**-truss bridge** *ép* alacsony főtartójú alsópályás híd, felül nyitott rácsos híd
pool I. *v bány* résel; *ip, rep, vasút* közösen kezel/üzemeltet; *szt* összesít *(adatokat)*; **II.** *n bány* rés; *hidr* medence, tó, böge, duzzasztott folyószakasz; *kat* hadianyag; *ol* olajtartalmú/gáztartalmú réteg, olajtelep, gáztelep; *önt* hevítőüst, medence; *rep, vasút* közös bevételezés, pool; ~ **cathode** *el* folyadékkatód; ~ **melt** *önt* folyékony fémfürdőben kapott olvadék; ~ **of solder** *heg* forraszfürdő; ~ **pallet** *vasút* nemzetközi rakodólap; ~ **reactor** *at* uszoda típusú reaktor, „swimming pool" reaktor; ~ **rectifier** *el* folyadékkatódos egyenirányító; ~**-slag technique** *heg* salakfürdős hegesztési eljárás; ~ **spring** *hidr* fenékforrás; ~**-tank tube** *el* tócsakatódos egyenirányító cső; ~**-type thyratron** *el* higanytócsás tirátron; ~ **wall hole** *hidr* búvónyílás, búvárnyílás; ~ **welding** *heg* salakfürdős hegesztés
pooled *szt* összevont, egyesített, összesített; ~ **error** *mat* összevont hiba; ~ **service** *rep* poolszolgáltatás
poop *ép* főszaruállás; *hajó* hajófar, hajótat; hátsó emeletfedélzet; ~ **bulkhead** *hajó* hátsó felépítmény választófala; ~ **deck** *hajó* farfedélzet
poor *ip* silány, rossz *(minőség)*; *koh* sovány *(salak)*; ~**-bearing subsoil** *talt* gyenge *v.* nem teherhordó altalaj; ~ **coal** *bány* kis fűtőértékű szén; ~ **conductor** *el* rossz vezető; ~ **contact** *el* rossz érintkezés/érintkező; ~ **crust** *koh* maradékhab; ~ **efficiency** *gép* rossz hatásfok; ~ **floor** *bány* hamis fekű; ~ **gas** *ol* nehezen éghető gáz, sovány földgáz; ~ **geometry** *at* kedvezőtlen geometria *(reaktoré)*; ~ **insulation** *el* rossz szigetelés; ~ **joint** *el* rossz/hibás kötés/forrasztás; ~ **lode** *bány* meddőtelér; ~ **mixture** *ép* sovány/cementszegény (beton)keverék; ~ **ore** *koh* szegény érc; ~ **pattern** *bőr* üres/rossz állás *(nyersbőré)*; ~ **penetration** *heg* tökéletlen beolvadás; ~ **rock** *bány* gyenge főte; *geol* lágy kőzet; ~ **roof** *bány* gyenge főte; ~ **slag** *koh*

nyers salak; ~ **visibility** *rep* gyenge/rossz/korlátozott látótávolság; ~ **weld** *heg* hibás varrat; ~**-yield roof** *bány* gyenge főte

poorly-wound roll *pa* rosszul tekercselt tekercs

pop I. *v élip* pattogtat *(kukoricát)*; *gépk, rep* visszavág; *kat* elsüt, durrant; *távk* begerjed; **II.** *n kat* durranás; lövés; ~**(-)hole** *bány* jövesztő/rövid fúrólyuk; ~ **noise** *távk* gerjedés; ~**-off flask** *önt* szétszedhető formázókeret; ~**-off valve** *ol* biztonsági szelep; ~ **rivet** *gép* robbanó szegecs, popszegecs; ~ **shot** *bány* batárlövés; rövid fúrólyuk elrobbantása; ~ **test** *pa* repesztőpróba; ~ **up** *v szt* előbukkan; ~**-up menu** *szt* előbukkanó menü; ~ **valve** *hőt* túlnyomásszelep

POP → printing-out paper

popcorn *élip* pattogatott kukorica; *szt* (nem kívánt) zaj; ~ **concrete** *ép* finom adalékanyag-frakció nélküli beton

poplar *fa* nyárfa; ~ **pulp** *fa* nyárfacellulóz; ~ **wool** *tex* nyárfagyapot

popped pe(a)rlite *ép* duzzasztott/könnyű perlit

poppet *forg* szegnyereg, csúcsnyereg; *gép* (tányér)szelep; csigabak; *hajó* bölcsőtámasz; *vasút* járgányhajtó rúd; ~ **head** *bány* aknaszállító torony; aknatorony; ~ **sleeve** *gép* nyeregpersely; ~ **valve** *gép* áteresztőszelep, tányérszelep; ~**(-)valve gear** *hőt* Lenz-vezérlés, szelepvezérlés

popping *gépk, rep* visszavágás; *kat* durranás, durrantás; *krist* kristályrepedés hevítés következtében; *távk* begerjedés; ~**-back** *gépk* visszavágás *(indításnál)*; ~ **roll** *élip* előtörő henger

population *stat* anyasokaság; populáció, (alap)sokaság; ~ **at large** *at* teljes népesség; ~ **dose** *at* populációs/népességi dózis; ~ **equivalent** lakosegyenérték; ~ **inversion** *fiz* populációinverzió; ~ **refuse/waste** *környv* lakossági hulladék

porcelain *ép* porcelán, lágyporcelán, elektrotechnikai porcelán; ~ **calcining(-)furnace** *ép* porcelánégető kemence; ~ **caster** *tex* porcelánpálcika; ~**-clad** *el* porcelánköpenyes; ~ **clay** *geol* porcelánagyag, kaolin; ~ **duct** *el* porcelánpipa, porcelánbevezető; ~ **eye/guide** *tex* porcelán vezetőszem/fonalvezető; ~ **insulator** *el* porcelánszigetelő; ~ **lead-through** *el* porcelánbevezető; ~ **paper** *ép* porcelánnyomó papír; ~ **sheath** *el* porcelán védőcső; ~ **thrower** *ép* porcelánformáló *(fazekas)*

porcellophite *ásv* porcellofit

porch *el* impulzus eleje/vége; *ép* fedett bejáró/előcsarnok/oszlopcsarnok; kapuzat *(alagúté)*; *US* veranda

porcupine *pa* szegeshenger; *tex* tűs henger, fogazott/bütykös/verőléces dob; ~ **beater** *tex* tűs henger; ~ **cylinder** *pa* verődob; ~ **drawer** *tex* tűs hengeres nyújtógép; ~ **opener** *tex* (verőléces) előbontó gép; ~ **roller** *ép* sündisznóhenger; *tex* tűs henger

pore *any* likacs; pórus, hézag, nyílás; *fa* edénypórus; ~ **arrangement** *geol* póruselrendeződés; ~ **chain** *fa* edénysor; ~ **cluster** *fa* csoportos pórusok; ~ **conductivity** *el* filtrációs vezetőképesség; ~ **diameter** *any* pórusátmérő; ~ **diffusion** *any* pórusdiffúzió; ~ **disposition** *geof* póruseloszlás; ~ **distribution** póruseloszlás, pórusmegoszlás; ~ **filler** pórustöltő; ~**-filling fluid** *geof* póruskitöltő folyadék, pórusvíz; ~**-forming material** *vegy* pórusképző anyag; ~**-free weld** *heg* pórusmentes varrat; ~ **of a rock** *geol, ol* kőzetpórus; ~ **pressure** *ol* pórusnyomás; ~**-pressure dissipation** *hidr, talt* pórusvíznyomás csökkenése; ~ **size** *any* pórusnagyság, pórusméret, pórusátmérő; ~**-size distribution** *krist* pórusnagyság-eloszlás; ~ **space** *any, krist* pórustér, pórustérfogat, hézagtérfogat; *élip* likacstávolság; ~**-tightened** *el* hézagmentes; ~ **volume** *any, krist* pórustérfogat, hézagtérfogat; ~**(-)water** *hidr, ol* pórusvíz; ~**-water head** *hidr* pórusvíznyomási magasság; ~**-water pressure** *hidr* pórusvíznyomás

pork pie furnace *koh* Maerz-Zoelens kemence

porometer *any* porozitásmérő

porometry *any* pórusmérés, porometria

porosimeter *any* porozitásmérő (készülék)

porosity *any* lyukacsosság, likacsosság, porozitás; *élip* porozitás *(konzervdoboz ónrétegének egyenletessége)*; *önt* szivacsosság; *talt* hézagtérfogat, porozitás; *vegy* porozitás *(pórusok százaléka az egységnyi térfogatban)*; ~ **apparatus** *any* porozitásmérő (készülék); ~ **coefficient** *talt* hézagtényező; ~ **curve** *geof* porozitásgörbe; ~**-depth curve** *geof* porozitás-mélység görbe; ~ **distribution** *ol* pórustéreloszlás; ~ **exponent** cementációs kitevő; ~**-free weld** *heg* porozitásmentes varrat; ~ **log** *geof* porozitásszelvény; ~ **logging** *geof* porozitásérzékelő szelvényezés

porous *any* lyukacsos, likacsos, porózus, üreges; *önt* szivacsos; ~ **aquifer** *geol* porózus víztároló; ~ **back-filling** *ép* szivárgó töltés; ~ **barrier** *ép* porózus közfal; ~ **bearing** *gép* porfém csapágy; ~ **brick** *ép* likacsos/porózus tégla, kőszivacs tégla; ~ **casting** *önt* pórusos öntvény; ~ **cast iron** *önt* porózus öntöttvas; ~ **cell** *műa* nyitott pórus; ~ **concrete** *ép* lyukacsos beton; ~ **deposit** *heg* pórusos varratfém; ~ **limestone** *ép* durva mészkő; ~ **membrane** *hang* porózus/likacsos membrán, félig áteresztő hártya; ~ **paper** *pa* porózus papír; ~ **pot** *el, geof* likacsos elektróda-agyaghenger; ~ **reactor** *at* porózus reaktor; ~ **rock/stone** *geol, ol* porózus kőzet; ~ **structure** *any* laza szövet

porpezite *ásv* porpezit

porphin *vegy* porfin

porphyrin *vegy* porfirin

porphyrite *ásv* porfirit

porphyritic *geol* porfíros, ofitos, porfír-; ~ **paper** *pa* földpát papír; ~ **texture** *geol* porfíros (kőzet)szövet

porphyry *geol* porfír; ~ **texture** *geol* porfíros kőzetszövet

porpoising *rep* bukdácsoló mozgás *(hidropláné vízen)*

Porro's photogoniometric method *aut* Porro-féle fotogoniometrikus módszer

port *ép* (város)kapu; *gép* (beömlő)nyílás, kiömlőnyílás, üreg, furat, szelelőlyuk, szelelőakna; *hajó* bal oldal; bejárat, (raktár)nyílás; kikötő; *kat* összekötőtest *(helyretoló szerkezetben)*; *rep* bal oldal; kikötő; *szt* be-/kimeneti kapu/illesztőegység; port, porta, csatlakozóegység; *távk* csonk; ~ **administry** *hajó* révkapitányság; ~**(-)bar** *gép* torlaszrúd *(fedők leszorítására)*; ~ **block** *koh* kemencetűzfej; ~ **bow** *hajó* hajó bal oldali előrésze; ~ **charge** *hajó* kikötődíj, kikötőilleték; ~ **control** *gép* résszabályozás *(befecskendezőszivattyún)*; ~ **drift** *rep* elsodródás/széleltérítés balra; ~ **end** *koh* kemencetűzfej; ~ **engine** *gép* tolattyús motor; *rep* bal oldali motor/hajtómű; ~ **engine nacelle** *rep* bal oldali motorgondola; ~ **facilities** *pl hajó* kikötői berendezés/felszerelés; ~ **in piston(-)head** *kat* dugattyúfej-átömlőnyílás; ~**-left wing**

rep bal szárny; ~ **lid** *hajó* oldalnyílásfedél; ~ **light** *hajó, rep* bal oldali jelzőlámpa; *rep* baloldali léginavigációs fény; ~ **main plane** *rep* bal szárny; ~ **of call (POC)** *hajó* kikötő *(menetrendszerű)*; ~ **of destination** *hajó* rendeltetési kikötő; ~ **of discharge** *hajó* kirak(od)ókikötő; ~ **of origin** *hajó* kiindulási kikötő; ~ **operations service** *távk* kikötői mozgószolgálat; ~ **roof slope** *hőt* tűzfejboltozat dőlése; ~ **side** *hajó, rep* bal oldal; ~ **slide(-)valve** *gép* Trick-féle tolattyú; ~ **tack** *hajó* bal szarvkötél; ~ **tackle** *hajó* raktárnyílás fedelét emelő csigasor; ~ **terminal** *vasút* kikötői vasútvégállomás; ~ **wing** *rep* bal szárny

portability *gép* hordozhatóság

portable hordozható, szállítható; kézi, táska-; mozgó, áthelyezhető; ~ **autogenous cutting(-)machine** hordozható lángvágógép; ~ **belt conveyer/conveyor** *ép* vontathatós/hordozható szállítószalag; ~ **belt wiper** *ép* kocsizóeke; ~ **bridge** szétszedhető híd; ~ **cement mixer** *ép* hordozható cementkeverő; ~ **circular saw** *fa* kézi körfűrészgép; ~ **concrete(-)mixing plant** *ép* áthelyezhető betontelep; ~ **cylinder(-)boring machine** *forg* hordozható hengerfúró gép; ~ **drill** *geof* mozgó/portábilis fúróberendezés/fúrókocsi; ~ **equipment** *gép* hordozható berendezés; ~ **factory** *ip* áttelepíthető üzem; ~ **forge** *kat* szállítható (tábori) kovácstűzhely; ~ **foundry** *önt* hordozható öntöde; ~**(-)hose reel** *mzg* tömlőtargonca; ~ **instrument** hordozható (mérő)műszer; ~ **laser** *fiz* hordozható lézer; ~ **lathe** *forg* hordozható eszterga; ~ **lighting** hordozható világítás; ~ **loading platform** *ép* gördíthető rakodópad; ~ **log frame** rönkfakeretfűrész *(kerekes)*, önjáró keretfűrész; ~**(-)lorry kiln** önjáró falepárló; ~ **measuring set** *el* mérőbőrönd; ~ **microcard reader** *szt* hordozható mikrokártya-olvasó; ~ **planing(-)machine** *fa, forg* hordozható gyalugép; ~ **platform weighing(-)machine** *ép* áthelyezhető hídmérleg; ~ **pump** *gép* kismotorfecskendő; ~ **pumping aggregate** *hidr* mozgatható szivattyúgépcsoport; ~ **radio receiver** *rád* táskarádió; ~ **radio telephone set** *távk* hordozható rádiótelefon, hordozható mikrohullámú adó-vevő; ~ **receiver** *rád* hordozható vevő, táskarádió; ~ **rectangular multiple-compartment bin** *ép* áthelyezhető silósor; ~ **shed** *rep* szétszedhető hangár; ~ **sprayer** *mzg* hordozható permetező; ~ **sprinkler equipment** *mzg* hordozható esőztető berendezés; ~ **station** *rád* hordozható rádióadó; ~ **substation** *el* mozgó állomás; ~ **telephone** *távb* hordozható telefon; ~ **terminal** *szt* hordozható terminál; ~ **track** *bány, vasút* hordozható vágány, repülővágány; ~ **transceiver** *rád* hordozható adó-vevő; ~ **tube lathe** *forg* csőeszterga; ~ **TV camera** *tv* hordozható televíziókamera; ~ **weigh(-)bridge** áthelyezhető hídmérleg; ~ **well testing unit** *ol* mozgó kútvizsgáló berendezés; ~ **wiper** *ép* kocsizóeke

portal *bány* tárószáj, aknaszáj; *em* portál; *ép* alagútkapuzat; főbejárat, díszkapu, portál; oszlopos előcsarnok; ~ **bracing** *ép* végkeret, portál, merevítő kapukeret *(hidaknál)*; ~ **bridge** *ép* kerethíd; ~ **crane** *em* portáldaru, bakdaru; ~ **frame** *ép* egynyílású keret, csarnokkeret; ~**-frame bridge** *ép* bakdaruhíd; ~**-jib crane** *em* bakdaru; ~ **lift truck** *ép* nyeregkocsi; ~ **luffing crane** *em* billenőgémes portáldaru; ~ **strut** *ép* kapugyámfa; ~ **tower crane** *em* portálvázas toronydaru

portalsupport *ép* kapuzat

portative force *fiz* hordképesség, emelőerő *(mágnesé)*

portcullis *ép* hullórostély, csapórostély, csapórács, süllyesztőajtó

ported member *gép* tolattyúhüvely

porter *heng* emelőasztal; *tex* láncfonal(köteg) *(felvetésnél)*

Porter governor *gép* lengősszabályozó, ingás szabályozó

portfire *kat* gyújtózsinór, kanóc

porthole *hajó* (kerek) hajóablak, ökörszemablak; fedélzeti nyílás; *rep* kisméretű fülkeablak; ~ **die** *alak* kamrás matrica

portion I. *v ip* (fel)oszt *(részekre)*, kioszt, kiadagol; **II.** *n ép* parcella, telek; *ip* adag, részlet, rész

portional controller, P controller *aut* arányos szabályozó, P-szabályozó

Portland | cement *ép* portlandcement; ~**-cement clinker** *ép* portlandcementklinker; ~**-cement concrete (PCC)** *ép* portlandcementbeton

Portlandian stage *geol* portlandi emelet

portlandite *ásv* portlandit

portside → port side

POS | expression → product-of-sums expression; ~ **terminal** → point-of-sale terminal

position I. *v geod* (helyet) megállapít, kitűz, meghatároz; betájol; *gép* elhelyez, beállít; *vasút* átállít; **II.** *n aut, el, rendsz* állás; pozíció; *bány* települési viszonyok; *el* (kapcsolási) állapot; *geod* helyzet, pont; *kat* (had)állás; *krist* ponthelyzet; *mat* számhely *(statisztikai gépen)*; *szt* pozíció; *távk* hely(zet) *(rádiónavigációban)*; munkahely; ~**(-)adjusting speed** *aut* helyzetbeállítási sebesség; ~ **and homing indicator (PHI)** *rep* helyzetjelző és célravezető készülék; ~ **angle** *csill, kat* terepszög; ~ **code** *szt* hely(iérték)kód; ~ **control** helyzetszabályozás; ~ **coordinates** *mat* térkoordináták, helykoordináták; ~ **data** *kat, rep* célkoordináták; ~ **distributor** *távk* munkahelyi elosztó; ~ **effect** *kat* terepszög befolyása a röppályára; ~ **error** beállítási hiba, helyzeti eltérés, pozícióhiba, statikus hiba; ~**-error coefficient** helyzeti hibatényező; ~ **feedback** *aut* helyzet-visszacsatolás; ~ **finder** *rep, távk* helyzetmeghatározó, lokátor; ~ **finding** *csill, kat* terepszögmeghatározás; *rep, távk* (rádiónavigációs) helymeghatározás; ~ **function** *mat* helyfüggvény, koordinátafüggvény; ~ **indicator (PIN)** *aut, rep* helyzetjelző, pozíciójelző; ~ **influence** *metr* helyzethatás; ~ **information** *rep* helyzeti adatok; ~ **lever** *gép* rögzítőkar, helyzetbeállító kar; ~ **light** *rep* helyzetlámpa; ~ **lighting** *távk* munkahely-világítás; ~ **light(-)signal** *vasút* alakfényjelző (lámpa); ~ **line** *hajó, rep* irányvonal, helyzetvonal; ~ **marking** *geod* kijelölés; ~ **measurement** *geod* helyzetmegállapítás, pozíciómegállapítás; ~**-measuring assembly** *at* szabályozóelem-helyzetjelző rendszer; ~ **meter** *távk* munkahelyi számláló; ~ **of an extremum** *mat* szélsőértékhely *(függvényé)*; ~ **of final control element** *aut* beavatkozószerv helyzete; ~ **of load** *mech* teherállás; ~ **of maximum** *mat* maximumhely; ~ **of minimum** *mat* minimumhely; ~ **of points** *krist* ponthelyzet; ~ **of the centre of gravity** *rep* súlyponthelyzet; **on** ~ *el* bekapcsolt helyzet, munkahelyzet; ~ **pick-off** *távk* helyzeti adatleszedő; ~ **pulse** *szt* kommutátorimpulzus; ~ **rank** *mat* számhely *(egy szám valamilyen számrend-*

szerben történő felirásánál); ~ **report** *távk* helyzetjelentés *(helyről)*; ~ **sampler** *távk* impulzushelyzetmodulációs készülék; ~**-sensitive detector** *at* helyzetérzékeny detektor; ~ **sensor** helyzetmérő berendezés, helyzetérzékelő; ~ **sign** *rep* földrajzi helyjel; ~ **sphere** *krist* pozíciós gömb; ~ **switch** *távb* helyzetkapcsoló; közbeszélgetés-kapcsoló; ~**-switching key** *távb* kezelőhely-átkapcsoló; ~ **symbol** *aut* helyzetjel; ~ **taking** *aut* helyzet elfoglalása; *foto* felvételbeállítás; *hajó, rep* helyzetmeghatározás; ~ **telemeter** helyzetmeghatározó távmérő, helyzettávmérő; ~ **transducer** *aut* helyzetjelváltó; ~ **transmitter** *rep* helyzetiadat-adó; ~ **vector** *mech* helyzetvektor; ~ **voltage** *távk* szintfeszültség; ~ **wall** *ép* válaszfal; ~ **welding** *heg* kényszerhelyzetű hegesztés

positional | **addressing** *szt* helycímzés; ~ **checking** helyzetellenőrzés; ~ **circuit** helyzeti/pozicionális áramkör; ~ **disorder** *krist* pozíciós rendezetlenség; ~ **error** *távk* pozicionálási/beállítási hiba; ~ **fillet** *heg* kényszerhelyzetű sarokvarrat; ~ **game** *mat* teljes információjú játék; ~ **network** → ~ circuit; ~ **notation** *mat* helyiérték-rendszer, számrendszer; ~ **numeration system to basis/radix 60** *mat* hatvanas számrendszer; ~ **parameter** *krist* pozíciós paraméter; ~ **representation** *szt* helyértékes ábrázolás, helyértékes számrendszer; ~ **response** *rep* pozicionális válasz; ~ **servosystem** *aut* helyzetbeállító szervomechanizmus; ~ **value** *mat* helyérték, helyi érték; ~ **welding** *heg* kényszerhelyzetű hegesztés

positioned *geod* tájolt; *gép* elhelyezett, beállított; ~ **stop** *vasút* leállítható ütköző

positioner *gép* beállítószerkezet; helyzetbeállító, pozicionáló

positioning *aut, gép* (helyzet)beállítás, helyzet szerinti irányítás, pozicionálás; *geod* iránybeállítás, tájolás; *szt* helyzetbeállítás; ~ **controller** *aut* helyzetszabályozó; ~ **element** *aut* szabályozó(szerv), vezérlőelem, vezérlőtag, beavatkozószerv, beavatkozóegység; ~ **error** pozicionálási hiba; ~ **motor** *gép* helyzetállító motor; ~ **peg** *gép* rögzítőpecek; ~ **screw** *gép* beállítócsavar, helyzetbeállító csavar; ~ **servomechanism** *aut* helyzetbeállító szervomechanizmus

positive I. *a el, fiz* pozitív, pozitívan töltött; *gép, mech* kényszerítő, kényszer-; *mat* pozitív, plusz előjelű; **II.** *n foto* pozitív (fény)kép; *mat* pozitív mennyiség; *nyom* matrica; ~ **allowance** *gép* illesztési játék; ~ **amplitude modulation** *távk* pozitív amplitúdómoduláció; ~ **artesian well** *hidr* pozitív artézi kút; ~ **bias** *el* pozitív rácsfeszültség/előfeszültség; ~ **booster** *el* feszültségemelő generátor; ~ **carrier** *el* pozitív töltéshordozó, kation; ~ **charge** *el* pozitív töltés; ~ **clamping** *el* egyenáramú összetevő visszaállítása; pozitív irányú lezárás; ~ **clock** *szt* pozitív órajel; ~ **closing** *gép* kényszerzárás; ~ **clutch** *gépk* csúszásmentes tengelykapcsoló; ~ **column** *el* pozitív oszlop *(kisülési csőben)*; ~ **counting** *távk* pozitív impulzusok számlálása; ~ **coupling** *el, gép* kényszerkapcsolat; ~ **definite** *mat* pozitív definit; ~ **definite matrix** *mat* pozitív definit mátrix; ~ **definite operator** *szt* pozitív definit operátor; ~ **developer** *foto* pozitív-előhívó; ~ **dihedral** *krist* pozitív V állás; ~ **direction** *mat* óramutató járásával ellentétes irány/értelem, pozitív irány/értelem; ~**-discharge elevator** *em* billenőserleges elevátor; ~**-displacement compressor** *gép* dugattyús/kényszerlöketű kompresszor; ~ **displacement meter** *fiz* köböző áramlásmérő, térfogatszámláló; ~ **displacement pump** *hidr* térfogat-kiszorításos/kényszerlöketű szivattyú; ~ **distortion** *tv* párnatorzítás, hordótorzítás; ~ **drive** *gép* kényszerhajtás, merev áttétel; ~**-drive casting screen** *ép* kényszerített lengésű/rezgésű rosta; ~ **earth return** *el, gépk* pozitív testelés; ~ **edge delay** *szt* pozitív élkésleltetés; ~ **electricity** *el, fiz* pozitív elektromosság, üvegelektromosság; ~ **electrode** *el* pozitív elektród; ~ **electron** *fiz* pozitív elektron, pozitron, antielektron; ~ **emission** *el* anódemisszió; ~ **feed** *forg* kényszerű előtolás; ~ **feedback** *aut* izodrom visszavezetés; *el* pozitív visszacsatolás; ~ **feeder** *el* pozitív (táp)vezeték/(táp)kábel; ~ **gear** *gép* kényszerhajtású áttétel; ~**-geared feed** *forg* kényszerelőtolás; ~ **glow** *rád* anódparázsfény; ~**-going edge** *szt* felfutó él; ~**(-)grid** *el* pozitív rácsú; ~**-grid oscillator** *távk* klisztronoszcillátor; ~ **hole** *fiz* (elektron)lyuk, elektronvakancia, defektelektron, hiánytöltés; ~ **individual error** *el* pozitív egyedi hiba; ~ **integer** *mat* természetes szám, pozitív egész; ~ **ion** *fiz* pozitív ion; ~**-ion oscillation** *fiz* pozitív ionrezgés; ~ **lens** *opt* konvergens lencse, gyűjtőlencse; ~ **level logic** *mat* pozitív logika; ~ **light modulation** *tv* pozitív amplitúdómoduláció; ~ **logic** *mat* pozitív *v.* negáció nélküli logika; ~ **matrix** *nyom* pozitív matrica; ~ **meniscus** *opt* meniszkusz, kagylókeresztmetszetű lencse, sarlólencse; ~ **meter** köböző áramlásmérő, térfogatszámláló; ~ **mineral** *ásv* optikailag pozitív ásvány; ~ **motion/movement** *gép, mech* kényszermozgás; ~**-negative process** *foto* pozitív-negatív eljárás/technika; ~**-negative three-level action** *aut* pozitív-negatív háromállású viselkedés; ~ **output signal** *el, szt* pozitív kimeneti jel; ~ **part** *mat* pozitív rész; ~ **phase sequence** *el* pozitív fázissorrend; ~ **picture** *foto* pozitív (fény)kép; ~ **picture modulation** *távk* pozitív amplitúdómoduláció; ~ **pole** *el* pozitív sarok; ~**-pressure cabin** *rep* túlnyomásos kabin/utasfülke; ~**-pressure furnace** *hőt* pozitív nyomású kemence; ~ **quantity** *mat* pozitív mennyiség; ~ **radiation** *el* csősugárzás; ~**-ray analysis** *fiz* tömegspektrográfos analízis; ~ **reactance** *el* induktív reaktancia/ellenállás, induktancia; ~ **real number** *mat* pozitív valós szám; ~ **reversing** *gép, mech* kényszermozgású irányváltás; ~ **rolling** *rep* orsó jobbra; ~ **root** *mat* pozitív gyök; ~ **rotation** *mech* pozitív irányú forgás; ~ **self-regulation** *aut* pozitív önbeállás; ~ **sense** *mat* óramutató járásával ellentétes irány/értelem, pozitív irány/értelem; ~ **separation** *ol, vegy* pozitív elválás; ~ **sequence** *el* pozitív fázissorrend; ~ **shedding** *ép* közvetlen szádképzés; ~ **sign** *mat* összeadásjel; pluszjel (+), pozitív előjel; ~ **speed gear-box/gearbox** *gépk* kényszerkapcsolású sebességváltó-szekrény; ~ **stagger** *rep* pozitív szárnylépcsőzés *(felső szárny előbbre van)*; ~ **stop** *gép* álló lökethatároló; ~ **suction** *hidr* sűrítővel végzett szívás; ~ **tappet** *em* kétirányú emelő; ~ **temperature coefficient (PTC)** *el* pozitív hőfokváltozási/hőmérsékleti tényező; ~ **tilt** *ép* tetőemelkedés; ~ **transmission** *gép, távk* kényszerátvitel; ~ **unloading** *gép* kényszerürítés; ~ **video signal** *tv* pozitív képjel; ~ **vision modulation** *tv* pozitív amplitúdómoduláció; ~ **yaw/yawing** *rep* jobbra legyezés

positively | **charged** *fiz* (elektromosan) pozitív, pozitívan töltött; pozitív töltésű; ~**-charged nucleus** *at* pozitív töltésű mag; ~(-)**controlled** *aut, gép* kényszervezérelt; ~**-controlled jigger conveyor/conveyer** *ép* kényszerlöketű lengővályú; ~**-controlled take-up motion** *tex* kényszermozgású áruhenger-szabályozó; ~(-)**coupled** *el, gép* kényszerkapcsolású; ~(-)**driven** *gép* kényszerhajtású

positiveness *fiz, mat* pozitivitás; *gép* kényszerűség

positron *fiz* pozitron, pozitív elektron, antielektron; ~ **decay/disintegration** *at* pozitronbomlás, e-bomlás, pozitronemissziós bomlás/hasadás; ~**-electron annihilation** *at* elektron-pozitron annihiláció/szétsugárzás; ~**-electron pair** *fiz* pozitron-elektron pár, elektron-pozitron pár; ~ **emission** *at* pozitronemisszió; ~ **emitter** *at* pozitronsugárzó

positronium (Ps) *vegy* pozitrónium; ~ **molecule** *vegy* pozitróniummolekula

possible *mat* lehetséges, lehető, valószínű; ~ **reserve** *bány* valószínű készlet/vagyon

post[1] **I.** *v* elhelyez; kifüggeszt, kiragaszt; *szt* frissít, eseményt jelez; **II.** *n bány* (oldal)tám; láb *(kis pillér)*, szénpillér, ércpillér; *el* (villany)oszlop, árboc; *ép* (tám)oszlop, tartóoszlop, sasfa, szárfa, pillér, függőleges rácsrúd/ereszték, tartóborda; ablakfélfa, ajtófélfa; ajtótok, ablaktok; jelzőpózna, jelzőoszlop; *geol* homokkő *(apró szemcsés)*; *hajó* fartőke; *opt* (érintkező)csap; *pa* papíralak *(kb. 500 x 400 mm)*; rakás, csomag *(181 ív)*; *vasút* karjelző; ~**-and-rail fence** kerítés hosszú rudakból/karókból; ~**-and-stall system** *bány* kamara-pillérfejtési rendszer; ~ **bearing** *gép* fali konzolos csapágy; ~ **bracket bearing** *gép* oszlopos konzolos csapágy; ~ **brake** *vasút* tuskófék; ~ **crane** *em* oszlopdaru; ~**-hanger** *gép* oszlopos függesztő; ~ **hitch** *bány* gyámlyuk; ~**-hole auger** *forg* bővítőfúró; ~**-hole digger** *ép* oszlopgödörfúró; ~ **hydrant** *ép, hidr* oszlopos/álló tűzcsap, térszín feletti tűzcsap, hidráns; ~ **mo(u)ld** *ép* (lámpa)oszlopsablon; ~ **pallet** rakoncás rakodólap; ~ **puller** *ép* oszlopkiemelő; ~ **resetting** *bány* ácsolatátépítés, átrakás

post[2] **I.** *v* postára ad, felad, postáz; postán küld; **II.** *n* (napi) posta; *kat* őrhely, poszt; *távk* állomás; ~ **letter paper** *pa* postapapír; **P**~(-)**Office box/bridge (PO box/bridge)** *távk* szabványos (hordozható) mérőhíd; ~ **office telephone cable** *távb* postakábel, telefonkábel; ~ **paper** *pa* levélpapír; ~**-parcel cardboard box** *pa* postai doboz; ~**-type insulator** *el* távíró-szigetelő

POST → power-on self-test

post-accelerating | anode *at, el* utógyorsító/utángyorsító anód; ~ **electrode** *at, el* utángyorsító elektród

post-acceleration helix *at* utángyorsító spirál

post-accelerator electrode *at, el* utángyorsító elektród

post-accident radiation *at* balesetet követő sugárzás

postal postai, posta-; ~ **car** *gépk* postai gépkocsi, postaautó; *vasút* postakocsi; ~ **cardboard** *pa* levelezőlap-karton; ~ **form** *pa* postai alak; ~ **rocket** *kat* postaszállító rakéta; **P**~**, Telegraph and Telephone Administration (PTT)** *szt* Posta, Távíró és Telefonhivatal

post-amplifier *el* utóerősítő

post-arc current *el* utánfolyó áram

post-boarding *tex* utóformázás, végformázás

postcard (postai) levelezőlap; ~ **board** *pa* levelezőlapkarton; ~ **paper** *pa* levelezőlap-papír

post-chlorination *hidr* utóklórozás

post-combustor *környv* utóégető

post-cure *vegy* utóvulkanizálás

post-deflection | acceleration *at, el* utángyorsítás; ~ **acceleration electrode** *at, el* utángyorsító elektród; ~ **acceleration ratio** *at, el* utángyorsítási viszony; ~ **accelerator** *at, el* utángyorsító

post-detection *el* utólagos egyenirányítás; ~ **gain** *távk* demoduláció utáni erősítés

post-echo *hang* utóvisszhang

post-emphasis *hang* lejátszási hangszínezés *(magnetofoné)*; *távk* utókiegyenlítés, deemfázis

post-equalization *távk* utókiegyenlítés

post-equalizing pulses *távk* utókiegyenlítő jelek

poster *nyom* plakát, falragasz; poszter; ~ **colo(u)r** *nyom* plakátfesték; ~ **paper** *pa* plakátpapír; ~ **type** *nyom* plakátbetű

posterior utólagos, későbbi; hátsó, hátulsó; ~ **end** *geol* hátsó perem

post-exposure *foto* utómegvilágítás, második megvilágítás

post-fabrication utó(lagos) megmunkálás

post-flight | information *rep* repülés utáni tájékoztatás; ~ **report** *rep* repülés utáni jelentés

post-forming utólagos alakítás; ~ **sheet** *műa* utóformázható rétegelt lemez

post-frontal *met* posztfrontális, időváltozás utáni; ~ **current** *met* front utáni légáramlás; ~ **precipitation** *met* front utáni csapadék

postglacial *geol* posztglaciális, jégkorszak utáni

post-graduate engineer *hidr* szakmérnök

post-heat treatment *hők* utóhőkezelés

post-heating *hők* utómelegítés

posting | device számlaadagoló berendezés; ~ **fluid** *nyom* átírófolyadék, másolófolyadék; ~ **interpreter** *ip* számlafeliratozó gép; ~ **line indicator** *mat* sorjelző *(statisztikai gépen)*; ~ **table** *mat* kezelőasztalka *(statisztikai gépen)*

post-irradiation heating *hők* sugárzás utáni melegítés

post-luminescence *opt, vegy* foszforeszkálás, utánvilágítás

postmagmatic phase *geol* utómagmás szakasz

post-mineral *geol* ásványképződés/mineralizáció utáni

postmortem | dump (PMD) *szt* leállás utáni (tár)kiíratás; ~ **program** *szt* leállás utáni diagnosztizáló program

post-polymerization *műa* utópolimerizáció

postprocessor *szt* utófeldolgozó (program)

post-production *film* utómunkálatok

post-recording *film* utólagos hangfelvétel

post-rinse *élip* utóöblítés

post-scoring *film* utószinkronizálás

post-spinning *tex* utófonás

post-subscript *mat* jobb alsó index, alsó utóindex

post-superscript *mat* jobb felső index, felső utóindex

post-synchronization *film* utószinkronizálás, utószinkronozás

post-tension *ép* utófeszít

post-tensioned *ép* utólagosan feszített, utófeszített; ~ **member** *ép* utófeszített elem; ~ **(reinforced) concrete** *ép* utófeszített (vas)beton

post-tensioning *ép* utófeszítés

postulate *mat* axióma, posztulátum

postulational method *mat* axiomatikus módszer

postvolcanic *geol* posztvulkáni; ~ **activity** *geol* vulkáni utóműködés
post-weld annealing *hők* hegesztés utáni lágyítás
pot[1] **I.** *v el* tokoz; *élip* befőz; konzervál, eltesz, tartósít; *mzg* cserepez, cserépbe ültet *(virágot)*; **II.** *n* fazék, vasedény, zománcedény; *geof* geofon; *hőt* kis kazán; *ker* virágcserép; *koh* elektrolizálókemence; kád; *önt* olvasztóöv, izzítótégely, izzítócsésze; ~**-annealed** *hők* tégelyben lágyított; ~ **annealing furnace** *koh* kamrás lágyítókemence; ~ **barley** *élip* hántolt árpa; ~ **cathode** *el* fazékkatód; ~ **core** *el* fazékmag, köcsögmag; ~ **failure** *koh* kádlyukadás; ~ **filler** *koh* tégelytöltő; ~**(-)furnace** *ép* fazekas olvasztókemence; *üveg* tégelykemence; ~**-head** *el* végelzáró *(kiöntött kábelfej)*; ~**-head insulator** *el* csavarfedős szigetelő; ~**-hole patching** *ép* kátyújavítás, kátyúfoltozás; ~**-holing** *ép* kátyúsodás; ~**-house** *üveg* tégelyolvasztó műhely; ~ **insulator** *el* edényes szigetelő; ~ **kiln** *koh* tégelyes égetőkemence; ~**(-)lead** *ásv* grafit; ~ **life** *műa* fazékidő, felhasználhatósági idő; *vegy* kötőképesség ideje *(enyvé)*; ~ **magnet** *el* fazékmágnes, harangmágnes; ~**-making machine** *ép* üreges blokkgyártó gép; ~ **melting process** *koh, üveg* olvasztás tégelyben; ~ **metal** *koh, önt* tégelyben olvasztott fém; ~ **mo(u)lding** *önt* tégelyformázás; ~ **plunger** *műa* fröccsdugattyú *(fröccssajtoló szerszámban)*; ~ **roasting** *bány* tégelyben pörkölés *(aprított szemcsés ércé)*; ~ **signal** *vasút* törpejelző; ~ **spinning** *tex* centrifugális fonás; ~ **steel** *koh* tégelyacél; ~ **still** *élip* kisüst, pálinkadesztilláló készülék; ~**-type capacitor** *el* fazékkondenzátor; ~**-type electromagnet** *el* fazékmágnes; ~**-type ingot buggy** *önt* billenő öntecsszállító kocsi; ~**-type magnet** *el* fazékmágnes; ~ **with block anode** *koh* blokkanódos kád
pot[2] *el* potenciométer, potméter
potable | water *hidr* ivóvíz; ~ **water network** ivóvízhálózat; ~ **water supply** ivóvízellátás; ~ **water system** ivóvízcsőrendszer
potamology *geol* potamológia
potash *vegy* kálisók; kálium-karbonát, hamuzsír; ~ **alum** *vegy* kálitimsó; ~ **chrome alum** *vegy* káliumkrómtimsó, káliumkróm(III)-szulfát; ~ **feldspar** *ásv* ortoklász, káliföldpát; ~ **fertilizer** *mzg, vegy* káliműtrágya; ~ **glass** *üveg* káliüveg; ~ **mica** *ásv* muszkovit; ~ **soap** *vegy* káliszappan
potassic *ásv, vegy* káliumtartalmú, káli-
potassium (K) *vegy* kálium; ~ **aluminate** kálium-aluminát; ~ **antimonyl tartrate** kálium-antimonil-tartarát; ~**-argon dating** *geol* kálium-argon módszer; ~ **bichromate** *vegy* kálium(I)-kromát; ~ **carbonate** kálium-karbonát; ~ **chlorate** kálium-klorát; ~ **chloride** kálium-klorid; ~ **chromate** kálium-kromát; ~ **citrate** kálium-citrát; ~ **cyanide** kálium-cianid, ciánkáli; ~ **dichromate** kálium-dikromát; ~ **feldspar** *ásv* káliumföldpát, ortoklász; ~ **ferricyanide** kálium-[hexaciano-ferrát(III)]; ~ **ferrocyanide** kálium-[hexaciano-ferrát(II)]; ~ **fluoride** kálium-fluorid; ~ **fluosilicate** kálium-[hexafluoro-szilikát]; ~ **hydrate** → ~ hydroxide; ~ **hydride** kálium-hidrid; ~ **hydrogen carbonate** kálium-hidrogén-karbonát; ~ **hydroxide** kálium-hidroxid, kálilúg, marókáli; ~ **hypochlorite** kálium-hipoklorit; ~ **iodate** kálium-jodát; ~ **iodide** kálium-jodid; ~ **iodid starch paper** kálium-jodid keményítőpapír; ~ **nitrate** kálium-nitrát, kálisalétrom; ~ **nitrite** kálium-nitrit; ~ **nitropalladite** kálium-[tetranitro-palladát(II)]; ~ **oxalate** kálium-oxalát; ~ **perchlorate** kálium-perklorát; ~ **permanganate** kálium-permanganát, hipermangánsavas kálium, hipermangán; ~ **peroxydisulphate/persulphate** kálium-peroxi-diszulfát; ~ **phosphate** káliumfoszfát; ~ **saccharate** kálium-szacharát; ~ **silicate** kálium-szilikát; ~ **soap** kenőszappan; ~ **sodium tartrate** borkősavas kálium-nátrium; ~ **sulphate/sulfate** kálium-szulfát, kénsavas kálium; ~ **sulphide/sulfide** kálium-szulfid; ~ **sulphite/sulfite** káliumszulfit; ~ **tartrate** kálium-tartarát; ~ **thiocyanate** kálium-tiocinát, kálium-rodanid; ~ **tungstate** kálium-volframát; ~ **water glass** kálivízüveg
potato *pl* **potatoes** *élip* burgonya, krumpli; ~ **coverer** *mzg* burgonyatakaró/burgonyatöltögető gép, töltögetőgép; ~ **crusher** *élip* burgonyazúzó; ~ **digger** *mzg* burgonyakiszántó; ~ **harvester** *mzg* burgonyakombájn; ~ **hiller** → ~ coverer; ~ **lifter** *mzg* burgonyaszedő/burgonyakiemelő gép; ~ **planter** *mzg* burgonyaültető gép; ~ **riddle** *élip* burgonyaosztályozó, burgonyaválogató; ~**-ridging plough/plow** *mzg* burgonyatöltögető eke; ~ **sorter** *élip* burgonyaválogató, burgonyaosztályozó; ~ **spinner** *mzg* forgórostélyos burgonyaszedő gép; villás burgonyakiemelő; ~ **steamer** *élip* burgonyagőzölő, burgonyafőző
potch *pa* fehérít, felver, kever
potcher *pa* fehérítőhollandi, mosóhollandi, keverőhollandi, félanyaghollandi
potching *pa* felverés *(őrlésnél)*, fehérítés, keverés; ~**(-)stick** *pa* keverőfa, keverőlapát, keverőrúd, kádkeverő
poteclinometer *geol* poteclinometer
potency *vegy* hatóképesség, hathatósság
potential I. *a fiz* örvénymentes, rotációmentes; *mat, mech* helyzeti, potenciális; **II.** *n el* feszültség, potenciál; *mat, vegy* potenciál; *mech* potenciál, potenciális/helyzeti energia; ~ **analogy** *mat* potenciálanalógia; ~ **antinode** *el* feszültségi csúcsamplitúdó, feszültséghaspont; ~ **attenuator** *el* potenciométeres mérőátalakító; ~ **barrier** *at* potenciálgát, potenciálfal, potenciálküszöb; ~ **box** *at* potenciálárok; ~ **coefficient** *el* részpotenciál; ~ **correction** átmeneti szabályozási eltérés; ~ **curve/diagram** *fiz* potenciálgörbe; ~ **difference (pd)** *el* (elektrosztatikus) potenciálkülönbség, feszültség(különbség); ~ **difference measurement** *el* potenciálkülönbség-mérés; ~ **distribution** *fiz* potenciáleloszlás; ~ **distribution control** *fiz* potenciáleloszlás-szabályozás; ~ **divider** *el* potenciálelosztó, feszültségosztó; ~ **drop** *el* potenciálesés, feszültségesés, potenciálcsökkenés, feszültségcsökkenés; ~**-drop ratio (PDR)** *geof* potenciálgradiens-viszony; ~**-drop-ratio instrument** *geof* potenciálgradiens-viszonymérő műszer; ~ **electrode** *el, geof* feszültségelektróda, mérőelektróda; ~ **energy** *fiz* energiatartalom, potenciális/helyzeti energia; *hidr* statikus nyomómagasság; ~**-energy curve** *el* potenciálgörbe; ~ **equalizer** *el* potenciálkiegyenlítő; ~ **evaporimeter** *talt* talajpárolgás-mérő; ~ **failure** *gép* rejtett hiba/meghibásodás, lehetséges meghibásodás; ~ **fall** *el* potenciálesés, feszültségesés, potenciálcsökkenés, feszültségcsökkenés; ~ **field** *el* potenciáltér; ~ **flow** *fiz* potenciáláramlás; ~ **function** *mat* potenciálfüggvény; ~ **galvanometer** *el* árammentes galvanométer;

~ **gradient** *el, geof* potenciálgradiens; ~ **gum** *ol* benzin (tárolás következtében várható) gyantatartalma; ~ **hill** *at, fiz* potenciálgát, potenciálfal, potenciálküszöb, potenciálhegy; ~ **instability** *met* potenciális instabilitás; ~ **jump** *at, fiz* potenciálugrás; ~ **law of the nucleation rate** *krist* gócképződési sebesség hatványtörvénye; ~ **logging** *geof* potenciálszelvényezés; ~ **map** *geof* potenciáltérkép; ~ **measurement** *fiz* potenciálmérés; ~ **method** *geof* potenciálmódszer; ~ **of dislocation** *krist* diszlokációs potenciál; ~ **of equilibrium** *el* egyensúlyi potenciál/feszültség *(szekunderemisszióé)*; ~ **plateau** *at* potenciáplató; ~ **profile** *geof* (természetes) potenciálszelvény; ~ **profile flow** *rep* szárnyszelvény körüli potenciáláramlás; ~ **pulse** *el* feszültségimpulzus, feszültséglökés; ~ **radiometer** *geof* potenciálgradiens-viszonymérő; ~ **relief** *at* potenciálhegy, potenciálgát, potenciálfal; ~ **scattering** *at* potenciálszórás; ~ **slope** *el, geof* potenciálgradiens; ~ **step** *el* potenciálugrás; ~ **surface** *mech* ekvipotenciális felület; ~ **surface of sliding** *talt* lehetséges csúszófelület; ~ **temperature** *met* potenciális hőmérséklet; ~ **theory** *mat* potenciálelmélet; ~ **threshold** *at* potenciálgát, potenciálfal, potenciálküszöb; ~ **through** *el* potenciálgödör, potenciárok; ~ **transformer (PT)** *el* feszültségváltó; ~ **value** *el* egyensúlyi érték; ~ **vorticity** *met* potenciális örvényesség; ~ **wall** *at* potenciálgát, potenciálfal, potenciálküszöb; ~ **water power** *hidr* elméleti vízerőkészlet; ~ **well** *at, el* potenciálgödör, potenciárok, potenciálvölgy; ~ **well-capacity** *ol* elméleti kútkapacitás

potentially adaptive potenciálisan adaptív

potentiokinetic test potenciokinetikus vizsgálat

potentiometer *el* potenciométer, leosztó-ellenállás, feszültségosztó, kompenzátor, csúszóérintkezős ellenállás; ~ **braking** *el* ellenállás-fékezés; ~ **for alternating voltage** *el* váltakozó áramú kompenzátor; ~ **function generator** *el* potenciométeres függvénygenerátor; ~ **pick-off** *el* potenciométeres érzékelőszerv/adó/jelátalakító; ~ **recorder** kompenzográf, regisztráló potenciométer; ~ **set mode** *szt* együttható-beállító üzemmód; ~**-setting system** potenciométerbeállító rendszer; ~ **track** *el* potenciométerpálya; ~ **trimmer with metallic film** *el* metallfilmes trimmerpotenciométer; ~**-type ga(u)ge** *el* potenciométeres érzékelő; ~**-type resistor** *el* csúszóérintkezős ellenállás, potenciométer, feszültségosztó; ~ **with logarithmic law** *el* logaritmikus potenciométer

potentiometric *el* potenciométeres, potenciometrikus; ~ **error-measuring system** potenciometrikus hibamérő rendszer; ~ **titration** *vegy* potenciometrikus titrálás; ~ **transducer** *el* potenciométeres jelváltó

potentiometry *el, vegy* potenciometria

potentiostat *el* potenciosztát

potentiostatic test potenciosztatikus vizsgálat

pothead → pot-head

potholing → pot-holing

potman *ép* aszfaltfőző (munkás)

potstone *ásv* fazékkő

Pott's tester *pa* Pott-féle légáteresztő-képességvizsgáló

potted *el* edényes, serleges, tokozott; *élip* befőzött, konzervált; *mzg* cserepes; ~ **capacitor** *el* zárt (edényes) kondenzátor; ~ **coil** *távk* serleges/árnyékolt tekercs; ~ **measuring transformer** *el* kis olajterű *v.* olajszegény mérőtranszformátor/mérőváltó

potter fazekas; ~**'s clay** fazekasagyag; ~**'s lathe** → ~'s wheel; ~**'s lead/ore** *vegy* ólomfény, ólom-szulfid; ~**'s wheel** *ker* fazekaskorong

Potter-Bucky grid *orv* ólom védőrács *(röntgensugarak ellen)*

pottery agyagárugyár, kőedénygyár; fazekasműhely; kerámia, fazekasáru, agyagáru, agyagedény, cserép; ~ **industry** *ker* finomkerámia-ipar; ~ **kiln** *ker* égetőkemence; ~**-kiln brick** *ép* fazekaskemence-tégla; ~ **oven** *ker* fazekaskemence

potting *el* hermetizálás, tokozás; serlegbe helyezés; *élip* befőzés, konzerválás; *mzg* cserepezés

pouch kézitáska; zacskó, erszény; *közl* postazsák; *pa* tasak, levélboríték; *ruh* zseb; ~ **paper** *pa* tasakpapír

Poulsen transmitter *rád* Poulsen-adó

Poulter's method légrobbantásos *v.* Poulter-féle módszer

poultry baromfi, szárnyas; ~**-brood coop** *mzg* tojásültető, csirkekeltető gép/bura/láda; ~ **plucker** *élip* szárnyaskopasztó

pounce I. *v alak* (lemezt) kilyuggat; hátoldalról domborít; *mt* (dörzspapírral) csiszol, dörzsöl; *ruh* átrajzol/átnyom *(mintán)*, előnyom; áttört munkát készít; nemezkalapot simít; **II.** *n mt* horzsakőpor, csiszolópor, tajtékkőpor; *ruh* áttört minta; kékpor *(előrajzoláshoz)*

pound[1] *ép* ver, üt, tör, zúz, sulykol

pound[2] **(lb)** *metr* font *(= 453,6 g)*; ~ **per square inch (psi)** *metr* psi, font per négyzethüvelyk *(6,88x10^3 Pa)*

poundal *fiz, metr* erő egysége, egységnyi erő *(a lábfont-másodperc rendszerben)*

pounding *bány, ép, gumi* kalapálás, döngölés; törés, zúzás; ~ **test** *any* döngölőpróba, ütőpróba

pour I. *v* önt, tölt; *élip, koh* ömleszt; *ép* betonoz, kiönt *(hézagot)*; *önt* (ki)önt *(öntőformát)*; **II.** *n ép* beton bedolgozása, kiöntés; *fiz* folyás; *met* zápor, felhőszakadás; *önt* (ki)öntés; öntésre váró anyag; ~ **from the top** *v önt* felülről önt; ~ **machine** *ép* betonozó(berendezés), betonterítő (berendezés); ~ **oil** *ol* mély dermedéspontú olaj; ~ **point** *ol* dermedéspont *(olajoké)*, cseppenéspont *(zsíroké)*; *önt* öntési hőfok; ~**-point depressor** *ol* dermedéspont-csökkentő; ~**-point indicator** *ol* dermedéspontjelző; ~ **test** *any* öntési próba

pourable *any* önthető; ~ **sealing compound** *műa* öntőmassza

poured *élip* ömlesztett; *önt* öntött; ~ **concrete** *ép* öntött beton; ~**-concrete structure** *ép* monolit *v.* helyszínen betonozott szerkezet; ~ **construction** *ép* monolit *v.* helyszíni betonozásos építés; ~**-in-place concrete** *ép* helyszínen öntött *v.* monolit beton; ~ **joint** *ép* kiöntött hézag; ~ **weld** *heg* öntve hegesztett varrat

pouring *élip, koh* ömlesztés; *ép* betonozás; kiöntés *(hézagé)*; *önt* (ki)öntés; ~ **appliance** *önt* öntőberendezés *(öntőüstön)*; ~ **area** *ép* betonozási terület/felület; ~ **basin** *önt* beömlőtölcsér; ~ **bay** *önt* öntőcsarnok; ~ **box** *önt* közbenső öntőüst; ~ **can** *ép* kiöntőedény *(hézagkiöntésnél)*; ~ **car** *önt* öntőkocsi; ~ **crane** *em, önt* öntödei daru, öntődaru; ~ **cup** *önt* beömlőtölcsér; ~ **furnace** *koh* öntőkemence; ~ **gate** *önt* öntőcsatorna, öntőszáj; ~ **height** *önt* öntési magasság; ~ **hole** *önt* öntőnyílás; ~ **house** *koh* öntőcsarnok; ~**-in** *ép* be(le)öntés; ~ **in cantilever work** *ép* szabadbetonozás *(hídépítésnél)*; ~ **ladle** *önt* öntőüst, öntőkanál; ~ **lip** *önt* leöntőcsőr; ~**(-)machine** *ép* betonozóberendezés, betonterítő (berendezés); ~ **of concrete** *ép* betonozás, betonbedolgozás; ~ **output** *ép* betonozási teljesítmény; ~ **pit** *önt* öntőgödör; ~ **platform** *önt* öntőpódium; ~ **rate** *önt* öntési sebesség; ~ **rotary table** *önt* körpályás öntőgép; ~ **sequence** *ép* betonozási sorrend; ~ **slot** *önt* öntőnyílás; ~ **spout** *önt* öntővályú, öntőcsatorna; ~ **stand** *önt* öntőállvány; ~ **station** *önt* öntőállás; ~ **stream treatment** *önt* öntősugár-kezelés; ~ **table** *önt* kiöntőasztal; ~ **temperature** *önt* öntési hőmérséklet; ~ **test** *any* önthetőségi/öntési vizsgálat; ~ **truck** öntőkocsi; ~ **weight** *önt* öntési súly

powder I. *v bány, ép* porít, porlaszt, porrá őröl/tör; *élip* porít; **II.** *n el* por; *kat* lőpor, puskapor, robbanópor, por alakú robbanóanyag; *műa* préspor, púder; *vegy* púder; ~ **blast** *bány* robbantás lőporral; ~ **car** *bány* robbanóanyag-szállító csille; ~ **carburizing** *koh* cementálás porban; ~ **cathode** *el* magfémes katód; ~ **coating** porbevonat készítése; ~ **colo(u)r** *vegy* porfesték; ~ **core** *bány, kat* lőporbél *(gyújtózsinórban)*; ~**-core electrode** *el* porbeles elektród; ~**-core squib** *el* porvasmag; ~ **cutting** *hőt* poradagolásos lángvágás; ~ **cyclone** porciklon; ~ **diagram** *any* porfelvétel, mikroröntgen; ~**-dry** *any, élip* porszáraz; ~ **electrode** *el* porbeles elektród; ~ **filler** *gyógyv* portöltő (gép); ~ **flame cutter** *ép* poradagolásos betonvágó berendezés; ~ **flame cutting** poradagolásos lángvágás; ~ **flux** *vegy* por alakú folyósítószer/lágyforrasz, forrasztópor; ~ **gun** *alak* porfecskendő; ~ **loaf** *pa*; ~ **magnet** *el* sajtolt mágnes; ~ **metal** *alak* fémpor; ~**(-)metallurgical alloy** porkohászati ötvözet; ~ **metallurgy (PM)** porkohászat; ~ **method** *krist* pormódszer; ~ **microphone** *el, távb* szénmikrofon; ~**(-)mill** *bány* porítómalom; *kat* lőporzúzó, lőpormalom; ~ **ore** *bány* porérc; ~ **pattern** porröntgenkép; ~ **photography** mikroröntgen; ~**(-)ring** *kat* gyűrűs póttöltet; ~ **rocket** *rak* lőporrakéta; ~ **snow** *met* porhó; ~**(-)spray gun** *heg* por(fel)szóró pisztoly; ~ **technology** portechnika; ~ **treatment** *film* porzóeljárás; ~ **welding** *heg* porfelszórás

powdered *bány, ép* por alakú; porított, porrá tört, porlasztott; *élip* porított; ~ **blast(-)furnace slag** *koh* porított nagyolvasztósalak; ~ **chamotte** *koh* samottliszt; ~ **coal** *bány* porított szén, porszén; ~ **coal injection** *koh* szénporbefúvás; ~ **core** *el* porvasmag; ~ **explosive** *bány* poralakú robbanóanyag; ~ **flux** *vák* forrasztópor; ~ **fuel** *hőt* por alakú tüzelőanyag; ~ **iron** *el* porvas, vaspor; ~**-iron core** *el* porvasmag; ~**-iron tape** *hang* porvasas szalag *(magnetofonhoz)*; ~ **lime** mészpor; ~ **material** *any* por alakú anyag; ~ **milk** *élip* tejpor; ~ **refractory material** *ker* nehezen olvadó fémkerámiai anyag; ~ **soap** *koh* húzószappan; ~ **solder** *heg* por alakú lágyforrasz, forrasztópor; ~ **sugar** *cu* púdercukor; ~ **whey** *élip* savópor

powellite *ásv* powellit

power I. *v el* áramot ad *(gépnek, stb.)*; *gép* hajt, működtet; **II.** *n el* (villamos) áram, energia; áramellátás, energiaellátás; *fiz* (wattos) teljesítmény, energia; teljesítőképesség, kapacitás; *gép, ip* gépesítés, gépi erő; *mat* hatvány; kitevő, exponens *(faktoriális függvényé)*; ~ **absorbed by airscrew** *rep* légcsavar által felvett teljesítmény; ~ **absorption** *el, gép* (teljesítmény)-fogyasztás, teljesítményigény, bemenőteljesítmény; ~**-actuated** *gép* gépi hajtású; ~**-actuated contact** *el* mechanikus működtetésű érintkező; ~**-actuated stud(-)driver** szögbelövő készülék; ~**-actuated tool** *szersz* gépi szerszám; ~ **actuator** *gép* szervomotor, állítómotor; ~ **amplification** *el* teljesítményerősítés; ~ **amplification coefficient/factor/ratio** *el* teljesítményerősítés(i tényező); ~ **amplifier** *el* teljesítményerősítő; ~ **amplifier tube/valve** *el* nagyteljesítményű erősítőcső, végerősítőcső; ~ **and material economy** energia- és anyaggazdálkodás; ~ **and navigation canal** *hidr* üzemi víz- és hajózócsatorna; ~ **approach** *rep* megközelítés/bevezetés működő hajtóművel; ~**-assisted control** *aut, rep* segédenergiával működő *v.* segédenergiás szabályozás; ~**-assisted steering** *gépk, rep* szervokormány; szervomotoros kormányzás; ~ **at wheel(-)rim** *vasút* kerék kerületén mért teljesítmény, kerületi teljesítmény; ~ **axle** *gép* (meg)hajtótengely; ~ **balance** *fiz* teljesítménymérleg, energiamérleg; ~ **balance method** *aut* energiakompenzálásos módszer; ~ **bay** *rep* motorrekesz; ~ **brake** *gépk* szervofék; teljesítménymérő fék; ~**(-)breaker** *ép* függesztett hidraulikus bontókalapács; ~ **breeder** *at* energiatermelő reaktor, tenyésztőreaktor, tenyészreaktoros erőmű; ~ **brushing** *tex* (gépi)kefélés; ~ **busbar** *el* erőátviteli gyűjtősín; ~ **cable** *el* erősáramú kábel, erőátviteli kábel; ~ **canal** *hidr* üzemvízcsatorna; ~ **canal development** *hidr* üzemvízcsatornás vízerőmű; ~ **capacitor** *el* erősáramú/erőátviteli kondenzátor, sztatikus/fázisjavító kondenzátor; ~ **capacity** *en* beszerelt/beépített/installált teljesítmény; ~ **cartridge** *gépk* hidegindító patron; ~ **casing tongs** *ol* béléscsőkulcs; ~ **charge** *ip* energiaköltség; ~ **circuit** *el* magasfeszültségű hálózat/vezeték; ~ **clutch** *gép* motor-tengelykapcsoló; *gépk* erőátviteli tengelykapcsoló; ~ **coefficient** *at* teljesítmény-együttható, reaktivitás teljesítménytényezője; *ol* teljesítményszám *(repülőbenzin minőségi mutatója, a 100 feletti oktánszámnak megfelelő érték)*; ~ **coil** gerjesztő tekercs *(reléé)*; ~ **component** *el* aktív összetevő; ~ **concrete bucket** *ép* motoros betonszállító puttony; ~ **concrete buggy/cart** *ép* kisdömper; ~ **condition** *rep* hajtómű üzemmódja; ~ **conduit** *hidr* vízerőmű üzemvizét szállító mű; ~ **consumption** *el, gép* felvett teljesítmény, teljesítményfelvétel; ~ **control** *at* teljesítményszabályozás; *távk* anódmoduláció; ~**-control rod** *at* teljesítményszabályozó rúd; ~**-control unit** *gépk* teljesítményszabályozó szerkezet; ~ **conversion (PC)** *el* energiaátalakítás, energiaátalakulás; ~ **converter** *el* teljesítményátalakító; ~ **cord** *el* hálózati csatlakozózsinór; ~ **coupling** *gép* motor-tengelykapcsoló; ~ **crane** *em* motoros daru; ~ **current** *el* erősáram, nagyfeszültségű áram; ~**-current** *el* erősáramú; ~**-current fuse** *el* erősáramú biztosító; ~**-current tube** *el* nagyteljesítményű cső; ~ **curve** *fiz* teljesítmény-jelleggörbe; ~ **cut** *el* áramkimaradás; áramkorlátozás, energiakorlátozás, lekapcsolás; ~ **cut-off relay** *vasút* árammegszakítást jelző jelfogó; ~ **dam** *hidr* erőműgát; ~ **decking** *bány* gépi csillebetolás; ~ **decrease** *fiz* teljesítménycsökkenés; ~ **delivery** *fiz* hasznos/leadott teljesítmény; ~ **demand** *el, gép* energiaszükséglet, energiaigény, áramigény; *hidr* erőszükséglet; ~ **demodulator** *távk* nagy teljesítményű detektor; ~ **density** *at* fajlagos teljesítmény, teljesítménysűrűség; *mat* spektrális sűrűség(függvény); ~**-density spec-**

trum *at* energiaspektrum, teljesítménysűrűség-spektrum; **~-dependent voltage drop** *el* terheléstől függő feszültségesés; **~ detection** *el* teljesítmény-egyenirányítás; **~ detector** *el* nagy teljesítményű detektor; **~ diode** *félv* teljesítménydióda; **~ direction(al) relay** *el* teljesítményirány-relé, energiairány-relé; **~ discharge** *hidr* üzemvízhozam; **~ dissipation** *fiz* energiaveszteség; **~ distillate** *vegy* üzemanyagpárlat; **~ dive** *rep* zuhanórepülés *(működő hajtóművel)*; **~ divider** *el* teljesítményelosztó; **~ drain** *el* felvett teljesítmény; **~ drift** *at* lassú teljesítményvándorlás; **~ drive** *gép* gépi/motoros hajtás; **~-driven** *gép* gépi, motoros; gépi/motoros hajtású, gépi erejű; **~-driven electrode** *geof* gépi erővel levert elektróda; **~-driven knitting(-) machine** *tex* mechanikai hurkológép; **~-driven machine** *gép* erőhajtású gép; **~-driven rivet** *gép* gépi (erővel bevert) szegecs; **~-driven roller** *ép* motoros henger; **~-driven truck** *ép* belső égésű motoros szállítótargonca; **~-driven vehicle** *gépk* motoros jármű; **~ drum controller** *vasút* menetszabályozó; **~(-)dusting apparatus** *mzg* motoros porozógép; **~ economy** *en* energiagazdaság; **~ efficiency** *el, gép* hatásfok; **~ electrode** *el, geof* áramelektróda, tápelektróda; **~ electronics** erősáramú elektronika, ipari elektronika, teljesítményelektronika; **~ elevation** *em* gépi emelés; **~ engineering** *en* energiagazdálkodás, energetika; **~ equalizer** *hang* echocsapda, visszhangcsapda, visszhangzár; **~ excursion** *at* teljesítményugrás, teljesítménymegszaladás, ugrásszerű teljesítménynövekedés; **~ expansion** *mat* hatványsor(ba)-fejtés; **~ expenditure** *el, gép* energiafogyasztás; **~ exponent** *mat* kitevő; **~ factor** *el, fiz* teljesítménytényező, cos φ; **~-factor compensation** *el, gép* teljesítménytényező-javítás; **~-factor indicator/meter (PFI)** teljesítménytényező-mérő; **~-factor relay** teljesítménytényező-relé, teljesítményrelé; **~ failure** *el* energiakiesés, energiaszolgáltatás kimaradása; *szt* hálózatkimaradás; **~ feed** *forg* gépi előtolás/adagolás; **~ feeder** *el* erősáramú tápvezeték; **~-feeding station** *el* (táv)táplálóállomás; **~ feed-through** *el* árambevezető; **~ float** *ép* simítógép, gépi simító; **~ flow** *hidr* üzemvízhozam; **~ flow of electromagnetic radiation per unit area** *távk* Poynting-vektor; **~ fluctuation** *el* áramerősség-ingadozás, áramingadozás, teljesítményingadozás; **~ fluid** *fiz* energiaközlő folyadék; **~ form** *ép* feszítőerőt felvevő sablon; **~ frequency** *el* ipari frekvencia/periódusszám; **~-frequency converter** *el* (ipari) frekvenciaátalakító; **~-frequency flash-over/spark-over voltage** *el* átívelési feszültség ipari frekvencián, ipari frekvenciájú megszólalási feszültség; **~ fuel gas** fűtőgáz; **~ function** *mat* spektrális (eloszlás)függvény, hatványfüggvény; **~ gain** *el* teljesítményerősítés(i tényező); *szt* teljesítményerősítés; *távk* (irányított) antennanyereség; **~ gain referred to a half wave dipole** *távk* antenna viszonyított nyeresége; **~ gain referred to an isotropic radiator** *távk* antenna irányítási nyeresége; **~ generation** *el, en* energiatermelés, áramfejlesztés; **~ glide** *rep* siklórepülés működő hajtóművel; **~ governor** *at* teljesítményszabályozó; **~ grader** *ép* motoros földgyalu; **~ graph** *el, fiz* teljesítményábra; **~-grid detector** *el* nagy teljesítményű rács-egyenirányító; **~ ground** *el* hálózati földpont; **~ hacksaw** *fa* gépi hajtású darabolófűrész; **~ hammer** *alak, gép* gépi/mechanikai kalapács, gépkalapács, gőzkalapács, géppöröly; **~(-)handling capacity** *távk* vezérelhető teljesítmény; zajterhelhetőség; **~ handsaw** *fa* kézi motoros fűrészgép; **~ hand shampoo equipment** *ép* kézi samponozógép; **~-hauled** *gép* gépvontatású; **~-house** → powerhouse; **~ impulse** *el* teljesítményimpulzus, teljesítménylökés; **~ index** *mat* kitevő, exponens *(faktoriális függvényé)*; **~ indicator** *el* teljesítményjelző; **~-induced noise** *távk* erősáramú zaj; **~ induction** *távk* indukált zaj; **~ industry** *en* energiaipar; **~ input (rate)** *el, gép* (teljesítmény)fogyasztás, teljesítményigény, bemenőteljesítmény, felvett/bevezetett teljesítmény; **~ installed** *el, gép* beruházott teljesítmény; **~ interlocking(-)machine** *vasút* gépesített vasútbiztosító berendezés; **~ jet** *gépk* dúsítófúvóka *(karburátorban)*; **~ kerosene** *ol* traktorhajtó petróleum, motorhajtó anyag, motorpetróleum; **~ klystron** *távk* teljesítményklisztron; **~ landing** *rep* leszállás működő hajtóművel; leszállás nagy gázzal; **~ launch** *hajó* motorcsónak; **~-law series** *mat* exponenciális sor; **~-law spectrum** *fiz* exponenciális színkép; **~ lead-in, ~ lead-through** *el* árambevezető; **~(-)level** *at* energiaszint, teljesítményszint; **~-level channel** *at* teljesítménymérő csatorna; **~-level diagram** *távk* teljesítménygörbe; **~-level safety system** *at* teljesítményszint-ellenőrző biztonsági rendszer; **~ lift truck** *em* motoros/géperejű emelőtargonca/rakodótargonca; **~ limit** *el, gép* teljesítményhatár; **~ limiter** *el, gép* teljesítménykorlátozó, teljesítményhatároló; **~ line** *el* erősáramú vezeték; **~-line carrier** *távk* erősáramú (vonalakon működő) vivőrendszer; **~-line carrier channel** vivőhullámú csatorna nagyfeszültségű vezetékeken; **~-line pole/tower** *el* távvezetékoszlop; **~ link** *el* erősáramú (táv)vezeték; **~ load** *en* ipari/motorikus terhelés; **~ loader** *bány* rakodógép, felrakógép; **~ loading** *rep* teljesítményterhelés; **~(-)loading rammer** *kat* automata töltőszerkezet; **~ loom** *tex* szövőgép, mechanikai szövőszék; **~-loom weaving** *tex* mechanikai szövés; **~ loss** *fiz* teljesítményveszteség, teljesítménycsökkenés, teljesítményesés; **~ machine** *mech* erőgép; **~ margin** *el* teljesítménytartalék; **~-mass ratio** *rep* teljesítmény és motor tömegének viszonya; **~ matching** *el* teljesítményillesztés; **~ measurement** *fiz* teljesítménymérés; **~-measuring circuit** *el* teljesítménymérő áramkör; **~ meter** *fiz* teljesítménymérő, wattmérő; **~ monitor** *el* energiavezérlő/teljesítmény-ellenőrző berendezés; **~ nacelle** *rep* motorgondola; **~ navvy** *ép* hegybontó kotró, kanalas hegybontó; **~ network** *el* erősáramú hálózat, villamos hálózat; **~ number** teljesítményszám; **~ of an explosive** *kat* robbanóanyag hatóereje; **~ of a prime** *mat* prím(szám)hatvány; **~-off** *el, gép* kikapcsoló; kikapcsolt, leállított *(motor)*; **~-off emergency landing** *rep* kényszerleszállás leállított hajtóművel; **~-off flight** *rep* repülés leállított hajtóművel; **~-off landing** *rep* leszállás leállított hajtóművel; **~-off relay** *vasút* hálózatot kikapcsoló jelfogó; **~ of hydrogen** → pH; **~ of lens** *foto* fényerő; **~ of the continuum** *mat* kontinuumszámosság; **~ of the method** *stat* módszer erőssége; **~ of the test** *stat* próba ereje; **~-on** bekapcsolt, működő; **~-on reset** *szt* törlés, visszaállítási lehetőség, bekapcsoláskori teljes törlés; **~-on self-test (POST)** *szt* bekapcsoláskor lefutó vizsgálóprogram, POST; **~-on to tap time** *koh* árambekapcsolástól csapolásig eltelt idő; ~-operated távműködtetésű; gépi (meg)hajtású; ~-operated bar bender *ép* betonacél-hajlító gép; ~-operated contact *el* mechanikus működtetésű érintkező; ~-operated controller távműködtetésű kontroller; ~-operated signal(-)box *vasút* gépesített állítóközpont; ~ oscillation *el, gép* teljesítményingadozás, teljesítménylengés; ~ output *el, gép, gépk* kimenőteljesítmény, kimeneti/leadott teljesítmény; ~ override *at* teljesítmény-fölülszabályozás; ~ pack (PP) *el* anódpótló; áramirányító, reduktor; egyenirányító; tápegység; ~ package *ép* hidraulikus tápegység; ~ penstock *hidr* nyomócső *(vízerőműé)*; ~ pentode *el* nagy teljesítményű pentóda, végpentóda; ~ perch *tex* mechanikai átnézőgép; ~ per litre/liter *gépk* literteljesítmény; ~(-)petrol *ol* nehézbenzin; ~ pile *at* teljesítményreaktor; ~ piston *gép* munkadugattyú; ~(-)plant → powerplant; ~ point *el* (dugaszoló)aljzat, fali csatlakozó, konnektor; ~ pool(ing) *el* kooperáció; ~ press *alak* géphajtású/mechanikus sajtó; *nyom* gépi nyomda; ~ producer *at* teljesítményreaktor; *en* energiatermelő; ~ production *en* energiatermelés; ~ protection *el* teljesítményvédelem *(relés)*; ~ pump *hidr* gépszivattyú; ~(-)rail *el* áramvezető sín; ~ rammer *ép* gépi cölöpverő/döngölő; ~ range *at, el* teljesítménytartomány; ~ rate *en* energiafogyasztási díjszabás; ~ rating *el, gép, rep* névleges teljesítmény; ~ ratio *el* teljesítményviszony; ~ reactor *at* teljesítményreaktor, energiatermelő/energetikai reaktor; ~ recovery *fiz* energiarekuperáció; ~ rectifier *el* erősáramú/hálózati egyenirányító; ~ regulator *el, gép* teljesítményszabályozó; ~ relay *el* teljesítményrelé; ~ required *el, gép* felvett teljesítmény, bemenőteljesítmény; ~(-)required curve *el, gép* teljesítményszükséglet-görbe; ~ requirement *el, gép* teljesítményigény, teljesítményszükséglet, energiaigény, energiafelvétel, bemenőteljesítmény; ~ reserve *el* erőtartalék, teljesítménytartalék; ~ river *hidr* hasznosítható (víz)energiájú vízfolyás; ~ riveting *ép* gépi szegecselés; ~ roller conveyor/conveyer *ép* hajtott görgős pálya; ~ room *gép* gépterem, gépház; ~(-)saw *fa* gépi fűrész, motorfűrész; ~ scale *mech* torziós dinamométer; ~ scraper *ép* motoros talajgyalu; *fa* hántológép; ~ scythe *mzg* motoros fűkaszáló; ~ series *mat* hatványsor, exponenciális sor; ~ series expansion method *mat* hatványsorba való fejtés módszere; ~ shaft *gép* erőátviteli/transzmissziós tengely; *rep* hajtótengely; ~-shaft bevel gear *kat* erőátviteli-tengelykúpkerék *(magassági irányzógépen)*; ~ shears *pl alak* gépolló, vágógép; ~-shift gearing/transmission *gép* terhelés alatt kapcsolható hajtómű; ~-shift reversing gear → ~-shift gearing; ~ shovel *bány, talt* kanalas/hegybontó kotrógép; ~ site *ép* erőmű-építési munkahely; *hidr* kihasználható folyószakasz; ~ sledge *gép* motorszán; ~ slip *ol* automatikus csőék; ~ source *el* áramforrás; *fiz* energiaforrás; ~ spectral density *fiz* teljesítménysűrűség-spektrum, teljesítményspektrum; ~ spectrum *mat* spektrális (eloszlás)függvény/sűrűség; ~ spectrum density *fiz* teljesítményspektrum, teljesítménysűrűség-spektrum; ~ spin *rep* dugóhúzó/zuhanórepülés járó motorral; ~ sprayer *mzg* motoros permetező; ~ squeezer *alak* gépi sajtoló; ~ stage *el* energiafokozat, erőfokozat, teljesítményfokozat, végerősítő fokozat; ~ stall *rep* átesés járó motorral; ~(-)station *en* erőmű; ~ steering *gépk, rep* szervokormányzás; ~ storage *en* energiatárolás; ~ stowing *bány* gépi tömedékelés; ~ stroke *gépk* munkaütem *(erőgépen)*; ~ stud *ép* belőtt (horgony)csap; ~ substation *el* erőátviteli alállomás; ~ supply *el* energiaforrás, tápforrás, tápegység, (táp)áramellátás; táplálás; *en* energiaellátás, áramellátás; energiaszolgáltatás; ~-supply apparatus *el* tápegység; ~-supply system *el* erősáramú hálózat, energiahálózat; ~-supply transformer *el* hálózati transzformátor; ~-supply unit (PSU) *el, szt* tápegység, PSU; ~-supply voltage *el* tápfeszültség; ~ switch *el* teljesítménykapcsoló; ~(-)switch machine *vasút* váltóállító gép; ~ swivel *bány, ol* forgató öblítőfej; ~ system *gép* hatványcsigasor; ~ system electronics *el* erősáramú technika elektronikája; ~ take-off (pto) *gép, rep* erőleadás; *gépk, rep* sebességváltó leágazó hajtóműve *(csörlőhöz)*, géphajtó csonk; *mzg* lehajtás, erőleadó tengelycsonk *(traktoron)*; ~-take-off shaft *gépk, mzg* lehajtótengely, mellékhajtás; ~ termination *el* terhelő lezáró ellenállás; ~ tetrode *el* nagy teljesítményű tetróda; ~ thyristor *félv* teljesítménytirisztor; ~ tongs *pl ol* gépkulcs, motoros kulcs *(nem kézzel működtethető csőkulcs)*; ~ tool *szersz* gépi szerszám, szerszámgép; ~-tool rust removal *ép* gépi oxidmentesítés; ~-tool surface cleaning *ép* gépi felülettisztítás; ~-to-volume ratio *gépk* fajlagos lóerő-teljesítmény; ~-to-weight ratio *gépk* teljesítmény:motorsúly viszony, teljesítménysúly; ~ tractor fuel *ol* traktorhajtó petróleum; ~ train *gép* erőátvitel(i berendezés); ~ transfer *en* energiaátvitel; ~(-)transfer relay *el* vészkapcsoló relé; ~ transformer *el* teljesítménytranszformátor, táptranszformátor, hálózati/erőátviteli transzformátor; ~ transistor *félv* teljesítménytranzisztor; ~ transmission *gép* erőátvitel; ~-transmission chain *gép* erőátviteli lánc; ~ transmission line *el* távvezeték; ~ transmission oil pump olajszivattyú; ~ traverse *forg* gépi/önműködő előtolás; ~ traverse mechanism *kat* toronymozgató berendezés; ~-traversing saddle *forg, gép* gépi mozgatású szán; ~ trowel *ép* esztrichsimító gép, vakolatsimító gép, simítógép, vakológép; ~ truck *gépk* gépi hajtású targonca; ~ tube *el* végerősítőcső; *távk* adócső; ~ turbine *en* munkaturbina; ~ turn *rep* forduló járó motorral; ~-type *el* nagy teljesítményű; ~ unit (PU) *el* egyenirányító egység; hálózati berendezés, teljesítményegység; teljesítményerősítő; *rep* hajtóműegység; motor, hajtómű; ~-unit lorry *kat* erőgépszállító gépkocsi; ~ valve *el* végerősítőcső; *távk* adócső; ~ waste *fiz* energiaveszteség; ~ water *hidr* üzemvíz *(vízerőmű részére)*; ~ winch *em* gépi csörlő; ~ winding *el* teljesítménytekercs; ~ with an integral exponent *mat* egész kitevős hatvány; ~ yield *en* termelt energia, energiatermelés, energiakihasználás

Power's apparatus *ép* Power-készülék

powerboat *hajó* motorcsónak

powered *gép* gépi (hajtású); mechanikai; motoros; ~ bender *ép* betonacél-hajlító gép; ~ control *aut* mechanikus/szervomotoros szabályozás/vezérlés; ~ flight *rep* repülés járó/működő hajtóművel; ~-flight phase *rep* röppálya aktív szakasza; ~ frame-type support (assembly) *bány* önjáró biztosítás; ~ glider *rep* segédmotoros vitorlázó repülőgép; ~ rod bender

ép betonacél-hajlító gép; ~ **self-loader** *ép* motoros rakodó; ~ **support** *bány* lépegető keretes biztosítás; önjáró biztosítás
powerful *el, gép* nagy teljesítményű; ~ **card punch** *szt* nagy teljesítményű kártyalyukasztó; ~ **rig** *ol* nehéz fúróberendezés
powerhouse *en* erőmű, gépház, erőműépület; *hidr* vízerőtelep, vízerőmű, turbina; ~ **adjacent to the dam** *hidr* völgyzárógát-erőmű; ~ **integral with the dam** → ~ adjacent to the dam
powerless | flight *rep* motor nélküli repülés; repülés leállított hajtóművel; ~ **landing** *rep* leszállás kis gázzal; leszállás leállított hajtóművel
powerplant *el* erőgépcsoport; *en* erőmű; *rep* hajtómű; ~ **control** *rep* hajtóművezérlés; ~ **instrument** *rep* hajtómű-ellenőrző műszer
Poynting|-Robertson effect *csill* Poynting—Robertson-jelenség; ~**'s theorem** *távk* Poynting-féle energiatétel; ~**'s vector** *el* Poynting-vektor
pozz(u)olana *ép* puccolán; *geol* trasz, vulkáni tufa, porcelánföld
pozz(u)olan(ic) cement *ép* puccoláncement
pp → power pack
PP → peak-to-peak; → push-pull
p-p junction *el* p-p átmenet
PPA → parallel printer adapter; → push-pull amplifier
PPC → professional personal computer
PPI → plan-position indication; → plan-position indicator; → programmable peripheral interface; ~ **approach** *rep* bevezetés síkhelyzet-kiértékelő radarernyő segítségével; ~ **departure** *rep* kivezetés síkhelyzet-kiértékelő radarernyő segítségével; ~ **display** *távk* helyzetvetítő leképezés; ~ **repeater** *rep* kihelyezett PPI-ernyő; ~ **scope** *távk* panorámarendszerű/térképrendszerű képcső; ~ **sweep** *távk* helyzetvetítő letapogatás; ~ **tube** → PPI-scope
ppm → parts per million
PPM → pulse-phase modulation; → pulse-position modulation
PPP → parallel-push-pull (amplifier)
PPPA → push-pull power amplifier
PPPI → precision plan position indicator
pps → periods per second
PPS → parallel processing system; → plant protection system
Pr → praseodymium
PR → pitch ratio
PRA → probabilistic risk assessment
praam *hajó* lapos fenekű uszály, dereglye, skandináv csónak
practicable kivihető, megvalósítható; *közl* járható
practical gyakorlati, tapasztalati; ~ **capacity** *el, gép* tervezési kapacitás/teljesítőképesség; ~ **current yield** *el* gyakorlati áramteljesítmény, áramhatásfok, áramkihasználás, tényleges energiahozam; ~ **geodesy** felmérés, gyakorlati geodézia; ~ **object/purpose of measurement** *metr* gyakorlati mérési feladat/cél; ~ **units of electricity** *el* technikai villamos/elektromos mértékrendszer
practice I. *v* → practise; **II.** *n* gyakorlat; üzemmód; ~ **ammunition** *kat* gyakorlólövedék; ~ **breaker** *mzg* préritörő eke; ~ **flight** *rep* gyakorló repülés; ~ **rocket** *kat* kiképző/gyakorló rakétalövedék; ~ **shell** *kat* gyakorlólövedék; ~ **weld** *heg* próbavarrat, ellenőrzővarrat
practise, *US* **practice** gyakorol; folytat; végez
pragmatic(al) pragmatikus; ~ **information** *szt* pragmatikus információ
pragmatics *szt* pragmatika
PRAM → programmable amplifier
Prandtl | number *vegy* Prandtl-szám; ~**-Reuss material** *mech* Prandtl—Reuss féle test; ~**'s tube** *mech* Prandtl-cső
praseodymian *ásv* prazeodímiumtartalmú
praseodymium (Pr) *vegy* prazeodímium; ~ **dioxide** *vegy* prazeodímium-dioxid; ~ **sesquioxide** *vegy* prazeodímium(III)-oxid
Pratt truss *ép* nyomott függőleges és húzott ferde rácsrudas tartó
pre-absorption, *US* **preabsorption** előabszorpció, elõelnyelés
pre-acceleration, *US* **preacceleration** *at* elõgyorsítás; elõgyorsulás
pre-accentuation, *US* **preaccentuation** *távk* elõkiemelés, preeemfázis
pre-act, *US* **preact element** *el* differenciálótag, D-tag
pre-adjusted, *US* **preadjusted** *aut, gép* előre beállított
pre-admission, *US* **preadmission** *hőt* előgőz, előgáz, előbeömlés *(gőzé)*
pre-advice, *US* **preadvice** előzetes értesítés; ~ **call** *távb* beszélgetés előzetes értesítéssel
pre-aeration, *US* **preaeration** *hidr* elõlevegőztetés *(szennyvízé)*
pre-ag(e)ing, *US* **preag(e)ing** *gumi* mesterséges öregítés
preamble *távk* bekezdő jelszakasz; ~ **work** *ép* felvonulás
preamp, *US* **preamp** → pre-amplifier
pre-amplification, *US* **preamplification** *at* előgyorsítás; *el* előerősítés
pre-amplifier, *US* **preamplifier** *el* előerősítő, vezérlőerősítő; ~ **stage** *el* előerősítő fokozat
pre-annealing, *US* **preannealing** *hők* előhőkezelés
pre-assembly, *US* **preassembly** *szer* előszerelés
pre-assigned, *US* **preassigned operating time** *gép* előírt üzemidő
pre-assignment, *US* **preassignment** *ip* rögzített kijelölés
préavis → preadvice
pre-blowing, *US* **preblowing** *koh* előfúvatás
pre-board, *US* **preboard** *alak* előformáz; *tex* rögzít *(műszál szövetet/árut)*
pre-boarding, *US* **preboarding** *alak* előformázás; *tex* (hő)rögzítés
pre-boring, *US* **preboring** *bány, ép* előfúrás
pre-burning, *US* **preburning of electrode** *el* elektród előszikráztatása, elektródbeégetés
pre-calculated, *US* **precalculated position** *rep* előre kiszámított helyzet
Pre-Cambrian, *US* **Precambrian** *geol* prekambrium
precast *ép* előre gyártott/öntött *(beton)*; ~ **architectural (concrete) member** *ép* előre gyártott architektonikus (beton)elem; ~ **block** *ép* előregyártott (beton) falazótest; ~ **concrete** *ép* előre gyártott beton; ~ **concrete construction** *ép* előre gyártott betonelemes építés; ~ **concrete factory** *ép* (beton-)előregyártó üzem, betonelemgyár; ~ **concrete home** *ép* előre gyártott (betonelemes) lakóépület; ~ **concrete member** *ép* előre gyártott (beton)elem; ~ **concrete pile** *ép*

előre gyártott betoncölöp; ~ **concrete structure** *ép* előre gyártott (beton)szerkezet; ~ **exposed aggregate panel** *ép* látszó adalékanyagos előre gyártott panel, mosott/fúvott panel; ~ **floor slab** *ép* előre gyártott (vasbeton) födémlemez; ~ **gypsum product** *ép* előre gyártott gipszelem; ~**-prestressed (concrete) member** *ép* előre gyártott feszített(beton-)elem; ~ **slab** *ép* előre gyártott betonlemez; ~ **structural concrete** *ép* előre gyártott szerkezeti beton

precasting *ép* előregyártás, előreöntés *(betoné)*; ~ **plant** *ép* előregyártó üzem; ~ **yard** *ép* előregyártó hely/telep

pre-category, *US* **precategory** *mat* diagramséma, irányított gráf, előkategória

precaution elővigyázat, óvintézkedés

precautionary | landing *rep* elővigyázatosságból történő leszállás; ~ **maintenance** *gép* megelőző karbantartás; ~ **measures** elővigyázati rendszabályok, óvintézkedések

precedence *szt* elsőbbség, prioritás; ~ **indicator** *távk* sorrendjelző *(készülék v. relé)*

preceding *mat* kisebb, megelőző; ~ **pass** *önt* előkészítő üreg

precession *csill, mech* precesszió, előrehaladás; ~ **axis** *mech* precesszió tengelye; ~ **camera** *tv* precessziós *v.* Buerger-féle kamera; ~ **motion** *fiz* precessziós mozgás; ~ **oscillations** *fiz, rep* precessziós ingások; ~ **rate** *fiz, rep* precesszió sebessége; ~ **velocity** *mech* precesszió szögsebessége

precessional *csill, mech* precessziós; ~ **moment** *mech* precessziós nyomaték; ~ **resonance** *fiz* precessziós rezonancia

pre-chamber, *US* **prechamber** *gép* előkamra *(motoré)*; *hidr* zsilipkamra

precious becses, értékes, drága; ~ **metal** *ásv* nemesfém; ~**-metal contact** *el* nemesfém érintkező; ~**-metal refiner** *koh* nemesfém-finomító üzem; ~**-metal scrap/waste** *koh* nemesfémhulladék; ~ **stone** *krist* drágakő

precipitability *vegy* ülepíthetőség, lecsaphatóság, kicsaphatóság

precipitable *vegy* kicsapható, lecsapható, ülepíthető; ~ **water** *met* légoszlop vízgőztartalma

precipitant *koh* cementálószer, kiejtőszer; *vegy* kicsapószer, lecsapószer, ülepítést siettető szer

precipitate I. *v vegy* kicsap, lecsap, kiejt, (le)ülepít; lecsapódik, leülepedik; **II.** *n koh* cementfém, kivált fázis; *met* csapadék; *vegy* csapadék, üledék

precipitated *vegy* kicsapott, üledékes; ~ **calcium superphosphate** *vegy* takarmánymész; ~ **chalk** *vegy* iszapolt kréta; ~ **copper** *koh* cementréz, lecsapatott réz; ~ **dryer** *műa* kicsapott szikkatív/szárító; ~ **phase** *koh* kivált fázis; ~ **phosphate** *vegy* kicsapott foszfát, dikalcium-foszfát; ~ **rock** *geol* üledékes kőzet; ~ **superphosphate** *vegy* takarmánymész

precipitating *vegy* kicsapás, lecsapás, (le)ülepítés; kicsapódás, lecsapódás, (le)ülepedés; ~ **agent** *koh* kiejtőszer; ~ **apparatus** *vegy* ülepítőberendezés; ~ **bath** *vegy* ülepítőfürdő; ~ **cloud** *met* csapadékot adó felhő, csapadékfelhő; ~ **crystal(l)ization** *krist* kicsapásos kristályosítás; ~ **equipment** *koh* cementálóberendezés; ~ **tower** *vegy* kicsapótorony *(második Solvay-torony)*

precipitation *koh* cementálás, fémkiejtés; nemesítés *(könnyűfémé)*; *krist* vakancia/lyuk kizárása; *met* csapadék; *vegy* kicsapás, lecsapás, ülepítés; kicsapódás, (le)ülepedés, kiválás, precipitáció; szétválás, szétkeveredés, emulzió szétbomlása; ~ **analysis** *vegy* kicsapásos analízis/elemzés, súly szerinti elemzés; ~ **area** *met* eső hatásterülete; ~ **by stirring** *koh* kikeverés; ~ **deoxidation** *koh* kicsapásos dezoxidáció; ~ **ga(u)ge** *met* csapadékmérő, pluviométer, esőmérő; ~**-ga(u)ging station** *met* csapadékmérő hely/állomás; ~**-hardened steel** *hők* diszperziós edződésű acél; ~ **hardening** *hők* diszperziós edzés, kiválásos keményedés; *koh* nemesítés; *krist* precipitációs/öregedési keményedés; ~ **hardening alloy** *koh* kikeményíthető/nemesíthető ötvözet; ~ **hardening treatment** *koh* kiválásos keményítés; ~ **intensity** *met* csapadékhevesség, csapadékintenzitás, esőhevesség, esőintenzitás; ~ **number** *vegy* csapadékszám; ~ **of iron** *koh* vaskiejtés; ~ **point** *műa* kicsapódási/zavarossági pont; ~ **polymerization** *műa* kicsapásos polimerizáció; ~ **recorder** → ~ ga(u)ge; ~ **scatter** *távk* esőszóródás; ~**(-)scatter propagation** *távk* hullámterjedés csapadékszóródással; ~ **shadow** *met* esőszegény terület, esőárnyék; ~ **smelting** *koh* kiejtő olvasztás; ~ **static** *távk* csapadék okozta zavar; ~ **tank** *koh* kikeverőtartály; ~ **time** *koh* kikeverési idő; ~ **titration** *vegy* lecsapásos titrálás; ~ **unit** *at, vegy* kicsapatóberendezés

precipitator *met* csapadékleválasztó berendezés; *vegy* szeparátor, elválasztó, ülepítőkád, ülepítőedény, leválasztó; ülepítőszer, lecsapószer

precipitous *geod* hirtelen esésű, meredek, meredeken lezuhanó

precise pontos, szabatos; *mat* egzakt; ~ **adjustment** *aut, el* finom beállítás; ~ **level(l)ing** *geod* precíziós/felsőrendű szintezés; ~ **position indicator** *geod* pontos helyzetmutató; ~ **traversing** *geod* szabatos sokszögelés

precision I. *a* precíziós; **II.** *n* pontosság, szabatosság, precízió; *szt* (ábrázolási) pontosság; ~ **adjustment** *kat* pontos belövés; ~ **apparatus** precíziós műszer; ~ **approach** *rep* pontos/precíziós bevezetés/megközelítés; ~ **approach radar (PAR)** *rep, távk* precíziós bevezető és leszállító radarrendszer, PAR; ~ **approach system** *rep, távk* precíziós bevezető rendszer; ~ **belt lathe** *forg* precíziós asztali esztergа; ~ **boring** *forg* pontossági fúrás; ~ **capacitance bridge** *el* precíziós kapacitásmérő híd; ~**-cast** *önt* precíziós öntésű; ~ **casting** *önt* precíziós öntés; ~ **converter** *el* precíziós jelváltó/átalakító; ~ **drill** *mzg* szemenkénti vetőgép; ~ **file** *szersz* pontossági reszelő; ~ **flame cutting** *hőt* precíziós lángvágás; ~ **forging** *mt* finomkovácsolás, méretpontos kovácsolás; ~ **frequency(-)measuring equipment** *távk* (precíziós) frekvenciamérő; ~ **ga(u)ge block** precíziós mérőhasáb; ~ **grind(ing)** *forg* pontos méretre köszörülés; ~ **hand file** *szersz* lapos pontossági reszelő; ~ **instrument** precíziós (mérő)műszer, nagy pontosságú műszer; ~ **landing** *rep* precíziós leszállás; ~ **laser automatic tracking system,** ~ **laser tracker** *kat* precíziós célkövető lézerrendszer; ~ **lathe** *forg* precíziós esztergа, műszerészesztergа; ~ **level(l)ing** *geod* precíziós szintezés; ~ **lidar** *távk* precíziós lidar, lézerlokátor; ~ **machining** *mt* finom felületi megmunkálás; ~ **measurement** precíziós/pontossági mérés; ~ **measuring instrument** precíziós (mérő)műszer; ~ **mechanics** finommechanika; ~ **meter**

metr precíziós (mérő)műszer; ~ **of frequency** *távk* frekvenciapontosság; ~ **of instrument** műszerpontosság; ~ **order** pontossági osztály; ~ **round file** *szersz* kerek pontossági reszelő; ~ **square file** *szersz* négyszögletes pontossági reszelő; ~ **steel** *koh* precíziós *v.* pontos vegyi összetételű acél; ~ **steel tube** precíziós acélcső; ~ **turn** *rep* szabályos forduló; ~**-type** pontos, precíz, precíziós; ~ **weld** *heg* precíziós varrat; ~ **welding** *heg* precíziós hegesztés
pre-clarification, *US* **preclarification** *élip, környv* előderítés
pre-classification, *US* **preclassification** *bány* előosztályozás
pre-cleaner, *US* **precleaner** *mzg* előtisztító, durva tisztító
preclude kizár; elhárít; *mat* eleve kizár
preclusion elhárítás; *mat* kizárás
pre-coat, *US* **precoat** *ép* előbevonat *(festékkel)*; *geol* szűrőréteg; *vegy* előszűrő réteg *(szűrőfelületen)*; ~ **filtration** *bány* segédlepényes szűrés
pre-coating, *US* **precoating** *ép* kötőanyag-bevonatolás
pre-combustion, *US* **precombustion** *gépk* előgyulladás; *környv* előégetés; ~ **chamber** *gépk* előkamra *(dízelmotorban)*; ~ **engine** *gépk* előkamrás dízelmotor
pre-compaction, *US* **precompaction** *ép* előtömörítés
pre-compress, *US* **precompress** *fiz* elősűrít; *gyógyv* előprésel
pre-compressed, *US* **precompressed** *fiz* elősűrített; *gyógyv* előpréselt; ~ **air** *fiz* elősűrített levegő; ~ **tension zone** *ép* előnyomott húzott tartomány *(feszített betonnál)*
pre-compression, *US* **precompression** *fiz, geol* előfeszültség *(kompresszióé)*; *gyógyv* előpréselés; *talt* előterhelés
pre-computed, *US* **precomputed** *mat* előre kiszámított; *rep* előzetesen kiszámított; ~ **course** *rep* előzetesen kiszámított repülési irány
pre-conditioning, *US* **preconditioning** előkészítés, kondicionálás
pre-conduction *US* **preconduction current** *el* begyújtás előtti áram *(üresjárási)*
pre-consolidation, *US* **preconsolidation** *ép* előtömörítés *(talajé)*
precool *hűt* előhűt
precooler *hűt, ol* előhűtő
precooling *hűt* előhűtés
pre-correction, *US* **precorrection** *távk* előkorrekció
pre-crystallization, *US* **precrystalization** *krist* előkristályosodás
pre-cure, *US* **precure** *műa* előkeményedés, idő előtti (részleges) kibakelizálódás
pre-curing, *US* **precuring** *gumi* előkeményedés; előkeményítés, elővulkanizálás
precursor *at* előfutármag; *vegy* prekurzor, elővegyület
precutting ring *bány* előréselő gyűrű
predazzite *ásv* predazzit
pre-defecation, *US* **predefecation** *cu* előderítés
pre-detection, *US* **predetection** *távk* egyenirányítás előtti (fokozat, erősítő)
predetermination *mat* előzetes számítás
predetermine *mat* előre kiszámít
predetermined *mat* előre kiszámított; *rep* előre meghatározott; ~ **count scaler** *el* előre beállított impulzusszámláló; ~ **course** *rep* előre meghatározott repülési irány; ~ **experiment** *ip* előre determinált kísérlet; ~ **flight path** *rep* előre meghatározott repülési pálya
pre-detonation, *US* **predetonation** *kat* idő előtti robbanás
predicate *mat* predikátum(változó), (logikai) függvényváltozó, logikai függvény; ~ **calculus** *mat* predikátumkalkulus; ~ **logic** *mat* predikátumlogika; ~ **of one argument** *mat* egyváltozós logikai függvény/predikátum; ~ **symbol** *mat* logikai függvényjel, predikátumjel, relációjel; ~ **variable** *mat* predikátumváltozó, (logikai) függvényváltozó
predicted előre jelzett; *rep* kiszámított; ~ **failure rate** *gép* előre jelzett meghibásodási ráta; ~ **mean time between failures,** ~ **MTBF** *gép* előre jelzett átlagos meghibásodások közötti idő; ~**-percentile life** *el* előre jelzett gamma-százalékos élettartam; ~ **point** *kat* kilövési pont, kezdőpont; ~ **position** *kat* előretartási pont; ~ **reliability** *gép* előre jelzett megbízhatóság; ~ **survival probability** *gép* előre jelzett hibamentes működés valószínűsége; ~ **value of the parameter** *kat* paraméter előre jelzett értéke; ~ **weather conditions** *met* előrejelzés szerinti időjárási viszonyok
prediction előrejelzés; *kat* lőelem-kiszámítás; *mat* extrapolálás, jóslás; *met* előrejelzés, prognózis; ~ **function** *mat* prediktor, predikciós függvény; ~ **of settlement** *talt* süllyedés-előrejelzés; ~ **operator** *mat* előrejelzési/jóslási operátor; ~ **theory** *mat* jósláselmélet; ~ **transfer function** *mat* predikciós/jóslási átviteli függvény; ~ **unit** *el* jóslóberendezés, prediktor
predictor *kat* lőelemképző készülék/berendezés; *mat* prediktor, predikciós függvény; ~ **control** *aut* predikciós szabályozás; ~**-corrector method** *aut* prediktor-korrektor módszer; ~ **network** *el* prediktorhálózat
pre-discharge, *US* **predischarge** *el* előkisülés
pre-dissociation, *US* **predissociation** *vegy* predisszociáció
pre-distillation, *US* **predistillation** *ol, vegy* előlepárlás *(könnyű frakcióké)*, elődesztilláció, előzetes desztilláció
pre-distorting, *US* **predistorting network** *távk* előtorzító/előkiemelő áramkör
pre-distortion, *US* **predistortion** *távk* előtorzítás, előkiemelés
predominating force *mech* főerő
pre-drawing, *US* **predrawing** *heng* előhúzás
pre-dried, *US* **predried** *élip, vegy* előre szárított, közel légszáraz
pre-drier, *US* **predrier** *élip, vegy* előszárító (gép)
pre-drying, *US* **predrying** *élip, vegy* előszárítás, előzetes szárítás
pre-dye, *US* **predye** *tex* alapoz *(színezésnél)*
Preece-test *koh* réz-szulfát-mártópróba
pre-echo, *US* **preecho** *hang* elővisszhang
pre-editing *szt* előszerkesztés
pre-emphasis, *US* **preemphasis** *távk* előkiegyenlítés, felvételi hangszínezés; előkiemelés, preemfázis
pre-engraved, *US* **preengraved** *kat* előre huzagolt
pre-equalization, *US* **preequalization** *távk* előkiegyenlítés, előzetes frekvenciakiegyenlítés
pre-equalizing, *US* **preequalizing pulses** *távk* előkiegyenlítő jelek
pre-eruption, *US* **preeruption period** *geol* kitörés előtti időszak

pre-establish, *US* **preestablish** előre meghatároz/beállít
pre-establishing, *US* **preestablishing** (előre) behangolás/beállítás
pre-etching, *US* **preetching** *nyom* előmaratás, savanyítás
pre-evacuation, *US* **preevacuation pump** *fiz* elővákuum-szivattyú
pre-evaporation, *US* **preevaporation** *vegy* előzetes elpárolgás
pre-evaporator, *US* **preevaporator** *cu* előfőző
pre-exposure, *US* **preexposure** *foto* előmegvilágítás, preexpozíció
prefab *ép* előre gyártott ház/elem, panelház
prefabricate *ép* előre gyárt
prefabricated *ép* előre gyártott; ~ **building** *ép* házgyári *v.* előre gyártott ház/épület; panelház; ~ **concerte support** *bány* előregyártott vasbetonbiztosítás; ~ **construction** *ép* előre gyártott elemes *v.* szerelő jellegű építés; előre gyártott szerkezet; ~ **continuous foundations** *ép* előre gyártott sávalapok; ~ **floors** *ép* előre gyártott (vasbeton) födémek; ~ **framework** *ép* előre gyártott vasbeton váz; ~ **housing** *ép* előre gyártott elemes *v.* szerelt lakásépítés; ~ **member** *ép* előre gyártott elem; ~ **structure** *ép* előre gyártott szerkezet; ~ **support element/unit** *bány* előregyártott biztosítóelem
prefabricating system *hajó* szekciós építési mód
prefabrication *ép* előregyártás; ~ **content** *ép* előregyártási részarány
prefabricator *ép* előre gyártó
pre-fade, *US* **prefade listening** *hang* keverés előtti lehallgatás
pre-fading, *US* **prefading** *hang* keverés előtti lehallgatás
preference *mat* preferencia; ~ **function** *mat* célfüggvény; ~ **lock-out** *távk* elsőbbségi kizárás; ~ **region** *mat* döntési tartomány; ~ **relation** *mat* preferenciaviszony; ~ **testing** *mat* preferenciavizsgálat
preferential kedvezményes; *fiz* kitüntetett *(irány)*; ~ **adsorption** *vegy* szelektív adszorpció; ~ **flow** *fiz* elsősorban előforduló áramlás, kitüntetett áramlási irány; ~ **motion** *csill* kitüntetett mozgásirány; ~ **recombination** kitüntetett *v.* előnyben részesített rekombináció
preferred előnyben részesített, elsőbbségi; ~ **landing path** *rep* legelőnyösebb leszállási repülési pálya; ~ **numbers** *el* szabványos sor számai; ~ **number series for resistors and capacitors** *el* szabványos sorok; ~ **orientation** *at, krist* kitüntetett irány/orientáció; ~**(-)orientation alloy** *koh* irányított szövetszerkezetű ötvözet; ~ **plane** *krist* kitüntetett sík; ~ **sizes/values** → ~ numbers
pre-filtration, *US* **prefiltration** *távk* előszűrés
prefix előtag, prefixum; ~ **digit** *távk* többletszámjegy; ~ **notation** *szt* prefixjelölés; ~ **signal** *el* előtétjel, előtétimpulzus, kezdőimpulzus; *távb* előkészítőjel, hívójel
pre-flexion, *US* **preflexion** *ép* előre hajlítás *(tartóé)*
pre-flight, *US* **preflight** *rep* repülés előtti; ~ **briefing** *rep* repülés előtti eligazítás; repülés előtti időjárási tájékoztatás; ~ **check** *rep* repülés előtti ellenőrzés; ~ **instruction** *rep* repülés előtti eligazítás; ~ **planning** *rep* repülési terv kidolgozása; ~ **school (pfs)** *rep* elméleti/földi repülőiskola; ~ **training** *rep* általános repülés előtti kiképzés
pre-flighting, *US* **preflighting** *rep* repülés előtti felkészülés; repülés előtti kiszolgálás
pre-flushing, *US* **preflushing** | **device** *bány* előöblítő berendezés; ~ **fluid** *ol* előmosó folyadék
pre-focus, *US* **prefocus** | **base/cap** *távk* beállítható/prefókusz fej; ~ **lamp** beállított szálú *v.* prefókusz lámpa
pre-focus(s)ing, *US* **prefocus(s)ing** *opt* előfokuszálás
pre-fogging, *US* **prefogging** *foto* előmegvilágítás, preexpozíció
pre-forge, *US* **preforge** *alak* (elő)nagyol *(kovácsolással)*
pre-forging, *US* **preforging** *alak* előkovácsolás, előnagyolás; ~ **die** *alak* előkovácsoló odor; ~ **impression** *alak* előkovácsoló üreg
preform *műa* előformáz
preformed | **cable** *el* kábelforma; ~ **die** *ép* présnyílás, szájnyílás *(extruderé)*; ~ **gum** *ol* benzinben képződött gyanta; ~ **nucleus** *krist* preformált *v.* előre képződött góc; ~ **precipitation** *vegy* előbb kivált csapadék
preformer *tex* előformázó-baba
preforming | **fault** *geol* preformációs törés; ~ **press** *műa* előformázóprés, tablettázóprés
pre-fractionate, *US* **prefractionate** *ol, vegy* előfrakcionál
pre-fractionation, *US* **prefractionation** *ol, vegy* előfrakcionálás
pre-frontal, *US* **prefrontal** *met* prefrontális, (időjárási) front előtti; ~ **current** *met* előszél; ~ **precipitation** *met* front előtti csapadék; ~ **symptoms** *met* időjárási frontváltozási előjelek
pre-glacial, *US* **preglacial** *geol* jégkorszak előtti
pregnant solution *vegy* anyaoldat, törzsoldat
pregrattite *ásv* pregrattit
pre-grind, *US* **pregrind** *forg* előköszörül, előcsiszol
pre-group, *US* **pregroup** *távk* előcsoport; ~ **modulation** *távk* előcsoport-moduláció
pregs *pl bány* aranytartalmú oldat
pre-heat, *US* **preheat** *hők* előmelegít, előhevít; ~ **coil** *el* előfűtőtekercs; ~ **control** *heg* áramszabályozás hegesztés előtti melegítéskor; ~ **lamp** *el* előfűtött lámpa
pre-heater, *US* **preheater** *at, műa, ol* előmelegítő
pre-heating, *US* **preheating I.** *a élip* előfőző; *hők, vegy* előfűtő, előmelegítő, előhevítő; **II.** *n élip* előfőzés; *hők, vegy* előfűtés, előmelegítés; előhevítés; *koh* előmelegítés; ~ **arc welding** *heg* előmelegítéses ívhegesztés; ~ **cabinet** *műa* előmelegítő-szekrény; ~ **current** előmelegítő-áram; ~ **furnace** előmelegítő-kemence; ~ **of blast** *koh* fúvószél-előmelegítés; ~ **of casting die** *önt* kokilla-előmelegítés; ~ **period** *hők* előmelegítési idő(szakasz); ~ **pipe** *hők* előmelegítő cső; ~ **pressure** *hők* előmelegítési nyomás; ~ **stove** *műa* előmelegítőkemence, előmelegítő-kályha; ~ **time** *el* előfűtési idő; ~ **torch** *heg* előmelegítő-égő; ~ **zone** *heg* hőforrás előtti övezet leolvasztóhegesztéskor
prehnite *ásv* prehnit
prehnitoid *ásv* prehnitoid
pre-ignition, *US* **preignition** *gépk* előgyújtás; korai gyújtás, túlzott előgyújtás; ~ **resistance** *ol* kopogásállóság, kompressziótűrés
pre-input, *US* **preinput** *el* előbemenet
pre-installation, *US* **preinstallation test** *any* beszerelés előtti vizsgálat

pre-ionization, *US* **preionization** *fiz* autoionizáció, előionizáció
prejudicial | position of load *mech* veszélyes teherállás; ~ **resistance** *el* parazita-ellenállás, káros ellenállás
preliminaries *pl geol* megelőző rezgések; *nyom* címív, címnegyed
preliminary előzetes, előkészítő, bevezető; ~ **ag(e)ing** *élip* előzetes érlelés; ~ **alloy** *koh* előötvözet; ~ **annealing** *hők* előhőkezelés; ~ **breaker** *bány, koh* előzúzó gép; ~ **clarification tank** *hidr* előtisztító/előülepítő medence; ~ **clarifier** *hidr* előülepítő; ~ **cleaning** *hidr* előderítés; ~ **crushing** *bány, koh* előaprítás, durva törés; ~ **design** *ép* előterv; ~ **design approval** *at, ép* előzetes tervjóváhagyás; ~ **designation** *el* ideiglenes megjelölés; ~ **drawing** *ép, gép* vázlat; *heng, tex* előhúzás, előnyújtás; ~ **drying** *élip* gyors előszárítás *(száraztésztáé)*; ~ **engineering inspection** *gép* előzetes műszaki ellenőrzés; ~ **evacuation** *fiz* előszívás; ~ **exploration** *geof* előzetes kutatás; ~ **exposure** *foto* előmegvilágítás, preexpozíció; ~ **focus(s)ing** *opt* előfokuszálás; ~ **freezing** *hűt* befagyasztás; ~ **hazard analysis** *ip* üzembiztonság előzetes elemzése; ~ **interpretation** *geof* előzetes kiértékelés; ~ **layout (drawing/sketch)** *ép, gép* (terv)vázlat, előtervrajz; ~ **liquor tank** *pa* előfelfutó tartály; ~ **matter** *nyom* címív, címnegyed; ~ **mill** *heng* (nagy) előnyújtósor, blokksor; ~ **opener** *tex* előbontó; ~ **opening** *tex* előbontás; ~ **pages** *pl nyom* címív, címnegyed; ~ **pedological work** *ép, talt* talajtani előkészítő munkák, talajmechanikai feltárás; ~ **program** *szt* előzetes program; ~ **pumping** *fiz* előszívás; ~ **refining** *koh* előfrissítés; ~ **reliability analysis** *gép* megbízhatóság előzetes elemzése; ~ **roasting** *koh* előpörkölés; ~ **run-up** *rep* felszállás előtti motorjáratás; ~ **safety analysis report (PSAR)** *at* létesítést megelőző biztonsági jelentés (LMBJ); ~ **screening** *ép* előrostálás; ~ **sewage treatment** *hidr* elsődleges tisztítás; ~ **sizing** *bány, ép* durva osztályozás; *tex* előírezés; ~ **slag formation** *koh* elsődleges salakképződés; ~ **stage** *el* előfokozat; *tex* előművelet; ~ **support** *bány* ideiglenes biztosítás; ~ **survey** *ép, geod* terepszemle, előzetes felmérés, közelítő nyomjelzés; ~ **test** előkísérlet; előpróba; ~ **tinning** *mt* előónozás; ~ **treatment** *mt* előkezelés; ~ **tremors** *geof* előrengések; ~ **uniform exposure** *foto* előmegvilágítás, preexpozíció; ~ **vacuum** *fiz* elővákuum; ~ **waves** *geof* előrengések
preliminator *ép* golyós cementmalom
pre-liming, *US* **preliming** *cu* előderítés mésszel
prelims *pl nyom* címnegyed, címív
pre-load, *US* **preload I.** *v mech* előzetesen terhel; **II.** *n mech* előteher, előzetes teher; előterhelés; ~ **machine** *ép* tekercselőgép *(tartályfeszítésnél)*
pre-loaded, *US* **preloaded** *mech* előterhelt; ~ **bearing** *gép* előterhelt csapágy
pre-loading, *US* **preloading factor** *félv, mech* előterhelési tényező
pre-magnetize, *US* **premagnetize** *el* előfeszít, előmágnesez; *gumi* elsődleges masztifikálás
premastering *szt* előzetes mesterfilmkészítés
premature idő előtti, túl korai; *élip* korán/hirtelen érő *(gyümölcs)*; ~ **burst** *kat* idő előtti robbanás; ~ **curing** *műa* idő előtti kikeményedés; ~ **detonation** *bány* idő előtti robbanás; ~ **explosion** *gépk* előgyújtás; ~ **failure** *gép* idő előtti meghibásodás; ~ **ignition** *bány* idő előtti gyújtás; *gépk* előgyújtás; ~ **release** *el* korai bontás; ~ **shot** *bány* idő előtti elrobbantás; ~ **vulcanization** *gumi* elővulkanizálás *(korai)*
pre-melt, *US* **premelt** *koh* előolvaszt
pre-milling, *US* **premilling** *élip* hántolás előtti; ~ **treatment** *élip* hántolás előtti kezelés
pre-mineral, *US* **premineral** *ásv* ásványkiválás/mineralizáció előtt keletkezett; ~ **fissure** *ásv* ásványkiválás előtti repedés
premise → premiss; ~**s** *ép* helyiség, épület(ek) *(üzleté, intézményé)*; ~**s of a mine** *bány* bányatelep; **on the** ~**s** a helyszínen, az épületben, helyben
premiss *mat* előtétel; premissza, előzmény, feltevés, feltétel
premium|(-)bonus system *ip* prémiumos bérrendszer; ~ **gasoline,** ~ **grade (gasoline)** *ol* szuperbenzin; ~ **oil** *ol* adalékolt motorolaj; szuper motorolaj *(nagy teljesítményű)*; ~ **quality** *ip* kiváló minőség; ~**-quality tube/valve** *el* ipari elektroncső
pre-mix, *US* **premix** *élip, ép, vegy* előre összekever; *film* előkever(ést végez)
pre-mixed, *US* **premixed** *élip, ép, vegy* előre kevert; *film* előkevert; ~ **macadam** *ép* kevert makadám; ~ **plaster** *ép* kész/száraz vakolat; ~**-type burner** *hőt* előkeveréses atmoszferikus gázégő
pre-mixing, *US* **premixing** *élip, ép, vegy* előkeverés; *film* előkeverés, előzetes hangkeverés; ~ **plant** *ép* aszfaltkeverő berendezés; ~**-type gas burner** *hőt* előkeveréses atmoszferikus gázégő
pre-modification, *US* **premodification** *ip* előzetes változtatás/módosítás
pre-modulation, *US* **premodulation** *távk* segédmodulálás
premonitory symptoms *geof* földrengés/kitörés előjelei
pre-mould, *US* **premold** *műa* előformáz
pre-moulded, *US* **premolded** előre gyártott *(beton)*
pre-moulding, *US* **premolding** *műa* előformázás
pre-multiplication, *US* **premultiplication** *mat* szorzás elölről
pre-optive, *US* **preoptive control** *aut* előválasztó vezérlés
pre-oscillation, *US* **preoscillation current** *el* indulóáram, berezgési/begyújtási áram
prepacked előre csomagolt, kiszerelt; ~ **concrete** *ép* prepaktbeton; ~ **concrete method** *ép* prepakteljárás
preparation előkészítés; előkészület; *bány* bányafeltárás, bánya-előkészítés; *gyógyv* előállítás; készítmény; ~ **loss** *bány* osztályozási *v.* dúsítási veszteség; ~ **of a trunk call** *távb* előkészítés; ~ **of crystals** *krist* kristály-előállítás; ~ **of logs** *fa, pa* fahántolás, fatisztítás; ~ **of material** *koh* anyag-előkészítés; ~ **of straw** *pa* szecska-előkészítés; ~ **of the bath** elektrolitfürdő-készítés; ~ **plant** *bány, ol* előkészítő mű/üzem, dúsítómű
preparative | gas chromatography preparatív gázkromatográfia; ~ **treatment** előkezelés, előmegmunkálás
preparatory | cut *forg* félsimító fogás; ~ **heading** *bány* elővájás; ~ **process** *ip* előkészítés; ~ **program** *szt* előkészítő program; ~ **spinning** *tex* előfonás; ~ **treatment** *mt* előkészítő kezelés; ~ **work** *bány* fejtési előkészítés; *ép* felvonulás
prepare előkészít; előkészül; *bőr, tex* kikészít; *gyógyv* előállít *(vegyületet)*

prepared előkészített; *bőr, tex* kikészített; *gyógyv* elkészített; ~ **atmosphere** *rak* mesterséges atmoszféra; ~ **gas** *vegy* kezelt gáz; ~ **mustard** *élip* mustárpép, étkezési mustár; ~ **tape** *el* aszfaltozott/bitumenes szalag; ~ **timber** *vegy* műfa
preparing department *ip* előkészítő üzem
prepay előre kifizet/megfizet; bérmentesít *(postai küldeményt)*
prepayment *ip* előzetes fizetés, előre fizetés; *közl* bérmentesítés; ~ **coin box** pénzbedobós automata; ~ **meter** pénzbedobós áramszolgáltató/gázszolgáltató automata, érmeszámláló
pre-piling, US prepiling *ép* verőszondázás *(kísérleti cölöppel)*
pre-polymer, US prepolymer *műa* előpolimer
pre-preg, US prepreg *műa, rep* prepreg *(gyanta kötőanyaggal előre impregnált vázanyag)*
preprint *tex* előnyom
preprinted *nyom* előre nyomtatott; *tex* előnyomott
preprocessor *szt* előfeldolgozó (program); preprocesszor
preproduction kísérleti modell; nullaszéria; ~ **aircraft** *rep* nullaszériájú repülőgép
preprogram(m)ed *szt* előprogramozott; ~ **autopilot** *rep* előprogramozott robotpilóta; ~ **control** *aut* előprogramozott vezérlés/szabályozás
pre-quench, US prequench *hők* előedz
pre-quenching, US prequenching előedzés
pre-read, US preread head *szt* előolvasó fej
pre-record, US prerecord *film, hang, tv* előre felvesz
pre-recorded, US prerecorded *film, hang, tv* előre felvett; ~ **cassette** *hang* műsoros kazetta
pre-refine, US prerefine *ol* előfinomít
pre-refined, US prerefined *ol* előfinomított; ~ **metal** *koh* előfinomított fém
pre-refining, US prerefining *ol* előfinomítás; előfinomító; ~ **vessel** *ol* előfinomító aggregát
pre-rinse, US prerinse *élip* előöblít
pre-roast, US preroast *bány, élip* előpörköl
pre-roasting, US preroasting *bány, élip* előpörkölés; ~ **furnace** *bány, élip* előpörkölő kemence
prerotation *rep* előpörgetés, előzetes megpörgetés
pre-run, US prerun *ol* kezdőfrakció, előpárlat
pre-rupture, US prerupture *any* idő előtti törés, kisebb igénybevételnél váratlanul bekövetkezett törés
presample előminta
prescaler *szt* előosztó
pre-scoring, US prescoring *film* alájátszás, playback
pre-screening, US prescreening *bány, ép* előosztályozás, előrostálás
prescribed előírt, megadott, adott; ~ **hours** *pl el* terhelési völgy; ~ **property** *any, műa* előírt tulajdonság, megkövetelt/megkívánt sajátság/érték; ~ **trajectory** *rep* előírt repülési pálya; ~ **value** *aut* előírt érték
prescription előírás
pre-scrubber, US prescrubber *ol* előmosó torony
prescrubbing column/tower *ol* előmosó torony
pre-sedimentation, US presedimentation *bány, hidr* előszedimentáció, előülepítés, előtisztítás
preselection *gépk* sebesség-előválasztás; *távk* előszelekció; ~ **counter** előválasztós számláló; ~ **number of the country** *távb* országhívó szám; ~ **number prefix** *távb* körzetszám; ~ **of concrete** *ép* beton-előválasztás; ~ **of counting decades** *távk* számlálódekádok előválasztása
preselective *gép, távk* előválasztó
preselector *távb* csoportválasztó; előválasztó gép, előkereső; *távk* hangoltkör-előválasztó, bemenő hangolt kör; ~ **gearbox** *gépk* előválasztó sebességváltó
presence | **card** *ip* jelenléti kártya; ~ **effect** *fiz* prezenciajelenség
present | **position indicator** *rep* tényleges helyzetet jelző készülék; ~ **value** *mat* jelen érték
presentation *távk, tv* indikáció, képi visszaadás
preservable *élip* (könnyen) megóvható, tartósítható
preservation megőrzés, megóvás, védelem; *élip* tartósítás; ~ **by chemicals** *élip* tartósítás kémiai úton; ~ **by freezing** *élip* tartósítás fagyasztással; ~ **by heat** *élip* tartósítás hővel; ~ **of buildings** *ép* épületvédelem; ~ **of monuments** *ép* műemlékvédelem; ~ **of nature** *környv* természetvédelem
preservative *élip, vegy* konzerválószer, tartósítószer; *fa* rothadásgátló (szer); *gumi* öregedésgátló, antikoagulláns; ~ **oil** *ol* védőolaj
preserve megőriz, megvéd, megóv; *élip* konzervál, tartósít; ~ **jar** *élip* konzervüveg
preserved *élip* tartósított *(élelmiszer)*
preserver *élip, vegy* konzerválószer
preserving megőrzés, megóvás; *élip* tartósítás, konzerválás, befőzés; ~ **agent** *bőr, vegy* bőrtartósító szer; ~ **the separation** *geod, metr* távolságmegőrző, távolsághű; ~ **transparent foil/skin** *pa* befőzőcelofán
preset I. *v aut, el* beprogramoz; előre beállít; *gép* rugót előfeszít/előhajlít; *szt* kezdeti értéket ad; **II.** *a* előre beállított; ~ **adjustment** *gép* előzetes beállítás; ~ **capacitor** *távk* beállítókondenzátor, változtatható kondenzátor; ~ **counter** *metr* előre beállítható *v.* előre választós számláló; ~ **guidance** *rep* programozott irányítás/vezetés; ~ **level** *aut, el* előre beállított szint, előírt/nominális szint; ~ **parameter** *szt* beállított paraméter; ~ **potentiometer** *el* beállítópotenciométer; ~ **yield load** *bány* előfeszítési terhelés
presetting *aut* előzetes/előre beállítás; *vasút* vágányúttároló *(állomási biztosítóberendezésé)*
pre-shaping, US preshaping *el* előformálás
pre-shrink, US preshrink *tex* előzsugorít, beavat
pre-shrinking, US preshrinking *tex* előzsugorítás, beavatás
pre-shrunk, US preshrunk *tex* előzsugorított, beavatott
pre-sintering, US presintering *hők* előzsugorítás; ~ **temperature** *hők* előzsugorítási hőmérséklet
pre-soaking, US presoaking *élip* előáztatás
press I. *v* nyom, megnyom, kinyom, benyom, összenyom; szorít, megszorít, rászorít; *alak* sajtol, rásajtol, kisajtol, felhúz, ráhúz *(nyomással)*, nyom, domborít *(fémet)*; *élip* (ki)présel, kifacsar; *gép* felzsugorít, rázsugorít, ráhúz; *ruh* (ki)simít, mángorol, kivasal; *tex* fényez, csínoz; **II.** *n* nyomás, szorítás; *alak* prés, sajtó, nyomógép, sajtológép; zúzómű, lapítómű; *el* előlapítás *(izzólámpagyártásnál)*; *fa* polcos/fehérneműs szekrény, könyvespolc; *műa* sajtológép, présgép; *nyom* (könyv)nyomda; nyomás, (könyv)nyomtatás; sajtó; ~ **brake** *alak* lemezhajlító gép/prés, hajlítógép, hajlítósajtó; ~**(-)button** *el* nyomógomb; nyomógombos; ~**-button control** *el* nyomó-

gomb-vezérléses; nyomógombvezérlés; ~-**button lock** *gépk* nyomógombos (ajtó)zár; ~-**button switch** *el* nyomógombos kapcsoló; ~-**button tuning** *távk* nyomógombos hangolás; ~ **cloth** *élip* préskendő, olajpréselő zsák, szűrőkendő, szűrőszövet; ~ **coating** *gyógyv* száraz drazsírozás; ~ **cold welding** *heg* hidegsajtoló hegesztés; ~ **cure** *gumi* vulkanizálás présben; ~ **die** *alak* présszerszám; ~ **felt** *pa* présnemez; ~ **filter** *élip* szűrőprés; ~ **fit** *gép* sajtoló illesztés; ~-**forge** *v alak* melegen sajtol, kovácssajtón megmunkál; ~-**forgeman** préskovács; ~-**forging** *alak* préskovácsolás; ~-**glazed board** *pa* fényezett lemez; ~(-)**head** *alak, műa* sajtolófej, felső présasztal; ~ **in** *v alak* besajtol; ~ **knife** *cipő* csákozókés; ~ **lead** *el* beforrasztóhuzal *(izzólámpa része)*; ~ **mandrel** *szersz* szerelőtüske; ~ **mo(u)ld** *alak* présforma; ~ **on** *v* felsajtol, ráprésel, felprésel, ráhúz, felrak; ~ **out** *v élip* kinyom, kifacsar, kicsavar, kiprésel; *ruh* kivasal; ~ **product** *nyom* nyomdatermék; ~ **projection welding** *heg* sajtoló dudorhegesztés; ~(-)**proof** *nyom* nyomható szedésminta/kefelevonat; ~ **pump** *hidr* hidraulikus prés szivattyúja; nyomószivattyú; ~ **quenching** *hők* sajtoló edzés; ~ **rolls** *pl pa* préshenger; ~ **screw** *gép* nyomáscsavar, nyomóorsó; ~ **spot welding** *heg* sajtoló ponthegesztés; ~-**spring plunger** *gép* nyomórugós búvárdugattyú; ~ **the button** *v* megnyomja a gombot; ~-**through die** *alak* áttolásos mélyhúzó szerszám; ~ **tool** *alak* sajtolószerszám; ~-**to-talk switch** *távk* beszédváltó, beszélőváltó; ~-**type welder** *heg* sajtoló hegesztőgép

pressable *alak, élip* préselhető, összenyomható, sajtolható

pressboard *el* szigetelőlemez; *nyom* présaljzat, présdeszka; *pa* fénylemez, préselt karton, prespán; ~ **mill** *pa* prespángyár; ~ **tube** *el* prespánhüvely, prespán védőcső

pressed|(-)**air lock** *gép* préslégzsilip; ~ **brick** *ép* dísztégla; ~ **cardboard** *pa* préselt karton; ~ **central heating** *hőt* nyomott rendszerű melegvízfűtés; ~ **concrete** *ép* sajtolt beton; ~ **glass** *üveg* sajtolt üveg; ~-**glass base** *el* sajtolt üvegfej/üvegfoglalat; ~-**glass lamp** *el* sajtolt burás lámpa; ~ **granule** *gyógyv* présgranula; ~ **gutter tile roofing** *ép* hornyolt (sajtolt) cserépfedés; ~ **juice** *élip* préselt lé; ~ **key** *szt* lenyomott billentyű; ~-**on rim** felsajtolt kerékabroncs; ~-**out seating** *gép* sajtolt (szelep)ülés/(szelep)fészek; ~ **paper** *pa* préselt papír; ~ **paraffin distillate** *ol* présolaj; ~(-)**plate girder** *ép* sajtolt lemeztartó *(hídé)*; ~ **pulp** *cu* préselt szelet; ~-**steel wheel** *gépk* sajtolt tárcsás kerék; ~ **stranded cable** hengerelt sodronykötél; ~ **thread** *gép* sajtolt menet; ~ **to shape** *alak* alakra sajtolt; ~ **wood** préselt fa; ~ **work** *alak* préselt munkadarab

presser *alak* préskezelő, préskovács; sajtológép, sajtó, prés; *pa* préshenger; *tex* szorítókar *(vetélőben)*; ~ **bar** *gép* nyomórúd; *tex* prés; ~ **wheel** *kh* nyomótárcsa *(kötőgépen)*

presserman *pa* préshengerkezelő

pressing I. *a alak, élip* sajtoló, préselő; *ruh* vasaló, simító, mángorló; *tex* fényező, csínozó; **II.** *n* nyomás, megnyomás, kinyomás, benyomás, összenyomás, szorítás, megszorítás, rászorítás; *alak* sajtolás, rásajtolás, kisajtolás, (ki)préselés; sajtolt/préselt darab, présáru; *élip* kifacsarás, kicsavarás, kipréselés; sajtolt/préselt készítmény; *gép* felzsugorítás, rázsugorítás, ráhúzás; *hang* másolat *(hangfelvételről)*, préselt hanglemez; *pa* iskolakönyv-borító papír; simítómű; *ruh* vasalás, simítás, mángorlás; *tex* fényezés, csínozás; ~ **bar** *gép* nyomórúd; *tex* prés; ~ **battery** *ruh* vasalógépsor; ~ **board** vasalódeszka; *nyom* présdeszka; *pa* fénylemez, prespán; ~ **brush** *tex* nyomókefe; ~ **cylinder** *gép* nyomóhenger, sajtolóhenger; ~ **force** *mech* nyomóerő; ~-**in** *alak* besajtolás; ~ **machine** *alak* prés, sajtó; *ruh, tex* kalanderhengerszék, mángorlógép, simítógép, szövetprés; ~ **panel** *ruh* vasalódeszka; ~ **pawl** *gép* nyomókilincs; ~(-)**plate** *műa* présasztal; ~ **process** *alak, tex* préselési/vasalási folyamat; ~(-)**ring** *gép* szorítógyűrű; ~(-)**roller** *pa* simítómű, simítóhenger; *ruh, tex* kalanderhenger, nyomóhenger, mángorlóhenger; ~ **tool** *alak* sajtolószerszám

pressman *alak* sajtoló *(munkás)*, préselő; *nyom* nyomdász, nyomdai gépmester

pressostat *aut, gép* egyenletes nyomásszabályozó

presspahn *pa* prespán, fénylemez

pressurage *élip* szőlőlé, must

pressure I. *v alak* nyomást kifejt (vmre), nyomásnak alávet; **II.** *n alak* szorítás, összenyomás, tömörítés; *fiz* nyomás, feszültség; nyomásmagasság; *nyom* átnyomódás; nyomóerő, nyomófeszültség; préselés; ~ **accumulator** *fiz* nyomástároló; *rep* sűrítettlevegőtartály; ~-**action mine** *kat* nyomásra működő akna, taposóakna; ~-**actuated switch** *el* nyomásra működő kapcsoló; ~-**adjusting knob** nyomásszabályozó csap; ~-**adjusting screw** nyomásállító csavar *(dízelmotorban)*; ~-**adjusting spring** nyomásszabályozó rugó *(dízelmotorban)*; ~ **adjustment** nyomásbeállítás; ~-**adjustment indicator** nyomásjelző; ~ **against bracing** *ép* dúcnyomás; ~ **altimeter** *rep* barometrikus/légnyomásos magasságmérő, magasságmérő barométer; ~ **altitude** *met, rep* nyomásmagasság; ~ **amplitude** *fiz* nyomásamplitúdó; ~-**and-tension spring** *gép* húzórugó; ~ **angle** *gép* kapcsolószög, nyomásszög; ~ **apparatus** *alak* sajtolószerkezet; ~ **arch** *bány* nyomásboltozat; ~ **area** *ép* agglomerációs terület; ~ **arrangement** *tex* nyomóberendezés *(irezőn)*; ~ **bag** *élip* nyomózsák; ~ **balance** *fiz* nyomáskiegyenlítődés; ~-**balancing valve** *gép* nyomáskiegyenlítő szelep; ~ **bar** nyomóléc *(hámozógépen)*; *gép* nyomórúd; ~ **bell** *gép* nyomásjelző/nyomásszabályozó harang; ~ **blower** *gép* kompresszor; *koh* nagynyomású fúvó; ~ **bolt** *gép* szorítócsavar *(anyás)*; ~ **boost** nyomásemelés; ~ **booster** nyomásfokozó; ~ **bottle** *gép* nyomásálló palack; nyomópalack; *vegy* aeroszol palack; ~ **box** nyomásmérő doboz; ~ **broadening** *fiz* vonalkiszélesedés nyomás hatására *(színképben)*; ~ **buildup** *ol* nyomásfelépítés, nyomásnövekedés; *rep* nyomásnövekedés; ~ **buildup curve** *ol* nyomásemelkedési görbe; ~ **buildup test** *ol* nyomásemelkedési vizsgálat; ~ **bulb** *gép* gömb alakú nyomótartály; *talt* feszültséghagyma; ~ **bulkhead** *rep* túlnyomásos kabin válaszfala; ~ **butt welding** *heg* fűtőlapos/sajtoló tompahegesztés; ~ **cabin** *rep, űr* nyomástartó/túlnyomásos utasfülke; ~ **cable** *el* túlnyomásos/gáznyomásos kábel; ~ **cap** *gépk* túlnyomást biztosító hűtősapka; ~ **capsule** *gép* aneroid nyomásszabályozó szelence; *met* nyomásmérő szelence; *rep* nyomásálló kabin/fülke/tartály;

~ **cascade(-)action controller** *aut* vezérlőszabályozós nyomásszabályozó; ~**-casting die** *önt* fröccsöntő/présöntő öntőszerszám/kokilla; nyomásos öntőforma; ~ **cell** nyomócella, nyomásérzékelő cella; nyomásmérő doboz; *talt* nyomócella; ~ **chamber** *gép* nyomókamra; *rep* magassági kamra; *talt* nyomócella, nyomótér; ~**-chamber loudspeaker** *hang* nyomókamrás/pneumatikus hangszóró; ~ **chart** *met* légnyomási/izobár térkép; ~ **circuit** *el* söntáramkör; ~ **coefficient** *at* reaktivitás nyomástényezője; ~ **coil** *el* feszültségtekercs; ~ **column** *ol* nyomás alatti kolonna/torony; ~**-compensated flowmeter** nyomáskiegyenlítéses átfolyásmérő; ~**-compensating device** nyomáskiegyenlítő berendezés; ~ **compensation** *fiz* nyomásosztó elv; *gép* nyomáskiegyenlítés; nyomáskiegyenlítődés; ~ **conduit** *hidr* nyomóvezeték; ~ **connection** *gép* nyomáselvétel, nyomócsonk, nyomócsőtoldat; ~ **connector** *gép* nyomószorító; ~ **contact** *el* nyomóérintkező; nyomókontaktus; ~**-contact welding** *heg* ellenállásos tompahegesztés; ~ **contours** *rep* izobárok a szinoptikus térképen; ~ **control** *aut, gép* nyomásszabályozás; ~ **controlled gas lift valve** *gép* nyomással szabályozott segédgázszelep; ~ **controller** *aut, gép* (önműködő) nyomásszabályozó; ~**-control valve** *aut, gép* nyomásszabályozó szelep; ~**(-)cooker** *élip* nyomófazék, kukta; *pa, vegy* autokláv; ~ **cooling** *hűt* ellennyomásos hűtés; ~ **coordinates** *met* p-rendszer; ~**-coordination rule** *krist* nyomáskoordinációs szabály; ~ **core barrel** *ol* nyomás alatti magfúró; ~ **corrosion** *any* nyomás okozta korrózió; ~ **crest** *rep* nagy légnyomás csúcsértéke; ~ **curve** *fiz, met* nyomásgörbe; ~ **cylinder** *nyom* nyomóhenger; ~**-cylinder clamp** *kat* nyomóhenger-rögzítő *(lángszórón)*; ~**-cylinder valve** *kat* nyomóhengerszelep *(lángszóróé)*; ~ **data indicator** nyomásérték-indikátor; ~ **deceleration** *fiz* nyomáshullám-lassulás; ~ **decline** *ol* nyomáscsökkentés, nyomásesés; ~ **detector** *aut, gép* nyomásátalakító, nyomásérzékelő; ~ **developed by concrete on formwork** *ép* frissbeton nyomás, zsaluzati nyomás; ~ **diecasting** *önt* nyomásos öntés; présöntés, fröccsöntés; ~ **difference** *fiz* nyomáskülönbség; *met, rep* légnyomáskülönbség; ~**-difference transducer** *fiz* nyomáskülönbség-átalakító, nyomáskülönbség-mérő; ~**-difference transmitter** *aut* nyomáskülönbség-jeladó; ~ **differential** *fiz* nyomáskülönbség, effektív nyomás, nyomáslépcső; ~ **diffusivity** *bány* piezovezetési tényező; ~ **disc/disk** *gép* nyomótárcsa, nyomórugótányér; ~**-distance paradox** *krist* nyomás-távolsági paradoxon; ~ **distillate** *ol* nyers krakkpárlat, nyomás alatt lepárolt párlat; ~ **distribution** *ol* nyomáseloszlás *(rétegben)*; ~ **distributor** *gép* nyomáselosztó *(szerkezet)*; ~ **distributor truck** *ép* bitumenszóró gépkocsi; ~ **disturbance** *rep* nyomászavar; ~**-divider circuit** *el* nyomásosztó; ~ **drag** *rep* alakellenállás, nyomásellenállás; ~ **drawdown test** *ol* nyomáscsökkenési vizsgálat; ~ **drilling** *ol* nyomás alatti fúrás; ~ **drop** *fiz, gép* nyomásesés, nyomásveszteség; *rep* légnyomáscsökkenés; ~**-drop indicator** *fiz, gép* nyomásesés-mutató műszer; ~**-drop measuring nozzle** *ol* szűkítőelemes mérő; ~ **drum filter** *hidr* zárt dobszűrő; ~ **dryer/drier** *tex* túlnyomásos szárítóberendezés; ~ **drying** *élip* ahidrálás, nyomásos szárítás, szárítás nyomás alatt; ~ **dyeing** *tex* színezés nyomás alatt; ~ **dynamics** *fiz* nyomásdinamika; ~ **element** nyomásmérő elem; ~ **energy** *fiz* nyomási energia; ~**-enthalpy diagram** *bány* nyomás-entalpia-diagram; ~ **equalization** *fiz, gép* nyomáskiegyenlítődés; ~ **equalizer** *gép* nyomáskiegyenlítő; ~**-equalizing passage** *hidr* nyomáskiegyenlítő járat/csatorna, körülfolyó csatorna; ~**-equalizing reservoir** *hidr* nyomáskiegyenlítő tartály; ~**-equilibrating disc/disk** *gép* kiegyenlítődob; ~ **equilibrium** *fiz* nyomásegyensúly; ~ **evaporator** nyomás alatt működő elpárologtató készülék; ~ **fan** *szell* nyomószellőző; ~ **feed** *gép* nyomás alatti adagolás; ~**-feed supply** *hőt* tüzelőanyag-táprendszer *(nyomásos)*; ~ **field** *hang* nyomásfelület *(hangnyomásé)*; ~ **figure** *krist* nyomási ábra; ~ **filter** nyomásszűrő, présszűrő, szűrőprés, nyomótömlős porszűrő, zárt gyorsszűrő; ~ **fissure** *geol* nyomási repedés *(földkérgen)*; ~ **flap** *gép* nyomócsappantyú; ~**-float technique** *ol* nyomásváltoztatós lebegtető módszer; ~ **flow** *hidr* nyomás alatt álló vízmozgás; ~ **fluctuation** *fiz, gép* nyomásingadozás; ~ **fluid** nyomófolyadék; ~ **flying** *rep* izobár szerinti repülés; ~ **force** *mech* fajlagos erő/teher; nyomóerő; ~ **forging** *mt* ejtőkovácsolás, süllyesztéses kovácsolás, ódorkovácsolás; ~ **forming** *mt* nyomásos alakítás; ~ **front** *at* nyomáshullámfront; *rep* lökéshullámfront; ~ **fuel system** *rep* túlnyomásos tüzelőanyag-táprendszer; ~ **fusion welding** *heg* ömlesztve sajtoló hegesztés; ~ **gage** → ~ gauge; ~ **garment** *rak* túlnyomásos/nyomásálló űrruha; ~ **gas pipe** gázvezeték; ~ **gas welding** *heg* sajtoló gázhegesztés; ~ **ga(u)ge** Bourdon-csöves nyomásmérő; nyomásmérő; ~**-governed discharge control** *hidr* nyomásról vezérelt automatika; ~ **gradient** *hidr* hidraulikus gradiens; *ol, rep* nyomásgradiens; ~ **grouting** *talt* kőzettömítés; ~ **head** *hidr* manometrikus nyomásmagasság; *koh* nyomásmagasság, nyomómagasság; ~ **hose** *bány* nyomótömlő; ~ **increase** nyomásnövekedés; ~ **jump** *rep* nyomásugrás; ~ **lapse rate** *rep* függőleges légnyomási gradiens; ~ **leach** *koh* nyomás alatti lúgzás; ~ **limiting valve** nyomáshatároló szelep; ~ **lines of position** *rep* légnyomási helyzetvonalak; ~ **loss** nyomásveszteség; ~ **lubrication** *gép* nyomóolajozás, kényszerolajozás; ~ **maintenance** → ~ recovery; ~ **map** *met* izobártérkép, légnyomásmegoszlási térkép; ~ **maximum** *met* légnyomás maximum; ~ **of explosion gases** *bány* robbanási gáznyomás; ~ **of furnace** *koh* kemencetérnyomás; ~ **of rolling** *heng* hengerlési erő, hengernyomás; ~ **pad** *koh* törőbak; ~ **partings** *bány* elválási lap; vállaposodás; ~ **pattern navigation** *rep* izobárikus navigáció; ~ **per unit of area/surface** fajlagos felületi nyomás; ~ **piece** *koh* törőbak; ~ **pipe** nyomóvezeték; ~ **precipitation** *koh* nyomás alatti kiejtés; ~ **range** *koh* nyomástartomány; ~ **ratio** *rep* nyomásemelkedés mértéke; nyomásviszony; ~ **recovery** *ol* nyomásfenntartásos művelés; *rep* nyomásvisszaalakulás, nyomásvisszaállás; ~ **reducing valve** *hidr* nyomáscsökkentő szelep; ~ **region** *fiz* nyomástartomány; ~ **regulator** nyomásszabályozó; ~ **release** nyomásmentesítés; ~ **release valve** *ol* lefúvató toló; ~ **relief wells** *hidr* nyomáscsökkentő kútsor; ~ **reservoir** *hidr* hidrofor; ~ **sealing** *gép* nagynyomású tömítés; tömítő zárás; ~ **shaft** *hidr* nyomóakna; ~ **shock** *rep* lökéshullám, nyomáshullám; ~ **sinter roasting** *koh* átfúvásos zsugorítópörkölés; ~ **surface** *met* izobárikus felület, nyomásszint; ~ **tank** *hidr* hidrofor; ~ **test** nyomáspróba; ~ **test pump** *hidr* nyomáspróba-szivattyú; ~**-tight** nyomásálló, tömített; ~ **turbine** *hidr* réstúlnyomásos turbina; ~ **ventilation** fúvó szellőztetés; ~ **vessel** *koh* nyomótartály; *ol* nyomásálló tartály; ~ **water** *koh* nyomóvíz; ~ **welding** *heg* sajtolóhegesztés

pressuregraph *fiz* írószerkezetes (elektronikus) nyomásmérő; nyomásregisztráló, regisztrálómanométer

pressurestat *gép* nyomást állandó értéken tartó berendezés

pressurization *fiz* nyomás alá helyezés, nyomás alatt tartás; *rep* túlnyomás létesítése; *szell* nyomó szellőzés/szellőztetés; ~ **control** *rep* fülketúlnyomás-szabályozás; ~ **maintenance** *el* túlnyomásos kábelvédelem

pressurize *fiz* nyomás alatt tart, túlnyomást létesít; *gép* hermetizál; *rep* túlnyomást biztosít

pressurized *fiz, gép* nyomás alatt tartott, túlnyomásos; ~ **aircraft** *rep* túlnyomásos fülkéjű repülőgép; ~ **casing** *at* túlnyomásos tok(ozás); ~ **casting** *önt* öntés autoklávban; ~ **cement lorry/tanker/truck** pneumatikus ürítésű cementszállító, légnyomásos ürítésű cementtartályos gépkocsi; ~ **combustion** *hőt* nyomás alatti tüzelés; ~ **container** *vegy* aeroszol palack/tartály; ~ **drum filter** *hidr* forgónyomó szűrő; ~ **enclosure** *gép* túlnyomásos ház/köpeny; ~ **fuel** *at* előfeszített üzemanyagelem; ~ **heavy(-)water reactor** *at* nyomott nehézvizes reaktor; ~ **motor** *gépk* túlnyomásos motor; ~ **reactor** *at* nyomott hűtőközegű reaktor; ~ **water** *at* nyomóvíz; ~ **water reactor (PWR)** *at* nyomóvízreaktor, nyomott vizes reaktor

presswood *fa* préselt falemez

presswork *alak* sajtolt gyártmány/áru/készítmény; *fa* préselt falemez; *nyom* lenyomat, nyomtatvány; nyomtatás; nyomtatott munka

pre-stage, *US* **prestage** *el* előfokozat; ~ **modulation** *távk* előfokozat-moduláció; ~ **volume control** *el* nagyfrekvenciás hangerő-szabályozó

pre-starting, *US* **prestarting instructions** *gép* üzembe vételi előírások

prestometer presztométer *(folyadékos idomszer)*

pre-store, *US* **prestore I.** *v szt* előre tárol; **II.** *n szt* előtároló

pre-stored, *US* **prestored information** *szt* előtárolt információ

pre-straightening machine *alak* előegyengető gép

pre-strech, *US* **prestretch** *alak* előnyújtás, előhúzás, előfeszítés

prestress I. *v ép* (elő)feszít; **II.** *n ép* (elő)feszítés; előfeszültség, feszítőfeszültség; ~ **casting yard** *ép* feszítettbeton-gyártó hely; ~ **fabricator** *ép* feszítettbetontermékgyártó

prestressed *ép* (elő)feszített; ~ **centrifugally(-)cast concrete pile** pörgetett feszítettbeton-cölöp; ~ **concrete** (elő)feszített beton; ~ **concrete bridge** feszítettbeton-híd; ~ **concrete floor slab** feszített(beton) födémpanel, feszített(beton) födémpalló; ~ **concrete piles** feszített vasbeton cölöpök; ~ **concrete plant** feszítettbeton-gyártó üzem/berendezés; ~ **concrete reactor vessel** *at, ép* feszítettbeton reaktor-nyomótartály; ~ **concrete wire** *heng* feszített betonacélhuzal; ~ **glass** *üveg* szekuritüveg, biztonsági/szilánkmentes üveg; ~ **lightweight concrete** *ép* feszített könnyűbeton; ~ **reinforcement** *ép* feszített vasbetét; ~ **rock** *bány, geol* kőzet feszültség alatt; ~ **rock anchor** *ép* feszített sziklahorgony/lehorgonyzás; ~ **rolling stand** *heng* előfeszített hengerállvány; ~ **soil anchor** *ép* feszített talajhorgony/lehorgonyzás

prestressing *ép* (elő)feszítés; ~ **anchorage fixture** feszítési lehorgonyzás; ~ **bar** feszítőrúd; ~ **bed** feszítőpad; ~ **cable** feszítőkábel; ~ **distance** feszítési távolság/megnyúlás; ~ **duct** feszítőcsatorna, feszítőüreg; ~ **force** *ép, mech* feszítőerő, előfeszítő erő; ~ **jack** feszítősajtó; ~ **line** feszítőpad; ~ **loss** feszítőerő-veszteség, feszítőfeszültség-veszteség; ~ **method** feszítési eljárás; ~ **plant** feszítettbeton-előregyártó üzem; ~ **reinforcement/steel** feszítővasalás, feszítőhuzal, feszítő vasbetét; ~ **tendon** feszítőbetét; ~ **wedge** feszítőék; ~ **wire** feszítőhuzal

pre-subscript, *US* **presubscript** *mat* bal alsó index, alsó előindex

presumptive | address *szt* báziscím, módosítandó cím; ~ **instruction** *szt* nyers utasítás

pre-superheater, *US* **presuperheater** *hőt* elő-túlhevítő

pre-superscript, *US* **presuperscript** *mat* bal felső index, felső előindex

pre-tannage, *US* **pretannage** *bőr* előcserzés

pre-tanning, *US* **pretanning agent** *bőr* előcserző anyag

pretend *szt* szimulál

pre-tensioned, *US* **pretensioned** *ép* (elő)feszített; ~ **concrete** előfeszített beton; ~ **rock bolt** *bány* előfeszített kőzethorgony; ~ **strand** előfeszített pászma

pre-tensioning, *US* **pretensioning** *ép* (elő)feszítés; ~ **bed** előfeszítő pad, feszítőpad; ~ **stress** *ép, mech* előfeszültség, feszítőfeszültség; ~ **tendon** előfeszítő betét

pre-test, *US* **pretest I.** *v gép* előzetesen felmér/kipróbál; **II.** *n gép* előzetes vizsgálat/teszt; *stat* próbafelvétel; *tex* elősodrat; ~ **analysis** *stat* vizsgálat előtti elemzés

pre-treatment, *US* **pretreatment** *ip* előkezelés, előkészítés; ~ **by tier boiling** *tex* előzetes lefőzés; ~ **of water** *hidr* vízelőkészítés

pre-TR tube *el* előkapcsoló cső

pre-tuning, *US* **pretuning** *távk* előhangolás

pre-vacuum, *US* **prevacuum** *fiz* elővákuum; ~ **pump** *fiz* elővákuum-szivattyú

prevailing | weather conditions *met, rep* uralkodó időjárási viszonyok; ~ **winds** *pl met* uralkodó szél

prevarication *szt* irrelevancia

prevent megelőz, meggátol, elhárít

preventative → preventive

preventer megelőző, gátló, megakadályozó; *gép* biztosító *(szerkezet)*; ~ **pin** *gép* rögzítőcsap, biztosítócsap, biztosítópecek

prevention megelőzés, elhárítás, megakadályozás, meggátlás; ~ **of underground water damages** *bány* bányavízvédelem

preventive megelőző, preventív; ~ **actions** megelőző rendszabályok/intézkedések; ~ **choke-coil** *el* zárlatjelző tekercs; ~ **clothing** védőruházat; ~ **dust** *bány* semleges/inert por/kőpor; ~ **lead** *el* előtét-ellenállás; ~ **maintenance (PM)** (tervszerű) megelőző karbantartás, TMK; ~ **remedy** megelőző intézkedés; ~ **removal/replacement** megelőző alkatrészcsere; ~ **resistance** *el* védőellenállás; ~ **water control** preventív vízvédelem

preview monitor *film, tv* kameraellenőrző monitor

previous előzetes, (meg)előző, előbbi, korábbi; ~ **mutilation** *távk* előtorzítás; ~ **notice** *vasút* előjelentés *(forgalomban)*; ~ **pass** *önt* előkészítő üreg; ~ **pressing-mould** elősajtoló forma *(képcsőballonhoz)*; ~ **subsoil** *talt* áteresztő altalaj

pre-wired, *US* **prewired circuit** *el* előre huzalozott *v.* előhuzalozott áramkör/kapcsolás

Prey's reduction *fiz* Prey-féle redukció

PRF → pulse recurrence (repetition) frequency; → pulse repetition frequency

Priabonian stage *geol* priabonai emelet

price I. *v ip* árat megállapít, beáraz; **II.** *n ip* ár, árfolyam; ~**-marking** *ip* árjelzés, ármegjelölés; ~**-performance ratio** *szt* ár-teljesítmény arány; ~ **per stem** *fa* tőár; ~ **vector** *ip* árvektor

Price's guard(-)wire *el* Price-féle áramveszteség-gátló vezető

priceite *ásv* priceit

prick I. *v alak* (át)szúr, megszúr, kilyukaszt; *mt* (ki)pontoz; *nyom* bestancol; beszúr, bever; **II.** *n* tüske, tövis; szúrás *(helye)*; *cipő* ár; faszeg; *élip* nyárs; *szersz* (tisztító)tű, tűhegy, csúcs; ~ **a point** *v geod, gép* szúrással megjelöl *(rajzlapon)*, leszúr; *mzg* kiültet, kipalántáz; *tex* (mintát) lyukasztással átvisz; ~**-post** *ép* másodrendű oszlop, állvány; ~**-punch** *szer* pontozó, kirner; ~ **the ship off** *v hajó* hajóhelyzetet megjelöl *(térképen)*; ~ **up** *v ép* első/durva vakolást alkalmaz

pricker *bány* kanóchorog *(lámpában)*; szénfejtő rúd; *bőr* (nyerges)ár; *el* kábelvizsgáló tű/tüske; *önt* levegőszúró *(formához)*; *szersz* (pontszúró) tű, átütőtű, rádli; tisztítótű

pricking *alak* (át)szúrás, kilyukasztás; *gép* kipontozás; *nyom* beszúrás, beverés, bestancolás; *ruh* (fel)tűzés, steppelés; ~ **solidity** *geol* szúrószilárdság; ~**-up** *ép* első vakolatréteg felcsapása *(rabichálóra)*; ~**-up coat** *ép* első vakolatréteg; ~ **wheel** *bőr, geod* lyukazókerék, pontozókerék, rádli

prickle I. *v alak* finom szúrást ejt, bök, szúr; *gép* pontoz; **II.** *n* vesszőkosár

prill *ásv, bány* ércdarab, termésfémdarab *(tiszta)*; *geof* próbavétel; *ip* minta, próbadarab

prillion *koh* kohósalakból leválasztott ón

primal első, eredeti, fő, alapvető; ~ **algebra** *mat* primálalgebra, szigorúan függvényteljes algebra; ~ **problem** *mat* primálfeladat

primary I. *a* első, elsődleges, eredeti fő-, kezdeti, kezdő; *el* primer; *geol* őskori; *vegy* elsőrendű, primer; **II.** *n csill* főbolygó; *el* primer tekercs/oldal; *mat* elsődleges kifejezés; *tv* alapszín, alapszínérték; *vegy* kiindulási anyag; ~ **acceleration** *at* elsődleges gyorsítás; ~ **access method (PAM)** *szt* elsődleges hozzáférési mód, PAM; ~ **acoustic(al) radiator** *hang* elsődleges akusztikus radiátor/hangsugárzó; ~ **additive colo(u)rs** *opt, tv* kiegészítő alapszínek; ~ **aeration** *hőt* elsődleges levegő(adagolás) *(tüzeléshez)*; ~ **air** *szell* elsődleges/primer levegő; ~ **air-conditioning system** *szell* primer levegős klímaberendezés; ~ **alcohol** *vegy* primer/elsőrendű alkohol; ~ **algorithm** *mat* elemi algoritmus; ~ **alloy** *koh* elsődleges ötvözet; ~ **aluminium** *koh* kohóalumínium; ~ **amine** *vegy* elsőrendű/primer amin; ~ **and secondary spacing** *ép* álláskiosztás; ~ **armature** *el* primer armatúra; ~ **autopilot** *rep* fő robotpilóta; ~ **battery** *el* primer telep; ~ **blowing** *koh* előfúvatás; ~ **breaking** *bány, ép* előaprítás; ~ **calcium phosphate** *vegy* monokalcium-ortofoszfát; ~ **capacitor** *el* primer oldali kondenzátor; ~ **carbide** *koh* primer karbid; ~ **card path** *szt* elsődleges kártyaút; ~ **carrier** *tv* alapszínhordozó, alapszínvivő; ~ **cell** *el* galvánelem; primer elem; ~ **chlorination** *hidr* előklórozás; ~ **circuit** *el* primer áramkör; ~ **clarification** *környv* előderítés; ~ **clay** *geol* képződési helyén található agyag; ~ **cleaning** *hidr* előderítés; *koh* előtisztítás; ~ **cleaning step** *hidr* első tisztítási lépcső; ~ **clearance** *forg* elsődleges hátszög; ~ **clock** *metr* központi óra; ~ **coil** *el* primer tekercs; ~ **colo(u)r** *ép* alapfesték; *tv* alapszín, alapszínérték; ~ **colo(u)r signal** *tv* alapszínjel; ~ **constants** *el* alapértékek; ~ **control** *aut* alapvezérlőszerv; elsődleges vezérlés; ~ **control program** *szt* elsődleges vezérlőprogram; ~ **control system** *aut* elsődleges szabályozórendszer; ~ **coolant** *at* primer hűtőközeg; ~ **coolant circuit** *at* primer (hűtő)kör; ~ **cooler** *vegy* hűtőkondenzátor *(lecsapó berendezésé)*; ~ **cooling** primer hűtés; ~ **crushing** *bány, ép* előzúzás, előaprítás; ~ **crushing and classifying plant** *bány, ép* előtörő-osztályozó mű; ~ **crystal(l)ization** *koh, krist* primer kristályosodás; ~ **current** *el* primer áram; ~ **curve** *mat, mech* törzsgörbe; ~ **cut-out** *el* primer kikapcsoló/kioldó; ~ **data** *szt* elsődleges adat; kiinduló adatok; ~ **data acquisition/collection** *szt* elsődleges adatgyűjtés; ~ **data management** *szt* előzetes adatkezelés; ~ **data memory** *szt* elsődleges adatmemória; ~ **data store** *szt* elsődleges adattároló; ~ **deposit** *bány* elsődleges telep; ~ **desulphurization/desulfurization** *ol* elsődleges kéntelenítés, előkéntelenítés; ~ **detecting element** mérőátalakító, primer érzékelő; ~ **detector** primer érzékelő/detektor; ~ **disconnecting device** *el* szakaszoló beálló érintkező; ~ **distillation** *ol* elődesztilláció, előzetes desztilláció; ~ **division of scale** *geod* skála-alapbeosztás *(limbuszon)*; ~ **dust collection/extraction** *koh* durva porleválasztás; ~ **electron** *el* primer elektron; ~ **electro-optic effect** *krist* valódi/primer elektrooptikai hatás; ~ **element** (mérő)érzékelő, érzékelőszerv, jelátadó; ~ **emission** *el* primer emisszió; ~ **energy agent** *en* primer energiahordozó; ~ **extinction** *krist* primer extinkció; ~ **failure/fault** *gép* elsődleges/első meghibásodás; ~ **feedback** *el* fő visszacsatolás; ~ **feedback signal** *el* külső visszacsatolójel; *távk* ellenőrzőjel; ~ **fermentation** *élip* zajos erjedés; ~ **field** *el* primer tér; ~ **filter** *tv* primer színszűrő; ~ **flying training school (PFTS)** *rep* alapfokú repülőkiképző iskola; ~ **fractionation** *ol* primer/elsődleges frakcionálás; ~ **frame** *távk* primer keret; ~ **frequency** *távk* alapfrekvencia; elsődleges frekvencia; ~ **frequency standard** *távk* elsődleges hiteles frekvencia; ~ **gas** *ol* nyersgáz; ~**-gas cap** *ol* (elsődleges) gázsüveg; ~**-gas emission** *bány* alapgázhozam; ~ **gear** *gépk* sebességváltó nyeleskerék; ~ **girder** *gép* átviteles terhelésű tartó; ~ **head of rivet** *gép* szegecs kész feje; ~ **highway** *ép, közl* elsőrendű műút; ~ **inclusion** *koh* primer zárvány; ~ **index** *szt* főindex; ~ **industry** alapanyagipar; ~ **input** *szt* elsődleges bemenet; ~ **ion** *fiz* primer ion; ~ **ionization** *at* primer ionizáció; ~ **ion pair** *at* primer ionpár; ~ **jaw crusher/breaker** *ép* nagy pofástörő; ~ **jet trainer** *rep* sugárhajtóműves, alapfokú gyakorló repülőgép; ~ **key** *szt* elsődleges kulcs; ~ **keying** *rád* tápáramköri billentyűzés; ~ **leakage flux** *el* primer szórási tartomány; ~ **level of storage** *szt* elsődleges tárolási szint; ~ **light source** *opt* elsődleges fényforrás; ~ **line** *el* primer vezeték; ~ **line constants** *el* elsődleges vezetékállandók; ~ **line switch** *távb* előfizetési híváskereső; ~ **linkage** *mech* egy szabadságfokú kinematikai lánc; ~**-loop current** *geof* gerjesztőhurok-áram; ~ **luminous standard** *opt* fényerőszabvány; ~ **material(s)** alapanyag(ok); ~ **measuring element** primer/elsődleges mérőelem/érzékelőszerv; ~ **memory** *szt* központi/operatív memória; ~ **migration** *geol* elsődleges migráció; ~ **mill** *heng* előnyújtó hengersor; ~ **minimum** *csill* főminimum; ~ **mirror** *opt* főtükör; ~ **multiplexing station** *távk* primer multiplikálóállomás; ~ **natural radionuclide** *at* primer/elsődleges radionuklid; ~ **oil recovery** elsődleges kőolajtermelés; ~ **ore-forming** *geol* elsődleges ércképződés; ~ **pile** *at* primer reaktor; ~ **pollutant** primer szennyezőanyag; ~ **porosity** *bány, ol* primer/elsődleges porozitás, mátrixporozitás; ~ **press** *pa* előrakosó, előprés; ~ **product** *ip* féltermék; ~ **protective barrier** *at* primer sugárvédelem; ~ **proton** *at* primer proton; ~ **purification** előtisztítás, elöderítés; ~ **radar** *távk* elsődleges radar; kérdezőlokátor; ~ **radar station** *távk* elsődleges radarállomás; ~ **radiation** *at* primer sugárzás; ~ **radiator** *at, távk* primer sugárzó, aktív antenna; ~ **raw material** elsődleges nyersanyag; ~ **ray** *krist* primer sugár; ~ **reaction** *vegy* primer reakció; ~ **reactor** *at* alapreaktor, primer reaktor; ~ **recovery** *bány* természetes telepművelési rendszer; ~ **recrystallization** *krist* primer reklisztallizáció/átkristályosodás; ~ **regulation** *aut* elsődleges szabályozás; ~ **relay** *el* primer relé; ~ **relay station** *távk* fő átjátszóállomás; ~ **rock** *geol* őshegység; primer/protogén kőzet; ~ **route** *távk* nyomvonal; ~ **screen** *ép* előosztályozó (rosta); ~ **sensitive element** primer érzékelőelem; ~ **service area** *távk* elsődleges vételi zóna; ~ **settling tank** *hidr* előülepítő (medence); ~ **sewage treatment** *hidr* elsődleges tisztítás; ~ **shaft** *gépk* nyeles tengely *(sebességváltóban)*; ~ **shield** *at* primer sugárvédelem; ~ **side** *el* primer oldal; ~ **signal** *aut, el* primer jel; ~ **slag** *koh* primer salak; ~ **sludge** *hidr* friss iszap; ~ **solidification** *koh* primer kristályosodás; ~ **solid solution** *koh* szilárd oldat; ~ **standard** *metr* egyezményes alapegység; ~ **standard of light** *opt* elsődleges fotometriai etalon, fotometriai alapetalon; ~ **state of stress** *geol* primer feszültségállapot; ~ **still** *élip* előpárló; ~ **storage** *ip* elsődleges tárolás; *szt* elsődleges tár; ~ **stress** *mech* elsődleges feszültség; fő igénybevétel okozta feszültség; ~ **structure** *koh* primer szövet; ~ **switching-off** *el, félv* primer oldali lekapcsolás; ~ **tone** *hang* alaphang; ~ **triangulation** *geod* főháromszögelés, alapháromszögelés; ~ **truss** *ép* főrácsozat; ~**-type glider** *rep* siklórepülőgép elsőfokú kiképzésre; ~ **unit** érzékelőszerv; ~ **valency** *vegy* fő vegyérték; ~ **wall** *fa* elsődleges sejtfal; ~ **wave** *geol* longitudinális hullám, P-hullám; ~ **winding** *el* primer tekercs; primer tekercselés; ~ **wire** *el* primer vezeték; ~ **wood** *fa* elsődleges fa; ~ **xylem** *fa* elsődleges xilém; ~ **zone** *geol* elsődleges ércöv

prime I. *v bány* töltényt felszerel, élesít, kanócot meggyújt, áramot bekapcsol *(villamos robbantáskor)*; *élip* cukrot adagol *(sörhöz)*; *ép* alapmázolással ellát, alapoz, alapszínt felrak; előkészít; *gépk* üzemanyagot fecskendez *(hengerbe)*; *hidr* indítás előtt feltölt, (vízzel) telít; *hőt* gőzzel vizet visz a hengerbe; *kat* lőporral tölt, puskát tölt; **II.** *a geol* ős-; *mat* egyszerű; nem osztható, oszthatatlan, prím; *vegy* eredeti, fő-, elemi; **III.** *n élip* legjobb minőségű rész; *ép* alapmázolás, alapfestés; *hang* skála alaphangja, tonika; *mat* szögperc; törzsszám, oszthatatlan szám, prímszám; *nyom* tercia *(16 pontos betűnagyság)*; *vegy* kezdeti/kiindulási elem; ~ **a bath** *v tex* fürdőt telít; ~ **an engine** *v gépk* motort beindít; ~ **coating** *ép* alapmázolás, festékalapozás; burkolás; *heg* borítás, burkolat, fedés *(hegesztőpálcán)*; ~ **coating(-)machine** *ép* alapozóanyag-szóró gép; ~ **contractor** *ép* generálvállalkozó, fővállalkozó; ~ **cost** *ip* beruházási költség; termelési költség, önköltség; ~ **crude oil** *élip* első sajtolású (olíva)olaj; ~ **element** *mat* atom; ~ **factor** *mat* prímtényező; ~ **graph** *mat* prímgráf; ~ **mover** *gépk* erőgép, egytengelyű (nyerges) vontató, motorkocsi, hajtógép; ~ **mover and semitrailer** *ép* csuklós jármű, földmunkagép; ~ **number** *mat* prím(szám), törzsszám; ~ **number theory** prímszámelmélet; ~ **particle** *talt* elemi részecske; ~ **power** *mat* prím(szám)hatvány, ultrahatvány; ~ **product** *mat* ultraszorzat, prímszorzat; ~ **spraying(-)machine** *ép* alapozóanyag-szóró gép; ~ **station** *szt* főállomás; ~**(-)steam lard** *élip* első préselésű zsír; ~ **the injector** *v gépk* injektort működésbe hoz

primer *bány, kat* gyújtótöltény, gyújtókupak, gyújtótöltet, gyújtózsinór, gyutacs, hüvelyes gyutacspatron; *el* segédelektród; *ép* alapozó(festék), mázolás alaprétege, alapmáz, alapozóréteg; alapozólakk, alapozó bevonat; *gépk* indító befecskendezőszivattyú; *hőt* gyújtó(láng)égő; *nyom* tercia *(16 pontos betűnagyság)*; ~ **coating(-)machine** → prime coating(-)machine; ~ **composition** *bány* gyújtótöltény; ~ **cup** *kat* csappantyúcsésze; ~ **electrode** *el* gyújtóelektród; ~ **extractor** *kat* gyújtókivető; ~ **focus** *el* primer fókusz, Newton-féle fókusz; ~ **holder** *kat* gyújtótartó pofa; ~ **pump** *rep* tüzelőanyag-szivattyú; ~ **tube** *kat* csappantyús csavar

priming *bány* kanóc meggyújtása, áram bekapcsolása *(robbantáskor)*; töltény felszerelése/behelyezése, élesítés; *élip* cukoradagolás *(sörhöz)*; *ép* (felület)előkészítés *(vakoláshoz)*; alapmázolás, alapozás, alapszínfelrakás; útolajozás *(regenerálás)*; *gépk, rep* üzemanyag-adagolás, üzemanyag-betáplálás; *hidr* (szivattyú)feltöltés, telítés vízzel, víznyomás; *hőt* felfűtés *(kazáné)*; víz elragadása *(a hengerbe áramló gőzzel)*; *kat* lőportöltés; *vasút* vízköpés; ~ **cartridge** *bány, kat* gyújtótöltény; ~ **charge** *bány, kat* indítótöltet; *hidr* feltöltés *(szivattyúé)*; ~ **coat** *ép* mázolás alaprétege; ~ **cock** *hidr* feltöltőcsap *(szivattyúé)*; ~ **colo(u)r** *ép* alapfesték, alapozófesték; ~ **composition** *bány, kat* gyújtókeverék; *ép* alapozóanyag *(mázolásnál)*; ~ **cup** *kat* csappantyúcsésze; ~ **device** *gépk, hidr* feltöltőberendezés; ~ **fuel** *ol* indító üzemanyag *(sok alacsony forráspontú komponenssel)*; ~ **fuse** *bány, kat* gyutacs; ~ **grid** *el* anódsegédrács; ~ **grid voltage** *el* rácselőfeszültség; ~ **illumination** *félv* előmegvilágításos fotocella-érzékenyítés; ~ **line** *bány, kat* gyújtózsinór; *rep* tüzelőanyag-tápvezeték; ~ **nozzle** *gépk* befecskendezőfúvóka; ~ **of boiler** *hőt* kazán felfűtése; ~ **paint** *ép* alapozó(festék), alapozólakk; ~ **pipe** *hidr* feltöltőcső, beöntőcső; ~ **plug** *hidr* feltöltődugó, beöntődugó *(szivattyún)*; ~ **potential** *el* begyűjtópontenciál; ~ **pump** *gépk, rep* légtelenítő-szivattyú; *hidr* előszivattyú; ~ **time** *bány* gyújtási idő; ~ **tube** *bány, kat* gyutacs; *hidr* feltöltőcső *(szivattyúhoz)*; ~ **valve** *hidr* feltöltőszelep *(szivattyúé)*; ~ **water** *hőt* elragadott víz(cseppek) *(gőzben)*; ~ **wire** *bány* gyutacsvezeték

primitive I. *a* kezdeti, egyszerű, primitív; *geol* elsődleges *(kőzet)*; **II.** *n mat* határozatlan integrál; primitív függvény, törzsfüggvény; ~ **cell** *krist* primitív cella *(elemi test)*; ~ **elastic limit** *any* eredeti rugalmassági határ; ~ **equations** *met* primitív egyenletek; ~ **integral** *mat* határozatlan integrál; ~ **recursion** *mat* primitív rekurzió; ~ **rock(s)** *geol* elsődleges/őskori kőzet; ~ **set** *mat* primitív halmaz; ~ **soap** *vegy* szappanalap; ~ **triplet of translations** *krist* primitív transzlációs triplett; ~ **water** *hidr* juvenilis víz

primordial elsődleges, alapvető fontosságú; *geol* kambriumi, ősi, ős-; ~ **life** *geol* őskori/proterozoikus élet

primrose shade *tex, vegy* kankalinsárga

primuline *vegy* primulin, biszdehidrotio-toluidin-szulfonsav; ~ **dye** *vegy* primulinszínezék *(direkt azoszínezék)*

princess tile *ép* tetőcserép *(60 x 35 cm)*

principal I. *a* fő, (leg)első, vezető, vezér-; **II.** *n ép* főgerenda, tartógerenda, mestergerenda, főszaruállás, szarufa; gerinclemezes tartó; *hang* principál; ~ **angle of incidence** *krist* fő beesési szög; ~ **arch** *ép* főboltozat; ~ **argument** *mat* argumentum főértéke *(komplex szám esetében)*; ~ **axes theorem** *mat* főtengelytétel; ~ **axis** főtengely; *geod* kameratengely; ~ **axis of inertia** *mech* fő inerciatengely, tehetetlenségi főtengely; ~ **axis of strain** *mech* alakváltozási főtengely; ~ **axis of stress** *mech* feszültségi főtengely; ~ **axis of the electro-acoustic transducer** *hang* elektroakusztikus átalakító főtengelye; ~ **axis theorem** *mat* főtengelytétel; ~ **beam** *ép* mestergerenda, főgerenda, tartógerenda; ~ **block** *stat* alapvető statisztikai adatcsoport; ~ **branch** *mat* főérték, főág *(analitikus függvényé)*; ~**(-)branch drain** *hidr* belvízgyűjtő másodrendű főcsatorna; ~ **building** *ép* főépület; ~ **circuit** *el* fő áramkör; ~ **clock** *finm* főóra; ~ **component of stress** *mech* főfeszültség; ~ **compression stress** *mech* nyomó főfeszültség; ~ **controller** *aut* főszabályozó; ~ **cornice** *ép* koronázópárkány, főpárkány; ~ **coupling** *gép* főcsavarkapocs *(vonószerkezeté)*; ~ **crystallographic axis** *krist* krisztallográfiai főtengely; ~ **curvature** *mat* főgörbület; ~ **deformation** *any, krist* főkiterjedés; főtorzulás, főmegnyúlás; ~ **determinant** *mat* ődeterminláns *(mátrixé)*; ~ **diagonal** *mat* főátló; ~ **dimension** *mat* főméret; ~ **direction of stress** *mech* fő feszültségirány; ~ **distance** *foto, geod* képtávolság; ~ **E-plane** *távk* fő E-sík; ~ **focus** *opt* főfókusz; ~ **front** *ép* főhomlokzat; ~ **fuse** *el* főbiztosító; ~ **fusible cut-out** → ~ fuse; ~ **gallery** *bány* főtáró; ~ **inductance** *el* főinduktivitás; ~ **line** *geod* képfüggőleges; *vasút* fővonal; ~ **minor** *mat* fő aldeterminláns; ~ **mode** *távk* alaphullám, transzverzális elektromágneses hullám, TEM-hullám, alapmódus; ~ **moment** *mech* főnyomaték; ~ **mo(u)lding** *ép* koronázópárkány, főpárkány; ~ **part** *mat* főrész; ~ **plane** *foto, geod* (kép)fősík; *mat* fősík, (fő) szimmetriasík *(felületé)*; *mech* fő feszültségsík; ~ **plane of lens** *opt* (kép)fősík; ~ **plane of stress** *mech* főfeszültség síkja, fő feszültségsík; ~ **plane of symmetry** *krist, mat* fő szimmetriasík; ~ **point** *geod* kezdőpont *(keretjelek középpontja fotogrammetriában)*; ~ **point of a lens** *mech, opt* főpont; ~ **point triangulation** *geod* főpont-háromszögelés; ~ **post** *ép* szárfa; ~ **quantum number** *fiz* fő kvantumszám; ~ **radius of curvature** *mat* fő görbületi sugár, főgörbület sugara; ~ **rafter** *ép* főszaruállás; ~ **ray** *opt, távk* fősugár; ~ **refractive index** *krist* fő törésmutató; ~ **reinforcement** *ép* fő vasbetét *(vasbetoné)*; ~ **section** *krist* főmetszet; *opt* fősorozat; ~ **series** *fiz* fő szériesz; ~ **shear stress** *mech* csúsztató főfeszültség; ~ **strain** *any, krist* főkiterjedés; főtorzulás, főmegnyúlás; ~ **strain directions** *mech* alakváltozási főirányok; ~ **stress** *krist, mech* főfeszültség; ~ **stress direction** *mech* feszültségi főirány, fő feszültségirány; ~ **symmetry plane** *krist, mat* fő szimmetriasík; ~ **tangent** *mat* aszimptota, főérintő; ~ **tensile stress** *mech* húzó főfeszültség; ~ **term** *mat* főtag *(determinánsé)*; ~ **test section** *any* fő vizsgálati szakasz; ~ **uniformization** *mat* főuniformizáció; ~ **value** *mat* sajátérték, karakterisztikus érték, főérték, főág; *tex* modális érték; ~ **variable** *mat* főváltozó; ~ **vent** *geol* főkürtő *(vulkáné)*; ~ **wave** *geol* félhullám; *távk* alaphullám, transzverzális elektromágneses hullám, TEM-hullám, alapmódus; ~ **yield** *fa* fő használati termék *(erdőgazdálkodásban)*; ~ **zone** *krist* főzóna

principle (alap)elv; törvény(szerűség); *fiz* törvény; *mat* (alap)elv; *vegy* alapelem, alkotórész; ~ **of action and reaction** *fiz* akció-reakció elv, Newton harmadik axiómája, kölcsönhatás törvénye; ~ **of addition** „vagy"-gyal való bővíthetőség tétele; ~ **of building blocks** *el* építőszekrényelv; ~ **of causality** *mat* kauzalitási elv; ~ **of convergent intervals** *mat* skatulyázási elv, összehúzódó intervallumok elve; ~ **of countercurrent** *el* ellenáram elve; ~ **of duality** *mat* dualitás elve; ~ **of equal probability** *mat* egyenlő valószínűség elve; ~ **of equilibrium** *mat* egyensúlyi elv; ~ **of equipotent loads** *mech* egyenerejű terhelések elve; ~ **of equivalence** *fiz* ekvilanciaelv *(tömeg és energia egyenértékűsége)*; ~ **of exclusion** *el* Pauli-féle kizárási/tilalmi elv; ~ **of finite induction** *mat* teljes indukció elve; ~ **of first differences** *mat* lexikografikus rendezés elve; ~ **of highest density** *krist* legnagyobb sűrűség elve; ~ **of impulse reflection** *aut* impulzusreflexió módszere; ~ **of indeterminancy** *at* határozatlansági elv, Heisenberg-féle reláció; ~ **of least action** *fiz* legkisebb energia elve; ~ **of least constraint(s)** *mech* legkisebb kényszer elve; ~ **of least squares** *mat* legkisebb négyzetek módszere/elve; ~ **of least time** *fiz* legrövidebb fényút elve, Fermat-elv; ~ **of linear momentum** *mech* impulzustétel; ~ **of microblock design** *el* mikro-építőkockás építési mód (elve); ~ **of motion of mass(-)centre** *mech* súlyponttétel; ~ **of optimality** *aut* optimalitási elv, optimális lehetőség elve; ~ **of permutation** *mat* kommutativitási/felcserélhetőségi törvény; ~ **of position** *mat* helyiértékelv *(számrendszerre)*; ~ **of reciprocal deflections** *mech* erő és elmozdulás felcserélhetőségének elve; ~ **of relativity** *fiz* relativitás elve; ~ **of similarity** *mat* hasonlósági elv; ~ **of special relativity** *fiz* (Einstein-féle) speciális relativitás-elmélet; ~ **of summation** *mat* „vagy"-gyal való bővítés törvénye; ~ **of superposition** *aut, távk* szuperpozíció elve; *fiz* igénybevételek halmozhatóságának elve; ~ **of the conservation of angular momentum** *mech* impulzusmomentum megmaradásának törvénye; ~ **of the conservation of moment of momentum** → ~ of the conservation of angular momentum; ~ **of the conservation of areas** *mat* felületi tétel, Kepler második törvénye; *mech* impulzusmomentum megmaradásának tétele; ~ **of the conservation of electric charge** *el* töltésmegmaradás törvénye; ~ **of the conservation of energy** *fiz* energia megmaradásának elve, energiamegmaradás törvénye/elve; ~ **of the conservation of mass/matter** *fiz* tömegmegmaradás törvénye; ~ **of the conservation of parity** *mat* paritásmegmaradás törvénye; ~ **of the equipartition of energy** *vegy* ekvipartíció-tétel; ~ **of the excluded middle/third** *mat* „tertium non datur" elve, harmadik kizárásának elve/törvénye; ~ **of torque and angular momentum** *mech* perdülettétel; ~ **of uncertainty** *at* határozatlansági elv, Heisenberg-féle reláció; ~ **of virtual displacements** *mech* virtuális elmozdulás elve; ~ **of virtual work** *fiz* képzelt/virtuális munkák tétele; ~ **scheme** szerkezeti vázlat

print I. *v* nyomtatott betűkkel ír; *bőr* műbarkáz; *foto* másol; *nyom* (ki)nyomtat; (le)nyom; bélyegez; fénymásol; *távb* ír; *tex* nyomtatással mintáz; **II.** *n film* (pozitív) kópia; *foto* másolat, pozitív kép, fénykép, papírkép; *nyom* bélyegző; fametszet, rézmetszet; fénymásolat; lenyomat, nyomat, nyomdatermék; nyomtatás, nyomás; *önt* öntvényminta, öntőminta; *szt* nyomtatás; *tex* nyomottmintás pamutszövet; ~ **area** *szt* nyomtatótár, nyomtatási terület; ~**-back cloth** *tex* nyomókendő, együttfutó; ~ **buffer** *szt* nyomtatótároló; ~ **chain** *szt* nyomtatólánc; ~ **cloth** *tex* karton; ~ **cylinder** *szt* nyomtatóhenger; ~ **drum** *szt* betűhenger; ~ **edit mask** *szt* nyomtatómaszk; ~ **from stereotype plate** *v nyom* tömöntvényről nyom; ~ **from type** *nyom* szedett betűkről nyomott kiadás; ~ **gain** *szt* vonalvastagodás *(vonalkódnyomtatásnál)*; ~ **hammer** *szt* nyomtatókalapács; ~ **head** *szt* írófej; **in** ~ *nyom* kapható; nyomtatásban (megjelent); ~ **instruction** *szt* nyomtatóutasítás; ~ **layout** *szt* táblarajz; ~ **leaflet** *nyom* nyomtatvány; ~ **lever** *szt* írókar; ~ **line** *nyom* nyomtatott sor; ~ **member** *szt* betűhordozó; ~ **of fossil plant** *geol* ősnövény lenyomata; ~**-on** *tex* színeltávolítás nélküli; ~ **out** *v szt* kiír, kinyomtat; ~**-out** → printout; **out of** ~ *nyom* nem kapható, elfogyott; ~ **over** *v tex* egymásra nyom *(mintát)*; ~**(-)paper** *pa* nyomópapír; ~ **paste** *tex* nyomópép, nyomópaszta; ~ **punch** *szt* nyomtatólyukasztó; ~ **quality** *foto* másolatminőség, nyomatminőség; ~**-roll coater** *pa* nyomóhengeres mázológép; ~ **roller** *foto* másolóhenger; ~ **screen (PrtSc)** *szt* a képernyő tartalmának kinyomtatására szolgáló billentyű, PrtSc; ~ **sheet** *nyom* nyomtatvány; ~ **test** *foto* próbamásolat; ~**-through** *nyom* átlátás, átütés; *szt* átmásolódás; ~ **tongs** *pl foto* nyomatcsipesz; ~ **unit** *nyom* íróműˇ; ~ **wheel** *szt* betűkerék; ~**-work** *tex* nyomott áru; ~**-works** *tex* kelmenyomtató gyár; ~ **zone** *szt* nyomtatási zóna

printability *nyom* nyomtathatóság; *tex* nyomhatóság

printed *nyom* nyomtatott; *tex* nyomott; ~ **amplifier** *el* nyomtatott áramkörű erősítő; ~ **apparatus** *el* nyomtatott áramkörös készülék; ~ **area** *tex* nyomott felület; ~ **board** *el* nyomtatott vezetékhálózat/lap; ~**-board assembly** *el* szerelt nyomtatott lap; ~ **capacitor** *el* nyomtatott kondenzátor; ~ **character(s) recognition** *szt* alakfelismerés; ~ **circuit (PC)** *el* nyomtatott áramkör, PC; ~**-circuit amplifier** *el* nyomtatott áramkörös erősítő; ~**-circuit apparatus** *el* nyomtatott áramkörös készülék; ~**-circuit board/card (PCB)** *el* nyomtatott áramköri kártya, NYÁK; nyomtatott vezetékhálózat; ~ **circuit connector (PCC)** *szt* NYÁK-csatlakozó, PCC; ~ **component** *el* nyomtatott alkatrész; ~ **fabric** *tex* nyomott kelme; ~**-in title** *foto* benyomott felirat; ~ **matter** *nyom* nyomtatvány, kinyomtatott anyag; ~ **page** *szt* nyomtatott oldal (terjedelmű); ~ **pattern** *tex* nyomott minta; ~ **product** *nyom* nyomdatermék; ~ **resistor** *el* nyomtatott ellenállás; ~ **wire** *el* nyomtatott bekötés; ~ **wiring (PW)** *el, szt* nyomtatott huzalozás, PW; ~ **wiring board** nyomtatott vezetékhálózat

printer *el* jelíró; *film, foto* másológép, fényképmásoló gép; *nyom* könyvkiadó, újságkiadó; nyomdász, gépmester; *szt* (sor)nyomtató, printer; *távb* betűnyomó távírókészülék; *tex* kelmenyomtató (gép); ~ **carriage tape** *szt* carriage-szalag, formátumszalag; ~ **input** *szt* nyomtatóbemenet; ~ **journeyman** *nyom* nyomdai szakmunkás; ~ **keyboard** *szt* nyomtatóbillentyűzet; ~ **light** *film* másoló fényforrás; ~ **loss** *hang* másolási veszteség *(hangfelvételnél)*; ~ **magnet** *távk* nyomtatómágnes; ~ **output area** *szt* nyomtatási mező; ~ **peel** *nyom* papírszárító állvány; ~ **plate** *foto* keményített zselatinlemez (háromszínű) nyomáshoz; ~**-plotter** *szt* nyomtató-rajzoló; ~**(-)reading** *met* mutatóleolvasás rögzítéses nyomással; ~**s** *pl tex* vászonkötésű pamutszövet *(nyomáshoz)*; ~**'s black** *nyom* nyomdafesték; ~**'s blanket** *tex* nyomókendő; ~**'s cylinder** *nyom, tex* nyomóhenger; ~**'s error/fault** *nyom* nyomdahiba; ~**'s felt** *tex* nyomókendő; ~**'s flower** *nyom* iniciálédísz, virágmintadísz, széldíszítés; ~**'s ink** *nyom* nyomdafesték; ~**'s roller** *nyom* nyomdahenger; *tex* nyomóhenger; ~**'s shears** *pl nyom* kéziratolló, állványos papírvágó olló; ~**'s stereo** *gumi* klisé; ~**'s type** nyomdai betűtípus

printery *pl nyom* (könyv)nyomda

printing *bőr* műbarkázás; *film* kontaktmásolás; *heng* nyomtatás; *nyom* (fény)másolás, levonás, lehúzás; (ki)nyomtatás, nyomás; bélyegzés; magasnyomás; nyomtatott betűvel írás; *tex* nyomás, mintázás nyomtatással; ~ **attenuation** *hang* átmásolódási csillapítás; ~**-bail cam** *távb* nyomtatóexcenter; ~**(-)black** *nyom* fekete nyomdafesték/nyomófesték; ~**(-)block** *távb* betűfej; *tex* nyomóforma, sablon; ~**(-)blue** kék nyomdafesték, nyomdakék; ~ **board** *tex* nyomóasztal; ~**(-)cam** *távb* nyomtatóexcenter; ~ **cardboard** *nyom* nyomókarton; ~ **card punch** *szt* feliratozólyukasztó; ~ **colo(u)r** *nyom* nyomófesték, nyomdafesték; *tex* nyomószínezék, nyomófesték; ~ **command** *szt* nyomtatási utasítás; ~ **density** *nyom* írássűrűség; ~ **design** *tex* nyomásminta; ~ **disc/disk** *távk* nyomtatókorong; ~ **equipment** *nyom, szt* nyomtató; ~ **establishment** *tex* nyomóüzem; ~ **expense** *nyom* nyomdai költség; ~ **fault** *tex* nyomási hiba; ~ **format** *szt* nyomtatási formátum; ~ **frame** *foto, nyom* fénymásolókeret, másolókeret; ~ **from plates** *nyom* nyomás kliséről; ~ **gallery** *nyom* fénymásoló műhely; ~ **gum** *nyom, tex* sűrítőszer *(nyomáshoz)*; ~ **house** *nyom* könyvnyomda; ~ **in colo(u)r** *nyom, tex* színnyomás; ~**(-)ink** *nyom* nyomdafesték; ~ **instruction** *szt* nyomtatási utasítás; ~ **machine** *nyom* nyomdagép; hengeres nyomógép; *tex* hengernyomó/mintanyomó gép; ~**(-)magnet** *távb* nyomtatómágnes; ~ **mask** *el* másolómaszk, fedőmaszk; ~ **mechanism** *nyom* írómű, nyomószerkezet, nyomtatószerkezet; ~ **of a thousand** *nyom* ezer példány nyomtatása; ~ **of fabrics** *tex* textilnyomás; ~**-on** *tex* rányomás; ~ **on a hand press** *nyom* nyomás kézi sajtóval; ~ **on a treadle machine** *nyom* nyomás pedálhajtású géppel; ~ **on the back** *nyom* hátoldali nyomás; ~ **order** *szt* nyomtatási utasítás; ~**-out** *nyom* fénymásolás; *szt* kinyomtatás; ~**-out paper (POP)** *nyom* fénymásolópapír *(előhívást nem kívánó)*, napfénypapír; ~ **paper** (fény)másolópapír, napfénypapír; nyomópapír; ~**(-)press** *nyom* nyomógép, nyomdagép; sajtó; ~ **process** sokszorosító/nyomtató eljárás; ~ **program** *szt* nyomtatóprogram; ~ **punch** *szt* elektromos nyomtatóegység, lyukasztóegység; ~ **rate** *szt* nyomtatási sebesség; ~ **reader** *metr* (papír)szalagos öníró műszer, diagramrekorder, diagramíró szerkezet, regisztráló leolvasó; ~ **receiver** *távb* szalagíró távíró-felvevőgép, nyomtatásos vevőkészülék; ~ **reception** *távb* nyomtatásos vétel; ~**(-)red** *nyom* vörös nyomdafesték/nyomófesték; ~ **roller** *koh* nyomóhenger; ~ **speed** *nyom, szt* nyomtatási sebesség; ~ **stamp for wood(-)printing** *nyom* fametszetnyomó dúc, faklisé; ~ **tape punch(er)** *szt* nyomtató szalaglyukasztó; ~ **telegraph** *távb* betűíró/betűnyomtató távíró(gép); ~ **telegraphy** *távb* betűíró/betűnyomtató táviratozás; ~ **type** *nyom* betűtípus; ~ **unit** *szt* nyomtatómű, nyomtatóegység; ~ **without grey** *tex* nyomás együttfutó nélkül; ~ **works** *tex* kelmenyomtató gyár

printout *szt* kiírás, nyomtatvány, kinyomtatott anyag, lista; nyomtatott kimenet, eredménylista, kiírás; ~ **device** *nyom, szt* (sor)nyomtató

priorite *ásv* priorit

priority *közl, szt, távk* elsőbbség, elsőbbségi jog, prioritás; ~ **circuit** *távk* prioritás-áramkör; ~ **for land** *rep* soronkívüli leszállítás; ~ **grading** *távk* prioritási/elsőbbségi fok; ~ **interrupt** *szt* elsőbbségi megszakítás; ~ **message** *rep* elsőbbségi/sürgős közlemény; ~ **number** *távk* elsőbbségi szám; ~ **processing** *szt* elsőbbségi feldolgozás; elsőbbségi üzemmód; ~ **program/routine** *szt* elsőbbségi program, prioritásprogram; ~ **rank** *szt* elsőbbségi rang; ~ **scheduling** *szt* elsőbbségi feldolgozás; ~ **sequence** *szt* elsőbbségi sorrend

prism *mat* hasáb, prizma; *opt* (fénytörő) prizma; ~ **antenna** *távk* kalitkaantenna; ~ **apparatus** *opt* prizmás készülék; ~ **dispersing system** *fiz* prizmás spektroszkóp, prizmás spektroszkópiai eszköz; ~ **drum** *tv* forgódobos prizmás letapogató; ~**(-)light** *ép* padlóvilágítás fénytörő üvegprizma burkolattal; ~ **method** *krist* prizmamódszer; ~ **photometer** *foto* prizmás fotométer; ~**s** *pl opt* színkép színei; ~**-shaped** *mat* prizma/hasáb alakú; ~ **spectrometer** *fiz* prizmás spektrométer/színképmérő; ~ **spectroscope** *fiz* prizmás spektroszkóp; ~ **square** *geod* szögprizma; ~ **strength** *ép* hasábszilárdság *(betonvizsgálatnál)*; ~ **telescope** *opt* prizmás távcső

prismatic *mat, opt* prizmás, hasábos, hasáb/prizma alakú; ~ **beam** *ép* állandó keresztmetszetű gerenda; ~ **binoculars** *pl opt* prizmás távcső *(kétcsövű)*; ~ **class** *krist* prizmás kristályosztály, monoklin prizmás osztály; ~ **coefficient** *hajó* hengeres teltség; ~ **compass** *geod* prizmás iránytű/tájoló; *opt* szivárványszínek; ~ **compost-making** *mzg* prizmás komposztolás; ~ **compression strength** *ép* hasábszilárdság; ~ **deviation** *opt* prizma fényeltérítése; ~ **dislocation** *krist* prizmás diszlokáció; ~ **eye** *foto* prizmás kereső; ~ **eyepiece** *geod* okulárprizma; szemlencseelőtét-hasáb; ~ **guide** *gép* prizmás vezeték; ~ **habit** *krist* prizmás habitus; ~ **key** prizma alakú ék; ~ **knife edge** *el* prizmatikus forgóél/achátél; ~ **ledge** *opt* prizmaél; ~ **powder** *kat* prizmás lőpor; ~ **reflection** *opt* prizmás sugártörés; ~ **reflector** *opt* teljesen visszaverő prizma; ~ **sight** *kat* prizmás irányzék; ~ **specimen** *any* hasáb alakú *v.* szögletes próbatest; ~ **spectrometer** *fiz* prizmás spektrométer; ~ **spectrum** *opt* törési színkép; ~ **system** *krist* prizmás rendszer; ~ **transit instrument** *metr* tört távcsöves passzázsműszer; ~ **trommel** *bány* hasábos forgórosta/dobszita

prismatine *ásv* prizmatin

prismatoid *mat* prizmatoid, prizmoid

prismatoidal *mat* prizmatoid alakú

prismoid *mat* prizmoid, prizmatoid

prismoidal formula *ép* Simpson-szabály, parabolaformula

privacy | **equipment** *távk* bizalmas átviteli berendezés; ~ **system** *távk* bizalmas rendszer

private | **automatic branch exchange (PABX)** *távb* automata alközpont; automatikus házi kapcsolóközpont, PABX; ~ **automatic exchange (PAX)** *távb* automatikus házi telefonközpont, PAX; ~ **branch exchange (PBX)** *távb* (házi) alközpont, házi kapcsolóközpont, PBX; ~ **code** *szt* magánkód; ~ **data network** *szt* magán-adathálózat; ~ **exchange (PX)** *távb* házi telefonközpont; ~ **line** *rep, távk* egyedi rádiócsatorna; *szt, távb* magánvonal, bérelt vonal; ~ **manual branch exchange (PMBX)** *távb* kézi kapcsolású alközpont; ~ **manual exchange (PMX)** *távb* kézi kapcsolású házi telefonközpont, kézi távbeszélő alközpont; ~ **sewer** *hidr* házicsatorna; ~ **siding** *vasút* iparvágány; magánvasúti csatlakozóvágány; ~ **station** *távk* magánkézben levő rádióadó/televízióadó; ~ **telephone network** *távb* magán-telefonhálózat; ~ **telephone system** *távb* házi telefon; ~ **wiper** *el* vezérlőkefe; ~ **wire (PW)** *el* C-cső, C-vezeték; *szt* magánvonal, bérelt vonal, PW; *távb* jelzővezeték *(automata központban)*; ~ **wire circuit** *távb* bérelt vonal

privileged | **instruction** *szt* privilegizált utasítás; ~ **work** *távk* elsőbbséges berendezés

privy I. *a távk* magántermészetű, bizalmas, titkos; **II.** *n ép* (vízöblítés nélküli) árnyékszék, latrina; ~ **door** *ép* titkos ajtó; ~ **pit** *ép* pöcegödör; ~ **tub** *ép* ürüléktartály

prize I. *v em* emel, emelőkarral elmozdít; *gép* (szét)feszít, felfeszít, feltör; *ip* megbecsül, felértékel; **II.** *n* emeltyű, emelő(kar); *mech* emelővel kifejtett nyomás; ~ **open** *v* felfeszít, feltör

probabilistic *mat* valószínűségi; ~ **decoding** *távk* valószínűségi dekódolás; ~ **logic** *mat* valószínűségi logika; ~ **risk assessment (PRA)** *at* valószínűségi kockázatbecslés; ~ **safety assessment (PSA)** → ~ risk assessment

probability *mat* valószínűség; ~ **amplitude** *fiz* valószínűségi amplitúdó; ~ **a priori** *mat* a priori valószínűség; ~ **calculation** *mat* valószínűségszámítás; ~ **calculus** *mat* valószínűségelmélet, valószínűségszámítás; ~ **coefficient** *at* valószínűségi együttható; ~ **current** *at* valószínű(ségi) áram; ~ **curve** → ~ normal curve; ~ **density** *at* valószínűségi sűrűség; ~ **density distribution** *stat* valószínűségi sűrűségeloszlás; ~ **density function (PDF)** *stat* sűrűségfüggvény; valószínűség-sűrűségi függvény; ~ **distribution** *stat* (valószínűség)eloszlás, eloszlástörvény; ~ **distribution function** *stat* eloszlásfüggvény; valószínűségeloszlási függvény; ~ **factor** *stat* valószínűségi együttható; ~ **field** *mat* valószínűségi mező; ~ **for exceeding** *stat* szignifikanciaszint, túllépési valószínűség, hibavalószínűség, hibaráta; ~ **frequency curve** *mat* valószínűségi görbe, Gauss-görbe; ~ **frequency function** *mat* gyakorisági függvény; ~ **integral** *mat* valószínűségi integrál; ~ **matrix** *mat* sztochasztikus mátrix; ~ **method** *mat* valószínűség(számítás)i módszer; ~ **model** *mat, stat* sztochasztikus/statisztikai/valószínűségi modell; ~ **normal curve** *mat* hibagörbe, hibaeloszlás görbéje, Gauss-görbe, normális hibagörbe, normális eloszlás görbéje, haranggörbe; ~ **of availability** *gép* jósági szám; ~ **of defect** *gép* hiba valószínűsége; ~ **of detection** *aut* észlelési valószínűség; ~ **of disintegration** *vegy* bomlási valószínűség; ~ **of hitting** *kat* találati valószínűség; ~ **of missing** *kat* cél elvétésének valószínűsége; ~ **of nucleation,** ~ **of nucleus formation** *krist* gócképződés valószínűsége; ~ **of occupation** *távb* foglaltsági valószínűség; ~ **of repair** javítás elvégzésének valószínűsége; ~ **of restoration** működőképesség helyreállításának valószínűsége; ~ **of solution** *mat* megoldás valószínűsége; ~ **of stability** *aut* stabilitási valószínűség; ~ **of transmission** *távk* átmenet/váltás valószínűsége; ~ **process** *mat* sztochasztikus folyamat; ~ **sampling** *aut* véletlen mintavétel; *gumi* valószínűségi megmintázás; ~ **theory** *mat* valószínűségelmélet; ~ **unit** *mat* probit; ~ **waves** *at, mech* valószínűségi hullámok

probable valószínű, lehetséges, feltételezhető, várható; *mat* valószínű; ~ **deviation** *bány* Terra-féle mérőszám; *stat* valószínű szórás/eltérés; ~ **deviation of burst** *kat* valószínű lövéseltérés; ~ **error (PE)** valószínű hiba; ~ **mineral reserve** *bány* reménybeli ásványkészlet; ~ **rectangle** *mat* szórásnégyszög; ~ **reserves** *pl bány* reménybeli/valószínű készlet, részben megkutatott készlet; ~ **value** *mat* valószínű érték; ~ **velocity** *mech* valószínű sebesség

probation *ip* kísérlet

probationary plan *ép* kivizsgálás terve

probative *ip* kísérleti, próba-

probe I. *v* kutat, kémlel; *gép* kipróbál; *hajó* próbál, szondáz *(mélységet)*; **II.** *n* próba, minta; *at* szonda; *el* érzékelő, tapintó; mérőszonda, mérőelektród; *geof* kutatószonda; *metr* hézagmérő; ~ **antenna** *metr* szondaantenna; ~ **coil** *távk* tekercsszonda; ~ **for measurements** *el* mérőszonda; ~ **gas** *vák* keresőgáz; ~ **head** mérőfej, érzékelőfej, szonda; ~ **inlet** *el* kutaszbevezető nyílás; ~ **microphone** *hang* mikrofonszonda, szondamikrofon; ~ **tube** *bány* szondacső; *távk* rezgésindikátor; ~ **voltage** *el* szondafeszültség, kutaszfeszültség

probing kémlelés, kutatás; *bány* bányászati kutatás fúrással/aknával; *forg* hézagmérés, furatmérés; *gép* kipróbálás; *hajó* szondázás; *koh* próbavétel

probit *mat* probit

problem *mat* feladat, feladvány, gyakorlat, probléma; ~ **board** *szt* dugaszolótábla; ~ **definition** *szt* problémameghatározás; ~ **description** *szt* feladatmeghatározás; ~ **face** *szt* feladattér; ~ **formulation check** *mat* feladatmegfogalmazás ellenőrzése; ~ **of colo(u)ring maps in four colo(u)rs** *mat* négyszín probléma; ~ **of maximum flow in a network** *el* hálózati áramlás problémája; ~ **of optimal inventory/stock management** *rendsz* készletprobléma, készletezési probléma; ~ **of random walk** *mat* bolyongási probléma; ~ **of representatives** *mat* reprezentánsprobléma, reprezentánsfeladat; ~ **of the Königsberg bridges** *mat* königsbergi hidak problémája; ~ **of three factories and three utilities** *mat* három ház — három kút problémája; ~ **of word** *szt* szóprobléma; ~**-oriented language** *szt* problémaorientált nyelv; ~**-oriented macrocommand/macroinstruction/macroorder** *szt* feladatorientált makroutasítás; ~ **program** *szt* feladatprogram; ~ **recognizing** *mat* problémafelismerés; ~**(-)solving program** *szt* feladatmegoldási program

problematic remains *geol* megoldatlan maradványok

procaine *gyógyv* prokain, novokain, β-dietil-amino-etil-p-amino-benzoát; ~ **penicillin** *gyógyv* prokain-penicillin *(antibiotikum)*

procedural | bias *mat* eljárás/közelítés hibája; ~ **control** *ip* gyártás(köz)i minőség-ellenőrzés

procedure művelet, eljárás, folyamat; *ip* technológiai folyamat; *szt* eljárás, szubrutin; ~ **body** *aut* eljárástörzs; ~ **control** *ip* gyártási művelet *v.* munkafolyamat ellenőrzése, munkafelügyelet, munkaellenőrzés; ~ **declaration** *mat* eljárásdeklaráció; ~ **division** *szt* eljárásrész; ~ **heading** *szt* eljárásfej; ~**-oriented language** *szt* eljárásorientált nyelv; ~ **sign** *rep* egyjelű szolgálati jel; ~ **signal** *rep* háromjegyű szolgálati jel; ~ **statement** *szt* eljárásutasítás; ~ **turn** *aut* várakozási forduló; *rep* eljárásiforduló, szabványforduló

proceed|-to-select signal *távb* tárcsázási jel; ~**-to-send signal** *távb* készenléti jel; ~**-to-transmit signal** *távk* adáskérő jel

proceeding eljárás(mód); ~ **control** *aut* folyamatvezérlés, folyamatszabályozás; ~ **controls in steel and metal works** *koh* folyamatszabályozások vas és fémművekben

proceeds *pl* nyereség, bevétel, hozam

procellulose *pa* procellulóz

process I. *v* feldolgoz; *élip* felfőz, feldolgoz, tartósít; *foto* kidolgoz; *gumi* feldolgoz; *ip, mt* kezel, megmunkál, kikészít, elkészít, feldolgoz, újra feldolgoz *(hulladékot)*; *szt* feldolgoz *(adatot)*; **II.** *n* folyamat, eljárás, módszer; *vegy* (vegyi) reakció; ~ **acceptance** *ip* technológiai eljárás átvétele; ~ **alloy** *koh* ötvözőadalék; ~**-annealed sheet** *heng* lágyított lemez; ~ **annealing** *koh* közbülső lágyítás; ~ **automation** *aut, ip* folyamatautomatizálás; ~**(-)block** *nyom* klisé; ~ **by computer** *v szt* számítógéppel *v.* gépi úton feldolgoz; ~ **card** *ip* technológiai műveletlap; ~ **chart** *ip* műveleti diagram/ábra, folyamatábra, művelettervlap; *szt* rendszer-folyamatábra, feldolgozási folyamatábra; ~ **communication system** *szt* folyamat adatátviteli rendszere; ~ **computer** *szt* folyamatvezérlő/folyamatirányító/on-line számítógép; ~ **conditions** *ip* üzemi körülmények, technológiai jellemzők, üzemviszonyok; ~ **control** *ip, szt* folyamatszabályozás, folyamatirányítás, gyártásirányítás; *szt* folyamatvezérlés; ~ **control computer** folyamatszabályozó/folyamatirányító számítógép; ~ **convergence** *ip* folyamat konvergenciája; ~**(-)correcting device** *aut* helyesbítőelem, helyesbítőszerkezet; ~ **data** *szt* folyamatadat(ok); ~ **data input** *szt* folyamatadat-bemenet; ~ **data output** *szt* folyamatadat-kimenet; ~ **descriptor** *szt* folyamatleíró; ~ **development** *ip, vegy* eljárás kifejlesztése; ~ **disturbance** *ip* folyamat zavarása; ~ **engineering** *ip* gyártástechnológia; ~**(-)engraving** *nyom* fénynyomás; ~ **equipment** *ip* berendezés; ~ **factor** *fiz* (egylépcsős) elválasztási tényező/faktor; ~ **flow diagram/sheet** eljárás folyamatábrája, folyamatábra; ~ **gas** *ol* termékgáz, krakkgáz, folyamatban részt vevő gáz, vivőgáz; ~ **handling** *ip* üzemi mozgatás/kezelés; ~ **heat reactor** *at* (táv)fűtő reaktor; ~ **identification** *szt* (folyamat)identifikáció; ~ **inspection** *ip* műveleti ellenőrzés; ~ **instrumentation** *ip* folyamatműszerezés; ~ **instrumentation and control (engineering)** *ip* folyamatműszerezés és irányítás(technika); ~ **level** *ip* gyártási folyamat minőségszintje; ~ **metallurgy** *koh* fémtechnológia; ~ **monitoring** *ip* (folyamat)ellenőrzés; **in** ~ **of construction** *ép* épülőfélben levő; kivitelezés/építés alatt (álló); ~ **of diffusion** *el* diffúziós folyamat; ~ **of setting** *ép* keményedési/kötési folyamat *(betoné)*; ~ **of superheating** *hőt* túlhevítési folyamat; ~ **organization** *ip, szt* folyamatszervezés; ~ **photographer** *nyom* cinkográfiai fényképész; ~ **plant** *aut, ip* szabályozott szakasz; ~ **plate** *foto* finom szemcsés (fénykép)lemez; ~ **printing** *nyom* háromszínnyomás; ~ **queue** *szt* feldolgozási sor; ~ **reaction/reactive curve** *aut* folyamat-visszahatási jelleggörbe; ~ **remote control** *aut* folyamat távirányítása; ~**(-)shot** *film* folyamatos filmfelvétel; ~ **signature curve** *aut* folyamat-visszahatási jelleggörbe; ~ **steam** *hőt* technológiai gőz; ~ **timer** *aut* programadó, menetrendadó; ~ **wire** *heng* előhúzott huzal; ~ **with limited after-effect** *aut* korlátos utóhatású folyamat, rekurrens folyamat

processability *gumi* feldolgozhatóság

processed feldolgozott, megmunkált; ~ **cheese** *élip* ömlesztett sajt; ~ **information** *szt* feldolgozott adatok; ~ **pulp** *pa* nemesített cellulóz; ~ **wire** *heng* előhúzott huzal

processibility *élip* tartósíthatóság, felfőzhetőség; *ip* feldolgozhatóság, megmunkálhatóság, kikészíthetőség, elkészíthetőség, kezelhetőség, használhatóság

processing feldolgozás, megmunkálás, termelés, kikészítés, elkészítés, kezelés; *élip* felfőzés, tartósítás; *foto* (film)kidolgozás, másolóeljárás; *gumi* feldolgozás; *nyom* klisírozás, lenyomtatás; *szt* (adat)feldolgozás, kiértékelés, elemzés; ~ **and storage vessel** *ol* előkészítő-tárolóhajó; ~ **control** *foto* előhívás-szabályozó; ~ **defect** *ip* feldolgozási hiba; ~ **efficiency** *szt* feldolgozási hatékonyság; ~ **entity** *szt* feldolgozandó információ halmaza; ~ **equipment** *geof* adatfeldolgozó berendezés; ~ **error** *szt* adatfeldolgozási hiba; ~ **flaw** *ip* gyártási hiba; ~ **line** *heng* simító/kikészítő hengersor; ~ **lorry** *kat* adatfeldolgozó berendezéssel felszerelt gépkocsi; fotolabor-gépkocsi; ~ **method** *szt* kezelési/feldolgozási módszer; ~ **of cold dross** *koh* hidegsalak-feldolgozás; ~ **of drinking water** *hidr* ivóvíz-előkészítés; ~ **of hot dross** *koh* melegsalak-feldolgozás; ~ **of ingot mo(u)ld** *önt* kokillakezelés; ~ **of intensities** *krist* intenzitások kidolgozása/korrekciója; ~ **of measured data** *metr* mérési eredmények feldolgozása; ~ **of nuclear material** *at* nukleáris anyagok újrafeldolgozása; ~ **of textiles** *tex* textilkikészítés; ~ **period** *ip* megmunkálási/feldolgozási periódus; ~ **program** *szt* fordító/asszembláló/értelmező program; ~ **state** *szt* feldolgozási állapot; ~ **steps** *szt* feldolgozási szakaszok; ~ **system** *szt* feldolgozási rendszer; ~ **temperature** *ip* feldolgozási hőmérséklet; ~ **track** *szt* feldolgozási csatorna; ~ **unit** *szt* adatfeldolgozó/végrehajtó egység; ~ **water** ipari víz

processor feldolgozó; *szt* processzor, feldolgozóegység; *távb* időréscsatoló; *távk* műveleti szerv, processzor; ~ **input-output channel (PIO)** *szt* bemeneti/kimeneti processzorcsatorna, PIO; ~ **limited** *szt* feldolgozásigényes *(programosztály)*; ~ **status word (PSW)** *szt* processzorállapot-leíró szó, PSW

prochlorite *ásv* proklorit

Proctor | **curve** *hidr, talt* Proctor-görbe; ~**'s moisture-density test** *talt* Proctor-kísérlet; ~ **test** *talt* Proctor-kísérlet

procure *ip* beszerez

procurement of water *hidr* víznyerés

prod I. *v alak* beszúr, átszúr; **II.** *n alak* szúrás, döfés; *bőr* szúróár, döfőár; *élip* nyárs; *szersz* tüske; ~**s** *önt* szakálltűk

prodelta clay *geol* deltaiszap

produce I. *v* létrehoz, képez, előidéz, okoz; *bány* (ki)termel; *élip* terem; *gép* kifejt *(lóerőt)*; *ip* gyárt, termel, előállít, készít; *mat* (meg)hosszabbít *(vonalat)*; **II.** *n bány* hozam; *élip, mzg* termény(ek), termékek; *ip* termék, gyártmány, készítmény, áru; termelés; ~ **at full capacity** *v ip* teljes üzemmel termel; ~ **load** *élip* üzemi terhelés

producer *bány* érctermelő; *film* producer; *hőt* gázgenerátor; *ip* gyártó; *mzg* termelő; *ol* termelő kút; ~ **furnace** gázgenerátor; ~ **gas** *hőt* generátorgáz; ~**-gas engine** *hőt* generátorgáz-motor; ~ **of dresses** *ruh* konfekciókészítő; ~**s of ions** *el* ionképzők, ionképző anyagok; ~ **tar** *hőt* generátorkátrány

producible *ip* előállítható, létrehozható, termelhető, gyártható; *mat* meghosszabbítható

producibleness *ip* előállíthatóság, termelhetőség, gyárthatóság; *mat* meghosszabbíthatóság *(vonalé)*

producing előidézés, okozás, létrehozás, képzés; képződés; *bány* (ki)termelés; *ip* előállítás, termelés, gyártás, készítés; *mat* meghosszabbítás *(vonalé)*; ~ **bottom-hole pressure** *ol* termelési talpnyomás; ~ **depth** *ol* termelési mélység, termelőmélység; ~ **drift** *bány* termelővágat, szenelővágat; ~ **drilling** *bány, ol* feltáró fúrás; ~ **end** *bány* szenelővágat; ~ **entry** *bány* termelővágat; *ol* termelőréteg; ~ **reactor** *at* termelőreaktor; ~ **sand** *bány* produktív homok; ~ **unit** termelőegység, üzem; ~ **well** *bány, ol* feltáró fúrás; *ol* termelőkút; ~ **zone** *ol* termelőformáció, termelőszint, termelőöv, termelőréteg

product eredmény; termék; *bány* szén; *élip, mzg* termény; *ip* gyártmány, készítmény, anyag; termék, termelvény; *mat* közös rész, (halmazelméleti) metszet; szorzat; tenzoriális szorzat, tenzorszorzat; *szt* konkatenáció, egymás mellé írás; ~**(-)aggregate** *mat* Descartes-szorzat, (direkt) szorzat; ~ **analysis** *ip* termékelemzés; ~ **assurance** *ip* minőségbiztosítás, minőség-ellenőrzés; ~ **control** *ip* minőség-ellenőrzés;

~ **evaluation** *ip* minőség-ellenőrzés; ~ **formulas** *mat* szorzatképletek *(trigonometrikus függvényekre, logarimussal történő számolásra)*; ~ **function** *mat* összetett függvény, függvény függvénye, szorzatfüggvény; ~ **group** *mat* csoportszorzat; ~ **life** *ip* gyártmány élettartama; ~**(-)mix problem** *vegy* keverékarány-meghatározási probléma; ~ **nucleus** *at* keletkezett mag; ~ **of a scalar and a matrix** *mat* mátrix és skalár szorzata, mátrix szorzata skalárral; ~ **of disintegration** bomlástermék; ~**-of-sum form** *szt* konjunktív normálalak *(Boole)*; ~**-of-sums expression, POS expression** *szt* összegszorzat-kifejezés; ~ **particle** *at* keletkezett részecske, származékrészecske, hasadási termék; ~ **performance evaluation** *ip* minőség-ellenőrzés; ~ **quality analysis** *ip* termékminőség-elemzés; ~ **relay** *el* szorzatrelé; ~ **reliability** *ip* termék megbízhatósága; ~ **sign** *mat* szorzatjel, szorzásjel, produktumjel; ~**s of inertia** *mech* centrifugális tehetetlenségi nyomaték; ~ **space** *krist* szorzattér; ~ **term** *mat, szt* szorzattag; ~ **transformation** *mat* transzformációk szorzata, szorzattranszformáció

productile *alak, any* nyújtható, tágítható

production képződés; képzés; létrehozás, gyártás, előállítás; okozás, befolyásolás, indukálás, kiváltás; *bány* színre hozás; *hidr* szállítási teljesítmény; *ip* előállítás, gyártás, termelés; feldolgozás; készítés; munkateljesítmény; termék, gyártmány; ~ **automation** *szt* termelésautomatizálás; ~ **batch** *ip* gyártási tétel; ~ **capacity of/on the face** *bány* munkahelyi termelőkapacitás; ~ **car** *gépk* sorozatgyártású kocsi, szériakocsi; ~ **chart** *ip* gyártási folyamatábra; ~ **choke** *ol* termelőfúvóka; ~ **circulation** *ip* gyártási ciklus; ~ **control** *ip* gyártásellenőrzés; termelésirányítás; *szt* gyártásvezérlés; ~ **control system** *ip* termelésirányító rendszer; ~ **costs** *pl ip* termelési költség; ~ **counter** *ip* termelésszámláló, darabszámláló; ~ **curtailment** *ip* termeléskorlátozás; ~ **curve** *ol* termelési görbe; ~ **data** *ip* termelési adatok; ~ **design** *ip* technológiai tervezés; ~ **document** *ip* gyártási bizonylat; ~ **drilling** *bány* termelő fúrás; ~ **engineer** *ip* üzemmérnök, technológus; ~ **engineering** *ip* gyártásmenettervezés és -irányítás, gyártástervezés és -irányítás; gyártástechnológia; *ol* termelési technika, mélységi viszonyok technikája; ~**(-)engineering department** *ip* gyártás-előkészítő osztály; ~ **equipment** *ip, ol* termelési berendezés; ~ **facility** *at* speciális nukleáris anyagot termelő üzem; ~ **factor** *at* termikus hasítási tényező; ~ **forecasting** *bány* termelés-prognosztizálás; ~ **function** *ip, ol* termelési függvény; ~ **goal** *ip* termelési cél, tervfeladat; ~ **heat** *koh* üzemi adag; ~ **in series** *ip* sorozatgyártás; ~**(-)inventory problem** *ip* termelési készletgazdálkodási probléma; ~ **laser welding** *heg* termelőlézeres hegesztés; ~ **lathe** *forg* termelőeszterga; ~ **level** *bány* termelőszint; ~ **line** *ip* gyártóvonal, gyártósor, gépsor, futószalag; ~ **losses** *ip* termelési veszteség(ek); ~ **lot** *ip* gyártmánytétel; ~ **machine** *szersz* termelő szerszámgép; ~ **manufacturing** sorozatgyártás; ~ **master** kliséfilm *(nyomtatott áramkör)*; ~ **model** sorozatgyártási modell; ~ **of noise** *távk* zajképződés; ~ **packer** *ol* termelési béléscsőpakker; ~ **per miner** *bány* egy munkásra eső termelés; ~ **per point** *bány* egy (réselő)körömre eső termelés; ~ **pile** *at* plutóniumtermelő reaktor; ~ **planning** *ip* gyártástervezés; ~ **plant** *ip* termelőberendezés, gyártóberendezés; ~ **process** *ip* gyártási eljárás; ~**(-)quality control** *ip* minőség-ellenőrzés; ~ **rate** *ip* termelési hányad/mérv; termelési hozam; ~ **rate per hour** *ip* óránkénti teljesítmény; ~ **reactor** *at* termelőreaktor, hasadóanyagot termelő reaktor; ~ **rule** *szt* produkciós szabály; ~ **run** *szt* produktív futás, hasznos futás; ~ **schedule** *ip* gyártási terv; ~ **separator** *ol* gyűjtőszeparátor; ~ **soldering** *ip* gyártásszerű lágyforrasztás; ~ **tank** *ol* közös/termelési tartály; ~ **test** *hidr, ol* hozamvizsgálat; *ip* gyári vizsgálat, termelési/termeltetési kísérlet; ~ **tool** *ip* termelőszerszám, munkaszerszám, termelő szerszámgép; ~**-type reactor** *at* termelőreaktor, plutóniumtermelő/plutóniumtenyésztő reaktor; ~**-type rocket** *kat* sorozatgyártású rakéta; ~ **unit** *ip* szériadarab; ~ **welding** *heg* termelőhegesztés; ~ **well** *ol* feltárófúrás; ~ **well logging (PWL)** *ol* termelési szelvényezés

productive *bány* műre való; *ip* hasznot hajtó; termelékeny, termelő, teljesítőképes; *mzg* termékeny; ~ **bed** *bány* műre való réteg; ~ **capacity** *ol* termelékenység, termelési mennyiség; ~ **development** *bány* fejtési előkészítés; ~ **efficiency** *bány* produktív teljesítmény; *ip* termelékenység; ~ **forest** *fa* ritkított erdőállomány; ~ **horizon** *ol* termelőszint, produktív réteg; ~ **seam** *bány* műre való telep; ~ **series** *bány* produktív rétegsor; ~ **time** *szt* produktív gépidő, hasznos gépidő; ~ **value** *bány* értékhozam; ~ **work** *bány* termelő munka

productiveness → productivity

productivity *biot* produktivitás; *ip* termelékenység; termelőképesség, teljesítőképesség; *szt* hatékonyság; ~ **index** *bány, ol* termelékenységi tényező/mutató; ~ **log** *ol* produktivitásszelvény; ~ **of labo(u)r** *ip* munkatermelékenység

Proell's expansion gear *hőt* Proell-féle expanziós készülék

proeutectoid | constituent *vegy* proeutektoides szövetelem; ~ **ferrite** *vegy* hipoeutektoidos ferrit

professional I. *a ip* hivatásos; professzionális; **II.** *n* szakember, szakértő; ~ **clothing** *ip* munkaruha; ~ **electronics** *el* professzionális elektronika; ~ **literature** *ip* szakirodalom; ~ **personal computer (PPC)** *szt* professzionális személyi számítógép, PPC; ~ **training** *ip* szakoktatás

proficiency szakmai jártasság; ~ **flight** *rep* ellenőrző/kiértékelő repülés

profile I. *v forg* profil(ir)oz, profilt kimunkál; *gép* metszetben/oldalnézetben/profilban/körvonalakban ábrázol; *mt* szelvényez, szelvény mentén *v.* szelvényben mér; **II.** *n ép, geol* függőleges metszet, hossz-szelvény, körvonal, oldalnézet; *gép* szelvény, profil; *heng* profiláru; *hidr* keresztszelvény; ~ **angle** *gép* profilszög; ~ **arm** *gép* alakos keresztmetszetű küllő; ~ **bar** *gép* alakos rúd; ~ **board** *ép, önt* mintadeszka; ~ **cascade** *rep* szelvényrács; ~ **cutter** *forg* idommaró, profilmaró; ~ **cutting** *forg* idommarás; *hőt* alakos lángvágás; ~ **die** *heng* idomhúzókő; ~ **direction** *geof* szelvényirány; ~ **disc/disk** *gép* alakos tárcsa; ~ **displacement** *gép* profileltolás; ~ **drag** *rep* profilellenállás; ~ **drawing** *ép, gép* profilrajz, keresztmetszeti rajz; *heng* profilanyag húzása; ~ **film** *geof* szelvényfilm; ~**(-)film equipment/printer** *geof* szelvényfilmkészítő berendezés; ~ **flow** *rep* profil/szárnymetszet körüli áramlás; ~ **form** *ép* profilminta, szelvényminta *(alagúté)*; ~ **ga(u)ge** *gép, mt* profilidomszer, szelvénymérce, sablon; ~ **girder** *heng* idomgerenda; ~ **grinder** *forg* másolóköszörű, másoló köszörűgép; ~ **grinding** *forg* másolóköszörülés; ~**-grinding disc/disk** *forg* alakos köszörűkorong; ~**-grinding machine** *forg* idomköszörű; ~**-grinding wheel** *forg* alakos köszörűkorong; ~ **instrument** *gép, mt* profilműszer; ~ **iron** *heng* idomacél, idomvas; ~**-iron bending(-)machine** *alak* idomacél-hajlító gép; ~ **lattice** *rep* szelvényrács; ~ **level(l)ing** *geod* szelvényszintezés; ~ **lift** *rep* szárnyszelvény-felhajtóerő; ~ **machine** *forg* profilírozógép, másológép, idommaró (gép); ~ **map** *geod* helyrajzi térkép; *hidr* hossz-szelvény; *rep* szárnyszelvénygyűjtemény; ~**(-)measuring instrument** *gép, mt* profilmérő műszer; ~**-measuring instrument with inductive dial indicator** *gép, mt* induktív indikátoros profilmérő készülék; ~ **method** *geof* szelvénymódszer *(regionális gradiens meghatározásához)*; ~**-milling cutter/machine** *forg* profilmaró, idommaró, másolómaró; ~ **of bobbin** *tex* cséve körvonala; ~ **of plate** *el, heng* lemezprofil; ~ **of road** *ép* útkeresztmetszet, útprofil, hossz-szelvény; ~ **pipe** *gép, heng* alakos cső; ~ **plane** *fa* profilgyalu; ~ **section** *gép* profilmetszet; ~ **shooting** *geof* szeizmikus szelvényezés/szelvénymérés; ~ **spotlight** *el* profilvetítő; ~ **steel lining** *ép* profilacéllal erősített betonbiztosítás; ~ **survey** *geof* szelvény menti/szerinti felmérés; ~**-testing meter** *gép, mt* profilométer; ~ **thickness** *rep* szelvényvastagság; ~ **turning** *forg* alakesztergálás; ~ **turning lathe** *forg* idomeszterga; ~ **weld** *heg* profilvarrat; ~ **welding** *heg* profilhegesztés; ~ **wheel** *gép* alakos tárcsa; ~ **wire** *heng* idomhuzal, alakos huzal; ~**(-)wire armo(u)ring** *el* idomhuzal-páncélozás

profiled *gép, mt* idom-, alakos; ~ **brick** *ép* idomtégla; ~ **casting** *műa* öntött idom, öntéssel készült idomdarab; ~ **concrete** *ép* alakbeton; ~ **explosive charge** *bány* alakos töltet; ~ **outline** *ép, gép* alakos körvonal; ~ **section** *ép* kiképzett útkeresztszelvény; ~ **wire** *heng* bordázott/rovátkolt/profilírozott huzal; idomhuzal

profiler *mt* profilírozógép, másológép, idommaró (gép); profilírozómunkás

profiling I. *a geof* szelvényező; *mt* profilírozó, másoló; **II.** *n ép, gép* ábrázolás metszetben/profilban/körvonalakban, oldalnézetben; *geof* szelvényezés, szelvénymérés; *mt* profil(ír)ozás, profilképzés; ~ **attachment** *forg* másolókészülék; ~ **boundary** *geof* szelvényezési határ; ~ **calender** *gumi* profilkalander, formázókalander; ~ **device** *forg* másolókészülék; ~**(-)machine** *mt* másoló marógép, profilírozógép, másológép, idommaró gép; ~ **roller** *heng* profilozóhenger, alakozóhenger; ~ **slide** *forg* másolószán; ~ **vibro-tamper** *ép* profilképző vibrátor

profilograph *geof* profilográf

profilometer *gép, mt* érdességmérő; profilométer, profilmérce; *rep* szelvénymérő

profitability *ip* gazdaságosság, jövedelmezőség; ~ **investigation** gazdaságossági vizsgálat

profundal (region) *hidr* mélységi tájék

progeny *at* leányelem, leánytermék, bomlási termék/származék, radioaktív bomlás származéka

progermination *biot* előcsíráztatás *(magé)*

progesterone *vegy* progeszteron *(corpus luteum hormon)*

prognosis *met* előrejelzés, prognózis; ~ **chart** *met* időjárástérkép

program I. *v* programoz; beprogramoz; **II.** *n szt* program, rutin; → programme; ~**(-)addressable clock** *szt* program szerint címezhető óra; ~ **address counter** *szt* utasításszámláló, IC; ~ **attachment with program plug** *szt* programdugaszolós programozóberendezés; ~ **authorization** *szt* programfelhasználás engedélyezése; ~ **bank** *szt* programbank; ~ **block** *szt* programblokk; ~ **board** *szt* programtábla; ~ **body** *szt* programtörzs; ~ **branch** *szt* programszétágaztatás; ~ **card** *szt* programkártya; ~ **carrier** *szt* programhordozó; ~ **chain** *szt* programlánc; ~ **change** *szt* programváltás; ~**-change procedure** *szt* programváltási eljárás; ~ **check** *szt* programellenőrzés; ~ **circuit** *szt* programozási áramkör; ~ **code** *szt* programkód; ~ **command** *szt* programutasítás; ~ **compatibility** *szt* programkompatibilitás; ~**-compatible computers** *szt* kompatíbilis *v.* programozás szerint összeegyeztethető számítógépek; ~ **compilation** *szt* programfordítás; ~ **composition** *szt* programozás, programírás, programkészítés; ~ **constants** *szt* programállandók; ~ **control** *szt* programkártyás vezérlés; programvezérlés; ~**-control automaton** *szt* programvezérlő automata; ~ **control gear** *aut* programvezérlő készülék; ~**-control instruction** *szt* programvezérlő utasítás; ~**-controlled** *szt* programvezérelt, programvezérlésű; ~**-controlled accounting/bookkeeping machine** *ip* programvezérelt könyvelőgép; ~**-controlled brazing** *heg* programvezérlésű keményforrasztás; ~**-controlled computer** *szt* programvezérelt számítógép; ~**-controlled machine** *mt, szt* programvezérlésű (gép); ~**-controlled machine tool** *mt, szt* programvezérelt szerszámgép; ~**-controlled printing(-)machine** *nyom* programvezérelt írógép; ~**-controlled punched(-)card perforator** *szt* programvezérelt lyukkártyalyukasztó; ~**-controlled soldering** *heg* programvezérlésű lágyforrasztás; ~**-controlled welding** *heg* programvezérlésű hegesztés; ~ **controller** *aut, szt* menetrendi szabályozó, programszabályozó; ~**-controlling element** *aut, szt* programadó, programirányító elem; ~ **control of technological processes** *ip* technológiai folyamatok programvezérlése *v.* menetrendi vezérlése; ~**-control system** *aut, szt* programszabályozott/programvezérelt rendszer; ~**-control unit** *szt* programvezérlő mű; ~**-control with sliding memory** *aut, szt* menetrendi vezérlés *v.* programvezérlés léptetőregiszteres tárolóval; ~ **conversion** *szt* programátalakítás; ~ **converter** *szt* programátalakító; ~ **counter (PC)** *szt* programszámláló, PC; ~ **cycle** *szt* programmenet, programciklus; ~ **debugging** *szt* program-hibajavítás; ~**-dependent error** *szt* programtól függő hiba; ~ **description** *szt* programleírás; ~ **design** *szt* programtervezés; ~ **documentation** *szt* programdokumentáció; ~ **drum** *szt* programdob; ~ **error** *szt* programhiba; ~**-error correction** *szt* programhiba kijavítása/korrekciója; ~**-error detection** *szt* programhiba-meghatározás; ~ **evaluation and review technique (PERT)** *szt* programértékelő és -ellenőrző módszer, PERT; ~ **expansion** *szt* programbővítés; ~ **fault** *szt* programhiba; ~ **feature** programberendezés; ~ **fetch** *szt* programlehívás; ~ **file** *szt* programállomány; ~ **flow** *szt* programlefolyás; ~ **flowchart** *szt* program-folyamatábra; ~ **function key (PF key)** *szt* program funkciós gombja, PF gomb; ~**-generated parameter** *szt* dinamikus paraméter; ~ **generating** *szt* programkialakítás; ~ **generator** *szt* programgenerátor; ~ **input** *szt* programbemenet; ~ **instruction** *szt* programutasítás; ~ **interpreting** *szt* programértelmezés; ~ **interrupt(ion)** *szt* (program)megszakítás, interrupt; ~ **item** *szt* programelem; ~ **jump** *szt* programugrás; ~ **language** *szt* programnyelv, programozási nyelv, számítógépkód; ~ **library** *szt* programkönyvtár, szubrutinkönyvtár; ~ **loader** *szt* programtöltő; ~ **loading** *szt* programbetöltés; ~ **logic** *szt* programlogika; ~**(-)logical scheme** *szt* logikai programvázlat; ~ **loop** *szt* ciklus, ciklikus program, hurok; programhurok; ~ **maintenance** *szt* programkarbantartás; ~ **memory** *szt* programtároló, programmemória; ~ **name** *szt* programnév; ~**-on-peripherals computer** *szt* külső programú számítógép; ~ **operator** *szt* programoperátor; ~ **order** *szt* programutasítás; ~**-oriented language** *szt* feladatra orientált nyelv, feladathoz igazodó nyelv, problémaorientált nyelv; ~ **origin** *szt* kezdőcím; ~ **output** *szt* programkimenet; ~ **package** *szt* programcsomag; ~ **panel** *szt* programozótábla, programtábla; ~ **parameter** *szt* programparaméter; ~ **passage** *szt* programátfutás; ~ **plug** *szt* programdugaszoló; ~ **processing** *szt* programfeldolgozás; ~ **pulse** *szt* programimpulzus; ~**-punched tape** *szt* programlyukszalag; ~ **register** *szt* utasításregiszter, vezérlőregiszter; ~ **run** *szt* (program)futtatás; programfutás; ~ **scheduler** *szt* programütemező; ~ **segmentation** *szt* programszegmentálás; ~**-sensitive error/fault** *szt* programérzékeny/programfüggő hiba; ~ **sequence** *szt* programsorrend; ~ **sheet** *szt* kódlap, programlap; ~ **skip** *szt* programugrás; ~ **specification** *szt* programmeghatározás; ~ **splitting** *szt* programelágazás; ~ **statement** *szt* programutasítás; ~ **status** *szt* programállapot; ~ **status word (PSW)** *szt* programállapotszó, PSW; ~ **step** *szt* programlépés; ~**-step exit** *szt* programlépés-kimenet; ~ **stop(-)switch** *szt* programleállító/programmegszakító kapcsoló; ~ **storage** *szt* programtárolás; programtároló; ~ **storage unit (PSU)** *szt* programtároló egység, PSU; ~ **supervision** *szt* programfelügyelet; ~ **switch** *szt* programkapcsoló; ~ **tape** *szt* program(lyuk)szalag; programszalag; ~ **test** *szt* próbafutás; ~ **testing** *szt* programellenőrzés, próbafuttatás; ~ **time** *szt* programidő; ~ **track** *szt* programcsatorna; ~ **transfer** *szt* programváltás; ~ **translation** *szt* programfordítás; ~ **transmission** *szt* programátvitel; ~ **transmitter** *szt* programadó; ~ **unit** *szt* programegység; ~ **variable** *szt* programváltozó; ~ **version** *szt* programváltozat; ~ **with fixed point** *szt* fixpontos program; ~ **with floating point** *szt* lebegőpontos program

programed → programmed

programing → programming

programmable *szt* programozható; ~ **addressing(-)machine** *szt* programozható címzőgép; ~ **amplifier (PRAM)** *szt* programozható erősítő, PRAM; ~ **array logic (PAL)** *szt* programozható logikai tömb, PAL; ~ **calculator** *szt* programozható zsebszámológép; ~ **communication interface** *szt* programozható kommunikációs interfész; ~ **data(-)processing machine** *szt* programozható adatfeldolgozó gép; ~ **decision** *szt* programozható döntés; ~ **desk calculator** *szt* programozható asztali számológép; ~ **devices** *szt* programozható berendezések/eszközök; ~ **I/O line** *szt* programozható beviteli-kiviteli csatorna; ~ **integrated processor (PIP)** *szt* programozható integrált processzor, PIP; ~ **logic array (PLA)** *szt* programozható logikai tömb, PLA; ~ **peripheral interface (PPI)** *szt* programozható perifériainterfész, PPI; ~ **read-only memory (PROM)** *szt* programozható fix memória, programozható ROM, PROM; ~ **tuner** *távk* programozható hangolóegység/tuner; ~ **unijunction transistor** *félv* programozható kétbázisú dióda/tranzisztor

programme I. *v rád, tv* programot/menetrendet/időtervet készít, műsort összeállít, szerkeszt; **II.** *n ip* munkarend, napirend, program; *rád, tv* műsor, program; → program; ~ **amplifier** *távk* műsorhangszóró; ~ **and progress chart** *ép* (építési) ütemterv; ~ **circuit** *távk* műsoráramkör; ~ **demands** *távk* műsorvételi igények; ~ **level** *távk* műsorszint; ~ **line** *távk* modulációs vonal; ~ **meter** *távk* adásszintmérő; ~ **mixing** *távk* keverés; ~ **of lowering** *ép* süllyesztési program; ~ **paper** *nyom* műsorpapír; ~ **selector (switch)** *távk* programválasztó (kapcsoló), csatornaválasztó

programmed | **accounting(-)machine** *ip* programozott könyvelőgép; ~**-action safety assembly** *at* programozott biztonsági rendszer; ~ **addressing** *szt* programozott címzés; ~ **brazing** *heg* programozott keményforrasztás; ~ **check** *ip* programozott ellenőrzés/vizsgálat; ~ **checking system** *ip* programozott ellenőrzőrendszer; ~ **computation** *mat* programozott számítás; ~ **control** *aut, szt* menetrendi szabályozás/vezérlés, programszabályozás, programvezérlés, programirányítás; ~ **data processor (PDP)** *szt* programozott adatfeldolgozó (processzor), PDP; ~ **dump** *szt* programozott kiíratás; ~ **floating(-)point operation** *stat* programozott lebegőpontos művelet; ~ **instruction** *szt* programozott oktatás; ~ **learning** *szt* programozott tanulás; ~ **milling(-)machine** *forg, szt* programvezérelt marógép; ~ **road simulator** *közl* programozott utcaszimulátor; ~ **soldering** *heg* programozott lágyforrasztás; ~ **stop** *szt* programozott megállás; ~ **test(ing)** *any, ip* programozott vizsgálat; ~ **text processing** *szt* programozott szövegfeldolgozás; ~ **vertical boring(-)machine** *forg, szt* programvezérelt karusszelesztergа *v.* függőleges esztergа; ~ **welding** *heg* programozott hegesztés

programmer *rád, tv* műsorszerkesztő; *szt* programozó(készülék); programozó, programkódoló *(személy)*; ~**-defined macro** *szt* makroutasítás; ~ **unit** *szt* programozóegység

programmeter *távk* hangerőmérő

programming *ip* ütemezés, programkészítés; *rád, tv* programkészítés, (műsor)szerkesztés; *szt* programozás, programírás, programkészítés; ~ **address** *szt* programcím; ~ **aids** *szt* programozási segédletek; ~ **fault** *szt* programozási hiba; ~ **flowchart** *szt* program-folyamatábra; ~ **language** *szt* programnyelv, programozási nyelv; ~ **language 1 (PL/1)** *szt* PL/1 programnyelv; ~ **language for microcomputers (PL/M)** *szt* mikroszámítógép-programnyelv, PL/M; ~ **model** *szt* programozási model; ~ **of reliability** *szt* biztonsági programozás; ~ **system** *szt* programozási rendszer; ~ **time** *szt* programozási idő; ~ **unit** *szt* programozóegység; sorrendvezérlő egység

progress I. *v gépk* (előre)halad; működik; *kat* előrenyomul; **II.** *n* haladás, folyamat; ~ **card** *szt* futtatási kártya; ~ **chart** *ip* munkamenet-diagram; ~ **chart for concrete work** *ép* betonozási ütemterv; ~ **department** *ip* újítási-ésszerűsítési osztály; ~ **schedule** *ép* (építési) ütemterv

progression (előre)haladás, folyamat; *foto* hatásfokozás; *geod* sokszögelés; *hang* menet, progresszió; *mat* haladvány, sorozat; ~ **ratio** *mat* haladvány hányadosa; ~ **tool** *mt* csoportos szerszám

progressive *mech* haladó, fokozatos *(mozgás)*; ~ **assembly** *ip* folyamatos/futószalag rendszerű szerelés; ~ **binary code** *szt* progresszív bináris kód; ~ **control** *aut* fokozatos/progresszív szabályozás/vezérlés; ~ **die** *alak* többműveletes/többlépcsős szerszám; ~ **failure** *any* kifáradási/fokozatos anyagtörés; *gép* fokozatos meghibásodás/tönkremenetel; ~ **flame hardening** *hők* fokozatos lángedzés; ~ **fracture** *any* kifáradási/fokozatos (anyag)törés; ~ **hardening** *hők* előtoló/folyamatos edzés; ~ **illumination** *tv* pontonkénti megvilágítás; ~ **interlace** *tv* váltott soros letapogatás; ~ **kiln** *hőt* folytonos működésű kemence; ~**-motion servo-motor** *aut* progresszív *v.* fokozatos mozgású szervomotor; ~ **number** *tex* kiolvasási szám *(kötéspontok kijelölési szabálya)*; ~ **scanning** *tv* sorkövető letapogatás, soros/színváltó letapogatás; ~**-speed trial** *hajó* próbamenet szakaszonként növekvő sebességgel; ~ **spring** *gép* progresszív rugó; ~ **wave** *távk* haladóhullám; ~**(-)wave aerial** *távk* haladóhullámú antenna; ~ **winding** *el* jobbra haladó tekercselés

progressively fokozatosan, haladva; ~**-increasing-load fatigue test** *any* fokozatosan növekvő teherrel végrehajtott fárasztóvizsgálat

prohibited | area *at, ip* tiltott övezet/terület; *rep* tiltott légtér, tilos légtér; ~ **zone** *at, ip, rep* tiltott övezet, tilos zóna

prohibiting sign tiltó jelzés/(jelző)tábla

prohibitive tiltó, korlátozó; *távk* megengedhetetlen *(zavarás)*; ~ **amount** *aut* megengedhetetlen mennyiség; ~ **circuit** *távk* gátló áramkör

prohibitory tiltó; ~ **sign** tilalmi jelzőtábla

project I. *v ép* kiáll, kiemelkedik; kinyúlik, kiszögellik; *ip* tervez, vázol; *mat, opt* (ki)vetít; **II.** *n* kutatási téma, tervfeladat, projekt; *ép* építkezés, (nagy)beruházás, építmény, létesítmény, műtárgy; *hidr* vízerőmű; *ip* terv(ezet), javaslat; tervrajz; ~ **drawing** *ép* tervrajz; ~ **flood** *hidr* mértékadó árvízszint; ~ **over** *v ép* túlnyúlik, kinyúlik; ~ **work** *ép, ip* tervezés

projected *ip* tervezett, tervbe vett; *mat, opt* (ki)vetített; ~ **area** *műa* sajtolófelület; ~ **blade area** *hajó* hajócsavarszárnyak vetített felülete; *rep* légcsavarlapát vetületi területe; ~ **cut-off** *el* (le)vetített (le)zárófeszültség; ~**(-)scale instrument** *metr* vetített skálás műszer; ~ **screen** *foto* vetített díszlet

projectile I. *a kat, mech* hajító, röpítő; **II.** *n at* bombázó/beeső részecske; *kat* lövedék; *rak* rakéta, repülőtest; ~ **press** *kat* lövedéksajtoló gép; ~ **table** *kat* lövedékadogató asztal, adogatóasztal

projecting *ip* tervezés; *mat, opt* (ki)vetítés *(mint művelet)*; ~ **bar** *ép* kiálló/kapcsoló betonacél; ~ **foot** *ép* tüske; ~ **lens** *opt* vetítőlencse; ~ **line** *mat, opt* vetítőegyenes, vetítősugár; ~ **plane** *mat* vetítősík; ~ **pole** *el* kiképzett/kiálló pólus; ~ **ray** *mat, opt* vetítőegyenes, vetítősugár, vetítővonal

projection hajítás, dobás; *ép* kiemelkedés, kiugrás, kiszögellés, kinyúlás; rizalit; *geod* leképezés; *gép* nyúlvány; *ip* vázolás, tervezés; *kat* kilövés, kirepítés; *mat* (ki)vetítés *(mint művelet)*; koordináta, komponens, összetevő, vetület; *opt* vetítés; ~ **apparatus** *opt* vetítőkészülék, vetítőgép, képvetítő; ~ **bulb** *el* vetítőizzó; ~ **cathode ray tube** *tv* vetítőképcső; ~**-comparator densitometer** *opt* vetítőkomparátoros feketedésmérő; ~ **distance** *film* vetítőtávolság; ~ **formula** *mat* síkképlet, síkba vetített képlet; ~ **kinescope tube** *tv* vetítőképcső; ~ **lamp** *el* vetítőlámpa, fényvető lámpa; ~ **lantern** *el* diavetítő; ~ **lens** *opt* vetítőlencse, vetítőobjektív; ~ **mask** *opt* projekciós maszk; ~ **microscope** *opt* vetítőmikroszkóp; ~ **objective** *opt* vetítőlencse, vetítőobjektív; ~ **on axis** *mat* tengelyes tükrözés; ~ **optical system** *opt* optikai vetítőrendszer; ~ **optics** *opt* vetítés optikája, vetítési optika; ~ **optimeter** *opt* vetítős optiméter; ~ **period** *foto* vetítési időszak, lencsenyitvatartás ideje; ~ **piece** *ép* kinyúló rész; ~ **plane** *mat* vetítési sík, vetítősík, képsík, vetületsík; ~**(-)printing** *foto* nagyító/vetített másolás, nagyítás; ~ **rate** *film, tv* vetítési képesség; ~ **receiver** *tv* televíziós vetítő *(vevő)*; ~ **resistance welding** *heg* ellenállásos dudorhegesztés; ~ **room** *film* vetítőkamra, vetítőhelyiség, mozigépház; ~ **screen** *film* vetítővászon, vetítőernyő; ~ **spot welding** *heg* dudorhegesztés; ~ **television** *tv* vetített televízió; ~ **television receiver/set** *tv* vetítő televíziós vevő, vetítős tv; ~ **tube** *tv* vetítő képcső, vetítőcső, képvetítő cső; ~ **wall** *film* vetítőfal; ~**-welded joint** *heg* dudorhegesztéssel készült kötés; ~ **welding** *heg* dudorhegesztés; ~**(-)welding die** *heg* dudorhegesztő elektród; ~ **with general distorsion** *bány* általános torzulású vetület; ~ **X-ray microscope** *orv* röntgenárnyék-mikroszkóp

projective *mat* vetítő, projektív; ~ **geometry** *mat* projektív geometria; ~ **transformation** *mat* kivetítés

projectivity *mat* projektivitás *(modulusoké vagy objektumoké)*

projector *hang* hangsugárzó, hangszóró; *kat* aknavető, torpedóvető, rakétapisztoly; *mat* vetítőegyenes, vetítősugár; *opt* fényszóró, fényvető; vetítőgép, vetítőkészülék, képvetítő; ~ **arc** *el* vetítőívlámpa; ~ **efficiency** *távk* átviteli hatásfok *(mikrohullámoknál)*; ~ **head** *opt* vetítőfej; ~ **lamp** *opt* fényvető lámpa, fényszórólámpa; vetítőlámpa; ~**-type filament(-) lamp** *el* vetítőizzó, vetítőlámpa

prolate *krist* megnyúlt; *mat* hosszúkás, lapos, elnyújtott, kinyújtott; ~ **cycloid** *mat* nyújtott ciklois; ~ **distortion** *távk* elnyújtott torzítás; ~ **ellipsoid** *mat* elnyújtott ellipszoid; ~ **epycicloid** *mat* nyújtott epiciklois; ~ **hypocycloid** *mat* hurkos hipociklois; ~ **spheroid/rotation ellipsoid** *krist* megnyúlt rotációs ellipszoid

proliferation *biot* sejtburjánzás, proliferáció; ~ **of nuclear weapons** *kat* nukleáris fegyverek *v.* atomfegyverek elterjedése; ~ **phase** *biot* szaporodási fázis/szakasz

proline *vegy* prolin, α-pirrolidinkarbonsav

PROLOG (programming in logic) *szt* PROLOG *(programozási nyelv)*

prolon *műa* prolon *(fehérjeműszál)*
prolonge *kat* lövegvontató kötél
prolonged annealing *hők* tartós lágyítás
PROM → programmable read-only memory; ~ **programming tool (PROMPT)** *szt* PROM-programozó eszköz, PROMPT; ~ **zapping** *szt* PROM-beégetés
promenade *ép* sétány, korzó; ~ **deck** *hajó* sétafedélzet
promethium (Pm) *vegy* prométium
prominence kiemelkedés, kimagaslás; *csill* lángkilövellés *(napban)*; *fiz* prominencia; ~ **of twill** *tex* bordázat kiemelkedése
prominent kiemelkedő, kiálló, kiugró; ~ **landmark** *rep* jellegzetes tájékozódási pont
promiscuous *vegy* vegyes, elegyes, zavaros
promontory *geod* (hegy)fok
promoted electron *fiz* magasabb kvantumszintű elektron
promoter *ép* építtető, megbízó; *vegy* promotor, katalizátorgyorsító, aktivátor
prompt gyors, pontos; *at, szt* prompt; ~ **coincidence curve** *at* promptkoincidencia-görbe; ~ **critical** prompt kritikus; ~ **criticality** prompt kritikusság; ~ **curve** prompt görbe; ~ **drop of reactivity** promptneutronos reaktivitásesés; ~ **fission neutron** prompt neutron; ~ **gamma(-)radiation** prompt gammasugárzás; ~ **generation time** promptneutron-nemzedék élettartama; ~ **neutron** prompt neutron; ~**(-)neutron fraction** promptneutron-hányad; ~**(-)neutron rate** promptneutron-sokszorozó tényező; ~ **poisoning** prompt neutron mérgező hatása; ~ **radiation** prompt sugárzás; ~ **reactivity** promptneutron-reaktivitás, prompt reaktivitás; ~**(-)supercritical** prompt szuperkritikus
PROMPT → PROM programming tool
promptly azonnal, rögtön, haladéktalanul; *at* prompt; ~ **born** *at* prompt
prone *fa* görbe, meghajlott; *geod* előrehajló, dőlt, lejtős, meredek; ~ **trench** *kat* lövészgödör
proneness *fa* görbeség; *geod* lejtősség, meredekség; ~ **to clogging** *bány, ép* hajlam eldugulásra/eltömődésre *(szitáé)*
prong I. *v mzg* vasvillával átdöf/megforgat; **II.** *n ép* ág, szár *(vasbeton szerkezeté)*; *geol* folyóág; *mzg* (hegyes) villa, vasvilla, fogóvilla, szénavilla; villafog; ~ **brake** *gép* villás fék; ~ **contact** *el* villás érintkező; ~ **die** *alak* áthajtótüske; ~ **hoe** *mzg* irtókapa, villás kapa; ~**-type (measuring) instrument** *el* (krokodil)csipeszes mérőműszer
pronged fogas, ágas, villás, karmos, -ágú
Prony's brake/dynamometer *gép* Prony-fék
proof I. *v gép* saválióvá/ellenállóvá/biztossá tesz; tömít; *gumi* frikcionál; *nyom* kefelevonatot készít, lehúz; *tex* gumival itat, gumiz, vízhatlanít, impregnál; **II.** *a* ellenálló; *any* tömör, hézagmentes, áthatolhatatlan, tömören záró; **III.** *n* kísérlet; bizonyíték, bizonyság; próba, kipróbálás; *cu* szörpkoncentráció; *élip* (előírt) szesztartalom, szeszfok; *mat* bizonyítás, igazolás; *metr* detektálás, kimutatás, igazolás; szonda; *nyom* kefe(lenyomat), korrektúra; *tex* impregnálóanyag; ~ **against water jets** *gép* vízsugár ellen védett, vízsugárbiztos, átjárhatatlan; ~ **bank** *kat* golyófogó gát/töltés; ~ **bar** *any* rúdpróbatest, próbapálca; ~ **before letters** *nyom* levonat címek *v.* kézi szedés nélkül; ~ **box** *élip* lisztvizsgáló kamra; ~ **by analysis** *mat* analitikus bizonyítás; ~ **by contradiction** *mat* indirekt bizonyítás; ~**-correct** *nyom* korrigál; ~**(-)correction** *nyom* javítás, korrektúra; ~**-correction mark** *nyom* javítási jel, korrektúrajel; ~ **fabric** *tex* gumival bevont *v.* impregnált szövet; ~ **figure** *mat* ellenőrzőszám; ~ **grade** *élip* szeszfok; ~ **height** *élip* megkelt tészta magassága; ~ **impression** *nyom* próbalevonat, próbanyomat, kefelevonat; ~**(-)leaf** *nyom* korrektúraív, kefelevonat; ~ **list** *szt* próbalista; ~ **load** *mech* próbaterhelés; ~ **paper** *nyom* kefelevonat-papír, levonatpapír; ~ **pile** *ép* próbacölöp; ~**(-)plane** *el* szigetelt nyelű fémlemez *(elektrosztatikus kísérlethez)*; ~ **planer** *nyom* lehúzóprés; ~ **press** *nyom* próbaívnyomó prés/gép; ~ **puller** *nyom* lehúzó; ~**-reader** → proofreader; ~ **resilience** *any, gumi* ellenállási energia, szakítómunka; ~ **sample** *ip* mintapéldány; *mat* bizonyító példa; ~**(-)sheet** *nyom* próbaív, korrektúraív; ~**(-)slip** *nyom* hasáblevonat, kutyanyelv; ~ **spirit** *vegy* normaszesz; vízzel 50 térfogatszázalékra hígított etilalkohol; ~ **strain** *rep* megengedett alakváltozás/deformáció; ~ **stress** *koh* egyezményes folyáshatár; névleges folyási határ; ~ **test** *any* szilárdsági kísérlet; ~ **theory** *mat* bizonyításelmélet; ~ **time** *élip* kelesztési idő; ~ **total** *szt* bizonyító összeg
proofed *tex* vízhatlanított, impregnált, gumírozott; ~ **room** *hang* camera silenta, süketszoba; ~ **tape** *tex* gumírozott szalag
proofing *nyom* korrigálás, korrektúra; *tex* vízhatlanítás, impregnálás, gumírozás; *vegy* vízálló/vízhatlan festék; ~ **cabinet** *élip* kelesztőszekrény; ~**(-)machine** *nyom* próbaívnyomó gép; ~ **paper** *nyom* kefelevonat-papír; ~**-press** → proof press
proofness *any* ellenálló-képesség, vízhatlanság; ~ **to light** *vegy* fényállóság
proofread *nyom* korrigál, korrektúrát olvas
proofreader *nyom* korrektor
pro-oxidant, *US* **prooxidant** *vegy* prooxidáns, oxidációt gyorsító szer
prop I. *v bány, ép* (ki)támfáz, merevít; alátámaszt, támot aláver; dúcol, dúcokkal támaszt, gyámolít; *mzg* karóz; **II.** *n bány, ép* cölöp, szárfa, karó; félfa *(alagútácsolatban)*; merevítőgerenda, dúcgerenda, T-biztosítás; támasz, gyám; *foto* kellék; *rep* légcsavar, propeller; légcsavaros repülőgép; ~ **adjusting** *bány* támállítás; ~ **base** *bány* támlap; ~ **breaking** *ép* dúcolás lebontása; ~ **crown/curb** *bány* támkorona; ~**-drawer** *bány* farablókészülék; ~ **drawing winch** *bány* farabló vitla; ~**-driven airplane** *rep* légcsavarhajtású repülőgép; ~**-extension piece** *bány* támhosszabbító; ~ **fan** *rep* légcsavaros hajtómű; ~ **head** *bány* támfej; ~ **heel** *bány* tám alja; ~ **jet** *rep* légcsavaros-gázturbinás hajtómű/repülőgép; ~ **pitch** *rep* légcsavaremelkedés; ~ **release** *bány* támkioldás; ~**-release device** *bány* támoldószerkezet; ~ **setting** *bány* támfelállítás; ~ **shoe** *bány* támpapucs; ~ **stand** *gépk* oldaltámasz *(parkoláshoz)*; ~ **support** *bány* támos biztosítás; ~ **up** *v bány, ép* kidúcol, alátámaszt, kitámaszt; ~ **winch** *bány* oszlopos vitla; ~ **withdrawal** *bány* támrablás
propadiene *vegy* propadién, allén
propagate *fiz* terjed *(közegben)*; visz, továbbít
propagated error *szt* átvitt hiba
propagating error *szt* átviteli hiba

propagation terjesztés; szaporodás; terjedés; *fiz* terjedés, terjedési sebesség; *műa* láncnövekedési reakció; ~ **beyond the horizon** *távk* horizonton túli (hullám)-terjedés; ~ **coefficient** *fiz, távk* terjedési tényező/együttható/állandó; ~ **delay** *szt* terjedésiidő-késés, átviteli-időkésés; ~ **length** *távk* terjedési úthossz; ~ **loss** *szt* átviteli veszteség; *távk* terjedési veszteség; ~ **of cracks** *ép* repedés terjedése; ~ **of errors** *geod* hibaterjedés; *mat* hibaátvitel; ~ **of light** *fiz* fényterjedés; ~ **of medium waves** *rád* középhullámok terjedése; ~ **of waves** *távk* hullámterjedés; ~ **ratio** *fiz, távk* terjedési együttható; ~ **theorem** *mat* hibaátviteli törvény; ~ **time** *szt* átviteli/terjedési idő; *távk* (hullám)futási idő; ~ **vector** *krist* kiterjedési vektor; ~ **velocity** *fiz* terjedési sebesség

propanal *vegy* propanal, propionaldehid

propanamide *vegy* propion(sav)amid

propane *vegy* propán; ~**-butane (PB)** *ol* propán-bután; ~**-butane mixture** *ol* propán-bután gáz; ~ **chamber** *fiz* propánkamra, propántöltésű buborékkamra; ~ **de-asphalting** *ol* propános bitumenmentesítés/aszfaltmentesítés; ~ **dehydrogenation** *vegy* propándehidrogénezés; ~ **dewaxing** *ol* propános paraffinmentesítés; ~ **evaporator** *ol* PB-párologtató; ~ **gas** *ol* propán-bután gáz, PB-gáz; ~ **gas cylinder** *ol* PB-gázpalack, propán-bután gázpalack; ~ **gas(-fired) air heater** *hőt* propángáz tüzelésű hőlégfúvó; ~ **plant** *ol* propánkinyerő/propánvisszanyerő üzem/egység; ~ **pressure(-)reducing valve** *ol* PB-palackreduktor; ~ **recovery plant** → ~ plant; ~ **refrigerating system** *ol* propános hűtőkör; ~ **splitter** *ol* propánkiforraló/propánelválasztó kolonna; ~**(-)splitting column/tower** → ~ splitter; ~ **torch** *hőt* propánégő; ~ **unit** → ~ plant

propanoic acid *vegy* propánsav, propionsav

propanol *vegy* propanol, propil-alkohol

propanone *vegy* propanon, aceton

propellant *kat* hajítótöltet, indítótöltet; *rak, űr* (rakéta-)hajtóanyag, üzemanyag; *vegy* (komprimált) hajtógáz *(aeroszol palackban)*; ~ **charge** *rep* hajtótöltet; ~ **combination** *rep* rakétahajtóanyag-keverék; ~ **cutoff** *rep* hajtómű kikapcsolása; tüzelőanyag-táplálás megszüntetése; ~ **gas** *kat* hajtógáz *(rakétáé)*; lőporgáz; ~ **increment** *kat* póttöltet; ~ **powder** *kat* rakétalőpor-töltet, rakétalövedék-tüzelőanyag; ~ **tank** *rep* tüzelőanyag-tartály

propelled *rep* hajtású, hajtott

propellent I. *a gép* hajtó, mozgató; *kat* hajító; **II.** *n* → propellant

propeller *hajó* hajtócsavar, hajócsavar, propeller; *hidr* vitorla; *rep* légcsavar, propeller; *tex* verőfej *(pikkeren)*; ~ **agitator** *koh* propelleres keverő; ~ **airplane** *rep* légcsavaros repülőgép; ~ **anemometer** *met* lapátos szélsebességmérő; ~ **axis** *rep* légcsavartengely; ~ **backwash** *rep* légcsavar kísérő örvénye/áramlása; ~ **balancing stand** *rep* légcsavar-kiegyensúlyozó pad; ~ **blade** *hajó* propellerlapát; *rep* légcsavarszárny, légcsavarlapát; ~ **blade angle** *rep* légcsavarszárny beállítási szöge; ~ **blade area** *rep* légcsavarlapát területe; ~ **blade root** *rep* légcsavarlapáttő; ~ **blade speed** *rep* légcsavarlapát kerületi sebessége; ~ **blast** *rep* légcsavarszél; ~ **boss** *hajó* csavaragy, propelleragy; *rep* légcsavaragy; ~ **brackets** *pl hajó* tengelybak; ~ **circle** *rep* légcsavarkör; ~ **cone** *rep* légcsavaragy-burkolat; ~ **control** *rep* légcsavar állásszögének szabályozása; ~ **control unit** *rep* légcsavarfordulatszabályozó egység; ~ **deicer** *rep* légcsavarjégtelenítő (berendezés); ~ **dome** *rep* légcsavarkúp; ~ **draft** *rep* légcsavar-vonóerő; ~**-driven aircraft** *rep* légcsavaros repülőgép; ~ **fan** *szell* szárnylapátos szellőző, csavarventilátor, szárnyas ventilátor; ~ **feathering position** *rep* légcsavarszárnyak vitorlázó állása; ~ **flutter** *rep* légcsavarrezgés; ~ **gear(box)** *rep* légcsavar fordulatszám-csökkentő áttétele; ~ **governor** *rep* légcsavar-szabályozó; ~ **hub** *rep* légcsavaragy; ~ **incidence** *rep* légcsavarállásszög; ~ **input power** *rep* légcsavar által felvett teljesítmény; ~ **interference** *rep* légcsavar és repülőgép kölcsönhatása; ~ **mixer** *élip* lapátos keverő; ~ **noise** *rep* propellerzaj; ~ **output** *rep* légcsavar tényleges teljesítménye; ~ **path** *rep* légcsavarút, légcsavarpálya; ~ **pitch** *rep* légcsavar-emelkedés; ~ **pitch control governor** *rep* légcsavar-emelkedés szabályozója; ~ **post** *hajó* csavartőke; ~ **protection** *rep* légcsavar védőbevonata; ~ **puller** *rep* légcsavarberántó; ~ **pump** *hidr* axiális átömlésű *v.* szárnylapátos szivattyú, propellerszivattyú, csavarszivattyú; ~ **pump with adjustable vanes** *hidr* szárnyalapátos szivattyú; ~ **race** *rep* légcsavarcsapágy futógyűrűje; ~ **reduction-gear train** *rep* légcsavar fordulatszám-csökkentő áttétele; ~ **reversing** *rep* lapátszög negatív értékre történő állása; ~ **shaft** *gépk* kardántengely, erőátviteli tengely; *hajó, rep* csavartengely, propellertengely, légcsavartengely; ~**-shaft bearing** *rep* légcsavartengely csapágya; ~**-shaft liner** *hajó* tönkcsőpersely; ~**-shaft tube** *hajó, rep* kardán(tengely)cső; ~**-shaft tunnel** *gépk* erőátviteli tengely burkolócsöve; *hajó* (hajótengely)tönkcső; ~ **speed** *rep* légcsavar-fordulatszám; ~ **spinner** *rep* légcsavarkúp; ~ **stirrer** *élip, ép* szárnyas/lapátos keverő; ~ **strut** *hajó* hajócsavar-tengelybak; ~ **theory** *rep* légcsavarelmélet; ~ **thrust** *rep* légcsavar-vonóerő; ~ **thrust power** *rep* légcsavar vonóerő-teljesítménye; ~ **tipping** *rep* légcsavarszárnycsúcsok utáncsiszolása; ~ **torque** *rep* légcsavarnyomaték; ~ **trough** *ép* szárnylapátos-csigás szállítóvályú; ~ **tube** *hajó, rep* kardán(tengely)cső; ~ **turbine** *hőt* légcsavaros gázturbina, szárnylapátos turbina, propellerturbina; ~ **turbine engine** *rep* turbólégcsavaros hajtómű/motor; ~ **twist** *rep* légcsavarszárny elcsavarása; ~**-type fan** *szell* axiál-ventilátor; ~**-type flowmeter** *fiz* szárnyas folyadékáramlás-mérő/áramlásmérő; ~**-type water turbine** *hidr* propellerturbina; ~ **wake** *hajó* hajócsavar sodra; ~ **wash** *rep* légcsavarszél

propelling *gép* (előre)hajtás, meghajtás, mozgatás; ~ **force** *mech* hajtóerő; ~ **jack** *ép* pajzshajtó emelő; ~ **jet** *rep* meghajtó sugáráram(lás); ~ **motor** *hajó* hajtómotor; ~ **nozzle** fúvóka; *rep* sugárhajtómű fúvókája/sugárcsöve; ~ **pencil** *nyom* töltőceruza; ~ **power** *mech* hajtóerő; ~ **screw** *hajó* hajtócsavar

propellor → propeller

propenal *vegy* akrolein, akrilaldehid

propene *vegy* propén, propilén

propenoic acid *vegy* propénsav, akrilsav

propenol *vegy* allil-alkohol

proper megfelelő, előírásos, szabályos, adekvát; *mat, fiz* saját(-); ~ **alignment** *rep* megfelelő/helyes beállítás; ~ **cut set** *mat* minimális tagolási halmaz; ~ **divisor** *mat* osztó, szám osztója; ~ **energy** *at* sajátenergia; ~ **factor** *mat* valódi osztó; ~ **field** *el* sajáttér; ~ **fraction** *mat* valódi tört; ~ **function** *mat* sajátfüggvény; ~ **mass** *fiz* sajáttömeg, belső/nyugalmi tömeg; ~ **motion** *csill, mech* sajátmozgás; ~**-motion star** csillag észrevehető sajátmozgással; ~ **number** *mat* sajátérték; ~ **phase** *el* sajátfázis; ~ **point of inflection** *mat* közönséges/valódi inflexiós pont; ~ **power** *fiz* sajátteljesítmény, sajátenergia, saját energiaforrás; ~ **radiation** *at* sajátsugárzás; ~ **rotation** *mat* valódi forgatás/forgás; ~ **shear** *bány* tiszta csúszás; *mech* tiszta nyírás; ~ **solution** *mat* sajátfüggvény; ~ **state** *mat* sajátállapot; ~ **subgraph** *mat* valódi részgráf; ~ **sub-group** *mat* valódi részcsoport; ~ **subset** *mat, szt* valódi részhalmaz; ~ **symmetry operation** *krist, mat* tényleges szimmetriaművelet; ~ **system** *aut* valódi rendszer; ~ **time** *el* sajátidő; ~ **topology** *mat* sajáttopológia; ~ **transformation** *krist* tényleges transzformáció; ~ **value** *mat* sajátérték, karakterisztikus érték; ~ **velocity** *fiz* sajátsebesség

properly | **Euclidean space** *mat* valódi euklideszi tér; ~ **seasoned** *fa* teljesen kiszárított

properties *film, tv* kellékek, dekoráció

property *any* tulajdonság, sajátosság, jellemző; *bány* bánya(telek); bányavállalat; *ép* tulajdon, ingatlan, birtok, telek; ~ **damage** *ép* dologi kár; ~ **of being dissimilar** *mat* különbözőség; ~ **of being even-numbered** *mat* párosszámúság; ~ **of being unlike** *mat* különbözőség; ~ **owner** *ép* telektulajdonos

Properzi process *koh* Properzi-eljárás

propiolic acid *vegy* propiolsav, propargilsav, propinsav

propionaldehyde *vegy* propionaldehid, propanal

propionamid *vegy* propion(sav)amid

propionate *vegy* propionát

propionic | **acid** *vegy* propionsav, propánsav; ~ **anhydride** *vegy* propionsavanhidrid

propionin *vegy* propionsavglicerid, propionin

propionitrile *vegy* propionitril, etil-cianid

propionyl | **chloride** *vegy* propionil-klorid, propionsavklorid; ~ **radical** *vegy* propionilgyök

propiophenone *vegy* propionfenon

proplasm *önt* öntési szoborminta

proponal *vegy* proponál, dipropil-barbitursav

proportion I. *v gép* méretez; *ip* arányosít, tagol, arányosan adagol/oszt; **II.** *n* arány(osság); rész, hányad; *geod, gép* méretarány, lépték; *mat* arány(pár); hármas szabály; ~ **of lever arms** *gép* karáttételarány; ~ **of the ingredients** *vegy* keverési arány; ~ **regulation** arányszabályozás; ~**s** *gép* méretek; ~**s of contents** mennyiségi arányok

proportional I. *a mat* arányos, arányban álló; szimmetrikus; **II.** *n mat* aránytag; ~ **action** *aut* arányos (be)hatás/viselkedés, P-hatás; ~**-action coefficient** *el* arányossági tényező; proporcionális hatástényező, kivezérlési tényező *(elektroncsőé)*; ~**-action control** → ~ control; ~**-action factor** *aut* arányossági tényező, proporcionális hatástényező; ~ **allocation** *ip* arányos elosztás; ~ **amplifier** *el* arányos erősítő; ~ **and floating and derivative control** *aut* arányos integráló-differenciáló szabályozás, PID-szabályozás; ~ **and floating controller** *aut* arányos integrálószabályozó, PI-szabályozó; ~ **and integral control** → ~ integral control; ~ **and integral derivative control** → ~ integral derivative control; ~ **band** *aut* arányos(sági) tartománysáv, P-tartomány; ~ **chamber** *at* proporcionális ionizációs kamra; ~ **compasses** *pl mat* aránykörző, kisebbítési körző; ~ **component** arányos összetevő; ~ **control** *aut* arányos szabályozás, P-szabályozás; ~ **control factor** átviteli/arányossági tényező; ~ **controller** arányos szabályozó, P-szabályozó; ~ **control limits** arányos szabályozás határai; ~ **control zone** arányos szabályozási tartomány; ~ **correction factor** arányos korrekciós tényező; ~ **counter (tube)** *at* proporcionális/arányos számláló(cső); ~ **derivative control** *aut* PD-szabályozás, arányos differenciálószabályozás; ~ **divider** arányos osztó; ~ **dividers** *pl mat* aránykörző, kisebbítési körző; ~ **element** *aut* arányos tag, P-tag; ~ **elongation** egyenletes nyúlás; ~ **feedback** merev visszacsatolás; ~ **floating control** *aut* arányos integrálószabályozás, PI-szabályozás; ~ **floating controller** *aut* arányos integrálószabályozó; ~ **floating derivative control** *aut* arányos integráló-differenciáló szabályozás; ~ **floating derivative controller** *aut* arányos integráló-differenciáló szabályozó; ~**-flow weir** *hidr* proporcionális/lineáris bukó; ~ **frequency** *mat* relatív/viszonylagos gyakoriság; ~ **input** *aut* arányos (be)hatás, P-hatás; ~ **integral control** *aut* PI-szabályozás, arányos integrálószabályozás; ~ **integral control action** *aut* PI-hatás, arányos integráló szabályozási hatás; ~ **integral controller** *aut* arányos integrálószabályozó, PI-szabályozó; ~ **integral derivative control** *aut* PID-szabályozás, derivatív integrálóarányos szabályozás, differenciál-integrál arányos szabályozás; ~ **integral derivative controller** *aut* PID-szabályozó, derivatív integráló arányos szabályozó; ~ **intensification** *el* arányos erősítés; ~ **ionization chamber** *at* arányos ionizációs kamra; ~ **limit** *any, aut* arányossági határ; ~ **part** *mat* táblakülönbség, táblabeli különbség; ~ **plant** *aut* arányos/önbeálló szakasz; ~ **plus derivative control** → ~derivativ control; ~ **plus floating control** → ~ floating control; ~ **plus integral action controller** → ~ integral controller; ~ **plus rate controller** PD-szabályozó, arányos differenciálószabályozó; ~ **plus rate element** PD-tag, arányos differenciálótag; ~ **plus reset control** arányos integrálószabályozás, PI-szabályozás; ~ **plus reset element** PI-tag, arányos integrálótag; ~ **plus reset plus rate element** PID-tag, arányos integráló-differenciáló tag; ~ **position control** arányos szabályozás, P-szabályozás; ~ **position controller** *aut* P-szabályozó, arányos szabályozó; ~ **printing** *szt* proporcionális nyomtatás; ~ **rate action** *aut* arányos differenciálóhatás; ~ **region** *at* arányossági/proporcionális tartomány

proportionality arányosság; ~ **coefficient/factor** *mat* arányossági együttható; ~ **element** *aut* arányossági elem; ~ **factor** *mat* arányossági tényező; ~ **transformation** *mat* arányossági transzformáció

proportionate I. *v* → proportion; **II.** *a* → proportional

proportioner *ip* adagoló, mérő

proportioning arányosítás, arányos szétosztás; tagolás; *gép* alakítás; méretezés; *ip* adagolás, beadagolás, betöltés, sarzsírozás; ~ **box** *ép* mérőláda, adagolóláda; ~ **by volume** *ép* térfogat szerinti adagolás/mérés; ~ **by weight** *ép* súly/tömeg szerinti adagolás; ~ **conveyer/conveyor belt scale** *ép* szalagos adagolómérleg; ~ **element** *aut* osztó; ~ **mixer** *ép* keverékarányt szabályozó keverő; ~ **piston** *gép* adagolódugattyú; ~ **plant** *ép* adagolóberendezés, keverőtelep; ~ **pump** *hidr* adagoló szivattyú; ~ **selector** *ép* adagolási/keverési programválasztó; ~ **star** *ép* csillagtárolós adagoló; ~ **valve** *gép* adagolószelep; ~ **wall** *ép* adagolófal; ~ **worm/screw conveyer/conveyor** *ép* csigás mérőadagoló

proposition *mat* (logikai) ítélet; kijelentés, állítás; tétel, mondat; ~ **without sense** *mat* értelmetlen állítás/kijelentés

propositional | **axiom** *mat* harmadik kizárásának axiómája; ~ **calculus** *mat* ítéletkalkulus, kijelentéskalkulus; ~ **connective** *mat* (logikai) műveletjel, junktor, logikai konstans, igazságfunktor; ~ **form** *mat* nyitott mondat, ítéletfüggvény, állítássséma; ~ **logic** *mat* kijelentéskalkulus, ítéletkalkulus

propoxide *vegy* propilát

propped *bány* biztosított; *ép* alátámasztott, feltámasztott, megtámasztott, merevített, dúcolt; ~ **beam** *ép* konzoltartó, egyik végén befogott tartó; ~ **cantilever girder** *ép* egyik végén befogott másik végén csuklós alátámasztású tartó

propping I. *a bány* biztosító; *ép* merevítő, alátámasztó, dúcoló; **II.** *n bány* biztosítás *(támokkal)*; támasz; támfelállítás, támbeverés; *ép* alátámasztás, merevítés, dúcolás; ~**-up** *ép* aládúcolás

propulsion *gép, hajó* (előre)hajtás, mozgatás, meghajtás, propulzió; *rep* hajtóműhajtás; ~ **duct** *rep* torlósugár-hajtómű; ~ **efficiency** *hajó, rep* propulziós hatásfok; ~ **engine** *rep* az előrehaladást létrehozó hajtómű; ~ **generator** *hajó* hajócsavarhajtó generátor; ~ **pontoon** *hidr* motoros ponton; ~ **unit** *gép* erőgépcsoport; *rep* hajtómű; ~ **wind tunnel (PWT)** *rep* szélcsatorna hajtómű vizsgálatához

propulsive *gép* (előre)hajtó, mozgató, lökő; ~ **control** *aut* reaktív vezérlés; ~ **duct** *rep* torlósugár-hajtómű; ~ **efficiency** *rep* propulziós hatásfok; ~ **effort** *mech* vonóerő; ~ **medium** *rep* hajtóközeg; ~ **nozzle** *rep* propulziós fúvóka/sugárcső; ~ **thrust** *mech* vonóerő, tolóerő; ~ **unit** *rep* hajtómű

propwood *bány* bányafa; *ép* gyámgerenda

propyl *vegy* propilgyök; ~ **acetate** *vegy* propil-acetát; ~ **alcohol** *vegy* propil-alkohol; ~ **bromide** *vegy* propil-bromid, 1-bróm-propán; ~ **carbinol** *vegy* butanol, butil-alkohol; ~ **chloride** *vegy* propil-klorid, klór-propán; ~ **ether** *vegy* propil-éter; ~ **fluoride** *vegy* propil-fluorid, fluor-propán; ~ **iodide** *vegy* propil-jodid, 1-jód-propán; ~ **propionate** *vegy* propil-propionát; ~ **radical** *vegy* propilgyök

propylamine *vegy* propil-amin

propylate *vegy* propilát

propylbenzene *vegy* propil-benzol

propylene *vegy* propilén, propén; ~ **chlorohydrin** *vegy* propilén-klór-hidrin; ~ **dichloride** *vegy* propilén-diklorid; ~ **glycol** *vegy* propilénglikol, 1,2-propándiol; ~ **oxide** *vegy* propilén-oxid; ~ **radical** *vegy* propiléngyök

propylidene radical *vegy* propilidéngyök

propyne *vegy* propin, allilén, metil-acetilén

prorating arányos elosztás

proscenium *pl* ~**s** *v.* **proscenia** *ép* előszín, proszcénium

prosiliency *geol* kidomborodás, kiugrás, előugrás

prosopite *ásv* prozopit

prospect kilátás, távlat; látvány; *bány* érclelőhely; ércminta; ~ **entry** *bány* kutatótáró; ~ **hole** *bány* kutató mélyfúrás, kutatófúrás; kutatóakna; *ép* próbagödör, kutatógödör; ~ **pit** *bány* kutatóakna

prospecting *bány* felderítés, (bányászati) kutatás; ~ **borehole** *bány* kutató fúrólyuk; ~ **borehole for water** vízkutató fúrás; ~ **drift** kutatóvágat; ~ **drilling** kutatófúrás; ~ **hole** feltárófúrás; ~ **pit** kutatóakna; ~ **scheme** *bány, geof* fúrási terv; ~ **shaft** kutatóakna; ~ **trench** kutatóárok

prospection *bány* kutatás, feltárás

prospective | **boring** *bány* kutatófúrás; ~ **reserves** *bány* prognosztikus készletek; ~ **value** *ip* valószínű érték

prospector *bány* érckutató, aranyásó, bányakutató; *geof* talajkutató; *ol* olajkutató; ~**'s pan** *bány* aranyásószér, kézi tányérszér

prosthetic *vegy* prosztetikus; ~ **group** *biot* prosztetikus csoport *(összetett fehérjéké)*

protactinium (Pa) *vegy* protaktínium

protamine *vegy* protamin

protargin, protargol *vegy* proteinezüst, protargol

protease *biot* proteáz *(fehérjebontó enzim)*

protect véd, oltalmaz; ~ **the train** *vasút* fedez *(vonatot)*

protectable memory *szt* védhető memória

protected *gép* védett, (félig) zárt kivitelű, védőberendezéssel ellátott; *hidr* betöltésezett; ~ **area** *at* biztonságvédelmi terület; *hidr* kíméleti terület; *környv* védett terület; ~ **flood plain** *hidr* mentett ártér; ~ **land** *hidr* ártér; ~ **location** *szt* védett cím, védett tárhely; ~ **memory** → ~ store; ~ **motor** *gép* védett (kivitelű) motor; ~ **pipe** *gép* szigetelt csővezeték; ~ **side** *hidr* mentett oldal; ~**-side** *hidr* mentett oldali; ~ **storage** *szt* védett tárolás; ~ **storage area** *szt* védett tár; ~ **store** *szt* védett tároló; ~**-type** *gép* védőfelszereléssel ellátott; ~ **zone** *aut, ip* védett szakasz/rész

protecting védelem; ~ **apparatus** védőfelszerelés; ~ **band** *gumi* tömlővédő szalag; ~ **belt** *gép* védősáv; *környv* védősáv; ~ **cap** *gép* védőfedél; ~ **cover** *gép* védőburkolat, védőbura; ~ **device** *gép* biztonsági berendezés, védőberendezés; ~ **furrow** *mzg* takaró bakhát *(vetéssoron)*; ~ **gas** *heg* védőgáz; ~ **hose** *gépk* kábelvédő cső; ~ **housing** *el* védőburkolat; ~ **ribbon** *gép* védősáv; ~ **roof** *ép* védőtető, előtető; ~ **salt** *vegy* fedősó; ~ **sheathing** *gép* huzat, védőbevonás, védőbevonat; ~ **sleeve** *el* védőhüvely; ~ **sluice** *hidr* védőzsilip; ~ **tube** *el* védőcső; *ol* burokcső; ~ **wall** *at* védőfal; ~ **zone** *ip* védőövezet; *környv* védősáv

protection védekezés, védelem; óvás; *bány* biztosítás *(ácsolással)*; elszigetelés; *el* védelem; *kat* páncélzat; *szt* védelem, zárolás; ~ **against avalanches** *ép* lavinavédmű; ~ **against burn-in of the screen** *tv* beégés elleni védelem; ~ **against contact** *el* érintésvédelem; ~ **against corrosion** korrózióvédelem; ~ **against fire** tűzvédelem; ~ **against floods** *hidr* árvízvédelem; ~ **against indirect current** *el* érintésvédelem; ~ **against mining subsidence** *ép* védekezés süllyedés ellen *(alábányászott területeken)*; ~ **against noise** *ép, gép* zajvédelem; ~ **against radiation** *at* sugárvédelem; ~ **against rapid switching** *aut* gyors bekapcsolás/kikapcsolás elleni védelem; ~ **against shock hazard** *el* érintésvédelem; ~ **against sound** *ép, gép* zajvédelem; ~ **against stray-currents** *el* kóboráram elleni biztonság;

~ against X-radiation *orv* röntgensugár-védelem; ~ area → protecting area; ~ box *el* biztosítódoboz; ~ by insulation (of live parts) *el* elszigetelés; ~ by local insulation *el* környezet elszigetelése; ~ cap *el* védőkupak; *gép* porlasztótartó borítókupak *(dízelmotorban)*; ~ centre/center *finm* csapvédő nyeregszeg; ~ circuit *el* védőkapcsolás; ~ equipment *el* védőberendezés, védőkészülék, védelem; ~ factor *at* védelmi tényező; ~ fence *közl* gyalogjáróvédő korlát; ~ for interturn short circuits *el* menetzárlat-védelem; ~ from frost *ép* fagyvédelem; ~ from radiation *at* sugárzásvédelem; ~ gas *heg* védőgáz; ~ ground *el* védőföldelés; ~ in remote control systems *el* védelem távirányítási rendszerben *(hibás kapcsolás és hibás jelzés ellen)*; ~ level *el* alsó szigetelési szint; ~ of biosphere bioszféravédelem; ~ of direct(-)current supply lines *el* egyenáramú távvezetékek védelme; ~ of natural amenity *ép* rezervátum *(városépítésnél)*; ~ of nature természetvédelem; ~ of products *ip* termékvédelem; ~ of the environment környezetvédelem; ~ of water *bány* vízvédelem; ~ of water resources *hidr* vízkészletvédelem; ~ ratio *el* védettség; ~ relay *el* védőrelé; ~ suit *bány, ép* bányászruha, védőruha; ~ survey *at* sugárvédelmi ellenőrzés/szolgálat; ~ switch *el* biztonsági kapcsoló; ~ zone védőövezet

protectional → protective

protective védő, védelmi; ~ **agent** *vegy* védőszer; ~ **appliance** *gép* védőberendezés; ~ **area of the arrester** *el* túlfeszültség-levezető védőtávolsága; ~ **atmosphere** *hők* védőgáz, védőatmoszféra; ~ **atmosphere annealing** *koh* védőgázas izzítás; ~ **barrier** *at* védőfal, sugárvédő fal, sugárzás ellen védő fal; ~ **belt** *fa* erdővédősáv; *kat* védőöv; *környv* védősáv; ~ **box** *el* biztosítódoboz; ~ **box for X-ray tubes** *orv* röntgencsőtartály; ~ **bridge** *bány* függőkötélpálya-védőhíd; ~ **capacitor** *el* védőkondenzátor; ~ **casing** *el, gép* védőborítás; ~ **channel** *ép* védőcsatorna; ~ **choke** *el* védő fojtótekercs; ~ **circuit(-)breaker** *el* védőmegszakító; ~ **circuit by the load side** *félv* védő áramkör a terhelés felől; ~ **circuit on the cell** *félv* védő áramkör az elemen; ~ **clothing** *at, ép* védőöltözet, védőruha; ~ **coat(ing)** védőbevonat, védőmázolás; védőréteg; ~ **colloid** *műa* védőkolloid; ~ **condenser** *el* védőkondenzátor; ~ **conductor** *el, gép* védővezető, nullázóvezető; ~ **conductor integrated within a system of multiple earthing** *el* nullázással egyesített földelőhálózat; ~ **cone** *bány* pillérkúp; ~ **cover(ing)** *el, gép* védőburkolat, védőborítás, védőhüvely; ~ **current** *el* védőáram; ~ **deck** *hajó, kat* páncélozott fedélzet; ~ **device** *at* védőeszköz; *el* védőberendezés, biztonsági berendezés; ~ **earth(ing)** *el* nullázás; védőföldelés; ~ **film** *el, vegy* védőfilm, védő vékonyréteg; ~ **filter** *hidr* fordított szűrő; ~ **fitting** *el* védőszerelvény; *rep* védővasalás *(légcsavarszárnyon)*; ~ **furnace atmosphere** *hőt* védő atmoszféra; ~ **gap** *el* védő szikraköz; ~ **gas** *heg* védőgáz; ~**-gas contactor** *el* védőgázos kontaktor; ~**-gas plant** védőgáztelep; ~ **gear** *el, gép* védőberendezés; ~ **glass** *at* védőüveg; *el* védőbura; ~ **globe** *el* védőbura; ~ **gloves** *pl at* védőkesztyű; ~ **grounding** *el, gép* védőföldelés; ~ **helmet** *ép* védősisak; ~ **housing** *el, gép* védőburkolat; ~ **jacket** *szt* védőborítás *(hajlékonylemezen)*; ~ **layer** *el, vegy* védőfilm, védő vékonyréteg; *geol* védőréteg; *koh* védőréteg *(pl. sótakaró)*; ~ **lead glass** *at* védő ólomüveg; ~ **mask** *el* védőmaszk, védőálarc; ~ **masking tissue** *el* védőborítás, védőfólia; ~ **material** *at, vegy* védőanyag; ~ **material against X-rays** *orv* röntgensugárvédőanyag; ~ **multiple earthing** *el, gép* védőföldelés, nullázás; ~ **net(ting)** *ép* védőháló; ~ **network** *el* védőhálózat; ~ **oxide film** *el* védő oxidréteg; ~ **paint coat** *ép* védőfesték bevonat; ~ **pipe** védőcső; *ol* burokcső, köpenycső; ~ **railing** *ép* védőkorlát; ~ **reactance/reactor** *el* védő/zárlatkorlátozó fojtótekercs; ~ **relay** *el, vasút* védő jelfogló, védőrelé; ~ **resistance** *el* védőellenállás; ~ **screen** *at* védőernyő; ~ **stockings** *pl at* védőharisnya; ~ **strip** *hidr* védősáv; ~ **switch** *el* motorvédő kapcsoló; ~ **system** *el* érintésvédelmi rendszer; ~ **tube/tubing** *el* kábelvédő cső; ~ **wall** *at* védőfal, sugárvédő fal, sugárzás ellen védő fal; ~ **zone** → protecting zone

protector *el* áramvédő; villámvédő; *gép* védőberendezés, védőszerkezet, védőlap; *gépk, gumi* abroncs-futófelület; ~ **box** *távk* villámvédő doboz; ~ **motion** *tex* láncfonalőr, biztosítóberendezés; ~ **rack** *távk* biztosítókeret; ~ **strip** *távk* villámvédő borda; ~ **tube** *el* oltócső

proteid *vegy* proteid

protein *biot* protein, fehérje; ~ **fibre/fiber** *műa* fehérjeműszál; ~ **matrix** *élip* proteinbeágyazás; ~ **plastic** *műa* fehérjeműanyag; ~ **shift** *élip* proteineltolás; ~ **silver** *vegy* protargol, proteinezüst

proteinoplast *műa* fehérjeműanyag, proteinoplaszt

proteoclastic *biot* fehérjebontó; ~ **enzyme** *biot* fehérjebontó enzim

proteolytic *vegy* fehérjebontó

proteose *vegy* proteóz, albumóz

Proterozoic (era) *geol* proterozoikum

protic solvent *ol* protonos/protántartalmú oldószer

protium *vegy* könnyűhidrogén, prócium

protobastite *ásv* protobastit

protocol *szt* protokoll; ~ **converter** *szt* protokollátalakító

protogenic *vegy* protogén

protolignin *pa* természetes lignin

protolysis *vegy* protolízis

proton (p) *at* proton; ~ **accelerator** protongyorsító; ~ **beam** protonnyaláb, protonsugár; ~ **cloud** protonfelhő; ~**-deuteron collision** proton-deuteron ütközés, p-d ütközés; ~ **emitter** protonemitter, protonsugárzó; ~ **linear accelerator** lineáris protongyorsító; ~ **magnetometer** protonmagnetométer, protonrecessziós magnetométer; ~ **mass** protontömeg; ~ **microscope** protonmikroszkóp; ~**-neutrino field** proton-neutrino tér; ~**-neutron force** proton-neutron erő; ~ **number** *vegy* rendszám, magtöltésszám, Z; ~**-precession(al) magnetometer** *at* protonrecessziós magnetométer; ~**-proton chain** proton-proton reakciósorozat; ~**-proton force** proton-proton erő; ~**-proton interaction** proton-proton kölcsönhatás, p-p kölcsönhatás; ~ **radiation** protonsugárzás; ~ **radiator** protonemitter, protonsugárzó; ~ **ray** protonnyaláb, protonsugár; ~ **recoil** protonvisszalökés, meglökött proton; ~**-recoil counter** proton-visszalökéses számláló; ~**-recoil scintillation counter** proton-visszalökéses szcintillációs számláló/detektor; ~ **resonance** protonrezonancia; ~ **spin** protonspin; ~ **synchrotron** protonszinkrotron, nehézrészecske-szinkrotron, szinkrofazotron; ~ **wave** protonhullám

protoparaffin *ol* protoparaffin, amorf paraffin
protopectin *élip, vegy* protopektin
protophile *vegy* protofil
protophilic *vegy* protofil
prototropic change *vegy* prototrop átrendeződés
prototropy *vegy* prototrópia
prototype *gép* prototípus, alaptípus, mintagép, őspéldány; ~ **development** prototípus kifejlesztése; ~ **model** *gép* ősminta, prototípus
protovermiculite *ásv* protovermikulit
protracted meghosszabbított, kihúzott, elnyúlt; ~ **flight** *rep* meghosszabbított távolságú repülés; ~ **injection** *gépk* elnyúlt befecskendezés; ~ **test machine** *any* tartós alakváltozás-vizsgáló gép
protractile *gép* kinyújtható
protraction *geod* arányosan kicsinyített *v.* lépték szerinti rajz; területfelmérés, felrakás tervre/rajzra *(szögátrakóval)*
protractor *geod* fokbeosztás *(iránymérő asztal szélén)*; szögmérő, kontaktgoniométer, kontaktszögmérő műszer; ~ **head** *geod* szögmásoló fej
protrude *ép, gép* kiáll *(vhonnan)*, kiemelkedik, kiszögellik; kinyújt, kitol
protrusion *ép, gép* kiszögellés, kiugrás, kiállás, kiemelkedés, kidudorodás, kitüremlés; *geol* keresztültörés
protuberance *csill* protuberancia, napkitörés; *ép, gép* kiemelkedés, kidudorodás
protuberant kiemelkedő, kiugró
proustite *ásv* proustit
provability kimutathatóság; *mat* bizonyíthatóság, levezethetőség
provable kimutatható; *mat* bizonyítható, levezethető
prove kipróbál, kivizsgál, megvizsgál, kimutat; *élip* utókeleszt *(kenyeret)*; *mat* (be)bizonyít, igazol; ellenőriz; *metr* hitelesít; ~ **the existence of X-rays** *fiz* röntgensugarat kimutat
proved kipróbált; *mat* bizonyított; ellenőrzött; *metr* hitelesített; ~ **ore** *bány* megkutatott érckészlet; ~ **reserve** *bány* biztos/megkutatott készlet
prover *koh* hitelesítőkészülék, vizsgálókészülék; próbavevő kanál, mintavevő; *nyom* mintalevonat-készítő, kefelevonat-készítő *(munkás)*; *tex* szálolvasó *(eszköz)*
provide *ip* beszerel; ellát, felszerel
provided *ip* ellátott, felszerelt; ~ **with lateral adjustment** *gép* oldalirányban állítható; ~ **with rise and fall adjustment** *gép* magassági értelemben állítható
proving *élip* (utó)kelesztés; *mat* ellenőrzés, bizonyítás; *metr* hitelesítés, köbözés, kalibrálás; ~ **circuit** *vasút* vizsgáló/ellenőrző áramkör; ~ **cupboard** *élip* próbakelesztő kamra; ~ **ground** *gépk* próbapálya; *ip* kísérleti telep; *kat* kísérleti lőtér; ~ **hole** *bány* kutatófúrás; ~(-)**ring** *mech, talt* (hitelesítő) gyűrűs dinamométer, dinamométer-gyűrű; ~ **time** *szt* gépkipróbálási idő
provision store élelmiszerraktár
provisional ideiglenes, átmeneti, provizórikus; ~ **airport** *rep* ideiglenes repülőtér; ~ **estimate** *ép, ip* ideiglenes költségvetés, költségbecslés; ~ **switch** *bány* cigányváltó
provitamin *gyógyv* provitamin
prow *hajó* hajóorr
proximeter *rep* közelségmérő
proximity közelség, szomszédság; ~ **detector** *aut* közelségérzékelő; ~ **effect** *fiz* szomszédsági hatás, közelhatás; ~ **factor** közelségi tényező; ~ **fuse** *kat* közelségi gyújtó; ~ **theory** *fiz* közelhatás elve; ~ **warning indicator** *rep* közelségjelző műszer
PRR → pulse-repetition rate
PrtSc → print screen
prune aszalt szilva; szilvavörös *(szín)*; ~ **distillery** *élip* szilvóriumfőző (üzem); ~ **juice** *élip* szilvalé *(aszalt szilvából)*
pruning *mzg* fanyesés, fametszés; *szt* visszametszés; ~(-)**knife** *mzg* kertészkés, metszőkés, kacorkés; ~(-)**saw** *mzg* ágfűrész, kerti fűrész; ~(-)**shears** *pl mzg* venyigeolló, ágnyeső olló
prussian | blue *vegy* berlini/porosz kék, ferri-[ferro-cianid]; ~ **vault** *ép* porosz süvegboltozat
prussiate *vegy* cianid, kéksavas só
prussic acid *vegy* kéksav, hidrogén-cianid, ciánhidrogén(sav)
pry I. *v em* emel *(emelővel)*, felnyit, felfeszít; **II.** *n em* emelőkar, emelőhíd; ~ **bar** *szersz* emelőrúd; szeghúzó
Ps → positronium
PSA → probabilistic safety assessment
psammite *ásv* pszammit
PSAR → preliminary safety analysis report
psephite *ásv* pszefit
pseudoacid *vegy* pszeudosav
pseudoaddress *szt* pszeudocím, álcím
pseudoamorphous *krist* pszeudoamorf
pseudoanticline *geol* álboltozat
pseudoastatic governor *aut* pszeudoasztatikus szabályozó
pseudoatom *at* pszeudoatom
pseudobase *vegy* pszeudobázis
pseudoboleite *ásv* pszeudoboleit
pseudobrookite *ásv* pszeudobrookit
pseudocapillary pressure curve *ol* pszeudokapilláris nyomásgörbe
pseudocarburizing *koh* vakedzés
pseudocellulose *pa* hemicellulóz
pseudocode *szt* pszeudokód, álkód; ~ **instruction** *szt* álkódutasítás, pszeudokód-utasítás; ~ **program** *szt* álkódprogram, pszeudokódprogram
pseudocommand *szt* szimbolikus/jelképes utasítás, pszeudoutasítás
pseudocritical | pressure *fiz* pszeudokritikus nyomás; ~ **temperature** *fiz* pszeudokritikus hőmérséklet; ~ **volume** *vegy* pszeudokritikus térfogat
pseudocrystal *krist* pszeudokristály
pseudocrystallite *krist* pszeudokristály
pseudocubic *krist* pszeudoszimmetrikus
pseudodecimal digit *szt* áltetrád
pseudodifferentiation *mat* pszeudodifferenciálás
pseudodislocation *krist* pszeudodiszlokáció
pseudoeffect *fiz* pszeudohatás
pseudo-Euclidean geometry *mat* pszeudoeuklideszi geometria
pseudoextinciton *krist* pszeudokioltás
pseudoextremal *mat* pszeudoextremális
pseudofrequency *távk* pszeudofrekvencia
pseudogel *vegy* pszeudogél
pseudogeometrical factor *geol* pszeudogeometriai tényező

pseudogley *talt* pszeudogley
pseudogravitational force *mech* pszeudogravitációs erő
pseudoharmonic oscillation/vibration *fiz* megszakított lengés; nemlineáris rezgés/oszcilláció, nemlineáris karakterisztikájú rendszerek rezgése
pseudohexagonal *krist* pszeudoszimmetrikus
pseudohomogeneous building unit *krist* pszeudohomogén építőegység
pseudoidle condition *távk* hamis nyugalmi állapot
pseudoinstruction *szt* deklaráció; szimbolikus/jelképes utasítás, pszeudoutasítás
pseudointegration *mat* pszeudointegrálás
pseudoionone *vegy* pszeudojonon
pseudoisomeric *vegy* pszudoizomerikus
pseudoisomerism *vegy* pszeudoizoméria
pseudolabile *vegy* nedveslabilis, pszeudolabilis
pseudolattice *krist, mat* pszeudoháló
pseudolinear system *aut* pszeudolineáris rendszer
pseudomalachite *ásv* pszeudomalachit, foszforkalcit
pseudomemory *szt* álmemória, jelképes/képzeletbeli memória
pseudomeric isomerism *vegy* pszeudomer izoméria *(cianát-izocianát-izoméria)*
pseudomerism *vegy* pszeudoméria
pseudomerohedral twin *krist* pszeudomeroéderes iker
pseudomonocrystal *krist* pszeudoegykristály
pseudomorphism (of cyrstals) *krist* pszeudomorfizmus, (kristály)pszeudomorfia
pseudomorphosis *krist* pszeudomorfózis
pseudomorphous *krist, vegy* pszeudomorf; **~ crystal** *krist* pszeudomorf kristály
pseudomorphy → pseudomorphism
pseudonitriding *koh* vaknitridálás
pseudoparadox *mat* álparadoxon, pszeudoparadoxon; **~ of the catalog(ue)** *mat* katalógusparadoxon
pseudoperiodic quantity *mat* pszeudoperiodikus mennyiség
pseudophite *ásv* pszeudofit
pseudoplastic *műa* kváziplasztikus; **~ fluid** pszeudoplasztikus folyadék
pseudopotential *fiz* pszeudopotenciál
pseudoprogram *szt* pszeudoprogram, álprogram, jelképes program, képzeletbeli program
pseudoradius *mat* pszeudosugár *(pszeudoszféráé, álgömbé)*
pseudorandom *szt* álvéletlen, pszeudovéletlen; **~ binary sequence** *szt* látszólag véletlen kettes számrendszerű számsor; **~ code** *szt* álvéletlen kód; **~ noise** álstatisztikus zaj; **~ numbers** *szt* pszeudovalószínűségi/pszeudovéletlen számok; **~ sequence** *szt* pszeudovalószínűségi/pszeudovéletlen sorrend, álvéletlen jelsorozat; **~ signal** *szt* álvéletlen jel
pseudoregular precession *mech* pszeudoreguláris precesszió
pseudoscalar | coupling *aut* pszeudoskalár(is) csatolás; **~ coupling constant** *aut* pszeudoskalár csatolási állandó/konstans; **~ field** → **~** potential field; **~ meson** *at* pszeudoskaláris mezon; **~ potential field** *fiz* pszeudoskalár (potenciál)tér; **~ quantity** *mat* pszeudoszkaláris érték
pseudoschistosity *geol* álrétegződés, álpalásság, álpalaszerűség
pseudosolution *vegy* pszeudooldat, kolloidoldat
pseudosphere *mat* pszeudoszféra, álgömb
pseudospherical surface *mat* pszeudoszféra, pszeudoszferikus felület, álgömbfelület
pseudosteatite *ásv* pszeudoszteatit
pseudostereophonic *hang* pszeudosztereo(fón), álsztereo
pseudostereophony *hang* álsztereofónia
pseudostructure *mat* pszeudoháló
pseudosymmetric *krist, mat* pszeudoszimmetrikus; **~ graph** *mat* pszeudoszimmetrikus gráf
pseudosymmetry *krist, mat* pszeudoszimmetria
pseudoternary pulse train *távk* kvázinternáris/pszeudoternázis impulzusfolyam(at)
pseudotetragonal *krist* pszeudoszimmetrikus
pseudotime *fiz* álidő, pszeudoidő
pseudotwin *krist* pszeudoiker
pseudourea *vegy* pszeudokarbamid
pseudovariable *mat* álváltozó
pseudovector *mech* axiális vektor, axiálvektor, pszeudovektor, forgásvektor; **~ coupling** *aut* pszeudovektoriális csatolás
psi → pound per square inch
psilomelane *ásv* pszilomelán
psittacinite *ásv* pszittacinit, mottramit
PSK → phase-shift keying
PSNR → power signal-to-noise ratio
psophometer *távk* pszofométer
psophometric *távk* pszofometrikus; **~ electromotive force, ~ e.m.f.** *távk* súlyozott forrásfeszültség; **~ network** *távk* súlyozószűrő; **~ noise** *távk* pszofometrikus zaj; **~ noise voltage** *távk* súlyozott zajfeszültség; **~ power** *távk* súlyozott teljesítmény; **~ ripple-voltage ratio** *távk* pszofometrikus hullámos feszültségviszony; **~ voltage** *távk* zajfeszültség, súlyozott/pszofometrikus feszültség
PSU → power-supply unit; → program storage unit
PSW → processor status word; → program status word
PSWR → power standing wave ratio
psychoacoustics *hang* pszichoakusztika, pszichológiai akusztika
psychological | acoustics *hang* pszichoakusztika, pszichológiai akusztika; **~ warfare** *kat* pszichológiai háború, ideghábprú, lélektani hadviselés
psychophysical | achromatic colo(u)r *opt* akromatikus színinger; **~ chromatic colo(u)r** *opt* kromatikus színinger; **~ colo(u)r** *opt* pszichofizikai szín
psychophysics *orv* pszichofizika
psychrometer *met* pszichrométer, páramérő, (lég)nedvességmérő
pt → pint
Pt → platinum
PT → potential transformer
PTC → positive temperature coefficient; **~-resistor** *el* PTC-ellenállás, hidegvezető
PTFCE → polytrifluorochloroethylene
PTFE → polytetrafluoroethylene
PTH → plated-through hole
PTM → pulse-time modulation
Ptolemaic system *csill* ptolemaioszi világkép
Ptolemy's theorem *mat* Ptolemaiosz-tétel
ptomaine *vegy* ptomain
PTP → point-to-point
PTS → permanent threshold shift
PTT → Postal, Telegraph and Telephone Administration

ptyalin *vegy* ptialinenzim
Pu → plutonium
PU → power unit
public I. *a* nyilvános; közületi; **II.** *n távk* közönség; ~ **access terminal** *szt* nyilvános terminál; ~ **address** *hang* hangosítás; ~**-address amplifier** *hang* megafonerősítő; ~**-address equipment** *hang* hangosítóberendezés; ~ **airport** *rep* közforgalmi repülőgép; ~ **building** *ép* középület; ~ **call-box** *távb* nyilvános telefon *v.* távbeszélő-állomás, automata telefonfülke; ~ **call-office** *távk* nyilvános telefon *v.* távbeszélő állomás; ~ **convenience** *ép* nyilvános illemhely; ~ **data network** *szt* nyilvános adathálózat; ~ **domain software** *szt* szerzői joggal nem védett program; ~ **exposure** *at* népességi besugárzás; ~ **forces** *ip* rezsimunkaerő; ~ **garage** *ép* nyilvános garázs; ~ **health engineering** *ép* szanitertechnika; ~ **institution** *ép* közintézmény; ~ **lighting** *el, ép* közvilágítás; ~ **road** *közl* közút, országút; ~ **services** *ép* közművek; ~**-service vehicle** *közl* tömegközlekedési eszköz; ~ **sewer** *hidr* közcsatorna; ~ **square** *ép* (köz)tér; ~ **station** *távb* nyilvános távbeszélő-állomás; ~ **supply(-)mains** *ép* közművi fővezeték; ~ **switched telephone network** *távb* nyilvános telefonhálózat; ~ **telephone station** *távb* nyilvános telefon; ~ **traffic** *közl* közforgalom, közúti forgalom; ~ **transport** *közl* tömegközlekedés; ~ **utility/utilities** *ép* közművek; közüzem; ~**(-)utility works** *ép* közüzem, közmű; ~ **waste-water** kommunális szennyvíz; ~ **water demand** lakossági vízigény; ~ **works** *ép* kommunális épületek/létesítmények
pucker I. *v ruh* összeráncol, beráncol, redőbe összehúz; ráncolódik; **II.** *n ruh* ránc, redő; *tex* gyűrődés
puckered *ruh* ráncos, redőzött, gyűrött
puckering *ásv* mikroszkopikus redőzöttség; *geol* gyűrődés, vetődés *(rétegé)*; *ruh* ráncolás, redőzés, ráncozás; ráncolódás
puddingstone *ásv* pudingkő
puddle I. *v* felkavar, zavarossá tesz; *bány* mos *(ércet)*; *ép* agyagot gyúr/dagaszt, agyaggal tapaszt; vízálló agyaggal von be, iszapol; *koh* kavar, buzgat; **II.** *n bány* mosás *(ércé)*; *ép* agyagpép, agyagburkolás; *hidr* tisztítótartály; vízzáró agyagtöltés; *koh* buzgatás, kavarás; *pa* tisztítófürdő, tisztítótartály; ~**(-)ball** *koh* lupa, (vas)medve, kovácsvastömb; ~**(-)bar** *koh* kovácsvasrúd, kovácsvasbocs, kavarókemencében készült buga; ~ **clay** *ép* tapasztóagyag, burkolóagyag; ~**-clay bed** *geol* agyagréteg; ~**-clay lining** *ép* agyagburkolás, agyagtapasztás; ~**(-)steel** *koh* (kavarókemencében gyártott) hegesztett acél, kavart acél, buzgatott acél; ~ **wall** *ép* döngölt vert fal, csömöszölt vályogfal
puddled *ép* taposott, döngölt; *hidr* zavaros, felkavart; *koh* buzgatott, kavart; ~ **clay** *ép* döngölt agyag; ~ **core** *talt* agyagmag; ~ **iron** *koh* kavarókemence-vas; ~ **steel** *koh* kavart acél
puddler *koh* kavarógép; kavarómunkás
puddling *ép* agyagtapasztás, agyaggyúrás, iszapolás; döngölés, csömöszölés *(betoné)*; *koh* buzgatás, kavarás, kavarófrissítés; ~**(-)forge** *koh* keverőhuta, keverőkohó; ~ **in cinder bath** *koh* kavarófrissítés salakos fürdőben; ~**(-)machine** *koh* kavarógép; ~ **of fibrous iron** *koh* kavarófrissítés szálasvasra; ~ **pig(-) iron** *koh* kavarókemencében feldolgozásra kerülő nyersvas; ~ **works** *koh* kavaróüzem
puff | **of contaminated air** *at* szennyezett légcsomag; ~ **pastry** *élip* leveles tészta; ~**(-)pipe control** *rep* sugárkormányzás; ~ **port** *gép* kiegyenlítőcsatorna
puffer *tex* főzőüst *(len- és pamutszövetek mosására)*
puffy yarn *tex* duzzadt fonal
pug I. *v ép* agyagot gyúr/tapaszt, vizesen kever *(agyagot habarcsba)*, vastagon vakol/tapaszt; *hidr* agyaggal tömít; **II.** *n ép* lágy agyagpép, gyúrt agyag; tapasztóagyag, burkolóagyag; ~**(-)engine** *vasút* kis tolatómozdony; ~ **lining** *ép* agyagburkolás, agyagtapasztás; ~**(-)mill** *ép* agyagvágó malom; habarcskeverő gép; *heng* görgőjárat; ~**(-)mill mixer** *ép* kényszerkeverőgép *(vízszintes tengelyű)*; ~**(-)mill mixing** *ép* kényszerkeverés; ~**(-)pressure mixing** *ép* kényszerkeverés
pugger *ép* faltömő *(munkás)*; ~ **hole** *bány* utánvétfúrólyuk, lefelé irányított fúrólyuk
pugging *ép* agyaggyúrás, tapasztás agyaggal, vakolás durva habarccsal, hő- és hangszigetelő feltöltés *(fafödémen)*; mennyezet-hangszigetelő keverék
pulaskite *ásv* pulaskit
Pulfrich | **photometer** *opt* Pulfrich-fotométer; ~ **refractometer** *fiz* Pulfrich-féle refraktométer
pull I. *v* (meg)húz, von, (meg)ránt, kihúz, kiránt; *bány* kirabol *(bányafát)*, visszanyer *(pillért)*; *el* meghúz *(relé)*; *gépk* (jól) húz; *hajó* evez; *nyom* (kefe)levonatot/próbalevonatot/levonatot készít, lehúz; *ol* kihúz, kiépít *(béléscsövet)*; **II.** *n* húzás, rántás; *bány* fogás; *élip* nyomórúd *(sörszivattyúé)*; *gép* (húzó)fogantyú; *gépk* vontatás; *hajó* evezés; *mech* húzóerő, vonóerő; ~**-action** *kat* húzásra működő; ~**-action mine** *kat* húzásra működő akna; ~**-and-push lever** *gép* ki- és bekapcsoló emeltyű; ~ **away** *v* elhúz, széthúz; *rep* elhúz *(féktuskót futókerék alól)*; ~ **back** *v* visszahúz; visszahúzódik; ~**-back** *ép* ablakkitámasztó; eltolható híd; *heng* visszafelé húzás; *kh* fogyasztás; ~**-back cable** *bány* visszahúzó/csillefogó kötél; ~**-back drawbridge** *ép* görgőshíd, tolóhíd; ~**-back drawing** *alak* ellenfeszítéses húzás; ~**-back mechanism** *gép* visszahúzó mechanizmus; ~**-back ram** *műa* visszahúzó dugattyú *(sajtológépen)*; ~**-back spring** visszahúzó rugó; ~ **bar** *gépk, távb* vonórúd; ~**-bar bail** *távb* nyomtatóív; ~ **box** *el* átvezetődoboz; ~ **broach** *forg* húzótüske, húzóüregelő, húzótű; ~**-broaching machine** *forg* húzó rendszerű üregelőgép; ~ **bushing** *gép* indítókarpersely; ~ **chain** *gépk* húzólánc, vonólánc; ~ **characteristic** *el, vasút* vonóerő-jelleggörbe; ~ **cord** *rep* kioldókötés; ~**-cord switch** *el* húzózsinóros kapcsoló; ~ **direction** *krist* húzási irány; ~ **down** *v* leenged, lehúz; felbillent, felborít, buktat; *ép* elbont, lebont; *film* felvételt leállít; ~**-down** *film* filmtovábbítás; ~**-down menu** *v szt* „lehúzható" almenü; ~ **drift** *bány* szellőzetlen betörés; vakvágat; ~ **fastener** *ruh* húzózár, csúszózár, cipzár; ~ **force** *el* behúzóerő; *mech* húzóerő, vonóerő; vonzás, vonzóerő; ~ **gear** *gép* húzókaros működtetőszerkezet; ~ **grader** *ép* vontatott földgyalu; ~ **hole** gurító; ~ **in** *v em* behúz (gémet); *tex* behúz, befűz; *vasút* begördül, befut; ~**-in** *el, heng* behúzás; ~**-in dogs** *heng* behúzófogó; ~**-in frequency** *távk* behúzófrekvencia, szinkronozófrekvencia; ~ **in slips** *v nyom* hasáblevonatot/kefelevonatot készít; ~**-in torque** *el, mech* behúzónyomaték, szinkronozónyomaték; ~**-in voltage** bekapcsolási feszültség, behúzófeszültség, megszólalási fe-

szültség; ~-in winding *el* behúzótekercs; ~ **length** *bány* robbantási fogásmélység; ~ **line** *ol* vonórúdvezeték, vonórúdrakat, húzórúdrakat *(központi meghajtás és mélyszivattyúbak között)*; ~ **medium** *ép* vonóelem; ~**-off armature** *el* kanyarfeszítő szerelvény *(munkavezetéké)*; ~**-off insulator** *el* feszítőszigetelő *(ívben)*; ~**-off lane** *közl* parkolósáv; ~**-off pole** *vasút* áramszedőrúd; ~**-off spring** *gép* visszahúzó rugó; ~**-off strip** *közl* parkolósáv; ~**-off transfer** *heng* végső vonszolópad; ~ **of the travel(l)er** *tex* futó ellenállása; ~**-on hand brake** *gépk* meghúzós/önrögzítős kézifék; ~**-on moment** *mech* meghúzási nyomaték; ~**-on transfer** *heng* adagoló vonszolópad; ~ **out** *v* kivesz, kiránt; *bány* kihúz *(támot)*; *vasút* kigördül, elindul, kifut; ~**-out** *gépk* kihúzható *(pl. ülés)*; *nyom* kihajtható (képes) melléklet; *rep* kivétel zuhanó repülésből; ~**-out antenna** *távk* teleszkópantenna; ~**-out fuse** *el* kihúzható (olvadó)biztosító; ~**-out point** *el* billenéspont; *em* leszakadási terhelés; ~**-out radiator** *gépk* kiereszthető hűtő; ~**-out seat** *gépk* kihúzható/kinyújtható ülés; ~**-out test** *ép* kihúzókísérlet *(vasbetétnek betonból)*; ~**-out torque** *el* billenőnyomaték; ~ **over** *v* áthúz, ráhúz; feldönt, felborít; *cipő* fára húz *(felsőrészt)*; *gépk* áthajt *(másik oldalra)*; ~**-over** *heng* vonszolópad; ~**-over ga(u)ge** *gép* áthúzó idomszer; ~**-over (two-high) mill** *heng* átemelő duóhengerállvány; ~ **pin** *szersz* kihúzócsap; ~**-power press** *alak* gépvontatású prés; ~ **ring** *alak* nyújtógyűrű; ~ **rod** *gépk* vonórúd, fékvonó rúd; *krist* húzott rúd; ~**-rod adjusting nut** *gépk* vonórúdállító anya; ~**-rope winch** *em* vonóköteles csörlő; ~**-shovel** *ép* mélyásó kotró, kanalas mélyásó; vonóveder; ~ **stroke** *gépk* vonólöket; ~**(-)test machine** *any* húzószilárdság-vizsgáló gép; ~ **the brake** *v gépk* féket meghúz; ~ **the flax** *v tex* lent nyű; ~ **the lever** *v gép* emelőkart meghúz; ~**(-)tube** *at* kiemelőcső *(szerszám)*; ~**-type scraper** *ép* vontatott (kéttengelyes) földnyeső; ~ **up** *v* felhúz, felemel; *el* gerjeszt, megszólaltat, működtet *(jelfogót, mágnest)*; leszed *(áramszedővel)*; *em* felbillent, felhúz *(gémet)*; *gép* felhúz *(fogaskereket tengelyre)*; *gépk* megáll *(járművel)*; *hajó* felhúz, felszed *(horgonyt)*; *rep* felránt; ~**-up** *el* behúzás, megszólalás *(jelfogóé)*; *közl* parkoló *(autópálya mellett) (büfével)*; *rep* felhúzás, felrántás; ~**-up curve** *el* belógás-feszítőerő görbe; ~**-up point** *rep* felhúzási pont; ~**-up torque** *el, mech* megszólalási nyomaték, működtetőnyomaték; ~**-up turn** *rep* félorsó; ~ **wire signalling** *bány* húzódrótos jelzés

pulled | **coil** *el* húzott tekercs; ~ **cyrstal** *krist* húzott kristály; ~ **junction** *félv* növesztett/húzott átmenet; ~ **wool** *tex* bőrgyapjú

puller *ép, gép* (feszítő)sajtó; húzókészülék, lehúzószerkezet; kihúzógép, húzóberendezés; *geod* terepfelvevő segédmunkás, szalaghúzó; *mzg* répaszedő; *vasút* sínszeghúzó; ~ **bolt** *gép* lehúzó csapszeg; ~ **equilibrator** *kat* húzó egyensúlyozószerkezet; ~ **plate attachment** *vasút* vagonkirakó szerelék; ~ **tool** *gép* lehúzószerszám; ~ **unit** *mzg* kiemelő szerkezet

pulley *ép, gép* (emelő)csiga, (emelő)csigasor, felvonócsiga; (szíj)tárcsa, henger; görgő; szalagdob; ~ **assembly** *ép, gép* emelőcsiga-szerkezet; ~**(-)block** *ép, gép* (kötél)csigasor; ~ **boss** *gép* görgőagy, kötélcsigaagy, korongagy; ~ **case** görgőház; ~ **check** önműködő zárószerkezet *(csigasoron)*; ~ **disc/disk** szíjtárcsa; ~ **drive** (szíj)tárcsás hajtás; ~ **electric motor** *el, gép* dobmotor; ~ **frame** görgőház, csigasorváz; ~ **gear** szíjtárcsás/köteltárcsás meghajtás; ~ **groove** tárcsahorony; ~ **hub** szíjtárcsaagy; ~ **motor** dobmotor; ~ **nave** görgőagy; ~ **ratio** szíjtárcsaáttétel; ~ **rim** tárcsakoszorú; ~ **sheave** szíjtárcsa; ~ **support** görgőbak; ~ **tackle** csigasor; ~ **tap** *forg* szíjtárcsamenetfúró; ~ **transmission** szíjtárcsás erőátvitel

pulleying *bány* kastúlemelés

pulling húzás, vontatás; *el* meghúzás *(reléé)*; *hajó* evezés; *nyom* (kefe)levonat, próbanyomat; *távk* elhúzás *(frekvenciáé)*; *tv* (kép)húzás; ~ **apparatus** *krist* kristályhúzó berendezés; ~ **boat** *hajó* evezőscsónak; ~ **capacitance** *távk* hangolókapacitás; ~ **coil** *el* behúzómagos tekercs; ~ **cylinder** *nyom* vonóhenger; ~ **device** *gép* húzókészülék, lehúzószerkezet; húzószerkezet; ~**-down** felborítás, felbillentés, buktatás; *ép* lebontás, elbontás, bontási munka; ~ **effect** *távk* frekvenciaelhúzási effektus; ~ **end** *el* behúzóvég *(kábelé)*; ~ **eye** *szer* húzógyűrű, húzókarika; ~ **figure** *mech* terhelési visszahatás; *távk* frekvenciaelhúzási tényező; ~**-in** *el* behúzás *(kábelé)*; ~ **magnet** *el* húzómágnes; ~ **mechanism** *gép* vonómű; ~ **of crystals** *krist* kristályhúzás; ~**-off device** *gép* lehúzókészülék; ~ **on whites** *tv* sorelcsúszás, utánhúzás; ~ **oscillator** *el* behúzóoszcillátor, szinkronozóoszcillátor; ~**-out** kiépítés; ~**-over** áthúzás, ráhúzás; ~ **pawl** *tex* húzókilincs; ~ **power** *gép* húzóerő, vonóerő; ~ **range** *távk* szinkronizálási tartomány; ~ **rate** *távk* húzási sebesség; ~ **resistance** *pa* feltépőszilárdság; ~ **rod** *krist* húzott rúd; ~ **roll** *alak* behúzódob *(dróthúzásnál)*; ~ **rope** *em* vonókötél; ~ **speed** *krist* húzási sebesség; ~ **stub** *el* frekvenciastabilizáló vezetékcsonk *(magnetronon)*; ~ **technique** *krist* húzási technika; ~ **tool** *ép, ol* kihúzógép; *ol* kiépítőszerszám; ~**-up** felrántás, felhúzás; ~ **voltage** *távk* elhúzófeszültség

Pullman *vasút* hálókocsi; pullmankocsi, termeskocsi; szalonkocsi; ~ **body** *vasút* pullmankocsiszekrény; ~ **car** *vasút* pullmankocsi; ~ **vestibule** *vasút* pullmanátjáró

pulp I. *v élip, vegy* pépesít, péppé zúz, megőröl, aprít *(répát)*; péppé/masszává válik, pépesedik; *pa* fosztat; **II.** *n bány* zagy; *cu* lúgozott szelet; *élip* (gyümölcs)velő, (gyümölcs)pulp, pép, kása; *koh* iszap; *pa* cellulóz, faköszörület, rostpép, papírpép; ~ **agitator** *pa* keverő *(propeller)*; ~ **assay** *bány* zagypróba; ~ **bale** *pa* cellulózbála; ~**(-)board** *pa* cell(ulóz)karton, cellulózlemez; ~ **catcher** *élip* foszlányfogó, pépfogó; ~ **chest** *pa* anyagkád, anyagszekrény; ~**-colo(u)red** *pa* anyagában festett; ~**-conveying plant** *pa* cellulózszállító berendezés; ~ **cooking** *pa* cellulózfőzés; ~ **density** *bány* zagysűrűség; ~ **digestion** *pa* cellulózfeltárás; ~ **drier/dryer** *élip* szeletszárító; ~**-drying machine** *pa* cellulózszárító gép, cellulózvíztelenítő, facsiszolat-víztelenítő gép; ~ **elevator** *cu* szeletfelvonó; ~ **engine** → ~ machine; ~ **felt** *pa* víztelenítőnemez; ~ **grinder** *fa* facsiszoló; ~ **in crumb from** *pa* cellulózpehely, cellulózcsomó; ~ **machine** *pa* foszlatógép, foszlatóhollandi; ~**(-)meter** *pa* anyagszabályozó; ~ **mill** *pa* cellulózgyár, facsiszolatgyár; ~**-mo(u)lding** *műa* pulpsajtolás; *pa* pulpformázás; ~ **press** *pa* papírpépprés; ~**-press water** *élip* szeletprésvíz; ~ **pro-**

peller *pa* keverő; ~ **pump** *cu* szeletszivattyú; ~**-refining engine** *pa* papírpép-finomító gép; ~**(-)roller** *pa* vízjelhenger, eguttőr; ~**(-)saver** *pa* papírpépfogó, anyagfogó; ~ **settling** *bány* zagyülepítés; ~ **strainer** *élip* pépszűrő, péptisztító; *pa* csomófogó; ~ **thickener** *bány* zagysűrítő; *pa* papírpépsűrítő; ~ **vat** *pa* anyagkád; ~ **wadding** *pa* cellulózvatta; ~ **water** *cu, élip* szeletvíz, diffúziós szennyvíz; *pa* pépvíz, szitavíz

pulpaceous *any* kásás, pépes

pulped *élip* péppé zúzott, pépesített, darált, aprított; *pa* foszlatott; ~ **cloth** *tex* papírbevonatú kalikószövet *(csiszolószövethez, üvegszövethez)*

pulper *élip* gyümölcshúst eltávolító gép; kávébabhántoló (gép); zúzógép, áttörőgép; *pa* anyagfeloldó, foszlatógép; rostosító, pépesítő(gép)

pulping *élip* gyümölcshús-eltávolítás *(kávéé)*; pépesítés, péppé őrlés/zúzás, darálás, aprítás; *pa* (cellulóz)-főzés, (cellulóz)felverés; (fa)feltárás, foszlatás; ~ **machine** *élip* pépesítő; ~ **roll** *pa* foszlató kőhenger; ~ **trial** *pa* próbafőzet, próbafőzés

pulpit *ép* dobogó, emelvény; *koh* kormánypad

pulpwood *fa* sajtolt farostdeszka; *pa* cellulózfa, papírfa, faköszörület; ~ **bolt** *fa* papírfakivágás; ~ **grab/grapple** *fa* famarkoló; ~ **store** *pa* cellulózraktár, papírfatelep

pulpy *any* pépes, pépszerű, kocsonyás; ~ **half-stuff** *pa* félanyagpép

pulsar *csill* pulzár

pulsatance *el* lüktetés; *fiz* körfrekvencia, szögsebesség

pulsate *bány* szitál, rostál; *el* lüktet, ingadozik, pulzál

pulsating *bány* szitálás, rostálás; *el* lüktetés, ingadozás, pulzálás; ~ **alternating field** *el* lüktető váltakozó tér; ~ **arc** *el* lüktetőív; ~ **body** *fiz* pulzátor; ~ **(direct) current** *el* lüktető egyenáram, lüktetőáram, pulzáló áram; ~ **field** *fiz* lüktetőtér; ~ **flow** *fiz* lüktetőáramlás; ~ **flux** *fiz* lüktetőfluxus, pulzáló fluxus; ~ **jet engine** → pulse jet; ~ **jig** *koh* dugattyús ülepítő; ~ **load** *mech* lüktető terhelés/igénybevétel; ~ **motor** *gép* lengőmotor, ingamotor *(nem forog)*; ~ **pump** membránszivattyú; ~ **quantity** *fiz* lüktetőmennyiség, lüktetőérték; ~ **star** *csill* pulzár; ~ **stress** *mech* pulzáló feszültség/igénybevétel, lüktetőfeszültség, lüktető igénybevétel; ~**(-)tension fatigue strength** *any* lüktető húzószilárdság; ~ **voltage** *el* lüktetőfeszültség, pulzáló feszültség

pulsation *el* lüktetés, ingadozás, pulzálás, fluktuálás; *fiz* körfrekvencia, szögsebesség; ~ **dampener** *ol* nyomólégüst; ~ **instability** *el* lüktetési instabilitás; ~ **period** *el* lüktetési/pulzációs periódus; ~ **test** *ol* pulzációs vizsgálat; ~ **welding** *heg* többimpulzusos hegesztés

pulsative oscillation *el* lüktetőrezgés

pulsator *any* fárasztógép, pulzátor; *bány* szitálógép, rostálógép; *mzg* lüktető szívófej *(fejőgépen)*; *távk* pulzátor; ~ **jig** *bány* vízbe merített rázószita

pulsatory *el* pulzáló, lüktető, ingadozó, fluktuáló

pulsatron *el* impulzuscső, pulzatron

pulse I. *v el, távk* impulzusüzemben vezérel/működtet; lüktet, ingadozik, pulzál, fluktuál; **II.** *n el* impulzus; lüktetés, ingadozás, pulzálás, fluktuálás; *hang* hangrezgés; ritmus, ütem; *szt* impulzus; ~ **accumulation** *el* impulzustárolás; ~ **actinometer** *at* impulzusos sugárzásmérő; ~ **action** *távk* impulzus(be)hatás, impulzusüzem; ~**-actuated circuit** *távk* impulzusvezérlésű/impulzusműködtetésű kör; ~ **adder** *el* impulzusösszegező fokozat; ~ **alternating current** *el* lüktető váltóáram; ~ **altimeter** *el* impulzusmagasság-mérő; ~ **amplifier** *el* impulzuserősítő; ~ **amplifier circuit** *el* impulzuserősítő áramkör; ~ **amplitude** *el* impulzusmagasság, impulzusamplitúdó; ~**-amplitude discrimination** *távk* impulzusamplitúdó-diszkrimináció; ~**-amplitude modulation (PAM)** *távk* impulzusamplitúdó-moduláció; ~**-amplitude modulator** *távk* impulzusamplitúdó-modulációs áramkör; ~**-amplitude-phase modulation (PAPM)** *távk* impulzusamplitúdó-fázismoduláció; ~**-amplitude spectrum** *távk* impulzusamplitúdó-spektrum; ~ **analyzer** *el* impulzusanalizátor, impulzuselemző; ~**-arc welding** *heg* lüktetőíves hegesztés; ~ **bandwidth** *távk* impulzussávszélesség; ~ **base** *el* impulzusszélesség *(időtengelyen)*; ~ **broadening** *el* impulzuskiszélesedés; ~ **calibration** *el* impulzushitelesítés; ~ **carrier** *távk* impulzushordozó, impulzusvivő; ~ **centre/center** *el* impulzus közepe, impulzusközép; ~ **chamber** *geof* impulzuskamra; ~ **characteristic moment** *el* impulzuskarakterisztika nyomatéka; ~ **chopper** *el* impulzusszaggató; ~ **circuit** *el* impulzuskör, impulzuskapcsolás; ~ **circuits theory** *el* impulzuskörök elmélete; ~ **clipper** *el* impulzuskorlátozó, impulzust leválasztó fokozat, vágófokozat; ~ **clipping** *el* impulzuslevágás, impulzushatárolás; ~ **code** *távk* impulzuskód, kódolt impulzusok; ~**-code demodulator** *távk* impulzuskód-demodulátor; ~**-code modulation (PCM)** *távk* impulzuskód-moduláció, PCM; ~ **coder** *távk* impulzuskódoló; ~ **coding** *távk* impulzuskódolás; ~ **coincidence** *el* impulzuskoincidencia; ~ **cold(-) cathode eletron tube** hidegkatódú impulzus-elektroncső; ~ **column** → pulsed column; ~ **comb** *távk* (impulzus)fésű; ~ **commutator** *távk* impulzuskommutátor; ~ **compression** *távk* impulzuskompresszió; ~ **control** *aut, távk* mintavételes szabályozás, szabályozás impulzusokkal, impulzusszabályozás; ~**-controlled** *távk* impulzusvezérlésű; ~ **controller** *aut, távk* impulzusszabályozó, nem folyamatos *v.* mintavételes szabályozó; ~**-control system** *aut* mintavételes szabályozási rendszer; ~ **converter** *távk* impulzusátalakító; ~ **conveying with horizontal oscillation direction** *ép* vízszintes lengésirányú impulzusos szállítás; ~ **conveying with inclined oscillation direction** *ép* ferde lengésirányú impulzusos szállítás; ~ **correction** *távk* deemfázis, impulzus-visszaállítás; impulzuskorrekció, impulzusjavítás, impulzushelyesbítés; ~ **corrector** *távk* impulzusjavító, impulzushelyesbítő kapcsolás/kör; ~ **counter** *at, el* impulzusszámláló, szkéler; ~ **counter assembly** *at* impulzusszámláló(-berendezés), beütésszámláló, sugárzásszámláló; ~**(-)counter circuit** *at, el* impulzusszámláló áramkör; ~ **counting** *at, el* impulzusszámlálás; ~**-counting channel** *at* beütésszámláló csatorna; ~**-counting circuit** *at, el* impulzusszámláló áramkör; ~**-counting unit** *at, el* impulzusszámláló(-berendezés), beütésszámláló, sugárzásszámláló; ~ **current** *el* lüktetőáram, pulzáló áram, lökőáram, impulzusáram; ~ **curve** *távk* impulzusjelleggörbe; ~ **decay** *el* impulzusesés; ~**-decay time** *el* impulzusesési/impulzuslefutási idő; ~ **delay** *at* impulzuskésés; *távk* impulzuskésleltetés; ~**-delay circuit** *távk* impulzuskésleltető áramkör; ~**-delay line** *távk* impulzuskésleltető (mérő)vonal; ~ **detector** *at* impulzusdetektor; ~ **diagram** *el* impulzusdiagram; ~ **differentiation** *távk* impulzus differenciálása; ~ **diode** *félv* impulzusdióda; ~ **direction finding,** ~ **DF** *távk* impulzusos (rádió-)iránymérés, impulzus-iránymérés; ~**-discrimination circuit** *távk* impulzusdiszkriminátor-áramkör, impulzusdiszkriminátor-kapcsolás; ~ **discriminator** *távk* impulzusdiszkriminátor; ~**(-)dissipation** *el* impulzusteljesítmény-veszteség; ~ **distortion** *távk* impulzustorzítás; ~ **distributor** *távk* impulzuselosztó; ~ **disturbance** *távk* nem folyamatos zavarás; ~ **dividing** *távk* impulzusfrekvencia-elosztás, impulzuselosztás; ~**-dividing circuit** *távk* impulzusosztó áramkör; ~ **Doppler radar** *rep* impulzusos Doppler-radar; ~ **droop** *el* tetőesés, impulzushátlejtés; ~ **duration (PD)** *el* impulzushossz, impulzus-időtartam, impulzusszélesség; ~**-duration control** *távk* impulzusszélesség-szabályozás, impulzusidőtartam-szabályozás; ~**-duration modulation (PDM)** *távk* impulzusidőtartam-moduláció; ~**-duration ratio** *távk* jel-szünet arány/viszony; ~**-duty factor** *távk* impulzuskitöltési tényező; ~ **echo technique** *any* impulzusvisszahang-eljárás; ~**-edge control/drive** *távk* élvezérlés; ~ **elevation** *el* impulzusmagasság, impulzusamplitúdó; ~ **energy** *el* impulzusenergia; ~**-fall time** *el* impulzuslefutási idő; ~ **firing** *el* impulzusos gyújtás; ~**-flatness deviation** → ~ tilt; ~ **former** *el* impulzusformáló áramkör; ~ **forming** *el* impulzusformálás; ~**-forming amplifier** *el* impulzusformáló/jelformáló erősítő; ~**-forming circuit** *el* impulzusformáló áramkör; ~**-forming coil** *el* impulzusformáló tekercs; ~**-forming line** *távk* impulzusformáló művonal; ~**-forming network (PFN)** *el* impulzusformáló kör; ~ **frequency** *el* impulzusismétlődési frekvencia; ~**-frequency divider** *távk* impulzusfrekvencia-osztó; ~**-frequency method** *távk* impulzusfrekvencia-módszer; ~ **frequency modulation (PFM)** *rep* impulzusfrekvencia-moduláció; ~**-frequency modulator** *távk* impulzusfrekvencia-modulációs áramkör; ~**-frequency spectrum** *távk* impulzusfrekvencia-spektrum; ~**-frequency telemetering** *távk* impulzusfrekvenciás távmérés; ~ **front** *el* impulzushomlok; ~**-front slope** *el* impulzus(homlok-)meredekség; ~ **function** *mat* impulzusfüggvény; ~**-generating circuit** *el* impulzusképző áramkör; ~**-generating device** *el* impulzusgenerátor, lökésfeszültség-generátor, szinkronozó impulzusadó; ~ **generation** *el* impulzuskeltés, impulzus-előállítás; *geof* rengéskeltés; ~ **generator** *el* (szinkronozó) impulzusadó, ütemadó, impulzusgenerátor, lökésfeszültség-generátor; ~ **group** *távk* impulzuscsoport; ~**-group repetition period** *távk* impulzuscsoport-ismétlődési idő; ~ **height** *el* impulzusmagasság, impulzusamplitúdó; ~**-height analyzer** *at, el* impulzusamplitúdó-analizátor, amplitúdóanalizátor; ~**-height clipping** *el* amplitúdóhatárolás; impulzsamplitúdó-korlátozás; ~**-height discrimination** *távk* impulzusamplitúdó-diszkrimináció; ~**-height discriminator** *távk* impulzusamplitúdó-diszkriminátor; ~**-height distribution** *távk* impulzusamplitúdó-eloszlás; ~**-height meter** *el* impulzusamplitúdó-mérő, impulzusmagasság-mérő; ~**-height selector** *at, távk* amplitúdószelektor, impulzusamplitúdó-szelektor; ~**-height spectrum** *el* impulzusamplitúdó-spektrum; ~ **initiation** *geof* rengéskeltés; ~ **integration** *el* impulzusintegrálás, impulzusintegráció; ~ **intensity** *el* impulzuserősség, impulzusintenzitás; ~ **interval** *távk* impulzusköz, impulzustávolság, impulzusszünet; ~**-interval modulation** *távk* impulzusidőköz-moduláció, impulzustávolság-moduláció; ~**-ionization chamber** *at* impulzusionozációs kamra, impulzuskamra, gyors ionizációs kamra, lökésionizációs kamra; ~ **jet (PJ)** *rep* rezgőszelepes *v.* szakaszos üzemű torlósugármotor; ~**-jet engine** *rep* lüktető torlósugár-hajtómű; ~ **klystron** *távk* pulzált klisztron; ~ **length** *el* impulzushossz, impulzusidőtartam, impulzusszélesség; ~ **lengthener** *távk* impulzusnyújtó; ~**-length modulation (PLM)** *távk* impulzushossz-moduláció, impulzusszélesség-moduláció, PWM; ~ **line** *el* impulzusáramkör; impulzusvezeték; ~**-load carrying capacity** *el* impulzusterhelhetőség; ~ **loading** *el* szakaszos terhelés, impulzusterhelés; ~ **manipulator** *hang* visszhangrezonátor; ~ **mass spectrometer** *fiz* impulzusüzemű tömegspektrométer/tömegszínképmérő; ~ **matching** jelegyeztetés *(lokátoron)*; ~ **measuring** *el* impulzusmérés, csúcsértékmérés; ~**-measuring technics** *el* impulzusméréstechnika; ~**-memory circuit** *el* impulzustároló kör; ~ **meter** csúcsszintmérő, impulzusmérő; ~ **mixing** *távk* impulzuskeverés; ~**-modulated** *távk* impulzusmodulált; ~**-modulated carrier** *távk* impulzusmodulált vivő(hullám)/vivőfrekvencia; ~ **modulation** *távk* impulzusmoduláció; ~ **modulator** *távk* impulzusmodulátor; ~**-modulator radar** *távk* impulzusradar; ~ **narrowing** *távk* impulzusrövidítés; ~**-network modulator** *távk* impulzusmodulátor; ~ **noise** *távk* impulzuszaj; ~ **number** *félv* ütemszám; *távk* pulzációs koefficiens; ~**-number modulation (PNM)** *távk* impulzuskód-moduláció; ~ **of particles** *at* részecskeimpulzus; ~**-operated circuit** *el* impulzuskör, impulzuskapcsolás; ~ **operation** *távk* impulzusüzem; ~ **oscillator** *el* impulzusgerjesztő, impulzusgenerátor, impulzusoszcillátor; ~ **overlap(ping)** *at, el* impulzustúlfedés, impulzusátfedés; ~ **pattern** *távk* impulzuskombináció; ~ **period** *távk* impulzusismétlődési periódus/idő; ~ **permeability** *fiz* impulzuspermeabilitás; ~ **phase** *távk* impulzus-fázishelyzet; ~**-phase modulation (PPM)** → ~-position modulation; ~ **pile-up** *at* impulzusfelhalmozódás; ~ **polarity** *el* impulzuspolaritás; ~ **polarography** *fiz* impulzuspolarográfia; ~ **position** *távk* impulzushelyzet; ~**-position modulation (PPM)** impulzus-fázismoduláció, impulzushelyzet-moduláció, PPM; ~**-position modulator** *távk* impulzushelyzet-modulációs áramkör; ~ **radar** → pulsed radar; ~ **rate** *at, el* számlálási sebesség, impulzusgyakoriság, impulzussűrűség; ~**-rate division** *távk* impulzus(frekvencia-)elosztás; ~ **ratio** *távk* impulzusviszony, impulzusarány, impulzustényező, jel-szünet arány/viszony; ~ **reactor** *at* impulzusüzemű reaktor; ~ **reading** *el* impulzusleolvasás; ~ **recorder** *at, el* impulzusíró, impulzusjegyző, impulzusregisztráló; ~ **recurrence** *távk* impulzusismétlődés; ~**-recurrence frequency (PRF)** *távk* impulzusismétlődési frekvencia; ~**-regenerating circuit** *el* impulzus-újraformáló áramkör; ~ **regeneration** *távk* impulzus-visszaállítás, impulzusregenerálás; impulzuskorrekció, impulzusjavítás, impulzus-újraformálás, jelfrissítés; ~ **regime** *távk* impulzusüzem; ~ **relative duration** *távk* impulzusviszony, impulzusarány, impulzustényező; ~ **relaxation** *el* impulzusrelaxáció; ~ **repeater** *távk* impulzusismétlő, impulzuserősítő, impulzusátemelő; ~**-repetition cycle** *távk* impulzusismétl(őd)ési ciklus/periódus; ~**-repetition frequency (PRF)** *szt, távk* impulzusismétlődési frekvencia, PRF; ~**-repetition period** *távk* impulzusismétl(őd)ési ciklus/periódus; ~**-repetition rate (PRR)** *szt* impulzusismétlődési frekvencia, PRR; ~**-repetition rate modulation** *távk* impulzusismétlődési-frekvenciamoduláció; ~**-repetition time** *távk* impulzusismétlődési idő; ~ **reshaping** *el* impulzusformálás; ~ **response** *at* impulzusválasz; ~ **restoration** → ~ regeneration; ~**-rise time** *at, el* impulzuskialakulási idő, impulzus felfutási ideje, impulzusfelfutási idő; ~ **safety valve** *at* impulzusbiztonsági szelep; ~ **sampling** *távk* impulzuskiválasztás; ~ **scheme** *távk* impulzusdiagram; ~**s delay** *at* impulzuskésés; *távk* impulzuskésleltetés; ~**-selecting circuit** *távk* impulzusválogató áramkör; ~ **selection** *távk* impulzuskiválasztás; ~**-selection unit** *távk* impulzusválasztó egység; ~ **selector** *távk* impulzusválogató áramkör; ~**-separating circuit** *távk* impulzusválogató áramkör; ~ **separation** *távk* impulzuskiválasztás, impulzusleválasztás; impulzusszünet, impulzusköz; ~**-separation modulation** *távk* impulzustávolság-moduláció; ~**-separation stage** *távk* impulzusleválasztó fokozat; ~ **separator** *távk* impulzusleválasztó, impulzuskiválasztó (fokozat); ~ **series** *távk* impulzussorozat; ~ **shape** *el* impulzusalak; ~**-shape correction** *távk* impulzusalak-korrekció; ~**-shape discriminator** *at, távk* impulzusalak-diszkriminátor; ~**-shape distortion** *el* alakhiba; ~ **shaper** *távk* mintázóegység, formálóegység, formálókör, impulzusformáló kör/kapcsolás, jelformáló; ~ **shaping** *távk* impulzusformálás; ~**-shaping circuit** *távk* impulzusformáló (áram)kör/kapcsolás, impulzusformáló, mintázóegység, formálóegység, formálókör, jelformáló; ~**-shaping stage** *távk* mintázóegység, formálóegység, formálókör, impulzusformáló fokozat, jelformáló; ~**-shaping transformer** *el* impulzusformáló transzformátor, impulzustranszformátor; ~**-shaping unit** → ~-shaping circuit; ~ **signal** *el* impulzusjel; ~**(-)signal(l)ing** *távk* impulzustartam szerinti jeladás; ~ **slope** *el* impulzus(homlok-)meredekség; ~ **spacing** *távk* impulzusköz, impulzustávolság, impulzusszünet; ~**-spacing modulation** *távk* impulzustávolság-moduláció; ~ **spectrometer** *fiz* impulzusspektrométer, impulzusszínkép-mérő; ~ **spectrometry** *fiz* impulzusszínkép-mérés; ~ **spectrum** *távk* impulzusspektrum; ~ **speed** *távk* impulzussebesség; ~ **spike** *el* impulzuscsúcs; ~**-spike amplitude** *távk* zavarási csúcs amplitúdója; ~ **spreading** *el* impulzuskiszélesedés; ~ **steepness** *el* impulzusmeredekség; ~**s transformation** *távk* impulzusátalakítás, impulzusátváltás, impulzustranszformáció; ~ **stream** *távk* impulzusfolyam; ~ **strecher** *távk* impulzushelyesbítő kapcsolás/kör; impulzusszélesítő áramkör; ~ **stretching** *távk* impulzuselnyújtás; impulzushát; ~**-stretching circuit** → ~ stretcher; ~ **string** *szt* impulzussorozat; ~ **stripping** *el* impulzuslevágás, impulzushatárolás; ~ **stuffing** *távk* impulzusbeékelés; ~ **succession** *távk* impulzussorozat; ~ **switch** *el* impulzuskapcsoló; ~**-switching circuit** *el* impulzuskapcsoló kör; ~**-switching optical circuit** *el* optikai impulzuskapcsoló kör; ~ **system** *el* impulzusrendszer; ~ **system differential analyzer/analyser** *távk* impulzusüzemű differenciálanalizátor; ~ **system simulation** *el* impulzusrendszerek modellezése; ~ **system with delay/retardation** *aut* késési idős *v.* nem folyamatos *v.* mintavételes rendszer; ~ **tail** *el* impulzuslefutás; ~ **technique** *távk* impulzustechnika; ~ **telemetering method** *távk* impulzusos távmérési módszer; ~**-tested diode** *félv* impulzusokkal vizsgált/ellenőrzött dióda; ~ **tilt** *el* impulzustető; impulzustető-lejtés; ~**-time analysis** *távk* impulzusidő-elemzés; ~**-time modulation (PTM)** *távk* impulzusidő-moduláció; ~**-time ratio** *távk* jel-szünet arány/viszony; ~ **timing** *távk* impulzusszinkronozás; ~**(-)tone** *hang* hanglökés; ~**-tone audiometer** *hang* szaggatott hangú audiométer; ~ **top** *el* impulzustető; ~**-to-pulse cancel(l)ation** *távk* impulzusonkénti törlés; ~**-to-pulse interval** *távk* impulzusok közötti távolság, impulzusköz, impulzusok közti szünet; ~ **trailing edge** *el* impulzus hátsó éle; ~ **train** *távk* impulzussorozat, impulzusnyaláb; ~**-train power** *el* impulzussorozat teljesítménye; ~ **transformer** *el* impulzusátalakító, impulzustranszformátor; ~ **transistor** *félv* impulzustranzisztor, kapcsolótranzisztor; ~ **transmission** *távk* impulzusátvitel; ~ **transponder** *el* impulzusátemelő; ~ **triggering** *el* impulzustriggerelés, impulzuskiváltás, impulzusindítás, impulzuskapuzás; ~ **tube** *távk* impulzuscső, pulzatron; ~**-type chamber** *at* impulzuskamra, gyors ionizációs kamra; ~**-type laser** *fiz* pulzált/impulzusüzemű lézer; ~**-type maser** *távk* pulzált/impulzusüzemű mézer; ~**-type remote control** *koh* impulzustávvezérlés; ~**-type telemeter** *metr* impulzusos távmérő; ~ **ultrasound** *hang* ultrahangimpulzus; ~ **voltage** *el* impulzusfeszültség; ~ **welding** *heg* impulzushegesztés; ~ **widening** *távk* impulzusmeghosszabbítás; ~ **width** *el* impulzusszélesség, impulzushossz, impulzus-időtartam; *rep* impulzusszélesség; ~**-width broadening** *el* impulzuskiszélesedés; ~**-width clipping** *el* impulzusszélesség-korlátozás; ~**-width coding** *távk* impulzusszélesség-kódolás, impulzustartam-kód; ~**-width control** *el* impulzusszélesség-szabályozás; ~**-width modulation (PWM)** *távk* impulzusszélesség-moduláció, PWM, impulzushossz-moduláció; ~**-width repetition ratio** *távk* jel-szünet arány/viszony; ~**-width spreading** *el* impulzuskiszélesedés

pulsed *távk* impulzusos, impulzusrendszerű, impulzusvezérlésű; ~ **amplitude-modulated carrier** *távk* amplitúdómodulált impulzusvivő, impulzusamplitúdómodulált vivő(frekvencia); ~ **attenuator** *távk* impulzusműködésű csillapítótag; ~ **column** *ol* pulzáltatott kolonna; ~ **cyclotron** *el* szakaszos/periodikus rendszerű ciklotron; ~ **discharge** *el* impulzusos/ismétlődő kisülés; ~ **Doppler (laser) radar** *távk* Doppler-féle impulzusos lézerradar; ~ **electromagnetic inspection** *any* impulzusos elektromágneses hibakeresés; ~ **gas laser** *fiz* impulzusüzemű gázlézer; ~ **guidance beam** *aut* impulzusos irányító sugárnyaláb; ~ **guidance laser radar** *aut* impulzusüzemű irányító lézerradar; ~ **ion source** *fiz* lüktető/szakaszos ionforrás; ~ **klystron** *távk* pulzált klisztron; ~ **landing system** *rep* impulzusüzemű/vakrepülő irányadó; ~ **laser** *fiz* impulzuslézer, pulzált/impulzusüzemű lézer; ~ **laser action** *fiz* impulzusos lézerműködés/lézerhatás; ~ **laser amplifier** *fiz* impulzusüzemű lézererősítő; ~

laser beacon *fiz* impulzusos/pulzáló lézeriránysugár/lézerirányadó; ~ **laser beam** *fiz* impulzusos lézersugár; ~ **laser hologram** *opt* impulzusüzemű lézer hologramja, impulzusos lézerhologram; ~ **laser illuminator** *fiz* impulzusüzemű lézerbesugárzó; ~ **laser radar** *távk* impulzusos lézerradar; ~ **laser welding** impulzusüzemű lézeres hegesztés, impulzusos lézerhegesztés; ~ **laser with fast pulse sequence** *fiz* gyors impulzusismétlési frekvenciájú impulzusüzemű lézer; ~ **lidar** *távk* impulzusüzemű lidar/lézerlokátor; ~ **magnet field** *fiz* lüktető mágneses tér; ~ **magnetron** *el* impulzusüzemű magnetron; ~ **maser** *távk* pulzált/impulzusüzemű mézer; ~ **MIG welding** *heg* impulzusos AFI-hegesztés; ~ **neutron experiment** *at* pulzáltneutron-kísérlet; ~ **neutron logging** *ol* impulzusos neutronszelvényezés; ~ **neutron source** *at* pulzáltneutron-forrás; ~ **operation** → pulse operation; ~ **oscillator** *el* csengőoszcillátor; ~ **phase-modulated carrier** *távk* impulzus-fázismodulált vivő(frekvencia); ~ **radar** *rep* impulzusos radar; *távk* impulzusüzemű/pulzált radar/lokátor; ~ **radar system** impulzusos (rádió-)iránymérés/impulzuslokátor; ~ **ruby laser** *fiz* impulzusos rubinlézer; ~ **solid-state laser** *fiz* impulzusüzemű szilárdtestlézer; ~ **source** *at* lüktetősugárzó, szakaszos sugárzó; ~ **system** *távk* impulzusüzemű rendszer; ~ **TIG welding** *heg* impulzusos AVI-hegesztés

pulser *távk* (szinkronozó) impulzusadó, impulzusgenerátor; impulzusküldő berendezés

pulsing *el* lüktetés, ingadozás, pulzálás, fluktuálás; *távk* impulzusküldés, impulzusadás; impulzussorozat; ~ **cam** *aut* impulzusadó bütyök; ~ **circuit** *el* impulzushegyező áramkör; *távk* impulzuskör; ~ **current** *el* lüktetőáram; ~ **laser** *fiz* impulzusos lézer, impulzuslézer; ~ **signals** *távk* választójelek

pulsometer *gép* pulzométer

pulverate *alak* porrá tör/zúz, porlaszt, porít, megtör *(mozsárban)*; *gépk* porlaszt; *mzg* permetez

pulverizable *any* porrá törhető, porítható

pulverization *alak* porképződés, porlódás, elporladás; porrá törés, porrá őrlés, porítás; *gépk* porlasztás; *mzg* permetezés

pulverizator *alak* porlasztó, porító (berendezés)

pulverize *alak* porrá őröl, porrá tör, porít, porlaszt; *gépk* porlaszt; *mzg* permetez

pulverized *alak* porrá tört, porrá őrölt, porított; *gépk* porlasztott; *mzg* permetezett; ~ **coal** porszén, szénpor; ~**-coal burner** *hőt* porszénégő; ~ **fly ash (PFA)** *ép* pernye; ~ **fuel** *ol* porlasztott tüzelőanyag; ~**-fuel fired boiler** *hőt* szénportüzelésű kazán; ~**-fuel furnace** *hőt* porlasztott/porított tüzelőanyagú kemence; ~ **grog** *koh* samottliszt; ~ **rubber** *gumi* porított kaucsuk; ~**(-)slag mill** *ép* salakőrlő malom; ~ **soapstone** *geol* síkpor

pulverizer *alak* zúzógép, kőzúzó gép, finomőrlő malom, őrlőmalom, porlasztó; *mzg* porozógép, szórógép; talajporhanyító gép; ~ **mill** *ép* finomőrlő malom, őrlőmalom

pulverizing porladás; porrá törés, porrá őrlés, porlasztás, porítás; *gépk* porlasztás; *koh* aprítás, finomőrlés; *mzg* permetezés; ~ **machinery** *alak* gépi porlasztóberendezés; ~ **mixer** *ép* talajkeverő gép

pulvinate(d) *ép* párnásan kidudorodó

pumice I. *v mt* horzsakővel/habkővel fényesít/dörzsöl; **II.** *n ásv* habkő, horzsakő, tajtékkő; ~ **concrete** *ép* természetes horzsakőbeton/könnyűbeton; ~ **slag** *ép* habsalaktégla; ~ **stone** *ásv* habkő, horzsakő

pumiceous *ásv* tajtékkőből/habkőből/horzsakőből való; *geol* likacsos

pummel *ép* döngölő

pump I. *v gépk* (fel)pumpál, felfúj *(gumiabroncsot)*; *hidr* szivattyúz; **II.** *n* szivattyú; ~ **agent** → pumping agent; ~ **and motor unit** *hidr* hidraulikus tápegység; ~ **barrel** *hidr* szivattyúhenger, szivattyúköpü, szivattyútest; ~ **bit** *ol* dugattyús kanálfúró; ~ **body** *hidr* szivattyúház, szivattyútest; ~**-body plug** *hidr* szivattyútest-zárócsavar; ~ **bonnet** *hidr* szivattyúfej; ~ **box** *hidr* szivattyúház; ~**-brake** kéziszivattyú karja; ~ **building** *hidr* szivattyúház; ~ **case** *hidr* szivattyúház, szivattyútest; ~ **chamber** *el* munkatér, szivattyúkamra; ~ **characteristics** *félv* szivattyú-jelleggörbék; ~ **compartment** *hidr* szivattyúkamra; ~**-connecting tube** *hidr* szivattyú-összekötőcső; ~**-control program(m)ing matrix** programozómátrix szivattyúvezérléshez; ~ **cover** *hidr* szivattyúházfedél; ~ **cup** *hidr* szivattyú-tömszelence; ~ **current** → pumping current; ~ **cylinder** *hidr* szivattyúhenger; ~ **delivery** *hidr* szivattyú vízszállítása; ~ **discharge pressure** *hidr* szivattyú ürítőnyomása; ~ **displacement (PD)** *ol* mélyszivattyú-szállítóképesség; ~**-down curve** *vák* leszívási görbe; ~**-down piston unit** *ol* leszivattyúzható hajtódugattyú; ~**-down time** *vák* leszívási idő; ~ **dredger** *hidr* úszó szívókotró; ~ **drill** *forg* sűrített levegős fúró, pergőfúró; ~ **drive** *hidr* szivattyúhajtómű; ~ **driver** *hidr* szivattyúkezelő; ~ **duty** *hidr* teljesítőképesség *(szivattyúé)*; ~ **energy** → pumping energy; ~ **field** *fiz* szivattyúzási/pumpálási tér; ~ **fluid** *vák* hajtóközeg; ~**(-)foot** *hidr* szivattyútalapzat; ~**-free control** *el* ismétlésgátló; ~ **frequency** *el* pumpáló frekvencia; ~ **gasoline** *US* → ~ petrol; ~ **gland** *hidr* szivattyútömítés; ~ **governor** *hidr* szivattyúszabályozó; ~ **handle** *hidr* szivattyúkar; ~**-heating system** *hőt* szivattyús fűtés; ~ **holder** *hidr* szivattyútartó, szivattyúágy; ~**(-)house** *hidr* szivattyúház; szivattyútelep; ~ **impeller** *hidr* szivattyúlapátkerék; ~ **jet** *gépk* gyorsítófúvóka; ~ **lamp** → pumping lamp; ~ **leather** szivattyúbőr *(tömítés)*; ~ **lever** szivattyúhimba, kéziszivattyú-himba; ~ **lift** *hidr, ol* szivattyú szívómagassága; ~ **light source** *fiz* optikai szivattyúzóforrás; ~ **log** *bőr* szivattyús csatorna *(cserzőlé levezetésére)*; ~ **main** *ép* szivattyúfővezeték; ~ **material/medium** *vák* munkaközeg, hajtóközeg; ~ **nail** *hidr* szivattyúcsapszeg; ~ **nozzle** *gépk* gyorsítófúvóka; ~ **off** *ol* tápszivattyúzás; ~**-off controller** túlszivattyúzás-vezérlő; ~ **operation** *hidr* szivattyúüzem; ~ **out** *v hidr* kiszivattyúz; ~ **packing** szivattyútömítés; ~ **petrol** *ol* kútbenzin; ~ **piston** *hidr, ol* szivattyúdugattyú; ~ **plunger** *hidr* szivattyúköldök; ~ **priming** *hidr* szivattyúfeltöltés; ~ **rod** *ol* mélyszivattyú-rudazat, szivattyúhajtó rúd, rudazatszivattyú; ~ **rotor** *hidr* szivattyúforgórész; ~ **set** *vák* szivattyúállomás; ~**(-)shaft** *bány* szivattyúakna, mélyakna, vízemelő akna; *hidr* vízakna; ~ **shell** *hidr* centrifugális szivattyúház; ~ **slippage** *ol* folyadékvisszacsorgás; ~ **stand** *vák* szivattyúállomás; ~ **station** *ol* szivattyúállomás, szivattyútelep; *vák* szivattyúállomás; ~-storage hydropower plant *hidr* szivattyús (hidraulikus) energiatározó mű; ~ strainer *hidr* szűrőkosár; ~ submergence *ol* mélyszivattyú bemerülése; ~ substance *vák* munkaközeg, hajtóközeg; ~ suction line *hidr* szivattyú szívócsöve; ~(-)sump *ép* szívózsomp, szivattyúakna, szivattyúzsomp, szivattyúgödör; ~ throw *hidr* szivattyúlöket; ~(-)turbine *hidr* turbinaszivattyú; ~ up *v gépk* felpumpál; *hidr* felszivattyúz, felszív; ~-up *gép* szívókészülék; *gépk* pumpa; *hidr* szivattyú, kút; *távk* pumpáló (energia)forrás *(nagyfrekvenciájú táposzcillátor)*; ~-water conduit *hidr* vízszivattyú vízvezetéke; ~(-)way *bány* csővezetékosztály, műosztály *(aknában)*; ~ well *hidr* szivattyúakna, szívóakna, szivatytyúszekrény; ~ with bilateral suction *hidr* kettős beömlésű szivattyú; ~ works *hidr* szivattyúmű

pumpage *gépk* pumpálás; *hidr* elszivattyúzás, szállítóteljesítmény

pumpback *hidr* visszaszivattyúzás, rekuperáció; ~ **reflux** *ol* cirkulációs reflux

pumpcrete *ép* szivattyúzott beton; ~ **pipe** *ép* betonszállító cső

pumped *hidr* szivattyús; szivattyúzott; ~ **concrete** *ép* szivattyúzott beton; ~ **intake** *hidr* szivattyús vízkivétel; ~ **reservoir** *hidr* tározótó; ~ **storage** *hidr* hidraulikus energiatározás; ~-**storage plant** *hidr* szivattyús energiatározó; ~-**storage scheme** *hidr* szivattyús energiatározó; ~ **tube** *el* vákuumcső; ~ **vacuum system** *fiz* dinamikus vákuumrendszer

pumpellyite *ásv* pumpellyit

pumper *bány* szivattyúkezelő; *hidr* szivattyúkezelő munkás; *ol* (mély)szivattyús kút

pumping szivattyúzás, vízemelés; *gépk* pumpálás; *vák* leszívás, evakuálás *(rádiócsőé)*; ~ **action** *hidr* szivattyúzóhatás; ~ **agent** *vák* munkaközeg, hajtóközeg; ~ **aggregate** *hidr* szivattyús gépcsoport; ~ **capacity** *hidr* szivattyú szállítóképessége; szivattyúteljesítmény; ~ **concrete** *ép* szivattyúzott beton; ~ **current** *el* szivattyúzóáram, gerjesztőáram; ~ **down** *vák* leszívás; ~ **energy** *fiz* szivattyúzási/pumpálási/gerjesztési energia; ~-**energy storage** *fiz* szivattyúzóenergia/pumpálóenergia tárolása; ~ **gear** *ol* mélyszivattyú-közlőmű; ~ **head** *hidr* emelési magasság; ~ **installation** *hidr* szivattyúberendezés, szivattyútelep; ~ **jack** *hidr* szivattyúállvány, szivattyús emelő; *ol* mélyszivattyúbak, himbaegység; ~ **lamp** *fiz* pumpálólámpa, gerjesztőlámpa; ~ **lead** *hidr* légtelenítőcső, leszívócső, leszívócsonk; ~ **lift** → pump lift; ~ **loss** *hidr* szivattyúzási veszteség; ~ **of concrete** *ép* betonszivattyúzás, szivattyúzottbeton-bedolgozás; ~ **of mortar** *ép* szivattyús habarcsfelhordás; ~ **of scraper bowl** *ép* nyesőláda-szivattyúzás; ~-**out** *el* kiürítés, evakuálás, ritkítás; *hidr* kiszivattyúzás; *vák* leszívás; ~ **over** *hidr* átemelés; tápszivattyúzás; ~ **pickle** *élip* fecskendőpác *(húshoz)*; ~ **pit** *hidr* szívóakna; ~ **plant** *hidr* szivattyútelep; ~ **power** *hidr* szivattyúteljesítmény; ~ **set** *vák* szivattyúállomás; ~ **speed** *hidr* szívássebesség; *ol* mélyszivattyú-löketszám; ~ **station** *hidr* szivattyúállomás, szivattyúmű, szivattyútelep; ~ **stem** *hidr* légtelenítőcső, leszívócső, leszívócsonk; ~ **substance** *fiz* munkaközeg, hajtóközeg; ~ **tee** *ol* termelőcső-kifolyó; ~ **test** *hidr* próbaszivattyúzás; *ol* rétegpróba; szivattyúzási kísérlet, termeltetési kísérlet szivattyúzással; ~ **time** *hidr* leszívási idő; ~ **unit** *hidr* szivattyúegység; *ol* szivattyúzóberendezés; ~ **well** *ol* (mély)szivattyús kút

pumpkin-seed oil *élip* tökmagolaj

pumpless *hidr* szivattyú nélküli; ~ **rectifier** szivattyú nélküli (higanygőz) egyenirányító

punch I. *v alak* (át)lyukaszt, (ki)lyukaszt; (ki)lyuggat, perforál, pontoz; sajtol; *bány* ácsolatot kiver; *mt* beüt *(jelzést)*; *mzg* bélyegez *(állatot)*; *nyom* stancol; **II.** *n alak* lyukasztó(gép), bélyeg, tüske, nyomófej; sajtolószerszám felső része; *bány* ácsolatkiverő bunkó; *ép* cölöpfejtoldás; tetőalátámasztás; *nyom* bélyegző; lyuggatóminta, alakzó; *szersz* szegecselőrúd; *szt* lyukasztó; *szt, távk* lyukasztópecek; ~ **area** *szt* lyukasztási mező/terület; ~(-)**block** *bány* tuskó, rövid tám; *szt, távk* lyukasztófej *(perforátorban)*; ~ **card** → punched card; ~ **carriage** *szt* lyukasztókocsi; ~ **carrier** *alak* lyukasztószerszám-befogó; ~-**centre/center** *alak* lyukasztószerszám csúcsa; ~ **check** *szt* lyukasztásellenőrzés; ~ **circuit** *szt* lyukasztó áramkör; ~ **code** *szt* lyukasztási kód, lyukkód; ~ **column** *szt* lyukasztási oszlop, lyukoszlop; ~ **combination** *szt* lyukkombináció; ~ **cutter** *forg* lyukasztószerszám-készítő; *nyom* bélyegzőmetsző, patricametsző; ~ **error** *szt* lyukasztási hiba; ~ **head** *szt* lyukasztófej; ~ **iron** *alak* lyukasztó; ~ **locator** *alak* lyukasztószerszám illesztőcsapja; ~ **magnet** *szt* lyukasztómágnes; ~ **mark** *gép* pontjel, pontozóval ütött jelzés; ~ **memory** *szt* lyukasztómemória; ~ **out** *v alak, nyom* kilyukaszt, stancol; ~ **pin** *alak, szt* lyukastótüske; ~ **pincers** *pl bőr* bőrlyukasztó fogó; ~-**pin stroke** *szt* lyukasztótüske-löket; ~ **plate** *bőr* lyukasztólemez; ~ **pliers** *pl bőr* bőrlyukasztó fogó; ~ **press** *alak* lemezsajtoló prés; lyukasztóprés; ~ **program drum** *szt* lyukasztási programdob; ~ **prop** *bány* rövid tám; ~ **reader** *szt* olvasólyukasztó; ~ **routine** *szt* lyukasztási program; ~ **store** *szt* lyukasztótároló; ~ **switch** *szt* lyukasztókapcsoló; ~ **tape** → punched tape; ~-**through** *el* (dielektromos) átütés; ~-**through transistor** *félv* szuperbéta-tranzisztor; ~-**through voltage** *el* átszúrási feszültség

punched kilyukasztott, lyuggatott, perforált; ~ **card (p.c.)** *szt* lyukkártya, adatkártya; ~-**card control** lyukkártyás vezérlés; ~-**card reader** *szt* (lyuk)kártyaolvasó; ~-**card recorder** *szt* kártyalyukasztó; ~-**card system** *szt* lyukkártyarendszer; ~ **code** → punch code; ~ **data** *pl szt* lyukasztott adat; ~ **data carrier** *szt* lyukasztottadat-hordozó; ~ **data duplication** *szt* lyukkártya másolás; ~ **hole** *alak, szt* lyukasztott lyuk; ~ **paper tape** *szt* lyukszalag; ~-**plate screen** *koh* szitalemez; ~ **steel(-)plate screen** *koh* (lyukasztott) lemezrosta; ~ **tape** *szt* lyukszalag, lyukasztott szalag; ~-**tape control** *szt* lyukszalagvezérlés; ~-**tape-controlled lathe** *mt* lyukszalaggal vezérelt szerszámgép; ~-**tape-controlled printer** *nyom* lyukszalag-vezérlésű nyomtatóberendezés; ~-**tape reader** *szt* lyukszalagolvasó; ~-**tape storage/store** *szt* lyukszalagtároló, lyukszalag-memória; ~ **washer** *gép* kivágott alátétlemez

puncheon *alak* bélyegző, éremverő dúc, sajtolóbélyeg; *élip* hordó; *ép* kőfaragó véső; rövid támfa, székoszlop, gyámfa; verőfejtoldat

puncher *alak* lyukasztóár, lyukasztógép; lyukasztómunkás, stancolómunkás; *szt* (lyukszalag)lyukasztó, lyukkártyalyukasztó, perforátor; *távb* szalagper-

foráló gép; ~ **chisel** *alak* (négyszögletes) tágítóvas; lyukasztóvéső
punching *alak* (át)lyukasztás, perforálás, kivágás, stancolás; átfúrás, hidegsajtolás; *any, mech* (részleges) felületnyomás, pecsétnyomás; ~ **apparatus** lyukasztókészülék; ~ **board** *ap* csákozólemez; ~ **device** *szt* lyukasztógép *(lyukkártyához v. lyukszalaghoz)*; ~ **die** beütő alakmás; lyukasztó; ~ **fixture** *pa* kivágókészülék, csákozókészülék; ~**(-)machine** lyukasztógép, perforálógép; ~ **magnet** *el* lyukasztómágnes, perforátormágnes; ~ **press** lyukasztóprés; ~**-press die** lyukasztó süllyesztéke; ~ **rate** *szt* lyukasztási sebesség; ~ **recorder** *távk* lyukasztó rendszerű feljegyző/felvevő; ~**s** *pl* lyukasztósajtolási hulladék; ~ **shear** *ép* átlyukasztónyírás; ~ **test** *any* lyukasztópróba; ~ **tongs** *pl* lyukasztófogó; ~ **tool** lyukasztószerszám; ~ **track** *szt* lyukasztási csatorna; ~ **unit** lyukasztóegység
punctate *alak* átlyukasztott, pontozott; *tex* pettyes
punctiform lamp *el* pontlámpa, pontfénylámpa
punctuate *geod* letűz *(térképen)*, kipontoz; *nyom* írásjeleket kitesz, megszakít *(pontozással)*, központoz
punctuation *nyom* interpunkció, központozás, írásjelek kitétele; *szt* elhatárolás, központozás; ~ **symbol** *mat* interpunkciós jel *(pl. zárójel)*
puncturable *alak* átlyukasztható, kiszúrható
puncture I. *v el* átüt; *gépk* átlyukaszt, kilyukaszt, átszúr; kilyukad, kidurran, kipukkad *(gumi)*; **II.** *n el* (dielektromos) átütés; *gépk* átlyukasztás, átszúrás; kilyukadás, kipukkadás, (gumi)defekt; lyuk; ~**(-)alarm** *gépk* gumidefektjelző; ~ **hazard** *el* átütésveszély; ~ **of insulation** *el* szigetelésátütés; ~**-proof** *el* átütésmentes, átütésbiztos; *gépk* defektmentes, lyukadásálló *(abroncs)*; ~**-proof insulator** *el* átütésbiztos szigetelő; ~**-proof tyre/tire** *gépk* önjavító gumiabroncs; ~**-sealing inner tube** *gépk* öntömítő tömlő; ~ **strength** *el* átütési szilárdság; ~ **test** *el, pa* átütési próba; ~ **voltage** *el* átütési feszültség
punctured (complex) plane *mat* átszúrt számsík *(egy pontjától megfosztott)*
pungence, pungency *vegy* áthatóság, szúrósság, élesség, csípősség *(szagé)*
pungent *vegy* átható, csípős, szúrós *(szag)*; ~ **taste** *vegy* csípős íz
punk I. *a fa* korhadt; **II.** *n fa* korhadt/üszkös fa; tapló
punky *fa* korhadó, korhadt
punner *ép* kézi csömöszölő/cölöpverő, verőkos, döngölő, burkoló
punning *ép* betonkeverés; csömöszölés, (le)döngölés
punt I. *v hajó* rúddal hajt *(csónakot)*; **II.** *n hajó* lökés, tolás; tolórúd *(lapos fenekű csónakhoz)*; *hidr* ladik; ~**(-)pole** *hajó* csónaktaszító rúd
puntee, punty üvegkeverő, üvegformázó vascső/vaspálca, üvegfúvó pipa
pupil *opt* pupilla, szembogár
Pupin | coil *távb* pupincséve; ~ **coil case** *távb* pupinfazék; ~ **loading** *távb* pupinozás
pupinization *távb* pupinozás
pupinize *távb* pupinoz
pupinized cable *távb* pupinozott kábel
PUR → polyurethane
Purbeck(ian) beds *pl geol* purbecki emelet
purchase I. *v em* felemel *(csörlővel)*, felhúz, felcsévél; **II.** *n em* emelőberendezés, emelőrúd, csigasor, csörlő; ~**(-)block** *em* kettős kötelű emelő, csigasor; ~ **trial** *ip* (át)vételi vizsgálat
purchaser *ép* építtető, megbízó; *ip* vevő, vásárló; ~ **inspection ga(u)ge** beszerzési átvételi idomszer
pure *pa* famentes; *vegy* tiszta, tisztított, szennyezéstől mentes; ~ **aluminium** *koh* színalumínium; ~ **bending** *alak* tiszta hajlítás; ~ **binary code** *szt* tiszta bináris kód; ~ **binary numeration system** *szt* kettes számrendszer; ~ **coal** *bány* tiszta szén; ~ **code** *szt* végrehajtás alatt nem változó kód; ~ **colo(u)r** *opt* tiszta szín; ~ **condensate** *koh* tiszta kondenzvíz; ~ **copper** *vegy* vörösréz; ~ **distortion** *any* tiszta alakváltozás; ~**-dye silk** *tex* nehezítés nélkül színezett selyem; ~ **finish** *tex* mosott appretúra; ~ **flexure** *alak* tiszta hajlítás; ~ **iron** *koh* armco-vas; tiszta vas, színvas; ~ **machine translation (PMAT)** *szt* tisztán gépi fordítás, PMAT; ~ **material** *vegy* tiszta anyag; ~ **mathematics** *mat* tiszta/elméleti matematika; ~ **metal** *koh* színfém, tiszta fém; ~**-metal cathode** *el* tisztafém katód; ~**-metal crystal** *krist* színfémkristály; ~ **middling** *élip* tiszta finomdara; ~ **number** *mat* dimenzió nélküli szám; ~ **oil** *ol* tiszta/vízmentes olaj, tiszta nyersolaj, vízmentesített olaj; ~ **parchment** *pa* valódi pergamen; ~ **polynomial** *mat* binom; ~ **reactance** *el* veszteségmentes reaktancia; ~ **resistance** *el* tisztán ohmos ellenállás; ~**-resistive** *távk* induktivitásmentes; ~ **semiconductor** *félv* egyszerű félvezető; ~ **sizing** *tex* nehezítőszerek nélküli írezés; ~ **sound** *hang* tiszta hang; ~ **strategy** *mat* tiszta stratégia; ~ **substance** *vegy* tiszta anyag; ~ **tone** *hang* tiszta/színuszos hang; ~ **torsion** *any* tiszta csavarás; ~ **water** *hidr* tiszta víz
purge I. *v cu* tisztít, centrifugál; *élip* derít; *ol* öblít *(gőzzel, inert gázzal)*; *szt* töröl; *tex* dekatál; *vegy* átfúvat, leszűr, finomít; **II.** *n cu* tisztítás, centrifugálás; *élip* derítés; *ol* öblítés; *szt* törlés; *tex* dekatálás; *vegy* átfúvatás, tisztítás, derítés, finomítás, leszűrés; ~ **cock** *gép* lecsapolócsap, lefúvatócsap; *hidr* iszaplebocsátó csap; ~ **gas** *koh, ol* öblítőgáz; ~ **pipe** kiömlőcső; ~ **tap** tisztítócsap, leeresztőcsap
purgery *élip* finomító
purging *cu* tisztítás, centrifugálás; *élip* derítés; *ol* öblítés *(inert gázzal)*; *szt* törlés; *tex* dekatálás; *vegy* leszűrés, finomítás; ~ **cock** *hidr* iszaplebocsátó csap; ~ **hood** *koh* tisztítóharang; ~ **hose** *hidr* légtelenítőtömlő
purification *élip, vegy* derítés, finomítás, tisztítás; tisztulás; ~ **method** *biot, vegy* tisztítási eljárás; ~ **of final gas** véggáztisztítás; ~ **of sewage** szennyvíztisztítás; ~ **of sulphuric/sulfuric acid** *vegy* kénsavtisztítás; ~ **of the electrolyte** *koh* lúgtisztítás; ~ **of the leach** *koh* lúgtisztítás; ~ **of water** víztisztítás; ~ **plant** *hidr* tisztító berendezés; *ol* finomítóüzem, tisztítóüzem; ~ **plant with trickling filters** *hidr* csepegtetőtestes berendezés; ~ **unit** *kat* víztisztító berendezéssel ellátott gázkamra
purified *élip, vegy* derített, finomított, tisztított; ~ **air** tisztított levegő; ~ **electrolyte** *koh* tisztított oldat; ~ **gas** *ol* kezelt/mosott/tisztított gáz; ~ **hydrogen** *vegy* tisztított hidrogén, nagy tisztaságú hidrogén; ~ **solution** *vegy* tisztított oldat
purifier tisztítóberendezés; *élip* osztályozó, daratisztító, rosta; *vasút* lefúvatóváltó *(gőzmozdonyon)*; *vegy* derítőanyag; tisztítóberendezés, derítőberendezés;

~ brush *élip* daratisztító kefe; **~ sieve** *élip* daratisztító szita

purifuge *pa* pépcentrifuga

purify (meg)tisztít; *hidr* tisztít, kezel, előkészít *(szennyvizet)*; *pa* víztelenít *(cellulózt)*; *vegy* derít, finomít, átlátszóvá tesz

purifying *hidr* tisztítás, kezelés, előkészítés; *vegy* derítés, finomítás, tisztítás; tisztulás; **~ compound** *vegy* tisztítószer; **~ flux** *koh* finomítósó; **~ material** *vegy* tisztítóanyag, tisztítószer; **~ plant** *hidr, vegy* tisztítóberendezés; **~ reaction** *koh* finomítóreakció

purine *vegy* purin, imidazopirimidin

purity *vegy* kémiai/vegyi tisztaság, finomság; **~ coil** *tv* színtisztaság-szabályozó tekercs; **~ degree** *vegy* tisztasági fok; **~ factor** *gépk* tisztasági tényező; **~ of colo(u)r** *opt* színtisztaság; **~ of tone** *hang* hangtisztaság

Purkinje effect/phenomenon *opt* Purkinje-jelenség

purl I. *v kh* fordított szemet köt; *ruh* szegélyez, szegéllyel díszít, beszeg; *tex* feltekercsel; göndörödik; **II.** *n tex* arany/ezüst hímzőszál, pamutbélre csavart fémhuzal; csipkeszegély, rojt, paszomány; hímzés, pikózás; **~(-knitted) fabric** *kh* kettős visszájú *v.* balbal hurkoltáru

purlin *ép* (tető)szelemen, szelemenfa, szelemengerenda, gyámgerenda; **~ anchor** *ép* szelemenkengyel; **~ ridge** *ép* taréjszelemen; **~ roof** *ép* (egy)szelemenes fedélszék; **~ roof with double post** *ép* kétszelemenes fedélszék, két állószékes fedélszék; **~ roof with inclined struts and wind filling** *ép* dőlt székes szelemenes fedélszék térdfallal; **~ roof with king(-)post** *ép* egy állószékes szelemenes fedélszék; **~ roof with king(-)post and slanting studs** *ép* dőlt székes szelemenes fedélszék középső császárfával/székoszloppal; **~ roof with king(-) post and wind filling** *ép* térdfalas szelemenes fedélszék középső császárfával/állószékkel; **~ roof with queen(-)post** *ép* két állószékes szelemenes fedélszék, kétkötésű függesztőműves fedélszék; **~ roof with single post** *ép* egy állószékes fedélszék; **~ roof with sloped struts** *ép* dőlt székes szelemenes fedélszék; **~ roof with struts** *ép* bakdúcos fedélszékek; **~ roof with three posts** *ép* háromszékes fedélszék, három állószékes szelemenes fedélszék; háromszelemenes fedélszék; **~ roof with two posts and wind filling** *ép* két állószékes szelemenes fedélszék térdfallal

purograder *élip* dara- és dercetisztító

purple I. *v tex* bíborvörösre fest; **II.** *a opt, vegy* bíborszínű, bíborvörös, bíborpiros, sötét mályvaszínű; **III.** *n opt, vegy* bíborpiros *(festék, szín)*, mályvaszín, sötét ibolyaszín; **~ boundary** *fiz* bíborszinek vonala/felülete; **~ copper(-)ore** *ásv* bornit; **~ shift** *opt* (bíborvörös-)eltolódás

purpose|-made brick *ép* idomtégla; **~-made window** *ép* egyedi/különleges ablak; **~ of measurement** *metr* mérési cél

purpureo cobalt chloride *vegy* purpureo kobalt-klorid, kloropentaminkobalt(III)-klorid

purpuric acid *vegy* purpursav

purpurin *vegy* purpurin, 1,2,4-trioxi-antrakinon

purser *rep* tolólégcsavar

pursuit *kat* üldözés, űzés; **~ aircraft/plane** *kat* üldöző vadászrepülőgép; **~ process** *kat* üldözési folyamat

push I. *v* (meg)nyom, benyom, tol, lök, taszít; *el* benyom *(gombot)*; megnyom; *gép* (be)tol; *kat* nyomul, hatol; **II.** *n* tolás, lökés, taszítás; *gép* betolás; *kat* szúrás, döfés; **~-and-pull brace** *gép* húzókar, húzórúd; **~-and-pull button** *el* húzó-nyomó gomb; **~-and-pull clutch** *gépk* toló-vonó kapcsoló; **~(-)arm** *gép* tolókar; **~-back** *rep* gépállóhelyről történő kitolás; **~-back cable** *távk* kárpithuzal; **~(-)bar** *ép* nyomott vasbetét *(betontübbingen)*; *gép* tolórúd, nyomórúd; **~-bar (drawing) frame** *alak* szalagnyújtó gép *(csillagkerekes)*; **~ bench** *heng* tolópad; **~(-)block** *el* toló-vonó kapcsoló; **~ boat** *hajó* tolóhajó; **~(-)bolt** *gép* tolózár; **~(-)brace** *gép* nyomókar; **~ broach** *forg* tolótüske; **~-broaching machine** *forg* toló rendszerű *v.* nyomó üregelőgép; **~ button (PB)** *el* nyomógomb, PB; **~-button (PB)** nyomógombos; **~-button assembly/box** *el* nyomógombtelep, gombszekrény; **~-button control** *aut* nyomógombos vezérlés, nyomógombvezérlés; **~-button-controlled press** *alak* gombnyomásos sajtó/prés; **~-button-controlled switch** *el* gombnyomással működtetett kapcsoló, nyomógombos kapcsoló; **~-button dialing** *szt* nyomógombos „tárcsázás"/választás; **~-button key** *távk* billentyű; **~-button key strip** *távk* billentyűsáv; **~-button printing** *tex* automatikus vezérlésű nyomás; **~-button receiver** *távk* nyomógomb-beállítású vevő(készülék); **~-button signal-box** *vasút* nyomógombos biztosítóberendezés; **~-button starter** *el* nyomógombos indító; **~-button station** *bány* nyomógombos vezérlőállomás; *el* nyomógombtelep; **~-button strip** *távk* billentyűsáv; **~-button switch** nyomógombos kapcsoló; **~-button tuning** *rád* nyomógombos hangolás; **~ cam** *gép* tolóbütyök; **~ car** *vasút* pályakocsi; **~ contact** *el* nyomógombos érintkező; **~ conveyer/conveyor** *em* (vonszoló)láncos csúszda; **~(-)door** *ép* tolóajtó; **~-down** *rep* süllyedés, merülés; **~-down automation (PDA)** *szt* veremautomata; **~-down list** *szt* veremlista, LIFO-lista; **~-down machine** *bány* robbantógép; **~-down memory** *szt* zsáktároló, verem; **~-down storage** *szt* verem, LIFO-tár; **~-down wheel** *tex* kelmevisszatoló tárcsa; **~ fit** *gép* tolóillesztés; **~ fork** *ép* kitolható villa; **~ frame** *ép* tolókeret; **~ home** *v kat* betölt *(lövedéket)*; **~-in fuse** *el* benyomható (olvadó)biztosító; **~ knee** *hajó* tolótámasz, tolóbak; **~ loader** *ép* tolótraktor; **~-on roller** *gép* támasztó görgő; **~-on starter** *el* nyomógombos indító; **~-out chuck** *forg* kinyomható tokmány; **~-out collet (chuck)** *mt* rugós befogópatron; **~-out plate** *alak* kidobólap *(présen)*; **~-out test** *any* kinyomókísérlet; **~ piece** *finm* rugós nyomógomb *(óramutató-állításhoz)*; **~(-)piece lever** *finm* váltókar *(óráé)*; **~(-)pointing** *alak* hegyezés *(csővégé, nyomással)*; **~ pole** *mzg* keretmerevítő rúd *(kombájnon)*; **~-pull (PP)** *szt* ellenütemű, PP; **~-pull amplifier (PPA)** *el* ellenütemű erősítő; **~-pull arrangement** toló-vonó kapcsoló; **~-pull circuit** *el* ellenütemű/push-pull kapcsolás/kör; **~-pull connection** *el* toló-vonó kapcsoló; **~-pull demodulator** *távk* kétutas egyenirányító, amplitúdódiszkriminátor, ellenütemű demodulátor; **~-pull excitation** *el* kiegyenlítő gerjesztés; **~-pull microphone** *hang* ellenütemű mikrofon; **~-pull modulation** *távk* ellenütemű moduláció; **~-pull modulator** *távk* ellenütemű/kiegyensúlyozott modulátor; **~-pull oscillator** *el* ellenütemű generátor; **~-pull out**

put *el* ellenütemű/szimmetrikus kimenet; ~**-pull output stage** *el* ellenütemű végfokozat; ~**-pull rectifier** *el* ellenütemű/kétutas egyenirányító; ~**-pull rod control** *rep* merev kormányzás; ~**-pull scraper** *ép* kapcsolt földnyeső; ~**-pull system of amplification** *el* ellenütemű erősítés; ~**-pull transformer** *el* ellenütemű transzformátor; ~**-push amplifier** *el* párhuzamos csöves erősítő; ~**-push circuit** *el* kettős kapcsolás; ~**-rod** *gép* tolórúd; *gépk* szelepemelő rúd, szelephimba-emelő rúd; ~**-rod actuator** *gép* tolórudas/hajtórudas működtető; ~**-rod-control starter motor** *gépk* nyomórúd-vezérlésű önindító motor; ~**-rod cover tube** *gépk* szelepemelőrúd-burkoló cső; ~**-rod housing** *gépk* szelephimba-emelő rúd vezetőhüvelye; ~ **shovel** *ép* hegybontó (exkavátor); ~**-start** *gépk* megtolás *(beindításhoz)*; ~ **stroke** *gépk* tolólöket, munkalöket; ~**-through coil** *el* hajtűtekercs; ~**-through die** *alak* áttolásos mélyhúzószerszám; ~**-towing navigation** *hidr* tolóhajózás; ~ **trough** *ép* rázócsatorna; ~ **tug** *hajó* tolóhajó; ~**-type conveying** *csom* tolószállítás; ~**-type wire feeder** *heng* toló rendszerű huzaladagoló; ~**-up list** *szt* sorlista, FIFO-lista; ~**-up mechanism** *mt* előtoló mechanizmus; ~**-up storage** *szt* alagúttár, FIFO-tár

pushbutton → push button

pushdown → push-down

pusher *bány* csilletoló; *ép* nyesésmenet-kisegítő tolatógép *(ládás földnyesőnél)*; tolótraktor; *gép* nyomórúd, tolórúd; tolóka; *hidr* tolóhajó; *koh* betolórúd; *nyom* betűkilökő kar *(szedőgépen)*; *ol* főfúrómester; *rep* tolólégcsavaros repülőgép; *vasút* tolatómozdony; ~ **aeroplane/aircraft** *rep* tolólégcsavaros repülőgép; ~ **airscrew** *rep* toló légcsavar; ~ **bar** *gép* tolókar; ~ **barge** *hajó* tolóhajó; ~ **blade** *ép* merev/ütköző tolólap; ~ **equilibrator** *kat* nyomó egyensúlyozó szerkezet; ~ **fork(-)lift** *em* tolóoszlopos emelőtargonca; ~**-in bar** *koh* berakórúd, adagolórúd; ~ **leg** *ép* fúrókocsi *(egy fúrókalapács vezetésére)*; ~**-plate attachment** *vasút* vagonkirakó szerelék; ~ **propeller/propellor** *rep* toló légcsavar; ~**(-)spring equilibrator** *kat* nyomórugós egyensúlyozó szerkezet; ~ **tractor** *ép* tolótraktor; ~**-type furnace** *koh* tolókemence; ~**-type knockout** *alak* lökőrendszerű kivető *(kivágószerszámon)*; ~**-type machine** *mzg* tolt munkagép

pushing *bány* (bánya)szállítás; *ép* csőátpréselés; *gép* tolás, lökés; *tex* festékátütés *(szöveten)*; ~ **cylinder** *gép* áttoló henger; tolóhenger; ~ **figure** *el* magnetronfrekvencia-elcsúszás, magnetronfrekvencia-elhúzás; ~ **machine** kitolóberendezés; ~ **of frequency** *távk* frekvenciavándorlás, frekvenciaelhúzás, frekvenciamászás, frekvenciadrift; ~ **pit** *ép* (cső)présakna; ~**(-)shovel loader** *koh* adagolóteknőt betoló *v.* adagberakó gép

pushrod → push-rod

put tesz, helyez; *hajó* fordul, mozdul; ~ **about** *hajó* irányt változtat, megfordul; ~ **away** *hajó* elevez, kifut, elindul; ~ **back** *hajó* visszatér *(kikötőbe)*; ~ **before the brackets** *mat* kiemel; ~ **down** *rep* leszáll, landol, gépet letesz; ~ **down a well** *ol* fúrólyukat lefúr/lemélyít; ~ **equal** *mat* egyenlővé tesz; ~ **forth** *hajó* elindul; *mech* működésbe hoz, kifejt *(erőt)*; ~ **forward** előretesz, előretol; ~ **in** betesz, berak; *el* beiktat, beillesztt *(áramkörbe)*, bekapcsol; *élip* bedolgoz; ~ **in action** *gép* elindít, megindít, működésbe hoz; ~ **in blast** *koh* üzembe helyez, megindít, fúvatást megkezd; ~ **in boards** *nyom* könyvet papírtáblába (be)köt; ~ **in braces** (kapcsos) zárójelbe tesz, (be)zárójelez; ~ **in brackets** *mat* (szögletes) zárójelbe tesz, (be)zárójelez; ~ **in circuit** *el* bekapcsol *(áramkörbe)*; ~ **in first gear** *gépk* első sebességbe kapcsol; ~ **in fourth gear** *gépk* negyedik sebességbe kapcsol; ~ **in layers** *ruh* rétegez; ~ **in operation** *gép* üzembe helyez; ~ **in parentheses** (kerek) zárójelbe tesz, (be)zárójelez; ~ **in repair** *ép* tataroz; *gép* kijavít/megjavít; ~ **in second gear** *gépk* második sebességbe kapcsol; ~ **in service** *gép* üzembe helyez; ~ **in third gear** *gépk* harmadik sebességbe kapcsol; ~ **into gear** *gépk* sebességbe kapcsol/tesz; ~ **into operation/service** *gép* üzembe helyez; ~ **into the air** *rep* levegőbe emel *(gépet)*; ~ **off** *hajó* elhajózik, elindul; ~ **on** *el, gép* üzembe helyez, bekapcsol; ~ **on an edge** *forg* kiélez, kiélesít; *tex* szegélyez; ~ **on speed** *gépk* rákapcsol, (fel)gyorsít; ~ **out** kitesz, kirak; *el* elolt, kiolt, kikapcsol; ~ **out of action** *gép* kikapcsol; ~ **out of circuit** *el* kikapcsol *(áramkörből)*; ~ **out of gear** *gép* kikapcsol *(kapcsolódó részeket)*; *gépk* (sebességből) kivesz; ~ **out of service** *gép* üzemen kívül helyez; ~ **over a common denominator** *mat* közös nevezőre hoz *(törteknél)*; ~**-put** *gépk, kat* berregés, pöfögés; kisegítő benzinmotor; ~ **right** *gép* kijavít, megjavít, rendbehoz; ~ **through** *távb* közvetlenül kapcsol; ~ **through a call** *távb* hívást kapcsol, kapcsolást létesít, összekapcsol; ~ **through a connection** *távk* összeköttetést felépít/létesít; ~ **through a pilger mill** *heng* pilgerhengerlés; ~ **to earth** *el* földel; ~ **together** *gép* összeilleszt, összerak; ~ **to press** *nyom* sajtó alá ad, kinyomtat; ~ **to sea** *hajó* tengerre száll, elhajózik, kifut; ~ **to test** *any* (ki)próbál; ~ **under lead** *ip* ólomzárol; ~ **up a building** *ép* épületet emel; ~ **up a fence** *ép, fa* kerítést von/épít

putlog *ép* kidugógerenda *(állványé)*, konzolgerenda; *ol* fúróállvány lába/szára; ~ **hole** *ép* falnyílás kidugógerenda/konzolgerenda számára

putrefaction *biot, fa* korhadás, rothadás; korhasztás, rothasztás; *hidr* (iszap)rothasztás *(szennyvíztisztításnál)*

putrefactive *biot* korhasztó, rothasztó, bomlasztó; ~ **basin** *hidr* rothasztómedence

putrefied *biot* korhadt, rothadt; *bőr* pállott; ~ **sludge** *hidr* kirothadt iszap

putrescibility *hidr* rothadóképesség

putrescible water *hidr* rothadó víz

putrescine *vegy* putreszcin, tetremetilén-diamin, 1,4-butándiamin

putrid bűzös; korhadó, rothadó; korhadt, rothadt; ~ **fermentation** *élip* rothadásos erjedés; ~ **mud/slim** *hidr* rothadó iszap; ~ **slime** *hidr* szapropél; ~ **water** *hidr* rothadó víz

putter *bány* csilletologató, csillés; *csom* rakodó(munkás); ~**(-)out** *tex* fonalkiadó

puttied *ép* bekent, betapasztott, kittelt; ~ **glass roofing** *ép* ragacsolt üvegfedés

puttiless *ép* ragacs/gitt/kitt nélküli; ~ **glass roofing** *ép* ragacs nélküli üvegfedés

putting|-down machine *csom* rakodógép *(elhordási/lehordási munkához)*; ~**-in point** *ép* bedolgozási/beágyazási hely/pont; ~ **into operation** *gép* üzembe helyezés; ~ **on production** *ol* kútindítás

putty I. *v ép* beken, betapaszt, gittel, kittel; **II.** *n ép* ablakgitt, ablakragacs, (fugakitöltő) gitt/kitt; faátvonó gitt; *ker* mázalapanyag *(kőedényáruhoz)*; ~ **cleaner** *ép* gittmaró gép; ~ **glassing/glazing** *ép* gittes üvegezés; ~ **knife** *ép* tapaszkenő, simítókés, spatulya; ~ **of emery** *mt* csiszolóporkötő anyag; ~ **pistol** *ép* gittnyomó pisztoly
puzzle lock kombinációs zár *(számra/betűre)*
puzzolana → pozz(u)olana
Pv. → pipe-ventilated
PVA → polyvinyl acetate
PVAL → polyvinil alcohol
PVB → polyvinil butyral
PVC → polyvinil chloride; ~ **drainage pipe** *ép* PVC lefolyócső; ~ **extrusion** *ép* extrudált kemény PVC-profil
PVD → paravisual director
PVP → polyvinyl pyrrolidone
PVT → page view terminal
pW → picowatt
PW → permanent way; → printed wiring
PWD → pulse-width discriminator
PWL → product well logging
PWM → pulse-width modulation
PWP → permanent wilting point
PWR → pressurized water reactor
PWT → propulsion wind tunnel
PX → private exchange
pycnite *ásv* piknit
pycnometer *vegy* piknométer, fajsúlymérő; ~ **method** *krist* piknométeres módszer
pycnophyllite *ásv* piknofillit
pygmy | cap *el* törpefoglalat; ~ **current meter** *fiz* mikroszárnyas áramlásmérő/áramlásisebesség-mérő; ~ **lamp** *el* törpe/miniatűr izzólámpa
pyknometer → pycnometer
pylon *el* pilon, villanyoszlop, távvezetékoszlop; *ép* portáloszlop, pilon; *rep* baldachin, emelőkar, piramis; ~ **bracing** *rep* baldachinmerevítés; ~ **strut** *rep* baldachindúc
pyralspite *ásv* piralszpit
pyramid *ép, mat* piramis, gúla; ~**-grained paper** *pa* átnyomópapír; ~ **hardness** *any* gúlával mért keménység *(Vickers szerint)*; ~ **hardness test** *any* Vickers-keménységi próba; ~ **hardness tester** *any* Vickers-keménységmérő; ~ **indentor** *any* gúlaszúrótest; ~ **of growth** *krist* növési piramis; ~ **of vicinal faces** *krist* vicinális síkok piramisa; ~ **switchboard** *távk* piramiselrendezésű kapcsolómező
pyramidal *ép, mat* gúla/piramis alakú/formájú, csúcsos; ~ **antenna** *távk* kalitkaantenna; ~ **broach roof** *ép* gúla alakú *v.* csúcsíves tető/toronyfedél, toronycsúcs; ~ **horn** *hang* gúla alakú kürt; ~ **tetrahedron** *krist* triakisztetraéder
pyramidone *gyógyv* piramidon, 4-dimetil-amino-antipirin
pyran *vegy* pirán *(heterociklus)*; ~ **ring** *vegy* pirángyűrű
pyranometer *fiz* piranométer
pyranose *vegy* piranóz
pyranthrone *vegy* pirantron, indantronaranyoranzs
pyrargyrite *ásv* pirargirit, vörös ezüstérc
pyrazine *vegy* pirazin, 1,4-diazin
pyrazole *vegy* pirazol, 1,2-diazol
pyrazolidine *vegy* pirazolidin, tetrahidropirazol
pyrazoline *vegy* pirazolin, dihidropirazol
pyrazolone *vegy* pirazolon; ~ **dye** *tex, vegy* pirazolonszínezék
pyrene *vegy* pirén
Pyrenean orogeny *geol* pireneusi (orogén) fázis
pyreneite *ásv* pyreneit
pyrex (glass) *üveg* pirexüveg; tűzálló (bór)üveg/edény
pyrgeometer *geof* földsugárzásmérő, pirgeométer
pyrgom *vegy* pirgom
pyrheliometer *fiz* napsugárzásmérő, pirheliométer
pyridazine *vegy* piridazin, 1,2-diazin
pyridine *vegy* piridin *(heterociklus)*
pyridoxin *vegy* piridoxin, adermin
pyrimidine *vegy* pirimidin, 1,3-diazin
pyritaceous *bány* pirittartalmú
pyrites *ásv* pirit, (vas)kovand, kénkovand, vas-diszulfid; ~**-calcining furnace** *koh* piritpörkölő kemence; ~ **cinder** *koh* piritpörk; ~ **crusher** *pa* kénkovandtörő; ~ **detector** *rád* piritkristály detektor; ~ **kiln** *vegy* piritpörkölő kemence *(kénsavgyártásnál)*; ~ **mechanical furnace** *koh* gépesített piritolvasztó kemence; ~ **residues** *koh* piritpörk; ~ **roaster** *koh* kovandpörkölő; ~**(-)rolling mill** *pa* kénkovandőrlő mű; ~ **shelf furnace** *koh* polcos piritolvasztó kemence; ~ **store** *pa* kénkovandraktár
pyritic *bány* pirites, piritszerű, pirit-, kovandos; ~ **smelting** *koh* piritolvasztás
pyritiferous rock *bány* pirittartalmú kőzet
pyritohedron *krist* pentagondodekaéder, piritoéder
pyroacid *vegy* pirosav *(két molekula ortosav mínusz egy molekula víz)*
pyroantimonate *ásv* piroantimonát
pyroaurite *ásv* piroaurit
pyrobitumen *ásv* aszfaltit
pyroborate *vegy* piroborát
pyroboric acid *vegy* pirobórsav
pyrocatechol *vegy* pirokatechin, benzol-1,2-diol, p-dioxi-benzol
pyrochlore *ásv* piroklór
pyrochroite *ásv* pirokroit
pyroclastic rock *geol* piroklasztikus kőzet
pyrocondensation *hőt* pirokondenzáció
pyroelectric *fiz* piroelektromos; ~ **axis** *krist* piroelektromos tengely; ~ **coefficient** *fiz* piroelektromos együttható; ~ **effect** piroelektromos hatás
pyroelectricity *fiz* piroelektromosság
pyroemerald *ásv* klorofán *(ékkő)*
pyrogallic acid → pyrogallol
pyrogallol *vegy* pirogallol, pirogalluszsav, 1,2,3-trioxibenzol
pyrogen *gyógyv* pirogén, lázkeltő *(anyag)*; ~**-free** *gyógyv* pirogénmentes; ~ **removing** *gyógyv* pirogénmentesítés
pyrogenic *geol, vegy* pirogenetikus, eruptív, pirogén, hő okozta; ~ **distillation** *vegy* destruktív lepárlás; ~ **method** *koh* pirogén eljárás; ~ **reaction** *vegy* pirogén reakció; ~ **rock** *geol* vulkanikus/vulkáni kőzet
pyrogenous *geol, vegy* pirogenetikus, pirogén, tűzi eredetű, eruptív, hő okozta
pyroligneous | acid *vegy* faecet; ~ **spirit** *vegy* faszesz, metil-alkohol
pyrolusite *ásv* piroluzit, barnakő; ~ **ore** *koh* dioxidos mangánérc

pyrolysis *vegy* pirolízis, hőbomlás, hőbontás; ~ **gas** *vegy* pirolízisgáz; ~ **oil** *vegy* pirolízisolaj
pyrolytic *vegy* pirolízises, pirolitikus; ~ **mining** *ol* mélységi *v.* föld alatti elgázosítás; ~ **oxide** *félv* pirolitikus oxidréteg; ~ **process** *vegy* pirolízis, pirolitikus bomlás
pyromagnetism *fiz* piromágnesség
pyromeconic acid *vegy* piromekonsav, 3-oxi-γ-piron
pyromellitic acid *vegy* piromellitsav
pyrometallurgical | extraction of metals *koh* tűzi kohászati fémelőállítás; ~ **process** *koh* tűzi kohászati folyamat
pyrometallurgy *koh* pirometallurgia, pirokohászat; tűzi kohászat
pyrometamorphism *krist* pirometamorfizmus
pyrometasomatism *krist* pirometaszomatizmus
pyrometer *hőt* pirométer; ~ **couple** *el* hőelempár; ~ **lamp** *hőt* optikai pirométer
pyrometric | cone *koh* pirometrikus kúp, hőmérsékletmérő gúla, Seger-gúla, Seger-kúp; ~ **cone equivalent (PCE)** Seger-gúla olvadáspontja
pyromorphite *ásv* piromorfit
pyrophorous *vegy* piroforos
pyroschist, pyroshale *bány* égőpala
pyrotechnic composition pirotechnikai keverék
pyroxenite *ásv* piroxenit
pyrrhotine, pyrrhotite *ásv* pirrhotin

Q

Q → quantity of heat; **~-band** *távk* Q-(frekvencia)-sáv; **~-BO process** *koh* OBM-eljárás; **~-bridge** *fiz* Q-mérőhíd; **~-code** *rep* Q-kód; **~-correction** *rep* a Sarkcsillag magasságának helyesbítése; Q-helyesbítés; **~-factor** *el, fiz* jósági tényező, Q-faktor, Q-tényező; **~-feel system** *rep* Q-érzékelő rendszer; **~-gas** *vegy* Q-gáz, quench-gáz; **~-gasoline** *vegy* normálbenzin; **~-H curve of sprinkler heads** *hidr* szórófej Q-H jelleggörbéje; **~-meter** *fiz, rád* Q-mérő, jósági tényezőmérő; **~ quart** → quintal; **~-shell** *at* Q-héj; **~-signals** *rád, távk* Q-jelek; **~-spoiled laser** *el, fiz* módosított jósági tényezőjű lézer; **~-switched laser** *el, fiz* modulált jósági tényezőjű lézer, Q-kapcsolt lézer; **~-switched rangefinder** *el, fiz* Q-modulációjú lézeres távolságmérő; **~-switch(ing) (Q-sw)** *fiz* q-kapcsolásos technika, óriásimpulzusok előállításának módszere; **~-value** *at* Q-érték; *rád, tv* jóságszám, jósági tényező

QA → quadrant angle; → quality assurance; → quick-acting

QAM → quadrature amplitude modulation

QB → quick break

QC → quick change; → quality control

QD → quadrant depression; → quarterdeck

QE → quadrant elevation

QF → quick-freezing

QISAM → queued indexed sequential access method

QL → query language

QM → quadrature modulation

QPP → quiescent push-pull

QPSK → quaternary phase-shift keying

QS → quantity surveyor

QSG → quasi-stellar galaxy

QSL process *koh* QSL-eljárás

QSO → quasi-stellar object

QSS → quasi-stellar source

Q-sw → Q-switching

qt → quart

quad[1] **I.** *v nyom* kizár *(sort)*; **II.** *n el, távk* érnégyes; *nyom* kvadrát, négyzet; **~ channel autopilot** *aut, rep* négycsatornás robotpilóta; **~ in groups of four** *v el, távk* négyes párrá *v.* négyeresen sodor (össze); **~ pair** *el, távk* kettős csillagsodrás; négyes pár; **~-pair cable** *el, távk* kettős csillagsodrású kábel; **~ pairing** *el, távk* négyeres/négyerű összesodrás *(kábelé)*

quad[2] → quadrilateral; → quadraphonic

quadded cable *el, távk* négyes sodratú kábel

quadradar *rep, távk* quadradar

quadrangle *ép* négyszögletes zárt udvar; *mat* négyszög; **~ circumscribing** érintőnégyszög, körülírt négyszög *(köré)*; **~ connection** *mat* négyszögkapcsolás

quadrangular négyoldalú, négyszögletes, négyszögű; **~-motion selector** *távb* négyszög választógép; **~ prism** *mat* négyoldalú/négyszögű hasáb; **~ truss** *ép* Vierendeel-tartó

quadrant *csill* kvadráns; negyedelő; *forg* (sebességváltó) olló *(esztergán)*; *geod* környegyed, szögnegyed, térnegyed; szintezőnegyedlő, kvadráns; *mat* síknegyed, negyed; *opt* képsík egy negyede; *rep* jeltér; *tex* szelfaktor-kvadráns *(orsó fordulatszámának szabályozására)*; **~ angle (QA)** *kat* lőszög; magassági szög; *mat* emelkedés; **~ antenna** *távk* kvadráns antenna; **~ assembly** *kat* magassági irányzóberendezés; **~ balance** *tex* kvadráns *(fonalszámmérésre)*; **~ bracket** *kat* szintezőtámaszték, szintező aljazat; **~ depression (QD)** *geod* szintezőnegyedlőn megadott negatív emelkedés; **~ electrometer** *el* kvadráns elektrométer; **~ elevation (QE)** *geod* szintezőnegyedlőn megadott emelkedés; **~ of a radio range** *rep* térosztó rádióirányadó környegyede; **~ plate** *gép* váltókerékállító olló; **~ relations** *mat* redukciós képletek *(trigonometrikus függvényekre)*; **~ scale** *metr* ívmérleg; négyzetmétersúly-mérleg; *pa* papírmérleg; *tex* kvadráns *(fonalszámmérés)*; **~ separation** *rep* környegyes/négyszektoros elkülönítés; **~ tract** *mech* gördülőszegmens-pálya

quadrantal I. *a rep* kvadráns; négyszektoros; **II.** *n mat* kvadráns; **~ altitude** *rep* iránymagasság; négyszektoros iránymagasság; **~ angles** *mat* kvadráns szögek térnegyedszögek; **~ compass deviation** *rep* iránytű kvadránselhajlása; **~ cruising** *rep* négyszektoros utazószint; **~ cruising level** *rep* utazó iránymagasság; **~ deviation** *hajó* deviáció; *rep* kvadránselhajlás; **~ error** *rád* negyedkör-hiba, kvadráns hiba; *rep* deviáció; **~ heading** *rep* közbenső égtáj, mellékvilágtáj; négyszektoros irány; **~ height** *rep* négyszektoros, terep feletti magasság/iránymagasság; **~ height rule** *rep* négyszektoros, terep feletti iránymagasság szabálya; **~ height separation rule** *rep* négyszektoros, terep feletti iránymagasságok szerinti elkülönítés szabálya; **~ points** *csill* mellékvilágtáji pontok; **~ triangle** *mat* gömbháromszög

quadraphonic *hang* kvadrofon; **~ record** *hang* kvadrofon felvétel

quadraphonics, quadraphony *hang* kvadrofónia

quadrat *nyom* térkitöltő hasáb/négyzet, kvadrát, négyzet

quadrate I. *v* négyszögűvé alakít; *geod* szintezőnegyedlővel dolgozik; **II.** *a* négyzetes, négyszögű; *csill* negyedállású; **III.** *n* négyzet; négyszög

quadratic I. *a mat* kvadratikus; másodfokú *(egyenlet)*; négyszögű; négyzetes, négyszögű; *távk* négyzetes összeadás; **II.** *n mat* másodfokú egyenlet; **~ approximation** *szt* négyzetes közelítés; **~ atomic radius** *at, krist* négyzetes atomsugár; **~ characteristic** *el, távk* négyszögletes karakterisztika; **~-characteristic working** *távk* parabolikus üzemmód; **~ component** *el* második harmonikus; **~ cosine** *mat* kvadratikus koszinusz, cp *(Alaci-féle kvadratikus trigonometriában)*; **~ curve** *mat* kúpszelet, másodrendű (algebrai) görbe, másodrendű síkgörbe, pontkúpszelet; parabola; **~ damping** *mech* négyzetes csillapítás; **~ demodulation/detection** *el* kvadratikus demoduláció; **~ Doppler effect** *fiz* másodfokú Doppler-jelenség; **~ electrooptic effect** *fiz, krist* Kerr-effektus; négyzetes elektrooptikus hatás; **~ equation** *mat* másodfokú egyenlet; **~ factor** *el* másodfokú késleltetés(i tényező); **~ form** *mat* kvadratikus alak; **~ form of the Bragg equation** *mat* Bragg-egyenlet négyzetes formája; ~ **formula** *mat* másodfokú egyenlet megoldóképlete; ~ **function** *mat* másodfokú függvény; ~ **interpolation** *mat* kvadratikus interpoláció; ~ **lattice** *krist, mat* négyzetrács; ~ **logarithm** *mat* kvadratikus logaritmus; ~ **matrix** *mat* kvadratikus mátrix (négyzetes mátrix); ~ **mean** *mat* négyzetes közép(érték); ~ **net** *krist, mat* négyzetes hálózat/síkrács; ~ **parabola** másodfokú parabola; ~ **performance index** *rendsz* négyzetes minőségi kritérium; ~ **piezoelectric effect** *krist* négyzetes piezoelektromos hatás; ~ **programming** *szt* kvadratikus programozás(i feladat); ~ **sine** *mat* kvadratikus színusz, sp *(Alaci-féle kvadratikus trigonometriában)*; ~ **supplement** *mat* teljes négyzetté kiegészítés; ~ **system** *krist* négyzetes rendszer; ~ **term** *mat* másodfokú tag/kifejezés; ~ **trigonometry** *mat* kvadratikus trigonometria; ~ **two-dimensional lattice** *krist* négyzetes; *krist, mat* négyzetes hálózat/síkrács

quadratically integrable function *mat* kvadratikusan integrálható függvény

quadratics *mat* másodfokú egyenletek tana

quadratix of Hippias *mat* Hippias-féle görbe

quadrature *csill* negyedállás; *mat* integrálás; négyzetesítés, négyszögesítés; *rád, távk, tv* 90 fokos elforgatás; ~ **amplitude modulation (QAM)** *távk* kvadratúramoduláció; ~**(-axis) reactance** keresztirányú reaktancia; ~**-axis synchronous impedance** keresztirányú szinkron impedancia; ~ **circuit** *tv* keresztirányú áramkör *(amplidiné)*; ~ **component** *el* 90 fokos fáziseltolású összetevő, keresztirányú összetevő; ~ **formula** kvadratúraformula, kvadratúraképlet; **in** ~ *el, távk* 90 fokos fáziseltolású, keresztirányú; ~ **lagging** *el* 90 fokos fáziskésésű; ~ **modulation (QM)** *távk* kvadratúramoduláció, kvadratikus moduláció; ~ **network** *el* 90 fokos fáziseltolású kör/négypólus; kvadratúrában levő kör; ~ **of the circle** *mat* kör négyszögesítése, körnégyszögesítés; ~ **oscillator** *el* RC-oszcillátor; ~ **transformer** *el* keresztszabályozó transzformátor

quadribasic *vegy* négybázisos

quadric I. *a mat* másodrendű; **II.** *n mat* kvadratikus alak, másodrendű test/felület; ~ **(crank) chain** *mech* csuklós négyszög; ~ **curve** *mat* kúpszelet, másodrendű görbe, másodrendű síkgörbe, pontkúpszelet; ~ **equation** *mat* másodfokú egyenlet; ~ **quantic** *mat* kvadratikus alak; ~ **surface** *mat* másodrendű felület

quadricycle *vasút* négykerekű járgány

quadrielectron *el, fiz* kvadrielektron

quadrifilar *el* négyeres, négyerű

quadrifolium *mat* (négyágú) levélgörbe, négylevelű görbe

quadrilaterial I. *a* négyoldalú, négyszögletes, négyszögű; **II.** *n mat* négyszög, négyoldal(ú síkidom)

quadrille | paper *mat* koordinátapapír; ~ **ruling** keresztvonalazás, kockázás *(papíré stb.)*

quadrillé *tex* keskeny csíkú selyemszövet

quadrillion kvadrillió

quadrimolecular *fiz* négymolekulás

quadrinominal I. *a mat* négytagú; **II.** *n mat* négytag(ú kifejezés)

quadripartite vault *ép* keresztboltozat; négyfiókos boltozat

quadripartition *mat* négy részre osztás, negyedelés

quadripolar *el, mat* négypólusú, kvadripoláris; ~ **field** *el* négypólusú tér

quadripole → quadrupole

quadrivalent *at, vegy* négy vegyértékű

quadrophonic → quadraphonic

quadruple I. *v mat* négyszerez, néggyel (meg)szoroz; **II.** *a* négyszeres; **III.** *n mat* vminek a négyszerese; ~ **bolt cutter** *gép* négyorsós csavarmenetvágó gép; ~**-expansion engine** *gép* négyszeres expanziójú gőzgép; ~ **gun** *kat* négycsövű légvédelmi löveg; ~ **linkage** *mech* csuklós négyszög; ~ **mount** *rep* négyes szerelvény; ~ **point** *vegy* négyes pont; ~ **rid** *bány* négyfúró-kalapácsos fúrókocsi; ~ **ring** *krist* négyes gyűrű; ~ **root** *mat* négyszeres gyök; ~ **scanning** *tv* négyszeres sorváltás *v.* váltott soros letapogatás; ~ **serial photogrammetric camera** *fiz, metr* négyes fotogrammetrikus kamera/mérőkamera; ~**-tool** *forg* négykéses

quadruplet *fiz* kvadruplett

quadruplex négyszeres; *távb* kettősduplex, kvadruplex *(távírórendszer)*; ~ **distributor** *távk* négyszeres Baudot-készülék elosztója; ~ **operation/telegraphy** kvadruplex távíróüzem

quadruplicate I. *v* megnégyszerez, néggyel szoroz; négy példányban *v.* három másolattal ír le; **II.** *a* négyszeres; négy példányban készült; **III.** *n* negyedpéldány, a négy példány egyike; **in** ~ négy példányban

quadruplicity *mat* négyértékűség

quadruply primitive cell *fiz* négyszeresen primitív elemi test

quadrupole *el, fiz* kvadrupólus, négypólus; ~ **amplifier** *el* kvadripóluserősítő; ~ **antenna** *el* kvadrupólusantenna; ~ **coupling** *el* négypóluscsatolás; ~ **hyperfine structure** *el, fiz* kvadrupólus-hiperfinomszerkezet; ~ **interaction** *el* kvadrupol-kölcsönhatás; ~ **lens** *opt* kvadrupollencse; ~ **mass spectrometer** kvadrupol-tömegspektrométer, négypólusú tömegszínképmérő; ~ **molecule** kvadrupólusmolekula; ~ **moment** *fiz* kvadrupólusmomentum, kvadrupólusnyomaték, négypólusnyomaték, kettős dipólnyomaték; ~ **parameters** *el* négypólus-paraméterek; ~ **radiation** *fiz* kvadrupolsugárzás; ~ **scanning** *tv* négyszeres sorváltás *v.* váltott soros letapogatás; ~ **wave** *el, fiz* kvadrupólushullám

quag *geol* ingovány, láp; mocsár

quaggy *geol* ingoványos, lápos; mocsaras

quake rengés; váratlan omlás; *bány* (hegy)rengés; *geol* (föld)rengés; ~**-proof** *ép* földrengésálló

qualification képesítés; minősítés; szakképzettség; korlátozás; ~ **inspection** *ip* első gyártmánytétel ellenőrzése; ~ **plan** *ip* minősítési terv; ~ **test** felvételi vizsgálat; alkalmassági vizsgálat; ~ **test program** vizsgálati program minősítéshez; ~ **trial** *rep* alkalmassági vizsgálat; minősítő vizsga

qualified képesített; okleveles, diplomás; szakképzett; alkalmas; ~ **acceptance** elfogadás kikötésekkel; ~ **in law** jogi képesítésű; ~ **name** *szt* minősített név

qualify képesít; minősít; képesítést nyer/szerez; minősül

qualimeter *metr* kvaliméter, röntgensugár-keménységmérő

qualitative minőségi, kvalitatív, minőségmeghatározó; ~ **analysis** *vegy* minőségi elemzés, kvalitatív analízis; ~ **assessment** minőségi értékelés; ~ **character** kvalitatív tulajdonság; ~ **difference** minőségi különbség; ~ **evaluation** minőségi értékelés; ~ **examination** minőségvizsgálat, minőségi elemzés; ~ **factor** *ip* minőségi tényező; ~ **forecasting** minőség előrejelzése; ~ **interpretation** *geof* minőségi/kvalitatív kiértékelés; ~ **investigation** minőségkutatás; ~ **level** minőségszint; ~ **methods** *aut* minőségi/kvalitatív módszerek; ~ **model** minőségmodell; ~ **object/target** minőségi cél; ~ **requirement** minőségi követelmény

quality kvalitás; minőség; *hang* hangminőség, hanghűség; ~ **accuracy level** minőség meghatározásának pontossági szintje; ~ **amplifier** *hang, rád* torzításmentes erősítő; ~ **analysis** minőségelemzés; ~**-and-quantity inspection** minőség- és mennyiségellenőrzés; ~**-and-reliability plan** minőségbiztosítási és megbízhatóságszavatolási terv; ~ **assurance (QA)** minőségbiztosítás; ~ **assurance engineer** a minőség biztosításával foglalkozó szakmérnök; ~ **assurance technique** minőségbiztosítási módszer; ~ **at full charge** *el* teljes jósági tényező, jósági tényező terheléssel; ~ **at no charge** *el* üresjárási jóság(i tényező); ~**-audit cost** minőség-ellenőrzésre fordított költség; ~ **auditing system** minőség-ellenőrző rendszer; ~**-audit program** minőségellenőrzési program; ~ **awareness** minőségbiztosítási módszer jelentősége; ~ **capability** minőség biztosíthatósága; ~ **carbon steel** minőségi szénacél; ~ **certificate** minőségi bizonyítvány; ~ **change** minőség változása; ~ **characteristic** minőségi jellemző; ~ **checking** minőségellenőrzés; ~**-checking room** *rád* adásjóság-megfigyelő helyiség; ~ **clause** minőségi záradék *(szerződésben)*; ~ **clearance** műbizonylat; ~ **coefficient** minőségi mutatószám; ~ **control (QC)** minőség-ellenőrzés; ~ **control chart** minőség-ellenőrző kártya; ~ **control division** minőség-ellenőrzési osztály; ~ **control report** minőség-ellenőrzésről szóló jelentés; ~ **cost analysis** a megkövetelt minőségre való ráfordítás elemzése; ~ **criterion** minőségi/jósági kritérium/tényező; ~ **data** minőségre vonatkozó adatok; ~ **deviation** minőségeltérés; ~ **estimation** minőségbecslés; ~ **evaluation** minőség értékelése; ~ **expenses** ráfordítások a minőség biztosítására; ~ **factor** *el, távk* minőségi/jósági tényező, minőségtényező, Q-faktor; ~ **factor modulation** *el* q-kapcsolásos technika, óriásimpulzusok előállításának módszere; ~ **forging** minőségi kovácsolás; ~ **group** *koh* minőségi csoport; ~ **index** *ip* minőségi mutatószám; ~ **information feedback** a fogyasztótól érkező minőségre vonatkozó információ; ~ **inspection** minőség-ellenőrzés; ~ **instruction** minőségbiztosítási utasítás; ~ **intelligence system** minőségmeghatározó rendszer; ~ **level** minőségszint; ~ **loss** minőségromlás; ~ **maintenance** minőség biztosítása; ~ **management** minőségirányítás; ~ **measurement** minőségi jellemzők mérése; ~ **monitoring** minőségellenőrzés; ~ **of crystal** kristályminőség; ~ **of information** információ minősége; ~ **of ore** *bány* ércminőség; ~ **of orientation** orientáció minősége; ~ **of radiation** *sug* sugárzás minősége/keménysége; ~ **of reception** *távk* vételi jóság, érthetőség, hallhatóság; ~ **of reproduction** *el* visszaadási/reprodukciós jóság; ~ **of sewage** *hidr* szennyvízminőség; ~ **of the course** *hidr* szakaszjelleg; ~ **of the solution** *met* megoldás minősége; ~ **rating** *el* rezgőkör jósága; ~ **rating plan** adott minőség biztosítási terve; ~ **record** minőségadatok feljegyzése; ~ **refinement** *koh* minőségjavítás; ~ **reliability** minőség megbízhatósága; ~ **research** minőségkutatás; ~ **scale** *fa* minőségfokozatok, minőségtáblázat; ~ **seam** kiváló minőségű varrat; ~ **specification** minőségi előírás; ~ **steel** *koh* nemesacél

quanta → quantum

quantal *fiz, mat* kvantális, kvantumelméleti

quantic *mat* többváltozós homogén hatványfüggvény

quantification *mat, vegy* kvantálás; kvantifikáció, kvantifikálás

quantified mennyiségileg meghatározott; ~ **system analysis** mennyiségi rendszerelemzés, rendszer kvantitatív analízise

quantifier *mat, szt* kvantor, operátor, kvantifikátor

quantify felbecsül, felmér *(mennyiséget)*, mennyiséget meghatároz, mennyiségileg kifejez

quantile *stat* kvantilis, osztóérték; ~ **life** élettartam-eloszlási kvantilis

quantimeter *at* kvantummérő

quantisation, quantise → quantization, quantize

quantitative mennyiségi, kvantitatív; számszerű; ~ **analysis** mennyiségi elemzés, kvantitatív analízis; ~ **assessment** mennyiségi értékelés; ~ **current yield** *el* mennyiségi/kvantitatív áramkihasználás/hozam, szolgáltatott árammennyiség; ~ **estimation** mennyiségi értékelés; ~ **examination** mennyiségi elemzés, kvantitatív analízis; ~ **forecasting** mennyiség előrejelzése; ~ **index** mennyiségi mutatószám; ~ **interpretation** *geof* mennyiségi/kvantitatív kiértékelés; ~ **isolation** mennyiségi/kvantitatív szétválasztás; ~ **metallography** *koh* kvantitatív metallográfia; ~ **model** *rendsz* kvantitatív/mennyiségi modell; ~ **object/target** mennyiségi cél; ~ **proportions** *pl* mennyiségi arány; ~ **reliability** megbízhatóság mennyiségi mutatószáma

quantity *fiz* tömeg; *mat* mennyiség, nagyság, érték; ~ **control** *aut, ép* mennyiségszabályozás; ~ **controller** *aut* mennyiségszabályozó; ~ **freight rate** *rep* mennyiségi speciális árudíjszabás; ~ **galvanometer** *el* töltésmérő galvanométer; ~ **limiter** *aut* mennyiségkorlátozó; ~ **measuring instrument** *aut* mennyiségmérő készülék; ~ **meter** *aut* mennyiségmérő; *el* amperóraszámláló; ~ **number** *aut, ép* mennyiségi szám; ~ **of application** *tex* felhasznált mennyiség; ~ **of charge** *el* töltésmennyiség; ~ **of electricity** *el* elektromos mennyiség; ~ **of electrons** *el* elektronok száma; ~ **of flue gas** *hőt* égéstermék-mennyiség; ~ **of gas** *vegy* gázmennyiség; ~ **of heat (Q)** *fiz* hőmennyiség; ~ **of heat produced by the electric current** *el* elektromos áram által létrehozott hő(mennyiség); ~ **of information** *rendsz* információtartalom, információmennyiség; ~ **of light** *el, opt* fényenergia, fénymennyiség, fényerősség; ~ **of magnetism** *el* mágneses tömeg/töltés; ~ **of motion** *mech* mozgásmennyiség; ~ **of radiant energy** *sug* sugárzási/sugárzó energia; ~ **of radiation** *orv, sug* sugárzási/sugárzó energia, sugárzásintenzitás *(kibocsátott sugarak)*; ~ **of reflux** *fiz* reflux; ~ **of sound field** *hang* hangerősség, hangintenzitás; ~ **of static electricity** *el* sztatikus elektromosság mennyisége; ~ **of water** *környv* vízforgalom; ~ **of X-rays** *orv* röntgensugárzási dózis; ~ **production** tömeggyártás; ~ **surveyor (QS)** *ép* építési ellenőr; ~ **to be measured** *koh* mérendő mennyiség; ~ **to be mea-**

sured variable step by step fokozatosan változó mérési eredmény/adat
quantization → quantizing; *el, fiz, szt* kvantálás
quantize *el, fiz, szt* kvantál
quantized *el, szt* kvantált; ~ **field theory** *fiz* kvantumtérelmélet
quantizer *el, szt, távk* impulzusmodulátor; kvantáló
quantizing *el, szt* kvantálás; ~ **aperture** *el* letapogató apertúra; ~ **circuit** *el* kvantáló áramkör; ~ **distortion** *el, fiz* kvantálási torzítás; ~ **distortion power** *el, fiz* kvantálási torzítási teljesítmény; ~ **error** *szt* kvantálási hiba; ~ **noise** *el, fiz* kvantálási zaj; ~ **voltage step** *el* kvantálási feszültséglépcső
quantometer *el* kvantométer *(töltésmérő ballisztikus galvanométer)*; *koh* kvantométer
quantor *mat* kvantifikátor, kvantor
quantum, *pl* **quanta** mennyiség, kvantum; tömeg; foton, sugárzási kvantum; ~ **acoustics** *fiz* kvantumakusztika; ~ **amplification** *el* kvantumerősítés; ~ **amplifier** *el* kvantumos (indukált emissziójú) erősítő; mézer(erősítő), molekuláris rezgéskeltő, kvantumerősítő; ~ **biology** kvantumbiológia; ~ **chemistry** kvantumkémia; ~ **condition** *at, aut* kvantumfeltétel; ~ **crystal** *krist* kvantumkristály; ~ **detector** *el* kvantumdetektor; ~ **efficiency** *fiz* kvantumhatásfok, kvantumhasznosítási tényező; ~ **electrodynamics** *el* kvantumelektrodinamika; ~ **electronics** *el* kvantumelektronika; ~ **emission** *at* kvantumemisszió; ~ **energy** *el, fiz* kvantumenergia, energiakvantum; ~ **field theory** *fiz* kvantumtérelmélet; ~ **formulation** *mech* kvantumtechnikai fogalmazás; ~ **frequency conversion** *el, fiz* kvantumos frekvenciaátalakítás; ~ **jump** *fiz* kvantumugrás, kvantumátmenet, kvantumkibocsátás és -elnyelés; ~ **leakage** *at* alagúteffektus; ~ **leap** *fiz* kvantumátmenet, kvantumugrás; ~ **level** *at* kvantumszint, kvantumnívó; ~ **limit** *fiz* kvantumhatár; ~**-mechanical amplifier** *el* kvantummechanikai erősítő, kvantumerősítő; ~**-mechanical storage circuit** *szt* kvantumtechnikai tárolókör; ~**-mechanical tunnelling** *el* alagútjelenség, alagúthatás; ~ **mechanics** *fiz* kvantummechanika; ~**-mechanics storage capacity** *szt* kvantummechanikai tárolókapacitás; ~ **memory element** *szt* kvantummemória elem; ~ **noise** *fiz* kvantumzaj; ~ **number** *at, fiz* kvantumszám; ~ **of acoustic wave energy** *fiz* fonon, hangkvantum; ~ **of action** *fiz* Planck-állandó, hatáskvantum; ~ **of light** *fiz, opt* foton, fénykvantum; ~ **optical generator** *aut, fiz* kvantumoptikai generátor; ~ **optics** *el, fiz* kvantumoptika; ~ **oscillator** *el, fiz* maseroszcillátor, mikohullámú kvantumgenerátor, molekuláris generátor; ~ **physics** *fiz* kvantumfizika; ~ **requirement** *fiz* kvantumfeltétel; ~ **restrictions** *mech* kvantumkorlátozások, kvantumfeltételek; ~ **ruby amplifier** *el* rubinkristályos kvantumerősítő; ~ **state** *fiz* kvantumállapot; ~ **statistics** *fiz* kvantumstatisztika; ~**(-)theoretical** *fiz* kvantumelméleti; ~ **theory** *fiz* kvantumelmélet; ~ **theory of field(s)** *fiz* kvantumtérelmélet; ~ **theory of noise** *fiz, hang* zaj kvantumelmélete; ~ **theory of wave fields** *fiz* kvantumtérelmélet; ~ **transition** *at, fiz* kvantumátmenet, kvantumugrás; ~ **voltage** *el* kvantumfeszültség; ~ **wave-length** *el, fiz* kvantummechanikai hullámhossz; ~**-wave line circuit** *el* negyedhullámú tápvonalas rezgőkör; ~ **yield** *el* kvantumhatásfok, kvantumhozam

quaquaversal | dip *geol* kupolaszerű dőlés *(középtől minden irányban)*; ~ **fold** *geol* kupolaszerű gyűrődések; ~ **structure** *geol* dóm, boltozat
quarantinable disease *hajó, rep* egészségügyi zárlatot okozó betegség
quarantine *hajó, rep* vesztegzár, egészségügyi zárlat, karantén
quark *fiz* kvark; ~ **model** *fiz* kvarkmodell
quarrel *ép* kőfaragó véső; *üveg* hosszúkás üvegtábla
quarrier kőtörő munkás; *bány* kőbányász
quarry I. *v bány* követ fejt; meddőt/tömedékanyagot termel; **II.** *n* külfejtés; lelőhely; *bány* gipszbánya; kőbánya, kőfejtő (telep); meddőfeldolgozás tömedéknek *(föld alatt)*; *ép* burkolólap, mozaiklap; ~ **car** *bány* kőbányacsille; ~**-faced** *ép* terméskő; ~ **lorry** *bány* kőfejtő tehergépjármű; ~ **operation** kőfejtés, kőbányászat; ~**-pitched** durván faragott (kő); ~**-rid** kőfejtési hulladék; ~ **sap** *bány* bányanedvesség; ~ **spalls** *pl* kőtörmelék, kőforgács; ~**- stone** *ép* fejtett nyerskő, bányakő, terméskő; ~**-stone bond** *ép* terméskő falazás; ~**(-)tile(s), quarries** *pl ép* burkolólap, mozaiklap
quarrying (kő)fejtés
quarryman *bány* kőbányász
quarrystone → quarry stone
quart (qt) *metr* kvart (*GB* két pint, 1/4 gallon; *US* 0,946 l)
quartation → inquartation
quarter I. *v* négyfelé oszt, négy részre oszt; *fa* hasít; *gép* derékszögbe állít; *hajó* oldalról fúj *(szél)*; *közl* keréknyomot nem követ *(kocsi)*; zegzugos vonalban megy *(hegyoldalon)*; **II.** *n* negyedrész; irány; *bőr* felület negyede *(barkázáskor)*; *cipő* hátrész, szárrész; *csill* holdnegyed; *ép* (város)negyed; városrész; *hajó* 2° 48' 45" *(a szélrózsa egy vonásának negyede)*; hajósöl negyede *(457 mm)*; *hang* negyed hangjegy; *met* széliirány; világtáj; *metr* súlymérték *(GB 12,70 kg, US 11,34 kg)*; űrmérték *(8 bushel = 290,8 liter)*; ~ **bat** negyedtégla; ~ **bend** *ép* csőkönyök, 90 fokos hajlás; ~ **binding** *nyom* félbőrkötés; ~ **boat** *hajó* kifüggesztett oldalcsónak; ~ **bond** *ép* kötőtéglás falazat; ~**-bound** *nyom* félbőrkötésű; ~ **box** négyszeres állítható csapágy(ház); ~ **brick** *ép* negyedtégla; ~ **channel** *hidr* gyűjtőcsatorna; ~**-chord point** *rep* negyedhúrpont *(szárnyszelvényé)*; ~ **clock** negyedütő óra; ~**-coal** *bány* illetményszén; ~ **crankshaft** *vasút* négyforgattyús tengely; ~ **cycle** *mat* negyedkör; ~ **davit** *hajó* hátsó hajórészen lévő csónakdaru; ~ **deck** → quarterdeck; ~ **ditch** *hidr* gyűjtőárok; ~ **furrow** *élip* őrlőlap *(malomkőé)*; ~**(-)girth** *fa, metr* negyedelő köbözés; ~ **hammer** *szersz* 3,5 kg-nál könnyebb kovácskalapács; ~**-light** *gépk* elefántfül; háromszögablak; oldalablak; sarokablak *(autóbuszon)*; ~ **panel** *gépk* oldalfal; ~**-phase system** *el* kétfázisú rendszer; ~**-plate** *foto* 8,3 x 10,8 cm-es lemez; ~ **revolution** *gép* negyedfordulat; ~**s** *ép* lakás; *kat* szállás(hely); ~**-sawed/sawn** *fa* bélirányban/sugárirányban/tükrösre/tükörre vágott/fűrészelt, tükörvágású; ~ **sawing** *fa* tükörrevágás; ~**-space landing** *ép* saroklépcső-pihenő; ~ **square multiplier** *el* negyedkvadrátszorzó; ~**-staff** *fa* kétméteres bot; ~ **timber** *ép* négyszög keresztmetszetű fagerenda; ~ **turn** *ép, gép* negyedfordulat; ~**-twist belt** *gép* félig keresztezett (hajtó)szíj; ~**-twist belt drive** *gép* félkereszt alakú

szíjáttétel, félig keresztezett szíjhajtás; ~**wave** *fiz* negyedhullám; ~**-wave** *el, fiz* negyedhullámú; ~**-wave aerial/antenna (QWA)** *el, távk* negyedhullámú antenna; ~**-wave bar** *el, távk* → ~-wave line; ~**-wave dipole** *el, távk* negyedhullámú dipólusantenna; ~**-wave length** *távk* negyedhullámhossz; ~**-wavelength matching line/transformer** *el* negyedhullámú transzformátor; ~**-wave line** *távk* negyedhullámú tápvonalcsonk; ~**-wave method** *geof* negyedhullámmódszer; ~**-wave plate** *opt* negyedhullámlemez; ~**-wave stub** *távk* negyedhullámcsonk; ~**-wave transformer** *távk* negyedhullámú átalakító; ~**-wave transmission line** *távk* negyedhullámú tápvonal

quarterage negyedévi illetmény/(lak)bér; *kat* barakk; kaszárnya; laktanya

quarterdeck (QD) *hajó* (megemelet) hátsó fedélzet, tatfedélzet; ~ **steamer** megemelt hátsó fedélzetű gőzös

quartered | **oak** *fa* tüköráru tölgyfából; ~ **tie** *vasút* negyedelt talpfa

quarterfoil *ép* négylevelű lóhere alakú *(ablak)*

quartering I. *a gép* derékszögű; **II.** *n* negyedelés, kvartálás; négy részre osztás, negyedelés; *ép* négyzetkeresztmetszetű gerenda; szarufa; *fa* fűrészáru; *kat* elhelyezés, elszállásolás; ~ **attachment** *forg* forgattyútengely-esztergáló készülék; ~ **hammer** *szersz* darabolókalapács; kalapácsos zúzó; ~ **level** *mt, szersz* derékszögszárú libella; *vasút* vízszintező kvadráns; ~ **machine** *gép* egymásra merőleges furatokat készítő gép; körnegyedosztó gép; ~ **saw** *gép* negyedelőfűrész

quarterly negyedévi; negyedévenként(i); ~ **quality report** a minőségről szóló negyedévi jelentés

quartern negyed (rész); *metr* negyed pint; *pa* negyedív

quarterpace *ép* sarok-lépcsőpihenő

quartic I. *a mat* negyedfokú; **II.** *n mat* negyedfokú egyenlet; negyedfokú függvény/(sík)görbe; ~ **curve** negyedrendű görbe; ~ **equation** negyedfokú egyenlet

quartile *csill* négyszögfény, kvadratúra, négyszögállás *(két csillagé)*; *stat* kvartilis, negyedelő érték; ~ **aspect** *csill* négyszögfény, kvadratúra, négyszögállás *(két csillagé)*; ~ **point** *stat* kvartilis, negyedelő érték

quarto, 4to *nyom, pa* kvartalak, negyedrét; negyedrét alakú könyv, kvartó; **in** ~ *nyom* negyedére hajtogatott papíralak; ~ **mill** *heng* kvartósor; ~ **stand** *heng* kvartóhengerállvány

quartz *ásv* kvarc, szilícium-dioxid; ~ **clock** *óra* kvarcóra, kristályvezérelt óra; ~**-controlled pulse generator** *el* kvarcvezérlésű impulzusgenerátor; ~ **crystal** kvarckristály; ~**-crystal acceleration transducer** *el, távk* kvarckristályos gyorsátalakító; ~**-crystal clock** → ~ clock; ~**-crystal controlled** *el, távk* kvarckristály-vezérlésű, kvarcvezérlésű; ~**-crystal-controlled oscillator** *el* → ~-crystal oscillator; ~**-crystal force transducer** *el, távk* kvarckristályos erőátalakító; ~**-crystal load measuring cell** *el, távk* kvarckristályos terhelésmérő cella; ~**-crystal oscillator** *el, távk* kvarcvezérlésű oszcillátor, kvarcoszcillátor, kvarckristályos-oszcillátor, kristályoszcillátor, rezgőkristály; ~**-crystal pressure transducer** *el* kvarckristályos nyomásátalakító; ~**-crystal wafer** *el* kvarckristályszelet; ~ **delay line** *el* kvarcvezérlésű késleltetőtag/késleltetővonal *v.* késleltető művonal; ~ **delay line memory** *el, szt* kvarcvezérlésű késleltető művonalas memória/tároló; ~**-diorite** *geol* kvarcdiorit, tonalit; ~ **edge** *ásv* kvarcél; ~ **fibre/fiber** *el* kvarcfonal, kvarcszál; ~**-fibre/fiber array** *el, fiz* kvarcszálból készült rács; ~**-fibre/fiber balance** *vegy* kvarcmérleg; ~**-fibre/fiber electrometer** *el, fiz* kvarcszálas elektrométer; ~**-fibre/fiber manometer** *fiz* kvarcfonálinga, kvarcszálas nyomásmérő; ~**-fibre/fiber type direct reading dosimeter** *el, fiz* kvarcszálas közvetlen leolvasású doziméter/dózismérő; ~ **filter** *fiz* kvarcszűrő, kristályszűrő, piezoelektromos szűrő; ~ **glass** *üveg* kvarcüveg; ~ **glass fitting** kvarcüveg-szerelvények; ~ **glass lamp** *el* higanykvarclámpa, higanygőzös kvarclámpa; ~**-halogen lamp** *el* halogén (kvarc)lámpa; ~ **inner sheath** *el* belső kvarccső; ~ **lamp** *el* (higany)kvarclámpa, higanygőzös kvarclámpa; ~ **laser** *el* kvarclézer; ~ **memory** *szt* kvarcmemória; ~ **mercury lamp** *el* (higany)kvarclámpa, higanygőzös kvarclámpa; ~ **optical phonon maser** *el* fononrendszerű optikai kvarclézer; ~ **oscillator** *el, távk* kvarcvezérlésű oszcillátor, kvarcoszcillátor, kristályoszcillátor; ~ **plate** *krist* kvarclemez; ~**-porphyrite** *ásv* kvarcporfirit; ~ **porphyry** *ásv* kvarcporfír; ~ **reef** *geol* kvarcszint, kvarctelér; ~ **resonator** *távk* kvarcrezonátor, kristályrezonátor; ~ **rock** *ásv, geol* kvarckő; ~**-sand** *ásv* kvarchomok; ~ **sheath** *el* kvarc védőcső/védőhüvely, kvarccső; ~ **spectrograph** *fiz* kvarcspektrográf; ~ **store** *szt* kvarctároló; ~ **substrate** kvarcból álló hordozóréteg; ~ **topaz** *ásv* citin; ~ **tube** *el* kvarccső; ~ **ultraviolet laser** *el* ultraibolya (sugarú) kvarclézer; ~ **watch** kvarcóra, kristályvezérelt óra; ~ **wedge** *krist* kvarcék; ~ **wind** *hang* akusztikus szél, „kvarc"-szél; ~ **wire** *geof* kvarcszál

quartziferous *ásv* kvarctartalmú

quartzite *ásv* kvarcit

quartzitic *ásv* kvarcittartalmú

quartzose *ásv* kvarcos, kvarctartalmú; ~ **schist** *geol* kvarcpala

quartzy *ásv* kvarcos, kvarctartalmú

quasag *fiz* kvazág, csillagszerű galaxis, kék csillag

quasar → quasi-stellar object

quasi kvázi-; ~**-affine mapping/transformation** *mat* kváziaffin leképzés/transzformáció; ~**-anisotropy** *krist* kvázianiztrópia; ~**-atomic modell** *at* héjmodell, atommag héjmodellje; ~**-Bessemerizing** *önt* kokilla előállítása levegővel enyhén lefúvatott hematitvasból; ~**-biennial oscillation** *met* kvázikétéves oszcilláció; ~**-concave function** *mat* kvázikonkáv függvény; ~**-concavity** *mat* kvázikonkavitás; ~**-conductor** *el, fiz* kvázivezető, félvezető; ~**-conformality** *mat* kvázikonformitás; ~**-continuity** *mat* kvázifolytonosság; ~**-continuous laser** *el* kvázifolytonos lézer; ~**-convex function** *mat* kvázikonvex függvény; ~**-convexity** *mat* kvázikonvexitás; ~**-crystal** *fiz, krist* kvázikristály; parakristály; ~**-crystalline** *krist* kvázikristályos, parakristályos; ~**-digital filter** *el, távk* kvázidigitális szűrő; ~**-distance** *fiz* kvázitávolság; ~**-dublex** *távk* félduplex áramkör/üzem; ~**-dynamic memory** *szt* kvázidinamikus memória; ~**-elastic scattering** *any* kvázirugalmas szóródás; ~**-electronic exchange** *távb* kvázielektronikus telefonközpont; ~**-equilibrium** *fiz, vegy* kváziegyensúly; ~**-eutectic alloy** *koh* kvázieutektikus ötvözet; ~**-eutectoid alloy** *koh* kvázieutektoid ötvözet; ~**-Fermi level** *el* kvázi-Fermi-szint; ~**-field** *mat* kvázitest; ~**-free electron** *el* kváziszabad elektron; ~**-function** *mat* kvázifüggvény; ~**-geostrophic approximation** *met* kvázigeosztrofikus közelítés; ~**-harmonic oscillation** *el* kváziharmonikus oszcilláció; ~**-harmonic vibration** *mech* kváziharmonikus lengés; ~**-identity** *mat* kváziazonosság; ~**-instruction** *szt* látszólagos utasítás; ~**-isotropic material** *mech* kváziizotróp *v.* izotrópszerű anyag; ~**-linear** *el, fiz* kvázilineáris; ~**-linear function** *mat* kvázilineáris függvény; ~**-linearization** *mat, szt* kvázilinearizálás; ~**-linear limiter circuit** *el* kvázilineáris határoló áramkör; ~**-linear system** *rendsz* kvázilineáris rendszer; ~**-longitudinal wave** *hang* kvázilongitudinális hullám; ~**-metric** *mat* kvázimetrika; ~**-molecule** *fiz, vegy* kvázimolekula; ~**-neutral gas** *vegy* kvázisemleges gáz; ~**-ohmic contact** *el* csaknem ohmos érintkezés, kváziohmos kontaktus; ~**-optical frequency** *el* milliméterhullám; ~**-optical propagation** *el, fiz* kvázioptikai terjedés; ~**-optical waves** *el, fiz* kvázioptikai hullámok; ~**-optimal policy** *rendsz* kvázioptimális politika; ~**-order** *v mat* kvázirendez; ~**-ordering structure** *mat* előrendezés; ~**-particle** *fiz, vegy* kvázirészecske; ~**-particle of the superconductor** *el* szupravezető kvázirészecskéje, „normál" elektron; ~**-periodic sequence** *mat* kváziperiodikus sorozat; ~**-Poisson's number** *bány* kvázi-Poisson-szám; ~**-solid** *fiz* kváziszilárd; ~**-sphere** *mat* kvázigömb; ~**-stable state** *fiz* kvázistabil állapot; ~**-static** *mech, vegy* kvázisztatikus; ~**-stationary** *at, fiz* kvázistacionárius; ~**-stationary front** *met* kvázistacionárius front; ~**-stationary level** *at* kvázistacionárius energiaszint; ~**-stationary state** *at, fiz* kvázistacionárius állapot; ~**-steady flow analysis** *fiz* kvázistacionárius áramlás analízise; ~**-stellar galaxy (QSG)** *csill* kvazág, csillagszerű galaxis, kék csillag; ~**-stellar object (QSO)** *csill* kvazár, csillagszerű rádióforrás; ~**-stellar source (QSS)** *csill* kvazár, csillagszerű rádióforrás; ~**-ternary pulse train** *el* kváziternáris impulzusfolyamat; ~**-thermodynamic theory** *fiz* kvázitermodinamikai elmélet; ~**-viscous creep/flow** *vegy* kváziviszkózus folyás; stacionárius kúszás; ~**-wave** *el, fiz* kvázihullám

quassia *gyógyv* kvasszia

quaternary kvaternális, négyértékű, kvaterner; *geol* negyedkori; *mat* négyes; *vegy* négykomponensű, négyalkotós, IV.-rendű, negyedrendű, kvaterner; ~ **alloy** négyalkotós ötvözet; ~ **ammonium bases** *vegy* negyedrendű/kvaterner ammóniumbázis; ~ **ammonium compound** *vegy* negyedrendű/kvaterner ammóniumvegyület; ~ **canal** *hidr* osztóárok; ~ **code** *szt* négyes számrendszerű kód; ~**-coded** *szt* négyes számrendszerben kódolt; ~**-coded address** *szt* négyes számrendszerben kódolt cím; ~**-coded tape** *szt* négyes számrendszerben kódolt szalag; ~ **coding** *szt* kódolás négyes számrendszerben; ~ **conversion** *mat, szt* átültetés négyes számrendszerbe; ~ **fission** *at* négy részre történő maghasadás; ~ **group** *távb* főmestercsoport, kvarter főcsoport; ~ **group code** *szt* négyes számrendszerű csoportkód; ~ **logic** *szt* négyértékű logika; ~ **memory cell** *szt* négyes számrendszerű memóriarekesz; ~ **notation** *mat* négyes számrendszerbeli/számrendszerű felírás(mód); ~ **number system** *mat* négyes számrendszer; ~ **phase-shift keying (QPSK)** *távk* kvaterner fázisbillentyűzés; ~ **steel** *koh* négyalkotós acélötvözet; ~ **system** *koh, vegy* négyalkotós rendszer; *mat* négyes (szám)rendszer; **the Q~ age/period** *geol* negyedkor

quaternion *mat* négyes, négy elemből álló képlet, kvaternió; ~ **field** *mat* kvaterniótest; ~ **group** *mat* kvaterniócsoport

quatrefoil *ép* négylevelű lóheredísz

quaver *hang* hangremegés; nyolcad *(hang/hangjegy)*

quay *hajó* (hajó)kikötő; kikötőmóló; kikötőrakpart; rakodó; rakpart; ~ **crane** kikötődaru, parti forgódaru; ~ **embarkment** partfal; ~**-pier** kikötőgát, móló; rak(odó)part; ~**-wall** kikötőpartfal

quayage *hajó* rakodótér *(rakparton)*

quayside *hajó* rakpart/kikötő környéke

quebracho *bőr* kvebracso *(cserzőanyag)*

queen *ép* (tetőfedő) pala *(91,4 x 61 cm)*; ~ **bolt** *ép* székoszlop *(vasrúdból)*; ~**(-)closer** *ép* sarokzáró/sorzáró tégla *(féltéglánál kisebb)*; ~**-post** *ép* állószék *(kétoszlopos feszítőműben)*; császárfa; feszítőműves fedélszék oszlopa; függesztőrúd; ~**-post roof** *ép* függesztőműves fedélszék; ~**-post truss** *ép* kétkötésű függesztőmű; kétoszlopos feszítőmű; ~ **roll** *pa* kalander felső hengere

quench I. *v* elfojt, kiolt *(tüzet)*, elnyom; *el* csillapít *(rezgést)*; elfojt *(szikrát)*; elolt; szaggat *(vivőáramot)*; *fiz, távk, el* kiolt; *hők* edz, hirtelen (le)hűt; **II.** *n el, fiz* kioltás, csillapítás; ~ **ageing** *koh* edzési öregedés; ~ **bath** *koh* edzőfürdő; ~ **bending test** *koh* edzett hajlítópróba; ~ **boiler** *ol, vegy* gyorshűtő *(pirolízisgázoké)*, quenchelő, kvencselő; ~ **capacitor** *el, távk* kioltókondenzátor; ~ **circuit** *el, rád* kioltó/szikraoltó áramkör, kioltókör; ~ **coil-cooling** *el* gyorshűtés; ~ **condensation** *vegy* keverési kondenzáció; ~ **conveyor** *hők* edzőrészleg szállítóműve; ~ **cooler (exchanger)** *ol, vegy* gyorshűtő *(pirolízisgázoké)*, quenchelő, kvencselő; ~ **correction** *at, fiz* kioltási korrekció; ~ **crack** *hők, önt* edzési repedés; ~ **extractor** *hők* edzőtartályból kiemelő berendezés; ~ **frequency** *el, távk* kioltófrekvencia; ~**-modulated** *el, távk* csillapítottan modulált; ~ **oil** *ol* edzőolaj; ~ **point** *ol, vegy* edzési hőmérséklet; ~ **pulse** *el* kioltóimpulzus; ~ **ring** *hők* hűtőgyűrű *(nagyfrekvenciás edzőberendezéshez)*; ~ **system** *ol, vegy* gyorshűtőrendszer, quenchelőrendszer; ~ **test** *koh* edzési próba; ~ **time** *at* holtidő; *hők* edzési idő

quenched | condition *hők* edzett állapot; ~ **frequency** *el, távk* kioltó/szaggatási/leszakadási frekvencia; ~ **gap** *el* kioltási/oltott szikraköz; ~**-gap transmitter** *rád* szikraoltós adó; ~ **spark** *el* kioltott/kioltási/csillapított szikra; ~**-spark gap** oltó/oltott szikraköz *(fojtótekercses)*; ~**-spark transmitter** *el* oltottszikrás/szikraoltó adó

quencher *at, el, fiz* blokkoló/kioltó/ívoltó/befagyasztó anyag, kioltó; szikraoltó, fénykioltó; *hők, koh* edző *(személy)*; *mzg* permetezőrózsa, szórórózsa

quenching elfojtás; kioltás, csillapítás; eloltás; *at, el, fiz* kioltás, ívoltás, extinkció; *hők, önt* edzés; gyorshűtés, hirtelen hűtés, lehűtés; *koh* befagyasztás; edzés; *rád* emisszió csillapodása; ~ **agent** *at* kioltóanyag, ívoltó anyag; ~ **and tempering steel** *koh* nemesíthető acél; ~ **bath** *hők* edzőkád; ~ **capacitor** *el* kioltókondenzátor; ~ **chamber** *el* ívoltókamra; ~ **choke** *el* (ívoltó) fojtótekercs, csillapítótekercs; ~ **circuit** *at, el* kioltóáramkör; ~ **coil** *el* ívoltótekercs;

~ **compound** *hők* edzőközeg; ~ **condenser** *el* kioltókondenzátor; ~ **crack** *hők, önt* edzési repedés; ~ **effect** *hők* edzőhatás; ~ **field** *el* törlő mágneses tér; ~ **frequency** *el, távk* kioltófrekvencia; ~ **furnace** *koh* edzőkemence; ~ **gap** *el* oltószikraköz; ~ **gas** *at, el* kioltógáz; ~ **hardening** *hők* edzés folyékony közegben; ~ **hood** *hők* edzőtartály-sapka; ~ **machine** *hők* edzőkészülék; ~ **medium** *hők* edzőközeg; ~ **of light** *opt* fénykioltás, extinkció; ~ **of self-oscillations** *aut, fiz* önrezgések elnyomása *(önlengések)*; ~ **oil** *hők* edzőolaj, megeresztőolaj *(acélgyártásnál)*, quenchelőolaj, gyorshűtőolaj; ~ **oscillator** *el, távk* szuperregeneratív generátor; ~ **period** *hők* edzési időszakasz; kokszoltási időszakasz; ~ **potential** *at, el* kioltópotenciál, kialvási feszültség; ~ **power** *hők* edzőképesség; ~**-probe unit** *at* önkioltó szonda; ~ **pulse** *at, el* kioltóimpulzus; ~ **rate** *hők* hűtési sebesség edzéskor; ~ **resistor** *el* kioltó-ellenállás, csillapító-ellenállás; ~ **strain** *hők* edzés okozta alakváltozás; ~ **stresses** *koh* edzési feszültségek; ~ **tank** *hők* edzőmedence; ~ **temperature** *koh* edzési hőmérséklet; ~ **test** *hők* edzőpróba; ~ **time** *koh* edzés időtartama; ~ **transformer** *el* ívoltó/földelő transzformátor; ~ **tub** *koh* edzőkád; ~ **water** *hőt* hűtővíz *(edzéshez)*

quenchometer *hők* edzőképesség-mérő műszer *(olajé)*

quercitannic acid *vegy* tölgyfakéregcsersav

quercitol *vegy* kvercit, tölgymakkcukor

quercitron *vegy* kvercitron *(Quercus tinctoria festékanyaga)*

quern *mzg* kézimalom, kéziőrlő

query I. *v* (meg)kérdez; érdeklődik, tudakozódik; megkérdőjelez; **II.** *n* kérdés; kérdőjel; *szt* lekérdezés, kérdezgetés; ~ **language (QL)** *szt* kérdezőnyelv, QL; ~ **name** *szt* keresőnév; ~ **processing** *szt* listafeldolgozás; ~ **station** *szt* lekérdezőállomás; ~ **system** *szt* lekérdezőrendszer

quest keresés, (fel)kutatás; *bány* felderítő kutatás; *szt* kutatás

question I. *v* (megkérdez); kétségbe von, megkérdőjelez; **II.** *n* kérdés; probléma

questionable kérdéses; ~ **life** kétséges élettartam

questionnaire kérdőív

queue I. *v szt* sorban áll; **II.** *n* sor *(sorban állásnál)*; *mat, szt* FIFO lista; sorban állás, (várakozási) sor; ~ **barrier** *közl* terelőkorlát *(megállóhelyen)*; ~ **control block** várakozási sor vezérlőtömbje; ~ **discipline** *szt* sor fegyelme, várakozási rend; sorbanállási módszer; ~ **management** *szt* sorszervezés, sorvezérlés; ~ **manager** *szt* várakozási sort kezelő program; ~ **up** *v* sorba(n) áll

queued | access method *szt* láncolt elérési módszer; sorbanállásos hozzáférésű eljárás; ~ **indexed sequential access method (QISAM)** *szt* indexelt szekvenciális elérési módszer, QISAM; ~ **sequential (data) method** láncolt sorrendi hozzáférési módszer; ~ **telecommunication data access method** *szt, távk* láncolt távfeldolgozandó adathozzáférési módszer; ~ **telecommunications access method** *szt* sorbanállási hozzáférési mód *(hírközlésnél)*; ~ **teleprocessing access method** *szt, távk* láncolt távadatfeldolgozási hozzáférési módszer

queueing *mat, szt* sorban állás, várakozás; ~ **model** *szt* sorban állási modell; várakozási modell; ~ **problem** *szt* sorbanállási probléma; tömegkiszolgálási probléma; ~ **system** *szt* kiszolgáló rendszer *(tömegkiszolgálás)*; ~ **theory** *szt* sorbanálláselmélet, sorbanállási/tömegkiszolgálási/várakozási idő elmélete

queuing *szt* sorban állók kezelése, sorba állítás; ~ **list** *szt* sorbanállási lista

quibinary | code *szt* kvibináris kód, ötös-kettes számrendszerű kód; ~ **coded notation** *szt* kvibináris *(v.)* ötös-kettes számrendszerben kódolt felírásmód; ~ **coding** *szt* kvibináris kódolás, kódolás ötös-kettes számrendszerben

quick gyors; élénk; heves; érzékeny; fogékony; *élip* gyorsfagyasztás, mélyhűtés; ~ **access memory** *szt* gyors hozzáférésű tár, gyors elérésű memória; ~**-acting/action clamp** *fa* pillanat-csavarszorító; *forg* gyorsbefogó; ~**-acting analog(ue) multiplier** *aut* gyors működésű analóg szorzó; ~**-acting brake** *vasút* gyors működésű fék; ~**-acting digital voltage converters** *el* gyors működésű digitális feszültségátalakító; ~**-acting nut pliers** *pl szersz* pillanat-anyafogó; ~**-acting (QA)** pillanathatású, gyorsan ható, gyors működésű; ~**-acting regulator** *el, gép* gyorsműködésű szabályozó; ~**-acting relay** *el* gyors működésű jelfogó; ~**-acting tensioning device** *ép* gyorsfeszítő szerkezet; ~**-acting valve** *el* gyors működésű szelep; ~**-action** → ~-acting; ~**-action air-brake** *gépk* gyors működésű légfék; ~**-action stop valve** *gép* gyorszár; ~**-action triple valve** *vasút* gyorsműködésű kormányszelep *(féké)*; ~ **analysis** *fiz* gyorsanalízis, expresszanalízis, gyorselemzés; ~**-anneal oven** *koh* gyorslágyító kemence; ~ **balance** *ép, metr* gyorsmérleg; ~ **black** *cipő* sarokfeketítő festék; ~**-break feeder fuses** *el* pillanatműködésű szakaszvédő olvadó biztosítók; ~**-break fuse** *el* gyorskioldású biztosító, pillanathatású olvadó biztosító; ~ **break (QB)** *el* azonnali/gyors megszakítás/lekapcsolás/eleresztés; ~**-break switch** *el* pillanatkapcsoló; ~**-catch chuck** *mt, szer* gyors befogású tokmány; ~**-change aircraft** *rep* gyorsan átalakítható repülőgép; ~**-change chuck** *mt, szer* gyorsan cserélhető tokmány; ~**-change equipment/device** *el, ép* gyorskapcsoló szerkezet; ~**-change gear** *forg* Norton-hajtómű, Norton-szekrény; ~ **change (QC)** gyorsváltás; ~**-changing device** *gép* gyorskapcsoló szerkezet; ~ **checking** *bány* futólagos ellenőrzés; ~ **clay** *talt* érzékeny/folyós agyag; ~**-closure gate** *hidr* gyorsan záró zsilip; ~ **condition** *talt* folyás(i jelenség) *(finom homoknál)*; ~ **connection** *vák* gyorskötés, gyorsan oldható kötés; ~ **connector** gyorskapcsoló, villámkapcsoló; ~**-cook** *élip* gyorsfőző; ~ **cooling** *vák* gyorshűtés; ~ **coupler** *hidr* gyors kapcsolású csőkötés; ~ **coupling** *gépk* gyorsműködésű tengelykapcsoló; ~**-curing** *műa* gyorskeményedésű; ~**-curing mo(u)lding compound** *műa* gyorskeményedésű préspor; ~**-disconnect** *szt* gyorslekapcsoló; ~**-disconnecting joint** *ol* gyorskapcsoló; ~**-dogging device** *em* gyorsan markoló gépezet; ~**-donning oxygen mask** *rep* gyorsan felvehető vész oxigénálarc; ~**-erection crane** *ép* gyorsszerelő toronydaru; ~**-feathering propeller** *rep* gyorsan vitorlázóállásba állítható légcsavar; ~ **feed** *forg* gyors(ított) előtolás; ~ **fermenting** *környv* gyorsrothasztás; ~**-firing** *kat* gyorstüzelő; ~**-firing gun** *kat* gyorstüzelő löveg; ~**-flashing light** *opt* villogó fény; ~**-freeze** *élip* gyorsfagyaszt, mélyhűt; ~**-freezing (QF)** *élip* gyorsfagyasztás, mélyhűtés; ~**-grip vice** *mt, szer* gyorssatu, villámsatu; ~ **ground** *bány* úszóhomok, víztartó kőzet; *geol* futóhomoktalaj; ~ **heating** *koh* gyorshevítés; ~ **indexing** *mt* gyors osztómozgás; ~**-lift cam** *gép* gyors emelésű bütyök; ~**-look interpretation** *ol* gyorsértelmezés; ~**-make** *el* gyors/pillanatszerű bekapcsolás; ~ **make-and-break switch** *el* pillanatkapcsoló; ~**(-)match** *geod* gyors-szintező; *kat* gyújtókanóc; ~**-maturing** *mzg* gyorsan érő; ~ **melting** *koh* gyorsolvasztás; ~**-motion camera** *film, foto* időrövidítő kamera/felvevőgép, „zeitraffer"; ~**-motion method/effect** *film, foto* időszűkítő felvétel, zeitraffer-felvétel, gyorsított felvétel; ~**-motion turnstile** *gép* gyorsbeállító küllőskerék/csillagkerék; ~ **mo(u)lding** *ép* éles beszögelésű párkányzat; ~**-nozzle clamp** → ~-pipe clamp; ~**-opening gate valve** *gép* gyorsnyitású tolózár/tolattyú; ~**-operating relay** *el* gyors működésű jelfogó; ~**-pipe clamp** *ép* nyomócsonkkapocs, Storz-kapocs; ~**-pitch thread** *gép* meredek emelkedésű menet; ~ **print** *foto* gyorsmásolat; ~**-reference timetable** *rep* gyorsan tájékoztató menetrend; ~ **release** *el, gép* gyorskioldó, pillanatkioldó; ~**-release gear** *gép* pillanatnyi szétkapcsolású mechanizmus; ~**-release prop** *bány* engedékeny tám; ~**-release valve** *gépk* légfék gyors-tehermentesítő szelepe *(gyorsabb fékoldáshoz)*; ~**-response recorder** *aut* gyorsregisztráló; ~**(-)return lever** *gép* gyors hátramenet karja; ~**-roasting** *élip* gyorspörkölés; ~ **rotting** *környv* gyorsrothasztás; ~ **sand** *bány* folyós homok; futó homok; ~**-seating ring** *gép* gyorsan becsiszolódó gyűrű *(szelepé)*; ~**-setting** *ép* gyorsan kötő *(cement)*; *műa* gyorskeményedésű; ~**-setting cement** *ép* gyorsan kötő cement; ~**-setting instrument** *gép* gyorsan beállítható műszer; ~**-setting level** *geod* szintezőcsavaros műszer; ~**-setting mo(u)lding composition** *műa* gyorskeményedésű préspor; ~**-shear test** *talt* gyors nyírás, nyírókísérlet; ~ **test** *talt* gyorsvizsgálat; ~**-thread** *gép* meredek emelkedésű menet; ~ **traverse** *gép* gyors mozgás/előtolás/állítás; ~**-traverse bobbin** *tex* ritka menetű keresztcséve; ~**-traverse winder** *tex* tárcsás keresztcsévélő; ~ **union** *ol* gyorskapcsoló; ~ **vein** *geol* produktív ér; ~**-vinegar process** *vegy* gyorsecetgyártás; ~ **water** *hidr* folyó sodra; folyóvíz

quicken (meg)gyorsít; gyorsul; *mt* higanysóoldatba márt *(galvanizálás előtt)*

quickened drifting *bány* gyorsvágathajtás

quicking *el, mt* bemárt foncsorozás *(rendes fémbevonás előtt)*

quicklime *ép* égetett/oltatlan mész; kalcium-oxid; mésztej, mészvíz

quickness gyorsaság, élénkség; sebesség

quicksand *ép, geol* folyós homok, finom vízdús homok; föveny; *hajó* (mozgó) homoktorlasz; *hidr* folyós homok; ~ **inrush** *bány* úszóhomok-betörés

quicksilver *vegy* higany; ~ **compounds** *vegy* higanyvegyületek; ~ **water** higany-nitrátoldat *(aranyozáshoz)*

quiesce nyugalmi állapotba helyez, inaktivál, nyugalmi állapotba kerül, elcsendesedik; *szt* visszautasít

quiescent nyugvó; ~ **antenna** vivősugárzó antenna; ~ **carrier** *távk* elnyomott/kioltott/nyugvó vivő(hullám); ~ **carrier modulation** *távk* nyugvóvivőjű moduláció, állandó vivőszintes modulálás; ~ **carrier transmission** *távk* elnyomott vivőhullámú átvitel; ~ **current** *el, távk* nyugalmi áram, szünetáram; ~ **load** *mech* nyugvó (állapotban levő) teher; *rep* nyugvó teher; ~ **point** *mech* nyugalmi (munka)pont; ~ **push-pull (QPP)** *távk* ellenütemű kapcsolás; ~ **push-pull amplifier** *távk* ellenütemű (takarék)erősítő, QPP-erősítő; ~ **tank** *ép* ülepítőtartály; ~ **tuning** *el* némahangolás; ~ **value** *el* nyugalmi érték; ~ **volcano** *geol* kialakult tűzhányó *(nem működő)*; ~ **zone** nyugalmi övezet/zóna

quiet szelíd; nyugodt; csendes, nyugodt, zajtalan; *gép* csendes, nyugodt, zajtalan; ~**-automatic gain/volume control** *el, rád, távk* zajtalan erősítésszabályozás *(önműködő)*; ~ **gear** *gép* zajtalan járású fogaskerék; ~ **motor** *gép* zajtalan/zajszegény motor; ~ **tuning** *el* csendes/zajtalan hangolás; ~ **zone** *szt* nyomatlan mező *(vonalkódnál)*

quieting *hők* nyugtatás *(edző fürdőé)*; *rád, távk* zajelnyomás; ~ **sensitivity** *el, rád, távk* zajérzékenység; ~ **system** *rád, távk* zajelnyomó rendszer

quill I. *v tex* csévél *(vetüléket)*; hajt(ogat) *(ruhát)*; redőz; **II.** *n* tollszár *(madártollé)*; *bány* gyújtózsinór; *forg* precíziós asztali orsó; segédorsó; *gép* (hengeres) retesz; *hang* síp; *kh* felverő fog; fésűfog *(körkötő és láncológépen)*; *vasút* csőagy *(tárcsához)*; ~ **bearing** *gép* tűgörgős/perselyes csapágy; ~ **box** *tex* vetülékcsévetár; ~ **chuck** *forg* hajlékony tengelyű pofa; segédorsótokmány; szorítóhüvely *(kis eszterga orsótoldatán)*; ~**-cleaning machine** *tex* csévetisztító gép; ~ **drive** *el, gép* csőtengelyes hajtás *(villamos mozdonynál)*; ~ **driver** *forg* (menesztő) kapcsolóhüvely; ~**-face plate** *forg* síktárcsa kitolható tengelyen; ~ **gear** *forg, gép* perselyre ékelt fogaskerék; ~ **punch** *szersz* átütőtüske, lyukasztó *(nagyméretű lyukak készítésére)*; ~ **rest** *forg* segédorsóház; ~ **shaft** *forg* üreges tengely *(segédorsóé)*; ~ **winder** *tex* vetülékcsévélő gép

quiller *tex* vetülék(át)csévélő berendezés/gép

quilt I. *v tex* letűz, steppel; **II.** *n* (tűzdelt) paplan, tűzött takaró; *hang* vattaborítás *(hangelnyelésre)*

quilted flat(-)rope *bány* tűzött laposkötél

quilter *tex* öltésvezető *(varrógépen)*; tűzőgép

quinaldine *vegy* kinaldin, 2-metil-kinolin, α-metil-kinolin

quinary öt tagból álló, öttagú; *mat* ötös számrendszerű, kvináris; ~ **alloy** *koh* ötalkotós ötvözet; ~ **arithmetic** *mat* ötös számrendszerű aritmetika; ~ **character** *szt* ötös számrendszerű jel; ~ **code** *szt* ötös számrendszerű kód, kvináris kód; ~**-coded** *szt* ötös számrendszerben kódolt, kvinárisan kódolt; ~ **conversion** *szt* átültetés ötös számrendszerbe; ~ **data word** *szt* ötös számrendszerű adatszó; ~ **digit** *szt* ötös számrendszerű számjegy; ~ **operation** *szt* ötös számrendszerű művelet; ~ **steel** *koh* ötalkotós acélötvözet

quinazarin *vegy* kinazarin, 1,4-dioxiantrakinon

quinazoline *vegy* kinazolin, 1,3-benzodiazin

Quincke's method *fiz* Quincke-módszer

quincunical ötös kötésű

quincunx ötös kötés/ültetés

quindecagon *mat* tizenöt oldalú sokszög, tizenötszög

Quine's method *mat* Quine-eljárás

quinhydrone *vegy* kinhidron; ~ **electrode** *el* kinhidron-elektród

quinic acid *vegy* kinasav, hexahidro-1,3,5-tetraoxibenzoesav

quinidine *vegy* kinidin
quinine *vegy* kinin
quininic acid *vegy* kininsav, 6-metoxi-cinchonisav
quinoid *vegy* kinoid alak; ~ **dye** kinonszínezék
quinol → hydroquinone
quinoline *vegy* kinolin; ~ **dye** kinolinszínezék
quinone *vegy* kinon
quinonoid ring *vegy* kinongyűrű
quinoxaline *vegy* kinoxalin, benzopirazin
quinquevalent *vegy* öt vegyértékű
quintal (q) *metr* métermázsa *(100 kg)*
quinternion *pa* ötíves
quintessence *vegy* illóolaj; kivonat
quintet *szt* ötbites byte
quintic equation *mat* ötödfokú egyenlet
quintile *csill* ötödállás, 72 fokos helyzet, kvintilis; *stat* kvintilis
quintillion *GB* 10^{30}, *US* 10^{18}
quintozene *vegy* pentakloro-nitrobenzol
quintuple I. *v* ötszöröz, öttel (meg)szoroz; **II.** *a* ötszörös; öt részből álló; **III.** *n* ötszöröse (vminek); ~ **point** *vegy* ötös pont *(öt fázis egyensúlyi hőmérséklete)*
quintuplet ötös csoport; *fiz* kvintuplett
quire *pa* papírköteg *(25, régebben 24 lap)*; **in ~s** *nyom* krúdában
quirk *ép* élvájat *(párkányon)*; ~ **float** *ép* párkányzatformázó lemez; ~ **mo(u)lding** *ép* (keskeny) hornyolt párkányléc; ~ **router** *szersz* horonygyalu, párkánygyalu; íves gyalu
quit *szt* lemond, abbahagy, kilép
quiver I. *v* rezeg; **II.** *n* rezgés
quoin *ép* boltkő; falsarok *(kiugró)*; falsarokkő; *nyom* formazáró ék; ~ **chase** *nyom* kizáróéktartó szekrény *(szedőgépen)*; ~ **post** *hidr* forgóoszlop *(támkapué)*; **~-stone** *ép* sarokkő
quota rész(esedés)
quotation idézet; árfolyam(jegyzés); árajánlat; ~ **mark(s)** *nyom* idézőjel
quote *nyom* idézőjelbe foglal/tesz; **~(s)** idézőjel
quotient *mat* hányados, kvóciens; ~ **digit** *mat* hányadosszámjegy; ~ **function** *mat* hányadosfüggvény; ~ **group** *mat* hányadoscsoport; ~ **meter** *fiz, mat* hányadosmérő, logométer; ~ **ring** *mat* hányadosgyűrű; ~ **rule** *mat* hányados differenciálási szabálya
QWA → quarter wave aerial/antenna
qwerty keyboard *szt* QWERTY-billentyűzet

R

°**R** → Rankine degree; → Réaumur degree
R → roentgen; → Rydberg constant; ~**-acid** *vegy* R-sav, 2-naftol-3,6-diszulfonsav; ~**-dislocation** *krist* prizmatikus diszlokáció; ~**-display** → radar display; ~**-line value** *geof* görbületérték; ~**-meter** *at* röntgenméter, doziméter
r. → radius
R&D → research and development
R&M → reliability and maintainability; → repair-and-maintenance plan
R&W → rail-and-water terminal
ra → radioactive
Ra → radium
RA → reduction of area; → right ascension
RaA → radium A
Raabe's convergence test *mat* Raabe-féle konvergenciakritérium, Raabe-kritérium
RaB → radium B
rabbet, rebate I. *v ép, fa* illeszt *(deszkát)*, összeereszt, szádal, csapoz, hornyol; *mt* (le)tompít *(élet)*, lesarkít; tompul *(él)*; **II.** *n ép, fa* ablakbélés, zároléc; ablaküveghorony; csapos illesztés, csapkötés, illeszték *(deszkáé)*; falc; horony, hornyolás, vájat, káva; szádfal; ~ **beam** *ép* csapott gerenda; ~**(-)joint** *fa* hornyillesztés; ~**(-)ledge** *ép* zároléc, hézagzáró léc *(ajtón, ablakon)*, ütközőléc; ~ **mo(u)lding** *ép* hézagzáró léc *(ajtón, ablakon)*; ~ **plane** horonygyalu, párkánygyalu; ~ **plane-iron** párkánygyaluvas; ~ **sander** horonycsiszoló gép
rabbeted, rebated *ép, fa* csapozott; illesztett, szádalt, hornyolt; *mt* tompított; ~ **cement slab** *ép* hornyolt cementlap; ~ **floor** *ép* illesztett padló; ~ **lock** *gép* beeresztőzár, süllyesztett zár; ~ **siding** *ép, fa* hornyolt deszkázat/deszkaborítás; ~ **slab** → ~ cement slab
rabbeting, rebating illesztés, szádalás, hornyolás; ~ **saw** hornyolófűrész
rabbit *at* csőpostakapszula; pneumatikus vezérlésű mintavevő cső; *ol* csőgörény, csőmalac; ~ **fur** *bőr* házinyúlszőrme, kaniszőrme; ~ **hole** *at* csőposta
rabbler *koh* kavarólapát, kotrólapát, kaparólapát
rabbling I. *a koh* kavaró, kotró; **II.** *n koh* (tűz)szítás; átlapátolás; kavarás, kotrás; ~ **mechanism** *koh* lapátolómechanizmus
Rabi('s) method *fiz* molekulasugár-rezonanciamódszer, Rabi-módszer, Rabi-féle mágneses rezonanciamódszer
Rabitz *ép* rabicfal; ~ **mortar** *ép* rabichabarcs; ~**-type reed lath(ing)** *ép* rabicnádszövet; ~**-type steel(-)wire plaster fabric** *ép* rabichuzalháló
RaC → radium C
RAC → rectified alternating current
RaC" → radium C"
RaC' → radium C'
race I. *v* versenyez; *gépk* túráztat, járat *(motort)*; üresen jár *(motor)*; **II.** *n csill* útvonal, pálya; *gép* futógyűrű *(csapágyé)*, golyóscsapágygyűrű, görgő; latcsatorna; láncakna; *gépk* (gyorsasági) verseny; *hidr* alvízcsatorna, vízvezető csatorna, csapóvízcsatorna, üzemvízcsatorna; sellő, zuhatag, zuhogó, rohanó áramlás *(folyóé)*; *rep* légcsavarszél; ~**-course** → racecourse; ~ **cushion** *gépk* versenyülés *(motorkerékpáron)*; ~**-track** → racetrack
racecourse *gép* futópálya, futóhorony; *gépk* versenypálya
racemate *vegy* racemát, racém elegy, DL-tartarát
racemation *vegy* racemizálás, racemizálódás
raceme *vegy* racém alak, jobbra és balra forgató alakok inaktív elegye
racemic *vegy* racém; ~ **isomers** *vegy* racemátok; ~ **mixture** *vegy* racém elegy; ~ **modification** *vegy* racém módosulat
racemization *vegy* racemizálás, racemizálódás; ~ **vessel** *ol* racemizálóedény
racemize *vegy* racemizál(ódik)
racer *gépk* versenyautó; *rep* sebességi versenygép
racetrack *gépk* versenypálya; ~ **synchrotron** *at* racetrack szinkrotron, egyenes pályájú gyorsítószakaszú szinkrotron
raceway *el* kábelcsatorna; *gép* futóhorony, futópálya; *hidr* vízelvezető csatorna; *rep* kifutópálya
Rachette-type furnace *koh* Rachette-kemence
racing versenyzés; *el, hidr* megszaladás, megfutás; *gépk* túlgyorsulás; ~ **aircraft** *rep* versenyrepülőgép; ~ **(bi)cycle** versenykerékpár, versenygép; ~ **boat** *hajó* versenycsónak; ~ **body** *gépk* versenykarosszéria; ~ **car** *gépk* versenygépkocsi, versenyautó; ~ **course** *gépk* versenypálya
rack I. *v* kifeszít, meghúz; *élip* lefejt *(bort)*; *gép* állványra/tartóra helyez; fogasrúddal elmozdít; **II.** *n* állvány, tartó; szárító; *bány* ércmosó, állószér; osztályozókeret, osztályozóláda; szárítócsille; *film* előhívókeret; *gép* állvány(keret), tartókeret; fogasléc, fogasrúd; kerekes állvány/kocsi; kilincs, kallantyú; polc, bak; *hidr* gereb; *kat* rakasz, bombafelfüggesztő; *mzg* etetőrács, jászolrács; szállítókeret; *nyom* betűtár, magazin; *pa* hajtás *(falc)*; *távk* keret, egység; vizsgálókeret; *tex* feszítőkeret; ~**-and-lever jack** *em* fogasléces karos emelő; ~**-and-pinion (drive/gear)** *gép* fogasléchajtás; ~**-and-pinion jack** *em* fogasrudas/fogasléces emelő; ~**-and-pinion steering-gear** *gépk* fogasléces-fogaskerekes kormánymű; ~ **assembly** *távk* építőkocka-egység, szerelvénykeretes egység; ~ **bar** *gép* fogasrúd, fogasléc, gerebpálca; ~ **barrel** *gép* fogasrudas persely; ~ **bay** *távk* állványsor; ~ **building hoist** *ép* fogasléces emelő; fogasléces építési felvonó; ~ **car** *vasút* rácsos oldalú teherkocsi; ~ **circle** *gép* fogasív; ~ **clearance** *hidr* gerebnyílás; ~ **crossbar** *ép* gerebmerevítő rúd; ~ **cutting** *gép* fogaslécfogazás; ~ **cylinder** *gép* kerek fogasrúd/fogasléc; ~ **division** *vasút* fogaskerekű vonalrész; ~ **feed** *forg* fogasléces előtolás; ~ **for curing concrete blocks** *ép* betonblokkérlelő állvány; ~ **gear** *gép* fogasléccel kapcsolódó fogaskerék; ~ **gearing** *gép* fogasléces áttétel; ~ **housing** *gép, kat* fogasívház; ~**(-)jack,** ~**(-)lever** *em* fogasléces/fogasrudas (csavar)emelő; ~ **loader and unloader** *ép* máglyázó- és leszedőberendezés; ~ **loss** *hidr* gerebellenállás, gerebveszteség; ~ **machine** *forg* fogaslécmaró (gép); ~ **mechanism** *gép* fogasléces áttétel/hajtás; ~**-milling cutter** *forg* fogaslécmaró; ~ **motion** *gép* fogasléces hajtás; ~ **motor**

gép állványmotor; ~-**mounted** *távk* keretszerelésű; ~ **mounting** *távk* keretbe szerelhető; keretszerelés; ~ **movement** *gép* fogasléces hajtás/áttétel; ~ **of arms** *kat* puskatámla; ~ **passenger lift on the (slewing) tower crane** *em* toronydaruba szerelt személyfelvonó; ~ **pinion** *gép* fogasléccel kapcsolódó fogaskerék; ~(-)**press** *alak* fogasléchajtású sajtó; ~(-)**rail** *vasút* fogassín; ~(-)**railway** *vasút* fogaskerekű vasút; ~ **rake** *hidr* gerebtisztító; ~ **resistance** *hidr* gerebellenállás; ~ **rope** *em* húzókötél, feszítőkötél; ~(-)**saw** *fa* ritka fogú fűrész; ~ **section** *távk* rackegység; ~-**shaped cutter** *forg* fésűs kés; fogazófésű; ~ **stracker** *gép* raktári felrakógép; ~ **the needle bed** *v kh* tűágyat vált; ~ **tooth** *gép* fogaslécfog; ~-**type drawbench** *any* fogasléces húzópad; ~-**type feed gear** *forg* fogasléces előtolómű; ~-**type feed mechanism** *forg* fogasléces előtolómű; ~-**type jack** *em* fogasléces (csavar)emelő; ~(-)**wheel** *gép* kilincskerék

racked design *kh* tűágyváltásos minta

racking meghúzás, kifeszítés; *élip* (le)fejtés *(boré)*; *kh* tűágyváltás; ~ **apparatus** *élip* palacktöltő, töltőberendezés, lefejtőberendezés; ~ **bench** *élip* töltőbak; ~ **cock** *élip* lefejtőcsap; ~ **conveyer/conveyor** *csom* raktári állványkiszolgáló gép; ~(-)**machine** *élip* hordófejtő gép; *hidr* rácstisztító gép; ~ **of rubber** *gumi* kaucsuknyújtás; ~ **process** *élip* borfejtés *(művelete)*; ~ **speed** *em* haladási sebesség *(darué)*; ~(-)**stick** pecek; szárítófa; ~-**type cooling bed** *koh* gereblyés hűtőpad

Racom method *geof* Racom-módszer *(gradiensviszony-kompenzálás módszere)*

RACON → radar beacon

rad → radian; → radiation absorbed dose

RaD → radium D

RAD → rapid-access disc

radappertization *at* sugárzásos sterilizálás

radar (radio detection and ranging) *rep, távk* (rádió)lokáció; radar(készülék), (rádió)lokátor; radarantenna, rádiólokátor-antenna; távolkörzeti lokátor; ~ **absorbing material** *távk* radarelnyelő anyag; ~-**aimed laser** *kat* radarcélzásos lézer; ~ **air(-)traffic control centre/center** *rep* rádiólokációs célmegjelölő központ *v.* bemérőközpont, lokátoros repülésvigyázó központ; ~ **altimeter** *rep* lokátoros magasságmérő; ~ **altimetry** *rep* radaros magasságmérés; ~ **antenna** *távk* lokátorantenna, rádiólokátor-antenna; ~ **apparatus** → ~ device; ~ **approach** *rep* radarbevezetés; ~ **approach beacon** *rep* bevezető/leszállító radaradó; ~ **approach control (RAPCON)** *rep* bevezető radarirányítás; ~ **astronomy** *csill* radarcsillagászat; ~ **balloon** *rep* radarléggömb; ~ **band** *távk* radarsáv; ~-**band compressor** radarsávszűkítő, lokátorsáv-szűkítő; ~ **beacon (RACON)** *távk* racon, radarjeladó; szekunder radarirányadó; ~ **beam** *távk* radarsugárnyaláb; ~ **blip** *rep* felvillanás; visszavert radarjel; ~ **board** *távk* radarernyő kezelőlapja; ~ **camouflage** *kat* radarálcázás; ~ **chaff** *távk* lokátorzavaró csíkok; ~ **chain** *távk* lokátorhálózat; ~ **chart** *geod* radartérkép, rádiólokátor-ábrázolás, lokátorábrázolás; ~ **chart projector (RCP)** *geod* radartérkép-vetítő készülék; ~ **check point** *rep* radarellenőrzési pont; ~ **cloud detector** *met* felhőjelző lokátor; ~ **clutter** *távk* radarzavaró jelek; ~ **command** *rep* radarvezetés, radarirányítás; ~-**command guidance** *kat, rep* radarirányítás, lokátoros irányítás; ~-**command post** *kat, rep* radarvezérlő/lokátorvezérlő állás; ~ **communication** *rep, távk* radar-összeköttetés; ~ **contact** radarkapcsolat, radarfelderítés; ~ **control** → ~ command; ~-**controlled** *kat, rep* lokátorvezérlésű, radarvezérlésű; ~ **controller** repülésvigyázó lokátorkezelő; ~ **countermeasures (RADCM)** *kat* lokátorzavarás, lokátorelhárítás; ~ **coverage** *távk* radarfedési övezet/zóna; ~ **deception** *kat, rep* irányított radarzavarás; ~ **detection** *távk* rádiólokáció, lokátoros meghatározás/bemérés; ~ **device** *távk* radar, (rádió)lokátor, rádiólokációs berendezés; ~-**directed** *kat, rep* radarral vezetett/irányított; ~ **direction(-) finder** *hajó, rep* rádió-iránymérő; ~ **dish** *távk* parabolatükrös radarantenna; ~ **display** *távk* radarképernyő; rádiólokációs indikáció; ~ **dome (radome)** *távk* antennavédő burok, radarantenna-burkolat, radom; ~ **Doppler automatic navigator** *rep* automatikus Doppler-radarnavigációs berendezés; ~ **drift** *rep* radarral észlelt repülőgép-elsodródás, repülőgépeltérés; ~ **duct** radarhullám-vezető (lég)réteg; ~(-)**echo** *távk* radarvisszhang, radarsugárvisszhang, visszavert radarjel, lokátorreflexió; ~ **emission(-)detecting apparatus** *távk* radarsugaras kereső/detektor; ~ **engineering** *távk* radartechnika, lokátortechnika; ~ **envelope** *távk* radar sugárzási iránykarakterisztikája; ~ **equipment** → ~ device; ~ **fire** *kat* lokátoros tűzvezetés; ~ **frequency** *távk* radarfrekvencia; ~ **geology for oil exploration** *ol* radiogeológia ásványolajkutatáshoz; ~ **guidance system** *rep* radar, navigációs tájékoztató-irányítórendszer; ~-**guided** *rep* radarral irányított; ~ **gun-layer** *kat* lövegirányzó lokátor; ~ **height finder** *rep* magasságmérő radar; ~ **homing** *kat, rep* lokátoros célkeresés/irányítás; radarirányítás, radarvezérlés; ~ **homing beacon (RHB)** *kat, rep* célravezető radarállomás; ~ **horizon** *távk* radarhorizont, rádiólokációs horizont, rádiólokációs állomás horizontja, lokátorhorizont; ~ **image** *távk* radartérkép, radarkép; ~ **indication** *távk* lokátorindikálás; ~ **indicator** *távk* indikátor; ~ **information centre/center** *rep* tájékoztató radarközpont; ~ **instrumentation** *távk* rádiólokációs mérőműszerezés; ~ **jamming** *rád* radarzavarás, lokátorzavarás; ~ **lag time** *rep, távk* a radarészleléshez és azonosításhoz szükséges idő; radar késési ideje; ~ **landing aids** *távk* bevezető lokátorjeladó; ~ **link** *távk* radar-összeköttetés; ~ **map** *geod* radarkép, radartérkép; ~ **mapping** *geod* radaros térképezés, radarfelvétel; ~-**map raster** *geod* térképraszter; ~ **markers** *távk* távolságjelzők, távolságmérő jelek *(lokátorképernyőn)*; ~ **meteorology** *met* radarmeteorológia, rádiólokációs meteorológia; ~ **miles** *távk* radarmérföld *(mérföldben megadott radarral mért távolság)*; ~ **monitoring** *rep* radarellenőrzés; radarmegfigyelés; ~ **navigation** *hajó, rep* radarnavigáció, navigáció radarirányítással; ~ **navigational system** *távk* radarnavigációs rendszer; ~ **navigator** *hajó, rep* radarnavigátor; ~ **net** radarhálózat; ~ **observation** radarmegfigyelés, radarellenőrzés; ~ **on Doppler's effect/principle** *fiz* Doppler-radar; ~ **operator (RO)** *távk* radarkezelő, lokátorkezelő; ~ **perturbation** *távk* radarzavarás, lokátorzavarás; ~ **perturbation by ropes/windows** *távk* (fém)fóliás lokátorzavaró csíkok, fémfóliacsíkok; ~ **picket** *kat* mozgó előretolt radarállomás; ~ **pilotage** *rep* repülőgépvezetés radar segítségével; ~ **plot** *geod* radarkép, radartérkép; *kat* rádiólokációs célmegjelölés; ~ **plot centre/center** rádiólokációs célmegjelölő központ *v.* bemérőközpont, lokátoros repülésvigyázó központ; ~ **plotting** *geod* radaros térképezés; *kat* rádiólokációs célbemérés; ~ **position symbol** *rep* radarhelyzetjel; ~ **post** *távk* lokátorállomás; ~**-proof** *kat* lokátor ellen védett; ~ **range** *távk* célészlelési/célkövetési távolság; radar(állomás) hatótávolsága; ~ **range equation** *távk* radaregyenlet; ~ **range finder** *rep* távolságmérő radarberendezés; ~ **ray** *távk* radarsugár, lokátorsugár; ~ **receiver** *távk* lokátorvevő; radar-vevőkészülék; ~ **reflector** *távk* radarreflektor; ~ **relay** *távk* rádiólokációs közvetítőállomás; ~ **resolution** *távk* radar-felbontóképesség, radar felbontóképessége; ~ **resolving power** → ~ resolution; ~ **response** *rep* radar válaszjel; *távk* radarvisszhang, visszavert radarjel; ~ **scan** *távk* rádiólokátoros letapogatás/pásztázás; ~ **scanner** *távk* forgó/letapogató radarantenna; ~ **scope/screen** *távk* lokátor képcsöve; radarernyő, lokátorernyő; ~**(-)screen picture** *távk* lokátorernyőn megjelenő kép; radarernyőkép, rádiólokátor-ábrázolási mód; ~ **search** *kat* rádiólokátoros célkeresés, célkeresés radarral; *rep* radarkutatás, radarkeresés; ~ **service** *rep* radarszolgáltatás; ~ **set** → ~ device; ~ **simulator** *távk* radarszimulátor; ~ **site** *távk* rádiólokátor-állomás helyzete; ~**s mounted back-to-back** *távk* egymásnak háttal szerelt radarpár; ~ **sonde observation** *távk* radarszondás megfigyelés; ~ **sounder** radaros mélységmérő; ~ **speedometer** *rep* radaros/rádiólokációs sebességmérő; ~ **station** *távk* radar, (rádió)lokátor, rádiólokációs berendezés; radarállomás, lokátorállomás; ~ **storm detection** *rep* zivatarészlelés/viharészlelés radarral; ~ **surveillance** *kat* lokátoros légtérellenőrzés; ~ **system** *rep* radarrendszer; ~ **target** *kat, rep* radarcéltárgy, radarcélpont; ~ **tester** *távk* lokátorvizsgáló berendezés; ~ **trace** *távk* lokátorjel-sorozat; ~ **tracking** *kat* rádiólokációs célkövetés, radarkövetés; ~ **traffic control** *rep* lokátoros repülőgép-irányítás *v.* repülésvigyázás; ~ **transmitter** *távk* lokátor(adó); ~ **transponder beacon** *távk* fedélzeti szekunder válaszadó; ~ **trap** *közl* radarcsapda, radarkontroll; ~ **wave** *távk* radarhullám; ~ **weather forecasting** *met* időjárás-előrejelzés radaradatok alapján; ~ **wind measurement** *met* szélmérés radarmódszerrel; ~ **wind sounding** *met* szélmérés radarszondával

Radcliffe reed(-)count *tex* Radcliffe-bordaszámozás

RADCM → radar countermeasures

raddle *vegy* vörös festék/(vas)okker

Rademacher functions *mat* Rademacher-függvények

radiable *at, orv* besugározható, kisugározható

RADIAC → radioactivity detection, identification and computation instrument

radial *gép* gyűrűs *(csapágy)*; küllős; *gépk* csillag-; radiál-; *hidr* radiális átömlésű; *mat* sugárirányú, radiális, sugaras; ~ **acceleration** *mech* sugárirányú gyorsulás; ~ **adjustment** *gép* sugárirányú beállítás; ~ **admission** *hidr* sugárirányú beömlés; ~ **angle** *geod* radiális szög; ~ **arm** *forg* sugárfúrószárny; ~ **armature** *el* kiképzett pólusú armatúra; ~ **avalanche** *félv* sugárirányú lavina; ~ **ball bearing** *gép* radiális/sugárirányú golyóscsapágy; ~ **beam tube** *el* radiális sugárzású cső; ~ **bearing** *gép* radiális csapágy, gyűrűs gördülőcsapágy, hordcsapágy; ~ **bending moment** *mech* sugárirányú hajlítónyomaték; ~ **blades** *pl hidr* radiális (turbina)lapátolás; ~ **bracing** *ép* sugárirányú kötés/merevítés; ~ **brick** *ép* kútfalazó/ékfalazó/boltfalazó tégla, kéménytégla, ék alakú tégla; ~ **buffer** *vasút* gömbölyű ütköző *(mozdony és szerkocsi között)*; ~ **cam** *gép* bütyök külső vezérfelülettel; ~ **clearance** *gép* fejhézag, sugárirányú játék; ~ **collector-type well** *ol* csápos kút; ~**-columnar** *ásv* sugarasan szálas/oszlopos; ~ **commutator** *el* tárcsás kommutátor; ~ **component** *mat* sugárirányú összetevő; ~ **compressor** radiális kompresszor; ~**-connected network** *távk* szigetüzem; ~ **conversion** *fa* sugárirányú hasítás *(fáé)*; ~ **curve** *mat* sugárgörbe; ~ **cut** *alak* sugárirányú/radiális átvágás/átmetszés; ~ **cutter** *forg* martfogú maró; ~ **cutting** *ép* sugárirányú kotrás; ~ **cutting depth** *forg* radiális forgácsvastagság; ~**-deflection terminal** *távk* sugárirányú kitérés csatlakozópontja; ~ **density** *fiz* radiális/sugárirányú sűrűség; ~ **die** *forg* radiális menetfésű; ~ **diffusion** *fiz* radiális/sugárirányú diffúzió; ~ **dimension** *gép* sugárirányú/radiális méret; ~ **distribution (function)** *krist* radiális sűrűségeloszlás, radiális eloszlási függvény; ~ **draw forming** *alak* sugárirányú húzóalakítás, forgó rendszerű hajlítás; ~ **drill** *forg* sugárfúró, radiálfúrógép, szárnyas fúrógép; ~ **drilling(-)machine** → ~ drill; ~ **duct** *szell* sugaras szellőzőjárat; ~**-end axle** *vasút* sugárirányba beálló hátsótengely; ~ **engine** *rep* csillagmotor; ~ **excavation** → ~ cutting; ~ **extrusion** *műa* oldalsó fröccssajtolás; ~ **facing** *forg* sugárirányú oldalazás; ~ **fan** *szell* centrifugálventilátor; ~ **fault** *geol* sugaras vető; ~ **feeder** *el* sugaras tápvezeték; ~ **field cable** *el* sugaras erőterű kábel; ~ **field ga(u)ge/pump** *fiz* orbitron; ~**-flow blower/fan** *szell* centrifugálventilátor, radiális ventilátor, radiálventilátor; ~**-flow compressor** *rep* centrifugális kompresszor; ~**-flow pump** *hidr* radiális átömlésű szivattyú; ~**-flow steam(-)turbine** *hőt* radiális gőzturbina; ~**-flow tray** *ol* radiális áramlású tányér; ~**-flow turbine** *hidr* radiális (beömlésű) turbina; ~ **flux** *at* sugárirányú fluxus; ~ **force** *mech* radiális/centrifugális erő; ~ **gate** *hidr* szegmenszsiliptábla, szegmensgát; ~ **grating** *el* sugaras diffrakciós huzalrács; ~ **homogenous field** *fiz* sugárirányú homogén erőtér; ~ **lead** *el* oldallevezetés, oldalleágazás; ~ **lead(-out) wire** *el* radiális kivezetés; ~**-line method** *geod* sugárvonalas fényképezés; ~ **milling cutter** → ~ cutter; ~ **mode** *távk* keresztirányú módus; ~ **network** *el* csillaghálózat, sugaras/radiális hálózat; ~ **node** *at* radiális csomópont; ~ **oscillation** *távk* radiális/sugárzásirányú rezgés; ~ **peaking factor** *at* radiális csúcstényező; ~ **pigtail** *el* radiális kivezetés; ~**(-)piston pump** *hidr* radiális dugattyús szivattyú; ~ **play** *gép* sugárirányú játék/ütés; ~**-ply** *gépk* radiál; ~ **position** *gép* sugárirányú helyzet; ~ **pump** *hidr* radiális (dugattyús) szivattyú; ~ **quantum number** *at* radiális kvantumszám; ~ **rifts** *geol* sugárirányú hasadások/repedések *(vulkáni kúpon)*; ~ **road** *ép, közl* sugárút, kivezető út; ~ **roller bearing** *gép* sugárirányú/radiális görgős csapágy; ~ **run-out** *gép* sugárirányú/radiális ütés; ~**s** *geol* radiális lemezek/táblák, radiália; ~ **scraper** *ép* kotróláda; ~ **scraper bucket** *ép* forgógémes kotróláda; ~ **seal** *gép* radiális tömítés; ~**-shaped brick** → ~ brick; ~ **shear** *talt* radiális irányú nyírás; ~ **small stone sett paving** *ép* legyező alakú kiskockakő burkolat; ~ **stone** *bány* aknaidomkő; ~ **stress** *mech* radiális feszültség; ~ **strip (earth/ground) electrode** *el* sugaras földelő; ~ **substation** *távb* vezetékvégi alállomás; ~ **symmetry in three dimensions** *mat* gömbszimmetria; ~ **symmetry in two dimensions** *mat* körszimmetria; ~ **system** *el* sugaras elosztóhálózat; *gép* radiális/sugaras rendszer; ~ **system of street(-)layout** *ép* sugaras elrendezésű utcarendszer; ~ **table** *forg* körasztal; ~ **tension** *mech* radiális feszültség; ~ **termination** *el* radiális kivezetés; ~ **thickness** *gépk* dugattyúgyűrű-szélesség *(radiális irányban)*; ~ **transfer** *szt* radiális adatmozgatás; ~ **transmission line** *távk* radiális tápvonal; ~ **travel(l)ing cableway** *ép* lengő-kotró; ~ **triangulation** *geod* radiál-háromszögelés; ~ **triangulator** *geod* radiáltriangulátor, radiál-háromszögelő; ~ **truck** *vasút* forgóállvány, forgóalváz; ~ **turbine** *hidr* radiális (beömlésű) turbina; ~**-type mass flowmeter** *fiz* Coriolis-mennyiségmérő; ~**-type network** → ~ **network**; ~ **vein** *bány* sugártelér; ~ **velocity** *mech* sugárirányú sebesség; ~ **well** *ol* csápos kút; ~ **wire** *távk* sugárirányú huzal *(antennatorony alatt)*; ~ **wiring** *távk* sugárirányú huzalfeszítés

radially *gép* sugarasan, radiálisan, sugárirányban; ~ **fibrous** *fa* sugaras rostú

radian, rad *mat* radián, rad; ~ **frequency** *mech* körfrekvencia, szögsebesség, szögfrekvencia; ~ **measure** *mat* ív(mérték), radiánmérték

radiance *at* sugársűrűség; sugárzás(erősség), sugárzásintenzitás; *opt* fényesség, ragyogás; ~ **factor** *at* sugársűrűségi tényező; ~ **temperature** *fiz* feketetesthőmérséklet, Planck-hőmérséklet, fekete-hőmérséklet

radiant I. *a fiz* fénylő, ragyogó; sugárzó; **II.** *n csill* kisugárzási pont; radiáns; ~ **efficiency** *fiz* sugárzóhatásfok, sugárzó hatásfoka, fényhatásfok; ~ **emittance** *at* fajlagos kisugárzás; ~ **energy** *at, távk* (ki)sugárzott energia, sugárzóenergia; ~ **exposure** *at* besugárzottság; ~ **flux** *at, távk* sugárzott teljesítmény; ~**-flux density** *at* sugárzássűrűség; ~**-flux surface density** *at* sugárzott felületi teljesítmény; ~ **heat** *hőt* sugárzó hő; ~ **heater** *hőt* hősugárzó, infrahősugárzó, infrasugárzó; ~ **heat flux** *hőt* sugárzási hőáram; ~ **heating** *hőt* sugárzó fűtés; ~ **heating panel** *hőt* sugárzó fűtőtest; ~ **intensity** *at* sugár(zás)erősség, sugárzásintenzitás; ~ **panel heating** *hőt* lamellás fűtőmennyezet, kis hőtehetetlenségű fűtőmennyezet, Frenger-fűtőmennyezet; ~ **power** *at, távk* sugárzott teljesítmény, sugárzóteljesítmény, sugárzóenergia; ~ **power density** *at* sugárzási teljesítménysűrűség; ~ **section** *hőt* sugárzótér *(kemencében)*; ~ **sensitivity of a camera tube** *tv* képfelvevőcső-érzékenység; ~ **state** *at* sugárzási állapot; ~ **tube** *hőt* sugárzó melegű fűtőcső, sugárzócső; ~ **tube furnace** *hőt* sugárzócsöves kemence; ~**(-)tube hood-type annealing(-)furnace** *koh* kámzsás sugárzócsöves izzítókemence

radiate I. *v fiz* (ki)sugároz; áraszt; kisugárzik, egy pontból szétterjed; világít; *távk* sugároz, (le)ad *(műsort)*; **II.** *a fiz* sugár-; *gép* sugaras, sugár alakú; ~ **sound** *hang* sugárzó hang

radiated *fiz* (ki)sugárzott, kibocsátott; ~ **columnar** *ásv* sugarasan oszlopos; ~ **energy** *at, távk* (ki)sugárzott energia, sugárzási energia, sugárzásenergia; ~ **field pattern** *rep* sugárzási diagram; ~ **pyrite** *ásv* sugárkovand; ~ **sound power** *hang* elsugárzott hangteljesítmény

radiating | antenna *távk* sugárzó antenna; ~ **atom** *at* sugárzó atom; ~ **brick** *ép* boltozatos idomtégla; ~ **capacity** *at, távk* (fajlagos) emisszióképesség/sugárzóképesség; ~ **circuit** *távk* adóvégfok(ozat); sugárzó áramkör; ~**(-)cooled tube** *el* sugárzó hűtésű elektroncső; ~ **curtain** *távk* kisugárzó dipólantenna-sorozat; ~ **dipole** *távk* sugárzó dipól, dipólsugárzó; ~ **element** *at* sugárzó elem; *távk* sugárzó *(antennáé)*; ~ **energy** *at, távk* kisugárzott/sugárzási energia; sugárzóenergia; ~ **matter** *at* sugárzó anyag; ~ **point** *fiz, távk* kisugárzási pont; ~ **slot** *távk* sugárzórés; ~ **surface** *hőt, távk* sugárzófelület, sugárzási felület; ~ **system** *távk* sugárzórendszer; ~ **tracks** *pl vasút* sugaras vágányzat; ~**-tube furnace** *koh* sugárzócsöves kemence

radiation *fiz* (ki)sugárzás, emisszió, kibocsátás; besugárzás; ragyogás; sugárzóenergia; ~ **absorbed dose (rad)** *at, sug* rad *(dózisegység)*; ~**(-)absorbing** *at, orv* sugárelnyelő; ~ **absorption** *at, orv* sugárzáselnyelés, sugárzásabszorpció; ~ **accident** *at* radioaktív *v.* sugárzás által okozott baleset, sugárbaleset; ~ **alarm** *at* sugárzásfigyelmeztetés; ~ **ammeter** *távk* antennaköri ampermérő; ~ **analog(ue) dosimetry system (RANDO)** *at* RANDO-rendszer, sugárzásanalóg dozimetriai rendszer; ~ **area** *at* sugárterület; ~ **attenuation** *at, távk* sugárzásgyengítés; sugárzásgyengülés; ~ **balance meter** *met* sugárzásegyenleg-mérő; ~ **beacon** *at* sugárzásfigyelmeztető jelzés; ~ **beam** *at, távk* sugárnyaláb; ~**-beam angular width,** ~**-beam divergence** *távk* sugárdivergencia, sugárszétterjedés, sugárszéttartás; ~ **belt** *geof* van Allen-féle (sugárzási) öv, van Allen—Vernov gyűrű; ~ **biochemistry** *at* sugárbiokémia, radarbiokémia; ~ **biology** *at* sugárbiológia, radarbiológia; ~ **burden** *at* besugárzás; ~ **burn** *at* sugárzásból származó égési sérülés; ~ **burner** *koh* sugárzóégő; ~ **burst** *távk* sugárzáslökés, burst; ~ **capacity** *at, távk* (fajlagos) emisszióképesség/sugárzóképesség; ~ **centre/center** *at* sugárzási/radioaktivitási centrum; ~ **channel** *at* sugárzásszabályozó rendszer; ~ **characteristic** *távk* sugárzási diagram/karakterisztika; ~ **chemistry** *at* sugár(zás)kémia, radiációs kémia; ~ **coefficient** *at, távk* sugárzási együttható; ~ **constant** *at, távk* sugárzási állandó, sugárzásállandó; ~ **converter** *at* sugárátalakító, sugárkonverter; ~**-cooled tube/valve** *el* léghűtéses cső; ~ **cooling** *at* sugárzásos hűtés/hűlés; ~ **corrosion** *at* sugárkorrózió; ~ **counter** *at* impulzusszámláló (berendezés), beütésszámláló, sugár(zás)számláló, számlálócső; ~**-counter tube** *at* sugárzásmérő cső, számlálócső; ~**-counting assembly** → ~ **counter**; ~**-counting procedures** *at* sugárzásmérési eljárások; ~**-counting unit** → ~ **counter**; ~**-coupled element** *távk* passzív antennaelem/dipól; ~**-coupled reflector** *távk* passzív reflektor; ~ **coupling** *távk* sugárzási csatolás; ~ **cross(-)linking** *at* sugárzás által létrehozott térhálósodás; ~ **current** *távk* kisugárzott/sugárzási áram; ~ **damage** *at* sugárkárosodás, sugárzási károsodás, sugárártalom; ~ **danger** *at* sugárveszély; ~ **danger zone** *at* sugárveszélyes zóna/terület, sugárveszélyzóna; ~ **death** *at* sugárzás okozta halál, sugárhalál, atomhalál; ~ **decomposition** *at* radiolízis, sugárkémiai bomlás/disszociáció; ~ **density** *at* sugárzássűrűség, sugárzási teljesítménysűrűség; ~**-detecting instrument** → ~ detector; ~ **detection** *at* sugárjelzés, sugárzásdetektálás; ~**-detection instrument** → ~ detector; ~ **detector** *at* (sugárzás)detektor, sugárzásmérő eszköz; ~ **diagram** *távk* sugárzási diagram/karakterisztika, antennakarakterisztika; ~ **diagram of typical earth(-)station antenna** *távk* szabványos antennasugárzási diagram; ~ **disease** *at* sugárbetegség, radiotoxémia; ~ **disinfestation** *biot* sugárzásos rovarirtás; ~ **dosage/dose** *at* biológiailag hatásos dózis; sugárdózis, besugárzási dózis; ~ **dose(-)meter** *at* doziméter, (sugár)dózismérő; ~**-dose rate** *at* sugárzásidózis-teljesítmény; ~ **dosimeter** *at* doziméter, (sugár)dózismérő; ~ **effect** *at* sugárhatás, sugárzási hatás; ~ **efficiency** *távk* antennahatásfok; sugárzási hatásfok; ~ **efficiency of antenna** *távk* (adó)antenna hatásfoka, antennahatásfok; ~ **energy** *at, távk* sugárzóenergia, kisugárzott/sugárzási energia; ~ **equilibrium** *at* sugárzási egyensúly; ~ **excitation** *at* sugárzásos gerjesztés, gerjesztés sugárzással; ~ **exposure** *at* sugárzásexpozíció, besugárzás, sugárterhelés; ~ **factor** *at* sugárzási együttható; ~ **field** *at, távk* sugárzási erőtér/mező, sugártér, sugármező; ~ **field of polarized microwaves** *távk* polarizált mikrohullámok sugárzási tere; ~ **filter** *at* sugárzásmérő szűrője; ~ **fins** *hűt* hűtőbordák; ~ **flux** *at* sugárfluxus; ~ **flux density** *at* sugárzássűrűség, sugárzási teljesítménysűrűség/fluxussűrűség; ~ **fog** *met* sugárzási köd; ~**-free** *at* sugárzásmentes; ~ **from a hollow space** *fiz* feketetest-sugárzás; ~ **frost** *met* kisugárzás okozta fagy; ~ **furnace** *koh* sugárzókemence; ~ **genetics** *at, orv* radiogenetika, sugár(zás)genetika; ~ **growth** *at* besugárzási duzzadás; ~**-hardened** *at* sugárzás ellen védett; ~ **hardness** *at* áthatolóképesség *(sugárzásé)*, sugárzás keménysége; ~ **harm** *at* sugárártalom; ~ **hazard** *at* sugár(zás)veszély; ~ **heating** infrasugárzó fűtés; ~ **heat transfer** sugárzásos hőközlés; ~ **height** *távk* sugárzási/hatásos antennamagasság; ~ **history** *at* sugárzási előélet; ~ **hygiene** *at* radiohigiénia, sugárhigiénia; ~ **impedance** *távk* sugárzási impedancia/ellenállás; ~ **incident** *at* sugárbaleset; ~ **indicator** *at* sugárzásjelző, sugárzásindikátor, sugárzásérzékelő berendezés; ~**-induced corrosion** *at* sugárkorrózió; ~**-induced cross(-)linking** *at* sugárzás által létrehozott térhálósodás; ~**-induced genetic defect** *at, orv* sugárzás okozta genetikus károsodás; ~**-induced lesion** *at* sugárkárosodás, sugárzási károsodás; ~**-induced polymerization** *műa* radiopolimerizáció, sugárzásos polimerizáció; ~**-induced transformation** *krist* sugárzás okozta átalakulás; ~**-initiated** → ~-induced; ~ **injury** *at* sugárkárosodás, sugárzási károsodás, sugársérülés, sugárártalom; ~ **instrument** *at* sugárzásmérő, doziméter; ~ **intensity** *at* sugárzásintenzitás; ~ **ionization** *el* sugárzási ionizáció *(fotoionizáció)*; ~ **length** *at* sugárzási (út)hossz; ~ **level** *at* sugárzási szint, sugárszint; ~ **loss** *at, távk* sugárzási/sugárzásos veszteség; ~ **maze** *at* árnyékolólabirintus, árnyékolócsapda, sugárzsilip, sugárcsapda, egészségügyi zsilip, sugárlabirintus; ~ **measurement** *at* radiometria, sugárzásmérés; ~**-measuring assembly** *at* sugárzásmérő, doziméter; ~**-measuring detector** *at* sugárzásdetektor, sugárzásmérő detektor/eszköz; ~ **meter** *at* sugárzásmérő, doziméter; ~ **microbiology** *at* sugármikrobiológia, radiomikrobiológia; ~ **monitor** *at* sugárzásmonitor, sugárzás-ellenőrző; ~ **morbidity** *at* sugárbetegség, radiotoxémia; ~ **mortality** *at* sugárzásból eredő elhalálozási index; ~ **pasteurization** *at, élip* sugárzásos pasztőrözés; ~ **pattern** *távk* sugárzásdiagram, sugárzási karakterisztika, antennakarakterisztika; ~ **physicist** *at, orv* radiológus, sugárfizikus; ~ **physics** *at* sugárfizika; ~ **polymerization** *műa* radiopolimerizáció, sugárzásos polimerizáció; ~ **potential** *at* ionizációs potenciál; sugárzási gerjesztőfeszültség; ~ **power density** *at* fajlagos sugárzóteljesítmény; ~ **preservation** *at, élip* sugárzásos tartósítás; ~ **pressure** *at* sugárnyomás; ~ **pressure in acoustics/sound** hangnyomás, hangsugárzás nyomása; ~**-pressure wattmeter** *el* sugárnyomásos teljesítménymérő/wattméter; ~ **probe** *at* sugárszonda; ~ **processing** *at* sugárkezelés, besugárzás; ~**-proof** *at, kat* sugárbiztos, sugár ellen védett; ~ **prospecting** *geof* radioaktív geofizikai kutatás; ~ **protection** *at* sugár(zás)védelem; ~**(-)protective wall** *at* védőfal, sugárvédő fal, sugárzás ellen védő fal; ~ **purity** *at* radioaktív tisztaság; ~ **pyrometer** *hőt* sugárzásos pirométer, ardométer; ~ **quantity** *at* sugárzási mennyiség; ~ **quantum** *at* foton, sugárzási kvantum; ~ **rate** *at, távk* sugárzási intenzitás; ~ **recombination** *at* sugárzásos/radioaktív rekombináció; sugárzással járó rekombináció; ~ **resistance** *at* sugárrezisztencia, sugárállóság, ellenálló képesség sugárzással szemben; *távk* hanghullám-ellenállás, sugárzási ellenállás; ~ **safety** *at* sugárbiztonság; ~**(-)sensitive** *at* sugárzásérzékeny; ~ **sensor** *at* sugárzásérzékelő egység; ~ **shield** *at* sugárvédő pajzs, sugárzásleárnyékolás, sugárvédelem, sugárvédelmi fal; ~**(-)shield concrete** *ép* sugárvédő beton; ~ **shielding** → ~ shield; ~**-shielding cement** *at, ép* sugárvédő (nehéz)cement; ~**-shielding concrete** *at* sugárvédő beton; ~ **sickness** *at* sugárbetegség, radiotoxémia, sugárfertőzés; ~ **sickness of the first degree** *at* első fokú sugárbetegség; ~ **source** *at* sugárzóforrás, sugárforrás; ~ **spectrum** *at* sugárzási spektrum; ~ **stability** *at* sugárrezisztencia, sugárstabilitás, ellenálló képesség a sugárzással szemben; ~ **sterilization** *at, élip* (be)sugárzásos sterilizálás; ~ **streaming** *at* sugárzásáthatolás, csatornaeffektus; ~ **survey** *at* sugárvédelmi ellenőrzés; ~ **symptoms/syndrome** *at* sugárzási tünetegyüttes; ~ **temperature** *fiz* sugárzó hőmérséklet; ~ **therapy** *orv* besugárzás, sugárkezelés; sugárzásterápia; ~ **thermometer** *hőt* feketegömb-hőmérő, sugárzáshőmérő; ~ **tolerance** *at* megengedett (sugár)dózis *(keménysugárzásnál)*; ~**(-)transparent** *at, orv* átlátszó, transzparens; ~ **trap** *at* árnyékolólabirintus/árnyékolócsapda, sugárzsilip, sugárcsapda, egészségügyi zsilip; ~ **treatment** *at, orv* sugárkezelés, besugárzás; ~ **value** *at* sugárkibocsátási együttható; ~ **width** *at* sugárzás szélessége; ~ **window** *at* sugárzást áteresztő ablak; ~ **work** *at* radiológiai munka; ~ **zone** *at* besugárzott terület

radiationless *at* sugárzás nélküli; ~ **recombination** *at* sugárzás nélküli rekombináció

radiative *fiz* (ki)sugárzó; ~ **capture** *at* radioaktív/sugárzó/sugárzásos emissziós befogás; ~ **capture cross(-)section** *at* sugárzó befogási hatáskeresztmetszet; ~ **collision** *at* sugárzásos ütközés; ~ **decay** *at* sugárzó bomlás; ~ **energy** *fiz* sugárzóenergia, sugárzási energia; ~ **equilibrium** *csill* sugárzási egyensúly; ~ **heat transfer** *fiz* sugárzásos hőközlés; ~ **loss** *at* sugárzásos veszteség; ~ **recombination** *at* radioaktív/sugárzásos/direkt rekombináció; ~ **transition** *at* sugárzó/sugárzásos átmenet

radiator *at* sugárzó/emittáló anyag; *el* transzformátorhűtő; *gépk* hűtő, (gépkocsi-)vízhűtő; *hőt* (cső)fűtőtest; radiátor, hősugárzó; *rep* segédhűtő; *távk* sugárzó, antenna; ~ **apron** *gépk* hűtővédő redőny/takaró; ~ **blind** *gépk* hűtőzsalu; ~ **box** *gépk* radiátortest, bordatest *(hűtőn)*; ~ **bracket** *gépk* hűtő lábrésze/talpazata, hűtőfelerősítő láb/bak; ~ **cap** *hőt* radiátorfedél, radiátortető; ~**-cap washer** *gépk* hűtősapka-tömítő alátét; ~ **casing** *gépk* hűtőköpeny; ~ **clip** *hőt* radiátorbilincs; ~ **coil** *hűt* hűtő csőkígyó; ~ **console** *ép* radiátortámasz; ~ **core** *gépk* hűtőtömb; ~ **cover** *gépk* hűtőtakaró; ~ **cowling** *gépk, rep* hűtőburkolat; ~ **cross(-)member** *gépk* hűtőtartó; ~**-drain cock** *gépk, rep* hűtőfolyadék-leeresztő csap; ~ **dryer/drier** *élip* radiátoros szárító; ~ **element** *hőt* radiátortag; ~ **fin** *gépk* hűtőborda; ~ **flap** *rep* hűtőzsalu; ~ **for comparison** *távk* etalonsugárzó; ~ **hose** *gépk* hűtőtömlő; ~ **made of elements/sections** *hőt* tagos fűtőtest; ~ **matrix** *gépk* hűtőbordázat; ~ **muff** *gépk* hűtőtakaró; ~ **nipple** *hőt* radiátor-közcsavar; ~ **repair cement** *hőt* radiátorjavító tömítőszer; ~ **scale** *gépk* vízkő *(hűtőben)*; ~ **sealer** *gépk* hűtőtömítő; ~ **section** *hőt* radiátortag; ~ **shell** *gépk* hűtőkeret; ~ **shutter** *gépk, rep* hűtőzsalu; szabályozható hűtőtakaró; ~ **sleeve** *kat* hűtőköpeny; ~ **spreader** *gépk* hűtő terelőlemeze; ~ **tank** *gépk* hűtő vízszekrénye; ~ **valve** *gépk* radiátorszelep, radiátorcsap; ~ **water pipe** *gépk* hűtővízcső

radical I. *a* gyökeres, alapvető; radikális; **II.** *n mat* gyök, gyökjel; *vegy* gyök, csoport; ~ **axis** *mat* hatványvonal; ~ **centre/center** *mat* hatványpont; ~ **chain** *vegy* gyöklánc; ~ **polymerization** *vegy* szabadgyökös polimerizáció; ~ **sign** *mat* gyökjel

radicand *mat* gyökalap, gyök alapja, gyökjel alatti mennyiség

radio I. *v rád* rádión közvetít/lead; **II.** *a at* radioaktív, radio-; *rád* rádió-; **III.** *n rád* rádió(-vevőkészülék); rádióadó; rádióhíradás, rádióüzenet; ~**-acoustics** *hang* rádióakusztika; ~ **aids to navigation** *hajó, rep* rádiónavigációs rendszer; ~ **alert** *rád* rádiókészültség, rádióvétel-készültség; ~ **altimeter** *rep* rádió-magasságmérő; ~ **amateur** *rád* rádióamatőr; ~ **antenna** *rád* rádióantenna; ~**-approach aid** *rep* bevezető rádióberendezés; ~ **astronomic** *csill* rádiócsillagászati; ~ **astronomic interferometer** *csill* rádió-interferométer; ~ **astronomy** *csill* rádiócsillagászat; ~ **autopilot** *rep* robotpilóta, kormánygép; ~**-autopilot coupler** *rep* robotpilóta és a rádiónavigációs készülékek közötti csatolóegység; ~ **back-bearing** *rep* fordított rádiópeleng; ~ **balloon** *met* rádiószonda, rádióléggömb; ~**(-)beacon** *hajó, rád* irányadó, rádióirányadó állomás, rádió-irányjeladó, rádiófrekvenciás irányadó, rádiós péce; ~**-beacon course** *hajó, rád* egyenletes rádiójel-övezet; ~ **beacon marker** *távk* rádió-helyjeladó, markeradó; ~**-beacon system** *távk* rádió-irányadó/rádiójeladó rendszer; ~**(-)beam** *rád* rádiósugár-nyaláb; ~**-beam flying** *rep* repülés rádiósugár-nyalábon; ~**(-)bearing** *hajó, rep* rádiólokáció, rádiós helymeghatározás, (rádió)-iránymérés, peleng, rádióirányszög; ~**-bearing compass** *hajó, rep* fedélzeti rádió-iránymérő; ~**-bearing installation** *hajó, rep* rádiólokátor, radar; ~ **broadcast** *rád* rádióműsor-szórás, rádióhírszórás; ~**-broadcast/radiobroadcast transmitter** *rád* rádióműsor-szóró adó; ~**-broadcasting** *rád* (műsorszóró) rádióadás; ~**-buoy** *hajó* rádióbója; ~ **call** *rád* rádióhívás, rádióhívójel; ~ **call sign** *rád* rádióhívójel; ~ **car/cab** *rád* rádiós autó, URH-kocsi; ~**-carbon** → radiocarbon; ~**(-)channel** *távk* rádiócsatorna, távközlési csatorna; ~**-chemical** → radiochemical; ~ **circuit** *rád* rádióáramkör; ~**-cobalt** *at* radiokobalt, radioaktív kobalt; ~ **code** *űr* rádiókód, rádiórejtjel; ~ **command** *távk* rádióutasítás; rádióvezérlés; ~**(-)communication** *távk* rádió-összeköttetés, rádiótávközlés; ~**(-)communication service** *távk* távközlési szolgálat; ~ **communication station** *távk* rádió-összeköttetési állomás; ~**(-)compass** *rep* rádióiránytű, rádiókompasz, rádiótájoló; ~**-compass station (rcstn)** *rep* rádiótájoló állomás; ~ **component (RC)** *el* elektronikus építőegység/részegység; ~**-cone paper** hangszórópapír; ~ **contact** *rep* rádió-összeköttetés; rádiókapcsolat; ~ **control** *rep* rádió-távirányítás; ~ **control board** *rep* rádiókezelő pult/asztal/lap; ~**-controlled** rádió-távirányítású, rádióirányítású, rádióvezérelt; ~ **converter** *rád* rádiófrekvencia-váltó; ~**-crystallography** → radiocrystallography; ~ **detecting/detection and ranging** → radar; ~ **detonator** *kat* robbantó rádióadó; ~**-dial lamp** *el* skálavilágító izzólámpa; ~**-diascopy** → radiodiascopy; ~**(-)diffusion** *rád* rádióműsor-szórás; ~ **directional bearing** *rep* irányított rádióirányszög; ~ **direction(-)finder (RDF)** *hajó, rep* rádió-iránymérő *(készülék)*, rádiótájoló, rádiópelengátor; ~ **direction(-)finding (RDF)** *hajó, rep* rádiólokáció, rádiós helymeghatározás, (rádió-)iránymérés, peleng; ~ **direction(-)finding chart** *hajó, rep* rádió-iránymérő térkép; ~ **direction(-)finding station** *hajó, rep* rádió-iránymérő állomás; ~ **distance ga(u)ge** rádiótávmérő; ~ **distance measuring** rádiótávolságmérés; ~ **distress signal** *rep* rádió-segélykérő jel; ~ **disturbance** *rád* rádióvételi zavar; ~ **duct** *rád* légkörben keletkezett hullámvezető; ~**(-)echo** *távk* radarvisszhang, visszavert radarjel, rádióvisszhang; ~**-electric** *távk* rádióelektromos; ~**-electric effect** *távk* rádióelektromos jelenség; ~**-electronics** *távk* rádiófrekvenciás elektronika; ~**-element** *at* radioaktív elem; ~ **eliminator** *távk* rádiózavar-szűrő; ~ **emission** *távk* rádiófrekvenciás (rádió)sugárzás; ~**(-)engineer** *távk* rádiómérnök; ~**(-)engineering** *távk* rádiótechnika; ~ **equipment** *rád* rádióberendezés; ~ **facilities (RF)** *rep* rádióeszközök; ~**-facility chart (RFC)** *hajó, rep* rádiónavigációs térkép; ~ **fade-out** *távk* Dellinger-hatás, teljes naperupciós fading, teljes elhalkulás/jelkihagyás; ~**-field intensity** *távk* rádiófrekvenciás térerősség, rádió-térerősség; ~ **finding (RF)** → ~ direction-finding; ~ **fix** *hajó, rep* rádiómérésből kapott helyzetpont; ~**(-)fixing** *hajó, rep* rádiótájolás, rádiótájolós helyzetmeghatározás; ~ **flying** *rep* rádióirányítású repülés; ~ **forecast** *távk* rádióhullám terjedésének prognózisa; ~**-free** *távk* rádiózavar-mentes; ~ **frequency (RF)** *távk* rádiófrekvencia, nagyfrekvencia; ~**-frequency** *távk* rádiófrekvenciás, nagyfrekvenciás; ~**-frequency accelerator** *at* nagyfrekvenciás gyorsító; ~-

frequency alternator *el* nagyfrekvenciás oszcillátor/generátor; ~-frequency amplifier (RF amplifier) *el* rádiófrekvenciás/nagyfrekvenciás erősítő(fokozat); ~-frequency band *távk* rádiófrekvenciás/nagyfrekvenciás sáv; ~-frequency bridge *el* nagyfrekvenciás/rádiófrekvenciás (mérő)híd; ~-frequency cable *távk* rádiófrekvenciás kábel; ~-frequency cavity *távk* rádiófrekvenciás/nagyfrekvenciás üregrezonátor; ~-frequency choke (RFC) *el* rádiófrekvenciás/nagyfrekvenciás fojtó(tekercs); ~-frequency circuit *el* nagyfrekvenciás/rádiófrekvenciás (rezgő)kör; ~-frequency discharge *el* nagyfrekvenciás kisülés; ~-frequency dryer/drier *élip* nagyfrekvenciás szárító; ~-frequency electronics *el* nagyfrekvenciás/rádiófrekvenciás elektronika; ~-frequency field strength *távk* nagyfrekvenciás térerősség; ~-frequency gas tube *el* nagyfrekvenciás gázkisülési cső; ~-frequency insulator *távk* rádiófrekvenciás szigetelő; ~-frequency linear accelerator *at* nagyfrekvenciás lineáris gyorsító, RF-linac; ~-frequency maser *fiz* rádiófrekvenciás mézer; ~-frequency oscillator rádiófrekvenciás/nagyfrekvenciás oszcillátor/rezgőkör, RF-oszcillátor; ~-frequency polarography *fiz* nagyfrekvenciás polarográfia; ~-frequency power *el* nagyfrekvenciás teljesítmény; ~-frequency radiation *távk* rádiófrekvenciás/nagyfrekvenciás sugárzás; ~-frequency range rádiófrekvenciás tartomány; *élip* nagyfrekvenciás tűzhely; ~-frequency region *távk* nagyfrekvenciás tartomány; ~-frequency service oscillator *el* nagyfrekvenciás mérőgenerátor/mérőoszcillátor; ~-frequency spectroscopy *fiz* rádiófrekvenciás spektroszkópia; ~-frequency standard signal generator *távk* rádiófrekvenciás hitelesítő jelgenerátor; ~-frequency transconductance *el* nagyfrekvenciás meredekség; ~-frequency transformer (RFT) *el* rádiófrekvenciás transzformátor; ~-frequency tuning coil *távk* nagyfrekvenciás hangolótekercs; ~-frequency unit *távk* rádiófrekvenciás blokk/egység/fokozat; ~-frequency welding *heg* nagyfrekvenciás hegesztés; ~-goniometer *távk* rádió-iránymérő (készülék), rádiógoniométer, rádiótájoló, rádiószögmérő; ~ goniometry *hajó, rep* rádiólokáció, rádiós helymeghatározás, (rádió-)iránymérés, peleng; ~-gonioscope *távk* vizuális indikátoros önműködő rádiószögmérő; ~ guidance *rep* rádió-távvezérlés, rádióirányítás; ~ heating *gumi* nagyfrekvenciás vulkanizálás; *hőt* nagyfrekvenciás hevítés; ~ homing *rep* rádiós tájolás/hazairányítás; ~ homing beacon *rep* hazairányító rádió-irányadó; ~ horizon *távk* rádióhorizont; ~ identification *rep* rádióazonosítás; ~ installation *rád* rádióállomás; rádiószerelés; ~ intercommunication channel *rep* kétoldalú rádió-összeköttetési csatorna; ~(-)interference rádióvételi/rádiófrekvenciás zavar(ok), interferencia, interferenciafütty; ~-interference detector *távk* zavarkereső készülék; ~-interference suppression *távk* rádiózavar-mentesítés; ~-interference suppression capacitor *el* zavarszűrő kondenzátor; ~-interferometer *távk* rádió-interferométer; ~ jamming *rád* rádióvételi zavar; ~ kit *rád* rádiógarnitúra; ~ lens *távk* lencseantenna; ~(-)link *távk* mikrohullámú reléánc, reléállomás, átjátszóállomás; rádió-összeköttetés, vezeték nélküli összeköttetés; rádiócsatorna, közvetítővonal; ~-link protection *távk* rádió-összeköttetéses (szakasz)védelem; ~ low-height altimeter *rep* kis magasságban érzékeny rádió-magasságmérő; ~ magnetic indicator *rep* rádiómágneses irányjelző műszer; ~ marker *távk* rádiójeladó, bevezetőadó, markeradó; ~ marker beacon (RM) *rep* markerrádiós irányadó; rádió, rádió-helyjel; rádiós helyjeladó, rádió-markeradó; *távk* rádió-iránysávadó; ~(-)materiology *any* roncsolásmentes/röntgensugaras anyagvizsgálat, röntgen-anyagvizsgálat; ~ measuring set *távk* radarkészülék, rádiótávmérő, rádiólokátor-készülék; ~ message (RM) *rep* rádióközlemény, rádiótávirat; ~-metallography *any* röntgen-fémszerkezetvizsgálat, röntgendefektoszkópia, röntgenmetallográfia; ~-meteorograph *rep* rádiószonta; ~-meteorology *met* rádiómeteorológia; ~ method *geof* rádiómódszer, elektromágneses hullámok módszere; ~ microphone *távk* drót/vezeték nélküli mikrofon; ~ mirror *távk* antennareflektor; ~(-)navigation *hajó, rep* navigáció rádióirányítással, rádiónavigáció; ~-navigational aids/system *hajó, rep* rádiónavigációs rendszer; ~-navigation code *hajó, rep* rádiónavigációs kód; ~-navigation (satellite) service *hajó, rep* műholdas rádiónavigáció-szolgálat; ~ network *rád* rádióhálózat; ~ noise *távk* rádiózavar; ~-noise field intensity *távk* rádiózavar-térerősség; ~-noise filter *távk* zavarvédő szűrő; ~-noise meter *rád* rádióvétel zajszintmérője; ~-noise suppression *távk* rádiózavar-mentesítés; ~ officer *hajó, kat* rádiós tiszt; ~-opaque → radiopaque; ~ operator (RO) *hajó, kat* rádiókezelő; rádiós; rádiótávírász; ~-optical range *távk* optikai hatótáv; ~ path *távk* rádióhullám útja; ~-phone *távb* rádió-távbeszélő, rádiótelefon; ~-phone link *távk* rádió-távbeszélő csatorna, rádiótelefon-csatorna; ~(-)phonograph *US* zenegép; ~-physics → radiophysics; ~-play studio *rád* hangjátékstúdió; ~ pocket *távk* holt zóna; ~ position(-)finder *távk* radar, (rádió)lokátor, rádiólokációs berendezés; ~ position(-)finding (RPF) *távk* radar, (rádió)lokáció, rádiótájolás, rádió-hely(zet)meghatározás; ~ propagation *rád* rádióhullám-terjedés; ~-quiet *távk* rádiózavar-mentes; ~ radiation *távk* rádiófrekvenciás sugárzás; ~ range *rep* irányadó, térosztó adó, rádiójeladó; *távk* sávirányadó; ~-range beacon *hajó, rep* rádiófrekvenciás irányadó; térosztó rádió-irányadó; ~ range(-)finding *metr* rádió-távolságmérés; ~-range orientation *rep* tájékozódás/navigálás térosztó rádió-irányadóra; ~-ray path *távk* rádióhullám útja; ~ receiver *rád* rádióvevő, rádió(készülék); ~-receiver aerial/antenna *rád* vevőantenna, rádióantenna; ~-receiver cabinet *rád* rádiószekrény, vevőszekrény, vevőkáva; ~ reception *rád* rádióvétel; R~ Regulations *rád* Nemzetközi Rádiószabályzat; ~(-)relay *távk* rádió-összeköttetés; rádióműsorközvetítés; rádiórelé; ~-relay channel *távk* rádiós relécsatorna; ~-relay communication *rep* rádióátjátszó állomásos összeköttetés; *távk* reléállomásos rádióösszeköttetés; ~-relay link *távk* mikrohullámú lánc; ~-relay station *távk* rádió-reléadó; ~-relay system *távk* rádióátjátszó rendszer; ~ remote control *aut* távirányítás rádióval; ~ repair shop *el* rádiójavító műhely, szerviz; ~ repeating *rád* rádió-reléadás; ~-requency spectrum *fiz* rádiófrekvenciás spektrum/színkép, rádióspektrum; ~-resistance → radioresistance; ~ room *hajó, kat* rádiófülke, rádiószoba; ~

sender *rád* rádióadó; ~ **service** *távk* rádiószolgálat; ~ **serviceman** *rád* rádiótechnikus; ~ **set (RS)** *rád* rádiókészülék, adó-vevő (készülék); ~ **shadow** *rád* rádióadás holt zónája/árnyéka; ~**-shield** *v rád* zavarmentesít *(rádiót)*, leblokkol; ~ **shielding** *rád* rádióvédelem, rádióárnyékolás; ~ **signal** *rád* rádiójel; ~ **silence** *rád* rádió-adástilalom; rádió-üzemszünet; ~**-silent** *távk* rádiózavar-mentes; ~**-sonde** *met* rádiószonda, rádióléggömb; ~**(-)sonobuoy** *hajó* hangszórós rádióbója; ~ **sounding** *met* rádiószondázás, léggömbszondás légkörkutatás; ~ **source** *csill* rádiócsillag; ~**-spectrometer,** ~**-spectroscope** *fiz* rádióspektrométer, rádióspektroszkóp, rádiófrekvenciás spektrométer, röntgenszínképmérő; ~**-spectroscopy** *fiz* rádióspektroszkópia; ~ **star** *csill* rádiócsillag; ~ **station (RS)** *rád* rádióállomás; ~**(-)station interference** *rád* rádióállomástól eredő zavarok; ~ **subscriber** *rád* rádió-előfizető; ~ **system** *rád* rádióállomás-hálózat, rádióhálózat, rádióközvetítő-vonalhálózat; ~ **taxi** *közl* rádiótaxi; ~ **technician (RT)** *el* rádióműszerész, rádiótechnikus; ~ **telecommunication** *rád* rádiótávközlés; ~**-telegram** *rád* rádiótávirat, rádiógram; ~**-telegraph (RT)** *rád* rádiótávíró; ~**-telegraphic** *rád* rádiótávírós; ~**-telegraphic transmission** *rád* rádiótávíró-leadás; ~**-telegraphist** *rád* rádiótávírász; ~**-telegraph service** *rád* rádiótávíró-szolgálat; ~**-telegraph transmitter** *rád* távíró üzemű (rádió)-adó; ~**-telegraphy (RT)** *rád* rádió-táviratozás, rádiótávírás, vezeték nélküli távírás; ~**-telemetering,** ~**-telemetry** *rád* rádiótávmérés; ~**-telephone (RT)** *távb* rádiótelefon; ~**-telephone circuit** *távb* rádiótávbeszélő-áramkör; ~**-telephone communication/connection** *távb* rádiótelefon-összeköttetés; ~**-telephone link** *távb* rádió-távbeszélő csatorna, rádió-távbeszélő összeköttetés; ~**-telephone traffic** *távb* rádió-távbeszélő forgalom; ~**-telephone transmitter** *távb* rádiótávbeszélő, vezeték nélküli telefon, rádiótelefon; ~**-telephony (RT)** *távb* rádiótelefónia, vezeték nélküli távbeszélés; ~**-teleprinter** *rád* rádió-távgépíró készülék; rádiótelex készülék; ~**(-)telescope** *csill* rádióteleszkóp; ~**(-)telescope antenna** *csill* rádióteleszkópantenna; ~**-teletype (RTT)** *rád* rádió-távgépírás; ~**-thallium** → radiothallium; ~**-theodolite** *geod* rádióteodolit; ~**-thorium** → radiothorium; ~ **tick** *távk* pontos idő rádiójele; ~ **tower (RT)** *rád* adótorony, antennatorony; ~**-track guide** *rep* rádiós útvonalirányítás; ~ **traffic** *rád* rádióforgalom, rádiólevelezés; ~ **transmission** *rád* rádióadás; ~ **transmission set** rádió-adókészülék; ~ **transmitter (RTr)** *rád* rádióadó, adóállomás; ~**-transparent** *orv* röntgensugárzás számára átlátszó; ~ **tube/valve** *rád* rádiócső; ~**(-)valve tester** *rád* rádiócső-vizsgáló; ~ **watch** *rád* rádiófigyelő szolgálat; ~**(-)wave** *távk* rádióhullám; ~**-wave band** *távk* rádióhullámsáv; ~**-wave propagation** *távk* rádióhullám-terjedés; ~**-wave spectrograph** *fiz* rádióhullám-spektrográf; ~**-wave spectrometer/spectroscope** *fiz* rádióspektrométer, rádióspektroszkóp, rádiófrekvenciás spektrométer; ~ **wind flight** *met* rádiószonda; ~ **window** frekvenciaablak

radioacoustics → radio-acustics

radioactinium (Rd Ac) *at* radioaktínium

radioactivate *at* radioaktívvá tesz

radioactivation *at* radioaktiváció; ~ **analysis** *at* radioaktivációs elemzés

radioactive (ra) *at* radioaktív; ~ **aerosol** *at* radioaktív aeroszol; ~ **agent** *kat* radioaktív harceszköz; ~ **atom** *at* radioaktív atom; ~ **battery** *at* radioaktív feszültségforrás/telep; ~ **by-product** *at* radioaktív melléktermék; ~ **capture** *at* radioaktív befogás; ~ **carbon** *at* radioaktív szén, radiokarbon, C-14; ~ **chain** *at* radioaktív bomlási lánc; ~ **chemistry** *at* radiokémia; ~ **constant** *at* bomlási állandó; ~ **contaminant** *at* radioaktív szennyező anyag; ~ **contamination** *at* radioaktív szennyeződés/fertőzés; ~ **crew** *at* sugárzásmérő radiológiai kutatócsoport; ~ **dating** *geol* radioaktív kormeghatározás; ~ **decay** *at* bomlás, atommag bomlása, nukleáris/radioaktív bomlás; radioaktív lecsengés; ~ **decay chain** *at* radioaktív bomlási lánc; ~ **decay constant** *at* radioaktív bomlási állandó; ~ **decontamination** *at* radioaktív dekontaminálás; ~ **deposit** *at* radioaktív csapadék/üledék/lerakódás/leülepedés; ~ **disintegration** *at* bomlás, atommag bomlása, nukleáris/radioaktív bomlás; ~ **dust** *at* radioaktív por; ~ **effluent** *at* radioaktív hulladék/melléktermék *(folyékony vagy gáznemű)*, radioaktív szennyvíz; ~ **element** *at* radioaktív elem; ~ **emanation** *at* radioaktív emanáció; ~ **equilibrium** *at* radioaktív (bomlási) egyensúly; ~ **fall-out** *at* radioaktív lecsapódás/csapadék/hamueső; ~ **family** *at* (radioaktív) bomlási sor, (radioaktív) átalakulási lánc/sor, radioaktív család; ~ **family of (uranium-)radium** *at* uránsorozat; ~ **gas** *at* radioaktív gáz; ~ **go-devil** *at* radioaktív csőgörény; ~ **half-life (period)** *at* radioaktív felezési idő; ~ **heat** *at* radioaktivitás okozta hő; ~ **high** *at* sugárzási/radioaktív maximum; ~ **indicator** *at* radioaktív indikátor, nyomjelző elem/anyag; ~ **indicator elements** *pl at* radioaktív nyomelemek; ~ **inspection (of materials)** *any* roncsolásmentes/röntgensugaras anyagvizsgálat; ~ **intoxication** *környv* radioaktív intoxikáció; ~ **iodine** *at* radiojód, radioaktív jód; ~ **ionization ga(u)ge** *at* radioaktív nyomásmérő; ~ **isotope** *at* radioaktív/sugárzó izotóp; ~ **logging** *geof* radioaktív szelvényezés; ~ **low** *at* radioaktív minimum; ~ **material (RAM)** *at* radioaktív anyag; ~ **nucleus** *at* radioaktív mag; ~ **nuclide** *at* radioaktív nuklid; ~ **particle** *at* radioaktív részecske; ~ **pile** *at* atommáglya; ~ **poison** *at* radioaktív méreg; ~ **pollution** *környv* radioaktív szennyeződés; ~ **precursor** *at* radioaktív prekurzor; ~ **radiation** *at* radioaktív sugárzás; ~ **radiation counter** *at* impulzusszámláló (berendezés), beütésszámláló, sugárzásszámláló; ~ **rain** *környv* radioaktív eső; ~ **rainout** *at* radioaktív csapadék; ~ **recoil** *at* radioaktív részecskeemissziós ütközés; ~ **relationship** *at* radioaktív rokonság; ~ **release** *at* radioaktív kibocsátás; ~ **series** *at* (radioaktív) bomlási sor, (radioaktív) átalakulási lánc/sor, radioaktív család; ~ **snow ga(u)ge** *met* radioaktív izotópos hóvastagságmérő; ~ **source** *at* radioaktív forrás; ~ **standard** *at* radioaktív etalon, szabványos radioaktív preparátum; ~ **steam** *at* radioaktív vízgőz; ~ **tracer** *at* radioaktív indikátor/nyomkövető, nyomjelző izotóp; ~ **warning device** *at* radioaktív riasztóberendezés; ~ **wash-out** *at* radioaktív kimosódás; ~ **waste** *at* radioaktív (szenny)víz/hulladék

radioactivity *at* radioaktivitás; ~ **detection identification and computation instrument (RADIAC)** *at* radiac, radioaktivitás-detektáló, azonosító és számító berendezés; ~ **log** *bány* radioaktív lyukszelvényezés; *geof* radioaktív szelvényezés *(mérőszondával)*; ~ **method** *geof* radioaktív mószer; ~ **profile** *geof* sugárzási/radioaktív szelvény; ~ **test(ing)** *geof* radioaktív vizsgálat
radioautograph *at* autoradiogram, sugárfénykép
radioautography *at* autoradiográfia
radiobiochemistry *biot* radiobiokémia, sugárbiokémia
radiobiological *biot* radiobiológiai; ~ **action/effect** *biot* radiobiológiai hatás
radiobiology *biot* radiobiológia, sugárbiológia
radiobuoy → radio buoy
radiocaesium *vegy* radioaktív cézium
radiocarbon *at* radiokarbon; ~ **dating/method** *at* radiokarbon-módszer, radiokarbon-kormeghatározás, C-14 vizsgálat, radioaktív karbonvizsgálat
radiochemical *at* radiokémiai, sugár(zás)kémiai; ~ **analysis** *at* radiokémiai/sugár(zás)kémiai elemzés; ~ **grafting** *műa* sugárkémiai ojtás; ~ **measuring processes** *at* radiokémiai mérési eljárások; ~ **process** *at* radiokémiai eljárás; ~ **purity** *vegy* radiokémiai/sugárkémiai tisztaság; ~ **reaction** *at* sugárkémiai reakció
radiochemistry *at* radiokémia, sugár(zás)kémia
radiochromatography *orv* radiokromatográfia
radiocolloid *at* radiokolloid, radioaktív kolloid
radiocontamination *at* radioaktív szennyeződés
radiocrystallography *krist* röntgenkrisztallográfia, röntgensugaras kristályszerkezet-vizsgálat
radiode *at* rádiumtartó, rádiumtároló
radiodecontamination *at* radioaktív dekontaminálás
radiodetermination *távk* rádiómeghatározás; ~ **(-)satellite service** *távk* műholdas rádiómeghatározó szolgálat; ~ **service** *távk* rádiómeghatározó szolgálat
radiodiascopy *any* röntgenoszkópia
radioelectronics → radio-electronics
radioelement → radio-element
radiogenic *at* radioaktív bomlásból származó, radiogén; sugárzás okozta; *rád* rádióközvetítésre alkalmas; ~ **heat** *at* radiogén hő; ~ **isotopes** *at* radiogén izotópok, radioaktív bomlásból származó izotópok
radiogoniometer → radio-goniometer
radiogram *orv* röntgenkép, röntgenfelvétel; *rád* rádiógram, rádiótávirat
radiograph *met* napsugárzásmérő, napsugárzás-regisztráló; *orv* ernyőkép, röntgenfelvétel, röntgen(fény)kép, radiográf; röntgenkészülék, röntgengép
radiographic *orv* radiográfiai; ~ **examination** *orv* röntgenvizsgálat; ~ **film** *orv* röntgenfilm; ~ **inspection** *orv* radiográfiai ellenőrzés; ~ **materials testing** *any* roncsolásmentes/röntgensugaras anyagvizsgálat; ~ **plate** *orv* röntgenlemez; ~ **stereoscopy** *orv* röntgensztereoszkópia; ~ **testing (of materials)** *any* roncsolásmentes/röntgensugaras anyagvizsgálat
radiography radiográfia; ~ **by gamma-rays** *any* gamma-radiográfia, gamma-gráfia; ~ **slit detection** *any* röntgensugaras repedésvizsgálat
radiohalo *távk* rádióudvar
radioiodine *vegy* radioaktív jódizotóp; radiojód
radioisomer *at* radioaktív izomer
radioisotope *at* radioaktív izotóp, radioizotóp; ~ **battery** radioaktív feszültségforrás/telep; ~ **densimeter** *fiz* radioaktív izotópos sűrűségmérő; ~ **ga(u)ge** radioaktív izotópos mérőműszer; ~ **snow ga(u)ge** *met* radioaktív izotópos hóvastagságmérő
radioisotopic *at* radioizotópos; ~ **gamma-relay** *at* radioizotópos gamma-relé; ~ **measuring method** *metr* radioizotópos mérési módszer; ~ **purity** *vegy* radioizotópos tisztaság; ~ **relay** *at* radioaktív izotópos relé
radiolarian *geol* radioláriás; ~ **ooze** *geol* radioláriás iszap
radiolarite *geol* radiolarit
radiolite *ásv* radiolit; ~ **structure** *ásv* radiolitszerkezet
radiolocation *távk* (rádió-)helymeghatározás, rádiólokáció, radar; ~ **cartography** *geod* rádiólokátor-térképészet, térképszerű ábrázolás; ~ **chart** *hajó, rep* radartérkép, elektronikus térkép, térképszerű ábrázolás; ~ **service** *hajó, rep* rádiólokáció-szolgálat
radiolocator *távk* radar, (rádió)lokátor, rádiólokációs berendezés
radiological *orv, sug* radiológiai; ~ **apparatus** *orv* röntgenkészülék; ~ **engineering** *at* radiológiai technika; ~ **monitoring** *at* sugárvédelmi/radiológiai ellenőrzés, sugárzás-ellenőrzés; ~ **personnel** *at* radiológiai személyzet; ~ **physicist** *at* radiológus, sugárfizikus; ~ **physics** *at* fizikai radiológia, radiológiai sugárzásfizika; ~ **protection** *at* sugárzás elleni védelem, sugárvédelem, radiológiai védelem; ~ **safety** *at* radiológiai biztonság
radiology *orv, sug* radiológia, sugárzáskutatás, röntgenológia, sugárzástan
radiolucent *at, orv* (röntgen)sugárzást áteresztő/átengedő
radioluminescence *at* radiolumineszcencia, sugárzó energia okozta lumineszkálás
radioluminescent *at* radiolumineszcens
radiolysis *at, vegy* radiolízis, sugárkémiai bomlás/disszociáció
radiolytic *at, vegy* radiolízises, radiolitikus
radioman (RM) rádiókezelő, rádiós; rádiótávírász
radiometeorology → radio-meteorology
radiometer *at* radiométer; sugárzásmérő, doziméter; *geof* gradiensviszony-mérő, hányadosmérő, erőtérviszony-mérő; *metr* kereszttekercses műszer, aránymérő, áttételmérő; ~ **vacuum ga(u)ge** *fiz* radiométer(-nyomásmérő), vákuum-sugárzásmérő
radiometric *at* radiometriás, radiometriai, sugárzásmérési; ~ **age** *geol* radioaktív kor; ~ **analyser/analyzer** *bány* radiometrikus/sugárzásméréses analizátor *(szén hamutartalmának vizsgálatára)*; ~ **analysis** *at* radiometriás elemzés; ~ **dating** *geol* radioaktív kormeghatározás; ~ **determination of potassium by gamma-radiation** *bány* kálium radiometrikus meghatározása gamma-sugárzás segítségével; ~ **ga(u)ge** *fiz* radiometrikus nyomásmérő; ~ **instrument** *at* sugárzásmérő, doziméter; ~ **manometer** *fiz* radiometrikus nyomásmérő; ~ **map** *at* radiometriai térkép; ~ **materials testing** *any* radiometrikus/roncsolásmentes anyagvizsgálat; ~ **method of density measuring** *fiz* radiometrikus sűrűségmérési módszer; ~ **sorting** *at* radiometriás válogatás
radiometry *at* radiometria, sugárzásmérés
radiomicrobiology *biot* sugármikrobiológia, radiomikrobiológia

radiomicrometer *hőt* hőelemes érzékeny hőmérő, radiomikrométer
radionuclide *at* radionuklid, radioaktív nuklid; ~ **migration** *at* radioaktív izotópvándolás
radiopacity, radio-opacity *at, orv* röntgensugár-átjárhatatlanság, radioopacitás
radiopaque, radio-opaque *at, orv* röntgensugárzás számára átlátszatlan/átjárhatatlan, sugárátlátszatlan; ~ **material** *at, orv* sugárzásátlátszatlan anyag; ~ **medium** *orv* (röntgen)kontrasztanyag
radiophone → radio-phone
radiophotography *orv* röntgenfényképezés; *rád* rádióképtávírás
radiophotoluminescence *at* radiofotolumineszcencia
radiophysics *fiz* rádiófizika
radioprospecting *geof* radioaktív geofizikai kutatás
radioprotection *at* sugárvédelem
radioprotective *at* sugárvédelmi, sugárzás ellen védő; ~ **substance** *at* sugárvédelmi anyag
radioprotector *at* sugárvédelmi anyag
Radiore method *geof* Radiore-módszer, nagyfrekvenciás elektromágneses módszer
radioresistance *at* sugárrezisztencia, ellenálló képesség a sugárzással szemben; sugárzásállóság
radioresistant *orv* sugárrezisztens, sugárzásálló
radioresonance *at* radiorezonancia; ~ **method** *at* radiorezonanciás módszer
radioscope *orv* röntgenkép, radioszkóp
radioscopic | flaw detection *any* röntgensugaras hibakeresés; ~ **screening** *orv, sug* (röntgen)átvilágítás
radioscopy *orv* röntgenológia, radioszkópia
radiosensitive *at* sugárzásra érzékeny, sugárérzékeny
radiosensitivity *at* sugárzás iránti érzékenység, sugárérzékenység
radiosensitization *at* sugárérzékenység, sugárzás okozta szenzibilizálódás *v.* érzékennyé válás
radiosterilization *at* radioaktív sterilizálás
radiotechnology *any* röntgensugárzás ipari alkalmazása
radiotelegraph → radio-telegraph; *rep* rádiótávíró
radiothallium *at* radioaktív tallium(izotóp)
radiothermoluminescence (RTL) *at* radiotermolumineszcencia
radiothermy *távk* nagyfrekvenciás diatermia
radiothorium (RdTh) *at* radioaktív tórium(izotóp), Th-228
radiotoxicity *at* radiotoxicitás
radiotropism *at* radiotrópia
radiovision *tv* ipari televízió
radiovulcanization *gumi* nagyfrekvenciás/besugárzásos vulkanizálás
radium (Ra) *at* rádium; ~ **A, RaA** *at* polónium-218; ~ **B, RaB** *at* ólom-214; ~ **capsule** *at* rádiumpatron; ~ **cell** *orv, sug* rádiumtű; ~ **chloride** *vegy* rádiumklorid, rádium(II)-klorid; ~ **C, RaC** *at* bizmut-214; ~ **C', RaC'** *at* polónium-214; ~ **C", RaC"** *at* tallium-210; ~ **D, RaD** *at* ólom-210; ~ **emanation (Ra-Em)** *at* rádiumemanáció, radon, niton; ~ **E, RaE** *at* bizmut-210; ~ **E', RaE'** *at* tallium 206; ~ **family** *at* uránsorozat; ~ **F, RaF** *at* polónium-210; ~ **G, RaG** *at* ólom-206, uránólom; ~ **irradiation** *at* rádiumbesugárzás; ~ **lead** *at* ólom-206, uránólom; ~ **needle** *orv, sug* rádiumtű; ~ **paint** *at* rádiumbevonat; ~ **radioactive series** *at* uránsorozat; ~ **seed** *orv, sug* rádiumtű; ~ **series** *at* uránsorozat; ~ **therapy** *orv* rádiumbesugárzás; ~**-type vacuum ga(u)ge** *fiz* rádiumos vákuummérő
radius (r.) (ható)sugár; *em* gémkinyúlás, hatósugár; *gép* küllő; lekerekítési sugár; *mat* sugár, rádiusz; *ol* kút akciósugara; *opt* szélső sugár; ~ **arm** *gép* lökőkar, húzóhorog; *gépk* tengelycsonkhimba; ~ **at bend** *ép, gép* görbületi sugár; ~ **bar** *hajó* alhidáde, irányzó vonalzó; *vasút* vezetőrúd; ~ **brick** *ép* boltozó idomtégla; ~ **grinding(-)machine** *forg* kulisszahorony-köszörű; ~ **hub** *gépk* küllős kerékagy; ~ **link** *forg, gép* csúszópofa, lengőív, himba; ~ **of action** *kat, rep* hatótávolság, akciórádiusz; ~ **of action of blasting/shot** *bány* robbantás hatósugara; ~ **of convergence** *opt* konvergenciasugár; ~ **of curvature** *mat* görbületi sugár; ~ **of dump** *ép* ürítési sugár *(kotróé)*; ~ **of explosion** *mat* robbantás körzete; ~ **of gyration/inertia** *mech* inerciasugár, pörgési/forgási/tehetetlenségi sugár; ~ **of principal curvature** *mat* főgörbületi sugár, főgörbület sugara; ~ **of reverberation** *hang* zengősugár; ~ **of rupture (Rr)** *any* törési sugár; *kat* repeszhatás körzete; ~ **of service area** *el, gép* hatástartomány, működési terület; ~ **of the circumscribed circle** *mat* körülírt kör sugara; ~ **of the circumsphere** *mat* körülírt gömb sugara; ~ **of the inscribed circle** *mat* beírt kör sugara; ~ **of the universe** *mat* világsugár; ~ **planer** *forg* ívgyaluló gép; ~ **rod** *alak* lökőrúd *(sajtón)*; *bány* távköztartó; *gépk* lengőkar *(futóműé)*; *vasút* lengőívrúd; ~ **tool** *forg* sugárkés, sugaras esztergakés; ~ **vector** *mat* rádiuszvektor, vezérsugár, helyvektor, helyzetvektor *(ponté)*
radiused *gép, mat* lekerekített; ~ **end** *gép* félgömbvég
radix *mat* gyök, (hatvány)alap; radix, alap(szám) *(logaritmusrendszeré)*; ~ **complement** *mat* alapszámos komplemens; ~ **conversion** *mat* számrendszer-átalakítás *(számítógépen)*; ~ **notation** *mat* számrendszer alapszámának/radixának jelölése; ~ **numeration system** *mat* alapszámos számrendszer; ~ **point** *mat* tizedesvessző *(általános számrendszer esetén)*, radixpont, radixvessző
radome → radar dome
radon (Rn) *at, vegy* radon, rádiumemanáció, niton; ~ **method** *geof* radonmódszer; ~ **profile** *geof* radonszelvény
radurization *at, élip* besugárzásos tartósítás
radwaste *at* radioaktív hulladék
RaE → radium E
RaE' → radium E'
Ra-Em → radium emanation
RaF → radium F
raffia *fa* rafia; ~ **paper** *pa* rafiapapír
raffinate *ol* raffinátum, finomítvány; ~ **layer** *vegy* finomtermék réteg
raffinose *vegy* raffinóz
raft mentőtutaj, mentőcsónak; ~ **bridge** *hajó* tutajhíd, hajóhíd; ~ **canal** *hidr* tutajcsatorna; ~ **chute** *hidr* tutajsurrantó; ~ **dog** *fa* ácskapocs; ~ **flume** *hidr* tutajcsatorna; ~ **foundation** *ép* lemezalap; ~ **foundation supported on piles** *ép* cölöpökön nyugvó lemezalap
rafter I. *v ép* ácsol *(szarufát)*; **II.** *n ép* bárdolt gerenda; szarugerenda, szarufa, szaruzat; *fa* tutajos; ~ **clench** *ép* szarufakapcsolás, szarufakötés; ~ **end** *ép* szarufaláb; szarufavég; ~ **nail** *ép* fedélhorog, fedélkampó, ácskapocs; ~ **roof** *ép* fedélszék, szaruállásos/szaru-

fás tető; ~**s** *pl ép* szaruállás; ~ **timbering** *bány* kettős ácsolás; *ép* szaruzatácsolás; ~ **trimming** *ép* szarufakiváltás

rafting *ép* szaruzat, illesztett gerendázat; *fa* tutajozás, úsztatás

raftsman *fa* tutajos

raftwood *fa* tutajfa, úsztatott fa

rag I. *v bány, koh* színít, aprít *(ércet)*; *ép* csipkéz *(követ)*; **II.** *n ép* erős tetőfedő pala; palaméret *(36 x 24 hüvelyk)*; *pa, tex* rongy, rongyhulladék; ~**(-)Bible paper** *pa* rongy biblianyomó papír; ~**(-)boiler** *pa* rongyfőző; ~**-bolt** *ép* kőcsavar; ~**(-)breaker** *pa* rongyhollandi; ~ **calender** *tex* rongykalander; ~**(-)chopper** *pa* rongyvágó, rongytépő, rongyfarkasoló; ~**-content paper** *pa* rongytartalmú papír; ~**(-)cutter** → ~(-)chopper; ~ **cylinder** *pa* rongyfoszlató hollandi; ~ **devil** *tex* rongytépő farkasológép; ~ **dust** *pa* rongypor; ~**(-)duster** *pa* rongytisztító, rongyporoló; ~ **engine** *pa* félanyaghollandi, rongymalom; ~ **engineer** *pa* fő hollandimolnár; ~ **felt** *pa* nemezpapír, rongypapír lemez; ~ **frame** *bány* iszapgát vízelzáró deszkatorlasza; ~ **grinder** *pa* rongytépő farkasológép; ~ **half-stuff** *pa* rongyfélanyag; ~ **house** *pa* rongyválogató terem; ~**(-)mill** *pa* (rongy)papírgyár; ~ **mix** *pa* rongykeverék; ~**(-)paper** *pa* rongypapír, famentes papír, merített papír; ~**(-)picker** *tex* farkasológép, rongyszedő; ~**(-)pulp** *pa* rongycellulóz, rongyfélanyag; ~**(-)revolving machine** *pa* rongytisztító (gép); ~ **shaker** *pa* poroló *(gép)*; ~**(-)sorter** *pa, tex* rongyosztályozó; ~ **sorting** *pa, tex* rongyválogatás; ~ **stock** *pa* rongyfélanyag; ~ **stone** → ragstone; ~ **thrasher** *pa* rongyporoló; ~ **tub** *pa* rongykád; ~ **washer** *pa* rongymosó; ~**(-)wheel** *mt* polírozó textilkorong; ~**-work** *ép* egy tégla vastagságú nyersfal

RaG → radium G

ragged *any* tüskés, érdes, durva *(felület)*; *geol* csipkézett; *szersz* csorba; ~ **clouds** *met* foszlányos felhők; ~ **fracture** *any* finomkristályos törés; ~ **picture** *tv* hullámos kép; ~ **roll** *gép* recézett henger

ragging *bány, koh* színítés, aprítás, zúzás *(ércé, osztályozásra)*; *tv* vízszintes bizonytalanság; ~ **frame** *bány* rázókeret; ~ **of rolls** *mt* hengerfelület-érdesítés

raggle *bány, koh* zúzópapucs, köpüfenék

ragstone *geol* mészhomokkő, meszes homokkő, ciklopkő, ikraköves/oolitos mészkő

rail I. *v ép* elkülönít; kerítéssel/ráccsal bekerít; korláttal/karfával lát el; *vasút* sínt fektet/lerak; szállít; **II.** *n bány* gurító művelés; *csom* heveder; *em* darusín, daruhídpálya; *ép* gerenda; hídsín; kerettartó, keresztrúd, keresztléc; rács, korlát; *fotó* filmvezető; *gép* vezetősín, vezeték; *gépk* oldalsó alvázhossztartó; *hajó* hajókorlát, korlát; *tex* futósín *(kúpos felvetőgépen)*; *vasút* csúsztatópálya; sín(szál), talpas sín, tartaléksín, csonkavágány; vágányjárósík; ~ **anchor** *vasút* sínrögzítő kengyel; ~**-and-structural steel mill** *heng* sín- és gerendasor; ~**-and-water terminal (R&W)** *közl* kikötő- és vasútállomás; ~ **bar** *ép* korlátrúd; ~ **barrier** *közl* sorompó; ~ **base** *vasút* síntalp; ~ **bearer** *ép* síntartó, sínalátét, síntámasz, másodrendű hossztartó; ~ **bender** *vasút* sínhajlító (gép); ~**-bending and straightening machine** *vasút* sínhajlító és egyengetőgép; ~**-bending machine/press** sínhajlító (gép/sajtó); ~ **bond** *távk* sínátkötő; *vasút* hevederkötés, sínkötés, sínkapcsolás, sínillesztés-áthidaló; ~**-bond tester** *vasút* sínillesztés-vizsgáló műszer; ~ **brace** *vasút* nyomtávtartó, sínkitámasztó *(ívben)*; ~**(-)brake** *vasút* sínfék, vágányfék; ~ **brush** *vasút* síntisztító kefe; ~ **(bulk) cement tanker** *vasút* cementszállító vasúti kocsi; ~ **centre/center** *vasút* vasúti csomópont; ~ **chair** *vasút* sínsaru; sínszék; ~ **clamp/clip** *vasút* sínkapocs, szorítóék, sínfogó; ~ **conductor** *vasút* áramszedő sín; ~ **contact** *vasút* sínérintkező, sínpedál; ~ **cramp** *vasút* sínkampó; ~ **creep(ing)** *vasút* sínvándorlás; ~ **crossing** *vasút* sínkeresztezés, vágánykeresztezés; ~ **cycle** *vasút* hajtány; ~ **delivery** *vasút* vasúti szállítás; ~**-drilling machine** *vasút* sínfúró gép; ~ **dust tanker** *vasút* poranyagszállító vasúti kocsi; ~ **effect** *távk* sínhatás; ~ **fastening** *vasút* sínrögzítés, sínkötés, sínillesztés, sínleerősítés; ~**-fastening coach(-)screw** *vasút* síncsavar, csavaros sínszeg; ~ **filer** *vasút* sínreszelő (munkás); ~**(-)finishing mill** *heng* sínhengermű utolsó hengerállványa; ~ **fixing** *vasút* sínkötés, sínleerősítés; ~**-fixing nail** *vasút* sínszeg; ~ **flange** *heng, vasút* (sín)láb, síntalp; ~ **ga(u)ge** *vasút* (vágány)nyomtáv; ~**-ga(u)ge templet** *vasút* nyomtávmérce; ~**-grinding car** *vasút* síncsiszoló; ~ **grip** *vasút* sínfogó; ~ **guard** *vasút* síntisztító seprű; terelősín; ~**(-)guide cap** *tex* sínvezető pofa; ~**-guided** *vasút* kötöttpályás, sínhez kötött; ~ **head (RH)** *vasút* katonai kirakóállomás, rendelkezőállomás; sínfej, sínvégződés, csonkavágány, zsákutca; ~**-head ram** *forg* felső gyalufej; ~**-head slide** *forg* keresztgerendaszán *(karusszelgépé)*, felső késszán; ~ **iron** *ép* korlátvas; *koh* sínacél; ~**(-)jack** *vasút* vágányemelő; ~ **joint** *vasút* sínillesztés, sínkötés, sínütközés; ~**-joint expander** *vasút* sínütközési hézagtágító készülék; ~ **laying** *vasút* vágányfektetés; ~**(-)lifter** *vasút* vágányemelő; ~**(-)lock** *vasút* sínzár *(vasúti felvonóhídon)*; ~**-milling head** *forg* sínmaró fej; ~**-mobile launcher** *kat* sínen mozgó indítóállvány; ~**-motor set** *vasút* motorvonat; ~**-mounted** *vasút* sínhez kötött, kötöttpályás; ~**-mounted slewing crane** *em* vasúti daru; ~**-mounted tower crane** *em* sínen járó toronydaru; ~**-mounted transporter for handling containers** *em* sínen járó konténerrakodó bakdaru; ~ **off** *v ép* elkerít, elrekeszt; ~ **permanent(-)way wag(g)on** *vasút* szolgálati pályakocsi; ~**(-)piece** *ép* szemöldökfa; ~ **pile** *ép* sínnyaláb *(sínprovizóriumnál)*; ~ **post** *ép* korláttartó mellvédoszlop; sorompóoszlop; ~ **ramp** *vasút* vezetősaru; ~ **resistance** *vasút* vágány villamos ellenállása; ~ **return** *távk* sínvisszavezetés; *vasút* sínáram; ~**(-)rolling mill** *heng* sínhengersor; ~**s** *pl ép* korlát; *vasút* vágányzat; ~ **seat** *vasút* sínfészek; ~**(-)section** *vasút* sínszelvény; ~**(-)setting** *vasút* sínegyengetés; ~**(-)shifting machine** *vasút* síntoló (gép); ~**(-)shim** *vasút* hézaglemez *(sínütközésnél)*; ~**(-)shoe** *vasút* sínsaru; ~ **shunter** *vasút* tolatómozdony; ~ **spike** *vasút* sínszeg; ~**(-)spotter** *vasút* sínhibajelző, vágányhibakereső készülék, vágánymérő kocsi; ~ **stanchion** *hajó* korlátoszlop; *vasút* rakonca; ~ **steel** *koh* sínacél; ~ **straightener** *vasút* sínegyengető (gép); ~ **support** *ép* síngerenda; *vasút* tartósín; ~ **test** *any* sínvizsgálat *(ejtősúllyal)*; ~ **tongs** *pl vasút* sínfogó; ~**(-)tongue** *vasút* csúcssín; ~ **tool(-)head** *gép* felső késtartó; ~**(-)track** *vasút* (vasúti) vágány; ~**-track crossing** *vasút* vágánykereszteződés; ~**-track parting** *vasút*

vágányelágazás; ~ **transport** *vasút* sínpályához kötött szállítás; vasúti szállítás; ~ **warping** *vasút* sínvetődés; ~**(-)web** *vasút* síngerinc; ~ **weld** *heg* sínvarrat; ~ **welding** *heg* sínhegesztés
railbus *vasút* hajtány; motorkocsi; sínautó; sínautóbusz
railcar *vasút* (vasúti) motorkocsi, sínautó, sínautóbusz, hajtány
railer *heng* bugaszállító kocsi
railing *ép* karfa, korlát; palánk, kerítés; rács, sorompó; ~ **bar** *ép* sorompó(rúd); ~ **layer** *bány, vasút* sínfektető
railless *ép* vágány nélküli; ~ **earth(-)moving** *ép* terepjáró földmozgatás; ~ **earthwork(s) vehicle** *ép* pályához nem kötött földszállító jármű; ~ **haulage** *bány* rámpás bányászat; ~ **line** *vasút* sín nélküli pálya
railroad *US* → railway
railway *GB bány* kábelvontatású csillepálya; *vasút* sín(pálya); vasút; ~ **artillery** *kat* vasúti tüzérség; ~ **bed/berth** *vasút* pályatest, vasúti alépítmény/töltés; ~**-board** *vasút* vasútfelügyeleti hatóság; ~ **body** *vasút* pályatest; ~ **box wagon** *vasút* fedett teherkocsi; ~ **bridge** *vasút* vasúti híd; ~ **building** *vasút* vasúti épület; ~ **car/carriage** *vasút* vasúti kocsi; ~ **centre line** *vasút* pályatengely; ~ **construction** *vasút* vasútépítés; ~ **crossing** *közl* vasúti átjáró; ~ **curve** *geod* vasúti ívminta/ívsablon *(kitűzéshez)*; ~ **cutting** *vasút* vasúti bevágás; ~ **embankment** *vasút* vasúti töltés; ~ **engine** *vasút* vasúti mozdony; ~ **equipment** *vasút* vasúti felszerelés; ~ **ferry(-)boat** *hajó* vasúti komphajó; ~ **freight yard** vasúti teherpályaudvar; ~ **fuel** *vasút* vasúti üzemanyag; ~ **ga(u)ge** *vasút* nyomköz, nyomtáv; ~ **guide** *vasút* menetrend *(könyv)*; ~**-gun car** *kat* légvédelmi löveges vasúti kocsi; ~ **haulage** vasúti szállítás; ~ **heating(-)element** *hőt* vasútikocsi-fűtőtest; ~ **jack** *vasút* sínemelő, mozdonyemelő; ~ **junction** *közl* vasúti csomópont; ~ **line** *vasút* vasútvonal; ~ **locomotive** *vasút* vasúti mozdony; ~ **motor** *vasút* vontatómotor; ~ **motor(-) car** *vasút* vasúti motorkocsi; ~ **network** *vasút* vasúthálózat; ~ **operation** *vasút* vasúti üzem; ~ **passby station** *vasút* vasúti kitérő; ~ **points** *pl vasút* (vasúti) váltó; ~ **power(-)station** *vasút* vasúti erőmű; ~ **pumping(-)station** *vasút* vasúti szivattyútelep; ~ **rail** *vasút* vasúti sín; ~ **rate** *vasút* vasúti díjszabás; ~ **safety appliance** *vasút* vasúti biztosítóberendezés; ~ **service** *vasút* vasúti összeköttetés; vasútüzem, vasúti forgalom; ~ **siding** *vasút* iparvágány; ~**-signal(l)ing equipment** *el* vasútbiztosító berendezés; ~**-signal(l)ing relay** *el* vasúti jelző jelfogó; ~ **sleeper** *vasút* vasúti talpfa; ~ **slope** *vasút* vasúti töltés/bevágás rézsűje; ~ **spur** *vasút* vágányleágazás; ~ **station** *vasút* pályaudvar, állomás; ~ **substation** *vasút* vontató alállomás; ~ **switch** *vasút* váltó; ~ **switchgear** *vasút* vasúti kapcsolóberendezés; ~ **tank wag(g)on** *vasút* vasúti tartálykocsi; ~ **tariff** *vasút* vasúti díjszabás; ~ **telephone system** *távb* vasúti telefonközpont; ~ **terminal/terminus** *vasút* fejpályaudvar, fejállomás; ~ **ticket** *vasút* vasúti menetjegy; ~ **track** *vasút* vágány; ~ **trackage** *vasút* vasúti pályatest; ~**-track scales** *pl vasút* vagonmérleg, vasúti vágányhídmérleg; ~ **track(-)work** *vasút* vágánymunkák; ~ **traffic** *vasút* vasúti forgalom/közlekedés; ~ **transport** *vasút* vasúti szállítás; ~ **truck** *vasút* (vasúti) teherkocsi; ~ **tunnel** *vasút* vasúti alagút; ~ **vehicle** *vasút* vasúti jármű; ~ **wag(g)on** *vasút* vasúti (teher)kocsi; ~ **watchman** *vasút* pályaőr; ~ **wheel(-)rim** *vasút* vasútikocsikerékabroncs; ~**-yard** *vasút* rendező pályaudvar
railwayman *vasút* vasutas
raimondite *ásv* raimondit
rain I. *v* csepeg; esik *(eső)*; **II.** *n* csepegés; eső; ~ **anticlutter** *távk* FTC *(radar)*; ~ **applicator** *mzg* önjáró esőztető öntöző *(berendezés)*; ~ **chamber** *gépk, tex* esőkamra; *vegy* gázmosó fülke; ~ **channel** *geol, vasút* esővízmosás, esőcsatorna; ~ **cloud** *met* csapadékfelhő; esőfelhő; ~ **clutter** *távk* esőzavar, esőzörej; ~ **echoes** *távk* eső által okozott visszaverődések, esőzavar; ~**(-)front** *met* esőfront; ~ **furrow** *geol* esőbarázda; ~**-ga(u)ge** *met* csapadékmérő, pluviométer, esőmérő, ombrométer; ~ **gutter** *ép* esőcsatorna; ~**(-)hood** *ép* esővédő fedél/sapka *(kéményen)*; ~ **leader** *ép* esőlevezető cső; ~**-out** *at* kiesőzés, kimosódás; radioaktív csapadék; ~ **pillar** *met* esőfüggöny; ~**(-)pipe** *ép* csapadékelvezető, csapadékvíz-ejtőcső, csapadékvíz-ejtővezeték, tetőlefolyócső, ereszcsatorna/esőcsatorna lefolyócsöve; ~**-pipe head** *ép* esőcsatorna-tölcsér; ~**-pipe sand trap** *ép* esőcső süllyesztő iszapfogója; ~**-recorder,** ~**-recording ga(u)ge** *met* esőíró; ~ **rill** *geol* esőbarázda, vízmosás; ~ **shield** *ép* esővédő eresz; ~ **shower** *met* záporeső; ~ **stage** *met* kicsapódási fázis; ~**-wash** *geol* eső által kimosott/elmosott anyag; vízmosás; ~**-water** → rainwater
rainbow *met* szivárvány; ~ **effect** *tex* szivárványhatás; ~ **ground** *tex* vízálló alap; ~ **wheel** *foto* szivárványkerék; ~ **yarn** *tex* szivárványszínű fonal
raincloth *tex* vízhatlan szövet
raincoat *ruh* esőköpeny; ~ **yarn** *tex* esőkabáthoz való fonal
raindrop erosion *hidr* csepperózió
rainer *mzg* esőztetőberendezés
rainfall *met* esőzés, csapadék; ~ **recorder** → rain ga(u)ge
rainful *met* esődús
raingun *met* esőágyú
raining plant *mzg* esőztető öntözőberendezés, esőztetőberendezés
rainmaking *met* mesterséges csapadékkeltés
rainout → rain-out
rainproof *ép, gép* esőálló, csepegő víztől védett; ~ **lighting fitting** *el* eső ellen védett lámpatest
rainproofing *tex* esőálló impregnálás
rainstorm *met* felhőszakadás; zápor
raintight *ép, gép* esőbiztos, esőálló
rainwater *met* csapadékvíz, esővíz; ~ **pipes (r.w.p.)** *ép* lefolyócsövek; ~ **retention basin** *ép* ciszterna
rainy *foto* karcos *(film)*; *met* esős; ~ **season** *met* esős évszak *(trópusokon)*
raisable *em* emelhető; ~ **jib** *em* billenthető gém, billenőgém
raise I. *v* növel, fokoz, emel; emelkedik; *alak* domborít; *bány* kifejt, jöveszt, termel; *élip* keleszt; *ép* emel, felhúz *(építményt)*; nagyobbít, magasít; *hajó* felállít *(árbocot)*; kifeszít *(vitorlát)*; *mat* hatványoz, hatványra emel; *tex* bolyhoz *(szövetet)*; **II.** *n* emelés, növelés, fokozás; emelkedés, növekedés; *bány* ereszke; gurító; sikló; vakakna; ~ **anchor** *v hajó* horgonyt felhúz; ~ **boring** *bány* feltörésfúrás; ~ **by filling** *v ép* feltölt *(területet)*; ~ **chute** *bány* gurító; ~ **climber** *bány*

feltöréshajtó padozat; ~ **drilling machine** *bány* feltörésfúrógép; ~ **face** *bány* ereszke vájvége; ~ **grain** *v bőr* felbarkáz; ~ **housing** *heng* hengerállvány beállítása; ~ **steam** *v hőt* gőzt termel; ~ **stoping** *bány* fejtés alulról felfelé; ~ **time** *el* felfutási idő; ~ **to (a higher) power** *v mat* hatványra emel; ~ **to the second power** *v mat* négyzetre emel; ~**(-)work** *bány* feltörés hajtása, gurítóhajtás

raised emelt; *alak* domború, domborított; *élip* kelt *(tészta)*; *ép* kiálló, kiugró; *tex* bolyhozott; ~ **arch** *ép* emelt/magasított ív; ~ **cable** *ép* felemelt kábel *(iránytöréses feszítésnél)*; ~ **colo(u)r** *tex, vegy* fejlesztett színezék; ~ **datum** *geod* önkényesen felvett alapsík; ~ **deck** *hajó* emelt fedélzet; ~ **design/effect** *tex* domborminta; ~ **fabric** *tex* bolyhozott áru; ~ **figure** *mat* felső index; *nyom* domborkép, patrica; ~ **finish** *tex* bolyhos kikészítés; ~ **footway** *ép* gyalogfelüljáró, pallójárda; ~ **grain** *fa* domború erezet; ~ **groove** *tex* bolyhozási csík *(szövetben)*; ~**-head screw** *gép* lencsefejű csavar; ~ **panel** *ép* domború betéttábla; ~ **print** *nyom* dombornyomás, domború nyomás; ~ **quarter deck** *hajó* emelt lakófedélzet; ~ **shaft** *tex* emelt nyüst; ~ **sill** *hidr* magas küszöb; ~**-strand technique** *ép* iránytöréses feszítési mód; ~ **table** *ép* abakusz, oszlopfejlemez

raiser *élip* élesztő, kovász; *gép* felszállócső

raising növelés, fokozás; *bány* jövesztés, fejtés; vágathajtás alulról felfelé; *bőr* olajvisszanyerés mosóvízből; *élip* kelesztés; *em* emelés; emelkedés; *tex* bolyhozás; ~ **block** *gép* magasító alátét; ~ **cam** *kh* emelőlakat; ~ **force** *em* emelőerő; ~ **gear** *em* emelőmű; ~ **lever** *mech* emelőkar; ~**(-)machine** *tex* bolyhozógép; ~ **mechanism** *em* emelőmű; ~ **of sewage** *hidr* szennyvíz(át)emelés; ~ **of shaft** *bány* aknakihajtás alulról felfelé; ~ **of the stream floor** *hidr* fenékmagasítás; ~ **platform** *em* emelőpad; ~ **press** *pa* emelőprés; ~ **punch** *alak* domborítósajtó; ~ **screw** *gép* függőleges állítóorsó; ~ **to (a) power** *mat* hatványozás, hatványra emelés; ~ **to the third power** *mat* köbre emelés, harmadik hatványra emelés; ~**-up** *geol* feltornyosulás

rake I. *v geod* lejt, dől; *hajó* hajlik, dől; *mzg* gereblyéz; összegyűjt; összeszed; **II.** *n bány* ereszke; meredek telér; nagyolórosta; *el* oszlop sudarasodása; *forg* alászúrás; hajlás(szög), homlokszög, ékszög; homloklap; *geol* dőlés, ferdeség, lejtősség, eltérés a függőlegestől; *hajó* (árboc)dőlés; fenék ferdesége/hajlásszöge; oldalfalak dőlése/dőlésszöge; *hőt* piszkavas, kaparó, kotróvas; *mzg* bontófésű; gereblye; *rep* hátranyilazás, előrenyilazás *(szárnyvégé)*; ~ **angle** *forg* homlokszög; ~ **bar hayloader** *mzg* továbbítóvillás szénarakodó; ~ **basket** *mzg* gereblyekosár; ~ **cathode** *el* tűs katód; ~ **classifier** *bány* gereblyés/kaparós osztályozó; ~ **cornice** *ép* orompárkány; ~ **out** *v ép* kifugáz; ~ **out the fire** *v hőt* tüzet kiolt; ~ **pile** *ép* ferde cölöp; ~ **product** *bány* osztályozó durva terméke; ~**s** *pl bány* kockaszén; ~ **scraper** *hidr* rácstisztító gép; ~ **stacker** *mzg* gereblyés kazalozó, elevátor; ~ **tool** *élip, fa* hántolókés; ~ **type cooling bed** *heng* gereblyés hűtőpad; ~ **vein** *bány* keresztező ér

raked döntött; dőlt; ferde; *mzg* gereblyézett; ~ **joint** *ép* ferdére vágott kihézagolás; ~ **tip** *rep* ferdén levágott szárnyvég; ~ **windscreen/windshield** *gépk* ferde szélvédő

raker *bány* feszke, ferde támfa, segédtám *(robbantás idejére)*; *élip* hántolókés; *ép* keresztirányú merevítőelem, ferde dúc/támoszlop; *fa* fafoggyalu, hántolókés; *hőt* vakaróvas, kaparóvas; *mzg* gereblyegép; ~ **mower** *mzg* gereblyés aratógép

raking *bány* durva rostálás, eltakarítás, lehúzás; *geod* dőlés, lejtés; *mzg* gereblyézés; összegyűjtés, összeszedés; ~ **anchor (sheet) pile** *ép* ferde kihorgonyzású szádfal; ~ **bond** *ép* halszálkakötés, átlós kötés; ~ **off the slag** *koh* salaklehúzás; ~**-out** *ép* téglafalazat fugázása/kihézagolása; ~ **pile** *ép* ferde cölöp; ~**s** *pl bány* diószén, kockaszén; ~ **shore** *ép* ferde (gerenda)dúc; ~ **shoring of a building pit** *ép* munkagödör ferde kidúcolása; ~ **stem** *hajó* előrehajló orrtőke

ralstonite *ásv* ralstonit

RALU → register arithmetical logic unit

ram I. *v alak* átnyom, áthajt; *ép* aláver; döngöl, csömöszöl, besulykol; *hajó* orral nekimegy; vágósarkantyúval ellát; *kat* fojtás tesz *(puskába)*; *önt* bedöngöl; **II.** *n alak* présbélyeg, nyomófej, medve *(kalapácson)*; *bány* áttoló/léptető henger; előtolóhenger; *em* dugattyú; *ép* (beton)döngölő, döngölőgép; sulyok, kézi döngölő; törőkos, verőkos, ütőkos; *forg* késfej *(karusszelgépen)*, gyalufej, vésőfej; szerszámszán; *gép* búvárdugattyú *(tömör)*; *heng* rúdsajtoló dugattyú; *hidr* búvárdugattyú, hidraulikus/vízemelő kos; *hőt* kokszkitoló; *műa* dugattyú, bélyeg, (alsó) présasztal; *ol* beállító fúrókés *(olajfúrásra)*; *rep* torlónyomás; ~**-air flow** *rep* torlónyomásos levegőáram/légáramlás; ~**-air turbine** *rep* torlósugár-hajtómű; ~ **bow** *hajó* sarkantyús hajóorr; ~ **brake** *alak* medvefék; ~ **clamping** *gép* gyalufejbefogás, lökőfejbefogás; ~ **clutch** *ép* verőkoskapcsoló; ~ **compression** *rep* torlónyomásos sűrítés; ~ **cooling** *gépk* hűtés befúvással; ~ **crane** *em* ejtőműves daru; ~ **cylinder** *em* hidraulikus emelőhenger; ~ **drive** *alak* medvemozgatómű; *ép* cölöpverés; *gép* dugattyús hajtás/működtetés; ~**(-)driving point** *ép* cölöpvég csúcsa; ~ **effect** *gépk, rep* torlóhatás; ~ **elevating** *forg* vésőfejemelés; ~ **engine** *ép* cölöpverő gép; törőmű; ~ **extruder** *műa* dugattyús extruder; ~**-feeding device** *gép* továbbítódugattyús adagolóberendezés; ~ **guide** *ép* verőkosvezető sín; ~ **head** *alak* présfej; *ép* ütőfej; ~**(-)impact machine** *alak* alakverő gép; ~ **in** *v ép* bedöngöl; ~ **lift** *em* hidraulikus/dugattyús felvonó/emelőpad; ~**-lift truck** *csom* dugattyús rakodótargonca; ~ **press** *alak* dugattyús prés; ~ **pressure** *rep* torlónyomás; ~ **pump** *hidr* (búvár)dugattyús szivattyú; ~ **pusher** *bány* hidraulikus előtolóhenger; ~ **rocket** *kat* kombinált torlósugár-rakétahajtóműves lövedék; ~ **runner** *ép* verőkosvezető sín; *rep* csúszótalp; ~**s' horn** *ép* hajlított tartóvas; ~**s' horn hook** *em* kétágú daruhorog; ~ **stroke** *alak* medvelöket; *forg* vésőfejlöket; ~ **swivel** *forg* elfordulási szög *(vésőfejé)*; ~ **type blowout preventer** *ol* pofás kitörésgátló; ~ **with concrete** *v ép* betonnal bedöngöl

RAM → radar absorbing material; → radioactive material; → random-access memory; → relative atomic mass; ~ **disc/disk** *szt* RAM lemez, mágneslemez leképezése félvezető tárolóval; ~ **memory** *szt* véletlen elérésű tár, RAM

Raman | **coherent radiation** *fiz* Raman-féle koherens sugárzás; ~ **effect** *fiz* Raman-jelenség; ~ **laser** *fiz* Raman-féle lézer; ~ **liquid laser** *fiz* Raman-féle fo-

lyadéklézer; ~ **scattering** *fiz* Raman-szóródás; ~ **shift laser** *fiz* Raman-féle szórt sugárzású lézer; ~ **spectrometry** *fiz* Raman-féle színképmérés; ~ **spectroscopy** *vegy* Raman-spektroszkópia
ramark *távk* markerrádió; ramark, primer radarirányadó
ramble *bány* álfőte, omlós főte
ramdohrite *ásv* ramdohrit
ramie *tex* rami; ~ **comber** *tex* ramigerebenező/ramifésülő gép; ~ **decorticator** *tex* ramihántoló gép; ~ **fibre/fiber** *tex* ramirost
ramification *fa* ághajtás; *mat* elágazás, szétválás, bifurkáció; ~ **circuit** *el* villaáramkör; ~ **of the track** *vasút* vágányelágazás; ~ **point** *mat* elágazási pont
ramified algorithm *mat* elágazó algoritmus
ramjet (RJ) | (engine) *rep* torlósugár-hajtómű, torlósugaras hajtómű; ~ **engine control** *rep* torlósugaras hajtómű szabályozása; ~ **helicopter** *rep* torlósugárhajtású helikopter; ~ **propulsion** *rep* torlósugárhajtás
rammed *ép* döngölt, sulykolt, csömöszölt; ~ **bottom** *hőt* döngölt kemencefenék; ~ **concrete** *ép* csömöszölt beton; ~ **lining** *koh* döngölt bélés; ~ **loam construction** *ép* csömöszöltagyag-építés; ~ **wall(ing)** *ép* döngölt agyagfal, csömöszölt falazat; vert fal
rammelsbergite *ásv* rammelsbergit
rammer *ép* csömöszölő, sulykoló, cölöpverő kos, verőkos, (föld)döngölő; *kat* lövegcsővakaró; töltőrúd; ~ **log** *ép* kézi verőkos; ~ **plough/plow** *bány* ütközőgyalu
ramming *ép* döngölés, csömöszölés, cölöpverés, aláverés; *kat* fojtás; *rep* nyomásemelkedés; ~ **form** *hőt* sablon kemencebéleléshez; ~ **hammer** *ép* verőkalapács; ~**-in** *ép* cölöpverés; *önt* bedöngölés *(formáé)*; ~**-in by jetting** *ép* öblítéses verés *(szádfalé, cölöpé)*; ~**-in of bar** *koh* sínbedöngölés; ~**(-)machine** *ép* döngölőgép; verőberendezés; ~ **mass/mix** *önt* döngölőanyag; ~ **mo(u)lding(-)machine** *önt* döngöléses formázógép; ~ **pressure** *rep* torlónyomás; ~**-type** *rep* torlónyomást kihasználó
ramp I. *v ép* felemelkedik, felfut *(fal)*; lejt; lejtőben épít; **II.** *n bány* padozat, döntőpad, ürítőpad, rakodó(rámpa); sínreemelő; spirális ereszke; *el* fűrészfog *(jel)*; *ép* rámpa, feljáró, felhajtó; *geol* földgyüremlés, rátolódott vetődés; lejtő, rézsű, domboldal, kaptató; *kat* kivetőszerkezet, katapult; töltőasztal; *rep* forgalmi előtér; parkoló(hely); rakodóhely; utaslépcső; ~ **current** *el* fűrészáram; ~ **equipment** *rep* rakodóberendezés; ~**-forced response** *aut* sebességfüggvényre adott válasz; ~ **for climbing** *bány* csillegördítő csúcssín; ~ **function** *aut* sebességugrás(-függvény); ~ **function response** *aut* sebességugrás-függvényre adott válasz; ~ **generator** *el* fűrészgenerátor; ~ **insertion of reactivity** *at* lineáris reaktivitásnövekedés; ~ **roof** *hőt* lejtős kemenceboltozat; ~ **shoe** *vasút* áramszedő (csúszó)saru; ~ **signal** *el* fűrészjel; ~ **valley** *geol* lejtős/vetődéses völgy, árokvölgy; ~ **voltage** *el* fűrész(fog)feszültség
rampant arch *ép* emelkedő ív/boltozat
rampart *ép* bástya(fal); *kat* földsánc, töltés, védmű; ~ **arch** *ép* parti ív
ramped seating *ép* emelkedő padozatú nézőtéri ülések
ramrod *ép* cölöpverő rúdja; *kat* tisztítóvessző, puskavessző, töltővessző
Ramsay and Joung's rule *vegy* Ramsay—Young-szabály
Ramsden | circle *foto* kilépési pupilla, kilépőpupilla, tárgylencsefényrekesz; ~ **eyepiece** *geod, opt* Ramsden-okulár
ramshackle *ép* rozoga, düledező
rance I. *v bány* alátámaszt, gyámolít; **II.** *n bány* réstuskó, ácsolat, szénpillér; támasz; *ép* állvány
rancid *élip* avas
rancidification *élip* avasodás
rancidify *élip* avasít; avasodik
rancidity *élip* avasság, avasodás
rancidness *élip* avasság
rand | machine *tex* fonalmotringoló gép; ~ **tacker** *cipő* sarokrámázó gép
randannite *ásv, geol* kovaföld, diatomapala
randite *ásv* randit
RANDO → radiation analog(ue) dosimetry
random véletlen(szerű), találomra tett, rendszertelen, esetleges; statisztikus; *ép* szabálytalan; ~ **access** *szt* véletlen/statisztikus/közvetlen elérés/hozzáférés; ~**-access data store** *szt* tetszőleges/véletlen/szabad hozzáférésű adattároló, közvetlen elérésű adattároló; ~**-access device** *szt* véletlen/statisztikus/közvetlen elérésű berendezés; ~**-access file (organization)** *szt* tetszőleges hozzáférésű adatállomány-szervezés; ~**-access memory (RAM)** *szt* véletlen/közvetlen hozzáférésű memória/tároló, RAM, írható-olvasható tár; ~**-access programming** *szt* véletlen/közvetlen hozzáférésű programozás; ~**-access storage** *szt* véletlen/szabad/közvetlen hozzáférésű tárolás; ~ **alloy** *koh* rendezetlen ötvözet; ~ **check** *any* szúrópróba; ~ **coincidence** *fiz, mat* véletlen(szerű)/random koincidencia/egybeesés, álkoincidencia; ~ **component** *távk* véletlen/valószínű összetevő/komponens; ~ **copolymer** *műa* statisztikus (beépülésű) kopolimer; ~ **data** *szt* esetleges adat; ~**-decision process** *szt* véletlendöntés-folyamat, VD-folyamat; ~ **dependence** *szt* valószínűségi/véletlen függőség; ~ **deviation** *aut* véletlen eltérés; ~ **distribution** *mat* véletlen/rendszertelen/statisztikus eloszlás, eloszlástörvény, valószínűségeloszlás; ~ **disturbance** *távk* sztochasztikus zavarójel *(jellemző)*; ~ **encounter** *at* véletlen/statisztikus ütközés; ~ **energy** *at* statisztikus energia; *geof* zavaróenergia, zavaróhullám; *távk* statisztikus zajhullám; ~ **error** *szt* véletlen/rendszertelen/statisztikus hiba; ~ **event** *aut* véletlen esemény; ~ **failure** *gép* váratlan meghibásodás; ~ **function** *mat* sztochasztikus/véletlen folyamat/függvény; ~ **generator** *szt* véletlenszám-generátor; ~ **graph** *mat* véletlen gráf; ~ **input** *aut* véletlen bemeneti behatás; ~ **intervals** szabálytalan térközök; ~ **logic** *szt* véletlen logika; ~ **material** *hidr* kitöltőanyag *(gátakhoz)*; *ip* válogatatlan anyag; ~ **motion** *at* rendezetlen/véletlenszerű/statisztikus mozgás; ~ **noise** *távk* véletlen/statisztikus zaj; ~ **number** *szt* esetleges/véletlen szám; ~**(-)number generator** *szt* véletlenszám-generátor; ~**-number sequence/series** *szt* véletlenszám-sorozat, véletlen eloszlású sorozat; ~ **optimalizer** *aut* sztochasztikus optimalizátor; ~ **orientation** *krist* véletlen/statisztikus orientáció; ~ **packing** *ol* rendezetlen kolonnatöltés; ~ **pattern** *mt* szabálytalan minta *(megmunkált felületen)*; ~ **paving** *ép* legyező (alakú) kiskockakő burkolat; ~ **process** *szt* véletlen/szto-

chasztikus folyamat; ~ **processing** *szt* tetszőleges feldolgozás; ~ **pulse generator** *szt* randomimpulzus-generátor; ~ **quantity** *szt* valószínűségi/esetlegességi változó; ~ **relationship** *távk* véletlenszerű kapcsolat; ~ **rubble masonry** *ép* szabálytalan terméskő falazat; ~ **sample** *any* véletlen/vizsgálati/esetlegességi minta; ~ **sampling** *stat* véletlen mintavétel; ~**-sampling error** *rep* vándorló irányszöghiba; ~ **scattering** *at* statisztikus szór(ód)ás; ~ **sensitivity** *hang* mikrofon statisztikus érzékenysége; *távk* közepes érzékenység; ~ **sequence** esetleges/véletlen/statisztikus sorrend; ~ **sequence welding** *heg* véletlen sorrendű hegesztés; ~ **signal** *távk* statisztikus/véletlen jel; ~**-step function** *szt* valószínűségi ugrásfüggvény; ~**-stone foundation** *ép* alapozás kőhányásra; ~ **test** *any* szúrópróba; ~ **variable (RV)** *stat, szt* véletlen/sztochasztikus/valószínűségi/esetleges változó; ~ **vector** *mat* valószínűségi vektor; ~ **velocity** *mech* irányítatlan/kaotikus sebesség; ~ **vibration** *opt* határozatlan irányú rezgés; ~ **walk** *at* rendszertelen/szabálytalan mozgás, véletlenszerű ütközéses szóródás; ~**-walk problem** *mat* bolyongási probléma; ~ **winding** *el* vadtekercselés; ~ **work** *ép* nem rendszeresen fektetett falazat; ~**-wound coil** *el* vadtekercselésű tekercs

randomization *mat, stat* véletlenszerű elrendezés, randomizáció, randomizálás; ~ **model** *mat* randomizációs/véges modell

randomize *mat, stat* véletlenszerűen elrendez, randomizál

randomized *mat, stat* véletlenszerűen elrendezett, randomizált; ~ **incomplete block** *mat* véletlenszerűen elrendezett nem teljes statisztikai adatcsoport

randomizer *stat, szt* randomizer, randomizáló

randomizing I. *a mat* randomizáló; **II.** *n mat, stat* véletlenszerű elrendezés, randomizáció, randomizálás

randomly fluctuating data *mat, stat, szt* véletlenszerűen/sztochasztikusan ingadozó adatok

randomness *ép* szabálytalanság; *mat* rendszertelenség, véletlen jelleg

Raney nickel *vegy* Raney-nikkel

range I. *v* (el)rendez, osztályoz, sorol, besorol; sorba rak; beoszt; *csill* ráállít *(távcsövet)*; *geod* beáll *(dioptrával, műszerrel)*; szintbe/síkba hoz, egyenest kitűz, kiegyenesít; *hajó* part mentén/hosszában hajózik; *kat* belő; hord, visz; kiszámít, megállapít; meghatároz; **II.** *n* választék, skála, tartomány *(áruké, árake stb.)*; *at* legnagyobb úthossz/távolság; *bány* kőzetrégió; telérvonulat; *el* elemsor; *ép* fekvés; körzet *(városépítésnél)*; *fiz* hatótávolság, hatósugár, terjedelem, értéktartomány; intervallum; távolság; *geol* hegylánc; térség, körzet; *gépk* fordulatszám-tartomány, fordulatszám-határok; gyújtásbeállítási tartomány; *hang* hallótávolság; hangregiszter, hangterjedelem, hangtartomány; *hőt* (főző)tűzhely, takaréktűzhely, konyhatűzhely; *kat* lőhatár, lőtávolság, hordtávolság; lőtér; röptáv(olság), hatótávolság, hatósugár; *koh* hőmérséklet-intervallum *(kritikus pontok közt)*, átalakulási hőtartomány; *mat* (érték)tartomány, terület, domén; sor, sorozat; *mech* teljes kilengés; *metr* mérési terjedelem/tartomány *(műszeré)*, feszültségtartomány; *ol* csővezeték; *opt* látóhatár; *rep* akciórádiusz, áthidalható távolság; *stat* eloszlás terjedelme; *távk* áthidalható távolság, hatótávolság, adás távolsága; működési terület; sáv, tartomány, övezet; ~ **accuracy** *metr* távolságmérés-pontosság, távméréspontosság; ~ **adjustment** *kat* távolsághelyesbítés; *távk* tartománybeállítás, sávbeállítás; távolságbeállítás; ~**-amplitude display** *távk* A típusú indikálás/indikátor; ~ **and bearing fix** *rep* távolság és oldalszög szerinti helyzetpont-meghatározás; ~**-and-height finder** *kat* távolság- és magasságmérő; ~**-approach channel** *rep* térosztóhoz tartozó bevezetősáv; ~ **attenuation** *távk* hatótávcsökkenés; ~ **axis** *távk* távolságtengely *(lokátoron)*; ~**-azimuth presentation** *rep* „távolság-oldalszög" adatfeltüntetés/ábrázolás; ~**-azimuth tube** *távk* iránysugárral dolgozó tájolócső, rádiólokációs indikátorcső; ~**-beacon** *távk* rádió-iránysávadó; ~**-bearing display** *távk* B típusú indikálás, RHI; ~ **boiler** *hőt* tűzhelybe épített vízmelegítő; ~**(-)bombing** *kat* szőnyegbombázás; ~ **calibrator** *távk* távolsághitelesítő *(kör)*; ~ **card** *kat* cél(pont)vázlat; lőlap; ~ **carrier** *mat* értékkészlet, értéktartomány; ~ **change** *távk* sávváltás, hullámváltás *(vevőben)*; ~ **channel** *távk* távolságmérő csatorna; ~ **chart** *kat* tűztervtáblázat; ~ **circuit** *távk* táv(olság)mérő (áram)kör; ~ **coal** *bány* durva (dió)szén/kockaszén; ~ **cone** *rep* küszöbjelző kúp; ~ **control** *kat, távk* céltávolság-beállítás; ~ **correction** *kat* lőtávolság-helyesbítés; ~ **deviation** *kat* oldalgás; ~ **disc/disk** *kat* távolságtárcsa; ~ **discrimination** *rep* távolságbeli felbontóképesség/megkülönböztetés; ~ **distribution** *kat, távk* hatótávolság-eloszlás; ~ **drum** *mt* beosztásos dob; ~ **elevation** *kat* lőtávolságnak megfelelő emelkedés; ~**-energy relation(ship)** *fiz* hatótávolság-energia viszony/összefüggés; ~ **error** távmérési hiba; ~ **extension** *távk* sávbővítés, sávkiterjesztés; ~**(-)finder** → rangefinder; ~ **finding (RF)** *metr* távolságmeghatározás, távolságmérés, távmérés; ~ **gated laser** *fiz* sztroboszkopikus távolságmérő lézer; ~**-gate generator** *távk* távolsági kapujel-generátor; ~**(-)hammer** *fa* fabélyegző kalapács; ~**-height indicator (RHI)** *rep, távk* keresztmetszet-indikátor, légtérellenőrző radar, RHI; ~ **indicator** *kat* irányzékmutató; távolságindikátor; ~ **input** *rep* távolsági radaradat; ~ **instrumentation** *kat* gyakorlótér műszerezése; ~ **into line** *v geod* egyenest kitűz; ~ **laser radar** lézerradaros táv(olság)mérő; ~ **lights** *pl rep* futópálya szegélyfények; ~ **line** *geod* mérővonal bemetszése valamely pontból; *kat* hatótávolság vonala; ~ **mark** *távk* távolságmérő jel; ~**(-)marker** *geol* korjelző; *távk* távolságmeghatározó; ~**-marker circuit** *távk* távolságjel köre; ~**-marker generator/oscillator** *távk* távolságjel-generátor, távolsághitelesítő jelgenerátor; ~**-marker pip** *távk* távolságmérési hitelesítőjel; ~ **measurement** távmérés, távolságmérés; ~**-measuring equipment** távolságmérő berendezés; ~ **multiplier** méréshatár-kiterjesztő; ~ **of action** *kat, távk* hatástartomány, hatótávolság, hatósugár, működési terület; ~ **of adjustment** *aut* beállítási határ/térköz; ~ **of audio frequency** *hang* hangfrekvencia-tartomány, hangfrekvenciás/kisfrekvenciás tartomány; ~ **of capillar groundwater** *talt* kapilláris talajvíztartomány; ~ **of definition/validity** *mat* domén, (zárt) tartomány; ~ **of disturbance** *távk* zavarási tartomány; ~ **of dyes** *tex, vegy* színezékválaszték; ~ **of exact measurement** méréstartomány, mérőtartomány; ~ **of high frequency** nagyfrekvenciás tartomány; ~ **of integration** *mat* integrációs/integrálási határok; ~ **of linearity** *távk* linearitási tartomány; ~ **of load** *el* terhelési határok; ~ **of lost strata** *geol* sztratigráfiai szakadás nagysága; ~ **of medium frequencies** *távk* középfrekvencia-tartomány; ~ **of patterns** *tex* mintagyűjtemény, mintaelem-sorozat; ~ **of pipes** *gép* csőhálózat; *ol* csőrakat; ~ **of pumps** *bány* szivattyúcsalád; ~ **of revolutions** *rep* sebességtartomány, fordulatszám-tartomány; ~ **of scatter** *ép* szórási tartomány; ~ **of sensitivity** *el* érzékenységi/megszólalási/működési tartomány; ~ **of set values** *távk* alapérték-tartomány, beállításérték-tartomány; ~ **of shades** *opt, tex* színskála; ~ **of stress** *mech* feszültségtartomány, teljes feszültségamplitúdó; ~ **of synchronization** *távk* szinkronizálási tartomány; ~ **of the spectrum** *fiz* spektrumtartomány, színképtartomány; ~ **of tide** *hajó* vízjáték; ~ **of transmission** *távk* hatótávolság; ~ **of ultra-high frequency** *távk* URH-tartomány; ~ **of variation** *mat* eloszlás/változás terjedelme *(statisztikában)*; ~ **of very high frequency** *távk* URH-tartomány, ultrarövid-hullámú tartomány; ~ **of visibility** *opt* láthatóság tartománya; ~ **of vision** látóhatártávolság, horizonttávolság; látómező; ~**-only radar** *távk* rádiólokációs távolságmérő; ~ **over** *v* felölel *(területet)*; *kat* visz/hord; ~ **plate** *kat* távolsági táblázat *(lövegtalpon)*; ~ **pole** *geod* kitűzőrúd, irányjelző rúd; ~ **quadrant** *geod* szintezőnegyedlő; ~**-rate laser radar** sebesség- és távolságmérő lézerradar; ~ **ratio** *távk* határértékek viszonya; ~ **resolution** *távk* távolságfelbontó képesség; ~ **scale** *kat* távolságbeosztás; ~ **scanning** *kat* távolságmegállapítás belövéssel; *rep* távolsági letapogatás; ~ **scope** távolsági radarernyő; ~ **section** *kat* tüzérségi mérőszakasz; ~ **selector** *távk* sávválasztó; ~ **straggling** *at* statisztikus úthosszingadozás/úthossz-szórás/hatótávolság-eloszlás; ~ **switch** *távk* hullámsávváltó; ~ **switching** *távk* mérési tartomány átkapcsolása; sávátkapcsolás; ~ **table (RT)** *kat* lőtáblázat; ~ **time** *szt* besorolási idő; ~ **tracking** *távk* távolságkövetés; ~**(-)transmitting potentiometer** *távk* távolságátvivő potenciométer; ~ **type** *v nyom* szedést vonalba állít/osztályoz; ~ **unit** távolságkövető/céltávolság-mérő/céltávolság-követő egység/berendezés; ~**-work** *ép* soros falazás

ranged rendezett, besorolt; *geod* szintbe/síkba hozott, kitűzött; ~ **line** *geod* kitűzött egyenes

rangefinder (RF) *foto* távmérő(s képkereső); *opt* távmérő

ranger *kat, opt* távmérő, távolságmérő

ranging rendezés, osztályozás, (be)sorolás, sorbarakás; megegyezés; beosztás; *csill* ráállítás *(távcsőé)*; *geod* beállás *(dioptrával, műszerrel)*; egyeneskitűzés, síkba hozás; *hajó* hajózás part mentén/hosszában; *kat* belövés; hang(be)mérés; mélységi szórás; *mat* megállapítás, meghatározás, kiszámítás; változás, (ki)terjedés *(határok között)*; *opt* távmérés, távolságmérés; távolságbeállítás; *rep* távolságmeghatározás; ~ **computer** *kat* lőtávolság-számító berendezés; ~ **jib machine** *bány* állítható réselőkaros rakodógép; ~ **laser** *opt* lézeres táv(olság)mérő, távolságmérő lézer; ~ **pole/rod** *geod* kitűzőrúd, jelzőkaró

rank I. *v* osztályoz, beoszt; *fa* máglyáz; **II.** *a élip* megsavanyodó, savanyú, avas; **III.** *n* osztály, sorrend; *kat* rang; *mat* gráf/mátrix rangja; rang(szám); *szt* szintszám; ~ **correlation** *mat* rangkorreláció; ~ **land** *mzg* termékeny föld; ~ **of (a) matrix** *mat* mátrix rangja; ~ **of piles** *ép* cölöpsor, cölöpfal; ~ **of pipes** *hang* sípsor *(orgonán)*; ~ **of switches** *távb* választófokozat *(gépközpontban)*; ~ **of the curve** *mat* görbe rangja; ~ **of the vector system** *mat* vektorrendszer rangja; ~ **oil** *élip* romlott olaj; ~**(-)order method** *hang* felsorolási módszer; ~ **up** *v fa* űrméterbe rak, sarangol

Rankine | cycle *hőt* Rankine—Clausius körfolyamat; ~ **degree (°R)** *hőt* Rankine-fok, abszolút Fahrenheit-fok; ~ **scale** *hőt* Rankine-(hőmérsékleti) skála, abszolút Fahrenheit-skála; ~**'s formula** *ép* Rankine-képlet

ranking osztályozás, besorolás, sorrend-megállapítás; rangsorolás; *fa* máglyázás; *kat* rang, sorrend; *mat, stat* rangsorolás

rankinite *ásv* rankinit

rankness *élip* savanyodás, avasság, bűzösség

Raoult's | activity *vegy* Raoult-aktivitás; ~ **law** *vegy* Raoult-törvény

Rapakivi (granite) *geol* rapakivi

RAPCON → radar approach control

rape *élip* borseprő *(ecetgyártáshoz)*; repce; törköly; ~**-seed oil** *élip* repcemagolaj

raphia → raffia

rapic acid *vegy* elaidinsav

rapid sebes, gyors; *film, foto* nagy fényérzékenységű; *hidr* sodró; *kat* meredek *(huzagolás)*; ~ **access** *szt* gyors hozzáférés; ~**-access disc (RAD)** *szt* gyors hozzáférésű lemez, RAD; ~**-access memory/storage/store** *szt* gyors hozzáférésű/kiolvasású (adat)tároló, gyorstároló, gyorsmemória; ~**-action hammer** *alak* gyors működésű kalapács; ~**-action rammer/tamper** *ép* gyors ütésű (motoros) döngölő; ~ **analysis** *vegy* gyorsanalízis, expresszanalízis, gyorselemzés; ~ **approach** *forg* gyors fogásba kezdés; ~**-assembly erection crane** *em* gyorsszerelő toronydaru; ~**-assembly method** *ép* gyorsszerelő építési mód; ~ **binder** *pa* gyorsfűző; ~ **building hoist** *em* építési gyorsfelvonó; ~**-change device/equipment** *ép* gyorskapcsoló szerkezet; ~ **charging machine** *koh* gyorsberakó berendezés; ~ **combustion** *vegy* élénk (el)égés; ~ **connection** *gép* gyorskötés; ~ **cooler** *vegy* gyorshűtő, gyorsfagyasztó; ~ **cooling** *vegy* gyorshűtés; ~ **equipment** *távb* gyorstávíró készülék; ~**(-)erection (tower) crane** *em* gyorsszerelő toronydaru; ~ **evacuation** *hidr* gyors leürítés; ~ **fast colo(u)r** *tex, vegy* rapid valódi színezék; ~ **feed** *forg* gyors(ított) előtolás; ~ **filter** *hidr* gyors szűrő; ~ **filtration** *hidr* gyors szűrés; ~**-fire** *kat* nagy tűzgyorsaságú, gyorstüzelő; ~**-fire pistol** gyorspisztoly *(sportlövő)*; ~ **forging** gyorskovácsolás; ~ **frame(-)saw** *fa* gyorsjáratú keretfűrész; ~**-hardening Portland cement (RHPC)** *ép* gyorsan kötő/nagy kezdőszilárdságú portlandcement; ~ **heating** *hőt* gyorshevítés; ~ **indexing** *forg* gyors osztómozgás; ~ **inversion system** *aut* gyors inverziós/irányváltoztató rendszer; ~**-iron** *tex* vasalásmentes, vasalást nem igénylő; ~**-iron fabric** *tex* könnyen vasalható kelme; ~ **lens** *foto* nagy fényerejű lencse; ~ **melting** *koh* gyorsolvasztás; ~ **memory** *szt* gyorsmemória; ~ **memory address** *szt* gyorsmemóriacím; ~ **method** *mat* gyors módszer; ~ **mobile crane** *em* önjáró daru; ~ **processing** *szt* gyors feldolgozás; ~**s** *pl hidr* örvény; sellő; vízesés, zuhatag; ~**-scan spectrometer** *fiz* gyors letapogatású színképmérő; ~ **screw** *gép* nagy (menet)emelkedésű csavar; ~**-sequence camera** *tv* nagy sebességű *v.* ultrarapid kamera; ~ **service** gyorsszolgálat; ~ **steam generator** *hőt* gyors gőzfejlesztő; ~ **steel** *koh* gyorsacél; ~ **storage/store** *szt* gyorstároló, gyors működésű/hozzáférésű/kiolvasású tároló; ~**-stroke (pile) hammer** *ép* cölöpverő kalapács; ~ **tannage** *bőr* gyorscserzés; ~ **test** *any* gyorspróba, rövid idejű próba; ~ **transit** gyors áruszállítás; *közl* gyors (tömeg)közlekedés; ~ **transit system** *vasút* gyorsvasút; ~**-traverse lever** *forg* gyorsállító kapcsolókar; ~ **water heater** *hőt* átfolyó(rendszerű) vízmelegítő, autogejzer, gáz-vízmelegítő

rapidly gyorsan; ~ **declining characteristic** *el* meredeken eső karakterisztika

rapidogen dye *tex, vegy* rapidogén színezék

rapper *bány* jelzőharang, jelzőkalapács; *ép* kopogtató; *távk* morzebillentyű

rapping kopogás, kopogtatás; *önt* (minta)lazítás; ~ **hammer/iron** *önt* öntőminta-szétverő kalapács

rare ritka; *vegy* nemes *(anyag)*; ritka *(légréteg)*; ~ **earth (RE)** *vegy* ritkaföldfém(oxid); ~**-earth element** *vegy* ritkaföldfémelem; ~**-earth metal** *vegy* ritkaföldfém; ~ **event** *mat* ritka esemény; ~ **gas** *vegy* nemesgáz; ~**-gas activity** *at* nemesgáz-aktivitás; ~**-gas cartridge** *el* nemesgázos biztosító; ~**-gas configuration** *vegy* nemesgáz-konfiguráció; ~**-gas lightning arrester** *el* nemesgáz villámvédő; ~**-gas tube** *el* nemesgáztöltésű cső; ~ **metal** *vegy* ritka fém; ~ **mixture** *gépk* szegény keverék

rarefaction *fiz* leszívás, kiürítés, evakuálás, ritkítás; ritkulás; *vegy* hígítás; hígulás; ~ **wave** *fiz* ritkulási hullám

rarefactive *fiz, vegy* ritkító, hígító

rarefiable *fiz, vegy* ritkítható, hígítható

rarefied *fiz* ritkított; *vegy* hígított; ~ **air** *fiz* ritkított levegő; ~ **gas** *vegy* ritkított gáz

rarefy *fiz* ritkít; ritkul; *vegy* hígít; hígul

Raschel (machine) *tex* Raschel-gép

Raschig ring/tube *vegy* Raschig-gyűrű

rase → raze

rash *bány* rossz minőségű, osztályba nem sorolt *(szén)*

rasorite *ásv* kernit

rasp I. *v gép* súrlódik; *mt* (meg)reszel, (le)ráspolyoz, (le)kapar, (le)vakar; **II.** *n mzg* patareszelő; *szersz* reszelő, görberáspoly; ~ **bar** *mzg* verőléc *(cséplőgépen)*; ~**(-)bar cylinder** *mzg* verőléces dob *(cséplőgépé)*; ~ **file** *szersz* durva reszelő, ráspoly

rasper *élip* aprítógép, reszelőgép

rasping *gép* súrlódás; *hang* zörgés, recsegés, csikorgás; *mt* (meg)reszelés, (le)ráspolyozás, (le)kaparás, (le)vakarás; reszelék, forgács; ~**(-)machine** *bőr* köszörűgép; *élip* burgonyareszelő (gép); cukorrépaaprító (gép); *forg* forgácsológép

raspite *ásv* raszpit

raster *nyom, tv* képmező; raszter, rács; ~ **burn** *tv* beégés; ~ **count** *nyomd, tv* raszterszám; ~ **graphics** *szt, tv* rasztergrafia; ~ **microscope** *opt* letapogató elektronmikroszkóp, rasztermikroszkóp; ~ **optics** *opt* rácsoptika, raszteroptika; ~ **plotter** *szt* raszter rendszerű rajzgép; ~ **scan** *szt* raszterbontás; *tv* raszteres letapogatás, raszterpásztázás; ~**-scan microscope** *opt* letapogató elektronmikroszkóp; ~ **transmitter** *tv* raszteres adó; ~ **unit** *szt* két szomszédos képelem közötti távolság

rat|-hole *forg* szűk fúrólyuk; *ol* patkánylyuk *(forgatószár részére)*; ~**-hole packer** *ol* kúpos lyukfalpakker; ~**-hole testing** *ol* patkánylyuk-formációvizsgálat; ~**-race** *távk* hibrid csatoló, hibrid T; ~**'s-tail** *szersz* kerek reszelő; *távk* antennaleágazó bekötés; ~**-tail file** *szersz* kerek reszelő

RAT → rocket-assisted torpedo

ratch I. *v gép* fogaz, racsniz, kilincsművel lát el; **II.** *n gép* akasztókapocs, zárópecek; fogasrúd, kilincsrúd, kilincsmű; gátszerezet; ~**(-)drill** *forg* pergőfúró, csavarfúró, furdancs, kerepfúró

ratched *gép* fogazott, racsnizott; ~ **oscillation** *el* fűrészrezgés; ~ **time base** *távk* időben eltolt eltérítőrendszer/eltérítés/időalap

ratchet I. *v gép* fogaz, racsniz, kilincsművel lát el; **II.** *n fa* kerepes asztalosfurdancs; *gép* kilincsmű, reteszelőmű, zárópecek, zárókilincs, akasztókapocs, kallantyú, kerep; racsni; *vasút* zárófog *(biztosítóberendezéshez)*; ~ **bar** *gép* kilincses rögzítő fogasrúd; ~ **bit/brace** *fa* kerepes asztalosfurdancs, kerepfúró; ~ **clamp** *gép* kerepes szorító(kengyel); ~**-closing device** *gép* kilincsszerkezet; ~ **coupling** *gép* kilincsműves kapcsoló; ~ **drill** *fa* kerepfurdancs; kerepfúró; ~ **drive** *gép* kerepes/kilincsműves hajtás/hajtószerkezet; ~ **feed** *forg* kilincsműves előtolás; ~ **gear** *gép* kilincskerék; rögzítőkilincses zárómű; ~ **hob** *forg* kilincskerék-csigamaró; ~ **jack** *em* fogasrudas/kilincsműves emelő; ~ **lever** *gép* kilincskar; ~ **mechanism** *gép* kilincsmű, kilincses zárómű; ~ **motion** *gép* kilincsmű, kerep; ~ **pawl** *gép* kilincskerék zárókilincse; ~ **puller** *em* kötél-vonóelemes emelő; ~ **rack** *gép* kilincs; ~ **screwdriver** *szersz* racsnis csavarhúzó; ~ **spanner** *szer* kilincses/kerepes csavarkulcs; ~ **stock** *gép* kilincsműrúd, racsni; ~ **stop** *gép* ütközőkilincs; ~ **threader** *forg* kerepes menetvágó; ~ **time(-) base** *tv* időben eltolt eltérítés; ~ **to eliminate running-back** *gép* visszafutás-biztosítás *(kerepes)*; ~ **tooth** *gép* kilincskerékfog; ~**-tooth clutch** *gép* kilincsműves tengelykapcsoló; ~**-wheel** *gép* akasztókerék, kilincskerék, tolótárcsa; ~**-wheel gear** *gép* kilincskerekes mechanizmus; ~ **wrench** *szer* kilincsműves anyacsavar-behajtó gép, racsnis kulcs

ratcheting *at* üzemanyagburkolat-deformáció *(fűtőelemrúd hasadóanyagának és tokjának szétválása)*

rate I. *v* értékel; osztályoz, sorrendet megállapít; *el, gép* arányosít; méretez *(terhelésre, igénybevételre)*; *ip* becsül, felbecsül, megbecsül, (fel)értékel, kalkulál, kiszámít; normát megállapít; tarifál; *metr* kalibrál; névleges jellemzőt megállapít, teljesítményt meghatároz/mér; **II.** *n* osztályozás, értékelés; minősítés, becslés; ütem, sebesség; mérték; *el* töltőáram erőssége *v.* előírt mértéke; *gyógyv* szétesés tartama, átalakulási arány; *heg* leolvadási sebesség; *hidr* áram, átömlő mennyiség, átfolyás; *ip* (helyi) adó; árfolyam; díjszabás; munkaszabvány, munkaütem, norma; tarifa, fuvardíj, menetdíj; *mat* arány(szám), viszony; egybeesés foka; *mech, gépk* sebesség, gyorsaság; ütem; *metr* időegységre eső értékváltozás, egységre vonatkoztatott változás; ~ **action** *aut* differenciálóhatás, elébevágó hatás, D-hatás; ~**-action control** → ~ action; ~**-action controller** *aut* differenciálószabályzó, D-típusú szabályozó *(rendszer)*; ~ **altitude** *rep* névleges magasság; ~ **cap** *ol* mérőszáj *(gázmérőn)*; ~ **classification** tarifabesorolás, tarifaosztályozás; ~ **constant** *vegy* reakció sebességi állandója; reakciósebesség; ~ **control** *at, vegy* sebességszabályozás; *aut* arányos/differenciáló/elébevágó szabályozás; D-szabályozás; ~**-controlling process/step** *vegy* sebességmeghatározó folyamat; ~**(-)determining stage/step** *vegy* reakciósebességet megszabó részreakció; ~ **feedback** *aut* sebesség-visszacsatolás; ~ **fixer** *ip* normamegállapító, normás; ~ **fixing** *ip* normamegállapítás; ~ **forming** *alak* gyorssajtolás; ~ **governor** *aut* sebességszabályzó; ~**-grown junction** *aut* szabályozott növekedésű átmenet; ~**-grown transistor** *félv* húzott tranzisztor; ~ **growth** *krist* fokozatos húzási eljárás, fokozatos növekedés; ~**-growth technique** *krist* húzási eljárás; ~ **needle valve** *gép* differenciáló fojtás; ~ **notification** *en, ip* díjközlés; ~ **of absorption** *tex* felhúzási sebesség *(színezéké)*; ~ **of advance** *bány* kihajtási sebesség/teljesítmény; ~ **of angular motion** *mech* szögsebesség; ~ **of approach** *mech* közeledési sebesség; ~ **of change** *aut* változási sebesség; ~**-of-change circuit** *távk* differenciáló áramkör; ~**-of-change relay** *el* meredekségrelé; ~ **of chronometer** *csill* kronométer járása; ~ **of climb** *rep* emelkedési sebesség; ~ **of climb indicator** *rep* variométer, emelkedésmérő, emelkedésmutató; ~ **of combustion** *vegy* égési sebesség; ~ **of consolidation** *talt* konszolidációs viszonyszám; ~ **of cooling** *hűt* hűtés sebessége; *koh* edzési sebesség; *krist* lehűlési sebesség; ~ **of corrosion** *koh* korróziósebesség; ~ **of crystalline growth** *krist* kristályosodási sebesség; ~ **of crystallization** *krist* kristályosodási/kristályosítási sebesség; ~ **of cure** *gumi* vulkanizálás előrehaladása/sebessége; ~ **of cutting** *forg* forgácsolási sebesség; ~ **of decay** *at* radioaktív bomlássebesség; ~ **of decrease** *aut* csökkenési sebesség; ~ **of descent** *rep* süllyedési sebesség; ~ **of diffusion** *vegy* diffúziósebesség; ~ **of discharge** *el* kisülési sebesség; *koh* kifolyási sebesség; ~ **of dissociation** *vegy* disszociációs sebesség; ~ **of dissolving** *vegy* oldási/oldódási sebesség; ~**-of-drying curve** *tex* szárítás mértékét mutató görbe; ~ **of evaporation** *vegy* párolgási sebesség/intenzitás; ~ **of exchange** *el* kicserélődési sebesség; ~ **of exhaustion** *tex* kimerülés/kihúzás mértéke; ~ **of exposure** *at* dózis; *foto* megvilágítás mértéke; ~ **of fall of concentration** *el* koncentrációesés, koncentrációcsökkenés; ~ **of feed(ing)** *forg* előtolási sebesség; *ip* adagolási/etetési sebesség; *tex* behúzási sebesség; ~ **of film deposition/formation/growth** *vegy* rétegépülési sebesség; ~ **of filtration** *hidr* szűrési sebesség; ~ **of fire** *kat* tűzgyorsaság; ~ **of fitting** *bány* csillerendezési sebesség; ~ **of flow** *hidr* folyási sebesség/intenzitás, vízhozam, folyadékhozam; *ol* termelési mérv; ~**-of-flow meter** *hidr* fogyasztásmérő; ~ **of flow runoff** *hidr* vízhozam; ~ **of formation** *krist, vegy* képződési sebesség; ~ **of heating** *hőt* melegítési sebesség; ~ **of incidence** *fiz* felületi ütközési gyakoriság; ~ **of increase** *aut* növekedési sebesség; ~ **of infiltration** *hidr* beszivárgási sebesség; ~ **of inflow** *bány* beáramlási sebesség; ~ **of information transmission** *szt* információátviteli ráta; ~ **of inherent regulation** *aut* önbeállási sebesség; ~ **of injection** *gépk* befecskendezés sebessége; ~ **of interest** *ip* kamat, kamatláb; ~ **of knitting** *tex* nyüstsűrűség mértéke; ~ **of loading** *any, mech* terhelés fokozási sebessége; ~ **of nucleation** *krist* csíraképződési sebesség; ~ **of occurrence** *mat* előfordulási gyakoriság; ~ **of penetration** *ol* fúrási sebesség; ~**-of-penetration log** *ol* fúróhaladás-görbe; ~ **of pouring** *önt* öntési sebesség; ~ **of production** *ip, ol* termelési hozam; ~ **of propagation** *fiz* terjedési sebesség; ~ **of reaction** *vegy* reakciósebesség; ~ **of reading** *szt* olvasási sebesség; ~ **of recombination** *vegy* rekombinációs sebesség; ~ **of response** *el* reagálási/működési/megszólalási/meghúzási sebesség; ~ **of rise** *aut* meredekség; *rep* emelkedési sebesség; ~ **of rise of gate current** *félv* vezérlőáram-meredekség; ~ **of rise of load current** *félv* terhelőáram-meredekség; ~ **of rise to maximum** *aut* relatív emelkedési sebesség/meredekség *(maximumig)*; ~ **of roll adjustment** *heng* állítási sebesség; ~**-of-roll indicator** *rep* bedőlésmérő; ~ **of scanning** *tv* letapogatási sebesség; ~ **of sedimentation** *geol* ülepedési sebesség; ~ **of seepage** *vegy* átszivárgó mennyiség; ~ **of self-regulation** *aut* önbeállási sebesség; ~ **of shear** *mech* nyírósebesség, nyírási sebesség; ~ **of shrinkage** *tex* zsugorodási mérték; ~ **of sideslip** *rep* oldalgás/oldalcsúszás mértéke; ~ **of slip** *krist* csúszás sebessége; ~ **of stock(-)removal** *forg* leválasztott forgácsmennyiség *(időegység alatt)*; ~ **of subsidience** *bány, geol* ülepedési/leülési/megszállási sebesség; ~ **of swelling** *tex* duzzadás mértéke, duzzadási együttható; ~ **of transmission** *távk* adássebesség, átviteli sebesség; ~ **of transmission of information** *szt* információátviteli sebesség; ~ **of travel** *gépk* haladási sebesség; ~**-of-turn recorder** *rep* fordulásmutató; ~ **of uptake** *tex* felhúzósebesség; ~ **of vaporization** *krist* gőzölgési sebesség; ~ **of vapo(u)r deposition** *krist* felgőzölés sebessége; ~ **of vulcanization** *gumi* vulkanizálási sebesség; ~ **of work** *ip* munka hatásfoka/intenzitása; ~**-of-yaw indicator** *rep* legyezésmutató, legyezésmérő; ~ **resistor** *aut* differenciálófojtás; ~ **response** *aut* D-hatás, differenciálóhatás, elébe vágó hatás; ~**s** *pl ip* díjszabás; ~ **structure** *ip* törvényes tarifák; ~ **time** *aut* differenciálási *v.* elébe vágási idő

rated megállapított, megszabott; névleges; ~ **altitude** *rep* névleges/számított magasság; ~ **blowing(-)current** *el* névleges olvadóáram; ~ **breaking-capacity** *el* névleges megszakítókapacitás; ~ **burden of a current transformer** áramváltó névleges teljesítménye/terhelhetősége; ~ **capacity** *el, gép* névleges teljesítmény/terhelhetőség; ~ **characteristic** *el, gép* névleges jellemző; ~ **conditions** *pl el, gép* névleges jellemzők/paraméterek/terhelés; ~ **consumption** *el* névleges teljesítményszükséglet; ~ **cooling conditions** *félv* névleges hűtési módok; ~ **cooling parameters** *félv* névleges hűtési jellemzők; ~ **current** *el* névleges áram(erősség); ~ **damage(-)limited power** *el* szinuszos terhelhetőség; ~ **DC voltage** *el* névleges egyenfeszültség; ~ **diameter** névleges átmérő; ~ **energy** *távk* visszanyert energia; ~ **engine speed** *rep* hajtómű névleges fordulatszáma; ~ **excitation** *el* névleges gerjesztőáram; ~ **flow** *fiz* névleges áramlás; ~ **frequency** *távk* névleges/kijelölt frekvencia; ~ **head** *hidr* szerkesztési esés; ~ **horsepower (r.h.p.)** *gépk* névleges teljesítmény; ~ **impedance** *el* névleges impedancia; ~ **input** *el* névleges teljesítményfelvétel/teljesítményszükséglet; ~ **input current** *el* névleges bemenőáram; ~ **input voltage** *el* névleges bemenőfeszültség; ~ **life** *gép* névleges élettartam *v.* hasznos működési idő; ~ **load** *el* névleges terhelés/terhelhetőség; *mech* névleges teher; ~ **making-capacity** *el* névleges kapcsolókapacitás; ~ **motor torque** *el* motor névleges (indító)nyomatéka; ~ **on-state overload current** *félv* nyitóirányú névleges túlterhelési áram; ~ **output** *el, gép* névleges teljesítmény/teljesítőképesség; ~ **output power** *el* névleges kimenőteljesítmény; ~ **performance** *el, gép* névleges teljesítmény; ~ **power** *el* névleges teljesítmény/terhelhetőség; ~ **pressure** *gép* névleges nyomás, üzemnyomás; ~ **revolutions** *gép* névleges fordulatszám; ~ **secondary voltage** *el* névleges szekunderfeszültség; ~ **speed** *gép* névleges sebesség; *rep* névleges fordulatszám *(teljesítményhez tartozó)*; ~ **temperature** *el, gép* előírt hőmérséklet; ~ **temperature(-)rise voltage** *el* névleges feszültség, maximális (megengedett) üzemi feszültség; ~ **terminal voltage value** *félv* névleges csatlakozási kapocsfeszültség; ~ **thrust** *rep* névleges tolóerő; ~ **tractive force** *gépk* névleges vonóerő; ~ **value** *el, gép* névleges érték; ~ **voltage** *el* névleges feszültség; ~ **watt consumption** *el* névleges felvett teljesítmény

ratemeter *at* impulzussűrűség-mérő, impulzusszámláló, ratemeter, sugárzáserősség-mérő

RATFOR (Rational Fortran) *szt* FORTRAN preprocesszor

rating sorrend-megállapítás, osztályozás; értékelés; *el, gép* névleges teljesítmény/terhelés/jellemző(k)/paraméter(ek); teljesítmény-meghatározás, teljesítménymérés, névleges jellemzők meghatározása; *gép* arányosítás; *hajó* (hajó)osztály; *ip* (fel)becslés, megbecslés; kalkuláció; tarifálás, márkázás, normamegállapítás, normázás; *metr* kalibrálás; *rád, tv* nézettségi fok; *rep* szakmai minősítés; ~ **at wheel(-)rim** *vasút* kerék területén mért teljesítmény, kerületi teljesítmény; ~ **chart** *el* teljesítménydiagram, teljesítményábra; ~ **curve** *hidr* vízhozamgörbe, vízállásgrafikon; ~ **curve for the (current) meter** *hidr* szárnyegyenlet; ~ **curve of sprinklers** *hidr* szórófej Q-H jelleggörbéje; ~ **flume** *hidr* mérőcsatorna; ~ **of hydraulic structures** *hidr* műtárgyak hitelesítése; ~ **of well** *ol* olajkút teljesítőképessége; ~ **plate** *ip* géptörzslap; ~ **relay** *el* szaggató jelfogó; ~**(-)scale method** *hang* rangsorolási módszer

ratio *el* áttétel *(transzformátoré)*; *mat* arány(szám), viszony(szám); hányados, kvóciens; ~ **adjuster** *el* megcsapolásátkapcsoló *(transzformátoron)*; ~**-adjusting device** *aut* arányállító; ~ **analyser/analyzer** *aut* arányelemző, arányanalizátor; ~**(-)arm** *el* mérőhídág, hídelem, aránykar; ~**-arm box** *el* ellenállásszekrény; ~**-arm bridge circuit** *el* aránykaros mérőhíd; ~**-arm instrument** *geof* kapacitív gradiensviszony-mérő; ~ **bridge** *geof* gradiensviszony-mérő híd, erőtérviszony-mérő híd; ~ **control** *aut* arányszabályozás; ~ **controller** *aut* arányszabályozó; ~ **detector** *távk* aránydetektor, viszonydetektor, rációdetektor; ~**-diameter** átmérőviszony; ~ **discriminator** *távk* aránydiszkriminátor; ~ **error** *aut* áttételi hiba, arányhiba; ~ **flow controller** *aut* átfolyásiarány-szabályozó; ~ **governing** *koh* keverési arány szabályozása; **in** ~ *mat* egyenes arányban; ~ **indicator** *aut* arányindikátor, arányjelző; ~ **instrument** logométer, hányadosmérő; ~ **measurement** aránymérés; ~ **meter** aránymérő, hányadosmérő, logométer; ~**-meter method** *geof* gradiensviszony-mérés módszere; ~ **of air(-)need and flue(-)gas** *hőt* tüzelési hányados; ~ **of components** *vegy* keverékarány; ~ **of compression** *gép* kompresszióviszony; *rep* sűrítési arány; ~ **of concentration** *vegy* töménységi arány; ~ **of current gain factors** *el* áramerősítő tényezők viszonya; ~ **of expansion** kitágulási/terjeszkedési arány; ~ **of foreshortening** *mat* rövidülés(i arány) *(axonometriában, ferde vetületben)*; ~ **of reinforcement** *ép* vasaláshányad; ~ **of rise and tread** *ép* lépcsőkar lejtése; ~ **of slenderness** *mech* karcsúsági arány; ~ **of slope** *talt* rézsűhajlás; ~ **of specific heat capacities** *fiz* adiabatikus kitevő; ~ **of specific heats** *fiz* fajhőviszony; ~ **of stroke to diameter** *gépk* furat-löket arány; ~ **of transformation** *el* transzformátoráttétel; ~ **pyrometer** *hőt* aránypirométer; ~ **regulation** arányszabályozás; ~ **relay** *el* arányrelé; ~ **separator** *koh* centrifugális osztályozó; ~ **switch** *el* fokozatkapcsoló; *távk* feszültségosztó kapcsoló *(lokátoré)*; ~ **test** *mat* hányadoskritérium; ~**-type telemeter** *metr* aránytávmérő

rational ésszerű, értelmes; *mat* racionális; ~ **curve** *mat* racionális görbe *(csak racionális pontokból áll)*; ~ **design** *ép, gép* számításos méretezés; ~ **fraction** *mat* racionális tört(szám); ~ **integer/number** *mat* egész (szám), racionális egész

rationality ésszerűség; *mat* racionalitás; ~ **rule of indices** *krist* indexek racionalitásának törvénye

rationalization *ip* ésszerűsítés, racionalizálás

rationalize *ip* ésszerűsít, racionalizál; *mat* racionális alakra hoz

RATO → rocket-assisted take-off

RATT → radio-teletype

rattan *fa* spanyolnád, nádpálma; ~ **machinery** *fa* spanyolnádfonó gép; ~ **seat** *fa* nádfonatú szék(ülés)

ratteen *tex* ratiné *(gyapjúszövet)*

ratteening *tex* ratinálás

rattle I. *v bány* rostál; *gép* (be)rezeg, remeg, vibrál, zörög; **II.** *n bány* rosta; *gép* recsegés, ropogás, kopogás, zörgés; *pa* csengés, pengés; ~ **barrel** *önt* öntvénytisztító dob; ~ **table** *ép* rázóasztal *(betonvizsgálathoz)*

rattler *önt* öntvénytisztító dob; ~ **test** *any* aprózódási vizsgálat *(dobban)*; *önt* dobszilárdság-vizsgálat

rattling *bány* rostálás; *gépk* (be)rezgés, vibrálás, remegés, zörgés, zörej

raumite *ásv* raumit

ravel I. *v kh* felbont, felfejt; *tex* feslik; gubancol; összebonyolít, összekuszál; **II.** *n tex* összebonyolódás, gubanc; szálakra bontás; ~ **back** *v kh* visszafejt *(kötést)*

ravelling, *US* **raveling** *kh* felfejtés, felbontás; *tex* feslés; gubancolás, összebonyolítás, összekuszálás

ravine *geol* vízmosás, hasadék, szurdok(völgy), hegyszoros, torda; ~ **stream** *geol* hegyi patak

raw nyers; nyirkos; *any* durva; *bány, koh* dúsítatlan; *bőr* kikészítetlen; *foto* exponálatlan; *ip* megmunkálatlan, feldolgozatlan; *ol* finomítatlan; ~ **board** *pa* nyerslemez; ~ **casting** *önt* nyersöntvény; ~ **coal** aknaszén; ~ **cotton** *tex* magvas gyapot *(nem egrenált)*; ~ **data** *szt* eredeti/elsődleges adatok, nyersadatok; ~ **data reading** *szt* elsődleges adatok leolvasása; ~ **edge** *bőr* tisztázott vágású bőrszél; *tex* beszegetlen szél; ~ **gas** *ol* nyersgáz; ~**(-)gas offtake** *ol* nyersgázelvezető; ~ **gasoline** *ol* nyersgazolin, természetes gazolin; ~ **goods** *pl ip* félkész áru/gyártmány; ~ **grain** *élip* tisztítatlan/piszkos gabona; ~ **ILS** *rep* ILS alapjel; ~ **ingot** *önt* nyerstuskó; ~ **juice** *cu* diffúziós lé; *élip* nyerslé; ~ **lead** *koh* nyersólom; ~ **material** *ip* nyersanyag, alapanyag; *vegy* kiindulási anyag; ~-**material deposit** *bány* nyersanyaglelőhely; ~ **matte** *vegy* nyerskéneskő; ~ **milk** *élip* nyerstej; ~ **movement** *finm* váz *(óraalváz és órahíd)*; ~(-)**nickel matte** *vegy* nikkeles kéneskő; ~ **ore** *koh* nyersérc; ~ **paper** *pa* nyerspapír; ~ **phosphate** *vegy* nyersfoszfát; ~ **product** *ip* nyerstermék; ~ **rubber** *gumi* nyersgumi; nyerskaucsuk; ~ **sienna** *ker* natúr sziénai föld; ~ **silk** *tex* nyersselyem; ~ **silver** *koh* kohóezüst; ~ **size** *ip* nyersméret; ~ **sludge** *hidr* friss iszap, nyersiszap; ~ **staple** *élip* alapnyersanyag; ~ **steel** *koh* nyersacél; ~ **stock** *film* filmnyersanyag; *ip* nyersanyag; *ol* kiindulási anyag; ~(-)**stock dyeing** *tex* színezés szálban; ~(-)**stock wool dryer** *tex* gyapjúszárító; ~ **sugar** *cu* nyerscukor; ~ **tape** *hang* nyers szalag; ~ **timber** *fa* faanyag *(nyersanyag)*; ~ **titanium** *koh* nyerstitán; ~ **water** *hidr* üzemi derítetlen/szűretlen víz, nyersvíz; ~(-)**water network** *hidr* üzemivíz-hálózat; ~ **wood** *fa* kidolgozatlan fa(anyag)

rawhide *bőr* nyersbőr, cserzetlen bőr; ~ **gear** *gép* bőr fogaskerék; ~ **hammer** *bőr* nyersbőrkalapács; ~ **leather** *bőr* szironybőr; ~ **picker** *tex* cseres vetőfej; ~ **store** *bőr* nyersbőrraktár

RAX → rural automatic exchange

ray I. *v any* átvilágít; *fiz* sugároz, kisugároz, besugároz; sugárzik, kisugárzik; **II.** *n fiz, opt* csík, sáv; sugár, fénysugár; *geod* mérőasztalon kihúzott vonal, irányvonal; *mat* sugár, egyenes, zárt félegyenes, félsugár; ~ **centre/center** *mat* hasonlósági középpont; ~ **contrast** *tv* sugárkontraszt; ~ **deviation** *fiz* sugártörés; *opt* fénytörés; ~(-)**divider** *opt* fénysugárbontó; ~ **from object point** *opt* képsugár, képalkotó sugár; ~ **loading** *sug* sugárterhelés; ~ **of light** *opt* fénysugár; ~ **of sound** *hang* hangsugár; ~ **optics** *opt* geometriai optika, sugároptika; ~ **path** *opt* sugárút, sugármenet *(lencserendszerben)*; ~ **rod** *geod* sugárrúd *(sztereoplanigráf része)*; ~**s** *pl fiz* sugárzás; ~**s of equal length of wave** *fiz* azonos hullámhosszú sugarak; ~ **tracing** *opt* sugárátvezetés; *szt* számítógépes animáció

rayé ribbon *tex* csíkos szalag

rayed *mat* sugaras, sugár alakú; *tex* csíkozott; ~ **polish** *krist* sugaras csiszolás *(ékkőé)*

raying *any* átvilágítás; *fiz* sugárzás, kisugárzás, besugárzás; *tex* csíkozás

Rayleigh | criterion *fiz* Rayleigh-féle feloldóképességkritérium; Rayleigh-kritérium; ~ **disc/disk** *hang* Rayleigh-tárcsa, Rayleigh-korong; ~ **distillation** *vegy* Rayleigh-féle desztillációs eljárás; ~ **flow** *fiz* diabatikus áramlás, Rayleigh-áramlás; ~-**Jeans law** *fiz* Rayleigh—Jeans törvény; ~ **limit** *opt* Rayleigh-vonal; ~ **loop** *távk* Rayleigh-hurok; ~ **ohm** valódi ohm; ~ **refractometer** *opt* Rayleigh-interferométer; ~ **region** *fiz* Rayleigh-tartomány; ~-**Ritz method** *fiz* Rayleigh—Ritz módszer; ~ **scattering** *fiz* Rayleigh-szórás, Rayleigh-szóródás, Rayleigh-féle szórás; ~**'s distribution** *mat* Rayleigh-eloszlás; ~**'s law** *fiz* Rayleigh-törvény; ~ **surface wave** *hang* akusztikai felületi hullám; ~ **wave** *geof* Rayleigh-féle hullám; *hang* akusztikai felületi hullám; ~ **zone** *fiz* Rayleigh-tartomány

rayless *fiz* sugárzás nélküli; *geod* irányvonal nélküli

raymark *távk* rádió-irányjeladó, lokátor-irányjeladó

Raymond mill *élip* Raymond-féle őrlőmalom

rayon *tex* műselyem, regenerált cellulóz szálasanyag; ~ **cord** *tex* műselyem kord; ~ **fabric** *tex* műselyem áru *(végtelen szálú fonalból)*; ~ **factory** *tex* műselyemgyár; ~ **fibre/fiber** *tex* műselyem szál; ~ **filament** *tex* műselyem fonal *(végtelen szálú)*; ~-**filament loom** *tex* műselyemszövő gép; ~ **industry** *tex* műselyemipar; ~ **plant** *tex* műselyemfonoda, műselyemgyár; ~ **slasher** *tex* műselyemírező gép; ~ **staple** *tex* műszál; ~ **yarn** *tex* műselyem fonal

rayproof *at* sugárbiztos, sugár ellen védett

rayproofing *at* sugárvédelem

raze *ép* elegyenget, simít; lerombol; *szt* töröl, eltöröl, megsemmisít

razor *szersz* borotva; ~(-)**edge** *geol* éles hegygerinc; *gép* éles szöglet/perem; *szersz* borotvaél; ~-**sharp picture** *tv* borotvaéles kép; ~ **temper** *hők* borotvaedzés

Rb → rubidium

RB → roller bearing

RBAM → remote batch access method

RBE → relative biological effectiveness

RC → radio code; → radio component; → reaction coupling; → reduced charge; → reinforced concrete; → remote control; → resistance-capacitance; → reverse current; → ringing circuit; → rotary converter; → rough cutting; → rubber-covered

RCE → remote-control equipment

RCP → radar chart projector

RCR → reverse-current relay

RCS → reaction-control system; → remote-control system

rcstn → radio-compass station

RCTL → resistor-capacitor transistor-logic

RD → research-and-development; → root diameter

RdAc → radioactinium

RDF → radio direction(-)finder; → radio direction(-) finding; → repeater distribution frame

RDMM → relative deviation minimization

RdTh → radiothorium

Re → Reynolds number; → rhenium

RE → rare earth; → reference electrode; → refrigerating effect

reach I. *v* elér; terjed; *geol* (ki)terjed, terül, (ki)nyúlik; *tex* adogat *(befűzőnek)*; **II.** *n* elérés; elérhetőség; távolság, kiterjedés, terjedelem; *em* (gém)kinyúlás, hatósugár; *forg* késtartó-hosszabbító, hosszú szárú késtartó; *gépk* tengelytávállító; *hidr* böge, duzzasztott folyószakasz/víztér; egyszerre átlátható folyamszakasz; tengeröböl; *kat* hordtávolság, hatótávolság, működéskör, hatáskör, hatókör; *mech* karhossz; *tex* hengerköz, nyújtóhengerosztás; ~ **fork** *em* kitolható villa; ~-**over edge** *ép* kiugó párkány; ~ **range** *em, kat* hatósugár; ~ **rod** *gépk* hosszirányú kormányrúd; ~-**through voltage** *el* átszúrási feszültség; ~ **truck** *em* tolóoszlopos emelőtargonca; ~-**type tool** *szersz* hosszú szárú szerszám

reachable elérhető, hozzáférhető; ~ **strategy** *szt* hozzáférhető stratégia

reacher-in *tex* láncfonaladogató *(személy)*

reaching-in frame *tex* befűzőgép

react *fiz* reagál, visszahat, ellenállást fejt ki
reactance *el* induktív/reaktív/látszólagos ellenállás; reaktancia, meddőellenállás; ~ **amplification** *el* parametrikus erősítés, reaktanciaerősítés; ~ **amplifier** *el* parametrikus erősítő, reaktanciaerősítő, mavar; ~ **bond** *el* reaktanciakapcsolás; *vasút* impedanciakötés, önindukciós sínkötés; ~**-capacitance coupling** *el* komplex/induktív-kapacitív csatolás; ~ **chart** *el* reaktanciadiagram; ~ **circuit** *el* zárókör, fojtókör; ~ **coil** *el* fojtótekercs; ~ **coil with air core** *el* légmagos fojtótekercs; ~ **coil with iron core** *el* vasmagos fojtótekercs; ~ **component** *el* meddő/reaktáns összetevő; ~ **coupling** *el* reaktanciacsatolás; ~ **current** *el* meddőáram, watt nélküli áram; ~ **diode** *félv* reaktanciadióda; ~ **drop** *el* reaktanciaesés; ~ **four-terminal network** *el* reaktáns négypólus; ~ **line for waveguides** *távk* hullámvezető-hangoló vezeték; ~ **modulator tube** *távk* reaktanciacső; ~ **output** *el* meddő teljesítmény; ~ **quadripole** *el* reaktáns négypólus; ~ **regulator** *el* változtatható fojtótekercs; ~ **relay** *el* reaktanciarelé; ~ **rise** *el* reaktanciaemelkedés; ~ **stage** *el* reaktanciafokozat; ~ **starter** *el* indítófojtó; ~ **theorem** *el* Foster-tétel; ~ **transistor** *félv* reaktanciatranzisztor; ~ **tube** *távk* reaktanciacső; ~**-tube modulator** *távk* reaktanciacsöves modulátor; ~**-tube stage** *távk* reaktanciafokozat; ~ **valve** *távk* reaktanciacső; ~ **voltage** *el* reaktanciafeszültség
reactant *vegy* reagálóanyag, reagens, reakciós partner
reacting | **fuel** *ol* reakcióba lépő fűtőanyag; ~ **pile** *at* reaktor; ~ **plasma** *at* reakcióképes plazma; ~ **substance** *vegy* reagens; ~ **volume** *vegy* reakcióban részt vevő térfogat; ~ **weight** *vegy* egyenértéksúly, reagáló tömeg
reaction *mech* támaszponti erő, támaszerő, (támasz)-reakció; *vegy* kémhatás; reakció, reagálás; visszahatás, ellenhatás, reakció; ~ **apparatus** *vegy* (kémiai) reaktor; ~ **between crystals** *krist* kristályreakció; ~ **blading** *hőt* reakciós lapátozás; ~ **brazing** *heg* reakciórendszerű keményforrasztás; ~ **brush** *el* felfutó kefe; ~ **capacitance** *el* visszacsatoló kapacitás; ~ **capacitor** *el* visszacsatoló kondenzátor; ~ **cavity** *távk* visszacsatoló rezonátor; ~ **chain** *at, vegy* láncreakció; ~ **chamber** *kat* töltényűr; *ol* reaktor, reakcióedény, reaktorkemence; ~ **channel** *at* reakciócsatorna; ~ **circuit** *el* visszacsatoló áramkör; ~ **coil** *el* reaktanciatekercs, induktor, fojtótekercs; *ol* csőkígyós/csőköteges reaktor, reaktorcsőkígyó; ~ **conductance** *el* visszacsatoló vezetés, rács-anód vezetőképesség; ~ **control** *el* visszacsatolás-szabályozás; ~**-control system (RCS)** *rak* kishajtóműves stabilizáló és helyzetváltoztató rendszer; ~ **coupling (RC)** *el* visszacsatolás *(véletlen)*; ~ **cross(-)section** *at* kölcsönhatási keresztmetszet; reakciós hatáskeresztmetszet; ~ **energy** *at, vegy* reakcióenergia; ~ **enthalpy** *at, fiz* reakcióentalpia; ~ **entropy** *at, fiz* reakcióentrópia; ~ **equation** *at* reakcióegyenlet; ~ **factor** *fiz* visszahatási tényező; ~ **field in the dielectric structure** *fiz* polarizációs tér; ~ **flask** *vegy* reakciós lombik; ~ **force** *mech* reakcióerő; ~ **formula** *at, vegy* reakcióképlet; ~**-free four-terminal network** *el* visszahatásmentes négypólus; ~ **furnace** *koh* reakciórendszerű olvasztókemence; ~ **gas** *ol* reakciógáz; ~**(-)gas chromatography** *fiz* reakciós gázkromatográfia; ~ **heat** *vegy* reakcióhő; ~ **isochore** *vegy* (van't Hoff-féle) reakcióizochor; ~ **isotherm** *vegy* tömeghatás törvénye; ~ **kinetics** *mech* reakciókinetika; ~ **liquid** *vegy* reagensoldat; ~ **mass** *vegy* reagáló tömeg; ~ **mechanism** *vegy* reakciómechanizmus; ~ **mixture** *vegy* reakcióelegy; ~ **occurring in stages** *vegy* több lépésben végbemenő reakció; ~ **of spontaneous chain termination** *vegy* spontán lánczárási reakció; ~ **of the support** *mech* támasz-reakcióerő; ~ **on the grid** *el* hálózati visszahatás; ~ **order** *vegy* reakciórend; ~ **overvoltage** *el* reakciós túlfeszültség; ~ **path** *at* reakcióúthossz; ~ **power** *at, vegy* reakcióenergia; ~ **principle** *geol* reakcióelv; ~ **product** *at, vegy* reakciótermék; ~**-propelled** *rep* (gáz)sugárhajtású, reaktív/reakciós hajtású; ~ **propulsion** *rep* rakétahajtás, (gáz)sugárhajtás, reaktív/reakciós hajtás; ~ **quotient** *vegy* reakcióhányados; ~ **rate** *at, vegy* reakciósebesség; *aut* felfutási sebesség; ~**-rate parameter** *at* reakciósebességi paraméter; ~ **region** *at* reakciózóna, reakcióövezet; ~ **rim** *geol* reagálóperem; ~ **smelting** *koh* reagáló olvasztás; ~ **suppressor** *el* visszacsatolás-gátló elem; ~ **surface** *vegy* reakciófelület; ~ **threshold** *vegy* reakcióküszöb; ~ **time** *vegy* reakcióidő; ~ **tower** *vegy* reakciótorony *(kénsavgyártásnál)*; ~ **turbine** *hőt* reakciós/réstúlnyomásos turbina; ~ **velocity** *vegy* reakciósebesség; ~**-velocity constant** *vegy* reakciósebességi állandó; ~ **volume** *vegy* reakciótér; ~ **wavemeter** *távk* visszacsatolásos hullámmérő; ~**(-)wheel** *hidr* reakciós turbina-járókerék; ~ **zone** *at* reaktormag, aktív/hasadási zóna
reactionless *fiz, vegy* passzív, inert, inaktív
reactivate *gép* helyreállít; ismét üzembe vesz/helyez; *vegy* reaktivál, újra aktivál; regenerál, újból hatásossá tesz
reactivation *gép* helyreállítás; *kat, vegy* reaktiválás, regenerálás
reactivator reaktivátor
reactive *el* meddő, watt nélküli; *fiz, vegy* reakcióképes, agresszív; reakciós, reaktív; visszaható, reagáló; ~ **acrylic dye** *tex, vegy* reaktív akrilszínezék; ~ **coil** *el* fojtás, fojtótekercs; ~ **component (of current)** *el* meddő/wattmentes komponens; reaktáns összetevő; ~ **current** meddőáram, watt nélküli áram; ~ **dye** *tex, vegy* reaktív színezék; ~ **effect** *el* induktív reaktancia, induktancia; *fiz* visszahatás; ~ **element** *aut* reagálóelem, R-elem; ~ **energy** *el* watt nélküli energia; ~ **factor (RF)** *el* reaktanciatényező; ~ **four-terminal network** *el* reaktáns négypólus; ~ **impedance** *el* reaktancia, meddő ellenállás; ~ **load** *el* meddő/reaktív terhelés; ~ **metal** *vegy* vegyileg aktív fém; ~ **mixture** *vegy* reaktív/reagáló keverék, reakcióba lépő keverék; ~ **network** *el* reaktancia-négypólus, reaktáns négypólus; ~ **power** *el* meddő teljesítmény, watt nélküli teljesítmény; ~**-power meter** *el* meddőteljesítmény-mérő, meddőfogyasztás-mérő; ~ **resin** *műa* reaktív műgyanta; ~ **resistance** *el* reaktancia, meddő/induktív ellenállás; ~ **sputtering** *el* reaktív katódporlasztás; ~ **two-terminal network** *el* reaktáns kétpólus; ~ **voltage** *el* reaktáns feszültség, meddőfeszültség; ~ **volt-ampere (rva)** *el* meddő voltamper, var; ~ **volt-ampere hour** *el* meddővoltamper-óra; ~ **volt-ampere-hour meter** *el* meddőteljesítmény-mérő; ~ **volt-amperes** *pl el* meddőteljesítmény, watt nélküli teljesítmény; ~ **wire-drawing** *heng* ellenhúzásos dróthúzás/huzalhúzás

reactiveness *fiz* ellenhatás, visszahatás

reactivity *at, vegy* reakcióképesség, reaktivitás; ~ **calibration** *at* reaktivitáskalibrálás, reaktivitásbeállítás; ~ **change** *at* reaktivitásváltozás; ~ **coefficient** *at* reaktivitási tényező, reaktivitástényező; ~ **control** *at* reaktivitásszabályozás; ~ **drift** *at* reaktivitásváltozás; ~ **excess** *at* túlzott reaktivitás; ~ **feedback** *at* reaktivitás-visszahatás; ~ **increment** *at* reaktivitásnövekedés; ~ **meter** *at* reaktivitásmérő; ~ **noise** *at* reaktivitászaj; ~ **oscillator** *at* reaktoroszcillátor; ~ **power coefficient** *at* reaktivitás teljesítménytényezője; ~ **rate** *at* reaktivitássebesség; ~ **ratio** *vegy* reagálóképességi arány; ~ **temperature coefficient** *at* reaktivitás hőmérséklet-tényezője

reactor *at* (atom)reaktor, magreaktor, atommáglya; *el* fojtótekercs, reaktanciatekercs, önindukciós tekercs; *vegy* (kémiai) reaktor, reakcióedény, reaktorkemence; ~ **auxiliary systems** *at* reaktor-segédrendszerek; ~ **bed** *at* reaktorágy; ~ **block** *at* reaktortömb; ~ **building** *at* reaktorépület; ~ **cavity** *at* reaktorakna; ~ **cell** *at* rács, cella; ~ **charge** *at* reaktorbetáplálás; ~ **coil** *el* reaktanciatekercs, fojtótekercs, önindukciós tekercs; ~ **containment** *at* konténment; ~ **control** *at* reaktorszabályozás; ~**-control rate** *at* reaktorszabályozási sebesség; ~ **coolant** *at* reaktorhűtő anyag/közeg; ~ **cooled and moderated by ordinary water** *at* vízhűtéses-vízmoderátoros reaktor; ~ **core** *at* reaktormag, aktív/hasadási zóna; ~ **design** *at* reaktorterv, reaktorszerkesztés, reaktorkivitel; ~ **disaster** *at* reaktorkatasztrófa; ~ **divergence** *at* megfutamodás, reaktormegszaladás, láncreakció divergenciája; ~ **dome** *at* reaktorkupola; ~ **dynamics** *at* reaktordinamika; ~**-emitted radiation** *at* reaktorsugárzás, reaktor által kibocsátott sugárzás; ~ **engineering** *at* reaktortechnológia; ~ **envelope** *at* reaktorköpeny; ~ **equation** *at* reaktoregyenlet; ~ **evolution** *at* üzemanyag-besugárzás okozta reaktivitásváltozás; ~ **excursion** *at* reaktormegszaladás; ~ **feed** reaktorbetáplálás; ~ **fuel** *at* reaktor-hasadóanyag, reaktor-tüzelőanyag; ~**-grade** *at* reaktortisztaságú, nukleárisan tiszta; ~ **inlet** *ol* reaktorbemenet; ~ **inlet gas** *ol* reaktorba belépő gáz; ~ **instrument** *at* reaktorműszer; ~ **kinetics** *at* reaktorkinetika; ~ **lattice** *at* zóna-rácselrendezés; ~ **loading** *ol* reaktorbetáplálás; ~ **loop** *at* reaktorhűtő burok; ~ **materials** *pl at* reaktoranyagok; ~ **metallurgy** *at* reaktorkohászat; ~ **neutron** *at* reaktorneutron; ~ **noise** *at* reaktorzaj; ~ **off-gas** *ol* reaktorból kilépő gáz, reaktorvéggáz; ~ **oscillator** *at* reaktoroszcillátor; ~ **outlet** *ol* reaktorkimenet, reaktorkilépés; ~ **outlet gas** *ol* reaktorból kilépő gáz, reaktorvéggáz; ~ **period** *at* reaktorperiódus, reaktor időállandója; ~ **pit** *at* reaktorakna; ~ **poison** *at* reaktorméreg; ~ **poisoning** *at* reaktormérgezés; ~ **radiation** *at* reaktorsugárzás, reaktor által kibocsátott sugárzás; ~ **runaway** *at* reaktormegszaladás, megfutamodás; ~ **safety** *at* reaktorbiztonság; ~ **shell** *at* reaktorköpeny; ~ **simulator** *at* reaktorszimulátor; ~ **spectrum** *at* reaktor-energiaspektrum, reaktorspektrum; ~ **starting** *el* fojtótekercses indítás; ~**-start motor** *el* fojtótekercses indítású motor; ~ **synchronizing** *at* reaktorszinkronozás; ~ **theory** *at* reaktorelmélet; ~**(-)time constant** *at* reaktorperiódus, reaktor időállandója; ~ **trip** *at* reaktor-gyorsleállás; ~ **tube** *at, vegy* reaktorcső; ~ **vault** *at* betonházvédelem; ~ **vessel (RV)** *at* reaktortartály; *vegy* reaktor, reakcióedény, reaktorkemence

read I. *v metr* leolvas *(műszert)*; mutat, jelez *(műszer)*; *nyom* korrigál, hibákat kijavít *(levonaton)*; *tex* lyukaszt *(mintakártyát)*; **II.** *n szt* (ki)olvasás, beolvasás; ~ **amplifier** *szt* olvasóerősítő; ~**-around number/ratio** *metr* egymást követő leolvasások száma; ~**-control circuit** *szt* olvasásvezérlő áramkör; ~**-cycle time** *szt* olvasási ciklusidő; ~ **data** *szt* olvasási adat; ~ **data flow** *szt* olvasási adatfolyam; ~ **head** *hang, szt* olvasófej, hangszedőfej, lejátszófej; ~ **high** *v* többet mutat *(műszer)*; ~ **in** *v szt* beolvas *(adatokat)*; ~**-in** *szt* (adat)beolvasás; ~**-in program** *szt* olvasóprogram; ~ **interrupt mask (RIM)** *szt* olvasásmegszakítás-maszk, RIM; ~ **key data** *szt* olvasási kulcsadat; ~ **low** *v* kevesebbet mutat *(műszer)*; ~**-mostly memory (RMM)** *szt* főleg olvasásra használt memória, RMM; ~ **number** *metr* leolvasások száma; ~ **off** *v* leolvas *(műszert)*; ~ **only (RO)** *szt* csak olvasható, RO; ~**-only file** *szt* csak olvasásra kijelölt állomány; ~**-only memory (ROM)** *szt* csak olvasható tár, ROM; ~**-only storage** *szt* csak olvasható tár; ~**-out** adatok kiválasztása; eredménykiadás; *szt* kiolvasás, átmásolás; ~**-out memory** *szt* kiolvasómemória; ~**-out pulse** *szt* kiolvasóimpulzus, (le)olvasóimpulzus; ~**-out time** *szt* kiolvasási idő; ~**-out unit** *szt* olvasóegység; ~ **punch** *szt* olvasólyukasztó; ~ **statement** *szt* olvasási utasítás; ~ **switch** *szt* olvasókapcsoló; ~**-tape operation** *szt* háttérművelet; ~ **time** *szt* (ki)olvasási idő; ~ **track** *szt* olvasócsatorna, olvasási csatorna; ~**-write channel (RWC)** *szt* író-olvasó csatorna, RWC; ~**-write cycle** *szt* olvasási-írási ciklus; ~**-write head** *szt* író-olvasó fej; ~**-write memory (RWM)** *szt* írható-olvasható memória, RWM; ~**-write slot** *szt* olvasás/írás nyílása *(hajlékonylemezen)*; ~**-write videodisc** *szt* írható-olvasható videolemez

Read diode *félv* Read-dióda

readable *nyom* olvasható; *szt* leolvasható; ~ **character** *nyom, szt* olvasható jel

reader jelző, mutató *(műszeré)*, leolvasókészülék; *szt* olvasó(egység); olvasó(mű); ~ **desk** *film* lehallgatóasztal; ~**-in** *tex* mintabefűző *(munkás)*; ~**-sorter** *szt* rendezőolvasó

readily | cementing *ép* jól kötő, könnyen megszilárduló; ~ **formed** *any* jól alakítható; ~ **level(l)ing** *tex* könnyen egalizáló *(színezék)*; ~ **slacking** *bány* gyorsan málló

readiness *el* készenlét(i állapot)

reading (műszer)állás, adat; (műszer)leolvasás; mutatójelzés *(műszeren)*; *nyom* korrektúraolvasás; *szt* (ki)olvasás, beolvasás; *tex* mintakártya-lyukasztás; ~ **access time** *szt* olvasás-hozzáférési idő; ~ **accuracy** *metr* leolvasási pontosság; ~ **amplifier** *szt* leolvasóerősítő; ~ **brush** *el* leolvasókefe; ~ **circuit** *szt* leolvasó áramkör, olvasókör; ~ **device** *szt* olvasó(egység); ~ **error** *geod, metr* leolvasási hiba; *szt* beolvasási hiba; ~ **glass** *opt* leolvasónagyító, skálalupe; nyeles nagyító(üveg); ~ **head** *szt* olvasófej; ~**-in machine** *tex* befűzőgép; ~ **lens** *opt* leolvasónagyító, skálalupe; ~ **line** *geod* osztásvonás *(limbuszon)*; ~ **machine** *opt* olvasóberendezés; ~ **microscope** *opt* leolvasómikroszkóp; ~**-off design** *geod* leolvasóberendezés; ~**-off microscope** *opt* leolvasó mikroszkóp; ~ **of**

pointer tűs leolvasás, mutatóleolvasás; ~ **optical beam** *opt* leolvasó optikai sugárnyaláb; ~ **rate/speed** *szt* (be)olvasási/beviteli sebesség; ~ **station** *szt* leolvasóállomás, leolvasóberendezés; ~ **telescope** *opt* irányzótávcső, leolvasótávcső

readjust *szer* kijavít, rendbe hoz, újra beállít/hozzáigazít, utánállít

readjusting I. *a szer* javító, utánállító; **II.** *n szer* (ki)javítás, utánállítás; ~ **gear** *gép* visszaállító-szerkezet, fordulatszám-szabályozó szerkezet

readjustment *szer* (ki)javítás, utánállítás; ~ **of stress** *mech* feszültségátrendeződés

ready *ip* kész, befejezett; ~**-built machine** *gép* raktári készgép *(nem külön rendelésre készült)*; ~**-cut house** *ép* típusház; ~ **for conveyance** *csom* szállítható; ~**-for-machining surface** *mt* megmunkálásra alkalmas felület; ~ **for operation** *el, gép* üzemképes; *ip* kulcsra kész; üzemkész; ~ **for press** *nyom* nyomdakész; ~ **for service** *el, gép* üzemkész; ~**-made article/clothing** *ruh* konfekcióáru; ~**-made clothing industry** *ruh* konfekcióipar; ~**-made product** *ip* késztermék; ~**-made tiled partition** *ép* előre gyártott csempézett válaszfal; ~**-mix concrete truck** *ép* betonkeverő gépkocsi; ~**-mixed concrete** *ép* (üzemben kevert) transzportbeton, készbetonkeverék; ~**-mixed concrete plant** → ~-mix plant; ~**-mix(ed) plaster** *ép* előre kevert vakolat, száraz vakolat; ~**-mix plant** *ép* transzportbetongyár, transzportbetonüzem; ~ **reckoner** *mat* számolótábla, gyorsszámoló könyv; ~ **room** *ip* készenléti helyiség; ~ **sorter** *pa* előrendező; ~**-to-install kit** javítókészlet; ~ **to operate** *el, gép* üzemkész; ~**-to-run program** *szt* futásra kész program; ~**-to-use** *ip* használatkész; ~**-to-use compressed(-)air reservoir** *szell* készenléti légtartály; ~**-to-wear** *ruh* konfekcionált, konfekció-; ~**-to-wear industry** *ruh* konfekcióipar

reaeration *szell* újraszellőztetés

reagency *fiz, vegy* ellenhatás, visszahatás, reagálás, reakció

reagent *vegy* reagens, vegyszer; ~ **bottle** *vegy* reagensüveg; ~ **paper** *vegy* reagenspapír

real igazi, valódi; tényleges, valóságos; valós; gyakorlati, reális; *mat* valós; ~ **activity** *szt* valós művelet; ~**-address mode** *szt* valódi címmel való tárcímzés; ~ **axis** *mat* valós tengely; ~ **circle diagram** *mat* valós kördiagram; ~ **circuit** *távk* törzsáramkör, fizikai beszédkör, alapáramkör; ~ **component** *el* hatásos/wattos komponens/összetevő, aktív/ohmos összetevő; *mat* valós összetevő; ~ **constant** *mat* valós konstans/állandó; *szt* lebegőpontos/valós szám/állandó; ~ **crystal** *krist* reális kristály; ~ **current** *el* wattos/hatásos áram; ~ **density** *fiz* effektív/tényleges/valódi sűrűség; ~ **dimension** *ép, gép* valódi méret; ~ **elements** *el* hatásos áramköri elemek; ~ **estate** *szt* hasznos terület; ~ **focus** *opt* valós fókusz; ~ **frequency characteristic/response** *távk* valós frekvenciafüggvény/frekvenciakarakterisztika; ~ **function** *mat* valós (értékű) függvény; ~ **gas** *fiz* reális/valós/valódi gáz; ~ **hinge** *gép* valódi csukló; ~ **image** *opt* valós kép; ~ **load** *el* ohmos terhelés; ~ **number** *mat, szt* valós (szám); ~ **number system** *mat* valós számrendszer; ~ **optic angle** *krist* valóságos optikai szög; ~ **output** *el, gép* valóságos teljesítmény; ~ **part** *mat* valós rész, Re *(komplex számé)*; ~ **part of the admittance** *el* effektív vezetőképesség, admittancia valós része; ~ **part of the root** *mat* gyök valós része; ~ **plate** *ol* tényleges tányér *(kolonnában)*; ~ **power** *el, gép* tényleges/effektív/hatásos/wattos teljesítmény; ~ **resistance** *el* ohmos ellenállás; ~ **root** *mat* valós gyök; ~ **silk** *tex* tiszta selyem, hernyóselyem; ~ **specific gravity** *fiz* valóságos fajsúly; ~ **structure** *krist* reális szerkezet; ~ **time** *szt* valós idő; ~**-time (RT)** *szt* real-time, valós idejű RT; ~**-time base** *szt* valós időalap; ~**-time clock (RTC)** *szt* valós idejű óra, RTC; ~**-time computer** *szt* real-time *v.* valós idejű számítógép; ~**-time computing** *szt* valós idejű számítás; ~**-time data processing** *szt* real-time *v.* valós idejű (adat)feldolgozás; ~**-time executive routine (REX)** *szt* valós időben végrehajtott rutin, REX; ~**-time information flow** *szt* valós időléptékű információfolyam; ~**-time input** *szt* valós idejű/időléptékű bemenet; ~**-time laser link** *szt* valós idejű lézeres összeköttetés; ~**-time operation** *szt* real-time *v.* valós idejű működés/művelet; ~**-time operation mode** *szt* real-time *v.* valós idejű működés; ~**-time processing** *szt* real-time *v.* valós idejű működés/feldolgozás; ~**-time program(m)ing** *szt* valós időléptékű programozás; ~**-time simulator** *szt* real-time *v.* valós idejű szimulátor; ~**-time system** *szt* real-time *v.* valós idejű rendszer; ~**-time telemetry** *metr* real-time *v.* valós idejű telemetria/távmérés; ~ **unitary space** *mat* euklideszi tér; ~**-valued function** *mat* valós (értékű) függvény; ~ **variable** *mat* szabad/valós változó; ~**-world problem** *szt* valós feladat

realgar *ásv* realgár, arzén-monoszulfid, arzén-szulfid

realigning *bány* ácsolatok kiigazítása; *gép* átrendezés, átszervezés

realignment *ép* vonalvezetés átalakítása *(átépítéskor)*; *gép* átszervezés, átrendezés

realistic megvalósítható, reális; realisztikus; ~ **display** *távk* valószerű/realisztikus visszaadás

reality valóság; *mat* valósság

realizability *ip* realizálhatóság, megvalósíthatóság

realizable *ip* megvalósítható, realizálható; ~ **experiment** *mat* realizálható kísérlet

realize *ip* értékesít; megvalósít, végrehajt; realizál

reallocate *geod* tagosít; *mat* újra hozzárendel

reallocation *geod* tagosítás; *mat* újra-hozzárendelés

realm *mat, metr* tartomány

ream I. *v bány* szélesít; *forg* dörzsöl *(dörzsárral)*, bővít, kiváj, tágít *(nyílást, furatot)*; **II.** *n pa* rizsma *(80, ill. 500 20"x30" ív)*; ~**(-)guillotine** *pa* rizsmavágó gép; ~ **out** *v forg* kidörzsöl; ~**(-)paper** *pa* rizsmapapír; ~ **the hole out to ga(u)ge** *v ol* fúrólyukat teljes szelvényre utánfúr; ~ **the seam** *v gép* varratot felnyit; ~ **up** *v forg* feldörzsöl, átdörzsöl; ~**(-)wrapper** *pa* rizsmacsomagoló papír

reamed *bány* szélesített; *forg* illesztett, dörzsárazott, (dörzsárral) tágított, kidörzsölt; ~ **bolt** illesztett csavar; ~ **hole** dörzsárazott furat

reamer *bány, ol* fúrólyuktágító szerszám, utánfúró, bővítőfúró; *élip* citromfacsaró, citromhús- és lékinyerő; *forg* dörzsár; kaliberfúró; ~ **bar** *forg* dörzsárrúd; ~ **bit** *forg* dörzsár(betétkés), lyuktágító; ~ **blade** *forg* dörzsárbetétkés; ~ **chuck** → ~ holder; ~ **for rivet holes** *forg* szegecslyukdörzsár; ~ **holder** *forg* dörzsártokmány; ~ **wrench** *forg* dörzsárhajtó kulcs

reaming *bány* bővítő fúrás; szélesítés; *forg* (fel)dörzsölés, lyukbővítés, kivájás, tágítás *(nyílásé, furaté)*; ~ **allowance** *gépk* újrafúrási ráhagyás; ~ **angle** *bány* bővítési szög *(fúrófejnél)*; ~ **bench** *forg* dörzsárazó pad; ~ **bit** *bány, ol* utánfúró, bővítőfúró; *forg* dörzsár; ~ **edge** *bány* bővítőél; ~**(-)feed range** *forg* dörzsárelőtolás határai; ~ **fixture** *forg* dörzsölő fúrókészülék, dörzsölőkészülék; ~ **jig** *forg* dörzsárvezető készülék, dörzsölő fúrókészülék; ~**(-)machine** *forg* dörzsölőgép, lyukdörzsölő gép; ~ **of hole** *ol* bővítőfúrás; ~ **speed** *forg* dörzsár-fordulatszám, dörzsölési fordulatszám

reanneal *hők* újra kilágyít/kiizzít

reannealing *hők* újralágyítás, újraizzítás, utánizzítás

reap *mzg* (le)kaszál, (le)arat, betakarít

reaper *mzg* kaszálógép; marokrakó aratógép; ~ **and binder** kévekötő aratógép; ~ **file** kaszaélező reszelő; ~ **for hay** szénamarokrakó gép; ~ **knife** kaszakés, kaszálógépkés; ~**(-)thresher** arató-cséplő gép

reaping *mzg* aratás, betakarítás; ~ **attachment** aratótoldalék *(kaszálógépre)*; ~**(-)hook** sarló; ~**(-)machine** kaszálógép, marokrakó aratógép

rear I. *v* felemel; *ép* felépít, (fel)állít; **II.** *a* hátsó, hátulsó, hátul levő; **III.** *n gépk* hátsó oldal/rész; *hajó* tat; *rep* farok; ~**(-)arch** beugró ív; *ép* fal teherhordó belső boltíve; ~ **attachment** *gépk* farrészen függesztett munkaszerelék, hátsó szerelvény/készülék; ~ **axle** *gépk* hátsótengely, hátsóhíd; ~**-axle drive** *gépk* hátsótengely-meghajtás; ~**-axle radius rod** *gépk* hátsóhíd-merevítő; ~**-axle ratio** *gépk* differenciiálláttétel; ~**-axle shaft** *gépk* hátsóhídféltengely; ~**-axle steering** *gépk* hátsókerék-kormányzás; ~**-axle tie(-)bar** *gépk* hátsóhídvonórúd; ~**-axle tube** *gépk* hátsótengelycső, trombitacső; ~ **balcony** *ép* hátsó erkély; ~ **band** *kat* hátsó csőkaromgyűrű; ~**-band key** *kat* hátsó csőkaromgyűrű rögzítőéke; ~ **barrel packing** *kat* hátsó tömítés; ~ **box** *vasút* mögöttes térközőrhely; ~**-brace strut** *rep* hátsódúc *(futóműé)*; ~**-brake adjustable rod** *gépk* fékrúd *(hátsó fékhez állítható)*; ~**-buffer spring** *kat* hátsó lökhárítórugó; ~**-buffer washer** *kat* hátsó lökhárító tömítése; ~ **building** *ép* hátsó épület; ~ **circuit** *gépk* második fékkör; ~ **cockpit** *rep* farokkabin, farokfülke; hátsó kabin/fülke; ~ **controls** *rep* hátsó kormányfelületek; ~ **conveyer/conveyor** *bány* kihordószalag *(felrakodógéphez)*; ~ **cover** *gépk* sebességváltó hátsó fedele; ~**-cover assembly** *kat* hátsó védőpajzs; ~**-cover catch** *kat* tokfedélretesz; ~ **cranckcase cover** *rep* forgattyúházfedél *(csillagmotoré)*; ~ **cylinder** *kat* hátsó köpenycső *(összetett fegyvercsőé)*; ~**-drive** *gépk* farmotoros; ~**(-)drive** *gépk* hátsótengelyhajtás; ~**-drive engine** *gépk* farmotor; ~**-drive sprocket** *gépk* hátsó lánchajtó kerék; ~ **dumper** *bány* hátul ürítő csille; *gépk* homlokbuktató; ~**-dump hauler/lorry** *gépk* hátrabillenő-teknős gépkocsi, hátsó ürítésű tehergépkocsi; ~**-dump scraper** *bány* hátrabuktató-kerekes sarabolό; ~**(-)dump truck** → ~-dump hauler; ~**-dump wag(g)on** *vasút* kipper; ~ **elevation** *ép* hátnézet; ~ **end** *gépk* hátsó rész/tengelyhíd; ~ **engine** *gépk* farmotor; ~**-engine bearer** *gépk* hátsó motorágy *v.* motortartó bak; ~**-engined** *gépk* farmotoros; ~**-engined car** *gépk* farmotoros gépkocsi; ~**-engine support** *gépk* hátsó motortartó/motorfelfüggesztés; ~ **entry** *ép* hátulsó bejárat; ~ **equalizer** *gépk* hátulsó kiegyenlítő himba; ~ **exit** *ép* hátsó kijárat; ~**-feed lever** *kat* hátsó töltőkar; ~ **grip** *kat* hátsó markolat; ~ **guide** *gépk* hátsó vezetés; ~ **hub** *gépk* hátsókerékagy; ~**-hub flange** *rep* légcsavaragy hátsó karimája; ~ **interchangeable equipment** *gépk* farrészen függesztett munkaszerelék; ~**(-)lamp** *gépk* hátsó (helyzetjelző) lámpa, farlámpa; ~**-latch stop(-)screw** *kat* hátsó zárrögzítő csavar; ~ **lateral engine** *rep* hátsó oldalsó hajtómű; ~**(-)light** *gépk* hátsó (piros) helyzetjelző lámpa, farlámpa; *vasút* zárjelző lámpa; ~ **loader** *ép* hátsó töltésű betonkeverő gépkocsi; *mzg* hátul felszerelt rakodó; ~ **luggage grid** *gépk* (hátsó) csomagtartó; ~ **mirror** → ~-view mirror; ~**-mounted** *mzg* traktorra hátul felszerelt/függesztett *(munkagép)*; ~**-mounted engine** *gépk* farmotor; *rep* farokrészbe épített hajtómű; ~ **nodal point** *geod* képoldali csomópont *(fotogrammetriában)*; ~ **of top carriage** *kat* felső lövegtalpvég; ~ **outboard engine** *rep* pilonra szerelt hátsó hajtómű; ~ **panel** *el, gép* hátlap; ~ **parcel shelf** *gépk* kalaptartó, hátsó csomagpolc *(hátsó ablak alatt)*; ~ **party** *pa* letekercselő munkahely; ~ **pier** *ép* horgonypillér *(csapóhídon)*; ~ **pilot** *forg* hátsó vezetőrész *(üregelőtüskén)*; ~ **port engine** *rep* hátsó baloldali hajtómű; ~ **position of the stick** *rep* botkormány „hasrahúzott" véghelyzete; ~ **projection film** vetítés hátulról *(pl. háttérvetítéshez)*; ~ **propeller** *rep* hátsó/toló légcsavar; ~ **reflector** *gépk* hátravilágító reflektor; macskaszem; ~**-return cam** *gépk* hátramenetre váltó bütyök; ~ **rig** *gépk* farrészen függesztett munkaszerelék; ~ **scarifier** *mzg* függesztett talajlazító (szerelék); ~ **seat** *gépk* hátsó ülés; ~ **shoe** *műa* hátsó szerszámfelfogó lap *(fröccsgépen)*; ~ **shoulder(-)seat** *kat* hátsó válltámasz *(távolra tüzelésre)*; ~ **shutter** *gép* hátsó zár; ~ **side** *tex* fonákoldal *(kelméé)*; ~**(-)sight (aperture)** *kat* irányzéknézőke, hátsó nézőke *(lőfegyveren)*; ~**-sight base** *kat* irányzéktalp; ~**-sight bed** *kat* irányzékágy; ~**-sight (bed) ring** *kat* irányzéktalpfülecs; ~**-sight elevator** *kat* irányzéktoló; ~**-sight joint(-)pin** *kat* irányzékcsapó csap; ~**-sight leaf** *kat* irányzékcsapó; ~**-sight notch** *kat* irányzékbeosztás; ~**(-)sight vane** *geod* szem felőli dioptralemez; ~ **slope** *bány* fordított (gurító)lejtő, hátulsó lejtő; ~ **spar** *rep* hátsó főtartó; ~ **starboard engine** *rep* hátsó jobboldali hajtómű; ~ **support** *forg* hátsó csatlakozóvég *(üregelőtüskén)*; ~**-to-front ratio** *távk* antennairányítottsági hatásfok; ~**-towing attachment** *gépk* hátsó vonókapcsolás; ~**(-)vault** *ép* belső boltív; ~**(-)view (RV)** *ép* hátulnézet, hátsó nézet(rajz); ~**-view mirror** *gépk* visszapillantó tükör; ~ **wall** *ép* hátfal; ~ **wheel** *gépk* hátsó kerék; ~**-wheel drive** *gépk* hátsókerék-hajtás; ~**-wheel hub** *gépk* hátsókerék-agy; ~**-wheel marker eliminator** *mzg* hátsókeréknyom-lazító *(traktoron)*; ~ **yard** *ép* hátsó udvar; ~**-zone sky** *met* front mögötti felhőzet

rearrange *gép* átrendez, újrarendez; *krist* visszaalakul, visszarendeződik; *mat* átcsoportosít; permutál

rearrangement *gép* átrendezés, újrarendezés; *krist* visszaalakulás, átcsoportosulás, átrendeződés, visszarendeződés, újrarendeződés; *mat* átcsoportosítás, permutáció; ~ **reaction** *vegy* átrendeződési reakció

rearview → rear(-)view

reasonable strategy *mat* megengedett tiszta stratégia

reasonableness check *szt* érvényesség-ellenőrzés

reasoning *mat* következtetés; ~ **by induction** *mat* indukciós okoskodás/következtetés/érvelés

reassemble *gép* újra összeszerel, újraszerel

reassembly *gép* újra-összeállítás, újraszerelés; *nyom* újraszedés
reattachment *rep* újra-összecsatolás, újra-összeszerelés, újra-összekapcsolás
Réaumur | degree (°R) *fiz* Réaumur-fok; **~ scale** *fiz* Réaumur-skála
rebabbitt *gép* újra kiönt *(csapágyfémmel)*, bélést felújít
rebag *élip* átzsákol
rebark *fa* utánkérgel, teljesen kéregtelenít
re-bars *pl ép* betonacél
rebate → rabbet
rebated → rabbeted
rebeamer *tex* áthengerlő
Rebecca system *rep* Rebeka távolnavigációs rendszer
rebellious ore *bány* nehezen előkészíthető érc
rebend test *any* visszahajlító vizsgálat
rebind *nyom* újra beköt, újraköt
reboil *élip* újraforr, újraerjed; újraforral, újraerjeszt, átfőz
reboiler *at* gőzfejlesztő; *élip, ol, vegy* rebojler, (vissza)forraló, újraforraló, elpárologtató; *ol* forralókazán; **~ coil** *at* újrahevítő csőkígyó
rebore I. *v forg* utánfúr, újraesztergál, felfúr *(furatot)*; *gépk* felújít, újrafúr *(hengert)*; **II.** *n gépk* újrafúrás, (henger)felújítás
reboring *forg* utánfúrás, újraesztergálás, felfúrás *(furaté)*; *gépk* újrafúrás *(hengeré)*, hengerfelújítás
rebound I. *v fiz* visszapattan, visszaugrik, visszaverődik, visszatükröződik; **II.** *n fiz* visszapattanás, visszaugrás; visszarúgás, visszaverődés, (vissza)tükröződés, reflexió; **~ block** *kat* ütőszegtömb; **~ breaker** *bány* hajító törő; **~ buffer** *gép* rugóhatároló ütköző; **~ check** *gép* visszafutásgátló, ütköző; **~ crusher** *bány* hajító törő; röpítőtörő; **~ deflection** *mech* rugalmas lehajlás; **~ elasticity** *gumi* visszapattanó rugalmasság; **~ hardness** *any* ejtőkeménység, Shore-keménység, szkleroszkópkeménység, lengőkalapácscsal mért keménység; **~ hardness test** *any* Shore-keménységi próba; **~ hardness tester** *any* szkleroszkóp, Shore-keménységmérő; **~ leaf** *gépk* visszaugrást gátló rugólemez *(kocsihordrugón)*; **~ mill** *bány* röpítőtörő; **~ pawl** *gép* visszaugró ütközőpecek; *kat* tölténytár ütközőkampója; **~ pendulum test** *any, gumi* lengőkalapácsos visszapattanás-próba; **~ resilience** *any, gumi* lengőkalapáccsal mért visszapattanó rugalmasság; **~ stop** *gép* visszafutásgátló, ütközőbak; **~ strap** *gépk* rugóhatároló heveder; **~ test** → **~** hardness test
rebounding *fiz* visszaugrás, visszapattanás, visszaverődés, (vissza)tükröződés, reflexió; **~ cock** *kat* félönműködő elsütőszerkezet *(puskáé)*
rebroadcast *távk* műsorismétlés; relés rádióadás
rebroadcasting *távk* (műsor)ismétlés, újrasugárzás; ismétlő, átjátszó; relés rádióközvetítés/rádióadás, átjátszás; **~ station/transmitter** *távk* átjátszóállomás
rebrushing *bány* ismételt főteszedés/talpszedés
rebuild *ép* átépít, újjáépít, helyreállít
rebuilding *ép* átépítés
rebush *gép* újraperselyez *(csapágyat)*
recalculate *ip* utókalkulál; *mat* átszámít, ellenőriz
recalculation *ip* utókalkuláció; *mat* átszámítás, újraszámítás, ellenőrzés
recalesce *koh* újra felizzik, újraizzik
recalescence *koh* átkristályosodási hőleadás; újra(fel)izzás; **~ curve** *koh* lehűlési görbe; **~ point** *koh* lehűlési kritikus pont
recalibrate *metr* újrahitelesít, újrakalibrál, utánkalibrál
recalibration *metr* újrahitelesítés, újrakalibrálás, utánkalibrálás
recall memory key (RM key) *szt* tárolótartalmat előhívó gomb, RM
recap *US gép* (újra)futóz, futófelületet megújít
recapper *US gép* (újra)futózó vulkanizálóforma
recapture I. *v at* újra befog; **II.** *n at* újrabefogás; **~ constant** *at* újrabefogási állandó
recarburization *koh* újrafelszenítés; **~ temperature** *koh* újrafelszenítési hőmérséklet
recarburize *koh* újra felszenít
recarburizer *koh* rekarburálóanyag
recast I. *v mat* újra kiszámít, átszámol; *önt* újraformál, újraönt; **II.** *n mat* új kalkuláció, átszámítás; *önt* új öntés, újraöntés
recasting *mat* újra kiszámítás, átszámítás; *önt* újraöntés, újraformálás
recede *ép* lejt, visszaugrik, mélyül; *hidr* visszahúzódik, apad; *ip* csökken, visszaesik
receder *gép* visszahúzó szerkezet
receding *ép* lejtés, visszaugrás, mélyülés; *hidr* visszahúzódás, visszaáramlás, visszafutó áramlás, reflux, apadás; *ip* csökkenés, visszaesés; **~ chaser** *forg* szétnyíló menetmetsző fej; **~(-)chaser tap** *forg* önnyíló menetfúró; **~ water** *hidr* apadó víz
receipt *ip* átvétel; elismervény, nyugta; *távk* vétel; **~ of data information** *szt* adatinformáció bevételezése
receive *ép* felfog, tart *(súlyt)*; *gép* befogad; *ip* átvesz; *mech* felfog *(ütést)*; felvesz; *távk* vesz, fog; **~ (RX)** *szt* vétel, RX; **~ only (RO)** *szt* csak vétel, RO
received általános; *ip* irányadó, hiteles; *távk* vett, vételi; **~ field intensity** *távk* vételi térerősség; **~ power** *távk* vételi teljesítmény
receiver átvevő, címzett, recipiens; *élip* szippantódoboz *(pneumatika)*; *hidr* felvevőcső, beömlőcső, betöltőcső; gyűjtő, tartály, tároló; légüst; *hőt* gőzfelvevő/gőztároló tartály; légkazán; resziver *(kompresszorhoz)*; *kat* tok, töltényűr; *koh, önt* keverőtartály, keverőkemence, nyersvaskavaró medence; mellmedence *(kupolán)*; *szt* felvevőcsatorna; pneumatikus tároló; *távb* (telefon)hallgató; *távk* vevő(készülék); *vegy* (szedő)tartály, felfogótartály, adagolótartály; edény, lombik, bura; **~ amplification** *távk* vételerősítés, vételi erősítés; **~ aperture** *távk* vevőantenna nyílása; **~ cabinet** *el* káva; **~ cap** *kat* toksapka; *távb* hallgatófedél, hallgatókagyló; **~ capsule/case** *távb* távbeszélő-hallgató tokja/háza; **~(-)catch** *kat* tokfedélretesz; **~ channel** *távk* vételi csatorna; **~(-)cover** *kat* tokfedél; **~ end** *geof* terítésnek robbantóponttal ellentétes vége; *távk* vételi oldal, vevőoldal; **~ filter** *távk* vevőszűrő; **~ house** *vegy* szedőház; **~ input circuit** *távk* vevő-bemenőáramkör; **~ inset** *távb* hallgatóbetét; **~ lock(-)pin** *kat* tokrögzítő csap; **~ output** *távk* vevő-kimenőteljesítmény, vevőteljesítmény; **~ remote control** *távk* vevő távhangolása/távvezérlése; **~ response** *távk* vevőkészülék átviteli jelleggörbéje; **~ rest** *távk* kapcsolóhorog, villakapcsoló; **~(-)ring** *kat* tokfurat *(záré)*; **~ screen** *tv* vevőernyő; **~ set** *távk* vevőkészülék; **~ suppression** *rád* vevőkészülék

időszaki lezárása; ~ **tank** *vegy* szedőtartály; ~ **test** *távk* vevő(készülék) kipróbálása; ~**-transmitter (unit) (RT)** *távk* adó-vevő (berendezés); ~**-type cupola** *koh* mellmedencés kupolakemence; ~ **unit** *távk* vevőegység; ~ **with internal cyclone** *hidr* recipiens

receiving *gép* befogadás; *ip* átvétel; *mech* felvétel, felfogás *(ütésé)*; *távk* vétel, fogás; ~ **aerial** *távk* vevőantenna; ~ **airdrome** *rep* fogadó repülőtér; ~ **amplifier** *távk* vételerősítő, vevőerősítő, vételi erősítő; ~ **antenna** *távk* vevőantenna; ~ **apparatus** *távk* vevőkészülék; ~ **bin** *ép* fogadóbunker; *vegy* felfogótartály, tárolótartály; ~ **bunker** → ~-bin; ~ **chamber** *élip* átvevőkamra; ~ **cone** *élip* adagológarat, adagolótölcsér; ~ **cross(-)section** *távk* antenna hatásos vételi körzete; ~ **device** *geof* felfogóberendezés; *távk* vevőberendezés; ~**-directional filter** *távk* vevő-irányszűrő; ~ **distortion** *távk* vételi torzítás; ~ **distributor** *távk* vevőelosztó; ~ **disturbance** *távk* vételi zavar; ~**(-)dryer** *pa* előszárító; ~**-end crosstalk** *távb* távolvégi áthallás; ~**-end impedance** *távk* vételoldali impedancia; ~ **equipment** *távk* rádió-vevőberendezés, vevőkészülék; ~ **field intensity** *távk* vételi térerősség; ~ **filter** *távk* vevőszűrő; ~ **frequency** *távk* vételi frekvencia; ~ **gate** *élip* adagológarat; ~ **hopper** *bány* döntőgarat; *ép* betonadagoló tartály, adagolótölcsér; *hang* felvevőtölcsér; ~ **house** *élip* átvevőtorony *(silóban)*; *közl* gyűjtő postahivatal, gyűjtőposta; ~ **inspection** *ip* ellenőrzés átvételkor; ~ **loop(-)aerial** *távk* vevő-keretantenna; ~ **mechanism** *távk* vevőszerkezet; ~ **nozzle** *gépk* főfúvóka; ~ **opening** *bány* garat; *gép* szájnyílás; ~ **paraboloid** *távk* paraboloid alakú vevőantenna, vevőparaboloid; ~ **path** *távk* vételirány; ~ **perforator** *távb* szalaglyukasztó távírófelvevőgép; ~ **plant** *távk* vevőállomás, vevőberendezés; ~ **relay** *távk* vevőjelfogó; ~ **selsyn** *el* vevőszelszin; ~ **set** *távk* vevőkészülék; ~ **shed** *vasút* leadási raktár; ~ **slit** *krist* beesési rés; ~ **station** *távk* vevőállomás; *vasút* rendeltetési állomás; ~ **track** *vasút* bejárati vágány; ~ **tube/valve** *távk* vevőcső; ~ **vessel** *hidr* levegőfelvevő edény *(szivattyún)*; *vegy* szedőedény; ~ **water** *hidr* befogadó, recipiens; ~ **wave** *távk* vett hullám(hossz)

recemented glacier *geol* felújult gleccser

recension *ip* átnézés, felülvizsgálat, rovancsolás; *nyom* átnézett szöveg; szöveg átnézése

recent *geol* jelenkori, recens; ~ **epoch** *geol* recens kor; ~ **formations** *geol* recens képződmények, újkori rétegek

receptacle *el* dugaszolóaljzat, dugaszhely; lámpafoglalat; *vegy* gyűjtőedény, befogadóedény, tartály, szedő(edény); ~ **socket** *el* csatlakozóaljzat

reception *gép* befogadás; *ip* átvétel; *távk* vétel; *vasút* fogadó mellékvágány; ~ **diagram** *távk* vételgörbe; ~ **frame** *geof* mérőkeret; ~ **of signals** *távk* jelvétel; ~**(-)siding** *vasút* fogadóvágány; ~ **test** *ip* átvételi vizsgálat

receptive *távk* vételi; *vegy* fogékony, érzékeny, befogadó, receptív; ~ **period** *távk* vételi periódus

receptiveness → receptivity

receptivity *vegy* érzékenység, fogékonyság, felvevőképesség, befogadóképesség; ~ **for colo(u)rs** *opt* színérzékelő képesség

receptor *biot* receptor; *ép* lefolyó, vízgyűjtő *(zuhanyozó alatt)*; *távk* (telefon)hallgató; vevőkészülék

recess I. *v ép* (ki)mélyít, bemélyít, fülkésít, bemélyedést/falbeugrást készít; *forg* hornyot/vájatot kivág/esztergál, beszúr, hornyol, rovátkol, nyakal; *geol* hátrál, hátrahúzódik, visszahúzódik *(jégár, tenger)*; **II.** *n bány* lefolyó, kitérő; *ép* fuga; fülke, bemélyedés, beugrás; *forg* bemetszés, rovás, horony, vájat; *geol* barlang, üreg, medence, teknő; hátrálás, visszahúzódás *(jégáré, tengeré)*; *met* depresszió, nyomáscsökkenés; ~ **head** *fa* horony; ~ **hole** *gép* nem átmenő furat; ~ **stripes** *tex* bemélyedő csíkok/barázdák

recessed *ép* benyúló, bemélyedő, beugró, süllyesztett; *forg* nyakalt, rovátkolt, hornyolt; ~ **arch** *ép* összetett boltív; ~ **contact cap** *gép* süllyesztett érintkezős fej; ~ **flanged joint** *gép* rovátkolt peremes kötés; ~ **joint** *gép* hornyos/mélyített/fészkes/beeresztett kapcsolat; ~ **lighting** *ép* süllyesztett világítás; ~ **lighting fitting** *ép* süllyesztett lámpatest; ~ **mounting** *gép* süllyesztett/rejtett szerelés; ~ **pointing** *ép* mélyített (habarcs)kihézagolás; ~ **switch** *el* süllyesztett kapcsoló

recessing *ép* bemélyítés, kimélyítés; *forg* hornyolás, rovátkolás, beszúrás; *geol* hátrahúzódás, visszahúzódás *(jégáré, tengeré)*; ~ **bar** *forg* rovátkolótüske; ~ **of stock(-)rail** *vasút* bevágás a fősínbe; ~ **planing** *forg* beszúró gyalukés; ~ **tool** *forg* beszúró esztergakés

recession *geol* visszahúzódás; *hidr* apadás; apadó ág; *ip* pangás, recesszió, visszaesés; ~ **of coast lines** *geol* negatív parteltolódás; ~ **of valley sides** oldalak visszahúzódása *(gleccservölgyé)*

recessional *geol* visszahúzódási; *ip* recessziós; ~ **moraine** visszahúzódó gleccser utolsó morénája

recessive *geol* visszahúzódó; *ip* recesszív, pangó; ~ **character** *at* recesszív jelleg

recharge I. *v el* újra feltölt, újratölt, utántölt; **II.** *n el* ismételt töltés, újratöltés, töltéscsere, töltéskicserélődés; ~ **area** *hidr* vízgyűjtő terület; ~ **time** *el* feltöltési idő; ~ **well** *hidr* táplálókút; ~ **zone** *hidr* vízgyűjtő terület

recharging *el* töltéscsere, töltéskicserélődés; újratöltés, feltöltés; *koh* utánadagolás; ~ **basin** *hidr* nyelőkút, szikkasztókút; ~ **current** *el* újratöltő áram, töltőáram; ~ **water resources** *hidr* megújuló vízkészlet

rechuck *forg* ismét tokmányba fog

recipient I. *a vegy* befogadó, recipiens; felvevő; **II.** *n hidr* befogadó vízfolyás; *koh, önt* gyűjtőöv, gyűjtőolvasztó, vasgyűjtő; *vegy* tartály, recipiens

reciprocal I. *a* kölcsönös; ellentett, fordított; *mat* inverz, reciprok; *rep* ellenoldali; **II.** *n mat, vegy* reciprok érték; ~ **action** *fiz* kölcsönhatás; ~ **anode amplification factor** *el* anódáthatás; ~ **bearing** *távk* ellenoldali irányszögbemérés, oldalszögbemérés; ~ **cell** *krist* reciprok cella; ~ **dispersion** *fiz* fordított diszperzió; ~ **element** *mat* inverz (elem); ~ **four-terminal network** *el* reciprok négypólus; ~ **function** *mat* reciprok függvény *(különbözik az inverz függvénytől)*; ~ **geothermal gradient** *geof* reciprok geotermikus gradiens; ~ **influence** *fiz* kölcsönhatás; ~ **lattice** *at, krist* reciprok rács; ~**-lattice point** *krist* reciprok rácspont; ~**-lattice vector** *krist* reciprok rácsvektor; ~ **locking** *vasút* egyidejű reteszelés; ~ **marker** *rep* ellenoldali jelkapu; ~ **matrix** *mat* inverz/reciprok (rács)-mátrix; ~ **network** *el* reciprok hálózat/áramkör; ~ **of amplification factor** *el* áthatás; ~ **of screen amplification factor** *távk* árnyékolórács-áthatás; ~ **ohm** *el* reciprok ohm, siemens; ~ **outer marker** *távk* ellenoldali külső jeladó; ~ **polar** *mech* antipoláris; ~ **pole** *mech* antipólus; ~ **reaction** *mech* kölcsönös ellenhatás; ~ **relationship** *aut* kölcsönös kapcsolat; ~ **space** *mat* reciprok tér; ~ **theorem** *mech* felcserélhetőségi tétel; ~ **theorem in classical elasticity theory** *mat* Betti-tétel, Betti-féle reciprocitási tétel; ~ **to the resistance** *el* reciprok ellenállás; ~ **transducer** *el* megfordítható átalakító; *hang* hangszóró mikrofon; ~ **value** *mat* inverz, reciprok (érték)

reciprocally kölcsönösen, fordítottan; ~ **proportional** *mat* fordítottan arányos

reciprocate *mat* reciprok értéket meghatároz; *mech* lengő/kettős mozgást végez, ide-oda leng

reciprocating *gép* váltakozó, lengő, ide-oda járó, össze-vissza mozgó; *gépk, hidr* dugattyús; ~ **arm** *gép* himbakar; ~ **bit** *ol* lengő fúrófej; ~**(-)chisel mortising(-)machine** *fa* favéső/csaplyukvéső gép; ~ **compressor** *gép* dugattyús kompresszor/légsűrítő; *hűt* alternáló dugattyús hűtőkompresszor; ~ **conveyer/conveyor** *bány* rázott csúszda; ~ **drill** *forg* pergőfurdancs; ~ **element** *gép* alternáló gépelem; ~ **engine** *gépk* dugattyús motor; ~ **feeder** *ip* dugattyús adagoló, lengőadagoló; ~ **grid** *el* mozgórekesz, mozgórács; ~**-grid feeder** *ip* lengőrácsos adagoló; ~ **lever** *gép* lengőkar, himba; ~ **machine** *tex* lengőmozgású gép; ~ **motion** *mech* váltakozó (irányú) alternáló mozgás, ide-oda/össze-vissza mozgás; ~**-piston compressor** *gép* dugattyús sűrítő/kompresszor; ~**-piston pump** *hidr* (lengő)dugattyús szivattyú; ~**-piston-type (flow)meter** *hidr* dugattyús áramlásmérő; ~ **plate feeder** *ép* rázóvályús/tolattyús adagoló/etető; ~ **riddle** *bány* mozgórosta, rázott rosta; ~ **rod** *gép* húzó-vonó rúd; *hőt* vezérrúd *(gőzgépen)*; ~ **rolling process** *heng* pilgerhengerlés; ~ **screen** *bány* lengőszita; ~**(-)screw injection machine** *műa* csigadugattyús fröccsöntő gép; ~ **sieve** *élip, mzg* lengőrosta; ~ **sifter** *élip* lengőszita; ~ **steam(-)engine** *hőt* dugattyús gőzgép; ~ **trough conveyer/conveyor** *bány* rázott/vibrált csúszda; *ép* dobással szállító lengőgép

reciprocation *mech* lengőmozgás, kétirányú mozgás, ide-oda/oda-vissza lengés; ~ **marks** *önt* öntési hullám

reciprocity *fiz* kölcsönösség, viszonosság; *mat* reciprocitás, korreláció, dualitás; ~ **calibration** *el* reciprocitási beosztás/hitelesítés; ~ **failure** *foto* reciprocitáshiány, kölcsönös felcserélhetőség hiánya; ~ **law** *krist* reciprocitás törvénye, reciprocitási törvény; ~ **of displacements** *mech* elmozdulások viszonossága; ~ **principle/theorem** *krist* reciprocitás/dualitás/kölcsönösség elve, reciprocitási/viszonossági tétel, reciprocitástétel; ~ **theorem of Maxwell and Betti** *krist* Betti-tétel, Betti-féle reciprocitási tétel

recirculate *vegy* újrakeringet, recirkulál

recirculated *vegy* recirkulált, újrakeringetett; ~ **air(-)flow conveying** recirkulációs rendszerű szállítás; ~ **cooling sytem** *hűt* visszahűtés; ~ **heavy suspension** *vegy* visszajáró szuszpenzió; ~ **water(-)pipe** *gép* lehűltvíz-vezeték, visszatérő-vezeték

recirculating *vegy* újrakeringetés, recirkuláció; ~ **cooling water** *hűt* recirkuláló/visszakeringetett hűtővíz; ~ **fan** *hűt* újrakeringtető ventilátor; ~ **hydrogenation** *vegy* keverő nélküli gázvisszavezetéses hidrogénezés; ~ **memory** *szt* újrakeringetéses memória; ~ **store** *szt* gyorstároló, dinamikus/újrakeringtetéses tároló

recirculation visszakeringetés; visszaforgatás; *vegy* újrakeringetés, recirkuláció, visszavezetés; ~ **air** *szell* keringetett levegő; ~ **duct** *hidr* keringetőcsatorna; ~ **flow control** *at* visszakeringetéses szabályozás

recirculatory *vegy* újrakeringetéses, recirkulációs; ~ **pipe** *ép* visszafolyócső

reck *bány* rázókeret

reckon *mat* (ki)számít, számol, kalkulál

reckoner *mat* számolási segédlet, gyorsszámoló; számoló, összesítő, integráló

reckoning számítás, számolás, kalkuláció; *rep* útvonalszámítás

reclaim I. *v bány* kijavít, felújít; kirabol *(ácsolatot)*; *ép* restaurál, helyreállít; *talt* megjavít, művelésre alkalmassá tesz; *vegy* visszanyer, regenerál; **II.** *n bány* kirablás; *ép* restaurálás, helyreállítás; *vegy* regenerátum; visszanyerés, regenerálás; ~ **mix** *gumi* regenerátkeverék

reclaimed *bány* kirabolt; *ép* helyreállított, restaurált; *talt* kiszárított, lecsapolt, termővé tett; *vegy* visszanyert, regenerált; ~ **land** talajjavított/kiszárított/lecsapolt föld, újra termővé tett terület; ~ **oil** *vegy* regenerált kenőolaj; ~ **rubber** *gumi* regenerátkaucsuk; ~ **spoil** *bány* felújított hányó; ~ **timber** *bány* kirabolt fa; ~ **wool** *tex* regenerált/tépett/újrafeldolgozott gyapjú

reclaiming *bány* ácsolatrablás; hányófelújítás, hányóhasznosítás; *ép* helyreállítás, restaurálás; *talt* termővé tétel, lecsapolás, kiszárítás; *vegy* visszanyerés, regenerálás; ~**-by plastification** *gumi* regenerálás száraz/mechanikai eljárással; ~**(-)machine** *gumi* regenerálógép, elegykeverő gép; ~ **materials** *mzg* talajjavító anyagok; ~ **of metal** *koh* fémvisszanyerés; ~ **plant** *vegy* visszanyerő berendezés; ~ **tunnel** *ép* szalagalagút

reclamation *bány* ácsolatrablás; rekultiválás; *ép* helyreállítás, restauráció; *hidr* lecsapolás; *talt* kiszárítás, lecsapolás, termővé tétel; melioráció; *vegy* visszanyerés, rekuperáció, (olaj)regenerálás; ~ **of land** *bány* talaj-helyreállítás *(külfejtés után)*; *talt* termővé tétel, kiszárítás, lecsapolás; ~ **of mo(u)lding sand** *önt* formázóhomok-visszanyerés; ~ **work** *bány* felújítás, fenntartás, helyreállító munkálatok

reclassification *ip* újraosztályozás

recleaner *mzg* utótisztító, finomtisztító; ~ **fan** szellőző utótisztítóhoz/finomtisztítóhoz; ~ **screen set** szitakészlet finomtisztításhoz; ~ **unit** utótisztító berendezés

reclination *geod* dőlés

recline *geod* dől, függőleges iránytól eltér

reclining | seat *gépk, rep* állítható támlájú ülés; ~ **twill** *tex* lapos sávoly *(vetülékirányban)*

reclose *el* újrazár, visszakapcsol

recloser *el* (gyors) visszakapcsoló (automata)

reclosing *el* visszakapcsolás; ~ **circuit** *el* visszakapcsoló áramkör; ~ **feeder** *el* önműködő visszakapcsolású tápvezeték; ~ **relay** *el* visszakapcsoló relé/jelfogó; ~ **time** *el* visszakapcsolási idő(köz)

reclosure *el* visszakapcsolás

recoat *ép* újrafest; *mt* újra bevon

recoating *ép* újrafestés; *mt* ismételt bevonás

recognition *rep, szt, távk* azonosítás, felismerés; ~ **algorithm** *szt* felismerési/felismerő algoritmus; ~ **and identification radar** *távk* felismerő- és azonosítóra-

dar, felismerő- és azonosítólokátor; ~ **code** *szt* azonosítókód; ~ **function** *szt* felismerési függvény; ~ **information** *szt* felismerési információ; ~ **light** *aut* felismerési fény; *rep* azonossági/jelentkezési fény; ~ **system** *szt, távk* felismerőrendszer; ~ **tag** *ip* azonossági cédula/címke/jegy; ~ **unit** *szt* felismerő egység
recognizability *rep, szt, távk* felismerhetőség
recognize *rep, szt, távk* felismer
recognizer *rep, szt, távk* felismerőegység
recoil I. *v kat* hátrafut, hátrasiklik *(lövegcső)*; visszarúg *(puska)*; *mech* visszaugrik, visszapattan; **II.** *n at* ütközés, visszaverődés, visszalökődés; *kat* visszafutás, hátrafutás *(lövegcsőé)*; visszarúgás; *mech* emisszió; visszalökés, visszapattanás; visszaugrás; ~ **atom** *at* ütközést szenvedő/szenvedett atom, visszapattanó atom; ~ **brake** *kat* hátrasiklás-fékszerkezet; hátrasiklásfék; ~ **buffer** *kat* visszalökést tompító szerkezet; ~ **chamber** *at* visszapattanó részecskéket mérő ionizációs kamra; ~ **check** *gép* hátrasiklás-szabályozó készülék; ~ **chemistry** *at* radioaktív kémia, radioaktív atomok kémiája; ~ **effect** *at* ütközési hatás; ~ **electron** *at* Compton-elektron, visszalökött *v.* ütközést szenvedett elektron, visszapattanó elektron; ~ **energy** *at* visszapattanó részecske energiája; ~ **escapement** *finm* visszavezető járat; ~ **factor** *at* visszalökési tényező; ~ **impulse** *mech* visszaverődési/visszapattanási impulzus; ~ **increaser** *kat* visszalökés-erősítő; ~ **indicator** *kat* hátrasiklás-mutató; ~ **ion** *at* ütközést szenvedett ion; ~ **liquid** *kat* fékfolyadék; ~ **loader** *kat* automata fegyver, hátrasiklás közben öntöltő fegyver; ~ **mechanism** *kat* hátrasiklás-szabályozó szerkezet; ~ **nucleus** *at* visszapattanó mag, magreakció folyamán kilökött mag; ~ **oil** *kat* orsóolaj; ~ **particle** *at* ütközésből keletkezett *v.* ütközést szenvedett részecske, visszapattanó részecske; ~ **piston** *kat* fékdugattyú; ~**-piston hole** *kat* fékdugattyú-átömlőfurat; ~ **piston(-)rod** *kat* fékdugattyúrúd; ~ **plate** *kat* hátrasiklás-határoló lemez; ~ **plate(-)screw** *kat* hátrasiklás-határoló lemezcsavar; ~ **proton** *at* ütközési proton; ~ **proton counter tube** *at* proton-visszalökéses számláló; ~ **radiation** *at* visszalökődéses sugárzás; ~**(-)regulating gun** *kat* hátrasiklás-szabályozóval felszerelt löveg; ~ **slide** *gép* csővezető szán, járom; ~ **spectrum** *at* ütközési spektrum, ütközést szenvedett magok energiaspektruma; ~ **spindle** *kat* kiverőszeg; ~ **spring** *gép* visszahúzó/visszavonó rugó; *kat* helyretoló rugó; ~**-spring guide** *kat* helyretolórugó-vezetőrúd; ~**-spring plug** *kat* helyretolórugó-hüvely; ~ **stop** *gép* állítóütköző; ~ **stroke** *gépk* visszalökő ütem; ~**-throttling valve** *kat* átömlőszelep; ~**(-)throttling valve cam** *kat* átömlőszelep-szabályozó; ~ **triton** *at* ütközési trítiummag; ~ **valve** *kat* hátrasiklás-szabályozó szelep; ~ **wedge** *kat* hátrasiklást szabályozó ék/pecek
recoiler *em* vitla, csörlő; *heng* feltekercselő gép, motolla
recoiling *kat* hátrasiklás *(lövegcsőé)*, visszarúgás *(puskáé)*; *mech* visszalökődés, visszapattanás; visszapattanó, visszalökődő; ~ **line** *heng, koh* áttekercselő berendezés; ~ **motion** *gépk* rángató mozgás *(fékezéskor)*
recoilless *kat* hátrasiklás/visszarúgás nélküli; *mech* visszalökődés nélküli; ~ **gun (RGn)** *kat* hátrasiklás nélküli ágyú; ~ **rifle (RR)** *kat* hátrasiklás nélküli löveg, rakéta-páncéltörő ágyú
recombination rekombináció; újraegyesítés; újraegyesülés; visszaalakulás; ~ **centre/center** *at* rekombinációs centrum; ~ **coefficient** *el, ol* rekombinációs koefficiens/tényező; ~ **contact** *fiz* rekombinációs érintkezés/határfelület; ~ **light** *fiz* rekombinációs sugárzás/lumineszkálás; ~ **rate** *el* rekombinációs tényező; ~ **system** *el* rekombinátor; ~ **trap** *el* rekombinációs csapda
recombined *at, vegy* újraegyesített; *gép* újra összeállított; ~ **aggregate** *ép* szárazbeton
recombiner *at, vegy* rekombináló készülék/reaktor; ~ **assembly** *at* rekombinációs rendszer; ~**condenser** *at* rekombinálókondenzátor
recommend *ip* javasol, ajánl
recommendation ajánlás
recompact *ép, talt* újratömörít
recompatibility *tv* rekompabilitás *(színestévéé feketefehér vételre)*
recompile *szt* újrafordít
recompose *gép* újra összeállít; *nyom* újraszed; *vegy* újraegyesít
recomposition *gép* újraösszerakás; *nyom* átszedés, újraszedés; *vegy* újraegyesítés
recompounding *gumi, vegy* keverékátdolgozás
recompression *ép, talt* újratömörítés, ismételt összenyomás; *gép* ismételt sűrítés; *gyógyv* újratablettázás
reconcentration *bány* újradúsítás
recondition *ép* kijavít, helyreállít, restaurál; *gép* újra üzembe helyez, regenerál, felújít; ~ **the drilling mud** *ol* fúróiszapot újra előkészít/feljavít
reconditioned *ép* helyreállított, restaurált; *gép* regenerált, felújított; ~ **engine** *gépk* felújított motor
reconditioning *ép* helyreállítás, restaurálás, kijavítás; *gép* regenerálás, felújítás; ~ **time** *szer* javítási idő
reconduct *el, gép* visszavezet
reconduction *el, gép* visszavezetés; ~ **band** *gép* bekötő szállítószalag
reconnaissance *bány* felderítőkutatás, előkutatás; *kat, rep* felderítés; ~ **aircraft** *rep* felderítő repülőgép; ~ **car** *kat* felderítő gépkocsi; ~ **for base site** *geod* alapvonal szemrevételezése; ~ **map** *geod* vázlatos térkép; ~ **mapping** *geof* tájékozódó/áttekintő felmérés/felvétel; ~ **measurement** *geof* tájékozódó mérés; ~ **satellite** *távk* felderítő mesterséges hold *v.* műhold; ~ **shooting** *geof* felderítő/tájékozódó szeizmikus mérés; ~ **survey** *geof* tájékozódó/felderítő felmérés/kutatás; ~ **tank** *kat* felderítő harckocsi; ~ **work** *bány* előkutatási fázis
reconnect *el* átkapcsol, átköt, áttekercsel; *vegy* újraegyesít
reconnection *el* átkötés, átkapcsolás, újrabekötés, újraösszekötés, újratekercselés; *vegy* (újra)egyesítés
reconstitute helyreállít, rendbehoz; ~ **the signal** *távk* kiadott jelet előállít
reconstituted *ép* helyreállított, rendbehozott; ~ **milk** *élip* tejporból készített tej; ~ **oil** *műa* átészterezett olaj
reconstruct *ép* átépít; újraépít, újjáépít, helyreállít, rekonstruál
reconstructed *ép* újjáépített, helyreállított, rekonstruált; ~ **mica** *ásv* mikanit; ~ **stone** *ép* műkő
reconstruction *ép* újjáépítés, rekonstrukció, átépítés; ~ **of image** *tv* képvisszaállítás; ~ **of shafts** *bány* aknafelújítás; ~ **work** *ép* helyreállítási munkák

reconversion *távk* visszakeverés
reconvert *gép* visszalakít, újra átalakít; *távk* visszakever
recool *hűt* visszahűt
recooler *hűt* visszahűtő (készülék)
recooling *hűt* cirkulációs/visszakeringetéses hűtés, visszahűtés; ~ **of the water** *hűt* vízvisszahűtés; ~ **plant** *hűt* visszahűtő berendezés; ~ **tower** *hűt* permetezőtorony kondenzvíz hűtésére
record I. *v* elraktároz, feljegyez; rögzít; regisztrál; *finm* mutat, jelez; *hang* hangfelvételt készít, felvesz; *vid* felvesz *(videóra)*; **II.** *n* jegyzék, lajstrom; nyilvántartó; adat; feljegyzés, tanúsítvány; *fiz* feljegyzett/regisztrált görbe, feljegyzés, regisztrátum; *hang* (hang)lemez; hangfelvétel; *szt* rekord, mondat; ~ **address** *szt* feljegyzési cím; ~ **address file** *szt* feljegyzési címtár; ~ **changer** *hang* lemezváltó; ~ **chart** *szt* (feljegyző)-szalag; ~ **circuit** *távk* előjegyző áramkör; ~ **curve/diagram** *metr* feljegyzési/regisztrálási görbe; ~ **function** *mat* felvételi függvény; ~ **gap** *szt* rekordköz; ~-**identifying code** *szt* rekordfelismerő kód; ~ **input** *szt* feljegyzésbemenet; ~ **layout** *szt* rekordszerkezet; ~ **locking** *szt* rekord-írásvédelem; ~ **management services (RMS)** *szt* állománykezelő rendszer, RMS; ~ **operator** *távb* bejelentő-munkahely kezelője; ~ **operator's line** *távb* bejelentővonal; ~ **output** *szt* feljegyzéskimenet; ~ **overflow feature** *szt* sávváltó berendezés; ~ **packing** *szt* feljegyzéstömörítés; ~(-)**player** *hang* lemezjátszó; ~ **player deck** *hang* deck, sasszi; ~ **position** *távb* bejelentő/felvevő munkahely; ~ **separator (RS)** *szt* rekordelválasztó jel, RS *(vezérlőkarakter)*; ~ **sheet** *metr* regisztrálópapír, regisztrálószalag; ~ **skip** *szt* feljegyzésátugrás; ~ **storage** *szt* regisztertárolás; ~ **strip** *metr* regisztrálószalag, írószalag; ~ **system** nyilvántartó rendszer, kartoték; ~ **traffic** *távb* bejelentőforgalom; ~ **turntable** lemeztányér *(lemezjátszón)*; ~ **wire** *távb* bejelentővonal
recorded felvett; rögzített; feljegyzett *(műszerrel)*; ~ **amplitude** *geof* regisztrált kitérés; ~ **broadcast** *távk* rögzített műsorú adás; ~ **curve** feljegyzett/regisztrált görbe; ~ **sound** felvett hang *(hanglemezre)*; ~ **stage** *hidr* észlelt vízállás/vízszint; ~ **water level/surface** → ~ stage
recorder öníró szerkezet/készülék, regisztrálószerkezet, regisztrálókészülék; *film* hangmérnök; *hang* hangfelvevő, magnetofon; hanglemezvágó készülék; *szt* (adat)rögzítő; *távb* képtáviratvevő készülék; *tv* képfelvevő, képmagnó; ~(-)**alphabet** *távb* kábeltávíró-abc, rekorder-abc; ~ **block** *el* kiíróegység; ~ **chart** regisztrálócsík, regisztrálólap; ~ **driver amplifier** *el* regisztrálókészülék meghajtóerősítője; ~ **strip/tape** regisztrálószalag, írószalag; ~ **well** *hidr* csillapítóakna; ~ **with continuous line** vonalrajzoló regisztráló; ~ **with dotted record** pontíró regisztráló; ~ **with point recording** pontíró(s) regisztráló
recording I. *a* regisztráló, rajzoló *(műszer)*; *hang, tv* felvevő; **II.** *n* feljegyzés, felírás; regisztrálás *(műszerrel)*; *tv* képrögzítés; *vid* felvétel; ~ **accelerometer** regisztráló/feljegyző gyorsulásmérő; ~ **accuracy** regisztrálási pontosság; ~ **altimeter** *rep* altigráf, (regisztráló) magasságmérő; ~ **amplifier** *hang, tv* felvevőerősítő; ~-**and-reproducing head** *hang* felvevő és lejátszófej *(magnetofoné)*; ~ **anemometer** *metr* anemográf, regisztráló anemométer, szélíró; ~ **apparatus** regisztrálókészülék; *hang, tv* felvevőkészülék; ~ **attachment** *geof* regisztráló toldalék; ~ **barometer** *met* légnyomásíró, barográf; ~ **calorimeter** *hőt* regisztráló kaloriméter/hőmennyiségmérő; ~ **carrier** *szt* szöveghordozó; ~ **channel** *film* hangcsatorna, hangfelvétel; *geof* regisztrálási csatorna; *távk* jelrögzítő csatorna; ~ **characteristic** *hang* felvételi jelleggörbe, hangrögzítő-frekvenciakarakterisztika; ~ **circuit** *távk* feljegyzőkapcsolás, regisztrálókapcsolás; ~ **current** *el* felvevőáram; ~ **cylinder** regisztrálódob *(műszeren)*; ~ **densitometer** *fiz* regisztráló/rajzoló feketedésmérő/denzitométer; ~ **density** *szt* jelsűrűség, tárolási sűrűség, írássűrűség, felvételi sűrűség; ~ **device** regisztrálószerkezet, írószerkezet; ~ **distance** *geof* regisztrálási távolság; ~ **drum** regisztrálódob, feljegyződob; ~ **electronic potentiometer** elektromos író, potenciométer, rajzolópotenciométer, kompenzográf, kompenzációs író/rajzoló elektronikus erősítővel; ~ **equalization** *hang, tv* felvételi korrekció; ~ **equipment** *geof* regisztrálóberendezés; ~ **float ga(u)ge** *hidr* regisztráló úszó szintjelző; ~ **frequency meter** *távk* regisztráló frekvenciamérő; ~ **furnace(-)filling counter** *koh* feljegyző kemenceadagszámláló; ~ **gas analyzer** *fiz* regisztráló gázanalizátor; ~ **ga(u)ge** *hidr* vízszintíró, limnográf; ~ **gravimeter** *geof* öníró graviméter; ~ **head** regisztrálófej; *hang, tv* felvevőfej; ~ **higrometer** feljegyző nedvességmérő; ~ **infrared tracking instrument** *távk* regisztráló infravörös célkövető (készülék); ~ **instrument** regisztrálókészülék, regisztrálóműszer, írószerkezet; *hang, tv* felvevőkészülék; ~ **lamp** regisztrálólámpa; ~ **level** *hang, tv* felvevőszint; ~ **line** *távb* bejelentővonal; ~ **loss** *hang* hangrögzítési veszteség; ~ **manometer** *fiz* nyomásregisztráló, regisztrálómanométer; ~ **maximum meter** maximumíró, csúcsteljesítmény-regisztráló; ~ **medium** *hang, tv* hangrögzítő/képrögzítő anyag, jelhordozó; ~ **meter** írószerkezet, öníró műszer, regisztrálószerkezet, regisztrálókészülék; ~ **microphotometer** *opt* feljegyző mikrofénymérő; ~ **of colo(u)r television images** *tv* színes televíziókép-rögzítés; ~ **of digital results** digitális (mérési) eredmények regisztrálása; ~ **of signals** *el* jeltárolás; ~ **ombrometer** *met* öníró csapadékmérő, csapadékíró, esőíró, ombrográf; ~ **operator** *távb* bejelentő munkahely kezelője; ~ **oscillometer** *geof* vibrográf, rezgést regisztráló készülék; ~ **paper** *geof* szeizmogrampapír, jelrögzítő szalag; ~ **period** *el* feljegyzőperiódus, felíróperiódus; ~ **PH regulator** *vegy* regisztráló PH-szabályozó; ~ **pluviometer** *met* öníró csapadékmérő, csapadékíró, esőíró, ombrográf; ~-**position distributor** *távb* bejelentéselosztó; ~ **potentiometer** *metr* kompenzográf, regisztrálópotenciométer; ~ **pressure(-)ga(u)ge** *fiz* regisztráló nyomásmérő műszer; ~ **rain ga(u)ge** *met* öníró csapadékmérő, csapadékíró, esőíró, ombrográf; ~ **rate** regisztrálási sebesség; ~-**reproducing amplifier** *el* kombinált erősítő; ~ **room** *hang, tv* rögzítőhelyiség; ~ **section** *távb* táviratfelvevő munkahely; ~ **ship** *geof* szeizmikus kutatóhajó; ~ **spectrophotometer** *fiz* író/regisztráló spektrofotométer, regisztráló színkép-fotométer; ~ **speed** feljegyzési sebesség; ~ **station** *met* megfigyelőállomás; ~ **stylus** írótű, regisztrálótű, feljegyzőkészülék tűje/tolla; ~ **system** *hang* felvevőberendezés; hanglemezmásoló keverő; ~ **telegraph** *távb* szalagos távíró

készülék; ~ **thermometer** *hőt* termográf, hőíró, regisztráló/öníró hőmérő; ~ **time** *hang, tv* felvételi idő, játékidő, műsoridő; ~ **truck** *geof* regisztrálókocsi; ~ **trunk** *távb* bejelentővonal; ~ **unit** regisztrálóegység; *at* impulzusszámláló; ~ **vibration meter** *geof* vibrográf, rezgést regisztráló készülék; ~ **voltmeter** *el* rajzoló/öníró voltmérő; ~ **watt and varmeter** *el* watt- és meddőteljesítmény-mérő; ~ **wattmeter** *el* regisztráló/feljegyző/öníró wattmérő; ~ **Wheatstone bridge** *el* feljegyző Wheatstone-mérőhíd

recordist *hang* hangmérnök, hangfelvevő *(személy)*

re-count újraszámol, újraszámlál

recoupling *vasút* mechanikus váltóállítás/jelzőállítás

recover visszakap; *bány* kibont *(befúlt lövést)*; kiment *(fúrószerszámot)*; kinyer; visszafejt *(lábat)*; *hidr* leülepít; *hőt* hasznosít *(hulladékhőt)*; *ip* (újra) hasznosít; eredeti állapotába hoz, visszaállít, visszaáll; *szt* helyrehoz, újraéleszt; *vegy* visszanyer; ~ **a fish** *ol* halat fog, lyukban maradt eszközt kiment; ~ **the slurry** *bány* iszapot ülepít

recoverable visszaszerezhető; *bány* kiszedhető, feltárható, kifejthető; *vegy* visszanyerhető; ~ **error** *szt* futás közben kijavítható hiba; ~ **pillar** *bány* visszanyerhető pillér; ~ **reserves** *bány, ol* kitermelhető készlet; ~**-stage rocket** *kat* visszatérő fokozatú rakéta

recovered visszaszerzett; *bány* feltárt, kifejtett; kimentett; *vegy* visszanyert; ~ **casing** *ol* visszanyert béléscső; ~ **core** *ol* fúrt mag, kinyert fúrómag; ~ **solvent** *vegy* visszanyert oldószer; ~ **stock** *pa* visszanyert anyag

recovering I. *a bány* feltáró; *vegy* visszanyerő; **II.** *n* visszaszerzés; *bány* feltárás, kifejtés; kimentés; *hőt* hővisszanyerés; *vegy* visszanyerés; ~ **plant** *vegy* visszanyerő berendezés; ~ **swing** *mech* felgerjedő lengés

recovery visszaszerzés; visszaállás; helyreállítás; felújítási munkálatok; *bány* visszanyerés, rablás *(ácsolaté)*; *el* rekuperáció, feléledés; *hők* relaxáció, részleges kilágyulás; *koh* érckinyerési százalék, érckihozatal, fémkihozatal; *mech* felengedés, relaxáció, feszültségfeloldódás, visszaalakulás; *rep* kivétel *(dugóhúzóból, zuhanásból)*; *szt* feléledés; helyreállítás; *tex* visszaalakulás, feloldódás; *vegy* kivonás, visszanyerés, rekuperáció, regeneráció; ~ **by depletion drive** *ol* kimerüléses telepművelési rendszer; ~ **by expansion drive** *ol* segédgázas termelés; ~ **by miscible displacement** *ol* elegyedő telepművelési rendszer; ~ **by underground** *ol* föld alatti elégetéses termelés; ~ **capability** *el, gép* ismételt felhasználhatóság, helyreállíthatóság; ~ **car** *gépk* autómentő, darus gépmentő kocsi; ~ **creep** *krist* helyreállítási kúszás; ~ **curve** *el* visszaállási/feléledési/felépülési/stabilizációs görbe; ~ **factor** *ol* kihozatali tényező; ~ **gear** mentőberendezés; ~ **log** *szt* helyreállítási napló; ~ **of insulation** *el* regenerálódó képesség *(szigetelőé)*; ~ **of metal** *koh* fémvisszanyerés; ~ **of molasses** *cu* melasz cukortalanítása; ~ **of shape** *krist* forma-helyreállítás; ~ **of solvent** *vegy* oldószer-visszanyerés; ~ **oven** *koh* kokszkemence *(melléktermékek felfogásával)*; ~ **plant** *vegy* regenerálóberendezés; ~ **rate** *el, krist* helyreállítási/helyreállási sebesség; ~ **ratio** *bány* kinyerési/kihozatali hányad; ~ **routine** *szt* ismétlőprogram; ~ **service** *közl* autómentő szolgálat; ~ **temperature** *krist* helyreállítási hőmérséklet; ~ **time** *at* helyreállítási/rekuperációs idő; *aut* beállási/szabályozási idő; *el* feléledési/felgerjedési idő; záráskésleltetés, relaxációs idő; *szt* feléledési idő; ~ **time of the back(ward) resistance** *félv* zárási idő; ~ **tunnel** *ép* szalagalagút; ~ **vehicle** *gépk* autómentő, vontatójármű, vontatókocsi; ~ **voltage** *el* visszatérő feszültség; ~ **well** *ol* termelőfúrás, termelőkút; ~ **winch** *bány* rablóvitla

recreation *el* feléledés; ~ **area** *ép* üdülőterület, üdülőkörzet, üdülőövezet

recrush I. *v bány* újból aprít/zúz; **II.** *n bány* újbóli zúzás

recrystallise → recrystallize

recrystallization *krist* átkritályosítás; újrakristályosodás, visszakristályosodás, rekrisztallizáció, átkristályosodás; ~ **annealing** *krist* rekrisztallizációs hevítés; újrakristályosító izzítás/lágyítás; ~ **centre/center** *krist* rekrisztallizációs centrum; ~ **in hot-worked material** *krist* magas hőfokú rekrisztallizáció; ~ **nucleus** *krist* rekrisztallizációs góc; ~ **temperature** *krist* rekrisztallizációs hőmérséklet; ~ **texture** *krist* rekrisztallizációs textúra; ~ **twin** *krist* rekrisztallizációs iker

recrystallize, *US* **recristalize** *krist* átkristályosodik; újrakristályosít, átkristályosít, rekrisztallizál

recrystallized, *US* **recristalized** *krist* újrakristályosított, rekrisztallizált; újrakristályosodott; ~ **ferrite** *koh* újrakristályosodott ferrit; ~ **junction** *félv* átkristályosított p-n átmenet

rectangle *mat* téglalap, derékszögű négyszög; ~ **of dispersion** *kat* szórásnégyszög *(ballisztikában)*

rectangular *gép* négyszögszelvényű; szögletes; *mat* derékszögű; téglalap alakú; ~ **array** *at* téglarácsrúdsor, négyszögletes elrendezés; ~ **axes** *mat* derékszögű koordinátatengelyek; ~ **Bazin-type (sharp-crested) weir** *hidr* Bazin-bukó; ~ **beam** *ép* derékszögűnégyszög-keresztmetszetű tartó; ~ **Cartesian coordinates** *mat* Descartes-féle (derékszögű) koordináták, ortogonális koordináták; ~ **cathode** *el* négyszögkatód; ~ **cavity** *távk* négyszögletes üregrezonátor; ~ **centre/center net** *krist* rombos rács/sík, derékszögű centrált rács/hálózat; ~ **check** *mzg* táblaosztó töltések *(öntözésnél)*; ~ **coordinates** *mat* Descartes-féle derékszögű koordináták, ortogonális koordináták; ~ **cross(-)section** *mat* derékszögűnégyszög-keresztmetszet; ~ **filter** *el* ortogonális szűrő; ~ **form** *mat* algebrai alak; ~ **grid floor** *ép* kazettás födém; ~ **hysteresis loop** *el* négyszögű hiszterézishurok; ~ **laser cavity** *fiz* derékszögű lézerrezonátor; ~ **laser diode** *fiz* derékszögű lézerdióda; ~ **loop hysteresis** → ~ hysteresis loop; ~ **mapping** *mat* derékszögű leképezés; ~ **matrix** *mat* négyszögmátrix; ~**-modulated** *távk* négyszögmodulált; ~ **multiple(-)compartment bin** *ép* silósor; ~ **net** *krist* derékszögű (sík)rács; ~ **pass** *heng* négyszögüreg; ~**-perforation sieve** *élip* tégla alakú lyukasztásos lemezrosta; ~ **pulse** *el* négyszögimpulzus; ~ **rain water pipe** *ép* négyszögszelvényű lefolyócső; ~ **scan(ning)** *tv* derékszögű képbontás; ~**-section** *mat* négyszög keresztmetszetű; ~ **solid** *mat* téglatest, tégla, derékszögű paralelepipedon; ~ **street layout** *ép* derékszögű utcahálózat; ~ **timber** *ép* faragott/fűrészelt gerenda; ~ **triangle** *mat* derékszögű háromszög; ~ **two-dimensional lattice** *krist* derékszögű (sík)rács; ~ **wave** *el* négyszöghullám; ~ **waveguide** *távk* téglalap keresztmetszetű csőtápvonal, négyszögletes hullámvezető; ~ **weir with**

end contractions *hidr* Poncelet-bukó; ~ **wing** *rep* téglalap alakú szárny
rectangularity *mat* derékszögűség
rectascension *csill* egyenes emelkedés, rektaszcenzió
rectifiable kijavítható, helyesbíthető; *el* egyenirányítható; *mat* kiegyenesíthető, síkba fejthető, rektifikálható; *távk* demodulálható, detektálható; *vegy* rektifikálható; ~ **curve** *mat* rektifikálható görbe
rectification javítás, helyesbítés; kiigazítás *(műszeré)*; *el* egyenirányítás; *geod* képtranszformálás *(fotogrammetriában)*; *mat* görbe vonal/felület kifejtése, ívhosszmérés; kiegyenesítés, rektifikáció; *távk* detektálás, demodulálás; *vegy* rektifikálás, rektifikáló lepárlás; ~ **by barrier layer** *félv* záróréteg-egyenirányítás, kontakt-egyenirányítás; ~ **characteristic** *félv* egyenirányító-karakterisztika; ~ **column** *vegy* rektifikálótorony, rektifikálóoszlop, rektifikálókolonna; ~ **curve** *el* egyenirányító-karakterisztika; ~ **efficiency** *el* egyenirányítás hatásfoka; ~ **quality factor** *el* egyenirányítási tényező; ~ **station** *távk* rektifikálóállomás; ~ **tower** → ~ column
rectified kiigazított, helyesbített; *el* egyenirányított; *mat* kiegyenesített, rektifikált; *távk* detektált, demodulált; *vegy* rektifikált, többszörösen lepárolt; ~ **air speed** *rep* levegőhöz viszonyított helyesbített sebesség; ~ **alternating current (RAC)** *el* egyenirányított/nyitóirányú áram; ~ **distillation** *vegy* többszörös lepárlás, rektifikáció; ~ **reaction** *távk* egyenirányított visszacsatolás; ~ **signal** *távk* egyenirányított/detektált/demodulált jel; ~ **voltage** *el* egyenirányított feszültség
rectifier *el* egyenirányító,; *geod* képtranszformátor, képkomparátor, transzformálókomparátor, átvetítőkomparátor; *hőt* gáztisztító *(tüzelőgázé)*; *vegy* rektifikáló kolonna, rektifikátor; ~ **apparatus** *el* egyenirányító berendezés/készülék; ~ **block** *el* egyenirányító egység; ~ **cell** *el* egyenirányító (elem), elektromos szelep; ~ **circuit** *el* egyenirányító kapcsolás; ~ **circuit element** *el* egyenirányító elem; ~**-controlled drive** *el* ionvezérlésű/tirátronos hajtás; ~**-driven motor** *el* egyenirányítós motor; ~ **element** *el* egyenirányító elem; ~ **equipment** *el* egyenirányító berendezés; ~ **filter** *távk* simító/tápáramköri szűrő; ~ **for battery charging** *el* akkumulátortöltő egyenirányító; ~ **full-wave** *el* teljeshullámú/kétütemű egyenirányító; ~ **half-wave** *el* félhullámú/együtemű egyenirányító; ~ **load resistance** *el* egyenirányító-ellenállás, egyenirányító terhelő-ellenállása; ~ **locomotive** *vasút* egyenirányítós mozdony; ~ **photocell** *el* (záróréteges/egyenirányító) fényelem/fotocella; ~ **photoelectric cell** → ~ photocell; ~ **plate** *el* egyenirányító lemez; ~ **stack** *el* egyenirányító egység; ~ **substation** *el* egyenirányító alállomás; ~ **transformer** *el* egyenirányító transzformátor; ~ **tube** *el* egyenirányító cső; ~**-type voltmeter** *el* egyenirányítós voltmérő; ~**-type wavemeter** *távk* egyenirányítós/detektorcsöves hullámmérő; ~ **unit** *el* egyenirányító egység; ~ **valve** *el* egyenirányító(-cső); ~ **voltmeter** *el* egyenirányítós voltmérő
rectify helyesbít; *el* egyenirányít *(áramot)*; *geod* képet transzformál, kiigazít; *mat* kiegyenesít, rektifikál; síkba fejt *(görbe felületet)*; *vegy* rektifikál, többszörösen lepárol
rectifying helyesbítés; *el* egyenirányítás; *geod* kiigazítás, képtranszformálás; *mat* kiegyenesítés, rektifikáció; *vegy* rektifikálás, frakcionálás, többszörös lepárlás; ~ **a compass** *rep* iránytű-igazítás; ~ **action** *el* egyenirányító hatás, szelephatás; ~ **column** *vegy* rektifikálóoszlop, rektifikálókolonna, rektifikálótorony; ~ **commutator** *el* (egyenirányító) kommutátor; ~ **contact** *el* egyenirányító érintkező; ~ **crystal** *félv* detektorkristály; ~ **detector** *el* diódadetektor; ~ **device** *el* egyenirányító; ~ **effect** *el* egyenirányító hatás, szelephatás; ~ **electrode** *el* záróelektród; ~ **installation** *el* egyenirányító berendezés; ~ **junction** *félv* záróirányú átmenet; ~ **section** *at* dúsítási szakasz; ~ **spark(-)gap** *el* egyenirányító szikraköz; ~ **tray** *vegy* rektifikálótányér; ~ **tube/valve** *el* egyenirányító (cső)
rectilinear *mat* egyenes vonalú, egyenesek által határolt; ~ **comb** *tex* szakaszos fésülőgép; ~ **crane** *em* egyenes vonalban működő daru; ~**(-)face gearing** *gép* egyenes vonalú fogaskerék-kapcsolódás; ~ **figure** *mat* egyenes vonalakkal határolt idom; ~ **motion** *mech* egyenes vonalú mozgás; ~ **potentiometer** *el* tolópotenciométer; ~ **propagation of radiation** *fiz* sugárzás egyenes irányú terjedése; ~ **scan(ning)** *tv* egyenes vonalú letapogatás; ~ **weld** *heg* egyenes vonalú hegesztési varrat
recto *nyom* elülső oldal, rektó; páratlan oldal, jobb oldal
rectometer *tex* ráncszámláló készülék; rektométer
rectum | **anticline** *geol* áthajlott antiklinális; ~ **fold** *geol* fekvő redő
recultivation rekultiváció
recuperability helyreállíthatóság; *vegy* rekuperálhatóság
recuperable helyreállítható, helyrehozható; *vegy* rekuperálható
recuperant *vegy* rekuperáns
recuperate helyreállít; *hőt* visszanyer; *ip* újból felhasznál; *vegy* rekuperál, visszanyer
recuperated *vegy* rekuperált, visszanyert; ~ **energy** *el* visszatáplált energia; ~ **work** *fiz* visszanyert munka
recuperation helyreállítás; *el* visszatáplálás, áramvisszanyerés; *hőt* hővisszanyerés; *kat* helyretolás *(hátrasiklás után)*; *vegy* rekuperáció, visszanyerés; ~ **of metal** *koh* fémvisszanyerés
recuperative *el* visszatápláló; *hőt* hővisszanyerő; *vegy* rekuperáló, rekuperatív, visszanyerő, visszatérítő; ~ **air heater** *hőt* visszanyerő rendszerű léghevítő; ~ **air preheater** *hőt* visszanyeréses rendszerű levegő-előmelegítő; ~ **braking** *vasút* áram-visszanyeréses fékezés; ~ **burner** *hőt* rekuperátoros égő; ~ **capacity** *fiz, vegy* regenerálhatóság; regenerálódási képesség; ~ **furnace/oven** *koh* rekuperációs kemence; ~ **power** *ép* öntisztító képesség; ~ **turbine** *hőt* rekuperációs turbina
recuperator *hőt* rekuperátor, hővisszanyerő berendezés, hőcserélő, lég(elő)hevítő; ~ **piston** *kat* helyretoló dugattyú
recuperatory *el* visszavezető; *hőt* hővisszanyerő; *vegy* rekuperatív, rekuperáló
recur visszatér *(tárgyhoz)*; újra előfordul; *mat* ismétlődik
recurl *kh* visszapödör

recurling *kh* visszapödrés
recurrence *mat* visszatérés, ismétlődés, rekurzió; ~ **frequency** *távk* impulzusismétlődési/visszatérési frekvencia, képfrekvencia; ~ **rate** *távb* ismétlődési/billentyűzési sebesség; ~ **relation** *mat* rekurzív reláció/képlet/viszony; ~ **state** *el* rekurrens állapot; ~ **time** *geof* reverbációs idő
recurrent *fiz* (periodikusan) ismétlődő; *mat* visszatérő, ismétlődő, rekurzív; ~ **arrival process** *aut* rekurrens *v.* korlátos utóhatású folyamat; ~ **code** *szt* ciklikus kód; ~ **event** *aut* rekurrens esemény; ~ **frequency** → recurrence frequency; ~ **game** *mat* rekurzív játék; ~ **nova** *csill* (periodikusan) visszatérő nova; ~ **operating trouble** *el, gép* rendszeres meghibásodás; ~ **pulse** *távk* periodikus impulzussorozat; ~ **surge generator** *el* kisfeszültségű lökésgerjesztő
recurring I. *a mat* visszatérő, ismétlődő, rekurzív; **II.** *n mat* visszatérés, ismétlődés, rekurzió; ~ **decimal** *mat* végtelen tizedes tört; ~ **game** *mat* rekurzív játék; ~ **joint** *ép* átfedő hézag; ~ **maintenance** *szer* időszakos karbantartás
recursion *mat* visszatérés, ismétlődés, rekurzió; ~ **formula** *mat* rekurzív formula/képlet
recursive *mat, szt* visszatérő, ismétlődő, rekurzív; ~ **filter** *távk* rekurzív szűrő; ~ **function** *mat* rekurzív függvény; ~ **list** *szt* rekurzív lista; ~ **program** *szt* rekurzív program; ~ **subroutine** *szt* rekurzív szubrutin
recursively defined sequence *mat, szt* rekurzív sorozat
recursiveness *mat* visszatérés, ismétlődő jelleg, rekurzivitás
recurvate *alak* hátrahajlott, hátragörbült
recurvation *alak* hátragörbítés; hátragörbülés
recut *forg* újravág *(csavarmenetet, reszelőt)*; ~ **the grooves** *kat* újrahuzagol
recycle I. *v* újra hasznosít; újrafeldolgoz; *vegy* visszakeringtet, visszavezet, recirkuláltat; **II.** *n* visszavezetés, recirkuláció; újrafelhasználás, újrafeldolgozás; ~ **blower** *vegy* recirkulációs ventilátor/fúvó; ~ **cooling** *vegy* (re)cirkulációs hűtés; ~ **gas** *ol* keringetett/recirkulációs gáz; ~ **oil** *ol* keringetett/cirkulált/recirkulációs olaj; ~ **product** *ip* újra feldolgozott termék; *vegy* a körfolyamatba visszavezetett termék, recirkuláltatott termék
recycled *ip* újra feldolgozott/hasznosított; *vegy* visszakeringtetett, recirkulált; ~ **converter slag** *koh* visszajáró konvertersalak; ~ **fuel** *at* recirkulációs/reprocesszált tüzelőanyag/üzemanyag, újra feldolgozott üzemanyag; ~ **material** *ip* újra felhasznált/feldolgozott anyag; ~ **water use** *hidr* ismételt vízfelhasználás
recycling I. *a ip* újrafeldolgozó; *vegy* visszakeringtető, recirkuláló; **II.** *n ip* újrafeldolgozás; újrahasznosítás; *koh* visszajáratás; *vegy* recirkuláció, visszakeringtetés, cirkulációs/keringtetéses üzemmód; ~ **of top gas** *koh* torokgáz-visszavezetés; ~ **system** *ip* újrafeldolgozó rendszer; *ol* (gáz)körfolyam-eljárás, gázkeringetés
red I. *a* vörös, piros; **II.** *n* vörös, piros *(szín)*; *tex, vegy* vörös/piros festék/színezék; ~ **acid** *vegy* vörössav, 1,5-dioxi-naftalin-3,7-diszulfonsav; ~ **antimony ore** *ásv* vörösantimonérc; ~ **arsenic ore** *ásv* vörösarzénérc; ~ **blindness** *opt* protanopia, vöröstévesztés; ~ **brass** *önt* vörösöntvény; ~ **chalk** *ásv* rötel; ~ **clay** *geol* vörösagyag; ~ **cobalt ore** *ásv* vöröskobaltérc; ~ **copper** vörösréz; ~ **copper-ore** *ásv* kuprit, vörösrézérc; ~ **dog** *élip* legsötétebb hátsó liszt, takarmányliszt; ~ **dyewood** *fa* brazilfa, vörösfa; ~ **electron gun** *tv* vöröselektron-ágyú *(színestelevízió-képcsőben)*; ~ **fume** *koh* barnafüst; ~**(-)fuming nitric acid (RFNA)** *vegy* vörösfüstös salétromsav; ~ **glow** *hők* vörösizzás; ~ **gold** vörösarany; ~ **hardness** *any* vörösszilárdság, keménység vörösre izzítás után; ~**-hard steel** *koh* vörösszilárdságú acél, gyorsacél; ~ **heart** *fa* vörösbél; ~ **heat** *hők* vörösizzás, vörösmeleg; ~ **hematite** *ásv* vörösvasérc, hematit, vörösvasoxid; ~**-hot** *hők* vörösen izzó; ~**-hot bar** *hők* vörösre izzított rúd; ~ **iron(-)ore** *ásv* vörösvaskő, vörösvasérc, hematit; ~ **laser** *fiz* vörös fényű lézer; ~ **lead** *vegy* (ólom)mínium; ~ **lead(-)ore** *ásv* vörösólomérc, krokoit; ~ **lead oxide** *vegy* mínium; ~ **light laser** *fiz* vörös fényű lézer; ~**-link deflector** *mzg* fésűs terelő; ~**-liquor** *vegy* alumínium-acetátoldat; ~ **magnetism** *geof* északi mágnesség; ~**-matrix paper** *pa* sztereotíp itatóspapír; ~ **mud** *talt* vörösiszap; ~ **oil** *élip* kereskedelmi olajsav, elain; ~ **oxide of copper** *ásv* kuprit; ~ **oxide of zinc** *ásv* cinkit; ~ **phosphorus** *vegy* vörösfoszfor; ~ **pine** *fa* vörösfenyő; ~ **precipitate** *vegy* kicsapott higany-oxid; ~ **primary colo(u)r signal** *tv* R-alapszínjel; ~ **prussiate of potash** *vegy* vörösvérlúgsó, kálium(ferri-cianid); ~ **reflector** *gépk* macskaszem; ~ **response** *foto, vegy* vörösérzékenység, érzékenység vörös színekre; ~ **rot** *fa* vöröskorhadás; ~ **sensitivity** *foto, vegy* vörösérzékenység, érzékenység vörös színekre; ~**-shaded** *tv* vörösen árnyalt, vörös árnyalatú/árnyalású; ~ **shift** *csill* vöröseltolódás, Hubble-jelenség; ~**-short** *koh* vörösizzáson rideg, melegtörékeny, vöröstörékeny; ~**-short iron** *koh* vöröstörékeny vas; ~**-shortness** *koh* vörösizzási ridegség, vöröstörékenység; ~ **silver(-)ore** *ásv* vörösezüstérc; ~ **stripe** *fa* vöröses csík; ~**-striped** *fa* vörös csíkozatú; ~**-tape operation** *ip* improduktív/járulékos műveletek, segédműveletek; ~ **wine** *élip* vörösbor; ~ **zinc ore** *ásv* cinkit
redden *vegy* vörösít, pirosít; vörösödik, pirosodik
reddening *vegy* vörösítés, pirosítás, vörösödés, pirosodás
reddingite *ásv* reddingit
reddish-violet püspöklila
redeposition áthalmozódás
redesign I. *v ép, gép* újratervez, áttervez, újjászerkeszt, átszerkeszt; **II.** *n* átépítés
rediffusion *távk* visszaszórás, reléközvetítés
redirect *szt* átcímez, átirányít
redissolving *koh* visszaoldódás
redistil, *US* **redistill** *vegy* redesztillál, újra lepárol
redistillate *vegy* újradesztillálás párlata, redesztillátum
redistillation *vegy* redesztilláció, újradesztillálás
redistilled *vegy* kétszer desztillált/lepárolt, újradesztillált
redistribution *ip* újrafelosztás, újraelosztás; *krist* átrendeződés; ~ **of casting stress** *önt* öntési feszültségek kiegyenlítődése; ~ **of moments** *mech* nyomatékátrendeződés; ~ **of secondary electrons** *el* szekunderelektronok átrendeződése; ~ **of stress** *fiz* feszültségkiegyenlítés
redouble megkettőz, fokoz, (meg)dupláz; megkettőződik, megduplázódik
redox *vegy* redox, redukció-oxidáció; ~ **catalyst** *vegy* redoxkatalizátor, oxidációs-redukciós katalizátor;

~ **initiation** *műa* redoxiniciálás; ~ **polymerization** *műa* redoxpolimerizálás; ~ **potential logging** *ol* redox szelvényezés; ~ **process** *vegy* redoxfolyamat; ~ **system** *műa* redoxrendszer
redraw *alak* továbbhúz, ismételten húzással alakít; *bőr* kitágít, kinyújt *(nyersbőrt)*; *nyom* második levonatot készít; *tex* újranyújt
redrawing *alak* második mélyhúzás, továbbhúzás; *bőr* kinyújtás; *tex* újranyújtás; ~ **die** *alak* második mélyhúzó szerszám; ~ **press** *alak* továbbhúzó sajtó
redrill *ol* újrafúr *(erős irányeltéréssel)*
redrilling *ol* utánfúrás
redruthite *ásv* redrutit
reduce csökkent; kisebbít; *élip* őröl, felaprít; *fiz* kisebbít, csökkent; *foto* gyengít, hígít; kicsinyít; *heng* szűkít, redukál *(csövet)*, csökkent; *kh* fogyaszt; *koh* dezoxidál, redukál, színít; *mat* visszavezet, egyszerűsít *(törtet/kifejezést)*, közös nevezőre hoz, rendez; *vegy* redukál, dezoxidál, felbont, alacsonyabb vegyértékre hoz; ~ **the speed** *gépk* sebességet csökkent; ~ **the stitches** *kh* szemet fogyaszt; ~ **to a common denominator** *mat* közös nevezőre hoz; ~ **to canonical form** *mat* kanonikus alakra hoz, transzformál; ~ **to its lowest terms** *mat* legegyszerűbb alakra hoz *(törtet)*; ~ **to metal** *koh* színít, redukál
reduced csökkentett, kisebbített; *élip* őrölt, aprított; *fiz* csökkentett, redukált; *foto* hígított; kicsinyített; *geol* összenyomott, lapított; *heng* szűkített; *kh* fogyasztott; *koh* sűrített; *mat* redukált, átszámított, közös nevezőre hozott, egyszerűsített; *vegy* redukált, dezoxidált; ~ **admittance** *el* szabványos/normalizált/csökkentett admittancia, relatív vezetőképesség; ~ **by three** *mat* harmadolt; ~ **cell** *krist* redukált cella *(elemi test)*; ~ **charge (RC)** *ip* csökkentett díjtétel; *kat* csökkentett töltet; ~ **chrome liquor** *bőr* redukált krómlé; ~ **coefficient** *fiz* redukált tényező; ~ **continued fraction** *mat* redukált lánctört; ~ **cost matrix** *ip* redukált költségmátrix; ~ **crude (oil)** *ol* atmoszferikus (lepárlási) maradék, redukált/stabilizált kőolaj; ~ **cubic (equation)** *mat* redukált harmadfokú egyenlet; ~ **density** *fiz* redukált sűrűség; ~ **equation** *mat* egyenlet redukált/egyszerűsített alakja, redukált egyenlet; ~ **face length** *bány* redukált homlokhossz; ~ **fraction** *mat* nem egyszerűsíthető tört; ~ **fuel oil** *ol* nehézfűtőolaj; ~ **grammar** *szt* redukált grammatika; ~ **impedance** *el* szabványos/csökkentett/normalizált impedancia; ~ **instruction set computer (RISC)** *szt* csökkentett utasításkészletű számítógép, RISC; ~ **length** *mech* redukált hossz; ~ **mass** *fiz* redukált tömeg; ~ **moment** *mech* redukált nyomaték; ~ **moment of inertia** *mech* redukált másodrendű/tehetetlenségi nyomaték; ~ **oil** *ol* redukátum; ~ **output** csökkentett termelés/teljesítmény; ~ **pipe length** redukált csőhossz; ~ **pressure** *fiz* redukált/csökkentett nyomás; ~ **print** *tex* redukciós nyomás; ~ **scale** *geod* kicsinyített lépték/méretarány; ~ **scale model** *gép* kisminta, mérethű modell; ~ **stress** *mech* redukált feszültség, fárasztófeszültség; ~ **system of equations** *mat* redukált egyenletrendszer; ~ **temperature** *vegy* redukált hőmérséklet; ~ **troland** *opt* redukált troland; ~ **variable** *szt* dimenzió nélküli mennyiség/változó; ~ **voltage starter** *el* csökkentett feszültségű indító; ~**(-)voltage starting** *el* indítás csökkentett feszültségen; ~ **volume** *fiz* redukált térfogat; ~ **width** *bány* csökkent vastagság; ~ **word** *szt* redukált szó
reducent reducens
reducer *foto* gyengítő; kicsinyítőberendezés; *gép* lassítóáttétel, reduktor, fordulatszám-csökkentő áttétel; *gép, hidr* csőszűkület, konfúzor, szűkítőkarmantyú, csökkentőkarmantyú, átmeneti (idom)cső, szűkítő idomcső; *heng* redukáló hengersor; *hidr* nyomáscsökkentő szelep; *tex* csévélőgép *(fésűsgyapjúhoz)*; *vegy* redukációs készülék/reaktor; redukálószer, redukálóreagens, hígító, színcsökkentő; ~ **anchor** *hidr* csőszűkület-támasztó horgonyzsámoly; ~ **bushing** *gép* furatszűkítő perselyezés; menetes csőszűkítő; ~ **loss** *hidr* konfúzorveszteség, konfúzor-ellenállás
reducibility *fiz* csökkenthetőség; *mat* egyszerűsíthetőség; *vegy* redukálhatóság
reducible *fiz* csökkenthető; *mat* egyszerűsíthető; *vegy* redukálható; ~ **algebraic equation** *mat* redukálható algebrai egyenlet
reducing *fiz* csökkenés; csökkentés; *foto* gyengítés; kicsinyítés; *heng* szűkítés; *kh* fogyasztás; *koh* színítés; *mat* redukálás, egyszerűsítés, közös nevezőre hozás; *vegy* redukció, dezoxidálás, felbontás; ~ **adapter** *hidr* szűkítőbetét; ~ **agent** *koh* redukáló pótlék; *vegy* redukálóanyag; redukálószer; ~ **apparatus** *foto* kicsinyítőberendezés; ~ **atmosphere** *koh* redukáló hatású atmoszféra; ~ **bath** *bőr* redukálófürdő *(kétfürdős krómcserzéshez)*; ~ **box** *tex* finomító nyújtógép; ~ **capacity** redukálóképesség; ~ **carbon** redukciós karbon; ~ **compass** *geod* redukálótájoló; ~ **coupling** *gép* szűkítő csőcsatlakozó; ~ **coupling(-)box** *gép* átmeneti kapcsolókarmantyú; ~ **cross** *hidr* négyágú csőkötő idom; ~ **die** *heng* szűkítőszerszám, redukáló húzóüreg; ~ **fitting** *gép* csökkentő csőszerelvény; *vák* szűkítő közdarab; ~ **flame (R.F.)** *koh* redukálóláng; ~ **furnace** *koh* redukáló atmoszférájú kemence; ~ **gas** *koh* redukálógáz; ~ **gear** *gép* reduktor, fordulatszám-csökkentő áttétel, lassító fogaskerékhajtás; ~ **gear of the deep-well pump** *ol* mélyszivattyú-közlőmű; ~ **knife** *élip* aprítókés *(darálóban)*; ~**(-)machine** sima hengeres hengerszék; ~ **material** *vegy* redukálóanyag; ~ **medium** *vegy* redukálóközeg; ~ **mill** *heng* redukáló hengersor; ~ **nipple** *hidr* szűkítő/csökkentő közdarab; ~ **piece** *hidr* szűkítőcső, csökkentőkarmantyú; ~ **pipe** *hidr* csőszűkítő idomdarab; ~ **power** *vegy* redukálóképesség; ~ **press** *heng* szűkítőprés; ~ **pulley** *gép* fordulatszámcsökkentő szíjtárcsa; ~ **pyrolysis** *vegy* reduktív pirolízis; ~ **resistance/resistor** *el* feszültségcsökkentő/feszültségosztó ellenállás; ~ **roller(-)mill** *élip* őrlő/sima hengerszék; ~ **scale** *geod* kisebbítési méretarány; ~ **screen** *opt* fénycsökkentő rács/ernyő; ~ **shot** *bány* aprítórobbantás; ~ **sleeve/socket** *hidr* szűkítőkarmantyú, szűkítőhüvely; ~ **sugar** *cu* redukálócukor; ~ **surface** *opt* fénytompító felület; ~ **tee** *hidr* szűkítő T cső; ~ **the levels** *geod* szintezés redukálása; ~ **the number of stitches** *kh* szemfogyasztás, szemapasztás; ~ **to a common numerator** *mat* közös számlálóra hozás *(törteknél)*; ~ **train** *gép* lassító fogaskerékhajtás; ~ **transformer** *el* feszültségcsökkentő transzformátor; ~ **valve** *gép* nyomáscsökkentő szelep, nyomásszabályozó; ~ **valve and filter station** *gép* pneumatikus tápegység, redukálóállomás
reductant *vegy* redukálószer

reductase *vegy* reduktáz(enzim)
reduction csökkentés; csökkenés; kisebbítés; *élip* aprítás, porítás, kiőrlés *(liszté)*; *fiz* csökkenés; kisebbítés, csökkentés; *foto* gyengítés; kicsinyítés; *gép* fordulatszám-csökkentés; *heng* szűkítés; *kh* apasztás, fogyasztás; *koh* színítés, fémkiválasztás *(ércből)*; *mat* átszámítás, összevonás, közös nevezőre hozás, egyszerűsítés *(kifejezésé, törté)*; *szt* tömörítés; *vegy* (kémiai) redukció, redukálás; dezoxidálás; ~ **cascading** *szt* kaszkádredukció; ~ **cone** *vegy* redukciós kúp; ~ **division** *mat* egyszerűsítő osztás; ~ **factor** *el* diódakarakterisztika, dióda-jelleggörbe; *fiz* csökkentőtényező; védőtényező; *mat* rövidülés(i arány) *(axonometriában, ferde vetületben)*; ~ **factor of dipole elements** *távk* rövidülési tényező; ~ **flame** *koh* színítőláng; ~ **formulas** *mat* redukciós képletek *(trigonometrikus függvényekre)*; ~ **furnace** *koh* redukáló atmoszférájú kemence; ~ **gear (Rg)** *gép* lassító fogaskerékhajtás, reduktor, fordulatszám-csökkentő áttétel; ~ **gear box** *gép* fordulatszám-csökkentő áttétel; ~ **heat** *vegy* redukciós hő; ~ **in area** *any* kontrakció, befűződés, területcsökkenés; ~ **in size** *élip* aprítás; ~ **melting** *koh* redukálóolvasztás; ~ **mill** *élip* kiőrlőberendezés; ~ **milling** *élip* magasőrlés; ~ **nipple** *hidr* szűkítődarab, csökkentődarab; ~ **of a common/vulgar fraction to a decimal fraction** *mat* törtszám átírása tizedes tört alakba; ~ **of an equation** *mat* egyenlet redukálása; ~ **of area (RA)** *any* befűződés, kontrakció, területcsökkenés; ~ **of crusher** *bány* törő aprítási tényezője; ~ **of demodulation/detection efficiency** *távk* detektálási/demodulációs hatásfok csökkenése; ~ **of levels** *geod* szintmagasság számítása lécleolvasásból; ~ **of lift** *rep* felhajtóerő/emelőmagasság csökkenése; ~ **of load** *el* terheléscsökken(t)és; ~ **of output** *ip* termeléscsökkentés, üzemkorlátozás; ~ **of solids** *koh* szilárdanyag-redukció; ~ **of the modulation noise factor** *távk* kivezérlési zajnyereség; ~ **of throw** *tex* löketcsökkentés; ~ **of titanium tetrachloride with sodium** *vegy* titán-tetraklorid redukciója nátriummal; ~ **per pass** *heng* szúrásonkénti fogyás; ~ **point** *mech* redukált centrum; ~ **potential** *vegy* redukciós potenciál; ~ **printer** *foto* kicsinyítőberendezés; ~ **pyrolysis** *vegy* reduktív pirolízis; ~ **rate** *gép* áttételi/átviteli viszony; *koh* redukciós sebesség; ~ **ratio** *bány* aprítási fok/tényező; *gép* áttételi viszony; *koh* redukciós fok; *mat* átszámítási arány; ~ **reaction** *vegy* redukcióval járó reakció, redukciós reakció; ~ **rules** *szt* egyszerűsítési szabályok; ~ **smelting (process)** *koh* redukáló olvasztás; ~ **socket** *vák* szűkítőhüvely, szűkítőaljzat; ~ **stage** *bány* aprítás állapota; *koh* redukáló simítószakasz; ~ **stock** *élip* sima hengerek őrlőanyaga; ~ **system** *élip* őrlőeljárás; ~ **table** *mat* helyesbítőtáblázat; ~ **to a common denominator** *mat* közös nevezőre hozás *(törteknél)*; ~ **to centre/center** *geod* külpontosság helyesbítése; *mech* középpontra redukálás; ~ **to higher terms** *mat* bővítés, tört bővítése; ~ **to lower terms** *mat* egyszerűsítés *(törté)*; ~ **to sea level** *geod* hosszredukálás a tengerszintre; ~ **to thermal velocities** *at* lelassítás termikus sebességre; ~ **under pressure** *koh* nyomás alatti redukció; ~ **valve** *gép* fojtószelep; ~ **zone** *koh* redukciózóna
reductive | **agent** *vegy* redukálószer; ~ **deamination** *élip* reduktív dezaminálás; ~ **treatment** *tex* redukáló kezelés
reductor *el* előtét-ellenállás; feszültségváltó, áramváltó; *foto* gyengítő(szer); *gép* reduktor, lassítóáttétel, fordulatszám-csökkentő áttétel
redundance → redundancy
redundancy felesleg, többlet; *ip* létszámfelesleg; *mat, szt* redundancia; *mech* statikai túlhatározottság; *távk* információfelesleg, redundancia; ~ **character** *szt* védőkarakter; ~ **check** *szt* redundancia-ellenőrzés; ~ **in load capacity** *el* terhelhetőségi tartalékolás; ~ **quotient/ratio** *el* tartalékolás viszonyszáma; ~ **with replacement** *el* tartalékolás helyettesítéssel
redundant fölös(leges), szükségtelen; *ip* létszám feletti; *mat, szt* redundáns; *mech* statikailag fölösleges/túlhatározott *(tartószerkezet)*; ~ **code** *szt* redundáns kód, többletkód; ~ **constraint** *ép* túlhatározottá tevő kapcsolás *(hídon)*; ~ **digit** *szt* redundáns kódelem/bit, ellenőrzőbit; ~ **digit check** *szt* redundanciakontrol; ~ **element** *ép* fölös elem *(tartószerkezetben)*; ~ **force** *mech* felesleges erő; ~ **information** *szt, távk* redundáns információ; ~ **member** *ép* fölös rácsrúd; ~ **number** *mat* abundáns/bővelkedő szám
reduplicate megkettőz; megkettőződik
reduplication (meg)kettőzés; kettőződés; *geol* rétegek ismétlődése
redusting *élip* másodszori lisztmentesítés *(daráé)*
redwood *fa* börzsönyfa, északi erdeifenyő *(fája)*; vörösfenyő, vörösfa, brazilfa
redye *bőr, tex* utánafest, utánszínez, átfest *(fedőréteggel)*
re-echo *hang* újra visszaverődik, visszhangzik; visszhangoz
reed I. *v ép* náddal/zsúppal fed/borít; *hang* fúvókát/nyelvsípot tesz *(hangszerbe)*; *tex* bordacsíkoz; **II.** *n el* tárcsa, lamella, megszakítónyelv, rezgőnyelv; *ép* (fedő)nád, zsúp(szalma); *hang* nádsíp, nyelvsíp; rezgőnyelv *(hangszeré)*; *tex* (felvető)borda; fésű; ~ **blade** *tex* bordafog; ~ **board** *ép* nádlemez; ~ **cap** *tex* borda(láda)fedél; ~ **contact** *el* reedcső; ~**(-)count** *tex* bordaszámozás, bordasűrűség; ~ **destroyer** *mzg* nádarató/nádkihúzó gép; ~**-drive loudspeaker** *hang* rezgőnyelves hangszóró; ~ **frequency** *el* rezgőnyelvfrekvencia; ~ **frequency meter** *el* rezgőnyelves frekvenciamérő; ~ **holder** *tex* bordatartó; ~ **horn** *hang* lengőnyelves tölcséres hangszóró; ~ **indicator** *el* rezgőnyelves indikátor; ~ **lathing** *ép* vakolattartó nádszövet; ~ **loudspeaker** *hang* rezgőnyelves hangszóró; ~ **maker** *tex* bordakészítő; ~**-making machine** *tex* bordakészítő *(gép)*; ~ **mark** *tex* bordacsík; ~**-marked** *tex* bordacsíkos; ~**-marked fabric** *tex* bordacsíkos áru; ~ **mo(u)ld** *ép* bordaköteges párkánykiképzés; ~ **mounting** *tex* bordaszerelés; ~ **panel** *ép* nádpalló; ~**(-)pipe** *hang* nyelvsíp; ~ **plane** *forg* profilgyalu, botgyalu; ~ **relay** *el* reedjelfogó; ~**-release motion** *tex* lengőborda-berendezés; ~ **roof** *ép* nádtető, zsúptető; ~ **roofing** *ép* nádfedél, nádfedés; ~ **spring** *távk* lemezrugó; ~**-thatched** *ép* nádzsúpos, zsúptetős; ~**-thatched roofing** *ép* nádfedés; ~**-type meter** *el* rezgőnyelves műszer; ~ **wire** *tex* szövőbordahuzal
reeded twill *tex* lánccsíkos sávoly
re-edify *ép* átépít, helyreállít, újjáépít
reeding *ép* zsúpozás; *tex* bordabefűzés, bordacsíkozás; ~ **hook/knife** *tex* befűzőtű, bordaátfűző tű/horog; ~**(-)machine** *tex* bordabefűző (gép)

reedy *tex* egyenlőtlen sűrűségű; ~ **cloth** *tex* bordacsíkos szövet

reef *bány* (aranytartalmú) (tel)ér/telep; *geol* sziklapárkány, zátony, sziklahát, víz alatti sziklapad, riff; ~ **bin** *bány* érctartály; ~ **gold** *bány* bányaarany; ~**(-)knot** *tex* takácscsomó; ~ **limestone** *geol* szirtmészkő, zátonymészkő

reek I. *v vegy* gőzöl, füstöl, (ki)gőzölög, füstölög; **II.** *n vegy* füstölgés, kigőzölgés, kipárolgás

reel I. *v el* tekercsel; *hidr* örvénylik; *tex* (át)csévél, motollál; (fel)gombolyít, legombolyít, felteker, leteker; forog, pereg; **II.** *n bőr* kelepce; *el* kábeldob; tekercselőgép; *élip* hengerszita, hasábszita; *film* tekercs, orsó, tekercselődob; *gép* henger, görgő; *hajó* motolla, csörlő; *mzg* motolla *(aratógépen)*; *pa* tekercsrúd, előtekercselő; *szt* cséve; *tex* feltekerés, csévézés, orsózás; motolla, orsó, cséve, hengeres felvető, tekercselő, motringoló; ~**-and-cable locomotive** *bány* kábeldobos mozdony; ~ **antenna** *távk* uszályantenna; ~ **bat** *mzg* motollaterelő léc *(aratógépen)*; ~ **calender** *pa* tekercssimító gép; ~ **car** *el* kábeldobkocsi; ~ **crab** *bány* bányavitla; ~ **cutter** *pa* tekercsvágó/bobinavágó (gép); ~**-cutting machine** → ~ cutter; ~ **damper** *pa* nedvesítő; ~**-dyeing machine** *tex* motollás színezőkád; ~**-embossing machine** *pa* dombornyomó kalander; ~ **for long wool** *tex* szalagnyújtó gép *(hosszú szálú gyapjúé)*; ~ **for strip** *tex* szalagcsévélő; ~ **frame** *mzg* dobkeret; ~ **insulator** *el* szigetelőtekercs; ~ **jack** *em* kábelcsörlő, dobos csörlő; ~ **length** *heng* gyártási hossz; ~**-measuring tape** *geod* orsós mérőszalag; ~ **off** *v el* letekercsel; *tex* lecsavar, leteker, legombolyít; ~ **of paper** *nyom* papírgöngyöleg; ~**-packing machine** *pa* tekercscsomagoló gép; ~ **paster** *pa* tekercsragasztó; ~ **printing** *nyom* rotációs nyomás; ~ **shell** *pa* feltekercselődob, tambur; ~ **slat** *tex* motollaterelő léc *(aratógépé)*; ~**-slitting machine** *pa* tekercsvágó/bobinavágó gép; ~ **star** *nyom* hengercsillag; ~ **stumps** *pl nyom* papírtekercs-maradék; ~ **supercutter** *pa* nagy teljesítményű tekercsvágó; ~**-support arm** *em* csörlőtartó kar; ~**-to-reel recorder** *hang* kétorsós felvevő; ~**(-)type flour mixer** *élip* hengeres lisztkeverő; ~ **up** *v el* feltekercsel; *tex* felteker, felgombolyít, motollál; ~**-up** *pa* feltekercselő; ~**-up drum** *pa* tambur, feltekercselődob

reelability *el* tekercselhetőség; *tex* motollálhatóság, csévélhetőség, orsózhatóság

reelable *el* tekercselhető; *tex* csévélhető, motollálható, orsózható, lefejthető, legombolyítható

reeled *el* tekercselt; *tex* csévélt, orsózott, motollált, legombolyított, motringolt; ~ **card** *pa* tekercskarton, kartontekercs; ~ **pipe/tube** *heng* polírozott cső

reeler *el* tekercselőgép; *heng* egyengetőgép; *pa* áttekercselőgép, feltekercselőgép; tekercsvágó gép; *tex* gombolyítógép, csévélő, motolla; ~ **foreman** *pa* tekercselőgép-vezető; ~**'s trough** *tex* legombolyítótál; ~**'s waste** *tex* gombolyítási hulladék

reeling *el* tekercselés; *tex* (át)csévélés, motollálás, orsózás, (le)gombolyítás, leforgatás; ~ **basin** *tex* legombolyítótál; ~ **device** *pa* feltekercselőberendezés, feltekercselőmű; ~ **end** *pa* feltekercselővég; ~ **frame** *tex* motollálógép, gombolyítógép; ~**(-)machine** *pa* (át)tekercselőgép; *tex* gombolyítógép, motolla; ~ **mechanism** *el* tekercselőberendezés; ~ **mill** *heng* polírozó csőhengerállvány; ~ **plant** *heng* csévélő; ~ **winch** lecsévélő dob

re-emission *at* reemisszió, újrakibocsátás

re-engagement *gép* újra(be)kapcsolódás; újrakapcsolás

re-engine *gépk* új motorral felszerel

re-enrich *at* újradúsít

re-enriched *at* újradúsított

re-enrichment *at* újradúsítás; ~ **plant** *at* újradúsító üzem

re-enter újból belép; *nyom, tex* újra beprésel *(nyomóhengert)*; *űr* visszatér

re-enterable program *szt* többszöri belépésű program

re-entering újbóli belépés; ~ **abutment** *fa* beeresztett csap; ~ **angle** *mat* beugró szög; ~ **polygon** *mat* konkáv sokszög

re-entrant I. *a mat* beszögellő, beugró, homorú, konkáv; **II.** *n geol* teknő; *mat* beugró szög; ~ **angle** *krist* beugró él; *mat* beugró/belső/konkáv szög; ~ **bushing** *el* rövid bevezetőszigetelő; ~ **corner** *ép* visszaugró sarok; ~ **gas cooling** *at* visszavezetéses gázhűtés; ~ **horn** *hang* homorú oldalú hangtölcsér; ~ **loop** *el* mellékhurok *(hiszterézisgörbében)*; ~ **program** *szt* többszöri belépésű program; újra hívható program; ~ **resonator** *távk* ismételt áthaladásos rezonátor; ~ **section** *távk* áthidalás *(tápvonalon)*; ~ **winding** *el* zárt tekercselés

re-entry újrabelépés; *szt* újbóli belépés; *űr* visszatérés; ~ **body** *űr* visszatérő test; ~ **corridor** *rak* légtérbe visszatérési folyosó; ~ **point** *szt* visszatérési pont; ~ **vehicle (RV)** *rak* légtérbe visszatérő jármű/tárgy

re-etch *nyom* újramarat

re-evaporation *vegy* utánpárolgás, ismételt elpárolgás/elgőzölés

reeve *ép* leköt, erősít, átdug, átfűz; *hajó, ol* kötelet átfűz/befűz

Reeves gear *gépk* Reeves-féle fokozatmentes sebességváltó

re-expansion *mat* másodlagos expanzió; ~ **line** *mat* másodlagos expanzió görbéje

re-extraction reextrakció

reface *ép* újból/újra burkol/bevakol; *forg* becsiszol, utánmunkál; *gép* szelepülést utánmar

refacer *forg* szelepköszörülő/szelepmaró/szelepcsiszoló szerszám

refacing *ép* újraborítás, újravakolás; *forg* utánmunkálás, utánköszörülés; ~ **of valves** *gépk* szelepcsiszolás

reference hivatkozás; referencia; *el* kivezetésmegjelölés; *geod* vonatkoztató alap, magassági jegy/jel; *nyom* jelmagyarázat, jegyzetbetű, utalójel; *szt* hivatkozás, referencia; ~ **address** *szt* referenciacím; ~ **altitude** *rep* vonatkozási magasság, számított/adott magasság; ~ **arrow** *nyom* referencianyíl, számolónyíl; ~ **axis** *gép* vonatkoztatási/hivatkozási tengely, szerkezeti középvonal, referenciatengely; ~ **black level** *tv* feketeszint, alapszint; ~ **capacitor** *el* etalonkondenzátor, kiegyenlítőkondenzátor, kalibrálókondenzátor, hitelesítőkondenzátor; ~ **card** *geod* négyzetmutató; ~ **cavity** *távk* hiteles rezonátorüreg; ~ **centre/center** *geod* kiindulási/vonatkozási pont; ~ **chord** *rep* közepes aerodinamikai húr; ~ **circuit** *el* vonatkozási áramkör, referencia-áramkör; ~ **climatological station** *met* éghajlati referenciaállomás; ~

code *szt* vonatkoztatókód; ~ **colo(u)r** *tv* alapszín; ~ **conditions** *aut* referenciafeltételek; ~ **core** *at* alapul vett sokszorozóközeg; típusreaktormag, hivatkozási reaktormag; ~ **data** jellegzetes adatok; *szt* referenciaadatok; vonatkoztató adatok; ~ **diode** *félv* referenciadióda, szintmegfogó dióda; ~ **direction** *krist* vonatkozási irány; ~ **edge** *szt* vezetőél; ~ **electrode (RE)** *el* normálelektróda, referenciaelektróda; *vegy* összehasonlító elektróda; ~ **element** *aut* vonatkoztatási elem, referenciaelem; ~ **ellipsoid** *geof* referenciaellipszoid, vonatkozási ellipszoid; ~ **ellipsoid of inertia** *mech* tehetetlenségi ellipszoid; ~ **equivalent** *távk* csillapítás-egyenérték, egyenérték-csillapítás; ~ **factor** *mat* redukciós/átszámítási tényező; ~ **file** *szt* referenciaállomány; ~ **frame** vonatkoztatási rendszer, referencia-rendszer; *mat* vonatkoztató koordinátarendszer; ~ **frequency** *távk* vonatkoztatási frekvencia, alapfrekvencia, referenciafrekvencia; ~ **ga(u)ge** összehasonlító/vizsgáló idomszer, etalon; ~ **generator** *el* normálgenerátor; ~ **grid** *ép* raszterháló; *geod* vonatkozási hálózat; *mat* koordinátahálózat; ~ **half-cell** *el* normálelektróda, referenciaelektróda; ~ **horizon** *geod* vonatkozási szint, alapszint; ~**-image height** *geod* ábrázolás ellenőrzőszintje; ~ **impulse** *távk* referenciaimpulzus; ~ **input** kívánt/névleges érték; *el* alapjel, vezetőjel; referenciajel; ~ **input element** *el* alapjelképző szerv; ~ **instrument** hiteles műszer, ellenőrzőműszer, szabványműszer, etalon-mérőműszer *(műszerellenőrzésre)*; ~ **junction** *el* referenciapont, hidegpont; ~ **language** *szt* hivatkozási nyelv; ~ **laser cavity** *fiz* lézerrezonátor-etalon; ~ **level** *el, távk* alapjel(szint), alapszint; *geod* alapszint, vonatkozási szint; ~ **line** *forg* kiindulási vonal, bázis *(előrajzolásnál, munkadarabok tájolásánál)*; *geod* referenciavonal, referenciaegyenes, vonatkozási vonal; *mat* nullavonal, alapvonal; *metr* leolvasási vonal; ~ **link** *távk* referencia-összeköttetés; ~ **loudness** *hang* hangosság alapszintje; ~ **Mach number** *rep* névleges Mach-szám; ~ **manual** *szt* gépkönyv, referenciakönyv; ~ **mark** *nyom* referenciajel, vonatkoztatási jel; utalójel; ~ **master ga(u)ge** *ol* hitelesítő mestermenetidomszer; ~ **material** *ip* mintaanyag; ~ **measuring frequency** *távk* vonatkoztatási mérőfrekvencia, referencia-mérőfrekvencia; ~ **noise (RN)** *távk* hivatkozási zajszint; ~ **oscillator** *el* referencia-rezgőkör, alapjel-generátor; ~ **pattern** *tv* vizsgálóábra, monoszkóp, vizsgálókép; ~ **pendulum** *geof* hiteles inga; ~ **performance** *el, gép* alapteljesítmény, vonatkoztató teljesítmény; ~ **period** bázisidőszak; ~ **phase** *el* referenciafázis, etalonfázis; ~ **plane** *geod* vonatkoz(tat)ási sík, referenciasík; *mat* koordinátasík, alapsík; *rep* helyzetjelentő sík; ~ **point (RP)** *el, geod* referenciapont, vonatkoz(tat)ási pont, alappont; ~ **position** *távk* referenciahelyzet; ~ **power** *távk* referenciaszint, alapjelszint; ~ **pressure** *gép* alapnyomás; ~ **quality level** *ip* szabványos minőségszint; ~ **quantity** *ip* hivatkozási/vonatkoztatási/kiindulási érték/mennyiség; ~ **radiator** *távk* etalonsugárzó; ~ **recording** *hang* ellenőrző hangfelvétel; ~ **resistance** *el* kalibráló/hitelesítő ellenállás, referencia-ellenállás; ~ **section** *rep* szárny-alapszelvény; ~ **signal** *el* alapjel, referenciajel; ~ **solution** *vegy* összehasonlító oldat, ellenőrzőoldat; ~ **sound intensity level** *hang* vonatkoztatási hangintenzitásszint; ~ **sound pressure level** *hang* vonatkoztatási hangnyomásszint; ~ **source** *fiz* vonatkoztatási forrás, referenciaforrás; ~ **specimen** összehasonlító minta; ~ **sphere** *mat* vonatkozási gömb; ~ **standard** *metr* (ellenőrző)etalon, szabványos alapmérték; ~ **stimuli** *szt* alapszíningerek; ~ **surface** *opt* hatássík *(világítástechnikában)*; ~ **system** *mat* referencia-rendszer, koordináta-rendszer, alaprendszer; ~ **tape** beállítószalag, referenciaszalag, etalonszalag; ~ **temperature** alaphőmérséklet, vonatkoztató hőmérséklet; ~ **time** vonatkoztatási idő; ~ **trigger pulse** *távk* vonatkozási indítóimpulzus; ~ **value** *aut* alapérték, referenciaérték, vonatkoztatási érték, kiindulási mennyiség; ~ **value of a parameter** *aut* paraméter alapértéke; ~ **variable** *el* alapjellemző, referenciajellemző; ~ **voltage** *el* referenciafeszültség, alapfeszültség, vonatkoztatási feszültség; ~ **volume** *vegy* referenciaterjedelem; ~ **white** *tv* referenciafehér, etalonfehér; ~ **winding** *el* alaptekercs

referring point *geod* segédpont

refill I. *v ip* újratölt, utántölt, feltölt, kiegészít; **II.** *n* ceruzabél *(csavaros ceruzához)*; (golyós)tollbetét; *ip* újratöltés, utántöltés; ~ **pump** *hidr* feltöltőszivattyú

refilling *koh* ráöntés

refine *hidr* derít; *koh* frissít; *mt* csiszol, utánmunkál; *pa* finoman őröl; *vegy* finomít, tisztít, feldolgoz, raffinál

refined *koh* frissített; *mt* csiszolt, utánmunkált; *vegy* finomított, tisztított, raffinált; minőségi, kiváló minőségű, finom; ~ **iron** *koh* frissített vas; ~ **metal** finomított fém; ~ **sampling** *távk* finomított mintavételezés; ~ **scale** *el* nóniuszos/finombeállító skála, finombeállító formálógomb; ~ **silver** tiszta/finomított ezüst; ~ **steel** finomított acél; ~ **sugar** *cu* finomított cukor; ~ **zinc** finomított cink

refinement *ip* tökéletesítés, minőségjavítás; *vegy* finomítás, tisztítás, raffinálás; finomulás, tisztulás; ~ **cycle** *krist* finomítási ciklus; ~ **of structure parameter** *krist* finomítás

refiner *gumi* finomító hengerpár/hengerszék, raffinőr, kúpos őrlő; *koh* frissítőolvasztár; *ol* olajfinomító *(munkás)*; *pa* foszlató, raffinőr; *vegy* raffinálókészülék, finomítókészülék; ~**(-)stock chest** *pa* raffinőranyagkád

refinery *élip* cukorfinomító gyár; *ol* kőolaj-finomító, ásványolaj-finomító, olajfinomító; *vegy* finomítóüzem; ~ **cinder** *koh* finomsalak, frissítősalak; ~ **gas** *ol* vadgáz, finomítói gáz

refining *hidr* derítés; *koh* frissítés *(acélé)*; színítés; *mt* csiszolás, utómunkálás; *pa* őrlés anyagfoszlatóban, finomítóőrlés; *vegy* finomítás, tisztítás, raffinálás; tisztulás, finomulás; ~ **air/blast** *koh* frissítőlevegő, frissítőszél; ~ **engine** *pa* foszlató, raffinőr; ~ **foam** *koh* tisztítóhab, finomítóhab; ~**-forge slag** *koh* frissítőtűzhely salakja; ~ **grade** *vegy* finomítási fok, finomítási szigorúság; ~ **hearth** *koh* frissítőkemence; ~ **kettle** *koh* raffinálóüst; ~ **mill** *gumi* finomító hengerszék; ~ **of metals** *koh* fémfinomítás; fémkezelés; ~ **period** *koh* fövési szakasz; frissítési időtartam; ~ **plant** *élip* finomító; *ol* finomító(üzem), tisztítóüzem; ~ **process** *koh* frissítőeljárás; ~ **puddling** *koh* átfinomítás *(kavarómedencében)*; ~ **reverberatory furnace** *koh* finomító lángkemence; ~ **severity** *ol* finomítási fok/szigorúság; ~ **slag** *koh* nyerssalak, finomítósa-

lak; végsalak; ~ **tank** *vegy* raffinálótartály, raffinátor; ~ **temperature** *koh* finomítási hőmérséklet
refinishing *ép* utánsimítás *(faragott kőé)*
refire *rep* újra begyújt
refit I. *v ép* tataroz, helyreállít; *gép* átszerel, kijavít; új felszereléssel ellát; **II.** *n ép* tatarozás; *gép* kijavítás, rendbehozatal
reflatten *heng* utánsimít
reflect *opt* (vissza)tükröz, visszaver; (vissza)tükröződik, visszaverődik
reflectance *opt* visszaverési/reflexiós tényező, reflexiókoefficiens; ~ **factor** *opt* irányított visszaverési tényező; ~ **photometer** *foto* reflexiós fotométer; ~ **spectroscopy** *fiz* reflexiós spektroszkópia
reflected *opt* visszavert, tükrözött, visszatükröző; ~ **assembly** *at* reflektoros készülék/berendezés; ~ **binary code** *szt* reflektált bináris kód, ciklikusan permutált kód; ~ **capacitance** *el* visszacsatoló kapacitás; ~ **code** *szt* ciklikusan permutált kód, reflektált bináris kód; ~ **crosstalk** *távb* reflektált áthallás; ~ **glare** *opt* tükröző káprázás, idegen csillogás/tükrözés; ~ **image** *opt* tükörkép; ~ **impedance** *el* csatolt/redukált impedancia; ~ **light** *opt* visszavert fény; ~**(-)light scan(ning)** *tv* letapogatás visszavert fénnyel; ~**-microscopy** *any* fémmikroszkópia; ~ **power** *távk* visszavert teljesítmény; ~ **pulse** *távk* visszavert impulzus; ~ **radius** *mat* visszavert sugár; ~ **ray** *távk* visszavert hullám, térhullám; ~ **reactor** *at* reflektoros/reflektált reaktor; ~ **resistance** *el* visszellenállás; ~ **sound** *hang* visszavert hang(hullám); ~ **value** *távk* átvitt érték; ~ **wave** *geof* visszavert/reflexiós hullám; *távk* visszavert hullám, térhullám
reflecting *opt* visszatükröző, visszaverő; visszatükröződő, visszaverődő; ~ **bed** *geol* reflektálóréteg; ~ **boundary** *távk* visszaverő határfelület; ~ **capacity** *opt, távk* visszaverő képesség; ~ **curtain** *távk* irányító-terelő antennasorozat; ~ **dichroic mirror** *opt* színválasztó tükör, (visszaverő) kétszínű tükör, dikroikus szűrő; ~ **galvanometer** *el* tükrös galvanométer; ~ **goniometer** *geod* reflexiós goniométer/szögmérő; ~ **grating** *opt* reflexiós rács; *távk* szürke huzalrács *(csőtápvonalban)*; ~ **horizon** *geof* visszaverő szint/horizont, reflektálószint, reflektálóhorizont; ~ **interface** *geof* visszaverő/reflektáló határfelület; ~ **level** *geod* tükrös libella; ~**(-)mirror telescope** *opt* tükrös teleszkóp/távcső, tükörteleszkóp; ~ **object** *távk* sugárvisszaverő tárgy; ~ **plane** *mat* reflektálósík, tükörsík, szimmetriasík; ~ **plate** *el* visszaverő lemez, terelőanód, terelő segédanód; ~ **power** *opt* visszaverő képesség, reflexióképesség; ~ **prism** *geod* tükrös prizma; ~ **road studs** *közl* fényvisszaverő saru, macskaszem; ~ **sound (for blast hole investigation)** *bány* reflexiós szonda (fúrólyukvizsgálathoz); ~ **sphere** *mat* reflexiós/Ewald-féle gömb; ~ **stereoscope** *geod* tükörsztereoszkóp; ~ **surface** *opt* fényvisszaverő felület, reflektálófelület; ~ **target** *távk* visszasugárzó/visszatükröző céltárgy; ~ **telescope** *opt* tükrös teleszkóp/távcső, tükörteleszkóp; ~**-type galvanometer** *el* tükrös galvanométer; ~ **voltmeter** *el* visszatükröző voltmérő; ~ **wattmeter** *el* visszatükröző wattmérő
reflection *fiz, opt* tükörkép; visszatükröződés, reflexió; visszaverés, visszatükrözés; visszaverődés; *mat* tükrözés *(síkra vonatkozó)*; *távk* visszaverődés, reflexió; ~ **alignment** *geof* reflexiók átlagos fázisvonala; ~ **altimeter** visszaverődésen alapuló magasságmérő; ~ **area** *távk* reflexiós terület; ~ **circle** *krist* reflexiós kör; ~ **coefficient** *opt, távk* visszaverődési/reflexiós tényező, reflexiókoefficiens; ~**(-)coefficient meter** *opt* reflektométer, visszaverődés-mérő; ~ **cone** *krist* reflexiós kúp; ~**-correlation method** *geof* reflexiós korrelációs módszer; ~ **crosstalk** *távb* visszaverődési áthallás; ~ **curve** *geof* reflexiós görbe/hiperbola; ~ **densitometer for measuring colo(u)r densities** *opt* reflexiós denzitométer színsűrűségmérésre; ~ **density** *opt* reflexiós mélység; ~ **echo** *távk* radarvisszhang, lokátorreflexió, radarreflexió; ~ **effect** *opt, távk* reflexiós hatás; ~ **electron diffraction** *távk* reflexiós elektronelhajlás/elektrondiffrakció; ~ **electron microscopy (REM)** *opt* reflexiós elektronmikroszkópia; ~ **event** *opt, távk* reflexiós jelenség, reflexió; ~ **factor** *fiz, opt* albedo; visszaverési/reflexiós tényező; *távk* visszeverődési/illesztetlenségi/reflexiós tényező; ~ **from the ground** *távk* talaj-visszaverődés; ~ **ga(u)ge** visszaverődés-mérő; ~ **grade** *geof* reflexióosztályzat; ~ **grading** *geof* reflexiók osztályozása; ~ **hologram** *opt* reflexiós hologram; ~ **layer** *távk* visszaverő réteg; ~ **loss** *távk* reflexiós veszteség; ~ **plane** szimmetriasík; ~ **plotter** sugárzásrajzoló; ~ **point** *távk* reflexiós pont, illesztetlenségi hely; ~ **polariscope** *el* reflexiós polariszkóp; ~ **reduction** *távk* reflexiómentesítés; ~ **seismic sounding** *geol* reflexiós szeizmikus módszer; ~ **sounder** reflexiós szintmérő; ~ **wave** térhullám; visszavert hullám
reflective *opt* visszaverő, (vissza)tükröző, fénytörő; visszaverődő, (vissza)tükröződő, reflexiós; ~ **galvanometer** *el* tükrös galvanométer; ~ **optics** *opt* Schmidt-féle/reflexiós optika
reflectivity *opt* visszaverő képesség, reflexióképesség, visszaverődési/reflexiós tényező, reflektivitás
reflectometer *opt* visszaverődés-mérő, reflektométer; ~ **value** *opt* reflektométerérték
reflectometry *opt* visszaverődés-mérés
reflector *at* reflektor; *csill* tükrös teleszkóp/távcső, tükörteleszkóp; *el* sugárvető; *gépk, közl* (fényvisszaverő) prizma; *hang* hangvető; *távk* terelő anódlemez *(klisztronban)*; URH-tükörsugárzó, reflektordipólus; ~ **antenna** *távk* reflektorantenna, reflektoros antenna; ~**-circuit** *el* zárókör; ~ **control** *at* reflektoros szabályozás; ~ **economy** *at* reflektormegtakarítás; ~ **element** *távk* reflektor; ~ **gain** *távk* reflektorhatás, reflektornyereség; ~ **lamp** *el* tükrözött fényvető izzólámpa; ~ **lattice** *at* reflektorrács; ~ **plate** *távk* visszaverő anódlemez *(klisztronban)*; ~ **saving(s)** *at* reflektorhatás, reflektormegtakarítás; ~ **space** *távk* visszaverődési körzet *(klisztroné)*; ~ **spotlight** *el* tükrös fényvető; ~ **studs** → reflecting road studs; ~ **tube** *opt* tükrös messzelátó csöve; ~**-type switch lamp** *el* fényszórós váltólámpa; ~ **unit** *vasút* fényszóróegység; ~ **voltage** *távk* reflektorfeszültség *(reflexklisztronban)*
reflectorizing kerbstone/curbstone *ép* világító útszegélykő
reflectoscope *any* ultrahang-defektoszkóp; *távk* reflexiótényező-mérő
reflex I. *a gép* visszahajló, visszahajlott; *opt* reflex-, visszavert, visszaverődött; **II.** *n opt* tükörkép; visszaverés; visszaverődés, visszfény, reflex(fény), fény-

visszaverődés; *távk* reflexió; ~ **amplification** *el* reflexerősítés; ~ **amplifier** *el* reflexerősítő; ~ **angle** *mat* homorú szög; ~ **baffle** *hang* visszatérítő hangterelő; ~ **blue** *tex* bronzosodás *(kénes színezék kékes elszíneződése)*; ~ **camera** *foto* tükörreflexes kamera/fényképezőgép; ~ **circuit** *el* reflexkapcsolás; ~ **finder** *foto* tükörreflexes (kép)kereső; ~**-free elbow** *távk* reflexiómentes könyök; ~**(-)halation** *opt* fényvisszaverődés okozta fényudvar; ~ **klystron** *távk* reflexklisztron; ~ **lens** *gépk* macskaszem, katadiopteres sugárzó; ~ **reflecion** *opt* fényvisszavetés, retroreflexió; ~ **reflector** *gépk* katadiopteres sugárzó, macskaszem; *opt* fényvisszavető; ~ **viewfinder** *foto* tükörreflexes (kép)kereső

reflexed folds *geol* antiklinális gyűrődések

reflexion → reflection

reflexive *mat* reflexív

reflexivity *mat* reflexivitás

reflooding *at* zóna-újraelárasztás

reflow I. *v* visszafolyik, visszaáramlik; **II.** *n* visszafolyás, visszaáramlás; ~ **soldering** újraolvasztó lágyforrasztás

reflux *at, hidr* visszafolyás, visszaáramlás; *vegy* reflux, visszafolyás, visszacsorgás; ~ **condenser/cooler** *hűt* visszafolyó(s) hűtő, deflegmátor; ~ **cooling** *hűt* deflegmáció, visszafolyó hűtés, visszafolyáshűtés; ~ **exchanger** → ~ condenser; ~ **ratio** *hűt* visszafolyási/deflegmációs arány; *vegy* refluxarány

refluxer *hűt* deflegmátor, visszafolyós hűtő

refocussed beam *fiz* újrafokuszált sugárnyaláb

refolded folds *geol* redős gyűrődések

reforge *alak* újrakovácsol, átkovácsol

reform[1] **I.** *v* átalakít; *ol* reformál *(benzint)*; **II.** *n* átalakítás

re-form[2] újra képződik

reformate *ol* reformbenzin, reformált benzin

reformer *vegy* reformálóoszlop

reforming átalakítás; *ol* reformálás *(benzin oktánszámának javítása hőbontás útján)*; ~**-process** *ol* reformálás

reforwarding *közl* újrafeladás

refract *opt* (meg)tör; megtörik

refractability tűzállóság

refracted | radius *mat* megtört sugár; ~ **wave** *fiz* megtört/refrakciós/refraktált hullám

refracting *opt* sugártörő, fénytörő; ~ **angle** *opt* törésszög, törőszög; ~ **bed** *geof* reflektálóréteg; ~ **horizon** *geof* refraktálószint, refraktálóhorizont; ~ **surface** *opt* fénytörő felület, refraktálófelület; ~ **telescope** *opt* refraktor, prizmás távcső

refraction *opt* fénytörés, refrakció, sugártörés; törés; ~ **axis** *opt* sugártörés tengelye; ~ **coefficient** *krist, opt* törési index, törésmutató, refrakciós tényező; ~**(-)correlation method** *geof* refrakciós fáziskorrelációs módszer; ~**(-)correlation shooting** *geof* refrakciós fáziskorrelációs mérés; ~ **factor** *opt* refrakciós tényező; ~ **graph** *geof* refrakciós diagram; ~ **index** *opt* törésmutató, törési index; ~ **method** *geof* szeizmikus refrakciós módszer; *opt* sugártörési módszer; ~ **of electromagnetic waves** *fiz* elektromágneses hullámtörés; ~ **party** *geof* refrakciós csoport; ~ **path** *opt* sugártörési út; ~ **profile** *geof* refrakciós szelvény; ~ **seismology** *geof* refrakciós szeizmika; ~ **shooting** *geof* refrakciós szeizmikus mérés; ~ **surveying** *geof* refrakciós szeizmográfia; ~ **time** *geof* refrakciós idő

refractive *opt* fénytörő, sugártörő; ~ **coefficient** *opt* törésmutató; ~ **index (RI)** *opt* törési index, törésmutató; ~ **medium** *opt* fénytörő közeg; ~ **modulus** *opt* törési modulus; ~ **power** *fiz* fénytörő képesség; törőérték

refractivity *opt* refraktivitás, fénytörő képesség

refractograph *opt* refraktográf

refractometer *opt* törésmutató-mérő, refraktométer

refractometric analysis *opt* refraktometrikus analízis/elemzés

refractor *opt* fénysugártörő készülék, refraktor; tükrös/lencsés távcső

refractoriness *any* hőállóság; tűzállóság, rozsdaállóság; ~ **of sand** *önt* formázóhomok hőállósága; ~ **under load** *any* terhelés alatti tűzállóság

refractory I. *a any* rozsdaálló; tűzálló, hőálló *(fém)*; **II.** *n any* tűzálló/rozsdaálló anyag; ~ **alloy** *koh* tűzálló ötvözet; ~ **brick** *ép* tűzálló tégla, samottégla; ~ **building(-)unit** *ép* tűzálló építőelem; ~ **castable** *önt* önthető tűzálló anyag; ~ **clay** *any* samott, tűzálló agyag; ~ **concrete** *ép* tűzálló beton; ~ **fibre/fiber** *koh* szálas hőszigetelő tűzálló anyag; ~ **hollow brick** *ép* üreges tűzálló tégla; ~ **lining** *ép, gép* tűzálló bélés; ~ **metal** *koh* nehezen olvadó fém, tűzálló anyag; ~ **mortar** *ép* tűzálló habarcs; ~ **quality** *any* tűzállóság; ~ **steel** *koh* hőálló/tűzálló acél; ~ **stone** *ép* tűzálló tégla; ~ **timber** *fa* tűzállósított fa; ~ **wash** → ~ mortar

refrangibility *fiz* törőképesség

refrangible *fiz* sugártörésre képes/alkalmas

refreeze *hűt* újrafagy; újrafagyaszt

refreezing *hűt* regeláció, másodlagos fagyás, ismételt dermedés

refresh felfrissít; *el* felújít, újratölt *(akkumulátort)*; *koh* hűt; *szt* felfrissít, visszaállít; ~ **cycle** *szt* felfrissítési ciklus; ~ **rate** *szt* felfrissítési gyakoriság/frekvencia *(katódsugárcsöves megjelenítőnél)*

refrigence *fiz* sugártörés, fénytörés, refrakció

refrigency *fiz* sugártörés, fénytörés, refrakció

refrigerant *hűt* hűtőközeg, fagyasztóanyag; ~ **capacity** *hűt* hűtőteljesítmény; ~ **charge** *hűt* hűtőközegtöltés; ~ **compressor** *hűt* hűtőkompresszor; ~ **metering device** *hűt* hűtőközeg-adagoló szerv

refrigerate *hűt* behűt, lehűt; hűt

refrigerated *hűt* hűtött; ~ **cargo** *hűt* hűtőhajóban/hűtőkocsiban szállított rakomány

refrigerating hűtés; ~ **agent** hűtőközeg; ~ **capacity** hűtőképesség, hűtőkapacitás; ~ **cycle** hűtőkör; ~ **effect (RE)** *hűt* hűtőhatás; ~ **fluid** hűtőfolyadék; ~ **installation** hűtőberendezés; ~**(-)machine** hűtőgép; ~ **medium** hűtőközeg; ~ **output** *hűt* hűtő-teljesítőképesség, hűtőteljesítmény; ~ **plant** hűtőgép, hűtőberendezés; hűtőkör; ~ **process** *ép* fagyasztásos talajszilárdítás; ~ **ship** *hajó* hűtőhajó; ~ **system** hűtőberendezés; ~ **unit** *hőt* negatív kalória

refrigeration (le)hűtés; mélyhűtés; ~ **by vapour compression** kompresszoros hűtés; ~ **compressor** hűtőkompresszor; ~ **controller** hűtésszabályozó; ~ **cycle** hűtőfolyamat, hűtőkörfolyamat; ~ **effect** fajlagos hőelvonás *(az elpárologtatóban)*; ~ **engineering** hűtéstechnika; ~ **gasoline process** *ol* mélyhűtéses gazolinleválasztás; ~ **laboratory** alacsony-hőmérsékleti

laboratórium, hideglaboratórium; ~ **pipeline** hűtő csővezeték; ~ **plant** kriogén/mélyhűtött üzem/egység/berendezés; ~ **technology** hűtéstechnika; ~ **treatment** mélyhűtés; ~ **unit** → ~ plant
refrigerator *hűt* hűtőberendezés; hűtőgép, hűtőszekrény; ~ **box** jégszekrény; ~ **cabin/chamber** hűtőkamra; ~ **car** *élip* hűtőgéppel ellátott teherautó; ~ **oil** hűtőgépolaj; ~ **van** *vasút* vasúti hűtőkocsi
refrigeratory *hűt* hűtő
refringent *opt* sugártörő, fénytörő
refuel *gépk, rep* utántölt, tankol, üzemanyagot felvesz; ~ **in flight** *rep* tüzelőanyaggal levegőben feltölt
refuelling, *US* **refueling I.** *a gépk, rep* feltöltő; **II.** *n at* üzemanyag-átrakás; *gépk, rep* feltöltés üzemanyaggal, tankolás; *hőt* fűtőanyag utánpótlása; ~ **device** *gépk, rep* feltöltőberendezés, tankolóberendezés; ~**(-)machine** *at* üzemanyag-átrakó gép; ~ **station** *gépk* üzemanyag-töltő állomás, benzinkút
refuge menedék; ~ **bay** *vasút* menedékfülke, védőfülke *(alagútban)*; ~ **bollard** *közl* forgalomterelő oszlop *(járdaszigeten)*; ~ **chamber/hole** *bány* menekülőfülke, óvófülke, óvókamra, rókalyuk; ~ **island** *közl* járdasziget; ~ **siding** *vasút* kisegítő mellékvágány/szárnyvonal
refund visszafizet, visszatérít; ~ **chute** *távb* kiejtőnyílás; ~ **of fee** *közl* díjvisszatérítés
refusal *ép* cölöp fajlagos ellenállása *v.* süllyedése egy ütéssorozat alatt, süllyedés; *gép* fennakadás, megakadás, berágódás; ~ **of building licence** *ép* építési zárlat/tilalom
refuse I. *v* visszautasít, elutasít, megtagad; *bány* hányóra dönt/dob, hányót kialakít; *gép* felmondja a szolgálatot; **II.** *n* hulladék, szemét; *bány* meddőhányó, szénhulladék; *élip* átmenet, rostamaradék; *ip* hulladék, törmelék, selejt, szemét; *pa* makulatúra; ~ **bin** szemetesvödör, szemétláda, szemétgyűjtő vödör; *bány* meddőtartály; ~ **bunker** *környv* szemétbunker; ~ **burner** hulladékfa-égető/hulladékégető torony/kazán, szemétégető kemence; ~ **burning** hulladékégetés; szemétégetés; ~ **collection** szemétgyűjtés, szemételhordás, szemételszállítás; *ép* törmelékgyűjtés; *környv* hulladékgyűjtés; ~ **collector** *közl* szemétgyűjtő (tehergép)kocsi, szemétszállító jármű; ~ **compaction/compression** *ip* hulladéktömörítés; ~ **container** hulladéktartály; szeméttartály; ~ **conveyer/conveyor** *bány* meddőszállító szalag; ~ **deposition** szemétlerakás; ~ **destruction** *ip* szemétégetés; ~ **destructor** *ip* szemétégető, szemétmegsemmisítő; ~ **disposal** hulladék/szemét eltávolítása; szemételtakarítás; *bány* hányókiképzés, meddőeltakarítás; *ép* törmelék eltávolítása; ~ **distributing belt** *bány* meddőhányói rendezőszalag; ~ **dump** szemétdomb; *bány* gorc, meddőhányó; ~ **extraction** *bány* meddőjövesztés; ~ **grinder** *fa* hulladékőrlő; ~ **handling** *bány* meddőszállítás; ~ **incineration** *ip* szemétégetés, hulladékégetés; ~ **management** *ip* hulladékkezelés; ~ **oil** *ol* ásványolaj-maradék; ~ **ore** meddőérc; ~ **pile** *bány* hányó, gorc; ~**-pit heap** *bány* meddőhányó; ~ **power plant** *en* hulladéktüzelésű erőmű; ~ **receiver** szeméttartály; ~ **reject** *ip* selejt; ~ **shoot** *ép* szemétleeresztő cső, szemétledobó akna; ~ **storage** *környv* hulladéktárolás; ~ **timber** *fa* selejtfa; ~ **utilization** *ip* hulladékhasznosítás; ~ **wood** *fa* selejtfa, hulladékfa; ~ **wool** *tex* hulladékgyapjú

refusion *koh* átömlesztés, felolvasztás, újratömbösítés
refutability *mat* cáfolhatóság
refutal *mat* cáfolat, cáfolás
refutation *mat* cáfolat, cáfolás
regain visszanyer, visszaszerez; ~ **the leg** *rep* visszatér az iránysávba
regasification *ol* újragázosítás *(cseppfolyósított gázoké)*
regauge, *US* **regage** méreteket megváltoztat; újra megmér
regelation *hűt* regeláció, visszafagyasztás, újrafagyasztás; visszafagyás, újrafagyás
regenerability *any, ol* regenerálhatóság
regenerable *any* regenerálható
regenerate I. *v ép* újjáalkot, helyreállít; *gép* megújít, felújít; *szt* regenerál; *távk* visszacsatol; visszacsatolódik; *vegy* regenerál, újraképez; regenerálódik, újraképződik; **II.** *a* → regenerated
regenerated *ép* helyreállított; *gép* megújított, felújított; *távk* visszacsatolt; *vegy* regenerált; ~ **cellulose** *pa* regenerált cellulóz; ~ **dense medium** *bány* sűrű szuszpenzió; ~ **fuel** *at* regenerált/felújított tüzelőanyag/üzemanyag, újrafeldolgozott üzemanyag; ~ **rock** *geol* regenerált kőzet; ~ **wool** *tex* ógyapjú, tépett gyapjú, mungó
regenerating *ép* helyreállítás; *gép* felújítás; *távk* visszacsatolás; *vegy* regenerálás; regenerálódás; ~ **front** *met* újraéledő front; ~ **furnace** *koh* regenerálókemence
regeneration *ép* újjáépítés, helyreállítás; *gép* felújítás; *hidr* visszavezetett víz; *koh* rekuperálás; *távk* visszacsatolás *(véletlen)*, anódkör-rácskör csatolás; *vegy* regenerálódás, újraképződés; újrafeldolgozás, visszanyerés, regenerálás, rekuperáció; ~ **air** *ol* regenerálólevegő; ~ **cartridge** *bány* regeneráló patron; ~ **circuit** *távk* regeneratív *v.* pozitív visszacsatolású kör; ~ **furnace** *koh* regenerációs kemence; ~ **of signals** *távk* jelfrissítés; ~ **period/time** *el* regenerálódási idő; *vegy* regenerációs idő
regenerative regeneratív; *távk* pozitív visszacsatolású; *vegy* regenerálódó; újjáalkotó, regeneráló; ~ **action** *távk* regeneratív hatás, visszacsatolás; ~ **air heater** *szell* regenerációs léghevítő; ~ **amplification** *el* visszacsatolásos erősítés; ~ **amplifier** *el* regeneratív erősítő, rezgőaudion, visszacsatolt audion, autodin; ~ **brake** *el* rekuperációs fék, haszonfék; ~ **braking** hasznos/rekuperációs fékezés; ~ **cell** *vegy* felújítható elem; ~ **chamber** *koh* rácskamra; ~ **control** *távk* visszacsatolás-szabályozás; ~ **converter** *at* átalakítóreaktor, plutóniumtermelő reaktor; ~ **coupling** *távk* visszacsatolás *(véletlen)*; ~ **cycle** *hőt* elvételes körfolyamat; ~ **detector** *aut* visszacsatolt detektor/audion; ~ **distortion** *távk* visszacsatolási torzítás; ~ **feedback** *el* pozitív visszacsatolás; ~ **firing** *vegy* regeneratív tüzelés; ~ **furnace** *hőt* regenerálókemence, hővisszanyerő kemence; ~ **laser** *fiz* regeneratív/visszacsatolt lézer; ~ **laser amplifier** *fiz* regeneratív lézererősítő; ~ **loop** *távk* visszacsatoló hurok; ~ **memory** *szt* regeneráló tároló, dinamikus memória; ~ **method** *vegy* hővisszanyerő módszer; ~ **oven** *koh* regenerációs kemence; ~ **parametric amplifier** *el* visszacsatolt parametrikus erősítő; ~ **parametric forward(-)wave semiconductor amplifier** *távk* parametrikus haladóhullámú visszacsatolásos félvezető

erősítő; ~ **plutonium** *at* regenerálódással kapott plutónium; ~ **principle** *távk* visszacsatolás elve; *vegy* regenerációs elv; ~ **process** *vegy* regeneratív folyamat; ~ **pulse generator** *el* regeneratív impulzusgenerátor; ~ **quenching** *hők* regenerációs edzés; ~ **reactor** *at* átalakítóreaktor, plutóniumtermelő/regeneratív reaktor; ~ **receiver** *távk* visszacsatolt audionos vevő(készülék); ~ **reception** *távk* vétel visszacsatolással; ~ **reforming** *ol* regeneratív reformálás; ~ **repeater** *el* regeneratív erősítő; *gép* regenerálóismétlő; *távk* jeljavító; ~ **store** *szt* regenerálótároló, regeneratív tároló; ~ **time** *vegy* regeneráció ideje, regenerációs idő; ~ **tracking** *távk* visszacsatolt követés; ~**-valve detector** *távk* visszacsatolt audion

regenerator *hőt* hőtároló, előmelegítő kamra, periódusos üzemű hőcserélő; regenerátor, élesztőkazán; *koh* kamrás léghevítő, hőregeneráló kamra; ~ **threshold level** *távk* regenerálási küszöbszint *(PCM)*

Regge trajectory *fiz* Regge-trajektória

region terület, vidék, térség, környék; *ép, geol* táj, vidék, környék, terület, körzet; *fiz, mat* régió, zóna, tartomány, intervallum; ~ **of admissible deviation(s)** *aut* megengedhető (szabályozási) eltérés tartománya; ~ **of alimentation** *talt* tápterület; ~ **of audibility** *hang* hallhatósági tartomány; ~ **of crystal** *krist* kristálydomén, kristálytartomány; ~ **of disturbance** *geof* rengési terület; ~ **of limited proportionality** *fiz* korlátolt arányossági tartomány; ~ **of non-operation** *el* nyugalmi tartomány; ~ **of partial shadow** *távk* félárnyék, részleges holtzóna; ~ **of settlement** *ép* települési terület; ~ **of stability** *el* stabilitási tartomány; ~ **of the infrared spectrum** *fiz* infravörös tartomány; ~ **of the spectrum** *fiz* spektrumtartomány, színképtartomány; ~ **of the ultraviolet spectrum** *fiz* ultraibolya tartomány, UV-tartomány; ~ **of water resources development** *hidr* vízkészlet-gazdálkodási körzet; ~**s** *geol* szinttájak

regional *ép, geol* táj-, körzeti, területi, regionális; ~ **broadcasting station** *távk* helyi/körzeti (rádió)adó; ~ **climate** *met* regionális klíma; ~ **control center** *rep* területi légiforgalom-irányító központ; ~ **development plan** *ép* tájrendezési terv; ~ **dip** *geol* általános dőlés; ~ **distribution** *geof* területi/regionális eloszlás; ~ **effect** *geof* területi/regionális hatás; ~ **field** *geof* területi/regionális erőtér; ~ **forecast** *met* körzeti időjáráselőrejelzés; ~ **gradient** *geof* regionális/területi gradiens; ~ **intensity** *geof* területi/regionális térerősség; ~ **master ga(u)ge** *ol* területi ős-mestermenetidomszer; ~ **metamorphism** *geol* regionális metamorfizmus; ~ **planning** *ép* regionális tervezés, területrendezés, tájrendezés; ~ **pollution of air** *környv* regionális légszennyeződés; ~ **project of water protection** *hidr* regionális vízvédelmi terv; ~ **railway** *vasút* helyiérdekű vasút; ~ **station** *en* körzeti erőmű; ~ **survey** *geof* regionális felmérés/kutatás; ~ **syncline** *geof* geoszinklinális; ~ **tectonics** *geol* nagytektonika; ~ **transmitter** *távk* helyi/körzeti adó; ~ **unit** *geol* tájegység; ~ **water-table draw down** *talt* regionális vízszintsüllyesztés; ~ **water works** *hidr* regionális vízmű

register I. *v* iktat, jegyzékbe vesz, beír, bejegyez; lajstromoz; jelez, mutat, regisztrál *(műszer)*; *gép* egymásba illik/illenek, összeműködnek *(alkatrészek)*; *nyom* egybevág, egybeesik; *vasút* felad *(poggyászt)*; **II.** *n* (bolti) pénztárgép; számláló(mű), öníró készülék; *ép, hőt* huzatszabályozó lap *(kéményben)*, szellőző(nyílás); *gép* csappantyú, beállítófogantyú; *gépk* kilométeróra, kilométer-számláló; *hang* (orgona)regiszter; hangfrekvencia-tartomány, hangterjedelem; *ip* (szabadalmi) lajstrom, regiszter, leltár; *nyom* (sor)regiszter, illeszkedés; illeszték, soregyen(gető); tartalomjegyzék, katalógus; *szt* regiszter, tárolóegység, emlékezőegység, gyorstároló; *távb* beszélgetésszámláló regiszter; billenőlapocska; ~ **a company** *v* céget bejegyez; ~ **address** *szt* regisztercím; ~ **a design** *v tex* illeszt *(mintát)*; ~ **a patent** *v ip* szabadalmaz; szabadalmaztat; ~ **arithmetical logic unit (RALU)** *szt* regiszter- és aritmetikai logikai egység, RALU; ~ **card** *szt* vezérkártya; ~ **circuit** *távb* számjegyző áramkör; ~ **controller** feljegyzővezérlő; ~ **finder** *szt, távb* regiszterkereső, regiszteres kereső; ~ **instruction** *szt* regiszterutasítás; ~ **key** *távb* számlálókulcs; ~ **length** *szt* regiszterkapacitás; ~ **of boiler(-)furnace** *hőt* kazánhuzam-tolattyú, kazánhuzam-szabályozó; ~ **of patents** *ip* szabadalomregiszter; ~ **of real estates** *ép* telekkönyv; ~ **pin** *gép* csap, beállítópecek, rögzítőpecek; ~ **printer** *szt* regiszteres nyomtató; ~ **relay** *távb* számláló jelfogó; ~ **rotation** *távb* ciklikus léptetés; ~ **screw** *gép* állítócsavar, igazítócsavar; ~ **sheet** *nyom* egyengetőív; ~ **system** *ip* nyilvántartási rendszer; ~ **ton** *hajó* regisztertonna; ~ **tonnage** *hajó* regisztertonna-tartalom

registered iktatott *(irat)*; feladott *(csomag)*; ajánlott *(levél)*; *ip* bejegyzett *(szabadalom)*; ~ **design** *tex* bejegyzett (használati) minta; ~ **invention** *ip* bejegyzett találmány; ~ **pattern** *ip, tex* védett minta; ~ **tonnage (RT)** *hajó* regisztertonna-tartalom; ~ **trade mark** *ip* bejegyzett védjegy

registering I. *a* öníró, regisztráló; **II.** *n* iktatás, lajstromozás; *gép* illeszkedés; *ip* bejegyzés, bejegyeztetés; *metr* regisztrálás *(műszeré)*; *nyom* egybeesés; *vasút* felvétel *(poggyászé)*; ~ **balloon** *met* műszeres léggömb; ~ **barometer** *met* légnyomásíró; ~ **chronograph** *fiz* regisztrálókronométer; ~ **tensiometer** *tex* regisztráló feszültségmérő; ~ **water ga(u)ge** *hidr* jegyző vízmérő

registration regisztrálás; iktatás, lajstromozás; (be)jelentkezés; *gép* illeszkedés; *ip* (hivatalos) bejegyzés, bejegyeztetés *(szabadalomé)*; *nyom* megjelölés; *vasút* poggyászfeladás; ~**(-)board** *nyom* nyomódúc-beállító lap; ~ **book** *gépk* forgalmi engedély; ~ **certificate** *rep* lajstromozási bizonyítvány; ~**(-)line** *kat* leolvasójel; ~ **mark** *geod* terepjegy, terepjelzés; ~ **number** *gépk* rendszám; ~ **of pesticides** növényvédőszer-engedélyeztetés; ~ **of signals** *szt, távk* jeltárolás; ~ **of the yield** *fa* erdővágási terület felvétele; ~ **plate** *gépk* rendszámtábla; ~**(-)point** *kat* belőtt rögzítőpont

reglet *ép* négyszögletes szelvényű léc, fugaléc, repedést borító keskeny léc; párkány(zat); *nyom* hézagléc, regletta, űrtöltő, térző

reglette *geod* alapvonal-mérőszalag indexskálája

regolith *geol* lejtőtörmelék

regrade *ép* egyenget *(utat)*; szintet helyreállít, újra lejtőbe hoz; *vasút* lejtést változtat

regranulate *fa* újraőröl *(parafát)*; *vegy* regranulál

regrate *ép* régi kőfelületet felfrissít/újraszemcsész

regrating *ép* újraszemcsézés

regression regresszió; *geol* tenger visszahúzódása; *mat* regresszió, visszafordulás, irányváltoztatás; *mech* hátrálás, regresszió; ~ **analysis** *ép* regresszióanalízis; ~ **coefficient** *mat* regressziós/visszatérési együttható; ~ **curve** *mat* regressziós görbe/egyenes; ~ **estimation** *mat* regressziószámítás, regresszióbecslés, regresszióanalízis; ~ **line** *mat* regressziós egyenes/görbe

regressive csökkenő; regresszív, visszafelé haladó; ~ **function** *mat* regresszív függvény

regrind *bány* újraaprít; *élip* újraőröl; *forg* átcsiszol, becsiszol, utáncsiszol, átköszörül, újraköszörül, újraélez

regulability *aut* szabályozhatóság, irányíthatóság

regulable *aut* szabályozható, irányítható, vezérelhető; *gép* állítható

regular szabályos, szabályszerű, normális, rendszeres, rendes; normál; *fiz* állandó, egyenletes; *mat* holomorf, analitikus, reguláris; *metr* mérethű; ~ **airline service** *rep* rendszeres légiforgalom; ~ **analytic** *mat* holomorf, analitikus; ~ **bedding** *bány* szabályos rétegződés; *geol* konkordáns település; ~ **blast(-)furnace performance** *koh* egyenletes nagyolvasztójárat; ~ **blasting cap** *bány* szabványos robbantógyutacs; ~ **cap** *geof* szabványos geogyutacs; ~ **closed set** *mat* reguláris zárt halmaz; ~ **code** *szt* szabályos kód; ~ **composition** *mat* egyszerűsíthető művelet; ~ **coursed ashlar masonry** *ép* (szabályos) réteges terméskő falazat; ~ **distortion** *távk* szabályos torzítás; ~ **dodecahedron** *mat* (szabályos) dodekaéder, szabályos tizenkétlap; ~ **double slate roofing** *ép* szabályos kettős palafedés; ~ **enantiomorphy** *krist* köbös enantiomorfia; ~ **error** *szt* szisztematikus/rendszeres hiba; ~ **event** *aut* reguláris esemény; ~ **extinction** *krist* szabályos kioltás; ~ **feed** *forg* normális/mérvadó előtolás; ~ **flash** *foto* villanólámpa, vaku(lámpa); ~ **flight** *rep* rendszeres légijárat; ~ **function** *mat* holomorf/reguláris függvény; ~ **grade (of petroleum)** *ol* normálbenzin; ~ **graph of degree n** *mat* n-edfokú reguláris gráf; ~ **hemihedry** *krist* köbös hemiédria; ~ **hemimorphy** *krist* köbös hemimorfia; ~ **hexahedron** *mat* szabályos hatlap/kocka/hexaéder; ~ **holohedry** *krist* köbös holoédria; ~ **icosahedron** *mat* (szabályos) ikozaéder, szabályos húszlap; ~ **imbricated slate roofing** *ép* szabványos pikkelypalafedés; ~ **integral** *mat* reguláris megoldás/integrál; ~ **intergrowth** *geol* szabályos összenövés; ~ **jaw** *gép* le nem szerelhető pofa; ~ **lay wire rope** keresztfonású acélsodronykötél; ~ **longwall system** *bány* szintekre osztott frontfejtési rendszer; ~ **maintenance** *gép* rendszeres karbantartás; ~ **mineral system** *krist* szabályos kristályosztály; ~ **number field** *mat* reguláris számtest; ~ **octahedron** *mat* szabályos nyolclap, (szabályos) oktaéder; ~ **oil** *ol* reguláris/normális igénybevételre szánt olaj; ~ **overgrowth** *krist* szabályos ránövés; ~ **paramorphy** *krist* köbös paramorfia; ~ **point** *aut* reguláris pont; ~ **polygon** *mat* szabályos sokszög/poligon; ~ **polyhedron** *mat* szabályos poliéder/soklap, platonikus test, Platón-féle test; ~ **precession** *mech* reguláris precesszió; ~ **production** *ip* normális termelés; ~ **pyramid** *mat* szabályos gúla; ~ **reflectance** *opt* szabályos visszaverési tényező; ~ **reflection** *fiz, opt* szabályos/tükrös/szórásmentes visszaver(őd)és; tükröződés, tükörreflexió; ~ **reflection factor** *fiz, opt* szabályos/tükrös visszaverődési tényező; ~ **roll pass design** *heng* szabályos üregezés; ~ **rope** *tex* keresztfonású kötél; ~ **runway** *rep* állandóan használatos futópálya, főfutópálya; ~ **sampling** *távk* szabályos mintavétel; ~ **sequence** *mat* szabályos/konvergens sorozat, határértékkel rendelkező sorozat; ~ **solution** *mat* reguláris megoldás/integrál; ~ **staff** *ip* állandó személyzet; ~ **star polygon** *mat* szabályos csillagsokszög; ~ **tetartohedry** *krist* köbös/szabályos tetartoédria; ~ **tetrahedon** *mat* (szabályos) tetraéder, szabályos négylap; ~ **tool joint** *ol* szűkfuratú fúrócsőkapcsoló; ~ **topology** *mat* reguláris topológia; ~ **train** *vasút* menetrend szerinti vonat; ~ **transmission** *fiz* közvetlen/szabályos áteresztés; ~ **transmission factor** *fiz* szabályos áteresztési tényező; ~ **transmittance** *fiz* szabályos áteresztési tényező, szabályos áteresztőképesség; ~ **triangle** *mat* egyenlő oldalú *v.* szabályos háromszög; ~ **twist** *tex* jobbsodrat; ~ **variety** *mat* reguláris varietas/sokaság; ~ **welt** *kh* fejthetetlen kezdés; ~ **working** *ip* szabályos munkamenet

regularity szabályosság, rendszeresség, szabályszerűség; *fiz* egyenletesség; *mat* rendszeresség, szabályszerűség, regularitás; ~ **attenuation** *távk* visszáram-csillapítás; ~ **return current coefficient** *el* egyenletességi tényező; ~ **return loss** *el* egyenletességi csillapítás/veszteség

regulate (be)szabályoz, beállít; irányít; *gép* beállít, (be)igazít *(gépet, műszert)*; egyeztet *(méretet)*; ~ **gradually** *távk* szakaszosan szabályoz; ~ **the letting-off** *tex* láncmozgatást szabályoz

regulated szabályozott; irányított; *gép* beállított; ~ **gate valve** *gép* vezérelt tolózár; ~ **line section** *távk* szabályozott vonalszakasz; ~ **quantity** *aut* szabályozott mennyiség; ~ **rectifier** *el* szabályozott egyenirányító; ~ **split** *bány* szabályozható légelágazás; ~ **station** *távk* szabályozott állomás; ~ **stay area** *at* szabályozott tartózkodási terület; ~ **system** *aut* szabályozott rendszer; ~ **work area** *at* szabályozott munkaterület

regulating szabályozó, irányító; ~ **action** *aut* szabályozóhatás, beavatkozás; ~ **amplifier** *távk* szabályozóerősítő; ~ **apparatus** *aut* szabályozókészülék, szabályozóberendezés; ~ **bar** *fa* jelölőléc; ~ **basin** *hidr* kiegyenlítő medence; ~ **bin** *vegy* adagolótartály; ~ **brake** *gép* szabályozófék; ~ **carpet of sand** *ép* kiegyenlítő homokréteg; ~ **cell** *el* ellencella, pótelem; ~ **choke** *el* szabályozó fojtótekercs; ~ **circuit** *el* szabályozó áramkör, szabályozókör; ~ **cock** *gép* szabályozócsap; ~ **coil** *el* szabályozótekercs; ~ **device** *gép* beállítószerkezet; ~ **element** *aut* beavatkozóegység, működtetőegység, működtetőszerv; ~ **equipment** *aut* szabályozóberendezés; ~ **exciter** *el* villamos erősítőgép, amplidin; ~ **flap** *gép* torlócsappantyú; ~ **force** *gép* szabályozóerő; ~ **gate** *hidr* vízhozam-szabályozó gát; ~ **head chamber** *hidr* nyomásszabályozó medence/tartály; ~ **inductor** *el* szabályozó fojtótekercs; ~ **lever** *gép* szabályozóemeltyű; ~ **link** *gép* szabályozócsukló; ~ **pilot** *távk* szabályozópilot; ~ **power** *aut* szabályozási teljesítmény; ~ **process** *aut* szabályozási folyamat; ~ **relay** *el* szabályozó(relé); ~ **reservoir** *hidr* kiegyenlítő tározómedence, kiegyenlítőmedence; ~ **resistance/resistor** *el* reosztát, szabályozó-ellenállás; ~ **rod** *at* finomszabályozó rúd; *gépk* szabályozórúd; ~**-rod bracket** *gép* szabályozó kéziemeltyűbak; ~ **sand carpet** *ép* kiegyenlítő homokréteg; ~ **screw** *el, gép* állítócsavar, szabályozócsavar; ~ **shaft** *gép* szabályozótengely, elosztótengely; ~ **siphon** *hidr* vízszínszabályzó szivornya; ~ **slide(-)valve** *gép* elosztótolattyú, szabályozótolattyú; ~ **speed** *aut* beavatkozási sebesség; ~ **station (RS)** *el* szabályozóállomás; ~ **switch** *el* szabályozókapcsoló; ~ **tank** *hidr* kiegyenlítő medence; *vegy* adagolótartály; ~ **transformer** *el* szabályozótranszformátor; ~ **unit** *aut* beavatkozóegység, működtetőegység, beavatkozószerv, működtetőszerv; ~ **valve** *gép* vezérlőszelep, szabályozószelep; *hőt* gőzelosztó szelep; ~ **variable** *aut* beavatkozó jellemző; ~ **voltage** *el* szabályozófeszültség; ~ **wheel** *forg* továbbítókorong; *gép* beállító kézikerék

regulation szabályozás, irányítás, vezérlés, feszültségváltozás; *gép* beállítás, beszabályozás; vezérmű; *ip* előírás, szabályzat; ~ **by few steps of large value** *aut* durva/megközelítő szabályozás/beállítás; ~ **by many steps of small value** *aut* finomszabályozás, finombeállítás; ~**-control tube** *el* szabályozást vezérlő cső; ~ **curve** *aut* szabályozási (jelleg)görbe; ~ **mark** *gép* beállító jelzés; ~ **of furnace atmosphere** *koh* kemenceatmoszféra-szabályozás; ~ **of metal level** *koh* fémszintszabályozás; ~ **of output** *el* kimenőteljesítmény-szabályozás; ~**s** *pl ip* szabályzat, rendszabály; ~ **scale** *aut* szabályozási/beállítási skála; ~ **voltage** *el* szabályozófeszültség; ~ **with fixed set point** *aut* értéktartó szabályozás; ~ **zone** *aut* szabályozási tartomány

regulator szabályozó, regulátor; *bány* szellőzőajtó, légszabályozó; *csill* alapóra, középidőmérő óra; *el* (feszültség)szabályozó, regulátor; *gép* szabályozóberendezés; szabályozóóra; *gép, hőt* regulátor, szabályozó; *hidr* elzárószerkezet; *mat* regulátor; *műa* szabályozószer; *szt* stabilizátor, szabályozó; ~ **air(-)door** *bány* szabályozható légajtó, légszabályozó, szellőzőajtó; ~ **canal** *aut* szabályozócsatorna; ~ **gene** *biot* regulátorgén, szabályozógén; ~ **generator** *el* villamos erősítőgép; ~ **of accumulation** *el* gyűjtésszabályozó; ~ **trap** *aut* szabályozócsapda; ~ **tube** *el* szabályozócső; ~ **valve** *hidr* lefejtőszelep, túlfolyószelep *(szivattyúé)*

regulus *koh* fémszemcse; regulusz; *mat* lineáris egyparaméteres egyenessereg; regulusz, másodrendű egyenessereg, egyenesvonalú alkotósereg *(másodrendű felületé)*; ~ **metal** *koh* fémregulusz; ~ **mirror** *üveg* antimontükör; ~ **of antimony** *vegy* (nyers) antimon

rehabilitate *ép* újjáépít, helyreállít

rehabilitation *ép* helyreállítás, újjáépítés

reharden *hők* újraedz

reheat I. *v hők* újraizzít, újraedz, utánmelegít; *rep* utánéget; **II.** *n hők* újraizzítás, újraedzés; *rep* utánégetés; ~ **engine** *rep* utánégetős hajtómű; ~ **regenerative cycle** *at, hőt* újrahevítéses regenerációs körfolyamat; ~ **regulator** *rep* utánégetőtér-szabályozó; ~ **shrinkage** *koh* újraizzítási zsugorodás; ~ **turbojet** *rep* utánégetős gázturbinás hajtómű

reheater *hőt* légmelegítő, utánmelegítő, pótmelegítő, fűtött resziver, közbenső túlhevítő; *koh* olvasztár; *rep* utánégető egység

reheating *hők* újraizzítás, újraedzés; *koh* utánmelegítés; *rep* utánégetés; ~ **furnace** *koh* bugahevítő kemence, újraizzító/újrahevítő/utánmelegítő kemence

rehydration *élip* vízfelvétel *(szárított terméké)*

rehydrolyze *vegy* újrabont, újrahidrolizál

reignite *rep* hajtóművet újraindít

reignition *at* újragyújtás, visszagyújtás; *rep* hajtómű újraindítása; ~ **of arc** *el* ívkisülés újragyújtása, visszagyújtás; ~ **voltage** *el* visszagyújtási feszültség

reimposition *nyom* újbóli kilövés, átlövés, átszedés, átördelés

reimpression *nyom* újranyomás, újrakiadás

reinforce megerősít, megszilárdít; *ép* vasal *(betont)*; *gép* (meg)erősít, merevít; *kh* erősítőfonallal köt, erősít

reinforced megerősített, merevített; *cipő* kierősített *(felsőrész)*; *ép* vas-, vasalt *(beton)*; *gép* megerősített, merevített; ~ **beam** *ép* megvasalt tartó; vasbeton gerenda; ~ **brick lintel** *ép* vasalt téglaszerkezetű áthidalás; ~ **brick pier** *ép* vasalt téglapillér; ~ **brick wall** *ép* vasalt/vasbetétes téglafal; ~ **brickwork** *ép* vasalt téglafal(azat)/téglaszerkezet; ~ **bridge** *kat* megerősített híd; ~ **butt weld** *heg* domború tompavarrat; ~ **cement mortar** → ~ mortar; ~ **concrete (RC)** *ép* vasbeton, vasalt beton; ~**-concrete beam** *ép* vasbeton tartó/gerenda; ~**-concrete bridge** *ép* vasbeton híd; ~**-concrete construction** *ép* vasbetonépítés; ~**-concrete core** *ép* vasbeton merevítőmag *(épületé)*; ~**-concrete cornice** *ép* vasbeton koszorú; ~**-concrete design and construction** *ép* vasbetontechnika; ~**-concrete framework/framing** *ép* vasbeton váz(szerkezet)/keret; ~**-concrete lining** *bány* vasbeton-biztosítás; ~**-concrete pile** *ép* vasbeton cölöp; ~**-concrete precast element** *ép* előregyártott vasbeton elem; ~**-concrete roof trusses** *ép* vasbeton fedélszerkezetek; ~**-concrete segment** *ép* vasbeton tübing; ~**-concrete shell** *ép* vasbeton héj(szerkezet); ~**-concrete skeleton construction** *ép* vasbeton vázas építés; ~**-concrete slabs between steel beams** *ép* vasbeton lemezes födém; ~**-fibre** *any* szálerősítésű; ~ **fillet weld** *heg* domború sarokvarrat; ~ **filling** *bány* szilárduló tömedék; ~ **glass fibre/fiber mo(u)ld** *ép* üvegszállal erősített sablon; ~ **in-situ concrete** *ép* monolit vasbeton; ~ **insulation** *el* erősített szigetelés; ~ **lightweight concrete** *ép* vasalt könnyűbeton; ~ **masonry (work)** *ép* vasalt falazat; ~ **mortar** *ép* armocement, ferrocement; ~ **paper** *pa* szövetpapír; ~ **pier** *ép* megerősített oszlop; *hajó* vasbeton kikötőpad; ~ **plastic (material)** *műa* erősítő aktív töltőanyagos műanyag, epoxigyanta; ~ **rib** *ép* vasbeton borda; *gép* erősítőheveder, merevítőborda, erősítőborda; ~ **square set** *ép* ajtókötés kettős támmal, kettős ajtókötés; ~ **stock** *gumi* erősített/töltött keverék; ~ **tile** *ép* vasalt cserép; ~ **twill** *tex* megerősített sávoly; ~ **weld** *heg* domború (hegesztő)varrat

reinforcement *ép* (meg)erősítés, merevítés; megerősödés; vasalás, gömbacél betét, vasbetét *(betoné)*; *kat* utánpótlás; *műa* erősítőanyag; ~ **bar(-)bending machine** *ép* betonacél-hajlító gép; ~ **bar(-)cutting machine** *ép* betonacélvágó gép; ~ **bar shear cutter** *ép* kézi betonacélvágó; ~ **cutting and bending plant** *ép* betonacél-feldolgozó üzem; ~ **drawing** *ép* vasalási terv; ~ **for carrying the centering** *ép* zsaluzást tartó vasalás, ívzsaluzás; ~ **for erection** *ép* szerelési vasalás; ~ **for handling** *ép* szállítási vasalás; ~ **of weld** *heg* varrat megerősítése/túlemelkedése; ~ **ratio** *ép* acélhányad; ~ **steel** *ép* betonacél; ~ **storage yard** *ép* betonacél-tároló (tér); ~ **strip** kupolaerősítő szalag

(ejtőernyőn); ~ **yard** *ép* (központi) betonacél-feldolgozó telep
reinforcer *műa, vegy* aktív töltőanyag, erősítő adalékanyag
reinforcing I. *a ép, műa, vegy* erősítő; **II.** *n ép* (beton)vasalás; (meg)erősítés, merevítés; megerősödés; ~ **angle** *ép* (ki)merevítési szög; ~ **bar** *ép* acélbetét, betonacél, vasalás; ~ **beam** *ép* merevítőgerenda; ~ **black** *vegy* aktív (gáz)korom; ~ **dam** *hidr* fióktöltés, szorítógát; ~ **fabric** *ép* betonacél háló, vasalási háló; ~ **filler** *műa, vegy* erősítő/aktív töltőanyag, vázanyag; ~ **fillet (weld)** *heg* domború/konvex torokvarrat; ~ **gore** *ép* pallózásrögzítő ék; ~ **iron** *ép* betonvas, betonacél; ~ **material** *műa, vegy* erősítőanyag, erősítő/aktív töltőanyag, vázanyag; ~ **mesh** *ép* acélháló, hálóvasalás *(betonban)*; ~ **metal** *ép* acélbetonbetét, betonvas, betonacél; ~ **panel** *ép* merevítőtárcsa, merevítőfal; *fa, gép* erősítőlap; ~ **plate** *koh* tartólemez; ~ **post/prop** *bány* segédtám, póttám; ~ **rod** *ép* betonacél, betonvas; ~ **rod(-)cropping machine** *ép* köracélvágó gép; ~ **rod spacer** *ép* betonacél távtartó; ~ **steel** *ép* betonacél, vasbetét, betonvas; ~ **steel for prestressed concrete** *ép* előfeszített betonacél; ~ **value** *gumi* erősítő töltőanyag egyenértéke; ~ **wall** *ép* merevítőfal; ~ **wire** *ép* betonhuzal
reinstate *gép* helyreállít, visszaállít, rendbehoz, kijavít, felújít, újból üzembe helyez
reinstatement *gép* helyreállítás, visszaállítás, rendbehozás, kijavítás, felújítás, újbóli üzembehelyezés; ~ **work** *gép* javítási/karbantartási munkák
Reiss microphone *hang* szénmikrofon
reissue I. *v nyom* újra kiad/kibocsát/kinyom(tat); **II.** *n nyom* új kiadás
reiteration *geod* reiteráció; *nyom* ív hátranyomása
reiterative *távk* (meg)ismétlődő; ~ **switching circuit** *el* reiteratív kapcsoló áramkör
reject I. *v ip* (ki)selejtez; nem vesz át; *távk* elnyom, kiszűr; *vegy* taszít; **II.** *n ip* selejt; *szt* visszautasítás; ~ **allowance** *ip* megengedhető/megengedett selejtszázalék; ~ **command** *szt* érvénytelen utasítás; ~ **frequency** *ip* kiselejtezés gyakorisága; ~ **limit** *ip* kiselejtezési határ; ~**s** selejtáru
rejected elutasított, elvetett; *ip* kiselejtezett; *távk* elnyomott, kiszűrt; ~ **ferrite** *ásv* ausztenitből kivált ferrit; ~ **heat** *hőt* visszavert hő; ~ **ingot** *önt* kiselejtezett öntecs; ~ **lot** *ip* kiselejtezett tétel; ~ **material** *ép* visszamaradt anyag *(rostán)*; ~ **part** *gép* kiselejtezett alkatrész; ~ **product** *ip* kiselejtezett termék
rejection elutasítás, visszautasítás, elvetés; *ip* (ki)selejtezés; reklamáció; *mat* sem-sem jel *(együttes tagadás jele)*; *szt* NEM-VAGY művelet, NOR művelet; *távk* szűrés, fojtás, elnyomás; ~ **band** *távk* lezárási/levágási sáv/tartomány, csillapítási/lezárási/elnyelési/levágási sáv; ~ **circuit** *távk* hullámcsapda; ~ **frequency** *távk* lezárási frekvencia, határfrekvencia; ~ **of load** *en* terhelés megszakadása *(erőműben)*; ~ **ratio** *távk* szűrési arány
rejective *távk* záró, szívó *(kör)*; ~ **circuit** *távk* zárókör, szívókör
rejector *távk* szűrőkör, szívókör, zárókör, (párhuzamos rezonanciájú) rezgőkör; ~**-acceptor circuit** *távk* kombinált szűrőkör; ~ **circuit** *távk* sávzáró szűrő/áramkör; ~ **resonance** *távk* áramrezonancia; ~ **unit** *távk* szűrőegység
rejoin *fa* újra egymásba illeszt; újraegyesít; *közl* újból találkozik *(két út)*
rejoining process *vegy* rekombinációs folyamat
rejuvenation *geol* domborzat megfiatalodása; *gép* felújítás, regenerálás, rejuvenáció; ~ **of crystals** *krist* átkristályosítás, újrakristályosodás
reladling *koh* üstáttöltés
relate vonatkozásba hoz, vonatkoztat; kapcsolatban van, összefügg, egybevág, vonatkozik; *mat* arányt megállapít, arányba állít
related *vegy* rokon(-); ~ **hydrocarbons** *ol* rokon szénhidrogének; ~ **term (RT)** *szt* kereszthivatkozás, RT *(tezaurusznál)*
relation viszony, összefüggés, kapcsolat, vonatkozás; *mat* (egyenes) arány, összefüggés, kapcsolat, vonatkozás, viszony, reláció; ~ **of diameter** *mat* átmérőviszony; ~ **of (set) inclusion** *mat* inklúzió, tartalmazási reláció; ~ **of subset** → ~ of (set) inclusion; ~ **symbol** *mat* predikátumváltozó, (logikai) függvényváltozó; relációjel, relációszimbólum
relational kapcsolatban álló, összefüggő; *mat* reláció; ~ **database** *szt* relációs adatbázis; ~ **operation** *mat* relációművelet, összehasonlító művelet; ~ **symbol** *mat* relációjel, relációszimbólum
relationship vonatkozás, kapcsolat, összefüggés, viszony; *at* radioaktív rokonság; *mat* arány, összefüggés, reláció
relative *fiz, mat* aránylagos; viszonylagos, relatív; ~ **abundance** *fiz* elemek relatív gyakorisága; ~ **acceleration** *mech* relatív gyorsulás; ~ **address** *szt* relatív cím; ~ **addressing** *szt* viszonylagos címzés; ~ **age** *geol* relatív (földtani) kor; ~ **airspeed** *rep* levegőhöz viszonyított sebesség; ~ **amount of maintenance work** *gép* relatív karbantartási munkanagyság; ~ **amount of repair work** *gép* relatív javítási munkanagyság; ~ **amplitude resolution** *at* relatív amplitúdófelbontás; ~ **antenna gain** *távk* antenna viszonyított nyeresége; ~ **aperture** *foto* viszonylagos nyílás/apertúra; ~ **articulation** *hang* (beszéd)érthetőség; ~ **atmospheric humidity** *met* relatív légnedvesség; ~ **atomic mass** *at, vegy* relatív atomtömeg; ~ **atomic weight** *at* atomsúly; ~ **attenuation coefficient** *távk* relatív csillapítási együttható; ~ **azimuth angle** *mat* relatív oldalszög; ~ **bandwidth** *távk* relatív sávszélesség; ~ **bearing** *rep* viszonylagos irányszög, géptengely földi irányszöge; ~ **biological effectiveness (RBE)** *at* relatív élettani hatékonyság, relatív biológiai hatásosság, RBE; ~ **capacity** *el, gép* viszonylagos teljesítmény; ~ **coding** *szt* relatív című programozás; ~ **concentration** *vegy* viszonylagos/százalékos koncentráció; ~ **control range** *aut* vonatkoztatott szabályozási tartomány; ~ **core loss** *el* relatív vasveszteség; ~ **current level** *el* relatív áramszint; ~ **damping** *távk* relatív/összehasonlító/vonatkoztató csillapítás; ~ **damping coefficient/factor** *távk* relatív csillapítási együttható; ~ **deformation** *alak* fajlagos alakváltozás; ~ **density** *any* viszonylagos/relatív sűrűség/tömörség, fajsúly; *foto* viszonylagos feketedési érték; ~ **detuning** *távk* relatív elhangol(ód)ás; ~ **deviation** *aut* relatív (szabályozási) eltérés; ~ **deviation minimization (RDMM)** *at* relatív eltérésminimalizálási eljárás; ~ **dielectric constant** *el* relatív dielektromos állandó, relatív permittivitás; ~ **discriminant** *mat* relatív diszkrimináns; ~ **displacement** *szt* relatív eltolás;

~ **duration** *el* relatív (impulzus)szélesség; ~ **efficiency** *gép* viszonylagos hatásfok; ~ **elongation** *any* relatív/fajlagos megnyúlás; ~ **energy** *fiz* relatív/viszonylagos energia, energiahányad; ~ **entropy** *szt* relatív entrópia; ~ **equilibrium** *mech* relatív egyensúly; ~ **equivalent** *távk* viszonyított egyenérték(csillapítás); ~ **error** *szt* relatív hiba; ~ **escape** *rak* relatív kiszökési tényező; ~ **extremum** *mat* helyi/lokális/relatív szélsőérték; ~ **fall** *geod, mech* relatív lejtés/esés; ~ **field** *fiz* relatív erőtér; ~ **force** *mech* relatív erő; ~ **frequency** *mat* relatív/viszonylagos gyakoriság; *távk* relatív frekvencia; ~ **gravity** *mech* viszonylagos/relatív gravitáció; ~ **growth rate** *krist* relatív növekedési sebesség; ~ **heat-transfer coefficient** *hőt* relatív hőátadási szám; ~ **humidity (RH)** *vegy* relatív páratartalom/nedvesség(tartalom); ~ **importance** *at* relatív neutronfontosság/neutronértékesség; ~ **inductivity** *el* dielektromos állandó, permittivitás; ~ **kinetic energy** *mech* viszonylagos kinetikai energia; ~ **level** *geod* kiindulási/vonatkozási vonal, referenciavonal, alapvonal, nullavonal; *metr* leolvasási vonal; *távk* viszonylagos szint; ~ **maximum** *mat* helyi/lokális/relatív/feltételes maximum; ~ **maximum error** *szt* maximális relatív hiba; ~ **measurement** *metr* relatív mérés; ~ **measurement (of geological time)** *geol* relatív geológiai időszámítás; ~ **measurement of reluctance** *el* mágneses ellenállás/reluktancia relatív mérése; ~ **minimum** *mat* helyi/lokális/relatív minimum; ~ **molecular/molecule mass** relatív molekulatömeg; *vegy* mólsúly; ~ **motion** *mech* relatív/viszonylagos elmozdulás/mozgás; ~ **number** *mat* relatív/előjeles/algebrai szám; ~ **opening** *foto* fényerő; ~ **path** *mech* relatív pálya; ~ **permeability** *el* relatív mágneses permeabilitás; *talt* relatív áteresztőképesség; ~ **permittivity** *el* relatív permittivitás *v.* dielektromos állandó; ~ **pitch** *hang* viszonylagos hangmagasság; ~ **plateau slope** *at* relatív platómeredekség; ~ **position** *mat* viszonylagos helyzet; ~ **power level** *el* relatív teljesítményszint; ~ **precision** *szt* relatív pontosság; ~ **programming** *szt* relatív című programozás; ~ **quantity** *mat* dimenziómentes *v.* dimenzió nélküli mennyiség; ~**-radio bearing** *rep* géptengely rádió-irányszöge; ~ **reference equivalent** *távk* viszonyított egyenérték(-csillapítás); ~ **refractive index** *opt* relatív törésmutató; ~ **rigidity** *any* relatív merevség; ~ **rotative efficiency** forgási tényező *(hajócsavarnál)*; ~ **sensitivity** *távk* zajérzékenység; ~ **shaliness** *bány* viszonylagos agyagosság; ~ **shear** *mech* nyírószög, fajlagos elcsúszás; ~ **shift** *szt* viszonylagos léptetés; ~ **specific weight** *any* relatív fajsúly; ~ **spectral energy distribution** *távk* sugárzásfüggvény, relatív spektrális eloszlás; ~ **speed drop** *mech* relatív sebességesés/fordulatszámesés; ~ **standstill** *mech* relatív nyugalom; ~ **surface** *mat* relatív felület; ~ **transposition** *távk* viszonylagos keresztezés; ~ **twist** *tex* sodrattényező; ~ **value** *szt* viszonylagos érték; ~ **value of the parameter** *szt* paraméter relatív értéke; ~ **velocity** *hajó* holtvízi sebesség; *mech* relatív/viszonylagos sebesség; ~ **viscosity** *vegy* relatív viszkozitás; ~ **visibility factor** *foto* százalékos felületi fényesség; ~ **volatility** *vegy* viszonylagos illékonyság; ~ **voltage level** *el* relatív feszültségszint; ~ **waste-water load** *ép* csatornázási egyenérték; ~ **winds** *rep* viszonylagos szél(sebesség); ~ **yield** *távk* relatív nyereség; ~ **zero potential** *el* relatív zérusfeszültség, relatív zérussorrendű feszültség

relatively *fiz, mat* viszonylag(osan), relatíve; ~ **atomic lattice** *krist* atomos háló; ~ **conjugate number** *mat* relatív konjugált (szám); ~ **convergent** *mat* relatíve konvergens

relativistic *fiz* fénysebességhez képes nem elhanyagolható; relativisztikus; ~ **electron** *at* relativisztikus elektron; ~ **equation** *fiz* relativisztikus egyenlet; ~ **mass** *at* relativisztikus tömeg; ~ **mechanics** *mech* relativisztikus mechanika; ~ **particle** *at* relativisztikus részecske; ~ **track** *at* relativisztikus nyom; ~ **velocity** *at* relativisztikus sebesség

relativity *fiz, mat* viszonylagosság, relativitás; ~ **theory** *fiz* relativitáselmélet

relax (meg)lazít; (meg)lazul; felenged; *gép* lazul, gyengül; utánaenged, kiold, felold, megereszt, fesztelenít, elernyeszt; *vegy* relaxál, elernyed, feloldódik

relaxation elernyedés; lanyhulás; *at* relaxáció; *gép* feloldódás, megereszkedés, lazulás; megeresztés, (meg)lazítás, utánaengedés, feloldás, kioldás *(kötésé)*, fesztelenítés, elernyesztés, feszültségmentesítés; *mat* relaxációs eljárás; *vegy* relaxáció, feloldódás; ~ **circuit** *el* relaxációs áramkör, fűrészáramkör; ~ **deflection** *tv* fűrészrezgés-kitérítés; ~ **distance** *at* relaxációs hossz/távolság, relaxációhossz, relaxációtávolság; ~ **effect** *at, vegy* relaxációs hatás; ~ **frequency** *el* relaxációs frekvencia, fűrészfrekvencia; ~ **generator** → ~ oscillator; ~ **inverter** *el* fűrészgenerátoros átalakító; ~ **length** *at* relaxációs hossz/távolság, relaxációhossz, relaxációtávolság; ~ **method** *szt* relaxációs módszer/eljárás; ~ **of the circuit** *el* relaxációs kapcsolás, átbillentés; ~ **oscillation** *el* fűrész(fog)rezgés; ~ **oscillator** *el* fűrészjel-oszcillátor, fűrészgenerátor, relaxációs oszcillátor; ~ **spectrum** *el, vegy* relaxációspektrum, relaxációs spektrum; ~ **time** *at, el* relaxációs idő; *tv* eltérítési idő

relaxed zone *geol* csökkent feszültségű kőzettartomány

relay[1] **I.** *v el, távk* kiold *(jelfogóval)*; közvetít, átvesz és továbbad *(leadást)*, megismétel *(leadást)*; *vasút* átrak(odik); **II.** *n el* relé, jelfogó, kontaktor; *távk* (közvetített) adás; átvitel; közvetítés; közvetítő(adó), reléállomás, átjátszó(adó); ~ **action** *el* reléhatás, kapuzóhatás; ~ **adjuster** *el* jelfogó-beállító készülék; ~ **amplifier** *távk* reléerősítő; ~ **armature** *el* jelfogóhorgony; *vasút* jelfogófegyverzet *(biztosítóberendezésnél)*; ~ **bay** *távb* jelfogókeret; ~ **bedded draining** *bány* közvetítőréteges víztelenítés; ~ **box** *távb* jelfogószekrény; *vasút* jelfogókamra; ~ **broadcasting station** *távk* reléállomás, átjátszó(adó); ~ **calculator** *szt* relés számológép/számítógép; ~ **chain** *távk* közvetítővonal; ~ **chain circuit** *távk* közvetítőlánc; ~ **characteristic** *el* reléjelleggörbe, relékarakterisztika; ~ **characteristic with dead zone** *el* érzéketlenségi sávos reléjelleggörbe; ~ **chatter** *el* berezdülés; ~ **circuit** *el* relékör; ~ **coil** *el* jelfogótekercs; ~ **computer** *szt* relés számítógép; ~ **connection** *el* relés kapcsolás; ~ **contact** *el* jelfogó-érintkező; ~ **control** *aut* relés/többállású szabályozás; ~ **controller** *aut* relés *v.* nem folytonos szabályozó; ~ **control system** *aut* relés *v.* nem folytonos szabályozási rendszer; ~ **core** *el* relévasmag; ~ **detecting element** *aut* relés érzékelőelem; ~

device structure *el* relérendszer struktúrája; ~ **drop** *vasút* fegyverzet leesése *(biztosítóberendezésnél)*; ~ **exciter** *el* szabályozógerjesztő; ~**(-)fitted contactor** *el* relés kontaktor; ~ **group** *távb* relécsoport, relésor, jelfogós keresőválasztó; ~ **housing** *távk* jelfogóbura; ~ **interrupter** *el* szaggató jelfogó, jelfogós szaggató; ~ **link** *távk* közvetítővonal; ~ **linkage** *távk* távkapcsoló rudazat; ~ **magnet** *el* relémágnes, jelfogómágnes; ~ **matrix** *el* relémátrix; ~ **memory** *szt* relés memória; ~ **motor** *el* szervomotor, bojtármotor, segédmotor; ~ **network** *el* relés kapcsolás, relékapcsolás; ~ **non-linearity** *el* relé-nemlinearitás; ~ **on-off controller** *el* kétállású jelfogós szabályozó; ~**-operated control** → ~ control; ~ **panel** *távb* jelfogósáv; ~ **platform** *vasút* átrakodási rámpa; ~ **point** *távk* reléállomás, közvetítőállomás; *vasút* átrakási állomás; ~ **preselector** *távb* jelfogós előválasztó; ~ **pump** *gép* váltószivattyú; ~ **rack** *távk* jelfogókeret; ~ **recorder** *metr* relés regisztráló/felvevő; ~ **release time** *el* relé elengedési ideje; ~ **selecting circuit** *távb* jelfogós választókapcsolás; ~ **selector (RS)** *távb* jelfogós választó(gép); ~ **sender** *távk* közvetítőadó, átjátszó(adó), reléállomás; ~ **servomechanism** *aut* relés szabályozási rendszer; relés szervomechanizmus; ~ **servo-system** *aut* relés *v.* nem folytonos követőrendszer/szervomechanizmus; ~ **set (RS)** *távb* relécsoport, relésorozat; ~ **spring** *el* visszahúzó rugó; ~ **station** *távk* közvetítőadó, reléállomás, közvetítőállomás, átjátszóállomás, átjátszó(adó); ~ **station satellite** *távk* közvetítő/rádiórelés műhold; ~ **stop** *el* jelfogó érintkezője; ~ **store** *szt* relémemória, relétároló; ~ **strip** *távb* jelfogósáv; ~ **switch** *el* kapcsoló jelfogó; ~ **switching circuit** *el* relés kapcsolókör; ~ **system** *aut* relés *v.* nem folytonos rendszer; ~ **system analysis** *aut* szabályozási rendszerek analízise; ~ **telemetering system** *metr* relés távmérőrendszer; ~ **tester** *el* relés mérőkészülék; ~ **transformer** *el* transzformátor-jelfogó; ~ **transmission** *távk* relés/közvetített átvitel; ~ **transmitter** *távk* közvetítőadó, reléállomás, átjátszó(adó); ~ **tube** *el* jelfogócső, ionjelfogó; ~**-type interrupter** *el* jelfogós szaggató; ~ **valve** *gépk* légfék közvetítőszelepe *(pótkocsi leszakadásakor befékez)*; olajadagoló szelep *(szervomotoré)*; ~ **with transistorized pre-amplifier** *el* tranzisztorizált előerősítős relé; ~ **working diagram** *el* relé (működési) jelleggörbéje

relay[2], **re-lay** *el, vasút* újra lefektet, lerak *(sínt, kábelt, csövet)*; *ép* átépít, átkövez *(utat)*

relayed *távk* továbbított, közvetített, relézett; ~ **capacity** *el* védelem névleges teljesítménye; ~ **television** *tv* relézett televízió

re-layer rail *vasút* újra használható sín

relaying[1] **I.** *a távk* közvetítő, átjátszó; *vasút* átrakó *(állomás)*; **II.** *n el* védelem létesítése, relévédelem; *távk* közvetítés, adás átvétele és továbbítása, adás megismétlése; *vasút* átrak(od)ás; ~ **channel** *távk* közvetítőcsatorna

relaying[2], **re-laying** *ép* átkövezés, átépítés *(úté)*; *vasút, el* újrafektetés *(síné, kábelé, csőé)*; ~ **of rails** *vasút* síncsere; ~ **section** *ép* átépülő útszakasz

releasable *gép* (ki)oldható, kikapcsolható; ~ **casing(-)spear** *ol* oldható csőrák *(mentéshez)*; ~ **fastening/joint** *gép* oldható kötés

release I. *v el* elenged *(jelfogó)*, elbont, megszakít; *foto* kiold, működtet, elkattint *(zárat)*; *gép* felold, megold, kiold, meglazít, (ki)lazít *(kötést)*, kienged, kikapcsol, elereszt; lazul, bomlik, feloldódik; *hidr* lebocsát *(vizet)*; *kat* ledob, kiold *(bombát)*; *vegy* felszabadít, fejleszt, áraszt, kibocsát; **II.** *n* feloldódás, lazulás; elengedés; *bány* máglyakioldó, zökkentő; *el* elengedés *(jelfogóé)*, bontás, megszakítás; kioldó, kapcsoló; *élip* kivonás; *forg* nyitó-kioldó *(szerkezet)*; *foto* kioldás, elkattintás; kioldó; *gép* (önműködő) (ki)kapcsoló; csappantó, ütőrugó; feloldás, megoldás; kioldás; kioldó *(szerkezet)*; lazítás; *hidr* lebocsátás *(vízé)*; *kat* kioldás, ledobás *(bombáé)*; ~ **agent** *ép* tapadásgátló anyag *(kizsaluzásnál)*; *önt* bevonóanyag; választóanyag; ~ **bearing** *gépk* oldócsapágy *(tengelykapcsolóban)*; ~ **cam** *gép* oldóexcenter; ~ **catch** *gépk* szétkapcsoló, kikapcsolószerkezet, oldókilincs; ~ **clutch** *gépk* oldó tengelykapcsoló; ~ **cock** *hidr* dekompressziós csap; ~ **coil** *el* kioldótekercs; ~ **command** *szt* feloldó utasítás; ~ **compound** *önt* leválasztóanyag; ~ **contact** *el* kioldóérintkező, kiváltóérintkező; ~ **cord** *rep* ejtőernyő-kioldó kötél; ~ **coupling** *vasút* kioldókapcsolás *(fűtővezetékhez)*; ~ **current** *el* elengedési áram; ~ **delay** *el* elejtéskésleltetés, elengedéskésleltetés; ~ **from tension** *gép* feszültségmentesítés; ~ **gear** *gép* kioldószerkezet, kapcsolószerkezet; ~**(-)guard signal** *távb* védő-felszabadító jel, reteszelésfeloldó jel; ~ **lever** *gép* lazítókar, kioldóemeltyű, kioldókar; ~ **limit** *at* kibocsátási határérték; ~ **liquor** *pa* szennylúg; ~**(-)locking device** *gép* biztosítókészülék, reteszelőkészülék; ~ **magnet** *el* kioldómágnes; ~ **mechanism** *gép* szétválasztószerkezet; ~ **of break** *élip* töretési kivonástermék; ~ **of carriers** *el* töltéshordozók felszabadítása; ~ **of radiation** *at* kibocsátás, emisszió, sugárzás *(kibocsátása)*; ~ **of stress** *gép* nyugtatás, feszültségmentesítés; ~ **of water** *hidr* vízlebocsátás *(gáton át, tározóból stb.)*; ~ **operation** *távk* feloldási folyamat; ~ **position** *gép* kiiktatott állapot/helyzet; ~ **print** *film* forgalmi kópia, mozikópia, sorozatkópia; ~ **pulse** *el* startimpulzus, indítóimpulzus, triggerimpulzus; ~ **ratio** *el* elejtési viszony; ~ **relay** *el* kioldó jelfogó; ~ **signal** *aut* bontójel; ~ **slip** *kat* kiürítőnyílás *(géppuskán)*; ~ **switch button** *kat* kioldógomb; ~ **the brake** *v gépk* féket kiold; ~ **the pedal** *v gépk* pedált felenged; ~ **the traffic** *v közl* forgalmat továbbenged; ~ **thumb(-)button** *gépk* kézifékoldó gomb; ~ **time** *el* bontási/kioldási/lekapcsolási idő; ~ **time of relay** *el* relé elengedési ideje; ~ **value** *aut, el* elejtési érték; ~ **valve** *gép* oldószelep; tehermentesítő/nyomáscsökkentő/biztonsági szelep; ürítő; ~ **voltage** *el* elejtési feszültség, kioldófeszültség; ~ **wave** *fiz* ritkulási hullám

released *el* bontott, kioldott; *gép* feloldott, meglazított, kiengedett; *vegy* felszabadított, kibocsátott; ~ **discharge/outlet** *hidr* kilépő vízhozam; ~ **energy** *at* felszabadított energia; ~ **water resource** *hidr* átadott vízkészlet

releasing I. *a el* bontási, lekapcsolási; *gép* (fel)oldási, elengedési, kikapcsolási; **II.** *n el* bontás, lekapcsolás; *gép* elengedés, kioldás; *hidr* vízlebocsátás; *kat* ledobás, kioldás *(bombáé)*; *vegy* fejlesztés, kibocsátás; ~ **current** *el* elengedési áram; ~ **device** *gép* szétkapcsolószerkezet, kioldószerkezet; ~ **device for chain cable** *hajó* horgonylánc-gyorskioldó; ~ **gear** *gép* oldószerkezet; ~ **head** *forg* önnyíló (menetmetsző) fej; ~ **key** *ép* kizsaluzást megkönnyítő faék; ~ **lever** *gép* lazítókar, kioldóemeltyű, kioldókar; ~ **rope** *met* léggömbtartó kötél; ~ **time** *el* bontási/elengedési/kioldási/lekapcsolási idő; leesési idő *(jelfogóé)*; *vasút* fékoldási idő

relevant fontos, lényeges; időszerű, aktuális; ~ **digit** *szt* érvényes számjegy; ~ **failure** *gép* lényeges meghibásodás

reliability *gép* megbízhatóság; ~ **and maintenability (R&M)** *rep* megbízhatóság és javíthatóság; ~**-and-quality assurance** *gép* megbízhatóság és minőség szavatolása; ~ **appraisal/assessment** *gép* megbízhatóság értékelése; ~ **assurance** *gép* megbízhatóság szavatolása; ~ **characteristics** *gép* megbízhatósági jellemzők; ~ **compliance test** *gép* megbízhatóság-ellenőrző vizsgálat; ~ **control** *gép* megbízhatóság ellenőrzése; ~ **curve** megbízhatósági görbe; ~ **data** megbízhatóságra vonatkozó adatok; ~**(-)determination test** *gép* megbízhatóság-meghatározó vizsgálat; ~ **factor** *gép* megbízhatósági együttható/tényező/faktor, R-érték; ~ **function** *mat* megbízhatósági függvény; ~ **of a static system** *aut* statikus rendszer megbízhatósága; ~ **of control systems** *aut* szabályozási rendszerek megbízhatósága; ~ **of operation** *gép* üzembiztonság; ~ **of service** *gép* üzembiztonság; ~ **program(m)ing** *szt* biztonsági programozás; ~ **report (RR)** *szt* megbízhatósági adatok, RR; ~ **test/trial** *gép* megbízhatósági próba/vizsgálat; megbízhatóságvizsgálat; működésbiztonsági vizsgálat

reliable *el, gép* megbízható, üzembiztos; ~ **available capacity** *el* üzembiztosan igénybe vehető teljesítőképesség; ~ **digit/figure** *mat* értékes számjegy; ~ **tube/valve** *el* megbízható cső

relict *geol* reliktum; ~ **water** *geol* fosszilis víz

relief *ép* relief, dombormű; *forg* hátraesztergálás, aláesztergálás, hátramunkálás; hátszög; *geod* domborzat, térszín; *gép* felszabadítás, tehermentesítés; játék biztosítása; kioldás; nyomáscsökkenés; nyomáscsökkentés; ~ **angle** *forg* hátszög, hátramunkálási szög; ~ **annealing** *hők* feszültségmentesítő lágyítás, feszültségmentesítés; ~ **arrangement** *gép* kiürítőkészülék; ~ **blasting** *bány* feszültségcsökkentő robbantás; ~ **by milling** *forg* alámarás; ~ **cam** *gép* dekompressziós bütyök; ~ **clack** *gép* nyomáskiegyenlítő csappantyú, biztosítócsappantyú; ~ **crew** *bány* mentőcsapat; *rep* váltószemélyzet; ~ **door** *bány* menekülőajtó; ~ **drain** *hidr* nyomáscsökkentő szivárgó; ~ **energy** *geol* reliefenergia; ~ **frame** *hőt* tehermentesítő betétkeret *(gőzgépen)*; ~ **fund** *bány* társláda; ~ **gas** lefúvatott gáz; ~**-grind** *v forg* hátraköszörül, aláköszörül; ~ **grinding** *forg* hátraköszörülés, aláköszörülés; hátraköszörülő; ~**(-)grinding machine** *forg* köszörűkorongos hátraeszterga; ~ **holder** *gép* kiegyenlítő gáztartály, kiegyenlítőtartály; ~ **hole** *bány* tágasító fúrólyuk, segítő robbanólyuk *(fúrási cikluson kívül elrobbantott lyuk)*; *forg* segédfurat; ~ **lever** *gép* segédemeltyű; ~ **map** *geod* domborzati térkép, terepmodell; ~ **mechanism** *gép* védőberendezés, védőszerkezet; ~**-mill** *v forg* hátramar, alámar; ~**(-)milling machine** *forg* dombormű(másoló) marógép; ~ **period** *távb* nyugalmi állapot; ~ **pilot** *rep* váltópilóta, segédpilóta; ~ **piston** *gépk* segéddugattyú; ~ **plate** *gép* kiegyenesítőtárcsa; ~ **press** *nyom* magasnyomással nyomó gép; ~ **print(ing)/process** *nyom* magasnyomás; ~ **printing press** *nyom* magasnyomó gép; ~ **relay** *el* kisegítő jelfogó; ~ **road** *közl* mentesítőút; ~ **sewer** *ép* tehermentesítő szennyvízcsatorna; ~ **slot** *gép* feszültségkiegyenlítő horony/bevágás, kiegyenlítőhorony, kiegyenlítőbevágás; ~ **sluice gate** *hidr* szorítózsilip; ~ **spring** *gép* nyomáskiegyenlítő rugó; ~ **train** *vasút* mentesítővonat; ~ **tube** *gép* túlfolyócső; ~ **valve (RV)** *hidr* nyomásszabályozó; *hőt* túlnyomáscsökkentő szelep *(turbináé)*, biztosítószelep; ~ **well** *ép* megcsapolókút, tehermentesítő kút; *ol* tehermentesítő fúrás *(kráterképződésnél, kitörésnél)*; ~ **wells** *pl hidr* nyomáscsökkentő kútsor; ~ **work** *ép* kivert munka; szükségmunka; ~ **writer** *nyom* domborítókészülék *(vakírás készítéséhez)*

relieve (teher)mentesít; könnyít; csökkent; *alak* domborít; *forg* aláesztergál, hátraesztergál, hátramunkál; *gép* kiold, kienged, kikapcsol, (teher)mentesít; *vasút* felold *(blokkolást)*; ~ **by grinding** *forg* hátraköszörül; ~ **by milling** *forg* hátramar, alámar; ~ **the colo(u)r** *tex* színárnyalatot lágyít

relieving I. *a alak* domborító; *forg* hátraesztergáló; *gép, vasút* mentesítő; **II.** *n alak* domborítás; *forg* hátraesztergálás, aláesztergálás, hátramunkálás; *gép* kioldás, kiengedés, kikapcsolás, (teher)mentesítés; *vasút* feloldás *(blokkolásé)*; ~ **anode** *el* segédanód, gyújtóelektród; ~ **arch** *ép* tehermentesítő/teherhárító ív; ~ **attachment/device** *forg* hátraesztegáló készülék; ~ **gear** *gép* kiürítőszerkezet; *hajó* kormánygép; ~ **hole** *bány* tágasító fúrólyuk; ~ **lathe** *forg* hátraesztergáló eszterga; ~ **main** *el* tehermentesítő vezeték; *ép* ürítő fővezeték *(cső)*; *hidr* elszívócső *(szivattyúé)*; ~ **shot** *bány* lazító robbantás; ~ **wall** *ép* tehermentesítő fal, kiváltófal

relight I. *v gépk, rep* újra (meg)indít; *hőt* újra felgyújt; újra meggyullad/fellángol; **II.** *n rep* újraindítás *(hajtóműé)*

reline újrabélel, újra behúz; *gép* újra kiönt *(csapágyat)*; *gépk* súrlódóbetétet/fékbetétet cserél; *ol* béléscsövet (ki)cserél

relining I. *a* újrabélelő; *gép* újrakiöntő; **II.** *n* újrabélelés, újrabehúzás; *gép* újrakiöntés *(csapágyé)*; *gépk* fékbetét pótlása újjal, (fék)betétezés, fékbetétcsere; *ol* béléscsőcsere; ~ **of a furnace** *hőt* (tűzálló) kemencebélés felújítása; ~ **of brakes** *gépk* fékbetétezés, fékbetétcsere; ~ **stand** *hőt* kemencebélés-javító állvány

reload újraterhel, megrak; átrak; *bány* újratölt *(fúrólyukat)*; *foto, kat* újratölt *(fegyvert, filmkazettát)*; ~ **the fixture** *forg* készülékbe ismét befog

reloadable control storage *szt* újratölthető vezérlőtár

reloader *bány* felrakógép, szénfelrakó gép

relocatability *szt* áthelyezhetőség

relocatable *szt* áthelyezhető; ~ **address** áthelyezhető cím; módosítandó cím; ~ **loader** relatív/áthelyezhető töltőprogram; ~ **object** áthelyezhető modulprogram; ~ **program** áthelyezhető program

relocate *ép* áttelepít, áthelyez; *mat* áttér új koordinátarendszerre; *szt* áthelyez

relocation *ép* áthelyezés, áttrasszírozás, áttelepítés; *mat* áttérés új koordináta-rendszerre; *szt* áthelyezés

reluctance *el* mágneses ellenállás, reluktancia; ~ **geophone** *geof* magnetomotoros geofon; ~ **motor** *el* re-

luktanciamotor; ~ **of air** *távk* levegő reluktanciája, mágneses légellenállás; ~ **of iron** *el* vas mágneses ellenállása; ~ **pick-up** *v.* **pickup** *hang* reluktáns jelátalakító/hangszedő; ~ **resistance** *el* mágneses ellenállás; ~ **seismometer** *geof* magnetomotoros szeizmométer; ~ **transducer** *el* reluktáns jelátalakító
reluctivity *el* reluktivitás
REM → reflection electron microscopy; → roentgen equivalent man
remachine *mt* (gépileg) újból megmunkál, utómegmunkálást végez
remachining *mt* utómegmunkálás
remagnetization *el, fiz* átmágnesezés
remagnetize *el, fiz* átmágnesez
remain *ip* (meg)marad
remainder *ip* maradék, maradvány; *mat* különbség; maradéktag, hibatag, maradék *(soré, osztásé)*; ~ **part/term** *mat* maradéktag, hibatag, maradék; ~ **theorem** *mat* maradéktagtétel
remaining *ip, mat* megmaradó, maradék-; ~ **current** *el* maradékáram, kapacitív áram
remake I. *v el* visszakapcsol, újból bekapcsol; *ip* átalakít, átdolgoz; *pa* utánkikészít; **II.** *n ip* átalakítás; *pa* utánkikészítés
remanence maradék, maradvány; *el, fiz* (mágneses) remanencia, visszamaradó mágnesség, remanens (mágneses) indukció; ~ **coefficient** *fiz* remanenciatényező; ~ **direction** *geof* remanens mágnesezettség iránya; ~ **from saturation** *fiz* telítési remanencia; ~ **loss** *fiz* remanenciaveszteség, hiszterézisveszteség, hiszterézis-utóhatás
remanent *el, fiz* megmaradó, visszamaradó, remanens; ~ **dielectric polarization** *el* remanens polarizáció; ~ **elongation** *any* maradó nyúlás; ~ **flux density** *fiz* remanens fluxussűrűség; ~ **induction** *fiz* (mágneses) remanencia, remanens indukció; ~ **induction coefficient** *fiz* remanenciatényező; ~ **magnetic polarization** remanens (mágneses) polarizáció; ~ **magnetism** *fiz* remanens mágnesség; ~ **magnetization** *fiz* (mágneses) remanencia, remanens indukció; ~ **moment** *geof* remanens mágneses nyomaték; ~ **relay** *el* remanenciarelé, remanenciajelfogó, tapadó jelfogó; ~ **smelting bath** *koh* visszamaradó fémfürdő
remanufacture *ip* újragyárt, újra feldolgoz; *tex* regenerál
remarkable nevezetes, jelentős; *mat* kitüntetett; ~ **line** *mat* kitüntetett egyenes; ~ **plane** *mat* kitüntetett sík; ~ **point** *mat* nevezetes pont *(háromszögé)*
rematch *gép* újrailleszt
rematching I. *a gép* illesztő; **II.** *n gép* újraillesztés; ~ **relay** *el* illesztő jelfogó
remeasuring *metr* utánmérés, újramérés
remedial gyógyító; gyógy-; *gép* javító; ~ **cementing** *ol* másodlagos cementezés; ~ **maintenance** *gép, szt* javító karbantartás, javítás; ~ **works** *pl ép* helyreállítási munkák
remedy *alak* tűrés *(érmék finomságánál)*
remelt *koh* átömleszt; újraolvaszt, átolvaszt; ~ **heat** *koh* átolvasztás
remelted *koh* átömlesztett; újraolvasztott, átolvasztott; ~ **iron** *koh* újraolvasztott vas; ~ **sugar** *cu* oldott sárgacukor
remelting I. *a koh* átömlesztő; újraolvasztó; **II.** *n koh* átömlesztés, átolvasztás, újraolvasztás; ~ **furnace** *koh* újraolvasztó kemence; ~ **process** *koh* újraolvasztás, átömlesztés, átolvasztás; ~ **stock** *koh* elegyanyag újraolvasztáshoz
remigration *ol* harmadlagos migráció
remill *élip* újraőröl; *forg* újramar; *heng* újrahengerel, áthengerel; *tex* újrakallóz, újraványol
reminding system *szt* figyelmeztető-rendszer
remittance átutalt összeg; átutalás; küldemény
remix *ip* újra elkever/megkever
remixer *ép* átkeverő, agitátor(-gépkocsi); utánkeverő
remnant maradék; maradvány; *geol* nyúlvány *(tektonikus takaró különvált része)*; ~**s** *pl tex* kilós rongy/ruha
remodel *ép* átépít, újjáépít; *ép, gép* újratervez, áttervez, átszerkeszt
remodulation *távk* pótmoduláció; ~ **system** *távk* pótmoduláló rendszer
remold *US* → remould
remote (RMT) I. *a* táv-, távoli; **II.** *n US* külső/helyszíni közvetítés; ~ **access** *szt* távelérés, távhozzáférés; ~**-action control gear** *gép* távvezérlésű berendezés, távirányítású hajtómű; ~**-action system** *el* telemechanikai/távolbahatási rendszer; ~ **actuation** *el* távműködtetés, távirányítás; ~**-alarm signal(l)ing** *távk* távriasztás; ~ **batch access method (RBAM)** *szt* kötegelt távfeldolgozás, RBAM; ~ **batch processing** *szt* távkötegelt feldolgozás; ~ **batch terminal** *szt* távoli kötegelt terminál; ~ **charging** *el* trunktöltés; ~ **control (RC)** *el* távkapcsolás; távvezérlés, távirányítás; ~**-control** *v* távirányít, távvezérel; ~**-control equipment (RCE)** *el* távirányító/távvezérlő (berendezés); ~ **control for rockets** *kat* rakéta-távirányítás; ~**(-)control gear lever** *gépk* távkapcsoló sebességváltó kar; ~**-control handset** *el, tv* távirányító; ~**-control installation** távvezérelt kapcsolóberendezés; ~**-control instruction** *el* távirányítási utasítás; ~**-controlled** távirányított, távirányítású, távműködtetett, távvezérelt, távvezérléses, távvezérlésű; ~**-controlled operation** *el* távvezérlésű üzem; *rád* távvezérelt (rádió)adó; ~**-controlled receiver** *távk* távvezérelt vevő; ~**-controlled station** *távk* távvezérelt állomás; ~**-controlled switch** *el* távvezérlésű megszakító; ~**-controlled transmitter** *távk* távvezérelt adó; ~**-control panel** *el, tv* távirányító; távvezérlés kapcsolótáblája; ~**-control signal** *el* távirányító/távvezérlő jel; ~**-control signal confirmation** *távb* nyugtázójel-leadás *(távirányítás-technikában)*; ~**-control switch** *el* távműködtetett/távműködtető/távvezérlésű kapcsoló, távkapcsoló; ~**-control system (RCS)** *el* távirányítási rendszer; ~**-control system with frequency separation of signal elements** *el* távirányítási rendszer a jelelemek frekvenciaszeparációjával, frekvenciamultiplex távirányítási rendszer; ~**-control time switch** *el* késleltetett távkapcsoló; ~ **cut-off** *foto* távkioldó; ~ **cut-off tube** *el* változó meredekségű *v.* exponenciális cső, szabályozócső; ~ **data communication** *szt* távadatátvitel; ~**-data indicator** *távk* távleolvasású adatjelző; ~ **data processing** *szt* táv-adatfeldolgozás; ~ **display system** *el* távolsági vizuális kijelzőrendszer; ~ **drilling site** *ol* távol fekvő fúrási hely, kihelyezett fúrás; ~ **drive** *gép* távhajtás; ~ **feed control** *forg* előtolás-távvezérlés; ~ **gear control** *gépk* sebességváltás távvezérlése; ~ **group switch** *el* távolsági csoportkapcsoló; ~ **handling** *at* távkezelés; ~**(-)handling equipment** *at*

távműködtető berendezés, manipulátor; ~(-)indicating instrument *metr* távjelző műszer; ~ indication *el* távjelzés; ~ indicator *rep* kihelyezett radarernyő; ~ input *szt* távolsági (adat)bevitel; ~ inquiry unit *szt* távlekérdező egység; ~ instrument *metr* távmérő (műszer), távmérő berendezés, teleméter, távkapcsolású mérő- és ellenőrzőműszer; ~ integrator *el* távintegrátor, távintegráló egység, távszámláló; ~ job entry (RJE) *szt* távadatbevitel, RJE; távoli munkabevitel; ~ level control *el* szinttávszabályozás; ~ level indicator *el* szinttávjelző; ~ magnetic tape attachment *szt* mágnesszalag-távcsatlakozás; ~ manipulation *at* (táv)manipuláció; ~ measurement *metr* távmérés; ~ measurement converter *metr* távmérő-átalakító, távmérőkonverter; ~ measurement feedback converter *metr* visszacsatolt távmérőváltó; ~(-)measurement noiseproof feature *metr* távmérés zajstabilitása *(zavarással szembeni ellenálló képessége)*; ~ metering *metr* távmérés; ~ monitor *távk* távjelző berendezés *(lokátoron)*; ~ monitoring *távk* távellenőrzés; ~ monitoring of a pumping station *el* szivattyúállomás távellenőrzése; ~ multi-point selsyn transmission *tv* többfokozatú szelszines távolsági átvitel; ~-operated building(-)machine *ép* távműködtetésű építési munkagép, távműködtetésű építőipari gép; ~ operation *el* távirányítás; ~ pick-up *távk* mozgóközvetítés *(külső, helyszíni)*; ~ pick-up truck *távk* külső közvetítőkocsi; ~ plan *rep* kihelyezett, síkhelyzet-kiértékelő radarernyő; ~ power supply *el* távtáplálás; ~ reading *metr* távleolvasás; ~ reading compass *metr* táviránytű, távleolvasású iránytű; ~ recording *metr* távregisztrálás; ~ recording ga(u)ge *metr* távjelző mérce; ~-regulated station *el* távvezérelt állomás; ~ regulation *el* távszabályozás, távvezérlés; ~ selsyn transmission *tv* szelszines távátvitel; ~ sensing *metr* távszondázás; *szt* távérzékelés; ~ setting element *el* távbeállító; ~ signal(l)ing *el* távjelzés; ~ spotting(-) tube távbemérő cső; ~ station *távk* kihelyezett állomás; távoli állomás; ~ supply *el* távtáplálás; ~ switch → ~(-)control switch; ~ switching stage *távb* kihelyezett kapcsolófokozat; ~ system *vasút* távjelző rendszer; ~ terminal (RT) *szt* táv-adatfeldolgozó állomás, távoli állomás/terminál; ~ terminal identification *távk* azonosítás; ~ terminal unit (RTU) *szt* távoli terminálegység, RTU; ~ thermometer *hőt* távhőmérő; ~ transmitter *távk* távadó; ~ transmitting ga(u)ge *fiz* távnyomásmérő; *metr* távmérő műszer; ~ tuning *távk* távhangolás; ~ tuning device *távk* távhangoló (készülék); ~-type pressure transmitter *fiz* nyomástávadó; ~ valve control *el* szeleptávvezérlés; ~ video amplifier *távk* távoli képjelerősítő; ~ viewing *távk* távmegfigyelés

remotely közvetve; távolról; ~ **controlled** *el* távirányítású, távvezérlésű, távvezérelt, távolból irányított; ~ **controlled television set** *tv* távirányítású/távvezérlésű televízió(készülék); ~ **controlled transportable gas turbine power(-)station** *hőt* távirányítású szállítható gázturbinás erőmű; ~ **controlled weapon** *kat* irányított lövedék; ~ **operated longwall face** *bány* távvezérelt frontfejtés; ~ **operated welding equipment** *heg* távműködtetésű hegesztőberendezés; ~ **piloted vehicle (RPV)** *kat* távirányítású repülőeszköz

remotor *el* új motorral felszerel, motort cserél

remould, *US* **remold** *gépk* (újból) futóz; *talt* átgyúr

remoulded, *US* **remolded** *gépk* futózott; *talt* átgyúrt; ~ **soil** *talt* átgyúrt talaj

remoulding, *US* **remolding I.** *a gépk* futózó; **II.** *n gépk* futózás; *talt* átgyúrás; ~ **gain** *talt* átgyúrás miatti szilárdságnövekedés

remount *gép* újból felállít/felszerel

removable *bány* kirabolható; *gép* elmozdítható, kivehető, levehető, kiszerelhető, eltávolítható, hordozható, szállítható, (ki)cserélhető; ~ **belt conveyer/conveyor** *gép* kocsizószalag; ~ **by washing** *tex* kimosható, mosással eltávolítható; ~ **dam** *hidr* eltávolítható gát; ~ **discontinuity** *mat* megszüntethető szakadás; ~ **disk** *szt* cserélhető lemez; ~**(-)flask mo(u)ld** *önt* eltávolítható formázókeretes öntőforma; ~ **Fourdrinier part** *pa* kihúzható szitaszakasz; ~ **liner** *gépk* cserélhető hengerhüvely; *kat* cserélhető béléscső; ~ **packer** *ol* oldható pakker; ~**(-)plate mo(u)ld** *műa* cserélhető betétes szerszám; ~**(-)plunger mo(u)ld** *műa* cserélhető bélyeges szerszám; ~ **screen** *hidr* kiemelhető rács; ~ **section** *gép* cserélhető szelvény; ~ **singularity** *mat* megszüntethető szingularitás, szinguláris pont; ~ **singular point** → ~ singularity; ~ **stopping** *bány* átrakható/hordozható (lég)gát; ~ **storage** *szt* cserélhető tár; ~**(-)strap cam** *gép* leszerelhető lemezekből képzett bütyök; ~ **support** *bány* rabolható biztosítás; ~ **truck** *el* kapcsolókocsi; ~ **tub body** *bány* leemelhető csilleszekrény; ~ **weir** *hidr* felnyitható gát

removal *bány* bányafa(ki)rablás; fejtés, kinyerés; *csom* elköltöztetés, (el)költözés; *ép* elbontás; eltakarítás, elhordás; lebontás; *fa* kiszállítás *(erdőkből)*; *gép* eltávolítás, elmozdítás, kimozdítás; ~ **by suction** *rep* elszívás *(határrétegé)*; *vegy* leszívás, elszívás; ~ **cross-section** *at* eltávolítási/kikerülési hatáskeresztmetszet; ~**-diffusion theory** *at* removal-diffúziós elmélet; ~ **of acid(s)** *vegy* savtalanítás; ~ **of brackets** *mat* zárójel elhagyása/feloldása; ~ **of dust** *mt* portalanítás, poreltávolítás; ~ **of form** *ép* kizsaluzás *(betoné)*; ~ **of load** *gép* tehermentesítés; ~ **of nitrogen** *koh* nitrogéncsökkentés; ~ **of overburden with water jet** *ép* hidromechanizáció; ~ **of oxydes** *koh* oxidmentesítés; ~ **of scaffold** *ép* kiállványozás; ~ **of stock** *forg* anyagleválasztás, ráhagyás lemunkálása; ~ **of water** *élip, vegy* víztelenítés, dehidrálás, szárítás; ~ **of work-hardening** *koh* lágyítás

remove eltávolít, elmozdít, elszállít; eltüntet; elköltözik; áthelyez, elköltöztet; *bány* kifejt; kirabol *(bányafát)*; *ép* elbont, lebont; eltakarít, elhord; *gép* eltávolít, elmozdít; *ol* kihúz, kiépít *(béléscsövet)*; leszerel, szétszerel *(fúrótornyot)*; ~ **by cutting** *forg* leválaszt, leforgácsol; ~ **by turning** *forg* esztergálással lemunkál; ~ **per cut** *forg* fogásonként leválaszt; ~**s** *pl nyom* apróbetűs rész/szöveg; ~ **the grease** *bőr* zsírt kitaszít; ~ **the play** *gép* játékot megszüntet

remover *vegy* eltávolító *(anyag)*

removing I. *a* elszállító; *ép* bontó; **II.** *n* elköltöztetés, (el)költözés, áthelyezés; *bány* bányafakirablás; fejtés; *ép* elbontás, lebontás; eltakarítás, elhordás; *gép* eltávolítás, elmozdítás; ~ **of dust** *mt* portalanítás, porleválasztás; ~ **the rust** *ép* rozsdátlanítás, oxidmentesítés

Remy floor *ép* Remy-födém

renardite *ásv* renardit

rend *fa* (fel)hasít

render I. *v* tesz, változtat *(vmlyenné)*; (le)fordít; *élip* átfőz, derít *(olajat)*; kiolvaszt *(zsírt)*; *ép* vakol, alapvakolást ad; *hajó* csigán átfűz *(kötelet)*; felkarikáz; **II.** *n élip* hozam *(zsírolvasztásé)*; *ép* (alap)vakolat; ~ **and set** *ép* kétrétegű vakolás *(durva és sima)*; ~ **astatic** *v fiz* asztatikussá tesz, külső erőket *v.* földmágnességet hatástalanít; ~ **coat** *ép* alapvakolat; ~ **conducting** *v el* vezetővé tesz; ~ **float and set (RFS)** *ép* háromrétegű vakolat; ~ **mortar** *ép* homlokzati alapvakoló habarcs, vakolóhabarcs; ~**(-)safe technique** *kat* hatástalanító eljárás/technika; ~**(-)set** *ép* kétrétegű vakolat

rendered *élip* kiolvasztott; *ép* vakolt; *fa* hasított; *hajó* felkarikázott; ~ **work** *ép* külső vakolás

rendering I. *a élip* zsírolvasztó; *ép* vakoló; **II.** *n élip* zsír(ki)olvasztás; *ép* (alap)vakolás, (alap)vakolat; ~ **astatic** *fiz* asztatikussá tétel, külső erők *v.* földmágnesség hatástalanítása; ~ **audible** *hang* hallhatóvá tétel; ~ **coat** *ép* durvavakolás, alapvakolás; ~ **kettle** *élip* zsírolvasztó üst; ~ **mortar** → render mortar

rendezvous *rak* (űr)találkozás, (űr)randevú; ~**(-compatible) orbit** *rak* randevúpálya; ~ **manoeuvre/maneuver** *rak* űrrandevú-manőver; ~ **technique** *rak* randevútechnika

rendition *tv* ábrázolás, visszaadás; ~ **of contrast** *tv* kontrasztvisszaadás

renew felújul, megújul; *ép* újjáalakít, újjáépít, helyreállít; *gép* felújít, megújít, pótol, kicserél *(alkatrészt)*

renewable megújítható, felújítható; *gép* cserélhető, váltható, felújítható; ~ **fuse** *el* cserélhető biztosító; ~ **item/product** *ip* helyreállítható termék; ~ **reserve** *ip* helyreállítható tartalék; ~ **steel** *gép* kop(tat)ólemez, béléslemez

renewal felújítás; felújulás, megújulás; *ép* újjáépítés, újjáalakítás, helyreállítás; *gép* megújítás, felújítás, pótlás, kicserélés, (alkatrész)csere; ~ **costs** *ép* felújítási költségek; ~ **intensity** *ép* helyreállítási intenzitás; ~ **probability** *gép* működőképesség helyreállításának valószínűsége; ~ **rate** *ép* helyreállítási intenzitás

renewed timbering *bány* pótácsolat

reniform *krist* vese alakú, vesés

rennet *élip* oltóenzim; tejoltó; ~ **casein** *élip* ojtós kazein

rennin *élip* oltóenzim, tejoltó

Renningen effect *krist* Renningen-effektus

renovate *ép* újjáépít, renovál, tatatoz, felújít, kijavít, rendbe hoz

renovated *ép* tatarozott, renovált, újjáépített; ~ **butter** *élip* Bassia parkii magvaiból nyert olaj

rent[1] **I.** *v ip* bérbe ad; bérel, bérbe vesz, kibérel; **II.** *n ip* bér; bérleti díj; ~**-a-car agency** gépkocsikölcsönző

rent[2] *any, geol* szakadás, repedés; *ruh* hasíték, szakadás; ~ **of displacement** *geol* elmozdulásos repedés

rental bérleti díj; ~ **car** *közl* bérelt gépkocsi

rented *ip* bérelt; ~ **circuit** *távb* bérelt áramkör

renumbering *mat* átszámozás

reodorant *vegy* szagelfedő szer

reoil *gépk* olajat cserél, olajjal újra feltölt/megtölt

reopen újranyit

reopened újranyitott; újra megnyílt; ~ **vein** *bány* újranyitott telér

reorder *mat* újrarendez, átrendez

reordering *mat* permutáció, átrendezés

reorientation *el* átirányítás, átorientálás, irányítottság megváltoztatása; átirányulás, átorientálódás; ~ **of crystallites** *krist* kristályok reorientációja

reoxidation *vegy* reoxidáció; visszaoxidálás, újraoxidálás

reoxidize *vegy* reoxidálódik; visszaoxidál, újraoxidál

rep[1] → REP

rep[2] → repp

REP → reporting point; → roentgen equivalent physical

repack átcsomagol, újracsomagol; *gép* kicserél *(bélést, borítást)*, újrabőröz

repadding *tex* ismételt fulározás

repaint *ép* átfest, átmázol, újrafest

repair I. *v ép* helyreállít, tataroz; *gép* (meg)javít, kijavít, kiigazít; **II.** *n ép* helyreállítás, tatarozás; *gép* (meg)javítás, kijavítás, kiigazítás; *rep* helyesbítés; ~ **activity** *szer* javítási tevékenység; ~**-and-maintenance plan (R&M)** *gép* javítási és karbantartási terv; ~ **car** *gépk, vasút* szerszámkocsi, műhelykocsi, mozgóműhely; ~ **card** *szer* javítási műveletlap, munkalap; ~ **control** *gép* karbantartási vezérlés; ~ **creeper** *gép* gépkocsiszerelő taliga/targonca; ~ **delay time** *szt* javítási veszteségidő, javítás miatti késleltetési idő; ~ **depot** *szer* javítóműhely; ~ **equipment** *szer* javítóeszköz; ~ **gang** *rep, távk* javítóosztag, javítócsoport; ~ **gate** *hidr* ideiglenes elzárás; ~ **kit** *szer* javítókészlet; ~ **link** *gép* javító láncszem; ~ **mortar** *ép* javítóhabarcs; ~ **outfit** *szer* javítókészlet; javítószolgálati készlet, javítóeszköz; ~ **piece** *gép* javítási pótalkatrész, tartalékalkatrész; ~ **service** *szer* javítószolgálat, szerviz; ~ **shop** *szer* javítóüzem, javítóműhely, szerviz; ~ **size** *gépk* javítóméret; ~ **stand** *ép* szerelőállvány; ~ **tag** *szer* javítási jegy; ~ **test** *gép* javítás előtti/utáni próba; ~ **time** javítási idő; ~ **tread** *gépk* új futófelület; ~ **truck** *gépk* segélykocsi, szerszámkocsi, javító gépkocsi; ~ **welding** *heg* javítóhegesztés; ~ **works** javítóüzem, karbantartó üzem; ~ **workshop** *szer* javítóműhely, szerviz

repairability *gép* javíthatóság; ~ **factor** *gép* javíthatósági tényező

repairable *gép* javítható; ~ **component** *gép* kijavítható alkatrész; ~ **defect** *gép* kijavítható hiba; ~ **item/product** *gép* javítható termék

repairer *szer* javítólakatos, szerelő, műszerész; *tex* javítómunkás

repairing I. *a szer* javító; **II.** *n szer* javítás; ~ **shift** *bány* fenntartási/éjszakás műszak

repairman *szer* javítólakatos, szerelő, műszerész, karbantartó

reparable *ép* helyreállítható; *gép* javítható

reparation *ép* helyreállítás; *gép* javítás

reparcel újra feloszt, újra parcelláz *(telektömböt)*

repartition *ép* újrafelosztás, újraszétosztás; ~ **of piles** *ép* cölöpkiosztás

repass *mt* újrakezel, összedolgoz, megigazít

repassivation *mt* repasszíválódás

repaste *el* újra beken *(akkumulátorlemezt)*; *pa* újraken, újraenyvez

repeat I. *v* (meg)ismétel; (meg)ismétlődik; *mat* ismétlődik *(tizedes tört szakasza)*; *távk* ismétel; *tex* ismétlődik *(minta)*; **II.** *n mat* ismétlődés; *távk* ismétlés, megismételt program; *tex* ismétlődés, rapport; ~ **circuit** *távk* jelfogós/ismétlő áramkör; ~ **cycle** *szt*

ciklusismétlés; ~ **difference** *metr* újramérési különbség; ~ **instruction** *szt* ismétlőutasítás; ~ **key** *nyom* vissz(a)váltó *(írógépen)*; ~ **of weave** *kh* kötéselem; ~ **point** *távk* második hangolási pont; ~ **resistance** *el* visszavezető ellenállás; ~ **wheel** *tex* rapportkerék
repeatability *távk, vegy* megismételhetőség, reprodukálhatóság
repeatable *távk, vegy* megismételhető, reprodukálható
repeated *mat, tex* ismétlődő; *távk* megismételt; ~ **call** *távb* megismételt hívás; ~**(-)impact bending test** *any* tartós ütő-hajlító vizsgálat/próba; ~**(-)impact test** *any* ismételt ütőpróba; ~ **load(ing)** *gép* ismételt/ismétlődő terhelés; ~ **root** *mat* kétszeres gyök; ~ **sampling** *távk* ismételt mintavétel; ~ **solidification** *vegy* ismételt megszilárdulás/megdermedés; ~**(-)stress failure** *any* kifáradási törés; ~**(-)stress test** *any* fárasztókísérlet ismételt terheléssel; ~ **twin** *krist* poliszintetikus iker; ~ **twinning** *krist* többszörös/poliszintetikus ikresedés; ~ **water use** *hidr* többszörös vízhasználás; víz-újrafelhasználás
repeater *finm* ismétlőóra, ütőműves zsebóra; *heng* átvezető; *kat* ismétlőfegyver; *mat* szakaszos tizedestört; *távk* jelismétlő, erősítő(állomás); vonalismétlő; *vasút* visszajelentő; ~ **beacon** *távk* felelő adóvevő; ~ **circuit** *távk* átvivő áramkör; ~ **coil** *el* csatolótranszformátor; *távk* átvivőcséve; ~ **compass** *hajó* leánykompasz; ~ **connection** *távk* erősítőkapcsolás; ~ **decision level** *távk* regenerálási küszöbszint; ~ **distributing/distribution frame (RDF)** *távk* távkábelerősítő/távkábelelosztó keret; ~ **gain** *távk* közbenső erősítő erősítése, reléerősítés; ~ **lamp** *el* ellenőrzőlámpa; ~ **motor** *aut* léptetőmotor; ~ **section** *távk* erősítőmező, erősítőszakasz; ~ **spacing** *távb* erősítők közötti távolság; ~ **station** *távk* erősítőállomás; jelfogós jelismétlő állomás; ~ **test rack** *távk* mérőberendezés *(átjátszóadóban)*; ~ **transformer** *el* csatolótranszformátor; ~ **unit** *távk* vonalerősítő
repeatered *távk* közbenső erősítéses
repeating I. *a* ismétlő; *mat, vegy* ismétlődő; *távk* jelismétlő; **II.** *n heng* átvezetés; *mat, vegy* ismétlődés; *távk* erősítés, (jel)ismétlés; ~ **coil** *el* csatolótranszformátor; *távk* átvivőcséve; ~**(-)coil rack** *távb* transzformátorkeret; ~ **decimal** *mat* szakaszos tizedes tört; ~ **device** *vasút* visszajelentő készülék; ~ **instrument** *geod* ismétlőteodolit; ~ **pattern** *tex* ismétlődő minta, rapport; ~ **relay** *távk* átvivő/ismétlő jelfogó; ~ **resistance** *el* munkaellenállás, csatolt ellenállás *(csöves erősítőé)*; ~ **rifle** *kat* ismétlőpuska; ~ **signal** *vasút* visszajelentő jelzés, válaszjelzés; ~**(-)signal board** *el* közös vezérlésű jelzőtábla; ~ **step** *aut* ismételt/ismételhető lépés; ~ **theodolite** *geod* ismétlőteodolit, ismétlő szögmérő; ~ **transformer** *el* csatolótranszformátor; ~ **work** *finm* ütőmű *(ütőműves óráé)*
repel *fiz* taszít *(mágnes)*; *kat* visszaver; *vegy* taszít *(pl. nedvességet)*
repellency *vegy* taszító tulajdonság; taszítóképesség
repellent I. *a fiz* taszító; *mzg* riasztó; *vegy* vízhatlan, víztaszító; **II.** *n mzg* riasztószer; *tex* vízhatlan esőkabátszövet
repeller | **(electrode)** *távk* visszaverő elektróda *(klisztronban)*; ~ **voltage** *távk* repellerfeszültség *(klisztronban)*
repelling I. *a fiz* taszító; *mzg* riasztó; *vegy* víztaszító; **II.** *n fiz* taszítás *(mágnesé)*; *mzg* riasztás; *vegy* víztaszítás; ~ **force/power of a magnet** *fiz* mágneses taszítás/taszítóerő
repercussion *hang* hangvisszaverődés; *kat* visszalökés *(puskáé)*; *opt* fényvisszaverődés
reperforator *távb* vevőlyukasztó, lyukasztott szalagos vevő, szalaglyukasztó távíró-felvevőgép
repertory *ip* nyilvántartó, regiszter; *szt* jelkészlet
repetend *mat* szakasz *(tizedes törté)*
repetition (meg)ismétlődés; (meg)ismétlés; *mat* (meg)ismétlődés; ismétlés, ismételt kísérlet; ~ **codes** *szt* ismétlődő kódok; ~ **cycle** *távk* ismétlődési ciklus; ~ **frequency** *távk* ismétlési frekvencia; ~ **interval** *távk* impulzusperiódus; ~ **lathe** *forg* tömeggyártó másolóeszterga; ~ **rate** *távb* ismétlődési/billentyűzési sebesség; ~**s allowed** *mat* ismétléses permutáció; ~**s not allowed** *mat* ismétlés nélküli kombináció; ~ **work** *ip* sablonmunka, ismétlődő munka
repetitive *mat* ismétlődő, visszatérő; ~ **accuracy** *szt* reprodukálhatóság, ismétlési pontosság; ~ **analog(ue) computer** *szt* ismétlő munkaütemű analóg számítógép; ~ **command** *szt* ismétlődő utasítás; ~ **computer** *szt* ismétlő munkaütemű (analóg) számítógép; ~ **cycle** *szt* visszatérő cikklus; ~ **error** *gép* ismétlődő/visszatérő hiba; ~ **instruction** → ~ **command**; ~ **load(ing)** *gép* ismétlődő/ismételt terhelés; ~ **loading test** *ép* ismétlődő/váltakozó terhelési vizsgálat; ~ **pattern** *geof* reflexiók átlagos fázisvonalának ismétlődő jellege; ~ **peak off-state voltage** *félv* pozitív periodikus/ismétlődő csúcszárófeszültség; ~ **peak reverse voltage** *félv* negatív periodikus/ismétlődő csúcszárófeszültség; ~ **phenomena** *fiz* periodikus jelenségek; ~ **printing** *szt* vezérkártyás feliratozás
rephosphorization *koh* foszfor pótlása *(kiégetté)*; foszfor-újrafelvétel
rephosphorize *koh* foszfort pótol *(kiégettet)*
replace visszatesz, visszahelyez, helyretesz; kicserél; helyettesít
replaceable *el, gép* (ki)cserélhető, pótolható, helyettesíthető, csereszabatos; ~ **atom** *vegy* helyettesíthető atom; ~ **block** *el* cserélhető/kiemelhető blokk; ~ **point** *mzg* cserélhető csúcs/él *(kiemelőkésé, ekevasé)*
replacement visszahelyezés, helyretétel; *geol* kitöltődés *(magmával)*; *gép* helyettesítés, pótlás, (alkatrész)csere; *mat* szubsztitúció; ~ **age** *gép* alkatrészcseréig eltelt használati idő; ~ **character** *szt* helyettesítőjel; ~ **deposit** *geol* metaszomatikus telep, másodlagos lelőhely; ~ **diagram** *el* (áramkör-)helyettesítő kép; ~ **engine** *gépk* cseremotor; ~ **fund** *ép* felújítási alap; ~ **model** *aut* helyettesítési/egyenértékű modell; ~ **orebody** *geol* metaszomatikus érctest/ércelőfordulás; ~ **part** *gép* tartalékalkatrész; ~ **reaction** *vegy* helyettesítési reakció; ~ **scheme** → ~ **diagram**; ~ **set** *ép* cseregarnitúra; ~ **store** *ip* tartalék- és segédanyagok raktára; ~ **theory** *mat* helyettesítéselmélet; ~ **toning** *foto* ezüsthelyettesítő színezés; ~ **tube** *el* cserecső, tartalékcső
replacer *vasút* sínre visszahelyező szerkezet; *vegy* pótszer, pótanyag, pótlás
replacing I. *a* visszahelyező; *gép* cserélő, csere-, pót-; **II.** *n* visszahelyezés; *gép* kicserélés, helyettesítés; ~ **of timber** *bány* ácsolatcsere; ~ **of top soil** *ép* humuszvisszaterítés; ~ **stand** *gép* pótállvány

replay I. *v el, távk* lejátszik; visszajátszik; **II.** *n el, hang* lejátszás; *távk, tv* visszajátszás, ismétlés; ~ **amplifier** *el* lejátszóerősítő; ~ **head** *hang* hangszedő fej
replenish *el, gép* újra feltölt/megtölt/teletölt, utántölt, kiegészít
replenisher *el, gép* utántöltő, feltöltő; *foto* erősítő; ~ **cylinder** *kat* utántöltő henger; ~ **piston** *kat* utántöltőhenger-tárcsa; ~**(-)piston index** *kat* utántöltőhenger-tárcsaindex
replenishment *el, gép* (újra)feltöltés, kiegészítés; ~ **period** *gépk* légfék utántöltési ideje
replete megtöltött; tele, teli; telített
replica *nyom* lenyomat; másolat, kópia; ~ **grating** *opt* rácsmásolat; ~ **method** *opt* replikaeljárás *(mikroszkópiában)*; ~ **mirror** *foto* tükörmásolat; ~ **plant** *ip* mintaberendezés; mintagyár
replicated (meg)ismételt; ~ **database** *szt* átfedően osztott adatbázis; ~ **experiment** *mat* ismétlés, ismételt kísérlet
replication *biot* replikáció; *mat* ismétlés, ismételt kísérlet; *szt* másodpéldány
replot *ép* újra feloszt *(telektömböt)*, tagosít; *mat* görbét átrajzol
reply I. *v távk* válaszol; **II.** *n távk* válasz, felelet; ~ **command/instruction/order** *szt* válaszutasítás
repointing *ép* kifugázás *(falazaté)*, újrakivakolás
repolish *mt* újrafényez, újrafényesít, újracsiszol, utánfényesít, utáncsiszol
repolymerization *műa* újrapolimerizáció
report I. *v* jelent, jelez; *távk* közvetít; **II.** *n ip* (munka)-jelentés, szakvélemény; *szt* riport, jelentés; ~ **centre/center** *vasút* jelzőközpont; ~ **generation** *szt* riportgenerálás; ~ **generator** *szt* jelentésgenerátor; riportkészítő program; ~ **of test** *ip* vizsgálati jelentés, jelentés a kipróbálás eredményéről; ~ **program generator (RPG)** *szt* riport(program-)generátor, RPG; ~ **program generator language** *szt* riportgeneráló programnyelv; ~ **progress** *v* helyzetjelentést ad
reportage tudósítás; ~ **van** *távk* küső közvetítőkocsi
reporter *el* jelző(berendezés); ~ **tape recorder** *hang* riportermagnó
reporting I. *a távk* közvetítő; **II.** *n* jelentés; jelzés; *távk* közvetítés; ~ **chain** *távk* hírközlő hálózat; ~ **point (REP)** *rep* jelentőpont; ~ **point on request** *rep* felhívásra jelentő hely; ~ **service** *hidr* vízjelző szolgálat; ~ **time of the passanger** *rep* utas jelentkezési ideje *(repülőtéren)*
repose *el* nyugalmi helyzet; *mt* rézsűszög
reposition *ép, kat* áthelyez, áttelepít
repository *ép* tárolóhelyiség, raktár, tárház
repour *ip* átönt *(más edénybe)*
repouring *koh* ráöntés
repoussé *alak* vert/domborított/trébelt (ötvösmunka); ~ **work** *alak* trébelés
repower *gépk* új motorral szerel fel
repp *tex* ripsz; ~ **construction/weave** *tex* ripszkötés
repped paper *pa* bordás papír
represent képvisel, reprezentál; ábrázol; ~ **on a graph** *mat, fiz* grafikont készít vmről, grafikusan ábrázol
representation ábrázolás; képviselet; *ép, gép* ábrázolás; *rep* ábrázolás, adatfeltüntetés; ~ **in a closed form** *mat* zárt alakban való előállítás, zárt alak; ~ **in a number system** *mat* bizonyos számrendszerben történő felírás *(számé)*; ~ **in base n** *mat* n-es számrendszerben történő felírás; ~ **in coordinates** *mat* koordinátás előállítás
representative I. *a* jellemző, jellegzetes; *ép, gép* ábrázoló, reprezentatív; **II.** *n* képviselő; megbízott; ~ **application** *gép* tipikus alkalmazásmód; ~ **array** *távk* jellemző elrendezés; ~ **basin** *hidr* mintavízgyűjtő; ~ **calculating time** *szt* jellemző számítási idő; ~ **catchment area** *hidr* reprezentatív vízgyűjtőterület; ~ **fraction (RF)** *geod* méretarány; ~ **graph** *mat* élgráf; ~ **inquiry** *mat* reprezentatív vizsgálat; ~ **instants** *aut* jellemző időpontok; ~ **item** *szt* jellegzetes termék; ~ **parameter** *el* (információ)ábrázolás paramétere; ~ **plant** *ip* mintaüzem, típusüzem; ~ **point** *krist* reprezentatív pont; ~ **sample** *stat* reprezentatív minta(vétel)/adatvétel; ~ **strain** *any* egyenértékű alakváltozás; ~ **stress** *any* egyenértékű feszültség
representing *ép, gép* ábrázoló; ~ **function** *mat* karakterisztikus függvény *(részhalmazé vagy predikátumé)*; ~ **graph** *mat* élgráf
repress *alak* utánprésel
repressure *ol* visszanyom *(gázt a rétegbe)*
repressuring *ol* besajtolás; ~ **process** *ol* nyomásfenntartásos művelés
reprint I. *v nyom* újból kinyomat; utánnyomat; **II.** *n nyom* külön(le)nyomat; új kiadás/lenyomat, utánnyomás, reprint; ~ **paper** *pa* lenyomatpapír
reprocess *ip* újra/ismét feldolgoz; *műa* újra feldolgoz *(hulladékanyagot)*
reprocessing *at, ip* újrafeldolgozás, visszanyerés, regenerálás; ~ **loss** *at* újrafeldolgozási veszteség
reproduce *gép* rajzol, ábrázol; *távk* másol, reprodukál, lejátszik, visszaad; visszajátszik
reproduced *gép* rajzolt, ábrázolt; *távk* másolt, reprodukált, visszajátszott; ~ **model mo(u)lding** *önt* reprodukálható minta szerinti formázás; ~ **pulse** *távk* felerősített impulzus
reproducer *szt* kártyamásoló, kártyaduplázó; *távk* hangszedő; lejátszókészülék; másoló, reprodukáló, visszaadó
reproducibility *távk* (meg)ismételhetőség; reprodukálhatóság; visszajátszhatóság
reproducible *távk* (meg)ismételhető, visszajátszható, reprodukálható
reproducing I. *a gép* ábrázoló; *távk* másoló, reprodukáló, visszajátszó; **II.** *n gép* ábrázolás; *távk* másolás, reprodukálás, visszajátszás; ~ **brushes** *nyom* beolvasókefék *(irodagépen)*; ~ **characteristic** *távk* visszajátszási jelleggörbe; ~ **equalization** *távk* lejátszási korrekció; ~ **head** *távk* lejátszófej, hangszedő fej; ~**(-)machine** *nyom* másológép, fénymásoló gép; ~ **pattern(-)milling machine** *forg* másoló marógép *(öntőminták készítéséhez)*; ~ **punch** *szt* kártyamásoló, kártyaduplázó; másolólyukasztó; ~ **stylus** *hang* lejátszó kristálytű, lejátszótű
reproduction *hang, távk* hangvisszaadás, lejátszás *(hangfelvételről)*; *nyom* képsokszorítás, reprodukció, másolat; ~ **amplifier** *el* lejátszóerősítő; ~ **equalizer** *el* visszadási jeljavító; ~ **factor** *távk* sokszorozási tényező; ~ **fidelity** *távk* hűség, (hang)visszaadás hűsége; ~ **of telemetered variable** *metr* távmért *v.* távméréssel nyert érték visszaállítása/helyreállítása; ~ **vitamin** *gyógyv* E-vitamin
reproductive *távk* sokszorosító, reprodukáló; ~ **power** *vegy* reproduktív erő

reprogram *szt* újraprogramoz
reprogrammable | read-only memory *v.* **ROM (REPROM)** *szt* újraprogramozható fix tároló, REPROM
REPROM → reprogrammable read-only memory
republish újra kiad/megjelentet
repulp *pa* újrazúz, bezúz, regenerál
repulse I. *v fiz, vegy* taszít; **II.** *n fiz, vegy* taszítás, repulzió; ~ **excitation** *el* repulziós gerjesztés, taszítógerjesztés
repulsion *fiz, vegy* repulzió, taszítás; ~ **energy** *fiz* taszítási energia; ~ **exponent/index** *krist* taszítási kitevő; ~ **motor** *el* repulziós motor; ~ **potencial** *fiz* taszítási potenciál
repulsive *fiz, vegy* taszító, repulziós; ~ **crystal** *krist* (optikailag) negatív kristály; ~ **energy** *fiz* taszítóenergia; ~ **force** *fiz* taszítóerő; visszalökő erő; ~ **force of a magnet** *fiz* mágneses taszítás; ~ **potential** *fiz* taszítási potenciál, taszítópotenciál
repurification *vegy* utántisztítás
repurifier *gépk* utótisztító *(gázgenerátor)*
request I. *v* kér, kíván; **II.** *n* kérés; *szt* felszólítás; *távb* bejelentés; ~ **button** hívógomb; ~ **equipment** *távb* visszakérdező/visszahívó berendezés; ~ **for fix** *rep* helyzetmeghatározás-kérés; ~ **for taxi clearance** *rep* gurulási engedély kérése; ~**(-)information message** *távk* tájékoztatáskérés; ~ **key** *szt* hívóbillentyű; ~ **of clearance** *rep* engedélykérés *(leszálláshoz)*; ~ **stop** *közl* feltételes megálló(hely); ~ **test** *any, ip* kívánság szerinti vizsgálat
require megkíván, igényel, szükségel; feltételez, megkövetel; *el* fogyaszt
required szükséges, kívánt; ~ **heat** hőszükséglet; ~ **load** erőszükséglet; ~ **power** energiafogyasztás, erőszükséglet, energiaigény; szükséges teljesítmény; ~ **state** *rendsz* kívánatos állapot; ~ **thrust** *rep* szükséges tolóerő; ~ **track** *rep* szükséges repülési útvonal
requirement kívánalom; szükséglet, igény; *el* fogyasztás; *ip* előírás, kívánalom, követelmény, előfeltétel; ~**s for live labour** élőmunka-igény; ~**s planning system (RPS)** *szt* szükséglettervezési programcsomag, RPS
requisite követelmény, szükséglet; *ip* kellék
reradiate *at* másodlagosan sugároz; *távk* újra kisugároz, visszasugároz
reradiation *at* másodlagos sugárzás; *távk* visszasugárzás, újrakisugárzás; ~ **error** *távk* helyi reflexiók okozta hiba
rerail *vasút* sínre visszaállít/visszahelyez/visszaemel
rerailer *bány* csille-visszaemelő; *vasút* sínre visszahelyező szerkezet
rerailing frog/ramp *vasút* sínre emelő saru
rerake *bány, mzg* újragereblyéz, újra összegyűjt
rerate *el, gép* teljesítményt újból megállapít
rerating *el, gép* módosított névleges teljesítmény
reream *forg* átdörzsöl
re-recorder, *US* **rerecorder** *hang* másodfelvevő (magnetofon)
re-recording, *US* **rerecording** *hang* átjátszás, hangfelvétel készítése hanglemezről, újrafelvétel
re-reel, *US* **rereel** *pa* áttekercsel; *tex* újból gombolyít, átgombolyít, átcsévél, átmotollál
re-reeler, *US* **rereeler** *pa* áttekercselő *(készülék)*; *tex* átcsévélő, átmotolláló
re-reeling, *US* **rereeling I.** *a pa* áttekercselő; *tex* átcsévélő, átmotolláló; **II.** *n pa* áttekercselés; *tex* átgombolyítás, átcsévélés, átmotollálás; ~ **machine** *pa* áttekercselőgép
re-reproduce, *US* **rereproduce** *nyom* másolatot készít másolatról
rering I. *v távb* újrahív; **II.** *n távb* ismételt hívás, újrahívás
reroll I. *v heng* utánhengerel, áthengerel; **II.** *n pa* feltekercselendő tekercs
rerolling I. *a heng* újrahengerlő, áthengerlő; **II.** *n heng* újrahengerlés, áthengerlés; ~ **mill** *heng* áthengerlőmű
reroofing *ép* újrafedés
re-route, *US* **reroute** *közl* átirányít, elterel
rerun I. *v bány* újra felad *(szenet osztályozóra)*; *geod* mérést/észlelést megismétel; újramér; *nyom* újranyom, utánnyom; *ol* újra feldolgoz/lepárol; *szt* újrafuttat; *vegy* redesztillál, újrapárol; **II.** *n ol, vegy* redesztillátum, újradesztillálás párlata; *szt* újrafut(tat)ás; *távk* megismétlés, újrajátszás; ~ **bottoms** *pl ol, vegy* újradesztillálás fenékterméke, redesztilláció maradéka; ~ **coal** *bány* újra feladott szén *(osztályozóra)*; ~ **column** *ol* újradesztillációs kolonna/torony; ~ **oil** *ol* újradesztillált *v.* ismételten átdesztillált olaj; ~ **point** *szt* ismétlési/újranyitási pont; ~ **program** *szt* ismétlőprogram; ~ **routine** *szt* ismételt rutin/(rész)-program; ~ **time** *szt* újrafuttatási idő; ~ **tower** → ~ column
rerunning *bány* szén újrafeladása *(osztályozóra)*; *geod* újramérés, mérés/észlelés megismétlése; *nyom* újranyomás, utánnyomás; *ol* újralepárlás, újrafeldolgozás, szekunderlepárlás; *szt* újrafuttatás; *vegy* redesztilláció
resack *élip* átzsákol
resampling *távk* összehasonlító/másodszori próbavétel
rescanning *tv* újraletapogatás
RESCAP → Combat Air Patrol for Protection of Rescue Vessels
reschedule I. *v* átütemez; **II.** *n* átütemezés
rescue I. *v* (meg)ment; *szt* kiment; **II.** *n* (meg)mentés; ~ **aircraft** *rep* mentő repülőgép; ~ **and fire fighting service** *rep* mentő- és tűzoltószolgálat; ~ **apparatus** *bány* bányamentő-készülék; mentőfelszerelés; önmentőkészülék; ~ **basket** *hajó, rep* mentőkosár; ~ **boat** *hajó* mentőcsónak; ~ **brigade** *bány* mentőcsapat; ~ **centre** *bány* bányamentő-állomás; ~ **control centre/center** mentőműveleteket irányító központ; ~ **detail** mentőosztag; ~ **dump** *szt* kimentett információ; ~ **equipment** mentőfelszerelés; ~ **facilities** mentőeszközök; ~ **master** mentésvezető; ~ **mission** mentési feladat; ~ **party** mentőcsoport; ~ **point** *szt* újraindítási pont; ~**-search aircraft** *rep* kutató-mentő repülőgép; ~ **subcentre** mentési alközpont; ~ **through a bore-hole** *bány* mentés fúrólyukon át; ~ **unit** mentőegység; ~ **vehicle** mentő jármű; ~ **vessel** mentőcsónak
reseal *gép* ismét lezár, újratömít
research I. *v ip* kutat; **II.** *n* vizsgálat; *ip* kutatás, kutatómunka; ~ **aircraft** *rep* kísérleti repülőgép; ~ **and development (R&D)** kutatás-fejlesztés, KF; ~ **centre/center** kutatási központ, kutatóközpont; ~ **engineer** *ip* kutatómérnök; ~ **engineering** *ip* műszaki kutatás;

~es *pl* (tudományos) kutatás, kutatómunka; ~ **fellow** tudományos kutató/munkatárs; ~ **institute** kutatóintézet; ~ **into** *v* (tudományos) kutatást végez vmely területen; ~ **laboratory** *ip* kutatólaboratórium, kísérleti laboratórium; ~ **octane number (RON)** *ol* research-oktánszám, kísérleti oktánszám, R. O. Sz.; ~ **of high atmosphere** *met* magaslégkör-kutatás; ~ **program(me)/project** kutatási terv, kutatóprogram; ~ **reactor** *at* kutatóreaktor; ~ **rocket** *rak* kutatórakéta; ~ **satellite** kutató mesterséges hold; ~ **ship** kutatóhajó; ~ **station** *ip* kísérleti állomás/laboratórium; ~ **task** *ip* kutatási megbízás/feladat; ~ **team** kutatócsoport; ~ **tests** *ip* kutatási vizsgálatok; ~ **work** *ip* kutatómunka, alapkutatás; ~ **worker** → ~ fellow; ~ **work under normal service conditions** üzemi kísérlet

reseating *forg* újrabeillesztés, hozzácsiszolás, becsiszolás

réseau *csill* hálózat fényképlemezen; *foto* színes rács *(autokróm)*

resect *geod* hátrametsz

resected *geod* hátrametszett; ~ **point** *geod* hátrametszéssel meghatározott pont

resection *geod* hátrametszés

reservation fenntartás, kikötés; *ip* tartalékolás; *környv* természetvédelmi terület; ~ **data** *szt* fenntartási adatok; ~ **message** *rep* helybiztosítási közlemény/távirat; ~ **of mining rights** *bány* bányaúrjog

reserve I. *v* fenntart; *ip* tartalékol, készletez; *szt* lefoglal; **II.** *n bány* (érc)készlet, vagyon; *ip* tartalék, tartalékkészlet; *ol* földtani készlet; *távk* tartalék *(berendezés, vonal)*; ~ **airfield** *rep* kitérő repülőtér; ~ **buoyancy** *hajó* tartalék felhajtóerő; ~ **calculation** készletszámítás; ~ **central** *ép* úttestelválasztó sáv; ~ **command** *szt* fenntartási utasítás; ~ **element** *gép* tartalékelem; ~ **energy** *gép* energiatartalék, tartalék energia; ~ **equipment** *gép* tartalék berendezés; ~ **estimation** *bány* készlet; készletbecslés; ~ **instruction** *szt* fenntartási utasítás; ~ **lighting** *el* tartalék világítás; ~ **line** *távk* tartalék vonal; ~ **of consolidation water** *bány* konszolidációs vízkészlet; ~ **of fuel** *rep* tüzelőanyag-készlet; ~ **of gravitational water** *bány* gravitációs vízkészlet; ~ **pit** *ol* iszapgödör; ~ **power** *gép* teljesítménytartalék, teljesítményfelesleg; ~ **protection** *aut* tartalék védelem; ~ **stock** *ip* nyersanyagtartalék; ~ **style** *tex* rezerválónyomás, védőnyomás; ~ **tank** *gépk* tartaléktartály, (tüzelőanyag-)póttartály; ~ **tap** *gépk* póttartálycsap

reserved fenntartott; tartalékolt; ~ **booking** *rep* előzetes jegyrendelés; ~ **compartment** *vasút* fenntartott szakasz; ~ **road** *közl* tilos út; ~ **route** *rep* fenntartott légiútvonal; ~ **word** *szt* alapjel, meghatározott/rezervált szó; fenntartott szó

reservoir *hidr* tartály, víztározó, tárolómedence, rezervoár; ~ **bank stability** *hidr* partállékonyság; ~ **bed** *ol* olajtároló réteg, tárolóréteg; ~ **border line** *hidr* elöntési határ; ~ **boundary** *ol* tárolóhatár; telephatár; ~ **capacitor** *el* tárolókondenzátor, gyűjtőkondenzátor; ~ **capacity** *hidr* tározótérfogat; ~ **compaction** *ol* tárolókőzet-tömörülés; ~ **energy** *ol* rétegenergia, telepenergia; tárolókőzet-energia; ~ **engineering** *ol* rezervoármechanika; ~ **fluid** *ol* rétegtartalom; ~ **hydraulics** *ol* rezervoármechanika; ~ **in central position** *hidr* súlyponti tározó; ~ **layer** *ol* tárolóréteg; ~ **plant** *en* tározós erőmű; ~ **pool** *hidr* tározó; ~ **pressure** *gépk* tartálynyomás *(légféké)*; *ol* tárolókőzetnyomás; telepnyomás, rétegnyomás; ~ **rock** *ol* tárolókőzet, olajtartó kőzet; ~ **system** *hidr* tározórendszer; ~ **temperature** *ol* telephőmérséklet; ~ **volume** *ol* hasznos kőzettérfogat; ~ **water power plant** *hidr* völgyzárógát-erőmű; ~ **with complete exploitation** *hidr* teljes vízhasznosítású tározó

reset I. *v* visszahelyez, visszatesz; *el* visszaállít, visszakapcsol; *gép* visszaszabályoz; visszaszerel; *nyom* újraszed; *óra* újonnan befoglal, új foglalatba tesz *(drágakövet)*; *szt* nulláz; töröl; újra beállít, újraállít, átállít; visszaállít; *tex* utánállít *(kártológépet)*; **II.** *a* visszahelyezett; *el* visszaállított, visszakapcsolt; *gép* visszaszabályozott; *nyom* újraszedett; *szt* átállított; nullázott; **III.** *n* visszahelyezés; *el* nullázás; visszaállítás, visszakapcsolás; *gép* visszaszerelés; *nyom* újraszedés; *óra* újrafoglalás; *szt* újrabeállítás, reset, visszaállítás, törlés, nulla állapotba hozás, nullázás; *tex* utánállítás; ~ **bit** *szt* kettes számrendszerű visszaállító számjegy; ~ **capacity (tank)** *szt* izodromkapacitás; ~ **circuit** *el* visszaállító (áram)kör; ~ **command** *szt* visszaállítási utasítás; ~ **component** *aut* integrálótag, összetevő tag; ~ **condition** *szt* visszaállított állapot; ~ **contact** *szt* törlőérintkező; ~ **contactor** *el* kioldó/visszaállító kontaktor; ~ **control** *aut* integrálószabályozás, I-szabályozás; ~ **controller** *aut* I-szabályozó, integrálószabályozó; ~ **cycle** *mat* törlőművelet *(statisztikai gépen)*; ~ **feedback** *aut* kimenetről vett visszavezetés; ~ **instruction** *szt* visszaállítási utasítás; ~ **key** *nyom* visszaállító/visszazáró billentyű *(írógépé)*; *szt* törlőbillentyű; ~ **magnet** *el* visszaállító mágnes; ~ **mode control** *aut* integrálszabályozás, I-szabályozás; ~ **order** *szt* visszaállítási utasítás; ~ **pulse** *szt, távk* visszaállító impulzus; ~**(-)pulse generator** *távk* visszaállító-impulzusgenerátor; ~ **spring** *el* visszaállító rugó; ~ **switch** *el* visszaállító kapcsoló; ~ **the post** *v bány* átépít, átrak *(támfát)*; ~ **time** *aut* integrálási/utánállási/beállási idő; ~ **to zero** *v metr* nulláz, nullára visszaállít *(műszert)*; ~ **value** *szt* visszaállítási érték

resettability *el* visszaállíthatóság; *szt* nullázhatóság

resettable *el, szt* visszaállítható, nullázható

resetting I. *a el* visszaállító, visszakapcsoló; *gép* újrafeszítő; *szt* törlő; *tex* utánállító; **II.** *n* visszahelyezés; *el* beszabályozás; visszaállítás, visszakapcsolás; *gép* újrafeszítés *(rugóé)*; *szt* törlés, nulla állapotba hozás, nullázás; *tex* utánállítás; ~ **counter** *metr* nullára visszaálló számláló; ~ **key** *szt* visszaállító billentyű; ~ **magnet** *el* visszaállító mágnes; ~ **time** integrálási/utánállítási/követési idő; ~ **to zero** nullaállítás, nullapont-beállítás; nullára visszaállítás, nullázás; ~ **value** *szt* visszaállási érték

reshape *alak, önt* újraformáz, átalakít; *távk* helyreállít *(impulzust)*

reshaping *alak* finomegyengetés, újraprofilozás; *távk* impulzus-helyreállítás

resharpen *forg* újraélesít, újraélez

resharpening *forg* újraélezés, lapkaélezés

reship *hajó* újra hajóra rak; visszaszállít

reshipment *hajó* újraberakás, visszarakás, visszaszállítás

reshooting method *geof* ellenlövéses módszer

reside lakik, tartózkodik; *vegy* leülepedik

residence *ép* lakóhely, lakhely; ~**s** *ép* lakónegyed; ~ **station/telephone** *távb* távbeszélő-állomás, lakásállomás; ~ **time** *biot* tartózkodási idő; ~**-time distribution (RTD)** *biot* tartózkodásiidő-eloszlás

resident I. *a* (bent)lakó, tartózkodó; *szt* rezidens, a rendszerben maradó; **II.** *n* állandó lakos; ~ **engineer** *ép* építésvezető mérnök; ~ **software** *szt* rezidens szoftver

residential tartózkodó, tartózkodási; *ép* lakó-; ~ **air(-)conditioner** *szell* családiház-klímakészülék; ~ **area** *ép* lakónegyed; lakóterület, lakótelep; ~**(-)area unit** *ép* lakóterületi egység; ~ **building** *ép* lakóépület; ~ **density** *ép* laksűrűség *(városépítésnél)*; ~ **district** *ép* lakóterület; lakóvárosnegyed; ~ **floor** *ép* lakószint; ~ **load** *en* lakásterhelés; ~ **neighbo(u)rhood (unit)** *ép* szomszédsági egység; ~ **quarter/section** *ép* lakónegyed; ~ **settlement** *ép* lakótelep; ~ **wing** *ép* lakószárny

residual I. *a fiz* maradék-; remanens, visszamaradó; *mat* (meg)maradó, reziduális; *talt* helyben képződött *(málladék)*; *vegy* ülepedő, kicsapódó; **II.** *n mat* maradék, különbözet; *vegy* üledék, csapadék, visszamaradt anyag; ~ **acid** *vegy* maradéksav; ~ **activity** *at* maradó aktivitás; ~ **affinity** *vegy* remanens affinitás; ~ **anomaly** *geof* maradékanomália; ~**-anomaly contour** *geof* maradékanomália-görbe; ~**-anomaly map** *geof* maradékanomália-térkép; ~ **asphalt** *ol* olajbitumen, gudron, maradékolaj *(lepárlás után)*; ~ **attenuation** *távk* maradékcsillapítás; ~ **austenite** *koh* maradék ausztenit; ~ **chlorine** *vegy* aktív klór; ~ **class code** *szt* maradékosztálykód; ~ **clay** *geol* reziduális/maradék agyag; ~ **current** *el* induló/kezdeti/maradó áram, maradékáram, kapacitív áram; ~**(-)current state** *el* indulóáramú üzemmód; maradékáram-tartomány; ~ **deformation** *alak* maradó alakváltozás; ~ **deposits** *pl geol* maradék/reziduális üledék; ~ **deviation** *el* nullponthiba; ~ **earth** *talt* málladéktalaj; ~ **effect** *el* maradékhatás, dielektromos utóhatás; *geof* anomális hatás; ~ **elongation** *alak* maradó nyúlás; ~ **emission** *at* maradó/remanens emisszió; ~ **error** *el* megmaradó hiba *(igazítás után)*; ~ **error(-)rate** *el* maradékhiba-arány; ~ **excitation** *el* visszamaradó gerjesztés; ~ **field** *fiz* remanens mágneses tér; ~ **flux density** *fiz* remanens fluxussűrűség; ~ **fraction** *vegy* utópárlat, végpárlat; ~ **fuel (oil)** *ol* maradványolaj, maradvány-fűtőolaj, pakura; ~ **fuel oil content** *ol* maradék tüzelőanyag-tartalom; ~ **gap** *el* légrés meghúzott állapotban *(jelfogóé)*; ~ **gas** *at, ol* maradékgáz, véggáz; ~**-gas saturation** *ol* maradékgáz-telítettség; ~**-gas transistor analyzer** *ol* tranzisztoros maradékgáz-analizátor; ~**-gravity contour** *geof* gravitációs maradékanomália-görbe; ~**-gravity map** *geof* gravitációs maradékanomália-térkép; ~ **hardness** *any* maradó keménység; ~ **heat** *at* maradó hőfejlődés; ~ **impulse** *el* maradékimpulzus, maradó impulzus; ~ **induction** *el* (mágneses) remanencia, remanens indukció; ~ **internal stress** *any* sajátfeszültség, maradó belső feszültség; ~ **liquor** *geol* visszamaradt magma; ~ **loss** *el* remanenciaveszteség, hiszterézisveszteség, hiszterézis-utóhatás; ~ **magnetism** *fiz* mágneses remanencia; maradó/remanens mágnesség; ~ **magnetization** *fiz* (mágneses) remanencia, remanens indukció; maradékmágnesség, remanens mágneseződés; ~ **moisture** *bány* maradék nedvesség; ~ **nucleus** *at* visszamaradó mag, bomlási lánc utolsó magja; ~ **oil** → ~ fuel (oil); *ol* visszamaradó készlet; ~ **oil(-)saturation** *ol* maradék olajtelítettség; ~ **pillar** *bány* benthagyott pillér; ~ **placers** *pl bány* maradéktelep; ~ **plate** *távk* ütközőlap; ~ **prestressing force** *ép* maradó feszítőerő; ~ **product** *ip* melléktermék; ~ **profile** *geof* maradékanomália-szelvény; ~ **range** *at* maradó úthossz; ~ **reactivity** *at* maradó reaktivitás; ~ **reserve** *ol* visszamaradó készlet; ~ **resistance** *el* maradékellenállás; ~ **set** *gumi* maradó alakváltozás; ~ **shear strength** *mech* maradék nyírószilárdság; ~ **shrinkage** *tex* maradó zsugorodás; ~ **soil** *talt* málladéktalaj; ~ **stock** *ip* maradék, maradvány; ~ **strain** *bány* maradék/maradó alakváltozás; ~ **stress** *mech* maradékfeszültség; maradó/remanens/belső feszültség; ~ **valence/valency** *vegy* részvegyérték; ~ **voltage** *távk* maradó feszültség; ~ **water** *bány* visszatartott víz

residuary *vegy* megmaradó, visszamaradt, leülepedett; ~ **earth** *talt* málladéktalaj; ~ **liquid** *élip* kifőzött cefre

residue *mat* reziduum, res; *ol* maradékolaj; *vegy* (desztillációs/lepárlási) maradék, maradvány; gyök, csoport; ~ **check** *szt* maradékvizsgálat, maradékellenőrzés; ~ **gas** *ol* sovány/száraz gáz; ~ **of combustion** *gépk, vegy* égéstermék, égésmaradék; ~ **of evaporation** *ol* bepárlási maradék; ~**-oil** *ol* maradékolaj; ~ **structure** *krist* maradékszerkezet; ~ **theorem** → residuum theorem

residuum *pl* **residua** *mat* reziduum, res; *vegy* maradék, maradvány; ~ **of decantation** *bány* iszapolási maradék; ~ **theorem** *mat* reziduumtétel, maradéktétel *(algebrai függvényekre és görbékre)*

resile *any* visszaugrik, visszapattan, visszahúzódik, visszanyeri eredeti alakját

resilience *any* rugalmasság, visszaalakuló képesség; *szt* hibatűrés; ~ **machine** *tex* szövetrugalmasság-mérő készülék; ~ **work of deformation** *mech* rugalmas alakváltozási munka

resiliency → resilience

resilient *any* rugalmas, visszaugró, visszapattanó; ~ **energy** *mech* rugalmas belső munka; rugalmas energia; ~ **gluten** *élip* rugalmas sikér; ~ **mounting** *gép* rezgésálló/rezgésmentes szerelés/ágyazás

resin I. *v vegy* gyantáz, gyantával bevon; **II.** *n vegy* (mű)gyanta; ~ **acid** *vegy* gyantasav; ~ **anchor** *bány* ragasztott kőzethorgony; ~**-based binder** *műa* műgyanta alapú kötőanyag; ~**-based mortar** *ép* műgyanta alapú habarcs; ~ **binder** *műa* műgyanta kötőanyag; ~ **board** *pa* keménypapír lemez; ~**-bonded** *műa* műgyantával ragasztott; ~**-bonded laminated fabric** *műa* rétegelt műanyag; ~**-bonded plywood** *fa* műgyantakötésű rétegelt falemez; ~ **burner** *hőt* gyantaolvasztó; ~ **canal** *fa* gyantajárat; ~ **cartridge** *bány* kőzethorgony-cementáló patron; ~ **cell** *fa* gyantatartalmú fasejt; ~ **concrete** *ép* műgyantakötésű beton; ~ **content** *fa* gyantatartalom; ~**-cored solder** *heg* gyantabeles forrasztóón; ~**-covered** *vegy* gyantás; ~ **duct** *fa* gyantacsatorna; ~**-finished** *tex* gyantakikészítésű; ~ **flow** *fa* gyantakifolyás; ~**-free finish** *tex* gyantamentes kikészítés; ~ **glue** *műa* gyantaragasztó, műgyanta ragasztó; ~ **grease** *gép, ol* gyantás zsír; ~ **layer** *fa* gyantát tartalmazó réteg; ~ **milk** *pa* gyantatej; ~ **pocket** *fa* gyantatáska, gyantás

táska; ~ **size** gyantaenyv; ~ **soap** *pa* gyantaszappan; ~ **tannage** *bőr* gyantacserzés; ~ **tapping** *fa* gyantacsapolás; gyantavétel; ~ **varnish** *vegy* gyantalakk
resinaceous *fa, vegy* gyantatartalmú, gyantás, gyantaszerű
resinamines *műa* gyantaaminok
resinate *műa* rezinát
resined *vegy* gyantázott, gyantával bevont; ~ **soap** *vegy* gyantaszappan
resinification *vegy* gyantásítás; gyantásodás; ~ **of lubricating oil** *ol* kenőolaj-gyantásodás
resinify *vegy* elgyantásít; elgyantásodik
resinoid *vegy* gyantaszerű; ~ **bond** *forg* bakelitkötés, műanyagkötés *(köszörűkorongé)*; ~**-bond grinding wheel** *forg* bakelitkötésű/műanyagkötésű köszörűkorong; ~ **plastic** *műa* gyantaszerű műanyag
resinophore *vegy* gyantaképző, gyantásodásra hajló
resinosity *fa, vegy* gyantásság, gyantatartalom
resinous *fa, vegy* gyantás, gyantaszerű, gyantatartalmú; ~ **composition** *műa* gyantaelegy; ~ **odo(u)r** *vegy* balzsamillat, gyantaillat
resist I. *v* ellenáll; *mech* kibír, elbír; *vegy* ellenáll; **II.** *n el* védőréteg *(NYÁK-on)*; *foto* védőlakk; ~ **colo(u)ring** *tex* színtartó színezés; ~**-dyed yarn** *tex* színtartó fonal; ~ **dyeing** *tex* védőfestés, színtartó színezés; ~ **paste** *tex* rezerválópép *(maratónyomáshoz)*; ~ **printing** *tex* védőnyomás, óvónyomás, megóvó nyomás, gátlónyomás
resistance *el* ellenállás, rezisztencia; ohmos ellenállás; ellenállás *(alkatrész)*; *ép* csúcsellenállás; *hajó* vontatási ellenállás; *hidr* hidraulikai ellenállás; *rep* légellenállás, közegellenállás; *vegy* ellenállóság, ellenállás *(hatásnak)*; ~ **accelerometer** *mech* ellenállásos gyorsulásmérő; ~ **against bacteria** baktériumállóság; ~ **against penetration of vapo(u)r** *any* áthatolási ellenállás; ~ **against seepage** *hidr* szivárgási ellenállás; ~ **alloy** *koh* ellenállás-ötvözet; ~ **amplifier** *el* ellenállás-erősítő, RC-csatolású erősítő; ~ **annealing** *hők* villamos ellenállásos lágyítás; ~**(-)balance system** *el* ellenállás-kiegyenlítéses módszer; ~ **box** *el* ellenállásszekrény, mérőszekrény; ~ **box with plugs** *el* dugaszolható ellenállásszekrény; ~ **brazing** *heg* ellenállás-keményforrasztás; ~ **brazing(-)machine** *heg* villamos ellenállásos keményforrasztó gép; ~ **breaker** *el* fokozatos megszakító; ~ **bridge** *el* ellenálláshíd, Wheatstone-híd; ~ **butt welder** *heg* villamos ellenállásos tompahegesztőgép; ~ **butt(-)welding** *heg* tompaellenállás-hegesztés; ~ **capable of being cut out** *el* lekapcsolható/kiiktatható ellenállás; ~**-capacitance amplifier** *el* ellenállás-erősítő, RC-csatolású erősítő; ~**-capacitance-coupled push-pull amplifier** *el* RC-csatolású ellenütemű erősítő; ~**-capacitance element** *el* RC-tag, ellenállás-kondenzátor négypólus; ~**-capacitance high pass** *el* felüláteresztő RC-szűrő, alulvágó RC-szűrő; ~**-capacitance low pass** *el* aluláteresztő szűrő, felülvágó RC-szűrő; ~**-capacitance network/section** *el* RC-tag, ellenállás-kondenzátor négypólus; ~**-capacitance oscillator** *el* RC-oszcillátor; ~**-capacity coupling** *el* RC-csatolás, RC-áramkör, kapacitív ellenállás-csatolás; ~**-capacity filter** *el* RC-szűrő; ~ **control** *el* ellenállásos szabályozás; ~ **controller** *el* ellenállás-szabályozó; ~**-coupled** *el* ellenállásos csatolású; ~**-coupled amplifier** *el* ellenállás-csatolású erősítő, RC-erősítő; ~**-coupled amplifier circuit** ellenállás-erősítő kapcsolás; ~ **coupling** *el* ellenállás-csatolás; ~ **diagram** *el* ellenállás-diagram; ~ **drag** *el* parazita-ellenállás, káros ellenállás; ~ **drop** *el* ellenállásesés; ~ **element** fűtővezeték; ~**-element alloy** fűtőellenállás-ötvözet; ~ **feedback** *el* ellenállásos visszacsatolás; ~ **flash(-) welding** *heg* tompa leolvasztó ellenállás-hegesztés; ~ **frame** *el* ellenállásszekrény; ~ **furnace** *el* ellenálláskemence; ~ **fusion(-)welding** *heg* ellenállásos ömlesztőhegesztés; ~ **ga(u)ge** *távk* ellenállásos mérőadó/távadó; ~ **grid** *el* ellenállásrács; ~ **grounding** *el* ellenállásos földelés; ~ **head** *hidr* ellenállási veszteségmagasság; ~ **heated bath furnace** *koh* ellenállás-fűtésű kádkemence; ~ **heated pot-type furnace** *koh* ellenállás-fűtésű tégelyes kemence; ~ **heating** *hőt, krist* ellenállásos/ellenállási hevítés; *koh* ellenállásfűtés; ~ **in curves** *vasút* kanyarulati ellenállás; ~ **in the cold state** *any* hidegellenállás, ellenállás hideg állapotban; ~ **lamp** *el* baretter; ~**-limit bridge** *el* üzemi ellenállásmérő híd; ~ **loss** *el* ohmos veszteség/csillapítás; ~ **magnetometer** *el* ellenállásos magnetométer; ~ **measurement** *el, geol* ellenállásmérés; ~**-measuring instrument/set** *el* ellenállásmérő; ~ **moment** *mech* belső erők nyomatéka; ~ **network** *el* ohmos négypólus; ~ **noise** *távk* ellenállászaj, termikus zaj, hőzaj; ~ **of air** *rep* közegellenállás, aerodinamikai ellenállás, légellenállás; ~ **of conductor** *el* vezeték-ellenállás; ~ **of medium** *mech* közegellenállás; ~ **oven** → ~ **furnace**; ~ **pad** *távk* ohmos gyengítőtag; ~ **patenting** *koh* ellenállás-patentozás; ~ **percussive(-)welding** *heg* ellenállás-sajtolóhegesztés; ~ **projection(-) welding** *heg* ellenállás-dudorhegesztés; ~ **pyrometer** *hőt* ellenállás-hőmérő, ellenállás-pirométer; ~ **relay** *el* ellenállásrelé; ~ **seam(-)welding** *heg* vonalhegesztés; ~ **seismometer** *geof* hődrótos szeizmométer; ~ **spot(-)welding** *heg* ellenállás-ponthegesztés; ~ **stabilization** *távk* frekvenciastabilizálás ellenálláshíd segítségével; ~ **standard** *el* normálellenállás, ellenállásetalon; ~ **starting** *el* ellenállásos indítás; ~**-start motor** *el* ellenállásos indítású motor; ~ **step** *el* ellenállási fokozat; ~ **strain ga(u)ge** *any* ellenállásos tenzométer, ellenállás-nyúlásmérő; ~ **stud welding** *heg* ellenállásos csaphegesztés; ~ **tape** *el* ellenállásszalag; ~ **teletransmitter** *távk* ellenállás-távadó; ~ **temperature detector (r.t.d.)** *hőt* ellenállás-hőmérséklet detektor; ~ **test** *any* ellenálló-képességi vizsgálat; ~ **thermometer** *hőt* ellenállás-hőmérő; ~ **thermometer adapter/adaptor** *el* adapter ellenállás-hőmérőhöz, ellenálláshőmérő-adapter; ~ **to abrasion** *any* kopási ellenállás, kopásállóság; ~ **to ag(e)ing** *gumi, műa* ellenálló-képesség öregedéssel szemben; ~ **to air** *tex* időjárás-állóság; ~ **to air flow** *gépk, rep* légellenállás; ~ **to arc** *el* (villamos) ívállóság, ívmentesség, ívhúzási szilárdság; ~ **to bending** *any* hajlítási merevség; ~ **to boiling water** *any* főzésállóság; ~ **to buckling** *any* kihajlási szilárdság; ~ **to bump** *any* ejtegetésállóság; ~ **to case** *el* tekercstest-ellenállás; ~ **to climatic stresses** *any* klímaállóság; ~ **to collapse** *any* roskadási/rogyási szilárdság; ~ **to compression** *any* nyomószilárdság; ~ **to corrosion** *any* korrózióállóság; ~ **to creasing** *tex* gyűrhetetlenség; ~ **to crushing** *mech* nyomószilárdság; ~ **to decay** *fa* korhadással szembeni ellenálló-képesség; ~ **to deformation** *mech*

alakítási szilárdság; ~ **to fading** *tex* színtartóság, fényállóság; ~ **to fire** *any* égésállóság; ~ **to flow** *bány* áramlási ellenállás; ~ **to fungi** *any* penészállóság; ~ **to hauling traction** *bány* vontatási ellenállás; ~ **to heat** hőtűrés; *any, hőt* hőállóság; ~ **to humidity** *any* nedvességállóság; ~ **to impact** *any* ütésállóság; ~ **to ingress of water** *any* vízbehatolás-állóság; ~ **to lateral bending** *any* kihajlási szilárdság; ~ **to mildews** → ~ to fungi; ~ **to motion** *mech* mozgási ellenállás; ~ **to overstress** *any* ellenállás túligénybevétellel szemben; ~ **to radiation** *at, orv* sugárzásállóság, sugárrezisztencia, ellenálló-képesség a sugárzással szemben; ~ **to repeated impact** *any* kifáradási határ ütvefárasztás esetében; ~ **to ripping at seams** *tex* varratszakadással szembeni ellenállás; ~ **to rolling** *mech* gördülési ellenállás; ~ **to rubbing off** *talt* kopási ellenállás; ~ **to scaling** *koh* reveállóság; ~ **to separation** *gumi* tapadási ellenállás; ~ **to shear(ing)** *any* nyírószilárdság, nyírási ellenállás; ~ **to shrinkage** *tex* zsugorodásállóság; ~ **to slipping** *mech* csúszó súrlódási ellenállás; ~ **to spreading** *félv* bázis-emitter ellenállás; ~ **to thermal shocks** *any* hőmérsékletváltozás-állóság; ~ **to tracking leakage** *el* kúszóáram-szilárdság; ~ **to water flow** *hidr* vízoldali ellenállás; ~ **to wear and tear** *tex* viselésállóság; ~ **track** *el* potenciométerpálya; ~ **transducer** *el* ellenállásos jelátalakító; ~ **transformation** *el* ellenállás-átalakítás; ~ **transmitter** *távk* ellenállás-távadó; ~ **transmitter adapter/adaptor** *távk* adapter ellenállás-távadóhoz, ellenállás-távadóadapter; ~**-upset(-)butt welding** *heg* ellenállásos tompahegesztés; ~ **voltage divider** *el* ellenállás-feszültségosztó; ~ **weld** *heg* szilárd/hordozó varrat; ~ **welder** *heg* ellenállás-hegesztőgép; ~ **welding** *heg* ellenállás-hegesztés; ~ **wire** *el* ellenálláshuzal; fűtővezeték; ~ **with sliding contact** *el* (csúszóérintkezős) változtatható ellenállás

resistant *any, vegy* ellenálló; ~ **to caustic embrittlement** *any* lúgálló; ~ **to mildew** *élip* penészálló; ~ **to moths** *tex* molyálló

resisting I. *a* ellenálló; **II.** *n mech, vegy* ellenállás; ~ **belt(ing)** lángálló heveder; ~**(-)force graph** *gépk* menetellenállás-diagram; ~ **moment** *mech* belső erők nyomatéka

resistive *el* ellenállásos, rezisztív, ohmos; *vegy* ellenálló; ~ **attenuator** *távk* abszorpciós csillapító; ~ **component** *el* ohmos/hatásos összetevő; ~ **coupling** *el* ellenállásos csatolás; ~ **element** *el* ellenálláselem; ~ **film** *el* ellenállásréteg, ellenállásfilm; ~ **heater** *el* fűtőellenállás; ~ **layer** *el* ellenállásréteg, ellenállásfilm; ~ **load** *el* ohmos terhelés

resistivity *el* rezisztivitás, fajlagos ellenállás; *vegy* ellenálló-képesség, rezisztivitás; ~ **anomaly** *geof* ellenállás-anomália; ~ **contour** *geof* izoohmvonal; ~ **correlation** *geof* fajlagosellenállás-korreláció; ~**(-)depth curve** *geof* ellenállásmélység-görbe; ~**(-)distance curve** *geof* ellenállásgradiens-görbe; ~ **distribution** *el* ellenállás-eloszlás; ~ **index** *geof* fajlagosellenállás-index; ~ **logging** *geof* ellenállás-karottázs; ellenállás-szelvényezés; ~ **map** *geof* izoohmtérkép, ellenállástérkép; ~ **mapping** *geof* ellenállás-felmérés, ellenállás-felvétel; ~ **method** *geof* ellenállásmódszer; ~ **of granular structure** *geol* szemcseszerkezeti ellenállás; ~ **of rock** *geof* kőzet fajlagos ellenállása; ~ **profile** *geof* ellenállás-szondázási szelvény, ellenállásszelvény; ~ **recorder** *geof* ellenállás-regisztráló; ~ **survey** *geof* ellenállás-felvétel

resistolog method *geof* ellenállás-karottázs módszer

resistor *el* ellenállás *(áramköri elem, alkatrész)*; ~**-capacitor-transistor logic (RCTR)** *szt* RCTL-logika; ~ **core** *el* ellenállás szigetelőmagja/alapja; ~ **coupling** *el* ellenállás-csatolás; ~ **crucible furnace** *koh* ellenállás-fűtésű tégelyes kemence; ~ **grid** *el* ellenállásrács; ~ **grinding** *el* ellenállás-köszörülés; ~ **network** *el* ellenállás-hálózat; ~ **with high positive coefficient of temperature** *el* hidegvezető *v.* nagy pozitív hőmérsékleti együtthatójú ellenállás; ~ **with memory** memisztor, tároló/emlékező ellenállás

resistron *el* resistron, vidikon

resit stage *műa* C-állapot, rezitállapot

resitol stage *műa* B-állapot, rezitolállapot

resol *műa* rezol, A-állapotú gyanta; ~ **stage** *műa* A-állapot, rezolállapot

resoluble *mat* megoldható; *vegy* oldható, feloldódó

resolution *film, tv* képfelbontás, felbontóképesség; *mat* megoldás *(műveleté)*; *opt* felbontóképesség; *szt* felbontás; *vegy* (fel)bontás *(vegyületeké)*; feloldás; feloldóképesség; ~ **capability** *film, tv* felbontóképesség, felbontás; ~ **characteristic** *vegy* feloldóképesség; ~ **chart** *tv* tesztkép, vizsgálóábra; ~ **in azimuth** *csill* azimutmegoldás; ~ **of force** *mech* erőfelbontás; ~ **of structure** *krist* feloldás; ~ **of the 180-degree ambiguity** *távk* oldalmeghatározás *(iránymérés)*; ~ **of the picture** *tv* tv-kép felbontása; ~ **of the potentiometer** *el* potenciométer felbontóképessége; ~ **pattern** *tv* próbakép, tesztábra, mérőábra; ~ **ratio** *tv* felbontási viszonyszám; ~ **time** *tv* felbontási idő, időbeli felbontóképesség

resolve feloldׄ; megold; *mat* megold; *mech, tv* felbont *(képet, erőt)*; *vegy* felbomlik, feloldódik, elolvad; ~ **into components** *vegy* összetevőkre/alkotókra bont

resolved *mat* megoldott; *mech, tv* felbontott; *vegy* feloldódott; feloldott; ~ **doublet** *krist* feloldott dublett; ~ **equation** *mat* megoldott egyenlet

resolver *szt* analizátor, vektorfelbontó/egyenletmegoldó számológép; *távk* rezolver; ~ **potentiometer** *el* rezolverpotenciométer, koordinátaátalakító potenciométer

resolving I. *a mat* megoldó; *mech, tv* felbontó; *vegy* feloldó, feloldódó; **II.** *n mat* megoldás *(egyenleté)*; *mech, tv* felbontás *(erőé, képé)*; *vegy* feloldás; feloldódás; ~ **ability/power** *opt* felbontóképesség; *vegy* feloldóképesség; ~ **power of a telescope** *opt* távcső felbontóképessége; ~ **power of the eye** *opt* szem felbontóképessége; ~ **time** *tv* felbontási idő; *vegy* feloldási idő; ~ **time correction** *el* holtidő-korrekció

resonance *fiz* rezonancia(állapot), rezgés; *hang* rezonancia, zengés; *vegy* rezonancia, mezoméria; ~ **absorber** *at* rezonanciaabszorber; ~ **absorption** *at* rezonanciás abszorpció, rezonanciaabszorpció; ~ **amplifier** *el* rezonanciaerősítő, hangolt erősítő, zárókörös csatolás; ~ **bonding** *krist* rezonanciakötés; ~ **box** *távk* üregrezonátor; ~ **breeder** *at* rezonáns neutronos tenyésztőreaktor; ~ **bridge** *el* rezonanciahíd, rezonanciamérő/torzításmérő híd, klirrfaktormérő; ~ **capacitor transformer** *el* kapacitív rezonanciás feszültségváltó; ~ **capture** *at* rezonanciabefogás; ~ **cavity/chamber** *távk* üregrezonátor; ~ **characteristic** *mech, távk* rezonanciagörbe; ~**(-)charging modula-**

tor *el* szikramodulátor *(motorgenerátor tengelyén)*, rezonanciafojtós impulzuskeltő; ~ **choke** *el* rezonancia-fojtótekercs; ~ **circuit** *el* rezonanciás áramkör/rezgőkör, rezonancia-áramkör; ~ **contour** *at* rezonanciás neutronáram görbéje; ~ **cross-section** *at* rezonanciás neutron-hatáskeresztmetszet, rezonanciabefogási hatáskeresztmetszet; ~ **curve** *fiz* rezonanciagörbe; ~ **detector** *fiz* rezonanciadetektor; ~ **device** *távk* rezonátor; ~ **effect** *el* rezonanciajelenség, begerjedés, rezonanciahatás; ~ **electron** *fiz* rezonanciaelektron; ~ **energy** *at* rezonanciaenergia, delokalizációs energia; ~**-escape probability** *at* rezonanciás befogás elkerülésének valószínűsége, rezonanciakikerülési valószínűség; ~ **excitation** *távk* rezonanciagerjesztés; ~ **fission** *at* rezonanciahasadás; ~ **flux** *at* rezonanciás neutronfluxus; ~ **force** *fiz* rezonanciaerő; ~ **frequency** *távk* rezonanciafrekvencia; ~**-frequency meter** *távk* rezgőnyelves frekvenciamérő; ~ **heating** *hőt* rezonanciafűtés; ~ **hybrid** *vegy* rezonanciahibrid; ~ **indicator** *fiz* rezonanciaindikátor; ~ **integral** *at* rezonanciaintegrál; ~ **interaction** *vegy* rezonancia-kölcsönhatás; ~ **jet** *rep* rezgőszelepes *v.* szakaszos üzemű torlósugármotor; ~ **lamp** *el* rezonancialámpa; ~ **level** *at* rezonanciaszint; ~ **line** *fiz* rezonanciavonal; ~ **loop** *távk* hangolt csatolóhurok; ~ **method** *geof* rezonanciamódszer; ~ **neutron** *at* rezonanciaenergiás/rezonanciaenergiájú neutron, rezonancianeutron; ~ **oscillation circuit** *távk* rezonáló/ráhangolt rezgőkör; ~ **peak** *at* rezonanciás csúcs, rezonanciacsúcs; ~ **penetration** *at* rezonanciás magbehatolás; ~ **point** *fiz* rezonanciahely, rezonanciapont; ~ **poisoning** *at* rezonanciás neutron mérgező hatása; ~ **potential** *fiz* rezonanciás potenciál; ~ **radiation** *at* rezonanciasugárzás; ~ **radiometer** *fiz* infravörös sugárzásmérő; ~ **range** *fiz, távk* rezonanciatartomány; ~ **reactor** *at* rezonanciás-neutronos reaktor; ~ **region** *at, távk* rezonanciatartomány; ~ **resistance** *el* rezonancia-ellenállás; ~ **scattering** *at* rezonanciás szóródás, rezonanciaszóródás; rezonanciaszórás; ~ **screen** *bány* rezonanciarosta; rezonáns szita; ~ **screen Binder** *bány* Binder-szita; ~ **shape** *el* rezonanciagörbe alakja; ~ **sieve** *fiz* rezonanciaszűrő; ~ **stabilization** *vegy* rezonancia útján való stabilizálódás; ~ **stabilization energy** *fiz* rezonanciaenergia; ~ **state** *fiz* rezonanciaállapot, rezonancia; ~ **structure** *vegy* rezonáló/mezomer szerkezet; ~ **transformer** *el* rezonáns transzformátor; ~ **valve** *el* rezonancialámpa; ~ **vibrating screen,** ~ **vibro-screen** *ép* rezonanciarosta; ~ **wavemeter** *távk* rezonancia-hullámmérő; ~ **width** *at* rezonanciaszélesség; ~ **yield** *at* rezonanciahozam

resonant *hang* rezonáló, rezonáns; rezonanciaképes; zengő, együtthangzó, ráhangzó; ~ **angular frequency** *fiz* rezonáns körfrekvencia, rezonancia-körfrekvencia; ~ **cavity** *távk* üregrezonátor; ~**-cavity frequency meter** *távk* üregrezonátoros frekvenciamérő, hullámmérő üregrezonátor; ~**-cavity maser** *távk* üregrezonátoros mézer; ~**-cavity tube** *el* üregrezonátoros cső; ~**-cavity wavemeter** → ~-cavity frequency meter; ~ **charging choke** *távk* lehangolt töltő fojtótekercs; ~ **choke** *távk* rezonanciakorlátozó; ~ **circuit** *távk* rezonanciás áramkör, rezonancia-áramkör, soros rezgőkör; ~**-current step-up** *távk* rezonanciás áramfokozás; ~ **earthed/grounded system** *el* kompenzált hálózat; ~ **feeder** *távk* hangolt tápvonal; ~ **frequency** *fiz, távk* rezonanciafrekvencia; ~ **gap** *távk* rezonátorrés; ~ **iris** *távk* rezonáns írisz; ~ **laser cavity** *fiz* üreges lézerrezonátor; ~ **line** *távk* lehangolt vezeték/vonal, rezonáló/állóhullámú tápvonal; ~**-line coupling** *távk* rezonáló tápvonalas csatolás; ~**-line oscillator** *távk* Lecher-vezetékes oszcillátor; ~ **mode** *távk* rezgésmód; ~ **oscillation** *fiz, távk* rezonáns rezgés/lengés; ~ **scattering** *at* rezonanciaszórás; ~ **section** *távk* áramkör hangolt része; ~ **shunt** *távk* rezonáns sönt, rezonáló mellékáramkör, hangolt rezgőkör; ~ **tachometer** *gépk* rezgőnyelves fordulatszámmérő; ~ **transfer** *távk* rezonáns átvitel; ~ **transmission line** *távk* rezonáns tápvonal; ~**-voltage step-up** *távk* rezonanciás feszültségnövelés; ~ **width** *at* rezonanciaszélesség; ~ **window** *távk* rezonanciarés *(hangolóűrnél)*

resonate *fiz, távk* rezonál, rezeg; *hang* visszhangzik, (együtt)zeng, rezonál

resonating I. *a fiz, távk* rezonáló, rezgő; *hang* rezonáló, együttzengő, visszhangzó; **II.** *n fiz, távk* rezonálás, rezgés; *hang* rezonálás, (együtt)zengés, visszhangzás; ~ **circuit** *távk* rezonanciás áramkör, rezonancia-áramkör; ~ **piezoid** *távk* kristályoszcillátor; ~ **system** *vegy* rezonáló rendszer

resonator *távk* (üreg)rezonátor; ~ **magnetron** *el* magnetron; ~ **maser amplifier** *távk* üregrezonátoros mézer; ~ **plate** *gépk* lengőtárcsa *(villamos kürté)*; ~**-tuned filter** *távk* rezonátoros szűrő; ~ **wavemeter** *távk* rezonanciás hullámmérő

resorb *vegy* újrafelszív, újraelnyel

resorcin → resorcinol

resorcinol *vegy* rezorcin, benzol-1,3-diol, m-dioxibenzol

resorption *vegy* (újra)elnyelés, reszorpció; ~ **system** *hűt* reszorpciós hűtőberendezés

re-sort *ip* újraválogat, újraosztályoz, újraszortíroz

resource erőforrás, készlet; ~ **allocation** *szt* erőforrás-hozzárendelés, erőforrás-kiosztás, allokáció; ~ **management** *szt* erőforrás-kezelés; ~ **of gravitational water** *geol* gravitációs vízkészlet; ~**s** *pl* anyagi eszközök, pénzeszközök; *fa* fakincs; *ip* vagyon, készlet

respirable dust *bány* tüdőjáró por

respiration légzés, lélegzés; ~ **rate** légzésintenzitás

respirator gázálarc, gázmaszk; légzőkészülék; ~ **buffer** *kat* légszelepes ütközőszerkezet

respiratory *orv* légzési, légző-; ~ **apparatus** légzőkészülék; ~ **tracts** *pl* légút

respond I. *v aut* reagál; *távk* válaszol; **II.** *n ép* félpillér, ívpillér; *távk* válaszjel

responder *távk* felelőkészülék, felelő/válaszoló adóvevő; ~ **beacon** *távk* felelő adóvevő; válaszjeladó; ~ **carrier** *távk* válaszjeladó vivőfrekvenciája; ~ **pulse** *távk* felelőimpulzus *(lokátoré)*

responding | **time** *aut* megszólalási/meghúzási idő, válaszidő; ~ **value** *el* megszólalási/meghúzási érték

response válasz; *aut* reagálás; *el* megszólalás, meghúzás; *távk* átvitel; érzékenység, érzékenységi tényező; frekvenciamenet, frekvencia(-jelleg)görbe; reagálás; válaszjel; *vegy* reakció; ~ **characteristic** *távk* átvitel(i jelleggörbe); frekvenciakarakterisztika; ~ **compensation** *távk* átviteli kiegyenlítés; ~ **control** *távk* átvitelszabályozás; ~ **correction** *távk* kiegyenlítés *(átvitelé)*; ~ **curve** *távk* átviteli jelleggörbe; ~ **frame** *vid*

válaszoldal *(videotex)*; ~ **frequency diagram** *aut* Bode-diagram; ~ **function** *szt* válaszfüggvény; ~ **limit** *el* megszólalási/meghúzási/reagálási határ; ~ **locus** *aut* helygörbe; ~ **ratio** *távk* szelektivitásarány; ~ **region** *távk* karakterisztika/válaszgörbe egy szakasza; ~ **regulation** *aut* lassú szabályozás; ~ **surface** *mat* hatásfelület; ~ **time** *aut, szt* válaszidő, reakcióidő; *el* megszólalási/meghúzási idő; ~ **to lead tetraethyl** *ol* ólomérzékenység *(benziné)*; ~ **to (the) controls** *rep* kormányozhatóság; ~ **vector locus** *mat* Nyquist-diagram; ~ **voltage** *el* megszólalási feszültség
responsive *el* érzékeny
responsiveness *aut* reakciósebesség; *el* megszólalási érzékenység
rest I. *v* pihen, szünetet tart; *távk* felfekszik *(érintkezővég)*; **II.** *n* pihenés, nyugalom, nyugalmi állapot/helyzet; maradék; *ép* állvány, tám, pillér; *forg* báb *(esztergán)*, késtartó szán; *hang* szünet; *kat* lőbak; ~ **bin** *élip* pihentetőkamra; ~ **cask** *élip* sörmaradékgyűjtő hordó; ~ **cellar** *élip* ászokpince; ~ **contact** *el* nyugvóáramú/nyugalmi érintkező, bontóérintkező; ~ **current** *el* nyugalmi áram, szünetáram; ~**-current release** *el* nyugvóáramú kioldó; ~ **energy** *at* nyugalmi energia; ~ **friction** *mech* nyugalmi súrlódás; nyugvósúrlódás; ~ **gas** maradékgáz; ~ **magma** *geol* maradék magma; ~ **mass** *at* nyugalmi tömeg; ~ **of pillar** *bány* maradékpillér; ~**-oil** *ol* maradékolaj; ~ **period** *ip* pihenőidő; ~ **position** *gép* kikapcsolt állás, nyugalmi helyzet; ~ **potential** *el* nyugalmi feszültség, polarizációs feszültség *(elemnél)*; ~ **resistor** *aut* integrálófojtás
restandardization *metr* újrakalibrálás, újrahitelesítés
restart I. *v* újra üzembe helyez; újraindít; *rep* újból felszáll; ~ **(RST)** *n* újbóli üzembe helyezés, újraindulás; *szt* újraindítás, RST; ~ **point** *szt* újraindítási pont
restarting *rep* hajtómű újra üzembe helyezése; hajtómű újraindítása
restatement *mat* új kifejtés, újrakifejtés *(elméleté)*
restaurant car *vasút* étkezőkocsi
resting I. *a gép* nyugvó, pihenő; **II.** *n gép* nyugvás, pihenés; *távk* felfekvés *(érintkezőé)*; ~ **condition** *ip* nyugalmi állapot; ~ **contact** *el* nyugvóáramú/nyugalmi érintkező, bontóérintkező; ~ **current** *el* nyugalmi áram, szünetáram; ~ **of rubber** *gumi* kaucsukkeverék pihentetése; ~ **platform** *bány* járópadozat; ~ **position** *el, gép* nyugalmi helyzet, középhelyzet, alapállás
restitch *nyom* újrafűz; *tex* újraölt, átölt
restitute *ép* helyreállít; *geod* fényképeket transzformál *(fotogrammetriában)*
restitution *ép* helyreállítás; *geod* fénykép-transzformáció; ~ **apparatus** *geod* aerokartográf, sztereoszkopikus légitérképező műszer; ~ **delay** *el* visszaállítási/visszaállási késedelem; ~ **of aerial photographs** *geod* fényképtranszformálás; ~ **of deformation** *any* alakváltozás megszűn(tet)ése
restock *fa* erdősít, újra beültet; *ip* készletet pótol, újra megtölt/felszerel
restocking *fa* erdősítés, erdőfelújítás; *ip* ellátás *(készlettel)*; újrafelszerelés
restorability *ép* helyreállíthatóság; *távk* visszaállíthatóság
restorable *ép* helyreállítható; *távk* visszaállítható; ~ **item/product** helyreállítható termék; ~ **reserve** helyreállítható tartalék
restoration *ép* helyreállítás; *távk* visszaállítás; ~ **of distorted information** *távk* információ-visszanyerés; ~ **of operational capacity** *el, gép* működőképesség helyreállítása
restore *el* visszabillen; *ép* helyreállít, restaurál; *szt* felfrissít, visszaállít; *távk* visszaad; ~ **force** *at* visszaállító/visszatérítő erő; *talt* ellensúlyozó erő/nyomaték
restored energy *fiz* visszanyert energia
restorer *ép* helyreállító, restauráló; *tv* alappotenciálhelyreállító
restoring I. *a ép* helyreállító, restauráló; *távk* visszaállító, visszaadó; **II.** *n ép* helyreállítás, restaurálás, újjáépítés; *távk* visszaadás; ~ **couple** *el* visszaállító nyomaték; *talt* ellensúlyozó nyomaték; ~ **force** *at* visszatérítő erő; *talt* ellensúlyozó erő/nyomaték; ~ **key** *el* visszaállító billentyű/kulcs; ~ **moment** *mech* visszaállító nyomaték; ~ **time** *távk* zárási idő *(visszhangzáré)*; ~ **torque** *mech* visszatérítő/visszaállító nyomaték
restrain visszatart; korlátoz; *forg* befog; *vegy* visszatart, (meg)akadályoz, (meg)gátol
restrained beam *ép* befogott gerenda/tartó
restraining | **coil** *el* féktartó tekercs; ~ **condition** *mat* kényszer, kényszeregyenlet, kényszerfeltétel; ~ **frame** *forg* befogókeret
restraint *forg* befogás; *mat* korlátozás, megszorítás; *vegy* gátlás, fékezés; ~ **generator** *el* csillapítógenerátor
re-stressing *ép* utánfeszítés
re-stretch *gép* újrafeszít, utánfeszít *(rugót)*
restrict korlátoz, megszorít
restricted korlátozott; tiltott; *gép* szűkített *(keresztmetszet)*; ~ **airspace** *rep* korlátozott használatú légtér; ~ **area** *at* tiltott terület; *közl* útszakasz sebességkorlátozással; *rep* korlátozott használatú terület; ~ **diffusion chromatography** *fiz* gélpermeábilis kromatográfia, gélszűrés; ~ **expansion** *ép* gátolt dilatáció; ~ **opening** *hidr* fojtott nyílás; ~ **orifice** *hidr* fojtott kifolyónyílás; ~**-orifice surge(-)tank** *hidr* fojtott kiegyenlítőmű; ~ **randomization** *mat* korlátozott randomizáció; ~ **risk-taking** *mat* korlátozott biztonsági stratégia; ~ **speed** *közl* csökkentett sebesség; ~ **spreading** *heng* korlátozott szélesedés; ~ **theory of relativity** *fiz* speciális relativitáselmélet
restriction korlátozás, megszorítás; *hidr* fojtás, fojtóelem, torlóelem; összeszűkülés; szűkítőelem, szűkítés; *mat* leszűkítés *(disztribúcióé)*; ~ **crack** *any* zsugorodáskor keletkező repedés; ~ **enzymes** *biot* restrikciós enzimek; ~ **lights** *rep* akadályfények; ~ **of production** *ol* termeléskorlátozás; ~ **of visibility** *közl* látáskorlátozás; ~ **of water use** *hidr* vízhasználat korlátozása; vízkorlátozás
restrictive korlátozó, megszorító, szűkítő
restrictor *hidr* fojtó(tárcsa); szűkület, torok, keresztmetszet-csökkenés, fojtási hely; ~ **valve** *hidr* fojtószelep
restrike *alak* újraver *(pénzt)*; *el* ismét átüt/begyullad *(ív)*
restriking I. *a el* újra begyulladó, ismét átütő; **II.** *n alak* újraverés *(pénzé)*; *el* újrabegyulladás, ismételt átütés; ~ **voltage** *el* visszaszökő/visszagyújtási feszültség

resublimation *ol* reszublimáció; ~ **vessel** *ol* reszublimációs edény
resublime újraszublimál, reszublimál
result *mat* eredmény, megoldás, következmény; ~ **from** *v* következik/származik/ered vmiből; ~ **in** *v* vezet vmire; ~ **of measurement** mérési eredmény; ~ **of trial** *ip* kísérleti eredmény; ~ **variable** *mat* eredményváltozó
resultant I. *a mat, mech* eredő, származó; **II.** *n mat* eredő, rezultáns, geometriai/vektoriális összeg, vektorösszeg; *mech* eredő erő; ~ **acceleration** *mech* eredő gyorsulás; ~ **acceleration vector** *mech* eredő gyorsulásvektor; ~ **attenuation** *távk* eredő csillapítás; ~ **colo(u)r shift** *opt* színérzet-eltolódás; ~ **curve** *mat* eredménygörbe, eredő görbe; ~ **distortion** *távk* eredő torzítás; ~ **force (RF)** *mech* eredő erő; ~ **function** *mat* eredményfüggvény, képfüggvény; ~ **moment** *mech* eredő nyomaték; ~ **nucleus** *at* eredő atommag; ~ **particle** *at* eredő/keletkező részecske; ~ **pitch** *el* eredő tekercslépés; ~ **pressure** *hidr* eredő nyomás; ~ **product** *ip* végtermék; ~ **resistance** *el* eredő ellenállás; ~ **rotation** *mech* eredő forgás; ~ **shade** *tex* nyert színárnyalat; ~ **thrust** *rep* összegezett tolóerő; ~ **vector** *mat* eredő vektor; ~ **velocity** *mech* eredő sebesség; ~ **velocity vector** *mech* eredő sebességvektor; ~ **wave** *távk* eredő hullám; ~ **wave-form** *távk* eredő hullámalak
resupply *el* újra bevezet *(áramot)*, újratáplál *(energiát)*; *ip* újra ellát, feltölt
resurfacing *ép* burkolatfelújítás, burkolaterősítés
resurgent *hidr* felszálló, feltörő; ~ **gas** *geol* feltörő gáz *(vulkánkitörésnél)*; ~ **water** *geol* felszálló/újrafakadó víz
resuscitation *orv* újraélesztés; ~ **apparatus** → resuscitator
resuscitator *orv* mesterséges légzőkészülék, újraélesztő készülék
resynchronization *el* újraszinkronizálás, újraszinkronozás
ret *tex* ázik; áztat
retail charter rate *rep* kiskereskedelmi különjárati díjszabás
retain visszatart, tartóztat, gátol; fenntart
retained | austenite *ásv* maradó ausztenit; ~ **loop** *kh* feltartott szem; ~**-neutral polar relay** *el* késleltetett nullaállású sarkított relé; ~ **water** *hidr* felfogott/visszatartott/duzzasztott víz; ~ **water level** *hidr* duzzasztott vízszint
retainer *élip* fogókészülék; *gép* rögzítőelem, rögzítőgyűrű, porfogó/olajfogó tárcsa; ~ **bolt** *ol* vezetőcsap, forgatóbetét; ~ **plate** *műa* rögzítőlemez, zárólap, alaplap; tartólap; ~ **plunger** *gép* rögzítőcsap; ~ **ring** *gép* abroncs; akasztógyűrű, biztosítógyűrű, támasztógyűrű; tartógyűrű; ~ **screw** *gép* rögzítőcsavar
retaining | band *gép* abroncs, bandázs; ~ **bolt** *gép* rögzítőcsavar; ~ **cap** *gép* nikkelacél sapka/fedél; ~ **clip** *gép* tartókapocs; ~ **contact** *el* tartóérintkező; ~ **device** *gép* biztosítószerkezet, visszatartó szerkezet; ~**-lever catch** zárókallantyú; rögzítőkallantyú; ~ **nut** *gép* rögzítőanya, biztosítóanya; ~ **of water** *hidr* vízvisszatartás; ~ **pawl** *gép* kallantyú; ~**(-)pawl assembly** *távk* kilincsszerkezet; ~ **pin** *gép* rögzítő csapszeg; *műa* betéttartó csap; ~ **reservoir** *hidr* felfogómedence; ~ **spring** *távk* visszahívó/visszatartó rugó; ~ **valve** *gép* visszacsapó szelep; vizsgálószelep; ~ **wall** *ép* támfal; ~ **washer** *gép* rögzítő alátét
retake I. *v film* újra felvesz, újraforgat; *geod* újramér; **II.** *n film* megismételt felvétel, újraforgatás; *geod* újrafelmérés
retan *bőr* utáncserez
retannage *bőr* utáncserzés
retanner *bőr* utáncserző
retard I. *v* késleltet, visszatart, feltart, lassít, hátráltat; **II.** *n* késés, késleltetés, visszatartás, feltartás; ~ **position** *at* csökkentett teljesítményű helyzet
retardant I. *a* késleltető, visszatartó, gátló; **II.** *n* késleltető
retardation késleltetés, hátráltatás, fékezés, gátlás, lassítás; késedelem; ~ **angle** *el* fáziskésési szög, fáziselmaradás szöge; ~ **coil** *el* késleltetőtekercs; ~ **curve** *fiz* lassulási görbe; ~ **efficiency** *gépk* fékhatásfok; ~ **of discharge** *hidr* átfolyáskésleltetés; ~ **of phase** *el* fáziskésés, fáziselmaradás; ~ **period** késleltetési időköz; ~ **plate** *krist, opt* fáziseltoló gipszlemez; ~ **spring** *gép* késleltetőrugó; ~ **test** *el* kifutási próba; ~ **time** *el* késés, késési idő
retarded késleltetett, fékezett, gátolt, lassított; ~**-action fuse** *kat* késleltetett gyújtó/biztosító; ~ **argument** *mat* késleltetett/eltolt argumentum; ~ **caving** *bány* késleltetett omlasztás; ~ **control** *aut* holtidős szabályozás; ~ **cooling** *koh* visszahűtés; ~ **elasticity** *műa* elasztikus utóhatás; ~ **field** *el* késleltetett erőtér; ~ **ignition** *gépk* utógyújtás; ~ **motion** *mech* lassuló mozgás; ~ **potential** *el* késleltetett potenciál; ~ **spark** *gépk* utógyújtási szikra
retarder *bány* csillefogó, csilleadagoló; *foto, műa* késleltető(szer); *gép* retardátor, késleltető(szerkezet), lassító(szerkezet); *vasút* kocsifékező berendezés *(gurulópályán)*; ~ **spring** *bány* csillefogó rugója
retarding késleltető, lassító, gátló, fékező; ~ **admixture** *ép* kötéskésleltető; ~ **agent** *vegy* késleltetőszer; ~ **agent and level(l)ing** *tex* késleltető- és egalizálószer; ~ **basin** *hidr* árvízcsökkentő/árvízi tározó; ~**-chain conveyer/conveyor** *bány* visszatartó láncos csúszda, visszatartó szállítószalag; ~ **disc/disk** *gépk* féktárcsa; ~**-disc/disk conveyer/conveyor** *bány* visszahullást gátló tárcsás szállítószalag; ~ **electrode** *el* fékezőelektród, késleltetőelektród; ~ **field** *el* lassító tér, késleltetési mező; ~**-field current** *el* indulóáram; ~**-field oscillation(s)** *el* Barkhausen—Kurz-féle rezgés, Barkhausen—Kurz-rezgések; ~**(-)field oscillator** *el, távk* Barkhausen—Kurz-kapcsolás; ~**-field potential** *el* fékezőtér-potenciál; ~**-field tube** *távk* reflexklisztron, Barkhausen—Kurz cső; ~ **force** *mech* késleltetőerő, lassítóerő; visszatartóerő; ~ **magnet** fékezőmágnes; ~ **parachute** *rep* fékezőernyő; ~ **reservoir** *hidr* árvízcsökkentő tározó; ~ **torque** *gépk* fékezési nyomaték; ~ **voltage for a given current** *el* indulófeszültség
retemper *ép* újrakever *(betont)*; *hők* újraedz; *koh* újra megereszt
retempered concrete *ép* nedvesített beton(keverék)
retene *vegy* metil-izopropil-fenantrén
retention visszatartás, késleltetés, gátlás, akadályozás, megfogás; visszamaradás; *at* sugárzáselnyelés; *hidr* retenció; tározódás; *koh* pihentetés; ~ **basin** *hidr* tározómedence; ~ **bolt** rögzítőcsavar; ~ **coefficient** *at*

retenciós/visszatartási tényező; ~ **cone** *gép* rögzítőkúp; ~ **flange** *gép* rögzítőkarima; ~ **level** *hidr* tározás szintje; ~ **of adhesion** *ol* adhéziós visszatartás; ~ **of configuration** *ol* konfigurációmegőrzés; ~ **of hardness** *koh* megeresztésállóság; ~ **of shape** *any* alaktartás; ~ **of water** *hidr* vízvisszatartás; ~ **period** *hidr* ülepítési idő; ~ **pin** *gép* reteszelő csapszeg; ~ **power** *vegy* retencióképesség; ~ **range** *távk* szinkronozási tartomány, szinkronozótartomány, szinkronozósáv; ~ **screw** *gép* biztosítócsavar; ~ **terrace** *hidr* vizet tartó terasz; ~ **time** *at, ol* tartózkodási/retenciós idő; *hidr* ülepítési idő; ~ **volume** *vegy* retenciós térfogat *(kromatográfiában)*

retentive visszatartó, késleltető, megőrző, megtartó; ~ **material** *fiz* mágnesesen kemény anyag

retentiveness *fiz* remanencia

retentivity *fiz* mágneses remanencia; *szt* megtartóképesség

retest I. *v ip* újratesztel, újra kipróbál; **II.** *n ip* ellenőrzőpróba, ellenpróba

rethread *forg* újravág, utánavág *(csavarmenetet)*

rethreshing *élip* újracséplés

reticketing *rep* jegycsere

reticle *foto* szállemez, hajszálvonal-hálózatos lemez; *opt* hajszálkereszt, fonálkereszt; ~ **infrared system** *kat* raszteres infravörös rendszer; ~ **pattern** *kat* vonásháló *(távcsőben)*; ~ **range scale** *kat* fonalkereszt magassági beosztása

reticular hálószerű, recés; ~ **layer** *bőr* recés réteg, receréteg; ~ **structure** *any* hálós szerkezet

reticulate I. *v* hálózatot készít, hálóval bevon/befed, hálózati vonalakat készít, hálót képez/alkot; **II.** *a* hálózatszerű, hálós

reticulated hálózatos, hálószerű, hálósodott, hálószerkezetű; ~ **paper** *pa* (száraz) vízjeles papír; ~ **vault** *ép* hálóboltozat

reticulation *any* hálózottság, hálószerű alak/szerkezet

reticule → reticle

retiform *any* háló alakú, hálószerű

retighten *gép* utánhúz; ~ **the srew** *gép* csavart utánahúz/utánaszorít

retigraph *krist* retigráf

retimber *ép* átácsol, ácsolatot javít

retime *kat* újraidőzít, újra beállít *(gyújtási időpontot)*

retinalite *ásv* retinalit

retinite *ásv* retinit

retip *alak* újrahegyez, új csúccsal lát el

retire visszahúz; *kat* visszavon, visszavonul, visszahúzódik

retirement visszahúzás; *kat* visszavonás, visszavonulás

retort I. *v vegy* lepárol, izzít, desztillál *(retortában)*; **II.** *n koh* kokszolóretorta; *vegy* retorta, lepárlóüst, lepárlókazán, lombik; ~ **bench** *ol* retortacsoport *(gázgyárban)*; ~ **carbon** *koh* retortaszén; ~ **charring** *fa* retortaszenítés; ~ **coke** *koh* retortakoksz; ~ **furnace** *koh* tokos kemence, retortakemence; ~ **oven** *fa* retorta; ~ **residue** *koh* desztillálási maradvány; ~ **set** *ol* retortacsoport *(gázgyárban)*

retorting *vegy* retortadesztilláció, lepárlás, izzítás *(retortában)*

retouch I. *v foto* átjavít, retusál; **II.** *n foto* átjavítás, retusálás

retouching *foto* retus; retusáló; ~ **dope** *foto* retusfestékanyag

retrace I. *v gép* újrarajzol, újravázol; **II.** *n tv* visszafutás; ~ **blanking** *tv* kioltás visszafutás közben; ~ **characteristic** *tv* visszafutási karakterisztika; ~ **interval** *tv* visszafutási idő; ~ **line** *tv* visszafutási vonal; ~ **ratio** *tv* visszafutási időarány; ~ **time** *tv* visszafutási idő

retraceable visszafelé követhető, visszavezethető

retract *gép* visszahúz, visszavon, behúz; ~ **the landing gear** *rep* futóművet behúz

retractable *gép* visszavonható, visszahúzható; *rep* behúzható *(futómű)*; ~ **drawbridge** *ép* behúzható/eltolható híd; ~**(-)fork reach truck** *em* tolóvillás emelőtargonca; ~ **guide** *bány* felhúzható kasvezető gerenda; ~ **ingot mo(u)ld** *önt* visszahúzható öntecskokilla; ~ **landing gear** *rep* behúzható futómű; ~ **mast** *gép* tolóoszlop; ~**-mast reach truck** *em* tolóoszlopos emelőtargonca; ~ **radiator** *rep* behúzható hűtő; ~ **slat** *rep* behúzható orrsegédszárny; ~ **tail wheel** *rep* behúzható farokkerék; ~ **undercarriage** *rep* behúzható futómű

retracted *gép* visszahúzott, visszavont; *rep* behúzott; ~ **position** *rep* behúzott helyzet

retractile *gép* visszarántó *(pl. rugó)*; *rep* behúzható *(futómű)*; ~ **spring** *gép* visszarántó rugó

retracting I. *a gép* visszavonó, visszahúzó; *rep* behúzó; **II.** *n gép* visszahúzás, visszavonás; *rep* behúzás; ~ **handle** *kat* rögzítőfogantyú; *rep* futóműbehúzó kar; ~ **lever** *kat* rögzítőkar; ~**-lever assembly** *kat* rögzítőkar-szerkezet; ~ **slide** *kat* adogatócsúszka; ~ **spring** *gépk* fékpofa-visszahúzó rugó

retractor *gép, rep* behúzószerkezet, visszahúzó-szerkezet; *orv* sebészhorog, sebkampó; ~ **strut** *rep* behúzórúd *(futóműé)*

retransfer I. *v távk* újraközvetít, újrasugároz; **II.** *n távk* retranszmisszió, újraközvetítés

retransformation *el* újratranszformálás, retranszformálás, retranszformáció

retransmission *távk* adásismétlés; reléadás; újraközvetítés, retranszmisszió

retransmit *távk* adást megismétel; átjátszik, közvetít; újrasugároz

retransmitter *távk* reléadó, ismétlőadó, közvetítőadó, átjátszóadó

retranspose *távk* átkeresztez; visszahelyez

retread *gumi* futófelületet megújít, (újra)futóz

retreaded *gumi* (újra)futózott; ~ **tyre/tire** (újra)futózott gumi(abroncs)

retreader *gumi* abroncsfelület-megújító, abroncsfutózó

retreading *gumi* (újra)futózás *(köpenyé)*, körfutózás

retreat I. *v kat* visszavonul, visszahúzódik, visszavon; **II.** *n kat* visszavonulás, visszahúzódás, visszavonás; ~ **mining/system** *bány* visszahaladó művelés/rendszer; ~ **up the rise** *bány* dőlés mentén felfelé haladó művelés, visszahaladó művelés

retreating I. *a bány* visszahaladó; *kat* visszavonuló; **II.** *n bány* visszahaladó művelés; *kat* visszavonulás, visszahúzódás, visszavonás; ~ **face** *bány* visszahaladó front; ~**(-)intermittent longwall** *bány* frontfejtés hazafelé *(pillérek visszahagyásával)*; ~ **mining** *bány* hazafelé haladó fejtés; visszafejtés; ~ **on strike** *bány* csapásban visszahaladó művelés; ~ **robbing** *bány*

pillérvisszafejtés; ~ **to (the) dip** *bány* dőlésben visszahaladó; ~ **to the pitch** *bány* dőlésirányban lefelé/hazafelé/visszafelé haladó; ~ **working** → ~ mining
retreatment cell *bány* tisztítócella
retree *pa* másodrendű/foltos/hibás papír; selejt(papír)
retrievable packer *ol* oldható pakker
retrieval *ip, távk* visszanyerés, visszaszerzés; *szt* visszakeresés; ~ **device** *szt* visszakereső berendezés; ~ **of digital information** *szt* digitális információ visszakeresése; ~ **of stored information** *szt* információ-visszakeresés; ~ **truck/vehicle** *ép* komissiózótargonca
retrieve I. *v ip, távk* visszanyer, visszaszerez; *szt* visszakeres, kihoz; *tex* visszakeres *(szálat)*; **II.** *n ip, távk* visszanyerés, visszaszerzés; *szt, tex* visszakeresés
retriever *el* áramvisszanyerő készülék
retrieving I. *a szt, tex* visszakereső; **II.** *n ip, távk* visszanyerés, visszaszerzés; *szt, tex* visszakeresés; ~ **rope** *vasút* áramszedő-lehúzó (kötél)
retroaction *el* visszacsatolás; *fiz* visszahatás, kölcsönhatás; *mech* visszaható erő
retroactive *el* visszacsatolásos; *fiz* visszaható; ~ **amplification** *el* visszacsatolásos/regeneratív erősítés; ~ **circuit** *el* visszacsatolt áramkör; ~ **effect** *el* visszacsatolási hatás; ~ **receiver** *távk* visszacsatolt vevőállomás; ~ **reception** *távk* visszacsatolásos vétel
retrocession visszatérés, visszafordulás; *csill* retrocesszió
retroengine *rak, űr* fékezőrakéta
retrofit *szt* összeilleszt
retrogradation *csill* hátrálás, hátrafelé mozgás
retrograde I. *v csill* hátrafelé megy/halad; **II.** *a csill* hátramenő, visszafelé mozgó; ~ **condensation** *ol* visszamenő cseppfolyósodás, retrográd kondenzáció; ~ **metamorphism** *krist* fordított/retrográd metamorfózis; ~ **motion** *csill* hátrafelé mozgás; ~ **rocket** *rak* fékezőrakéta; ~ **solubility** *vegy* emelkedő hőmérséklettel csökkenő oldhatóság
retrogression *csill* hátrafelé menés/haladás; *mat* visszafordulás *(görbéé)*
retrogressive *csill* hátrafelé/visszafelé mozgó/haladó; ~ **erosion** *geol* hátráló erózió; ~ **metamorphism** *krist* visszafelé irányuló *v.* retrogresszív metamorfózis; ~ **movement** *csill* visszafelé haladó mozgás; ~ **winding** *el* balra haladó tekercselés
retroreflecting *opt* fényvisszaverő, fényvisszavető; ~ **material** *opt* fényvisszavető anyag; ~ **optical unit** *opt* fényvisszavető optikai egység
retroreflection *opt* fényvisszavetés, retroreflexió
retroreflector *opt* fényvisszavető, katadiopteres sugárzó; macskaszem
retrorocket *rak* fékezőrakéta
retrospection mirror *gépk* visszapillantó tükör
retrospective searching *szt* retrospektív keresés
retting I. *a tex* (kender)áztató, lenáztató; **II.** *n tex* (kender)áztatás, lenáztatás; ~ **pit** *tex* áztatógödör
retubing *el* csőcsere
retune *távk* újrahangol, áthangol
retuning *távk* újrahangolás, áthangolás
return I. *v* visszatér, visszamegy, visszafordul; visszatesz, visszarak; *hang, opt* visszaver; *ip* visszaad, visszatérít; **II.** *n* visszafordulás, visszatérés; *bány, szell* kihúzó légáram; szellőző légáram/légvágat; *el* visszaállás; *hang, opt* visszaverődés; *ip* visszaadás, visszatérítés; *szt* „kocsi vissza" billentyű; visszatérés; ~ **address** *szt* visszakeresési/visszairányító/visszatérési cím; ~ **air** *szell* elhasznált/keringetett levegő, kihúzó légáram; ~ **aircourse** *bány, szell* kihúzó légvágat; ~ **air current** *bány* kihúzó légáram; ~ **air duct** *szell* visszatérő levegőcsatorna; ~ **air fan** *szell* távozó levegőt szállító ventilátor; ~ **airway** *bány, szell* kihúzó légvágat; ~ **albedo** *fiz* visszaverő képesség, visszairányuló albedo; ~ **arrester** heveder-visszafutásgátló; ~ **band** *hőt* fordulókamra *(csőkemencében)*; ~ **bead** *ép* díszítőléc; ~ **bell** *távb* visszacsengetés; ~ **belt** üres ág *(szállítószalagé)*; ~ **bend** *gép* U alakú csőhajlat; ~ **block** *em* visszaterelő görgő *(csigasoron)*; ~ **booster** *hidr* ellennyomás-növelő; ~ **calcine(d product)** *koh* visszajáró pörkölék; ~ **cam** *gép* irányváltó bütyök; ~ **cargo** visszfuvar; ~ **carrier** terheletlen ág görgője *(szállítószalagon)*; ~ **channel** *szt* visszajelző csatorna; ~ **circuit** *el* visszavezetés, visszatérő áramkör; ~ **code** *szt* visszakeresési kód; ~ **command** *szt* visszatérési/visszakeresési utasítás; ~ **compartment** *bány* szívó-szellőző osztály *(aknában)*; ~ **conductor** *el* földvezeték; ~ **crank** *vasút* pótló ellenforgattyú; ~ **current** *el* ellenirányú/záróirányú áram; reflektált/visszatérő áram, visszáram; ~**-current coefficient** *távk* áram-visszaverődési együttható; ~ **cylinder** *gép* visszahúzó berendezés; *gépk* ellenhenger; ~ **electron** *el* visszaverődő elektron; ~ **fare** *rep* menettérti díjszabás; ~ **feeder** *el* visszavezető tápvezeték; ~**-feeder cable** *el* visszatérő tápvezetékkábel; ~**-fire tube** *koh* második füstjárat; ~ **flame** *hőt* visszaterelő tűzcsöves kazán; ~ **flow** *fiz* visszáramlás, visszafutó áramlás, reflux; *hidr* visszavezetett víz; vízvisszavezetés; *mzg* csurgalékvíz; ~**-flow compressor** *hűt* váltakozó áramlású dugattyús hűtőkompresszor; ~**-flow wind tunnel** *rep* zárt szélcsatorna; ~ **flue** *hőt* visszavezető füstgázjárat; ~ **from subroutine (RTS)** *szt* visszatérés szubrutinból; ~ **gate road** *bány* kihúzóvágat; ~ **gear** *gép* irányváltó fogaskerék; ~ **gearbox** *gép* irányváltószekrény; ~ **home** *v el* alapállásba tér; ~ **idler** üres szalagágat tartó görgő; ~ **instruction** *szt* helyreállítási/visszatérési utasítás; ~ **journey** üres menet; ~ **jump** *szt* visszaugrás; ~ **jump statement** *szt* visszaugrási utasítás; ~ **laser beam** *fiz* visszavert lézersugár; ~ **lever** *kat* helyrehúzó kar; ~ **light** *el* készenléti fényjelzés; ~ **line** *el* visszatérő áramkör, visszavezetés; *ép, gép* visszatérő/visszafolyó vezeték, ürítővezeték; ~ **loss** *távk* illesztési veszteség, visszaverődési/reflexiós csillapítás; ~**-loss measuring set** *távk* vonalutánzat-mérő, füttypontmérő, visszaverődésmérő; ~ **main** *ép, gép* gyűjtővezeték; ~ **material** *ip* selejt; visszatérti anyag; visszavezetett anyag; ~ **motion** *mech* fordított mozgás, hátramenet; ~ **oil** *gép* visszafolyó olaj; ~ **on investment** befektetés hozadéka; ~ **opening** *bány, szell* kihúzó légvágat; ~ **pan** *mzg* gyűjtőasztal *(cséplőgépen)*; ~ **pass** *tex* csúcsos fűzés; ~ **path** *távk* visszáramkör, visszafutás, visszavezetés; ~ **pin** *műa* visszahúzó szár, kidobó visszahúzó; ~ **pipe(line)** *gép* lehűtővízvezeték, visszatérő vezeték, leszállóvezeték, ürítővezeték; ~ **point** *mech* fordulópont; ~ **pole piece** *el* jelfogójárom; ~ **pressure** *mech* ellennyomás; ~**-pressure valve** *gép* Stumpff-féle szelep; ~ **pulley** *em* visszaterelő csiga; ~ **pump** *gép* ürítőszivattyú, visszatápláló szivattyú; ~ **roller** *gép* visszaterelő görgő; ~ **run** üres menet; ~**s** → returns; ~ **scrap** *koh* visszaté-

rő hulladék; ~ **service** *rep* ellentétes irányú járat; ~ **shaft** *bány, szell* kihúzóakna; ~ **sheave** *ép* iránytörő görgő *(előfeszítésnél)*; ~ **shipment** *csom* visszaszállítás; ~ **shock** *fiz* fordított irányú villám; ~ **signal** *el* visszacsatolt/visszacsatoló jel; ~ **sinter** *koh* visszajáró zsugorítmány; ~ **slag** *koh* visszajáró salak; ~ **slant** *bány, szell* kihúzó légfolyosó; ~ **sludge** *hidr* recirkuláltatott iszap; ~ **speed** *forg* visszafutási sebesség; ~ **spring (RS)** *gép* helyretoló rugó; *gépk* visszanyomó rugó *(főfékhengeré)*; ~ **statement** *szt* visszaugrási/visszatérési utasítás; ~ **strand** *bány* üres/visszafutó ág; ~ **stroke** *gépk* visszalöket, visszatérő löket; ~ **temperature limiter** *hőt* visszatérő-hőmérséklet határoló; ~ **to normal** *v* → ~ home; ~**-to-reference recording** *szt* vonatkoztatási alapra visszatérő rögzítés; ~**-to-zero (RZ)** *szt* nullára visszatérő, RZ; ~**-to-zero code (RZ code)** *szt* visszatérés zérusra kód, RZ kód; ~**-to-zero recording (RZ recording)** *szt* nullára visszatérő rögzítés; ~ **trace** *mech* visszafutási útvonal; ~ **transfer function** *el* visszacsatolás átviteli függvénye; ~ **trip** *rep* visszarepülés; visszaút; ~**(-)trip load** *csom* visszfuvar; ~ **valve** *gépk* visszafolyó szelep *(főfékhengeré)*; ~ **wall** *ép* falszárny *(szögben álló, rövid)*; ~ **water** *hidr* elhasznált víz; ~ **wave** *kat* ellenhullám *(robbantásnál)*; visszatérő hullám; ~ **wheel** *bány* kötél-visszaterelő korong/tárcsa; ~**(-)wing** *ép* törtvonalú szárnyfal *(hídé)*; ~ **wire** *távk* visszatérő áramkör, visszavezetés, negatív vezeték, nullavezeték

returning I. *a* visszatérő; *hang, opt* visszaverő; **II.** *n* visszatérés; *hang, opt* visszaverés; ~ **echo** *távk* radarvisszhang, lokátorreflexió, radarreflexió; ~ **force** *mech* visszatérítő erő; ~**-to-zero** → return-to-zero

returns *ip* üzleti forgalom, bevétel; visszáru; *koh* maradék; visszatérti anyag; *nyom* remittenda

retuse *alak* eltompított, letompított, csonka

Reuleaux valve diagram *gép* Reuleaux-féle tolattyúdiagram

reusability *ip* ismételt felhasználhatóság

reusable *ip* újra/többször felhasználható

reuse I. *v ip* újból (fel)használ; **II.** *n ip* újrafelhasználás, újból (való) felhasználás; ~ **of water** *hidr* ismételt vízfelhasználás; sorozatos víz-újrafelhasználás

reused wool *tex* ógyapjú

reusing *ip* újrafelhasználás

rev I. *v gépk* felfuttat, kellő fordulatszámra hoz; **II.** *n gépk* fordulat(szám); ~**-counter** fordulatszámmérő; **at 4,000** ~**s (per minute)** percenként 4000 fordulatszámmal; ~ **up the engine** *v gépk* felpörgeti a motort

revalving *gépk* újraszelepezés, új tolattyúk beszerelése; *rád* csőcsere, felcsövezés

reveal I. *v* feltár, kimutat; *geol* kibúvik, feltárul; **II.** *n* feltárás; *ép* ajtótok, ablaktok, ablakkáva, ablakszegély; falnyitás oldala *(falvastagságban)*

revealing of water entry *ol* vízbelépés meghatározása

revenue bevétel; jövedelem; ~ **aircraft-mile** *rep* repülőgép-mérföldenkénti bevétel/jövedelem; ~ **flight** *rep* jövedelmező ellenértékért végzett repülés; ~ **kilometer** *rep* kereskedelmi repült kilométer; ~ **kilometres flown** *rep* kereskedelmi célból repült kilométerek; ~ **passenger** fizető utas; ~ **per traffic-unit** forgalmi egységre eső bevétel; ~ **plane kilometre** *rep* fizető repülőgép-kilométer; ~ **rate** jövedelmező díjtétel/díjszabás; ~**s** állami jövedelmek; jövedelmező tételek; ~ **stop** *rep* fizető leszállás; ~ **tonne-kilometre** fizető tonnakilométer; ~ **tonne-kilometre performed** teljesített fizető tonnakilométer; ~ **weight load factor** *rep* fizető áruterhelési tényező

reverberant *hang* utózengő, visszhangzó; *opt* visszaverődő, visszasugárzó; ~ **sound** *hang* utánzengés, reverberáció; ~ **sound field** *hang* zengő hangtér

reverberate *hang* visszhangzik, rezonál; *hang, opt* visszaver; visszaverődik

reverberation *hang* utánzengés, visszhang, utórezgés; *hang, opt* (többszörös) visszaverődés/reflexió; visszaverés; ~ **bridge** utózengésmérő híd; ~ **chamber/enclosure** visszhangszoba, erős utánzengésű terem; ~ **field** zengő hangtér; ~ **formula** utózengési képlet; ~ **meter** utózengésmérő; ~ **period** utózengési/reverberációs idő/periódus; ~ **response** utózengő helyiségben mért mikrofonátvitel; ~ **room** visszhangszoba, erős utánzengésű terem; ~ **time** utánzengési/utózengési idő

reverberator *hőt* reflektor, hősugárzó, lángkemence

reverberatory furnace *hőt* lángkemence

reversal átfordítás; megfordítás; *bány* kifordítás, visszafordítás; *foto* fordítóeljárás; *mat* előjelváltás; előjelváltozás; *opt* átfordítás *(távcsöveknél)*; *távk* visszafordulás, átváltás *(polaritásé)*; visszakapcsolás; *vasút* (menet)irányváltás; ~ **control** *aut* reverzáló/irányváltó irányítás; ~ **development** *foto* fordítós előhívás; ~ **effect** *foto* képmegfordulás; ~ **film** *foto* fordítós film; ~ **function** *szt* megfordító/visszafordító függvény; ~ **of charge** *el* töltéscsere, újratöltés, töltéskicserélődés; ~ **of cure** *gumi* reverzió, túlvulkanizált gumi képlékennyé válása; ~ **of load** *mech* terhelés irányváltozása; ~ **of motion** *mech* irányváltás; ~ **of polarization** *el* átpolározás *(180°-kal)*, polaritásváltás; ~ **of sign** *mat* előjelváltás, előjel megváltoztatása, előjel ellentétesre változtatása/változása; ~ **of signals** *rep* jelváltás *(iránysáv-átrepülésnél)*; ~ **of stress** *mech* feszültségváltakozás, feszültséglengés; ~ **of wind** *met* szélirány éles váltakozása; széliránváltozás; ~ **process** *foto* fordítóeljárás *(negatív-pozitív eljárás)*; ~ **stage** *el* fázisfordító fokozat; ~ **symmetry** *krist* inverziós szimmetria; ~ **time** *koh* átváltási idő; ~ **ventilation** *szell* megfordítható szellőztetés; ~ **zone** *rep* tükörzóna

reverse I. *v* felfordít, felbillent, buktat; felcserél; *finm* negatív vésést készít; *gép* (ellenkező irányra) átkapcsol, reverzál; *gépk* hátrafelé megy, tolat, hátramenetet végez; hátrál, farol; *hajó* átkormányoz; *távk* átvált, átforgat; visszafordít, megfordít; visszafordul; **II.** *a* megfordított, ellenkező, ellentétes; *távk* fordított *(irányú)*; *tex* fonák, kifordított; **III.** *n* hátoldal, hátlap, túloldal; *finm* negatív vésés; *gép* ellendarab, ellentét; *gépk* hátramenet(i fokozat); ~ **bend** *any* hajtogatás; ~**-bend pulley** *em* visszavezető csiga; ~**-bend test** *any* hajtogatóvizsgálat; ~ **bias** *el, félv* záróirányú előfeszítés, zárófeszültség; ~ **bias(s)ed diode** *félv* záróirányban előfeszített dióda; ~ **blocking ability** *félv* negatív záróképesség; ~ **blocking triode-thyristor** *félv* tirisztor; ~ **box** *gép* irányváltó mű; ~ **card** *geod* forgatható tájolókorong; ~ **channel** *szt* ellenirányú csatorna; ~ **charge call** *távb* R-beszélgetés *(hívott költségére kért beszélgetés)*; ~ **chute** *bány* átfordítható surrantó; ~ **circuit** *el* visszáramkör; ~ **circulation** *ol* balöblítés; ~ **circulation drilling** *ol* szívófúrás; ~ **code** *szt* fordított kód, dekódolókulcs; ~ **conducting diode-thyristor** *félv* hátrairányban vezető tirisztordióda; ~ **conducting triode-thyristor** *félv* hátrairányban vezető tirisztortrióda; ~ **conduction current** *félv* átmenet visszárama *v.* záróirányú árama; ~ **conduction voltage** *félv* inverz vezetési feszültség; ~ **control effect** *rep* ellentétes kormányhatás; ~ **corona** *félv* inverz korona; ~ **crank** *vasút* visszafordító/pótló ellenforgattyú/forgattyú(kar); ~ **creep** *krist* fordított kúszás; ~ **current (RC)** *félv* visszáram, maradékáram, záróirányú/ellenirányú áram; ~**-current braking** *el* ellenáramú fékezés; ~**-current circuit-breaker** *el* visszáram-megszakító; ~**-current cleaning** anódos zsírtalanítás; ~**-current cut-out** *el* visszáramkioldó; ~**-current gain** *el* inverz áramerősítési tényező; ~**-current relay (RCR)** *el* visszáramrelé; ~**-current system** *el* visszáramvédő rendszer; ~**-current transfer ratio** *el* inverz áramerősítés; ~**-current trip** *el* visszáramkioldó; ~ **curve** *ép* elleniv, ellenirányú görbület; *közl* S kanyar; ~**-curved blade** *hidr* hátragörbített lapát; ~ **cylinder** *nyom* átfordítóhenger; ~ **diffusion** *fiz* inverz/fordított diffúzió; ~ **dip** *geol* ellenirányú vetődés; ~ **direction** *félv* záróirány; ~ **discharge** ellenirányú ürítés *(pl. betonkeverőé)*; ~ **drawing** *alak* irányváltásos húzás; ~ **fault** *geol* feltolódás; váltós vető; ~ **feed** *mt* fordított irányú táplálás/előtolás; ~ **feedback** *el* negatív visszacsatolás; ~ **flow** *fiz* visszáramlás, visszafutó áramlás, reflux; *hidr* visszafolyás; ~ **gear** *gép* irányváltó, irányváltó-hajtómű; *gépk* hátramenet, rükverc; ~**-gear sleeve** *gép* irányváltó mű kapcsolókarmantyúja; ~**-gear spindle** *gépk* sebességváltó hátrameneti fogaskeréktengelye; ~ **gradient** *ép* ellenesés, ellenkező irányú lejtő; ~**-idler bushing** *gépk* hátramenet-hajtómű előtétkerékperselye; ~**-idler gear** *gépk* hátramenet előtétkereke; ~**-idler shaft** *gépk* hátrameneti előtétkerék tengelye; ~ **in-situ combustion** *ol* hátrafelé haladó tűzelárasztás; ~ **interlocking** *vasút* függőségi elzárás; ~**-isotope dilution** *vegy* fordított izotóphigítás; ~**-laid rope** *tex* balsodratú kötél; ~**-leaching process** *koh* reverse-leaching eljárás; ~ **lever** *gép* irányváltó kar; ~**-lever rod** *gép* irányváltó emeltyű vonórúdja; ~ **loss** *félv* záróirányú csillapítás; ~ **magnetization** *fiz* átmágnesezés; ~ **motion (r.m.)** *mech* fordított mozgás; ~ **movement** *gép* átforgatás; ~ **negative** *foto* megfordított negatív; ~ **one's car** *v* tolat, hátramenetet végez (kocsijával); ~ **osmosis** *vegy* fordított ozmózis; ~**-phase relay** *el* fázisfordító relé/jelfogó; ~ **pick-up** *el* fordított polaritású megszólalási áram; ~ **pinion** *gépk* hátramenetkerék; ~ **pitch (of propeller)** *rep* negatív állásszög *(légcsavaré)*; ~ **plating** *kh* fonalfordításos/szálátfordításos kötés; ~ **Polish notation (RPN)** *szt* fordított lengyel jelölés, postfix jelölés; ~**-power protection** *el* visszteljesítmény-védelem; ~**-power relay (RPR)** *el* visszteljesítmény-relé; ~ **press** *pa* fordítóprés, emelőprés; ~**-press felt** *tex* fordító présnemez; ~ **pretension due to triggering** *félv* záróirányú feszültség-igénybevétel a vezérlés függvényében; ~ **profile** *geof* ellenlövési szelvény; ~ **reaction** *vegy* balra haladó reakció; ~ **recovery time** *félv* záróirányú feléledési/felépülési idő; ~ **relay (RR)** *el* fordító jelfogó; ~ **resistance** *félv* záróirányú ellenállás; ~ **roll coater** *műa, bőr* dörzshengeres kenőgép; ~ **running** *gépk* hátramenet; ~ **saturation current** *félv* záróirányú telítési áram; ~ **screw** *gép* átállítócsavar; ~ **shaft** *gépk* menetirányváltó tengely, irányváltómű-tengely; ~ **short-circuit current** *félv* záróirányú rövidzárási áram; ~ **shot** *geof* ellenlövés; ~ **side** *bőr* húsoldal; ~ **speed** *gépk* hátrameneti sebesség; ~ **stop** *gépk* hátrameneti ütköző *(sebességváltóban)*, visszafutási út lökethatárolója; ~ **stream** *hidr* ellenáram(lat); ~ **stress** *mech* váltakozó irányú feszültség; ~ **suction** *fiz* visszaszívás; ~**-suction press** *pa* fordító szívóprés; ~ **the charges** *v GB távk* R-beszélgetést kér/folytat, a hívott fél költségére kér beszélgetést; ~ **the engine** *v gépk* motorforgásirányt megfordít; ~ **the poles** *v el* pólusokat felcserél; ~ **the signs** *v mat* előjeleket megváltoztat; ~ **thrust** *rep* fordított tolóerő; ~**-thrust landing** *rep* leszállás negatív tolóerővel; ~**-thrust nozzle** *rep* tolóerő-fordítós sugárcső; ~ **time** *geof* ellenidő, ellenlövési idő; ~ **transcriptase** *biot* reverz transzkriptáz; ~ **triangular** *ruh* háromélű tű *(jobbra csavart)*; ~ **turn** *rep* 180 fokos forduló; ~ **twill** *tex* fordított sávoly, keresztsávoly; ~ **twist** *tex* balsodrat; ~ **video** *szt, vid* inverz video; ~ **voltage** *félv* záróirányú feszültség, zárófeszültség; ~**-voltage control device** *el* zárlatjelző; ~**-wave magnetron instrument** *távk* visszafelé haladó hullámú magnetronkészülék

reversed *fiz* (meg)fordított, ellentétes, ellenirányú; ~ **arch** *el* fordított ív; ~ **axial-stress fatigue test** *any* húzó-nyomó fárasztókísérlet; ~ **backhoe** *ép* átfordítható puttony; ~ **bearing** *geod* tájolás átfordított távcsővel; ~ **belt** *gép* keresztezett hajtószíj; ~**-bending fatigue test** *any* hajlító fárasztóvizsgálat; ~**-biassed junction** *félv* záróirányban előfeszített átmenet; ~**-camber spring** *gép* ellentétes ívelésű laprugó; ~ **circulation** *ol* fordított öblögetés, balöblítés, balöblögetés; ~**-cone clutch** *gépk* fordított/belsőkúpos tengelykapcsoló; ~ **current** → reverse current; ~ **Elliot axle** *gépk* ököltengely *(első futóműnél)*; ~ **fatigue strength** *any* fáradási határ/szilárdság, tartós szilárdság, lengő kifáradási szilárdság; ~ **frame** *hajó* ellenborda, ellenbókony; ~**-grid circuit** *távk* fordított irányú rácsáramkör; ~ **image** *tv* fordított kép; ~ **jet** *hőt* visszafordított gőzsugár; ~ **keying** *távk* fordított billentyűzés; ~ **line** *fiz* megfordult vonal; ~ **phase** *el* ellenfázis, fordított fázis; ~ **polarity** *el, heg* fordított pólus/polaritás; ~ **position** *gép* fordított állás/helyzet; ~ **queen-post girder** *ép* kétkötésű feszítőműves gerenda; ~ **value** *mat* reciprok érték

reverser *el* átkapcsoló, irányváltó kapcsoló; *vasút* irányváltó *(biztosítóberendezésben)*; ~ **apparatus** *vasút* irányváltó

reversibility *fiz, vegy* megfordíthatóság, átválthatóság, reverzibilitás

reversible *fiz, vegy* megfordítható, átfordítható, reverzíbilis; *gép* átállítható; reverzáló; *tex* kétszínoldalas; ~ **airscrew** *rep* fékezésre átállítható légcsavar; ~ **amplifier** *el* reverzíbilis erősítő; ~ **belt** *gép* forgásirányváltó hajtószíj; ~**-belt conveyer/conveyor** reverzíbilis/visszajáratható szállítószalag, reverzáló szalag; ~ **booster** *el* reverzíbilis/megfordítható feszültségemelő transzformátor; ~ **braking** *el* visszatápláló fékezés; ~ **carpet** *tex* kétszínoldalas szőnyeg; ~ **cell** *el, vegy* reverzíbilis galvánelem; ~**-chuck jaw** *forg* átállítható tokmánypofa; ~ **clutch** *gépk* irányváltó tengelykapcsoló; ~ **compression** *gép* reverzíbilis/

megfordítható sűrítés/kompresszió; ~ **controller** *hőt* forgásirány-szabályozó *(gőzgépen)*; ~ **counter** reverzíbilis számláló; ~ **cycle** *vegy* reverzíbilis körfolyamat; ~ **deformation** *any* rugalmas alakváltozás; ~ **dog** *gép* irányváltó ütköző; ~ **drive** *gép* változtatható forgásirányú hajtás, irányváltós hajtás; ~ **electrode** *vegy* reverzíbilis elektród; ~ **electrode process** *vegy* reverzíbilis elektródfolyamat; ~ **emulsion** *vegy* megfordítható emulzió; ~ **fabric** *tex* kifordítható/kétszínoldalas szövet; ~ **gel** *vegy* reverzíbilis gél; ~ **hydraulic unit** *hidr* turbinaszivattyú; ~ **jaw** *forg* átállítható tokmánypofa; ~ **key** *el* áramátkapcsoló billentyű; ~ **level** *geod* átfordítható libella; ~ **loop** *vasút* hurokvágány; ~ **motor** *gép* irányváltó/reverzálható motor, két forgásirányú motor; ~ **pallet** *vasút* cserélhető rakodólap; ~ **pendulum** *geof* megfordítható inga; ~ **permeability** *fiz* reverzíbilis mágneses permeabilitás; ~ **pitch** *rep* átfordítható lapátszög *(légcsavaré)*; ~**-pitch propeller** *rep* fékezésre átállítható légcsavar; ~ **plough/plow** *mzg* váltóeke, váltva forgató eke; ~ **printing** *tex* kétszínoldalas nyomás; ~ **process** *fiz, vegy* reverzíbilis/megfordítható folyamat; ~ **propeller** *hajó* átváltható csavar; *rep* fékezésre átállítható légcsavar; ~ **pump** *hidr* átállítható szivattyú; ~ **pump-turbine** *hidr* reverzíbilis vízgép; ~ **reaction** *vegy* megfordítható/reverzíbilis reakció; ~ **screwdriver** *szersz* áttűzhető asztalos-csavarhúzó; ~ **sheave** *em* fordítócsiga, fordítótárcsa; ~ **switch** *el* áramirányító kapcsoló, átkapcsoló; ~ **transducer** *hang* hangszóró-mikrofon; ~ **transformation** *fiz, vegy* megfordítható átalakulás; ~ **triangle** *vasút* deltavágány; ~ **twill** *tex* kétoldali sávoly; ~ **work** *fiz* reverzíbilis munka

reversing I. *a el* irányváltó; *fiz* visszafordító, rezerváló; *gépk* tolató, hátráló; **II.** *n el* irányváltás; *fiz* visszafordítás, reverzálás; *gép* felfordítás, felbillentés, átfordítás; megfordítás; *gépk* tolatás, hátramenet, hátrálás; *hajó* átkormányzás *(főgépnél)*; ~ **blooming mill train** *heng* irányváltó előnyújtó sor; ~ **chamber** *hőt* lángvisszaterelő szekrény; ~ **commutator** *el* áramirányváltó; ~ **controller** *el* irányváltó kontroller/kormányhenger; ~ **conveyer/conveyor belt** rezerváló szállítószalag; ~ **device** *vasút* irányváltó (berendezés); ~ **dog** *gép* irányváltó ütköző; ~ **drive** *el* irányváltó/reverzáló hajtás; ~ **drum** *bány* visszaterelő dob; *tex* fordítódob; ~**(-)drum discharge** *ép* visszaforgatásos ürítés *(betonkeverő)*; ~ **engine** *gép* irányváltós motor; ~ **gear** *el* irányváltó hajtó(mű); ~ **handle** *gép* irányemeltyű; ~ **key** *el* áramirányváltó; *távk* polaritásváltó kulcs; ~ **latch** *forg* irányváltó kilincs; ~**-lever latch** *forg* irányváltó emeltyű rögzítőretesze; ~ **light** *gépk* tolatólámpa, hátramenetlámpa; ~ **magnetic amplifier with d.c. output** *el* reverzíbilis egyenáramú kimenetű mágneses erősítő; ~ **mechanism** *gép* irányváltómű; ~ **mill** *heng* átkormányozható/irányváltó/reverzáló hengersor; ~ **of polarity** *el* pólusátváltás; ~ **of the cutter** *bány* réselőgép visszahúzása; ~ **pole** *el* fordulópólus, segédpólus; ~ **press** → reverse press; ~ **shaft** *gépk* menetirányváltó tengely; ~ **sheave** *gép* visszaterelő tárcsa; ~ **slide(-) valve** *gép* irányváltó tolattyú; ~ **station** *vasút* fejpályaudvar, fejállomás, fordulóállomás; ~ **stud** *el* pólusváltó gomb; ~ **switch** *el* pólusváltó (kapcsoló), kommutátor; ~ **switch-group** *vasút* irányváltó *(biztosítóberendezésé)*; ~**-switch modulator** *távk* gyűrűs kapcsolású modulátor; ~ **telescope** *opt* fordítós teleszkóp; ~ **train** → ~ mill; ~ **valve (RV)** *gép* átváltó szelep; háromállású szelep; irányváltó tolattyú

reversion visszatérés *(előbbi állapothoz)*; *el* irányváltás; *gép* visszafordulás; *gumi* visszaalakítás; visszaalakulás

reversor *el* irányváltó kapcsoló; *vasút* irányváltó *(biztosítóberendezésé)*

revert *gép* visszatér; *vegy* visszaalakít, visszaalakul; ~ **scrap** *koh* visszatérő hulladék

revertive visszatérő; ~**-call circuit** *távb* visszahívó áramkör; ~ **pulsing** *távk* visszaküldött impulzálás; ~ **ringing** *távb* visszacsengetés

revet *ép* borít, burkol, befed, bevon, bélel

revetment *ép* borítás, burkolás, burkolat, befedés, bélelés, alagút falazata; ~ **wall** *ép* bélésfal, burkolófal

review I. *v* átnéz, felülvizsgál; átvizsgál, ellenőriz; **II.** *n* átnézés, felülvizsgálás, átvizsgálás, ellenőrzés; ~ **copy** *nyom* recenziós példány, sajtópéldány; ~ **room** *film* vetítőterem

revise I. *v ip* felülvizsgál, átvizsgál; *nyom* helyesbít, kijavít; **II.** *n nyom* második kefelevonat, revízió

revised *ip* ellenőrzött; *nyom* helyesbített, (ki)javított, átdolgozott; ~ **proof (RP)** *nyom* második levonat

revision helyesbítés, felülvizsgálás, átvizsgálás; *nyom* javítás, átdolgozás, revízió; ~ **of test** *ip* ellenpróba

revive *biot, vegy* feléled, megújul, regenerálódik; feléleszt, aktivál

revived *biot, vegy* felélesztett, aktivált, megújított, regenerált; ~ **faulting** *geol* helyreálló vetődés

revivification *tex* színélénkítő utókezelés; *vegy* újraaktiválás, felélesztés, felfrissítés; újraélesztés, reaktiválás, regeneráció

revivified charcoal *vegy* regenerált aktív szén

revmeter *gép, rep* fordulatszámmérő

revolution *csill* keringés, forgás; *fiz* szabályos ismétlődés, körforgás, körmozgás; *gép* fordulat(szám); ~ **counter** sebességmérő, tachométer, fordulatszámmérő; ~ **drop** fordulatszám-csökkenés; ~ **indicator** sebességmérő, tachométer, fordulatszámmérő; ~ **number** fordulatszám; ~ **rake** *mzg* szénarendsodró; ~ **solid** *mat* forgástest, forgásszimmetrikus test; ~**s per minute (RPM)** percenkénti fordulatszám; ~**s per second (RPS)** másodpercenkénti fordulatszám; ~ **time** *cu* kerülőidő

revolutionary *csill, mech* keringő, forgó; ~ **motion** *csill* keringés *(körpályán)*

revolve *csill* kering; *gép* (le)gördül; fordul, forog; forgat, pörget, görget

revolver *forg* revolverfej; *gép* forgódob; *hőt* forgókemence; *kat* forgópisztoly, revolver; *tex* csévetár, forgórendszerű vetülékváltó láda; ~ **crane** *em* forgódaru; ~ **door** *ép* forgóajtó; ~ **feeder** *élip* forgódobos tápláló; ~**-jib crane** *em* forgódaru; ~ **loom** *tex* többvetélős forgódobos/revolverváltós szövőgép; ~ **rolling shutter** *ép* eszlingeni (fa)redőny, gördülőredőny

revolving *csill* keringő; *fiz* váltakozó, visszatérő; *gép* forgó, forgatható; ~ **autoclave** *vegy* forgóautokláv, hidrogénezőautokláv; ~ **beacon** *távk* forgó fényjeladó; ~ **bedplate** *vasút* fordítókorong; ~ **black-ash furnace** *vegy* forgó Leblanc-szódakemence; ~ **bobbin** *tex* forgó vetülékcséve; ~ **boiler** *pa* forgó főzőüst; ~ **box** revolverfiók *(szövőszéken)*; ~ **breech** *kat* tölténydob *(forgópisztolyon)*; ~**-brush aerator** *hidr* forgókefés eleveniszapos medence; forgókefés levegőztető; ~ **car dumper** *gépk* körbuktató; ~ **centre/center** *forg* forgócsúcs; ~ **colo(u)r disc/disk** *film* színszűrő forgókorong; ~ **coulter** *mzg* forgótárcsás csoroszlya; ~ **crane** *em* forgódaru; ~ **cutter** *ép* lazítószerkezet; ~ **cutter head dredger** *ép* marófejes rakodógép; ~**-cylinder engine** *gépk* rotációs motor; ~ **door** *ép* forgóajtó; ~ **drum** *geod* térképezőhenger *(aerokartográfon)*; *gép* forgódob; ~**-drum mixer** *ép* dobkeverőgép; ~**-drum skimmer** *hidr* forgóhengeres uszadékfölöző; ~ **dump-car** *gépk* oldalürítéses kocsi; ~ **excavator** *bány* forgókotró; ~ **expander** *tex* forgófeszítő *(szerkezet)*; ~ **filter** *koh* dobszűrő; ~ **flat** *tex* mozgóléc *(kártológépen)*; ~ **flowmeter** *hidr* forgó átfolyásmérő, rotaméter; ~**-frame single-bucket excavator** *ép* egy kotróedényes forgókotró *(gép)*; ~ **gear** *gép* forgatómű; ~ **grizzly** *bány, ép* forgórosta; ~ **hammer** *szersz* forgókalapács; ~**-jib crane** *em* forgódaru; ~ **nut** *gép* forgóanya; ~ **objective-changer** *opt* revolverfejes tárgylencsecserélő *(mikroszkópon)*; ~**-plate feeder** *ip* forgótányéros adagoló; ~ **rest** *forg* forgó késtartó *(esztergán)*; ~ **sampler** *távk* forgó mintavevő készülék; ~ **screen** *bány* dobrosta; dobszita; *koh* szitadob; ~ **screw** *gép* forgóorsó; ~ **sifter** *élip* forgószita; ~**-spiral classifier** *bány* spirális forgószér, forgó osztályozódoboz spirális kihordóval; ~ **storm** *met* forgóvihar; ~ **superstructure** *ép* forgó/elfordítható felépítmény; ~ **switch** *el* forgókapcsoló; *távb* uniszelektor; ~**-table (concrete) block press** *ép* forgóasztalos betonblokkprés; ~ **top** *koh* forgó elosztótölcsér; ~ **type of cutter head** *forg* marófej; ~ **vibrating/vibratory screen** *bány, ép* vibrációs dobrosta

reward function *mat* hozamfüggvény, haszonfüggvény

rewash *bány* újraátmosás, középtermék, közbenső termék *(dúsításé)*; ~ **overflow** *bány* átmosott közbenső termék túlfolyója; ~ **refuse** *bány* újraátmosási hulladék

rewelder *heg* utánhegesztő gép

rewelding *heg* utánhegesztés, újrahegesztés; ~**(-)machine** *heg* utánhegesztő gép

rewind I. *v* átcsévél, visszacsévél; áttekercsel; újratekercsel; visszapörget, visszaforgat; visszateker; visszatekercsel; **II.** *n* visszatekerés, visszatekercselés; visszatekerő (gomb); ~ **knob** visszatekerő gomb; ~ **mechanism** visszacsévélő, visszatekerő

rewinder *el, pa* áttekercselő (berendezés)

rewinding I. *a* áttekercselő, újratekercselő; visszatekercselő; **II.** *n* áttekercselés, újratekercselés; *film, hang* visszatekerés; ~**-machine** *el, pa* áttekercselőgép

rewire *el* újrahuzaloz

rewiring *el* újrahuzalozás

rework *ip* újra feldolgoz

reworkable *ip* újra feldolgozható

reworking *ip* újramegmunkálás

rewrite I. *v mat* transzformál, átalakít; *nyom, szt* újraír, átír; visszaír; **II.** *n mat* átírás, újraírás, transzformálás; ~ **rule** → rewriting rule

rewriting I. *a mat* transzformáló, átalakító; *nyom, szt* újraíró, átíró, visszaíró; **II.** *n mat* transzformáció, átalakítás *(pl. egyenleté)*; *nyom, szt* újraírás, átírás, visszaírás; ~ **circuit** *el* újraíró/újraregisztráló kör; ~ **device** *nyom* átíróberendezés; ~ **rule** *mat* átírási/újraírási szabály; ~ **system** *szt* mondatszerkezeti grammatika, mondatszerkezet-grammatika; újraíró/visszaíró rendszer

REX → real-time executive routine

Reynolds number (Re) *vegy* Reynolds-szám

re-zeroing *szt* zérusra visszállítás, újranullázás

Rf → rutherfordium

RF → radio facilities; → radio finding; → radio frequency; → range finding; → rangefinder; → reactive factor; → resultant force; ~ **amplifier** → radio-frequency amplifier

R.F. → reducing flame; → representative fraction

RFA → radio-frequency amplifier

RFC → radio-facility chart; → radio-frequency choke

RFNA → red fuming nitric acid

RFS → render float and set

RFT → radio-frequency transformer

Rg → reduction gear

RG → rifle grenade

Rg-acid *vegy* RG-sav, 1-naftol-3,6-diszulfonsav

RGB signals *tv* RGB-jelek, színjelek

R.Gn → recoilless gun

Rh → rhodium

RH → rail head; → relative humidity; → right-hand

r.h. → right-handed

rhabdophanite *ásv* rabdofánit

Rhaetian series/stage *geol* rhaeti emelet

rhamnose *vegy* ramnóz

RHB → radar homing beacon

RHC → rubber hydrocarbon

RHD → right-hand drive

rhe *vegy* rhe *(fluiditás egysége)*, reciprok centipoise

rhenian *ásv* réniumtartalmú

rhenium (Re) *vegy* rénium; ~ **dioxide** *vegy* rénium(IV)-oxid; ~ **heptoxide** *vegy* rénium(VII)-oxid; ~ **oxide** *vegy* rénium-oxid; ~ **trioxide** *vegy* rénium(VI)-oxid

rheobiology reobiológia

rheolaveur washery *bány* reo-mosóberendezés

rheolinear *fiz* reolineáris; ~ **vibration** *mech* reolineáris lengés

rheological *fiz* reológiai, áramlástani; ~ **characteristic** *műa* reológiai jellemző; ~ **curve** *fiz* folyási görbe; ~ **property** *műa* reológiai sajátosság

rheology *fiz* reológia, folyástan, áramlástan

rheometer *fiz* áramlásmérő; reométer

rheonomic *mech* reonóm, időfüggő, időben változó

rheonomous → rheonomic

rheopectic fluid *fiz* reopektikus folyadék

rheopexy *műa* reopexia, fordított tixotrópia

rheoscope *fiz* reoszkóp, áramlásjelző műszer

rheostat *el* szabályozó ellenállás, szabályozható/állítható ellenállás, reosztát

rheostatic *el* reosztátos, ellenállásos; ~ **brake** *el* ellenállásfék; ~ **control** *aut* reosztátos *v.* szabályozó ellenállásos szabályozás; ~ **loss** *el* szabályozó ellenálláson fellépő veszteség; ~ **starter** *el* indító ellenállás

rheostriction *fiz* pinchhatás, reosztrikció

rheotome *el* reotom

rheotron *at* elektromágneses gyorsító, betatron

rheo-trough *bány* reo-mosóberendezés

RHI → range-height indicator

rhigolene *vegy* rigolén

RHN → Rockwell hardness number
rho|-meson *at* ró-mezon; ~**-theta navigation** *hajó* rhó-théta navigáció
rhochrematics *szt* rokrematika
rhodalite *ásv* rodalit
rhodamine *vegy* rodamin; ~ **dye** *vegy* rodaminszínezék *(mezofenil-xantén-karbonsav aminoszármazékai)*
rhodanate *vegy* rodanát, tiocianát, rodanid
Rhodanian orogeny *geol* rodáni (orogén) fázis
rhodanide *vegy* rodanid
rhodate *vegy* rodát
rhodinal *vegy* rodinál, citronellál
rhodium (Rh) *vegy* ródium; ~ **dioxide** *vegy* ródium(IV)-oxid, ródium-dioxid; ~ **monoxide** *vegy* ródium-monoxid, ródium(II)-oxid; ~ **sesquioxide** *vegy* ródium(III)-oxid
rhodochrosite *ásv* mangánpát *(mangán-karbonát)*, rodokrozit
rhodonea *mat* rózsa(görbe)
rhodonite *ásv* rodonit
rhodophyllite *ásv* rodofillit
rhodotilite *ásv* inezit
rhomb *mat* rombusz; ~**(-)spar** *ásv* dolomit
rhombic *mat* rombikus, rombusz alakú, rombos; ~ **aerial/antenna** *távk* rombuszantenna; ~ **bisphenoid** *krist* rombos biszfenoid; ~ **dodecahedron** rombdodekaéder; ~ **holohedry** rombos holoédria; ~ **lattice** rombikus rács; ~ **net** rombos rács/sík, derékszögű centrált rács/hálózat; ~ **pyroxene** rombos piroxének; ~ **section** rombos metszet; ~ **system** rombos rendszer; ~ **tetartohedry** rombos tetartoédria
rhomboclase *ásv* romboklász
rhombododecahedron *krist* rombdodekaéder
rhombohedral *krist* romboéderes, romboedrikus; ~ **angle** *krist* romboéderszög; ~ **crystal system** romboéderes/trigonális kristályrendszer; ~ **holohedry** romboéderes holoédria; ~ **lattice** romboéderes rács
rhombohedron *krist* romboéder; ~ **condition** *krist* romboéderfeltétel
rhomboid *mat* romboid
rhomboidal *mat* rombikus, rombos
rhombus *pl* **rhombuses** *v.* **rhombi** *mat* rombusz
r.h.p. → rated horsepower
RHPC → rapid-hardening Portland cement
rhs → right-hand side
rhumb | (line) (RL) *hajó, rep* loxodróma, délkörtől számított irányszög; ~**-line distance** *hajó, rep* loxodrómatávolság
rhumbatron *távk* vákuum-üregrezonátor, endovibrátor
rhyolite *ásv* liparit; riolit
rhyolitic tuff riolittufa
rhythmic *fiz* ritmikus, ütemes, szakaszos; ~ **crystallization** *krist* ritmikus kristályosodás; ~ **distortion** *távk* ütemes torzítás; ~ **light** *opt* szakaszos fény; ~ **swelling** *bőr* ütemes duzzadás
rhythmometer *metr* ütemmérő
RI → refractive index; → ring indicator; → rubber insulation
rib I. *v ép* bordáz, bordával merevít; **II.** *n bány* ép szél; fejtésbiztosító/vágatbiztosító szénpillér; *ép* merevítőborda, tartóborda *(hídon)*, bordázat, támfa; *fa* léc, pálca; *gép, hőt* borda *(radiátoré)*; *hajó* bókony; *tex* borda(keret); ~**-and-panel vault** *ép* bordás mezős boltozat; ~**-and-pillar system** *bány* kamara-pillér fejtési rendszer benthagyott pillérekkel; ~ **centre/center** *ép* mintaállvány *(boltozathoz)*; ~ **cloth** *tex* ripsz; ~ **design** *gépk, gumi* bordás futófelület-minta; ~ **ends** *tex* szegélyek; ~ **fabric** *tex* bordázott kötszövött kelme, ripsz; ~ **flange** *rep* bordaövléc; ~**-grid system** *ép* bordarácsos rendszer; ~ **guide** *gép* vezetőborda; ~**-hopped barrel** *élip* gördülőabroncsos hordó; ~**-knitted fabric** *kh* kettős színoldalú hurkoltáru *(jobb-jobb)*; ~**-knitter** *kh* két tűsoros (nagy) körkötőgép; ~**-knitting** *kh* bordás *v.* két tűsoros kötés; ~ **lath** *ép* lécbordázat, lécrács; ~**-like interlacing** *tex* bordás kötés; ~**(-)mesh** *ép* betonfal-betétháló; ~ **of dome** *ép* kupolaborda; ~ **of reed** *tex* bordagerinc; ~**(-)partition** *ép* bordás rendszerű közfal/válaszfal; ~ **pitch** *ép, gép* bordaosztás, bordatávolság; ~ **plate** *gép* bordás alátétlemez; ~ **radiator** *hőt* bordáscsöves fűtőtest; ~ **road** *bány* félpilléres vágat; ~**-shaped clearance tool** *ép* gyökérszaggató/gyökérkitépő szerelék; ~ **spacing** *ép, gép* bordatávolság, bordaosztás, bordaköz; ~**-strengthened** *ép* bordamerevítésű; ~**(-)vault** *ép* bordás boltozat; ~ **weave** *tex* ripszkötés; ~**(-)wire lath/mesh** *ép* rabicháló
riband *ép* keresztkötő léc *(cölöpkerítéshez)*; *tex* szalag; ~ **jasper** *krist* szalagos jáspis
ribbed *ép, gép* (merevítő)bordás, bordázott; ~ **arch** *ép* bordás ív; ~ **asbestos cement sheet claddings** *ép* bordás azbesztcement burkolatok; ~ **bars** *pl ép* bordázott (beton)acél; ~ **border** *tex* bordás kötésű szegély; ~ **casting** *önt* bordás öntvény; ~ **concrete-reinforcing bar** *ép* bordás betonacél; ~ **concrete steel** *ép* bordás betonacél; ~ **cover** *ép* bordás tető; ~ **cylinder** *gépk* bordázott henger; ~ **floor** → ~ parquet floor; ~ **funnel** *vegy* recézett palástú szűrőtölcsér; ~ **granite** *tex* ripszkrepp; ~ **hide** *bőr* ráncos (üres) nyersbőr; ~ **hose** *kh* bordás harisnya; ~ **idler** *gép* bordásgörgő; ~ **metal plate claddings** *ép* bordás fémlemez burkolatok; ~ **parquet floor** *ép* lécparkett padló, lécparketta; ~ **pattern** *tex* bordás minta/mintázat; ~ **pipe** *gép* bordás cső; ~ **radiator** *hőt* bordás fűtőtest; ~ **reinforcing steel** *ép* bordás betonacél; ~ **rifling** *kat* bordás huzagolás; ~ **roller** *tex* léces/bordás henger; ~ **rubber floor(ing)** *ép* bordázott gumipadló; ~ **seam** *bány* palás szénréteg; ~**(-)sheet roofing** bordás táblafedés; ~ **slab** *ép* bordás lemez; ~**(-)slab filler** *ép* födémbéléstest; ~**(-)strip roofing** *ép* bordás szalagfedés; ~ **surface** *any* bordás felület; ~ **tube** *gép* bordás cső; ~ **tyre/tire** bordás gumiköpeny *(motorkerékpáré)*; ~ **waste heap** *bány* bordás hányó
ribber *kh* szegélykötő gép
ribbing I. *a ép, gép* bordázó; **II.** *n ép, gép* bordázás; ~ **felt** *tex* mintázó/mintázott nemez; ~**(-)machine** *kh* bordásárukötő
ribbon szalag; *irgép* írógépszalag, (festék)szalag *(írógéphez, számológéphez)*; *tex* szalag; ~ **antenna** *távk* szalagantenna; ~ **arrangement** *nyom* szalagelrendezés *(írógépen)*; ~ **blender** *műa* spirálszalagos keverő; ~ **building** *ép* szalagház, szalagépület; ~ **cable** *el* (lapos, sokerű) szalagkábel; hengeres kábelfüzér; ~ **carrier** *távb* szalagemelő villa; ~ **cartridge** *szt* szalagkazetta *(mátrixnyomtatón)*; ~ **cathode** *el* szalagkatód; ~ **clay** *talt* szalagos agyag; ~ **coil** *irgép* szalagorsó; ~ **core** *el* szalagból tekercselt vasmag; ~ **de-**

velopment *ép* szalagház; ~ **element** *el, hőt* fűtőszalag; ~ **exploder** *kat* gyújtózsinóros robbantószerkezet; ~ **feed** *nyom, távb* festékszalag-továbbítás; ~**-feed ratchet** *nyom, távb* festékszalag-továbbító kilincsmű; ~ **lap(ping) machine** *tex* szalagegyesítő gép; ~ **lightning** *el* szalagvillám; ~ **loom** *tex* szalagszövő gép; ~ **loudspeaker** *el, hang* szalaghangszóró; ~ **mechanism** *irgép* szalagmozgató szerkezet/gépezet *(írógépé)*; ~ **microphone/mike** *el, hang* szalagmikrofon; ~ **multiple** *távb* többszörös vonalválasztó zsinór *(automata távbeszélőközpontban)*; ~ **paper** *pa* szalagpapír; ~ **resistor** *el* szalagellenállás; ~ **reverse** *irgép, távb* festékszalagváltás; ~**-reverse arm/lever** *irgép* szalagváltó/szalagátállító kar/emeltyű; ~**-saw** *fa* szalagfűrész; ~**-shift arm** → ~ reverse arm; ~**-spiral conveyer/conveyor** *em* keskeny szalagos csigaszállító; ~ **spool** *irgép, távb* (festék)szalagorsó; ~**-spool cup** *távb* szalagorsótartó csésze; ~ **support** *irgép* szalagvivő/szalagtartó szerkezet; ~**-type dynamic speaker** *el, hang* szalaghangszóró; ~**-type velocity microphone** *el, hang* szalagmikrofon; ~ **vein** *bány* zónás telér; ~**-warping machine** *tex* szalagfelvető gép; ~ **weaving** *tex* szalagszövés

ribonucleic acid (RNA) *biot* ribonukleinsav, RNS

ribose *vegy* ribóz

ribosomal RNA (rRNA) *biot* riboszomális RNS, rRNS

ribosome *biot* riboszóma

rice *élip* rizs; ~**-bran oil** *élip* rizskorpaolaj; ~ **coal** *bány* daraszén, apró szemű antracit; ~ **farm** rizstelep; ~ **flooding** rizsöntözés; ~ **flour** *élip* rizsliszt; ~**-glazing drum** *élip* rizsfényező dob; ~ **huller** *élip* rizshántoló *(járat)*; ~ **irrigation** rizsöntözés; ~ **meal** *élip* rizskorpa; ~ **paper** *pa* rizspapír; ~ **polish** *élip* rizstakarmányliszt *(csiszolási hulladék)*; ~ **pulp** *pa* rizsszalmacellulóz; ~ **ridge** *hidr* rizsgát; ~ **screenings** → ~ polish; ~ **starch** *élip* rizskeményítő; ~ **thermistor** *el* rizsszemtermisztor

Rice-Kellogg loudspeaker *el, hang* dinamikus hangszóró

rich *bány, koh* dús, gazdag *(vmben)*; *ép* hosszabbított *(habarcs)*; ~ **alloy** *koh* előötvözet, segédötvözet; ~ **clay** *talt* zsíros agyag; ~ **coal** *bány* zsíros kőszén; ~ **concrete** *ép* kövér/cementdús beton; ~ **gas** *ol* gazdag/dús gáz; *US* benzindús keverék; ~ **in details and contrasts** *tv* részletdús; ~ **in lime** *ép* mészdús; ~ **in oil vapours** → ~ gas; ~ **lead** *koh* dús ólom; ~ **lime** *ép* kövér szén; ~ **matte** *koh* koncentrált kéneskő; ~ **mixture** *gépk* dús keverék; ~ **mortar** *ép* kövér/hosszabbított habarcs; ~ **natural gas** *ol* dús földgáz, nedves gáz; ~ **ore** *bány* dús érc; ~ **position** *gépk* dús keverékállás; ~ **scum** *koh* dús hab; ~ **solder** *heg* nagy óntartalmú forrasztóötvözet

Richardson|-Dushman equation *el* Richardson—Dushman-egyenlet; ~ **effect** *el* hővillamos emisszió; ~ **equation/formula** *el* Richardson-egyenlet, Richardson telítésiáram-törvénye; ~**'s method** *szt* Richardson-módszer

richterite *ásv* richterit

ricin *gyógyv* ricinus

ricinoleic acid *vegy* ricinolsav, ricinusolajsav

ricinolein *vegy* ricinolein, ricinolsav-glicerid

rickrack *tex* farkasfog

ricochet I. *v kat* visszapattan, gellert kap; **II.** *n kat* visszapattanás, geller; ~ **fire** *kat* felpattanó lövés

rid megszabadít; ~ **up** *bány* eltakarít *(meddőt)*, feltakarít, vágatot kitakarít

ridding *bány* meddőeltakarítás, omlásfeltakarítás

riddle I. *v élip, ép* rostál, szitál; **II.** *n bány* keringőszita; rázórosta; síkszita; *élip* forgó magtisztító; rosta; *ép* durva (dob)szita, rosta

riddlings *pl* rosta alja; rostamaradék; szitamaradék

ride I. *v gépk* gördül, fut; *közl* utazik *(járművön)*; *nyom* átfedődik, összefolyik; *rep* követi az iránysávot; **II.** *n gépk* kocsizás, autózás; utazás; *nyom* átfedés, összefolyás; ~ **at anchor** *v hajó* le van horgonyozva; ~ **by** *v gépk* elhajt *(vmi mellett)*; ~**-dump car** *bány* billenőcsille; ~ **over** *v tex* kiugrik

rideau *geol* felszínemelkedés, talajkiemelkedés

rider *bány* ércszegély, mellékérczsinór; kísérőtelep; *geol* kőzetbeágyazódás; *gép* csőtoldat; *hajó* bókonyerősítő vasalás; *heng* hengerállványfedél; *mat* segédtétel; *metr* tolósúly *(mérlegen)*; *nyom* festékelosztó henger; *tex* futóka *(gyűrűs orsón)*; *vasút* kocsifékező; *vegy* lovas *(analitikai mérlegen)*; ~ **keelson** *hajó* fenékhossz-merevítő; ~ **plate (RP)** *hajó* övgerinc; ~ **ring** *bány* vezetékgyűrű; ~ **roll(er)** *nyom, pa* vezetőhenger

ridge I. *v ép* borít *(tetőgerincet)*; *mt* barázdál, csíkoz, hornyol; **II.** *n* gerinc; *alak* sajtolási él, sorja; *ép* (tető)gerinc, taréj; *geol* bakhát; gerinc, hegyhát; vízválasztó; ~ **band** *tex* fűzőzsinór *(nyüstfelkötéshez)*; ~ **bar** *ép* hídgerenda; hossztalpfa; *tex* nyüsttartó sín; ~ **beam** *ép* gerincszelemen, taréjszelemen, élgerenda; ~ **board** *ép* hídgerenda, hossztalpfa; ~ **capping** *ép* gerincfedés, oromfedés; ~ **caps** *ép* gerincfedések; ~**-corner tile** *ép* sarokkúpcserép, gerinccserép, tarajcserép; ~ **course** *ép* gerincalapsor, gerinccserépsor; ~ **covering** *ép* gerincfedés, oromfedés; ~ **cultivation** *mzg* bakhátas művelés; ~ **drill** *mzg* sorvető gép; ~**-head tile** *ép* gerinccserép, kúpcserép; ~ **knife** *cu* bordás diffúziós kés; ~ **lead** *ép* taréjgerinc-bádogozás, tetőgerinc-bádogozás; ~ **line** *el* villámhárító tetővezetéke; ~ **moraine** *geol* oldalmoréna; ~ **piece** → ~ pole; ~ **plane** *forg* gerincgyalu; ~ **plate** *ép* taréjlemez, tetőgerinclemez; ~ **point** *ép* taréjpont; ~ **pole** *ép* taréjoszlop, gerinc-alátámasztó oszlop; ~ **rib** *ép* záróborda, gerincborda; *hajó* rögzítőborda; ~ **roof** *ép* oromfalas nyeregtető, kéthajlású fedélszék; ~ **slate** *ép* szegélypala; ~**-starting tile** *ép* gerincszegélycserép; ~ **stop** *ép* szegélybádog; ~ **tile** *ép* gerinccserép; gerincpala, kúpcserép; ~ **turret** *ép* gerinctorony; ~ **waveguide** *távk* bordás tápvonal, peremes illesztőelemű hullámvezető; ~ **welder** *heg* bordás dudorhegesztő gép; ~ **welding** *heg* bordás dudorhegesztés

ridgeless *alak* sima, sík, sorja nélküli; ~ **seam** *heg* sima varrat

ridging *ép* tetőfedő/gerincfedő anyag

riding I. *a gépk* utazási; *hajó* horgonyzó; **II.** *n gépk* utazás; *hajó* horgonyzás; ~ **comfort** *gépk* utazási kényelem; ~ **lamp(s)/light** *hajó, rep* jelzőlámpa, jelzőfény(ek); ~ **pipe** *gép* nyomócső; ~ **plough/plow** *mzg* üléses eke; ~ **roller** *pa* vízjelhenger, könnyű nyomóhenger; ~ **surface** *ép* útfelület; ~ **tractor** *mzg* vezetőüléses kerti traktor; ~ **tube** *gép* nyomócső

riebeckite *ásv* riebeckit

Rieke diagram *távk* Rieke-diagram

Riemann | criterion for convergence *mat* Riemann-féle konvergenciakritérium; **~ function** *mat* Riemann-függvény; **~ integrable** *mat* Riemann-integrálható; **~ integral** *mat* Riemann-integrál, R-integrál; **~ surface** *mat* Riemann-felület; **~ zeta function** *mat* Riemann-féle zéta-függvény
Rieth-beater *pa* Rieth-hollandi
riffle *bány* aranymosó vályú, csatorna; *hidr* hullámbarázda, zúgó; **~ file** *forg* hajlított reszelő; **~ sampler** *bány* rekeszes mintakisebbítő
riffled *ép* bordázott; **~ iron** *heng* bordázott vaslemez; **~ shaking table** *bány* bordás szér; **~ table** *bány* bordázott szérlap
riffler *bány* ércterelő; *forg* hajlított reszelő *(barázdák/mélyedések kireszelésére)*; *pa* homokfogó
rifle I. *v kat* huzagol, von; rovátkol; **II.** *n kat* puska, vont csövű *v.* huzagolt csövű fegyver/puska; **~-adapter** *kat* puskacsőbefogó szerkezet; **~(-)bore cleaner** *kat* lövegcsőtisztító *(folyadék)*; **~-calibre/~-caliber gun** *kat* kis űrméretű fegyver *(6,5—8 mm)*; **~ grenade (RG)** *kat* puskagránát; **~-grenade launcher** *kat* puskagránátvető; **~ lock** *kat* puskazávárzat; **~ projectile** *kat* puskalövedék; **~(-)range** *kat* lőtér, lövölde; **~ rocket** *kat* kézi lőfegyverrel lőhető rakéta; **~-shot** *kat* hordtávolság *(puskáé)*; puskalövés; **~ telescope** *opt* irányzótávcső, optikai irányzék; **~ trigger** *kat* elsütőbillentyű, (puska)ravasz
rifled *kat* huzagolt, vont(csövű); **~ gun** *kat* huzagolt csövű löveg; **~-surface table** *bány* bordás szér
rifling I. *a kat* huzagoló, vonó; **II.** *n kat* huzag(olás), vonás; **~ angle** *kat* huzagolás szöge; **~ bar** *kat* huzagolórúd; **~ machine** *kat* huzagológép
rift I. *v alak* hasít, szétszakít; *fa* szálirányban fűrészel/hasít; **II.** *n alak, fa* hasadás, repedés, rés, szakadás; *geol* (keskeny sziklás) szakadék; haladási irány *(kőé)*; hasadék; **~ of rock** *geol* kőzet fő hasadási iránya; **~ saw** *fa* hasítófűrész; **~ valley** *geol* vetődési völgy, tektonikai árok, vetődéses beszakadás; **~-valley lake** *hidr* tektonikus völgyben keletkezett tó
rig I. *v gép* felszerel, leszerel; *hajó* kötélzettel/vitorlával ellát; *rep* összeszerel *(repülőgépet)*; **II.** *n bány, ol* fúróállvány, fúrótorony, fúróberendezés; *ép* árboc(fa); *geol* bakhát; *gép* berendezés; gépezet; próbapad; szerelőkészülék; *hajó* kötélzet, árbocozat; vitorlázat; *mzg* kerettag *(kultivátorhoz)*; **~ boom** *bány* fúrókocsikar; **~-down** *ol* fúróberendezés leszerelése; **~-mounted drill** *bány* fúrókocsi; **~ out** *v* felszerel; **~ rolling/skidding** *ol* fúróberendezés átvontatása; **~ test** *gépk* fékpadi próba; **~ timber** *fa* haszonfa, szerfa; **~ up** *v gép* felállít, felszerel; **~-up** *ol* fúróberendezés felszerelése; **~-up cost** *ol* fúróberendezés felszerelésének költsége
rigger *ép* állványozóács, állványozómunkás; *gép* állványkeret; *hajó* árbocmester; *rep* szerelő *(munkás)*
rigging I. *a gép* szerelési; szerelő; **II.** *n bány, ol* fúróállvány, fúrótorony; *el* kifeszítés *(vezetéké)*; *gép* berendezés, (be)szerelés, felszerelés *(művelet)*; *hajó* kötélzet, vitorlázat, árbocozat; *rep* összeszerelés *(alkatrészeké)*; zsinórzat *(ejtőernyőé)*; **~ angle of incidence** *rep* szerelési állásszög; **~ cordage** *hajó* vitorlázat kötélzete; **~ diagram** *rep* szerelési rajz; **~ down** *ol* fúróberendezés leszerelése; **~ lines** *pl rep* zsinórzat *(ejtőernyőé)*; **~(-)loft** *ép* zsinórpadlás; **~(-)machine** *tex* kettőzőgép; **~ up** *ol* fúróberendezés felszerelése; **~-up time** *ol* felszerelési idő *(fúróberendezésé)*; **~ with blocks** *em* csigasor
righelper *ol* fúrási segédmunkás; fúrós
right I. *v* felegyenesít; helyrehoz; *gép* felállít *(feldőlt járművet)*; kijavít *(hibát)*; **II.** *a* helyes, jó; jobb oldali; *mat* 90°-os; **III.** *n* jog, jogosság; illetékesség; jobb oldal; **IV.** *adv* helyesen, jól; jobbra, jobb oldalon; **~-and-left nut** *gép* (jobb- és balmenetű) feszítőanya; **~ angle** *mat* derékszög; **~(-)angle attachment** *ép* szögletbefogó fej; **~(-)angle attachment for stoneworking** *ép* szögletfejes műkőmegmunkáló; **~(-)angle crank** *gép* forgattyú derékszögben álló karokkal; **~(-)angled** *mat* derékszögű; **~(-)angle die** *mat* derékszögű háromszög; **~(-)angle drilling-machine** *forg* sarokfúró gép; **~(-)angled triangle** *alak* derékszögű sajtolószerszám; **~(-)angle grinding attachment** *forg* kézi szög(let)csiszoló fej; **~ angle prism** *bány* szögprizma; **~(-)angle screwdriver** *szersz* szögcsavarhúzó; **~(-)angle side** *mat* befogó; **~(-)angle stone(-)grinding attachment** *ép* szögletfejes műkőmegmunkáló; **~(-)angle stopcock/tap** *gép* sarokcsap, elzárócsap, csap; **~(-)angle valve** *gép* sarokszelep; **~ ascension (RA)** *csill* rektaszcenzió, RA; **~ bank** *hidr* jobb part; **~ bisector** *mat* oldalfelező merőleges *(háromszög oldalánál)*; **~ circular cone** → **~ cone**; **~ circular cylinder** *mat* (egyszerű kör)henger; **~ cone** *mat* egyenes (kör)kúp; **~(-)crossing** *tex* jobbra forgó *(gézlánc)*; **~(-)cutting** *forg* jobbra vágó, jobbos; **~ cylinder** *mat* egyenes henger; **~ derivation** *mat* jobbderiválás; **~ derivative** *mat* jobb oldali differenciálhányados *(függvényé)*; **~ derivative function** *mat* jobb oldali deriváltfüggvény; **~ driving** *közl* jobbrahajtás; **~(-)half plane** *mat* jobb félsík; **~-hand (RH)** jobb oldali, jobb kéz felőli; jobb; jobbkezes; *gép* jobbfutású, jobbmenetes, jobbmenetű; **~-hand approach** *rep* jobb forgalmi körös megközelítés; **~-hand circle** *rep* jobb körű repülés; **~-hand column** *gép* jobb állvány; **~-hand continuous function** *mat* jobbról folytonos függvény; **~-hand-cut reamer** *forg* jobbra vágó dörzsár; **~-hand derivative** → **~ derivative**; **~-hand differentiable function** *mat* jobbról differenciálható függvény; **~-hand door** *ép* jobbos ajtó; **~-hand drive/driving (RHD)** *gépk* jobb oldali kormányzás; **~-hand drive car** *gépk* jobb oldali kormányzású gépkocsi; jobbkormányos kocsi; **~-handed (r.h.)** jobbkezes; jobbos; az óramutató járásával egyező irányú; *gép, tex* jobbmenetes; jobbsodrású, jobbra forduló, dextrogir, jobbos; **~-handed crystal** *krist* jobbra forgató kristály; **~-handed helix** *mat* jobbcsavar, jobbmenetű spirális; **~-handed quartz** *krist* jobbra forgató kvarc; **~-hand engine** *gép* jobbra forgó motor; **~-hand gang** *gép* jobb oldalon elrendezett gépcsoport, jobb oldali munkagépes rendszer; **~-hand helical gearing** *gép* jobbhajlású ferde fogazás; **~-hand lane** *GB* belső sáv; *közl* jobb oldali sáv; **~-hand lay** *el* jobb oldali sodrás; **~-hand limit** *mat* jobb oldali határérték; **~-hand loom** *tex* jobb indítású szövőgép; **~-hand machine** *gép* jobbra forgó gép; *rep* jobbforgású légcsavar; **~-hand propeller** *rep* jobbra forgó légcsavar; **~-hand rule** *el, közl* jobbkézszabály; **~-hand screw** *gép* jobbmenetes/jobbmenetű/jobbos csavar; **~-hand side (rhs)** jobb oldal; **~-hand side of a rule** *mat* szabály jobb oldala; **~-hand**

stairway *ép* jobbos lépcső; ~-**hand thread** *gép* jobbmenet; ~-**hand tool** *forg* jobbos kés; ~-**hand traffic** *közl* jobb oldali forgalom; ~-**hand turn** *közl* jobbra kanyarodás, (be)kanyarodás jobbra; ~-**hand-twisted yarn** *tex* jobbsodratú fonal; ~ **hard limit** *mat* jobb oldali határérték; ~ **invariance** *aut* jobbinvariancia; ~-**justify** *v szt* sort jobbra zár; ~ **lay** *tex* jobb oldali sodrás *(kötélen)*; ~ **limit** *mat* jobb oldali határérték; ~-**linear grammar** *mat* jobblineáris grammatika; ~-**linear production** *mat* jobblineáris helyettesítési szabály; ~-**lock frame plate** *kat* jobb zárkeretfél; ~ **mill** *forg* jobbra forgó homlokmaró; ~ **of entry** *rep* berepülési jogosultság; ~ **of mining** *bány* bányaszabadság; ~ **of way** *ép* átjárási jog, szolgalom; *közl* (áthaladási) elsőbbség; útirány jog; *vasút US* vasút, pályatest, sínpár; ~ **open-in door** *ép* jobbkezes befelé nyíló ajtó; ~-**polarized electron** *el* jobbra polarizált elektron; ~ **pyramid** *mat* egyenes gúla; ~ **quotient** *mat* jobbhányados, jobbkvóciens; ~-**running lodes** *bány* párhuzamos telérek; ~ **screw** *gép* jobbcsavar, jobbmenetes csavar; ~ **shift** *szt* jobbra léptetés; ~ **side (RS)** jobb oldali; *pa* felső oldal; *tex* szín(oldal), jobb oldal; ~-**side engine** *rep* jobboldali hajtómű; ~ **side of paper** *pa* papír felső oldala; ~ **slab bridge** *ép* egyenes lemezhíd; ~ **string welding** *heg* egyenes zsinórhegesztés; ~ **strophoid** *mat* egyenes sztrofoid; ~ **triangle** *mat* derékszögű háromszög; ~ **turn** *közl* (be)kanyarodás jobbra, jobbra (be)kanyarodás; ~-**turn circuit** *rep* jobb fordulós/forgalmi kör; ~-**turning** *közl* jobbra (be)kanyarodó *(jármű)*; ~-**turning traffic** *közl* jobbra (be)kanyarodó járművek/járműforgalom; ~-**turn lane** *közl* kanyarodósáv *(jobbra bekanyarodáshoz)*; ~-**turn signal** *közl* jobbra adott irányjelzés, irányjelzés jobbra; ~ **twill** *tex* jobbirányú sávoly; ~ **twist** *tex* Z-sodrat; ~-**wing heavy** *rep* jobbszárnynehéz, jobbra lógó

righting felállító; *gép* kijavító; *mech* visszatérítő, visszaállító; ~ **force** *mech* visszaállító erő; ~ **moment** *mech* stabilizálónyomaték; visszatartó nyomaték *(emelőnél)*, helyreállító/visszatérítő nyomaték

rightmost *szt* jobbról a legszélső

rigid *any* merev, rideg, rugalmatlan, szilárd, rögzített; *mech* befogott *(tartó, ív)*; ~ **airscrew** *rep* merev légcsavar; nem változtatható emelkedésű légcsavar; ~ **airship** *rep* merev léghajó; ~ **arch** *mech* (két végén) befogott ív; ~ **axle** *gép* rögzített/merev tengely; ~-**base course** *ép* merev útalap; ~ **bed** *foto* rögzített kameratartó; ~ **body** *mech* merev test; ~ **connection** *gép* (sarok)merev kapcsolat; ~ **contact** *el* szoros érintkező/érintkezés; ~ **control system** *aut* merev szabályozási rendszer; ~ **coupling** *gép* merev kapcsolás/tengelykapcsoló; ~ **cover** *geol* merev burkolat; ~ **disc/disk** *szt* merevlemez; ~-**extensible prop** *bány* állítható merev tám; ~ **feedback controller** *aut* merev visszacsatolású szabályozó; ~ **foundation** *talt* merev alaplemez/alaptest; ~ **frame** *mech* befogott/merev keret; merev alváz; ~ **framework** *ép* szilárd váz; ~ **front-end attachment** *ép* merev munkaszerelék; ~ **guide** *gép* merev vezeték; ~ **impact** *mech* merev ütközés; ~ **joint** *gép* merev kapcsolat/illesztés; merev szerkezeti csomópont; ~ **mounting** *gép* merev szerelés; ~ **pavement** *ép* betonburkolat, merev burkolat; ~ **plastic** *műa* kemény műanyag; ~ **plastic sheet** *műa* kemény műanyag lap; ~ **prop** *bány* merev tám; ~ **PVC** *műa* kemény PVC; ~ **reinforcement** *ép* merev megerősítés/vasalás; ~ **setup** *gép* merev szerkezeti elrendezés; ~ **sheet** *műa* kemény lemez; ~ **shield** *bány* merev pajzs; ~ **shoe brake** *gép* merev pofás fék; ~ **support** *bány* merev biztosítás/pajzs/tám; ~ **surface** *mat* merev felület; ~ **suspension** *gépk* merev felfüggesztés; ~ **tank** *rep* beépített tüzelőanyag-tartály; ~ **tine** *mzg* merev fog *(kultivátoré)*; ~-**tine cultivator** *mzg* merev fogú kultivátor; ~ **wheel(-)base** *vasút* merev tengelytáv; ~ **wing** *rep* merev szárny

rigidification *ép, gép* megmerevedés, megmerevítés

rigidify *any* megkeményedik; megkeményít; *ép, gép* (meg)merevít; megmerevedik

rigidity ridegség, merevség; *any* ellenállóképesség; keménység, ridegség; ~ **agent** *vegy* merevítőszer; ~ **condition** *mech* merevségi feltétel; ~ **curve** *mech* merevségi görbe; ~ **modulus** *mech* csúsztatómodulus, nyírómodulus; ~ **of support** *bány* biztosítás merevsége

rill *bány* átlós munkahely; *hidr* (víz)ér, erecske, vízfolyás; csörgedeztetett barázda; forráspatak; ~ **cut** *bány* átlós pásztafejtés; ~ **erosion** *bány* vályúerózió; ~ **irrigation** *hidr* áztató öntözés; ~ **marks** *geol* vízlefolyás nyomai; ~ **stope** *bány* áldőléses frontfejtés; ~ **stoping** *bány* átlós irányú fejtés; ~ **system** *bány* főtepásztafejtés

rille *csill* holdcsatorna, holdárok

rim I. *v gép* abroncsol, abroncsoz *(kereket)*; szegélylyel/peremmel ellát; **II.** *n gépk* abroncs(talp); perem, karima, szegély, szél, gyűrű; *hidr* elöntési határ; *opt* keret *(szemüvegen)*; *vasút* kerékabroncs, kerékkoszorú; ~ **angle** *mat* peremszög; ~ **band** *gumi* peremvédő szalag; ~ **bearing** *gépk* keréktalptámasz, dobkarimatámasz; ~-**bending machine** *gép* abroncshajlító/karikahajlító gép; ~ **brake** *gépk* abroncsfék; ~ **button potentiometer** *el* gombpotenciométer; ~ **clamp** *gépk* abroncsperem-szorító kengyel; ~ **clearance** *gépk* abroncsköz, karimajáték; ~ **collar** *gépk* kerékkoszorú-perem; ~-**controlled potentiometer** *el* gombpotenciométer; ~ **cutting** *gumi* peremszakadás, peremtörés *(pneumatiké)*; ~ **deadlock** *gép* rászegező automata zár; ~ **drive** *gép* peremhajtás, kerületi hajtás; ~ **extractor** *gépk* kerékabroncs-lehúzó; ~ **flange** *gépk* kerékpántperem, abroncsperem; ~-**holding apparatus/tool** *gépk* abroncsfeszítő; ~ **latch** *gép* rászegező reteszzár; ~ **lock** *gép* rászegező zár; ~ **magnet** *el* mezősemlegesítő permanens mágnes; ~ **nut** *gép* peremes szorítóanya; ~ **of a toothed wheel** *gép* fogaskoszorú; ~ **of bobbin** *tex* csévekarima; ~ **of saw** *szersz* fűrészlapkerület; ~ **removal by suction** *fiz* peremelszívás; ~ **remover** → ~ extractor; ~ **saw** *fa* keretfűrész; ~ **shaft** *tex* főtengely *(szelfaktoron)*; ~-**side ring** *gépk* abroncsszélgyűrű; ~ **thickness** *ker* falvastagság *(fazékkorongé)*; ~ **tool** *gépk* abroncslehúzó (szerszám); ~ **wedge** *vasút* ék alakú féksaru; ~ **well** *gépk* kerékpántágy; ~ **wheel** *gép* koszorúskerék *(fog- v. lánckoszorús)*; ~ **wrench** *gépk* abroncsfeszítő/abroncslehúzó kulcs

RIM → read interrupt mask

rime *met* dér, zúzmara; ~-**removing trolley** *vasút* zúzmaratisztító áramszedő fej

rimless *gép* peremtelen, szegélytelen; *opt* keret nélküli; ~ **cartridge** *kat* perem nélküli töltény

rimlock tube/valve *el* peremcsapos cső, rimlock-cső

rimmed *gép* karimás, peremes, keretes; *koh* nem nyugtatott, szilícizálatlan; ~ **steel** *koh* csillapítatlan/szilícizálatlan acél
rimming *koh* nem nyugtatott, csillapítatlan, szilícizálatlan; *önt* gázbuborékos; ~ **ingot** *önt* nem nyugtatott/csillapítatlan ingot/öntecs; ~ **steel** → rimmed steel
rimy *met* deres, zúzmarás
rind *élip* héj, burok; *fa* kéreg; ~ **gall** *fa* dudor, csomor; ~ **rot** *fa* gyűrűs korhadás
ring I. *v távb* cseng; csenget; **II.** *n fa* évgyűrű; *gép* abroncs, pánt, bilincs; gyűrűs idomszer; *hidr* csőkorona, csővég *(szivattyún)*; *mat, vegy* gyűrű; *szt* hívás, gyűrű; *távb* csengetés; *tex* gyűrű, hurok *(kötéshiba, fonalhiba)*; ~**-and-ball apparatus** *műa* gyűrűs-golyós készülék *(lágyuláspont meghatározására)*; ~**-and-ball softening(-)point** *műa* gyűrűs-golyós (módszerrel mért) lágyuláspont; ~**-and-traveller machine** gyűrűs fonógép; ~ **annular nozzle** *gépk* gyűrűs fúvóka; ~ **antenna** *távk* gyűrűantenna; ~ **aperture** *gép* közlyuk; ~ **armature** *el* gyűrűs armatúra; ~ **array** *távk* gyűrűs antennarendszer; ~**-back key** *távb* visszahívó billentyű; ~ **backsight** *kat* gyűrűs irányzék; ~ **balance** *metr* billenőgyűrűs nyomásmérő; ~**(-)balance differential manometer** *fiz* differenciálgyűrűs/billenőgyűrűs manométer/nyomásmérő; ~ **binder** gyűrűs iratrendező; ~**(-)bolt** → ringbolt; ~ **buckle** *gép* gyűrűs kilincses kapcsolás; ~ **burner** *hőt* körégő; ~ **bus** *el* gyűrűs sín, körvezeték; ~ **busbar** *el* zárt/gyűrűs gyűjtősín; ~ **chuck** *forg* gyűrűs tokmány; ~ **circuit** *el* köráramkör, gyűrűs kapcsolás; ~ **clamp** *gép* szorítógyűrű; ~ **closure** *vegy* gyűrűzáródás; ~ **clutch** *gépk* belsőkarimás/csúszókarimás tengelykapcsoló; ~ **complex** *bány* gyűrűs telér; *geol* hengeres intrúzió; ~ **connection** *el* sokszögkapcsolás; ~ **core** *el* toroidális vasmag; *önt* gyűrűs mag; ~**-core magnetometer** *el* toroid magos magnetométer; ~ **counter** *el* gyűrűs számláló; ~ **crusher** *pa* gyűrűs zúzógép; ~ **crush test** *pa* gyűrűs nyomóvizsgálat; ~ **current** *el* köráram; ~ **dike** → ~ dyke; ~ **disc/disk** *gép* tömítőgyűrű *(tolattyún, szelepen)*; ~ **doubling** *tex* gyűrűscérnázás; ~**-doubling frame,** ~ **doubler** *tex* gyűrűs cérnázógép; ~ **down** *v el, gép* leereszt *(függönyt színházban)*; ~**-down** *távb* lecsengetés; ~ **drilling drift** *bány* legyezőfúrások fúróvágata; ~ **duct** *bány* körcsatorna; *gép* körvezeték *(cső)*; ~ **dyke** *bány* gyűrűs telér; *geol* hengeres intrúzió; *hidr* körtöltés; ~ **fastener** *gép* rögzítőgyűrű; ~ **fibre/fiber texture** *krist* gyűrűs száltextúra; ~ **fill** *gép* gyűrűs alátét; ~ **fire** *el* kommutátortűz; ~ **flange** *gép* gyűrűs karima; ~**-forward signal** *távb* újracsengetési jel; ~ **foundation** *ép* gyűrűalap, kútalapozás; ~ **frame** *tex* gyűrűs fonógép; ~ **function** *mat* tóruszfüggvény; ~ **furnace** *hőt* körkemence; ~ **gap** *távk* gyűrűnyílás, gyűrűrés; ~ **gate** *műa* körbeömlés *(fröccsöntő szerszámban)*; ~ **ga(u)ge** *fiz* Bourdon-manométer; gyűrűkamrás manométer; *gép* gyűrűs idomszer; ~ **gear** *gépk* bolygómű-külsőgyűrű; tányér(fogas)kerék; ~ **getter** *vegy* gyűrűs getter; ~**-groove clearance** *gépk* dugattyúgyűrű-hézag; ~ **indicator (RI)** *szt* csengetésjelzés, RI *(modemnél)*; ~**-induction method** *geof* körindukciós módszer, Koenigsberger-módszer; ~ **insulator** *el* szigetelőgyűrű; ~ **jet nozzle** *gép* gyűrűs fúvóka; ~ **joint** *gép* fém tömítőgyűrű, közbetétgyűrű; ~ **ketone** *vegy* ciklusos keton; ~ **key** *hang* gyűrűs billentyű *(hangszeren)*; ~ **land** *gép* futógyűrű-vezető váll, gallér/váll dugattyúgyűrűk között; ~ **laser** *fiz* gyűrűs lézer; ~ **laser circuit** *fiz* gyűrűslézerkör; ~ **laser resonator** *fiz* gyűrűslézer-rezonátor; ~ **line** *el* körvezeték *(hálózati)*; ~ **lining** *bány* gyűrűs biztosítás; ~ **lubrication** *gép* gyűrűs olajozás; ~ **magnetic separator** *bány* karusszelszeparátor; ~ **main** *el* körvezeték; ~ **micrometer (rm)** *gép* gyűrűs mikrométer; ~ **microphone** *hang* gyűrűs mikrofon; ~ **mill** *élip* gyűrűs malom; ~**-mode filter** *távk* gyűrűs hullámtípusszűrő; ~ **modulator** *távk* gyűrűs modulátor; ~ **mounting** *gép* gyűrűs szerelés; ~ **network** *szt* gyűrűhálózat; ~ **nozzle** gyűrűs fúvóka; ~ **off** *v távb* lecsenget, végjelet küld; ~**-off** *távb* lecsengetés; ~**-off indicator** *távb* lejelentő esőlemez; ~ **of integers** *mat* végtelen mátrixok gyűrűje; ~ **of numbers** *mat* számgyűrű; ~ **of ports** *gép* nyíláskoszorú *(nyílások sorozata)*; ~**-of-ten circuit** *távb* dekádszámláló; ~ **of warp beam** *tex* gyűrű a lánchengeren *(hiba)*; ~**-oiling bearing (Rob)** *gép* kenőgyűrűs csapágy; ~**-opening polymerization** *műa* polimerizáció gyűrűnyitással; ~ **ore** *bány* gyűrűs érc; ~ **oscillator** *el* gyűrűs oszcillátor; ~ **packing** *gép* gyűrűs tömítés, tömítőgyűrű; ~**-piston flowmeter** *fiz* gyűrűdugattyús átfolyásmérő; ~ **pivot** *gép* gyűrűs forgócsap/talpcsap; ~ **plate** *tex* gyűrűpad; ~**-porous** *fa* gyűrűs likacsú; ~ **propeller** *hajó* abroncshajócsavar; ~ **radiator** *távk* gyűrűs sugárzó, körsugárzó; ~ **rail** *tex* gyűrűpad; ~ **remover** *gépk* dugattyúgyűrű-leszedő *(szerszám)*; ~ **retainer** *gép* rögzítőgyűrű; ~ **road** *közl* elkerülő út *(városi forgalmat)*; körgyűrű; ~**-roll press** *bány* gyűrűs sajtoló *(brikettezéshez)*; ~**-roll pulverizer** *alak* gyűrűs malom; ~**-safety catch** *kat* billentyűbiztosító keret; ~ **scaler** *el* visszacsatolt/gyűrűs szkéler/impulzusszámláló; ~ **screw** *gép* gyűrűs csavar; ~ **seal** *el* gyűrűs leforrasztás/kiöntés; ~**-shaped** gyűrűs, gyűrű alakú; ~**-shaped getter** *vegy* gyűrűs getter; ~**-shaped induction furnace** *hőt* gyűrű alakú indukciós kemence; ~**-shaped pan mixer** *ép* körgyűrűs keverőterű tányéros keverőgép; ~**-shaped thermocouple** *el* gyűrűs hőelem/termoelem; ~**-shaped waveguide commutator** *távk* gyűrűs hullámvezető kapcsoló; ~ **shift** *szt* ciklikus léptetés; körbeléptetés; ~ **shooting** *fiz* gyűrűlövés, körlövés (módszere); ~ **silicate** *krist* gyűrűs szilikát, cikloszilikát; ~ **size** *óra* gyűrűmérték; ~ **spanner** *szersz* csillagkulcs; ~**-spindle machine** *tex* gyűrűsorsós gép; ~ **spinning** *tex* gyűrűsfonás; ~ **spring** *finm* tekercsrugó; ~**-spun** *tex* gyűrűsfonó gépen font; ~ **squeezer** *gépk* dugattyúgyűrű-fonó; ~**-squeezing** *gép* tömítőgyűrű kitüremlése; ~**-step bearing** *gép* gyűrűs talpcsapágy; ~ **sticking** *gépk* dugattyúgyűrű-besülés, dugattyúgyűrű-beragadás; ~ **strainer** *gép* gyűrűs feszítő; ~ **support** *bány* gyűrűs biztosítás; ~ **surface** *mat* tórusz(felület), gyűrűfelület; ~ **system** *vegy* gyűrűrendszer; ~ **temple** *tex* gyűrűs szélfeszítő; ~ **thrust(-)bearing** *gép* fésűs/gyűrűs csapágy *(sikló)*; ~ **time** *távk* utánrezgési idő; ~ **tone** *távb* csengetés; ~ **transformer** *el* toroid transzformátor; ~ **trimmer shot** *bány* koszorúlövés; ~ **twister** *tex* gyűrűs cérnázógép; ~**-type fixing** *szersz* rögzítőgyűrűs késbefogás; ~**-type welded chain** *bány* szemes lánc; ~ **up** *v távb* felhív; ~ **wall** *ép* akna körfalazata; ~ **welding** *heg* körvarratos lyukhegesztés; ~**-wheel**

chuck *forg* belső fogkoszorús tokmány; ~ **winding** *el* gyűrűs tekercselés; ~ **wire** *el* B-vezeték; dugaszgyűrű-vezeték; ~ **wrench** *US szersz* csillagkulcs
ringbolt *gép, szer* füles/szemes/gyűrűs csavar, szemcsavar; *hajó* kötélhurok
ringer *távb* csengőmű, csengető(szerkezet), hívóinduktor; ~**-and-chain** *bány* láncos farabló; *ép* cölöpkihúzó gyűrűs lánc; ~ **panel/unit** *távb* csengetőegység
Ringer solution *vegy* Ringer-oldat
ringing I. *a távb* csengető, csengő; **II.** *n távb* csengetés, csengés, hívás, hívójelküldés; ~ **and signalling machine** *távb* csengetőgép; ~ **battery** *távb* hívótelep; ~ **cavity** *távk* utánrezgő üreg; ~ **choke** *távb* csengetőtekercs; ~ **circuit (RC)** *távb* csengetőáramkör; *távk* utánrezgő kör; ~ **code** *távb* hívás jelkulcsa; ~ **current** *távb* csengetőáram, hívóáram; ~**-current indicator** *távb* hívóáramjelző; ~**-current selector** *távb* híváskiválasztó; ~ **frequency** *távb* hívóáram-frekvencia; ~ **key** *távb* csengetőkulcs, hívókulcs, hívóbillentyű; ~ **lamp** *távb* hívásellenőrző lámpa; ~ **operation** *távb* hívás csengetőárammal; ~ **pilot lamp** *rep* csengésjelzés-ellenőrző lámpa; *távb* hívásellenőrző lámpa; ~ **pilot relay** *távb* csengetést ellenőrző jelfogó; ~ **relay** *távb* hívó/csengető jelfogó; ~ **repeater** *távb* csengetésátemelő; ~ **set (RS)** *távb* csengőegység; ~ **test** *távk* átcsengetés; ~ **tone** *távb* csengőhang, csengetés, csengés, csengetési visszhang; ~ **tone signal** *távb* csengetési hangjel; ~**(-)trip relay** *távb* csengetést bontó jelfogó; ~ **wire** *távb* csengőhuzal
ringlet kis méretű gyűrű/karika, gyűrűcske
ringoid *mat* ringoid
rinkite *ásv* rinkit
rinse I. *v vegy* öblöget, (ki)öblít, leöblít; **II.** *n vegy* öblögetés, öblítés
rinser *vegy* öblítő
rinsing I. *a vegy* öblögető, öblítő; **II.** *n vegy* öblögetés, öblítés; ~ **box** *tex* öblítőkamra; ~ **ladle** *tex* öblítődézsa; ~ **plant** öblítőberendezés; ~ **table** *élip* mosogatóasztal; ~ **vat** *koh* mosókád; ~ **water** *koh* öblítővíz
rip I. *v* hasít, feltép; *alak* (fel)szakad, (fel)hasad, reped; felszakít, feltép; *bány* fejt, omlaszt; omlik; *bőr* lefejt; *ép* kövezetet/útburkolatot feltép; *fa* fűrészel/hasít/repeszt *(szál mentén)*; **II.** *n alak* hasadás, szakadás; hasítás, szakítás; ~ **cord** *rep* kioldózsinór, kioldókötél *(ejtőernyőn)*; szakítóhuzal *(léggömbön)*; *távk* húzózsinór; ~ **load** *mech, tex* repesztő igénybevétel; ~ **out** *v bány* kiszed, kifejt; ~**-saw** → ripsaw; ~**-sawn** *fa* sugárirányban/tükrösre/tükörre vágott/fűrészelt; ~**-stop cloth** *tex* repedésgátló szövet; ~ **strength** *any, tex* tépőszilárdság; ~ **wire** szakítóhuzal *(léggömbön gázkibocsátásra)*
riparian *hidr* parti, part menti *(folyón)*; ~ **forest** ligeterdő; ~ **light** parti lámpa; ~ **sign** parti jel
ripcord → rip cord
ripe *élip* érett; ~ **cotton fibre/fiber** *tex* érett pamut elemi szál; ~ **for the ax(e)** *fa* vágásérett; ~ **sewage sludge** *hidr* oltóiszap; ~ **wood** *fa* kitermelhető fa
ripeness *élip* érettség
ripening I. *a élip* érlelő, érlelődő; **II.** *n élip* érlelés; érlelődés, (be)érés; *pa* előérlelés *(viszkózé)*; ~ **of viscose** *pa* viszkózérlelés; ~ **room** *élip* érlelőkamra
ripidolite *ásv* ripidolit
riponite *ásv* riponit

ripper *bány* lazító(eszköz); *ép* aszfaltvágó gép, mélylazító, földszaggató/útfeltépő gép; *fa* szakítófűrész; *pa* tekercsvágó, hosszvágó; ~ **bucket** *ép* felszakítóputtony; ~ **tooth** *ép* lazítófog, síklazító fog
ripping I. *a bány* fejtő; omlasztó; *bőr* lefejtő; *ép* feltépő, felszakító; *fa* repesztő, hasító; **II.** *n bány* fejtés, omlasztás; omlás; utánszedés; *bőr* lefejtés; *ép* feltépés, felszakítás *(vontatott talajlazítóval)*; *fa* repedés, hasadás; repesztés, hasítás; ~ **bar** *bány* fejtőszőnyeg, fejtőkar; ~ **chisel** *ép* egyenesvéső, mennyezetsimító; ~**-chisel** *szersz* feszítőrúd; ~ **circular saw** *fa* hasító körfűrész; ~ **cut** *bőr* felmetszés, felvágás; ~ **head** *bány* fejtőfej; ~ **iron** *szersz* felszakítóvas *(kóctömítés kitisztítására)*; ~ **knife** *tex* szegésfejtő kés; ~ **line** *rep* léggömb szakítókötele; ~ **lock** *gép* rugós kapocs; *kat* karabiner; ~ **machine** *fa* rönkfűrészelő gép; ~ **panel** *rep* léggömb szakítófelülete *(gázkibocsátásra)*; ~ **punch** *alak* lyukasztva vágó présszerszám *(lemezdaraboláshoz)*; ~ **saw** *fa* hasító körfűrész, hosszfűrész, szélezőfűrész, rókafarkfűrész; ~ **size** *fa* nyersméret *(asztalosmunkáé)*; ~ **tooth/tine** *ép* mélylazító fog
ripple I. *v tex* gerebenez, gubóz, magtalanít *(lent, kendert)*; **II.** *n el* feszültségingadozás, feszültséglüktetés, hullámosság; *ép* barázda, borda, erezet *(festésen)*; *gumi, tex* erezett mintás felület; *hidr* homokfodrozódás; *tex* gereben(tűsor); ~ **amplifier** *el* lüktetéserősítő berendezés; ~ **current** *el* lüktető/pulzáló áram, búgóáram; ~**-current motor** *el* hullámos áramú motor; ~ **filter** *el* simítószűrő, tápáramköri/hálózati szűrő, búgófeszültség-szűrő; ~ **filter choke** *el* hálózati szűrőtekercs, simító fojtótekercs; ~ **frequency** *el* lüktetési frekvencia; ~ **mark** *geol* homokhullám; hullámbarázda; ~ **noise** *el* hálózati búgás; ~ **potential** *el* brummfeszültség, búgásfeszültség, hullámosság feszültsége; ~ **potential difference** *el* búgófeszültség-különbség, hullámosság nagysága; ~ **ratio** *el* búgófeszültség-viszony; ~ **rejection** *el* búgáselnyomás; hullámosságelnyomás; ~**-tank method** *hang* vízhullámkísérlet *(teremhangtani modellvizsgálat)*; ~**-through carry** *szt* nagy sebességű átvitel; ~ **tray** *ol* bordázott tányér; ~ **voltage** *el* brummfeszültség, búgásfeszültség, hullámosság feszültsége; búgófeszültség; ~ **weld** *heg* pikkelyes hegesztési varrat
rippled *alak* fodrozott, hullámos; *tex* gerebenezett, gubózott, magtalanított; ~ **mo(u)ld** *önt* hullámos öntőforma; ~ **surface** *alak* hullámos felület
ripplet *alak* kis barázda/borda/erezet/fodor
rippling I. *a tex* gerebenező, gubózó; **II.** *n tex* gerebenezés, gubózás, magtalanítás; ~ **bench** *tex* magtalanítópad, gerebenezőpad; ~ **comb** *tex* gubózógép, gubózó gerebenezőfésű
ripply *alak* barázdás, bordás, erezett, fodros
riprap kőhányás, kőrakás, kőszórás; *hidr* parti kőrakat
ripsaw hosszfűrész; hasítófűrész, hosszúvágó fűrész, szélezőfűrész; rókafarkfűrész
RISC → reduced instruction set computer
rise I. *v* (meg)nő, fokozódik; *bány* felfelé hajt; felhoz; *csill* felkel; *élip* megkel; megkeleszt; *hidr* árad, emelkedik; ered; *rep* felszáll, felemelkedik; **II.** *n* keletkezés, eredet; növekedés, fokozódás; *bány* (telep)emelkedés; feltörés; sikló, gurító; *csill* kelés; *ép* emelkedő, lejtő, emelkedés; ívmagasság; *geol* dőlésirány; *hidr* áradás; forrás; *önt* űzés; *rep* (fel)emelkedés, felszál-

lás; ~ **angle** *távk* emelkedési szög; ~ **due to frost** *talt* fagyemelkedés, fagypúp; ~ **entry** *bány* emelkedő vágat; feltörés; ~ **face** *bány* dőlésmenti frontfejtés; ~ **head** *el* csúszósaru; ~ **in temperature** hőmérsékletnövekedés; ~ **level** *bány* felső szint; ~ **main** *hidr* emelőfőcső *(szivattyúé)*; ~ **of sea level** *hidr* tengerszint emelkedése, tenger előnyomulása; ~ **of span** nyílmagasság *(hídé)*; ~ **of the concrete strength** *ép* betonszilárdság növekedése; ~ **of the pulse (front)** *távk* impulzusemelkedés, impulzushomlok-növekedés; ~ **on an arch** *ép* ív nyílmagassága, ívmagasság; ~ **pendant** *el* csigás függőlámpa; ~ **pipe** *hidr* felszállócső, összekötő cső *(kiegyenlítőműben)*; ~ **shaft** *hidr* felszállóakna, összekötő akna *(kiegyenlítőműben)*; ~**(-)side** *bány* dőlt vágat felső vége; ~ **speed** *el* felfutási sebesség; ~ **time** *at* reaktorperiódus, reaktor időállandója; *távk* felépülési/felfutási idő *(átviteli jelé)*; ~**-time distortion** *távk* felfutási idő alatti torzulás; ~ **workings** *bány* alulról hajtott akna; siklóművelés; *el* felszállókábel; *ép* lépcsőfellépő, lépcsőhomloklap; *geol* gyűrődés, vetődés; *hidr* beöntőtölcsér, szelelőlyuk; felszállóvezeték, felszállócső, felszállótölcsér; összekötő akna/cső *(kiegyenlítőműben)*; *tex* emelő ívdarab *(lábítóexcenteren)*

riser felszálló cső; *bány* alulról felfelé kihajtott vágat; feltörés; *el* felszálló vezeték; *ép* homloklap, fellépési magasság *(lépcsőé)*; *koh* légző; tápfej; *ol* hosszabbítócső; ~ **outlet/turnout** felszálló cső

rising I. *a* fokozódó, növekvő; *csill* (fel)kelő; *élip* kelő; *rep* felszállási, emelkedési; felszálló; **II.** *n* növekedés, fokozódás; *bány* vágathajtás alulról felfelé; *csill* felkelés; *élip* kelés; kelesztés; *rep* (fel)emelkedés, felszállás; ~ **air current** felszálló/emelkedő légáram; ~ **anvil** *alak* kétszarvú asztali üllő, kis szarvasüllő; ~ **arch** *ép* emelkedő/egyszárú ív, emelt vállú boltív; ~ **branch** *el* felszállóág; ~ **casting** *koh* alsó/felszálló öntés; ~ **characteristic** *el* emelkedő jelleggörbe; ~ **due to frost** *ép* fagy okozta felemelkedés, fagypúpképződés; ~ **gradient** *gépk* emelkedés, meredekség; ~ **gust** *met* felfelé irányuló széllökés; ~ **heading** *bány* sikló; ~ **leg** *hidr* emelkedő csőág; ~ **main** *hidr* felszállócső, főnyomócső; ~ **mine** *bány* ereszke, lejtős vágat; ~ **number** *tex* lépés *(kötéspontok kiolvasási száma)*; ~ **of the water-level** *hidr* áradás; ~ **of windings** *el* tekercselés elmozdulása *(centrifugális erő hatására)*; ~ **pipe** *hidr* felszállócső, emelő főcső; ~ **portion of hysteresis loop** *el* hiszterézisgörbe/hiszterézishurok emelkedő ága; ~**-scaffolding bridge** *ép* függőállvány híd-ja; ~ **shaft** *bány* vízakna; ~ **stage** *hidr* áradás; ~ **steel** *koh* csillapítatlan acél; ~**(-)sun magnetron** *el* többrezonátoros magnetron, „felkelő nap" magnetron; ~ **timber** *hajó* belső tőke, bordakönyök; ~ **whirl** *met* emelkedő forgószél

risk kockázat, veszély; ~ **analysis** *at* kockázatanalízis; ~ **assessment** *at* kockázatbecslés; ~**-benefit analysis** *at* kockázat-előny analízis; ~ **of corrosion** *vegy* korróziós veszély; ~ **of cracking** *ép* repedésveszély; ~ **of slipping** *geol* csúszásveszély; ~ **of the first kind** *mat* elsőfajú kockázat; ~ **of underground water inrush** *bány* bányavízveszély

rittingerite *ásv* rittingerit

Ritz method *szt* Ritz-módszer

rive (szét)hasít, (szét)repeszt; széthasad, szétreped; felhasad

riven *alak* hasított, repesztett

river *hidr* folyó, folyam; ~ **bank** *hidr* folyópart; ~**-bank protection** *hidr* (folyó)partvédelem, folyóvédő mű; ~**-bank regulation** *hidr* partszabályozás; ~ **barrage** *hidr* folyami vízlépcső/duzzasztómű; ~ **basin** *hidr* folyó vízgyűjtő medencéje; ~ **bed** *hidr* folyóágy, folyómeder; középvízi meder; ~ **breathing** *hidr* vízszíningadozás; ~ **bridge** *ép* mederhíd; ~ **cable** *távk* folyamkábel; ~ **canalization** *hidr* folyócsatornázás; ~ **channel** *hidr* folyómeder; ~**-connencted aquifer** *hidr* parti szűrésű víztároló; ~ **deposit** *geol* folyami lerakódás; ~**-dissolved load** *geol* oldott folyami hordalék; ~ **dredger** *hidr* folyami kotró; ~ **dredging** *hidr* mederkotrás; ~ **drift** *geol* folyami hordalék; ~ **erosion** *geol* folyó általi letarolás; ~ **flow** *hidr* folyam vízhozama; ~ **gravel** *hidr* folyami kavics, kavicszátony; ~ **harbo(u)r** *hajó* folyami kikötő; ~**(-)head** *hidr* folyó eredete/forrása; ~ **improvement** *hidr* folyószabályozás, folyamszabályozás; ~ **kilometre** *hidr* folyókilométer; ~ **levee** *hidr* árvédelmi töltés; ~ **load** *geol* folyami hordalék; ~ **morphology** *hidr* mederalak; ~ **mouth** *hidr* torkolat; ~ **navigation** folyami hajózás; ~ **pier** *ép* mederpillér; ~ **pollution** *hidr* folyószennyeződés *(szennyvízzel)*; ~ **power plant** *hidr* folyami vízerőmű; ~ **regime** *hidr* vízjárás; ~ **regulation** *hidr* folyószabályozás, folyamszabályozás; ~**-run plant** *hidr* tározás nélküli folyami erőmű; ~ **sand** *hidr* folyami homok; ~ **staging** *ép* állványozás a folyóban; ~ **survey** *hidr* folyami felmérés; ~ **system** *hidr* vízrendszer; ~ **terrace** *hidr* folyóterasz, ártéri tereplépcső; ~ **tract** *hidr* folyószakasz; ~ **training** → ~ regulation; ~**-training barge** *hajó* munkahajó; ~**-training stages** *hidr* szabályozási vízszintek; ~**-training structure/work** *hidr* szabályozási mű; ~ **tug** *hidr* folyami vontatóhajó; ~ **wall** *hidr* árvédelmi töltés, partfal; ~ **weis** *bány* árvízvédelmi gát; ~ **with international interests vested** *hidr* nemzetközi érdekeltségű vízfolyás

riverine *hidr* folyami, folyóparti

riverside *hidr* folyópart

riverwash *hidr* görgetett hordalék

rivet I. *v gép* (meg)szegecsel, összeszegecsel, nittel; **II.** *n gép* szegecs, nitt(szeg); *kh* nyelvcsap *(gépkötőtűn)*; ~ **bar** *gép* szegecsrúdacél; ~ **bond** *gép* szegecskötés; ~ **buster** *ép* szegecskiverő/szegecsbontó kalapács; ~ **catcher** *gép* szegecsfelfogó kosár; ~**-ca(u)lking tool** *ép* szegecsfejtömítő; ~ **clipper/cutter** *szersz* szegecsnyíró; ~ **driver** *gép* szegecsbehelyező gép, szegecsbehajtó; ~ **head** *gép* szegecsfej; ~ **heading** *gép* szegecsfejzömítés, szegecsfejezés; ~**-heading machine** *gép* szegecsfejező gép; ~**-heading punch** *gép* szegecsfejező bélyeg; ~ **hole** *gép* szegecslyuk, szegecsfurat; ~ **in double shear** *mech* kétszeresen nyírt szegecs; ~ **in shear** *mech* nyírásra igénybevett szegecs; ~ **in single shear** *mech* egyszeresen nyírt szegecs; ~ **iron** *gép* szegecsvas; ~ **joint** szegecskötés, szegecsvarrat, szegecselt kötés; ~ **knob** szegecselőgép álló alakozója, szegecsellentartó; ~ **pin** szegecscsapszeg; ~ **pitch** szegecsosztás; ~ **plate** szegecsalátét-lemez; ~ **point** szegecsvég *(elkalapált)*; ~**-punch** szegecselőkészülék; ~ **seam** szegecsvarrat; ~ **shank** szegecsszár; ~ **snap** szegecsfejező sajtó, szegecselősajtó; ~ **spacing** szegecstávolság, szegecsosztás; ~ **spinner** forgó szegecselőgép; ~ **steel** *koh* szegecsacél; ~ **stem** szegecs-

szár; ~ **tail** szegecsszárvég *(zárófejnek)*; ~ **tongs** *pl* szegecsfogó; ~ **wire** *el* szegecshuzal
riveted *gép* szegecselt, összenittelt; ~ **beam** *ép* szegecselt tartó; ~ **bridge** *ép* szegecselt híd; ~ **butt joint** *ép* szegecselt hevederes illesztés; ~ **connection** *gép* szegecselt kapcsolat; ~ **girder** *ép* szegecselt tartó; ~ **joint** *gép* szegecselt illesztés/kapcsolat; ~**-over head** *gép* elszegecselt fej; ~ **pipe** *gép* szegecselt cső; ~ **plate girder** *ép* szegecselt (gerinclemezes) tartó; ~ **seam** *gép* szegecselt varrat; ~ **tank** *gép* szegecselt tartály
riveter *gép* szegecselőgép, szegecselőkalapács
riveting *gép* szegecs, nitt, csap, pecek; szegecselés, nittelés; ~ **by hand** kézi szegecselés; ~ **clamp** szegecselőfogó; ~ **die** → beading die; ~ **gun** szegecselőpisztoly; ~ **hammer** szegecselőkalapács; ~ **handle** szegecstartó, szegecsfogó; ~ **jack** szegecselőorsó, szegecselőpuska, szegecsalátartó orsó; ~**(-)machine** szegecselőgép; ~ **press** szegecselősajtó; ~ **stake** szegecselő alátét, szegecselőtőke; ~ **stock** szegecselőpad, szegecselőüllő; ~ **stop** tömítőszegecs; ~ **tool** szegecselőszerszám
riving *alak* (szét)hasítás, szétrepesztés; hasadás, repedés; ~ **knife** *fa* hasítókés *(kádárszerszámé)*; ~ **machine** *fa* léchasító/dongahasító gép
rivulet *hidr* forráspatak
RJ → ramjet; → road junction
RJE → remote job entry
RL → rhumb line; → rocket launcher
rm → ring micrometer
RM → radio marker beacon; → radio message; → radioman; ~ **key** → recall memory key
r.m. → reverse motion
RMM → read-mostly memory
RMS → record management services; → root mean square; ~ **power** → root-mean-square power; ~ **value** → root-mean-square value
RMT → remote
Rn → radon
RN → reference noise
RNA → ribonucleic acid
RO → radar operator; → radio operator; → read only; → receive only
road út; *bány* vágat; *hajó* horgonyzóhely, rév; *közl* út, közút, országút; úttest, útpálya; *vasút* pálya(test); ~ **access** *közl* bekötőút; szolgalmi út; ~ **accident** közúti baleset; ~ **adhesion coefficient** *gépk* tapadási tényező; ~ **alignment** *ép* útkitűzés; ~ **asphalt** *ép* útépítési bitumen, útburkoló aszfalt; ~ **ballast** *ép* közúti zúzottkő; ~**(-)bed** → roadbed; ~**(-)blading** *ép* útegyengetés *(útgyaluval)*; ~**-block** *kat* útelzáró akadály; *közl* útakadály, úttorlasz; blokád *(autókból stb.)*; ~ **breaker** *ép* útbontó kalapács, préslégkalapács; ~**(-)brick** keramittégla, kövezetkocka; ~ **bridge** közúti híd; ~**(-)building** útépítés; ~**-building equipment** útépítő gép; ~**-building slag** útalapozó salak; ~ **bulldozer** motoros útegyengető; ~ **burner** aszfaltburkolat-melegítő; ~ **camber** útszelvény íveltsége, bogárhát; ~ **capacity** út terhelhetősége/teljesítőképessége; ~**-cleaning machine** úttisztító gép; ~ **clearance** *gépk* hasmagasság; ~**(-)cloth** *ép* útburkolat-alapvászon; ~ **construction** *ép* útépítés; ~**(-)convexity** → road camber; ~ **crane** *em* közúti daru; ~ **cross-section** *bány* vágatszelvény; ~ **crust** *ép* útburkolat felső rétege; ~ **dragging** úttestegyengetés, útkaparás; ~ **drainage** útvíztelenítés, út alagcsövezése; ~ **embankment** úttöltés, útpadka; ~ **fork** útelágazás; ~ **foundation/fund** útalap; ~ **grade** útlejtő; ~**-grade cutter** útegyengető; ~ **grader** földgyalu, útplanírozó; ~**-grooving machine** útburkolatmaró; ~ **gulley** víznyelő; ~ **haulage** *közl* szállítás tengelyen; ~ **heating** *ép* útburkolatfűtés; ~**(-)holding capacity** *gépk* úttartó képesség, útfekvés; ~ **junction (RJ)** *közl* útkereszteződés, csomópont; ~ **length** *közl* úthossz; ~ **level** útpályaszint; ~**(-)level(l)er** útegyengető *(gép)*; ~ **lighting** útvilágítás; ~ **line paint** útfesték; ~ **machinery** útépítő gépek; ~ **maintenance** útkarbantartás, útfenntartás; ~**(-)making plough/plow** útfelszakító eke; ~ **map** autótérkép; úttérkép, úthálózati térkép; ~ **markings** *közl* útburkolati jelek; ~ **materials** útépítő anyagok; ~ **mender** útjavító/útkarbantartó munkás; ~ **octane number/rating** *ol* országúti oktánszám; ~ **oil** útolaj, útöntöző/útportalanító olaj; ~**(-)pack** *bány* meddőfal, tömedékfal vágat oldalában; ~ **panel** úttábla, útmező; ~ **patrol service** országúti segélyszolgálat; ~**-pillar** *bány* vágatvédő láb; ~ **portability** közúti szállíthatóság; ~**-rail bridge** közúti-vasúti híd; ~**-railway tunnel** közúti-vasúti alagút; ~ **repair** útjavítás; ~**(-)ring** *mzg* útiabroncs *(kapaszkodók köré)*; ~**(-)ripper** útbontó kalapács, útburkolat-felszakító gép; ~ **roller** úthenger; ~ **safety** *közl* útbiztonság; ~ **section** útszakasz; ~ **sign** *közl* közúti jelzőtábla, útjelző tábla; ~ **slab** útburkoló lemez; ~ **speed** *közl* utazási sebesség *(közúton)*; ~ **station** *közl* közbenső állomás, útmenti megálló; ~ **stone dusting** *bány* vágatkőporozás; ~ **suction cleaner** úttisztító gép; ~ **support** *bány* vágatbiztosítás; ~ **supported with pack-walls** *bány* berakattal biztosított vágat; ~ **surface** útburkolat, útfelület; ~ **surfacing** útburkolás; útfelület, útburkolat; ~ **sweeper** utcaseprő *(személy)*; útseprő gép; ~**-sweeping machine** útseprő gép; ~ **system** *közl* úthálózat; ~ **tar** *ép* útkátrány; ~**-tarring machine** *ép* útkátrányozó gép; ~ **test** *ép* útvizsgálat; *gépk* forgalombiztonsági vizsgálat; ~**-test car** útvizsgáló műszerkocsi; ~ **tractor** *gépk* vontató gépkocsi; ~ **traffic (RT)** *közl* közúti közlekedés/forgalom; ~ **transport(ation)** közúti szállítás; ~ **tunnel** közúti alagút; ~**(-)users** *közl* a közlekedésben részt vevők; ~ **vehicle** *gépk* közúti jármű; ~ **vibrating and finishing machine** vibrációs pallós betonbedolgozó gép; ~ **wander** *gépk* nem iránytartó járás; ~**(-)wheel** *kat* futógörgő *(harckocsin)*; ~**-wheel arm** *kat* himbakar *(harckocsin)*; ~ **widening** útszélesítés; ~**(-)works** → roadworks
roadbed *ép* útágy(azat), útalap; *vasút* pályatest, felépítmény
roadhead *bány* vágatvég a frontnál
roadheader *bány* vágathajtó berendezés/gép
roadless tractor *gépk* terepjáró traktor
roadman útkarbantartó munkás
roadside *ép* út széle, padka; ~ **pack** *bány* oldalberakat; oldaltömedék; ~ **telephone (box),** ~ **call-box** segélyhívó telefon
roadstead *hajó* horgonyzóhely, védett rév
roadster *gépk* nyitott sportautó, túrakocsi
roadway *bány* feltáró vágat; *ép, közl* (köz)út; úttest, útpálya; ~ **driving shield** *bány* vágathajtópajzs; ~ **gate** → lifting gate; ~ **height** *bány* vágatmagasság;

~ **lantern** *ép* közúti lámpa; ~ **maintenance** *bány* vágatkarbantartás, vágatfenntartás; ~ **side** *bány* vágatoldal; ~ **supports** *bány* vágatbiztosítás; ~ **with dead end** *bány* vakvágat
roadworks *pl* útjavítás, útépítés, útépítő munkák
roadworthiness *gépk* közlekedésre való alkalmasság, forgalombiztonság, üzembiztonság
roadworthy *gépk* forgalombiztos, közlekedésre alkalmas, a forgalombiztonsági feltételeknek megfelelő, üzembiztos
roak *heg* varrat
roaming electron *el* szórt/kóbor elektron
roast I. *v* pörköl; *vegy* kalcinál; **II.** *a élip* pörkölt *(pl. kávé)*; *vegy* kalcinált; ~ **gas** *koh* pörkölési gáz; ~**-reaction smelting** *koh* pörkölő-reagáló olvasztás; ~**-reduction smelting** *koh* pörkölő-redukáló olvasztás; ~ **sand mo(u)ld** *önt* száraz homokforma
roasted *élip* pörkölt; *vegy* kalcinált; ~ **coffee** *élip* pörkölt kávé; ~ **ore** *koh* pörkölt érc
roaster *élip* pörkölő; *koh* pörkölőberendezés; ~ **furnace** → roasting furnace; ~ **gas** *ol* pörkgáz, pörkölőkemence-gáz
roasting *élip* pörkölés; *koh* égetés; pörkölés; *vegy* kalcinálás; ~ **core** *koh* pörkölési mag; ~ **cylinder** *élip* pörkölőhenger; ~ **dish** *koh, vegy* pörkölőcsésze, izzítócsésze; ~ **furnace** *koh* kalcinálókemence, pörkölőkemence; *vegy* piritpörkölő kemence *(kénsavgyártásnál)*; ~ **heap** *élip* pörkölőhalom; ~ **heat** *hőt* pörkölési hő; ~ **in piles** *koh* kupacos égetés/pörkölés; ~ **in stalls** *koh* aknás pörkölés; ~ **kiln/oven** *hőt* pörkölőkemence; ~ **of fine ore** *koh* ércporpörkölés; ~ **of ores** *koh* ércpörkölés; ~ **pile** *élip* pörkölőhalom; ~ **plant** *élip, koh* pörkölőberendezés; ~ **pot** *koh, vegy* izzítócsésze; ~ **space** égési tér *(pörkölőkemencéé)*; ~ **zone** *koh* pörkölőtér
rob *bány* kinyer, visszafejt *(bányafát)*; ~ **out** *bány* kinyer; lemûvel, kiaknáz
Rob → ring oil bearing
robbing *bány* pillérrablás, pillérvisszafejtés; rabolás; ~ **on the retreat** *bány* pillérvisszafejtés; ~ **winch** *bány* farabló vitla; ~ **work** *bány* pillérvisszafejtés
Robinson feed *távk* lengőtölcséres antennatáplálás
robot *gép* robot, automata, manipulátor; ~ **aircraft** *rep* pilóta nélküli repülőgép, robotrepülőgép; ~ **diagnosis** automatikus diagnosztika; ~ **pilot** *rep* kormánygép, robotpilóta
robotics *szt* robotika
robotization *aut* automatizálás, mechanizálás
robotize *aut* automatizál, mechanizál
robust *fa* nagy átmérőjű/törzsű; *gép* nagy teljesítményű
robustness *szt* hibatűrés
Rochelle salt *vegy* Rochelle-só, kálium-nátrium-tartarát
rock I. *v* ringat, himbál, lenget; ring, himbálódzik, leng; **II.** *n bány* meddő; *geol* szikla, kőszál, kőzet; ~ **anchor** *ép* sziklahorgony; ~**-and-cloth press** *élip* csomagprés; ~**-and-gravel screen** *ép* kő- és kavicsrosta; ~ **arch** *geol* kőkapu; ~ **arrangement** *talt* kőzettelepülés; ~ **asphalt** *ol* ásványi/természetes aszfalt; ~ **assimilation** *geol* kőzetasszimiláció; ~ **auger** *bány* kőzetfúró; ~ **avalanche** *geol* sziklaomlás; ~ **base** *ép* zúzottkő alap *(úté)*; ~**-basin lake** *hidr* tó tektonikus barlangban; ~ **bed** *geol* kőágyazat, alapkőzet; *hidr* sziklameder; ~ **bench** *bány* kitörési lépcső; ~**(-)bend** *geol* gyűrődés; ~**(-)bit** *ol* vésőfúró, sziklavéső *(különlegesen kemény kőzethez)*; ~ **blanket** *geol* vízszintes kőzetréteg; ~**(-)blasting** *bány* meddőrobbantás; ~ **body** *geol* kőzettest; ~ **bolt** *bány* kőzethorgony; ~ **bolting** *bány* kőzethorgonyzás; ~**-boring machine** *geof* kőzetfúró gép; ~**(-)bottom** *bány* szilárd talp, kemény feküкőzet; ~ **boundary** *bány* kőzethatár; ~**(-)breaker** *bány* kőtörő, kőzúzó; ~ **bucket** *bány* kőzetszállító bödön, kőzetrakodó kanál; ~ **burst** *bány* bányarengés; kőzetomlás; ~ **cavity** *bány* odor, omlási boltozat; *ol* kaverna; ~ **character** *geol* litológiai jelleg; ~ **chisel equipment** *bány* kőzetvéső szerelék; ~**(-)chute** *bány* meddőcsúszda, meddőgurító; ~ **clay** *geol* agyagpala; ~ **cleavage** *geol* kőzethasadás; ~ **conductivity** *geof* kőzet vezetőképessége; ~ **constituent** *ásv* kőzetalkotó; ~**(-)contraction** *bány* kőzetzsugorodás; ~ **core(-)bit** *ol* görgős magfúró korona; ~ **cross-cut** *bány* keresztvágat meddőben; ~ **crusher,** ~**-crushing machine** *bány* kőtörő, kőzúzó; ~**(-)crystal** *ásv* kvarc, hegyikristály; ~**-cutting machine** *bány* meddőpréselő gép; ~ **cuttings** *bány, ol* furadék, fúróliszt, fúrási törmelék, kőzettörmelék; ~ **debris** *bány* sziklatörmelék, kőzethalmaz, meddőhányó; ~ **decay** *geol* kőzetpusztulás; ~ **density** *geof* kőzetsűrűség; ~**-density distribution** *geof* kőzetsűrűség-eloszlás; ~ **dipper** *ép* kőzetbontó puttony; ~ **disintegration** *geol* kőzet aprózódása/mállása; ~ **disturbance** *geol* kőzetzavargás; ~**(-)drill** *bány* kőzetfúró gép; ~**-drill bit** *bány* fúróvésőfej, sziklafúró fej; *ép* vésőbetét *(légkalapácshoz)*; ~**-drill hammer** *ép* kőzetfúró kalapács; ~**(-)drilling** *bány* kőzetfúrás; ~**-drill steel** *koh* fúróacél; ~**-drill tripod** *bány* perforátor-háromláb, kőzetfúró állvány *(háromlábú)*; ~ **dump** *bány* meddőhányó; ~**(-)dust** *bány* kőzetpor, kőpor; ~**(-)dusting** *ép* kőporozás; ~**-dusting machine** *ép* kőporszóró gép; ~**-emery mill** *élip* smirgliköves járat; ~ **excavation** *bány* meddőletakarítás; *ép* sziklakiemelés; ~ **exposure** *geol* letarolás, lepusztítás, denudáció; ~ **face** *ép* durva burkolás; kőelőnagyolás; ~**-faced** *ép* megdolgozatlan felületű *(kő)*; ~**(-)fall** *geol* kőomlás, hegyomlás; sziklaomlás; ~ **fill** *bány* meddőtömedékelés; *ép, hidr* kőrakat, kőtöltés, kőhányás; ~**-fill dam** *hidr* kőgát, szekrényes gát; ~**-filled crib** *hidr* kőszekrény, tömedékszekrény; ~**-filled cribwork** *hidr* kőszekrény; ~**(-)filling** *ép, hidr* kő(fel)töltés; ~**(-)flour** *bány* kőpor; *geol* homokliszt; ~ **flowage** *bány* kőzet folyóssága; ~ **formation** *geol* kőzetképződés; sziklaképződmény; ~**-forming** *geol* kőzetképző, kőzetalkotó; ~ **frame** *geol* kőzetváz; ~**(-)gangway** *bány* irányvágat; ~**(-)gap** *geol* kőzetrés; ~**(-)gas** *ol* földgáz, természetes éghető gáz; ~**(-)glacier** *geol* kőfolyás, kőgörgeteg, morénás gleccser; ~**-glacier breccia** *geol* gleccserbreccsa; ~**(-)glass** *geol* kőzetüveg; ~ **grab/grapple** *em* kőtömbmarkoló; ~**(-)grit** *geol* kőzetdara; ~ **gypsum** *ép* tömör gipsz; ~ **heap** *geol* kőzethalom; ~**(-)heat** *geol* kőzet természetes hőfoka, kőzethő; ~**(-)hole** *bány* fúrólyuk, lyukasztás meddőben; gurító; ~ **in blocks** *geol* tömbös elválású kőzet; ~ **in place** *geol* szálban álló kőzet; ~**(-)intercalation** *bány* meddőbeágyazás; ~ **jaw crusher** *bány* pofás kőtörő; ~ **lifting** *bány* kőzetutánszedés, kőzetjövesztés; ~ **loader bucket** *em* kőzetrakodó kanál; ~ **magnetization** *geof*

kőzetmágnesség, kőzegmágneseződés; ~ **mass** *geol* tömzs, kőzettömb; ~ **meal** *ásv* kovaföld; ~ **mechanics** *geol* kőzetmechanika; ~ **melting** *geol* kőzetbeolvasztás; ~**(-)oil** *ol* nyersolaj, kőolaj, ásványolaj; ~**(-)outburst** *bány* kőzetomlás, kőzetkihullás; ~**(-)outcrop** *geol* kőzetkibúvás; ~ **pass** *bány* meddőgurító; ~ **phosphate (RP)** *ásv* foszforit; ~ **pillar** *bány* meddőpillér; ~ **pocket** *ép* kavicsfészek *(betonban)*; ~**(-)pressure (RP)** *geof* kőzetnyomás; ~ **rake** *ép* kőgyűjtő szerelék; ~ **refuse** *bány* meddő; ~ **resistivity** *geof* (fajlagos) kőzetellenállás; ~**(-)rubble** *geol* törmelékkő, törmelékes kőzet; ~**(-)salt** *ásv* kősó, halit, nátrium-klorid; ~**(-)sample** *geof* kőzetminta; ~**(-)schistosity** *geol* palásság; ~ **sealing** *ép* kőzettömítés; ~ **section** *ásv* kőzetcsiszolat; *bány* kitörési szelvény; ~**(-)shaft** *bány* tömedékakna; *ép* himba; *mzg* kiemelőrudazat *(traktorra szerelt munkagépé)*; ~ **shelter** *geol* áthajló kőzet; ~ **shovel** *ép* sziklaásó; ~**(-)slide** *geol* földcsuszamlás, sziklaomlás; ~ **slope** *bány* lejtős akna; ~ **solidification** *bány* kőzetszilárdítás; ~ **sphere** *geol* litoszféra; ~ **spreader** *ép* zúzalékterítő; ~ **step** *geol* sziklaküszöb; ~ **stratification** *geol* kőzetrétegeződés; tárolókőzet rétegzettsége; ~**-stratigraphic unit** *geol* litosztratigráfiai egység; ~**(-)stream** *geol* kőtenger; ~ **structure** *geol* kőzetszövet; ~ **subsidence** *geol* kőzetsüllyedés; ~**(-)temperature** *geof* kőzethőmérséklet; ~ **thermal conductivity** *geof* kőzet-hővezetőképesség; ~ **thermal diffusivity** *geof* termális diffúziótényező; ~**(-)tipping shovel** *ép* szétnyitható kőzetrakodó kanál; ~ **trains** *geol* kőzetvonulatok; ~ **tunnel** *bány* meddővágat, irányvágat; ~ **velocity** *geof* kőzetsebesség; ~ **wag(g)on** *bány* meddőcsille; ~ **waste** *bány* sziklatörmelék; ~**(-)wool** *ép* ásványgyapot, kőgyapot

rockburst → rock burst

rocker *bány* csillebuktató; mosószér, lengőszér, aranymosó tál(ca); *el* kefetartó himba/gyűrű, áramleszedő kefe sarja; *élip* felfüggesztő kengyel *(daratisztítón)*; *ép* billenősaru; ingatest *(hídsarun)*; *gépk* himba, emelő; lengőkar, himbakar; *tex* váltóládahimba; ~ **actuator** *gépk* szelephimba-emelő; ~ **arm** *gép* lengőkar; *gépk* kulisszakar, (szelep)himba; ~**-arm set spring** *gépk* szelephimba-kitámasztó rugó; ~**(-)bar** *ép* ingaoszlop *(hídé)*; ~**-bar bearing** *gépk* himbacsapágy, lengőkarcsapágy; ~ **bearing** *ép* hengeres saru; *gépk* tengelyagy-billenőtámasz; ~ **bend** *gép* csuklós alátámasztást hordó járom; ~**(-)car** *bány* buktatócsille; ~**-compensating gear** *gépk* szelephézag-kompenzátor; ~ **cover** *gépk* szelephimbafedél; ~ **die** *gép* himbakő, lengőívkő, lengődió; ~**-dump hand cart** *ép* betonszállító kisdömper; ~**-end pad** *gépk* szelephimbabütyök; ~ **gear** *el* kefeleemelő szerkezet; ~**(-)handle** *kat* töltőemelő kar; ~**(-)joint** *ép, gép* csuklós kötés; ~ **lever** *gépk* himba; ~ **pedestal** *gépk* (szelep)himbabak; ~ **ring** *el* kefetartó gyűrű; ~ **shaft** *gépk* (szelep)himbatengely; ~ **shovel** *em* kanalas rakodó, fej feletti rakodógép *(föld alatti alagútépítéshez)*; ~ **support** *gép* emelőkartartó; ~ **switch** *el* billenőkapcsoló; ~ **valve** *gépk* lengőszelep; ~ **vat** *bőr* rázóhordó, rázó függesztőkeret *(előcserzéshez)*

rocket rakéta; repülőtest; *rep* rakétahajtómű; ~ **airplane** *rep* rakétahajtású repülőgép; ~ **ammunition** *kat* rakétalövedék; ~ **assist** *rep* segédrakéta, rakétagyorsító; ~**-assisted take-off/takeoff (RATO)** *rep* segédrakétás felszállás; ~**-assisted torpedo (RAT)** *rep* torlósugár-hajtómű; ~ **bomb** rakétabomba; ~**-boosted** rakétával felgyorsított; ~ **booster** rakétagyorsító; ~**-borne** rakéta által vitt; ~ **braking** *rep* rakétafékezés; ~**(-)cannon** rakétaágyú; ~ **case** *kat* rakétahüvely; ~ **drive** *rep* rakétahajtás; ~ **engine** *rep* rakétahajtómű; ~ **fire** *kat* rakétatűz; ~ **flare** *kat* világítórakéta; ~ **flight** *rak* rakétarepülés; ~ **fuel** *kat, rep* rakéta-hajtóanyag, üzemanyag; ~ **glider** *rep* rakétás vitorlázó repülőgép; ~ **head** *kat* rakétalövedék-robbanófej; ~ **launcher (RL)** *kat* rakétavető, sorozatvető; *rak, űr* rakétaindító berendezés; ~**-launcher tube** *kat* rakétavető cső; ~ **launching** *kat, rak* rakétalövedék-indítás, rakétakilövés; ~ **missile** *kat* rakéta(lövedék); ~ **motor** *rep* rakétahajtómű; ~**(-)plane** *rep* rakéta-repülőgép; ~**-powered** *rep* rakétahajtású; ~ **power plant** *rep* rakétahajtómű; ~ **projectile (RP)** *kat* rakétalövedék; ~**-projectile fighter** *kat* rakétafegyverzetű vadászrepülőgép; ~ **propellant** → ~ fuel; ~**-propelled** *kat, rep* rakétahajtású; ~**-propelled aircraft** *rep* rakétahajtású repülőgép; ~**-propelled missile** *kat* rakétahajtású lövedék; *rep* rakéta, repülőtest; ~ **propulsion** *kat, rep* rakétahajtás, sugárhajtás; ~**-propulsion unit** *rep* rakétahajtómű; ~ **ramp/rail** *kat* rakétakilövő pálya/sín; ~**(-)range** *rak, űr* rakétakilövő állomás/állvány/hely/pálya; ~ **ship** *rak* rakétaűrhajó; ~ **signal** *kat* rakétajelzés; ~ **site** *kat* rakétakilövő hely; ~ **spaceship** *rak* rakétaűrhajó, űrrakéta; ~**(-)stabilizer ring** *kat* rakétalövedék elcsúszásgátló gyűrűje; ~ **thrower** *kat* rakétavető; ~ **thrust** *rep* rakétahajtómű tolóereje; ~ **turbine** *rep* rakétaturbina

rocketeer *kat* rakétatechnikus

rocketry *kat* rakétatechnika

rockhead *bány* kemény kőzet felső rétege, hordképes kőzet

rocking *bány* rázó mosás, aranymosás, ércdúsítás lejtős csúszdán *v.* rázócsúszdán; *gép* lengetés, hintáztatás; ringás, hintázás; *hajó* bukdácsolás, bólintó mozgás; ~ **arc furnace** *el* billenő ívkemence; ~ **axle** *gép* lengőtengely; ~ **ball(-)bearing** *gép* gömbcsuklós billenősaru; ~ **beam** *tex* lengő irányítóhenger, lengőhenger, vezetőhenger; ~ **bracket** *gép* lengőkonzol, lengőkeret; ~ **cam** *gép* lengőbütyök; ~ **cell** *bány* rázókamra; ~ **cross-out saw** lábítóval emelhető keresztvágó fűrész; ~ **curve** lengési szög; ~ **cylinder** lengőhenger *(gőzgépé)*; ~ **digester** *pa* rázófőző; ~ **grate** *koh* mozgórács, buktatórács, lengőrostély; ~ **lever** *gépk* himba; ~ **lever arm** *gép* lengőkar; ~ **link** *gép* lengőkulissza; ~ **motion** *mech, vasút* kígyózó/lengő mozgás; ~ **movement of cloth** *tex* kallómozgás; ~ **pier** *ép* ingaoszlop; ~ **rod** *élip* lengőtámasz *(sikszitán)*; ~ **runner** *koh* billenthető csapolócsatorna; ~ **saddle** *bány* támsaru *(kötélpályán)*; ~ **screen** *bány* lengőrosta; ~ **shaft** *gépk* lengőtengely, himbatengely; *tex* bordalábtengely; ~ **sieve** *bány* lengőrosta; ~ **sinker** *tex* lengőplatina; ~ **spout** → ~ runner; ~**-type furnace** *hőt* billenőkemence; buktatható kemence

Rockwell | hardness number (RHN) *any* Rockwell-féle keménységszám; ~ **hardness test** Rockwell-féle keménységvizsgálat; ~ **indentation hardness** Rockwell-keménység; ~ **testing machine** Rockwell-keménységvizsgáló gép

rockwork *ép* kőmű

rocky *bány* meddő; *geol* sziklás, köves, szirtes; ~ **desert** *geol* sziklás sivatag; ~ **ground** *talt* sziklás talaj; ~ **shore** *geol* sziklás part; ~ **soil** *talt* sziklás talaj

Rocky-Point effect *el* Rocky-Point jelenség, átütés *(csőelektródák között)*

rod vessző, rúd, pálca, bot; *at* rúdelem; *bány* fúrószár, fúrórudazat; *ép* betonacél, acélbetét; szurkálórúd, vasrúd; *gépk* kormányrudazat; *heg* hegesztőhuzal; *heng* hengerhuzal; köracél; rúdanyag; *koh* rúdacél; *metr* mérővessző *(hosszmérték = 5,029 m)*; ~**-and-piston alignement** *gépk* dugattyú-derékszögelés; ~ **antenna** *távk* botantenna, rúdantenna; ~**(-)assembly** *at* rúdsor, rúdrendszer; üzemanyagrúd-kazetta; *el* rácselrendezés *(elektroncsőé)*; ~ **axis** *mech* rúdtengely; ~ **bank** *at* szabályozó-rúdcsoport; ~**-bar bench** *heng* rúdhúzó pad; ~ **bender** *ép* (kézi) betonacél-hajlító; ~ **boring** *bány, ol* rudazatos fúrás; ~ **centralizer** *ol* rudazat-központosító; ~ **collector** *el* rudas áramszedő; ~ **connection** *ép* betonacél-kapcsolat, acélbetét-kapcsolat; ~**(-)curtain precipitator** *el* rúdfüggönyös elektrosztatikus porszűrő; ~ **cutter** *ép* betonvasvágó gép; *forg* rúddaraboló/rúdleszúró gép; ~ **drawing** *heng* rúdhúzás; ~**-drawing bench** *heng* rúdhúzó pad; ~**-drawing machine** *heng* rúdhúzó gép; ~ **drilling** *bány* rudazatos fúrás; ~ **drive** *at* rúdmozgató szerkezet; ~ **feed** *forg* rúd(anyag-)előtolás; ~**-frame screen** *ol* pálcavázas szűrő; ~ **gap** *el* rúdszikraköz; ~ **gear** *gépk* tolórúd *(sebességváltóé)*; *hőt* rudazathajtás; ~ **grease** *ol* dugattyúrúd-kenőanyag; ~ **in compression** *ép* nyomott rúd; ~ **insulator** *el* rúdszigetelő; ~ **in tension** *ép* húzott rúd; ~ **iron** *ép, koh* rúdvas, rúdacél; ~ **lattice** *at* rúdrács; ~ **line** *ol* vonórúdrakat, húzórúdrakat, vonórúdvezeték; ~ **magnet** *el* rúdmágnes, hengeres mágnes; ~ **member** *at* rácsrúd; ~ **mill** *bány* pálcás törőmalom, verőpálcás malom; rudasmalom; *heng* drótsor, rúdsor; ~ **of uniform cross(-)section** *heng* állandó keresztmetszetű rúd; ~ **of variable cross(-)section** *heng* változó keresztmetszetű rúd; ~ **pitch** *gép* csaposztás; ~ **point** *geod* lécpont; *gép* kötőpont; ~**-polishing machine** *heng* rúdpolírozó gép; ~**-position indicator** *at* szabályozórúdhelyzetjelző; ~ **pump** *bány, ol* rudazatszivattyú; ~ **radiator** *távk* rúdsugárzó; ~ **reading** *geod* lécleolvasás; ~ **reel** *heng* dróthengersori motolla; huzalmotolla; ~ **reflector** *távk* rúd alakú reflektor; ~ **reinforcement** *ép* rúdvasalás *(vasbetonban)*; ~**-rolling mill** *heng* drótsor, rúdsor; ~**-shaped** *gép* rúd/pálca alakú; ~**-shaped electrode** *heg* csupasz elektróda; ~**-shaped fuel element** *at* rúd alakú fűtőelem, fűtőelemrúd; ~ **shears** *pl ép* kézi betonacélvágó; ~ **spacing** *ép, gép* rúdköz, rúdtávolság, rúdosztás; ~ **specimen** *any* próbapálca, rúd alakú próbatest; ~ **steel** *ép* rúdacél, rúdvas *(vasbetonban)*; ~ **thermistor** *el* pálcatermisztor; ~**-tool drilling** *ol* kanadai fúrás; ~ **torque** *gép* rúdnyomaték; ~**-type fuel element** *at* rúd alakú fűtőelem, fűtőelemrúd; ~ **wax** *vegy* tankviasz, csőviasz; ~ **weeder** *mzg* gyomirtó kultivátor

rodded *ép* csömöszölt; *gép* rudazott, rudas; ~ **concrete** *ép* csömöszölt beton

rodding I. *a ép* csömöszölő; csőtisztító; **II.** *n ép* csömöszölés; csőtisztítás, duguláselhárítás (rúddal); ~ **eye** *ép* tisztítónyílás

rodless bottom-hole pump *ol* rudazat nélküli mélyszivattyú

rodman *geod* léctartó figuráns

rodochrome *ásv* rodokrom

rodochrosite *ásv* rodokrozit

roe-stone *ásv* ikráskő

roemerite *ásv* römerit

roentgen (R) *at, orv* röntgen *(sugárdózis egysége)*; ~ **apparatus** *orv* röntgenkészülék, röntgengép; ~ **equivalent man (REM)** röntgen-emberegyenérték; ~ **equivalent physical (REP)** fizikai röntgenegyenérték, rep egység, röntgenekvivalens; ~ **machine** röntgenkészülék, röntgengép; ~ **photogrammetry** *geod* röntgenfotogrammetria; ~ **radiation** röntgensugárzás; ~ **rays** *pl* röntgensugarak, röntgensugárzás; ~ **therapy** *orv* röntgenterápia, röntgenkezelés; ~ **unit** *orv* röntgenegység

roentgenize *orv* röntgenez *(röntgensugárral ionoz)*

roentgenogram *orv* röntgenkép, röntgenfelvétel, röntgenogram

roentgenograph *orv* röntgenkép, röntgenfelvétel, röntgenográf

roentgenography *orv* röntgenográfia, röntgenfelvételi technika

roentgenology *orv* röntgenológia

Roger *rep* „értettem"; „vettem utolsó közleményét"

rogersite *ásv* rogersit

roll I. *v* (fel)göngyölít; *alak* mángorol *(menetet)*; *ép* hengerel, hengerléssel egyenget *(utat)*; *gép* gurít, gördít, görget; gurul, gördül; *hajó* dülöng, ing; *heng* hengerel, (hengerléssel) nyújt; kinyúlik; *nyom* (hengerrel) festékez; *pa* (hengerléssel) simít; *tex* tekercsel, sodor; tekercselődik; **II.** *n* göngyöleg; tekercs; *em* kézicsörlő; *ép* oszlopdísz; tömörítőhenger; *finm* csapreszelés *(finomítás, vékonyítás)*; *geol* antiklinális; *gép* görgő, dob, henger; *gumi* baba, nyersgumi lemeztekercs; *hajó* dőlés *(hossztengely körül)*, dülöngélés, dülöngő mozgás; *heng* gurítás, hengerlés; henger, görgő *(alakító)*; *nyom* aranyozóeszköz *(könyvkötészetben)*; *pa* henger, (papír)tekercs; hollandi dob, kalanderhenger; szárítóhenger; szélhatározó léc; *rep* hossztengely körüli elfordulás; orsózás; *tex* gyapjúbolyh; nyomóhenger; tekercs; ~ **adjustment** *gép* hengerállítás; ~ **angle** *rep* orsózási szög; ~ **arrangement** *gép, heng* hengerelrendezés; ~**-back** *szt* visszalépés, visszacsévélés; ~ **balance** *gép* henger kiegyensúlyozása; ~**(-)bar** *pa* dobkés *(hollandié)*; ~ **barrel** *gép* hengertest; ~**(-)batcher** *tex* szövettekercselő *(pad)*; ~ **billet** *ép* pálcadísz; ~**(-)blade** *pa* dobkés *(hollandié)*; ~ **board** *pa* tekercskarton; ~ **body diameter** hengerátmérő; ~**-bottom furnace** *koh* görgős fenekű alagútkemence; ~ **breaker** *bány* hengermalom, hengeres törő; ~ **brown** *pa* barna csomagolópapír; ~ **calender** *pa* simítóhenger, kalander, hengerprés; ~ **calibre/caliber** *heng* hengerüreg, munkaüreg; ~**-call polling** *szt* lekérdezés névsor szerint; ~ **camber** *heng* hengerdomborítás *(a művelet eredménye)*; ~ **cambering** *heng* hengerdomborítás *(mint művelet)*; ~**-change time** *heng* átállási idő *(hengercsere ideje)*; ~ **changing** *heng* hengercsere; ~ **channel** *rep* bedöntési csatorna; ~**(-)chart recorder** íróhengeres regisztrálókészülék; ~ **cloud** *met* jégfelhő, cirrusz; ~ **coater** *pa* bevonókalander, hengeres mázológép; ~ **collar** *heng* borda; ~ **contact** *élip* hengerhossz; ~ **control tab** *rep* csűrőkormány kiegyenlítőlapja; ~ **cooling** *heng* hengerhűtés; ~ **corrugation** *élip* hengerrovátkolás; ~ **crack** *heng* hengerugrás; ~ **crusher** *bány* hengeres törő(mű)/kőzúzó, hengermalom; ~ **die** *alak* alakos henger *(kovácshengerléshez)*; ~**(-)dough dividing(-)machine** *élip* süteménytészta-adagoló (gép); ~**(-)dough mo(u)lding(-)machine** *élip* süteménytészta-formáló gép; ~ **down** *v heng* lehengerel; ~**-down furnace** *hőt* gördülőkemence; ~ **drafting** *heng* kalibertervezés; üregezés; ~ **dressing** *heng* hengerüreg-kikészítés, hengerüreg-kalibrálás; ~**-edge** *heng* behajtott *(bádog)*; ~ **feed** *koh* hengeres adagolás; ~ **film** *foto* tekercsfilm; ~ **fluting** *forg* hengerrecézés, hengerrovátkolás; ~ **forging** *heng* kovácsolás odorhengerléssel; ~**-formed section** *alak* hajlított idom; ~ **frame** *élip* hengerszékszekrény; ~ **gap** *heng* hengerrés; ~ **grinder** *pa* hengerköszörű, hengercsiszoló gép/mű; ~ **grinding** *heng* hengercsiszolás; ~**(-)grinding installation/machine** → ~ grinder; ~**(-)grip upender lift truck** *em* hengerfogó bilincses rakodótargonca; ~ **groove** *heng* hengerüreg; ~ **gyroscope** *rep* bedőlési pörgettyű; ~ **holder** *foto* filmtekercsadapter; ~ **housing** *heng* állványkeret; hengerágyazat, hengertőke; ~ **in** *v* begurul, begördül; *heng* behengerel; *szt* visszarak; ~**-jaw crusher** *bány* pofás törő; ~ **lathe** *gép* hengeresztergapad; ~**-lead box** *heng* hengerszék-oldalvezeték; ~ **load** hengerterhelés; ~ **mandrel** *heng* behengerlőtüske; ~ **mill stand** *heng* hengerállvány; ~ **mo(u)lding** *ép* henger alakú párkány; ~ **neck** *gép* hengercsap; ~**-neck bearing** *gép* hengercsapágy; ~**-off frequency** *távk* határfrekvencia; ~**-off stand** *tex* lerakóállvány; ~ **of paper** *pa* tekercspapír, papírtekercs; ~ **on** *v ép* hengerrel felvisz, ráhengerel; *heng* ráhengerel, felhengerel; ~ **out** *v* kinyújt; kigurul; *heng* kihengerel *(lemezzé)*; *szt* kirak; ~**-over mo(u)lding machine** *önt* fordítólapos formázógép; ~**-over-type heating furnace** *heng* alagútkemence; ~**(-)parting mechnism** *gép* hengerkiváltó szerkezet; ~ **pass** *heng* hengerüreg, kaliber; ~**-pass design** *heng* üregterv(ezés); ~**-plough/plow** *mzg* forgatóeke; ~**-point** *szt* ismétlési pont; ~ **pressure** hengernyomás; ~ **profile** hengerprofil; ~ **rate** *rep* bedöntési/orsózási szögsebesség; ~ **reconduct** *heng* visszahúzó berendezés; ~ **roofing** *ép* lágylemezes (tekercs)fedés; ~**s** *pl heng* hengersor, hengermű, hengerpár; ~ **scale** *heng* hengerlési reve; ~ **scraper** *heng* hengerkaparó; ~ **screen** *élip* hengerszita; *pa* forgóosztályozó, hengeres osztályozó; ~ **scuffing** *heng* hengerkopás; ~ **setting** *élip* rovátkapárosítás; *tex* hengerbeállítás; ~**-setting screw** hengerállító csavar; ~ **shell** hengerköpeny, hengerfelület; ~ **shop** *forg* hengeresztergáló műhely; ~**s in tram** *heng* párhuzamos hengerek; ~**(-)slitting machine** *pa* tekercsvágó gép; ~ **spider** *gép* hengeragy; ~ **spring** *heng* hengerállvány játéka; hengerugrás; ~ **stand** *heng* hengerállvány, hengersor; ~ **stand clearance** → ~ spring; ~ **stock** *tex* gombolyított/tekercselt áru; ~ **stock yard** *gép* hengertároló; ~ **straightener** *heng* egyengető hengergép; ~ **table** *finm* vezetőtárcsa; *heng* görgőasztal, görgőjárat; ~ **the dough** *v élip* tésztát dagaszt; ~ **the edge** *v ép* korcol; ~ **the form** *v nyom* festéket felhord; ~ **throat** *heng* hengerrés; ~ **to death** *v heng* túlhengerel; ~ **train** *heng* hengersor; ~**-turning lathe** *forg* hengeresztergа; ~**-turning shop** *forg* henger-esztergaműhely; ~**-type crusher** *koh* hengeres törő; ~ **up** *v tex* felteker(csel), felcsévél, felgöngyöl; ~**-up** *kh* felcsavarószerkezet; ~ **wear** hengerkopás; ~ **welding** *heg* hengerlőhegesztés, hegesztés görgőelektródával; ~ **winder** *tex* vízszintes csévélőgép; ~**-winding machine** → ~ winder; ~**-wobbler milling(-)machine** *forg* hengercsapmaró gép

rollability *met* hengerelhetőség

rolled *heng* hengerelt, nyújtott, lapított; *pa, tex* tekercselt, göngyölt; ~ **alumin(i)um alloy section** *heng* hengerelt alumíniumszelvény; ~ **asphalt** *ép* hengerelt aszfalt; ~ **asphalt pavement** *ép* hengerelt aszfaltburkolat; ~**-base pavement** *ép* hengerelt alapú kövezet; ~ **beam** *ép* hengerelt gerenda/tartó; ~ **billet** *heng* előhengerelt tuskó; ~ **capacitor** *el* hengeres kondenzátor; ~ **channel** *heng* hengerelt U szelvény; ~ **cloth** *tex* nemezelt/ványolt posztó; ~ **earth fill** *ép* hengerelt földfeltöltés; ~ **fill** *ép* hengerelt feltöltés; ~ **girder** *ép* hengerelt (szelvényű) tartó, hengerelt gerenda; ~**-in scale** *heng* behengerelt reve; ~ **iron** *heng* hengerelt acél; ~**-on flange** *gép* ráhengerelt karima; ~ **pipe** *gép* hengerelt cső; ~ **rock fill** *ép* hengerelt kőtöltés; ~ **section/shape** *heng* hengerelt szelvény; ~**-shape steel** *heng* szelvényacél, idomacél, profilacél; ~ **sheet** *heng* hengerelt finomlemez; ~ **steel (RS)** *heng* hengerelt acél; ~**-steel bar** *ép* hengerelt betonacél/rúdacél; ~**-steel joist (RSJ)** *ép* hengerelt I tartó; ~**-steel section** *heng* hengerelt acélszelvény; ~ **stock** *heng* hengerelt áru; ~ **thread** *alak* hengerelt/mángorolt menet *(acélrúdon)*; ~**-thread bolt/screw** *gép* hengerelt menetű csavar, mángorolt csavar; ~ **wire** *heng* hengerelt huzal

roller henger; *ép* úthenger, tömörítőhenger; *gép* henger, görgő; *hajó* bukóhullám; *hang* forgócsap *(orgonán)*; *heng* hengerész; *nyom, tex* festékezőhenger, nyomóhenger; *pa* tekercshajtó henger, tekercselőhenger, simítómű, kalander; ~ **ballast** *ép* hengernehezék; ~ **bar** *pa* hollandidob-kés; ~ **bascule bridge** *ép* nyitáskor eltolódó csapóhíd; ~ **beam** *tex* nyújtómű hengerállványa; ~**(-)bearing (RB)** *gép* görgőscsapágy; ~**-bearing block** *gép* görgőscsapágyazás; ~**-bearing spindle** *gép* görgőscsapágyas orsó; ~**-bearing steel** *koh* csapágyacél; ~ **bed** görgőjárat, görgősor *(szállításra)*; ~**(-)bit** *bány, ol* görgősvésős fúrófej, görgős fúró; ~ **blade** *pa* hollandidob-kés; ~ **blind** *ép* (vászon)redőny *(rúdra felcsavarodó)*; ~ **block** *gép* görgős saru; ~ **block printing(-)machine** *tex* hengernyomógép; ~ **bracket** *gép* görgőállvány; görgőbak; ~**(-)bridge** → rolling bridge; ~ **brush** *el* görgős kefe; *tex* kefehenger; ~ **cage** *gép* görgőkosár; ~ **cam** *gép* bütykös görgő, bütyökre támaszkodó görgő; ~ **card** *tex* hengeres kártoló(gép); ~ **carriage** *nyom* hengerkocsi; ~ **carrier** *gép* görgőállvány; ~ **casing** *gépk* futóműszekrény; ~ **chain** *gép* hevederes lánc; ~**-chain sprocket** *gép* hevedereslánc-hajtókerék; ~ **clutch** *gépk* görgős tengelykapcsoló; ~ **coating** *nyom* hengerbevonat; ~ **collector** *vasút* görgős áramszedő (fej); ~ **compaction** *ép* hengerléses tömörítés; ~**-cone rock bit** *bány* görgős fúró; ~ **conveyer/conveyor** *gép* lejtős görgősor, görgős szállítópálya/konvejor; ~ **dam** *hidr* hengeres gát; ~ **disc/disk** *finm* vezetőtárcsa; ~ **drum** *ép* tömörítőhenger, juhlábhenger; ~ **dryer** *élip* szárítódob; *pa* hengeres szárító; ~ **drying** *élip* dobszárítás; *pa* hengeres szárítás; ~ **elec-**

trode *el* görgős elektród; ~ **feed** *forg, gép* görgős/hengeres előtolás/etetés; ~ **feeder** *ép* hengeres/görgős adagoló; ~**-feed gear** *tex* etető hengerpár; ~ **follower** *gépk* görgős szelepemelő; ~ **gate** *hidr* hengeres zárás *(gáton)*; ~ **gear** *heng* görgős hajtómű; ~ **grate** *gép* hengeres rostély; ~ **grizzly** *gép* kaliberrács; ~ **guide** *gép* görgős ereszték; ~ **jewel** *finm* vezetőkő; ~ **laps** *pl tex* előfonal-hulladék; ~ **level(l)er** *heng* hengeres/görgős egyengetőgép; ~ **lever** *gép* görgős emelőkar; ~ **lubrication** *gép* görgős kenés; ~ **matrix** *nyom* matricapapír; ~**(-)mill** *élip* hengerszék, hengermalom; *heng* görgőjárat; ~**-mill brush** *élip* hengerszékkefe; ~**-mill for soap** *vegy* hengeres szappanpolírozó gép; ~**-mill hopper** *élip* hengerszékgarat; ~ **pack** *tex* bundatekercs; ~ **pass** *heng* hengerjárat; ~ **path** *ép* hengerlési nyom; *gép* görgősín; ~**(-)pin** *gép* rögzítőcsap, görgőcsap; ~ **print** *tex* hengernyomás; hengernyomógép; ~ **printing** *tex* hengernyomás; ~**(-)printing dye** *tex* hengernyomó színezék; ~**(-)printing paper** *pa* hengernyomó papír; ~ **process** *élip* dobszárítás; ~ **race** *gép* gördülőcsapágygyűrű; görgőpálya, görgőscsapágygyűrű; ~ **roof** *gépk* felgöngyölíthető tető; ~**s** *pl heng* hengermű, hengersor; ~ **safety gear** *gép* görgős fogókészülék; ~ **screen** *ép* hengeres rosta; ~ **section** *bány* görgős szalagtámasz; ~ **separator** *gép* görgőkosár; ~ **shaper** *tex* csévetámasztó görgő; ~ **slide** *gép* görgős szán, gördülőszán; ~ **soldering tin** *heg* forrasztó ónhuzal; ~ **steady-rest** *gép* görgős báb; ~ **step bearing** *gép* görgős talpcsapágy/támcsapágy; ~ **straightener** *heng* görgős egyengetőgép; ~ **stripper** *tex* leszedőhenger; ~ **support** *bány* golyós zsámoly; ~**(-)table** *finm* vezetőtárcsa; *heng* görgőasztal, görgőjárat, görgős asztal; ~**-table drive** *heng* görgősori hajtás; ~**-table remover** *finm* vezetőtárcsa-leemelő (készülék); ~ **tappet** *gépk* görgős emelőkar/szelepemelő; ~ **temple** *tex* hengeres szélfeszítő; ~ **train** *csom* görgőjárat; *heng* hengerszerelvény; *hidr* görgőkocsi; ~**-type accelerator pedal** *gépk* görgős gázpedál; ~**-type cage guiding** *bány* görgős kasvezetés; ~**-type capacitor** *el* tekercselt kondenzátor; ~**-type follower** *gépk* görgős küldökemelő, bütyökemelő; ~**-type skip guiding** *bány* görgős szkipvezetés; ~ **way** *csom* görgőjárat *(szállításra)*; ~ **weir** *hidr* hengeres gát; ~ **welding** *heg* vonalhegesztés; ~ **wheel** *ép* tömörítőhenger; ~ **with spiral flutes** *tex* bordás henger *(szélfeszítőn)*

rolley *bány* anyagszállító csille; csillés gurító; kiscsille, kissikló; ~ **way** *bány* csillevágány

rolling *alak* mángorlás; *bőr* talpbőrhengerlés, talpbőrtömörítés; *ép* úthengerlés, tömörítés; *gép* gurítás, gördítés, görgetés; *hajó* billenőlengés; dülöngélés; *heng* hengerlés, nyújtás; kinyúlás; *pa* simítás; *rep* orsó(zás); *tex* tekercselés, sodrás; tekercselődés; ~ **and cutting machine** *pa* tekercsvágó gép; ~ **and mixing action** *ép* kényszerkeverés; ~ **bearing** → roller(-) bearing; ~ **bobbin** *tex* forgó vetülékcséve; ~ **bridge** *ép* gördülőhíd; ~**-contact bearing** *ép* gördülősaru; *gép* gördülőcsapágy; ~ **coulter** *mzg* tárcsás csoroszlya; ~ **crusher** *heng* hengeres törő; ~**-curtain weir** *hidr* redőnyös gát; ~ **curve** *hajó* dőlési görbe; *mat* ruletta; ~ **defect** *heng* hengerlési hiba; ~ **diaphragm** *gép* csőmembrán; ~ **direction** *heng* hengerlési irány; ~ **door** *ép* tolóajtó; ~ **drum** *élip, pa* forgódob; ~ **fender** *hajó* görgőütköző *(hajókikötéshez)*; ~ **friction** *mech* gördülősúrlódás; ~**-friction coefficient** *mech* gördülő-ellenállási együttható; ~ **from the molten condition** *heng* öntvehengerlés; ~ **gate** *ép* tolókapu; *hidr* hengeres gát; *vasút* gördülősorompó, tolósorompó; ~ **heat** *heng* hengerlési hő; ~ **hitch** *hajó* csarnakcsat; ~ **housing** *koh* állványkeret; ~ **ingot** *heng* hengerlési tuskó; ~**-in of fin** *heng* behengerlés; ~ **instability** *hajó, rep* hossztengely körüli *v.* orsózó instabilitás; ~ **load** *mech* gördülő/mozgó terhelés/teher; ~**(-)machine** *pa* hengerlőgép, tekercselőgép, simítógép; *tex* szövettekercselő (pad); ~ **mark** *pa* hengerelt jegy/jel; ~**(-)mill(s)** *heng* hengermű; hengersor; *pa* simítógép; ~**-mill drive** *heng* hengersori hajtás; ~**-mill engine** *heng* hengersorhajtó gép; ~**-mill for heavy products** *heng* durvahengermű; ~**-mill for medium-sized products** *heng* középsor; ~**-mill shop** *heng* hengermű; ~ **moment** *rep* dülöngélési nyomaték, csűrőnyomaték, orsózónyomaték; ~ **motion/movement** *hajó* dülöngélés, dülöngő mozgás; ~ **off** *heng* kihengerlés; ~ **of road** *ép* úthengerlés; ~ **of soil** *ép* talajhengerlés; ~ **oil** *heng* hengerlési olaj, hengerszékolaj; ~**-on** *heng* felhengerlés, ráhengerlés; *pa, tex* felgöngyölés, feltekercselés; ~ **O-ring gasket** *hidr* gördülő gumigyűrűs tömítés; ~ **oscillation** *rep* orsózó lengés; ~**-out** *heng* kihengerlés, mérethengerlés; ~ **pallet** *ép* gördíthető rakodólap; ~**(-)path** *ép* hengerlési nyom *(útépítésnél)*; ~ **period** *hajó* keresztirányú lengések lengésideje/periódusa; ~ **plug** *heng* csőhengerlő tüske; ~ **press** *tex* hengeres (szövet)prés; ~ **resistance** *mech, vasút* menetellenállás, futási ellenállás; ~ **ring** *em* forgókoszorú *(emelőé)*; ~ **saddle** *ép* görgős saru *(hídon)*; ~ **scaffold(ing)** *ép* gördülő állvány; ~ **scale** *heng* hengerlési reve; ~ **schedule** *heng* szúrásterv; ~ **screen** *élip* hengerszita, forgószita; ~ **segment** *gép* forgószegmens; ~ **sheet** *műa* hengerelt lepény; ~ **shutter effect** *tv* redőnyhatás; ~ **skin** *heng* hengerlési felület; ~ **speed** *heng* hengerlési sebesség; ~ **stand** *heng* hengerállvány; ~ **stick** *tex* mángorló fahenger; ~**(-)stock** *bány* csillepark; *koh* hengerelt áru; *vasút* kocsiállomány, gördülőállomány; ~ **swell** *hajó* hömpölygő holthullám; ~**(-)tape (measure)** mérőszalag; ~ **temperature** *heng* hengerlési hőmérséklet; ~ **texture** *any* hengerlési textúra; ~ **torque** *heng* hengerlési nyomaték; ~ **train** *heng* hengersor; ~ **train for heavy products** *heng* durvasor; ~**-up** *heng* feltekercselés; *pa, tex* felcsévélés, felgöngyölés; ~**-up contrivance** *pa, tex* felgöngyölítő berendezés; ~ **weight** *vasút* szolgálati súly

rolltop desk redőnyös íróasztal

ROM → read-only memory

roman *nyom* antikva *(betűtípus)*; ~ **numeral** római szám; ~ **type** *nyom* antikva (betűtípus)

Roman római; ~ **alphabet** latin betűs írás/ábécé; ~ **balance** *metr* kétkarú tolósúlyos mérleg; ~ **cement** román cement; ~ **mosaic** *ép* mozaikpadló, római mozaik; ~ **numeral** → roman numeral; ~ **pitch** *ép* római tetőlejtés; ~ **purple** *vegy* antik bíbor *(festék)*

Romanesque *ép* román stílus

romanize *szt* arab számot római számmá átalakít

RON → research octane number

ronde *nyom* rond betűtípus, rondírás

roof I. *v ép* beföd, betetőz; **II.** *n bány* főte, fedü; *ép* (ház)tető, födél; fedélszék; mennyezet; *geol* gyűrődés teteje/boltozata; *gépk* tető; ~ **aerial/antenna** *távk* tetőantenna; ~ **angle** *ép* tető lejtésszöge; ~ **batten** *bány* főteborítás; *ép* fedélléc, tetőléc; ~ **battens** *pl ép* fedéllécezés, tetőlécezés; ~**(-)beam** *ép* tetőgerenda, főtartó, fedélszékgerenda; ~ **bearing** *ép* tetőburkolat; ~ **bend** *bány* főte behajlása; ~**(-)boarding** *ép* tetőburkolat, tetőborítás, tetődeszkázás; ~ **boards** *pl ép* tetőhéjalás, fedélhéjazat; ~ **bolt** *bány* főtecsavar, főtehorgony, főtebiztosító szegecs; kőzethorgony; süveg; *ép* hosszú szárú tetőcsavar; ~ **bolting** *bány* főtebiztosítás; kőzethorgonyzás; ~**(-)bracket** *ép* ereszttartó támasz, ereszkonzol; ~**(-)brick** *ép* bolt(ozó)kő; ~ **brushing** *bány* főteszedés; ~ **caving** *bány* főteomlasztás; ~ **cladding** *ép* tetőfedés, fedélhéjazat; ~ **clay tile** *ép* tetőcserép; ~**(-)coal** *bány* főteszén, fedüszén, szénbőrke; ~**(-)collapse** *bány* főteomlás; ~**(-)control** *bány* főtekezelés, főtegondozás, főtebiztosítás; főteomlás-szabályozás; ~ **course** *ép* szaruállás; ~ **covering** *bány* főtebélés; *ép* fedélhéjazat, tetőburkolat; tetőfedés; ~**(-)crane** *em* födémdaru, futódaru, híddaru; ~**(-)design** *ép* fedélszékterv, tetőemelet alaprajza; ~ **driving pulley** *bány* főtehajtómű; ~**(-)end standard** *ép* állvány felső oszlopa/szálfája; ~ **exhaust unit** *ép* tetőelszívó; ~ **exit opening** *ép* tetőkibúvó; ~**(-)fall** *bány* főteomlás; ~ **fan** *szell* tetőventilátor; ~ **felting** *ép* kátránylemezfedés; ~**(-)filter** *távk* tetőszűrő; ~ **forepoling** *bány* főteelőtűző biztosítás, főteelőtűzés; ~ **foundering** *bány* főtesüllyedés; ~ **frame** *ép* tetőszék, fedélszék; ~**(-)garden** *ép* tetőkert, tetőterasz; ~ **glazing** *ép* tetőüvegezés; ~**(-)head cylinder** *gép* boltozott fejű henger; ~**(-)hole** *ép* padlás-szellőzőnyílás, kibúvó; ~**(-)hook** *ép* tetőhorog; ~**-insulating board** *ép* tetőszigetelő lemez; ~ **insulator** *ép* tetőszigetelő; ~**(-)jack** *bány* csavaros tám; ~ **lamp** *el* mennyezeti lámpa; ~ **lathing** *ép* tetőlécezés; ~**(-)laying** *ép* tetőfedés; ~ **life** *koh* boltozattartósság; ~ **lifting and tilting device** *koh* fedélemelő és -fordító szerkezet; ~ **light** *ép* mennyezetvilágítás; ~ **limb** *bány* felső szárny *(fekvő redőé)*; ~ **lowering** *bány* fedüsüllyesztés; ~ **membrane** *ép* tetőhéj(azat); ~**-mounted line** *távk* tetőtartó vonal; ~ **of manhole** *ép* búvónyílásfedél, csatornanyílás; ~ **overhang** *ép* tetőkinyúlás, tetőátfedés; ~**(-)pad** *gép* tetőpárnázás; ~ **panel** *ép* tetőpanel; ~ **paper** *pa* fedéllemez; ~ **pitch** *ép* tetőlejtés, tetőesés; ~**(-)plane** *ép* fedélsík; ~ **plug** *bány* főterögpont; ~ **point** *bány* főtepont; ~ **pole** *el* tetőtartó; ~ **propping** *bány* főtebiztosítás, főte-alátámasztás; ~ **purlin** *ép* szelemen; ~**-rack** *gépk* tetőcsomagtartó; ~ **rock** *bány* fedőkőzet; ~ **sag(ging)** *bány* főtebehajlás; ~**(-)sealing compound** *ép* tetőfedési bitumen; ~ **seat** *gépk* tetőülés, felső ülés *(emeletes járművön)*; ~ **settlement** *bány* főteleülés; ~**-shaped antenna** *távk* ernyőantenna; ~ **sheathing** *ép* tetőhéjazat; ~ **sheet** *hőt* kazánfedő lemez; ~ **shield** *ép* feltáró-előfúró pajzs; ~ **shingle** *ép* (tető)-zsindely; ~**(-)sill** *ép* tetőterhelés-elosztó gerenda; ~**(-)skeleton** *ép* fedélfaváz, fedéllécezés, tetőváz; ~**(-)slab** *ép* beton födémlemez; tetőelem, tetőpalló; ~ **slate** *ép* tetőfedő pala, tetőpala; ~ **slot break-out** *bány* résnyitás; ~**(-)standard** *el* tetőtartó, tetőrudazat *(nagyméretű)*; ~ **stay** *hőt* lángbolt merevítőrúdja; ~**(-)strain indicator** *bány* főtedeformáció-indikátor; ~ **structure** *ép* tetőszerkezet; ~ **subjected to foot traffic** *ép* járható (lapos)tető; ~ **support** *bány* főteácsolat, főtebiztosítás; ~**(-)tapping** *bány* főtekopogózás; ~ **testing by sounding** *bány* főtekopogózás; ~**(-)tie** *ép* fedélszék-kötőgerenda; ~**(-)tile** *ép* tetőfedő cserép, tetőcserép; ~**(-)timber** *bány* süvegfa; *ép* tetőszerkezeti fa; ~ **timbering** *bány* tám nélküli főteácsolat; ~**(-)top parking deck** *ép* tetőparkoló(tér); ~ **trapdoor** *ép* tetőcsapóajtó; ~**(-)tree** *ép* szarufa; ~**(-)truss** *ép* fedélszerkezet; ~ **varnish** *ép* tetőszigetelő lakk; ~**(-)vault** *ép* tetőboltozat, alagútboltozat; ~ **ventilator** *szell* tetőventilátor; ~**(-)water** *ép* ereszcsatornákkal levezetett esővíz; ~ **weight** *bány* hegynyomás *(másodlagos)*; ~ **weir** *hidr* nyerges gát; ~ **wind(-)filling** *ép* viharlécezés; ~ **with trusses and struts** *ép* egyesített függesztő- és feszítőműves fedélszékek; ~ **with valley** *ép* kontyolt tető, vápatető

roofing *ép* tetőfedés, tetőzés; tetőhéjazat, tetőzet; ~ **asphalt** *ép* tetőfedési bitumen; ~ **board** *ép* nyers fedéllemez, fedőlemez; ~ **canvas** *gépk* tetővászon; ~ **cardboard** *ép* tetőfedő kéregpapír/nemezpapír; ~ **felt** *ép* tetőszigetelő/tetőfedő lemez; ~**(-)felt paper** *ép* nyers fedéllemez; ~ **nail** *ép* tetőfedő (zsindely)szeg; ~ **panel** *ép* tetőpanel; ~ **roll** *ép* redőnyös tető *(felgöngyölíthető)*; ~ **sheet** *ép* fedőlemez; tetőbádog; ~**(-)slate** *ép* (fedő)pala, tetőpala; ~ **tile** *ép* tetőcserép; ~ **tongs** *pl ép* bádogosfogó

rooflike *ép* tető alakú, tetőszerű

room terem; szoba; *bány* fejtési vágat/kamra, kamravágat, osztóvágat, folyosó; *ép* (belső) tér; (férő)hely; helyiség, kamra, szoba, terem; *foto* sötétkamra; *hajó* bókonyköz; ~ **acoustics** *hang* építészeti akusztika; teremakusztika; ~ **air** *szell* helyiséglevegő, belső levegő; ~**-air temperature** *szell* helyiséglevegő hőmérséklete; ~**-and-pillar mining (system)** *bány* kamrapillérfejtés; ~ **antenna** *távk* szobaantenna; ~ **blower** *bány* kamraszellőztető; ~ **constant** *ép* teremállandó; ~ **conveyer/conveyor** *bány* kamra-szállítószalag; ~**(-)driving** *bány* kamra hajtása; ~**(-)dry** *fa* szobalevegőnek megfelelően száraz; ~ **excavation** *bány* kamrahajtás; ~ **fender** *bány* pillér kamrák között; ~ **hygrometer** helyiségnedvesség-érzékelő; ~ **mining** *bány* kamrafejtés; ~ **neck** *bány* kamra bejárata/nyaka; ~ **noise** *hang* teremzaj, terem alapzaja; ~ **resonance** *hang* teremrezonancia; ~ **temperature** *hőt* szobahőmérséklet; ~**-temperature control** *hőt* belső hőmérséklet-szabályozás; ~**(-)temperature laser** *fiz* környezeti hőmérsékleten *v.* szobahőmérsékleten működő lézer; ~**-temperature noise** *hang* szobahőmérséklet ingadozásából származó zörej; ~ **thermostat** *el* helyiségtermosztát; ~ **work** *bány* kamrapillérfejtés

roominess *ép* befogadóképesség, tágasság

roomy *ép* tágas, téres, nagy befogadóképességű

root gyökér; tő; eredet; *gép* fogtő; menetszelvénytő; *heg* varratgyök; *hőt* lapáttő; *mat* gyök; *rep* szárnytő; ~ **airfoil** *rep* szárnytőmetszet; ~ **backing** *heg* gyökalátét; ~ **bruiser** *mzg* gyökéraprító/répavágó gép; ~**(-)circle** *gép* lábkör *(fogaskeréké)*; ~ **cone** *gép* lábkúp *(kúpkeréken)*; ~ **deviation** *mat* szórás/eltérések négyzetes közepe; ~ **diameter (RD)** *gép* tőátmérő, magátmérő, belső átmérő *(csavaré)*; ~ **directory** *szt* gyökérkatalógus, főkatalógus, gyökérkönyvtár, főkönyvtár; ~ **edge** *heg* varratgyök; ~ **face** *heg* ledolgozatlan gyök/él; ~ **function** *mat* gyökfüggvény, törtkitevős hatványfüggvény; ~ **harvester** *mzg* répabetakarító gép, aratógép; ~ **hole** *talt* gyökérlyuk, gyökérjárat; ~ **lifter** *mzg* gyökérkiemelő gép; ~**(-)locus** *mat* gyökhelygörbe; ~ **mean square (RMS)** *mat* négyzetes középérték, RMS; ~**-mean-square error** *mat* négyzetes középhiba, standard hiba, közepes négyzetes eltérés; ~**-mean-square-error criterion** *mat* négyzetes középhiba-kritérium; ~**-mean-square of the deviation** *mat* szórás/eltérések négyzetes közepe; ~**-mean-square power, RMS power** *el* effektív/hatásos teljesítmény; ~**-mean-square value, RMS value** *el* effektív bemeneti zajhőmérséklet; *mat* négyzetes közép(érték); ~**-mean-square value of current** *el* effektív/hatásos áramerősség, áram négyzetes középértéke; ~**-mean-square velocity** *at* effektív sebesség; ~ **of multiplicity** *mat* n-szeres gyök; ~ **of multiplicity two** *mat* kétszeres gyök; ~ **of slide** *talt* földcsuszamlás felső szakasza; ~ **of the absolute value** *mat* aritmetikai gyök; ~ **of the game** *mat* játék magja; ~ **of the joint/weld** *heng* varratgyök; ~ **of unity** *mat* egységgyök; ~ **pass** *heg* varratgyök; ~ **penetration** *heg* gyökbeégés; ~ **puller** *mzg* gyökérkiemelő gép; ~ **region** *geol* gyökérrégió; ~**-reinforced weld** *heg* aláhegesztett varrat; ~ **run** *heg* varratgyök; ~ **section** *gép* tőkeresztmetszet, gyökérmetszet; *rep* szárnytőmetszet; ~ **segment** *szt* gyökérszegmens; ~ **sign** *mat* gyökjel (); ~ **sugar** *cu* répacukor; ~**-sum-square (value) (RSS)** *mat* négyzetes közép(érték); ~ **table** *mat* gyöktáblázat; ~ **test** *mat* gyökkritérium; ~ **thickness** *fa* tővastagság; ~ **timber** *fa* gyökérfa *(anyag)*; ~ **weld** *heg* gyökvarrat; ~ **wood** *fa* gyökérfa *(anyag)*

rooted *biot, mat* gyökeres; ~ **graph** *mat* gyökeres gráf

rooter *ép* felszakítógép; mélylazító, talajfeltépő gép; *fa* tuskóirtó gép; *mzg* szedő, tépő, irtó, kiszántógép, répaszedő gép; ~ **tooth** *ép* mélylazító fog

Roots | (blower) pump Roots-szivattyú; ~ **supercharger** Roots-féle kompresszor

rope I. *v* összekötöz, átköt(öz); **II.** *n hajó* kötélzet; *kat* lokátorzavaró fémszalag; *tex* fonat, fonadék; kötél; ~ **block** *em* (kötél)csiga; *ép* horogszerkezet; ~**-boring** *bány, ol* kötélfúrás; ~ **bracing** *gép* kötélmerevítés, merevítés kötéllel; ~ **brake** *em* siklófék; *tex* kötélfék; ~ **bridge** *ép* függőhíd, kábelhíd, kötélhíd; ~ **brown** *pa* barna kötélpapír; ~ **cager** *bány* kötéllel működő csillebetoló, köteles csillerakodó; ~ **cappel** kötélszív; ~**(-)carrier** *pa* felvezetőkötél; ~ **catch** *em* kötélfék, kötélszorító; ~ **chopper** *bány, ol* köteles ütőfúró gép; ~ **clamp** *em* kötélszorító; ~ **collar** *gép* kötélkarmantyú; ~ **control** *em* köteles vezérlés; ~**-controlled** *em* kötélvezérlésű; ~ **conveyer/conveyor** *ép* kötél-szállítópálya, kábelkonvejor *(betonblokkgyártásnál)*; ~ **coupling** *gép* kötélkapcsoló karmantyú; ~ **crab** *em* futómacska drótköteles emelőművel; ~ **cramp** *em* kötélszorító; ~ **creases** *pl tex* köteggyűrődés; ~**(-)drilling** *bány, ol* kötélfúrás; ~ **drive** *gép* kötélhajtás, kötélhajtó mű; ~**-driven climbing equipment** *ép* mechanikus kúszóberendezés; ~ **drive with single sheave** *gép* egykorongos kötélhajtómű; ~**-driving gear** *gép* kötélhajtómű; ~ **drum** *em* kábeldob, kötéldob; ~ **dyeing** *tex* pászmaszínezés, fonalszínezés, motringszínezés; ~ **elongation** kötélnyúlás; ~ **erecting winch** *em* kötélszerelő vitla; ~ **eye** *tex* kötélszem; ~ **fender** *hajó* ütközővánkos; ~ **ferry** *hajó* kötélkomp; ~ **fleeting** *bány* kötélvándorlás; ~**-framed structure conveyer/conveyor** *em* sodronykötél-feszítésű szállítószalag; ~ **friction** *mech* kötélsúrlódás; ~ **friction coefficient** *mech* kötélsúrlódási tényező; ~**(-)grab** *em, ol* kötélfogó; ~**(-)grab bucket** *ép* köteles markoló; ~ **grease** → ~ lubricant; ~ **groove** *em* kötélhorony; ~ **guard** *em* kötélterelő; ~ **guide** *em* kötélvezető (szerkezet); ~ **guide stage** *em* kötélterelő állomás; ~ **haulage** *em* kötélvontatás; vonóköteles vontatás; ~**-haulage hoist** *em* köteles felvonógép/emelőgép; ~**-hauled suspension railway** *em* vonóköteles függőpálya; ~ **hoist** *em* kötélvitla; ~ **incline** *bány* kötélvontatású sikló; ~**-jockey pulley** *em* kötélvezető görgő/korong; ~ **ladder** kötéllétra; ~ **layer** *tex* kötélverő gép; ~ **laying** *tex* kötélsodrás; kötélverés; ~ **lubricant** sodronykötélkenőcs, sodronykötél-kenőanyag; ~ **machine** *tex* kötélverő gép; ~ **mo(u)lding** *ép* sodrott szegélydísz; ~ **mounting winch** *em* kötélszerelő vitla; ~ **of strands** *tex* pászmás/többágú kötél; ~**-operated shovel jib/boom** *ép* mechanikus hegybontó kotrógém; ~ **paper** *pa* kötélpapír; ~ **processing** *tex* kötélverés; ~ **pulley** *em* kötélgörgő, kötélkerék, kötélcsiga; ~ **pulley block** *em* (kötél)csigasor; ~ **race** *gép* kötélvezető futógyűrű; ~ **reel** *em* kötélcsörlő, kötélvitla; ~**(-)reeve excavating bucket** *ép* kötélvontatású kotróveder; ~ **reeving** *em, ol* csigasorbefűzés, kötélbekötés; ~ **rider** *bány* csillevonat-kísérő *(kötélvontatásnál)*; ~ **roller** *em* kötéltartó görgő; ~ **roof** *ép* függőtető; ~ **scourer** *tex* kötegmosó gép; ~**(-)scouring machine** *tex* szalagmosó/kötegmosó gép, szalagöblítő gép; ~ **sheave** *em* kötéltárcsa, kötélgörgő; ~ **sling** *em* kötélhurok; *hajó* brága; ~ **slip(ping)** *em* kötélcsúszás; ~ **socket** kötélszív; *ép* horogszerkezet; ~**(-)spear** *bány, ol* kötélkimentő szerkezet, kötélhorog, sodronyos szigony; ~ **splice** *tex* kötélösszefonás; ~ **splicing** kötélvégtelenítés; ~ **strand** *em* (kötél)pászma; ~ **strap** *em* kötélbrága, kötélhurokrendszer *(teheremeléshez)*; ~**(-)support** *ép, vasút* kötélpályaoszlop; ~**-suspended flat roof** *ép* függőtető; ~**-suspended leader** *em* feltűzhető vezetőkeret; ~**-suspension bridge** *ép* függőhíd, (függesztett) kábelhíd, kötélhíd; ~**-tackle block** *em* csigasor; ~ **tensioning frame** *mech* feszítőkeret; ~ **test set** *gép* kötélvizsgáló készülék; ~ **trip** *bány* kötélvontatású csilleszerelvény; ~**-walk** *bány* kötélvándorlás; *tex* kötélverő pálya; ~ **washer** *tex* kötegmosó/szalagmosó gép, szalagöblítő gép; ~**-washing machine** → ~ washer; ~ **wear** *em* kötélkopás; ~ **wheel** *em* kötélkerék; ~ **whirl** *tex* kötélverő cséve; ~ **winch** *em* csörlő, kötélvitla; ~ **wire** *heng* kötélhuzal; ~ **without twist** *tex* sodrásmentes kötél; ~**(-)yarn** *tex* kötélszál

roper *csom* csomagoló; *tex* kötélverő

ropeway *vasút* kötélpálya, függővasút; ~**-bucket carriage** *vasút* függőpálya-futómű; ~**(-)car** *bány, vasút* kötélpályacsille; ~ **post** függőkötélpálya-állvány

roping *csom* (össze)kötözés; *tex* végáru mosása végtelen szalagban; ~ **twine** *tex* vitorlavarró fonal

ropy *any, élip* nyúlós; szálasodó, fonatos, kötélszerű; ~ **fermentation** *élip* nyúlósodás, nyálkás erjedés; ~ **lava** *geol* fonatos láva, kötélláva

rosace *ép* rozetta, rózsadísz, rózsaablak

rosaniline *vegy* rozanilin, fukszin, magenta, triaminodifenil-tolil-karbinol-hidroklorid; ~ **dye** *vegy* rozanilinszínezék

roscoelite *ásv* roscoelit
rose rózsa; *ép* mennyezetrózsa; rózsaablak, rózsadísz, rozetta; *hidr* szivattyúrózsa; *mat* rózsa; *mzg* öntözőkanna rózsája; *rep* szögtárcsa *(iránymeghatározáshoz)*; ~ **bengal** *vegy* bengáli rózsa, tetrajód-diklórfluoreszcein; ~ **bit** *bány* csillagos fúrófej; koronavéső; *forg* gömbölyű fejű fúró; ~ **cutter** *forg* üreges maró, félgömb végű maró; ~ **head** *hidr* beömlőkosár; ~**(-)head countersink bit** *hidr* gömbfejű süllyesztő; ~ **milling cutter** → ~ cutter; ~ **nail** *fa* rózsafejű szeg; ~ **oil** *vegy* rózsaolaj; ~ **pipe** *hidr* kosaras szívócső; ~ **quartz** *krist* rózsakvarc; ~ **reamer** *forg* maglyukdörzsár; ~**(-)red heat** *koh* világosvörös izzás; ~ **steel** *koh* rózsaacél *(legkeményebb betétedzésű acél)*; ~ **water** *vegy* rózsavíz; ~ **window** *ép* rózsaablak
roseite *ásv* rozeit
roselite *ásv* rozelit
rosemary rozmaring; ~ **oil** *vegy* rozmaringolaj
rosenbuschite *ásv* rosenbuschit
rosette *ép* rozetta, rózsadísz, ablakrózsa; *koh* (réz)tárcsa *(lehűtés által nyert)*; *mat* rozetta, rózsagörbe
rosewood *fa* rózsafa
rosin I. *v vegy* gyantáz, gyantával bevon; **II.** *n vegy* (fenyő)gyanta, kolofónium; ~ **acid** *vegy* gyantasav; ~ **ester** *vegy* kolofónium-észter; ~ **oil** *vegy* gyantaolaj; ~ **pitch** *vegy* gyantaszurok; ~ **size** *vegy* gyantaenyv; ~ **sizing** *fa, pa* gyantás enyvezés/írezés, gyantaírezés, pépenyvezés
rosinduline dye *vegy* rozindulinszínezék
rosolic acid *vegy* rozolsav, aurin
ross *fa* (külső) kéreg
Rossby | number *mat* Rossby-szám; ~ **wave** *mat* Rossby-hullám
rosser *fa* kéreghántoló gép
Rossi-Forell scale *geol* Rossi—Forell-skála
rosterite *ásv* rosterit
rostrate *gép* csőrös
rot I. *v biot* (el)rohaszt; (el)rothad; *fa* (el)korhad, revesedik; *geol* (el)mállaszt; (el)mállik; **II.** *n biot* rothadás; *fa* korhadás; *geol* mállás; ~ **fungus** *biot* fakorhasztó gomba; ~**-proof** *any* rothadásálló; *fa* korhadásálló; ~**-resistant** → ~-proof
rotable *gép* forgatható, forgó, rotációs; ~ **antenna** *távk* forgóantenna, forgatható antenna
rotameter *geod* rotaméter, görgős hosszmérő *(görbe vonalak hosszának mérésére)*
rotaplane *rep* autogiró
rotary I. *a* (körben) forgó, kör-; *bány, ol* rotari rendszerű; *gép* (kör)forgó, rotációs; *hidr* forgódugattyús; **II.** *n gép* körforgó gép, forgókészülék, rotari rendszerű gép/berendezés; *nyom* rotációs gép; ~ **actuator** *el* forgó működtetőelem; ~ **air compressor** *gép* rotációs kompresszor; ~ **amplifier** *el* erősítőgép; ~ **amplifier control of electric drives** *el* villamos hajtás vezérlése forgógépes erősítővel; ~ **anemometer** *met* forgó szélsebességmérő; ~ **antenna** *távk* forgóantenna, forgatható antenna; ~ **attenuator** *távk* forgóattenuátor, háromtárcsás attenuátor, forgatható lemezes csillapító; ~ **baler** *mzg* göngyölítve bálázó (gép) *(szénához)*; ~ **barker** *pa* hántolódob; ~**-barrel throttle** *gép* forgóhengeres fojtószelep; ~ **batch mixer** *ép* szabadon ejtő keverőgép; ~**-beam antenna** *távk* forgó sugárvető antenna; ~ **belt-cleaning brush** *em* forgókefés hevedertisztító; ~ **bit** *ol* forgófúró, rotari fúró; ~ **blade** *mzg* szívó hatású kaszálókés *(fűkaszálón)*; ~ **blast(-)furnace hopper** *koh* nagyolvasztó keverődobja; ~ **blower** *gép* rotációs/forgódugattyús kompresszor; ~ **boring** *ol* rotari *v.* forgatva működő fúrás; ~ **brush** *gép* hengerkefe, forgókefe; ~**-brush attachment** *ép* függesztett seprőhenger; ~**-brush tractor** *vasút* forgókefével felszerelt hóhányó traktor; ~**-bucket meter** forgódobos mennyiségmérő; ~ **capacitor** *el* forgókondenzátor, variátor; ~ **chain** *ol* rotari lánc; ~ **cleaner** *mzg* magtisztító, konkolykiválasztó; ~ **compressor** *gép* rotációs kompresszor; *hűt* forgódugattyús hűtőkompresszor; ~ **concrete pump** *ép* rotoros betonszivattyú; ~ **condenser** *el* forgókondenzátor, variátor; ~ **construction crane** *em* (építési) forgódaru; ~ **converter (RC)** *el* egyarmatúrás/forgó átalakító; ~**-converter process** *el* forgókonverteres eljárás; ~ **cultivation** *mzg* talajmarás; ~ **cultivator** *mzg* talajmaró, forgókapás kultivátor; ~ **current** *el* háromfázisú/többfázisú áram; ~ **cutter** *pa* (forgó) keresztvágó, tányérvágó; ~**-cut veneer** *fa* hámozott furnér; ~**-disc/disk feeder** tányéros adagoló; ~**-disc/disk loader** marótárcsás rakodógép; ~**-disc/disk shutter** *foto* szárnyas fényrekesz; ~**-disc/disk thrower(-)loader** *ép* szórótányér; ~ **discharger** *élip* légelzáró *(pneumatika)*; ~**-displacement meter** *ol* száraz gázmérő; ~ **distributor** *hidr* forgócsepegtető, forgóelosztó; ~ **drawing frame** *alak* tűshengeres nyújtógép; ~ **drier** *bány* szárítódob, (forgó) dobszárító; ~ **drill** *bány, ol* forgatva fúró (gép), pergőfúró, rotari fúróberendezés; ~ **drill grab** *ép* forgófúrómarkoló; ~ **drilling** *bány, ol* forgófúrás *(kőzetfúrás)*, rotari fúrás; ~ **drilling(-)line** *ol* rotari fúrókötél; ~ **drilling rig** *ol* rotari fúróberendezés; ~**-drum crystallizer** forgódobos kristályosító; ~**-drum filter** *vegy* forgódobos szűrő; ~**-drum furnace/kiln** *koh* forgódobos kemence; ~**-drum mixer** *ép* dobkeverőgép; ~**-drum vacuum furnace** *koh* forgódobos vákuumkemence; ~ **dryer** → ~ drier; ~ **dump** *em* forgó buktatószerkezet/billentőszerkezet; ~ **electrode** *el* forgatható elektród, forgóelektód; ~ **element** *el, gép* forgó/forgatható alkatrész; ~ **elevation** *forg* forgatóasztal magassága; ~ **engine** *rep* forgómotor, rotációs motor; ~ **excavator** *ép* marókerekes kotró; ~ **exhaust machine/system** *hidr* körforgó szivattyúautomata; ~ **faults** *geol* ollós/torziós gyűrődések; ~ **feeder** *ép* forgó mozgású *v.* forgódobos adagoló; ~ **field** *el* forgómező, forgótér; ~**-field motor** *el* aszinkron motor; ~ **file** reszelőtárcsa; ~ **filter** dobszűrő; ~ **finisher** *ép* simítógép, forgó-simító gép; ~ **flange** *vák* forgó perem, laza karima; ~ **flowmeter** forgódugattyús mennyiségmérő/átfolyásmérő; ~ **force** *mech* forgóerő, forgatóerő; ~ **furnace** → ~ kiln; ~ **gang slitter** *alak* tárcsás ollósorozat *(csíkok vágására)*; ~ **gap** *el* forgó szikraköz; ~ **grain grader** *élip* hengerrosta, forgórosta, forgóhengeres magtisztító; ~ **granulator** *alak* granulálógép; ~ **grate** *hőt* forgórostély; ~ **grinding(-)machine** *forg* forgóasztalos köszörű; ~ **group selector/switch** *távb* rotari választógép; ~ **hammer** *ép* (pneumatikus) fúrókalapács; ~ **head** *ép* marófejes kotró; ~ **hearth furnace/kiln** *koh* forgófenekű kemence; ~ **hoe** *mzg* talajmaró, rotációs kapa; ~ **hook** *ol* fúróhorog, rotari (vonó)horog; ~ **hopper** *ép* forgótölcsér; ~ **hose** *ol* rotari tömlő, iszaptömlő; ~ **impact drilling** *bány, ol* forgó ütőfúrás; ~

interrupter *el* forgó áramszaggató; ~ **intersection** *ép* körforgalmú kereszteződés; ~ **island** *közl* körforgalmi sziget; ~**(-)jet condenser** *gép* forgófúvókás keverőkondenzátor; ~ **kiln** *koh* forgódobos kemence; forgókemence; ~ **land mower** *mzg* forgókéses fűkaszáló; ~ **lathe** *fa* furnérhámozó (gép); ~ **leader** *ép* elfordítható függesztett vezetőkeret; ~ **machine** *nyom* rotációs gép; ~ **magnet** *el* forgatómágnes; ~**(-)mast stacker (truck)** *em* elfordítható oszlopú emelőtargonca; ~ **meter** *hidr* vízmérő óra, áramlásmérő; ~ **mill** *heng* tárcsás csőhengerállvány, Stieffel-sor; ~ **miller** *forg* körasztalos marógép, karusszelmaró; ~ **mixer** *vegy* keverődob, dobkeverő; ~ **motion** *gép, mech* forgatás, forgás; ~ **mud** *ol* fúróiszap, fúrózagy, rotari iszap, öblítés; ~ **mud dredger** *hidr* forgó iszapkotró; ~ **part** *el, gép* forgó/forgatható (alkat)rész; ~ **pawl** *gép* forgókilincs; ~ **pelleting(-)machine** *műa* körtablettázó gép; ~ **percussion drill** *bány, ép, ol* ütve fúró gép; ~ **percussion drilling** *bány* forgó-ütőfúrás; *ol* rotari-perkussziós fúrás; ~ **phase shifter** *el* forgó fázistoló; ~ **piston** *gép* forgódugattyú; ~ **piston blowing engine** *koh* forgódugattyús fúvó; ~**(-)piston pump** *hidr* forgódugattyús szivattyú; ~ **planer** *forg* karusszelgyalugép, maró rendszerű gyalugép; ~ **plate furnace** → ~ hearth furnace/kiln; ~ **plough/plow** *vasút* (forgó marófejes) hóhányó gép; ~**-plunger pump** *hidr* forgódugattyús szivattyú; ~ **polarization** *opt, vegy* optikai aktivitás/forgatóképesség; ~ **potentiometer** *el* forgó potenciométer; ~ **press** *fa* hengeres furnérprés; *koh* körforgó kovácsológép; ~ **press forging** *koh* kovácsolás körforgó kovácsológépen; ~**(-)printing** *tex* rotációs filmnyomás; ~ **printing(-)machine** *nyom* rotációs (nyomda)gép; ~ **printing(-)paper** *nyom* rotációs nyomópapír; ~**-print machine** *tex* hengernyomó gép; ~ **pulse generator** *el* forgó impulzusadó/impulzusgenerátor; ~ **pump** forgódugattyús szivattyú; ~ **rectifier** *el* forgógépes egyenirányító; ~ **rig** *bány, ol* rotari fúróberendezés; ~ **rock(-)drilling machine** *bány, ol* forgó fúrógép *(kőzetfúró)*; ~**-rod weeder** *mzg* rudas kultivátor; ~ **sand catcher/collector/trap** forgólapátos homokfogó; ~ **saw** *fa* körfűrész; ~**-scoop ditcher/trencher** *ép* marótárcsás árokásó; ~ **scraper** *ép* talajmaró; ~ **screen** *élip* hengerszita; *ép* dobrosta; ~**-screw compressor** *gép* csavarkompresszor; ~ **scrubber** *gép* körforgó mosógép; ~ **selector** *távb* forgó választógép; ~ **shears** *pl forg* tárcsaolló; *koh* körkéses olló; *tex* körolló; ~ **shutter** *foto* szektoros (fény)zár; ~ **sieve** *mzg* osztályozóhenger *(cséplőgépen)*; *pa* forgószita-osztályozó; ~ **sifter** *élip* forgó síkszita; ~ **sintering kiln** *koh* forgódobos zsugorítókemence; ~ **slide disc/disk** *gép* forgótolattyú, körtolattyú; ~ **slide valve** *gép* forgótolattyú, körtolattyú; ~ **slip** *bány* rotari csőék; ~ **snow plough/plow** *vasút* hómaró(gép), hóhányó; ~ **spark(-)gap** *el* tárcsás/forgó szikraköz; ~ **speed** *mech* forgási sebesség, fordulatszám; ~ **sprinkler** *hidr* forgó csepegtető(test); *mzg* forgópermetező; ~ **strainer** *pa* forgó csomófogó/ágfogó; ~ **substation** *el* áramátalakító (al)állomás; ~ **sweeper** *gép* utcaseprő gép; ~ **swirl** *gépk* örvény a hengerben; ~ **switch (RS)** *el* forgócsapos kapcsoló, forgókapcsoló, forgókefés kapcsológép; ~ **swivel (head)** *ol* forgatófej, öblítőfej, rudazatpergő; ~ **system (RS)** *távk* forgó választórendszer; ~ **table bushing** *ol* rotariasztal-betét, forgatóasztal-betét; ~ **table feeder** *ép* tányéros adagoló; ~ **tablet(-)machine** *gyógyv* körforgó tablettázógép; ~ **thread** *ol* rotari menet; ~ **tiller** *ép, mzg* talajmaró; ~**(-)tongs** *pl ol* fúrócsőkulcs, rotari kulcs, rudazatkulcs; ~ **tower crane** *em* forgó toronydaru; ~ **valve** *gép* gömbzár; íves elzáró; ~**-vane batcher/feeder** *ép* forgólapátos/cellakerekes adagoló; ~**-vane magnetometer** *el* forgószárnyas mágnességmérő/magnetométer; ~**-vane pump** *hidr* forgólapátos szivattyú; ~ **voltmeter** *el* rotációs voltmérő/feszültségmérő; ~ **wafer switch** *el* forgótárcsás kapcsoló; ~ **water(-)meter** *hidr* szárnyas vízsebességmérő; ~ **weeder** *mzg* küllős kapa, gyomirtó kultivátor; ~ **welder** *heg* forgó hegesztőgép; ~ **well** *ép* forgófúrással fúrt kút; *ol* rotari fúrás; ~ **wing** *rep* forgószárny, rotor; ~**-wing** *rep* forgószárnyú, forgószárnyas; ~**-wing aircraft** *rep* forgószárnyas repülőgép; helikopter

rotatable *gép* forgatható, forgó, rotációs; ~ **antenna** *távk* forgóantenna, forgatható antenna; ~ **base** *gép* forgó alapzat; *vasút* fordítókorong; ~ **coil** *el* forgatható keret, mozgókeret; ~ **direction(-)finder** *távk* forgókeretes rádió-iránymérő; ~ **disc/disk** *távk* forgatókorong; ~ **probe** *távk* forgatható szonda

rotate I. *v gép* forgat, pörget; forog, pörög, rotál; *mech* szögforgást végez; **II.** *a* kerék/korong alakú; kerekes/sugaras elrendezésű

rotated *gép* forgatott, pörgetett; ~ **dispersion** *krist* keresztezett diszperzió; ~ **velocity vector** *mech* elforgatott sebességvektor

rotating *gép* forgás, pörgés, rotáció; forgatás, pörgetés; ~ **amplifier** *el* erősítőgép; ~ **anode** *el* forgóanód; ~**-anode tube** *el* forgóanódú cső; ~ **antenna** *távk* forgatható antenna; ~**-antenna direction(-)finder** *távk* forgókeretes rádió-iránymérő; ~ **assembly** *gép* forgó szerelvény; motor forgórésze; *ol* fúrókocsi; ~ **band** *kat* vezetőabroncs; ~ **beacon** *távk* körforgó sugárzású irányadó; ~**-beam fatigue(-)tester** *any* forgó-hajtogató fárasztógép; ~**-beam fatigue test** *any* forgóhajtogató fárasztóvizsgálat; ~ **blade** *gép* futólapát, forgólapát; ~ **blow-out preventer** *ol* forgó kitörésgátló; ~ **brush** *el* görgős kefe; ~ **brush attachment** *ép* függesztett seprőhenger; ~ **capacitor** *el* forgókondenzátor, variátor; ~ **centrifugal screen** *pa* centrifugális csomófogó; ~ **coil** *el* forgótekercs, lengőtekercs; ~**-coil variometer** *el* variométer; ~ **crystal method** *krist* Bragg-forgókristálymódszer; ~**-cup anemometer** *met* kanalas szélmérő; ~ **direction(-) finder** *távk* körforgó/forgókeretes iránymérő; ~ **disc/disk** *kat* forgatótárcsa; ~ **disc/disk attenuator** *távk* forgó/háromtárcsás attenuátor; ~ **drilling** *geof* forgófúrás *(kőzetfúrásnál)*; ~**-drum paver mixer** *ép* útépítési betonkeverő gép; ~ **excavator** *ép* forgókotró; ~ **feed** *mzg* forgó vetőszerkezet; ~ **feeder** *gép* adagolódob; ~ **field** *el* forgótér, forgómező *(motoré)*; ~**-field antenna** *távk* forgóteres *v.* cirkulárpoláros terű antenna, forgóantenna; ~**-field instrument** *el* (Ferraris-féle) forgóteres mérőműszer; ~**-field magnet** *el* forgó-gerjesztő mágnes; ~**-field relay** *el* Ferraris-féle relé; ~ **fixture** *gép* forgó készülék; ~**-frame direction(-)finding** *távk* forgókeretes iránymérés; ~**-grid tube** *el* forgórácsú cső; ~ **head** *gép* forgófej; ~**-head sprinkler** *hidr* forgó-esőztető (berendezés); ~ **interrupter** *el* forgó áramszaggató; ~ **jet pipe** *gép* forgatható fúvóka; ~ **joint** *gép* forgócsatlakozó;

~ **kelly packer** *ol* forgó kitörésgátló; ~ **loader** *em* harácsolókaros rakodógép; ~ **loop** *távk* forgó keretantenna; ~**-loop beacon** *távk* forgó keretantennás rádió-irányadó; ~**-loop direction(-)finder** *távk* forgó keretantennás rádiókompasz/rádió-iránymérő; ~ **mud dredger** *hidr* forgó iszapkotró; ~ **nozzle** *gépk* forgatható fúvóka; ~ **piston/plunger pump** forgódugattyús szivattyú; ~ **pump** forgódugattyús szivattyú; ~ **rack** *gép* forgókeret; ~ **radio beacon** *távk* körsávirányadó, forgó rádió-irányadó; ~ **rectangular aperture** *gép* forgó derékszögű apertúra; ~**-reflector direction(-)finder** *távk* forgó-antennareflektoros iránymérő; forgókeretes rádió-iránymérő; ~ **rock(-) drilling machine** *geof* forgó fúrógép *(kőzetfúró)*; ~ **scanner** *tv* forgótárcsás letapogató; ~ **sector** *krist* forgó/rotáló szektor; ~**-sector photometer** *foto* forgótárcsás fénymérő; ~ **shutter** *film* forgófényzár, (forgó)pilla; *foto* revolverblende; ~ **spaced(-)loop direction(-)finder** *távk* távkeretes iránymérő készülék; ~ **step** *gép* elfordulási lépés; ~ **symmetry** *mat* forgási szimmetria; ~ **tensor** *mat* forgási tenzor, verzor, rotátor; ~ **the plane of polarization clockwise** *el* jobbra forgató, dextrogir, d; ~ **transformer** *el* forgótranszformátor, forgótrafó; ~ **truck** *bány* forgózsámoly; ~ **turret** *kat* forgótorony; ~ **unbalanced weight-type vibratory screen** *ép* körlengésű vibrációs rosta; ~ **vane** *gép* forgólapát; ~**-vane batcher** *ép* forgócellás adagoló; ~**-vane damper** *ép* zsalu; ~**-vane feeder** *ép* forgócellás adagoló; ~**-vane meter** *hidr* vízóra; ~ **vector** *mat, mech* forgásvektor; ~**-wedge range(-)finder** forgóékes táv(olság)mérő; ~ **wing** *rep* forgószárny, rotor

rotation *gép* (kör)forgás, pörgés, rotáció; forgatás, pörgetés; *mat* forgás; leforgatás *(síkalakzaté az egyik képsíkba)*; *mech* (szög)elfordulás; perdület; ~ **anemometer** *met* forgó szélsebességmérő; ~ **angle** *mech, opt* elfordulási szög; ~ **axis** *krist, mech* forgási tengely, gir; ~ **camera** *tv* rotációs kamera, forgókristály-kamera; ~**-crystal diagram/photograph** *tv* forgókristály-felvétel; ~ **dislocation** *krist* rotációs diszlokáció; ~ **disorder** *krist* rotációs rendezetlenség; ~ **dynamometer** *mech* forgó dinamométer/erőmérő; ~ **ellipsoid** *mat* forgási ellipszoid, szferoid; ~ **factor** *krist, mech* forgási/rotációs tényező; ~ **flow** *hidr* örvényes folyadékmozgás; ~ **gravimeter** *fiz* forgó graviméter; ~ **group** *krist* forgási/rotációs csoport; ~ **magnetism** *krist* rotációs mágnesség; ~ **method** *krist* Bragg-forgókristálymódszer; ~ **moment** *mech* impulzusmomentum, impulzusnyomaték; ~ **of a vector** *mat* vektorforgatás; ~ **of axes** *mat* koordináta-rendszer elforgatása, koordináta-rendszer tengelyeinek elforgatása; ~ **of coordinate system** → ~ of axes; ~ **of register** *távb* ciklikus léptetés; ~ **of slipstream** *rep* légcsavarszél forgása; ~ **of the polarization plane** *el* polarizációs sík forgása; ~ **ovaloid** *krist* rotációs ovaloid; ~ **photograph** *tv* forgókristály-felvétel; ~ **rate** *mech* forgási sebesség; ~ **reflection axis** *krist* forgatási tükröztetési tengely; ~ **separator** *vegy* rotációs leválasztó; ~ **spectrum** *fiz* rotációs/forgási színkép; ~ **speed** *rep* felszállósebesség; orrfutó emelési sebesség; ~**s per minute (RPM)** *gép* percenkénti fordulatszám; ~**-symmetric body/solid** *mat* forgástest, forgásszimmetrikus test; ~**-symmetric surface** *mat* forgásfelület, forgásszimmetrikus felület; ~**-symmetry of crystals** *krist* kristályok forgási szimmetriája; ~ **tensor** *mat* forgási tenzor, verzor, rotátor; ~ **to the left** *el* balra forgatás; ~ **to the right** *el* jobbra forgatás; ~ **twin** *krist* forgatási iker; ~ **vibration of molecule** *krist* molekula rotációs rezgése

rotational forgási; (kör)forgó; rotációs; ~ **absorption** *fiz* rotációs/forgási elnyelés; ~ **acceleration** *mech* szöggyorsulás; ~ **analysis** *fiz* forgási színképelemzés; ~ **axis** *mech* forgástengely; ~ **band** *fiz* forgási színképsáv; ~ **energy** *mech* forgási energia; ~ **field** *fiz* örvénytér, örvényzóna, turbulens mozgású erőtér; ~**(-)isomeric** *vegy* rotációs izomer; ~ **level** *at* rotációs energiaszint; ~ **line** *fiz* rotációs (színkép)vonal; ~ **loss** *el* állandó veszteség *(részveszteség nélkül)*; ~ **moment** *mech* impulzusmomentum, impulzusnyomaték; ~ **motion** *mech* forgómozgás; ~ **noise potential/voltage** *távk* mozgatási zajfeszültség; ~ **quantum number** *fiz* rotációs kvantumszám; ~ **resistance** *mech* forgási ellenállás; ~ **slip** *talt* körhengeres csúszás; ~ **speed** *gép* fordulatszám; *mech* szögsebesség; ~ **speed control** *gép* fordulatszám-szabályozás; ~ **structure** *krist* rotációs szerkezet; ~**(-)symmetric** *mat* forgásszimmetrikus, rotációszimmetrikus; ~ **symmetry** *mat* forgásszimmetria, rotációs szimmetria; ~ **transform** *fiz* rotációs transzformált; ~ **vibration** *mech* forgó lengés; ~ **viscosimeter** *any* rotációs viszkoziméter/viszkozitásmérő

rotationally | symmetric *mat* forgásszimmetrikus, rotációszimmetrikus; ~ **symmetric body/solid** *mat* forgástest, forgásszimmetrikus test; ~ **symmetric surface** *mat* forgásfelület, forgásszimmetrikus felület

rotative *gép* (kör)forgó, rotációs; ~ **component of motion** *mech* mozgás rotációs komponense/összetevője; ~ **efficiency** *mech* forgási hatásfok *(propellernél)*; ~ **moment** *mech* forgatónyomaték; ~ **speed** *mech* forgási szögsebesség, fordulatszám

rotator *fiz, mech* rotátor; *koh* forgó sugárzókemence, forgókemence; *mat* rotátor; *távk* antennaátkapcsoló

rotatory *gép* forgató, (kör)forgó, rotációs; ~ **filter** *vegy* forgószűrő, szűrődob; ~ **polarization** *opt* optikai aktivitás/forgatóképesség; ~ **power** *opt, vegy* forgatóképesség; ~ **reflection** *krist* rotációs reflexió, forgatási tükrözés; ~ **table** *forg* forgóasztal

rotavator *ép* talajmaró

rotenone *gyógyv* rotenon *(Derris-gyökér hatóanyaga)*

rotodynamic pump *hidr* örvényszivattyú

rotodyne *rep* forgószárnyas repülőgép; repülőgép-helikopter kombináció

rotograph *nyom* körforgó másológép

rotograte stoker forgórostélyos gépi tüzelőberendezés

rotogravure *nyom* rotációs mélynyomás

rotoinversion axis *krist* giroid, forgási/rotációs inverziós tengely

rotor *el, gép* rotor, forgórész; *hidr, hőt* járókerék, forgólapát; *mat* rotor, helyzetvektor; *rep* forgószárny, rotor; *távk* orsó; ~ **aircraft** *rep* forgószárnyú repülőgép, helikopter; ~ **assembly** *el* teljes/szerelt forgórész; *kat* forgó gyutacsbiztosító zárószeg; ~ **blade** *rep* forgószárny; rotorlapát; ~ **casing** *mech* giroszkópház; ~ **circuit** *el* forgórész áramköre; ~ **clearance** *el* forgórészrés; *hidr, hőt* járókerékrés; ~ **concrete gun** *ép* rotoros betonlövellő gép; ~ **concrete(-) placing gun** → ~ concrete gun; ~ **copper** *el* tekercselőrész; ~ **core** *el* forgórészvastest; ~ **curvent** *el* forgórész árama; ~ **gunning machine** *ép* rotoros betonlövellő gép; ~ **head** *rep* rotoragy; ~ **pack** *el* forgórészlemeztest; ~ **plane** *rep* rotor/forgószárny forgásfelülete; ~ **position pick-off** *aut* forgáshelyzet-érzékelő; ~ **slipstream** *rep* rotorszél, rotorsugár; ~ **thrust** *mech* rotor/forgószárny tolóereje; ~ **voltage** *el* forgórész feszültsége; ~ **windage** *mech* rotor csavarónyomatéka; ~ **winding** *el* forgórész-tekercselés

rotorcraft → rotar aircraft

rotted *biot* rothadt; *fa* korhadt; *geol* (el)mállott; ~ **manure** *biot* szerves trágya, fekáltrágya; ~ **sludge** *biot* kirothadt/rothasztott iszap; ~ **tree** *fa* tövön korhadt fa

rotten *biot* rothadt; *fa* korhadt, reves; *geol* (el)mállott; ~ **heart** *fa* bélkorhadás; korhadt bél; ~ **knot** *fa* korhadt ághely/csomó/göcs; ~ **rock** *geol* mállott kőzet; ~ **spots** *bőr* vörösesbarna rothadási foltok *(nyersbőrön)*

rotting *biot* (el)rothadás; (el)rothasztás; *pa* rothasztás; *fa* (el)korhadás, (meg)revesedés; *geol* (el)mállás; ~ **basin** *biot* rothasztómedence; ~ **timber** *bány* korhadó ácsolat

rotunda *ép* rotunda, kerek szoba/terem

rouge *vegy* vas(III)-oxid *(csiszolópor, pigmentfesték)*

rough I. *v bőr* felborzol; *ép, fa* durván ácsol/farag, bárdol; *forg* durván megmunkál, előmegmunkál, (elő)nagyol, érdesít; *tex* felbolyhoz, bolyhosít; **II.** *a any* durva, egyenetlen, érdes; *ép, fa* ácsolatlan, bárdolt; *forg* elõnagyolt, kinagyolt, durván/nyersen megmunkált/kidolgozott/tisztított; **III.** *n any* durvaság, egyenetlenség, érdesség; *talt* egyenetlen terep; ~ **adjustment** *aut* durva/közelítő szabályozás; ~**-and-ready rule** elnagyolt, durva; *mat* durva közelítő *(szabály)*; ~ **approximation** *mat* durva közelítés; ~ **arch** *ép* nyerskőív; ~ **ashlar** *ép* kinagyolt kő; ~ **atomic weight** *at* tömegszám, A; ~ **bottom** *bány* egyenetlen vágattalp; ~ **brickwork** *ép* nyerstéglafalazás; ~ **broaching** *heng* nagyoló üregelés; ~ **calculation** *mat* durva közelítés; ~**-cast** *ép* csapott/durva vakolat; durván (be)vakol; *ker* felérdesít; *üveg* durván csiszol; ~ **cleaning** *koh* előtisztítás; ~ **coat** *ép* első vakolóréteg; ~ **cobbling** *bány* nyers kézi válogatás; ~ **concentrate** *vegy* előkoncentrátum; ~ **control** → ~ adjustment; ~ **cut** *foto* nyersvágás; ~ **cutting** *forg* nagyolás; ~ **down/off** *v forg* lenagyol, durván megmunkál; ~ **draft** *ép, gép* nyers vázlat/terv; ~ **drawing** vázlat; ~ **drill** *forg* előfúró; ~**-drill** *forg* nagyolva fúr, előfúr; ~ **edge** *fa* tompa él, fagömbösség; *pa* szakáll *(kézzel merített papíros szélén)*; ~**-edged** *fa* csonka élű; *pa* nyers szélű; ~**-edged paper** *pa* nyers szélű papír; ~ **engine** *gépk* egyenlőtlenül járó motor; ~ **estimate/estimation** *mat* durva becslés, durva közelítő érték; ~ **evacuation** *vák* előszívás; ~ **file** *forg* durva reszelő; ~**-finished** *mt* félig kikészített, durván megmunkált; ~ **fit** *gép* goromba illesztés; ~ **fitting** *gép* nyersszerelvény; ~ **floor** *ép* vakpadló; ~**-forged** *alak* nyersen kovácsolt; ~ **forging** *alak* előkovácsolás; ~**-form** *v alak* (elő)nagyol *(idomkéssel)*; ~ **fuselage** *rep* kör keresztmetszetű repülőgéptörzs; ~ **gas** *ol* nyersgáz; ~ **grain** *bőr* durva barka; ~ **grind** *forg* előköszörülés; ~ **grinding** *forg* durva csiszolás; ~**(-)grinding stone** *élip* malomkő durva őrlésre; ~**-hew** *v ép, fa* (ki)nagyol, durván/nagyolva farag/ácsol; ~**-hewn timber** *ép, fa* nagyolva faragott/bárdolt fa; ~ **landing** *rep* durva leszállás; ~ **log** *fa, pa* nyers rönk; ~**-machined** *forg* durván/nyersen megmunkált, előmunkált, előnagyolt, előforgácsolt; ~ **milling** *forg* nagyolómarás; ~ **number** *mat* kerek szám; ~ **out** *v ép, gép* durván kirajzol; *fa* kinagyol, durván megfarag; ~ **paper** *pa* nyers másolópapír; ~**-pierced tube blank** *heng* előlyukasztott csőbuga; ~**-plane** *fa, forg* nyersen gyalul, előgyalul; ~ **planer** *fa* nagyológyalu; ~ **pressing** *alak* durva sajtolás, elősajtolás; ~ **proof** *nyom* kefelevonat; ~ **pump** *vák* előszivattyú; ~ **pumping** *vák* előszívás; ~**(-)rag board** *pa* rongy nyerslemez; ~**-roll** *v heng* előhengerel, durván/nyersen hengerel; ~ **rubble masonry** *ép* durva terméskő falazat; ~**-sawn** *fa* gyalulatlan *(fűrészáru)*; ~ **screw** *gép* nyers csavar; ~**-service lamp** *el* megerősített szerkezetű lámpa; ~ **sheet** *gumi* nyerslevél, hengerről levágott gumilemez, hengerelt lepény; ~ **shunting** *vasút* durva tolatás; ~**-shuttered concrete** *ép* nyerszsaluzott (beton)felület; ~ **sizing** *élip* nyers osztályozás *(malomban, síkszitával)*; ~ **sketch** *ép, gép* nyers vázlat; ~ **slope** *mech* érdes lejtő; ~ **sum** *mat* kerekített összeg *(számoké)*; ~**(-)surface wallpaper** *pa* durvarost tapéta; ~ **survey** *geod* közelítő pontosságú felvétel/felmérés; ~**-tanned leather** *bőr* kikészítetlen cserzett bőr; ~**-terrain crane** *em* terepjáró daru; ~**-terrain forklift truck** *em* terepjáró targonca; ~**-toothed file** *forg* durva reszelő; ~ **trowel(l)ing** *ép* durva simítás; ~ **tuning** *távk* durva (be)hangolás, előhangolás; ~**-turn** *forg* nagyolva esztergál, előesztergál; ~**-turned piston** *gépk* előmunkált/nagyolt dugattyú; ~ **vacuum** *fiz* durva vákuum, elővákuum, gyenge vákuum; ~ **value** *mat* durva becslés, durva közelítő érték; ~ **washer** *gép* nyers alátét; ~ **weight** nyerssúly; ~ **weld** *heg* megmunkálatlan varrat

roughened *ép* recézett *(kő)*; *forg* érdesített, rovátkolt; *tex* felbolyhosított; gubózott; ~ **sheet** *tex* érdesített lemez *(árulehúzó hengerhez)*

roughening *ép* recézés; *forg* érdesítés, rovátkolás; *tex* felbolyhozás, gubózás; ~ **course** *ép* csúszásgátló (burkolat)réteg; ~ **hammer** *ép* érdesítőkalapács; ~ **of surface** *mt* felületérdesedés

rougher *forg* szerszámkés, nagyolókés; *heng* durva/nagyoló hengersor; elősüllyeszték; *tex* kikészítetlen/nyers szövet

roughing *bőr* felborzolás; *ép, fa* durva ácsolás, bárdolás; *forg* durva/nyers megmunkálás, (elő)nagyolás; *heng* előnyújtás; *tex* bolyhosítás; gubózás *(lennél stb.)*; *vák* előszívás; ~ **broach** *forg* nagyoló üregelőtüske; ~ **calibre/caliber** *heng* előnyújtó üreg; ~ **cut** *forg* nagyolófogás; ~ **impression** *heng* anyagelosztó üreg; ~ **lathe** *forg* hántolóeszterga; ~ **line** → ~ pipe; ~**(-)machine** *forg* durvanagyoló/durvahántoló forgácsológép; ~ **mill** *élip* daráló(malom); *heng* brammasor, durvalemezsor; ~**-out chisel** *szersz* nagyolóvéső; ~**-out machine** *tex* magtisztító (gép); ~**(-out) pass** *heng* előnyújtó üreg; ~ **pipe** *vák* előszívó vezeték; ~ **pump** *vák* előszivattyú, elővákuum-szivattyú; ~ **stand of rolls** *heng* előnyújtó hengerállvány; ~ **tap** elővágó/nagyoló menetfúró; ~ **tool** *forg* nagyolókés, nagyoló esztergakés; ~ **tooth** *ép* nagyolófog; ~ **train** *heng* előnyújtó hengersor

roughly *mat* közelítően; *mt* durván, nyersen; ~ **dressed ashlar** *ép* nagyolt (kváder)kő; ~ **faced** *fa* nagyolt, bárdolt; ~ **oriented** *geod* közelítően betájolt *(mérőasztal)*

roughness *any* durvaság, egyenetlenség, érdesség; ~ **coefficient/factor** *any, hidr* érdességi tényező; ~ **height** *gép* érdességmagasság; ~ **value** *gép* simasági mérőszám

roughometer profilométer, érdességmérő; útegyenetlenség-mérő

roulette *élip* csipkézőkerék, rádli; *mat* legördülő görbe, ruletta; *pa* perforálókerék

round I. *a alak* kerek, gömbölyű, domború, görbe, hajlott, (meg)hajlított, kör-, gömb-; *mat* kerek; **II.** *v bőr, fa* kivág *(körben)*, kikanyarít; *mat* (le)kerekít, felkerekít; *mt* gömbölyít, domborít, lekerekít; kikerekedik, legömbölyödik, kigömbölyödik; **III.** *n alak* kerekség, gömbölyűség, domborulat; *bány* fúrólyukkoszorú; *bőr* meszezőmenet, mészlémenet; *csill* fordulat, ciklus; *el* telepsor; *fa* rönk, gömbfa; *gép* karika, kör, gyűrű; *kat* lövés, sorozat; *koh* gömbvas; *közl* menet, járat; ~**(-)aft** *hajó* gömbölyű farú; ~ **angle** *mat* teljes szög, 360°-os szög; ~**(-)arch** *ép* köríves; ~ **away** *v alak* görbül, meghajlik, elhajlik; ~ **bar** *ép* köracél; ~**-bar reinforcement** *ép* köracél betét; ~**-bar steel** *koh* köracél, kerekacél; ~ **belt** *gép* gömbszíj, kerek szíj; ~**(-)belt drive** *gép* gömbszíjhajtás; ~ **billet** *fa* dorong; *koh* csőbuga; ~**(-)billet wood** *fa* dorongfa; ~ **bin** *élip* kerek silócella; ~ **bloom** *koh* csőköracél; gömbölyű buga; ~ **body** *gyógyv* kerek fenekű ampulla töltőűrje; ~**-bottom flask** *vegy* gömbölyű fenekű palack/lombik; ~**-bottom stake** *alak* kerek fejű kézi üllő; ~ **brackets** *pl mat* kis/kerek zárójel; ~ **broach** *forg* kerek üregelőtüske; ~ **chain link** *alak* kerek láncszem; ~ **chart** regisztrálótárcsa; ~**-chart recorder** körlapdiagramos regisztrálókészülék; ~ **chisel** *szersz* kerek véső; ~ **coal** *bány* darabos szén; ~**(-)coil measuring instrument** *el* körtekercses mérőműszer; ~ **container** *gép* hengeres tartály; ~ **copper** *el* körszelvényű réz; ~ **corner** *ép* legömbölyített sarok/szöglet; ~**-dial instrument** kerek számlapos műszer; ~ **down** *v mat* lekerekít; ~**-down** *mat* kerekítés lefelé, lekerekítés; ~**-edged** *fa* gömbölyűen hagyott élű, fagömbös; *mt* legömbölyített szélű/élű, szélezetlen; ~ **engraver** *mt* rézkarctő; ~ **figure** *mat* kerek szám; ~ **file** *forg* kerek műhelyreszelő; ~ **flare** *rep* repülőtéri jelzőfény; ~ **fuselage** *rep* kör keresztmetszetű repülőgéptörzs; ~ **grinding** *forg* körköszörülés, hengeres köszörülés; ~ **head** *gép* félgömbölyű fej; ~**-head bolt** *gép* gömbfejű csapszeg/csavar; ~**-head buttress dam** *hidr* Noetzli-féle *v.* gombafejű pillérsoros gát; ~**-headed** *ép* íves, ívelt; *gép* félgömbfejű; ~**-headed window** *ép* íves/ívelt ablak; ~**-head nail(-)puller** *szersz* szorítókörmös ládabontó; ~**-head rivet** *gép* (fél)gömbölyű szegecs; ~**-head screw** *gép* félgömbfejű csavar; ~ **ingot** *önt* csőtuskó; körtuskó; ~ **joint file** *forg* csaplyukreszelő *(kerek)*; ~ **knife** *bőr* bőripari félholdkés; ~ **layout** *bány* fúrólyuk-telepítés; ~**-linked chain** *gép* kerek szemű lánc; ~ **log** *fa* gömbfa; ~**-looking scan** *tv* körben forgó letapogatás; ~**-nose chisel** félgömbölyű élű vágó; ~**-nosed planing(-)tool** *fa* széles gyalukés; ~**-nosed tool** *forg* kerek végű kés/szerszám; ~**-nose plane(-)iron** *fa* nagyoló gyaluvas; ~**-nose pliers** *pl* kerek csőrű fogó; ~ **nozzle** *gép* kör keresztmetszetű fúvóka/sugárcső; ~ **off** *v mt* lekerekít, legömbölyít; ~**-off** *mat* kerekítés; ~**-off constant** *mat* kerekített állandó; ~**-off error** *mat* kerekítési hiba; ~**-off file** *forg* legömbölyítőreszelő; ~ **out** *v mat* kikerekít; ~**-oval passes** *heng* kör-ovál üregsor; ~**-painted** legömbölyített végű/csúcsú; ~ **pass** *heng* körüreg; ~ **pin** gombostű; ~ **plane** *fa* völgyelőgyalu; ~ **planing** *fa* hengerfelületgyalulás; ~ **punch** nyeles kerek lyukasztó; ~ **robin** *szt* ciklikus multiplexelés; ~**-rod planing(-)machine** *fa* hengeres farúdgyalugép; ~**-rolling machine** *pa* áttekercselőgép; ~ **scraper file** *szersz* gömbölyű lehúzóacél; ~ **sleeker** *önt* félgömbölyű simító; ~ **steel bar** *koh* kerekacél, köracél; ~**-strand rope** *tex* gömbölyű pászmás kötél; ~ **sum** *mat* kerekített összeg *(számoké)*; ~ **table** *koh* körszér; ~**-the-clock-radar watch** *rep* 24 órás radarfigyelő szolgálat; ~**-the-corner screwdriver** szögletcsavarhúzó; ~**-the-end baffled mixing basin** *hidr* terelőfalas keverőmedence vízszintes átáramlással; ~**-the-world (radio) signal** *távk* földet megkerülő (rádió)jel; ~ **thread** *gép* zsinórmenet; ~ **tie** *vasút* gömbtalpfa; ~ **timber** *fa* gömbfa; ~**-timber lining of drums** *bány* dongaborítás; ~**-timber segment** *bány* dongaszegmens; ~ **trip time** *szt* körbejárási idő; ~**-up** domborulat, feldomborodás, felboltosodás *(hajófedélzeté stb.)*; *mat* kerekítés felfelé, felkerekítés; ~ **washing basin** *ép* körmosdó; ~ **wire** *el* körszelvényű *v.* kör keresztmetszetű huzal; ~**-wire armo(u)ring** *el* huzaltekercselésű páncélozás; ~ **wood** *fa* gömbfa

roundabout *közl* kerülő(út); körforgalmú kereszteződés, körforgalom; ~ **crossing** *közl* kifejtett útkeresztezés; ~ **seam/weld** *heg* körvarrat

rounded *alak* lekerekített, legömbölyített, kerek; ~ **aggregate** *ép* gömbölyded adalékanyag *(betonhoz)*; ~**-bottom tappet** *gépk* gömbölyű talpú szelepemelő; ~ **break** *geof* gyenge/tompa beütés; ~ **ditch** *ép* árok félkör keresztmetszetű fenékkel; ~ **edge** *ép* legömbölyített szél; ~**-off constant** *mat* kerekített állandó; ~ **thread** *gép* lekerekített csúcsú menet

roundel *ép* rondella, körfülke; *gép* korong(ocska), (kis) tárcsa; *közl* színes üvegkorong, jelzőüveg; *rep* körjelzés *(felségjel)*; *üveg* holdüveg; ~ **clip** *vasút* színes üvegkorong tartókapcsa *(jelzőn)*

rounder *alak* kerekítő(kés), gömbölyítő szerszám

rounding *alak* domborítás; *bőr, fa* kivágás, kikanyarítás, körülvagdalás; *gyógyv* lekerekítés *(drazséforma kialakítása)*; *mat* lekerekítés, felkerekítés; *mt* (le)kerekítés, (le)gömbölyítés; lekerekedés; ~**(-)down** *mat* kerekítés lefelé, lekerekítés; ~ **error** *el* görbületi lekerekítési hiba; *mat* kerekítési hiba; ~ **hob** *forg* foglegömbölyítő maró; ~**-off** *forg* foghengerlés; lefejtés; *mt* lekerekítés, legömbölyítés; ~**-off cutter** *forg* kerékfogmaró, legömbölyítőmaró; ~**-off downward** *szt* kerekítés lefelé, lekerekítés; ~**-off of the edges** *mt* éllegömbölyítés; ~**-off shoulder** *ép* legömbölyített támasztópárkány; ~**-off to a higher number** *mat* kerekítés felfelé, felkerekítés; ~**-off to a lower number** *mat* kerekítés lefelé, lekerekítés; ~**-off upward** *mat* kerekítés felfelé, felkerekítés; ~**(-)up** *mat* kerekítés felfelé, felkerekítés

Rousseau diagram *el* Rousseau-diagram

rout *forg* kiváj, hornyol, mar *(alakos felületet)*, barázdál

route I. *v közl* (el)irányít, útvonalat kitűz/megszab; *távb* terel *(hívást)*; **II.** *n közl* (nyom)vonal, járat; útvonal, (út)irány; *távb* beszélgetési csatorna; *vasút* vágányút; ~ **chart** *rep* útvonaltérkép; ~**(-)discrimination equipment** *távb* irányválasztó berendezés; ~ **indicator** *távb* útiránymutató; ~ **lever** *vasút* vágányúti emeltyű; ~ **lighting** *rep* útvonalfényrendszer; ~ **marker** *távk, rep* útvonalkijelölő eszköz; ~ **of line** *távb* nyomvonal; ~ **of supply** *kat* utánpótlási útvonal; ~**-section** *ép* útvonalszakasz, útvonalszelvény; ~ **selection** *közl, távb* irányválasztás; ~**(-)storage arrangement** *vasút* vágányúttároló *(biztosítóberendezésnél)*; ~ **traffic density** *közl* útvonal forgalomsűrűsége

routeing → routing[2]

router *fa* felsőmarógép, fenékgyalu, ablakkeret-hornyoló gyalu; *forg* alakmaró gép, másoló marógép *(nagy felületekhez)*; *foto* klisévágó; *szt* útválasztó, (csomag)irányító; ~ **plane** *fa* csingyalu; ~ **saw** *fa* kézi maró fűrészgép

Routh | **inequality** *fiz* Routh-egyenlőtlenség; ~ **stability criterion** *fiz* Routh-féle stabilitási kritérium

routine gyakorlat, gyakorlottság, rutin; *ip* rendes/szokásos munkamenet, rutinmunka; *szt* részprogram; rutin; ~ **check/control** *ip* rutinellenőrzés; ~ **decision** *szt* rutindöntés; ~ **dosimetry** *at* rutin dozimetria; ~ **dredging** *hidr* karbantartó nedves kotrás; ~ **inspection** *ip* rendszeres/folyamatos üzemi ellenőrzés; ~ **maintenance** *gép* üzemfenntartás, tervszerű megelőző karbantartás, TMK; ~**(-)maintenance cost** *gép* állandó karbantartási költség; ~ **monitoring** *at* rutin megfigyelés; ~ **replacement** *el, gép* szokásos csere/kicserélés; ~ **search(ing)** *távk* szokványos keresés; ~ **supervision** *ip* rendszeres ellenőrzés; ~ **test** *any* szokványos vizsgálat; *ip* folyamatos ellenőrzés; ~ **weaving** *tex* előírás szerinti szövés

routiner *távb* (folyamatos) hibajelentő készülék *(gépkapcsolású központban)*

routing[1] **I.** *a* alakmaró; **II.** *n fa, forg* alakmarás, barázdálás, kivájás, hornyolás; ~**(-)machine** *fa* felsőmaró, hornyológép; *forg* nagyméretű vertikálmarógép; *mzg* barázdavágó gép; ~ **tool** *forg* alakmaró szerszám

routing[2], **routeing I.** *a ép, geod* nyomkitűző; *közl* útiránykitűző; *távb* beszélgetésterelő; **II.** *n geod, ép* nyomkitűzés; *közl* (el)irányítás, útiránykitűzés; *szt* útválasztás, üzenetküldés, irányítás; *távb* hívásterelés; ~ **code** *távb* irányítókód; ~ **digits** *pl távb* körzetszám; ~ **indicator** *rep* útiránymutató; útvonalindikátor; ~ **list** *távk* adásvonal jegyzék; ~ **page** *szt* útválasztó/útmeghatározó oldal

rove I. *v tex* előfon; **II.** *n gép* alátétgyűrű, csavaralátét; *tex* előfonat; ~ **bobbin** *tex* előfonalcséve

rover *gépk* terepjáró autó/gépkocsi; *tex* előfonó gép

roving *tex* előfonás; ~ **frame** *tex* előfonó gép; ~ **waste opener** *tex* finomhulladék-bontó gép

row I. *v gép* sorba rak, sorosan elrendez; *hajó* evez; **II.** *n* sor; *mat* sor, oszlop *(mátrixé)*; *nyom* utca; *távk* antennasor; ~ **binary** *szt* bináris sorlyukasztás; ~**-crop sprayer** *mzg* szántóföldi sorművelő permetező; ~**-crop thinner** *mzg* sorritkító, egyelőgép; ~**-crop tractor** *mzg* sorművelő traktor; ~ **distance** sortávolság; ~ **drill** sorvető (vető)gép; ~ **engine** *el* soros motor; ~ **guide** *mzg* nyomjelző; ~ **ingot** *önt* tuskó; ~ **matrix** *mat* sormátrix, sorvektor; ~**(-)nullity** *mat* sornullitás, sordefektus *(mátrixé)*; ~ **of contacts** *el* érintkezőrendszer, sorozatérintkező; ~ **of keys** *távk* billentyűsor, billentyűzet; ~ **of lavatory troughs** *ép* sormosdó; ~ **of needles** *tex* tűsor; ~ **of piles** *ép* cölöpsor; ~ **of props** *bány* támsor; ~ **of stitches** *kh* huroksor, szemsor; ~ **of supports spacing** *bány* támsorköz; ~ **of timbers supporting the roofing** *ép* héjazati szelemensor; ~ **operation** *mat* sorművelet, sorokkal végzett művelet *(mátrixban)*; ~ **pitch** *szt* sortávolság; ~ **plant** → ~ storage plant; ~ **rank** *mat* sorrang *(mátrixé)*; ~ **space** *nyom* sortávolság; ~**(-)stitcher** *kh* sortűző; ~ **storage plant** *ép* soros elrendezésű betongyár; ~ **sum/total** *mat* sorösszeg *(bűvös négyzetben, mátrixban)*; ~ **vector** *mat* sormátrix, sorvektor; ~ **with ditches** *v ép* felárkol, árkokkal barázdál

rowboat → rowing-boat

rowdy *tex* csíkhiba

rowed *gép* soros; *tex* csíkos, sávos; ~ **piles** cölöpsor, sorban felállított cölöpök

rowing *gép* soros elrendezés, sorbaállítás; *hajó* evezés; ~**-boat** evezős csónak

rowlock *ép* boltozatgyűrű, élére állított téglasor; *hajó* (evező)villa; ~ **wall** *ép* flamand kötésű fal éltéglákból

royal | **icing** *élip* cukordíszítés; ~ **paper** *pa* miniszterpapír, beadványpapír; ~ **rib** *tex* gyöngykötésborda, vetülékripsz

royalty *ip* szabadalmi díj, jogdíj

RP → reference point; → revised proof; → rider plate; → rock phosphate; → rock pressure; → rocket projectile

RPF → radio position-finding

RPG → report program generator

RPM → revolutions per minute; → rotations per minute

RPN → reverse Polish notation

RPR → reverse power relay

RPS → requirements planning system; → revolutions per second

RPV → remotely piloted vehicle

Rr → radius of rupture

RR → recoilless rifle; → reliability report; → reverse relay; → rural road

rRNA → ribosomal RNA

RS → radio set; → radio station; → record separator; → regulating atation; → relay selector; → relay set; → returning spring; → right side; → ringing set; → rolled steel; → rotary switch; → rotary system

RSJ → rolled steel joist

RSS → root-sum-square

RST → restart

RT → radio technician; → radio tower; → radiotelegraph; → radiotelegraphy; → radiotelephone; → radiotelephony; → range table; → real-time; → receiver-transmitter; → registered tonnage; → related term; → remote terminal; → road traffic

RTC → real-time clock

RTD → residence(-)time distribution

r.t.d. → resistance temperature detector

RTr → radio transmitter

RTS → return from subroutine

RTT → radio-teletype

RTU → remote terminal unit

Ru → ruthenium

rub I. *v forg* dörzsöl, dörgöl, köszörül, csiszol, koptat; dörzsölődik, kopik, csiszolódik, súrlódik; **II.** *n forg* dörzsölés, csiszolás; ~ **apron** *tex* mángorlótömlő; ~ **away** *v forg* elkopik; ledörzsöl; ~**(-)bar** *mzg* verőléc *(cséplőgépen)*; ~ **down** *v* lekoptat, lecsiszol; ~ **off** *v* ledörzsöl, levakar; ~**-out signal** *vasút* érvénytelenített jelzés; ~**-stone** köszörűkő, fenőkő, dörzsölőkő; ~ **test** *pa* dörzsállóság-vizsgálat; ~ **up** *v forg* fényesre/tisztára dörzsöl, felcsiszol; ~ **with emery** *v* (le)smirgliz, lecsiszol; ~ **with wax** *v vegy* beviaszoz, viasszal beken/feldörzsöl

rubbed finish csiszolt felület *(pl. betoné)*

rubber gumi; radír(gumi); gumi(szalag); *ép* faragható tégla; *forg* csiszolópapír, dörzspapír, üvegpapír; *gumi* kaucsuk, gumi; *nyom* dörzsölőkendő *(levonatok készítéséhez)*, dörzsölőhenger; *tex* mángorlótömlő; ~**-and-hemp hose** vászonbetétes (gumi)tömlő; ~ **ball** gumigolyó; ~ **band** gumiszalag, gumi(gyűrű), befőttes gumi; ~ **beading** *gépk* gumiszegély; ~ **bearing** gumicsapágy; gumisaru, gumi alátét; ~ **belt** *gép* gumi hajtószíj/ékszíj; ~**-belted conveyer/conveyor** *gép* gumihevederes szállítószalag; ~ **blanket** *tex* gumivászon; ~ **block** *gépk* gumiágy; ~ **boat** *hajó* gumicsónak *(felfújható)*; ~ **bond** keménygumi kötés *(köszörűkorongé)*; ~**-bond grinding wheel** *forg* keménygumi kötésű köszörűkorong; ~ **bulb** gumiballon; ~ **bumper** *gépk* gumiütköző; ~ **bush** *gép* gumi csapágypersely; ~**-bushed bearing** *gép* gumiperselyes csapágy; ~ **cable** *el* gumikábel; ~ **case** *ép* gumibevonat; ~ **cement** gumiragasztó *(oldat)*; ~**-coated** gumibevonatú, gumiborítású; ~**-coated cloth** *tex* gumizott/gumírozott szövet; ~ **coating** gumibevonás, gumizás, gumírozás; gumibevonat; ~ **composition** gumimassza, gumikeverék; ~**-composition adhesive** *cipő* gumialapú (talp)ragasztó; ~ **compound** gumikeverék; ~ **compounding** gumikeverék-készítés; ~ **conduit** gumitömlő, gumicső; ~ **container** *ép* gumikonténer; ~ **conveyer/conveyor belt with embedded wires** *gép* acélhuzal betétes gumiheveder; ~ **cord** gumizsinór; ~**(-)cord shock(-)absorber** *rep* gumikötél rugózás *(futóműben)*; ~ **core** gumibetét; ~ **coupling** *gép* gumicsukló; ~**-covered (RC)** gumibevonatú, gumiborítású, gumiburkolatú; ~**-covered cable** *el* gumikábel; ~**-covered roll** gumihenger; ~**-covered wire** gumiszigetelésű huzal; ~ **covering** gumizás, gumírozás; ~ **cup** *gépk* fékhenger-gumidugattyú; ~ **cylinder** gumihenger *(írógépé)*; ~ **dough** *vegy* gumikenő oldat; ~ **engine support** *gépk* motortartó gumiágy; ~**(-)forming** gumitermelő, kaucsuktermelő; ~ **gaiter** *gépk* porvédő gumi *(gömbcsuklón)*; ~ **gasket** *gép* gumitömítés, gumigyűrű; ~ **grommet** *gép* gumidugó *(láncvédőn)*; ~ **heel** *cipő* gumisarok; ~ **hose** gumitömlő, gumicső; ~ **hydrocarbon (RHC)** *vegy* kaucsuk-szénhidrogén; ~**-insulated** *el* gumiszigetelésű, gumival szigetelt; ~**-insulated cable** *el* gumikábel; ~**-insulated conductor** *el* gumiszigetelésű vezeték; ~ **insulation (RI)** *el* gumiszigetelés; ~ **jacket** *ép* gumiköpeny; ~ **joint** *hidr* gumitömítés, gumigyűrűs kapcsolat; ~ **kneader** gumidagasztó; ~**-lined** gumizott; ~ **lining** gumibevonat; ~ **lump** gumirög; ~ **mallet** *szer* gumikalapács; ~ **mill** gumiipari hengerszék; ~**-mounted** *gépk* gumikerekes *(jármű, gép)*; ~**-mounted excavator** *gép* gumikerekes kotró; ~**-mounted mobile crane** *em* gumikerekes önjáró daru; ~**-mounted rotating/revolving tower crane** *em* autótoronydaru; ~ **mounting** *gép* gumiágyazás; ~ **O ring** *hidr* gumigyűrű *(csőkapcsolatnál)*; ~ **packing** *gép* gumitömítés; *vasút* gumilemezelés *(alátétlemez és sínlap közt)*; ~ **patch** *gépk* tömlőjavító folt; ~ **plug** gumidugó; ~**-producing plant** nyersgumitermelő telep; ~**-proofed fabric** *tex* impregnált szövet; ~ **resin** kaucsukgyanta; ~ **seal** *gép* gumitömítés; ~ **section** *gépk* profilgumi; ~**-seed oil** *vegy* kaucsukmagolaj; ~ **sheath** gumibélés; ~**-sheathed** gumibevonatú; ~ **sheathing** gumibevonat; *el* gumitömlős kábelszigetelés; ~ **sheet** gumilemez; ~ **shock(-)absorber** *rep* gumi lökhárító; ~ **slab** gumilemez; ~ **soling sheet** *cipő* gumi talplemez; ~ **solution** gumiragasztó (oldat); ~ **solvent** *vegy* gumioldó szer; ~**-spring buffer** *gépk* gumirugó-ütköző; ~**-stamp mark** *pa* mesterséges vízjel; ~**-stemmed valve** *gépk* gumiszárú tömlőszelep; ~ **stopper** gumidugó; ~ **strip** gumiszál; ~ **stud** *gép* gumiütköző; ~ **tape** *el* gumival impregnált szigetelőszalag; ~**-testing machine** *any* gumiszakító gép; ~ **tile** *ép* gumi padlólap; ~ **tire** → ~ tyre; ~ **trimming** gumihulladék; ~ **tub** gumicső; ~ **tyre,** ~ **tire** *gépk* gumiköpeny, gumiabroncs; ~**-tyred,** ~**-tired** *gépk* gumiabroncsos; ~**-tyred carrier/chassis/carriage** *gépk* gumiabroncsos járószerkezet; ~**-tyred off-highway hauling unit** *gépk* billenőteknős gépkocsi; ~**-tyred roller** *ép* gumiabroncsos henger; ~**-tyred vibratory roller** *ép* gumiabroncsos vibrációs henger; ~**-tyre mounted** gumikerekes; ~ **union** gumi tökéletes kötése *(idegen anyaghoz is)*; ~ **universal joint** *gép* gumitárcsás csukló; ~ **vacuum hose** *fiz* vákuumgumicső; ~ **V-belt** *gép* gumi ékszíj; ~ **warper** *tex* gumiláncfonal-felvető; ~ **washer** *gép* gumikorong, gumialátét; ~ **water stop** *hidr* gumi tömítőcsík

rubbered fabric *tex* impregnált szövet

rubberize *gumi, tex* (be)gumiz, gumíroz, gumival bevon, gumioldattal átitat/impregnál

rubberized asphalt *ép* gumibitumen-keverék

rubberlike *gumi* gumiszerű

rubbermeter *gumi* rugalmasságmérő

rubbery *gumi* kaucsukszerű, gumiszerű

rubbing *forg* dörzsölés, csiszolás, köszörülés; dörzsölődés, súrlódás, kopás; ~ **block** *forg* csiszolókő; ~ **brush** *ép* padlófényesítő kefe; ~ **contact** *el* csúszóérintkező, öntisztító érintkező; ~ **fastness** *any* dörzsállóság; ~ **piece** *gép* csúszósaru; dörzspofa; *vasút* féktuskó súrlódó része; ~ **rail** *mzg* támsín *(kombájné)*; ~**-spring contact** *el* nyelves érintkező; ~ **stone** *ép* dörzskő, csiszolókő; ~ **varnish** *vegy* fényezőlakk; ~ **wax** *vegy* padlóviasz

rubbish hulladék, szemét; *bány* meddő; *hidr* ülepített anyag, üledék; *talt* kőgörgeteg; ~ **extraction** *bány* meddőjövesztés; ~ **grinder** *gép* szemétaprító; ~ **salts** *talt* fedősók

rubble *bány* tömedék; *ép* bontási törmelék; kőtörmelék; terméskő; törecs, zúzalék; *geol* görgeteg, hordalék, kavics, murva, törmelék(kő); ~ **arch** *ép* durva kőből épült ív; ~ **ashlar (masonry)** *ép* kváderkő homlokzat terméskő hátfalazással; ~ **car** *vasút* zúzottkőszállító kocsi; ~ **concrete** *ép* törmelékkel úsztatott beton; ~ **drain** *ép* köves drén/szivárgóárok; *hidr* szivárgó; ~ **fill(ing)** *bány* tömedékelés zúzalékkal; *ép* kavicságy, terméskőfeltöltés; ~ **filter** *ép* kavicsszűrő; ~ **masonry** *ép* terméskőfalazás; ~ **mound** *hidr* kőhányás; ~ **pile** *ép* törmelékhalom; ~ **pitching** *ép* kőburkolat; ~**s** *pl bány* szénapró; ~ **separator** *élip*

kőkiválasztó; ~ **slope** *bány* törmeléklejtő, (meddő)-hányó; ~ **stone** *ép* terméskő
rubblework *ép* terméskő falazat, terméskőfalazás; zúzottkő ágyazat
rubbly *bány, ép* törmelékes; ~**-small coke** *koh* darakoksz
rubellane *ásv* rubellán *(elmállott biotitcsillám)*
rubellite *ásv* rubellit
rubicelle *ásv* rubicell
rubidian *ásv* rubídiumtartalmú
rubidium (Rb) *vegy* rubídium; ~ **carbonate** rubídium-karbonát; ~ **chlorate** rubídium-klorát; ~ **chloride** rubídium-klorid; ~ **chromate** rubídium-kromát; ~ **dichromate** rubídium-dikromát; ~ **hydroxide** rubídium-hidroxid; ~ **maser** *fiz* rubídiummézer; ~ **monoxide** rubídium-monoxid; ~ **nitrate** rubídium-nitrát; ~ **perchlorate** rubídium-perklorát; ~ **permanganate** rubídium-permanganát; ~ **peroxide** rubídium-peroxid; ~ **sulphate/sulfate** rubídium-szulfát; ~ **sulphide/sulfide** rubídium-szulfid
rubout *szt* törlés, visszaállítási lehetőség, bekapcsoláskori teljes törlés
rubric *nyom* piros betűs fejezetcím
ruby *ásv* rubin; *opt* rubinvörös; ~ **crystal laser** *fiz* rubinkristályos lézer, rubinlézer; ~**-face active area** *fiz* rubinkristálylap aktív felülete; ~ **laser** *fiz* rubinlézer; ~ **light** *foto* sötétkamra rubinvörös lámpája; ~ **madder** *vegy* rubinszínű krapplakk; ~ **maser** *fiz* rubinmézer; ~ **mica** *el* vöröscsillám, muszkovit; ~ **quantum amplifier** *fiz* rubinkristályos kvantumerősítő; ~ **shade** *opt* rubin(vörös) színárnyalat; ~ **silver(-) ore** *ásv* pirargirit; ~ **spinel** *ásv* balaszrubin, rubinspinell; ~ **sulphur/sulfur** *ásv* realgár; ~**-to-air reflecting surface** *opt* rubinkristály külső visszaverő felülete; ~ **zinc** *ásv* cinkit
ruche *tex* rüss, fodor
ruck I. *v tex* ráncol, redőz; ráncolódik, redősödik; **II.** *n tex* ránc, redő, gyűrődés; ~ **up** *v tex* redősödik, ráncosodik, ránco(ka)t vet; redőz, összegyűr, összeráncol, ráncokba rak/szed
rudder *hajó* kormánylapát; *rep* oldalkormány; ~ **angle** *hajó* kormányállásszög; *rep* oldalkormány-kitérés; ~ **angle indicator** → ~ indicator; ~ **bar** *rep* lábkormányrúd; oldalkormány-vezérlés; ~ **bias** *rep* kormánybeállítás; ~ **blade** *hajó* kormánylapát; ~ **control** *hajó* kormányvezérlés; *rep* oldalkormányzás; ~ **deflection** *rep* kormánykitérítés; ~ **fin** *rep* függőleges vezérsík; ~ **flap** *rep* oldalkormány-kiegyenlítő; ~ **hinge** *rep* kormányfelület-csukló; ~ **indicator** *hajó* kormányhelyzetjelző, axiométer; ~ **mass balance** *rep* oldalkormány-tömegkiegyenlítés; ~ **motor** *hajó* kormánykészülék motorja; ~ **mo(u)ld** *hajó* kormánymintaidom; ~ **pintle** *hajó* kormánylapáttartó csap; ~ **plane** *hajó* kormányfelület; ~ **post** *hajó* fartőke; kormánytőke; ~ **quadrant** *hajó* kormány(kör)negyed; kormányív; ~**-spindle** *hajó* kormányszár; ~ **spring tab** *rep* oldalkormány trimmere; ~ **stop** *hajó* kormányütköző; ~**-stop cable** *el* víz alatti kábel; *rep* kormányrögzítő huzal; ~ **tiller** *hajó* kormánymozgató kar *(kormányívben)*; ~ **trunk** *hajó* kormánytönkcső; ~ **tube** *rep* oldalkormánylap csőtengelye; ~ **unit** *rep* függőleges farokfelület; ~ **yoke** *hajó* kormányjárom
rudderstock *hajó* kormánytengely, kormányszárny
ruddle *ásv* rötel, vörösvasérc, vörösokker
ruddy vöröses, rőt
rude durva; nyers; *ip* csiszolatlan, kidolgozatlan
ruff *gép* tengelygallér, tengelyváll; *tex* fodor
ruffled nose of cop *tex* elgörbült vetülékcsévehegy
rug *tex* lábtörlő, pokróc, (futó)szőnyeg; ~ **loom** *tex* szőnyegszövő gép; ~ **shears** *pl tex* szőnyegolló
rugged *geol* durva, egyenetlen, göröngyös; *gép* erős, szilárd, robusztus; ~ **quality tube/valve** *el* ipari elektroncső; ~ **topography** *geod* szaggatott térszín
ruggedized *gép* rázásálló, megerősített szerkezeti kivitelű; ~ **construction** *gép* állékony/rázásálló megerősített szerkezeti kivitel; ~ **tube** *el* lökés- és rázásbiztos elektroncső
ruggedness *gép* rázkódásmentesség, teherbírás
rugose *ép* egyenetlen, durva; *tex* ráncos, redős
rugosity *ép* durvaság, egyenetlenség; *tex* ráncosság, redősség; ~ **factor** *any* érdességi tényező
Ruhmkorff ('s induction) coil *el* Ruhmkorff-tekercs, szikrainduktor
rule I. *v aut* szabályoz, vezet; *nyom* megvonalaz; **II.** *n* szabály; előírás; *mat* mérőrúd, (mérő)vonalzó; szabály; *nyom* kétpontos térző; kötőjel, gondolatjel; léc, vonal, lénia; ~ **application** *mat* szabályalkalmazás; ~**-based methods** *szt* szabályalapú módszerek; ~ **border** *nyom* vonalas keretdísz; ~ **clamp** *gép* mérőpofás hosszú tolómérce; szorítóléc, szorítóvonalzó; ~ **of Descartes** → ~ of signs; ~ **of false position** *mat* regula falsi, húrmódszer; ~ **of omitting an implication** *mat* műveleti/számolási szabály; ~ **of proportion** *mat* hármasszabály *(aránypárok megoldási szabálya)*; ~ **of signs** *mat* (Descartes-féle) előjelszabály *(egyenlet gyökeire)*; ~ **of substitution** *mat* helyettesítés elve/képlete/szabálya, helyettesítési szabály; ~ **of the road** *közl* közlekedési szabály; ~ **of three** → ~ of proportion; ~ **of thumb** *ép* (durva) ökölszabály; ~**-of-thumb method** *mat* gyakorlati/tapasztalati módszer; ~ **of trial and error** → ~ of false position; ~ **out** *v mat* kizár; ~ **paper** *nyom* vonalazott papír; ~**s of punctuation** *mat* zárójelezési/interpunkciós szabályok, a zárójelezés szabályai; ~**s of the air** *rep* repülési szabályok; ~**s of the road** a közúti közlekedés szabályai, KRESZ
ruled *nyom* (meg)vonalazott; vonalas; ~ **line** *nyom* előnyomott vonal; ~**-paper** *pa* rajzpapír; ~ **surface** *mat* vonalazott felület
ruler *mat* vonalzó, matematikai (egyélű) vonalzó; *tex* bársonyhasító tű
ruling *aut* szabályozás; *nyom* (meg)vonalazás; ~ **engine** *opt* optikai rácskészítő gép; ~ **grade** *vasút* mértékadó emelkedő; ~ **gradient** *bány* uralkodó dőlés; *ép* meredek emelkedő/lejtő; ~ **grating** *opt* rácsvonalzás; ~ **point** *geod* kimagasló tereppont; ~ **up-gradient** *vasút* mértékadó emelkedő
rumble I. *v hang* zúg, zörög, morajlik; **II.** *n hang* dübörzaj, vibráció; *önt* tisztítódob; ~ **seat** *gépk* rugózatlan ülés, hátsó ülés
rumpfite *ásv* rumpfit
rumpled structure *geol* redős szerkezet
run I. *v* fut, rohan; *élip, koh* (ki)olvaszt; kiolvad; *ép, geol* fekszik, vonul, húzódik; *gép* fut, forog, jár, működik; járat, üzemeltet, működtet; üzemel; *gépk, közl* forgalomban/üzemben van; vezet; hajt, üzemben tart; *hidr* elfolyik, lefolyik; folyat, kiereszt; *ip* ve-

zet, irányít *(intézményt, szállodát stb.)*; *kh* lefut, leszalad *(szem)*; *nyom* (szét)folyik, szétfut *(tinta)*; levonatot/nyomatot készít; *ruh* beszeg, végigvarr; *tex* áthengerel; *vegy* (le)párol; elolvad, megolvad *(jég)*; **II.** *a élip* olvasztott; *koh* folyasztott; **III.** *n* (megtett) út, (sí)pálya; futás, rohanás; *bány* omlás, csúszás; vonulat/telér iránya; *élip* malomhengerjárat *(pályája)*; *em* szalagág *(szállítószalagon)*; *forg* eltérés, ütés; *geod* ívhossz, elforgatás mértéke *(műszeré másodpercben)*; *geol* mellékhasadási irány, haladás, vonulat; *gép* futtatás, járatás; megindítás; működés, üzem; működési/futási/járási idő; *hidr* beömlőnyílás; folyás, áramlás; folyó pályája; folyóka, csatorna, patak; *ip* munkafolyamat, munkamenet, munkaciklus; tétel, sorozat, széria *(gyártási)*; *kh* szemszaladás, szemlefutás; *koh* adag; kemencejárat, nagyolvasztójárat; levezetés *(adagé)*; *közl* járat, vonal; *nyom* példányszám; *ol* beépítés; fektetés; *szt* (program)futás; (program)futtatás; *tex* szálirány; *vegy* eresztés; lé; párlat; ~ **a charge** *v koh* olvasztást levezet, egy adagot megolvaszt; ~ **aground** *v hajó* megfeneklik; ~ **a machine** *v gép* gépet járat; ~ **a melt** *v* → ~ a charge; ~**-around** *bány* megkerülővágat; ~ **ashore** *v hajó* partra fut; ~ **at full throttle** *v gépk* teljes gázzal jár/működik; ~ **a train** *v vasút* vonatot vezet; ~ **a vehicle** *v gépk* járművet üzemben tart; ~**-back preventer** *vasút* biztonsági ellenállásfék-kapcsolás; ~ **board** *vasút* járdalemez *(mozdony oldalán)*; ~ **book** *szt* működési leírás; ~ **chart/curve/diagram** *vasút* menetdiagram; ~ **down** *v el* kimerül, lemerül *(telep)*; *finm* leáll, lejár, megáll *(óra)*; *kh* leszalad, lefut *(szem)*; *tex* lecsévélődik; ~**-down** *el* lemerült, kimerült; *távk* teljes letapogatási ciklus; *vegy* átdesztillálás; ~**-down battery** *el* kisütött/lemerült telep; ~**-down tank** *ol, vegy* párlatgyűjtő, szedőedény; ~ **dry** *v gép* kenés nélkül jár; ~ **empty** *v gép* üresen jár; ~ **faultlessly** *v gép* kifogástalanul jár/működik; ~ **free** *v gép* üresen/terheletlenül jár; ~ **heavily** *v gép* egyenlőtlenül jár; ~ **hot** *v el* kipirosodik *(anód)*, túlhevül; *gép* hőnfut, melegen fut; ~ **idle/idling** *v gép* üresen/terheletlenül jár; ~ **in** *v gép* becsavar *(csavart)*; bedug, behelyez; bemelegít; megforgat; *gépk* bejárat; *hajó* behúz, bevon; *közl* behajt; *mt* bevon *(réteggel)*; *tex* bedolgoz; ~**-in** *gép* bemelegítés; *gépk* bejáratás; *nyom* betoldás; *tex* bedolgozás; ~ **in a rope** *v hajó* kötelet behúz; ~**-in of the drill pipe** *ol* fúrócső-beépítés; ~ **in with cement** *v ép* cementtel kihézagol; ~ **in with lead** *v mt* ólmoz, ólommal bevon; ~**(-)laddering** *kh* szem(futás)biztos; ~ **low** *v hidr, ép* elfogy, kifogy, kiapad; ~ **non-stop** *v gép* megállás nélkül megy; ~ **of a thousand** *nyom* ezres példányszám; ~ **of blast(-)furnace** *koh* nagyolvasztójárat; ~ **off** *v hidr* kifolyat, lefolyat, kiereszt, lebocsát *(folyadékot)*; kifolyik, lefolyik, elszivárog; *koh* megcsapol; *nyom* kinyom; *tex* lecsévél, legombolyít; ~**-off** *geod* lejtő; *hidr* lefolyás, vízhozam; vízlevezető, vízleeresztő; *koh* csapolás; *vasút* vágányszintkifutás; ~**-off cock** *hidr* leeresztőcsap; ~**-off coefficient** *hidr* lefolyási tényező/arány; ~**-off per day** *hidr* napi lefolyás, napi vízhozam; ~**-off (runway)** *rep* oldalirányú lefutás (futópályáról); ~**-off tap** *hidr* leeresztőcsap; ~**-off temperature** *koh* csapolási hőmérséklet; ~ **of furnace** *koh* kemencejárat; ~**-off water** *talt* talaj felszínén elfolyó víz; ~ **of hill** *geol* hegyomlás, kőomladék, kőfolyás, kőgörgeteg; ~**-of-mine coal** *bány* aknaszén; ~**-of-mine ore** *bány* nyersérc; ~ **of pipe** *gép* csőhálózat; ~ **of piping** *ép, gép* csővezeték vonulása/vezetése; ~**-of-pit ore** *bány* külfejtésből kapott nyersérc; ~**-of-river plant** *hidr* tározás nélküli folyami erőmű; ~ **of shift** *ip* műszak tartama; ~ **of the micrometer** *metr* mikrométer holtmenete; ~ **on** *v gép* megy, működik; *hidr* túlfolyik, kifolyik; *nyom* bekezdés nélkül folytat; ~**-on chapter** *nyom* megkezdett oldalon kezdődő *v.* folytatólagos fejezet; ~ **on full load** *v gép* teljes terheléssel megy; ~**-on point** *gép* sodrony ráfutási pontja *(tárcsára, dobra)*; ~ **out** *v* letelik *(idő)*; kifogy, elfogy *(készlet)*; *el* kimerül *(elem)*; *hidr* kifolyik, kicsordul, túlfolyik; ~**-out** *film* kifutó *(másolattekercsé)*; *hidr* kifutás, kifolyás; *ip* kifogyás; *önt* elfolyás *(öntvényhibából)*; ~**-out bearing** *gép* kopott/elhasználódott csapágy; ~**-out light** *rep* felszállási helyet megjelölő fény; ~ **out of altitude** *v rep* magasságot veszít *(repülés közben)*; ~ **out of truth** *v gép* beállításból kiesik; ~**-out roller(-)table** *heng* kifutó görgőasztal/görgősor; ~**-out table** *heng* szállítógörgő; ~**-out well** *hidr* leszálló forrás; ~ **over** *v hidr* kiárad, kiönt; *közl* elgázol; ~**-over** *heng* köteghengerlés; ~ **past the signal** *v vasút* tilos jelzésen túlhalad; ~**-proof** *kh* szembiztos, lefutásbiztos; ~ **short** *v ip* elfogy, kifogy; ~ **state** *szt* futásállapot; ~ **switch** *vasút* menetkapcsoló; ~ **tank** *vegy* párlatgyűjtő tartály, szedőtartály; ~ **the level** *v bány, ép* szintezővel dolgozik, szintez; ~ **the roof/top** *v bány* főtét omlaszt; ~ **through** *v alak* keresztülszúr; *nyom* átfut; ~ **time** *szt* futási idő; ~**-time measuring** *szt* (át)futásiidő-mérés; ~**-time system** *szt* futási környezet; ~**-time variable** *szt* futási idejű változó; ~ **true** *v gép* ütés nélkül forog/jár; ~ **untrue** *v gép* üt, ütéssel/ütve jár; ~ **up** *v ép* felhúz, felépít; *gép* felfut; felfuttat; *hidr* feldagad; felduzzaszt; ~**-up** *gépk* felfuttatás, felpörgetés, motorbejáratás; *rep* hajtóműpróba; ~ **up to full speed** *v* felfut teljes sebességre

runabout *gépk* kétüléses nyitott sportkocsi; *hajó* könnyű motorcsónak

runaway I. *a at, gépk, hidr, hőt* megszaladt, elszabadult; **II.** *n at* megfutás, megszaladás *(reaktoré)*; *gépk, hidr, hőt* elszabadulás, megfutás; *rep* kormányzás elvesztése; túlpörgés; ~ **arrester/catch** *bány* kisiklató csillefogó *(előrefutó csillékhez)*; ~ **electron** *el* folytonosan növekvő energiájú elektron; ~ **governor** *gép* biztonsági vészkapcsoló *(megfutásgátló)*; ~ **points** *pl vasút* kijárati váltó; ~ **reaction** *at* nem szabályozható reakció; ~ **speed** *gépk* megfutási/megszaladási fordulatszám/sebesség; ~ **switch** *bány* kisiklatóváltó

rundle hágcsófok, létrafok; *em* spilldob; *ép* lépcsőfok; *gép* tengelyes kerék

rung → rundle

Runge-Kutta method *szt* Runge—Kutta-módszer

runlet *hidr* forráspatak

runnel *ép* lefolyó, vízlevezető; *hidr* patak, vízér, csermely

runner *bány* futógerenda; vezetőcsúszka, vezetősaru *(kason)*; *el* forgórész, rotor; *élip* forgókő, futókő, járókő; *em* mozgócsiga; *ép* futókő *(kőfalban)*; *finm* eszterganyeregszeg *(órásesztergán)*; *gép* futókerék, futógörgő, futópálya, vezetősaru, csúszósaru, tolóka, csúszó(ka); vezetőpersely, vezetősín; *hajó* gurulóülés sínje *(csónakban)*; *hidr* lapátkerék; turbinaforgórész; *kh* leszaladó szem; *koh* csapolócsatorna, csapolócső, elosztócsatorna; *önt* beömlőcsatorna; *tex* átfűzött (szegély)fonal; ~ **blade** *hidr* járólapát; ~ **clearance** *hidr* járókerékrés; ~ **core** *önt* beömlőtölcsér magja; ~ **disc/disk** *hidr* járókeréktárcsa; ~ **for carrying beams** *tex* lánchengerszállító kocsi; ~ **gate** *önt* függőleges beömlőcsatorna; ~ **hub** *hidr* járókerékagy *(Kaplan-turbináé)*; ~ **pipe** → ~ gate; ~ **planter** *mzg* csúszócsoroszlyás ültetőgép; ~**s** *pl nyom* verssorszámozás, szövegsorszámozás; ~ **sand** *önt* beöntőcsatorna-homok; ~ **stone** *élip* forgókő, járókő, futókő, felső kő; ~ **throat** *hidr* járókerék legszűkebb része; ~**-type furrow opener** *mzg* csúszó barázdanyitó; ~ **vane** *hidr* járólapát; ~ **wing** *mzg* szárnyas csúszó barázdanyitó *(ültetőgépen)*

running *élip, koh* (ki)olvasztás; kiolvadás; *geol* fekvés, vonulás; omlás; *gép* járás, üzemelés, működés, futás; járatás, működtetés, beindítás; *hidr* (el)folyás, kifolyás; *kh* szemleszakadás, szemfutás; *nyom* levonatkészítés; szétfutás *(tintáé)*; *ol* beépítés, leeresztés *(béléscsőé)*; *ruh* beszegés, végigvarrás; *szt* futó/aktív állapot; *tex* áthengerlés; *vegy* lepárlás; olvadás; ~ **ability** *gép* üzemképesség; ~ **and feeding system** *önt* beömlőrendszer; ~ **block** *em* futócsiga; ~**(-)board** *ép* járópalló *(háztetőn)*; *gépk* felhágó *(autón, mozdonyon)*; ~ **bridge** *bány* aknapadozat; *em* daruhíd; ~ **centre/center** *gép* forgócsúcs; ~ **channel** *hidr* beömlőcsatorna; ~ **characteristic** → operating characteristic; ~ **charge** *ip* üzemköltség; ~ **coal** *bány* aknaszén; ~ **contact** *vasút* áramszedő; ~ **coordinate** *mat* futókoordináta, változó koordináta; ~ **cost(s)** *ip* üzemi/üzemeltetési/változó költség(ek); ~ **current** *el* működési/üzemi áram; ~ **digital sum** *szt* futó digitális összeg; ~ **direction** *gép* forgási/futási irány; ~**-down** *el* kimerülés; *finm* lejárás, lefutás *(óráé)*; *kh* lefutás, leszaladás; *tex* lefejtődés; ~**-down plant** *vasút* gurítóberendezés; ~ **efficiency** üzemi hatásfok; ~ **end** *em* szabad kötélvég; ~ **engine** *gépk* járó motor; ~ **expense** *ip* üzemben tartási költség, üzemelési költség; ~ **fix** *rep* folyó géphelyzetmérés; ~ **foot** *metr* folyóláb *(30,479 cm)*; ~ **gear** *finm* járat, járószerkezet; *gépk* futómű, futószerkezet; *hajó* mozgó kötélzet; ~ **grain** *bőr* folyós barka; ~ **ground** *talt* folyós homok; gyenge kőzet; úszó kőzet; ~ **hours** *pl gép* motorüzemóra; ~**(-)in** beépítés; *gépk* bejáratás; *mat* befuttatás; *tex* felcsévélés *(szelfaktoron, a kocsi befelé halad)*; ~**-in period** *gépk* bejáratási idő; ~ **instructions** *ip* üzemelési szabályzat; ~ **landing** *rep* gurulásos leszállás; ~ **lift** *em* üzemi szállítómagasság; ~ **light** *vasút* zárjelzés; ~ **loop** *kh* futó/leesett szem; ~ **loss** *gép* üzemi veszteség; ~ **maintenance** folyamatos karbantartás; ~ **mo(u)ld** *ép* párkányminta; ~ **notch** *vasút* menetállás *(kontrolleré)*; ~ **of a locomotive** *vasút* mozdonyfutás; ~ **of a program** *szt* programfutás; programfuttatás; ~ **of ballast** *hajó* ballasztmenet; ~ **of cable** *el* kábelfektetés; ~**-off** *hidr* leeresztés; *nyom* kinyomtatás; *tex* lecsévélés; ~**-off frame** *tex* lehengerlőállvány; ~**-off reel** *tex* lefejtőmotolla; ~ **of trunks** *távb* trönkvezetés; ~ **on schedule** *közl* menetrend szerint közlekedő, menetrendszerű; ~ **order** *gép* üzemképesség, üzemkész állapot; ~ **packing** *gép* mozgó tömítés; ~ **position** *el* működési/üzemi helyzet; ~ **program** *szt* futó program, kipróbált/működő program; ~ **pulley** *em* futócsiga; ~ **rail** *vasút* futósín *(fogaskerekű vasúton)*; ~ **rigging** *hajó* futókötélzet, mozgókötélzet; ~ **sand** *talt* folyós homok; futóhomok; ~ **shoe** *gép* mozgósaru; ~ **speed** *gépk, vasút* menetsebesség; ~ **sprue** *önt* öntőtölcsér; ~ **stopper** *gép* tömítetlen dugó; ~ **surface** *hajó* hullámfogó felület; ~ **takeoff** *rep* nekifutásos felszállás; ~ **temperature** *gép* üzemi hőmérséklet; ~ **test** *gép* bejáratási próba; ~ **time** *ip* munkamenet ideje, üzemidő; *szt* futásidő; *vasút* menetidő; ~ **tool** *ol* beépítőszerszám; ~ **torque** *gép* (üzemi) forgatónyomaték; ~ **to schedule** → ~ on schedule; ~ **track** *vasút* üzemi vágány *(forgalmi vonatkozásban)*; ~ **trap** *ép* U alakú bűzelzáró; ~ **tread** *vasút* futókör *(járműkeréké)*; ~**-up** *gépk* felfutás; felfuttatás, felpörgetés; ~**-wave electron tube** *távk* haladóhullámú elektroncső; ~ **wheel** *gép* futókerék

runoff → run-off

runout → run-out

runway *bány* járóvágat, járóutca *(fronton)*; *ép* kishíd; palló; *geol* folyamágy, meder; *rep* (ki)futópálya, felszállópálya, leszállópálya; *vasút* függővasút; ~ **alignment beacon** *rep* futópályára rávezető fényjelző; ~ **basic length** *rep* futópálya alaphossz; ~ **centre-line indicator** *rep* futópálya-középvonaljelzés; ~**-contact light** *rep* süllyesztett futópálya-világítás; ~ **control** *rep* fel- és leszállás irányítása; ~ **controller** *rep* fel- és leszállító légiforgalmi irányító tiszt; ~ **crabs** *em* mozgódarucsörlők; ~ **edge lights** *rep* futópálya szegélyfényei; ~ **light** *rep* futópályafény; ~ **localizer** *rep* leszállópálya-jelző adó, iránysávadó; ~**(-)localizing beacon** *távk* iránysávadó; ~ **overrun barrier** *rep* futópálya kényszerfékező készüléke; ~ **strip** *rep* fel- és leszállósáv; ~ **surface lights** *pl rep* leszállópálya felületvilágító fényrendszere; ~ **threshold** *rep* futópályaküszöb; ~ **visual markers** *rep* jelzőfészek *(kifutópályán)*; ~ **visual range (RVR)** *rep* futópálya menti látástávolság

Rupelian stage *geol* rupéli emelet

Rupert's bulb/drop *ker* bolognai üvegcsepp

rupture I. *v alak* (fel)szakít, széttép, (át)tör, (meg)repeszt; felszakad, széttépődik, (meg)reped; *el* megszakít; **II.** *n alak* (fel)szakadás, széttépődés, (meg)repedés; (fel)szakítás, megrepesztés, széttépés; *any* törés; *el* megszakítás; ~ **condition** *any, mech* törési feltétel; ~ **disc/disk** *alak, gép* hasadómembrán, hasadólemez; törőlemez, szakadótárcsa; ~**-disc/-disk valve** *gép* biztonsági szelep *(törőtárcsás)*; ~ **in characteristic (curve)** *el* jelleggörbe könyökpontja; ~ **length** *pa* szakadási hossz; ~ **line** *any, geol* szakadólap, törésvonal; ~ **load** *any, mech* törőteher; ~ **plane** *geol* szakadólap; ~ **strength** *any* szakítószilárdság, törőszilárdság *(tartályé)*; ~ **stress** *any, mech* törőfeszültség; ~ **test** *any* törőpróba, törővizsgálat; ~ **theory** *geol* törési elmélet

ruptured *alak* felszakadt, megrepedt; felszakított, széttépett, megrepesztett; *el* megszakított; ~ **zone** *bány* kőzetmegbontási öv; *geol* töréses zóna

rupturing | **capacity** *el* megszakítóképesség; ~ **current** *el* megszakítási (határ)áram

rural | **automatic exchange (RAX)** *távb* helyközi faluközpont, falurendszerű önműködő távbeszélőközpont; ~ **exchange** *távb* falu-telefonközpont; ~ **motorway** *ép* nyílt autópálya; ~ **party line** *távb* helyközi falusi társas telefonvonal; ~ **road (RR)** *ép* mezei út;

~ **sewerage** *ép* községi csatornázás; ~ **telephone network** *távb* helyközi falu-telefonhálózat; ~ **waterworks** *hidr* törpe vízmű
rush *bány* omlás *(pillérrablás után)*; ~ **gold** *mt* aranybevonat, futtatott arany; ~ **hours** *közl* csúcsforgalmi idő/órák, csúcsforgalom; ~ **of current** *hidr* folyadékáramlási lökés; ~ **print** *film* gyorsmásolat *(próba- és munkamásolat között)*; ~ **rope** *tex* gyékényből font kötél
Russell angles *opt* Russel-szögek
Russian | **glue** *vegy* fehérenyv; ~ **iron** *koh* pengeacél; ~ **leather** *bőr* bagariabőr, juft; ~ **musk** *bőr* orosz pézsmaprém; ~ **oil** *vegy* oroszolaj, bagariaolaj
rust I. *v vegy* megrozsdásít, rozsdássá tesz; megrozsdásodik, berozsdásodik; **II.** *n gumi* penészedés; *vegy* rozsda; ~**-brown** rozsdaszínű, rozsdabarna; ~**(-)forming** *vegy* rozsdaképző; ~ **grease** *gép* rozsdavédő massza/zsír; ~ **inhibitor** *vegy* rozsdásodást gátló adalékanyag; ~ **joint** *gép* csőkötés tömítése mesterséges oxidálással; ~ **mordant** *vegy* vaspác; ~ **preventer** *vegy* rozsdavédő *(szer)*; ~**-preventing** *vegy* rozsdagátló; ~**-preventing agent** *vegy* rozsdagátló/rozsdavédő szer; ~**-preventing paint** *vegy* rozsdagátló festék; ~ **prevention** *vegy* rozsdamegelőzés, rozsdavédelem; ~**-proof** *koh* rozsdaálló, rozsdagátló; rozsdamentes; ~**-proofing** *vegy* rozsdaállósítás; ~**-proofing grease** rozsdagátló/korróziógátló zsír; ~ **protection** rozsda elleni védelem, rozsdavédelem; ~ **protective** *vegy* rozsdaellenes védőszer, rozsdavédő/rozsdagátló szer; ~ **removal** rozsdátlanítás, oxidmentesítés; ~ **removal by flame** lángsugaras oxidmentesítés; ~ **remover** rozsdaoldó szer, rozsdátlanítószer; ~**(-)resisting steel** *koh* rozsdaálló acél; ~ **scale** *vegy* rozsdaréteg, leveles rozsda; ~ **spot/staining** *vegy* rozsdafolt
rusted *vegy* rozsdás; ~**-on** *vegy* rározsdásodott
rustic | **masonry** *ép* nyerskőfalazás, rusztika; ~ **quoin** *ép* rusztika, keretes nagyolt kő
rusticate *ép* rusztikáz, rovátkol
rustiness *vegy* rozsdásság
rusting *vegy* rozsdásodás
rustless *koh* nem rozsdás(odó), rozsdaálló, rozsdamentes; ~ **steel** *koh* rozsdamentes acél
rusty *vegy* rozsdás, berozsdásodott
rut I. *v gépk* keréknyomot hagy; **II.** *n gép* bevágódás; *gépk* kerékvágás, keréknyom; ~ **stress** *gépk* keréknyom-súrlódási igénybevétel
ruthenian *ásv* ruténiumtartalmú
ruthenic *vegy* ruténium(IV)-
ruthenious *vegy* ruténium(III)-
ruthenium (Ru) *vegy* ruténium; ~ **dichloride** *vegy* ruténium(II)-klorid; ~ **dioxide** *vegy* ruténium(IV)-oxid, ruténium-oxid; ~ **tetrachloride** *vegy* ruténium(IV)-klorid; ~ **tetroxide** *vegy* ruténium(VIII)-oxid, ruténium-tetroxid; ~ **trichloride** *vegy* ruténium(III)-klorid
rutherford *at* rutherford *(egység)*; **R**~ **scattering** *fiz* Rutherford-szórás
rutherfordine *ásv* rutherfordin
rutherfordium (Rf) → kurchatovium
rutile *ásv* rutil *(titán-dioxid)*
RV → random variable; → re-entry vehicle; → reactor vessel; → rear view; → relief valve; → reversing valve; → variable resistor
rva → reactive volt-ampere
RVR → runway visual range
RWC → read-write channel
RWM → read-write memory
r.w.p. → rainwater pipes
RX → receive
rybat *ép* futókő *(kőfalban)*
Rydberg | **constant (R)** *fiz* Rydberg-féle állandó; ~ **formula** *fiz* Rydberg-formula
rye rozs; ~ **bread** *élip* rozskenyér; ~ **feed** *élip* rozs tisztítási hulladéka; ~ **flour** *élip* rozsliszt; ~ **malt** *élip* rozsmaláta; ~ **straw** *pa* rozsszalma
RZ → return-to-zero

S

S → siemens; → south; → sulphur; **~-acid** *vegy* S-sav, 1-amino-8-hidroxinaftalin-4-szulfonsav; **~-band** *távk* rövidhullám; **~-bend** kettős hajlat; *közl* S kanyar; *szer* hattyúnyakcső; S alakú cső; **~-blade** *ép* merev tolólap; **~-curve** *rep* S forduló; **~-distortion** *tv* S torzítás; **~ effect** *at* S effektus; **~ element** *aut* érzékelő elem, S elem; **~ gun** *el* magnetron; **~ matrix** → sequence matrix; **~-meter** *távk* jelerősség-indikátor; **~-orbit** *at* s-pálya, 0 mellékkvantumszámú elektronpálya; **~ process** *at* S folyamat, lassúneutron-befogás; **~-trap** *ép* S alakú vízelzáró, S-csapda; **~-twist** *tex* S sodrat, balsodrat; **~ wave** → shear wave; **~-wire** *el* C-vezeték; *el, távk* jelzővezeték *(kéziközpontban)*, dugasztest-vezeték; **~ withing** *távb* térosztásos/S kapcsolási mód; **~-wrench** S kulcs

s → second

sa → sectional area; → self-acting; → semiautomatic

SA → salt acid; → shaft alley; → spin axis; → standard atmosphere; → surface-to-air

Saalian/Saalic orogeny *geol* saalei orogén fázis

sabin *hang* szabin *(hangelnyelés egysége)*

sabinite *ép* kétrétegű akusztikus vakolat

sable cobolyszőr *(ecsetben)*

sabulous homokos; homokból való; kavicsos

SAC → semiautomatic coding; → supplemental air carrier

saccharate *vegy* szacharát

saccharic acid *vegy* szacharinsav, cukorsav

saccharides *vegy* cukrok, poliszacharidok

sacchariferous cukortartalmú

saccharification *vegy* cukrosítás

saccharify *vegy* cukrosít

saccharimeter *vegy* szachariméter

saccharimetric(al) *vegy* szachariméteres

saccharimetry *vegy* szacharimetria, cukortartalommérés

saccharin *gyógyv* szacharin

saccharine *vegy* cukorszerű; cukortartalmú

saccharinity *vegy* cukrosság, cukortartalom

saccharization *vegy* cukrosítás

saccharize *vegy* cukrosít

saccharogenic *vegy* cukorképző, szacharogén

saccharoid(al) *geol* cukorszerű *(szemcsés szerkezet)*

saccharometer → saccharimeter

saccharose *vegy* szacharóz, nádcukor, répacukor

sacellum *ép* kis kápolna *(templomban)*

sack I. *v* zsákol, zsákba rak; **II.** *n* zsák; zacskó; **~ beater** *mzg* zsákporoló gép *(malomban)*; **~ borer** *bány* zsákos fúró; **~ chute** *ép* zsákcsúszda; **~ conveyor/conveyer** *élip* zsákszállító, zsákos szállítómű; **~ drill** *tex* zsákcsinvat, zsákzsávoly; **~ elevator** *US* → **~** lift; **~-filling screw** zsáktöltő csiga; **~ lift** *ép* zsákfelvonó; **~-lifter** *mzg* zsákemelő *(szerkezet)*; **~ packer** *élip* zsáktöltő/zsákoló gép; **~-paper** zsákpapír; **~ scale** *élip* zsákmérleg; **~ sealer** zsáklezáró; **~ stacker** *em* zsákrakodó; **~-stitching machine** *élip* zsákbevarró gép; **~ tie** zsákbekötő zsinór; **~ truck** zsáktalicska, zsáktaliga

sackcloth *tex* zsákvászon

sacked cement *ép* zsákolt cement

sackful zsáknyi (mennyiség)

sacking zsákolás, zsákba rakás; *tex* zsákvászon, zsákanyag; **~ needle** zsákvarrótű; **~-stuff** zsákszövet

sacrificial | anode *hajó* mesterséges anód *(katódos védelem, magnézium)*; **~ protection** katódos védelem

sad *pa* tompa *(szín)*

sadden *nyom* írisznyomással nyom; sötétít, elmélyít *(árnyékolást, színt)*

saddening sötétítés *(színezeté)*; elmélyítés *(árnyékolásé)*; *nyom* nyomás írisznyomással; **~ agent** *fa* színmélyítő; **~ dye** *tex* sötétítő színezék

saddle nyereg; *aut* nyeregfelület; *bány* kötélsaru; *élip* gerinc; *ép* nyeregfedél, nyeregfa; saru *(hídon)*; *forg* (csúszó)szán; hossz-szán; szán, ágyszán, szupport; *geol* boltozat, antiklinális; hágó; *gép* hengerpár-áthidaló darab; homorú félhengeres támfelület; nyereg alakú alátét; nyeregdarab; orsószán, ágyszán; *hidr* átemelő idom; csőnyereg *(szivattyúé)*; támasztózsámoly *(vízerőmű nyomócsöve alatt)*; *hőt* henger alakú ágyazat *(kazáné)*; *kat* csőbilincstest; *nyom* könyvgerinc; *vasút* sínfészek; **~ axis** *geol* nyeregtengely; **~-back** homorodás, horpadás; *bány* omlásboltozat; *ép* nyeregtető; **~-backing** nyeregszerű domborodás; *geol* benyergelődés; **~-bag** nyeregtáska; *tex* plüssszerű anyag; **~ bend** *talt* nyereghajlat; **~ body** *ép* sarutest *(hídon)*; **~ bottom** *geol* nyeregfenék; **~-bottom car** *bány* nyeregfenekű csille; **~-bottomed** *bány, vasút* nyergesfenekű, nyergesfenekes; **~-bow** *ép* nyeregfej, nyeregfa; **~ bracket** *ép* nyeregtartó támasz; **~ clamp** *gépk* szelepfészek szorító (gyűrű); **~ clamping** *forg* késszánrögzítés; **~ clip** *forg* csőnyereg; *szer* csőtartó horog; **~ coil** *el* eltérítőtekercs; nyeregtekercs; **~ control** *forg* szupportvezérlés; **~ cushion** nyeregpárna; **~ feed** *forg* csúszószán-előtolás; **~ felt** nyeregizzasztó; **~ flange** *szer* hornyos karima *(hengeres cső illesztéséhez)*; **~ frame** *bőr* nyeregváz; **~ gear** *gép* szupportmechanizmus; **~-girth** *bőr* nyereghevedér; **~ jack** *bány* kengyeles csavartám; **~-joint** *ép* korcos illeszték; **~ key** *gép* nyerges ék; **~ leather** nyerges- és szíjgyártóbőr; **~ load** *ép* kábelnyomás *(kábelpillérre ható)*; **~ mark** *bőr* nyeregnyom, nyeregtörés; **~ of a boom** *em* gémágyazás; **~ packing** *ol* nyeregtöltet; **~ pad** *bőr* nyeregpárna; **~ pillar** nyeregtámasz *(motorkerékpáron)*; **~ point** *at* nyeregpont; *mat* hiperbolikus pont, nyeregpont, hágó; **~-point deformation** *at* nyeregponti deformáció; **~-point energy** *at* nyeregponti energia; **~ reef** *geol* antiklinális gerincén fekvő telér; antiklinális település; nyereg alakú ér; **~ roof** *ép* nyeregtető; **~ room** nyeregkamra; **~-shaped** nyereg formájú/alakú; *geol* antiklinális formájú; **~ spillway** *ép* hegynyeregben vezetett árapasztó csatorna; **~ stitching** *nyom* átszúrás *(hajtásban, dróttal)*, könyvfűzés; **~ stone** *ép* csúcskő; **~ surface** *mat* nyeregfelület; **~ tank** ülés alatti tüzelőanyag-tartály; **~-tile** *ép* horonyzsindely; **~ tractor** *gépk* nyerges vontató; **~-tree** *ép* nyeregfa; **~-type turret lathe** *mt* közvetlenül állványvezetéken mozgó revolverfejszánú eszterga; **~ wag(g)on** *bány* Talbot-kocsi; **~-wing** *geol* nyeregszárny

saddleback → saddle-back

saddler nyeregkészítő, nyerges; szíjgyártó
safe I. *a* biztos, biztonságos; üzembiztos; biztonsági, óvó; megengedett; veszélytelen; **II.** *n* páncélszekrény, széf; ételszekrény; ~ **allowable load** megengedett terhelés; ~ **area** *tv* hatótávolság *(adóé)*; ~ **depth** *bány* veszélytelen mélység; ~**-edge file** vágatlan élű reszelő; ~ **geometry** *at* biztonságos geometria; ~ **illumination** *opt* biztonsági világítás; ~ **landing** *rep* biztonságos leszállás; ~ **life** biztonságos élettartam; ~ **light** *foto* sötétkamralámpa; *opt* biztonsági világítás; ~**-light filter/screen** *foto* sötétkamrai fényszűrő, sötétkamraszűrő; ~ **limit** biztonsági határ; ~ **load(ing)** biztonságos/megengedett terhelés; ~ **mass** *at* biztonságos tömeg; ~ **operating area** *el* igénybe vehető munkaterület; üzembiztos működési terület; ~ **shutdown earthquake** *at* biztonságos leállási földrengés; ~ **storage life** *élip* biztonságos tárolás határideje; ~ **stress** biztonságos/megengedett feszültség; *any* megengedhető igénybevétel; ~ **takeoff distance** *rep* biztonságos felszállási úthossz; ~ **to operate** üzembiztos; ~ **use life** biztonságos használatmód határideje; ~ **value** biztonságos érték; ~ **voltage** *el* kisfeszültség; ~ **working stress** megengedett igénybevétel; ~ **yield** *hidr* állandóan biztosítható vízhozam/vízszolgáltatás
safeguard I. *v* véd, biztosít; *ép* bekerít; **II.** *n* biztonsági berendezés, óvóberendezés, biztosíték; *vasút* vezetősín, terelősín; ~**s inspection** *at* biztonsági ellenőrzés; ~**s system** *at* biztonsági rendszer
safelight → safe light
safeness biztonság; biztosság, szilárdság
safety biztonság; biztonsági berendezés; ~ **against buckling** *mech* kihajlás elleni biztonság; ~ **against rupture** töréssel szembeni biztonság; ~ **against uplift** felúszással szembeni biztonság; ~ **allowance** *mech* biztonsági többlet; ~ **analysis** *at* biztonsági analízis; ~**-analysis report** *at* biztonsági jelentés; ~ **apparatus/appliance/assembly** biztonsági berendezés; védőberendezés; ~ **arch** *ép* tehermentesítő ív/boltöv/boltív, kiváltó boltív; ~ **asphalt melting tank** *ép* biztonsági bitumenfőző; ~ **belt** *gépk, rep* biztonsági öv; *hajó* mentőöv; ~ **bitumen heater/boiler** *ép* biztonsági bitumenfőző; ~ **block stop system** *ol* csigasortúlhúzás-gátló; ~**-blowing pipe** *ép* biztonsági lefúvatóvezeték; ~ **bolt** *ép* biztonsági tolózár; biztosító csavar/csapszeg; ~ **boss** *bány* bányabiztonsági felvigyázó; ~ **brake** gyorsfék; vészfék; biztonsági fék; ~ **brake trolley** *bány* biztonsági fékmacska; ~ **breaker plate** *ép* biztonsági törőlap; ~**-buoy** *hajó* mentőbója; ~**-car** *bány* fékes csille; ~ **casing string** *ol* biztonsági béléscsőoszlop; ~**-catch** biztonsági zár; *bány* kasfogó; *el* olvadóbiztosító; *ép* fogókészülék; *gépk* biztonsági retesz *(ajtón)*; *kat* biztosítóretesz; ~**-chain** *ép* biztonsági lánc; ~ **circlip** biztosítógyűrű; ~ **circuit** *el* biztonsági (áram)kör; ~ **clamp** *ol* bilincs; ~ **clearance zone** *rep* biztonságos/akadálymentes berepülési zóna/oldalsáv; ~ **clothing** *tex* védőruha; ~ **clutch** *gépk* biztonsági tengelykapcsoló; ~ **code** biztonsági előírások/szabályok; ~ **coefficient** biztonsági/megbízhatósági tényező; ~ **communications** *rep* biztonsági levelezés/közleményváltás; ~ **control** *at* biztonsági szabályozás; ~ **coupling** *vasút* biztonsági kapcsolat; ~ **curtain** *ép* vasfüggöny *(színházban)*; ~ **cut-out** *el* biztosítóautomata; túláramvédelmi automata; ~**-cylinder lock** *ép* biztonsági zár; ~ **device** biztonsági készülék/berendezés; védőberendezés; biztosítószerkezet; ~ **device against overpressure** *ép* túlnyomás elleni biztosítószerkezet; ~ **device for boiler** kazánbiztosítás; ~ **dog** *bány* csillefogó; kasfogó pofa; *gép* lökethatároló; ~ **door** *en* robbanóajtó; ~ **engineering** munkavédelem; biztonságtechnika; ~ **equipment** *rep* biztonsági/mentő berendezés/felszerelés; ~ **explosive** *bány* sújtólégbiztos/biztonsági robbanóanyag; ~ **factor** *at, félv* biztonsági szám; *mech* biztonsági/megbízhatósági tényező; ~ **factor for drop out** *el* elengedési biztonsági tényező *(relé)*; ~ **factor for holding** *el* tartási biztonsági tényező *(relé)*; ~ **factor for pick-up** *el* megszólalási/meghúzási/működési biztonsági tényező; ~ **fence** *ép* biztonsági vezetőkorlát; elkerítés; *közl* gyalogjáró-védőkorlát; ~ **film** *film, foto* éghetetlen/biztonsági film; ~ **finger** *óra* biztosítószeg; ~ **friction clutch** *gép* biztonsági dörzskapcsoló; ~ **fuel** *rep* sűrítéstűrő/kopogásmentes tüzelőanyag; ~ **fuse** *el* olvadóbiztosító; ~ **gantry** *vasút* rakminta; ~ **gap** *gépk* biztonsági szikraköz *(gyújtómágnesé)*; *közl* követési távolság; ~ **gear** *ép* fogókészülék; *gép* biztonsági szerkezet; ~ **glass** *ép, gépk* biztonsági/törhetetlen/szilánkmentes üveg; *műa* többrétegű üveg; ~ **goggles** *pl* védőszemüveg; ~ **governor** *gép* biztonsági fordulatszám-szabályozó; ~ **gripping gear** biztonsági befogó szerkezet; ~ **harness** *ép* lezuhanás ellen biztosító öv; *rep* biztonsági öv/heveder; ~ **hazard** *bány* baleseti veszély; ~ **head** *ép* hamis fedél; ~ **helmet** fejvédő sisak, védősisak; *közl* bukósisak; ~**-hole** *bány* búvófülke; ~ **hook** *ép, vasút* biztonsági horog; ~ **injection system** *at* biztonsági befecskendezési rendszer; ~ **inspection** biztonságtechnikai ellenőrzés; ~ **interlock (device)** *aut* biztonsági reteszelő; ~ **island** *közl* járdasziget; ~ **jaw** *szer* biztonsági (lágy) szorítópofa; ~**-key** *ép* biztonsági kulcs; *gép* biztosítóék; ~ **kick-out** *ép* vészkikapcsoló, biztonsági kikapcsoló; ~ **ladder** *ép* tűzlétra; ~ **lamp/lantern** *bány* biztonsági lámpa, Davy-lámpa; ~**-lamp mine** *bány* sújtóléges bánya; ~ **length of advance borehole** *bány* kőzetelőtét; ~ **lever** *el, gép* biztonsági emeltyű/kar; gyorsleállító kar; ~ **lighting** *ép* biztonsági világítás, részvilágítás; ~ **limit** biztonsági határ; ~ **limit switch** *ép* biztonsági végkapcsoló; ~ **lining** *koh* biztonsági bélés; ~ **lintel** *ép* kiváltógerenda; ~**-lock** *ép* biztonsági zár/lakat; *gépk* gyermekbiztonsági zár; *kat* biztosítózár; ~**-lock assembly** *kat* biztosítózár-szerkezet; ~**-lock holder** *kat* biztosítózár-fészek; ~**-locking** *pa* biztosított késelés; ~**-lock plunger** *kat* biztosítózár karja; ~**-lock spring** *kat* biztosítózár-rugó; ~ **margin** *mech* biztonsági többlet; ~ **measures** biztonsági intézkedések/rendszabályok; ~ **mechanism** biztosítóberendezés, védőberendezés, védőszerkezet; ~ **message** *rep* biztonsági közlemény; ~ **mixer tap** *ép* biztonsági keverő csaptelep; ~**-needle** biztosítótű; ~ **net(ting)** *ép* védőháló; ~ **nut** *gép* biztosítóanya, ellenanya; ~ **paper** *pa* biztonsági papír; ~ **pedal** *vasút* biztonsági sínérintő; ~ **pillar (against flooding of the mine)** *bány* vízvédelmi pillér; ~ **pin** biztosítótű; *kat* biztosítás *(puskán)*, biztosítócsap; biztosító csapszeg; ~**-pin spring** *kat* biztosítócsap-rugó; ~ **pipe** *ép* biztonsági vezeték; ~ **platform** *bány* munkapadozat; ~ **plug** biztonsági dugó; *el* olvadóbetét; olvadóbiztosító; ~

plunger *kat* biztosítóhenger; ~ **post** *közl* kerékvető *(cölöp)*; vezetőoszlop; ~ **precautions** biztonsági előírások/rendszabályok/intézkedések; ~ **program** *aut* biztonsági program; ~ **programming/strategy** *aut* korlátozott biztonsági stratégia; ~ **prop** *bány* ideiglenes tám; ~ **rail** *vasút* terelősín; ~ **railing** *ép* védőkorlát; ~ **rate** *rep* biztonsági/megbízhatósági tényező; ~ **regulation** *bány* biztonsági szabályzat; ~ **regulations** biztonsági rendszabályok/előírások; ~ **relay** *el* biztonsági relé; ~ **risk** *bány* baleseti veszély; ~ **rod** *at* biztonsági rúd; ~**-rod bank** *at* biztonsági rúdkazetta; ~ **rules** biztonsági előírások; *rep* repülésbiztonsági szabályok; ~ **screen** *tv* védőüveg; ~ **screw** *gép* biztosító csavar; ~ **separating of circuit** *ép* védőelválasztás; ~ **service** biztonsági szolgálat; *rep* repülésbiztonsági szolgálat; ~ **set screw** biztonsági állítócsavar; ~ **shut-down** *el* vészlezárás, vészlekapcsolás, biztonsági lezárás/lekapcsolás; ~ **slipping device** *gép* biztonsági dörzskapcsoló; ~ **sluice** *hidr* biztonsági zsilip; ~ **small mixer** *ép* biztonsági billenődobos keverőgép; ~ **spark-gap** *el* védő szikraköz; ~ **spectacles** *pl* védőszemüveg; ~ **speed** *rep* biztonságos sebesség; ~ **spring** *gép* biztosítórugó; ~ **stand pipe** *ép* biztonsági állványcső; ~ **stop** *gép* biztonsági ütköző, védőütköző; ~ **strip** *ép* biztonsági sáv; ~ **sump** *bány* tartalékzsomp; ~ **suspension device** biztonsági függesztő készülék; ~ **switch** *el* biztonsági kapcsoló; feszültségmentesítő kapcsoló; *vasút* biztonsági váltó; ~ **tab** *vid* törlésvédő lap, törlésgátló, felvételgátló; ~ **tilt mixer** *ép* biztonsági billenődobos keverőgép; ~ **transformer** *el, ép* biztonsági transzformátor; ~ **tyre/tire** *gépk* csúszásgátló gumiabroncs; ~ **valve (SV)** biztonsági szelep; biztosítószelep; túlnyomásszelep; ~ **vault** *ép* páncélszoba, páncélterem; ~ **vent** biztonsági nyílás; ~**-ventil** → ~ valve; ~ **vertical clearance** *rep* akadályok feletti biztonságos repülési magasság; ~ **wall** *ép* hasadó/robbanó felület; ~**-wing** *kat* biztosítóretesz; ~**-wire** *kat* biztosító drót; ~ **zone** *bány* biztonsági körzet

saffian leather szattyánbőr

safflorite *ásv* szafflorit

saffron *vegy* sáfrányfesték; sáfrányszín

safranine dye *vegy* szafraninszínezék

safrole *vegy* szafrol

sag I. *v* belóg, behajlik; megereszkedik; besüpped *(talaj)*; lelóg; begörbül, legörbül *(középen)*; megvetemedik *(fa)*; *tex* lazít, utánenged; **II.** *n* belógás; behajlás; lehajlás; (le)lógás; megereszkedés; süllyedés; ~ **adjustment** *el* vezetékek belógásának beállítása; ~ **correction** behajlási korrekció; ~ **crossing** *ép* (cső)-bújtatás; ~ **ga(u)ge** *távk* lehajlásmérő; ~ **of roof** *bány* főtebehajlás; ~ **pipe** *hidr* bújtatócső; ~**-ratio** *ép* belógás; fesztávarány; ~ **rod** vonórúd; ~**-shrink** *tex* zsugorodásmentes; ~**-tension chart** *el* belógás-feszítőerő diagram; belógásábra; ~ **tie** függesztő rúd *(tartószerkezet)*

sage *gyógyv* zsálya

SAGE → semiautomatic ground environment

sagenite *ásv* sagenit

saggar → sagger

sagged weld *heg* átfolyt varrat

sagger *ép* porcelánégető tok/kemence, samott-tok; *koh* temperáló láda

sagging I. *a* megereszkedő, megvetemedő (fa); meghajló, megroskadó; **II.** *n* behajlás; megsüppedés, besüppedés *(talajé)*; megereszkedés; be(felé)/le(felé) görbülés; belógás, lelógás; *bány* összenövesztés; *gép* behajlás; *talt* rétegáthajlás; *tex* lazítás, utánengedés; ~ **(bending) moment** *mech* lehajlást okozó *v.* pozitív nyomaték

sagittal *fiz, opt* szagittális; ~ **(focal) plane** *opt* szagittális fókuszsík; ~ **ray** *opt* szagittális/ekvatoriális sugár

SAGMOS → self-aligning gate MOS technology

sago *élip* szágó

SAGW → surface-to-air guided weapon

SAH → semiactive homing

Sahelian stage *geol* szaheli emelet

sahlite *ásv* szalit, malakolit

saibelyite *ásv* szájbélyit

sail I. *v* lebeg, siklik *(levegőben)*; navigál; vezet, irányít *(hajót)*; vitorlázik; hajón utazik/megy; hajózik; *hajó* kifut, elindul; **II.** *n* vitorla; vitorlás, vitorlás hajó; vitorlázás; ~**-loft** vitorlakészítő műhely; ~**-maker** vitorlakészítő; ~**-making** vitorlakészítés; ~**-off channel** *élip* kiömlőcsatorna; ~**-plane** → sailplane

sailboard szörf

sailboat *US* vitorlás (hajó)

sailcloth *tex* vitorlavászon

sailing vitorlázórepülés; siklás *(levegőben)*; vezetés, irányítás *(hajóé)*; lebegés; *hajó* elindulás, kifutás; hajóút; *hajó, rep* hajózás; navigálás; vitorlázás; ~**-boat** vitorlás csónak/hajó, vitorlás; ~ **courses** *pl ép* kiugró téglasor/kősor; ~**-directions** *hajó* navigációs utasítások; ~ **flight** *rep* vitorlázórepülés; ~**-orders** *pl hajó* indulási parancs; ~**-ship,** ~**-vessel** vitorlás hajó; ~ **times** *pl* hajójáratok indulása

sailless vitorla nélküli

sailplane *rep* vitorlázó repülőgép, siklógép

sailplaning vitorlázórepülés

Saint Elmo's fire *fiz, met* Szent Elmo tüze/fénye

Saint-Venant|-Mises material *mech* Saint-Venant—Mises-féle test; ~ **principle** *mech* Saint-Venant-elv

saké *élip* rizsbor, szaké

Sakmarian stage *geol* szakmarai emelet

sal *vegy* só; ~ **ammoniac** ammónium-klorid, szalmiáksó; ~**-ammoniac cell** szalmiákos elem; ~ **of ammonia** szalmiáksó; ~ **soda** kristályszóda; ~ **volatile** *élip* szalalkáli; *vegy* ammónium-karbonát

salable → saleable

salad | dressing *élip* salátaöntet; ~ **oil** *élip* salátaolaj, olívaolaj

salamander piszkavas; pirító serpenyő; *ép* tűzkosár; *koh* kemencetapadvány, fenékmeredvény; *önt* magszárító kemence; ~ **penetration** *koh* tapadvány behatolási mélysége; ~ **run** *koh* magszárító kemencejárat

salamandrine tűzálló

salamstein *ásv* salamkő

saleable eladható, piacképes; kereskedelmi, fogyasztói; ~ **product** kereskedelmi termék

saleite *ásv* szaleit

sales | analysis értékesítési elemzés; ~ **department** eladási osztály; ~ **engineer** mérnök-üzletkötő; értékesítő mérnök; ~ **manager** értékesítési/áruforgalmi vezető; üzletvezető *(áruházban)*

salic *geol* szálikus; ~ **mineral** szálikus ásvány

salicyl | **alcohol** *vegy* szaligenin, szalicil-alkohol; ~ **paper** szalicilpapír; ~ **parchment** szalicilpergamen(t)
salicylage *élip* szalicilos tartósítás
salicylate *vegy* szalicilát
salicylic *vegy* szalicil-; szalicilos; ~ **acid** szalicilsav; ~ **aldehyde** szalicilaldehid; ~**-amide** szalicilsav-amid
salience kidomborodás; *ép* kiugrás, kitüremlés
saliency → salience
salient I. *a ép* kiugró, kiszögellő; **II.** *n* főgerinc elágazása; (telek)nyúlvány; kiugrás, párkány, kiszögellés; *ép* kiugró tag, kiálló rész; *geol* hegyhát, hegynyúlvány; ~ **angle** *mat* konvex szög; ~ **corner** *ép* előreugró sarok; ~ **instrument** *el* aljzatos műszer; ~ **point** *mat* szögpont, sarokpont *(görbéé)*, töréspont; ~ **pole** *el* kiképzett/kiálló pólus; ~**-pole alternator** *el* kiálló pólusú (szinkron)generátor; ~**-pole armature** *el* kiálló/kiképzett pólusú armatúra; ~**-pole generator** *el* kiálló/kiképzett pólusú generátor; ~**-pole rotor** *el* kiálló/kiképzett pólusú forgórész
saliferous *ásv* sótartalmú; *talt* szikes
salifiable *vegy* sóvá alakítható
salification sóképzés, sóképződés
salify sóval telít; *vegy* sót képez
saligenin *vegy* szaligenin, szalicil-alkohol
salimeter → salinometer
salina *geol* sós mocsár
saline I. *a* sós, só-; **II.** *n* sókert; sóbánya; sófinomító; konyhasóbepárló *(berendezés)*; *geol* sós mocsár/forrás, sóstó; *gyógyv* keserűsó; ~ **deposit** sólerakódás, sóréteg; ~ **lake** *geol* sóstó; ~ **solution** sóoldat
saliniferous → saliferous
saliniform sószerű
salinimeter → salinometer
salinity sótartalom, szalinitás, sósság, sótöménység
salinometer sótartalommérő; halométer; só(oldat)fokoló
salinometry *vegy* sótartalommérés, sóoldatfokolás
salite → sahlite
salivary enzyme *vegy* nyálenzim
salle *ép* terem; *pa* papírterem
salmiac *vegy* szalmiák
salmine *vegy* szalmin, lazac-protamin
salmon I. *a* lazacszín(ű); **II.** *n* (nemes) lazac; ~ **brick** *ép* elégtelenül kiégetett tégla; ~**-ladder** *hidr* hallétra, lazaclétra
salol *gyógyv* szalol, szalicilsav-fenil-észter, fenil-szalicilát
saloon *ép* (nagy)terem, szalon, hall; *hajó* hajószalon; ~ **car** *gépk* (négyajtós) (nagy)kocsi, szedán; ~ **carriage** *vasút* szalonkocsi, termes kocsi; ~ **deck** *hajó* elsőosztályú (hajó)fedélzet
Salopian stage *geol* szalopi emelet
SALR → saturated adiabatic lapse rate
salt I. *v* sóz, besóz, megsóz; **II.** *a* sós; besózott; megsózott; **III.** *n* só; ~ **acid** *US vegy* hidrogén-klorid, sósav; ~ **and sand spreader** *közl* sószóró és homokszóró berendezés; ~ **annealing** *hők* lágyítás sófürdőben; ~ **away** *v élip* besóz, eltesz (sóban); ~ **a well** *v ol* kút művalóságát meghamisítja; ~ **bath** olvasztott só *(hőkezeléshez)*; *hők, koh* sófürdő; ~**-bath annealing furnace** *koh* sófürdős lágyítókemence; ~**-bath carburization/cementation** *hők* cementálás sófürdőben; ~**-bath crucible furnace** *koh* sófürdős tégelykemence; ~**-bath furnace** *koh* sófürdős kádkemence; ~**-bath heat treatment** *koh* hőkezelés sófürdőben; ~**-bath nitriding** *koh* sófürdős nitridálás, lágynitridálás; ~**-bath patenting** *koh* sópatentozás; ~**-bath quenching** *koh* ausztemperálás, sófürdős edzés; ~**-bearing crude** *ol* sótartalmú kőolaj; ~ **bed** *bány* sótelep; ~ **bridge** *fiz* sóhíd, sókulcs, áramkulcs; ~ **brue** *bőr* sólé *(nyersbőr sózásához)*; ~**-cake** *vegy* nyers nátrium-szulfát; ~**-cake (muffle) furnace** *vegy* szulfátkemence; ~ **catch** sógyűjtő; ~ **concentraton** sótöménység; ~ **content** sótartalom; ~**-controllable dye** *tex* sóval szabályozható színezék; ~**-cooled** sóhűtésű; ~ **crystal(l)ization** *koh* sókiválás; ~ **deposit** sólerakódás, sóréteg; ~ **deposition** *koh* sókiválás; ~ **dome** *geol* sóboltozat, (kő)sódóm, sóhegy; ~ **down** *v* besóz, ecetben eltesz; ~ **effect** *vegy* sóhatás; ~ **efflorescence** *bány* sókivirágzás; ~ **extractor** sókivonó; sóleválasztó; ~**-filled exhaust valve** sótöltésű kipufogószelep; ~ **formation** *geol* sóalakulat, sóképződés; ~**-forming** sóképző; ~**-free** *élip* sótlan, sómentes; ~ **furnace** sófőző; sólepárló; ~ **garden** sókert; ~ **ga(u)ge** sómérő, szalinométer; ~ **glacier** *geol* sóglecscser; ~ **glaze** *ker* sómáz; ~**-glazed brick** *ép, ker* fényezett tégla; ~ **hardening** *koh* sófürdős edzés; ~ **haze** *met* talajköd; ~ **lake** *geol* sóstó; ~**-land** *talt* sóban gazdag vidék; ~ **lode** sótelep; ~**-maker** sófőző; ~**-making** sófőzés; ~**-marsh** sós mocsár, szalina; ~ **mine** sóbánya; ~ **mixture** *vegy* sókeverék; ~ **of amber** *vegy* borostyánkősav; ~ **of fatty acid** *vegy* zsírsav sója; ~ **of lemon/sorrel** *vegy* kálium-hidrogén-oxalát; ~ **of tartar** *vegy* kálium-hidrogén-tartarát, borkő; ~ **out** *v vegy* kisóz; ~**-patented wire** sófürdőben hőkezelt huzal; ~**-pit** sóakna; ~**-pond** *geol* sóstó; ~ **receiver** sófogó; ~ **removal** *koh* sóleválasztás; ~**-resistive insulator** sóálló szigetelő; ~ **spray** *koh* sóköd; ~**-spray test** *any* korrózióvizsgálat sópermetkamrában; ~**-spring** sós (vizű) forrás; ~ **stain** *bőr* sófolt; ~ **stirrer** sókavaró szerszám; ~ **tectonics** *geol* sótektonika; ~ **tolerant** *élip* sótűrő; ~ **water (SW)** sósvíz, tengervíz; ~**-water** sós vízi, tenger(víz)i; ~**-water mud** *ol* elektrolitközegű öblítőfolyadék; sós iszap; ~**-water soap** sós vízi szappan; ~**-weight** sómentes súly; ~**-works** *pl* sófőző, sófinomító; sóbánya
salted | **skin** *bőr* sózott apróbőr; ~ **weapon** *kat* „nem tiszta" nukleáris robbanótest; ~ **weight** → salt-weight
salter besózó *(személy, gép)*; sómunkás; sóbányász
saltern sófőzde, sópárló üzem; (tengeri) sótelep
saltiness sósság
salting megsózás, (be)sózás; pácolás; immunizálás; *geol* sókiválás, sólerakódás; *ker* mázkészítés sóval; *talt* szikes talaj; ~ **agent** sóképző anyag; ~ **evaporator** sóbepárló; ~**-out** *at, vegy* kisózás, sóextrakció; sókiválás; ~**-out agent** *at* kisózó anyag; ~ **strength** sóképző/kisózó képesség
saltire cross bars *ép* andráskereszt, átlós merevítés
saltish kissé sós
saltless sótlan
saltness → saltiness
saltpetre, *US* **saltpeter** *vegy* kálium-nitrát; salétrom; ~ **annealing** lágyítás salétromfürdőben; ~**-house** salétromfőző üzem
salty sózott; sós; ~ **mud** *ol* sós iszap
Saludor filter *gyógyv* Saludor-szűrő
salvage I. *v* kiment *(tűzből)*; kiemel *(hajóroncsot)*; újrakitermel *(hulladékból)*; (újra)hasznosításra meg-

ment *(hulladékot)*; **II.** *n* mentés(i munkálat); szemét/hulladék/selejt feldolgozása/hasznosítása; hasznosításra alkalmas *v.* hasznosított szemét/hulladék/selejt; *bány* kirabolt régi bányafa; *rep* repülőgéproncs eltávolítása; ~ **boat** mentőhajó, mentőcsónak; ~ **crane** mentődaru, segélydaru; ~ **crew** *ép* mentőbrigád, mentőcsapat; ~ **of drawn timber** *bány* rabolt fa felhasználása; ~ **ship** mentőhajó; ~ **shop** javítóműhely; ~ **truck** autómentő (kocsi); ~ **vessel** mentőhajó; ~ **work** mentési munka

salvaging hulladékértékesítés

salvarsan *gyógyv* szalvarzán, 3,3'-diamino-4,4'-dioxiarzenobenzol

salve gyógykenőcs

salvelike *gyógyv* kenőcsszerű

salver → salvor

salvo *kat* bombasorozat; üdvlövés, díszösszttűz

salvor *hajó* mentőhajó, emelőhajó

salvy → salvelike

sam *bőr* víztelenít, szikkaszt *(sajtolással)*

SAM → sequential access method; → serial access memory; → surface-to-air missile

samarian *ásv* szamáriumtartalmú

samarium (Sm) *vegy* szamárium; ~ **peroxide** *vegy* szamárium-peroxid; ~ **poisoning** szamáriummérgezettség; ~ **sesquioxide** *vegy* szamárium(III)-oxid

samming machine *bőr* bőrfacsaró gép

sample I. *v* próbát/mintát vesz; válogat, osztályoz; kipróbál, kóstolgat; *aut* mintavételez, letapogat; *szt, mat* mintavételez; **II.** *n* mintadarab, próbadarab; próba; anyagminta; minta; *ol* fúrómag; *távk* impulzussorozat; *tex* mintaszalag *(hímzésfajtákból)*; szövetminta; ~**-and-hold amplifier** *szt* mintavevő és tartó erősítő; ~**-and-hold circuit** *aut, szt* mintavevő és tartó áramkör; ~**-bag** *pa* mintazacskó; ~**-box** mintaláda; ~**-by-sample estimation** mintánkénti értékelés; ~**-catcher** *ol* mintavevő, magmintavevő *(eszköz)*; ~ **container** *bány* mintahordó edény; ~ **correlation coefficient** *mat* minta korrelációs együtthatója; ~ **cutter** *bány* magszakító; mintaszedő fúró; ~ **divider** *élip* mintaosztó készülék; ~ **drying** próbaszárítás; ~ **function** *mat* (minta)statisztika; ~ **gun** *geol* mintavevő puska; ~ **holder** próbatesttartó; ~ **hole** furat mintavételhez; ~ **indexing** mintaszámozás; ~ **in strips** *tex* mintacsík; ~ **maker-up** *tex* mintafelragasztó; ~ **mean** *mat* minta átlaga/középértéke; ~ **median** *mat* minta mediánja; ~ **of pavement** *ép* burkolatból vett minta; ~ **of rock** *bány* kőzetminta; ~ **piece** mintadarab; áruminta; ~ **quartering** mintakvartálás, mintanegyedelés; ~ **ranges** *pl tex* mintakollekció; ~ **regression coefficient** *mat* minta regressziós együtthatója; ~ **section** próbametszet; ~ **selection** mintavétel; ~ **sifter** laboratóriumi síkszita; ~ **size** *mat* mintaméret; ~ **space** *aut* kiválasztási/mintavételi tér/tartomány; *mat* mintatér; ~ **splitting** mintaredukálás; ~ **statistics** *mat* (minta)statisztika; ~ **survey** mintavételes vizsgálat; ~ **taken at random** szúrópróba, találomróba; ~ **tree** kísérleti fa; ~ **unit** *aut* mintaelem; *mat* mintavételi egység; ~ **washer** *ol* mintamosó, mikroásványmosó ember

sampled | analog data *aut, el* mintavételezett/kvantált analóg adatok; ~ **analog signal** *el* mintavételezett analóg jel; ~ **beam** *fiz* impulzusmodulált sugárnyaláb; ~ **data** *aut, el, szt* mintavételi adat(ok); ~**-data control** *aut, szt* digitális mintavételes vezérlés, digitális/diszkrét vezérlés; mintavételes szabályozás, nem folyamatos szabályozás; ~**-data feedback system** *aut, szt* zárt/visszacsatolt mintavételező rendszer; ~**-data filter** *szt* mintavételező szűrő; ~**-data system** *aut, szt* mintavételezett rendszer, mintavételes/letapintó rendszer *(nem folyamatos)*; ~ **signal** mintavételezett szaggatott *v.* nem folyamatos jel; ~ **value** *szt* mintavételi érték/minta

sampler próbavevő, mintavevő *(személy/berendezés)*; mintavételező; *aut* mintavételező/letapogató szerv; *pa* aprítógép *(próbavételhez)*; *távk* impulzusmodulációs berendezés; *tex* hímzés; mintázó/mintakészítő személy, desszinatőr; *tv* színváltó

sampling mintavétel(ezés); próbavétel; *élip* kipróbálás, kóstolgatás; *mat, stat* mintavétel, kiválasztás *(mintáé)*; *szt* mintavétel(ezés); *távk, tv* impulzusmoduláció; letapogatás; *tex* mintagyártás; ~ **acceptance inspection** mintavételes ellenőrzés átvételkor; ~ **action** mintavétel(i művelet); *aut* mintavételező/periodikus hatás; ~ **angular frequency** *aut* mintavételi körfrekvencia; ~ **aperture** *opt* letapogató apertúra; ~ **apparatus** mintavevő berendezés; ~ **chamber** *tx* mintavételi zsilip *(autoklávban)*; ~ **channel** *bány* mintaszedő vályú; ~ **circuit** *aut, el* mintavevő áramkör; ~ **control** *el, távk* mintavételes ellenőrzés; ~ **controller** *el, távk* mintavételező szabályozó; ~ **cylinder** *talt* kiszúró henger; ~ **distribution** *stat* mintabeli eloszlás; ~ **disturbance** mintavétel során keletkező zavarás; ~ **element** mintavételező szerv; ~ **equipment** *geol* mintavevő berendezés; ~ **error** *mat* mintavételi hiba; ~ **filter** *el* mintavételező szűrő; ~ **frequency** *aut, el* mintavételezési frekvencia; *szt* mintavételi frekvencia; ~ **gate** *el, szt* mintavételi kapu; ~ **inspection** mintavételes ellenőrzés; szúrópróba; *mat* mintavételes vizsgálat; ~ **instant** *aut* mintavételi/letapintási pillanat; ~ **instruction** mintavételi utasítás; ~ **interval** *aut* mintavétel(ezés)i intervallum; *szt* mintaköz; ~ **iron** *koh* próbavas; ~ **ladle** *koh* próbavevő kanál; ~ **mill** *bány* mintaőrlő malom; ~ **network** *hidr* törzshálózat; ~ **observations** *pl* szúrópróbás ellenőrzés; ~ **of air** *bány* levegőminta; ~ **on succesive occasions** *mat* ismételt mintavétel; ~ **oscillograph** *aut, el* mintavételező oszcillográf; ~ **oscilloscope** *el* mintavételező oszcilloszkóp; ~ **paper** papírminta; ~ **period** *aut* mintavételi periódus; ~ **point** mintavételi hely; ~ **port** *élip* mintavevő lyuk; ~ **probe** *vák* szimatoló; ~ **pulse** *tv* színváltó/mintavevő impulzus; ~ **rate** *aut, szt* mintavétel(ezés)i frekvencia; mintavételi sebesség/gyakoriság; ~ **scheme** *el, stat* mintavételi terv; ~ **scope** *el* mintavételező oszcilloszkóp; ~ **servomechanism** mintavételező kör; ~ **spoon** *geol* mintavevő fúrófej; *koh* próbavevő kanál; ~ **system** *aut, szt* mintavételi rendszer; ~ **technique** *szt* mintavételezési technika; *távk* impulzusmodulációs eljárás; ~ **theorem** *aut* mintavételi tétel *(Shannon-tétele)*; ~ **time** mintavételi tartam; ~ **tube** *talt* mintavevő cső; ~ **unit** *aut* mintaelem; mintavételi egység; *élip* mintázó készülék; ~ **with replacement** *aut* visszatevéses mintavétel

sampoon post *ol* mélyszivattyú-himbabak

Samson *ol* fúróhimba; ~ **post** *hajó* királyoszlop; *ol* fúróhimbaoszlop; himbaállvány

Samuelson's method *szt* Samuelson-módszer

SAN → styrol-acrylnitril-copolimer

sanatron *el* szanatron

sand I. *v* homokkal beszór/betemet/felszór; homokot szór; homokkal/dörzsvászonnal csiszol/fényesít/simít; (le)csiszol; *bány* homokkal tömedékel; *ép* homokol, kavicsol; *műa* fényez; **II.** *n* homok; föveny; **~-aerating apparatus** *önt* formázóhomok-lazító berendezés; **~ anchor** *ol* homokhorgony; **~-and-gravel washing plant** *ép* homokos kavicsmosó (berendezés); **~-and-salt spreader** *közl* homok- és sószóró (berendezés); **~ bailer** *ol* homokkanál; **~ ballast** *ép* homokágyazás *(úté)*; **~-bar** → sandbank; **~ base line** *talt* homokvonal; **~ bath** *vegy* homokfürdő; **~ beam** *tex* érdeshenger; **~-bed** *geol* homokréteg; *hidr* homokágy; homokmeder; **~-blast** → sandblast; **~ blend** formázó elegy; **~-blowing nozzle** *vasút* homokfúvó *(mozdonyon)*; **~ boil** *hidr* buzgár; **~ bottom** *koh* savanyú kemencefenék; **~-box** *ép* homokszóró láda; *hidr* homokfogó; *önt* formázóelegy-szekrény; *vasút* homokszekrény; **~ buckle** *önt* beégés, beégett homokréteg; pecsenye, var *(öntési hiba)*; **~ cartridge** homok-tűzoltókészülék; **~-cast** *önt* homokformába öntött; **~-casting** *önt* homokformába (való) öntés; homoköntvény; **~-cast pig** *önt* homokformában öntött tuskó; **~ catcher** *ép* homokfogó; **~ catcher with bottom slit** fenékréses homokfogó; **~-catching basin** *hidr* homokfogó medence; **~ classifying plant** *ép* homokosztályozó berendezés; **~-clay road** *ép* agyaggal stabilizált homokút; homokos agyagút; **~ cleaning** *önt* tisztítás homokfúvással; **~-clock structure** *krist* homokóra-szerkezet; **~ collector** → **~** catcher; **~ conditioner** *önt* homokkészítő gép; **~ conditioning** öntödei homok kezelése; **~ cone** *ép* ülepítőtölcsér; **~ consolidation** *ol* homokszilárdítás; **~ content** *ol* homoktartalom; **~ control** *ol* homokkizárás; homokszilárdítás; **~ core** homokkal készült öntödei mag; **~-corn** homokszem; **~ count** *ol* homokszámlálás; **~ crack** égetés előtti téglarepedés; **~ curing** *ép* utókezelés nedves homokterítéssel; **~ cushion** *ép* cölöpfejvédő homokzsák, homokágyazat, homoktöltés; **~ cutting-and-screening machinery** gépi homokelőkészítő berendezés; **~ dam** homokgát; **~ deposit** homoklelőhely; **~ distributor** *ép* homokszóró berendezés; **~ dredger** homokkotró; **~ dredging** *ép* nedves homokkotrás; **~ dressing** *ép* homoktakarítás, homokterítés; **~-drift** *geol* futóhomok, homokbucka; **~-dry** *műa* porszáraz; **~-drying oven** homokszárító kemence; **~ dune** *geol* dűne; **~ exclusion** *ol* homokkizárás; **~ fill** *ép* homokfeltöltés; **~ filling** *bány* iszaptömedékelés; *ép* homokágyazás; **~ filter** *ép, hidr* homokszűrő; **~ filter ditch/trench** homokszűrő árok; **~ flag** *geol* lemezes homokkő; **~ flask** *önt* homokformázó szekrény; **~-float finish** *ép* homokkal beszórt színvakolás; **~-flood** futóhomok; **~ frame** *önt* homoktöltő keret; **~ friability** formázóhomok porhanyóssága; **~-gear** *vasút* homokszóró; **~-glass** homokóra; **~-gravel road** *ép* homokos kavicsút; **~-hill** *geol* homokbucka, dűne; **~ holder** *ép* homokfazék *(állványleeresztéshez)*; **~-hopper** formázóhomok-tartály; **~ inclusion** *önt* homokfészek *(öntvényhiba)*; **~ inflow** *ol* homokbeáramlás; **~ inrush** *bány* homokkifolyás; **~ layer under a sett paving** *ép* flaszterhomokágy; **~ lens** *ol* olajlencse, homokkőlencse; **~-like** homokszerű; **~-lime brick** mészhomok tégla; **~ line** *ol* kanalazó kötél, kanálkötél, iszapkötél *(pennssylvaniai fúráshoz)*; **~ line drum** *ol* gyorsjáratú dob, kanalazódob; **~ map** *geod* terepasztal, domborzati homokmodell asztal; **~ maturing** formázóhomok-érlelés; **~ mixture** formázóhomokkeverék; **~ mo(u)ld** *önt* homokforma; **~-mo(u)lding** *önt* homokformázás, formázás homokba; **~ muller** *önt* görgőjárat, kollerjárat; **~ packing** *bány* homoktömedékelés; *ép* homokágyazás; **~-pan** *vasút* homokoló edény; **~ pattern** *gumi* futómintázat homokhoz; **~ pile** *ép* homokcölöp, homokláb; **~ pinnacle** *geol* elmállási homokpillér; **~-pipe** *vasút* homokoló cső; **~-pit** homokgödör, homokbánya; kavicsbánya; *vasút* homokoló; **~-preparing machine** *önt* formázóhomok-előkészítő gép; **~ pump** *ép* iszapszivattyú, zagyszivattyú; *ol* fúrószelep; homokszivattyú, golyós iszapoló; kavicsszivattyú; **~ pump dredger** *ép* szívókotró; **~ reef** homokpad; **~ reel** homokmerő kanálvitla *(kútfúrásé)*; *ol* gyorsjáratú dob; **~ reel drum** *ol* kanalazódob; **~ ridge** homokpad; **~ roller** *tex* recézett henger *(szövőszéké)*; szövetfeszítő henger, szövetlehúzó henger *(szövőgépen)*; **~s** *pl geol* homokföveny; homoksivatag; **~ screen** *élip* porrosta; *ép* homokrosta; **~ seal** *koh* homokzár; **~ separation** homoktisztítás; **~ separator** *ol* homoktalanító; **~-shale ratio** *ol* homok-agyag arány; **~ sheave** *ol* kanalazó kötéltárcsa; **~-shoal** *geol* homokzátony; **~-shoes** *pl* fürdőcipő, teniszcipő; **~ sieve/sifter** *élip* porrosta *(szeparátoré)*; **~ skin** *önt* beégés; beégett homokréteg; **~ sluice** *hidr* hordaléklebocsátó zsilip; **~ spit** *geol* homokföldnyelv; **~-spout** homoktölcsér *(viharban)*; **~-spraying device** *vasút* homokszóró berendezés; **~ spreading** *közl* homokszórás *(jégmentesítés)*; **~ stemmer** *bány* homokpuska; **~ storage bin** homoktároló tartály; **~-storm** → sandstorm; **~ strength** *önt* formázókeverék szilárdsága; **~-strewing device** *önt* homokszóró; **~ sucker** *ép* homokszívó, szívókotró; **~ sugar** *élip* kristálycukor; **~ table** *kat* terepasztal; *pa* homokfogó; **~-tamped well** *ol* homokkal tömített fúrólyuk; **~ throwing machine** homokszóró gép; **~ trap** *hidr, pa* homokfogó; **~ underlay** homokágyazat; **~ up** *v geol* elzátonyosodik; *ol* homokkal eltömődik *(kút)*; **~ washer, ~-washing machine** *ép* szűrődobos mosógép; **~ washing** *hidr* homokmosás; **~-water blasting** öntvénytisztítás hidraulikus homokszórással; **~ wave** homokhullám; **~-wind** → sandstorm

sandal *cipő* szandál; **~ brick** *ép* részben/rosszul égetett tégla; **~ oil** *vegy* szantálolaj; **~-wood** szantálfa

sandbag I. *v* homokzsákkal körülvesz; **II.** *n* homokzsák; homokpárna *(alátét)*; bőrpárna; **~ embankment** *hidr* homokzsák-töltés, homokzsák-fal

sandbank *geol* homokpad; homokzátony

sandblast I. *v* homokkal lefúvat; homokfúvatással letisztít; **II.** *n bány* befújt homokfojtás; homokkal beszórt rátétes töltet; *ép, mt* homokfúv(at)ás, homoktisztítás; homokfúvó sugár; **~ booth/box** *ép* homokfúvó fülke; **~ cleaning** *mt* tisztítás homokfúvatással; **~ equipment/outfit** *ép* homokfúvó berendezés; **~ finish** *mt* homokfúvatásos felületkezelés; **~ gun/nozzle** *ép* homokfúvó fej; **~ pipe cleaner** *ép* csőtisztító fúvófej; **~ pipe cleaning device** homokfúvós csőtisztítógép; **~ sprocket-table machine** forgóasztalos homokfúvó gép

sandblaster *ép* homokfúvó *(készülék)*; homokfúvó berendezés
sandblasting *ép, mt* homokfúv(at)ás, homoksugár-tisztítás; *önt* lefúvatás homokkal, homokolás; ~ **chamber** homokfúvó kamra; ~ **machine** *ép* homokfúvó berendezés
sandburnt casting homokráégéses öntvény
sanded homokos, homokszínű
sander homokozó *(munkás, gép)*; csiszoló(gép); *vasút* homokoló; ~**-grinder** *ép* univerzális kézi csiszológép
sandface *ol* fakadó felszín
Sandfort hatching trough *hidr* sandforti betét *(pisztrángkeltető)*
sandheat homokhőmérséklet *(homokbányában)*
sandhog homokbányász; keszonmunkás; víz alatti alagutat építő munkás
sandiness homokosság
sanding beszórás/betemetés homokkal; homokszórás; homokolás; kavicsolás; homokkal/dörzsvászonnal (való) csiszolás/fényesítés/simítás; lecsiszolás; *bány* tömedékelés homokkal; *műa* fényezés; ~ **apparatus** homokszóró berendezés; ~ **belt** *mech* csiszolószalag; ~ **gear** *vasút* homokoló készülék; ~ **machine** *fa* faipari csiszológép; ~ **pad** *szersz* polírozó párna; ~ **sealer** *ép* csiszolókitt, ragacs; ~ **trouble** *ol* üzemzavar elhomokosodás miatt; ~ **up** *bány* homokolás
sandiver *koh, üveg* üvegsalak
sandpaper I. *v* (le)smirgliz; **II.** *n* üvegpapír, dörzspapír, smirgli(papír); ~ **base** *pa* homoknyerspapír
sandpapering machine üvegcsiszoló gép
sandslinger *önt* homokszóró
sandstone *geol* homokkő; ~ **grit** homokkő *(durva, törmelék)*
sandstorm *met* homokvihar, porvihar
sandwich I. *v* rétegez; beékel *(két réteg közé)*; közrefog; közbeiktat; **II.** *n el* rétegstruktúra; ~ **blend** *tex* réteges keverék, keverékágy; ~ **construction** *mt* különböző rétegekből összetett szerkezet; szendvicsszerkezetű konstrukció; ~ **effect** *tex* szendvicshatás; ~ **film** kétemulzió-réteges film; ~ **frame** kettős keret; ~ **mo(u)ld** *műa* forma szendvicsszerkezet előállítására; ~ **panel** szendvicslemez; ~ **paper** *pa* tízóraipapír; ~ **photocell** *el* fényelem, záróréteges fényelem; ~ **plate** *ép* Magnel-féle lehorgonyzó lemez, Magnelék; szendvicslemez, réteges lemez, többrétegű lemez; ~ **rolling** *koh* plattírozás; ~ **structure** *műa* szendvicsszerkezet; ~ **system** *ép* többrétegű cementmakadám; ~**-type** szendvicsszerű *(szerkezet)*; ~**-type belt conveying** *bány* fedőszalagos szállítás; ~**-type end fitting** csavaros gumilemez-betétes felerősítés *(lengéscsillapítóé)*
sandwiched | material *any* réteges anyag; ~ **shaft lining** *bány* csúszó aknafalazat
sandwiching *mt* beékelés *(két réteg közé)*; közbeiktatás; közrefogás; rétegezés; *tex* gyapjúfonal/műselyemfonal kombinációja pamuttal
sandy homokos; fövenyes; homoktartalmú; ~ **clay** *geol* homokos agyag; ~ **feel** *tex* érdes *(fogás)*; ~ **gravel** homokos kavics; ~ **shale** homokos (agyag)-pala; ~ **silt** homokos iszap
sanfor finish *tex* szanforkikészítés, szanforizálás
sanforization *tex* szanforizálás, szanforozás, zsugorodásmentes kikészítés
sanforize *tex* szanforizál, szanforoz
sanforized fabric *tex* szanforozott szövet
sanforset process/treatment *tex* szanforizáló kezelés; szanforozás
sangar *ép* kőpilléres egyszerű fahíd; *kat* kőmellvéd
sanghai *tex* finom nyersselyem szövet
sanidine *ásv* szanidin
sanitary egészségügyi; higiénikus; szaniter; ~ **block** *ép* vizesblokk; ~ **conduit-type sewer** *ép* szennyvízcsatorna-vezeték; ~ **control** egészségügyi ellenőrzés/vizsgálat; ~ **engineering** épületgépészet; ~ **equipment/installation** *ép* szaniter/épületgépészeti berendezés; ~ **measures/regulations** egészségügyi intézkedések; ~ **package** steril csomag(olás); ~ **paper** gyógycellulózvatta; ~ **plane** *rep* mentőrepülőgép; ~ **regulations** *koh* egészségvédelem; ~ **sewage** *ép* szennyvíz; ~ **(sewage) pipe** *ép* szennyvíz(cső-)vezeték; ~ **sewer** *ép* szennyvízgyűjtő csatorna; szennyvízvezeték; ~ **stoneware** egészségügyi (épületgépészeti) kerámiaáru; ~ **ware** egészségügyi fajanszedények/fajanszáru/kerámiaáru
sanitation fertőtlenítés, fertőtlenítő takarítás; egészségügyi berendezés; közegészségügy; *környv* asszanáció, rekultiváció; ~ **of buildings** *ép* épületgépészet; ~ **truck/van** *US* kukáskocsi
sanitize fertőtlenít; sterilizál
Sankey diagram Sankey-diagram, megoszlási ábra
Santonian substage *geol* santoni emelet
santonine *vegy* szantonin
sap I. *v* nedvet lecsapol *(fából)*; megcsapol *(fát)*; *kat* (futó)árkot készít; aláaknáz; utászmunkát végez; **II.** *n ásv* kibújt és elmállott kőzet; *bány* csákány; *ép* futóárok; *fa* sejtnedv, növénynedv, fanedv; szijács; *gumi* latex; *kat* lövészárok; ~ **blue** *vegy* autocián; ~**-clear** *fa* szijácsmentes; ~ **faggot** rőzseköteg *(lövészárok építéséhez)*; ~ **green** nedvzöld; ~ **of heartwood** *fa* álgeszt; ~**-peeled pulp** (hántolt) növendékfa-cellulóz; ~ **rot** szijácsrothadás, háncsrothadás; kékes korhadás; ~**-stain** szijácskékesedés; kékülés; ~**-stain fungus** kékülést okozó gomba; ~ **tie** gesztes talpfa; ~**-wood** szijács; *tex* fás réteg *(len-kenderkóróban)*
sapidity zamatosság
sapless nedvetlen, kiaszott
saplier *tex* erős pamutszövet, durva csomagolószövet
sapling *fa* fiatal fa, facsemete
saponaceous *vegy* szappanszerű, szappanos
saponifiable *vegy* szappanosítható; ~ **constituent** elszappanosítható rész/komponens
saponification *vegy* (el)szappanosítás; ~ **number/ratio/value** elszappanosítási szám
saponifier *vegy* szappanosító *(anyag)*
saponify *vegy* (el)szappanosít
saponifying *vegy* (el)szappanosítás
saponin *vegy* szaponin
saponite *ásv* szaponit
sapphire I. *a* kék színű; **II.** *n ásv* zafír; ~ **needle** zafírtű *(lemezjátszó)*; ~ **quartz** zafír; ~ **stylus** *hang* zafírtű; ~ **substrate** zafírból álló hordozóréteg
sapphirine *ásv* zaffirin
sappiness nedvesség, nedvdússág *(növényé)*; *fa* szijácsosság
sappy nedvdús *(növény)*; *fa* szijácsos; *koh* finomszemcséjű; ~ **structure** finomszemcsés szerkezet; ~ **wood** nyersfa, zöldfa; ~ **wool** nagy zsírtartalmú gyapjú
saprolite *geol* szaprolit, regolit

sapropel *geol* szapropel, rothadó iszap
sapropelic szapropeles; ~ **coal** szapropel szén
sapropelite *geol* szapropelit
SAR → search and rescue
sarcine *vegy* hipoxantin, 6-oxi-purin, szarkin
sarcolactic acid *vegy* hústejsav
sarcolite *ásv* szarkolit
sarcophagus *ép* szarkofág
sarcosine *vegy* szarkozin, metil-amino-ecetsav
sardine oil szardíniaolaj
sardonyx *ásv* szardonix
Sargent diagram *at* Sargent-diagram
sarking *ép* tetőfedő deszkázat
Sarmatian stage *geol* szarmata emelet
sarong cathode *el* sarongkatód
sarsen *geol* homokkőgörgeteg; kemény szürke homokkő
sash I. *v ép* ablakkeretet/ablaktokot/ablakszárnyat felszerel; *ruh* selyemövvel/vállszalaggal ellát/díszít; **II.** *n ép* ablakkeret, ablakráma, ablaktok; ablakszárny; függőlegesen nyíló tolóablak; tolóablakkeret; *mech* öv; *ruh* selyemöv, vállszalag; *szersz* fűrészkeret; ~ **bar** *ép* ablakosztó rúd; ablakvédő rúd; ~-**bolt** ablakretesz; ~ **brace** fogófa *(cölöpjármon)*; *szersz* víszintes összefogó *(fűrészrámán)*; ~ **bracing** keretmerevítés, merevítő keret; ~ **chisel** *szersz* kis keresztvéső; ~-**cord** *ép* tolóablakkeret-húzó lánca/vasalása; ~-**door** tolóajtó; ~-**fastener** két ablakkeretet összekötő vasalás; ~ **frame** ablakkeret, ablakráma, ablaktok; tolóablakkeret; ~-**holder** → sash-fastener; ~ **house** blokkház; ~ **knife** keretvágó kés; ~ **lock** *ép* (toló)ablakzár; ~ **mortise-chisel** ablakhoronyvéső; ~-**pane** ablaktábla, ablaküveg *(tolóablaké)*; ~-**plane** ajtókeretgyalu, ablakkeretgyalu; ~-**saw** *szersz* keretfűrész; ~-**window** *ép* tolóablak
satchel (iskola)táska; ~ **bag** redős zacskó
sateen *tex* (pamut) atlasz; félszatén; ~ **draught/draft** atlaszfűzés; ~ **finish** szaténkikészítés; ~ **weave** atlaszkötés; ~ **with x shafts** x-fonalas atlasz
satellite *csill* bolygó holdja; mellékbolygó; *távk, űr* műhold, mesterséges hold; ~ **acquisition** összeköttetés megteremtése a távközlési műholddal; ~ **airfield** *rep* másodrendű repülőtér, kisebb repülőtér; ~-**air-to ground communication** *távk, űr* műholdas föld-levegő összeköttetés; ~-**borne laser system** mesterséges hold fedélzeti lézerrendszere; ~ **broadcasting** *rád, tv* műholdas műsorszórás; ~ **carrier vehicle** *rak* hordozórakéta; ~ **communication** *rád* műholdas hírközlés/távközlés; ~ **computer** *szt* műholdszámítógép, szatellit-számítógép; ~ **dish aerial** *távk, tv* parabolaantenna; ~ **earth station** űrtávközlési földi állomás; ~ **exchange** *távb* alközpont; mellékközpont; ~ **experiment** *távk* szatellitkísérlet, műholdas/műbolygós kísérlet; ~ **field** *rep* kitérő leszállóhely/repülőtér; ~ **gear** *gép* bolygófogaskerék; ~ **geodesy** szatellitgeodézia, műholdas geodézia; ~ **injection** *geol* kisebb injekció; ~ **instrumentation** *űr* mesterséges bolygó műszerezése; ~ **killer** *kat* műholdromboló fegyver; ~ **laser ranging** (műholdig terjedő) távolságmeghatározás lézer segítségével; ~ **launcher**, ~ **launching rocket** *rak, űr* hordozórakéta; ~ **line** *el, fiz* kísérő vonal; ~ **link** távközlési műholdlánc; ~ **photo(graph)** műholdkép; ~ **program** *űr* űrrakétaprogram, űrhajózási program; ~ **pulse** *el* kísérő impulzus; ~ **reconnaissance** *kat* műholdas felderítés; ~ **reflection** *krist* szatellitareflexió; ~ **rocket** *rak, űr* mesterséges-hold-rakéta; ~ **solar power station (SSPS)** műholdas naperőmű; ~ **station** *távk* űrtávközlési földi állomás; *tv* műsorszóró műhold; *űr* űrállomás; ~ **town** *ép* bolygóváros; ~-**tracking laser system** *aut, űr* mesterséges hold pályáját követő lézerrendszer; ~ **transmitter** *távk* (közös hullámú) segédadó; ~ **vehicle** *rak, űr* hordozórakéta; ~ **warning system** mesterséges holdas riasztóberendezés; ~ **wheel** *gép* bolygókerék
satelloid szatelloida, segédhajtóműves mesterséges hold
Saticon *tv* Saticon *(nagy felbontású képfelvevő cső)*
satin I. *v pa* fényesít; fényez; simít; **II.** *n tex* szatén; szaténselyemszövet; ~ **crepe** kreppszatén; ~ **de Chine** *ruh* bélésselyem; ~ **drill** *tex* atlaszkötésben elhelyezett keresztzsávoly; ~ **feutré** bolyhos félselyem; ~ **grenadine** fényes ruhafélselyem; ~ **Lyonnais** fényes bélésselyem; ~ **marocain** bordás félselyem; ~ **merveilleux** hétfonalas selyematlasz; ~ **oriental** bordás félselyem; ~ **paper** fényezett karton *(jacquardkártyákhoz)*; ~ **press** fényezőprés; ~ **ribbon** atlaszszalag; ~ **spar** *ásv* aragonit; ~ **stitch** *tex* gobelinöltés *(ferde)*; ~ **taffeta(s)** *tex* szatén-színoldalú taftfonákú selyemszövet; ~ **twill** *tex* sávolyatlasz; ~ **white** *vegy* fehér pigment *(kalcium-szulfát és alumínium-oxid tartalmú)*
satinage *koh* szatinálás
satinet(te) *pa, tex* félatlasz; *tex* csíkos szatén; pamutos félselyem; ~ **weave** szatinetkötés
satining *pa, tex* fényesítés, fényezés; fényesítő mángorlás; simítás; szatinálás
satiny sima, fényes, atlaszszerű
satisfactory kielégítő; ~ **lot** kielégítő tétel
satisfiability *mat* kielégíthetőség
satisfy *mat* eleget tesz *(egyenletnek)*; kielégít; teljesül *(egyenlet)*
saturability telíthetőség
saturable telíthető; ~-**core magnetometer** *el* telíthető vasmagos magnetométer; ~ **reactor (SR)** *el, rád* telíthető (vasmagos) fojtótekercs, mágneses erősítő; transzduktor
saturant I. *a* telítő, átitató; **II.** *n vegy* telítő *(anyag)*
saturate I. *v rep* megtölt; *vegy* átitat; szaturál; telít; **II.** *a* átitatott, megtöltött, telített; **III.** *n vegy* telített szénhidrogén
saturated *el, opt* telített; *vegy* telített, szaturált; ~ **activity** telített aktivitás; ~ **adiabatic** *met* nedves adiabata; ~ **adiabatic lapse rate** *met* nedves adiabatikus vertikális hőmérsékleti gradiens; ~ **air** *bány* telített levegő; ~ **blocking current** *félv* záróirányú telítési áram; ~ **core** *el* telített vasmag; ~-**core choke** telített vasmagos fojtótekercs; ~ **diode** *rád* telített dióda; ~ **hydrocarbon** *ol, vegy* telített szénhidrogén; ~ **inductance** *el* telített vasmagos tekercs; ~ **oil** *ol* telített kőolaj; telített olaj; ~ **soil** vízzel telített talaj; tömörített talaj; ~ **solution** *vegy* telített oldat; ~ **steam** *gép* telített (víz)gőz; ~ **transformer** *el* szóró transzformátor; ~ **vapo(u)r** *fiz* telített (víz)gőz/pára; ~ **vapo(u)r pressure** *bány* telítettségi gőznyomás
saturating I. *a pa* szívóképes; **II.** *n vegy* átitatás; megtöltés, telítés, szaturálás; ~ **core** *el* telítődő vasmag; ~-**core device** *el* telíthető (vasmagos) fojtótekercs;

~-machine *pa* impregnáló gép; ~ **paper** nyerspapír impregnáláshoz; ~ **reactor** *el* telíthető (vasmagos) fojtótekercs

saturation átitatás; telítés; áztatás; *at* telítettség, szaturáció; *cu* szénsavazás, szaturálás; *el* telítés; telítettség; *félv* túlműködtetés, túlvezérlés; *opt* telítettség; *vegy* telítés, szaturálás; telítettség, szaturáció; ~ **activity** *at* telítési aktivitás; ~ **capacity** felvevőképesség, telíthetőség; *közl* áteresztőképesség teljes telítettség esetén *(út)*; ~ **characteristic** *el* telítési jelleggörbe; ~ **coefficient** *ép* szaturációs együttható; ~ **concentration** *koh* telítettségi koncentráció; ~ **current** *el* telítési áram; ~-**current law** *el* telítésiáram-törvény, Richardson-képlet; ~ **curve** *at* telítési görbe; ~ **degree** *geol* telítési határ; ~ **density** *geol* telítettségi kőzetsűrűség; ~ **effect** *geof* telítettségi hatás; ~ **exponent** *ol* szaturációs kitevő; ~ **factor** *el* telítési arány; ~ **field intensity/field strength** *fiz* telítési (mágneses) térerősség; ~ **humidity** *met* telítési nedvesség, maximális légnedvesség; ~ **induction** *el* telítési (mágneses) indukció; telítési fluxussűrűség; ~ **limit** *fiz, vegy* telítési határ; telítettségi határ; ~ **(magnetic) remanence** *el* telítési remanencia; ~ **magnetization** *krist* telítési mágnesezés; ~ **non-linearity** *aut, el* telítéses nemlinearitás; ~ **of collector** *el* kollektortelítés, kollektor könyökfeszültsége *v.* telítési feszültsége; ~ **of colo(u)r** színtel(ítet)tség; ~ **of the shell** *fiz* héj kitöltése/lezárása/lezártsága; ~ **of vacancies** *krist* hézagok telítése; ~ **permeameter** *fiz* telítési permeabilitásmérő; ~ **point** *fiz, vegy* telítési pont; ~ **potential** *at, el* telítési feszültség; ~ **pressure** *ol* telítettségi nyomás; ~ **ratio** telítési fok; ~ **resistance** *el* határellenállás; ~ **state** *koh* telített állapot; *távk* telítési üzemmód; ~ **temperature** *ol* telítési hőmérséklet; ~ **tower** *ol* telítőtorony; ~ **value** *hidr* telítettségi érték; *ol* telítettségi fok, telítettség mértéke; ~ **vapo(u)r pressure** *met* telítési páranyomás; ~ **velocity** telítési sebesség *(hordalékmozgásé)*; ~ **voltage** *el* telítési feszültség

saturator telítőkészülék

sauce dohánypác

saucer *hajó* járgány talpcsapágya; *ker* csészealj; *mzg* aljzat; ~ **dome** *ép* világítókupola; ~-**headed bolt** kalapfejű csavar; ~ **lake** holttó-meder; ~ **wheel** egyenlő vastag köszörűkorong; tányérkorong

saucisse *hidr* rőzsekolbász

saunders gas-lift system *ol* egysoros gázlift

sausage *rep* kötött léggömb; szélzsák; ~ **antenna** hengeres antenna; ~ **machine** csigás gép öntödei magok készítéséhez; ~-**skin paper** műbélpapír; ~ **stuffer** *élip* kolbásztöltő gép

saussurite *ásv* saussurit

saussuritization *geol* saussuritesedés

Sauter | camera *krist* Sauter-kamera; ~ **diagram** *krist* Sauter-diagram; ~ **method** *krist* Sauter-módszer; ~ **photograph** *krist* Sauter-felvétel

Savage criterion *aut* Savage-kritérium

Savart plate/polariscope *fiz* Savart-polariszkóp, Savart-lemez

save *szt* mentés, elmentés, kimentés; ~-**all** *élip* felfogó tál; szitaasztal; *pa* anyagfogó; rostvisszanyerő berendezés; ~-**at-end** *ép* peremtakarékos hegesztett háló

Savelsberg process *koh* Savelsberg-eljárás

saver megmentő/megtakarító készülék; ~ **sub** *ol* védő közdarab

Savian/Savic orogeny *geol* szávai (orogén) fázis

saving | in labo(u)r munkamegtakarítás; ~ **in weight** súlymegtakarítás; ~ **of material supply and power** anyag- és energiamegtakarítás

saw I. *v* (el)fűrészel; **II.** *n* fűrész; fűrészlap; *koh* fűrészgép; ~ **arbor** fűrésztüske, fűrésztengely; ~-**back stoping** *bány* főtepásztafejtés; ~-**bench** körfűrészállvány; fűrészbak, fűrészpad; ~ **blade** fűrészlap; ~ **block** fűrészbak; ~-**carriage** rönkbefogó kocsi *(gatteren)*; ~ **clap** körfűrészvédő burkolat; ~ **cut** fűrészelési rés/hézag; ~-**cutting machine** fűrészfogazó gép; ~ **file** fűrészreszelő; ~ **fitter** fűrészbeállító (munkás); ~ **for metal** fémfűrész; ~ **frame/gate** *fa* fűrészkeret; ~ **gin** *tex* fűrészfogas egrenáló *v.* (gyapot)magtalanító gép; ~ **gummer,** ~-**gumming wheel** *szersz* fűrészélesítő/fűrészköszörülő korong; ~-**handle** fűrész markolata/fogantyúja; ~ **kerf** *fa* fűrészelési rés/nyom; ~ **log** fűrészrönk; ~ **notch** vágásnyom, pengenyom; ~ **off** *v* lefűrészel, levág; ~ **out** *v* kifűrészel, (fűrésszel) kivág; ~ **pad** *szersz* fűrészfogantyú; ~ **pit** fűrészgödör; ~ **pliers** *pl* fűrészfogterpesztő; ~ **sash** *szersz* fűrészkeret; ~-**set key** fűrészfog-hajtogató szerszám/vas; ~-**set pliers** *pl* fűrészfog-hajtogató kampó; ~-**setting machine** fűrészfogterpesztő gép; ~ **sharpener** fűrész(fog)élesítő, fűrészélező (gép); ~-**sharpening machine** fűrészélező gép; ~-**sharpening vice** fűrészélesítő satu; ~ **steel** *koh* fűrészacél; ~ **table** körfűrész asztala; ~ **through** *v* keresztülfűrészel, átfűrészel; ~-**tooth** → sawtooth; ~ **up** *v* felfűrészel; ~ **vice** fűrészjavító satu; ~-**way** fűrésznyom; ~ **web** fűrészlap; ~-**wrest** →-set key

SAW → surface acoustic wave

sawback *geol* sziklás hegység/hegygerinc

sawbow *fa* fűrészív

sawbuck *US* fűrészbak

sawdust fűrészpor; ~ **concrete** *ép* fűrészpor-adalékos beton; fűrészporbeton

sawdusty fűrészporos; fűrészporszerű

sawed-off → sawn-off

sawhorse fűrészbak

sawing fűrészelés; ~ **block** *fa* fűrészlapvezeték; ~ **jack** *fa* fűrészbak; ~ **machine** rovátkológép; *bány* szénfűrész; *fa* fűrészgép, körfűrész; ~-**off** lefűrészelés; ~-**out** kifűrészelés; ~**s** *pl* fűrészpor; ~ **schedule** *fa* fűrészelési előírás

sawmill fűrészmalom, fűrésztelep; ~ **refuse** fűrészelési hulladék

sawn fűrészelt; fűrész-; ~ **balk** fűrészelt gerenda; ~ **goods** *pl fa* fűrészanyag, fűrészáru; ~-**off** lefűrészelt, levágott; ~ **timber** fűrészáru; fűrészelt fa; ~-**timber falsework** *ép* deszkaállvány; ~ **veneer** fűrészelt furnér; ~ **wood** fűrészáru

sawtooth I. *a* fűrészfog alakú, fűrészfogas, fűrész(fog)-; **II.** *n* fűrészfog; ~ **amplitude** *aut, el* fűrészfog-amplitúdó; ~ **arrester** fűrészfogas villámhárító; ~ **box** *cu* Roterman-rendszerű szaturáló; ~ **circuit** *el* fűrészáramkör; ~ **converter** *aut* fűrészfeszültség-átalakító; ~ **crossgate** *önt* fésűs salakfogó; ~ **current** *el* fűrészáram; ~-**current generator/oscillator** *aut* fűrészáram-generátor; ~ **generator** *el, távk* fűrészfog-generátor, fűrészgenerátor, fűrészrezgéskeltő; ~ **hob** *szersz* fűrészfogazó maró; ~ **opener** *tex* fűrészfogas bontó; ~ **oscillator** → ~ generator; ~ **parking area** *közl* ferde parkolás; ~ **punch** *szersz* fűrészfogazó hidegvágó; ~ **rib-pattern** *gumi* fűrészfogazású bordamintázat; ~ **roof** *ép* sédtető; ~ **roof building** sédtetős épület; ~ **shaped yarn** *tex* hullámszerű fonal; ~ **shell roof** *ép* sédhéjtető; ~ **stoping** *bány* fogazott fejtés; főtepásztafejtés; ~ **system** *bány* fűrészfogú elrendezés; ~ **voltage** *el* fűrészfeszültség; fűrészrezgés; ~ **voltage generator/oscillator** *aut, el* fűrészfeszültség-generátor; ~ **wave** *aut, el, távk* fűrészfoghullám, fűrész(fog)rezgés; ~ **wave-form** *fiz* fűrészfoghullám, fűrészfogrezgés; ~**-wave generator** fűrészfog-generátor, fűrészrezgéskeltő; ~**-wave oscillation** *fiz* fűrészfoghullám, fűrészfogrezgés

sawtoothed fogazott, fűrészfogú; ~ **card clothing** *tex* fűrészfogas kártbevonat; ~ **polarographic curve** *vegy* polarográfiai oszcillogram; ~ **skylight shed** *ép* fűrészfogas tető

sawyer fűrészelő *(munkás)*; *nyom* regiszterolló; ~**'s jack** *fa* rönkfelvonó daru

sax palafedő kalapács

Saxonian stage *geol* szász emelet

saxony *tex* merinófonal; merinógyapjú; ~ **finish** szász kikészítés *(gyapjúé)*; ~ **texture** merinószövet; ~ **wheel** fonókerék; ~ **wool** elektoral gyapjú *(merinó)*; ~ **wool(l)en suitings** merinó(gyapjú) kosztümszövet

Saybolt Universal viscosity (SUV) *ol* Saybolt-viszkozitás

Sayre's sign relation *krist* Sayre-féle előjelkapcsolat

Sb → antimony

SB → simultaneous broadcast; → smooth-bore; → solid body; → starboard; → stuffing box; → switchboard

SBA → standard beam approach (system)

SBC → single-board computer

SBHP → static bottom-hole pressure

SBM → single buoy moor(ing)

SBO → switchboard operator

SBP gasoline → special-boiling-point gasoline

SBR → styrene butadien rubber

SBT → surface barrier transistor

sc → semiconductor; → small capitals

Sc → scandium

SC → service ceiling; → shade carrier; → short circuit; → side-car; → single conductor; → single-contact; → small-calibre; → standard conditions; → steel casting; → storage control; → superimposed coding; → superimposed current; → suppressed carrier

SCA → steel-cored aluminium

scab I. *v* → scabble; **II.** *n ép* összekötő heveder; *önt* pecsenye

scabbiness *önt* pecsenyésedés, ragyás felület

scabbing *önt* felületi kitöredezés

scabble *ép* durván/nagyolva farag *(követ)*, szemcséz

scabbler *ép* kőfaragó (munkás)

scabbling *ép* faragási hulladék *(kő)*; kőfaragás *(durván)*; ~ **hammer** *szersz* faragókalapács, kőfaragó kalapács; ~ **pick** *szersz* faragócsákány

scabby *nyom* foltos; *önt* ragyás

scad *ásv* termésfém

scaffold I. *v ép* állványoz; beállásol; dúcol; **II.** *n bány* ácsolópad, döntőpad; fúrópadozat; padozat; *ép* állás; állvány, munkaállvány, építőállvány; állványzat; bak; bakállvány, lábállvány; emelvény, tribün, lelátó; ürítőpadozat; *koh* bedugulás; befulladás; függőboltozat; tapadék; ~ **board** *ép* állványdeszka; ~ **branch** *fa* vázág; ~ **bridge** *ép* állványzathíd; ~ **car** *vasút* felsővezeték-karbantartó (emelvényes) kocsi; ~ **crane** *ép* ablakdaru; ~ **lighting** *foto* felső megvilágítás; ~ **plank** *fa* álláspalló, állványpalló; ~**-pole** *ép* állványfa; gömbfa *(állványépítéshez)*

scaffolder *ép* állványozó *(munkás)*

scaffolding *bány* döntőpadozat; *ép* ácsolópad; állvány; állványozás, dúcolás; állványzat; bak; beállásolás; falazóállás; mintaállvány; szerelőállvány; *koh* adagoszlop egyenlőtlen levonulása; boltozatképződés; fennakadás; ~ **board** *ép* állványdeszka, állványpalló, állásdeszka; ~ **chain** *ép* állványkapcsoló lánc; ~ **charge** *koh* fennakadt elegy; ~ **fibre/fiber** *tex* fonást elősegítő műszál; ~ **for painters** *ép* festőállvány; ~ **for plasterers** *ép* vakolóállvány; ~ **of girders** *ép* gerendaállvány; ~ **of poles and pullocks** *fa* kidugógerendás és szálfás/londinás állvány; ~ **standard** *ép* állványzati hosszfa; *fa* londina; ~ **timber** *fa* állványfa; ~ **tube** *ép* állványcső

scagliola *ép* műmárvány

scalage mérlegelés

scalar I. *a mat* skaláris, skalár; **II.** *n mat* skalár, skaláris mennyiség, nulladrendű tenzor, skaláris invariáns, invariáns; ~ **calculus** *mat* numerikus kiszámítás; ~ **field** *el* skaláris tér; *mat* skalármező, skaláreloszlás; ~ **function** *mat* skaláris függvény; ~ **invariant** → ~ tensor; ~ **matrix** *mat* skaláris mátrix; ~ **meson** *fiz* skaláris mezon; ~ **multiplication** *mat* skalárral szorzás *(mátrixoké)*; skalárszorzás, skaláris szorzás; ~ **photon** *fiz* skaláris foton; ~ **potential** *fiz* skalárpotenciál; ~ **product** *mat* mátrix és skalár szorzata, mátrix szorzata skalárral; skalárszorzat, skaláris/belső szorzat *(vektoroké)*; ~ **properties of crystals** *krist* kristályok skaláris sajátosságai/tulajdonságai; ~ **quantity** *mat* skaláris érték/mennyiség, skalár; ~ **tensor** *mat* skalár, skaláris mennyiség, nulladrendű tenzor, skaláris invariáns, invariáns; ~ **variational problem** *mat* skaláris variációs probléma

scald *bőr* blansíroz; leforráz; *élip* blansíroz; előfőz

scalded flour csiriz

scalder *bőr* kopasztóteknő

scalding *bőr* (le)forrázás, blansírozás; *élip* (le)forrázás; előfőzés; ~ **of flax** *tex* lenfőzés; ~ **process** kilúgozási eljárás; ~ **tub** *élip* forrázókád

scale[1] **I.** *v* lefoszlik; leválik, lehámlik; levelesen/pikkelyesen leválik; lepattogzik *(festék)*; levakar; lekapar *(lerakódást)*; *élip* fejt *(héjas termést)*; kihámoz, lehámoz; kihüvelyez; **II.** *n* pikkely; var, pörk; lerakódás; kéreg; *heng* salak, pernye; vaspörk; vassziporka; *hőt* kazánkő, vízkő; *koh* fémhab; hártya; reve; reveréteg; vasszilánk; *tex* hámsejt; *vegy* paraffin *(skóciai palás olajból)*; ~**-board** *fa* borítólemez; vékony falemez; *pa* fényképrámalemez; ~ **breaker** *koh* revetörő (állvány); ~ **breaking** *koh* revetörés; ~**-breaking pass** *heng* revetörő üreg; ~ **bucket** serleg reveeltakarításhoz; ~ **formation** kazánkőképződés; vízkőkiválás; *koh* pörkrétegképződés; ~ **forming** kazánkőképző; ~**-free** *koh* revementes; ~**-free hardening** *koh* revementes edzés; ~ **groove** revegyűjtő; ~ **handling** reveeltakarítás; ~ **incrustation** kazánkő; ~ **layer** *koh* reveréteg; ~ **removal** *koh* revézés; ~ **removal by bending** *koh* revétlenítés hajlítással; ~ **resisting steel** *koh* reveálló acél; ~**s** *pl* paraffinpikkely; ~ **solvent** kazánkőoldó; ~ **the boiler** *v* kazánkövet lekalapál; ~ **wax** nyers paraffin *(pikkelyes)*; izzasztott préselt paraffinviasz

scale[2] **I.** *v* lemér, megmér; mérlegel; megmázsál; kalibrál; beosztással ellát; fokozatokra oszt; mérték szerint felvázol; arányokat kiszámít; kiegyenlít; arányosít; *mat, szt* léptéket vált, átskáláz; **II.** *n* sor, sorozat, rangsor; számsor; nagyságrend; fokozat, fok; mérték; méretarány, lépték *(térképé)*; mérleg; mérleg serpenyője/csészéje; skála; (be)osztás *(skáláé)*; léptékvonalzó; mérőléc; mérce; késnyélpajzs; *ép* lépcső; létra, lajtorja; *foto* feketedési köz/terjedelem; *hang* hanglétra, hangsor; skála; *koh* adagmérleg; *közl* díjszabás; táblázat; tarifa; *mat* számsor(ozat); *szt* papírelosztó kar *(mátrixnyomtatón)*; ~ **batcher** adagolómérleg; ~ **beam** mérlegkar; ~**-beam** tolómérlegrúd; karos mérleg; ~ **car** *vasút* mérlegkocsi; ~ **constant** *geof* műszerállandó, skálaállandó; ~ **dial** skálatárcsa; ~ **difference** *geod* léptékkülönbség; ~ **division** skála(be)osztás; ~ **division error** skála(be)osztási hiba; ~ **drawing** arányos méretrajz; *ép* léptékhelyes rajz; ~ **effect** *aut* volumenhatás, skálahatás; *ép* skálahiba, léptékhiba, méretaránybeli eltérés; *ép, hidr* méretarányhatás; *hajó, mech, rep* léptékhatás; ~ **errors** *geod* méretaránybeli eltérések; ~ **extension** skálanyújtás; ~ **factor** *aut* léptéktényező; ~ **fault** skálahiba; ~ **for demonstration** *el* szemléltető/bemutató skála; ~ **for load vehicles** teherjárműmérleg; ~ **height** skálamagasság, léptékmagasság; ~ **illumination bulb** *rád* skálaizzó; ~ **interval** skálaköz, osztásköz; ~ **length** skálahosszúság; ~ **lock** skálaütköző *(műszeren)*; ~ **map** léptékes térkép; ~ **microscope** skálaleolvasású mikroszkóp; ~ **model** léptékhelyes modell; makett; *hidr* kisminta; ~**-model experiment/test** kisminta-kísérlet, modellkísérlet; ~ **numbering** skálaosztás; ~ **of earth quantities** *talt* tömeglépték *(földmű)*; ~ **of fees** díjszabás; ~ **of hardness** *ol* keménységi skála; ~ **of horizontal dispersion** *kat* vízszintes szórásskála; ~ **of map** térkép léptéke/méretaránya; ~ **of operations** *kat* hadművelet nagysága; ~ **of shades** *tex* színskála; ~ **of sparks** *el* szikramérce; ~ **of survey** *geod* felmérés méretaránya; ~ **of the chart** (térkép)lépték; ~ **of two** *aut* kettes leosztás; ~**-of-two circuit** *el* binér leosztó; ~ **of vertical dispersion** *kat* függőleges szórásskála; ~**-pan** mérlegcsésze, mérlegserpenyő; ~ **paper** milliméterpapír; ~ **range** skálatartomány; skálaterjedelem; ~ **ratio** *mat* rövidülés(i arány) *(axonometriában vagy ferde vetületben)*; ~ **reading** skálaleolvasás *(műszeré)*; *geod* főosztás-leolvasás; ~**-reading instrument** skálás műszer; ~**-resistant alloy** *koh* revesedésálló ötvözet; ~ **rule** mérőléc, mérőrúd; mérővessző; léptékes/mértékes vonalzó; *aut* skála(be)osztás; ~**s** *pl* mérleg; ~ **span** *aut* skálatartomány; ~ **stick** *fa* rönkhosszmérő léc; ~ **stretching** *aut* skálanyújtás; ~ **system** skálarendszer; ~ **time** skála befutási ideje, kitérési idő; ~ **transformation** léptékátalakítás, méretátalakítás, skálatranszformáció; ~ **unit** *el* frekvenciaelosztó egység; ~ **value** skálaérték; ~**-value adjustment** skálaérték-beállítás; ~**-value checking** skálaérték-ellenőrzés; ~**-weight** mérlegsúly; ~ **with omitted/suppressed zero** *el* eltolt nullapontú skála; **to** ~ — **not to** ~ lépték szerinti; léptékhelyes — nem léptékhelyes

scaleboard → scale-board

scaled[1] pikkelyes; ~ **annealing** *US önt* feketelágyítás; ~**-off diode** *aut* leforrasztott dióda; ~ **tube** bombacső, forraszcső, lezárt/beforrasztott cső

scaled[2] léptékes, fokbeosztásos, fokbeosztású; ~**-down** csökkentett *(lépték)*, csökkentett léptékű; ~ **drawing** méretarányos rajz, léptékhelyes terv; ~ **radiation detector** *at* szkéleres sugárzásdetektor; ~ **rule** léptékes vonalzó; ~ **tube** kalibrált cső; ~**-up** felnagyított léptékű

scaleless *heng* revementes, revétlen

scalene egyenlőtlen oldalú; ~ **triangle** általános háromszög

scalenohedron *ásv, mat* szkalenoéder

scaler[1] *orv* fogkő-eltávolító; *szersz* kaparó, vakaró; leverőkalapács; vízkővakaró, kazánkőkalapács

scaler[2] fokoló, osztályozó, skálázó; *at, el* frekvenciaosztó *(impulzusszámlálón)*; impulzusszámláló, szkéler; többszámláló-áramkörös impulzusszámláló; *fa* faosztályozó *(dolgozó)*; ~ **circuit** *at, el* számlálóáramkör; ~ **radiation detector** *at* szkéleres sugárzásdetektor; ~ **tube** *el* impulzusszám-leosztó, szkéler

scales *pl* mérleg; → scale[2]

scaliness pikkelyesség

scaling[1] lefoszlás, leválás, lehámlás; levakarás, lekaparás; lehámozás; leválasztás, vízkő-eltávolítás; rétegleválás; vízkőképződés, vízkőkiválás; *bány* faltisztítás; *élip* fejtés *(héjas termésé)*; kihüvelyezés; lehámozás, kihámozás; lehántolás; tisztítás; *önt* levelesedés; ~**-bar** vízkőleverő vasrúd; ~ **chisel** *ép* rozsdátlanító véső; ~ **hammer** leverőkalapács; vízkőleverő/kazánkőleverő kalapács; ~ **jumbo** *bány* kopogózógép; ~ **loss** *heng* reveveszteség, leégés; ~ **machine** *bány* kopogózógép; ~ **tool** kazánkő-eltávolító szerszám

scaling[2] megmérés, lemérés, mérlegelés, megmázsálás; kalibrálás; beosztással (való) ellátás, fokozatokra osztás; lépték szerinti másolás; felvázolás *(mérték szerint)*; aránykiszámítás; kiegyenlítés; arányosítás; *at* léptékmódosítás; *aut* leosztás, méréshatár-választás; skálázás, léptékezés *(analógtechnika)*; *fa* köbözés, méretcsoportosítás; *hang* behangolás meghatározott hangsorba; *távk* leosztás *(lokátoron)*; ~ **by middle diameters** *fa* faközépen mérés; ~ **circuit** *aut, el* skála(áram)kör; számlálóáramkör; *geof* integrálókör; számlálókör; ~**-down** (le)kicsinyítés; ~ **factor** *at* leosztási/számlálási tényező; *krist* skálafaktor; ~**-ladder** rohamlétra, szükséglétra; tűzlétra, mentőlétra; ~ **of logs** *fa* rönkbemérés, készletfelvétel; ~ **rule** *fa* mérőléc, kijelölő cövek; ~ **stage** *el* frekvenciaosztó fokozat, leosztó fokozat, osztófokozat; ~ **stick** *fa* mérőléc, kijelölő cövek; ~ **system** *el* impulzusszámláló, impulzusszámleosztó (berendezés), szkéler; ~ **tube** *aut* leosztó cső; osztócső; *el* bombacső, forraszcső, lezárt/beforrasztott cső; ~**-up** *mat* arányos nagyítás; ~ **valve** *rád* leosztócső

scall gyenge/laza kőzet

scallop I. *v tex* csipkéz; **II.** *n* hornyolás, vágás, mélyítés, díszítő kivágás; *bány* talpcsapolás; *el* kagylótorzítás; *ép* kagylóvonalszerű bevágás; *tex* csipkézés; ~ **surface** *geol* szeldelt terep

scalloping *rep* lengés *(ILS, VOR rádióirányadó irányé)*; *tex* szélcsipkézés *(mintakészítésnél)*; *vid* kagylótorzítás; ~ **machine** *cipő* cakkozógép

scalp I. *v* hántol; *bány* rostál *(durva fajtát)*; *bőr* lefejt; *ép* letarol *(dombtetőt)*; **II.** *n élip* átmenet *(beömlőkereté)*
scalped extrusion ingot *koh* megmunkált felületű, fröccssajtolásra kerülő öntecs
scalpel vakaróvas; *orv* szike, sebészkés
scalper *bány, ép* hasábszita; központfutó szita; *bány, ép, élip* durva lyukú szita; *élip* beömlőkeret; *koh* hántoló hengerpár; hántolójárat
scalping *ép* durvarostálás; előrostálás; *koh* hántolás; ~ **bay** öntvényfaragó csarnok; ~ **machine** *gumi* hámozógép; ~ **screen** rögrosta; *élip* hántolórosta; ~ **shoe** *élip* lengőrosta
scaly pikkelyes; lemezes, lemezelt; hályogos, hámló; vízköves; ~ **overfault** *hidr* pikkelyes rátolódás
SCAMP → simple cost-effective application microprocessor
scan I. *v el, tv* ellenőriz; érzékel; leolvas; letapogat; ütemez; **II.** *n el* nyomvonal *(katódsugárcső ernyőjén)*; *rep* antenna körbeforgása; letapogatás; *távk, tv* képfelbontás, letapogatás; ~ **area** *szt* olvasási/bontási terület; ~ **axis** letapogatás tengelyvonala; ~ **code** *szt* billentyűkód; ~**-control voltage** *aut* letapogatást vezérlő feszültség; ~ **conversion equipment** *rep* letapogatásátalakító berendezés; ~ **converter** *rep* letapogatásátalakító katódsugárcső; ~ **current generator** *el* fűrészfog-generátor; ~ **frequency** *aut* mintavételi frekvencia; *rep* kitérési frekvencia; ~ **line** *tv* (kép)sor; ~ **microscope** letapogatómikroszkóp; ~**-off beam** *el, tv* letapogató sugárnyaláb
scandian, scandic *vegy* szkandiumtartalmú
scandium (Sc) *vegy* szkandium; ~ **oxide** *vegy* szkandium(III)-oxid
scanned interrupt *szt* ütemezett megszakítás
scanner *el, szt* fényceruza; scanner, letapogató, képbontó, lapolvasó, átolvasó, optikai letapogató; *rep* forgó radarantenna; kitérőegység; *távk* forgó lokátorantenna; letapogatóantenna
scanning I. *a el, távk, tv* letapogató, pásztázó; **II.** *n aut* fizikai mintavételezés; *el, távk, tv* (kép)felbontás; letapogatás; pásztázás; *film* kép(fel)bontás; *kat* pásztázás; ~ **antenna** *rep* kereső/letapogató antenna; ~ **aperture** letapogatórekesz; *tv* letapogató apertúra; ~ **area** letapogatási/ellenőrzési terület; ~ **at the receiving end** képösszerakás; ~ **beam** *fiz* képbontó elektronsugár; letapogató sugárnyaláb; ~**-beam current** *el* eltérítősugár-áram, letapogatósugár-áram; ~ **beam of light** *el* letapogatósugár; ~ **coils** *tv* eltérítőtekercsek; ~ **control** *aut* mintavételező/letapogatásos irányítás/szabályozás; ~ **density** *távk* képbontási finomság; ~ **device** *rep* kitérítő fokozat/egység; *szt* dokumentumolvasó/dokumentumbontó készülék, letapogató(berendezés), scanner; ~ **disc/disk** *tv* képfelbontó tárcsa; ~ **drum** *tv* dobletapogató; ~ **electron microscope (SEM)** *szt* pásztázó/letapogató elektronmikroszkóp, SEM; ~ **element** *tv* képbontó elem; letapogatóelem, mintavételező elem; ~**-equipment** letapogatóberendezés; ~ **field** *tv* képmező; ~ **frequency** *tv* letapogatási/mintavételezési frekvencia; ~ **generator** *aut, el* fűrészgenerátor; időalap-generátor, eltérítésgenerátor; ~ **head** *el, forg* letapogatófej; ~ **helix** *távk* képbontó csavarmenet; ~ **hole** *fiz* megfigyelőnyílás, megfigyelőablak; ~ **infrared inspection** letapogatásos ellenőrzés infravörös sugarakkal; ~ **key** *aut* képelem-letapogató; ~ **laser radar** letapogató lézerradar/lézerlokátor; ~ **line** *tv* (kép)sor; ~ **linearity** *el* kitérítés linearitása, lineáris letapogatás; ~ **microscope** letapogatómikroszkóp; ~ **monochromator** *aut* letapogató monokromátor; ~**-mosaic system** mozaikos letapogatórendszer; ~ **motor** *távk* antennaforgató motor; ~ **oscillator** *el* fűrészgenerátor; ~ **pattern** *távk* letapogatási rendszer/mód; ~ **period** *rep* kitérítési periódus; ~ **point** *tv* képfelbontás által eredményezett képpont; ~ **rate** *szt, tv* letapogatási sebesség/frekvencia; ~ **search** *aut, el* letapogató keresés; ~ **slit** *film, tv* jelző- és ütemezőrés; képbontó nyílás, képkeret, képhatároló keret; ~ **spectrometer** *aut* letapogató spektrométer; ~ **speed** *el, tv* letapogatási sebesség; ~ **spot** *tv* képelem, képbontási elem; letapogató elem; ~**-spot infrared system** *aut* infravörös letapogató rendszer; ~ **strip** *tv* sor *(letapogatásnál)*; ~ **switch** *tv* képelem-letapogató; ~ **time** *aut* mintavételi tartam; ~ **transmission film** képbontós filmközvetítés *(ernyőn)*; ~ **transmission electron microscope** *el, fiz* letapogató/pásztázó transzmissziós elektronmikroszkóp; ~ **traverse** *el, tv* letapogató előtolás; ~**-velocity modulation** *aut* letapogatás/mintavételezés sebességmodulációja; ~ **vocoder** *hang* letapogató hangátalakító; ~ **voltage** *el* eltérítési feszültség, kippfeszültség; ~**-wave form** *távk* eltérítő rezgés alakja; ~ **X-ray microanalyzer** *aut* letapogató röntgensugaras mikroanalizátor *(elemek mérésére)*; ~ **yoke** *tv* eltérítőtekercs, eltérítőszerelvény *(letapogató)*
scansion *tv* kép(fel)bontás; letapogatás
scantle feloszt; lemér; levág; kisebbít, méretre vág *(gerendát)*
scantling felosztás, lemérés; levágás, kisebbítés; méretre vágás *(gerendáé)*; kis adag; mintadarab; vázlat, körvonalrajz; *bány* könyökfa; *élip* ászokfa; hordóállvány; *ép, fa* hónaljfa; keskeny méretű palló; ~ **on sheet-piling** *hidr* szádfaldeszkázat
scanty elégtelen; hiányos; kicsi; szűk; ~ **bar** mérethiányos rúd
scapolite *ásv* szkapolit
scappling → scabbling
scar I. *v* karcol; kapar; **II.** *n* karcolás; kaparásnyom; bőrheg; *geol* dudor; karr *(mező, lejtő)*; kőszirt; ragya *(kőzetben)*; *önt* var, felületi szakadás; ~ **paste** *cipő* javítópaszta, csinozóanyag; ~**s** *pl bány* vékony piritrétegek *(szénrétegben)*
scarcement *ép* lábazati párkány
scarf I. *v* ferdén levág/metsz/szélez; összelapol; ferdén lapol *(gerendát)*; *heg* ferde lapolással hegeszt; **II.** *n fa* bevágás; eresztték; fahossztolás; ferde lapolású illesztés; összeeresztés; ~**-built beam** *fa* összecsapolt gerenda; ~**-joint** *fa* csapozás; ferdén fogazott lapolás; lapolt illesztés, csapozás; ~ **weld** *heg* átlapolt varrat *(kovácsoló hegesztéskor)*
scarfed bloom *önt* lángtisztított rúdbuga
scarfing | bed *önt* öntvénytisztító állvány; ~ **cinder** *önt* öntvénytisztítási salak; ~ **torch** *önt* oxigéngyalu
scarification *ép* síklazítás
scarificator *orv* szkarifikátor
scarifier *ép* felszakító berendezés; függesztett talajlazító (szerelék); kövezetfeltépő gép/tüskesor; síklazító; útbontó *(munkás)*; ~ **bucket** *ép* felszakítóputtony; ~ **tool** útbontó kés; ~ **tooth** *ép* síklazító/felszakító fog

scarify *bőr* letisztít; *ép* csákányoz; kövezetet/útburkolatot feltép; *mzg* boronál
scarifying I. *a ép* síklazító; **II.** *n bőr* letisztítás; *ép* csákányozás; kövezet/útburkolat feltépése; síklazítás; *mzg* boronálás; fellazítás *(függesztett talajlazítóval)*; ~ **attachment** *ép* síklazító, függesztett talajlazító (szerelék); ~ **effect** *ép* fellazulási jelenség
scarlet I. *a* bíbor(színű), skarlátvörös (színű); **II.** *n* bíbor, skarlátvörös *(szín)*; ~ **lake** *vegy* skarlátlakk
scarp I. *v* lejtősít; **II.** *n geol* lejtős árokpart; meredek lejtő/part; rézsű
scarping lejtősítés
scarrer mészégető kemencét tisztogató munkás
scathe I. *v* rongál; **II.** *n* megrongálódás
scatter I. *v* elszór, szétszór; eloszlat, szétoszlat; (szét)szóródik; eloszlik; **II.** *n* (szét)szórás; *mat* szóródás, diszperzió, variabilitás, változékonyság; *rep* eloszlás; szóródás; *stat* szórás, szóródás; ~**-band** szórási tartomány; ~ **band of Jominy hardenability** *koh* edzhetőségi sáv; ~ **bombe** *kat* repeszbomba; ~ **diagram** *mat, stat* szórásdiagram; ~ **echo** *fiz* szórt visszaverődés; ~ **propagation** *el* szóródásos terjedés; ~ **read** *szt* szétszórt olvasás
scattered gyér; szórványos; *fiz* diszperz, (szét)szórt; szórt; *szt* szétszórt, széttagolt; ~ **beam** *at* szórt sugárnyaláb; *krist* szórt sugár; ~ **clouds** *rep* szétszórt felhőzet; ~ **gamma-ray logging** *geof* gamma-gamma-szelvényezés; ~ **light** szórt fény; ~ **misfiring** *gép* szaggatott rendszertelen gyújtás; ~ **neutron** *at* szórt neutron; ~ **particle** *at* szórt/szóródott részecske; ~ **radiation** szórt sugárzás; ~ **reflection** *fiz* diffúz/szórt reflexió/visszaverődés, diffúz szórás; ~ **settlement** *ép* településszórvány; ~ **wave** *fiz* szórt hullám; ~ **X-rays** szórt röntgensugárzás
scatterer (szét)szóró *(személy, gép)*; *at* szóró közeg
scattering (szét)szóródás, eloszlás; szórás, elszórás, szétszórás, eloszlatás, szétoszlatás; diffúz/szórt reflexió/visszaverődés, diffúz szórás; *félv* diffúzió; ~ **amplitude** *fiz* szórási amplitúdó; ~ **amplitude matrix** *fiz, krist* szórási amplitúdómátrix; ~ **angle** *fiz* szórási szög; ~ **attenuation coefficient** *at* szórási gyengítési tényező; ~ **cross-section** *at, fiz* szórási (hatás)-keresztmetszet; ~ **event** *at, fiz* szóródás(i jelenség); ~ **factor** *fiz* szórási tényező; ~ **form** *fiz* atomalakfaktor, atomalak-tényező, atomformafaktor, atomforma-tényező; ~ **intensity** *el* szórásintenzitás; ~ **kernel** *at* szórási mag; ~ **length** *fiz* szórási úthosszúság; ~ **matrix (SM)** *mat* szórási mátrix; ~ **mean free path** *at* szórási közepes szabad úthossz; ~ **of neutrons** *at* neutronszóródás; ~ **of particles** *at* részecskeszóródás; ~ **parameters** *el, fiz* reflexiós paraméterek; ~ **path** *at, fiz* szóródási úthossz; ~ **power** *fiz* szóróképesség; ~ **probability** *at* szórási valószínűség; ~ **unsharpness** *el* szór(ód)ás okozta életlenség; ~ **value** *mat* változó érték; ~ **vector** *mat* szórási vektor
scavenge I. *v* eltakarít *(törmeléket)*; (ki)öblít; *gép* átöblít, átfúvat *(hengert)*; **II.** *n* tisztító, öblítő; ~ **filter** *gépk* öblítőszűrő, tisztítószűrő; ~ **flow** *gépk* fúvatott levegő áramlása; ~ **oil** motortisztító/motoröblítő olaj; ~ **pump** *gépk* öblítőszivattyú; ~ **stroke** *gépk* kipufogólöket
scavenger öblítőszivattyú; *vegy* adszorbergyanta; tisztító/mentesítő anyag; ~ **flotation** *bány* utóflotálás
scavenging törmelékeltakarítás; (ki)öblítés; *bány* tisztítóflotálás; *el* (ion)mentesítés *(gázban)*; deionizáció; *gépk* átfújás *(hengeré)*; átöblítés; *koh* salakképző anyag; ~ **air** *bány* fújtatott levegő; *gép* öblítőlevegő; ~ **duct** *gépk* öblítőcsatorna; ~ **engine** *gépk* hengeröblítéses motor *(kétütemű)*; ~ **gas** *vák* öblítőgáz; ~ **gas treatment** *koh* átbuborékoltatás; átöblítés; gázfúvatás; ~ **machine** utcaseprő gép; ~ **pump** *gépk* öblítőszivattyú; ~ **service** fekáliaelszállítás; ~ **slot** *gépk* öblítőrés *(kétütemű dízelmotoron)*; ~ **stroke** *gépk* kipufogólöket
SCB → state control block
SCC → short-circuit current; → single cotton-covered; → single-chip computer; → stress corrosion cracking
SCCS → straight cut control system
SCE → single cotton enameled
scedasticity *mat* szcedaszticitás
scenario *film* forgatókönyv, szövegkönyv; *kat* várható helyzet
scend I. *v hajó* felfelé nyomódik *(hullámzás következtében)*; **II.** *n hajó* felfelé haladó bólintómozgás
scene helyszín; jelenet; színpad; díszlet; ~**-man** kulisszatologató, díszletező (munkás); ~**-painter** díszletfestő; ~**-shifter** → ~-man; ~**-slating attachment** *film* csapó *(kamerára rászerelve)*
scenic pan *film, foto* térpanoráma; úsztatás
scenography díszletfestészet; perspektivikus ábrázolás
scenting illatosítás
SCF → self-consistent field
SCFM → subcarrier frequency modulation
Schäffer's acids *vegy* Schäffer-savak
schapbachite *ásv* matildit, schapbachit
schappe *tex* hulladékselyem; ~ **silk** sappselyem; ~ **spinning** *tex* sappfonás, selyemhulladék-fonás; ~ **yarn** selyemhulladék-fonal, sappfonal
schedule I. *v* tervez; tervbe vesz/beiktat; (be)ütemez; *szt* ütemez, letapogat; **II.** *n* jegyzék, lista, táblázat; program; *ip* terv, előirányzat; ütemezés; ütemterv; *közl* árszabás, díjszabás; *rep, vasút* menetrend; ~ **air transport rating** *rep* légi szállítási díjszabási útmutató; ~ **of construction operations** *ép* építési ütemterv; ~ **of mining** *bány* művelési terv; ~ **of patent fees** szabadalmi illetéktáblázat; ~ **of telephone fees** telefondíjszabás; ~ **speed** menetrendszerű utazási sebesség; ~ **utilization factor** menetrend-kihasználási tényező
scheduled betervezett, beütemezett; menetrendszerű; menetrend szerinti; ~ **air commerce** *rep* rendszeres menetrendszerű légi szállítás; ~ **airlines** *rep* menetrend szerinti légi járatokat üzemeltető légiközlekedési vállalatok; ~ **all-freight operator** *rep* rendszeres áruszállításokat végző járatok; ~ **course** *rep* meghatározott irányszög; ~ **departure time** *rep* menetrend szerinti indulási idő; ~ **downtime** *szt* tervezett veszteségidő; ~ **flight** *rep* menetrend szerinti járat; ~ **international air service** *rep* nemzetközi menetrend szerinti repülések; ~ **maintenance** ütemterv szerinti karbantartás; ~ **operation** *rep* rendszeres menetrend szerinti üzemeltetés; ~ **removal** beütemezett alkatrészcsere; ~ **services** *pl rep* rendszeres menetrend szerinti légi közlekedés; ~ **speed** *rep* menetrend szerinti sebesség; ~ **stopping place** *rep* menetrend szerinti leszállási hely; ~ **traffic** *rep* menetrend szerinti légi forgalom; ~ **trip** *rep* menetrend szerinti járat

scheduler *szt* időzítő, kiosztóprogram; ütemező, ütemezőprogram
scheduling tervezés, (be)ütemezés, folyamattervezés; *aut* kivitelezés/végrehajtás tervezése; ~ **algorithm** *szt* ütemezőalgoritmus; ~ **model** kiviteli/végrehajtási modell
Scheele's green *vegy* Scheele-féle zöld
scheelite *ásv* scheelit
Scheiner scale *foto* Scheiner-fok
schema *el* kapcsolási vázlat; *szt* séma, adatbázis-leírás
schematic sematikus; vázlatos; ~ **circuit** *aut* alapkapcsolás, elvi kapcsolás; ~ **circuit diagram** *el* elvi (kapcsolási) rajz, egyszerűsített ábra/diagram; kapcsolási/szerelési/bekötési vázlat/rajz; ~ **design** *ép* előterv; ~ **diagram** *aut, el* alapkapcsolás, elvi kapcsolás; blokkdiagram, folyamatábra, hatásvázlat; elvi rajz; kapcsolási séma; ~ **drawing** *ép* vázlatos rajz; ~ **flow diagram** *aut* vázlatos folyamatábra; ~ **representation** sematikus ábrázolás
scheme I. *v* vázol, tervez; **II.** *n* tervrajz; tervezet; séma; elrendezés; rajz; vázlat; *el* kapcsolás *(áramkör)*; kapcsolási vázlat; ~ **of technology** *koh* technológiai vázlat; ~ **plan** *ép* alaprajz, tervrajz
scheming vázlattervezés
Schering bridge *el* Schering-híd
Schiebold-Sauter method *krist* Schiebold—Sauter-módszer
Schiff's base *vegy* Schiff-bázis
schiller *geol* csillogás, ragyogás
schillerization *geol* csillogás, ragyogás, fényjáték
Schilthuis material balance equation *ol* Schilthuis-féle anyagmérleg-egyenlet
Schimmelbusch box *bány* Schimmelbusch-doboz
schist agyagpala; ~**-forming process** *geol* elpalásodás; ~ **oil** → shale oil
schistosity *geol* palás elválás/rétegeződés; rétegesség
schistous palás; ~ **coal** *bány* palás szén; ~ **rock** *geol* palás kőzet
schliere *geol* slír
schlieren *pl geol* slír; ~ **method** *opt* feszített árnyékmódszer, slírenmódszer; ~ **microscope** slírenmikroszkóp; ~ **photograph** *opt* slírenfelvétel
Schlippe's salt *vegy* Schlippe-féle só
Schlumberger's Synergetic Log Systems *ol* szinenergetikus szelvényezési rendszerek
Schmidt | (optical) system *opt* Schmidt-optika; ~ **orthogonalization** *szt* Schmidt-féle ortogonalizáció; ~ **orthonormalization** Schmidt-féle ortonormálás
Schmitt trigger *távb* Schmitt-trigger
schnorkel → snorkel
Schoenflies symbol *krist* Schoenflies-szimbólum
schönite *ásv* schönit
Schoop process fémszóró eljárás
schorl *ásv* sörl *(fekete turmalin)*
schorlomite *ásv* schorlomit
Schottky | barrier *el* Schottky-barrier, Schottky-féle határréteg/záróréteg; ~ **barrier diode** *el* fém-félvezető dióda; ~ **barrier FET** fém-félvezető átmenetes térvezérelt tranzisztor; ~ **barrier varactor diode** Schottky-barrier varaktor; ~ **defect** *vegy* Schottky-féle hibahely, Schottky-hiba; ~ **diode** *el* Schottky-dióda; ~ **disorder** *krist* Schottky-féle rendezetlenség; ~ **effect** *el* Schottky-jelenség, Schottky-effektus; ~ **noise** *el* söréthatás, sörétzaj, Schottky-zaj; ~ **TTL** *szt* Schottky TTL; ~ **vacancy** *krist* Schottky-féle üres hely *v.* defektus
Schreiner (silk) finish *tex* schreinerezés, szimilírozás, fekete pamutszatén fényesítése
schreinerizing *tex* schreinerezés
schroeckingerite *ásv* schröckingerit
Schrödinger | equation *fiz* (Schrödinger-féle) hullámegyenlet; Schrödinger-egyenlet; ~ **wave function** *fiz* hullámfüggvény, (kvantummechanikai) állapotfüggvény, Schrödinger-függvény
schrot effect/noise *fiz* söréthajtás, sörétzaj, Schottky-effektus
Schuhmann-Gaudin distribution *bány* Schuhmann—Gaudin-eloszlás
Schwarz inequality *mat* Schwarz-egyenlőtlenség
schwatzite *ásv* schwatzit
schweinfurt green *vegy* schweinfurti zöld *(festék)*
Schweizer's reagent *vegy* Schweizer-reagens
Schwinger radiation *at* szinkrotronsugárzás, ciklotronsugárzás, Schwinger-sugárzás
sciagram röntgenárnyékkép, röntgenárnyék-felvétel
science tudomány; természettudomány(ok); ~ **and art of town-planning** *ép* városépítészet; ~ **of colo(u)r** színelmélet; ~ **of fluid flow** *fiz* áramlástan, folyadékok és gázok mechanikája; ~ **of heat** hőtan; ~ **of light** fizikai optika/fénytan; ~ **of light reflection** katoptrika, fényvisszaverődés-tan, reflexióelmélet; ~ **of metals** fémismerettan, metallográfia; ~ **of reflection and refraction of light** katadioptrika, fényvisszaverődés és -törés tana; ~ **of reliability** megbízhatóságelmélet; ~ **of the strength (of materials)** szilárdságtan
scientific tudományos; ~ **device** műszaki-tudományos készülék; ~ **management (of labour)** tudományos munkaszervezés; ~ **measuring tools** tudományos mérőeszközök; ~ **notation** *szt* tudományos jelölés, kitevős alak; ~ **research institute** tudományos kutatóintézet; ~ **satellite** tudományos/műszeres mesterséges hold
scintigram *at, aut* szcintigram
scintigraph *fiz* szcintigráf
scintillate *at, fiz* szcintillál; *csill* vibrál; *el* felvillan, szcintillál; szikrázik
scintillation *at, fiz* felvillanás; szcintilláció; *csill* pislogás; *met* szcintilláció; ~ **coincidence spectrometer** *fiz* szcintillációs koincidenciaspektrométer; ~ **counter** *at, geof* szcintillációs számláló/detektor; ~ **counting** *at* szcintillációs számlálás; ~ **crystal** szcintillációs kristály; ~ **detector** szcintillációs detektor; ~ **layer** szcintilláló réteg; ~ **photomultiplier** szcintillációs fotosokszorozó/fotomultiplier; ~ **scanner** *fiz* szcintigráf; ~ **screen** szcintilláló/felvillanó ernyő; ~ **spectrometer** szcintillációs spektrométer
scintillator *at* szcintillátor, szcintilláló anyag; ~ **prospecting radiation meter** → scintillometer
scintillometer *at* szcintillációs számláló; *el* szikramérő; villanásmérő; *met* szcintillométer
scintiscanner *fiz* szcintigráf
scissels *pl* fémhulladék
scission vágás; metszés; hasítás; *at* hasadás; *vegy* bomlás *(vegyületé)*; ~ **of chain** *műa* láncszakadás
scissor | junction *közl* hegyesszögű/ferdeszögű kereszteződés; ~ **lift,** ~**-type lifting platform** *ép* ollós munkapad

scissors *pl* olló; *közl* olló alakú útkereszteződés; ~ **bridge** *kat* ollóhíd *(összehajtható)*; ~ **faults** *pl geol* csuklós vetődések; ~ **telescope** ollós távcső
sclare silk *tex* selyemfonási hulladékok
SCLC → space-charge limited current
scleroclase *ásv* szkleroklász
sclerometer *any* karcolási keménységmérő; szklerométer, Shore-keménységmérő
sclerometric *any* szklerométeres, szklerometrikus; ~ **hardness** *any* karcolási keménység; Mohs-féle karcolási keménységi szám
scleronomous időtől független, szkleronóm
scleroprotein *vegy* szkleroprotein
scleroscope *any* Shore-féle keménységmérő; szkleroszkóp; ~ **hardness** *any* Mohs-féle karcolási keménységi szám, Shore-féle keménység, keménység; *any, koh* szkleroszkópos/szkleroszkopikus keménység; ~ **hardness test** *koh* szkleroszkópos keménységvizsgálat; szkleroszkópos keménységvizsgálat
scobs *pl koh* reve
scoop I. *v* kiváj; kiürít; merít; kimer *(vizet)*; *fa* hornyol; *hidr* kotor; **II.** *n* lapát *(öblös)*; (merítő)kanál; *bány* fenék nélküli saraboló; kanálfúró; *ép* nyesőláda; *hajó* vízhányó lapát; *koh* merítőkanál; *rep* légszívó torok; szívószáj; ~ **car** *bány* elöl billenő csille; ~ **chain** serleges/kanalas lánc; *hidr* puttonylánc, kotrólánc; ~ **clamshell** markolókanál; ~ **dredger** *ép* vedersoros/puttonysoros/kanalas kotró; ~ **feeder** serleges adagolóberendezés; ~ **flight conveyor/conveyer** *ép* serleges elevátor; ~ **inlet** *rep* süllyesztett légszívó torok; ~ **pan self-loading scraper** *ép* kerekes földnyeső, szkréper; ~ **shovel** *ép, koh* kanalas rakodógép; ~ **tube** merítőcső *(vízfelvételhez)*; ~ **vane** merítőputtony *(kotrógépé)*; ~ **wheel** *hidr* vízemelő kerék
scooper *ép* rakodókotró; *nyom* háromélű véső; ~ **attachment** *ép* hidraulikus rakodókanalas szerelék
scooping merítés; *vasút* vízvételezés *(megállás nélkül)*
scooter *bány* kötélvontatású vonszoló/saraboló; *hajó* jégvitorlás; motoros siklócsónak; *közl* robogó; ~ **ramp** *bány* ürítőpad; ~**-shooter** *kat* dzsipre épített páncéltörő ágyú
scope körzet, határ *(mérésé)*; *aut* érvényességi tartomány; *geod* kiterjedés; *gép* működési lehetőség; *kat* hordtávolság; *mat* műveleti hatókör *(pl. logikai jelé)*, hatáskör; *rep* radarernyő; *szt* oszcilloszkóp; *távk* panoráma-rendszerű katódsugárcső, képcső; ~ **of measurements** *geod* mérési körzet/határ; ~ **of test** kísérlet célja/tartalma; kísérleti terület; ~**-presentation target simulator** *rep* célokat radarernyőn feltüntető szimulátor; ~ **target** *rep* cél jele a radarernyőn
scopolamine *gyógyv* szkopolamin, nioszcin *(alkaloid)*
scorch I. *v gumi* idő előtt vulkanizálódik, beég; *műa* elég; megpörkölődik; **II.** *n gumi* beégés; korai vulkanizálódás; szkorcsolás; *koh* irányított kristályosodás; reve, oxidhártya; ~ **retarder** *gumi* szkorcsgátló
scorched *gumi* égett; ~ **ingot** *koh* nagyszemcsés öntecs; ~ **rubber** *gumi* idő előtt vulkanizálódott gumi; szkorcsolt gumi
scorching kiégetés; *gumi* beégés; *koh* elégetés *(agyonégetés)*
scorchy *gumi* égett; ~ **accelator** *gumi* ultragyorsító, beégésveszélyes
score I. *v* felszaggat *(felületet)*; barázdákat von; *alak* hornyol; nyakal; **II.** *n* bemetszés; horony; *nyom* gondolatjel; ~**-board** → scoreboard; ~ **cutter** *pa* tekercsvágó gép; ~ **mark** karcjel
scoreboard eredményhirdető/eredményjelző tábla, eredményszámláló táblázat/szerkezet
scored piston hornyolt dugattyú
scoria *geol* likacsos láva; vulkáni salak; *koh* salak; ~ **lead** *koh* ólomhamu; ~ **moraine** vulkanikus hamulerakódás
scoriaceous salakszerű; ~ **structure** *geol* salakos szerkezet; salaktextúra
scorification *koh* (el)salakosítás; elsalakosodás; salakképzés; salakképződés; salakkiválás; ~ **fusion** *koh* ólmosító olvasztás
scorifier *koh* fémvizsgáló óloműző (próba)tégely
scorify *koh* (el)salakosít; lesalakol
scorifying elsalakosítás; ~ **additive/agent** *koh* elsalakosító pótlék
scoring bemetszés; hornyolás; *film* hang és kép egyeztetése; *gép* berágódás; *pa* hornyolás, völgyelés, rillezés
scotch[1] **I.** *v* bevág, bemetsz; *ép* doroszol; **II.** *n* rovátka; ék; vágás; *vasút* féksaru, féktuskó; ~**-block** *vasút* féksaru; ~ **block derail(er)** *vasút* kisiklasztó saru; ~ **cleaner** *önt* faragóvéső; ~ **trowel** *ép* simítólapát *(négyszögletes)*
Scotch[2] skót; ~ **brake** skót fék, csillefék *(bányacsillén)*; ~ **derrick (crane)** *ép* merevtámaszú Derrick-daru; ~ **derricking jib crane** merevtámaszú Derrick-daru; ~ **dresser sizing** *tex* írezés skót írmezőn; ~ **dressing machine** *tex* skót írezőgép; ~ **fingering** gyapjúfonal kötött árukhoz; ~ **finish** skót szövetkikészítés; ~ **tape** *US* cellux, átlátszó ragasztószalag; ~**-tape** (meg)celluxoz, celluxszal megragaszt; ~ **yoke drive** *gép* háromszög-kapcsolórudas hajtómű
scotched *ép* doroszolt
scotcher *bány* csillefékfa
scotching *ép* doroszolás
scotia *ép* homorú párkánytag *(oszloplábazaté)*
scotopia → scotopic vision
scotopic vision *opt* sötétben látás, szkotopikus látás; szürkületi látás
Scott | connection *el* Scott-kapcsolás; ~**-tandem welding** ívhegesztés Scott-formátorral
scour I. *v* lekoptat; zsírtalanít; *bőr* (le)húsol; simít; *forg* (le)hántol; *hidr* alámos, kimos, kiüregel, kiváj; *tex* mos *(gyapjút)*; öblít; **II.** *n forg* (le)hántolás; *geol, hidr* alámosás; kiüregelés; ~ **protection** *hidr* fenékbiztosítás; kimosás elleni védelem; ~ **under a pier** *ép* cölöp alámosása/aláüregelése
scoured *geol* alámosott
scourer *élip* hámozógép; hántológép, hántolómalom; *tex* folttisztító; ~**-cylinder** *mzg* hengeres gabonatisztító
scouring dörzsölés; kikopás *(kemencefalazaté)*; *bány* omlásban fenntartott vágat; *ép* vakolat elsimítása; *hidr* kimosás, alámosás, üregképződés; *koh* kimaródás; *tex* lefőzés; mosás *(gyapjúé)*; ~ **agent/assistant** *tex* mosószer; ~ **barrel** koptatódob; ~ **bowl** *tex* mosókád; ~ **box** tisztítószekrény; ~ **case** *élip* hámozógépdob; ~ **cradle** *tex* öblítőasztal; ~ **cylinder** *élip* hámozógép verőléces hengere; ~ **knife** *bőr* taszítókés; ~ **machine** *tex* hámtalanító tisztítógép; ~ **paper** súrolópapír; ~ **petrol** foltbenzin; ~ **plant** *tex* gyapjúmosó üzem; ~ **power** mosóhatás; ~**s** *pl élip* hámo-

zógépi hulladék; ~ **sluice** *hidr* fenékbeeresztő; hordaléklebocsátó zsilip; lebocsátózsilip; ~**-solvent system** *tex* oldószeres gyapjúmosás; ~ **stick** *tex* folttisztító rúd; ~ **stone** *bőr* kinyújtó/kitaszító kő

scourproof *hidr* kimosásbiztos, kiüregelés ellen biztosított

scout *kat* felderítő; *közl* „sárga angyal"; ~ **car** felderítő páncélos (jármű); ~ **plane** felderítő repülőgép

scouting patrol service *bány* felderítő járőrszolgálat

scow dereglye; *bány* vonszolólemez; ~ **bridge** *bány* szintes rakodópad; ~ **mining** vonszolólemezes művelés

SCR → semi-controlled rectifier; → short circuit ratio; → silicon controlled rectifier

scrag rugót előfeszít/előhajlít

scraggy *pa* felhős

scram I. *v at* hirtelen leállít; **II.** *n at* gyorsleállítás; vészlezárás, vészlekapcsolás, biztonsági lezárás/lekapcsolás; ~ **button** *at* biztonsági/vészleállító gomb; ~ **delay** *aut* gyorsleállítási/lekapcsolási késés/idő; lekapcsoláskésleltetés, kikapcsoláskésleltetés; ~ **mechanism** gyorsleállítási/lekapcsoló mechanizmus; ~ **rod** *at* biztonsági/vészleállító rúd; ~ **switch** gyorsleállító kapcsoló; ~ **time** gyorsleállítási idő

scramble-wound *el* kuszált tekercselésű; *tex* rendetlenül gombolyított

scrambler *kat, távk* rejtjelző; zavaró(állomás)

scramjet (supersonic combustion ramjet) *rep* hangsebesség feletti torlósugár-hajtómű

scramming *bány* fejtés vízszintes szeletekkel, szeletes fejtés

scrap I. *v* kiselejtez; **II.** *n* törmelék; szemét; selejt; hulladék; ócskafém, ócskavas; *pa* szélhulladék, eselék; ~**-and-coke practice** *önt* ócskafém- és kokszfelhasználás technológiája; ~**-and-hot metal practice** ócskafém-felhasználásos folyékony öntöttvas-előállítási technológia; ~**-and-pig process** ócskavaseljárás; ~ **baling/bundling press** *koh* hulladékbálázó prés/sajtó; ~ **bin** *önt* hulladéktároló tartály; ~**-carburization process** *koh* hulladékkarbonizáló eljárás; ~**-charging car** *koh* ócskavas-adagoló kocsi; ~**-cost analysis** *ip* selejtből adódó költség elemzése; ~ **crushing plant** *koh* hulladékaprító berendezés; ~ **cutter** forgácsdaraboló gép; ~ **disposal** *koh* hulladékbegyűjtés; ~**-drop crane** ócskavaszúzó daru; ~ **for cooling** *koh* hűtőhulladék; ~ **glass** üveghulladék; üvegcserép, üvegtörmelék; ~ **heap** ócskavashányó; ~ **iron** törtvas, ócskavas; ~ **leather** bőrhulladék; ~ **mark** *koh* behengerlés; ~ **metal** fémhulladék; ~**-metal ratio** *koh* betétarány; ~ **of blooms** *koh* bugahulladék; ~ **preheating** *koh* hulladék-előmelegítés; ~ **preparation** *koh* hulladék-előkészítés; ~ **rail** *vasút* sínhulladék; ~ **returns** *pl koh* visszatérő hulladék; ~**s** *pl* papírselejt; hulladék; *tex* kilós maradék/ruha; ~ **shear** *koh* hulladékolló; ~ **steel** *koh* acélhulladék; ~ **value** ócskavasérték; ~ **yard** ócskavastelep; *koh* hulladéktér; *környv* autótemető

scrape I. *v* kotor; kapar; (le)hántol; (le)vakar; *bány* sarabol; *fa* körülfarag *(fát)*; vonókéssel kapar; *forg* hántol, sáberol; **II.** *n* kaparék; ~ **chiller** *ol* kaparós mélyhűtő, kaparócsigás csiller; ~**-dozer** lánctalpas földnyeső; ~**-finished** tusírozott; *forg* hántolt; ~ **off** *v bőr* hús- és zsírmaradékot eltávolít; ~ **wall-chiller** → ~ chiller

scraped kapart *(fafelület)*; *forg* hántolt; ~ **finish** hántolt felület; ~ **slide-way** *forg, gép* hántolt vezeték; ~ **surface** tusírozott felület

scraper kaparó; vakarókés, vakaróvas; festőkés; *bány* porvonó, saraboló; sarabolókotró; *élip* kaparókés *(dobszárítóé)*; *ép* földnyeső (gép); kocsizóeke; ledobóeke; szkréper; *fa* rönktisztító munkás; *forg* hántoló, sáber; hántolókés; *pa* kaparó(kés); *talt* talajgyalu; *tex* kaparóhenger; ~ **bar** *bány* vonszolólapát; ~ **blade** *élip* leszedőkés; *gumi* gumibaba-levágó kés; *mzg* saraboló vágóéle; ~**-board** *pa* kaparólemez; krétalemez; ~ **bowl/box/bucket** *bány* sarabolóláda; *ép* kotróláda; nyesőláda; ~ **chain** kaparólánc; ~ **chain conveyer/conveyor** *bány* láncos csúszda; *ép* földnyeső kaparószalag; ~ **chain loader** *ép* kaparóláncos rakodógép; ~ **conveyer/conveyor** *bány* láncos csúszda; *em* kaparólánc; *ép* láncos kaparó; ~**-dozer** *ép* lánctalpas földnyeső; ~ **drift** *bány* sarabolószint; ~ **drive** *ép* földnyesőhajtás; ~ **excavator** *ép* vontatott földnyeső, közönséges szkréper; ~ **file** lehúzóacél; ~ **flight** *forg* vakaróvas-sorozat, hántolósorozat; ~ **haulage** *ép* sarabolószállítás; ~ **hauler** *bány* sarabolószállító *(munkás)*; ~ **hauling** *ép* sarabolószállítás; ~**-headed capacity** *bány* saraboló maximális befogadóképessége; ~ **hoist** *bány* sarabolóvitla; ~ **installation** *ép* kotróládás rakodógép; ~**-level** *bány* sarabolószint; ~ **link** kaparóláncszem; ~**-loader** saraboló rakodó; öntöltő saraboló; ~ **mining** bányászat sarabolással; ~ **pan** *bány* sarabolószekrény; ~ **paper** átnyomópapír, kaparópapír; ~ **pig trap** *ol* csőgörényállomás; ~ **plane** *szersz* vonópengegyalu; ~ **pusher** *bány* sarabolóindító; *ép* szkrépertoló *(nyesőmenetben)*; tolótraktor; ~ **ring** *gépk* olajlehúzó gyűrű; ~ **rope** *bány* sarabolókötél; ~ **set** *forg* hántolósorozat; ~ **shovel** *ép* kotrólapát; ~**-stock capacity** *bány* saraboló befogadóképessége; ~**-tail gate** *mzg* saraboló hátsó fala; ~ **through conveyer/conveyor** *bány* lemeztagos szállítószalag; ~ **tractor** *ép* szkrépervontató; ~ **trailer** *ép* vontatott földnyeső/szkréper; ~**-type bucket elevator** *ép* serleges kotró; ~**-type classifier** *bány, ép* kaparóláncos osztályozó; ~ **tyre** *gumi* földmunkagépköpeny; ~**-weighing bin** *ép* géplapátos etetésű mérőedény; ~ **winch** *bány* sarabolóvitla; ~ **work** *forg* tusírozás

scraperboard → scraper-board

scraping (le)kaparás; (le)vakarás; *bány* sarabolás; *élip* kiőrlés *(hengerszéken)*, utánhántolás; *ép* nyesés; *fa* körülfaragás; *forg* hántolás, sáberolás; ~ **belt/band** *bány, ép* kaparószalag; ~ **conveyor sludge dredger** *hidr* kaparószalagos iszapkotró; ~ **cut** *forg* hántoló fogás; ~ **iron** hántoló; kaparóvas; ~ **of bran** *élip* korpakiőrlés *(finoman rovátkolt hengereken)*; ~**-out cutter** *forg* üregelő, húzómaró; ~ **paper** kaparópapír; ~**s** *pl* fafforgács, reszelék; fémforgács, fémhulladék; ~ **tool** hántolószerszám

scrapping kiselejtezés

scrappy hulladékszerű

scratch I. *v* vakar, karcol, kapar; *szt* letöröl *(lemezt, állományt)*; **II.** *n* karcolás; karcolt jelzés; repedés; *rád* sercegés; *szt* törlés, kiindulóhelyzet, nullpont; ~ **area** *szt* (memória) munkaterülete; ~ **awl** rajzolótű; *nyom* karcolótű, sáber; ~ **brush** kaparókefe, drótkefe; „kraccolókefe" *(korongkefe acélhuzalból)*; *mzg* vakarókefe; *önt* korongos huzalkefe; ~**-brush ma-**

chine vakarógép; ~-**card** dörzspapír; ~-**coat** *ép* durva alapvakolat; ~-**condenser** *ol* kaparós mélyhűtő, kaparócsigás csiller; ~ **file** *szt* munkaállomány; munkafile; ~ **filter** tűzajszűrő *(lemezjátszóé)*; ~ **hardness** *any* karcolási keménység *(Martens szerint)*; *ásv* Mohs-féle (karcolási) keménységi szám; ~ **hardness tester** *any* karckeménységmérő; ~-**memory** *szt* kisegítő gyorstár; ~ **off** *v* kikapar, letöröl; ~-**pad memory** *szt* gyors munkaterület; scratchpad memória; ~ **purifier** *élip* dercetisztító; ~-**recording strain ga(u)ge** *any* karcolva író nyúlásmérő; ~ **resistance** *műa* karcolásállóság; ~ **rolls** *élip* felbontó/kiőrlő rendszerek/hengerek; ~ **test** *any* karckeménységmérés; karcolópróba; ~ **work** *ép* sgraffitóvakolat

scratched *geol* karcolt; ~ **boulder** egyenetlen (karcolt) kőzet; ~ **roll** *élip* finoman rovátkolt henger

scratcher kotróvas; kaparó; ~ **for zinc** *szersz* horganytépő

scratching | **hardness** *ásv* karcolási keménység; ~ **machine** *nyom* bevágógép, riccelőgép

scratchpad → scratch-pad

scree *geol* lejtőtörmelék; törmeléklejtő; ~ **breccia** morénabreccsa

screed I. *v* elsimít; **II.** *n ép* (beton)simítás, kiegyenlítő beton; gipszprofil; iránylécl; lehúzódeszka, lehúzólap *(csempézésnél, betonozásnál)*; ~ **board** lehúzópalló, simítópalló; ~ **off** *v ép* elsimít, lesimít

screeding *ép* lehúzás, simítás; ~ **board** simítópalló

screen I. *v* szűr; *film* vetít; **II.** *n* szita, rosta; ellenző *(kályháé)*; (védő)rács; *bány, gép* osztályozó; *ép* szentélyrekesztő fal; válaszfal, közfal, rekeszfal; védőfal; *film* (vetítő)ernyő; díszletezett műterem; fényellenző; *hidr* (sűrű) gereb, rács *(uszadék- és hordalékfogó)*; *mzg* rosta, szita; *nyom* raszter; *ol* szűrő; *pa* (sík)csomófogó; osztályozó(gép), szita(szakasz); *rád, távk* árnyékolás; *rep* árnyékolás; ernyő, radarernyő; *tex* fátyol; függöny *(ernyő)*; *tv, szt* képernyő; ~ **absorptance** *el* árnyékolás abszorpciós együtthatója; ~-**actinic efficiency** *film* vetítőernyő világító hatásfoka; ~ **afterglow** *at, tv* képernyő-utólumineszkálás; ~ **analysis** szitaelemzés; ~ **aperture** lyukbőség *(rostán)*; ~ **body** *mzg* rostaszekrény; ~ **bottom column/tower** *ol* szitafenekű (*v.* perforált tányéros) kolonna; ~ **brightness** *film* vetítési fényerő; ~ **buffer** *szt* képernyőtároló; ~ **burning** *el* ernyőbeégés; *távk* képernyő „kiégése"; ~ **cap** *rád* árnyékolósapka; ~ **classifier** osztályozó szita(sor); ~ **cloth** *bány* szitaszövet; *ép* rostafonat; ~ **control** *szt* képernyőkezelés; ~ **current** *tv* ernyőáram; ~ **deck** *ép* rostalap; szitalap; ~ **display unit** *szt* képernyős megjelenítő, display; ~ **dissipation** *rád* segédrács-disszipáció; ~ **distance** *nyom* rasztertávolság; ~ **editing** *szt* szerkesztés képernyőn; ~ **editor** *szt* szövegszerkesztő *(képernyő méretén belüli)*; ~ **efficiency** *foto* díszlethatás; ~ **fabric** *ép* rostafonat; ~ **factor** *el* elnyelési tényező; védő tényező *(gyenge- és erősáramú vezetékek között)*; *foto* szűrési tényező; ~ **frame** *bány* szitakeret; szitaszekrény; *ol* szűrőváz; ~ **glass** *gépk* szélvédő üveg; ~ **grid (sg)** *el, rád* árnyékolórács; segédrács; védőrács; ~-**grid bias** *el* árnyékolórács-előfeszültség, segédrács-előfeszültség; ~-**grid characteristics** *el* segédrács-jelleggörbék; ~-**grid circuit** *el* segédrácsáramkör; ~-**grid connection** *el* védőrácskapcsolás; ~-**grid current** *rád, távk, el* árnyékolórács-áram, segédrácsáram; ~-**grid dissipation** *el* árnyékolórácsveszteség, segédrács-veszteségteljesítmény; ~-**grid input** *el* segédrácsbemenet; ~-**grid modulation** *el* árnyékolórács-moduláció; ~-**grid tension** *el* segédrácsfeszültség; ~-**grid tube/valve** *el* árnyékolórácsú elektroncső; ~ **guard** *élip* rostavédő; ~ **heating** *hidr* gerebfűtés; ~ **jetting** *ol* vízkútszűrő-mosatás; ~ **loss** szűrőellenállás; ~ **mesh** *ol* szűrőszövet; ~ **microscope** rasztermikroszkóp; letapogatómikroszkóp; ~ **modulus** szitasorozati hányados; ~ **number** szitaszám; ~ **opening** *ol* vízkútszűrő beömlőnyilása; ~ **out** *v* kiszitál, kirostál; takar; véd; fed *(árnyékol)*; *bány* osztályoz; *film* filmre alkalmaz; *hidr* kiszűr *(gerebbel vagy ráccsal)*; *opt* vetít; *rád* árnyékol *(rádiócsövet)*; ~ **oversize** *bány* durva szem; szitamaradvány; ~ **oversize distribution curve** *bány* szitamaradvány-görbe; ~ **pack** *élip, műa* szitaköteg; ~ **paper** tapétapapír; ~ **persistance characteristic** *el* utánvilágítás lecsengési karakterisztikája; ~ **photograph** *fiz* ernyőkép, röntgenfelvétel, radiográf; ~ **pipe** *bány* ejtőszűrő; *ol* szűrőcső; ~ **pitch** *nyom* rasztertávolság; ~ **plate** *ép* rostalemez; szitalemez; *pa* osztályozólemez, szitalemez; ~ **print** *szt* szitanyomás *(vonalkódnyomtatás)*; ~ **printed board** *szt* szitanyomással készült kártya; ~ **printing** *nyom, tex* filmnyomás; keretnyomás; szitanyomás; ~-**printing carriage** *tex* filmnyomó kocsi; ~-**printing fabric** *tex* szitaszövet; ~-**printing table** *tex* filmnyomó asztal; ~ **process** *nyom, tex* szitanyomás; ~ **read** *szt* képernyőolvasás; ~ **recording device** képernyős feljegyző berendezés; ~ **reject** *ép, környv* rostamaradék, rostálási hulladék/maradék; ~ **riddle** *any, ép* vibrációs szita, rezgőszita; ~-**room** *élip* gabonatisztító részleg, koptató; *pa* feldolgozó üzemrész; ~-**room diagram** *élip* gabonatisztítási folyamatábra; ~**s** *pl pa* szitamaradék, skrenc, skrencpapír; ~ **scale** szitasorozati hányados; *ép* szitasor; ~ **set** szitakészlet, szitasorozat; ~ **settling technology** *el* ernyőkészítési technológia; ~ **shield** *foto, opt* fényellenző; ~ **size** *any, ép* szemnagyság; ~ **sizing** *ép* szemcseméret szerinti osztályozás; ~ **slot** *gépk* páramentesítő rés *(szélvédő alatt)*; ~ **spray** *gépk* szélvédő-fecskendező *(ablaktörlőn)*; ~ **string** *ol* szűrőcsőrakat; ~ **test** *ép, mzg* szitaelemzés; ~ **tube** falazatvédő cső *(kazánon)*; ~ **underflow** *bány* szitaáthullás; ~ **undersize** *bány* finom szem; szitaáthullás; ~ **undersize distribution curve** *bány* szitaáthullási görbe; ~ **washer** *gépk* szélvédő-fecskendező *(ablaktörlőn)*; ~-**wiper** *gépk* ablaktörlő; ~ **wire** szitahuzal, szitakötő huzal

screened osztályozott; takart; zsalus; elsötétített *(árnyékolt)*; *el* árnyékolt; *ép* rácsos; *hang* hangárnyékban levő; ~ **aggregate** *ép* osztályozott adalékanyag; ~ **antenna** *távk* árnyékolt (ellensúlyos) antenna; ~ **cable** *el* árnyékolt kábel; ~ **chamber** *el* védelemmel ellátott kamra; ~ **circuit** *el* árnyékolt áramkör; ~ **coal** *bány* osztályozott/rostált szén; ~ **condenser** *el* zavarszűrő kondenzátor; ~ **gravel** *ép* osztályozott kavics; *hidr* szűrőkavics; ~ **grid** → screen grid; ~ **loop(-aerial)** *távk* árnyékolt keretantenna; ~ **ore** válogatott érc; ~ **refuse** osztályozott rostahulladék; ~ **resistance** *el* zavarszűrő-ellenállás; ~ **room** *fiz* Faraday-kalitka; *távk* árnyékolt szoba; ~ **sand** *ép* osztályozott homok; ~ **spark-plug** *gépk* árnyékolt gyújtógyertya; ~ **spark-plug cap** *gépk* árnyékolt gyújtókábel-csatlakozó; ~ **U-Adcock** *el* árnyékolt U-Adcock; ~ **valve** *el* árnyékolt rácsú (elektron)cső; *gépk* árnyékolt szelep; ~ **wiring** *el* árnyékolt vezeték(ek)

screener osztályozó berendezés

screening szitálás; rostálás; árnyékolás; finom síkszita-berendezés; rácsszemét *(szűrőn)*; *bány* dúsítás ülepítőgéppel; *el* (le)árnyékolás; *ép, geol* szemcseméret/szemcsenagyság szerinti osztályozás; zúzalék; *krist* árnyékolás; *orv* (röntgen)átvilágítás; *pa* szitaosztályozás; ~ **action** *el* árnyékolóhatás, ernyőhatás; ~ **agent** füstfejlesztő anyag *(füstfüggönyhöz)*; ~**-and-washing plant** *ép* osztályozó- és mosóberendezés; ~ **apparatus** *el* átvilágító készülék; ~ **board** *pa* burkolókarton; ~ **bottom** *ép* rostalap; ~ **box** *el* védőfülke; ~ **cage** *el* elektrosztatikus árnyékolás, Faraday-kalitka; ~ **can** *el* árnyékolósapka, árnyékolóbura; ~ **case** *mzg* szitás rázószekrény *(cséplőgépben)*; ~ **cloth** szitaszövet; ~ **constant** *el* árnyékolási állandó; ~**-cylinder** *pa* szitahenger, osztályozóhenger, triőrhenger; ~ **deck** *ép* rostalap; ~ **drum** dobszita; ~ **effect** *el* árnyékoló hatás; ernyőhatás; ~ **efficiency** *bány* szitálás hatásfoka; ~ **factor** *el* árnyékolási tényező; ~ **grid** *el* árnyékolórács; ~ **length** Debye-féle árnyékolási hossz; ~ **machine** *élip* csírátlanító; *koh* rostálógép; ~ **plant** *bány* osztályozómű, osztályozóberendezés; ~ **process** *ép* rostálási folyamat; ~ **refuse** *bány* szitamaradvány; ~**s** → screenings; ~ **sphere** *at* sugárvédő gömb; ~ **stand** *el* átvilágító készülék; ~ **unit** *aut* zavarszűrő berendezés

screenings *pl* rostalja; *hidr* rácsszemét; ~ **cutter/grinder** *hidr* rácsszemétaprító; ~ **disposal** *hidr* rácsszemétkezelés; ~ **wrapping** *pa* alsórosta-bevonat *(forgácsosztályozónál)*

screenload *szt* a képernyőn egyszerre megjeleníthető karakterek száma

screw I. *v* összecsavaroz, csavarozással köt; összenyom *(csavarral)*; **II.** *n* (fejes) csavar; *élip* dohánycsomag *(papírba csavart)*; *gép* csiga; *gumi, műa* extrudercsiga; *hajó* hajócsavar, propeller; *koh* állítóorsó; *mech* csiga; erőcsavar; *rep* légcsavar, propeller; ~ **anchoring system** *ép* menetes lehorgonyzás; ~**-and-yoke type gate valve** külső csavarorsós tolózár; ~ **aperture** *hajó* hajócsavar nyílása *(fartőkében)*; ~ **arbor** *szersz* menetes tüske; ~ **auger** *ép, mzg* szállítócsiga; *ol* spirálfúró; ~ **axis** *krist* csavartengely; ~ **base** *el* csavaros aljzat; menetes fej; menetes lámpafej; ~ **blade** *hajó* csavarlapát, csavarszárny; ~ **block** *em* csavaros emelő; emelőcsavar; ~ **body** *ép* csavarorsó, csavarzár; ~**-bolt** csavar; csavarozó, csavarszár; menetes csapszeg; ~ **box** *forg* facsavarvágó; *gép* anya; menetes hüvely; ~ **brake** → ~ spindle brake; ~ **buffer** *gép* menetes ütköző; ~ **bushing** csavarágy, csavarhüvely; ~**(-)cap** *el* menetes lámpafej; *élip* csavaros/csavarmenetes fedél/kupak; csavarzár; *gépk* porvédő sapka *(szelepen)*; ~ **chase** *nyom* csavarráma; ~**-chaser** *szersz* fésűs menetkés; ~ **clamp** *szersz* csavarszorító, pillanatszorító; ~ **clip** *gépk* csavarmenetes kengyelszorító; ~ **collar** *opt* lencsebeállító gyűrű; *szersz* menetes gyűrű; ~ **compressor** *bány* csavarkompresszor; ~ **connection** *gép* csavarkapcsolat; ~**-connector** *el* szorító; ~ **contact** *el* csavaros érintkező; ~ **conveyor/conveyer** *em* szállítócsiga; ~**-conveyor-type extractor** *ol* szállítócsigás extraktor; ~ **copying device** *szersz* másoló menetvágó készülék; ~ **core pin** *műa* menetes betéttartó csap *(sajtolószerszámban)*; ~ **cover** csavarmenetes/csavaros fedél; ~ **crusher** *koh* őrlőcsigás aprítógép; ~ **crystal(l)izer tank** *ol* kaparócsigás kristályosítótartály; ~**-cutter** *forg* menetvágó (gép); ~ **cutting** (csavar)menetmetszés, (csavar)menetvágás; ~**-cutting** (csavar)menetvágó, menetmetsző; ~**-cutting chuck** (csavar)menetvágó patron; (csavar)menetvágó fej; ~**-cutting lathe** (csavar)menetvágó eszterga; ~**-cutting tool** (csavar)-menetvágó szerszám; ~ **diameter** *műa* csigaátmérő; ~ **die** (csavar)menetmetsző pofa; ~ **dislocation** *el* csavarkilazulás; *koh* csavardiszlokáció; *krist* csavardiszlokáció; ~ **distributor** *ép* csigás betonadagoló; ~ **down** *v* lecsavaroz; ~**-down** csavarorsó; ~ **down a roll** *v heng* hengerlési vastagságot beállít; ~**-down nut** állítóanya; ~ **drive** *gép* csavarhajtás, csavarorsós hajtás; csigahajtás; csigás-fogasléces hajtás; ~**-driven** csavarhajtásos; ~ **elevator** *em* függőleges csiga, állócsiga; *ép* csavarorsós emelő, csavarorsó-hajtású felvonó; ~ **extractor** *szer* csavarkihajtó, tőcsavarkihajtó; ~ **extruder** *műa* csigás fröccssajtoló; ~ **eye** szemes csavar; ~ **fastening** *szer* összeerősítés csavarokkal; ~ **feed** *ép* csigás adagolás/betáplálás/feladás; *forg* vezérorsós előtolás; ~ **feeder** *ép* csigás adagoló; *ép, koh* adagolócsiga; ~ **filter centrifuge** *bány* csigás szűrőcentrifuga; ~ **gear** *gép* csavarkerék; csavarkerék-hajtómű; ~ **gearing** *gép* csavaros áttétel; ~ **gill** *tex* csavarorsós nyújtógép; ~**-gun** *szersz* önműködő csavarhúzó, csavarbehajtó gép; ~ **head** csavarfej; ~ **hole** csavarlyuk; ~ **home** *v* erősen/teljesen/tövig/végig/ütközésig becsavar; ~ **hook** *szersz* csavaros kampó; ~**-impeller pump** *gép* propelleres szivattyú; ~ **in** *v* becsavar, behajt *(csavart)*; ~**-in thermoelectric pyrometer** *aut* becsavarható termoelektromos/hővillamos pirométer; ~ **jack** *bány* csavaremelő, csavaros tám, feszítőtám; *ép* csavaros emelő/csörlő; kocsiemelő bak; *gépk* csavaros feszítő *(karosszériaegyengetéshez)*; kocsiemelő; *vasút* mozdonyemelő; ~**-jack post** *bány* csavaros tám; ~ **jaw chuck** *gép* csavaros befogótokmány; ~ **joint** csavaros kötés; ~ **knob** *szersz* csavarfej; ~ **lift** csavaorsós emelő; *ép* csavarorsó hajtású felvonó; ~ **lifting bottle jack** csavarorsós emelő; ~ **line** *mat* (hengeres) csavarvonal, csigavonal; ~**-locking device** csavarzatbiztosító szerkezet; ~ **making** *forg* menetmegmunkálás; ~ **mandrel** *forg* csavaros tüske; ~ **mill** csavargyár; *élip* csigamalom; ~ **motion** *mech* csavarmozgás; ~ **mo(u)lding machine** *műa* csigás előplasztikátoros fröccsöntő gép; ~**-nail** csavarfejű szeg, csavarszeg; facsavar; ~ **neck** *élip* palackszáj *(menetes)*; ~**-nicking machine** *gép* csavarfejhornyoló gép; ~ **nut** (csavar)anya; ~ **off** *v* lecsavar, kicsavar *(csavart)*; ~ **on** *v* hozzácsavaroz; rácsavar(oz), becsavar *(csavart)*; felcsavar *(műszert)*; ~**-on dust cap** *gépk* porvédő sapka *(szelepen)*; ~ **overlap** *rep* a forgó légcsavarok felületi átfedése; légcsavar-átlapolás; ~ **pile** *ép* csavartányéros cölöp, csavarcölöp; menetes végű cölöp; ~ **pile driving plant** csavarcölöp-lehajtó berendezés; ~ **pitch** *rep* légcsavaremelkedés; ~**-pitch ga(u)ge** *gép* fésűs menetidomszer; ~ **plate** *forg* menetmetsző fej; ~ **plug** menetes dugó; *ép* tisztítóidom, csatornatisztító; *gépk* olajleeresztő csavar; ~**-plug cartridge** *el* menetes olvadóbiztosító-dugó; ~**-plug**

cartridge fuse *el* D-rendszerű/Diazed-rendszerű biztosító; **~-polishing lathe** *forg* csavarfejfényező eszterga; **~ post** *bány* csavaros tám; **~ press** *élip* csigahajtó; *koh* csavarsajtó; *nyom* csigaprés; **~ prop** *bány* feszítőtám; **~ propeller** *hajó* haj(t)ócsavar; **~ pump** csavarszivattyú; félaxiális szivattyú; csigaszivattyú; **~ punch** csavarorsós lyukasztósajtó; **~ reversing gear** csavarkerekes irányváltómű; **~ ring** képakasztó karika; **~ rivet** csavarmenetes szegecs; **~ segment** *ép* csigalapát; **~ shackle** *gép* menetes csőkapcsoló; **~-shaving machine** *forg* csavarfej-megmunkáló eszterga; **~ slot** *forg* csavarfejhorony; **~-slotting cutter** *szersz* csavarfejbevágó szerszám; **~ spanner** *szersz* csavarkulcs; **~ spike** *ép* síncsavar; **~ spindle** csavartengely, csavarorsó, menetes orsó; **~-spindle brake** *gép* csavarorsós fék; **~ spreader** *ép* csigás adagoló/elosztó *(beton)*; **~ stay** menetes merevítő/kitámasztó; *hajó* csavaros tarcs; **~ steamer (SS)** csavargőzös; **~ steel** *koh* csavaracél; **~ steering gear** *gépk* csavaros kormánymű; **~ stock** *forg* menetmetsző, menetvágó pofa; *koh* csavarhuzal; **~ stud** ászokcsavar; **~ tang** *szersz* (füles) csavaros fűrészlapfeszítő; **~ tap** *forg* menetfúró; **~-tapping die** *forg* simító menetfúró; **~ tensioning device** *bány* csavaros feszítő; **~ thread** *gép, szer* csavarmenet; **~-thread borer** *szersz* spirálmenetes előfúró; **~-threaded rod** *ép* menetes rúd; **~-thread fit** *szer* csavarmenet-illesztés; **~-thread measuring jaw** *metr* csavarmenetmérő pofa; **~-thread micrometer calliper** *metr* csavarmenetmérő mikrométer; **~-thread rolling machine** *szersz* csavarmenetmángorló gép; **~ top** csavaros fedél/kupak, lecsavarható tető; **~-topped** csavaros/lecsavarható fedelű; **~-topped pencil** töltőceruza; **~-type bit securing** *bány* csavaros késrögzítés; **~-type breech** *kat* csavarzár; **~-type bush** *gépk* menetes persely; **~-type extruder machine** *gép, műa* csigásprés, csőhúzó prés, extruder; **~-type lubricator** *gép* csavaros kenőszelence *(Stauffer-féle)*; **~-type meter** *hidr* sebességmérő szárny; **~-type mortar pump** *ép* csigás habarcsszivattyú; **~ up** *v* hozzácsavaroz; összecsavar, odacsavar; **~ vice** *szer* csavarmenetes satu; **~ washer** *ép* csigás osztályozó; **~ wedge** csavarral állítható ék; **~-wedge press** csavaros éksajtó; **~ wire** *cipő* sodrott huzal; **~ with constant thread** *műa* állandó menetmélységű (extruder)csiga; **~ with decreasing depth of thread** *műa* csökkenő menetmélységű (extruder)csiga; **~ worm conveyor/conveyer** *ép* csigás rosta

screwdriver csavarhúzó; **~ attachment** csavarhúzóelőtét; **~ bit** csavarhúzóbetét *(pergőfúróba)*; **~ with blade of bit** csavarhúzó gép

screwed csavaros; (csavar)menetes; csavar-; **~ bolt** menetes csavar; anya nélküli csavar; **~ connection** csavarkötés; **~ coupling** *gép* menetes csőkapcsoló; **~ dowel** menetes rögzítőcsap; **~ flange** csavarmenetes karima; **~-hose joint** csavaros tömlőcsatlakozás; tömlőcsavarzat; **~ insert** *ép* csavarozott kötés; **~ joint** csavarkötés; összecsavarozás; **~-nipple union** *ol* csőkapcsoló karmantyú; **~-on** becsavart, rácsavart; **~ pipe** menetes cső; **~-pipe coupling** csavarmenetes csőkarmantyú, hollandi; **~ plug** csavar, csavardugó; zárócsavarzár, menetes dugó; **~ rod** menetes végű rúd; **~ sleeve joint** *US ép* karmantyús (cső)kötés; **~ socket (SS)** *el, ép* csavarmenetes hüvely; menetes karmantyú; **~ socket joint** *ép* csavarkarmantyús kötés; **~ spike** *szer* (csavar)menetes (csap)szeg/csap, csavar; *vasút* síncsavar; **~ spindle** *ép* kocsiemelő bak; *szer* csavarorsó, csavarszár

screwer beállító hengerész

screwing becsavarás, (be)csavarozás, csavarbehajtás; **~ chuck** *forg* csavarmenetvágó fej/patron; csavaros menetes tokmány; **~ die** *forg* menetmetsző pofa; **~ lathe** *forg* csavarmenetvágó eszterga; **~ off** lecsavarás; **~ tap** *forg* menetfúró; **~ tool** *forg* menetvágó szerszám

screwnail → screw-nail

scribble I. *v tex* durván kártol; **II.** *n* rajzolótű; előrajzoló szerszám

scribbler *pa* írótömb; vázlatfüzet; *tex* előkártoló; kártolófarkas

scribbling *tex* előkártolás; **~ machine** *tex* előkészítő/előkártoló gép; **~ pad** jegyzetblokk; **~-paper** *pa* fogalmi papír; **~ set** *tex* kártolóberendezés; **~ slip** *pa* jegyzetlap

scribe előrajzol

scriber rajzolótű; bemérőlap, bemérőlemez; *nyom* karcolótű, sáber; *szersz* rajztű

scribing *szt* bekarcolás; **~ apparatus** kirajzoló, előrajzoló készülék; **~ block** *finm, forg* irdalóvonalzó; **~ compasses** *pl* rajzkörző

scrim *opt* fényszűrő szövet; *tex* bélésszövet *(kárpitozásé)*; pamut függönyszövet; vászonbevonat *(falemez hátlapjára ragasztva)*; **~ oil** pamutszöveten oxidált lenolaj

script kézírás; írás *(írásrendszer)*; *film* (film)kézirat; forgatókönyv; szövegkönyv; *nyom* kézírásos betűtípus

scroll I. *v* tekercsel; feljegyez *(tekercsre)*; **II.** *n ép* voluta; *gép* csiga; fülecs *(lemezrugóé)*; *hang* csiga *(vonós hangszeré)*; *hidr* csigaház; *mat* torz felület; *mzg* tányéros felbontógép/detacheur; *pa* papírtekercs; *szt* mozgatás fel/le; sorgörgetés; **~ bundle** S alakú huzalköteg; **~ cam** *tex* szegélyexcenter; **~ capital** *ép* csigás oszlopfő; **~ case** *hidr* csigaház; *pa* tekercsdoboz; **~-case setting** *hidr* csigaházas turbinaelrendezés; **~ chuck** *forg* spirális horonnyal mozgatott befogópofás tokmány; **~-cut** kacskaringósan kivágott; **~ drum** *bány* kúpos dob; **~ gear** *gép* kúpos csigakerék; **~ lathe** *szersz* faeszterga *(csigás ékítményhez)*; **~ roller** *tex* szélességfeszítő görgő; **~-saw** *szersz* kanyarítófűrész *(finom munkához)*; **~ title** *film* folyamatos filmfelirat; **~ tube** *tex* fonócső

scrolling *szt* sorgörgetés; **~ region** *szt* képernyő aktív része

scroop I. *v tex* suhogóvá tesz *(selymet)*; **II.** *n tex* suhogás *(selyemé)*; **~ finishing** *tex* selyemkikészítés

scrooping agent *tex* szövetsuhogást előidéző szer

scrub[1] **I.** *v* dörzsöl; tisztít *(kaparóvassal)*; súrol *(vakaróvassal)*; kefél, sikál; mos *(gázt)*; kimos *(mellékterméket)*; **II.** *n* súrolás, sikálás, kefélés; **~ column** *vegy* mosótorony; **~ plane** kaparógyalu, nagyológyalu

scrub[2] *ép* faborítás *(fal alsó részének védelmére)*; **~ board** *ép* deszkalábazat; **~ clearer** bokorirtó szerelék

scrubbed | **concrete** *ép* kefélt mosottbeton; **~ concrete tile** *ép* mosott betonlap; **~ gas** *ol* mosott gáz

scrubber (kemény) súrolókefe; kotróvas, vakaróvas; *ol* gázmosó; mosótorony, scrubber; permetező tisztítótorony; *vegy* gázmosó berendezés; tisztítóberende-

zés; ~ **with hoods** *ol* buboréksapkás mosótorony; ~ **with stages** *ol* lépcsős mosótorony
scrubbing letisztítás; ledörzsölés; *ol* gázmosás *(mosótoronyban)*; mosás, kimosás; ~ **brush** sikálókefe, súrolókefe; fényesítőkefe; ~ **filter** *vegy* száraz gáztisztító *(készülék)*; ~ **oil** *ol* gázmosó olaj; ~ **tower** *ol* mosótorony; ~ **vat** öblítőüst
scruff felszíni hártya; *koh* salakhártya *(olvadt fémé)*
SCS → silicon controlled switch
SCSI → small computer system interface
scuba (self-contained underwater breathing apparatus) könnyűbúvár-légzőkészülék
scud I. *v bőr* levakar; simít; színel; **II.** *n bőr* „grund", piszok; *met* felhőfoszlány; szétszakadozott záporfelhő
scudding | beam *bőr* színelőtőke; ~ **knife** színelőkés, utántisztító kasza/kés
scuff eldörzsöl; lehorzsol; elkoptat
scuffing kopás; teljes szétmorzsolás; *ép* kirojtosodás *(cölöpé)*; *gumi* felhorzsolás; *pa* feltépődés; ~ **action** koptató hatás
scuffle hoe *mzg* tolókapa
scuffler *mzg* lazító kultivátor
scull *hajó* farevező; rövid szárú evező; ~ **cracker** *ép* ejtőmű, verőmű
sculp *ép* lemezekre hasogat *(palát)*
sculper háromszög keresztmetszetű véső
sculping screen *bány* darabos rosta
sculptor's | implements szobrászati eszközök; ~ **plaster** szobrász-alabástromgipsz
scum I. *v* habot/tajtékot leszed; **II.** *n bány* flotációs hab; *ép* friss betonhab; *film* filmréteg; *heng* pörk; *hidr* uszadék; úszó iszaptakaró; úszó kéreg; úszóiszap; *koh* csurogtatási maradvány; reve; salakhab, vashab; *pa* úszó szennyeződés *(hab)*; *vegy* hártyaréteg; ~ **cock** *hidr* leiszapoló csap; ~**-collector** *hidr* iszaplefölöző, iszapgyűjtő berendezés; ~ **gutter** *koh* salaklebocsátó csatorna; ~**-off** *koh* hableszedés; ~ **port** *koh* lehúzó nyílás; ~ **pump** szennyvízszivattyú
scumboard *hidr* merülőfal; uszadékfogó
scummer habszedő kanál; *hidr* habfogó
scumming habzás
scupper *ép* padlónyílás; vízkivezető *(hídon)*; víznyelő *(hídpályában)*; *hajó* fedélzeti vízlefolyó nyílás *v.* lefolyócső; ~**s** *pl bány* alagcső
scurf *pa* tisztát(a)lanság
scutch I. *v tex* tilol; **II.** *n ép* kőműveskalapács; *tex* tiloló, lenverő kalapács; ~ **mangle** *tex* verőléces kalander
scutched | flax *tex* tilolt len; ~ **(flax) tow** lenkóc
scutcher *tex* jutaegyengető gép; tiloló gumiszíj; tilológép; ~**-feed motion** verőgép-adagolóberendezés; ~ **fly** *tex* tilolási szállópehely *v.* pamutveszteség
scutching *tex* tilolás; ~ **machine** verőgép
scuttle szénhordó kosár; *bány* szenesveder *(mértékegység)*; *ép* álló tetőablak; csapóajtó; *gépk* széljárat *(szélvédő alatti rész)*; ~ **frame** *hajó* felülvilágító ablakkeret
scythe I. *v mzg* kaszál; **II.** *n mzg* kasza; pengesor *(kaszálógépé)*; sarló; ~**'s anvil** *mzg* kaszaverő üllő; ~ **stick** *mzg* kaszanyél
scythestone *mzg* kaszakő
SD → sectional drawing; → shut down; → single density; → single-decker; → soft drawn; → soft-drawn wire; → solid-drawn; → standard deviation
SDB → seaward defence boat
SDE → submission and delivery entity
SDI → selective dissemination of information
SDLC → synchronous data link control
sdp → single diode-pentode
Se → selenium
SE → single-engined; → starch equivalent; → straight edge
sea|-air missile *kat* tenger-levegő rakéta; ~ **anchor** *hajó* viharhorgony; ~ **basin** *geol* tengermedence; ~**-beach placer** *bány* tengerparti lelőhely/telep; ~ **breeze** *met* parti/tengeri szél/szellő; ~ **captain** *hajó* hosszújáratú kapitány; ~**-chart paper** tengerészeti térképpapír; ~ **clutter** *rád* visszaverődés vízhullámokról; ~**-clutter compensation** *távk* vízhullám-visszaverődés kompenzálása; ~ **cock** *hajó* fenékszelep; ~ **current** tengeráramlás; ~ **defence work** *hidr* tengerpartvédelem; ~ **endurance** *hajó* hatósugár; ~**-fast** tengerálló; ~ **floor** *geol* tengerfenék; ~**-foam** *bány* szepiolit; ~ **ga(u)ge** *hajó* tengeri mérőléc; ~**-going** → seagoing; ~**-grass** tengeri fű, afrik; ~**-green** tengerzöld; ~ **horizon** látszólagos horizont; ~ **inlet** *hidr* folyódelta ága; ~ **lane** tengeri hajózási útvonal; ~**-launched** *kat* hajófedélzetről indított; ~**-launched ballistic missile (SLBM)** *kat* tengerről indított ballisztikus rakéta; ~**-launched cruise missile (SLCM)** *kat* tengerről indított cirkálórakéta; ~ **level (SL)** tengerszint; ~**-level altitude** tengerszint feletti magasság; ~**-level climb** *rep* emelkedőképesség a tengerszinten; ~**-level engine** *gép* túlsűrítő nélküli motor; ~**-level flight** *rep* repülés a tengerszinthez viszonyított magasságon; ~**-level horsepower** *rep* teljesítmény a tenger szintjén; ~**-level pressure (SLP)** *met* tengerszinti légnyomás; ~**-level supercharging** *rep* tengerszinti feltöltés; ~**-level takeoff power/rating** *rep* felszállási teljesítmény tengerszinten; ~**-level thrust** *rep* tolóerő tengerszinten; ~**-level thrust rating** *rep* névleges tolóerő tengerszinten; ~ **metal** *koh* tengervízálló ötvözet; ~**-mile (SM)** tengeri mérföld *(1828, 8 m)*; ~ **navigation** *hajó* tengerhajózás, tengeri hajózás; ~ **room** *hajó* mozgási/szabad tér *(kormányzásra)*; ~ **scum** uszalék; tengerhab; ~ **sled** vízszán; ~ **wall** *hidr* part(védő)fal; partvédfal; ~**-washed** tengertől áztatott/mosott, tengeráztatta, tengermosta; ~ **water** tengervíz; ~**-water corrosion** tengervíz-korrózió; ~**-water desalination** tengervíz sótalanítása
seaboard tengerpart
seaborne tengeren szállított
seadrome tengeri repülőkikötő, vízirepülőgép-állomás
seagoing tengerjáró *(hajó, nép)*; ~ **seaplane** nyílt tengeri repülőgép; ~ **ship/vessel** hosszújáratú/tengerjáró hajó
seal I. *v* ólomzárral lezár, leplombál; szigetel, tömít; hitelesít, fémjelez; *bány* gátal; *cipő* tömít, szigetel; *el, rád* beforraszt; *ép* padlózást védőkezelésben részesít; *gumi* szélragasztással lát el, steppel; *gyógyv* védőbevonattal ellát; *hidr* vízáramlást/szivárgást zár; **II.** *n* (papír)pecsét, pecsétnyomó, bélyegző; tömítés, tömítőelem, vízzárás, szigetelés; ólomzár; *bány* gát; *el, rád* forrasztás; *ép* fejgerenda; padlóbevonat; *heg* lezárás; *rep* levegőátömlés-gátló *(magassági kormányon)*; ~ **closure** *gép* porvédő lemez *(csapágyon)*; ~ **coat** *bány, geol* fedőréteg; *ép* bitumenréteg *(út felületén)*; záróréteg, záróbevonat; *rep* koptatóréteg; szi-

getelőréteg; védőréteg; ~ **fluid** *ol* választófolyadék; ~**-in** beforrasztás; ~ **mortar** *ép* kiöntőhabarcs, záróhabarcs; ~ **off** *v el* leforraszt *(elektroncsövet)*; ~ **oil** *ol* záróolaj, tömítőolaj; *vegy* fókazsír, fókaolaj; ~ **pipe** *ép* álló/angol szifon; buraszifon; bűzelzáró, szagelzáró szifon; csőszifon; vízzár; ~ **pipe with oil** *ép* olajbűzelzáró, olajos bűzelzáró; ~ **plate** tömítőlemez, zárólemez; ~ **press** *nyom* pecsétnyomó prés; ~ **tank** légmentesen záró tartály; ~ **up** *v fa* műanyagból védőbevonatot létesít; ~**-up** *fa* védő bevonás; ~ **weld** *heg* tömítővarrat; ~ **welding** tömítő hegesztés; ~ **wire** *el* beforrasztó huzal *(izzólámpában)*

sealability tömítőképesség

sealant tömítőanyag

Seale|-type steel wire rope *bány* Seale-kötél; ~**-Warrington (lay) rope** *bány* Seale—Warrington-kötél

sealed légmentes; zárt; *ép* bitumenes, aszfaltburkolatú; ~**-beam lamp** *gépk* sajtolt burás fényvető lámpa; zárt betétes fényszóró *(külön izzó nélkül)*; ~ **cabin** *rep* túlnyomásos (utas)fülke; ~ **cell** *el* szurokkal lezárt elem; ~ **cover** *ép* légzáró (öntöttvas) fedél; ~ **end** *távk* beforrasztott vég; ~**-for-life bearing** *gép* véglegesen lezárt csapágy; ~**-in** *el* beforrasztott; ~ **joint** tömített csatlakozás/illesztés; ~**-off** *el* leforrasztott; ~ **rectifier** *el* beforrasztott higanygőz-egyenirányító; ~ **relay** *el* légmentesen elzárt jelfogó; ~ **source** *at* légmentesen lezárt radioaktív sugárforrás; ~ **spark-gap** *el* beforrasztott (burában levő) szikraköz; ~ **stopping** *bány* légmentes gát; ~ **tank** *rep* légmentesen zárt tartály; ~ **tube** *vák* tömített/zárt cső; ~ **vacuum system** *vák* sztatikus vákuumrendszer; ~ **wood** *fa* réteges vakfa

sealer[1] fókavadász(hajó)

sealer[2] plombáló; mértékhitelesítő *(tisztviselő)*; *élip* elzáró gép; fóliahegesztő; *ép, fa* alapozófesték; alapozóréteg; felületvédő burkolóréteg; *szer* tömítő

sealing I. *a rep* légmentes zárású; **II.** *n* lezárás, elzárás, ólomzárolás; hitelesítés, mértékjelzés; fémjelzés; vízzárás, tömítés, tömítőelem; *ép* padló védőkezelése; *gumi* szélragasztás, steppelés; *gyógyv* (ampulla)forrasztás; ellátás védőbevonattal; *hidr* vízzáró *(szerkezet, betét)*; vízzáró réteg; *műa* fóliahegesztés; *rád* beforrasztás; ~ **agent** tömítőanyag; ~ **bell** *hők, koh* záróharang, záróüveg *(kemencén)*; ~ **box/chamber** *el* kábelvégelzáró; ~ **coat** szigetelőréteg; pórusszárás; ~ **compound** telítőanyag; tömítőanyag, tömítőmassza; *ép* (hézag)kiöntő massza/kitt; *ol* kábelmassza, kábelszigetelő/kábeltöltő/kábelkiöntő massza; ~ **cord** tömítőfonal, tömítőzsinór; ~ **end** *el* kábelvégelzáró; ~ **equipment** *gyógyv* forrasztóberendezés; ~ **fluid** zárófolyadék; ~ **grease** tömítőzsír; ~ **grout** *bány* tömőhabarcs; ~**-in** *rád* beforrasztás; ~ **lip** tömítőperem; ~ **liquid** tömítőfolyadék; ~ **machine** *élip* csomagzáró gép; *gyógyv* forrasztógép; *műa* fóliahegesztő; tasakzáró hegesztőgép; ~ **material** tömítőanyag; ~ **medium** tömítőközeg, záróközeg; tömítőanyag; ~ **mortar** *ép* falszigetelő habarcs; ~ **nut** tömszelenceanya; ~ **of earth canals** *hidr* földcsatornák szigetelése; ~**-off** *bány* elszigetelés; *rád* leforrasztás, elektroncső lezárása; ~**-off burner** *el* leolvasztó égő; vágópisztoly; ~**-off tube** *el* forrasztócső; ~ **of joints** *bány* fugatömítés; ~ **of the unit** *el* készülék lezárása *v.* hézagainak kiöntése; ~ **oil** tömítőolaj; ~**-paper** gumírozott ragasztópapír; ~ **pliers** *pl* lemezzárfogó; *szersz* ólomzárfogó *(acélhoz)*; ~ **putty** *ép* tömítőkitt; ~ **ring** tömítőgyűrű, gyűrűs tömítés; ~ **run** *műa* fenékvarrat *(hegesztésnél)*; ~**s** *pl* nátroncellulóz-papír; ~ **section** *bány* cementezési fogás; ~**-shaft caisson** *bány* aknaszigetelő keszon; ~ **strip** *ép* tömítőszalag; ~ **surface** tömítőfelület; ~ **tape** *pa* ragasztópapír-szalag; ~**-tape paper** gumizott pecsétpapír; ~ **thread** *szer* tömítő csavarmenet; ~ **tongs** *pl* plombálófogó; ~ **varnish** tömítőlakk; ~ **washer** tömítőgyűrű; ~ **wax** pecsétviasz; *vegy* picein; ~ **weld** *heg* tömítővarrat; ~ **with wooden wedges** *bány* pikotálás

sealskin fókabőr; fókaprém, szilszkin; *tex* plüss, mohair

seam I. *v* összeereszt, összeilleszt; *ép* korcol; *ruh* összevarr, beszeg; **II.** *n* perem; eresztέk; varrat, varrás, szegély; *bány* elválás; ér, telér; telep; *cipő* talpkeret/ráma éle; *ép* hézag; korc, korcolás; *fa* illesztés; *geol* közbetelepülés, szelet; réteg, telep; település síkja, elválás, hasadék; *hajó* hosszvarrat *(hajótesten)*; *heg* (hegesztési) varrat, heg; *önt* gázhólyag *(felületen)*; hajszálrepedés; *ruh* (be)szegés; lapos öltés; szegély; szegélyöltés; varrás; varrat; ~**-blast(ing)** *bány* nagykamrás robbantás; ~ **cap** telep fedükőzete; ~ **closing** *mt* korcolás, hajtogató lezárás; ~ **displacement fault** *bány* telepelvetés; ~ **edge** *heg* varratszegély; ~ **failure** varratszakadás; ~ **fault** *bány* telepzavargás; ~ **floor** *bány* telepfekü; ~ **hammer** *szersz* korcolókalapács; ~ **identification** *bány* telepazonosítás; ~ **inundation** *bány* telepelárasztás *(vízzel)*; ~ **joint** *heg* hegesztett kötés; ~ **junction** *heg* varratcsatlakozás; ~ **lap** átlapolás; ~ **mark** *tex* varrathely *(hiba)*; ~ **of high dip** *bány* meredek réteg/telep; ~ **of ore** *bány* érctelep; ~**-penetration** *tex* varrat keresztülszínezése; ~ **pitch** *bány* telep dőlése/lejtősödése; ~ **resistance weld** *heg* vonalhegesztéssel készült varrat; ~ **resistance welder** vonalhegesztő gép; ~ **resistance welding** *koh* vonalhegesztés; ~ **rip** varratszakadás *(hegesztési/szegecselt varratnál)*; ~**s** *pl hajó* héjlemezelés hosszvarratai; ~ **swell** *bány* telepkihasasodás; ~ **thickness** *bány* telepvastagság; ~ **wave guide logging/seismics** *bány* telephullám-szeizmika; ~ **weld** *heg* vonalhegesztési/pontsorhegesztési varrat; ~**-weld** vonalhegesztést/varrathegesztést végez/alkalmaz; ~ **welder** *heg* varrathegesztő gép *(görgős)*; ~**-welder wheel** *heg* vonalhegesztő görgős elektród; ~ **welding** *heg* varrathegesztés *(görgős)*; vonalhegesztés, pontsorhegesztés; ~**-welding roller** *heg* vonalhegesztő görgő

seamark *hajó* tengeri jel(zés), tengerjelzés

seamed *ruh* varrott, szegett; ~ **inner tube** *gépk* peremes tömlő; ~ **joints on curved surfaces** *pl szer* korckötésű íves fémlemez táblafedés; ~ **tube** *koh* hegesztett (acél)cső

seaming összeeresztés, összeillesztés; *heg* varrat; *tex* varrás, varrat; ~ **die** *élip* lezárószerszám *(konzervhez)*; *szer* korcolószerszám; ~ **lace** *ruh* szegélycsipke, szegélypaszomány, szegélyező szalag; ~ **machine** *ép* korcológép; *ruh* beszegőgép; ~ **roll** *heng* korcolóhenger, élhajlító henger

seamless *ép* korc nélküli; *heg* varrat nélküli, varratmentes; *ruh, tex* egy darabban kötött/szőtt; varrás/varrat nélküli; ~ **bay** varrás nélküli *(zsák)*; ~ **casing** *ép* varrat nélküli béléscső; ~ **cathode** *el* varratmentes katód; ~ **course** varrat nélküli kazánköpeny; ~**-drawn** varratmentesen húzott *(cső)*; ~ **drill-pipe** *ol* varrat nélküli fúrócső; ~ **hose** *hidr* varratmentes tömlő; *kh* varrás/varrat nélküli harisnya; ~ **lining** *szer* varrat nélküli bélés; ~ **pipe** varrat nélküli cső; ~**-rolled** varrat nélkül hengerelt; ~ **stocking** *kh* varrás/varrat nélküli *v.* hamis varrású harisnya; ~ **tube** varrat nélküli cső

seamy rock repedezett kőzet

seaplane *rep* vízirepülőgép, hidroplán; ~ **basin** *rep* vízirepülőtér, vízirepülő-állomás, repülőgép-kikötő; ~**-basin marker** vízirepülőtér-jelző; ~ **carrier** vízirepülőgép-szállító hajó; ~ **fighter** tengeri/úszós vadászrepülőgép; ~ **float** vízirepülőgép-úszótest; ~ **handling trolley** *rep* vízirepülőgép-szállító kocsi; ~ **ramp** vízirepülőgép-kikötőhely; ~ **shed** *rep* vízirepülőgép-hangár; ~ **tender** motorcsónak *(vízirepülőgépé)*; ~ **undercarriage** *rep* vízirepülőgép úszótalpa

seaquake *geof* tengerrengés, tenger alatti (föld)rengés

sear I. *v* kiéget; kimarat; **II.** *a* kiégett; kimart; **III.** *n* égés(nyom); *kat* elsütőemelő, elsütőbillentyű; ~**-carrier assembly** elsütőemelő-tartószerkezet; ~**-spring** elsütőemelő-rugó

search I. *v* keres; kutat; **II.** *n* keresés, kutatás; ~ **address mark** *szt* keresési címjel; ~ **aircraft** *rep* a kutató- és mentőszolgálat légijárműve; ~ **algorithm** keresési algoritmus; ~ **and rescue (SAR)** *rep* kutatás és mentés; ~ **and rescue area** *rep* kutatási és mentési terület/övezet; ~ **and rescue frequencies** *rep* kutató- és mentőszolgálati frekvenciák; ~ **and rescue operation** *rep* kutatási és mentési művelet; kutató- és mentőszolgálat; ~ **antenna** *rád* keresőantenna; ~ **argument** *szt* keresési kulcs; ~ **card** *szt* keresőkártya; ~ **circuit** *aut* kereső(áram)kör; ~ **coil (SC)** *el* keresőtekercs; mérőtekercs, vizsgálótekercs; *rád* hangolótekercs; ~ **device** *aut* keresőkészülék; ~ **electrode** *el* mérőelektróda; ~ **error** *szt* keresési hiba; ~ **for minerals** ásványkutatás; ~ **gas** *vák* keresőgáz; ~ **key** *szt* keresési kulcs; ~ **key data** *szt* keresési kulcsadat; ~ **language** *szt* keresőnyelv; ~**-light** → searchlight; ~ **loss** *aut* keresési veszteség; ~ **path** *szt* keresési út; ~ **procedure** *mat, rendsz* keresési eljárás; ~ **process** *szt* keresés *(mint művelet)*; keresési folyamat; ~ **radar** *aut, távk* keresőradar; *rep* felderítő radar/lokátor; távolkörzeti radar; ~**-radar installation** *rep* felderítőradar-berendezés; ~ **space** *szt* keresési tér; ~ **sweep** *távk* kereső letapogatás *(lokátorral)*; ~ **theory** *rendsz* kereséselmélet; ~ **time** *szt* keresési idő

searcher keresőberendezés, kutatóberendezés; *távk* keresőgép

searching kutatás, keresés; *talt* kutatógödör; ~ **storage** *szt* asszociatív tár, tartalom alapján címezhető tár

searchlight (SL) fényszóró; fénykéve; ~ **control (SLC)** *távk* fényszóró-irányítás; ~ **vehicle** *kat* légvédelmi fényszórós jármű

searchlighting keresővilágítás; *kat, távk* radaros célmegvilágítás, horizontális letapogatás

searing égető, perzselő

season I. *v* (meg)érik; (meg)érlel; öregít; akklimatizálódik; akklimatizál; *bőr* csinoz, appretál; *élip* ízesít, fűszerez; tartósít; *fa* kiszárít, kiérlel; *koh, önt* öregít; *műa* kiszárít; *tex* appretál, kikészít; **II.** *n* évszak, idő(szak); idény, évad, szezon

seasonal idényjellegű; évszakos; időszaki; ~**-rate tariff** idénydíjszabás; ~ **storage** *hidr* évszakos tározás; ~**-storage reservoir** *hidr* évszakos tározó; ~ **variation** *aut* szezonalitás

seasonality *aut* szezonalitás

seasoned érett; kikészített; légszáraz; *élip* fűszeres; ~ **prop** *bány* légszáraz tám; ~ **timber** kiszárított épületfa; ~ **wood** (lég)száraz fa, szárított fa

seasoning (meg)érlelés; öregítés; akklimatizál(ód)ás; (meg)érés; *bőr* csinozás, appretúra; kikészítő anyag; *élip* ízesítés, fűszerezés; tartósítás; *fa* kiszárítás/kiérlelés, kikészítés; *koh* öregítés; *műa* kiszárítás; *pa* kondicionálás; *rád* változékonyság; *távk* elmászás *(magnetroné)*; *tex* kikészítés, appretúra; ~ **crack** *fa* száradási repedezés; ~ **machine** *bőr* csinozókészülék, appretálókészülék; ~ **oil** *fa* pácolóolaj; ~ **stack** *fa* rakat, máglya *(fűrészáru szárítására)*

seat I. *v* beágyaz, beilleszt; felfekszik; beágyazódik; illeszkedik; **II.** *n* ülés, (ülő)hely; ülőke *(széké)*; *bány* fekü *(telepé)*; fészek *(tűzé)*; talp *(táróé)*; *cipő* sarokrész; *ép* fekvés; gerendafészek; hely; talapzat; támasz; *geol* föld, talaj; *gép* felfekvés, támasztófelület, támasz; fészek, alj(zat), horony; illesztési felület; támfelület, ülés, ülék; *gépk* (ülés)nyereg *((motor)kerékpáré)*; fészek *(szelepé)*; *rep* hely, férőhely; ~ **adjustment** *gépk* ülésállítás; ~ **angle** *ép* gerendatartó szögvas; ~ **belt** *gépk, rep* biztonsági öv; *rep* ülésheveder; ~ **belt reel locks** *pl* biztonsági öv automata csévélője; ~ **board** ülésdeszka, ülőke; ~ **board cabin** *bány* ülőpados személykocsi; ~ **capacity** ülőhelyek száma, befogadóképesség; ~ **cover** *gépk* ülés(védő)huzat; ~**-cover fabric** *tex* kárpitszövet, üléshuzatszövet; ~ **cushion** *gépk* üléspárna; ~ **for weight** súlytányér *(mérlegé)*; ~ **grinding** *mt* becsiszolás; ~**-kilometre,** ~**-kilometer** *rep* férőhely-kilométer; ~**-kilometre cost** *rep* férőhely-kilométer költsége; ~**-kilometre offered** *rep* rendelkezésre álló férőhely-kilométerek száma; ~**-kilometre per hour** *rep* óránkénti férőhely-kilométer; ~ **of rock** *bány* fekükőzet; ~**-pack parachute** *rep* üléspárna-ejtőernyő; ~ **piece** *cipő* sarokalsófolt; ~ **pillar** üléstartó rúd/cső *(motorkerékpár)*; ~ **place** ülőhely; ~ **rail** *gépk* üléscsúszósín; ~ **ramp** üléspadka; ~ **reservation** *rep* helyfoglalás; ~ **ring** *hőt* tömítés; ~ **rock** *bány* fekü(kőzet); *geol* alapkőzet; ~ **sock** *cipő* belső sarokfedőfolt; ~ **spring** nyeregrugó *(motorkerékpár)*; ~ **squab** *gépk* üléstámla; ~ **strap** ülésheveder; ~ **tube** nyeregtámasz *(kerékpáron)*; ~ **valve** *gépk* fészkes szelep

-seater (egy-, két- stb.)-üléses autó

seating ülés, ülőhely; *ép* alap; felfekvés(i felület); *gép* (szabványos) illesztés; (szelep)ülés; alj(lemez), aljzat, ágyazat; fészek *(pl. szelepé)*; hely *(gépalkatrésznek)*; *hőt* tolattyúvezeték; *ol* ültetés; *tex* kárpitszövet; ~ **arrangement** *gépk, rep* ülőhelyek elrendezése; ~ **capacity/room** *ép, gépk* ülőhelyek száma, ülőhelyszám; *rep* ülőhely-befogadóképesség; ~ **shoe** *ép* alátámasztó saru; ~ **space** *gépk* üléstér; ~ **washer** *szer* tömítő alátét

seaward defence boat (SDB) *kat* partvédő naszád

seaway hajó haladása *(tengeren)*; hajó útvonala; *hidr* (hajózható) vízi út; hajóút

seaworthiness hajózásra alkalmasság; tengerállóság, tengerbírás

seaworthy hajózásra alkalmas, tengerbíró, tengerálló; **~-packed** *élip* tengeri csomagolású

sebacic acid *vegy* szebacinsav

SECAM (séquentiel couleur á mémoire) *tv* SECAM *(színes tv-rendszer)*; **~ colo(u)r burst** *tv* védősáv; **~ switch** *tv* SECAM-kapcsoló; **~ system** *tv* SECAM rendszer

secant I. *a mat* metsző, szelő; **II.** *n mat* szekáns (sec), szelő; **~ curve** szekánsgörbe; **~ function** szekánsfüggvény; **~ line** szekánsvonal, szelő (egyenes) *(köré, gömbé, görbéé)*; **~ modulus** szekánsmodulusz; **~ plane** metszősík; **~-tangent theorem** szelőre és érintőre vonatkozó tétel; **~ theorem** *mat* szelők tétele

SECANT (separation control of aircraft by nonsynchronous technique) system *rep* SECANT-rendszer

secantoid *mat* szekánsgörbe, szekánsvonal

secateurs *pl* kertészolló

secon *távk* secon, szekunderelektromos vidikon

second I. *a* második; **II.** *n* **(s)** másodperc, szekundum; *gépk* második sebesség, kettes; *hang* szekund; *mat* másodperc ("), szögmásodperc, ívmásodperc; **~ accelerator** *el* második gyorsítóanód; **~ annealing** *koh* másodlagos lágyítás; **~ anode** *el* gyorsítóanód *(katódsugárcsőben)*; **~-belt drive** *gép* pótszíjhajtás; **~ breakdown** *mt* második letörés; **~ carbonation** *cu* második telítés; **~ channel** *el* tükörcsatorna; **~-channel frequency** *el* tükörfrekvencia; **~-channel interference** *el* tükörfrekvenciás zavar(ok); *tv* képinterferencia; **~-choice** *pa* másodrendű; **~-class** másodosztályú, másodrendű; **~ clear** *élip* sötét kenyérliszt; **~ coat** *ép* második/simító vakolatréteg; **~ combings** *pl tex* újra fésült szalaghulladék; **~ comparison test** *mat* hányadoskritérium *(konvergenciára)*; **~ cut** *szersz* felső vágat *(reszelőn)*; **~-cut file** egyengető/félsimító reszelő; **~ cuts** *pl tex* másodnyírás; **~ data multiplexer** *aut* másodlagos adatmultiplexor; **~ decision** *rendsz* másodlagos döntés; **~-degree** *mat* másodfokú; **~-degree equation** *mat* másodfokú egyenlet; **~-degree function** *mat* másodfokú függvény; **~-degree parabola** *mat* másodfokú parabola; **~-derivate action** *aut* másodrendű differenciálási hatás; **~ derivative control** *aut* második derivált szerinti szabályozás; **~ detector** *el, távk* második detektor(fokozat); *rád* demodulátor; **~ die** *alak* közbenső mélyhúzó szerszám; **~ earphone** *távb* póthallgató; **~ gear** *gépk* második sebesség, kettes; **~-generation computer** *szt* második generációs számítógépek; **~-generation microprocessor** *szt* második generációs mikroprocesszor; **~-generation weapon** *kat* második generációs fegyver; **~-grade** *ip* másodrangú; másodrendű; **~-growth material** *fa* gyorsan nőtt *v.* gyengén fejlett anyag; **~ gun electrode** *fiz* utángyorsító elektród; **~ hand** *óra* másodpercmutató; **~-hand** használt, másodkézből vett/való; **~-hand machine** használt gép; **~ harmonic** *hang* második harmonikus, másodharmonikus; **~-harmonic control** *távk* vezérlés másodharmonikus segítségével; **~-harmonic margin** *távk* másodharmonikus-határcsillapítás; **~-induced breakdown** másodlagos átütés; **~-kind electrode** *fiz* másodfajú elektród; **~-kind equation** *mat* másodfajú egyenlet; **~ laser harmonic** *fiz* lézersugárzás másodharmonikusa; **~ law of Kirchhoff** *fiz* Kirchhoff buroktörvénye; **~ law of Laplace** *mat* normális/szabályos *v.* Gauss-féle eloszlás; **~ law of motion** *mech* Newton második axiómája, a dinamika alaptörvénye; **~-level carrier** *rep* másodszintű légi szállító; **~ lining** *ép* belső alagútbélés *(vízzáró)*; **~ main line** *krist* második középvonal; **~ mark** másodpercjelzés; **~ mashing** *élip* cefre-visszaszivattyúzás; **~ melting** *önt* újraöntés *(hulladéké)*; **~ mining** *bány* fejtés; lábazás; pillérfejtés; **~ moment** *mech* másodrendű nyomaték; **~ moment of area** *mech* inercianyomaték; tehetetlenségi nyomaték; **~-motion shaft** *gép* előtéttengely; *tex* lábítós tengely *(szövőgépen)*; **~ normal** *mat* binormális, második normális; **~ of angle** *mat* másodperc, szögmásodperc, ívmásodperc, régi másodperc; **~ of arc** *csill* ívmásodperc; **~ opening** *bány* második kijárat; **~-operation machine** *gép* második műveletet végző gép; **~-operation work** *gép* második művelet; **~-order** *mat* másodrendű; **~-order correction** *el* másodfokú korrekció; **~-order equation** *mat* másodfokú egyenlet; **~-order lag element** *aut* kéttárolós tag; **~-order language** *mat* metanyelv, másodrendű nyelv; **~-order mode** *rád* második rezgési mód; **~-order oscillating element** *aut* T_2-tag, kéttárolós arányos lengő tag; **~-order reaction** *vegy* másodrendű reakció; **~-order system** *aut* másodrendű/másodfokú rendszer; **~-order transition** *krist* másodfajú átalakulás; *műa* másodrendű átalakulás; **~-order transition point** *műa* másodrendű átalakulási pont; **~ outlet** *bány* második nyílás; **~ pickle** *élip* másodszor felhasznált pác; **~ pilot** *rep* másodpilóta; **~-portion (train)** *US vasút* mentesítő vonat; **~ power** *mat* négyzet, második hatvány; **~-press** *pa* emelőprés; **~ quality** *ip* másodrendű minőség; **~-quality middling** *élip* 2. minőségű dara; **~ quantum number** *el* mellékkvantumszám; **~ root** *mat* négyzetgyök; **~ row hole** *bány* jövesztő fúrólyuk; **~s** *bány* másodrendű szén/érc; *élip* durván őrölt liszt, derce; *ép* színhibás faragható tégla; *fa* másodosztályú anyag; *ip* másodrendű áru; **~s counter** stopper *(óra)*; **~ set** *geod* második főirány; **~ shift** *ip* második műszak; **~ sintering** *koh* készre pörkölés; **~ source** *szt* másodforrás; **~ speed** *gépk* második sebességfokozat; **~s pendulum** másodpercinga *(óráé)*; **~-stage rocket** *rep* második rakétafokozat; **~-stage super-heater** *hők* utótúlhevítő; **~ steam** *gép* másodlagos gőz; **~ stratosphere** *met* meleg sztratoszféra; **~ strike** *kat* második (atom)csapás; **~ stuff** *pa* teljes anyag, készanyag; **~ tap** *mt* utánvágó/második menetfúró; **~ term** *mat* második tag *(összeadásé)*, második tényező *(szorzásé)*; **~ theorem of the mean** *mat* integrálszámítás második középértéktétele; **~ troposphere** *met* felső troposzféra; **~ working** *bány* fejtés; pillérkiszedés; *forg* készremunkálás; *nyom* hátoldalnyomás

secondary I. *a* másodlagos, szekunder; mellék(es), al-, fiók-; másodosztályú; másodrendű; utó-; *koh* másodöntésű, átolvasztott, hulladékból olvasztott; *vasút* szárny-, helyiérdekű *(pl. vonal)*; **II.** *n csill* mellékbolygó; *el* szekunder oldal/tekercselés; *fiz* szekunder részecske; *távk* második matrica *(távgépíró betűfején)*, vett jel; **~ acceleration** *at* másodlagos gyorsítás; **~ action** *el* mellékhatás, kísérőhatás; **~ address** *szt* másodlagos cím; **~ aeration** *ép* pótszellőzés; *hőt* pótlevegő-adagolás; **~ affection** *ásv* másodlagos lerakódás; **~ air** *ép, koh* másodlagos/szekunder levegő; **~ air pollution** másodlagos légszennyeződés; **~**

alcohol *vegy* szekunder/másodrendű alkohol; ~ **alumin(i)um** *koh* másodöntésű alumínium; ~ **astern wheel** *gépk* hátramenet hajtott kereke; ~ **average** *rád* másodrendű átvitel; ~ **axis** *mat* melléktengely; ~ **battery** *el* akkumulátor(telep); ~ **beam** *ép* fiókgerenda; ~ **blasting** *bány* aprító robbantás; batározás; ~ **boiler** *hőt* segédkazán; ~ **breaker** → ~ crusher; ~ **calibration** *vegy* újrakalibrálás, újrahitelesítés; ~ **canal** *hidr* osztócsatorna; ~ **capacitor** *el* szekunder oldali kondenzátor; ~ **card bed** *szt* másodlagos kártyaút; ~ **card feed** *szt* másodlagos kártyabevezetés; ~ **card file** másodlagos kartoték; ~ **cast-iron** *koh* hulladékból újraöntött öntöttvas; ~ **cell** *el* másodlagos/szekunder elem, akkumulátor; ~ **cementing** *ol* másodlagos cementezés; ~ **cementite** *koh* szekunder cementit; ~ **centre/center** *ép* mellékközpont *(városépítés)*; ~ **charge** *bány* fedőtöltet; ~ **circuit** *el* szekunder áramkör; *ép, hőt* másodlagos hűtőkör/hűtőciklus; ~ **circuit interference receiver** *el* induktív visszacsatolású vevő; ~ **clarification** *hidr* utótisztítás; ~ **cleaning of sewage** *környv* másodlagos szennyvíztisztítás; ~ **cleaning of waste-water** *környv* másodlagos szennyvíztisztítás; ~ **cleaning step** *környv* második tisztítási lépcső; ~ **clearance** *forg* másodlagos hátszög; ~ **cleat** *bány* másodlagos vállap; ~ **clock** *el* segédóra; vezérelt óra; ~ **coagulation** *vegy* utókoaguláció; ~ **coil** *el* szekunder tekercs; ~ **colo(u)rs** másodlagos színek; ~ **compression** *talt* másodlagos öszszenyomódás; ~ **controller** *aut* szekunderszabályozó; ~ **coolant circuit** *at* másodlagos hűtőkör/hűtőciklus; ~ **cooling** *koh* másodlagos hűtés; ~ **cooling zone** *koh* másodlagos hűtőzóna; ~ **core memory** *szt* másodlagos magmemória; ~ **crusher** *ép* utántörő; ~ **crushing** *bány* középaprítás; ~ **crushing and classifying plant** utántörő és osztályozómű; ~ **crystal(l)ization** *koh* szekunder kristályosodás; ~ **current** *el* szekunder áram; *hidr* keresztirányú áramlás; ~ **cutting edge** *forg* mellékél; ~ **depression** *met* másodlagos depresszió; ~ **diagonal** *mat* mellékátló; ~ **digester,** ~ **digestion tank** *hidr* utórothasztó; ~ **digestion** *hidr* utórothasztás; ~ **door** *ép* mellékajtó; ~ **drilling** *bány* fúrás aprítólövéshez; ~ **effect** másodlagos hatás; mellékhatás, mellékjelenség; ~ **electrode** *el* segédelektród; ~ **electron** *el, fiz* szekunder elektron; ~**-electron conduction tube/vidicon** *el* secon, szekunderelektromos vidikon; ~**-electron counter** *at* szekunderelektronos számláló; ~**-electron emission** *el* szekunderelektron-emisszió; ~**-electron gap loading** *el* szekunderelektron-résadmittancia; ~**-electron multiplier** *el* elektronsokszorozó (cső); ~ **electrooptic effect** *krist* látszólagos/másodlagos elektrooptikai effektus/hatás; ~ **emission** *el* szekunder emisszió; ~ **emission coefficient** *el* szekunderemissziós együttható; ~ **emission multiplier** *tv* fotoelektromos/fényelektromos sokszorozó, fotomultiplier (cső); ~ **emission noise** *el* szekunderemissziós zaj; ~ **emission rate** *el* szekunderemissziós tényező *(felülete)*; ~**-emitting reflector** *rád* szekunderemissziós elektród; ~ **enrichment** *bány* másodlagos dúsulás; ~ **entry point** másodlagos belépési pont; ~ **exchange** *távk* szekunderközpont; ~ **extinction** *krist* szekunderextinkció; ~ **failure** *el* másodlagos meghibásodás; ~ **fermentation** *élip* utóerjedés; ~ **flow** szekunder/másodlagos áramlás; ~ **formation of nuclei** *krist* másodlagos gócképződés; ~ **frequency** *rep* másodlagos frekvencia; ~ **furrow** *mzg* mellékrézsű; ~ **gear** *gépk* vezértengely-fogaskerék, vezérmű-fogaskerék; ~ **girder** *ép* átviteli tartó; ~ **group** *távb* alapfőcsoport, szekunder alapcsoport; ~ **hardening material** *koh* másodlagosan keményedő anyag; ~ **highway** *közl* másodrendű főút; ~ **index** *szt* másodlagos index; ~ **injection** *gépk* utóbefecskendezés; ~ **inverse impulse** *el* szekunder záróimpulzus; ~ **ion** *fiz* szekunder ion; ~ **ion mass spectroscopy (SIMS)** *fiz* szekunderion-tömegspektroszkópia; ~ **key** *szt* másodlagos kulcs; ~ **leakage** *el* szekunder szórás; ~ **light source** *opt* másodlagos fényforrás; ~ **line** *vasút* helyiérdekű vasútvonal; másodrangú vasútvonal; mellékvonal, szárnyvonal; ~ **line constants** *el* másodlagos vezetékállandók; ~ **load** *mech* járulékos terhelés; ~ **lode** *bány* melléktelér; ~ **longitudinal** *ép* hosszanti fiókgerenda; *hajó* közbenső hosszmerevítő; ~ **loss** másodlagos/szekunder veszteség; ~ **low** *met* másodlagos depresszió; ~ **luminous body** *el* önálló fényforrással nem rendelkező *v.* nem önvilágító test; ~ **luminous standard** másodlagos normállámpa; ~ **mark** kiegészítő jel; *bány* őrpont; ~ **medium** *aut, ép* segédenergia; ~ **member** *ép* mellékrácsrúd; pótátló *(híd)*; ~ **memory** *szt* másodlagos memória/tár(oló), háttérmemória, háttértároló; ~ **metal** *koh* másodlagos/másodöntésű fém; ~ **microphone** *el, rád* kisegítő mikrofon; ~ **migration** *ol* másodlagos migráció; ~ **mineral** *ásv* szekunder ásvány; ~ **mirror** *fiz* kistükör, másodlagos tükör, segédtükör; ~ **multiplier** szekunder elektronsokszorozó; ~ **neutralization** *koh* utósemlegesítés; ~ **neutron** *at* szekunder neutron; ~ **nucleation** *krist* másodlagos gócképződés; ~ **oil-recovery** *ol* másodlagos olajtermelés; ~ **ore** szekunder érc; ~ **particle** *at* szekunder részecske; ~ **phenomenon** mellékjelenség; ~ **pile** *at* szekunder reaktor; ~ **pipe** *koh* másodlagos fogyási üreg; ~ **piping** *ép* ágvezeték; ~ **planet** *csill* mellékbolygó; ~ **pollutant** *környv* szekunder szennyezőanyag; ~ **pollution** *környv* szekunder szennyezés; ~ **porosity** szekunder/másodlagos porozitás; ~ **porosity index** másodlagos porozitási index; ~ **power** *el, ép* fölös energia/áram; ~ **process** *hidr* utókezelés; ~ **product** *ip* melléktermék; ~ **production** → ~ oil-recovery; ~ **program** *szt* másodlagos program; ~ **purification of sewage/waste-water** *környv* másodlagos szennyvíztisztítás; ~ **purification step** *környv* második tisztítási lépcső; ~ **quantum number** *fiz* mellékkvantumszám; ~ **radar (SR)** *távk* másodlagos/szekunder radar; válaszoló lokátor; ~ **radiation** *fiz* másodlagos sugárzás; ~ **rafter** *ép* fiókszarufa, fiók-szarugerenda, fiókszaruállás; ~ **railway** *vasút* másodrendű vasút; ~ **raw material** *ip* másodlagos nyersanyag; ~ **reactor** *at* szekunder reaktor; ~ **recovery** → ~ oil-recovery; ~ **recrystal(l)ization** *krist* másodlagos/szekunder rekrisztallizáció/újrakristályosodás; ~ **reflection** *geof* másodlagos ismétlődő reflexió; ~ **refrigerant** hűtőközeg; ~ **regulation** *aut* szekunder szabályozás; ~ **reinforcement** *ép* mellékvasalás; ~ **relay** *aut* segédrelé; ~ **rescue coordination centre/center** *rep* mentést koordináló kisegítő központ; ~ **road** *közl* másodrangú út; ~ **rock** *bány* másodlagos/kísérő kőzet; ~ **scale** *koh* hengerművi reve; ~ **sedimentation pump** *bány* utóülepítő vágat; ~ **sedimentation**

tank *hidr* utóülepítő (medence); ~ **service area** *távk* másodlagos vételi zóna; ~ **settling tank** *hidr* utóülepítő (medence); ~ **shaft** *bány* segédakna; *gépk* melléktengely; ~ **shutdown system** *at* vészlezárás, vészlekapcsolás; ~ **side** *el* szekunder oldal; ~ **slide** *geol* rátolódás; rávetődés; ~ **slip plane** *krist* másodlagos csúszósík; ~ **sound field** zengő hangtér; ~ **spectrum** *opt* másodlagos spektrum/színkép; ~ **split** *bány* másodrendű légvágat; ~ **standard** *metr* segédetalon, másodetalon, másodmérték; ~ **standard light source** másodlagos normállámpa; ~ **state of stress** szekunder feszültségállapot; ~ **station** *szt, távb* mellékállomás; ~ **steel** *koh* korlátozott alkalmazási területű acél; ~ **steelmaking** *koh* másodlagos acélgyártás; ~ **still** *vegy* másodlagos desztilláció, utódesztilláció; ~ **storage** → ~ memory; ~ **stress** *mech* mellékfeszültség; ~ **structure** *ép* hozzáépítés, ráépítés; *koh* szekunder szövet; ~ **substation** *en* transzformáló alállomás; ~ **surveillance radar (SSR)** *rep, távk* (repülőtéri) szekunder légtérellenőrző radar; ~ **switching element** *aut, el* szekunder kapcsolóelem, reléberendezés közbenső eleme; ~ **symmetry plane** *krist* mellékszimmetriasík; ~ **tensioning** *ép* utánfeszítés; ~ **texture** *krist* másodlagos textúra; szekunder szövet; ~ **time** mellékidő; ~ **time effect** *talt* másodlagos időhatás; ~ **traverse** *bány* másodrendű sokszögvonal; ~ **treatment** utókezelés, utánkezelés; ~ **trip** *aut* szekunder kioldó; ~ **truss** *ép* másodlagos tartóelem; ~ **unit** *mat* képzetes/másodlagos egység; ~ **valency** *vegy* mellékvegyérték; ~ **vein** *ásv* kísérő telér; melléktelér; ~ **ventilation** *bány* mellékáramú szellőztetés; pótszellőzés; ~ **voltage** *el* szekunder feszültség; ~ **water pollution** *környv* másodlagos vízszennyeződés; ~ **wave** *fiz* másodlagos hullám; *geol* másodlagos hullám, kereszthullám; S hullám; ~ **winding** *el* szekunder tekercs(elés); ~ **wood** *fa* másodlagos fa; ~ **X-rays** *fiz* másodlagos röntgensugárzás; ~ **zone** *bány* cementációs öv

secret titkos; rejtett; ~ **abutment** *ép* rejtett hídfő; ~ **door** *ép* rejtett ajtó; tapétaajtó; ~ **gutter** ereszcsatorna, attikacsatorna; ~ **joint** *gép* fedett kötés

secretion *biot* kiválasztás, szekréció; *geol* szekréció; *vegy* váladék

sectile hasítható, repeszthető; hasadó, repedő; *ásv* vágható

sectility hasíthatóság, repeszthetőség; vághatóság

section I. *v* elvág, (el)metsz; felszel(etel); részekre/szakaszokra oszt; metszetet készít; **II.** *n* (kereszt)szelvény, profil; rekesz, részleg, szakasz; (kereszt)metszet; metszés, vágás; *bány* ácsolatszakasz; bányamező; *ép* segédgém; városnegyed; *hajó* bordametszet, szekció; *hidr* szelvény; *kat* raj, részleg; *kh* fej; *koh* szelvény; *mat* metszés; metszésvonal, metszéspont; metszet; szegmens; szelet; *nyom* paragrafusjel (§); szakasz, bekezdés; *távk* X-tag, Y-tag; ~ **airway** *bány* légosztály szellőzővágata; ~ **angle** *gép* profilszög; ~ **beam** *tex* szakaszos/osztott (felvető)henger; ~ **beam warper** *tex* szakaszos felvetőgép; ~ **block** *tex* felvetési szakasz *(felvetőhengeren)*; *vasút* térközbiztosító berendezés, vonali biztosító berendezés; ~ **control** *aut* szakaszirányítás, szakaszvezérlés, szakaszszabályozás; ~ **core** *mech* magidom; ~ **cutter** mikrotóm *(mikroszkóphoz)*; ~ **design** *ép* szelvénymegválasztás; ~ **draught/draft** *tex* csoportos befűzés; ~ **engineer** *vasút* osztálymérnök; ~ **ga(u)ge** *geof* lyukbőségmérő; *ol* lyukátmérő-szelvényező; ~**-ga(u)ge log** *geof* lyukbőségszelvény; ~ **girder** *ép* idomacél tartó; *heng* idomgerenda; ~ **graph** *mat* részgráf, algráf; ~ **grinding** *élip* szakaszos őrlés; ~ **headstock** *tex* felhengerlő szerkezet *(szakaszos felvetőhöz)*; ~ **insulator** *el* szakaszszigetelő; ~ **iron** *ép* acélprofil, profilacél, idomacél; ~ **label** *szt* szakaszvégcímke; ~ **line** *geof* keresztszelvényvonal, szelvényvonal; ~**-mark** *nyom* paragrafusjel (§); ~ **material** *heng* idomacél; profilanyag; ~ **mill** *heng* szelvény(henger)sor, idomsor; ~ **modulus** *koh* ellenálló nyomaték; ~ **of a function** *mat* parciális függvény; ~ **of a river** *hidr* folyószakasz; ~ **of earthworks** *ép* földmű keresztszelvénye/tömegszelvénye; ~ **of inner span** *vasút* űrszelvény; ~ **of line** *vasút* vonalszakasz; ~ **of pass** *heng* hengerűrszelvény, profil; ~ **of strand** *koh* szálalak; ~ **of the lower-course type** *hidr* alsószakasz jellegű folyószakasz; ~ **of the middle-course type** *hidr* középszakasz jellegű folyószakasz; ~ **of the resistance** *el* ellenállásfokozat; ~ **of warp** *tex* szalagfelvetési szakasz; ~ **pillar** *el* szakaszkioszk; ~ **pipe** *gép* alakos cső, idomcső; ~ **plane** *mat* metszősík; ~ **reinforcement** *ép* idomacél vasalás *(vasbeton)*; ~**-shaped** alakos, idom-, szelvényes; ~**-space reed** *tex* szalagfelvető borda; ~ **steel** *ép* profilacél, idomacél, acélprofil; ~ **switch** *el* szakaszoló; ~ **through filling** *tex* vetülékirányú keresztmetszet; ~**-turbodrill** *ol* szekciós fúróturbina; ~ **warping-machine** *tex* szalagfelvető gép

sectional (kereszt)metszeti, profil-; szakaszokra osztott; többtagú, többrészes, részekből álló, szétszedhető, összeállítható; ~ **air map** *rep* légi navigációs útvonaltérkép; ~ **area (Sa)** keresztszelvény, keresztmetszeti terület; *rep* keresztmetszeti terület; ~ **area of conductor** *el* vezeték-keresztmetszet; ~ **area of hardening** *koh* edzett szelvény; ~ **band/belt conveyor/conveyer** többrészes/lépcsőzött szállítószalag; ~ **boiler** *hőt* osztott kamrás kazán; ~ **bridge** *ép* szétszedhető híd; ~ **building** *ép* részekre bontható épület; ~ **chart** → ~ air map; ~ **coil** *el* többrészes tekercs(elés); ~ **copper** *el* idomréz, alakos réz; ~ **counterweights** többrészes ellensúlyok *(csapóhídé)*; ~ **die** *alak* többrészes szerszám/odor; ~ **drawing (SD)** *ép* (függőleges) metszet; metszetrajz; ~ **driver** *ép* rekeszes/kulisszás szárító; ~ **elevation** *geol* függőleges metszet; ~ **fare** *rep* szakaszonkénti menetdíj; ~ **freezing** *bány* szakaszos kőzetfagyasztás; ~ **grate** *koh* többrészes (kazán)rostély; ~**-header boiler** *hőt* elemsoros *v.* osztott kamrás kazán; ~ **mast** *hajó* részekből épített (acél)árboc; ~ **paper** milliméterpapír; ~ **pattern** osztott minta; ~ **plan** *ép* vízszintes metszet; ~ **radiator** *ép* tagos fűtőtest; ~ **sluice** *hidr* redőnyzsilip; ~ **staff ga(u)ge** *hidr* lépcsős mérce; ~ **steel** *koh* idomacél; ~ **strain insulator** *el* többrészes feszítő szigetelő; ~ **surface** fűrészelt felület; ~ **track** *vasút* szakaszos pálya; vágánymező *(hordozható)*; ~ **view** *gép* metszetrajz; ~ **warping** *tex* szakaszos felvetés; szalagfelvetés; ~ **width** *gumi* profilszélesség

sectionalization *el* aláosztás, szétosztás, továbbosztás; szakaszolás

sectionalize *el* megoszt *(tekercselést)*; szakaszol

sectionalized | **antenna** *el* szakaszolt antenna; ~ **bus(bar)** *el* osztott/szakaszolt gyűjtősín; ~ **construction** *ép* építőszekrény-elvű szerkezet; ~ **formwork/shut-**

tering *bány* szekciós zsaluzat; ~ **spherical cavity** *el* metszett gömbüreg-rezonátor
sectionalizing *el* szakaszolás; ~ **station** *el* szakaszolóállomás; ~ **switch** *en* sínbontó
sectionally continuous function *mat* szakaszonként folytonos függvény
sectioned több részből álló
sectioning elosztás, felosztás, szakaszokra osztás; elkülönítés; *el* szétkapcsolás, szakaszolás; ~ **link** *el* szétkapcsoló/szakaszoló elem; ~ **valve** leválasztó szelep
sectionized automation részlegenkénti automatizálás
sector szektor; aránykörző; mérőléc; *bány* bányamező; *el* szakasz; *gép* fogasív; kivágás, horony, lyuk; kulissza; *kat* sáv; *mat* görbeszelet; körcikk; *opt* tárcsaív; *rep* iránysáv; *szt* szektor; *tex* kvadráns *(szelfaktoron)*; ~**-alignment indicator** *aut* küszöbértékindikátor; ~ **angle** *mat* szektor szöge; ~ **exchange** *távb* szektorközpont; ~**-field mass spectrometer** *fiz* mágneses tömegspektrométer; ~**-field spectroscope** *fiz* szektorteres spektroszkóp; ~ **focus(s)ing** *fiz* szakaszos fókuszálás; ~ **for water protection** *környv* vízvédelmi övezet; ~ **gate** *ép* szektorzár; *hidr* átmenőtengelyes szegmenszár; ~ **horn** *rád* körcikk alakú (sugárzó) tölcsér; ~**-horn radiator** *rád* körcikk alakú tölcséres sugárzó; ~**-instantaneous shutter** szektoros pillanatzár; ~ **link** *gép* íves kulissza; ~**-lock** *vasút* váltózár; ~ **of sphere** *mat* gömbszektor, gömbcikk; ~ **passenger** *rep* az útvonal egy részét igénybe vevő utas; ~ **photometer** *opt* tárcsaíves fénymérő; ~ **regulator** *hidr* szektorgát; ~ **scanning** *rep* szektoros letapogatás; ~ **seat** *rep* az útvonal egy részére eladott hely; ~ **shutter** *opt* szektoros (fény)zár; ~ **weir** *hidr* szektorgát
sectoral | horn *rád* szektoriális tölcsér(sugárzó); ~ **loudspeaker horn** sokcellás hangszórótölcsér
secular *geol, mat* szekuláris; ~ **determinant** *mat* karakterisztikus determináns *(mátrixé)*; ~ **equation** *mat* szekuláris egyenlet, karakterisztikus egyenlet; ~ **(radioactive) equilibrium** *at* szekuláris egyensúly, szekurális radioaktív egyensúly; ~ **variation** *geof* évszázados változás; *rep* szekuláris mágneses variáció
secure I. *v* biztosít; megerősít; odaerősít, rögzít; elfoglal, biztosít; **II.** *a* biztos, biztonságos; erős, stabil; *kat* titkos *(telefonvonal, amelyet nem lehet lehallgatni)*; ~ **against buckling** *v fa* kihajlás/vetemedés ellen biztosít; ~ **leases** *v tex* fonalkereszteket leköt; ~ **message** *kat* titkos üzenet; ~ **rotationally** *v gép* elfordulás ellen biztosít
securing (csavar)biztosító; ~ **of wires** *ép* huzallehorgonyzás; ~ **pin** *gép* biztosítópecek, biztosítócsap; *kat* biztosítás *(puskán)*; ~ **strip** *gép* biztosítószíj
security I. *a* biztonsági; biztosító; **II.** *n* biztonság; ~ **area** *at* biztonsági terület; ~ **digit** *szt* védőjegy, biztosítójegy, tartalék helyérték; ~ **equipment** biztonsági felszerelés; ~ **grill** *ép* biztonsági rács; ~ **guard** rendész; ~ **measures/regulations** biztonsági rendszabályok/intézkedések; ~ **paper** *pa* biztonsági papír, értékjegypapír; ~ **ring** *gép* biztosítógyűrű; ~ **screw** *gép* biztosítócsavar; ~ **snap** *gép* biztosítócsappantyú; ~ **system** biztonsági rendszer
sedan *pl gépk* (négyajtós) (nagy)kocsi, szedán
sedative *gyógyv* nyugtatószer, csillapító
sedecimal → hexadecimal
sediment I. *v geol, vegy* leülepedik; leülepít; **II.** *n élip* seprő; *geol* szedimentum, leülepedés, lerakódás, üledék; *hidr* hordalék; *vegy* üledék; ~ **abrasion** *hidr* hordalékkopás; ~ **bowl** ülepítő- és szűrőedény; ~ **bulb** üledékgyűjtő edény; ~**-carrying** *bány* hordalékos; ~ **catcher** *bány, hidr* hordalékfogó; ~ **chamber** ülepítőkamra; *gépk* vízzsák; ~ **concentration** *hidr, geol* hordaléktöménység; ~ **content** *bány* szilárdanyag-tartalom *(iszapban)*; ~ **deposits** *pl geol* üledékgyűjtő; ~ **escape** *hidr* hordaléklebocsátó zsilip; ~ **load** *hidr* hordalékhozam; ~ **movement transport** *bány* hordalékmozgás; ~ **of scale** vízkőlerakódás; ~ **pan** üledékteknő; ~ **thickness** *geol* üledékvastagság; ~ **transport** *hidr* hordalékmozgás; ~ **transporting** *bány* hordalékos; ~ **trap** üledékszűrő, üledékfelfogó; *bány* hordalékfogó; *geol* üledékcsapda; *gépk* vízzsák; *hidr* homokfogó; ~ **trap dam** *hidr* hordalékfogó/vízmosáskötő gát; ~ **tube** *bány* iszapöblítő cső
sedimentary üledékes, szedimentes; ~ **basin** *geol* üledékgyűjtő medence; ~ **complex** *geol* üledékcsoport, üledékes rétegsorozat; ~ **cycle** *geol* üledékciklus; ~ **deposition** *geol* feltöltődés; *vegy* szedimentáció, ülepítés, ülepedés, lerakódás; ~ **fermentation** *vegy* alsó erjedés; ~ **material** üledék; ~ **ore deposit** *bány* üledékes érctelep; ~ **overlap** *geol* üledékes réteg átfedése; ~ **petrography** *geol* üledékes kőzettan; ~ **process** *geol* szedimentáció; ~ **remanent magnetization** *fiz* szedimentációs remanens mágnesség; ~ **rock** *geol* üledékes kőzet; ~ **structures** *bány* üledékes szerkezetek
sedimentate ülepít
sedimentation (le)ülepedés, szedimentáció, lerakódás; ülepítés; ~ **analysis** *talt* iszapolás; ~ **area (of the tank)** *hidr* ülepítőtér; ~ **basin** *hidr* ülepítő(medence); ~ **coal slurry** *bány* leülepített széniszap; ~ **compartment** *hidr* ülepítőtér, tisztítótér; ~ **equilibrium** szedimentációs egyensúly; ~ **gap** *geol* ülepedési hézag; ~ **plant** *hidr* ülepítőberendezés; ~ **rate** *vegy* ülepedési sebesség; ~ **tank** *hidr* iszapolótartály, iszapderítő; ülepítőtartály, ülepítőmedence; ~ **time** *hidr* ülepedési idő; ~ **unit** *bány* szedimentációs egység
sedimentator ülepítőcentrifuga; *koh* ülepítőberendezés
sedimentology *geol* szedimentológia
seebachite *ásv* seebachit
Seebeck | coefficient *félv* Seebeck-tényező; ~ **effect** *el* termoelektromos/hőelektromos effektus, Seebeck-effektus
seed (vető)mag; mag(héj); *at* aktív közeg; csúcskazetta, speciálkazetta; sokszorozó/multiplikációs közeg; *cu* oltó cukorpor, beoltó kristályok; *koh* oltóanyag; *krist* magkristály, csírakristály, oltókristály, anyakristály; *üveg* apró légbuborék; ~ **area** *at* hasadóanyag-zóna; ~**-bag** *pa* magzacskó; ~ **cleaner,** ~**-cleaning machine** *mzg* (vető)magtisztító gép; ~ **core** *at* csúcskazettás zóna; ~ **crystal** *krist* kristálygóc; magkristály, csírakristály, oltókristály, anyakristály; ~ **dresser** *mzg* magtisztító, csávázó; ~ **dressing** *mzg* vetőmagcsávázás; ~ **drill** *mzg* sorvető gép; ~**-drill tube** *mzg* vetőtölcsér; ~ **dusting** *bőr* porcsávázás; ~ **fibre/fiber** *tex* magszál; ~ **flat** *mzg* csíráztatótál; ~ **flax** maglen; ~**-germinating paper** *pa* kertészpapír; ~ **hair** *tex* magszál; ~ **harrow** *mzg* borona; ~ **holder** *krist* kristálymagtartó; ~ **huller** *mzg* maghántoló (gép); ~**-husking establishment** *mzg* magpergető te-

lep; ~ **lac** *ép* gyenge minőségű sellak; ~ **pan** *mzg* csíráztatóedény; ~ **ratio** *koh* oltóviszony; ~ **spacing** *mzg* magtávolság *(vetési sorokban)*; ~**-spacing drill** *mzg* szemenkénti vetőgép; ~ **stitch** *kh* pontszerű hímzőöltés; ~ **unit** *at* aktív elem; begyújtó egység *(hidrogénbombában)*; ~ **winnower** *mzg* triőr; ~**-wool** *tex* nyers gyapot *(magtalanítás előtt)*
seeder *mzg* magszedő/sorvető gép
seeding *koh* beoltás; *krist* beoltás *(kristályosítás)*; *met* felhőnukleálás, felhők behintése *(esőkeltéshez)*; *mzg* vetés; ~ **funnel** *mzg* vetőtölcsér; ~ **lane** vetőút *(vetőgépé v. vető repülőgépé)*; ~ **machine** *mzg* vetőgép
seedling fiatal fa, facsemete, magonc; ~**-forest system** *fa* szálerdőüzem; ~**-nursery** *fa* csemetekert; ~ **test** *környv* csíranövényteszt
seedstalk *tex* magszár
seedy cotton maghéjas pamut
seek I. *v* keres, kutat; *szt* keres; **II.** *n szt* keresés; ~ **area** *szt* keresési terület, cilinder; ~ **command** *szt* keresési utasítás; ~ **error** *szt* keresési hiba; ~ **time** *szt* keresési idő
seeker kereső; kutató; *távb* kereső/kutató távíró
Seemann-Bohlin | diagram *krist* Seemann—Bohlin-diagram; ~ **focus(s)ing** *krist* Seemann—Bohlin-fókuszolás
seeming water loss *hidr* látszólagos vízveszteség
seep I. *v* szivárog, beszivárog, elszivárog, lassan kiáramlik; folyik *(szivattyú)*; **II.** *n bány* fakadóvíz; ~**s** *pl ol* (olaj)szivárgás
seepage szivárgás, beszivárgás; kiszivárgás, elszivárgás; átszűrődés, kifolyás, kiömlés; lassú kiáramlás; csőfolyás; kiszívás; *bány* beszivárgás; csurgó; vízhozzáfolyás; *geol* átszivárgott nedvesség; beszivárgó talajvíz; forrásszáj; *hidr* szivárgó vízmozgás; ~ **by gravity** *bány* gravitációs beszivárgás; ~ **drain** *hidr* nyomáscsökkentő szivárgó; ~ **failure** *talt* hidraulikus talajtörés; ~ **flow** *talt* talajvízáramlás, szivárgóvíz-mozgás; ~ **force** *bány* szivárgási nyomás; ~ **ga(u)ge** *geol* talajvízszivárgás-mérő; ~ **line** *hidr* átázási/szivárgási görbe; ~ **loss** *hidr* szivárgási veszteség; ~ **of water** vízszivárgás; ~ **pressure** *bány* szivárgási nyomás; *fiz* hajszálcsövességi nyomás; ~ **spring** *hidr* leszálló/csepegő forrás; ~ **stability** *hidr* szivárgási stabilitás; ~ **test** *bány* szivárgáspróba; ~ **velocity** *hidr* szivárgási sebesség
seeping | through *bány* elvizesedés; ~ **velocity** *bány* szivárgási sebesség; ~ **water** *bány* fakadóvíz
see-saw hintamozgás
seethe beáztat *(bőrt)*
Seger cone → pyrometric cone
segment I. *v* lemetsz; feloszt, szeletekre oszt; *szt* szegmentál; **II.** *n* rész, szelvény; szegmens; *élip* gerezd; *ép* markolópofa; többpofás markoló; tübbing *(alagútfalazati elem)*; *koh* alakítószegmens; *mat* körszelet, körszegmentum; szegmens, metszet, szelet; zárt intervallum; *szt* szegmens, programszegmens; ~ **address** *szt* báziscím, szegmenscím; **16** ~ **alphanumeric display** tizenhat szegmenses kijelző; ~ **copper** *el* réz kommutátorszelet; ~ **erector** *ép* tübbingszerelő *(berendezés)*; ~ **fed loop** *el* kicsatolóhurok; ~ **gate weir** *hidr* szegmensgát; ~ **gear** *gép* fogasív; ~ **key** *gép* íves retesz; ~ **of the sphere** *mat* gömbszelet; ~ **placer** *ép* tübbingbeépítő *(berendezés)*; ~ **ring** *ép* tübbinggyűrű; ~**s** *pl bány* acéltübbinges biztosítás; ~ **shell** szegmenslövedék; ~ **sluice** *hidr* szegmenstiltó, szegmensgátas zsilip; ~ **tool** félkör alakú oldalsó esztergakés; ~ **voltage** *el* kollektorlemez-feszültség
segmental szelvényes, részekre osztott; ~ **arch** *ép* boltív; szegmensív, lapos ív; ~ **bearing** *gép* többcsészés csapágy; ~ **brush** *élip* szegmenskefe; ~ **conductor** szegmensvezető *(kábelnél)*; ~ **coping** *ép* domború fedőlapú fedőkő; ~ **gate** *ép* íves elzáró; ~ **girder** *ép* szegmenstartó, szegmensgerenda; ~ **lining** *bány* tübbinges biztosítás; ~ **lock** *ép* íves elzáró; ~**-pad roller** *ép* döngölőlábas henger; ~ **roller** szegmensgörgő *(hídsarun)*; ~ **shut-off** *ép* íves elzáró; ~ **truss** *mech* szegmens alakú tartó
segmentation metszetekre/szelvényekre/részekre osztás/bontás; aláosztás, szétosztás, továbbosztás; *aut* részekre osztás, szegmentálás; *szt* (program)szegmentálás
segmented szegmentális; ~ **approach path** *rep* szakaszokra bontott megközelítési pálya; ~ **compression law** *távk* törtvonalas/szakaszos kompressziós törvény; ~ **roller** *ép* döngölőlábas henger
segmentwise convergent *mat* szakaszonkénti konvergens
segregate elkülönít, különválaszt, izolál; különválik, kiválik; szétosztályoz
segregated külön; elkülönített; ~ **ash content** *vegy* szabad hamutartalom
segregation elkülönítés, szegregáció, szétválasztás, különválasztás, izolálás; kiválás, elválás, leválasztódás; *ép* rétegződés, szétkeveredés *(betoné)*; szétosztályozódás; *koh* (fel)dúsulás; kiválás, szegregáció; különválás; likváció; *krist* szegregáció; szétkeveredés; *önt* kiválás; *vegy* szétválás, szétkeveredés, szétbomlás; ~ **drive** *ol* gravitációs kitermelés; különválásos kőolajtermelés; ~ **factor** *aut*·szegregációs tényező; ~ **of concrete additions** *bány* szétkülönülés; ~ **of dissolved gas** *ol* oldottgáz-kiválás; ~ **pool** *hidr* ülepítőtó; ~ **texture** *krist* szétkeveredési textúra
seiche *geol, hidr, met* seiche
Seignette | electric *fiz* ferroelektromos; ~ **electricity** *fiz* ferroelektromosság; ~ **salt** *vegy* Seignette-só, kálium-nátrium-tartarát
seine (hosszú) vonóháló, gyalomháló, húzóháló, kerítőháló; ~ **net** nagy halászháló *(egyik végén súllyal, másikon úszóval)*
seiner *hajó* kerítőhálós hajó
Seisian substage *geol* seisi alemelet
seism *geof* földrengés; ~**s** *geof* szeizmikus jelenségek
seismic *geof* szeizmikus, földrengési; ~ **accelerometer** *geof* szeizmikus akcelerométer/talajgyorsulás-mérő; ~ **analysis** *mech* földrengés-állósági statikai számítás; ~ **area** *geof* szeizmikus/földrengéses terület; ~ **auger** *geof* szeizmikus kézifúró készülék; ~ **belt** *bány* szeizmikus öv; ~ **blaster** *geof* szeizmikus lőgép, lőláda; ~ **blasting** *bány* szeizmikus robbantás; ~ **cap** *geof* szeizmikus gyutacs, geogyutacs; ~ **centre/center** *geof* szeizmikus góc, földrengésfészek; ~ **computer** *geof* szeizmikus számítógép; ~ **contour** *geof* szeizmikus szintvonal/izohipsza; ~ **country** *geof* rengéses/szeizmikus terület; ~ **damage** *bány* szeizmikus károsodás; ~ **design** *mech* földrengés-állósági méretezés; ~ **detector** *geof* földrengésjelző, geofon; ~ **drill** *geof* szeizmikus fúróberendezés; ~**-electric effect** *geof* szeizmoelektromos hatás; ~ **energy** *geof*

szeizmikus energia; ~ **event** *geof* szeizmikus jelenség *(hullám)*; ~ **exploration** *geof* szeizmikus kutatás; ~ **exploration of shallow depths** *geof* sekély szeizmika; ~ **filter** *geof* szeizmikus szűrő(egység); ~ **focus** *geof* szeizmikus góc, földrengésfészek; ~ **hardness** *geof* szeizmikus keménység; ~ **impulse** *geof* szeizmikus impulzus; ~ **instantaneous electric detonator** *bány* geofizikai villamos gyutacs; ~ **instrument** *geof* szeizmikus műszer; *mech* abszolút lengésmérő; ~ **interpretation** *geof* szeizmikus kiértékelés/értelmezés; ~ **measurement** *geof* szeizmikus mérés; ~ **message** *geof* szeizmikus jel; ~ **origin** *geof* szeizmikus gócpont, földrengésfészek, hipocentrum; ~ **party** *geof* szeizmikus csoport; ~ **pick-up** *geof* geofon; ~ **pick-up group** *bány* geofoncsoport; ~ **profile** *geof* szeizmikus szelvény; ~ **prospection** *geof* szeizmikus kutatás; ~ **pulse** *geof* szeizmikus impulzus, rengés; ~ **ray** *geof* szeizmikus sugár; ~ **receiver** *geof* szeizmikus rengésjelző, geofon; ~ **receiver group** *geof* geofoncsoport; ~ **record** *geof* szeizmikus felvétel; szeizmogram; ~ **reflection** *geof* szeizmikus hullám-visszaverődés/reflexió; ~ **reflection method** *geof* reflexiós szeizmikus módszer; ~ **reflector** *geof* szeizmikus visszaverő/reflektáló felület; ~ **refractor** *geof* szeizmikus refraktáló felület; *geol* földrengéses/szeizmikus terület; ~ **routine** *geol* szeizmikus rutineljárás/mérés; **~s** → seismics; ~ **sea-wave** *geof* tengerrengési hullám; ~ **segmentation** *geof* szeizmikus tomográfia; ~ **sound** *geof* geofonszonda; ~ **sounding** szeizmikus mélységmérés; ~ **station** *geol* szeizmikus/földrengésjelző állomás; ~ **survey** *geod* szeizmikus felmérés; ~ **tomography** *geof* szeizmikus tomográfia; ~ **trace** *geof* szeizmogramcsatorna, szeizmikus oszcillogram; ~ **velocity** *geof* szeizmikus sebesség; ~ **wave** *geof* rengéshullám, szeizmikus/földrengési hullám; ~ **weight** *geof* ejtősúly

seismicity *geof* szeizmikusság, szeizmicitás, szeizmikus viselkedés

seismicrophone *geof* geofon; szeizmikus mikrofon, szeizmikrofon

seismics szeizmikus kutatás

seismoacoustic *fiz* szeizmoakusztikus; ~ **testing method** szeizmoakusztikus mérési módszer

seismogel *geof* szeizmikus robbanó zselatin

seismogram *geof* szeizmikus felvétel; szeizmogram, szeizmográfszalag; ~ **file** *geof* szeizmikus adattár, szeizmogramtár; ~ **process** *geof* szeizmogramadatok feldolgozása

seismograph *geof* földrengésjegyző, földrengésjelző, szeizmográf

seismographic szeizmografikus; ~ **soil exploration** *talt* dinamikus talajfelderítés

seismography *geof* szeizmográfia

seismo-gravimeter *geof* szeizmograviméter

seismologic(al) szeizmológiai, földrengéstani

seismologist szeizmológus, földrengéskutató

seismology földrengéstan, szeizmológia

seismometer *geof* földrengésmérő, szeizmométer; ~ **array/layout** *geof* szeizmométerterítés

seismometry *geof* szeizmikus mérés/méréstan, szeizmometria

seismophone *geof* szeizmofon, lehallgató földrengésjelző

seismophysics *geof* szeizmikus fizika, szeizmofizika

seismoscope *geof* földrengésjelző, szeizmoszkóp

seismotectonic *geof* földrengés-tektonikai

Seitz filter *gyógyv* Seitz-szűrő

seize megragad, megfog; megmarkol; igénybe vesz; *gép* bemaródik, berakódik, megakad, beszorul, megszorul; *hajó* megköt, bújtat *(kötelet)*; *kat* elfoglal; **~-back pulse** *távk* foglaltságoldó impulzus

seized | **piston** *műa* beragadt dugattyú; **~-up** *gép* beragadt, beszorult

seizing *gép* berágódás, beszorulás, bemaródás; *hajó* kötélkötés, kötélbújtatás; *távb* lefoglalás; *tex* összefogás *(fonalvégződéseké)*; ~ **key** *távb* lefoglaló billentyű; ~ **mark** *gép* maródásnyom; ~ **of bearing** *gép* csapágy berágódása; ~ **of current** *távb* találat *(áramköré)*; ~ **of piston by fusion** *műa* dugattyú besülése; ~ **signal** *távk* foglalójel; **~-up** → seizure

seizure *gép* befogás, berágódás, beragadás, beszorulás; *távb* foglaltság

seladonite *ásv* szeladonit

SELCAL system (selective calling system) *rep* SELCAL-rendszer, szelektív hívórendszer

select I. *v* kiválaszt, kiválogat, összeválogat; *fa* szálal; *szt* szelektál, kiválaszt; *távk* választ; **II.** *a* válogatott; kiválasztott; minőségi; **III.** *n fa* válogatott minőségű fűrészáru; ~ **cutting** *fa* gyérítés, szálalás

selected válogatott; ~ **fit** párosító/válogató illesztés; ~ **range indicator** C típusú indikátor *(radar)*; ~ **read data** *szt* kiválasztott olvasási adat

selecting | **bar** *távb* crossbar jelölőrúd; ~ **bin/bunker** *környv* kiválasztóbunker; ~ **circuit** *aut* választó áramkör; ~ **comb** *kh* tűbeosztó/tűválogató léc; ~ **device** *szt* választóberendezés; ~ **finger** *távb* crossbar jelölőtű; ~ **impulse** *távk* választóimpulzus; ~ **lever** *gépk* sebességváltó kar; sebességváltó-kapcsoló ujj; *távb* választóemelő; választókar; ~ **magnet** *el* kapcsoló(gép)mágnes; ~ **network** *aut* választó áramkör; ~ **signal(l)ing** *távk* hívójelzés; ~ **stage** *távk* választófokozat; ~ **switch** *em* emeletválasztó

selection kiválasztás, válogatás; kiválasztódás, szelekció; *aut* válogatás, választás, szegmentálás; *mat* mintavétel, kiválasztás *(mintáé)*; szelekció; *távb* választás; vonalválasztás, keresés; ~ **check** *szt* kiválasztásos ellenőrzés; ~ **circuit** *aut* választó áramkör; ~ **felling** *fa* szálaló vágás; ~ **key** *ép* választókapcsoló; *szt* kiválasztóbillentyű; ~ **of models** kollekció, mintagyűjtemény; ~ **of route** *ép* nyomvonal-kiválasztás; ~ **principle** *fiz, krist* kiválasztási szabály; ~ **ratio** *el* választásarány; ~ **rule** *at, vegy* kiválasztási szabály; ~ **signals** *távk* választási jelek; ~ **system** *fa* szálalóüzem; ~ **wire** *el* választóhuzal

selectionable function code *szt* kiválasztható műveletkód

selective kiválasztó, kiválogató, szelektív; ~ **absorption** *fiz* szelektív abszorpció; ~ **addressable memory** *at* kiválaszthatóan címezhető memória; ~ **adsorption** *fiz* szelektív adszorpció; ~ **amplifier** *aut, rád* szelektív erősítő; ~ **annealing** *alak* helyi lágyítás; ~ **assembly** *gép* (össze)válogató szerelés; ~ **brazing** *heg* szelektív keményforrasztás; ~ **call** *távk* szelektív hívás; ~ **call-signal** *távk* szelektív hívójel; ~ **carburizing** *koh* helyi cementálás; ~ **circuit** *el* szelektív áramkör, szűrőkör; ~ **comminution** *bány* szelektív aprítás; ~ **control** *aut* kiválasztásos vezérlés; ~ **corrosion** *koh* szelektív korrózió; ~ **dehydrogenation** *ol* szelektív dehidrogénezés; ~ **detonation** *bány* szelektív detonáció; ~ **diffuser** *opt* szelektíven szóró test; ~ **dissemination of information (SDI)** *szt* szelektív információterjesztés, SDI; ~ **dump** *szt* szelektív (tár)-kiíratás; ~ **emission** *el* szelektív sugárzás; ~ **etching** *forg* szelektív maratás; ~ **extraction** *ol* szelektív/kiválasztó extrahálás; ~ **fading** *rád* szelektív fading/elhalkulás; ~ **filter** *fiz, opt* szelektív szűrő; ~ **fire** *kat* tűzváltós; ~ **fire shoulder weapon** *kat* tűzváltós válltámaszos fegyver; ~ **fit** szelektív illesztés; ~ **flocculation** *bány* szelektív flokkulálás; ~ **flotation** *koh* szelektív flotálás; ~ **freezing** *gép* szelektív dermedés; ~ **gamma-gamma logging** *geof* szelektív gamma-gamma szelvényezés; ~ **gear** *gépk* előválasztó sebességváltó-fogaskerék; ~**-gear drive** *gépk* állandó fordulatszámú hajtás; ~ **hardening** *koh* részleges/kiválasztó edzés; ~ **heating** szelektív melegítés; ~ **hydrogenation** *vegy* szelektív hidrogénezés; ~ **information retrieval (SIR)** *szt* szelektív információ-visszakeresés, SIR; ~ **interference** *távk* szűk sávú zavar; ~ **jamming** *rád* zavarójel; ~ **landing nipple** *ol* szelektív ültető közdarab; ~ **line printing** *szt* szelektív sornyomtatás; ~ **loading** *bány* osztályozó rakodás, rakodás fajták szerint; szelektív felrakás; ~ **localization** *at* szelektív behatárolás; ~ **logging** *fa* szálaló vágás; ~ **microvoltmeter** *aut* szelektív mikrovoltmérő; ~ **mining** *bány* rablóbányászat; szelektív bányászat; ~ **negative feedback** *aut* szelektív negatív visszacsatolás; ~ **network** *rád, távk* szelektív négypólus; ~ **opencast mining** *bány* szelektív külfejtéses művelés; ~ **photoelectric emission** *el* szelektív külső fényelektronos hatás *v.* külső fényhatás; ~ **protection** *aut, el* szelektív védelem; ~ **pulse** *aut* szelektív/kiválasztó impulzus; ~ **quenching** *koh* helyi/részleges edzés; ~ **radiation** *opt* diszkrét/szelektív sugárzás; ~ **receiver** *rád* szelektív vevő; ~ **reduction** *koh* szelektív redukálás; ~ **reflection** *rád* frekvenciafüggő visszaverődés; ~ **refuse collection** szelektív hulladékgyűjtés; ~ **relay** *aut* szelektív relé/jelfogó; ~ **replacement** *geol* szelektív metaszomatizmus; ~ **ringing (SR)** *távk* szelektív/választó csengetés; ~ **screen** *opt* színkiszűrő; ~ **separation** *koh* szelektív elválasztás; ~ **solvent** *vegy* szelektív oldószer; ~ **SP-logging** *ol* szelektív SP-szelvényezés; ~ **summarizing** *aut* szelektív összegezés; ~ **switchgear** *el* szelektív megszakító; *vasút* előválasztó váltókapcsoló; ~ **synchronization** *hang* szelektív szinkronizálás/szinkronfelvétel; ~ **tempering** *koh* helyi jellegű megeresztés; ~ **waste collection** szelektív hulladékgyűjtés; ~ **winning** *bány* szelektív jövesztés

selectivity szelektivitás; ~ **characteristic** *aut* szelektivitás-jelleggörbe; ~ **coefficient** *koh, ol* szelektivitási együttható/koefficiens/tényező; ~ **control** *el, rád* szelektivitásszabályozás; ~ **curve** *rád* szelektivitásgörbe; ~ **ratio** szelektivitásarány, szelektivitás foka/mértéke

selector (ki)választó; *el* választókészülék, szelektor; *rád* választókar; *szt* szelektor; *távb* elosztószerkezet, szelektor; *távk* keresőgép, választógép; *tex* segédtű *(jacquard-gépen tűválogatáshoz)*; ~ **bank** *távk* választógép-csúcsív; ~ **bar** *gépk* sebességváltó csúszópálcája; *távb* választósín; ~ **bay** *távk* választógépkeret; ~ **box** *gépk* távkapcsolószekrény; ~ **calling** *távb* tárcsahívás; ~ **cam** *távb* választóbütyök; ~ **channel** *szt* szelektorcsatorna; ~ **dial** *távb* választótárcsa; ~ **disc/disk** *távk* számválasztó; ~ **finger** *gépk* sebességváltó-kapcsoló csap; *távb* választópecek *(távgépírón)*; ~ **fork** *forg, gépk* választóvilla; ~ **gear** *gép* osztályozószerkezet; ~ **key** *távb* választókulcs, vonalválasztó kapcsolója; ~ **lever** *gépk* kapcsolókar, menetfokozat-kapcsoló *(automata sebességváltóé)*; ~ **magnet** *távb* vevőmágnes; ~ **mechanism** *gépk* kormányváltó kapcsolószerkezete; ~ **panel** *élip* választótábla, elosztótábla; ~ **relay** *el* számjegygépjelfogó; ~**-repeater** *távk* együttfutó választógép; ~ **ringing** *távk* tárcsahívás; ~ **rod** *forg* választórúd; *gépk* sebességváltó előválasztó pálcája; ~ **shaft** *gépk* szelektortengely; *távb* bekapcsoló tengely; ~**-spring** *kat* tűzváltó rugó; ~**-spring groove** *kat* tűzváltórugó-fészek; ~ **stage** *távk* fokozat; ~**-stepping magnet** *távb* kapcsológép-léptető mágnes; ~ **switch** *el* választókapcsoló; *távk* léptetőgép; választógép; ~ **tube** *fiz* szelektorcső, elektronsugaras kapcsolócső; ~ **unit** *távb* vevőegység, vevőfej; ~ **valve** *rep* váltószelep

selectron *aut* szelektron; *fiz* szelén-egyenirányító

selenian *ásv* szeléntartalmú

selenious *vegy* szelén(II)-; szelén(IV)-; ~ **acid** *vegy* szelénessav

selenite *ásv* máriaüveg, szelenit; *vegy* szelenit; ~ **plate** *el* szelenitlemez

selenium (Se) *vegy* szelén; ~ **barrier** *félv* szelén fényelem; ~**-cell relay** *aut* széléncellás relé; ~**-conductive cell** szelén ellenálláscella; ~ **dioxide** *vegy* szelén-dioxid; ~ **disulphide/disulfide** *vegy* szelén-diszulfid; ~ **glass** (narancsvörös fényszűrő) szelénüveg; ~ **overvoltage protector** *félv* szelén túlfeszültségvédő; ~ **photocell** *félv, fiz* szelén (foto)cella, szelén fényelem, szelén fotoellenállás; ~ **photoconductive cell** *fiz* szelén (foto)cella, szelén fényelem, szelén fotoellenállás; ~ **photovoltaic cell** *félv* szelén fényelem; ~ **rectifier** *félv* szelén egyenirányító; ~**-ruby glass** szelénrubin *(üveg)*

selenography *csill* holdleírás, szelenográfia, holdtérképezés

selenolite *ásv* szelenolit

selenology holdgeológia

self|-absorption *fiz* önabszorpció, belső abszorpció/elnyelés; ~**-accelerating process** *vegy* öngyorsító folyamat; ~**-acting (sa)** önműködő, automata; ~**-acting control** *aut* direkt/közvetlen vezérlés/szabályozás; segédenergia nélküli szabályozás; ~**-acting idler** *bány* önműködő szalagtartó görgő; ~**-acting incline** *bány* gravitációs sikló; ~**-acting lathe** *szersz* önműködő előtolású vezérorsós eszterga; ~**-acting lubricator** *gép* önműködő olajozó; ~**-acting mule** *tex* szelfaktor (kocsija); ~**-acting needle** *kh* kanalas tű; ~**-acting shutter** *hidr* önműködő zsilipkapu; ~**-acting twiner mule doubler** *tex* szakaszos működésű cérnázó; ~**-actor** *tex* szelfaktor; ~**-actuated controller** *aut* segédenergia nélkül működő szabályozó; ~**-adapting computer** *szt* alkalmazkodó számítógép; ~**-adapting control** *aut* alkalmazható irányítás, adaptív irányítás; ~**-adapting system** *aut* önbeállító/adaptív/alkalmazkodó rendszer; ~**-addition** *vegy* önaddíció; ~**-adhesive** öntapadó; ~**-adhesive insulating tape** *ép* öntapadó szigetelőszalag; ~**-adhesive tape** öntapadó ragasztószalag; ~**-adjoint** *aut* önadjungált, hermitikus; ~**-adjointness** *mat* önadjungáltság; ~**-adjoint (operator) algebra** *mat* *-algebra, csillagalgebra, involúcióval ellátott algebra, szimmetrikus/önadjungált algebra; **~-adjoint system** *aut* önadjungált rendszer; **~-adjustable bearing** *gép* önbeálló csapágy; **~-adjusting** *aut* önbeálló, önszabályozó; **~-adjusting autopilot** *rep* önbeállító robotpilóta; **~-adjusting brake-gear** *vasút* önműködő féknyomás-szabályozó; **~-adjusting level** *geod* kompenzátoros szintezőműszer; **~-adjusting line of sight** *geod* önbeállító nézővonal/célzóvonal; **~-adjusting model** *aut* önszervező/alkalmazkodó/tanuló modell; **~-adjusting rope shoe** *bány* önbeálló állványsaru; **~-adjusting squeeze head** önbeálló sajtolólap; **~-adjusting system** *aut* önbeállító/adaptív/alkalmazkodó szabályozási rendszer; **~-adjusting tappet** *gép* önbeállító szelepemelő; **~-adjusting welding arc** *heg* önvezérlő hegesztőív; **~-adjustment** *aut* önbeállás, önszabályozás; **~-admittance** *el* sajátadmittancia; **~-advancing pillar support** *bány* önjáró pillérbiztosítás; **~-advancing support** *bány* önjáró biztosítás; **~-aligning** *aut* követő szabályozás/vezérlés; *el* önkiegyenlítő; *gép* önbeálló, önközpontosító; **~-aligning ball-bearing** *gép* önbeálló golyóscsapágy; **~-aligning gate MOS technology (SAGMOS)** *szt* önbeállító vezérlőelektródás MOS-technológia, SAGMOS; **~-aligning rollers** *pl bány* önbeálló egyengető görgőegység; **~-aligning rope shoe** *bány* önbeálló állványsaru; **~-aligning system** *aut* önbeáll(ít)ó rendszer; **~-alignment gate** *el* önillesztő vezérlőelektród; **~-anchored suspension-bridge** *ép* önmagában lehorgonyzott függőhíd; **~-anchoring** *ép* tapadásos lehorgonyzás *(feszítés)*; **~-annealing** *koh* önkilágyulás; **~-attenuation** *el* sajátcsillapítás; **~ attenuation distance** *at* öngyengülési távolság; **~-baking electrode** *el* önfűtő/önizzítós elektród, Södeberg-elektród; **~-balancing** *aut* önkiegyenlítés, önbeállás; **~-balancing bridge** *el* automatikus kiegyenlítésű mérőhíd; **~-balancing hot wire anemometer** önkiegyenlítéses hődrótos anemométer/légsebességmérő/szélsebességmérő; **~-balancing magnetic (servo) amplifier** *aut* önkiegyenlítő mágneses erősítő; **~-balancing phase inverter** *rád* önkiegyenlítő fázisfordító; **~-balancing sifter** *élip* szabadonlengő síkszita; **~-ballasted mercury lamp** *opt US* kevert fényű lámpa; **~-bearing** *ép, gép* önhordó; *rep* önirányító; **~-bias** *el* automatikus rácselőfeszültség; *távk* (automatikus) önelőfeszültség; **~-bias(s)ed-off** *távk* önelőfeszítéssel lezárt; **~-bias(s)ing circuit** *rád* automatikus előfeszültséget adó áramkör; **~-blanching** *mzg* kifehéredés; **~-blast circuit-breaker** *aut* megszakító saját ívfúvással; **~-blocking** *fiz* önblokkolás, ön(le)zárás; **~-blowing drum-filter** *vák* önfúvó dobszűrő; **~-braking** *gépk* önfékező; **~-calibration** *aut* önkalibrálás, önhitelesítés; **~-cancel(l)ing** *gépk* önkikapcsoló *(irányjelző)*; **~-capacitance** *el, távk* káros kapacitás; önkapacitás, sajátkapacitás; **~-capacity** *el* önkapacitás, káros kapacitás; **~-carrying** önhordó; **~-carrying mo(u)ld lubricant** *műa* önkenő csúsztatóanyag; **~-catching** önmegállító, önkikapcsoló; **~-catching screw** önzáró csavar; **~-ca(u)lking** *orv* tömörítés nélkül tömítő, öntömítő; **~-cent(e)ring** önbeálló, önközpontosító; **~-cent(e)ring (drill) chuck** *szersz* önközpontosító (fúró)tokmány; **~-changing gear** *gépk* választós sebességváltó; **~-charge** *el, fiz* sajáttöltés; **~-check** *szt* öntesztelés, önellenőrzés; **~-checking** *szt* önellenőrzés; **~-checking code** *szt* önellenőrző kód; **~-checking high-speed printer** *szt* önellenőrző gyors működésű nyomtató; **~-checking number generator** ellenőrzőszám-generátor; **~-clamping servo** *aut* önmeghúzó szervomechanizmus; **~-cleaning** öntisztító; öntisztuló; *bány* öntakarító; **~-cleaning ability** *környv* öntisztuló képesség; **~-cleaning drilling** *bány* öblítőfúrás; **~-cleaning grizzly** *bány* öntisztító rostély; **~-cleaning screen** *bány* öntisztító rács; **~-cleaning spark(ing) plug** *gép* öntisztító gyújtógyertya; **~-clearing** *bány* önürítő; **~-clearing barge** *hidr* önürítő uszály; **~-clearing car** *vasút* önürítő vagon; **~-clipping device** *el* önrögzítő berendezés; **~-closing** *ép* önműködően csukódó; *gép* ön(el)záró; **~-closing valve** *gép* önzáró szelep; **~-cocking** *kat* ismétlő *(pisztoly)*; **~-cocking of brake** *vasút* légfék önműködő feltöltése; **~-cocking revolver** *kat* ismétlő forgópisztoly; **~-collision time** *at* önütközési idő; **~-colo(u)red paper** *pa* természetes színű *v.* egyszínű papír; **~-compensating magnetic balances** *aut* önkompenzáló mágneses híd; **~-complementary graph** *mat* önkomplementer gráf; **~-computer** *szt* önszervező számítógép; **~-congruent** *at, mat* önkongruens, önillesztett; **~-congruent field** *at* önkongruens tér; **~-conjugacy** *mat* önkonjugáltság; **~-conjugate** *aut* önadjungált, hermitikus; *mat* önkonjugált; **~ consistent field (SCF)** *el* önmagában ellentmondás nélküli tér; **~-consistent-field method** *ásv* Hartree—Fock-módszer; „self-consistent field" módszer; **~-consistent superposition** *el, mech* önkonzisztens szuperpozíció; **~-constriction** *at* pinch-effektus, befűződés saját tér hatására; **~-consumption** *em* önfogyasztás; **~-consumption efficiency** *em* önfogyasztási hatásfok; **~-contact** *mat* önérintés, önérintkezés; **~-contained** önmagában zárt, önálló *(pl. műszer)*; **~-contained air conditioner** *ép* klímaszekrény; **~-contained air cooling unit** *ép* léghűtő szekrény; **~-contained aspirator** *élip* zárt körforgású aspirátor; **~-contained drive** *gép* egyedi hajtás; **~-contained flat** *ép* önálló/összkomfortos lakás; **~-contained furnace** *koh* tégely nélküli kemence; **~-contained instrument** független/önálló (mérő)műszer; **~-contained mill** *tex* textilkombinát; **~-contained navigation** *rep* autonóm navigáció; **~-contained off-shore drilling platform** *ol* fúrósziget; **~-contained plant** *ip* önálló ipartelep, kombinát; **~-contained press** *műa* hidraulikával egybeépített sajtológép; **~-contained supply** *aut* független/autonóm táplálás; **~-contained unit** *gép* teljes gépegység, aggregát; **~-contained wall** *ép* szabadon álló fal; **~-control** *aut* önszabályozás; **~-controlled** *el* önvezérelt, saját vezérléssel ellátott, saját vezérlésű; **~-convolution** *ásv* önkonvolúció; **~-cooker** *mzg* főzőláda; **~-cooled** *el* természetes hűtésű; **~-cooled transformer** *el* (természetes) léghűtésű transzformátor; **~-cooling** természetes hűtés; önhűtés; **~-correcting autopilot** önhelyesbítő robotpilóta; **~-correcting code** *aut, szt* önjavító/önellenőrző kód; **~-correcting system** *aut* önjavító rendszer; **~-corrosion** *geol* talajbemaródás; *koh* önkorrózió; **~-curing** *ép* nedves utókezelés nélküli betonszilárdítás; **~-curing cement** önvulkanizáló enyv/ragasztószer; **~-decay** *el* sajátbomlás; **~-demagnetization** *aut* önlemágnesezés, önműködő lemágneseződés; **~-demarking code** *szt* önellenőrző kód; **~-development system** *szt* önfejlesztő rendszer-organizing; **~-diffu-**

sion *at* öndiffúzió; ~**-discharge** *fiz* önkisülés; ~**-discharger** *bány* önürítő berendezés; *ép* önkisülő *(akkumulátor)*; önürítő tehergépkocsi; ~**-discharging barge** *hidr* önürítő uszály; ~**-disperging shale** *ol* öndiszpergáló márga; ~**-dissociation** *vegy* öndisszociáció; ~**-distance indicator** távolságjelző, távolságmutató; ~**-docking dock** *hajó* tagolt úszódokk; ~**-documenting program** *szt* öndokumentáló program; ~**-draining** önürítő *(szivattyú)*; ~**-drive car** bérautó vezető nélkül; ~**-driven ingot buggy** *koh* önjáró öntecsszállító kocsi; ~**-dumping** *bány* önbuktató, billenő; ~**-dumping cage** *bány* billenőkas; buktatókas; szkip; ~**-dumping car** *bány* önürítő csille; ~**-dumping container hopper** *ép* billenő szállítótartály; ~**-dumping rake** *mzg* automatikus szénagereblye; ~**-electrode** *el* önemissziós elektród; ~**-embedding** *aut* beágyazás, belső rekurzió; ~**-embedding grammar** *aut* belső rekurzív grammatika; ~**-embedding symbol** *aut* belső rekurzív jel/szimbólum; ~**-employed** *ip* önálló *(iparos)*; ~**-energizing** *at* öngerjesztő; ~**-energizing brake** *gépk* automatikus fék; szervofék; ~**-energy** sajátenergia; ~**-erecting bridge crane** *ép* önszerelő bakdaru; ~**-exchange** *el* begerjedés, öngerjedés, berezgés; ~**-exchange coefficient** *opt* saját-cseregyütt-ható; ~**-excitation** *el, fiz* begerjedés; öngerjesztés; ~**-excitation winding** *aut* öngerjesztő tekercselés; ~**-excited** *el* öngerjesztésű; öngerjesztett; ~**-excited capacitive coupled oscillator** *el* kapacitív csatolású rezgéskeltő; ~**-excited constant-current generator** *el* dinamó, generátor; ~**-excited mixer** önrezgő keverő; ~**-excited oscillation** *aut* felgerjedő lengés; öngerjesztett lengések; ~**-excited oscillator** *el* öngerjesztő rezgéskeltő, sajátrezgésű/szabadrezgésű/önrezgésű oszcillátor; ~**-excited vibration** *mech* öngerjesztett lengés; ~**-exciter** *el* öngerjesztő *(gép)*; ~**-exciting** *el* öngerjesztésű, öngerjesztő; ~**-exciting braking** *aut* öngerjesztésű fékezés; ~**-exciting cascade connection** *aut* kaszkád/soros öngerjesztés; ~**-expanding piston ring** *gép* rugózó/táguló dugattyúgyűrű; ~**-feeder** *mzg* önetető, önadagoló *(berendezés)*; ~**-field** *fiz* saját tér, öngerjesztett tér; ~**-filling** öntöltő; ~**-fluxing** *koh* önjáró *(elegy)*; ~**-fluxing burden/charge** *koh* önjáró elegy; ~**-fluxing ore** *koh* önjáró érc; ~**-fluxing sinter** *koh* önjáró zsugorítvány; ~**-focus(s)ed laser beam** *fiz* automatikusan fókuszált lézersugár; ~**-focus(s)ing** *fiz* önfókuszolás; ~**-fractionating pump** *gép* frakcionáló (diffúziós) szivattyú; ~**-frequency** *fiz* sajátfrekvencia; ~**-frequency converter** *félv* saját kommutálású *v.* sajátfrekvenciás áramirányító; ~**-furring metal-lath** *ép* vakolattartó fémléc; ~**-fusible** → ~-fluxing; ~**-gas utilization** *ol* sajátgáz-felhasználás; ~**-glu(e)ing** önragasztó; ~**-governing** *aut* önszabályozó; ~**-guidance** *kat* önirányítás; *rep* automatikus vezetés/célkeresés/célrarepülés; ~**-hardening** önedződés; ~**-hardening sand** *önt* önkeményedő formázó keverék; ~**-hardening steel** *koh* önedződő acél; ~**-healing** *ép* önkötés *(betoné)*; *gumi* önjavítás; *rád* önregenerálódás *(kondenzátoré)*; ~**-heating** *at, környv* önmelegedés; ~**-heterodyne receiver** *távk* visszacsatolásos vevő; ~**-holding** *távk* öntartó *(relé)*; ~**-holding circuit** *aut* öntartó áramkör; ~**-homing** *rep* automatikus vezetés/célkeresés/célrarepülés; ~**-homing device** *aut* célra irányító *v.* célkereső készülék; ~**-ignition** *gép* öngyulladás; ~**-impedance** *távk* sajátimpedancia; ~**-induced field** *el* önindukciós mező/tér; ~**-induced oscillation** *el* öngerjesztésű lengés; ~**-induced transparency** *aut* önindukált áttetszőség; ~**-inductance** *el* önindukció; ~**-induction coefficient** *el* induktivitás, önindukció-tényező; ~**-induction coil,** ~**-inductor** *el* önindukciós tekercs; ~**-information** *szt* egyedi információ; ~**-initiated explosion** *bány* önrobbanás; ~**-instructed carry** *aut* autonóm átvitel; ~**-interference** *fiz* öninterferencia; ~**-interrupter** *távk* önszaggató; ~**-interrupting circuit** *aut* önmegszakító áramkör; ~**-intersecting polyhedron** *mat* önmagát átmetsző *v.* önátmetsző poliéder/soklap; ~**-intersection** *mat* önmetszés, önátmetszés; ~**-isolation scheme (SIS)** *szt* önszigetelő szerkezet, SIS; ~**-klinkering** *ker* önüvegesedés, önklinkeresedés; ~**-learning system** *aut* tanuló rendszer; ~**-level(l)ing device** *ép* finombeállítás; ~**-light** *fiz* sajátfény; ~**-limiting reaction** *at* önkorlátozó (lánc)reakció; ~**-loader** *ép* önrakodó; *kat* öntöltő fegyver; ~**-loading** *szt* önbetöltő; ~**-loading head** *bány* önrakodó rázócsúszda; ~**-loading memory edit (SLME)** *szt* önbetöltő tárkiíró segédprogram, SLME; ~**-loading nut** *gép* önbiztosító anya; ~**-loading shaker conveyer** *bány* önrakodó rázott csúszda, kacsacsőr; ~**-locking** *gép* önzáró; ~**-locking brake** *bány* önzáró fék; ~**-locking differential** *gépk* önzáró differenciál/kiegyenlítőmű; ~**-locking key** *gép* önzáró ék; ~**-locking nut** *gép* önzáró/önbiztosító anya; ~**-loop** *mat* hurok; ~**-lubricating** *gép* önkenő; ~**-lubricating bearing** *gép* önkenő csapágy; ~**-luminescence of upper atmosphere** *csill* földi atmoszféra sajátvilágítása, éjszakai égboltfény; ~**-luminosity** *fiz* sajátfény; ~**-luminous body** *el* önvilágító *(test, anyag)*; ~**-luminous (perceived) colo(u)r** *opt* önvilágító szín/színérzet; ~**-magnetism** *fiz* sajátmágnesség; ~**-maintaining** *fiz* önfenntartó, önmagától fennmaradó; ~**-mass** *fiz* sajáttömeg, belső tömeg; ~**-modulation** *fiz* önmoduláció; ~**-monitored autopilot** *rep* önellenőrző robotpilóta; ~**-monitoring** *rep* önellenőrzés; ~**-movement** *mech* sajátmozgás, önmozgás; ~**-moving plate vibrator** *ép* önmozgó lapvibrátor; ~**-multiplying** *at* önsokszorozó; ~**-neutralization** *rád* önneutralizálás; ~**-noise** *fiz* belső zaj, sajátzaj; ~**-oiling** *gép* önkenő; ~**-opening die(s)/head/holder** *forg* önnyíló menetmetsző fej; ~**-operated component** *aut* segédenergia nélküli szerv; ~**-operated control** *aut* segédenergia nélküli szabályozás; ~**-operated humidity control** *ép* közvetlen nedvességszabályozás; ~**-operated measuring unit** *aut* önműködő mérőegység; ~**-operation** önműködő üzem/működés; ~**-optimizing** *aut* automatikus optimizálás/optimalizálás, automatikus adaptáció; ~**-optimizing control** *aut* önoptimalizáló/önoptimizáló szabályozás/irányítás; ~**-orientable** öntájoló; ~**-oscillation** *aut* önlengés, sajátlengés; *fiz* önoszcilláció, begerjedés; rezgési módus, sajátrezgés; *gép, környv* berezgés; ~**-oscillatory** *fiz* öngerjesztő, csillapítatlan rezgésű; ~**-osculation** *mat* önérintés, önérintkezés; ~**-peeling slag** *koh* önleváló salak; ~**-pinched plasma** *fiz* saját pinch-effektusára beszűkült plazma; ~**-pivoting geophone** forgósarkcsapos önbeálló geofon *(tengeri kutatáshoz)*; ~**-polarity** *mat* autopolaritás; ~**-polar polygon** *mat* autopoláris sokszög *(másodrendű felületé)*, polársokszög, pólussokszög; ~**-polar triangle** *mat* autopoláris háromszög; **~-pollution** *környv* önszennyeződés; **~-potential** *fiz, ol* sajátpotenciál, természetes potenciál; **~-potential curve** *geof* sajátpotenciál-görbe, SP-görbe; **~-potential method** *geof* természetes potenciáláramok módszere; **~-potential profile** *geof* természetespotenciál-szelvény; **~-power** *fiz* sajátteljesítmény, sajátenergia(-forrás); **~-powered** *aut, el* saját táplálású/áramforrású; *em* önjáró; **~-priming** *rep* feltöltés automatikus szabályozása; **~-priming pump** *gép* önfelszívó szivattyú; **~-priming tank** *rep* ön(fel)töltő tartály; **~-programming** *aut, szt* önprogramozás; **~-prop** → **~**-propelled; **~-propagating** → **~**-maintaining; → **~**-sustaining; **~-propagating release** *at* önmagától tovagerjedő (energia)felszabadulás; **~-propelled (SP)** *ép, kat* önjáró; **~-propelled biaxial rubber-tyred roller** *ép* önjáró gumiabroncsos henger; **~-propelled car** *vasút* motorkocsi; **~-propelled carriage** *kat* önjáró lövegtalp; **~-propelled concrete pump** *ép* autó-betonszivattyú; **~-propelled crane** *ép* önjáró daru; **~-propelled excavator** *ép* önjáró kotró; **~-propelled grader** *ép* motoros földgyalu; **~-propelled roller** *ép* motoros henger; **~-propelled sweeper** *ép* seprőgép; **~-propelled vacuum sweeper** *ép* seprő-felszívó gép; **~-propelled vibratory tandem roller** *ép* vibrációs tandemhenger; **~-propelling** önműködő, önmagától mozgó, önjáró; **~-propelling gun** *kat* önjáró löveg; **~-propelling navigation** *hidr* önjáró hajózás; **~-protected coil** *el* önvédő tekercs; **~-protecting** *rád* önbiztosító, önvédő; **~-pruning** *fa* természetes feltisztulás; **~-pulsed** *fiz* önmoduláló; **~-pulsed modulation** *fiz* öngerjesztésű impulzusmoduláció, önmoduláció; **~-pulsed oscillator** *rád* önmodulált impulzusoszcillátor; **~-pulsed transmitter** *rád* önimpulzus-modulációs adó; **~-purification** *hidr* (természetes) öntisztulás; **~-quenching** *el* önkioltó *(oszcillátorcső, számláló)*; *el, távk* önmegszakító; **~-quenching counter** *at* önkioltó számláló; **~-quenching generator** *el* önzáró oszcillátor, blockingoszcillátor; **~-radiation** *at, fiz* sajátsugárzás; **~-raising flour** *élip* önkelő búzaliszt; **~-reacting plasma** *fiz* fúziós/önreakcióképes plazma; **~-reading staff** *geod* műszerrel leolvasható szintezőléc; **~-recording** öníró, regisztráló; **~-recording barometer** *met* légnyomásíró; **~-recording compensator** *aut* önregisztráló kompenzátor; **~-recording rain-ga(u)ge** *met* esőíró, csapadékíró, ombrográf; **~-recovery** *aut* önkiegyenlítés, önjavítás; önszabályozás, önbeállás; **~-reducing tachometer/tachymeter** *geod* redukáló tahiméter; **~-regenerating** *el* önjavító; **~-regulating** önszabályozó; **~-regulating barrage** *hidr* automatikus gát; **~-regulating control** *aut* önműködő irányítás; **~-regulating controlled system** *aut* önszabályozó rendszer; **~-regulating reactor** *at* önszabályozó reaktor; **~-regulation** *at, aut* automatikus vezérlés/szabályozás/irányítás; önbeállás; önszabályozás; **~-regulation time** *aut* önbeállási idő; **~-relative address** *szt* önrelatív cím; **~-releasing** *el* önkioldó; **~-relocating program** *szt* önáthelyező program; **~-repair** *aut* önjavítás; **~-reproduction** *aut* önreprodukció; **~-repulsion** *el* önvisszalökés; **~-rescuer** *bány* önmentő készülék; **~-reset** *el* önvisszaállító *(relé/kapcsoló)*; **~-resetting** *el* önvisszaállító; **~-resetting/self-restoring loop** *szt* önreteszelő ciklus; **~-retaining** öntartó; **~-retention** önvisszatartás; **~-reversal** *fiz* önabszorpció; önvisszafordulás; **~-righting** *szersz* önegyengető; **~-righting bridge crane** *ép* önszerelő bakdaru; **~-rising** → **~**-raising; **~-running** *távk* szabadonfutó; **~-running motor** *gép* önindulό motor; **~-saturated magnetic amplifier** *aut* öntelítésű mágneses erősítő; **~-saturating** telítődő, öntelítő; visszacsatolt; **~-scattering** *at* öndiffúzió; önszórás, sajátszórás; **~-screening** *at, el* önvédő, önárnyékoló; **~-sealing** öntömítő, önlezáró; **~-sealing capacitor** *el* önjavító kondenzátor; **~-sealing fuel tank** *rep* öntömítő tüzelőanyag-tartály; **~-setting** *gumi* magától fölöződő/kiülepedő; **~-setting bearing** *gép* önbeálló csapágy; **~-shade** *tex* természetes színárnyalat; **~-shielding** → **~**-screening; **~-shielding factor** *at* önárnyékolási tényező; **~-smoothing** *tex* önmagától kisimuló; **~-stability of phase** *fiz* fázisstabilitás, (automatikus) fázisstabilizáció, szinkrotronelv; **~-stabilization** *em* önszabályozás; **~-stabilization of phase** *el* automata fázisstabilizálás; **~-stabilizing reaction** → **~**-limiting reaction; **~-stabilizing reactor** *at* önstabilizáló reaktor; **~-starter** *gépk* önindító; **~-starting** *el* öngerjedő, öngerjesztett *(oszcillátor)*; *gép* önindulό *(motor)*; **~-steering** *hajó* robotkormány; **~-steering bogie (truck) with through axles** *ép* nyomtartó utánfutó; **~-stowage** *bány* öntömedékelés; **~-stowing bower** patenthorgony *(keresztrúd nélküli)*; **~-stressed concrete** *ép* duzzadóbeton, önfeszítő beton; **~-stressing cement** *ép* duzzadócement; **~-stressing mo(u)ld** *ép* feszítőerő felvételére alkalmas sablon; **~-sufficient** *rep* önálló, független; **~-supervisory** önellenőrző; **~-supported** *ép* önhordó; *gép* egyedül/szabadon álló; **~-supported solid brick partition** *ép* önhordó tömörtégla fal; **~-supporting** *aut* önfenntartó; *bány* állékony *(főte)*; *ép, mech* önhordó; **~-supporting antenna mast** *rád* szabadon álló antennaárboc; **~-supporting piston** *gép* tehermentesített dugattyú; **~-supporting (roadway) profile** *bány* önhordó vágatszelvény; **~-supporting roof** *bány* állékony főte; **~-sustained emission cold cathod** *el* önfenntartott/saját emissziójú hidegkatód; **~-sustained glow** *el* önfenntató parázsfény; **~-sustained oscillation** *fiz* csillapítatlan rezgés; önlengés, sajátlengés; **~-sustaining** *at, fiz* önfenntartó; *ép* önhordó; **~-sustaining discharge** *fiz* önfenntartó (gáz)kisülés; **~-sustaining gear** *gép* önzáró szerkezet; **~-sustaining oscillation(s)** *el, fiz* önfenntartó/folytonos rezgés(ek); **~-synchronization** *aut, el* önszinkronizáció; **~-synchronizing** *el* önszinkronozó; **~-synchronizing motor** *el* szelzin; **~-synchronous** → **~**-synchronizing; **~-tangency** *mat* önérintés, önérintkezés; **~-tapping screw** *gép* menetmetsző csavar; önmetsző csavar, lemezcsavar; **~-teaching system of automatic optimization** *aut* automatikusan/önműködően optimalizáló rendszer; **~-testing computer** *szt* önmagát tesztelő számítógép; **~-timer** *aut* automatikus időkioldó/időkapcsoló; *foto* önkioldó; **~-timing** *foto* automatikus megvilágításmérő; **~-tipper** *bány* önműködő csillebuktató; **~-tipping container/hopper** *ép* billenő szállítótartály; **~-toning paper** *foto* önszínező papír; **~-trapped optical beam** *opt* önfókuszálású optikai sugárnyaláb; **~-triggered program** *szt* önindító program; **~-trimming barge** *hajó* önkiürítő uszály; **~-tuning circuit** *távk* önhangolású kör; **~-unloader** *ép* önürítő; **~-unloading (hopper/barge) scow** önkira-

kó uszály; ~-**ventilated** *ép* önszellőző; ~-**vibration** *fiz* önrezgés, önfenntartó rezgés; ~-**vulcanizing adhesive** *műa* önvulkanizáló ragasztó; ~-**watering electrode** *geof* önnedvesítő elektród; ~-**weight** önsúly, saját súly; ~-**whistle** *el* interferenciafütty; ~-**winding clock/watch** önfelhúzó óra
selfactor → self-acting mule; → self-actor
SELFOC fibre/fiber *opt* SELFOC-szál
sell-by date *élip* eltarthatóság; forgalmazhatóság időpontja
sellaite *ásv* sellait
Sellers | **bearing** Sellers-csapágy, önbeálló csapágy; ~' **coupling** *gép* kétpúpú szorító karmantyú; kettős kúpos tengelykapcsoló; ~ **screw thread** *gép* Sellers-menet; ~' **tap** *szersz* Sellers-menetfúró; ~' **taper system** *gép* Sellers-ékrendszer
sellotape I. *v* celluxszal (meg)ragaszt; **II.** *n* cellux
selsyn *aut, el* szelzin; ~ **cable** *geof* szelzinkábel; ~ **differential** *aut* szelzines differenciál(mű); ~ **motor** *aut, el* szelzin
sel-sync → selective synchronization
selvage *bány, geol* szalband; *geol* anyagszegély *(teléré)*; *tex* előlap; stulp; szél, szegély; ~ **breaks** *tex* szegélyszakadások; ~ **end** *tex* szegélyfonal; ~-**printing press** *tex* szélnyomó berendezés; ~ **shaft** *tex* szegélynyüst; ~ **tappet** *tex* szövetszegélynyüst-emelő excenter; ~-**thread cutter** *tex* szélefonalvágó (szerkezet)
selvedge → selvage
SEM → scanning electron microscope
semantic | **component** *szt* szemantikai komponens; ~ **distinctive feature** *szt* szemantikai megkülönböztető jegy; ~ **net** *szt* szemantikus háló(zat)
semantics *mat, szt* szemantika
semaphore I. *v* szemaforral továbbít/jelez; **II.** *n vasút* szemafor; ~ **blade** *vasút* szemaforkar; ~ **counterweight** *vasút* szemafor ellensúlya
semiabsorbent *pa* felszívó képességű
semiacetal *vegy, élip* félacetál
semiactive | **homing (SAH)** *kat* félaktív célkeresés/irányítás; ~ **laser homing head** *kat* félaktív lézeres célkereső fej; ~ **terminal guidance** *kat* félaktív végfázisvezérlés; ~ **tracking system** *aut* (pálya)követő félaktív célkövető/rendszer
semiadder *el* félösszeadó
semiangular field *foto* féllátószög-tér *(tárgylencséé)*
semiannual félévenkénti
semiannular electromagnet *el* félkör alakú elektromágnes
semianthracite *bány* sovány szén
semiarch *ép* repülőív *(hídon)*
semiarid *geol, met* félsivatagi, szemiarid, félig száraz jellegű
semiasphaltic flux lágy petróleumbitumen
semiautomatic félönműködő, félautomata, félautomatikus, félig önműködő; ~ **action** félautomatikus hatás; ~ **arc welding** *heg* félönműködő ívhegesztés; ~ **call** *távb* félautomatikus hívás; ~ **coding (SAC)** *szt* félautomatikus kódolás; ~ **control** *aut* félautomatikus vezérlés; ~ **controller** *aut* félautomatikus szabályozó; ~ **exchange** *távb* félönműködő központ; ~ **ground environment (SAGE)** *kat, rep* félautomatikus földi kiértékelés; ~ **homing** *rep* félautomatikus célrarepülés; ~ **junction** *távb* félautomatikus távhívás; ~ **loom** *tex* félautomata szövőgép; ~ **mo(u)ld** *műa* félönműködő szerszám; ~ **office** *távb* félautomata központ; ~ **precision bridge** *aut* félautomatikus precíziós mérőhíd; ~ **press** *műa* félautomata prés; ~ **relay installation** *rep* félautomata átjátszóberendezés; ~ **ringing** *távb* félautomata csengetés; ~ **selection** *távb* félautomata vonalválasztás; ~ **signal** *vasút* félönműködő önzáró jelző; ~ **welder** *heg* félautomatikus hegesztőgép
semiaxial | **compressor** *gép* félaxiális kompresszor; ~ **pump** *hidr* félaxiális szivattyú
semiaxis *mat* féltengely
semibalanced | **bridge** *aut* félig kiegyenlített híd; ~ **rudder** *hajó* félig kiegyensúlyozott kormány
semiballoon tyre/tire félballon gumiabroncs
semibasic rock *geol* félig bázikus kőzetek
semibatch process félfolyamatos eljárás
semibeam *ép* konzol *(hidé)*
semibilinear mapping *mat* másféllineáris leképezés
semibipartite graph *mat* félig páros gráf
semibituminous coal *bány* sovány szén
semiblown bitumen *ol* félig fúvatott bitumen
semibreve *hang* egész hangjegy
semibright *fiz* félfényes
semibulkhead *hajó* részleges választófal
semiburied plant *rep* félig süllyesztett hajtómű
semibutterfly circuit *rád* félpillangó alakú rezgőkör, félpillangó-rezgőkör
semicantilever *mech* félszabadon hordó
semicap *félv* szemikap
semicarbazide *vegy* szemikarbazid
semicarbazone *vegy* szemikarbazon
semicaving longwall system *bány* frontfejtés *(széleshomlokú fejtés két párhuzamos vágat között)*
semichassisless construction *gépk* félönhordó kivitel
semichemical | **pulp** *pa* szemicellulóz, félcellulóz; ~ **strawboard** *pa* szalmafélanyag-lemez
semichrome | **leather** *bőr* króm-kombinált cserzésű bőr; ~ **tannage** *bőr* szemikrómcserzés
semicircle *mat* félkör
semicircular *mat* félkör alakú; ~ **arch** *ép* félkörív; félköríves boltív; ~ **canal** *hang* félkörös ívjárat; *hidr* félkörszelvényű csatorna *(földben)*; ~ **deviation** *aut, hajó* félkör alakú eltérés; ~ **drain** *hidr* félkör alakú víztelenítő vezeték; ~ **error** félkörhiba; ~ **flap** *hidr* félkör alakú szelep *(szivattyún)*; ~ **flume** *hidr* félkör szelvényű csatorna *(felszín felett)*; ~ **key** *gép* íves retesz; Woodruff-ék; ~ **laser resonator** *fiz* félkoncentrikus lézerrezonátor; ~ **path** félkör alakú pálya; ~ **protractor** *geod* kontakt goniométer, kontakt szögmérőműszer
semicircumference *mat* félkörív
semiclastic rock *geol* félig törmelékes kőzet
semiclosed interval *mat* félig nyitott intervallum
semicoke *bány* félkoksz; *koh* félkoksz; ~ **formation temperature** félkoksz képződési hőmérséklete
semiconducting *félv* félvezető-, félvezetős; ~ **compound** *félv* félvezető kötés; ~ **crystal** *krist* félvezető kristály; ~ **laser** *el* félvezetős/injekciós lézer; ~ **medium** *em* beágyazóközeg
semiconduction *el* félvezetés
semiconductive *el* félvezető-, félvezetős
semiconductivity *el* félvezető képesség
semiconductor (sc) *el* félvezető; ~ **amplifier** *aut, el* félvezető erősítő; ~ **atomic battery** *at* félvezetős nukleá-

ris telep; ~ **building block element** *aut* félvezető építőelem; ~ **cell** *fiz* záróréteges fényelem/fotocella; ~ **cooling elements** *aut* félvezető hűtőelemek; ~ **crystal** *fiz* félvezető kristály; ~ **device** *el* félvezető eszköz; ~ **diode** *félv* félvezető dióda, kristálydióda; ~ **diode demodulator** *aut* félvezető diódás demodulátor; ~ **diode laser** *el* félvezető diódalézer; ~ **electronics** *fiz* félvezető-elektronika; ~ **element** *félv* félvezető lapka; ~ **film** *aut* félvezető film; ~ **heat treatment** *aut* félvezetők hőkezelése; ~ **junction diode** *el* rétegdióda; ~ **junction transistor** *el* rétegtranzisztor; ~ **laser** diódalézer; félvezető lézer; ~ **laser amplifier** *el* félvezető lézeres erősítő; ~ **memory** *szt* félvezető memória; ~**-metal contact** *félv* félvezető-fém érintkezés; ~**-metal junction** *félv* fém-félvezető átmenet; ~ **microphone** *el* félvezetős mikrofon; ~ **noise** *félv* félvezetőzaj; ~ **parameters measurement** *aut* félvezetőparaméter-mérés; ~ **pellet** *félv* félvezető lapka; ~ **photocell** *aut* félvezető fotocella; ~ **photodiode** *fiz* (félvezető) fotodióda; ~ **physics** félvezető-fizika; ~ **radiation detector** *at* félvezetős sugárzásdetektor; ~ **rectifier** *el* félvezető egyenirányító; ~**s-plasma devices** *aut* félvezető plazmakészülékek; ~ **stabilitron** *fiz* Zener-dióda; ~ **strain ga(u)ge** *aut* félvezető nyúlásmérő/tenzométer; ~ **surface stabilization** *aut* félvezető felületének stabilizálása; ~ **tetrode** *fiz* félvezető-tetróda, tranzisztortetróda, kristálytetróda; ~ **thermocouple** *aut* félvezetős hőelem/termoelem; ~ **time-lag relay** *aut* félvezetős időrelé; ~ **transmitter** *aut* félvezető jeladó; ~ **wafer** *el* félvezető szelet

semiconjugate axis *mat* képzetes féltengely *(hiperboláé)*

semicontinuous félig folyamatos; ~ **casting** *koh* félfolyamatos öntés; ~ **dyeing** *tex* félfolyamatos színezés; ~ **electrode** *geof* félfolytonos érintkezésű elektróda; ~ **function** *mat* félig folytonos függvény; ~ **(rolling) mill** *koh* félfolytatólagos hengersor

semicontrolled rectifier (SCR) *el* félig vezérelt egyenirányító

semicrawler *mzg* váltott járású traktor *(lánctalpas és kerekes)*

semicrystalline *krist, vegy* félkristályos

semicured *gumi* félvulkanizált, alávulkanizált

semicutoff fitting *opt* részben ernyőzött lámpatest

semicycle *el* félperiódus

semicylinder *mat* félhenger

semicylindrical *mat* félhengeres; ~ **reflector** *távk* félhengeres antennatükör

semidecating *tex* féldekatálás

semideck trailer *ép* nyerges tréler

semidefinite *mat* szemidefinit; ~ **phase** *geol* közepes fázistengelyű reflexió

semidefiniteness *mat* szemidefinitség

semidetached (house) (SD) *ép* ikerház

semidiagonal incidence bracing *rep* félátlós keresztmerevítés

semidiameter *mat* félátmérő, sugár

semidiesel engine *gépk* féldízelmotor

semidirect | **lighting** *opt* félközvetlen világítás; ~ **recovery** *vegy* félközvetlen visszanyerés

semidislocation loop *krist* féldiszlokációs hurok

semidome *ép* félkupola

semidull *tex* félmatt, félfényes

semiduplex operation/working *távb* félduplex üzem

semiebonite *vegy* félebonit

semielliptic(al) *mat* félelliptikus; ~ **(leaf) spring** *gépk* félelliptikus rugó

semiempirical formula félig tapasztalati képlet

semienclosed *el* védett, (félig) zárt kivitelű; ~ **motor** *gép* félig zárt motor

semifashioned goods *pl kh* félig idom bakötött *v.* idomozott áru; félszabályos áru

semifermented *élip* félig fermentált

semifinish | **cutting** *forg* egyengetés; ~ **honing** elődörzscsiszolás; ~ **turning** *forg* egyengető esztergálás

semifinished félkész, félig kikészített; *forg* félig simított, egyengetett; *koh* előfrissített; ~ **bolt** félfényes csavar; ~ **goods** *pl* féltermék; ~ **mill** *heng* féltermékhengersor; ~ **nut** félfényes anya; ~ **product** félkész termék; ~ **steel** *koh* félig simított acél

semifinishing | **cut** *forg* egyengető fogás; ~ **tool** *forg* egyengetőkés

semifixed félig rögzített

semifloating | **geophone** *geol* önbeálló tengeri geofon; ~ **gudgeon-pin** *gép* hajtórúdban rögzített dugattyúcsap(szeg)

semifluid félig folyós, félfolyékony; sűrűnfolyós; ~ **friction** *fiz* vegyes/félfolyékony súrlódás; ~ **grease** félfolyékony kenőcs

semiflush | **intake** *rep* félig süllyesztett levegő-beömlőnyílás; ~ **mounting** félig süllyesztett szerelés

semifunctional graph *mat* félig funkcionális gráf

semigantry *em* félportál; ~ **crane** *ép* félbakdaru; ~ **crap** *ép* félportáldaru

semigate *gép* féltolattyú

semiglobal fallout *at* kontinentális kihullás

semigloss finish *fa* félfényű politúr, közepesen fényes bevonat

semigroup *mat* félcsoport; ~ **algebra** félcsoportalgebra; ~ **morphism** félcsoportmorfizmus

semigutter cutter *fa* félkelelő maró

semihard wire *koh* félkemény huzal

semihermetic compressor *ép* félhermetikus hűtőkompresszor

semihigh grinding *élip* félmagas őrlés

semihot laboratory *at* meleg laboratórium, közepes aktivitású izotóplaboratórium

semihunting case *finm* gyűrűs fedelű óratok

semihydrate *vegy* szemihidrát, félhidrát

semihydraulically filled dam *hidr* félig hidraulikusan épített földgát

semiincandescent lamp *gépk* ködfénylámpa

semiindirect | **fitting** *opt* félig visszavert fényű lámpaszerelvény; ~ **lighting** *opt* főleg közvetett világítás

semiinfinite *mat* egyirányban végtelen; ~ **elastic solid** *mech* rugalmas (végtelen) féltér; ~ **space** *mat* féltér

semiinsulator *el* félszigetelő

semikilled steel *koh* félig csillapított acél

semilattice *mat* félháló

semilethal *gyógyv* 50%-ban halált okozó, szemiletális

semiliquid state *fiz* félkemény/félfolyékony állapot

semilog → semilogarithmic

semilogarithmic | **diagram/plot** *mat* féllogaritmikus/szemilogaritmikus diagram; ~ **paper** féllogaritmikus papír; ~ **representation** *mat* lebegőpontos előállítás; ~ **system** *mat* féllogaritmikus koordináta-rendszer

semilongitudinal faults *geol* átlós vetők

semilongwall *bány* egyenesen (befelé) haladó frontfejtés

semilozenge riveting kétsoros eltolt szegecselés
semilunar félhold alakú
semimajor axis *mat* fél nagytengely *(kúpszeleté)*, nagytengely fele
semimanufacture félgyártmány, félkész termék
semimanufactured | article *tex* félkész termék; ~ **goods** *pl* félgyártmány, félkész áru/termék
semimat(t) *pa* félfényes, félig matt; ~ **art-paper** *pa* félfényes műnyomó papír; ~ **paper** *foto* félmatt papír
semimetal *ásv, vegy* félfém
semimicroanalysis *vegy* félmikroanalízis, félmikrovizsgálat
semimicroanalytical balance *vegy* félmikromérleg
semiminor axis *mat* fél kistengely *(ellipszisé)*
semimodule *mat* félmodulus
semimonocoque | construction *rep* félhéjszerkezet; ~ **fuselage** *rep* félhéjtörzs
semimounted *mzg* traktorhoz csatolt *v.* vontatott *(munkagép)*; ~**-type construction** *ép* nyerges vontatós kivitel
semiopaque *fiz* félig fényáteresztő/áttetsző/átlátszó
semiopen interval *mat* félig zárt intervallum
semioscillation *távk* félperiódus
semiotic szemiotikai
semiotics szemiotika
semiparabola *mat* félparabola
semiparabolic girder félparabola tartó
semiparallel combination of control loop elements *aut* tagok félpárhuzamos kapcsolása szabályozási körben
semipath *mat* út *(irányítatlan gráfban)*
semiperiod *el* félperiódus; ~ **cycle** *el* félrezgés
semiperiodic *el* kváziperiodikus, félperiodikus
semipermanent *önt* félállandó forma; ~ **pumping station** *hidr* félstabil szivattyútelep; ~ **sprinkler method** *hidr* vegyes csővezetékű esőztető berendezés; ~ **storage** *szt* félállandó tárolás; szemipermanens tár
semipermeability *vegy* féligáteresztő képesség
semipermeable *vegy* féligáteresztő; ~ **membrane** *vegy* féligáteresztő hártya
semiplane *ásv* félsík
semiplant félüzemi; ~ **scale equipment** félüzemi méretű berendezés
semiplastic state *mech* félig képlékeny állapot
semipolar *vegy* félpoláris, szemipoláris; ~ **co-ordinates** *mat* hengerkoordináták, hengeres polárkoordináták
semiportable részben hordozható; ~ **boiler** félstabil kazán; ~ **sprinkler method** *hidr* vegyes csővezetékű esőztető berendezés
semiportal (bridge) crane *ép* félbakdaru
semipositive *mech* félig kényszermozgású; ~ **mo(u)ld** *műa* ferde záródású sajtolószerszám; vágószegélyes töltőszerszám
semiprecious stone *ásv* féldrágakő
semiprocessed félkész
semiproduct félgyártmány, félkész termék; ~ **conditioning department** *koh* bugatisztító üzem
semiprojectivity *mat* szemiprojektivitás
semiprotected *el* részben/félig védett
semipyritic smelting *koh* félpiritolvasztás, félpirites olvasztás
semiquaternion *mat* szemikvaternió
semiquaver *hang* tizenhatod hang(jegy)
semiregenerative *ol* félregeneratív
semiremote *el* félig/részben távműködtetésű/távvezérlésű
semirigid *any, fiz* félmerev; ~ **airship** *rep* félmerev léghajó; ~ **theory** *rep* félmerev elmélet
semirimming steel *koh* félig csillapított acél
semiring *szt* félgyűrű
semirotary pump *bány* szárnyszivattyú; *gép* szárnylapos szivattyú
semiscald process *élip* félforrázás
semisection *mat* félmetszet
semisectional view *gép* félmetszet
semishrouded félig burkolt; ~ **impeller** félig csavart lapátozású járókerék
semisintered félig zsugorított
semiskilled betanított *(munkás)*
semisolid *fiz* félkemény, félszilárd; ~ **agar** *biot, vegy* félfolyékony agartáptalaj; ~ **state** félkemény/félfolyékony állapot
semispan *rep* fél fesztáv *(szárnyé)*; fél szárnyterjedtség
semispherical félgömbölyű, félkerek; ~ **cap** félgömbölyű sapka
semistable dolomite brick félig stabilizált dolomittégla
semistationary félstabil; ~**-concrete mix plant** *ép* átszerelhető betongyár
semisteel *önt* Bessemer-acél; ~ **casting** kovácsolható öntvény; félacél öntvény; temperöntvény
semisteep *bány* lejtős; ~ **bedding** *bány* félmeredek település
semisubmersible | drilling vessel *ol* félig merülő fedélzet; ~ **platform/rig** *ol* félig merülő fedélzet
semisymmetric(al) félszimmetrikus, szemiszimmetrikus, egy irányban szimmetrikus
semitone *hang* félhang
semitracked tractor *mzg* féllánctalpas traktor
semitrailer *gépk* félpótkocsi; kétkerekű utánfutó; nyerges pótkocsi; ~**-mounted crane** *ép* nyerges daru; ~ **tractor** *ép* nyerges vontató; ~ **unit** *ép* nyerges szerelvény
semitransparent félig átlátszó/áttetsző
semitransverse axis *mat* valós féltengely *(hiperbola)*
semitrip *mat* félsáv
semitropical → subtropical
semitropics → subtropics
semiturbulent *rep* félig örvényes
semiunderground garage *ép* félig süllyesztett garázs
semivulcanization *gumi* alávulkanizálás, elégtelen vulkanizálás
semivulcanized board *pa* vulkánfiber-utánzat
semiwater gas *vegy* generátorgáz; kevert gáz, félvízgáz, Dawson-gáz
semiwave antenna *el* félhullámú (dipól)antenna
semiword command *szt* félszavas utasítás
semiworsted *tex* félfésűs
Sénarmont prism/compensator *krist* Sénarmont-kompenzátor; Sénarmont-prizma
senarmontite *vegy* szenarmontit, antimonokker
send (el)küld; *távk* (le)ad, sugároz; ~ **mark/signal** *távk* jelet ad/sugároz; ~ **only terminal (SOT)** *szt* csak küldő terminál, SOT; ~ **out** kiküld; kibocsát *(pl. sugarakat)*; *távk* hullámokat kisugároz; ~**-receive contact** *el* adó-vevő érintkező; ~**-receive switch** *rád* adás-vétel átkapcsoló, adás-vétel váltó

sender küldő, feladó, leadó; *aut* feladó; *távk US* adó(állomás), transzmitter; ~**-receiver terminal** *szt* küldő/fogadó terminál
sending küldés, feladás; *távk* adás; leadás; ~ **amplifier** *el, távk* adóerősítő; ~ **antenna** *el* adóantenna; ~ **contact** *távb* adóérintkező; ~ **current** *rád* adóáram; ~ **end** *távk* adóoldal(i vég); ~**-end impedance** *fiz* bemeneti impedancia, bemenőimpedancia; *távk* adásoldali impedancia; ~**-end of line** *távk* vonalkezdet; ~**-end voltage** *távk* vonal-bemenőfeszültség; ~ **filter** *távb* adóoldali szűrő; ~ **key** *távb* kézi (morze)billentyű(zet); küldőkulcs; ~ **office** *távk* leadó állomás; ~ **outfit** *távk* leadó berendezés; ~ **reference equivalent** *távk* adási csillapítás-egyenérték; ~ **relay** *el, távk* adójelfogó; ~ **wire** *távk* adóantenna
Senegal gum *gyógyv, tex* gumiarábikum, arab mézga
sengierite *geol* sengierit
senility *geol* szenilis állapot/fázis/ciklus
senior | **airport control tower operator** *rep* rangidős repülőtéri irányító tiszt; ~ **commercial pilot** *rep* rangidős közforgalmi repülőgépvezető; ~ **commercial pilot licence** *rep* rangidős közforgalmi repülőgépvezető szakszolgálati engedélye
sensation *hang* érzékelés; *opt* érzet; ~ **level** *hang* küszöb feletti szint; ~ **of hearing** *hang* hangérzet; ~ **unit** → decibel
sense I. *v* érzékel; *szt* leolvas, letapogat; **II.** *n* érzék, érzékelőképesség; irányérzék; *el* érzékelőképesség; *mat* előjel; értelem, irány *(egyenlőtlenségé)*; jelentés; *szt* leolvasás, letapogatás, érzékelés; ~ **address** *szt* leérzékelési cím; ~ **aerial/antenna** *rád, rep* segédantenna *(irányméréshez)*; ~ **detector** *el* áramirány-mutató; ~ **determination** *rep* oldalmeghatározás; ~ **finder** *rád* egyértelmű iránykereső; ~ **finding** *rep* oldalmeghatározás; ~ **indicator** *rep* repülési irányindikátor; ~ **information** *szt* olvasási információ; ~ **loop-aerial** *rep* oldalmeghatározó keretantenna; ~ **of absolute pitch** *hang* abszolút hallás; ~ **of colo(u)r** *fiz* színérzékelés; ~ **of relative pitch** *hang* relatív hallás; ~ **of the force** *mech* erő értelme/iránya; ~ **of twist** *tex* sodratirány; ~ **of winding** *el* tekercselés menetiránya; ~**-preserving mapping** *mat* irányítástartó leképezés; ~ **signal** *szt* olvasójel, leérzékelési jel; ~**-sign finding** *mat* előjel-meghatározás; ~ **switch** *rep* oldalmeghatározó kapcsoló; ~ **unit** *rep* oldalmeghatározó berendezés *(iránymérésnél)*; ~ **winding** *el* kimenőtekercselés; ~ **wire** *szt* olvasótekercselés, leolvasó huzal; olvasóvezeték
sensibility érzékenység; ~ **against freezing** *talt* fagyérzékenység; ~ **coefficient** *mech* érzékenységi tényező; ~ **(of explosive) to impact** *bány* ütésérzékenység; ~ **to disturbances** *el* zavarérzékenység
sensibilization *foto* érzékenyítés
sensibilize *foto* érzékenyít
sensibilized *foto* szenzibilizált
sensibilizing *foto* érzékenyítés
sensible érezhető, érzékelhető, észlelhető; érzékeny; ~ **cooling load** *ép* érezhető hűtési hőterhelés; ~ **heat** *fiz* érzékelhető hő; ~ **heat content** *fiz* szenzibilis hőtartalom; ~ **horizon** tényleges látóhatár; látszólagos horizont
sensing I. *a* érzékelő; **II.** *n* oldalmeghatározás *(iránymérés)*; ~ **antenna** *rád* keresőantenna; ~ **coil** *el* mérőtekercs, érzékelőtekercs; ~ **current** *el* leérzékelő áram; ~**-device** *aut* letapogató műszer; ~ **element** *aut* érzékelő(elem); ~ **element direction fixing** *aut* iránymeghatározó detektor; ~ **elements with resistance transmitter** *aut* ellenállás-távadós érzékelőelem; ~ **head** *aut* mérőcső; mérőfej, érzékelőfej, szonda; ~ **point** *aut* érzékelési hely; ~ **probe** *aut, el* mérőfej, érzékelőfej, szonda; ~ **transducer** *aut* mérőfej-átalakító; ~ **tube** *aut* mérőcső
sensitive finom, érzékeny; pontos, precíziós; érzékenységi; *aut* érzékeny; *foto* fényérzékeny; ~ **airspeed indicator** *rep* kétmutatós sebességmérő; ~ **altimeter** *rep* finom-magasságmérő; két- *v.* hárommutatós magasságmérő; ~ **axis** *rep* mérési tengely; ~ **bulb** *aut* érzékelő (szerv); ~ **clay** érzékeny szerkezetű agyag; ~ **down-feed** *szer* finom fúróelőtolás; ~ **drill** *szersz* fokozott pontosságú telibefúró gép; kézi előtolású gyors járású telibefúró gép; ~ **flame** hangérzékeny láng; ~ **hand feed** *forg* finom kézi előtolás; ~ **layer** *foto* fényérzékeny réteg; ~ **level** *geod* érzékeny libella, felsőrendű szintező; ~ **paper** *foto* fényérzékeny papír; ~ **region** *el* érzékenységi/megszólalási tartomány; ~ **regulation** *metr* finom beállítás, beigazítás; ~ **time** *fiz* érzékenységi időtartam *(ködkamra)*; ~ **tint** *ásv* érzékeny ibolyaszín; ~ **to creasing/winkling** *tex* gyűrődő; ~ **to infra-red (rays)** *fiz* infravörös sugarakra érzékeny, infraérzékeny; ~ **to light** *fiz* fényérzékeny; ~ **to real structure** *fiz* valósstruktúra-érzékeny; ~ **to settlement** *talt* süllyedésre érzékeny; ~ **to temperature** *el* hőmérséklet-érzékeny; ~ **volume** *at* érzékeny térfogat
sensitiveness → sensitivity
sensitivity *el, fiz, foto* érzékenység, szenzitivitás; *szt* érzékenység; ~ **adjustment** *aut* érzékenységbeállítás; ~ **against heat** *fiz* hőérzékenység; ~ **against water** *ép* vízérzékenység *(cementé)*; ~ **analysis** *szt* érzékenységelemzés; ~ **control** *aut* érzékenységszabályozás; ~ **curve** *aut* érzékenységi görbe; ~ **drift** *aut* érzékenységvándorlás, érzékenységdrift; ~ **function** *aut* érzékenységi függvény; ~ **of an echo suppressor** visszhangzár érzékenysége; ~ **of explosive** *bány* robbanóanyag (robbanási) érzékenysége; ~ **of explosive to heat** *bány* robbanóanyag hőérzékenysége; ~ **of information** *szt* információ érzékenysége; ~ **rating** *film, foto* fényérzékenység(i fok); ~ **speck** *vegy* érzékenységi pont *(ezüsthaloid-kristályon)*; ~**-time control (STC)** *távk* érzékenységi időszabályozás; időtartamtól függő érzékenységszabályozó; ~ **to ag(e)ing** *koh* avulási/öregedési hajlam; öregedési érzékenység; ~ **to all colo(u)rs** *fiz* pankromatizmus, érzékenység minden színre; ~ **to friction** *mech* súrlódási érzékenység; ~ **to hardening** *koh* edzési érzékenység; ~ **to heat** *fiz* hőérzékenység; ~ **to ironing** *tex* vasalási érzékenység; ~ **to light** *opt* fényérzékenység; ~ **to oxygen** *vegy* oxigénérzékenység; ~ **to red light** *fiz* vörösérzékenység, érzékenység vörös színekre; ~ **to tapping** érzékenység rázással/rázkódással szemben; ~ **to ultra-violet rays** *fiz* ultraibolya-érzékenység; ~ **to welding cracks** *heg* hegesztési repedésérzékenység; hegesztési repedési hajlam; ~ **uniformity** *aut* érzékenységállandóság; ~ **weight** *geof* érzékenységbeállító tömeg
sensitization *foto* (fény)érzékenyítés

sensitize *foto* érzékenyít; fényérzékennyé tesz
sensitized *foto* fényérzékeny; ~ **paper** fényképészeti papír; fényérzékeny papír; ~ **plate** fényérzékeny lemez
sensitizer *bány* érzékenyítő anyag; *foto* érzékenyítő festék; *vegy* aktivátor
sensitizing (fény)érzékenyítés; ~ **agent** *bány* érzékenyítő anyag
sensitometer *opt* fényvillamos automata megvilágításmérő; szenzitométer
sensitometric curve feketedési görbe
sensitometry *foto* feketedésmérés; fényérzékenységmérés, szenzitometria
sensor *aut, el* érzékelő(elem); szenzor; ~ **detector** *fiz* transzduktor, (jel)átalakító, mérőátalakító
sensory element *aut* érzékelőelem, S-elem
sent|-back system *távk* visszajelentési rendszer; ~**-out electrical energy** *en* kiadott villamosenergia
sentence *mat* ítélet, (zárt) mondat/állítás; szabad változót nem tartalmazó formula; ~ **articulation** *távk* mondatérthetőség; ~**-form** *mat* nyitott mondat, ítéletfüggvény, állításséma; ~**-forming functor** *mat* (logikai) műveletjel, junktor, logikai konstans, igazságfunktor; ~ **of a universal character** *mat* univerzális állítás, általános ítélet; ~ **symbol** *aut* mondatszimbólum
sentential | connective *mat* (logikai) műveletjel, junktor, logikai konstans, igazságfunktor; ~ **function** *mat* logikai függvény, predikátum; ~ **function of one free variable** *mat* egyváltozós állításfüggvény; ~ **logic** *mat* állításlogika; ~ **logic argument form** *mat* nyitott mondat, ítéletfüggvény, állításséma
sentinel *szt* flag, állapotjelző, szentinel; ~ **file** *szt* utolsó állomány a kazettán; ~ **pyrometer** *koh* piroszkóp
separability *mat* szétválaszthatóság *(pl. halmazoké)*
separable elválasztható, szétválasztható; ~ **code** *szt* elválasztható kód; ~ **game** *szt* szeparábilis játék; ~**-printing** *foto* részleges másolás
separate I. *v* kiválogat; elkülönít; elválaszt, különválaszt, szétválaszt; szeparál, leválaszt; *bány* osztályoz; *élip, vegy* centrifugál; *kat* leszerel, elbocsát; *vegy* szeparátorban leválaszt; **II.** *a* külön(álló), önmagában álló; elválasztott; elkülönített; ~ **ammunition** nem szabványos lőszer; ~ **by fusion** *v* kiolvaszt, kicsurgat; ~ **(central) heating for each apartment** *ép* egyszinti fűtés, etázsfűtés; ~ **channel signal(l)ing** *el* különcsatornás jelzésátvitel; ~ **control sluice** *ép* betétgerenda; ~**-cord switchboard** *távk* kapcsolózsinóros központ; ~ **distributing boom** *ép* különálló elosztógép; ~ **distributing mast on tubular column** *ép* csőoszlopra szerelt elosztógém; ~ **drive** *heng* egyedi hajtás; ~ **excitation** *el, fiz* külső/független gerjesztés; ~ **heterodyne** *rád* külön heterodin, külön oszcillátorcsöves keverő; ~ **hydraulic distributor mast** *ép* alapkeretes elosztógém; ~ **into blocks** *v mat* particionál, blokkokra bont; ~ **locally** *v mat* lokálisan szétválaszt; ~ **loss** *el* egyedi/részleges veszteség; ~ **magnetic recording process (SEPMAG)** *film* SEPMAG-eljárás; ~ **part** *el* (egyedi) alkatrész; ~ **placing mast** *ép* alapkeretes elosztógém; ~ **pot mo(u)ld** *műa* bontható előkamrás (fröccssajtoló) szerszám; ~ **quenching** *rád* külső szaggatás *(szuperregeneratív vevőben)*; ~**-return circuit** *távk* áramkör egyedi visszavezetéssel; ~ **sewer** *ép, hidr* elkülönített/szétválasztott csatorna; ~**-sewer system** *ép, hidr* elkülönített csatorna(rendszer); elválasztott csatornázási rendszer; szétválasztott szennyvíz-elvezetési rendszer; ~ **shifting instruction** *szt* különálló léptetési utasítás; ~ **spreader on tubular column** *ép* csőoszlopra szerelt elosztógép; ~ **system** → ~-sewer system; ~ **the dross** *v koh* salakot lefölöz; ~ **trade contractor system** *ép* építéskivitelezés külön szakvállalkozókkal *(generálkivitelezés ellentéte)*; ~ **ventilation** különszellőztetés; külső szellőz(tet)és
separated független, elkülönített, külön; ~ **cathode** *el, fiz* független kivezetésű katód; ~ **flow** *rep* levált áramlás; ~ **gas** *ol* szeparált gáz; ~ **iron fraction** *koh* szeparátorvas; ~ **laminar flow** *rep* levált lamináris/réteges áramlás; ~ **milk** *élip* fölözött/sovány tej; ~ **orbit cyclotron** *fiz* szeparált pályájú ciklotron; ~ **system** *ép* elválasztó rendszer
separately elválasztva, külön(-külön); ~ **cast test bar** *koh* külön öntött próbadarab; ~**-excited** *el* külső gerjesztésű
separating szétválasztás; elválasztás, különválasztás; szeparálás, elkülönítés; kiválogatás, osztályozás; centrifugálás; ~ **agent** *ép* (sablon)leválasztó anyag; ~ **bowl** centrifugaedény; ~ **chamber** *élip* ülepítőtér; ~ **character** *szt* elhatároló jel; ~ **column** *ol* elválasztókolonna, elválasztótorony; ~ **cylinder** *élip* osztályozóhenger; triőr; ~ **drum** *ép* osztályozódob; *koh* dobszeparátor; ~ **edge** *mat* elvágó él, híd *(gráfban)*; ~ **filter** *el* csatolásgátló/szétválasztó szűrő; ~ **funnel** *vegy* választótölcsér; ~ **lug** elválasztó pecek; ~ **machine** *koh* szétválasztó berendezés; ~ **medium** *bány* dúsító közeg; ~ **plant** *ép* osztályozóberendezés; *koh* dúsítóüzem; ércelválasztó üzem; ~ **relay** *el* lekapcsoló relé; ~ **screen** *ép* osztályozórosta, osztályozószita; ~ **sieve** *pa* osztályozószita; ~ **stage** *aut* pufferfokozat, pufferlépcső, elválasztó fokozat; ~ **surface** *fa* vágásfelület; ~ **tank** → settling tank; ~ **tower** *ol* elválasztókolonna, elválasztótorony; ~ **unit** szeparátor, leválasztó berendezés; *el* leválasztó egység; ~ **valve** leválasztó szelep
separation szétválasztás, elválasztás; elkülönítés, szeparálás; szétosztás; felosztás; *at* szétválasztás, szeparáció; *bány* dúsítás; osztályozás; *fiz* intervallum *(két esemény közötti távolság)*; kioltás; kiválás; optikai rácsállandó, rácsvonalak periódusa; szétválás, szétkeveredés, emulziószétbomlás; *hidr* (vízszál)leválás; *koh* dúsítás; *krist* kiválás, precipitáció, vakancia/lyuk kizárása; szegregáció; szétkeveredés; *opt* térköz; *rep* térköztartás; *távk* távolság *(egymásra ható vonalak között)*; ~ **across track** *rep* oldalirányú elkülönítés; ~ **along track** *rep* hosszirányú elkülönítés; ~ **area** *hidr* leválási tér; ~ **between events** *fiz* intervallum, két esemény közötti távolság; ~ **by beating** *tex* szétválasztás kiveréssel *(fonalirezés után)*; ~ **by wind** szélfajtázás; ~ **cloth** *hajó* rakományelválasztó takaró; ~ **column** *vegy* elválasztótorony; ~ **course** *ép* elválasztóréteg; *tex* választósor; ~ **crack** *ép* elváló repedés; ~ **density** *bány* megoszlási fajsúly; ~ **efficiency** leválasztási hatásfok; ~ **energy** *at* szeparációs energia; ~ **factor** *at* szétválasztási tényező; *koh* dúsítási tényező; elválasztási tényező; ~ **filter** *opt* szétválasztó/elválasztó szűrő; ~ **fracture** *any* hasadó törés; ~ **from contact** *rep* érintkezés/összeköttetés elvesztése; ~ **indicator** *távk* szétválasztásjelző; ~

joint *ép* osztóhézag; ~ **layer** *ép* elválasztó réteg; ~ **loss** *hidr* leválási/örvénytéri veszteség; ~ **minima** *rep* elkülönítési minimumok; ~ **of burnt-out stage** kiégett fokozatok leválasztása; ~ **of emulsion** *vegy* emulzióbontás; ~ **of flow** *rep* áramlásleválás; ~ **of iron losses** *el* veszteségelválasztás; ~ **of isotopes by electromagnetic method** *at* elektromágneses izotópszétválasztási módszer; ~ **of isotopes by thermal diffusion** *at* hődiffúziós izotópszétválasztási módszer; ~ **of slag** *koh* salak elkülönítése; ~ **of two events** *fiz* intervallum, két esemény közötti távolság; ~ **plant** szétválasztó/leválasztó berendezés; ~ **point** *rep* áramlás leválási helye; ~ **potential** *el* leválási potenciál; ~ **process** leválasztási/szétválasztási eljárás/mód; *koh* dúsítási folyamat; ~ **sequence** *krist* kiválási sorrend; ~ **sign** *mat* elválasztójel *(számokra)*; ~ **system of drainage** *hidr* szétválasztott külvíz—belvíz-rendszer; ~ **texture** *krist* szétkeveredési textúra; ~ **theorem** *mat* elválasztási/szétválasztási tétel; ~ **wall** *ép* közfal; ~ **zone** elválási/leválási övezet/zóna

separative | **element** *gép* szeparátorelem, leválasztócella; ~ **power** *fiz* leválasztóképesség; szétválasztási teljesítmény; ~ **sign** *távk* csoportválasztó jel; ~ **unit** szeparátorelem

separator szeparátor; leválasztó; osztályozó; *bány* ércdúsító berendezés, szeparátor; *el* akkumulátorcellaközfal; *élip* ciklon; fölözőgép, (tej)szeparátor; *ép* távolságtartó, rendező(lemez); *gép* golyókosár, görgőkosár; vízleválasztó, vízkiválasztó, vízelválasztó, víztelenítő; *hőt* gőznedvesség-leválasztó; *koh* osztályozóberendezés; *mat* elválasztó, szétválasztó; *mzg* fölözőgép, (tej)szeparátor; magtisztító, osztályozó szeparátor; válogatószita; *ol* fáklyaszeparátor; *szell* porülepítő; *szt* elválasztó, szeparátor, elválasztószimbólum/elválasztójel; *tex* osztófésű, szeparátor; *vasút* betéttuskó *(sín és vezetősín között)*; közbetét; ~ **capacity** *ol* szeparátor gázkapacitása; ~ **circuit** *távk* leválasztó áramkör; ~ **drum** *mzg* kiválasztódob, osztályozódob, szeparátordob; ~**-feed pipe** *mzg* adagoló csővezeték *(fölözőgépé)*; ~ **gas** *ol* szeparált gáz; ~ **indent** *élip* triőrhengersejt; ~ **pressure** *ol* szeparátornyomás; ~ **slime** *élip* dobiszap; ~ **tank/vessel** *ép* leválasztótartály

separatory *mat* választó, osztó; ~ **funnel** *vegy* választótölcsér

separatrix *fiz* szeparatrix; *mat* elválasztójel *(számokra)*; tizedesvessző

sepiolite *ásv* szepiolit, tajtékkő

SEPMAG → separate magnetic recording process

septaria, septarian nodules *geol* szeptária

septate szeptált *(harántirányú falakkal szétválasztott)*; ~ **waveguide** *el* rekeszes/választólemezes hullámvezető

septet *szt* hétbites byte

septic fertőzött, szeptikus; ~ **sewage** *ép, hidr* rothadó szennyvíz; ~ **tank** *ép, hidr* oldómedence; víztisztító tartály/akna

septillion 10^{42}; 10^{24}

septum válaszfal, választófal, szeptum; *opt* diafragma, blende, változtatható nyílású fényrekesz; *távk* terelőlemez *(ér nélküli kábelben)*

septuple *mat* hétszeres

Sequanian substage *geol* sequani emelet

sequence I. *v* sorba rendez; *szt* (el)rendez; **II.** *n* (sorrendi) következés, egymásra következés, egymás után következés; *aut* sorrend, sorozat; *bány* sorozat; *el* sorrend *(pl. fázisoké)*; *mat* sorozat, sor; *szt* sorozat, szekvencia; ~ **access** *szt* soros hozzáférés, soros kiválasztás; ~ **address** *szt* soron következő cím, következő utasításcím; ~ **bounded from above** *mat* felülről korlátos sorozat; ~ **bounded from below** *mat* alulról korlátos sorozat; ~ **casting** *koh* folyamatos adagöntés; ~ **casting practice** *önt* soros öntéstechnológia; ~ **chart** *aut* működési sorrendi ábra; ütemdiagram; ~ **check(ing)** *szt* sorrendellenőrzés, sorrendfigyelés, rendezés-ellenőrzés; ~ **checking routine** *szt* felügyelőprogram, supervisor; futásellenőrző program; műveletsorrendi program/rutin; ~ **circuit** *aut* sorrendkapcsoló kör; ~ **command** *szt* soron következő utasítás; ~ **contact** *el* követőérintkező, bontás előtt záró érintkező; ~ **control** sorrendszabályozó, automatikus követő; menetrendi vezérlés, programvezérlés; programozott kontroll; *aut, el, szt* sorrendszabályozás, soros vezérlés; ~ **control element** *aut, szt* sorrendkapcsoló elem; ~**-controlled** *szt* sorrendvezérelt; ~**-controlled calculator** *rendsz, szt* programvezérelt számológép/kalkulátor; ~**-controlled computer** *szt* folyamatvezérelt számítógép; ~ **control register** *szt* műveletellenőrző regiszter; sorrendvezérlő regiszter; utasításszámláló regiszter; ~ **convergent everywhere** *mat* mindenütt konvergens sorozat; ~ **division multiplexing** *szt* szekvenciaosztásos multiplikálás; ~ **flasher,** ~ **flashing lights** *rep* futófénysor, villanó sorfény; ~ **instruction** *szt* soron következő utasítás; ~ **instruction address** *szt* soron következő utasításcím; ~ **link** *szt* láncolt cím; ~ **matrix** *szt* sorrendmátrix, S mátrix; ~ **number** *szt* soron következő szám; ~ **of arrows** *mech* nyílfolyam *(erősokszögnél)*; ~ **of collating** *szt* összerendezés; ~ **of crystal(l)ization** *bány* kiválási sorrend; ~ **of erection** *ép* szerelési sorrend; ~ **of functions** *mat* függvénysorozat; ~ **of instructions** *szt* utasítássorrend; ~ **of nucleation** *krist* gócképződés sorrendje; ~ **of numbers** *mat* számsorozat, numerikus sorozat *(valós vagy komplex számokból)*; ~ **of operations** *ép* műveleti sorrend; ~ **of phases** *el* fázissorrend; ~ **of positioning** *ép* beépítési sorrend; ~ **of seams** *bány* telepsorrend; ~ **of signs** *el, szt* jelsorrend; ~ **of strata** *bány* telepsorrend; *geol* rétegösszlet; *ol, talt* rétegsor; ~ **of switches** *aut, el* kapcsolási sorrend; ~ **of trains** *vasút* vonatkövetési rend; ~ **order** *szt* soron következő utasítás; ~ **photography** *foto* sorozat-fényképezés; sorozatfelvétel(-készítés); ~ **piling frame** *ép* sorozatverő állvány; ~ **programmer** *aut, rendsz* programvezérlő berendezés; ~ **resistance welder** *heg* soros ellenállás-hegesztő gép; ~ **starting** *el, gép* sorrendbeli indítás; ~ **strip** *foto* képszalag; ~ **switch** *távb* sorrendkapcsoló; ~ **theory** *rendsz* sorozatelmélet; ~ **valve** *rep* sorrendszelep

sequencer *szt* sorrendvezérlő

sequencing *szt* sorba rendezés, lefutástervezés; ~ **model** *aut, rendsz* kiviteli/végrehajtási modell

sequential *aut, rendsz, szt* soros; szekvenciális, sorrendi, egymás utáni, sorozatos; ~ **access** *szt* soros elérés; soros/sorrendi hozzáférés; ~ **access method (SAM)** *szt* szekvenciális elérési mód, SAM; ~**-access storage** *szt* sorrendi hozzáférésű memória, soros memóriа; ~ **address** *szt* soron következő cím; ~ **analysis** *aut, rendsz* sorrendi analízis; ~ **circuit** *el, szt* sorrendi áramkör/hálózat, szekvenciális hálózat; ~ **circuits with memories** *el, szt* sorrendi áramkörök tárolókkal/memóriákkal; ~ **code** *el, szt* szekvenciális/soros kód; ~ **collation of range** *aut* Secor-eljárás szerinti folyamatos pályamérés/pályameghatározás; ~ **compactness** *mat* sorozatkompaktság; ~ **computation** *szt* szekvenciális/soros számítás; ~ **computer** *szt* szekvenciális számítógép; ~ **control** *rendsz, szt* menetrendi vezérlés, programvezérlés; sorrendi irányítás, követőszabályozás, sorrendi vezérlés; ~ **convergence** *mat* sorozatkonvergencia; ~ **data set** *szt* soros adattár; ~ **decision process** *aut* szekvenciális döntési folyamat; ~ **file** *szt* szekvenciális/soros (szervezésű) állomány; ~ **game** *aut* szekvenciális játék; ~ **isolator** *el* szakaszoló; ~ **light amplifier** *csill* szekvenciális fényerősítő; ~ **limit (point)** *mat* sorozatlimesz; ~ **logic** *szt* sorrendlogika; ~ **logic circuit** *aut, szt* logikai sorrendi áramkör; ~ **logic function** *aut, szt* logikai sorrendi függvény; ~ **logic system** *szt* szekvenciális/sorrendi logikai rendszer; ~ **machine** *aut, rendsz* soros működésű gép, szekvenciális gép; ~ **memory** *szt* sorrendi hozzáférésű memória, soros memória; ~ **method** *aut, szt* szekvenciális módszer; ~ **network** *aut, szt* sorrendi/szekvenciális hálózat; ~ **operation** *szt* szekvenciális működésmód; ~ **operator** *aut, szt* követési operátor; ~ **optimization** *mat, szt* szekvenciális programozás; ~ **order** soron következő utasítás; ~ **partition** *aut* soron következő partíció; ~ **perceptron** *aut* soros kapcsolású perceptron; ~ **planning** *aut* időtervezés; ~ **processing** sorrendi feldolgozás; ~ **programming** *mat, szt* szekvenciális programozás; ~ **sampling** *mat* szekvenciális mintavétel; ~ **scanning** *tv* sorkövető letapogatás; ~ **selection** *szt* utasítássorrend kiválasztása; ~ **storage** *szt* soros tár; ~ **store** → ~ memory; ~ **stored data** *szt* sorrendben tárolt adatok; ~ **switching circuit** *aut* szekvenciális áramkör; ~ **transmission** *el* soros átvitel

sequestering agent *vegy* komplexképző szer, kelátképző szer, álcázó szer, savstabilizátor

Ser → serine

serac *geol* hótaraj

SERDES → serializer/deserializer

serge *tex* szerzs szövet, béléssávoly

serger *tex* szerzsszövő *(munkás)*

sergette → serge

serial I. *a* sorozatos, sorozati; sorozat-, széria-; *szt* soros; **II.** *n* sorozat; *nyom* sorozatos kiadvány; ~ **access** *szt* soros hozzáférés/elérés; ~ **access computer store** *szt* soros hozzáférésű tároló/memória, soros memória; ~ **access memory (SAM)** *szt* soros elérésű memória, SAM; ~ **adder** *szt* soros összeadó; ~ **address sequence** *szt* címrendezés sorozatba; ~ **air-survey camera** *geod* sorozatfelvevő kamera; ~ **air-survey photograph** *geod* légifelvétel-sorozat; ~ **arithmetic unit** *szt* soros aritmetikai egység; ~ **bit transmission** *szt* soros bitátvitel; ~ **camera** *geod* sorozatfelvevő kamera; ~ **code** *el, szt* soros/szekvenciális kód; ~ **communications interface adapter** *szt* soros kommunikációs interfész; ~ **computer** *szt* soros működésű/üzemű *v.* szekvenciális számítógép; ~ **core memory** *szt* soros elérésű magmemória; ~ **correlation** *mat* autokorreláció, sorozatkorreláció; ~ **correlation coefficient** *mat* autokorrelációs együttható; ~ **current** *koh* szériaáram; ~ **data** *szt* soros adat; ~ **data transfer** *szt* soros adatátvitel; ~ **digital computer** *szt* soros működésű *v.* szekvenciális digitális számítógép; ~ **drop container** *kat* szóródoboz; ~ **extinction law** *krist* sorozatos kioltási törvény; ~ **fabrication** *ip* sorozatgyártás; ~ **film camera** *geod* sorozatfelvevő kamera; ~ **in parallel out (SIPO)** *szt* párhuzamos kimenet, soros bemenet, SIPO; ~ **input data (SID)** *szt* soros bemenő adat, SID; ~ **in serial out (SISO)** *szt* soros bemenet, soros kimenet, SISO; ~ **interface** *szt* soros interfész/csatoló; ~ **model** *ip* gyártási típus; ~ **multiplication** *szt* sorozatszorzás; ~ **number (SN)** gyártási szám; *ip* sor(ozat)szám; ~**-number printing** *szt* sorszámnyomtatás; ~ **operation** *el, szt* soros üzem/működés; ~ **output** *szt* soros adatátvitel; ~ **output data (SOD)** *szt* soros kimenő adat, SOD; ~**-parallel** *szt* soros-párhuzamos; ~**-parallel computer** *szt* soros-párhuzamos működésű számítógép; ~**-parallel operation** *szt* soros-párhuzamos üzemmód/működés; ~**-parallel storage** *szt* soros-párhuzamos tárolás; ~ **photogrammetric/photogrammetry camera** *geod* sorozatfelvevő kamera; ~ **photograph** *foto, geod* légifelvétel-sorozat; sorozatfelvétel; ~ **plate-camera** *geod* sorozatfelvevő lemezes kamera; ~ **printer** *szt* karakternyomtató; soros nyomtató; ~ **processing** *szt* soros feldolgozás; ~ **punching** *szt* soros lyukasztás; ~ **recording** *aut* soros regisztrálás; ~ **regression** *mat* autoregresszió; ~ **representation** *szt* soros ábrázolás; ~ **riveting** *ép* sorozatszegecselés; ~**-serial operation** *szt* soros-soros üzem; ~ **storage/store** *szt* soros (hozzáférésű) memória/tároló; ~ **survey** *geod* sorozatos felvétel; ~**-to-parallel conversion** *szt* soros-párhuzamos átalakítás; ~**-to-parallel converter** *el* soros-párhuzamos átalakító; ~ **transfer/transmission** *el* soros átvitel; ~ **treatment** *koh* szériakezelés; ~ **write data** *szt* sorozatos írásadat

serializer *szt* párhuzamos-soros átalakító; ~**/deserializer (SERDES)** *szt* sorosító/párhuzamosító készülék, SERDES

sericite *ásv* szericit

sericitization *geol* szericitesedés

series sor; sorozat, széria; sorrend; *at* (radioaktív) bomlási sor, (radioaktív) átalakulási lánc/sor, radioaktív család; *bány* csoport, sorozat; rendszer; *el* soros *(összetételekben)*; *fiz* szériesz, spektrumvonalak sorozata; *geol* rétegsorrend; telepösszlet; *mat* sor; sorozat; ~ **alarm circuit** *tex* hurkos rendszer; ~**-arc welder** *heg* sorozatíves hegesztőgép; ~ **arrangement** *el* soros kapcsolás; ~ **branch** *távk* soros ág; ~ **camera** *geod* sorozatfelvevő kamera; ~ **capacitor** *el* bemenő kapacitás; sorba kapcsolt kondenzátor; ~ **cathode heating** *el* soros katódfűtés; ~**-characteristic motor** *el* főáramkörű jelleggörbéjű motor; ~ **choke** *el* soros fojtótekercs; ~ **circuit** *el* árampálya, áramút, áramkör; *távk* soros kör; ~ **coil** *el* főáramkörű tekercs; soros kapcsolású tekercs; ~ **combination** *aut* soros kapcsolás; ~ **compensated amplifier** *aut* sorosan kompenzált erősítő; ~**-compensation** *aut* soros kompenzáció; ~ **condenser** *el* rövidítő/soros kompenzátor; ~ **connected** *el* sorba kapcsolt; ~ **connection** *el* kaszkádkapcsolás; sorba kapcsolás, soros kapcsolás; ~ **control** *aut* kaszkádszabályozás; sorrendvezérlés; ~ **controller** *aut* soros szabályozó; ~ **current-feedback** *el* soros áram-visszacsatolás; ~ **cutout** *el* helyettesítő ellenállás; ~ **decay** *at* bomlási sorozat; ~ **development** *mat* sorba fejtés; ~ **diode** *rád* soros dióda; ~ **dynamo** *el* főáramkörű generátor; ~ **equalizer** *távk* soros csillapításkiegyenlítő; ~ **excitation** *el* soros/főáramkörű gerjesztés; ~ **excitation of antenna** *távk* antenna soros gerjesztése; ~**-excited radiator** *el* sorosan gerjesztett sugárzó; ~ **expansion** *mat* sorfejtés, sorba fejtés, végtelen sorba történő kifejtés; ~ **feed** *távk* soros táplálás *(anódterhelésen át)*; ~ **feedback** *el, távk* soros visszacsatolás; ~ **field** *el* soros tekercs tere; ~**-field shunt** *el* főáramköri sönt; ~ **gap** *el* soros szikraköz; ~ **high-type boiler** *en* magas elemsoros kazán; ~ **impedance** *el* soros impedancia; ~**-impedance coupling** *rád* fojtótekercses csatolás; ~ **inverse feedback** *fiz* soros visszacsatolás; ~ **lamp** *el* soros kapcsolású lámpa; ~ **loading** *el* soros terhelés; ~ **modulation** *el* soros moduláció; ~ **motor** *el* soros motor; ~**-multiple connection** *el* vegyes kapcsolás; ~ **of beds** *bány* telepcsoport; ~ **of cells** *el* sorba kapcsolt elemek; ~ **of dams** *hidr* gátlépcső(sor); ~ **of delay detonators** *bány* gyutacssorozat; ~ **of functions** *mat* függvénysor; ~ **of grooves** *koh* üregsor; ~ **of lines** *fiz* szériesz, spektrumvonalak sorozata; ~ **of mixed crystals,** ~ **of solid solution** *krist* elegykristály-sorozat; ~ **of passes** *koh* üregsor; ~ **of seams** *bány* telepcsoport; ~ **of standards** *ép* szabványsorozat; ~ **of strata** *bány, geol* rétegösszlet, rétegcsoport, rétegsor; ~**-opposing** *el* antikompaund *(kapcsolás)*; ~**-parallel** *el* soros-párhuzamos; ~**-parallel connection** *el* soros-párhuzamos kapcsolás; ~**-parallel control** *aut* soros-párhuzamos átkapcsolásos vezérlés; ~**-parallel winding** *el* soros-párhuzamos tekercselés; ~**-peaking compensation** *rád* soros frekvenciamenet-kiegyenlítés; ~ **production** sorozatgyártás; ~ **reactor** *el* soros fojtótekercs; ~ **rectifier circuit** *el* egyenirányítók soros kapcsolása; ~ **regulator** *el* főáramkörű szabályozó; ~ **resistance** *el* előtétellenállás; sorba kapcsolt *v.* soros ellenállás; ~ **resistance loss** *el* soros veszteségi ellenállás; ~ **resistor** *el* sorba kapcsolt *v.* soros ellenállás; ~ **resonance** *fiz* soros rezonancia, feszültségrezonancia; ~ **resonance/resonant circuit** *el* soros rezgőkör; ~ **rheostat** *el* soros ellenállás; ~**-seam welder** *heg* sorozatvarrat-hegesztő gép; ~**-series connection** *el* soros-soros kapcsolás; ~ **shot-firing** *bány, kat* sorozatrobbantás; ~**-shunt peaking** *távk* összetett kompenzálás; ~ **spark gap** *el* előtétszikraköz; ~ **spot welder** sorozatpont-hegesztő gép; ~ **stabilization** *távk* soros stabilizálás; ~ **starter** *el* főáramkörbe kapcsolt indító ellenállás; ~ **system** *el* sorba kapcsolt rendszer(ek); *koh* szérieszrendszer; ~ **telephone installation/system** *távb* soros berendezés; ~ **telephone set** *távb* soros készülék; ~ **terminal** *el* soros kivezetés, sorozatkapocs; ~ **terminating** *el* soros végződés; *szt* soros csatlakozás; ~ **track circuit** *vasút* folytonos sínáramkör; ~ **transformer** *el* áramváltó; ~ **transmission of informations** *aut* soros információátvitel; ~ **tripping** *en* áramváltó-kioldás; ~ **turn** *el* soros/főáramkörű menetek; ~ **voltage-feedback** *el* soros feszültség-visszacsatolás; ~ **winding** *el* soros/főáramkörű tekercselés, lépcsős tekercselés; ~**-wound** *el* sorosan tekercselt; ~**-wound motor** *el* soros/főáramkörű motor

serif *nyom* (betű)talp
serigraph *nyom* szerigráf
serigraphy *nyom* szitanyomás
serine *vegy* szerin
serpentine *ásv* szerpentin; *ép* szerpentin; *hőt* kígyócső, csőkígyó; *mat* kígyógörbe, szerpentin; ~ **cooler** *hőt* kígyós hűtő, hűtőkígyó; ~ **curve** *mat* kígyógörbe; ~ **heater** *hőt* fűtőkígyó; ~ **paper** *pa* szerpentinpapír; ~ **pipe** *ol, gép* csőkígyó; ~ **road** *ép* szerpentinút
serpentinite *ásv* szerpentinit
serpentinization *bány* szerpentinesedés
serpentinous marble *ásv* szerpentines márvány
serpierite *ásv* szerpierit
serrate *gép* fogaz *(megfogazással)*; *pa* cakkoz; *tex* csipkéz
serrated barázdált, hornyos; finom bordás; fűrészfogú; cakkozott; *gép* barázdás furatos *(hüvely)*; fogazott; magfogazású *(tengely)*; ~ **bore** magfogazású furat, barázdás furat; ~ **butt strap** *gép* recézett hevederlemez; ~ **cut** *pa* cakkozott vágás; ~ **disc/disk** *gép* fogazott korong; *mzg* fogazott tárcsa; ~ **flight** *bány* karmos vonszolótag; ~ **hole** *gép* barázdás hengerfurat *(motoré)*; magfogazású/barázdás furat; ~ **knife** *pa* cikcakk-kés, fűrészfogú kés; ~ **pick** *bány* fogazott csákány; ~ **pulse** *tv* félsorcsipkézetű szinkronozó impulzus; ~ **ring** *gép* fésűs tömítőgyűrű; ~ **shaft** *gép* magfogazású tengely
serration csipkézés, fogazás; rovátka; *gép* magfogazás; *pa* cakkozott vágás; *tex* pikkelyfogazás *(gyapjúszálé)*; ~ **broach** barázdás furatüregelő tüske; ~ **hob** *szersz* csigamaró *(rövid tengelyek finomfogazásához)*; ~ **pitch** *gép* magfogazás/rovátkolás osztása
serum *gyógyv* szérum; ~ **albumin** *vegy* szérumalbumin; ~ **globulin** *vegy* szérumglobulin
serve ellát, kezel; kiszolgál
server *szt* szolgáltató egység, központi kiszolgáló egység
service I. *v* javít, gondoz, karbantart, szervizel *(gépjárművet)*; kiszolgál *(gépet)*; **II.** *n* kezelés, karbantartás; szolgálat; működés, üzem; *aut* kiszolgálás; *gépk* átvizsgálás; *közl* járat; szállítás, forgalom *(vasúti v. hajó)*; viszonylat; ~ **adjustment** karbantartási javítás; ~ **ammunition** *kat* éles lőszer/töltény; ~ **and maintenance manual** üzemeltetési és karbantartási utasítás; ~ **appliance** *ép* fogyasztókészülék; ~ **application** *távb* szolgálati rácsatolás; ~ **apron** *rep* műszaki előtér; ~ **area** *közl* pihenőhely/parkoló(hely) szervizzel *(autópályán)*; *távk* adásterület; biztos vétel területe; ellátott terület; ~ **band** *távk* kijelölt hullámsáv; szolgálati sáv; üzemi/névleges frekvenciasáv; ~ **bin** *élip* készlettartály; ~ **bit** *szt* szolgálati bit; ~ **boat** *hajó* szolgálati csónak; ~ **box** *el* elosztódoboz; *en* elágazó karmantyú; *ép* vécéöblítő-tartály; ~ **brake** *gépk* üzemi fék; ~ **building** *at* kisegítőépület; ~ **bureau** *szt* szolgáltató iroda; ~ **call** *távb* szolgálati beszélgetés; ~ **capacity** *el* üzemi teljesítmény; ~ **ceiling (SC)** *rep* gyakorlati/szolgálati csúcsmagasság; ~ **centre/center** karbantartó részleg; *at* számítóközpont; ~ **channel** *aut* (kiszolgálási) csatorna; *távk* szolgálati csatorna; ~ **charge** *rep* kiszolgálási díj; ~ **checking** *szt* karbantartási ellenőrzés; ~ **chest** *pa* anyagkád; munkakád, keverőkád; ~ **circuit** *távb* szolgálati vonal; ~ **cock** *ép* fogyasztói főcsap; ~ **compartment** *vasút* szolgálati szakasz/fülke; ~ **condi-**

tions üzemi feltételek/viszonyok; kezelési előírások; ~ **connection** *el, ép* (fogyasztói) bekötővezeték; ~ **core** *ép* üzemi mag, lift és/vagy lépcsőmag; ~ **counter** *rep* okmánykezelő munkahely; ~ **crew** *bány* kiszolgáló személyzet; ~ **data** *gépk* üzemi/beállítási adatok, beállítási értékek; ~ **department** TMK-részleg; segédüzem; ~ **digits** *szt* szolgálati/kisegítő digital; ~ **distortion** *távb* üzemi torzítás; ~ **drop** csapadékgyűjtő; ~ **duct** *ép* vezetékcsatorna; ~ **engineering** szervizelés *(megelőző és javító karbantartás)*; ~ **entry** *bány* segédvágat; ~ **equipment** *ép* fogyasztókészülék; *kat, rep* szolgálati felszerelés, rendszeresített berendezés; *távb* előfizetői berendezés; ~**-evaluation test** *gumi* használhatósági vizsgálat; ~ **facilities** *ép* karbantartási berendezések/eszközök; ~ **floor** *ép* üzemi/installációs szint; ~**-free** karbantartásmentes; ~ **gallery** *bány, gép* kiszolgálófolyosó, kezelőfolyosó; ~ **hoist** *ép* szolgálati felvonó; ~ **industry/industries** szolgáltatóipar, szolgáltatások; ~**-in line** *szt* kiszolgálási bemenő vezeték; ~ **installation** → ~ equipment; ~ **instructions** *pl rep* üzemeltetési/karbantartási utasítás; ~**-instrument set** *távk* kezelőkészlet; ~ **interception** *távb* telefonüzenet-közvetítés; ~ **jack** *távb* kezelői hüvely; ~ **life** élettartam; használhatóság tartama; ~ **lift** *ép* étellift; kezelő nélküli teherfelvonó; ~ **line** *ép* fogyasztói/villamos csatlakozó vezeték; *gépk* légfék-munkavezeték; *távk* szolgálati vonal; ~ **load** üzemi/hasznos/használati teher; szolgálati terhelés; ~ **loop** *távk, el* fogyasztói/előfizetői/állomási leágazás; ~ **magazine** kéziraktár; ~ **mains** *pl el, ép* külső csatlakozó vezeték, hálózat; *ép* fogyasztói vezeték; ~ **manual** *gép* gépkönyv; *gépk* kezelési/javítási útmutató/kézikönyv; ~ **mechanic** külső/utazó szerelő; ~ **mechanism** *aut* kiszolgálóállomás; ~ **module (SM)** *űr* szervizmodul; ~ **observation** ellenőrző szolgálat; ~ **observing desk** ellenőrzőasztal; ~ **of ingot mo(u)ld** *koh* kokillakezelés; ~ **opening** *ép* karbantartó nyílás; ~ **oscillator** *rád* szignálgenerátor; ~**-out line** *szt* kiszolgálási kimenő vezeték; ~ **pipe** *ép* bekötővezeték, csővezeték; ~ **pit** *gépk* szerelőakna; ~ **platform** *gép* kezelőállás; ~**-point/position** *vasút* indítóállás; ~ **pressure** *gép* üzemi nyomás; ~ **program** *szt* szervizprogram; ~ **raise** *bány* járógurító; ~ **range** *rep* üzemi hatótávolság; ~ **rate** *aut* kiszolgálási ráta; ~ **recorder** *vasút* üzemregisztráló-ellenőrző készülék *(tolatómozdonyé)*; ~ **regulations** *pl* üzemi előírások; ~ **rivet** ideiglenes szegecs; ~ **road** *ép* ideiglenes út *(városépítés)*; szervizút, kiszolgálóút, kiszolgálóutca; ~ **rocket** *kat* harci rakétalövedék; ~ **routine** *szt* segédrutin; ~**s** (közüzemi) szolgáltatások *(áram, gáz, víz stb.)*, közművek; ~**s below street level** *ép* föld alatti vezetékek; ~ **shaft** *bány* segédakna; ~ **shed** *rep* gépápoló hangár; ~ **siding** *vasút* rendezővágány; ~ **speed** *hajó* szolgálati sebesség; ~ **staff** kiszolgáló személyzet; ~**-stairs** *pl ép* gazdasági lépcső, melléklépcső; ~ **station** üzemanyagtöltő állomás, benzinkút, töltőállomás; *aut* kiszolgálóállomás; *gépk* szervizállomás, javítóműhely; ~ **sump volume** *bány* üzemi zsomptérfogat; ~ **switch** *aut, el* kontroller, vezérkapcsoló; ~ **system** *aut* kiszolgáló rendszer, tömegkiszolgálási rendszer; ~ **tank** nyersanyagtartály, üzemanyagtartály; *rep* adagolótartály; fogyasztótartály; ~ **tee** *ép* fogyasztói T-csőidom; ~ **test** *any* üzemi vizsgálat; *ip* üzemi kísérlet; ~ **time** *aut* kiszolgálási idő *(vonalfoglaltsági ideje)*; ~ **track** *vasút* rendezővágány; ~ **train** *vasút* szolgálati vonat; ~ **valve** *gép* munkaszelep; ~ **vat** *pa* anyagkád; ~ **vehicle** *ép* szolgálati gépkocsi; *gépk* egyetemes jármű; ~ **walkway** *ép* kezelőjárda, kezelőhíd; ~ **water** technikai (célokra alkalmas) víz; ipari víz; *bány* technológiai víz; ~ **water level** *bány* üzemi vízállás; ~ **window** *ép* tálalóablak

serviceability alkalmazhatóság, hasznosság, használhatóság; üzemképesség; ~ **test** *tex* használatiérték-vizsgálat

serviceable alkalmazható, (fel)használható; megfelelő, alkalmas; *kat* üzemképes, alkalmazható; *közl* forgalomképes; ~ **life** élettartam, használati idő; üzemi időtartam

serviceman karbantartó; kezelő *(gépé)*; szervizes; szerelő

servicing üzemfenntartás; karbantartás (és javítás); szervizelés; ~ **apron** *rep* műszaki előtér; ~ **crew** *rep* kiszolgáló személyzet; ~ **data** *gépk* beállítási adatok/értékek; ~ **hoist** *ol* kútkezelő berendezés; ~ **point** kiszolgálóállomás; ~ **rig** *ol* kútkezelő berendezés; ~ **tank** *rep* tüzelőanyag-ellátó tartály; ~ **time** karbantartási idő; *rep* kiszolgálás időtartama

serviette machine *pa* asztalkendőgép; papírszalvétagép

serving *aut* kiszolgálás; *el* borítás, burkolás *(kábelen)*; ~ **hatch** *ép* tálalónyílás; ~**-mallet** *hajó* pólyázó fakalapács; ~ **problem** *aut* tömegkiszolgálási probléma; ~ **system** *aut* kiszolgáló rendszer, tömegkiszolgálási rendszer

servo I. *a rep* segéd-, működtető-, szervo-; **II.** *n* → servo-mechanism; → servo-motor; ~**-action** *gépk* szervohatás; ~**-altimeter** *rep* szervomagasságmérő; ~ **amplifier** *aut, el* szervoerősítő; ~ **analyzer** *aut* szervoanalizátor; transzferméter; ~**-assisted steering** *gépk* szervomotoros kormánymű; ~**-brake** *gépk* közvetett működtetésű fék; segédfék, szervofék; ~ **channel** *távk* szervohajtás csatornája; ~**-clutch** *gép* szervomotoros tengelykapcsoló; ~**-contact** *aut* szervoérintkező; ~**-control** *aut* követési elven alapuló szabályozás/ellenőrzés, programozott kontroll, automatikus követő; *gépk* szervokormányzás(i rendszer); *gépk, rep* szervovezérlés; *rep* segédkormány, szervokormány; ~**-control mechanism** szervoszabályozó szerkezet; ~**-control mirror** *aut* szervoirányítású tükör; ~ **drive** *gépk* bojtármotoros hajtás; szervo(meg)hajtás; ~ **flap** *rep* szervokormány; ~**-follower error** *aut* követési hiba; ~**-following** *aut* követés; ~**-gear** → servo-mechanism; ~**-mechanical capacitive compensator** *aut* szervomechanikus kapacitáskompenzátor; ~**-mechanical line recorder** *aut* szervomechanikus görberajzoló; ~**-mechanism** *aut, gép* (érték)követő szabályozás; helyzetszabályozás; szervomechanizmus; ~**-modulation** *aut* impulzus-kódmoduláció; ~**-motor** *gépk* bojtármotor; segédhajtómű; szervomotor; ~**-motor piston** *gépk* szervomotor-dugattyú; ~**-multiplier** *aut* szervoszorzó; ~**-operated** *aut* szervomotoros; ~**-operated control** *aut* követési elven alapuló *v.* szervomechanizmusos szabályozás/ellenőrzés, programozott kontroll, automatikus követő; ~**-operated inductance bridge circuit** *aut* szervomechanizmusos induktivitásmérő híd; ~**-piston** *gép* követő/lépcsős dugattyú; önbeállító dugattyú, szervodugattyú; ~**-potentiometer** *aut* szervopotenciométer, követő potenciométer; ~-**powered control** *aut* követési elven alapuló szabályozás/ellenőrzés, programozott kontroll, automatikus követő; ~ **prop** *bány* szervotám; ~-**relay** *aut* szervorelé; ~ **rudder** *rep* szervooldalkormány; ~-**system** *aut, el, gép* szervorendszer, szervomechanizmus; ~-**tab** *rep* kormányerő-csökkentő lap, szervokormánylap; segédkiegyenlítőlap; ~-**unit** *rep* szervoberendezés, szervoegység; ~-**valve** *gép* bojtárszelep

sesame oil szezámolaj

sesquilinear *mat* másféllineáris, szeszkvilineáris

sesquioxide *vegy* szeszkvioxid

sesquiplane másfélfedelű repülőgép

sesquisilicate *vegy* szeszkviszilikát

sesquiterpene *vegy* szeszkviterpén

sessile rögzített; *geol* szubsztrátumhoz rögzített; *hidr* szesszilis; ~ **dislocation** *krist* elmozdulásképtelen diszlokáció

session *szt* kapcsolati idő; ~ **connection synchronization** *szt* viszony-összeköttetés szinkronizálása; ~ **layer (S)** *szt* viszonyréteg, S; ~ **protocol machine (SPM)** *szt* viszonyprotokoll gép, SPM; ~ **service (SS)** *szt* viszonyszolgálat, SS

seston *hidr* szeszton

set I. *v* (el)helyez; belehelyez; ágyaz, fektet; (össze)illeszt, szerel; felállít; (be)állít, (be)igazít, beszabályoz; *bány* beállít *(támot)*; begyez *(fúrólyukat)*; bever; megül, megszáll; telepít *(fúrólyukat)*; *bőr* simít; *csill* lenyugszik; *élip* megalvaszt; *ép* (meg)köt *(cement)*; foglalatba tesz; *finm* foglal *(drágakövet)*; *mech* deformálódik, alakváltozást szenved; *műa* kikeményedik, megkeményedik; *mzg* kiültet, kipalántáz; letűz, lever *(karót)*; *nyom* (ki)szed; *szer* élesít, (meg)fen *(vágóélt)*; fejez *(szegecset)*; *tex* rögzít *(műszál szövetet v. árut)*; *vegy* (le)ülepedik; megdermed; megkeményedik, polimerizálódik; **II.** *a* szilárd; kötött; **III.** *n* készlet, garnitúra, szett; sorozat, sor; készülék; felszerelés; beállítás, beigazítás; elrendezés, berendezés; (minta)összeállítás; *alak* nyeles kovácsszerszám; *bány* ácsolat; csillepark, csillevonat; fúrólyuksorozat; kőzetrétegcsoport; *bőr* nyeregtömés; *csill* lenyugvás; *ép* ászokfa; idomkő, kockakő *(útburkoláshoz)*; megszilárdulás, kötés *(cementé)*; összefüggő sor; ülepedés, süllyedés; *fa* ajtókeret; fűrészfogferdeség; hajtogatás, terpesztés *(fűrészfogé)*; *film* jelenetbeállítás; *geod* méréssorozat; *geol* összlet; *gép* (gép)egység; *mat* halmaz; *mech* alakváltozás, deformáció; *nyom* osztóköz *(betűöntésnél)*; *óra* foglalat *(óráé)*; *ruh* szabás, ruha állása; *szersz* szegecsfejező; *távk* készülék; *tex* bordaszám(ozás); fonat; sűrűség *(szöveté)*; *vegy* megdermedés, megszilárdulás, megkeményedés; ~ **afloat** *v hajó* vízre bocsát; ~ **a girder** *v bány* ívbiztosítást felállít; ~ **algebra** *mat* halmazalgebra; ~ **a map** *v geod* térképet tájol; ~ **analyzer** *rád* univerzális szervizműszer; ~ **a prop** *v bány* támot bever/felállít; ~ **a rivet** *v szer* szegecset fejez; ~ **a saw** *v szer* fűrészfogakat terpeszt; ~ **at normal** *v el* szabályszerűen/rendesen beállít; ~ **a tool** *v szersz* szerszámot beállít; ~ **back** *v* hátratesz, hátrahúz; visszaállít, visszaigazít; ~-**back** *el* kefe-visszaállítás, kefefelemelés; *ép* beugrás, beugró rész; *nyom* behúzott szedés; ~-**back pin** *kat* megakasztó csap; ~-**back-pin spring** *kat* megakasztócsap-rugó; ~-**back scale** *metr* nullás helyzetbe hozott lépték; visszaállított skálaosztás; ~-**bar** *hajó* feszítőrúd; ~ **block** *forg* nyomótönk, nyomótuskó; ~ **blocking** *bány* ácsolat megékelése; ~ **bolt** *szer* állítócsavar, állító fejescsavar; hernyócsavar; rögzítőcsavar, rögzítő csapszeg; ~ **bounded from below** *mat* alulról korlátos halmaz; ~ **bounded on the left** *mat* balról korlátos halmaz; ~ **cap** *bány* keret süvegfája; ~ **casing** *ol* béléscső-leültetés *(fúrólyukban)*; ~ **chisel** *szer* vágóvas; ~ **collar** *gép* (be)állítógyűrű, rögzítőgyűrű; ~ **concrete** *ép* megkötött beton; ~ **consisting of a single element** *mat* egyelemű halmaz; ~ **course** *rep* adott útirány; ~ **die** *szersz* szegecsfejező szerszám; ~ **down** *v rep* leszáll; süllyed, merül, leereszkedik; ~-**down light** *rep* földetérési zóna fénye; leszállófény; ~ **factor** *gép* beállítási adat; ~ **field** *mat* halmazalgebra; ~ **girt** *bány* feszke; ~ **going** *v gép* elindít; ~ **hammer** *szersz* egyengetőkalapács; nyeles simító; ~ **having the power of the continuum** *mat* kontinuumszámosságú halmaz; ~ **head** *szer* vert fej, gyámfej *(szegecsé)*; ~ **heat** *ép* kötési hő; ~ **in** *v* behelyez, beilleszt, berak; kezdődik, beáll; *szt* létrejön; ~ **in bold type** *v nyom* félkövérrel szed; ~ **in broken stones** *ép* kis kődarabokból rakott; ~-**in sleeve** *ruh* bevarrt ujjak; ~ **in solid type** *nyom* tömött szedésű *(kiadás)*; ~ **lagging** *bány* (főte)bélésdeszka; ~ **level** *v geod* szintez, vízszintesre állít; ~ **linearly ordered by dictionary order** *mat* lexikografikusan rendezett halmaz; ~-**membership symbol** *mat* „eleme" jel, E; ~ **noise** *el, rád, távk* erősítési zaj; készülék (ön)zaja/zöreje, sajátzaj, háttérzaj; ~ **nut** *szer* beállítóanya; ~ **of bands** *fiz* sávcsoport; ~ **of boundary conditions** *rep* határfeltételek rendszere; ~ **of cards** *tex* kártológépsor; ~ **of characteristics** *fiz* jelleggörbesereg, karakterisztikasereg; ~ **of colo(u)r image tubes** *tv* háromszínes-képbontócsöves rendszer/készülék; ~ **of cones** *gép* fúvókasorozat; ~ **of contacts** *el* érintkezőszerelvény; ~ **of continuum power** *mat* kontinuumszámosságú halmaz; ~ **of curves** *mat* görbesereg; ~ **of delay detonators** *bány* gyutacssorozat; ~ **of drawings** *tex* nyújtó gépegység; ~ **of drills** *geol* fúrókészlet; ~ **of equations** *mat* egyenletrendszer; ~ **off** *v* lépcsőssé tesz, lépcsőz; *bány* felrobbant; kitűz; *gép* elindít; harántirányban eltol; ~-**off** *ép* lépcsőzet; párkány, padka; *nyom* bepiszkolás *(papíré)*; ~-**off blanket** *nyom* átvivőhenger, átvivőlemez; ~-**off device** *nyom* mentesítőkészülék *(frissen nyomott ívek között)*; ~ **of forces** *mech* erőcsoport; ~-**off paper** *nyom* betétpapír, belövőpapír; ~ **of geophones** *bány* geofoncsoport; ~ **of greater power** *mat* nagyobb számosságú halmaz; ~ **of information** *mat* információtartalom, információmennyiség; ~ **of instruments** műszerkészlet; ~ **of isoclinics** *mech* izoklinahálózat; ~ **of isocromatics** *mech* izokromátahálózat; ~ **of lenses** *opt* cserélhető objektívek/tárgylencsék; ~ **of less power** *mat* kisebb számosságú halmaz; ~ **of measure zero** *mat* nulla mértékű halmaz, nullahalmaz; ~ **of needles** *kh* tűrendszer, tűsor; ~ **of numbers** *mat* számhalmaz; ~ **of pairs** *aut* párhalmaz; ~ **of pickups** *bány* geofoncsoport; ~ **of piles** *ép* (alá)cölöpözés; cölöpsor, cölöprendszer; ~ **of points** *mat* ponthalmaz; ~ **of pressure bulbs** *ép* hagymagörbe-eloszlás; ~ **of pumps** *bány* szivattyúcsalád; ~ **of reeds** *tex* bordasűrűség; ~ **of rolls** *élip* hengerek feállítása; *heng* hengerkészlet, hengerrendszer; *koh* hengergarnitúra; ~ **of rules** *aut* szabályhalmaz; ~ **of signals** *szt* jelkészlet; ~ **of space-time coordinates** *fiz* téridő-koordinátåk, négyeskoordináták; ~ **of states** *aut* állapothalmaz; ~ **of timber** *bány* ácsolatkeret; ~ **of tools** *szer* szerszámkészlet; ~ **of tubs** *bány* csillevonat; ~ **of warp** *tex* láncfonalsűrűség; ~ **of weft** *tex* vetülék-tömöttség; ~ **of weights** *vegy* súlysorozat; ~ **of workings** *bány* fejtési mező; ~**-on** *gép* beindítás, elindítás *(gépé)*; ~ **operation** *mat* halmazelméleti művelet, halmazművelet, művelet halmazokkal; ~ **ordered by dictionary order,** ~ **ordered according to the principle of first difference** *mat* lexikografikusan rendezett halmaz; ~ **out** *v* előrajzol; kivitelezésre előkészít; *bőr* kitaszít; *ép, vasút* nyomdokol; *geod* kitűz, kijelöl; *nyom* ritkít; *rep* elküld; kitűz; ~**-out** *bőr* kitaszítás; *geod* kitűzés; *gép* előrajzolás; kijelölés; ~ **over** *v* átállít; átforgat; ~**-over** átforgatás; *gép* szegnyereg-elállítás; ~ **per blow** *ép* verésenkénti behatolás; ~ **pin** *gép* rögzítőpecek, beállítópecek; ~ **point** *aut* alapérték, parancsolt érték; beállított/rögzített érték; megadott érték/pont; névleges érték; vezető jel; ~**-point adjuster** *aut* alapérték-beállító; ~**-point controller** *aut, koh* alapjelképző szerv; ~**-point element** *aut* alapjelképző szerv; ~ **post** *bány* ajtókeret-ácsolat támja; ~ **product** *mat* Descartes-szorzat, (direkt) szorzat; ~ **punch** *szersz* nyomópofa szétszegecseléshez; ~ **release** *any* alakváltozás megszüntetése/megszűnése; ~ **right** *v* kijavít, megjavít; helyesen beállít, helyreállít, helyreigazít; helyesbít; rendbe hoz; *geod* kiigazít; ~ **rivet** *szer* zömített fejű szegecs; ~ **running** *v gép* működésbe hoz, elindít; ~ **screw (SS)** *heng* állítóorsó, csavarorsó; *szer* állítócsavar; beállítócsavar; hernyócsavar; rögzítőcsavar; szelepcsavar; ~ **screw spanner** beállító csavarkulcs; ~ **sill** *bány* talpgerenda *(ajtókeret része)*; ~**s of vectors** *pl mat* vektorrendszer; ~ **solid** *v fiz* szilárd halmazállapotba megy át, megdermed; ~ **spark** *gépk* állandó előgyújtás; ~ **square** *mat* háromszögű vonalzó *(derékszögű)*; ~**-stem wheel** *óra* mutatóállító kerék; ~ **stud** *szer* állító ászokcsavar; ~**s without common elements** *mat* diszjunkt halmazok *(metszetük üres)*; ~**-system** *mat* hipergráf; ~ **the bearing** *v geod* beállít *(műszer)*, állít *(műszeren)*; ~ **the course** *v hajó* útirányt megállapít/megad; ~ **the grain** *v bőr* barkáz; előcserez; ~**-theoretic(al) inclusion** *mat* inklúzió, halmazelméleti tartalmazás; ~**-theoretic(al) intersection** *mat* halmazelméleti metszet, metszet, közös rész, szorzat; ~**-theoretic(al) operation** *mat* halmazelméleti művelet, művelet halmazokkal; ~ **theory** *mat* halmazelmélet; ~ **the range** *v* távolságot beállít; ~ **topology** *mat* általános topológia; ~ **to work** *v* munkához lát; üzembe helyez; ~ **to zero** *v* zérusra/nullára állít, nulláz *(műszert)*; ~ **twist** *tex* rögzített sodrat; ~ **type** *v nyom* (ki)szed; ~ **up** *v* felállít; emel; berendez, elrendez; alakít; beindít, elindít; *ép* felépít; *nyom* (ki)szed *(betűt)*; ~**-up** elrendezés; alakzat; összeállítás; beállítás, felállítás; összeszerelés; berendezés *(művelet, tárgy)*; *bány* (berendezés-)összeállítás; felállítás *(fúrógépé)*; *el* kapcsolás(i rendszer); rendszer; *film* beállítás; *geod* állványra helyezés; *gép* aggregát, gépcsoport, gépegység; készülék; szerkezet; *gumi* megkötődés, rögzítődés, koagulálódás, gélesedés; *ker* beégetés; *koh* bugaemelő gép; *szt* beállítás, kapcsolásfelépítés; *tv* sötétszintcsökkenés; ~ **up a connection** *v távk* kapcsolást/összeköttetést felépít/létesít; ~**-up boxboard** *pa* dobozkarton; ~**-up comb** *kh* bekezdő fésű; ~**-up diagram** *szt* kapcsolási rajz; ~**-up error** *aut* maximális szabályozási eltérés; ~**-up for calculating machine** *szt* számítógép-séma; számítógép-vázlat; ~ **up gang-saw blades** *v szer* beakaszt *(fűrészt keretbe)*; ~**-up instrument** → ~-up-scale instrument; ~**-up man/mechanic** *szer* beállító géplakatos, gépszerelő; ~**-up production** munkahelyi termelés; ~**-up scale** *el* eltolt zéruspontú skála; ~**-up-scale instrument** *el* eltolt nullapontú/zéruspontú műszer, zéruspont-eltolásos műszer; ~**-up time** *aut* bemeneti beállítási idő; *rád* behangolási/beállítási idő; *távb* beállási idő, előkészületi idő, hívásfelépítési idő; ~ **value** *at, fiz* alapérték; beállítási érték; konstans, állandó; ~**-value adjuster** *aut* alapérték-beállító; ~**-value control** *aut* értéktartó szabályozás; ~ **value of controlled variable** *aut* szabályozott jellemző alapértéke *v.* parancsolt értéke; ~**-value regulation** *aut* értéktartó szabályozás; ~ **wedging** *bány* ácsolat megékelése; ~**-wheel grinding** *alak* köszörülés tengelyirányban *(mozdulatlan köszörűkoronggal)*

sett *ép* idomkő, kockakő, kövezetkocka *(útépítéshez)*; ~ **paving** *ép* kockakő (út)burkolat

setter *ép* elhelyező munkás; *fa* fűrészfog-beállító; *hang* kiváltó *(orgonán)*; *kat* gyújtóbeállító készülék; ~**-in** *gép* beállító *(személy)*; ~**-out** *ép* munka-előkészítő, előmunkás; ~**-up** *gép* beállító lakatos

setting beállítás; alapjel, vezetőjel; (be)igazítás; letűzés, leverés *(karóé)*; behangolás; beállított érték; beszabályozás; elhelyezés, behelyezés; (össze)illesztés, szerelés; *any* leülepedés; ülepítés; *bány* (be)ácsolás; beállítás, felállítás *(ácsolaté)*; kötés; süllyedés; *bőr* simítás; *csill* távcsőbeállítás; *élip* megalvasztás *(tejé)*; *ép* elhelyezés, elrendezés; kötés *(betoné)*; *film* beállítás; díszletezés; *finm, óra* foglalás; foglalat; *gép* (be)szabályozás; *koh* kötés; *mech* alakváltozás; *műa* (meg)dermedés, polimerizálódás; kikeményedés, megkeményedés; *nyom* szedés; *ol* ültetés; *rep* beindítás; *szer* hajtogatás *(fűrészé)*; *tex* bordasűrűség megállapítása; fonalsűrűség beállítása; hőrögzítés; *vasút* nyomdokolás; ~ **accelerator** *ép* kötésgyorsító; ~ **accuracy** *aut* behangolási (beállítási) pontosság; ~ **angle** *forg* elhelyezési szög; *forg, rep* beállítási szög; ~ **back of bank** *hidr* partvonal hátrahelyezése *(folyószabályozásnál)*; ~ **behavio(u)r** *ép* kötési viselkedés; ~ **by objects** *geod* tájolás tereptárgyak alapján; ~ **centres/centers** *tex* nyújtóhengerpár-osztás; ~ **centrifuge** *vegy* ülepítőcentrifuga; ~ **coat** *ép* fedővakolat, simítóvakolat, simavakolat; ~ **conditions** *ép* cementkötési feltételek; ~ **curve** *ép* kanyarkitűzés; ~ **depth** *ol* béléscsősaru-állás; ~ **device** *bány* beállító szerkezet; támállító berendezés; ~ **down the shaft lining** *bány* falazatültetés; ~ **field** *rád* beállítási/beszabályozási tér(erősség); ~ **ga(u)ge** *szersz* beállító idomszer; ellenidomszer; ~ **heat** *ép* kötéshő; ~ **holes** *ol* fúrólyuk-telepítés; ~**-in** elhelyezés; *ép* berakás, beépítés; ~**-in on frames** *ép* tokbeépítés; ~ **instruction** *aut* helyettesítési/szubsztitúciós utasítás; ~**-in width** *tex* szélességbeállítás; ~ **jack** *bány* támállító berendezés; ~ **jaw** *szersz* fűrészterpesztő pofa; ~ **key** *fa* terpesztővas *(fűrészhez)*; ~ **knob** *el* beállítógomb; ~**-lever spring** kihúzókarrugó *(tirettrugó)*; ~ **load** *bány* előfeszítési terhelés; ~ **machine** → ~-out machine; ~ **nut** *ép* beállító anya; ~ **of a carbu-**

ret(t)or/carburetter *gépk* porlasztóbeállítás; ~ **of a machine** *gép* gépbeállítás; ~ **of a spring** *finm* rugó befeszítése/beállítása; ~ **of crystal** *krist* kristály beállítása; ~ **of current** *geol* folyásirány; ~**-off** → set-off; ~ **of the base** *geod* alapvonal-beállítás, alapvonal-kitűzés; ~ **of the mortar** *ép* habarcskötés, habarcsszilárdulás; ~ **of threads** *tex* fonalsűrűség; ~ **of timbers** *bány* ácsolás; ~**-on** → set-on; ~ **out** *geod* kitűzés, kicövekelés; ~ **out for tunnel(l)ing** *ép* alagút-vonalvezetés meghatározása; ~**-out machine** *bőr* taszítógép; ~ **out of installations** *bány* létesítmények kitűzése; ~**-out peg** *geod* kitűzőcövek; ~**-over** → set-over; ~ **piece** *gép* alátétlemez; ~ **plan** *ép* kitűzési terv; ~ **point** *vegy* dermedéspont *(olajoké)*, cseppenéspont *(zsíroké)*; ~ **pole** *hajó* csáklya; ~**-power** *vegy* kötéserősség; ~ **process** *ép* kötési folyamat; ~ **range** *el* relé beállítási tartománya; ~ **retarder** *ép* cementkötéslassító; ~ **ring** *szer* beállítógyűrű; ~ **rod** *szer* beállító idomrúd; ~ **rule** *nyom* szedőlénia; ~ **screw** → set screw; ~ **shrinkage** *ép* kötési zsugorodás; ~ **side** *tex* indítási oldal *(szövőgépé)*; ~ **square** *óra* mutatótengely négyszögletes feje; ~ **stick** *nyom* sorzó, szedővas, vinkli; ~ **strength** *ép* kötőképesség, kötőerő; ~ **strip** *nyom* jelzőcsík; ~ **supports** *pl ép* ácsolatfelállítás; ~ **temperature** *vegy* dermedéspont; ~ **templet** *gép* beállítósablon; ~ **time** *aut* beállási/szabályozási idő; *el* helyesbítési idő; *ép* kötésidő; *koh* felfutási idő; ~**-time controlling agent** *ép* kötés(idő-)szabályozó adalék; ~**-time test** *ép* kötésidő vizsgálata; ~**(-)up** beállítás, beszabályozás; *ép* zömítés, duzzasztás; ~**-up facilities** *el* beállítási *v.* üzembe helyezési berendezések; ~ **up in eccentric station** *bány* külpontos felállás; ~ **up (of) an equation** *mat* egyenlet felállítása; ~**-up screw** *gép* szorítócsavar; ~**-up table** *alak* felfogó asztal; ~ **up the instrument on sprags** *bány* műszerfelállás feszítéken; ~ **water** *ép* kötésvíz; ~ **wedge** *bány* feszítőék

settle I. *v* elhelyez; kiegyenlít; *ép, geol* süllyed, süpped; *gép* beállít, beszabályoz; rögzít; *hidr* (le)ülepedik, ülepszik; *vegy* megdermed; megdermeszt; megszilárdít; megszilárdul; ülepít, derít; **II.** *n* magas támlájú pad, magas hátú szék, emelvény; ~ **down** *v hidr* leülepedik, lerakódik; *met* elcsendesedik; ~ **out** *v vegy* kiválik

settleability *hidr, vegy* ülepíthetőség, lecsaphatóság, kicsaphatóság

settleable solid *hidr* ülepedő anyag, üledék

settled állandó, megállapodott, állandósult; ~ **building-line** *ép* kötött építési vonal *(városépítés)*; ~ **grained soap** *vegy* ülepített színszappan; ~ **production** *bány* állandó termelés; *ol* állandósult kúthozam; ~ **sewage** ülepített szennyvíz; ~ **sludge return** *hidr* szennyvíz-recirkuláció; ~ **solution** *vegy* ülepített oldat; ~ **tar** *ol* üledékkátrány; ~ **waste-water** ülepített szennyvíz

settlement elhelyez(ked)és; elrendezés; *ép* süppedés; telepítés, település; *geol* talajsüllyedés, ülepedés; *talt* ülepedés; ~ **characteristics** *pl ép* települési jelleg; ~ **computation** *talt* süllyedésszámítás; ~ **curve** *talt* konszolidációs görbe; ~ **forecast** *talt* süllyedés-előirányzat; süllyedés-előrejelzés; ~ **ga(u)ge** *hidr* süllyedésmérő; ~ **hygiene** település-egészségügy; ~ **joint** *ép* süllyedési hézag; ~ **of earthwork** *talt* töltés roskadásának/ülepedésének mértéke; ~ **of fill** *ép* feltöltés süllyedése; ~ **of ground** *geol* talajülepedés; ~ **plate** *ép* terhelőlap; ~ **prediction** *talt* süllyedés előrejelzése; ~ **refuse** → ~ waste; ~ **structure** *ép* településszerkezet; ~ **tank** → settling tank; ~ **waste** *környv* települési hulladék

settler ülepítőedény; ülepítő(tartály); ~ **box** derítőtartály, ülepítőtartály

settling szedimentáció, ülepítés, ülepedés, lerakódás, iszapolás; *bány* beiszapolódás; derítés, leereszkedés; összenövesztés; rétegáthajlás; ~ **apparatus** ülepítőberendezés; ~ **basin** *bány* derítőtartály; *hidr* ülepítőmedence; ~ **box plant** *környv* ülepítő; ~ **capacity** *hidr* ülepedőképesség; ~ **chamber** *bány* porkamra; *élip, hidr* ülepítőtér; ~ **classifier** *koh* áramkészülék; ~ **cone** *bány* kúpos osztályozó; ülepítőtölcsér; *pa* derítőtölcsér, anyagfogó; ~ **curve** *bány* ülepedési görbe; ~ **down** *ép, hidr* lerakódás; szedimentáció, ülepítés; ülepedés; ~ **drift** *bány* hordalékülepítő vágat; ~ **dust** ülepedő por; ~ **efficiency** *hidr* ülepítési hatásfok; ~**-lever screw** *óra* kihúzókarcsavar *(tirettcsavar)*; ~ **pit** *ép, talt* ülepítőmedence; ~ **plant** derítőmű, derítőtelep; ülepítőberendezés; ~ **pond** *bány* iszaptó; ~ **pool** *hidr* derítőmedence; ~ **quotient/ratio** *bány* ülepedési hányados; ~ **reservoir** *bány* derítőtartály; ~**s** *pl* lerakódás, üledék; ~ **solid** *hidr* ülepíthető anyag, üledék; ~**-spinning bath** *műa, tex* fonófürdő; ~ **tank** *hidr* ülepítőtartály, ülepítő(medence), iszapolótartály; *ol* ülepítő kőolajtartály; ~**-tank effluent** *hidr* ülepített szennyvíz; ~ **time** *aut* beállítási idő; felépülési idő; szabályozási idő; *hidr* ülepedési idő; *szt* beállási idő; ~ **vat** *hidr* derítőedény; ~ **velocity** *hidr* ülepedési sebesség

seven|-bit track *szt* hétbites csatorna; ~**-day cylinder (crushing) strength** *ép* hétnapos hengerszilárdság *(beton)*; ~**-pin miniature tube/valve** *el* miniatűr cső; ~**-segment display** *el* hétszegmenses kijelző; ~**-track magnetic tape** *hang* hétcsatornás mágnesszalag; ~**-unit code** *távb* hetes kód; ~**-wire strand** *ép* héthuzalos pászma *(feszítő)*

sever elvág, levág, kettévág, szétvág; elválaszt, leválaszt, szétválaszt; szétkapcsol, szétbont; szétszakít; szétszakad

severable elválasztható, szétválasztható, szétbontható

several különböző, különféle; több, számos; ~ **dipole antenna** *el* sokelemes dipólantenna

severance elkülönítés, elválasztás; szakadás; *gép* elmetszés, szétvágás; ~ **cutting** *gép* elválasztó vágás

severe merev; pontosan beállított; ~**-duty drive** *rep* nagyteljesítményű hajtómű; ~ **error** *szt* fatális/súlyos hiba; ~ **icing** *rep* erős jegesedés; ~ **occasional turbulence** *rep* esetenként ismétlődő erős turbulencia; ~ **test** *any* nehéz üzemviszonyok közötti próba; szigorú vizsgálat

severely | damaged *bőr* erősen sérült *(nyersbőr)*; ~ **refined** *ol* erősen finomított

severing elvágás, levágás, kettévágás, szétvágás; elválasztás, leválasztás, szétválasztás; szétkapcsolás, szétbontás; szétszakítás; szétszakadás

severity pontosság *(pl. próbáé)*; ~ **code** *szt* hibaértékelés

severy *ép* boltfülke, boltíves fülke

sew[1] *bőr, tex* varr; *nyom* fűz *(könyvet)*

sew[2] **I.** *v* leereszt, levezet, lecsapol *(vizet)*; **II.** *n ép* alagcső; *geol* iszap, szennyláp; *hidr* (szenny)vízleeresztés

sewage I. *v* szennyvízzel öntöz; alagcsövez; **II.** *n* csatornavíz; szennyvíz; *hidr* alagcsövezés; ~ **aeration** *hidr* szennyvíz-levegőztetés; ~ **analysis** *hidr* szennyvízvizsgálat; ~ **chlorination** *hidr* szennyvízklórozás; ~ **clarification** *hidr* szennyvízderítés; ~ **clarification plant/works** *környv* szennyvíztisztító mű; ~ **collection** *hidr* szennyvízgyűjtés; ~ **composition** *hidr* szennyvízösszetétel; ~ **conduit** *ép* szennyvízcsatorna; ~ **discharge** *hidr* szennyvízhozam; ~ **disinfection** *hidr, környv* szennyvíz-fertőtlenítés, szennyvíz-csírátlanítás; ~ **disposal** szennyvízelhelyezés; szennyvízelvezetés; ~ **disposal through infiltration** *hidr* szennyvízszikkasztás; ~ **farm** szennyvíztisztító telep; ~ **farming** *mzg* szennyvízöntözés; ~**-fed fish pond** *hidr* szennyvízi tógazdaság; ~ **filter** *hidr* szennyvízszűrő; ~ **fine** *hidr* szennyvízbírság; ~ **fish pond** *hidr* szennyvizes halastó; ~**-flow per capita,** ~**-flow rate** *ép* fajlagos szennyvízhozam *(egy főre eső)*; ~ **gas** csatornagáz; ~ **grid** szennyvízrács; ~**-handling pump** *ép, hidr* szennyvízszivattyú; ~ **irrigation** *mzg* szennyvízöntözés; ~ **lagoon/lake** *környv, mzg* szennyvíztározó, szennyvíztó; ~ **lift station** *hidr* szennyvízátemelő mű; ~ **loading** szennyvízhozam; szennyvízterhelés; ~ **pipe** *ép* csatornázási cső; *hajó* szennyvízcső; ~ **pollution value** szennyvízteher; ~ **pond** szennyvíztározó, szennyvíztó; ~ **powder** *mzg* portrágya; ~ **practice** *hidr* szennyvízgazdálkodás; ~ **pretreatment** *hidr* szennyvíz-előkezelés; ~ **pump** *hidr* szennyvízátemelő; szennyvízszivattyú; ~ **pumping station** *hidr* átemelőtelep; szennyvíz-szivattyútelep; ~ **purification** *hidr* szennyvíztisztítás; ~ **purification by sedimentation/settling** *hidr* ülepítés; ~ **purification plant/works** *hidr* szennyvíztisztító mű/telep; ~ **raising plant** *hidr* szennyvízátemelő mű; ~ **recirculation** *hidr* szennyvíz-recirkuláció; ~ **removal** szennyvízelhelyezés; ~**-removal enterprise** emésztőgödör-takarító vállalat; ~ **sludge** *hidr* derítési iszap; szennyvíziszap; ~ **sprinkling** *mzg* öntözés szennyvízzel; ~ **sterilization** *hidr* szennyvíz-csírátlanítás; ~ **stock pond** *hidr* szennyvizes halastó; ~ **storage** *hidr* szennyvíztározás; ~ **treatment** *hidr* szennyvízkezelés; ~ **treatment by sludge activation** *hidr* eleveniszapos tisztítás; ~**-treatment plant** *hidr* szennyvíztisztító mű/telep; ~ **treatment with ferrous sulphate/sulfate** *hidr* ferroszulfátos szennyvízkezelés; ~ **utilization** *hidr* szennyvízhasznosítás; ~ **works** → ~-treatment plant

sewer I. *v ép* csatornáz *(szennyvizek elvezetésére)*; emésztőgödröt/pöcegödröt ás; **II.** *n ép, hidr* szennyvízlevezető csatorna, szennyvízcsatorna; ~ **appurtenances** *ép, hidr* csatornahálózat műtárgyai, csatornatartozékok, csatornaműtárgyak; ~ **basin** *ép* szennyvíztároló medence; ~ **brick** *ép* csatornatégla *(ék alakú)*; ~ **cleaning** *ép, hidr* csatornatisztítás; ~ **clogging** *hidr* csatornadugulás; ~ **design** *ép, hidr* csatornavezeték méretezése; ~ **evacuator** *hidr* szennyvízcsatorna-kiürítő; ~ **flushing** *hidr* csatornaöblítés; ~ **gallery** *ép, hidr* csatornaalagút; ~ **invert** *ép, hidr* csatornafék; ~ **man** *ép, hidr* csatornamunkás; ~ **manhole (SMH)** *ép, hidr* szennyvízcsatorna-búvólyuk; ~ **network** *ép, hidr* csatornahálózat, szennyvízcsatornarendszer; ~ **pipe** *ép, hidr* csatornacső; ~ **scavenger** *hidr* csatornatisztító; ~ **system** *ép, hidr* szennyvízcsatorna-rendszer, csatornahálózat; ~ **tile** *ép, hidr* dréncső; ~ **tunnel** *ép, hidr* csatornaalagút

sewerage *ép, hidr* csatornaépítkezés; csatornázás; szennyvízcsatorna-rendszer, csatornahálózat; *hidr* szennyvízkezelés; ~ **dredger** *hidr* szennyvízcsatornakotró; ~ **fee/tax** *hidr* csatornahasználati díj; ~ **system** *ép, hidr* csatornázás; szennyvízcsatorna-rendszer, csatornázási rendszer, csatornarendszer; ~**-treatment works** *ép, hidr* szennyvízkezelő (és -elvezető) berendezés; ~ **vent pipes,** ~ **vents** *ép* csatornaszellőzők

sewing varrás, hímzés; *bőr* egyszálas öltés; *nyom* fűzés *(könyvé)*; ~ **awl** *ruh* varróár; ~ **cotton** *ruh* varrócérna; ~ **machine (SM)** *ruh* varrógép; ~ **needle** varrótű; ~**s** *pl ruh* varróselyem; ~ **thread** *ruh* varrócérna

sewn varrott, levarrt, letűzött

sexadecimal → hexadecimal

sexagesimal | **circle graduation** *mat* hatvanas alapú körosztás; ~ **degree** *mat* fok, szögfok, régi fok, ívfok; ~ **minute** *mat* perc, szögperc, ívperc, régi perc, min; ~ **number base** *szt* hatvanas számrendszer; ~ **second** *mat* szögmásodperc, ívmásodperc, régi másodperc; ~ **system (of numbers)** *mat* hatvanas számrendszer

sexangular *mat* hatszögű

sexivalent *vegy* hat vegyértékű

sextant *csill, geod* szextáns; szögmérő műszer; ~ **altitude** *rep* szextáns szerinti magasság; ~ **correction** *rep* szextáns helyesbítése

sextet *szt* hatbites byte

sextic | **(curve)** *mat* hatodfokú görbe; ~ **equation** *mat* hatodfokú egyenlet

sextile *csill* hatod- *(fény)*; szextilis *(állás)*

sextillion *mat* szextillió *(GB* 10^{36}*, US* 10^{21}*)*

sexto *nyomd* harmadrét *(ívalak)*; hatodív

sextodecimo *nyom* egytizenhatod ívnagyság; *pa* tizenhatodrét alak

sextuple hatszoros; ~ **lens** *opt* hatpólusú lencse; ~ **magnetic tape** *hang* hatszoros mágnesszalag

sextuplicate I. *v mat* hatszoroz; hattal szoroz; **II.** *a mat* hatodik hatványra emelt

seybertite *ásv* seybertit

SF → signal frequency

SFC → specific fuel consumption

sferics *US rád, távk* légköri zavarok/kisülések

SFPE → surface plate

sg, SG → screen grid; → single-groove; → spark gap; → specific gravity; → standard ga(u)ge

SGA → shared global areas

SGHWR → steam-generating heavy-water reactor

sgn → signum

sgraffito *pl* **sgraffiti** *ép* sgraffito, szgraffitó

Sh → Sherwood number

SHA → sidereal hour angle

shackle I. *v* összeköt *(láncot horoggal)*; *el* szigetel; **II.** *n el, gép* kettős kapcsolóhorog, egyesítőkapocs; szorítóbilincs, kengyel, horogfül; *em* kötélvég *(szemkiképzéssel)*; láncvégszem; *ép* (szorító)kengyel; csőbilincs; háromrészes kőemelő; *hajó* félszem; tartógyűrű; ~ **bar** *vasút* kapcsolóheveder *(vonókészüléken)*; vagonkapcsoló rúd; ~ **bolt** kengyelcsavar; ~ **bracket** kengyeltartó *(lemezrugótámasz)*; ~ **hook** (kengyel alakú) forgó emelőhorog; ~ **insulator** *el* bilincses szigetelő; ~**-line** *ol* vonórúdrakat, húzórúdrakat; vonórúdvezeték *(mélyszivattyúé)*; ~ **link** lánckapcsoló bilincs; ~ **pin** *gép* kengyelcsavar, (menetes) kengyelcsapszeg; ~ **plate** *gépk* rugókengyel oldallapja/szára; ~ **stud** *gép* kengyeltőcsavar; *mzg* járomszeg

shade I. *v* (be)árnyékol; vonalkáz, satíroz; sraff(ír)oz; árnyalatok/színfokozatok szerint eloszt *(színeket)*; **II.** *n* árnyék; homály; satírozás *(rajzon)*; szín, (szín)árnyalat; *ép US* redőny; *kat* óvótető; *opt* ernyő; sötétítő üveg; színárnyék, fényfokozat, színfokozat; védőüveg; ~ **away** *v* árnyékol, árnyalással kiemel *(színeket)*; *tex* átmegy *(más színárnyalatba)*; ~ **card** *ép* színminta; ~ **carrier (SC)** *opt* ernyőtartó; ~**-carrier ring** *el* ernyőtartó gyűrű; ~ **cloth** *tex* függönyanyag; ~ **colo(u)r** *tex* színárnyalat; ~ **into** *v* átmegy *(szín másikba)*; ~ **line** árnyékél, árnyékvonal *(műszaki rajzon)*; ~ **off** *v* → ~ away; ~ **of gray** *el* feketedési/fedettségi fok; ~ **pattern** *tex* színminta

shaded árnyalt, árnyékolt; vonalkázott, satírozott, sraff(ír)ozott; ~ **pole** *el* árnyékolt/osztott pólus; ~ **twill** *tex* árnyékolt sávoly; ~ **yarn** *tex* flamméfonal

shading árnyék; árnyékolás; (szín)árnyalás; satírozás; *hang* felületi rezgés ellenőrzése; *tv* árnyékképződés, sötétülés; sötétfolt, zavarfolt; ~**-compensation signal** *el* zavarjel-kompenzáló jel; ~ **cone** *csill* árnyékkúp; ~ **correction** *tv* sötétfolt-korrekció; ~ **dye** *tex* árnyaló színezék; ~ **ring** *gép* pólusbetétgyűrű *(motorindításhoz)*; *rád* hangszóróbúgás-szűrő gyűrű; ~ **signals** *tv* sötétfoltkorrekció-jelek

shadow I. *v* (be)árnyékol, árnyal; **II.** *n* árnyék; árnyalat; ~ **angle** *el* árnyékszög; ~ **area** *ol* tartályholttér; *rád* árnyterület, árnytér; ~ **attenuation** *rád* jelgyengülés az árnyékzónában; ~ **bar** *opt* árnyékoló válaszfal *(fényszóróban)*; ~**-column instrument** *el* vetítőmutatójú/vetítőrendszerű mérőműszer; ~ **curve** *rád* áthallási görbe; ~ **effect** *el, tv* árnyékhatás; ~ **grid** *el* fedőrács; ~ **mark** *pa* árnyékjel *(papírhiba)*; ~ **mask** *el, tv* perforált betét/maszk, árnyékmaszk; ~**-mask hole** *el* furat *(árnyékmaszkos cső árnyékoló fémlemezén)*; ~**-mask (picture) tube** *el, tv* árnyékmaszkos képcső; ~ **microscope** *fiz* árnyékolt elektronmikroszkóp; ~ **photography** *foto* árnyékfényképezés; ~ **photometer** *fiz* (Lambert-féle) árnyékfotométer; ~ **price** árnyékár; ~ **projection microscope** *fiz* árnyékolt elektronmikroszkóp; ~ **region** *rád* holt/csendes/néma zóna/sáv; ~ **scattering** *at, el* diffrakciós szórás; ~ **sector** *el* árnyékszög; ~**-tuning indicator** *rád* fényárnyék-hangolásjelző; ~ **water-mark** *pa* árnyalt vízjel; ~ **zone** *ol* árnyékzóna

shadowgraph *orv* röntgenárnyékkép, (röntgen)árnyékfelvétel, radiográfiai felvétel, radiogram

shadowing árnyékolás

shadowless lamp *opt* árnymentes fényszóró

shaft nyél; tengely; kocsirúd; szekérrúd; *bány, geol* akna; tárna; *ép* feltörés *(alagútban)*; közlekedőakna *(keszonban)*; liftakna; oszloptörzs; *gép* csap *(illesztés)*; tengely *(nyomatékátvivő)*; *hidr* (kút)akna; *koh* akna, aknatér; *pa* tambur; *tex* főtengely *(szövőszéken)*; légakna *(írezőgéphez)*; nyüst; orsószár; szövőszékhenger; ~ **air-lock** *bány* aknazsilip; ~ **angle** tengelyek által bezárt szög; ~ **annealing furnace** *koh* aknás lágyítókemence; ~ **axle** *gépk* féltengely; ~ **bar** *bány* fúrórúd; oszlop *(állvány)*; ~ **bearing** *gép* tengelycsapágy; ~ **boring mud** *bány* aknafúrási iszap; ~ **boring with core drill** *bány* aknamélyítés magfúrással; ~ **bottom** *bány* aknarakodó; aknatalp, aknafenék; ~ **brace** tengelytámasz; ~ **bracket** *bány* tartógerenda-támaszték; ~ **building** *bány* aknaépítés; aknamélyítés és felszerelés; ~ **cable** *bány* aknakábel; aknakábel; páncélkábel; ~ **calorifer** *bány* aknalevegő-előmelegítő; ~ **casing** *bány* aknakeret-biztosítás, aknakeret-ácsolat; ~ **catchment structure** *bány* aknás forrásfoglalás; ~ **collar** *bány* aknaszáj, aknatorok; *gép* tengelyváll; ~ **compartment** *bány* aknaosztály; ~ **conductor** *bány* aknavezeték, kasvezeték; ~ **coupling** *gép* tengelykötés, tengelykapcsolás; ~ **cover** *bány* csapóajtó *(aknanyílásé)*; ~ **covering** *bány* aknafedél; ~ **cross-section** *bány* aknaszelvény; ~**-crucible furnace** *önt* aknás tégelykemence; ~ **current** *el* csapágyáram; ~ **curving** *bány* aknakeret, alapkeret; ~ **disc/disk** *gép* tengelykarima; ~ **drain-way** *bány* csápvágat; ~**-drilling machine/rig** *bány* aknafúró berendezés; ~ **drive** *gépk* kardánhajtás; ~**-driven** *gépk* kardánhajtású; tengelyhajtású, tengelyről hajtott; ~**-dropping by simultaneous pumping** *bány* falazatsüllyesztés vízemelés mellett; ~**-dropping in standing water** *bány* falazatsüllyesztés nyugvó vízben; ~ **dynamo** *hajó* tengelydinamó; ~ **efficiency** *gép* tengelyen mért hatásfok; ~**-end steam** *en* pipagőz; ~**-end washer** *gép* tengelyvégtömítés; ~ **enlargement** *bány* aknabővítés; ~ **equipment** *bány* aknaszerelvények; ~ **examination** *bány* aknavizsgálat; ~ **extension** *gép* tengelytoldat; ~ **eye** *bány* aknaablak; *gép* keresztfurat *(tengelyben)*; ~ **feedthrough** *gép* forgómozgás-bevezető; ~ **field** *bány* aknamező; ~**-fire** *bány* aknatűz; ~ **flange** *gép* tengelykarima; ~ **flat** *bány* aknarakodó; ~ **foot** *bány* aknatalp; ~ **for hydraulic packing** *bány* tömedékakna; ~ **frame** *bány* aknakeret, aknakoszorú; ~ **framework** *bány* aknaácsolat; ~ **furnace** *koh* aknakemence; aknás kemence; ~ **furnace with a launder-type crucible** *koh* csorgós medencéjű aknás kemence; ~ **gear with air-lock** *bány* depressziós aknaház; ~ **generator** *hajó* tengelygenerátor; ~ **governor** *gép* tengelyregulátor; ~ **guide** *bány* aknavezeték, aknavezető léc; *em* kasvezeték; ~ **hammer** *szersz* nyeles kalapács; ~ **hanger** *gép* tengelyfelfüggesztés; ~ **hauling** *bány* szállítás aknán keresztül; ~ **hoisting equipment/system** *bány* aknaszállító-berendezés; ~ **hook** *tex* nyüstkampó; ~ **horsepower (SHP)** *gép* tengelyen mért teljesítmény *(lóerőben)*; ~ **house** *bány* aknafelvonó-gépház, aknagépház; aknaház; ~ **inset** *bány* aknarakodó *(közbenső szinté)*; ~ **inset construction** *bány* áthatásiképzés aknában; ~ **kiln** *koh* aknakemence, szárítóakna; ~ **ladder** *bány* aknalétra; ~**-lagging** *bány* aknabélelés; ~ **landing** *bány* aknapadozat; aknarakodó; ~ **lashing** *tex* (jacquard-rendszerű) nyüstmozgatás; ~ **line** *gép* tengelyvezeték; ~ **lining** *bány* aknabiztosítás; aknafalazat; ~**-locating bearing** *gép* vezetőcsapágy; ~ **metal tubbing** *bány* vízhatlan aknabélés; ~ **mining** *bány* aknabányászat; aknaüzem; ~ **mucker** *bány* meddőrakodó gép *(aknában)*; ~ **opening** *bány* aknaszáj; ~ **partition** *bány* aknalégválasztó; *koh* aknakemence-válaszfal; ~ **piling** *bány* aknaszádalás; előtűző/süllyesztett aknabiztosítás; ~ **pillar** *bány* aknapillér; ~ **platform** *bány* aknapadozat; ~ **play** tengelykotyogás, tengelyjáték; ~ **plumbing** *bány* aknafüggélyezés; ~ **press** *szersz* tengelyprés; ~ **produced by drilling** *bány* fúrt akna; ~ **projecting** → ~ plumbing; ~ **pump** *ép* aknaszivatytyú; ~ **raising** *bány* aknakihajtás *(alulról felfelé)*; ~ **reamer** *bány* aknabővítő fúrókeret; ~ **recovery** *bány* aknaújranyitás, aknafelújítás; ~ **ring** *ép* aknagyűrű, kútgyűrű; ~ **safety stop** *bány* aknazár; ~ **scaffold** *bány* aknapadozat; ~ **seal** *gép* tengelytömítés; ~ **set** *bány* aknaácsolat, aknakeret, aknakoszorú; ~ **setting** *bány* keretácsolat alagútaknában; ~ **sheering** *bány* aknaszádalás; ~ **shoulder** *gép* tengelyváll; ~ **siding** *bány* aknából kiinduló *v.* aknarakó vágat; aknakihajtás *(alulról felfelé)*; ~ **signal(l)ing apparatus** *bány* akna-jelzőberendezés; ~ **sinking** *bány, ép* aknamélyítés, aknasüllyesztés; süllyedés; ~ **sinking and lining in single segments** *bány* pillérénkenti aknafalazás; ~ **sinking by dropping/lowering the lining** *bány* falazatsüllyesztés; ~**-sinking machine** *bány* aknamélyítő gép; ~**-sinking pump** *bány* aknamélyítő szivattyú; ~ **site** *bány* aknatelepítés helye; ~**-sleeve** *hajó* tengelyhüvely; ~ **speed** *gép* tengely fordulatszáma; ~ **spillway** *hidr* aknás túlfolyó, túlfolyóakna; bukóakna; ~ **stave** *tex* nyüstpálca; ~ **straightener** *szersz* tengelyegyengető gép; ~ **support** *ép* aknafalazat; ~ **switch** *el* érintkezőtengelyes kapcsoló; ~ **timbering** *bány* aknaácsolat; ~ **timbering with sprags** *bány* könyökös aknakeret-biztosítás; ~ **top** *bány* aknaszáj; *koh* garat *(nagyolvasztón)*; ~**-top arrangement** *bány* aknakülszín berendezései; ~**-top cover** *ép* felvonóakna-födém; ~**-top works** *bány* aknaépület, aknaház; ~ **tower** *bány* akna-szállítótorony; ~ **tubbing** *bány* aknabiztosítás; ~ **tube** *hajó* tönkcső; ~ **tube bearing** *hajó* tönkcsőcsapágy; ~ **tunnel** *hajó* tengelyalagút; ~ **turbine** *rep* szabad turbinás hajtómű; ~ **turning** *em* forgatóberendezés; ~**-turning lathe** *szersz* tengelyeszterga; ~**-type firing/stoking** *ép* aknás tüzelés; ~**-type well-casing** *bány* aknás forrásfoglalás; ~ **wall** *ép* aknafal(azat); *geol* aknafal; ~ **winding equipment** *bány* aknaszállító-berendezés; ~ **with cage hoisting** *bány* kasos akna; ~ **with joint** *gép* csuklókötésekkel ellátott tengely; ~ **working** *bány* aknás művelés

shafting *bány* aknamélyítés; lábazat; *gép* transzmisszió, közlőmű; *hajó* tengelyrendszer; tengelyvezeték; *önt* rúdnyersanyag; ~ **hanger** *gép* közlőmű függő ágyazása; ~ **lathe** *szersz* tengelyeszterga; ~ **oil** *gép* közlőműkenő olaj, transzmisszióolaj

shafty *tex* jól fonható *(gyapjú)*; ~ **wool** *tex* erős gyapjú

shag *tex* bolyhos szövet; plüss; ~**-type shoes** plüsscipő

shaggy *tex* gubancos; ~ **hair** bolyhos szőr

shagreen *bőr* (szemcsézett) szamárbőr; cápabőr; szemcsés felületű kikészített bőr, sagrén

shake I. *v* ráz, felráz, megráz; rezegtet; rázkódik, remeg; repedezik; *bány* rázócsúszdával szállít; vibrál; *nyom* kettőződik; **II.** *n* rázás, lökés, taszítás; repedés, hasadás; rengés; *fa* zsindely, hasítvány; *geol* hegyhasadás; *hang* lebegtetés; vibrátó; *nyom* kettős eltolódott nyomás; *pa* rázóbak; ~ **adjustment** *mzg* rázószekrény-szerelvény; ~ **a hole** *v bány* fúrólyukat bővít; ~ **apparatus** *pa* rázóbak; ~ **back** *v bány* munkahelyről rázócsúszdával szállít; ~**-back** *bány* rázócsúszdás munkahelyi szállítás; ~**-band cleaner** *bány* rázó hevedertisztító; ~**-clear** *fa* repedésmentes; ~**-conveyer pan** *bány* rázócsúszdavályú; ~ **down** *v* leráz; levereget; ~**-down** keverés, lerázás, leveregetés; *any* feszültség-nyúlási görbe állandósítása ismételt terhelési ciklusokkal; ~**-down cruise** *hajó* próbaút; ~**-down flight** *rep* próbajárat, próbarepülés; ~ **feed** *élip* rázósarus táplálás; ~ **hank** *v tex* motringot kiver; ~ **method** *bőr, vegy* rázó módszer; ~ **out** *v önt* kiver; ~**-out sand** *önt* használt/kiszórt homok; ~**-proof** → shakeproof; ~ **rod** *bány* rázócsúszda-hajtókar; ~**-roller carriage** *bány* rázócsúszda görgős zsámolya; ~ **swivel** *bány* rázócsúszda forgótagja (45°-os); ~ **trestle** *pa* rázószitaállvány; ~ **turn** *bány* rázócsúszda saroktagja (90°-os); ~ **up** *v* összeráz; ~**-wheel carriage** *bány* rázócsúszda kerekes zsámolya; ~ **willow** *tex* rázófarkas

shakedown → shake-down

shaken összerázott, megrázott; ~ **area** *geol* megrázott terület; ~ **coal** *bány* összenyomott szén

shakeproof rázkódásmentes, rázkódásbiztos; *el* rázásálló *(izzó)*; ~ **washer** *gép* rázkódásmentes alátétgyűrű

shaker keverő, (össze)rázó; keverőgép, rázógép; rosta; keverőedény; *bány* rázott rosta, vibrátor, rázócsúszda; *élip* rázósaru; *ép* rázócsúszda; *mzg* láncrázó *(burgonyaszedőé)*; rázószerkezet *(cséplőgépé)*; *tex* farkasológép, porolófarkas; ~ **apparatus** *talt* rázókészülék; ~ **bill** *bány* rázócsőr; ~ **conveyor/conveyer** *bány, ép* rázószalag, rázócsúszda; ~ **conveyor engine/motor** *bány* rázócsúszdamotor; ~ **feeder** *ép* lengőadagoló; rezgőadagoló; ~ **grizzly** *bány* rostélyos adagoló; ~ **jig conveyor** *ép* lengő szállítógép; ~ **motion** *tex* rázó szerkezet *(rezgőpenge)*; ~ **precipitator** *szell* rázó porleválasztó; ~ **room** *bány* rázócsúszdás kamra; ~ **screen** *koh* lengőszita; *ol* iszaprosta, iszapszita, rázószita; *pa* lengőrosta, rázórosta; rázó osztályozó; ~ **shed** *bány* osztályozó(épület); ~ **sieve** rázószita, rázórosta

shaking rázó; ~ **apparatus/appliance** rázóberendezés; ~ **box** *mzg* szalmarázó láda; ~ **chute/conveyor** *ép* lengőcsúszda; rázócsúszda; ~**-down** → shakedown; ~ **feed hopper** *koh* rázótölcsér; ~ **frame** *ép* rázókeret; ~ **grate** *ép* rázórostély; *koh* mozgórostély; ~ **hole** *bány* fúrólyukbővítés; ~ **ladle** *koh* rázóüst; ~**-machine** *pa* hossz-szitás papírgép; ~**-out** *koh, önt* öntecs/formaszekrény kiverése; *tex* selyemfonal szétrázása; ~**-out machine** *tex* (selyemmatring)rázó gép; ~ **screen** *koh* lengőszita; rázott szita; ~ **sieve** *koh* lengőszita; ~ **sliver screen** *pa* rázóosztályozó, rázófogó; záró szilánkfogó; ~**-stroke** *pa* rázás, löket nagysága; ~ **table** rázóállvány, rázóasztal, rázólap; *bány* lengőszér, rázószér, rázott szér; ~**-test** *gyógyv* rázópróba; *talt* kézpróba; ~**-test apparatus** *gyógyv* rázópróba-készülék; ~ **trough** *ép* rázóvályú; ~**-tube** *gyógyv* rázótubus

shale *geol* agyagpala; ~ **band** *geol* palabeágyazás; ~ **base line** *ol* agyagbázisvonal; ~ **control mud** *ol* márgaszilárdító iszap; ~ **density log** *ol* agyagmárgasűrűség-szelvény; ~ **dust** *bány* kőpor; ~ **mud** *geol* palás iszap; ~ **oil** *ol* palaolaj; ~ **rock** *geol* agyagpalakőzet; ~ **shaker** *ol* rázószita; ~ **sloughing** *ol* agyag duzzadása; ~ **tar** *ol* palakátrány; ~ **tile** *ép* palacserép

shaliness *geol* palásság

shallow I. *v hidr* elsekélyesedik; **II.** *a hidr* sekély, zátonyos; **III.** *n hidr* sekély hely, zátony, gázló; *mzg* sekély talajművelés; ~ **boring** *bány* rövidfúrás; ~ **breaking up** *ép* síklazítás; ~**-core drilling** *geof* sekélymagfúrás; ~ **corrugation** *élip* lapos rovátkolás; ~

cut digging *ép* sekélykotrás, sekélykiemelés; ~ digging machine *ép* haladó főmozgású kotró; ~ disintegrating/disintegration *ép* síklazítás; ~ ditch *hidr* folyóka; ~ dive *hajó* merülés; ~-draught/-draft *hajó* sekély merülésű, kis mélyjáratú; ~ dredger *hidr* sekély szárazkotró *(árok/gödör kotrásához)*; ~ drilling *ol* kis mélységű fúrás, sekélyfúrás; ~ exploration *geof* sekélykutatás; ~ fog *met* sekély köd; ~ foundation *ép* gyenge alapzat; síkalapozás; *talt* sekély *v.* kis mélységű alapozás; ~ gear *finm* sekélyfogódzás; ~ girder *ép* lapos gerenda, alacsony tartó; ~ ground water *hidr* felszíni talajvíz; ~ hardenability *koh* csekély mélységű átedzhetőség; ~ hardening *koh* sekély edzés; ~ hole *geol* kis mélységű fúrólyuk; ~ investigation *geof* sekélykutatás, kis mélységben végzett kutatás; ~ karst *geol* sekély karszt; ~ loosening *ép* síklazítás; ~ mine *bány* nem mély bánya; ~ prospecting → ~ investigation; ~ reflection *geof* sekélyreflexió, kis mélységű reflexió; ~ refraction *geof* sekélyrefrakció; ~ relief die *mt* csekély domborúságú alakmás; ~s *hidr* folyó sekély vízű helyei; ~ sea *hidr* sekély tenger; ~-sea cable *távk* sekélytengeri kábel; ~ shade *ép* lapos ellenző; ~ trap *el* csapda; ~ turn *rep* enyhe forduló; nem éles forduló; ~ water *hajó, hidr* sekély víz; ~-water resistance *hajó* sekély vízi ellenállás; ~ weld *heg* sekély hegesztővarrat; ~ well (drilling) *bány, ol* sekélyfúrás; ~ workings *bány* kis mélységben végzett munkálatok

shaly *geol* palás, palatartalmú; ~-banded coal *geol* palás szén; ~ lamination *geol* palás rétegeződés

shammy (leather) *bőr* zergebőr

shank szár; nyél; rúd; tő *(töve vmnek)*; *bány* fúróbedugóvég, fúróváll; gurító; vakakna; *cipő* acél cipőlágyék; lágyékbőr; *forg* befogóvég; késszár, (szerszám)szár; *geol* gyűrődés szárnya/oldala/bordája; *gép* csap, tüske; orsó *(csavaré)*; test; *hajó* külső kar *(evezőlapáté)*; *hidr* bekötő keresztgát; *kh* harisnyaszár; *nyom* betűtest; *önt* üst, kanál *(nyeles)*; *rep* légcsavarlapáttő; *szersz* nyél; szár, törzs; *vasút* gurító; ~ angle *forg* késszár hajlításszöge *(nem egyenes késnél)*; ~ ladle *önt* nyeles öntőüst/öntőveder; ~ of a bolt *gép* csavarszár; ~ of a rivet *gép* szegecsszár; ~ position *ép* bontófogállás; ~-type milling/cutter *forg* szármaró

shankless *szersz* nyeletlen

shannon *szt* shannon *(információegység)*

Shannon's theorem *távk* Shannon-tétel

shantung *tex* santung; ~ silk santungselyem

shanty *ép* (szolgálati) kamra, fülke; házikó, fabódé, ideiglenes épület; ~ town *ép* viskótelep, kalibanegyed

shape I. *v* (ki)alakít, hozzá alkalmaz/idomít; profiloz, körvonalaz; mintáz, (ki)formál; (ki)alakul, formát ölt; *alak* előnagyol; *fa* mar; *forg* előfogaz *(gyalulással)*; gyalul *(harántgyalun)*; lehúz, igazít *(korongot)*; *gumi* előformál *(abroncsköpenyt)*, bombíroz; *kh* idomoz; *önt* sablon után készít; **II.** *n* alak, forma, idom; körvonal, külalak; minta, sablon, fazon; kiformálás, kialakítás; *cipő* cipőforma; *kh* formaláb; *mat* alak, menet, lefutás *(görbéé v. függvényé)*; ~ anisotropy *ásv* alakanizotrópia; ~-board(ing) *kh* méretállandósítás; ~ coefficient *hidr* alaki tényező; ~ control *koh* síkfekvés-szabályozás; *tv* alakszabályozó; ~ cutting *alak* alakos lángvágás; ~ distortion *koh* alakítási hiba; szelvényhiba; ~-elastic cross-section *at* rugalmas alaki diffúziós hatáskeresztmetszet; ~-elastic scattering *at* rugalmas alakú szóródás; ~ factor *ép* alaktényező *(betonadaléké)*; *fiz* alaktényező, alakfaktor; *krist* formafaktor; ~-flame cutting *alak* alakos lángvágás; ~ function *el* alakfüggvény; ~ memory, ~-memory effect (SME) *koh* alakmemória; ~-metal alloy *koh* emlékezőötvözet; ~ of cableway *ép, vasút* kötélpálya nyomvonala; ~ of grid *el* rácsalakzat; ~ parameter *el* formatényező; *el, mat* alakparaméter; ~ preserving transmission *el* alakhű átvitel; ~ roll *koh* profilhenger; ~-rolling mill *alak* hengermű idomszelvények hengerlésére; ~s *pl önt* profilacél; ~ shears *pl önt* profilolló; szelvényolló; ~-size factor *ép* felületi tényező/modulusz; ~ steel *koh* idomacél; ~ target *vasút* alakjelző; ~ welder *heg* alakos hegesztőgép

shaped formázott; (-)alakú; profilos; *forg* harántgyalun megmunkált; ~ beam *aut* formált sugár; ~ brick *ép* formatégla, formázott tégla; idomtégla; ~ by compression *műa* sajtolt; ~ casting *koh* formaöntvény; *önt* alakos öntvény; ~ charge *bány* alakos töltet; *kat* üreges töltet; *ol* üreges/tapadó töltet; ~ charge perforating *bány, ol* jet-perforálás; ~ conductor *el* alakos vezető; *en* szektorvezető; ~ core *en* szektorvezető; ~ die *koh* idomhúzókő; ~ explosive charge *bány* alakos töltet; ~ face *hidr* bukóhátfal; ~ ingot *önt* alakos tuskó; ~ nozzle *rep* profilírozott fúvóka-kiömlőnyílás; ~ part *heng* formázott tárgy; ~ piece *heng* alakos darab; ~ pipe *gép* alakos cső; ~ roll *heng* üregezett henger; ~ tube *koh* profilcső

shapeless alaktalan, formátlan, idomtalan

shaper mintázó; *fa* marógép; *fiz* mintázóegység, formálóegység, formálókör, impulzusformáló, jelformáló; *forg* harántgyalu; *önt* formázó *(munkás)*; ~-and-planer tool *szersz* gyalukés; ~ motion *tex* cséveélőszerkezet; ~ tool *szersz* idomkés; ~ vice *szersz* harántgyalu-sikattyú

shaping alakítás, formálás, formázás; tervezés; *alak* forgácsmentes alakítás; *ép* ágyazat-előkészítés; *fa* gyalulás; marás; *forg* harántgyalulás; köszörűkorong-igazítás; *heng* profil-kialakítás, profilozás; *kh* idomozás; *távk* impulzusformálás; *tex* szövetkiszabás; ~ amplifier *fiz* impulzusformáló/jelformáló erősítő; ~ circuit *el, fiz* mintázóegység, formálóegység, formálókör, impulzusformáló (áramkör), jelformáló (áramkör); ~ die *alak* alakító szerszám; présforma, matrica; ~ groove *alak* alakítóüreg *(hengeren)*; ~ jig *fa* gyalukészülék *(harántgyalun)*; ~ lathe *fa* idomesztergа; ~ machine *forg* harántgyalugép; ~ mill *szersz* hengermű idomszelvények hengerlésére; ~ network *távk* helyesbítő művonal; ~ pass *heng* alakítóüreg; ~ planer *szersz* himbahajtású hosszgyalugép; ~ plate *ép* alakozódeszka; *önt* formázósablon; ~ press *alak* hajlítósajtó; ~ process *tex* formázó eljárás; ~ tool *szersz* idomkés; ~ unit → ~ circuit

share I. *v* részesedik, osztozik; **II.** *n* rész, részesedés; részarány; adag; szelet; *geod* földrészlet; *mzg* barázdahúzó penge *(vetőgépen)*; ekevas; kilazító vas *(répakiemelőé)*

shared közös; megosztott; ~-channel broadcasting *távk* közös hullámú/frekvenciás adás; ~ electron *vegy* közös elektron; ~ electron-pair *vegy* kötésben levő elektronpár; ~ **global areas (SGA)** *szt* közös területek, SGA; ~ **line** *távk* omnibuszvonal; társasvonal; ~ **memory** *szt* osztott tár; ~ **memory system** *szt* osztott memóriarendszer; ~ **pair of electrons** *vegy* kötésben levő elektronpár; ~ **resources** *szt* elosztott erőforrások; ~**-service line** *távb* ikervonal; ~ **storage** *szt* osztott tár; ~ **track** megosztott csatorna

shareware *szt* ingyenes program, shareware

sharing *vegy* részesedés, osztozás; ~ **reactor** *félv* osztó fojtótekercs

sharp I. *a* éles; hegyes; kiélezett; *ép* éles szemcséjű, durva *(homok)*; *közl* éles, hirtelen *(kanyar)*; **II.** *n hidr* bukó; **III.** *adv* pontosan, pontban; ~ **bank** *rep* éles bedöntés, túldöntés; ~ **beam** *aut* éles sugárnyaláb; ~ **bend** *közl* éles kanyar; ~ **bilge** *hajó* éles szögű hajófenék; ~**-boundary model** *at* éles határú magmodell; ~ **braking** *vasút* gyorsfékezés; ~ **break** *geof* éles beütés; ~**-built vessel** *hajó* éles tőkére épített hajó; ~ **chisel** *szersz* élvéső; ~ **climb** *rep* meredek emelkedés; ~ **coat** *ép* híg alapozófesték; ~ **corner** *ép* erősen kiálló sarok; *közl* éles kanyar; ~ **crest** *geol* éles taréj *(gerincvonalon)*; ~**-crested (measuring) weir** *hidr* Cipolletti-bukó; éles peremű/szélű (mérő)bukó; ~ **cut-off** *távk, tv* hirtelen levágás *(átviteli karakterisztikáé)*; ~**-cut-off filter** *távk* élesen vágó *v.* meredek szűrő; ~**-cut-off pentode** *el* állandó meredekségű pentóda; ~**-edged** *fa* ép élűen szélezett, ép élűre fűrészelt; *koh* éles élű; ~**-edged weir** *bány* éles karimájú bukó(gát); ~ **file** *szersz* durva előreszelő; ~ **fire** *ker* erős tűz; ~ **flange** *vasút* éles *v.* élesre kopott nyomkarima; ~ **flutings** *ép* élben csatlakozó hornyok; ~ **focus** *el, opt* pontszerű fókusz/gyújtópont; ~ **focus(s)ing** *fiz, opt* éles fókuszálás, élesre állítás; ~ **gas** *vegy* könnyen robbanó gáz; ~ **grit** *ép* éles szemcséjű homok; ~ **gust** *met* hirtelen széllökés; ~ **image** *foto* éles kép; ~ **incline** *geol* meredek esés; ~ **kick** *geol* éles beütés; ~ **kink** *tex* éles hajlás *(fonálhullámon)*; ~**-lip inlet** *rep* éles peremű légszívótorok; ~ **middling** *élip* éles/lisztmentesített dara; ~ **orifice** *hidr* éles szegélyű nyílás; ~ **outlines** *tex* éles körvonalak; ~ **paint** *ép* zománcfesték; ~ **pulse** *el* tűimpulzus; ~ **resonance** *el* éles rezonancia; ~ **sand** kristályos *v.* éles szemcséjű homok; ~ **scoop** éles szélű kanál; ~ **screw** *szer* háromszög menetű csavar; ~ **series** *fiz* éles szériesz, második járulékos sorozat; ~**-set** élesre/hegyesre állított; *szersz* élesszögű, hegyesszögű; ~**-setting** *fiz, opt* éles fókuszálás/állítás, élesre állítás; élességbeállítás; ~ **spiral glide** *rep* meredek merülőforduló; ~ **thread** *gép* éles (csavar)menet; ~ **to dull** *mt* él hát ellen(i); ~ **to sharp** *mt* él él ellen(i); ~ **trace** *ép* pontosan kitűzött nyomvonal; ~ **tuning** *el* finomhangolás; ~**-tuning circuit** *el* finomhangoló áramkör; ~ **turn** *közl* éles kanyar; *rep* éles forduló; ~ **wave** *fiz* monokromatikus jellegű hullám; *rád* keskeny frekvenciasávú hullám; ~**-worn** élesre kopott; ~ **yield point** *koh* kifejezett folyási határ

sharpen (ki)élesít; élez, köszörül; (ki)hegyez; *élip* csípőssé tesz; ~ **the lime** *bőr* hamvast/meszest élesít/erősít

sharpened (ki)élesített; kihegyezett; ~ **lime** *bőr* kénnátriummal élesített meszes

sharpener hegyező; élesítő; *forg* élezőgép; szerszámélező; *szersz* fenőkő; *távk* meredekítő erősítő

sharpening élesítés, élezés, köszörülés; hegyezés; ~ **angle** *forg* élszög *(késé)*; ~ **burr** élesítőgyűrű *(facsiszoló kőhöz)*; *pa* élesítőtárcsa; ~ **circuit** *el* differenciálókör; ~ **file** *szersz* élezőreszelő; ~ **of Fourier series** *krist* Fourier-sor élesítése; ~ **of the crystal** *krist* kristály élesítése; ~ **stone** *szersz* fenőkő

sharpite *ásv* sharpit

sharpness élesség, hegyesség; *élip* csípősség; ~ **control** *tv* élességbeállítás, élességszabályozás; ~ **limit** *fiz* élességhatár; ~ **of definition** *tv* felbontóképesség; ~ **of lines** *hajó* vonalak finomsága; ~ **of resonance** *el, hang* rezonanciaélesség; ~ **of separation** *ol* elválasztásélesség; ~ **of tuning** *rád, tv* behangolás; élesre hangolás; szelektivitás; ~ **of vision** *opt* látóélesség

shatter I. *v* megrázkódtat; összezúz, összetör; szétrombol; összetörik, összedől, meghasad; *bány* morzsol *(robbantással)*; **II.** *n* törmelék; szilánk; cserép; töredék; ~ **breccia** *geol* diszlokált breccsa; ~ **crack** *alak* belső repedés *(kovácsolt darabon)*; ~ **cut** *bány* morzsoló betörés; ~ **index** *bány* darabos koksz százalékaránya; ~ **mark** *alak* hengerhiba, hengerlési hiba; ~**-proof** törésbiztos, ütésálló, törhetetlen; szilánkmentes; ~**-proof glass** szilánkmentes/törhetetlen üveg; *ép, gépk* biztonsági üveg; ~ **test** *any* aprítási vizsgálat; *koh* ejtési vizsgálat; ~ **zone** *geol* másodlagos breccsaövezet

shattered összetört, darabokra tört; ~**-clay** *talt* repedezett agyag *(apró darabokra töredező)*; ~ **zone** *bány* lazulási mag; *geof* rombolási körzet

shattering megrázkódás; összezúzás, összetörés; szétrombolás; feldarabolás, aprítás; *bány* morzsolás *(robbantással)*; rengés, rezgés, rázás; ~ **effect** *bány* zúzóhatás

shattery fracture *geol* morzsolódott repedés

shave I. *v* (le)farag; *alak* borotvál, pontosan körülvág; *bőr* farag; *forg* hántol; *hang* lecsiszol *(hanglemezt)*; **II.** *n alak* borotválás; *cipő* dikics; ~ **supporting structure** *bány* korongtartó szerkezet

shaver *bőr* faragókés; faragómunkás; *el* villanyborotva; *forg* hántolókerék; ~ **point/socket** *el* villanyborotva-aljzat; ~ **rack** *forg* foghántoló léc/fésű

shaving borotválás, nyírás, (le)faragás; *alak* borotválás, pontossági vágás; *bőr* gépfaragás; *fa* forgács, hulladékfa; *forg* foghántolás; *hang* lecsiszolás *(hanglemezé)*; *nyom* eltávolított anyag; ~ **beam** *bőr* faragótőke, faragóbak; ~ **cutter** *forg* hántolókerék; ~ **die** *alak* borotválό szerszám, pontossági kivágó szerszám; ~ **exhaust installation** *fa* fűrészporelszívó berendezés; ~ **knife** *bőr* faragókés, faragóvas; ~ **lathe** *forg* kis csúcstávú eszterga, anyaeszterga; ~ **machine** *alak* pontossági vágógép; *bőr* faragógép; *forg* hántológép; *tex* kalaptompfényező; ~**s** *pl mt* forgács, faradék; *pa* papírszelet, papírselejt, papírhulladék, papíreselék; ~ **separator** *fa* fűrészpor-leválasztó; *szell* porleválasztó; ~**-suction plant** *fa* fűrészporelszívó berendezés; ~ **tool** *forg* hántolószerszám; ~ **weight** *bőr* faragás utáni súly; ~ **worm** *forg* hántolócsiga

shawl *tex* kendő; *üveg* felhasított üveghenger

sheaf (*pl* sheaves) köteg, nyaláb; *mat* (egyparaméteres) görbesereg; nyaláb; *mzg* kéve; ~ **of cables** *el* kábelköteg; ~ **of curves** *mat* görbenyaláb; ~ **of lines/rays** *mat* sugárnyaláb; ~ **of planes** *mat* síknyaláb; ~ **of spheres** gömbök nyalábja, gömbnyaláb

shear I. *v* levág, lenyes; (le)nyír; megnyír; *alak, mech* (el)nyíródik, nyíró alakváltozást szenved, deformálódik; *bány* eltol; rovátkol *(függőlegesen)*; **II.** *n* nyírás; átvágás; *alak* nyíróél, vágóél, vágófelület; *any, mech* nyíró alakváltozás, elcsúszás; nyíró igénybevétel; nyíróerő; *bány* csúszás; rovátka; *forg* fogásvétel; *hidr* elcsúszás, nyíró áramlás; *rep* elcsúszás; megnyírás; nyírás; ~ **angle** *mech* nyírószög; ~ **apparatus** *talt* nyírókészülék; ~**-approach table** *forg* ollóhoz vezető görgőpálya; ~ **area** *mech* nyírt felület; ~ **bars** *ép* (ferde) nyíró acélbetétek, nyíróbetétek; ~ **blade** *alak* nyíróél, nyírópenge *(ollóé)*; vágópenge; ~ **block** ollókésrögzítő tömb; ~ **box** *talt* nyíródoboz; ~ **chip** *forg* nyírott forgács; ~ **connection** *ép* nyírókapcsoló; nyírt kapcsolat; ~ **crack** *any* tau-repedés, nyírási repedés; ~ **crystal** *krist* nyírórezgést végző kristály; ~ **curve** *anyag* nyíróerőgörbe; ~ **cut** *alak* elnyírás; nyírásos vágás; ~ **cutter** *tex* nyírókés; ~ **design** *mech* nyírási méretezés; ~**-developer** *mech* nyírásra dolgozó kapcsolóelem; ~ **drag** *önt* öntecs holtfeje; ~ **elasticity** *mech* csúsztatórugalmasság, nyírórugalmasság; ~**-failure** *anyag, mech* nyírási törés; ~ **flow** *mech* nyírófolyam; *rep* nyíró áramlás; ~ **force** *mech* nyíróerő, hajlítóerő; ~**-force diagram** *mech* nyíróerőábra; ~ **fracture** *any* nyírási törés; ~ **insert** *forg* vágóbetét; ~ **jib** *bány* rovátkoló lap; ~ **joint** *heg* átlapolt kötés; ~**-leg crane** *ép* kétlábú daru, bakdaru; ~**-legs** *pl em* gémláb, emelőbak; *ép* bak, bakállvány; szerelőháromláb; ~ **lifting platform** *ép* ollós munkapad; ~ **line** *mech* nyírási vonal; *met* izobár-párhuzamos időjárási front; ~ **lines** *koh* csúszóvonalak; ~ **load** *mech* nyíróterhelés; ~ **mode** *mech* nyírórezgés; ~ **modulus** *mech, krist* nyírási/rugalmassági modulus; ~ **off** *v* lenyír; *bány* legyalul, lefejt, lejöveszt; ~ **of the magnetic field** *fiz* mágneses tér nyírása; ~ **oscillation** *el* (piezoelektromos) nyírórezgés; ~ **over** *v el* (vissza)nyír, visszahúz *(hiszterézishurkot javít a térerősség értékének csökkentésével)*; ~ **patterns** *pl talt* csúszólapsereg; talajfeszültségi trajektóriák; ~ **pin** *bány* törőcsap; törőszeg; *el, gép* biztonsági csapszeg, nyírószeg; ~**-pin coupling** *gép* nyírószeges tengelykapcsoló; ~ **plane** *bány* nyírási felület; *mech* nyírási sík; ~ **plate (SP)** *mt* vágólap; ~**-pole casting** *em* ollós daru saruöntvénye; ~**-pole crane** → ~-leg crane; ~**-pole derrick** *em* derrikdaru; ~ **range** *mech* nyírási tartomány; ~ **rate** *mech* nyírási sebesség; ~ **reinforcement** *ép* nyírási vasalás/vasbetét; nyíróvasalás; ~ **reinforcing bars** *ép* nyíró acélbetétek, nyíróbetétek; ~ **resistance** *mech* nyírási ellenállás, nyírószilárdság; ~**s** *pl ép* emelőbak; kétlábú állvány *(emelőhöz)*; *hajó* árbocemelő daru; emelőbak; ~ **seal** *vák* nyírásos tömítés; ~ **span** *mt* nyírt szakasz *(hajlított tartóé)*; ~ **steel** *koh* késacél; ~ **strain** *any, mech* nyírási alakváltozás/deformáció/igénybevétel; nyírófeszültség; *krist* (plasztikus) csuszamlás; ~ **strain rate** *mech* nyírósebesség; ~ **strength** *mech* nyírószilárdság; ~ **stress** *mech* nyírási feszültség; nyírófeszültség, nyíró igénybevétel; ~ **structure** *geol* hasadó szerkezet; ~ **surface** *krist* nyírási felület; ~ **suspension strap** *kat* függesztési heveder; ~**-tension ratio** *mech* nyíródás-feszültség viszony; ~ **test** *any* nyíróvizsgálat, nyírópróba; *krist* nyírási kísérlet; ~ **theory** *mech* legnagyobb nyíró igénybevétel elmélete; ~**-thrust faults** *pl geol* elnyíródás következtében fellépett rétegdőlés; ~ **tool** *szersz* simító gyalukés, érintőleges szerszámkés; ~**-type slitter** *szersz* nyíró típusú hosszvágó; ~ **vibration** *mech* nyírórezgés; ~ **viscosity** *any* nyíróviszkozitás; ~ **wall** *ép* (függőleges síkú) merevítőfal; ~ **wave, S wave** *geof, mech* haránthullám, transzverzális hullám; nyíróhullám, S-hullám; ~ **wire** *mech* átlós feszítőhuzal; ~ **zone** *bány* lazulási mag; zavart települési övezet; *geol* breccsaképződés öve/zónája; *mech, talt* nyírott felület, nyírási övezet

sheared *mech* elnyírt; ~ **hysteresis loop** *fiz* csúsztatott mágnesezési görbe; ~ **loop** *fiz* nyírott hurok *(mágnességé)*

shearer *alak* gépolló; táblaolló; *bány* rovátkológép; univerzális réselőgép; ~ **drum** *bány* jövesztőhenger; ~ **drum with spirally laid out bits** *bány* spirálhenger; ~ **loader** *bány* fejtőgép

shearing (le)nyírás; elnyíródás; *bány* függőleges rés, rovátka; *mech* nyírósebesség; *tex* nyiradék, lenyírt gyapjú; szövetnyírás; ~ **action** *mech* nyírás, vágás; ~ **arrangement** *tex* nyírószerkezet, vágószerkezet; ~ **bracket** *bány* réselőkar; ~ **clutch** *gép* nyírócsapos tengelykapcsoló; ~ **cut** *bőr* nyírási vágás *(juhbőrön)*; ~ **device** *tex* nyírószerkezet; ~ **die** *alak* nyírószerszám, levágószerszám; *szersz* lemezvágó olló párnája; ~**-disc/disk viscosimeter** *vegy* nyírótárcsás viszkoziméter, Mooney-viszkoziméter; ~ **force** *mech* nyíróerő; vágóerő; ~ **frame** gépollókeret; ~ **interference (type) microscope** *opt* polarizációs mikroszkóp Françon-féle okulárral; ~ **interferometer** *fiz* hullámfront-eltoló interferométer; ~ **interferometer for plane waves** *fiz* differenciál-interferométer *v.* differenciál-interferenciamérő síkhullámokhoz; ~ **jib** *bány* függőleges réselőkar/réselőlap; ~ **line** *el* csúsztatási egyenes *(mágnesezési görbéé)*; ~ **load** *mech* vágóerő; ~**-machine** nyíróolló, nyírógép, gépolló, táblaolló, lemezolló; *bány* rovátkológép; *tex* nyírókés; ~**-off** levágás; *mech* lenyírás; ~**-over** *el* visszanyírás, hiszterézishurok-javítás *(a térerősség értékének csökkentésével)*; ~ **phase** *geol* nyírófázis; ~ **press** présolló; ~ **punch** *alak* bélyegző lemezvágáshoz; kivágó szerszám; ~ **resistance** *mech* nyíróellenállás; nyírószilárdság; *talt* nyírósúrlódás; ~ **section** *mech* nyírási keresztmetszet; ~ **stability** *mech* nyírószilárdság; ~ **steel** vágószerszámacél; ~ **strength** *mech* nyírószilárdság; ~ **test** *any, koh* nyíróvizsgálat; ~ **velocity** *fiz* nyírósebesség; ~ **wool** *bőr, tex* nyírás után nőtt rövid gyapjú *(osztályozási csoport)*

shearometer *ol* gélerősségmérő

shears *pl* (nyíró)olló; vágógép, gépolló; → shear

shearstrake *hajó* menetsoros lemezsor

sheath tok, hüvely, burkolás, borítás; fémfal *(hullámcsőé)*; *at* tokozás; *el* anód; árnyékolás; ívburok *(kisülés)*; köpeny, burkolat, páncél *(kábelé)*; tokozás, tok; *ép* burkolócső, kábelcső *(utófeszítés)*; feszítőhüvely; *gumi* kábelfedő tömlő/gumi; *heg* elektródburkolat, elektródbevonat; *mat* palást; ~ **capacitance** *el* köpenykapacitás; ~ **current** *el* köpenyáram; ~ **knife** *szersz* tokos kés *(nem becsukható pengével)*; ~ **permissible** *bány* hűtőburkolatú biztonsági robbanóanyag; ~ **tube** védőcső

sheathe (be)burkol, beborít; bevon *(felületet)*; *el* fed, árnyékol; köpennyel bevon *(kábelt)*; *hajó* páncéllal bevon *(hajófeneket)*

sheathed | **electrode** *heg* bevont/burkolt hegesztő elektród; ~ **explosive** *bány* hűtő burkolású robbanóanyag; köpenyes robbanóanyag; ~ **extrusion** *műa* fröccssajtolás héjformában; ~ **gasket** *gép* páncélozott tömítés; ~ **zone** *bány* párhuzamos telepösszlet
sheathing hüvely *(külső)*; borítás, burkolás; bevonat, lakkbevonat; bevonás; burkolat; *bány* hűtő burkolat *(robbanóanyagon)*; *el* köpeny; páncél, páncélozás; *ép* aljzat *(tetőé)*; zsaluzófelület, zsaluzatfelszín, zsaluzat belső felülete; *hajó* lefedés, burkolás *(vörösrézzel)*; páncélozás; *heng* burkolólemez; ~ **compound** *gumi* burkoló/fedő keverék; *műa* kábelköpenyanyag; ~ **paper** burkolópapír; *ép* aszfaltszigetelő papír; ~ **tape** *el* bandázsoló szalag
sheave csiga(kerék), hornyos (vezető)tárcsa, hornyos (vezető)korong, henger, dob, tárcsa; *em* irányváltó tárcsa *(ferde felvonón)*; kötélkorong, kötéltárcsa; *gép* excentertárcsa; *pa* szilánk, kéregdarab, (len)pozdorja; *tex* henger; ~ **block** *em* (teljes) emelő-kötélcsigaszerelvény; ~ **boss** *em* görgőagy; ~ **change crane** *bány* korongcserélő daru; ~ **filling** *bány* kötélkorongbetét; ~ **fork** *gép* kötélkerékkengyel; ~ **groove** *gép* tárcsahorony; ~ **platform** *bány* korongpadozat; ~ **pulley** *em* kötélátvezető görgő/tárcsa; terelőcsiga; ~ **ramp** *bány* korongpadozat; ~ **rim** tárcsakoszorú
sheaved hornyos
sheaves *pl* → sheaf; → sheave
shed[1] **I.** *v* elhullat; **II.** *n* pajta, barakk; hangár, garázs, (kocsi)szín, fészer; *el* harangszigetelő felső része; *ép* félnyeregtető; *tex* szád; ~ **coal** *bány* közbetelepült szén, széncsík; ~ **master** *tex* teremmester *(szövő)*; ~ **rod** *tex* szádtisztázó rúd; ~ **roof** *ép* fűrészfogas tető, félnyeregtető, shedtető, sédtető; ~ **shaped insulator** *el* harangszigetelő; ~ **the load** *v el* csökkenti a terhelést *(időszakosan kikapcsolja az áramot)*
shed[2] *at, metr* shed *(10^{-24} barn v. 10^{-52} m^2)*
shedder *gép* kilökő/kitoló szerkezet; *gépk* fecskendő
shedding *tex* szádképzés
sheen *tex* fény(esség)
sheep juh, birka; ~ **backs** *pl geol* gyapjúzsák; ~ **leather** *bőr* (kész) juhbőr; ~**'s foot roller** *ép* juhlábhenger; „tüskésdisznó"; ~**-shank** *hajó* kurtítóbog, rövidítő kötés; ~**-shearing machine** *mzg* juhnyíró gép; ~**-shears** *pl* juhnyíró olló; ~**s pelt** *bőr* juhbőrök
sheepsfoot | **roller/tamper** → sheep's foot roller; ~ **trailer vibrating roller** *ép* vibrációs juhlábhenger
sheepskin *bőr* (nyers) juhbőr, birkabőr, báránybőr; ~ **coat** *bőr* báránybőr/birkabőr bunda, irhabunda
sheer I. *v hajó* eltér az útból, cselleng; **II.** *a* áttetsző, átlátszó; *geol* meredek, függőleges; *tex* áttetsző, könynyű, ritka szálbeállítású, vékony; **III.** *n geol* meredély; *hajó* fedélzet hosszirányú (fel)hajlása; fedélzethajlás, ívelés; ~ **batten** *hajó* feszítőrúd *(árbocon)*; ~ **draught/draft** *hajó* hosszanti nézet; ~ **fabric** *tex* vékony áru; ~ **line** *hajó* fedélzet hosszirányú görbéje; ~ **off** *v hajó* elfordul; ~**s** *pl hajó* emelőbak; ~**-strake** *hajó* legfelső lemezsor
sheerlegs → shear-legs
sheet I. *v* burkol, befed; **II.** *n* lap; lepel, lepedő; takaró; réteg; *bány* (meddő)beágyazás; lapos település; szelet, telep; vászongát; *el* (vékony) lemez, lamella, fólia; *ép* terítés; vaslemez *(rakodáshoz)*; *geol* közbeékelődött/betörő réteg; *hajó* szarvkötél; vitorlalap; *heng* finomlemez; *nyom, pa* (papír)lap; ív; ~ **alloy** *any, koh* lemezötvözet; ~ **alumin(i)um** alumíniumlemez *(hengerelt)*; ~ **anchor** *hajó* másodhorgony, segédhorgony; szükséghorgony; ~ **antenna** *rád* felületantenna, síkantenna, síkdipólantenna; ~**-arm spanner** *szersz* lapos csavarkulcs; ~**-asphalt** *ép* aszfaltlemez, homokos aszfaltburkolat, aszfalthomok; ~ **bar** *heng* előlemez; platina, durvalemez; ~**-bar reheating furnace** *koh* platinahevítő kemence; ~**-bend** *hajó* lobogócsat; szarvkötélbog; ~**-bend ductility** *heng* hajlítási képlékenység *(lemezé)*; ~**-bending machine** *mt* lemezhajlító gép; ~ **billet** *koh* platina; ~ **board** *pa* íves papírlemez; ~**-bordering machine** *szersz* lemezperemező gép; ~ **brass** sárgaréz lemez; ~ **calender** *pa* ívsimító; ~**-calendered paper** *pa* ívben simított papír; ~ **calendering** *műa* fóliahúzás kalanderezéssel; ~ **card** *tex* kártszalag, kártlap; ~**-charge forming** *szt* sajtolás lemeztöltettel; ~ **clippings** *pl heng* lemezhulladék; nyiradék; ~ **coater** *pa* ívmázoló gép; ~ **copper** rézlemez; ~**-counting device** *pa* ívszámláló; ~**-cutter** *pa* ívvágó; ~ **damper** *pa* ívnedvesítő *(munkás)*; ~ **deposit** *bány* réteges telep/lelőhely; táblás előfordulás; ~ **embankment wall** *ép* szádfalból készült partfal; ~ **erosion** *hidr* lepelerózió; ~ **erosion of the ploughed/plowed layer** *hidr* talpas erózió; ~**-fed rotary machine** *nyom* ívnyomó gép; ~**-feeder** *pa* ívrakó, lerakó; ~**-feed gear** *nyom* önműködő ívemelő, automatikus ívfelvezető; ~**-film** *foto* síkfilm; ~**-forming** *pa* lapképzés; ~ **ga(u)ge** *szersz* lemezvastagság-mérő; ~ **glass** *üveg* síküveg, táblaüveg; ~ **glass roofing** *ép* sík táblás fedések; ~ **ground** *geol* réteges kifejlődésű talaj; ~**-handing** *pa* ívlerakó, ívlevevő *(szerkezet)*; ~ **ice** *geol* jégkéreg, jégtakaró; ~ **in rolls** *heng* felhengerelt lemez; ~**-iron** *ép* vasbádog; *heng* (hengerelt) finomlemez; vaslemez *(hengerelt)*; ~**-iron casing** *ép* vaslemez borítás/burkolás; ~**-iron chute** *bány* csúszdateknő, vaslemez surrantó; ~**-iron diaphragm** *ép* vaslemez membrán; ~**-iron work** *bány* művelés állócsúszdás szállítással; ~ **lagging** lemezborítás *(vékony)*; ~ **lead** *ép* ólomlemez; ~ **level(l)er** *szersz* lemezegyengető gép; ~**-level(l)ing machine** *heng* lemezegyengető gép *(vékony lemezekhez)*; ~ **lightning** *met* távoli villámfény/villámlás; ~**-like beam** *rád, távk* lapos nyaláb; ~**-lined board** *pa* ívben kasírozott karton; ~**-lining** *ép* lemezszigetelés; ~**-lining machine** *pa* ívkasírozó gép; ~ **load** *szt* egyedi lap betöltése *(nyomtatón)*; ~ **machine** *pa* íves gép; ívgép; ~**-making apparatus** *pa* lapképző *(laboratóriumi)*; ~ **manganin** *el* manganin finomlemez; ~ **metal** *heng* bádoglemez; fémlemez; ~**-metal flange** *tex* lemezszárny-elválasztó *(felvetőn)*; ~**-metal forming** *heng* domborítás; ~**-metal pressing** *heng* lemezsajtolás; ~**-metal roofings** *ép* fémlemez fedések; ~**-metal shears** *pl szersz* táblalemezolló; ~**-metal sheath** *ép* fémlemez burkolócső, fémlemez kábelcső *(utófeszítés)*; ~ **mica** *ásv, el* lemezes csillám; ~ **mill** *heng* finomlemez-hengersor; lemezhengersor; ~ **nickel** *gép* nikkellemez; ~ **of foam** *tex* habanyagréteg; ~ **of ice** *hidr* jégtábla; ~ **of veneer** *fa* furnérlemez; ~ **out** *v gumi* lemezekben/levelekben levág *(hengerről)*; ~ **pack** *el* lemeztest; *heng* lemezcsomag; ~**-pack heating furnace** *hőt* lemezköteg-hevítő kemence; ~ **paper** *pa* ívnyomó papír; ~**-paster** *pa* ívragasztó *(munkás)*; ~ **pavement** *ép* táblás útburkolás; ~ **peat** *talt* vékony rétegű tőzeg; ~ **pile** szád;

szádpalló; ~-**pile coffer-dam** *ép* szádfalas körülgátolás/körülzárás; ~-**pile cut-off** *ép* szádfalas vízzárás; szádpallózárás; ~ **piles** *pl ép* szádfal, szádpalló; ~-**pile screen** *ép* vízzáró szádfal; ~-**piles on wooden frame** *ép* dúckeretes előrehajtott szádfal; ~-**pile wall** *ép* szádfal; ~ **piling** *ép* szádalás; szádfal(azás); vas szádpalló; ~ **pillar** *bány* pillér a felső szállítóvágat alatt; ~ **pit** *pa* hulladékelvezető csatorna; nedvesselejt-csatorna; ~-**powder bundle** *kat* lőporkorong; ~ **printing** *nyom* ívnyomás; ~ **resistance/resistivity** *el, fiz* rétegellenállás, felületi ellenállás; ~ **roller-mill** *heng* lemezhengersor; ~ **rolling** *heng* lemezhengerlés; ~ **rolling mill** *heng* finomlemez-hengersor; ~ **rubber** *gumi* gumilemez, lemezkaucsuk; ~-**rubber packing** *gumi* gumilemez tömítés; ~ **scrap** *koh* nyiradék; ~ **screw** *szer* lemezcsavar; ~ **shearings** *pl koh* nyiradék; ~ **shears** *pl koh* lemezolló; ~ **skin** *szer* lemezborítás *(vékony)*; ~ **skin-pass mill** *heng* dresszírozó lemezhengersor; ~ **slab** *heng* platina; ~ **standard** *bány* szelvényhálózat; ~ **steel (SH.S.)** *heng* lemezacél; ~-**steel wheel** acél tárcsáskerék; ~-**straightening machine** *koh* lemezegyengető gép *(vékony lemezekhez)*; ~-**temper mill** *heng* dresszírozó lemezhengersor; ~ **texture** *krist* hengerlési textúra; ~ **tin** *heng* ónbádog; ónlemez; ~ **vein** *geol* réteges (tel)ér; ~ **vinyl floor (finish)** *ép* vinil padlólapburkolat; ~ **washings** *pl hidr* lepelerózió; ~ **zinc** *heng* horganylemez

sheeted *bány* rétegezett, rátelepült, szeletes; *ép* dúcolt; ~ **gasket** *ép* lemezelt tömítés; ~ **trench** *ép* dúcolt árok

sheeter nyújtógép; *gumi* lemezhúzó kalander

sheeting burkolás, borítás; lemezburkolat; *bány* bélelés, deszkázás, bordafázás; rétegzettség; szelet; zsaluzás; *ép* deszkázás, deszkázat, deszkabélés, zsaluzás; szádolás; szádpalló, szádlemez, szádfal; zsaluzat belső felülete/rétege; *gumi* lemezhúzás; *heng* lemezhengerlés; *műa* fólia; *pa* ívek összerakása; *tex* lepedőanyag; ~ **and bracing of a construction pit** *hidr* munkagödör dúcolása; ~ **board** *ép* dúcpalló; ~ **calender** *műa* fóliakalander; ~ **cap** *ép* szádcölöpsüveg; ~ **driver** *ép* szádpallókihúzó gép; *hidr* pneumatikus szádfalverő gép; ~ **loom** *tex* széles szövőgép *(lepedővászonhoz)*; ~ **rig** *ép* portálállványos hidraulikus szádfalverő; ~ **roller** *heng* nyújtógörgő; ~ **twill** *tex* lepedősávoly

Sheffer | algebra *mat* Sheffer-algebra; ~ **operation** *mat* Sheffer-féle (univerzális) művelet; ~**'s function** *szt* NAND-művelet, Nand-kapcsolat, Sheffer-függvény; ~ **stroke** *szt* Sheffer-elem, Sheffer-függvény

shelf (*pl* shelves) műszerállvány; *ép* párkány; *geol* (szárazföldi/kontinentális) talapzat, párkányzat, self; pad; pajzs; zátony, homokpad, víz alatti sziklaszirt; *hajó* hossztartó (fa)gerenda; *hőt* adagolótér; *koh* adagolópolc; ~-**back** *nyom* gerinc, könyvhát; ~ **furnace** *koh* polcos kemence; ~ **life** *élip* eltarthatóság, tárolhatóság; *gumi* raktárképesség, tárolóképesség; *pa* raktározhatósági idő; ~ **paper** *pa* polcpapír, szekrénycsíkpapír; ~ **piece** *fa* polcdeszka; *hajó* habléc; ~-**rock-dust barrier** *bány* kőporpolc, kőporfüggöny, porgát; ~ **sea** *geol* epikontinentális tenger; szegélytenger

shell I. *v* hántol, hámoz, kihüvelyez; *kat* (ágyúval) lő, lövet; **II.** *n* burkolás, védőburkolat, hüvely *(külső)*; bordázat; (mag)héj, kéreg, tok, váz; *alak* hüvely, henger, üreges test; *at* héj, elektronhéj; *bőr* lóbőr farrésze/tükörrésze; *el* páncélozás; szigetelőharang; üres lámpabura, ballon; *ép* faborítás, ácsolat, héjazat; héj, héjszerkezet; markolópofa; *gép* csapágybélés, csapágycsésze; köpeny; tömszelencetest; *gépk* gyújtógyertyaház; *hőt* kazánköpeny, kazántest; *kat* gránát; lövedék; *mech* héj(szerkezet); *pa* kúpos őrlő álló része; *rád* árnyékolóbura, szigetelőburkolat; *szt* héj, (ismeretalapú) keretrendszer; *tex* henger *(nyomottáru-festéshez)*; ~-**and-tube condenser** *gép* fekvőkazános kondenzátor; *vegy* csöves kondenzátor; ~-**and-tube cooler** *gép, ol* csőköteges (hűtő)kondenzátor; ~-**and-tube evaporator** *gép* fekvőkazános elpárologtató; ~-**and-tube exchanger** *hőt* csőköteges hőcserélő; ~-**and-tube type condenser** → ~-and-tube condenser; ~ **a target** *v kat* céltárgyat lő *(tüzérség)*; ~ **auger** *ép* fúrókanál; ~-**bag** *tex* cséveszállító zsák; ~ **band** *kat* vezetőgyűrű; ~-**bar** *pa* alapműkés; ~-**base** *kat* aknafenék; ~ **bit** *szer* fafúrófej; ~ **body** *gépk, rep* héjszerkezetű gépkocsiszekrény/repülőgéptörzs; ~-**body fuselage** *rep* héjtörzs; ~ **boiler** *hőt* hengerköpenyes kazán; ~ **buckling** *mech* héjhorpadás; ~ **building** *koh* köpenyezés; ~-**catcher bag** *kat* hüvelygyűjtő zsák *(géppuskán)*; ~ **chuck** *forg* csavaros tokmány *(lapos gyűrű alakú)*; ragasztótárcsa *(óraesztergán)*; ~ **construction** *at* héj, héjszerkezet; *ép* héjszerkezet; ~-**cooling drum** *pa* hűtőköpenyes v. hűtött köpenyű henger; ~ **core** *koh* burkolt öntődei mag; ~ **cover** *gép* köpenyfal; ~ **cupola** *ép* héjkupola; ~ **dam** *hidr* héj(duzzasztó)gát; ~-**destroying device** *kat* lövedékszétvető; ~ **dome** *ép* héjkupola; ~ **door** *bány* ideiglenes légajtó; ~ **drill** *forg* feltűző dörzsár; ~ **electron** *at* héjelektron; ~ **foundations** *ép* vasbeton héjalapok; ~ **hardening** *hők* kéregedzés, cementálás *(acélé)*; ~ **insulator** *el* köpenyszigetelő; ~-**lathe** *forg* lövedékhüvely-eszterga; ~-**like fracture** *any* kagylós törés; ~-**like structure** *ép* kagylós szerkezet; ~ **model** *at* héjmodell *(atommagé)*; ~ **mo(u)ld** *koh, önt* héjforma; ~ **mo(u)lding** *önt* héjformázás; ~ **mud** *ép* fúrókanál; ~ **of blast-furnace** *koh* nagyolvasztó páncélzata/köpenye; ~ **of compression** *geol* összenyomási szféra/zóna; ~ **of electrons** *at* atomburok, elektronburok; ~ **off** *v élip* kifejt, hántol; kihüvelyez; ~ **of revolution** *ép* forgáshéj; ~ **plate** *ép* burkolólemez; ~-**plating** *ép* héjazat; *hajó* héjlemezelés; ~-**proof** *kat* lövedékbiztos; ~ **reamer** *szersz* feltűzhető dörzsár; ~ **remaining in the ground** *ép* elveszett köpenycső *(fúrt cölöp)*; ~ **ring** *szersz* feszítőgyűrű; ~ **riveting** *hőt* kazántest-szegecselés; ~ **rock** *geol* kagylós kőzet; ~-**roof** *ép* héjazat, héjfedés, héjtető(zet); ~ **rupture** *önt* kemenceköpeny-szakadás; ~-**skeleton** *ép* tetőhéjváz; ~-**skin plating** *hajó* hajólemezelés; ~-**splinter** *kat* lövedékrepesz; ~ **star** *csill* táguló burkú csillag, emissziós csillag; ~ **structure** *ép* héjszerkezet; ~ **structure of nucleus** *at* atommag héjszerkezete; ~-**tube calorizator** *ol* csőköteges hőcserélő; ~-**tube evaporator** *pa* csőköteges besűrítő; ~-**tube heat exchanger** → ~-tube calorizator; ~-**type milling/cutter** *forg* harangmaró; ~-**type motor** *gép* köpenymotor; ~-**type transformer** *el* köpenytranszformátor; ~ **valve** *hőt* szekrényes/kagylós tolattyú; ~-**vault** *ép* héjboltív, héjboltozat; ~-**wing** *rep* héjszárny, héjszerkezetű szárny

shellac I. *v* sellakoz, lakkoz; **II.** *n* sellak, lakkmézga; ~ **varnish** sellakpolitúr
sheller *élip* hántológép, héjtalanítógép; *mzg* morzsoló
shelling repedésképződés; *élip* hántolás; *kat* lövetés, ágyúzás; *koh* kipattogzás; ~ **machine** *élip* hámozógép; hántológép; kihüvelyező gép; ~ **stone** *élip* hántolójárat
shelly | **ground** *geol* kagylós mészkőtalaj/tengerfenék; ~ **texture** *geol* kagylós szerkezet
shelter fedezék, óvóhely; *bány* búvófülke, búvólyuk; *fa* erdőzáródás; *közl* bódé; váróhely; *met* megfigyelőház; ~**-belt** *fa* védőövezet, védősáv; ~ **deck** *hajó* védfedélzet; viharfedélzet; ~**-hole** *bány* búvófülke; ~ **pit** *kat* lövészgödör; ~ **recess** *ép* mellvéd alatti fülke; ~ **van** *ép* lakókocsi *(munkásoké)*; ~ **wall** *hidr* védőfal *(kikötő)*; ~**-wood** *fa* anyaállomány *(erdei)*; ~**-wood selection system** *fa* szálalásos termelési rendszer
sheltered | **basin** hajómenhely, védett kikötőmedence; ~ **zone** *met* szélárnyékos övezet
shelve polcokkal ellát; lejtősödik
shelved polcos; ~ **wag(g)on** *vasút* emeletes vasúti kocsi
shelving polcozat; *geol* lépcsősödés
shepherd's | **check** *tex* apró kockás minta; ~ **pipe** *hang* pásztorsíp
sherardization → sherardizing
sherardize *alak, mt* sherardoz, diffúzióval horganyoz
sherardizing *alak, mt* sherardozás, diffúziós/száraz horganyzás
Sherrit-Cominco process *koh* Sherrit—Cominco-eljárás
Sherwood number (Sh) *fiz* Sherwood-szám *(reológiában)*
SHF → superhigh frequency
shide *ép* zsindely
shield I. *v* véd, befed, betakar; *at* véd, árnyékol, ernyőz *(sugárzás ellen)*; *el, távk* árnyékol; *ép* burkol; **II.** *n* védőlemez, védőlap; pajzs; fedőlemez; ernyő; védőburok; *at* sugárvédelem, sugárzás elleni védelem; *bány* védőpadozat; *el, fiz, távk* (védő)ernyő; árnyékolás; pajzs; védelem; vértezet, páncél; *geol* pajzs; *gép* fúrópajzs; *kat* sugárvért; ~ **back** *bány* pajzshát; ~**-base** *el* árnyékolt érpár; ~ **chamber** *ép* pajzskamra; ~ **development** *geol* tönkfejlődés; ~**-driven bore** *ép* pajzshajtással készülő alagút(cső); ~**-driven tunnel** *ép* pajzshajtással épülő alagút; ~ **driving** *ép* pajzshajtás; ~ **electrode** *ol* védőelektród; ~ **engineering** *at* sugárvédelmi technika; ~ **factor** *el* árnyékolási tényező; ~ **galvanometer** *el* páncélgalvanométer; ~ **gas** *heg* védőgáz; ~**-grid thyratron** *el* árnyékolt rácsú tiratron; ~ **hood** *ép* fúrópajzsvédő tető; *gépk* motorhűtő-burkolat; ~ **line** → ~ transmission line; ~ **method** *bány* pajzsos vágathajtás; ~ **opening** *at* sugárvédelmi falnyílás; ~ **penetration** *at* sugárvédelmi áthatolás; ~ **plug** *at* sugárvédelmi dugó; *távk* árnyékolt csatlakozódugasz; ~ **ram** *ép* pajzshajtó hidraulikus sajtó; ~ **sheet** *koh* pajzslemez; ~ **support** *bány* biztosítópajzs; pajzsos biztosítás; ~**-tail** *ép* fúrópajzsfarok; ~ **tunnel(l)ing** *ép* pajzshajtás; pajzsos kihajtás *(alagútépítésnél)*; ~ **volcano** *geol* pajzsvulkán; ~ **wall** *at* sugárvédelmi fal
shielded *at* sugárvédett; *el* páncélozott; védett, (le)árnyékolt, tokozott; ~**-arc coating** *heg* védőgázas íveljárás bevonáshoz; ~**-arc electrode** *heg* leolvadó bevonatú hegesztőpálca; ~**-arc welding** *heg* védőgázas (ív)hegesztés; ~ **box** *at* (sugárvédett) konténer *(hasadóanyag-szállításhoz)*; ~ **chamber** *el* védelemmel ellátott kamra; ~ **conductor cable** *el* árnyékolt erű kábel; ~ **container** *at* sugárvédett tartály; ~ **diffusion welder** *heg* védőgázas diffúziós hegesztőgép; ~ **electric arc** védett elektromos ív; ~ **electroscope** *el* árnyékolt elektroszkóp; ~ **galvanometer** *el* páncélozott galvanométer; ~ **inert-gas metal arc welder** *heg* SIGMA-hegesztőgép; ~ **loop-aerial** *távk* árnyékolt keretantenna; ~ **metal-arc cutting** *heg* védőgázos fémíves vágás; ~ **metal-arc welding** *heg* védőgázas hegesztőeljárás; ~ **nuclide** *fiz* védett/árnyékolt nuklid, közvetlenül képződő elem; ~ **pair** *el, távk* árnyékolt érpár; ~ **stud welder** *heg* védőgázas csaphegesztő gép; ~ **transmission line** *el* árnyékolt tápvonal; ~ **tungsten-arc welder** *heg* AVI-hegesztőgép; ~ **U-Adcock** *el* földelt U Adcock
shielding védelem, fedés, takarás; *at* sugárzás elleni védelem, sugárvédelem; *el* védelem, burkolás, árnyékolás; *ép* burkolás; *kat* sugárvért; ~ **angle** *opt* ernyőzés pótszöge; ~ **atmosphere** *heg* védőgáz; ~ **bank** *ol* védősánc; ~ **calculation** *at* sugárvédelmi számítások; ~ **can** *távk* árnyékolóbura; ~ **cap** *el* árnyékolósapka; ~ **concrete** *at* sugárvédelmi/sugárvédő beton; ~ **construction material** *ép* sugárvédő építőanyag; ~ **effect** *at* árnyékolóhatás, védőhatás; ~ **factor** *el* árnyékolási tényező; ~ **from contact** *el* érintésvédelem; ~ **gas** *heg* védőgáz; ~ **grid** *el* segédrács, árnyékolórács; ~ **harness** *távk* árnyékoló fegyverzet; ~ **helmet/hood** védősisak; ~ **material** *at* sugárvédelmi anyag; ~ **port** *el* árnyékolókapu; ~ **wall** *at, ép* sugárvédő fal
shift I. *v* felvált *(munkában)*; elmozdul; elszállít; megmozdul, eltolódik *(térben)*; átvált, átállít; eltávolít *(foltot)*; elmozdít, kimozdít; eltol; *el, gép* átkapcsol; *gépk US* (sebességet) vált; *mat* átvisz *(tagot az egyenlet egyik oldaláról a másikra)*; *szt* eltol, léptet, siftel; **II.** *n* változtatás, elmozdulás, eltolódás; *bány* csapatváltás, (dolgozó) műszak; vető, elcsúszás; *el* fáziseltol(ód)ás; soros átvitel; *forg* sebességváltó *(olló)*; *geol* elmozdulás *(törési övezetben)*; vetődés; *gépk US* sebességváltó; *US* sebességváltó kar; *ip* felváltó munkacsapat; műszak, munkaharmad, váltás; turnus; *irgép* váltó; *mat* átvitel *(egyenlet tagjaié, egyik oldalról a másikra)*; *szt* léptetés; váltás; ~ **boss** *bány* aknász, műszakváltási felügyelő; ~**-changing** *ip* műszakváltás; ~ **character** *szt* váltókarakter; ~ **circuit** *aut, el* eltoló (áram)kör; ~ **command** *szt* léptetési utasítás; ~ **control** *aut, el* előfeszültség-szabályozás, eltolódásszabályozás; ~ **counter** *szt* léptetésszámláló, léptetőszámláló; ~ **engineer** *ip* műszakvezető; ~ **fault** *geol* csuszamlás; ~**-in character (SI)** *szt* kódvisszaváltás, SI; ~ **in production** termelési műszak; ~ **instruction** *szt* léptetőutasítás; ~ **in time** *rendsz* időben való eltolás, időeltolás; ~**-key** *irgép* váltókar; ~ **knob** *gép* kapcsológomb; ~ **left arithmetic (SLA)** *szt* aritmetikai léptetés balra, SLA; ~ **left logical (SLL)** *szt* logikai léptetés balra, SLL; ~ **lever** *gépk US* sebességváltó kar; ~ **lock** *szt* tartós felsőállás-mód *(billentyűzeten)*; ~**-lock key** *irgép* váltórögzítő billentyű *(írógépen)*; ~ **man** műszakmunkás; ~ **of divide** *geol* vízválasztó áthelyeződése; ~ **of operating point** *félv* munkaponteltolódás; ~ **operation** *szt* léptetés; ~ **operator** *szt* eltolási operátor; ~**-out**

character (SO) *szt* kódváltás, SO; ~ **pulse** *el* átbillentő (áram)impulzus, tolóimpulzus; *szt* léptetőimpulzus; ~ **register (SR)** *aut, el* csúsztatóregiszter; *szt* léptetőregiszter, shiftregiszter SR; ~ **right arithmetic (SRA)** *szt* aritmetikai léptetés jobbra, SRA; ~ **structure** *krist* elmozdulási szerkezet; ~ **telemetering by induction transformer transmitter** *aut* eltolódások/elmozdulások transzformátoros induktív távadóval; ~ **unit** *el* eltolóegység; ~ **winding** *el* eltolótekercselés; ~ **worked** teljesített műszak; ~ **work(ing)** alkalmazott munka; műszakban végzett munka, műszakmunka

shiftable | **belt conveyor** *bány* áthelyezhető szállítószalag; ~ **belt conveyor line** *ép* eltolható szalagrendszer; ~ **rail-track** *bány* áthelyezhető vágány

shifted eltolt; eltolódott

shifter átvivő/átállít(hat)ó/átrakó szerkezet, átváltó kar; *bány* átvivő áramkör; csatlós; napszámos; szállítószalag-szerelő munkás; vasútfenntartó; *finm* váltóállító szerkezet; *gépk US* sebességváltó (mű); ~ **arm** *finm* átkapcsoló kar; ~ **collar** *gépk* kioldó perem *(tengelykapcsolóban)*; ~ **cylinder** *gép* kapcsolóhenger *(pneumatikus vezérléshez)*; ~ **feeler** *gép* szíjáttoló villa; ~ **fork** *gépk* sebességváltó kapcsolóvilla; ~-**lever** *gépk* indító emeltyű; ~ **ring** *gépk* kapcsológyűrű

shifting átrakás, áthelyezés, elszállítás; eltolás; helyváltoztatás; műszakbeosztás; *aut, szt* léptetés, eltolás; *ép* földmozgatás, földszállítás; *gépk US* sebességváltás, átkapcsolás; *hajó* horgonyzóhely-változtatás; *vasút* tolatás; váltóállítás; ~-**ballast** *hajó* mozgatható fenéksúly; ~ **bearing** *ép* mozgósaru; ~ **board(s)** *hajó* kiemelhető válaszfal, deszka válaszfal; rakodótér-hosszválaszfal *(ömlesztett rakományé)*; ~ **camshaft** *gépk* állítható/átkapcsoló bütyköstengely; ~ **centre/center** *hajó* metacentrum; ~ **construction** *tex* váltószerkezet; ~ **cylinder** *bány* áttoló henger; ~ **equipment** *bány* áthelyező berendezés; ~ **handle** *vasút* váltókarfogantyú; ~ **head** *gép* mozgó orsófej; ~ **instruction** *szt* léptetési/siftelési/eltolási utasítás; ~ **in time** *rendsz* időben való eltolás, időeltolás; ~-**machine** *élip* szita; ~ **of brushes** *el* kefeeltolás; ~ **of lines** *el* vonaláthelyezés, vonalátrakás; ~ **operation** *szt* léptetés; ~ **plate** *geod* csúsztatólemez; eltolható fejezetlemez *(pontraállításhoz)*; ~ **register** *szt* léptetőregiszter; ~ **roller** *em* szállítógörgő; ~ **sand** *talt* futóhomok; ~ **sledge** *bány* csúsztatótalp; ~ **square** állítható derékszögmérő; ~ **theorem** *fiz* eltolási tétel; ~ **voltage** *el* eltolófeszültség

shilling mark/stroke *irgép, nyom* ferde/dőlt vonal, virgula

shim *ásv* közbenső réteg; *el* légrésbeállító mágneslemez; *ép* béléslemez *(hídépítéshez)*; *fa* furnérfolt; *gép* illesztő/szabályozó betét/alátét/lemez; ~ **adjustment** *gép* alátétlemezes hézagállítás; ~ **rod** *at* durva szabályzórúd; ~-**safety rod** *at* helyesbítő és biztonsági szabályzórúd

shimmer I. *v* csillámlik, csillog, pislákol; **II.** *n* csillogás, csillogó fény, pislákolás

shimming *at* durva szabályozás; *gép* beállítás betétlapokkal; ~ **plate** *ép* alátétlemez, távtartó lemez

shimmy *gépk* (kerék)szitálás; *rep* orrfutókerekek oldallengése; ~ **damper** *rep* oldallengés-csillapító

shiner *ép* kötőlemez; *pa* fénylő hibafolt; *tex* megfeszült fényes szál

shingle I. *v ép* zsindelyez; *mt* vasból salakot eltávolít *(kalapálással)*; **II.** *n ép* zsindely; *geol* kavics, murva; *koh* bocskovácsolás; ~ **bolt** *fa* zsindelynek való kivágás; ~ **catcher** *bány* hordalékfogó; ~ **dredger** *hidr* kavicskotró; ~ **roof** *ép* zsindelytető; ~ **roofing** *ép* zsindelyezés; zsindelyfedés; ~ **trap** *hidr* hordalékfogó (gát); ~ **wall lining** *ép* zsindely falburkolat

shingleblock structure *bány* pikkelyszerkezet

shingler *koh* bugasajtó

shinglewise *fa* zsindelyszerű(en)

shingling *ép* kavicsolás; zsindelyezés; *koh* bugakovácsolás, kovácsfrissítés; ~ **guard** *bány* védőszegély; ~ **hammer** *alak* zömítő/duzzasztó kalapács; ~ **rolls** *pl koh* bugasajtoló hengerállvány; ~ **tongs** *pl ép* ollós fogó *(darué)*

shining fénylő, fényes; világító; ~ **ends** *tex* fénycsíkok; ~ **ore** *koh* vasfényle; ~ **soot** fényes korom, csőkorom

shiny ragyogó, fényes, fénylő, csillogó; *pa* zsíros *(őrlés)*; ~ **coal** *bány* fényes szén; ~-**side** *foto* fényes emulziómentes lemezoldal; ~ **stuff** *pa* zsíros őrlésű anyag

ship I. *v* hajóra száll; behajóz(ik); hajóra/hajóba rak, berakodik; szállít, fuvaroz; **II.** *n* hajó; vízi jármű; ~ **body** hajótest; ~-**borne** hajó-, hajón használt; hajófedélzeti; ~-**borne magnetometer** hajó-magnetométer; ~-**borne radar** → ~ radar; ~ **cable** hajókötél; ~ **caisson** *ép, hidr* úszó süllyesztőszekrény; ~ **canal** *hidr* tengeri csatorna; ~ **channel** *hidr* hajózási út *(kikötőben)*; hajózónyílás *(híd alatt)*; ~ **crane** *em* hajódaru; ~ **davit** csónakdaru *(hajón)*; ~ **dimensions** hajóméretek; ~ **direction finder** *hajó* hajófedélzeti iránymérő; ~-**discharging plant** hajókirakó berendezés; ~ **elevator** *hajó* hajófelvonó *(berendezés)*; úszó átrakó *(gabona számára)*; ~ **fender** *hajó* ütközőgomb; ~ **hull** hajótest; ~ **in frame** összeszerelés alatt álló hajó; ~ **lift** *hidr* hajóemelő(mű); ~-**lock sill** hajózsilipküszöb; ~ **mean time** hajóközépidő; ~ **measurement** köbözés *(hajóé)*; ~-**plane** *rep* fedélzeti leszállásra alkalmas repülőgép, hajórepülőgép; ~ **plate** *koh* hajólemez; ~ **radar** *hajó* fedélzeti radar/lokátor; ~ **radio station** *el* fedélzeti rádióállomás; ~ **rigging** *hajó* árbockötélzet és -felszerelés; ~**'s bell** *hajó* jelzőharang; ~**'s cargo** *hajó* hajórakomány; ~**'s carpenter** *hajó* hajóács; ~**'s certificate** *hajó* hajólevél; ~**'s clearance inward/outward** *hajó* hajóbeléptetés/-kiléptetés; ~**'s construction** *hajó* hajószerkezet-építés; ~**'s crew** *hajó* hajólegénység; ~**'s direction finder** *hajó* fedélzeti iránymérő/pelengátor; ~**'s hoist** *hidr* hajóemelő; ~**'s hold** hajóraktár; ~**'s lift** *hidr* hajóemelő; ~**'s register** *hajó* hajólajstrom; ~ **steel** hajóépítési acélanyag; ~ **timber** hajóépítési faanyag; ~-**to-air missile** *kat* tengeri légvédelmi rakéta; ~-**to-ship communication** *rád* rádió-összeköttetés hajók között; ~-**to-shore communication** *rád* hajó és part közötti összeköttetés; ~ **transmitter** *rád* fedélzeti adó(állomás); ~ **unloader** *em* hajókirakó daru

shipboard (hajó)fedélzet; ~ **antenna** *rád* hajóantenna; ~ **radar** *rád* fedélzeti radar/lokátor, hajóradar; ~ **radio direction finder** *rád* hajó-rádióiránymérő, fedélzeti rádióiránymérő

shipbroker *hajó* hajózási ügynök

shipbuilder hajóépítő (mérnök); hajógyáros

shipbuilding hajóépítés; ~ **plant** hajóépítő telep, sólyatelep
shiplap *ép* hajópadló(zás), hajódeszkázás *(hornyolt)*; ~ **groove** *ép* árok; ~ **sheeting** *ép* eresztékes ácsolat, árokereszték
shipload hajóterhelés; hajórakomány
shiploader *em* hajórakodó daru
shipmaster *hajó* hajóvezető
shipment hajóra/hajóba rakás, behajózás, hajóberakás, hajórakomány; szállítmány; szállítás, elküldés; ~ **sample** szállítmányminta
shipowner hajótulajdonos
shipper hajófuvarozó; hajós, hajótulajdonos; *US* speditőr; *US* szállítmányozó; *US* szállító; *ép* méreten kívüli tégla; *gép* hajtószíjátváltó kar; *hajó, rep* fuvarozó, szállítmányozó; *vasút* váltóállító kar
shipping I. *a* hajózási; **II.** *n* hajózás; hajóállomány; kereskedelmi tengerészet; behajózás, berakás; hajóba rakás; szállítás; ~**-agent** *hajó* hajóstársaság képviselője, hajóügynök; ~ **company** hajózási vállalat; hajóstársaság; fuvarozó, szállítmányozó (vállalat); ~ **container** szállítókonténer; *fa* exportláda; szállítóláda; ~ **dry** *fa* elszállításra alkalmasan kiszárított/száraz; ~ **note** hajófuvarozási rakjegyzék; ~ **ore** dúsításra nem kerülő érc; ~ **seal** elzárósapka szállításhoz; ~ **shed** fedett rakodó; ~ **space** *hajó* hajótér; ~ **space suction dredger** *hidr* önrakó szívókotró; ~ **weight** rakodási/behajózási súly
shipway *hajó* sólya(pálya)
shipwreck hajótörés; hajóroncs
shipwright hajóács
shipyard *hajó* hajógyár, hajójavító műhely; sólyatér; ~ **cableway** sólyatéri kötélpálya
shirting *tex* ingvászon, (csíkos) inganyag; ~**s** *ép* lábazatok
shiver szilánk, töredék, hulladék, forgács; *geol* réteges agyag
shives *pl pa* szilánkok; *tex* pozdorja *(gyapjúban)*
shm. → simple harmonic motion
shoad *bány* hordalékérc
shoal I. *v hidr* elhomokosodik; eliszaposodik; elsekélyesedik; elzátonyosodik; **II.** *a* sekély *(víz)*; **III.** *n hidr* homokpad; középzátony; sekély vizű hely; zátony
shoaliness *hajó* sekély víz
shoaly *hajó* sekély *(víz)*
shock I. *v* megráz(kódtat); lök; ütközik; **II.** *n* lökés; csapódás; ütés; ütődés; (össze)ütközés; rázkódás; *el* áramütés; *geol* földlökés; rengés; *pa* (papír)rakás; *rep* lökéshullám; ~ **absorber** *gépk* lengéscsillapító; *ol* fúrólengés-csillapító; *rep* lengéscsillapító, lökésgátló; ~**-absorber leg** *rep* futómű lökésgátló szára; ~**-absorber shackle** *gépk* villáskar *(lengéscsillapítóhoz)*; ~**-absorber spring** *vasút* ütközőrugó; ~ **absorbing** *gépk* lengéscsillapítás; ~**-absorbing mounting** *rep* rezgésgátló/rezgésmentes szerelés; ~**-absorbing suspension** rugós felerősítés; ~ **absorption** *gépk* lengéscsillapítás; rugózás; ~ **action** *kat* lökőhatás; ütőerő; ~ **and vibration resistant** ütés- és rázásálló; ~ **angle** *rep* lökéshullám hajlásszöge; ~ **bending test** *any* ütőhajlító vizsgálat; ~ **bump** *bány* hegyrengés okozta kőzetrengés; üregbeomlás; ~ **carpet** *rep* lökésmező; ~**-chord** *rep* lökéshárító zsinór; ~ **compression** *mech* ütközési összenyomás; ~ **damping** *mech* ütéstompítás; ~ **detachment** *rep* lökéshullám leválasztódása; ~ **drag** *rep* lökéshullám-ellenállás, hullámellenállás; ~ **effect** *mech* ütközési hatás; ~ **excitation** *el* lökésgerjesztés; lökésszerű gerjesztés; ~**-excited oscillator** *el* lökésgerjesztésű oszcillátor; ~**-free airfoil** *rep* lökéshullám nélküli szárnyszelvény; ~ **frequency** *fiz* ütközési frekvencia; ~ **front** *bány* lökőhullámfront; *rep* lökéshullámfront; ~ **function** *rendsz* lökésfüggvény; ~ **hazard** *el* érintésveszély; ~**-hazard protection** *el* érintésvédelem; ~**-hydrodynamic effect** *at* ütközési hidrodinamikai hatás; ~**-induced separation** *rep* lökéshullám által keltett áramlás leválása; ~ **layer** *rep* lökéshullám-felület; lökéshullámréteg; ~ **mount** *gép* lökéscsillapító szerelvény; ~ **pressure** *rep* nyomás a lökéshullám mögött; ~**-pressure differential** *rep* nyomás a lökéshullám előtt és után; ~**-proof** → shockproof; ~ **reaction** *rendsz* lökésválasz; ~ **reducer** *mech* lökéscsillapító; ~ **resistance** *any* ütésállóság; ütési szilárdság; ~**-resistant** *el* rázásellenálló *(izzó)*; ~ **stall** *gép* leállás hirtelen terhelésnél; *rep* lökéshullám okozta átesés, áramlásleválás; ~**-stalling conditions** *rep* lökéshullám okozta áramlásleválási/átesési körülmények; ~ **stress** *mech* csúsztató főfeszültség; *rep* ütési igénybevétel; ~ **strut** *rep* lökéscsillapító kitámasztó kar; ~ **sub** *ol* fúrólengés-csillapító; ~ **system** *rep* lökéshullám-rendszer; ~ **test** *any* lökőpróba, lökővizsgálat; ~ **tester** *el* ütésvizsgáló; ~ **treatment** *any* lökésszerű kezelés; ~**(-)tube** *fiz* lökéshullámcső, lökéshullám-csatorna; ~ **voltage** *el* lökőfeszültség; ~ **wave** *bány* detonációs hullám; lökőhullám; *fiz, hidr* lökéshullám; *geol* rengéshullám; *rep* lökéshullám; nyomáshullám; ~**-wave formation** *rep* lökéshullám alakja; ~ **wave impedance** *bány* lökéshullám-impedancia; ~**-wave impedance matching** *bány* lökéshullám-illesztés
shockless lökésmentes, ütésmentes
Shockley | diode *félv* négyrétegű dióda, Shockley-dióda; ~ **dislocation** *krist* Shockley-diszlokáció
shockproof lökésmentes, rázódásmentes, rázkódásálló; lökésbiztos; ütésálló; *el* áramütés ellen védett; érintésbiztos; rázásellenálló *(izzó)*; ~ **protection** *el* érintésvédelem; ~ **steering** *gépk* lökésálló kormánymű
shockproofed *el* érintésbiztossá tett
shod *geol* telérkibúvási törmelék
shoddy gyengébb minőségű áru; hulladékanyag felhasználásával készült termék; *gumi* hulladékgumi; őrölt vulkanizált gumi; *tex* gyapjúhulladék; gyenge minőségű tépett gyapjú; soddi; ~ **card** *tex* tépettgyapjú-kártoló gép; ~ **process** *élip* selejtes gyártás
shode *bány* hordalékérc
shoe I. *v* megpatkol *(lovat)*; *cipő* megvasal; vastalppal ellát; **II.** *n* (fél)cipő; patkó; *bány* kastámasz; vágósaru *(süllyesztett biztosításhoz)*; *cipő* sarokbőr; *el* kábelsaru; *élip* rosta, szita; *ép* esővíz-levezető cső vége; oszlopsaru, hídsaru, cölöpsaru; *gép* csúszósaru, csúszópofa; kulisszakő; papucs; saru; talp; támpapucs; *gépk* fékpofa; *hajó* fartőkeláb; *hidr* süllyesztőkút-koszorú; *közl* gumiköpeny futófelülete; szántalp; *mzg* barázdatalp; vetőcsoroszlya *(vetőgépé)*; *vasút* áramszedő *(vezetéksínes)*; féktuskó, fékpofa; ~**-adjusting cam** *gépk* fékpofaállító bütyök; ~ **adjusting-screw** *gépk, vasút* fékpofaállító csavar; ~ **board** *cipő* cipészlemez; ~ **box principle** *mat* skatulyaelv; ~

brake *gépk* pofás fék; ~**-buckle** *cipő* cipőcsat; ~ **casting** *önt* saruöntvény; ~ **clipping** *bőr* bőrhulladék; ~ **cutter** *cipő* bőrvágó szabász; ~**-drag** *vasút* féksaru; ~ **elbow** talpkönyök; ~ **feeder** *élip* tápsaru; ~ **felt** *cipő* cipőnemez, cipőfilc; ~**-heel** *cipő* cipősarok; ~**-lace** *tex* cipőfűző; ~**-last** *cipő* sámfa, kaptafa; ~ **leather** *bőr* cipőbőr; ~ **of tripod** állványsaru; ~**-peg** *cipő* faszeg; ~ **process** *bány* aknamélyítés süllyesztett biztosítással; ~ **progress** *bány* talp előrehaladása *(aknamélyítésé)*; ~**-return spring** *gépk* fékpofa-visszahúzó rugó; ~**-servo** *el* saruszervo; ~**-sewing machine** *cipő* cipővarró gép; ~**-string** cipőfűző; ~**-strings** *bány* telérzsinór-elágazások; ~**-thread** *cipő* cipészfonal, szurkos fonál; ~ **tree** *cipő* kaptafa; sámfa; ~**-vamp** *cipő* felsőbőr; ~ **width** *közl* lánctalpszélesség

shoebutton tube *el* szubminiatűr acorncső/makkcső

shoeing patkolás, vasalás; ~**-hammer** *szersz* vasalókalapács, patkolókalapács

shoeless track *közl* kapaszkodókarmok nélküli lánctalp

shoemaker cipész; ~**'s hammer** *szersz* cipészkalapács; ~**'s iron** *szersz* cipészvasaló *(talpszél-, lágyék- és sarokégető vas)*; ~**'s wax** *cipő* cipészszurok

shog *kh* tűágyat/létrát oldalirányban elmozdít

shogged-double rib *kh* tűágyváltásos feltartott kötés

shogging *kh* sorváltás *(láncfonalas kötésé)*; tűágy/létra oldalirányú elmozdítása

shoo-fly *bány* járó feltörés; lyukasztás; összekötő vágat; *közl, vasút US* (út)elterelés

shook I. *v* kötegbe köt; **II.** *n fa* hordódongázat; kötegelt ládarészek/parketta; összerakható bútor alkatrészei

shoot I. *v* (ki)lő; kilövell, kilök *(magából)*, kidob; kivet; kihajít; rohan, száguld, repül; hirtelen kiemelkedik, kiugrik; *bány* lerobbant *(szenet)*; robbant; *ép* beilleszt; hézagol; *film* forgat; *foto* (pillanat)felvételt/amatőrképet készít; *kat* tüzel *(lőfegyverrel)*; *tex* láncfonalakon áthalad; **II.** *n* szemétlerakó hely; csúsztatópálya, csúszda, lejtő; *bány* anyagszállító feltörés; csatorna; gurító; széncsúszda; telértöltelék, telérszakasz; *ép* csatorna; lebocsátóvályú, töltővályú; surrantó; szemétledobó csatorna, szemétleeresztő cső; szemétlerakodó hely, földlerakodó hely; *geol* érctömzs *(elnyúlt)*; *heng* kivezető csúszda/csatorna; *hidr* csatornaág; mellékcsatorna; surrantó; zuhogó *(folyóé)*; *kat* tüzelés *(lőfegyverrel)*; *tex* vetés; vetülék(fonal); *vasút* gurító; ~ **down** *v bány* ledönt *(gurítóban/csúszdában)*; ~**-hole** *talt* ledobónyílás *(anyag ledobásához gerinctáróból talptáróba)*

shooter *bány* lőmester; *geof* robbantómester

shooting lövés; kilövellés, kilökés, kidobás, kivetés; kiöntés; *bány* fúrólyukrobbantás; lerobbantás, elrobbantás; *ép* beillesztés; hézagolás; *fa* pontos gyalulás *(illesztéshez)*; *film* forgatás, felvétel; *kat* lövés; tüzelés *(lőfegyverrel)*; *tex* áthaladás a láncfonalakon; ~ **accuracy** *kat* lőszavatosság *(puskáé)*; ~**-board** *ép* egyengetőlap; ~ **country** *geof* szeizmikus munkaterület; ~ **depth** *geof* robbantási mélység; ~ **direction** *geof* lövésirány, robbantási irány; ~ **flow** *hidr* rohanó vízmozgás; ~ **for high-speed,** ~ **for slow-motion effect** *film* lassított/zeitlupe/időnagyító felvétel; ~ **fumes** *bány* robbanási utógázok; ~**-in** *kat* belövés; *tex* vetés; ~**-in for line** *kat* iránybelövés; ~**-iron** *kat US* lőfegyver; ~ **on free** *bány* jövesztés robbantással; robbantás réselés után; ~ **plane** *fa* élgyalu; eresztőgyalu; ~**-range** *kat* lőtér; ~**-script** *film* forgatókönyv; ~**-stick** *nyom* hajtófa, ékverő fa; ~ **time** *bány, geof* robbantási időszak; ~**-tower** *foto* fényképészemelvény; ~ **truck** *geof* robbantókocsi

shop I. *v* javítóműhelybe küld; **II.** *n* műhely; ~ **assembly** gyári szerelés, műhelyszerelés; ~ **building** *ép* üzemépület; ~ **car** *ip* eladóautó, mozgó elárusító gépkocsi; műhelykocsi; ~ **drawing** *gép* műhelyrajz; ~ **equipment** műhelyi berendezés; ~ **foreman** *ip* műhelyfőnök; ~ **front** *ép* kirakatfront, kirakathomlokzat; ~ **instruction** *ip* tanműhelyi oktatás; ~ **kink** *ip* gyártási fogás; ~ **lift** *em* raktári teherfelvonó; ~ **manager** *koh* üzemvezető; ~ **paper** *pa* kereskedelmi papír; ~ **riveting** *gép, szer* gyári szegecselés; ~**-soiled** színehagyott, elpiszkolódott, összefogdosott *(áru)*; ~**-steward** *ip* műhelybizalmi; ~ **test** gyári próba/ellenőrzés; ~ **tool** *szersz* kéziszerszám; ~ **weld** *heg* gyári hegesztés; ~**-window** kirakat

shopman (*pl* **shopmen**) műhelymunkás; szerelő; (kis)kereskedő

shopping | **area** *ép* bevásárlónegyed; ~ **centre/center/plazma** *ép* bevásárlóközpont; ~ **precinct,** *US* ~ **mall** *ép* (belterületi) (be)vásárlóutca; bevásárlóközpont; ~ **street for pedestrians** *ép* bevásárlóutca

shoran (short range navigation) *rep, távk* shoran *(kis hatótávolságú radar)*

shore I. *v ép* alátámaszt, megtámaszt; feszítve kidúcol; támaszt; **II.** *n* (tó)part, tengerpart; strand *(természetes)*; *bány, ép, gép* alátámasztás; merevítés; *ép* alsó támasztódúc; dúcolás; oldaltámasztó dúc; *hajó* támaszdorong; ~**-anchor** *hajó* parti horgony; ~**-based radar** *távk* partvédelmi/parti radar/lokátor; ~**-ba(u)lk** *ép, hajó* dörzsgerenda *(rakparton)*; ~ **bay** *ép* parti hídnyílás; ~**-boat** *hajó* partraszállási/élelemszállító/parti csónak; ~ **building** *hidr* partképződés; ~ **connection** *el, hajó* parti csatlakozás; ~ **current** *hidr* parti áramlás/áramlat; ~ **drilling** *ol* parti fúrás; ~ **effect** *el* parthatás; ~ **forms** *geol* partalakulatok; ~**-line** *geol* partvonal; ~**-line of depression** *geol* leereszkedési partvonal; ~**-line of elevation** *geol* emelkedési partvonal; ~**-line of submergence** *geol* limán(part); ~ **off** *v hajó* támasztódoronggal eltart/eltol *(parttól)*; ~ **pier** *ép* parti pillér; ~ **platform** *geol* parti padka; ~ **protection** *hidr* partvédelem; ~**s** *pl hajó* alátámasztás sólyán; ~ **span** *ép* parti nyílás *(híd)*; ~ **station** *távk* parti rádióállomás; ~ **up** *v* alátámaszt, dúcol; *bány* kifeszkéz

Shore | **hardness** Shore-féle keménység, szkleroszkopikus keménység; ~ **hardness test** Shore-féle keménységi próba; ~ **scleroscope** Shore-féle szkleroszkóp/keménységmérő

shorefast ice *hidr* parti jég

shoreline → shore-line

shoring *ép* alátámasztás, aládúcolás; feszítve kidúcolás; *hajó* alátámasztás sólyán; ~ **of foundation** *ép* alapárok kidúcolása

shorn *tex* nyírott; ~ **cloth** *tex* nyírott szövet

short I. *v el* rövidre zár, rövidzárlatot okoz; **II.** *a* rövid, hiányos; *bány, koh* törékeny, rideg; *üveg* gyorsan keményedő; *vegy* tömény; **III.** *n el* rövidzár(lat); *film* rövidfilm, kísérőfilm; ~ **approach** *rep* rövid bevezetés/megközelítés; ~**-arc lamp** *opt* rövid ívű lámpa;

~-arc welding *heg* rövid ívű hegesztés; ~-barrel(l)ed *kat* rövid csövű; ~-base diode *el* keskeny bázisú dióda; ~-baseline system *aut* rövid alapvonalú röppálya-meghatározó rendszer; ~-base range finder *rád* rövid bázisú/alapvonalú távmérő; ~ blade → ~ grader blade; ~ block *ép* rövid horogszerkezet; ~ bored piles *ép* rövid fúrt cölöpözés; ~ bran *élip* roszszul kiszitált korpa; ~ bridge *hajó* rövid középső felépítmény; ~ card *szt* rövid lyukkártya; ~-chord winding *el* tört lépésű tekercselés; ~ circuit (SC) *el* rövidre zárt áramkör; rövidzárlat; ~-circuit *v el* rövidre zár, rövidzárlatot okoz; rövidre záródik; ~-circuit admittance *el* rövidzárási admittancia; ~-circuit amplification *el* rövidzárási erősítés; ~-circuit calculator *el* hálózatelemző (modell)készülék; ~-circuit carbon *el* rövidzárási szénérintkező; ~-circuit characteristic *el* rövidzárási jelleggörbe; zárlati jellemző(k); ~-circuit conductance *el* rövidzárási admittancia; ~-circuit current (SCC) *el* zárlati áram; ~-circuit current gain *el* rövidzárási áramerősítés; ~-circuit detector *el* rövidzárlat-vizsgáló; ~-circuit duty *el* (rövid)zárlati teljesítmény; ~-circuited armature *el, gép* rövidre zárt forgórész; ~-circuited oscillation circuit *el* rövidre zárt rezgőkör; ~-circuited rotor *el, gép* rövidre zárt forgórész(ű motor); ~-circuited stub *el* rövidre zárt hurok; ~-circuited winding *el* rövidre zárt tekercselés; ~-circuiter *el* rövidre záró szerkezet; ~-circuit forward current transfer ratio *félv* rövidzárási áramerősítés, dinamikus áramerősítési tényező; ~-circuit impedance *el* rövidzárási impedancia; ~-circuit inductance *el* rövidzárási induktivitás; ~-circuiting *el* rövidre zárás, rövidzárás; ~-circuiting contact *el* rövidre záró érintkező; ~-circuiting device *el* rövidzárlat-kapcsoló, rövidre záró kapcsoló; ~-circuiting plunger *el* rövidre záró dugó; ~-circuiting power *el* (rövid)zárlati teljesítmény; ~-circuiting switch *el* rövidzárlat-kapcsoló, rövidre záró kapcsoló; ~-circuit output admittance *félv* rövidzárási kimeneti admittancia; ~-circuit proof *el* zárlatbiztos, rövidzárásmentes; ~-circuit protection/protector *el* rövidzárlat-védelem, zárlatvédelem; ~-circuit ratio (SCR) *el* rövidzárási viszony; ~-circuit test *el* rövidzárlat-vizsgálat, zárlatvizsgálat; ~ circuit to ground *el* földzárlat; ~-circuit transconductance *el* (cső)meredekség, sztatikus meredekség, transzkonduktancia; ~-circuit transition *el* rövidzáras átvezetés; ~-circuit voltage *el* rövidzárási feszültség; ~ coal *bány* törékeny/széthulló szén; ~ cross conveyer *bány* átrakó szállítószalag; ~ cut rövidítés, egyszerűsítés; átvágás *(útlerövidítés)*; *geol* folyókanyar lefűződése *(természetes átvágódással)*; *tex* rövidített eljárás; ~-cut *v* levág, lerövidít *(utat)*; ~-cut method *geof* lerövidített módszer; *mat* gyors módszer; ~-cut multiplication *mat* közelítő pontosságú szorzás; ~-cut process *geol, hidr* mederrövidülési folyamat; *mat* rövidített eljárás; ~(-)cutter *bány* vágatrésélő gép, elővájási réselőgép; ~-delay fuse *bány* rövid késleltetésű gyújtó; ~-distance aid *rep* rövid hatótávolságú navigációs eszköz; ~-distance railway *közl* helyiérdekű vasút; ~-distance receiving *rád* közeli vétel; ~-distance traffic *közl* helyi forgalom; ~-duration output rövid tartamú teljesítmény; ~-duration rocket *rak* rövid égésidejű rakéta; ~ dye bath *tex* tömény színezőfürdő; ~-elbowed box spanner *szersz* rövid, hajlított csőkulcs; ~-ended line *el* rövidre zárt végű tápvonal; ~-ended process rövidített technológiai eljárás; ~ face *bány* keskeny munkahelyi homlok; ~-face wall working *bány* pásztafejtés, pásztás fejtés, keskeny homlokú fejtés; ~-fib(e)red *tex* rövid szálú; ~-flame explosive *bány* biztonsági robbanóanyag; ~-focus lens *opt* rövid gyújtótávolságú lencse; ~ grader blade *fa* rövid gyalulemez; ~-grain-spaced soil *talt* hiányos szemcseeloszt ású talaj; ~ ground *bány* törékeny talajnem; ~-hair *bőr* pehelyszőr; ~-handed *ip* túl kevés munkaerővel/személyzettel rendelkező; ~-handled *szersz* rövid nyelű *(lapát)*; ~-haul airliner *rep* rövid távolságon üzemelő utasszállító repülőgép; ~-haul operation *közl* rövid távú forgalom; ~-haul operator *rep* rövid távolságú légijáratokat üzemeltető légiforgalmi vállalat; ~-haul route *rep* rövid távolságú útvonal; ~-haul transmission *el* kis távolságú átvitel; ~-haul transportation *rep* rövid távolságú szállítás; ~-head-type cone crusher *ép* rövid fejű kúpostörő; ~-instruction format *szt* rövid utasításformátum; ~ iron *koh* rideg/törékeny vas; ~ irradiation *at* rövid idejű besugárzás; ~ length (SL) *koh* csonka hossz; ~ life *any* gyors kopás; rövid élettartam; ~-life engine *rep* rövid élettartamú hajtómű; ~ limit of bracket *kat* belövő villa közeli határa; ~-line railway *vasút* másodrendű vasút; ~-link chain *gép* rövid szemű lánc; ~-lived isotope *at* rövid életű izotóp; ~-lived radiation *at* rövid felezési idejű sugárzás; ~-lived radioactive substance *at* rövid élettartamú radioaktív anyag; ~-loader *bány* elővájási rakodógép; ~ magnet *el* rövid pólusú mágnes; ~-medium hair *bőr* középrövid szőr; ~ memory *szt* kis teljesítményű memória; ~ mo(u)lding *műa* hiányos munkadarab *(a szerszám nem teljes kitöltése miatt)*; ~ multiplication *mat* rövidített szorzás; ~-nap(ped) *tex* rövid szőrű; rövidre nyírt, rövid szálú *(posztó)*; ~-noise current *el* árameloszlási zaj; sörétzaj; ~-noise reduction factor *el* söréthatás-gyengítési tényező, sörétzaj-gyengítési tényező; ~ oil *vegy* gyengén polimerizált olaj; ~-oil varnish *vegy* soványlakk; ~ operation *el* rövid ideig tartó üzem/művelet; ~ out *v gépk* henger gyújtását kikapcsolja; ~-out *el* rövidzárlat; ~ page *nyom* kimenetoldal; ~-path distillation *ol* molekuláris desztilláció; ~-period *el* rövid periódusú; ~-period delay detonator *bány* rövid késleltetésű villamos gyutacs; ~-period exposure *foto* pillanatfelvétel; ~ period operation *el* rövid időtartamú működés; ~ pile Turkey carpet *tex* rövid bolyhú szmirnaszőnyeg; ~ pitch *el* rövidített tekercslépés; ~-pitch winding → ~-chord winding; ~-prod *kat* rövid szúróbot *(műszaki)*; ~-pulse laser *el, távk* rövid impulzusú lézer; ~ rail *vasút* csonkavágány; ~-range (SR) *rep* rövid távolságú/távú/hatótávolságú; ~-range airways forecast *rep* rövid távú időjárás-előrejelzés; ~-range ballistic missile (SRBM) *kat* rövid hatótávolságú ballisztikus rakéta; ~-range concrete *ép* egyszemcséjű beton; ~-range Doppler *aut* rövid hatótávolságú Doppler-effektuson alapuló pályameghatározás; ~-range field *el* közelhatási tér, közeli/indukciós zóna; *film* közelkép, premier plan; ~-range fighter *kat* rövid távú vadászrepülőgép; ~-range force *at* közelhatási erő; ~-range forecast *met* rövid távú előrejelzés; ~-range laser link *fiz, távk* rövid távolságú lézeres összeköttetés; ~-range navigation *rep* kis hatótávolságú navigáció; **~-range order** *krist* közeli rendeződés; **~-range ordered alloy** *koh* közeli rendezettségű ötvözet; **~-range particle** *at* rövid úthosszú részecske; **~-range regular aerodrome** *rep* rövid távú forgalomra rendszeresített repülőtér; **~-range rocket** *kat* kis hatótávolságú rakéta; **~ reel** *gép* rövid motolla; **~ residue** *vegy* erősen bekoncentrált lepárlási maradék; **~ rotary-drum furnace** *koh* rövid forgódobos kemence; **~ route** *vasút* legrövidebb szállítási útirány; **~-run** *koh* ki nem folyt *(öntvény)*; **~-run production** *ip* kissorozat-gyártás; **~s** → shorts; **~ scan(ning)** *fiz* gyors letapogatás; **~ shunt** *el* rövidre záró sönt *(műszerben)*; **~ sleeper** *vasút* kisvasúti talpfa; **~ snatch block** *ép* rövid horogszerkezet; **~ sponge** *élip* rövid kovászolás; **~-stage route** *rep* rövid távolságú útvonal; **~-staple(d)** *tex* rövid szálú; **~-stop** *vegy* (polimerizációt) megállító/leállító szer; **~-strap floor** *fa* rövid lécű parkett; **~ stroke** *gép* rövid löket; **~-stroke engine** *gép* rövid löketű motor; **~ subtraction** *mat* rövidített kivonás; **~ take-off and landing (STOL)** *rep* rövid fel- és leszállás; **~ take-off and landing aircraft (STOL)** *rep* rövid fel- és leszállású repülőgép; **~ take-off and vertical landing (STOVL)** *rep* rövid fel- és függőleges leszállás; **~-term** rövid távú; **~-term flood prediction** *hidr* rövid távú árvízi előrejelzés; **~-throw cam** *gép* excenterbütyök; **~-tie beam** *ép* rövid kötőgerenda; **~-time** *el* rövid ideig tartó, pillanatnyi; **~-time current** *en* termikus határáram; **~-time delay detonator** *bány* rövid késleltetésű villamos gyutacs; **~-time duty** rövid ideig tartó üzem; **~-time load** *el* rövid ideig tartó *v.* rövid idejű teher/terhelés; **~-time memory** *szt* gyorsmemória; **~-time rating** *el* átmeneti teljesítmény; rövid idejű terhelhetőség; **~-time repetitive duty** *aut* rövid időtartamú ismétlő üzem; **~-time service** *el* rövid ideig tartó *v.* időtartamú működés/üzem; **~-time test** *any* gyorspróba; **~-time testing method** *koh* rövidített vizsgálat; **~-time working** *el* rövid ideig tartó *v.* időtartamú működés/üzem; **~ ton** *US* **(st)** *metr* tonna *(2000 font = 907,184 kg)*; **~ tube** *tex* rövid cséve/hüvely; **~ tubing string** *ol* rövid termelőcsőoszlop; **~ turn-round operation** *rep* rövid állásidejű repülőüzem; **~-wall** *bány* előkészítő/keskeny munkahely; **~-wall cutter** *bány* réselő-rakodó gép rövid homlokú fejtéshez; **~-wall loader** *bány* keskeny munkahelyi rakodógép; **~-wall working** *bány* rövid/keskeny homlokú fejtés, pásztás fejtés; **~ wave (SW)** *fiz, távk* rövidhullám; **~-wave** *fiz, távk* rövidhullámú; **~-wave adapter** *el, rád* rövidhullámú adapter/előtét/konverter; **~-wave antenna** *rád* rövidhullámú antenna; **~-wave choke** *rád* rövidhullámú fojtótekercs; **~-wave communication receiver** *rep* rövidhullámú távközlési vevőkészülék; **~-wave converter** *el, rád* rövidhullámú konverter/adapter; **~-wave receiver** *el, rád, távk* rövidhullámú vevő; **~-wave transmitter** *el, rád, távk* rövidhullámú adó; **~-weight** *pa* alsúly; **~-wooled** *bőr* rövid gyapjas; **~ word** *szt* rövid szó

shortage hiány; mérethiány

shortcut → short cut

shorted emitter *félv* áthidalt emitter

shorten megrövidít; (meg)rövidül; *élip* porhanyít; *mat* (le)egyszerűsít *(képletet)*

shortening (meg)rövidülés; (meg)rövidítés; *élip* (főző)margarin; növényi zsír; rövidítő zsiradék; *fiz* kontrakció, összehúzódás, rövidülés; *mat* (le)egyszerűsítés *(képleté)*; *mech* megrövidülés, nyomó alakváltozás; **~ capacitor** *el, távk* rövidítő kondenzátor

shorter axis *mat* kistengely

shortest | confidence interval *mat* legszűkebb konfidenciaintervallum; **~ distance** *mat* legrövidebb távolság; **~-route problem** *mat* legrövidebb út problémája; **~ wavelength** *el* kritikus hullámhossz, határhullámhossz

shorting *el* rövidre zárás; **~ link** *el* rövidzár; **~ out** *el* rövidre zárás; **~ plug/plunger** *el, távk* rövidre záró dugó

shorts *pl bány* hulladék; *élip* finomkorpa; *fa* rövid anyag/rönkök; *tex* maradék; szövés közben elszakadt szálak; **~ duster** *élip* korpakefegép

shortwall → short-wall

shot I. *a tex* átszőtt; színét változtató *(selyem)*, színjátszó, sanzsan *(selyem)*; **II.** *n* lövedék, golyó, sörét(szem); robbantás; lövés; hajítás, dobás; *bány* fúrólyuk; robbantólyuk; töltet; *el* kisülés; *film* (felvétel)sorozat; *foto* (pillanat)felvétel, pillanatkép; *geol* beágyazódás; finom elegyedés; *hang* hallótávolság; *kat* lőszer; lőtávolság; lövedék; puskagolyó, ágyúgolyó; *koh* kemény zárvány *(fémben)*; *műa* fröccsöntési anyagtérfogat; sajtolás; *önt* „lövés”, fröccsentés; *tex* vetés; vetőkarütés; vetülékátvetés; vetülékhiba *(szövetben)*; *űr* fellövés, felbocsátás *(rakétáé)*; *üveg* megolvadt fémcsepp/fémgolyó; **~-and-countershot** *geof* lövés-ellenlövés; **~ array** *geof* csoportos lövés/robbantás; lövéscsoport; **~-bag** *any* sörétzsák *(sztatikus próbához)*; **~-bag mo(u)lding** *műa* sörétsajtolás *(sajtolás söréttel töltött zsák segítségével)*; **~-basket** *kat* lőszeres láda; **~ belt** *kat* töltényöv; **~-bit** *ol, talt* sörétkorona *(mélyfúráshoz)*; *talt* sörétes koronafúró, Craelius-fúrókorona; **~ blast** → **~ blasting**; **~-blast** *v koh, mt* sörétez; **~-blast cabinet** *mt* sörétszóró fülke; **~ blasting** *alak, mt* sörétezés, sörétszórás, sörétlefúvatás, sörétszóró kezelés; *koh* szemcseszórásos revétlenítés; **~ board** *kat* tölténytömítő; **~ capacity** *műa* fröccsöntési lökettérfogat; **~ chamber** *önt* tisztítókamra; **~ charge** *kat* söréttöltés; **~ clearing** *en* sörétes kazántisztítás; **~ copper** *any* szemcsés réz; **~-counter** *tex* vetülékfonal-számláló; **~ current** *fiz* sörétáram; **~-depth correction** *geof* robbantásimélység-korrekció; **~ distance** *geof* robbantási távolság; **~ drill** *ol* sörétfúró; **~ drilling** *ol* sörétfúrás; **~ dusting** *bány* kőporozás; **~-dye** *tex* színjátszó színezék; **~ effect** *rád* söréthatás, sörétzaj, Schottky-effektus; *tex* fényhatás, színjátszó hatás; **~-effect hiss** *film* felvételi zörej; **~-exploder** *bány* robbantógép, robbantókészülék; **~-firer** *bány* robbantómester; **~-firing** *bány* fúrólyukrobbantás; provokációs robbantás; **~-firing apparatus** *bány* gyújtókészülék, robbantókészülék; **~-firing cable** *bány, ép* gyújtókábel, robbanóvezeték; **~-firing chamber** *bány* robbantófülke; **~-firing in one round** *bány* együttindítás; **~-firing machine** *bány* villamos robbantógép; **~ hole** *bány, ép* fúrólyuk; robbantólyuk; *fa* féreglyuk; *ol* sekélyfúrás; **~-hole condition** *geof* robbantólyuk-karakterisztika; **~-hole drill** *bány, ol* fúrókocsi; robbantólyukfúró; **~-hole inves-**

tigation *geof* robbantólyuk-vizsgálat, korrekciókarottázs; ~**-hole receiver** *geof* korrekciókarottázsgeofon; ~ **iron** *koh* vasolvadék; ~ **level** *geol* robbantási szint; ~ **load** söréttöltet; ~ **metal** *koh* sörétólom; ~ **noise** *rád* csőzaj; söréthatás, sörétzaj, Schottky-effektus; ~ **noise current** *el* csőzaj; sörétáram; zörejáram; ~ **number** *koh* lövésszám; ~ **ore** *bány* törmelékérc; ~ **pattern** *geof* csoportos lövés *v.* lövési alakzat; ~ **peening** *alak, mt* sörétszórás; ~ **point** *geof* robbantópont; ~ **process** *koh* lövés; ~**-proof** *kat* golyóálló; ~ **rock** *bány, ép* robbantott kőzet; ~ **silk** *tex* színváltozó/színjátszó selyem; ~ **taffeta(s)** *tex* színváltozó selyemtaft; ~ **Torkret method** *ép, hidr* torkrételjárás; ~**-truck** *kat* lövedékszállító kézikocsi; ~ **welder** *heg* lövéses hegesztőgép

shotcrete *bány, ép* lövellt beton/habarcs; torkrétbeton; lőtt beton

shotgun (sörétes) vadászpuska

shotproof *kat* golyóálló

shoulder váll; *bány* alátámasztás; *bőr* vállrész; *el, fiz* inflexiós pont *(karakterisztikus görbéé)*; *ép* alátámasztás; bevágási padka; boltváll; felfekvési felület; gyám; kiugró rész; támasztás; támasztópárkány, osztópárkány; támfelület; *foto, opt* túlvilágítási szakasz, feketedésmaximum; *gép* (alá)támasztás; felfekvési felület; lépcső; támasztópárkány; támfelület; tengelyváll, tengelygyűrű, csapváll; ütköző, perem; *gumi* vállrész *(futófelületé)*; *gyógyv* ampullanyak; *hajó* árbocváll; *hang* túlkiszélesedés *(gramofontűé)*; tűperem; *mat* inflexiós pont; *nyom* betűtest felső lapja; *rep* biztonsági oldalsáv; futópálya melletti padka; *tex* sisak *(vetélőn)*; *vasút* csaphajlat; töltéspadka; ~ **ballast** *vasút* kavicságy talpfavégeken kívüli része; ~**-belt** vállszíj; ~ **extension** *kat* válltámasz; ~ **hole** lépcsős furat; ~ **hose apparatus** *bány*válltömlős légzőkészülék; ~**-launched missile** *kat* hordozható légelhárító rakéta; ~ **nipple** *ép* egyenes csőkötő csavar *v.* csőcsavarzat; ~**-piece** *kat* válltámasz; ~ **rest** *kat* válltartó *(puskán)*; ~**-ridge** *ép* vállpárkány; *nyom* metszetvonali bajusz; ~**s** *pl fa* (váll)csap; *hang* tűperem; ~ **screw** *gép, szer* vállas csavar; ~ **season** *rep* közbenső évszak; ~ **season fare** *rep* közbenső évszaki díjszabás; ~ **seat** *kat* válltámasz; ~ **strap(s)** vállszíj; *rep* (bekötő) vállheveder; ~ **wing** *rep* felső szárny; vállszárny

shouldered | **arch** *ép* boltvállas ív; ~ **bolt** *gép, szer* vállas csapszeg; ~ **dovetail halved joint** *fa* fecskefarkú (vállas rá)lapolás; ~ **tenon** *fa* vállazott ereszték/ szádcsap; vállcsap; ~ **wall** *ép* boltváll; gyámfal

shouldering *ép* habarcskitöltés; padkakiképzés; ~ **file** *szersz* vállreszelő

shove I. *v* lök, taszít, tol; **II.** *n* tolás, lökés, taszítás; *ép* pajzshajtás; *geol* eltolódás; vetődés vízszintes szélessége

shovel I. *v* (át)lapátol; *bány* kotor, feltakarít; **II.** *n* lapát; *bány* hegybontó (kotró); kanalas felrakógép; lapát; *ép* géplapát; habarcskeverő; hegybontó kotró, kotróedény; kotrógép; kotrókanál; puttony; *mzg* csúcsos művelőtest *(kultivátoron)*; kiemelőkés *(burgonyaszedő gépen)*; lapát; ~ **arm** *ép* puttonyszár; ~ **attachment** *ép* ásó-lapát felszerelés; hegybontó szerelék; ~ **blade** lapátlap; ~ **boom** *ép* kotrógém; ~ **bucket capacity** *ép* puttonyűrtartalom; ~ **coverer** *mzg* takarótest *(ültetőgépen)*; ~**-crane** *ép* univerzális kotró; ~ **crawler** *ép* lánctalpas kanalas kotró; ~ **dipper** *ép* hegybontó (kotró); kotróedény; puttony; ~ **dipper arm** *ép* puttonyszár; ~ **dipper capacity** *ép* puttonyűrtartalom; ~ **dipper slide** *ép* szegmenszár; ~ **dozer** *ép* tológép, tolólemezes traktor, dózer; ~ **dredger** *ép* kanalas/puttonyos kotró; ~ **excavator** *bány* kanalas kotró; ~ **handle** *bány, ép* lapátnyél; ~ **jib** *ép* kotrógém; ~ **loader** *bány* kanalas rakodógép; *ép* rakodólapát; ~ **packing** *vasút* alázúzalékolás; ~ **point** *mzg* cserélhető kiemelőkéscsúcs; ~ **sampling** *ép* kiválogatás átlapátolással; ~ **stowing** *bány* kézi tömedékelés; ~**-swing engine** *ép* kanalas kotró forgatóműve

shovelful lapátnyi

shovelling, *US* **shoveling** (át)lapátolás; *bány, ép* kotrás, feltakarítás; ~ **machine** *ép* lapátológép

shovelman lapátolómunkás, földmunkás; exkavátorkezelő, baggerkezelő

show I. *v* (meg)mutat; bemutat; igazol, bebizonyít; **II.** *n* kiállítás; *pa* átnézet; ~ **board** *ip* hirdetőtábla; *tex* szeriplántábla; ~ **cardboard** *ip* belső reklámkarton; ~ **round** *v* körülvezet (és mindent megmutat); ~ **through** *v* átlátszik, áttetszik; *nyom* átüt; ~**-through** *pa* áttetszőség; ~**-window** kirakat

showcase *ip* tárló, vitrin, kirakatablak

shower I. *v* zuhog, záporoz(ik); záporszerűen öntöz; **II.** *n* zápor, zivatar; zuhany; *at* kozmikus zápor; részecskezuhany, részecskeeső; *csill* meteorraj; *ép* zuhanyozó; *hidr* zápor; *met* zápor(eső); záporszerű csapadék; ~**-action condensing** *hőt* permetező kondenzálás; ~**-bath** *ép* zuhany(ozó); zuhanyozás; zuhanyzófülke, zuhanyzóhelység; ~ **cubicle** *ép* zuhanyozófülke, zuhanyozókabin; ~ **deck** *ol* záporoztató tányérszerkezet; ~ **external cooling** *koh* csörgedező hűtés; ~ **head** *ép* zuhanyrózsa; ~ **particle** *at* (kozmikus) záporrészecske; ~ **pipe** *ép* zuhanykar; ~ **radiant** *csill* meteorzápor kisugárzáspontja; ~ **rose** *ép* zuhanyrózsa; ~ **stall** *ép* zuhanyozófülke; ~**-tight** *tex* esőálló; ~ **water** permetvíz

showeriness *met* esős/csapadékos/zivataros időjárás

showering | **installation** zuhanyozóberendezés *(öntőformák hűtéséhez)*; ~ **sieve** *bány* tisztítószita; zagyszita

showerless *met* esőtlen, zápor/zivatar nélküli

showerproof *tex* esőálló, vízhatlan *(szövet)*

showery *met* zivataros, (zápor)esős

showing (be)mutatás, felmutatás, igazolás, bebizonyítás; *geol* előtűnés

showroom bemutatóterem, mintaterem, kiállítási terem

SHP → shaft horsepower

shrapnel *kat* srapnel, kartács; ~ **body** *kat* srapnelhüvely

shred I. *v* (darabokra) tép; felvág; feldarabol; csíkokra vág; morzsol; *pa* foszlat; *tex* farkasol *(tépőfarkason)*; **II.** *n* rongyhulladék; foszlány; csík; darabka, töredék; hulladék

shredded wire darabolt huzal

shredder *élip* aprítógép, zúzógép; gyalu *(zöldségnek)*; *mzg* morzsológép, szártépőgép; *pa, tex* foszlatógép; *tex* tépőgép, farkasológép; ~ **screen** *hidr* aprítógereb

shredding felvágás; feldarabolás; csíkokra vágás; morzsolás; tépés; *pa* foszlatás; *tex* farkasolás *(tépőfarkason)*; ~**-machine** *pa* papírvattázó gép

shrink I. *v* összehúzódik; tömöródik; összeaszik; apad; koagulálódik; zsugorít; *élip* aszal; *fa* beszárad; *tex* (be)avat; beugrik; dekatál; kikészít *(szövetet)*; összemegy; összezsugorodik; **II.** *n* (össze)zsugorodás; méretcsökkenés, rövidülés; *tex* összeugrás; ~ **bob** *koh* holtfej; ~ **factor** *ép* ülepedési tényező *(úté)*; *műa, ol* zsugorodási tényező; ~ **fit** *gép* zsugorító illesztés; ~ **head** *koh* tápfej; ~ **hole** *koh* fogyási üreg; zsugorodási üreg, lunker; ~ **in weight** *élip* súlyapadás; ~ **link** *gép* felzsugorított pánt/kengyel; ~-**mixed concrete** *ép* utókevert beton *(mixerkocsiban)*; üzemben kevert transzportbeton; ~ **on** *v* melegen ráhúz/elzsugorít *(abroncsot)*; ~-**on toll joint** *ol* melegillesztésű fúrócsőkapcsoló; ~-**proof** *tex* zsugorodásmentes, nem zsugorodó; ~-**proof finish** *tex* mérettartó/zsugorodásmentes kikészítés, dekatálás; ~ **resistance** *tex* beugrásmentesség, zsugorodásmentesség; ~-**resistant** → ~-proof; ~ **ring** *gép* melegen felhúzott szorítógyűrű, zsugor(ító)gyűrű; ~-**ring commutator** *el* abroncsos/zsugorgyűrűs kommutátor; ~ **scale** *fa* zsugorodási lépték, zsugormérce; ~-**wrap** *v* zsugorfóliával csomagol; ~-**wrapping** zsugorító/zsugorfóliás csomagolás, zsugorfólia

shrinkable aszalható, zsugorítható; *tex* avatható, dekatálható, kikészíthető; ~ **sleeve** *el, műa* zsugorhüvely; ~ **tape** *el, műa* zsugorszalag; ~ **tube** *el, műa* zsugorcső

shrinkage összehúzódás, zsugorodás; tömörödés; térfogatcsökkenés, kontrakció; *bány* alakváltozás; ülepedés *(tömedéké)*; *élip* aszalás; *fa* apadás, méretvesztés; beszáradás; *gép* zsugorítás; *műa* zsugorodás, utózsugorodás; *ol* apadás *(olajé)*; *talt* ülepedés *(töltésé)*; *tex* összeugrás; rövidülés; zsugorodás; *vák* törés; *vegy* koagulálódás; ~ **allowance** zsugorodási ráhagyás; ~-**and-temperature reinforcement** *ép* zsugorodás és hőmérséklet-változás okozta húzófeszültségek felvételére elhelyezett vasbetétek; ~ **cavity** → shrink hole; ~ **coefficient** *ol* zsugorodási tényező; ~-**crack** *any* zsugorodási repedés; ~ **error** *krist* összehúzódási hiba; ~ **factor** → shrink factor; ~ **fault** *koh, önt* zsugorodási üreg; ~ **ga(u)ge** *önt* zsugormérce; ~ **hole** → shrink hole; ~ **in laundering** *tex* zsugorodás mosáskor; ~ **in length** *tex* hosszzsugorodás; ~ **in sponging** *tex* zsugorodás dekatáláskor; ~ **joint** *ép* zsugorodási hézag; ~ **limit** zsugorodási határ; ~ **loss** *ép, mech* feszítőerő-veszteség zsugorodás következtében; ~ **of backfilling** *bány* tömedék ülepedése; ~ **pipe** *koh* fogyási üreg; ~ **porosity** *önt* odvasodás; zsugorodási lyukacsosság; ~ **ratio** *geol* zsugorodási viszony; ~ **reinforcement** *ép* zsugorodási vasalás; ~ **stope** *bány* (érc)tárolás; magazinfejtés; tárolós fejtés; ~ **strain** zsugorodási méretváltozás; ~ **stress** *mech* zsugorodási feszültség; ~ **system** *bány* (érc)tárolós művelési mód; ~ **value** *tex* zsugorodási érték

shrinker *heng* hullámlemezgyártó gép

shrinking zsugorodás; *önt* szárítás, víztelenítés; *önt, koh* fogyási/zsugorodási üregképződés, lunkerképződés; *tex* avatás; dekatálás, (mérettartó) kikészítés *(szöveté)*; ~ **effect** *tex* zsugorító hatás; ~ **electrode** *koh* fogyóelektród; ~ **map** *mat* zsugorító leképezés; ~ **power** *műa* zsugorodóképesség; ~ **temperature** *tex* zsugorodási hőfok

shrivel összezsugorodik, összegyűrődik, összeaszik, ráncolódik; összezsugorít, összegyűr, összeráncol

shroud I. *v* takar; burkol; befed; árnyékol; felhúz, ráhúz; ágat/lombot nyes; **II.** *n* lepel; borítás; burkolás; ruha, takaró; védőburok, védőpánt, védőgyűrű; védőborítás, védőburkolat; *gép* fogaskerék-merevítő koszorú; váz, tárcsa; *hőt* merevítőtárcsa; *rád* árnyékolóköpeny; ~-**knot** *hajó* csarnakcsomó; ~ **laid rope** négypászmás kötél *(lélekkel)*; ~ **line** *rep* ejtőernyő függesztőkötele; ~ **ring** *rep* védőgyűrű; ~**s** *hajó* árbocmerevítő kötélzet, csarnak

shrouded | gear *gép* oldalkarimás fogaskerék; ~ **pinion** *gép* oldalperemes kis hajtó fogaskerék; ~ **propeller** *rep* védőgyűrűs légcsavar; ~ **wheel** *hidr* oldalfalas vízikerék

shrouding ring *gép* peremes gyűrű

shrunk zsugorított; ~-**and-peened flange** rázsugorított és rákovácsolt karima; ~ **leather** *bőr* zsugorított barkájú felsőbőr; ~-**on** *gép* melegen ráhúzott/felhúzott *(abroncs/gyűrű)*; ~-**on collar** *gép* rázsugorított karmantyú; ~-**on fit** *gép* zsugorított illesztés; ~-**on ring** *ép, gép* melegen felhúzott gyűrű; zsugorgyűrű

shrunken összezsugorodott; *élip* fonnyadt; *tex* összement *(kelme)*

SH.S. → sheet steel

shungite *ásv* sungit

shunt I. *v* visszafordul, elfordul; visszafordít, elfordít; eltérít; áttol, félretol; *el* leágaztat, mellékáramkört létesít; söntöl; *vasút* átállít, átvált; mellékvágányra/kitérővágányra vezet; tolat; **II.** *n* visszafordulás, elfordulás; kitérés; visszafordítás, elfordítás; elterelés; eltérítés; *el* mellékzár; párhuzamos vezeték; sönt, mellékáramkör; *hidr* kitérő; *vasút* mellékvágány, kitérő; ~ **arm** *el* mellékág; ~ **bobbin** *el* párhuzamosan kapcsolt tekercs, sönttekercs; ~ **box** *el* sönttár; ~ **brake** *gép* mellékáramkörű fék; ~ **branch** *távk* harántág; ~-**breaking resistance** *el* kisütő ellenállás; ~ **capacitance** *el* párhuzamosan kapcsolt kapacitás; ~ **capacitor** *el* kapacitív sönt, söntkondenzátor, söntölőkondenzátor; pufferkondenzátor; ~ **capacity** *el* párhuzamosan kapcsolt kapacitás; ~ **characteristic** *el* söntkarakterisztika; ~ **circuit** *el, távk* párhuzamos áramkör; söntáramkör, mellékáramkör; *en* feszültségkör; ~ **compensation** *rád* párhuzamos frekvenciakiegyenlítés; ~ **condenser** *el* söntkondenzátor, blokk-kondenzátor, áthidalókondenzátor, söntölőkondenzátor; ~ **conductance** *el* szigetelési átvezetés *(kábelen)*; ~ **connection** *el* párhuzamos kapcsolás; ~ **current** *el* keresztirányú áram; söntáram, mellékáramköri áram; ~ **dynamo** *el* söntgenerátor, mellékáramkörű generátor; ~ **excitation** *el* söntgerjesztés, párhuzamos gerjesztés; ~ **excitation of antenna** *rád, távk* antenna párhuzamos gerjesztése; ~-**excited antenna** *rád, távk* söntgerjesztésű antenna, párhuzamos táplálású antenna; ~ **feed** *el* párhuzamos táplálás; ~ **feed-back** *el, távk* söntvisszacsatolás, párhuzamos visszacsatolás; ~-**feed choke** *el* párhuzamosan kapcsolt fojtótekercs; ~ **feeder** *el* párhuzamos tag, keresztag; ~ **field** *el* mellékáramkörű gerjesztő mező; ~ **impedance** *el* söntimpedancia, párhuzamosan kapcsolt impedancia; ~ **instrument** *el* söntölt műszer; ~ **leads** *pl el* sönthozzávezetés; ~-**line** *vasút* tolatóvágány, mellékvágány; ~ **loading** *el* párhuzamos terhelés; ~ **machine** *el, gép* párhuzamos gerjesztésű gép; ~ **meter** *el* mellékáramú áramlásmérő; ~ **motor** *el* mellékáramkörű motor; söntmotor; ~ **rectifier**

circuit *el* egyenirányítók párhuzamos kapcsolása; ~ **regulator** *el* mellékáramköri szabályozó; ~ **resistance** *el* mellékáramköri ellenállás; söntellenállás; ~ **resistor** *el* párhuzamos/söntölő ellenállás; ~ **resonance** *el* áramrezonancia, párhuzamos rezonancia; ~ **sheet** *koh* söntlemez; ~ **system** *en* párhuzamos (elosztó)rendszer; ~ **terminal** *el* leágazó kapocs/szorító; ~ **track** *vasút* mellékvágány; rendezővágány; ~ **tripping** *el* feszültségkioldás; ~**-type transformer** *el* sönt típusú feszültségváltó; ~ **winding** *el* mellékáramkörű tekercs(elés); ~**-wound coil** *el* mellékáramkörű tekercs; sönttekercs; ~**-wound generator** *el* mellékáramkörű generátor, söntgenerátor

shunter *vasút* tolatómunkás, tolatómozdony; ~ **carriage** *bány* rendező vontató

shunting visszafordulás, elfordulás; visszafordítás, elfordítás; áttolás, félretolás; eltérítés; elterelés; *bány* csilleberendezés; *el* söntölés, mellékáramkör létesítése; *vasút* tolatás; ~ **capacitor** *el* párhuzamos kondenzátor, söntölőkondenzátor; ~ **car(riage)** *koh* söntkocsi; ~ **cell** *koh* söntös kád; ~ **effect** *el* sönthatás; ~ **engine/locomotive** *vasút* tolatómozdony, rendezőmozdony; ~ **place** *vasút* kitérő; ~ **pot** *koh* söntös kád; ~ **signal** *vasút* tolatásjelző, gurításjelző; ~ **speed** *vasút* gurítási/feltolási sebesség *(tolatáskor)*; ~**-station** *vasút* kitérőállomás, rendezőállomás; ~ **switch** *el* söntkapcsoló; ~ **track** *vasút* tolatóvágány; ~ **yard** *vasút* rendező pályaudvar

shut I. *v* (be)zár; becsuk; bezáródik; **II.** *n* (be)zárás; zár; *heg* hegesztett kötés; *heng* átlapolás; *önt* hidegfolyás, var; ~ **cock** *ép* elzárócsap; ~ **down** *v ip* leáll; leállít; üzemen kívül helyez; ~**-down (SD)** *at* leállítás *(reaktoré)*; *gép* gépállás; üzemszünet *(kényszerű)*; *pa* dolgozás selejttel; szakadás; ~**-down amplifier** *at* leállításjel-erősítő; ~**-down channel** *at* leállító/lezáró csatorna; ~**-down delay** *aut, fiz* lekapcsolási késés/késleltetés; ~**-down engine** *rep* leállított hajtómű; ~**-down loop** *at* leállítóhurok, gyorsleállító hurok; ~**-down mechanism** *at* elzárószerkezet, leállítószerkezet; ~**-down power** *at* maradó teljesítmény; ~**-down reactivity** *at* maradó reaktivitás; ~**-down relay** *at* kikapcsoló relé, levágó/leválasztó jelfogó; ~**-down rod** *at* biztonsági rúd; ~**-down switch** *at* biztonsági leáll(ít)ási kapcsoló; ~**-down system** *at* elzárórendszer; ~**-down time pressure** *ép* üzemszüneti nyomás; ~**-down well** *ol* átmenetileg lezárt *v.* pihentetett kút; ~**-in pressure** *ol* zárónyomás, sztatikus nyomás, nyomás zárt tolózárnál; ~ **off** *v gép* leállít, kikapcsol; *gépk* gázt levesz; *hidr* elzár, lezár; *rep* kikapcsol, hajtóművet leállít; ~**-off** *ép* elzáró; *gép* elzárás, kikapcsolás; elzárócsap, elzárócsappantyú; *hidr* barátzsilip; *rep* hajtóműleállítás; ~**-off contact** *aut* kikapcsolóérintkező, megszakítóérintkező; ~**-off device** *ép* elzárószerkezet; *rep* tüzelőanyag-adagolást megszüntető készülék; *vák* nyílászáró szerkezet; ~**-off nozzle** *műa* szelepes fúvóka *(fröccsöntőgépen)*; ~**-off pressure** *gép* elzárónyomás; ~**-off signal** *aut* lekapcsolásjelzés; ~**-off slide-valve** *ép* elzárótolattyú; ~**-off valve** *gép* (el)zárószelep; leválasztószelep; ~ **pressure** *ol* zárónyomás, kútnyomás zárt állapotban

shute → chute

shutter *at* besugárzásicsatorna-zár; *bány* zsiliptábla; *ép* csapóajtó; elzáró; zsaluzás, zsaluzat; *film* (vetítőgép)pilla; forgó(fény)zár *(kameráé)*; *foto* zár, zárszerkezet; *gépk* hűtőzsalu; *hidr* zsiliptábla; ~ **board** *ép* zsaluzódeszka; ~**-bolt** *ép, hidr* tolózár; ~**-casing** *ép* ablakszekrény *(redőnyös)*; ~ **cut-off frequency** *el* lezárási frekvencia; ~ **gate** *hidr* billenőtábla; ~ **indicator** *el* rácsos jelző; ~ **mask** *foto* másolómaszk, fedőmaszk; ~ **mask method** *film* pillatakarás-módszer; ~ **priority** *foto* a megvilágítási idő előválasztása *(félautomata üzemmódú rendszerben)*; ~**-release** *foto* (zár)kioldó, exponálógomb; ~**s** *pl ép* (ablak)redőny; ablaktábla, spaletta; zsalu; ~ **speed** *foto* zársebesség, záridő; ~**-type collector** *bány* zsalus porleválasztó; ~ **vibrator** *ép* zsaluvibrátor; ~ **weir** *hidr* bukótáblás gát; redőnyös zsilip; táblás gát

shuttering *bány* betonozó zsaluzat; *ép* dúcolás, megtámasztás; zsaluzás, zsaluzat; ~ **assembly work** *ép* bezsaluzás(i munka); ~ **board** *ép* zsaluzódeszka; ~ **cleaner,** ~ **cleaning machine** *ép* zsalutábla-tisztító gép; ~ **erector** *ép* zsaluzó; ~ **panel** *ép* zsalu(zó)tábla; ~ **sealer** *ép* zsaluleválasztó/sablonleválasztó anyag; ~ **vibrator** *ép* zsaluvibrátor

shutterless *ép* zsalu/ablakredőny nélküli; *foto* zár nélküli

shutters → shutter

shutting | down *koh* üzemen kívül helyezés; ~**-in a well** *ol* kútlezárás

shuttle I. *v* ide-oda jár; *közl, rep* ingajáratban közlekedik/közlekedtet, ingázik; **II.** *n gép* íves vezeték; *hidr* csúszótábla; *nyom* sorelküldő szerkezet; *rep, űr* űrrepülőgép; *tex* hajó; vetélő; ~ **armature** *el* kettős T-armatúra, H-armatúra; ~**-board** *tex* vetélődeszka; ~**-box** *tex* vetélőfiók; ~**-box alignment** *tex* vetélőfiók szabályozása; ~**-box swell** *tex* fióknyelv; ~ **braking** *tex* vetélőfékezés; ~**-car** *bány* ingakocsi, rakodókocsi; ~ **changing** *tex* vetélőváltás; ~**-checking device** → ~-box swell; ~**-checking motion** *tex* vetélőfékező berendezés; ~ **conveyer/conveyor** *élip* lengővályú; *ép* kocsizó szállítószalag; ~ **drag** *tex* vetélőkésés; ~ **drive** *tex* vetélőmozgatás; ~ **dumper** *ép* súlypontáthelyezéses billentésű dömper; ~**-eye** *tex* vetélőszem; ~**-filling bobbin** *tex* vetülékcséve; ~ **fixer** *tex* vetélőjavító; ~ **flight** *rep* ingajárat; *tex* vetélőfutás; vetélőkirepülés; ~ **guard** *tex* vetélőőr; ~ **motion** *tex* vetélőmozgatás; ~ **peg** *tex* vetélőtüske; ~ **point** *tex* vetélőorr; ~ **protector** *tex* vetélőőr, ütközőberendezés; ~ **race** *tex* vetélőpálya; ~ **rebounding** *tex* vetélővisszaugrás; ~**-service** *közl* ingajárat; ingajáratú üzem; *rep* ingaforgalom, ingajárat; ~ **spur/stud** *tex* vetélőorr; ~**-stand** *tex* vetélőfiók; ~ **threading** *tex* vetélőbefűzés; ~ **tip** → ~ point; ~ **traffic** *közl* ingajárat; ~ **train** *bány* bunkerkocsi; *vasút* ingavonat

shuttleless loom *tex* vetélő nélküli szövőgép

shuttling *tex* vetélő újratöltése

shy I. *v* dob, vet, hajít; **II.** *n* dobás, hajítás

si → sine integral

Si → silicon

SI (Système International d'Unités) *metr* SI, nemzetközi mértékegységrendszer; ~ **unit** *metr* SI-egység; → shift-in character

sial *geol* szial

siallite *geol* szialit

siallitic weathering *geol* szialitos mállás

Siamese | connection *szer* ikerkapcsolás, Y kapcsolás; ~ **joint** *szer* Y elágazás

siamesed *gép* iker-; ikerelágazású *(csőidom)*; ~ **exhaust(-pipe)** *gépk* iker-kipufogócső, ikercső
sibirskite *geol* szibirszkit
SIC → silicon carbide; → specific inductive capacity
siccative I. *a* száradóképes; szikkatív; szárító; **II.** *n vegy* szárítókence, szárítószer, szikkatív
sick *any* pestises *(ón)*; *hajó* javításra szoruló; **~-leave** *ip* betegszabadság; **~-pay** *ip* táppénz
sickbay *hajó* betegszoba; *kat* gyengélkedő
sickle I. *v* levág *(sarlóval)*; **II.** *n mzg* (vágó)kés, fűkasza *(aratógépé)*; sarló; ~ **knife** *mzg* kaszakés; **~-shaped truss** *ép* sarló alakú rácsos tartó
sickroom *ép* betegszoba; kórterem
SID → serial input data; → standard instrument departure; → sudden ionospheric disturbance
side I. *v fa* kinagyol; leszélez; **II.** *a* oldalsó, oldal-, mellék-; **III.** *n* oldal; *bány* fejtéshomlok; munkahely; munkahelyi függőleges homloksík; munkahelyi homlok; oldalfal; vágatoldal; *bőr* oldalbőr *(félbőr, pl. marhabox)*; *ép* oldalfal, burkolófal; szegély, szárny; *fa* lap *(széles fűrészelt oldal)*; *geol* hegyoldal, lejtő; *mat* befogó *(derékszögű háromszögé)*; oldal *(síkidomé)*; oldallap; szár *(szögé)*; *tv* csatorna; ~ **acceleration** *rep* oldalgyorsulás; **~-acting dragline** *ép* oldalazó vonóveder; ~ **aisle** *ép* oldalhajó, szárny; **~-altar** *ép* mellékoltár; ~ **anchor** *vasút* oldalfeszítő *(munkavezetéké)*; **~-and-face cutter** *forg* palásthomlokmaró; tárcsamaró; **~-angle press** *műa* szegletprés; **~-arm** oldalág, oldalkar; *hidr* fattyúág; *rád* pólusvégződés; **~-armature relay** *el, távk* oldalhornyos jelfogó; oldaljelfogó; ~ **armo(u)r** *hajó* oldalpáncélzat; **~-arms** *pl kat* oldalfegyver, szúrófegyver; **~-arranged winding hoisting engine** *bány* oldalelrendezésű aknaszállítógép; ~ **awning** *ép* oldaltető *(oldalbejáratnál)*; **~-band** → sideband; ~ **bar** *ép* koronagerenda *(alagútépítéshez)*; *gépk* rugókengyel oldallapja/szára; ~ **beam** *ép* (ajtó)keresztoszlop; oldaltartó; ~ **bench** *bány* oldalpad; ~ **benching** *bány* keresztpászta, keresztfejtés; keresztpásztázás; **~-bent pliers** *pl szersz* oldalt hajlított fogó; ~ **blow** *gép* excentrikus ütés; *koh* oldalfúvatás; **~-blow Bessemer converter** *koh* kiskonverter; ~ **blowing** *koh* oldalfúvatás; **~-blown converter** *koh* oldalbefúvásos konverter; ~ **board** → sideboard; ~ **boat** *hajó* munkacsónak; **~-boiler** *ol* olajforraló; **~-boom canal cleaning attachment** *ép* oldalgémes csatornatisztító szerelék; ~ **bottoms** *pl vegy* oldalpárlat, mellékpárlat, oldalfrakció, mellékfrakció; **~-box** *ép* oldalpáholy *(színházban)*; **~-bracing wire** *rep* oldalmerevítő huzal; ~ **brake** *gépk* oldalfék; ~ **branch** *hidr* fattyúág; ~ **broaching** *forg* oldalsó húzómarás; ~ **burrow** *ép* anyagnyerőgödör; **~-by-side engine** *gép* párhuzamos hengerelrendezésű motor; **~-by-side rotor helicopter** *rep* keresztirányú kétrotoros helikopter; **~-by-side turbine** *en* ikerturbina; ~ **cam** *gép* hengeres bütyök; ~ **car (SC)** *közl* oldalkocsi *(motorkerékpáré)*; *rep* oldalsó motorgondola *(léghajón)*; ~ **carlings** *hajó* oldalsó fedélzeti hosszmerevítő; **~-car outfit** oldalkocsis motorkerékpár; **~-car screen** oldalkocsi-szélvédő *(motorkerékpáré)*; ~ **casting** *ép* oldallerakodás; ~ **chain** *gépk* biztonsági lánc; *vegy* oldallánc; **~-channel** *ép* csurgókő, vízköpő; utcai csatorna/lefolyó; *vasút* oldalárok *(töltésé)*; **~-channel-type spillway** *hidr* megkerülő csatorna; **~(-)chapel** *ép* oldalhajó; oldalkápolna; ~ **chisel** *szersz* oldalvágó; oldalvéső; ~ **circuit** *el* törzsáramkör; ~ **clearance** *gép* oldalirányú holtjáték; ~ **coaming** *hajó* hosszanti oldalnyíláskeret/káva; ~ **condition** *mat* mellékfeltétel; ~ **contact base** *el* oldalérintkezős csőfej; ~ **control** *aut* oldalirányú irányítás *(rádiónavigációnál)*; ~ **cover** *gépk* szelepemelőház-fedél; **~-cover plate** *gépk* oldalburkoló lemez; ~ **crane on tractor with (pipe) laying attachment** *ép* csőfektető daru; ~ **current** *el* mellékáram; ~ **curtain** *gépk* oldalfüggöny; ~ **cut** *bány* oldalbetörés; oldalrés; *ol, vegy* oldaltermék, oldalpárlat; **~-cut distillate** *vegy* oldalpárlat, mellékpárlat, oldalfrakció, mellékfrakció; **~-cut shears** *pl heng* szélezőolló; ~ **cutting** *bány* oldalrés; **~-cutting edge** *forg* oldalvágóél; **~-cutting nippers** *pl szersz* svéd oldalcsípőfogó; **~-cutting pliers** *pl szersz* oldalvágó csípőfogó; ~ **deflection** *any* kihajlás *(rúdé)*; **~-delivery rake** *mzg* oldalazó szénagereblye, rendrerakó gereblye; **~-detecting antenna** *rád* oldalmegállapító segédantenna; ~ **discharge** *gépk, vasút* oldalürítés; **~-discharge bucket/skip** *bány* oldalürítős szkip; **~-discharge tipper** *gép, vasút* oldalkiürítő buktató; **~-discharge truck** *bány* oldalürítős kocsi; ~ **ditch** *vasút* oldalárok; **~-door** *ép* oldalajtó; ~ **dozer** *ép* elfordítható lemezű lánctalpas tológép; ~ **draw** *ol* megcsapolás *(lepárlótoronyé)*; oldaláram *(lepárlási)*, oldalpárlat; **~-draw cut** *bány* oldalrovátka *(alulról felfelé)*; ~ **dresser** *fa* szélező (munkás); ~ **drift** *bány, ép* oldaltáró, építési (segéd)alagút; oldalvágat; *hajó, rep* elsodródás; ~ **drive** *gép* oldalhajtás; *kat* oldalkihajtás *(harckocsin)*; **~-drum** *hang* kisdob; **~-dump bucket** *ép* oldalürítésű szállítóedény; **~-dump car** *gépk* oldalürítésű gépkocsi; **~-dump discharge** *gépk* oldalürítés; **~-dumping car** *bány* oldalürítéses csille; **~-dump trailer** *gép* oldalbillentő tehergépkocsi; **~-dump truck** *gépk* oldalra billenő kocsi; **~-dump wag(g)on** *gépk* oldalra billenő kocsi; ~ **effect** *gyógyv* mellékhatás; ~ **elevation** *ép* oldalnézet; *mat* oldalnézet, harmadik vetület; ~ **emission** *el* szórt emisszió; **~-emptying bucket/skip** *bány* oldalürítős szkip; ~ **excavation** *bány* oldalkitörés; ~ **face** *ép* oldalhomlokzat; **~-feed draw-bar fork truck** *em* oldalra tolható oszlopú emelőtargonca; ~ **file** *szersz* oldalreszelő, fűrészreszelő; ~ **fillet weld** *heg* oldalsó sarokvarrat; **~-fin** *rep* függőleges oldalvezérsík; **~-fired furnace** *koh* oldaltüzelésű kemence; **~-flue oven** oldalhuzatos/oldalfüstjáratos kályha/kemence; **~-fork truck** *koh* oldalvillás targonca; ~ **form** *ép* oldalzsaluzás; ~ **fraction** *vegy* oldalpárlat, mellékpárlat, oldalfrakció, mellékfrakció; ~ **frame** *kat* oldalkeret; ~ **freezing** *koh* oldalfagyás; ~ **frequency** *rád, tv* oldalhullám-frekvencia, oldalfrekvencia; ~ **friction** *ép* köpenysúrlódás *(cölöp)*; *talt* oldalsúrlódás; ~ **gear** *gépk* rózsakerék *(differenciálműben)*; ~ **girder** *hajó* oldalsó hosszmerevítő *(kettős fenékben)*, főtartó; **~-guards manipulator** *heng* oldaltbillentő és továbbító asztal; **~-guide pulley** *gép* oldalterelő görgő; ~ **gutter** *vasút* nyomcsatorna; oldalárok; ~ **hawse hole** *hajó* oldalsó kötélnyílás; ~ **hawse hole with horn** *hajó* szarvas kötélnyílás; **~-head** *forg* oldalszán *(hosszgyalugépen)*; oldalszupport; *nyom* oldalfejcím; **~-head ram** *fa* oldalsó gyalufej; **~-head slide** *forg* állványszán *(karusszelgépen)*; oldalkésszán; **~-hinged window** *ép* oldalforgópántú ablak; **~-hog** *kh* oldal-

mozgás *(fonalvezető tűé)*; ~**-hole** *bány* szélső fúrólyuk; *gép* kémlelőlyuk, vizsgálólyuk; oldalnyílás; *gép, szer* palástfurat *(csavaranyán)*; ~**-hose apparatus** *bány* oldaltömlős készülék; ~ **idler** *gép* oldalsó irányváltó kerék; oldalterelő görgő; ~ **intake** *rep* oldalsó levegő-beszívónyílás; ~ **keelson** *hajó* oldalsó fenékhossz-merevítő; ~**-knob insulator** *távk* orros (harang)szigetelő; ~ **lacing** *bány* oldalbélelés; ~ **lamp** *gépk* mellső helyzetjelző lámpa; szélességjelző helyzetlámpa; ~**-lap weld** *heg* oldalvarratos átlapolt hegesztés; ~ **lashing** *gép* oldalirányú verődés; ~ **launching** *hajó* vízre bocsátás harántirányban; ~**-lay adjustment** *nyom* szélbeállítás; ~ **leather** *bőr* marhaboxbőr; ~ **leg** *ép* oldalszár *(könyökcsőé)*; oldaltámasz *(motorkerékpáré)*; ~**-lift truck** *em* oldalvillás targonca; ~**-light** → sidelight; ~**-line** → sideline; ~ **link** *gépk* rugókengyel oldallapja/szára; ~ **loader,** ~ **loading fork lift** *em* oldalvillás targonca; ~**-loading reach truck** *em* magasraktári emelőtargonca; ~**-loading truck** *gépk* oldalrakodó tehergépkocsi; ~ **lobe** *el, rád* mellékhurok *(sugárzási diagramban)*; *rep* oldalszirom; ~**-lobe suppression (SLS)** *rep* oldalszirom-elnyomás; ~**-lobe switching antenna** *rád, távk* átváltható/átkapcsolható irányított/sugárvető antenna; ~ **log frame** *fa, szerk* egyoldalas fűrészkeret; ~ **longeron** *rep* oldalsó hossztartó; ~**-looking airborne radar (SLAR)** *rep* szektorosan letapogató fedélzeti radar; ~ **lurch** *hajó* oldalkilengés; ~ **marker lamp** *gépk* mellső helyzetjelző lámpa; ~ **member** *gépk* alvázhossztartó; oldalsó hossztartó; ~ **mill** *forg* oldalazómaró; ~ **motion** *vasút* kígyózó mozgás; ~**-mounted** *mzg* traktor oldalára szerelt *(kaszálógép)*; ~ **neck** *opt* mikroszkópoldalcső; ~**-note** *nyom* széljegyzet; ~ **of delivery** *em* kihordóvég *(szállítószalagé)*; ~ **of longwall working** *bány* frontfejtés szárnya; ~ **of the shaft** *bány* aknafal; ~ **oscillation** *mech* oldalkilengés, oldalrezgés; ~**-outlet tee** T alakú kifolyócső; ~ **overlap** *geod* oldalirányú átfedés; ~ **pack** *bány* oldalberakat; ~ **path** *ép* oldaljárda, gyalogjárda *(hídon)*; ~ **path transmission** *hang* mellékhang-átvezetés; ~ **penetration** *geof* oldalirányú/laterális behatolás (mértéke); ~**-piece** *gép* oldalfal, oldalrész; ~**-piling** *ép* földhányás; *vasút* oldaldepónia; ~ **plane (of projection)** *mat* oldalnézet síkja, harmadik képsík; ~ **planer** *fa* függőleges hosszgyalugép; ~**-planing machine** *fa* oldalgyalugép; ~ **planking** *hajó* oldalpalánkozás; ~ **plate** *hajó* oldallemez; *talt* oldalfal; *vasút* kazánoldalfal; ~ **plating** *hajó* oldallemezelés; ~ **play** *gép* oldaljáték; ~ **plough/plow** *gépk* ferde tolólemezes hóeke; ~**-pocket joint/mandrel** *ol* oldalzsebes közdarab; ~ **pond** *hidr* zsilipkamra melletti tárolómedence; ~ **post** *ép* segédoszlop *(székoszlop oldalán)*; ~ **pressure** *fiz* oldalirányú nyomás, oldalnyomás; ~ **projection** *mat* oldalnézet, harmadik vetület; ~ **projection plane** *mat* oldalnézet síkja, harmadik képsík; ~**-rail** *ép* karfa, korlát; *vasút* kitérősín; vezetősín *(kanyarban)*; ~ **rake** *forg* oldalszög, leránthomlokszög; ~ **reaction** *vegy* másodlagos reakció, mellékreakció; ~**-rebate plane** *ép* párkánygyalu, horonygyalu; ~ **recovery** *bány* járulékos termelés; ~ **reflected reactor** *at* oldalreflektoros reaktor; ~**-reflux** *ol, vegy* oldalreflux; ~**-relief** *pa* lúgelhajtás; ~**-road** *közl* keresztút; ~**-rod** *vasút* csatlórúd; ~ **roll** *hűt, ép* állóhenger; ~**-roll lateral** *hidr* gördíthető szárnyvezeték; ~**-room** *ép* mellékhelyiség; ~**-rudder cable** *rep* oldalkormánykábel; ~**-run** *gép* együttfutó henger; *tex* keskeny tekercsbobin, mellékpálya; ~**-running light** *hajó* oldallámpa *(menet közben használt)*; *rep* fedélzeti léginavigációs oldalfény; ~**-saddle** női nyereg; ~ **seal** *hidr* oldaltömítés; ~ **seam** *élip* hosszanti varrat; ~ **section** *bány* oldalív; ~**-sectional elevation** *ép* oldalkeresztmetszet; ~ **set** *szersz* terpesztés *(fűrészfogaké)*; ~ **shears** *pl szersz* szélezőolló; ~ **shield** *hidr* oldalpajzs; ~**-shiftable** *ép* oldalirányban eltolható; ~**-shift flip-up fork** *em* billenővilla; ~**-shifting backhoe** *hidr* függesztett kotrószerelék; ~ **shoring** *ép* külső fal külső kidúcolása; ~ **shots** *geod* sugaras tachiméteres pontok; ~**-slip** → sideslip; ~ **slope (SS)** rézsűhajlás; *ép* oldalrézsű *(töltésé, ároké)*; ~ **slope of canal** *hidr* csatornarézsű; ~**-stacking truck** *em* magasraktári emelőtargonca; ~**-step manoeuvre/maneuver** *rep* oldalirányú helyesbítés; ~ **stick** *nyom* formázóvas; ~ **strake** *hajó* oldalsoros lemezsor; ~**-strap** *bőr* nyeregoldalszíj; ~ **stream** *ol, vegy* lefolyópárlat; mellékpárlat, oldalpárlat; oldaláram *(lepárlási)*; ~ **street** mellékutca; ~ **stringer** *hajó* oldalhosszmerevítő; *rep* oldaltartó, oldalmerevítő; ~ **support** *gép* egyoldali megerősítés/támasz; ~ **surface of pole shoe** pólussaru-oldal; ~**-sway** *ép* oldalkilengés, oldalirányú elmozdulás *(kereté, keretcsomóponté)*; *gépk* oldallengés, „úszás"; *vasút* kígyózás; ~ **tenon** oldalcsap *(fakötésnél)*; ~ **thrust** *ép* ívnyomás; *fiz* oldalirányú nyomás, oldalnyomás; *rep* oldalnyomás; vonóerő oldalösszetevője; ~ **thrust of piston** *gép* dugattyú oldalnyomása; ~**-timber** *ép* fedélszékszelemen; ~ **tip** *tex* féloldalas vetélőcsúcs; ~ **tipper** *vasút* oldalra billenő kocsi/csille; ~**-tip pin** *bány* oldalürítő szkip; ~**-tipping loader** *bány* oldalürítő rakodógép; ~**-tipping (loading) bucket** *ép* oldalra billenő kanál; ~**-tipping trailer** *gépk* oldaltbillenő/ürítő pótkocsi, oldalürítéses buktatókocsi; ~**-tipping wag(g)on** *bány* billenőteknős csille; *vasút* oldalra billenő kocsi; ~ **tippler** *ép, gépk* kocsibuktató; oldalra billenő kocsi; ~**-tip shovel** *ép* oldalra billenő mélyásó puttony; ~**-tone** *távk* helyi hang; önhang(osság); ~**-tone attenuation** *távk* önhangcsillapítás; ~ **tool** *forg* oldalazó esztergakés; ~**-tooth milling cutter** *forg* palástmaró; ~**-to-phantom crosstalk** *távk* törzs-fantom áthallás; ~**-to-side crosstalk** *távk* áthallás; ~**-track** → sidetrack; ~ **tracking** *bány, ol* fúrólyukferdítés; ~ **transmission** *kat* oldalkihajtómű *(harckocsin)*; ~**-type shovel** *ép* oldalra billenő kanál; ~ **valence** *vegy* mellékvegyérték; ~ **valley** harántvölgy; ~ **valve (SV)** *gépk* oldalt elhelyezett szelep; ~**-valve engine** *gépk* oldalszelepelt motor; ~ **verge** *ép* (út)padka; ~ **view** *ép* oldalirányú nézet(rajz), oldalnézet; ~**-viewer** *opt* oldalkereső; ~**-wall** → sidewall; ~ **weir** *hidr* oldalbukó; ~ **weld** *heg* oldalvarrat; ~**-wheel** *hajó* lapátkerék; ~**-wheeler** *hajó* lapátkerekes gőzös; ~**-wind** oldalszél; ~**-wing** *ép* épületszárny

sideband *el, távk* oldalsáv; ~**-amplifier** *el, távk* oldalsáv-erősítő; ~ **attenuation** *rep* oldalsáv-csillapítás; ~ **component amplitude** *el, távk* oldalsáv-összetevő amplitúdója; ~ **cutting** *el, távk* oldalsávlevágás; ~ **energy** *el, távk* oldalsáv-energia; ~ **filter** *el, távk* oldalsávszűrő; ~ **frequency** *el, távk* oldalsáv-frekvencia; ~ **interference** *el, távk* szomszédcsatorna-zava-

rás, oldalsáv-interferencia; **~-power** *rád* oldalsávteljesítmény; **~ suppression** *rád* oldalsávelnyomás; **~ transmission** *rád* vivőáram nélküli átvitel; **~ trimming** *rád* oldalsávgyengülés
sideboard *fa* oldaldeszka, széldeszka; pohárszék, tálaló(asztal), kredenc
sidecar → side car
sidelight *ép* oldalablak; *gépk* helyzetlámpa *(szélességjelző)*; oldalfény, oldallámpa; *hajó* pozíciólámpa, oldallámpa; *rep* kisméretű pilótafülke-ablak
sideline *el* oldalvezeték; *ip* melléküzemág; *közl* szárnyvonal
sideling rézsútos, ferde
sidelong I. *a* oldalsó; ferde; **II.** *adv* ferdén, oldalt, oldalra
sidereal *csill* sziderikus; **~ day** csillagnap; **~ hour** sziderikus óra, csillagóra; **~ hour angle (SHA)** óraszög; **~ month** csillagászati hónap; **~ noon** csillagászati dél; **~ period** sziderikus keringésidő; **~ time** csillagidő; **~ year** sziderikus év, csillagév
siderite *ásv* sziderit; vaspát
sideritic *ásv* sziderittartalmú
siderography *nyom* acélmetszés
sideronatrite *ásv* szideronátrit
siderophilic element *geol* sziderofil elem
sideropyrite *ásv* sideropirit, vaskovand
sideroscope *any* sziderоszkóp
siderosphere *geol* bariszféra
siderostat *csill* tükrös csillagmegfigyelő (szerkezet)
sideslip *geol* oldalcsuszamlás; *közl* oldalra csúszás/farolás; *rep* csúszás; oldalcsúszás, csúsztatás oldalra, oldalgás; *talt* oldalkerítés *(talajé)*; **~ indicator** *rep* oldalcsúszás jelzőműszere; **~-monitor unit** *rep* oldalcsúszás-ellenőrző egység
sideslipping *rep* oldalcsúszás, csúsztatás oldalra; oldalgás
sidetrack I. *v vasút* mellékvágányra tol(at); **II.** *n vasút* iparvágány; mellékvágány
sidetracking *bány* megkerülő szállítás; oldalirányú eltérés *(mélyfúrásnál)*; *ol* fúrólyuk elferdítése *(bentmaradt rudazat kikerülésére)*; **~ skate** *gépk* kerékvezető alátét *(magas hóban)*
sidewalk *pl ép* gyalogjáró; járda; **~ cantilever bracket** *ép* járdakonzol *(híd)*
sidewall *bány* oldal, oldalfal, főteoldal; *geol* függő oldal(fal); *gép, hidr* oldalfal; *gépk, gumi* (abroncs)oldal(rész); *koh* oldalfalazat; **~ burner** *ol* oldalfalégő; **~ coring** *ol* oldalfal-(mag)mintavétel; **~ fired furnace** *ol* oldalról fűtött kemence; **~ gun** *geof* oldalfalpuska; **~-mounted** (oldal)falra szerelt; **~ pad** *ol* szondapapucs; **~ sampler** *ol* oldalmintavevő, falmintavevő; **~ sampling** *geol* oldalfal-mintavétel
sidewalling *koh* oldalfalazás
sideward I. *a* oldalirányú, oldal felőli, oldalsó; **II.** *adv* oldalt, oldalra, oldalról
sidewash *rep* leáramlás oldalra; oldaláramlás
sideways I. *a* oldalsó; **II.** *adv* oldalt, oldalra, oldalról, oldalvást
sidewinder *US rak, rep* levegő-levegő rakéta infravörös célkövető berendezéssel
siding *bány* kitérő; vágat; *ép* deszkaburkolat *(külső házfalon)*; *fa* széldeszka; *forg* oldalazás; *vasút* mellékvágány, kitérő(vágány); **~-line** *vasút* mellékvágány; **~ place** *hidr* csatornakitérő *(hajóknak)*; kitérő; **~s** *bány* külszíni szállítás
sidling → sideling
Sieberg scale *geof* Sieberg-féle földrengéserősségi fokozat
siege *ép* munkapad *(kőművesé)*; *üveg* kemencefenék
siemens (S) *el, metr* siemens
Siemens|-Martin furnace *koh* Siemens—Martin-kemence; **~-Martin process, SM-process** *koh* Siemens—Martin-féle eljárás; **~-Martin steel, SM-steel** *koh* martinacél; **~ teleprinter** *távk* Siemens-gyorstávíró; **~ well** *hidr* Siemens-kút
sienna *vegy* vörösbarna festék
sierra *geol* hegylánc
sieve I. *v* rostál; szitál; szűr; **II.** *n* rosta; szita; szűrő; *pa* gépszita; **~ analysis** *bány, koh* szitaelemzés; **~ arch/bend screen** *bány* ívszita; **~ bolter** *élip* szitálógép; **~ box** *élip* síkszitaszekrény; **~ clamp** *élip* keretkapocs; **~ cleaner** *élip* szitatisztító, rostatisztító szerkezet; **~ cloth** *élip* malomszövet, malomszita; *élip, ép* szitaszövet; **~ cloth filter** *bány* szitaszövetes szűrők; **~-drum** *pa* hengerrosta; **~ grading** *koh* szitaelemzés; **~ grate** *bány* rácsszita; **~ hanger** *élip* rostaszekrény/szitaszekrény felfüggesztése; **~ mesh number** *élip, szell* szitaháló-lyukbőség, szitahálólyukszám; **~ method** *mat* szitamódszer; **~ netting** *talt* szitaszövet; **~ oversize** *bány* szitamaradvány; **~ pan** *élip* gyűjtőkeret; **~ pitch** *élip* szitalejtésszög; **~ pitting** *fa* szitaszerű gödörkézettség; **~ plate** *ol, vegy* perforált tányér, szitatányér; *pa* szitalemez; **~-plate column** *ol, vegy* szitatányéros kolonna/oszlop; **~ residue** *élip, ép, talt* szitamaradék; **~ scale** szitafokozat; **~ set** szitasor; **~ shovel** *ép* lyukacsos merítőkanál; **~-supporting hanger** *élip* felfüggesztő kengyel; **~ test** szitaelemzés; **~ texture** *tex* szitafonat/szitaszövet kötési módja; szitaszerű struktúra; **~ tray** → **~** plate; **~ underflow/undersize** *bány* szitaáthullás
sieving szitálás; **~ process** szitamódszer; **~ test** szitaelemzés
sift elkülönít; rostál; szitál; **~ out** kiszitál; kirostál; kiszűr; kiválogat
sifter tisztítórosta, tisztítószűrő; *bány* osztályozómű; színítőkalapács; *élip* síkszita, szitálógép; *ép* széloszályozó; *mzg* osztályozógép; triőr; *rád* szűrő; **~ drive** *élip* síkszitahajtás; **~ stem** *élip* síkszitafőkeret
siftings *pl* kiszitált anyag, szitálási maradék
sight I. *v csill, geol* megszemlél, megvizsgál; *geol, kat* (meg)céloz; *kat* (be)irányoz; beigazít *(célzó berendezést)*; céloz; irányzékkal felszerel; **II.** *n* látás; látvány; *bány* függélyező; mérési jegy; *ép* nézet(rajz); *geod* dioptra; irányzék; nézőke; *hajó* irányzókészülék; *kat* irányzás, célzás; irányzék, célzókészülék; *opt* irányzótávcső, optikai irányzék; látómező; **~ adjustment** *kat* irányzékhelyesbítés; **~ check** *szt* vizuális ellenőrzés; **~ clinometer** *forg* lejtésmérő; **~ compass** *bány* bányamérő-tájoló; **~ distance** *opt* látótávolság; **~ elevation** *kat* lőszög; **~-feed lubricator** *gép* csepegtető olajozó; látható adagolású (henger)olajozó, Henry-féle olajozó; **~ frame** *kat* irányzékkeret; **~ glass** *gép* betekintőablak; nézőüveg, üvegablak; **~ holder** *geod* irányzéktartó csap; **~-hole** *gép* kémlelőnyílás, látóka; *koh* nézőke; *tex* figyelőnyílás; **~ leaf** *kat* irányzékvédő lemez; **~-line** *geod* irányzóvonal

nal; ~ **lines** *pl ép* látószög, látómező; ~**-lot** *kat* irányzéktartó; ~ **mount** irányzéktartó csap; ~ **port** → ~ glass; ~ **rail** *ép* zsinórállás; ~ **range** látótávolság; ~**-rule** *geod* alhidáde; ~ **shank** *geod* irányzékrúd; ~ **standard** *geod* irányzéktartó; ~ **vane** *geod* dioptralemez; szintezőléc állítható tárcsája; ~ **window** → ~ glass

sighting célzás, ráirányítás; *geod* beirányítás, ráirányítás; ~ **angle** *geod* célzószög; ~ **axis** *bány* irányzóvonal; ~ **device** *geod, kat* célzókészülék, irányzókészülék, irányzószerkezet, irányzóberendezés; ~ **dye** *tex* hamis színezék; ~ **equipment** *kat* irányzék, irányzóberendezés; ~**-in** *kat* irányzékbeállítás; ~ **line** *kat* irányvonal *(puskáé)*; ~ **microscope** *opt* irányzómikroszkóp, célzómikroszkóp; ~ **notch** *kat* irányzórés *(nézőkén)*; ~ **pole** *geod* sokszögelési kitűző rúd; ~ **rule** *geod* irányvonalzó; ~ **shot** *kat* irányzékbelövés; ~ **slot** *geod* nézőke *(dioptrán)*; *koh* figyelőrés; ~ **telescope** *opt* irányzótávcső, optikai irányzék, célzótávcső; ~**-wire** *geod* irányzószál

sigillate *ker* nyomott/préselt mintázatú

sigma *távb* szigma *(vezetékcsoport)*; ~ **bond** *vegy* szigma-kötés; ~ **heat** *bány* szigma-hő; ~**-particle** *fiz* szigma-részecske; ~**-star** *csill* szigma-csillag

SIGMET information/message *met* SIGMET-jelentés

sigmoid *at* S alakú, kettős görbületű; ~ **curve** *at* S alakú görbe

sign I. *v* jellel/jeggyel ellát, (meg)jelöl; aláír; jelt ad, jelez; **II.** *n* jel, jelzés; *aut, szt* előjel; jel, karakter, szimbólum; *csill* jegy; *közl* jelzőtábla; *mat* előjel; szimbólum, jel; *rep* ismertetőjel; ~ **and magnitude** *szt* előjel és nagyság; ~ **bit** *szt* előjelbit; ~ **character** *szt* előjelkarakter; ~ **code** *szt* előjelkód; ~ **constellation** *csill* csillagkép; ~ **convention** *mat* előjelszabály; ~ **determination (of structure factors)** *krist* előjel-meghatározás; ~ **digit** *szt* előjeljegy, előjeldigit; ~ **flasher** *el* felvillanó fényreklám, jelzésvillantó; ~ **function** *mat* szignumfüggvény; ~ **inversion** *mat* előjelváltás; ~ **is leading** *szt* előjel a bal szélső számmal megegyező helyen található; ~ **is trailing** *szt* előjel a jobb szélső számmal megegyező helyen található; ~ **lighting** *el* reklámvilágítás; ~ **of addition** *mat* összeadásjel, pluszjel; ~ **of aggregation** *mat* interpunkciós jel *(pl. zárójel)*; ~ **of division** *mat* osztójel; ~ **of equality** *mat* egyenlőségjel; ~ **off** *v rád* rádióközvetítés befejezését jelzi; ~ **of falsity** *mat* „hamis" jel, hamisság jele; ~ **of inclusion** *mat* inklúzió/tartalmazás jele; ~ **of intersection** *mat* metszetképzés jele; ~ **of membership relation** *mat* „eleme" jel; ~ **of multiplication** *mat* szorzójel; ~ **of subtraction** *mat* kivonás jele, mínuszjel; ~ **of summation** *mat* összegezési jel; ~ **of union** *mat* egyesítés jele; ~ **on** *v rád* rádióközvetítés kezdetét jelzi; ~ **position** *szt* előjelpozíció; ~ **printing** *szt* jelnyomtatás; ~ **representation** *szt* előjel ábrázolás; ~ **reversal** *el* polaritásfordítás, előjelfordítás; *mat* előjelváltás, előjel ellentétesre változása/változtatása; ~ **standardization** *rendsz* jelszabványosítás; ~ **test** *mat* előjelpróba; ~**-type bar** *irgép* jelváltó emeltyű *(írógépen)*

signal I. *v* jelez, jelt ad; **II.** *n aut* jel; ~ **amplifier** *aut* jelerősítő; ~ **amplitude** *el* jelamplitúdó; ~ **analyzer** *aut, el* jelanalizátor; ~**-and-point wire** *vasút* vonóvezeték *(jelző- és váltóállító)*; ~ **area** *rep* jelmező, jeludvar; ~**-arm** *vasút* szemaforkar; ~ **aspect** *vasút* jelzési fogalom; ~ **ball** *hajó* jelzőgömb; ~**-bell** *távb* jelzőcsengő; ~ **box** *vasút* állítómű; jelzőbódé; ~ **bracket** *vasút* jelzőkarállvány; ~ **bridge** *vasút* jelzőhíd; ~ **button** *hajó* jelzőgömb; ~ **carrier** *aut, távk* jelhordozó; ~ **carrier frequency** *aut, távk* jelhordozó-frekvencia; ~ **channel** *távk* jelátvivő csatorna; jelcsatorna; ~ **charge** *tv* jeltöltés; ~ **circuit** *aut* jelző áramkör; ~ **clearing** *távk* jelzés megszűnése; ~ **code** *szt* jel(ző)-kód; *távk* jelkulcs; *vasút* jelzési rendszer; ~ **conditioning** *aut* mérési eredmény előkészítése, jelformálás; *szt* jelkondicionálás; ~ **control** *közl* fényjelvezérlés; ~ **conversion** *szt* jelkonvertálás; ~ **converter** *aut, el* jelátalakító, jelkonverter; jelformáló, jelváltó; ~ **converter storage tube** *el* emlékezőcső, raktározócső; ~ **correlation** *aut* jelkorreláció; ~ **counter** *vasút* jelzőállítás-számláló eszköz; ~ **crank** *vasút* jelző forgattyú; ~ **current** *távk* jeláram; ~ **data** *szt* jeladat; ~ **delay** *aut, távk* jelkésleltetés; ~ **delay time** *aut, távk* jelkésési idő; ~ **disc/disk** *távk* jelzőtábla; tárcsás jelző; ~ **distortion** *aut, távk* jeltorzítás; ~ **distributor** *aut, el* jelelosztó; ~ **duration** *aut, el* jel időtartama; ~ **electrode** *el* jelelektród, szignálelektród; ~ **element** *távk, szt* jelelem; ~ **engineering** *US* híradástechnika; ~ **field** *távk* jelmező; ~ **field-strength** *távk* jel-térerősség; ~ **flag** *hajó* jelzőlobogó, kódlobogó, szemaforlobogó; ~ **flare** *hajó* jelzőrakéta; ~ **flicker** *gépk, távb* villanófényjel(ző); ~ **flow** *aut, el* hatásvonal; jelfolyam, jeláram; ~**-flow diagram** *aut, el* jelfolyamábra; ~**-flow direction** *aut, el* hatásirány; ~**-forming amplifier** *el* impulzusformáló/jelformáló erősítő; ~ **frequency (SF)** *távb* jelfrekvencia; jelzőfrekvencia; ~ **front** *távb* jelhomlok; ~ **generation** *szt* jelgenerálás; ~ **generator** *el* szignálgenerátor, jelgenerátor, tesztgenerátor; ~ **glass** jelzőlámpaüveg; ~ **grid** *rád* vezérlőrács; ~ **halyard** *hajó* jelzőzászlózsinór; ~ **identification** *rep* jelazonosítás; ~ **injection** *el* jelbevezetés; ~ **intelligence** *kat* rádiófelderítés; ~ **interval** *el* dugaszhegy; ~ **inverter** *rád* jelfordító; ~ **lamp** jelzőlámpa; ~ **letters** *pl távk* hívójel; ~ **level** *távk* jelszint, jelfeszültségszint; ~ **lever** *vasút* jelzőkar; ~ **light** *hajó* jelzőlámpa; ~ **line** *el* jelvonal; ~ **mast** *hajó* jelzőárboc; *vasút* szemaforoszlop; ~ **matrix** *tv* jelmátrix; ~**-mixer unit** *távk* jelkeverő egység; ~ **of distress** *rep* vészjel; ~ **oil** *ol* világítópetróleum; ~ **on open line** *vasút* térközjelző; ~ **oscillator** *el* mérőgenerátor, hitelesített jelű generátor, mérőadó, (hitelesített) jeladó/jelgenerátor; ~ **panel** *rep* jeltábla; ~ **path** *aut* hatásvonal; ~ **pin** *kat* jelzőcsap *(puskán)*; ~ **plate** *távk* képjellemez *(ikonoszkópé)*; ~**-point lamp** *vasút* váltójelző lámpa; ~ **position** *vasút* jelzőállás; ~**-position light** *vasút* alakfényjelző (lámpa); ~ **post** *vasút* jelzőárboc; jelzőoszlop; ~ **processing** *szt* jelfeldolgozás; ~ **receiver** *távk* jelvevő; ~ **recognition** *szt* jelfelismerés; ~ **recorder** *távk* jelrögzítő; ~ **recording telegraphy** *távb* jelíró távírórendszer; ~ **recovery** *el, szt* jelvisszaállítás; ~ **regeneration** *szt* jelregenerálás; ~ **relay** *el* jelzőrelé; ~ **reliability** *rep* jel (vételi) megbízhatósága; ~ **reproduction** *el* jelvisszaadás; ~ **rocket** *kat* jelzőrakéta; ~ **selector** *aut, el* jel(ki)választó; ~**-selector patch** *távk* jelválasztó impulzus; ~ **shape analyzer** *el* hullámanalizátor, jelalak-analizátor; ~ **shaping** *távk* jelformálás; ~**-shaping amplifier** *távk* impulzusformáló/jelformáló erősítő; ~**-shaping network** *távk* jeljavító áramkör;

kiegyenlítő; ~ **source** *aut, el* adó, forrás, jelforrás; ~ **station** *hidr* jelzőállomás; ~ **stick** *vasút* önzáró jelző; ~ **storage** *távk* jeltárolás; ~ **storage tube Radection** *távk* Radection emlékezőcső/raktározócső; ~ **stream** *szt* jelfolyam; ~ **street intersection** *közl* fényjelvezérlésű szintbeni kereszteződés; ~ **strength** *rád* jel térerőssége, jelerősség; ~ **swing** *el, rád* jelkilengés; ~ **threshold** *aut, el* jelküszöb; ~**-to background ratio** → -to-noise ratio; ~**-to-crosstalk ratio** *távk* áthalláscsillapítás alapértéke; áthallási védettség; ~**-to-image ratio** *el* tükörfrekvencia-csillapítás; ~**-to-noise ratio (SNR)** *távk* jel-zaj viszony, S/N viszony, jel-zaj hányados; zajvédettség *(számszerű érték)*; ~ **tower** *vasút* jelzőtorony; váltóállító bódé; ~ **tracer** *el* jelkutató, hibakereső oszcilloszkóp; ~ **transfer point** *távk* jelzésátalakító pont; ~ **transformation** *szt* jelformálás; ~ **transformer** *szt* jelzésátalakító; ~ **transition** *aut, távk* jelátmenet; ~ **transmission** *el, szt* jelátvitel; jelzésátvitel; ~ **trunk** *aut, távk* jelvivő vezeték, vezeték; ~ **unit** *távk* elemi jel; ~ **velocity** *távk* jelsebesség; ~ **voltage** *el* jelfeszültség; ~ **width** *el* jelszélesség; ~ **winding** *US el* vezérlőtekercs; ~**-wire** *bány* jelződrót

signalization *hajó* jelzés

signalize jelez

signaller, *US* **signaler** jelző *(személy)*

signalling, *US* **signaling** jelző, jelzés; *közl* jeladás, jelzés; *szt* jelzés; *távk* jelzésátvitel; *vasút* jelzőszolgálat; ~ **apparatus** *bány* jelzőberendezés; ~ **bit** *szt* jelzésbit; ~ **capacitor** *távb* adóoldali kondenzátor; ~ **channel** *távk* jelzőcsatorna; ~ **device** *bány* jelzőberendezés; ~ **disc/disk** *kat* jelzőkorong *(céllövészetnél)*; ~ **equipment** *távk* hívóberendezés; távközlési/híradástechnikai berendezés; ~ **frame** *távk* jelzőszerelvény-állvány; ~ **information** *szt* jelzési információ; ~ **lamp** *opt* jelző fényvető; *rep, vasút* jelzőlámpa; ~ **lever** *vasút* jelzőkar; ~ **line** *el* jelvonal; *szt* jelvezeték; ~ **link** *távk* jelzésátviteli összeköttetés; ~ **mirror** *rep* jelzőtükör; ~ **rate** *távk* jeladási sebesség; ~ **regulation(s)** *vasút* jelzési utasítás; ~ **shelf** *távk* jelzőszerelvény-állvány; ~ **speed** *távk* (le)adási sebesség; ~ **switch** *el* jelzőkapcsoló; *gépk* irányjelző-kapcsoló; ~ **system** *vasút* jelzőrendszer

signalman (*pl* **signalmen)** *kat* híradós *(katona)*; *vasút* váltó- és szemaforkezelő

signature aláírás; *nyom* ívjelzés; nyomtatott ív; ~ **analysis** *szt* aláírás-analízis; ~ **blotting-book** *pa* aláírómappa; ~ **line** *nyom* ívjelző sor, norma; ~**s** *pl nyom* oldalbeosztás; *rád* rádiójelzés

signboard *ip* cégér; cégtábla, címtábla

signed *mat* előjeles; ~ **field** *szt* előjeles mező; ~ **minor** *mat* kofaktor, előjeles adjungált, aldetermináns; ~ **number** *mat* relatív/előjeles/algebrai szám; ~ **tree** *mat* előjelzett fa

significance *mat, stat* szignifikancia, szignifikánsság, jelentőség; *szt* helyérték; ~ **level/probability** *mat, stat* jelentőségi szint *(statisztikában)*; szignifikanciaszint, túllépési valószínűség, hibavalószínűség, hibaráta; ~ **test** *mat* szignifikanciapróba, szignifikanciavizsgálat; szignifikánsság próbája *(statisztikában)*

significant fontos, lényeges, jelentős; *mat, stat* (statisztikailag) szignifikáns; ~ **condition** *távb* jellemző állapot; ~ **digit/figure** *mat* értékes számjegy; ~ **digit arithmetic** *szt* értékesjegyes aritmetika; ~ **digits** *pl szt* értékes jegyek; ~ **event** *szt* jelentős esemény; ~ **instant** *szt* nevezetes/jelentős/jellemző pillanat/időpont; ~ **interval** *távb* jellemző időköz; ~ **point** *rep* fontos pont; ~ **proposition** *mat* értelmes állítás *(kijelentés)*; ~ **singularity** *aut* lényeges szingularitás; ~ **wave** *hajó* mértékadó/mérvadó hullám

signless *mat* előjel nélküli; ~ **number** *mat* előjel nélküli szám

signpost I. *v* jelzőtáblákkal ellát; **II.** *n közl* (közúti) jelzőtábla, útirányjelző tábla, helynévtábla

signum (sgn) *mat* előjel; szignumfüggvény; ~ **function** *mat* szignumfüggvény

silage I. *v mzg* silóz; **II.** *n mzg* (be)silózás; silótakarmány; szilázstömeg; ~ **trenching** *mzg* ároksilózás

silane *vegy* szilán, monoszilán, szilícium-hidrogén

silanol *vegy* szilanol

silcrete *ásv* szilkrét

silence I. *v hang* elfojt, tompít *(zajt)*; **II.** *n* csend; *rád* adásszünet; *távk* hangminimum *(hídáramkör hangolásáé)*; ~ **cabinet/chamber** *hang* süketszoba, camera silenta; ~ **cloth** *tex* asztalterítő nemezalátét; ~ **room** süketszoba; ~ **signal** *rep* rádióadás-tilalom jele

silencer *gépk* hangtompító; kipufogódob; *kat* hangtompító; *rád* elhalkító; zajzár; *rep* zajtompító; ~ **case** *hang* hangtompítódob(oz)

silencing *el, fiz* zajelnyomás; *kat, rep* hangtompítás; ~ **chamber** *gépk, rep* hangtompító; ~ **device** *rep* hangtompító szerkezet

silent *gép, gépk* zajmentes, csendes, hangtalan; ~ **area** *rád* süketzóna; ~ **chain** *gép* zajtalan lánc, Renold-lánc; ~ **discharge** *el* csendes kisülés; ~ **equipment** *film* némafilm-felszerelés; ~ **film** *film* némafilm; ~**-gear mesh** *gép* zajtalan fogaskerék-kapcsolódás; ~ **motor** → quiet motor; ~ **movies** *pl film* némafilm; ~ **packing** *gép* zajmentes tömítés; ~ **pawl** *ép* zajtalan kilincs *(kilincsműhöz)*; ~ **period** *hajó, távk* jel nélküli időszak; ~ **photoflash** *foto* zajtalan pillanatlámpa/villanókészülék, vaku; ~ **pictures** *pl* → ~ movies; ~ **point** *távk* csendpont, némapont, üttetésmentes/lebegtetésmentes pont; ~ **program(me)-paper** *rád* zajmentes műsorpapír; ~ **running** *gép* zajtalan/zajmentes járás/működés; ~ **running tyre/tire** *gépk* zajtalan futású köpeny; ~ **tuning** *el* néma hangolás; ~ **zone** *fiz, rád, távk* holtzóna, csendzóna

silex *ásv* tűzkő, kovakő

silfbergite *ásv* silfbergit

silhouette árnykép, körvonal(kép), sziluett; ~ **target** *kat* alakos cél

silica *ásv* kova; *vegy* kovasav, szilícium-dioxid; szilika; ~ **brick** *ép* szilikakő, szilikatégla; ~ **flour** *ol* kvarcliszt; ~ **flux** *koh* kvarcos pótlék; ~ **gel** *vegy* szilikagél, kovasavgél; ~ **glass** *ásv* tektit; *üveg* (ömlesztett) kvarcüveg; ~ **lamp** *opt* kvarcburás higanygőzlámpa, kvarclámpa; ~ **microbalance** *fiz* kvarcszálas mikromérleg; ~ **sand** *ép* kvarchomok; ~ **tube** *rád* kvarcüvegcső

silicate *ásv, vegy* szilikát; ~ **anion(ic group)** *koh* szilikátanion; ~ **belt** *geol* szilikátöv; ~ **bond** *alak* szilikátkötés *(köszörűkorongé)*; ~ **cotton** *koh* salakgyapot, rostszerű salak; ~ **cover** *geol* szilikátburok; ~ **degree** *koh* szilikátfokozat; ~ **flint glass** *opt* szilikátflintüveg; ~ **inclusion** *önt* szilikátzárvány; ~ **melt** *koh* szilikátolvadék; ~ **paint** *vegy* vízüvegfesték; ~ **rock** *geol* szilikátos kőzet; ~ **slag** *koh* szilikátsalak; ~ **wheel** *alak, mt* szilikátkötésű csiszolókorong

silicated | board *pa* vízüveggel mázolt karton; ~ **soap** *vegy* vízüveges töltőanyagú szappan

silication *geol* kovásodás

siliceous *geol, vegy* kovasav tartalmú, kovasavas, kovás; ~ **calamine** *bány* hemimorfit; ~ **refractory material** *ép* tűzálló dinasztégla; ~ **sandstone** *geol* kovasavas homokkő; ~ **schist/shale** *bány, ép* kovapala; ~ **sinter** *bány* kovatufa

silichrome steel *koh* szilícium-krómacél

silicic acid *vegy* kovasav

silicide *vegy* szilicid

silicification *geol* szilikatizálás, kovásodás, kvarcosodás

silicified *geol* kovásodott; ~ **tuff** *geol* szilikátos tufa; ~ **wood** *geol* megkovásodott fa

silicify *geol* kvarcosodik, kovásodik

silicious → siliceous

silicium → silicon

silicoaluminium *koh* sziliko-alumínium

silicocalcium *koh* szilikokalcium

silicoethane *vegy* diszilán

silicofluoride *vegy* sziliko-fluorid

silicofluoroform → trifluorosilane

silicomanganese *vegy* sziliko-mangán; ~ **steel (SMS)** *koh* mangán-szilícium acél

silicon (Si) *vegy* szilícium; ~ **alloy** *koh* szilíciumötvözet; ~ **barrage photocell** *félv* szilícium-fényelem, szilícium-fotocella; ~ **bronze** *koh* szilíciumbronz; ~ **carbide** *vegy* szilícium-karbid, karborundum; ~-**carbide brick** *ép* szilícium-karbid-tégla; ~ **chip** *szt* szilícium alapú félvezető; szilíciumcsip, szilíciumlapka; ~ **controlled rectifier (SCR)** *félv, távk* szilíciumos egyenirányító, négyrétegű kapcsolódióda; ~ **controlled switch (SCS)** *félv* vezérelt szilíciumkapcsoló; ~ **copper** *koh* rézszilicid; ~ **crystal** *félv* szilíciumkristály; ~ **diffused-transistor** *el* szilíciumdiffúziós tranzisztor; ~ **diode** *félv* szilíciumdióda; ~-**dressing plant** *ip* szilíciumgyártó üzem; ~ **gate** *el* szilícium vezérlőelektród; *szt* szilíciumkapu; ~ **hydride** → silane; ~ **iron** *koh* vas-szilícium ötvözet; ~-**killed steel** *koh* szilíciummal nyugtatott acél; ~ **oil** *el* szilikonolaj; ~ **on sapphire circuitry (SOS)** *félv* szilíciumzafír áramkör, SOS-áramkör; ~ **photocell** *el* szilícium-fényelem, szilícium-fotocella; ~ **planar epitaxial transistor** *el* planár-epitaxiál szilíciumtranzisztor; ~ **rectifier** *el* szilíciumos egyenirányító; ~ **resistor** *el* szilíciumos ellenállás; ~-**rich casting** *önt* szilíciumdús öntvény; ~ **semiconductor detector** *félv* szilícium félvezető detektor; ~ **steel** *koh* szilíciumacél; ~ **tetrachloride** *vegy* szilícium(IV)-klorid

silicone *vegy* szilikon; ~-**bonded** *vegy* szilikonba ágyazott; ~ **grease** *vegy* szilikonzsír; ~ **resin** *ép* szilikongyanta; ~ **rubber** *vegy* szilikongumi, szilikonkaucsuk; ~-**treated paper** *pa* szilikonpapír; ~-**vapo(u)r film** *el* (vékony) szilikonbevonat; ~ **varnish** *vegy* szilikonlakk

siliconize *vegy, koh* szilikál, szilíciummal telít

siliconizing *koh* szilikálás

silicosis *orv* portüdő; szilikózis

silicothermic | extraction of magnesium *koh* szilikotermikus magnézium-előállítás; ~ **process** *koh* szilikotermikus eljárás

silicotungstic acid *vegy* sziliko-volfrámsav

silicyl oxide *vegy* disziloxán

silit *el* szilit, szilundum; ~ **resistor** *el* szilit ellenállás, rétegellenállás

silk *ásv* selyemfény; *tex* (varró)selyem; ~-**and-cotton stuff** *tex* félselyem *(selyempamutszövet)*; ~ **atlas** *tex* atlasz(selyem); ~-**back** *tex* selyemhát(ú); ~ **bleaching** *tex* selyemfehérítés; ~ **boiling-off** *tex* selyem hámtalanítása; ~ **braid** *tex* selyemfonat; ~ **cloth** *tex* selyemszövet; ~ **covering** *el* selyemszigetelés; ~-**dealer** *ip* selyemkereskedő; ~ **degumming** *tex* selyem hámtalanítása; ~ **fibre/fiber** *tex* selyemszál; ~ **filament** *tex* selyemszál; ~ **finish** *tex* fényes/fényezett kikészítés; ~ **floss** *tex* hímzőselyem; ~-**fly(er) frame** *tex* selyemelőfonó gép; ~ **gauze** *any* selyemszitaszövet; ~ **glue** *vegy* selyemenyv; ~ **gum** *tex* szericin; ~ **hosiery** *tex* selyem kötszövött áru; ~-**like** *tex* selyemszerű; ~ **mill** *tex* selyem(áru)gyár; ~ **noil** *tex* selyemfésülési kóc; ~ **paper** *pa* selyempapír; ~-**pile fabric** *tex* bolyhozott selyemszövet; ~ **reed-count** *tex* selyemborda-sűrűség, selyemborda-számozás; ~ **reel** *tex* selyemmotolla; ~ **reeler** *tex* selyemgombolyító munkás(nő); ~ **reeling** *tex* selyemszál lefejtése/legombolyítása; ~-**roving frame** *tex* selyemelőfonó gép; ~**s** *pl tex* selyeméleségek; ~ **scouring** *tex* selyem lefőzése; ~-**screen printing** *nyom, tex* szitanyomás; ~ **shag** *tex* selyemplüss; ~ **shantung** *tex* selyemsantung; ~-**shoddy** *tex* durva selyem hulladékfonal; ~-**spinning machine** *tex* selyemfonó gép; ~-**spinning mill** *ip* selyemfonó (gyár); ~-**spinning noil** *tex* selyemfonási hulladék; ~ **stretcher** *tex* selyemorsózó; ~ **thread** *tex* selyemfonal; ~ **throwing** *tex* selyemcérnázás, selyemsodrás; ~ **twill** *tex* selyemszerzs, selyemsávoly; ~ **union** *tex* félselyem; ~-**union fabric** *tex* félselyem szövet; ~ **velvet** *tex* selyembársony; ~ **wadding** *tex* kócselyem; selyemvatta; ~ **waterer** *tex* selyemhabosító *(moaréhatás eléréséhez)*; ~-**weaver** *tex* selyemszövő (munkás); ~-**weaving factory** selyemszövő gyár; ~ **weighting** *tex* selyemfonal-nehezítés; ~ **wool** *tex* selyemgyapjú; ~ **wringing** *tex* selyemfacsarás; ~ **yarn** *tex* selyemfonal

silken *tex* selyem-; ~ **screen** *élip* selyemszita

silkstuff *tex* selyemanyag

silkworm *tex* selyemhernyó; ~ **breeding** selyemhernyó-tenyésztés; ~ **egg** selyemhernyólepke; ~-**rearing** → ~ breeding

silky selymes, selyemszerű; ~ **fracture** *any* selymes törés; *koh* selymes töret; ~ **staple** *tex* selymes fürt *(pamutfeldolgozásnál)*

sill *bány* talpgerenda; telepfekü; teleptelér; telérkőzet; töltéskorona pereme; töltéspadka; *ép* ablakpárkány, ablakdeszka; ászok(fa); küszöb; párnafa; *hidr* küszöb *(gáté, utófenéké)*; ~ **cock** *ép* medencecsap; ~ **course** *ép* mellvédpárkányzat; ~ **drift** *bány* feküben hajtott *v.* alapszinten telepített vágat; ~ **facies** *geol* küszöbfáciesz; ~ **floor/level** *bány* alapszint, szintfolyosó; ~ **loss** *hidr* küszöbellenállás; küszöbveszteség; ~ **off** *bány* alapvágatot telepít; ~ **of seam** *bány* telepfekü; ~ **pillar** *bány* gyámpillér; ~ **prop** *ép* mellgerenda-támaszdúc; ~ **rail** *ép* mellvédgerenda *(favázas téglaépületben)*

silled-out *bány* lefejtett *(talp)*

sillimanite *ásv* sillimanit; ~ **brick** *ép* sillimanittégla

silling *ép* bedeszkázás

silo I. *v* silóba rak, silóz; **II.** *n* siló; *kat* (rakéta)siló; *koh* bunker; ~ **bin** *élip, ép* silócella; ~ **bunker** silógarat, silótölcsér; ~ **cell** silórekesz; ~ **compartment** → ~ bin; ~ **cutter** *mzg* silószecskavágó; ~ **discharge** silóürítés; ~ **feeder** silótöltő; ~ **level detector** silószintállás-jelző; ~ **pallet** *ép* ömlesztettanyag-rakodólap; ~ **pressure** silónyomás

silorator system *mzg* silózás takarmányzúzással

siloxane *vegy* sziloxán

Silsbee | current *hűt* Silsbee-áram; ~ **rule** *el* Silsbee-szabály

silt I. *v ép* feliszapol; *hidr* eliszaposodik; **II.** *n* iszap; *geol* áradvány; leülepedés; természetes hordalék; *hidr* iszaptalaj; üledék; *ol* fúróiszap; ~ **box** *hidr* iszapfogó *(lefolyóban)*; ~**-charged** *hidr* iszapban dús *(víz)*; ~ **clearance** *hidr* iszaptalanítás; ~ **concentration** *bány* iszapkoncentráció; *hidr* hordaléktöménység; ~ **content** *geol* iszaptartalom; ~ **content test for fine aggregate** *any* iszaptartalom-vizsgálat; ~ **control** *ép* feliszapolódás meggátlása; ~**-control dam** *hidr* hordalékfogó gát; ~**-control reservoir** *hidr* hordalékfogó tározó; ~**-control storage** *hidr* hordalékfogó tározás; ~**-covered** *talt* eliszapolt; ~ **dam** *környv* hordalékfogó; ~ **escape** *hidr* hordaléklebocsátó zsilip; ~ **grade** *geol* (iszap)szemcsenagyság; ~ **grading** *geol* iszapszemcse-eloszlás *(gradáció)*; ~ **removal** *hidr* iszaptalanítás; ~ **storage** *hidr* hordaléktározás; ~ **trench** *hidr* hordalékgyűjtő árok; ~ **valve** *bány* iszapleeresztő; ~ **washer** *geol* iszapoló

siltation *talt* eliszapolódás, eliszaposodás; feltöltődés

silted *talt* eliszapolt, feliszapolt

siltfraction *hidr* iszap

silting *bány* beiszapolódás; hidraulikus tömedékelés; iszaptömedékelés; *geol* iszapolás; iszapolódás; ~ **elutriation** *környv* iszapolás; ~ **method** *talt* iszapoló eljárás; ~**-up** *ép* feliszapolás; *hidr* eliszaposodás

siltstone *bány* aleurolit; ~**s** *talt* szilárd iszap, márga

silty *geol* iszapos; ~ **clay** *geol* iszapos agyag; ~ **sand** *geol* iszapos homok; ~ **water** *geol* iszapos víz

silumin *koh* szilumin

Siluminite *el* sziluminit *(szigetelőanyag)*

Silurian *bány* szilur; ~ **paper** *pa* batikpapír; ~ **period** *geol* szilur kor/időszak

silvanite *bány* szilvanit

silver I. *v* ezüstöz; foncsoroz; **II.** *n* **(Ag)** *vegy* ezüst; ~ **alloy** *koh* ezüstötvözet; ~ **amalgam** *ásv* ezüstamalgám; *vegy* ezüstfoncsor; ~ **beating** *alak* ezüstfóliakészítés *(ezüst kiverése vékony lemezzé)*; ~ **brazing** *heg* keményforrasztás ezüstforrasszal; ~ **brazing alloy** *koh* ezüstforrasz *(keményforrasztáshoz)*; ~ **brazing flux** *heg* folyósítószer ezüstforrasztáshoz; ~ **chloride** *vegy* ezüst-klorid; ~**-coated board** *pa* bronzozott karton; ~**-coating** ezüstözés, bevonás ezüsttel, ezüstbevonat; *gyógyv* ezüstdrazsírozás; ~ **extraction** *vegy* ezüstkinyerés; ~**-faced** *óra* ezüstözött; ~ **funnel** *tex* szalagtömörítő tölcsér; ~ **gauze** ezüstháló; ~**-gilt** aranyozott *v.* arannyal futtatott ezüst; ~ **glance** *ásv* argentit; ~**-grey** *any* ezüstszürke; ~ **halides** *vegy* ezüst-halogenidek; ~ **iodide** *foto, vegy* ezüst-jodid; ~**-jacketed wire** *el* ezüstözött huzal; ~ **lead ore** *ásv* ezüsttartalmú galenit; ~ **leaf** *ép* ezüstfólia; ezüstfüst; ~ **metallurgy** *koh* ezüstkohászat; ~ **mirror** *el* ezüstözött tükör; *üveg* ezüsttükör; ~**-mirror test** *vegy* ezüsttükörpróba *(aldehidekre)*; ~ **nitrate** *foto, vegy* ezüst-nitrát; ~**-ore** *ásv* vörösezüstérc; ~ **paper** *pa* sztaniolpapír, „ezüstpapír"; ~ **paste** *távk* ezüstöző massza *(kondenzátorgyártáshoz)*; ~ **plate** ezüstlemez; ~**-plate** *v* ezüstöz, ezüsttel/ezüstréteggel bevon *(galvanizálással)*; ~**-plated** *el, óra* ezüsttel lemezelt/bevont, ezüstözött; ~ **plating** *el* ezüstbevonat; ~**-plating** *el* galvánezüstözés; ~ **protein** *vegy* protargol; ~ **reclamation** *vegy* ezüstkicsapás *(visszanyerés)*; ~ **screen** *fa* forgácselhárító pajzs; szilánkfogó; *forg* szilánkvédő ernyő; ~ **setting** *óra* ezüstfoglalat; ~ **solder** *heg* ezüstforrasz; ~ **standard** *metr* ezüstmérték; *vegy* ezüstpróba; ~ **steel** *koh* ezüstacél; ~ **test** *vegy* ezüstpróba; ~**-tipped** *el* ezüstcsúcsos; ~ **tissue-paper** *pa* ezüst-selyempapír; ~ **voltameter** *el* ezüstcoulombméter, ezüstvoltaméter; ~ **weightmeter** *any* ezüstmérő (készülék); ~**-white** *any* ezüstfehér *(szín)*; ~**-wire fuse** *el* ezüstszálas olvadóbiztosító; ~ **works** *koh* ezüstkohó; ~**-zinc crust** *koh* dúshab

silvered *el, óra* ezüstözött; ~ **mica** ezüstözött csillámlemez

silverer ezüstözőmunkás

silvering ezüstözés

silversmith ezüstműves, ötvös

silvery ezüstös; ~ **getter film** *el* ezüst gettertükör

silviculture erdőművelés, erdőgazdálkodás, erdészet

sim. → similar; → similarity

sima *geol* szima (öv)

SIMD → single instruction stream multiple data stream; ~ **processor** *szt* SIMD processzor

similar hasonló, hasonlítható (to vmhez); *mat* egynemű, hasonló; ~ **action** *stat* statisztikailag független tényezők hatása; ~ **matrix** *mat* hasonló(sági) mátrix; ~ **poles** *el* egynemű pólusok; ~ **triangle** *mat* hasonló háromszög

similarity *mat* hasonlóság; ~ **centre/center** *mat* hasonlósági középpont/pont/centrum; ~ **class of algebra** *mat* hasonlósági osztály; ~ **conditions** *aut, fiz* hasonlósági feltételek; ~ **law** *hidr* kismintatörvény; ~ **principle/law/theorem** *fiz, mat* hasonlósági tétel/elv/törvény; ~ **ratio** → similitude ratio; ~ **transformation** *mat* hasonlósági transzformáció, hasonlóság; ~ **transformation matrix** *mat* hasonlósági transzformációs mátrix

similarly hasonlóan, hasonlóképpen; ~ **directed parallel currents** *el* azonos irányú párhuzamos áramok

similitude *mat* hasonlóság; ~ **conditions** *aut, fiz* hasonlósági feltételek; ~ **method** *mech* hasonlósági módszer/eljárás; ~ **ratio** *fiz* hasonlósági arányszám; ~ **transformation** *mat* hasonlóság(i transzformáció)

simonyte *ásv* asztrakanit

simoom, simoon *met* számum

simple I. *a* egyszerű; egyes, egy darabból/alkatrészből álló; *mech* csuklós alátámasztású; **II.** *n* gyógyfű; gyógynövény; gyógynövényből készült gyógyszer; *tex* zsinórkészlet *(kártyaverő gépé)*; ~ **A-element** *aut* egyszerű A-elem; ~**-batch distillation** *vegy* egyszerű szakaszos lepárlás; ~ **beam** *mech* (csuklós alátámasztású) kéttámaszú tartó; ~ **binary computer** *szt* egyszerű kettes számrendszerű számítógép; ~**-bolt** *szer* egybekezdésű csavar; ~ **bridge** *ép* kéttámaszú gerendahíd; ~ **buffering** *szt* statikus pufferolás; ~ **building unit** *ásv* egyszerű építőegység; ~ **chain** *mat* irányított út; ~ **chain of events** *rendsz* egyszerű eseményfolyamat; ~ **closed curve** *mat* egyszerű zárt görbe, zárt Jordan-görbe; ~ **combination** *mat* ismétlés nélküli kombináció; ~ **connectedness/connectivity** *mat* egyszeres összefüggőség; ~ **connecting system** *koh* egyes kapcsolás; ~ **cost-effective application microprocessor (SCAMP)** *szt* egyszerű, kis költségű mikroprocesszor, SCAMP; ~ **coverage** *ép* egyszeres lemezfedés; ~ **cubic lattice** *ásv* egyszerű/primitív köbös rács; ~ **distillation** *vegy, ol* egyszerű/egyszeri desztilláció; ~ **door** → single-wing door; ~ **equation** *ép* lineáris (elsőfokú) egyenlet; ~ **event** *mat, rendsz* elemi esemény; ~**-expansion locomotive** *vasút* egyszeres terjeszkedésű mozdony; ~ **filter** *hidr* egyszerű szűrő; ~ **fraction** *mat* közönséges/egyszerű tört; nem emeletes tört; ~ **glass** *üveg* közönséges üveg; ~ **glide** *krist* egyszerű csuszamlás; ~ **graph** *mat* egyszerű gráf; ~ **harmonic motion (shm)** *fiz* egyszerű harmonikus mozgás; ~**-harmonic quantity** *el, mat* tisztán harmonikus mennyiség; ~ **heap** *bány* egyszerű hányó; ~ **housing** *gép* egyszerű beépítés; ~ **integral** *mat* egyszeres integrál; ~ **interest account** *mat* kamatszámítás; ~ **ionic structure** *krist* egyszerű ionszerkezet; ~ **iteration** *szt* egyszerű iteráció; ~ **lag network** *aut* egyszerű késleltető hálózat; ~ **lattice-work** *ép* egyszeres rácsozású rácsos tartó; ~ **loom** *tex* mintázószék; ~ **monoclinic lattice** *ásv* egyszerű monoklin rács; ~ **nozzle** *gép* karimás csőtoldat; ~ **number** *mat* egyszerű szám; ~ **orthorhombic lattice** *ásv* egyszerű rombos rács; ~ **over-current relay** *el* egyszerű túláramrelé; ~ **path** *mat* egyszerű út *(irányított gráfban)*; ~**-pattern tube-expander** *heg* egyszerű forrcsőprés; ~ **pendulum** *geof* egyszerű inga; ~ **perceptron** *aut* egyszerű/elemi perceptron; ~ **polygon** *mat* egyszerű sokszög *v.* n-szög; ~ **polyhedron** *mat* egyszerű poliéder/soklap; ~ **press tool** *szersz* egyszerű sajtolószerszám; ~**-process factor** *at* egyfokozatú dúsítási tényező; ~ **punch tablet machine** *gyógyv* egybélyegzős tablettázó gép; ~ **random sampling** *rendsz* egyszerű véletlen mintavétel; ~ **rectification** *el* anód-egyenirányítás; ~ **rectifier** *geod* egyszerű képtranszformátor *(fotogrammetriában)*; ~ **regression** *mat* egyszerű regresszió; ~ **R element** *aut* egyszerű R-elem; ~ **root** *mat* egyszeres gyök; ~ **S element** *aut* egyszerű S-elem; ~ **shear** *ép* tiszta nyírás; ~**-sinusoidal quantity** *mat* egyszerű szinuszos változású mennyiség; ~ **sound** tiszta hang; ~ **sound source** *hang* térsugárzó hangforrás; ~ **steam engine** *gép* egyhengeres gőzgép; ~ **stress** *any* ütési igénybevétel; *krist* egytengelyű feszültségi állapot; ~ **support** *ép* csuklós támasz; közönséges felfekvés, egyszerű alátámasztás; ~ **surge-tank** *gép* egyszerű kiegyenlítőmű; ~ **syrup** *élip* egyszerű szirup, cukorszirup; ~ **tetragonal lattice** *krist* egyszerű tetragonális rács; ~ **thread** *szer* egybekezdésű menet; ~**-thread screw** *szersz* egybekezdésű csavar; ~ **tile roofing** *ép* egyszeres cserépfedés; ~**-toggle (jaw) crusher** *ép* egyingás törő; ~ **tone** *hang* tiszta hang; ~**-tuned amplifier** *el, rád* egyszerűen hangolt erősítő; ~**-twist joint** egyszeresen összecsavart kötés *(huzal stb.)*; ~ **vibration-type pile-driving** *ép* vibrációs cölöpsüllyesztés; ~ **weaves** *tex* alapkötések; ~ **zero** *mat* egyszeres gyök

simplex egyszerű *(nem összetett)*; közönséges; *mat, rendsz, szt* szimplex; ~ **circuit** *el* szimplex áramkör; *távk* szimplex vezeték/vonal; ~ **codes** *szt* szimplex kódok; ~ **joint** *hidr* Simplex-kötés; ~ **method** *szt* szimplex módszer *(adatátvitel)*; ~ **miller** *forg* egyorsós marógép; ~ **operation** *távb, távk* egyirányú/egyszeres/szimplex üzem(mód)/működés; ~ **partition** *mat* szimplexekre bontás/felosztás, trianguláció; ~ **pile** *ép* simplex (rendszerű) betoncölöp; ~ **tableau** *mat, rendsz* szimplex tábla; ~ **technique** *aut, szt* szimplex módszer; ~ **winding** *el* egyjáratú tekercselés; egyszerű párhuzamos tekercselés

simplicial *mat* szimpliciális; ~ **complex** *mat* szimpliciális komplexus; ~ **partition** *mat* szimpliciális osztás; ~ **sub-division** *mat* szimplexekre felosztás, szimpliciális (fel)osztás

simplification (le)egyszerűsítés; *mat* egyszerűsítés; ~ **in interpunction** *mat* zárójel elhagyása

simplified | **coding** *szt* egyszerűsített kódolás; ~ **diagram** *el* elvi (kapcsolási) rajz, egyszerűsített ábra/diagram; ~ **fraction** *mat* nem egyszerűsíthető tört; ~ **scheme** *rád* egyszerűsített/sematikus kapcsolási rajz

simplify egyszerűsít; *mat* (le)egyszerűsít *(képletet)*

simplifying assumption *mat* egyszerűsítő feltétel

simply egyszerűen; ~**-connected domain** *mat* egyszeresen összefüggő tartomány; ~**-connected space** *mat* egyszeresen összefüggő tér; ~ **ordered** *aut* egyszerűen rendezett; ~ **reinforced** *ép* egyszeresen vasalt, csak húzott vasbetéttel vasalt *(vasbeton)*; ~**-supported** *ép, gép* alátámasztott; kéttámaszú; szabadon felfekvő; ~**-supported beam** *mech* (csuklós alátámasztású) kéttámaszú tartó

Simpson | **pile** *at* neutronszámláló teleszkóp; ~ **rule** *mat, szt* Simpson-formula, Simpson-képlet

SIMS → secondary ion mass spectroscopy

simulant *fiz* szimulátor, analóg modell

simulate *fiz* szimulál, modellez

simulated utánzott; szimulált; *kat* gyakorló; megtévesztő; szimulált; színlelt; ~ **crepe weave** *kh* krepp-(utánzó) kötés; ~ **flight** *rep* szimulált repülés; szimulátorrepülés; ~**-fur** *tex* szőrmeutánzat; ~ **grain** *bőr* álbarka, színlelt barka *(készbőrön)*; ~ **line** *távk* művonal, mesterséges vonal; ~ **program** *szt* utánzott/szimulált program

simulating network *távk* utánzókapcsolás, műkapcsolás

simulation *aut* szimuláció, szimulálás, modellezés; *el, távk* művonal; szimmetrizáló tag; ~ **game** *rendsz* szimulációs játék; ~ **language** *szt* szimulációs nyelv; ~ **model(l)ing** *aut, rendsz* modellezés, szimulálás; ~ **of rolling noises of tyre/tire treads** *aut, szt* abroncsprofilok gördülési zajainak szimulálása/modellezése; ~ **of traffic stream** *aut, közl* forgalomáramlás szimulálása/modellezése; ~ **procedure** *aut, bány* szimulációs eljárás; ~ **program/routine** *szt* szimulációs program; ~ **technique** *aut, szt* szimulációtechnika, modellezési technika

simulative | **circuit** *el* helyettesítő áramkör; ~ **generator** *rád* utánzó rezgéskeltő; ~ **network** ekvivalens/egyenértékű áramkör

simulator *aut* analóg modell; modell, szimulátor, kisminta; *rep* modellező berendezés; oktatóberendezés; szimulátor; *szt* szimulátor, analóg számítógép; *távk* utánzó készülék; ~ **program** *szt* szimulátorprogram

simulcast I. *v rád, tv* egyidejűleg ad/közvetít *(rádión/tévén, ill. több csatornán)*; **II.** *n* egyidejű rádió- és tévéadás/-közvetítés, egyidejű adás *(több csatornán)*

simulcasting *rád* egyidejű rádió- és tévéadás *(2-állomásos)*

simultaneity egyidejűség; ~ **factor** *en* egyidejűségi tényező
simultaneous *aut, rád, távk* egyidejű, szimultán, együttes; *geod, geol* szimultán; ~ **action** *fiz* együtthatás; ~ **broadcast(ing) (SB)** *rád, tv* egyidejű rádió- és tévéközvetítés; szimultán/egyidejű adás/közvetítés; ~ **carry** *aut* egyidejű/szimultán átvitel; ~ **circuit** *el* szimultán áramkör; ~ **colo(u)r television** *tv* egyidejű színes televízió; ~ **computer** *szt* szimultán számítógép; ~ **contrast** *fiz* szimultán kontraszt, mellékkontraszt; ~ **control** *aut* szimultán/egyidejű vezérlés; ~ **differential equations** *mat* közönséges differenciálegyenletrendszer; ~ **equations** *mat, rendsz* szimultán egyenletek, szimultán egyenletrendszer; ~ **game** *mat* szimultán játék; ~ **grinding and mixing** *bány* keverő őrlés; ~ **inequalities** *mat* egyenlőtlenség-rendszer; ~ **load** *en* egyidejű terhelés, egyidejű teljesítményigény; ~ **operation** *szt* szimultán működés(i mód) *v.* üzemmód; ~ **operation with two X-ray tubes** *el* kettős röntgencsöves (szimultán) üzem; ~ **ordinary differential** *mat* közönséges differenciálegyenlet-rendszer; ~ **processing** *szt* párhuzamos feldolgozás; ~ **reaction** *vegy* egyidejű/szimultán reakció; ~ **running programs** *szt* egy időben futó programok; ~ **system** *rendsz* egyidejű rendszer; ~ **translation** szinkron tolmácsolás; ~ **transmission** *aut* egyidejű/szimultán átvitel/közvetítés; ~ **waste water load** *hidr* egyidejű vízlebocsátás; ~ **working** *el, távk* egyidejű működés
simultaneously operated laterals *hidr* egyszerre üzemelő szárnyvezetékek
sin → sine
since óta, vmitől kezdve; amióta; azóta
sine (sin) *mat* szinusz; szinuszfüggvény; ~ **arm** *geof* szinuszkar; ~ **bar** *forg* szinuszvonalzó; ~ **chart** *mat* szinuszosztású diagrampapír, szinuszpapír, szinuszháló; ~ **condition** *opt* (Abbe-féle) szinuszfeltétel; ~-**cosine series** *mat* trigonometrikus sor; ~ **curve** *mat* szinuszgörbe, szinuszvonal; ~ **factorial** *mat* szinuszfaktoriális; ~ **function** *mat* szinusz, szinuszfüggvény; ~ **galvanometer** *geof* szinusz-galvanométer; ~ **generator** *el* szinuszhullámú generátor, szinuszgenerátor; ~ **graph** → ~ chart; ~ **integral (function) (si)** *mat* integrálszinusz; ~ **law** *mat* szinusztétel, szinusztörvény; ~ **line** *mat* szinuszgörbe, szinuszvonal; ~ **meter** *el* meddőfogyasztás-mérő, kilovaróraméro; ~ **oscillation** *el* szinuszrezgés; ~ **paper** → ~ chart; ~-**Patterson-function** *krist* szinusz-Patterson-függvény; ~ **plate** *gép* szinuszlemez; ~ **potentiometer** *el* szinusz-potenciométer; ~ **protractor** *mat* szinuszvonalrajzoló; ~ **relief** *el* szinuszrelief, szinuszgörbe-magasság; ~ **rule** → ~ law; ~ **series** *mat* szinuszsor; ~-**shaped** *mat* szinusz alakú; ~-**squaring circuit** *távk* négyszögimpulzus-képző kapcsolás; ~ **term** *mat* szinuszos tag; ~ **tone** *hang* tiszta/szinuszos hang; ~ **vibration** *fiz* szinuszrezgés; ~ **wave** *el, fiz* szinuszhullám; ~-**wave oscillator** → ~ generator
sineclise *geol* szineklízis
Sinemurian stage *geol* sinémuri emelet
sinewy eres; rostos; szálas (szerkezetű)
sing énekel; *hang, rád* búg; fütyül; zúg
singe I. *v* éget, perzsel; *élip* pörzsöl; *tex* perzsel; **II.** *n* pörkölés, égésnyom
singed heald *tex* perzselt nyüst *(szőrtelenített)*
singeing *tex* perzselés; ~ **machine** *tex* perzselőgép; ~ **plate** *tex* perzselőlap
singing *rád, távk* (akusztikai) begerjedés; fütyülés, berezgés; ~ **arc** *el* éneklő ív *(kisülés)*, Poulsen-ív; ~ **flame** *hang* éneklőláng, hangérzékeny láng; ~ **lamp** *el* (Fleysner-féle) zümmögő lámpa; ~ **margin** *távk* füttyponttávolság; megengedett erősítési határ *(begerjedésig)*; ~ **point** *távk* füttypont; ~ **point equivalent** *távk* füttyponti maradékcsillapítás; ~-**proof** *távk* begerjedésmentes; ~ **spark** éneklő szikra; ~ **suppressor** *távk* füttyelnyomó; gerjedészár; ~ **tube** *hang* éneklőcső
single I. *v* válogat; *mzg* egyel; **II.** *a* egyes, egyetlen; egyedüli; egyszeri; *tex* egyágú *(fonal)*; **III.** *n ol* egy szál fúrócső, „szingli"; ~-**acting** *gép* egyszeres/egyoldali működésű; ~-**acting air motor** *aut* egyoldali működésű légmotor; ~-**acting diaphragm motor** *aut* egyoldali működésű membránmotor; ~-**acting engine** *gép* egyszeres működésű dugattyús gép; ~-**acting hammer** *ép* direkt működésű verő; ~-**acting press** *alak* egyszeres működésű prés/sajtó; ~ **acting slush pump** *ol* egyhatású dugattyús iszapszivattyú; ~-**acting spring** *vasút* egyfokozatú hordrugó; ~-**action printer** *szt* jelenkénti nyomtató; ~-**address code** *szt* egycímű/egycímes kód/utasítás; ~-**address computer** *szt* egycímű számítógép; ~-**address instruction** *szt* egycímes/egycímű utasítás; ~ **address message** *szt* egycímes üzenet; ~ **admission** *gép* egyoldalú bevezetés *(gőzé)*; ~ **anchor leg mooring** *ol* egypontos lehorgonyzású fedélzet; ~-**angle (milling) cutter** *forg* egyszerű szögmaró; ~-**anode rectifier** *el* egyanódos egyenirányító; ~-**anode rectifier tube/valve** egyenirányító cső; ~ **appliance** egyedi készülék; ~-**apron draught/draft** *tex* egyszíjas nyújtás; ~ **arch bridge** *ép* egynyílású ívhíd; ~-**arm anvil** *alak* egykarú üllő; ~-**armature converter** *el* egyarmatúrás áramátalakító; ~-**armed** *gép* egykarú; ~-**arm lever** *mech* egykarú emelő; ~-**arm semaphore** *vasút* egykarú jelző; ~-**arm suspension** *vasút* egyoldalas karos felfüggesztés *(felsővezetéké)*; ~-**assignment languages** *szt* egyszeri értékadású nyelvek; ~-**axis laser gyroscope** *gép* egytengelyű lézergiroszkóp; ~-**axle roller** *ép* egytengelyes henger; ~-**axle tractor** *ép* egytengelyes vontató *(nyerges)*; ~-**axle trailer** *közl* egytengelyű pótkocsi/utánfutó; ~-**axle truck tractor** *ép* egytengelyes nyerges vontató; ~-**axle unit** *gépk* egytengelyű jármű; ~-**back-geared lathe** *forg* egyszeres előtétes eszterga; ~-**balanced modulator** *távk* egyszeresen kiegyensúlyozott modulátor; ~-**band** *távk* egy hullámsávú, egysávú; ~-**band superhet receiver** *távk* egysávú szupervevő; ~-**bar chain** *gép* egysoros lánc; ~-**bar cloth** *tex* egyfonalas kelme; ~-**bar cross-head** *forg* egycsúszkás keresztfej; ~-**bath dyeing** *tex* egyfürdős színezés; ~-**bead weld** *heg* egyrétegű hegesztett varrat; ~ **beam** *bány* tám nélküli süvegbiztosítás; *el* egyes/egyetlen sugár(nyaláb); ~-**beam** *el, fiz* egysugaras; *ép* egygerendás; egytartós; *gép* egysínű; ~-**beam compactor with vibrator** *ép* egyszerű pallóvibrátor; ~-**beam line storage tube** *el* egy-elektronsugaras emlékezőcső/raktározócső; ~-**beam oscillograph** *fiz* egysugaras oszcillográf; ~-**beat** egyfázisú, együteművű; ~-**beat escapement** *óra* egyfázisú járat *(gátszerkezet)*; ~-**bench quarrying** *bány* egypados külfejtés; ~-**berth** *hajó* egyszintű ágy; ~-**bevel groove weld** *heg*

fél V varrat; ~-**bevel joint** *ép, fa* (egyoldalasan) ferde illesztés; ~-**bevel tee-joint** *heg* T alakú varrat *(egy oldalán leélezve)*; ~-**bit store** *szt* egybites tároló; ~-**blade airscrew** *rep* egyágú légcsavar; ~-**block brake** *vasút* egysarus fék; ~-**board computer (SBC)** *szt* egykártyás számítógép, SBC; ~-**board stone-dust shelf** *bány* egydeszkás kőporpolc; ~-**bobbin hoist** *bány* egybobinás szállítógép; ~-**bolt cutter** *alak* egyorsós csavarmenetvágó gép; ~ **bond** *vegy* egyes kötés; ~ **bottom** *hajó* egyszerű (hajó)fenék; ~-**box loom** *tex* egyvetélős sima szövőgép; ~-**break** *el* egyszeres megszakítású; ~-**break switch** *távk* egyszeres megszakítású kapcsoló; ~-**brush floor machine** *ép* padlósúroló és -fényesítő gép; ~-**bucket dredger** *ép* egyedényes kotró; ~-**buffer** *vasút* együtközős; ~-**buoy moor(ing)** *ol* egypontos lehorgonyzású töltőbója; ~-**button control** *rád* egygombvezérlés; ~-**butt strap** *vasút* félheveder; ~ **cable** *el* egyeres kábel; ~ **cabriolet** *gépk* szedánkabriolet; ~ **cage** *bány* egyszintű kas; ~-**cage winding** *bány* egykasos szállítás; ~ **call** *rep* egy állomás meghívása; egyszeres hívás; ~-**canvas binder** *mzg* egyponyvás kévekötő aratógép; ~-**capacity element** *aut* T1 tag, egytárolós arányos tag, elsőrendű arányos tag; *szt* egytárolós tag; ~-**capacity impulse circuit with transportation lag** *aut* átvitelkésleltetett egykapacitásos impulzuskör; ~ **carriageway** *ép, közl* osztatlan úttest; ~-**carriageway road** egypályás út; ~-**case turbine** *gép* egyhengeres turbina; ~-**cast** *koh* egy darabban öntött; ~-**cavity die** *önt* együregű présforma; ~-**cavity mo(u)ld** *műa* egyszeres/egylenyomatos/egymunkahelyes szerszám; szerszám egy formahellyel; ~-**chain drawbench** *alak* egyláncos húzópad; ~-**chain grab** *em* egyláncos markoló; ~-**chamber** *gép* egykamrás; ~-**chamber concrete (placing) gun** *ép* egykamrás szóróberendezés; ~-**channel** *távk* egycsatornás; ~-**channel amplitude analyzer** *at* egycsatornás amplitúdóanalizátor; ~-**channel analyzer** *at* egycsatornás analizátor; ~-**channel discriminator** *fiz* egycsatornás diszkriminátor; ~-**channel electron multiplier** *at* egycsatornás elektronsokszorozó; ~-**channel simplex** egycsatornás szimplex; ~-**cheek snow-plough/snowplow** *vasút* egyterelőlapos hóeke; ~-**chip computer (SCC)** *szt* egyáramkörös számítógép, SCC; ~-**circle reflection goniometer** *ásv* egykörös reflexiós goniométer; ~-**circuit** *rád* egykörös; ~-**circuit drift tube** *el* egyáramkörös sebességmodulációs cső *v.* klisztron; ~-**circuit hydraulic system** *ép* egykörös hidraulikus rendszer; ~-**circuit receiver** *rád* egykörös vevő; ~ **clip** *tex* egyszeri nyírás; ~-**coated emulsion** *foto* egyrétegű emulzió; ~ **coating** *műa* egyszeri bevonás/bevonat; ~-**coat plaster** *ép* egyrétegű (simító)vakolat; ~-**coil filament** *opt* egyszerű spirál, szimplaspirál *(izzószál)*; ~-**coil spring** *gép* egymenetű/egyszeres tekercsrugó; ~-**colo(u)red** egyszínű; ~-**colo(u)r print** *nyom* egyszínnyomás; ~-**column** *gép* egyoszlopos; *nyom* egyhasábos; ~-**column hammer** *koh* egyállványos kalapács; ~-**column matrix** *mat* oszlopmátrix, oszlopvektor; ~-**column planer** *szersz* egyállványos gyalugép; ~-**compartment thickener** *koh* egykamrás ülepítő; ~-**compass card/rose** *geod* egytűs iránytűrózsa; ~ **condenser** *gép* egymenetes kondenzátor *(gőzgéphez)*; ~ **conductor (SC)** *el* egyeres vezeték; egyes vezető; ~-**conductor cable** *el* egyvezetős kábel; ~-**conductor (current) transformer** *el* egyvezetékes mérőtranszformátor; ~-**contact (sc)** *el* egyszeres érintkezésű; ~-**control** *rep* egykormányú; ~ **cord** *távk* egyeres zsinór; ~-**cord board** *távk* egyzsinóros központ; ~-**cord switchboard** *távk* egyzsinóros központ; ~-**core cable** *el* egyeres/egyvezetős kábel; ~ **cotton-covered (SCC)** *el* egyszeres pamutszigetelésű; ~-**cotton-enamel(l)ed (SCE)** *el* egyszer zománc-, egyszer pamutszigetelésű; ~-**course** *ép* (tégla)sor; ~-**crank axle** *vasút* egyforgattyús könyöktengely; ~-**crucible furnace** *önt* egy olvasztótégelyes kemence; ~ **crystal** *krist* egyes kristály; egykristály; ~-**crystal diffractometer** *krist* egykristály-diffraktométer; ~-**crystal film** *krist* egykristályos (vékony)réteg; ~-**cup insulator** *el* egyszerű harangszigetelő; ~-**current keying** *távk* egyszeres áramú billentyűzés; ~-**current method** *távk* egyszeres áramú módszer; ~-**current signal(l)ing** *távk* egyszeres áramú jelzés; ~-**current transmission** *távk* egyirányú áramú üzem; egyszeres áramú átvitel; ~ **curvature shell** *ép* egy irányban görbült héj; ~-**cut** *forg* egy(vágó)élű; ~-**cut disc/disk harrow** *mzg* egytárcsás borona; ~-**cut file** *szersz* egyszerű vágású reszelő; ~-**cutter shearing-machine** *tex* egyhengeres nyírógép; ~-**cutting** → ~-cut; ~-**cutting drill** *szersz* egyélű fúró; ~-**cycle engine** *gép* együtemű motor/gép; ~-**cylinder** *gép* egyhengeres; ~-**cylinder concrete pump** *ép* egyhengeres betonszivattyú; ~-**cylinder-glazed** *pa* egyoldalt sima; ~-**cylinder machine** *pa* egyhengeres gép; ~-**decade counting unit** *el* egyszerű dekádszámláló; ~-**deck bus** → ~-decker; ~-**deck cage** *bány* egydobogós kas; ~-**decked pallet** *ép* egyfedelű rakodólap; ~-**decker (SD)** *közl* normál autóbusz *(nem emeletes)*; ~-**deck screen** *ép* egybetétes rosta; ~-**deck vessel** *hajó* egyfedélzetű hajó; ~ **density (SD)** *szt* egyszeres jelsűrűséggel írható, SD *(hajlékonylemez)*; ~-**dial control** → ~-button control; ~-**dial tuning** *távk* egygombhangolás, egygombos hangolás; ~ **diffusion stage** *el* egyetlen frekvenciaosztó/frekvenciaválasztó szűrő; ~-**digit number** *mat* egyjegyű szám; ~ **diode-pentode (sdp)** *el* dióda-pentóda; ~-**disc/disk clutch** *gépk* egytárcsás tengelykapcsoló; ~ **dislocation** *krist* egyes diszlokáció; ~-**doped laser rod** *fiz* egy adalékanyagú lézerrúd; ~-**dose ampoule** *gyógyv* egyszeri adagot tartalmazó ampulla; ~ **double-line brush** *távk* egyszárú kétoldalas kefe; ~ **drive** *heng* egyedi hajtás; ~-**drum hoist** *bány* egydobos szállítógép; ~-**drum winch** *bány, ép* egydobos vitla/csörlő; ~ **dryer/drier** *tex* egydobos szárító; ~-**duct air-conditioning system/equipment/plant** *ép* egycsatornás klímaberendezés; ~-**edged tool** *forg* egyélű (vágó)szerszám; ~-**effect evaporator** *élip* egyfokozatú bepárló; ~-**electrode potential** *el* egyelektródos potenciál; ~-**electrode resistance log** *ol* monoelektródos szelvényezés; ~ **electron** *fiz* pár nélküli elektron; ~-**electron limit** *el* egyelektronhatár; ~-**element detector** *el, távk* egyelemes detektor; ~-**element relay** *el* egyelemes relé; ~-**ended** *el* együtemű; *távk* egyoldali bevezetésű; ~-**ended amplifier** *el* A-erősítő; együtemű erősítő; ~-**ended discriminator** *rád* egyfázisú diszkriminátor; ~-**ended push-pull amplifier** *el* kapacitív kimenetű ellenütemű erősítő; ~-**ended spanner** *szersz* egyvégű/egyoldalas csavarkulcs; ~-**ended spread** *geof* aszimmetrikus terítés; ~-**ended substation** *távk* vezetékvégi alállomás; ~-

ended wrench *szersz* egyoldalas villáskulcs; ~**-end test** *tex* egyes szálak vizsgálata; ~**-engine** *gép, rep* egymotoros; ~**-engine ceiling** *rep* csúcsmagasság egymotorral; ~**-engined (SE)** *rep* egyhajtóműves; ~**-engined aircraft** *rep* egymotoros repülőgép; ~**-engine flight** *rep* repülés egy hajtóművel; repülés egymotoros repülőgéppel; ~**-entity charter** *rep* egyedi különjárat; ~ **entry** *bány* egyvágányú vágat; ~**-entry system** *bány* kamarapillér-fejtés egyes kamarákkal; ~ **error** *fiz* egyszeres hiba; *szt* egyszerű hiba; ~**-error correcting code** *szt* egyszerű helyesbítő/hibajavító kód; ~ **experiment** *rendsz* egyszeres kísérlet, egyszeri kísérlet; ~ **exposure** *at* egyszeri besugárzás/expozíció; ~**-faced** *ép* egy oldalon bevont/burkolt; ~**-faced corrugated board** *pa* egyoldalú hullámlemez; ~**-faced pallet** *ép* egyfedelű rakodólap; ~**-faced valve** *el* lapzárású tolózár; ~**-factor analysis of variance** *stat* szórásnégyzet egytényezős elemzése; ~ **fare** *rep* egyszeri menetdíj; ~ **feeder** egyszeres/egyes tápvezeték; ~**-feed machine** *gép* egyadagolófejes gép; *kh* egykötőrendszeres kötőgép; ~**-fee metering** *metr* egyszeres díjszámlálás; ~ **filament** *tex* egyes szál; ~ **fillet weld** *heg* egyoldalú sarokvarrat; ~ **fire** *kat* egyes lövés; ~**-flanged bobbin** *tex* palackcséve; ~**-flanged butt joint** *heg* egyperemes tompakötés; ~**-flange lap joint** *gép* karimás átlapolt kötés; ~**-flange wheel** *vasút* egynyomkarimás kerék; ~ **flash break** *el* egyimpulzusos megszakító; ~ **flat cover** *gép* egyszerű lapos (henger)fenék *(gőzgépé)*; ~ **flex** *el* egyeres hajlékony zsinór; ~**-flighted** → ~-thread; ~**-flighted screw** egybekezdéses csiga; ~**-flight stair(s)** *ép* egykarú lépcső; ~**-float aircraft/seaplane** *rep* egyúszós (vízi)repülőgép; ~ **floor** *ép* gerendafödém; ~**-floor** *ép* földszintes; ~**-flow turbine** *en* egyszeres kiömlésű turbina; ~ **flue** *ép* egyjáratú füstcsatorna; ~**-flue boiler** *hőt* Cornwall-kazán; ~**-fluid cell** *el* egyfolyadékos elem; ~**-flute drill** → ~-cutting drill; ~ **footing** *ép* egyes alaptest, oszloptalp, szoliter alap; ~ **force** *fiz* koncentrált/központos erő; ~**-frame hammer** *szersz* egyállványos kalapács; ~**-frequency laser** *fiz* egyfrekvenciájú lézer; ~**-frequency signal(l)ing** *távk* egyfrekvenciás jelzés; ~**-furnace process** *koh* olvasztás egyetlen kemencében; ~**-fuselage** *rep* egytörzsű; ~**-ga(u)ge** *közl* egynyomközű, egynyomszélességű; ~**-geared** *gép* egyszeres fogaskerék-áttételű; ~ **glazing** *ép* egyrétegű/szimpla üvegezés; ~**-grain structure** *ép* egyszemcsés (talaj)szerkezet; ~**-grid tube** *el* trióda; ~**-groove (SG)** *alak* egyhornyú; ~ **guide** *gép* egyoldalas vezeték; ~**-gun chromatron** *tv* kromatron *(egyetlen elektronágyút tartalmazó színes képcső)*; ~ **gyrocompass** *geod* egypörgettyűs iránytű; ~ **hand grip** *ép* egykezes markolat; ~**-hand hammer** *szersz* félkezes kalapács; ~ **hardening** *koh* egyszeri edzés; ~**-header boiler** *hőt* egykamrás vízcsöves kazán; ~**-heading flight** *rep* állandó irányon történő repülés; ~**-head porcupine drawing-frame** *tex* tűshengeres nyújtógép; ~**-head spanner** *szersz* egyszájú csavarkulcs; ~ **heating** *ép* egyedi fűtés; ~**-helical gear** *gép* csavarkerék, ferde fogazású kerék; ~ **hit** *at* egyszerű ütközés; ~**-hit event** *at* együtközéses jelenség; ~ **hoist** *bány* egydobos felvonó; ~**-hole** *gép* egylyukú *(fúvóka)*; ~**-hole wire-drawing machine** egylyukú dróthúzógép; ~ **hook** *em* egyágú daruhorog; ~**-horn framing** *bány* egyszerű fogazás; ~ **house** *ép* egylakásos ház; ~**-humped/peaked curve** *rád* egypúpú görbe; ~**-impeller impact crusher** *ép* egyrotoros röpítőtörő; ~**-impeller pump** *gép* egy járókerekes szivattyú; ~**-impression mo(u)ld** → ~-cavity mould; ~**-impulse welding** *heg* egyimpulzusos hegesztés; ~ **inlet** *hőt* egyoldalú bevezetés *(gőzé)*; ~**-in-line package (SIP)** *el* single-in-line tok; ~ **instruction stream multiple data stream (SIMD)** *szt* egy utasításfolyam, több adatfolyam, SIMD; ~ **instruction stream single data stream (SISD)** *szt* egy utasításfolyam, egy adatfolyam, SISD; ~ **instruction word** *szt* egyszerű utasításszó; ~ **instrument control** *mt* egyetlen készülékkel történő szabályozás, egykészülékes szabályozás; ~ **intake** *at* akut beépülés/inkorporáció; ~**-intersection truss** *ép* egyszeres rácsozású (gerenda)tartó; ~ **ionization** *fiz* egyszeres ionizáció; ~**-jaw chair** *vasút* egypofás sínszék/sínsaru; ~**-jet nozzle** *gép* egyfuratos fúvóka; ~**-J-groove weld** *heg* J varrat; ~ **junction** *gép* egyágas csatlakozó (cső)darab; ~**-kick multivibrator** *távk* együtemű multivibrátor; ~**-lane canal** *hidr* egyjáratú csatorna; ~**-lane road** *közl* egypályás út; ~**-lap joint** *fa* egyszerű átlapolásos kötés; ~ **laths** *pl ép* léc *(25x3x25 mm)*; ~ **latticing** *ép* egyszerű rácsozás; ~**-layer** egyrétegű; ~**-layer coil** *el* egyrétegű tekercs; ~**-layer partition** *ép* egyrétegű válaszfal; ~**-layer structure** *krist* egyszerű rétegszerkezet; ~**-layer winding** *rád* egyrétegű tekercselés; ~ **leaching** *koh* egyfokozatú lúgozás; ~**-leaf bascule bridge** *ép* egyszárnyú billenőhíd; ~**-leg manometer** *metr* egycsöves nyomásmérő, csészés nyomásmérő, tartályos nyomásmérő; ~**-length working** *szt* egyszeres szóhosszúságú feldolgozás; ~**-lens** *opt* egylencsés, monokuláris; ~**-lens reflex (camera) (SLR)** *foto* egyaknás tükörreflexes fényképezőgép; ~**-lever control/operation** *ép* egykaros kezelés; ~**-lift compaction** *ép* egyrétegű tömörítés; ~**-lift dobby** *tex* egyemelésű nyüstösgép; ~**-lift jacquard** *tex* egyemelésű jacquard-gép; ~**-limb manometer** *metr* egyskálás nyomásmérő; ~ **line** *el* egyvezetékes vonal; *geod* egyszer mért vonal *(szintezésnél)*; ~**-line** *ép* egyköteles; *távk* egyvonalú; *vasút* egyvágányú; ~**-line aerial cableway** *bány* angol függőkötélpálya; ~**-lined board** *pa* egyoldalt borított karton; ~**-line diagram** *távk* egyvonalas kapcsolási vázlat; ~**-line rolling mill** *koh* belga sor; nyitott hengersor; ~**-line subscriber** *távk* különvonalú előfizető; ~**-line-to-earth fault** *en* egyfázisú földzárlat; ~ **load** *mech* koncentrált teher; pontszerű/összpontosított terhelés; ~**-lobe** *rád* egymaximumú *(sugárzási görbe)*; ~**-lock bridge** *ép* egyreteszű nyitható híd; ~**-longitudinal mode laser** *fiz* egylongitudinális hullámtípusú lézer; ~**-loop control** *aut, el* egyhurkos szabályozás; ~**-loop(-type) galvanometer** *fiz* hurkos galvanométer; ~ **lubricator** *gép* egyedi olajozó; ~ **magnetic field** *rád* antennamező egység; ~ **magnifier** *opt* egyszerű nagyítóüveg; ~**-mass surface vibrator** *ép* egytömegű felületi vibrátor; ~**-mesh filter** *távk* egytagú/egyelemes szűrő; ~**-microphone usage** *rád* egymikrofonos felvétel; ~ **mill** *fa* egykeretes fűrész(telep); ~ **mode fibre/fiber** *el, opt* egymódusú fényvezető szál; ~ **mode laser** *el, fiz* egyfrekvenciás/egyhullámtípusú lézer; ~ **monomode fibre/fiber** *el, opt* egymódusú fényvezető szál; ~**-motion switch** *távb* egymozgású választógép; ~**-motor** *gép* egymotoros; ~**-motor approach** *rep* megközelítés egy működő hajtóművel; ~-**motor drive/equipment** *gép* egymotoros hajtás; ~ **mo(u)ld press** *ép* monoblokkprés; ~-**needle** *finm* egymutatós *(műszer)*; *gép*, *tex* egytűs; ~ **nickel salt** *vegy* nikkel-szulfát-hexahidrát; ~-**nozzled** *gép* egyfúvókás; ~ **observer rangefinder** *geod* rövid bázisú távmérő, távmérő egyszeri megfigyelésre; ~-**opening jet** *gép* egynyílású fúvóka; ~-**operation** *gép* egyszerű működésű; *szt* egyirányú *(csatorna, terminál)*; ~-**operator arc welder** *heg* egymunkahelyes ívhegesztő; ~-**operator set** *gép* egy kezelő által kezelt gépegység/gépcsoport; ~-**operator transformer** *heg* egymunkahelyes hegesztőtranszformátor; ~ **out** *v* kiválogat; *mzg* kiegyel; szétültet; ~-**part hoist** *ép* egy kötélágas horogszerkezet; ~-**pass** *ép* egyjáratú *(keverő)*; *heng* együreges, egyszúrásos; *hőt* egyszerű átömlésű; ~-**pass (automatic) welding** *heg* egyrétegű (automatikus) hegesztés; ~-**pass mill** *koh* egyszúrásos hengersor; ~-**pass program** *szt* egymenetes program; ~-**pass wire drawing** *koh* egyfokozatú dróthúzás; ~-**pass wire drawing machine** *koh* egyfokozatú húzógép; ~ **pendulum (gate) valve** *ép* egyszerű lengőtolózár; ~-**person game** *mat* egyszemélyes játék; ~-**phase (SP)** *el* egyfázisú; ~-**phase a.c. mains supply** *el* egyfázisú váltakozó áramú hálózat; ~-**phase alloy** *koh* egyfázisú ötvözet; ~-**phase alternator** *el* egyfázisú generátor; ~-**phase distribution** *ol* egyfázisú elosztóhálózat; ~-**phase induction regulator** *el* egyfázisú indukciós szabályozó; ~-**phase installation** *ép* egyfázisú fogyasztóberendezés; ~-**phase mains** *el* egyfázisú hálózat; ~-**phase meter** *el* egyfázisú fogyasztásmérő; ~-**phase plug** *el* egyfázisú dugós csatlakozó; ~-**phase rectifier** *el* egyutas egyenirányító; ~-**phase structure** *koh* egyfázisú szövet; ~-**phase three-wire system** *el* egyfázisú háromvezetékes rendszer; ~-**phase transformer** *el* egy tekercsrendszeres transzformátor; ~-**phase wiring** *el* egyfázisú vezeték; ~-**phasing** *el* egyfázisú üzem; ~ **photograph measuring** *bány* egyképes fotogrammetria; ~ **pickax(e)** *mzg* saraboló kapa; ~-**piece die** *szersz* szétszedhetetlen alakítószerszám; ~-**piece propeller** *rep* egy darabból készült légcsavar; ~-**pin connector** *el* egyágú dugós csatlakozó; ~-**pipe system** *ép* egycsöves rendszer *(központi fűtésnél)*; ~-**pitch roof** *ép* félnyeregtető; ~-**place** *ép* együléses *(gép)*; ~ **plane-iron** *szersz* simító gyaluvas; ~-**plank wall** *ép* egyszerű deszkafal; ~-**plate** *ép* alátétlemez *(bádogtetőfedésé)*; ~-**plate clutch** *gépk* egylemezes tengelykapcsoló; ~-**plate rudder** *hajó* síklemezes kormánylapát; ~-**ply** egyrétegű; ~-**ply board** *pa* egyrétegű karton; ~-**point cutter** *forg* egyélű maró; ~-**point grounding** *el* egypontos földelés; ~-**point mooring system** *ol* egypontos lehorgonyzású töltőbója; ~-**point tool** → ~-edged tool; ~-**polarity pulse** *el* unipoláris impulzus; ~-**pole (SP)** *el* egysarkú, egypólusú; ~-**pole double-throw switch (SPDT)** *el* egysarkú kétállású kapcsoló; ~-**pole fuse** *el* egysarkú biztosító; ~-**pole piece** *hang* egysarkú fej *(magnetofoné)*; ~-**pole single-throw switch (SPST)** *el* egysarkú egyállású kapcsoló; ~-**pole switch (SPSW)** *el*, *távk* egysarkú kapcsoló; ~-**pole tube** *el* egyelektródos cső; ~-**pool turbojet** *rep* egyforgórészes gázturbinás sugárhajtómű; ~-**ported** *gép* egyfuratos; ~-**precision** *szt* egyszeres pontosságú; ~-**probe method** *geof* egy mérőelektródás módszer; ~-**process lapping/picking** *tex* egylépcsős verés; ~ **pulley** *gép* egyhornyú tárcsa/görgő; ~-**pulley** *gép* egytárcsás; ~-**pulley drive** *gép* egytárcsás hajtás; ~ **pulp board** *pa* egyrétegű karton; ~ **punching** *szt* egyszerű lyukasztás; ~-**purpose construction machine** *ép* egycélú építőgép; ~-**purpose machine** *gép* célgép; ~-**purpose register** *szt* egyfunkciós regiszter; ~ **quotes** *pl nyom* fél idézőjel; ~-**rail** *vasút* egysínű; ~-**rail troll(e)y** *em* egysínes futómacska; ~ **range instrument** *el* egy mérőtartományú műszer; ~-**rate prepayment meter** *en* fogyasztásmérő előre fizetett fogyasztásra; ~-**record recorder** *metr* egyszeri feljegyzéses készülék; ~-**reduction gear** *gép* egylépcsős fogaskerék-reduktor; ~ **redundancy** *távk* egyszeres tartalékolás; ~ **refining** *koh* tisztítás egyszeri olvasztással; ~ **reflection** *geof* egyszeres reflexió; ~ **region reactor** *at* egyzónájú reaktor; ~ **release** *at* egyszeri kibocsátás; ~ **reliability characteristic** *távk* egyetlen megbízhatósági mutató; ~ **repair capability** egyszeres javíthatóság; ~ **resin** *vegy* rezol; ~-**retort underfeed stoker** *hőt* egyretortás alulról táplált tüzelőberendezés; ~-**revolution clutch** *el* egyfordulatos tengelykapcsoló; ~-**rod lattice** *at* egyrudas reaktorrács; ~-**rod prestressing jack** *ép* egyrudas feszítősajtó; ~-**roll crusher** *bány* egyhengeres törő; ~ **roller bearing** *ép* egyhengeres/egygörgős saru; ~ **roller bracket** *bány* egyesgörgő; ~ **root** *mat* egyszeres gyök; ~-**rope** *ép* egyköteles; ~-**rope drill grab** *ép* egyköteles fúrómarkoló; ~-**rope haulage** *bány* egyköteles (csille)vontatás; ~ **rotary slide gate/valve** *ép* egyszerű lengőtolózár; ~-**rotor helicopter** *rep* egyrotoros helikopter; ~-**row** egysoros; ~-**row ball-bearing** *gép* egysorú golyóscsapágy; ~-**row blasting** *bány* egysoros robbantás; ~-**row engine** *gép* egysoros motor; ~-**row matrix** *mat* sormátrix, sorvektor; ~-**row rivet(ed) joint** *ép* egysoros szegecselt kapcsolat; ~-**row riveting** *szer* egysoros szegecselés; ~-**run butt weld** *heg* egyrétegű tompavarrat; ~-**run line** *geod* egyszer mért vonal *(hosszmérésnél)*; ~-**running disc/disk grinder** *élip* egy forgótárcsás őrlőgép; ~-**run welding** *heg* egyrétegű hegesztés; ~**s** *pl bány* dús érc; kiválogatott érc; stufaérc; *tex* csévélt/motollált selyemszál; egyágú/egyes fonal; ~-**sample inspection** egyszakaszos ellenőrzés; ~-**sashed** *ép* egyszárnyú *(ablak)*; ~ **scattering** *at* egyszeri szóródás; ~-**screw extruder** *műa*, *gumi* egycsigás extruder; ~ **scutcher** *tex* egy ütőkaros verőgép; ~-**seater** *rep* együléses (gép); ~-**seat servo-valve** *gép* együlésű szabályozószelep; ~-**section** *gép* egytagú; ~-**section charge** *kat* egy tagból álló lőpornyaláb; ~-**section filter** → ~-mesh filter; ~-**section flight** *rep* leszállás nélküli repülés; ~-**seed hopper** *mzg* szemenként adagoló vetőszerkezet; ~-**shaft eccentric-type screen** *ép* egytengelyes excenterrosta; ~-**shaft pug-mill (concrete) mixer** *ép* egytengelyes teknős keverőgép; ~-**shaft turbojet engine** *rep* egytengelyes gázturbinás sugárhajtómű; ~ **shank ripper** *ép* egyfogas felszakítógép; ~-**shear** *mech* egynyírású; ~ **shear** *mech* egyszeres nyírás *(szegecsé, szegé)*; ~-**shear joint** *heg* egyetlen átlapolású kötés; ~-**shear rivet joint** *heg* egynyírású szegecsvarrat; ~-**sheaved** *mech* egytárcsás; ~-**sheaved block** *em* egytárcsás emelőcsiga/horogszerkezet; ~-**sheet cutter** *pa* vízjeles keresztvágó, vízjel-keresztvágó gép; ~-**sheet delivery** *pa* ívenkénti lerakás; ~-**shell hyperboloid** *mat* egypalástú hiperboloid; ~-

shell warm roof *ép* egyhéjú melegtető; **~-shift operation** *ip* egyműszakos üzem; **~-shot** *kat* egylövetű *(puska)*; **~-shot multivibrator** *távk* monostabil multivibrátor; **~-shot spread** *geof* egyszeri lövéshez tartozó geofonterítés; **~-shoulder screw** *szer* vállas csavar; **~-side** egyoldalú; **~ sideband (SS)** *el, rád, távk* egy oldalsávos; **~-sideband amplitude modulation** *el, fiz* egy oldalsávos amplitúdómoduláció; **~-sideband generator** *el* egy oldalsávos generátor; **~-sideband modulated signal** *távk* egyoldalsáv-modulált jel; **~-sideband operation** *távk* egy oldalsávos üzem; **~-sideband reception** *rád* egy oldalsávos vétel; **~-sideband spectroscopic analyzer** *aut* egy oldalsávos színképelemző/spektrálanalizátor; **~-sideband suppressed carrier (amplitude) modulation** *távk* egy oldalsávos elnyomott vivőjű moduláció, elnyomott vivőjű egy oldalsávos amplitúdómoduláció; **~-sideband suppression carrier system** *távk* egy oldalsávos rendszer vivőelnyomással; **~-sideband system** *rád, távk* egy oldalsávos adási rendszer; **~-sideband transmission (SSB)** *rád, távk* egy oldalsávú átvitel; egyoldalsávos rádióadás; **~-sideband transmitter** *rád, távk* egy oldalsávos adó; **~ sided (SS)** *szt* egyoldalas, SS *(hajlékonylemez)*; **~-side welding** *heg* egyoldali hegesztés; **~-signal (SS)** *rád* egyhullámhosszú; **~-signal receiver (SSR)** *rád* egyhullámhosszú vevő(készülék); **~ silk** *tex* nyers gubószál; **~-silk-covered (SSC)** *el* egyszeres selyemszigetelésű; **~-silk-enamel(l)ed (SSE)** *el* egyszer selyemszigetelésű, egyszer zománcszigetelésű; **~-size material** *bány, ép* egyszemcséjű anyag; **~-skew bridge** *ép* egyszerű feszítőműves híd; **~-skid undercarriage** *rep* egy csúszótalpas futómű; **~-slag process** *koh* egysalakos olvasztási eljárás; **~ slope** *bány* egyvágányos/egyvágányú ereszke; *rád* féloldalas (jelleg)görbe/karakterisztika; **~-slope roof** *ép* félnyeregfedél; **~-slotted flap** *rep* egyréses fékszárny; **~-solvent extraction** *vegy* egy oldószeres extrahálás; **~ soundtrack** *el, hang* egysávos hangcsík; **~-span beam** *ép* egynyílású/kéttámaszú gerenda; **~-span stringer bridge** *ép* (egyíves) gerendatartós híd; **~-spar** *rep* egyfőtartós; **~-spar wing** *rep* egyfőtartós szárny; **~-speed controller** *aut* állandó/egysebességű szabályozó; **~-speed floating action** *aut* egysebességű integráló működés/viselkedés; **~-speed (hand)drill** *ép* egysebességű (kézi) fúrógép; **~-spindle** *gép, tex* egyorsós; **~-spindle automatic lathe** *szersz* egyorsós automata; **~-spindle miller** *forg* egyorsós marógép; **~-split mo(u)ld** *műa* kétszeres szerszám; **~-split sampler** *talt* egyosztású mintavevő készülék; **~-spool** *rep* egyforgórészes; **~-spot welding** *heg* egypont-hegesztés; **~ spring** *gép* egylevelű rugó; **~-stack furnace** *hőt* egyfüstcsöves kemence; **~-stage** *el, ép* egyfokozatú, egy ütemben történő; egylépcsős; *gép* egytagú; **~-stage amplifier** *el* egyfokozatú erősítő; **~-stage compressor** *bány* egyfokozatú légsűrítő; **~-stage curing** *ép* egyfokozatú érlelés *(betonárugyártás)*; **~-staged** *ép* egyemeletes; **~-stage filter** → ~-mesh filter; **~-stage process** *vegy* egylépcsős eljárás; **~-stage pump** *gép* egyfokozatú szivattyú; **~-stage recycle** *at* egyfokozatú recirkuláció; **~-stage refrigerating system** *hőt* egyfokozatú hűtőberendezés; **~-stage rocket** *rak, űr* egyfokozatú/egylépcsős rakéta; **~ stage separation** *ol* egylépcsős szeparálás; **~-stamp mill** *élip* emelő zúzómű; **~-standard frame** *gép* egyállványos gépágy; **~-stand cable** *ép* egypászmás kábel; **~-stand mill** *koh* egyállványos hengersor; **~-station forecast** *met* helyi (időjárás-)előjelzés; **~-station range finder** *geod* állandó bázisú távolságmérő; **~-step** *v szt* lépésenként *v.* lépésről lépésre hajt végre *(programot)*; **~-step** → ~-stage rocket; **~ step mode** *szt* lépésenkénti üzemmód; **~ step operation** *szt* lépésenkénti működ(tet)és; **~-stitch cam** *tex* egyrészes süllyesztőlakat; **~-stor(e)y** *ép* földszintes, egyszintes; **~-stor(e)y building** *ép* egyszintes épület; **~-strand casting machine/plant** *koh* egyszálas folyamatos öntőgép; **~-strand jacking device** *ép* egypászmás feszítőberendezés; **~-strand machine** *önt* egygépes folyamatos öntőberendezés; **~-strand mill** *heng* huzalhengersor; **~-strand test** *tex* szakítópróba egyes szállal; **~-strap butt joint** *heg* egyhevederes tompakötés; **~-stroke bell** *el* együtésű csengő; **~-stroke engine** *gép* együtemű motor/gép; **~-strut** *rep* egydúcos *(futószerkezet)*; **~ support(s)** *bány* egyedi biztosítás; **~ surface vibrator** *ép* egytömegű felületi vibrátor; **~-sweep** *tv* egyszeri letapogatás; **~-tank circuit-breaker** *el* nagy olajterű megszakító; **~-tape fuse** *bány* egyszerű gyújtózsinór *(egyrétegű szigeteléssel)*; **~-taper** *gép* egyhajlású; **~-terminal pair** *távk* kétpólusú csatlakozó; **~-thread** *em* egybekezdéses *(csiga v. csavar)*; **~ threading** *szt* egyszerű felfűzés/láncolás; **~-thread worm** *em* egybekezdésű csiga; **~-throw (ST)** *el* egyáramkörös; **~-throw switch** *el, távk* karos kapcsoló; kétállású kapcsoló; **~ ticket** *rep* egy útra szóló jegy; **~-tier stand** *el* egysoros állvány; **~-toggle jaw crusher** *bány* egyingás (pofás) törő; **~-toggle (type-jaw) granulator** *ép* granulátor; **~-tone keying** *távk* egy hangfrekvenciás jeladás; **~-tone telegraphy** *távb* egyfrekvenciás távíró; **~ tooth ripper** *ép* egyfogas felszakítógép; **~ trace magnetic head** *fiz* egypáros mágnesfej; **~-track bridge** *vasút* egyvágányos híd; **~-track railway** *vasút* egyvágányú vasút; **~ transformer** *el* egyedülálló transzformátor; **~-transmitter** *rád, távk* egy oldalsávos adó; **~-transverse mode laser** *fiz* egytranszverzális hullámtípusú lézer; **~-tree** *hajó* brágázórúd; *mzg* hámfa; **~-tree method** *fa* szálalásos termelési rendszer; **~ T roof slab** *ép* T (keresztmetszetű) tetőelem; **~-truck drying-oven** *szell* egysoros szárítószekrény; **~-tube** *rád* egycsöves; **~-tube rocket-launcher** *kat* egycsövű rakétavető; **~-tuned amplifier** *el, távk* egyhangolású/zárókörös erősítő; **~ tuning** *rád* egygombhangolás; **~-turn lock** *ép* egyfordításos zár; **~-turn transformer** *el* egymenetű áramváltó; takarékkapcsolású transzformátor; **~-twist drill** *szersz* egyélű fúró; **~ U-butt joint** *heg* U varrat; **~-unit semiconductor device** *el* félvezetős egység; **~-upright machine** *gép* egyoszlopos gép; **~ user access** *szt* egyedi felhasználói hozzáférés; **~-valued correspondence** *mat* egyértelmű leképezés *(függvény)*; **~-valued function** *mat* egyértékű függvény; **~-valued mapping** → ~-valued correspondence; **~-valued operation** *mat* egyértelmű művelet; **~-valued predicate** *mat* egyváltozós logikai függvény/predikátum; **~-valued transformation** → ~-valued correspondence; **~ valve** *gép* egyzárású szelep; **~-valve** *el, rád* egycsöves; **~-valved** *gép* egyszelepes; **~-valver** *rád* egycsöves vevő; **~-valve receiver** *rád* egycsöves vevő; **~-variable control** *rendsz* egyváltozós szabályozás; **~-variable system** *rendsz* egyváltozós rendszer; ~ **V-butt joint** *heg* V varrat; ~ **vibrating beam** *ép* egyszerű pallóvibrátor; ~ **vibratory/vibrating (pile) hammer** *ép* egyszerű vibrációs süllyesztő; ~**-wall dam** *ép* földtöltéssel megtámasztott egysoros vízzáró deszkafal *(munkagödör víztelenítéséhez)*; ~ **warp** *tex* egyágú lánc(fonal); ~**-wave amplifier** *rád* egycsöves erősítő; ~**-wave oscillator** *el* egyfrekvenciás oszcillátor; ~**-wave rectification** *el* egyoldalas/egyutas egyenirányítás; ~**-wave rectifier** *el* egyutas egyenirányító; ~ **way** *közl* egy nyomközű/egy nyomszélességű út; ~**-way** *közl* egyirányú; ~**-way circuit** *félv, távb* egyutas kapcsolás/áramkör; ~**-way rectifier** *el* egyutas egyenirányító; ~**-way road** *közl* egyirányú forgalmú út; ~**-way switch** *el* egyirányú kapcsoló; ~**-web section** *ép* egyfalú szelvény *(hídé)*; ~**-web system** *ép* egyszeres rácsozás; ~ **weft** *tex* egyágú vetülék; ~**-welded joint** *heg* egyoldalt hegesztett kötés; ~**-wheel barrow** *ép* talicska, taliga; ~**-wheel(ed) roller** *ép* egytengelyes henger; ~**-wheel railway-wagon shifter** *vasút* egykerekű vagontol(at)ó berendezés; ~**-wheel trailer** *közl* egykerekű utánfutó; ~**-wheel undercarriage** *rep* egykerekű futómű; ~**-wing** *rep* egyszárnyú; ~**-wing door** *ép* egyszárnyú ajtó; ~ **wiper** *távk* egyvégű csúszókefe; ~ **wire** *távk* egyetlen huzal; ~**-wire aerial** *rád, távk* egyszálas/egyszálú/egyhuzalos antenna; ~ **wire-drawing machine** *koh* egyfokozatú húzógép; ~**-wire feeder** *távk* egyszeres/egyhuzalos tápvonal; ~**-wire filament** *el* egyszálas izzószál; ~**-wire line** *el* föld-visszavezetéses vonal; ~**-wire prestressing jack** *ép* egyhuzalos feszítősajtó; ~**-wire transmission line** *el* egyvezetékes átviteli vonal, G vezeték; *távk* egyhuzalos hullámvezető; ~**-wire welding** *heg* egyhuzalos hegesztés; ~ **work** *film* egyenkénti megvilágítás; ~**-wound armature** *el* zárt tekercselésű armatúra; ~ **X-ray tube operation** *el* egy röntgencsöves üzem; ~ **zone** *krist* egyszerű zóna; ~**-zone completion** *ol* egyszintes kútkiképzés

singlet *at, vegy* szingulett; ~ **state** *fiz* szingulett állapot; ~ **term** *fiz* egyszeres term

singleton *mat* egyelemű halmaz

singly|-charged ion *vegy* egységtöltésű ion; ~ **ionized** *fiz* egyszeresen ionizált; ~ **refracting/refringent** *opt* egyszeresen törő

singular *mat* szinguláris; ~ **focus** *mat* szinguláris hely *(algebrai görbéé)*; ~ **integral** *mat* szinguláris integrál; ~ **mapping** *mat* szinguláris/elfajult leképezés; ~ **matrix** *mat* szinguláris *v.* nem invertálható mátrix; ~ **plane** *mat* szinguláris sík; ~ **point** *aut, mat* szinguláris pont; ~ **solution** *mat* szinguláris megoldás *(differenciálegyenlet)*; ~ **system of equations** *szt* szinguláris egyenletrendszer

singularity *aut, mat* szingularitás

singulary function *mat* egyváltozós függvény

singulosilicate *vegy* szinguloszilikát

sink I. *v* süllyeszt; (el)süllyed; *bány* aknát (tovább)mélyít/süllyeszt; merít, ülepít; *ép* (be)süllyeszt; *hajó* (el)süllyed; **II.** *n bány* mélyfúrás; nehéz termék; *el* rezgésleszakadási tartomány *(oszcillátoré)*; *ép* (konyhai) mosogató, lefolyó, kiöntő, kifolyó, falikút; akna, tartály; csatornatönk, lefolyószem; emésztőgödör; padlóösszefolyó, padlóvíztelenítő; süllyesztőszekrény; víznyelő (akna); *fiz* negatív forrás, nyelő; *hajó* süllyedés; ~ **a hole** *v bány* mélyfúrást telepít, mélyfúrást végez; ~**-and-float method** *bány* nehézszuszpenziós elemzés; ~ **and tap** *ép* falikút; ~ **a shaft** *v bány* aknát (tovább)mélyít; ~ **a well** *v ol* fúrólyukat lefúr/lemélyít; ~ **basin** *ép* kiöntő; kiöntőkagyló; ~ **drawing** *alak* csőhúzás tüske nélkül; ~ **evacuator** *ép* emésztőgödör-szivattyú; lefolyó-kiürítő; ~**-float process** → ~-and-float-method; ~**-float separator** *hidr* ülepítő-lebegtető szétválasztó/szeparátor; ~ **flow** *fiz* áramlás nyelőbe; ~ **gulley** *hidr* víznyelő; ~**(-)hole** *ép* emésztőgödör, pöcegödör, űrgödör; lefolyó (lyuk); vízlevezető, víznyelő; *geol* dolina; víznyelő (gödör); völgy *(karsztban)*; *önt* fogyási/zsugorodási üreg; ~ **into** *v* belesüpped, belemerül; ~ **lake** *geol* dolinató *(karsztban)*; ~ **piping** *önt* szívódás, lunkeresedés; ~**s** *pl bány* lesüllyedt rész; ~ **stone** *ép, hidr* csurgókő; kövezett folyóka; ~ **the loop** *v kh* hullámosít; *tex* hurokszemet képez; ~ **unit** *ép* beépített (konyhai) mosogató; ~ **water** *hidr* konyhai szennyvíz; ~ **water trap** *ép* iszapfogó süllyesztőszekrény; *hidr* víznyelő

sinkage süllyedés; ~ **percentage of material loss** *tex* százalékos anyagveszteség-csökkenés

sinker *bány* aknamélyítő fúrókalapács; aknamélyítő vájár; *hajó* mérőón; süllyesztőón *(halászhálón)*; *kh* hullámosító platina/elem; *tex* platina; ~ **bar** *kh* platinaágy; *ol* (véső)nehezék; fúrótuskó; mélyszivattyúsúlyosbítórúd; *tex* platinafej; platinakeret; ~ **breast** *tex* platina mellrésze; ~ **cam** *kh* hullámosító platinaszalag; ~**-descent** *kh* platinasüllyesztés; ~ **drill** *bány* aknamélyítő fúrókalapács; ~ **kinks** *pl tex* platinahajlítás *(fonalhullámon)*; ~ **loop** *kh* platinaszem; ~ **movement** *tex* platinamozgás; ~ **notch** *tex* platinavillarész; ~ **pitch** *tex* platinaosztás; ~ **ring** *kh* platinagyűrű; ~ **throat** *kh* platinatorok, platinaöböl; *tex* garat; ~ **top machine** *kh* egytűsoros körkötő gép; ~ **wale** *tex* platinasor, hullámhuroksor *(áruban)*; ~ **wheel** *kh* platinakerék; ~**-wheel machine** *kh* körhurkoló gép *(francia rendszerű)*

sinkhead *koh* tápfej

sinking *alak* csőhúzás *(üresen)*; *bány* mélyítés; *ép* mélyítés *(akna, fúrás)*; süllyesztés *(szekrény, kút)*; *geol* süllyedés; *hajó* (el)süllyedés; elmerülés; *hidr* süllyedés; *rep* merülés; ~ **bucket** *bány* mélyítő bödön; ~ **crown** *geol* gyűrődés süllyedő teteje; ~ **drum** *bány* süllyesztett akna; ~ **equipment** *ép* mélyítő/süllyesztő berendezés; ~**-in** felszívódás *(festéké)*; ~ **method** *ép* mélyítési/süllyesztési/fúrási/verési módszer; ~ **mill** *heng* redukáló sor; ~ **of pit foundations** *ép* aknasüllyesztés *(kúté)*; ~ **of threads** *tex* fonalbevágódás *(felvető hengeren)*; ~ **platform** *bány* aknamélyítő munkapadozat; ~ **pump** *bány* aknamélyítő szivattyú; ~ **scaffold** → ~ platform; ~ **shaft** *bány* mélyítés alatt levő akna; ~ **trestle** *bány* aknamélyítő torony; ~ **velocity** *vegy* ülepedési sebesség; ~ **work** *bány* aknamélyítés

sinnerite *ásv* szinnerit

sinoite *ásv* szinoit

sinopite *ásv* szinopit

sinter I. *v* összesüt; *bány* összesül; zsugorít; *el, ker* szinterel; *koh* zsugorít, pörköl; **II.** *n ásv* forráskvarcit, gejzirit; *geol* mésztufa; *koh* zsugorított érc/fém, zsugorítvány; ~ **brick** *ép* szilikáttégla; ~ **burden** *alak* szinterelegy; ~ **deposit** lerakódás csepegő vízből; ~**-feed mixture** *alak* zsugorító elegy; ~ **plant** *koh* zsugorítóberendezés; ~**-returns method** *koh* egy-

lépcsős pörkölés; ~ **roasting** *alak* zsugorító pörkölés; ~ **thermit(e)** *alak* porkohászati termit
sintered *el* összesült; *ker, koh* szinterelt, zsugorított; ~ **alloy** *koh* zsugorított/szinterelt ötvözet; ~ **carbide** *koh* zsugorított keményfém; ~ **cathode** *el* szinterkatód; ~ **crucible** *vegy* szűrőtégely; ~ **density** *koh* sűrűség zsugorítás után; ~ **glass-filter** *vegy* zsugorított üvegszűrő; ~ **hearth bottom** *koh* felhegesztett kemencefenéklap; ~ **magnet** *fiz* szinterelt mágnes; ~ **material** *anyag* zsugorított anyag; ~ **submerged arc welding flux** *heg* szinterelt por fedett ívű hegesztéshez; ~ **tantalum capacitor** *el* lédl; zsugorított tantálanódú kondenzátor; ~ **welding electrode** *heg* zsugorított hegesztőelektród
sintering *alak* szinterelés, zsugorítás, metallokerámia; *el* szinterelés; *ép* zsugorítás, zsugorodás, agglomerálás, szivárgás; *koh* keramizáló izzítás; zsugorítás, pörkölés; ~ **belt** *koh* zsugorítószalag; ~ **coal** *bány* kokszolódó szén; ~ **furnace** *koh* zsugorítókemence; ~ **grate** *koh* zsugorítórostély; ~ **limit** *ép* zsugorodási határ *(betoné)*; ~ **strand** *koh* zsugorítószalag
sinuosity kanyarulat, kanyar
sinuous kanyargó(s), kígyózó; ~ **channel of river** *hidr* kanyargó folyómeder
sinus *geol* beöblösödés; hajlat; öböl; ~ **potentiometer** *el* színuszpotenciométer
sinusoid *mat* szinuszgörbe, szinuszvonal
sinusoidal *el* szinuszos; *mat* szinusz alakú; szinuszos; ~ **arch** *ép* szinuszív; ~ **current** *el* szinuszos áram; ~ **curve** *mat* szinuszgörbe, szinusz alakú görbe; ~ **field** *el* szinuszosan váltakozó tér; ~ **forcing function** *aut* szinusz alakú zavarófüggvény; ~ **function** *mat* szinuszfüggvény; ~ **law** *mat* szinusztétel; ~ **line** → ~ curve; ~ **oscillation** *el, fiz* szinuszrezgés; ~ **quantity** *fiz* szinuszos mennyiség; ~ **signal generator** *aut* szinuszos jelgenerátor; ~ **spiral** *mat* szinuszspirális; ~ **testing signal** *szt* vizsgáló szinuszjel; ~ **voltage** *aut, el* szinuszos feszültség; ~ **voltage amplifier** *el* szinuszos feszültségű erősítő; ~ **wave** *el, fiz* szinuszhullám, harmonikus hullám
SIP → single-in-line package
siphon I. *v ép* szifoncsövön átvezet/átmegy; **II.** *n ép* leszívócső, szívócső, szivornya, szifon; zsírfogó *(mosogatón)*; *hidr* szivornya; *koh* szifon; *vasút* merítőcső *(mozdonyon megállás nélküli vízfelvételhez)*; ~**-action cistern** *ép* leszívó WC-tartály; ~ **barometer** *met* csőbarométer; ~ **barrel** *hidr* szívócső; ~ **bellows** *pl finm* aneroid szelence; ~ **bend** *ép* szivornyakönyök; ~ **bottle** *US* szódavizes üveg; ~ **cistern barometer** *met* leszívóedényes barométer/légnyomásmérő; ~ **cup** *gép* kanócos olajozócsésze; ~ **device** *hidr* vízfelszín-szabályozó; ~ **ga(u)ge** *fiz* szifonmanométer, U csöves folyadékmanométer *(kis nyomások mérésére)*; ~ **out** *v ép* leszivornyáz; ~ **piping** *ép* szivornyás csővezeték; ~ **recorder** *aut* hajszálcsöves regisztráló; *távb* szívónyomásjelző készülék; undulátor, hullámíró; ~ **separator** *bány, koh* hidraulikus osztályozó *(felszálló vízsugárban)*; ~ **spillway** *hidr* szifonos/szivornyás/szívó árapasztó/bukó/túlfolyó; ~ **spraying** *ép* szívó rendszerű festékszórás; ~ **trap** *ép* álló szifon, angol szifon; buraszifon; bűzelzáró, szagelzáró szifon; S alakú bűzelzáró, szivornyazár, szifonzár; ~ **tube** *hidr* szivornyacső; ~ **turbine** *gép* szivornyás turbina; ~**-type casing** *hidr* szivornyás csigaház; ~ **weir** *hidr* szivornyagát
siphonage *hidr* leszívás; szivornyahatás; szivornyaműködés; szivornyázás
siphonal, siphonic *ép* szifonos, szifon-; szivornyás
SIPO → serial in parallel out
sipylite *ásv* sipylit
SIR → selective information retrieval
siren *hang* vészjelző kürt, sziréna
sirup *US* → syrup
SIS → self-isolation scheme
sisal *tex* szizálkender, szizálrost; ~ **grass** *tex* szizálfű; ~**-hemp** → ~-grass
SISD → single instruction stream single data stream; ~ **processor** *szt* SISD processzor
sismondine *ásv* sismondin
SISO → serial in serial out
sister koordinált; mellérendelt; ~ **hook** *gép* forgathatóan egymáshoz erősített horogpár; ~ **rocket** *kat* azonos típusú rakéta; ~ **ship** *hajó* testvérhajó; ~ **wedges** *bány* ékpár
sit *bány* főteomlás; főtesüllyesztés; leülés *(aláréselt széné)*; pilléromlasztás; rétegsüllyedés
SIT → spontaneous ignition temperature
site I. *v ép* telepít; *ép, rep* kijelöl, kitűz; **II.** *n* helyzet; házhely, telek; helyszín; fekvés; hely; *bány* előfordulás; lelőhely; telepítés helye; *ép* belszín; építéshely; helyszín; telek, házhely; *rep* hely, férőhely; *szt* felhasználási hely/állomás; *talt* terepszint; ~ **assembly** *ép* helyszíni összeszerelés; ~ **bolting** *ép* helyszíni csavarozás; ~ **casting yard** *ép* helyszíni előregyártó telep; ~ **cement silo** *ép* cementsiló; ~ **clearing** *ép* feltakarítás; ~ **conditions** *ép* építéshelyi/helyszíni körülmények/adottságok/viszonyok; ~ **connection** *ép* helyszíni kapcsolat/illesztés; ~ **cost** *ép* építéshelyi/helyszíni költségek; ~ **error** *rád, rep* helyzethiba, emelkedésiszög-hiba; környezeti irányszöghiba; ~ **exploration** *talt* helyszíni talajfeltárás; ~ **facilities** *ép* helyszíni berendezések; ~ **factor** *fa* származási helytől függő tényező; ~ **fence** *ép* felvonulási kerítés; ~ **hut** *ép* felvonulási barakk; ~ **inspection** *ép* helyszíni bejárás *(ajánlattétel előtt)*; ~ **in the lattice** *fiz* rácshely, rácspont; ~ **investigation** *ép* helyszíni talajfeltárás; *talt* helyszíni vizsgálat; ~ **joint** *ép* helyszíni kapcsolat/illesztés; ~**-marking** *ép* helyszíni kitűzés/kicövekelés; ~**-mixed concrete** *ép* építéshelyen kevert beton; ~ **mixing plant** *ép* építéshelyi betonkeverő; ~ **noise** *hang* helyszíni zaj; teremzaj; ~ **office** *ép* építés(hely)i iroda; felvonulási épület; ~ **of foundation** *ép* alapozási helyszín; ~ **of shaft** *bány* aknatelepítés helye; **on** ~ helyszínen; ~ **organization** *ép* építés(hely)i organizáció; ~ **plan** *ép* általános helyszínrajz; ~ **plant** *ép* helyszíni berendezés; ~ **prefabrication** *ép* helyszíni előregyártás; ~ **preparation work** *ép* felvonulási munka; ~ **railway** *ép* építési vágány, iparvágány; ~ **rivet** *ép* építéshelyi/helyszíni szegecs, építéshelyen bevert szegecs; ~ **riveting** *ép* helyszíni szegecselés; ~ **selection** *en* telepítés; ~ **shielding factor** *rád, távk* árnyékolási tényező; ~ **test** *ép* építéshelyi kísérlet; ~ **welding** *ép* helyszíni hegesztés
siting elhelyezés, telepítés; telephely kiválasztása
sitosterol *vegy* szitoszterin
sitting | bath *ép* ülő(fürdő)kád; ~**-room** *ép* nappali (szoba)

situate helyet kijelöl; kitűz; elhelyez
situation helyzet; fekvés; szituáció; ~ **involving conflict of interest** versenyhelyzet, versengés, konfliktusszituáció
six hat; ~**-armed reel** *tex* hatkarú motolla; ~**-barrel(l)ed** *kat* hatcsövű; ~**-bladed fan** *gép* hatlapátos ventilátor; ~**-blade reamer** *forg* hatélű dörzsár; ~**-brake** *gépk* hatkerékfékes; ~**-cant file** *szersz* 120°-os három élű reszelő; ~**-chambered** *kat* hatlövetű *(revolver)*; ~**-colo(u)r recorder** *fiz* hatszínregisztráló készülék; ~**-component balance** *fiz* hatkomponensű aerodinamikai mérleg; ~**-coupled compound locomotive** *vasút* háromcsatlós kompaund mozdony; ~**-cylinder engine** *gépk* hathengeres motor; ~**-electrode tube/valve** *el* hexóda; ~**-figure** hat számjegyű; ~**-fold axis (of symmetry)** *fiz* hatfogású tengely, hexagir; ~**-fold ring** *krist* hatos gyűrű; ~**-fold rotor** → ~-fold axis; ~**-foot way** *vasút* hatlábas vágányköz *(helyiérdekű vasútaké)*; ~**-high cluster mill** *heng* hathengeres hengermű; ~**-high mill/rolling stand** *koh* szexohengerállvány; ~**-in-line engine** *gépk* hathengeres soros motor; ~**-lane carriageway** *ép, közl* hatsávos úttest; ~**-membered ring** *vegy* hattagú gyűrű; ~ **o'clock welding** *heg* hegesztés normál helyzetben; ~**-pass welding** *heg* hatrétegű hegesztés; ~**-phase** *el* hatfázisú; ~**-pin connecting socket** *el* hat kivezetéses dugaszolóaljzat; ~**-point bit** *bány* hatélű fúrófej/fúrókorona; ~**-station** hatmunkahelyes; ~**-strand** *tex* hatfonatú; ~**-strand continuous casting machine** *önt* hatszálas öntőgép; ~**-thread line** *hajó* hatpászmás kötél; ~**-track road** *ép, közl* hatsávos út; ~**-twelve potential** *vegy* Zennard—Jones potenciál; ~**-way** *opt* hatsugarú; ~**-wheel** hatkerekű; ~**-wheel bogie** *vasút* háromtengelyű forgó(al)váz; ~**-wheel drive** *gépk* hatkerék(meg)hajtás; ~**-wheeler** *gépk* hatkerekű; ~**-wheel tractor-scraper** *ép* háromtengelyes földnyeső; ~**-wheel truck** *vasút* háromtengelyű forgóalváz; ~**-wire** *el* hatvezetékes
Six's thermometer *met* maximum-minimum hőmérő, Six-hőmérő
sixteen tizenhat; ~**/16 mm film** 16 mm-es (keskenyfilm)
sixteenmo (16mo) *nyom* tizenhatodívben (nyomott)
sixth hatod(rész); *fa* hatodosztályú fűrészáru; ~**-degree polynomial equation** *mat* hatodfokú egyenlet
sixty-fourmo (64 mo) *nyom* hatvannegyedrétű
size[1] **I.** *v* enyvez; csirizel; *bőr* appretál; csínoz; fényez; *tex* appretál; írez; **II.** *n* enyv, csiriz; *tex* appretúra; íranyag; ~**-boiler** *tex* írfőző üst; ~ **box** *nyom* csirizes edény; ~**-box roller** *tex* alsó nyomóhenger *(írezésnél)*; ~ **colo(u)r** *ép* enyves festék; ~ **cracking** *tex* írezés lepattogzása *(fonalról)*; ~ **cutting** *pa* gyantaelszappanosítás; ~ **fastness** *pa* enyv tapadóképessége; ~ **formula** *tex* írrecept; ~**-man** *tex* írfőző; ~ **milk** *pa* gyantatej; ~ **paint** *ép* enyves mészfesték; ~ **press** *pa* enyvezőprés, mázolóprés; ~ **regain** *tex* írfelvétel(i százalék); ~ **removing** *tex* írtelenítés
size[2] **I.** *v* nagyság/méret szerint osztályoz; fajtáz; *gép* szabályoz, beállít *(méretre)*; *heng* méretez, kalibrál, méretre hengerel; **II.** *n* fajta; nagyság, (tényleges/valóságos) méret; formátum; *cipő, ruh* méret, nagyság, szám; *mat* elemszám, hossz; fok *(polinomé)*; *pa* ívnagyság, tekercsnagyság; ~ **analysis** *ép* szemeloszlás-vizsgálat; ~ **block** *metr* mérőhasáb; ~ **bracket** *ép* szemcseosztály, frakció; ~ **class** *bány* szitaosztály; ~ **control** méretellenőrzés; *gép* méretvezérlés; ~ **cutter** *pa* alakvágó; ~ **deviation** *gép* méreteltérés; ~ **distribution** *any* szemcsenagyság-eloszlás; *műa* nagyságeloszlás; ~ **effect** *krist* csúszás dimenziós effektusa; ~ **forging** *alak* méretre kovácsolás; ~ **fraction** *bány, ép* szemcseosztály, frakció; ~ **grading** *ép, vegy* szemeloszlás; ~ **marking** *cipő* számozás, nagyságszámjelölés; ~ **of bit** *ol* vésőátmérő, fúróvéső-átmérő; ~ **of grain(s)** *koh* szemnagyság; *krist* részecskenagyság; szemcsenagyság; ~ **of graunlation-testing technique** *aut* szemcsenagyság-mérési technika; ~ **of nip** *heng* hengertávolság; ~ **of paper** *pa* ívnagyság, papíralak, papírformátum; ~ **of repeat** *tex* mintaelem nagysága; ~ **of sheet** *pa* ívméret, ívnagyság, ívalak; ~ **of the (critical) region** *mat* szignifikanciaszint, túllépési valószínűség, hibavalószínűség, hibaráta; ~ **of traveller** *tex* futó száma; ~ **of weld** *heg* varratvastagság; ~ **paring** *pa* hántolás; ~ **range** → ~ fraction; ~ **reduction** *ép* primér aprítás; törés, aprítás, darabolás; *koh* aprítás; ~ **separation** *fiz* osztályozás, szemcseméret szerinti szétválasztás; ~ **separation by screening** *ép* osztályozó rostálás/szitálás; ~ **stick** *cipő* lábmérce; ~ **tolerance** mérettűrés; ~ **up** *v* felmér *(méretet megállapít)*; felbecsül
sized[1] *pa* enyvezett *(papír)*; *tex* írezett *(szövet)*
sized[2] szemnagyság/darabméret szerint osztályozott; *kat* kalibrált; ~**-grading** (nagyság szerinti) fajtázás; ~ **ore** *koh* osztályozott érc; ~ **silk yarn** *tex* meghatározott finomságú selyemfonal; ~**-tissue-paper** *pa* vékony postapapír
sizer[1] *tex* írező *(munkás)*; ~**'s waste** *tex* írezési hulladék
sizer[2] osztályozó; osztályozóberendezés; *élip* felbontórendszer forgószitája; *ép* osztályozó rosta/szita; *fa* egyengető gyalugép; ~ **die** *szersz* simító szerszám
sizing[1] enyvezés; *bőr* csinozás; fényesítés; *gumi* gumizás, bevonás, rétegfelkenés *(szövetre)*; *tex* írezés, appretúra; ~ **agent** *tex* írező szer; ~**-and-squeezing machine** *tex* appretáló írezőfulár; ~ **beam** *tex* írezőhenger; ~ **beck** *tex* írezőkád; ~ **brake** *em, gép* bekapófék *(liftbiztosító)*; ~ **machine** *pa* enyvezőgép; felületi kezelésű papírgép; mázológép; *tex* írezőgép; ~ **machine for carpets** *tex* szőnyegenyvező gép; ~ **of paper** *pa* papír enyvezése; ~ **preparation** *tex* appretáló kikészítés; ~ **roller** *pa* alsó nyomóhenger; ~ **solution** *tex* írező anyag; ~ **tester** *pa* enyvezési fokmérő
sizing[2] osztályozás; fajtázás; *bány* osztályozás; szemnagyság szerint szétválasztás; *élip* (dara)feloldás; *ép* osztályozás *(szemnagyság szerint)*; szétrostálás; *fiz* osztályozás, szemcseméret szerinti szétválasztás; *gép* méretre készítés; *heng* méretezés, kalibrálás; *kat* kalibrálás; *koh* méretezés; osztályozás; *szt* méretezés; ~ **broach** *heng* kalibrálótüske; ~ **characteristic** *ép* szemeloszlási görbe; ~ **chisel** *fa* mérőkaliberes faesztergakés; ~ **device** *gép* kalibráló szerkezet; ~ **drum** *ép* osztályozó dobszita; ~ **jigging-screen** *bány* osztályozó rázószita; ~ **mill** *heng* készméretre dolgozó hengersor; ~ **of ingot mo(u)ld** *koh* kokillaméretezés; ~ **roll** *heng* méretre hengerlő henger; ~ **rolls** *pl koh* méretező hengersor; ~**s** *élip* derce; nagyszemű gorombadara; ~ **screen** *ép* (osztályozó) rosta; ~**s roll** *élip* darafeloldó henger; ~ **stop** *heng* méretbeállító/

kalibráló ütköző; ~ **test** *any* granulometrikus elemzés; próbavizsgálat fajtázó elemzéssel; szemszerkezet-vizsgálat; ~ **tool** *szersz* méretre munkáló szerszám; ~ **tooth** kalibrálófog
sizzling *távk* recsegés; sziszegés *(frekvenciamodulációs zavar)*
skarn *geol* szkarn
skate *el* áramszedő csúszka; *gép* csúszótalp; *vasút* sínféksaru
skatole *vegy* szkatol
skein I. *v tex* motringol; **II.** *n mzg* tengelycsap *(szekéré)*; *tex* fonalköteg; motring; pászma *(motringé)*; ~ **balance** *tex* motringmérleg; ~ **dryer** *kh* motringszárító; ~**-dyed silk** *tex* motringban festett selyem; ~ **dyeing** *tex* színezés motringban; ~**-girth ga(u)ge** *tex* pászmakerület-mérő; ~ **press** *tex* fonalprés, motringprés; ~ **reel** *tex* motollálógép; ~ **sizing** *tex* motringírezés; ~ **strength** *tex* köteg szakítószilárdsága; ~ **test** *tex* kötegpróba; ~ **thread** *tex* kötőfonal; ~ **winding** *tex* motringolás, motollálás; ~ **yarn** *tex* motringkiszerelésű fonal
skeining *tex* motringolás
skeletal vázszerű, váz-; ~ **code** *szt* vázlatkód, befejezetlen kód; ~ **crystal** *krist* vázkristály
skeleton csontváz; váz; keret; *ép* ácsolat *(váz)*; váz, tartóváz, keretváz; *geod* terepváz; *vegy* (szén)váz; ~ **building** *ép* vázépítés; ~ **construction** *ép* rácsszerkezet, rácsos vázszerkezet; vázas építés; ~**-construction building** *ép* vázas épület; ~ **crystal** *krist* dendrites kristály, dendrit; vázkristály; ~ **cylinder** *tex* lécdob *(írezőgépé)*; ~ **diagram** *el* blokkdiagram, blokkséma, blokkvázlat; elvi (kapcsolási) rajz, egyszerűsített ábra/diagram; ~ **drum** *gépk* fékbeállító dob; *pa* motolla; ~ **figure** *ip* tervszám; ~ **formation** *krist* vázképződés; ~ **frame** *csom* léckeret *(bálacsomagoláshoz)*; ~ **key** *ép* álkulcs; ~ **member** *ép* vázelem; ~ **outline** *foto* körvonal; ~ **pattern mo(u)lding** *önt* vázminta szerinti formázás; ~ **pier** *hidr* cölöpös kikötőmóló/partfal; ~ **rib centre/center** *ép* bordamintaív; ~ **shaft** *tex* szegély szövésére szolgáló nyüst; ~**-skirt piston** *gép* könnyített/kivágott köpenyű dugattyú; ~ **structure** *ép* vázas (épület)szerkezet; ~ **track** *gépk* hézagolt lánctalp *(mely nem hagy összefüggő nyomot)*; ~**-type bridge** *el* impedanciamérő híd; ~**-type switchboard** *el* vázas kapcsolótábla
skelp I. *v* szalagot hajlít *(csőgyártáshoz)*; **II.** *n heng* csőszalag; ~ **mill** *heng* csőszalaghengersor; ~ **steel** *heg* csőszalagacél
skene arch *ép* lapos ív, szegmensív
skep *bány* önürítő szállítóbödön; szkip; *mzg* faedény *(termények kezeléséhez)*
sketch I. *v* (fel)vázol; tervez, szerkeszt; **II.** *n* vázlat; skicc; *ép* (terv)vázlat; körvonalazás; *geod* rögtönzött térkép/vázlat, terepvázlat; ~ **design** vázlatterv; ~ **down** *v* előrajzol; *fa* méretre kijelöl *(fát)*; ~ **map** *geod* vázlatos térkép; ~ **photograph** *foto* vázlatfénykép
sketcher *tex* mintarajzoló, mintatervező
sketching *ép* tervezés; ~ **board** *ép* rajzasztal, rajztábla; *geol* mérőasztallap; *pa* tervezőkarton; ~ **of contours** *geol* szintvonalak megvázolása; ~ **pad** *pa* vázlatblokk, vázlattömb; ~ **paper** *pa* vázlatpapír
skew I. *v ép* ferdít, ferdül; **II.** *a* aszimmetrikus; egyoldalas; elferdült; ferde, rézsútos; *mat* kitérő; *szt* hibásan beállított, torz; **III.** *n* ferdeség, rézsútosság; aszimmetria; *el, szt* (el)csúszás; *geol* elágazódás, elágazás; telér eltolódása; *mat* görbe felület; görbemaximum eltolódása a szimmetriatengelyhez képest; ~ **aileron** ferde csűrőlap; ~ **angle** *mat* kitérő egyenesek szöge; ~ **arch** *ép* ferde (bolt)ív/boltozat; ~ **axonometry** *mat* ferde axonometria; ~ **back** → skewback; ~ **barrel vault** *ép* ferde dongaboltozat; ~ **bevel gear** *gép* (nagy) hipoid fogazású kúpkerék; ~ **bridge** *ép* ferde híd; ~ **butt** *ép* vállkő; ~ **character** *szt* hibás karakter; ~ **chisel** *szersz* (asztalos-)ferdevéső; ~ **connection** *el* keresztezett tekercsfejbekötés; ~ **corbel** *ép* vállkő; ~ **curve** *mat* térgörbe *(háromdimenziós euklideszi v. projektív térben)*; ~ **distribution** *mat* aszimmetrikus/ferde eloszlás; ~ **failure** *szt* olvashatósági hiba; ~ **field** *mat* ferdetest, divíziógyűrű; ~ **ground sample** *félv* ferde csiszolat; ~ **matrix** *mat* ferdén szimmetrikus mátrix; ~ **microsection** → ~ ground sample; ~ **nailing** *ép* ferde szögezés; ~ **notch** *ép, fa* egyszerű/egyes ferde beeresztés; ~ **notch on wall** *ép* gerendafészek/gerendazug falban; ~ **penetration** *ép* ferdeszögű áthatás; ~ **plane** *mat* ferde sík; *szersz* ferde síkpadgyalu; ~ **polished sample** → ~ ground sample; ~ **polygon** *mat* térpoligon; ~ **projection** *mat* ferde vetület; ~ **quartic** *mat* ferde hengerszelet, kúpszelet; ~ **ray** *fiz* tengelykitérő sugár; ~**-rolling mill** *heng* ferde hengersor; ~ **run** *koh* ferdejárat; ~ **running** ferdeség; ~**-scarf joint** *fa* ferde csapolás *(ácsmunkán)*; ~ **span** *ép* (híd)nyílás, (híd)mező; ~ **surface** *mat* kitérő szabályos felület; síkba nem fejthető felület; torzfelület; ~**-symmetrical matrix** *mat* ferdén szimmetrikus mátrix; ~ **symmetry** *mat* antiszimmetria, ferde szimmetria; ~ **wall** *hang* ferde fal; ~ **weir** *hidr* ferde bukó
skewback *ép* boltfészek; boltváll; ferde saru/váll-lap átlós elemek felvételére; *koh* váll; ~ **brick** *ép* boltozatválltégla
skewed | bridge *ép* ferde híd; ~ **slot** *gép* dőlt/ferde horony
skewer rövid nyárs; *tex* előfonatorsó; tüske *(vetélőé)*
skewing *el, távk* zsalutorzítás; *pa* nyúlás *(pl. nemezé)*; ~ **of felt** *pa* nemeznyúlás
skewness *mat, mech* aszimmetria; ferdeség; szimmetria hiánya; torzulás
ski sí(léc); ~**-hoist** *em* (vonszolós) sílift; ~ **jump** *ép* síugrósánc; ~ **landing-gear** *gép* sítalpas futómű; ~**-lift** sífelvonó, sílift; ~**-plane** *rep* sítalpas repülőgép; ~**-undercarriage** *rep* sítalpas futómű; ~**-wheel landing gear** *rep* sítalpas-kerekes futómű; ~ **wood** *fa* sílécgyártásra alkalmas fa
skiagram *orv, fiz* szkiagram, röntgenfelvétel
skiagraph *orv* röntgenfelvevő berendezés; szkiagráf
skiameter *orv, sug* szkiaméter
skiametry *orv* szkiametria
skiatron *el* szkiatron
skid I. *v* (meg)csúszik; *fa* kiközelít; *gépk* (meg)farol; egy helyben forog *(kerék)*; megakaszt *(kereket)*; **II.** *n* (meg)csúszás; *bány* csúszótalp; *em* görgőlábas rakodókocsi/targonca; *ép* alátétgerenda; ászokgerenda; *gépk* farolás; *hajó* dörzsfa; *pa* lerakóasztal; *rep* csúszótalp, farokcsúszótalp; fék; *vasút* féksaru; kisiklás; ~ **beams** *fa* csúsztató gerendák; ~ **engine** *mzg* talpakra szerelt gép; ~ **fin** *rep* törzs alá nyúló függőleges vezérsík; ~ **frame** *ép* csúszótalpkeret; ~**-free**

ép csúszásmentes; ~-**free road-surface** *ép, közl* csúszásmentes útfelület; ~-**inducing** *ép, közl* csúszásveszélyes; ~ **landing gear** *rep* csúszótalpas futómű; ~ **on the turn** *v gépk, rep* megfarol bedöntött fordulónál; ~ **pile-driver** *ép* átállítható cölöpverő; ~ **pipe** csúsztató csősín *(tolókemencén)*; ~ **prevention** *ép* csúszásgátlás; ~-**proof** *ép* csúszásmentes; ~-**proofing** *ép* (burkolat)durvítás; ~ **rail** *koh* csúsztatósín; ~-**resisting property** *ép* csúszásbiztosság; ~ **ring** *gépk, mzg* keréktaraj *(mellső traktorkeréken)*; ~-**ring tyre/tire** *gépk* tarajos gumiköpeny *(traktor első kerekéé)*; ~-**road** *fa* dorongút rönkvontatáshoz; rönkszállító út; ~**s** *pl ép* alátétpalló; fadarabalátétek *(állványozásé)*; gerendasín *(nehéz terhek mozgatásához)*; ~ **shoe** *gép* féktuskó; ~ **steering** *gépk* blokkolásgátlás; ~ **stress** *gépk* farolási *v.* megcsúszás okozta (féloldali) igénybevétel; ~ **transfer** *heng* vonszoló; ~ **undercarriage** *rep* csúszótalpas futómű; ~ **up** *v fa* kiközelítésnél felrakatol

Skiddavian stage *geol* skiddavi emelet

skidder *fa* kétkerekű taliga *(fatörzsek vontatására)*; rönkvontató csörlő

skidding *gépk* (meg)csúszás; (meg)farolás; *gépk, rep* kisodródás *(nem kielégítő bedöntéssel végzett fordulónál)*; ~ **friction** *mech* csúszási súrlódás, csúszósúrlódás; ~ **hook** *fa* rönkvontató horog; *közl* kerékkötő horog; ~ **of driving wheels** *vasút* köszörülés, csúszás *(hajtókerekeké)*; ~ **of the derrick** *ol* fúrótorony továbbgördítése *(leszerelés nélkül)*; ~ **tongs** *pl bány, fa* rönkfogó

skill *ip* készség; szakképzettség, szakértelem, jártasság, gyakorlottság; *szt* készség, gyakorlat; ~ **at arms** *kat* jártasság a fegyverforgatásban

skilled *ip* gyakorlott, szakképzett; hozzáértő; képzett; ~ **job** szakmunka; ~ **labo(u)r** szakmunkás(ok); szakképzett munkaerő; ~ **worker** szakmunkás

skillet *koh* öntőedény *(kis lapos nemesfémé)*; *vegy* kis tégely

skim I. *v bőr* kitaszít *(zsírt bőrből)*; *élip* hártyásodik; kihajt *(könnyű párlatot)*; lefölöz; *ép* felszíni vakolatréteget visz fel; humuszréteget eltávolít; *forg* lehántol *(durván)*; *gumi* frikcionál; gumilemezt felragaszt *(szövetre nyomás nélkül)*; gumival bevon; *koh* habot leszed *(olvasztott fémről)*; *ol* lepárol *(könnyű részt)*; **II.** *n* felszíni hártya; *bány* flotálási koncentrátum *(szén)*; *élip* lefölözött tej; *gumi* felkent gumiréteg; *koh* hab, salakréteg *(olvasztott fém tetején)*; *üveg* légbuboréksor; ~ **bob** *koh* habfogó, salakfogó; ~ **coat** *em* borítóréteg *(szállítószalagé)*; *ép* felszíni réteg *(vakolat, gipsz, stukatúra)*; *gép* gumibevonat *(szállítószalagon)*; ~-**coulter** *mzg* előhántoló eketest; ~ **floater with smoothing disc/disk** *ép* tárcsás simítógép; ~ **gate** *önt* salakfogós beömlő(nyílás); ~ **latex** *gumi* lefölözött latex; ~ **milk** *élip* fölözött tej, soványtej; ~-**milk cheese** *élip* sovány sajt; ~-**milk powder** *élip* sovány tejpor; ~ **off** *v koh* köszörűkorongot lehúz; ~ **rubber** *gumi* lefölözött latexből nyert kaucsuk

skimmer *bány* kisegítő/tágasító fúrólyuk; talajegyengető kotrógép; *élip* tejfölöző szeparátor; *ép* simító kotró(gép); *hidr* uszadékfogó; *koh* kaparó; *mzg* előhántoló eketest; gyepszínvágó; ~ **attachment** *ép* lapos/planírozó kanál; ~ **bar** *koh* salakcsapoló rúd; ~ **gate** *koh* salakfogó, habfogó; szűrősitás beöntőtölcsér; ~ **scoop** *ép* nyesőláda; ~ **shovel** *ép* kanalas planírozógép; ~ **wall** *hidr* merülő fal

skimming *bőr* fölös zsír kitaszítása *(zsírcserzésű bőrből)*; *ép* humuszeltávolítás; planírozás, planírozó nyesés/kotrás; *forg* rúdhántolás *(nyers hengerelt árué)*; *hidr* lefölözés *(szennyvízkezelés)*; *koh* fölzék; salaklehúzás; salakozás; *ol* habeltávolítás, hablefölözés; ~ **basin** *önt* medence az öntöttvas salaktól való elválasztására; ~ **board** *hidr* uszadékfogó; ~ **boat** *hajó* siklóhajó, hidroglisszőr; ~ **chamber** *önt* salaklehúzó kamra; ~ **coat** *ép* simítóvakolat; ~ **door** *önt* salak(le)csapoló nyílás; ~ **end** *önt* salakvég; ~ **lathe** *forg* hántoló eszterga; ~ **machine** *élip* tejlefölöző gép; ~ **plant** *ol* fehéráru-lepárló üzem; ~**s** *bány* ülepítési felsőtermék *(szénnél a szén, ércnél a meddő)*; *élip, koh, önt* föl; hab; ~ **tank** *hidr* habfogó

skimping *bány* dúsítás ülepítőgéppel; zöcskölés, ülepítés

skin I. *v* (le)hámoz, lehánt; *bőr* lefejt; megnyúz, lenyúz *(állatot)*; *el* csupaszít; *élip* hántol; **II.** *n* bőr; hártya; bevonat; külső felület; *bőr* (nyers)bőr *(kisebb állaté)*; *ép* díszvakolat; *heng* kéreg; *rep* külső réteg *(szendvicsszerkezeté)*; ~ **annealing** *hők* felületi lágyítás; ~ **breakage** *any* felületi repedés; ~ **clipping** *bőr* nyersbőrnyíradék; ~ **cooler** *hajó* külhéjon kialakított hőcserélő; ~ **depth** *el* behatolási mélység; szkinmélység; *hők* edzési kéregvastagság; *ol* szkinmélység *(indukciós szelvényezés)*; ~ **dose** *at* bőrdózis; bőrfelszíni dózis; ~-**dresser** *bőr* nyersbőrpreparátor, kikészítő; ~-**dried mo(u)ld** *önt* kiszárított felületi rétegű öntőforma; ~ **effect** *el* bőrhatás; szkinhatás, szkineffektus, szkinjelenség; ~-**effect attenuation** *el* szkinhatáson alapuló csillapítás; ~-**effect resistance** *el* kiszorítási ellenállás; ~ **friction** *ép* köpenysúrlódás *(cölöp)*; *fiz, rep* felületi súrlódás, súrlódási ellenállás; ~ **glue** bőrenyv; ~ **hardness** *any* felületi réteg keménysége; *önt* kéregkeménység; ~ **heating** *rep* aerodinamikai felületi felmelegedés; ~ **layer** *at, el* szkinréteg, áramkiszorítási réteg; ~-**making machine** *élip* mártógép *(bevonatkészítésre)*; ~-**pass mill** *heng* felülsimító hengersor; minőségi felületet adó hideghengersor, készre hengerlő hideghengersor, dresszírozósor; ~ **pass rolling** *heng* dresszírozás; ~ **plate** *hidr* héjazat; ~ **radar tracking** *távk* felületi reflexión alapuló radaros (cél)követés; ~ **resistance** *el* (elektromos) impedancia, váltakozó áramú ellenállás, látszólagos ellenállás; ~ **surface** *ép* köpenyfelület *(cölöp)*; ~-**to-skin** *bány* gárdaácsolat, sorosácsolat; ~ **wool** *tex* bőrgyapjú

Skinderviken button szénszelence *(mikrofonban)*

skinless *bőr* vékony bőrű *(prém)*

skinner *el* szigetelt vezetékszakasz hossza (forrasztástól kábelig); ~**s** *tex* (részben) üres csévék

skinning hámozás, lehántás, lefejtés; (meg)nyúzás, (le)nyúzás; csupaszítás; ~ **machine** *gumi* hámozógép; ~-**off** *el* csupaszítás; *nyom* festék bőrösödése; ~-**stressed covering** *rep* héjszerkezet burkolata

skinny bobbin *tex* kevés fonaltartalmú cséve

skiodrome *krist* szkiodróm

skip I. *v* elhagy, kihagy; átugrik; *rád, távk* ugrik; *szt* átugrik; *tex* ugrál; **II.** *n bány* aknabillenőkas; billenőcsille; bödön *(aknamélyítésé)*; kosár, puttony; szkip; vedres felvonó; *forg* kihagyás *(gyalukéstől érintetlen rész a deszkán)*; *koh* adagolóedény, adagolóveder; felvonóveder; *mzg* felszántatlan földdarab; vakbarázda; *szt* átugrás; *távk* néma zóna; *tex* fészek *(nagyobb szövéshiba)*; ugr(ál)ás; ~ **area** *távk* ugrási terület; ~ **band** *távk* néma zóna; ~ **box** *tex* ugró fiók *(váltóládán)*; ~ **bridge** *koh* ferde felvonó; ~ **bucket** *bány* szkipveder; ~ **car** *koh* billenőkocsi; ~ **charging** *koh* buktatóvedres/billenővedres adagolás; ~ **command** *szt* üres utasítás; ~ **distance** *távk* néma sáv szélessége, holt zóna; ugrási távolság; ~ **dozer** *ép* kis tológép; ~ **draught/draft** *tex* ugráló/váltósoros befűzés; ~ **dumper** *bány* szkipürítő; ~ **filling** *koh* buktatóvedres adagolás; *tex* szabálytalan szövés *(szövethiba)*; ~ **flame cutting** szakaszos lángvágás; ~ **guide** *bány* kasvezeték; ~ **hoist** *em, ép* (billenő) puttonyemelő berendezés *(betonkeverő)*; (billenő)vedres felvonó, szkip; billenőputtonyos anyagfelvonó; ~ **incline** *koh* ferdefelvonó; ~ **instruction** *szt* ugróutasítás; üres utasítás; ~ **key** *szt* ugratóbillentyű; ~ **keying** *el* impulzus(frekvencia-)elosztás; ~ **lorry** *gépk* billenőplatós tehergépkocsi; ~ **mixer** *ép* (billenő)puttonyos (beton)keverő; ~ **order** *szt* üres utasítás; ~ **pass** *tex* ugráló fűzés; ~ **perforation** *szt* a leporellópapír perforációjának kihagyása nyomtatáskor; ~ **pocket** *bány* ércüreg; szkipürítő, szkiprakodó, szkiptartály; töltőtáska; ~ **road** *bány* szkiposztály *(lejtősaknáé)*; ~**s** *tex* szabálytalan szövés *(szövethiba)*; ~ **scale** *ép* felvonóputtony-mérleg; ~ **shaft** *bány* szkipakna; ~**-type feeder** *koh* billenőserleges adagoló; ~ **unloading pocket** *bány* szkipürítő; ~ **wag(g)on** *vasút* billenőkocsi; ~ **welding** *heg* szakaszos hegesztés; ~ **winding** *bány* szkipszállítás; ~ **with side guides** *bány* oldalvezetésű szkip; ~ **zone** *távk* néma zóna

skipped | **coating** *pa* mázolási hiba; ~ **threads** *tex* szádsíkból kiugró fonalak

skipper *hajó* uszálykormányos; *irgép* tabulátor *(írógépé)*

skipping I. *a* kiegyensúlyozatlan; **II.** *n* ugrá(lá)s; *gépk* rángatás

skirt I. *v ép* szegélyez, körít; **II.** *n el* szigetelőgallér; *ép* szegélyléc, szegőléc; vízzáró kötény *(alapozásé)*; *gép* dugattyúpalást; fúvókaköpeny; *távk* rezonanciagörbe alsó szimmetrikus oldalrésze; *tex* alsó szegély; ~ **board** *tex* szalaghajtómű oldalfala; ~ **clearance** *gép* dugattyúpalást—hengerfal-hézag; ~ **panel** *gépk* szoknyalemez *(karosszérián)*; ~ **plate** *em* terelőlemez; ~ **selectivity** *rád* oldalsávszűkítéses szelektivitás

skirted port *ép* keszonkeret

skirting beszegés; *ép* (padló)szegélyléc; lépcsőházakna határolófala; *tex* gyapjúpászma koloncos részei *(rongyosztályozásé)*; hasgyapjú; szoknyaszövet; ~ **board** *ép* (padló)szegélyléc; falléc; szokli; ~ **leather** *bőr* nyeregszárnybőr

skitteriness *tex* (színezési) foltosság

skittery *tex* foltos *(színezés)*; ~ **dyeing** *tex* foltos színezés

skittle-pot *üveg* golyó alakú olvasztófazék

skive I. *v bőr* élez; farag *(falcol)*; hasít; serfel, vékonyít *(szélnél)*; *fa* lecsiszol, kicsiszol; *gumi* felhorzsol; **II.** *n bőr* húsoldal lefaragása

skiver *bőr* barkás hasítású juhbőr; vékony barkaoldali hasítékbőr *(könyvkötőbőr)*

skiving *bőr* élezés; ~**-cuts** *pl bőr* élezés *(serfelés)*; ~ **machine** *bőr* hasítógép, élezőgép; ~ **tool** *forg* tangenciális idomkés

sklodowskite *ásv* sklodowskit

skolopsite *ásv* szkolopszit

skot *fiz, metr* $3{,}1931 \cdot 10^{-4}$ candela/m^2 *(fényerősség régebbi mértékegysége)*

skotograph *foto* szkotográf *(fényképező emulzióban szerves anyagok sötétben történő kisugárzása okozta előhívható kép)*

Skraup's synthesis *vegy* Skraup-féle kinolinszintézis

skull *önt* torokmedve, üstmedve; üstmeredvény; ~ **breaking tool** *önt* tapadékleverő szerszám; ~ **casting** *önt* öntés a fürdő saját fémjéből kialakított tégelyben; ~ **cracker** *koh* ejtőmű; ~ **furnace** *önt* bélelt kemence; ~ **guard** *bány, ép* védősisak

skunk *bőr* szkunksz *(szőrme)*

skutterudite *ásv* skutterudit

sky ég(bolt); ~**-blue** égszínkék; ~ **component of daylight factor** *opt* nappali világossági tényező égbolthányada; ~ **cover** *met* felhőzet; ~ **factor** *opt* égbolttényező; ~**-filter** *foto* sárgaszűrő; ~**-fog** *csill* fényképfelvétel fátyolosodása *(ég fényessége miatt)*; ~ **radiation** *fiz* égboltsugárzás; ~**-rocket** *kat* világítórakéta; ~ **sweeper** *kat* légvédelmi ágyú; ~ **wave** *rád* térhullám; visszaverődött hullám; ~**-wave interference** *rád* térhullám-interferencia; ~**-wave pattern** *rád* térhullám-sugárzási diagram; ~**-wave synchronized loran** *távk* SS-Loran *(navigációs rendszer)*; ~**-writing** *rep* füstírás *(égre)*

skying *tex* levegőztetés; ~ **doctor** pnemuatikus lehúzókés

Skylab *űr* Skylab *(amerikai űrállomás)*

skylift *rep* légiszállítás

skylight *ép* felülvilágító (ablak); tetőablak; *fiz* égboltsugárzási tényező, égboltfény, égbolt fénye; *hajó* felülvilágító, hajóablak *(felülvilágító)*; *met* szétszórt fény *(természetes)*; ~ **filter** *foto* halvány rózsaszín szűrő; ~ **hood** *ép* felülvilágítós fedél; ~ **trunk** *hajó* világítóakna

skyline *ép* városszíluett (felhőkarcolókkal); *foto* szemhatár körvonala

skyscraper *ép* felhőkarcoló

SL → sea level; → searchlight; → short length; → solid line; → square law; → straight line; → suction line; → surface layer

SLA → shift left arithmetic

slab I. *v bány* bélésdeszkáz; lemar; megbont; *fa* négyszögletesre vág; rönköt felfűrészel; *heng* platinát/brammát hengerel; **II.** *n* lap, lemez; kőtábla; fatábla; fémtábla; *bány* bordafa; félfa; *ép* burkolókő, burkolólap; csempelap, fedőlap; fedőkő; hídlemez; vasbeton lemez, betonlemez; *fa* bontódeszka, borítódeszka; oldalanyag *(fűrészárué)*; zsaluzódeszka, széldeszka; *geol* iszap; kiálló kőzetréteg; *hajó* vitorla öblös része; *heng* lemeztuskó, laposbuga, platina, bramma; *nyom* tördelőasztal; *rád* egykristályrúd; kvarckristály nyerstömb; *tex* durva előfonal; lap; ~**-and-beam bridge** *ép* gerendahíd; ~**-and-beam floor** *ép* (alul)bordás lemezfödém; ~**-and-buttress retaining-wall** *ép* bordákkal gyámolított lemezes támfal; ~**-and-curb press** *US* → ~-and-kerb press; ~**-and-girder floor** *ép* bordáslemezes födém; ~**-and-**

kerb press *ép* lap- és útszegélykő prés; ~**-and-tile grinder** *ép* lapcsiszológép *(beton)*; ~**-and-tile press** *ép* lappréselő gép *(beton)*; ~ **base** *ép* lemezalap; ~ **billet** *heng* platina; ~**-billet-tilting device** *heng* tuskóbuktató; ~ **bridge** *ép* lemezhíd; ~ **casting machine** *önt* lemezbugaöntő gép; ~ **cogging mill** *heng* brammasor; ~ **coil** *el* lapos spiráltekercs; ~ **construction** *ép* paneles/lemezes építés; ~ **conveyor/conveyer** *élip* lemezes szállítószalag; ~ **culvert** *ép* fedőlapos áteresz; lemezkeret-áteresz; ~ **cutter slab** *forg* nagyméretű síkmaró; ~ **down** *v bány* lever, leszed *(leváló kőzetet)*; ~ **edge** *ép* lemezperem; ~ **entry** *bány* kibővített *v.* széles homlokkal hajtott vágat; ~ **facing** *ép* lapburkolat; lemezburkolat; ~ **floor** *ép* cementlap padló, terrazolap-burkolat stb.; lapburkolat *(hideg padló)*; lemezfödém; széles elemekből alakított födém; vasbeton lemezes födém; ~ **foundation** *ép* lemezalap; ~**-heating furnace** *önt* lemeztuskó-hevítő kemence; ~ **hole** *bány* betörő lyuk; iszaplyuk; jövesztő/tágasító fúrólyuk; segédfúrólyuk; ~ **ingot** *önt* lapostuskó; ~ **iron** *koh* lemezbuga, bramma; ~ **joint** *ép* laphézag(-illesztés); ~ **mill** *élip* gyűróhengerszék, gyúrómalom; *heng* brammasor, platinasor; lemezbugasor; *ker* iszapgyúró gép; ~ **miller** *forg* felületmarógép, síkmarógép; ~ **mo(u)ld** *ép* lemezsablon, panelsablon; *önt* öntőforma lemeztuskó öntéséhez; ~ **mo(u)lding-machine** *fa* falemezsajtoló gép; *önt* lemeztuskóöntő gép; ~ **pavement** *ép* lapburkolat *(út)*; ~ **press** *ép* lapprés, lapgyártó gép; ~ **prop** *ép* födémtámasztó rúd *(ideiglenes)*; ~ **reinforcement** *ép* lemezvasalás; ~ **roof** *ép* (vasbeton) lemeztető; ~ **rubber** *gumi* gumilemez; ~**s** *bány* bordafa; *ép* rétegelt lemeztáblák; ~**-saw** *fa* széldeszkavágó fűrész; *koh* tuskófűrész; ~ **serif** *nyom* betűtalpas lineáris antikva; ~**-shaped** laptábla alakú; ~ **shears** *pl heng* platinaolló, brammaolló; ~ **slasher** hulladékanyag-kurtító fűrész; ~ **supported on four sides** *ép* négy oldalán felfekvő lemez *(tartószerkezet)*; ~ **tie** *vasút* lemeztalpfa; ~**-type landing** *ép* lemezszerű pihenő *(lépcsőé)*; ~ **vibrator** *ép* lapvibrátor; ~ **wafer** *szt* szögletes lapka; ~ **washer** *ép* panelfelszín-kimosó berendezés

slabber *fa* deszkafűrész, hosszfűrész; fűrészelő

slabbing *bány* bélésdeszkázás; bordafázás; lemezes leválás; pásztázófejtés; szeletjövesztés; *fa* fatörzs lehántása *v.* négyszögletesre vágása; gyalulás; *forg* simára marás; *heng* platinahengerlés, brammahengerlés; ~**-cut** *bány* felső rés, főterés; ~ **gang** *fa* széldeszkavágó keresztfűrész; ~ **machine** *bány* keskenyfogású fejtőgép *(két vízszintes és egy függőleges karral)*; szeletelő fejtőgép; széngyalu; *tex* durván fonó gép; ~ **mill** *heng* brammasor; ~ **pass** *heng* előnyújtó üreg; platinahengerlő üreg/kaliber; ~ **roll** *heng* előnyújtó henger *(lemezsoron)*; ~**-saw** *fa* széldeszkavágó fűrész

slack I. *v* megold *(csavart)*; (meg)lazít *(csavart)*; lazul *(kötél)*; utánaenged, megereszt *(kötelet)*; *ép* iszapol; olt *(meszet)*; *hidr* apad *(gyengül)*; **II.** *a* laza, megereszkedett *(kötél)*; *hidr* holtvíz *(folyóé)*; lassú, pangó *(víz)*; *ip* lanyha, pangó *(piac)*; **III.** *n* hézag, lazaság; belógás *(vezetéké, láncé)*; *aut* maradék; *bány* mállott szén; szénapró; széniszap; szénpor; *gép* holtjáték; *mech* feszítéslazulás, feszítéscsökken(t)és; *pa* laza huzat *(papírgépé)*; ~ **adjuster** *gép* szorítókarmantyú *(holtjáték beállítására)*; *gépk* fékpofahézagállító, fékállító *(önműködő)*; holtjáték-utánállító *(fékhez)*; *vasút* féklöketállító; ~**-adjuster (pull-)rod** *vasút* féklöketállító vonórúd; ~ **at high water** *hidr* fordulópont magas vízállásnál; ~ **at low water** *hidr* fordulópont alacsony vízállásnál; ~ **away** *v* kienged *(meglazít)*; megereszt *(kötelet)*; ~ **block** *ép* falazóblokk; ~ **chain** laza lánc *(motorkerékpár)*; ~ **coal** *bány* iszapszén, porszén, apró/mállott szén; ~ **course** *kh* felverősor, tágsor; ~**-end** *bány* kötél szabad vége; ~**-knit** *kh* laza kötésű; ~ **lime** *ép* oltott mész; ~**-line cableway** *ép, hajó* (lazaköteles/sodronyköteles) kábelkotró; ~ **list** *tex* laza szegély/szél; ~ **of a cable** kábellazulás; ~ **off** *v* visszahajt *(csavart, anyát)*; kienged; ~ **quenching** *hők* nem teljes edzés; ~ **rigging** *hajó* laza csarnakzat; ~**-rope** *bány* laza kötél; ~**-rope switch** *em* kötéllapulási biztonsági kapcsoló; ~**-running fit** *gép* laza illesztés; ~ **selvage** *tex* laza szövetszegély; ~**-shed side** *tex* alsó szádág; ~ **side** *gép* laza ág *(szíjé)*; ~ **size** *pa* gyenge enyvezés; ~**-sized** *pa* gyengén enyvezett *(papír)*; ~ **traffic period** *közl* alacsony forgalmú időszak; ~**-twisted** *tex* lazán sodrott; ~ **up** *v vasút* lassít; ~ **variable** *mat, rendsz* kiegészítő változó; maradékváltozó; ~ **variables** *rendsz* feleslegváltozók, kiegészítő változók; hiányváltozók; ~**-washing machine** *tex* írezőgép; kötegmosó gép; ~ **water** *hidr* áramlásmentes/pangó víz; duzzasztott víz, állóvíz; ~**-water navigation** *hajó* állóvízi folyamhajózás; ~**-wax** *ol* paraffingacs, nyersparaffin; *vegy* paraffingacs; ~ **yarn** *tex* meglazult szál *(felvetésnél)*

slacken utánaenged *(kötelet)*; *gép* játékot enged; *hidr* lassul, megáll *(áramlás)*; *közl* csökkent *(sebességet)*; ~ **off** meglazít (kötelet)

slackener *tex* kiegyenlítő *(szelfaktor-fonalvezetőn)*

slacking (meg)lazítás; utánaengedés; *bány* morzsolódás, aprózódás; rétegleválás; *ép* kötés lazítása; *geod* elmállás; mállás; ~ **of ga(u)ge** *vasút* nyombővülés; ~ **of the walls** *bány* kőzetpergés a vágat falaiból; ~ **slag** darabolt salak *(darasalak)*; ~ **split** *bány* légáramelosztás

slackness lazaság; ernyedtség

slade *ép* lejtős ösvény; *geol* völgy; *mzg* ekecsoroszlya

slag I. *v koh* elsalakosodik, salakot képez; salakot lehúz; **II.** *n bány, koh* salak; *koh* salaklemez; ~ **aggregate block** *ép* (kohó)salak(beton)-blokk; ~ **baffle** *hőt* pernyefogó fal; ~**-ballast** *vasút, ép* salakágyazat; ~ **basin** *koh* salakülepítő medence; ~ **bath** *koh* salakfürdő; ~ **bed** *ép* salakágyazat; *koh* salakágy, salaktér, salakgyűjtő; ~ **blanket** *koh* salakágy; salaktakaró; ~ **block** *koh* salakmedve; ~ **breakout** *koh* salakkitörés; ~ **brick** *koh* salaktégla; ~ **buildup** *koh* salakkoszorú; ~ **catcher** *koh* salakszekrény; ~ **cement** *ép, koh* salakcement; ~ **chamber** *koh* salakfogó; ~ **channel** *koh* salakcsatorna, salakcsapoló csatorna; ~ **chipper** *koh* salakleverő szerszám; ~ **concrete** *ép* (kohó)salakbeton, kohóhabsalak-beton; ~ **container/pit/pot** *ép* salaktároló; ~ **cotton** *koh* salakgyapot; salakvatta; ~ **crusher** *koh* salaktörő, salakzúzó; ~ **crust** *koh* salaklerakódás; ~ **dam** *koh* salakgát; ~ **disposal** *koh* salakeltávolítás; ~ **drain** *koh* salaklecsapoló csatorna; ~ **dump** *koh* salakhányó; ~ **dumping car** *koh* buktatható salaküst; ~ **fill** *ép* salakfeltöltés; ~ **filter** *koh* salakszűrő; ~ **foaming** *koh* salakhabosítás; ~ **forming** *koh* salakképzés; ~**-forming addition/agent** *koh* salakképző anyag; salakozószó; ~ **fuming** *koh* fuming-eljárás; ~ **furnace** *koh* ólomércpörkölő kemence; ~ **gravel** *koh* salakzúzalék; ~**-grinding plant** *koh* salaktörő üzem; ~ **hair** *ép* salakgyapot; ~ **hole** *koh* salakcsapoló nyílás; ~**-hole gun** *koh* salakzáró gép; ~ **inclusion** *koh* salakzárvány; ~ **ladle** *koh* salaküst; ~ **lead** *koh* ólomsalak; ~ **losses** *pl koh* elsalakulási veszteség; ~ **mill** *koh* salaktörő; ~ **muck** → ~ dump; ~ **notch** *koh* salakcsapoló nyílás; ~ **number** *koh* salakszám; ~ **of liquation** *önt* megömlési salak; ~ **out** *v* salakot leönt; ~ **paving-stone** *ép* salakbetonlap, salakbeton burkolólap; ~ **pile** *koh* salakhányó; ~ **pit** *koh* salakgödör; ~ **pocket** *koh* salakfogó; ~ **pot** *koh* salaküst; ~ **processing** *koh* salakfeldolgozás; ~ **ratio** *koh* salakbázikusság; ~ **reaction process** *koh* salakreakciós eljárás; ~ **removal** *koh* salak elkülönítése; ~ **removing** *koh* salaklehúzás; ~**-resistant brick** *koh* salakálló tégla; ~ **runner** *koh* salakvezető csatorna; ~ **sample** *koh* salakminta; salakpróba; ~ **sand** *ép* finomra őrölt kohósalak; granulált (kohó)salak; salakhomok; *koh* granulált salak; ~ **scoop** *koh* salakozókanál; ~ **skimmer** *koh* salakfogó rúd; salakgát; salaklehúzó berendezés; salakozókanál; ~ **smelting** *koh* salakolvasztás; ~ **specimen** *koh* salakminta; ~ **spout** *koh* salakcsapoló/salakkiömlő nyílás; ~ **stockpile** *koh* salakhányó; ~ **stone** megdermedt salak; ~ **tap** *koh* salakcsapolás; ~**-tap furnace boiler** *en* salakolvasztós kazán; ~ **tapping** *koh* salakcsapolás; ~**-tapping side** *koh* salakcsapoló oldal; ~ **test** *koh* salakminta; salakpróba; ~ **thread** *koh* salaksor, soros salakzárvány; ~ **tip** → ~ dump; ~ **treatment** *koh* salakfeldolgozás; *környv* salakkezelés; ~ **tuyere** *koh* salakforma; ~ **wool** *ép, koh* salakgyapot; ~ **yield** *koh* salakkihozatal

slagged *hőt* elsalakosodott

slagging I. *a koh* salakképző; **II.** *n hőt* sülés; *koh* elsalakosodás/salakképződés; salak elkülönítése; salakképzés; salaklehúzás; ~ **effect** salakképző hatás; ~ **fusion** *koh* elsalakosító olvasztás; ~ **hammer** salakleverő kalapács; ~ **material/medium** *koh* salakképző anyag; ~**-off** *koh* salaklehúzás; ~ **operation** *koh* salakosítási művelet; ~**-out** *koh* lesalakozás; ~ **port** *koh* lehúzónyílás; ~ **practice** *koh* salakvezetés; ~ **smelting** *koh* elsalakosító olvasztás; ~ **test** *any* salakállósági vizsgálat

slaggy *koh* salakos; ~ **iron** *koh* salakdús vas; ~ **lava** *geol* salakos láva

slake olt *(meszet)*; oltódik *(mész)*

slaked lime *ép* oltott mész

slaking *ép* oltás, oltódás *(mészé)*; ~ **drum** *ép* forgódobos mészoltó gép; ~**-drum process** *ép* oltódobos eljárás; ~ **of lime** *ép* mész oltása; ~ **pit** *ép* mészoltógödör; ~ **slag** *ép* oltósalak; *koh* önporló/széteső salak

slam becsap, bevág *(ajtót)*; lecsap; becsapódik, bevágódik; ~**-type lock** *ép* csapózár *(ajtón)*

slamming stile *ép* csukásoldali ajtófélfa

slant I. *v* lejt; ferdül; ferdít, lejtősít; *fa* rézsűz; **II.** *a* lejtős; ferde; ereszkedő; dőlt; **III.** *n* lejtés, lejtő; *bány* ereszke; légösszekötő; lejtősakna, átlós feltörés; omlás melletti vágat; vágatlejtés; *ol* fúrólyukferdeség, fúrólyukelhajlás; ~**-bottom bin** ferde fenekű tartály; ~ **chute** *bány* átlós gurító; ~ **course line** *rep* lejtős irányvonal; ~ **distance** *távk* ferde távolság; ~ **drill hole** *ol* elferdült fúrólyuk; ~ **drilling** *ol* ferde fúrás; ~ **ground sample** *félv* ferde csiszolat; ~ **height** *mat* oldalmagasság *(mértanban)*; ~ **hole** *ol* (irányított) ferde fúrás; ferde lyuk; ~ **hole drilling** *ol* dőlt fúrás; ~ **microsection,** ~ **polished sample** *félv* ferde csiszolat; ~ **range (SLAR)** *geol* átlós távolság; ~**-range converter** *távk* ferdetávolság-átszámító; ~ **ray** *távk* tengelykitérő sugár; ~**-rolling mill** *heng* Mannesmann-rendszerű lyukasztóhengersor; ~ **strut** *bány* ferde gyám; *ép* ferde nyomott rúd/alátámasztás; ~ **track recording** *tv, vid* helikális képrögzítés, ferdecsíkos videorögzítés

slanting ferde, dőlt, rézsútos; ~ **boom type trenching machine** *ép* ferde vederlétrás árokásó gép; ~**-bottom bin** *ép* ferde fenekű bunker; ~ **cut** *bány* ferde lyukú betörés; ~ **drill-hole** *ol* ferde fúrólyuk; ~ **ladder ditcher** *ép* ferdevederlétrás árokásó gép; ~ **roof** *ép* lejtős tető

slap I. *v gép* kotyog, kopog *(dugattyú)*; **II.** *n* ütés; *ép* lyuk *(falban)*; *pa* beszakadás; ~ **dash** *ép* durva vakolás *(kavicsos habarccsal)*; ~**-dash** *v ép* durván vakol *(falat)*; ~ **ring** *ép* dugattyú kopogását kiküszöbölő gyűrű

SLAR → side-looking airborne radar; → slant range

slash I. *v* felhasít, felvagdal; *gumi* szabdal, bemetsz, bevagdal *(futófelület-mintázatot)*; *tex* írez; **II.** *n* ütés, vágás; hasítás; *bány* szétzúzódott széntömeg; *bőr* vakmetszés; *fa* rőzse, erdei hulladék; törmelék *(erdőben)*; *pa* famaradvány; *szersz* metszés; *szt* per-jel, ferde törtvonal; ~**es** → slashes; ~**-sawn timber** *fa* felfűrészelt fa

slashed *cipő* felhasított; *tex* írezett

slasher *fa* hulladékfelvágó bütüzőfűrész; körfűrész; szélezőfűrész; *pa* hasítógép; ~ **beam** *tex* írezőhenger; ~ **room** *tex* írezőterem; ~**s** *pl fa* csapolófűrész; félkézfűrész; ~ **sizing machine** *tex* pamutírező gép; ~ **speed** *tex* írezési sebesség

slashes *pl geol* mocsaras mélyedés

slashing *cipő* bőrbevagdosás; ~**s** *fa* (erdei) hulladék *(vágásterületen)*, fadöntési maradványok; ~**-stretch** *tex* írezési nyújtás

slat *ép* léc; panel; *fa* kerítésléc; leszabott léc *(pl. zsalugáterhez)*; *gép* kis falemez; *gumi* ütőléc, bütyök *(próbagépdobon)*; *rep* orrsegédszárny, orr-résszárny; ~ **bottom** *mzg* hézagolt eketest; ~ **carousel** *em* körfolyamú lemezes szállítószalag; ~ **conveyor/conveyer** *em* léces szállítószalag; ~ **elevator** *em* futóláncos felvonó; ~ **grader** *élip* lécdobos osztályozó; ~**-type** *em* léces; ~**-type conveyor/conveyer** *koh* lemeztagos szállítószalag

slate I. *v ép* palával fed/borít; **II.** *n* simítókő; *ép* (természetes) fedőpala, tetőpala; pala(lemez); *geol* pala; ~ **axe** *ép* palalemez-faragó balta; ~**-band** *bány* palabeágyazás; ~ **black** palafekete *(festék)*; ~ **boarding** *ép* deszkázás *(palatető-aljzatként)*; ~ **cement** *ép* tört pala *(tetőfedésre)*; ~**-chute** *bány* meddőgurító; meddővágat; ~ **clay** *talt* palás agyag; ~ **coal** palás szén; ~ **cramp** *ép* palakötő lemez; ~**-floor** *ép* palapadlózat; ~**-hanging** *ép* függőleges falak palaborítása; ~ **paper** palapapír; ~**-parting** *bány* palabeágyazás; ~**-picker** *bány* meddőválogató, palaválogató; ~ **powder** palaliszt; ~ **quarry** *bány* palabánya; ~

roof *ép* palatető; ~**-slab** *ép* pala(lemez); tetőfedő pala(lemez); tetőpala
slated *ép* kipalázott; ~ **roof** *ép* palatető
slater *bány* palafejtő (munkás); *ép* tetőfedő; ~**'s anvil** *ép* tetőfedőállás, tetőfedőállvány; ~**'s hammer** *szersz* palafedő-kalapács; ~**'s nail-puller** tetőfedő szeghúzó vas
slating *ép* pala(tető)fedés; ~ **and tiling battens** *ép* lécek, lécezés *(fedélhéjazathoz)*
slatted *ép* deszkával borított/burkolt; lécezett; ~ **basket press** *élip* léckosaras szőlőprés; ~ **floor** *ép* rácspadló *(istálló)*
slatting *ép* (be)deszkázás
slaty palaszerű; palás; ~ **cleavage** *ásv* vékony lemezes hasadás; *geol* palás elválás; ~ **fracture** *koh* lépcsős töret; ~ **marl** *ásv* palás márga, márgás pala; ~ **structure** *geol* réteges/palás szerkezet
slaughter I. *v élip* levág *(állatot)*; **II.** *n élip* vágás *(állaté)*; ~**-hammer** *élip* tagló
slaughtered | **hide** *bőr* vágóhídi nyersbőr; ~ **kip** *bőr* vágóhídi zebu(bőr)
slaughterhouse *élip* vágóhíd
slaughtering *élip* állatvágás
slave *szt* kiszolgálóegység, szolga; *távk* segéd-adóállomás; ~ **circuit** *el, szt* mester-szolga billenőkör; ~ **clock** *szt* segédóra, mellékóra; ~ **motor** *aut* másoló/követő/vezérelt (szervo)motor; ~ **station** *rep* alárendelt állomás; mellékállomás *(iránysávadónál)*; *szt* szolgaállomás, követőállomás; *távk* rabszolgaadó, mellékadó; ~ **sweep** *távk* kiváltott/vezérelt letapogatás *(lokátorral)*; ~ **transmitter** *rád* (közös hullámú) segédadó; ~ **tube** *szt* másodkijelző; ~ **unit** *szt* segédberendezés
slay → sley
SLBM → sea-launched ballistic missile; → submarine-launched ballistic missile
SLC → searchlight control
sleave I. *v tex* csévél, gombolyít; fonalakat bordába fűz; **II.** *n* sodratlan selyem; gubót borító selyemkóc
sleaziness *tex* felhősség *(szövethiba)*; szövet könnyűsége; szövetcsíkosság *(hiba)*; vetülékcsíkosság; vetülékritkaság *(szövéshiba)*
sleazy *tex* laza/ritka szövésű; vetülékcsíkos; ~ **cloth** *tex* fonalhiányos *v.* egyenlőtlen szövésű szövet; ~ **knitting** *kh* egyenlőtlen/keresztcsíkos kötés
sled *US* → sledge
sledge, *US* **sled** *bány* szénszállító szán; *vasút* késes áramszedő; ~ **arch** *ép* vonóvasas ív; ~ **marker** *mzg* sorhúzó; ~ **mill** *élip* kalapácsos aprítógép/törőmalom; ~**-runner** *bány* szántalp
sledgehammer *bány* nagykalapács, pöröly; *ép* kőtörő kalapács; *mt* kovácskalapács, pöröly, nyeles/ráverő/kétkezi kalapács
sledger *bány* (bányász)kalapács; kőtörő gép
sledging *bány* ércválogatás *(kézi zúzással)*; szinítés
sleek I. *v bőr* fényesít; *koh* (le)simít *(formázás)*; **II.** *a* sima; lágy; **III.** *n* tükröző felület *(vízen)*; *önt* simítóléc; ~**-side rubber** *gumi* mintázatlan oldalgumi
sleeker *bőr* simítókő; *ép, önt* simítókanál; simítóléc; simítóvas
sleeking simítás; mángorlás; *bőr* fényezés; ~ **hammer** *mt* simítókalapács; ~ **roll** *ép* simítóhenger
sleeper *ép* ászokfa; párnafa, vánkosfa, küszöbfa; süvegfa; *hajó* tükörgerenda *(fahajón)*; *vasút* hálókocsi; keresztalj, vágányalj; talpfa; ~**-bearing girder** *ép* talpfatámasztó gerenda; ~ **blocks** *pl vasút* talpfatömb; ~ **chair** *vasút* talpfaaljzat *(sínszék vasaljhoz)*; ~ **charge** *geof* későbbi időpontban robbantott töltet, „alvó" töltet; ~ **contact** *vasút* talpfaérintkező; ~ **drilling machine** *vasút* aljfúrógép; ~ **fastening** *ép* ászokpárnafa-rögzítés; *vasút* talpfa-megerősítés; ~ **fish-plate** *vasút* talpfaalátét-lemez; ~ **laying machine** *vasút* aljfektetőgép; ~ **pitch** *vasút* talpfaosztás; ~ **press** *vasút* talpfasajtó, talpfaprés; ~ **saloon** *vasút* hálófülkés szalonkocsi; ~ **saw-bench** *fa* talpfafűrészelő pad; ~ **spacing** *vasút* talpfaosztás; ~**-straightening machine** *vasút* talpfaegyengető gép
sleeping | **berth** *hajó, vasút* hálófülke, ágyfülke; hálóhely; ~ **canal** *hidr* állóvízcsatorna; ~**-car** *vasút* hálókocsi; ~ **caravan** *gépk* (utánfutó) lakókocsi; ~**-compartment** *vasút* hálókocsifülke; ~**s** *pl bány* vetőhasadék kitöltése, vetőkitöltés; ~ **trailer for construction sites** *ép* építő-lakókocsi
sleet dara; havas eső; zúzmara; *el* eljegesedés *(vezetéken)*; ~ **area** *távk* zúzmarás vidék; ~ **brush** *vasút* jégkaparó áramszedőhöz; ~ **chaser** *gépk* páramentesítő; üvegmelegítő; ~ **hood** *el* zúzmaramentes burkolat/kupak/fedél; ~**-jump** *en* felcsapódás; ~**-melting circuit** *el* zúzmaraolvasztó áramkör; ~**-proof** *el* zúzmarabiztos; ~ **region** *távk* zúzmarás vidék *(vezetékcsillapítás szempontjából)*; ~ **scraper** *vasút* jégkaparó *(áramszedőé)*; ~**-weight** *el* jégteher
sleeve I. *v gép* perselyez, hüvelyez; **II.** *n ép* csőkarmantyú; *finm* toknyakbetét; *foto* fénybiztos lencsetoldat; *gép* (henger)hüvely; csapágybélés; karmantyú; persely; *hidr* áttolókarmantyú *(csövön)*; *ol* béléscső; *pa* hüvely *(tolható)*; *rep* szélirányjelző zsák; *szer* (cső)-karmantyú; csőtoldat; *távk* dugasztest; kapcsolóhüvely; *tex* tömlő; ~ **actuator** *gépk* tolattyúhajtórúd; ~ **bearing** *gép* osztatlan csapágy; perselyezett/perselyes csapágy; siklócsapágy; ~ **brick** *ép* üreges tégla; ~ **cathode** *el* hengeres katód; ~ **circuit** *távk* jelző vezeték *(kézиközpontban)*; ~ **coupling** *gép* karmantyús tengelykapcsoló; ~ **dipole** *rád* koaxális dipólus/dipólantenna/sugárzó; ~ **flange** *gép* csatlakozó karima; karimás tengelykapcsoló; ~**-guided expansion joint** csúszókondenzátor; ~ **insert** *ép, gép* betéthüvely; ~ **joint** *el* hüvelyezés; *gép* karmantyús/tokos illesztés/kötés; ~ **method of splicing reinforcing bars** *ép* betonacélok karmantyús toldása; ~ **nut** *gép* menetes hüvely; *szer* (kettős menetű) csőkötő anya; perselyanya; ~ **packing** *gép* gyűrűs tömítőhüvely, gyűrűs/karmantyús tömítés; ~ **piece** *ép, gép* betéthüvely, karmantyús toldás *(pl. vörösrézből)*; ~ **pipe** *ép, szer* csőhüvely; védőcső; *ol* köpenycső; ~**-pipe cover** védő csőkupak; ~ **port** *gépk* tolattyúnyílás; ~**-pressing rib** *gép* karmantyúszorító borda; ~ **silk** *tex* hulladékselyem; ~ **support** *szer* karmantyútartó; ~ **target** *kat* célzsák; ~ **terminal** *en* végkarmantyú; ~ **valve** *gépk* tolattyú *(belső égésű motoré)*; tolattyús szelep; ~**-valve engine** *gépk* tolattyús motor *(Knight-motor)*; ~ **wire** *távk* C-vezeték; dugasztest vezeték
sleeved *gép* hüvelyezett; karmantyús; perselyezett; *távk* tokozott; ~ **tube** *hidr* cső áttolókarmantyúval
sleever *kh* ujjakötő gép
sleeving *el, távk* hüvelyezés; szigetelőcső, kábelvédő cső; *ép* tömlősaru

slender vékony, karcsú, kis keresztmetszetű; ~ **core** *önt* vékony öntödei mag; ~ **ratio** *mech* karcsúsági arány
slenderness *ép, mech* finomság; karcsúság; *rep* nagy oldalviszony, karcsúság; ~ **limit** *mech* karcsúsági határ; ~ **ratio** *mech* karcsúsági tényező
slew I. *v* megfordít, elfordít; himbál; eltol *(sínt hosszirányban)*; *em* elfordul *(daru)*; *mech* csavarodik; **II.** *n* himbálás; himbálódzás, ringás; *geol* mocsaras terület; örvény; örvénylés; ~ **a full circle** *v em* teljesen körbefordul/körbepásztáz *(daru, kotró)*; ~ **rate** *el, szt* válaszadási sebesség, jelváltozási sebesség; ~ **round** *v* elfordul, megfordul; (tengelye körül) megperdül *(autó)*
slewable forgatható; minden irányban elfordítható
slewer *nyom* ék
slewing fordulat; elfordulás; csavarodás; eltolás; himbálás; himbálódzás; ~ **angle** *em* forgási/elfordulási szög; ~ **area** *em* fordulati tér; fordulószélesség; ~-**bearing** *gép* forgócsap-csapágy; ~ **boom** *ép* forgó gém; ~ **bracket** *gép* csuklós kar; ~ **bucket-ladder excavator** *ép* forgó kotró; ~ **chain** *bány* ívelő lánc *(ívréselő gépen)*, ívben forgató lánc; ~ **chute** *ép* forgó csúszda/surrantó; ~ **circle** *vasút* forgattyúkör; ~ **crane** *em* forgódaru; ~ **crawler** *em* lánctalpas forgórakodó; ~ **cylinder** *bány* igazítóhenger; ~ **device** → ~ mechanism; ~ **excavator** *ép* forgó kotrógép/ásógép; forgófelsővázas kotró; ~ **gear** *em* forgatómű; forgatószerkezet; ~-**gear brake** *em* forgatási fék *(emelőé)*; ~ **hanging leader** *ép* elfordítható függesztett vezetőkeret; ~ **jib** *ép* forgógém; ~-**jib crane** *em* forgódaru; ~ **journal** *vasút* királycsap *(fordítókorongokon)*; ~ **lead(er)** *ép* elfordítható függesztett vezetőkeret; ~ **mechanism/unit** *em* forgatómű; ~ **motion** *em* forgó/elforduló mozgás; ~ **motor** *kat* célkövető szervomotor *(oldalirányszögre)*; ~ **pillar erane** *em* oszlopos forgódaru; ~ **ring** *em* forgatómű gyűrűje; forgótányéros adagoló *(emelőn)*; ~ **servo-motor** *kat* célkövető szervomotor *(oldalirányszögre)*; ~ **tower crane** *em* toronydaru; ~ **type low loader** *gépk* kifordítható (hátsó)kerekű tréler
sley I. *v tex* befűz *(láncot bordába)*; **II.** *n tex* borda(láda); láncfonal; ~ **arm** *tex* bordaláb; ~ **beam** *tex* bordaláda dorong; ~-**cap** *tex* borda(láda)fedél; ~ **movement** *tex* bordaláda mozgatás; ~ **race** *tex* vetélőpálya; ~ **top** *tex* borda(láda)fedél
slice I. *v* (fel)szeletel; felvág; metsz; feloszt, nyes; **II.** *n* szelet; *bány* (fejtési) szelet; *élip* vékony szelet/réteg; *félv* szelet, lapka; *koh* salakhúzó, tűzkaparó; *nyom* festéklehúzó kés; *pa* kifolyónyílás *(felfutószekrényé)*; ~-**bar** *bány* bontóvas; ~ **drift** *bány* szeletvágat; ~ **method** *met* felsőlégkör-vizsgálat szelvénymódszere; ~ **thickness** *bány* szeletmagasság
sliced | film *műa* hasított fólia; ~ **sheet** *műa* hasított lemez; ~ **veneer** *fa* késelt furnér; leszabott furnérlemez
slicer *élip* gyalu; szeletelőkés; szeletelőkorong; *távk* kétoldali határoló; ~-**baler** *mzg* szeletelve bálázó gép
slicing *bány* szeletes fejtés, szeletfejtés; *élip, fa* (fel)szeletelés; felvágás; *félv* feldarabolás; ~ **and caving** *bány* szeletomlasztásos fejtés; ~ **lathe** *forg* leszúró esztergа; ~ **machine** *élip* szeletelőgép; *ker* agyaggyúró gép; *mzg* répaszeletelő gép
slick I. *v bőr* kitaszít, nyújt; *koh* simít; **II.** *a* fényes; csúszós; **III.** *n* síkfelület; *fa* széles simítóvéső; *koh* fémiszap; *ol* olajréteg *(tengeren)*, olajkiömlés; ~-**and-spoon** *önt* simítókanál
slickenside *geol* csuszamlási tükör; *geol, talt* sima csúszólap
slicker *önt* simítókanál; ~ **fabric** *ruh* vízhatlan köpenyszövet; ~ **solder** *koh* lágyforrasz
slidable csúsztatható; eltolható; beállítható; elmozgatható
slide I. *v* csúszik; siklik; megcsuszamlik; csúsztat; siklat; betol; **II.** *n* csúszás, siklás; *bány* csúszda, szán; gurítás; telepkibúvás *(takarója)*; vetőhasadék; *cipő* szalagcsokor *(dísz)*; *ép* osztás; *fa* facsúsztató; *forg* késszán; lökőfej; orsószán; *foto* dia(pozitív); *geod* csúszás; földcsuszamlás; laza/mállott kőzet; takaró(réteg); tolóka; vetemedés; vető; *gép* csúszka; retesz; siklópálya; szelep; tolattyú, csúsztatószán; zárvár; *hang* hangcsúsztatás; tolórész *(fúvós hangszeré)*; *hidr* keresztgerenda *(zsilipé)*; *kat* szán; *kh* tűalátámasztó rugó; *koh* tolóajtó; *mat* tolóka *(logarlécé)*; *mech* csúsztatás, nyírás; *metr* csúszósúly *(mérlegé)*; *opt* tárgylemez *(mikroszkópé)*; *rep* csúszótalp; *szersz* kulisszakő; ~ **arch** *bány* csúszóív; ~-**area** *geol* csúszásos terület; ~-**assembly bolt** *kat* szánszerkezetrögzítőcsap; ~-**back vacuum-tube voltmeter** *rád* változtatható rácselőfeszültségű csővoltmérő; ~-**back voltmeter** *el* kompenzációs voltmérő; ~ **balance** *el* tolóellenállásos mérőhíd; ~ **bar** *el* csúszóérintkező sín; *gép* egyenes vonalú vezetőrúd/vezeték; keresztfej-csúszóvezeték; rudas vezeték; *tex* keresztfej; ~-**bar keel** *hajó* többrészes hajógerinc; ~-**bar (system of) support** *bány* csúszósüveges biztosítás; ~ **bearing** → sliding bearing; ~ **block** *gép* csúszófej; kulisszakő; ~-**block slipper** *gép* kulisszakő csúszótalpa; ~ **box** *hőt* tolattyúház; ~ **breccia** *geol* csuszamlási breccsa, dörzsbreccsa; ~ **calliper** → ~ ga(u)ge; ~ **clamp** *gép* szárnyrögzítés *(fúrógépen)*; ~ **clamping** *forg* szánrögzítés; ~ **coil** *el* csúszóérintkezős tekercs; ~ **coupler** *rád* változtatható csatolóelem; ~ **divider** *el, rád* csúszóérintkezős feszültségosztó; ~ **dog** *koh, szersz* csúszófej *(sajtóé)*; ~-**drawing press** *alak* mozgóasztalos húzóprés; ~ **elevating** *forg* szánemelés; ~-**failure surface** *talt* csúszófelület; ~ **feed** *forg* csúszószán-előtolás; ~ **fire-escape** tömlős mentőcsúszda *(tűzvésznél)*; ~ **fit** *gép* mozgó illesztés; ~ **foot** *bány* csúszótalp; ~ **forceps** *opt* tárgylemezcsipesz; ~ **frame** *foto* diakeret; ~ **gate** *ép, hidr* tolóajtó *(surrantóé)*; *gép* tolózár; *hidr* táblás gát; *koh* üsttolózár; ~ **ga(u)ge** *metr* tolómérce; ~ **guard** *forg* harmonika; ~-**in chassis** *el* betolható szerelőegység; ~ **lathe** *forg* (hossz)eszterga; ~ **mount** → ~ frame; ~ **off** *v gépk* leszed, leszerel *(kereket)*; *hajó* lecsúszik *(sólyáról)*; ~ **on** *v* rácsúsztat; ~ **operation** *ép* csúszás *(csúszózsaluzatos építés)*; ~ **out** *v vasút* kisiklik; ~-**plane** *talt* sík csúszólap; ~ **plough** → sliding plough; ~ **potentiometer** *el* tolópotenciométer; ~ **projector** *foto* állóképvetítő (gép), diavetítő; ~ **rail** *gép* állítható sín; ~ **resistance (SR)** → ~ rheostat; ~ **rest** *forg* késtartó; ~-**rest tool** *forg* szupportkés; ~ **rheostat** *el* tolóellenállás, csúszóellenállás, csúszóérintkezős változtatható ellenállás; ~ **ring** *gép* tológyűrű; ~-**ring seal** *el* csúszógyűrűs tömítés; ~ **rock** *geol* földcsuszamlás; görgeteg; ~ **rock blocking** *bány* omladékfogó; ~(-)**rule** *mat* logarléc, számolóléc; ~-**rule graph/nomogram/nomograph** *mat* mozgóalkatrészes no-

mogram; ~ **shaft** *hőt* tolattyútengely; ~ **shifter** *tex* hasítékváltó, váltókulissza; ~ **shoe** *el* csúszósaru; *vasút* csúszópofa; vezetőpofa; ~ **shutter** *koh* üsttolózár; ~ **spring** *gép* csúszó szalagrugó; *kat* szánszerkezetrugó; ~**-spring guide** *kat* szánszerkezet rugóvezetője; ~**-spring key** *gép* csúszórugós ék; rugós tolóék/tolóretesz; ~ **stop-pin** *kat* szánrögzítő csap; ~ **tongs** *pl szersz* csőfogó; ~**-top guide/ways** *forg* felső szánvezeték; ~**-type inductor** *el* tolókás tekercs; ~**-valve** *ép, gép* tolattyú; tolólapos elzáró; *koh* (üst)tolózár; *vák* tolattyú; ~**-valve circle** *gép* tolattyúkör *(Zeuner-diagramban)*; ~**-valve diagram** *hőt* tolattyúdiagram; ~**-valve ellipse** *hőt* elliptikus tolattyúdiagram; ~**-valve engine** *gép* tolattyús motor; ~**-valve lead** *gép, hőt* tolattyú-előnyitás; ~**-valve link** *hőt* tolattyúkulissza; ~**-valve rod** *hőt* tolattyúrúd; ~**-valve steam-engine** *hőt* siktolattyús gőzgép; ~**-valve surface** *hőt* tolattyútükör; ~**-way** *forg* csúsztatópálya; szánvezeték; *hajó* sólyapálya; *koh, bány* csúszda; ~**-way cover** *el* vezetékvédő burkolat *(harmonika)*; ~**-way gib** *forg* szánvezeték-hézagállító betét; ~ **window** tolóablak; ~ **wire** *el* csúszóérintkezős vezetőhuzal; ~**-wire bridge** *el* csúszóvezetékes (mérő)híd; Wheatstone-híd; ~**-wire potentiometer** *el* csúszóhuzalos potenciométer

slider csúszó rész/elem; *el* csúszka; csúszó áramszedő; csúszóérintkező *(potenciométeré)*; leszedő; *fa* kihúzható asztallap; *gép* keresztfej; *hőt* tolattyú; *kh* tűmozgató platina; *szersz* csúsztatógyűrű; *tex* futókerék; ~**-detonator** *kat* csúszótest-detonátor; ~ **guide** *gép* keresztfejvezető léc; ~ **locking-pin** *kat* csúszótest-rögzítőcsap; ~**-locking-pin spring** *kat* csúszótest-rögzítőcsap rugója; ~ **rod** *tex* nyüstpálca; ~**-spring** *kat* csúszótestrugó; ~**-type coil** tolókás tekercs; ~**-wire heald** *tex* fémnyüst(szál)

sliding csúszás, siklás; siklatás; lesiklás; betolás; csúsztatás; *ép* elcsúszás/eltolódás a keresztmetszet mentén; *forg* hosszesztergálás; vezeték; *geol* csúszás; *koh* csúszás; *krist* csuszamlás, csúszás; csuszamlási folyamat/mozgás; *vasút* tolatás; ~ **agent** *koh* kenőanyag; ~**-and-surfacing lathe** *forg* hossz- és keresztesztergа; ~ **angle** *ép* csúszási szög; ~ **arm** *szersz* állítható fúrószárny; ~ **axis** *mech* csúszási tengely; ~ **axle** *gép* beálló/eltolható tengely; ~ **bar** → slide bar; ~ **barrier** *vasút* toló sorompó; ~ **base** *gép* csúszólap *(beállításhoz)*; ~ **bearing** *ép* csúszósaru, csúszó alátámasztás; *gép* siklócsapágy; ~ **bed** *gép* siklópálya; ~**-bed lathe** *forg* csúszóágyas eszterga; ~ **bevel** *fa* ferdemérő; ~ **bias** *rád* csúszó előfeszültség; ~ **blade** *gép, vák* forgólapát; ~ **bottom** *gép* csúsztató talapzat; ~ **bow** *el* áramszedő kengyel; ~ **bracket** *kat* bekötőcsukló; ~ **caisson** *hidr* csúszószekrény; ~ **cantilevered bar** *bány* előtűző csúszósüveg; ~ **capacitor** *el* tolókondenzátor; ~ **carriage** *forg* csúszószán, szupport; ~ **clutch** *gépk* csúszó tengelykapcsoló; ~ **cone** *tex* eltolható kezdőkúp *(felvetőn)*; ~ **contact** *el* csúszóérintkező; *vasút* csúszó áramszedő, csúszka; öntisztító érintkező; ~ **core** *önt* mozgó öntödei mag; ~ **cradle** *hajó* sólyaszán; ~ **curve** *gép* csúszási görbe; ~ **door** *ép* tolóajtó; ~ **electrode** *el* állítható elektród; ~ **end** *ép* dilatáló vég *(hídszerkezeté)*; ~ **factor** *mech* elcsúszás elleni biztonsági tényező; ~ **feather** *gép* siklóretesz; ~ **figure** *krist* csuszamlási alakzat; ~ **fit** → slide fit; ~ **floor ejection** *ép* tolófenéklapos ürítés; ~ **flow conveying** *ép* tolószállítás; ~ **flue damper** *hőt* füstgáztolózár; *koh* füsttolattyú; ~ **force** *ép, mech* csúsztatóerő; ~ **form paver** *ép* csúszózsalus betonbedolgozó/finiser; ~ **forms** *pl ép* csúszózsaluzat; ~ **formwork** *ép* csúszózsaluzás, csúszózsaluzat, vándorzsaluzat; ~ **fracture** *any* törés csúszólapok mentén; ~ **frame-saw** *szersz* görgőkocsis keretfűrész; ~ **friction** *mech* csúszási súrlódás; csúszósúrlódás; ~ **friction force** *mech* csúszósúrlódási erő; ~ **furrow** *geol* csúszási barázda; ~ **gear** *gépk* tolókerék; ~ **gearbox** *gépk* toló(-fogas)kerekes sebességváltó(mű); tolókerekes áttétel; ~ **gear-train** *gép* toló csoportkerék; ~ **glassdoor** *ép* üvegezett tolóajtó; ~ **grate** *hőt* bolygatórostély, tolórostély; ~ **guidance/guide** csúszó vezetés; csúszóereszték; ~ **head** *gép* csúszófej; ~ **heald** *tex* csúszó nyüstszál; ~ **height** *ép* csúszásmagasság; ~ **hinge** *gép* csúszócsukló; ~ **jack** *gépk* csúsztatható kocsiemelő; ~ **jaw** *vasút* csúszópofa, mozgópofa; ~ **key** *gép* tolóék; ~**-lever control** *távk* csúszóemeltyűs vezérlés; ~ **lock** *hajó* zsiliptábla; ~ **mass** *talt* csúszó tömeg; ~ **motion** *krist* csuszamlás; csuszamlási folyamat/mozgás; csúszás; *mech* csúszómozgás; ~ **nut** *forg* lakatanya; vándoranya; ~ **objective-changer** *foto* sínes objektívváltó; ~ **of foundation** *ép* alapcsuszamlás, alapzatsüllyedés; ~ **panel** *hidr* tiltó, csúszótábla; ~ **partition** *ép* eltolható válaszfal; ~ **patio door** *ép* terasz-tolóajtó; ~ **pinion** *gép* tolókerék; ~ **plane** csúszási felület/sík; ~ **platform** *ép* mozgatható munkaállvány; *vasút* tolópad; ~ **plough/plow** *bány, ép* csúszógyalu; *el* csúszó áramszedő; ~**-point pen** *mat* csúsztatható kihúzótollas nullkörző; ~ **poise** *metr* tolható súly *(mérlegkaron)*; ~ **punch** *műa* kihúzható bélyeg; ~**-quill gear** *gépk* fogazott tolóhüvely; ~ **radiator** *rep* behúzható hűtő; ~ **rail** *ép* csúszósín; ~ **resistance** *mech* csúszási ellenállás; ~ **resistor** *el* csúszóellenállás; ~ **roof** *gépk* tolótető; ~ **rubbing** *mech* csúszó súrlódás; ~ **sash** *ép* tolóablakszárny; ~ **scale** *ip* mozgó(bér)skála, mozgó fuvardíjtétel; ~ **scratch** *geol* csúszási karc; ~ **screen-grid voltage** *el* állítható árnyékolórács-feszültség; ~**-screen pentode** *el* változó meredekségű pentoda; ~ **screen-voltage** csúszó segédrácsfeszültség; ~ **seat** gurulóülés *(versenyhajóban)*; ~ **selector** *rád* csúszóérintkezős beállító; ~ **shield** *kat* csúszó lövegfedőpajzs; ~**-shield support plate** *kat* csúszó lövegfedőpajzs-tartólemez; ~ **shuttering** *ép* csúszózsalu(zat); ~ **sleeve** *gépk* szinkronozóhüvely *(sebességváltóé)*; *ol* csúszóhüvelyes közdarab; öblítési közdarab; ~ **sluice** *hidr* csúszótáblás zsilip; ~ **soil slip** *talt* csúszó suvadás; ~ **staff** *geod* összetolható mérőléc; ~**-steel guide holder** *tex* eltolható fonalvezető-tartó; ~ **strain** *bány* alakváltozás csuszamlásnál; ~**-support (pier)** *ép, hidr* csúszó alátámasztás *(nyomócső alatt)*; ~ **surface** *bány* csúszási felület; *bány, geol* elválási lap, csúszófelület; siklófelület; ~ **surface of piston** *hőt* dugattyú csúszófelülete; ~ **trap** *gép* reteszes zár; ~ **tripod** *foto, geol* kihúzható háromlábú állvány; ~ **universal joint** *gép* csúszóvillás kardáncsukló; ~ **valve** → slide-valve; ~ **vane** *el* forgólapát; *geod* elcsúsztatható dioptrakeret; ~**-vane rotary pump** *el, gép* forgólapátos szivattyú; ~ **vector** *mat* csúsztatható v. egyeneshez kötött vektor; ~ **way** → slide way; ~ **wedge** *talt* csúszóék; ~**-wedge bolt** *bány* ikerékes kőzethorgony; ~**-wedge brench-block** *kat* csúszóékes zártest;

~-wedge finder *foto* csúszóékes kereső; **~ weight biaxial/two-axle vibrator** *ép* futósúlyos kéttengelyes vibrátor; **~ wheel** *gépk* sebességváltó csúszókerék; **~ yoke** *gép* csúszóvilla

slight csekély, jelentéktelen; kevés; könnyű; vékony; *ép* gyenge, nem eléggé teherbíró; **~ curving** csekély görbület/hajlat; **~ sloping** *geol* enyhe lejtés; **~ twist** *tex* laza sodrat

slightly | impure semolina *élip* lángdara; **~-mechanical board** *pa* félkarton; **~ pitching** *bány* lapos dőlésű, szintes

slim karcsú, vékony; **~ file** *szersz* vékony reszelő; **~ hole** *ol* keresőfúrás; kis átmérőjű fúrás, karcsú/slimhole fúrás; kis átmérőjű/„keskeny" fúrólyuk; **~-hole drilling** *geof, ol* kis átmérőjű fúrás

slime I. *v* nyálkás anyagot leszed/letisztít; benyálkáz; *bőr* kitaszít *(juh- és bárányből)*; **II.** *n bány* zagy; *bőr* „grund"; *hidr* fenéküledék; *koh* fémiszap; *ol* fúróiszap; *vegy* nyálka; **~ fermentation** *vegy* nyálkás erjedés; **~ peat** *talt* nedves tőzegtalaj, nyálkás tőzegláp; **~ separator** *hidr* iszapleválasztó berendezés; *koh* eliszapoló *(érckészítéshez)*; **~-sludge** *bány* fúróiszap, fúrózagy; **~ table** *bány* iszapszér, dúsítószér, állószér; **~-thickener** *bány* iszapszikkasztó; **~ vanner** → **~** table; **~ washer** *bány* iszapmosó

slimer iszapoló munkás

sliminess *bány* iszaposság; *élip* nyálkásság; nyúlósság

sliming *bány* iszapolás; *vegy* elnyálkásodás; megtisztítás nyálkából *v.* nyálkás anyagból

slimy *bány, koh* iszapos; *élip, vegy* nyúlós; *vegy* nyálkás; **~ milk** *élip* nyúlós tej

sling I. *v* hajít; *em* felfüggeszt, felakaszt; hevederez; *ker* dróttal átvág *(agyagot)*; **II.** *n* dobás; *el* függesztőszerkezet *(kábelhez)*; *em* heveder; hurok; *ép* függőállvány; hajlítóvas; *hajó* brága; *ker* agyagvágó drót; **~ chain** *em* béklyózólánc, hurkolólánc, kötözőlánc; **~ dog** *em* markolóköröm; **~ load** *csom, hajó* bála; **~ psychometer** *metr* parittyás pszichométer, száraz-nedves hőmérőpár; **~-swivel** *kat* hordkarika; **~ thermometer** *metr* parittyahőmérő

slinger *bány* röpítő tömedékelőgép; *gép* olajterelő gyűrű; *heng* kapcsolókötél; **~ ring** *gép, rep* szórógyűrű; **~ stowed back filling** *bány* röpített tömedék

slinging *csom* hevederezés; hurkolás; megkötés; *em* felfüggesztés, kötözés *(darura)*; *ker* átvágás *(dróttal)*; **~ band** *em* kötözőheveder; **~ chain** *em* kötözőlánc; **~ loader** dobólapátos töltőszerkezet; **~ machine** *bány* röpítő tömedékelőgép; **~ means** *em* kötözőeszköz; teherfüggesztő eszköz; **~ rope** *em* kötözőkötél

slinglike hurok alakú; hurokszerű; hurkos; **~ suspension rod** *em* hurkos függesztő kengyel

Slingram | equipment *geof* szlingram műszer; **~ method** *geof* szlingram módszer

slink *bőr* hasibárány; koraszülött *v.* meg nem született állat bőre; **~ calf** *bőr* hasiborjúbőr

slip I. *v* (el)csúszik, megcsúszik; csúsztat; elereszt; meglazul; utánaenged *(kötelet)*; *geol* megcsuszamlik; vetődik; *gépk* csúsztat *(kuplungot)*; *hajó* leold *(horgonyról)*; *szt* elcsúszik, kicsúszik; *vasút* lekapcsol *(vasúti kocsit)*; **II.** *n* csúszás; csuszamlás; megcsúszás; *el, fiz* csúszás, csuszamlás, szlip; *ép* megcsúszás *(vasbetété)*; téglahézag-vastagságban beépített faléc *(szegek beverésére)*; *fa* csúsztatógerenda; ék; gally; *geol* kis vetődés; megcsuszamlás; *gép* csúszás; szlip; visszamaradás; *hajó* csúszószán *(sólyán)*; csúsztatókötél; sólyatér; szárazalaki állványzat; szlip; *ker* agyagpép; *krist* csuszamlás; csuszamlási folyamat; csuszamlási mozgás; csúszás; *nyom* hasáb(levonat, kefe(levonat); kutyanyelv; vakhát *(könyvkötésnél)*; *ol* fúrórudazat-fogó *v.* csőszorító ék; *pa* belövőpapír; cédula, kártya; *rendsz* időtartalék; *tex* elhúzódás; héj; huzat; tok; **~ band** *any* csúszási sáv/vonal/zóna; *krist* csuszamlási szalag; folyási ábra; **~-band formation** *krist* csuszamlási szalagképződés; **~-band spacing** *krist* csuszamlási szalagok távolsága; **~-belt drive** *gép* csúszószíjas hajtás; **~-breccia** *geol* dörzsbreccsa; **~ bushing** *gép* csúszóperselyezés; **~ carriage** *vasút* menet közben lekapcsolt/lekapcsolható vasúti kocsi; **~-case** *pa* tok *(könyvé)*; **~-casing elevator** *ol* ékes béléscsőelevátor; **~ casting** *önt* öntőpépes öntés; **~ cleavage** *bány* ál vállap; vékonylemezesség; *geol* csuszamlásos elválás; kőtükör; **~ control** *aut, félv* szlipszabályozás; **~ coupling** *vasút* menetközben oldható vasúti kapcsoló; **~-cover** *tex* bútorhuzat; **~ curve** *gép* csúszási görbe; **~ dock** *hajó* szárazdokk; **~ ellipse** *krist* csuszamlási ellipszis; **~ error** *távk* elcsúszás; **~-feather joint** *fa* csúszóékes kapcsolat; **~-feeding device** *távk* szalagadagoló; **~ finish** *tex* (fonal)tolódás-mentesítő/antiszlip kikészítés; **~ flask** *önt* szétszedhető formázókeret; **~ flow** *fiz, rep* csúszóáramlás; **~ form** *ép* csúszózsaluzat; *hajó* sólyaszelvény; **~-form construction method** *ép* csúszózsaluzatos/csúszózsalus építésmód; **~-forming** *ép* csúszózsaluzás; **~-form paver** *ép* csúszózsalus betonbedolgozó (gép); útburkolat-fektető gép; **~ formwork** *ép, hidr* csúszózsaluzás; **~-free** *gép* csúszásmentes; **~ frequency** *távk* különbözeti frekvencia; **~ friction clutch** *gép* csúszó súrlódókapcsoló, dörzskapcsoló; **~ ga(u)ge** *metr* tolómérce; **~ gear** → sliding gear; **~ glaze** *ker* agyagos/vizes mázpép; **~ hook** *hajó* gyorskioldó; **~ hub** *gép* csúszó kerékagy; **~ jacket** *önt* keret nélküli öntőformaköpeny; **~ jaw** *mt* cserélhető pofa, mellékpofa; **~ joint** *ép* csúszóillesztés, csúszókapcsolat; elcsúszó lapokkal kiképzett tágulási hézag; *gépk* csúszókengyel *(fékrudazatban)*; **~-joint coupling** *gép* dörzskapcsolás; **~-joint pliers** *pl szersz* változtatható forgáspontú fogó; **~ knot** *tex* csomó; hurok; **~ line** *mech* csúszóvonal; **~ line length** *krist* csuszamlási vonalhosszúság; **~ lines** *koh* csúszóvonalak; folyási ábrák; **~ loss** *rep* csúszási veszteség; **~ measurement** *aut* szlipmérés *(aszinkron motoroké)*; **~-meter** csúszásmérő; *el, fiz* csuszamlásmérő; **~ mo(u)ld** *ép* csúszósablon *(előregyártás)*; **~ of fault** *geol* vetődés valódi magassága; **~ of gas** *ol* gázelőresiklás; **~ of magnetic field lines** *el* (erővonal)szórás; **~ of paper** *pa* cédula, kártya; **~-on flange** *szer* rátolható/elhúzható csőkarima; **~-on leader** *ép* feltűzhető vezetőkeret; **~-on resistance** *aut, el* ellenállásszlip; **~-on sleeve** *el* dugaszoló (kapcsoló)hüvely; **~-on type filter** *el* dugaszolható szűrő; **~ over** *v* rácsúsztat; **~-over current transformer** *en* kábeláramváltó; **~ plane** *bány* csúszási lap; *el* csúszási sík; csúszósík; *geol* vetődési sík; *krist* csuszamlási/csúszási sík; *mech* törés síkja; *talt* sík csúszólap; **~ point** *élip* csúszáspont; **~ power** *el* csuszamlási teljesítmény; **~ process** *krist* csuszamlás; csuszamlási folyamat/mozgás; csúszás; **~ proof**

nyom hasáblevonat; ~ **ratio** *mech* csuszamlási tényező; ~ **ring (SR)** *el* csúszógyűrű, érintkezőgyűrű; ~-**ring armature** *el* csúszógyűrűs forgórész; ~-**ring bush** *el* csúszógyűrűpersely; ~-**ring loss** *el* csúszógyűrűveszteség; ~-**ring motor** *el* csúszógyűrűs motor; ~-**ring rotor** *el* csúszógyűrűs forgórész; ~-**ring seal** csúszógyűrűs tömítés; ~-**ring terminal** *rád* csúszógyűrűs kivezetés; ~**(-)road** *közl* leágazás *(autópályáról)*, bekötőút, ráhajtóút *(autópályára)*, összekötő rámpa *(kétszintes kereszteződésnél)*; ~ **rope** *hajó* sólyakötél; ~ **scraper** *bány* saraboló; ~ **socket** *ol* ékfogó; ~ **soil wedge** *talt* lenyíródó földék; ~ **speed** *el* szlipfordulatszám; ~-**splines** *gép* csúszóbordák *(tengelyen)*; ~-**stitch** *kh* leemelt szem; vaköltés; ~ **stone** *ép* fenőkő; ~-**stream** → slipstream; ~ **stress** *mech* megcsúszási feszültség; ~ **surface** *talt* csúszási felület/sík; csúszófelület; csúszólap; ~ **switch** *vasút* angol váltó; ~ **tension** *mech* megcsúszási feszültség; ~-**through** *ol* átszivárgás, gázrövidrezárás; ~ **throw** *bány* elvetési magasság; ~ **time** *rendsz* időtartalék; ~ **turn** *rep* csúszóforduló; ~-**type drawing machine** *heng* csúsztató rendszerű húzópad; csúszva húzó gép; ~-**winding engine** *tex* réseltdobos csévélőgép; ~ **zone** *krist* csuszamlási zóna

slipe *bány* hurok; vontatóteknő, vontatószér; *tex* bőrgyapjú; tímárgyapjú; ~ **wool** *tex* mészkezeléssel nyert döggyapjú

slippage (meg)csúszás; (meg)csuszamlás; *el* csúszás, csuszamlás, szlip; *en* elmaradás *(gázmérőé)*; gázátszivárgás, gázelszökés; *tex* elcsúszás, csúszás *(lánc és vetülékfonalé)*; ~ **vein** *geol* csuszamlási ér; vetődött telér

slipped lecsúszott; ~ **roll** *pa* csúszkáló/laza tekercs

slipper *gép, vasút* kocsifékező berendezés; ~-**block** *ép* csúszósaru-felsőrész *(hídon)*; *gépk* csúszópárna *(laprugóvég támasztására)*; ~ **brake** *em* csúszósaru, csúszóérintkező; *vasút* sínfék; ~ **collector** *vasút* csúszósarus áramszedő; ~ **guide shoe** *bány* vezetősaru; ~ **pin** *gép* sarupecek; ~ **piston** *gépk* keresztfejes dugattyú; kis súrlódófelületű dugattyú; ~**s** *pl* papucs; *fa* csúszótalp; *gép* csúszófej, csúszótalp; *gépk, vasút* fékpofa, féktuskó; ~-**sewing machine** *cipő* papucsvarró gép; ~ **tank** *rep* póttartály

slippery síkos, csúszós

slipping csúszás; utánaengedés *(kötélé)*; *film* filmkisiklás; *geol* csuszamlás(i lap); megcsuszamlás; vetődés; *hajó* leoldás *(horgonyról)*; *koh* csúszás; *krist* csuszamlás; csuszamlási folyamat/mozgás; csúszás; *ol* gázátszivárgás, gázelszökés; *talt* omlás; *vasút* lekapcsolás *(vasúti kocsié)*; ~ **area** *geol* suvadásos *v.* megcsúszásra hajlamos terület; ~ **clutch** *gép* csúszótengely-kapcsoló; *hang* súlykuplung; ~ **coefficient** *ép* csúszási tényező *(burkolat és abroncs között)*; ~ **dock** *hajó* sólyatér; ~-**down** *tex* lecsúszás; ~ **flange over pipe** *ép* csőkarima-felhúzás; ~ **friction** *koh* csúszósúrlódás; ~ **turn** *rep* csúszó forduló

slippy síkos, csúszós

slipstream *rep* légcsavarszél, légcsavarsugár; ~ **field/region** *rep* légcsavarszél zónája/területe

slipway *hajó* csúszópálya *(sólyán)*; *rep* csúszda *(vízi repülőgépé)*; ~ **crane** *hajó* hídépítő daru, sólyadaru

slit I. *v* felhasít, széthasít; felvág; hasad, reped; **II.** *a* hornyolt; **III.** *n* nyílás; hasadék, rés; hosszú vágás; *bány* repedés; *gép* hasíték, horony; *opt* optikai rés, (fény)rés; ~-**and-tongue joint** *mt* hasítékos-csapos illesztés; ~-**arc lamp** fényréses ívlámpa; ~ **brazing** *heg* réskeményforrasztás; ~ **burner** *koh* lapos lángú égő; réses égő; ~ **cellulose film** *tex* cellulózcsík *(díszítőfonalhoz)*; ~ **cup** *tex* hasított csévetölcsér; ~ **diaphragm** *foto* fényréses diafragma; résrekesz, réspilla, résdiafragma; ~ **hopper** *ép* résbunker; ~ **irradiator** *el* réssugárzó; ~ **lamp** *opt* fényréses lámpa; vonalfénylámpa; ~ **nut** *szer* koronás anya; ~ **plate** *tex* fonaltisztító; fonalvezető lap tisztítóréssel; ~-**punched card** *szt* réslyukkártya; ~ **rod** *szer* terpesztett szegecs; ~ **shutter** *foto* redőnyzár; ~-**skirt piston** *gép* kivágott palástú dugattyú; ~ **source** *at* réssugárzó; *opt* rés alakú forrás; ~ **strip** *heng* hasított szalag; ~-**tube lens** *opt* réskollimátor lencséje; ~ **tunnel** *ép* réseltbunker-alagút; ~-**type collimator** *fiz* rés típusú kollimátor, réskollimátor

slitless *fiz* rés nélküli; ~ **spectroscope** *fiz* rés nélküli spektroszkóp

slitted *gép* réselt, hornyolt; *ruh* (fel)hasított *(hosszirányban)*

slitter *fa* finom/vékony fűrész; *heng* hasítóberendezés; vágóhenger *(szalaghengerműé)*; *pa* hossztekercsvágó gép; hosszvágó; körkés; *szersz* fűrészelő gép; hasítékmaró gép; ~ **and rewinder** *pa* vágó- és feltekercselő gép; ~ **for narrow reels** *pa* bobinvágó; ~-**knife** *pa* tányérkés; ~-**shaft** *pa* késtengely

slitting (fel)hasítás; csíkokra szabdalás; hosszirányú metszés/vágás; *forg* hasíték marása; *koh* hasítás; ~-**band** *pa* hosszvágó körkése; ~ **cutter** *forg* hasítékmaró; horonymaró, résmaró; ~-**device** *pa* hosszvágó; ~ **file** *szersz* hasítékreszelő, horonyreszelő; ~**(-)machine** *koh* hasítóberendezés; *pa* hosszvágó gép; laposvágó; tekercsvágó gép; ~ **mandrel** *pa* késbütyök; ~ **mill** *fa* lécvágó keretfűrész; *finm* szeletelőkorong *(drágakővágáshoz)*; ~**(-)saw** *forg* tárcsamaró; *szersz* bevágófűrész, reselőfűrész; gerinces illesztőfűrész; hornyolófűrész *(csavarfej hornyolására)*; körfűrész; ~ **shears** *pl forg* tárcsaolló

sliver I. *v* szeletel, hasít, aprít; hasad; **II.** *n* szelet, forgács; szilánk; *tex* fátyolszalag; kártolás *v.* nyújtás után nyert szalag; nyújtott szalag; ~ **can** *tex* szalagtároló kanna; ~ **condenser** *tex* szalagtömörítő *(tölcsér)*; ~ **dyeing** *tex* színezés szalag(alak)ban; ~-**forming** *tex* szalagfonalképzés, előfonalképzés; ~-**lapper**/~-**lap machine** *tex* szalagegyesítő gép; ~ **plate** *tex* szalagegyeztető lap; ~-**screen** *pa* ágfogó

SLL → shift left logical

SLME → self-loading memory edit

slog összevissza ver/kalapál

slogging | **hammer** *szersz* verőkalapács; zömítő kalapács; ~ **movement** *tex* létraelugrás

slop I. *v* kilottyant; túlfolyat; kilottyan; túlfolyik; **II.** *n környv* szlop; *ol* szlop; ~ **bowl** szennyvizes edény; ~ **ingot** *önt* utánöntött tuskó; ~ **mo(u)lding** *ép* téglaformázás *(kézi, nedvesített formákban)*; ~ **oil** *ol* hulladékolaj, olajhulladék, szlop; ~ **padding** *tex* mintás festés sima hengernyomással; ~**s** *pl élip* kifőzött cefre; moslék *(szeszgyártásban)*; mosogatóvíz; szennyvíz; *ol* olajhulladék, hulladékolaj, „szlop"; ~ **system** *ol* szloprendszer; ~ **tank** *ol* szloptartály; ~ **water** *hidr* konyhai szennyvíz; szennyvíz, mosogatóvíz; ~-**wax fraction** *ol* préselhetetlen paraffinos párlat

slope I. *v* lejt; *bány* ereszkét/lejtősaknát hajt/mélyít; *ép* leréssel, rézsutol, ferdére (le)vág; rézsűt készít; *fa* ferdére metsz/vág; kikanyarít; *hidr* esik *(lejtőben)*; **II.** *n* rézsű; lejtő, emelkedő, ereszkedő; *bány* ereszke; lejtős vágat; lejtősakna *(szénben)*; rézsűszög; *fiz* (cső)meredekség; *geod* esésirány, lejtésirány; *geol* dőlés; hegyoldal, lejtős terület; rézsű, lejtő; *gép* ékferdeség; *hidr* esés *(mederé)*; relatív esés *(fenéké)*; töltésrézsű; *mat* derivált, differenciálhányados; esés, hajlás; iránytényező, iránytangens, meredekség, gradiens; lejtés *(lejtési szög tangense)*; *mech* ferde sík; lejtősík; *rád* meredekség; *rep* siklópálya; *vasút* gurítódomb; ~ **angle** *el, ép* esésszög, lejtésszög; rézsűszög, hajlásszög; ~ **angle of the outermost ray** *opt* befogadási határszög; ~ **bin** *ép* bedöntőbunker; ~ **black top paver** *ép* rézsűaszfaltozó gép; ~ **caving** *ép* rézsűomlás, rézsűüregelődés; ~ **compaction** *ép* rézsűtömörítés; ~ **concrete paver** *ép* rézsű-betonburkoló gép; ~ **conductance** *fiz* (cső)meredekség, sztatikus meredekség, transzkonduktancia; ~ **correction** *geod* lejtősség miatti helyesbítés; terepszög-helyesbítés; ~ **crown** *ép* rézsűkorona; ~ **debris** *talt* hegylábi törmelék; ~**-deflection equation** *mech* behajlási alakváltozási egyenlet *(tartóra)*; ~**-deflection method** *mech* behajlás-hajlásszög méretezési módszer; ~ **detector** *rád* félrehangolt rezgőkörös FM demodulátor; ~ **distance** *bány* dőlésmenti hossz; ~ **distortion** *hidr* eséstorzítás *(vízépítési kismintáé)*; ~ **drainage** *ép* rézsűvíztelenítés; ~ **edge** *ép* rézsűperem; rézsűváll; ~**-erosion** *ép* rézsűerózió; ~ **failure** *ép* rézsűtörés; *geol* rézsűcsúszás; ~ **flattening** *ép* rézsűlaposítás; ~ **flow** *bány, hidr* rézsűfolyás, rézsűfolyósodás; ~ **ga(u)ge** *hidr* ferde vízmérce; ~ **grader** *ép* lejtőprofilozó gép, rézsűzőgép; rézsűgyalu; rézsűnyeső pajzs; ~**-height** *geol* rézsűmagasság; ~ **inclination** *ép* rézsű(hajlás); ~**-intercept form** *mat* iránytényezős egyenlet *(egyenesé)*; ~ **ladder** *ép* rézsűlétra *(gyeptéglázáshoz)*; ~ **level(l)ing and compacting machine** *ép* rézsűplanírozó és -tömörítő berendezés; ~ **line** *geol* természetes rézsűvonal; *mat* esésvonal, lejtővonal, állandó lejtésű görbe *(valamely felületen lévő térgörbe)*; ~**-line approach system** *rep* siklópálya-meghatározó bevezető fénysor; ~**-line lights** *pl rep* siklópálya-világítás; ~**-line plane** *rep* siklópályasík; ~ **meter** *rád* meredekségmérő; ~ **mower** *ép* rézsűkaszáló gép; ~ **of a function** *mat* függvény első differenciálhányadosa/deriváltja; ~ **of cutting** *ép* bevágási rézsű; ~ **of embankment** *ép* töltésrézsű; ~ **of formation** *ép* kavicságy/töltéskorona lejtése; ~ **of hydraulic grade line** *hidr* energiamagasság-esés; ~ **of open working** *bány* külfejtési rézsű; ~ **of repose** *bány* természetes rézsű; ~ **of roof** *ép* tetőhajlás, tetőlejtés, tetőesés; ~ **of syncline** *geol* szinklinális lejtése; ~ **of the emission characteristic** *fiz* (cső)meredekség, sztatikus meredekség, transzkonduktancia; ~ **of the ground** *geod* terepesés; ~ **of the wave-length curves of transmission lines** *rád* Lecher-kör hangolási meredeksége; ~ **paving** *hidr* rézsűburkolat; ~ **protection** *ép, hidr* rézsűvédelem, rézsűbiztosítás *(földgáté)*; ~ **ramp** *ép* lejtős útszakasz; rámpa rézsűje; ~ **revetment** *ép* rézsűburkolás, rézsűborítás; ~ **roller** *ép* rézsűhenger; ~ **scour (through wave action)** *hidr* hullámerózió; ~ **shaping and compaction machine** *ép* rézsűplanírozó és -tömörítő gép; ~ **sodding** *ép* rézsűgyepesítés gyeptéglával; ~ **stability** *talt* lejtőállékonyság; rézsű állékonysága; ~ **stabilization by seeding** *ép* rézsűstabilizálás gyepesítéssel; ~ **stake** *geod* lejtéskitűző karó; ~ **staking** *geod* lejtéskitűzés *(karókkal)*; ~ **tail** *ép, talt* rézsűkúp; ~ **tipple** *bány* lejtakna gyűjtőtere; ~ **trimming** *ép* rézsűprofilozás; ~ **trimming blade** *ép* rézsűprofilozó tolólemez/gép; ~ **wall** *ép* lejtős fal; ~**-wash** *talt* lejtőagyag

sloped lejtős; rézsűs; ~ **building pit** *ép* rézsűs munkagödör; ~ **camber** *ép* lekerekített gerincvonalú magastetőprofil

sloper *ép* rézsűgyalu; rézsűnyeső pajzs; rézsűző *(töltésé)*; ~ **blade** *ép* rézsűnyeső pajzs

sloping I. *a* ferde; lejtős; *ép* dőlt; **II.** *n ép, mech* hajlás; lejtő; lejtősítés; *fa* ferde metszés (vágás); kikanyarítás; *tex* ferdeszögű áruvezetés; ~ **adit** *ép* lejtős bejárótáró/akna; ~ **back** *cipő* lekerekített sarok; ~ **beam** *ép* szarufa; ~**-bottom bin** *ép* ferde fenekű bunker; ~ **casting** *önt* öntés döntött üregű formába; ~ **concrete** *ép* lejtésképző beton; ~ **furnace** *hőt* lejtős rostélyú tüzelőberendezés/kemence; ~ **ga(u)ge** *hidr* ferde vízmérce; ~ **ground** *ép, geol* ferde/lejtős terep; ~ **hearth furnace** *koh* gurítókemence; lejtős ágyazatú kemence; ~**-hood** *ép* alávágott pajzsellenző *(alagútépítésnél)*; ~ **leg** *em* ferde láb; ~ **loop channel** *koh* hurokcsatorna; ~ **reinforcement** *ép* ferde nyíró vasalás; ~ **roller path/track** *bány* görgőpálya; ~ **roof** *ép* lejtős tető; ~ **top** *el, fiz* (impulzus-)tetőlejtés; ~ **with grader** *ép* rézsűképzés útgyaluval

sloppiness *geol* iszaposság

slopping *koh* kidobódás; ~**-bench terrace** *hidr* lejtős terasz

sloppy *geol* csúszós; sáros, iszapos; ~ **data processing** *szt* téves adatkezelés

slops → slop

slot I. *v* (fel)hasít; kivág; kiváj; *bány* résel; *forg* gyalul *(vertikálgyalun)*; *mt* beszúr *(hornyot)*; hornyol, hornyot/vájatot kivág; véséssel lemunkál *(géppel)*; **II.** *n* bemetszés, hasíték; bedobórés, nyílás *(automatán)*; horony; (hosszú keskeny) nyílás, hasadék; rés; *bány* lyukasztás; *el* menethorony; *ép* nyújtott lyuk; *forg* menethorony; *geol* kürtő *(vulkáné)*; *gép* ékhorony; hasíték; vájat; *hidr* fülke *(pillérben, gátban, zsilipben)*; *hőt* tolattyúnyílás; *kh* tűágyvájat; *szt* (idő)rés, nyílás; ~ **aerial** → ~ antenna; ~ **aileron** *rep* réselt csűrő; ~**-and-crank drive** *gép* kulisszás hajtás; ~**-and-hole resonator system** *távk* hasíték-üreg rezonátor; ~**-and-wedge bolt** *bány* feszítőékes kőzethorgony; ~**-and-window sights** *pl geod* dioptra; ~ **antenna** *távk* résantenna; réssugárzó; ~ **atomizer** *gép* fúvóréses porlasztó; ~ **block** *forg* T horonyba illeszkedő ütköző; ~**-block stop** *gép* hornyolt állítótömb, határolótömb; ~**-boring attachment** *szersz* horonyfúró készülék; ~ **boring-machine** *fa* hosszlyukfúró; ~ **bridge** *el* armatúratorony záróhídja; ~ **broach** *szersz* ékpályahúzó tüske; ~ **burner** *koh* lapos lángú égő; ~ **charge** *bány* réstöltet; ~**-closing rail** *vasút* fedősín *(alsó vezetéken)*; ~ **coin** automataérme; ~ **collector** *vasút* csatornás áramszedő; ~**-coupled cavity** *fa* odvasodás; *távk* réscsatolású tápvonal; ~**-coupled cavity resonator** *rád* réscsatolású üregrezonátor; ~ **cutter** → slitting cutter; ~ **diaphragm** *el* résrekesz, réspilla, résdiafragma; ~ **die** *műa* széles résű szerszám *(lemez extrudálásához)*; ~ **drill** *szersz* hosszlyukfúró; ~**-fed dipole** *el* résdipól, résgerjesztésű dipól; ~ **field** *el* légrés szórt mezeje; ~ **guide** *forg* vezetőhorony, vezetőkulissza; ~**-headed screw** *gép* hornyos fejű csavar; ~ **insulation** *el* horonyszigetelés; ~ **jet** *rep* lapos/síkbeli gázsugáráramlás; ~ **joint** *gép* ékelt kötés/rúdcsatlakozás; ~ **lamp** → slit lamp; ~ **leakage** *el* légrés szórt indukciója; ~ **liner** *el* résszigetelés; ~ **lining** *el* horonyszigetelés; ~ **link** *gép* kulisszás vezérlés; ~**-lip aileron** *rep* réselt peremű csűrő; ~**-machine** érmebedobásos automata; *forg* ékhoronymaró gép; ~ **magnetron** *fiz* hasított anódú magnetron; ~ **meter** *távk* érmeszámláló; ~ **milling** *forg* hasítékmarás; ~**-milling machine** *forg* horonymarógép; ~**(-)mortising bit** *fa* horonyvéső betét; ~**(-)mortising machine** *bány* fúróvéső gép; ~ **pitch** *el* horonyosztás; ~ **quadrant** *gép* körszektorkivágás *(rugórögzítésre)*; ~ **radiator** *el* réssugárzó; ~ **reactance** *el* horonyszórási reaktancia; ~ **removal by suction** *ép* réselszívás; ~ **ripple** *el* fogharmonikus, horonylüktetés; ~**-ripple frequency** *el* horonyfrekvencia; ~ **space division switching** *szt* térosztású kapcsolás; ~ **telephone set** *távb* pénzbedobós telefonkészülék; ~ **time** *szt* résidő; ~**-type furnace** *koh* réskemence; ~**-wall grab** *ép* résmarkoló; résmarkoló-szerelék; ~**-wall grab (equipment) on kelly bar** *ép* merevrudas réselőszerelék; ~**-wall rope grab (bucket)** *ép* köteles résmarkoló; ~ **washer** *gép* hasított alátét(lemez); ~ **wedge** *el* vezetőelem-rögzítő ék *(rotor hornyáé)*; ~ **weld** *heg* résvarrat

slotted réselt; hornyolt; horonnyal ellátott; (fel)hasított; ~ **aerofoil** *rep* réselt szárnyszelvény; ~ **airfoil** *rep* réselt szárnyszelvény; ~ **coaxial line** *el* koaxális mérővezeték-áramkör; ~ **core** *el* hornyos vastest; ~ **crankplate** *gép* kulissza(tárcsa); ~ **cylinder antenna** *távk* hengeres résantenna; ~ **disc/disk** *gép* hornyos/hasított tárcsa/korong; ~ **drum** *tex* réselt dob; ~ **filter-frame** *ol* réselt kútszűrőváz; ~ **fin heat exchanger** *en* apróbordás hőcserélő; ~ **flap** *rep* réselt fékszárny; ~ **frame** *gép* kulisszakeret; ~ **grit chamber** *hidr* réses homokfogó; ~ **guide** *távk* hornyolt/hasított hullámvezető/csőtápvonal; ~ **guide aerial** *távk* csőtápvonal-résantenna; ~ **head** *gép* hornyos/hasított fej; ~ **hole** *gép* nyújtott lyuk, hasíték; ~ **insertion** *gép* hasított betét; ~**-lap joint** *heg* lyukvarrat; ~ **line** *távk* hasított vonal; ~**-lock ring** *gép* kulissza hasítékos része; osztott zárógyűrű; ~ **measuring section** *el* réselt mérővezeték(szakasz); ~ **mo(u)lding box pin** *önt* hasított vezetőcsap *(formázószekrényhez)*; ~ **pile** *ép* szádcölöp; ~ **pin** *gép* hornyos illesztőszeg; ~ **sand trap** *hidr* réses homokfogó; ~ **section** → ~ line; ~ **shank** *forg* hasított tüskeszár; ~ **shutter** *foto* redőnyzár; ~ **skirt** *gép* hasított dugattyúpalást; ~ **waveguide** *el, fiz* hasított mérővonal; hornyolt/hasított hullámvezető/csőtápvonal; ~ **wing flap** *rep* réselt fékszárny

slotter *forg* függőleges maró; vésőgép; *pa* réselő

slotting (fel)hasítás; *bány* résapró, réspor; réselés; *forg* beszúrás *(horonyé)*; gyalulás *(vertikálgyalun)*; kivágás, kivájás *(horonyé)*; vésés; ~ **attachment** *forg* horonyvéső készülék; ~ **dipper arm** *ép* résmarkoló-lengőkar; ~**-feed range** *forg* vésőfej-előtolástartomány; ~ **file** *szersz* hornyolt reszelő; ~ **fixture** *forg* vésőkészülék; ~ **head** *forg* vésőfej; ~ **jig** → ~ fixture; ~**-machine** *forg* horonymaró/horonyvágó gép; vésőgép, csákozógép; *foto, film* filmperforáló gép; *pa* kivágó gép; ~**-speed range** *forg* vésőfejsebesség-tartomány; ~ **tool** *forg* horonykés; vésőkés

slough *ép* földcsuszamlás; *geol* láp, mocsár; mocsaras talaj; pocsolya; sekély folyóág; *hidr* rézsűcsúszás

slow I. *v* lassít; késleltet; (le)lassul; **II.** *a* lassú, lassított; ~ **access memory/store** *szt* lassú hozzáférésű memória/tároló; ~**-acting fuse** *el* késleltetett biztosító; lomha biztosító; ~**-acting relay** *el, távk* késleltetett jelfogó; ~**-action explosive** *bány* toló hatású robbanóanyag; ~**-blow fuse** → ~-acting fuse; ~**-break fuse** *el* lomha kioldású biztosító; ~**-breaking** *el* lomha megszakítású; ~**-break interrupter** *el* lassú (működésű) megszakító; ~**-break switch** *el* lomha (működésű) kapcsoló; ~**-burning** nehezen éghető; nehezen gyulladó; mérsékelten tűzbiztos; ~**-burning insulation** *el* éghetetlen/nemgyúlékony szigetelőanyag; ~**-burning wire** *el* tűzálló szigetelésű huzal; ~**-butt welding** *heg* ellenállás-tompahegesztés; ~ **changes in levels** *geol* lassú/kontinentális szintváltozások; ~ **chopper** *at* lassú szelektor/szaggató; ~ **clock** *óra* késő óra; ~ **combustion** *fiz* lassú robbanás/kiégés/deflagráció; ~ **deformation** *talt* lassú alakváltozás, kúszás; ~ **disintegration** *gyógyv* elhúzódó/lassú szétesés; ~ **down** *v* (le)lassít; (le)lassul; *közl* (le)fékez; ~**-down** *ip* munkalassítás; recesszió; ~**-down path** *vasút* kifutási/lelassítási út; ~**-draining** *pa* zsíros őrlésű; ~**-draining stuff** *pa* zsíros(ra őrölt) anyag; ~ **drive** *közl* lassított járat/menet; lassú hajtás; ~**-drop-away relay** *távk* lassú elengedésű jelfogó; ~ **electron** *at, fiz* lassú elektron; ~ **feed** *gép* lassított/finom előtolás; ~**-filter (plant)** *hidr* lassú szűrő; ~ **filtration** *hidr* lassú szűrés; ~ **goods** *pl vasút* teheráru; ~ **goods train** *vasút* kezelő tehervonat; ~ **hardening cement** *ép* alacsony kötéshőjű *v.* lassan kötő cement; ~ **interruption** *távk* késleltetett megszakítás; ~ **lane** *közl* tehergépkocsi nyomsáv; ~ **memory** *szt* lassú memória; ~ **motion** *film, tv, vid* lassított felvétel, lassítás; *finm, rád* finombeállítás; *geod* paránymozgás *(műszeren)*; *gép* lassított mozgás; ~**-motion** *film, gép* lassító; lassított; ~**-motion camera/device** *film* lassító/időnagyító (kép)kamera/filmfelvevőgép, zeitlupe; ~**-motion dial** *aut* finombeállító/nóniuszos skála; *távk* vivőfrekvenciás vonalszakasz; ~**-motion drive** *el, rád* finombeállító (gomb); ~**-motion equipment** → ~-motion camera; ~**-motion gear** *gép* finommozgás-fogaskerék; ~**-motion knob** *rád* finombeállító gomb; ~**-motion method/effect** *film* nagysebességű/zeitlupe/időnagyító fényképezés *(lassított felvétel készítése céljából)*; ~**-motion picture** *film* lassított mozgókép; ~**-motion record** *film* lassított/zeitlupe/időnagyító felvétel; ~**-motion screw** *el, finm, geod* finombeállító csavar; mikrométercsavar; paránycsavar; ~**-motion shooting** *film* lassított/zeitlupe/időnagyító felvétel; ~**-motion—fast-motion device** *hang, vid* lassító-gyorsító berendezés; ~ **neutron** *at* lassú neutron; ~**-neutron capture** *at* S folyamat, lassúneutronbefogás; ~**-neutron fission** *at* lassúneutron okozta hasadás; ~**-neutron reaction** *at* lassúneutronos reakció; ~**-operated relay** *aut, távk* késleltetett működésű jelfogó; ~**-operating** lassú működésű; késleltető; *aut* lassú meghúzású; ~**-operating relay** *aut* késleltető relé, lomha relé; ~ **operation** lassú működés; *aut* meghúzáskésleltetés; *koh* lassú járat; ~ **pick-up relay** *aut* lassú meghúzású jelfogó; ~**-plough/plow** *bány* egységgyalu; ~ **process** *at* S folyamat, lassúneutron-befogás; ~ **pulp** *pa* zsíros anyag; ~ **reactor** *at* termikus reaktor, lassúneutronos reaktor; ~ **release (SR)** *el, távk* késleltetett elengedés; ~**-release relay** *el* késleltetett kioldású jelfogó; ~**-responding detector** *el* lassú megszólalási idejű detektor; ~**-response** *mech* tehetetlenségi, inercia-, tehetetlen; ~ **roll** *élip* lassan forgó henger; *rep* lassú/vezetett orsó; ~**(-)running (SR)** *gép* lassú járású/járatú, lassan járó; *gépk* üresjárat; ~**-running engine** *gép* lassú járású motor; ~**-running jet** *gépk* üresjárati fúvóka; ~**-running screw** *gépk* üresjárati levegőcsavar; ~**-running stop-screw** *gépk* üresjáratlevegő-szabályozó csavar; ~ **scan** *tv* lassú letapogatás; ~**-scan television (SSTV)** *tv* (szabványosnál) kisebb bontási sebességű televízió, SSTV; lassú letapogatású televízió; ~**-scan vidicon camera** *tv* lassú letapogatású vidikonkamera; ~ **screen** *el, tv* hosszú világítási idejű ernyő; ~**-set cement** *ép* lassan kötő cement; ~**-speed (SS)** kis sebességű, lassú járatú; ~**-speed cyclotron** *geof* kis sebességű ciklotron; ~**-speed hand drill** *ép* lassú járatú kézi fúrógép; ~**-speed interrupter** *el* késleltetett megszakító; ~**-speed jet** *gép* lassújárati fúvóka; ~**-speed machine** *gép* lassú járatú gép; ~ **spindle** kis fordulatszámú orsó; ~ **stock** *pa* zsíros anyag; ~ **store** *aut, szt* lassú tároló/memória; ~ **sweep** → ~ scan; ~ **thermal fission cross-section** *at* lassú hasadási hatáskeresztmetszet; ~**-to-operate relay** *aut* lassú/késleltetett meghúzású relé/jelfogó; ~**-to-release relay** *aut* késleltetett kioldású relé/jelfogó; ~ **towing** *ép* alacsony sebességű vontatás *(építőgépé)*; ~ **train** *vasút* személyvonat; ~ **vortex** *hidr* limány; ~**-wave structure** *el, távk* késleltető művonal/vezeték; késleltetőlánc; ~**-wind operation** *koh* lassú járat

slowing lassulás; ~ **down** (le)lassítás; sebességcsökkenés, lelassulás; ~**-down area** *at* lelassítási/moderációs övezet/zóna; ~**-down brake** *gép* lassító fék; ~**-down density** *at* lassulási sűrűség; ~**-down kernel** *szt* lassulási magfüggvény; ~**-down length** *at* lassulási hossz/távolság; ~ **down of the air** *rep* légáram sebességének csökkentése; ~**-down power** *at* lassulási/lassítási erélyesség; ~**-down radiation** *at, el* fékezési sugárzás, bremsstrahlung; *fiz* fékezési sugárzás; ~**-down regulator** *aut* lassulásszabályozó, késésszabályozó; ~**-down time** lelassulási idő(tartam); ~**-down time spectrometry** *fiz* lassulási/moderációs spektrometria; ~ **speed** *távk* jelváltozási sebesség

slowly|-acting control/regulation *el* lassú szabályozás; ~ **increasing sequence** *mat* lassan növekedő sorozat

slowness lassúság; *pa* nyálkásság

SLP → sea-level pressure

SLR → single lens reflex (camera)

SLS → side-lobe suppression

SLSI → superlarge scale integration

SLT → searchlight; → solid logic technology

slub *tex* durva előfonal; laza csomó, vastagodás *(fonalban)*; ~ **catcher** *tex* csomófogó; ~ **yarn** *tex* lazacsomós díszítőfonal

slubber *tex* durva előfonógép

slubbing *tex* durva előfonás; előfonat, előfonás; fonalvastagodás *(hiba)*; ~ **billy** *tex* durva előfonógép *(forgókannás)*; ~**-dyed yarn** *tex* előfonatban festett fonal; ~ **frame/machine** *tex* durva előfonó gép *(forgókannás)*; ~ **print** fésűsszalagnyomás, vigurőnyomás

sludge iszap, sár, piszok; *bány* fúróiszap; zagy; *bőr* cserzőkád iszapja; *hidr* fenéküledék; szennyvíziszap; *koh* iszap; *ol* fúróiszap, fúrózagy; iszap, üledék, olajiszap; *vegy* iszap, üledék, lerakódás; ~ **activation** *hidr* iszapelevenítés; ~ **bed filtration** *környv* iszapréteges szűrés; ~ **box** *hidr* derítőtartály, ülepítőtartály; ~ **centrifuge** *hidr* iszapcentrifuga; ~ **clarification** *bány* iszapderítés; ~ **cock** *hőt* leiszapoló/iszapleeresztő csap; ~ **combustion** *ol* iszapégetés; ~ **deposit** *hidr* iszaplerakódás; ~ **desiccation** *környv* iszapszikkasztás; ~ **digestion** *hidr* (szenny)iszaprothasztás; ~ **drain** *hidr* iszapcsonk; ~ **dredger** *hidr* iszapkotró; ~ **expansion** *hidr* iszapfelfúvódás; ~ **filtering/filtration** *hidr* iszapszűrés; ~ **formation** *hidr* iszapképződés; *vegy* elkátrányosodás *(szigetelőolajé)*; ~ **gas** *ol* iszapgáz; ~ **inflation** *hidr* iszapfelfúvódás; ~ **inhibitor** *ol* üledékképződést gátló adalékanyag; ~ **lagoon** *hidr* iszapülepítő tó; ~ **layer filtration** *hidr* iszapréteges szűrés; ~ **liquor** *hidr* (szenny)iszaplé; ~ **mill** *bány* iszapolószér; ~**-pan** *gépk* olajülepítő tálca; ~**-proof** *hidr* iszapmentes, nem iszaposodó; ~ **pump** *bány* iszapkanál; iszapszivattyú; ~ **removal** *hidr* iszapeltávolítás *(víztisztítás során)*; ~ **treatment plant** *hidr* (szenny)iszapkezelő berendezés; ~ **ventil** *hidr* iszaptisztító, iszapürítő szelep

sludger *bány* fenékszelepes iszapmerítő kanál; iszapkanál; kanálfúró; *ép* szelepes/kanalas fúró; *hidr* iszapfúróhenger; iszapoló szelence *(fúráshoz)*; iszaptalanító; mélyfúró szivattyú

sludginess *hidr* iszaposság

sludging *élip* elnyálkásodás; *hidr* beiszapolás; zagyolás; *vegy* eliszaposodás, üledékképződés; ~ **value** *vegy* elkátrányosodási szám

slug *alak* pogácsa, rondella; *at* gőztömlő, gőzbuborék; üzemanyagelem; *el* illesztőelem; *koh* (fém)darab, tömb; félig pörkölt érc; kohótömb; *metr* slug *(tömegegység)*; *műa* fröccssajtolásnál keletkező hulladék; hulladék *(lyukasztásból)*; *nyom* térző; *rád* dugómag; negyedhullám(hossz)ú hangoló vonalcsonk; *távk* fékezőbetét *(relén)*; hangolódugó; késleltetőgyűrű *(jelfogó vasmagján)*; *tex* lazulás *(fonalhiba)*; ~ **burst** *at* tokozás megpattanása; ~ **channel** *en* szabályozócsatorna; ~ **displacement** *ol* dugós olajkiszorítás; ~ **method** *gyógyv* száraz granulálás; ~**s** hibahelyek, csomó *(fonalban)*; ~ **tuner** *el* illesztőelemes hangolóegység; *távk* dugós hangoló; ~ **tuning** *távk* vasmaghangolás

slugged relay *el* késleltetett/lomha relé

slugging *gyógyv* száraz granulálás

sluggish *fiz* tehetetlenségi, inercia-, tehetetlen; *vegy* lassan/vontatottan reagáló; ~ **air** *met* lomha mozgású levegőtömeg; ~ **stream** lassú folyású folyó

sluggishness *fiz* tehetetlenség; *vegy* késés; lassúság

sluice I. *v bány* mos *(aranytartalmú homokot)*; *hidr* vízzel eláraszt; zsilipen lebocsát *(vizet)*; zsilipet kinyit; zsilipnyitással öblít; **II.** *n bány* ércmosó csatorna, homokmosó teknő; mosás *(aranytartalmú homoké)*; *élip* légelzáró *(pneumatika)*; *hajó, hidr* zsilip(kapu); *hidr* elzárószerkezet; hordaléklebocsátó mű; *pa* torlasztóléc; ~ **board** *hidr* tiltótábla; zsiliptábla; ~**-box** *bány* homokmosó teknő; ~ **chamber** *hidr* zsilipkamra; ~ **culvert** *hidr* tiltós csőáteresz; ~ **dredger**

ép vedersoros nyomókotró; ~ **frame** *hidr* zsilip kerete; ~**-gate** *hidr* zsilipkapu, zsilip; ~ **outlet** *hidr* zsilipnyílás; ~ **port** *hajó* zsilipkapu; ~ **table** → ~ board; ~ **timber** *hidr* betétgerenda; zsilippalló; ~ **trench** *hidr* surrantóárok; ~ **trough** *en* zagycsatorna; ~**-valve** *hajó* zárókapu *(vízhatlan válaszfalon)*; *hidr* elzárózsilip, tolókapu, tolózár; leeresztőtábla, zsiliptábla; ~**-way** *hidr* hordaléklebocsátó mű/zsilip; zsilipfolyosó; zsilipnyílás; ~ **weir with removable sluice pillars** *hidr* tűs gát

sluiced ditch zsilipes árok

sluicing *bány* csatornamosás; mosás *(aranytartalmú homoké)*; *hidr* (át)zsilipelés; elárasztás; talajtömörítés iszapolással, vízsugaras eljárás; zsilipkezelés; ~ **pipe** *hidr* öntözőcső

slum nyomornegyed; ~**-clearance** *ép* nyomornegyedek megszüntetése, nyomortanyák lebontása; ~ **scarps** *geol* mállott kőzet; törmelékkúp, omladékkúp

slump I. *v* hirtelen leesik; *ép* beomlik; beroskad; besüpped; *hajó* bebukik, besüllyed; **II.** *n* formátlan darab; *any* mérőkúproskadás *(betonvizsgálat)*; *ép* roskadás *(betonnál)*; *geol* iszapos/mocsaras hely; roskadás; *ip* hirtelen áresés; keresletcsökkenés; pangás *(üzleti életben)*; *talt* bemélyedés, beroskadás; ~ **angle** *ép* természetes rézsűszög; ~ **cone** *any* (beton-)roskadásmérő kúp; *ép* bádogkúp *(beton roskadási próbájához)*; ~ **of the slope** *hidr* rézsűroskadás; ~ **test** *any, ép* roskadásvizsgálat, szétterülés-vizsgálat *(betonkonzisztencia)*

slumping *geol* rogyás; roskadás, süppedés; *hidr* rézsűroskadás; ~ **characteristic** *geol* roskadási jellemző; ~ **factor** *geol* roskadási tényező; ~ **index** *geol* roskadási index

slung | span *ép* befüggesztett tartó/nyílás; ~ **span continuous beam** *ép* gerbertartó

slunk → slink

slur I. *v* elmosódik, egybefolyik, összefolyik; *nyom* kettőződik, eltolódik *(nyomásnál)*; **II.** *n fiz* elmosódás; *nyom* maszat, nem tiszta nyomás, „smiccelés"; ~ **cock** *tex* siklópálya *(platinaé)*; ~ **page** *nyom* beütött/fejezetkezdő könyvoldal; szennylap; szennyoldal

slurry iszap; *bány* iszap *(mélyfúrásnál)*; iszapszuszpenzió *(szén és meddő)*; ülepítetlen iszap; *élip* sűrű szuszpenzió, zagy; *ép* cementlé, cementtej; cementpép; *műa* kása; *ol* kristályiszap, kristályzagy; *vegy* híg iszap, sűrű szuszpenzió, zagy; ~**-and-talling pump** *hidr* flotációs zagyszivattyú; ~ **casting** *önt* öntőpépes öntés; ~ **coal** *bány, en* iszapszén; ~ **concentration** *bány* iszapülepítés; ~ **concretion** *bány* iszapsűrítés; ~ **pump** *ép, hidr* zagyszivattyú, iszapszivattyú; ~ **reactor** *at* szuszpenziós reaktor

slush I. *v* besároz; sáros/iszapos vízben jár; *bány* iszappal tömedékel; *ép* hézagol; talajgyalulást végez; **II.** *n* híg sár; latyak(os hó), hólé; *bány* fúrási iszap; iszaptömedékelés; *ép* hézagkiöntő habarcs; iszap (mélyfúrásnál); *gép* kenőanyag, kenőzsír, kence; *hidr* zagy; *ol* iszap, fúróiszap, fúrózagy; ~ **casting** *műa* formaöntés *(plasztiszolokkal)*; *önt* öntés kifröccsentéssel; ~ **hose** *ol* öblítőtömlő; ~ **ice** *hidr, met* kásajég; ~ **metal** *önt* könnyen olvadó öntödei ötvözet; ~ **mo(u)ld** *műa* üreges öntőforma; ~ **mo(u)lding** *műa* formaöntés *(plasztiszolokkal)*; ~ **pit** *ol* iszapgödör, iszaptartály, zsomp; ~ **pulp** *pa* papírpép; ~ **pump** *ép* sűrűanyag-szállító berendezés; szilárdanyag-szállító (centrifugál-)szivattyú; *hidr* iszapszivattyú, zagyszivattyú; *ol* iszapszivattyú; ~ **rock** zsiradékülepítő; *pa* besűrített anyag/cellulóz

slushed-up *ép* hézagolt

slusher *bány* (szekrényes) saraboló; *ép* útkaparó gép *(sártisztító)*; ~ **drift** *bány* sarabolószint

slushing *bány* iszaptömedékelés; *ép* hézagolás; pépesítés; pépsűrítés; ~ **compound** *gép* rozsdavédő kenőcs/szer; ~ **giant** *bány* iszapbemosó motor; ~ **oil** *gép* rozsdavédő olaj

slutted *ép* göröngyös, egyenetlen felületű; *közl* keréknyomos *(út)*

Sm → samarium

SM → scattering matrix; → sea mile; → service module; → sewing machine; → surface measure; ~ **process** → Siemens-Mastin process; ~**-steel** → Siemens-Martin steel

smack *hajó* partihajó

small kis, kicsi(ny), kisméretű, apró; keskeny, szűk; ~**-angle die** *szersz* csekély kúpszögű sajtolószerszám; ~**-angle grain boundary** *krist* kisszögű szemcsehatár; ~**-angle scattering** *krist* kisszögű szórás; ~**-aperture lens** *opt* kisnyílású lencse; ~ **arm(s)** *kat* kézifegyver(ek); ~ **batch production** *ip* kissorozatú gyártás; ~ **bayonet cap** *el* bajonettfoglalat *(16 mm-es)*; ~**-beam chopper** *el* keskeny nyalábú szelektor/szaggató; ~ **bell** *koh* kiskúp; ~ **Bessemer converter** *koh* kiskonverter; ~**-bore** kisöbű *(sportpuska)*; *ép* kisfuratú, kisméretű *(fúró)*; ~ **brook** *hidr* csermely, ér; ~**-calibre/caliber (SC)** *kat* kisöbű *(puska)*; ~**-calibre/caliber rifle** *kat* kispuska, kisöbű puska; ~ **calorie** *élip, vegy* grammkalória, kiskalória; ~**-capacity** kis teljesítményű; ~**-capacity compressor** *ép* kis kompresszor; ~ **capitals (SC)** *pl nyom* „kapitälchen"; ~ **chips** *pl koh* apró forgács; ~ **circle** *geol* kiskör; *mat* gömbszelet; ~ **coal** *bány* aprószén; daraszén; ~ **coaxial tube** *távk* kiskoaxális pár; ~ **coke** *koh* aprószemcsés koksz; ~ **computer** *szt* kisszámítógép; ~ **computer system interface (SCSI)** *szt* kisszámítógépes rendszerek csatlakoztatása, SCSI; ~ **creek** *hidr* csermely, ér; ~**-current** *el* gyengeáram; ~**-diameter** *geol* kis átmérőjű; ~**-dimension** kisméretű; ~**-dimension rock** *fa* kisméretű faanyag; ~ **dissipation logic** *távk* kis disszipációjú logika; ~ **ditch** *hidr* barázda *(öntöző)*; ~ **Edison screw-cap** *el* kis Edisonfoglalat *(12, 5 mm átmérőjű)*; ~ **end** *fa* facsúcs; *gép* dugattyúvég; ~**-end bush** *gép* dugattyúcsap(szeg)persely *(hajtórúdban)*; ~**-fib(e)red** *tex* vékony rostú; ~**-film** *film* keskenyfilm; ~ **flange connection** *távk* kisperemes csatlakozás; ~ **friction hoist/winder** *bány* mini-Koepe; ~**-ga(u)ge locomotive** *vasút* keskeny nyomtávú mozdony; ~**-hand machine** *tex* keskenygép *(szövő)*; ~**-hands paper** *pa* fényezett selyempapír; ~ **hole completion** *ol* kisátmérőjű kútkiképzés; ~ **industry** *ip* kisipar; ~ **ingot** *koh* tuskó; ~**-iron fitting** *szer* vasszerelvény; ~ **load** *el* kis terhelés; ~ **lot** *ip* kissorozat; ~**-mesh(ed)** sűrű szemű; ~**-meshed grid** *el* sűrű szemű rács; ~ **middling** *élip* derce; ~ **mining timber** *bány* vékony bányafa; ~ **nail** *szer* aprószeg; ~ **offset** *nyom* íves ofszetpapír *(375—500 mm)*; ~ **ore** *bány* érciszap; ~ **pica (SP)** *nyom* régi betűméret *(kb. 11 pont)*; ~ **planet** *csill* aszteroid; ~ **pot** *üveg* csizma *(üvegolvasztó kemencén)*; ~ **rivulet** *hidr* csermely; ~-**round wood** *fa* bányafa és rostfa; ~**s** *pl bány* ércdara; szénapró, bányaaprő; széndara; ülepített dara; *ép* apró töltőanyag; palatetőcserép, palalemez; ~-**scale** kisméretű; kismértékű; kisüzemi; ~-**scale check irrigation** *hidr* bolgár öntözés; ~-**scale experiment** *geof* modellkísérlet; ~-**scale integration (SSI)** *szt* kis bonyolultságú integrálás, kismértékű integráltság, SSI; ~-**section** kis keresztmetszetű; kis szelvényű *(idomvas)*; ~-**section mill** *heng* finomsor, finomszelvénysor; ~-**seed drill** *mzg* aprómagvető gép; ~ **series** *ip* kissorozat; ~ **side** *mat* befogó *(derékszögű háromszögé)*; ~ **signal** *aut, távk* kis jel; ~-**signal behavio(u)r** *távk* kis jelű működés; ~-**signal capacitance** *aut* kis jelű kapacitás; ~-**signal coupling coefficient** *el* kis jelű csatolási tényező; ~-**signal current amplification/gain** *el* kis áramjelek erősítése, kis jelű áramerősítés; ~-**signal forward transadmittance** *el* kis jelű vezetésirányú transzadmittancia; ~-**signal modulation** *rád* négyzetes modulálás; ~-**signal open-circuit output admittance** *félv* üresjárási kimeneti admittancia; ~-**signal parameters** *el* kis jelű paraméterek; ~-**signal short-circuit current amplification** *félv* rövidzárási áramerősítés; ~-**signal short-circuit forward transfer admittance** *félv* rövidzárási meredekség; ~-**signal short-circuit input admittance** *félv* rövidzárási bemeneti admittancia; ~-**signal short-circuit reverse transfer admittance** *félv* rövidzárási visszahatási meredekség; ~-**signal value of the open-circuit reverse voltage transfer ratio** *félv* üresjárási feszültség-visszahatás; ~-**signal voltage amplification/gain** *el* kis feszültségjelek erősítése, kis jelű feszültségerősítés; ~-**sized tubing** *ol* makaróni termelőcső; ~-**size rocket** *kat* kis (űr)méretű rakéta(lövedék); ~**s jig** *bány* finomülepítőgép; ~ **spraywood** *fa* gallyfa; ~ **square** *fa* heveder; *tex* kötpontnégyzet; ~ **square timber** *fa* négyszögfa *(kantfa, szarufa)*; „staffli"; ~-**stone block** *ép* kis kockakő, kiskő; ~ **straight grinder** *ép* kézi lyukköszörűgép; ~ **town** *ép* kisváros; ~-**town(ish)** kisvárosi(as); ~-**type goods lift/elevator** *ép* építési kisfelvonó; ~ **vat** dézsa; *pa* merítőkád; ~ **wood** *fa* aprófa; ~ **works** *ip* kisüzem

smaller *mat* kisebb, megelőző

smallest legkisebb, legapróbb; ~ **common multiple** *mat* legkisebb közös többszörös; ~ **value** *mat* abszolút minimum, minimum, globális minimum

smalls → small

smallwares *pl tex* keskenyáruk; rövidáru; szalagáru; ~ **loom** *tex* szalagszövő gép; ~ **shuttle** *tex* vetélő szalagszövőn; ~ **weaver** *tex* szalagszövő

smalt királykék, császárkék, újkék, szászkék *(festék)*; *ker, vegy* „smalte"

smaltite *ásv* smaltin

smaragd *ásv* smaragd

smaragdite *ásv* smaragdit

smart | **bomb** *kat* irányított bomba; lézervezérlésű bomba; nagypontosságú bomba; ~ **card** *szt* memóriakártya, intelligens mikrokártya; ~ **terminal** *szt* intelligens terminál

smash I. *v* (össze)tör, (szét)zúz; összetörik, összezúzódik; összeütközik; *ip* csődbe megy; **II.** *n* összetörés, összezúzódás; összeütközés; *tex* fészek *(láncszakadás vetélőhiba miatt)*; ~ **hand** *tex* fonalkötöző (munkás) *(fonalszakadáskor)*; ~ **up** *v* összetör, összezúz; ~-**up** összezúzódás; *közl* összeütközés; súlyos szerencsétlenség

smashed vehicle *gépk* karambolos/összetört jármű

smashing összetörés, összezúzás; összezúzódás; összeütközés; ~ **point** *el* izzócsere-időpont

SME → shape-memory effect

smear I. *v* elken, beken; bepiszkít, bemaszatol; elmázol; **II.** *n* kenőanyag *(kenőcs)*, kence; maszat; *fiz* interferenciasík, slir; ~ **on** *v* ráken; ~ **test** *at* ledörzsöléses/letörléses mérés

smearing bekenés, elkenés, bepiszkítás, bemaszatolás; elmázolás; *tv* elkent kép; ~ **effect** *tv* utánhúzás

smectic | **phase** *krist* szmektikus fázis *(kristályos folyadék)*; ~ **state** *vegy* szmektikus állapot

smectite *ásv* smektit

Smekal | **crack** *krist* Smekal-repedés; ~ **gap** *krist* Smekal-rés, Smekal-hézag

smell I. *v* (meg)szagol; szaglik; bűzlik; **II.** *n* szag; szaglás; ~ **salt** *vegy* agancssó, szarvassó

smelt I. *v koh* (be)olvaszt, kiolvaszt; (meg)ömleszt; megolvad; **II.** *n koh, önt* (be)olvasztás, (meg)ömlesztés; olvasztott fém

smelter *koh, önt* olvasztár; olvasztókemence; olvasztóműhely, kohó

smeltery olvasztóműhely; öntőműhely

smelting *koh* (be)olvasztás, kiolvasztás *(fémé)*; (meg)ömlesztés; kohósítás; megolvadás; ~ **chamber** *önt* munkatér; olvasztókamra; ~ **crucible** *koh* olvasztótégely; ~-**flux electrolysis** *koh* olvadékelektrolízis; ~ **furnace** *önt* olvasztókemence; ~ **hearth** *önt* olvasztókemence; ~ **house** *koh* olvasztócsarnok; ~ **loss** *koh* kohósítási (fém)veszteség; ~ **operation** *önt* olvasztási művelet; ~ **pan** *koh* olvasztóteknő; ~ **pot** *önt* olvasztótégely; ~ **shaft** *önt* olvasztóakna; ~ **trial** *önt* próbaolvasztás; ~-**works** *koh* kohómű; ~ **zone** *önt* olvasztási övezet/zóna

SMG → sub-machine gun

SMH → sewer manhole

SMI → static memory interface

smith kovács; ~ **forging** *mt* szabadkézi kovácsolás; ~ **hammer forging** szabadon kovácsolt gyártmány; ~**'s anvil** *szersz* kovácsüllő; ~**'s bellows** *szersz* hegyes bőrfúvó; ~**'s coal** *mt* kovácsszén; ~**'s fuller** *szersz* simító kalapács *(kovácsé)*; ~**'s hammer** *szersz* kovácskalapács; ~**'s hearth** *szersz* kovácstűzhely; ~**'s shop** *koh* kovácsműhely; ~ **welding** *heg* kovácshegesztés, tűzi hegesztés

Smith | **chart** *el* Smith-diagram, poláris impedanciadiagram; ~**'s coupling** *gépk* mágnesporos tengelykapcsoló

smithcraft kovácsipar, kovácsmesterség

smithereens *ép* cseréptörmelékek

smithery kovácsműhely

smithing | **operation** *mt* szabadkézi kovácsolási művelet; ~ **technique** *mt* kovácsolástechnika

smithsonite *ásv* smithsonit

smithy kovácsműhely

smock *ruh* zubbony, munkaköpeny

smog *környv* füstköd, szmog; ~ **alarm** szmogriadó; ~ **index** szmogindex; ~-**reducing additive** *ol* füstcsökkentő adalék

smoke I. *v* füstöl; poroz, kormoz; gőzölög; *élip* (meg)füstöl; **II.** *n* füst; *ép* füstölés; gőzölgés, pára; kormozás; ~ **alarm** *ép* füstjelző/tűzjelző riasztó; ~ **black** *ol* korom; ~ **box** *vasút* füstszekrény; ~ **buoy** *hajó* füstfejlesztő bója *(nappali veszély jelzésére)*; ~ **burning** *hőt* füstemésztés; ~ **candle** *hajó* füstgyertya *(nappali veszély jelzésére)*; ~**-canister** *kat* füstgyertya; ~ **chamber** *hőt* porkamra; *koh* porleválasztó; ~ **cloud** *kat* füstfelhő; ~ **conduit/flue** *ép* rókatorok, füstcsatorna; ~ **damper** *hőt* füstfogó csappantyú; ~ **deflector** *hőt* huzat-füstterelő *(harang v. lemez)*; ~ **density indicator** füstgázsűrűség-indikátor; ~**-detective system** *ép* füstjelző berendezés; ~**-door** *vasút* füstszekrényajtó; ~**-drum** *vasút* füstdob; füstszekrény; ~ **eradication** füstmentesítés; ~**-filler** *kat* füstfejlesztő anyag; ~**-flue** *en* rókatorok; *ép* füstgázkémény; kürtő; kürtőcső, kéménycső; ~ **fog** *környv* füstköd; *met* száraz köd; ~ **füstjelző/detector** *ép* tűzjelző készülék; ~ **gas** *hőt* füstgáz; ~ **ga(u)ge** *hőt* füstgázmérő, füstsűrűségmérő; ~ **generator** *vasút* durrantyú; ~ **helmet** füstfogó sisak/álarc; ~**-house** *élip* füstölőfülke; ~ **jack** *élip* nyársforgató készülék; *ép* füstterelő *(harang v. lemez)*; ~**-mixture** → ~-filler; ~ **nuisance** *könyv* füsttartalom, füstszennyezés; ~**-pipe** *ép* füstcső, kémény; ~ **point** *vegy* füstölési pont; ~**-pot** *kat* kis füstfejlesztő gyertya; ~**-preventing furnace** *koh* füstmentes olvasztókemence; ~**-producer rocket** *kat* füstrakéta, jelzőrakéta-lövedék; ~ **projectile** *kat* ködgránát; ~**-proof** *ép* füstzáró, füstálló; *nyom* próbanyomat fametszetről, füstkép; ~ **screen** *kat* álcázó füstfüggöny, mesterséges ködfüggöny; *met* füsternyő; ~**-screen bomb** *kat* füstfejlesztő bomba; ~ **shell** *kat* ködgránát, füstgránát; ~ **slide** *hőt* füstvezető; ~**(-)stack** *ép* gyárkémény, hajókémény, mozdonykémény; kémény, kürtő; ~**-stack extension** *ép* kéménynyúlvány; ~**-stack netting** *vasút* szikrafogó; ~**-stack top** *ép, hőt* kéményfej; ~ **tanning** *bőr* cserzés füstön; ~ **test** *ép* füstpróba *(csővezetéké)*; *szt* füstvizsgálat; ~**-tight** *tex* füstzáró; ~**-tube** *ép* füstcső; ~**-tube boiler** *hőt* tűzcsöves/füstcsöves kazán; ~ **valve** *hőt* füstjárat-szabályozó retesz; ~ **wacke** *geol* szürke wacke, grauwacke

smoked füstös, füstölt; ~ **glass** *üveg* füstös/felhős üveg; füstüveg; ~ **sheets** *pl gumi* füstölt kaucsuk

smokeless füstmentes; ~ **combustion** *hőt* füstmentes elégés/tüzelés; ~ **fuel** *közl* füstmentes üzemanyag; ~ **powder** *vegy* füst nélküli puskapor; ~ **rocket** *kat* füst nélküli rakéta

smoker *vasút* dohányzókocsi, dohányzószakasz

smoking füstölés; kormozás; füstölgés; gőzölgés; *élip* hideg füstölés; ~ **car/carriage** *vasút* dohányzókocsi; ~ **paper** *pa* szivarkapapír; ~**-room** *ép* dohányzó

smoky füstös, füstölgő; megfüstölődött; ~ **exhaust** *gépk* füstölés *(kipufogásé)*; ~ **quartz** *ásv* füstkvarc, morion

smolder → smoulder

smooth I. *v* simít, simára munkál, csiszol *(simít)*; fényez; *el* szűr *(lüktető egyenáramot)*; *fa* egyenget *(faanyagfelületet)*; finomra gyalul; *szt* simít; *tex* simít; **II.** *a* sima; egyenletes; lökésmentes; finom; nyugodt, zökkenőmentes; *bőr* barkátlan *(készbőr)*; sima; *el* szűrt; *geol* tükrös *(csuszamlás)*; *met* enyhe; *pa* sima; ~ **bark** *fa* sima fényes kéreg; ~ **bend** *hidr* fejletlen kanyar; ~**-bore (SB)** *kat* huzagolatlan, sima csövű *(fegyver)*; ~ **braking** *vasút* egyenletes fékhatás; ~ **by trowelling** *v ép* simít/lehúz kanállal; ~ **calender-dyed** *pa* fényesre simított; ~**-contour method** *geof* kiegyenlített izogammák módszere; ~ **core** *el* sima *v.* horony nélküli vastest; ~**-core armature** *el* horony nélküli *v.* sima armatúra; ~**-core rotor** *el* rotor alagutakba ágyazott mezőtekercseléssel; ~ **curve** *aut* simítási/szűrési görbe; *mat* folytonos/sima görbe; ~ **cut** *forg* simavágat; simítófogás; ~**-cut file** *szersz* finom reszelő; ~**-disc/-disk discharger** *távk* forgó szikraköz; ~ **down** *v ép* elsimít; ~ **field** *geof* homogén erőtér; ~ **finish** *tex* sima kikészítés; ~ **flame** enyhe tűz/láng; ~ **function** *mat* sima/monoton függvény; ~ **grain** *bőr* sima barka; ~ **idling** *gép* csendes üresjárat; ~ **landing** *rep* sima leszállás; ~ **line** *mat* folytonos vonal; *távb* egyenletes megoszló állandójú tápvonal; ~ **off** *v forg* lesimít; ~ **out** *v* kiegyenget, kisimít; ~ **pipe** *hidr* hidraulikailag sima cső; ~ **planing-machine** *fa* egyengető gyalugép; ~**-planing mill** *heng* fényezőhenger; ~ **print** *tex* egyenletes nyomás; ~ **profile** *geol* kisimított szelvény; ~ **regulation** *gép* fokozat nélküli szabályozás; ~ **riding-surface** *ép* sima útfelület; ~ **roll** *élip, heng* sima henger; ~**(-)running** *gép* egyenletes járású; lágy járás; ~ **seam** *tex* sima varrat; ~**-shell crushing rolls** *pl heng* sima hengermű; ~ **slope** *mech* matematikai lejtő; ~ **stream** *hidr* szelíd járású vízfolyás; ~ **take-off** *rep* sima felszállás; ~ **tread** *gépk* sima *v.* nem mintázott futófelület; ~ **turn** *rep* sima forduló; ~ **tyre/tire** *gépk* sima (gumi)köpeny; ~**-tyred/tired roller** *ép* sima köpenyű henger; ~**-wheel(ed) roller** *ép* sima köpenyű henger; ~**-wheeled tandem roller** *ép* sima tandemhenger; ~**(-)working** *gép* sima járás/üzem; zökkenésmentes *v.* sima járású működés

smoothed simított; ~ **non-linearity** *aut* sima nemlinearitás

smoother simító *(szerszám)*; *el* simítószűrő; *pa* fényesítőhenger; fényezőprés; ~**s** *önt* homok-öntőforma simító szerszámok

smoothing (ki)simítás; fényesítés; *el* simítás *(egyenirányításkor)*; *ép* talajsimítás; *gyógyv* simítás *(művelete)*; *szt* kiegyenlítés; simítás; *tex* írezés; ~ **beam finisher** *ép* simítópallós betonbedolgozó gép *v.* finiser; ~ **capacitor** *el* szűrőkondenzátor; ~ **chisel** *szersz* gyaluvéső, ácsvéső; ~ **choke** *el* simító/szűrő fojtótekercs, simító szűrőtekercs; szűrőfojtó; ~ **choke coil** *el* szűrő fojtótekercs; ~ **circuit** *aut, távk* simító-(áram)kör, szűrő(áram)kör, szűrőkapcsolás; ~ **coat** *gyógyv* simító bevonat; ~ **drift** *szersz* polírozóvas, polírozószerszám; ~ **factor** *el, gép* simítási tényező; ~ **filter** *távk* simítószűrő; ~ **groove** *heng* simítóüreg; ~**-iron** *ruh* vasaló; ~ **mill** *heng* simító hengersor; ~ **pass** *heng* fényező szúrás; ~ **plane** *fa* simítógyalu; ~**-press** *pa* bevezetőprés, simítóprés; ofszetprés; ~ **reactor** *aut* kiegyenlítő fojtótekercs; ~ **resistance** *el* simítóellenállás; ~ **roll** *ép* simítóhenger; ~**-rolls** *pl gép* simító hengersor; *pa* nyirkos simító; simítómű; ~ **screed** *ép* simítópalló *(útépítés)*; ~ **train** *heng* simító hengersor; ~ **trowel** *ép* simítógép; simítókanál; vakolókanál

smoothness simaság, egyenletesség; ~ **tester** *any, pa* porozitásmérő; simaságmérő; simaságvizsgáló

smother I. *v* elfojt, lefojt *(tüzet)*; elolt *(tüzet)*; hamvad, parázslik, izzik *(tűz)*; füstölög; **II.** *n* sűrű füst; fojtó füstgomolyag; pislákoló parázs

smothering elfojtás, lefojtás, eloltás *(tűzé)*

smoulder, *US* **smolder I.** *v* füstöl, füstölög; hamvad, parázslik, ízzik; **II.** *n* hamvadozó tűz, parázstűz
smouldering, *US* **smoldering** füstölgés; izzás, parázslás; *ol* félkokszolás, svélezés; ~ **fire** *bány* lappangó tűz
SMS → silicomanganese steel
smudge I. *v* (ki)füstöl; (el)maszatolódik *(írás)*; *nyom* nyomott ívet piszkosan húz le; **II.** *n* piszok, folt; sűrű füst; *ép* lámpakorom-enyv keverék *(bádogozásnál)*; *foto* horzsolás *(másolópapíron)*; ~ **fire** *rep* füstölő tűz *(repülőtéri széljelző)*
smut I. *v* (be)kormoz, beszennyez, bemocskol, feketít *(szennyez)*; *mzg* megüszkösödik *(gabona)*; **II.** *n* korom, piszok; feketítő szennyezés; *bány* elmállott szénkibúvás; földes szén; *élip* üszög; ~**s** *pl* korompehely
Sn → tin
SN → serial number
SNA → systems network architecture
snag I. *v fa* legallyaz; *hajó* zátonyra futtat; **II.** *n fa* ágcsonk, facsomó, fadudor; görcsös fa; *tex* fonalhúzódás; ~**-free finish** *tex* szemlefutás-mentesítő kikészítés; ~ **resistance** *tex* szálkásodással szembeni ellenállás
snagging | grinder *forg* hántoló köszörűgép; ~ **machine** *önt* öntvénytisztító gép; ~ **wheel** *önt* öntvénytisztító korong
snaggy *fa* csomós, görcsös
snail *gép* csigamenet; *mat* csigavonal; *óra* lépcsős tárcsa *(ütőóra-alkatrész)*; ~ **countersink** *szersz* csavarvonalú süllyesztő; ~ **horn countersink bit** *szersz* csiga alakú fúróbetét
snake I. *v* csavarodik, kígyózik; **II.** *n bőr* kígyóbőr; *el* átfűző huzal; ~ **leather** *bőr* kígyóbőr; ~ **lemma** *mat* kígyódiagram, kígyólemma; ~ **riveting** *szer* zegzugos szegecselés; ~ **wire** *el* sodrott huzal *(kábelek csőbe húzásához)*
snaker *alak* hajlító szerszám(üreg)
snaking kígyózó mozgás; *rep* kígyózás, oldalinstabilitás
snap I. *v* eltör *(reccsenéssel)*; (el)roppant, (el)pattant; (be)csattant; pattint; bekattint *(kapcsot stb.)*; eltörik *(reccsenéssel)*; (el)roppan, (el)pattan, (el)csattan; visszapattan, visszaugrik; *foto* pillanatfelvételt készít, „lekap"; **II.** *n* eltörés; (el)pattanás; csattanás, roppanás; *alak* fejezőszerszám; *el* rögzítőhorog; *finm* ékszercsat(ocska); *foto* pillanatfelvétel; *gép* bekattanás, becsappanás; csappantyú *(rugós)*, csappantyúzár; *gumi* visszapattanás, visszaugrás; ~ **action** *aut, gép* pillanathatás; *ol* pillanatnyitás; ~ **actuation** *aut, el* pillanatszerű működtetés; ~ **back** *v ol* fúrólyuk visszaüt; ~ **bench** *alak* formázópad; ~**-bolt** *gép* csapózár; csappanós zár; csappantyús tolóka; rugós retesz; ~ **check** szúrópróba; ~ **clutch** *gép* rugózó sasszeg; ~ **die** *szersz* fejező(szerszám); ~ **down interception** *kat* elfogás rácsapással; ~**(-)fastener** *ruha* nyomógomb, patentgomb, patentkapocs; ~**-flask** *önt* szétszerelhető formaszekrény; ~**-flask mo(u)lding** *önt* formázás nyitható formaszekrényben; ~ **ga(u)ge** *szersz* villás idomszer; ~ **hammer** *szer* szegecsfejduzzasztó szerszám; ~ **head** *szer* kész fej, gyámfej *(szegecsen)*; szegecszárófej; ~**-head rivet** *szer* (fél)gömbfejű szegecs; ~ **hook** *ép* biztonsági horog; *rep* ejtőernyőbekötő horog; ~ **in** *v gép* (be)csappan *(reteszelőelem)*; ~**(-)in** *szt* furatokba csatlakozás; ~ **link** *finm* rugós gyűrű *(óraszerkezetben)*; ~**-lock** → ~-bolt; ~ **magnet** *el* behúzómágnes; ~**-off diode** *el* tároló-kapcsolódióda; töltéstároló dióda; ~**-on** felcsatolható; rákattintható; bekattanó; rugós; ~**-on cover** *gép* rugós csapózárfedél; ~**-on terminal** *gépk* gyertyacsatlakozó sapka; ~ **ring** *gép* Seeger-gyűrű, rögzítőgyűrű; ~ **roll** *rep* rántott orsó *(műrepülés)*; ~ **switch** *el* pillanatkapcsoló, ugrókapcsoló; ~ **test** *gumi* gyors vizsgálat/próba; ~ **the line** *v ép* kihúz zsineget; ~ **tool** *szersz* fejezőszerszám; ~**-up interception** *kat* elfogás önálló célkutatással
snapholder *szersz* szuronyzáras (szerszám)tartó
snapped cotton *mzg* kézi szedésű gyapot; leszedett (tépett) gyapot *(magtokkal együtt)*
snapping (el)roppanás, (el)pattanás, (el)csattanás; visszapattanás, visszaugrás; (el)roppantás, (el)pattantás; eltörés; (be)csattantás; *tex* gyapotszedés kézzel; ~**-out** *gép* gyors kikapcsolás; *pa* feltépődés *(ív hátoldalán)*; ~ **roll** *mzg* törőhenger
snaproll → snap roll
snapshot *foto* pillanatfelvétel; ~ **dump** *szt* szelektív dinamikus (tár)kiíratás; ~ **program** *szt* szelektív nyomkövető program
snare hurok, (hurkos) csapda; *orv* kacs
snarl I. *v* összegubancol *(fonalat stb.)*; hurkol; hurkolódik; **II.** *n tex* fonalhurkolódás *(túlsodrás miatt)*; ~ **catcher** *tex* csomófogó; ~ **effect** *tex* hurkolódási hatás; ~**-warp** *tex* hurokláne *(bársonyszövésnél)*; ~ **yarn** *tex* hurkolódott fonal
snarling *tex* hurkolás, hurkolódás; összegubancolás; ~ **test** *anyag* huzalpróba *(hajtogatással)*
snatch I. *v* elkap; kiragad, elragad; kiránt; **II.** *n* megragadás; kis időköz; foszlány; ~ **block** *el* feszítő csigasor; *em* terelő csigasor; *ép* horogszerkezet; *hajó* nyitható csiga; *heng, koh* bugafogó; ~ **brake** *gép* kilincsfék; ~ **cleat** *hajó* kötélfeszítő pecek
snatching kiragadás, elragadás; elkapás, kirántás; rántás, rángatás
sneak | current *el* kóboráram, parazitaáram, kúszóáram; ~ **currents** *pl el* felületi kúszás
sneck I. *v* bereteszel, bekallantyúz; **II.** *n ép* csapózár; zárnyelv; závár *(kapun)*
snecked wall *ép* terméskő fal
sneezing gas *kat* tüsszentőgáz
Snell's law *fiz* Snell-törvény
SNG → synthetic natural gas
snick I. *v* berovátkol, bemetsz; bemetszést csinál; **II.** *n* rovátka; kis bevágás, bemetszés
sniffer *vák* szimatoló
sniffing car/truck szippantókocsi
snifter-valve *gép, hidr* alfaszelep; hörgőszelep; szippantószelep *(szivattyún)*
snifting | hole *koh* fúvónyílás *(nagyolvasztón)*; ~ **valve** → snifter-valve
snip I. *v* lemetsz *(ollóval)*; **II.** *n* lemetszés; lemetszett darab(ka)/szelet; ~**s** *pl szersz* (fém)lemezvágó olló; harapófogó, kézi fogó
sniperscope *kat* infravörös irányzék
SNOBOL (string oriented symbolic language) *szt* SNOBOL *(programozási nyelv)*
snore *hidr* szivattyúzás zöreje; ~ **piece** *hidr* szivattyúszívólyuk
snorkel légzőcső *(könnyűbúváré)*

snout *bőr* orr és száj körüli rész *(prémbőrön)*; *forg, gép* ormány, nyúlvány, gyám; *hidr* csőelágazás, csőszáj, csőtoldat, kifolyónyílás, csőr
snow *met* hó; *szt, tv* havazás *(képernyőn)*; **~-avalanche** *met* hólavina; **~ bank** *met* hófal; **~ blade** *ép* hóeltakarító tolólap; **~ blower** *vasút* hófúvó berendezés; **~-blowing machine** *közl* hómaró gép; hómaró-hószóró; **~(-)boards** *pl ép* hófogó rács; **~-bound** behavazott; elakadt *(hóban)*; **~ chain(s)** *gépk* hólánc; **~ clearer** → **~** remover; **~ clearing machine** *közl* hóeltakarító gép; **~ cloth** *tex* síkosztümszövet; **~ density** *mech* fajlagos hóterhelés; *met* hófajsúly, hósűrűség; **~ fence** *közl, vasút* hóvédőmű; **~(-)ga(u)ge** *met* hómérő, hómérce; **~ guards** → **~**(-)boards; **~ hurdle** *ép* hógát; **~ level** *geod* hómérő léc; **~ limit** *met* hóhatár; **~-line** *geol* az örök hó határa; **~ load** *el* hóterhelés; *ép, mech* hóteher; **~ loader** *közl* hórakodó gép; **~-measuring staff** *met* hómérő léc; **~-mobile** *közl* légcsavaros szán; **~ pile** *ép* hófogó, hófal; **~-protection hedge** *vasút* hófúvás ellen védő élősövény; **~-rake** *vasút* hókotró; **~ removal** *közl* hóeltakarítás; **~ remover** *gépk* csigás hóeltakarító gép; **~ runner** *gépk* hótalp; **~ sampler** *met* hósűrűségmérő; **~ scale** *met* hómérő léc; **~ shed** hóvédő alagút; **~-shovel reflector** *távk* lepke formájú reflektor; **~ stage** *met* hószakasz; **~ stake** *met* hómérő pózna; **~ storm** *met* hófúvás; hóvihar; **~ trap** *ép* hózug *(tetőn)*; **~-white** *tv* hófehér
snowdrift *ép* hóakadály; hóbucka; *ép, met* hófúvás; **~ site** *met* hófúvásos terület
snowfield *geol, met* csonthómező, firnmező
snowflake *alak* belső repedés kovácsdarabokban; *met* hópehely; *tex* hópehelyszerű csomó *(fonalhiba)*
snowiness hófehérség
snowplough, *US* **snowplow** *gépk* hótoló lemez; *közl, vasút* hóeke, hókotró; **~ equipment** *gépk* hókotró szerelék; **~ with angling blade** *kat* ferde tolólapos hóeke
snowslide *geol* (hó)lavina; hógörgeteg; **~ defence/defense** *ép* hólavina-védelem
snowy havas; hófehér
SNR → signal-to-noise ratio
snub I. *v em* megakaszt *(leeresztést fékez emelőn)*; *fa* lenyes; *hajó* megakaszt, hirtelen lefékez *(kötelet, láncot)*; **II.** *n* púp; *fa* ág, gally; ágcsonk; *gumi* „nyesés" *(visszadolgozatlan betétszövet-végződés)*
snubber *bány* betörő fúrólyuk, indító fúrólyuk; *gépk* dörzstárcsás lökésgátló; **~ circuit** *félv* RC-védelem; védő RC-tag; **~ hole** indító/betörő fúrólyuk
snubbing | circuit *aut* túlszabályozás-gátló kör; **~ post** *vasút* fékezőgerenda
snuff becsiszol *(gyengén)*; **~ grinder** tubákőrlő (munkás); **~ out** elolt, kiolt
snug I. *v* pontosan/jól illik/illeszkedik; meghúz *(csavart, anyát)*; **II.** *n ép* kiszögellés, kidudorodás; *forg* simulás; *gép* szoros illeszkedés; **~ fit** *gép* 2-es pontossági osztályú illesztés; csúszó illesztés
SO → shift-out (character)
soak I. *v* átáztat, beáztat, (meg)nedvesít, átitat; beszív, felszív; elnyel; szivárog; *el* túlgerjeszt; túltölt; **II.** *n* (be)áztatás; ázás; áztatólé; oldószer; **~ in lime** *v bőr* meszez, meszes lében áztat; *élip* pácol; *film* túltölt; *gumi* duzzaszt *(gumikeveréket oldószerben)*; *hők* huzamosan izzít; kilágyít; **~ into** *v* beszívódik, beiktatódik, behatol; **~ liquor** *bőr* ázólé; **~ pit** *bőr* áztatógödör; **~ through** *v* átáztat; átszivárog; átázik; **~ up** *v* felszív, beszív *(folyadékot)*
soakage beáztatás; átáztatás; átitatás; felszívás, beszívás; nedvesítés; szivárgás; **~ pit** *hidr* szikkasztógödör, szikkasztóakna; *kat* ivóvízszűrő gödör
soakaway *hidr* nyelőkút, szikkasztókút
soaked *fa* nedves
soaker áztató, nedvesítő, szívó, elnyelető *(készülék)*; **~-type** *élip* áztatásos
soaking beáztatás, átáztatás (meg)nedvesítés; átitatás; beszívás, felszívás; elnyelés; szivárgás; *élip* pácolás; *ép* átnedvesedés; *gumi* beduzzasztás, átitatás; *hők, koh, üveg* hőntartás; kilágyítás, izzítás; **~ chamber** → **~** hearth; **~ furnace** *hők, koh* mélykemence, hőntartó kemence; **~ hearth** *koh* hőkiegyenlítő kamra; hőntartó (mély)kemence; **~ pit** *hidr* szikkasztóakna; szikkasztógödör; **~-pit crane** *koh* mélykemencedaru; **~-pit furnace** *koh* mélykemence; **~ weight** *bőr* ázósúly *(nyersbőr súlya az áztatás után)*; **~ wheel** *bőr* áztató motollás kelepce; **~ zone** *koh* kiegyenlítő zóna
soap I. *v* (be)szappanoz; szappannal tisztít; szappannal megken; **II.** *n* szappan; **~ bar-and-cake cutter** *vegy* szappanrúdvágó és szappandaraboló gép; **~ bar mo(u)lding-machine** *vegy* szappanrúdprés; **~-beating press** *vegy* szappansajtoló prés; **~-boiler** *vegy* szappanfőző (üst); **~-boiling** *vegy* szappanfőzés; **~-boiling kettle** → **~**-boiler; **~ bubble analogy** *mech* membrán analógia *(héjelmélet)*; **~ bubble model** *krist* szappanbuborék-modell; **~ chip** *vegy* szappanforgács, szappanpehely; **~-chip dryer** *vegy* szappanforgács-szárító; **~ chipping** *vegy* szappan forgácsolása/gyalulása; **~-chipping machine** *vegy* szappanforgácsoló gép; **~-cutting machine/table** *vegy* szappanvágó gép; **~ distributor** *vegy* szappanadagoló *(folyékony szappanhoz)*; **~ factory** *vegy* szappangyár; **~-film mapping** *krist* szappanbuborék-membránok kiértékelése; *mat* szappanhártyamodellek; **~-flakes** *pl vegy* szappanpehely, szappanforgács; **~-flotation** *vegy* szappanflotálás; **~ foam** *vegy* szappanhab; **~ frame** szappanforma; **~ froth** szappanhab; **~ grain** *vegy* szappanmag; **~ graining** *vegy* szappan kisózása; **~ house** szappangyár; **~ lubrication** *koh* szappankenés; **~ maker** *vegy* szappanfőző; **~-maker amalgamator** *vegy* szappankeverő gép; **~-maker's oil** *vegy* szappanfőző olaj; **~ mill** *vegy* pilírozógép *(szappanhoz)*; **~ milling** *tex* szappanoldatos ványolás; *vegy* pilírozás *(szappané)*; **~ mo(u)ld** *vegy* szappanmatrica; **~ mo(u)lding** *vegy* szappan sajtolása; **~ not salted out** *vegy* enyvszappan; **~ paste** *vegy* kenőszappan, szappanenyv, enyvszappan; **~ perfume** *vegy* szappan-illatanyag; **~ planer** *vegy* szappangyaluló gép; **~ powder** *vegy* szappanpor; **~ press** *vegy* szappanprés; **~s** *ép* üreges tégla *(9x2 1/4x2 1/4 hüvelyk méretű)*; *vegy* szappanok; **~ scent** → **~** perfume; **~ scenting** *vegy* szappanillatosítás; **~-shaving machine** *vegy* szappangyaluló gép; **~ slab** *vegy* szappantömb; **~ slabber** *vegy* szappanszalag-felvágó gép; **~ slab cutter** *vegy* szappanvágó gép; **~ stock** *vegy* szappancsapadék *(zsiradékból)*; szappannyersanyag; **~ suds** *pl tex* szappanlé; *vegy* szappanfőzet; **~ test** *vegy* elszappanosítási próba; **~ works** *vegy* szappangyár; **~-wort** szappangyökér; **~ wrapper** *pa, vegy* szappancsomagoló gép/papír

soapbark panamakéreg, panamaforgács, szappankéreg
soaping szappanozás; ~ **print** *tex* nyomott áruk szappanozása
soapstone *ásv* szappankő, zsírkő, szteatit
soapy szappanos; ~ **head** *bány* sima/agyagos leválás; ~ **lustre/luster** zsírfény; ~ **slay** *geol* kövér agyag
soar felszáll, felrepül; *rep* vitorlázik; vitorlázik, hajózik
soaring felszállás, felrepülés; *rep* lebegés, vitorlázás; ~ **aircraft** *rep* vitorlázó repülőgép; ~ **flight** *rep* vitorlázórepülés; ~ **site** *rep* vitorlázórepülő-terep
sock *met* szélirányjelző; *mzg* ekefej, ekevas; ~ **pole** *met* szélirányjelző árboc/rúd
socket I. *v* belehelyez, beilleszt; tokot/állványt készít; **II.** *n* talapzat, lábazat, aljazat; *alak* fényelőüllő; *bány* lőporzsák, lőzsák; mentőharang; *el* dugaszolóaljzat, dugaszaljzat, (csatlakozó)aljzat, konnektor; foglalat; *em* kötélvégbefogó kengyel; *ép* csaplyuk; csőkarmantyú; *fa* kapocs, csaplyuk; *forg* befogópersely, befogópatron; *gép* hüvely; persely; szűkítőbetét; tok, bővülő csővég; *rád* aljzat, csőalj; *szer* (be)mélyedés, gödör, üreg *(illesztésre)*; *szersz* dugókulcs; kerek fejű kéziüllő; *távk* csatlakozóhüvely; dugaszhüvely; ~ **adapter** *rád* előtétfoglalat, csőadapter; ~**-and-spigot joint** *ép* csap- és lyukkötés; ~ **assembly** *távk* szorító szerelvény; ~ **chisel** *szersz* csaplyukvéső; ~ **chuck** *gép* perselyt befogó tokmány; ~ **drill** *szersz* hüvelybe fogott fúró; ~**-firmer chisel** *szersz* csaplyukszélező véső; ~**-firmer ga(u)ge** *metr* csaplyukszélmérő idomszer; ~ **head** *szer* hatszögnyílású csavarfej, belső hatlapfej; ~ **head screw** *szer* hatlapfejű csavar; ~ **jaw** *szersz* cserélhető pofa; ~ **key** *szersz* csillagkulcs; ~ **outlet** *el* dugaszolóaljzat, dugaszaljzat, konnektor; ~ **piece** *gép* csatlakozócsonk; ~ **pin** *szer* kiemelhető csapszeg; ~ **pipe** *ép* karmantyús cső; ~ **set** *szersz* csőkulcskészlet; ~ **spanner** *szersz* dugókulcs, csőkulcs; ~ **switch** *el* dugaszoló csatlakozós kapcsoló; ~ **tube** *szer* tokos cső; ~ **with protective contact** *el* védőérintkezős dugaszolóaljzat; ~ **wrench** → ~ spanner
socketed talpas; *gép* karmantyús; ~ **grip** *gép* karmantyús befogás; ~ **stanchion** *ép* ingaoszlop; saruba helyezett tám(fa)/oszlop
socketing belehelyezés, beillesztés; *ép* lakatillesztés, zárillesztés; *gép* hüvelyes/karmantyús/tokos kapcsolás; *szer* drótkötélbekötés *(szorítókengyelbe)*
socle *el* fej; *ép* aljazat; lábazat, talapzat; oszlopláb; ~ **girder** *ép* küszöbgerenda; ~**-type** *ép* talpas
sod I. *v ép* gyeptégláz, (gyeptéglával) gyepesít; **II.** *n* gyep(tégla), pázsit; *talt* humusz, termőtalaj, gyeptakaró; ~ **cutter** gyeptéglavágó; ~ **lifter** gyepcsákány; ~ **oil** *vegy* degrasz; ~ **plough/plow** *mzg* gyeptörő eke; ~ **revetment** *mzg* füvesítés, gyepesítés; ~**-turf runway** *rep* pázsitos futópálya
SOD → serial output data
soda *vegy* szóda, nátrium-karbonát; ~**-ash** *vegy* szóda *(kereskedelmi)*; ~**-base grease** *vegy* nátronkenőzsír; ~**-cellulose** *pa* nátroncellulóz; ~**-cellulose/**~**-fibre paper** *pa* nátroncellulóz-papír; ~ **crystals** *pl vegy* kristályszóda, mosószóda, nátrium-karbonát-dekahidrát; ~ **feldspar** *ásv* nátronföldpát; ~ **glass** *üveg, vegy* nátronüveg, közönséges üveg; ~ **kraft paper-sack** *pa* nátronkraftpapír-zsák; ~ **lakes** *geol* sós tavak; ~ **nitre/niter** *ásv* nátronsalétrom, nátrium-nitrát, csilei salétrom; ~ **orthoclase** *ásv* nátronortoklász; ~ **process** *pa* nátroneljárás; ~**-pulp** *pa* nátroncellulóz; ~ **recovery** *pa* lúgregenerálás; ~ **salt** *vegy* szóda; ~**-time-silica glass** *üveg* nátronmész-kovasavüveg; ~ **water** *élip* szódavíz; ~**-water works** *élip* szikvízüzem
sodaic *talt* szikes *(talaj)*; ~ **soil** szikes talaj; ~ **waters** szikes/sziksós vizek
sodalite *ásv* szodalit
sodamide → sodium amide; ~ **furnace** *vegy* Castner-féle náriumamid-kemence
SODAR (sound detection and ranging) *hang, met* akusztikus radar/lokátor, hanglokátor
sodded | **area** *ép* gyeptéglázott terület; ~ **runway** *rep* gyepesített futópálya
sodding *ép* gyeptéglázás, gyepesítés gyeptéglával
soddite → soddyite
soddyite *ásv* soddyit
Söderberg electrode *el* önfűtő/önizzítós/önkiégető elektród, Söderberg-elektród
sodification *talt* szikesedés
sodioacetoacetic ester *vegy* acetecetészter nátriumvegyülete
sodiothermic process *koh* nátriotermikus eljárás
sodium (Na) *vegy* nátrium; ~ **acetamide** *vegy* nátrium-acetamid; ~ **acetate** nátrium-acetát; ~ **alkane sulphonate/sulfonate** *vegy* nátrium-alkil-szulfonát, merzolát típusú mosószer; ~ **alum** *ásv* mendozit; ~ **aluminate** *vegy* nátrium-aluminát; ~ **amide** *vegy* nátrium-amid; ~ **auride** *vegy* nátrium-aurid; ~ **azide** *vegy* nátrium-azid; ~ **benzene sulphonate/sulfonate** *vegy* nátrium-benzolszulfonát; ~ **benzoate** *élip, vegy* nátrium-benzoát; ~ **bicarbonate** *élip, vegy* nátrium-hidrogén-karbonát, szódabikarbóna; ~ **carbide** *vegy* nátrium-karbid; ~ **carbonate** *vegy* nátrium-karbonát; ~ **cellulose** *pa* nátroncellulóz, nátronlúggal kezelt cellulóz; ~ **chloride** *ásv* halit; kősó; *vegy* nátrium-klorid, konyhasó; ~ **cinnamate** *vegy* nátrium-cinnamát; ~ **citrate** nátrium-citrát; ~**-cooled reactor** *at* nátriumhűtésű reaktor; ~ **cyanate** *vegy* nátrium-cianát; ~ **cyanide** *vegy* nátrium-cianid; ~**-discharge lamp** *el* nátriumgőzlámpa; ~ **ethoxide** *vegy* nátrium-etilát; ~ **ethylate** → sodium ethoxide; ~ **ferricyanide** *vegy* nátrium-hexaciáno-ferrát(III); ~ **fluoborate** *vegy* nátrium-fluo(ro)-borát; ~ **fluoride** *vegy* nátrium-fluorid; ~ **hydrogen carbonateous water** *hidr* szikes víz; ~ **hydrogen carbonate** *élip, vegy* nátrium-hidrogén-karbonát; szódabikarbóna; ~ **hydroxide** *vegy* nátrium-hidroxid, marónátron; ~ **hypochlorite** *vegy* nátrium-hipoklorit; ~ **iodide** *vegy* nátrium-jodid; ~ **iodide scintillation crystal** *fiz* nátrium-jodid szcintilláló kristály; ~ **lactate** *vegy* nátriumlaktát; ~ **lamp** *el* nátriumlámpa; ~ **methyl sulphate/sulfate** *vegy* nátrium-metil-szulfát; ~ **molybdate** *vegy* nátrium-molibdát; ~ **nitrate** *vegy* nátrium-nitrát; ~ **nitride** *vegy* nátrium-nitrid; ~ **nitrite** *vegy* nátrium-nitrit; ~ **number** *vegy* nátronszám; ~ **oleate** *vegy* nátrium-oleát; ~ **orthophosphate** *vegy* nátrium-ortofoszfát; ~ **orthosilicate** *vegy* nátrium-ortoszilikát; ~ **oxalate** *vegy* nátrium-oxalát; ~ **perchlorate** *vegy* nátrium-perklorát; ~ **peroxide** *vegy* nátrium-peroxid; ~ **peroxide calorimeter** *fiz* nátriumperoxidos hőmennyiségmérő; ~ **phenyl carbon-**

ate *vegy* nátrium-fenil-karbonát; ~ **phosphate** *vegy* nátrium-foszfát; ~ **photon counter** *at* nátriumos fotonszámláló; ~ **phthalate** *vegy* nátrium-ftalát; ~ **pyrosulphate/pyrosulfate** *vegy* nátrium-piroszulfát; ~-**reactor experiment (SRE)** *at* náriumhűtésű reaktorkísérlet; ~ **salicylate** *vegy* nátrium-szalicilát; ~ **silicate** *vegy* nátrium-szilikát; ~ **silicate mud** *bány, ol* vízüveges iszap; ~ **soap** *vegy* nátronszappan; ~ **stearate** *vegy* nátrium-sztearát; ~ **succinate** *vegy* nátrium-szukcinát; ~ **sulphate/sulfate** *vegy* nátriumszulfát; ~ **sulphide/sulfide** *vegy* nátrium-szulfid; ~ **sulphite/sulfite** *vegy* nátrium-szulfit; ~ **tartrate** *vegy* nátrium-tartarát; ~ **taurocholate** *gyógyv* nátriumtaurocholát; ~ **tetraborate** *ásv* nátrium-tetraborát, bórax; ~ **thioarsenate** *vegy* nátrium-tioarzenát; ~ **trithiocarbonate** *vegy* nátrium-tritio-karbonát; ~ **tungstate** *vegy* nátrium-volframát; ~ **uranate** *vegy* nátrium-uranát; ~ **urate** *vegy* húgysavas nátrium; ~-**vapo(u)r lamp** *el, opt* nátriumgőzlámpa

SOF → sound on film

SOFAR (sound fixing and ranging) *hajó* hanggal történő bemérés, ultrahangradar(ozás), hanglokátor

soffit *ép* alulnézet; gerinc, záradékvonal *(alagút)*; szuffita, függesztett díszlet; ~ **board** *ép* fenéklemez *(zsaluzaté)*; ~ **boarding** *ép* ereszaljdeszkázás; ~ **slab** *ép* fenéklemez *(szekrénytartóé)*

soft *any* lágy, puha; *el* gázos, begázosodott *(cső)*; *hők* edzetlen; *üveg* lágy; ~ **annealed foil** *koh* lágy fólia; ~ **annealed wire** *el* (ki)lágyított huzal; *koh* lágyhuzal; ~ **annealing** *hők* lágyítás; ~ **asphaltic bitumen** *ép* lágyaszfalt; ~ **bitumen** *ép* lágybitumen; ~-**board** *fa* lágy/szigetelő fa(rost)lemez; ~ **bottom** *bány* laza fekü, puha talp; ~-**burnt brick** *ép* gyengén égetett tégla; ~ **capsule** *gyógyv* lágy kapszula; ~ **clay** *geol* puha agyag; ~ **coal** *bány* bitumenes/fekete/puha szén; ~ **component** *at, fiz* lágy komponens, kis/alacsony energiájú komponens; ~ **copy** *szt* képcsöves megjelenítés; közvetlenül nem olvasható kiiratás *(mikrofilmre)*; ~-**curd milk** *élip* lágyalvadékú tej; ~-**cure rubber** *gumi* nyúlósra vulkanizálható kaucsuk; ~ **detergent** *vegy* lágy *v.* biológiailag lebontható detergens/mosószer; ~-**drawn (SD)** *alak, heng* lágyra húzott; ~-**drawn wire (SD)** lágyra húzott huzal; ~ **driving** *ép* verés előfúrt lyukba *(cölöp)*; ~ **end** *tex* sodrathiány; ~ **error** *szt* szoftverhiba; ~ **ferrite** *fiz* lágymágneses ferrit; ~ **flow** *műa* jó folyóképesség; ~-**focus lens** *foto* lágy rajzú objektív/lencse, gyengén fókuszáló lencse; ~ **foil** → ~ annealed foil; ~ **glass** *üveg* lágyüveg; ~ **gradation** *foto* lapos feketedési görbe; ~ **grain** *élip* lágy/puha szem; ~ **iron** *any* kovácsolható vas, lágyvas; ~-**iron core** *el* lágyvasmag; ~-**iron oscillograph** *el* lágyvasas oszcillográf; ~-**iron wire** *el, ép* lágyvashuzal; ~-**land** *űr* sima leszállást hajt végre; ~ **landing** *űr* sima leszállás; ~ **lead** *koh* lágyólom; ~(-)**light** *opt* derítőlámpa; ~ **magnetic material** *any* lágymágneses anyag; ~ **missile base** *kat* nem védett rakétabázis, nem bunkeres rakétabázis; ~-**mud brick** *ép* iszaptégla; ~ **paper** *foto* lágy másolópapír; ~ **paraffin** *ol* lágyparaffin; ~-**paste porcelain** *ker* porcelánutánzat; ~ **pedal** *hang* hangtompító pedál; ~ **petroleum ointment** *gyógyv* lágy vazelinos kenőcs; ~ **picture** *tv* elmosódott kép; ~ **plug** *gépk* kis hőértékű gyújtógyertya; ~ **radiation** *at* lágy sugárzás, kis energiájú sugárzás; ~ **rammed mo(u)ld** *önt* enyhén döngölt öntőforma; ~-**ray tube** *orv* kisfeszültségű röntgencső; ~ **rot** *fa* puha/laza korhadás; ~ **sawn wood** → softwood; ~-**sectored disk** *szt* szoftver úton formázott lemez; ~ **self-excitation** *el* finom öngerjedés; ~ **sheet iron** *el* lágyvaslemez; ~ **sides** *tex* szakadozó láncfonalcsoportok *(szövethiba)*; ~ **silk** *tex* főzött selyem; ~ **sized (SS)** *pa* gyenge enyvezésű; ~ **soap** *vegy* káliszappan; kenőszappan; ~ **soil** *talt* puha talaj; ~ **solder** *heg* lágyforrasz; ~ **soldering** *heg* lágyforrasztás; ~ **soldering flux** *heg* folyósítószer lágyforrasztáshoz; ~ **spots** *pl koh* lágyfoltosság; ~ **spring** *gépk* lágy hordrugó; ~ **steel** *koh* folytacél, lágyacél; ~ **stone** *geol* puha kő; ~ **stuff** *pa* lágy anyag; ~-**timber** *pa* puhafa, tűlevelű fa; ~ **tin solder** *heg* ón lágyforrasz; ~ **tube/valve** *el* gázos/begázosodott cső; ~-**twist yarn** *tex* laza sodratú fonal; ~ **warp** *tex* gyengén írezett láncfonal; ~ **waste** *tex* fonodai hulladék *(sodratlan)*; ~ **water** *vegy* lágy víz; ~ **X-rays** *el* lágy/kispenetrációjú röntgensugarak

soften lágyít; lágyul; *koh* kilágyít; *tex* lágyít; tompít *(színt)*; *vegy* (meg)lágyít; meglágyul

softened | **lead** *koh* lágyólom; ~ **water** *vegy* lágyított víz

softener *any* lágyító(szer), puhító(szer), plasztikálószer; *bőr* kinyújtó, kitaszító; *gumi* plasztikálószer; *vegy* lágyító(szer)

softening lágyítás; lágyulás; *koh* raffinálás, finomítás *(ólomé)*; *pa* felverés *(őrlésnél)*; *rád* lágyulás, begázosodás *(elektroncsőnél)*; *tex* lágyítás; ~ **agent** *any* lágyító(szer), puhító(szer), plasztikálószer; *gumi* plasztikálószer; *vegy* lágyítószer; ~ **furnace** *koh* lágyítókemence; ~ **machine** *tex* törőgép; ~ **material** *ép* lágyítóanyag; ~ **of water** *vegy* vízlágyítás; ~ **plant** *vegy* vízlágyító berendezés; ~ **point** *ép, tex* lágyuláspont; ~ **range** *hők* lágyítási hőmérséklet-tartomány; ~ **temperature** *koh* lágyulási hőmérséklet; *vegy* lágyuláspont; ~ **treatment** *any* lágyító hőkezelés *(nem fémé)*

softly-twisted *tex* laza sodratú

softness lágyság, puhaság; ~ **index** *gumi, műa* lágysági szám

software (SW) *szt* szoftver; ~-**compatible** *szt* szoftverkompatíbilis; ~ **database** *szt* szoftveradatbázis; ~ **documentation** *szt* szoftverdokumentáció; ~ **emulation** *szt* szoftveremuláció; ~ **engineering** *szt* szoftverfejlesztés; szoftvertechnológia; ~ **house** *szt* szoftverház; ~ **library** *szt* szoftverkönyvtár; ~ **package** *szt* szoftvercsomag

softwood *fa* fenyőfa, fenyőanyag; fenyőfűrészáru; puhafa; ~ **floor** *ép* puhafa padlózat

sogasoid *fiz* aeroszol

soggy grain *élip* nyirkos/nedves/fogós gabona

SOH → start of heading character

soil I. *v* (be)szennyez, bepiszkít; szennyeződik; **II.** *n* talaj; *bány* alapkőzettalaj; külszíni kőzet; *geol* hordalék; *hidr* szennyvíz; *tex* szennyezés, folt; ~-**acidity** *talt* talajsavanyúság; ~ **adherence** *tex* szennyvíztapadás; ~-**aggregate surface** *ép* mechanikus (talaj) stabilizáció; ~ **air** *geof* talajlevegő; ~-**air emanation** *geof* talajlevegő-emanáció; ~ **alkalinity** *talt* talajlúgosság; ~ **analysis** *geof* talajelemzés; ~ **and waste pipe** *hidr* szennyvízelvezető cső; ~-**baking** *talt* talajfertőtlenítés hevítéssel; ~-**bentonite mixture** *ép* talajbentonit keverék; ~ **binder** *mzg* talajkötő növény; ~

borer *geol* talajfúró; ~ **boring** *ép* földfúrás; ~**-burial test** *tex* elásási próba; ~ **carrier** *ép* talajszállító gép; ~ **cavitation** *talt* kiüregelődés; ~**(-)cement** *ép* talajbeton; *talt* cementtalaj; ~ **cementation** *ép* talajkövesítés, talajszilárdítás, talajcementálás, cementes (talaj)stabilizáció; ~**-cement road** *ép* cementtalajút; ~**-cement stabilization** *ép* cementes talajszilárdítás; ~ **chart** *talt* talajtérkép; ~ **class** *geol* talajnem; *talt* talajosztály; ~**-classification triangle** *talt* háromszögdiagram; ~ **climate** *geol* talajklíma; ~ **colloid** *talt* talajkolloid; ~ **compacting machine** *ép* talajtömörítő gép; ~ **compaction** *ép* talajtömörítés; ~ **compaction roll(er)** *ép* tömörítőhenger; ~ **compactor** *ép* talajtömörítő gép; ~ **compactor with sheep-foot drums** *ép* juhlábkerekes tömörítőgép; ~ **compactor with wide-foot drums** *ép* döngölőlábas tömörítőgép; ~ **condenser** *geof* talajkondenzátor; ~ **condition** *geol, talt* talajállapot; ~ **conductivity** *el* talaj (villamos) vezetőképessége; ~ **conservation** *talt* talajvédelem; ~ **constant** *geol* talajállandó; ~ **core** *hidr* földmag *(kőgátban)*; *talt* talajminta; ~ **cover** *hidr* földtakarás *(csőváll felett)*; ~ **creep** *geol* földcsuszamlás; *talt* talajkúszás; ~ **crumb** *ép* talajlazítás; ~ **dampness** *talt* talajnedvesség; ~ **depletion** *mzg* talajkimerülés; ~ **digging** *ép* földkiemelés, talajlazítás; ~ **drifting** *geol* talajelsodrás; ~ **embankment** *ép* földtöltés; ~ **erosion** *talt* talajerózió, talajpusztulás; ~ **evaporation** *talt* talajpárolgás; ~ **excavation** *ép* földkiemelés; ~ **exhaustion** *talt* talajkimerülés, talajromlás; ~ **exploration** *geol, talt* talajfeltárás; talajkutatás, talajfelderítés; ~ **failure** *geol* talajtörés; ~ **flow** *bány, hidr* részűfolyás; *talt* talajfolyás, talajkúszás; ~ **formation** *geol* talajalakulás, talajképződés; ~ **freezing** *ép* talajfagyasztás *(alagútfúrásnál)*; *met* talajfagyás, talajmenti fagy; ~**-freezing foundation** *ép* alapozás talajfagyasztással; ~ **fumigant** *talt* talajgázosító szer; ~**-gas analysis** *geof* talajgáz elemzés; ~**-gas detector** *geof* talajgázvizsgáló berendezés; ~**-gas log** *geof* gázkarottázsszelvény; ~**-gas method** *geof* talajgázvizsgáló módszer; ~ **investigation** *talt* talajfeltárás; ~ **layer** *talt* talajréteg; ~**-lifting frost** *talt* talajfelfagyás; ~ **management** *talt* talajgazdálkodás; ~ **map** *talt* talajtérkép; ~ **mass** *ép* földtömeg; ~ **mechanics** *ép, talt* talajmechanika; ~ **mechanics expert** *talt* talajmechanikai szakértő; ~ **milling-machine** *mzg* gépi kapa, talajmaró; ~ **mixer** *ép* talajkeverő gép; ~ **mixture** *ép* talajkeverék, talajkeverés; ~ **moisture** *talt* talajnedvesség; ~ **moisture meter** *talt* talajnedvesség-mérő; ~ **mortar** *talt* talajhabarcs; ~ **motion** *geof* talajmozgás; ~ **mover** *ép, mzg* földnyeső gép; ~ **packer** *mzg* talajtömörítő *(munkagép)*; ~ **particle** *talt* talajszemcse; ~**-physical characteristic** *geol* talajfizikai jellemző; ~ **physics** *geol* talajfizika; ~ **pipe (SP)** *ép* ejtőcső, ejtővezeték, szennyvízejtőcső; épületszennyvíz-főcső; ~ **pollution** *környv* talajszennyezés, talajszennyeződés; ~**-pressure** *talt* talajfeszültség, talajnyomás; ~ **profile** *talt* talajmechanikai hossz-szelvény; ~ **pulverizer** *ép* talajmaró; talajporhanyító; ~ **quantity determination** *ép* földtömegszámítás; ~ **reclamation** *környv* talajjavítás, melioráció; ~ **release agent** *tex* szennytaszító szer; ~ **removing capacity** *tex* szennyvízoldó képesség; ~ **repellent finish** *tex* szennyezéstaszító kikészítés; ~**-resistant** *tex* szennyezéstaszító; ~ **resistivity** *el, ol* talajellenállás; ~**-resistivity bridge** *geol* talajellenállás-mérő híd; ~**-retaining structure** *ép* talajmegtámasztó szerkezet; ~ **road** *ép* földút; ~ **sample** *ép, talt* talajminta; ~ **sampler** *ép, talt* talajfúró (gép); talajszonda; ~ **sampling** *bány* talajszondázás; ~ **series** *talt* talajsorozat; ~ **shredder** *mzg* talajmaró; ~ **shredding** *mzg* talajporhanyítás; ~**-sickness** *talt* talajuntság; ~ **skeleton** *talt* talajváz, talajszerkezet; ~ **slip** *geol* földcsuszamlás; suvadás; ~ **solidification** *talt* talajszilárdítás; ~ **solution** *talt* talajoldat; ~ **stability** *talt* talajállékonyság; ~ **stabilization** *talt* talajstabilizálás; talajszilárdítás; ~ **stabilization machine,** ~ **stabilizer** *ép* talajstabilizáló gép; ~ **strata** *talt* talajrétegek; ~ **stratification** *talt* talajrétegződés; ~ **strength** *talt* talajszilárdság; ~ **stress** *telt* talajfeszültség; ~ **stress-limit** *geol* talaj határfeszültsége; ~ **structure** *talt* talajszerkezet; ~ **suction** *talt* talaj vízfelszívó képessége; ~**-supported structure** *ép* talajra támaszkodó szerkezet; ~**-supporting structure** *ép* talajmegtámasztó szerkezet; ~ **surface** *geol* földfelszín; ~ **survey** *geof* talajelemző felvétel; ~**-survey chart** *talt* talajtérkép; ~ **temperature** *geol* talajhőmérséklet; ~ **test** *talt* talajminta, talajvizsgálat; ~ **thermometer** *talt* talajhőmérő; ~ **tiller** *talt* talajporhanyító; ~ **type** *talt* talajtípus; ~ **vapo(u)rs** *pl talt* talajpára; ~ **vibrator** *ép* talajtömörítő vibrátor; vibrátoros talajtömörítő; ~ **volume** *talt* talajtérfogat; ~**-wax survey** *geof* talajviasz-vizsgálat, bitumenfelvétel; ~ **wedge** *talt* földék

soilability *tex* szennyeződőképesség

soiled (be)szennyezett, beszennyeződött; szennyes; piszkos; ~ **yarn** *tex* szennyezett/szennyeződött fonal

sojourn time *vegy* felületentartózkodási idő

sol *vegy* szol, kolloidoldat, szuszpenziós kolloid; ~ **rubber** *vegy* szolkaucsuk

solar *fiz* naptól eredő, szoláris, nap-; ~ **activity** *met* naptevékenység; ~ **antapex** *csill* antapex; ~ **apex** *csill* apex; ~ **array** *űr* napelemtábla; ~ **battery** *fiz* napfényelem; naptelep; ~ **camera** *csill* napkamera; ~ **cell** *fiz* napelem; ~**-cell matrix** *fiz* naptelep; ~ **cells** *pl fiz* naptelep; ~ **colo(u)r** *vegy* szolárszínezék *(savas azoszínezék)*; ~ **concentration** *élip* napon végzett sűrítés; ~ **constant** *csill* napállandó; *fiz* szoláris állandó, szolárkonstans; ~ **corona** *csill* napkorona; ~ **cycle** *csill* napciklus; naptevékenység ciklusa/időperiódusa; ~ **day** *csill* Nap-nap, szoláris nap; ~ **disc/disk** *csill* napkorong; ~ **eclipse** *csill* napfogyatkozás; ~ **energy** *fiz* napenergia; ~ **energy utilization** *en* a napenergia (közvetlen) hasznosítása; ~ **eruption** → ~ flare; ~ **eyepiece** *csill* napvizsgáló okulár; ~ **flare** *csill* napkitörés; ~**-flare disturbance** *rád* napkitörés okozta zavarok; ~ **furnace** *fiz* napkemence; ~ **generator** *el* napelemes generátor; ~ **granulation** *csill* granuláció; ~ **heat** *met* nap heve, hőség; ~**-heat** *hőt* napenergiával fűt; ~**-heated** *hőt* napenergiával fűtött; ~**-heating** *hőt* fűtés napenergiával; ~ **magnetic dipole field** *el* nap mágneses dipóltere; ~ **magnetograph** *fiz* napmágnességmérő készülék, Babcock-féle magnetográf; ~ **microscope** *fiz* napmikroszkóp; szoláris mikroszkóp; ~ **noise** *rád* napból eredő zörejek; szoláris zaj; ~ **observatory** *csill* napmegfigyelő-állomás Nap-obszervatórium; ~ **oil** *ol* szolárolaj *(nehéz égőolaj)*; ~ **panel** *el, űr* napelemtábla; ~ **parallax** *csill* parallaxis; ~ **physics** *csill* napfizika; ~ **power** *fiz* napenergia; ~**-powered** *el* napenergiával működő/

működtetett/üzemelő/üzemeltetett; ~ **print** *foto* napfénymásolat; ~ **proton event** *csill* nap protonkiáramlása; ~ **radiation** nap(be)sugárzás; ~ **radio noise** *rád* szoláris (rádió)zaj; ~ **research** *csill* napkutatás; ~ **salt** *hidr* szolársó *(tengervízből)*; ~ **scarlet** *vegy* természetes piros *(savas azofesték)*; ~ **spectrum** Nap-színkép; ~ **station** *en* napenergia-erőmű, naperőmű; ~ **stream** *at* napszél; ~ **system** *csill* naprendszer; ~ **thermometer** *fiz* feketegömb-hőmérő, sugárzáshőmérő; ~**-tide component** *geof* szoláris árapály-összetevő; ~ **tower** *csill* toronytávcső; ~**-type reaction** *at* fúziós napreakció, termonukleáris reakció; ~ **variation** *geof* szoláris változás; ~ **wind** *csill, űr* szoláris szél, napszél; ~ **year** *csill* napév, szoláris év

solarimeter *fiz* napfénymérő, szolariméter

solarium (*pl* **solaria**) *ép* szolárium

solarization *fiz, tv* képfordítás; szolarizáció

solarometer *fiz* napfénymérő

solate *vegy* szollá alakít; szollá alakul *(gél)*

solder I. *v heg* forraszt, hozzáforraszt, megforraszt, összeforraszt; lágyan forraszt; **II.** *n heg* forrasz(anyag), forrasztóanyag, forrasztószer; lágyforrasz; ~ **bath** *heg* forraszfürdő; ~ **ear** *heg* forrasztófül; ~ **flux** *heg* folyasztószer; ~ **in** *v* beforraszt; ~ **iron** *szersz* lágyforrasztó vas, lágyforrasztó páka; ~ **joint** *heg* lágyforrasztó kötés; ~**-lamp burner** *heg* ólomforrasztó égő; ~ **metal** *heg* forrasz; lágyforrasz; ~ **on** *v heg* felforraszt *(lágyan)*; ráforraszt; ~ **paste** *heg* forrasztókenőcs; ~ **pool** *heg* lágyforrasztó fürdő; ~ **pot** *heg* forrasztókészülék; ~ **side** *heg* forrasztási oldal; ~ **slit** *heg* lágyforrasztó hézag; ~ **up** *v heg* összeforraszt; ~ **wire** *heg* forrasztóhuzal

solderability *heg* forraszthatóság; lágyforraszthatóság

soldered *heg* (lágyforrasszal) forrasztott; ~ **joint** *heg* forrasztási hely; forrasztott kötés; ~ **junction** *heg* forrasztott kötés; ~ **lug** *heg* forraszfül; ~ **seam** *heg* lágyforrasztott varrat; ~**-steel reed** *tex* forrasztott acélborda; ~ **twist joint** forrasztott sodrott kötés; ~**-wire heald** *tex* forrasztott fémnyüstszál

solderer forrasztó(munkás); ~**'s lamp** *szersz* forrasztólámpa

soldering *heg, koh* forrasztás; ~ **apparatus** *heg* forrasztókészülék, lágyforrasztó készülék; ~ **bit** *szersz* forrasztópáka; ~ **blowpipe** *szersz* forrasztólámpa; ~ **bolt** → ~ bit; ~ **burner** forrasztópisztoly; ~ **compound** *heg* folyasztószer; ~ **copper** *szersz* rézpáka; ~ **cup** → ~ bit; ~ **dipper** *heg* merítéses lágyforrasztó berendezés; ~ **embrittlement** *any* forrasztás okozta elridegedés; ~ **eyelet** *heg, szersz* forr(asztó)csúcs; ~ **fat** *heg* forrasztózsír; ~ **fixture** *heg* lágyforrasztó készülék; ~ **fluid** *heg* forrasztóvíz, forrasztófolyadék, forrasztósav; ~ **flux** *heg* folyasztószer; ~ **gun** forrasztópisztoly; ~ **heat endurance/resistance** *any* forrasztási hőállóság; ~ **intimacy** *any* repedékenység lágyforrasztáskor; ~ **iron** *heg* forrasztópáka; ~**-iron for plumbers** *szersz* rézforrasztópáka; ~**-iron stove** *szer* forrasztópáka-melegítő kályha; ~ **joint** *heg* lágyforrasztó kötés; ~ **lamp** *szersz* forrasztólámpa; ~ **lug** *szersz* forr(asztó)csúcs; ~ **of glass** *üveg* üvegforrasztás; ~ **paste** *heg* lágyforrasztó paszta; ~ **pewter** *heg* ón lágyforrasz; ~ **pin** *heg* forrasztócsúcs; ~ **pipe** *heg* forrasztócső; ~ **pliers** *pl heg* forrasztófogó; ~ **rosin** *heg* lágyforrasztó gyanta; ~ **salt** *heg* lágyforrasztó só; ~ **seam** *heg* forrasztási varrat; ~ **set** *szersz* forrasztópálca; ~ **solution** → ~ fluid; ~ **strip** *heg* forrcsúcssorozat; ~ **tab/tag/terminal** *heg* forr(asztó)csúcs; ~ **tin** *heg* ón lágyforrasz; *koh* forrasztóón; ~ **tip** *heg* lágyforrasztó pákacsúcs, forrasztópákafej; ~ **tongs** *pl heg, szersz* forrasztófogó; ~ **tool** forrasztópáka; ~ **torch** *szersz* lágyforrasztó pisztoly, forrasztópisztoly; ~ **wire** *heg* forrasztóhuzal; ~ **with ultrasonic waves** *heg* lágyforrasztás ultrahanghullámokkal

solderless | **connection** *el* forrasztás nélküli kötés; ~ **joint** *ép* forrasztásmentes (cső)csatlakozás; ~ **wrapped connection** *el* csavart kötés

soldier *ép* álló téglasor; ~ **beam** *ép* (függőleges) dúcheveder

sole I. *v cipő* (meg)talpal; **II.** *n bány* telepfekü; vágat talpa; *cipő* talp; *élip* naphal; *ép* küszöbgerenda; talapzat; talp; talpfelület; talpgerenda; *geol* vápa; völgytalp, völgyfenék; *gép* alátétlemez; talplemez; *hajó* sólyaszánkótalp; *kh* talp; *koh* lángkemence feneke; *mzg* eketalp; *vasút* alátétlemez; ~ **attachment** *cipő* talpalás; ~ **bar** *vasút* hosszirányú talpgerenda; ~ **cementing** talpragasztás; ~ **crêpe** *gumi* talpkrepp; ~ **curting** *cipő* talpcsákozás; ~ **edge** *bőr* sarokél; ~ **flue** *koh* talpcsatorna, alapcsatorna; ~ **frame** *ép* aljzatlemezkeret; ~ **leather** *bőr, cipő* talpbőr; ~**-leather split** *bőr* talpbőrhasíték; ~ **level(l)ing** *cipő* talpegyengetés, talpmángorlás; ~ **mo(u)lding** *cipő* talpformázás; ~ **of thrust** *geol* vető alsó/csúszó felülete; ~ **plate** *bány, gép* talplemez; *ép* küszöbgerenda *(favázas épület)*; *vasút* alátétlemez; ~**-rounding machine** *cipő* talpkörülvágó gép; ~**-sewing machine** *cipő* (talp)keresztülvarró gép; ~ **splicing** *kh* talperősítés; ~ **timber** *bány* talpgerenda; ~**-trimming machine** *kh* hurkoló és osztóplatinás gép; kétplatinás gép

soled pebble *geol* koptatott kavics

Solenhofen stone *geol* solenhofeni litográfpala

solenoid *el, fiz* szolenoid, mágnestekercs; ~ **ammeter** forgótekercsrendszerű/Deprez-rendszerű ampermérő; ~ **brake** *el* szolenoid fék, mágnesfék; ~**-operated** *el* elektromágneses működtető; szolenoidos; ~**-operated switch** *el* mágneses kapcsoló, szolenoid kapcsoló; ~ **switch** *el* szolenoid kapcsoló, mágneskapcsoló; ~ **valve** *el* elektromágneses szelep; mágneses (működtetésű) szelep, szolenoid szelep

solenoidal *fiz* szolenoid; ~ **field** *fiz* szolenoid (erő)tere; szolenoidtér, forrásmentes tér; ~ **magnet** *el* mágnestekercs, elektromágnes; ~ **magnetization** *fiz* mágnesezés szolenoiddal

solfatara *geol* szolfatára

solid I. *a* szilárd, tömör; masszív; *bány, geol* érintetlen; szálbanálló; *fiz* szilárd (halmazállapotú); *mat* térbeli; **II.** *n ép* faltömb, falazott tömb; *fiz* közeg; szilárd anyag/test *(szilárd halmazállapotú test)*; szilárdtest *(kristályos szerkezetű test)*; *geol* masszívum; *mat* (geometriai) test; téridom; test; ~**-amorphous** *krist* szilárd-amorf; ~ **angle** *mat* térszög; testszög; ~ **ash** *en* salak; ~ **asphalt** *ép* kemény aszfalt; ~ **axis** *mat* térbeli koordinátatengely; ~ **back** *bány* állékony főte; ~**-barrel arch** *ép* tömör dongaboltozat; ~ **bath** *fiz* szilárd fürdő; ~ **beam** *ép* tömör gerenda; ~ **bearing** *ép* teljes hosszban végigfutó alátámasztás; ~ **bed** *bány* kemény kőzet; ~ **blade** *rep* hézagmentes légcsavarlapát; ~ **block** *ép* tömör blokk; ~**-block airscrew** *rep* egy darabból kifaragott légcsavar; ~-

block machine *ép* tömörblokk-gyártó gép; **~-block masonry (works)** *ép* tömörblokkfalazat; **~ board** *pa* sima karton; **~ body (SB)** *fiz* szilárdtest; **~-body memory** *szt* szilárdtest-memória; **~-borne noise** *hang* testzörej; **~-borne sound** *hang* vázhang; **~-bottom dies** *szersz* tömör fenekű mélyhúzó szerszám; **~-bottom mo(u)ld** *önt* tömör alsórészű öntőforma; **~ brick** *ép* tömör tégla; **~ brick partition** *ép* tömörtégla-fal; **~-butt needle** *kh* sajtolt tű; **~ carbon** *bány* kemény szén; *el* tömör szénelektród; *ol* krakkolási szénmaradék; **~ carbon dioxide** *vegy* szárazjég, szilárd széndioxid; **~ carburizing** *hők* felszenítés szilárd közegben; **~-cast** *önt* egy darabban öntött; **~-cast tappet** *tex* egybeöntött lábítóexcenter; **~ caustic soda** *vegy* szilárd lúg; **~ cloud cover** *rep* zárt felhőtakaró; **~-CO_2 snow** *élip* szárazjég; **~ coal** *bány* szénpillér; **~-colo(u)r** egyszínű; **~-colo(u)r yarn** *tex* egyszínű fonal; **~ concrete floor slab** *ép* tömör beton födémpanel/födémpalló; **~ conductor** *el* tömör vezeték; **~ contraction** *koh* szilárdulási zsugorodás; **~ coupling** *gép* merev tengelykapcsoló; **~ coverage** *fiz* térbeli hatásterület ábrája; **~ crib timbering** *bány* soros aknaácsolás; **~ curve** *el* teljes görbe; **~-cushion tyre/tire** *gépk* tömörgumi abroncs; **~ deck** *ép* zárt hídpálya *(vasúti híd)*; **~(-)dielectric** *el* szilárd dielektrikum(ú); **~ diffusion** *fiz* szilárdfázisban végbemenő diffúzió; **~ disc/disk** *ép* tömör tárcsa; **~-drawn (SD)** *alak* rúdból egy darabban húzott; **~ drilling** *ép* tömörfúrás; **~ drive** *gép* merev hajtás; **~-expansion thermometer** *metr* szilárd mérőelemes hőmérő; **~ explosive forming** *alak* robbantásos sajtolás; **~ fat** *élip* szilárd zsír; **~ figure** *mat* (háromdimenziójú) test, téridom; **~ flat plate** *ép* tömör síkfödém/síklemez; **~ floor** *ép* tömör pályaszerkezet *(hídon)*; tömör/nehéz födém; **~-floor heating** *ép* padlófűtés; **~-font printer** *szt* folytonos vonalú betűkészletes nyomtató, rögzített betűtípusú nyomtató; **~ forging operation** *alak* tömör kovácsolási művelet; **~ fuel** *gépk, hőt, rak* szilárd hajtóanyag/üzemanyag/tüzelőanyag; **~-fuel burning in a shaft** *hőt* aknás tüzelés; **~-fuel(l)ed** *rak* szilárd hajtóanyagú/tüzelőanyagú; **~-fuel rocket** *kat, rak* szilárd hajtóanyagú/tüzelőanyagú rakéta; **~-fuel rocket engine** *kat* szilárd hajtóanyagú/tüzelőanyagú rakétahajtómű; **~ ga(u)ge** *metr* egyoldalas idomszer; **~ geometry** *mat* sztereometria, térmértan; térgeometria; **~ ground** *bány* szilárd kőzet; **~-ground** *alak* egy darabból csiszolt; **~ head** *gépk* osztatlan/zárt hajtórúdfej; **~ heald** *tex* egyenlően csomózott nyüst; **~ height of spring** *gép* ütközésig összenyomott rugó magassága; **~ hydrocarbon** *ol* szilárd szénhidrogén; **~ injection** *fiz* szilárdtest-injektálás; *gépk* kompresszor nélküli *v.* mechanikus befecskendezés; **~-injection engine** *gépk* sűrítő nélküli (dízel)motor; **~ jaw** *gép* álló/rögzített pofa; **~ jet** *hidr* folytonos (víz)sugár; **~ jib** *em* telitartós gém; **~ journal** *gép* tömör tengelycsap; **~-journal bearing** *gép* osztatlan tengelycsapágy; **~ laser** *fiz* szilárdtestlézer; **~ line (SL)** *közl* folytonos vonal; **~ linkage** *mech* térbeli kinematikai lánc; **~ logic technology (SLT)** *szt* szilárdtestáramkör-technológia, SLT; **~ masonry (work)** *ép* tömör falazás/falazat; **~ material** *fiz* szilárd anyag; **~ material content** *élip, vegy* szárazanyag-tartalom, szilárdanyagtartalom; **~ matter** *fiz* szilárd anyag; *nyom* kompressz szedés; **~ measure** *fa, metr* tömör (fa)tartalom; **~ mo(u)ld** *ép* fix sablon; **~ newel** *ép* orsófal, falazott orsó *(lépcsőé)*; **~ news board** gaucsolt újságpapírkarton; **~ of revolution/rotation** *mat* forgástest, forgásszimmetrikus test; **~ ore** *bány* szálban álló *v.* kemény érc; **~ packing** *bány* teljes tömedékelés; **~ page** *nyom* tömött szedésű oldal; **~ phase** *el, fiz* szilárd fázis; **~-phase welding** *heg* szilárdfázisos hegesztés; **~ phosphor laser** *fiz* luminoforos szilárdtestlézer; **~ pile** *ép* tömör cölöp; **~ pipe** *hidr* nagynyomású cső; **~ plate** → **~** flat plate; **~ pole** *el* tömör pólus; **~ propellant (SP)** *rak, űr* szilárd rakéta-hajtóanyag; **~ propeller** *hajó* egy darabból kifaragott csavar; **~ pump** *szell* porszivattyú; **~ reamer** *forg* tömör dörzsár; **~ refuse** *környv* szilárd hulladék; **~ rock** *bány* alapkőzet; sziklás talaj; *geol* szálban álló kőzet; *talt* termett szikla; **~-rod lattice** *at* tömőrudas reaktorrács; **~ roof** *bány* állékony főte; **~ rotor** *el* tömör forgórész; **~ rubber** keménygumi; ebonit; **~-rubber tyre/tire** *gépk* tömörgumi abroncs; **~s** *élip* szárazanyag; *fiz* szilárd halmazállapotú anyagok; **~ section** *ép* tömör szelvény; **~s-handling pump, ~s pump** *ép* iszapszivattyú; sűrűanyag-szállító berendezés; szilárdanyag-szállító (centrifugál-)szivattyú; *hidr* iszapszivattyú; **~ shooting** *bány* teliberobbantás; **~-skirt piston** *gép* merev palástú dugattyú; **~s-not-fat** *élip* zsírmentes szárazanyag; **~ solution (SS)** *koh, vegy* szilárd oldat; **~ solution alloy** *koh* szilárdoldatos ötvözet; **~-solution strengthening** *koh* szilárdoldat-keményedés; **~ solution treatment** *koh* oldó hőkezelés; **~ sphere** *mat* gömb, tömör gömb; **~ state** *fiz* szilárd test/halmazállapot; *szt, félv* szilárdtest *(félvezető eszköz)*; **~-state amplifier** *el* szilárdtest-erősítő; **~-state capacitor** *félv* változó kapacitású dióda, varikap, varaktor; **~-state circuit** *el* szilárdtestáramkör; *félv* integrált áramkör; szilárdtestkapcsolás; **~-state computer** *szt* félvezetős számítógép; szilárdtest-számítógép; **~-state detector** *aut, el* szilárdtest-detektor; **~-state device** szilárdtesteszköz; **~-state laser** *fiz* szilárdtestlézer; **~-state light detector** *aut, opt* szilárdtest-fénydetektor; **~-state light emitter** *opt* szilárdtest-fénysugárzó; **~-state logic** *el* logikai áramkör; **~-state maser** *fiz* szilárdtestmézer; **~-state memory** *szt* félvezetős memória, félvezető(s) tár(oló); **~-state oscillator** *el* szilárdtestoszcillátor; **~-state physics** *fiz* szilárdtestfizika, szilárdtestek fizikája; **~-state power supply** *el* szilárdtest-tápegység, szilárdtestek energiaellátása; szilárdtesthálózat, szilárdtest-erőátvitel; **~-state pulse laser** *fiz* impulzusüzemű szilárdtestlézer; **~-state reaction** *krist* szilárdfázisú reakció; **~-state switch** *el* szilárdtest kapcsoló; **~-state technology** *szt* félvezetős technika; **~-state tuner** *el* szilárdtest hangoló/tuner; **~-state welding** *heg* diffúziós hegesztés; **~ steel** *koh* csillapított acél; **~-steel ingot** *önt* tömör acélöntecs; **~ stowing** *bány* teljes tömedék(elés); **~ substance** *fiz* szilárd anyag; **~-tooth broach** *forg* tömörfogas üregelőtüske; **~-tooth milling cutter** *forg* tömör maró; **~-type cable** *el* olajpapír-szigetelésű kábel; **~-type electrolytic capacitor** *el* száraz elektrolitkondenzátor; **~ tyre/tire** *gépk* tömörgumi abroncs; **~ wall** *ép* tömör fal; **~ waste** *környv* szilárd hulladék; **~-web girder** *ép* tömör gerinclemezes tartó; **~ wing** *rep* teljes szárny; **~ wire** *el* tömör huzal; **~ wire welding** *heg*

tömörhuzalos hegesztés; ~ **wood** *fa* tömör fa *(természetes állapotú fa)*; ~ **work** *bány* feltárás, előkészítés
solidification megdermedés, (meg)szilárdulás, (meg)keményedés; *élip* dermesztés *(zsíré)*; *ép* megszilárdulás; *koh* befagyás, dermedés; *talt* szilárdítás; *vegy* besűrűsödés; ~ **heat** *fiz* dermedési hő; ~ **point (SP)** *fiz, vegy* dermedési pont; ~ **range** *fiz* dermedési/kristályosodási hőköz; ~ **region** *fiz, krist* kristályosodási hőmérséklet-tartomány; ~**-shrinkage effect** *fiz* zsugorító hatás dermedéskor
solidified *ol* összenyomott, megszilárdult; ~ **front** *koh* kristályosodási front; ~ **gas** *fiz* megszilárdult gáz; ~ **linseed oil** *vegy* oxidált lenolaj, linoxin
solidify megszilárdít; megkeményedik; besűrít *(oldatot)*; besűrűsödik *(oldat)*; (meg)keményít; tömörít; *vegy* besűrűsödik; megszilárdít *(olajat)*
solidifying (meg)szilárdítás, (meg)keményítés; tömörítés; megkeményedés, megszilárdulás; ~ **by freezing** *bány* fagyasztásos talajszilárdítás; ~ **interface** *el* dermedési/kristályosodási felület; ~ **point of oil** *ol, vegy* olaj dermedéspontja
solidity szilárdság; keménység; tömörség; állékonyság; *rep* teljességi fog *(légcsavaré)*; ~ **test** *félv* tömör zárás vizsgálata
solidly earthed/grounded system *el* közvetlenül földelt hálózat; *rád* merev földelési rendszer
solids → solid
solidus (*pl* **solidi)** ferde vonal, törtvonal, törtjel; *krist, mat, vegy* szolidusz(görbe); *nyom* ferdevonal (/), virgula; ~ **curve/line** *koh* szoliduszvonal; *krist, mat, vegy* szoliduszgörbe; szoliduszvonal; ~ **temperature** *fiz, koh* szolidusz-hőmérséklet
solifluction, solifluxion *geol* rétegszakadás, szoliflukció; *talt* talajfolyás
soling *cipő* talpalás; ~ **sheet** *cipő* talplemez
solion *el* szolion
soliquid *fiz, vegy* szól, kolloidoldat, szuszpenziós kolloid
solitary magányos; *mat* egyetlen, egyedülálló; ~ **wave** *fiz, el* magányos hullám
sollar *bány* légelválasztó közfal; létrapad; *ép* padlásszobalakás
Soller slits, ~ **slit system** *krist* Soller-résrendszer
solo flight *rep* oktató nélküli repülés, egyedülrepülés
solod → soloth
solodization *talt* szikesedés
solonchak *talt* szoloncsák
solonetz *talt* szolonyec
soloth *talt* szology *(degradált szikes)*
solstice *csill* napforduló
solubility *mat* megoldhatóság *(egyenleté)*; *vegy* oldhatóság, oldékonyság; ~ **curve** *vegy* oldhatósági görbe; ~ **limit** *krist, vegy* oldhatósági határ; ~ **parameter** oldhatósági paraméter; ~ **product** *vegy* oldhatósági szorzat; ~ **range** *krist, vegy* oldhatósági tartomány; ~**-temperature curve** *vegy* oldhatóság hőmérsékleti görbéje
solubilization *ol, vegy* szolubilizálás, oldódás megkönnyítése; *tex* oldhatóvá tétel
solubilize *vegy* oldhatóvá tesz, szolubilizál
solubilizer *tex* oldásgyorsító szer
soluble *vegy* oldható, oldódó; ~ **anode** *koh* oldható anód; ~ **catalyst** *műa* oldható katalizátor; ~ **coffee** *élip* oldható kávé, neszkávé; ~ **cotton** *pa* nitrocellulóz; ~ **cutting oil** *ol* fúróolaj, vágóolaj, hűtő-kenő folyadék *(emulzió)*; ~ **glass** *vegy* vízüveg, nátrium-szilikát; ~ **oil** *ol* vízben oldható olaj, emulziós olaj, emulgeálható olaj; vízzel keveredő olaj *(hűtőkenéshez)*; ~ **solid content** *vegy* extrakttartalom, vízoldható kivonattartalom; ~**-solid content** *fa* tömörfa-köbtartalom; ~ **starch** *vegy* oldható keményítő; ~ **tartar** *vegy* kálium-tartarát
soludra wire *távk* szoludra huzal
solum (*pl* **solums** *v.* **sola)** *geol* talaj *(anyakőzet felett)*
solute I. *v vegy* (fel)old; **II.** *a* feloldott, kioldott; *vegy* oldott *(anyag)*, oldatban levő; **III.** *n vegy* (fel)oldott anyag; ~ **metal** olvadékfém
solution oldat; oldás; *mat* integrál; megoldás *(feladaté, problémáé mint eredmény)*; megoldás, gyök *(egyenleté)*; *ol* vizes oldat; *vegy* (fel)oldás; feloldott állapot; megbontás; oldat; ~ **by inspection** *mat* megoldás próbálgatással, próbálgatással való/történő megoldás *(egyenleteké)*; ~ **cavity** *any* korrózió által kimart üreg; ~ **chemistry** *at* oldatkémia; ~ **figure** *krist* oldási ábra; ~ **formula** *mat* megoldóképlet *(egyenletekre)*; ~ **gas** *ol* oldott gáz; ~ **gas-oil ratio** *ol* oldott gáz-olaj viszony/arány; ~ **hardening** *hők* edzés oldatban; ~ **heat** *vegy* oldáshő; ~ **heat treatment** *hők* oldatba vivő hőkezelés; oldó hőkezelés; ~ **of equations** *mat, szt* egyenletek megoldása; ~ **of linear control systems** *aut* lineáris szabályozási rendszerek megoldása; ~ **of the game** *rendsz* játék megoldása *(egy téglalap alakú játéké)*; ~ **polymerization** *műa* oldatpolimerizáció; oldószeres polimerizálás; ~ **reactor** *at* oldott fűtőanyagú reaktor; ~ **surface** *mat* integrálfelület, megoldásfelület; ~ **tablet** *vegy* oldatkészítésre szánt tabletta; ~ **temperature** *koh* lúghőmérséklet; ~ **time** *aut* beállási/szabályozási idő; *gyógyvvegy, vegy* oldódási idő; ~**-treated alloy** *hők* szilárd oldattal kezelt ötvözet; ~ **treatment** *hők* oldattal való kezelés; oldó hőkezelés; ~ **welding** *heg* oldószeres hegesztés
solutizer *vegy* solutizer *(merkaptánoknak lúgokban való oldódását elősegítő vegyszer)*; ~ **process** *vegy* solutizer-eljárás; ~ **solution** *vegy* kálium-izobutirát lúgos oldata
solvability *mat* megoldhatóság *(egyenleté, feladaté, problémáé)*
solvable → soluble
solvate I. *v vegy* szolvatál; **II.** *n vegy* szolvát; szolvatációs komplex
solvation *vegy* szolvatáció; ~ **energy** *vegy* szolvatációs energia; ~ **layer** *koh* szolvátréteg; ~ **shell** *koh* hidrátburok; szolvátburok
Solvay|('s) ammonia-soda process *vegy* Solvay-eljárás; ~ **tower** *vegy* Solvay-torony, karbonizáló torony
solve *mat* megfejt, megold, kiszámít; ~ **the fault** *geol* vetődést megállapít
solvella *gyógyv* oldatkészítésre szánt tabletta
solvency *vegy* oldóképesség
solvend *vegy* oldandó *(anyag)*
solvent I. *a vegy* oldó(képes); **II.** *n ép* hígító, oldószer; *koh* lúgzószer; *ol, vegy* oldószer; ~ **cleaning** oldószeres tisztítás; ~ **degreasing** oldószeres zsírtalanítás; ~ **distillation** *ol* oldószer-desztilláció; ~ **extraction** *ol, vegy* oldószeres extrakció/extrahálás; ~ **front** *ol* oldószerfront; ~**-hating** *vegy* liofób; ~ **loss** *ol, vegy* oldószerveszteség; ~**-loving** *vegy* liofil; ~ **naphtha** *ol*

lakkbenzin; szolvensnafta, oldószerbenzin; ~ **process** *el* oldószeres eljárás; *gumi* oldószeres regenerálási eljárás; **~-raffinate** *ol* oldószerrel finomított termék; ~ **recovery** *ol, vegy* oldószer-visszanyerés; **~-refined oil** *ol* oldószerrel finomított olaj; ~ **retreated extract** *ol* másodlagos extrakt; ~ **revivification** *ol, vegy* oldószer-regenerálás, oldószer-visszanyerés; **~s type adhesive** oldószeres ragasztó; ~ **welding** *heg* oldószeres hegesztés

solver feloldó, szétbontó; *el* választó készülék

solving szétbontás; *mat* integrálás; kiszámítás; megfejtés, megoldás *(egyenleté, feladaté, problémáé)*

solvolysis *vegy* szolvolízis

solvsbergite *ásv* sölvsbergit

SOM → start of message

somatoid *krist* szomatoid

sombrerite *ásv* sombrerit

Somigliana dislocation *krist* Somigliana-féle diszlokáció

sommaite *ásv* sommait

sommervillite *ásv* sommervillit

sonar (sound navigation and ranging) *hang* szonár, ultrahangos lokátor, hanglokátor *(kis távolságra)*; *kat* hidrolokátor; szonár(berendezés); ~ **cal(l)iper** *ol* szonár kalibermérő; ~ **listening set** *hang* hidroakusztikus/szonár lehallgató/figyelő; ~ **transmitter** *rád* víz alatti hangsugárzó/szonár, hidroakusztikus adó

sondage *geol* (mély) kutatóárok

sonde szonda; *el* szonda, érzékelő, tapintó; ~ **assembly** *geof* szondaelrendezés; ~ **bridle/cable** *geof* szondakábel; ~ **characteristic** *geof* szondakarakterisztika; ~ **skid** *ol* szondapapucs

sone *hang* szón *(hangosságegység)*

sonic *rep* szonikus, hangsebességű, hangsebesség körüli; ~ **altimeter** *ép* reflexiós szintmérő; *rep* akusztikus magasságmérő/mélységmérő, szonikus echolot; ~ **bang** → ~ boom; ~ **barrier** *rep* hangsebességi határ; ~ **beam** *fiz* hangkéve, hangsugár; ~ **boom** *rep* hangrobbanás; ~ **boom ray** *rep* hangrobbanás-sugárzás; ~ **dedusting** *ép* szonikus portalanítás; ~ **delay line** *aut, el* akusztikus késleltető művonal; ~ **depth finder** → ~ altimeter; ~ **detector** *aut* akusztikus detektor; *kat* fülelő, lehallgató készülék; ~ **echo sounder** → ~ altimeter; ~ **energy** *fiz* hangenergia; ~ **explosion** → ~ boom; ~ **field** *fiz* hangtér; ~ **inspection** *any* ultrahangos hibakeresés; ~ **line** *fiz* szonikus vonal; ~ **log** *geof* akusztikus (sebesség)szelvényezés, szonikus szelvényezés; ~ **logging tool** *geof* geofonszonda; ~ **log reflexion sounder** *ép* reflexiós szintmérő; ~ **pressure** *fiz* hangnyomás; ~ **pump** *ol* rezgőcsöves mélyszivattyú; ~ **ray** *fiz* hangsugár; **~s** → sonics; ~ **speed/velocity** *fiz* hangterjedési sebesség, hangsebesség; *rep* hangsebesség; ~ **testing** *any* roncsolásmentes anyagvizsgálat hanghullámokkal; ~ **vibrator** *ép* hangvibrátor; ~ **wave ga(u)ge** *fiz* hanghullámmérő műszer; ~ **welding** *tex, heg* hegesztés ultrahanggal

sonics *fiz* szonika

soniferous *hang* hangzó, hangvezető, hangkeltő

sonigauge, *US* **sonigage** *any* ultrahangos vastagságmérő

sonobuoy *távk* hangbója, mélyvízi lehallgató bója, hidrofon bója

sonogram *hang, távk* szonogram

sonograph *el, távk* szonográf

sonometer *el, fiz* szonométer, rezgőnyelves frekvenciamérő

sonorous *hang* csengő/telt hangú; rezonáló

soot I. *v gép* (be)kormoz; **II.** *n* korom; ~ **arrester/catcher** *hőt* koromfogó; ~ **coal** koromszén; ~ **collector** → ~ arrester; ~ **colloid(al solution)** *fiz* szén kolloidális oldata, koromkolloid; ~ **door** *ép* kéményajtó, kéménytisztító ajtó; ~ **layer** *gép* koromréteg; ~ **pit** *hőt* koromakna, koromgödör

sooting *gép* elkokszosodás; *gépk* bekormozódás, elkormozódás *(gyertyáé)*

sootless korommentes, nem kormozó *(láng)*

sooty copper *koh* fekete réz

SOP → sum of products

sophisticated fejlett, korszerű; *szt* bonyolult; kifinomult; ~ **weapons** *kat* tökéletesített fegyverek

soporific *gyógyv* altatószer

sorbate *vegy* szorbeált anyag; szorbinsav sója

sorbent *vegy* szorbeálószer, szorbens

sorbic acid *vegy* szorbinsav

sorbing I. *a vegy* szorbeálási, szorbeáló; **II.** *n vegy* szorbeál(ód)ás, szorpció; ~ **agent** *vegy* szorbens

sorbite *koh, vegy* szorbit; ~ **microstructure** *koh* szorbit mikroszerkezete

sorbose *vegy* szorbóz

Sorel cement *ép* magnéziacement, Sorel-cement

Sorensen, Sörensen formol titration *vegy* formol-titrálás

sorghum | cane ciroknád; ~ **starch** *gyógyv* cirokkeményítő

soroban *mat* számolótábla, abakusz

sorosilicate *krist* szoroszilikát

sorption *koh, ol, vegy* szorpció; ~ **pump** *el, fiz* szorpciós szivattyú; ~ **trap** *el* szorpciós csapda

sort I. *v* kiválogat, szétválogat, kiválaszt; osztályoz, fajtáz; szortíroz; rendez; *pa* görgőz, zúz, őröl; *szt* csoportosít, rendez; **II.** *n* fajta, féleség, minőség, osztály; *nyom* betű *(öntésben)*; *szt* csoportosítás, rendezés; ~ **key** *szt* rendezési kulcs; ~ **merge** *szt* válogató rendezés; ~ **merge generator** *szt* rendezőprogram-generátor; ~ **out** *v* kiválaszt, különválaszt; elrendez, elintéz; megold *(problémát)*; ~ **program** *szt* rendezőprogram

sortable osztályozható; osztályozott

sorter osztályozó, válogató; *aut* rendelkező gép; *mzg* fajtázó(gép); *szt* rendezőgép; *vasút* rendező pályaudvari tolatómunkás; **~'s tow** *tex* fésülési/osztályozási kóc/hulladék

sortie *kat* repülés, bevetés

sorting szétválogatás, kiválogatás, kiválasztás; osztályozás; szortírozás; rendezés; *aut* rendelkezés; *ép* osztályozás, szemcseméret szerinti szétválasztás; *mat* rendezés; *szt* rendezés; ~ **belt** *bány, koh* válogatószalag; ~ **by hand** kézi válogatás; ~ **by wind** szélfajtázás; ~ **chute** *bány* osztályozó surrantó; ~ **conveyer** *bány* választószalag; *mzg* válogatószalag, válogatóasztal; ~ **cylinder** *mzg* osztályozó henger; ~ **device** *pa* válogatómű; ~ **floor** *bány* válogatóasztal; ~ **hammer** *szersz* válogatókalapács; **~-machine** *mzg* fajtázógép, osztályozógép; *pa* osztályozó; *szt* lyukkártyarendező gép; ~ **method** *szt* rendezési eljárás; ~ **needle** *szt* válogatótű; ~ **out of scrap/waste** *koh* hulladékosztályozás; **~-plant** *bány* osztályozó(mű);

~ pond *fa* osztályozómedence; **~ screen** *hidr* osztályozó rács; **~ table** *bány* osztályozóasztal, osztályozóberendezés; **~ track** *vasút* rendezővágány, előrendező vágány; **~ works** *fa* osztályozó/minősítő üzemhely
SOS → silicon on sapphire circuitry; **~-signal** *távk* SOS-jel *(vészjel)*; **~ technology** *félv* SOS-technológia
SOT → send only terminal
souesite *ásv* souesit
sough *bány* csorga; vízárok; *ép* csapadéklevezető árok
sound[1] ép, hibátlan, jó, kifogástalan; *bőr* egészséges, ép; *ép* erős, szilárd, tartós; térfogattartó *(cement)*; **~ cable** *el* ép/hibátlan kábel; **~ casting** *önt* hibátlan öntvény; **~ ingot** *önt* kifogástalan öntecs; **~ insulator** *el* ép/kifogástalan szigetelő; **~ welding** *heg* hibamentes hegesztés; **~ wood** *fa* ép/egészséges faanyag; **~ wool** *tex* erős szálú gyapjú
sound[2] **I.** *v* szondáz, kémlel, kutat; *bány* függélyez; kopogóz; *geof* szondáz; *gép, vasút* lekopogtat, kopogtatással (meg)vizsgál; *hajó* vízmélységet mér; *hang* hallatszik, hangzik, szól, megszólal, (fel)cseng; megszólaltat *(hangszert stb.)*; **II.** *n bány, hajó* mélységmérő, szonda; *el* szonda, érzékelő, tapintó; *fiz, hang* hang, hangzás; *hang* hallótávolság; *orv* szonda, kutasz; **~ absorbent chamber** *hang* némaszoba, camera silenta; **~ absorber casing** *hang* hangtompítódob(oz); **~ absorbing** *hang* hangelnyelés; **~-absorbing** hangelnyelő; **~-absorbing material** *hang* hangelnyelő/hangszigetelő anyag; **~-absorbing stack** *ép* zajcsökkentő verőköpeny; **~ absorption** *fiz* hangelnyelés, akusztikus abszorpció; *hang* hangtompítás; **~ absorption coefficient/factor** *hang* elnyelési fok; **~-absorptive treatment** *hang* hangelnyelő kiképzés; **~ amplifier** *rád* hangerősítő; **~ analyser** *fiz, hang* hangelemző; **~ analysis** *hang* hangelemzés; **~ articulation** *hang* hangérthetőség; *távk* hangzóérthetőség; **~ attenuation** *hang* hangcsillapítás, hangtompítás; **~ augmentation** *hang* hangkihangsúlyozás; **~ baffle** *ép* hangszigetelő lap; **~ bandwidth** *fiz, hang* hangsávszélesség; **~ barrier** *ép* hangzáró/hangvédő fal; *fiz, hang* hanggátló közeg; hanghatás; **~ beam** *fiz* hangkéve, hangsugár; **~-boarded floor** *ép* borított födém *(betolt szegélyléces)*; **~ cable** *tv* kísérő hangkábel; **~ carrier** *hang* hanghordozó, hangvivő; kísérőhangvivő; **~ cartoon** *film* hangos rajzfilm; **~ channel** *film, tv* hangcsatorna; *geof* hangvezető csatorna *(óceánban)*; **~ column** *távk* hangoszlop; **~ combination** *hang* összetett hang; **~ concentration** *hang* hangfókuszolás; **~ control engineer** **~ engineer**; **~ corrector** *rád* hangszínhelyesbítő; **~ damper** *gép* hangtompító; **~ damping** *hang* hangcsillapítás, hangtompítás; **~ demodulator** *el* hang-egyenirányító; **~ detector** *el, hang* hangdetektor; *kat* fülelőkészülék; **~ diffraction** *hang* hangelhajlás; hangtörés; **~ dispersion** *hang* hangszóródás; **~ distortion** *hang, rád* hangtorzítás; **~ distribution** *hang* hangeloszlás; **~ distributor** *hang* fülelő mikrofon; hangdiffúzor; **~ effects** *pl rád, tv* hangeffektusok, hangkulissza; **~ emitter** *hang* hangforrás, hangsugárzó; **~ energy** *hang* hangenergia; **~ energy density** *hang* hangenergia-sűrűség; **~ energy flux** *hang* hangenergia-fluxus, hangintenzitás; hangteljesítmény; **~ energy flux density** *hang* hangintenzitás, hangerősség; **~ energy flux density level** *hang* hangintenzitásszint; **~ engineer** hangmérnök; **~ field** *hang* hangtér; **~ field quantity** *hang* hangerősség, hangintenzitás; **~ film** *film* hangosfilm; **~ film lamp** *film, hang* hanglámpa; **~ filter** *ép* zajszűrő; **~ fixing and ranging** → SOFAR, sofar; **~-floor** *ép* hangtompító/hangszigetelő födém; vakpadló; **~ flux** *hang* hangenergia-fluxus; **~ focus** *fiz* hanggyűjtő hely; **~ focus(s)ing** *fiz* hangfókuszálás; **~ frequency** *hang* hangfrekvencia; **~ gate** *film* hangkapu; hangkeret; **~-generating** *hang* hangkeltő; **~ groove** *hang* barázda; **~ hardness** *hang* hangkeménység, akusztikus keménység; **~ head** *film* hangelőtét; hangfej; **~-hole** *hang* hanglyuk; **~ i.f.** → **~** intermediate frequency; **~ i.f. amplifier** hang-középfrekvenciás erősítő; **~ image** *fiz* akusztikus kép/leképezés; **~ in solids** *hang* testhang; **~-insulated** *hang* hangszigetelt; **~-insulating structure** *hang* hangszigetelő szerkezet; **~ insulation** *hang* hangszigetelés; **~-insulation** *hang* hangszigetelő; **~ insulation against structure-borne sounds** *ép, hang* testhangszigetelés; **~ insulator** *ép, hang* hangszigetelő *(anyag)*; **~ intensity** *hang* hangerősség; hangintenzitás; **~ intensity level** *hang* hangerősségszint; **~ interferometer** *fiz* akusztikus interferométer; **~ intermediate frequency, ~ i.f.** *tv* hang-középfrekvencia, hang KF; **~ lens** *fiz* akusztikus lencse; **~ level** *ép, hang* zajszint, hangnívó; **~ level indicator** *hang* hangszintjelző, hangerőjelző, volumenindikátor; **~ level meter** *hang* hangerősségmérő; hangnyomásszint-mérő; hangszintmérő; **~-level scale** *hang* fonskála; **~ locator** *kat, rep* (ultra)hanglokátor; **~ lock** *hang* hangcsapda; hangtompító; **~ mixer** *hang* hangkeverő berendezés; **~-mixing** *hang* hangkeverés; **~ moderator** *kat* hangtompító; **~-modulated wave** *rád* hanggal modulált hullám; **~ navigation and ranging** → sonar; **~ of ringing** *hang* csengés, csengőhang, csengő hang; **~-on film (SOF)** *film* film a felvett hanggal; **~-on-film recording** *film* hangfelvétel filmszalagra; optikai hangrögzítés/hangfeljegyzés; **~ on vision** *tv* hang a képben; **~ optic** *hang* résoptika; **~ oscillator** *el* hangoszcillátor; **~-photo** *hang* hangfénykép; **~ pick-up** *hang* hangszedő, pickup, lejátszófej; **~-picture** *film* hangosfilm; **~ pillar** → **~** column; **~ pitch** *hang* hangmagasság; **~-post** *hang* lélek *(vonós hangszerben)*; **~ power** *hang* hangteljesítmény; **~ power level** *hang* hangteljesítményszint, akusztikai teljesítményszint; **~ pressure** *hang* hangnyomás; **~ pressure level (SPL)** *hang* hangnyomásszint; **~ pressure method** *aut* hangnyomásmódszer; **~ print** *hang* szonogram; **~ probing** *hang* hangtérkitapogatás; **~-proof** *ép, hang* hanggátló, hangszigetelő; zajmentes; **~-proofed** *ép* hangszigetelt; **~-proofing** *ép* hangszigetelés, hangtompítás; hangvédelem; **~-proofing material** *ép* hangszigetelő anyag; **~-proof wall** *ép* hangszigetelő fal; **~ propagation** *fiz* hangterjedés; **~ propagation velocity** *fiz* hangterjedési sebesség, hangsebesség; **~ pulse** *hang* hangimpulzus; hangrezgés; **~-pulse method** *el* szikrakisüléses módszer; **~ quantum** *hang* fonon, hangkvantum; **~-quiet** *hang* hangszigetelt; **~ radar** *kat, rep* akusztikus radar; **~ radiation pressure** *hang* akusztikai sugárnyomás; hangnyomás, hangsugárzás nyomása; **~ radiator** *hang* hangszóró; **~ ranger** *kat, rep* akusztikus helymeghatározó/távolságmérő; **~ ranging (SR)**

hang, kat, rep akusztikus helymeghatározás/távolságmérés; **~-ranging altimeter** *ép* reflexiós szintmérő; **~-ranging checkpoint** *kat* hangrögzítő pont *(tüzérség)*; **~-rate** *hang* hangadag; **~ ray** *fiz* hangsugár; **~ reading** *távb* fónikus morzevétel; **~ reception** *távk* fóniás vétel; **~ recorder** *hang* hangfelvevő; **~ recording** *hang* hangfelvétel; **~ recording medium** *hang* hanghordozó; **~-reduced** *ép* hangszegény; **~-reducing** *ép* hangszigetelő, zajcsökkentő; **~ reduction index** → **~** transmission loss; **~-reflecting** *hang* hangvisszaverő; **~ reflection** *hang* hangvisszaver(ő-d)és; **~ reflection coefficient/factor** *hang* visszaverődési fok; **~ registration** *kat* hangbemérés; **~ reinforcement system** *hang* hangosítás, teremhangosítás; **~ reinforcing** *hang* hangosítás; **~ reproducer** *hang* hangszóró; **~ reproducing system** *hang* hangleadó/hangvisszaadó berendezés/rendszer; **~ reproduction** *hang, rád* hangvisszaadás; **~ room** *hang* visszhangszoba, erős utánzengésű terem; **~ screen** *film, rád, tv* hangkulissza; **~ shadow** *hang* hangárnyék, akusztikus árnyék; **~ shelf** *hang* hangpad; **~ side tones** → **~** effects; **~ signal**; *hajó* hangjelzés; *hang* hangjel; **~-soft** *hang* akusztikusan lágy; **~ source** *fiz, hang* akusztikus forrás; hangforrás, hangsugárzó; **~ spectrogram** *hang* hangspektrum képe, szonogram; **~ spectrograph** *hang* hangspektrográf; **~ spectroscopy** *fiz, hang* akusztikus spektroszkópia, hangspektroszkópia; **~ spectrum** *hang* hangspektrum, hallható frekvenciájú spektrum; hangszínkép; **~ stage** *film* színtér *(filmstúdióé)*; **~-start advance** *film* hangvetítési előtartás *(26 filmkocka)*; **~-stone** *ásv* fonolit; **~-supervisor** → engineer; **~ system** *rád* hangsugárzórendszer; **~-table** *film* lehallgatóasztal; **~ take-off** *rád* hangmegszakítás, hanglekapcsolás, hangkiesés; **~ tape** *hang* hangszalag; **~ tile** *film* hangszigetelő lemez *(hangosfilm-felvételnél)*; **~-to-picture power ratio** *film* hang-kép arány; **~ track** *film, tv* hangcsík; hangsáv, hangpálya; *hang* hangbarázda, hangnyom; **~-track engraving apparatus** *hang* hangnyomvéső készülék *(hanglemezhez)*; **~ tracking** *kat* akusztikai célkövetés; **~ trajectory** *hang* hangsugár útja; **~ transducer** *hang* hangátalakító; **~ transmission** *rád, tv* hangátvitel; **~ transmission factor/coefficient** *hang* átvezetési fok; **~ transmission loss** *hang* hanggátlási szám; **~ transmitter** hangadó, akusztikus adó; **~ trap** *hang* hangcsapda; **~ truck** *rád* hangfelvevő kocsi; külső közvetítőkocsi; **~ velocity** *fiz, hang* hangsebesség; **~ warning system** *ép* hangjelző/hangriasztó berendezés; **~ wave** *fiz, hang* hanghullám

soundboard *hang* rezonátorfenék, (hang)fenék

soundbox *hang* hangdoboz; hangszedő, pickup; hangszekrény

sounder *hajó* mélységmérő; *hang* akusztikus jelzőkészülék; hangkeltő; *távb* kopogó

sounding szondázás, kutatás; *bány* kopogózás; *ép* szondázás; *hajó* függélyezés; mélységmérés; *kat, rep* térellenőrzés *(lokátorral)*; **~ apparatus** *ép* szonda; **~ balloon** *met* ballonszonda, vizsgáló léggömb; *met, rep* léggömbszonda; **~-board** *ép, hang* hangfal; hangvető/hangterelő mennyezet/lemez; *hang* hanggerenda; rezonátorfenék, (hang)fenék; **~-board material** *fa* hangszerfa; **~ device** *talt* talajkutató szondacölöp; **~ electrode** *aut* szondázó/vizsgáló elektróda; **~ lead** *hidr* függő (vízmélységmérő); **~ pipe** *talt* szondacső; **~ plummet** *hajó* függélyező/mélységmérő ón; **~ pole** *hidr* mélységmérő rúd; **~ rocket** *met, rep* légkörkutató rakéta; rakétaszonda; **~ rod** *bány* kopogtatórúd; *ép* szondázórúd; *hajó* fenékvíztartály-mérő rúd; *talt* szondarúd; **~s** *hajó* mérőónnal mérhető mélység(ek); **~ tachygraph** *hidr* szondírtahigráf

soundless *hang* hangtalan, néma, zajtalan

soundness helyesség, kifogástalan/ép állapot; *ép, mech* időállóság *(anyagé)*; térfogat-állandóság *(cement)*; térfogatállóság; **~ test** *any* alkalmassági vizsgálat/próba; térfogat-állandósági vizsgálat *(cement)*; **~ test by immersion in boiling water** *any* főzőpróba *(cement)*; **~ test by immersion in cold water** *any, ép* hidegvízpróba *(cement)*

soundproof → sound-proof

soup *foto* előhívó(fürdő); *met* ködfelhő; *vegy* nitroglicerin

souple I. *v tex* részlegesen hámtalanít; **II.** *a tex* részlegesen/félig hámtalanított; **~-close rafters** *pl ép* kötőgerendás/torokgerendás szarufaállás; **~ tram** *tex* souple-tráma, lágyított vetülékselyem

soupled silk *tex* részben hámtalanított selyem

sour I. *v élip* (meg)avasodik; (meg)savanyodik; megsavanyít, besavanyít; *fa* belúgoz; *vegy* (savval) derít; savaz; **II.** *a élip* avas; savanyított, megsavanyodott; savanyú; *ol* merkaptántartalmú *(benzin)*; **III.** *n élip, vegy* (savas) derítőfürdő; sav(anyúság); **~ bran** *bőr, vegy* savas korpapác; **~ cream** *élip* savanyított/érlelt tejszín; **~ crude (oil)** *ol* savanyú/savas kőolaj, korrozív kéntartalmú nyersolaj; **~ gas** *ol* savanyú/kéntartalmú gáz, kén-hidrogén- és szén-dioxid-tartalmú (föld)gáz; **~ gasoline** *US ol* savanyú/merkaptántartalmú benzin; **~ land** *talt* savanyú talaj; **~ liquor** *bőr* savas (erjedt) cserzőlé; **~ milk** *élip* aludttej; savanyú tej; **~ natural gas** *ol* savanyú/kénhidrogén-tartalmú földgáz, savanyú gáz; **~ size** *tex* megsavanyodott írezőanyag; **~ water** *bőr* savanyú pác

source forrás; *at* sugárforrás, radioaktív (sugár)forrás; *el, aut* (jel)forrás; áramforrás; *fiz* hullámforrás; *hidr* (víz)forrás, vízkivételi hely; *mat* forrás *(szállítási hálózatban)*; *rád* anódáramforrás, anódtelep; **~ activity** *at* sugárforrás-aktivitás, forrásaktivitás; **~ bed** *ol* anyakőzet, kőolaj-anyakőzet; **~ code** *szt* forráskód; **~ current** *el* forrásáram; **~ database** *szt* forrásadat-állomány; **~ data item** *szt* eredeti adatelem; **~ deck** *szt* forrásszoftver-csomag; **~ distribution** *at, el* (sugárzó) forráseloszlás; *hidr* forrásnyelő eloszlás; **~ document** *szt* eredeti bizonylat, forrásdokumentum; **~ fission** *at* sugárzó forrás hasadása; **~ flow** *fiz* áramlás forrásból; **~ follower circuit** *el* forráskövető kapcsolás, egyszerű lecsapoló kapcsolás; **~-free field** *fiz* szolenoidtér, forrásmentes tér; **~-free medium** *mat* forrásmentes közeg; **~ housing** *at* sugárforrásfokozás; **~ impedance** *aut, el* forrásellenállás; forrásimpedancia; **~ intensity** → **~** strength; **~ interlock** *at* neutronforrás reteszelése; **~ language** *szt* forrásnyelv; **~ listing** *szt* forráslista, forráslistázás; **~ machine** *szt* forrásgép; **~ material** nyersanyag; **~ neutron** *at* forrásneutron, a forrásból kilépő neutron; **~ of acoustic energy** *hang* hangforrás, akusztikus forrás; **~ of current** *el* áramforrás; **~ of energy** *el* energiaforrás; **~ of heat** *fiz* hőforrás; **~ of hydropower** *hidr* hidraulikus energiaforrás; **~ of information** *szt*

információforrás; ~ **of light** *opt* fényforrás; ~ **of noise** *aut* zajforrás; ~ **of sound** *hang* hangforrás, akusztikus forrás; ~ **of water supply** *hidr* vízellátási forrás, vízforrás; ~ **program** *szt* forrásprogram, forrásnyelvű program; ~ **range** *at* neutronforrással dolgozó tartomány; ~ **reactor** *at* neutronforrás-reaktor; ~ **resistance** *el* belső ellenállás, generátor-ellenállás; ~ **rock** *ol* anyakőzet, kőolaj-anyakőzet; ~ **sediment** *geol* eredeti üledék; ~ **signal chopper/modulator** *aut* forrásjelszaggató *(chopper)*; ~ **strength** *at, sug* forráserősség; forrásintenzitás; ~ **term** *at* neutronforrásterm, neutronforrástag; ~**-to-skin distance** *at* sugárforrás-bőr távolság
souring *élip* megsavanyítás, besavanyítás; megsavanyodás; avasodás; *vegy* (savas) derítés; savazás, savanyítás
souse *élip* pác, marinád; pácolás; pácolt/besózott hús
south I. *v* délnek fordít; dél felé halad; délkörön áthalad; *csill* delel; **II.** *a* déli; ~ **pole** *fiz* déli (mágneses) pólus; **III.** *n* S~ **(S)** Dél, dél
southern déli; S~ **Cross** *csill* Dél Keresztje
southing *csill* délkörön/meridiánon való áthaladás; *hajó* dél felé haladás
sow I. *v mzg* (el)vet, (el)szór; **II.** *n koh* (vas)medve, kemencetapadvány; fenékmeredvény; kokilla; vályú, csatorna; ~ **block** *szersz* alakítószerszám-tartó; befogó tokmány; ~ **box** *tex* írezőkád; ~ **down to grass** *v ép, mzg* gyepesít *(magról)*; ~ **iron** *koh* vasmedve
sower *mzg* vetőgép
sowing *ép, mzg* gyepesítés, fűmagvetés; *mzg* vetés; ~ **down to grass** *ép* gyepesítés *(fűmagvetéssel)*; ~ **in lines** *mzg* soros vetés
sown upholstery levarrt kárpitozás
Soxhlet apparatus *vegy* Soxhlet-készülék
soy → soya
soya *élip, mzg* szója; ~ **bean** szója(bab); ~**-bean fibre/fiber** *tex* szójababfehérje-szál; ~**-bean oil** *vegy* szójababolaj; ~ **sauce** *élip* szójamártás
SP → self-propelled; → shear plate; → single-phase; → single-pole; → small pica; → soil-pipe; → solid propellant; → solidification point; → spare parts; → spark-plug; → stack pointer; → stand-pipe; → standard pitch; → standard pressure; → start(ing) point; → steam pressure; → strong point; ~**-log** *ol* SP-szelvény; ~ **reduction factor** *ol* SP-csökkenési tényező
spa *hidr* gyógyfürdő
SPA → superregenerative parametric amplifier
space I. *v* (közökre) eloszt/beoszt, szakaszol; elhelyez *(bizonyos távolságra)*; *ép* kioszt, elrendez *(vasbetétet)*; *gép* léptet, továbbít; *nyom* sorokat/szedést ritkít, (vonalközöket) tágít; **II.** *n* hely, térfogat, befogadóképesség, térség; terület; időköz, (idő)tartam; tér; köz, táv(olság), szakasz; távköz, térköz, hézag; *bány* fúrási (háló)sűrűség; mező *(ácsolatban)*; *csill* űr; *fiz* tér; *gép* (fog)osztás, osztásköz; fogköz; hengertér; mozgástér, mozgásköz, játék; *mat* (mértani) tér; *műa* oszlop; *nyom* betűköz; sorköz, sortáv(olság); spácium, kizárás; szóköz; térköz; térző; vonalköz; *önt* (fogyási) üreg, hólyag; *szt* blank, térköz, space, üres karakter; *távk* szóköz, szünet; *űr* (világ)űr; ~ **angle** *krist* térszög; ~ **band** *nyom* térző; ~**-bar** *irgép, szt* szóközbillentyű; *szt* karakterköz-billentyű; ~**-based** *űr* űr-; űrben telepített; ~ **between the wires** *el* huzalok/kábelek közti távolság; vezetéktávolság; *tex* bordafogköz; ~**-block** *koh* betéttuskó; *műa* tartóblokk; ~**-braking** *vasút* térközfékezés; ~ **capsule** *űr* űrkabin; ~ **centre/center** űrrepülőtér; ~ **centred/centered** *fiz* tércentrált; ~ **character** *szt* szóközkarakter; ~ **charge** *el, fiz, rád* tértöltés; ~**-charge attenuation of the shot effect** *el* sörétzajgyengülés, söréthatásgyengülés *(tértöltés következtében)*; ~**-charge beam spreading** sugárnyaláb-kiszélesedés, sugárnyalábszétterülés *(tértöltés következtében)*; ~**-charge capacitance** *el* tértöltés-kapacitás; ~**-charge controlled tube/valve** *el* tértöltés-vezérlésű cső; ~**-charge control triode** megatrontrióda; ~**-charge current** *el* tértöltési áram; ~**-charge debunching** *el* széttartás, tértöltéshatás *(fókuszolt elektronsugarak széttartása)*; tértöltési szóródás *(klisztronban)*; ~**-charge density** *el* térfogati elektromos töltéssűrűség; ~**-charge diode** *el* tértöltésű dióda; ~**-charge distortion** *rád* tértöltéstorzítás; ~**-charge effect** *el* tértöltéshatás; ~**-charge factor** *el* tértöltési állandó, perveancia; ~**-charge field** *at* tértöltés tere; *el* tértöltés villamos tere; ~**-charge force** *el* tértöltéserő; ~**-charge grid** *rád* tértöltő rács; ~**-charge law** *rád, távk* Langmuir—Child-egyenlet; ~**-charge layer** *el* tértöltésréteg, tértöltési zóna *(kiürített réteg, feldúsult réteg)*; ~**-charge limitation** *el* tértöltés-korlátozottság; ~**-charge limited current (SCLC)** *el* tértöltés-korlátozott áram; ~**-charge pentode** *el* pentóda; ~**-charge region** *el* tértöltésállomány; *el, rád* tértöltési zóna; ~**-charge repulsion** *el* tértöltés okozta taszítás; ~**-charge valve** *el* tértöltésrácsos cső; ~ **chemistry** *űr* kozmokémia; ~**-coherent beam** *aut, el* térben koherens sugár; térben összetartó sugárnyaláb; ~ **commercialization** *űr* a világűr üzletorientált kisajátítása; ~ **communication technique** *távk* világűri kommunikációs/távközlési technika; ~ **condition** *távb* nyugalmi helyzet *(távgépíróé)*; ~**-confine** *foto* képszél; ~ **coordinates** *geod* térbeli koordináták; *mat* térkoordináták, helykoordináták; ~**-coupling** *rád* tértöltéscsatolás; ~ **cross** *mech* erőkereszt; ~ **current** *rád* teljes emisszióáram, tértöltési/tértöltő áram; ~ **curve** *mat* térgörbe *(háromdimenziós euklidészi vagy projektív térben)*; ~ **demand** *ép* helyigény; ~ **density** *el* térbeli sűrűség; ~**-dependent** térbeli helyzettől függő; ~ **diagram** *gép* rúdszerkezet léptékhelyes vonalas rajza; ~ **diversity** *rád* antennaátkapcsolás; térbeli diversity; térbeli többutas vétel *v.* diversity-vétel; ~ **division switching** *szt* térosztású kapcsolás; ~ **division switching field/network** *távk* térosztásos kapcsolómező; ~ **draught/draft** *tex* csoportos befűzés; ~ **drilling** *mzg* fészekbevetés; ~ **electronics** *el, űr* űrhajózási elektronika, űrelektronika; ~ **element** *mat* térfogatelem; ~ **enclosed** *ép* beépített térfogat; ~ **factor** *el* (tér)kitöltési tényező; ~ **filling** *krist* térkitöltés; ~**-fixed coordinates** *mat* térkoordináták, helykoordináták; ~ **flight** *űr* űrrepülés; űrutazás; ~ **force** *mech* térbeli erő; ~ **formula** *vegy* térszerkezeti képlet; ~ **frame** *mech* térbeli tartó; ~ **framework** *ép* térbeli keretszerkezet; térbeli váz/keret; ~ **garment** *űr* űrruha; ~ **grid** *ép* térbeli tartórács; ~ **group** *krist* tércsoport; ~ **group extinction** *krist* tércsoportkioltás; ~ **guidance problem** *aut, űr* irányítási/vezetési problémák a világűrben; ~ **heater** *ép* helyiségfűtőtest; hőlégfúvó; légfűtő berendezés; léghevítő; ~ **helmet** *űr* űrsisak; ~ **image** *fiz* sztereogram, sztereofelvétel, térhatású/sztereo-

szkopikus kép/felvétel; ~(-)**independent** *at* térbeli helyzettől független; ~ **integral** *mat* térfogati integrál; ~ **intersection** *geod* térbeli metszés; ~ **interval** *vasút* térköz; ~-**interval system** *vasút* térközben való vonatközlekedés rendszere; ~ **isomerism** *vegy* sztereoizoméria; ~ **key** *irgép* hézagbillentyű *(írógépen)*; ~ **lattice** *ép* térbeli rácsos tartó; térrács; *krist* háromdimenziós rács; térrács; ~-**lattice interference** *krist* térrács-interferencia; ~-**lattice structure** *krist* térrácsszerkezet; ~ **line** *nyom* sorritkító térző, „durchschuss"; ~ **metal** *űr* űrhajózás-technikai fém; ~ **of common use** *ép* közterület, közhasználatú terület, (köz)tér; ~ **of elementary events** *rendsz* eseménytér; ~ **of matrices** *mat* mátrixtér, mátrixok tere; ~ **of reals** *mat* valós számok tere; ~ **of states** *mat* állapottér, fázistér; ~ **operation service** *űr* űrhajó-üzemeltetési szolgálat; ~ **partial wave** *el* térbeli részhullám; ~ **partitioning** *krist* térfelosztás; ~ **pass** *tex* csoportos befűzés; ~ **perception** *fiz* térbeli érzékelés, mélységérzékelés; ~-**perspective** *ép* térperspektíva; ~ **phase** *el* térfázis; ~ **pilot** *űr* űrpilóta; ~-**planting drill** *mzg* palántázó, ültetőgép; ~ **plate** *nyom* térzőlap; ~ **point** *mat* térbeli pont, tér pontja; ~ **polymer** *műa* térhálós polimer; ~ **position** *távk* szünetállapot; ~ **pressure of furnace** *koh* kemencetérnyomás; ~ **quadrature** *el* negyed hullámhossznyi fáziseltérés *(térben)*; ~ **quantization** *el* térbeli kvantálás, iránykvantálás; ~ **radiation** *rád* térbeli sugárzás; térsugárzás; ~ **radiocommunication** *távk* műholdas távközlés; ~ **ray** *rád* térsugár; ~ **reddening** *csill* vöröseltolódás; ~ **reflection** *at* térbeli visszaverődés; ~ **rendezvous** *űr* űrtalálkozás, űrrandevú; ~ **requirement** *ép* térigény; *gép* helyszükséglet; ~ **research** *űr* űrkutatás; ~ **research service** *űr* űrkutatás-szolgálat; ~ **ring** *el, távk* térköztartó gyűrű; ~ **rocket** *űr* űrrakéta, kozmikus rakéta; ~-**saving** *ép* helytakarékos, tértakarékos; ~ **service** *távk, űr* műholdas szolgálat; ~ **shuttle** *űr* űrrepülőgép; ~-**side** *távk* szünet-oldal; ~ **signal** *el, rád* térjel; ~ **simulation chamber**, ~ **simulator** *űr* űrszimulátor, űrviszonyokat szimuláló kabin; ~ **spectroscopy laboratory** *űr* spektroszkopikus űrlaboratórium; ~ **station** *űr* űrállomás, kozmikus állomás; ~ **strain** *mech* térbeli alakváltozás; ~ **structure** *ép* térbeli (tartó)szerkezet; ~ **suit** *űr* űrruha; ~ **suppression** *szt* szóközelnyomás; ~ **switching** *távb* térosztásos mód, S kapcsolási mód; ~ **symmetry element** *krist* tércsoport-szimmetriaelem; ~ **tetrode** *rád* tértöltőrácsos tetróda; ~-**time** *fiz* téridő; ~-**time conception** *fiz* téridőfogalom; ~-**time continuum** *fiz* téridő; ~-**time coordinates** *fiz* téridő-koordináták; ~-**time curvature** *fiz* téridőgörbület; ~-**time structure** *fiz* téridőstruktúra; ~-**tone modulator** *távk* kis nyugalmi csillapítású modulátor; ~ **transformation** *krist* térbeli transzformáció; ~ **truss** *ép* térbeli rácsostartó; ~-**unit building method** *ép* térelemes építés; ~ **utilization factor** *ép* térkihasználási tényező; ~ **vector** *fiz* térvektor, térbeli vektor; ~ **vehicle** *űr* űrhajó, kozmikus jármű; ~ **velocity** *vegy* térsebesség; ~-**view cabin** *ép* körkilátásos vezetőfülke/kezelőfülke; ~ **wave** *távk* térhullám; ~-**wave path** *geof* térhullám útja; ~ **winding** *el* betétes/térközös tekercselés; *opt* megszakításos spirál

spaceborne | **computer** *űr* (űrhajó-)fedélzeti számítógép, űrhajó-számítógép; ~ **laser radar** *űr* (űrhajó-)fedélzeti lézerradar; ~ **lidar** *űr* űrrakéta/űrkabin lidarja

spacecraft *űr* űrhajó

spaced | **bucket (type) elevator** *ép* merítő töltésű elevátor; serleges elevátor/emelőmű; ~-**dipole array** *rád* térközös dipólsor; ~ **heald** *tex* osztott nyüst *(minta szerint)*; ~-**loop direction finder** *távk* távkeretes iránymérő; ~ **turns** *távk* távközös menetek

spacelab *űr* űrlaboratórium

spaceman űrhajós

spacer *bány* távolságtartó, távköztartó; űrbetét; *el, vák* dielektromos tárcsa, (tér)köztartó gyűrű; *ép* elosztóvas *(vasbeton szerkezetben)*; *film* üres/fekete filmkocka; *gép* alátét betétdarab/betétgyűrű/betétlemez; ék, (köz)betét, köztartó, távtartó; távköztartó; térközállító; *irgép* szóközbillentyű; *nyom* kizáró, térző; *pa* léc, faék *(hollandinál)*; *vasút* betéttuskó; ~ **gasket** *gép* köztartó/távolságbeállító tömítés; ~ **insulator** *el* távtartó szigetelő; ~ **plate** *gép* alátétlemez; köztartó lemez; ~ **rib** *gép* köztartó borda; ~ **ring** *bány* résgyűrű; *gépk* távgyűrű; *vák* (tér)köztartó gyűrű; ~ **sleeve** *gépk* távtartó hüvely *(sebességváltóé)*

spaceship *űr* űrhajó

spacing I. *a* közbenső; *gép, távb* továbbító(-), továbbítási; *távk* szüneti; **II.** *n* osztástávolság; köz, távolság; beosztás, elosztás, (szakaszos) elhelyezés; kiosztás; *el* huzalozás elrendezése; *ép* tengelytávolság, „akszis"; *gép* léptetés, továbbítás; osztás(köz); *nyom* ritkítás; sorköz; spacionálás, kizárás; szóköz; *rád* antennasor osztása; *szt* térközkihagyás, ritkítás; *távk* jelszünet *(vivőfrekvenciák között)*; *tex* osztás; ~ **block** *gép* köztartó tuskó, betéttuskó; ~ **bush** *gép* köztartó gyűrű, távtartó hüvely; ~ **collar** *gép* távtartó hüvely; ~ **contact** *távk* bontóérintkező; ~ **current** *távb* szünetáram, nyugalmi áram; ~ **divider** *mat* osztókörző; ~ **drill** *mzg* fészekbevető gép; ~ **escapement ratchet** *távb* továbbító kilincs; ~ **factor** *geof* távolságtényező; ~ **frequency** *távk* szünetgyakoriság; ~ **gear** *távb* léptető fogaskerék; ~ **impulse** *távb* nyugalmi impulzus, szünetimpulzus; ~ **interval** *rád, távk* jelek közötti adási szünet, jelszünet; ~ **jig** *metr* hézagmérő, térközsablon; ~ **material** *nyom* űrtöltő anyag; ~ **of bars** *ép* vaskiosztás; ~ **of canals** *hidr* csatornatávolság; ~ **of frame** *hajó* bordatáv; ~ **of girder** *ép* tartókiosztás; ~ **of levels** *bány* fejtésiszint-különbség; ~ **of perforation holes** *el* perforációosztás, perforációtávolság, lyukak távolsága; ~ **piece** *gép* köztartó; ~ **rack** *távb* kocsitovábbító fogasrúd; ~ **reed** *tex* felvetőborda; ~ **shaft** *távb* léptetőtengely; ~ **signal** *távb* jelköz; szünet; ~ **sleeve** *távk* távtartó hüvely; ~-**stop sleeve** *távb* továbbító retesz; ~ **wave** *távk* szünethullám

spacistor *el, félv* spacistor

spad *bány* bányamérési pont/szög; pontjelző szeg; *geod* kitűzőcövek

spadaite *ásv* spadait

spaddle *ép* kenőlapát

spade I. *v* ás; kiás, ellapátol; *ép* elsimít, eligazít *(betont, zsaluzásban)*; **II.** *n* ásó; *kat* talptusa; ~ **hand** *óra* körtemutató *(óráé)*; ~ **plough/plow** *ép* gyökérszaggató/gyökérkitépő szerelék; ~ **rudder** *hajó* függesztett kormány; ~ **setter** *bány* bányamérő; ~ **terminal** *rád* késélvégződés *(csatlakozón)*; ~ **tuning** *rád* egylemez hangolás; ~-**type chisel** *szersz* ásó alakú vágó

spaded | finish *ép* simított felület *(betoné)*; ~**-out peat** *talt* kiásott tőzeg
spader *bány* hegybontó gép; *ép* kanalas kotró
spaghetti *élip* spagetti; ~ **insulation** *távk* szigetelőtömlő
spagnolet *ép* fordító rúdzár *(ablak)*
spall I. *v bány* (el)hasít, hasogat, szétdarabol; aprít, zúz; válogat; *ép* (el)hasad, leválik; durván megfarag, kifarag, méretre hasít, kinagyol *(terméskövet)*; hámlik; lepattogzik, hasadozik; levelesen/rétegesen leválik; *gép* lehámlik, leválik; *hajó* bordaközökre beoszt; **II.** *n* szilánk; *bány* fúrólyukfojtás; *ép* (kiékelő) kődarab; ~ **fracture** szétrepedés; ~ **off** *v* lehasít; ~**s** *pl bány* szemelt/válogatott érc
spallation szétrepedezés, felhasadás; *at* (szét)hasadás, felhasadás, spalláció; ~ **fragment** *at* sok nukleonra történő hasítás
spalling (el)hasítás, hasogatás, szétdarabolás; (el)hasadás, leválás; *bány* darabos válogatás; falbedőlés; főtepergés; kőzetkihullás, kőzetleválás; *ép* lepattogzás; ~ **floor** *bány* válogatóasztal; ~ **hammer** *szersz* kőfaragó kalapács; ~ **of concrete** *ép* betonhámlás; ~ **of roof** *bány* főte lemezes leválása; ~ **resistance** *any* hasadással szembeni ellenállás; ~**-resistant brick** *ép* hőálló tégla
span I. *v el* kifeszít, megfeszít *(vezetéket)*; *ép* (ívben) áthidal; *hajó* megkötöz, odaerősít *(vitorlarudat)*; *mat* generál, kifeszít *(vektorteret)*; **II.** *n* szakasz, köz; *el, távk* (armatúra-)horonyszám; járom; oszlopköz, oszloptáv; *em* gémkinyúlás; *ép* áthidalás, fesztáv(olság), feszítés, (ív)nyílás, ívköz, tám(asz)köz; hídnyílás; nyílás *(tartóé)*; *gyógyv* emulzifikáló szer; *hajó* feszítőkötél; *metr* arasz *(9 hüvelyk = 22,86 cm)*; mérési tartomány; *rep* fesztáv, szárnyterjedtség; *szer* satupofák közti távolság; *szt* terjedelem; *vasút* állomások közötti pályaszakasz, vonalszakasz; ~ **bracket** *távk* feszítőkengyel; ~**-chord ratio** *rep* fesztáv-szárnyhúr viszony; ~ **loading** *rep* szárnyterjedtségre eső terhelés, fesztávterhelés; ~ **of a compass** *mat* körzőnyílás; ~ **piece** *ép* feszítőgerenda *(feszítőműben)*; torokgerenda *(fedélszékben)*; ~ **pole** *el* oszlop; ~**-press plant** *pa* préselt kartont gyártó gép; ~ **reinforcement** *ép* mezővasalás; ~ **roof** *ép* nyeregfedél; ~ **rope** *hajó* feszítőkötél; ~**-saw** *fa* keretfűrész; ~**-segment** *ép* nyílásszakasz *(hídon)*; ~ **web-saw** *szersz* asztalosfűrész; keretes fűrész; ~ **width** *bány* fesztávolság; ~ **wire** *el* légvezeték, távvezeték; *em* feszítőhuzal *(emelőn)*; *közl* felsővezeték *(trolibuszé)*
spandrel *ép* csegely; homlokfal, kitöltőfal, mellvédfal; homlokív feletti felfalazás/kitöltés, ívbolt; ívkitöltés *(boltívé)*; lépcsőkifalazás, lépcső hátfalazása; lépcsőzug; ráfalazás; ~ **arch** *ép* ívkitöltős boltív; ~ **beam** *ép* átviteles szerkezet gerendája; ívkeretes gerenda; mellvédtartó, vázkitöltő falat hordó tartó; ~**-braced** *ép* felsőpályás rácsos *(híd)*; ~**-braced arch** *ép* felsőpályás rácsos ív; ~**-filled arch** → ~-braced arch; ~ **panel** *ép* mellvéd-falpanel; ~ **step** *ép* ék alakú lépcsőfok; ~ **wall** *ép* ívbolt hátfalazása/homlokfala; ráfalazás *(boltozott hídnál)*; szárnyfal; ~ **walling** *ép* ívkitöltő fal(azat); ráfalazás *(boltozott hídnál)*
spangolite *ásv* spangolit
spaniolith *ásv* spaniolit
Spanish topaz *ásv* citrin, sárga topáz
spanker boom *hajó* farfa
spanner *szersz* csavarkulcs, villáskulcs; ~ **nut** *szer* palástfuratos anya; ~ **spring** *gép* feszítőrugó
spanning member *ép* (keret)gerenda
spanwise *rep* szárnyterjedtség menti; ~ **flow** *rep* áramlás a szárnyterjedtség mentén; ~ **outflow** *rep* kiáramlás a szárnyterjedtség irányába
spar[1] *ásv* pát
spar[2] **I.** *v ép* reteszel, elzár; *hajó* felárbocoz; **II.** *n ép* (ajtó)retesz, tolózár; szarufa; támasztógerenda; *fa* rúdfa, vékony gömbfa; *hajó* pózna, rúd, (csónak)árboc; *rep* főtartó; ~ **axis** *rep* főtartótengely; ~ **bridge** *ép* hídprovizórium; ~ **buoy** *hajó* lehorgonyzott póznajelzés; ~ **coupling** *rep* főtartóbekötés; ~ **drum** *pa* motolla; ~ **flange** *rep* főtartóöv; ~ **frame** *rep* főtartókeret, főtartótörzs; hosszmerevítő törzshossztartó; ~ **joint** *rep* főtartóbekötés; ~**-web** *rep* főtartógerinc
spare I. *v* (meg)kímél, megtakarít; takarékoskodik; **II.** *a gép* fölös; pót-, tartalék(-); *rep* szabad; **III.** *n gép* tartalék (darab), tartalék alkatrész; *gépk* pótalkatrész; pótkerék; *rep* tartalék alkatrész, pótalkatrész; ~ **barrel** *kat* pótcső, tartalékcső; ~ **battery** *el* tartaléktelep; ~ **carriage** *kat* pótlövegtalp; ~ **channel** *aut, el* tartalékcsatorna; ~ **circuit** *el* segédvezeték; ~**-deck** *hajó* háromfedélzetű; ~ **equipment** *gép* tartalék berendezés; ~ **fuse** *el* tartalékbiztosító; ~ **item** → ~ part; ~ **lead** ceruzabél *(csavaros ceruzához)*; ~ **level** *távb* üres emelet; ~ **part (SP)** tartalék alkatrész, pótalkatrész; ~ **parts collection** *gép, gépk* tartalékalkatrész-készlet; ~ **parts inventory** *gép, gépk* tartalékalkatrész-állomány; ~ **parts manual** *gép, gépk* tartalékalkatrész-jegyzék; ~ **parts store** *gép, gépk* tartalékalkatrész-raktár; ~ **piece** → ~ part; ~ **planking** *fa* takarékos zsaluzás/zsaluzat; ~ **screen wiper** *gépk* ablaktörlő-segédkar; ~ **set** *el* alkatrészkészlet, tartalékalkatrész-készlet; ~ **stand** *heng* csereállvány; ~ **tyre/tire/wheel** *gépk* pótkerék; ~**-wheel compartment** *gépk* pótkeréktartó *(tér)*
sparge *élip* permetez
sparing takarékos
sparingly soluble *vegy* nehezen oldódó
spark I. *v el* ívet húz; szikrázik; *gépk* gyújt; **II.** *n el* szikra; szikrakisülés, (szikra)átütés; *finm* apró gyémánt/rubin, „splitter"; *forg* szilánk; sziporka, köszörülési szikra; *gépk, rep* (gyújtó)szikra; ~ **absorber** *el* szikraoltó; ~ **adjustment** *gépk* gyújtásbeállítás; ~ **advance** *gépk* előgyújtás; ~ **arrester** *távk* szikrafogó; ~ **blow-out** *el* szikrafúvás; ~ **breakdown** *el* szikrakisüléses átütés; ~ **cap** *el* szikrafogó; ~ **capacitor** *el* szikraoltó kondenzátor; ~**-catcher** *el* szikrafogó; ~ **chamber** *at* szikrafogó kamra; szikrakamra; ~ **circuit** *el, rád* szikrarezgőkör; ~ **coil** *el* induktor, indukciós tekercs, Ruhmkorff-tekercs; ~**-coil leak detection** *el* Tesla-transzformátoros lyukkeresés; ~ **control** *gépk* gyújtásszabályozás; ~ **counter** *at, el* szikradetektor, szikraszámláló; ~ **cutting** *mt* villamos szikrás melegvágás; ~ **detector** *el, at* szikradetektor, szikraszámláló; ~ **discharge** *el* elektromos kisülés, átívelés; szikrakisülés; ~**-discharge forming** *alak* elektromos impulzusos sajtolás; ~**-discharge hardening** *hők* villamos szikrás edzés; ~**-discharge ion source** *el* szikrakisüléses ionforrás; ~ **discharger** *el* szikraköz; ~ **drawer** *el* szikrahúzó; ~ **eroding/ero-**

sion *el, mt* szikraerózió, szikraforgácsolás, elektroeróziós megmunkálás; ~ **excitation** *el* szikragerjesztés; ~ **failure** *bány* gyújtás megszakadása *(gyújtózsinórban)*; ~ **frequency** *gépk* szikragyakoriság; *rád* szikrafrekvencia; ~ **gap (SG)** *el* szikraköz; ~**-gap discharger** *el* túlfeszültség-levezető, villámhárító; ~**-gap tube** *el* nullóda, elektród nélküli cső; ~**-generator** *el, fiz* szikragenerátor; *kat* (elektromos) szikragyújtó; ~**-ignition engine** *gépk* szikragyújtásos motor; ~ **inductor** *el* szikrainduktor; ~ **instant** *gépk* gyújtás pillanata; ~ **jump** *gépk* szikraszórás; ~ **killer** *el* szikraoltó; ~ **lag** *el* szikrakésés; *gépk* gyújtáskésleltetés; ~ **lead** *gépk* előgyújtás mértéke; ~ **lever** *gépk* gyújtásállító kar; ~ **line** *fiz* szikraszínképvonal; ~ **machining** → ~ eroding; ~ **meter** *metr* szikrakisüléses mikrométer; ~ **over** *v el* átüt, átível; ~**-over** *el* (szikra)átütés, átívelés, szikra átugrása/átütése; ~**-over initiated discharge machining** *mt* anódmechanikus megmunkálás; ~**-pattern recording** *el* szikrafelvétel; ~ **photograph** *el, fiz* szikrakisülési hullám képe; ~ **photography** *film* szikramegvilágítású fényképezés; ~**-plug (SP)** *gépk* (gyújtó)gyertya; ~**-plug gap** *gépk* szikraköz, elektródtávolság, gyertyahézag, gyertyaköz; ~**-plug gasket** *gépk* gyújtógyertya-alátét; ~**-plug ga(u)ge** *gépk* (gyújtógyertya-)hézagmérő; ~**-plug lead** *gépk* gyújtásvezeték, gyújtógyertyakábel; ~**-plug row** *gépk* gyújtógyertyasor; ~ **potential/voltage** *el* minimális átütési feszültség, szikrapotenciál; szikrafeszültség; ~ **prevent pump** *hajó* szikraoltó szivattyú; ~ **protractor** *gépk* szikrahúzó *(gyújtási időpont meghatározásához)*; ~**-quench** → ~-quenching; ~**-quencher** *el* szikraoltó; ~**-quencher resistance** *el* szikraoltó ellenállás; ~**-quenching** *el* szikraoltás; ~**-quenching capacitor/condenser** *el* szikraoltó kondenzátor; ~ **resistance** *el* átütési szilárdság; ~**-retard arm** *gépk* gyújtásszabályozó kar; ~ **sound** *el* szikrakisülési hang; ~ **spacer** *gépk* gyújtáselosztó; szikraköz-beállító; ~ **spectrum** *fiz* szikraszínkép; ~ **system** *távk* szikratávközlő rendszer; ~ **telegraphy** *távb* szikratávírás; ~**-tension transformer** *el* nagyfeszültségű transzformátor; ~ **transmitter** *távb* szikragenerátoros adó, szikraadó

sparker box *el* szikraosztó doboz

sparking *el* formálás *(önjavuló kondenzátorokban)*; szikrázás; sziporkázás; *gépk* gyújtás; ~ **advance** *gépk* előgyújtás-szabályozó; ~ **alloy** *koh* piroforos ötvözet; ~ **at the brushes** *el* körtűz, szénkefeszikrázás; ~ **ball** golyós szikraköz; ~ **coil** → spark coil; ~ **contact** *el* ívoltó segédérintkező; ~ **distance** *el* szikraköz, átütési távolság; ~ **limit** *el* szikrázási határ; ~ **of brushes** *el* kefeszikrázás, kollektor szikrázása; ~**-over** → spark-over; ~ **paper** *gépk* gyújtóbetét, gyújtópapír; ~ **piece** *kat* gyújtórész *(robbanóanyagé)*; ~**(-)plug** → sparke-plug; ~ **potential/voltage** *el* minimális átütési feszültség, szikrapotenciál

sparkle I. *v* csillog, ragyog; szikrázik, sziporkázik; *élip* gyöngyözik, pezseg, habzik; **II.** *n* kis szikra; sziporka; ragyogás, csillogás, sziporkázás

sparkless *el* szikramentes; ~ **commutation** *el* szikramentes kommutáció; ~ **running** *el* szikramentes működés

sparklet fuse *el* önműködő ívoltású biztosító

sparkling szikrázás; sziporkázás, csillogás; *élip* gyöngyözés; habzás; pezsgés

Sparnacian stage *geol* sparnacumi emelet

sparry, spathic *ásv* pátos, pátszerű; páttartalmú; ~ **iron** *ásv* sziderit, vaspát

spatial *fiz* álló, térben rögzített; háromdimenziós; térbeli, tér-; ~ **angle** *mat* térszög; ~ **arrangement** *ép* térbeli elrendezés; ~ **attitude control** *rep* térbeli helyzet vezérlése; ~ **average** *mat* térbeli középérték; ~ **beating** *el* térbeli lebegés/beat; ~ **coordinates** *mat, fiz* térbeli koordináták; térkoordináták, helykoordináták; ~ **curve** *mat* térgörbe; ~ **dependence** *mat* térbeli (össze)függés; ~ **distribution** *fiz* térbeli eloszlás/megoszlás; ~ **frequency characteristic** térbeli frekvenciajelleggörbe; ~ **graph** *mat* térgráf; ~ **mesh** *fiz, műa* térháló; ~ **relation(ship)** *vegy* térbeli viszony/vonatkozás; ~ **variable** *mat* térbeli változó; ~ **variation** *fiz* térbeli változás/ingadozás

spatialize térbelivé alakít; térben elhelyez

spatially | **coherent beam** *fiz* térben összetartó sugárnyaláb; ~ **coherent light** *opt* térben összetartó fény

spatter I. *v ép* (meg)fecskendez, fröccsent, megfröcsköl; befröcsköl; **II.** *n ép* (meg)fecskendezés, (be)fröcskölés; ~ **finish** *ép* fröcskölt festés

spattered mortar *ép* fröcskölt habarcs

spatula *ép* simítólapát, kenőlapát, spatula, hézagkikenő; *vegy* spatula

spatular strut *em* lapátos keresztkötés

spatulate lapát/spatula alakú

SPC → stored program control; ~ **exchange** *távb* programtárolós központ, tároltprogram-vezérlésű központ

SPDT → single-pole double-throw (switch)

speak-voltage amplitude *hang* beszédamplitúdó

speaker *el, rád, távk* hangszóró, hangfal; ~ **control/pad** *rád* hangszóró-szabályozó; ~**-reversal switch** *rád* hangszóró-átkapcsoló

speaking | **arc** *el* hangfrekvenciával modulált ív; ~ **clock** *távb, rád* pontosidő-bemondó; ~ **current** *távb* beszédáram; ~**-current supply** *el* mikrofontápláló áramforrás; ~ **key** *távb* beszélőváltó; ~ **pair** *távb* vonalnyaláb; ~ **set** *távk* vonalválasztós készülék; ~ **tube** *gépk, hajó* szócső

spear I. *v* átdöf, átszúr *(dárdával)*; **II.** *n* dárda, szigony; *bány, hidr* szivattyúrúd; *ép* bontórúd; ~ **point** *ép* éles csúcs; ~**-pointed drill** *szersz* szívfúró; ~ **pyrite** *ásv* dárdakovand

spearhead front *bány* fenyőágfejtés

Spearman's coefficient of rank correlation Spearman-féle rangkorrelációs együttható

special I. *a* külön(leges), speciális; **II.** *n heng* idomdarab; *közl* különjárat; különvonat; *nyom* különkiadás; ~ **analysis of variance** *mat* szórásnégyzet különleges elemzése; ~**-boiling-point gasoline (SBP gasoline)** *ol* speciálbenzin(ek); ~ **call number** *távk* speciális szám; ~ **cathode** *el* különleges katód; ~ **character** *szt* különleges/speciális karakter; ~ **clothing** *környv* védőruházat; ~ **colo(u)r rendering index** egyedi színvisszaadási index; ~ **concrete steel** *ép* különleges betonacél; ~ **edition** *nyom* rendkívüli kiadás; ~ **effect(s)** *film* trükkeffektusok, (film)trükk; ~ **equipment** külön tartozék; ~ **extinction law** *krist* speciális kioltási törvény; ~ **forces** *pl kat* különleges rendeltetésű deszant; ~ **grab** *ép* különleges markoló; ~ **holder** *el* speciális foglalat; ~ **ledge** *gumi* különleges kerékpántváll; ~ **lifting beam** *ép* különleges emelőgerenda; ~ **machine** célgép; ~ **mount** *el* különleges foglalat; ~ **point position** *krist* speciális ponthelyzet; ~ **power system electronic components** *el* elektronikus teljesítményrendszerek különleges építőelemei; ~ **punching** *szt* különleges lyukasztás; ~ **purpose computer** *szt* speciális/egycélú számítógép, célszámítógép; ~ **purpose information system** *szt* különleges rendeltetésű információ-rendszer; ~ **relativity (theory)** → ~ theory of relativity; ~ **section tube** profilcső; ~ **service** *távb* különleges szolgálat; ~ **spanner** *szersz* speciálkulcs; ~ **staff** *kat* szakcsapattörzs; ~ **steel** *koh* különleges acél, nemesacél; ~ **steel mill** *heng* nemesacél-hengersor; ~ **studio floodlight** *opt* szűkített derítő fényvető; ~ **telephone service** *távb* járulékos telefonszolgáltatások; ~ **theory of relativity** *fiz* speciális relativitáselmélet; ~ **unitary group** *fiz* speciális uniter csoport; ~ **warfare** *kat* különleges hadviselés; ~ **watertight sheet metal roofing** *ép* különleges (vízzáró) fémlemez fedések

speciality sajátosság, jellegzetesség, különlegesség; szakterület, külön terület; specialitás; ~ **yarn** *tex* különleges fonal

specialization, specialisation specializáció; ~ **energy** *at* specializációs/partikularizációs energia

specialty → speciality

species faj; *mat* alapművelet; ~ **of algebra** *mat* hasonlósági osztály

specific(al) különleges, sajátos, specifikus; fajlagos; meghatározott; ~ **absorption** *ol, vegy* szelektív abszorpció; ~ **acoustic impedance** *hang* akusztikai keménység; fajlagos akusztikai ellenállás/impedancia; ~ **acoustic resistance** *hang* fajlagos akusztikai ellenállás; ~ **activity** *at* specifikus/fajlagos aktivitás; ~ **address** *szt* abszolút cím; ~ **adhesion** *vegy* fajlagos adhézió; ~ **adsorption** *ol, vegy* fajlagos adszorpció; ~ **boiler capacity/effect/output** *hőt* fajlagos kazánteljesítmény; ~ **borehole length** *bány* fajlagos fúrólyukfelhasználás; ~ **bulk** *talt* térfogatsúly; ~ **charge** *at, el* fajlagos/specifikus töltés, töltés-tömeg viszony, e/m-viszony; ~ **compression** *talt* fajlagos összenyomódás; ~ **concentration** *fiz* fajlagos sűrűség; ~ **conductance** *el* fajlagos vezetőképesség; konduktivitás; ~ **construction cost** *ip* fajlagos beruházási költség; ~ **corner energy** *krist* specifikus csúcsenergia; ~ **damping** *mech* fajlagos csillapítás; ~ **deformation** *talt* fajlagos alakváltozás; ~ **density** *fiz* fajsúly; ~ **depression** *fiz* fagyáspontcsökkenés; ~ **discharge** *el, fiz* fluxussűrűség; *hidr* fajlagos vízhozam *(vízgyűjtő területé, mederé)*; ~ **displacement** *gépk* fajlagos lökettérfogat; ~ **edge energy** *krist* specifikus élenergia; ~ **electric loading** *el* fajlagos/kerületi áramterhelés; ~ **elongation** *any* fajlagos nyúlás; ~ **energy** *fiz* fajlagos energia; ~**-energy consumption** *gép* fajlagos fogyasztás; ~**-energy diagram** *hidr* Braun-görbe; ~ **expenditure of material** fajlagos anyagfelhasználás; ~ **filter/filtration resistance** *hidr* fajlagos szűrőellenállás; ~ **free energy** *krist* fajlagos szabadenergia; ~ **free surface energy** *krist* fajlagos szabad felületi energia; ~ **fuel consumption (SFC)** *gépk* fajlagos tüzelőnyagfogyasztás; ~ **gamma-ray constant/emission** *at* fajlagos gamma-sugárzási állandó, gamma-sugár-dózisállandó; ~ **grain surface** *fiz* fajlagos szemcsefelület; ~ **gravity (SG)** *fiz* fajsúly; relatív sűrűség; ~**-gravity balance** *fiz* hidrosztatikus mérleg; ~**-gravity bottle** *vegy* piknométer; ~**-gravity curve** *fiz* fajsúlygörbe; ~**-gravity medium** *bány* nehéz folyadék; ~ **ground pressure** *ép* fajlagos talajnyomás; ~ **heat (capacity)** *fiz* fajhő, fajlagos hőkapacitás; ~ **heat load** *ép* fajlagos hőterhelés; ~ **humidity** *met* specifikus/fajlagos nedvesség/páratartalom; ~ **impulse** *űr* fajlagos impulzus/tolóerő; ~ **inductive capacity (SIC)** *el* dielektromos állandó, permittivitás; ~ **input** *rendsz* fajlagos ráfordítás; ~ **ionization** *fiz* fajlagos ionizáció; ~**-ionization curve** *fiz* fajlagos ionizációs görbe; ~ **latent heat** *fiz* latens/átalakulási hő; ~ **load** *el, mech* fajlagos terhelés; ~ **magnetism** *el* fajlagos mágnesezési indukció; telítési indukció; ~ **oil consumption** *gép* fajlagos olajfogyasztás; ~ **output** *el* fajlagos teljesítmény; ~ **permeability** *el* relatív permeabilitás; ~ **power** *at* fajlagos teljesítmény; ~ **pressure** *mech* fajlagos nyomóerő; ~ **radiation impedance** *at* fajlagos sugárzási ellenállás; ~ **rate of flow/run-off** *hidr* fajlagos vízhozam; ~ **reaction rate** *vegy* fajlagos reakciósebesség, sebességi állandó; ~ **refraction** *vegy* fajlagos refrakció; ~ **refrigerating effect/capacity** *hűt* fajlagos hűtőteljesítmény; ~ **reluctance** *fiz* fajlagos mágneses ellenállás; reciprok permeabilitás; ~ **resistance (SR)** *el* fajlagos ellenállás; rezisztivitás; ~ **resistivity** *el* fajlagos (elektromos) ellenállás; ~ **retention** *hidr* víztartó képesség; ~ **rolling pressure** *ép* statikus lineáris hengernyomás; *heng* fajlagos hengernyomás; ~ **rotary power (SRP)** → ~ rotation; ~ **rotation** *fiz, vegy* optikai forgatóképesség; *krist* fajlagos forgatás; ~ **rotation of polarization** *krist* polarizációs sík fajlagos forgása; ~ **sound-energy flux** *hang* hangintenzitás, hangerősség; ~ **speed** *hidr* jellemző fordulatszám; ~ **strength** *any* fajlagos szakítószilárdság; *fiz* fajlagos szilárdság; szilárdsági tényező; ~ **surface** fajlagos felület; ~ **thrust** *rep* fajlagos tolóerő; ~ **traction resistance** *gépk, vasút* (vontatási) ellenállástényező; ~ **viscosity** *fiz, vegy* fajlagos/specifikus viszkozitás; ~ **volume (SV)** *fiz* fajlagos térfogat; fajtérfogat; ~ **water demand** fajlagos vízigény; ~ **water resources** *pl hidr* fajlagos vízkészlet; ~ **water use** *hidr* fajlagos vízfelhasználás; ~ **weight (SW)** *fiz* fajsúly

specification részletezés, pontos/műszaki leírás; specifikáció; műleírás; részletes megjelölés/meghatározás; műszaki/minőségi előírás/feltétel; szabályzat; kiírás; felsorolás; kikötés *(ajánlatban, rendelésben, költségvetésben)*; ~ **ingot** *önt* szavatolt minőségű acéltuskó; ~ **of quality** minőségi előírás; ~ **sheet** műszaki előírások; ~ **statement** specifikáció, utasítás; **to** ~ előírás/szabvány szerint

specificity specificitás; specifikusság

specified megjelölt, meghatározott, előírt; részletes; ~ **achromatic light stimulus** *opt* akromatikus fényinger; ~ **altitude** *rep* megadott repülési magasság; ~ **construction time** *ép* előírt kivitelezési időtartam; ~ **development plan** *ép* részletes rendezési terv *(városé)*; ~ **diameter** névleges átmérő; ~ **life** szavatolt élettartam; ~ **load** *em* előírt terhelés; ~ **minimum height** *rep* előírt minimális repülési magasság; ~ **speed** *gép* előírt fordulatszám; ~ **strength** *ép* előírt szilárdság, számítási szilárdság; ~ **time** határidő; ~ **time duration test** *en* feszültség-tartampróba; ~ **time for completion** *ép* építési/kivitelezési (határ)idő

specifier *aut* specifikációs szimbólum

specify részletez, specifikál, (részletesen) meghatároz/kijelöl; *ip* előír; kiköt, megszab; szabványosít

specimen mintadarab, mintapéldány, próba(darab); minta; példány; *any* próbatest; vizsgálati minta; *koh* próbatest; *nyom* mutatvány; *tex* mintalap; ~ **clamping** *any* próbatest befogása; ~ **copy** *nyom* mintapéldány; ~ **holder** *any* próbatesttartó; *krist* készítménytartó; preparátumtartó; ~ **mounting** *krist* készítmény felerősítése; ~ **number** *nyom* mutatványszám, próbaszám; ~ **of rock** *bány* kőzetminta; ~ **page** *nyom* mintaoldal; ~ **plane** *fiz* tárgysík

speck I. *v* foltot ejt, bepiszkít; (be)pettyez, pontoz; **II.** *n* folt, tisztát(a)lanság; darabka, szem(cse); *fa* csomó; *tex* petty, pont *(szövetmintában stb.)*; ~ **dyeing** *tex* folttisztítás

speckled foltos pettyes; pontozott (mintájú); tarka; ~ **fabric** *tex* pettyes szövet

specky foltos; pettyes; ~ **yarn** → soiled yarn

spectacle látvány; *vasút* jelzőüveg; ~ **frame** szemüvegkeret; ~ **glass** *üveg* szemüveglencse üvegje; ~ **grinder** *üveg* szemüvegcsiszoló *(munkás)*; ~ **lens** *üveg* szemüveglencse; ~ **magnifier** *üveg* nagyító szemüveglencse; ~ **plate** *vasút* áttört kereszttartó *(mozdonykerettartó)*; ~ **rim** → ~ frame; ~**s** *pl* szemüveg; ~ **side-arm** szemüvegszár; ~**-trial frame** próbakeret *(szemüvegé)*; ~ **valve** *koh* szemvédőállító

spectra → spectrum

spectral *fiz* színképi, színkép- spektrál-, spektrális, spektrum-; ~ **absorption** *fiz* színképelnyelés; ~ **absorption analysis** *fiz* abszorpciós színképelemzés; ~ **amplitude density** *el* amplitúdóspektrum; ~ **analysis** *fiz* színképelemzés, spektrálanalízis; ~ **band** *fiz* molekulaszínkép sávja; színképsáv, spektrumsáv; ~ **band method** *fiz* színképsávmódszer, spektrosávos módszer; ~ **brightness** *fiz* spektrális/felületi fényesség; ~ **characteristic** *fiz* színképjelleggörbe; ~ **characteristic of a luminescent screen** *el, tv* sugárzási spektrum *(tv-képernyőre vonatkoztatva)*; ~ **chart** → spectrum chart; ~ **classes** → ~ types; ~ **classification** *fiz* spektrális osztályozás; ~ **colo(u)r** *fiz* színképi szín, spektrumszín, spektrálszín; ~ **concentration** *fiz, sug* spektrális sűrűség *(sugárzó mennyiségé)*; ~ **curve of density** *fiz* spektrális feketedési jelleggörbe; ~ **density** *fiz, el* spektrális sűrűség; ~ **density function** *fiz* spektrális sűrűségi függvény; ~ **distribution** *opt* spektrális eloszlás; ~ **distribution curve** *fiz* spektrális eloszlásgörbe; ~**-energy curve** *fiz* színképenergia-eloszlási görbe; ~**-energy distribution** *fiz* spektrális sűrűség *(sugárzásé)*; spektrális/színképi energiaeloszlás; színképenergia-eloszlása; ~ **error density** *aut* spektrális hibasűrűség; ~ **field** *el* spektrális mező; ~ **frequency** *fiz* spektrálfrekvencia; ~ **function** *fiz, mat* spektrális (eloszlás)függvény; spektrumfüggvény; ~ **gamma-ray log(ging)** *ol* spektrális gamma-szelvényezés; ~ **hardening** *fiz* spektrumkeményedés, neutronspektrumok keményedése; ~ **hue** *fiz* spektrális színfaj; ~ **index** *fiz* spektrális index; ~ **interlacing** *fiz* spektrumbeszövés; ~ **intrinsic brilliance** *fiz* spektrális/felületi fényesség; ~ **line** *fiz* spektrumvonal, színképvonal; ~ **luminosity** *fiz* spektrális fényerősség; ~ **luminous efficacy** *opt* spektrális fényhasznosítás *(sugárzásé)*; ~ **luminous efficiency** *opt* spektrális fényhatásfok, láthatósági tényező; ~ **mercury (vapour/vapor) lamp** *el* higanygőz-spektrumlámpa; ~ **plate** *fiz* spektrumlemez, spektrográfiai (fényképező)lemez; ~ **power density** *fiz* teljesítménysűrűség-spektrum; ~ **quantum yield** *fiz* kvantumhatásfok; ~ **range** *fiz* színképtartomány, spektrumtartomány; ~ **reflectance factor** *opt* irányított spektrális visszaverési tényező; ~ **reflection characteristic** *opt* visszaverődés színképjelleggörbéje; ~ **region** *fiz* színképtartomány, spektrumtartomány; ~ **response** *fiz* színképi érzékenység; ~ **response curve** *aut* spektrális reakciógörbe; ~ **sensitivity** *fiz, film* spektrális érzékenység; ~ **series** *fiz* színképvonal-sorozat, spektrumvonalak sorozata, szériesz; ~ **shift** *at, fiz* színképvonal-eltolódás, spektrumvonaleltolódás; ~**-shift-controlled reactor (SSCR)** *at* neutronspektrum-eltolással szabályozható reaktor; ~ **surface brightness** *fiz* spektrális/felületi fényesség; ~ **transmission** *fiz* színképátvitel; ~ **transmission characteristic** *fiz* átvitel színképjelleggörbéje; ~ **tristimulus values** *opt* spektrális színösszetevők; ~ **tuning laser** *fiz* színképhangolású lézer; ~ **types** *csill* csillagszínképosztályok, csillagszínképtípusok

spectre of the Brocken *met* Brocken-fantom, Brocken-hegyi jelenség, ködkísértet

spectrobolometer *fiz* spektrobolométer, spektrális bolométer/hőérzékelő

spectrochemical *vegy* spektrokémiai; ~ **analysis** *vegy* spektrokémiai analízis

spectrochemistry *vegy* spektrokémia

spectrocolorimetry *vegy* spektrokolorimetria

spectrocomparator *fiz* színképkomparátor

spectrofluorimeter *fiz* spektrofluoriméter, spektrális sugárzásintenzitás-mérő

spectrograde *vegy* spektroszkópia tisztaságú, spektráltiszta

spectrogram *fiz* spektrogram, színképfelvétel

spectrograph *fiz* spektrográf; ~ **tube** *at* spektrográfcső

spectrographic analysis *fiz* színképelemzés, spektrográfiai/spektroszkópiai/spektrokémiai analízis

spectrography *fiz* spektrográfia, színképvizsgálat

spectroheliograph *csill* spektroheliográf

spectroheliokinematograph *csill* spektroheliokinematográf

spectrology *fiz* spektroszkópia

spectrometer *fiz* spektrométer, színképmérő; ~ **automatism** *aut* spektrométer/színképmérő automatikus rendszere; ~ **record** *fiz* spektrométer által rajzolt görbe

spectrometric *fiz* spektrometriai

spectrometry *fiz* spektrometria

spectrophone *fiz* spektrofon

spectrophonicardiogram *aut* spektrofonikardiogram

spectrophotometer *fiz* spektrofotométer, színképfénymérő

spectrophotometry *fiz* spektrofotometria

spectroradiometer *fiz* spektroradiométer; sugárzási színképmérő

spectroradiometry *fiz* sugárzási színképmérés, spektroradiometria

spectroscope *fiz* spektroszkóp

spectroscopic *fiz* spektroszkopikus, spektroszkópiai; ~ **analysis** *fiz* színképelemzés, spektroszkópiai analízis; ~ **analysis using X-rays** *fiz* röntgenspektroszkópia, röntgenspektrálanalízis, röntgenszínkép-elem-

zés; ~ **lamp** *el* spektrállámpa; ~ **splitting factor** *krist* atomi g-faktor; Landé-faktor; ~ **standard** *fiz* spektroszkópiai összehasonlító norma; ~ **test** *fiz* színképelemzés, spektroszkópiai analízis
spectroscopical → spectroscopic
spectroscopy *fiz* spektroszkópia
spectrotron *fiz* spektrotron
spectrum (*pl* **spectra**) *fiz* színkép, spektrum; *mat* spektrum; *opt* utókép; ~ **analyser/analyzer** *el, fiz* spektrumanalizátor, színképelemző; ~ **analysis** → spectral analysis; ~ **chart** *fiz* spektrogram, színképfénykép; színképatlasz; színképtábla; ~ **elastic vibrations** *pl krist* rugalmas rezgési spektrum; ~ **lamp** *el* spektrállámpa; ~ **line** *fiz* színképvonal, spektrumvonal; ~ **locus** *el* színképi energiaeloszlási görbe; *fiz* spektrumszínek vonala/felülete; ~ **masking** *fiz* színképtúlfedés; ~ **matrix** *mat* spektrálmátrix; ~ **of possible eigenvalues** *at* lehetséges sajátértékek megoszlása/spektruma; ~ **of the strategy** *rendsz* stratégiaspektrum; ~ **photography** *foto* színképfényképezés; ~ **produced by ionized atoms** *at, fiz* ionspektrum, ionizált atomok spektruma; ~ **recorder** *fiz* színképíró, spektrumregisztráló; ~ **record(ing)** *fiz* spektrogram, színképfénykép; ~ **width** *fiz* spektrumszélesség
specula → speculum
specular tükröző, fényvisszaverő, tükör-; ~ **coal** *bány* törékeny fényes feketeszén, „tükrös" szén; ~ **enlarger** gyűjtőtükör; ~ **iron-ore** *ásv* tükörvasérc; ~ **pig-iron** *koh* tükörnyersvas; ~ **reflection** *opt* szabályos visszaverés; tükörreflexió; ~ **reflection lobe** *távk* visszatükröződési hurokgörbe/jelleggörbe; ~ **reflectivity** *távk* visszatükrözési állandó; ~ **reflectometer** *aut* tükröző visszaverődés-mérő; ~ **schist** *ásv* tükörpala; ~ **stone** *ásv* csillámkő; ~ **surface** *opt* fényvisszaverő felület; ~ **transmittance** → fiz transmittance
specularity factor *foto* tükröződési tényező
specularly reflected *opt* tükrösen visszavert
speculative | **boring/drilling** *ol* felderítő kutatófúrás; ~ **reserves** *pl bány* várható készlet
speculum (*pl* **specula** *v.* **speculums**) *opt, orv* (fém)tükör; ~ **metal** *koh* tükörfém
speech *hang* beszéd; ~ **amplifier** *el* hangfrekvenciás erősítő; *rád* beszéderősítő, kisfrekvenciás erősítő; ~ **analyzer/analyser** *hang* beszédanalizátor, beszédelemző; ~ **channel** *távk* beszédátviteli/távbeszélő csatorna, beszédcsatorna; ~ **circuit** *távb* beszédút; *távk* beszédáramkör; ~ **communication** *rep* élőszavas összeköttetés; ~ **converter** *aut* beszédkonverter; ~-**digit signal(l)ing** *távk* beszéddigites jelzés; ~ **frequency** *távk* beszédfrekvencia; ~ **generator** *szt* beszédgenerátor; ~ **input** *szt* beszédhangos bemenet; ~ **inversion** *távk* beszédinverziós rejtjelezés; ~ **inverter** *távk* rejtjelező beszédfordító; ~ **level** *távb* beszédáramszint; ~ **modulated** *fiz* hanggal/beszéddel modulált; ~ **modulation** *távb* beszédmoduláció, hangmoduláció; ~-**music change-over switch** *rád* beszéd-zene átkapcsoló; ~ **output** *rád* hangteljesítmény; *szt* beszédhangos kimeneti egység; ~ **path** *távb* beszédút; ~ **path switching (SPS)** *távb* beszédútkapcsolás; ~ **power** *távk* hangfrekvenciás teljesítmény, beszédteljesítmény; ~ **recognition** *szt* beszédfelismerés; ~ **sample** *távk* érthetőségvizsgálati mintaszöveg; ~ **scrambler** *rád* beszédrejtjelező; *távk* beszédfonó; ~ **signal** *távb* beszédhangjel; ~ **signal sampling** *szt* beszédjel-mintavételezés; ~ **signal storage** *szt* beszédjeltárolás; ~ **sounds** *hang* beszédhangok; ~ **synthesis** *szt* beszédszintézis; ~ **synthesizer** *szt* beszédhangutánzó generátor; beszédszintetizátor; ~ **transmission** *távb* beszéd(hang)átvitel; ~ **volume** *hang* beszédintenzitás; hangerő (*beszédé*); ~ **waves** *hang* beszédrezgések
speed I. *v* gyorsít; siettet; gyorsan halad; kilő; **II.** *n* sebesség, gyorsaság; *film* felvételi sebesség; *fiz* sebesség; *forg* forgácsolási sebesség; *foto, opt* érzékenység (*filmé*), fényerő (*objektívé*); *gép, el* fordulatszám; *gépk* sebesség(váltó fokozat), sebességfokozat (*autóé, kerékpáré*); *közl* sebesség, gyorsaság; *szt* sebesség; *vák* szívássebesség; ~ **accelerating countershaft** *gép* gyorsító előtéttengely; ~-**adjusting** *el, gép* fordulatszám-szabályozó; ~-**adjusting gear** *gép* sebességszabályozó szerkezet; ~-**adjusting rheostat** *el* sebességszabályozó ellenállás; ~ **adjustment** *gép, el* fordulatszám-szabályozás; sebességbeállítás; ~ **aircraft** *rep* nagy sebességű repülőgép; ~ **brake** *gép* centrifugális fék; *rep* aerodinamikai fék; ~ **change** *gépk* sebességváltás; ~-**change gear** *gépk* sebességváltó; ~ **changer** *gép* reduktor; *gépk* sebességváltó; ~-**changing device** *gép* fordulatszámváltó berendezés; ~ **compression** *gyógyv* préselési sebesség; ~ **concatenation control** *aut* kaszkádkapcsolásos sebességszabályozás; ~ **cone** *gép* lépcsős szíjdob; ~ **control** *el* sebességszabályozás; sebességszabályozó; *gép, el, közl* fordulatszám-szabályozás, sebességszabályozás; ~-**control mechanism** *gépk* sebességváltómű; ~ **converter** *szt* sebességkonverter; ~ **counter** *finm* sebességmérő; *fiz, gépk, rep* sebességmérő, tachométer, fordulatszámmérő; ~ **crane** *ép* önjáró daru; ~ **distance curve** *gép* sebesség-távolság görbe; ~ **down** *v közl* (le)lassít, sebességet/fordulatszámot csökkent; *rep* lassít, fordulatszámot csökkent; ~ **dropping** *gép* fordulatszám-csökken(t)és; ~ **factor** *gépk, vák* Hoegyüttható; ~ **follower** *gép* sebességkövető mérőelem; ~ **ga(u)ge** *gép* sebességmérő, tachométer, fordulatszámmérő; ~ **governor** *ép, gép* fordulatszámszabályozó; sebességhatároló; sebességszabályzó; ~-**indicating generator** *gép* tachométer-generátor; ~ **indicator** *el, gép* fordulatszámjelző; sebességjelző; ~ **lathe** *forg* gyorseszterga; ~ **limit** *közl* megengedett legnagyobb sebesség; sebességkorlátozás; ~ **limiter** *gép* fordulatszám-korlátozó; ~ **limit input** *gépk* a határsebesség betáplálása; ~ **limit warning** *gépk* figyelmeztető hangjelzés (*a betáplált sebességhatárok túllépésekor*); ~-**load curve** *fiz, mech* mechanikai jelleggörbe (*hajtásé*); *gép* fordulatszám-terhelés görbe; ~ **matcher** *el* sebességkiegyenlítő; ~ **meter** *gépk* sebességmérő; ~ **of absorption** *tex* felhúzási sebesség (*színezéké*); ~ **of airscrew blade** *rep* légcsavarlapát kerületi sebessége; ~ **of contrast perception** *opt* kontrasztészlelés sebessége; ~ **of escape** *űr* szökési sebesség, második kozmikus sebesség; ~ **of light** *fiz* fénysebesség; vákuumbeli fénysebesség; ~ **of perception** *opt* észlelés sebessége; ~ **of perception of form** *opt* formaészlelés sebessége; ~ **of propagation** *krist* terjedési sebesség; ~ **of response** reagálási/működési/megszólalási/meghúzási sebesség; reakciósebesség; regulátor holtideje; ~ **of revolution(s)** *gép, ol* fordulatszám; *rep* forgási sebesség; szögsebesség; ~ **of rotation** *fiz* fordulatszám; ~ **of sensation of light stim-**

ulus *opt* fényérzékelés sebessége; ~ **of slide (operation)** *ép* csúszási sebesség *(csúszózsaluzásnál)*; ~ **of sound** *fiz* hangterjedési sebesség, hangsebesség; ~ **of spectrograph** *fiz* spektrográf fényereje; ~ **of the piston** *gép* dugattyúsebesség; ~ **of transmission** *el* adássebesség; ~ **of valve lifting** *gép* szelepnyitás sebessége; ~ **of working** *ép* munkasebesség *(építőgépé)*; ~ **range** *el, rep* fordulatszám-tartomány; *gépk, rep* sebességtartomány; ~ **ratio** *gép* áttételi viszony; ~ **recorder** sebességregisztráló (műszer); ~**-recording** sebességregisztrálás; ~ **reducer** *gép* reduktor, fordulatszám-csökkentő, lassító fogaskerék-áttétel; ~ **reducing gear** *gép, rep* fordulatszám-csökkentő szerkezet; ~ **reduction** *gép* fordulatszám-csökkentés; ~ **regulating device** *el, gép* fordulatszám-szabályozó; ~**-regulating rheostat** *el* sebességszabályozó előtétellenállás; ~ **regulation** *gép* fordulatszám-szabályozás; sebességszabályozás; ~ **regulator** *aut* fordulatszám-szabályozó; ~ **restriction** *vasút* lassúmenet; ~**-restriction board** *vasút* sebességcsökkentő tábla, sebességjelző tábla; ~**-restriction signal** *vasút* „lassú" jel, lassúmenet-jelző; ~ **ring** *hidr* támlapátkoszorú; ~ **selector** *el, gép* fordulatszám-választó; ~**-shifting mechanism** *gép* sebességváltó mechanizmus; ~**-slackening signal** *vasút* lassítójel; ~**-steep function** *aut* sebességugrás; ~ **switch** *el, hang* sebességátkapcsoló; ~ **test** *gépk* sebességi próba; ~**-time curve** *gépk* sebesség-idő görbe; ~**-torque characteristic/curve** *el* fordulatszám-nyomaték (jelleg)görbe; ~ **transformation** *szt* sebességtranszformáció; ~**-transmission stage** *szt* sebességtranszformáló fokozat; ~ **trap** *közl* gyorshajtási veszélyzóna, radarkontroll; ~ **trial** *gépk* sebességi próba; ~ **up** *v közl* felgyorsít; felgyorsul; ~**-up** *gépk* (fel)gyorsítás, sebességfokozás; (fel)gyorsulás; ~**-up ratio** *gép* gyorsítási/gyorsulási arány; ~**-variator** *gépk* fokozat nélküli sebességváltó

speedboat *hajó* gyorsasági motorcsónak, versenycsónak, „papucs"; gyorsnaszád

speeder *gép* sebességszabályozó, fordulatszám-szabályozó, gyorsító; *tex* szalagozó nyújtógép; szárnyas előfonógép; *vasút* háromkerekű kézihajtány; ~ **motor** *gép* sebességszabályozó szervomotor

speeding | factor *szt* gyorsítási tényező; ~ **path** *at* gyorsítópálya

speedlight *foto* örökvaku, villanólámpa, flashlámpa

speedline mixer *ép* gyors(an szállítható) keverő, utánfutó keverő

speedo → speedometer

speedometer kilométeróra; sebességmérő, tachométer; ~ **cable/drive** *gépk* kilométeróra-hajtó spirál; ~ **control pinion** *gépk* sebességmérő-hajtó nyeleskerék; ~ **gear** *gépk* sebességmérő-hajtó szerkezet; ~ **needle** *gépk* kilométeróra-mutató

speedplane *rep* nagy sebességű repülőgép

speedway *ép, közl* autópálya; *gépk, közl* (sebességi) versenypálya; salakpályaverseny; ~ **track** *gépk* (sebességi) versenypálya, salakpálya

speedy gyors, sebes; ~ **detection** *fiz* gyorsdetektálás; ~ **drivage** *bány* gyors vágathajtás

speiss *koh* fémeskő

spell[1] **I.** *v ip* felvált *(munkában)*; **II.** *n* időszak; nyugalmi időszak, pihenő; *ip* (fel)váltás, csere; szakmány; turnus, műszak; *met* idő(szak)

spell[2] (helyesen) ír; *távb* (le)betűz

spelling check program *szt* helyesírás-ellenőrző program *(szövegszerkesztőhöz)*

spelter *heg* keményforrasz *(sárgarézhez)*; *koh* horgany, cink; ~ **bath** *koh* horganyfürdő; ~ **brazing** *heg* keményforrasztás; ~**-solder brazing** *heg* keményforrasztás réz-horgany forrasszal; ~ **soldering** *heg* keményforrasztás

spent (f)elhasznált, használt, (el)fáradt, kimerült; kihasznált; ~ **acid** *ol* használt/hulladék sav; ~ **atmosphere** *környv* elhasznált atmoszféra; ~ **bark** *bőr* kilúgozott cserkéreg; ~ **bobbin** *tex* lefogyott cséve; ~ **catalyst** *vegy* használt/fáradt/kimerült katalizátor; ~ **electrolyte** *koh* elektrolitvéglúg; ~ **fuel** *at* kimerült tüzelőanyag(-elem); ~ **gas** *hőt* kilépő gáz, füstgáz; kipufogógáz; ~ **liquor** *bőr* kimerült cserzővéglé; *hidr* szennylúg; *koh* híglúg; *pa* szennylúg, visszavezetett lúg; ~ **lye** *vegy* fáradt/használt lúg, szappanalj, fenéklúg *(szappané)*; ~ **material** *bőr* kilúgozott cserkéreg; *ip* hulladékanyag; ~ **oil** *ol* fáradt olaj, hulladékolaj; ~ **oxide** *vegy* kimerült gázgyári tisztítómassza; ~ **particle** *at* elfogyasztott/felhasznált részecske; ~ **pickling water** *élip* elhasznált páclé; ~ **residue** *ip* hulladék; ~ **shell** *kat* (be)döglött gránát; ~ **shot** *bány* eredménytelen fúrólyuk; ~ **solution** *koh* véglúg

Sperle floor *ép* Sperle-födém

sperm oil *vegy* spermacetolaj

spermaceti *élip* spermacet(olaj), cetvelő(olaj)

sperrylite *ásv* sperrilit

spessartine, spessartite *ásv* spessartin

spew I. *v* kihány, (ki)köp, kifecskendez; kivet; kiömlik; **II.** *n* kifolyt/túlfolyt/kiömlött anyag/keverék, túlfolyás; *bőr* (gyantás) kiütés, foltosodás *(készbőrön)*; *gumi* sorja, kihajtás; *műa* túlfolyt karima *(hanglemezen)*; ~ **channel** *gumi* kihajtáscsatorna, sorjacsatorna; ~ **groove** *gumi* kihajtásrovátka, sorjarovátka; ~ **line** *gumi* forma záróvonala; ~ **pip** *gumi* légcsatornakitüremlés

SPG → sync pulse generator

sp.gr. → specific gravity

sphalerite *ásv* szfalerit

sphene *ásv* szfén, titanit

sphenoid *krist* szfenoid; *mat* szfenoid, szfenoéder, ékidom

sphenoidal ék alakú; ~ **class** *krist* monoklin szfenoidos osztály; ~ **dihedron** *krist* szfenoid; ~ **tetratohedry** *krist* másodfajú tetragonális/négyzetes tetratoédria; szfenoidos tetratoédria

sphere I. *v* kikerekít, (le)gömbölyít; kigömbölyít, gömbösít; gömbbe foglal/zár; **II.** *n* gömb; kör, terület, szféra; *csill* éggömb; földgömb, glóbusz; *mat* gömb; gömbfelület, gömb felülete; ~ **excess** *mat* gömbi felesleg, szferikus excessus; ~ **function** *krist* gömbfüggvény; ~ **gap** *el* gömbszikraköz; ~**-gap voltmeter** *el* gömbszikraközös voltmérő; ~ **level** *geol* földkéregszint; ~ **of action** hatáskör; *ép* kiszolgálási távolság *(városépítés)*; *rád* hatáskörzet; ~ **ore** *bány* kokárdaérc; ~ **photometer** *el* fénymérő gömb; ~ **spark-gap** *el* golyós szikraköz; ~ **texture** *krist* gömbtextúra

spheric(al) gömbölyű, kerek, szferikus, gömb alakú; gömbi, gömb-; ~ **aberration** *el, fiz* gömbi eltérés/torzítás, nyíláshiba, apertúratorzítás; szferikus aberráció/elhajlás/hiba; ~ **angle** *geod, mat* gömbi szög; ~ **annulus** *mat* gömbgyűrű; ~ **antenna** *rád* gömbantenna; szferikus/izotróp antenna; ~ **astronomy** *csill* asztrometria; ~ **asymptote** *mat* főkör, szferikus aszimptota; ~ **bearing** *gép* gömbcsukló; ~ **boiler** *pa* gömbfőző; ~ **cap** *mat* gömbsüveg; ~ **capacitor** *el* gömbkondenzátor; ~ **cavity resonator** *rád* gömbrezonátor; ~ **centre/center** *mat* szferikus középpont *(gömbi köré)*; ~ **centre/center pivot** *gép* gömbcsap *(alvázban)*; ~**-charge forming** *alak* sajtolás gömb alakú töltettel; ~ **coil** *el* gömb alakú tekercs; ~ **cold trap** *fiz, távk* gömbös kifagyasztó; ~ **condenser** *el* gömbkondenzátor; ~ **cone** *mat* gömbszektor, gömbcikk; ~ **coordinates** → ~ polar coordinates; ~ **counter** *el* gömb alakú számláló (cső); ~ **crystal** *krist* gömb alakú kristály; ~ **curve** *mat* szferikus/gömbi görbe; ~ **cutter** *forg* golyómaró, gömbmaró; ~ **digester** *pa* gömbfőző; ~ **digon** *mat* kétszög hold, gömbkétszög; ~ **distance** *mat* húrtávolság, gömbi távolság; ~ **dome** *ép* gömbboltozat; ~ **electrode** *el* gömbelektród; ~ **error** *távk* szferikus hiba; ~ **excess** *geod, opt* gömbi túllépés, szferikus excesszus; *mat* gömbi felesleg, szferikus excessus; ~ **field** *el* gömbi erőtér; ~ **function** *mat, szt* gömbfüggvény; ~ **geometry** *at* gömbszimmetriás elrendezés; *mat* gömbi/szferikus geometria, geometria a gömbön; gömbök geometriája, gömbgeometria; ~ **glass bulb** gömb alakú üvegballon; ~ **grain** *geol* gömbölyű szemcse; ~ **grind** *any, vák* gömbcsiszolat; ~ **gyroscope** *mech* gömbi pörgettyű; ~ **harmonic** *el* gömbharmonikus; ~ **helix** *mat* loxodróma; ~ **joint** *szer* csuklós (cső)-egyesítés; ~ **joint valve** *félv* gömbcsiszolatos szelep; ~ **journal** *gép* gömb alakú tengelycsap/tengelyvég; ~ **lens** *opt* gömblencse, szferikus lencse; ~ **lune** *mat* kétszög hold, gömbkétszög; ~ **mirror** *fiz* gömbtükör; ~ **mirror resonator** *fiz* gömbtükrös rezonátor; ~ **motion** *mech* gömbmozgás; ~ **parting** *geol* gömbös elválás; ~ **pendulum** *mech* gömbinga; ~ **point** *mat* umbilikus pont, köldökpont, körpont, gömbi pont *(felületen)*; ~ **polar coordinates** *mat* gömbkoordináták, térbeli polárkoordináták, szferikus koordináták/polárkoordináták; ~ **polars** → ~ polar coordinates; ~ **polygon** *mat* gömbi sokszög; ~ **projection** *geod, mat* gömbfelületre történő vetítés, gömbi/szferikus vetület; *krist* szferikus vetület; ~ **radiator** *távk* gömbsugárzó, izotrópsugárzó; ~ **radius** *el* gömbsugár; ~ **revolving boiler** *pa* forgó gömbfőző; ~ **roller-bearing** *gép* önbeálló görgőscsapágy; ~ **rose** *hidr, mzg* vízpermetező rózsa; ~ **seat** *gép* gömbfelfekvés, golyós fészek, gömbfészek; ~ **sector (of the first kind)** *mat* gömbszektor, gömbcikk; ~ **segment** *mat* gömbszelet; ~ **separator** *ol, vegy* gömbszeparátor; ~ **shell** *gép* gömbcsésze; *mat* gömbhéj; *met* szferikus burok; ~ **shell structure** *geol* gömbhéjas szerkezet; ~ **sound source** *távk* gömbi hangforrás; ~ **source** *at* gömbsugárzó; ~ **surface** *mat* gömbfelület, gömb felülete, gömb; szferikus/gömbi *v.* állandó pozitív görbületű felület; ~ **symmetry** *mat* gömbszimmetria; ~ **tank** gömbtartály; ~ **tap** gömbcsap, golyós csap; ~ **tensor** *fiz* gömbtenzor; ~ **tensor of stresses** feszültségi gömbtenzor; ~ **thrust-bearing** *gép* önbeálló talpcsapágy, nyomócsapágy; ~ **thrust washer** *gépk* gömbhéjalátét *(differenciálműben)*; ~ **top** *fiz* gömbi pörgettyű; ~ **triangle** *mat* gömbháromszög; gömbi háromszög; ~ **trigonometry** *mat* gömbháromszögtan; ~ **turning** *forg* gömbesztergálás; ~**-turning attachment** *forg* gömbesztergáló készülék; ~ **valve** *gép* gömbcsap; gömbházas/golyós szelep; ~ **vault** *ép* gömbboltozat, kupola; ~ **wave** *el, fiz* gömbhullám; ~ **well** *el* gömb alakú potenciálárok

spherically|-corrected lens *opt* asztigmatikus *v.* gömbi eltéréstől mentes lencse; ~ **focus(s)ed logging** *ol* szferikusan fókuszozott ellenállásmérés; ~ **polished microsection** *félv* gömbcsiszolat; ~**-seated** *gép* gömbcsuklós, gömbcsuklóval kapcsolt

sphericity *szell* gömbszerűség, tömbalakúság

spherics *mat* gömbháromszögtan; gömbi/szferikus geometria, geometria a gömbön; szferológia; *távk* légköri (eredetű) (vételi) zavarok

spherocrystal *fiz* gömbkristály; gömbös kristálycsoport

sphero-cylindrical lens *opt* gömbhengerlencse, kombinált/szferocilinderes lencse

spheroid *krist* rotációs ellipszoid; szferoid; *mat* forgásellipszoid; szferoid; ~ **of revolution** *mat* forgási ellipszoid, szferoid

spheroidal gömbszerű, gömb alakú, szferoid(os); ~ **cast-iron** → ~ graphite cast-iron; ~ **cementite** *koh* gömbszemcsés cementit; ~ **concretion** *geol* kerekbaba-konkréció, löszbaba; ~ **(differential) equation** *mat* szferikus differenciálegyenlet; ~ **graphite** *önt* gömbgrafit; ~ **graphite cast-iron** *önt* gömbgrafitos öntöttvas; ~ **graphite (iron) roll** *koh* gömbgrafitos henger; ~ **jointing** *geol* szferikus kapcsolódás; ~ **state** *fiz* szferoid(ális) állapot; ~ **structure** *geol* szferikus szerkezet

spheroidization *fiz* gömbösödés, szferoidizálás

spheroidize *hők* szferoidizál(ódik), gömbszemcsésre lágyít

spheroidized | annealing *hők* gömbszemcsés lágyítás; ~ **carbide** *koh* gömbszemcsés cementit

spheroidizing *hők* (gömbszemcsésre) lágyítás; gömbösödés, szferoidizál(ód)ás

spherometer *metr* szferométer

spherosiderite *ásv* szferosziderit

spherulite *ásv* szferolit

spherulitic | graphite *koh* gömbszemcsés grafit; ~ **growth** *krist* szferolitikus növekedés; ~ **iron** *koh* gömbgrafitos öntöttvas; ~ **structure** *krist* szferolitikus szerkezet

sphragidite *ásv* szfragidit, lemnoszi föld

spicular csúcsos, hegyes, tű alakú

spicule tű (alakú test), hegy(es tárgy)

spider háromláb, (háromlábú) állvány; *el* spider, sajtolt vezetőkeret *(integrált áramkör)*; *em* dob; kötéldob-oldalkoszorú; orsó; *film* (kábel-)elosztódoboz, kábelszekrény; *geod* műszerállvány; *gép* dugattyúagy; küllős kerékagy; pókláb; *gépk* differenciálkereszt; kardánkereszt; *hajó* támasztórúd, árboctámasz; *hang* pille, lepke *(hangszóróban)*; *koh* csillagtégla; *műa* tüsketartó *(extruderfejben)*; *mzg* csillagkerék; *ol* ékház, ékszék; *önt* magrögzítő keret; *rád* kereszt *(antenna tetején)*; *távb* keferendszer *(Baudot-távírógépen)*; *vasút* kerékkorong; ~ **armature** *el* küllős armatúra; ~ **bonding** *el* spiderbekötés; ~**-bond technique** *szt* póklábszerű kivezetési eljárás; ~ **bushing** *ol* (cső)ékülés; ~ **creep** *gép* kerékagy játéka; ~ **die** *alak* alakos sajtolószerszám; ~ **line** *any*

pókhálószerű vonal; *geod, opt* (pókháló)szál; szálkereszt; ~ **pin** *gép* bolygókerék csapja/tengelye; ~ **slips** *pl ol* ékházfogóék; ~ **spanner** → ~ wrench; ~-**web antenna** *rád* pókhálóantenna; ~-**web coil** *el* lapostekercs, kosárfenéktekercs; ~ **wrench** (kerékfelerősítő) keresztkulcs
spiegeleisen *koh* tükörnyersvas
spigot (hordó)csap, dugó; lebocsátócsap; (víz)csap; *bány* alsó termék; rostán áthullott termék; *el* vezetőcsap; *ép* csap *(kötés)*; *gép* (központosító) csap; befogóhely; *hidr* csővég, (cső)karmantyú; ~-**and-bell joint** *ép* csapos-tokos (cső)kapcsolat; ~-**and-socket bearing** *ép* csapos billenősaru; ~-**and-socket joint** *ép* csapos-tokos (cső)kapcsolat; ~ **bearing** *gépk* vezetőcsapágy; ~ **edge** *gép* központosító perem/váll; ~ **end** *ép* csőnyak; pozitív csőfej, csapos (cső)vég *(tokos-csapos kapcsolatnál)*; ~-**end of pipe** *ép* tokos csővég; ~ **joint** *ép, szer* karmantyús kötés; ~ **nut** *szer* kúpos végű anya; ~ **point** *szer* hengeres csapvég; ~ **product** *koh* együttülepedés szerint osztályozott termék; ~ **tube** *hidr* tokos cső
spike I. *v* összeszegez, megszegez; kihegyez, meghegyez; (meg)cövekel, (ki)karóz; **II.** *n* cövek; pecek; tüske; *el, távk* tüske *(alakhiba)*; *ép* ácsszeg; csap; hosszú szeg *(10 cm-nél hosszabb)*; szakállas szeg; vasdárda *(kerítésen)*; *szer* kampósszeg; *távk* hegyes impulzuscsúcs; *tex* vastag tű; ~-**chain harrow** *mzg* láncborona; ~ **drawer** *vasút* sínszeghúzó; ~-**drawing winch** *ép* cövekkihúzó csörlő; ~ **driver** *szersz* szegbeverő kalapács; ~ **function** *távk* tűimpulzusfüggvény; ~ **hammer** *ép* cövekverő kalapács; *vasút* felépítményi kalapács; ~-**heeled shoe** *cipő* szegessarkú cipő; ~ **hook** *vasút* sínlefogó horog/kampó; ~ **iron** *ép* vascövek; vasszeg; ~ **knot** *fa* keresztgöcs, ágcsomó; ~ **of the laser** *fiz* lézerimpulzus; ~ **of the pulse** *fiz* impulzuscsúcs, impulzustúllövés; ~ **oil** *tex* fonóolaj, spikolaj; ~ **puller** *távk* éles impulzus; *vasút* sínszeghúzó; ~-**tooth harrow** *mzg* fogas borona
spiked hegyes; szöges; ~ **bolt** orros fejű csavar; ~ **chain temple** *tex* tűs láncszélfeszítő; ~ **head** *ép* kerítéstüske; ~ **lattice** *tex* tűsléces heveder; ~ **ring** *tex* tüskésgyűrű; ~ **roller** *ép* bütykös henger, juhlábhenger; *tex* tüskéshenger *(lehúzó hengernek)*
spiking összeszegezés; leszegezés, megszegezés; meghegyezés, kihegyezés; (meg)cövekelés, (ki)karózás; *vasút* sínszegbeverés; ~ **behavio(u)r of laser** *fiz* lézer csúcsüzemmódja
spiky hegyes, csúcsos, kihegyezett, tüskés
spile I. *v* megcsapol *(fát)*; bedugaszol, eldugaszol, eltöm *(hordót)*; *ép* kicövekel; kipallóz; **II.** *n* csap, dugó, pecek; hordócsap; *ép* cölöp, karó, oszlop; előtűző palló
spilepin *fa* hordóék
spiling megcsapolás *(fáé)*; bedugaszolás, eldugaszolás, eltömés *(hordóé)*; *bány* cseglyézés; *ép* cölöpözés; előtűzés; tűzőpallózás
spilite *ásv* spilit
spill I. *v* kiönt, kifolyat, kiloccsant *(folyadékot)*; kiszór (sót); kiömlik, kifolyik, kifut *(folyadék)*; kiszóródik *(só)*; kihull, kiesik; *bány* cseglyekaróz, előtűz; **II.** *n* csap, (fa)dugó, (fa)pecek *(hordóhoz)*; *bány* cseglyekaró; *el* visszaszóródási/visszaszórási veszteség; ~-**basin** *hidr* túlfolyómedence; ~ **channel** *hidr* csapóvízvályú; ~ **current** *el* különbözeti áram; ~-**over** *távk* áthallás *(csatornasávszűrők között)*; ~-**over factor** *távk* elsugárzási tényező; ~ **pit** *élip* beömlőgarat, átvevő tartály; ~ **port** *gép* túlfolyónyílás *(dízeladagoló elemnél)*; ~ **ring** *opt* káprázást gátló gyűrű; ~-**rope** *ol* csévekötél, spillkötél; ~ **shield** *opt* káprázást gátló rács; ~ **valve** *hidr* túlfolyószelep *(befecskendező szivattyúé)*
spillbox *hidr* túlfolyó
spilled sand *önt* fémzárványokkal szennyezett formázóhomok
spiller kiöntő, elszóró, kiszóró; vonóháló *(halászat)*
spilling kiöntés, kiömlés, kifolyás, kiszórás, elszórás; kifutás, kihullás, kiesés; elszórás, kiszóródás; *bány* cseglyekarózás; előtűzés; előtűző biztosítás; *hidr* átbukás; ~ **laths** *pl bány* cseglyekaró, előtűző palló; ~ **of drift** *bány* keresztvágathajtás előtűzéssel; ~ **with false set** *bány* előtűző biztosítás kettős keretácsolattal
spillway *hidr* bukógát; túlfolyócső, kieresztőnyílás; ~ **bucket** *hidr* bukómedence, utófenék; ~ **capacity** *hidr* árapasztó vízátbocsátó képesség(e); ~ **channel** *hidr* árapasztó/túlfolyó csatorna; ~ **dam** *hidr* árapasztó bukógát; árasztógát; ~ **face** *US hidr* bukóhátfal; ~ **gate** *hidr* árapasztó mozgógát; ~ **tunnel** *hidr* árapasztó alagút; ~ **weir** *hidr* bukógát
spin I. *v* (meg)fon, (ki)sodor *(szálat)*; forgat, pörget, (meg)perdít; forog, pörög; perdül; *alak* nyom *(fémet)*; *rep* dugóhúzózik; **II.** *n* forgás, pergés, örvénylés; *at* (mag)nyomaték; spin, (elektron)perdület; *rep* dugóhúzó; ~ **a cable** *v* kötelet ver/sodor; ~ **axis (SA)** *fiz, mat* forgástengely; ~-**bath** *tex* szálhúzó fürdő; ~-**blast pipe cleaning device** *ép* homokfúvós csőtisztító gép; ~ **chuck** *forg* nyomótokmány; ~ **chute** *rep* repülőgép farkához erősített ejtőernyő *(dugóhúzó lefékezésére)*; ~ **control** *gép* forgásszabályozás; ~-**degenerate** *at* spindegenerált, spinelfajult; ~ **effect** *at* spinhatás; ~ **gas** *at* spingáz; ~ **generator** *fiz* spingenerátor; ~ **hardening** *hők* forgó alkatrészek felületi edzése; ~ **in** *v* behengerel *(csövet nyílásba)*; ~ **magnetic moment** *at* spinmágneses momentum, spintől eredő mágneses momentum; ~ **magnetic quantum number** *at* spinmágneses kvantumszám; ~ **magnetic resonance** *at* spinmágneses rezonancia; ~ **magnetism** *at* spinmágnesség; ~ **mill** pörgetőmalom; ~ **of the nucleon** *at* nukleonspin; ~-**orbit coupling** *at, el* spinpálya-csatolás; ~ **out** *v* kinyújt; ~ **over** *v* széthengerel; ~-**parity combination** *at* spinparitás-kombináció; ~ **particle** *at* egész spinű részecske; spinnel rendelkező részecske; ~-**phonon parametric amplifier** *hang* spin-fonon paraméteres erősítő; ~ **polarization** *fiz* spinpolarizáció; ~ **quantum number** *at* spinkvantumszám; ~-**rate control** forgássebesség szabályozás; ~ **recovery** *rep* kivétel dugóhúzóból; ~ **rocket** *kat* forgással stabilizált rakéta; ~ **stabilization** *rep* dugóhúzó-stabilizáció; ~-**stabilized rocket** → ~ rocket; ~-**stabilized satellite** *távk* forgással stabilizált távközlési műhold *(pl. Intelsat IV)*; ~ **vector** *at* spinvektor; *mat, mech* forgásvektor; ~ **wave** *at* spinhullám; ~ **welding** *heg* súrlódásos hegesztés
spindle I. *v forg* esztergál; *gép* orsó alakúvá lesz; orsóra/tengelyre erősít/szerel; orsóval felszerel; **II.** *n* orsó; *el* szigetelőtartó csap; *finm* tengely; *forg* (fúró)orsó; *forg, gép* orsókar; *gép* csavarorsó; nyakcsap, derékcsap; orsó, tengely *(nyomatékátvivő)*; *önt* magorsó; *távk* feszítőtag *(csavarorsó vezetékszereléshez)*;

tex orsó *(hosszmérték: 15,120 yard pamutra, 14,400 yard lenre)*; **~-and-nut drive** *gép* csavarhajtás, csavarorsós hajtás; **~ arm** *gépk* kormányemeltyűkar; **~ band** *tex* orsózsinór; **~ bore** *forg* orsófurat; **~ box** *forg, tex* orsószekrény; **~ bracket** *forg* orsógyám; **~ breaker** *bány* kúpos törő; **~ buoy** *hajó* orsó alakú bója; **~ carrier** *forg* orsóház; **~ case** *tex* orsóház; **~ catch-lock** csavarorsós lakat; **~-centrifuge for packages** *tex* csévecentrifuga; **~ driving gear** *gép* orsóhajtómű; **~ efficiency** *tex* orsóhatásfok; **~ feed** *forg* orsóelőtolás; **~ ga(u)ge** *tex* cséveosztás, orsóosztás; **~ gear** *gép* orsóhajtó áttétel; **~ gearing** orsóház-fogaskerék áttétele; **~ headstock** *forg* orsónyereg; orsószekrény; **~ housing** *forg* orsószekrény; **~ lead** *tex* orsó előresietése; **~ lifting jack** *gépk* kocsiemelő bak; **~ loom** *tex* csipkeverő/klöpliző gép; **~ lubricant** *gép* orsóolaj; **~-mo(u)lding machine** *fa* orsós formázógép; **~ nose** *forg* (fő)orsó vége; **~ nut** állítóanya; **~ oil** *ol* orsóolaj; **~ pitch** *tex* cséveosztás, orsóosztás; **~ press** frikciós prés/sajtó; **~ rack** *gép* orsóemelő fogasléc; **~-roving frame** *tex* előfonógép; **~ sander** *szersz* orsós csiszológép; **~ slide** *forg* orsófejszán; **~ speed** *forg* orsófordulatszám; **~ step** *gép* orsótalpcsapágy; orsóváll; **~-stretching gear** *gép* orsós feszítőszerkezet; **~-support arm** *forg* orsótartó szárny; **~ tape** *tex* orsózsinór; **~ tip** orsócsúcs, orsóhegy; **~ wharf** *tex* orsóforgató dió; **~-winding frame** *tex* orsós csévélő/motolláló gép

spine *ép* obeliszk; *geol* éles hegygerinc, tű; tüske *(láván)*; *gép* tüske, gerinc; *nyom* könyvhát, gerinc; **~ wool** *tex* hátgyapjú

spinel *ásv* spinell, magnézium-aluminát; **~ ferrite** *ásv* spinellszerkezetű ferrit; **~ law** *krist* spinelltörvény; **~ ruby** *ásv* vörös spinell; **~ structure** *krist* spinellszerkezet

spinnability *tex* fonhatóság

spinnable *tex* fonható

spinnaker *hajó* spinakker, hátszélvitorla

spinner *ép* forgótárcsa, forgótányér; *félv* lakkcentrifuga; *rep* kúpos borítás; légcsavarkúp; *tex* fonó(munkás); fonógép; **~ broadcaster** *mzg* forgótárcsás trágyaszóró; **~ head** *tex* fonófej; **~ helper** *tex* fonósegédmunkás; **~ spreader** *közl* forgótányéros szóróberendezés; **~'s sweepings/waste** *tex* fonási hulladék

spinneret *tex* fonócső; fonófej; **~-cap** *tex* fonórózsa

spinning forgatás; pörgetés, (meg)perdítés; forgás, pörgés; perdülés; *alak* nyomás *(fémé)*; *en* pangó üzem; *fiz* pörgettyűmozgás; *gépk* csúszás *(egy helyben forgó keréké)*; *mech* örvénylés; *műa* fonás, szálképzés; *önt* centrifugális/pörgetett öntés; *rep* dugóhúzó; önpergés; *tex* (meg)fonás, (ki)sodrás; **~ axle** *mech* pörgettyűtengely; **~ behavio(u)r** *tex* fonhatóság; **~ bobbin** *tex* fonócséve; **~ cake** *tex* kalács *(selyemiparban)*; **~ cathead** *ol* bepörgető cséve; **~ chain** *ol* bepörgető lánc; **~ crew** *ép* kábelfonó brigád *(függőhídépítés)*; **~ department** *tex* fonóműhely; **~ dive** *rep* meredek dugóhúzó; **~ dope** *műa* fonó/szálképző folyadék; **~ draught/draft** *tex* fonógépnyújtás; **~ electron** *at* forgóelektron, saját-impulzusmomentumú elektron; **~ frame** *tex* fonógép; **~ instability** *rep* dugóhúzó-instabilitás; **~ installation** *ép* pörgetőberendezés *(előregyártás)*; **~ jenny** *tex* jennyfonógép; mozgókocsis fonógép; **~ lathe** *alak* nyomóeszterga; **~-machine** *tex* fonógép; **~ material** *tex* fonható anyag; **~ mill** *tex* fonoda, fonógyár; **~ motion** *mech* örvénylés; **~ mo(u)ld** *ép* pörgető sablon *(előregyártás)*; **~ nose dive** *rep* meredek/zuhanó dugóhúzó; **~ nozzle** *műa* fonógyűszű; *tex* fonócső, fonónyílás; **~-off** *élip* kipörgetés; **~ paper** *pa* fonópapír; **~-pot process** *tex* forgószivattyús fonó eljárás *(műselyemfonásnál)*; **~ property** *any* fonhatóság; **~ pump** *tex* fonószivattyú *(műselyemfonáshoz)*; **~ reserve** *en* forgótartalék; **~ ring** *tex* fonógyűrű; **~ riveter** *gép* hengerlő szegecselőgép; **~ room** *tex* fonóműhely; **~ solution** *tex* szálhúzó oldat; **~ spindle** *tex* fonóorsó; **~ spun casting** *önt* centrifugális/pörgetett öntés; **~ tape** *tex* fonógépzsinór; **~ test** *mech* pörgési próba; **~ tool** *alak* nyomóeszterga-szerszám; **~ tube** *tex* fonócső; **~ tunnel** *rep* függőleges szélcsatorna, dugóhúzó-szélcsatorna; **~ twist** *tex* jobb sodrat *(pamutfonálé)*; **~ unit** → **~ installation**; **~ wheel** *tex* rokka; **~ wrench** *ol* bepörgető kulcs

spinodal | **curve** *krist* spinodálgörbe; **~ decomposition** *krist* spinodális bomlás; **~ point** *krist* spinodálpont

spinode *mat* csúcspont, fordulópont; holtpont

spinor *mat* spinor; **~ algebra** spinoralgebra; **~ calculus** *mat* spinorkalkulus, spinorszámítás; **~ field/space** *at, mat* spinortér

spinorial field *at, mat* spinortér

spinster *tex* kézi fonónő

spinthariscope *at* spintariszkóp

spiral I. *v* csigavonalat alkot; spiráloz, spirálisan mozog/emelkedik; **II.** *a* spirális, csavarvonal alakú; *finm* rugós; *gép* ívelt fogazású; **III.** *n* spirál(is), csigavonal, csavarvonal; *bány* spirális dúsító; *gép* csavarmenet; csiga *(gumitömlőn)*; *mat* (hengeres) csavarvonal, csigavonal; spirális; **~ angle** *gép* emelkedési szög; **~ antenna** *rád* csavarvonal-antenna; **~-band brake** *gép* többszörös szalagfék; **~-beam control** *at* spirális sugaras vezérlés *(magnetronban)*; **~ belt pulley** *gép* spirálgörgő; **~ bending machine** *ép* kengyelhajlító gép; **~ bevel gear** *gép* csavarfogazású kúpkerék; ívelt fogazású kúpfogaskerék; **~ bevel gear-drive** *gép* csavarkúpkerekes hajtás; **~ binding** *nyom* spirálfűzés; **~ bit** *forg, ol* csigafúró; spirálfúró; **~ broach** *alak* csavart fogazású üregelőtüske; **~ cable** spirálkötél; **~ cables** *pl el* csillagérnégyes; **~ case** *hidr* csigaház; **~-cased turbine** *hőt* csigaházas turbina; **~-case setting** *hőt* csigaházas turbinaelrendezés; **~ casing** *gép* csigaház, spirálház; *hidr* csigaházas nyomótér; **~ casing pump** *hidr* spirálszivattyú; **~ chamber** *at* spirális hasadókamra; **~ chuck** *forg* bütyköstárcsás tokmány; **~ chute** *bány* spirálcsúszda; spirális szállítócsúszda; *hidr* csigasurrantó; **~ classifier** *ép* csigás osztályozó; nedves spirál/homok osztályozó; **~ cleavage** *any* csavarvonal alakú hasadás; **~ condenser** *vegy* hűtőkígyó, spirális hűtő; **~ conveyer/conveyor** *élip* szállítócsiga; **~ coupling** *gép* rugós szalagkapcsolás; **~-cut** *forg* spirális élű, csavarvonal élezésű; **~-cut reamer** *forg* csavarfogazású dörzsár; **~ descent** *rep* spirális merülés/siklás *(leszálláshoz)*; **~ dial** *metr* spirális-skálás számlap; **~ disc/disk** *tv* képbontó tárcsa; **~ dislocation** *krist* spirális diszlokáció; **~ dislocation source** *krist* spirális diszlokációforrás; **~ down** *v rep* csavarvonalban leereszkedik; **~ drawing-frame gill** *tex* csavarorsós nyújtógép *(rostokhoz)*; **~ drill** *bány, ép* csigafúró; **~ drum** *bány* kúpos dob; **~ fibre/fiber texture** *krist* csavart szálszerkezet; ~ **filament** *rád* spirális fűtőszál/katód; ~ **fission counter** *at* spirális hasadásszámláló; ~ **flow** *mech* spirális áramlás, csavaráramlás; ~**-flow tank** *hidr* spirál átfolyású/keringető medence; ~**-fluted reamer** *forg* csavarthornyú dörzsár; ~**-fluted tap** *mt* csavarthornyú menetfúró; ~**-four** *el* csillag(ér)négyes; ~ **fracture** *any* csavarvonalú törés; ~ **front** *krist* spirálfront; ~ **galaxy** *csill* spirális galaxis; ~ **gear** *gép* ívelt fogazású fogaskerék, csavarkerék; ~ **gear-drive** *gép* csavarkerékhajtás, csavarkerék-áttétel; ~**-geared** *gép* ívelt fogazású; ~**-geared planer** *forg* csavarhajtású gyalugép; ~ **gearing** *gép* ívfogazás; ~ **glide** *el, gép, rep* merülőspirál(is); ~ **grain** *fa* csavarodott növés; ~**-grained** *fa* csavart növésű; ~ **gravity conveyor** *bány* spirálcsúszda; ~ **gravity separator** *mzg* csigatriőr; ~ **gravity shoot/chute** *ép* csigacsúszda; ~ **growth** *krist* spirális növekedés; ~ **head** *forg* spirálvágó osztófej; ~ **head gearing** *forg* osztófej állandó áttételezése; ~ **inclination** *élip* rovátkaelhajlás; ~ **inclined shaft** *bány* spirális lejtőakna; ~ **instability** *rep* spirálinstabilitás; ~ **jaw clutch** *gép* csavarvonalú körmös tengelykapcsoló; ~**-laid** *pa* gyártási irányban *v.* spirálisan bordázott; ~ **line** *mat* (hengeres) csavarvonal, csigavonal; ~ **milling** *forg* spirális marás *(osztófejjel)*; ~**-milling cutter** *forg* ívelt fogazású maró; ~ **nail** csavart szeg; ~ **newel stair(case)** *ép* orsós (csiga)lépcső; ~ **of Archimedes** *mat* archimedesi csavarvonal/csiga/spirális; ~ **path** csavarvonal alakú pálya; ~ **peg** *tex* csavarbordás vetélőtüske; ~ **point** *mat* fókusz; ~ **pump** *hidr* spirálszivattyú; ~ **quad** *el* sodrott érnégyes *(kábelben)*, csillagérnégyes; ~ **ramp** *ép* spirálrámpa; ~ **ramp car park** *ép* spirálrámpás parkolóház; ~ **reinforcement** *ép* csavarvonalkengyel; ~**-ridge cyclotron** *at, fiz* spirális szektorú ciklotron; ~**-riveted pipe** *szer* csavarvonal mentén szegecselt cső; ~ **rope** spirálkötél; ~ **rubber hose** *gumi* gumi csigatömlő; ~ **sack shoot** *élip* csigás zsákcsúsztató; ~ **scanning** *tv* spirális letapogatás; ~ **screw washer** *ép* csigás osztályozó; ~**-sector cyclotron** *at, fiz* spirális szektorú ciklotron; ~ **shoot** *ép* csigacsúszda; ~ **source** *krist* spirális diszlokációforrás; ~ **spring** *gép* csigarugó; spirálrugó; ~ **staircase** *ép* csigalépcső; ~ **stairs** *pl ép* csigalépcső; ~ **stem** *ol* spirális rúd; ~ **step** *krist* spirális lépcső; ~ **texture** *krist* csavartextúra; spirális textúra; ~ **toothing** *gép* ívelt fogazás/fogazat; ~ **transition curve** *ép* klotoid ív; ~ **washing screw** *ép* csigás osztályozó; ~ **weld** *heg* spirálvarrat; ~**-weld sheet-metal casing** *ol* spirálhegesztett cső; ~ **wire anode** *el* spirálanód; ~ **yarn** *tex* spirális díszítőfonal, effektfonal

spiralized handset cord *távb* kézibeszélő-zsinór

spiralling, *US* spiraling *el* huzal/vezeték sodrása; *mech* spirális mozgás/emelkedés; *rep* spirálozás

spirally | reinforced column *ép* csavarvonal-kengyeles vasbetonoszlop; ~ **welded tube** spirálvarratos hegesztett cső

spire[1] *geol* spira; *gép* (csavar)menet, csavarulat, csigavonal

spire[2] csúcs, hegy; orom; hegyes (templom)torony; ~ **roof** *ép* hegyes tető, gúla tető, toronytető

spirit *vegy* alkohol; párlat; spiritusz; szesz; ~ **eosine** *vegy* eozin etilétere; ~ **ga(u)ge** *vegy* alkoholfokoló; ~ **lamp** spirituszlámpa; ~ **level** *ép* vízmérték, libellás szintező, szintezőcső; *geod* (csöves) libella; ~ **level(l)ing** *geod* libellás szintezés; ~ **of hartshorn** *vegy* ammóniaoldat, szalmiákszesz; ~ **of salt** *vegy* sósav; ~ **of soap** *vegy* szappanszesz; ~ **of turpentine** *vegy* terpentinolaj-szesz; ~ **of wine** *vegy* borszesz, etil-alkohol; ~ **poise** *élip, vegy* szeszfokoló; ~ **rectifier** *élip* szeszfinomító; ~ **stain** *ép, fa* alkoholos/szenes pác; ~ **varnish** *ép* szeszlakk

spirituous *vegy* szeszes, szesztartalmú

spiro-compound *vegy* spiro-vegyület *(két gyűrű egy közös szénatommal)*

spirograph *orv* lélegzetvétel-író, spirográf

spirometer *hőt* gázmennyiségmérő készülék; *orv* spirométer

spiry[1] csigavonalú

spiry[2] csúcsos, hegyes

spit[1] **I.** *v élip* serceg, köp(köd) *(zsír)*; *koh* kicsapódik, kifröccsen, kiönt; *met* permetez; szállingózik *(hó)*; szemerkél *(eső)*; **II.** *n* köp(köd)és; szitáló eső; ~ **ring** *gép* olajterelő gyűrű

spit[2] **I.** *v* nyársra húz/szúr; átdöf, átszúr; **II.** *n* nyárs, pecek; ásónyomnyi föld; *geod* nyomjelző barázda; *geol* földnyelv; *hidr* parti zátony; *koh* csúcskád; *szersz* homorú lapát; kis ásó; *tex* csévetartó tüske *(vetélőben)*

spitting[1] köp(köd)és; permetezés; *pa* zizegés; *rád* gurgulázás *(frekvenciamodulációs zavar)*

spitting[2] átdöfés, átszúrás

SPL → sound pressure level

splash I. *v* (be)fröcsköl; freccsent; besároz; **II.** *n* frecscsentett folt; fröcskölés; *fa* tükrös metszet; *önt* fémkifröccsenés; *vasút* hullámfogó lemez *(szerkocsin)*; *vegy* permetezőléc *(hűtőtoronyban)*; ~ **apron** *önt* védőkötény; ~ **baffle** *el* kitérítőlemez; ~**-board** védőlap, védőlemez; ~ **cooling** *ol* csörgedeztető hűtés; ~ **core** *önt* beöntőrendszert képező öntödei mag; ~ **erosion** *hidr* csepperózió; ~**(-)guard** *gépk* sárfogó lap; ~ **head** *vegy* cseppfogó *(lepárlókészülékbe szerelve)*; ~ **lubrication** *gép, ol* szóró olajozás; szóró/fröccsenő kenés; ~**-proof** *el* freccsenő víz ellen védett; ~ **ring** *el* gyűrűs ernyő/árnyékolás; *gépk* olajszóró gyűrű; ~**-trap** *vegy* cseppfogó; ~**-type cooling tower** *ol* csörgedeztető hűtőtorony; ~ **yarn** *tex* tarka festésű vonal

splashback *ép* védőlemez

splashdown *űr* vízre szállás *(űrkabiné)*

splasher sárhányó, sárvédő; védőlemez; *önt* ellenző

splashing loccsanás; fröcskölés; spriccelés; ~ **plate** *gép* hűtőfolyadék-védő lemez; *hajó* vízvezető lemez

splat *ép* takarólemez, borítólemez

splatter plate *élip* terelőlemez

splay I. *v ép* ferdén levág; kiékel; kifelé görbít; **II.** *n ép* ferdülés, dőlés; kiékelés, hajlás; letompítás, lesarkítás; *geol* rézsű, lejtő; ~ **brick** *ép* ferde élű tégla; ~ **end** *ép* ferde él *(tégláé)*; ~**-lagged set** *bány* ferdetámos ajtókötés; ~ **out** *v geol* kiékelődik

splayed | jambs *pl ép* falnyílás ferde síkú oldalakkal; ~ **jointing** *fa* ferde lapú illesztés; ~ **skirting** *ép* lesarkított szegélydeszka; ~ **wing-wall** *ép* ferde szárnyfal

splaying arch *ép* kúpos boltozat/boltív

splendent *opt* erősen ragyogó *(fény)*

splice I. *v* összeköt, összekapcsol, összeilleszt; összeereszt; összefon *(kötélvéget)*; egybesodor, egybeteker *(kötelet)*; *ép* horonyba illeszt, lapol, told; *film, hang* összeragaszt *(filmszalagvégeket)*; *hajó* tőröz, bújtat *(kötelet)*; *kh* erősítőfonallal köt; *tex* benyüstöz; *vasút* sínhevederrel összeköt; **II.** *n* összefonás, egybeillesztés *(kötélé)*; kötéltoldás; *el* kötőhüvely; összekötés, összeillesztés; *ép* bütüillesztés, lapolás; hevederes illesztés *(acélszerkezeteké)*; toldás *(betonacélé bármely módon)*; toldott vasbetétrúd *(hídon)*; *film, hang* (film)ragasztás; *hajó* tőrözés, kötélbújtatás; *opt* szálkötés; ~ **bar** *ép* illesztő vasbetét; *gép* eresztékek; heveder, csatló; ~ **bond** *el* kábelkötés; ~ **box** *el* elágazó karmantyú; *em* kötélkarmantyú; ~ **noise** *film* filmszalagragasztás okozta kattogás; ~ **plate** *ép* hevederlemez

spliced összekötött, összekapcsolt, összeillesztett; ~ **joint** *el* kábelkötés, kábel-összekapcsolás; *ép* rátétlemezes illesztés; ~ **vein** *geol* összekötött erek

splicer *film* filmragasztó készülék; ragasztóprés

splicing egybesodrás, egybetekerés *(kötélé)*; összefonás *(kötélvégeké)*; összeeresztés; *el* összekötés, összekapcsolás, összeillesztés; *ép* horonyba illesztés, lapolás; toldás *(betonacél, acéllemez)*; *film* összeragasztás *(szalagvégeké)*; *hajó* tőrözés, bújtatás *(kötélé)*; *kh* erősítés; *opt* szálkötés; *tex* benyüstözés; fonaltoldás; ~ **clamp** kötélvéghüvely; ~ **ear** csatlakozó/toldó szorító; ~ **machine** *tex* toldógép; ~ **needle** *em* kötélösszefonó ár; ~ **point** *hang* ragasztási hely; ~ **table** *film* filmragasztó asztal; ~ **tape** *hang, film* ragasztószalag; ~ **thread** *kh* erősítőfonal; ~ **tool** *hajó* bontófa; ~ **yarn** *kh* erősítőfonal

spline I. *v el* hornyoz; *forg* bordásra/horonyra mar; *gép* csapoz; ékkel lát el; **II.** *n fa* betétléc; *forg* barázda; hornyolás, hornyolat; *gép* ékhorony, tengelyborda; *mat* görbevonalzó; szplájn, spline; ~ **a keyway** *v forg* ékhornyot mar; ~**-and-keyway miller** *forg* ékhoronymaró gép; ~ **broach** *forg* bordásfurat-üregelő tüske; ~ **ga(u)ge** *forg* ékhoronyidomszer; ~ **grinder** *forg* horonyköszörű; ~ **grinding-machine** *forg* bordástengely-köszörű; horonyköszörű; ~ **hob** *forg* csigamaró bordástengelyek hornyolásához; hornyolt csigamaró; ~**-milling machine** *forg* bordamarógép, hosszhoronymaró gép; ~ **on to the shaft** *v gép* bordás kötéssel rögzít; ~**-ring ga(u)ge** *forg* gyűrűs bordástengely-idomszer; ~ **shaft** *gép* bordás tengely; ~ **shaft grinding machine** *gép* bordástengelyköszörű; ~ **shaft hob** *forg* csigamaró *(bordástengely hornyolásához)*; ~ **shaper** *forg* ékhoronygyalu; ~ **spacing** *forg* horonyosztás

splined *gép* bordás *(tengely)*, hornyos; ~ **bore** *gép* bordás furat; ~ **hub** *gép* bordás agy; *gép, gépk* hornyolt kerékagy, hornyolt kardántengelyvég; ~ **shaft** *gép, gépk* hornyos tengely, bordás tengely; ~ **slip joint** *gépk* kardántengely bordás csúszó csatlakozása; ~ **spanner** *szersz* hasított csavarkulcs; ~ **spindle** *gép* bordás furatú orsó; ~ **tooth** *gép* bordás tengely hornyaiba kapcsolódó fog

splineway *gép* ékhorony, horony

splining *forg* csapozás; hornyolás; *gyógyv* levelesedés; ~ **tool** *forg* horonygyalukés

splint szálka, szilánk; *bány* kemény/hosszúlángú szén; *fa* falemez *(hegedűkészítéshez)*; gyufaszál; hosszú forgács; ~ **drying** *fa* lécszárítás; ~ **harness** *tex* osztószegély nyüstkerete; ~**-strainer** *fa* szilánkfogó

splinter I. *v* hasít; repeszt; **II.** *n* szilánk(darab), szálka; forgács; *at* magtöredék; *kat* repesz; ~ **effect** *fiz* szilánkhatás; ~ **off** *v* lepattan; lepattint; ~**-proof** *ép* szilánkbiztos, repeszálló; ~**-proof concrete wall** *ép* repeszbiztos betonfal; ~**-proof glass** *üveg* biztonsági/törhetetlen/szilánkmentes üveg; ~**-proof shelter** *ép, kat* szilánkálló födém; ~ **screen** *kat* lövegpajzs

splintery fracture *fa* szilánkos törés/töret

split I. *v* (szét)hasít, (szét)repeszt; elkülönít; bont; megoszt; (fel)hasad, (szét)reped; (szét)szakad; *at* hasít; *bány* feloszt; mintát csökkent; *el* oszt; *fa* elhasít, széthasít, (el)hasogat; hasad, reped; *gép* oszt; *tex* hasad, reped, szakad; **II.** *a* hasadt; hasított; osztott, megosztott, kettéosztott; többrészes; **III.** *n* hasadás, repedés, szakítás; hasítás, repesztés; *bány* beágyazással megosztott szénpad; betörés; felosztás, elosztás; légáramelosztás, légelágazás; másodrendű légvágat; *bőr* spalt, hasítás, hasíték; *el* vezetékelágazás; *ép* hasadék, rés; *szt* szétvágás, splitművelet; *távk* egyenlő jelek sávja, keveredési zóna; *tex* bordahuzal; fésűfog; szakadás *(szövet)*; ~ **aileron** *rep* réselt csűrő; ~ **anode** *távk* hasított/réselt anód; ~**-anode magnetron** *el* hasított anódú magnetron; ~**-axle landing-gear** *rep* átmenő tengely nélküli futómű; ~ **bar** *tex* cséppálca; ~**-base rim** *gumi* osztott (kerék)pánt; ~ **beam** *ép* összetett tartó; *fiz* osztott sugár; ~**-beam cathode ray tube** *el* osztott sugarú katódsugárcső; ~**-beam photometer** *opt* sugárosztó fénymérő; ~ **bearing** *gép* kétrészes/osztott csapágy; ~ **belt** *gép* hasított szíj; ~ **between the wires** *tex* bordafogköz; ~ **billet** *fa* hasábfa; ~ **block** *ép* hasított betonblokk/kőblokk; ~ **bolt** *szer* hasított/vágott fejű csavar, hasított csavar; ~ **bridge** *koh* lánghíd levegő-hozzávezetéssel; ~ **brush** *távk* felmetszett kefe; ~ **bush** *el* hasított gyűrű; ~**-cable grip** *el* kábelhúzó fogó; ~ **cast-iron mo(u)ld** *önt* öntöttvasból készült osztott öntőforma; ~ **chip** *forg* kitöredezett forgács; ~ **chlorination** *ol* bontó/krakkoló klórozás; ~ **chuck** *gép* szorítóhüvely; ~ **coil** *el* hajtűtekercs; ~ **collet** *gép* hasított patron; ~**-conductor cable** *el* két szigetelt és a végén párhuzamosan kapcsolt érből álló kábel, osztott erű kábel; ~ **core box** *önt* szétszedhető magszekrény; ~ **core rod** *önt* osztott öntödei magrúd; ~**-coupling** *gépk* osztott tengelykapcsoló; ~ **course** *ép* hosszirányú féltéglasor; ~ **crack** *ép* hasítórepedés; ~ **crankcase** *gépk* osztott forgattyúház; ~ **die** *alak* kétrészes süllyeszték/szerszám; ~ **dose** *at* frakcionális zóna; ~**-driven winder** *tex* hasított dobos keresztcsévélő gép; ~**-drum mixer** *ép* betonkeverő kétrekeszes dobbal; ~**-drum thread guide** *tex* hasított fonalvezető dob/tárcsa; ~**-echo presentation** *távk* radarindikáció kettőzött jellel; ~**-field motor** *gép* osztott gerjesztésű motor; ~**-field rangefinder** *fiz* koincidenciás távolságmérő; ~ **fitting** *el* felhasított (Bergmann-)csőidom; ~ **flap** *rep* réselt fékszárny; ~**-flow reactor** *at* zónaközepű hűtőközeg-bevezetéses reaktor; ~**-follower** *műa* betétpofa; ~ **follower mo(u)ld** *műa* betétpofás szerszám; ~ **frame** *ép* kétrészes/osztott állvány/ágy; ~ **gear** *gép* osztott fogaskerék; ~**-hair accuracy** igen nagyfokú pontosság; ~ **hanger** *el* osztott függőszorító; ~**-head welding** *heg* farkasfoghegesztés; ~ **holder** *szer* osztott szerszámtartó; ~ **hub** *rep* osztott légcsavaragy; ~**-image rangefinder** *film* koincidenciás távolságmérő; ~ **in half/two** *v* kettéhasít; kettéhasad; ~**-knob insulator** *el* rögzítőszigetelő; ~ **lens** *fiz* réslencse, hasított lencse; ~**-level house** *ép* osztott/eltolt szintű ház; ~**-lever end** *gép* villaszerű vég; ~ **link** *gép* nyitott összekötő láncszám; ~ **lug** *szer* fali szorítófül; ~ **machine** *kh* egyplatinás/hurkolóplatinás gép; ~ **master die** *műa* szétszedhető présforma; ~ **motion** *tex* középszegélyszövő készülék; ~ **mo(u)ld** *műa* többrészes szerszám; *önt* kétszeres/szétszedhető öntőforma; ~ **nut** *kat* csőfargomb-rögzítőcsap; *szer* lakatanya; ~ **off** *v* lehasít; lehasad; széthasad; *vegy* leszakad; leszakít; ~ **peg** *tex* cséppálca; ~ **phase** *el* kötegelt fázis; ~**-phase motor** *el* segédfázisos indukciós motor; ~ **picks** *tex* bordacsíkok; ~ **pin** *szer* sasszeg; ~**-pinned** *gép* hasított csapos kötésű; sasszeggel biztosított; ~**-plain bearing** *gép* osztott siklócsapágy; ~**-plating crystal** *távk* osztott elektródos kristály; ~ **plug** banándugó; ~**-pole converter** *el* osztott pólusú áramátalakító; ~**-pole motor** *el* osztott pólusú motor; ~ **projector** *hang* külön vezérelt sugárzórendszer; ~ **pulley** *gép* osztott szíjtárcsa; ~ **rag head** *gép* villás hajtórúdfej; ~ **rim** *gép* osztott kerékkoszorú; ~ **ring** *gép* hasított rugalmas gyűrű; ~**-ring clutch** *gépk* hasított gyűrűs tengelykapcsoló; ~ **rivet** *szer* hasított szegecs; ~ **rod** *tex* cséppálca; ~**s** → splits; ~ **sampling spoon** *geol* hüvelyes mintavevő; ~ **screen** *szt, tv* (meg)osztott képernyő; ~**-screen effect** *tv* átúsztatás; ~ **secondary** *el* középelágazású szekunder tekercs; ~**-second selection** *rád* gyors átváltás/választás; ~**-series motor** *el* osztott gerjesztésű motor; ~**-set anchor** *bány* hasított csöves kőzethorgony; ~ **showel** *bány* többszörös lapát *(ércosztályozáshoz)*; ~ **size** *el* résszélesség; ~ **skirt** *gép* hasított szoknya *(dugattyúé)*; kétrészes köpeny/palást; ~**-skirt piston** *gép* hasított palástú dugattyú; ~ **sound system** *tv* különhangrendszer; ~ **spread** *geof* szimmetrikus/osztott terítés; ~ **stator** *el* osztott állórész; ~ **stream** *élip* folyásosztó *(gabonáé, lisztté)*; ~ **switch** *vasút* nyelves váltó; ~**-tensile strength** *any* hasító-húzószilárdság; ~ **tie** *vasút* hasított talpfa; ~ **tiled roof** *ép* egyszerű cseréptető; ~ **trail** *kat* (szétnyitható) talpszár; ~ **transformer** *el* megcsapolásos/feszültségszabályozó transzformátor; ~ **up** *v* felapróz; ~ **wedge** *gép* repesztőék; ~ **wire** *el* többágú kapcsolózsinór; ~ **word machine** *szt* szótagos gép; ~ **working** *távk* lépcsős üzemmód

splits *pl ép* hasított (vékony) tégla; *műa* többrészes szerszám összetevő részei

splitter *bány* jövesztő fúrólyuk; mintaosztó; segédfúrólyuk; segédrobbantólyuk; *élip* húsvágó bárd; *fa* hasítógép; *hidr* osztópillér *(vízi műtárgyakban)*; *szt* elágazó *(széles sávú hálózatban)*; ~ **box** *el* elágazódoboz; ~ **edge** *gép* splitter, választóék; ~ **pier** *ép* osztópillér *(vízi műtárgyaké)*; ~ **rolls** *pl élip* lapítóhenger

splitting (el)hasítás, széthasítás; hasogatás; megosztás, kettéosztás; (szét)szakadás, hasadás; *bány* felosztás, megosztás; pászta; *bőr, fa* hasítás; *el* osztás; *fiz* vonalfelhasadás, színképvonalak felhasadása; *gép* osztás; *krist* felhasadás; *vegy* széthasadás *(molekuláé, két vagy több molekulára)*; ~ **by frost** *ép* fagyrepesztés; ~ **chisel** *ép* szegecsvágó véső; ~ **key** *távk* leválasztó kulcs; ~ **machine** *bőr* hasítógép; ~ **of dislocation** *krist* diszlokáció felhasadása; ~**-off** *vegy* lehasadás; leszakadás *(szénatomé szénláncról)*; ~ **parameter** *krist* felhasadási paraméter; ~ **plate** *önt* mintaosztó lemez; ~ **resistance** *fa* hasítási ellenállás; ~ **shooting** *bány* hasító robbantás; ~ **strength** *any, mech* hasítószilárdság; ~ **stress** *mech* hasítófeszültség; ~ **tank** *vegy* bontókád, feltárókád; ~ **tensile strength** *mech* hasító-húzó szilárdság; ~ **time** *távk* zárási idő *(felvevőé)*; ~**-up** *fa* felaprítás, felaprózás; ~ **wedge** *ép* hasítóék

splitwood *fa* deszkahulladék

SPM → session protocol machine

spodumene *ásv* spodumen

spoil I. *v* elront, tönkretesz; elromlik, tönkremegy; *bány* hányóra dönt/ürít; **II.** *n bány* hányó; meddőkészlet; meddőkőzet; *ép* földfelesleg, földtöbblet; *mzg* kiemelt föld/talaj; ~ **air-lock** *ép* anyagkiemelő zsilip; ~ **area** *ép* depónia; szemétlerakodó-hely, földlerakodóhely; ~**(-)bank** *bány* (kúpos) meddőhányó; *vasút* oldaldepónia; ~ **deposit/dump** → ~ area; ~ **ground** *környv* szemétlerakó hely; ~**-heaps** *pl talt* meddőhányó; ~ **reclaiming** *bány* hányó-helyreállítás; ~ **tip** → ~ area

spoilage *élip* romlás; *ip* hulladék, selejt, káló; *nyom* nyomdai selejtpapír, selejttermelés

spoiled casting *önt* hibás öntvény

spoiler *gépk* spoiler; *rep* áramlásrontó szárnyféklap; spoiler

spoke I. *v gép, gépk* küllőt/kereket akaszt; küllővel ellát; **II.** *n* létrafok; *gép, gépk* küllő; *hajó* kormánykerék-fogantyú; ~ **auger** *szersz* küllőcsaplyukfúró; ~**-copying machine** *fa* küllőmásoló gép; ~**-divided flywheel** *gép* osztott küllős lendkerék; ~ **dowel** *gép* küllőcsap; ~ **flange** *szer* küllős karima; ~ **nipple** *gép* küllőfeszítő csavar *(kerékpáron)*; ~ **plane** *fa* hántológyalu *(kádáré)*; kádárgyalu; ~ **rib** *gépk* küllőborda; ~ **wire** *heng* küllőhuzal

spoked hub *közl* küllős kerékagy

spokeshave *szersz* hántológyalu

spokewheel centre/center *vasút* kerékváz, kerékcsillag

sponge I. *v* szivaccsal töröl/lemos; **II.** *n* szivacs; *koh* vasszivacs; ~**-and-dough process** *élip* közvetett tésztavezetés; ~ **cloth** *tex* likacsos törlőruha/tisztítóruha; ~ **iron** *koh* vasszivacs; ~ **iron pellet** *koh* fémesített pellet; ~ **metal** *koh* szivacsos fém; ~ **rubber** *gumi* habgumi, sejtgumi, szivacsgumi, szivacsos/expandált/pórusos (sejt)gumi; ~**-rubber pad** gumiszivacs sarokvédő

sponger *tex* avató, dekatáló, nedvesítő, gőzölő

spongiform *ásv* szivacsszerű

sponginess *ásv* szivacsosság

sponging *tex* szövetavatás, szövetdekatálás; ~ **machinery** *tex* nedvesítőgép

spongy szivacsos; *talt* szivacsos, üreges, porózus; ~ **iron** *koh* szivacsos vas; ~ **platinum** *vegy* platinaszivacs

sponson *hajó* karzat, kerékdob *(kerekes hajóé)*; *rep* segédúszó, törzsúszó; szárnycsonk

sponsor I. *v* szponzorál, finanszíroz; **II.** *n* szponzor; *ép* megbízó, építtető

spontaneous önkéntelen, akaratlan, spontán; ~ **annealing** *hőt* önlágyulás; ~ **combustion** *fiz, vegy* öngyulladás, öngyúlás; ~ **crack propagation** *krist* spontán hasadásterjedés; ~ **crystal(l)ization** *krist* önkristályosodás; ~ **decay** *at* spontán bomlás; ~ **discharge** *el* spontán/önfenntartó kisülés; ~ **disintegration** *at* spontán hasadás/bomlás; ~ **effect** *geof* természetes/spontán hatás; ~ **emission** *fiz* spontán emisszió/kisugárzás; ~ **explosion** *bány* önrobbanás;

~ **fire** öngyulladásból keletkezett tűz; ~ **fission** *at* spontán hasadás; ~ **fission half-life** *at* spontán hasadási felezési idő; ~ **heating** *élip* önfelmelegedés; ~ **ignition** *bány, fiz* öngyulladás; ~ **ignition temperature (SIT)** *gép* öngyulladási pont/hőmérséklet; ~ **ionization** *vegy* spontán/természetes ionizáció; ~ **nucleation,** ~ **nucleus formation** *krist* spontán gócképződés; ~ **polarization** *geof* természetes/spontán polarizáció; *krist* spontán polarizáció; ~ **polarization curve** *geof, ol* természetes potenciálgörbe; ~ **potential** *geof* természetes/spontán potenciál; ~ **potential curve** *ol* önpotenciál-görbe; ~ **potential log** *ol* SP-szelvény; ~ **potential logging** *geof, ol* természetespotenciál-szelvényezés, természetespotenciál-karottázs; ~**-potential recorder** *geof* természetespotenciál-regisztráló; ~ **reaction** *vegy* önként végbemenő *v.* spontán reakció; ~ **transformation** *at* spontán átalakulás; ~ **whisker formation** *krist* spontán whiskerképződés; ~ **whisker growth** *krist* spontán whiskernövekedés

spontaneously inflammable *fiz* öngyulladó

spool I. *v* felteker(csel), tekercsel, gombolyít; *tex* csévél; **II.** *n* tekercs; orsó; görgő; korong; *el, rád, távk* csévetest; tekercs; *film* cséve; orsó; *gép* orsó; tengely; *hang* orsó; *ol* kitörésgátló-közdarab; *szt* sorban állás; spool, bemeneti/kimeneti munkaterület; *tex* cséve; ~**-cart** *ép* huzalfektető/huzalkihúzó kocsi *(előfeszítés)*; ~ **factory** *fa* csévegyár; ~ **gear** *gép* hosszú fogaskerék; ~**-winder machine** *tex* csévélőgép

spooler tekercselőgép; *szt* hozzáférés-vezérlő (szoftver); *tex* csévélő *(személy)*; ~ **machine** *tex* csévélőgép; motolla

spooling csévélés; tekerés, tekercselés, gombolyítás; *szt* sorban állás, mentesítés, spooling; *tex* csévélés; ~ **motor** *el, távk* csévélőmotor

spoon I. *v* kanalaz; mer, merít; **II.** *n* kanál, mérőkanál; *bány* kaparókanál *(fúráshoz)*; telepkibúvás; *ép* kőműveskanál; *hang* lökőnyelvütköző; *önt* kanál *(formázószerszám)*; ~**(-)auger/bit** *ol* kanálfúró, kanalas fúró; kanálfúrófej, kanalas fúrófej; ~ **bow** *hajó* kanálorr; ~ **cud** *bány* telepkibúvás; ~ **dredger** *ép* kanalas (úszó)kotró; ~ **drill** *szersz* kanálfúró, kanalas fúró; ~ **sample** *talt* zavart minta; ~**-shaped scraper** *szersz* kanalas fémhántoló; ~ **stern** *hajó* kanálfar; ~ **test** *önt* kanálpróba; ~ **tool** *ker* fényesítőkanál

sporadic szórványos; ~ **building** *ép* vadépítkezés; ~ **E(-layer)** *távk* anomális E-réteg; ~ **reflection** *rád* anomális visszaverődés

sporting | aeroplane *rep* sportrepülőgép; ~ **aviation** *rep* sportrepülés; ~ **ground** *ép* sportpálya; ~ **gun** vadászfegyver

sports | body *gépk* sportkarosszéria; ~ **car** *gépk* sportkocsi; ~ **court** *ép* sportcsarnok

spot I. *v* foltot ejt/csinál, bepiszkít; kipontoz; kijelöl; tarkít; pettyez; *foto* retusál; *kat* felfed; **II.** *n* folt; pecsét; pont; petty; hely *(pont)*; *csill* fényfolt; *el* fénypont, fényfolt; ionfolt; szoffita lámpa; *film* vetítőfény, ívfény; *tex* pont, petty; *tv* fénypont; pont, képpont; ~ **analysis** *vegy* cseppanalízis; ~ **application** *ép* pontszerű felhordás; ~ **arc welding** *heg* pontívhegesztés; ~**-beam antenna** *távk* kitolható botantenna; ~**-board** *ép* vakolódeszka; ~**-check inspection** ellenőrzés a gyártás helyén; ~ **contact** *el* pontérintkező, érintkezőcsúcs, tűs érintkező, tűsdióda; ~ **contamination** *at* helyi szennyeződés; ~ **correlation** *geof* pontkorreláció; ~ **corrosion** *any* pontkorrózió; ~ **cotton** *tex* készleten levő pamutáru; raktáron levő gyapot/pamut; ~ **curer** *gumi* hordozható vulkanizálógép *(javításhoz)*; ~ **diameter** *tv* fényfoltátmérő; sorszélesség; ~ **distortion** *el* fényfolttorzulás; ~ **electrodes** *el* pontszerű elektródok; ~ **estimate** *ép* hozzávetőleges költségbecslés; ~ **face** *gép* (ki)süllyesztés; felfekvési felület; ~**-facer,** ~**-facing cutter** *forg, gép* hengeres süllyesztő; ~ **footing** *ép* pillér alapja; ~ **frequency** *rád* rögzített frekvencia; ~ **fusion welding** *heg* ömlesztő ponthegesztés; ~ **galvanometer** fénymutatós galvanométer; ~ **glu(e)ing** *ép* pontragasztás; ~ **grinding** *forg* pontköszörülés, pontcsiszolás *(hiba kijavítására)*; ~ **hardening** *hők* helyi edzés; ~ **heating** ponthevítés; ~ **height** *geod* magassági pont; ~ **hide** *bőr* nyersbőr *(azonnali szállításra eladott)*; ~ **indicator** pontjelző; ~ **jamming** *rád* bemérés zavarása; szelektív zavarás; zavarójel; ~ **lamp** *film, foto* pontfénylámpa; spotlámpa, csúcsfénylámpa; *gépk* keresőlámpa; ~ **landing** *rep* pontleszállás; ~ **level** *geod* önkényesen választott pontmagasság; ~**-light** → spotlight; ~ **lot** prompt *v.* azonnal szállítható tétel; ~**-mix plant** *ép* foltozókocsi *(aszfaltkeverő)*; ~ **noise factor** *el* színképi zajtényező; ~ **pitch** *heg* hegesztési pontok közötti távolság; ~ **position** *rep* pillanatnyi helyzet; ~ **priming** *ép* javító festés; ~ **projection welding** *heg* dudor-ponthegesztés; ~ **prominence** *csill* napfoltkitörés, napfolt-protuberancia; ~ **punch** *szt* kézilyukasztó; ~ **resistance welder** *heg* ellenállásos ponthegesztőgép; ~ **sample** szúrópróba; ~**-shape distortion** *fiz* asztigmatizmus; ~ **size** *távk* katódsugárcső fénypontjának mérete; ~ **size divergence** emittancia, foltdivergencia; ~ **test** *vegy* cseppanalízis; foltpróba *(oldószeré)*; ~**-to-spot velocity ga(u)ging** *hidr* pontonkénti mérés; ~ **welder** *heg* ponthegesztő gép; ~ **welding (SW)** *heg* ponthegesztés; ~**-welding electrode** *heg* ponthegesztő elektród; ~**-welding pliers** *pl heg* ponthegesztő fogó

spotless finish *tex* szövetkezelés gőzzel *(foltok eltávolítására)*

spotlight I. *v* spotfényt ráirányít; megvilágít, bevilágít; **II.** *n film* spotfény, foltfény, pontfény; spotlámpa, pontfénylámpa; *gépk* fényszóró, keresőlámpa; spotlámpa; ~ **transmitter** *tv* fénykévés letapogatású adó

spotproof *tex* cseppálló

spotted *pa* foltos; ~ **cotton** *tex* erősen foltos pamut; ~ **dyeing** *tex* foltos színezés; ~ **fabric** *tex* pontozott mintájú szövet; ~ **marl** *geol* foltos márga; ~ **mica** *ásv* foltos/zárványos csillám; ~ **mica-schist** *ásv* foltos csillámpala; ~ **schist** *ásv* foltos pala

spotter *kat* bemérő repülőgép; *rád* bemérő lokátor/radar; hibajelző

spotting bepiszkítás; pettyezés; *finm* lemezek készremunkálása *(kör alakú mintázattal)*; *forg* tengelycsap-esztergálás; *foto* filmretusálás; *koh* foltosodás; *közl* kocsik beállítása *(rakodáshoz)*; *rep* helymeghatározás, bemérés; *tex* folttisztítás; ~ **brush** *foto* retusecset; ~ **out** *foto* retusálás; ~ **pencil** *foto* retusáló ceruza; ~ **station** *rád* bemérő állomás; ~ **telescope** *kat* figyelőtávcső; ~ **tool** *szersz* fúrókés

spotty foltos; pettyes; ~ **deposit** *bány* lencse alakú előfordulás; ~ **hardening** *hők* egyenetlen edzés; ~ **steel**

any foltos acél; ~ **wear** *gumi* egyenetlen (helyenkénti) kopás

spout I. *v* kitódul; kifolyik; kiömlik; buzog, bugyog; kilövell; kifecskendez; **II.** *n* lefolyó(cső), kifolyó(cső); edény szája/csőre; kiöntőnyak; öntözőcső; *bány* léggurító; légösszekötő; szellőzőcső, szellőzőcsatorna; *élip, em* garat; *ép* adagolócsúszda; betonöntő cső/vályú/csúszda; csatorna; csatornacső, kiöntőcsatorna, kiömlőcsatorna; folyóka, csurgó; lefolyócső; vízköpő *(ereszcsatornán)*; *hidr* kivezető nyílás *(szivattyún)*; *koh, önt* csapolóvályú, öntőcsőr; *met* légtölcsér; víztölcsér; *mzg* gabonavezető/magvezető csatorna; ~ **metal** *koh* csapolóvályúból kiengedett fém; ~ **sampler** *élip* futócső-mintavevő

spouter *koh* csapolónyílás-nyitó gép

spouting kitódulás; kifolyás; kiömlés; buzogás, bugyogás; kilövellés; kifecskendezés; ~ **horn** *ép* vízköpő; ~ **plant** *ép* betonöntő berendezés *(nagytömegű betonozás)*; ~ **rock** *geol* sziklahasadék; ~ **spring** *hidr* szökőforrás; ~ **velocity** *rep* kilövellési sebesség

sprag I. *v bány* feszkéz, réstuskót bever; kitámaszt *(gyámfát)*; *ép* kitámaszt, kimerevít *(fával)*; *gépk* alátámaszt, felékel; **II.** *n bány* fékfa; feszke; réstuskó; tám, dúc, feszíték; *ép* dorongút; hosszirányú merevítő; könyökfa, gyámfa; *gépk* hegytámasz, támasztó rúd/tuskó; *szer* feszítő támcsavar; *talt* dúc; ~ **clutch** *gép* ékes szabadonfutó-kapcsoló; ~ **pole** *bány* feszke; ~ **road** *bány* meredek pálya; sikló; *ép* dorongút

spragger *bány* csillefogó; csillerögzítő; réstuskó-beverő munkás; *vasút* fékes; fékes kocsin dolgozó munkás; vágányzár, sorompó

spragging *bány* csillefékezés; feszkézés; feszkézés; réstuskó beverése; *ép* kimerevítés; kitámasztás *(fával)*

spray I. *v* permetez; porlaszt; eloszlat; fecskendez; nedvesít; szétterjed, eloszlik; szór *(festéket, bevonatot)*; *gépk* fényez, zománcoz *(autót)*; **II.** *n* permet; permetezés, porlasztás, fecskendezés, szórás; porlasztó, fecskendező; spray; permetező anyag; *bány* vízporlasztó berendezés; *vegy* permet; ~**-absorption value** *tex* esőztetési érték; ~**-and-hopper granary** *mzg* gabonasiló; ~**-angle** *gép* befecskendezés szöge; ~ **application** *ép* szórás, szórt felhordás; ~**-arc welding** *heg* szóróíves hegesztés; ~ **arrester** *el* permetező túlfeszültséglevezető; savfreccsenésvédő lemez *(akkumulátor)*; ~**-boom** *mzg* szántóföldi permetezőberendezés; ~ **booth** *ép* festékszóró fülke; ~ **burner** *gép* porlasztóégő; ~ **can** *el* permetezőedény, permetezőtartály; ~ **catcher** *koh* cseppleválasztó; cseppfogó; ~ **chamber** *ép* porlasztókamra; ~ **coating** *ép* szórófestés, szóróbevonatolás; ~ **column** *ol* permetezett kolonna; ~ **concentration** porlasztó sűrítés; ~ **condenser** porlasztókondenzátor; permetezőkondenzátor; ~ **cooled hearth jacket** *koh* permetező hűtésű nagyolvasztó-medenceköpeny; ~ **cooler** *hőt* permetezőhűtő; ~ **cooling** permetezéses hűtés, permetezőhűtés; ~**-cooling chamber** vízpermettel hűtő kamra; ~**-cooling tower** *hőt* vízsugaras hűtőtorony; ~ **cutter** *pa* gaucsvágó (vízsugár); habfecskendő; kefepermetező; ~**-damper** *pa* nedvesítőberendezés; nedvesítőgép; ~ **diffuser** *gép* porlasztó diffúzor; ~ **discharge** *fiz* koronakisülés; ~**-down equipment** *ép* lemosó/tisztító fecskendező berendezés; ~**-dried rubber** *gumi* porlasztott kaucsuk; ~ **drop** permetcsepp; ~**-dry** *élip, ép* porlasztva/permetezve szárít; ~**(-)dryer** *élip, ép* porlasztószárító, permetezőszárító; ~**(-)drying** *élip, ép, pa* porlasztásos szárítás, porlasztószárítás; ~ **dyeing** *pa* porlasztásos/porlasztó festés; *tex* színezés szóróval *v.* fecskendős módszerrel; ~ **evaporator** *mzg* elgőzölögtető permetező; ~ **finishing** *ép* festékszórás; ~**-flow** *ol* ködáramlás; ~ **gate** *önt* osztott beömlőcsatorna; ~ **gun** *ép* festékszóró pisztoly; szórópisztoly, légecset, aerográf, betonlövellő/torkrétozó pisztoly; ~**-gun nozzle** *ép* szórópisztoly; ~ **gun with external mix atomization** *ép* külső porlasztású szórópisztoly; ~ **gun with gravity flow cup** *ép* felsőtartályos szórópisztoly; ~ **gun with internal mix atomization** *ép* belső porlasztású szórópisztoly; ~ **hardening** *koh* edzés permetben; ~ **head** porlasztófej; zuhanyfej; ~ **irrigation** *mzg* permetező/esőztető öntözés; ~ **jet** *ép* szórófej; ~ **lance** *ép* kézi szórócső/permetezőcső; ~**-line irrigation** *mzg* (permetező)vezetékes öntözés; ~ **machine** *ép* szóróberendezés; ~ **nozzle** fecskendőfej, permetezőfúvóka, permetezőfej, porlasztófej; *ép* keverőfúvóka *(torkrétbeton)*; *hidr* szórófej; ~ **oil** *ol* permetolaj, permetek oldására szolgáló petróleum; ~**-on can/flacon** szórófejes flakon, szórótartály; ~**-paint** szórópisztollyal/festékszóróval fest; ~**-painting** festés szórópisztollyal/festékszóróval, festékszórás, szórófestés; ~**-painting plant** *ép* festékszóró berendezés; ~ **penetration** *hidr* permetbehatolás; ~ **pipe** *hidr* locsolórózsa, permetező (öntöző)cső; ~ **pistol** → ~ gun; ~ **point** *at* töltőfésű *(van de Graaf-generátoron)*; ~**-polishing material** *any* fényezőanyag szóróeljáráshoz; ~ **pond** *ép* hűtőtó; szóróhűtő, hűtőmedence; ~ **printing** *tex* fecskendős/szóró (szövet)nyomás, permetező festés; ~ **process** *élip* porlasztó szárítás; ~ **pump** *mzg* permetező szivattyú; ~ **quenching** *hők* permetező hűtéses edzés; ~ **removal** permetlé eltávolítása; ~ **residue** permetmaradvány; ~ **ring** *gép* olajszóró gyűrű; ~**-shielded valve** *el* porlasztott fémréteggel bevont elektroncső; ~ **solution** *mzg* permetlé; ~ **sprinkling** *mzg* permetező öntözés, permetfecskendezés; ~ **test** *any* permetező (korróziós) vizsgálat; *tex* esőztetési próba; ~ **the target** *v kat* tűzzel eláraszt/pásztáz/veret *(célpontot)*; ~ **thrower** festékszóró készülék/pisztoly, szórópisztoly; ~ **tower** *vegy* permetezőtorony; ~**-transfer welder** *heg* szóróívű hegesztőgép; ~ **valve** porlasztószelep; ~ **water** fröcskölővíz; ~ **water ratio** *ép* porlasztási tényező; ~ **welding** *heg* szóróhegesztés

sprayed | acoustical ceiling *ép* szórt akusztikus/hangelnyelő mennyezet; ~ **asbestos** *ép* szórt azbeszt; ~ **asbestos insulation** *ép* szórt azbeszt (hő)szigetelés; ~ **cathode** *el* porlasztott katód; ~ **lamp** *opt* festett burájú (izzó)lámpa; ~ **lining** *ép* szórt burkolat; ~ **mortar** *ép* lövellt habarcs; ~ **water** *hidr* permetezett víz

sprayer fecskendő, permetező; *en* szórótányér; *ép* festékszóró gép; szórópisztoly, légecset, aerográf; *gép* porlasztó(cső), fúvóka; *mzg* permetezőgép; ~**-boom** *mzg* permetelosztó cső; ~**-nozzle** *mzg* permetezőfúvóka, szórófej; ~ **room** *ép* festékszóró helyiség/fülke

spraying permetezés, porlasztás; eloszlatás; szétterjedés; pulverizálás; *ép, műa* szórás *(festéké, bevonaté)*; *gép* fecskendezés; *gépk* dukkózás, fényezés; *pa* nedvesítés; *tex* esőztetés; ~ **apparatus** szórókészülék; ~ **booth** *ép* porlasztó festőfülke; ~ **electrode** *el* sugárzó elektród; ~ **gun** *ép* porlasztópisztoly, szórópisztoly, légecset, aerográf; ~ **jet** *gép* porlasztófúvóka; ~ **machine** *ép* festékszóró gép; *mzg* permetezőgép; *pa* nedvesítőgép; ~ **mixture** *koh* felszóró javítóanyag; ~ **nozzle** fecskendőfej, permetezőfúvóka, permetezőfej, porlasztófej; keverőfúvóka *(torkrétbeton)*; *hidr* szórófej; *mzg* szórófej, fecskendezőfej; ~ **of water** *ép* vízporlasztás; ~**-pistol** → ~ gun; ~ **wheel** *gép* porlasztótárcsa

spread I. *v* (el)szór, szétszór; kiszór; kiterít, szétterít; (el)terjeszt, (szét)terjeszt; kiterjeszt; eloszt; szétlapít; befed, betakar; elszóródik, szétszóródik; elterjed, kiterjed, szétterjed; elterül; szétfolyik; *bány* csap *(csapásban halad)*; feszkéz; terjed; *bőr* kitereget; *geol* elterül; *gumi* impregnál, gumioldatot felken; *hajó* kifeszít *(vitorlát)*; *heng* nyújt; *vegy* monomolekuláris réteggé szétterít; **II.** *n* (szét)szóródás; (szét)szórás; (el)terjedtség, terjeszkedés; terjedelem; terjedés; *ép* építőgéppark, építőgép-állomány; felhordási arány, kiadósság; kúpszög; szétterjeszkedés *(vastag rétegben felvitt festékanyagé)*; *finm* lapfelület és mélység aránya *(csiszolt drágakőnél)*; *geof* terítés; terjedés; *gép* tengelytávolság; *gépk* nyomtáv *(járműé)*; *kat* szórásterület; *mat* halmaz, ponthalmaz; sereg; terjedelem; *nyom* egész lapos *v.* többhasábos újsághirdetés; egész oldalas főcím; széles cím *(több hasábot átfogó)*; *rep* fesztávolság; *szt* szórás, szóródás; *távk* szórási zóna; *tex* takaró; *vasút* síntávolság; ~**-and-level** *v ép* planíroz; ~ **arc welding** *heg* elektród keresztirányú ide-oda mozgatásával végzett ívhegesztés; ~ **bar** *ép* keretmerevítő rúd; ~ **board** *tex* felrakógép, szalagozógép; ~ **change** *geof* átterítés; ~ **coating** *gumi, műa, tex* szövetkenés; ~**-correction** *geod* terítés korrekciója; *kat* szóráshelyesbítés; ~ **factor** *geof* terítési tényező; ~**-firing** *koh* szóró tüzelés; ~ **footing** *ép* kiugró/kiszélesedő alap; ~ **ga(u)ge** *el* feszítőfoglalat; ~ **head** *heg* széles varrat; ~ **layer chromatography** *vegy* rétegkromatográfia; ~ **layout** *geof* terítési alakzat; ~ **length** *geof* terítéshossz; ~ **lens** *opt* szórólencse; ~ **line** *geof* terítés vonala; ~ **of fire** *ép* tűzterjedés; ~ **of grain size** *bány* szemcseméret-spektrum; ~ **of holes** *bány* furatok elosztása; fúrólyukak elrendezése; ~ **of points** *aut* pontszórás; ~ **of the foundation** *ép* alapozás kibővítése/kiszélesítése/terjedelme; síkalapozás; ~ **over** *v* ráborít, ráterít, elterít; ~ **positioning** *geof* terítés kitűzése; ~ **the dye** *v tex* színezéket felvisz; ~ **the rolls** *v élip* hengerrést tágít

spreader *bány* feszke; hányóeke; oldalfeszíték; *ép* aszfaltozó, aszfaltterítő; földterítő gép; habarcsterítő szerkezet, anyagelosztó szerkezet; konténermegfogó keret; teherelosztó; *fa* furnérenyvező gép, enyvfelhordó készülék; *gép* feszítőgyűrű; *gépk* kereszttartó, távtartó rúd; *gumi* köpenyfeszítő gép; szövetgumizó gép; *műa* terelő, elosztó, torpedó; *mzg* szórógép *(pl. trágyaszóró)*; talajegyengető eke; *pa* felhordó/mázoló/elosztó/szétterelő/feszítő henger; *távk, rád* széttartó rúd/közdarab; *tex* felrakógép; feszítő szerkezet *(vetélőcsévén)*; szalagozógép; szélességfeszítő; *vasút* nyomköztágító szerkezet; síngyalu(gép); ~ **and seeder** *mzg* univerzális vető- és műtrágyaszóró gép; ~ **bar** *ép* emelőhimba; *pa* ráncsimító; ~ **beam** *ép* emelőgerenda; ~ **calender** *gumi* kenő kalander; ~ **clutch** *gép* dörzsgyűrűs kapcsoló; ~**-ditcher snow-plough/snowplow** *vasút* terítő árokásó rendszerű hóeke; ~ **finisher** *ép* aszfalt-finiser; ~ **frictioning** *gumi* gépi felkenés; ~ **groove** *gép* olajelosztó horony *(csapágy hosszában)*; ~ **knife** *gumi* kenőkés, kenőgép kése; ~ **plough/plow** talajegyengető; ~ **power** *nyom, tex* felhúzóképesség; ~ **roll** *pa* ránckihúzó henger; spirális henger; ~ **snow-plough/snowplow** *vasút* terítő hóeke; ~ **worm** *élip* elosztócsiga

spreading I. *a* kinyúló, táguló; szélesedő, kiterjedő; **II.** *n* elszórás, szétszórás, kiszórás, kiterítés, szétterítés; elterjesztés, szétterjesztés; kiterjesztés; eloszlás; szétlapítás; kifejlődés; kifejlesztés; befedés, betakarás; elszóródás, szétszóródás; elterjedés, kiterjedés, szétterjedés; szétfolyás; *any* szétterülés; *bány* feszkézés; terjedés; *bőr* kiteregetés; *ép* felrakás *(festéké)*; festékszórás; *geol* elterülés; talajkitérés; *gumi* átható/áthatoló kenés; bevonás gumival, impregnálás; *heng* nyújtás; szélesedés; ~ **brush** *pa* mázolókefe; ~ **chest** *gép* kenőgépsisak; ~ **hammer** *szersz* domborító kalapács; ~ **knife** *gumi* „rakli"; ~ **machine** *ép* betonelosztó kocsi; *tex* felrakógép, szalagozógép; ~ **of a film** *vegy* szétterülés monomolekuláris réteggé; ~ **of earth/soil** *ép* földtömegelosztás; ~ **of the current** *el* árameloszlás; ~ **operation** *heng* nyújtási művelet; ~ **rate** *ép* kiadósság, felhordási arány; ~ **resistance** *el* bázis—emitter-ellenállás; *ép* szétterjedési ellenállás; ~ **thickness** terítési vastagság; ~ **weld** *heg* széles varratú hegesztés

sprig I. *v* odaszegez; peckekkel odaerősít; **II.** *n* ág, gally(acska); *ép* ágas ékítmény; fejetlen szeg, faszeg; *gép* csap, tüske, pecek; fej nélküli (apró) szeg; *önt* homokszeg; *tex* ágas-bogas hímzésminta; ~ **bolt** *szer* tüskés csavar

spring I. *v* ugrik; ered, származik; fakad; *bány* felrepeszt; fúrólyukat tágít *(robbantással)*; szétrobbant; *ép* kiindul, hajlik, ível; *fa* megvetemedik, meggörbül; *geol* fakad, (fel)szökik, feltör *(víz)*; *gép* pattan *(rugó)*; rugóz, rugóval ellát/támaszt; rugózik; *hajó* felhasad; megreped; *kat* robbant *(aknát)*; **II.** *n* forrás, eredet; ugrás, visszapattanás; rugó; *élip* ruganyosság, rugalmasság; *ép* felhasadás, széthasadás, szétrepedés; *fa* megvetemedés; *gép* rugalmas rúd; rugó; *hajó* árbocrepedés; hátratartó/kikötő kötél; *hidr* forrás, buzgár; *kat* (helyretoló) rugó; *mech* rugékonyság; rugóerő, rugalmasság; *met* tavasz; *mzg* rugós fog *(boronáé, kultivátoré)*; *ol* kút, forrás; ~**-actuated** rugóműködtetésű; rugóhatás alatt álló, rugóval működtetett; rugós, rugózott; ~ **adjusting tool** *alak* rugóhajlító; ~ **adjustment** *gép* rugós beállítás; ~ **a leak** *v hajó* léket kap, felhasad *(oldalfal)*; ~ **anchorage bracket** *gépk* rugóbak; ~ **antimicrophonic valve holder** *rád* rugós csőfoglalat; ~ **arch** *gép* ívelt laprugó; ~ **assembly** *gép* rugóköteg; *távb* rugószerelvény; ~ **a trap** *v* csapdát lecsappant; ~ **a well** *v hidr* kutat ás; ~ **back** *v gép* visszaugrik; ~**-back** *gép* visszarugózás; *mech, gép* visszaugrás; ~**-balance** *metr* rugós mérleg; ~**-balancing device** *gép* rugós kiegyensúlyozó szerkezet; ~ **barometer** *met* rugós barométer; ~ **bath** *tex* kezdő fürdő; ~**-beard sinkerless knitting** *kh* platina nélküli horgas/rugónyelves kötés; ~ **bearing** *gép* rugós csapágy; ~ **bender** *el* rugóállító *(jelfogón)*; ~ **bipod-catch** *kat* villaállvány-kapcsolófülecsrugó; ~ **blinds** *pl tex* (vászon) görredőny, (vászon)roló; ~ **block** *gép* rugótámasz; ~ **bolster** *gép* rugós alátét; ~ **bolt** *szer* rugócsap(szeg); rugós/felhasított csapszeg; ~ **bows** *pl* rugós nullkörző; ~**-box** *geod* rugótartó hüvely; *vasút* hordrugószekrény; ~ **bracket** *gép* rugótartó keret, rugóbak; ~ **break-up** *hidr* jéglevonulás; ~ **buckle** *gép* rugókengyel; ~ **buffer** *gépk* rugós ütköző; ~ **bumper** *gépk* rugós lökhárító; ~ **button** nyomógomb; ~ **cable winding drum** *ép* rugós kábeldob; ~ **callipers** *pl* rugós tapintókörző; ~ **cap** *gép* rugótányér; ~ **carrier** *gép* rugófüggesztő; ~ **carrier arm** *gép* rugótartó kar; ~**-case** *gép* rugótok; ~ **casing** *gép* rugóburkolat; ~ **catch** *ép* rugós/csatos zár; *tex* rugós vonalvezető; *vasút* rugós állító fogantyú; ~**-centre/**~**-center bolt** *gépk* magcsavar *(laprugón)*; ~ **characteristic** *mech* statikus jelleggörbe; ~ **chuck** *gép* patronos tokmány; ~ **clamp** *gépk* rugóbilincs *(laprugóhoz)*; rugós szorító; ~ **clearance** *távk* rugóhézag *(jelfogón)*; ~ **clip** *gépk* rugópánt *(cugpánt)*; rugós szorító/csíptető; ~**-clip plate** *gép* rugóköteget összefogó lemez; ~ **collet** *gép* rugós (befogó)patron; ~ **compression** *mech* rugónyomás; ~ **constant** *mech* rugóállandó; ~ **contact** *el* rugós érintkező; ~ **copper** *any* rugókeménységű réz; ~**-core catcher** *geol* rugós magmintavevő fúrófej; ~ **coupling** *mech* rugós csatolás; ~**-coupling plate** *gép* rugókapcsoló kengyel/lemez; ~ **cover** *gép* rugóburkolat, rugóköpeny; ~ **cup** *gép* rugótányér; ~ **cushion** *gép* rugalmas ágyazás, rugózó alátámasztás; ~ **damper** *gép* rugós lökéscsillapító/lengéscsillapító; rugós ütköző; ~ **damping** *el* rugós csillapítás; ~ **dart** *ol* rugós csőmentő szerszám *(mélyfúráshoz)*; ~ **deflection** *mech* behajlás *(rugóé)*; ~ **die** *szersz* áthajtó tüske; ~ **divider** *szer* rugós hegyeskörző; ~ **drum** *finm* rugódob, rugóház; ~ **equalizer** *vasút* rugókiegyenlítő himba; ~ **extremity** *gép* rugósaru; ~ **eye** *gép* (rugó)fülecs, (rugó)szem; ~**-eye bolt** *gép* rugókötegcsapszeg; ~**-eye bush** *gép* rugókötegfülecs-persely; ~**-eye bushing** *gépk* rugócsapszegpersely *(rugószemben)*; ~**-fixing ga(u)ge** *szersz* rugóbeállító idomszer; ~ **flap** *gép* rugós csappantyú; ~ **flood** *hidr* tavaszi ár(víz); ~ **force** *mech* rugóerő; ~ **forge** *alak* rugókészítő kovácsüzem; ~ **fork** *gép* rugózott villa; ~**-forming machine** *gép* rugótekercselő gép; ~ **front** *hidr* forrásvonal; ~ **fuse** *bány* robbantógyutacs; ~ **gaiter** *gép* rugóburkolat; ~ **galvanometer** *el* rugós galvanométer; ~ **governor** *gép* rugós szabályozó; ~ **gravimeter** *metr* rugós graviméter; ~ **grease cup** *gép* rugós zsírzószelence; ~ **guide** *gép* rugóvezető hüvely/tok; ~ **guide-pin** *kat* rugóvezető hüvely csapszege; ~ **hammer** *koh* rugós kalapács; ~ **hanger** *gép* rugóbak; rugós akasztóhorog; ~ **harrow** *mzg* rugós fogú borona; ~ **heel** *cipő* éksarok *(rövid)*; ~ **hoe** *mzg* rugós barázdanyitó/kapa *(vetőgépen)*; ~ **hook** *ép* biztonsági horog; rugós ajtózár; rugós horog, karabinerhorog; *tex* rugós fonalvezető; ~ **hoop** *gép* rugóösszefogó kengyel; ~**-housing** *gép* rugóház; ~ **in** *v gép* hajlítással nyílásba behelyez; ~ **in fractured rock** *hidr* törmelékforrás; ~ **insert** *gépk* súrlódásgátló betét *(laprugó rugólapjai között)*; ~ **into neutral** *v gép* semleges állásba ugrik; ~ **jack** *távb* rugós kapcsolóhüvely; ~ **jaw** *tex* csévebefogó pofa; ~**-knitting machine** *kh* körhurkoló gép; ~ **leaf** *gép* rugólap *(rugókötegé)*; ~**-leaf retainer** *gép* rugólapokat összefogó kengyel *(rugókötegen)*; ~ **leg** *rep* rugós futóműtag; ~ **lever** *gép* rugóemelő; ~ **line** *ép* vállvonal *(ívnél)*; ~ **load** *mech* rugóterhelés; ~**-loaded** *mech* rugóhatás alatt álló; rugós (terhelésű); ~**-loaded gas-lift valve** *ol* rugóterhelésű segédgázszelep; ~**-loaded governor** *gép* rugós szabályozó; ~**-loaded tine** *mzg* rugós terhelésű fog *(kultivátoré)*; ~**-loaded valve** *gép* rugós szelep; ~ **lock** *gép* rugószár *(beugró retesszel)*; *kat* ütőrugó *(géppuskáé)*; ~**-locking clip** *kat* rögzítővilla; ~ **lubricator** *gép* rugós kenőszelence; ~ **mandrel** *heng* rugós tüske; rugózó csőtágító tüske; ~ **manometer** *metr* rugós nyomásmérő; ~ **moisture** *fa* tavaszi nedvesség(többlet); ~ **mounting** *gép* rugalmas ágyazás/szerelés; ~**-mount perch** *gép* rugóágy; ~ **needle** *kh* horgas tű; *tex* rugózó tű *(láncfonalőrön)*; ~**-needle machine** *kh* rugós kötőgép; ~**-operating** *gép* rugóműködésű, rugós; ~**-opposed air valve** *gép* rugóellenállású levegőszelep; ~ **packing** *gép* rugalmas/rugós tömítés; ~ **pad** *gépk* rugóágy; ~ **pan** *gép* rugótányér; ~ **path** *mech* rugójáték; ~ **pawl** *gép* rugós zárókilincs; *kat* irányzéknyomó; ~**-picking motion** *kat* rugós ütőszerkezet; ~**-pick loom** *tex* rugós ütközős szövőgép; ~**(-)pin** *gép* rugós pecek/(csap)szeg; *gépk* rugócsap; ~ **pinchcock** *szer* rugalmas csőszorító bilincs; ~**-pivot seat** *gép* rugalmas sarokcsapülés, billenő rugóágy; ~ **planing-tool** *szersz* könyökös gyalukés; ~ **plate** *gép* rugótányér; ~ **pocket** *gép* rugós tok; ~ **points** *pl vasút* rugós váltó; ~**-pole** *bány* fúrórúd *(kézi fúráshoz)*; ~ **power** *mech* rugalmasság; ~ **pressure** *mech* rugónyomás; ~**-pressure ga(u)ge** *metr* rugós manométer; ~**-rail frog** *vasút* rugózott csúcsbetétes kitérő/váltó; ~ **rate** *mech* rugóállandó; ~**-rebound clip** *gép* rugóköteg-szorító/rugóösszetartó kengyel; ~ **recuperator** *kat* rugós helyretoló; ~**-release hitch** *mzg* rugós kapcsoló *(vontatott ekéé)*; ~**-release standard** *mzg* félmerev szár *(kultivátoron)*; ~ **retainer** *gép* rugótányér; ~**-retainer cotter** *szer* rugórögzítő sasszeg; ~**-retaining cap nut** *szer* porlasztótartórugó-leszorító menetes csavar; ~ **return** *gép* rugós helyretolás; *mech* rugóvisszaugrás; ~ **ring** *ép* feszítőgyűrű, szorítógyűrű; ~**-ring closing machine** *vasút* rögzítőgyűrű-behengerlő gép; ~**-ring control** *gép* rugós feszítőgyűrű-kapcsolás, rugós feszítőgyűrű-vezérlés; ~ **rod** *mech* rugós vonórúd/csap; ~**(-)rule** *metr* tokos acél mérőszalag; ~**s** *pl gép* rugózás; *hidr* hőforrás, termálforrás; ~ **saddle** *US gép* rugóágy; ~ **safety valve** *gép* rugós biztonsági szelep; ~ **screen** *ép* laprugós rosta; ~**-seat** *gép* rugós/rugalmas ülés; rugótányér; rugóülés, rugófészek; ~ **seating** *gépk* rugóágy *(laprugóé)*; ~ **seismometer** *geod* rugós szeizmométer; ~ **set** *távb* rugószerelvény; ~**-shackle** *gépk* rugóbilincs, rugókengyel; *szer* ugrókengyel *(lakaton)*; ~**-shackle bolt** *szer* rugókengyelcsapszeg; ~ **shaft** *tex* nyüsthúzó himba; ~ **shoe** *gép* rugósaru; ~ **silencer** *gép* rugózörej-tompító; ~ **slider** *gép* rugós csúszódarab; ~**-spade carriage** *kat* rugós-sarkantyús lövegtalp; ~ **spike** *szer* rugalmas sínszeg; ~ **spline** *gép* rugós húzóék/tengelyék; ~ **spoke** rugós küllő; ~ **steel** *koh* rugóacél; ~ **steel wire** *koh* rugóacélhuzal; ~ **stiffness** *mech* rugómerevség; ~ **stirrup** *gép* rugókengyel; ~ **stop** *gép* rugós ütköző; ~**-stud** *szer* rugórögzítő csavar; ~ **support** *gép* rugalmas alátámasztás; rugóbak; ~**-supported** rugózott; ~ **suspension** *távb* rugós felfüggesztés; ~ **switch** *el* rugós kapcsoló; *vasút* rugós váltó; ~ **tab** *rep* rugós kiegyenlítő lap; ~**-tab elevator** *rep* rugós kiegyenlítésű magasságkormány; ~ **take-up** *gép* rugós feszítőszerkezet; ~ **tension** *mech* rugófeszültség; ~**-tension**

pawl *gép* rugófeszítő kilincs; ~ **terminal** *el* rugós szorító; ~ **tide** *hidr* szökőár; ~**-tie bolt** *gép* rugóköteget összefogó csapszeg; ~ **tine** *mzg* rugós villafog/borona; ~ **tool** *szersz* rugós szerszámkés; ~ **track** *közl* rugós hernyótalp; ~ **travel** *gép* szelepnyitás, szelepemelkedés; ~ **trip** *gép* rugós kikapcsoló szerkezet; *mzg* rugószár *(kultivátoron)*; ~ **tube** *gép* rugóház; ~**-type counterrecoil mechanism** *kat* rugós helyretoló szerkezet; ~ **van** *közl* rugózott kocsi; ~ **vibrator** *ép* rugós felfüggesztésű vibrátor; ~ **washer** *gép* rugós alátét; ~ **water** *hidr* forrásvíz; ~ **water discharge** *hidr* forráshozam; ~ **wire** *távb* érintkezőcsúcs; tűérintkező; ~ **wool** *tex* tavaszi nyírású gyapjú

springer rugókészítő munkás; *élip* bombírozott bádogedény; *ép* boltszék; boltváll; ívgyám

springiness *hidr* forrásgazdagság; *mech* rugalmasság; *met* nedvesség

springing *bány* felrepesztés; fúrólyuktágítás, katlanozás; szétrobbantás; *ép* boltgyám, boltváll, (ív)vállvonal, (bolt)vállvonal; *fa* meggörbülés, megvetemedés; *gumi* rugózás; ~ **block** *ép* boltozati vállkő; ~ **charge** *bány* fúrólyukbővítő töltés; *ép* boltvállréteg, boltvállsor; ~ **level** *ép* vállmagasság *(ívnél)*; ~**-line** *ép* vállvonal; ~ **of a bath** *tex* színezőoldat megerősítése; ~ **of the blast hole** *bány* robbantólyuk-tágítás; ~**-stone** *ép* vállkő, gyámkő *(boltozaton)*

springy rugós, rugózott; rugózó; ruganyos; rugalmas; *hidr* forrásokban gazdag

sprinkle I. *v* szétszór, széthint; permetez, fecskendez, fröcsköl; *élip* meghint, beszór *(liszttel)*; *met* szitál, szemerkél; *mzg* (meg)locsol, öntöz; esőztet; *nyom* márványoz *(könyvtáblát)*; **II.** *n* permetezés, fecskendezés; *met* permetező eső; *mzg* locsolókanna, öntözőkanna; szórófej; ~ **pipe** *élip* szórócső

sprinkled edges *pl nyom* foltozott metszés

sprinkler tűzoltó berendezés, sprinkler, tűzfecskendező, sugárcső *(tűzoltáshoz)*; *hidr* esőztetőberendezés, öntözőberendezés; locsoló; permetezőberendezés *(öntözéshez)*; szórófej; *mzg* permetező öntöző; ~ **equipment with stable pipes** *hidr* beépített csőhálózatú esőztetőberendezés; ~ **head** *hidr* szórófej; ~ **installation** *mzg* vízpermetező berendezés; ~ **irrigation** *mzg* esőztető/permetező/esőszerű öntözés; forgó szórófejes öntözés; ~ **lateral** *hidr* (esőztető) szárnyvezeték; ~ **lorry** locsoló gépkocsi/jármű, öntöző gépjármű; ~ **nozzle** *hidr* szórófej; ~ **range** *hidr* szórófej szórási távolsága; ~**-scheme pumping plant** *hidr* nyomásközpont; ~ **system** sprinklerberendezés *(tűzvédelmi berendezés)*; *hidr* esőztetőrendszer; ~ **tank** *ép* sprinklerberendezés tartálya; ~ **truck** *US közl* locsoló gépkocsi/jármű

sprinkling permetezés, (szét)szórás; fröcskölés; *élip* beszórás, behintés *(liszttel)*; *ép, mzg* esőztetés; *mzg* fecskendezés, (meg)locsolás, öntözés; *nyom* márványozás *(könyvtábláé)*; *tex* öblítés; ~ **brush** *ép* fröcskölőecset; ~ **can** *hőt* olajfecskendő; ~ **filter** permetező/csepegtető szűrő; ~ **of the wheels** *ép* kerékpermetezés *(úthengeren)*; ~ **stoker** *hőt* szóró tüzelőberendezés

sprint car versenygépkocsi

sprite *szt* szellem; ~ **graphics** *szt* foltgrafika

sprocket *ép* cserépléc *(kiugró cserepek alá)*; *film, foto* (filmtovábbító) fogasdob; *gépk* lánckerék; *távk* fogasdob; ~ **bit** *szt* helyjelölő bit; ~ **chain** *gép* hajtólánc; hevederes lánc, Gall-lánc; ~ **channel** *szt* továbbító lyukcsatorna; ~ **feed** *szt* papírtovábbítás tüskés kerékkel *(nyomtatón)*; ~ **gear** *gép* lánckerék, csillagkerék; ~ **hole** *aut* lyukszalag vezetőlyuka; *film, foto* lyukasztás, perforálás; *szt* szinkronlyuk, vezetőlyuk; ~ **puller** *közl* lánckeréklehúzó *(motorkerékpáré)*; ~ **pulverizer** *mzg* rögtörő henger *(csillagkerekes tagokkal)*; ~ **shaft** *gép* lánckeréktengely; ~ **tooth** *gép* lánckerékfog; ~ **wheel** *film, foto* fogasdob; *gép* csillagkerék, lánckerék *(kerékpáron)*; hevedereslánchajtó kerék; *szt* tüskés kerék; ~**-wheel cutter** *forg* lánckerékmaró

spruce *fa* lucfenyő; ~ **gum** *vegy* lucfenyőgyanta; ~ **ochre/ocher** *vegy* barna okker; ~ **pulp** *vegy* lucfenyőcellulóz; ~ **pulpwood** *fa* szulfitpapírfa; ~ **shingle** *ép* fenyőzsindely; ~ **timber** *fa* fehér fenyőfélék

sprue *gumi* kihajtás *(vulkanizálási anyagfelesleg)*; sorja; *műa* beömlőnyílás; elosztó beömlőcsatorna; fröccskúp *(felöntés)*; *önt* függőleges öntőcsatorna nyílása; kaparék; öntőtölcsér; ~ **bush** *műa* beömlőcsatorna, beömlőtorok; ~ **groove** *önt* túlfolyócsatorna; ~ **lock-pin** *műa* felöntést kilökő csap, fröccskúpkidobó rúd; ~ **spider** *műa* vezetőcsatorna; ~ **with side ingates** *önt* függőleges öntőcsatorna oldalelágazásokkal

sprung rugós, rugózott; *any* megpattant; megrepedt; megvetemedett, elhajlott; ~ **arch,** ~**-arch roof** *ép* feszített boltozat; ~ **bonnet** *koh* támboltozat *(salakfogóé)*; ~ **drill-hole** *bány* utánrobbantott fúrólyuk; ~ **seam** *heg* megrepedt varrat; ~ **weight** rugózott súly

SPS → speech path switching; → string process system

SPST → single-pole single-throw (switch)

SPSW → single-pole switch

spud I. *v mzg* gyomlál; **II.** *n bány* mérési fixpont; *ép* ajtófélfa-csapolás, lehorgonyzóoszlop; ék; kihorgonyzócölöp *(úszókotróé)*; *fa* csapozás; kéreghántó kés; *geod* kitűzőcövek; *gép* tűszelep; *mzg* gyomirtó ásó, gyomlálóásó; gyomlálókapa, gyökérvágó kapa; ~**-leg pontoon** *ol* lábakra emelhető fedélzet; ~ **spear** *bány* mentőcsáklya *(kötél kiemelésére)*; ~**-type suction dredge(r)** *ép* kihorgonyzott szívókotró *(cölöphöz)*; ~ **vibrator** *ép* lapátvibrátor

spudder *ol* portábilis kötélfúró berendezés; ütőfúró szerkezet/berendezés

spudding *bány, ép* ütőfúrás; *ép* cölöplehajtás; *mzg* gyomlálás; *ol* fúrólyuk-kanalazás; ~ **bit** *bány* ütőfúróbetét; ~ **of the well** *ol* fúrás kezdete; ~ **pulley** *bány* kötéltárcsa *(kötélfúráshoz)*; ~ **shoe** *gép* fúrósaru; *ol* ütőfúrósaru *(pennsylvaniai fúrásnál)*; ~ **through soil** *bány* ütőfúrás hordalékban; ~ **well** *bány, ol* fúráskezdés, fúráskezdet

spun *tex* fonott; sodrott; ~ **concrete** *ép* pörgetett/centrifugált beton; ~ **concrete column** *ép* pörgetettbetonoszlop; ~ **concrete pile** *ép* pörgetett cölöp; ~ **concrete process** *ép* pörgetettbetonelem-gyártási eljárás; ~ **cotton** *tex* fonott pamut; ~**-dyed** *tex* fonalban színezett; fonóoldatban színezett; ~ **dyeing** *tex* színezés fonóoldatban; ~ **glass** *üveg* üvegfonal, üveggyapot; ~ **metal** *forg* nyomóesztergán alakított fém; ~ **nylon** *tex* nejlonszál; ~ **pipe** *ép* pörgetett cső, centrifugált öntéssel készült cső; ~ **rayon** *tex* műszál *(vágott)*; ~**-rayon fabric** *tex* vágott szálú fonalból készült műselyem áru; ~**-rayon waste** *tex* műszálhulladék; ~

rayon yarn *tex* vágott szálú műselyem fonal; ~ **silk** *tex* fonott selyem; selyemfonal; ~**-textured yarn** *tex* szálhúzásnál texturált fonal; ~ **viscose** *tex* viszkózszál; ~ **yarn** *tex* fonatolt áru, hulladékfonal, sappfonal

spunk I. *v* tüzet fog, meggyullad; **II.** *n* kanóc; tapló; gyújtófa; kénes gyufa

spur *ép* (töltéserősítő) borda *(útépítésnél)*; él *(bordáé, gerincé)*; gerendaágyazat; gerinc; gerincvonal; ideiglenes tető-alátámasztás; *geol* lejtőkúp; nyúlvány; *gép* tűfog; *gépk* kapaszkodókarom *(lánctalpé)*; *hidr* sarkantyú; *műa* felöntés, kocsány; *pa* fekvés *(papírívé)*; *rep* farokcsúszó; *tex* vetélőorr; *vasút* leágazó vágány *(rendes forgalom nélkül)*; ~**-anchor** *tex* vetélőorrnyúlvány; ~ **dike/dyke** *hidr* bekötő töltés; ~ **duct** *hidr* bevezető csatorna; ~ **gear** *gép* homlok(fogas)kerék; külső fogazású hengeres fogaskerék; ~ **geardrive** *gép* homlokfogaskerék-hajtás; ~**-gear(ed) planer** *szersz* homlokfogaskerék-áttételes/fogaskerék-hajtású gyalugép; ~ **gearing** *gép* homlokfogaskerék-áttétel; ~ **guard** *gép* biztosító sarkantyú/pecek/ujj; ~ **insulator** *el* orros (harang)szigetelő; ~ **line** *hidr* bevezető (cső)vezeték; ~ **pile** *ép* ferde teherviselő cölöp; ~ **post** *ép* kerékvető (cölöp); ~ **ridge** *geol* előugró hegygerinc; hegyorr; ~ **rim** *gép* egyenes fogazású fogaskerék-koszorú; ~ **road** *ép* bevezető út; ~**s of lava** *pl geol* lávató; ~ **track** *bány* vakvágány *(csilleváltáshoz)*; *vasút* csatlakozó vágány; mellékvágány; ~**(-)wheel** *gép* homlok(fogas)kerék; *tex* mérőtárcsa; ~**-wheel countershaft** *gép* homlokfogaskerekes előtéttengely

spurious hamis, ál; ~ **accuracy** *metr* látszólagos pontosság; ~ **beat frequency** *aut* zavaró lebegési frekvencia; ~ **capacitance** *el* szórt kapacitás; ~ **coincidence** *at, fiz* véletlen(szerű)/random koincidencia, álkoincidencia; ~ **correlation** *fiz* mesterséges korreláció, álkorreláció; ~ **count** *at* zavaró/káros/parazita beütésszám; ~ **coupling** *el, rád* káros csatolás, parazitacsatolás; ~ **course** *el, rád* mellékes hullámpálya; ~ **energy** *geof* álrengéshullám; ~ **frequency** *el, fiz* zavarófrekvencia; ~ **growth form** *krist* hamis növekedési forma; ~ **harmonic radiation** *rád, távk* harmonikus (parazita)sugárzás; ~ **image** *tv* szellemkép; ~ **impedance** *el* káros impedancia; ~ **modes** *el, rád* mellékrezgési módok *(magnetronban)*; ~ **modulation** *el, rád* káros modulálás; ~ **oscillation** *távk* vadrezgés, zavaróhullám; ~ **pick-up** *távk* közvetlen vétel; ~ **potential** *geof* hamis potenciál; ~ **printing** *távk* átmásolódás, áthallás; ~ **pulse** *fiz* zavaróimpulzus; ~ **radiation** *távk* parazitasugárzás, vadsugárzás; ~ **response** *rád, távk* téves jelek vétele, hamis vétel; ~ **signal** *rád, távk* hamis jel; zavarójel, szellemjel; ~ **signals** *rád* rádiózavarok; ~ **tube counts** *aut* számlálócsövet zavaró impulzus; ~ **wave** *távk* vadrezgés, zavaróhullám

spurt I. *v* kilövell; fecskendez; szétfröcsköl *(folyadékot)*; **II.** *n hidr* folyadéksugár; *met* (hirtelen) szélroham; *rád* impulzus; ~ **loss** *ol* pillanatszerű kiszűrődés

sputnik *űr* szputnyik, mesterséges bolygó, műbolygó

sputter I. *v* bugyog; fröcsköl; fecskendez; *el* fémmel bevon/beszór; **II.** *n* zaj, zörej; *el* szórt fémbevonat; *gépk* motorakadozás; ~ **coating** *el* katódporlasztás; ~**-ion pump** *el* porlasztásos ion-getterszivattyú; ~ **loss** *koh, önt* freccsenési veszteség; ~**-ring source** *el* magnetron

sputtering szétfreccsenés, szétfröcskölés; fecskendezés; *el* fémbevonás; katódporlasztás, katódporlódás; *fiz* porlasztás, pulverizálás

spyglass *opt* kézilátcső, kis távcső

spyhole kém(le)lőlyuk, kémlelőnyílás; lesőlyuk

SQ → squint quoin

SQC → statistical quality control

sq.cm. → square centimetre

sq.ft. → square foot

sq.in. → square inch

sq.km. → square kilometre

sq.m. → square metre

sq.mm. → square millimetre

squab párnás ülőzsámoly; *gépk* üléstámla párnázata

squabbing roll *heng* lépcsős henger

squad *bány* földdel kevert laza ónérc; *ip* brigád, csapat; *kat* osztag, különítmény; raj; ~ **car** URH-kocsi

squadron *hajó* hajóraj; *kat* század *(lovassági v. repülő)*; ~**s** *pl mzg* munkagépaggregát

squalene *vegy* szkvalén, squalen

squall *met* szélroham; ~ **cloud** *met* zivatarfelhő, záporfelhő; ~ **front** *met* záporfront; ~ **line** *met* szélllökésvonal; záporfront

squander *bány* megszüntet, elolt *(bányatüzet)*

square I. *v* derékszögűre alakít/készít; négyzetessé tesz, négyszög(let)esít; derékszögbe állít; derékszögel; derékszögben áll, derékszöget/négyszöget képez; merőlegesen áll; beigazít, hozzáigazít, megigazít, hozzáilleszt; megegyezik, összeillik; kimér; *bány* derékszögű kamrát vág; *ép* kváderoz, negyedel; *fa* élre farag; kinagyol; le(sz)élez; lesarkal; *geod* (hálózatosan) beoszt; beszintez, derékszöget ellenőriz; területet kiszámít; *mat* négyszögesít; négyzetre emel; **II.** *a* négyzet alakú, négyzetes, négyzet-; négyszögletes; szögletes; derékszögű, merőleges; **III.** *n* négyszögletes kiképzés/rész; négyzet; *csill* negyed; *ép* (négyszögletes) udvar; tér *(városban stb.)*; *US* (négyszögletes) háztömb; *heng* négyzetacél (rúd); *kat* négyszögalakzat; *mat* hálózat egy szeme; hálózati négyzet, hálózat négyzete; háromszögű vonalzó *(derékszögű, rajzoláshoz)*; négyzet *(idom és második hatvány)*; ~ **area** négyszögletes terület/felület; ~ **array** *mat* négyzetes mátrix; ~ **bar** *heng* négyzetrúd, négyzetacél; ~**-bar spiral spring** *gép* négyszög keresztmetszetű tekercsrugó; ~**-bar steel** *ép* négyzetacél; ~ **base** *ép* négyzetes alap; ~**-base** négyzet alapú/alaprajzú, négyzetes alapú; *kat* hengeres fenékrészű *(gránát)*; ~ **bloom** *önt* négyzetes buga; ~ **bracket** *mat, nyom* szögletes zárójel; ~ **broach** *forg* négyzetes üregelőtüske; ~**-bung screw** *szer* gúlafejű csavar; ~**-butt joint** *ép* négyszögletes végű egyenes (gerenda)illesztés; *heg* I varrat; ~**-butt weld** *heg* I varrat; ~ **cascade** *at* négyzetes *v.* azonos cellákból álló kaszkád; ~ **centimetre/centimeter (sq.cm.)** négyzetcentiméter; ~**-chamber system** *bány* fejtés négyzetes kamrákkal; ~ **check** *tex* kockás minta; ~ **cloth** *tex* kvadratikus szövet; ~ **cogging** *ép* keresztrovás *(fakötés)*; ~**-cornered entrance** *ép* négyzetes bejárat; ~**-corner halving** *ép* saroklapolás; ~**-cosine impulse** *el* koszinusznégyzet-impulzus; ~ **cross section** négyzetkeresztmetszet; ~**-cut** (négy)szögletesre/négyzetesre/derékszögűre faragott/metszett/vágott; *bány* ék alakú betörés; ~-

cycle selector *távb* négyszög-választógép; ~ denticulation *ép* négyszögletes fogazás; ~-design paper *tex* mintarajzpapír; ~ deviation *mat* négyzetes eltérés; ~-diamond passes *heng* négyzet-rauta üregsor; ~ dome *ép* négyzetkupola; ~-dressed pavement *ép* kockakövezet; ~ drill collar *ol* négyzetes súlyosbító; ~ edge *cipő* széles/vastag talpszél; ~-edge butt joint *heg* egyenes szélű tompakötés; ~-edged leszélezett, lesarkított, négyszögletesre fűrészelt/faragott; ~-edged board *fa* ép élűen szélezett deszka; ~-edge weld *heg* egyenes szélű varrat; ~ elbow *szer* derékszögű csőkönyök; ~ file *szer* négyszögletes műhelyreszelő; ~-flattening hammer *mt* kovács-simítókalapács; ~ flatter *szersz* nyeles illesztő; ~ folding *nyom* váltakozó ívhajtogatás; ~ foot (sq.ft.) négyzetláb; ~ footing *ép* négyzetes alaptest; ~ ga(u)ge *tex* mérőszög *(kúpos felvetőhöz)*; ~ grid *mat* négyzetes hálózat; négyzetháló; ~ groove *fa, forg* négyzet keresztmetszetű horony; *heng* négyzetes hengerüreg, négyzetüreg; ~-groove weld *heg* I varrat; ~ grooving and tonguing *ép* négyzet keresztmetszetű hornyos-csapos kapcsolat; ~ head *gép* négylapfej; négyzetes fej; ~-head *gép, szer* szögletes/négyzetes fejű, négyszögfejű, négylapfejű; ~-head bolt/screw *szer* négylapfejű csavar; ~-head coach-screw *fa* négylapfejű facsavar; ~ hole *ép* négyzetes nyílás; ~-hole screen *bány* négyzetes nyílású rosta; ~ inch (sq.in.) négyzethüvelyk; ~ iron *heng* négyzetacél; ~-jaw clutch *gépk* derékszögű körmös tengelykapcsoló; ~ joint *heg* tompakötés; ~ kelly *ol* négyzetes forgatórúd; ~ kilometre/kilometer (sq.km.) négyzetkilométer; ~ knot *tex* takácscsomó; ~ law (SL) *fiz* kvadratikus/másodfokú törvény; négyzetes törvény(szerűség); ~-law capacitor *el* hullámegyenes/kvadratikus kondenzátor; veselemezes *v.* hullámhossz-lineáris forgókondenzátor; ~-law detection *el, rád* négyszögimpulzussá alakítás; négyzetes egyenirányítás; ~-law detector *el, távk* kvadratikus/négyzetes detektor; ~-law modulation *rád* négyzetes modulálás; ~-law rectifier *távk* négyzetes egyenirányító, A-osztályú egyenirányító; ~-law transformer *el* fázistoló transzformátor; ~-loop antenna *rád, távk* (négyzetes) keretantenna; ~-loop ferrite *any* derékszögű hiszterézisű ferrit; ~ mallet *szersz* szögletes asztaloskalapács; ~ matrix *mat* kvadrikus/négyzetes mátrix; ~ matrix of order n *mat* n-ed rendű négyzetes mátrix, n-szer n-es mátrix; ~-mean value of an alternating current *el* effektív érték *(váltakozó áramé)*; ~ measure területmérték; ~ mesh *mat* hálózati négyzet; ~-mesh grid *mat* négyzetháló; *rád* négyzetes mezejű hálórács; ~ metre/meter (sq.m.) négyzetméter; ~ millimetre/millimeter (sq.mm.) négyzetmilliméter; ~ net *mat* négyzetháló; ~ nut *szer* négylapú anya; ~ of errors *el* hibanégyzet; ~ off *v fa* derékszögben/(négy)szögletesre/négyzetesre lefarag/kifarag/megmunkál/levág; lenegyedel; sarkosít; ~ of glass *ép* ablaktábla, ablakkocka, ablaküveg; ~ of the distance *mat* távolságnégyzet, távolság négyzete; ~ of the Mach number *hidr* Rayleigh—Cauchy-szám; ~ of the standard deviation *mat* variancia, szórásnégyzet; on the ~ *mat* derékszögben; ~-oval passes *heng* négyzet-ovál üregsor; ~-paper *pa* mindkét irányban egyenszilárdságú papír; ~ pass *heng* négyzetüreg; ~ pier *ép* négyzetes pillér *(hídé)*; ~ pile *ép* négyzetes cölöp; ~-pitch *ép* tetőhajlásszög *(45°-os)*; ~ programming *szt* négyzetes programozás; ~ pulse *el* négyszögimpulzus; ~ reamer *forg* négyélű dörzsár; ~ roof *ép* nyeregtető *(45°-os dőlésű)*; ~ root *mat* négyzetgyök; ~-root extraction *mat* négyzetgyökvonás; ~-root method *szt* négyzetgyökös módszer, Cholesky-módszer; ~ rubble *ép* soros ciklopfalazás; ~ ruling keresztvonalazás, kockázás *(papíré stb.)*; ~s *pl fa* parafakocka; *heng* négyzetacél(áru); ~-sail yard *hajó* keresztvitorlarúd; ~-section wire *el* négyzetes huzal; ~ set *bány* bakácsolat; *ép* ajtókeret-ácsolat; ajtókötés-ácsolat; derékszögű ácsolat; ~-set caving *bány* művelés bakácsolattal; ~-set fabric *tex* kvadratikus szövet; ~-set flooring *bány* bakácsolat talpgerendája; ~-set framing *bány* keretácsolat; ~-set girt *bány* keretácsolat süvegfája; ~-set hammer *szersz* zömítőkalapács, simítókalapács; ~-set sill *bány* bakácsolat talpgerendája; ~-set stope *bány* bakácsolattal biztosított fejtés; ~-set stoping/working *bány* ácsolt fejtés; ~ setting *bány* biztosítás bakácsolattal; ~-shank bolt *szer* négyszögletes szárú csapszeg; ~-shank brace spoon-bit *ép* négyszögletes tövű kanálfúró; ~ shoot *bány* négy lyukból álló betörés; *ép* négyszögletes lefolyó *(fából)*; ~ sifter *élip* négyzetes szita, síkszita; ~ single base *ép* négyzetes szoliter (pillér)alap; ~ socket *szersz* négyszögfejű kéziüllő; ~ spigot *szer* négyzetes toldat *(csapvég)*; ~ staff *fa* négyszög keresztmetszetű szegélyléc; ~ steel *heng* négyzetacél; ~ step *ép* négyszög keresztmetszetű lépcsőfok; ~ stern *hajó* tükrös hajófar; ~ stock *heng* négyszög szelvényű hengerelt anyag; ~ stone *ép* faragott kő; ~ system *bány* művelési rendszer négyzetes pillérekkel; ~ tang *forg* négyszögmenesztő; ~ the end *v mt* munkadarab végét merőlegesre lemunkálja; ~ thread *gép* laposmenet; ~ threaded *gép* laposmenetű; ~ tie *ép* négyszögletes gerenda; ~ timber *bány* bakácsolat; derékszögű keretácsolat; ~-topped pulse *el* négyszögimpulzus; vágott csúcsú impulzus; ~ turret *szersz* négyszög revolverfej; ~ wave *el, távk* négyszöghullám; ~-wave generator/oscillator/radiator *el* négyszöghullámú generátor, négyszöghullámgenerátor; négyszögjel-generátor; ~-wave response *el* tranziens jelleggörbe; ~-wave voltage *el, távk* négyszöghullám-feszültség; ~ weight négyzetmétersúly; ~ well *el* négyzetes potenciálárok; ~ wire négyzetszelvényű huzal; ~ yard (sq.yd) négyzetyard

squareability *mat* kvadrálhatóság, négyszögesíthetőség

squared négyszögletes(re megmunkált); faragott; kockás *(papír stb.)*; *fa* élre faragott, szegletes, „kantnis"; *mat* négyzetre emelt; ~ atom *krist* kvadralizált atom; ~ beam *fa* fűrészelt gerenda; 3 ~ is 9 3 a négyzeten 9, 3 négyzete 9; ~ map *geod* négyzethálós/négyzethálózatos térkép; ~ paper *mat* kockás papír; ~ rubble *ép* terméskőfalazás; ~-shank reamer *forg* négyzetmenesztős dörzsár; ~ stone *ép* kváderkő; ~-stone masonry (work) *ép* kváderkőfalazat

squareness négyszögletesség

squarer négyszögesítő; *szersz* (négy)szögletesre/négyzetesre megmunkáló, bárdoló, faragó, nagyoló; *távk* négyszögjelformáló; ~ amplifier *távk* négyszögesítő erősítő

squaring négyszög(let)esítés; derékszögűre/(négy)szögletesre/négyzetessé alakítás/készítés/faragás/vágás; derékszögbe/négyszögbe állítás; derékszögű/négyszögű elrendezés; derékszögelés; megegyezés, összeillőség; *bőr* szőrmeleszabás; *ép* kváderozás; *fa* élrefaragás, négyszögre ácsolás; le(sz)élezés; negyedolás; *geod* (rajz)hálózat; *mat* négyszögesítés; négyzetre emelés; *távk* négyszögesítés; ~ **circuit** *el* impulzus-négyszögesítő áramkör; ~ **machine** *fa* szélezőgép; ~ **shears** *pl* párhuzamolló; szélezőolló; ~ **the circle** *mat* a kör négyszögesítése; ~**-up** *ép* tételes elszámolás; ~**-up lathe** *forg* állandó vágósebességű fejeszterga

squash I. *v élip* kásává/péppé zúz, összeprésel; pulposít; *rep* megcsúszik *(forduló közben)*; **II.** *n élip* kása, pép

squashing *rep* megcsúszás *(forduló közben)*

squashy *élip* kásás, pépes

squat I. *v ker* meglágyul; *vegy* (le)ülepedik, koagulálódik; **II.** *n bány* érclencse, kis érctömzs; ~ **ingot** *önt* vékonyított öntecs

squatting | temperature *ép* lágyuláspont *(Seger-kúpé)*; ~ **test** *ker* lágyuláspont vizsgálata

squawk rikácsoló hang *(hangszóróban)*; *rep* válaszjel; ~ **altimeter** *rep* magassági válaszjel; ~ **mayday** *rep* „mayday" válaszjel; ~ **standby** *rep* készenlét válaszjel

squeak I. *v* sivít, fütyül; csikorog, nyikorog; **II.** *n* sivítás, fütyülés, fütty, csikorgás, nyikorgás

squeaking *rád* fütyülés, sípolás

squeal I. *v rád* fütyül; **II.** *n rád* sivítás, fütyülés

squealing *rád* sivítás, fütyülés

squeegee gumihenger, hengeres/görgős kefe, hengerkefe; *el* simító, lehúzókés; *élip* gumibevonatú (kaparó)szerszám; *foto* fényesítő gumihenger; *gépk* gumibetét *(ablaktörlőé)*; *gumi* simítóhenger; *hajó* fedélzeti gumiszárító; *nyom* festékezőhenger, felhordóhenger; *tex* facsaróhenger; ~ **calender** *tex* facsaróhengeres kalander; ~ **starch** *élip* fehérjével szennyezett tengerikeményítő

squeezable waveguide *távk* összenyomható csőtápvonal

squeeze I. *v* kisajtol, kiprésel, kinyom, kifacsar; keresztülprésel, keresztülnyom; összenyom, összeprésel, összesajtol, összetömörít, összelapít; szétmorzsol, szétnyom, szétőröl, szétzúz; *nyom* lenyomatot készít, lehúz; *szt* összenyom *(tömörítésnél)*; **II.** *n* nyomás, préselés, sajtolás, szorítás, tömörítés; lenyomat *(nedves papíron v. viaszban)*; *bány* duzzadás, nyomás; *élip* préslé, (kisajtolt) gyümölcslé; ~ **board** *önt* nyomófej, nyomólap; ~ **cementing** *ol* nyomásos cementezés; ~**-crete pump** *ép* rotoros betonszivattyú; tömlős szivattyú; ~ **head** *önt* sajtolófej, sajtolólap; ~ **job** *ol* nyomásos cementezés; ~**-mo(u)lding machine** *önt* sajtoló formázógép; ~ **out** *v* kifacsar, kinyom, kiprésel, kisajtol; ~ **plate** *önt* nyomólap; ~ **pump** *ép* tömlős szivattyú; ~ **riveter** *szer* nyomó szegecselő, szegecselősajtó; ~**-roll** *gép* rotor; *pa* (elő)gaucshenger; facsaróhenger; ~ **rollers** *pl műa* záróhengerpár; *pa* zúzda; ~ **section** *el* lapos, változó keresztmetszetű vezeték; ~ **track** *film, rád* összeszorított/zsugorított hangsáv; ~**-type core-making machine** *önt* sajtolásos öntödei magkészítő gép

squeezed print *film* CinemaScope-kópia, szkóp-kópia

squeezer prés, sajtó; *élip* konzervdoboz-lezáró gép; lésajtó; *gép* szorítócsavar; *mt* zúzó(mű), törő; *tex* facsarógép; ~ **roll(er)** *pa, tex* facsaróhenger; ~**-type safety** *kat* nyomógombszerű billentyűbiztosító

squeezing kisajtolás, kipréselés, kinyomás, kifacsarás; keresztülpréselés, keresztülnyomás; összenyomás, összepréselés, összesajtolás, összelapítás, szétnyomás, szétzúzás; *alak* lapítás, zömítés; *pa* szétkenés *(őrlésnél)*; ~ **limit** *el* nyomó folyáshatár, összenyomhatósági határ; ~ **machine** *élip* sajtológép, facsarógép; *tex* facsarógép; ~ **pliers** *pl* présfogó; ~ **press** *nyom* szorítóprés

squegging *el* lengés; oszcilláció; rezgés; *távk* fűrészrezgéskeltés; ~ **generator** *el* (ön)záró oszcillátor, blocking-oszcillátor; ~ **oscillator** *távk* fűrészfog-oszcillátor

squelch *el, távk* csendeshangolás; ~ **circuit** *távk* zajzár; ~ **system** *el, rád* zajelnyomó (rendszer)

squib *bány* fúrólyukfenék-bővítő robbanótöltet; kanóc; robbanózsinór

squinch *ép* átmeneti boltozat

squint *ép* falsarok-idomtégla; *foto* fényrekesz-beállító; *távk* szögeltérés *(antennáé)*; szögeltérítő sugárzás; ~**(-angle)** *távk* antenna irányítási hibája, bandzsítás, kancsalítás, szögeltérés; ~ **quoin (SQ)** *ép* tompa falszöglet

squirrel|-cage *el* kalitkás; ~**-cage antenna** *távk* hengeres antenna; ~**-cage blower** hengeres (forgórészű) ventilátor; ~**-cage magnetron** *távk* turbátor; ~**-cage motor** *el* kalitkás motor *(rövidre zárt forgórészű aszinkron motor)*; ~**-cage rotor** *el* kalitkás forgórész; ~**-cage winding** *el* kalitkatekercselés

squirt I. *v* (ki)fecskendez, (ki)lövell *(folyadékot)*; **II.** *n* kilövellés; (víz)sugár; *gép* fecskendő; *kat* (lövés)sorozat; ~ **hose** *vasút* szénlocsoló tömlő; ~ **pump** *gép* fecskendőszivattyú; ~ **welding** *heg* por alatti félautomatikus ívhegesztés

squirted filament *el* fémpor péppel bevont izzószál

sq.yd → square yard

Sr → strontium

SR → saturable reactor; → secondary radar; → selective ringing; → shift register; → short-range; → slide resistance; → slip ring; → slow release; → slow running; → sound ranging; → specific resistance; → starting relay; → surveillance radar; → synthetic rubber; ~ **diode** → step-recovery diode

SRA → shift right arithmetic

SRBM → short-range ballistic missile

SRD → step-recovery diode

SRE → sodium-reactor experiment

SRO → surface runoff

SRP → specific rotary power

SS → screw socket; → screw steamer; → session service; → set screw; → side slope; → single sideband; → single sided; → single-signal; → slow speed; → soft-sized; → solid solution; → stainless steel; → star shell; → steamship; → superheated steam; → supersensitive; ~**-provider** *szt* SS-szolgáltató, viszonyszolgálatot nyújtó; ~**-user** *szt* SS-felhasználó

SSB → single-sideband (transmission)

SSC → single-silk-covered; → station selection code

SSCR → spectral-shift-controlled reactor

SSE → single-silk-enameled

SSF → supersonic frequency

SSG → standard-signal generator

SSI → small-scale integration

SSM → surface-to-surface missile
SSPS → satellite solar power station
SSR → secondary surveillance radar; → single-signal receiver
SST → step-by-step method; → supersonic transport aircraft
SSTV → slow scan television
st → short ton
ST → single-throw; → standard temperature; → standard time; → starting time; → summer time; → surface tension
stab I. *v* (meg)szúr, (meg)döf; *ép* meghúz *(alapvakolatot)*, falat durvít *(vakolat alá)*; **II.** *n* szúrás; *ol* cső(össze)toldás, (cső)összeeresztés
stabbing *ép* meghúzás, durvítás *(alapvakolaté)*; *nyom* drótfűzés; ~ **board** *ol* közbenső kapcsolóállás
stabilisation → stabilization
stability állandóság, állóképesség, állékonyság, ellenállóság, ellenállóképesség, stabilitás; *any* szilárdság; tartósság; *el* stabilitás; *ép* állékonyság *(falé)*; *fiz* egyensúly, stabilitás; ~ **analysis** *aut* stabilitásanalízis; ~ **at large angle of heel** *hajó* stabilitás nagy dőléseknél; ~ **by Ljapunov** *szt* Ljapunov-féle stabilitás; ~ **condition** *aut, el* stabilitási feltétel; ~ **criterion** *aut, el* stabilitási kritérium; ~ **domain** *aut, el* stabilitási tartomány; ~ **factor** *el, rád, távk* stabilitási tényező; *ép* biztonsági tényező *(támfalnál)*; ~ **limit** *aut, el* stabilitási határ; *mech* kihajlási határ; ~ **margin** *aut* stabilitási tartalék; ~ **moment** *rep* stabilizáló nyomaték; ~ **number** *ép* állékonysági tényező; ~ **of detonation** *bány* detonációstabilitás; ~ **of difference methods** *szt* differenciamódszerek stabilitása; ~ **of dimensions** *tex* mérettartás; ~ **of explosive(s)** *bány* robbanóanyag állékonysága; ~ **of foam** *fiz* habtartóság, habstabilitás; ~ **of shade** *tex* színtartóság; ~ **of shape** *fiz* alaktartás, alaktartóság; ~ **plane** *mech* stabilitás síkja; ~ **range/region** *el, krist* stabilitási tartomány; ~ **test** *el* kábel-hőállósági vizsgálat; *gyógyv* stabilitásvizsgálat; ~ **to air** *tex* időjárás-állóság; ~ **to tropical conditions** *gumi* trópusállóság; ~ **value** *rep* stabilitási érték
stabilization stabilizálás; stabilizáció; állandósítás; ~ **annealing** *koh* stabilizáló lágyítás; ~ **column** *ol* stabilizálókolonna; ~ **factor** *el* stabilizálási tényező; ~ **lake** *hidr* stabilizációs tó; ~ **network** *aut* stabilizáló hálózat; ~ **of clay** *ol* agyag stabilizálása; ~ **of operating point** *félv* munkapont-stabilizálás; ~ **of surfaces** *félv* felületpassziválás; ~ **plant** *ol* stabilizálóüzem, stabilizálóegység; ~ **resistance** *el* stabilizáló/állandósító ellenállás; ~ **unit** → ~ plant; ~ **voltage** *el* stabilizáló feszültség
stabilizator *vegy* stabilizátor, stabilizáló(szer) hatóanyag
stabilize stabilizál, állandósít; rögzít; (meg)szilárdít; *ép* kitámaszt, kitalpal *(darut, kotrót)*; *hajó, mech, rep* egyensúlyoz, stabilizál; *hők* feszültségtől mentesít; *tex* (méret)állandósít
stabilized állandó, állandósult, stabil(izált); ~ **feedback** *el* negatív visszacsatolás; ~ **feedback amplifier** *el* negatív visszacsatolású erősítő; ~ **gasoline/naphtha** *ol* stabilizált/gázmentesített benzin, stabilgazolin; ~ **glass** *üveg* nem homályosodó üveg; ~ **gravimeter** *geof* statikus graviméter; ~ **high-voltage power unit** *el* stabilizált nagyfeszültségű generátor; ~ **layer** *ép, vasút* pályaszerkezet alsó része; ~ **petrol** → ~ gasoline; ~ **pinch** *at* stabilizált pinch-effektus; ~ **power supply unit** *el* stabilizált hálózati tápegység; ~ **soil** *rep* stabilizált talajrétegű alap; ~ **voltage** *el* szabályozott/stabilizált feszültség; ~ **voltage source** *el* stabilizált feszültségforrás, feszültségstabilizátor; ~ **voltage source for compensation recorders** *aut* stabilizált feszültségforrás kompenzációs regisztrálók számára; ~ **yarn** *tex* mérettartó fonal; ~**-zero** *el* nullponti stabilizálás
stabilizer stabilizátor, stabilizáló; *bány* robbanékonyságot csökkentő adalék, stabilizátor; *el, távk* stabilizátor; *élip* állandósító szer, stabilizátor; *ép* támasztótalp; *foto, film* rögzítő, fixáló; *hajó* stabilizálólap; *műa* stabilizátor, stabilizáló; *rád* feszültségstabilizáló cső; *rep* (vízszintes) vezérsík, irányfelület, stabilizátor; *szt* stabilizátor, szabályozó; *tex* stabilizátor; *vegy* stabilizátor, stabilizálószer, stabilizáló hatóanyag; ~**-adjusting wheel** *rep* vízszintes vezérsíkállító kerék; ~ **bar** *ép* merevítő rúd *(acélszerkezet)*; ~ **base** *ép* kitámasztó láb *(daru, kotró)*; ~ **circuit** *távk* stabilizálókör; ~ **column** *ol* stabilizálókolonna; ~ **cylinder** *kat* lengéscsillapító henger; ~**-oil-line** *kat* lengéscsillapító olajvezeték; ~ **piston** *kat* lengéscsillapító dugattyú; ~**s** *pl ép* kitámasztás *(daru, kotró)*; ~ **setting** *rep* vízszintes vezérsíkbeállítás; ~ **sleeve** *ol* súlyosbító-központosító; ~ **tower** → ~ column; ~ **tube** *el* stabilizátorcső, feszültségstabilizáló cső
stabilizing stabilizálás; stabilizálódás; állandósítás; állandósulás; megszilárdítás, megszilárdulás; *hők* feszültségmentesítés; *ol* stabilizálás, kigázosítás, gáztalanítás; *rep* egyensúlyozás; ~ **agent** *vegy* stabilizátor, stabilizáló(szer), stabilizáló hatóanyag; ~ **amplifier** *el* szabályozó/stabilizáló erősítő; ~ **annealing** *hők* feszültségcsökkentő hőkezelés; stabilizáló lágyítás; ~ **bias circuit** *el* munkapont-stabilizáló áramkör; ~ **choke** *el* stabilizáló fojtótekercs; ~ **column** *ol* stabilizálókolonna; ~ **element** *aut, el* stabilizáló tag; ~ **feedback** *el* stabilizáló/szabályozó visszacsatolás; ~ **feedback network** *aut* stabilizáló visszacsatoló hálózat; ~ **feed forward** *aut* stabilizáló előrecsatolás; ~ **fin** *rep* függőleges vezérsík; ~ **float** *hidr* stabilizáló úszó; ~ **loop** *aut* stabilizáló kör; ~ **network** *aut* stabilizáló hálózat; ~ **surface** *rep* stabilizáló felületek; ~ **unit** *aut* stabilizáló tag; ~ **voltage** *el* stabilizáló feszültség
stabilotron *el* stabilotron, nagy stabilitású generátor
stabilovolt *el* stabilizátorcső, feszültségstabilizátorcső, feszültségstabilizáló cső
stable I. *a* stabil, állandó; szilárd; *ép, talt* teherbíró, állékony; *gép* egyenletes; *mech* biztos, stabil(is); *távk* stabil, begerjedésmentes; *vegy* tartós, állékony, stabilis; **II.** *n bány* kezdőfülke; *mzg* istálló; ~ **arc** *heg* nyugodt ív; ~ **arrangement** *at* stabil rendszer; ~ **at red heat** *hők* vörösizzásálló; ~ **austenite** *any* stabil ausztenit; ~ **axis of gyroscope** *mech* stabilis forgástengely; ~ **axis of rotation** *krist* állandó forgási tengely, stabilis forgástengely; ~**-bed river** *hidr* beágyazott medrű folyó; ~ **beta alloy** *önt* stabil bétaszerkezetű ötvözet; ~ **buoyancy equilibrium** *fiz* stabil úszási-egyensúlyi helyzet; ~ **control operation** *aut* stabil szabályozási folyamat; ~ **crack propagation** *any* repedés stabilis terjedése; ~ **density** stabil tömörség; ~ **element** *at* stabil elem; *aut* stabilis elem; ~ **emitter** *at*

stabil/állandó sugárzó; ~ **equilibrium** *fiz* stabilis/biztos egyensúly; ~ **equilibrium point** *aut, fiz* stabil egyensúlyi pont; ~ **fluidized bed** *koh* nyugodt fluidizált réteg; ~ **flying speed** *rep* állandó repülési sebesség; ~ **focal point** *aut, fiz* stabil fókuszpont; ~ **governor** *aut* stabilis szabályozó; ~**-grade gasoline/naphtha** *ol* stabilizált/gázmentesített benzin; ~ **gravimeter** *geod* statikus graviméter; ~ **ground** *talt* szilárd/teherbíró talaj; ~ **isotope** *at* stabil izotóp; ~ **local oscillator (STALO)** *távk* nagy stabilitású helyi oszcillátor, STALO; ~ **mass** *geof* aszeizmikus terület/vidék; ~ **nodal point** *aut* stabil csomópont; ~ **nucleus** *at* stabil mag; ~ **orbit** *fiz* stabil pálya; ~ **oscillator** *el, távk* állandó rezgésszámú oszcillátor; ~ **phase** *koh* stabilis fázis; ~ **production rate,** ~ **rate of recovery** *ol* állandósult hozam; ~ **region** *any* stabilitásterület; ~ **running** *gép* egyenletes járás/ütem; ~ **slope** *bány* állva maradó rézsű; ~ **space** *mat* stabilis tér; ~ **state** *at, szt* stabil állapot; ~**-type gravimeter** → ~ gravimeter

stabling *mzg* istálló; istállózás; ~ **of wag(g)on** *vasút* kocsiácsorgás

stack I. *v* halomba rak, felhalmoz, összerak; *élip* máglyába rak; *ép* máglyáz, több sorban rakodik; *fa* rakásol, sarangol, felmáglyáz, bemáglyáz, ölméretre rak, felölez; *mzg* boglyába rak, felkazlaz, asztagol; **II.** *n* gúla, prizma; rakás, halom; *ép* kémény, kürtő; kéménysor; kéményszár; *ép, fa* máglya, rakás; *fiz* rakás, halom, máglya; *gép* kipufogócső-kémény; *hőt, szer* fűtőcső, központi fűtés csöve; *koh* akna; füstcső; *metr* rakat *(fa- és szénmérték: 108 köbláb = 3,06 m^3)*; *mzg* asztag, boglya; *pa* simítóhenger; *rád* függőlegesen sorozott antennarendszer; *szt* verem; *vegy* retortacsoport *(gázgyárban)*; ~ **architecture** *szt* veremfelépítés, veremszerkezet, veremarchitektúra; ~ **band** *mzg* kazalkötő kötél; ~ **brickwork** *koh* aknafalazat; ~ **casing** *koh* nagyolvasztó aknaburkolata; ~ **casting** *önt* rakásos öntvény; ~ **controller** *aut* szelencés szabályozó; *rep* repülésirányító *(légtérben várakozó gépeké)*; ~ **cutting** *mt* (lemez)kötegvágás; ~ **damper** *koh* füsttolattyú; ~ **flue** *ép* füstakna; ~ **frame** *szt* veremkeret; ~ **gas** *ép, környv* füstgáz; *koh* aknagáz; *ol* kilépő gáz, füstgáz, kipufogógáz; ~**-job processing** *szt* halmozott feldolgozás; ~ **kiln** *koh* pörkölőkemence; ~ **liner** *ép* füstcső belső kúpja; ~ **lining** *koh* aknafalazat; ~ **measurement** *fa* űrméret *(rakatban mérve)*; ~ **memory** *szt* veremmemória; ~ **mo(u)lding** *mt* máglyázó formázás; ~**-mounting terminal** *rád* hüvelyes csatlakozó; ~ **pointer (SP)** *szt* veremmutató, SP; ~ **processing** *szt* veremfeldolgozás, veremkezelés; ~ **top** *ép* gyárkéményfej; ~ **up** *v rep* a repülőgépeket egymás fölött magasságban elkülöníti; ~**-up plant** *ép* keverőtorony

stacked | antenna *rád, távk* lépcsős antenna; ~ **array** *távk* lépcsős antennarendszer; ~ **bar chart** *szt* halmozott oszlopdiagram; ~ **bricks** *pl ép* téglarakás; ~ **cord** *fa* űrméter, sarangolt mennyiség; ~ **cubic content** *fa* űrméter; ~ **diaphragm controller** *el* szelencés szabályozó; ~**-dipole array** *rád* többszörös dipólsor; ~ **job control** *mt* feladatsorrend vezérlése; ~ **packing** *ol* rendezett kolonnatöltet; ~ **volume** *fa* űrméter

stacker *em* (szalagos) rakodógép; *koh* rakásológép *(máglyázóberendezés)*; *mzg* boglyarakó/kazalrakó (gép); *szt* kártyatár; lerakó; *tex* lerakó(szerkezet); ~ **belt** *ép* rakodószalag, kirakószalag; ~ **burn** *élip* hibás máglyázás okozta elszíneződés; ~ **crane** *em* raktári felrakódaru; tárolótéri daru, rakodódaru; ~ **crane with telescopic cylinders** *ép* teleszkóposzlopos emelővillás futódaru; ~ **truck** *em* emelőkocsi; emelőtargonca, motoros targonca

stacking felhalmozás, összerakás; *fa* felmáglyázás; rakásolás, sarangolás; *koh* rakásolás; *mzg* boglyarakás, kazalozás; *rep* halmozás *(várakozás repülőtér légterében)*; ~ **container** *ép* halmazolható szállítótartály; ~ **crane** → stacker crane; ~ **disorder** *krist* halmozási rendezetlenség; ~ **equipment** *mzg* boglyarakó/kazalozó berendezés; ~ **fault** *any* rétegződési hiba; *krist* halmozási hiba; ~**-fault plane** *krist* halmozási hibasík; ~ **in tiers** *rád* lépcsős elhelyezés *(antennarendszeré)*; ~ **operator** *krist* halmozási operátor; ~ **order** *krist* halmozási rend; ~ **pallet** *em* rakoncás rakodólap; ~ **sequence** *krist* halmozási sorrend; ~ **stick** *fa* máglyázóléc; ~ **truck** *em* rakodótargonca; ~ **vector** *krist* halmozási vektor

staddle I. *v bány, ép* alátámaszt; *mzg* felkazaloz, boglyába rak; **II.** *n ép* alépítmény, aljzat, alap, bak, állvány; *fa* hagyásfa, cölöpfa *(18-20 cm-es)*

stadia *geod* tachiméter, távmérő; tachimetria, tachimetrálás, tachiméteres mérés; ~ **arc** távmérő ív; ~ **constant** tachiméter-állandó; ~**-diagram** *geod* tachiméteres diagram; ~ **hairs** *geod* távmérő-szál(kereszt); ~ **reading** távmérőszál-leolvasás; ~ **rod/staff** távmérőléc, tachiméterléc, tachiméteres leolvasóléc; *kat* távbecslőléc; ~**-station** tachiméteres álláspont/műszerállás; ~ **stave** tachiméterléc; ~ **surveying** tachiméteres mérés, tachimetrálás; ~**-table** tachiméteres táblázat

stadimeter *hajó* távmérő szextáns

stadiometer *geod* regisztráló teodolit; *gép* görbevonalhosszmérő fogaskerék; *kat* távbecslő műszer; *orv* magasságmérő

stadiometric straight-edge *geod* távmérő vonalzó

stadium (*pl* stadiums) *ép* stadion; ~ **seat** *ép* tribünülés

staff I. *v* személyzettel ellát; **II.** *n* bot, pálca, rúd; karó, pózna; létrafok; *ép* pálcatag; pólyafa, pólyaléc; *fa* (szegély)léc; irányzóléc *(gyalun)*; *finm* tengely; *geod* (szintező)léc; bot *(szögtükörhöz)*; *ip* személyzet; *kat* töltőrúd; törzs; *koh* kavaróhorog; *mzg* ekeszarv(fogantyú); rúd, gerendely, dorong, tengely; *szersz* nyél, fogantyú; *vasút* iránytárcsa; vonatbot; ~ **angle** *ép* sarokvédő léc, sarokpálcatag; ~ **bag** *vasút* vonalbottartó; ~ **bead** *ép* hézagtakaró léc, 3/4-es pálcatagozat; lekerekített élű rúd; sarokpálcatag, sarokvédő léc; ~ **catcher** *vasút* függőségi vonalbotbefogó; ~ **entrance** *ép* személyzeti bejárat; ~ **ga(u)ge** *hidr* lapmérce, vízmérce; ~**-holder** *geod* figuráns; ~ **officer** *kat* törzstiszt; ~ **room** *ép* személyzeti szoba; ~ **system** *vasút* botrendszer

staffelite *ásv* staffelit

staffman *geod* figuráns

Staffordshire square chamber work *bány* négyszögletes kamarafejtés

stage I. *v* állványoz; **II.** *n* szakasz, stádium, fázis; lépcső; állapot; színpad; állvány, dobogó, emelvény, padozat; palló; plató; *bány* aknadobogó, aknapadozat; kezelőtér; szint; *el* fokozat; *élip* emelőmagasság; *ép* állvány(zat); emelet(szint), szint; padka; párkány; *film* műterem; *geol* emelet; szint; *gépk* sebességváltó-fokozat; *hajó* (hajó)váz; kikötőhely, kikötőhíd; stég; *hidr* víszint, vízállás; *hőt* fokozat, lépcső; *ip* művelet, (munka)szakasz, (munka)ütem, (munka)fázis; *koh* munkapódium; *közl* (út)szakasz; vonalszakasz; *nyom* horzsakő, habkő; *opt* tárgyasztal *(mikroszkópon)*; *pa* lerakóasztal; *rád, távk* fokozat; *űr* lépcső, fokozat *(rakétáé)*; *vasút* rakodóhíd; *vegy* tálca, tányér; **~-and-scenery lift** *ép* színpadi felvonósüllyesztő; **~ box** *el* színpadi csatlakozó; *ép* proszcéniumpáholy; **~-by-stage failure** *gép* fokozatos meghibásodás; **~ cementing** *ol* lépcsős cementezés; **~ checkerwork** *gép* bordáslemezjárda *(gépházban)*; **~ converter** *aut, el* fokozatváltó, lépcsős váltó; **~ crushing** *bány* fokozatos/szakaszos aprítás *(ércelőkészítéshez)*; *ép* aprítás több fokozatban; **~ diagram** *hidr* fokozati terv *(turbináé)*; **~ dimmer** *opt* színpadi fényszabályozó; **~-discharge curve** *hidr* vízhozamgörbe; **~-discharge relation** *hidr* vízhozamgörbe, vízállásgrafikon; **~ duration** *hidr* vízállástartósság; **~ effects** *opt* színpadi (fény)hatások; **~ efficiency** *el* átalakítás hatásfoka; **~ filter** *vegy* többfokozatú szűrő; **~ flotation** *bány, koh* szelektív/lépcsőzetes/szakaszos flotáció; **~ fluctuation range** *hidr* vízjáték; **~ forceps** *opt* tárgylemez *(mikroszkóphoz)*; **~ gain** *el* fokozaterősítés; **~ grouting** *ép* lépcsőzetes injektálás; **~ hydrograph** *hidr* vízállásgörbe; **~ indicator** *hidr* vízállásjelző; **~ is falling** *hidr* apad; **~ is rising** *hidr* árad; **~ lamp** *opt* színpadi fényszóró; **~ length** *rep* útvonalszakasz hossza; **~ lift** *ép* színházi felvonó; **~ lighting** *opt* színpadvilágítás; **~-loader belt** *bány* hídszalag *(ikerfrontvágatban)*; **~-marker** *geol* szintjelző; **~ micrometer** *opt* tárgymikrométer; **~ of construction** *ép* építési szakasz; kivitelezési stádium; **~ of cutting** *ép* rézsűlépcső, töltéspadka; **~ of diagenesis** *ol* diageneziskoefficiens; **~ of plastic limit** *geol* plasztikus határállapot; **~ of preselection** *rád* előválasztó fokozat; **~ of processing** *tex* feldolgozási szakasz; **~ of selection** *távk* választófokozat; **~ opening** *ép* színpadnyílás; **~ pass** *tex* lépcsős befűzés; **~ plank** *hajó* munkapalló *(hajó oldalán)*; **~ pressure** *bány* lépcsőnyomás; **~ recorder** *hidr* vízállásíró műszer; **~ regulation** *aut* szakaszos szabályozás; **~ rocket** *űr* többlépcsős rakéta; **~ separation** *ol, vegy* lépcsős szeparálás; **~ separation factor** *at* elválasztási/leválasztási faktor/tényező; **~ setting** színpadi díszlet; **~ shaft** *ép* zsinórpadlás; **~ working** *bány* pásztás művelés

staged szakaszos, fokozatos, lépcsőzetes; **~ rocket** *űr* (több)lépcsős rakéta

stagger I. *v* lépcsőz, sakktáblaszerűen/lépcső(zete)sen/zegzugosan/váltakozva eloszt/elrendez/eltol; *el* elállít *(kefét)*; *ép* lépcsősen visszaugrat; rázással osztályoz; szétráz; *rep* lépcsőz *(szárnyakat)*; **II.** *n* eltolt/lépcsős elrendezés; váltott osztás; *rep* (szárny)lépcsőzés; **~ amplifier** *rád* erősítő széthangolt rezgőkörökkel; **~ bracing** *ép* ferde dúcolás; **~ feed press** *alak* cikcakk előtolású prés; **~-tuned amplifier** *rád, távk* széthangolt erősítő; **~ tuning** *távk* lépcsős hangolás; **~-wound coil** *rád* méhsejttekercs

staggered eltolt, váltakozó állású; *el* graduált, fokozatosan elosztott; hangolásban eltolt; lépcsőzött; *vegy* réshez képest elállított *(helyzet)*; **~ biplane** *rep* lépcsőzött kétszárnyú repülőgép; **~-channel band** *távk* frekvenciában eltolt csatorna; **~ circuit** *el* többfokozatú áramkör, kaszkádkör; **~ circuits** *el* hangolásban eltolt körök; **~ cut** *bány* lépcsős betörés; **~ double-helical gearing** *gép* lépcsős nyílfogazás; **~ fault** *geol* zegzugos redő; **~ gear** *gép* lépcsős fogazású fogaskerék; **~ gearing** *gép* lépcsős fogazás; **~-head record** *rád, hang* eltolt/lépcsőzött fejes hangfelvétel; **~ intermittent fillet weld** *heg* kétoldali váltott soros sarokvarrat; **~ joint** *ép* eltolt hézag; **~ low-frequency triplet** *el* három széthangolt kisfrekvenciás kör; **~ mill** *heng* cikcakksor, lépcsőzött hengersor; svéd sor; **~ piling** *hidr* lépcsőzetes szádfalazás; **~ riveting** *szer* váltott soros szegecselés; **~-rivet joint** *szer* lépcsőzött szegecsvarrat; **~ rolling train** *heng* lépcsőzött/lépcsős hengersor; **~ scan** *távk* eltolt/ugrásszerű/átlapoló/sorváltásos letapogatás; **~ seam** *heg* lépcsősen eltolt varrat; **~ sideband allocation** *távk* lépcsős elhelyezés *(oldalsávoké)*; **~ signal voltage** *el* lépcsőfeszültség; **~ spot weld** *heg* lépcsősen eltolt pontvarrat; **~ teeth** *pl forg* keresztfogazás; **~-tooth (milling) cutter** *forg* keresztfogazású maró; **~-tube** *hőt* lépcsős elrendezésű csöves; **~ tuning** *távk* lépcsős hangolás; **~ water-mark** *pa* eltolt vízjel; **~ weld** *heg* kétoldalas szakaszos varrat; **~ wing** *rep* lépcsőzött szárny; **~ working** *bány* lépcsős fejtés

staggering lépcsőzés, sakktáblaszerű/lépcsőzetes/zegzugos/váltakozó elosztás/elrendezés/eltolás; ingadozás, támolygás; *el* kefeelállítás; *ép* rázóosztályozás; *rep* (szárny)lépcsőzés

staging *ép* állvány(zat); karoló állás/állvány *(földmunkánál)*; kezelőhíd; munkaállvány

stagnant *hidr* elmocsarasodott; megrekedt, pangó; *ip* álló, stagnáló; **~ air** *rep* mozdulatlan levegő; **~ water** *hidr* álló/pangó víz

stagnate *hidr* elmocsarasodik, elposványosodik; megreked; stagnál, pang; *ip* áll, stagnál *(üzlet)*

stagnation *hidr* elmocsarasodás, elposványosodás; megrekedés; stagnálás, pangás; *rep* torlóponti/lefékezett állapot; **~ point** *rep* torlódási pont, torlópont; *vegy* áramlás kritikus pontja, stagnációs pont; **~ pressure** *mech* torlónyomás *(szélcsatornában)*; **~ temperature** *rep* torlóponti hőmérséklet

Stahlton floor *ép* Stahlton-födém

stain I. *v* beszennyez, foltot ejt; beszennyeződik, foltos lesz, megfoltosodik; *ép* alapoz *(mázoláskor)*; megfest; megfestődik, elszíneződik; színez; *fa* foltosra marat, pácol; színesre fényez; *nyom* színnel kitölt, színt felrak; *vegy* megrozsdásodik; **II.** *n* folt, pecsét, petty, piszok(folt); elszíneződés; festőanyag, festék, színezék; rozsda(folt); *ép* alapozás *(mázoláshoz)*; *fa* foltosodás, pettyesség; maratóanyag, pác; *foto* színszemcse; *tex* befestés, megfestés; **~ and varnish** *v fa* színez és lakkoz; **~-and-varnish** *fa* színezés-lakkozás; **~ resistance** *tex* szennyeződésállóság

stained foltos; *ép* színes; *vegy* rozsdás; **~ glass** *üveg* festett/színes üveg; **~-glass paper** *pa* tarka üvegpapír; **~ paper** *pa* mázolt/színezett/tarka papír; **~ pieces** *bőr* foltos gyapjúbundarészek *(sárgás)*; **~ wood** *fa* pácolt fa; **~ wool** *tex* foltos/sárgult gyapjú

stainer *ép* festék, pigmens; festő *(munkás)*; színező; **~ of wood** *fa* fafestő, fapácoló

staining beszennyez(őd)és, megfoltosodás; *ép* megfest(őd)és, (meg)színezés, elszínez(őd)és; *fa* (foltosra) pácolás, maratás, (színesre) fényezés; *gumi* elszíneződés; *nyom* színfelrakás; *tex* befestés, megfestés; *vegy*

(meg)rozsdásodás; festés; színezés; ~ **colo(u)r** *tex* jelzőszín; ~ **power** *tex* színezhetőség; ~ **test** *tex* színezési próba
stainless rozsdamentes; tiszta, festetlen; ~ **clad steel** *any* rozsdamentes lemezzel bevont acél; ~ **steel (SS)** korrózióálló/rozsdamentes acél; ~**-steel cladding** *at* rozsdamentes acéltokozás; ~**-steel pipe** *heng, ol* varrat nélküli acélcső; ~**-steel syringe** *gyógyv* rozsdamentes injekciós tű
stair lépcső(fok); *bány* létra; ~**-bracket** *ép* lépcsőkonzol; ~ **builder's saw** *szersz* gerincfűrész; ~ **chute** *hidr* lépcsős surrantó; ~ **flight** *ép* lépcsőkar; ~ **nosing** *ép* lépcsőélvédő; ~ **pad** *tex* futószőnyeg *(lépcsőn)*; ~ **railing** *ép* lépcsőkorlát; lépcsőmellvéd; ~**-riser** *ép* lépcsőmagasság; ~**s** → stairs; ~ **step** *ép* fellépő, belépő *(lépcsőfok vízszintes felülete)*; lépcsőfok szélessége, lépcsőszélesség; ~**-tread** → ~ step; *ép* lépcsőfok; ~**-tread cover(ing)** *ép* lépcsőburkolat; ~**-tread grinder** *ép* lépcső(fok)csiszoló gép; ~ **unit** *ép* előregyártott lépcsőkar; ~**-well** *ép* orsótér; ~ **with broken centre-line/center-line** *ép* tört karú lépcső; ~ **with winding quarter** *ép* negyedrészben kanyarodó lépcső
staircase *el* lépcsőfeszültség; *ép* lépcsőház, lépcső; ~ **approximation** *aut* lépcsős függvényes közelítés/approximáció; ~ **fitting** *ép* lépcsőházszerelvény; ~ **generator** *el* lépcsős impulzusgenerátor; ~ **reaction** *vegy* lépcsős reakció; ~ **voltage** *el* lépcsőfeszültség; ~ **well** *ép* lépcsőházakna
stairhead *ép* (lépcső)pihenő
stairs *pl* lépcső; ~ **of composite structure** *ép* vegyes szerkezetű lépcső; ~ **of large elements** *ép* nagyelemű lépcső; ~ **of medium elements** *ép* középelemes lépcső; ~ **of small elements** *ép* kiselemű lépcső; ~ **resting on arches** *ép* boltívvel gyámolított lépcső
stairway lépcső; *bány* járóosztály, létraosztály
staithe *hajó* kikötői rakodóberendezés; szánrakodó
stake I. *v bőr* timártőkén kinyújt, (meg)puhít; *geod* megjelöl, kitűz *(jelzőkaróval)*; *geof* kijelöl, kitűz *(állomások helyét)*; **II.** *n* pózna, cölöp, dúc; *bőr* nyújtóoszlop, húsolótőke, timártőke; puhítóvas, törővas; *geod* jelzőcövek, kitűzőcövek, kitűzőkaró, kitűzőoszlop, pikettkaró; *geof* elektróda; *mzg* (szőlő)karó; *szersz* kis üllő; üllőszarv; *vasút* rakonca; ~**-anvil** *szersz* süllyesztőüllő, satupadüllő, (kis) műhelyüllő; ~ **body** *közl* kocsiszekrény/rakfelület eltávolítható lőcsökkel/léckerettel; ~ **electrode** *geof* beverhető elektróda; ~ **on** *v gép* felékel, körülékel; ~ **out** *v geod* kitűz, kicövekel *(építési szelvényt)*; *mzg* karóval megtámaszt, karóz *(növényt)*; ~ **prop** *bány* hegyezett tám; ~**s** *pl közl* lőcs, lécrácskeret *(tehergépkocsi rakfelületén)*; ~ **truck** *em* állóoszlopos targonca
staker *geod* cövekelő, karókitűző
staking *bőr* puhítás; *geod* (ki)cövekelés, (ki)karózás; kitűzés; ~ **lug** *el* felhúzható szorítófül; ~ **machine** *bőr* bőrpuhító és -nyújtó gép, stoll(oló)gép; ~ **tool** *szersz* jelbeütő szerszám; korcológép
stalactite *geol* sztalaktit, függő cseppkő; ~ **cave** *geol* cseppkőbarlang
stalactitic *geol* levelé növő *(cseppkő)*
stalagmite *geol* sztalagmit, álló csepkő
stalagmitic *geol* felfelé növő *(cseppkő)*
stalagmometer *fiz, vegy* sztalagmométer
stale I. *v* megáporodik; megposhad; (meg)poshaszt; **II.** *a élip* állott, áporodott, dohos, nem friss, poshadt; ~ **air** elhasznált levegő
staling *élip* állott íz kialakulása, „öregedés"
stalk *ép* függőleges rész/szál/szél; kéményszár, kéményoszlop; szár *(korinthusi oszlopfőn)*; *geol* kőzetoszlop; *mzg* nyél *(növényé)*; szár; *önt* magtartó szár, magorsó; *szersz* hosszú nyél/fogantyú; rúd; *üveg* nyak *(palacké)*; ~ **cutter** *mzg* szárvágó *(tengerihez)*; ~ **fibre/fiber** *mzg* háncsrost
stall I. *v gépk* elakad, leáll *(motor)*; lelassul; *közl* megfeneklik *(sárban)*; *rep* átesik; átesik, túlhúzódik; túlhúz; **II.** *n bány* fejtési kamra/munkahely; *ép* fülke *(zuhanyozóban stb.)*; *fa* támlásszék; *koh* ércpörkölő kemence, pörkölőbódé, pörkölőmáglya; *mzg* állás, rekesz, boksz; istálló; *rep* áramlás leválása/leszakadása, túlhúzás; átesés, nyomáslengés; sebességvesztés; *vasút* fűtőházi mozdonyállás; ~**-and-breast** *bány* kamarapillér-művelés; ~**-and-room work** *bány* kamarapillér-fejtés; ~ **characteristics** *mech, rep* leválási karakterisztika/jellemzők; ~**-dive** *v rep* dugóhúzóba esik; dugóhúzózik; ~ **line** *rep* sebességvesztési görbe; ~ **margin** *rep* átesési határ; ~**-preventing gear** *rep* átesésgátló szerkezet; ~**-proof aeroplane/airplane** *rep* átesésre nem hajlamos repülőgép; ~ **recovery** *rep* repülőgép kivétele átesésből; ~ **road** *bány* feltörés; folyosó; ~ **turn** *rep* forduló az átesés határán; ~ **vane** *rep* átesésmérő kanál; ~ **warning** *rep* átesésre figyelmeztető jelzés
stalled | airfoil *rep* túlhúzott szárny; ~ **flight** *rep* repülés az átesés határán; ~ **flow** *rep* levált áramlás; ~ **torque** *mech* statikus nyomaték; ~ **wing** *rep* túlhúzott szárny
stalling *gépk* elakadás, leállás; lelassulás; megállítás, megakasztás; *közl* megrekedés; *rep* áramlás leválása/leszakadása, áramlásleválás; átesés, túlhúzás, túlhúzott repülés; nyomáslengés; ~ **angle** *rep* átesési/kritikus állásszög; ~ **characteristics** *mech* leválási karakterisztika; *rep* átesési/leválási jellemzők; ~ **incidence** *rep* átesési/leválási/kritikus (állás)szög; ~ **load** *el* billenő terhelés; ~ **point** *el* billenéspont; maximális terhelés határa; *rep* áramlásleválási pont; ~ **speed** *rep* átesési/kritikus/lebegési sebesség; ~ **torque** *any* törési forgató nyomaték; *el* billenő nyomaték; *gép* maximális nyomaték
stalloy *any* elektrotechnikai szilíciumacél
STALO → stable local oscillator
stamp I. *v* (le)bélyegez, (meg)bélyegez, megjelöl, jelzéssel ellát, márkáz; lepecsétel, leplombál; *bőr* barkáz; ványol; *ép* aprít, kölyűz, tör; csömöszöl; döngöl, sulykol, zömít; zúz; *mt* alakoz, domborít, présel, sajtol; kivág, „stancol"; *műa* barkáz, mintáz; bevés; *nyom* bélyegez; lenyomatot készít, nyomtat, lehúz; *tex* nyom; **II.** *n* bélyeg(ző), jegy, jel(zés), márka, pecsét; *alak* bélyeg, tüske, kölyű; benyomóbélyegző, beütővas, kiütővas, csákozó; nyomófej, présfej; sajtolószerszám; *bány* zúzómű, zúzó(malom); zúzónyíl; *bőr* mintázó, mintanyomó; ványológép; *ép* (beton)döngölő; *ip* plomba; *nyom* (metszett) nyomólemez; bélyegző; lenyomat, metszet; *tex* nyomófej *(kártyakészítő gépé)*; ~ **battery** *bány* közös keretbe foglalt több zúzónyíl; zúzómű; ~ **board** kiverőlemez; ~ **copper** *bány* dúsított rézérc; ~ **cutter** *nyom* kivágó-

kés, stancolókés; ~ **engraver** pecsétnyomó vésnök; ~ **for making crucibles** tégelydöngölő gép; ~ **hammer** *mt* ejtőkalapács; ~ **in** *v ép* bedöngöl; bepréсel; ~ **in blind** *v nyom* vaknyomást alkalmaz; ~**-in factor** *ép* bedöngölési tényező; ~ **lever** *bány* nyílemelő *(zúzóműben)*; ~**-machine** bélyegautomata; ~ **mill** *bány* érczúzómű; *pa* zúzómalom, zúzómű; ~ **out** *v mt* kilyukaszt, kivág *(fémet)*; ~ **paper** *pa* értékjegypapír, bélyegpapír; ~ **rock** *bány* zúzóérc; ~ **sand** *ép* zúzott homok; ~ **shoe** *bány, koh* zúzósaru; *koh* nyílsaru; ~ **stalk** *bány* nyílnyél *(zúzóműben)*

stamped tört, zúzott; préselt, sajtolt, nyomott; bélyeggel ellátott; prés-, zúzó-; formában készült; ~ **concrete** *ép* döngölt beton; ~ **eye** *tex* lemezből sajtolt nyüstszem; ~ **ring** *el* sajtolt gyűrű; ~ **wire** *távk* préselt bekötés

stamper *bány* törő, zúzó; zúzómalom; zúzónyíl; *ép* csömöszölő, kézi döngölő; *hidr* tömősulyok; ~ **box** *bány* zúzóköpű

Stampian stage *geol* rupéli emelet, rupelien, stampi emelet *(középső oligocén)*

stamping *bány* zúzás, aprítás; *bőr* ványolás, barkázás; *ép* csömöszölés; döngölés, sulykolás, zömítés; *ip* (le)plombálás; lebélyegzés, megjelölés, márkázás; lepecsételés; *mt* alakozás, domborítás, préselés, sajtolás; verés, csákozás; *műa* barkázás, bevésés; *nyom* (ki)nyomtatás, lehúzás, bélyegzés; *tex* nyomás; ~ **board** *ép* döngölőlap; ~ **calender** *műa* barkázó/bevéső kalander; ~ **die** *alak* kovácsoló süllyeszték, sajtolószerszám; sajtolóbélyeg; ~ **foil** *műa* bélyegzőfólia *(melegbélyegzéshez)*; ~ **frog** *hidr* döngölőbéka; ~ **hammer** *bány* zúzópöröly; *mt* sajtolókalapács; ~ **machine** *cipő* csákozógép; *ép* döngölőgép; ~ **mill** *bány* érczúzó berendezés; érczúzómű; *pa* zúzómalom; ~**-on** *mt* rásajtolás; ~ **press** *alak* kovácsoló sajtó; *nyom* bélyegzőprés, prégelő; *tex* nyomóprés; ~**s** *pl mt* préselt/sajtolt/stancolt áru; ~ **shoe** *bány, koh* köpűfenék; zúzópapucs; ~ **tool** *mt* alakozószerszám, sajtolószerszám; ~ **trim** *mt* sajtolási hulladék; ~ **trough** *bány* zúzóköpű *(ércdúsításhoz)*

stanchion *bány* járomfa; *ép* ablakszár, ajtószár; alátámasztás, dúc, (szerkezeti/alátámasztó) oszlop, pillér, tám(oszlop), támasz; korlátbáb; oszlop; *közl* oszlop *(kapaszkodásra)*; *vasút* rakonca; ~**-free** *ép* alátámasztás/pillér nélküli; ~ **of floor plate** *hajó* padlótartó szögvas; ~ **strap** *vasút* rakoncakengyel; ~ **suspension tackle** *bány* rakoncás függeszték

stand I. *v* áll; megáll; (fel)állít; (oda)tesz, állít; kiáll, elbír, kibír, ellenáll; *ép* (alá)támaszt, gyámolít; **II.** *n* állás; állás(pont), állás(hely), hely(zet); stand; elárusítóhely; *bány* fúróállvány; *bőr, gumi* ellenállás, rugalmatlanság; *élip* ászokfa; *ép* állvány(zat); állvány, tartó, aljzat, bak, polc; dobogó; gyám, konzol; lelátó, tribün; *fa* faállomány, erdőállomány; hagyásfa; *forg* gépágy, állvány; *geod* (műszer)állvány; műszerállás(pont), álláshely; *heng* hengerállvány; *ip* (meg)állás, szünet, veszteglés, akadály; ~**-alone** *szt* magában álló, önállóan működőképes; ~**-alone configuration** *szt* magában álló konfiguráció; ~**-alone system** *szt* magában álló rendszer; ~**-alone word processor** *szt* magában álló *v.* egyedi szövegfeldolgozó; ~ **by** *v rep* készenlétben/vételkész helyzetben van; „várjon", „legyen vételkész"; ~**-by** tartalék, készenlét(i állapot); ~**-by autopilot** *rep* tartalék robotpilóta; ~**-by battery** *el* tartalék telep; ~**-by capacity** *ép* tartalék kapacitás; ~**-by computer** *szt* készenléti számítógép; ~**-by duty** *ip* készenléti állapot; tartaléküzem; ~**-by equipment** *távk* készenléti berendezés; ~**-by facility** tartalék berendezés; ~**-by frequency** *távk* tartalék frekvencia; ~**-by heating** *el* előfűtés; ~**-by lighting** *opt* szükségvilágítás; ~**-by loss(es)** *el* készenléti/üresjárási veszteség; ~**-by mode** *szt* készenléti üzemmód; ~**-by plant** *el* tartalék készülék; ~**-by power** *en* szükségáramellátás; ~**-by station** *rep* tartalék rádióállomás; ~**-by system** *szt* készenléti rendszer; *távk* tartalékolási rendszer; ~**-by time** *ép* várakozási idő, állásidő; ~**-by wag(g)on** *vasút* tartalék kocsi; ~**-in** *film* dublőr, dublőz; *ip* helyettes; *ruh* próbababa; ~ **of casing(s)** *bány* béléscsőrakat; ~ **of drill pipes,** ~ **of DP** *bány, ol* fúrócsőrakat; ~ **off** *v* távolságot tart; eláll, kiáll, kiemelkedik; eltart, távoltart; *hajó* nyílt tengerre kifut; ~**-off** elállás, kiállás, kiemelkedés; *ép, gép* köztartó, kiálló/elálló rész; *ol* eltartás; menetkiállás; ~**-off bomb** *kat, rep* repülőgépről kilőtt irányított lövedék; ~**-off detonation** *kat* felrobbantás rádióhullámok útján; ~**-off insulator** *el* távtartó szigetelő; ~ **of rolls** *heng* hengerállvány; ~ **oil** *ol* standolaj; ~ **out** *v* kiáll, kiemelkedik; ellenáll, kibír; *hajó* kifut tengerre; ~**(-)pipe (SP)** *bány* állócső; függőleges csőrakat; *ép* állványcső, felszálló cső, függőleges cső; ejtővezeték, (szennyvíz)ejtőcső; *hidr, szer* feltöltő cső; függőleges nyomásszabályozó cső *v.* nyomóvezeték, biztonsági állványcső; nyomáskorlátozó túlfolyócső; *ol* állócső; vezércső; ~ **redundancy** *távk* passzív tartalékolás; ~ **roller** *heng* állványgörgő; ~ **up** *v* feláll, felegyenesedik; ~**-up fork truck** *em* könnyen kormányozható emelővillás targonca; ~**-up formation** *geol* szálban álló kőzet

standage *bány* zsomp, iszaptó, vízgyűjtő

standard I. *a* szabványos, szabványszerű; standard; mérvadó, mértékadó; hiteles(ített), normál(is); *geod* állandósított; *kat* elméleti; **II.** *n* minta; minőség szerinti osztály; norma, szint; szabvány; etalon, standard; *cipő* felsőrész-alapminta; *el, távk* tetőcsőtartó, tetőrudazat; *ép* hatos állás; *ép, gép* (álló) alátámasztás, állvány, oszlop, pillér, állvány függőleges oszlopa, támasz; *fa* hagyásfa; növendékfa; *forg* állvány, oszlop; *gép* alapzat; fekvőtengelyt tartó oszlop; idomszer; *koh* (fém)finomság, törvényes súly; *metr* etalon; normália, normálmérték; *mzg* tartószár *(művelőtesten)*; ~ **absorber** *at* kalibrált/hiteles abszorbeáló anyag, etalonabszorber; ~ **accessory** *forg* velejáró tartozék; ~ **actinometer** *fiz* normál fényerőmérő/aktinométer/sugárzásmérő; ~ **affinity** *vegy* standard affinitás; ~ **air** *fiz, vegy* normál állapotú levegő; ~ **amplifier** *el* teljes erősítő; ~ **antenna** *távk* referens antenna; ~ **atmosphere (SA)** *fiz* fizikai légkör; *fiz, met* normálatmoszféra, normállégkör; *rep* szabványos/egyezményes légkör; ~ **atmospheric conditions for reference** *rep, távk* hivatkozási légtér; ~ **atmospheric conditions for testing** *rep, távk* normális légtéri körülmények; ~ **barrel** *metr* szabványhordó *(7056 köbhüvelyk)*; ~ **beam approach (system) (SBA)** *rep* szabványos iránysávos bevezetés/megközelítés *v.* bevezető rendszer; ~ **Bessemer iron** *koh* szokványos minőségű besszemervas; ~ **brick** *ép* normáltégla; ~ **burette** *vegy* etalon büretta; ~ **cable** *távk* szabványkábel; ~ **calomel electrode** *vegy* kalomelelektród; ~ **camera**

speed *film* szabványsebesség, normálsebesség *(90 láb percenként)*; ~ **candle** *metr, opt* egységgyertya, normálgyertya; ~ **capacitor** *el* normálkondenzátor; ~ **cell** *fiz, koh* normálelem; ~ **chamber** *at* standard ionizációs kamra; ~ **code** *mt* szabványos kód; ~ **colo(u)r card** *tex* színkártya *(szabvány)*; ~ **communication** *szt* állandó összeköttetés; ~ **compass** *hajó* főkompasz; ~ **component** *gép* szabványos alkatrész; ~**-component controller** *aut* egységszabályozó, egységes szabályozó; ~ **conditions (SC)** *fiz* normálfeltételek *(0^oC és 760 Torr nyomás)*; *rád* normális (terjedési) viszonyok; ~ **conversion program** *szt* standard konvertáló program; ~ **copper** kereskedelmi réz *(legalább 96% tiszta réztartalommal)*; ~ **crystal** *krist* standardkristály; ~ **cube** *mat* standard kocka; ~ **dam crest** *hidr* szabványos bukógát-korona; ~ **data card** *mt* szabványos adatkártya; ~ **data carrier label** *mt* szabványos adathordozó címke; ~ **data format** *szt* szabványos adatformátum; ~ **decomposition voltage** *koh* normál bomlásfeszültség; ~ **deviation (SD)** *mat, stat* standard/mérvadó eltérés; szórás, eltérések négyzetes közepe; ~ **deviation of estimate** *mat* becslés szórása; ~ **deviation of life** *el* élettartam szórása; ~ **deviation of operating time** *el* tényleges működés szórása; ~ **deviation of peak demands** *en* csúcsszórás; ~ **device byte** *szt* állapotjelző bájt; ~ **district exchange** *távk* törpeközpont; ~ **electrode** *el* etalonelektród; standardelektród, normálelektród; ~ **emitter** *fiz* etalonsugárzó; ~ **ends** *pl tex* alaplánc; ~ **equation** *mat* normálegyenlet; ~ **equipment** *ép* standard szerelékkészlet; *forg* vele járó tartozék, normáltartozék; *ker* alapfelszerelés; ~ **error** *mat* négyzetes középhiba, standard hiba, közepes négyzetes eltérés; ~ **error of estimate** *mat* becslés szórása; ~ **error of mean** *mat* középérték szórása, középhiba; ~ **error of standard deviation** *mat* szórás szórása; ~ **file** *szt* szabványos adattár; ~ **film** *film* normálfilm; ~ **flight path** *rep* előírt repülőút; ~ **form** *mat* standard alak; ~ **form of state equation** *rendsz* állapotegyenlet standard alakja, állapotegyenlet kanonikus alakja; ~ **formula** *tex* alaprecept; ~ **frame** *el* szabványos motorház; ~ **free-enthalpy change** *hőt* normál szabadentalpia-változás; ~ **frequency** *el* standardfrekvencia, etalonfrekvencia, frekvencianormália; ~ **frequency assembly** *el* frekvenciaetalon *(berendezés)*; ~ **frequency-satellite service** *távk* műholdas hitelesfrekvencia-szolgálat; ~ **frequency service** *távk* hitelesfrekvencia-szolgálat; ~ **fuel** *ol* referencia-üzemanyag, összehasonlító üzemanyag; ~ **function** *szt* standard függvény; ~ **ga(u)ge (SG)** *gép* szabványos idomszer/nyomásmérő; *vasút* szabványos/normál nyomtáv; ~ **generator** *el* normálgenerátor, etalongenerátor; ~ **gold** szabvány arany *(900-as finomságú)*; ~ **grain** *geol* mértékadó szemcsenagyság; ~ **hardboard** *fa* normál keménylemez; ~ **hole** *mt* alapfurat; *szer* alaplyuk *(illesztésnél)*; ~ **hook** *ép* szabványos kampó *(betonacélon)*; ~ **horsepower** névleges teljesítmény; ~ **hydrogen electrode** *el, vegy* normál hidrogénelektród; ~ **identifier** *szt* standardállomány-címke; ~ **illuminant** *opt* szabványos fényforrás; ~ **impinger** *környv* standard impinger; ~ **input** *szt* alapértelmezés szerinti katalógus; ~ **instruction set** *szt* alaputasítás-rendszer; ~ **instrument** hitelesítőműszer; ~ **instrument approach** *rep* szabványos műszeres bevezetés/megközelítés; ~ **instrument departure (SID)** *rep* szabványos műszeres indulási eljárás; ~ **interface** *szt* szabványos interfész; ~ **knot** *fa* közepes nagyságú göb *(40 mm vagy kisebb)*; ~ **leak** *el* kalibráló lyuk; ~**-level generator** *el, fiz* normálgenerátor, etalongenerátor; ~ **line** *el* csillapításszekrény; művonal; *szt* kiépített vonal; ~ **line printer** *szt* szabványos sornyomtató; ~ **lozenge slate roofing** *ép* szabvány rombusz palafedés; ~ **machine** *ép* standard gép; ~ **mark** *geod* állandósítási jel; ~ **material** szabványos anyag; ~ **measure** *metr* etalon, standard; ~ **measures** *mat* szabványosított jellemzők; ~ **method** *mat* standard módszer; ~ **M-gradient** *fiz* normális törésimodulus-gradiens; ~ **microphone** *rád* etalonmikrofon; normálmikrofon; ~ **mineral** *ásv* normatív szabványásvány; ~ **mix** *ép* szabványos betonkeverék *(1 r. cement, 2 r. homok, 4 r. kavics)*; ~ **module** *ép* alapmodul; ~ **modulus of Abrams** *ép* Abrams-féle finomsági modulusz; ~ **muzzle (velocity)** *kat* lövedék elméleti kezdősebessége; ~ **normal distribution** *stat* standardizált normális eloszlás; ~ **officer** *metr* mértékhitelesítési közeg; ~ **of fineness** *ásv* karát; ~ **of light** *el* szabvány fényforrás; ~ **of money** *óra* pénzérmefinomság; ~ **of preparation** *bány* dúsítási szabvány/előírás; ~ **of recognition** *at* azonosítási előírás/szabvány; ~ **of transmission** *távk* átviteli etalon; ~ **ohm** *el* nemzetközi ohm; ~ **orifice** *el* normalizált diafragma/rekesz; ~ **output** *szt* alapértelmezés szerinti katalógus; ~ **paper** *pa* normálpapír, szabványpapír; *vegy* reakciópapír; ~ **photometric lamp** *fiz* normál fényforrás *(fotométerhez)*; ~ **picture** *tv* tesztkép, vizsgálóábra; ~ **pipe thread** *gép* szabványos csőmenet; ~ **pitch (SP)** *távk* kamarahang; ~ **potential** *el, vegy* normálpotenciál, standard potenciál; ~ **pressure (SP)** *met* normálnyomás; ~ **program** *szt* szabványos program; ~ **propagation** *távk* normális hullámterjedés; ~ **pyrometric cone** *koh* Seger-gúla; ~ **quality** szabványos minőség; ~ **radiator** *fiz* etalonsugárzó; ~ **radio atmosphere** *távk* normálatmoszféra, normállégkör; normális rádióatmoszféra; ~ **range** *el* normális/szabványos mérőtartomány; ~ **rate turn** *rep* eljárásforduló; szabványos forduló; ~ **receiver** *távk* normálhallgató; ~ **recorder** (papír)szalagos öníró műszer, diagramrekorder, diagramíró szerkezet; *távb* lyukasztottszalagos távírógép; ~ **reel** *tex* előmotolla; próbamotolla *(selyemé)*; ~ **refraction** *távk* standard/normális refrakció; ~ **refractive modulus gradient** *távk* normális törésimodulus-gradiens; ~ **regain** *tex* szabványos nedvességfelvétel, szárazsúlyhoz adott százalék; ~ **resistance** *el* ellenállásetalon; hitelesítő/vonatkoztató ellenállás; normálellenállás; ~ **resistor** *el* normálellenállás; ~ **round** *bány* szabványos fúrólyukcsoport-telepítés; ~ **running costs** *pl* állandó üzemeltetési költség(ek); ~ **sample** *mat* állandó minta; ~ **sand** *any* normálhomok *(cementvizsgálatnál)*; ~ **scale** szabványmérce; ~**s catalog(ue)** *ip* szabványkatalógus; ~**s committee** *ip* szabványbizottság; ~**s converter** *távk, tv* képátalakító *(tv-rendszerek között)*; normaváltó; ~ **section** *gép* szabványos szelvény; ~ **shaft** *szer* alapcsap *(illesztésnél)*; ~ **shape** szabványalak; ~ **sheet** *nyom* szabványlap *(kiadvány)*; ~**-signal generator (SSG)** *el, távk* szignálgenerátor, mérőgenerátor, hitelesített jelű generátor, mérőadó, hitelesített jeladó/jelgenerátor; ~ **size** szabványméret; normálméret; ~ **slate roofing (French)** *ép* szabvány (francia) palafedés; ~ **solenoid** *el* laboratóriumi indukciós (szolenoid)etalon; ~ **solution** *vegy* normáloldat; standardoldat; ~ **solvent** *vegy* foltbenzin; ~ **source** *at* etalon-sugárforrás; ~ **specification** szabványelőírás; minőségi szabvány; ~ **specimen** *any* szabványos próbatest; ~ **stability of shear** *geol* mértékadó nyírószilárdság; ~ **state** *fiz* normálállapot, standard állapot; ~ **steel** *koh* szabványos acél; ~ **store** *szt* szabványos tároló; ~ **stratum** *geof* vezérszint; ~ **subroutine** *szt* szabványos szubrutin, standardizált szubrutin/alprogram; ~ **tape** *távk* etalonszalag; ~ **temperature (ST)** *fiz* normálhőmérséklet; ~ **temperature and pressure (STP)** *fiz* normálállapot, normál feltételek; ~ **test** *any* szabványos vizsgálat; szabványpróba; ~ **timbering** *bány* ácsolási szabályzat szerinti biztosítás; szabványos ácsolat; ~ **time (ST)** *csill, rep* zónaidő; ~ **tone** *hang* normálhang; ~ **track** *hang* normális hangsáv; ~ **tractor** *mzg* vontatótraktor; ~ **train loading** *vasút* szabványos vonatteher; ~ **trajectory** elméleti röppálya *(ballisztika)*; ~ **transmission (line)** *el* csillapításszekrény; művonal; ~ **truck loading** *vasút* szabványos teherkocsiteher; ~ **twisted yarn** *tex* szabványsodratú fonal; ~ **type font** *szt* szabványírás; ~ **visual approach** *rep* szabványos látás utáni megközelítés/bevezetés; ~ **voltage cell** *el* normálelem; ~ **volume** *vegy* normál térfogat, szabványtérfogat; ~ **volume label** *szt* szabványos adathordozó címke; ~ **volume loader (SVL)** *szt* szabványos adathordozó-azonosító, SVL; ~ **water demand** *hidr* víznorma; ~ **water discharge** *hidr* mértékadó vízhozam; ~ **water quality value** *környv* mértékadó vízminőség; ~ **wave** *el* hitelesítő hullám, etalonhullám; ~ **wavemeter** *fiz* hiteles hullámmérő, etalon-hullámmérő; ~ **white** *opt* referenciafehér, etalonfehér; ~ **wire** *ép* sodronykötél; ~ **wire ga(u)ge (SWG)** *el* huzalkaliber; ~ **working system** *távk* átviteli rendszeretalon

standardization szabványosítás; rendszeresítés; normalizálás; standardizálás; hitelesítés; *vegy* oldat faktorának meghatározása vagy beállítása; ~ **of programming language** *szt* programozási nyelv szabványosítása; ~ **of types** *ép* tipizálás

standardize szabványosít; standardizál; hitelesít; rendszeresít; normalizál; *vegy* oldat faktorát meghatározza/beállítja

standardized szabványos(ított), standardizált; hiteles; ~ **building** *ép* típusépület, típusház; ~ **element** *ép* előre gyártott típuselem; ~ **frequency characteristic** *el* szabványosított frekvenciakarakterisztika; ~ **frequency function** *mat* standardizált gyakorisági függvény; ~ **impact sound** *távk* kopogóhang; ~ **measure** *metr* etalon, standard; ~ **normal distribution** *mat* szabványosított szabályos eloszlás; ~ **structural element** *ép* előre gyártott típuselem; ~**-text distortion** *távk* szövegtorzítás; ~ **variate** *mat* szabványosított változó

standardizing standardizálás, szabványosítás, normalizálás, hitelesítés; ~**-box** *any* Amsler-mérődoboz *(kísérleti gépek hitelesítésére)*; ~ **component** *gép* szabványosított alkatrész

standby → stand-by

stander *bány* bennhagyott nagy széntömb, ki nem fejtett szénpillér; főtegyámpillér; *fa* hagyásfa

standing I. *a* álló (helyzetben levő); felállított, rögzített; helyhez kötött, leerősített; állékony; tartós; nyugvó, álló, nem működő *(gép)*; **II.** *n* állás; álló helyzet; állapot; (idő)tartam; megállás; *gépk* (fel)állítás; állomásozás, parkolás *(autóé)*; megállítás; ~ **block** *em* állócsiga; ~ **bolt** *ép* állványcsavar; ászokcsavar; ~ **charge** *ip* állandó/fix költség; ~ **face** *bány* szünetelő fejtés; ~ **formes** *pl nyom* állószedés; ~ **ground** *geol* állékony kőzet; ~ **lifts** *pl hajó* állandó karkötél *(vitorlafákon)*; ~ **matter** → ~ formes; ~ **measure** *metr* felállított mérték, állómérce; ~**-off dose** *at* áthelyezési dózis; ~**-on-nines carry** *szt* decimális csoportátvitel; ~ **pier** *ép* közbenső pillér; ~ **pipe** *ép* álló/angol szifon; ~ **rain water pipe** *ép* állványcső; ~ **rigging** *hajó* állókötélzet; ~ **rope** *ép* horgonykötél, feszítőkötél; *hajó* állókötél, csarnakkötél, kihorgonyzó kötél; ~ **ropes** *pl hajó* állandó kötélzet, csarnakzat; ~ **seaming machine** *ép* állókorcoló gép; ~ **shot** *bány* lazítórobbantás; megrázó/provokációs robbantás; ~ **support** *bány* alábiztosítás; dúcolás; ~ **swell** *hidr* állandó duzzasztás; ~ **time** *ip* gépállási idő; ~ **traffic** *közl* parkolóforgalom; ~ **valve** *ol* lábszelep, álló szelep; ~ **vibration** *fiz* állóhullám, stacionárius hullám; állórezgés, stacionárius rezgés; ~ **water level** *hidr* nyugalmi vízszint; ~ **wave** *fiz, távk* állóhullám, stacionárius hullám; *hidr* víz örvénylő mozgása, vízhenger; ~**-wave aerial** *távk* állóhullámú antenna; ~**-wave detector/indicator** *távk* állóhullámarány-mérő; ~**-wave loss factor** *el* állóhullám-veszteségi tényező, illesztetlenségből származó veszteség; ~**-wave meter** *távk* állóhullámarány-mérő; ~**-wave pattern** *fiz* állóhullám-elosztás; ~**-wave ratio (SWR)** *aut, távk* állóhullámarány

standpoint álláspont; *geod* (műszer)álláspont

St. Andrew's cross *ép* keresztmerevítés, andráskereszt

standstill üzemszünet; egyensúlyi állapot; *gép* megállás, nyugalmi állapot/helyzet, mozdulatlanság; *ip* állási idő; gépállás, (működési) szünet, szünetel(tet)és, üzemszünet *(tervszerű)*

Stanley header *bány* Stanley-féle szénfejtő gép

stannane *vegy* ón-hidrid

stannary *bány* ónbánya

stannate *vegy* sztannát

stannic *vegy* ón(IV)-, sztanni-; ~ **acid** *vegy* ónsav; ~ **chloride** *vegy* ón(IV)-klorid, sztanni-klorid; ~ **oxide** *vegy* ón(IV)-oxid, sztanni-oxid

stanniferous *ásv* óntartalmú

stannine *ásv* sztannin

stannite *ásv* sztannit; *vegy* ónossavas só, sztannit

stannous *vegy* ón(II)-, sztanno-; ~ **chloride** *vegy* ón(II)-klorid, sztanno-klorid

Stanton number *vegy* Stanton-szám

staple I. *v irgép* összekapcsol, összefűz *(lapokat)*; *tex* osztályoz, szortíroz; **II.** *a* állandó, legfontosabb, fő-; **III.** *n bány* gurító; szénpillér *(ideiglenes)*; vakakna; *ép, gép* ácskapocs, vaskapocs, U kapocs; alátétszögvas *(kötések körül)*; U szeg; *ip* főtermény; nyersanyag; tömegcikk; *irgép* (fűző)kapocs; *szer* szekértengely-csapszegtárcsa, szekértengelygyűrű; zárószem; *tex* (gyapjú)pászma *(bundában)*; (vágott) szál; elemi szálköteg; fürt, szakáll; ~**-crop** *élip* főtermény; ~ **fibre/fiber** *műa, tex* vágott szál; ~**-food** *élip* alapélelmiszer; ~ **length** *tex* szakállhossz; ~ **machine** *tex* szálvágó gép; ~ **on** *v* felkapcsoz; ~ **pit** *bány* vakakna; ~-**stitching hook** *irgép* fűzőkapocs; ~ **tacker** *cipő* rámakapcsozó gép; ~-**welted process** *cipő* rámán kapcsozott gyártási eljárás

stapler *irgép* fűzőgép

staples *pl bány* szénláb

stapling *irgép* összekapcsolás, összefűzés; *tex* stápelezés; szálvágás, felaprózás; ~ **machine** *ép* tűzőgép; *irgép* fűzőgép; ~ **press** *ép* kapocstűző gép; ~**s** *pl tex* hurkos/szakadt láncfonalak *(rossz szádképződés következtében)*

star I. *v* csillagszerűen kialakít; csillagszerűen alakul, csillagot képez; csillag alakban megreped *(üveg)*; *nyomd* csillaggal megjelöl; **II.** *n* csillag; *el* csillagkapcsolás; *gép* csillagkerék; *mat* csillag; ~ **algebra** *mat* *-algebra, csillagalgebra, involúcióval ellátott algebra, szimmetrikus algebra, önadjungált algebra; ~ **antimony** *vegy* finomított antimon; ~ **batcher** *ép* csillagtárolós adagoló; ~ **bit** *bány* keresztfúró, csillagfúró; *bány, ol* keresztvéső; ~ **body** *mat* csillagtest, csillag alakú test; ~ **bowls** *pl vegy* tisztított rúdantimon; ~ **chain** *rád* csillag alaprajzú állomáshálózat; ~ **chart** *csill* csillagtérkép, csillagatlasz; ~-**connected** *el* csillagkapcsolású; ~ **connection** *el* csillagkapcsolás; ~ **coupler** *el* csillagcsatoló; ~ **coupling** *gép* egyetemes tengelykapcsoló; ~-**delta-connected** *el* csillag-háromszög kapcsolású; ~-**delta connection** *el* csillag-háromszög kapcsolás; ~-**delta equivalence** *távk* csillag-háromszög transzformáció; ~-**delta starter** *gép* csillag-háromszög indító; ~-**delta starting** *gép* csillag-háromszög indítás; ~-**delta switch** *el* csillag-háromszög kapcsoló; ~ **drill** *bány* keresztfúró *(kőzetfúráshoz)*; ~ **feed** *forg* csillagkerekes előtolás; ~-**feed wheel** *mzg* csillag alakú szórótárcsa *(műtrágyaszóró gépben)*; ~ **graph** *mat* tagolatlan gráf *(csillag alakú gráf)*; ~ **grip** *gép* csillag alakú fogantyú/markolat; ~-**grounded** *el* földelt csillagpontú; ~ **handle** *gép* csillagfogantyú; csillagmarkolat; ~-**light score** *kat* infra-célzókészülék; ~-**like** csillag alakú, csillagos; ~-**like rays** *pl krist* aszterizmus, csillageffektus; ~ **metal** *vegy* tisztított antimon; ~ **modulator** *fiz* csillagmodulátor, kettős ellenütemű modulátor; ~ **navigation** *rep* csillagászati navigáció; ~(-)**network** *el, szt, távk* csillaghálózat; csillagstruktúra; ~ **of lines/rays** *mat* egyenesnyaláb, sugárnyaláb; ~ **of planes** *mat* síknyaláb; ~ **of spheres** *mat* gömbök nyalábja, gömbnyaláb; ~ **pattern** *geof* csillagszerű töltetalakzat; ~ **plotter** *csill* égitest-szögfelrakó, égitest-transzportőr; ~ **point** *el* nullapont, csillagpont; ~ **polygon** *mat* csillagsokszög, csillag; ~ **quad** *el, távk* csillag(ér)négyes; ~ **quad stranding** *el* csillagsodrás; ~ **reel** *tex* csillagmotolla; ~ **sapphire** *ásv* aszteria, csillagzafír; ~-**shaped** *fiz* csillag alakú, csillagos; ~-**shaped aerial** *rád* csillag alakú antenna; ~-**shaped dipole** *rád* csillagantenna, csillag alakú antenna; ~-**shaped plant** *ép* csillagtárolós betonkeverő üzem; ~-**shell (SS)** *kat* nyomjelző/világító lövedék; ~ **stream(ing)** *csill* csillagáram; ~-**tracking homing** *rep* csillagászati navigációs célrarepülés; ~ **tree** *mat* csillag; ~ **twisting** *el* csillagnégyes-kapcsolás; ~ **voltage** *el* fázisfeszültség, feszültségkülönbség a föld és fázisvezeték között; ~ **wheel** *gép* csillagkerék

starboard (SB) I. *v hajó* jobbra fordít/kormányoz; **II.** *a hajó, rep* jobb oldali; **III.** *n hajó, rep* jobb oldal; ~ **bow** *hajó* jobb oldali előrész; ~ **drift angle** *rep* elsodródási szög jobbra; ~ **engine** *rep* jobb oldali motor; ~ **tack** *hajó* jobb szarvkötél

starch I. *v tex* keményít; *vegy* keményítővel kezel; **II.** *n élip, vegy* keményítő; ~-**acacia paste** *gyógyv* akácia-keményítőpaszta; ~ **blue** *vegy* kékítő; ~ **equivalent (SE)** *élip, vegy* keményítő-egyenérték, keményítőérték; ~ **gum** *vegy* csiriz; dextrin; keményítőgumi; ~ **iodide** *vegy* jódkeményítő; ~ **kettle/boiler** *ép* keményítőfőző; ~ **mangle** *gép* fényező kalander *(mosodai)*; *tex* appretáló fulárd; ~ **mud** *ol* keményítős iszap; ~ **paste** *élip* csiriz; keményítőcsiriz; *gyógyv* keményítőpaszta; ~-**potassium-iodide paper** *vegy* jódkálikeményítő papír; ~ **powder** *gyógyv* keményítővel készült alapozópor; ~ **splitting** *élip* keményítőbontás; ~-**splitting enzyme** *vegy* keményítőbontó enzim; ~ **sugar** *élip* keményítőcukor, krumplicukor; ~-**table** *élip* keményítőülepítő csatorna

starched fabric *tex* keményített szövet

starcher *tex* keményítőmunkás

starching *tex* keményítés(i eljárás); *vegy* keményítővel való kezelés; ~ **machine** *pa* gumizógép

starchlike finish *tex* mosásálló kikészítés

starchy *élip, vegy* keményítős, keményítőszerű; ~ **middling** *élip* lisztes dara; ~ **places** *tex* keményítőfoltok *(szövethiba)*

Stark | effect *fiz* Stark-jelenség; ~-**tuned laser** *fiz* Stark-hatás felhasználásával hangolható lézer

starling *ép* jégtörő *(hídláb előtt)*; szádfalépítés cölöpsorokkal

starred csillag alakú, csillagos

start I. *v* (be)indít, (el)indít, (meg)indít, működésbe hoz, üzembe helyez *(gépet stb.)*; elkezd; (be)indul, (el)indul, (meg)indul; (hirtelen) elmozdul; *bány* előfúr; gyújt; hajt; *forg* bekezd; *gépk* (be)indít; beindul, beugrik; *hőt* (be)gyújt; *ip* elindít, megindít *(vállalkozást)*; *közl* (el)indít; (el)indul; *rep* felszáll, startol; **II.** *n* kezdőpont, indulás(i hely); kezdet; indítás, indulás; üzembe helyezés *(gépé)*; *bány* (vágat)hajtás; gyújtás; *el, távk* gyújtás; *gép* bekezdés *(meneté)*; *műa* láncindítás *(startreakció, iniciálás)*; *rep* felszállás, start; ~ **address** *szt* kezdőcím; ~ **a hole** *v bány* lyukat előfúr; ~-**and-stop lever** *gép* indító és leállító kar; ~ **a well** *v ép* kutat megnyit; ~ **bit** *szt* indítóbit, startbit; ~ **button** *gép* indítógomb; ~ **character** *szt* indítókarakter; ~ **cycle** *aut* cikluskezdet; ~ **dial(l)ing signal** *távk* készenléti jel; ~ **impulse** *távb* indító áramkép, startimpulzus; ~ **off** *v* elindít, megindít; elindul; ~ **of heading (character) (SOH)** *szt* fejrészkezdés, SOH *(vezérlőkarakter)*; ~ **of message (SOM)** *szt* üzenet kezdete, SOM; ~ **of text (character) (STX)** *szt* szövegkezdet, STX *(vezérlőkarakter)*; ~ **pulse** *távk* indítóimpulzus; ~ **pulsing signal** *távk* készenléti jel; ~ **push-button** *gép* indító nyomógomb; ~ **signal** *távk* startjel; ~-**stop apparatus** *távb* start-stop rendszerű távíró-berendezés; ~-**stop code** *távb* start-stop kód; ~-**stop distortion** *távb* start-stop torzítás; ~-**stop mode/operation** *távb* start-stop rendszer/üzem(mód) *v.* működési mód; ~-**stop multivibrator** *aut* bistabil multivibrátor; *rád* egylöketű multivibrátor; ~-**stop printing telegraphy** *távb* start-stop távíró(rendszer); ~-**stop scanning** *aut* start-stop letapogatás/mintavételezés; ~-**stop system** *szt, távb* start-stop rendszer; ~-**stop telegraphy** *távb* start-stop távíró(rendszer); ~-**stop transmission** *szt* start-stop átvitel; ~ **temper-**

ature of rolling *heng* hengerlés kezdő hőmérséklete; ~ **up** *v* beindít, elindít, megindít; hirtelen keletkezik, támad; felszökken, felugrik; ~**-up** beindítás, elindítás, megindítás; (be)indulás; *at* (reaktor)indítás, reaktorindulás; ~**-up loop** *at* indító hurok; ~**-up period** *at, fiz* felfutási/bemelegedési/meghúzási/felgyorsulási idő/periódus; ~**-up procedure** *at* indítási eljárás; ~**-up time** *at* indítási/felfutási/bemelegedési/meghúzási/felgyorsulási idő/periódus; ~ **value** *szt* kezdeti érték

starter (be)indítószerkezet, indítóberendezés; indító; *bány, forg* előfúró, kezdő fúró; *el* indítókészülék; *élip* savanyító (baktérium)tenyészet, anyasavanyító; *ép* indító; *gépk* önindító; *opt* gyújtó; ~ **bar** *ép* kiálló/csatlakoztató betonacél; tüske *(vasbeton oszlopban)*; ~ **battery** *el* indítóakkumulátor; ~ **button** *gép* indítógomb; ~ **cathode** *el* begyújtó katód; ~ **crank** *gép* indítókar; ~ **discharge** *el* gyújtókisülés; ~ **drill** *ép* előfúrás; ~ **gap** *el* gyújtóköz, szikraköz; ~ **motor** *el* indítómotor; ~ **switch** indítókapcsoló; ~ **unit** *gépk, rep* indítómechanizmus; önindító egység; ~ **voltage** *el* indítófeszültség, gyújtófeszültség

starterless fluorescent lamp *opt* gyújtó nélkül működtetett fénycső

starting kezdés, kezdet, indítás; *el* gyújtás; *félv* indítás; *fiz* indukálás, előidézés, kiváltás, indítás; *gépk* (be)indítás *(motoré)*; beindulás; ~ **a cold engine** *gép* hidegindítás *(motoré)*; ~ **afferency** *aut* feltételes afferencia; ~ **anode** *el* gyújtóanód, begyújtó anód; ívfenntartó elektród; ~ **bar** *koh* kristályosítórúd; ~ **borer** *bány* kezdő fúró; ~ **box** *el* indító(szekrény); ~ **button** *gép* indítógomb; ~ **carriage** *rep* katapultkocsi; ~ **cartridge** *bány* indítótöltény, gyújtótöltény; ~ **charge** *bány* indítótöltet; *hidr* feltöltés *(szivattyúé)*; ~ **circuit** *távk* indító áramkör; ~ **clutch** *gép* indító tengelykapcsoló; ~ **compensator** *el* indító autótranszformátor; ~ **concentration** *koh, vegy* kezdeti koncentráció; ~ **conditions** *pl aut* indítási feltételek; ~ **crank** *gép* indítóforgattyú, „kurbli"; ~ **current** *el* bekapcsolási áram, indulási/indítási áram; indítóáram; indulóáram, berezgési áram; ~ **device** indítókészülék; *fiz, opt* gyújtóberendezés; gyújtókészülék; ~ **distance** *rep* nekifutás hossza, felszállótávolság; ~ **duty** *el* indító teljesítmény; ~ **electrode** *el* gyújtóelektród; indítóelektród; ~ **fan** *hőt* begyújtó ventilátor *(gázgenerátoron)*; ~ **fraction** *ol* kezdőfrakció, előpárlat; ~ **gas** *ol* indítógáz; ~ **gear** *gép, gépk* indító sebességfokozat; indítószerkezet; ~ **impulse** *aut* kioldó (indító) impulzus; ~ **jet** *gépk* indítófúvóka; ~ **key** *el* indítóbillentyű; ~ **lamp** *gép* előmelegítő lámpa *(izzófejé)*; ~ **lever** *gép* indítóemeltyű; ~ **material** alapanyag; kiindulóanyag; ~ **mixture** *gép* indítókeverék; *ol* kiindulási elegy; ~ **motor** → starter motor; ~ **newel (post)** *ép* lépcsőkorlát kezdőoszlopa; ~ **of oscillations** *távk* begerjedés; ~ **of regulating circuits** *aut* szabályozás körök működésbe hozása; ~ **of the chain** *vegy* láncindító reakció, primer aktus; ~ **of unit** *en* blokkindítás; ~ **pit** *hidr* indítóakna; ~ **point (SP)** kiindulópont, kezdőpont; *vasút* indítóállás; ~ **position** *el, távk* alapállás; kezdőállás; *vasút* indítóállás, indítófokozat; ~ **power** *el* indítási teljesítmény; ~ **pressure** *el* indítási nyomás; ~ **pull** *gumi* indítóvonóerő; ~ **pulse** *el* gyújtóimpulzus; indítóimpulzus; ~**-pulse action** *aut* indítóimpulzusos működés, működtetés indítóimpulzussal; ~ **pump** *hidr* nyitó szivattyú; ~ **relay (SR)** *el* indítórelé; *el, távk* indító jelfogó; ~ **resistance** *el* indító-ellenállás; *vasút* indítási ellenállás; ~ **resistor** *el* indító-ellenállás; ~ **rheostat** *vasút* indító-ellenállás; ~ **run** *rep* felszállás előtti nekifutás; ~ **section** *heng* kezdeti keresztmetszet; ~ **shaft** *bány* indítóakna; ~ **sheet** *koh* alaplemez; ~**-sheet blank** *alak* segédkatód *(galvánozáshoz)*; *koh* anyalemez; ~ **signal** *távk* indítójel; *vasút* kijárati jelző; ~ **speed** *gépk* kezdősebesség; ~ **strip(e)** *opt* gyújtócsík; ~ **switch** *el* indítókapcsoló; *gépk* önindítókapcsoló; ~ **termination** *távk* kezdeti kivezetés; ~ **thermistor** *félv* indítótermisztor; ~ **time (ST)** *at, fiz* felfutási/bemelegedési/meghúzási/felgyorsulási idő/periódus; *rád* felmelegedési idő; *tex* indítási idő; ~ **torque** *el, gép* indítónyomaték; ~ **tractive power** *vasút* indítási vonóerő; ~ **transformer** indítótranszformátor; ~ **tub** *élip* cefrézőkád; ~ **up** üzembe helyezés; ~ **up in cascade** *el* kaszkádos indítás; ~ **ventil** *en* indítószelep; ~ **voltage** *el* gyújtási feszültség; gyújtófeszültség; indítófeszültség, bekapcsolási feszültség; ~ **winding** *el* indítótekercs; ~ **zone** *rep* felszállási pont

stassfurtite *ásv* stassfurtit

statampere *el* elektrosztatikus áramerősség-egység

statcoulomb *metr* elektrosztatikus töltésegység

state I. *v* megállapít, meghatároz; **II.** *n* állapot; helyzet; *fiz* állapot; *mat, szt* állapot, fázis; ~ **characteristic of a product/the item** *any* termék-állapotjellemző; ~ **constitutional diagram** *rendsz* állapotdiagram; ~ **curve** *fiz* állapotgörbe; ~ **density** *el* állapotsűrűség; ~**-determined finite-state system** *rendsz* állapotdeterminált VR; ~ **diagram** *szt* állapotdiagram; ~ **equation** *fiz* állapotegyenlet, nyomás-térfogat-hőmérséklet összefüggés; ~ **formula** *fiz* állapotegyenlet; ~ **function** *fiz* állapotfüggvény; ~ **graph** *rendsz* állapotgráf; ~ **highway** *ép* állami közút; ~ **marker parameter** *rendsz* állapotjelző paraméter; ~ **of aggregation** *fiz, vegy* halmazállapot; ~ **of chromatic adaptation** *opt* színadaptáció állapota; ~ **of condition** *fiz* halmazállapot; ~ **of consistency** *geol* konzisztenciaállapot; ~ **of cure** *gumi* vulkanizálási fok; ~ **of delivery** *koh* szállítási/kereskedelmi állapot; ~ **of equilibrium** *mech* egyensúlyi állapot; ~ **of failure** *mech* törési állapot; ~**-of-health data** *any* kifogástalan állapotra vonatkozó adatok; ~ **of hydrostatic stress** *fiz* hidrosztatikus feszültségállapot; ~ **of inertia** *fiz* tehetetlenségi állapot; ~ **of insulation** *el* szigetelési állapot; ~ **of matter** *fiz, vegy* halmazállapot; ~ **of motion** *mech* mozgásállapot; ~ **of rest** *mech* nyugalmi állapot; ~ **of stress** *mech* feszültségállapot; ~ **of stress in the body** *mech* feszültségmező; ~ **of switching** *el* kapcsolási állapot; ~ **of weightlessness** *fiz, űr* súlytalanság állapota; ~ **parameter** *fiz, vegy* állapothatározó; ~ **relation** *rendsz* állapotreláció; ~ **sequence** *rendsz* állapotsorozat; ~ **set** *mat, rendsz* állapothalmaz; ~ **space** *aut* állapottér; fázistér; *mat* n-dimenziós állapottér; ~ **space analysis** *aut* állapottér-analízis; ~ **space equation** *aut, mat* állapotegyenlet; ~ **space representation** *aut* állapotteres ábrázolás; ~ **space trajectory** *mat* trajektória az n-dimenziós állapottérben; ~ **structure** *rendsz* állapotstruktúra; ~ **transition function** *aut* állapotátmenet-függvény; ~ **under normal conditions** *fiz* normálállapot; ~ **variable** *aut, fiz* állapotváltozó; ~ **vector** *aut, fiz* állapotvektor; ~ **without defect** *fiz* előírásos állapot

statement megállapítás, meghatározás; *aut* utasítás; *mat* állítás, ítélet, mondat, zárt mondat/állítás; *pa* papírméret(sorozat); *szt* forrásnyelvi programutasítás; utasítás; ~ **class** *szt* utasításosztály; ~ **form** *mat* nyitott mondat, ítéletfüggvény, állításséma; ~ **identifier** *szt* utasításazonosító; ~ **label** *szt* utasításcímke; ~ **number** *szt* utasításszám; ~ **of account** *ip* számlakivonat

statfarad *metr* elektrosztatikus kapacitásegység

stathenry *metr* elektrosztatikus induktivitásegység

static I. *a el* elektrosztatikus; *mech* statikai, statikus; *szt* statikus; **II.** *n el* elektrosztatikus töltés; *rád* statikus/légköri zavarok; ~ **accuracy** *aut* statikus pontosság; ~ **acting pile extractor/puller** *ép* statikus működésű kihúzó; ~ **analog(ue) device** *aut* statikus analóg készülék; ~ **analysis** *mech* (szerkezet)építési statika; ~ **balancer** *el* váltakozó áramú szabályozó; ~ **balancing** *mech* statikus kiegyensúlyozás; ~ **behavio(u)r** *aut* statikus/arányos viselkedés; ~ **bottomhole pressure (SBHP)** *ol* statikus talpnyomás; ~ **breakdown condition** *el* nyugalmi átütési feltétel; ~ **calculation** *ép* statikai számítás; ~ **capacitor** *el* statikus (üzemű) kondenzátor; ~ **casting** *önt* statikus öntés; ~ **ceiling** *rep* statikai csúcsmagasság; ~ **characteristic** *aut, el* statikus jelleggörbe; *rád* nyugalmi jelleggörbe; ~ **charge** *el* statikus/elektrosztatikus töltés/feltöltődés, statikus elektromos töltés; ~ **coefficient of friction** *mech* statikus/nyugalmi súrlódási együttható/tényező; ~ **compaction of concrete** *ép* statikus betontömörítés; ~ **compaction of soil** *ép* statikus talajtömörítés; ~ **compactor** *ép* statikus tömörítőgép; ~ **condenser** *en* fázisjavító kondenzátor; ~ **condition** *fiz* nyugalmi állapot; ~**-conducting** *el* statikus villamosságot levezető; ~ **control** *aut* arányos szabályozás; ~ **control circuit** *aut* arányos/statikus szabályozási kör; ~ **controlled system** *aut* statikus/arányos szabályozott szakasz; ~ **controller** *aut* arányos/statikus szabályozó; P szabályozó; ~ **convergence** *tv* statikus konvergencia; ~ **converter** *el* statikus átalakító *(egyenirányító)*; ~ **correction** *geof* állandó értékű korrekció; ~ **current** *el* nyugalmi áram, szünetáram; ~ **delivery head** *hidr* geodéziai emelési magasság; ~ **discharge** *el* elektrosztatikus kisülés; ~ **disturbances** *rád* atmoszferikus/légköri zaj(ok)/zavarok; ~ **dividing of current** *el, félv* statikus árammegoszlás; ~ **dividing of voltage** *el, félv* statikus feszültségmegoszlás; ~ **draft head** *hidr* sztatikus szívómagasság; ~ **electricity** *fiz* statikus elektromosság; ~ **eliminator** *rád* zajcsökkentő/zörejvágó kapcsolás; ~ **energy** *mech* helyzeti energia; ~ **engine** *gép* stabil *v.* helyhez kötött erőgép/motor; ~ **equilibrium** *mech* statikai egyensúly; ~ **equipment** *ép* helyhez kötött berendezés; ~ **error** *aut* statikus hiba; ~ **excavator** *ép* állókotró; ~ **ferrite memory** *szt* statikus ferritmemória; ~ **field** *fiz* statikus erőtér; ~ **fluid level** *ol* statikus folyadékszint; ~ **force** *fiz* statikai erő; ~ **formation temperature** *geof* statikus formációhőmérséklet; ~ **frequency changer** *el, rád* statikus frekvenciaátalakító/frekvenciaváltó; ~ **friction** *mech* Coulomb-féle súrlódás; statikus súrlódás, nyugvósúrlódás; ~ **governor** *aut* statikus szabályozó; ~ **gravimeter** *vegy* statikus graviméter; ~ **hardness test** *any* Brinell-féle keménységi próba; ~ **hazard** *aut* statikus hazárd; ~ **head** *fiz* hidrosztatikai esés; *hidr* statikus nyomómagasság; ~ **hold-up** *ol* statikus hold-up; ~ **indeterminacy/indeterminateness** *fiz, mech* statikai határozatlanság; ~ **instability** statikai instabilitás; ~ **leak** *távk* kondenzátor előtét-ellenállása; ~ **level** *rád* légköri zavarszint; ~ **lift** *fiz, rep* statikus emelőerő; ~ **line** *rep* ejtőernyő-bekötő zsinór; ~ **linear rolling pressure** *ép* statikus lineáris hengernyomás; ~ **load** *mech* statikus/álló teher; statikus/nyugvó igénybevétel/teher/terhelés; ~ **loading** *any* törésig fokozatosan növelt terhelés *(kísérleteknél)*; *mech* statikus/nyugvó terhelés; ~ **loading test** *talt* statikus próbaterhelés; ~ **logic diode element** *aut* statikus diódás logikai elem; ~ **logic transistor element** *aut* statikus tranzisztoros logikai elem; ~ **luminous sensitivity** *aut* statikus fényérzékenység; ~ **machine** *at* elektrosztatikus generátor; ~ **magnetic logic element** *aut* statikus mágneses logikai elem; ~ **magnetic memory** *szt* statikus mágnesmemória; ~ **memory** *szt* statikus memória; ~ **memory interface (SMI)** *szt* statikus memóriainterfész, SMI; ~ **model** *mat* statikus modell; ~ **modulator** *távk* statikus modulátor; ~ **moment** *mech* statikai nyomaték; ~ **mutual conductance** → ~ transconductance; ~ **operation** *ol* recirkuláció, viszszakeringtetés, cirkulációs/keringtetéses üzemmód; ~ **optimization** *aut* statikus optimalizálás; ~ **parameter** statikus paraméter; ~ **penetration test** *ép* szondázás *(cölöpverési mélység megállapítására)*; ~ **phase shifter** *el, félv* nyugvó rendszerű fázisjavító; ~ **plate** *gép* mérőperem, fojtóperemes/torlóperemes áramlásmérő; ~ **pressure** *mech, rep* statikus nyomás; ~ **pressure head** *hidr* statikus nyomómagasság; ~ **pressure regain** *hidr* nyomásvisszanyerés; ~ **pressure tube** piezométercső, nyomásmérő cső, nyomásszonda; ~ **programming** *mat, szt* statikus programozás; ~ **propeller thrust** *rep* légcsavar állóhelyzeti vonóereje; ~ **RAM** *szt* statikus RAM tároló; ~ **recovery** *krist* statikus helyreállás; ~ **recrystal(l)ization** *koh* statikus újrakristályosodás; ~ **regulator** *aut* statikus szabályozó; ~ **relay** *távb* statikus relé/modulátor; ~ **reservoir pressure** *geof* statikus telepnyomás; ~ **resistance** *geof* nyugalmi ellenállás; ~ **roll compressive force** *ép* statikus lineáris hengernyomás; ~ **roller** *ép* simaköpenyű/statikus úthenger; ~ **rolling** *ép* statikus úthengerlés; ~**s** → statics; ~ **sensitivity** *rád* zörejérzékenység; ~ **shock** *el* statikus elektromosság okozta ütés; ~ **soaring** *el* statikus vitorlázó repülés; ~ **sounding** *talt* (statikus) nyomószondázás; ~ **spontaneous potential,** ~ **SP** *geof* statikus SP; ~ **stability** *hajó, rep* statikai stabilitás; ~ **storage** *távk* statikus vákuumrendszer; ~ **storage element** *aut* statikus tároló elem; ~ **strength** *mech* statikus szilárdság; ~ **stress** *mech* statikus igénybevétel/feszültség; ~ **subroutine** *aut, szt* statikus/állandó alprogram/szubrutin; ~ **subsurface sounding** *ép* mélyszondázás lépcsőzetes terheléssel, nyomószondázás; ~ **suction head/lift** *hidr* geodéziai/statikus szívómagasság; ~ **suppressor** *rád* zajcsökkentő kapcsolás; ~**-tensile testing** *any* statikus szakítópróba; szakítópróba nyugvó terheléssel; ~ **test** *any* statikus vizsgálat/próba; *rád* nyugalmi vizsgálat; ~ **test bed** *any* statikus vizsgálópad; ~ **time delay** *aut* statikus késés; ~ **torque** *mech* statikus nyomaték; ~ **transconductance**

el (cső)meredekség, statikus meredekség, transzkonduktancia; ~ **transverse field** *el* statikus harántirányú (erő)tér; ~ **tube** *rep* statikus nyomásmérő cső; ~ **unbalance** *mech* statikai labilitás; ~ **vacuum system** *távk* statikus vákuumrendszer; ~ **viscosity** *mech* statikus belső súrlódás

statical → static

statically *mech* statikusan, statikailag; ~ **balanced** *rep* statikailag kiegyenlített; ~ **defined/determinable/determinate/determined** *mech* statikailag (meg)határozott; ~ **determinate girder** *mech* statikailag meghatározott tartó; ~ **indeterminable/indeterminate** *mech* statikailag határozatlan; ~ **indeterminate girder** *mech* statikailag határozatlan tartó; ~ **indeterminate structure** *mech* statikailag határozatlan szerkezet; ~ **stable** *rep* statikailag stabil

staticizer *aut* statikussá tevő elem; *szt* soros-párhuzamos átalakítás

staticon *el* vidikon

statics *fiz, mech* statika; *rád* légköri (eredetű) (vételi) zavarok; *rep* légköri zavarok/kisülések; ~ **for structural engineering** *mech* (szerkezet)építési statika; ~ **of rigid bodies** *mech* merev testek statikája; ~ **of shells** *mech* héjstatika

station állomás; állás, fekvés, helyzet, hely *(rendszerben v. szerkezetben)*; *bány* aknarakodó; létrapadozat; rakodótelep; *csill* nyugalmi helyzet *(látszólagos, bolygóé)*; *el* alállomás; kapcsolóállomás; *en* erőmű; *ép* állás; *geod* észlelési hely; műszerállás; *gép* munkahely; pozíció *(többpozíciós szerszámgépen)*; *rád* adóállomás; *szt* (adat)állomás; *távk* rádióállomás; *vasút* állomás; pályaudvar; ~ **address** *szt* állomáscím; ~ **and lock unit** *hidr* erőmű és zsilipegység; ~ **auxiliary switchboard** *en* általános/közösüzemi elosztó; ~ **bearing** *távk* adóállomás irányszöge; ~ **block** *vasút* állomási biztosítás, állomási biztosítóberendezés/blokk; ~**-building** *vasút* állomásépület; ~ **clutch** *aut, forg* fokozatbekapcsoló; ~ **control room** *en* erőművezérlőterem; ~ **curve** *geof* állomásgörbe; ~ **density** *geof* állomássűrűség; ~**-description** *geod* háromszögelési pont helyszínrajzi leírása; ~ **dial** *rád* állomásskála; ~ **elevator** → ~ lift; ~ **group** *geof* állomáscsoport; ~**-interchange switch** *rád* állomásváltó kapcsoló; ~ **in the roof** *bány* főtepont; ~ **lift** *vasút* pályaudvari felvonó; ~**-line jack** *távk* csatlakozóhüvely; ~ **location** *geof* állomáshely (kijelölése/bemérése); ~**-location marker** *rep* állomási helyjeladó; ~ **milling** *forg* marás többpozíciós marógépen; ~ **number** *geof* állomásszám; ~ **office** *vasút* forgalmi iroda; ~ **offset** *geof* állomásköz, állomástávolság; ~ **on board** *rád, rep* fedélzeti rádióállomás; ~ **on the floor** *bány* talppont; ~ **platform** *vasút* peron; ~ **platform ramp** *vasút* peronrámpa; ~ **platform roof** *vasút* perontető; ~**-point** *geod* műszerálláspont; ~ **rating curve** *hidr* vízhozamgörbe, vízállásgrafikon; ~ **repetition** *geof* ugyanazon az állomáson megismételt észlelés/mérés; ~ **selection code (SSC)** *rád, szt* állomáskiválasztó kód, SSC; ~ **staff** *geod* műszerálláson felállított mérőléc/szintezőléc/kitűzőrúd; ~ **tender** *bány* alsó aknacsatlós; ~ **tube** *vasút* állomásalagút *(metró)*; ~**-wagon** *gépk* kombi; ~ **with its own power supply** *távk* öntáplált állomás

stationary álló, állandó, stacionárius; megállapodott, állandósult; helyhez kötött; *ép* fix, telepített, helyhez kötött, stacioner; *fiz* egyensúlyi; stacioner, stacionárius, folytonos, nyugalmi, állandósult, (időben) egyenletes, állandó; *gép* álló *(nem mozgó)*; ~**-anode tube** *sug* álló anódú cső *(röntgentechnika)*; ~ **arm** *bány* merev/rögzített fúrószárny; ~ **asphalt mixer** *ép* beépített aszfaltfőző berendezés; ~ **axle** *gép* álló tengely; ~ **barrel** *kat* állócső; *ol* állóhenger; ~ **batcher scale with weighing bin** → ~ bucket scale; ~ **battery of silos** *ép* telepített silósor; ~ **blade** *en* terelőlapát; ~ **boiler** *hőt* álló kazán; ~ **bucket scale** *ép* beépített tartálymérleg; ~ **bushing** *gép* vezetőpersely; ~ **cement silo** *ép* cementsiló; ~ **clamp** *heg* helyhez kötött befogó pofa; ~ **climbing crane** *ép* helyben álló oszlopú kúszódaru; külső kúszódaru; ~ **column** *gép* merev állvány; ~ **concrete pump** *ép* helyben álló betonszivattyú; ~ **contact** *el* fix érintkező; ~ **contact member** *en* álló érintkező; ~ **crane** *em* helyhez kötött daru; ~ **crucible technique** *krist* stacionárius tégelymódszer; ~ **cylinder** *kh* álló tűs henger; ~ **driven unbalance exciter** *el* külön motoros gerjesztő(mű); ~ **drum-type mixer** *ép* beépített aszfaltfőző berendezés; ~ **earthmoving machinery** *ép* álló/fix földmunkagép; ~ **engine** *gép* helyhez kötött *v.* stabil motor; ~ **engine drive** *gép* külön motoros hajtás; ~ **engine driven hot asphalt boiler/cauldron** → ~ drum-type mixer; ~ **equipment** *ép* helyhez kötött berendezés; ~ **excavator with bottom platform** *ép* letalpaló kotró; ~ **field** *fiz* nyugvó/álló/stacionárius erőtér; ~ **fit** *szer* átmeneti illesztés; ~ **flow** *aut, bány* stacionárius/változatlan áramlás; *ol* állandósult áramlás; ~ **front** *met* veszteglő front; ~ **grizzly** *bány* rudas állórosta; ~ **growth form** *krist* stacionárius növekedési forma; ~ **hoist** *em* beépített felvonó; ~ **ingot tilting pot** *önt* helyhez kötött öntecsbillentő berendezés; ~ **input process** *rendsz* stacionárius beérkezési folyamat; ~ **jaw** *forg, gép* álló/rögzített pofa; ~**-layer ion exchange** *koh* nyugvó réteges ioncsere; ~ **liquor** *tex* nyugvó fürdő; ~ **magnetic field** *el* állandósult/nyugvó villamos erőtér; ~ **mass** *fiz* állandó/tehetetlen/nyugalmi tömeg; ~ **mastic cooker** → ~ drum-type mixer; ~ **method of flame hardening** *hők* helyhez kötött lángedzési módszer; ~ **mixer** *ép* beépített keverőgép; ~ **mixing plant** *ép* telepített (beton)keverő üzem/berendezés; ~ **mix plant** *ép* telepített betongyár; ~ **moderator** *at* neutronegyensúlyban levő moderátor; ~ **mo(u)ld half** *műa* állandó szerszámfél; ~ **open-hearth furnace** *koh* helyhez kötött martinkemence; ~ **orbit** *aut* stacionáris körpálya; *csill, űr* stacionárius pálya; ~ **oxygen converter** egyhelyben álló oxigénes konverter; ~ **phase** *ol* stacionárius fázis; *vegy* álló fázis; ~ **photometer** *metr* rögzített fotométer; ~ **piston** *kat* állódugattyú; ~ **plate** *bány* állópofa *(pofástörőn)*; ~ **platen** *műa* álló szerszámfelfogólap; ~ **point** *mat* csúcspont; *rendsz* stacionárius pont; ~ **pointer** *geod* (mechanikus) hátrametsző készülék; ~ **point on a curve** *mat* görbe stacionárius pontja; ~ **pole** *el* állandó pólus; ~ **position** *mech* nyugalmi helyzet; ~ **pump(ing) system/unit** *vák* állószivattyú; ~ **ramp** *vasút* állomási rakodó; ~ **random function** *aut* stacionárius sztochasztikus függvény; ~ **random input** *aut* stacionárius sztochasztikus bemenet *v.* bemenő jel; ~ **random process** *aut* állandósult/stacionárius sztochasztikus/véletlen folyamat; ~ **reactor** *at* helyhez kötött reaktor; ~ **regime** *aut* stacionárius állapot/üzem; ~ **rivet die** *ép* ellentartó *(szegecselés)*; ~ **row silos** *pl ép* telepített silósor; ~ **satellite** *űr* stacionárius műhold, szinkron műhold; ~ **screw** *gép* álló orsó; ~ **seismograph** *geof* állomásszeizmográf; ~ **spot welder** *heg* folyamatosan dolgozó ponthegesztő gép; ~ **state** *at* állandó diszkrét energiaállapot; *mat* stacionáris állapot; ~ **stochastic signal** *aut* stacionárius sztochasztikus jel; ~ **strategy** *rendsz* stacionárius stratégia; ~ **table** merev asztal; ~ **target** *kat* álló cél(pont); ~ **time series** *mat, rendsz* stacionárius idősor; ~ **tower crane** *ép* helyben álló toronydaru; ~ **tower mix plant** *ép* telepített keverőtorony; ~ **traffic** *közl* álló/parkoló forgalom; ~ **uniform flow** *hidr* permanens/állandó folyadékmozgás; ~ **value** *mat* stacionárius érték *(függvényé)*; ~ **vehicle** *közl* álló jármű *(nem mozgó)*; ~ **vibration** *fiz* állórezgés, stacionárius rezgés; ~ **water level** *hidr* nyugalmi vízszint; ~ **wave (SW)** *fiz, távk* állóhullám, stacionárius hullám; állórezgés, stacionárius rezgés; ~ **weigh-bridge** *ép* beépített hídmérleg; ~ **well-head temperature** *ol* állandósult kútfejhőmérséklet

stationer('s) papírkereskedő, papír és írószer (bolt)

stationery írószer; irodaszerek, papíráru; *szt* nyomtatópapír; ~**-box paper** *pa* levélpapírdoboz-papír

statism *aut* statizmus

statistic I. *a* → statistical; **II.** *n stat* statisztikai jellemző/adat; statisztikai mérőszám, eloszlásjellemző

statistical *stat* statisztikai, statisztikus; ~ **analysis** statisztikai analízis/értékelés/elemzés; ~ **approximation** statisztikai megközelítés; ~ **average** statisztikai átlagérték; ~ **card** *szt* statisztikai kártya; ~ **check** statisztikai ellenőrzés; ~ **compensation** statisztikus kompenzáció; ~ **component** statisztikai elem; ~ **computer** *szt* statisztikai számítógép; ~ **counter time lag** *el* statisztikus késedelem/késés *(számlálóé)*; ~ **data** statisztikus/statisztikai adatok; ~ **decision** *rendsz* statisztikai döntés; ~ **decision function** (statisztikai) döntésfüggvény; ~ **decision procedure** (statisztikai) döntési eljárás; ~ **decision process** *rendsz* (statisztikus/sztochasztikus) döntési folyamat; ~ **decision theory** *rendsz, stat* statisztikai döntéselmélet; ~ **error** *el, fiz* statisztikus hiba; *szt* statisztikai hiba; ~ **estimation** *rendsz, stat* (statisztikai) becslés; ~ **evaluation** statisztikai értékelés; ~ **fluctuation** *at, krist* statisztikus fluktuáció/ingadozás; ~ **hypothesis** *mat, stat* (statisztikai) hipotézis; ~ **independence** statisztikai függetlenség; ~ **inference** statisztikai következtetés/értelmezés; ~ **information** *mat* információtartalom, információmennyiség; ~ **mechanics** *fiz* statisztikus mechanika; ~ **method** *rendsz* statisztikai módszer; ~ **model** *mat, stat* sztochasztikus/statisztikai/valószínűségi modell; ~ **physics** *fiz* statisztikus fizika; ~ **quality control (SQC)** *ip* statisztikai minőség-ellenőrzés; ~ **sampling** statisztikai mintavétel; ~ **selection of reliable dates** *aut* megbízható adatok statisztikus kiválasztása; ~ **significance** statisztikai szignifikánsság, (statisztikai) szignifikancia; ~ **sign test** *mat* előjelpróba; ~ **straggling** statisztikus szórás; ~ **test** *rendsz* statisztikai próba *(statisztikai bizonyítás)*; ~ **time division multiplexing** *szt* statisztikus csatornaidő-megosztás; ~ **uncertainty** *fiz* statisztikus bizonytalanság; ~ **variation** statisztikus ingadozás; ~ **weight** *fiz* statisztikai súly

statistically significant *mat* (statisztikailag) szignifikáns

statistician *stat* statisztikus

statistics *mat* statisztika *(tudomány)*; ~ **of attributes** *mat* gyakorisági statisztika

statohm *metr* elektrosztatikus ellenállásegység

statometer *metr* sztatométer

stator *el* állórész; sztátor; *hidr, hőt* (turbinaház-)állórész; ~**-coil** *el* állórész-tekercselés; ~ **core** *el* állórészvastest, sztátorvastest; ~ **frame** *el* állórészház, motorház; ~ **pack** *el* állórészlemeztest; ~ **plate** *el* állólemez *(forgókondenzátoré)*; ~ **winding** *el* sztátortekercselés

statoscope *geod* sztatoszkóp

statuary | **bronze** *any* művészeti célokra szánt bronz; ~ **marble** *any* szobrászmárvány

status állapot, helyzet, státusz; ~ **byte/bit** *szt* állapotjelző bájt/bit; ~ **control block (SCB)** *szt* állapotellenőrző blokk, SCB; ~ **line** *szt* állapotleíró vonal/csatorna; ~ **register** *szt* állapotregiszter; ~ **signal** *szt* státuszjel; ~ **word** *szt* állapotszó

statute mile *metr* (szárazföldi/angol) mérföld *(1760 yard, 1609,34 m)*

Stauffer lubrication *gép* Stauffer-féle zsírozó/kenő rendszer

staunch I. *v* meggátol; csillapít; megszűnik folyni; **II.** *a hajó* vízálló, vízhatlan; *szer* légszigetelt, légmentesen záródó; ~ **rivet** *szer* tömörszegecs

staunching *hidr* folyás eltömése; ~ **blind** *hidr* vízzáró redőny *(tűzgáthoz)*; ~ **wall** *hidr* résfal

staurolite *ásv* staurolit

stauroscope *krist* stauroszkóp

stave I. *v* lyukat ver; darabokra reped; *fa* dongákkal ellát; *hajó* kilyukad; léket kap; **II.** *n ép* léc; létrafok; rúd; *fa* (hordó)abroncs; (hordó)donga; lécfa, hordófa; *tex* nyüstléc; ~**-backing machine** *szersz* dongagyalugép; ~**-border plane** *szersz* fenékpárkányozó gyalu; ~ **cramp** *szersz* hordódonga-szorító; ~**-dressing** *fa* dongaegyengető; ~ **file** *szersz* ellipszis metszetű fűrészreszelő; ~ **in** *v* beüt *(hordót)*; *hajó* beszakít *(vitorlát)*; ~ **iron** *szersz* dongagyalukés, dongavonókés; ~**-jointing machine** *szersz* dongaillesztő gép; ~ **pipe** *ép* dongacső; facsatorna, facső; ~ **plane** *szersz* dongagyalu; ~**-shortening machine** *fa* dongahosszleszabó gép; ~**-wood** *fa* dongafa, kádárfa

staving *fa* felabroncsozás *(hordóé)*; lyukverés; *pa* beütés; kilyukadás; ~ **machine** *fa* dongaillesztőgép

stay I. *v bány* kifeszkéz; *ép* dúcol; megtámaszt, kitámaszt; *ép, gép* lehorgonyoz *(csavarokkal)*; *gép* (ki)merevít; **II.** *n bány* feszíték; támasztóoszlop, tám; *bőr* erősítőöltés; *cipő* negyedélű tű; *ép* dúc, támasz, gyámfa; feszítőhuzal; kihorgonyzás; oszloptámasztó rúd *(húzott)*; támasz, tartó; vonórúd *(hídon)*; *gép* gyám; merevítés; *hajó* hosszirányú árbocfeszítő kötél; tarcs; ~ **anchor** *ép* horgony, vaskapocs; ~**-and-guys** *pl hajó* feszítőmű *(árboc rögzítésére)*; ~**-bar** *ép* ablakkitámasztó pecek; ~ **binding** *tex* merevítő szegőszalag; ~ **block** *ép* horgonyalj, horgonyalátét; *távb* kikötő alátét *(oszlopon)*; ~ **bolt** *gép* gyámcsavar; támcsavar; távtartócsavar; ~**-bolt tap** *szersz* menetfúró *(támcsavar és horgonycsavar részére)*; ~ **bracket** *forg* ellentartó; *gép* konzolos csapágy; támasztókonzol; ~ **cable** *ép* merevítőkábel; ~ **carriage** *kat* kitámasztható lövegtalp; ~ **chain** *szer* feszítőlánc, kimerevítő lánc; ~ **clamp** *el* kábelkapocs, kábelszorító; ~ **cleat** *távk* kábelrögzítő; ~ **crutch** → ~ bracket; ~ **girder** *hőt* tűzszekrénygerenda *(gőzgépé)*; ~ **head** *hőt* támcsavarfej, vonórúdfej; ~ **piece** *gép* kitámasztó darab; ~ **pile** *ép* támcölöp; ~ **pin** *gép* láncpecek *(merevítőcsap)*; ~ **plate** *ép* konzol; könyökfa; támasztó; *gép* átkötőlemez *(kétfalú szelvényé)*; hevederlemez, merevítőlemez; ~ **pole** *ép* feszítő/kitámasztó rúd; ~ **ring** *hidr* támlapátkoszorú; ~ **rod** *ép* húzott rácsrúd *(hídon)*; kitámasztó; lehorgonyzórúd; merevítrúd; *gépk* távtartórúd; *távb* kikötőrúd *(távíróoszlopé)*; ~**-rope** *ép* vezérkötél; ~**-still** *ép* alátétdeszka; ~ **tackle** *hajó* tarcskötél; ~ **tape** *cipő* erősítőszalag *(cipőfelsőrészen)*; ~ **transom** *szer* szerelőrúd; ~ **tube** *hőt* menetes horgonycső *(gázkazánban)*; összekötő merevítő; támasztócső; ~ **vane** *hidr* támlapát *(turbináé)*; ~**-vane assembly** *hidr* támlapátkoszorú *(turbináé)*; ~ **wedge** *gép* állítóék; ~ **wire** *el* merevítőhuzal; oszloplehorgonyzó kábel; *távb* drótkötél *(távíróoszlop feszítéséhez)*; ~ **work** *ép* merevítőszerkezet

stayed megtámasztott; ~ **antenna mast** *távk* kikötött antennaárboc; ~ **girder bridge** *ép* ferdekábeles híd; ~ **mast** *el* huzalmerevítésű oszlop; ~ **pole** *el* merevített oszlop

staying merevítés, kitámasztás; *el* vezeték feszítése; ~ **time** *rendsz* várakozási idő

staysail háromszögletű vitorla

STC → sensitivity-time control

STD → subscriber trunk dialling; **make an** ~ távhívással hív

steadily szilárdan, egyenletesen

steadiness szilárdság, állandóság; ~ **of working process** láncszerű munkafolyamat

steady I. *v* egyensúlyba hoz; erősít; megszilárdít; megszilárdul, megkeményedik; **II.** *a* állandó; tartós, egyenletes, rendszeres, folyamatos; szilárd; *aut* állandó, tartós; *fiz* egyensúlyi, stacionárius, állandósult; ~ **acceleration** *mech* állandó gyorsulás; ~ **anode current** *el* nyugalmi áram *(anódé)*; ~ **arm** *el* munkavezeték-rögzítő (kar); ~ **background** *at* maradó háttérsugárzás; ~ **brace** *el* munkavezeték-rögzítő; ~ **creep** *krist* kváziviszkózus/stacionárius kúszás/folyás; ~ **current** *el* állandósult/stacioner áramlás; ~ **current impulse** *el* állandósult/nemlecsengő impulzusok; ~ **deflection** *mech* maradó/állandósult behajlás; ~ **dowel** *gép* beállító pecek; ~**-flight speed** *rep* állandósult repülősebesség; ~ **flow** *fiz* stacioner/permanens áramlás; *hidr* állandó/stacioner áramlás; ~ **flow of current** *el* állandósult/stacioner áramlás; ~ **glide** *rep* egyenletes siklórepülés; ~ **hum** *távk* egybefolyó hang *(iránysávban)*; ~ **load** *mech* állandó terhelés; ~ **mass of seismograph** *geod* szeizmográf állandó tömege; ~ **motion** *mech* egyenletes mozgás; ~ **non-uniform flow** *hidr* permanens változó folyadékmozgás; ~ **operation** állandósult üzem; *hőt* stabil kemencejárat; ~ **pin** *gép* rögzítő csapszeg; *óra* rögzített tengely; ~ **pressure extrusion** *gumi, műa* állandó nyomású fröccssajtolás; ~ **production rate** *ol* állandósult hozam; ~**-rest** *forg* állóbáb, lünetta; támasztóbáb; támcsapágy *(marógépen)*; ~ **running** *gép* egyenletes futás/járás/(gép)működés; ~ **short-circuit current** *el* tartós zárlati áram; ~ **sound** *távk* tartós hang; ~ **source** *el* állandó forrás; ~ **state** *fiz* állandósult/tartós állapot; nyugalmi/stacionárius állapot; *műa* kvázistacionárius állapot; *távk* állandósult állapot; berezgett állapot; ~**-state** *aut, fiz* egyensúlyi, stacionárius, állandósult; ~**-state accuracy** *aut* állandósult pontosság, maradó szabályozási eltérés; ~**-state behavio(u)r** *aut* stacionárius viselkedés; ~**-state behavio(u)r of laser** → ~-state laser behavio(u)r; ~**-state component** *aut* állandósult összetevő; ~**-state condition** *aut* állandósult/tartós állapot; ~**-state current** *el, távk* nyugalmi/állandósult/stacioner áram; *hidr* egyenletes áramlás; ~**-state deviation** *aut* végkitérés; ~**-state distribution** *mat* állandósult/stacionárius eloszlás; ~**-state error** *aut* maradó szabályozási eltérés, állandó hiba; ~**-state flow** *aut* stacionárius áramlás, változatlan áramlás; ~**-state gain** *aut* átviteli tényező; ~**-state laser behavio(u)r** *fiz* állandósult lézerüzemmód; ~**-state offset** *aut* végkitérés; ~**-state reaction** *at* állandósult (lánc)reakció; ~**-state regime of control loop** *aut* szabályozási kör állandósult állapota; ~**-state solution** *aut* stacionárius megoldás; *fiz* stacionárius *v.* állandósult állapotra vonatkozó megoldás; ~**-state stability** *en* állandósult stabilitás; *rep* statikai stabilitás; ~**-state stochastic process** *mat* stacionárius sztochasztikikus folyamat; ~**-state theory** *hang* Helmholtz-elv, reciprocitási elv, akusztikai megfordíthatóság elve; Helmholtz-féle elmélet *(hangzókeletkezésre)*; ~**-state value** *aut* állandósult/tartós érték; ~**-state vibration** *mech* állandósult rezgés; ~ **stress** *mech* egyenletesen eloszló feszültség/igénybevétel; ~ **thrust** *rep* hajtómű tolóereje állandósult üzemmódban; ~ **turn** *rep* egyenletes teljes forduló

steadying | **band** *tex* támasztószalagok; ~ **bar** *gép* merevítőrúd; ~ **guy** *hajó* rögzítőpányva; ~ **resistance** *el* stabilizáló ellenállás; ~ **surface** *rep* stabilizáló felület

steam I. *v* gőzzel kezel/telít; *élip* párol; *hőt* gőzzel hajt; *mzg* gőzöl *(takarmányt)*; *tex* dekatál, gőzöl, avat; *vegy* gőzölög, párolog; **II.** *n fiz* (víz)gőz; pára; *hőt* gőzerő, gőzenergia; ~ **accumulator** gőzakkumulátor, gőztároló; *vasút* gőzakkumulátoros mozdony; ~ **air die/drop hammer** *koh* süllyesztékes gőzlégkalapács; ~ **air ejector** → ~ ejector; ~ **air hammer** *koh* gőzlégkalapács; ~ **automatic hammer** *ép* automatikus gőzkalapács; ~ **black** *tex* gőzöléses fekete; ~ **blast** *hőt* gőzsugár; ~ **blow** *hőt* vízgőzbefúvatás; *ol* fúvatás gőzzel; ~ **blu(e)ing** *koh* kékrefuttatás vízgőzzel; ~ **boiler** *hőt* gőzkazán; ~**-boiler fitting** *hők* gőzkazánszerelvény; ~ **boiling** *hőt* forralás/párolás gőzzel; ~ **box** *ép* gőzölőkád, gőzölőkemence; *vasút* gőzelosztó szekrény; ~ **calorimeter** *metr* gőzhőmennyiség mérő; ~ **car** *gépk* gőzautó; ~ **chamber** *hőt* gőzgyűjtő; ~ **channel** *műa* gőz(fűtő)csatorna; ~ **chest** *hőt* gőzszekrény, gőzkamra; ~**-chest head casing** *gép* tolattyúszekrényfej-fedél; ~ **cleaning** *ép* gőzsugártisztítás; ~ **coal** *bány* összesülő kazánszén; ~ **cock** *szer* gőzbeömlő csap; ~ **coil** *hőt* gőzfűtőkígyó; ~ **collier** *hajó* szénszállító gőzhajó; ~ **conduit** *hőt* gőzvezeték; ~ **consumption** *hőt* gőzfelvétel; gőzfogyasztás; ~ **cooking** *élip* főzés gőzzel; ~**-cooled engine** *rep* gőzhűtéses motor; ~**-cooling device** *gép* gőzhűtő berendezés; ~ **core** *műa* gőz(fűtő)csatorna; ~ **cracking** *ol* vízgőzös pirolízis, pirolízis vízgőz jelenlétében; ~ **crane** *ép* gőzdaru; ~ **cure** *gumi* vulkanizálás gőzzel; ~**-cured concrete** *ép* gőzérlelt/gőzölt beton; ~ **curing (at atmospheric pressure)** *ép* gőzérlelés; ~ **curing at**

high pressure *ép* autoklávos *v.* nagy nyomású gőzérlelés; **~-curing hood** *ép* gőzölőfedél, gőzölőbura; **~-curing room** *ép* gőzérlelő tér; **~-curing tunnel** *ép* gőzérlelő alagút; **~ cut-off** *hőt* töltés vége a gőzhengerben; **~-cylinder jacket** *hőt* gőzhengerköpeny; **~-cylinder oil** *hőt, ol* gőzhengerolaj; **~ desaturator** *hőt* gőzszárító; **~ digger** *ép* gőzkotrógép; **~ distillation** *vegy* vízgőz-desztilláció; **~ distributing system** *ép* gőzelosztó rendszer; **~ distribution** *gép* gőzgépvezérlés; **~ dome** *hőt* gőzgyújtó, gőzdóm; **~ douche** *hőt* gőzbugyogtató; **~ drain** *ép* kondenzvíz; **~ dredger** *ép* gőzüzemű kotró; **~ drier** → **~** dryer; **~ drive** *hőt* gőzgéphajtás; **~-driven** *hőt* gőzgéphajtású; gőzzel hajtott; **~ drum** *hőt* gőzgyűjtő; **~ dryer** *hőt* gőzszárító; kondenzedény; **~ ejector** *hűt* gőzsugárszivattyú, gőzejektor; **~ emulsion** *ol* gőzemulzió; **~ emulsion number** *ol* gőzemulziós szám; **~ end** *tex* gőzölő szakasz; **~-engine** *hőt* gőzgép; **~ engine oil** *gép, ol* gőzhengerolaj; **~ escape** *hőt* gőzeltávozás, gőzkiáramlás *(véletlen)*; **~-fan furnace** *hőt* gőzbefúvásos tüzelő berendezés; **~-fed heater** *ép* gőzzel fűtött fűtőtest; **~-feed pump** *hőt* gőztápszivattyú; **~ film** *hőt* (vékony) gőzréteg; gőzburok *(kazán belső falán)*; **~ finish** *pa* gőzkezelés *(simított papíré)*; **~ fitting** *szer* gőzvezeték-szerelvény; **~ fixation** *tex* gőzöléses rögzítés; **~ floating crane** *em* úszó gőzdaru; **~ flooding** *ol* gőzelárasztás; **~ flow** *hőt* gőzáram(lás); **~-flow limiter** *ép* gőzmennyiség-korlátozó; **~-flow meter** *ép* gőzmennyiségmérő; **~ gas** *fiz* erősen túlhevített gőz; **~ ga(u)ge** *hőt* gőzfeszmérő; gőznyomásmérő; **~-generating heat** *fiz* gőztermelési hő; **~-generating heavy-water reactor (SGHWR)** *at* nehézvizes reaktor; **~-generating reactor** *at* gőzfejlesztő reaktor; **~-generating tube** *hőt* forrcső; **~ generation** *hőt* gőztermelés; **~ generator** *hőt* gőzgenerátor, gőzfejlesztő (berendezés); gőzkazán; gyorsgőzfejlesztő; **~ hammer** *mt* gőzkalapács; **~-hammer gear** *mt* gőzkalapács-vezérlés; **~ hauler** *vasút* (gőz)vontató, gőzjárgány; **~-heat** *vasút* gőzfűtés(ű); **~-heated** *ép* gőzfűtésű; **~-heated cylinder** *pa* szárítóhenger; **~-heated still** *vegy* gőzfűtésű retorta *v.* lepárló készülék; **~ heater** *ép* radiátor; **~ heating** *ép* gőzfűtés; **~ hoist** *bány* aknaszállító gőzgép; *em* gőzgéphajtású felvonó gép *v.* csörlő; **~ hose** *gép* gőztömlő; **~-hose coupling** *gép* gőztömlő összekötő karmantyúja; **~-hydraulic press** *mt* gőzhidraulikus prés; **~ injector** *hőt* gőzsugárszivattyú, gőzinjektor; **~ in moist steam** *v tex* nedvesen gőzöl; **~-iron process** *vegy* vaskontakt eljárás *(hidrogén előállítására)*; **~ jacket** *hőt* gőzköpeny, fűtőköpeny; **~-jacketed pipe** *hőt* gőz(fűtő)köpenyes cső; **~-jacketed worm conveyer** *élip* gőzköpenyes szállítócsiga; **~ jet** *hőt* gőzfúvóka, lövettyű; **~-jet air ejector** → **~** ejector; **~-jet cleaning** → **~** cleaning; **~-jet exhaustor** *hőt* gőzsugárelszívó; **~-jet pump** *hőt, vák* gőzsugárszivattyú; **~-jet refrigerating system** *hűt* gőzsugár-hűtőberendezés; **~-jet sand blast** *mt* gőzsugaras homokfúvó; **~ kiln** *ép* gőzérlelő tér; **~ lancet** *ép* gőztű; **~ land line** *hőt* távvezeték *(gőz)*; **~ lap** *hőt* külső túlfedés *(gőzgépvezérlés)*; **~ lead** *hőt* lineáris előnyitás *(gőzgépen)*; **~ line** *ép, hőt* gőzvezeték; **~ liquid system** *aut* gőz-folyadék rendszer; **~-locomotive** *vasút* gőzmozdony; **~ log** *hőt* gőzkazánnapló; **~-main bleeding** *hőt* gőzvezeték megcsapolása; **~ mangle** *ép* gőzmángorló, gőzkalander; **~ mixer** *ép* melegbeton-keverő gép; **~-mixing jet** *hőt* gőzsugárkeverő; **~ nozzle** *hőt* gőzfúvóka; **~ off** *v hőt* gőzt kifúj; gőztelenít; **~ operations** *pl ép, gép* gőzüzem; **~ out** *v vegy* gőzt kifúvat; kigőzöl, gőzzel eltávolít; **~ packet boat** *hajó* postagőzös; **~ pile-driver** *ép* gőzüzemű cölöpverő/verőkalapács; **~ piling plant** *ép* gőzüzemű cölöpverő; **~ pinnace** *hajó* gőznaszád; **~(-)pipe** *ép, hőt* gőzvezeték; **~-pipe expansion loop** *hőt* gőzvezetéki csőlíra; **~(-)piping** *ép, hőt* gőzvezeték; **~-pitching machine** *ép* gőzüzemű kátrányozó; **~-plate** *műa* fűtőlap; **~-plough/plow** *mzg* gőzeke; **~ pocket** *hőt* gőzzsák; **~ point** *fiz* víz forráspontja; **~ ports** *pl hőt* gőzbeömlőnyílás, gőzkilépés; **~ power** *en* gőzerő, gőzenergia; **~ power station/plant** *en* gőzerőmű; **~ press** gőzvasalógép; **~(-)pressing** *tex* gőzvasalás; **~ pressure (SP)** *fiz* gőznyomás *(vízgőzé)*; **~ pressure above atmospheric pressure** *ép* gőztúlnyomás; **~-pressure accumulator** *hőt* változó nyomású gőztároló; **~-pressure control** *ép* gőznyomás-szabályozás; **~-pressure ga(u)ge** gőzmanométer; **~-pressure temperature detector** *aut* gőztenziós hőérzékelő; **~ production** *koh* gőztermelés; **~-proof** gőzbiztos, gőzálló, gőzmentes; **~ radiator** *ép* gőzfűtőtest; **~ raising** *fiz* gőzfejlesztés; **~-ram** *ép* gőzüzemű cölöpverő (kos); **~ receiver** *hőt* gőztároló; **~ recovery** *ol* gőzvisszanyerés, gőzrekuperáció; **~-refined oil** *élip* vízgőzzel finomított (növényi) olaj; **~ refining** *élip* gőzfinomítás; **~ reforming (process)** *ol, vegy* vízgőzös reformálási eljárás; **~-reversing gear** *vasút* segédgőzhengerrel működtetett irányváltó szerkezet *(mozdonyé)*; **~ riser** *hőt* gőzfelszállócső; **~ riveter** *szersz* gőzüzemű szegecselőgép; **~-roller** *ép* gőzhenger; **~ room** gőzkamra; **~-run gas** *hőt* gőzfúvási (hideg) munkaszakasz gáza; **~ sand-blaster** *mt* gőzüzemű homokfúvó berendezés; **~ seasoning** *fa* szárítás gőzzel; **~ separator** *ép* vízgyűjtő; *gép* csapadékvíz-leválasztó; **~-set(ting)** *tex* gőzrögzítés; **~ shop** *hőt* kazánüzem; **~-shovel** *ép* gőzüzemű kanalas kotrógép; **~ side** *élip* gőzoldal; **~ size** *bány* gőzkazán-szénszemcsenagyság; **~ slide-valve** *hőt* gőztolattyú; **~ slush pump** *ol* gőzszivattyú; **~ spindle** *hőt* gőzinjektor szabályozó tüskéje; **~ still** *vegy* gőzdesztilláló készülék; **~ stripping** *vegy* vízgőzdesztilláció *(kolonnában)*; **~-stripping of fatty acids** *élip* (zsír)savtalanítás gőzzel; **~ stuffing-box** *hőt* gőzhenger-tömszelence; **~ supply** *hőt* gőzellátás; gőzszállítás; **~ surge drum** *at* gőznyomás-kompenzáló dob; **~ switcher** *vasút* tolató gőzmozdony; **~ tempering** *hők* megeresztés gőzatmoszférában; **~-thrasher** *mzg* gőzcséplőgép; **~-tight** gőzálló *(tömített)*; **~ tilery** *ép* gőztéglagyár; **~ trap** *ép, hőt* gőzcsapda; gőztorló; gyorsürítő, kondenzgyorsürítő; kondenzvíz-leválasztó, csapadéklevezető, kondenzedény; **~-tube** *hőt* gőzcső; *kat* gőzelvezető cső; **~ tug** *hajó* vontatógőzös; **~ turbine** *hőt* gőzturbina; **~-turbine blower** *hőt* gőzturbókompresszor; **~-turbine oil** *ol* gőzturbinaolaj; **~-turbine power station** *en* gőzerőmű; gőzturbina-erőmű; **~ up** *v* bepárásodik *(szemüveg, ablak)*; **~ vapo(u)r** *fiz* atmoszferikus/normál nyomású gőz; **~ vapo(u)r curing chamber** *ép* gőzérlelőkamra, hőérlelőkamra; **~ vessel** *hajó* gőzhajó; **~ void** *at* gőzbuborék; **~-volatile fatty-acid**

élip vízgőzzel illó zsírsav; ~ **waste** *hőt* gőzveszteség; ~ **whistle** *vasút* gőzsíp; ~ **winch** *hajó* gőzgéphajtású csörlő; ~ **windlass** *hajó* gőzhorgonycsörlő
steamboat *hajó* gőzhajó; ~ **coal** *bány* hajófűtő szén
steamed gőzölt; ~ **groundwood** *fa* barna facsiszolat; ~ **pulp** *pa* barna facsiszolat
steamer *hajó* gőzhajó; gőzös; *vegy* gőzölőkészülék
steaming gőzölés, gőzölgés; kezelés/telítés gőzzel; *élip* párolás; *ép* gőzölés, gőzérlelés; *fa* fagőzölés; *gép* gőzhajtás; *hőt* (be)fúv(at)ás gőzzel; *tex* dekatálás; *vegy* vízgőz-desztilláció; ~**-and-brushing machine** *tex* gőzölős tisztítógép; ~ **chamber** *tex* gőzölőkamra; ~ **cycle** *tex* gőzölési szakasz; ~ **economiser/economizer** *en* elgőzölögtetős tápvízmelegítő; ~ **out** *hőt* gőzkifúvatás; kigőzölés; ~ **plant** *fa* gőzölőtelep; ~ **power** *fiz* gőzfejlesztő képesség; ~ **stand** *vasút* mozdony felfűtési helye; ~ **worm** *élip* gőzölőcsiga
steamship (SS) gőzhajó
stearate *vegy* sztearát
stearic acid *vegy* sztearinsav, oktadekánsav
stearin *vegy* sztearin, sztearinsav-glicerid
stearoptene *vegy* illóolajok szilárdanyag része
steatite *ásv* szteatit; ~ **burner** zsírkőégő *(acetilénlámpában)*
steel I. *v* acéllal bevon; *koh* (meg)acéloz; (meg)edz; acélfényűvé tesz; **II.** *a* acélból készült; acéltartalmú; acél-; **III.** *n* acél; *bány* fúróvéső; *szersz* fenőacél; ~ **alloy** *koh* acélötvözet; ~ **angle** *any* szögacél; ~ **angle stanchion** *ép* szögacél oszlop/támasz; ~ **apron conveyor** *ép* acéltagos szállítószalag; ~ **arch support** *bány* acélíves biztosítás; ~ **area** *ép* vasalás keresztmetszete; ~**-area ratio** *ép* vasalási keresztmetszet arányszáma *(vasbetonban)*; ~**-armo(u)red** *ép* acélbetétes *(beton)*; ~ **armo(u)ring** *ép* acélpáncélzat; ~**-backed bearing** *gép* acélvázas csapágy; ~ **band** *heng* abroncsacél; acélszalag; szalagacél; ~**-band armo(u)ring/sheathing** *távk* páncélburkolat; ~**-band conveyor/conveyer** *em* acélhevederes szállítószalag; ~ **bar** *any* acélrúd; *heng* rúdacél; ~ **bath** *koh* acélfürdő, acélolvadék; ~ **beam** *ép* acélgerenda, acéltartó; ~**-beam floor** *ép* acélgerendás födém; ~**-beam grillage** *ép* acélgerenda-rácsozat; ~ **beams with brick blocks** *ép* téglabetéttestes födém; ~ **bearing** *ép* acélsaru; ~ **belt** acélheveder; ~**-belted piston** *gép* acélbetétes könnyűfémdugattyú; ~ **bender** betonacél-hajlító gép; ~ **bin** vasveder; ~ **blade** acélpenge; ~ **blue** *tex* acélkék; ~ **bracket** *ép* acél tartókonzol *(pilléren, falon)*; ~ **bridge** *ép* acélrúd; ~ **bronze** *any* acélbronz; ~ **cable** *em* acéldrótkötél; *ép* acélkábel; ~ **case** *el* acélköpeny; ~**-cast** *önt* acélból öntött; acélöntésű; ~**-cast frog** *vasút* acélöntésű keresztezési szívdarab; ~ **casting (SC)** *önt* acélöntvény; ~ **casting buggy/car** *koh* acélöntő kocsi; ~ **chock** *bány* acélmáglya; ~**-clad** acéllal borított/burkolt/páncélozott/vértezett; ~ **collar** *bány* fúróvésőperem, fúróvésőváll; ~ **column** *ép* acéloszlop, acélpillér; ~ **concrete** acélbeton; vasbeton; ~ **conduit** *ép* acélpáncél védőcső; ~ **construction** *ép* acélszerkezetes építés; vasszerkezet; ~ **consumption** *ép* acélfelhasználás; ~ **convector radiator** *ép* acélkonvektor; ~ **cord belt** *bány* acélhuzalbetétes gumiheveder; ~**-cord tyre/tire** *gépk* acélbetétes köpeny, acélhuzal peremes abroncs; ~ **core** *koh* acélmag; ~**-cored alumin(i)um (SCA)** *el* acél-alumínium vezető/kábel; ~**-cored copper conductor** *el* acél-réz vezető/kábel; ~ **cutting and bending plant** *ép* betonacél-feldolgozó üzem; ~ **cutting equipment** *ép* acélvágó berendezés; ~ **cylinder** *hőt* acélpalack *(gáztárolásra)*; ~ **degassing** *koh* acélgáztalanítás; ~ **diaphragm** *el* acél szűkítőbetét; ~ **die** *koh* süllyeszték; ~ **disc/disk** *gép* acéltárcsa; ~ **door** *ép* acélajtó; ~ **drift** *ép* acéltüske; ~ **drum** *gép* acéldob; ~ **ducting** *bány* acél csővezeték; ~ **edge** *szersz* acél (vágó)él; ~**-end clamp** *vasút* Rotschild-kapocs; ~ **erection** *ép* acélszerkezet-szerelés; ~ **erector** *ép* acélszerkezet-szerelő; ~ **fabric** *ép* acélháló; ~**-faced** *ép* acélbevonatú; ~**-faced roller** *ép* acélköpenyű henger; ~**-facing** *ép* galvánacélozás, felületacélozás, acélfelrakás; *nyom* bevonás acélréteggel *(klisén)*; ~ **fitting** *szer* acélszerelvény; ~ **fixer** *ép* betonacél-kötöző, vasvázkötöző, vasszerelő *(szakmunkás)*; ~ **float** *ép* acél simítóléc; ~ **floor** *ép* acélszerkezetű födém; ~ **foil** *koh* acélfólia; ~ **formwork** *ép* acélzsaluzat; ~ **for surface hardening** *koh* kéregedzhető acél; ~ **frame(work)** *ép* acélváz, acélkeret; ~ **frame(work) building** *ép* acélvázas épület; ~ **free from blowholes** *koh* gázhólyagmentes acél; ~ **girder** *ép* acéltartó, idomacél; ~ **grade** *koh* acélminőség; ~**-grey/gray** *any* acélszürke *(színű)*; ~**-grey metal** *any* acélszürke fém; ~**-grillage foundation** *ép* acéltartórácsos alapozás; ~ **grit** *önt* acéldara, acélhomok *(lefúváshoz)*; ~ **guard fence** *ép* acélkerítés; ~ **guide** *bány* acél vezetőléc/vezetősín; sínvezeték; ~ **guy rope** *távk* antennakikötő kötél; ~**-hardening oil** *ol* edzőolaj, megeresztőolaj *(acélgyártásnál)*, quenchelőolaj, gyorshűtőolaj; ~**-hide picker** *tex* bőrözött acél vetőfej; ~ **highway bridge** *ép* acélszerkezetű közúti híd; ~ **hinge** *ép* acélcsukló; ~ **hollow-ware** acéledényáru; ~ **hood** *el* acél szűkítőbetét; ~ **ingot** *koh* acélöntecs; ~ **in ribs** *ép* bordavasalás; ~ **jack** *bány* csavaros acéltám; ~ **jacket** *koh* lemezköpeny; ~ **jack-plane** *szersz* acélvázas gyalu; ~ **joist** *heng* acélgerenda, acéltartó; ~ **joist bridge lintels** *pl ép* acélgerendás áthidalás; ~ **lacing** *bány* acélborítás, acélbélelés; ~ **lagging** *bány* acélsüveg, acélfeszke; ~**-lattice column** *ép* rácsos acélszerkezetű oszlop; ~**-lattice(d) (crane) boom** *ép* rácsosgém; ~**-lattice girder** *ép* acélszerkezetű rácsos tartó; ~**-lattice mast** *el* rácsos acélszerkezetű vezetékoszlop/lámpaoszlop; ~**-lattice pole** *el* acélrácsos torony/oszlop; ~**-lattice web girder** *ép* betonacélrácsos gerincű tartó/gerenda; ~ **lining** *bány* acélbiztosítás; *ép* acéllemez burkolat, acélbélés; ~**-link belt** *kat* fémheveder; ~**-link conveyer/conveyor** *csom* acéltagos szállítószalag; ~ **lip** *csom* tartólemez, emelőlemez *(zsáktaligában)*; ~**-making** *koh* acélgyártás; ~**-making furnace** *koh* acélolvasztó kemence; ~**-making iron** *koh* acélnyersvas; ~**-making plant** *koh* acélmű; ~**-making scrap** *koh* ócskavas acélolvasztáshoz; ~**-making vessel** *koh* acélolvasztó konverter; ~ **melting furnace** *koh* acélolvasztó kemence; ~ **melting shop** *koh* acélmű; ~**-mesh lagging** *bány* dróthálós bélelés; ~**-mesh reinforcement** *ép* betonacélháló; ~ **microstructure** *any* acél mikroszerkezete; ~ **mill** *koh* acélmű; ~ **mo(u)ld** *ép* acélsablon *(előregyártás)*; *önt* acél öntőforma; ~ **overhead roadway** *ép* acélszerkezetű magasút/felüljáró; ~ **percentage** *ép* vasalási százalék *(betonban)*; ~ **pile** *ép* acélcölöp; vascölöp; ~ **piling** *ép* vasszádpalló; ~**-pin chain** acélcsapos lánc; ~ **pipe** *ép, koh* acélcső; ~ **piston** *gép*

acéldugattyú; ~ **plant** *heng* acélhengermű; ~ **plate** *heng* acéllemez; durvalemez; ~ **plate conveyor/conveyer** *bány* csuklóelemes szállítószalag; *csom* acéltagos szállítószalag; ~ **plate lagging** *bány* acélbélés; ~ **poling board** *hidr* acél dúcpalló; ~ **printer** *nyom* metszetnyomó; ~ **profile** *heng* idomacél; ~ **prop** *bány* acéltám; ~ **puddling** *koh* acélfrissítés *(kavarással)*; acélkavarás; ~ **purlin(e)** *ép* acélszelemen; ~ **pylon** *ép* acéltorony, acélpilon *(híd)*; ~ **radiator** *ép* acélradiátor; ~ **rail** *vasút* acélsín; ~ **ratio** *ép* acélhányad *(vasbetonban)*; ~**-reinforced alumin(i)um conductor** *koh* acél-alumínium sodrony; ~ **reinforcement** *ép* (kör)-acélbetét; ~ **rim** *ép* acélabroncs; ~ **ring** *ép* acéltübbing; *ép, gép* acélgyűrű; ~ **roll** *koh* acélhenger; ~ **roller bearing** *ép* acél görgős saru; ~ **roof trusses** *ép* acél fedélszerkezetek; ~ **rope** *em* acéldrótkötél; ~ **rotary hose** *ol* acélöblítőcső; ~ **rule** *szersz* acélmérték; ~ **runway** *rep* acélhálóval borított futópálya; ~ **sample** *koh* acélpróba; ~ **scaffold(ing)** *ép* acélállvány; ~ **scrap** *koh* acélhulladék; törtacél; ~ **section** *ép* idomacél, acélszelvény; ~ **set** *bány* acélbiztosítás; ~ **shank** *bány* fúróvéső nyaka; ~ **shape** *heng* acélprofil; idomacél; ~ **shavings** *pl forg* acélforgács; ~ **sheet** *heng* acéllemez, finomlemez; ~**-sheet bracing** *ép* vaslemezes/acéllemez dúcolás; ~ **sheeting** *ép* acél szádfal; ~ **sheet insulation** *ép* acéllemez szigetelés; ~ **sheet (pile) wall** *ép* acél szádfal; ~ **sheet piling** *koh* szádacél; ~**-sheet shell** *el* acéllemez páncélzat; ~ **shell** *el* acélköpeny; ~**-shelled concrete pile** *ép* acélhüvelyű betoncölöp; ~ **shoe** *geol* saru; ~ **shot** *bány* fúrósörét; *ép* acélhulladék, ócskaacél; *önt* acélhomok, acéldara, acélsörét *(lefúváshoz)*; ~ **sleeper** *vasút* acél keresztalj; acélalj(zat), vasalj(zat); ~ **spoke** *vasút* acélküllő; ~ **spring vibration isolator** *ép* acélrugós rezgéscsillapító; ~ **square** *szersz* acélderékszög; ~ **stem** *bány* fúróacél; ~ **storage yard** *ép* (beton)acél tárolótér; ~ **strand** *ép* acélpászma; ~ **strap** *bány* acélbélelés; ~ **string** acélhúr; ~ **strip** *heng* szalagacél, acélszalag; ~ **structure** *ép* acélszerkezet, vasszerkezet; ~**-studded tyre/tire** *gépk* acélkapaszkodós gumiabroncs *(jégen való használatra)*; ~ **support** *bány* acélbiztosítás; ~**-tank rectifier** *el* acéltartályos higanygőz-egyenirányító; vas egyenirányító; ~ **tape** *geod* acél mérőszalag; *hang* acélszalag; ~ **tape on reel** keretes acél mérőszalag; ~**-teeming ladle** *önt* acélleöntő üst; ~ **tendon** *ép* acélbetét *(feszítő)*; ~ **thimble** *hőt* acélköpeny; ~ **tie** *vasút* vasalj(zat); ~ **timbering** *bány* acélbiztosítás; ~**-tipped** acélvégű; ~ **tool kit** *szersz* szétnyitható szerszámláda; ~ **tower** *el* pilon, rácsos torony/oszlop; ~ **trowel(l)ing** *ép* lesimítás acél vakolókanállal; ~ **truss** *ép* acélrácsos tartó; ~ **truss bridge** *ép* acélrácsos híd; ~ **tube** acélcső; ~**-tube armo(u)r** *el* acélpáncélcső; ~**-tube fuselage** *rep* acélcsöves repülőgéptörzs; ~**-tube mounting** *szer* acélcsőágy; ~**-tube stand** *szer* acélcsővázas állvány; ~**-tube warp beam** *tex* acélcsőhenger *(lánchengerhez)*; ~ **using industry** *koh* acélfeldolgozó ipar; ~ **vein** *el* acélhuzalér; ~ **weldment** *ép* hegesztett acélszerkezet; ~**-wheel roller** *ép* acélköpenyű henger; ~ **wire** *heng* acéldrót; acélhuzal; ~**-wire armo(u)ring/sheathing** *távk* páncélburkolat; ~**-wire belt conveyor/conveyer** *csom, ép* sodronyhevederes szállítószalag; ~**-wire drawing** *koh* acélhuzalgyártás; ~**(-)wire rope (SWR)** acélkötél; ~**-wire rope cable** *ép* sodronykötél; ~**-wire strand** *ép* acéldrótpászma; ~ **wool** acélforgács; ~**-work** *ép* acélváz, acélszerkezet; ~**-work of furnace** *koh* kemencefegyverzet; ~**-works** *koh* acélgyár; acélmű; ~**-works mo(u)ld** *koh* acélműi kokilla; ~**-work superstructure** *ép* acélszerkezetű felépítmény

steeling *koh* (meg)acélozás; acélfényűvé tétel; edzés; *pa* agyonőrlés

steelworks *koh* acélmű

steely acélos; *any* acélból való, acél-; acélkeménységű; acélszerű, acélszínű; *koh* acélgyártásra alkalmas; ~ **iron** *koh* félacél; ~ **malt** *élip* üveges maláta; ~ **pig** *koh* acélnyersvas

steelyard *gép* ellensúlykar *(biztosítószelepen)*; *metr* tolósúlyos kézimérleg; *pa* gyorsmérleg; ~ **scale for cement** *ép* tolósúlyos cementmérleg

steenstrupine *ásv* steenstrupin

steep[1] **I.** *v bőr* meszez; pácol; *mzg* beáztat, benedvesít; pácol; *tex* (be)áztat, átitat, áztat; átázik, átitatódik; **II.** *n élip, mzg, tex* áztatófolyadék; beáztatás; *pa* lágyvíz; lúg; utánfehérítő pince; *tex* csáva; ~ **box** áztatókád; ~ **in lye** *v bőr* kilúgoz; ~ **water** *élip* áztatóvíz

steep[2] **I.** *a* meredek, nehezen megközelíthető; **II.** *n ép* rézsűtámfal; *geol* meredek, meredély; ~ **bank** *rep* meredeken bedöntött forduló; *talt* magaspart; ~ **climb** *rep* meredek emelkedés; ~ **curve** *gépk* éles kanyar; ~ **dip** *bány* meredek dőlés; ~ **dive** *rep* meredek zuhanás; zuhanórepülés; ~ **front** *rád* meredek jelhomlok; ~**-fronted pulse** *el* meredek homlokú impulzus; ~ **glide** *rep* meredek siklás/siklórepülés; ~**-grade** *hidr* nagy/meredek esésű *(csatorna, árok)*; ~ **hill** *geol* meredek emelkedő; ~**-incline belt conveyor/conveyer** *csom* meredek szállítószalag; ~ **pitch** *bány* meredek dőlés; ~ **pulse** *el* meredek impulzus; ~ **relief** *geol* meredek domborzat; ~ **seam** *bány* meredek telep; ~ **shot** *foto* függőleges (tengelyű) légifelvétel, álló tengelyű felvétel; ~**-sided cam** *gép* meredek oldalú bütyök; ~ **slope** *ép* meredek rézsű; *hidr* nagy esés *(mederé)*; ~**-slope** *hidr* nagy/meredek esésű *(csatorna, vízfolyás, árok)*; ~**-spiral drill** *szersz* meredek menetemelkedésű csigafúró; ~ **start** *rep* meredek felszállás; ~ **turn** *rep* meredek (teljes) forduló

steeper *bőr* csávázókád, pácolókád

steepest descent legmeredekebb ereszkedés/esés

steeping *bőr* csávázás; meszezés; pácolás; *pa* cellulóz átalakulása alkálicellulózzá; cellulózmercerezés, cellulózalkalizálás; *tex* (be)áztatás; *vegy* átitatódás; ~ **bowl** *tex* áztatókád; ~ **liquid** *tex* áztatóvíz

steeple *ép* (templom)torony; toronysisak; toronytető, gúlatető; *önt* öntőforma-rögzítő ászokcsavar; ~ **head** *szer* kúpos szegecsfej; ~**-head rivet** *szer* hegyes szegecs, kúposfejű szegecs; ~**-head tile** *ép* toronycserép; ~**-head tower** *csom* rakodótorony

steeply | pitching coal *bány* meredek dőlésű széntelep; ~ **sloped** *ép* meredek hajlású; ~ **sloping single-slope roof** *ép* meredek hajlású félnyeregtető

steepness *geod* lejtősség; meredekség; ~ **of the wavefront** *el* homlokmeredekség

steer *gépk* vezet, kormányoz; *hajó, rep* kormányoz, vezet, irányít

steerability *hajó, rep* kormányozhatóság

steerable *gépk, hajó, rep* kormányozható, vezethető, irányítható; ~ **antenna** *távk* szabályozható irányítású antenna; ~ **crawler** *gépk* kormányozható lánctalp; ~ **directivity** *rád* szabályozható irányhatás; ~ **roll(er wheel)** *ép* kormányozható henger; ~ **walking mechanism** *ép* kormányozható lép(ked)őmű

steerage *hajó* fedélzetköz; irány; kormányszerkezet; kormányzás, irányítás; ~**-hoe** *mzg* kormányozható kapa

steerageway *hajó* legkisebb kormányozhatósági sebesség

steering *gépk, hajó* kormányzás; *rep* kormányzás, vezérlés, irányítás; *távk* (antenna)irányítás; ~ **apparatus** *hajó* kormány(szerkezet); ~ **arm** *gépk* kormánymű-áttétel karfa; kormányszerkezet; *hajó* kormányrúd; ~ **board** vezérlőpult; ~ **bogie** *vasút* kényszerkapcsolású (kormányzott) forgóállvány/forgó(al)váz; ~ **box** *gépk* kormányműház; ~ **brake** *gépk* kormányfék *(lánctalpas járművön)*; ~ **by rack and pinion** *gépk* fogasléces kormánymű; ~ **cam** *gép* kormánycsiga; vezérlőbütyök; ~**-clutch** *gépk* kormánydörzskapcsoló *(lánctalpas járművön)*; *kat, mzg* kormánykapcsoló; ~ **column** *gépk* kormányoszlop, kormányrúd; *rep* botkormány, kormánybot; ~**-column bearer** *rep* kormányoszlop-rögzítő; ~**-column bracket** *gépk* kormányoszloptartó; ~**-column control** *gépk* kormánykapcsoló; ~**-column gear lever** *gépk* kormányváltó; ~**-column lock** *gépk* kormányzár; ~ **compass** *rep* megfigyelőiránytű; ~ **connecting rod** kormányösszekötő rúd; ~ **control arm** *gépk* kormánykar; ~ **control shaft** *gépk* kormánytengely; ~ **cross rod** *gépk* kormányösszekötő rúd; ~ **damper** *forg, gép* lengéscsillapító; *gépk* kormánycsillapító, kormányrögzítő; ~ **device** *gépk* kormánymű; ~ **drag link** *gépk* kormánytolórúd; ~ **drop arm** *gép* kormányműkar; ~ **engine** *hajó* kormánygép; ~ **function** *aut* vezérlési függvény; ~**-gear** *gépk* kormánymű, kormány(szerkezet); ~**-gear backlash** *gépk* kormánymű holtjátéka; ~**-gear box/case** *gépk* kormányműház; ~**-gear (jacket) tube** *gépk* kormánycső; ~**-gear ratio** *gépk* kormányműáttétel; ~**-gear sector** *gépk* kormányműfogasív; ~ **handwheel** *rep* szarvkormány; ~ **head** *gépk* kormányműfej; ~ **knuckle** *gép* tengelycsonkgyám; *gépk* kormánycsukló; ~**-knuckle spindle** *gép* tengelycsonk; ~ **lever** *gépk, rep* kormánykar; ~ **linkage** *gépk* kormányrudazat; ~ **lock** *gépk* kormányzár; ~ **mechanism** *gépk, hajó* kormányszerkezet; ~ **nut** *gépk* kormányanya; ~ **pad** *aut* szabályozópofa; ~ **pillar** *gépk* kormányoszlop; ~ **pivot** *gépk* kormánycsap; ~ **post** *bány* irányítóhely; ~**-post jacket** *US gépk* kormánycső; ~ **program** *aut* vezérlőprogram; ~ **rack** *gépk* kormányműfogasléc; ~ **ratio** *gépk* kormánymű áttételi aránya; ~ **response** *gépk* kormányérzékenység; ~ **rod** *gépk* kormányrúd; ~ **stop** *gépk* kormányütköző; ~ **swivel** *gépk* tengelycsonkcsap; ~ **track rod** *gépk* kormánynyomtávrúd; ~ **tube** *gépk* kormánynyak *(motorkerékpáré)*; ~ **unit** *gépk* kormánymű; ~ **wheel** *hajó* kormánykerék; kormánykerék; ~**-wheel rim** *gépk* kormánykerék-koszorú; ~ **worm** *gépk* kormánycsiga

Stefan-Boltzmann law *opt* Stefan—Boltzmann-törvény

stellar | **accretion** *csill* anyaghullás *(csillagra)*; ~ **energy** *csill* csillagenergia; ~ **guidance** *hajó, rep* csillagászati navigáció, asztronavigáció; ~ **inertial guidance** *aut* stelláris *v.* csillagok szerinti tehetetlenségi irányítás; ~ **interferometer** *csill* stelláris interferométer; ~ **magnitude** *csill* fényrend, magnitúdó, csillagok fényrendje; ~ **twin** *krist* csillagos iker; ~ **vault** *csill* csillagboltozat

stellarator *at* stellarátor

stellate *ásv, krist* csillagos; *krist* csillag alakú; ~ **opalescence** *krist* asztéria; ~ **structure** *krist* csillagos szerkezet; ~ **twin** *krist* csillagos iker

stellite *koh* sztellit

stelloid *mat* stelloid *(speciális görbe)*

stem I. *v* gátol; megakaszt; eldugaszol; *bány* lefojt *(fúrólyukat)*; tömedékel; **II.** *n* szár; tő; pecek; *bány* fojtás; fúróacél; fúrórúd; fúrószár; külfejtés; *el* állvány *(lámpa része)*; elektródláb; tárcsa; *ép* borda, szár; *fa* retesz; *forg* késszár, késtest; *gép* csapszeg, csap; szeleporsó; *gépk* szelepszár; *hajó* orrtőke; *hang* hangjegyszár; *metr* folyadékoszlop *(hőmérőé)*; *nyom* betűtest; *óra* felhúzótengely; *rád* vezetőcsap; *szersz* (szerszám)nyél; ~ **bank** *hidr* bekötő keresztgát; ~ **break** *fa* törés *(háncsrostok nyerésére)*; ~ **correction** *fiz, metr* szálkorrekció *(folyadékhőmérőnél)*; ~ **guide** *gépk* szelepszárvezeték; ~ **stitch** *ruh* száröltés; ~ **timber** *fa* tőfa; ~ **tube** *el* állványcső; ~ **winding** *óra* koronafelhúzás; ~**-winding gear** *finm, óra* gombfelhúzós szerkezet; ~**-winding watch,** *US* ~**-winder** *óra* gombfelhúzós óra; ~ **wood** *fa* tőfa

stemmed hole *bány* lefojtott fúrólyuk

stemmer *bány* töltőbot, töltővessző

stemming *bány* fojtás; *hidr* visszafolyás, visszahúzódás *(áré)*; ~ **cartridge** *bány* fojtott töltet

stemple *bány* gyámlyukakba helyezett süveg; konzolos főtefa

stemson *hajó* orrtőketörzs

stench trap *ép* bűzelzáró, szifon

stencil I. *v nyom* sablonnal/patronnal fest/nyom/sokszorosít; stencillel sokszorosít, stencilez; **II.** *n irgép* (sokszorosító)sablon, festősablon; patron; stencil(lap); *szer* lemezminta; mintalemez *(kivágott rajzú)*; ~ **board** *pa* matricapapír-lemez; ~ **brush** patronfestő ecset; ~ **colo(u)r-printing** *tex* sablonnyomás; ~ **figure** *irgép* számlemezminta; ~ **letter** *irgép* betűlemezminta; ~ **paper** *pa* stencilpapír; ~ **plate** *irgép* stencil(lap); *nyomd* nyomólemez; *szersz* patron, minta; ~ **printing** *tex* stencilnyomás *(nyomás fémsablonnal)*

stenode *rád* sztenód

stenohaline *geol* sztenohalin

stenometer *foto, opt* sztenométer, távolságmérő

stenopaeic slit *opt* résoptika

Steno's law *krist* lapszögek állandóságának törvénye; Steno-törvény

stenosonograph *távk* gyorsíró szonográf

stenotherm *geol* sztenoterm

stenotype gyorsírógép

stenozation *tex* szilárdságnövelés *(műszálé)*

stenter *tex* feszítő(keret); feszítő-szárítógép; ~ **feeder** *tex* síkszárító gép; ~ **finish** *tex* hőlégappretúra

stentering *tex* szövetfeszítés; ~ **frame** *tex* feszítőkeret

step I. *v* lép; lelép, kilép *(távolságot)*; *ép* behelyez *(rudat, cölöpöt)*; lépcsőfokokkal ellát; **II.** *n* lépés; eljárás, intézkedés; *aut* ugrás(függvény); *bány* fejtési közle; talppásztaoldal; *ép* (lépcső)fok; fellépő deszka; *geof* munkafázis; *gép* fellépő deszka; gépszíj futópereménék része; *hajó* árboctalp fészke; *mat* hányados, kvóciens; vektor; *nyom* mező, folt; *rep* fenéklépcső *(hidropláné)*; *szt* ütem, lépés; *távk* tranziens; ~ **action** *aut* lépcsős/fokozatos hatás; ~**-and-repeat** *nyom* addíciós fényképezés; ~**-and-repeat camera** *film* léptetőkamera; ~**-arrangement** *bány* osztott szintmezős művelés; pásztás fejtés; ~**-back relay** *el* visszakapcsoló relé; ~**-back welding** *heg* hegesztés ráklépésben; ~ **bearing** *gép* talpcsapágy; támcsapágy; ~ **bit** *ol* pilótafúró; ~**-board** *ép* lépcsődeszka; *gépk* felhágó *(kocsin)*; ~ **bolt** *szer* derékszögű menetes lencsefejű csavar; ~**-bracket** *ép* lépcsőgyám; ~ **by step** lépésről lépésre; fokozatosan; ~**-by-step action** *el* léptetős kapcsolás/működtetés; ~**-by-step automatic system** *el* léptetős választó automata rendszer; ~**-by-step control** *aut* többállású/lépcsős szabályozás; ~**-by-step counting** szakaszonkénti számlálás; *el* impulzusszámlálás; ~**-by-step distance transmission** *aut* diszkrét *v.* nem folytonos jelű távátvitel; ~**-by-step drilling** *forg* szakaszos fúrás; ~**-by-step excitation** *el* lépcsős gerjesztés; ~**-by-step method (SST)** step by step módszer, lépésről lépésre módszer; szakaszos eljárás; *el* lépcsőzés; ~**-by-step method of comparison** *opt* kis fokozatok módszere; ~**-by-step mode** *rep* léptető adásmód; ~**-by-step motor** *gépk* léptetőmotor; ~**-by-step operation** *szt* lépésenkénti működ(tet)és; ~**-by-step relay** *el* léptető *v.* lépcsős működésű *v.* fokozatos jelfogó; ~**-by-step selection** *távk* léptető keresés/választás; ~**-by-step selector** *aut, távk* léptetős választó(gép); ~**-by-step switch** *távb* kapcsológép; számjegygép; *távk* lépésenként működő gép; ~**-by-step switching** *távb* léptetőkapcsolás; ~**-by-step system** *el* léptetőrendszer; ~**-by-step transmitter** *aut* lépésadó; ~**-by-step tuning** *rád* lépcsős hangolás; ~**-by-step uniselector** *távk* fokozatos egyirányú szelektor; ~**-by-step welding** *heg* szakaszos hegesztés; ~**-by-step working** *bány* lépcsős fejtés; ~**-cementation** *ol* lépcsős cementezés; ~ **change** ugrásszerű *v.* nem folytonos változás; *at, mat* ugrásfüggvény; ~ **chuck** *gép* lépcsős tokmány; ~ **circuit** *távk* léptetőkör; ~ **connection** *el* fokozatos bekapcsolás, kaszkádkapcsolás; ~ **control** *el* lépcsős szabályozás; ~ **controller** *el* léptetőszabályozó, fokozatállító (szabályozó); ~ **counterbore** *gép* lépcsős süllyesztő; ~**-cut hammer** *mzg* lépcsőzetes fogazású kalapács *(kalapácsos darálóhoz)*; ~**-cut ring** *gép* átlapolt felmetszésű (lépcsős végű) dugattyúgyűrű; ~ **diaphragm** *opt* lépcsős fényrekesz; ~ **down** *v el* letranszformál; ~**-down** *el* letranszformálás, feszültségcsökkentés; ~**-down approach** *rep* szakaszosan süllyesztő bevezetés/megközelítés; ~**-down framing** *bány* kettős fogazás; ~**-down ratio** *el* feszültségáttétel; feszültségcsökkentő áttétel; letranszformálási viszony; *gép* lassító módosítás; ~**-down side** *el* transzformátor kisfeszültségű oldala; ~**-down stage** *el* frekvenciaosztó fokozat, leosztó fokozat, osztófokozat; ~**-down transformation** *el* letranszformálás; ~**-down transformer** *el* feszültségcsökkentő transzformátor; ~**-down turns ratio** *el* feszültségáttétel; ~**-faced stope/stoping** *bány* lépcsős fejtés; ~ **fault** *geol* lépcsős vetődés; ~ **folds** *geol* lépcsőzetes gyűrődések; ~ **forward** *v el* léptet, előrekapcsol; ~ **function** *aut* átmeneti függvény; *mat* ugrásfüggvény, lépcsős függvény; ~ **ga(u)ge** *metr* lépcsős idomszer; ~ **grinder** *ép* (lépcső)fokcsiszoló gép; ~**-groove** *ép* lépcsőhorony; ~ **growth** *krist* lépcsős növekedés; ~ **hardening** *koh* lépcsős edzés; ~ **height** *gépk* lépcsőmagasság; **in** ~ *el* fázisban; szinkronizmusban, szinkronban; ~**-index fibre/fiber** *távk* lépcsős szál; ~ **induction** *krist* lépcsős indukció; ~ **input** *aut* ugrás alakú bemenet; ~**-iron** *ép* felhágótartó kar; *távk* mászóvas, kúszóvas; ~ **jaw** *gép* lépcsős pofa; ~ **junction** *félv* ugrásátmenet, lépcsős átmenet; ~ **length** lépéshossz; ~ **lens** *opt* Fresnel-lencse, (Fresnel-féle) lépcsős lencse; ~ **motor** *el* léptetőmotor; ~**-offs** *pl gumi* betétlépcsőzés, szövetlépcsőzés; ~ **out** *v* kilép; kimegy; ~**-out** *geof* beérkezési időnövekmény/időkülönbség; ~**-out correction** *geof* beérkezési/reflexiós időkorrekció; ~**-out well** *ol* kilépő fúrás; ~ **photometer** *vegy* Pulfrich-fotométer; ~ **plate** *gépk* felhágó deszka *(kocsin)*; ~ **potentiometer** *el* lépcsős/fokozatos potenciométer; ~ **quenching** *koh* lépcsős edzés; ~ **ratchet** *gép* léptető kilincsmű; ~ **rate** lépcsős díjszabás; ~ **reaction** *fiz* lépcsőzetes reakció; *koh* összetett reakció; *műa* lépcsős reakció; ~**-recovery diode (SR diode, SRD)** *el* tárolókapcsoló dióda, SR dióda; ~**-recovery diode pulse circuit** *el* tárolódiódás impulzusformáló; ~ **regulator** *aut, el* fokozatszabályozó; léptetőszabályozó, fokozatállító; ~ **relay** *el* léptető jelfogó, léptetőrelé; ~ **response** *aut* átmeneti függvény, ugrásra adott válasz; ~**-rocket** *rep* többlépcsős rakéta; ~**-rolled mill** *heng* pilgerhengersor, pilgersor; ~**s bearing on the string-boards** *ép* pofapallókba ültetett lépcső; ~**-scale** *csill* összehasonlító skála *(csillagfényesség mérésére)*; ~ **screen** *bány* szakaszos rosta; ~**-shaped** lépcső alakú; ~**-slit** *opt* fokozatos/lépcsős rés; ~**s mortised into the string-boards** *ép* pofapallókba bevésett lépcső; ~ **spectrum** *fiz* fokozatos színkép; ~ **splice** *ép* lépcsőzetes átlapolt illesztés; ~**-stress test** *el* lépcsős igénybevétel melletti vizsgálat; ~ **support** felhágó támasztéka; ~ **switch** *el* fokozatkapcsoló; ~**-tail** *ép* lépcsőfok befalazott vége; ~ **tap** *szersz* lépcsős menetfúró; ~ **tariff** *ip* lépcsős díjszabás; ~ **transformer** *el* lépcsős/többfokozatú transzformátor; ~ **tube** *rád* léptetőcső; ~ **turn** *szersz* ólomlemez-hajlító szerszám; ~ **twill** *tex* lépcsős sávoly; ~**-type counter** *el* lépkedő számláló; ~ **up** *v* emelkedik; *el* feltranszformál; *ip* fokozódik *(termelékenység)*; növel, fokoz *(termelést)*; ~**-up** fokozás; emelés; *el* feltranszformálás, feszültségnövelés; *kat* lépcsőzés, tagozás; ~**-up countershaft** *gép* gyorsító előtéttengely; ~**-up cure** *gumi* lépcsős vulkanizálás; ~**-up gear** *gép* gyorsító fogaskerékáttétel/hajtómű; ~**-up operation** *ip* termelés fokozása; ~**-up ratio** *el* feszültségáttétel; feszültségemelő áttétel; ~**-up side** *el* transzformátor nagyfeszültségű oldala; ~**-up sub-station** *el* feltranszformáló alállomás; ~**-up transformation** *el* feltranszformálás, feszültségnövelés; ~**-up transformer** *el* feszültségnövelő transzformátor; ~ **value** *aut* beavatkozó jellemző; ~ **voltage** *el* lépcsőfeszültség; lépésfeszültség; ~ **voltage-regulator** *el* lépcsős feszültségszabályozó; ~ **weakener** *opt* lépcsős gyengítő; ~ **wedge** *el* lépcsős/osztott ék; ~ **welding** *heg* jobbrahegesztés; ~ **winding** *el* lépcsős tekercselés

Stephanian stage *geol* stefáni emelet

stephanite *ásv* stefanit

Stephenson link motion *vasút* Stephenson-féle kulissza; Stephenson-vezérmű

stepladder *szersz* szobalétra, háztartási létra
stepless fokozat nélküli; ~ **control** *aut* fokozat nélküli *v.* folytonos szabályozás; ~ **regulation** *aut* folytonos/fokozatmentes szabályozás; ~ **speed control** *aut* folyamatos sebességszabályozás
stepney *gépk* pótkerék
stepped lépcsős (elrendezésű), lépcsőzetes, fokozatos; *bány, gép* lépcsős; ~ **abutment** *ép* lépcsős támfal; lépcsőzött ellenfal; ~ **annealing** *hők* lépcsős lágyítás; ~ **bed** *bány* lépcsőzetes telep(ülés); ~ **climb** *rep* lépcsőzetes emelkedés; ~ **cone** *gép* lépcsős szíjtárcsa; ~ **curve** *aut* lépcsős (jelleg)görbe; ~ **curve distance-time protection (relay)** *aut* lépcsős jelleggörbéjű távolsági védelem *(relé)*; ~ **cut** *bány* lépcsős betörés; ~ **cutter** *forg* lépcsőzetes maró; ~**-down formation** *rep* lefelé lépcsőzött *v.* alálépcsőzött repülőalakzat; ~ **face** *bány* fejtési lépcső; lépcsőzött fejtési homlok; ~**-face overhand** *bány* lépcsőzetes főtepásztafejtés; ~ **faces** *krist* lépcsős síkok, S síkok; ~**-face stope/stoping** *bány* pásztafejtés; ~ **flashing** *ép* lépcsős kéménybádog gallér; ~ **flue tube** *hőt* szakaszos lángcső; ~ **footing** *bány* fejtési lépcső; *ép* lépcsős/lépcsőzött alap(test); ~ **foundation** *ép* lépcsős/lépcsőzött alap; ~ **gear** *gép* lépcsős fogaskerék; ~ **hole** *szer* lépcsős furat; ~**-index fibre/fiber** *távk* lépcsős szál; ~**-knife plough/plow** *bány* lépcsős-késes széngyalu; ~ **lens** → step lens; ~ **longwall** *bány* osztószintes frontfejtés; ~ **pinion** *gép* kis hajtó fogaskerék *(fokozatkapcsolóé)*; ~ **pulley** *gép* lépcsős szíjtárcsa; ~ **quenching** *hők* lépcsőzetes edzés; ~**-retreat line** *bány* visszahaladó lépcsős pillérfejtés; ~ **roll** *heng* lépcsős henger; ~ **roof** *ép* lépcsős tető/fedélszék; ~ **screen** *ép* lépcsős rosta; ~ **sector** *opt* lépcsős tárcsa; ~ **shaft** *gép* lépcsős tengely; ~ **starting** *gép* fokozatos indítás; ~ **street** *ép* lépcsős utca; ~ **teeth reamer** *forg* lépcsős fogazású dörzsár; ~ **tier stand** *el* polcos állvány; ~ **tray** *ol* lépcsős tányér; ~ **twill** *tex* tűzött sávoly; ~**-up** fokozott, gyorsított, növelt, megemelt; ~**-up formation** *rep* felfelé lépcsőzött *v.* föllépcsőzött repülőalakzat; ~ **wheel gear** *gép* lépcsős fogazású fogaskerék-áttétel
stepping lépés; járás; haladás; beillesztés, behelyezés; *bány* főtepásztafejtési rendszer; *el, távk* léptetés; *ép* ellátás lépcsőfokokkal; fogazott alaptest *(lejtős területen)*; lépcsőzés; *geod* lépcsőmérés; *hidr* lépcsőzés; ~ **action** *aut* lépcsős/fokozatos hatás; ~ **control** *aut* lépcsős vezérlés/szabályozás; ~ **controller** *aut* fokozatos működésű szabályozó; léptető szabályozó; ~**-down** *el* letranszformálás, feszültségcsökkentés; ~ **formwork equipment** *ép* szabadszerelő állvány; ~ **line** *távk* léptetővezeték; ~ **magnet** *el* léptetőmágnes; *távk* kapcsolómágnes; ~**-mechanism assembly** *távk* léptető szerkezet; ~ **motor** *el* léptetőmotor; ~**-off** lépcsőzés; ~ **relay** *aut, távk* léptető jelfogó, léptetőrelé; ~**-stone method** *rendsz* disztribúciós módszer *(potenciálmódszer)*; ~ **switch** *el* fokozatkapcsoló; léptetőkapcsoló, léptetős választó
stepwise I. *a* lépcsőzetes(en elhelyezett); lépésenkénti; **II.** *adv* lépcsőzetesen; lépésenkint; fokozatosan; ~ **approximation** *mat* szukcesszív approximáció, sorozatos/lépésenkénti megközelítés, iteráció; ~ **correlation calculation** *mat* fokozatos korrelációszámítás; ~ **drainage** *hidr* lépcsős vízemelés; ~ **reaction** *fiz* lépcsőzetes reakció; ~ **refinement** *szt* lépésenkénti finomítás; ~ **solution** *aut* lépésről-lépésre való megoldás; ~ **yielding** *talt* ugrásszerű engedékenység
stepworking *bány* teraszos művelés
steradian *mat* szteradián, térszög
Sterba antenna *távk* Sterba-antenna
stercorite *ásv* szterkorit
stereo → stereophonic; → stereophony; → stereotype
stereoamplifier *hang* sztereofonikus erősítő, sztereoerősítő
stereoautograph *geod* sztereoautográf *(sztereoszkopikus térképezőműszer)*
stereobate *ép* alapfal; oszlopláb *(ókori templomé)*
stereoblock | **copolymer** *műa* sztereospecifikus szakaszos kopolimer; ~ **polymer** tömbpolimer
stereocamera *foto, film* sztereo-fényképezőgép, sztereokamera, térhatású fényképezőgép/filmfelvevő
stereocasting *rád* sztereo(rádió)adás
stereochemical *vegy* sztereokémiai
stereochemistry *vegy* sztereokémia
stereochromy sztereokrómia
stereocomparator *geod* sztereokomparátor
stereodisc, stereodisk *hang* sztereohanglemez
stereoflong *nyom* matricapapír; sztereotíp formapapír
stereofluoroscopy *sug* sztereoradioszkópia
stereogram *foto* sztereogram, sztereofelvétel, térhatású/sztereoszkopikus kép(felvétel); *geod* sztereofényképpár; sztereogram; *orv, sug* sztereo-röntgenfelvétel
stereograph *foto* sztereogram, sztereofelvétel, térhatású/sztereoszkopikus kép(felvétel)
stereographic *krist, mat* sztereografikus; ~ **net** *krist* Wulff-hálózat; ~ **projection** *geod, krist* sztereografikus projekció/vetület; ~ **ruler** *mat* sztereografikus vonalzó
stereography *geod, mat* sztereográfia; sztereografikus vetületi rendszer
stereoheadphones *pl rád* sztereofejhallgató
stereoinstrument *foto* sztereoszkopikus műszer
stereoisomer *vegy* sztereoizomer, térizomer
stereoisomerism *vegy* sztereoizoméria
stereomapping *geod* sztereoszkopikus térképezés
stereometer *hajó* térfogatmérő *(hajóé)*; *metr* fajsúlymérő
stereometry *geod* térbeli felmérés; *mat* sztereometria, térmértan
stereomicrophone system *hang* sztereomikrofon-rendszer
stereomicroscopy *opt* sztereomikroszkópia
stereomultiplex system with pilot signal *távk* pilotjeles sztereomultiplex
stereopair *foto* sztereoszkopikus fényképpár
stereophonic *rád* térhangzású, sztereofonikus; ~ **broadcasting transmitter** *rád* sztereofonikus adó, sztereoadó; ~ **pick-up** *hang* sztereohangszedő; ~ **record** *hang* sztereo(hang)lemez; ~ **recording** *hang* sztereo(hang)felvétel; ~ **recording amplifier** *rád* sztereofelvevőerősítő; ~ **(sound) system** *távk* sztereorendszer; térhatású hangtechnikai rendszer
stereophony *hang, rád* sztereofónia, térhangzás
stereophotogrammeter *geod* sztereofotogramméter
stereophotogrammetric | **camera** *geod* sztereomérőkamera, sztereofotogrammetriai kamera; ~ **survey** *geod* sztereofotogrammetriai felmérés
stereophotogrammetry *geod* sztereofotogrammetria

stereophotograph *foto* sztereogram, sztereofelvétel, térhatású/sztereoszkopikus kép(felvétel)
stereophotographic | **apparatus/camera** *foto* sztereokamera, térhatású fényképezőgép; ~ **surveying** *geod* sztereofényképes felmérés
stereophotography *foto* sztereofényképezés, sztereofelvétel
stereopicture → stereophotograph
stereoplanigraph *geod* sztereoplanigráf, sztereo-térképező műszer
stereoplayer *hang* sztereolemezjátszó
stereoplotter *geod* sztereoszkopikus térképező műszer
stereoprojection *foto* sztereoszkopikus/térhatású vetítés, sztereovetítés
stereopticon *opt* sztereoptikon
stereoreceiver *rád* sztereovevő
stereorecorder *hang* sztereolemezjátszó
stereorecording *hang* sztereofelvétel
stereoregular *vegy* sztereoreguláris
stereorubber *nyom* gumiklisé
stereoscan(ning) electronmicroscope *opt* letapogató elektronmikroszkóp
stereoscope *opt, geod* sztereoszkóp
stereoscopic *fiz, opt* térhatású, sztereoszkopikus; ~ **camera** → stereocamera; ~ **electron microscope** *opt* sztereoelektronmikroszkóp, térhatású elektronmikroszkóp; ~ **film** *film* sztereofilm, plasztikus film; ~ **fusion** *foto* sztereofényképpár térbeli egybeolvadása; ~ **image** *foto* sztereogram, sztereofelvétel, térhatású/sztereoszkopikus kép/felvétel, térbeli kép; ~ **measurement** *metr* sztereoszkopikus mérés; ~ **pair (of photos)** *foto, geod* sztereoszkopikus fényképpár, sztereoképpár; ~ **photography** → stereophotography; ~ **projection** *film* sztereszkopikus/térhatású vetítés, sztereovetítés; *krist, mat* sztereoszkopikus vetület; ~ **view** *foto* térbeli/sztereoszkopikus kép; ~ **vision** *fiz* térbeli/sztereoszkopikus látás; ~ **vulcanization** *gumi* sztereoszkópos vulkanizáció, egynemű hálózatot létesítő vulkanizáció
stereoscopy *fiz* sztereoszkópia
stereoselectivity *vegy* sztereoszelektivitás
stereo-soundreproduction *hang* sztereo-hangvisszaadás
stereospeaker *hang, rád* sztereohangszóró
stereospecific *vegy* sztereospecifikus, fajlagosan szerkezetformáló; ~ **catalyst** *műa, vegy* sztereospecifikus katalizátor; ~ **polymers** *műa* sztereospecifikus polimerek
stereospecificity *műa* sztereospecificitás, sztereospecifikusság
stereostop *opt* sztereofényrekesz
stereotelescope *opt* sztereoszkopikus távcső
stereotopometer *geod* sztereotopométer
stereotype I. *v nyom* tömönt, sztereotipál, klisíroz; **II.** *n nyom* tömöntvény, tömöntés, sztereotípia; ~ **foundry** *nyom* tömöntöde; ~ **mo(u)lding-paper** *nyom* sztereotip formapapír; ~ **printing plate** *nyom* sztereotip nyomólemez
stereotyper *nyom* tömöntő
stereotyping *nyom* tömöntés, sztereotípia
stereotypist *nyom* tömöntő
stereotypography *nyom* nyomtatás tömöntvényről; sztereotip nyomás
stereotypy *nyom* sztereotípia; tömöntő lemezek öntése; tömöntöde

steric *vegy* tér-; ~ **factor** *vegy* tértényező; ~ **hindrance** *vegy* térbeli gátlás
sterile *vegy* csíramentes; fertőtlenített, steril; ~ **coal** *bány* fedő szenes pala, „hozzásült" pala; sovány szén
sterility *vegy* csíramentesség; sterilitás
sterilization *gyógyvegy, vegy* csírátlanítás, fertőtlenítés; sterilezés, sterilizálás; ~ **by chlorine** *hidr, vegy* klórozás(os fertőtlenítés)
sterilize *élip, vegy* csíramentesít, csírátlanít; fertőtlenít *(füstöléssel/gőzzel)*, sterilez, sterilizál
sterilizer *vegy* sterilizáló/csírátlanító/fertőtlenítő készülék
sterilizing *élip, vegy* csírátlanítás, fertőtlenítés; sterilezés, sterilizálás; ~ **agent** fertőtlenítőanyag; ~ **effect** csírátlanítóhatás, sterilizálóhatás; ~ **lamp** csíraölő lámpa
sterling silver *any* finom ezüst
sterlingite *ásv* sterlingit
stern *hajó* far; kormány; tat, fartükör; *rep* farokrész; ~ **chock** *hajó* fartükör; ~ **cleat** *hajó* kötélbika a hajó farán; ~ **fast** *hajó* kikötő kötél *(hajó farán)*; ~ **fender** *hajó* tatütköző; ~ **frame** *hajó* fartőke; ~-**heavy** *hajó, rep* farnehéz; ~ **light** *hajó* tatlámpa; *rep* faroklámpa, hátsó léginavigációs fény; ~ **point** *hajó* farokcsúcs; ~-**post** *hajó* fartőkegerenda, csavartőke; ~-**post (airframe)** *rep* faroktámasz (törzs); ~ **propeller** *rep* tolólégcsavar, hátsó légcsavar; ~ **timber** *hajó* farborda; ~-**wheel steamer** *hajó* farlapátkerekes gőzhajó
steroids *vegy* szteroidok
sterol *vegy* szterin
stethoscope *orv* sztetoszkóp
stevensite *ásv* stevensit
stew I. *v élip* befőz; párol, gőzöl; **II.** *n élip* párolt étel; *film* zavarózörej; *hidr* halgazdaság; *mzg* melegház; *rád* sistergés
stibic *vegy* antimon(V)-
stibiconite *ásv* sztibikonit
stibine *vegy* antimon-hidrogén
stibioluzonite *ásv* sztibioluzonit
stibiopalladinite *ásv* sztibiopalladinit
stibiotantalite *ásv* sztibiotantalit
stibious *vegy* antimon(III)-
Stibitz-Shannon theory *aut* Stibitz—Shannon-elmélet
stibnite *ásv* sztibnit, antimonit
stick I. *v* átszúr, átfúr, felnyársal; tapad, ragad; (oda)ragaszt; összeragaszt; *bőr* szárítórúdra akaszt; *ép* döngöl; gyalul *(párkánygyaluval)*; *geod* leszúr/beszúr *(szeget hosszméréskor)*; *gép* megakad, fennakad, összeakad; *gépk* besül; *nyom* (sorjázóba) szed; *távk* betapad, beragad *(jelfogó)*; **II.** *n* rúd; bot; nyél; pálca; hézagléc *(famáglyában)*; szonda; *any* próbapálca; *bőr* szárítórúd; *ép* lengőkar; puttonyszár; simítóléc; szintvonalzó; *fa* ág, gally; hasáb; *gép* megakadás, fennakadás; *gépk* sebváltó kar; *hajó* árboc; vitorlarúd; *kat* rakétanyél; *mzg* pózna, karó; *nyom* sorjázó; űrtöltő (stég); *rep* (kormány)bot; botkormány; *szersz* nyél; *tex* verőrúd, tilolóbárd; ~-**and-pedal control** *rep* bot- és pedálkormányzás; ~-**and-rag work** *ép* fa- és vászonbetétes gipszvakolás/vakolat; ~ **body** *gépk* rácsos oldalú kocsiszekrény; ~ **circuit** *el* (ön)tartó áramkör; ~ **control** *rep* botkormányzás; ~ **electrode welding** *heg* ívhegesztés elektródapálcával; ~ **force** *rep* botkormányon fellépő

kormányerő; ~ **insulator** *el* hosszúrúd szigetelő; rúdszigetelő; ~ **lac** *ép* stokklakk, rúdsellak; ~**-on sole** *cipő* felragasztott (gumi)talp; ~ **phosphorus** *vegy* rúd alakú foszfor; ~ **relay** *el* öntartó relé; ~**s** *bány* gömbfa *(támokhoz)*; ~ **shaker** *rep* kormányoszlop-rázó; ~ **shaped electrode** *heg* csupasz elektróda; ~ **shift** *US gépk* seb(esség)váltó kar; ~**-slip motion** *gép* akadozó csúszás; ~ **solder** *heg* szalagforrasz; ~ **steering** *rep* kézi kormányzás; ~ **together** *v* összeragaszt; összeragad; összesül; ~ **torch** *opt* rúd alakú zseblámpa; ~ **weld** *heg* beégés nélküli pontvarrat

sticked *ép* döngölt

sticker címke, matrica; *önt* kokillába szorult tuskó

stickiness tapadósság; ragadósság; *ol, vegy* viszkozitás, nyúlósság

sticking átszúrás, átfúrás; felnyársalás; *bány, koh* bedugulás, eldugulás; *bőr* akasztás *(szárítórúdra)*; *ép* döngölés; gyalulás *(párkánygyaluval)*; *fiz* adhézió, tapadás; *gép* beragadás, beszorulás; *gépk* (szelep)besülés; *nyom* összeragasztás, beragasztás; szedés *(sorjázóba)*; *távk* ernyőbeégés; tapadás *(jelfogóé)*; ~**-in** *nyom* könyvsarokborítás; ~ **label** ragjegy, ragasztós címke; ~ **of blast-furnace** *koh* adag befulladása *(nagyolvasztóban)*; ~ **of piston-rings** *gép* dugattyúgyűrű-besülés; ~ **patch** ragasztott folt; ~ **probability** *at* megtapadási valószínűség; tapadási/maradási valószínűség; ~ **relay** *távk* tapadójelfogó; ~ **strip/tape** ragszalag; ~ **time** *fiz* felületen tartózkodási idő; ~ **vacuum** *vák* tapadó vákuum; ~ **voltage** *el* tapadási feszültség; *tv* lezárófeszültség *(képernyő)*

sticky ragadós, tapadós; *ol, vegy* viszkózus; ~ **grenade** *kat* tapadó kézigránát; ~ **heald** *tex* ragadós nyüst *(rosszul kencézett)*; ~ **limit** *talt* ragadási határ; ~ **oil** *ol* sűrű/viszkózus nyers ásványolaj, nehezen folyó nyersolaj; ~ **ore** *ásv* tapadós érc; ~ **piston ring** *gép* besült dugattyúgyűrű; ~ **shale** *ép* ragadós agyagpala; ~ **skein** *tex* összekuszálódott motring; ~**-type sand** *önt* nehezen folyó formázóhomok; ~ **wax** ragasztóviasz

stiction *mech* statikus súrlódás, nyugvósúrlódás

Stiefel | piercing process *heng* Stiefel-féle lyukasztási eljárás; ~**-type disc piercer** *heng* Stiefel-féle hengermű

Stieltjes integral *mat* Stieltjes-integrál

stiff *any* hajlításmerev, hajlításálló; merev *(rideg)*; ~ **and hard yarn** *tex* túlírezett fonal; ~ **batch** *gumi* besűrűsödött elegy; ~ **board** *pa* keménylemez; ~ **brush** *tex* fémkefe; ~ **cathode connection** *el* merev katódcsatlakozás; ~ **clay** *ép* döngölt agyag; *geol* merev agyag; ~ **fibre/fiber** *tex* merev szál *(nem rugalmas)*; ~**-fissured clay** *talt* merev repedezett agyag; ~ **furnace operation** *koh* szoros kemencejárat; ~ **grease** *gép* tömör kenőzsír; ~**-leg derrick** *em* merevlábú billenődaru; ~**-leg derrick (jib) crane** merevtámaszú Derrick-daru; ~ **mixture** *ép* földnedves keverék; ~ **paste** sűrű pép; ~ **reinforcement** *ép* merev megerősítés/vasalás; ~ **slag** *koh* merev salak; ~ **spring** *gép* merev rugó; ~ **tooth** *mzg* merev kultivátorfog

stiffen merevít, erősít; merevedik; *bőr, tex* appretál

stiffened | arch(ed girder) *ép* merevített ívtartó; ~ **bow** *rep* kimerevített orr-rész; ~ **suspension bridge** *ép* függőhíd merevítőtartóval

stiffener merevítő(anyag); erősítő; *bány* légajtó; *cipő* kéreg; *ép* borda *(hidé)*; merevítőrúd; *gép* merevítőelem; *gumi* keverékerősítő szer; peremmerevítő szalag; *rep* hosszmerevítő; *tex* keményítőszer; *tex, vegy* sűrítőanyag; ~ **mo(u)lding-machine** *cipő* hátsókéregdomborító gép; ~ **post** *ép* erősítő/merevítő oszlop/pillér

stiffening merevítés, erősítés; *cipő* hátsó kéreg; *tex* appretúra; ~ **against buckling** *ép* kihajlás elleni merevítés; ~ **angle** *szer* merevítő sarokpánt/szögvas; ~ **band** merevítőabroncs; ~ **beam** *ép* merevítőgerenda; ~ **brace** *ép* merevítődúc; ~ **cap** *cipő* orrmerevítő; ~ **cutter** *cipő* hátsókéreg-kivágó; ~ **diaphragm** *ép* merevítőtárcsa; *rep* merevítő válaszfal; ~ **finish** *tex* merevítő kikészítés, kikeményítés; ~ **girder** *ép* merevítőtartó; ~ **grillage** *ép* merevítő tartórács; ~ **mangle** *tex* keményítő mángorló(gép); ~ **member** *gépk* merevítő *(karosszérián)*; ~ **rib** erősítőborda; merevítőborda; ~ **ring** *gép* merevítőgyűrű; ~ **truss** *ép* merevítő rácsos tartó; merevítőtartó, függőhíd merevítőtartója; ~ **wall** *ép* merevítőfal

stiffness *mech* merevség; sűrűnfolyósság; ~ **coefficient** *aut, talt* merevségi tényező; ~ **factor** *ép* (hajlító) merevségi tényező; ~ **path** *any* merevségi görbe

stifle elfojt, elolt *(tüzet)*; *hang* letompít; ~ **frequencies** *fiz* frekvenciát csillapít

stigmasterol *vegy* sztigmaszterin

stigmatic mounting *fiz* sztigmatikus felállítás *(optikai rácsé)*

stilb *metr, opt* stilb

stilbene *vegy* sztilbén; ~ **dye** sztilbén-színezék *(direkt azoszínezék)*

stilbite *ásv* sztilbit

stilbmeter *metr* fénysűrűségmérő

stile *ép* ablakkeret oldalléce; ajtófélfa; ajtótok állórésze; bálványfa; kiskapu; *ép, mzg* kerítésáthágó *(lépcsős)*

Stiles-Crawford effect *fiz* apertúraeffektus; Stiles—Crawford-hatás

still[1] **I.** *v* csöpög; *vegy* desztillál, lepárol; **II.** *n vegy* desztilláló(berendezés), lepárló(berendezés); lepárlókazán, lepárlókészülék; ~ **coke** retortakoksz *(olajból)*; ~ **grease** amorf kenőzsír; ~ **head** *ol, vegy* kolonnafej, desztillálófeltét; lepárlókazán-sisak; ~ **liquor** *vegy* lepárló üstben sűrített folyadék; párlatfolyadék; ~ **pot** *ol, vegy* desztillálóüst, lepárlóüst; ~ **wax** *ol* paraffinpárlat

still[2] *foto* állókép; *tv* dekoráció; ~ **development** *foto* álló előhívás; ~ **frame/picture** *film, foto* állókép; *tv* kimerevítés; ~**-picture attachment** *film* filmszalag mozgatását leállító szerkezet; ~ **projector** *foto* állóképvetítő (gép), diavetítő; ~ **video** *szt* statikus video; ~ **water** *hidr* áramlásmentes víz; duzzasztott/álló víz; ~**-water speed** *hajó* holtvízi sebesség

stillage *el* kis állvány; *élip* kifőzött cefre; moslék *(szeszgyártásban)*; *ép* ászokgerenda

stilling *ép* állvány; *fa* ászok(fa); hordóraktár; *hidr* energiaelnyelés, csendesítés, csillapítás; *ker* edényállvány *(szárítókemencében)*; ~ **basin** *hidr* csillapítómedence; utófenék *(duzzasztóműé, völgyzáró gáté)*; vízláda; ~ **chamber** *bány* csillapítóakna; ~ **pond/pool** → ~ basin; ~ **well** *bány, hidr* csillapítóakna, csillapítócsöves/kamrás akna

stilpnomelane *ásv* sztilpnomelán

stilpnosiderite *ásv* sztilpnosziderit

stilt I. *v bány* aláver *(támot)*; megemel *(aláácsolással)*; *ép* felemeli a magasságát *(boltívnek)*; **II.** *n* gó-

lyaláb; *bány* főteív; *ép* cölöp, dúc; *hidr* szádfal cölöpsora; *ker* vasállvány *(edényáruk kiégetéséhez)*; *mzg* ekeszarv
stilted arch *ép* emelt/magasított ív
stimulant *gyógyv* izgatószer, stimuláns
stimulated | emission *fiz* indukált emisszió; ~ **emission amplifier** *el* kvantumerősítő, indukált emissziós erősítő; ~ **transition frequency** *el* gerjesztett átmenet frekvenciája
stimulation serkentés, fokozás; *fiz* gerjesztés, aktiválás; *ol* hozzáfolyás fokozása; *távk* utánvilágítási idő megnövelése; ~ **deafness** *környv* zajártalmi nagyothallás; ~ **of formation** *ol* tárolókőzet-serkentés; ~ **threshold** *biot* ingerküszöb
stimulator *gyógyv* serkentő
stimulus (*pl* stimuli) *aut, fiz* hatás, inger; *fiz* gerjesztés; ~ **intensity** *fiz* ingererősség, ingerintenzitás; ~ **of light** *fiz* fényinger; ~ **space** *aut* hatástér, külső környezet; ~ **time** *fiz* ingeridő, inger időtartama
sting *ép* nádazócövek
stinger *geof* magnetométer-faroknyúlvány *(repülőgépen)*
stink I. *v* bűzlik; **II.** *n* bűz; ~ **damp** *bány* bányalégrobbanás utáni gázok *(kén-hidrogén)*
stinking schist *geod* bitumenes pala
stint elhatárolás, határ; mérték; előírt munkamennyiség; meghatározott munkafeladat; *bány* frontfülke *(egy főre)*
stipple I. *v* árnyal; *nyom* szemcséz; **II.** *n* pontozófestés; árnyalás; *tex* hímzés
stippled lens *opt* recézett lencse
stippling árnyalás; érdesítés; *ép* vakolás érdesítése *(kefével)*; *finm* karcolás, metszés, vésés
stipulated *rád* előírt *(hullámhossz)*; ~ **load** megengedett/előírt terhelés
stir I. *v* (meg)kever, (fel)kavar; éleszt, felpiszkál *(tüzet)*; kavarodik; **II.** *n* keverés; megmozdulás; mozgás; ~ **up** *v* felkever, felzavar
Stirling|-boiler *hőt* Stirling-kazán; ~**-engine** *gép* Stirling-motor; ~ **interpolation formula** *mat, szt* Stirling-féle interpolációs formula; ~**('s) approximation** *mat* Stirling-formula, Stirling-közelítés; ~**('s) expansion** *mat* Stirling-sor(fejtés); ~**('s) formula** *mat, szt* Stirling-formula; ~**('s) number** *mat* Stirling-féle szám; ~**('s) series** Stirling-sor(fejtés)
stirofoam *műa* polisztirolhab
stirrer keverőmű; *hidr* keverő; ~ **arm** keverőkar; ~ **autoclave** *ol* keverős autokláv
stirring keverés, kavarás; élesztés *(tűzé)*; felpiszkálás *(tűzé)*; *ép* utókeverés *(transzportbeton)*; ~ **arm** *ép* keverőkar; ~ **device/equipment** keverőberendezés; ~ **fan** → ~ ventilator; ~ **gear** *gép* keverőmű; ~**-hole** *gép* keverőnyílás; ~ **motion** *mech* örvénylés; ~ **pole** → ~ rod; ~ **rod** *ép, koh* keverőrúd; ~ **star** *ép* keverőcsillag; ~ **stick** → ~ rod; ~ **ventilator** keverőventilátor
stirrup kengyel; *bány* forgató *(földfúróé)*; *ép* csőbilincs, csőszorító; kúszóvas; oszlopkaloda *(betonnál)*; *geod* rögzítő kallantyú *(mérőasztalé)*; *gép* bilincs; *hajó* tőke; *ol* vonórúdkengyel *(fúróhimbán, pennszilvániai fúrás)*; *tex* csigatartó, csigavilla; ~ **axle box** *vasút* kengyeles tengelytok; ~ **bending machine** *ép* kengyelhajlító gép; ~ **bolt** *ép* kapocszáró/kengyelzáró csap; ~ **fitting** *ép* kengyelszerelés; ~ **frame** *ép* kengyel alakú keret; ~ **link** *finm* kengyeles szabályozókerék *(órában)*; ~ **locking-pin** *geod* kallantyúrögzítő szög *(mérőasztalon)*; ~ **piece** *ép, szer* csőbilincs; kengyeldarab; ~ **stop** *gép* kengyelmegakasztás; ~ **strap** *gép* kengyelszíj
stitch I. *v cipő* tűz; *ép* ácsolatot összerak/megtold; *gumi* összeragaszt *(kézihengernyomással két szövetet gumival)*; *heg* tűz, ölt; *nyom* fűz; *ruh* összetűz, megtűz; összevarr; *tex* leköt *(szövésnél)*; **II.** *n kh* szem; *kh, tex* hurok; *nyom* fűzés; *tex* tűzés; ~ **bound** *cipő* ripszszalagszegés; ~ **cam** *kh* süllyesztőlakat; ~**-cam adjustment** *kh* lakatleállító szerkezet; ~ **control** *kh* szemsűrűség-szabályozás; ~ **density** *kh* szemsűrűség; ~**-down** *gumi* levasalás *(kordszövete felépítő dobon)*; ~**-formation** *kh* szemképzés; ~**-forming** *kh* szemképzés, hurokképzés; ~**-holding property** *gumi* öltésállóság; ~ **length** *kh* szemhossz; ~ **on** *v ruh* rávarr; ~**-polishing machine** *cipő* rámafényező gép; ~ **reducing** *kh* szemfogyasztás, szemapasztás; ~ **rivet** *szer* előszegecselő/tűző szegecs; ~**-separating machine** *tex* öltéskikereső gép; ~ **setting** *kh* előrögzítés; ~**-tear resistance** *bőr* varrási/kiszakítási szilárdság; ~ **transfer** *kh* szemátakasztás; ~ **welding** *heg, műa* fércelő hegesztés; *műa* tűző hegesztés; ~**-wheeling machine** *cipő* talpkeretformázó gép
stitched | board *pa* reklámkarton; ~ **book** *nyom* fűzött könyv; ~ **forepart** *cipő* kivarrott fej; ~ **rib** *tex* (meg)erősített ripsz(kötés), összetett ripszkötés
stitcher *nyom* brosúrafűző; tűzőgép; ~**'s needle** *nyom* fűzőtű
stitchery *tex* durva öltés
stitching *ép* összerakás *(ácsolaté)*; *gumi* összeragasztás; *nyom* fűzés *(könyvé)*; *ruh* varrás, öltés; *tex* lekötés *(szövésé)*; ~**-machine** *nyom* fűzőgép; *tex* tűzőgép; ~ **paper** *pa* mintázópapír; ~ **wire** *pa* fűzőhuzal
STL → studio-to-transmitter link
stoa *ép* fedett oszlopcsarnok, árkád
stob *bány* fejtőék
stochastic(al) *mat, szt* sztochasztikus, véletlen(szerű) *(változó)*; ~ **acceptor** *aut* sztochasztikus akceptor; ~ **algorithm** *aut* sztochasztikus algoritmus; ~ **allocation process** *aut* sztochasztikus hozzárendelési folyamat; ~ **approximation** *aut, mat* sztochasztikus approximáció; ~ **automaton** *aut* sztochasztikus automata; ~ **connection** *mat* sztochasztikus kapcsolat/összefüggés; ~ **control process** *aut* sztochasztikus szabályozási folyamat; ~ **differentiation** *aut* sztochasztikus differenciálás; ~ **integral** *mat* sztochasztikus integrál; ~ **learning model** *aut* sztochasztikus tanulási modell; ~ **matrix** *mat* sztochasztikus mátrix; ~ **model** *mat, rendsz* sztochasztikus/statisztikai/valószínűségi modell; ~ **noise** *távk* statisztikus zaj; ~ **operator** *aut* sztochasztikus operátor; ~ **optimization** *mat* sztochasztikus programozás; ~ **process** *aut, mat* sztochasztikus/véletlen folyamat, véletlen függvény; ~ **programming** *mat, rendsz* sztohasztikus programozás; ~ **relationship** *mat* sztochasztikus kapcsolat/összefüggés; ~ **sequence** *aut, mat* sztochasztikus/véletlen sorrend; ~ **signal** *el, távk* sztochasztikus jel; ~ **system** *aut* sztochasztikus rendszer; ~ **variable** *mat* valószínűségi/véletlen/sztochasztikus változó
stochastics *mat* sztochasztika
stock I. *v* (be)raktároz, (el)raktároz; ellát, felszerel; felhalmoz; *nyom* osztályoz; összeválogat; **II.** *a* raktá-

ron levő; állandó; szabvány; **III.** *n* (raktár)készlet, (raktár)állomány; *bány* szénpillér; *élip* keverék; kevert főzet; *ép* kaloda; oszlop; tartóállvány; *fa* fatörzs, fatuskó; *forg* menetvágópofa-befogó; *geol* tömzs; *gép* idomszertest; mérővonalzó; szabványos hossz; *gumi* előkeverék, keverék; *hajó* horgonydúc, horgonykolonc; horgonykeresztrúd; sólya; *heng* rúdanyag; *hőt* kemencefüstjárat; *ip* alapanyag; félkész termék; *kat* alsóágy; markolathéj; puskatus; *koh* elegy; kemenceadag; *műa* nyers hanglemez-alapanyag; *mzg* eketest; *pa* pépanyag; *rendsz* állomány; *szersz* gyalutok; nyél, szár; ~ **account** *ip* tőkeszámla; ~ **accounting** *ip* anyagkönyvelés; ~ **analysis** *ip* készletelemzés; ~ **anchor** *hajó* admiralitáshorgony; ~-**and-bowl motion** *tex* emelőcsigás nyüstemelő szerkezet; ~ **and die** *szersz* menetmetsző pofa és hajtóvasa; ~ **anvil** *alak* nyeles üllő; ~ **bin** *koh* elegytartály; tárolóbunker; ~ **blending** *tex* tételkeverés; ~ **box** *pa* anyagszekrény; ~ **brick** *ép, ker* keményre égetett tégla; szabvány tégla; ~ **brush** *ép* kőművesecset; ~ **capital** *fa* élőfakészlet; ~ **car** *gépk* raktáron levő kocsi; *vasút* marhaszállító-kocsi; ~ **card** *ip* készletkártya; ~ **card index** *ip* raktári karton; ~-**catch** *kat* válltámaszrögzítő; ~-**catch spring** *kat* válltámaszrögzítő rugó; ~ **checking** *ip* készletfelmérés, készletellenőrzés; ~ **chest** *pa* anyagkád, anyagszekrény; ~ **column** *koh* anyagoszlop, adagoszlop; ~ **control** *ip, szt* raktárkezelés; ~ **crane** *csom* raktárdaru; ~ **creep** *ép* állatáteresz *(töltésben)*; ~-**curve** *opt* csiszolófej; ~ **dredger** *pa* anyagbagger; ~ **dye** *tex* törzsszínezék; ~-**dyed** *tex* nyersanyagban való színezés; szálban színezett; **S**~ **Exchange** (érték)tőzsde; ~ **feed** *forg* rúdanyag-előtolás; ~-**feed lever** *forg* rúdelőtoló kar; ~ **heap** *ép* anyaghalom, anyagrakás, anyagmáglya, anyagdepónia; ~ **house** *ip* anyagraktár; készletraktár; ~ **indicator** *koh* olvasztóadag-szintmutató; ~ **indicators** *ip* készlet jellegű mutatók, stock jellegű mutatók; ~ **inlet** *pa* anyagfelfutó; ~ **in trade** *ip* raktári készlet; ~-**keeping theory** *aut* raktározási elmélet, raktárkészlet-elmélet; ~ **level** *ip* készletszint; *koh* elegyszint; ~-**level indicator** *koh* adagszintjelző/adagszintmérő szonda, elegyszintmérő; ~ **lifter** *gép* anyagadagoló; ~-**line diameter** *koh* torokátmérő *(nagyolvasztóé)*; ~-**line ga(u)ge** *hajó* merülésmutató jel; *koh* elegyszintmérő; ~-**line indicator** *koh* elegyszintmérő; ~ **list** készletkimutatás; ~ **lock** *ép* közönséges/francia zár, rúdzár; ~ **material** *ip* félkész termék; ~ **mill** *tex* sulykológép, ványológép; ~ **of sieves** *élip* keretmáglya; ~ **of signal** *aut* jelkészlet, jelrendszer; **on** ~ *ip* raktáron levő; ~ **pass** → ~ creep; ~ **pile** → stockpile; ~ **pond** *hidr* ívótó, telelőtó; ~-**preparation** *pa* anyagkészítés, pépkezelés; ~-**pump** *pa* anyagszivattyú; ~ **rail** *vasút* tősín; ~ **recoverer** *pa* anyagfogó; ~-**reduction paste** *tex* redukáló sűrítő(anyag); ~ **regulator** *pa* papíranyagmennyiség-szabályozó; ~ **removal** *forg* forgácsolás; *mt* anyagráhagyás eltávolítása/lemunkálása; ~ **return** felhasználható nyershulladék; ~ **rod** *önt* tuskómérő vessző; ~**s** *ép* közönséges tégla; *hajó* sólya; sólyagerendák *(vízrebocsátáshoz)*; *ip* készletek; ~ **selector** *csom* komissiózó gép; ~ **shears** *pl szersz* táblaolló; ~ **size** raktári méret, szabványméret; ~ **slurry** *pa* péplé; ~ **solution** *vegy* törzsoldat, anyaoldat; ~-**still** *vasút* blokkolás; ~ **stitch** *tex* rejtett öltés; ~ **stop** *forg* anyagelőtoló ütköző; ~ **subway** → ~ creep; ~-**taking** → stocktaking; ~ **tank** *ol* tartály; ~ **tank oil** *ol* tartályolaj; ~-**tie screw** *kat* tusatartó csavar; ~ **vat** *pa* anyagkád; ~-**water pump** *pa* pépvízszivattyú; ~-**wood** *fa* tönk

stockade *ép* cölöpkerítés, karókerítés; *hidr* víztörő cölöpgát; *kat* karósánc

stockage area *ép* tárolótér

Stockbarger method *krist* Stockbarger-eljárás

stocker *bány* érckészletmunkás; hányókezelő; *csom* rakodó(munkás)

stockinet *kh* trikó(kelme)

stocking[1] *bőr* hordós megmunkálás/ványolás; *fa* erdőtelepítés; *ip* (be)raktározás, (el)raktározás; ellátás; felhalmozás; *nyom* osztályozás, összeválogatás; ~ **cost** *ip* tartalékalkatrész-költség; ~ **cutter** *forg* előfogazó maró; nagyoló/hántoló maró; ~ **leg** *élip* kiömlő/beömlő tömlő *(síkszitán)*; ~ **tool** *szersz* nagyoló szerszám

stocking[2] *kh* harisnya *(hosszú)*; ~ **board** *kh* harisnyaforma; ~ **frame/loom/machine** *kh* harisnyakötő gép; ~ **net** kötött háló; ~ **stitch** *kh* patentkötés

stockpile I. *v ép* máglyáz, halmoz; *ip* készletez, felhalmoz; **II.** *n* tartalékkészlet, árukészlet; felhalmozás; *bány* hányó; raktár, készlet; *ép* anyaghalom, anyagrakás, anyagmáglya, depónia; ~ **cableway/ropeway** *ép* depónia kötélpálya, hányókötélpálya; ~ **material** *ip* máglyázott/deponált anyag; ~ **tunnel** *ép* szalagalagút

stockpiling készletezés, felhalmozás; *ép* deponálás, hányóképzés, máglyázás, tárolás; ~ **area** *bány* készlettér; ~ **equipment** *bány* hányóképző; ~ **in the open air** *ép* ömlesztett áru szabadtéri tárolása, deponálás, máglyázás

stockroom *ip* nyersanyagraktár; raktár(helyiség)

stocktaking *ip* készletfelvétel, leltározás

stockwork *bány* emeletes kas; mellékkőzettel együtt fejthető érctelep; *geol* érctelérhálózatos érctömzs

stockyard *élip* marhaállás, vágóhídi állatállás; ~ **bay** *koh* elegycsarnok; ~ **crane** *em* tárolótéri daru; ~ **transporter** *em* tárolótéri rakodó/szállító

Stoddard solvent *ol* foltbenzin, vegytisztító benzin

stodgy *élip* nehezen emészthető

Störner-method *szt* Störner-módszer

stoichiometric *vegy* sztöchiometrikus; ~ **coefficient** *vegy* sztöchiometriai együttható; ~ **proportion/ratio** *vegy* sztöchiometriai arány

stoichiometry *vegy* sztöchiometria

stoke (tüzet) szít; *hőt* (fel)fűt; fűtőanyagot berak; *vasút* kazánt fűt

stokehold *vasút* fűtőház, kazánház

stokehole *hajó* fűtőház, kazánház; *hőt* tüzelőnyílás; ~ **control** *hőt* tüzelés ellenőrzése

stoker *ép, hajó* (kazán)fűtő; *vasút* mozdonyfűtő *(munkás)*; ~ **coal** *bány* automataszén; ~-**fired** *hőt* gépi adagolású/tüzelésű; ~-**fired boiler** *hőt* láncrostélyos kazán; ~ **furnace** *hőt* automatikus adagolású tüzelőberendezés; ~ **grade** *bány* szénnagyság önműködő adagoló részére; ~**'s poker bar** *hőt* tűzpiszkálóvas, tűzihorog

stokes *metr* stokes *(kinematikus viszkozitás egysége: 10^{-4} m^2/s)*

Stokes' | **Law** *fiz* Stokes-féle súrlódási törvény; ~ **line** *fiz* Stokes-vonalak; ~ **theorem** *mat* Stokes-tétel

stoking *hőt* adagolás *(tüzelőanyagé)*; betöltés, berakás; tüzelés, fűtés
STOL → short takeoff and landing; ~ **aircraft** *rep* STOL légijármű
stolzite *vegy* stolzit
stomach-pump *orv* gyomormosó készülék
stomper *geof* ejtősúlyos kocsi
stone I. *v bőr* színel, simít; *élip* kimagoz; *ép* kövez; *mt* (köszörűkővel) csiszol; csiszolókővel megmunkál; fenőkövez, fen *(köszörűkövön)*; **II.** *n* kő; *bány* kő, kőzet; *élip* csonthéjas mag; *metr* stone *(súlymérték: 14 angol font = 6,35 kg)*; *nyom* tördelőasztal; *óra* (rubin)kő; ~ **aggregate** *ép* ásványi adalékanyag; ~ **arch** *ép* kőboltív; kőboltozat; ~**-arching** *ép* kőboltozás, kőboltozat falazása; ~ **axe** *szersz* kőfejtő kalapács; ~ **balcony** *ép* kőerkély; ~ **balustrade** *ép* kőmellvéd; ~ **band** *bány* meddőbeágyazás; ~ **base** *ép* zúzottkő alapréteg *(út)*; ~ **batter** *bány* béka, kődöngölő; ~ **bedding** *geol* köves beágyazás; *vasút* felépítményi kavicságy; ~ **bedplate** *pa* kőalapmű *(hollandin)*; ~ **bit** *bány* kőzetfúró; *szersz* kőfúró; ~ **board** *ép* stukatúrlemez; ~**-boat** *bány* kőszállító/teherszállító talp; *mzg* talajegyengető lap; ~ **bolt** *gép* alapzatcsavar, kőcsavar; ~**-breaker** *ép* kőtörő, kőzúzó *(gép)*; ~**-breaking** *ép* kőtörés, kőzúzás; ~**-breaking hammer** *szersz* kavicstörő kalapács; ~**-breaking mallet** *szersz* súlykoló kalapács; ~**-breaking plant** *ép* kőtörő/kőzúzó berendezés; ~ **bridge** *ép* kőhíd; ~**-burnisher** *pa* achátfényező, achátsimító; ~**-casing** *ép* kőszekrény; ~ **catcher** *ép* kőfogó; ~ **chaser** *élip* tőrőmalom *(köves)*; ~ **chip** *bány* kőzetszilánk; ~ **chip(ping)s** *pl ép* kőzúzalék; ~ **claddings** *ép* kőburkolatok; ~ **coal** *bány* kőszén, kemény szén, darabos antracit; ~ **concrete** *ép* kőzúzalékos beton; ~ **corbel** *ép* kőkonzol; ~ **counterfort** *ép* kőborda; ~**-crusher** *szersz* kőtörő, kőzúzó, kőtörő kalapács; ~**-crushing installation** *ép* kőzúzó berendezés; ~ **curb** *ép* útszegélykő; ~**-cutter** *ép* kőfaragó, kővágó; *szersz* gyémántbetétes asztali darabológép; ~**-cutting** *bány* meddőjövesztés; *ép* kőfaragás; ~**-cutting machine** → ~-cutter; ~ **dam** falazott gát; kőgát; ~**-dowel** *ép* kőcsap; ~**-dresser** *ép* kőfaragó; ~ **drift** *bány* ereszke, keresztvágat, táró; meddőben hajtott vágat, meddővágat; ~**-dust barrier** *bány* kőporgát; ~ **dusting** *bány* kőporadagolás, kőporszórás; kőporozás; ~**-dust layer** *bány* kőporréteg; ~**-facing slab** *ép* falburkoló (kő)lap; ~**-filled drain** *hidr* kőszivárgó; ~ **filling** *hidr* kitöltés kővel, kőkitöltés; ~ **flag** *ép* kő burkolólap; kő járdalap; ~**(-)flax** *ásv* azbeszt; ~ **flooring** *ép* kőpadló burkolat; ~ **grab** *ép* különleges markoló; ~ **grapple** *ép* kőfogó, kőemelő; ~ **head** *bány* kemény kőzet felső rétege; keresztvágat; meddővágat, irányvágat; tartókeretet hordó szilárd kőzet; ~ **heap** *ép* kőrakás; ~**-lattice** *ép* kőrács *(szellőzésre)*; ~ **layer** *geol* kőréteg; ~ **lifting bolt** *ép* kőfogó, kőemelő; ~ **lintel** *ép* kőgerenda; ~**-man** *bány* kőfejtő; meddőmunkás; ~ **masonry** → stonemasonry; ~ **mesh** *hidr* sodronyhálós művek; ~**-meteorite** *csill* kőmeteorit; ~ **mill** *élip* kőjárat; ~ **oil** kőolaj; ~**-packing** *ép* kőborítás, kavicságy, kőágyazat; ~ **pier** *ép* (termés)kőpillér; ~**(-)pit** *bány* kőbánya, kőfejtő; ~ **pitch** *bány* ásványi/földi szurok; *ép* aszfalt; ~**-pitching** *ép* kőrakat; ~ **plaster** *ép* kőburkolat; kövezet; ~**-pocket** *ép* kavicsfészek *(betonban)*; ~**-polishing machine** *pa* kőfényező gép; ~**-powder** *ép* kőliszt, kőpor; ~**-quarry** → ~(-)pit; ~ **railing** *ép* kőkorlát; ~ **river** *geol* kőfolyás, kőgörgeteg; ~**-roll** *ép* kőzúzó henger; *pa* kődob *(hollandié)*; kőhenger; ~ **rolls** *pl mt* zúzójárat; ~ **runner** *ép* kőfalazás futósora; ~ **saw** *ép* gyémántbetétes asztali darabológép; kőfűrészelő gép; ~**-sett paving** *ép* (nagy)kockakő burkolat; ~ **shaft** *bány* tömedékakna; tömedékelő anyagszállító akna; ~ **slab facing** *ép* kőlap burkolat; ~ **slag** kövecses salak; ~ **spindle** *élip* malomkőtengely; ~ **spreader** *ép* zúzalékterítő; ~ **stacker tongs** *pl ép* kőzet-markolófogó; ~ **stair(case)** *ép* kőlépcső; ~**-string board** *ép* kőlépcsőpofa; ~**-surfacing** *ép* kőburkolás, kőburkolat; ~ **tongs** *pl ép* kőfogó; ~ **trap** kőfogó; ~**-tru(e)ing machine** *szersz* kőlehúzógép; ~ **weir** *hidr* (termés)kőgát; ~ **work** → stonework
stonecutter → stone-cutter
stonemason *ép* kőfaragó, kőműves
stonemasonry *ép* kőfalazat; ~ **retaining wall** *ép* (falazott) kőtámfal
stoner *élip* kőkiválasztó
stonewall *ép* kőfal
stonewalling *ép* kőfalazás
stoneware *ker* kőedény, kőagyagáru, kerámia; ~ **pipe** *ép* kőagyagcső; ~ **pump** kerámiai szivattyú; ~ **tile** *ép* kőagyag-burkolólap
stonework *bány* meddőmunka; *ép* kőfal(azat); kőfaragó- és téglamunka, kőmunka; kőfaragó/téglavető üzem; *hidr* kőmű
stoneworker *ép* kőfaragó; kővájár
Stoney gate *hidr* Stoney-táblás gát
stoning *hidr* kiüregelés elleni kőterítés *(folyamfenékre)*; *mt* csiszolás *(köszörűkővel)*; fenés *(köszörűkövön)*; ~ **and stripping rake** *ép* gyökérszaggató/gyökérkitépő szerelék; ~ **machine** *élip* kőkiválasztó gép
stony köves; ~ **meteorite** *geol* aerolit
stook *mzg* kepe, kereszt *(kévékből)*; ~ **and feather** *bány* fejtőék
stooking machine *mzg* gabonakereszt-rakó gép; kepézőgép
stool támlátlan szék, zsámoly; *fa* tőke; tuskó; *koh* fenéklemez; ~ **plate** *önt* alaplemez *(alsó öntéshez)*; ~**-shoots** *pl fa* fatősarj, tuskósarj
stoop I. *v* lehajol; meggörbít, összehajlít; **II.** *n* görbülés; meghajlítás; *bány* gyámpillér; kőtömb; tám; védőpillér; *ép* teraszos előtér, feljárat; tornác; ~**-and-room work** *bány* pillérfejtés rövid pillérekkel; ~ **system** *bány* kamarafejtés
stooper *bány* réselővájár
stop I. *v* megáll; leáll; megszűnik, abbamarad; *ép* alapoz *(mázoláshoz)*; betapaszt; betöm, eltöm; dugaszol, betöm *(nyílást)*; rögzít; *gép* leállít, megállít; üzemen kívül helyez; *közl* elzár *(utat)*; leáll, leállít; **II.** *n* megállás; *em* keresztléc *(teher visszacsúszása ellen)*; *ép* küszöbléc, ütközőléc; *foto* (változtatható nyílású) fényrekesz, blende; *gép* megállítás, leállítás; megszakítás, szünet; mozgáshatároló; rögzítő; ütköző; ütközőkar; ütőcsap, bütyök; zár, zárópecek; *hang* billentyű *(fúvóhangszeren)*; regiszter, játék *(orgonán)*; *közl* állomás, megálló; elzárás *(úté)*; *távk* megszakítás; *vasút* megállítás, feltartás *(vonaté)*; ütköző; ~**-all button** *gép* vészleállító nyomógomb; ~**-and-check valve** *ol* elzárószelep *(automatikusan is záródó)*; ~**-and-proceed signal** *vasút* feltételes megál-

lásjelző; ~ **angle** *ép* rögzítő szögvas; *vasút* sínvándorlásgátló kengyel; ~ **arm** *távb* reteszelőkar; ~ **arrangement** *gép* automatikus ütköző, automatikus kikapcsoló szerkezet; ~ **at a circuit** *v távb* áramkörre rááll; ~**(-)band** *fiz, távk* lezárási/levágási/zárási sáv/tartomány; *távk* csillapítási/lezárási/elnyelési sáv *(szűrőé)*; ~**-band attenuation** *távk* zárócsillapítás; ~**-band effect** *fiz* záróhatás, levágási hatás; ~ **bank** *hidr* árvízvédelmi töltés; ~ **bar** *ép* zárórúd; ~**-bath** *foto* utófürdő; ~ **bit** *szt* karaktert/blokkot követő jel *(start-stop rendszerben)*; vevőegység lezárójele *(adat végén)*; ~ **block** *bány* vágányzár, sorompó; *szersz* ütköző, löketkorlátozó; *vasút* állító pánt/sikattyú *(vonórúdon)*; féksaru; megállító tuskó; ütközőtuskó; „tilos" jelző; ~**(-)buffer** *vasút* ütközőbak; ~ **butt** *kat* lőtámasz; ~ **button** *gép* leállító nyomógomb; ~**-catch** *ép* ajtóütköző, záró kallantyú; ~**-cock** → stopcock; ~ **code** *szt* stop kód, megállást kezdeményező kód; ~ **collar** *gép* zárógyűrű; ~**-cylinder** *nyom* stopcilinderes gép; ~ **distillate** *vegy* tetőtermék; ~ **dog** *forg* ütköző; ~ **down** *v foto, opt* leblendéz, lerekeszel; ~ **drill** *szersz* ütközőgyűrűs fúró; ~ **end** *távk* lezárt kábelvég; ~**-end joint** *ép* munkahézag *(betonozásnál)*; ~ **finger** *óra* állítóujj; ~ **frequency** *távk* elnyomott frekvencia; ~**-gap** dugó, hézagtöltő dugaszoló; ~ **ga(u)ge** *forg* határütköző; ~ **gear** *gép* rögzítő/megállító szerkezet; ~**-go lights** *közl* (forgalmi) jelzőlámpa, fényjelző készülék; ~ **height** *rep* terepszint feletti magasság; ~**-impulse** *távb* záró áramkép, stopimpulzus; ~ **instruction** *aut, szt* megállító utasítás, stop-utasítás; ~ **joint** *gép* rögzítőcsuklós összekötés; ~ **key** *hang* regiszterfogantyú; ~ **lamp** → ~ light; ~ **lever** *gép* leállítókar, leállítóemeltyű; *távb* reteszelő emelő; *vasút* „megállj" jelzés váltókarja; ~ **light** *gépk* féklámpa, stoplámpa; *közl* tilos jelzés, piros fény/lámpa; ~ **limiter** *gép* megállítópofa; ~**-line** *közl* stopvonal; ~ **link** *gép* megállítóelem, kioldóelem; ~ **list** *szt* stopszavak gyűjteménye *(indexelésnél nem számító szavak)*; ~ **log** *ép, hidr* betétgerenda, betétgerendás gát; ~**-log dam** *hidr* betétgerendás duzzasztógát; ~**-logging** *hidr* ideiglenes elzárás; ~**-log groove/recess** *hidr* betétgerenda-horony *(duzzasztógátban)*; ~**-log slab** *hidr* betéttábla; ~**-log weir** → ~-log dam; ~ **manoeuvre/maneuver** *hajó* fékezési manőver; ~ **mechanism** *szersz* ütközőberendezés, ütközőszerkezet; ~ **motion** *forg* ütközőszerkezet; *gép* zárómechanizmus; *gépk* fékezőszerkezet; *kh* lyukbeállító szerkezet; *tex* fonalőr; leállító berendezés; ~**-motion device** *film* időrövidítő kamera/felvevőgép, „zeitraffer"; ~ **number** *foto* fényrekesz fényerőjelző/nyílásjelző száma, blende; ~ **nut** *szer* ütközőanya; ~ **off** *v bány* elgátol; *ép* betöm, elzár; ~**-on pick** *tex* vetülékőr; ~ **pallet** *gép* biztosító csappantyú, rögzítőcsapózár; ~ **pawl** *kat* töltényállító karom; ~ **piece** *gép* mozgásmegállító gépelem; *vasút* ütköző; vágányzár; ~**-pin** *gép* állítócsap; ütközőszeg; *távk* ütközőpecek; ~ **plank** *hidr* fabetétgerenda *(duzzasztógátnál)*; ~ **plate** *forg* ütközőlemez; *mech* tengelyforgó *(emelőé)*; *távk* ütközőlemez; ~ **position** nyugalmi/kikapcsolt helyzet; ~**(-)press** *nyom* lapzárta utáni *(hír helye)*; ~ **pulse** *el* záróimpulzus *(start-stop-gépen)*; ~ **range** *távk* zárótartomány; ~ **recess** *kat* ütközővájat; ~ **recovery diode** *el, távk* töltéstároló dióda; ~ **rod** *gép* ütközőtengely; zárórúd, leállítórúd; *tex* ütközőgörgő; ~**-rod nib** béka *(ütközőberendezésé)*; ~**-screw** *ép* rögzítőcsavar, ütközőcsavar; ~ **shaft** *gép* ütközőkioldó/ütközőtartó rúd; ~ **sheet** *em* tengelyforgó; ~ **sign** *közl* „Állj! Elsőbbségadás kötelező!" tábla, stoptábla; *US* piros fény *(megálljt! jelző)*; ~ **signal** *el* záróimpulzus *(start-stop gépé)*; *szt, távk* stopjel; *vasút* megállást előíró jelzés; „megállj" jelzés; ~ **sleeve** *szersz* ütközőhüvely; ~ **slide** *óra* minden vagy semmi rugó *(ütőórában)*; ~ **start control** *aut* ki-bekapcsolásos vezérlés; ~ **steam** *mt* felső gőz *(gőzkalapácson)*; ~ **strip** *távk* bakelitsáv *(vonalválasztóé)*; ütközőléc; ~ **the joints** *v hajó* dugaroz; ~**-turn** *gépk* megállás fordulattal; ~ **up** *v ép* betöm, bedugaszol; ~**-valve** *gép* (el)zárószelep, főelzárószelep; ~ **washer** *kat* tömítőgyűrű; ~ **weight** *metr* kikapcsoló súly; ~ **wheel** *finm* állítókerék

stopcock *ép* (elzáró)csap; *vegy* üvegcsap; ~ **grease** *vegy* csapzsír

stopcocking *ol* termelő olajkút váltakozó nyitása és elzárása

stope I. *v bány* elegyenget *(munkahelyet)*; kitermel; **II.** *n bány* fejtés; fejtési lépcső; fejtési munkahely; pászta; ~ **drift** fejtési vágat; ~ **heel** vájvég, főtepásztafejtés alsó lépcsője; ~ **hole** talpon fúrt lyuk; ~ **pillar** vágatpillér; ~ **sampling** fejtésmintázás; ~ **toe** főtepásztafejtés felső lépcsője; ~ **with ore caving** ércomlasztásos fejtés

stoped-out *bány* kitermelt

stoper *bány* fúrókalapács; kőfejtő fúró; pneumatikus fúrókalapács *(felfelé fúráshoz)*

stoping *bány* fejtés; omlasztás; pásztás fejtés; szeletfejtés; ~ **advancing to the rise** dőlésmenti pásztafejtés; ~ **advancing to the strike** csapásmenti pásztafejtés; ~ **and filling** (lépcsős)művelés tömedékeléssel; ~ **by/in apparent dip** áldőléses fejtés; ~ **face** fejtési front/homlok

stople boring *bány* vakaknafúrás

stopover útmegszakítás

stoppage *ép* (el)dugulás; elfojtás, eltömés; *gép* megállítás, megállás, leállás; szünet; *ip* üzemleállítás; üzemzavar; *kat* akadály; *vasút* vonatfeltartás; ~ **of flow** *ép* vízáramlás megszűnése; ~ **of traffic** *közl* forgalom leállása/megbénulása; ~ **time** *ip* gépállási idő

stopped|-coil electromagnet *el* rögzítőcsapos behúzómágnes; ~ **mortise** → blind mortise; ~ **particle** *fiz* lefékezett részecske; ~ **pipe** *hang* fedett síp

stopper I. *v* (be)dugaszol; leállít; **II.** *n* dugó, dugasz; *gép* elzáróelem; gát, fék; *hajó* fékcsat, láncfék; fékkötélbog; kötélrögzítő, kábelrögzítő; *önt* dugó; ~ **bell** *koh* adagolókúp; torokzáró harang; ~**-cap nut** elzáró csavarmenetes kupak; ~ **circuit** *távk* szűrőtekercs; ~ **head** dugó, dugasz; lyukelzáró; ~ **ladle** *önt* dugós üst; reteszes öntőüst; ~**-nozzle ladle** *önt* reteszelő kagylós öntőüst; ~ **rod** *gép* fékrúd; *koh* dugórúd, tömőrúd; ~**-rod brick** *koh* tömőrúdvédő lyukas téglasor

stoppered | bottle *vegy* csiszolatos/becsiszolt dugójú üvegpalack; ~ **ladle** *önt* reteszelő szerkezettel felszerelt öntőüst; ~ **pouring basin** *önt* reteszes beöntőcsésze

stopping dugasz, dugó, tömítés; *bány* elgátalás; elszigetelés; gát; léggát; *ép* kitöltés *(spatulyázás)*, glettelés; *gép* leállás, megállás; leállítás, megállítás; *koh* lassítás; *közl* elzárás; megállás; ~ **agent** *ol* inhibitor; ~ **brake** *vasút* célfékezés; ~ **capacitor** *el* egyenfeszültséget leválasztó kondenzátor; ~ **cross-section** *at* fékezési hatáskeresztmetszet; ~ **distance** *gépk* féktávolság; ~ **equivalent** *at* fékezési/gyengítési egyenérték; ~ **mix** *önt* csapolónyílást eltömő keverék; ~ **motion(s)** *gép* zárómechanizmus; *gépk* fékező szerkezet; *kh* lyukbeállító szerkezet; *tex* fonalőr; leállító berendezés; ~**-out** *bány* kilábazás; ~**-place** *közl* megálló; ~ **potential** *el* (le)záró potenciál; ~ **power** *at* fékezőerő, fékezőképesség; lassítási erélyesség; ~ **resistor** *el* fékező ellenállás; ~ **the joints** *hajó* dugarozás; ~ **the programme** *aut, szt* programleállítás; ~ **time** *vasút* tartózkodás, tartózkodási idő; ~ **train** *vasút* személyvonat

stopple dugasz, dugó

stopwatch *óra* stopper(óra)

stopway *rep* végbiztonsági pálya

storable *csom* raktározható

storage *csom* raktárhelyiség; raktározás, készletezés, tárolás; *en* felhalmozódás, készlet *(energiáé)*; *hidr* retenció, tározás *(nagyobb mértékű)*; tározótér; *ip* raktározási díj; *szt* betöltés, tárolás, tár, beírás, bevitel; memória, tároló, tár, memóriaegység; tárolóeszköz; *távk* impulzusraktározás, impulzusfelhalmozás; ~ **address** *szt* tárcím; ~ **allocation** *csom* készletek elosztása; *szt* tárlefoglalás, tárkiosztás, tárhozzárendelés; ~ **assignment control** *aut* vezérelhető memóriakijelölés; ~ **automation/automatization** *aut, csom* raktározás automatizálása; ~ **basin** *en, hidr* tározó(tó), tárolómedence; ~ **battery** *el* (ólom)akkumulátor; akkumulátortelep; ~ **battery loc(omotive)** *vasút* akkumulátoros mozdony; ~ **battery room** *el* akkumulátorhelyiség; ~ **bin** *élip* silócella, raktározó kamra; *en* kazánházi hombár; szénhombár; ~ **block** *aut, szt* tárolóblokk, memóriablokk; ~ **boom** fatároló medence gerebene; ~ **box** *ép* tárolóláda; ~ **bunker** készletbunker; tárolóbunker; *bány* széntorony *(kokszoló kemencéhez)*; *ép* pinceraktár; ~ **camera** *tv* ikonoszkópos kamera; ~ **camera tube** *tv* képtároló cső, ikonoszkóp; ~ **capacitor** *el* tárolókondenzátor; ~ **capacity** *el* tárolóképesség, kapacitás; *hidr* tározókapacitás, tározóképesség; tározótér; *ol* hézagtérfogat; *szt* memóriakapacitás, tár(oló)kapacitás; ~**-cask** *élip* ászokhordó; ~ **cavern** *at* tárolóbarlang; ~ **cell** *aut, szt* memóriaegység; memóriarekesz, tárolórekesz; *el* akkumulátor; ~ **chamber** *hidr* takarékmedence *(zsilipkamránál)*; ~ **charge** *félv* tárolt töltés; ~ **charges** tárolási/raktározási díj/költségek; *vasút* fekbér; ~ **chest** gardróbszekrény; *pa* anyagkád, készletezőkád; ~ **chute** → storing chute; ~ **circuit** *aut, el* emlékezőáramkör; tárolóáramkör; ~ **cistern** *hidr* víztároló, ciszterna; ~ **cleaning** *szt* tároló/memória törlése; ~ **container** *at* tárolókonténer; ~ **control (SC)** *szt* tárkezelés, tárvezérlés, SC; ~ **cooling pond** *en* tározós hűtőtó; ~ **cream** *élip* gyűjtött tejszín; ~ **cycle** *aut, szt* memóriaciklus; *hidr* mértékadó tározási időtartam; tározási ciklus; ~ **decay** *fa* raktári korhadás; ~ **defect** *fa* raktári hibásodás; ~ **device** *el* tároló; *szt* tárolóegység, tárolókészülék, memória(egység); ~ **drift** *bány* gyűjtővágat; ~ **effect** *el* halmozódási hatás; tárolóhatás; ~ **element** *aut, szt* tárolóelem, tárelem, memóriaelem; ~ **elevator** *élip* raktársiló; ~ **erasing** → ~ cleaning; ~ **function** → store function; ~ **gas loss** *ol* tárolási gázveszteség; ~ **heater** *el, hőt* hőtároló (fűtőberendezés), villamos hőtároló; hőtárolós villanykályha; ~ **hierarchy** *szt* tárhierarchia; ~ **hopper** *bány* rakodótölcsér, rakodógarat; ~ **horizon** *ol* tárolóréteg; ~ **integrator** *aut* tárolóegység, integrátoregység; ~ **level detector** *ép* tárolási szintjelző *(silóban)*; ~ **life** *el* tárolhatósági idő; *élip* szavatossági idő; ~ **limit** *hidr* duzzasztási határ; ~ **location** *szt* memóriarekesz; tárrekesz; ~ **loss** *ip* tárolási veszteség; ~ **matrix** *szt* tárolómátrix; ~ **medium** *aut* jelhordozó, információparaméter; *szt* tárolóeszköz, tárolóhordozó; ~ **mosaic** *távk* tároló mozaik; ~ **optimization** *rendsz* készletprobléma, készletezési probléma; ~ **oscillograph** *el, szt* memóriaoszcillográf; ~ **oscilloscope** *el, szt* tárolóoszcilloszkóp; ~ **pile ropeway** *ép* tárolótéri kötélpálya, depónia-kötélpálya, hányókötélpálya; ~ **plant** *hidr* duzzasztóerőmű, tározóerőmű; ~ **pond** *hidr* tározótó; ~ **pool** *szt* közös tartaléktár, pool; ~ **position** *aut* tárolórekesz; ~ **power-plant** *hidr* tározómedencés vízerőmű; ~ **principle** *el* töltéshalmozás elve; ~ **protection** *szt* tárvédelem; ~ **register** *szt* tárregiszter, memóriaregiszter; ~ **relay** *aut* emlékezőrelé; ~ **reservoir** *hidr* (víz)tározó, duzzasztómedence; ivóvíztároló medence; ~ **ring** *fiz* tárológyűrű, felgyorsított részecskéket tároló gyűrű; ~ **ring synchrotron** *fiz* tárológyűrűs szinkrotron; ~ **room** *csom* raktár(helyiség); tárolóhelyiség; ~ **silo** *ép* átmeneti betontároló siló; ~ **space** → ~ room; ~ **stability** *ol* tárolóképesség, tárolásbiztosság; ~ **station** → ~ plant; ~ **structure** *szt* tárolási struktúra; ~ **surface** *el* tárolófelület; ~ **tank** *bány* víztároló (zsomp), víztartály; *élip* ászoktartány, ászokoló tank; *ép* átmeneti betontároló siló; *ol* kőolajtartály, (tároló)tartály; *pa* anyagkád; készletezőkád; ~ **target** *el* gyűjtőelektród, kollektor; ~ **temperature** *félv* tárolási hőmérséklet; *gyógyv* raktározási hőmérséklet; ~ **tests** *el* tárolhatósági vizsgálatok; ~ **time** *el* tárolási idő; ~ **time constant** *el* tárolási időállandó; ~ **track** *vasút* tárolóvágány; tartalékvágány; ~ **transmitter** *el* tározó; ~ **tube** *el, szt* emlékezőcső, raktározócső; tárolócső; töltéstároló cső, töltéshalmozó; *tv* képfelvevő/képtároló cső; ~ **turret truck** *csom* magasraktári emelőtargonca; ~**-type camera tube** *távk* képtároló cső, ikonoszkóp; ~**-type detector** *aut* tároló típusú detektor; ~**-type heater** → ~ water heater; ~ **unit** *el, szt* tárolóegység, memória(egység); ~ **vat** *pa* tároló, készletező (kád); ~ **water heater** *ép* melegvíztároló, forróvíztároló, bojler; ~ **work** → ~ reservoir; ~ **yard** *ép* tárolótér; ~ **yard crane** *csom, em* tárolótéri daru

store I. *v ip* (be)raktároz; készletben tart; készletez; tárol, felhalmoz; *szt* betölt, beír, bevisz; **II.** *n* készlet; raktár; *ip* áruraktár; felhalmozás; raktárkészlet, lerakat; *szt* betöltés, beírás, bevitel, tárolás; tár memória, tároló, memóriaegység; ~ **and forward** *szt* tárold, majd küldd tovább; ~**-and-forward mode** *szt* üzenetkapcsolt üzemmód; ~ **area** *szt* tárolómező; ~ **capacity** *szt* tárkapacitás; ~ **check bit** *szt* tárolóellenőrző bit; ~**-chest** → storage chest; ~ **field** *szt* tárolómező; ~ **front** *ép* kirakatfront, kirakathomlokzat; ~ **function** *aut* tárolóhatás, emlékezőképesség; ~ **grinder** *pa* kamarás/magazinos facsiszoló; ~ **information** *szt* tárolóinformáció; ~ **key** *szt* tárolókulcs; ~ **memory** *szt* programtároló; ~ **modification** *szt* tárolóváltoztatás; ~ **operation** *szt* tároló/memória működése; tárolóművelet; ~ **organization** *szt* tárolószervezés; ~ **period** *ip* raktározási időszak; ~ **plane** *szt* társík; ~ **regeneration** *szt* tárolóhelyreállítás; ~ **reservation** *szt* tárolótartalékolás; ~**s** raktár *(gyárban, üzemben)*; *kat* fegyverzettár; hadianyag; ~ **search register** *szt* tárolókereső regiszter; ~ **stack** *aut* memóriablokk, tárolóblokk, memóriatömb, tárolótömb; ~ **system** *szt* tárolórendszer; ~ **up** *v* elraktároz, felhalmoz; ~ **word length** *szt* tárolási szóhosszúság; ~ **write instruction** *szt* tárolási írásutasítás; ~ **zone** *szt* tárolóövezet

stored | **cambium** több sejtrétegű kambium; ~ **charge** *el* tárolt töltés; ~ **data** *szt* tárolt adatok; ~ **energy** *at* tárolt energia; ~ **error** *aut* halmozott/akkumulált hiba; ~ **information** *szt* tárolt információ; ~ **program** *szt* konzervprogram *(szalagon)*; tárolt/rögzített program; ~ **program calculator/computer** *szt* tárolt programú számítógép *v.* programvezérlésű számítógép; ~ **program computer** *szt* tárolt programú számítógép; ~ **program control (SPC)** *aut, szt* tárolt programú vezérlés; ~ **program digital computer** → ~ program computer; ~ **program logic** *el* tárolt programú logika; ~ **program multipurpose computer** *szt* programvezérelt egyetemes számítógép; ~ **water resources** *pl hidr* tározott vízkészlet

storehouse raktárépület

storekeeper raktárkezelő; raktáros

storekeeping *ip* raktározás; ~ **problem** *rendsz* raktározási probléma

storeman raktáros

storeroom raktár(terem), raktárhelyiség

storey, *US* **story** *ép* emelet, szint; emeletsor; ~ **grate** *hőt* lépcsős rostély; ~**-height** *ép* emeletmagasság; ~**-rod** *ép* lépcsőfokmagasság-mérő léc

storeyed, *US* **storied** *ép* emeletes

storing *bány, vasút* felhalmozás; tartalékvágányra tolás; *ip* (be)raktározás, tárolás; készletezés; *szt* tárolás, beírás; ~ **chute** *bány, ép* tárológurító, tárolócsúszda; ~ **damage** *ip* károsodás raktározás következtében; ~ **device** → storage device; ~ **grain in bulk** *élip* ömlesztett gabonaraktározás; ~ **quality** *csom* állóképesség; ~ **raise** → ~ chute

storm vihar; *bány* sújtólég; *met* fergeteg, vihar; *távk* ionoszféravihar; ~**-centre/center** *met* ciklonmag, vihar magja; ~ **cloud** *rep* viharfelhő; ~ **cone** *met* viharjelző kúp; ~ **current** *met* vihar okozta légáramlás; ~**-down pipe** *ép* csapadékelvezető, csapadékvízejtőcső, csapadékvíz-ejtővezeték, tetőlefolyócső, ereszcsatorna/esőcsatorna lefolyócsöve; ~ **echo signal** *rep* zivatarfrontról visszaverődött radarjel; ~ **flood** *hidr* vihardagály; ~ **indicator** *met* viharjelző készülék; ~**-overflow** *ép* esővíz-vészkiömlő csatorna; ~**-sash** *ép* felső szellőzőablak/ablakszárny; külső ablakszárny; ~ **sewer** *ép* esővízgyűjtő csatorna, esőcsatorna, csapadékvíz-csatorna; ~ **storage basin** *hidr* záportározó; ~ **warning** *rep* zivatarriasztás; ~ **water** *met* esővíz, záporvíz; ~**-water intercepting sewer** *ép, hidr* esővízgyűjtő csatorna; ~**-water outlet** *ép, hidr* vészkiömlő, záporbukó; ~**-water overflow** *ép* esőcsatorna-túlfolyó, záporkiömlő; ~**-window** *ép* kétrétegű ablak; külső ablakszárny; tetőablak

storoid *mat* Lamé-féle görbe

story → storey

stout I. *a* szilárd, erős; *bőr* duzzadt; *ép* állékony; **II.** *n élip* felső erjesztésű angol sörféleség *(erős porter sör)*; ~ **platinum** *any* tömör platina; ~ **wrapping** *pa* nátronpapír, kraftpapír

stove I. *v* (be)éget *(zománcot, lakkot)*; kályhában szárít; *fa* fát szárít *(szárítóban)*; *mzg* üvegházban nevel; **II.** *n bőr* szárítóhelyiség *(meleglakkgyártásnál)*; *ép* kályha, tűzhely; *ker* égetőkemence; *koh* kemence; léghevítő, Cowper-hevítő; *mzg* melegház; ~ **blower** *koh* nagyolvasztó légfúvója; ~ **bolt** *US szer* anyáscsavar *(hasított, süllyesztett fejjel)*; ~ **coal** *bány* 50-30 mm-es antracit; ~ **enamel** *ker* zománc; ~**-enamel(l)ed** *ker* (égető)kemencében zománcozott; ~**-finished** kemencében szárított *(lakkozás)*; ~ **for catering-kitchens** *ép* nagykonyhai tűzhely; ~ **fuel** *koh* tüzelőanyag léghevítőhöz; ~ **gas main** *koh* kemencegáz-fővezeték; ~**-glass** *ép* csillámlemez *(kályhaajtón)*; ~**-pipe** *ép* kályhacső, füstcső; ~**-pipe weld** *heg* körvarrat; ~**-room** *ép* fűtőszoba; ~ **setter** *ép* kályhás; ~ **varnish** beégető lakk; ~ **with air recirculation** *hők* légcirkulációs szárítókemence

stoveminder *koh* gázadagoló munkás *(nagyolvasztónál)*

stover *mzg* marhatakarmány; száraz jószágtakarmány

stoving *ép* (be)égetés; kályházás; szárítás kályhában/kemencében; *tex* gyapjúfehérítés kéngőzzel; ~ **varnish** beégető lakk

STOVL → short takeoff and vertical landing

stow I. *v bány* (be)tömedékel; *csom* elrak; elraktároz; *hajó, rep* megrak; rakományt elrak; *rep* futóművet behúz; **II.** *n bány* tömedékelés

stowage tárolás, elrakás; *bány* tömedékelés; *hajó* rakodási díj; raktárdíj; *hajó, rep* rakomány; rakomány lerakása/elrakása/elhelyezése; *rep* megőrzés; ~ **conveyer** *bány* tömedékelő szalag; ~ **drift** *bány* tömedéknyerő vágat

stowaway arm rest *gépk* süllyeszthető kartámla

stower *bány* berakatkészítő, tömedékkészítő; tömedékelő

stowing *bány* tömedékelés; ~ **density** tömedéksűrűség; ~**-pipe** tömedék-csővezeték, iszapcső; ~ **screen** tömedékfogó gyékény; ~**-slusher** tömedékelő saraboló

STP → standard temperature and pressure

straddle I. *v gép* elhajlik/eltér *(függőleges tengelytől)*; *kat* belövi magát *(célpontra)*; *közl* váltakozva illeszkedik *(küllő az agyon)*; **II.** *n bány* támfa, könyökfa; *gép* elhajlás *(függőlegestől)*; villás hajtókar/tolórúd; ~ **carrier** *közl* felrakó nyeregkocsi; kis emelésű nyeregkocsi; portál-rakodókocsi, kapuzati rakodókocsi; ~ **conveyer/conveyor** *bány* felső szalagszállító; ~ **fork reach truck** *csom, em* tolóvillás emelőtargonca; ~ **lifter** *közl* nyeregkocsi; ~ **loader** *közl* felrakó nyeregkocsi; nagy emelésű nyeregkocsi; ~ **loader van/carrier** *közl* kétszeres felrakású nyeregkocsi; ~ **milling** *forg* oldalmarás, peremmarás; terpeszmarás; ~**-milling cutter** *forg* oldalmaró, kétoldalas tárcsamaró; ~ **packer** *ol* közrefogó pakker; ~ **scaffold** *ép* nyeregállvány *(kéményjavításhoz)*; ~ **stacker** *csom, em* terpesz emelőtargonca; ~ **test(ing)** *talt* közrefogó formációvizsgálat

straddling *fa* szétterpeszkedő ágasság; *forg* két oldal egyidejű megmunkálása egy művelettel

strafe *kat* mélyrepülésben támad

strafer *rep* csatarepülőgép

straggling *at* statisztikus szórás; *stat* szóródás, diszperzió, variabilitás; ~ **parameter** *at* fluktuációs paraméter, statisztikus szórási paraméter

straight I. *a* egyenes; közvetlen, direkt; *el, távk* közvetlen; *élip* nem kevert; tiszta, hamisítatlan; *mat* egyenes; *tex* szálirányú; **II.** *n ép, vasút* érintőhossz *(két ív között)*; *mat* egyenes; egyenes irány/vonal; ~ **amplification** *távk* egyenes/közvetlen erősítés; ~ **and level flight** *rep* egyenes vonalú vízszintes repülés; ~ **angle** *mat* egyenes szög; ~ **arch** *ép* áthidalás, egyenes ív; ~**-arm crank** *gép* egyenes karú forgattyú; ~**-away cut** *forg* egyenes vonalú forgácsolás; ~**-away mill** *heng* soros hengerállvány-elrendezésű finomhengersor; ~**-bar machine** *kh* síkhurkoló/síkkötő gép; ~ **barrel vault** *ép* egyenes tengelyű dongaboltozat; ~ **bevel gear** *gép* egyenes fogazású kúpfogaskerék; ~ **bit** *bány* egyélű fúróvéső; ~ **bitumen** *vegy* lepárlási maradékként nyert bitumen; ~ **blade bulldozer** *ép* merevlapos tológép; ~ **blast-furnace gas** *koh* tiszta/keverékmentes torokgáz; ~ **bobbin** *tex* hengeres cséve; ~ **boiler-tap** *szersz* hengeres vezetőcsúcsú kazánmenetfúró; ~ **boring** *forg* hengeres furatesztergálás; hengerfúrás; ~ **carbon steel** *koh* közönséges/ötvözetlen szénacél; ~**-chain** *vegy* egyenes szénlánc; ~**-chain molecule** *műa* egyenes láncú molekula; ~ **chute** *ép* egyenes csúszda; ~ **circuit** *el* közvetlen áramkör; ~ **circulation** *bány, ol* jobböblítés; ~ **coal** *bány* barnaszén; fekete lignit; ~ **cock** *ép* áteresztő csap; ~ **cone** *mat* egyenes kúp; ~ **connection** *távk* egyenes átkötés; ~ **cup wheel** *mt* egyenes fazékkorong *(köszörüléshez)*; ~ **cut control system (SCCS)** *aut* szakaszonkénti vezérlőrendszer; ~ **distillation** *vegy* közvetlen lepárlás; ~ **dough process** *élip* közvetlen tésztavezetés; ~ **dovetail** *ép* fogas saroklapolás, cinkelés; ~**-draft gate** *tex* sorbafűzés; ~**-draw pass** → ~**-draft gate**; ~ **drive** *gép* közvetlen hajtás; *rád* közvetlen gerjesztés; ~**(-)edge (SE)** *bány* szintezőléc; *metr* egyenes élű precíziós vonalzó; ~**-edge rule** *metr* idomszervonalzó; ~**-edging** *ép* síkvizsgálat szintvonalzóval; ~**-eight** *gépk* nyolchengeres egysoros (motor); ~ **extinction** *krist* egyenes kioltás; ~ **face** *bány* egyenes homlokú munkahely; ~**-faced tool** *szersz* egyenes vágóélű szerszám/kés; ~**-fibred,** ~**-fibered** *fa* egyenes rostú; ~ **filament** egyenes izzószál; ~ **filament lamp** egyenes szálú lámpa; ~ **file** *szersz* egyenes reszelő; ~ **finish from the shoulder to the centre line** *ép* két irányban egyenesen lejtő útprofil; ~ **flash welding** *heg* folyamatos leolvasztó tompahegesztés; ~ **flight** *rep* egyenes vonalú repülés; ~ **flight stairs** *ép* egyenes karú lépcsők; ~ **flour** *élip* egységes liszt *(72—74 százalékos kiaknázású)*; ~**-fluted reamer** *forg* egyenes hornyú dörzsár; ~**-flute drill** *szersz* egyenes hornyú fúró; ~**-fluted tap** *szersz* egyenes hornyú menetfúró; ~ **fruit juice** *élip* kezeletlen/eredeti gyümölcslé; ~ **gear** *gép* egyenes fogazású homlokkerék; ~ **grain** *bőr* vonalas barkarajz; ~**-grained** *fa* egyenes rostú/szálú; ~ **grinder** *szersz* egyenes (kézi) csiszológép; ~**-grown timber** *fa* egyenes növésű szálfa; ~**-halved joint,** ~ **halving** *ép* egyenes lapolás; ~ **haulage drag scraper** *ép* kétdobos kotróládás rakodógép; ~ **head** *műa* egyenes extruderfej; ~**-head holography** *fiz* direkt holográfia; ~ **high-carbon steel** *koh* nagy széntartalmú ötvözetlen acél; ~ **hole** *ol* egyenes fúrólyuk; ~**-hole drilling** *ol* egyenesfúrási technológia; ~**-in (approach)** *rep* egyenes/közvetlen bevezetés/megközelítés; ~**-in grinding machine** *szersz* beszúró körköszörű; ~**-in landing** *rep* közvetlen leszállás; ~ **joint** *ép* egyenes kötés; ~**-leg** *kat* gyalogos; ~**-leg infantry division** *kat* gyaloghadosztály; ~ **line (SL)** *ép* egyenes (szakasz); *mat* egyenes, egyenes vonal; ~**-line anchor** *finm* egyenes vonalú horgony; ~**-line capacitor** *távk* lineáris kapacitásváltozási kondenzátor; ~**-line coding** *szt* ciklusmentes utasítássorozat/programozás; ~**-lined edge dislocation** *krist* egyenes éldiszlokáció; ~**-line detector** *el* lineáris egyenirányító; ~**-line flight** *rep* egyenes vonalú repülés; ~**-line frequency capacitor** *távk* frekvenciaegyenes kondenzátor; ~**-line furnace** *hőt* hosszabbított fenekű kemence; ~**-line law** egyenes vonalú *v.* lineáris összefüggés; ~ **line method of depreciation** *ip* lineáris (érték)leírás; ~**-line milling machine** *forg* hosszmarógép, portálmarógép; ~**-line motion** *mech* egyenes vonalú mozgás; ~**-line portion** *el* görbe egyenes (vonalú) része; ~**-line production** *ip* futószalagos termelés; ~**-line representation** *mat* egyenes vonalú ábrázolás *(gráfé)*; ~**-line setting telescope** *opt* szintező távcső; ~**-line stress-distribution** *mech* lineáris feszültségmegoszlás/feszültségváltozás; ~**-line theory** *mech* rugalmas hajlítási elmélet; ~**-line tower** *US en* tartóoszlop *(nagyobb feszültségen)*; ~**-line view/visibility** *opt* átlátás; ~**-line-wavelength capacitor** *távk* veselemezes *v.* hullámhossz-lineáris forgókondenzátor; ~**-line wire-drawing machine** *heng* egyenesbe húzó gép, egyeneshúzó gép; ~ **load line** *el* munkaegyenes; ~ **main-line** *el* átmenő közvonal; *közl, vasút* átmenő fővágány/fővonal; ~ **(non-premium) motor oil** *ol* adalékmentes motorolaj; ~**-on angle shot** *geod* horizontális felvétel; ~**-on starter** *gépk* közvetlen indító; ~ **oscillating flat screen** *ép* egyenes lengésű vibrórosta; ~**-over draught/draft** *tex* sorbafűzés; ~**-pane hammer** *szersz* nyéllel párhuzamos élű ellenfejes kalapács; ~ **pattern** *szersz* asztalos-laposvéső; ~ **petrol** *ol* benzinpárlat; ~ **petroleum product** *ol* tiszta lepárlású ásványolajtermék; ~ **pipe section** *ol* mérőhíd; ~ **pipe-thread** *gép* hengeres csőmenet; ~ **plane** *szersz* egyenes síkpadgyalu; ~ **press** *pa* egyenes prés; ~ **pusher blade** *ép* merev tolólap; ~ **receiver** *rád* egyenes (kapcsolású) vevő; ~ **reeling** *tex* sima csévélés; ~ **relation** *mat* egyenes arány; ~**-run** *vegy* közvetlen lepárlású; ~**-run distillation** *vegy* közvetlen lepárlás; ~**-run gasoline** *ol* közvetlen lepárlású benzin; ~**-run oil** *ol* párlatolaj, közvetlen lepárlású olaj; ~**-run residue** *ol* atmoszferikus (lepárlási) maradék; ~**-run spirit** *vegy* nyersolajból közvetlenül lepárolt benzin, nyersbenzin; ~ **sander** *szersz* egyenes (kézi) csiszológép; ~ **scanning** *rád* fokozatos felbontás; *távk* sorkövető *v.* egyenes vonalú letapogatás; ~ **selection sort** *szt* közvetlen válogató rendezés; ~**-shank** *forg* egyenes szárú; ~**-shank drill** *szersz* hengeres szárú fúró; ~ **share** *szersz* ekekés; ~**-sheered ship** *hajó* hajó egyenes fedélzetvonallal; ~**-side** egyenes oldalú; ~**-sided flank** *gép* egyenes oldalú profil; ~**-side rim** *gépk* laposágyas abroncs; ~**-side tyre/tire** *gépk* acélhuzal-peremes köpeny; ~ **slope** *el* csőjelleggörbe egyenes szakasza; ~ **spit** *geol* egyenes és keskeny földnyelv *(tengerparton)*; ~ **spur** *gép* egyenes fogazású homlokkerék; ~ **spur gearing/toothing** *gép* egyenes fogazás; ~ **stairs** *pl ép* egyenes karú lépcső; ~ **stamped terminal** *el* stancolt kábelsaru; ~**-tail** *gép* egyenes végű; *szersz* egyenes szárú; ~**-tail dog** *forg* egyenes szárú esztergaszív; ~**-tapered die** *szersz* kúpos bemenetű sajtoló; ~ **tenon** *ép* egyenes csap/eresztėk; ~ **tenter** *tex* láncos feszítő-szárító *(berendezés)*; ~**-through cock** *ép* (egyenes) áteresztőcsap; gömbházas csap; ~**-through drive** *gép* közvetlen hajtás; ~**-through joint** *en* összekötő karmantyú; ~**-through mill** *heng* nem reverzálható hengersor; ~**-through reactor** *at* áramlásos reaktor; ~**-through shaft** *gép* átmenőtengely; ~**-through stopcock** *ép* átmenőcsap; ~**-through valve** *gép* egyenes áramlású/átömlésű szelep, átmenőszelep; ~ **tie-up** *tex* egyenes rendezőzsinór-fűzés; ~ **timber** *fa* egyenes törzsű fa; ~ **toe** *cipő* egyenes orrborítás/kapli/orr-rész; ~ **toolholder** *szersz* egyenes szerszámbefogó fej; ~**-toothed** *gép* egyenes fogazású; ~**-tube telescope** *kat* egyenes lövegtávcső *(közvetlen irányzásra)*; ~ **turning** *forg* esztergálás hosszesztergán; ~ **twill** *tex* lapos sávoly *(vetülékirányban)*; ~**-type cable** *el* olajpapír szigetelésű kábel; ~ **undercarriage axle** *rep* átmenő futóműtengely; ~ **up-and-down filament** *el* zegzugos izzószál; ~ **warp** *tex* feszítőlánc; ~**-web sheetpile** *ép* szádlemez; ~**-wedge mechanism** *szer* ékes mechanizmus

straighten (ki)egyenesít; kiegyenlít; helyreigazít; kiegyenesedik; *alak* egyenget; ~ **a hole** *ol* fúrólyukat kiegyenesít, elferdült fúrólyukat függőleges irányba hoz; ~ **out/up** *rep* egyenesbe hoz

straightener *alak, koh* egyengetőgép

straightening *alak, koh* egyengetés; *mat* egyenes vonalú ábrázolás *(gráfé)*; ~ **and cutting machine** *ép* egyengető-vágó gép; ~ **anvil** *szersz* egyengetőüllő; ~ **die** *alak* egyengető szerszám; ~ **hammer** *alak* egyengetőkalapács; ~ **machine** *alak* egyengetőgép; ~ **of pins/studs** *heng* tüskeegyengetés; ~ **plate** *ép* igazítólap, egyengetőlap; ~ **press** *alak* egyengetőprés, egyengetősajtó; ~ **roll** *heng* egyengetőgörgő, egyengetőhenger; ~ **tool** *alak* egyengető szerszám; ~**-up** *bőr* varrásbeállítás *(bőröknél)*

straightforward közvetlen; ~ **extrusion** *gumi, műa* közvetlen fröccssajtolás

straightness egyenesség

straightway | **drill** *szersz* csőfúró; ~ **valve** *gép* egyenes áramlású/átömlésű szelep, áteresztőszelep

strain I. *v* feszít, kifeszít, megfeszít *(kötelet)*; kinyújt *(meghosszabbít)*; összeszorít, összenyom; (meg)nyúlik; összenyomódik; összeszűkül; *any* deformálódik; *bőr* (nyers)bőrt rámára feszít; *gép* erőltet; *vegy* (át)szűr, (meg)szűr, leszűr; lecsepeg, átszivárog; paszíroz; **II.** *n* túlfeszítés, túlzott megterhelés; *alak, mech* húzódás; nyúlás, hosszváltozás; *any* alakváltozás, deformáció; fajlagos nyúlás; feszültség; igénybevétel; *gép* erőltetés; *krist* deformáció; torzulás; ~**-aged steel** *koh* diszperziós módszerrel kikeményített acél; ~ **age hardness** *any* keménység alakváltoztatásos öregítés után; ~ **ageing** *koh* alakítási öregedés; öregítés alakítás után; ~ **annealing method** *hők* kritikus alakváltozás utáni lágyítási módszer; ~ **at failure** *any* törési alakváltozás, szakadó nyúlás; ~ **axis** *mech* alakváltozás tengelye *(adott pontban)*; ~ **birefringence** *opt* feszültségi kettős törés; ~ **calculation** *mech* alakváltozás számítás; ~ **clamp** *gép* feszítőbilincs; ~ **component** *mech* alakváltozási jellemző/összetevő; ~ **control** *talt* alakváltozás-mérés; ~ **crack(ing)** *geol* repedés deformáció következtében; ~ **curve** *mech* alakváltozási görbe; ~ **ellipszoid** *mech* deformációs/torzulási ellipszoid; ~ **embrittlement** *mech* feszültség alatti elridegedés; ~ **energy** *mech* alakváltozási/torzulási/deformációs energia; ~ **figure** *any* feszültségi vonal, Lüders-vonal; ~**-free lattice** *krist* feszültségmentes rács; ~ **galvanometer** *el* kétfonalas galvanométer; ~ **ga(u)ge** *any* nyúlásmérő (bélyeg), tenzométer; *aut* ellenállás-nyúlásmérő; ~**-ga(u)ge balance** *any* nyúlásmérő mérleg; ~ **ga(u)ge measuring bridge** *aut* nyúlásmérő híd; ~ **ga(u)ge pressure transducer** *aut* nyúlásmérőbélyeges nyomásátalakító; ~**-ga(u)ge-type accelerometer** tenzometrikus gyorsulásmérő; ~**-hardened** *alak* hideg alakítással szilárdított; ~ **hardening** *alak, any* alakítási keményedés; hideg alakítás(sal való szilárdítás); ~ **hardening by cold work** *alak, any* felkeményedés; keményedés hidegalakításkor; ~**-hardening coefficient** *krist* megszilárdulási együttható; szilárdulásnövekedés; ~**-hardening curve** keményedési görbe; ~**-hardening metal** *alak* képlékeny hidegalakításkor edződő fém; ~**-hardening range** *any* alakváltozásos szilárdulási tartomány; ~ **indicator** *mech* nyúlásmérő híd; ~**-induced martensite** *koh* alakítási martenzit; ~**-induced ordering** *any* rendeződés alakváltozás hatása alatt; ~ **in pillar** *bány* pillérnyomás; ~ **insulator** *el* feszítő szigetelő; ~**-line etching** *any* elcsúszásvonalak előhívása maratással; ~ **measurement/measuring** *mech* alakváltozás-mérés; nyúlásmérés; ~ **meter** nyúlásmérő; alakváltozás-mérő, tenzométer; ~ **on shoes** *vasút* féktuskónyomás; ~ **out** *v élip, vegy* kiszűr; ~ **pattern** *any* feszültségi vonalak; ~ **pin** *gép* feszítőcsap; ~ **pole** *ép* feszítőrúd, kitámasztórúd; ~ **rate** *mech* alakváltozási sebesség, alakváltozás sebessége; ~**-rate-sensitive material** *any* alakváltozási sebességgel szemben érzékeny anyag; ~**-relief furnace** *koh* feszültségmentesítő kemence; ~ **resistance** *mech* ellenállás az alakváltozással szemben; ~ **roll** *gép* feszítőhenger; ~**-rosette** *mech* nyúlásmérő/feszültségmérő rozetta; ~ **slip** *geol* hasadás *(kis mértékű eltolódással)*; ~**-slip cleavage** *geol* álklivázs; elcsúszási hasadás; hasadás feszültség következtében *(nyíró)*; ~ **string** *el* feszítőlánc; ~ **tensor** *krist* nyúlási/deformációs tenzor; *mech* alakváltozási tenzor; feszültségtenzor; ~ **tester** *ker* üvegfeszültség-vizsgáló; *opt* torzításvizsgáló; ~ **tower** *ép* feszítőoszlop *(függőhidé)*; feszítőtorony; ~ **velocity tensor** *mech* alakváltozás sebességtenzora; ~ **work** *mech* alakváltozási munka *(fajlagos)*

strained feszült; feszített; *élip* nedvesen szitált; ~ **crystal** *krist* feszített kristály; ~ **lattice** *krist* torzult rács; ~ **section** *mech* igénybe vett keresztmetszet; ~ **wire** *heng* megnyújtott huzal

strainer szűrő; szita; *en* szívókosár; *gépk* durvaszűrő; kocsivázmerevítő; *gumi* csigás szűrőprés; *hidr* kútszűrő; *pa* csomófogó, szilánkfogó; osztályozó; *szersz* feszítő, szorító, merevítő; *tex* szűrő; *vegy* szűrőkád; szűrőrács; ~ **plate** *pa* osztályozószita

straining kifeszítés, megfeszítés; kinyújtás, összeszorítás, összenyomás; *any* deformálás; *ép* igénybevétel; *gép* erőltetés; *mech* megnyúlás; *vegy* (át)szűrés, (meg)szűrés; derítés; paszírozás; ~**-beam** *ép* feszítőgerenda; ~ **box** szűrődoboz, szűrőedény; ~ **chamber** *pa* anyagszekrény, ülepítőszekrény; szikkasztókamra; ~ **chest** *pa* alumíniumszulfát-derítő; ~-**frame** *any* terhelőkeret; ~ **machine** *pa* szűrőgép; ~ **piece** *gép* feszítő alkatrész; ~ **pit** *ép* szűrőakna; ~ **pulley** *gép* feszítőkorong, feszítőtárcsa, feszítőgörgő; ~ **ring** *gép* olajlehúzó gyűrű; ~ **system** *el* elosztórendszer *(terhelésé)*; ~ **vat** *pa* szűrőszekrény

strainmeter → strain-meter

strait *geol* földnyelv; tengerszoros; ~ **work** *bány* kamarapillér-fejtési rendszer

strake sáv, csík; *bány* csatorna *(ércmosáshoz)*; *ép* pallójárda; *geol* földnyelv; *gép* vaspánt *(kerékabroncs részenkénti összefogására)*; *hajó* lemezsor, palánksor; ~ **plank** *hajó* hajópadló

strand[1] **I.** *v hajó* megfeneklik; zátonyra fut; **II.** *n geol* homokos tengerpart; part; vízpart

strand[2] **I.** *v* összesodor; *el* sodor *(kábelt)*; *tex* fonalakra/szálakra szakad; kötelet ver; **II.** *n el* szál, fonal, ér *(többszálú kábelé)*; *em* szalagág *(szállítószalagon)*; *ép* (feszítő)pászma *(több huzalból sodrott)*; *önt* (folyamatosan öntött) szál; *tex* fonalpászma, fonalköteg; kártszalag; kötélág; kötélpászma; ~ **annealing** *hők* szalagmódszerű lágyítás; ~ **deflecting device** *ép* pászmairánytörő berendezés *(előfeszítés)*; ~ **number** *önt* öntési szálszám; ~ **of wires** *el, távk* érköteg; ~ **rubber** gumizsinór; ~ **shell** *koh* szálkéreg; ~ **shoe press** *ép* kábelsarruprés; ~-**sintering plant** *önt* szalagos zsugorítóberendezés; ~ **slip** *ép* pászmamegcsúszás, pászmabecsúszás *(betonban)*; ~-**winding** *el* sodrott tekercs(elés); ~ **wire** *el* litzehuzal; *ép* pászmahuzal

stranded *tex* összefont, összevert; ~ **bond** *tex* kötélfonat; ~ **cable** *el* sodort/sodrott kábel/kötél; *tex* pászmás fonású kötél; ~ **cable splice** *en* fonott kötés; ~ **caisson** *ép, hidr* úsztatott keszon/süllyesztőszekrény, alul zárt süllyesztőszekrény; ~-**coil rope** *tex* pászmás fonású kötél; ~ **conductor/wire** *el* sodrott vezető; ~ **wire** *el* sodrat *(litzehuzal, N-huzal)*; sodrott vezeték; *em* hajlékony sodrony; sodronykötél

strander *tex* zsinórcérnázó gép

stranding *el* sodrás *(kábelé)*; *koh* sodrás; *tex* kötélverés; ~-**and-laying machine** *tex* kötélverő gép; ~ **machine** *el* kábelfonó gép; *koh* kötélsodró gép; *tex* zsinórverő gép, kötélsodró gép; ~ **rolls** *pl heng* nyújtó hengersor *(idomsoron)*; ~ **wire** *koh* kötélhuzal

strange particle *at, fiz* idegen/ritka/különös részecske

strangeness (number) *at, fiz* ritkaság(szám)

strangler *ép* légelzáró ajtó/retesz; *gép* szivatószelep

Stranski-Krastanov mechanism/model *krist* Sztranszki-modell; Sztranszki—Krasztanov-mechanizmus

strap I. *v* odaszíjaz; szíjjal odaerősít; *bány* bélel, bélésdeszkáz; *szersz* szíjon fen; **II.** *n* szalag; heveder, „gurtni"; *bány* bélésdeszka; bordafa *(bányabiztosításhoz)*; *cipő* csatszíj; szíj; *ép* (rövid) hevederlemez; csatornakampó *(ereszcsatornán)*; istráng *(verőkosé)*; kengyel; pánt; *gép* leszorító kengyel; szíj; *hajó* bróga; *kat* láblekötőszíj; *szer* szorítóabroncs, szorítóbilincs; *szersz* fenőszíj; *tex* sáv *(szövetben)*; *vasút* kocsirugó-összefogó pánt; ~-**and-key end** *gép* villás végződésű kapcsolórész; ~ **bearing** *gép* konzolos csapágy; ~ **bolt** *gép* összefogó csavar; ~ **brake** *gépk* szalagfék; ~ **breaks** *pl el* csatolóvezeték-megszakítás; ~ **clamping** *gép* lefogó heveder/kengyel; ~ **coil** *rád* szalagtekercs; ~-**cutting machine** *bőr* szíjvágó gép; ~ **drill** *szersz* húros pergőfúró; ~ **fork/guide** *tex* szíjváltó villa; ~ **hammer** *szersz* hevederes ejtőkalapács; ~-**head** *gép* hajtórúd-hevederfej; *vasút* csatlórúdfej; ~ **hinge** *ép* ablakpánt-sarokvas; hosszú szárnyú sarokpánt *(ajtón)*; ~ **in** *v rep* beköti magát; ~ **insulator** *el* előfeszítő szigetelő; ~ **iron** *heng* szalagvas; ~ **joint** *heg* hevederes kötés; hevederes tompa illesztés; ~-**lap joint** → ~ joint; ~-**leather** *bőr* szíjazatbőr; varrószíjbőr; ~ **out** *v távk* átkötéssel kicsatol; ~ **polisher** *bőr* fényezőbőr; ~ **rivet** *szer* tojásdad fejű szegecs; ~-**rivet joint** *heg* hevederes szegecsvarrat; ~**s** *pl* szíjazat; ~-**saw** *szersz* szalagfűrész; ~ **seam** *bőr* szíjvarrat; ~ **seat** *rep* bekötőhevederes ülés; ~-**valve guide** *gép* szelepvezető borda; ~ **weaving** *tex* hevederszövés; ~ **weld** *heg* merevített varrat

strapped összeszíjazott; pántos; ~ **closed single-U butt joint** *heg* alátétes U kötés hézag nélkül; ~ **joint** *heg* hevederes kötés/varrásutánzat; ~ **magnetron** *távk* interdigitális magnetron; ~ **open single-U butt joint** *heg* alátétes U kötés hézaggal; ~ **single-bevel butt joint** *heg* alátétes fél V kötés; ~ **square butt joint** *heg* alátétes I kötés; ~ **weld** → ~ joint; ~ **wire** *távk* közösített vezeték

strapping odaszíjazás; csíkozás; szíjazat; *bány* bélelés, bélésdeszkázás; *el* csatolóvezeték; *ép* vakolattartó léc(ek); *hajó* felbrágázás emeléshez; *távb* átkötés; *tex* varróanyagorsó; ~ **wire** *el* párhuzamos kapcsolóhuzal

strass *tex* selyemkóc *(kettős gubóból)*; *üveg* strassz

strata *pl* → stratum

stratameter *ol* sztrataméter

strategic *kat* hadászati, stratégiai (fontosságú); ~ **combat aircraft** *kat* stratégiai harcigép; ~ **delivery vehicle** *kat* stratégiai célba juttató hordozó/vektor; ~ **equivalence** *aut, rendsz* stratégiai egyenértékűség/ekvivalencia; ~ **forces** *kat* hadászati erők; ~ **game** *rendsz* stratégiai játék; ~ **nuclear force** *kat* stratégiai atomerő; ~ **nuclear weapon** *kat* stratégiai atomfegyver *v.* nukleáris fegyver

strategy *aut, mat, rendsz* stratégia; *kat* hadászat, stratégia

strath *geol* völgysíkság

stratification *geol* rétegezett település; rétegezettség; rétegképződés; rétegződés; sztratifikáció; település; *mat* partíció, diszjunkt felbontás *(halmazé)*; rétegezés, sztratifikáció; *rád* világos-sötét váltakozású fénysávok *(rádiócsőben)*; ~ **of ionosphere** *távk* ionoszféra rétegezettsége; ~ **of reservoir (rock)** *ol* tárolókőzet rétegzettsége; ~ **of the ground** *talt* (al)talajrétegződés

stratified *el* többrétegű, lemezes; *geol* rétegezett, réteges; ~ **bakelite pressboard** *el* préselt bakelitlemez; ~ **clouds** *rep* rétegezett/réteges felhők; ~ **deposit** *geol* réteges előfordulás; ~ **drift** *geol* megmerevedett földtani lerakódás; ~ **flow** *talt* réteges áramlás; ~ **formation** *geol* rétegezett tárolókőzet; ~ **language** *szt* nem önleíró nyelv; ~ **lattice** *krist* réteges rács; rétegrács; ~ **random sampling** *rendsz, stat* rétegezett véletlen mintavétel; ~ **reservoir** *geol* réteg(e)zett tárolókőzet; ~ **rock** *geol* réteges kőzet; ~ **sample** *stat* rétegezett minta; ~ **sampling** *stat* rétegzéses/rétegezett mintavétel

stratiform | **clouds** *met* réteges alakzatú felhők; ~ **deposit** *geol* táblás előfordulás

stratify rétegbe rak, rétegez; rétegeződik
stratigraphic(al) *geol* rétegtani, sztratigráfiai; ~ **break** *geol* rétegtani megszakadás, réteghiány; ~ **classification** *geol* rétegtani osztályozás; ~ **column** *geol* rétegtani profil/szelvény/oszlop; ~ **complex** *geol* rétegösszlet; ~ **datum** *geol* rétegszint-megállapítás; ~ **level** *geol* rétegtani szint; ~ **overlap** *geol* sztratigrafikus rátolódási szélesség; ~ **prospecting** *geol* rétegtani/sztratigráfiai kutatás; ~ **section** *geol* rétegszelvény; ~ **throw** *geol* vetődés sztratigráfiai magassága; ~ **trap** *geol, ol* sztratigráfiai csapda
stratigraphy *fiz* rétegfelvétel, tomográfia; *geol* sztratigráfia, rétegtan; *ol* sztratigráfia
stratocumulus (*pl* **stratocumuli**) *met* gomolyos rétegfelhő, sztratokumulusz
stratopause *met* sztratopauza, sztratoszféra felső határa
stratopeite *ásv* stratopeit
stratoplane *rep* sztratoszféra-repülőgép
stratosphere *met* sztratoszféra
stratospheric aircraft *rep* sztratoszféra-repülőgép
stratospheroid *met* sztratoszféraléggömb
stratostat → stratospheroid
stratovolcano *geol* rétegvulkán
stratum (*pl* **strata** *v.* ~**s**) *geol* kőzetréteg; réteg, telep, szelet; talajréteg; település; *mat* réteg; ~ **fracturing** *bány* rétegrepesztés; ~ **of air** *el* légréteg; ~ **spring** *hidr* rétegforrás; ~ **vibration** *geof* rétegrezgés; ~ **water** rétegvíz
stratus (*pl* **strati**) *met* rétegfelhő, lepelfelhő; ~ **cloud** *met* rétegfelhő, sztratusz; ~ **fog** *met* réteges köd
Straumanis method *krist* aszimmetrikus pormódszer; Straumanis-módszer
straw *mzg* szalma; ~ **bale** szalmabála; ~ **baler** szalmabálázó; ~**-boiler** *pa* szalmafőző; ~**-catcher** *élip* szalmafogó; ~ **chopper** *mzg* szecskázógép; ~**-colo(u)r** szalmasárga; ~ **cover(ing)** *ép* szalmatakarás; ~ **cutter** *mzg* szecskázógép; *pa* szalmaszecskázó; ~**-digester** *pa* szalmafőző; ~ **dump** *mzg* szalmagyűjtő; ~ **hood** *mzg* szalmakupacoló (szerkezet) *(kombájné)*; ~ **husk** *tex* szalmatok; ~**-paper mill** *pa* szalmapapírgyár; ~**-pulp** *pa* szalmacellulóz; ~ **rack** *mzg* szalmarázó; ~ **roof** *ép* szalmatető; ~ **rope** szalmakötél; ~**-rope spinning-machine** szalmakötélfonó gép; ~ **spreader** *mzg* szalmateregető; ~ **stuff** *pa* szalmaanyag; ~**-thatched** *ép* szalmazsúpos; ~ **yellow** szalmasárga
strawboard *ép* szalmalemez; *pa* rizsszalma-könyvtábla; szalmakarton, szalmalemez *(könyvkötéshez)*; ~ **mill** *pa* szalmalemezgyár
stray I. *a* szórványos, szórt, kóbor; **II.** *n el* zavar; *ol* előre nem várt formáció; *rád* külső vételzavar *(nem rádió-eredetű)*; ~ **anomaly** *geof* nem várt anomália; ~ **capacitance** *el* szórt kapacitás; ~ **capacitive coupling** *el* szórt/káros kapacitív csatolás; ~**-capacity effect** *távk* káros kapacitáshatás; ~ **coupling** *el* káros csatolás, parazitacsatolás; *rád* káros/szórt csatolás; ~ **current** *el* felületi kúszás; kóboráram, parazitaáram, kúszóáram; ~ **electron** *fiz* szórt elektron, kóborelektron; ~ **emission** *el* szórt emisszió; ~ **emission current (of thermionic valve)** *el* ellenirányú/záróirányú áram; ~ **energy** *el* szórási energiaveszteségek; ~ **field** *el* szóródási erőtér; szórt mágneses tér, szórási mező; ~**-field effect** *el* szóródási hatás, szórt mágneses mező hatása, szóródási erőtér hatása, káros erőtérhatás; ~ **flux** *el* szórt/szórási fluxus; ~ **inductance** *el* szórt induktivitás; ~ **induction** *el* szórási indukció; ~ **light** *opt* szórt fény; ~ **light measuring apparatus** *aut* szórt fényt mérő készülék; ~ **loss** *el* szórási veszteség; ~ **magnetic field** → ~ field; ~ **neutron** *at* kóbor/szórt neutron, parazitaneutron; ~ **pick-up** *rád* zavarvétel; ~ **radiation** *fiz* parazitasugárzás; szórt/kóbor sugárzás; ~ **reactance** *el* szóródási reaktancia; ~ **reaction effect** *el* káros visszacsatolás; ~ **transformer** *el* szóró transzformátor; ~ **waves** *rád* szétszórt hullámok
streak I. *v* vonalaz, vonalkáz, csíkoz, sávoz, tarkít; *fa* erez; *tex* tarkáz; **II.** *n* vonal, csík, sáv; *ásv* karc; karcolás színe, karcolási szín; *bány* érczsinór; telér; vékony közbetelepülés; *fiz* interferenciacsík, slir; ~ **dyeing** *tex* csíkos színezés; ~ **of light** *tex* fénycsík; ~ **of lightning** *met* villám; ~**s** *ép* burkolólemez; *fiz, vegy* csíkok; *ker, üveg* diffrakciós sáv; „schlieren"; ~**s in glass** *üveg* rétegezettség az üvegben; ~ **structure** *any* sávos szerkezet
streaked *fa* erezett; *geol* sávozott, csíkozott; ~ **open-cut** *bány* sávos külfejtés; ~ **texture** *geol* csíkos-tarka szövetszerkezet
streakiness csíkosság
streaky → streaked
stream I. *v* folyik, ömlik; áramlik; *bány* hordalékot mos; torlatot dúsít; *hidr* áramoltat; *opt* sugárzik *(fény)*; *tex* folyóvízben mos; **II.** *n* folyás, áramlás, ömlés; folyam; *el* áramlás; *fiz* sugár; *hidr* áramlás, folyás; folyadéksugár; folyó, folyam, vízáram; *ol* lefolyó; ~ **alluvium** *hidr* alluviális víztároló; ~ **anchor** *hajó* tathorgony, folyami horgony; ~ **arm** *hidr* folyóág; ~**-bank erosion** *hidr* folyópart-erózió; ~**-bank protection** *hidr* folyópartvédelem; ~ **bar** *hidr* folyózátony; ~ **basin** *hidr* folyó vízgyűjtő területe; ~**-bed erosion** *hidr* folyómeder-erózió; ~**-bed material** *hidr* mederanyag; ~**-bed protection** *hidr* folyómeder kiüregelés elleni védelme; ~**-bed stability factor** *hidr* mederállandósági tényező; ~ **bifurcation** *hidr* folyóelágazás; ~ **bottom** *hidr* folyófenék; ~ **canalization** *hidr* folyócsatornázás; ~ **channel** *hidr* folyamágy, folyammeder; vízfolyás medre; ~ **dike** *hidr* folyami árvédelmi töltés; ~ **efficiency** *ip* évi tényleges üzemidő; ~ **factor** *vegy* üzem kihasználtsági tényezője; ~ **filament** *fiz* áramszál, elemi áramfonal; ~ **flow** *hidr* vízhozam *(folyamé)*; ~**-flow regulation** *hidr* vízjárás szabályozása; ~ **function** *hidr, rep* áramfüggvény; ~ **ga(u)ging** *hidr* folyami vízhozammérés; vízsebességmérés; ~ **gold** *bány* mosott/alluviális arany *(folyóé)*; torlati arany; ~ **gradient** *hidr* folyó esése; ~ **gravel** *ép* folyami kavics; ~ **gravity** *bány* áramlási nyomás; ~ **hardening** *hők* vízsugaras edzés; ~**-jet blasting** *önt* homoksugaras öntvénytisztítás; ~ **lubrication** *gép* sugaras kenés; ~ **of gas** gázáram; ~ **of information** *szt* információfolyam; ~ **of primary importance** *hidr* kiemelt vízfolyás; ~ **of regional importance** *hidr* területileg kiemelt vízfolyás; ~ **pier** *ép* folyami pillér; ~ **power plant** *hidr* folyami/alacsonynyomású vízerőmű; ~ **profile** *hidr* hossz-szelvény; ~ **sand** *ép* folyami homok; ~**-speed** *talt* áramlási sebesség; ~ **system** *hidr* vízrendszer; ~ **tin** *bány* mosott/alluviális ón; torlati ón; ~ **tube** *fiz* áramvonalcső, áramfonal; ~**-velocity** → ~-speed; ~ **works** *bány* torlatművelés

streamer *hajó* árbocszalag; *pa* szerpentinszalag; *szt* sztrímer, szalagos adattároló/adatmentő; ~ **chamber** *at* sztrímerkamra, sztrímerszikrakamra; ~ **discharge** *el* csatorna típusú kisülés/átütés; ~ **drive** *szt* sztrímermeghajtó; ~**s** *csill* fénysugárnyaláb *(északi fényé)*; napfáklya, napudvar kilövellései *(napfogyatkozáskor)*; *el* hullámsávosság *(ioncsőhiba)*; ~ **spark chamber** → ~ chamber; ~**-type breakdown/discharge** *el* csatorna típusú kisülés/átütés

streaming *bány* hordalék mosása; torlat dúsítása; *fiz* hangáram; *hidr* áramoltatás; folyás, áramlás; folyatás; ömlés; *opt* sugárzás *(fényé)*; ~ **effect** *at* csatornaeffektus, kicsatolás; ~ **flow** *hidr* áramló vízmozgás; ~ **mercury electrode** *fiz* higanysugár-elektróda; ~ **of stars** *csill* csillagáram; ~ **potential** *vegy* áramlási potenciál; ~ **water** *hidr* áramló víz

streamlet *hidr* forráspatak; kis folyó, patak

streamline I. *v gépk, rep* áramvonalaz, áramvonalasan kiképez; **II.** *a rep* áramvonalas; **III.** *n* áramvonal; *fiz, hidr* áramlási irány/vonal, folyásirány; *gépk, rep* áramvonal; *hidr* áramvonal; *met, rep* áramlás vonala, áramvonal; ~ **body** *gépk* áramvonals karosszéria/kocsitest; *rep* áramvonalas test; ~ **burner** *hőt* pávafarkégő; porszéntüzelésű égő kétirányú levegőadagolással; ~ **fairing** *rep* áramvonalas borítás/burkolat; ~ **filtration** *pa* szívó-nyomó szűrés; ~ **flow** *fiz* lamináris/vízszálas áramlás/mozgás; ~ **motion** *fiz* lamináris mozgás; *rep* áramvonalas/lamináris mozgás; ~ **profile** *rep* áramvonalas profil; ~ **separation** *hidr* leválási jelenség; ~ **tail** *rep* áramvonalas farokrész; ~ **wire** *rep* áramvonalas feszítőhuzal

streamlined áramvonalas; ~ **aircraft antenna** *távk* áramvonalas repülőantenna; ~ **antenna cover** *távk* radom, radardóm; ~ **body** *hidr* áramvonalas test; ~ **contours** *pl* áramvonalas forma; ~ **fairing** *rep* áramvonalas borítás/burkolat; ~ **rudder** *hajó* áramvonalas kormány; ~ **strut** *rep* áramvonalas merevítődúc; cseppkeresztmetszetű merevítő

streamlining áramvonalasra építés; áramvonalazás, áramvonalas kialakítás; ~ **of the air passageways** *bány* légvágat áramvonalas kialakítása; ~ **of the lower ports** *vasút* szoknya *(járműveken)*; ~ **of wheel** *rep* futóműkerék áramvonalazása

streamy *geod* vízfolyásokkal átszeldelt; *hidr* áramló; sugárzó *(áramszerűen)*

street *ép* (városi) út; utca; *nyom* utca; ~ **box** *ép* utcai csapszekrény; ~ **cleaner** *gépk* utcaseprő gép; ~ **cleaning** *közl* úttisztítás; ~**-cleaning vehicle** *gépk* utcatisztogató gép; ~ **curb** *ép* járdaszegély(kő); ~ **face** *ép* utcai homlokzat; ~ **flusher** → ~ washer; ~ **fountain** *hidr* közkifolyó; közkút; ~ **front** *ép* főhomlokzat; utcai homlokzat; ~ **garbage** utcai szemét; ~**-guide** *közl* utcajelző; ~ **gull(e)y** *ép* utcai lefolyó; víznyelő; ~ **hydrant** *ép* utcai tűzcsap; ~ **inlet** *ép* csatornaszem; ~**-inlet grate** *ép* csatornarács; ~ **kerb** → ~ curb; ~ **lamp** utcai lámpa; ~**-layout** *ép* útnyomvonal; ~ **lighting** városi/utcai világítás; közvilágítás; ~ **lighting luminance meter** *metr* közúti fénysűrűségmérő; ~ **line** *ép* beépítési vonal; szabályozási vonal; utcavonal; ~**-manhole** *ép* búvólyuk *(csatornába)*; ~ **nameplate** utcanévtábla; ~ **network** *közl* városi úthálózat; ~ **pavement** *ép* utcakövezet, utcaburkolat; ~ **picture** *ép* utcakép *(városépítés)*; ~ **railway** *közl* városi/közúti villamosvasút; ~ **refuse** *környv* utcai szemét; ~ **scavenging** utcaseprés; ~ **sclerosis** *közl* parkolóhelyhiány; ~ **sign** *közl* utcanévtábla; ~ **surfacing** *ép* városi útburkolat; ~ **sweeper** *gépk* utcaseprő gép; ~ **traffic** *közl* utcai/városi/közúti forgalom; ~**-traffic control lights** *közl* utcai forgalomirányító fényjelzések *v.* fényjelző készülék (jelzései); ~ **washer** *gépk* locsolókocsi, öntözőkocsi; ~**-watering car** *gépk* útlocsoló kocsi

streetcar *US közl* villamos(kocsi); ~ **board** *pa* villamosreklám-karton

strengite *ásv* strengit

strength erő; erősség; *any* szilárdság; teherbírás; *bány* szakítóerő, robbantóerő *(robbanóanyagé)*; vastagság; *élip* sütőképesség; szeszfok; *fiz, mech* erő, erősség; intenzitás; szilárdság; *hidr* koncentráció *(szennyvízé)*; *kat* állomány; létszám; *vegy* oldaterősség; savfok; titer; ~ **analysis** *mech* szilárdság(tan)i számítás; ~ **at elevated temperature** *koh* melegszilárdság; ~ **calculation** *mech* szilárdsági méretezés; ~ **class** *ép* minőség(i osztály) *(beton)*; ~ **deck** *hajó* szilárdsági fedélzet; ~ **development** *ép* szilárdulás; ~ **envelope** *mech* törésvonal *(Mohr-féle feszültségi kör)*; ~ **factor** *mech* szilárdsági tényező; *tex* fonaljóságszám; ~ **function** *at* rezonanciasűrűségi függvény; ~**-increasing** *ép* szilárdságnövelő; ~ **joint** *heg* szilárd varrat; ~ **member** *ép* teherviselő szerkezet, szerkezeti rész; ~ **of acids** *vegy* savak erőssége; ~ **of bond** *krist* kötéserősség; ~ **of current** *el* áramerősség; ~ **of direct component** *el* egyenáramú összetevő szintje; ~ **of dislocation** *krist* diszlokáció intenzitása; ~ **of electric current** *el* elektromos áramerősség; ~ **of explosive** *bány* robbanóanyag munkavégző képessége; ~ **of materials** *mech* szilárdságtan; ~ **of setting** *mech* hőtéri szilárdság; ~ **of shade** *tex* színerősség, színmélység; ~ **of the detonator** *bány* gyutacserősség; ~ **of the test** *rendsz* próba ereje; ~ **per unit weight of the explosive** *bány* robbantóhatás, repesztőhatás, feszítőhatás *(robbanóanyagé)*; ~ **test** *any* szilárdsági vizsgálat; ~ **weld** *heg* hordozó/szilárd varrat

strengthen *bány, ép* alátámaszt; *ép* (meg)erősít; merevít; *mt* megerősödik, megszilárdul; szilárdít; *szer* (meg)vasal; biztosít *(rögzít)*; ~ **colo(u)r in printing** *nyom* színt sötétebbé tesz

strengthener *élip* töménységnövelés; *ép* erősítő; *gép* merevítőborda

strengthening *alak* megerősödés, megmerevedés; *ép, gép* erősítés, merevítés; *koh* felkeményedés; *szer* biztosítás *(rögzítés)*; *talt* megkötés *(talajé)*; talajszilárdítás; ~ **control/regulation** *rendsz* felerősítő szabályozás; ~ **of soil** *talt* talajszilárdítás; ~ **phase** *koh* keményítő fázis; ~ **rib** merevítőborda; ~ **ring** *gép* erősítőgyűrű; ~ **thermal treatment** *koh* szilárdságnövelő hőkezelés

strenthened | **by cold working** *ép, mt* hideg megmunkálással szilárdított; ~ **edge** *ép* megerősített szegély; ~ **functional insulation** *el* megerősített szigetelés

streptomycin *gyógyv* sztreptomicin

stress I. *v* erőltet, nyom, szorít, feszít; *gép, rep* méretez *(szilárdságra)*; *mech* igénybe vesz; **II.** *n* nyomás, erő; kényszer; *el* huzalfeszítés *(légvezetéké)*; *mech* fajlagos erő; feszültség; igénybevétel; ~ **alternation** *mech* feszültségváltakozás; ~ **amplitude** *fiz* feszültségamplitúdó; ~ **analysis** *any* szilárdsági vizsgálat *(elméleti)*; *fiz, mech* szilárdságtan; *mech* feszültségszámítás;

~ annealed *koh* feszültségmentesített; **~ at fracture** *any* törési igénybevétel; **~ balancing** *mech* feszültségkiegyenlítődés; **~-bar** *ép* hosszvasbetét, fővasalás, hosszanti vas; **~ birefringence** *krist* feszültségi kettőstörés; **~-body** *talt* önsúlyfeszültség; **~ calculation** *mech* feszültségszámítás; **~ check** *mech* feszültségellenőrzés; **~ circle** *mech* feszültségi köz; **~ component** *mech* feszültségösszetevő; **~ concentration** *mech* feszültségtorlódás, feszültséghalmozódás, feszültségkoncentráció, feszültséggyűjtő hatás; **~-condition** *talt* feszültségi állapot, feszültségi feltétel; **~ corrosion** *any* feszültség alatti korrózió; feszültségkorrózió; **~ corrosion cracking (SCC)** *any* feszültségkorróziós repedés; **~-corrosion endurance** *any* állékonyság a feszültség okozta korrózióval szemben; **~-corrosion fracture** *any* törés feszültség okozta korrózió következtében; **~ crack** *any* feszültségi repedés; **~ crack corrosion susceptibility** *koh* feszültségkorróziós érzékenység; **~-cycle** *any* feszültségciklus; **~-cycle diagram** *any* kifáradási diagram, Wöhler-görbe; **~-deflection chart** *mech* behajlási ábra; **~-deflection curve** *el* belógás-feszítőerő görbe; **~-deformation** *any* feszültség okozta alakváltozás; **~ deviator** *bány* feszültségi deviátor; **~ diagram** *any, mech* feszültségeloszlási ábra; feszültségi diagram/ábra; rúderőterv; **~-dispersion capacity** *talt* feszültségelosztó képesség; **~ distribution** *mech* feszültségeloszlás; feszültségmegoszlás; **~ drop** *mech* feszültségcsökkenés; **~ due to pressure between elastic bodies** *mech* Hertz-féle feszültség; **~ due to temperature** *mech* hőmérséklet okozta feszültség; **~ ellipse** *mech* feszültségi ellipszis; **~ ellipsoid** *bány* feszültségi ellipszoid; **~ equilibrium** *mech* feszültségegyensúly; **~ field** *krist* feszültségi tér; *mech* feszültségmező; **~ field of dislocation** *krist* diszlokáció feszültségi tere; **~ fluctuation in creep** *krist* feszültségingadozás kúszás közben; **~-free** *mech* feszültségmentes; **~ freezing** *mech* feszültségi állapot befagyasztása; **~ fringe pattern** *fiz* feszültségoptikai interferenciaképek; **~-frozen material** *önt* belsőfeszültséges anyag; **~ function** *mech* feszültségfüggvény; **~ intensity factor** *mech* feszültségintenzitási tényező; **~ interval** *mech* feszültségkülönbség; **~ in the body** *mech* feszültségmező; **~ invariants** *mech* feszültségtenzor invariánsai; **~ limits** *rep* szilárdsági korlátozások/határértékek; **~ line** *krist* feszültségi vonal; **~ loss** *mech* feszültségveszteség; **~-main bar** *ép* fővasalás *(vasbetonban)*; **~ mark** *foto* dörzsölés okozta folt, karcolás (nyoma); **~ measuring** *mech* feszültségmérés; **~ mineral** *ásv* egyoldalú nyomás alatt állott ásvány; **~-number curve** → **~**-cycle diagram; **~-optic(al) coefficient** *any, fiz* feszültségoptikai/fotoelasztikus együttható; **~ optics** *bány* feszültségoptika, fotoelasztikus feszültségvizsgálat; **~-raiser** *mech* feszültségnövelő; **~ range** *mech* feszültségamplitúdó; feszültségi határok; feszültségtartomány; **~ rate** *mech* feszültségváltozási sebesség; **~ recorder** *any* feszültségregisztráló műszer; **~ redistribution** *mech* feszültség átrendeződése; **~ reducer** *mech* feszültségcsökkentő (elem); **~ relaxation** *gumi* feszüléscsökkenés, elernyedés, megereszkedés; *mech* relaxáció; **~ relief** *mech* feszültségcsökkenés; **~-relief annealing** *hők* feszültségmentesítés; *koh* feszültségcsökkentő hőkezelés; **~-relief groove** *ol* feszültségmentesítő horony; **~-relieved** *koh* feszültségmentesített *(hőkezeléssel)*; **~ relieving** *ép* feszítőerő-ráengedés *(feszített beton)*; *hők* feszültségmentesítés; lágyítás; stabilizálás; *koh* feszültségcsökkentő izzítás; **~-relieving annealing** *hők* feszültségmentesítő lágyítás; **~-relieving boring** *bány* feszültségmentesítő fúrás; **~ reversal** *mech* igénybevétel előjelváltozása; **~ riser** *mech* feszültségcsúcs; **~-rupture** *rep* törőfeszítés, szakítófeszítés; **~-rupture properties** *rep* töréssellenállósági tulajdonságok; **~ sheet** *mech* feszültségábra; **~ state** *bány, koh* feszültségállapot; **~-strain** *any* feszültség- és alakváltozás; **~-strain curve** *mech* feszültség-alakváltozás görbe; feszültség-nyúlás görbe; **~-strain ratio** *mech* alakváltozás-arány; **~ tensor** *mech* feszültségtenzor; **~ together** *v ép* összefeszít *(előregyártott elemeket)*; **~ trajectory** *mech* (fő)feszültségi trajektória; **~ transfer** *ép* feszítőerő átadása/ráengedése *(betonra)*; **~ varying from zero to maximum** *mech* pulzáló feszültség; **~ vector** *mech* feszültségvektor; **~-wave-inducted fracture** *any* törés feszültséghullám következtében

stressed feszült; *ép, mech* feszített; **~ against the mo(u)ld** *ép* sablonra feszítve *(előfeszítés)*; **~ part** *rep* igénybe vett rész; **~ skin** *rep* feszített héjazás; teherhordó burkolat/héj(azat); **~-skin construction/structure** *rep* héjszerkezet; **~-skin wing** *rep* héjszerkezetű szárny, héjszárny; **~ wing covering** *rep* teherhordó szárnyburkolat

stressing erőltetés, nyomás, szorítás; *ép* feszítés; *gép, rep* szilárdsági méretezés; *mech* deformálás; igénybevétel; **~ against the mo(u)ld** *ép* sablonra feszítés *(előfeszítés)*; **~ device** *ép* feszítőberendezés; **~ duct** *ép* (feszítő) kábelüreg, kábelcsatorna, kábelcső; **~ force** *mech* feszítőerő; **~ loss** *ép* feszítőerő-veszteség, feszítőfeszültség-veszteség; **~ method** *ép* feszítési eljárás; **~ order** *ép* feszítési sorrend; **~ prior to the pouring of concrete** *ép* előfeszítés; **~ together of precast units** *ép* előregyártott elemek összefeszítése/feszítéses kapcsolása

stressless deformation *krist, mech* feszültségmentes deformáció

stressometer *metr* mechanikus feszültségmérő

stretch I. *v* (meg)nyúlik, kinyúlik; (meg)feszül; (ki)nyúlik; (ki)feszít, (ki)tágít; bány húzódik; *bány* csapásirányban terjed/halad; *el* kifeszít *(kábelt)*; *gumi* megnyújt; *heng* kinyújt; *tex* (ki)nyújt; **II.** *n* nyúlás; kiterjedés; rugalmasság; feszítettség; kinyújtás; feszítés; távolság; *any* fajlagos nyúlás; *bány* csapás; telér iránya; *bőr* nyúlékonyság *(fárafoglalásnál)*; *pa* szakadási nyúlás; *tex* kocsinyújtás *(szelfaktoron)*; szelfaktor kocsijának útja; *vasút* pályaszakasz; **~ effect** *el* megnyúlási hatás; **~ fabric** *tex* rugalmas kelme/szövet, stretch anyag; **~ forming** *alak* forgó rendszerű hajlítás; **~-forming machine** *alak* nyújtó rendszerű lemez- és profilhajlító gép; **~ modulus** *mech* rugalmassági modulus *(húzás esetében)*; **~-nontorque yarn** *tex* nemcsavarodó/rugalmas fonal; **~-nylon** *tex* hullámosított nejlon; kreppnejlon; **~ out** *v* kiterjeszt; kinyújt *(meghosszabbít)*; **~ pressing** *alak* nyújtó sajtolás; **~ ratio** *tex* nyújthatatlan és nyújtott fonal finomsági aránya; **~ reducing** *koh* nyújtva redukálás; **~-reducing mill** *koh* nyújtva redukáló hengermű; **~ rolling** *heng* nyújtó hengerlés; **~ screw** *bány* feszítőcsavar; **~ spinning** *tex* nyújtvafonás *(műselyemé)*; **~-wipe forming** *alak* forgó rendszerű hajlítás; hajlítás sugárirányban végzett húzással egybekötve; **~-wrap forming** *alak* alakítás áthúzással

stretchability *any, ép* duktilitás, húzással alakíthatóság

stretchable *any* nyújtható, húzással alakítható, duktilis

stretched *el* feszült, nyújtott; *tex* hullámosított; **~ aircraft** *rep* hosszabbított törzsű légijármű; **~ wire** *el* feszített huzal; **~ yarn** *tex* hullámosított fonal

stretcher feszítő; nyújtó; tágító; borda *(ernyőé)*; hordágy *(betegnek)*; *bány* feszke; *ép* átkötőgerenda; futó(tégla)sor; futótégla, futókő; *gép* rögzítőék; *gumi* álló baba; *mt* feszítőbordázat, feszítőkészülék; *pa* feszítőberendezés; *rep* keresztmerevítés, keresztkötés; *tex* nyújtógép; nyújtómű; szélfeszítő *(takácsé)*; **~-bond** *ép* futókötés, futótégla-falazás; **~ drum** *koh* feszítődob; **~ face** *ép* futótégla/futókő hosszoldala; **~ footboard** *hajó* lábtámasz *(csónakban)*; **~ level(l)er** *koh* nyújtva egyengető gép; **~ rod** *szersz* feszítőrúd; *vasút* csúcssínösszekötő (rúd); váltókar; **~ roller** *szersz* feszítőgörgő, feszítőkorong, feszítőtárcsa; **~ strains** *any* Hartman—Lüders-féle elcsúszási vonalak; *koh* folyási ábrák

stretching (ki)nyúlás; kiterjedés; (ki)nyújtás; kifeszítés; megfeszítés; kihúzás; szélesítés; *alak* tágítás; *bány* terjedés, haladás *(csapásirányban)*; vonulás; *bány, bőr* húzódás; *el* feszítés; *heng* nyújtó hengerlés; *mat* nyújtás, dilatáció; *műa* szálnyújtás; *talt* kitérés; *tex* szélfeszítés *(szöveté)*; **~ apparatus** *pa* feszítőberendezés; **~ band** *fiz, vegy* vegyértékrezgési sáv; **~ bond** *ép* futókötés; **~ course** *ép* futóréteg; futósor; **~ device** *ép* feszítőberendezés, nyújtóberendezés; *tex* feszítőszerkezet *(kalanderen)*; **~-die** *szersz* nyújtószerszám; **~ distance** *ép* feszítőút, feszítési megnyúlás; **~-force** *mech* feszítőerő; **~ frame** *bőr* feszítőkeret *(bőrszárításhoz)*; *tex* nyújtómű; **~ frequency** *vegy* vegyértékrezgési frekvencia; **~ gear** *tex* feszítőszerkezet *(kalanderen)*; **~ hammer** *szersz* nyújtókalapács; **~-machine** *tex* feszítő-szárító gép; nyújtógép; **~ method** *koh* széthúzásos lemezsajtolási módszer; **~ motion** *tex* nyújtómű *(szelfaktoron)*; **~ of magnetic field lines** *el* erővonalak tágulása; **~ of the cloth** *tex* szélességtartás *(kézi szövőszéken)*; **~ pond** *hidr* nyújtó tó; **~ property** *tex* nyújthatóság; **~ punch** *szer* húzótüske; **~-roll** *pa* feszítőhenger; **~ roller** *koh* feszítőgörgő; **~ screw** *szer* feszítőcsavar; **~-slide rail** *em* feszítőszán-vezeték; **~ strain** *any* húzási igénybevétel; *mech* megnyúlás; **~ the fabric** *tex* szövet(szélesség) feszítése; **~ tool** *szersz* egyengető szerszám; **~ vibration** *fiz, vegy* vegyértékrezgés, longitudinális rezgés; **~ wedge** *ép* feszítőék

stretchy *bőr* nyújtható *(bőranyag)*; nyúlékony *(készbőr)*; „cúgos" *(kesztyűbőr)*

stria (*pl* striae) *ásv* barázdálás *(kristályfelületen)*; *fiz* fénysáv *(Geissler-csövekben)*; *geol* rovátkolás *(jégkori kőzeten)*; sáv, vonal, csík; *opt, ker* slír, fátyol(osodás), „schlieren"

striated csíkos, sávos; *geol* karcolt; *üveg* huzalos; **~ discharge** *el* sávos kisülés; **~ fracture** *ásv* sávos törés/töret; **~ gypsum** rostos gipsz; **~ ore** *geol* sugaras (szerkezetű) érc; **~ rock pavement** *geol* barázdált kőgörgeteg

striation barázdáltság, sávosság; *el* sávozás; *fényk* csíkozás; *geol* karcolás; **~-measuring apparatus** *opt* schlierenkészülék

strickle *ép* csapófa *(fölös anyag levágására)*; simítófa; *koh* sablon; *önt* homokforma-simító lap, formázósablon; *tex* lentiloló fa; **~ board** *ép* falazósablon; *önt* formázósablon; **~-board mo(u)lding** *önt* formázás alakzólappal/sablonnal

strict szigorú, pontos, szabatos; **~ adherence** *mt* pontos megtartás *(mérete)*; **~ bending theory** *mech* szigorú hajlítás(i) elmélet; **~ control** *ip* szigorú ellenőrzés; **~ inequality** *mat* szigorú egyenlőtlenség; **in the ~ sense** *mat* szűkebb értelemben; **~ solution** *mat* megoldás, integrál

striction *any* kontrakció

strictly | quasi-concave function *mat* szigorúan kvázikonkáv függvény; **~ quasi-convex function** *mat* szigorúan kvázikonvex függvény

stricture coil *el* magnetosztrikciós gerjesztőtekercs

strident horn *gépk* sivító hangú jelzőkürt

striding *bány, geol* feltolódás, rátolódás; **~ level** *geod* tengelylibella

striga *ép* barázda *(horony)*; kiöblösödés *(oszlopé)*

strigovite *ásv* strigovit

strike I. *v* üt; lök; eltalál; elegyenget, kisimít; *bány* csapásirányban halad/terjed/csap; műrevaló telepet megüt; *el* beesik *(elektronsugár ernyőre)*; *ép* zsaluzást kibont; *gumi* átüt *(gumikeverék szöveten)*; *hajó* bevon, leenged *(vitorlát)*; megfeneklik; nekiütközik; *ip* sztrájkol, beszünteti a munkát; *kat* csapást mér; **II.** *n* ütés, csapás; *bány, geol, ol* csapás(irány); *élip* kieresztett szirup *(cukorgyártásnál)*; lapát *(péké)*; *ép* simítófa; zárólemez *(ajtóé)*; *kat* csapás; *koh* keverőrúd; *nyom* nem egyengetett matrica; **~ accuracy** *kat* (atom)csapás pontossága; **~ an arc** *v mat* körívet rajzol; **~-board** *bány* kezelőpad *(aknamélyítéshez)*; *ép* csapódeszka; **~ breakthrough** *bány* lyukasztás csapásirányban; **~ curve** *geof* csapásgörbe; **~-dip data** *geof* csapás-dőlés adatok; **~ direction** *bány, geof* csapásirány; **~ dye** *v nyom* festéket fog/felvesz; **~ entry** *bány* csapásvágat; **~ fault** *geol* csapásirányú vetődés; **~ fighter** *kat* vadászbombázó, csapásmérő repülőgép; **~ joint** *geol* rétegcsapással párhuzamos repedés; **~ note** *hang* ütőhang; **~ of a seam** *bány* telep csapása; **~ of bedding** *ol* rétegek csapása; **~ off** *v* leüt; lever; *ép* kihézagol; lehúz, elsimít *(habarcsot)*; *mt* lemetsz *(lágy anyagot)*; *nyom* kinyomat, lehúz; **~ of lock** *ép* zárószekrény *(záré)*; **~ of lode** *bány* telércsapás; **~ of the seam** *bány* telepcsapás; **~ oil** *v ol* olajat talál; **~ out** *v bőr* kinyújt, kisimít, kitaszít *(nyersbőrt)*; *nyom* kitöröl, kihúz; **~ profile** *geof* csapásszelvény; **~ punch** *szersz* ütő-lyukasztó szerszám; **~ shift/slip** *geol* csapásirányú elmozdulás; csúszás; **~-slip faults** *geol* csapásirányú csuszamlási vetők; **~ through** *v bőr* átüt, áthatol *(cserzőlé)*; **~-through** *gumi* átható/áthatoló kenés; *nyom* átütés *(festéké)*

striker *bány* ürítőmunkás; *el* csengőkalapács; *ép* hosszú nyelű ecset *(hajlított fejjel)*; *gépk* differenciálzár; *ip* sztrájkoló; *kat* ütőszeg *(puskáé)*; ütőtest; *koh* elegysimító; *mt* ráverő kovács; *óra* verő, ütő(szerkezet); *szersz* gőzkalapács; **~ clutch** *gép* fogaskerékkapcsoló villa; **~ fork** *forg* sebességváltó választókulissza *(csúszópálcán)*; **~ head** *kat* ütőszegfej; **~-spring** *kat* ütőtestrugó

striking I. *a* ütő; feltűnő; *ip* sztrájkoló; **II.** *n* ütés; csapás; *el* beesés *(elektronsugáré)*; gyújtás; *ép* kiállványozás; *gumi* átütés *(gumikeveréké)*; *rád, távk* átütés; ~ **angle** *kat* becsapódási szög; ~ **clock** *óra* ütőóra; ~ **current** *el* gyújtóáram, gyújtási áram; ~ **distance** *el* átütési távolság; hatótávolság; ~ **edge** *forg* ütőkés éle; ~ **effect** *irgép* átütőerő *(írógépé)*; ~ **energy** *ép* verési energia *(cölöpé)*; ~ **force** *mech* ütőerő; ~ **gear** *gépk* kapcsolószerkezet *(sebességváltóban)*; ~ **knife** *fa* asztalos-faragópenge; ~ **lever** *vasút* állítókar; ~ **of arc** *bány* ívbiztosítás zsaluzása; *el* ívhúzás; *ép* boltív kizsaluzása; ~ **off** *ép* lehúzás, lesimítás *(betoné)*; ~**-out table** *bőr* taszítóasztal; ~ **plate** *ép* zárszekrény *(ajtókban)*; *gép* ütőlemez; ~ **potential** *rád* begyújtó feszültség/potenciál; ~ **velocity** *kat* becsapódási sebesség; ~ **voltage** *el* gyújtási feszültség; ~ **wedge** *ép* kiütőék; ~ **weight** *ép* ütőtömeg

string I. *v* zsineggel átköt; (meg)feszít, húz, felfűz, felfüggeszt; *el* vezetéket (fel)szerel; *ép* kifektet *(csövet nyomvonal mentén)*; megköt; *hang* húroz, húrral ellát; *vegy* ragadóssá válik, nyúlik *(folyadék)*; **II.** *n* zsinór, zsineg; kötél; füzér; lánc; szalag; rost; *bány* fúrórudazat szakasza; szénzsinór; vékony réteg/ér; *el* láncszigetelő; *élip* fonal *(cukorszirupból húzott)*; szálka; *ép* lépcsőkarpofa; párkány; *hang* húr; *mat* szó; *ol* béléscsőrakat; *rep* mérőzsinór; *szt* jelsorozat, string, füzér, karakterlánc, sztring; *tex* fűző; ~ **ammeter** *el* húros árammérő; ~ **bead welding** *heg* hegesztés keskeny varratrétegekben; ~ **blasting** *bány* réstágítás; ~**-board** *ép* lépcsőpofa; ~ **charge** *bány* réstágító töltet; *geof* füzértöltet, nyújtott töltet; ~ **chart** *el* felsővezeték belógási diagramja *(hőmérséklet függvényében)*; ~ **cornice** *ép* osztópárkány; ~**-cornice** *ép* választópárkány; ~ **course** *ép* egyszerű szalagtag; választópárkány; ~ **electrometer** *el* húros elektrométer; ~**-face** *ép* lépcsőpofa borítása/felülete; ~ **forging** *mt* szalagkovácsolás; ~ **galvanometer** *el* húros galvanométer; ~**-insulated cable** *távk* kordelszigetelésű kábel; ~ **insulation** *el, távk* kordelszigetelés; ~ **language** *aut, szt* sztringnyelv; ~**-maker** kötélverő munkás; ~ **manipulation** *szt* füzérművelet, sztringművelet; ~ **matching** *szt* jelsorozat-illesztés, sztringillesztés; ~ **of cars** *bány* csillevonat; ~ **of casing(s)** *bány* béléscsőrakat; ~ **of drill pipe** *ép* fúrórudazat; ~ **of ore** *bány* érczsinór; ~ **of pipes** *bány* (bélés)csőrakat; ~ **of rods** *bány* rudazatrakat; ~ **oriented symbolic language** → SNOBOL; ~ **oscillograph/oscilloscope** *fiz* húros oszcilloszkóp; ~**-piece** *ép* hosszgerenda, mestergerenda; ~ **polygon** *mech* kötélpoligon; kötélsokszög; ~ **process system (SPS)** *szt* karakterlánc-feldolgozó rendszer, SPS; ~ **quotes** *aut, szt* sztringjelek, láncjelek; ~ **rod** *bány* rudazatos (szivattyú)hajtórúd; ~ **rods** *pl bány* összekötő rudazat; ~**s** *pl hang* húrok; vonóshangszer; ~ **segment** *szt* jelsorozat-szegmens, sztringszegmens; ~ **staircase)** *ép* pofafalas lépcső; ~ **wall** *ép* lépcsőgyámolító fal; lépcsőházfal; ~**-wreath** *ép* karfaszegélyhajlat

stringed húros; megkötött; ~ **transducer** *aut* rezgőhúros jelátalakító

stringency *mat* szigorúság *(próbáé)*

stringer *at* fűtőelemköteg; *bány* érczsinór; feszíték; feszke; futógerenda; hosszgerenda *(a vágat feküjén)*; vízszintes merevítő; *ép* hosszgerenda, mestergerenda; hossztartó *(hídpályaszerkezeté)*; lépcsőpofa; mintaív; *geol* érczsinór; telérvékonyodás; vékony telér; *hajó* hosszmerevítő fedélzeti keretlemez; *hang* húrozó; *rep* hosszmerevítő szelvény *(héjszerkezeté)*; *vasút* hosszalj(zat), hosszú talpfa; ~ **bead welding** *heg* varrattőhegesztés, varratgyökhegesztés; ~ **bridge** *ép* fahossztartós híd; ~ **lode** *geol* telérelázazás; ~ **plates** *hajó* fedélzet keretlemezei; ~ **stair(case)** *US ép* pofafalas lépcső; ~ **weld** *heg* gyökvarrat

stringing felfűzés, felfüggesztés; *csom* megkötés; *ép* (cső)kifektetés *(nyomvonal mentén)*; feszítés, húzás; *hang* húrozás; *tex* selyemfonal szétrázása; *vegy* nyúlóssá válás; ~ **beam** *ép* feszítőgerenda

stringy *élip* inas; nyúlós; rostos, szálkás; *tex* szálas, fonalasan húzódó; *vegy* szálhúzó; ~ **cotton** *tex* éretlen pamut; ~ **floppy** *szt* mágnesszalag-tárolóközeg; ~ **wool** *tex* nemezelődött/matt gyapjú

strip I. *v* lehámoz, lehánt, lefoszt; lehúz; szétszed, kibont; levesz *(burkolatot)*; vonalkáz *(ábrát)*; *bány* jöveszt, fejt, művel, megbont, kiszenel, letakarít; kirabol *(aknaácsolatot, bányát)*; mélyít *(fúrólyukat)*; *ép* kizsaluz; *gép* leszakít, lemorzsol *(fogat fogaskerékről)*; *hajó* leszerel; *ol* leszerel, szétszerel *(fúrótornyot)*; *önt* kivesz, kiver; *tex* lehúz; leszed *(rostot kóróról)*; *vegy* foszt *(könnyen illó résztől)*; kihajt *(könnyű párlatot)*; **II.** *n* csík, szalag, keskeny szíj; *alak* lemezcsík; *bány* fejtési tábla; járomfa, mellfa; pászta; zúzottércvályú; *el* szalag(táp)vonal; *ép* (betét)lemez; bontási munka; dúc, támasz; keskeny, hosszúkás deszka; sáv *(födémeken)*; szalagvas; *fa* parkett(a)fa; *gumi* pólya; *heng* abroncs; hengerelt szalag(anyag); *mat* sáv; *rep* (ki)futópálya, leszállópálya; leszállósáv, leszállóterület; *távk* sáv *(telefon- és átviteltechnikai szerelési egység)*; ~ **a book** *v nyom* kiakaszt *(könyvet borítékból)*; ~**-and-edge glu(e)ing machine** *pa* élcsíkragasztó gép; ~ **annealing** *hők* acélszalag-lágyítás; ~**-annealing furnace** *koh* acélszalaglágyító kemence; ~ **attenuator** *el* forgólemezes csillapító; ~ **board** *fa* lécbetétes enyvezetlen bútorlap; ~ **brake** *koh* szalagfék; ~ **calender** *gumi* szalagkalander; ~ **casting** *koh* szalagöntés; ~ **chart** *hidr* sávdiagram; *rep* léginavigációs útvonaltérkép; ~**-chart recorder** *metr* (papír)szalagos öníró műszer, diagramrekorder, diagramíró szerkezet; ~ **coater** *pa* kenő-mázoló gép; ~ **coil** *koh* szalagtekercs; ~ **conductor** *rád* szalag alakú vezető; ~ **cooling** *koh* szalaghűtés; ~ **cropping** *hidr* sávos művelés; ~**-cutting shears** *pl szersz* csíkvágó/szalagvágó olló; ~ **down** *v bány* fúrólyukat mélyít; ~ **earth electrode** *el* szalagföldelő; ~ **felling** *fa* szegélydöntés, pásztaszerű döntés; ~**-floor** *ép* hajópadló, deszkapadló; ~ **focus** *el* széles vonalas fókusz; ~ **footing** → ~ foundation; ~**-formed inset** *el* szabványos berendezésszekrény; ~ **foundation** *ép* sávalap; szalagalap; ~ **fuse** *el* lemezes biztosító; ~ **getter** *el* szalaggetter; ~ **ground electrode** *el* szalagföldelő; ~ **heater** *el* fűtőpólya; *ép* lamellás fűtőcső; ~ **inspection** *gép* ellenőrzés leszerelt állapotban; szétszerelt géprészek vizsgálata; ~ **jet** *bány* füzérperforátor; ~ **leaf** *élip* kierezett dohánylevél; ~ **light** *el* fénycső; ~ **lights** *rep* futópálya szegélyfényei; talajfények; ~ **line** *el* szalagkábel; *szt* szimmetrikus szalagvezető; *távk* szalagvonal; ~**-line package** *távk* szalagvezetős tok; ~ **load** *ép* sávterhelés *(alapozásé)*; *mech* sávteher; ~ **map** *rep* léginavigációs útvonaltérkép; ~ **marker** *rep* mezőnyhatárjel; ~ **mill**

train *heng* abroncssor; szalaghengermű; szalaghengersor; ~ **mine** *bány* külszíni/külfejtésű bánya; ~ **mining** *bány* külszíni művelés, külfejtés; ~ **mosaic** *tv* fényképmozaiksáv; ~**-mounted apparatus/set** *távk* sávszerelésű készülék; ~ **off** *v* levesz, letakarít; *el* lehúz *(szigetelést)*; ~ **of paper** *pa* papírcsík; ~ **of rock** *bány* meddősáv; ~ **of soap** *vegy* szappanforgács; ~ **out** *v ol* kigőzöl, sztrippel *(illékony komponenseket gőzzel)*; ~ **pack** *bány* bordás tömedék; tömedékborda; ~ **photography** *rep* területsáv-fényképezés; ~ **pit** *bány* bányaudvar; kőbánya; ~ **potentiometer** *el* szalagpotenciométer; ~ **region** *mat* sáv; ~ **resistance** *mech* szalagellenállás; ~ **resistor** *el* szalagellenállás; ~ **rolling mill** *koh* szalaghengermű; szalaghengersor; ~ **sabre/saber** *koh* kardosság; ~ **score test** *pa* csíkbemetsző vizsgálat *(riccelés)*; ~ **sealing** *szer* szalagtömítés; ~ **sodding** *hidr* sávos gyepesítés; ~ **solvent** *koh* fosztóoldat; ~ **steel** *koh* abroncsacél; szalagacél; ~ **straightening machine** *koh* szalagegyengető gép; ~ **the falsework** *v ép* kiállványoz; ~ **the forms** *v ép* zsaluzást leszed, kizsaluz; ~ **theory** *fiz* sávelmélet; ~ **thickness measuring device** *koh* szalagvastagságmérő műszer; ~ **tin** *heg, szersz* forrasztóón-pálca, szalagón; ~ **tinning** *koh* szalagónozás; ~ **transmission line** *távk* mikroszalag-tápvonal; ~**-type jet** *bány* füzérperforátor; ~**-type resonator** *rád* szalagrezonátor; ~**-varnishing machine** *pa* csíklakkozó gép; ~ **welding machine** *heg* szalaghegesztő gép; ~ **width** *tv* sorszélesség; ~**-wound armature** *el* rúdtekercselésű armatúra

stripe I. *v* csíkoz; **II.** *n* csík, sáv; szalag, vonás *(vonal)*; *film* hangcsík; ~ **electrode** *en* szalagföldelő; ~ **signal** *el* frekvenciasávszéli jel; szélcsík; ~**s motif/pattern** *tex* csíkos minta; ~ **styling** *tex* csíkos minta

striped csíkos, sávos; ~ **dyeing** *tex* csíkos színezés; ~ **fabric** *tex* csíkos szövet; ~ **glass** *üveg* sávos/recés üveg; ~ **matrix** *mat* szalagmátrix; ~ **paper** *pa* vonalzott papír

stripiness *tex* hosszirányú szövethiba

strippable | **coal** *bány* külfejtéssel művelhető szén; ~ **coating** lehúzható bevonat *(karcolódás ellen)*

stripped *tex* háncstalanított; ~ **atom** *fiz* elektrontól megfosztott *v.* teljesen ionizált atom; ~ **gas** *ol* sovány/száraz gáz; ~ **gear** *gép* lemorzsolt fogaskerék; ~ **joint** *ép* kihézagolt hézag *(mésszel festve)*; ~ **oil** *ol* párlatolaj, sztrippelt olaj, kigőzölt olaj; ~ **organic** *koh* reextraktum; ~ **soap** *vegy* szappanforgács

stripper *alak* lehúzó *(lemezsajtoló gépen)*; *at* sztripper, magasfeszültségű elektróda *(gyorsítóban)*; *bány* (fejtő)vájár; letakarító; széngyalu; *el* csupaszítófogó; *élip* hántoló; *ép* nagyputtonyos kotró; *koh* kokillalehúzó daru; öntecslehúzó; *mzg* fejtő(gép); kalászfelszedő; simító *(kombájné)*; *tex* forgatódobhenger; kézitiloló; leszedőhenger; rezgőpenge; „peigneur"; *vegy* kigőzölőkolonna, sztrippelőkolonna; sztrippelőoszlop, sztripper; ~ **bolt** *műa* kidobócsap-összekötő; ~ **drag-line** *bány* letakarító vonóköteles kotró; ~ **guide beam** *koh* szerelőgerenda; ~ **lever** *alak, forg* lehúzókar; ~ **plate** *műa* letolólap *(sajtolószerszámon)*; ~ **plate mo(u)ld** *műa* letolólapos (sajtoló)szerszám; ~ **plunger** *koh* lehúzó dugattyú *(öntecslehúzón)*; ~ **punch** *mt* kitolótüske; ~ **roll** *alak* visszaadó henger *(csőgyártásban)*; ~ **shovel** *bány* letakarító kanalas kotrógép; ~ **well** *ol* csepegőkút *(nem műrevaló mennyiséget termelő)*

stripping szétszedés, kibontás; vonalkázás *(ábráé)*; leválás *(rétegé)*; meglazulás; *at* sztripping, leválasztás; *bány* fejtés, kiszedés *(tőzegé)*; külművelés, külfejtés; letakarítás; megbontás *(kőzeté)*; *bőr* csík; *élip* hántolás; lehámozás, lehántás, lefosztás; *ép* feltakarítás; kizsaluzás; terepelőkészítés; *gép* beszerelés; *hajó* leszerelés; *hidr* talajtakaró lehántása *(tározómedencében stb.)*; *koh* öntecslehúzás; reextrakció; *nyom* nyomdafesték tépése *(rupfolás)*; *ol, vegy* megfosztás, fosztólepárlás, sztrippelés; *önt* formaszekrény kiverése; öntvénykibontás; *pa* színtelenítés; *tex* pamutkártoló tisztítása; szín lehúzása *(festett fonalról v. szövetről)*; *vegy* kipárlás, kigőzölés, strippingmódszer; ~ **bay** *önt* öntecslehúzó csarnok; ~ **cascade** *at* extrakciós/regeneratív kaszkád; ~ **column** *ol, vegy* deflegmátor; extraháló oszlop/torony; kigőzölőtorony, kigőzölőkolonna; ~ **comb** *tex* lehúzófésű, rezgőpenge; ~ **compound** *mt* lehúzó/síkosító szer; ~ **crane** *koh* kokillalehúzó; ~ **deuteron** *at* protonokká bomló deuteron; ~ **device** *alak* lehúzókészülék; ~ **die** *alak* lehúzóüreg; ~ **factor** *ol* kipárlási/kigőzölési tényező; ~ **film** lehúzható bevonat *(karcolódás ellen)*; *nyom* lehúzófilm; ~ **finger** *tex* fonalvezető kar; ~ **gas** *ol* kigőzölőkolonna gáza, sztrippelőgáz; ~ **knife** *tex* hántolókés, foszlatókés *(kenderkóró nyers feldolgozásához)*; ~ **level** *bány* letakarítási szint; ~**(-)machine** *bány* külfejtő gép; széngyalu; *élip* hámozógép; *mzg, önt* hántológép; ~**-off** *el* csupaszítás; ~ **of falsework** *ép* kiállványozás; ~**-off tool** *szersz* csupaszítófogó; ~ **of topsoil** *hidr* talajtakaró lehántása *(tározómedencében stb.)*; ~ **oil** *vegy* abszorpciós/lehajtó/felvevő/elnyelető/gázmosó olaj; ~ **order** *ép* kizsaluzási sorrend; ~ **paper** lehúzópapír; ~ **plate** *koh* horzsolókés; *önt* áthúzólap; lehúzólap; ~**-plate mo(u)lding-machine** *önt* áthúzólapos/lehúzólapos formázógép; ~ **pliers** *pl el* csupaszítófogó; ~ **process** *tex* lehúzási eljárás; ~ **rail** *tex* rezgőpenge; ~ **ratio** *bány* letakarítási tényező; ~ **roller** *tex* tisztítóhenger; ~ **salts** *geol* fedősók; ~**-shovel** *bány* letakarító kanalas kotrógép; *ép* feltárókotró; hegybontógép; nagyputtonyos kotró; ~ **slice** *bány* kotrási szelet; ~ **solution** *koh* fosztóoldat; ~ **steam** *ol* sztrippelőgőz; ~ **still** *élip* kiűző desztilláló; ~ **the overburden** *bány* takaróréteg letakarítása; ~ **time** *ép* kizsaluzási idő *(kor)*; ~ **tongs** *pl el, koh* csupaszítófogó, lehúzófogó; ~ **tower** *ol, vegy* kigőzölőtorony, kigőzölőkolonna

strobe I. *v távk* ütemesen megvilágít, kiválasztó impulzust ad; **II.** *n opt* sztroboszkóp(lámpa); *szt* kiválasztójel, kapujel; *távk* kapujel; kapuzó/kivilágosító impulzus; ~ **disc/disk** *opt* sztroboszkóptárcsa; ~**-light(ing)** *foto* blicclámpa, villanófény, villanólámpa; *opt* sztroboszkóp(lámpa); ~ **pulse** *el* választó/kivilágosító impulzus; *szt* kapujel; ~**-pulse generator/oscillator** *aut* választó/kivilágosító impulzusgenerátor; ~ **tuner** *el* sztroboszkópos tuner/hangoló(egység)

strobing *távk* kapuzás, kivilágosítás

strobolux *el* sztroboszkóp-fényforrás

stroboscope *el* sztroboszkóp

stroboscopic *opt* sztroboszkopikus; sztroboszkópos; ~ **disc/disk** *el* sztroboszkóptárcsa; ~ **effect** *opt* sztroboszkóphatás; ~ **light** *el* sztroboszkópmegvilágítás; ~ **(pattern) wheel** *el* fordulatszámmérő sztroboszkóptárcsa; ~ **spot** *aut* sztroboszkopikus pont; ~ **tube** *el* villanólámpa

stroke I. *v* simít; recéz *(követ)*; **II.** *n* vonás; ütés; *em* emelőmagasság; *gép* állítótávolság; *gép, gépk* löket(hossz); ütem; *gumi* átfutás; *szt* jelölés *(optikai karakterfelismerőnél)*; ~ **adjustment** *gép, gépk* lökethossz-beállítás; ~**-adjustment nut** *gép, szersz* lökethossz-beállító anya; ~ **compensator** *gép* löketkiegyenlítő; ~**-end stop** *gép* végállásütköző; ~ **engraving** *finm* cizellálás; ~ **length** *gép* lökethossz; ~ **length of rolls** *koh* hengeremelés; ~ **loss** *ol* lökethossz-csökkenés; ~ **number** *bány* löketszám; ~ **of bell** *koh* nagyolvasztó harangjárata; ~ **of piston** *gépk* dugattyúlöket; ~ **regulator** *gép* löketszabályozó; ~ **scale** *forg* lökethosszmérő skála *(harántgyalun)*; ~ **setting** *gép, gépk* lökethossz-beállítás; ~**-setting crank** *gép* löketállító kar; ~ **volume** *gépk* lökettérfogat; ~ **wheel** *forg* hajtókerék *(vésőgépen)*

stromatolite *geol* sztromatolit

stromatolitic structure *geol* sztromatolitikus szerkezet/összetétel

Strombolian state *geol* Stromboli-szakasz

strong erős, szilárd; tartós; rikító, világos *(szín)*; ~ **acid** *vegy* erős sav; ~**-back** *hajó* hosszmerevítés, keresztgerenda; ~ **base** *vegy* erős bázis/lúg; ~**-box** páncélszekrény; ~ **brine** *vegy* tömény sóoldat; ~ **caustic** *vegy* erős lúg; ~ **coal** *bány* kemény szén; ~ **convergence** *el* erős konvergencia, konvergencia-áramkör; ~ **coupling** *távk* szoros csatolás; ~ **current** *el* erősáram; ~**-cutting nippers** *pl szersz* erőcsípőfogó; ~ **drying oil** *vegy* erősen száradó *v.* szikkatív olaj; ~ **electrolyte** *vegy* erős elektrolit; ~ **fibre/fiber** *műa* fiber, erőlemez; ~ **focus(s)ing** *el* fókuszálás váltakozó gradienssel, erős fókuszálás; ~ **gale** *hajó* erős szél; ~ **gas** erős gáz; ~**-gilt** *finm, óra* vastagon aranyozott; ~ **interaction** *at, fiz* erős kölcsönhatás; ~ **interaction between quarks** *at, fiz* kvarkok közötti erős kölcsönhatás *(hadronképződés)*; ~ **liquor** *koh* sűrűlúg; ~ **material** *any* nagy szilárdságú anyag; ~ **maximum** *mat* erős maximum; ~ **minimum** *mat* erős minimum; ~ **point (SP)** *kat* erőd; támpont; ~ **ray** *fiz* nagy energiájú sugár; ~ **riveting** szilárd szegecselés; ~ **roof** *bány* kemény főte/fedő; ~ **room** → strongroom; ~ **sewage** *hidr* koncentrált/tömény szennyvíz; ~ **size** *tex* sűrű irányag; ~ **solder** *koh* keményforrasz; ~ **solution** gazdag oldat; *vegy* koncentrált/tömény oldat; ~ **steel** *koh* szilárd acél; ~ **treating** *ol* erős finomítás; ~ **vein** *bány* gazdag/jó telér; ~ **wool** *tex* nagy szilárdságú gyapjú

strongly erősen; ~ **connected** erősen összefüggő; ~ **connected graph** *mat, rendsz* erősen összefüggő gráf; ~ **leached soil** *talt* erősen kilúgozott talaj; ~ **monotonic** *mat* szigorúan monoton; ~ **polluted** erősen szennyezett

strongroom *ép* páncélkamra, páncélterem, páncélszoba

strontian *vegy* stronciumtartalmú

strontianite *ásv* stroncianit, stroncium-karbonát

strontium (Sr) *vegy* stroncium; ~ **age** *geol* stronciumkor; ~ **method** *geol* stronciumos (kormeghatározási) módszer; ~ **unit** *at, fiz* stronciumegység

strop I. *v* fen, élesít *(szíjon)*; lehúz *(vágószerszámot)*; *hajó* átszorít *(kötéllel)*; **II.** *n hajó* brága; *szersz* (borotva)fenőszíj

strophoid *mat* sztrofoid

stropping *szersz* fenés *(szíjon)*, élesítés, lehúzás; ~ **belt** *forg* fenőszíj

Strouhal number *hang* Strouhal-szám

Strowger | exchange *távk* Strowger-kapcsológép, emelő-forgó választógép; ~ **selector/switch** → ~ exchange

struck *ép* lebontott; leélezett, ferde; ~ **atom** *at* ütközést szenvedett atom; ~ **brick** *ép* kézi (vetésű) tégla; ~**-bucket capacity** *bány* kotrókanál peremig mért befogadóképessége; ~ **joint** *ép* ferde hézagolás *(be- és lefelé)*; leélezett hézag; ~**-level capacity** *hajó* rakodóképesség peremig mért megrakásnál; ~ **nucleus** *at* eltalált atommag; ~ **particle** *at* targetrészecske, bombázott részecske, célrészecske

structural szerkezeti, strukturális; *ép* építési, szerkesztési; ~ **ag(e)ing** *any* szövetszerkezeti öregedés; ~ **alloy** *koh* szerkezeti ötvözet; ~ **alteration** *ép* átépítés; ~ **analysis** *mech* (szerkezet)építési statika; ~ **basin** *geol* szerkezeti/tektonikus medence; ~ **bond** *krist* szerkezeti kötés; ~**-borne sound** *ép* testhang; ~ **casting** *önt* szerkezeti öntvény; ~ **ceramics** *ker* építőkerámia; ~ **change** szerkezeti (el)változás; ~ **clay** *ép* samott, tűzálló agyag; ~ **concrete** *ép* szerkezeti beton; ~ **constituent** *koh* szövetelem; ~ **contour** *geol* rétegszintvonal; ~ **contour map** *ol* rétegtérkép; ~ **correlation** *krist* szerkezeti összefüggés; ~ **cross-section** *mech* statikailag hatékony keresztmetszet; ~ **defect** *krist* szerkezeti hiba; ~ **design** *ép* szerkezeti kialakítás; szerkezettervezés; *hajó* vasszerkezeti rajz; *mech* méretezés; ~ **designer** *ép* statikus, szerkezettervező; ~ **diagram** *fiz, krist* szerkezeti diagram; ~ **disorder** *krist* szerkezeti rendezetlenség; ~ **draughtsman/draftsman** *ép* statikus rajzoló; ~ **drawing** *ép* kiviteli/statikai terv; ~ **effect** *geof, krist* szerkezeti hatás; ~ **efficiency factor** *rep* szerkezeti hatásfok tényezője; ~ **element** rész, alkatrész, részegység, szerkezeti elem; ~ **energy** *fiz, krist* szerkezeti energia; ~ **engineer** *ép* statikus (mérnök); szerkezetépítő mérnök; ~ **engineering** *ép* szerkezetépítés; ~ **exploration** *geof* szerkezeti kutatás; ~ **failure** *ép* szerkezet meghibásodása/összeomlása; szerkezeti hiba; ~ **fault** szerkezeti hiba; ~ **feature** *ép* szerkezeti sajátosság; ~ **formula** *vegy* szerkezeti képlet; ~ **glass** *ép* üveg építőanyag/építőelem, üvegtégla; ~ **highs** *pl geol* szerkezet legkiemelkedőbb része; tektonikus emelkedés(ek); ~ **induction** *szt* strukturális indukció; ~ **information** *aut* strukturális információ; *geof* szerkezeti adatok/információk; ~ **instability** *aut* strukturális instabilitás; ~ **interpretation** *geof* szerkezeti értelmezés; ~ **investigation** *geof* szerkezetkutatás; ~ **iron** *ép* szerkezeti acél; ~ **isomer** *vegy* szerkezeti izomer, vázizomer, struktúrizomer; ~ **isomerism** *vegy* szerkezeti izoméria; ~ **lightweight aggregate concrete** *ép* szerkezeti könnyű adalékanyagos beton; ~ **lightweight concrete** *ép* szerkezeti könnyűbeton; ~ **load** *ép* szerkezeti önsúly; ~ **low** *geof* szerkezeti mélypont/minimum; *geol* tektonikus süllyedés; ~ **map** *bány* szerkezeti térkép; *ol* rétegtérkép; ~ **mass** *rep* szerkezeti tömeg; ~ **material** *ép* építőanyag; szerkezeti anyag; ~ **material saving** *ip* építőanyag-megtakarítás; ~ **materials deposit** *ép* építőanyag-lelőhely; ~ **material testing institute** *ép* építőanyag-vizsgáló intézet; ~ **mechanics** *ép* építési mechanika; ~ **member** *aut* szerkezeti egység, építőkocka; *ép* szerkezeti elem; ~ **mill** *heng* idomacél-hengermű; profilsor, durvaszelvénysor; ~ **movement** *geof* szerkezeti mozgás; ~ **order** *krist* szerkezeti rend; ~ **particle** *at, fiz* alkotórészecske; nukleon; ~ **porosity** *krist* szerkezeti porozitás; ~ **precast concrete** *ép* előregyártott szerkezeti beton; ~ **property** *krist* szerkezeti tulajdonság; ~ **redundancy** *ip* strukturális tartalékolás; ~ **research** *ép* épületszerkezet-kutatás; ~ **return loss** *távk* egyenletességi veszteség; ~ **rift valley** *geol* szerkezeti árok; ~ **section** *ép* szerkezeti metszet/szelvény; tartó szelvénye; *heng* idomacél, profilacél; ~-**shape punch** *forg* szelvénysajtó; ~ **shapes** *pl koh* idomacél; ~ **shop** *ép* vasszerkezetgyártó üzem; ~ **shrinkage** *krist* szerkezeti összehúzódás; ~ **skin** *rep* teherhordó burkolat/héjazat; ~ **slab** *ép* födémpanel, födémpalló; ~ **soils** szerkezetes talajok; ~ **sound insulation** *ép* testhangszigetelés; ~ **spring** *geol* szerkezeti forrás; ~ **stability** *krist* szerkezeti stabilitás; ~ **steel** *ép* szerkezeti acél; ~ **steel for reactors** *koh* reaktoracél; ~ **steel section** *ép* (épület)szerkezeti idomacél; ~ **steelwork** *ép* acélszerkezet(es építmény); ~ **stone** *ép* építőkő; ~ **strength** *mech* szerkezeti szilárdság; ~ **symmetry** *krist* szerkezeti szimmetria; ~ **test** szilárdsági vizsgálat; ~ **theory** *ép* szerkezetek/tartók statikája; ~ **theory of automata** *aut* automaták strukturális elmélete; ~ **timber** *ép* épületfa, építőfa; *fa* szerkezeti (teherviselő) faanyag; ~ **trap** *ol* szerkezeti csapda; ~ **unit** *geol* szerkezeti egység; ~ **valley** *geol* tektonikus/szerkezeti völgy; ~ **welding** *heg* szerkezeti varrat; teherhordó hegesztés/varrat

structurally | stable *aut* strukturálisan/szerkezetileg stabilis; ~ **stable system** *aut* strukturálisan stabilis rendszer; ~ **unstable system** *aut* strukturálisan labilis/instabil rendszer

structure I. *v mat* struktúrával ellát, strukturál; **II.** *n* szerkezet, struktúra, alkat; tagozódás; *any* szemcsesűrűség *(köszörűkorongé)*; szövezet; *aut, rendszszt, szt* struktúra, szerkezet; *ép* műtárgy, (teherhordó) szerkezet, építmény; *geol* szövet, textúra; *mat* struktúra, szerkezet, háló; *tex* szerkezeti felépítés; *vegy* szerkezet, molekulaszerkezet; ~ **amplitude** *fiz, krist* struktúraamplitúdó; ~ **anomaly** szerkezeti anomália; ~ **argument** *krist* struktúraargumentum; ~ **as tempered** *koh* megeresztési szövet; ~-**borne sound** *hang* testhang; ~ **change** *krist, vegy* szerkezeti változás; ~-**contour map** *geol* geológiai rétegvonalas térkép; *ol* csapásvonaltérkép; ~ **contours** *geol* rétegek szintvonalai; tektonikus terepalakulatok szintvonalai; ~-**dependent** *fiz* szerkezetérzékeny, struktúraérzékeny, szerkezettől/struktúrától függő; ~ **determination** *vegy* szerkezetmeghatározás; ~ **diagram** *rendsz* blokkséma; ~ **factor** *krist* struktúrfaktor, szerkezeti tényező; ~ **fold** *ol* dóm, boltozat; ~ **for shielding atomic plants** *ép* reaktor sugárvédelmi berendezése/szerkezete; ~ **function** *mat* struktúrafüggvény; ~ **geometry** *krist* szerkezeti geometria; ~ **hole** *ol* szerkezetkutató fúrás, struktúrafúrás; ~-**insensitive property** *fiz* szerkezetfüggetlenség *(mágnesé)*; *krist* szerkezetre nem érzékeny sajátság; ~ **line** *geol* tektonikai vonal; ~ **map** → ~-contour map; ~ **mapping** *geof* szerkezet feltérképezése; ~ **model** *aut, krist* struktúramodell; szerkezeti modell; ~ **of boundary surface** *krist* határsíkszerkezet; ~ **of digits** *szt* számjegystruktúra; ~ **of objects** *rendsz* célstruktúra; ~ **of the atom** *vegy* atomszerkezet; ~ **of the molecule** *vegy* molekulaszerkezet; ~ **parameter** *krist* szerkezeti paraméter; ~**s complementing watertight roofings** *ép* vízhatlan fedések kiegészítő szerkezetei; ~-**sensitive** *fiz* szerkezetérzékeny, struktúraérzékeny, szerkezettől/struktúrától függő; ~-**sensitive property** *fiz* szerkezetfüggőség *(mágnesé)*; *krist* szerkezetre érzékeny sajátság; ~ **simulator** *aut* struktúraszimulátor; ~ **stability** *aut* struktúrastabilitás; ~ **theory** *fiz, krist* szerkezetelmélet; ~ **transformation** *koh* szövetátalakulás; ~ **type** *krist* rácstípus; szerkezeti típus; ~ **well** *bány* szerkezetkutató fúrás

structured *szt* strukturált; ~ **language** *szt* strukturált programnyelv; ~ **programming** *szt* strukturált programozás

strum *hidr* szívókosár rostélya/szűrője; szűrőgömb csőnyíláson

strut I. *v* kitámaszt, alátámaszt; *bány* feszkéz; *ép* (ki)dúcol, kifeszít, (ki)merevít, megtámaszt; **II.** *n bány* feszíték; feszke; *ép* dúc, gyám, merevítés, tám(aszték); gyámpillér; ingaláb; könyökfa; merevítőgerenda, merevítőrúd, kitámasztógerenda, kitámasztórúd; rácsos tartórendszer; tám; *hajó* tengelybak; *rep* (kitámasztó)dúc, merevítőrúd; kitámasztórúd; *távk* támfa *(oszlopé)*; ~ **antenna** *rád* függőleges repülőgép-antenna, rúdantenna; ~ **attachment** *gép* keresztkötés-csatlakozás; ~ **beam** *ép* torokgerenda; ~ **bearing** *hajó* bakcsapágy; ~ **bracing** *bány* acélfeszke; *ép* oszlopos rácsozás tartón, merevítés nyomott dúcokkal/rudakkal; ~ **frame** *ép* oszlopos (híd)rácsozat; ~ **girder** *ép* dúcgerenda; ~ **horizontally** *v ép* (ki)dúcol; ~ **lever** *gép* alátámasztó kar; ~-**seat** *ép* támsaru; ~ **support** *rep* merevítődúc, ferde merevítő; ~ **up** *v rep* kimerevít

strutted dúcos; dúcolt; ~ **aircraft** *rep* dúcokkal merevített repülőgép; ~ **pole** *el* merevített oszlop; ~ **wing** *rep* dúcolt szárny

strutter *ép* álló gyám, dúc

strutting *bány* feszkézés; *ép* (ki)dúcolás, kifeszítés, (ki)merevítés, megtámasztás, alátámasztás, kitámasztás *(dúccal)*; ~ **board** *bány* bélésdeszka, gyámdeszka; ~ **jack** *bány* feszítőtám

struvite *ásv* struvit

strychnine *vegy* sztrichnin

stub I. *v fa* kiás, kiirt; **II.** *n* csonk, darab(ka), maradék; kiálló/tompa vég; *bány* meghagyott pillér, visszamaradó láb; vakvágat; *ép* kiugró rész; tetőcserépbütyök; *fa* ék alakú *v.* keskenyedő csap; fatörzs; *gép* (tengely)csonk; toldat; *szersz* ütköző, zárhorog; *szt* programrész-helyettesítő; *távk* csonk, tápvonalcsonk, hangolócsonk; illesztő impedancia; ~ **abutment** *ép* talpas lépcsős támfal; ~ **antenna** *távk* hangolócsonkos antenna, Q-antenna; ~ **axle** *gépk* elsőkerék-féltengely, tengelycsonk; *mzg* mankókeréktengely; ~-**axle carrier** *gépk* tengelycsonkgyám; ~ **cable** *el* kábelcsonk, leágazó vezeték/kábel; ~ **carrier** *gépk* tengelycsonktartó; ~-**end station** *vasút* fejpályaudvar; fordulóállomás; ~-**end taxiway** *rep* kijárat nélküli gurulóút; ~-**end turnbuckle** *ép* ráfordító kallantyú *(záré)*; ~ **entry** *bány* szellőzetlen munkahely; vakvágat; ~ **file** *szersz* ferde nyelű reszelő *(felületreszeléshez)*; ~ **gear** *gép* tömpe fogazás; ~ **line** *rád* vonalcsonk; *távk* tápvonalcsonk; ~-**matched antenna** → ~ antenna; ~ **mortise** *fa* vakcsaplyuk; ~ **nail** *szer* eltört szeg; vastag szeg; ~-**nose knife** *mzg* tömpe orrú művelőtest; ~ **post** *ép* kerékvető; ~ **row** *mzg* csonka sor; ~ **shaft** *élip* tengelycsonk; ~ **spindle** *gép* elsőkerék-féltengely; ~ **support** *el* tartó vonalcsonk; *távk* fémes kitámasztó; ~-**supported line** *tv* fémszigetelőkre szerelt tápvonal; ~ **tenon** *fa* vakcsap; ~ **tooth** *gép* tömpefog; ~-**tooth gear** *gép* tömpe fogazású kerék; ~ **tuner** *el* hangolócsonk, hangolóhurok; hangolórúd; ~ **wing** *rep* szárnycsonk

stubble plough/plow *mzg* tarlóhántó eke

stubborn *koh* nehezen olvadó

stuc *ép* hézagolt/kőutánzó vakolat

stucco I. *v ép* (be)vakol; stukkómunkát végez, (be)stukkol; **II.** *n ép* stukkó; stukkógipsz, gipszhabarcs; stukkómunka, díszvakolás; ~ **on metal** *ép* fémbetétes gipszvakolat

stuck *gép* beszorult, megszorult, megakadt, megrekedt; *tex* összetapadt; ~ **casing** *ol* megszorult béléscső; ~ **charge** *bány* megszorult töltet; ~ **ends** *tex* összetapadt láncfonalak; ~ **ingot** *US önt* sajtolt öntecs; ~ **mo(u)lding** *fa* géppel megmunkált léc; ~-**on machine** *cipő* vágó-talpragasztó gép; ~ **spot weld** *heg* beégés nélküli pontvarrat

stud I. *v ép* lécez *(vakolat alá)*, stafliz; *szer* díszszegekkel kiver; **II.** *n* (dísz)szeg; *el* érintkezőcsap, érintkezőpecek; pálca *(izzólámpa része)*; *el, rád* csonk; gomb, dugó; *em, gép* láncсsapszeg; *ép* állótag; falpillér; félfa, lábfa, szárfa; kerítésrúd, kerítésoszlop; stafli; vázgerenda, vázrúd; *US* szobamagasság; *gép* csap, pecek, csonk, nyúlvány; *kat* vezetőgyűrű bütyke, vezetőbütyök; *közl* macskaszem *(útba építve)*; *óra* hajszáltőke *(órában)*; *önt* kettős magtámasz; *szer* fej nélküli csavar, tőcsavar, hernyócsavar; nagy fejű *v.* rozettás szeg; *távk* nyomógomb, ütköző; *vasút* áramszedő *(alsóvezetékes villamoson)*; ~ **block** *szersz* ászokcsavar-behajtó tömb; ~ **bolt** *szer* ászokcsavar, tőcsavar, fej nélküli csavar, hernyócsavar; *vasút* sínсsavar, talpfacsavar; ~ **contact** *el* tuskós érintkező; ~-**draw machine** *koh* tüskehúzó gép; ~-**drive machine** *koh* tüskeverő gép; ~ **driver/cartridge hammer** *ép* nagy sebességű szögbelövő készülék; ~ **driving** *koh* tüskeverés; ~ **gun** *ép* szögbelövő készülék; ~ **hole** *koh* tüskelyuk; ~ **lathe** *forg* csavarmenetvágó eszterga; ~ **link** *gép* csapos láncszem; ~-**link** *gép* láncos/peckes szemű; ~-**link chain** *gép* csapos lánc; *hajó* peckes horgonylánc; ~ **partition** *ép* fa válaszfal, favázas fal; ~ **pin** → ~ bolt; ~-**retained** *ép* ászokcsavarral összekötött; ~ **ring** *el* fogazott gyűrű; ~ **riveting hammer** *szersz* szegecselőkalapács; ~ **setter** → ~ block; ~ **shooting** *ép* szegbelövés; ~ **stake** *vasút* rakonca; ~ **switch** nyomógombos kapcsoló; ~ **torque** *félv* meghúzási nyomaték; ~-**tube wall boiler** *hőt* meredek csöves kazán; ~-**washer** *szer* csavaralátét; ~ **welding** *heg* csaphegesztés; ~-**welding gun** *heg* csaphegesztő pisztoly; ~-**wheel** *gép* előtétkerék

studded szegekkel kivert; szeges; ~ **tyre/tire** *gépk* fogazott köpeny *(kapaszkodós)*; ~ **wheel** *kh* bélelőkerék

studding szegdíszítés, veret; *ép* aládúcolás; gerendázat, dúcolat, lábfák; járomoszlop; lécezés vakolat alá; *US* szobamagasság; ~ **machine** *szersz* ászokcsavar-becsavaró gép

studdle *bány* függőleges tám, feszíték

Student|'s distribution *stat* Student-féle t-eloszlás; ~'**s test** *stat* Student-próba, t-próba

studentization *mat, stat* studentizálás

studio *film, foto* műterem, stúdió; *hang, rád, tv* stúdió; ~ **amplifier** *rád, távk* stúdióerősítő; ~ **apartment** → ~ flat; ~-**box** festőasztal; ~ **camera** *tv* stúdiókamera; ~ **decoration** *film* stúdiódekor; ~ **equipment** *rád, tv* stúdióberendezés; stúdiófelszerelés; ~ **facility** *rád, tv* stúdiófelszerelés; ~ **flat** szoba-konyhás lakás, garzonlakás; ~ **floodlight** *opt* derítő fényvető; ~ **mixer** *rád* stúdiókeverő; ~ **performance** *rád* rádióelőadás; ~ **pick-up** *rád* adás stúdióból; ~ **tape recorder** *rád* stúdiómagnó; ~-**to-transmitter line** *távk* műsorkábel *(stúdió és adó között)*; ~-**to-transmitter link (STL)** *távk* stúdió-adó közötti összeköttetés

studless link chain *hajó* pecek nélküli horgonylánc

studwork *ép* faváz(as szerkezet), állványszerkezet, vázszerkezet; ~ **wall** *ép* favázas fal

study I. *v* tanulmányoz, vizsgál; **II.** *n* tanulmányozás, kutatás(ok), vizsgálat(ok); tanulmány; szakvélemény; *ép* dolgozószoba; ~ **of correlation** *mat, rendsz* korrelációszámítás; ~**(-table) lamp** *opt* asztali lámpa

stützite *ásv* stützit

stuff I. *v* eltöm, betöm, kitöm, megtöm, kitölt, megtölt; ledugaszol; *bőr* zsíroz; *élip* (össze)kever *(lisztet)*; megtölt; *ép* kárpitoz; *gép* (el)tömít; *tex* (pácolás után) fest; **II.** *n* anyag; massza; töltelék; *bány* meddő; *bőr* bőrolaj, bőrzsír; *ép* stukatúrhabarcs, stukatúrkeverék; vakolóhabarcs, gipszhabarcs; *ép, fa* fa(anyag), fűrészáru; *gép* fékfolyadék; *gépk, hőt* munkaközeg; *ip* alapanyag, nyersanyag; *pa* anyag, pép(anyag); fapépanyag; papírpép; *tex* fésűsgyapjú; kelme; szövet, anyag; ~ **box** *pa* anyagfelfutó szekrény; anyagszekrény; ~ **carrier** *tex* fonaltartó; ~ **catcher** *pa* anyagfogó; ~-**chest** *pa* anyagkád, keverőkád, gépkád; merítőkád, forgólapátos keverőtartály; ~-**chest with bucket wheel** *pa* merítőkerekes kád; ~-**colo(u)ring** *pa* anyagában való festés; ~-**crusher** *pa* pépesítő; ~-**driver** *pa* anyagkeverő; ~ **felt** *pa* besűrítő nemez; ~-**pipe** *pa* anyagvezeték; ~ **preparation** *pa* anyagelőkészítés; ~ **press** *pa* anyagprés, préselőgép; ~ **sizing** *pa* anyagában enyvezés

stuffer tömő, töltő; *műa* indásprés; ~-**box crimping** *tex* torlasztókamrás hullámosítás; ~ **warp** *tex* bélelő lánc(fonal)

stuffing betömés, kitömés, megtömés, megtöltés; bedugaszolás; töltőanyag; kipárnázás; *bőr* bőrolaj; zsírozás; *élip* egyik liszt keverése a másikkal; töltelék; *ép* kárpitozás; *gép* tömítés; *pa, tex* festés *(pácolás után)*; ~ **box (SB)** *gép* tömszelence; *ol* kábeltömszelence; ~-**box bearing** *gép* tömszelencés csapágy; ~-**box cock** *gép* tömszelencés csap; ~-**box compensator** *gép* kiegyenlítő tömszelence; ~-**box gland** *gép* tömszelencefedél, tömszelence karimás perselyes hüvelye; ~-**box seat** *gép* tömszelenceülék; ~ **drum** *bőr* zsírozó hordó; ~ **material** *bőr* zsírozó anyag *(erősen zsírozott bőrökhöz)*; *hidr* tömítőanyag; ~ **ring** *gép* tömszelencefedél

stull *bány* főtegerenda, főtefa; süveg; süveges biztosítás *(tám nélkül)*; ~ **floor** *bány* lepallózott talp; padozati talp
stumba *tex* selyemfonal *(hulladékból)*
stump I. *v fa* (gyökerestül) kiirt; (le)csonkol, levág, levagdos; (viserrel) eldörzsöl/elken, árnyal *(műszaki rajzot)*; legallyaz, lenyeseget; rönköt kiás/kiemel; **II.** *n* csonk; törzs; (rajz)dörzsölő, „viser"; *bány* vágatvédő pillér, pillér, láb; *fa* tönk, fatő, törzsvég, tővég; *gép, szersz* (vezető)bütyök, vezetőpecek; ~ **bursting** *bány* pillérrepesztés; ~**-grubbing** *ép* fairtás; ~ **mandrel** *szersz* tompa tüske; ~ **out** *v bány, fa* kihúz, kiszed; ~ **recovery** *bány* pillérvisszafejtés; ~ **remover** *hidr* tuskószedő gép
stumper *ép* fadöntő dózer; fadöntő szerelék
stumpy carbon cell *el* széntörzsű elem, Fleischer-elem
stunt I. *v rep* műrepül(ést végez); **II.** *n rep* műrepülő mutatvány, műrepülés; ~ **flying** *rep* műrepülés; ~ **pilot** *rep* műrepülő
stunted satnya; törpe
stunting *rep* műrepülés
stupefier *környv* kábítószer
sturbs *távk* légköri eredetű (vételi) zavarok
sturdy-type core box *önt* szétszedhetetlen magszekrény
Sturm | sequence Sturm-sorozat; ~**('s) separation theorem** *mat* szétválasztási tétel; ~ **theorem** Sturm-tétel
STX → start of text
style I. *v* (ki)alakít; (meg)tervez; **II.** *n* stílus; divat; *cipő* forma, modell; *ép* bálványfa; stílus; *gépk* típus, model; *hang* lemezjátszótű, gramofontű; *metr* rajzolócsúcs *(műszeren)*; *nyom* véső(tű), karcolótű, vésnöktű; *óra* mutató; *ruh* fazon, szabás, modell; *távk* írótű; *tex* minta; nyomás; ~ **card** *tex* típuskártya; ~ **fabric** *tex* divatos szövet; ~ **number** *ip* cikkszám; ~**s of printing** *tex* nyomási eljárások
stylet *nyom* vésőtű; *orv* szonda
styling (ki)alakítás; megtervezés; *ruh* stíldíszítés; *tex* szegély *(szőnyegé)*
stylist *ruha, tex* rajzoló, tervező
stylobate *ép* sztülobatész, oszloplábazat
stylograph töltőtoll *(tintakuli rendszerű)*
stylolite *geol* sztilolit, szögkő
stylotypite *ásv* sztilotipit
stylus (*pl* **styluses** *v.* **styli)** *geof* írószerkezet; *hang* (lejátszó)tű; ~ **chatter** *hang* tűrezgés *(gramofonban)*; ~ **drag** *hang* tűsúrlódás, fűfékezés; ~ **force** *hang* tűnyomás; tűnyomóerő *(lemezjátszóé)*; ~ **life** *hang* gramofontű/lejátszótű élettartama; ~ **lift** *hang* tűemelő; ~ **pressure** *hang* tűnyomás; ~**-pressure ga(u)ge** *hang* tűnyomásmérő; ~ **printer** *szt* mátrixnyomtató
styrene *műa, vegy* sztirol, vinilbenzol; ~ **butadiene rubber (SBR)** *műa* sztirol-butadién gumi/kaucsuk; ~ **resins** *műa* sztirolalapú gyanta, polisztirol
Styrian orogeny *geol* stájer (orogén) fázis
stythe *bány* szén-dioxidos levegő; utógázok
sub *ol* átmenet; közdarab; *távb* fővonali előfizető
SUB → substitute character
subacid *vegy* gyengén savas
subadditive function *mat* szubadditív függvény
subaeration machine *koh* alsólevegős berendezés
subaerial deposition *geol* levegőből történő ülepedés
subaggregate *mat* részhalmaz
subalgebra *mat* rész-Boole-algebra; részalgebra
subalternation *mat* alárendelés, szubalternáció
subangularity *ásv* kismértékű szögletesség
subaqueous víz alatti; ~ **blasting** *ép* víz alatti robbantás; ~ **microphone** *hang* víz alatti mikrofon, hidrofon, víz alatti lehallgató-készülék; ~ **pipeline** *hidr* víz alatti csővezeték; ~ **pump** *hidr* búvárszivattyú; ~ **sound ranging** *fiz* víz alatti hangiránymérés; ~ **sound receiver** *hang* tenger/víz alatti hang(fel)vevő; ~ **tunnel** *ép* víz alatti alagút
subarc welding *heg* függőleges helyzetű fedett ívű hegesztés
subarch *ép* fiókív
subartesian | water *bány* szubartézi víz; ~ **well** *hidr* negatív artézi kút
subassemblage *mat* részhalmaz, alhalmaz
subassembly készülékrész; *gép* előszerelés; *mt* szerkezeti részegység (része)
subatmospheric pressure *fiz* légköri nyomásnál kisebb nyomás
subatomic *fiz, vegy* szubatomos, atomméret alatti; ~ **decomposition** *fiz* atombomlás; ~ **size** *vegy* szubatomos méret
subaudible *hang* hallhatóság alatti
subaudio *fiz, hang* infrahangfrekvenciás; ~ **channel** *távk* beszédsáv alatti csatorna; ~ **frequency** *hang* infrahang-frekvencia; ~ **telegraphy** *távb* beszéd(frekvenciák) alatti távíró; ~ **time delay circuit** *távk* infraakusztikus késleltető művonal
subballast *ép* alsó kavicságyazat
subbase *ép* ágyazat; alap alatti talajréteg; alaplemez, talpazat (alsó része); alsó teherhordó réteg *(útburkolaté)*; lábazat; ~ **course** *ép* kiegyenlítő réteg; ~ **of stone pitching** *ép* rakott kőalap *(útburkolaté)*
subbasement *ép* alagsor
subbing *hidr* altalajöntözés; ~ **solution** *foto* alapozó oldat
subboard *el* segéd-elosztótábla
subboundary *krist* finomszemcse-határ
sub-branch, subbranch *el* kis elágazás, mellékelágazás
subcabinet *el* elágazó doboz
subcalibre, *US* **subcaliber** *kat* űrméreten aluli, belövőkiképző; ~ **ammunition** *kat* űrméret alatti lövedék; ~ **rocket** *kat* kis űrméretű *v.* űrméret alatti rakéta(lövedék); ~ **tube** *bány* űrméret alatti béléscső
subcapillary interstices *geol* szubkapilláris hézagok/üregek/közök
subcarrier *el, távk* segéd-vivőfrekvencia, segédhordozó; szubkarrier, segédvivő; *távb* másodvivő; ~ **burst** *el* segédvivőhullám-színvezérjelsorozat; ~ **frequency** *el, távk* segéd-vivőfrekvencia; ~ **frequency modulation (SCFM)** *távk* segédvivőfrekvencia-moduláció, szubkarrier-frekvenciamoduláció; ~ **oscillator** *el* segédoszcillátor; ~ **signal** *aut* segédhordozó jel
subcatchment *hidr* részvízgyűjtő
subcategorization of lexical categories *aut* lexikai kategóriák alkategorizálása
subcategory alcsoport, alkategória; *mat* részkategória
subcavity mo(u)ld *műa* több férőhelyes szerszám
subcelestial *csill* zenit alatti
subcell *mat* alosztály
subcentre, *US* **subcenter** *el* belső csomópont *(huzalozásban)*
subchannel *szt* alcsatorna
subchloride *koh* szubklorid; ~ **process** *koh* szubkloridos eljárás

subchord *geod* kitűzési húrhossznál kisebb húr
subcircuit *el* (áramkör-)elágazás; mellékáramkör
subclass alosztály; *mat* alosztály; részosztály *(osztályé)*
subcoastal plain *geol* tengerszint alatti síkság
subcoat *ép* alapréteg, alapozás; *gumi* alapbevonat
subcoating *ép* alapbevonat; alapozás (művelete); ~ **powder** *gyógyv* alapozópor; ~ **solution** *gyógyv* alapozóoldat
subcollection *mat* részhalmaz
subconchoidal fracture *ásv* félig kagylós törés
subconcrete *ép* aljzatbeton
subcontinuum *mat* részkontinuum
subcontract *ép* alvállalkozói szerződés
subcontractor alvállalkozó; *ip* kooperáló szállító
subcontrol *el* segédmodulátor-erősítés; ~ **station** *távk* ellenőrző-alállomás; irányítóállomás
subcooled *el* túlhűtött
subcricital *at, fiz* szubkritikus, kritikus tömegen aluli; *hők* nem teljes, kritikuson aluli; ~ **annealing** *hők* átkristályosító lágyítás; ~ **assembly** *at* szubkritikus rendszer; ~ **damping** *fiz* kritikus alatti *v.* szubkritikus csillapítás; ~ **exciting** *el* lassú ütemű gerjesztés; ~ **flow** *hidr* áramló vízmozgás; ~ **mass** *at* szubkritikus tömeg; ~ **multiplication** *at* szubkritikus sokszorozás; ~ **nuclear chain reaction** *at* konvergens nukleáris láncreakció, szubkritikus láncreakció; ~ **reactor** *at* szubkritikus reaktor
subcrush *ép* ágyazóréteg, ágyazat
subcrustal *geol* kéreg alatti; litoszféra alatti
subcutaneous | blow hole *koh, önt* felületi hólyagosság, felszín alatti gázhólyag; ~ **blow holes** *koh* tűlyukacsosság
subdecimal *mat* tíz többszörösével osztott
subdeterminant *mat* minor, aldetermináns
subdiagonal *ép* másodrendű ferde rácsrúd; *mat* főátló alatti átló; mellékátló; ~ **element** *mat* főátló alatti elem *(mátrixé)*; ~ **matrix** *mat* alsó háromszögmátrix
subdirectory *szt* alkönyvtár
subdispatcher *en* körzeti teherelosztó
subdivide (tovább) feloszt, alosztályokra oszt; tovább/alosztályokra oszlik
subdivided alosztályokra osztott; *el* aláosztott, több kivezetésű; *gép* többtagú; ~ **capacitor** *el* kapacitásszekrény; ~ **coil** *el* többkivezetésű tekercs; ~ **panel** *mech* másodrendű rácsozás; ~ **radiator** *gépk* többtagú hűtő; ~ **time-slot** *at* aláosztott időrés
subdivider *hidr* másodrendű vízválasztó
subdivision további felosztás, alcsoportokra/alosztályokra osztás/tagozódás; *US* parcellázás, parcella; aláosztás, szétosztás, továbbosztás; *ép* kamra, fülke, rekesz; ~ **draught/draft** *hajó* válaszfalmerülés; ~ **insulator** *el* szakaszszigetelő; ~ **of the current** *el* áramfelosztás; ~ **of the resistance** *el* ellenállás-fokozat
subdomain *mat* résztartomány
subdrain I. *v hidr* alagcsövez; **II.** *n hidr* alagcső, talajcső; ~ **type of surface drainage** *ép* felszíni víztelenítés drénezéssel
subdrainage *hidr* alagcsövezés, talajcsövezés
subdrift *bány* osztóvágat; segédszint; segédszinti vágat; ~ **caving** *bány* művelés alávájással; ~ **method** *bány* osztószintes fejtési módszer
subdrill cultivation *mzg* altalajművelés
subdue elfojt/lefojt *(tüzet)*; enyhít, csökkent, mérsékel *(hőmérsékletet)*; *geol* lepusztít; *hang, opt* (le)tompít
subdued (le)tompított, csökkentett; *tex* tompa, szolid *(színárnyalat)*; ~ **in relief** *geol* lecsiszolt domborzatú; ~ **mountain** *geol* lekerekített hegy
subequal *mat* csaknem egyenlő
suberate *vegy* parafasavas só, szuberát
suberic acid *vegy* parafasav, szuberinsav
suberin *vegy* szuberin
suberize *vegy* elparásodik
suberol *vegy* cikloheptanol
suberone *vegy* cikloheptanon, szuberon
suberyl alcohol *vegy* cikloheptanol, szuberilalkohol
subexchange *távk* alközpont; mellékközpont
subexciter *el* segédgerjesztőgép
subface of stratum *geol* réteg alja
subfeeder *en* mellékfővezeték
subfloor *bány* osztószint; *ép* altalaj; deszkázat; padlóalap; vakpadló
subfluvial *hidr* mederfenéken levő; ~ **cable** *el, távk* folyamkábel
subfossil *geol* félig kövült
subfractional motor *gép, el* mikromotor
subframe *gép* kiegészítő keret; *szt* alkeret; *tv* alkeret
subfrequency *fiz* szubharmonikus/alharmonikus frekvencia
subgabbro *geol* metagabbró
subglacial *geol* gleccser/jég(mező) alatti, szubglaciális; ~ **drainage** *geol* gleccser alatti vízfolyásrendszer; ~ **moraine** *geol* fenékmoréna
subglobular nodule *ásv* mandula alakú zárványok
subgrade *ép* alépítmény, alap; altalaj, aljzat, ágyazat; tükör, földmunka-korona(szint); ~ **accuracy** *ép* tükörpontosság; ~ **level** *ép* tükörszint, földmunka-koronaszint; ~ **planer** *ép* tükörképző/tükörnyeső gép; ~ **protection layer** *pl ép* tükörvédő réteg; ~**-reaction** *ép* ágyazás; ~ **restraint** *ép* talajburkolat(alap)-súrlódás; ~ **scratch template** → ~ tester; ~ **support** *rep* altalaj teherbíróképessége; ~ **tester** *ép* tükör(profil-)ellenőrző gereblye; ~ **trimmer** → ~ planer
subgrader *ép* tükörképző/tükörnyeső gép; útalap-egyengető
subgrading *ép* töltéskorona-egyengetés; tükörképzés; *rep* mesterséges talajburkolat ágyazatának felületi elegyengetése; ~ **machine** *ép* tükörképző/tükörnyeső gép
subgrain *krist* alszemcse; ~ **formation** *krist* alszemcseképződés
subgraph *mat* részgráf, algráf, feszített részgráf
subground floor *ép* alagsor
subgroup *krist, mat* alcsoport
subhalogenide process *koh* szubhalogenides eljárás
subharmonic *hang* alharmonikus, szubharmonikus; ~ **frequency** *hang* szubharmonikus/alharmonikus frekvencia; ~ **function** *mat* szubharmonikus függvény; ~ **oscillation** *aut* szubharmonikus rezgések/lengések; ~ **resonance** *aut* szubharmonikus rezonancia; ~**s** *aut* szubharmonikusok; *krist* alharmonikusok; ~ **tone** *hang* szubharmonikus
subhead(ing) *nyom* alcím
subhearth *koh* kemencefenék-alapzat; ~ **block** *koh* nagyolvasztó tűzálló medencefeneke
subhedral *geol* hipidiomorf

subhumid *met* kissé nedves
subhypergraph *mat* részhipergráf
SUBIC → submarine integrated control (system)
subimage *fiz* rejtett/lappangó kép
subindex *mat* (alsó) index
subinterval *mat* részintervallum
subirrigation *hidr* altalajöntözés; föld alatti öntözés; ~ **method** *hidr* áztató öntözés; ~ **pipe** *hidr* permetezőcső *(föld alatti öntözéshez)*
subjacent közvetlenül alatta fekvő; *geol* alacsonyabban/alant fekvő *(réteg)*; ~ **eruption** *geol* mélységi kitörés *(vulkáné)*; ~ **layer** *bány* feküréteg
subject I. *v* alávet; kitesz *(erőhatásnak)*; **II.** *n* tárgy, téma; *mat* szubjektum; ~ **to** vmitől függő(en); vmi alá eső, vminek alávetve
subjected to shear (stress) *mech* nyírásra igénybe vett
subjective szubjektív; ~ **acoustics** *hang* szubjektív akusztika; ~ **brightness** *opt* felületi fényerősség, (szubjektív) fényesség; ~ **noise meter** *hang* szubjektív zajmérő/hangerősségmérő; zajszintmérő hallás útján való összehasonlítással; ~ **probability** *mat, rendsz* szubjektív valószínűség; ~ **spectrophotometer** *fiz* szubjektív spektrofotométer
sublattice *krist* alrács
sublayer *bány* alsó szelet; *ép* alsó réteg; *geol* feküréteg
sublease I. *v* alhaszonbérletbe ad; **II.** *n* alhaszonbérlet
sublet *ép* alvállalkozásba ad
sublethal dose *at* szubletális dózis
subletting *ép* alvállalkozásba adás
sublevel I. *a bány* szinten aluli, szint alatti; **II.** *n at* mellékszint; *bány* osztószint; segédszint; tábla *(vastag telepben)*; ~ **block stoping** *bány* tömbomlasztásos fejtés *(nagyátmérőjű fúrólyukkal)*; ~ **caving** *bány* osztószintes omlasztófejtés; ~ **heading** *bány* osztószinti vágat; ~ **interval** *bány* osztószint magassága; ~ **roadway** *bány* osztószinti vágat; osztóvágat; ~ **stoping/working** *bány* osztószintes (omlasztó)fejtés
sublicense agreement alhasználati engedély
sublimability *vegy* szublimálhatóság
sublimate I. *v vegy* szublimál; **II.** *n vegy* szublimált anyag, szublimátum; szublimát, higany(II)-klorid
sublimating *koh* szublimálás; *vegy* szublimálás
sublimation *vegy* szublimálás, szublimáció; ~ **drying plant** *vegy* szublimációs szárítóüzem, fagyasztva szárító üzem, liofilizáló; ~ **heat** *vegy* szublimációhő, szublimációs hő; ~ **nuclei** *met* szublimációs magvak; ~ **pump** *el* szublimációs (getter)szivattyú
sublime *vegy* szublimál; szublimálódik; ~ **oil** *élip* szűzolaj, legjobb minőségű olívaolaj
sublimed white lead *vegy* (szublimált) bázisos ólom(II)-szulfát
subliminal *hang* küszöb alatti
subliming pot *vegy* szállasztó retorta
sublingual *gyógyv* szublingvális
sublist *szt* részlista, részjegyzék
sublittoral *geol* szublitorális
sublunar *csill* holdnál közelebb levő
submachine gun *kat* géppisztoly
submagma *geol* másodrendű magma
submain *el* bekötő fővezeték; *hidr* mellékvezeték; ~ **drain** *hidr* belvízgyűjtő másodrendű főcsatorna
submanifold *mat* részsokaság
submarginal *nyom* perem közelében levő; ~ **ore** *bány* nem rentábilis érc *(kibányászott)*
submarine I. *a geol* tenger(szint) alatti; *hajó* búvár-; **II.** *n hajó, kat* tengeralattjáró; ~ **base** *kat* tengeralattjáró-támaszpont; ~ **blasting** *ép, kat* tenger alatti robbantás; ~ **cable** *távk* folyami kábel; tenger alatti kábel; ~ **camera** *foto* tenger alatti felvevőgép; ~ **contour** *geod* vízmélységi szintvonal; ~ **core** *geof* tenger alatti fúrómagminta; ~ **earthquake** *geol* tengerrengés, tenger alatti (föld)rengés; ~ **exploration** *geof* tenger alatti kutatás; ~ **integrated control (SUBIC)** *hajó* komplex tengeralattjáró-irányító rendszer; ~ **ladle** *koh* mozgó nyersvaskeverő; *önt* szivarka alakú öntőüst; ~**-launched ballistic missile (SLBM)** *kat* tengeralattjáróról indított ballisztikus rakéta; ~ **microphone** *hang* víz alatti mikrofon, hidrofon, víz alatti lehallgató-készülék; ~ **mine** *bány* tenger alatti bánya; *kat* tengeri akna; ~ **prospecting** *geol* tenger alatti kutatás; ~ **relief** *geol* tenger alatti domborzat; ~ **ridge** *geol* tenger alatti hegyhát/hegygerinc; ~ **speed transmitter** *hajó* tengeralattjáró sebességadója; ~ **trench** *geol* tengeri árok; ~ **ultrasonic direction finder** *aut* víz alatti ultrahangos iránymérő
submatrix *aut, szt* almátrix, szubmátrix; *mat* részmátrix, blokk *(mátrixé)*
submerge bemárt, elsüllyeszt, lesüllyeszt; lesüllyed, elsüllyed, alámerül, elmerül, lemerül, víz alá merül; *hidr* eláraszt, vízzel elborít
submerged elárasztott; lemerült; *geol* víz alatti, víz felszíne alatt levő, felszín alatti; *gép* süllyesztett, bemerülő; ~**-arc furnace** *koh* fedett íves kemence; ~**-arc surfacing** *heg* fedett ívű felrakó hegesztés; ~**-arc welding** *heg* fedett ívű hegesztés; ~**-arc welding machine** *heg* por alatti ívhegesztő berendezés; ~ **bearing** *ép* víz alatti támasz/saru; *gép* süllyesztett csapágy; ~ **belt** *em* víz alatti (salakszállító) szalag; ~ **bridge** *kat* tankhíd *(víz alatti)*; ~ **control** *hajó* kormányozhatóság alámerülési helyzetben; ~ **culture** *élip* merített/szubmerz tenyészet; ~ **displacement** *hajó* vízkiszorítás alámerült állapotban *(tengeralattjáróé)*; ~ **entry** *rep* süllyesztett légbeszívónyílás bemeneti része; ~ **fall drop** *hidr* fenékgát; ~ **flame cracking** *ol* merülő lángos krakkolás; ~ **groyne/groin** *hidr* fenék/víz alatti sarkantyú; ~ **hydraulic jump** *hidr* fedőhengeres/visszaduzzasztott vízugrás; ~ **hydraulic jump with a surface roller** *hidr* visszaduzzasztott fedőhengeres vízugrás; ~ **inlet** *rep* süllyesztett légbeszívónyílás; ~ **lubrication** *gép* olajfürdős kenés; ~ **mine (section)** *bány* elárasztott bánya(rész); ~ **motor pump** *hidr* búvárszivattyú; ~ **orifice** *hidr* víz alatti kifolyónyílás, süllyesztett membránrekesz/diafragma; ~ **overfall** *bány* tökéletlen átbukás; *hidr* tökéletlen/visszaduzzasztott átbukás; ~ **plunger die-casting machine** *önt* merülődugattyús nyomásos öntőgép; ~ **pouring** *koh* merülőcsöves öntés; ~ **pump** *hidr* fenékszivattyú; merülőszivattyú; ~ **quenching** merítéses edzés; ~ **ridge** *geol* tenger alatti hegyhát/hegygerinc; ~ **roller** *hidr* fenékhenger; ~ **speed** *hajó* víz alatti sebesség; ~ **unit weight** *fiz* vízben mért fajsúly; ~ **vertical pump** *hidr* búvárszivattyú; ~ **wall** *hidr* merülőfal; ~ **water-meter** *hidr* süllyesztett vízsebességmérő *(Woltmann-szárny)*; ~ **weir** *hidr* fenékgát
submergence (el)süllyedés, (el)merülés; elmerítés; *ol* bemerülési mélység, termelőcső „belógása" a rétegbe; bemerülési tényező; ~ **of land** *geol* szárazföld süllyedése *v.* elárasztása *(tenger által)*

submergible | **hydroelectric plant** *hidr* gáttestbe épített vízerőmű; ~ **power plant** *hidr* víz alatti vízerőmű; ~ **pump** *hidr* búvárszivattyú; ~ **rolling gate** *hidr* süllyeszthető hengeres gát
submerging wall *hidr* merülőfal
submersible I. *a* elmeríthető; *hidr* eláraszthatő; **II.** *n* *kat* merülőnaszád; ~ **electric centrifugal pump** *ol* villamos centrifugális búvárszivattyú; ~ **gas separator** *ol* búvárszivattyú-gázszeparátor; ~ **gate** *hidr* merülőkapu; süllyeszthető henger *(gát)*; ~ **motor** *gépk* vízzáró motor, búvármotor; ~ **(motor) pump** *bány, ol* mélyszivattyú; *hidr* búvárszivattyú, merülőszivattyú
submersion elmerítés, elsüllyesztés; elsüllyedés, alámerülés, elmerülés, lemerülés; elárasztás; ~ **depth** *ol* bemerülési mélység
submetallic *any* gyengén fémes, félfémes; ~ **lustre/luster** *ásv* félfémes fény
submicro *foto* szubmikro *(redukált mikrokép)*
submicron *fiz* szubmikron *(csak ultramikroszkóppal látható részecske)*; ~ **realm** *fiz* szubmikroszkopikus tartomány
submicroscopic *fiz* szubmikroszkopikus; szubmikroszkópos; ~ **imperfection (in crystals)** *krist* szubmikroszkópos hiba; ~ **realm** *fiz* szubmikroszkopikus tartomány
submillimeter | **laser** *fiz* szubmilliméter hullámhossztartományú lézer; ~ **laser emission** *fiz* szubmilliméteres *v.* milliméter alatti lézeremisszió
submine *kat* oktatóakna
submineering *el* szubminiatűr (szerkesztési) technika
subminiature *el, foto* szubminiatűr; ~ **camera** *foto* szubminiatűr kamera *(35 mm-nél kisebb)*; ~ **computer** *szt* szubminiatűr számítógép; ~ **construction** → submineering; ~ **engineering** → submineering; ~ **film** *foto* szubminiatűr film, keskenyfilm *(16 mm-es)*; ~ **motor** *el* mikromotor; ~ **pentode** *el* szubminiatűr pentóda; ~**s** *rád* törpe alkatrészek; ~ **tube/valve** *el* szubminiatűr acorncső/makkcső; *el, rád* törpecső, szubminiatűr cső
submission beadvány; ~ **and delivery entity (SDE)** *szt* benyújtó és kézbesítő elem, SDE; ~ **date** *ép* benyújtási határidő; ~ **envelope** *szt* benyújtási boríték; ~ **of competitive tenders** *ép, ip* tenderbeadás
submit bead, benyújt; előterjeszt; *ip* vállalatba ad; vizsgálat alá vet
submodulator *rád* segédmodulátor
submountain region *geol* előhegység
submultiple *mat* osztó *(maradék nélküli)*; törtrész; ~ **frequency** *hang* szubharmonikus/alharmonikus frekvencia
subnetwork *szt* alhálózat; ~ **connection** *szt* alhálózati összeköttetés
subnormal I. *a mat* normálisnál kevesebb/kisebb, normálison aluli; **II.** *n mat* szubnormális
subnuclear *at* szubnukleáris
subnucleus *krist* algóc
suboctuple *mat* nyolcad(-)
suboffice *ip* fiók(intézet); *távb* alközpont, alállomás
suboptimal | **control** *aut* optimálishoz közel álló vezérlés; ~ **decision** *rendsz* szervezeti szuboptimum; ~ **strategy** *rendsz* szuboptimálás, szuboptimalizálás
suboptimality *rendsz* szuboptimalitás
suboptimization *aut* szuboptimálás, szuboptimalizálás
suborbital flight *rep* szuborbitális *v.* keringési sebesség alatti repülés
subordinate I. *v* alárendel; **II.** *a* alárendelt, alsófokú; alsóbbrendű; *geol* alatta fekvő; **III.** *n* alárendelt; beosztott; ~ **cone** *geol* parazitakúp *(vulkáné)*; ~ **quantum number** *fiz* mellékkvantumszám; ~ **vent** *geol* másodrendű vulkáni kürtő
suboutcrop *bány* felszín alatti telérkiékelődés
suboxide *vegy* szuboxid
subpanel *bány* osztótábla; *el* segédkapcsolótábla-mező; *rád* segédszerelőpajzs
subparallel *mat* közel párhuzamos
subperiod *krist* alperiódus
subpolar *csill* szubpoláris; *geol* sark alatti; sarkvidéki
subpolicy *rendsz* alpolitika
subpost *bány* póttámfa, pótácsolat
subpress *alak* oszlopos sajtolószerszám, blokkszerszám; ~ **die** *szersz* közbenső műveletet végző sajtolószerszám
subprogram *szt* alprogram, szubrutin
subpunch *mt* véglegesnél kisebb lyukátmérőjű lyukasztás *(szegecsek számára)*
subpunched (rivet) hole *mt* véglegesnél kisebb méretűre lyukasztott szegecslyuk
subrotund gömbölyded
subrounded kissé legömbölyített; félig lekoptatott
subroutine *szt* alprogram, szubrutin, szubprogram, alprogram; ~ **call** *szt* behívás *(szubrutiné)*; ~ **library** *szt* szubrutinkönyvtár, programkönyvtár
subsalt *geol* sófekü; ~ **drilling** *geol* sódóm lefúrása a sófeküig
subsample *mat* részminta, alminta
subsaturation *krist, vegy* telítetlenség
subscribe előfizet
subscriber *távb* előfizető; ~ **category** *távb* előfizetői kategória; ~ **exchange** *távb* előfizetői központ; ~ **number** *távb* hívószám; ~**'s account** *távb* előfizető számlája; ~**'s cable** *távb* előfizetői kábel; ~**'s calling equipment** *távb* hívásegység; ~**'s connection** *távb* előfizetői kapcsolás; ~**'s dial-pulse sender** *távb* számhívó automata; ~**'s extension station** *távb* előfizetői mellékállomás; ~**'s installation** *távb* előfizetői berendezés; ~**'s jack** *távb* előfizetői hüvely; ~**'s line** *távb* előfizetői vonal; ~**'s loop** *távb* előfizetői hurok; ~**'s main station** *távb* előfizetői főállomás; külön vonalú telefonkészülék; ~**'s meter** *távb* beszélgetésszámláló (automata); ~**'s protector** *el* fogyasztói készülékbiztosító; ~**'s rate** *távb* előfizetési díj; ~**'s release** *távb* hívóoldali bontás; ~**'s rental** *távb* alapdíj; ~**'s set** *távb* előfizetői állomás; előfizetői telefonkészülék; ~**'s set with storage of the dialled number** *távb* számtároló előfizetői készülék; ~**'s shared-service** *távb* ikerállomás; ~**'s station** *távb* előfizetői állomás; ~**'s telegraphy** *távk* telex; ~**'s telephone** → ~'s station; ~ **trunk dialling (STD)** *távk GB* távhívás *(belföldi)*, STD
subscript I. *a ip* aláírt; *mat* indexként írt, indexelt; **II.** *n mat* alsó kitevő/index; *szt* indexelés, index; ~ **bound** *aut, mat* indexhatár; ~ **brackets** *pl mat* indexzárójel
subscripted | **address** *szt* indexelt cím; ~ **variable** *mat, szt* indexes változó
subsea production system *ol* víz alatti termelőrendszer
subsequence következmény; *mat* részsorozat

subsequent egymást követő, szubszekvens; későbbi, utólagos; ~ **address** *szt* soron következő cím; ~ **charging** *koh* utánadagolás; ~ **command** *szt* soron következő utasítás; ~ **divide** *hidr* szubszekvens vízválasztó; ~ **grouting** *bány* utócementálás; ~ **injection** *bány* utócementálás; ~ **order** → ~ command; ~ **processing** *koh* továbbfeldolgozás; ~ **treatment** *koh* továbbfeldolgozás; *tex* utánkezelés; ~ **tuning assembly** *el* automatikus utánhangoló, utánhangoló részegység; ~ **valley** *geol* szubszekvens völgy

subservient patent *ip* függő szabadalom

subset *mat* részhalmaz; *távb* előfizetői készülék; ~ **bounded from below** *mat* alulról korlátos részhalmaz; ~ **relation** *mat* inklúzió, tartalmazási reláció

subsextuple *mat* hatod(-)

subside *ép, talt* (le)süllyed; (meg)süpped, (be)süpped; *fiz* (le)csillapodik; *hidr* apad; *vegy* (le)ülepedik, lerakódik

subsidence *bány* (főte)süllyedés; főteereszkedés; roskadás; talajsüllyedés; *ép, talt* (le)süllyedés, süllyesztés, süppedés, (meg)roskadás, utánaengedés; *fiz* csillapodás; *geol* földkéregsüllyedés; *hidr* apadás; ellapulás; *koh* ülepedés; *met* leszálló mozgás; *vegy* leülepedés, lerakódás; ülepedés; ~ **curve** *bány* süllyedési görbe; ~ **damage** *ép* süllyedési károk; ~ **factor** *bány* süllyedési tényező; süllyedési tényező; ~ **of roof/top** *bány* főtebesüppedés, főteülepedés; ~ **of the flood wave** *hidr* ellapulás; ~ **of the ground** *ol* talajsüllyedés; ~ **ratio** *aut* csillapítási tényező; ~ **site** *geol* süllyedéses terület; ~ **slope** *bány* lehajlás; ~ **trough** *bány* süllyedési teknő

subsidiary kisegítő, pót-, segéd-; másodlagos; mellék-; ~ **circuit** *el* segédáramkör; ~ **delta** *geol* másodrendű delta; ~ **drain** *hidr* szívódrén; ~ **electrode** *vegy* segédvonatkozási elektród; ~ **feedback** *aut* másodlagos visszacsatolás, segéd-visszacsatolás; ~ **fish breeding** *hidr* járulékos haltenyésztés; ~ **girder** *ép* másodrendű tartó; ~ **lobe** *el* mellékhurok *(sugárzási diagramban)*; ~ **neck** *geol* mellékkráter; ~ **reaction** *vegy* mellékreakció, járulékos reakció; ~ **reinforcement** *ép* pótvasalás *(vasbeton)*; ~ **road** *ép* mellékút; ~ **roadway** *bány* segédvágat; ~ **stress** *any* mellékfeszültség; ~ **triangulation** *geod* segéd-háromszögelés; ~ **unit** *el* segédegység; ~ **variable** *mat* segédváltozó

subsiding | ground *talt* süllyedő altalaj; ~ **tank** *hidr* ülepítő/derítő medence

subsidized támogatott, (államilag) dotált; ~ **dwelling** *ép* szociális lakás

subsieve *élip* szitán aluli

subsilicate *vegy* szubszilikát

subsill *ép* alapgerenda, küszöbgerenda

subsize *ép* szitán/rostán áthulló

subsoil *talt* altalaj; ~ **attachment** *mzg* altalajlazító szerelvény *(ekén)*; ~ **drain** *ép* alagcső, alagcsövezés; ~ **drainage** *ép* alagcsövezés(i rendszer); *hidr* altalaj-víztelenítés; ~ **drain pipe** *hidr* alagcső; ~ **drain pump** *hidr* fenékszivattyú; ~ **exploration** *geol, talt* altalajkutatás, altalaj-felderítés; ~ **grouting** *ép* altalaj-injektálás; ~ **investigation** *talt* altalajfeltárás; ~ **paper** *ép* útépítési alátétpapír; ~ **plough/plow** *ép* altalajlazító (eke); ~**-plough/plow** *mzg* (ekével) fellazítja az altalajt, altalajlazító ekével felszánt; ~ **prospecting** *geol* talajfelderítés; ~**-research laboratory** *talt* talajvizsgáló laboratórium; ~ **sample** *talt* (al)talajminta; ~ **stratum** *talt* altalaj-rétegződés; ~ **water** *hidr* mélységi víz; talajvíz; ~**-water irrigation system** *hidr* csőkutas öntözés

subsoiler *mzg* altalajlazító (eke)

subsoiling *mzg* mélyszántás

subsolid *fiz* félkemény, félszilárd

subsonic *hang* hallhatóság alatti, infrahangi; *rep* szubszonikus, hangsebesség alatti; ~ **flight** *rep* hangsebesség alatti repülés; ~ **flow** *fiz* szubszonikus *v.* hangsebességnél lassúbb áramlás; ~ **speed** *rep* hangsebesség alatti sebesség; szubszonikus sebesség; ~ **whistle** *hang* szubszonikus fütty

subsonics *rep* hangsebesség alatti aerodinamika

subspace *mat* altér

substage *ép* alátámasztás, dúc; emeletköz; *geol* alemelet; *opt* mikroszkóp-segédalátét; ~ **condenser** *opt* mikroszkópkondenzátor

substance *fiz, vegy* anyag; *pa* ívméret és súly; négyzetmétersúly; ~ **patent** anyagszabadalom

substandard I. *v ip* gyenge minőségű; szabványosnál kisebb; **II.** *n ip* gyenge minőség; ~ **film** *film* keskenyfilm *(35 mm alatt)*, 16 mm-es film; ~ **instrument** *el* nem szabványos pontosságú műszer, laboratóriumi műszer; ~ **product** *ip* gyenge minőségű termék; ~ **range** *rád* normálisnál kisebb terjedési távolság; ~ **weld** *heg* gyenge minőségű varrat

substantiate igazol, (be)bizonyít; megalapoz, megindokol

substantive *tex* szubsztantív; ~ **dyeing** *tex* szubsztantív színezés; ~ **dyes** *pl tex* szubsztantív színezék

substation *el* alállomás; mellékállomás; *geod* besűrített háromszögelési alappont; *távb* alállomás; alközpont

substellar point *csill* szubsztelláris pont

substituent *vegy* szubsztituens, helyettesítő (atom/csoport)

substitute I. *v* pótol, helyettesít; *vegy* helyettesít, szubsztituál; **II.** *n* pótanyag, pótszer, pótlék, pótló; *vegy* szubsztitúciós/helyettesítési termék/vegyület; szubsztituens; ~ **alloy** *koh* helyettesítő ötvözet; ~ **character (SUB)** *szt* helyettesítés *(vezérlőkarakter)*, SUB; ~ **material** pótanyag; ~ **natural gas** *ol* szintetikus földgáz; ~ **tie** *vasút* másodrendű talpfa

substituted phenol *műa* helyettesített fenol

substituting I. *a* helyettesítési, szubsztitúciós; **II.** *n* → substitution

substitution helyettesítés, pótlás, csere; *aut* helyettesítés; *mat* (be)helyettesítés; *szt* helyettesítés; *vegy* helyettesítés, szubsztitúció; ~ **by addition** *krist* addíciós helyettesítés; ~ **by division** *krist* megosztott helyettesítés; ~ **by subtraction** *krist* szubtrakciós helyettesítés; ~ **conduction** *el* szubsztitúciós vezetés; ~ **cover** *gép* pótfedél; ~ **disorder** *krist* szubsztitúciós rendezetlenség; ~ **equation** *mat* helyettesítési egyenlet; ~ **formula** *mat* helyettesítés elve/képlete/szabálya; ~ **for silver** *foto* ezüstkicserélés; ~ **method** *krist* szubsztitúciós módszer; *mat* helyettesítéses módszer *(lineáris egyenletrendszerek megoldására)*; ~ **product** *vegy* helyettesítési/szubsztitúciós termék; ~ **reaction** *vegy* helyettesítési/szubsztitúciós reakció; ~ **rule** → ~ formula

substitutional | **alloy** helyettesítő/szubsztitúciós ötvözet; ~ **atom** *koh* szubsztitúciós atom; ~ **compound** *krist, vegy* helyettesítési vegyület; szubsztitúciós/szubsztituált vegyület; ~ **connection** *el* helyettesítő kapcsolás; ~ **disorder** *krist* helyettesítési rendezetlenség; ~ **impurity** *krist* helyettesítési tisztázatlanság; ~ **mixed crystal** *krist* helyettesítési elegykristály; ~ **resistance** *el* helyettesítő ellenállás; ~ **solid solution** *koh* szubsztitúciós szilárd oldat
substitutive *el, mat, vegy* helyettesítési, helyettesítő, szubsztitutív
substoichiometric analysis *vegy* szubsztöchimetrikus analízis
substoping *bány* művelés osztószinti vágatokkal
substractive polarity *el* azonos polaritás
substrate *el* hordozó; *ép* festett/festendő felület; *félv* félvezető egykristály; *szt* hordozó; *tex* alapszövet
substratosphere *met* sztratoszféra alsó része, szubsztratoszféra
substratum (pl substrata) *bány* fekü; *élip* szubsztrátum; táptalaj; *geol* alaphegység; alsó talajréteg; altalaj; szubsztrátum
substring *szt* alfüzér, al-karaktersorozat; ~ **identifier** *szt* alfüzér-azonosító, alsztring-azonosító
substruct *ép* dúc
substructure *ép* alapozás; alépítmény, alap, alátámasztó szerkezet; *koh* alapozás; *krist* alszerkezet; szubstruktúra; ~ **footing** *mzg* alapozás
substyle *csill* napóramutató irányának megfelelő vonal
subsurface I. *a geol* felszín/föld/talaj alatti; mélységi; **II.** *n geol* altalaj; ~ **catchment area** *hidr* felszín alatti vízgyűjtő; ~ **conditions** *geof* felszín alatti viszonyok; ~ **crack** *any* belső repedés; ~ **cultivator** *mzg* saraboló *v.* sekély járatú kultivátor; ~ **data** *geof* felszín alatti szerkezeti adatok; ~ **distribution** *geof* felszín alatti eloszlás; ~ **divide** *hidr* felszín alatti vízválasztó; ~ **drainage network/system** *hidr* drénhálózat; ~ **erosion** *ép* hidraulikus talajtörés *(csőtörésnél, túlszivattyúzásnál)*; *talt* kimosás, alámosás, kiüregelés, aláüregelés; ~ **exploration** *talt* altalajfeltárás; altalajkutatás; ~ **flow** *geof* felszín alatti hőáramlás; ~ **highway** → ~ road; ~ **ingot structure** *önt* felületi réteg alatti öntecsszerkezet; ~ **investigation** → ~ exploration; ~ **irrigation** *hidr* altalajöntözés; felszín alatti öntözés; ~ **ladling** *önt* fémleöntés olvadékfelületről; ~ **layer** *talt* felület alatti réteg; ~ **map** *geof* felszín alatti szerkezeti térkép, struktúrtérkép; ~ **mark** *geod* föld alatti jelzés/pontállandósítás; ~ **outlet** *hidr* felszín alatti befogadó; ~ **pump** *ol* mélyszivattyú; ~ **reconnaissance** → ~ exploration; ~ **road** *ép* mélyút; süllyesztett út *(gyorsforgalmi útvonal)*; ~ **run-off** *hidr* felszín alatti lefolyás *(csapadéké)*; ~ **sampling** *bány* mintavétel mélyfúrásból; *talt* altalajminta-vétel; ~ **sealing** *hidr* héj alatti szigetelés; rejtett burkolat; ~ **sounding** *talt* szondázás; ~**-to-subsurface missile** *kat* vízalattról-vízalattra rakéta; ~**-to-surface strategic missile** *kat* tenger-föld ballisztikus rakéta; ~ **water** *geol* felszín alatti víz, rétegvíz; ~**-water reserve/resources** *környv* felszín alatti vízkészlet; ~ **wave** *fiz* térhullám
subswitchboard *el* segéd-kapcsolótábla
subsynchronous *el* szinkron alatti *(fordulatszám)*
subsystem *aut, rendsz* alrendszer; részrendszer

subtangent *mat* szubtangens
subtelephone telegraphy *távb* beszéd(frekvenciák) alatti távíró
subtend *mat* átfog, lezár *(ívet, szöget)*
subtense *mat* ívszelő, húr; ~ **angle** *mat* parallaxisszög; ~ **bar** *geol* tárcsás rúd *(tahimetriában)*; ~ **instrument** *geod* fix bázisú műszer; szögmérő műszer; tárcsás rudas tachiméter
subterfluent *hidr* föld alatt folyó
subterminal outflow *geol* láva kiömlése a kitörés befejezése előtt
subterrane, subterrain *geol* alapkőzet; föld/felszín alatti üreg; ~ **bank** *geol* fenékpad; ~ **layer** *geol* fenékréteg
subterranean *geol* föld alatti; ~ **brook** *hidr* búvópatak; ~ **cable** *távk* földkábel; ~ **condensation** *met* talajharmat; ~ **gasification** *ol* föld alatti elgázosítás; ~ **gas-storage** *en* föld alatti *v.* rétegbeli gáztárolás; ~ **irrigation** *hidr* altalajöntözés; ~ **stream** *geol* búvópatak; felszín alatti vízáramlás; *hidr* föld alatti vízfolyás; ~ **water** *bány* bányavíz; föld alatti víz; ~ **water reserve** *bány* mélységi vízkészlet; ~ **waters** *hidr* föld alatti vizek
subterraneous → subterranean
subthermal *fiz* szubtermikus, termikusnál kisebb
subthreshold *metr* küszöb alatti
subtilization *ol* illékonyság, illékonnyá tétel; *vegy* elillanás, illósodás, elpárolgás; elillósítás; finomítás, hígítás, elgőzölgés
subtilize *vegy* finomít, illékonnyá tesz
subtitle *film* felirat; *nyom* alcím
subtitled *film* feliratos
subtitling equipment *tv* tv-feliratozó
subtotal *mat* részletösszeg *(kettős vagy egyszeres végtelen soré)*; részösszeg; ~ **key** *szt* részösszeg-billentyű
subtract *mat* kivon, levon, elvesz; ~ **cam** kivonó kerék *(számológépen)*
subtracter → subtractor
subtraction *mat* kivonás; ~ **position/setting** *krist* szubtrakciós helyzet; ~ **sign** *mat* kivonás jele, mínuszjel
subtractive kivonó; ~**-colo(u)red light** *fiz, opt* színszűrővel színezett fény; ~ **combination** *rád* különbözeti frekvenciás kapcsolás; ~ **primary colo(u)rs** *foto* szubtraktív alapszínek; ~ **printer** *film, foto* szubtraktív másoló; ~ **process** *film, foto* szubtraktív eljárás
subtractor *el* kivonóáramkör; *szt* kivonóberendezés; kivonóegység
subtrahend *mat* kivonandó
subtransient reactance *el, távk* szubtranziens reaktancia
subtranslucent *opt* félig átlátszó/áteresztő
subtransmission *el* közepes feszültségű energiaelosztás
subtree *mat* fenyő, gyökerezett fa; *szt* részfa
subtropical *met* szubtropikus, szubtrópusi
subtype altípus, szubtípus
suburb *ép* előváros; külterület; külváros; peremváros
suburban *vasút* helyiérdekű; ~ **bus** *közl* elővárosi járati autóbusz; ~ **call** *távk* peremvárosi beszélgetés; ~ **connection** *távb* peremvárosi kapcsolás; ~ **housing estate** *ép* elővárosi lakótelep; ~ **line** *közl* elővárosi vasút(vonal)

subvariety *mat* részsokaság
subversion *kat* felforgatás
subvertical I. *a mat* közel függőleges; **II.** *n ép* mellékoszlop
subvolcanic rock *geol* szubvulkáni kőzet
subvolcano *geol* szubvulkán
subway *bány* alagút *(szállító)*; *ép* (gyalogos-)aluljáró; (úttest alatti) kábelalagút, vezetékalagút, kábelcsatorna; alagút; *vasút US* földalatti (vasút), metró; ~ **conveyer/conveyor** *élip* föld alatti szállítószalag; ~ **leading to platforms** *ép* peronalagút, aluljáró; ~ **tube** *közl* mély vezetésű *v.* csőalagutas metró
subweathering velocity *geof* mállott réteg alatti szeizmikus sebesség
subword *aut* részszó
subworker *ip* segédmunkás, betanulatlan munkás
subzero *met* nulla fok alatti; ~ **treatment** *hők* mélyhűtő hőkezelés
subzone network *távb* körzeti hálózat
succedent *mat* utótag, következmény, zárótétel
succeed követ(kezik)
succeeding (utána) következő, egymást követő
succession sorrend, egymás után következés; egymásra következés; ~ **of crystal(l)ization** *krist* kristályosodási sorrend; ~ **of fellings** *fa* vágásirány, vágásmenet, vágássorrend; ~ **of impulses** *el* impulzussorozat; ~ **of sediments** *geol* üledékfolytonosság; ~ **of separation** *geol* kiválási sorrend; ~ **of strata** *geol* rétegösszlet; rétegsorrend; *ol* rétegsor; ~ **of waves** *el* hullámcsomag, hullámnyaláb
successive sorozatos, egymásra következő; egymást követő *(nap)*; ~ **approximation** *mat* szukcesszív approximáció, sorozatos/lépésenkénti megközelítés, iteráció; ~ **barrage** *kat* gördülő zárótűz; ~ **card feeding** *szt* folyamatos kártyaadagolás; ~ **collapse** *mech* fokozatos/sorozatos tönkremenetel; ~ **colo(u)r contrast,** ~ **contrast of colo(u)rs** *fiz* szukcesszív színkontraszt; ~ **generation** *at* egymást követő atommagnemzedék(ek); ~ **glare** *fiz* szukcesszív vakítás; ~ **layers** *pl geol* rétegsor; ~ **method** *szt* eszkalációs módszer; ~ **photographs** *geod* sorban csatlakozó fényképek
successor *mat* (soron) következő elem, rá következő elem
succinate *vegy* szukcinát
succinic | acid *vegy* borostyánkősav; ~ **anhydride** *vegy* borostyánkősav-anhidrid, szukcin-anhidrid
succinimide *vegy* szukcinimid
succinite *ásv* sukcinit
succinyl (radical) *vegy* szukcinilgyök
succulent *élip* nedvdús
suck I. *v* szív, beszív, felszív; **II.** *n hidr* (be)szívás, felszívás; örvény, szívóhatás; ~ **out** *v* kiszív *(vmnek a levét)*; ~**-out** kiszívás; ~ **up** *v* felszív *(vizet)*; szivattyúz, pumpál *(levegőt, vizet)*
sucked heating system *ép* szívott rendszerű melegvízfűtés
sucker *gumi* tapadótárcsa *(feltapadó gumikorong)*, szívókorong; *hidr* szivattyúdugattyú; szívócső; *ol* szivattyúsaru; *pa* szivattyúakna; ~ **rod** → ~ rods; *ol* (mély)szivattyúrúd; ~**-rod cleaner** *bány* szivattyúrúd-tömszelence; ~**-rod coupling** *ol* mélyszivattyúrúd-kapcsoló; ~**-rod pump** *ol* rudazatos mélyszivattyú; ~**-rod pump plunger** *ol* mélyszivattyú-dugattyú; ~ **rods** *pl ol* szivattyúrúd, mélyszivattyú-rudazat; ~**-rod socket** *ol* szivattyúvezetőrúd-tartó; ~**-rod string** *ol* mélyszivattyú-rudazat
sucking I. *a* szívási, szívásos, szívó-; **II.** *n* (be)szívás, felszívás, kiszívás; ~ **action** *hidr* szívóhatás; ~**-and-forcing pump** *hidr* szívó-nyomó szivattyú; ~ **apparatus** exhausztor; ~ **booster** *el* feszültségszabályozó transzformátor; ~ **calf** *bőr* szopósborjú-bőr; ~ **coil** *aut, el* behúzómagos/behúzómágneses tekercs; ~ **electromagnet** *el* behúzómágnes; ~ **fan** *szell* szívóüzemű ventilátor, szívószellőző; ~ **fit** *mt* szoros illesztés; ~ **jet pump** *hidr* vízsugárszivattyú; ~**-off plant** *koh* elszívóberendezés; ~ **of the shuttle** *tex* szívásos vetélőbefűzés; ~ **pump** → suction pump; ~ **valve** *hidr* szívószelep *(szivattyúé)*
sucrase *vegy* invertáz; szacharáz
sucrate *vegy* szacharát
sucrol *vegy* dulcin, p-fenetol-karbamid
sucrose *vegy* szacharóz, nádcukor, répacukor
suction szívás, beszívás, elszívás, felszívás; *hidr* szívócső; szívóképesség; *rep* nyomáscsökkenés; ~ **air** *szell* beszívott/szívó levegő; ~ **air-chamber** *hidr* szívólégüst; ~ **airfoil** *rep* határréteg-elszívásos szárnyszelvény; ~ **air supply** *szell* szívószellőz(tet)és; ~ **and delivery line** *ép* szívó- és nyomóvezeték; ~ **and force pump** *hidr* szívó- és nyomószivattyú, szívó-nyomó szivattyú; ~ **area** *koh* szívófelület; ~ **backflow drilling** *ol* szívófúrás; ~ **basket** *hidr* szívókosár; ~ **bell** *hidr* szívószáj; ~ **bend** *hidr* szívócsőkönyök; ~ **blade** *hidr* szívószárny; ~ **blower** *szell* szívószellőző, légelszívó, exhausztor; szívóüzemű ventilátor, szívóventilátor; ~ **bottle** *vegy* szívópalack; ~**-box** *hidr* szívószekrény, szívókamra; ~**-box slot** *pa* szívóléc; ~ **brightening** *tex* leszívásos aviválás; ~ **cap** *hidr* szívókupak; ~ **capacity** *hidr* szívóképesség; ~ **casting** *önt* öntés vákuumszívási módszerrel; ~ **chamber** *bány* szívótorok; *hidr* szívószekrény, szívókamra; *vák* munkatér; ~ **channel** *hidr* szívócsatorna; ~ **clack** *gép* szívószelep *(csapószelep)*; ~ **cleaner** *szell* porszívó; ~ **cleaning apparatus** *szell* elszívóberendezés; ~ **cock** *gép* szívócsap; ~ **coil** szívó fojtótekercs; ~ **cone** *hidr* szívókúp; ~ **connection** *hidr* szívócsonk, szívócső-csatlakozás; ~**-control cylinder** *hidr* vákumszabályozó henger; ~ **conveyor/conveyer** *ép* szívóüzemű szállítóberendezés; ~**-couch** *pa* szívógaucs; ~**-couch roll** *pa* cellás szívóhenger/szívógaucs; ~ **counterflush drilling** *ol* szívófúrás; ~ **cowl** *hidr* szívósüveg; ~ **cup** → ~ jet; ~ **cupola** *önt* füstgáz-exhausztoros kupolókemence; ~ **cutter** *ép* lazítószerkezet; ~**-cutter apparatus** *ép* vágófej, marófej; ~**-cutter dredger** *ép* marófejes/vágófejes szívókotró; ~ **dampener** *ol* szívólégüst; ~ **disc/disk** *hidr* szívókorong; ~ **dredger** *hajó* szívókotróhajó; ~ **duct** *hidr* szívócsatorna, szívóvezeték; ~ **dust-collector** *szell* szívó porszűrő; ~ **effect** *fiz, hidr* szívóhatás; ~ **engine** *gép* szívómotor; ~**-feed gun** *ép* vákuumos festékszóró; ~**-feed sandblaster** *ép* szívóüzemű homokfúvó berendezés; ~ **filter** *pa* szívószűrő; *vegy* nucsszűrő; szívószűrő, vákuumszűrő; ~**-fitted** *gép* szívókoronggal ellátott/felerősített; ~ **flap** *hidr* szívócsappantyú, szívószelep; ~ **flask** → ~-box; *vegy* szívópalack; ~ **force** *hidr* szívóerő; ~ **ga(u)ge** *hidr, vák* szívóoldali feszmérő, vákuummérő; ~ **grid** *hidr* szívórács; ~ **head** *hidr* szívómagasság; ~**-head** *ép* szí-

vófej *(szívókohón)*; ~ **heater** *ol* szívófűtő; ~ **hood** *ép* szívókosár; *koh* elszívóernyő; ~ **hose** *hidr* szívótömlő, szívócsonk; ~ **jet** *ép, hidr* szívófej; szívófúvóka; ~**-jet conveying system** *ép* kombinált pneumatikus szállítórendszer; kombinált szívó-nyomó berendezés; ~ **leg** *élip* szívócsatorna *(szeparátoron, hámozógépen)*; ~ **lift** *ép, hidr* szívómagasság; ~ **line (SL)** *hidr* szivattyú szívócsöve; szívó(cső)vezeték; *hőt* szívás vonala *(indikátordiagramban)*; ~ **line filter** *ép* szívókosár, szűrőkosár; ~ **main** *hidr* (el)szívó gyűjtővezeték; ~ **nipple** *pa* gumiszívó; ~ **noise** *hidr* szívászörej; ~ **nozzle** *hidr* szívócsonk; szívószáj, szívófej; ~ **orifice** *hidr* szívónyílás; ~ **output** *hidr* szívóteljesítmény; ~ **overfall** *hidr* túlszíváselfolyás; ~ **pick-up felt** *pa* szívó-levevő lemez; ~ **piece** *hidr* szívócsonk; ~ **pipe** szívócső, szívóvezeték; ~ **pipeline/piping** szívócsőrendszer; szívócsővezeték, szívóvezeték; *ép, hidr* elszívóvezeték; ~ **plant** *élip* szívóberendezés, pneumatikus berendezés; *em, gép* pneumatikus uszályürítő/hajóürítő berendezés; *koh* elszívóberendezés; *tex* elszívóberendezés; ~**-pneumatic conveyor/conveyer** szívó-pneumatikus *v.* vákuumszivattyús szállító; ~ **port** *vák* szívónyílás; ~ **power** *szell, vák* szívóteljesítmény; ~ **power brush** *ép* padlókefélő-felszívó gép; ~**-press roll** *pa* szívóprés; ~ **pressure** *ép, hidr* szívási nyomás, szívónyomás; ~ **pump** *hidr* szívószivattyú; ~ **resistance** *rep* szívási ellenállás; ~**-roll** *pa* szívóhenger; ~ **rose** *talt* szívókosár; ~ **rush** *bány* omlás; ~ **scavenger,** ~ **scavenging machine** *ép* seprő-felszívó gép; ~ **screen/strainer** *ép* szívókosár; ~ **shaft** *hidr* szívóakna; ~ **slot** *rep* határrétegelszívó réselés; ~ **strainer** *bány* szívókosár; *pa* szívószűrő; ~ **stroke** *gépk* szívóütem; ~ **stub** *hidr* szívócsonk; ~**-thread trimmer** *tex* fonalelszívó *(készülék)*; ~ **tube** *bány* szívóvezeték; *gépk* szívócső; ~**-type sintering** *koh* átszívásos zsugorítás; ~**-type sintering plant** *koh* átszívásos zsugorítóberendezés; ~ **valve** *gép* szívószelep; ~ **ventilation** *szell* elszívószellőzés; ~**-washing drum** *pa* szívó-mosó dob; ~ **water level** *hidr* alsó vízszint *(szivattyúé)*; ~ **well** *hidr* szívókút; ~ **windscreen wiper** *gépk* pneumatikus ablaktörlő

sudden hirtelen, váratlan; ~ **bump** *bány* váratlan kitörés *(szén)*; ~ **change of load** *el* lökésszerű/hirtelen terhelés; ~ **change of the picture** *tv* hirtelen képváltozás; ~**-commencement storm** *geof* hirtelen kezdetű mágneses vihar; ~ **draw-down** *hidr* hirtelen vízszintesés; ~ **drop of pressure** hirtelen nyomásesés; ~ **failure** *el* váratlan meghibásodás; ~ **heating** *el* hirtelen (fel)melegedés/bemelegedés; ~ **inflow/influx** *ol* fúrólyuk megindulása; ~ **ioncspheric disturbance** *fiz* Mögel—Dellinger-hatás, teljes naperupciós hatás; ~ **loading** *mech* hirtelen terhelés; ~ **outburst of gas** *bány* gázkitörés; ~ **phase-anomalies** *el* váratlan fázisrendellenességek; ~ **release (of gas)** *bány* hirtelen gázfelszabadulás; váratlan gázkiválás *(gáz)*; ~ **sag** *közl* huppanó; ~ **short-wave fade-out** *el* Dellinger-hatás, teljes naperupciós fading; ~ **voltage difference** *el* hirtelen feszültségesés

Sudetian orogeny *geol* szudétai (orogén) fázis

Sudetic orogeny → Sudetian orogeny

suds *pl hidr* iszapos víz, mocsár; *tex* mosóoldat *(gyapjú zsírtalanítása után)*; *tex, vegy* szappanhab; szappanos lé/víz; ~ **lubrication** *gép* szappanos-vizes kenés; ~ **trough** *gép* szappanosvíz-gyűjtő tálca *(szappanos kenő- és hűtőfolyadék részére)*

sudsing power *vegy* habzóképesség

suede *bőr* antilopbőr, svédbőr; báránybőr *(kesztyűhöz és cipőfelsőrészhez)*; ~**-calf** *bőr* borjúvelúr; ~ **cloth** *tex* szarvasbőrutánzat; ~ **finish** *tex* svéd kikészítés; ~ **leather** *bőr* velúr(bőr); ~ **surface** *bőr* bársonyos (bőr)felület

suedette fabric *tex* antiloputánzat; svédbőrt utánzó gumizott szövet

sueding process *tex* bőrutánzó eljárás

suet *vegy* faggyú

sufficiency *mat* elégségesség

sufficient elég(séges), elegendő; *mat* elégséges; ~ **condition** *mat* elégséges feltétel; ~ **estimate** *mat* elégséges becslés; ~ **statistics** *aut, mat* kielégítő statisztika

suffix I. *v* hozzátesz, hozzátold; **II.** *n ép* toldalék; *mat* index; *távk* bevezető jel

suffocate elfojt; elfojtódik

suffocation elfojtás, megfojtás

suffocative fojtó; ~ **gas** fojtó gáz

suffuse befuttat *(festékkel)*; elborít *(folyadékkal)*

suffusion *bány, geol* aláásás, alámosás

sugar I. *v élip* megcukroz; *vegy* (el)cukrosodik; **II.** *n vegy* cukor, szacharóz; ~ **beet harvester** *mzg* répabetakarító, cukorrépakombájn; ~**-beet lifter** *mzg* cukorrépa-kiemelő gép; ~**-beet topper** *mzg* répafejelő gép; ~ **cane** *em* cukornád; ~**-cane mill** *cu* cukorgyár *(cukornádat feldolgozó)*, nádcukorgyár; ~**-cane wax** *pa* cerezin; ~ **cleansing** *cu* cukorfehérítés; ~ **dryer/drier** *cu* cukorszárító; ~**-end** *cu* cukoroldal; ~ **factory** *cu* cukorgyár; ~ **lime** *cu* mészszacharát; ~ **liquor** *cu* fedőszörp; ~ **mill** *cu* (nád)cukorgyár; ~**-mill shredder** *mzg* cukorrépatépő gép; ~**-mill wastes** *pl hidr* cukorgyári szennyvíz; ~ **of lead** *vegy* ólomcukor, ólom-acetát; ~ **washer** *élip* cukorfehérítés

sugarfree coating *gyógyv* cukor nélküli bevonat

sugarless *gyógyv* cukor nélküli

sugary *élip* cukros, cukortartalmú; édes; ~ **grain** cukros szövet

Suhl|-effect *félv* Suhl-jelenség; ~**-type maser** *fiz* Suhl-féle mézer

suicide contactor *el* legerjesztő kontaktor

suint *tex* gyapjúzsír

suit I. *v* hozzáillik, összeillik; megfelel(ő), jó, alkalmas; *nyom* összeválogat, osztályoz; **II.** *n* öltöny, ruha, kosztüm; kereset, per; *bány* sorozat; ~ **board** *pa* ruhacsomagoló-doboz karton; ~ **temperature control** *űr* űrruha hőmérséklet-szabályozása

suitability alkalmasság, megfelelés; ~ **for welding** *koh* hegesztési lehetőség

suitable alkalmas, megfelelő; ~ **for ironing** *tex* vasalható; ~ **for running** *gépk* futásképes *(jármű)*

suitableness alkalmasság, megfelelés

suitcase bőrönd; ~ **board** *pa* többrétegű karton

suite készlet, sorozat; *bány* kőzetprovincia; *ép* (lak)berendezés; *geol* vonulat; *hidr* rétegösszlet; *szt* összefüggő programok készlete, programok halmaza; *távb* állványsor; kapcsolótáblasor; ~ **of rooms** *ép* lakosztály; ~ **of strata** *ol* rétegsor

suiting (hozzá)alkalmazás; illesztés; ~ **fabric/material,** ~**s** *pl tex* ruhaanyag, öltönyszövet

sulf... *US* → sulph...

sullage *hidr* iszaphordalék; szennyvíz(iszap), iszapos (szenny)üledék, iszaplerakódás, szennylerakódás; *önt* felúszó salak; ~ **head** *önt* salakkoszorú
sulphamic, *US* **sulfamic acid** *vegy* amidokénsav, szulfaminsav, szulfámsav
sulphamide, *US* **sulfamide** *vegy* szulfamid, kénsav-diamid
sulphane, *US* **sulfane** *vegy* szulfán
sulphanilamide, *US* **sulfanilamide** *vegy* szulfanilamid, p-aminobenzol-szulfamid
sulphanilic, *US* **sulfanilic acid** *vegy* szulfanilsav, p-aminobenzol-szulfonsav
sulphate, *US* **sulfate I.** *v vegy* szulfatálódik, (el)szulfátosodik; szulfátoz, szulfatál; **II.** *n vegy* szulfát; ~ **ash** *vegy* szulfáthamu; ~ **boiler** *pa* szulfátfőző; ~ **cellulose** szulfátcellulóz; ~**-crêpe paper** *pa* nátronkrepp-papír; ~ **digester** *pa* szulfátfőző; ~**-insulating paper** *pa* nátron szigetelőpapír; ~**-laden soil** *talt* szulfáttartalmú talaj; ~ **of ammonia** *mzg, vegy* ammóniumszulfát; ~**-packing paper** *pa* nátron csomagolópapír; ~ **paper** *pa* nátronpapír; ~ **resistance** *ép* szulfátállóság; ~**-resistant cement** *ép* saválló cement; ~**-resistant mortar** *ép* szulfátálló habarcs; ~**-resisting** *vegy* saválló; ~ **sack-paper** *pa* nátron zsákpapír; ~ **sulphur/sulfur** *koh* szulfátkén; ~ **tissue-paper** *pa* nátron selyempapír; ~ **water** *hidr, vegy* szulfátos víz; ~ **wood turpentine** szulfát-terpentinolaj; ~ **wrapping** *pa* nátron csomagolópapír
sulphating, *US* **sulfating roasting** *koh* szulfatáló pörkölés, szulfatálás
sulphation, *US* **sulfation** *el* elszulfátosodás *(akkumulátoré)*
sulphatizing, *US* **sulfatizing roasting** → sulphating roasting
sulphenic, *US* **sulfenic acid** *vegy* szulfénsav
sulphide, *US* **sulfide** *vegy* szulfid; ~ **cleanness** *koh* szulfidzárványosság; ~ **concentrate** *koh* szulfidos koncentrátum; ~ **dross** *koh* szulfidos felzék; ~ **inclusion** *koh* szulfidzárvány; ~ **ore** *ásv* szulfidos érc; ~ **phase** *koh* szulfidos fázis; ~ **sulphur/sulfur** *koh* szulfidkén; ~ **treatment** *vegy* szulfidálás
sulphiding, *US* **sulfiding agent** *vegy* szulfidálószer, kénezőszer
sulphidization, *US* **sulfidization** *koh* kénező olvasztás
sulphidizing, *US* **sulfidizing** | **agent** *koh* kénező pótlék; ~ **smelt** *koh* kénező olvasztás
sulphinate, *US* **sulfinate** *vegy* szulfinát, szulfinsav-származék
sulphinic, *US* **sulfinic acid** *vegy* szulfinsav
sulphinyl, *US* **sulfinil radical** *vegy* szulfinilgyök, tionilgyök
sulphitation, *US* **sulfitation** *vegy* szulfitálás; ~ **plant** *vegy* lészulfitáló állomás
sulphite, *US* **sulfite** *vegy* szulfit; ~ **board** *pa* szulfitpapír lemez; ~ **cellulose** *pa* szulfitcellulóz; ~ **cooking** *pa* szulfitfőzés; ~**-digester** *pa* szulfitfőző (kazán); ~ **digestion** *pa* szulfitfeltárás; ~ **fibre/fiber** *pa* szulfitcellulóz; ~ **liquor/lye** *pa* szulfitlúg, szulfitszennylúg; ~ **paper** *pa* szulfitpapír; ~ **process** *pa* szulfitos eljárás; ~**-pulp** *pa* szulfitcellulóz; ~ **spinning-paper** *pa* szulfit fonópapír; ~ **waste liquor** → ~ liquor; ~ **wood-pulp** → ~ pulp; ~**-wrapping** *pa* szulfit csomagolópapír
sulphobenzoic, *US* **sulfobenzoic** | **acid** *vegy* szulfobenzoesav; ~ **imide** *gyógyv* szacharin
sulphochlorination, *US* **sulfochlorination** *vegy* szulfoklórozás, klórszulfonálás, Reed-reakció
sulphocyanide, *US* **sulfocyanide** *vegy* rodanid, tiocianát
sulphocyaniding, *US* **sulfocyaniding** *koh* szulfokarbonitridálás; szulfonitridálás
sulphonamide, *US* **sulfonamide** *vegy* szulfonamid, szulfamilsav-amid
sulphonate, *US* **sulfonate I.** *v* szulfonál; **II.** *n* szulfonát
sulphonated, *US* **sulfonated** *vegy* szulfonált; ~ **castor oil** *vegy* szulfonált ricinusolaj, törökvörösolaj; ~ **oil** *vegy* szulfonált olaj
sulphone, *US* **sulfone** *vegy* szulfon
sulphonic, *US* **sulfonic acid** *vegy* szulfonsav
sulphonitriding, *US* **sulfonitriding** *koh* szulfonitridálás
sulphonylurea, *US* **sulfonylurea** *gyógyv* szulfonil-karbamid, tiokarbamid
sulphosol, *US* **sulfosol** *vegy* kénszol
sulphospinel, *US* **sulfospinel** *krist* szulfospinell
sulphoxide, *US* **sulfoxide** *vegy* szulfoxid
sulphoxylate, *US* **sulfoxylate** *vegy* szulfoxilát
sulphoxylic, *US* **sulfoxylic acid** *vegy* szulfoxilsav
sulphur, *US* **sulfur I.** *v vegy* kénez; **II.** *n* **(S)** *vegy* kén; ~ **absorption** *vegy* kénfelvétel; ~ **balance** *ol* kénmérleg; ~ **bath** *gumi* kénfürdő; ~**-bearing** kéntartalmú; ~**-bearing residue** *pa* gázmassza; ~ **black** *vegy* kénfekete *(színezék)*; ~ **bleach** *tex* kénes fehérítés; ~ **blooming** kénkivárágzás; ~ **bromide** *vegy* kén-bromid; ~ **burner** *vegy* kénégető kemence; ~ **cement** *ép* kéncement; ~ **colo(u)r** kénes festék/színezék, kénfesték; ~**-colo(u)red** kénsárga; ~ **content** kéntartalom; ~ **dioxide** *vegy* kén-dioxid; ~ **dust** *mzg* porkén, kénpor; ~ **dye** *tex* kénes színezék; kénfesték; ~ **dyeing** *tex* kénes festés/színezés; ~**-free** *vegy* kénmentes; ~ **heptoxide** *vegy* kén-heptoxid; ~ **hydrides** *vegy* kénhidridek; ~ **kiln** *vegy* kénpároló kemence; ~ **laser** *fiz* kéngőzlézer; ~ **olive oil** *vegy* olívaolaj utolsó sajtolásokból, szulfurolaj; ~ **oxides** *vegy* kén-oxidok; ~ **pick-up** *koh* kénfelvétel; ~ **pit** *bány* kénbánya; ~ **print** *önt* Baumann-nyomat; ~ **pump** *vegy* Frasch-féle kénszivattyú; ~ **recovery** *ol* kénvisszanyerés, kénkinyerés; ~ **removal** *ol* kénmentesítés, kéntelenítés; ~ **sesquioxide** *vegy* dikén-trioxid, kén-szeszkvioxid; ~ **station** *bány* kéntároló; ~ **tannage** *bőr* kénes cserzés; ~ **tetrachloride** *vegy* kén-tetraklorid, kén(IV)-klorid; ~**-treated oil** *ol* kénezett olaj; ~**-treatment apparatus** *mzg* kénporozó készülék/gép; ~**-trioxide** *vegy* kén-trioxid, kén(VI)-oxid; ~ **well** *bány* kénbánya
sulphuretted, *US* **sulfuretted hydrogen** *vegy* kén-hidrogén
sulphuric, *US* **sulfuric** *vegy* kén-; kénsavas, kénsav-; ~ **acid** *vegy* kénsav; ~**-acid balance** *koh* kénsavmérleg; ~**-acid battery** *el* savas ólomakkumulátor; ~**-acid parting** *koh* kénsavas válatás; ~ **anhydride** *vegy* kénsavhidrid, kén-trioxid; ~ **ether** *vegy* dietiléter (helytelenül: kénéter)
sulphuring, *US* **sulfuring** kénezés; ~**-up** kénkivirágzás
sulphurization, *US* **sulfurization** *koh* kénező olvasztás; *vegy* kénezés
sulphurize, *US* **sulfurize** *vegy* kénez
sulphurized, *US* **sulfurized board** kénezett papírlemez
sulphurizing, *US* **sulfurizing** | **agent** *koh* kénező pótlék; ~ **smelt** *koh* kénező olvasztás

sulphurous, *US* **sulfurous** *vegy* kénes-; ~ **acid** *vegy* kénessav; ~ **anhydride/oxyde** *vegy* kén-dioxid
sulphuryl, *US* **sulfuryl** | **amide** *vegy* szulfamid, kénsavdiamid; ~ **chloride** *vegy* szulfuril-klorid
sulphydrate, *US* **sulfhydrate** szulfhidrát, hidroszulfid
sulphydryl, *US* **sulfhydryl (group)** *vegy* merkaptáncsoport; szulfhidrilcsoport
sulvanite *ásv* szulvanit
sum I. *v mat* összegez, összead, szummáz; **II.** *n mat* aritmetikai feladat, számtanpélda; összeg; ~ **and difference matrix** *távk* futásiidő-demodulátor; ~ **frequency** *rád* összegfrekvencia; ~ **function** *krist* összegfüggvény; ~ **graph** *mat* összeggráf; ~ **ideal** *mat* ideál; ~ **key** *szt* végösszegbillentyű; ~ **of columns** *szt* oszlopösszeg; ~ **of finite state system** *rendsz* VR-ek összege; ~ **of infinite series** *mat* részletösszeg *(végtelen soré)*; ~ **of powers** *mat* hatványösszeg; ~ **of product form** *mat* diszjunktív normálalak *(Boole)*; ~ **of products expression, SOP expression** *mat* szorzatösszeg-kifejezés; ~ **of rectangle** *mat* téglányösszeg; ~ **of rows** *mat* sorösszeg; ~**-of-squares check** *mat* négyzetösszeg ellenőrzése; ~**-peak spectrometer** *fiz* csúcsösszegező (koincidencia)spektrométer; ~**-product register** *szt* összegszorzat-regiszter; ~ **term** *szt* összegtényező; ~ **total** *mat* végösszeg; ~ **vector** *mat* összegvektor
sumach, *US* **sumac** szömörce, szumak; ~ **extract** *bőr* szömörce-cserzőkivonat; ~**-tanned** *bőr* szömörcével cserzett
summability *mat* összegezhetőség, szummázhatóság
summable *aut, mat* összegezhető
summand *mat* összeadandó; tag *(összegé)*
summarize összesít, összefoglal
summary I. *a* összefoglalt, összesítő; **II.** *n* összesítés, összefoglalás; *nyom* kivonat; ~ **card** *szt* összegkártya; ~ **error** *szt* összeghiba; ~ **of reinforcement** *ép* betonacél-kivonat, vaskivonat; ~ **of the built-up plots** *ép* bruttó építési felület; ~ **punch** *szt* összeglyukasztó; ~ **recorder** *szt* összegíró; ~ **tone** *hang* öszszeghang
summated | **current** *el* eredő áramerősség; ~ **pressure** *el* eredő feszültség
summation *mat* összegezés, szummáció; ~ **amplifier** *aut, el* összegező erősítő; ~ **check** *mat* kontrollszumma, kontrollösszegzés; *szt* ellenőrző összegek összevetése; összegezéses/összeadásos ellenőrzés; ~ **circuit** *el* összegező áramkör; ~ **curve** *hidr* integrálgörbe; szemeloszlási görbe; *mat* eredőgörbe; ~ **device** *szt* összeg(ező)mű, szummátor; ~ **element** *aut* összegező elem/tag; ~ **instrument** *aut, el* integráló műszer; összegező műszer; ~ **metering** *el, en* összegező fogyasztásmérő; ~ **panel** *en* összteljesítmény-mérő műszertábla; ~ **sign** *mat* szummajel, összegzési jel; ~ **tone** *hang* eredőhang
summative fractionation *műa* szummatív frakcionálás
summator *aut* szummátor, összegezőelem
summed-up slumping *geol* összegezett roskadás
summer[1] *met* nyár; ~ **air-conditioning system** *ép* nyári légkondicionálási rendszer; ~ **dike** → ~ dyke; ~ **draught/draft** *hajó* nyári merülés; ~ **dyke** *hidr* nyárigát; ~ **flood** *hidr* árvíz; zöldár; ~ **gasoline** *ol* nyári benzin *(magas hegyvidéken használt kisebb gőznyomású motorbenzin)*; ~ **grade** nyári minőség/fajta; ~ **house** *ép* kerti ház; lugas; nyaraló; pavilon; ~ **irrigation** *hidr* nyári öntözés; ~**-load waterline** *hajó* nyári merülési vonal; ~ **oil** *ol* nyári (motor)olaj; ~ **residence** *ép* nyaralóhely; ~ **solstice** *csill* nyári napforduló; ~ **time (ST)** *metr* nyári időszámítás; ~ **wood** *fa* kései fa
summer[2] *ép* boltozatvállkő; födémgerenda; szemöldökfa, áthidaló; ~ **beam** *ép* ajtószemöldök(fa); mellgerenda; ~ **tree** *ép* födémgerenda, mestergerenda
summing | **amplifier** *aut, távk* összegező erősítő; ~ **circuit** *el* összegező áramkör; ~ **element** *aut* összegező elem/tag; ~ **gear/integrator** *aut* összegező mechanizmus; ~ **network** *aut* összeadó kör/kapcsolás; ~**-up** összegezés
summit csúcs(pont), tetőpont; maximum; *ép* tetőél, ívél; záradékmagasság; *geol* (hegy)csúcs, hegyorom; redő nyerge; *hidr* tetőpont, csúcspont *(csővezetéké)*; *mat* csúcs, több sík metszéspontja; ~ **canal** *hidr* vízválasztó csatorna; ~ **(level) reach** *hidr* vízválasztó böge/szakasz; ~ **of trajectory** *kat* röppálya tetőpontja; ~ **pond/pool** *hidr* gerinctartály *(hajózócsatornáé)*
sump I. *v bány* aknazsompot ás; *hidr* mélyít *(csatornát)*; **II.** *n* beömlőakna, gyűjtőakna, zsomp, gödör; *bány* aknafenék; aknazsomp; bukóakna; fülkebetörés, résbetörés; kezdőrés; kút; *élip* beömlőgarat; *ép* emésztőakna, emésztőgödör; padlóvízelnyelő, vízgyűjtő mélyedés; szikkasztógödör, szikkasztóakna; ürítőgödör; *gépk* (olajgyűjtő) teknő, olajteknő, motorteknő; *hidr* iszapfogó; mocsár; szívóakna; *ol* fenéktermék, maradvány; iszapgödörtartály, zsomp; ~**-basket** *bány* szívókosár; ~**-cleaner** *bány* zsomptakarító; ~ **drainage** *ép* nyílt víztartás *(zsompszivattyúzás)*; ~ **gully** *hidr* csatornaszem; iszapnyelő akna; ~ **pump** *bány* zagyszivattyú; zsompszivattyú; ~ **shaft** *bány* mosalékakna, zsompakna; zsompkút; ~ **tank** *hidr* derítőmedence, iszapolómedence; ~ **up** *v bány* berésel
sumped-up *bány* berészelt
sumping *bány* kezdőrés, betörés; ~ **cut** *bány* betöréskezdés, „begyezés"; ~ **hole** *bány* kezdőlyuk; *bány, ol* fúráskezdés, fúráskezdet, indítólyuk; *gép* előfúrás; ~ **shot** *bány* betörő robbantás, indítórobbantás; betörőlyuk
sun *csill* nap *(égitest)*; ~**-and-planet gear/gearing/wheel** *gép* bolygókerék-áttétel; bolygókerék-hajtómű, bolygómű; ~ **arc** *film* napfénylámpa; ~ **bleaching** *tex* napfehérítés; ~**-blind** *ép* előtető, napellenző, markíz; ~ **breaker** → sunshade; ~**-checking** *ép* napfény elleni védelem; ~ **compass** *geol* naptájoló; ~ **control** *ép* napvédő berendezés; ~ **crack** *fa* naprepedés; *geol* szárazság okozta repedés; ~ **deck** *hajó* legfelső fedélzet; ~ **dial** *metr* napóra; ~**-dried** *élip* napon/levegőn szárított; ~**-drying** *élip* szárítás napon; ~ **engine** *gép* napmotor; ~ **exposure** *met* napbesugárzás; ~ **exposure test** *met* napfényvizsgálat; ~ **gear** *gép* napkerék, bolygókerékmű középső fogaskereke; ~**-glasses** *pl* napszemüveg; ~**-lamp** *film* nagy reflektor; *orv* kvarclámpa; ~ **pillar** *met* napsugároszlop; ~ **power plant** *en* napenergia-erőmű; ~**-protection roof** *ép* napvédő ponyva; ~**-protective device** *ép* napvédő berendezés; ~ **pumped laser** *fiz* napenergiával szivattyúzott/pumpált lézer; ~ **relay** *aut* fényszabályozó jelfogó; nappal-éjjel átkapcsoló jelfogó; ~**-roof** → sunroof; ~**'s altitude** *csill* napmagasság; ~ **screen** → sunshade; ~ **shield**

foto napellenző; ~ **spot** → sunspot; ~**-test** *tex* fényállósági vizsgálat; ~ **visor** *gépk* napellenző; ~ **wheel** *gépk* napkerék *(bolygóműben)*; ~ **yellow** *tex* aranysárga; napsárga *(sztilbénszínezék)*
sunbeam *csill* napsugár
sunder I. *v* elkülönít, elválaszt, szétválaszt; szétválik; **II.** *n* elkülönítés, elválasztás, szétválasztás
sundries *pl* rövidáru; vegyes (áru)cikkek
sundtite *ásv* sundtit
sunfast *tex* nap(fény)álló, nem fakuló
sunfastness *tex* nap(fény)állóság
sunfire opal *ásv* tűzopál
sunflower napraforgó; ~ **cake** *mzg* napraforgó-pogácsa; ~**-seed oil** *vegy* napraforgómag-olaj
sunk elmerült; mélyített, süllyesztett; ~ **basin** *ép* süllyesztett akna; ~ **caisson** *bány* keszon; ~ **fascine** *hidr* süllyeszthető rőzsemű; ~ **feather** *ép* süllyesztett csapkötés; ~ **fence** *ép* (talajszint alá) süllyesztett kerítés; ~ **foundation** *ép* süllyesztett alapozás; ~ **garden** → sunker garden; ~ **hydrant** *ép* föld alatti tűzcsap, altalaj-tűzcsap; ~**-in tubbing** *bány* falazatsüllyesztés; ~ **key** *gép* fészkes/süllyesztett ék; ~ **line** *ép* süllyesztett vágány; ~ **mount** *el* süllyesztett foglalat; ~ **prop** *bány* gyámlyukba állított tám; ~ **rivet** *szer* süllyesztett fejű szegecs; ~ **screw** *szer* csúcságycsavar; süllyesztett fejű csavar; ~**-screw hole** *szer* süllyesztett csavarhely; ~ **switch** *el* süllyesztett kapcsoló; ~ **tank** *koh* süllyesztett tartály; ~ **track** *vasút* bevágásban futó pálya; süllyesztett vágány; ~ **well** *hidr* kút, süllyesztőkút *(kútalapozáshoz)*
sunken víz alatti; mélyített, süllyesztett; ~ **block** *geol* tektonikusan besüllyedt tömb; ~ **caldera** *geol* elsüllyedt vulkánkatlan; ~ **garden** *ép, mzg* teraszos kiképzésű kert; ~ **highway** *ép* süllyesztett út, mélyút; ~**-in** *geol* besüppedt; ~ **load** *geol* mélyített terhelés; ~ **road** *ép* mélyút; ~ **valve seat** *gépk* beverődött szelepülés
sunlight napfény; ~ **battery** *el* nap(fény)elem, naptelep; ~ **pumping energy of laser** *fiz* lézer napfénnyel való szivattyúzásának energiája; ~ **resistance** *tex* fényállóság *(napfénnyel szemben)*
sunlit hemisphere *csill* nappali földrész
sunned *bőr* napszárított; *hidr* kiszáradt
sunning *élip* (napon) szárítás, napoztatás
sunny napos; napfényes
sunproof *tex* nap(fény)álló
sunrise *csill* napkelte; ~ **effect** *rád* napkeltehatás
sunset *csill* napnyugta
sunshade *ép* markíz; napellenző
sunshine *csill* napfény, napsütés, napsugárzás; ~ **recorder** *met* napfénytartammérő; ~ **roof** *gépk* tolótető; ~ **yellow** aranysárga
sunspot *csill* napfolt; *film, foto* napfénylámpa, jupiterlámpa; ~ **activity** *csill* napfolttevékenység; ~ **cycle** *csill* napfoltciklus; ~ **frequency** *csill* napfoltgyakoriság; ~ **number** *rád* napfoltszám; ~ **prominence** *csill* napfoltkitörés, napfolt-protuberancia; ~**s maximum** *csill* napfoltmaximum
sunstone *ásv* napkő
sup → suppressor grid
super I. *a* extra, szuper; **II.** *n gépk* szuperbenzin; *nyom US* fűzőszövet, gázsi
superabundance bőség, gazdagság; *mat* túlságos bővelkedés
superacoustic *fiz, hang* ultrahangos, ultrahang-
superaerodynamics *rep* szuperaerodinamika
superalloy *koh, önt* szuperötvözet
superannealed *hők* szuperlágyított
superaudible *hang* ultrahang-frekvenciás; ultrahangos, ultrahang-; ~ **frequency** *fiz, hang* ultrahang-frekvencia
superaudio | channel *távk* beszédsáv feletti csatorna; ~ **frequency** *fiz* ultrahang-frekvencia; ~**-telegraphy** *távb* beszéd(frekvenciák) feletti távíró
superballoon (tyre/tire) *gép* tömlőabroncs *(nagy)*
supercalender *pa* (szuper)kalander; tekercssimító gép
supercalendered *pa* erősen fényezett, simított; ~ **printing-paper** *pa* jól simított nyomópapír
supercarburization *koh* túlkarbonizálás
supercavitation *hidr* szuperkavitáció
supercell *krist* felsőbb cella *(elemi test)*
supercentrifuge *gép* szupercentrifuga
supercharge I. *v gépk* (kompresszorral/sűrítővel) feltölt, túltölt, túlsűrít; **II.** *n gépk* túltöltés, túlsűrítés
supercharged *gép* sűrítős; ~ **engine** *gépk* feltöltött/sűrítős motor; *rep* magassági motor
supercharger *gépk* (fel)töltőkompresszor, (túl)sűrítő; ~ **control** *gépk* feltöltő vezérlése
supercharging *gép, rep* rátöltés, túltöltés; *rep* magassági feltöltés; ~ **pressure** *gépk* töltőnyomás
superchopper *el* nagy sebességű vibrátor; szupergyors megszakító, mechanikai sebességszelektor
supercompactor *ép* óriás gumiabroncssoros tömörítőhenger
supercompressibility *ol* túlsűríthetőség
supercompression *gépk* túlsűrítés
supercomputer *szt* szuperszámítógép
superconducting *fiz* szupravezető(képességű), szupravezetős; ~ **alloy** *koh* szupravezető ötvözet; ~ **amplifier** *el, távk* szupravezetős erősítő; ~ **magnet** *el* szupravezetős elektromágnes; ~ **memory** *szt* szupravezetős tár/memória; ~ **state** *fiz* szupravezető állapot; ~ **store** *szt* szupravezetős tár(oló); ~ **technology** *szt* szupravezetős technológia
superconduction *el, fiz* szupravezetés, szupravezetőképesség; ~ **electron** *el, fiz* szupravezető elektron
superconductive *fiz* szupravezető(képességű); ~ **alloy** *any* szupravezető ötvözet; ~ **computer** *szt* szupravezetős számítógép; ~ **parametric amplifier** *aut* szupravezető parametrikus erősítő
superconductivity *fiz* szupravezetés, szupravezetőképesség; ~ **winding magnet** *el* szupravezetős tekercsű mágnes
superconductor *fiz* szupravezető (anyag)
supercontraction *tex* rendkívül nagy zsugorodás
supercontrol tube *el* szabályozócső
supercool *vegy* túlhűt
supercooled túlhűtött; ~ **cloud** *met* túlhűlt felhő; ~ **water** *met* túhűtött víz
supercooling túlhűlés; túlhűtés
supercosmotron *fiz* szuperkozmotron
supercritical *fiz* szuperkritikus, hiperkritikus, kritikuson felüli; ~ **boiler** *en* szuperkritikus kazán; ~ **damping** *el* túlcsillapítás; ~ **exciting** *el* gyors ütemű gerjesztés; ~ **flow** *hidr* rohanó vízmozgás; ~ **mass** *at* szuperkritikus tömeg; ~ **nuclear chain reaction** *at* szuperkritikus láncreakció, divergens magláncreakció; ~ **reactor** *at, en* szuperkritikus reaktor

supercrust rock *geol* felső kőzetréteg; lerakódott és effúziós vulkanikus kőzet
supercurrent *el* szupravezetési áram
supercut *szersz* szuperfinom reszelővágat
supercutter *szersz* nagy teljesítményű vágógép
superdeep | drilling *ol* nagymélységű fúrás; ~ **well** *ol* ultramély kút
superdiagonal *mat* főátló fölötti átló; ~ **element** *mat* főátló fölötti elem *(mátrixé)*
superdip *geof* mágneses szuperdőlésmérő
superdirective antenna *rád* nagy nyereségű URH-antenna
superduty | firebrick *ép* igen nagy fokban tűzálló tégla; ~ **steel** *koh* rendkívül nehéz üzemviszonyokra alkalmas acél
superelastic *fiz* igen nagy rugalmasságú, szuperelasztikus *(ütközés)*
superelectron *el, fiz* szupravezető elektron
superelevated | bend *ép* túlemelt/bedöntött kanyar *(országúton)*; ~ **curve** *ép* döntött kanyar *(országúton)*; ~ **turn** → ~ bend
superelevation *ép, vasút* túlemelés; *vasút* egyirányú esés *(ívben)*; külső sín túlemelése ívben
superemitron camera *tv* emitroncsöves kamera; szuperikonoszkóp kamera
superexcitation *el* túlgerjesztés
superexpress lathe *forg* gyorseszterga; nagy teljesítményű eszterga
superfast szupergyors; *el* ultragyors működésű; ~ **coincidence circuit** *el* ultragyors (működésű) koincidencia-áramkör
superfatted soap *vegy* túlzsírozott szappan
superfiche *szt* superfiche, szuperfilmkártya
superficial felszíni, felületi; *geol* alluviális; felszíni; hordalékos; ~ **combustion** felületi/kontakt elégetés; ~ **compaction** *ép* felszíni tömörítés; ~ **crack** felületi repedés; ~ **current** *hidr* felszíni áramlás *(tengeren)*; ~ **deposits** *pl geol* felszíni hordalék/üledék; ~ **expansion** *geol* felületi kiterjedés; ~ **fire** *bány* külszíni tűz; ~ **layer** *geol* felszíni réteg, takaróréteg; ~ **length of polar arc** *el* pólusívhossz; ~ **load test** *geol* felszíni próbaterhelés; ~ **sap stain** *fa* felületi kékülés; ~ **weathering** *bány* felszíni mállás
superficies (*pl* superficies) *mat* felület, felszín
superfine | cut *szersz* szuperfinom reszelővágat; ~ **file** *szersz* simító finomreszelő; ~ **wheatings** *pl mzg* legfinomabb sötét takarmányliszt
superfinish I. *v forg* tükörfényesít, szuperfinisel; **II.** *n forg* tükörfényesítés, tükörsimítás, szuperfinis; *pa* nagy fény *(simaság)*
superfinishing *szersz* tükörsimítás, finom tükrösítés
superflood *US hidr* katasztrófaárvíz
superfluent magma *geol* kiáradó magma
superfluid I. *a fiz* szuprafolyékony, túlfolyékony; **II.** *n fiz* szuperfolyadék; szuprafolyadék
superfluidity *fiz* szuprafluiditás
superfluous felesleges, nélkülözhető; ~ **number** *mat* abundáns/bővelkedő szám
superfluxed sinter *önt* erősen folyósított zsugorítmány
superfractionation *ol* szuperfrakcionálás, finom frakcionálás
superfreezable *élip* mélyhűtésre/túlhűtésre alkalmas
superfreezing *élip* túlhűtés
superfrequency *rád* ultranagy frekvencia, ultrarövidhullám (URH)
supergain antenna *rád* nagy nyereségű URH-antenna
supergalaxy *csill* szupergalaktika
supergiant star *csill* szuperóriás
superglacial *geol* jégkorszak utáni, szuperglaciális; ~ **moraine** *geol* felszíni moréna
supergraph *mat* felgráf
supergrid *en* legnagyobb feszültségű országos hálózat
supergroup *távb* alapfőcsoport, szekunder alapcsoport; ~ **link** főcsoport-összeköttetés; ~ **(reference) pilot** főcsoportpilot; ~ **section** főcsoportszakasz
superhard material *any* szuperkemény anyag
superheat I. *v hőt* túlhevít; **II.** *n* túlhevítés; *hőt* túlhevítési hő; ~ **conduction/conductivity** *fiz* termikus szupravezetés, szuprahővezető képesség; ~ **conductor** *fiz* szuprahővezető
superheated *hőt* túlhevített *(gőz)*; ~ **steam (SS)** *koh* túlhevített gőz; ~**-steam cooled reactor** *at* túlhevített gőzhűtésű reaktor; ~ **vapo(u)r** *koh* túlhevített gőz
superheater *hőt, vasút* túlhevítő; ~ **chamber** *hőt* gőztúlhevítő *(kamra)*; ~ **flue** *hőt* túlhevítő füstjárata
superheating *hőt, koh* túlhevítés
superheavy | concrete *ép* nehézbeton; ~ **nucleus** *at* igen nehéz atommag; szupernehéz mag
superhet | receiver *rád, távk* szuperheterodin/frekvenciaváltó vevő; szupervevő; ~ **with two frequency changers/converters** *távk* kettős szuper
superheterodyne *rád, távk* szuperheterodin; ~ **frequency** *rád* középfrekvencia; ~ **interference** *rád* interferenciafütty; ~ **receiver** → superhet receiver; ~ **reception** *távk* szuperheterodin vétel; ~ **tuning** *rád* középfrekvenciás/szuperheterodin hangolás
superhigh | energy physics *fiz* igen nagy energiák fizikája; ~ **frequency (SHF)** *fiz, távk* centiméterhullám; mikrohullám(frekvencia); szupernagy frekvencia; ~ **vacuum** *vák* ultravákuum
superhighway *US ép* autópálya; ~ **bridge concrete mixer** *ép* hídkeverőgép
supericonoscope *távk, tv* szuperikonoszkóp, (elektron-) képikonoszkóp
superimpose *ép* fölébe helyez, rátesz, rárak; *film, foto* ráfilmez, egymásra filmez/felvesz; *geol* egymásra települ/rakódik, rárétegeződik; *mat* hozzáad, összegez; szuperponál; *vegy* fedésbe hoz; ~ **the wave** *el* alaphullámra szuperponál
superimposed *el* szuperponált; *geol* epigenetikus; járulékos; ~ **circuit** *el* szuperponált áramkör; ~ **coding (SC)** *szt* szuperpozíciós kódolás; ~ **core** *önt* mintával döngölt öntődei mag; ~ **current (SC)** *koh* szuperponált áram; ~ **diplex-telegraphy** *távb* diplex szimultán távíró; ~ **drainage** *geol* meglevő vízelvezető hálózat; ~ **encoding** *szt* szuperpozíciós kódolás; ~ **ends** *gép* egymásra rakott élek; ~ **field** *geof* járulékos/szuperponált erőtér; ~ **frequency** *el* heterodin frekvencia; ~ **knives** *tex* egymás fölé helyezett emelőkések *(sálszövő gépen)*; ~ **lettering** *foto* rányomott betűzés/feliratozás; ~ **load** *mech* szuperponált/hasznos teher, önsúly feletti terhelhetőség; ~ **(pre-distillation) retort** *vegy* tornyos (előlepárló) retorta; ~ **seams** *bány* egymás felett fekvő telepek; ~ **station** *en* előtéterőmű; ~ **stream** *geol* egymás feletti *v.* epigenetikus áramlás; ~ **title** *film, foto* bemásolt cím; ~ **turbine**

hőt előtétturbina; ~ **valley** *geol* epigenetikus völgy; ~ **weight** *mech* esetleges teher
superimposing *fiz* szuperponálás, szuperpozíció; ~ **of a map (on a radar screen)** *fiz, távk* térképbekeverés
superimposition *ép* átlapolás, átfedés, rátétel; *fiz* szuperponálás, szuperpozíció; *mat* egybeesés, fedés, összeesés; szuperpozíció
superincumbent *fiz* ránehezedő *(pl. légnyomás)*; *geol* fedő, ráfekvő; ~ **beds** *bány, geol* egymást fedő *v.* feljebb fekvő rétegek; ~ **rock-mass** rátelepült kőzettömeg
superintendent *ép* főépítésvezető; *ip* (fő)felügyelő
superior I. *a* felsőbbrendű; magasabb rendű/szintű; *nyom* felső *(index stb.)*; **II.** *n* elöljáró; felettes; ~ **approximate limit** *mat* approximatív limes superior, közelítő felső határérték; ~ **conjunction** *csill* felső együttállás; ~ **figure** *mat* felső index/kitevő; ~ **fuel** *ol* szuperbenzin; ~ **function** *el* eredeti/leképezendő függvény; kiindulási függvény; ~ **limit** *aut* felső korlát/határ; *mat* limes superior, felső határérték; ~ **stand** *fa* faállomány zöme
superjacent *geol* felette fekvő, ráfekvő *(réteg)*
superlarge scale integration (SLSI) *el* nagyon nagy bonyolultságú integrál(ás), SLSI
superlattice *el* szuperrács; szuperszerkezet; ~ **line/reflection** *krist* felsőbb szerkezeti vonal/reflexió; ~ **semiconductor** *el* szuperrácsú félvezető; ~ **structure** *koh, krist* felsőbb szerkezet; felsőbb szerkezeti rács; szuperrács; ~ **transformation** *krist* felsőbb szerkezeti átalakulás
superlinearity *fiz* szuperlinearitás
superloading *el* túlterhelés
superlong-range reception *távk* igen távoli vétel
supermagic square *mat* szupermágikus négyzet
supermarket szupermarket
supermastergroup *távk* főmestercsoport, kvarter főcsoport
supermicro *szt* szupermikro *(számítógép)*
supermini *szt* szupermini *(számítógép)*
supermode laser *fiz* egyféle rezgésmódú lézer
supermolecular structure *fiz, műa* szupermolekuláris szerkezet
supernatant *tex* felületen úszó; *vegy* felül úszó *(folyadék)*; ~ **layer** *vegy* felül úszó réteg, felső réteg/fázis; ~ **liquid** *ol* felül úszó folyadék, felső fázis
supernova *csill* szupernóva
supernumerary *ip* (lét)számfeletti
superorthicon *távk* képortikon, szuperortikon; ~ **target** *távk* szuperortikonelektród, szuperortikon-tárolólemez
superoxide *vegy* peroxid
superoxidize *vegy* túloxidál
superpermafrost water *geol* örökfagyott talaj feletti víz
superphantom | circuit *aut* kettős fantom; ~ **telegraphy** *távb* szuperfantom távíró
superphosphate *vegy* szuperfoszfát, savanyú kalciumfoszfát, monokalcium-foszfát
superplastic *mech* szuperképlékeny
superplasticity *mech* szuperképlékenység
superpolyamide *műa* szuperpoliamid
superpose *mat* szuperponál
superposed egymásra helyezett; *el, mat* szuperponált; ~ **circuit** *el* szuperponált áramkör; ~ **field** *el* szuperponált erőtér; ~ **force** *fiz* külső (hajtó)erő; ~ **function** *mat* szuperponált függvény; ~ **graph** *mat* összetett gráf; ~ **magnetization** *el* járulékos mágnesezés; ~**-plate spring** *gép* lemezelt rugó
superposing *el, fiz* szuperponálás, szuperpozíció; *en* fejelés; *távb* egyidejű távbeszélés és távírás *(ugyanazon a vezetéken)*; ~ **telephony** *távk* vivőfrekvenciás telefónia
superposition *bány* település, települési sorrend; *ép* átfedés, átlapolás; *fiz* szuperponálás, szuperpozíció; *geol* egymásra helyezés; rétegezettség; rétegződés; település; *krist* szuperpozíció; *mat* egybeesés, fedés, összeesés; szuperpozíció *(gráfoké, függvényeké)*; ~ **integral** *aut* szuperpozíciós integrál; ~ **principle** *mat, fiz* szuperpozíció elve; ~ **structure** *krist* szuperpozíciós szerkezet
superpotential *el* túlfeszültség, túlterhelés; túlpotenciál
superpower I. *a el* nagy teljesítményű; **II.** *n el* igen nagy *v.* szupernagy teljesítmény; ~ **laser** *fiz* szuper teljesítményű lézer; ~ **reactor** *at* rendkívül nagy teljesítményű atomreaktor; ~ **station** *rád* nagy teljesítményű adó; óriásadó, szuperadó; ~ **tube** *rád* nagy teljesítményű cső
superprecision approach radar *rep* nagypontosságú/precíziós leszállító/bevezető radar
superpressure *hőt* túlnyomás
superproportional reducer *foto* arányon felüli töménységű gyengítőszer
superproton *at* szuperproton, igen nagy energiájú proton
superpure material *any* szupertisztaságú anyag
superpurity metal *any* szupertiszta fém
superquench oil *hők* fokozott edzőképességű olaj
superquick fuse *kat* pillanatgyújtó
superrapid erection tower crane *ép* különlegesen gyors szerelésű toronydaru
superreeler *pa* szuperáttekercselő
superrefraction *fiz* szuperrefrakció
superrefractory *any* kiváló minőségű tűzálló anyag
superregeneration *rád, távk* szuperregenerálás, erős pozitív visszacsatolás
superregenerative *távk* szuperregeneratív; ~ **amplifier** *aut, el* szuperregeneratív/túlcsatolt erősítő; ~ **detector** *el, távk* szuperregeneratív audion/detektor; ~ **maser** *fiz* szuperregeneratív mézer; ~ **oscillation** *el* szaggató rezgés túlcsatolt vevőben; ~ **parametric amplifier (SPA)** *el* szuperregeneratív/túlcsatolt parametrikus erősítő; ~ **receiver** *távk* szuperregeneratív vevő
superroyal *pa* papíralak *(49"x70", US 56"x71")*
supersaturate *vegy* túltelít
supersaturated *vegy* túltelített; ~ **alloy** *koh* túltelített ötvözet; ~ **rock** *geol* túltelített kőzet; ~ **steam/vapo(u)r** *koh* túltelített gőz
supersaturation *cu* túlsavazás; *met* túltelítettség; *vegy* túltelítés; ~ **coefficient** *krist* túltelítési hányados; ~ **energy** *krist* túltelítési energia; ~ **relation** *krist* túltelítési arány
superscript *mat* felső kitevő/index
superscription *nyom* felirat
supersede *ip* érvénytelenít, hatálytalanít; feleslegessé tesz; *szt* hatálytalanít
supersensitive (SS) *aut, el* túlérzékeny; ~ **communication system** *aut* nagy érzékenységű kommunikációs/

távközlési rendszer; ~ **fuse** *kat* rendkívül érzékeny gyújtó
supersilent motor *gépk* teljesen zajtalan motor
supersingle tyre/tire *gépk* széles abroncs
supersmooth | cut *szersz* finom vágat *(reszelőn)*; ~ **file** *szersz* kettős simítóreszelő
supersonic I. *a el, rád* ultrahang-frekvenciás, ultrahang-; *fiz, rep* hangsebesség feletti, szuperszonikus; **II.** *n* szuperszonikus (repülő)gép, szuperszonikus légiforgalmi gép; ~ **acceleration** *rep* szuperszonikus/hangsebesség feletti felgyorsulás; ~ **aerodynamics** *fiz* hangsebesség feletti aerodinamika; szuperszonikus aerodinamika; ~ **aircraft** szuperszonikus repülőgép; ~ **airfoil** *rep* szuperszonikus *v.* hangsebesség feletti szárnyszelvény; ~ **amplifier** *rád* ultrahang-frekvenciás erősítő; ~ **bang** *hang, rep* hangrobbanás; ~ **bias** *el* ultrahang-előfeszítés; ~ **body** *rep* szuperszonikus *v.* hangsebesség feletti repülőgéptörzs; ~ **boom** → ~ bang; ~ **cavitation** *fiz* ultrahang okozta kavitáció, akusztikus kavitáció; ~ **cell** *távk* ultrahang-késleltető művonal; ~ **centrifuge** *fiz* ultrahangos centrifuga; ~ **cleaning tank** *ép* ultrahangos tisztítótartály; ~ **communication** *távb* ultrahang-távíró; ~ **crack detector** ultrahangos repedésvizsgáló készülék; ~ **dedusting** *ép* ultrahangos portalanítás; ~ **delay line** *aut, el* ultrahangos késleltető vezeték/művonal; ~ **detector** *aut, el* ultrahangdetektor; ~ **drag coefficient** *rep* ellenállástényező hangsebesség feletti repülésnél; ~ **emitter** *fiz* ultrahangsugárzó; ~ **explosion** *környv* hangrobbanás; ~ **flight** *rep* szuperszonikus repülés; ~ **flow** *fiz* szuperszonikus áramlás; ~ **flow anemometer** *metr* szuperszonikus áramlásmérő műszer; ~ **frequency (SSF)** *el, rád* ultrahang-frekvencia; ~ **generator** *el* ultrahang-generátor, ultrahangadó, ultrahanggerjesztő, ultrahangsugárzó; ~ **inspection** *any* ultrahangos hibakeresés; ~ **intake** *rep* szuperszonikus levegő-beömlőnyílás; ~ **jet** *rep* szuperszonikus sugárhajtású repülőgép; ~ **line** *aut* szuperszonikus késleltető művonal; ~ **measurement of geodetic distance** *aut, geod* ultrahangos geodétikus távolságmérés; ~ **modulator** *rád* ultrahang-modulátor; ~ **pipe** *rád* ultrahangfütty; ~ **propeller** *rep* szuperszonikus sebességű légcsavar; ~ **radiator** *fiz, rád* ultrahangsugárzó; ~ **reception** *fiz* ultrahangvétel; ~ **rocket** *kat* szuperszonikus rakéta; ~ **soldering** *heg* lágyforrasztás ultrahanggal; ~ **source** *el* ultrahangforrás; ~ **spectrometry/spectroscopy** *fiz* ultrahangspektroszkópia, ultrahangos spektroszkópia; ~ **speed** *rep* szuperszonikus sebesség; ~ **speed control** *aut* vezérlés hangsebesség feletti sebességben; ~ **stroboscope** *aut, el* ultrahangsztroboszkóp; ~ **test(ing)** *any* roncsolásmentes anyagvizsgálat ultrahanggal, ultrahangos (anyag)vizsgálat, ultrahangvizsgálat; ~ **transmitter** *fiz* ultrahangsugárzó; ~ **transport aircraft (SST)** szuperszonikus légiforgalmi/teherszállító gép; ~ **velocity** *rep* hangsebesség feletti *v.* szuperszonikus sebesség; ~ **vibrator** *ép* ultrahangos vibrátor; ~ **viscometer** *metr* ultrahangos viszkozitásmérő; ~ **wave** *fiz* ultrahanghullám; ~ **waveguide** *aut, fiz* ultrahanghullám-vezető; ~ **welding** *heg* ultrahangos hegesztés; ~ **whistle** *rád* ultrahangfütty; ~ **wind tunnel** *rep* szuperszonikus szélcsatorna
supersonics *fiz* hangsebesség feletti aerodinamika; szuperszonikus aerodinamika
supersound *fiz* ultrahang
superspeed extragyorsjáratú; ~ **lathe** *forg* gyorseszterga
superstall *rep* túlzott leválás
superstar *csill* kvazár, csillagszerű rádióforrás
superstatic *mech* statikailag/erőtanilag határozatlan
superstratum (*pl* **superstrata**) *bány* felső telep/szelet; *geol* fedőréteg, más rétegek feletti réteg
superstrength material *any* szuperszilárd anyag
superstructure *el* szuperrács; *ép* felépítmény, felső szerkezet; felszerkezet; *geof* felső lerakódás; *hajó* fedélzet feletti felépítmény; *koh* szuperrács; *vasút* kocsiszekrényváz
supersymmetry *csill, fiz* globális szimmetria
supertanker *hajó* óriás tankhajó, szupertanker
supertelephone telegraphy *távb* beszéd(frekvenciák) feletti távíró
supertension *mech* túlfeszítés
superterranean *geol* föld feletti
superthermal conduction/conductivity *fiz* termikus szupravezetés, szuperhővezető képesség
superturnstile (antenna) *rád* háromrészes forgóantenna; többszörös lepkeantenna
superview cabin *ép* körkilátásos kezelőfülke
supervise *ip* ellenőriz, felülvizsgál; felügyel
supervising *ip* ellenőrzés, felülvizsgálás; ~ **authority** *ip* felügyeleti/ellenőrző hatóság
supervision *ip* felülvizsgálat, ellenőrzés, megfigyelés, felügyelet; ~ **of waters** *hidr* vízügyi felügyelet; ~ **relay** *távk* ellenőrző jelfogó; ~ **service** *távb* felügyeleti szolgálat
supervisor *ip* (munka)felügyelő, felülvizsgáló, ellenőr; *szt* felügyelőprogram, vezérprogram, Supervisor, supervisor; *tex* felügyelő; ~ **call (SVC)** *szt* supervisorhívás; ~ **routine** *aut, szt* felügyelőprogram
supervisory felülvizsgáló, ellenőrző; felügyeleti; ~ **authority** *ip* felügyeleti hatóság; ~ **board** *ip* felügyeleti bizottság; ~ **control** *el* kiválasztó távvezérlés; távirányítás; távvezérlés; ~ **indicator** *távk, vasút* figyelő esőjelző; ~ **inquiry** *távk* ellenőrző vizsgálat; ~ **lamp** *távk* ellenőrzőlámpa; ~ **program** *aut, szt* monitorprogram, felügyelőprogram, vezérprogram; ~ **rack** *távk* felügyeleti állvány; ~ **radio station** *rep* ellenőrző rádióállomás; ~ **relay** *aut* ellenőrző jelfogó; ~ **routine** *szt* felügyelőprogram, supervisor; ~ **signal** *el* ellenőrzőjel; vezérlőjel; ~ **substation** *el* irányítóállomás, vezérállomás
supervoltage *el* igen nagy feszültség; legnagyobb feszültség; szupernagyfeszültség(ű)
superwool igen finom gyapjú *(4 A minőségű)*
supplant helyettesít, pótol; *élip* kiszorít
supple *ép, mech* kezelhető, lágy; *mech* hajlékony, rugalmas; *tex* részlegesen hámtalanított *(selyem)*
supplement kiegészítés, pótlás; melléklet; pótkötet; pótlék; *ép* adalék hozzáadása; *mat* kiegészítő szög; *nyom* függelék; melléklet
supplemental pótló(lagos), kiegészítő, pót-; *mat* kiegészítő, komplementer; ~ **air carrier (SAC)** *rep* kisegítő légiszállító; ~ **angle** *mat* kiegészítő szög; ~ **frame** *ép* segédkeret, kiegészítő keret; ~ **motion** *mech* gyorsítómozgás; ~ **water** *hidr* öntözővíz
supplementary kiegészítő, mellék-; pót-; járulékos; ~ **air** *gépk* pótlevegő; ~ **airdrome** *rep* tartalék/kisegítő repülőtér; ~ **air supply valve** *bány* kézi pótadagoló;

~ **angle** *mat* kiegészítő szög; ~ **anode** *el* gyújtóelektród; segédanód; ~ **colo(u)r** *opt* kiegészítő szín; ~ **controlled systems** *aut* helyettesítő szabályozott szakaszok; ~ **firing** *koh, környv* póttüzelés; ~ **fish pond** *hidr* kiegészítő tógazdaság; ~ **half-step method** *aut* járulékos fellépés módszere; ~ **invention** *ip* kiegészítő találmány; ~ **lens** *foto* előtétlencse; ~ **losses** *pl félv* járulékos veszteség; ~ **mine survey** *bány* kiegészítő mérés; ~ **mine triangulation** *bány* bányászati kiegészítő háromszögelés; ~ **propping** *bány* aláácsolás; ~ **radiator** *rep* póthűtő; ~ **reactor** *koh* fojtótekercs; ~ **relay** *aut* kiegészítő relé; ~ **resistance** *el* kiegészítő ellenállás; ~ **structure** *krist* kiegészítő szerkezet; ~ **time** *szt* mellékidő; ~ **twin** *krist* kiegészítő iker; ~ **twinning** *ásv* pótikresedés; ~ **underpinning** *bány* aláácsolás; ~ **valence** *vegy* mellékvegyérték; ~ **water** *hidr* pótvíz

suppleness hajlékonyság, simulékonyság; *tex* puhaság *(fonalé)*

supplier *ip* szállító; ~**'s pirn** *tex* kezdőcséve; ~**'s sample** *pa* gyártmányminta

supplies *pl* (raktári) készlet; ellátás, felszerelés; hiánypótlás; utánpótlás; *gép* pótalkatrészek

supply I. *v* szolgáltat; szállít; *el* bevezet, szolgáltat *(áramot)*; *en* táplál; *ép* ellát *(gőzzel, vízzel)*; *hőt* adagol, tölt; *ip* szállít, szolgáltat; *kat* utánpótol; **II.** *n* ellátás, utánpótlás, szállítás, készlet; *bány* készlet; *el* villamosenergia-ellátás; *en* táplálás; *ip* ellátás; szállítás; szállítmány; szolgáltatás; utánpótlás; *kat* készlet; utánpótlás; *távk* tápáramforrás; ~ **air** *aut* táplevegő; *ép, szell* bevezetett levegő; szellőzőlevegő; ~ **air fan** *ép, szell* befúvó ventilátor; ~ **air grill** *ép, szell* (lég)befúvó rács; ~ **air ratio per capita** *ép* egy főre jutó szellőző légmennyiség; ~ **area** *el* (áram)ellátási/szállítási körzet; *ip* ellátási/szállítási terület; ~ **base** *ép, ip* utánpótlási/ellátási bázis; ~ **bin** *gép* alkatrészrekesz *(szereléshez)*; ~ **bunker** *élip* átvevőtartály, átvevőláda; ~ **cable** *el* tápkábel; ~ **can** *élip* tejtartály *(fölözőgépen)*; ~ **canal** *hidr* tápvízcsatorna, tápláló csatorna; ~ **circuit** *el* tápláló áramkör; ~ **circuit noise** *távk* telepzaj; ~ **current** *el, szt, távk* tápáram; ~ **duct** *hidr* tápcsatorna; ~ **efficiency** *gépk* töltési hatásfok; ~ **frequency** *el* tápáram-frekvencia; tápfrekvencia; ~ **gallery** *bány* szállító közle; ~ **hum** *távk* telepzaj; ~ **item** *ip* felszerelési cikk; ~**-lead** *el* tápvezeték; ~ **line** *el* tápvezeték; tápvonal; villamos csatlakozó vezeték, külső csatlakozó vezeték; *élip* csővezeték; *ép* bekötővezeték; *hidr* ellátó(cső-)vezeték; ~**-main** *el* táphálózat, elosztó hálózat; *ép* fővezeték, vízvezetéki főcső; ~ **meter** *el* fogyasztásmérő óra; ~ **network** *el* tápláló hálózat; ~ **of hides** *bőr* nyersbőrkészlet; ~ **orifice** *aut* tápfojtás, belépőfojtás; ~**-package** *tex* adagolócséve, elő(tét)cséve; ~ **parachute** *kat* utánpótlást ledobó (ejtő)ernyő; ~ **passage** *hőt* beömlőcsatorna, tápcsatorna; ~ **pipe** *ép, hidr* bekötővezeték, csővezeték; *hidr* adagolócső, tápcső; ~ **piping** *hidr* belső vezeték *(telekhatáron belüli)*; ~ **power** *el* felvett teljesítmény; ~ **pressure** *aut* tápnyomás; *hőt* hálózati nyomás; ~ **pressure regulator** *aut* tápnyomás-szabályozó; ~ **pump** *gépk* tüzelőanyag-tápszivattyú; ~ **reel** *hang* újszalag-orsó *(magnetofoné)*; ~ **relay** *távk* tápjelfogó; ~ **resistance** *aut, el* tápellenállás; ~ **ring** *gépk* adagológyűrű, táplálógyűrű; ~ **rocket** *kat* anyagszállító/anyagellátó rakéta; ~ **section** *távk* tápláló szakasz; ~ **shaft** *em* anyagszállító akna; ~ **source** *el* áramforrás; ~ **source for electrodeposition** galvanizáló áramforrás; ~ **spool** *el* adagolóorsó; ~ **station** *en* tápláló erőmű; ~ **system** *el* elosztóhálózat *(erősáramú)*; ~ **system loading** hálózati terhelés; ~ **tank** *gépk* táptartály; üzemanyagtartály; ~ **tube** *aut* tápcsatorna; *hidr* beömlőcső *(szivattyún)*; ~ **unit** *rád* tápegység; ~ **valve** *hidr* tápszelep; ~ **voltage** *el* hálózati feszültség; tápfeszültség; ~ **voltage rejection ratio** *el* telepvisszahatás; ~ **winding** *aut* bemenőtekercs

supplying of data *szt* adatszolgáltatás

support I. *v bány* ácsol; alátámaszt, nyomást hord; biztosít; *ép* (alá)támaszt, tart; hord, hordoz; **II.** *n bány* biztosítás; gyám; tám; *el* függesztőhuzal; tartó *(izzólámpa része)*; *ép* állványzat; oszlop; talpazat; tám, támasz(ték), tartó; támaszpont, alátámasztás *(tartóké)*; tartókonzol; *fa* alapzat; *geod* alátámasztás; aljzat; műszeroszlop; *gép* támasz; *koh* csapágy; *mech* kényszer; *tex* felvetőborda-tartó; ~ **advance sequence** *bány* lépési sorrend; ~ **arm elevator** *ép* karos elevátor; ~ **chip** *szt* kiegészítő áramkör, segédáramkör; ~ **density** *bány* biztosítás sűrűsége; ~ **electrolyte** *fiz* háttérelektrolit, alapelektrolit, vezetősó; ~ **environment** *szt* fejlesztési/támogató környezet; ~ **flexure** *geof* állvány együttlengése; ~ **for top fullers** *szersz* árkoló üllőbetét; ~ **frame** *bány* biztosító keret; ~**-free catalyst** *vegy* hordozómentes katalizátor; ~ **girder** *fa* alátétgerenda; ~ **hook** *el* tartókampó *(izzólámpa része)*; ~ **in bearings** *v gép* csapágyaz; ~ **insulator** *el* támasztó szigetelő; ~ **moment** *mech* támasznyomaték, negatív nyomaték; ~ **of cylinder** *tex* hasábtartó láda *(jacquard-gépé)*; ~ **of the surface** *bány* külszín biztosítása; ~ **parallel to de dip line** *bány* dőlésmenti biztosítás; ~ **pier** *ép, hidr* támasztó zsámoly *(nyomócső alatt)*; ~ **plate** *ép* alátétlap; sarulemez *(hídé)*; ~ **programs** *szt* segédprogramok, rendszerszoftver; ~ **response** *bány* biztosítási reakció; ~**s** *bány* ácsolat; ~ **setting** *bány* ácsolás, biztosítás *(beépítése)*; ~ **shield** *bány* biztosítópajzs; ~ **stock** *fa* gyalupad állványa/talapzata; ~ **system** *szt* támogatórendszer, segédrendszer; ~ **timber set** *bány* gyámácsolat; ~ **unit** *bány* biztosítási egység; ~ **wall** *bány* oldalmagasító

supported *bány* alátámasztott, biztosított; *ép* támaszon nyugvó; ~ **at both ends** *mech* szabadon felfekvő *v.* kéttámaszú tartó; ~ **face** *bány* beácsolt munkahely; ~ **girder** *ép* támasztott gerenda, gyámgerenda; ~ **joint** merev ütközés *(sínillesztésnél)*; ~ **on four sides** *mech* négy oldalon felfekvő *(lemez)*; ~ **piston** *hőt* kiegyensúlyozott dugattyú; ~ **population** *ép* eltartott lakosság *(városépítés)*; ~ **stair(s)** *ép* alátámasztott/gyámolított lépcső; ~ **stope** *bány* biztosított munkahely; kiácsolt fejtési pászta; ~ **wag(g)on** *vasút* emelőszerkezetes aljkocsi; ~ **wire aerial** *rád* huzalantenna

supporter *bány, gép* alátámasztás; *ép* alátámasztás, támasz, tartó

supporting I. *a* és ép alátámasztó, támasz-, tám-, gyám-; mellék-; **II.** *n* (alá)támasztás; tartás, hordás; *bány* alábiztosítás; alátámasztás, ácsolás; biztosítás; *ép* állvány; ~ **arch** *bány* biztosítóív; ~ **area** *rep* hordfelület; ~ **arm** *forg* tartókar; ~ **attack** *kat* kisegítő csapás; ~ **axle** *gép* hordtengely; ~ **bar** *bány* járomácsolat; ~ **beam** *bány* járomácsolat; *ép* támaszgerenda, tám(fa); ~ **block** *ép* támasztótömb; *ép, gép* alátéttömb; állvány; ~ **bracket** *ép* tartókonzol; *gép* támasztóbak; ~ **clip** *ép* famáglya *(hídon)*; *gép* alátámasztó szorítópofa; *szer* csőtartó abroncs/bilincs; ~ **column** *bány* főtegyámpillér; ~ **disc/disk** *gép* támaszlap; ~ **electrode** *el* hordozóelektród; ~ **electrolyte** *fiz* háttérelektrolit, alapelektrolit, vezetősó; *vegy* hordozó elektrolit *(polarográfia)*; ~ **element** *bány* biztosító elem; ~ **fill** *hidr* támasztótöltés; ~ **force** *bány* biztosítási ellenállás; ~ **frame** *ép* támasztóállvány; ~ **idler** *gép* alátámasztó görgő; ~ **insulator** *en* támszigetelő; *gép* szigetelőtámasz; ~ **layer** *hidr* támréteg; ~ **ledge of drawer** *mzg* vezetőlánc *(kiemelhető fióké)*; ~ **length** *mech* felfekvési mélység/hossz *(tartóé)*; ~ **mass** *hidr* támasztótest; ~ **medium** *talt* altalaj; ~ **member** *ép* (keret)oszlop, alátámasztó elem; ~ **of breaks** *bány* omlásbiztosítás; ~ **pillar** *ép* támasztó oszlop; ~ **plane** *rep* hordfelület; ~ **plate** *el* tartólemez, támlemez; ~ **point** *mech* rögzítési/alátámasztási pont, támaszpont; ~ **power** *talt* teherbírás *(talajé)*; ~ **pressure** *mech* támasznyomás; ~ **ring** *el* tartógyűrű; ~ **roll** *heng* támasztóhenger; ~ **roller** *bány* támasztó görgő; *ép* szalaggörgő; *tex* áruvezető/recézett henger; támgörgő; ~ **shackle** *gép* tartókengyel; ~ **shell** *ép, hidr* gáttest, töltéstest; ~ **shoe** *bány* támasztósaru; ~ **signal** *el* alapjel, referenciajel; ~ **soil** *talt* altalaj; ~ **soil conservation** *hidr* műszaki talajvédelem; ~ **spring** *el* tartóérintkező; *gép* hordrugó; ~ **strand for overhead lines** *el* légkábelfüggesztő huzal; ~ **structure** *ép* alátámasztó szerkezet; tartószerkezet; *távk* oszlop; ~ **strut** *ép* tartódúc; ~ **stub** *rád* tartó vonalcsonk *(fémszigetelő, hullámvezetéknél)*; ~ **surface** *ép* támfelület; ~ **timber** *ép* alátétfa *(máglyázáshoz)*; ~ **value** *talt* teherbírási érték; ~ **vault** *bány* önhordó boltozat; ~ **works** *pl bány* biztosítás; ~ **yoke** *ép* felhajtható támasz

suppose feltételez, feltesz

supposed age feltételezett élettartam

suppository *gyógyv* kúp; ~ **machine** *gyógyv* kúpkészítő gép

suppress rányom, rászorít; megszüntet; elfojt, lefojt; *rád, távk, tv* elnyom, kiszűr; kiolt

suppressed elnyomott; *rád* elfojtott, lefojtott; ~ **antenna** *távk* süllyesztett antenna; ~ **band** *rád* elnyomott (frekvencia)sáv; ~ **carrier (SC)** *távk* elnyomott vivő(hullám); kiszűrt vivő; ~**-carrier transmission** *távk* elnyomott vivőhullámú átvitel; ~**-carrier transmitter** *távk* elnyomott/kiszűrt vivőhullámú adó; ~ **frequency** *el* lezárási tartomány/sáv; ~ **frequency band** *távk* elnyomott (frekvencia)sáv; kiszűrt frekvenciasáv/frekvenciatartomány; ~ **rectangular weir** *hidr* Bazin-bukó; ~ **sideband** *távk* elnyomott oldalsáv; ~ **spreading** *koh* korlátozott szélesedés; ~ **zero** *el* zérusponteltolás, eltolt zéruspont; ~**-zero instrument** *el* eltolt nullapontú/zéruspontú műszer, zérusponteltolásos műszer; ~**-zero meter** *el* zéruspont nélküli mérőműszer; ~**-zero scale** *el* eltolt *v.* skálán kívüli zéruspontú skála

suppression elfojtás, lefojtás; elhárítás; kiküszöbölés; megszüntetés; *kat* lefogás; *nyom* kihagyott szövegrész; *rád* lezárás; *szt* elnyomás, (nyomtatás)elnyomás, letiltás; *távk* kiszűrés; *távk, tv* elfojtás; elnyomás; ~ **filter** *rád* zárókör, levágó/lezáró szűrő; ~ **loss** *rád* záró csillapítás *(visszhangzáré)*; ~ **of data** *szt* adatmegszüntetés; ~ **of program interference** *szt* programzavarás megszüntetése; ~ **of self-oscillations** *aut* önlengések/önrezgések elnyomása; ~ **of the cut-in-hum** *el* bekapcsolási búgás kiszűrése; ~ **recovery** *rád* érzékenységfeléledés; visszaemelkedés *(nívóé)*

suppressor *el* harmonikus szűrő; *rád* antidinátronelektród; ~ **antenna** *rád* árnyékolt levezetésű antenna; ~ **effect** *fiz, vegy* elnyomóhatás; inhibitorhatás; ~ **grid (sup)** *el* fékezőelektród; *rád* fékezőrács; segédrács *(fékező)*; védőrács; ~**-grid modulation** *el* fékezőrács-moduláció; ~**-grid synchronization** *el* fékezőrács-szinkronizálás; ~ **harmonics** *rád* felharmonikus kiszűrő; ~ **modulation** *el* fékezőrács-moduláció; ~ **resistor** *el* zavarszűrő ellenállás

supraacoustic | **equipment** *távb* középfrekvenciás (távíró) berendezés; ~ **telegraphy** *távb* beszédsáv feletti távíró

supraaudio *távb* beszéd feletti

supraconductivity *el* szupravezető képesség

suprafluid *fiz* szuprafolyékony, túlfolyékony

supramolecular *fiz, vegy* szupramolekuláris

suprarenine *vegy* adrenalin

supremum *mat* supremum; ~ **norm** *mat* gyökös/irracionális kifejezés

surbase *ép* karnis; párkány; talapzat

surbased spherical vault *ép* cseh boltozat

surcharge I. *v ép, mech* túlságosan megterhel; **II.** *n ép* térszínterhelés *(támfalaké)*; *mech* járulékos teher, többletteher; *rep* pótilleték; túltöltés; *távb* pótdíj; ~ **pressure** *hidr* külső nyomás, élteher *(csövön)*; ~ **vibrator** *ép* felfekvő vibrátor

surd *mat* irracionális szám/kifejezés

sure biztos, megbízható

surf hullámtörés, hullámverés *(tengeré)*; hab, taraj *(hullámon)*; ~ **float** *hajó* strandtutaj *(gumi)*

surface I. *v ép* felületet kikészít; simít, pucol; *fa* egyenget; gyalul; *forg* oldalaz; oldalazva esztergál; síkesztergál; *hajó* felszínre emelkedik, felmerül *(tengeralattjáró)*; felszínre hoz *(tengeralattjárót)*; **II.** *n* felszín, felület; *bány* külszín, külszíni munkálatok; *ép* (út)burkolat; felület; külső; terület; *geol* felszín; *hidr* szín *(folyóé)*; tükör; víztükör; *krist* elválasztó felület; felület; határfelület; *mat* felület *(n-edfokú, n-edrendű)*; lap; *ol* határfelület; ~ **acoustic wave (SAW)** *távk* akusztikai felületi hullám; ~ **acoustic wave filter** *távk* akusztikai felületihullám-szűrő; ~**-acting development** *foto* felületi előhívás; ~**-activated** *any* felületi kezelést nyert; *vegy* felületaktív, kapilláraktív; ~**-active agent** → surfactant; ~ **activity** *vegy* felületaktivitás; felületi aktivitás; ~ **adsorption** *krist* specifikus felületi adszorpció; ~ **aerator** felületi levegőztető; ~ **air** *rep* a légkör alsó rétegének levegője; *talt* felszíni levegő *(talajé)*; ~ **analyzer** *gép* profilométer, profilográf; ~ **and trespass damage** *ép* terméskár, mezőgazdasági kár; ~ **appearance** *ép* felületi megjelenés; ~ **area** *mat* felszín; ~ **band** *el* felületi energiasáv; ~ **barrier** *el, félv* felületi záróréteg; ~ **barrier diode** *el* felületi záróréteges dióda; ~ **barrier junction** felületi záróréteg-átmenet; ~ **barrier transistor (SBT)** *el* felületi záróréteges tranzisztor, barriertranzisztor; ~ **base course** *ép* binderréteg, kötőréteg; ~ **bearing** *ép* sík megtámasztás; ~ **bed** *bány* felszíni réteg; ~ **blemish** *önt* felületi hiba; ~ **blowhole** *önt* gázbuborék az öntvény felületén; ~ **boundary layer** *met* felszíni súrlódási réteg; ~ **brightness** *opt* felületi fényesség; ~ **broach** *szersz* külső üregelőtüske; ~ **broaching** külső húzómarás; ~**-broaching machine** *forg* felülethúzó marógép; ~ **carburet(t)or/carburetter** *gépk* elpárologtató porlasztó; ~ **casing string** *ol* felszíni béléscsőoszlop; ~ **casting defect** *önt* felületi hiba; ~ **catchment area** *hidr* felszíni vízgyűjtő; ~ **charge** *bány* rátett töltet; *el* felületi töltés; ~ **charge density** *el* felületi elektromos töltéssűrűség; ~ **charge effect** *el* felületi hatás; S effektus; ~ **chart** *rep* talajtérkép; ~ **check** *any* felületvizsgálat; *fa* felületi repedés *(deszkán)*; ~ **chemistry** *vegy* felületi rétegek kémiája; ~ **claddings** *pl ép* felületburkolás; ~ **cleaning** *ép* felületkészítés; ~**-coated paper** *pa* műnyomó papír; ~ **cock** *hidr* vízszintmutató/vízállás-ellenőrző csap; ~ **cold front** *met* talajig érő betörési front; ~ **colo(u)r** *opt* felületszín; ~ **compaction** *ép* felszíni tömörítés; ~ **compactor** *ép* felszín(i) tömörítőgép; ~ **concentration** *vegy* felületi koncentráció; ~ **concession** *bány* külmérték; ~ **condenser** *hőt* felületi kondenzátor; *ol* lemezes hűtő/kondenzátor, felületi hűtő; ~ **conductance** *el* felületi vezetőképesség; ~ **conduction** *el* felületi vezetés; ~ **conductivity** *el* felületi vezetőképesség; ~**-contact rectifier** *el* (nagy) felületi egyenirányító, p-n átmenetes egyenirányító; rétegtranzisztoros egyenirányító; ~ **contamination** *el* felületi szennyeződés; *hidr* földfelszíni szennyeződés *(forrásvízé)*; ~**-contour map** *geod* helyszínrajzi szintvonalas térkép; ~ **controls** *rep* kormányfelületek; ~ **cooler** *élip* hűtőbárka *(sörgyárban)*; *hőt* felületi hűtő; ~ **correction** *geof* felszíni korrekció; ~ **coupling** *el* felületi csatolás; ~ **course** *ép* burkolófelület; kop(tat)ó réteg *(út)*; *talt* fedőréteg; felszíni réteg; ~ **crack** felületi repedés; ~ **creeping distance** *el* kúszóáramút; ~ **culture** *élip* felületi/felszíni tenyészet; ~ **current** *el* felületi áram; ~ **current density** *el* felületi áramsűrűség; *hidr* felületi áramlás; ~ **curve** *hidr* felszíngörbe; víztükörgörbe; ~ **decarbonization** *koh* felületi elszéntelenedés; ~ **defect** *koh, krist* felületi hiba; ~ **density** *krist* felszíni sűrűség; ~ **density of current** *el* felületi áramsűrűség; ~ **development** *bány* külszíni előfordulás előkészítése; *foto* felületi előhívás; ~ **diffusion** *krist, fiz* felületi diffúzió; ~ **diffusion coefficient** *fiz* felületi diffúziós együttható; ~ **digging machine** *ép* sekélykotró, planírozó *(gép)*; ~ **discharge** *el* felületi kisülés; *geol* felszíni vízlevezetés, vízelfolyás; ~ **discharge spark** *el* kúszószikra, kúszókisüléses szikra; ~ **dislocation** *fiz, krist* felületi diszlokáció; ~ **distribution** *fiz* felszíni eloszlás; ~ **divide** *hidr* felszíni vízválasztó; ~ **doming** *geol* kupola alakú térszínemelkedés; ~ **drainage** *hidr* vízrendezés; ~ **dress** *koh* felületnemesítés; ~ **dressing** *ép* fedés; felületkiképzés; felületmegmunkálás; *mt* felületi bevonás; ~ **dressing chip(ping)s** *ép* bitumennel bevont (szórt)zúzalék; ~ **earth(ing) electrode** *el* felszíni földelő; ~ **effect** *hang* felületi hatás *(magnetofonnál)*; ~ **effects** *pl félv* felületi hatásfok; ~**-effect ship** *közl* légpárnás jármű; ~ **element** *mat* felületelem, elemi felület, felszínelem; ~ **emergence** *geof* felszínrelépés *(helye)*; ~ **emitter** *fiz* síksugárzó, felületi sugárzó; ~ **energy** *fiz* felületi energia; ~ **energy loss** *fiz* felületi energiaveszteség; ~ **erosion** *hidr* felületi erózió; ~ **evaporation** *vegy* felszíni párolgás; ~ **explosion** *kat* földfelszíni robbantás; ~ **exposure** *geol* felszíni feltárás; ~ **film** *fiz* felületi hártya; ~ **finish** *gép* felületkiképzés; *mt* felületi simaság; *tex* felületi kikészítés; ~**-finished** *mt* megmunkált felületű; ~ **finishing** *ép* felületképzés *(pl. betonnál)*; felületkezelés; *koh* felületkezelés; felületnemesítés; ~ **flame hardening** *hők* felületi lángedzés; ~ **flooding** *hidr* elárasztás; ~ **flow** *geol* lávafolyás; *hidr* felületi áramlás; *koh* felületi hiba; ~ **flow and underground storage water** *hidr* teljes vízháztartás, felszíni és felszínalatti vizek; ~ **folding** *geol* felszíni gyűrődés; *koh* ráncosodás; ~ **forming structures in architecture** *ép* építészeti felületképzés szerkezetei; ~ **fracture** *any* felületi törés; ~ **friction** *gép, rep* felületi súrlódás; ~**-friction coefficient** *rep* felületi súrlódási tényező; ~**-friction drag** *fiz, rep* felületi/lineáris súrlódási ellenállás; ~ **front** *rep* földfelszíni légköri front; ~ **gaslift gas control** *ol* segédgázadagoló; ~ **ga(u)ge** *szersz* párhuzamíró, párhuzamjelző; ~**-gear broach** *szersz* fogüregelő tüske; ~ **geology** *geol* felszíni geológia; ~ **glass** *ásv, krist* felületi csillogás; *opt* fénysűrűség, felületi fényesség; ~ **grinder** *ép, szersz* felületcsiszoló (gép); *szersz* síkköszörű(gép); ~ **grinding** *mt* síkköszörülés; ~**-grinding machine** *mt* síkköszörűgép; ~ **ground** *geof* felszíni földelés; ~ **ground(ing) electrode** *US el* felszíni földelő; ~ **growth** *krist* felületi növekedés; ~ **hardening** *hők* felületi edzés, kéregedzés *(acélé)*; ~ **hardness** *any, krist* felszíni/felületi keménység; ~ **haulage** *bány* külszíni szállítás; ~ **heating** *koh* felületi hevítés/melegítés; ~ **heat treatment** *koh* felületi hőkezelés; ~ **ice** *geol* felszíni jég; ~ **impedance** *el* felületi impedancia; ~ **imperfection** *koh* felületi hiba; ~ **impurities** *pl félv* felületi szennyeződés; ~ **induction** *el* felületi indukció; ~ **induction hardening** *hők* indukciós felületi edzés; ~ **integral** *mat* felületi integrál; ~ **in the Minkowski sense** *mat* Minkowski-féle felület; ~ **irregularity** *geol* felszíni rendellenesség; *gép* felületi érdesség; ~ **irrigation** *hidr* felületi/felszíni öntözés; ~**-key bed** *geol* felületi kulcsszint; ~ **laser** *fiz* felületi lézer; ~ **layer (SL)** *el* felszíni/felületi/felső réteg; *fa* felületi réteg; *heg* fedőréteg; ~**-layer hardening** *koh* kéregedzés; ~**-layer welding** *heg* felrakóhegesztés; ~ **leakage** *el* felületi kúszás; *rád* felületi átvezetés; ~ **leakage current** *el* felületi kúszás; ~ **level** *geod* vízszintes felület; *hidr* duzzasztási szint; terepszint; ~ **loading** *rep* felületi terhelés, szárnyterhelés; ~ **loss** *el* felületi veszteség; veszteség szkinhatás következtében; ~**-mark** *geod* föld feletti jelzés; ~ **measure (SM)** *fa* felületméret *(pl. furnéré)*; ~ **measurement** *metr* planimetrálás, területmérés; ~ **membrane** *ép* felszíni tömítőréteg; ~ **method** *geof* felszíni/területi módszer; ~ **migration** *el* felületi diffúzió; ~**-milling machine** *forg* síkmaró gép; ~ **mine outline** *bány* külfejtési kontúr; ~ **mining** *bány* külművelés, külfejtés; külszíni fejtés; ~ **moisture** *ép* felületi nedvesség; ~**-mounted luminaire** *el* mennyezeti lámpatest, mennyezetlámpa; ~ **mounting** *szer* felszíni szerelés; szabadtéri szerelés; ~ **noise** *hang* tűzaj; ~ **normal** *mat* felületi normális, felület normálisa, normális; ~ **nucleus** *krist* felületi góc; ~ **of acid** *el* savszint; ~ **of constant phase** *fiz* hullámfelület; hullámfront, hullám élvonala; ~ **of constant positive curvature** *mat* szferikus/gömbi/állandó pozitív görbületű felület; ~ **of equal retardation** *ásv* Bertin-felület; ~ **of formation** *ép* földmunka koronaszintje; ~ **of fracture** *geol* törésfelület; ~ **of (luminous) intensity distribution** *opt* fényeloszlási felület; ~ **of metal** *koh* acéltükör; ~ **of one side** *mat* egyoldalú felület; ~ **of revolution/rotation** *mat* forgásfelület, forgásszimmetrikus felület; ~ **of sediments** *geol* üledékfelszín; ~ **of separation** *krist* elválasztó felület; határfelület; ~ **of sliding** *talt* csúszólap, csúszó(felület); ~ **of subsidence** *geol* csúszólap, lesiklófelület; ~ **of support** *mech* felfekvési felület; ~ **of the formation** *vasút* földmunka koronaszintje; ~ **of the sphere** *mat* gömbfelület, gömb felülete, gömb; ~ **of third order** *mat* harmadfokú/harmadrendű felület; ~ **of velocity contours** *hidr* sebességfelület; ~ **oil indication** *ol* külszíni olajnyomok; ~ **ornamentation** *geol* felületi díszítőelemek *(kagylóhéjban)*; ~ **oscillation** *rád* felületi rezgés; ~ **passivation** *félv* (felület)passziválás; ~ **patch** *mat* felületdarab; ~ **pavement** *US* (út)pályaszerkezet; ~ **penstock** *ép* felszíni nyomócső; ~ **phenomenon** *fiz* felületi jelenség; ~ **photoeffect** *opt* felületi fényelektromos jelenség; ~ **photoelectric effect** → ~ photoeffect; ~ **pin** *műa* kidobólemez-visszahúzó csap; ~ **pipe** → ~ casing; ~ **pipeline** *hidr* felszíni csővezeték; ~ **plate (SFPE)** *szersz* tusírozólemez; ~ **potential** *geof* felszíni potenciál; ~**-potential measurement** *geof* felszíni potenciálmérés; ~**-potential method** *geof* felszíni potenciálmérés módszere; ~ **preparation** *ép* felület-előkezelés; *félv* felületkikészítés; *koh* felület-előkészítés; ~ **pressure** *vegy* felületi nyomás; ~ **pretreatment** felület-előkezelés; ~ **print** *tex* felületnyomás; ~ **printing-machine** *tex* felületi nyomógép/festőgép; reliefnyomó gép; ~ **profile** *hidr* felszíngörbe; víztükörgörbe; ~ **profiling** *geof* felszíni/területi szelvényezés/szelvénymérés; ~ **profilometer** *metr* profilográf, felülvizsgáló; ~ **property** felületi tulajdonság; ~ **protection** *any, mt* felületi védelem, felületvédelem; *hidr* rézsűbiztosítás; ~**-protection layer** *ép* felületvédő réteg; ~**-protective agent** *koh* felületvédő bevonóanyag; ~ **pyrometer** *metr* felületi pirométer; ~ **quality** *koh* felületi minőség; *pa* felületi tulajdonság; ~ **radiator** *fiz* síksugárzó, felületi sugárzó; *vasút* felszíni/terepszinti vasút; ~ **reaction** *fiz* felületi reakció, falreakció; ~ **recombination** *el* felületi rekombináció; ~ **recombination velocity** *fiz, félv* felületi rekombinációs sebesség; ~ **reflection** *opt* felszíni fényvisszaverődés; ~ **relief** *geol* terepdomborzat; ~ **resistance** *el* felületi ellenállás; ~ **resistivity** *el* fajlagos felszíni ellenállás; ~ **rib** *ép* felületi/díszítő borda; ~ **roller** *hidr* fedőhenger; ~ **roughness** *any, mt* felületi durvaság/érdesség; ~**-roughness tester** *gép, metr* érdességmérő; ~ **runoff (SRO)** *hidr* felszíni lefolyás; ~ **safety valve** *ol* felszíni biztonsági csőelzáró; kútfej-biztonsági szelep; ~ **sampling** *bány* külszíni mintavétel; ~ **scaling** *ép* felszíni hámlás, felszínhámlás *(betoné)*; ~ **scanning** *rád* felületi (radar)letapogatás; ~**-scratching test** *any* felületi karcvizsgálat; ~ **screw** *szersz* harántelőtolás vezérorsója; ~ **sealant** *ép* pórustömítő/póruszáró anyag; ~ **shear wave** *geol* Love-hullám; ~ **ship** hajó *(szemben a tengeralattjáróval)*; ~ **shovel** *gépk* felrakógép; géplapát; külszíni rakodógép; ~ **shrinkage** *koh* nyitott fogyási üreg; ~ **sinkage** *ép* burkolatbeszakadás; ~**-sized paper** *pa* felületileg enyvezett papír; ~ **sizing** *pa* felületi enyvezés; ~ **slope** *hidr* vízfelszín esése; vízszínesés; ~ **smoothness** *US any* felszíni egyenletesség, simaság; ~ **soil** *talt* felszíni humuszos talajréteg; ~ **sound source** *távk* felületi sugárzó; ~ **space charge layer** *fiz* felületi tértöltési réteg; ~ **speed** *forg* kerületi sebesség; ~ **spherical harmonic** *fiz* gömbfelületfüggvény; Laplace-együttható; Laplace-féle gömbfüggvény; ~ **spray-cooler** *hűt* permetező léghűtő; ~ **standing wave** *fiz* felületi örvénylő mozgás, fedőhenger; ~ **state** *félv* felületi állapot; ~ **step** *krist* felületi lépcső; ~ **sterilization** *fiz* sterilezés *(UV-sugárral)*; ~ **stress** *mech* felületi feszültség; ~ **string** *ol* felszíni béléscsőoszlop; kezdő béléscsőrakat, felszínig érő csőrakat; ~ **stripping** *bány* sávos külfejtés; ~ **structure** *any, fiz* felszíni struktúra; *krist* felületi szerkezet; ~ **subsidence** *bány* külszínsüllyedés, talajsüllyedés; ~**-survey** *geod* földmérés, nyomjelzés; ~**-switch** *el* kapcsoló vakolat feletti szereléshez; ~ **temperature** *fiz* felületi hőmérséklet; *geol* felszíni hőmérséklet; *rep* levegő hőmérséklete a talajszint felett; ~ **tempering** *hők* felületi megeresztés; ~ **tension (ST)** *fiz* felületi feszültség; határfelületi feszültség; ~**-tension apparatus** *metr* felületi feszültségmérő; ~**-tension constant** *fiz* felületi feszültségi állandó; ~**-tension effect** *fiz* felületi feszültségi hatás; ~**-tension film** *fiz* felület hártya; ~ **termination** *bány* kibúvás; ~ **texture** *tex* dombormintázat; ~ **thermometer** *metr* felületi hőmérő; ~**-to-air (SA)** *kat* föld-levegő (osztályú); ~**-to-air guided weapon (SAGW)** *kat* föld-levegő irányított fegyver; ~**-to-air missile (SAM)** *kat* föld-levegő rakéta, SAM-rakéta; ~**-to-subsurface missile** *kat* hajó-tengeralattjáró rakéta, föld-tengeralattjáró rakéta; ~**-to-surface missile (SSM)** *kat* föld-föld rakéta; ~**-treated** *mt* felületileg kezelt, felületkezelt; ~ **treatment** *ép* bitumenkenés; felületi/felszíni kezelés; felületkezelés; *koh* felületelőkészítés; felületkezelés; *műa* csinozás, kikészítés; ~**-underground raying** *bány* bányafelszín-átvilágítás; ~ **under pressure** *mech* nyomás alatti felület; ~ **unit** *metr* felületegység; ~ **vacancy** *krist* felületi üres hely; ~ **velocity** *hidr* felszíni sebesség; ~ **vessel** *kat* felszíni vízi jármű; ~**-vibrated** *ép* kívülről vibrált; ~ **vibration** *ép* felületvibrálás; ~ **vibrator** *ép* felületi vibrátor; ~ **vitrification** *koh* keramizáló izzítás; ~ **void** *ép* felszíni pórus; ~ **warm front** *met* talajig érő felsiklási front; ~ **wash** *geol* összemosott hordalék; ~ **water** *geol* felszíni víz; ~**-water drain** *hidr* alagcső, talajvíztelenítő cső; ~ **water reserve/resource** *hidr* felszíni vízkészlet; ~ **watershed** *geol, környv* felszíni/felületi vízválasztó; ~ **watershed line** *hidr* felszíni vízválasztó(vonal); ~**(-)water treatment plant** *hidr* felszínivíz-tisztító mű; ~ **wave** *fiz* felületi hullám; ~ **waveguide** *távk* felületi hullámvezető; ~**-weight measuring** *metr* területsúly-mérőkészülék; ~ **wind** *met* talajmenti szél; ~ **wind speed** *met* talajmenti szél sebessége; ~ **wiring** *el* külső vezeték

surfaceman (*pl* surfacemen) *bány* külszíni munkás

surfacer *fa* vastagsági gyalu

surfacing *ép* (út)burkolat; felületburkolat; felületképzés; homlokzatképzés; simítás, pucolás; *fa* gyalulás, egyengetés; *forg* harántesztergálás; síkesztergálás, oldalazás; síkmarás; *koh* felrakóhegesztés; *mt* felületmegmunkálás; ~**-and-boring lathe** *forg* homlokeszterga; tokmányos eszterga; ~ **by welding** *heg* felrakóhegesztés; ~ **electrode** *heg* elektród felrakóhegesztéshez; ~**-end** *pa* papírgép vége *(simítóműé)*; ~

feed *forg* keresztirányú előtolás, harántelőtolás; ~ **gear** *forg* harántelőtoló szerkezet; ~ **head** *forg* oldalazófej, síkesztergáló fej; ~ **lathe** *forg* síkeszterga, fejeszterga; ~ **material** *ép* útburkoló anyag; ~ **motion** *forg* keresztelőtolás *(esztergán)*; oldalazó mozgás; ~ **screw** *forg* harántelőtoló orsó; ~ **train** *ép* betonozó szerelvény; ~ **weld** *heg* felrakóhegesztéssel készült varrat

surfactant (surface-active agent) *vegy* detergens, mosószer, felületaktív anyag; ~ **slug displacement** *ol* felületaktívanyag-dugós kiszorítás; ~ **treatment of formation** *ol* tenzides elárasztás; ~ **water flooding** *ol* felületaktívanyag-dugós kiszorítás

surficial interference microscope *opt* felületi interferenciamikroszkóp *(tükröző felületek érdességének mérésére)*

surfing height *hidr* hullámfelfutás

surge I. *v* hullámzik *(tenger)*; árad *(tenger)*; *hajó* kötelet hirtelen kiereszt; **II.** *n* hullámzás *(tengeré)*; *el* (tranziens/átmeneti) túlfeszültség; impulzus; lökőfeszültség; *en* lengés, instabilitás; *gép* rugórezonancia; *gépk* erős fordulatszám-ingadozás; *hidr* nyomáslengés; vízszínlengés; víztükör-(ki)lengés *(kiegyenlítőműben)*; *met* viharhullám; *rep* befulladás; lökéshullám; nyomáslengés, instabilitás; rugórezonancia; *szell* befulladás *(kompresszoré)*; ~ **absorber** *el* túlfeszültség-levezető; *en* túlfeszültség-tompító; *fiz* hullámcsapda; ~ **admittance** *el* karakterisztikus admittancia; ~ **amplitude** *el* impulzusamplitudó; lebegési amplitúdó; ~ **analyzer** *en* túlfeszültségi minta; ~ **arrester** *el* túlfeszültség-levezető, villámhárító; ~ **basin** *hidr* kiegyenlítőmedence; kiegyenlítőmű; ~ **bin** *bány* kiegyenlítőtartály; közbenső tartály; *hidr* kiegyenlítőmedence, kiegyenlítőmű, kiegyenlítőkamra; *ol* túlfolyótartány; ~ **capacity** *ol* pufferkapacitás; ~ **chamber** *hidr* kiegyenlítő mű; kiegyenlítőkamra; kiegyenlítőmű tározótere; ~**-crest ammeter** *el* kisülési/átívelési csúcsárammérő; ~ **current** *el* lökőáram, impulzusáram; lüktető/pulzáló áram; ~ **current limiting (value)** *félv* lökőáram-határérték; ~ **damper** *gép, szersz* lengéscsillapító; ~ **discharge** *el* lökőáramkisülés; ~ **dissipator/diverter** → ~ arrester; ~ **drum** *ép* folyadékleválasztó; *ol, vegy* pufferedény; ~ **electrode current** *aut, el* elektróda-túlterhelési áram; ~ **front** *hidr* hullám élvonala, hullámfront, hullámhomlok; ~ **gap** *el* túlfeszültségvédő szikraköz; ~ **generator** *el* lökésgenerátor; lökőgenerátor; ~ **guard** *aut, el* túlfeszültség-védelem; *en* lengésreteszelés; ~ **impedance** *el* hullámellenállás; ~ **impedance of vacuum/free space** *fiz* szabadtér/vákuum hullámellenállása; ~ **modifier** → ~ absorber; ~ **of current** *el* áramlökés; ~ **point** *gépk* nyomásesés/nyomásingadozás kezdete *(töltőkompresszorban)*; ~ **pressure** *ol* nyomáshullám; *rep* hidraulikus ütés; lökéshullám; ~ **protection** *el* túlfeszültség-védelem; ~ **pulley** *bány* vég nélküli kötelet hajtó tárcsa; ~ **recorder** *el* klidonográf, túlfeszültségíró; ~ **relay** *el* meredekségrelé; ~ **shaft** *hidr* kiegyenlítőakna; kiegyenlítőmedence aknája; ~ **sump** *bány* kiegyenlítő zsomp; ~ **suppressor** → ~ arrester; ~ **tank** → ~ bin; ~ **tester** *el* lökőfeszültség-vizsgáló; ~ **voltage** *el* feszültséghullám, vándorhullám *(túlfeszültségé)*; lökőfeszültség

surgeproof *el* túlfeszültségbiztos

surgical | cloth pólyaszövet *(orvosi)*; ~ **hosiery** *tex* gumiharisnya; ~ **lamp** *orv* műtőlámpa; ~ **plaster** *gyógyv* ragtapasz; ~ **spirits** *pl* sebbenzin

surging hullámzás, áradás *(tengeré)*; *el* feszültségimpulzus; hullámzó változás; lengés *(szinkrongenerátoré)*; *gépk* nyomásesés, nyomásingadozás *(töltőkompresszorban)*; *gumi* kidagadás; *hajó* hosszirányú lengés *(hajólengés)*; *hőt* lüktetés, pulzáció *(gázé)*; *ol* földgáz áttörése béléscsőközből a termelőcsőbe; *rep* befulladás; nyomáslengés, instabilitás; rugórezonancia; ~ **shock** *rep* lökéshullám; nyomáshullám

surjection, surjectivity *mat* szürjektivitás *(leképezésé)*, szuperjektivitás

surmount *ép* fölébe helyez, föléerősít

surmounted arch *ép* magas vállú félkör(ív)

surplus felesleg, többlet; ~ **acid** *koh* savfölösleg; ~ **blast-furnace gas burner** *koh* torokgázfáklya; ~ **capacity** *ip* többlet-teljesítőképesség; ~ **cartage** *ép* fölös talaj elszállítása; ~ **conduction** *el* elektronvezetés; n-típusú/elektromos vezetés, többletvezetés; ~ **costs** *pl ip* többletköltség; ~ **gas burner** *ol* fáklya; ~ **heat** *fiz* hőfölösleg, hőtöbblet; ~ **load** *el* többletterhelés, terheléstöbblet; *mech* túlterhelés; ~ **neutron** *at* feleslegneutron, többletneutron, neutronfelesleg; ~ **of water** *hidr* vízfelesleg; ~ **power** *en* fölös energia/áram; *gép* teljesítményfelesleg, teljesítménytöbblet; ~ **sludge** *hidr* fölös iszap; ~ **water** *hidr* fölös víz; vízfelesleg; ~ **water resources** *hidr* szabad vízkészlet

surprise attack *kat* meglepetésszerű támadás

surrogate pótanyag, pótszer

surrosion *any* súlynövekedés/térfogat-növekedés korrózió következtében

surround I. *v* körülvesz; bekerít; **II.** *n* bekerítés; ~ **of a comparison field** *opt* környező mező

surrounding körülvevő, környező; ~**-country** *ép* városkörnyék; ~ **rock** *bány* kőzetköpeny; kőzetkörnyezet; mellékkőzet

surroundings *pl ép* környék, vidék; környezet

surveillance ellenőrzés, felügyelet; *kat* megfigyelés, felderítés; *rep* légtérellenőrzés; ~ **element** → ~ radar; ~ **radar (SR)** *távk* légtérellenőrző lokátor/radar; megfigyelőradar, ellenőrzőradar; ~ **radar centre/center** *távk* rádiólokációs célmegjelölő/bemérő központ, lokátoros repülésvigyázó központ

survey I. *v* vizsgálatot tart/végez; felülvizsgál, megvizsgál; áttekint; felmér; *ép* tervrajzot készít *(városról)*; *geod* felmér; **II.** *n* (felül)vizsgálat; felmérés; felügyelet; áttekintés; megszemlélés; szemle; *ép* felvétel, megrajzolás *(tervé)*; terv *(épületé, területé)*; *geod* felmérés, terepfelvétel; geodézia; *mat* adatfelvétel; *távk* keresés *(lokátorral)*; ~ **boat** *hajó* kitűzőhajó; ~**-book** *el* távvezeték-fektetési napló; ~ **data** *geod* mérési adatok; ~ **instrument** *el, metr* ellenőrzőműszer; *metr* geodéziai műszer; ~ **line** *geod* külszíni mérés; ~ **map** *geod* átnézeti térkép; ~ **meter** *at* sugárzásmérő *(számláló)*; ~ **of fall** *geod* lejtésmérés; szintezés; ~ **of heights** *geod* magassági felmérés; ~ **of land** terepfelvétel; ~ **of minor control point(s)** *bány* kis alappont meghatározása; ~ **of the relief** *geod* magassági felmérés; ~ **photography** *geod* terepfényképezés; ~ **sheet** *geod* felmérési/felvételi térképlap/szelvény; ~ **traverse** *geod* sokszögelési menet, sokszögvonal; ~ **with plane table** *geod* mérőasztal-felvétel

surveying megvizsgálás; áttekintés; felbecsülés, felmérés; *geod* (gyakorlati) geodézia; alsógeodézia; felmérés; felvétel; fényképes felmérés; terepfelvétel; ~ **aircraft** *fiz* felmérést/felvételt/kutatást végző repülőgép; ~ **compass** *geod* felmérő/földmérő iránytű; ~ **engineer** *geod* felmérő mérnök; ~ **equipment** *geod* geodéziai/felmérő felszerelés; ~ **error** *geod* felmérési hiba; ~ **rod** *geod* kitűzőrúd; ~ **stake** *geod* kitűzőrúd, mérőrúd, jelzőkaró; ~**-type telescope** *geod* geodéziai mérőtávcső; ~ **vessel** *geod* mérőhajó; ~ **wire** *el* ellenőrző huzal/érpár, pilotvezeték, vizsgálóhuzal
surveyor felügyelő; *bány* bányamérő; *geod* geodéta, felmérő térképész; *hajó* átvevő *(hajó)*; ~**'s chain** *geod* földmérő lánc *(66 láb = 20, 12 m)*; ~**'s heliotrope** *geod* heliotrop; ~**'s level** *ép, geod* vízszintező; *geod* szintezőműszer; ~**'s table** *geod* mérőasztal; ~**'s tape** *ép, geod* (mérnöki) acél mérőszalag; ~**'s transit** *geod* mérnöki teodolit; ~**'s umbrella** *geod* térképészernyő; ~**'s wheel** *geod* mérőkerék
survivability életképesség, túlélőképesség
survivable *kat* túlélésre képes
survival túlélés, életben maradás; ~ **characteristic** élettartam-jellemző; ~ **curve** *at* túlélési/életbenmaradási görbe; ~ **equipment** *rep* mentőkészülék, életmentő készülék/berendezés; ~ **function** *mat* megbízhatósági/túlélési függvény; ~ **kit** *rep* elsősegélynyújtó készlet; mentőfelszerelés, mentőláda; ~ **kit regulator** *rep* ejtőernyős oxigénadagolás-szabályozó; ~ **probability** *el, távk* hibamentes működés valószínűsége; *stat* túlélési valószínűség; ~ **rate** *kat* túlélők aránya/száma, túlélési arány; ~ **ration** *rep* kényszerhelyzeti élelmiszerkészlet; ~ **time** *at* túlélési idő; ~ **training** *rep* életmentési kiképzés/gyakorlat; mentési gyakorlat
survive túlél, fennmarad; életben marad
survivor életben maradó; túlélő
survivorship function *stat* túlélési függvény
susceptance *el* szuszceptancia, reaktáns vezetőképesség, inverz reaktancia
susceptibility *el* szuszceptibilitás; ~ **logging** *ol* mágneses szuszceptibilitás szelvényezése; ~ **meter** *metr* szuszceptibilitásmérő; ~ **of failure** *aut* zavarérzékenység; ~ **to ag(e)ing** *koh* öregedési érzékenység; ~ **to cracks** *koh* repedésérzékenység
susceptible *fiz* mágnesezhető
suspend felfüggeszt, felakaszt; megszakít, beszüntet; *ip* szüneteltet; *vegy* szuszpendál
suspended *ol* átmenetileg lezárt, pihentetett *(kút)*; *tex* felfüggesztett, szuszpendált; *vasút* függő; lengő; *vegy* szuszpendált; ~ **arch** *hőt* függőboltozat, függesztett boltozat *(kazáné)*; ~ **bay** *ép* befüggesztett nyílás *(hídépítésnél)*; ~ **bench** *bány* ülőpados függeszték; ~ **body flowmeter** *aut* úszótestes átfolyásmérő; ~ **cable** *távk* függőkábel; ~ **car** *vasút* függőkocsi; ~ **ceiling** *ép* álmennyezet, felfüggesztett mennyezet; ~ **centre-bay/center-bay** *ép* befüggesztett középső nyílás; ~ **chair** *bány* ülőszékes függeszték; ~ **channel** *hidr* függőmeder; ~ **container scale** *ép* silómérleg; ~ **core** *önt* függesztett öntödei mag; ~ **creel** *tex* függő cséveállvány; ~ **dust** lebegő por; ~ **floor** *ép* függőpálya *(hídon)*; ~ **furnace-front** *hőt* felfüggesztett tüzelőajtó; ~ **joint** *vasút* lengő sínütközés; ~**-level viscosimeter** *metr* Ubbelohde-féle függőszintes viszkoziméter; ~ **load** *hidr* lebegő hordalék; ~ **luminaire** *el* függő lámpatest, függeszték, függőlámpa; ~ **material/matter** *vegy* szuszpendált/szuszpendálódott anyag; ~**-matter content** lebegőanyag-tartalom; ~ **piston** *gép* függő dugattyú; ~ **platform** *bány* függőpad; *ép* függő munkahíd; ~ **railway/railroad** *ép, vasút* függőpálya, függő sínpálya; ~**-railway plant** *vasút* függőpálya *(berendezés)*; ~ **roof** *hőt* függesztett/függő boltozat *(kazáné)*; ~ **scaffold** *ép* függőállvány; ~ **shaft frames** *pl bány* függesztett aknabiztosítás; ~ **span** *ép* befüggesztett nyílás; ~ **substance** *vegy* szuszpendált anyag; ~ **suction head** *ép* függesztett lapátos szívófej; ~ **support system** *bány* felfüggesztéses főte biztosítás; ~**-swinging scaffold** *ép* függőállvány, lebegő állás; ~ **timber hoisting tackle** *bány* rakoncás függeszték; ~ **tubing** *bány* függesztett aknacső-biztosítás; ~ **valley** *hidr* függőmeder; ~ **water** *geol* háromfázisú övezeti talajvíz; *hidr* függő kapilláris víz; ~ **well** *ol* átmenetileg lezárt *v.* pihentetett kút
suspender *el* függesztőhorog *(légkábelhez)*; *ép* felfüggesztő bak/oszlop; ~ **beam** *ép* felsőgerenda; ~ **pit** *bőr* előcserző függesztőkád *(talpbőrcserzésnél)*
suspending wire *el* függesztőhuzal; munkavezeték-tartó huzal; *távk* légkábelfüggesztő acélkötél
suspension rugózás; *gépk* felfüggesztés; *vegy* szuszpenzió; ~ **attachment device** *bány* függeszték; ~**-bar** *ép* függesztőrúd; ~ **bolt** *szer* függesztőcsavar; ~ **boom** *gép* függesztett öv/elem; ~ **bracket** *ép* függesztőkonzol; ~ **bridge** *ép* függőhíd; kábelhíd; lánchíd; ~ **bunker** *bány* lebegő tartály; ~ **burning** *hőt* lebegtető tüzelés; ~**-cable anchor** *ép* függőhídkábel-lehorgonyzás; ~ **chain haulage** *bány* felső láncpálya; ~ **clamp** *gép* pofakapcsoló; szorítóbéka, rögzítőpofa, függesztőpofa; ~ **clip** *ép* csőfelfüggesztés; ~ **colloid** *vegy* szól, kolloidoldat, szuszpenziós kolloid; ~ **crane** *ép* függő futódaru; ~ **device** *gép* függesztőszerkezet; ~ **fertilizer** *mzg* szuszpenziós műtrágya; ~ **gear** *bány* függeszték; ~ **girder** *ép* függesztett tartó; ~ **insulator** *el* függő szigetelő; *en* tartószigetelő; ~ **leader** *ép* függesztett vezetőkeret; ~ **lining** → ~ shaft lining; ~**-link support** *gép* függőhevederes támasz; ~ **loop** *gép* függesztőgyűrű; ~ **member** → ~ support; ~ **microphone** *hang* függőmikrofon; ~ **netting** *rep* függesztőháló; ~ **of gangway** *ép* gyalogjáró felfüggesztése *(hídon)*; ~ **of multi-stor(e)y structures** *ép* sokszintes épületek függesztése; ~ **points** *pl nyom* kipontozás; *vasút* függőpályaváltó; ~ **polymer** *műa* gyöngypolimer; ~ **polymerization** *műa* gyöngypolimerizálás, gyöngypolimerizáció; szuszpenziós polimerizáció; ~ **post** *ép* függesztőoszlop, függesztőrúd; ~ **rail** *vasút* függőpályasín; ~ **rail conveying system** *vasút* függő sínpálya, függőpálya; ~ **railway/railroad** *vasút* függőpálya; függővasút; ~**-railway branch** *vasút* függőpálya leágazása; ~**-railway points** *pl vasút* függőpályaváltó; ~**-railway track** *vasút* függőpálya vágánya; ~ **reactor** *at* szuszpenziós reaktor; ~ **ring** *bány* falazatláb; ~ **roasting** *koh* röptében pörkölés; ~ **rod** *ép* felfüggesztőrúd, akasztórúd; függesztőrúd *(oszlopfüggesztő művön)*; ~**-roof** *ép* függőtető; ~ **rope** tartókötél; ~ **scaffold** *bány* függesztett mélyítőpadozat; ~ **screwdriver** *szersz* függesztett csavarhúzó gép; ~ **set** *em* tartószerelvény; ~ **shackle** *gép* függesztőkengyel; ~ **shaft lining** *bány* függesztett falazat; ~ **shoe** *vasút* függesztett féksaru; ~ **smelting** *koh* röptében olvasztás; ~ **spring** *óra* ingafelfüggesztő rugó; *vasút* hordrugó; ~ **strand** *el, távk* légkábel-

függesztő huzal; ~-**strand messenger** *távk* függesztőkötél; ~ **support** *ép, gép* felfüggesztőbak, felfüggesztődarab; ~ **switch** *el* függő kapcsoló, körtekapcsoló; ~ **tackle** *bány* függeszték; ~ **tower** *el* tartóoszlop; ~ **truss** *ép* függesztőműves fedélszék; ~-**type conveying** *ép* lebegtetőszállítás; ~-**type gravimeter** *metr* függesztett graviméter; ~-**type leader** *ép* függesztett vezetőkeret; ~ **wheel** *kat* támasztógörgő
suspensoid *vegy* szuszpenzoid, kolloid szuszpenzió; ~ **process** *vegy* szuszpenzoid-eljárás
suspensory mounting *rep* függesztőszerkezet *(fényképező készüléké)*
Sussex garden-wall bond *ép* falkötés soronként három futótégla és egy kötőtégla váltakozásával
sustain tart, fenntart; *bány* feszkéz; főtét alátámaszt; hord, visel; kitámaszt; *hang* kitart *(hangot)*
sustained tartós, kitartó, hosszan tartó; *kat* elhúzódó, tartós; ~ **arc** *el* állandósult ív; ~ **audio signal** *hang* állandó jel; próbahang; ~ **deviation** *aut* maradó szabályozási eltérés/állandó hiba; ~ **fault** *el* tartós hiba/zárlat; ~ **flight** *rep* főhajtóművel történő repülés; hosszan tartó repülés; ~ **load** *mech* tartós terhelés; ~ **oscillation(s)** *el* csillapítatlan rezgés; *fiz* állandósult/periodikus lengés; ~ **reaction** *vegy* fenntartott/segített reakció; ~ **short-circuit current** *el* tartós zárlati/rövidzárási áram; ~ **sound** *hang* tartós hang; ~ **yield** *fa* tartamos *v.* állandó mértékű fahozam/kitermelés
sustainer rocket *rak* hajtórakéta, utazórakéta
sustaining | pedal *hang* hangkitartó pedál *(zongoráé)*; ~ **piston** *szersz* pneumatikus ellentartó szegecstámasztó; ~ **wall** *bány* támfal, gyámfal
sustentation karbantartás; fenntartás; *rep* fenntartás *(felhajtó erővel)*
sutural | joint *geol* varratos elválás; ~ **texture** *geol* összenőtt anyag/szövet
suture *geol, orv* varrat
SUV → Saybolt universal viscosity
Suzuki effect *krist* Suzuki-hatás
Sv → sievert
SV → safety valve; → slide valve; → specific volume
svabite *ásv* svábit
svanbergite *ásv* svanbergit
SVC → supervisor call
SVL → standard volume loader
SW → salt water; → short wave; → software; → specific weight; → spot weld(ing); → stationary wave
swab I. *v* felszív, letöröl, tisztít; *hajó* felmos *(pl. fedélzetet)*; **II.** *n* felmosórongy; tampon; *bány* porvonó; *ol* (cső)dugattyú; svabber, fúrólyuktisztító; *önt* csutak; ecset *(öntőformák nedvesítésére)*; *szersz* csőkefe, sikálókefe, csőtisztító kefe; *tex* felmosórongy; nyüstbojt; tampon, festéklabda; *vegy* kenetmintavevő *(mikrobiológia)*; ~ **a well** *v ol* kutat megdugattyúz; ~ **packing** *gép* kisegítő tömítés; ~ **pressure** *ol* nyomáshullám; ~ **stick** *bány* fúrólyuktisztító vessző
swabbing tisztítás; felmosás; *bány* fúrólyuk kitisztítása; *ol* dugattyúzás; ~ **action/effect** *ol* dugattyúhatás; ~ **valve** *ol* kanalazótoló
swaddling tape *el* pólya, szalagtekercs
swag I. *v* ingat, himbál; *el* belóg, lelóg *(huzal)*; **II.** *n bány* főtesüllyedés, főtebehajlás; talpbemélyedés
swage I. *v alak* forgókovácsol; hegyesre kovácsol; kúposít; *műa* mélyhúz; **II.** *n alak* (kovács)süllyeszték; ódor; *bány* szénkihullás *(nyomás révén)*; *koh* süllyeszték; *ol* béléscső-egyenesítő, olajvezeték-egyenesítő; *szersz* fűrészfog-hajtogató szerszám/vas; kéziüllő; ~ **anvil** *szersz* kovácshegesztő üllő; ~ **block** *alak* alakmás; lyukas tábla, lyuktábla *(kovácsé)*; ódortömb; ~ **block for nails** *szersz* szegfejkészítő; ~ **die** *szersz* (forgó)kovácsoló-szerszám; ~ **engine** *szersz* forgókovácsoló gép; ~ **hammer** *szersz* alakító/kúposító/hegyező kalapács; süllyesztékes kalapács; ~ **head** *alak* forgókovácsoló-fej; *szersz* szegecsfejező fej/süllyeszték
swaging *alak* forgókovácsolás; hegyezés/nyújtás kovácsolással; kalapálás, (körül)kalapálás; kiverés *(kalapáccsal)*; körülkovácsolás; ódorkovácsolás; *koh* süllyesztékes kovácsolás; ~ **machine** *szersz* kovácsprés; ~ **mill** *heng* redukáló hengermű; rúdhegyező henger/állvány; ~ **tool** *szersz* ódorkovácsszerszám
swale *geol* gödör; gödrösödés; süllyedés
swallow[1] **I.** *v* (le)nyel; **II.** *n bány* töredezett telérrész; *élip* kőmell; *geol* ingovány; *hajó* csigakötéllyuk *(csiga oldalán)*; ~ **hole** *geol* víznyelő ponor/üreg
swallow[2] fecske; ~ **tail** *ép, fa* fecskefark
swallowing | capacity of mo(u)lds *koh* kokilla nyelőképessége; ~ **test** *bány* víznyeletés
swamp I. *v* eláraszt, elönt *(rétet)*; elvizenyősít; **II.** *n bány* tőzegtelep; *geol* posvány; *geol, talt* ingovány, mocsár, síkláp; ~ **bulldozer/dozer/crawler** *ép* mocsárjáró tológép; ~ **ditch** *hidr* víztelenítő árok; ~ **ore** *ásv* limonit, mocsárérc
swampy ground *talt* ingoványos/iszapos/süppedős talaj
swan-neck *ép* korlát S alakú szakasza; *gép* hattyúnyakcső; hattyúnyakhajlás; *hidr* könyökelvezetés; *tex* hasábvezető kulissza *(jacquard-gépen)*; ~ **insulator** *el* hattyúnyak-szigetelő; kisfeszültségű szigetelő; ~ **pipe** *ép* S alakú cső; ~ **press** *alak* egyállványos sajtó; ~ **runner** hattyúnyak alakú beöntő rendszer; ~ **spindle** *el* szigetelőtartó horog; *távk* S-szigetelőtartó; ~ **tool** *szersz* hattyúnyak-szerszám; ~ **ventilator** *hajó* szellőzőpipa
swapping *szt* csere(tárolás); csere, memóriák közötti átvitel
sward I. *v ép* lefüvez; *ép, mzg* füvesít, gyepesít, pázsitoz; **II.** *n ép* fűtakaró; pázsit, gyep, gyepszint
swarf *forg* fémreszelék, forgács; *hang* viaszforgács *(hanglemezvágáskor)*; *mt* csiszolózagy; köszörűkőpor; vaspor
swarm raj, sokaság; mozgó csoport/tömeg; ~ **of particles** *at* részecskehalmaz
swash *hajó* keskeny csatorna/tengerszoros; *hidr* csobogás, zuhogás, áramlás *(vízé)*; hullámverés; ~ **bank** *hidr* tengerparti támfal rézsűjének felső része; ~ **letters** *pl nyom* cikornyás dőlt betűtípus; ~-**plate** *gép* imbolygótárcsa; *gépk* támolygókorong; ~-**plate engine** *gépk* imbolygótárcsás motor *(forgattyúszerkezet nélkül)*; ~-**plate pump** *hidr* imbolygótárcsás szivattyú
swatch *tex* kis szövetdarab, mintadarab
swate *geol* teknő
swath *mzg* lekaszált rend *(gabona)*; ~ **collector** *mzg* szénarendgyűjtő *(gép)*; ~ **turner** *mzg* szénarendforgató gép
swathboard *mzg* rendterelő lemez *(kaszálógéphez)*

swather *mzg* rendrakó aratógép
sway I. *v* inog, ingadozik, leng; ingásba hoz; lebillen *(pl. mérleg serpenyője)*; **II.** *n* ingás, ingadozás; lengés; *ép* kilengés *(hídé)*, eltolódás, átbillenés, lendület; *metr* kibillenés *(mérlegkaré)*; ~ **beam** *metr* mérlegkar; *vasút* himba(kar); ~ **bracing** *ép* keresztkötés, keresztmerevítés; ~ **rod** *ép* lengőrúd; ~ **strut** *ép* felső keresztkötés vízszintes rúdja, felső szélrácsoszlop
sweat I. *v bőr* rothad; *élip* erjed; *heg* forraszt *(fémlemezzel)*; *hőt* gőzölög; lecsapódik; *önt* (ki)izzaszt, kiolvaszt; kiizzad; **II.** *n bány* csepegés; *ép* izzadás, nyirkosság *(falon)*; *koh* csurogtatás; izzadmány; ~ **ball** *bány* kokszlepény; ~ **furnace** *koh* csurgató kemence; ~ **iron** *heg* hegesztett vas; ~**-paper** *pa* verejtékitatós; ~**-proof glass** *üveg* páramentes üveg; ~ **roll** *pa* hűtőhenger
sweatbox izzasztó; *any* higrosztát; nedvességvizsgáló szekrény, trópusszekrény
sweated | joint *heg* forrasztott kötés; ~ **oil** *vegy* gacsolaj; ~ **scale** *vegy* kiizzasztott nyersparaffin; ~ **scale wax** *vegy* izzasztott paraffin; ~ **sole-leather** *bőr* izzasztással szőrtelenített talpbőr
sweater *ol* izzasztókamra, paraffinizzasztó (berendezés); ~ **room** *bőr* füllesztőhelyiség; izzasztóház
sweating *bőr* füllesztés, izzasztás; *élip* izzasztás *(száraztésztáé)*; *ép* izzadás; nedvesedés; *heg* forrasztás; *koh* likváció, kiválás; *ol* izzadás; izzasztás; paraffinolaj-mentesítő eljárás; *vegy* gacsizzasztás; kicsapás; kicsapódás; leülepedés; leülepítés; ~ **heat** *heg* forrasztási hő; ~ **house** *élip* erjesztő/fermentáló helyiség/pince; ~ **of concrete** *ép* beton izzadása; ~ **of slack wax** *vegy* paraffingacs izzasztása; ~ **oven** *vegy* izzasztókamra; ~**-pan** *vegy* gacsizzasztó tálca
Swedish | block *metr* Johansson-féle svéd mérőtömb; ~ **compass** *geof* svéd bányászkompasz; ~ **ga(u)ge** *metr* (Johansson-féle) mérőhasáb; ~ **steel** *koh* svédacél
sweep I. *v* (el)seper, leseper, végigseper; tisztít; *bány* kiszellőztet; *hajó* fenékkábellel kutat *(horgonyt)*; *hidr* kotor *(folyómedret)*; *kat* pásztáz; *önt* bevon; *tv* letapogat; **II.** *n* (ki)söprés; sepregetés; *bány* ácsolatköz; behajlás; támköz; *ép* alakozódeszka; épületsor, lakássor; íves felhajtó; *geod* lejtésgörbe; *gép* mozgástér, játék; *gépk* hajlás *(karosszériavonalé)*; *hajó* aknakotró, aknaszedő; húzókocsi *(kormányrúdon)*; kormányrúd-csúszóhüvely; kutatókábel *(fenékkutatáshoz)*; *hidr* (nagy) kanyar/ív *(folyóé)*; gyors folyás, áradás, áradat *(folyóé)*; kútgém; szivattyúgép, szivattyúkar; *kat* lőtávolság, hatástáv; *mat* kisöprés; *mzg* kétszárnyú művelőtest *(kultivátoron)*; *önt* formázósablon, alakozósablon; *rep* kitérítés; pásztázás; szárny nyilazása; *tv* képfelbontás, letapogatás; ~ **amplifier** *távk* fűrészerősítő; ~ **amplitude** *el* fűrészerősítés; fűrészfog-amplitúdó, (idő)eltérítés amplitúdója; ~ **angle** *rep* szárnynyilazási szög; ~ **area** *rep* súrolt terület *(légcsavar által)*; ~ **balance** *aut* dinamikus kiegyensúlyozás/kompenzáció; ~**-balance recorder** *el* ingadozásokat kiegyensúlyozó regisztráló műszer; ~**-board** *ép* alakozólap; *önt* formázósablon; ~ **capacitor** *el* eltérítő kondenzátor, deflektor; ~ **circuit** *aut, el* eltérítő áramkör, vobbulátorkör; *el* relaxációs áramkör, fűrészáramkör; *távk* eltérítő áramkör *(katódsugár oszcillátoré)*; fűrészfoggenerátor; ~ **coil** *el* eltérítőtekercs; ~ **control** *rep* nyilazottság vezérlése; ~ **current** *el* eltérítőáram; ~**-delay circuit** *aut* (futásidő-)késleltető kör; ~ **diagram** *el* frekvenciaátmenet; fűrészdiagram; ~ **diode** *félv* billenődióda; ~ **down** *v* lesodor, magával sodor *(ár)*; ~ **efficiency** *ol* elárasztási hatásfok; ~ **finger** *önt* alak(o)zó laptartó ujj; ~**-forward** *rep* (szárny)-előrenyilazás; ~**-forward angle** *rep* szárny előrenyilazási szöge; ~ **frequency** *el* eltérítőjel frekvenciája; fűrészfrekvencia; fűrészrezgés-frekvencia, kippfrekvencia, eltérítési frekvencia; kitérítő/letapogató frekvencia; ~ **(frequency) generator** *el* időalap-generátor, eltérítésgenerátor; *el, távk* fűrész(fog)generátor; *távk* eltérítőgenerátor; kitérítőgenerátor; vobbulátor; ~ **hand** → ~ second(s) hand; ~ **intensifier** *távk* eltérítő jelerősítő; ~ **length** *távk* letapogatási hossz; ~ **loader** *ép* seprő-szemétfelrakó gép; ~ **mo(u)lding** *önt* formázás sablonnal/alakozólappal; ~ **net** pöndörháló; vetőháló, dobóháló; ~ **oscillator** *el* eltérítőjel-oszcillátor; fűrészgenerátor; ~**-out** *mat* kisöprés; *ol* kihajtás; kiszorítás; *távk, tv* képfelbontás, letapogatás; ~ **output amplifier** *távk* eltérítőjel-végerősítő; ~ **over** *v* végigsöpör *(szél)*; ~ **phase** *aut, távk* letapogatási/lebegtetési/billenési fázis; ~ **rake** *mzg* tológereblye; ~ **reversion** *vasút* hurokvágány; ~ **round** *v hajó* keresőhorgonnyal körüljár; nagy ívben megkerül; ~**s** *pl* hulladék; ~**-saw** *szersz* erdei keresztfűrész; ívelőfűrész, homorúfűrész; kanyarítófűrész; rókafarkfűrész; ~ **second(s) hand** *óra* középső másodpercmutató; ~ **signal generator** *távk* vobbulátor; ~ **speed** *távk* letapogatási sebesség; ~ **template/templet** *önt* forgó minta formázáshoz, formázósablon; ~ **the face** *v bány* munkahelyet kiszellőztet; ~ **triode** *el* billenőtrióda; ~ **unit** *távk* eltérítő egység; ~ **up** *v* felsöpör, összesöpör; odalendül; odaszáguld, végigszáguld; ~ **velocity** *el* eltérítési sebesség; ~ **voltage** *el* eltérítőfeszültség; fűrész(fog)feszültség, kippfeszültség; kitérítési feszültség; ~ **width** *távk* frekvencialöket; időalap-szélesség, vobbulációs frekvenciatartomány
sweepback *rep* hátranyilazás; ~ **angle** *rep* hátranyilazási szög
sweeper kéményseprő; utcaseprő; seprőgép
sweeping söprés; *hidr* kotrás; *kat* pásztázás; *mat* kisöprés; *távk, tv* letapogatás; *vasút* kigörbülés *(sínen)*; ~ **cable** fenékkábel; ~ **coil** *el* eltérítőtekercs; kitérítőtekercs; ~ **dislocation** csúszó diszlokáció; ~ **machine** *gépk* seprőgép; ~ **mo(u)ld** *önt* sablonnal készített öntőforma; ~ **out** *mat* kisöprés; ~**s** *pl* hulladék, szemét; ~ **vacuum cleaner** *gépk* seprő-felszívó gép; ~ **voltage** → sweep voltage
sweet édes; *bány* bányalégmentes; gázmentes; tiszta; *élip* édes; ízes; *gép* sima járású *(motor)*; *hidr* édes *(víz)*; *ol* kénmentes; *üveg* könnyen megmunkálható; ~ **crude oil** *ol* „édes" nyersolaj, korrozívkén-mentes nyersolaj; ~ **natural gas** *ol* édes gáz; ~ **oil** *élip* olívaolaj; repceolaj, kolcaolaj; ~ **potato** *élip* édesburgonya, batáta; ~ **potato starch** *gyógyv* batátakeményítő; ~ **roasting** *koh* teljes pörkölés; ~ **soil** *talt* nem savanyú talaj; ~**-sounding** *hang* harmonikus, összehangzó; ~ **water** *élip, cu* leédesítő víz; *gyógyv* glicerinvíz; *hidr* édesvíz, friss víz; ~ **wine** *élip* aszúbor
sweetbread *élip* borjúmirigy, „bríz"
sweeten *élip* (meg)édesít; megcukroz; megédesedik; *vegy* kéntelenít

sweetened | **condensed milk** *élip* cukrozott sűrített tej; ~ **gas** *ol* kéntelenített gáz
sweetener *bány* flotációs vegyszer; *élip* édesítő
sweetening *élip* édesítés; *gumi* ammóniakezelés; kilágyítás; közömbösítés; *ol* benzinkéntelenítés; ~ **agent** *vegy* édesítő (szer); ~**-off** *élip* leédesítés; ~ **of flue gas** füstgáz-kéntelenítés; ~ **of rubber** *műa* kaucsuk kilágyítása
sweetish *élip* édeskés
swell I. *v* dagad, feldagad, megdagad; megduzzad; felduzzad; (ki)dudorodik; felfúvódik *(szén süléskor)*; *hang* fokozódik, növekszik; *hidr* árad; felduzzaszt; *ker, üveg* kihasasodik; öblösödik; *vegy* duzzad; **II.** *n* duzzadás, dagadás; *bány* meddőbeágyazás; telepkivastagodás; telér helyi megvastagodása, szénrétegdagadás; *ép* boltozat; *geol* domb, halom; *hajó* holthullám; vihar előtti/utáni hullámzás; *hang* redőnymű, redőnyszerkezet *(orgonán)*; *ker, üveg* öblösödés; *önt* duzzadás, dagadás *(öntvényhiba)*; *tex* bordafióknyelv; vetélő fióknyelv; ~ **pedal** *hang* redőnynyitó emeltyű *(orgonáé)*; ~ **switcher** *hang* redőnyzsalu
swellability *tex* duzzadóképesség
swelled | **column** *ép* kihasasodó oszlop; ~ **rules** *pl nyom* dudoros választóvonal/lénia
Swellex anchor *bány* Swellex-horgony
swelling (meg)dagadás; duzzadás; kihasasodás; felduzzasztás; *bőr* duzzadás *(bőrmeszezésnél)*; *ép* oszlopboltozás; *geol, vegy* duzzadás; *gépk* kitüremlés *(autógumié)*; *talt* kidudorodás; ~ **capacity** *bány* duzzadóképesség; ~ **current** *távk* felnövő áram; ~ **degree** *tex* duzzadási fok; ~ **diameter** *fa* vastagodás átmérője; ~ **dome** *geol* dagadókúp; ~ **due to frost** *talt* fagy okozta felemelkedés; ~ **heat** *hőt* duzzadási hő; ~ **index** *talt* expanziós index; ~ **in the winding** *tex* csévélési egyenlőtlenség/vastagodás; ~ **of clay** *bány* agyag duzzadása; ~ **of pelt** *bőr* pőre duzzadása; ~ **of rock** *bány* kőzetduzzadás; ~ **power** *bány* duzzadóképesség; ~ **pressure** *bány* duzzadási nyomás; ~ **test** *talt* duzzasztási kísérlet; ~ **value** *tex* duzzadási érték
swept | **area** *rep* pásztázási terület; súrolt terület; ~**-back** *rep* hátranyilazott; ~**-back blade** *hőt* gázturbina hátrahajlított lapátja; ~**back wing** *rep* hátranyilazott szárny; ~**-back wing** *rep* hátranyilazott szárny; ~**-forward** *rep* előrenyilazott; ~**-forward wing** *rep* előrenyilazott szárny; ~**-in frame** *gépk* behúzott alváz; ~ **space** *kat* pásztázott terület; ~ **volume** *gépk* hengerűrtartalom, motor-lökettérfogat; ~ **wing** *rep* nyilazott szárny; ~**-wing** *rep* nyilazott szárny(ú)
swerve I. *v* elfordul; *gépk* farol; megfarol; **II.** *n* elhajlás, (hirtelen) elmozdulás; elfordulás; *gépk* (meg)farolás
SWG → standard wire ga(u)ge
swift I. *a* gyors, sebes; hirtelen; **II.** *n el* letekercselőgép *(huzal)*; *koh* gyújtólándzsa; huzalmotolla; *tex* hengeres (motollás kis) felvetőgép; kártoló födobja; motolla köpenye; ~**-sailing** *hajó* gyors vitorlázás
SWIFT message switching network *távk* SWIFT bankközi adatátviteli hálózat
swiftness gyorsaság
swill I. *v* öblít, öblöget; felmos; **II.** *n* öblítés, öblögetés; moslék; mosogatólé; ~ **box** moslékosláda
swiller folyékony zománcot öntő munkás

swim I. *v* úszik; úsztat; **II.** *n* úszás
swimmer úszó; ~ **of regulator level** *koh* úszó szintszabályozó
swimming úszó; ~ **bath/pool** *ép* úszómedence; ~ **camera** *film, foto* víz alatti kamera; ~**-pool reactor** *at* úszómedencés reaktor; ~ **position** *hajó* úszási helyzet; ~ **stone** *geol* úszókő; ~ **tank** úszó tartály
swineback *bány* kidomborodás talpduzzadás miatt
swing I. *v* leng, inog, lebeg; himbálódzik; lendít, himbál, hintáz(tat); *fiz* kileng *(inga)*; *gép* elfordul, elforog; *gépk* hirtelen elforgat/elfordít; *hajó* forgolódik; körbe forgat; mozog *(horgony körül)*; **II.** *n* lengés, kilengés, lendület, lengésív; kitérítés; *em* elfordíthatóság, elfordulás, forgatás; *fiz, mech* elhajlás, eltérés, eltérítés; kilengés *(ingáé)*; rezgés; *forg, gép* kinyúlás; *hajó* körbeforgatás, forgolódás; *óra* himba; járom; *rád* feszültségamplitúdó; ~**-arm tap** *ép* lengőcsap *(mosogatóhoz)*; ~**-aside** *gép* elfordítható; ~**-aside table** *szersz* elfordítható (szerszámgép)asztal; ~ **axle** *gépk* lengőtengely; ~**-back** *foto* billenthető/megdönthető hátlap; ~ **band** *ép* forgószalag; ~**-bearing error** *rep* rádióirányszög-keresési hiba; ~ **bolster** *gép* billenőágy(azás); görgős hídsaru; ~**-boom crane** *ép* forgódaru; forgógémes daru; ~ **bridge** *ép* forgatható híd; forgóhíd; ~**-check valve** *gép* lengő visszacsapószelep; ~ **connection** *el* billenőkapcsolás; ~**-crane** *ép* forgódaru; ~ **cut** *bány* függőleges rés; rovátka; ~**-dipper shovel** *ép* hegybontó kotró; kanalas hegybontó; ~ **distributing device** *ép* forgóelosztó; ~**-door** *ép* lengőajtó; ~ **drill** *szersz* lengőkaros fúrógép; ~**-frame** *fa* ingafűrész; *gép* lengőkeret; ~**-frame gear** *forg, gép* sebességváltó olló; ~**-frame grinder** *szersz* elfordítható orsófejes köszörű; ~ **front** *foto* billenő objektívtartó; ~**-gate** *közl* forgósorompó; ~ **gear** *gép* forgatómű; ~**-hammer crusher/breaker** *ép* kalapácstörő; *koh* kalapácsos törő; ~**-hammer mill** *bány* lengőkalapácsos törő; *szersz* kalapácsmalom *(aprítás)*; ~**-hanger** *közl* fogantyú *(villamoson)*; ~ **haulage** *bány* ingaszállítás; ~ **holder** *szersz* elforduló szerszámtartó; ~ **jack** *bány* csilleemelő; ~ **jaw** *ép* pofástörő mozgópofája; ~**-jaw crusher** *ép* egyingás törő; ~ **jib** *vasút* elfordítható kifolyócső *(vízdarun)*; ~**-jib crane** *ép* forgógémes daru, forgódaru; ~**-joint** *ép, gép* csuklós kötés; ~ **lamp** *opt* függő lámpa; ~ **latch** *ép* lengő kilincs; ~ **leader** *ép* lengő vezetőkeret; ~ **link** *gép* lengő kulissza; ~**-link guide** *gép* lengőkulisszás vezeték; ~ **loader** *ép* forgórakodó; ~ **mechanism** *ép* forgatómű; ~ **motor** *em* daru gémforgató motorja; ~**-nose aircraft** *rep* teherszállító repülőgép az orr-részen elhelyezett leereszthető rakodóajtóval; ~**-off** túllendítés; ~ **out** *v* kibillent; ~**-over** *távk* átbillenés *(multivibrátornál)*; ~ **pipe chute** *ép* lengőcsöves surrantó; ~ **pipe gate/valve** *ép* billenőcsöves tolózár; ~ **plough/plow** *mzg* lengőeke, taliga nélküli eke; ~ **post** *ol* lengőkar, lengőoszlop; ~**-rake** *tex* lengőkaros kefélőgép; ~**-rake scouring machine** *tex* lengőgereblyés mosógép; ~ **roof arc furnace** *koh* elfordítható tetős ívkemence; ~**-saw** *fa* ingafűrész, lengőkeretre szerelt fűrész; ~ **screw** *szer* csuklós csavar; ~ **shift** *US ip* délutáni műszak(ban dolgozók); ~ **shovel** *ép* forgórakodó; ~ **shovel-loader** *szersz* forgatható rakodólapát; ~**-sledge mill** *bány* többsoros ütőmalom; ~ **span** *ép* forgónyílás *(forgóhidé)*; ~ **stacker truck** *csom* elfordítható oszlopú emelőtar-

gonca; ~ **suction** *élip* lebegő szivornya; ~ **support** *gép* csuklós megtámasztás; ~**-tail aircraft** *rep* teherszállító repülőgép a farokrészen elhelyezett leereszthető rakodóajtóval; ~ **tool** *szersz* elfordítható szerszámkés; ~ **tow** *tex* tilolási kóc; ~**-tray elevator** *em* lengőtányéros felvonó; ~ **turntable** *szersz* elfordítható forgóasztal; *vasút* lengő fordítókorong; ~**-wing** *rep* változtatható szárny, variaszárny

swinger *bány* forgatómű; *em* forgató szerkezet *(emelőn)*

swinging lengés, lebegés; lendítés; ingás; lengetés; himbálás; hintázás; forgás; *hajó* körmozgás *(horgony körül)*; lengés; *mech* rezgés; *rep* forgásba rántás *(légcsavaré)*; ~ **arm** *forg* lengővilla *(motorkerékpár)*; sebességváltó olló; *távk* lengőkar; ~**-arm suspension** *gépk* Dubonnet-rugózás; ~ **assembly** *geof* lengőrendszer, mágneses lengő; ~ **balance weight** *élip* mozgó súlytömeg; ~**-ball lightning-arrester** *el* lengőgömbös túlfeszültség-levezető; ~ **boom** *em* lengő darugém; *hajó* lengő vitorlarúd; ~ **bucket** *bány* billenőteknő; billenőveder, buktatóveder, buktatóbödön; ~ **bucket elevator** *ép* billenővedres/billenőserleges elevátor; ~ **cam** *kh* lengőlakat; ~ **chain** *hidr* mozgólánc *(kotrógépen)*; ~ **choke** *el* rezgőkörös fojtótekercs; változó induktivitású fojtótekercs *(tápszűrőben)*; ~ **chute** *ép* lengőcsúszda; rázott csúszda; ~ **coil** *rád, távk* lengőtekercs; ~ **coil compensator** *aut* lengőtekercses kompenzátor; ~ **door** lengőajtó; ~ **drawbar** *mzg* önbeálló vonószerkezet *(traktoron)*; ~ **dredge** *bány* forgókotró; ~ **element** *rendsz* lengőelem, lengőtag; ~ **fan** *szell* függő szellőző/ventilátor; ~ **feeder** *gép* lengőadagoló; ~ **fork** *gépk* fékpofaállító villa; ~ **frame** *gép* lengőállvány; ~ **gate** *ép* csapóajtó, lengőajtó; *gép* (lengő) csapolóajtó *(tartályon)*; ~ **hammer** *mzg* csuklós kalapács *(kalapácsos darálóban)*; ~ **jib** *bány* harácsolókar; ~**-jib loader** *bány* harácsolókaros rakodógép; ~ **launder tilting trough** *koh* billenthető csapolócsatorna; ~ **leads** *pl ép* állítható bálványfa *(cölöpverőn)*; ~ **lever** *gép* lengőkar, himba; ~ **motion** *gép* lengőmozgás; ~ **platform** *bány* falazópad; lengőpad; ~ **radius** *em* forgási sugár *(darué)*; gémkinyúlás; ~ **saw** *szersz* lengőfűrész; ~ **screen** *bány* lengőrosta; ~ **shoe** *ép* mozgósaru; *gép* forgósaru; ~**-shoe brake** *bány* lengőpofás fék; ~ **sieve** *élip* rázószita; ~ **skip** *bány* billenőveder; ~ **transformer** *el* csücsöktranszformátor, lengetőtranszformátor; ~ **vibrating riddle** *élip* rázószita; ~ **window** *ép* lengőablak

swingle I. *v tex* tilol; **II.** *n* küllőkar; *hidr* kézi szivattyú karja; *tex* tilolófa

swingler *tex* tiloló

swingling *tex* kendertilolás; ~ **knife** *tex* tilolóbárd; ~**-machine** *tex* tilológép

swipe *gép* emelőkar, lengőkar; *hidr* szivattyú nyomókarja

swirl I. *v* örvénylik; **II.** *n hidr, rep* örvény; *met* forgószélvihar; ~ **burner** *hőt* perdületes égő; ~ **chamber** *gépk* örvénykamra; ~**-chamber engine** *gépk* örvénykamrás motor; ~ **reducing baffle** *rep* légterelő/örvényléscsökkentő lap

swirling örvényképződés; örvénylés

Swiss | machine *tex* átlósvetélőjű hímzőgép; ~**-pattern hammer** *szersz* ívelt kalapács; ~**-pattern pipe-wrench** *szer* csuklós csőfogó; ~ **rib** *kh* szegélykötés; ~ **silk** *élip* svájci szitaselyem; ~ **thread** *finm* svájci órásmenet; ~ **(Thury) screw-thread** *finm* svájci csavarmenet *(47° 30' csúcsszög)*

switch I. *v el, gép* (át)kapcsol; átvált; *vasút* (át)állít *(váltót)*; kitérőre irányít; más vágányra terel; *US* tolat, rendez *(kocsikat)*; **II.** *n el* kapcsoló; kikapcsoló; megszakító; *szt* (program)kapcsoló, váltó; *távb* kapcsológép; *távk* kiegészítő adás-vételi kapcsoló; *tex* váltószerkezet; *vasút US* váltó; *US* váltókitérő; ~ **adjustment** *vasút* váltóállító fül; ~ **arm** *el* kapcsolókar, kapcsolóemelő; ~ **back** *v el* visszakapcsol; ~ **base** *el* kapcsolóaljzat; ~ **bay** *el* kapcsolócella; *távk* gépállvány, gépkeret; ~ **blade** *el* kapcsolókés; ~ **box** *el* kapcsolódoboz; *vasút* váltóállító bak; ~ **cable** *távk* kapcsolókábel; ~ **capacitance box** *el* forgatytyús/kapcsolókaros kapacitásszekrény; ~ **capacity** *el* (le)kapcsolási teljesítmény; ~ **case** *el* kapcsolóház; ~ **chair** *vasút* váltósínszék; ~ **clock** *el* kapcsolóóra, időkapcsoló; ~ **connection** *el* kapcsolócsatlakozás; ~ **cupboard** *el* elosztószekrény, kapcsolószekrény; ~ **curve** *vasút* váltóív; ~ **designator** *szt* kapcsoló *(ALGOL)*; ~ **desk** *el* kapcsolóasztal, kapcsolótábla; *távk* kezelőasztal; ~ **end** *vasút* váltó vége; ~ **engine** *US vasút* tolatómozdony; ~**-fixture** *vasút* váltószerelvény, váltótartozék; ~ **fuse** *el* késes kapcsolóba épített olvadó biztosíték; ~ **gas oil** *ol* kapcsolóolaj; ~ **gear** *el* kapcsolóberendezés, kapcsolókészülék, kapcsolótábla, áramelosztó berendezés; megszakító berendezés; vezérlőmű, kapcsolómű; ~**-gear assembly** *ép, gép* kapcsolóberendezés; ~**-gear installation** → ~ gear; ~**-gear pillar** *el* kapcsolóoszlop; ~ **handle** *el* kapcsolókar; ~ **heater** *vasút* váltómelegítő berendezés; ~ **hook** *távb* átkapcsoló *(előfizetői készülékben)*; horogátkapcsoló, kapcsolóhorog; *távk* villakapcsoló; ~ **hut** *el* elosztóház, kapcsolóház; ~ **in** *v el* bekapcsol; ~ **indicator** *szt* elágazásjelző, határjel; parancshoz adott kiegészítés; *vasút* váltóállás-mutató; ~ **jaw contact** *el* rugós érintkező; ~ **junction-line** *vasút* kitérő vágányzat; ~ **lamp** *vasút* váltó jelzőlámpája; ~ **lever** *el* kapcsolókar; *gép* váltókar; ~ **lever lock** *vasút* váltóemeltyűzár; ~ **lock** *vasút* váltózár; ~ **off** *v el* elzár; kikapcsol, lekapcsol, szétkapcsol; megszakít *(kapcsolást)*, kiiktat *(áramkört)*; *távk* szétkapcsol; ~**-off** kikapcsolás; ~**-off position** *el* kikapcsolóállás, nullaállás; ~**-off process/transients** *el* kikapcsolási folyamat; ~ **on** *v* bekapcsol, kinyit *(készüléket, rádiót, tévét stb.)*; meggyújt, felgyújt *(villanyt)*; ~**-on** bekapcsolás; ~**-on current** *el* bekapcsolási áram; ~**-on loss** *félv* bekapcsolási veszteség; ~**-on position** *aut, el* bekapcsolt helyzet; ~**-on pressure** *ép* alsó nyomáshatár, bekapcsolási nyomás; ~**-on transients/process** *el* bekapcsolási folyamat; ~**-operating mechanism** *vasút* váltóállító berendezés; ~ **over** *v* rákapcsol, átkapcsol; átvált; ~**-over** *el* átkapcsolás; *ip* áttérés, átállás *(más módszerre)*; ~**-over diode** *el* átkapcsolódióda; ~**-over for transmitting** *rád* adásra kapcsolás; ~**-over relay** *aut, el* átkapcsolórelé; ~**-over time** *aut* átkapcsolási idő; *távb* átváltási idő; ~**-panel** *el* kapcsolótábla; ~**-plate** *el* fedőlap; ~**-plate chute** *ép* váltólapos surrantó; ~**-point** → switchpoint; ~ **rack** *távk* kapcsolóállvány; ~**-rail** *vasút* váltócsúcs, váltósín; ~ **relay** *aut, el* kapcsolórelé; *távk* kapcsolójelfogó; ~ **resistance** *el* előtét-ellenállás; ~ **rod** *el* kapcsolórúd; *vasút* váltóállító rúd; ~

room *el* kapcsolóterem; ~ **segment** *el* kapcsolóív; ~ **shaft** → ~ rod; ~ **shelf** *el* kapcsológép vasváza; ~ **sleeper** *vasút* váltóalj; váltótalpfa; ~ **stand** *vasút* váltóállító bak; ~**(-)starter** *el* indítókapcsoló; ~**-start fluorescent lamp** *opt* gyújtóval működtetett fénycső; ~ **state** *aut* kapcsolási állapot; ~**-stop** *el* kapcsolóállás-rögzítő; ~ **substation** *távb* kapcsoló alállomás; ~ **tank** *el* kapcsolóedény; *ker* keverőtartály; ~**-target** *vasút* váltójelzőtárcsa; ~ **tie** *vasút* váltóalj; ~**-tongue** *vasút* váltónyelv; ~ **unit** *el* kapcsolóegység; ~ **vessel** *távk* kapcsolótartály; ~ **with latch and free trip** *aut* zárószerkezetes szabad kioldású kapcsoló; ~ **with magnetic latching** *távk* mágnesesen reteszelő kapcsológép; ~ **with mechanical latching** *távk* mechanikailag reteszelő kapcsológép; ~**-yard** → switchyard

switchable átkapcsolható, átváltható, átállítható; ~ **time mark frequency** *aut* átkapcsolható időfrekvencia

switchback *GB* hullámvasút *(angolparkban stb.)*; *US* zegzugos vonalú hegyivasút; *közl* kanyargós útvonal; út sok szerpentinkanyarral/hajtűkanyarral, szerpentinút; *vasút* bajuszkitérő csonkavágány; váltóvisszaállítás

switchboard (SB) *el* kapcsolóasztal, kapcsolótábla; kapcsolóberendezés; vezérlőtábla, vezérlőpanel; *távb* (házi) (telefon)központ *(egyetemé, intézményé stb.)*; kapcsolószekrény; kisközpont *(manuális)*; ~ **cell** *el* kapcsolómező, kapcsolócella; ~ **connection** *el* kapcsolótábla-csatlakozás; ~ **cord** *távb* dugaszzsinór; ~ **gallery** *el* kezelőfolyosó; ~ **jack** *el* kapcsolótáblai érintkezőhüvely; ~ **lamp** *el* kapcsolótábla-világító lámpa; ~ **operator (SBO)** telefonközpontos, telefonkezelő; ~ **panel** *el* kapcsolótábla; ~ **plug** *távb* kapcsolódugó; ~ **position** *távb* munkahely; ~ **wire** *távk* kérdőzsinór

switchboy *vasút* váltóállító

switched bekapcsolt; kapcsolt; ~**-cardioid homing** *rep* (szívgörbe-)átkapcsolásos ráreprülés; ~ **cardioids** *rep* (váltakozva) kapcsolt szívgörbék; ~ **circuit** *el* központokon keresztül felépített áramkör; ~ **line** *szt* kapcsolt vonal; ~**-message network** *szt* üzenetkapcsolt hálózat; ~ **mode amplifier** *távk* kapcsolóüzemű erősítő; ~ **power supply** *távk* kapcsolóüzemű feszültségstabilizátor

switcher *vasút* tolatómozdony; váltókezelő; váltóőr

switchette *el* törpekapcsoló

switching *el* átkapcsolás, kommutáció; kapcsolás; *vasút US* tolatás, váltóállítás tolatáskor; ~ **algebra** *aut* kapcsolásalgebra, logikai algebra; kapcsolási algebra; ~ **amplifier** *félv* kapcsolóüzemű erősítő; ~ **apparatus** *el* kapcsolókészülék, kapcsolóberendezés; ~ **cabinet** *el* kapcsolószekrény; ~ **centre/center** *szt* kapcsolóközpont; ~ **check with simultaneous timing** *aut* átkapcsolás-ellenőrzés egyidejű időméréssel; ~ **circuit** *el, szt* kapcsolóáramkör; ~ **coefficient** *aut* kapcsolási tényező; ~ **control pilot** *távk* kapcsolópilot; ~ **cycle** *aut* kapcsolási ciklus/periódus; ~ **delay time** *félv* bekapcsolási késési idő; ~ **device** *el* kapcsolókészülék; *távk* átkapcsoló (berendezés); ~ **devices synthesis** *aut* kapcsolóberendezések/reléberendezések szintézise; ~ **diode** *aut, el* kapcsolódióda; ~ **element** *aut* kapcsoláselem, áramköri elem; ~ **equipment** *távb* kapcsolástechnikai berendezés; ~**-error protection** *el* helytelen kapcsolás elleni védelem; ~ **field** *távk* kapcsolómező; ~ **frequency** *aut, el* kapcsolási frekvencia; ~ **function** *aut, el* bináris függvény; kapcsolási függvény; ~ **gear** → switch gear; ~ **key** *el* billenőkapcsoló; kapcsolóbillentyű; ~ **knob** *el* forgógomb, kapcsológomb; ~ **line** *aut* átkapcsolóvezeték; kapcsolási vonal, kapcsolóvonal; ~ **logic** *aut* kapcsoláslogika; ~ **losses** *félv* átkapcsolási veszteségek; ~ **matrix** *aut, távb* kapcsolási mátrix; kapcsolómátrix; ~ **method** *távb* kapcsolási elv; ~ **network** *aut, el* (át)kapcsolóhálózat, kapcsolólánc; ~ **off** → switch-off; ~ **on** → switch-on; ~ **over** → switch-over; ~ **path** *távk* kapcsolási út; ~ **pilot** *távk* kapcsolópilot; ~ **plane** *aut* kapcsolási sík; ~ **point** *aut* kapcsolási pont, kapcsolópont; ~ **regulator** *el* kapcsolóüzemű feszültségstabilizátor; ~ **sequence** *aut* kapcsolási sorrend; ~ **signal** *aut, el, távk* kapcsolójel; ~ **speed** *aut* kapcsolás működési sebessége, kapcsolási sebesség; ~ **speed of transistors** *aut* tranzisztorok kapcsolási sebessége; ~ **stage** *távb* kapcsolófokozat; ~ **station** *el* (át)kapcsolóállomás; elosztóállomás; ~ **structure** *el* kapcsolóberendezés; ~ **surge** *el* kapcsolási túlfeszültség; ~ **technique** *aut, el* kapcsolástechnika; ~ **theory** *aut, el, rendsz* kapcsoláselmélet, nem folytonos működésű berendezések elmélete, reléberendezések elmélete; ~ **threshold** *aut* kapcsolási küszöb; ~ **time** *aut, el, távk* kapcsolási/megszakítási idő; ~ **time constant** *félv, távk* kapcsolási időállandó; ~ **track** *vasút* gyűjtővágány, tolatóvágány; ~ **train** *távb* kapcsolási út; ~ **transistor** *el, félv* kapcsolótranzisztor; ~ **tube** *el* kapcsolócső; ~ **value** *el* kapcsolási érték; ~ **valve** *aut* átkapcsolószelep, átváltószelep; ~ **variable** *szt* logikai változó; ~ **voltage** *félv* kapcsolási feszültség; ~ **wave** *el* kapcsoló impulzushullám; ~ **wheel** *el* kapcsolókerék, kapcsolótárcsa; ~ **work** *US vasút* tolatási szolgálat

switchman *vasút* váltókezelő

switchpoint *szt* (program)kapcsoló, váltó; *vasút* váltócsúcssín

switchyard *el, en* transzformátorállomás *(szabadtéri)*; *vasút US* rendező pályaudvar

swivel I. *v* forog, elfordul; elforgat *(tengely körül)*; **II.** *n forg* billenő késtartó; *gép* elfordulás, elforgatás; forgás *(tengely körül)*; forgattyú; forgórész, forgógyűrű; forgótengelycsap; láncforgó *(csatlakozás)*; *kat* forgócsukló; *mech* csukló; *ol* öblítőfej; rudazatpergő; *tex* szalagszövőgép-vetélő; ~ **angle** *mech* elfordulási szög, forgásszög; ~ **arm** *forg* fúrószárny; *gép* forgókar, lengőkar; ~ **base** *kat* forgó lövegtalp; ~ **bearing** *ép* forgó saru; *gép* önbeálló csapágy, Sellers-csapágy; ~ **belt conveyor** *ép* forgószalag; ~ **block** *em* forgó csigasor; ~**-bolt** *szer* forgócsuklós csapszeg; ~ **boom** *ép* forgógém; ~ **carriage** *forg* forgatható szán; ~ **chute** *bány* forgó surrantó; *ép* forgó csúszda; ~ **clip** *szer* csuklós szorító; ~ **conveyor/conveyer** *csom* forgó szállítószalag; ~ **countershaft** *gép* elfordítható előtéttengely; ~ **coupling** *gép* csuklós kapcsolás/kapcsolat; ~**-crosshead clip** *gép* keresztező csuklós szorító; ~ **damper** *hőt* forgó füstszabályozó/tolózár *(füstgáz számára)*; ~**-door** *ép* forgóajtó; ~ **fabric** *tex* brossozott szövet; ~ **figuring** *tex* brossozás; ~ **fixture** *gép* billenőkészülék; *szer* szögasztal; ~ **fork** *ép* elforduló villa; ~**-frame** *ép* forgó ablakszárny; ~ **gear** *forg* forgatószerkezet; ~ **grooving-saw** *szersz* állítható horonykörfűrész; ~

head *forg* forgató befogófej; *ol* öblítőfej; **~-head** *szersz* forgófej, revolverfej; **~ hook** *bány* forgó kapcsolóhorog; *ép* forgóhorog; *ol* öblítőfej-horog, forgatófej-horog; **~-jaw vice** *szersz* beállópofás satu; **~ jib** *ép* forgógém; **~ joint** *ép* ajtósarokpánt; csuklós kötés; lengő/elforgatható/elforduló kötés; *gép* csuklópántos kötés; forgócsukló; **~ motion** *mech* forgómozgás, elforduló mozgás; **~ pen** ívkihúzó toll *(rajzhoz)*; **~ pile-driver** *ép* forgatható cölöpverő; **~-pin** *gép* forgócsap; *gépk* tengelycsonkcsap(szeg); **~-pin angle** *gépk* tengelycsonkcsap-terpesztés; **~-pin bearing** *gépk* tengelycsonkcsap csapágya; **~-pin thrust washers** *gépk* tengelycsonkcsap nyomólapjai; **~ reach truck** *ép* kitolható elforduló villa; **~ reed** *tex* lengőborda; **~ ripper** *ép* lengő talajlazító; **~-row fork** *hajó* forgó evezővilla; **~ rowlock** *hajó* forgó külvilla; **~-screw** feszítőcsavar; lengőcsavar, billenőcsavar; **~ seat** forgóülés; forgatható ülés; **~-stud** *gép* forgócsapszeg, forgócsap; **~ table** *forg* billenőasztal, szögasztal; **~ tool-head** *szersz* billenő késfej; **~ tube chute** *ép* forgócsöves surrantó; **~ union** *szer* lengőcsuklós tömlőcsatlakozás; **~ unit** *ép* forgatómű; **~ weave** *tex* brosé-eljárás; **~ wheel** *gép* lengőkerék

swollen (fel)duzzadt, megdagadt; domborodó; felhólyagzott; *bőr* duzzadt; **~ surface** duzzadt/kidagadó/domborodó felület

swoop I. *v rep* lecsap, rácsap; **II.** *n rep* lecsapás, rácsapás; **~ down** *v rep* zuhan; zuhanórepülést végez; zuhanórepülést végez

sword kard; *em* kard alakú emelő; *távb* „kard"; **~ arm** *távb* kardtoldalék

SWR → standing-wave ratio; → steel wire rope

syenite *geol* szienit; **~-porphyry** *geol* szienitporfir

syllable szótag; *szt* karakterlánc, szótag; **~ articulation** *távb* szótagolás, szótagérthetőség; *távk* logatomérthetőség; **~ compressor** *távb* szótagkompresszor; **~ typewriter** *irgép* szótagíró írógép

syllogism *mat* szillogizmus

syllogistic *mat* szillogisztikus

syllogistics *mat* szillogisztika

sylphon *gép* aneroid szelence, bordásszelence; *vák* csőmembrán, szilfonmembrán; **~ bellows** *pl gép, mech* rugalmas hullámos falú fémdoboz *(nyomásszabályozó)*; **~ valve** *vák* csőmembrános (tömítésű) szelep

sylvanite *ásv* szilvanit, íráserc

Sylvester's interpolation formula *aut* Sylvester-féle interpolációs képlet

sylvestrene *vegy* szilvesztrén

sylvic acid *vegy* abietinsav

sylvine, sylvite *ásv* szilvin

symazine *vegy* szimazin

symbol jel; jelzés; jelölés; *ép* rajzjel, kapcsolási jel; *mat* szimbólum, jel; *szt* jelkép, szimbólum; karakter; *távk* kódjel; *vegy* vegyjel; **~ for set-membership** *mat* „eleme" jel, E; **~ for the denial of equality** *mat* nemegyenlőség jele, egyenlőség fenn nem állásának jele; **~ indicator tube** *távk* szimbólumkijelző cső; **~ key** *szt* jelképbillentyű; **~ manipulation** *szt* szimbólumkezelés; **~ manipulation language** *szt* szimbólumfeldolgozó nyelv, szimbólumkezelő nyelv; **~ of a binary composition** *mat* kétváltozós műveleti jel; **~ of a unary operation** *mat* egyváltozós műveleti jel; **~ of conjunction** *mat* konjunkciójel, „és" jel, logikai szorzásjel; **~ of disjunction** *mat* diszjunkció jele, „vagy" jel, logikai összegezés jele; **~ of equivalence** *mat* ekvivalenciajel; **~ of joint negation** *mat* sem-sem jel, együttes tagadás jele; **~ of logical product** *mat* konjunkciójel, „és" jel, logikai szorzásjel; **~ of logical sum** *mat* diszjunkció jele, „vagy" jel, logikai összegezés jele; **~ of negation** *mat* negációjel, tagadás jele, negáció jele, „nem" jel; **~s** *pl mat, szt* jelkészlet, jelrendszer; **~ shape** *szt* jelalak; **~ string** *szt* jelképfüzér; jelsorozat; **~ table** *szt* szimbólumtáblázat

symbolic jelképes, szimbolikus; **~ addition procedure** *krist* szimbolikus addícióeljárás; **~ address** *szt* szimbolikus cím; **~ circuit** *aut* működési/funkcionális séma/vázlat; **~ code** *szt* szimbolikus utasítás/kód; **~ code component** *aut, szt* szimbolikus kódkomponens/kódösszetevő; **~ coding** *szt* jelképes kódolás; **~ instruction** *szt* szimbolikus utasítás/kód; **~ language** *szt* szimbolikus nyelv; **~ logic** *mat* szimbolikus logika; **~ method** *el* szimbolikus/képletes eljárás; *mat* operátormódszer; **~ model** *rendsz* szimbolikus modell; **~ notation** *mat* operátoros írásmód; szimbolikus jelölés/írásmód; **~ operation** *aut* szimbolikus művelet; **~ processing** *szt* szimbólumokra épülő feldolgozás *(mesterséges intelligencia)*; **~ programming** *szt* szimbolikus programozás; **~ representation** jelképes ábrázolás

symbolical → symbolic

symbolism *alak* jelölési rendszer; szimbolizmus, szimbolika

symbolization *mat* szimbolizálás

symbology *mat* szimbolizmus, szimbolika, jelölési rendszer

symmetric(al) szimmetrikus; **~ about an axis** *mat* tengelyesen *v.* egyenesre vonatkozólag szimmetrikus; tengelyszimmetrikus; **~ about O** *mat* origóra/kezdőpontra nézve szimmetrikus, koordinátarendszer kezdőpontjára/középpontjára nézve szimmetrikus; **~ amplifier** *távk* szimmetrikus erősítő; **~ anastigmat** *fiz, opt* szimmetrikus anasztigmát; **~ backreflection Weissenberg camera** *krist* Weissenberg-féle szimmetrikus hátsó reflexiós kamera; **~ binomial distribution** *aut, stat* szimmetrikus binominális eloszlás; **~ circuit** *aut* szimmetrikus hálózat; **~ code** *aut* szimmetrikus kód; **~ component** *el* szimmetrikus komponensek/összetevők (módszere); **~ configuration** *geof* szimmetrikus elektródaterítés; **~ determinant** *mat* szimmetrikus determináns; **~ distribution** *opt* szimmetrikus fényeloszlás/fényelosztás; **~ dome** *geol* részarányos boltozat; **~ extinction (optical)** *krist* szimmetrikus extinkció; **~ flight** *rep* párhuzamos/szimmetrikus repülés; tükörrepülés; **~ fold** *geol* állóredő; **~ function** *mat* szimmetrikus függvény; **~ game** *aut* szimmetrikus játék; **~ graph** *mat* irányítatlan gráf; szimmetrikus gráf; **~ group** *krist* szimmetrikus csoport; **~ gyroscope** *mech* szimmetrikus pörgettyű; **~ input amplifier** *távk* szimmetrikus bemenetű erősítő; **~ in time** *fiz* időszimmetrikus, időben szimmetrikus; **~ lighting fitting** *opt* szimmetrikus lámpatest; **~ logical function** *aut* szimmetrikus logikai függvény; **~ logic function** *aut* szimmetrikus logikai függvény; **~ low-loader** *ép* szimmetrikus tréler; **~ luminous intensity distribution** *opt* forgásszimmetrikus fényeloszlás; **~ man(o)euvring and gust conditions** *rep* manőverek és széllökések közötti szimmetrikus megterhelési viszonyok; ~ **matrix** *mat* szimmetrikus mátrix; ~ **method** *geof* szimmetrikus elektródelrendezéses módszer; ~ **network** *aut, távk* szimmetrikus hálózat; ~ **non-linearity** *aut* szimmetrikus nemlinearitás; ~ **output** *el* ellenütemű/szimmetrikus kimenet; ~ **polyhedron** *krist* szimmetrikus poliéder; ~ **powder photograph** *krist* szimmetrikus porfelvétel; ~ **short-circuit** *el* váltóáram rövidre zárása minden fázisban azonos áramerősséggel; ~ **strip line** *távk* szalagvonal; ~ **tensor** *krist* szimmetrikus tenzor; ~ **top** *mech* szimmetrikus pörgettyű; ~ **transducer** *hang* szimmetrikus átalakító; ~ **two-terminal pair network** *távk* szimmetrikus négypólus; ~ **winding** *el* elektromos szempontból szimmetrikus tekercselés; ~ **wing-bridge** *ép* egyenlő karú forgóhíd

symmetrization szimmetrizálás, szimmetrikussá tétel

symmetrize szimmetrizál, szimmetrikussá tesz

symmetry szimmetria; ~ **axis** *krist, mat* szimmetriatengely; ~ **centre/center** *mat* szimmetria-középpont; szimmetriacentrum; ~ **class** *krist* kristályosztály; ~ **coefficient** *krist* szimmetria-együttható; ~**-equivalent** *krist* szimmetriaekvivalens; ~ **group** *krist* szimmetriacsoport; ~ **group of the birefringence** *krist* kettőstörés szimmetriacsoportja; ~ **multiplet** *fiz* szimmetriamultiplett; ~ **number** *krist* szimmetriaszám; ~ **of faces** *krist* lapszimmetria; ~ **plane** *krist* reflektáló sík, tükörsík; szimmetriasík; ~ **property** *mat* szimmetriatulajdonság; ~ **quantum number** *fiz* szimmetria-kvantumszám

Symon's | (cone) crusher *ép* (rövid fejű) kúpostörő; *koh* Symons-törő; ~ **earth thermometer** *met* Symon-féle talajhőmérő

sympathetic | image *foto* láthatatlan kép; ~ **reaction** *vegy* indukált reakció; ~ **vibration** *fiz* rezonanciás rezgés

symplectic geometry *mat* szimplektikus geometria

symplesite *ásv* szimplezit

synaldoximes *pl vegy* szin-aldoxim

syn-anti isomerism *vegy* szin-anti izoméria

synapse *aut* szinapszis, kapcsolat

sync, synch | character *szt* szinkronizáló karakter; **in** ~ szinkronban van; **out of** ~ nincs szinkronban; ~ **pulse** szinkronimpulzus, szinkronozóimpulzus; ~ **pulse generator (SPG)** szinkronozójel-generátor; ~ **separator** *távk* szinkronjel-kiválasztó; ~**-to-image ratio** *tv* szinkronjel-képjel arány

synchro *aut, távk* szinkro, szelzin; *el* szinkro, szelzin

synchro-angle *aut* szinkronizmus szöge

synchro-asynchronous *távk* szinkron-aszinkron; ~ **converter** *távk* szinkron-aszinkron átalakító

synchro-control | differential transmitter *aut* szelzindifferenciáltávadó irányításhoz/vezérléshez/szabályozáshoz; ~ **receiver** *aut* ellenőrző/irányító/szabályozó/vezérlő vevőszinkro/vevőszelzin; ~ **transformer** *aut* szögösszehasonlító/szabályozó szelzin; ~ **transmitter** *aut* szelzin távadó/szinkrotávadó irányításhoz/vezérléshez/szabályozáshoz

synchrocyclotron *at* szinkrociklotron; ~ **accelerator** *at* szinkrociklotron, frekvenciamodulációs ciklotron, fazotron

synchro-dephaser *aut* szelzin fázistoló; szinkrofázistoló

synchro-differential transmitter *aut* szinkro-differenciáladó

synchrodrive *gép* szinkronhajtású szervóelem

synchro-dubbing *hang* egyidejű *v.* azonos sebességű átjátszás/másolás, fejről fejre másolás, szinkroátjátszás

synchroflash *foto* szinkrovillantás, időzített villantás/villanófény

synchro-follower *aut* követőszelzin, vevőszelzin; követőszinkro; vevőszinkro

synchro-indicator szelzinindikátor, szelzin-jelzőberendezés

synchromesh *gépk* szinkron(izáló)kapcsoló, szinkronizálóberendezés; szinkronkapcsolás; szinkronon(ozott) sebességváltó; ~ **body** *gépk* szinkronozóagy *(sebességváltóban)*; ~ **cone** *gépk* szinkronozókúp; ~ **disc/disk** *gépk* szinkrontárcsa; ~ **external sleeve** *gépk* szinkronozóhüvely *(sebességváltóé)*; ~ **gear** *gépk* szinkron sebességváltó; ~ **hub** *gépk* szinkronozóagy

synchrometer *fiz* szinkrométer, nagyfrekvenciás/ciklotronrezonanciás tömegspektrométer

synchromicrotron *fiz* szinkromikrotron

synchro-motor *aut* vevőszinkro, vevőszelzin, szinkronmotor

synchronic szinkronikus, szinkrón

synchronism *aut, el, távk* szinkrón forgás; szinkronizmus, egyidejűség, szinkrofutás, együttfutás; ~ **of phases** *el* fázisegybeesés, fázisegyidejűség, szinkronizmus

synchronization *aut, el, gép* összehangolás *(frekvenciáé)*; szinkronizmus, egyidejűség, szinkrón futás, szinkrón forgás, szinkronizáció; szinkronozás; *film, távk* szinkronizálás; *szt* szinkronizáció; ~ **bit** *szt* szinkronizáló bit; ~ **control punching** *aut* szinkronlyuk; ~ **of oscillator** *távk* rezgőkörök szinkronizálása; ~ **time slot** *szt, távk* szinkronizáló időrés; ~ **unit** *aut* szinkronizáló egység

synchronize szinkronoz, szinkronizál

synchronized szinkronizált; ~ **clamping** *tv* szinkronozott visszaállítás; ~ **heterochronous terminating** *szt* szinkronizált heterotron csatlakozás; ~ **machine-gun** *rep* vezérelt géppuska; ~ **radio transmitters** *rád* szinkronizált rádióadók

synchronizer szinkronozó készülék; *szt* perifériavezérlő; szinkronizáló

synchronizing I. *a el, távk* szinkronozó, szinkronizáló; **II.** *n el, távk* szinkronozás; *film* szinkronizálás; ~ **band** *tv* szinkronozósáv; ~ **bit** *szt* szinkronizálási bit; ~ **bus** *el* szinkronozó sín; ~ **channel** *távk* szinkrónjelcsatorna; ~ **circuit** *el* szinkronizáló áramkör; ~ **frequency** *távk* szinkronizálási frekvencia; ~ **gear** *el* szinkronozó készülék; ~ **generator** *el* szinkrongenerátor; ~ **lamp** *el* szinkronozó lámpa; ~ **level** *távk* szinkronozási szint; szinkronszint; ~ **mark** *távk* szinkrón jel; ~ **pattern** *szt* szinkronizáló jelkombináció; szinkronszó; ~ **peak** *el* szinkronozási csúcs; ~ **pilot** *távk* szinkronizáló pilot; szinkronpilot; ~ **power** *el* szinkronozóteljesítmény; ~ **pulse** *el* szinkronozóimpulzus; *el, távk* szinkronozójel; ~**-pulse amplifier** *távk* szinkronozó impulzuserősítő; ~**-pulse generator** *el* szinkronozójel-generátor; ~**-pulse interval** *el* szinkronozó impulzusköz/impulzustávolság; ~**-pulse separator** *el* szinkronozóimpulzus-leválasztó; ~ **reactor** *el* szinkronozó fojtótekercs; ~ **relay** *el* szinkronozó jelfogó; ~ **signal** *távk* szinkrón jel; szinkronizáló jel; szinkronozó jel; ~**-signal sepa-**

rator *távk* szinkronozójel-leválasztó; ~ **sleeve** *gépk* szinkronozóhüvely (gyűrű); ~ **torque** *el* szinkronozónyomaték; ~ **voltage** *el* szinkronozási feszültség; ~ **voltmeter** *metr* szinkronizáló voltmérő; ~ **word** *szt* szinkronszó

synchronoscope *el* szinkronoszkóp; *tv* impulzusoszcillográf

synchronous *aut, el* szinkrón, egyidejű; *el, szt* szinkronizált, szinkron- *(szinkronozott értelemben)*; ~ **alternator** *el* váltakozó áramú szinkrongenerátor; ~-**asynchronous motor** *el* szinkronizált aszinkronmotor; ~ **booster** *el* szinkron áramátalakítóval összekapcsolt váltóáramú generátor; ~ **camera** *film* szinkronmotoros filmfelvevő/kamera; ~ **capacitor** *el* kis terhelésű szinkronmotor; ~ **capacity** *el* szinkronkapacitás; ~ **carrier** *rád* szinkrón vivőhullám; ~ **carrier system** *rád* szinkrón vivőhullámrendszer; ~ **circuit** *el* szinkronhálózat; ~ **clock** *óra* szinkronóra; ~ **communication** *távk* szinkrón műholdas távközlés/kommunikáció; ~ **communications interface adapter** *szt* szinkrón kommunikációs interfész; ~ **compensator** *el* szinkronkompenzátor; ~ **computer** *szt* szinkronszámítógép; ~ **converter** *el* szinkronátalakító; ~ **counter** *szt* szinkronszámláló; ~ **data link control (SDLC)** *szt* szinkrón adatátviteli vezérlés, SDLC; ~ **data network** *távk* szinkrón adathálózat; ~ **detection** *aut* szinkrón demodulálás; ~ **detector** *el, tv* szorzó/szinkrón demodulátor, szinkrondetektor; ~ **earth satellite** *távk* Föld-szinkron műhold; ~ **field** *el* szinkronmező, szinkrontér; ~ **garbling** *rep* szinkrón válaszjel; ~ **gate** *távk* szinkronozókapu; ~ **generator** *el* szinkrongenerátor; ~ **idle (character)** *szt* szinkronizáló karakter, SYN; ~ **impedance** *el* szinkrón impedancia; ~ **induction motor** *el* indukciós szinkronmotor; ~ **machine** *el* szinkrongép; *szt* szinkronszámítógép; ~ **mode** *távk* szinkrón üzemmód/működés; ~ **motion** *gép* szinkrón mozgás; ~ **motor** *el* szinkronmotor; ~ **motor drive** *aut, el* szinkronmotoros hajtás; ~ **network** *távk* szinkrón hálózat; ~ **operation** *aut, szt, távk* szinkrón üzemmód/működés; ~ **orbit** *űr* szinkrón pálya; ~ **phase-modifier** *el* szinkronfázisváltó; ~ **pulse** *el* szinkronimpulzus; *szt* szinkronizáló impulzus; ~ **reactance** *el* szinkrón reaktancia; ~ **recording** *hang, tv* szinkrón felvétel; ~ **rectification** *rád* szinkrón egyenirányítás; ~ **rectifier** *el* fázisdetektor; szinkrodetektor; ~ **relay system** *aut* szinkrón relérendszer; ~-**rotary gap** *el* szinkrón forgó szikraköz; ~ **run control** *aut* együttfutás-szabályozás; ~ **running** *rád, távk, tv* együttfutás; ~ **satellite** szinkrón műhold; ~ **sequential network/circuit** *aut* szinkronsorrendi hálózat/szinkronszekvenciális hálózat; ~ **spark-gap** *el* szinkronszikraköz; ~ **speed** *el* szinkrón fordulatszám; ~ **storage method** *aut* szinkrón tárolási módszer; ~ **sweeping** *távk* szinkrón letapogatás; ~ **system** *szt, távk* szinkronizált rendszer, szinkrón rendszer; ~ **telegraph system** *távb* szinkrón távírórendszer; ~ **timer** *aut* szinkrón időrelé/időtartamkapcsoló; szinkrón vezérlőóra/időkapcsoló; ~ **transmission** *el, szt* szinkrón átvitel; ~ **tuned amplifier** *távk* szinkrón hangolt erősítő; ~ **vibrator** *el* szinkronvibrátor; ~ **working** *szt* szinkrón működés/üzemmód

synchronously-rotating rectifier *el* szinkronkommutátoros egyenirányító

synchrony distance *tv* kép-hang eltolás

synchrophasotron *at* szinkrofazotron

synchroreceiver *aut* szinkronvevő, vevőszinkro, vevőszelzin

synchro-resolver *aut* szinkronresolver, szinkronfelbontó

synchroscope *el* szinkronozó oszcilloszkóp; szinkroszkóp

synchro-timer *at* szinkrotron

synchro-transmitter *aut* adószinkro; szelzintávadó

synchrotron *at* szinkrotron; ~ **radiation** *at* szinkrotronsugárzás, ciklotronsugárzás, Schwinger-sugárzás; ~ **regime** *at* szinkrotronüzem; ~ **with straight sections** *at* „race track" szinkrotron, egyenespályájú gyorsítószakaszú szinkrotron

synclinal I. *a geol* szinklinális; **II.** *n geol* hullámvölgy; szinklinális, teknő; ~ **axis** teknőtengely; ~ **structure** szinklinális *v.* teknő alakú szerkezet; ~ **turn** szinklinális redő hajlása

syncline *geol* teknő, redőteknő, szinklinális, vályú

synclinorium *geol* szinklinórium

syncrude *ol* szintetikus olaj

syndet *vegy* szintetikus detergens, mesterséges mosószer

syndiazo compounds *vegy* szindiazó vegyületek

syndicate szindikátus; *kat* ideiglenes csoport/alegység

syndiotactic polymer *műa* szindiotaktikus polimer

synentropy *mat* kölcsönös információ

syneresis *vegy* szinerézis *(gélek öregedése, kocsonyák zsugorodása)*

Synergetic Log Systems *ol* szinergetikus szelvényezési rendszerek

synergism *vegy* szinergizmus

synergistic *kat* (egymást) kölcsönösen megerősítő; ~ **effect** *at* szinergizmus, szinergetikus hatás

syngas *ol* szintézisgáz

syngenetic *geol* együtt képződött; szingenetikus

syngenite *ásv* szingenit

synodic | **month** *csill* szinodikus hónap; ~ **period** *csill* szinodikus keringésidő

synopsis *pl* **synopses** áttekintés, kivonat, vázlat, szinopszis

synoptic szinoptikus; ~ **analyzer** *met* térképelemző meteorológus; ~ **chart** *met* szinoptikus térkép; ~ **collective message** *rep* szinoptikus/meteorológiai gyűjtőjelentés; ~ **map** → ~ chart; ~ **meteorology** *met* szinoptika, szinoptikus meteorológia; ~ **report** *rep* szinoptikus jelentés; ~ **station** *hidr* szinoptikus állomás; ~ **weather chart** → ~ chart

synoptics *met* szinoptika, szinoptikus meteorológia

synorogenic *geol* szinorogén

Synpol *műa* SBR mesterséges kaucsuk *(márka)*

synsedimentary *geol* szinszedimenter; ~ **tectonics** *geol* üledékképződéssel egyidejű tektonizmus

syntactic(al) szintaktikai; szintaktikus; ~ **category** szintaktikai kategória; ~ **component** *mat* szintaktikai komponens, szintaxis; ~ **errors** *szt* szintaktikus hibák; ~ **foam** *gumi* szintaktikus hab, mikroballon hab; ~ **information** *aut* strukturális információ

syntactics *mat* szintaktika

syntannin *bőr* műcserzőanyag

syntax *mat, szt* szintaxis, szintaktikai szabályok; ~ **analysis** *szt* szintaktikus analízis; ~ **diagram** *szt* szintaktikai diagram; ~ **error** *szt* szintaktikus hiba

syntexis *geol* szintexis
synthesis (*pl* **syntheses**) szintézis, egyesítés; *vegy* szintetizálás; vegyítés, elegyítés; ~ **gas** *ol* szintézisgáz; ~ **of control system** *aut* irányítási/vezérlési/szabályozási rendszerek szintézise; ~ **of linear single-loop control systems** *aut* lineáris egyhurkú szabályozási rendszerek; ~ **of network** *aut* hálózatszintézis
synthesize *vegy* szintetizál, szintetikusan előállít
synthesizer *el* szintetizáló; *hang* szintetizátor
synthetic *műa, vegy* mesterséges; mű-; szintetikus; ~ **additive** *koh* szintetikus adalék; ~ **address** *szt* kiszámított cím; ~ **copal** *műa* műkopál; ~ **core** *bány* mesterséges/szintetikus fúrómag; ~ **crystal** *krist* szintetikus/mesterséges/növesztett kristály; ~ **detergent** *vegy* szintetikus detergens, mesterséges mosószer; ~ **display** *távk* szintetikus display/képkijelzés; ~ **fat** *élip* műzsír; ~ **fatty acid** *vegy* mesterséges/szintetikus zsírsav; ~ **fibre/fiber** *tex* műszál, szintetikus szál; szálas műanyag; ~ **flavo(u)r** *élip* mesterséges zamatosító anyag; ~ **gas** *vegy* szintetikus gáz; szintézisgáz; ~ **gasoline** *ol* mesterséges gazolin; ~ **lubricant** *vegy* mesterséges/szintetikus kenőanyag, nem ásványolaj eredetű kenőanyag; ~ **material** *vegy* műanyag; ~ **medium** *vegy* táptalaj; ~ **method of proof** *mat* szintetikus bizonyítás; ~ **natural gas (SNG)** *ol* szintetikus földgáz; ~ **oil** *ol* szintetikus olaj; ~ **paints** *ép* műgyanta alapú festékek, szintetikus festékek; ~ **paper** *pa* mesterséges papír; ~ **pig iron** *koh* szintetikus nyersvas; ~ **radar display** *rep* digitális síkhelyzet-kiértékelő radarernyő; ~ **resin** *vegy* műgyanta; ~**-resin adhesive** *vegy* műgyanta ragasztó; ~ **rubber (SR)** *műa, vegy* műgumi, szintetikus kaucsuk; ~ **ruby** *óra* szintetikus rubin; ~ **sands** *pl önt* szintetikus homok; ~ **sapphire** *óra* szintetikus zafír; ~ **slag** *koh* szintetikus salak; ~ **spinel** *bány* szintetikus spinell; ~ **substratum** *biol* szintetikus táptalaj; ~ **trainer** *rep* szimulátor oktatóberendezés; szimulátorkészülék; ~ **training** *rep* szimulátoros oktatás/kiképzés; ~ **training device** *rep* szimulátoros oktató/kiképző készülék; ~ **waste** műanyaghulladék; ~ **wax** *műa* műviasz; ~ **wood** *műa* műrost; ~ **zeolite** *koh* szintetikus zeolit
synthetics *vegy* szintetikus készítmények
synthetize → synthesize
synthons *tex* szálas műanyagok
syntonic *rád* összehangolt
syntonize *rád* összehangol
syntony *rád* behangolás, összehangolás; rezonancia
syntrogel *gyógyv* szintrogél
sypher *fa* ferde lapolással illeszt
syphon → siphon
syringe fecskendő; tűzfecskendő; *orv* (orvosi) fecskendő; ~ **micropipette** *vegy* dugattyús mikropipetta, mikrofecskendő
syrup *élip* cukorlé, szörp; *gyógyv* szirup; ~ **charging** *élip* szörp betöltése
syruping machine *élip* szörptöltő gép
system rendszer; módszer; *ép* elrendezés; terv, tervezet; *geol* formáció; ~ **accessory** *ép* szerelvény, armatúra, szerelvények; ~ **accuracy** *aut* rendszerpontosság; ~ **based on cross-walls** *ép* harántfalas elrendezés; ~ **based on longitudinal walls** *ép* hosszfalas elrendezés; ~ **behavio(u)r** *aut* rendszer viselkedése; ~ **building** *ép* házgyári építkezés; rendszerelvű építés, előre gyártott elemes építés; ~**-built** *ép* előre gyártott elemekből épített/épült; házgyári; ~**-built structure** *ép* előre gyártott v. rendszerelvű építmény; házgyári épület; ~ **capability** rendszer műszaki jellemzői; ~ **catalog(ue)** *szt* rendszerkatalógus; ~ **centre/center line** *ép* rendszertengely; ~ **characteristic** rendszerjellemző; ~ **checking** *aut* rendszerellenőrzés; ~ **code** *szt* rendszerkód; ~ **control data** *szt* rendszervezérlő adat; ~ **crash** *szt* rendszerösszeomlás; ~ **data file** *szt* rendszeradattár; ~ **definition** *szt* rendszerdefiníció; ~ **design** → ~s design; ~ **disk** *szt* rendszerlemez; ~ **distortion** *távb* rendszertorzítás; ~ **earthing** *en, ép* üzemi földelés; ~ **efficiency** *aut* rendszer hatékonysága; ~ **element** *aut* rendszerelem, tipikus konstrukciós elem; ~ **error** *aut, szt* rendszerhiba; ~ **for building operations** *ép* építőipari fűtőberendezés; ~ **function** *aut* rendszerfüggvény; ~ **generation** *szt* rendszergenerálás; ~ **grounding** *US en, ép* üzemi földelés; ~ **input** *szt* rendszerbemenet; ~ **macroinstruction** *szt* rendszer-makroutasítás; ~ **maintenance program** *szt* rendszerkarbantartási program; ~ **noise temperature** *távk* rendszer-zajhőmérséklet; ~ **of aquifers** *hidr* vízvezető rendszer; ~ **of axioms** *mat* axiómarendszer; ~ **of bottom discharge of red mud** *koh* alsó iszapelvételi rendszer; ~ **of connections** *rendsz* kaszkád-összekapcsolás; ~ **of constant coefficients** *aut* állandó együtthatós/lineáris rendszer; ~ **of contactless switching** *aut* érintkező nélküli kapcsolási rendszer; ~ **of coordinates** *mat* koordinátarendszer; ~ **of cords** *tex* zsinórrendszer; ~ **of crystal symmetry** *krist* kristályrendszer; ~ **of curves** *mat* görbesereg; ~ **of diagonals** *ép* átlós rácskitöltési rendszer; ~ **of differential equations** *mt* differenciálegyenlet-rendszer; ~ **of diophantine equations** *mat* diofantoszi egyenletrendszer, diofantikus egyenletrendszer; ~ **of dowel(l)ed beams** *ép* csapos gerendafödém; ~ **of elements** *mat* elemek halmaza, elemek rendszere; ~ **of equations** *mat* egyenletrendszer; ~ **of extraction** *bány* művelési rendszer; ~ **of finite memory** *rendsz* véges memóriájú VR; ~ **of fissures** *geol* repedésrendszer; ~ **of folds** *geol* redőrendszer; ~ **of forces** *mech* erőrendszer; ~ **of highways** *ép* közútrendszer; ~ **of inequalities** *mat* egyenlőtlenségrendszer; ~ **of linear equations** *mat, szt* lineáris egyenletrendszer; ~ **of linear structure factor equations** *krist* lineáris struktúrfaktor-egyenletrendszer; ~ **of logic with functions** *mat* függvényszámítás, (logikai) függvénykalkulus; ~ **of mining** *bány* fejtési/művelési rendszer; ~ **of numbers** *mat* számrendszer (n-es alapú); ~ **of ore dressing** *koh* ércelőkészítési törzsfa; ~ **of partial differential equations** *mat* parciális differenciálegyenletrendszer; ~ **of public services/utilities** *ép* közműhálózat; ~ **of punctuation** *mat* zárójelezési/interpunkciós szabályok; ~ **of reference** *geod* vonatkozási rendszer; ~ **of sanitation** *ép* épületinstalláció, épületgépészeti (vezeték)rendszer; ~ **of signal** *aut* jelkészlet, jelrendszer; ~ **of simultaneous equations** *rendsz* szimultán egyenletrendszer; ~ **of space-time coordinates** *fiz* téridő-koordináták, négyes-koordináták; ~ **of the second degree** *rendsz* másodfokú rendszer; ~ **of units** *aut* egységrendszer; ~ **of variable coefficients** *aut* változó együtthatójú/lineáris rendszer; ~ **of vectors** *mat* vektorrendszer; ~ **of working** *bány* fejtési/művelési rendszer; fejtésmód; ~ **order** *aut* rendszer rendszá-

ma; ~ **organization** *rendsz* rendszerszervezés; ~ **output** *szt* rendszerkimenet; ~ **parameter** *aut* rendszerparaméter; ~ **planning** *szt* rendszertervezés; ~ **program** *szt* rendszerprogram; ~ **programmer** *szt* rendszerprogramozó; ~ **programming** *aut, szt* rendszerprogramozás; ~ **reliability** rendszer megbízhatósága; ~ **reset** *szt* rendszer-visszaállítás; ~ **response** *aut* válasz; ~**s analysis** *rendsz* rendszervizsgálat; *rendsz, szt* rendszeranalízis, rendszerelemzés; ~**s analysis and design** *rendszszt, szt* rendszerelemzés és rendszertervezés; ~**s analyst** *szt* rendszerelemző; rendszertervező; ~**s approach** *rendsz* rendszerelmélet („szemlélet"); ~**s design** *aut, rendszszt, szt* rendszertervezés; ~**s disk(ette)** *szt* rendszerlemez; ~**s engineer** *szt* rendszerszervező mérnök; ~**s engineering** *en* energiarendszer-technika; *rendsz* komplex technológia; rendszertechnika; ~ **simulation** *aut* rendszer modellezése, rendszer-szimuláció; ~**s management** *rendsz* rendszerszervezés; ~**s network architecture (SNA)** *szt* rendszerhálózat-architektúra; ~**s of crystals** *krist* kristályrendszerek; ~ **software** → ~s software; ~**s program** *szt* rendszerprogram; ~**s programmer** *szt* rendszerprogramozó; ~**s programming** → ~ programming; ~**s research** *rendsz* rendszerkutatás; ~**s software** *szt* rendszerszoftver; ~ **status information** *szt* rendszerállapot-információ; ~**s technology** *rendsz* rendszertechnika; ~**s test(ing)** *rendsz* rendszerellenőrzés; ~**s theory** rendszerelmélet; ~ **to be controlled** *aut* irányított/szabályozott/vezérelt rendszer; *el* vezérelt rendszer; vezérlési szakasz, szabályozókör; ~ **transfer function** *aut* rendszer átviteli függvénye; ~**-variable adaptive** *aut* változókban adaptív; ~ **with constant coefficients** *aut* állandó együtthatós *v.* lineáris rendszer; ~ **with limited holding time** *rendsz* vegyes rendszer; ~ **with one integration** *el* egyintegráló kapcsolású rendszer; ~ **with power amplification** *aut* segédenergiával működő szabályozási rendszer; ~ **with refusal** *rendsz* visszautasításos rendszer; ~ **with several degrees of freedom** *aut* több szabadságfokú rendszer; ~ **with variable coefficients** *aut* változó együtthatójú *v.* lineáris rendszer; ~ **with zero position** *el* helyzeti eltérés nélküli rendszer, pozícióhiba nélküli rendszer

systematic(al) rendszeres, szisztematikus; ~ **classification** *szt* rendszeres osztályozás; ~ **codes** *szt, távk* szisztematikus kódok; ~ **dependence/relationship** *rendsz* determinisztikus kapcsolat; ~ **error** rendszeres/szisztematikus hiba; ~ **failure** szisztematikus meghibásodás; ~ **sample** *stat* szisztematikus minta; ~ **sampling** *stat* szisztematikus mintavétel

systematization rendszerbe foglalás

systemic rendszerszerű; ~ **effects** *kat* szisztémás hatások, általános toxikus hatások *(vegyi és bakteriológiai fegyverek)*; ~ **pesticide** *vegy* szisztémikus növényvédőszer; ~ **reaction** *at* teljes reakció

systolic volume *gép* lökettérfogat

systyle *ép* két átmérőnyi oszlopkörrel elválasztott *(oszlopok)*; oszlopsor

syzygy *csill* szizigium, együttállás; *mat* szizigium *(pl. elsőfajú, n-edfajú)*

T

t → tonne(s); → troy (weight)

T → tesla; → transport layer; → tritium; **~-abutment** *ép* T alakú hídfő; **~-adapter** *el* T csatlakozó; **~-antenna** *rád, távk* középlevezetésű vízszintes huzalantenna, T antenna; **~-attenuator** *el* T tag; **~-bar** T vas; T szelvény; **~-beam** *ép* fejlemezes gerenda/tartó, bordás lemez; T keresztmetszetű gerenda/tartó; *koh* T szelvény; **~-bend** *gép* nadrágcső, Y idom; **~-bolt** kalapácsfejű csavar; **~-bulb iron** *heng* duzzasztott peremű T vas; **~-bulb steel** talpas T acél; **~-butt joint** *heg* T kötés; **~-butt weld** *heg* T varrat; **~-circuit** *el* T tároló *(áramkör)*; **~ connector** *el* elágazó csatlakozó, T dugasz; **~-critical graph** *mat* T-kritikus gráf; **~ feeder** *el* leágazásos tápvezeték; **~-fillet weld** *heg* T alakú sarokvarrat; **~-filter** *el* T négypólus; **~-fitting** *szer* T szerelvény, T csőidom; **~-flip-flop** *el* T tároló *(áramkör)*; **~-girder** *ép* T tartó; **~-head** kalapácsfej *(csavaré)*; **~-head bolt** kalapácsfejű csavar; **~-head cylinder** *gépk* oldalszelepelt henger *(kétoldalas)*; **~-headed bolt** → **~**-head bolt; **~-headed spoke** *gép* T alakú küllő; **~-head engine** kétvezértengelyű oldalvezérlésű motor; **~-head screw** T fejű csavar; **~-hinge (strap)** *ép* T alakú csuklópánt; **~-indicator** T alakú jelző; **~ ingot** *önt* T tömb; **~ iron** *ép* T gerenda, T tartó; *heng* T acél; **~-joint** *el* T elágazás; *fa* T kötés; *gép* T csőidom, elágazókarmantyú; *heg* T varrat; **~-junction** *el* T elágazás; *ép* úttorkolat; *rád* hármas elágazás; **~-layer** *csill* fényvisszaverődés-csökkentő *v.* -gátló bevonat; *foto* T réteg; **~-lever** *távk* T alakú emelő; **~-network** *távk* T (szűrő)tag; **~-pad** *távk* T szűrőtag; **~-part** T alakú alkatrész; **~-phase** *geol* rövid periódusú földrengési fázis; **~-piece** *ép* ágdarab; *gép* T darab, T idom, T elágazó; **~ pipe** *el* T darab, hármas elosztócső; *ép* T alakú csőidom/elágazó; **~-plate** T (alakú) lap; **~-rail** *vasút* T sín; **~-rest** *forg* T alakú késtartó; *gép* támasz; **~-rib flange** *rep* T keresztmetszetű bordaövléc; **~-ring** T keresztmetszetű gyűrű; **~ section** *ép* T alakú metszet/szelvény; T szelvényű idomacél; *gép* T idom, T profil; *heng* T acél, T tartó; *távk* T tag; **~-section filter** *távk* T keresztmetszetű szűrő, négypóluslánc; **~-shirt** *ruh* trikó, T-shirt; **~-slot** *forg* T alakú kivágás/horony; **~-slot milling cutter** *forg* T horonymaró; **~-slot piston** *gép* T hornyos dugattyú; **~-socket** *el* T alakú foglalat; **~-square** fejes vonalzó; **~-square conveyer** *gép* T alakú szállítószalag-elrendezés; **~ steel** *heng* hengerelt T acél; **~-steel bar** *heng* T szelvény; **~-support** *bány* T-biztosítás; **~-tail** *rep* T-vezérsík; **~-unit** *ép* T elem, T keresztmetszetű tetőelem/födémelem; **~-valve** *gép* háromirányú szelep; T szelep, T váltócsap; **~-weld** *heg* T (alakú) varrat

Ta → tantalum

TA → tangent angle; → target area; → track adjuster

tab I. *v* füllel/füleccsel/nyelvvel felszerel; **II.** *n* (cédula)fül; poggyászcímke; (kartoték)lovas; kiálló rész, fül, fülecs, nyelv; gyűjtőmenet *(statisztikai gépen)*; tabulátor *(írógépen)*; *rep* kiegyenlítőlemez, kiegyenlítőlap, trimmlap; *ruh* akasztó; **~s** *film* vetítővászon előtti függöny; **~ terminal** *finm* érintkezőnyelv

TAB → tabulator character; → tabulator language

tabbing *fa* fűrészpánt

tabby-back velvet *tex* vászonkötésű bársony

tabergite *ásv* tabergit

tabernacle *ép* fülke

table I. *v* táblázatosan elrendez, táblá(zat)ba foglal; *ép* összelapol, (össze)eresztékez, (fogazva) egymásba illeszt; **II.** *n* asztal; lap, lemez, tábla; táblázat; *ásv* tábláskő; *bány, koh* láncos válogató/szalag; szér; *ép* eresztékek, lapolás; koszorúgerenda; szalagtag, (választó)párkány; *forg* síktárcsa *(karusszelen)*; *geol* tábla(vidék), fennsík; *heng* görgősor, görgőasztal; *mt* (szerszámgép)asztal, befogóasztal, munkaasztal; kitaszítótábla, nyújtótábla, simítótábla; *rendsz* kapcsolótábla; *szt* táblázat, kétdimenziós tömb; *vasút* járófelület *(síné)*; **~ bracket** *mt* konzol *(marógépen)*; **~ brake** *gép* asztalfék; **~ bushing** rotariasztal-betét, forgatóasztal-betét; **~ clamping** *gép* asztalrögzítés; **~ classifier** *bány* ércelőkészítő berendezés, szérelőberendezés; **~-cloth** asztalterítő, abrosz; **~-cover** → **~**-cloth; **~ crockery** asztali edények; **~ device** *szersz* asztali készülék; **~ difference** *mat* táblakülönbség, táblabeli különbség; **~ dog** → **~** reversing dog; **~ drive** *szersz* asztalhajtás, asztalmozgatás; **~-driven** *szt* táblázatvezérelt; **~ elevating** *gép* függőleges asztalállítás; **~ feed** *forg* asztalelőtolás; **~ feeder** *ép* tányéros adagoló; **~ flap** felcsapható asztallap; **~ head(ing)** *mat* fejléc, fej *(táblázaté)*; *nyom* táblafejezet; **~ indexing** *szersz* asztal elfordítása/osztómozgása; **~ interlocking-machine** *vasút* táblás kivitelű vasútbiztosító berendezés; **~ lamp** asztali lámpa; **~ linkage field** *szt* összekötési mező; **~ look-up (TLU)** *szt* táblázatvizsgáló utasítás, TLU; **~ lowering** *forg* asztalsüllyesztés; **~-lowering mechanism** *gép* asztalállító mű; **~ matter** *nyom* táblázatszedés, táblázatos szedés; **~ method** *stat* táblázási módszer; **~ of cosines** *mat* koszinusztábla; **~ of logarithms** *mat* logaritmustábla; **~ of natural cosines** *mat* koszinusztábla; **~ of natural sines** *mat* szinusztábla; **~ of primes** *mat* prímszámtáblázat; **~ of sines** *mat* szinusztábla; **~ of square roots** *mat* négyzetgyöktáblázat; **~ of squares** *mat* négyzettáblázat; **~ of strata** *geol* rétegtáblázat; **~ of values** *mat* értéktáblázat *(függvényé)*; **~ rack** *gépk* asztalmozgató fogasléc; **~ reversing dog** *forg* asztalirányváltó ütköző; **~ riffle** *bány* szélborda; **~ roll** *pa* szitatámhenger, regiszterhenger; **~ roller** *heng* görgősor; **~ salt** *élip* asztali só; **~ search command** → **~** look-up; **~ separation** *bány* szérelés; **~ set** *rád* asztali vevőkészülék; **~ setting-out machine** *bőr* táblás taszítógép; **~ slide** *gép* harántszán; **~ slide-way** *gép* asztalvezeték; **~s of functions** *mat* függvénytáblázat; **~-sorting machine** *mzg* osztályozó, válogatóasztal; **~ spar** *ásv* wollastonit; **~ speed** *ol* fúróasztal/forgatóasztal/rotariasztal sebessége; **~-support** *ép* keretalap; **~-supporting arm** *forg* konzol, asztaltartó kar; **~ top mounting** *szt* asztali kivitel; **~-turning mechanism** *ép* asztalbillentő mű; **~ vibration** *ép* tömörítés vibroasztalon; **~ writing device** *irgép* táblázóberendezés, táblázatíró berendezés

tabled | joint *ép* fogasillesztés, kalodakötés; ~ **scarf** *ép* fogazott lemezheveder-kötés
tablet I. *v* táblát felszerel; táblára ír; gyógyv tablettáz; **II.** *n* tábl(ácsk)a; kocka; jegyzettömb; *ép* fedőlap, fedőkő; *gyógyv, műa* tabletta; *hang* tabulatúra; *szt* digitalizáló tábla; tablet, grafikus beviteli eszköz; ~-**compressing machine** *gyógyv* tablettázógép; ~ **counter** *gyógyv* tablettaszámláló; ~ **hardness tester** *gyógyv* tablettakeménység-vizsgáló készülék; ~-**machine** *gyógyv* tablettázógép; ~ **press** *gyógyv* tablettaprés, tablettázóprés; ~-**shoot** *gyógyv* tablettacsúsztató(-pálya) *(tablettázógépen)*; ~ **triturate** *gyógyv* pasztilla; ~-**within-a-tablet** *gyógyv* kétfázisú tabletta
tabling táblázatos elrendezés; osztályozás; *bány* szérelés; *ép* (össze)lapolás, ereszték(ezés); fedőlap, fedőkő; fogazott kapcsolás/illesztés
tabloid fold *nyom* első párhuzamos haránthajtogatás
tabular táblás, táblaszerű; lapos; lemezes; *bány* réteges (kifejlődésű); *mat* táblázati, táblázatos; ~ **alumina** *bány* tabulártimföld; ~ **analysis** *mat* táblázat elemzése; ~ **cleavage** *geol* táblás elválás; ~ **concentration** *geof* táblás mágnességkoncentráció; ~ **data** *mat* táblázatos értékek/adatok; ~ **difference** *mat* táblakülönbség, táblabeli különbség; ~ **display** *szt* táblázatos kijelzés; ~ **form** *mat* táblázatos alak; ~ **habit** *geol* táblás habitus/termet; ~ **knife** lemezkés; ~ **matter** → ~ work; ~ **program language** *szt* táblázó programnyelv; ~ **structure** *geol* réteges kifejlődésű struktúra/talajszerkezet; ~ **trunking** *élip* szélcső; ~ **value** *mat* táblázati érték; ~ **work** *nyom* táblázatszedés, táblázatos szedés
tabulate I. *v* táblázatba foglal; laposra csiszol/alakít; **II.** *a* → tabular
tabulated | chart *ip* táblázatos kimutatás/összeállítás; ~ **function** *mat* táblázatba foglalt függvény
tabulating *mat* táblázatba foglalás, tabellálás; ~ **department** *szt* lyukkártyaállomás; ~ **paper** *pa* pénztár-regiszterpapír
tabulation táblázat; *mat* táblázatba foglalás, tabellálás
tabulator *irgép, szt* tabulátor, táblázógép; ~ **character (TAB)** *szt* tabulátor, TAB *(vezérlőkarakter)*; ~ **function** *szt* tabulátorművelet; ~ **language (TAB)** *szt* tabulátornyelv, TAB
TACAIR → tactical air force
TACAN → tactical air navigation system
tacheometer → tachymeter
tacheometry → tachymetry
tacho-generator tachogenerátor
tachograph tachográf, feljegyző/regisztráló fordulatszámmérő/tachométer
tachometer fordulatszámmérő, tachométer; fordulatszámláló; sebességmérő; ~ **bridge** *rendsz* fordulatszám-egyeztető mérőhíd; ~ **drive** fordulatszámmérő hajtása; ~ **feed-back** fordulatszámlálóról vett visszacsatolás; ~ **generator** tacho(méter)generátor; ~ **stop gear** *gép* fordulatszámmérő leállítószerkezete
tachometry fordulatszámmérés, sebesség(szám)mérés
tachoscope fordulatszám-mutató, sebességszám-mutató
tachyhydrite *ásv* tachhidrit
tachylite *geol* tachilit
tachylyte *geol*
tachymeter *geod* tachiméter; ~ **measurement** *geod* mérés tachiméterrel; ~ **method** *geod* felmérés tachiméterrel; ~ **theodolite** *geod* tachiméterteodolit, teodolittachiméter
tachymetry *geod* tachimetria, tachimetrálás, tachiméteres (fel)mérés, gyorsmérés
tachyon *at* tachion
tacitron tacitron, zajtirátron
tack I. *v* felerősít, hozzáerősít, hozzászegez, megszegez, összeszegez; *bőr* rámára feszít, felrámáz; *hajó* irányt változtat; lavíroz; szélcsapást vált, szélbe megy; *tex* fércel, megtűz, odatűz, összetűz; **II.** *n* széles fejű (rövid) szög; rajzszeg, tűzőszeg; odatűzés, összetűzés, odaszegezés, összeszegezés; *cipő* fűzőhegy; teksz(szeg), cipészszeg; *élip* tapadóképesség, ragadósság; *ép* stukatúrszeg; *fa* kárpitosszeg, szitaszeg; *gép* ideiglenes rögzítőelem; *gumi, műa, pa* tapadósság, ragadósság; *hajó* (szél felőli) fékkötél, szarvkötél; (szél)csapás *(irányhelyzet)*; vitorlacsücsök, vitorlaszarv; *heg* tűzővarrat; *pa* ragadósság; *rep* irányhelyzet; *tex* hosszú öltés, férc; *vegy* tapadóképesség *(olajfestéké)*; ~ **about** *v hajó* átmegy a szélen; ~ **agent** *gumi* ragadósságot fokozó szer; ~ **board** *cipő* cipészlemez; *pa* fűzött dobozkarton; ~-**claw** *szersz* szöghúzó; ~ **coat** *gumi* előpermetezés, ragasztóbevonás; ~ **coating** *ép* kötőrétegszórás, kötőréteg-permetezés *(út)*; ~ **free** nem ragadós; ~ **hammer** *cipő* tekszszegverő (cipész)kalapács; ~ **on** *v* felilleszt; ~ **rag** *ép* olajos rongy *(festés előtti portalanításhoz)*; ~ **rivet** *ép* szerelőszegecs, fűzőszegecs; ~ **spot welding** *heg* fűző ponthegesztés; ~ **tackle** *hajó* vitorlafeszítő csigasor; ~ **weld** *heg* fércvarrat, fűzővarrat
tacker felerősítő, összeerősítő, (meg)tűző; *cipő* kapcsozógép, szegecsezőgép; szegezőkalapács; szurkolt fonal
tackifier *gumi* ragadóssá tevő (szer)
tackiness *gumi, műa, pa* ragadósság, tapadósság; *mech* adhéziós erő, tapadási szilárdság
tacking felerősítés, hozzáerősítés, hozzászegezés, megszegezés, összeszegezés; *bőr* felrámázás; *ép* fűzés, ideiglenes kapcsolás; *hajó* irányváltoztatás, átfordulás széllel; lavírozás; *heg* tűző hegesztés, fércelés; *tex* fércelés, megtűzés, odatűzés; ~ **about** *hidr* lavírozás; ~ **machine** *cipő* tekszes talpbélés-felillesztő gép; ~ **screw** szorítócsavar, fűzőcsavar
tackle I. *v* megerősít, rögzít, alátámaszt, megtámaszt; **II.** *n* felszerelés, berendezés, készlet; tartozék; készülék; *em* kötélcsigasor; *ép* kötöző; *hajó* csigasor; *pa* hollandikésélés; ~ **block** *hajó* kormánycsiga; ~ **gear** *em* csigasorhajtás; ~ **hook** *em* emelőhorog; ~ **pulley** *em* csigatárcsa
tackler *tex* segédművezető
tacky ragadós, tapadós; *gyógyv* összeragadt *(drazsírozásnál)*
Taconic orogeny *geol* takoni hegységképződés
tactical *kat* harcászati; ~ **air force (TACAIR)** *kat* harcászati légierő; ~ **air navigation (TACAN)** TACAN navigációs rendszer; ~ **air support** *kat* taktikai légi támogatás; ~ **control laser radar** *kat* taktikai vezérlő lézerradar; ~ **lidar** *kat* taktikai lézerlokátor; ~ **(nuclear) missile** *kat* taktikai (nukleáris) rakéta
tacticity *műa* taktikusság, takticitás
tactile tapintható; ~ **keyboard** *szt* érintésérzékeny billentyűzet; ~ **presentation** *távk* tapintható indikáció

tactite *geol* skarn
tactoid *fiz* taktoid
tactometer ütemmérő
tactosol *fiz, vegy* taktoszol
tadpole plot *bány, geol* ebihal-ábrázolás
taenite *ásv* taenit
Tafel's equation *koh* Tafel-egyenlet
taffeta *tex* taft; ~ **glacé** *tex* színjátszó sima selyemtaft; ~ **paper** *pa* tafotapapír; ~ **rayé** *tex* csíkos selyemtaft; ~**-ribbon** *tex* taftszalag
taffetaline *tex* félselyemtaft
taffrail *hajó* farkorlát; ~ **log** *hajó* hajófarkorlátra erősített körskálás sebességmérő
tag I. *v* megcéduláz, megcímkéz; hozzáfűz, hozzáerősít; *at* (izotóppal) megjelöl; *tex* cafatos/összegubancolódott gyapjat kifésül; **II.** *n* függelék, függő, toldalék, toldat, elálló/lelógó csúcs/darab/vég; (ráerősített) cédula/bélyeg/jegy, függőcímke; *cipő* felhúzófül; fémvég (fűzőzsinóron), fűzőhegy; *el* huzalvég; kábelsaru; *élip* zsákcédula; *mzg* füljelző gomb; *szt* jelzőbit, markerbit, jel, címke, jelölés, toldalék; *távk* kábelcédula; *tex* (gyapjú)csomó, cafatos gyapjúfürt; ~ **block** *el* kapocstábla; ~ **board** *pa* címkekarton; ~**-end** *cipő* fűzővég; ~ **field** *szt* jelölésmező; ~ **lock** *tex* (gyapjú)csomó, cafatos gyapjúfürt; ~ **machine** *irgép* fűzőgép; ~ **paper** *pa* címkepapír; ~ **sort** *szt* rekordcímek rendezése; ~ **ticket** függőcímke
tagged atom *at* nyomkövető/jelölt atom
tagger címkéző; *el* kábelsaru; ~**s** *heng* acélfólia, vékony finomlemez
tagging megcímkézés, felcédulázás, megcédulázás; hozzáerősítés; *at* izotópos megjelölés, jelzés; *tex* kifésülés; *vasút* (kocsi)bárcázás; ~ **reader** *szt* jelzésolvasó
tagilite *ásv* tagilit
tail I. *v* elvékonyít, elkeskenyít; elvékonyodva végződik/kifut; *élip* lecsutkáz; *ép* eresztékez, (meg)erősít, befog; *hajó* (kötélvéggel) hozzáerősít, megerősít; (széltől/folyásirányba) átfordul, elfordul; *távk, tex* egybefolyik; **II.** *n* vég(ződés), farok; *bány* meddő; utolsó tag, hátsó; *bőr* farok(rész); *élip* csutka; szitaátmeneti termék; *ép* eresztékcsap; felfekvés, kiugr(a-t)ás, kiugró rész; lépcsőfok befalazott része; nyelv, (hód)farok *(cserépé, zsindelyé)*; *gép* hátsó rész; szár; *gépk* far; *hajó* kötélvég; *hidr* alsó szakasz; *met* beállítólapát, beállítószárny, szélkakas (szárnya); vihar vége; *nyom* alsó margó, lapszél; sorvég; *pa* felvezető csík, papírnyelv, „spicc"; *rád* (cső)kivezetés; jelkifutás; *rep* farok(rész); farokfelület; *ruh* szárny, „seszli"; uszály; *szersz* nyél; *szt* listavégjelző bit; *tex* alsó fonalvég *(csévén)*; *tv* utánhúzás; *vegy* maradék, alj; véggáz; ~**-arm** *ép* feszítőmű végrúdja; ~ **assembly** *rep* farokfelület, farokrész; ~ **band** → tailband; ~ **bay** *hidr* alsó öböl, alvízi öböl; ~ **beam** *ép* fiókgerenda; ~ **bearing** *gép* hátsó csapágy; *rep* hátsó támasztási pont; ~ **block** *forg* szegnyereg; *rád* porceláncsiga; ~ **boom** *rep* faroktartó; ~**-box** *hidr* alsó zsilipkamra; *vegy* szedőszekrény; ~ **buffeting** *rep* farokrezgés, farokátesés; ~ **cap** *nyom* alsó oromszegélyezés; ~ **carrier** *közl* saroglyás taliga; ~**-catcher** *élip* farokfogó; ~ **channel** *hidr* alsó üzemvízcsatorna; ~ **chute** *rep* fékernyő; ~ **cone** *rep* farokkúp; ~ **control** *rep* farokkormány (felülete); ~ **conveyer/conveyor** kihordószalag; ~ **corn** *élip* rostaalj; ~ **current** *el* csillapítási áram; levágási áram; maradékáram; ~**-cutter** *pa* papírpályavágó *(gyártásirányra bizonyos szögben vág)*; ~ **disc/disk** *vasút* hátsó jelzőtárcsa *(vonat végén)*; ~ **dive** *gép* hátracsúszás, visszacsúszás; ~**-door spring** *ép* ajtócsuklórugó; ~**-down** *rep* faroknehéz; ~**-down incidence** *rep* hárompontállásszög; ~**-down landing** *rep* leszállás lógó farokkal *v.* nagy állásszöggel; ~ **drag** *rep* farnehezék *(léghajó kikötéséhez)*; ~**-eating circuit** *távk* lánckapcsolás *(tranzit)*; ~ **end** legvége vmnek; *cu* vízoldali vég *(edényláncé)*; *élip* síkszita utolsó szitaátmenete; ~ **fairing** *rep* farokburkolat; ~**-first aircraft** *rep* orrkormányos repülőgép, kacsa; ~ **float** *rep* törzsvégúszó; ~ **fraction** *vegy* utópárlat, végpárlat; végfrakció; ~ **gas** *ol* kiseprő gáz; *vegy* maradékgáz, véggáz; ~ **gate** *bány* segédvágat, szélső vágat *(ikerfronton)*; *gépk* lecsapható hátsó fal; *hidr* alsó zsilipkapu; ~ **group** *rep* kormányfelületek; ~ **hammer** *szersz* billenőkalapács, farkaskalapács; lengőkalapács, lengőpöröly; ~ **head** *szersz* zárófej *(szegecsé)*; ~**-heaviness** *rep* faroknehézség; ~**-heavy** *rep* faroknehéz; ~ **high** *rep* orrnehézség; ~**-high landing** *rep* leszállás felemelt farokkal *v.* nyomott helyzetben; leszállás pontra/kerékre; ~ **house** *vegy* szedőház; ~ **in** *v* befog, bereszt, beerősít; befoglal, felfekszik, be van erősítve/eresztékezve/fogva; ~ **into the wall** *v* falba beerősít/beköt; ~ **joist** *ép* fiókgerenda; ~ **journal** *gép* hátsó tengelycsap; ~**-lamp** → taillight; ~ **landing** *rep* leszállás farokra *v.* nagy állásszöggel; ~**-latch** *kat* rakétatartó zár; ~ **leach** *bőr* utolsó (leggyengébb) kilúgozó levonat, kilúgozás *(cserzőanyagé)*; ~ **leader** *film* végszalag; ~ **lever counterweight** *vasút* jelzőállító emeltyű ellensúlya; ~**-light** → taillight; ~ **liquor** *élip* véglé, utolsó lé; ~ **load** *rep* farokterhelés; ~**-low landing** → ~ landing; ~ **margin** *nyom* alsó szél, lapalj; ~ **mill** *bány* mosó hulladékfeldolgozó gép; ~ **nut** *szersz* záranya; ~ **of a shaft** *szersz* nyélvég; ~ **off/out** *v* elvékonyodik; végződik, megszűnik; ~ **of shield** *ép* pajzsfarok; ~**-on wind** *rep* hátszél; ~**-out** *élip* ejtőnyílás *(síkszitában)*; ~ **parachute** *rep* farejtőernyő, farokernyő; ~**-piece** → tailpiece; ~**-pipe** *gép* szívócső; *gépk* kipufogó(cső); *ol* hosszabbítócső, végcső; *rep* hátsó kiömlősugárcső/fúvócső; ~**-pipe exit plane** *rep* hátsó fúvócső kilépési keresztmetszete; ~ **plane** → tailplane; ~ **post** *hajó* fartőke; ~ **product** *vegy* fenéktermék, maradvány; ~ **pulley** *bány* visszaterelő tárcsa/dob; ~ **race** → tailrace; ~ **region** *fiz* görbe lecsengési tartománya; ~ **road** *bány* frontfejtés légvágata; ~ **rod** *gép* vezetőrúd; ~ **rope** *bány* ellenkötél, hátsó kötél; ~**-rope haulage** *bány* vontatás húzó és visszatartó kötéllel; ~ **rotor** *rep* farokrotor, kiegyenlítő rotor; ~**-rotor pitch control** *rep* faroklégcsavar-állásszög vezérlése; ~ **run** *vegy* utópárlat; ~**s** → tailings; ~ **section** *gép* szállítószalag feszítőállomása; ~**-setting angle** *rep* vezérsíkbeállítási szög; ~ **shaft** *gépk* sebességváltó kimenőtengelye; ~ **sheet** *élip* átmenetszita; ~ **shock wave** *fiz* faroklökéshullám; ~ **signal** *vasút* zárójelző; ~ **skid** *gépk* farolás; *rep* farokcsúszó(papucs); ~**-skid drag** *rep* farokcsúszó fékezőhatása; ~ **slide** *rep* hátrasiklás; ~ **spindle** *forg* szegnyeregorsó; *tex* kúpos tengelyvégződés *(láncfelhengerléshez)*; ~ **spur** *rep* farokcsúszó; ~ **starling** *ép* pillérlábazat, jégtörő orra *(hídlábon)*; ~ **stock** → tailstock; ~ **strut** *rep* vezér-

síkdúc; ~ **surface** *rep* farokfelület; ~ **tassel** *bőr* farokbojt *(perembőrön)*; ~ **to the tide** *v hajó* árapállyal emelkedik és süllyed; ~ **tower** *ép* ingatorony; mozgatható/önjáró kábeldarutorony, kábeldaru-ellentorony; ~ **track** *bány* vakvágány; *vasút* csonkavágány; ~ **trestle** *rep* farok-alátámasztó bak; ~ **trimmer** *rep* farok-segédkormányfelület; ~**-trimming gear** *rep* farokkiegyensúlyozó szerkezet; ~ **unit** *rep* farokfelület(ek); ~ **vane** *el* mérőszárnyvezérlő; ~ **vat** *bőr* utolsó cserzőkád; ~ **water** → tailwater; ~ **wave** *fiz* faroklökéshullám; ~ **wheel** *rep* farokkerék; ~**-wheel fairing** *rep* farokkerék-burkolat; ~**-wheel landing gear** *rep* farokkerék-futószerkezet; ~**-wheel locking** *rep* farokkerék-rögzítő; ~**-wind** *hajó* kedvező szél, hátszél

tailband *nyom* oromszegély, kapitális, kapitálisszalag

tailboard hátsó deszka/lap; *bány* buktatóborda; *gépk, vasút* rakfelület hátfala

tailed lapos/enyhe kifutású *(görbe)*; ~ **characteristic** *mat* lassú kifutású jelleggörbe; ~ **cotton** *tex* kuszált pamut

taileron *rep* magassági és csűrőkormányzásra szolgáló farokfelület

tailing I. *a* kígyózó; **II.** *n* elvékonyodás, elkeskenyedés; *el* megszakítási kirezgés, impulzusvég; *élip* lecsutkázás; *ép* (kő)kiugr(at)ás *(falból)*; felfekvés *(falban)*; megerősítés, befogás; *hajó* átfordulás, elfordulás; *tex* színek egybefolyása; *tv* utánhúzás; ~ **motion** kígyózó mozgás; *rep* kígyózás; ~**s** → tailings

tailings *pl bány* (dúsítási) hulladék/maradék/meddő/mosalék; (szén)bagó; elfolyó meddő, meddőelfolyás; korom; mállott telepkibúvás; zagy; *bőr* véglevek *(cserzősorozat leggyengébb levei)*; *élip* ocsú; *ép* legdurvább szitamaradék *(adalékanyag, kő)*; *pa* káposzta *(facsiszolóból)*; *tex* egymásba futó színek (nyomásnál); *vegy* fenéktermék, maradvány; lepárlási maradék; véggázok; ~ **curve** *bány* meddőgörbe

tailless aeroplane/airplane *rep* farok nélküli repülőgép

taillight *bány* zárólámpa; *gépk* hátsó lámpa/világítás, stoplámpa; *hajó* farlámpa; *rep* farokvégi helyzetlámpa; *vasút* zárójelző *(a vonat végén)*

tailor I. *v* szab; *önt* (le)szélez; **II.** *n* szabó, szabász; ~**-made component** megrendelés szerint készült alkatrész; ~**'s clippings** *tex* szabáshulladékok

tailored | **composition** optimális összetétel; ~ **material** adott tulajdonságokkal rendelkező anyag

tailoring szabás, szabászat; *önt* szélezés, legömbölyítés

tailover átmenet

tailpiece végdarab, zárórész, toldalék; (záró)léc, (záró)szél; *bány* fúrószár bedugóvége; *el* mérőszárnyvezérlő; *ép* kiváltógerendába kötött gerenda; *hang* húrtartó; *nyom* záródísz; *opt* beállító/szabályozó rész; *vasút* hátsó főkeret

tailpipe → tail-pipe

tailplane *rep* vízszintes irányfelület/vezérsík; ~**-adjusting wheel** *rep* vezérsíkállító kerék; ~ **adjustment** *rep* vízszintes vezérsík/csillapítósík állítása *(repülés közben)*; ~ **bracing** *rep* vezérsík-merevítő huzalok; ~ **control** *rep* farokvezérsík vezérlése; ~ **span** *rep* vezérsík fesztáva

tailrace *hidr* alsó üzemvízcsatorna; alvízcsatorna; malomzúgó

tailspin *rep* dugóhúzó

tailstock *forg* szegnyereg, csúcsnyereg, nyeregszeg; ~ **barrel** nyeregszegorsó; ~ **clamp** nyeregrögzítő; ~ **drive/gear** nyeregszeghajtás; ~ **guide** nyeregszegvezeték; ~ **pinion** nyeregszegállító kerék; ~ **shoe** szegnyeregtalp; ~ **sleeve** nyereg(szeg)hüvely; ~ **slide** nyeregszegszán; ~**-spindle barrel** nyeregszegorsó; ~**-spindle clamp** nyeregszegorsó-rögzítő

tailwater (TW) *hidr* alvíz, alsó víz; ~ **bottom** utófenék; ~ **canal** alvízcsatorna; ~ **channel dredging** alvízi mederkotrás; ~ **elevation/level** alvízszint; ~ **level regulator** alvízszint-szabályozó; ~**-side slope** alvízi rézsű; ~ **surface** alvízszín; ~ **tunnel** alvízalagút

tain *koh* ónfólia

taint I. *v* megfertőz, mellékízt ad; **II.** *n* folt(osodás), árnyalat

tainter gate *ép, hidr* szegmensgát

take I. *v bány* jöveszt; kinyer, termel; *ép* köt *(cement)*; *film* forgat, felvesz; *gép* befog, megfog, bekap, elkap, kapcsol, elvisz, tart; enged; hat; *közl* felszáll *(jármű-re)*; *mat* (fel)vesz; *rep* felszáll; **II.** *n bány* bányatelek; *film, tv* felvétel; *nyom* kikötött szedés; ~ **a bearing** *v* tájol, irányt mér; ~ **air** *v* levegőt vesz/beszív/kap; levegőzik; magasra száll; *bány* légáramot mér; ~ **a measure** *v* mértéket vesz, megmér, lemér; ~ **apart** *v* szétszed; ~ **a shot** *v* (fénykép)felvételt készít, felvesz; ~ **back** *v* visszavesz; *bány* hazafelé művel; ~ **down** *v* leszerel; *bány* lejöveszt, omlaszt; lever, lebont; utánszed *(főtét)*; *ép* (le)bont; kizsaluz; *fa* kivág, kidönt; *kat* felmálház, lemálház; *nyom* kirak; ~**-down** szétszedés, szétszerelés; *ép* bontás(i munka); *szt* befejezés; → takedown; ~ **in** *v* (magába) bevesz/befogad/foglal; befog, beszorít; megrövidít; felvesz, vételez, pótol; *ruh* bevesz, összefog; ~**-in carriage** *fa* befogókocsi; ~**-in grip** *szersz* befogópofa; ~**-in grip of chuck** *szersz* tokmány befogóméterete; ~ **in service** *v* üzembe helyez/vesz; ~ **off** *v* leágaztat, elágaztat; leágazik, elágazik; lemásol, reprodukál; elvesz, levesz, leszed; levezet; leemel, felemel; elvisz; *bőr, cipő* egyenget, „abnémol"; *el* lekapcsol, kikapcsol; *em* lerak; *forg* lecsiszol; lemar; levág, levés, lemunkál, lefarag; *közl* (el)indul; beszüntet, megszüntet; *mat* kivon, levon, elvesz, leszámít; *műa* lehúz; *rep* felszáll; *tex* hajtogat *(készárut)*; ~**-off** levezetés; elvétel, levétel; elvitel; elágazás, leágazás; lerakás; leemelés, felemelés; leszedés; lemásolás; *bőr* egyengetés; *cipő* talpszélsorja-leszedés, „abnémolás"; *el* lekapcsolás, kikapcsolás; *ép* tervezés; *forg* lecsiszolás; lemunkálás, lefaragás; levágás, levésés; *gumi* levétel, lehúzás *(kalanderről)*; *közl* (el)indulás; *mat* kivonás, levonás; *nyom* kirakás; *rep* felszállás; ~**-off acceleration** *rep* felszállási gyorsulás; ~**-off aerodrome** *rep* felszállási/indulási repülőtér; ~**-off air speed** *rep* elemelkedési sebesség; ~**-off blower** *rep* indítókompresszor; ~**-off boost (TOB)** *rep* felszállási szívótérnyomás; ~**-off clearance** *rep* felszállási engedély; ~**-off device** *műa* elvevőberendezés; *tex* lehúzókészülék; ~**-off distance** *rep* felszállótávolság, nekifutási távolság; szükséges felszállási úthossz; ~**-off distance available (TODA)** *rep* rendelkezésre álló felszállási távolság (TODA); ~**-off drum** letekercselődob; ~**-off gear** *rep* felszálló (segéd)berendezés; ~**-off instrumentation** *rep* műszerezés a felszállás ellenőrzéséhez; ~**-off output** *rep* felszállási teljesítmény; ~**-off path** *rep* felszállási útvonal/pálya; ~**-off pitch** *rep* felszállási állásszög *(légcsavaré)*; **~-off point** leszedőhely *(szállítószalagon)*; **~-off power** *rep* felszállási hajtómű-teljesítmény; **~-off rocket** *rak* indító segédrakéta; **~-off roll** *műa* letekercselőhenger; *rep* kigurulás a futópályára; **~-off run** *rep* felszállás előtti nekifutás; **~-off runway** *rep* felszállási futópálya; **~-off strip** *rep* felszállósáv, felszállóterület; **~-off thrust** *rep* felszállási/maximális tolóerő; **~-off time** *rep* felszállási/indulási idő; **~ out** *v* kivesz; kihúz; kiemel; kivisz; *bány* kibúvik; **~ out of service** *v* üzemen kívül helyez; **~ over** *v* átvesz; felülvizsgál; átvisz; átad; **~ roll** *heng* behúzóhenger; **~ rubber** *v pa* radírozható; **~ samples** *v* mintát vesz; **~ the bearings of** *v geod* (be)irányoz, (meg)irányoz; **~ the dye** *v tex* színezéket felvesz; **~ the load** *v el* terhelést felvesz; **~ the soundings** *v* megméri a mélységet; **~ to air** *v rep* levegőbe emelkedik; **~ to pieces** *v* szétszed; **~ up** *v* magába (fel)vesz/(fel)szív; felvesz; megszüntet; záródik, tömít; megszűnik; felvisz; felszed; felfog; elvesz; elfoglal; felvezet; *ép* felbont, felszed; *film, foto* felgombolyít, felcsévél; *hang* felcsévél, felteker; *ip* igénybe vesz; kikölcsönöz; *kh* felszed, levesz; meghúz; *koh* felad; *ruh* összehúz, összefog, bevesz; *tex* felcsévél; felhengerel, felvet; továbbít; **~-up** feszítő/(fel)tekercselő/felszedő berendezés/elem/rész/szerkezet; *em* feszítés; *film, foto* filmcsévélés; filmgombolyító szerkezet; *gumi* felcsavaróhenger; *kh* kelmelehúzás; kelmelehúzó berendezés; *ruh* szálfelhúzó *(varrógépen)*; **~ up a dropped end** *v tex* fonalat utánvezet; **~-up felt** *pa* leszedőnemez; **~-up gear** *tex* feszítőszerkezet *(kalanderen)*; **~-up mechanism** *tex* felcsavaróberendezés; **~-up method** *heng* húzási módszer; **~-up motion** *gép* felhengerlőszerkezet; *tex* készáru hengerlését szabályozó készülék; **~-up motor** *el* felcsévélőmotor; **~-up package** *tex* végcséve; **~-up pulley** *ép* feszítődob; **~-up reel** *el, szt* felcsévélőorsó; *hang* felvevőorsó, felfogóorsó; tárolóorsó *(magnetofoné)*; **~-up roll** *kh* kelmehúzó henger; szövethenger *(szövőgépen)*; **~-up spool** *el* felcsévélőorsó; *távb* felcsavaró szalagdob *(távírókészüléken)*; **~ up the bottom** *v bány* talpat szed; **~ up the cloth** *v tex* szövetet felteker(csel); **~ up the slack** *v* megfeszít, meghúz; (kotyogást/holtjáratot/üresjáratot) megszüntet; **~-up unit** feszítőmű *(szállítószalagé)*

takedown szétszedhető, összehajtható; *kat* málházható *(löveg)*; **~ shutters** *ép* levehető ablaktábla/ajtótábla

takehold pressure/vacuum *félv* készenléti előnyomás

taken | absolutely *mat* abszolút értékben; **~ bottom** *bány* megszedett talp; **~ positively** *mat* pozitív előjellel véve

taker-in cylinder *tex* előbontóhenger

taking elnyerés, szerzés, befogadás; (meg)fogás; (el)foglalás; (át)vétel, (el)vétel, (fel)vétel; elvitel; *bány* fejtés, jövesztés, munkahelyi szállítás; művelési mező; *ép* kötés *(cementé)*; *film, tv* felvétel; *gép* (be)fogás; menesztés; *ip* bevétel, nyereség; **~ a sound record** hangfelvétel; **~-back** visszavétel; *bány* visszafelé/hazafelé haladó művelés; **~ borings** *pl talt* talajfeltárás *(fúrással)*; **~-down** leszerelés; szétszerelés; szétszedés; *bány* (főte)utánszedés; jövesztés felülről lefelé; kiszállítás; oml(aszt)ás; *ép* lebontás; *fa* kivágás; *kat* lemálházás; *nyom* kirakás; **~ down (work)** *ép* bontás(i munka); **~ of characteristics** *el* jelleggörbe felvétele; **~-off** → take-off; **~ of props** *bány* támrablás; **~ of the logarithm** *mat* logaritmálás, logaritmuskeresés; **~ of the mean** *mat* átlagolás, átlag/középérték kiszámítása, átlagképzés; **~ of the root** *mat* gyökvonás; **~ out turns** *nyom* blokált betűk kicserélése; **~-over** átvétel; átvitel; átadás; felülvizsgálás; **~ screen** *nyom* munkaraszter; **~-up** felvétel; felfogás; felszedés; felvitel; felvezetés; feltekercselés; megszüntetés; záródás, tömítés

talbot *fiz, metr* talbot

Talbot | process *koh* Talbot-eljárás, öntöttvas-finomító eljárás; **~'s law** *opt* Talbot-törvény

talc I. *v* (be)talkumoz, besíkporoz; **II.** *n ásv* zsírkő, talkum, szteatit; *gyógyv* talkum, síkpor; **~-schist, ~ slate** *geol* talkpala

talk I. *v* beszél; **II.** *n távk* beszéd; **~-back circuit** *távk* utasítóvonal; **~-back equipment** *távb* duplex berendezés; váltott irányú beszélgetési berendezés; **~ down** *v rep* rádión utasít/irányít *(leszállásra)*

talkie (film) hangosfilm

talking | bus *el* beszédáramköri sín; **~ film** *film* hangosfilm; **~ path** *távk* beszédút; **~ picture** *film* hangosfilm

tall | boy *ép* kéménytoldat; *gép* kétrészes szekrény; **~ building** *ép* magasépület, toronyház; **~ oil** *vegy* tallolaj

tallingite *ásv* tallingit

tallow I. *v* (be)faggyúz, (meg)faggyúz; faggyúval/zsírral telít, zsíroz; faggyút/zsírt ereszt/fejleszt/tartalmaz; **II.** *n* faggyú; **~ melter** faggyúolvasztó készülék; **~ paper** viaszpapír; **~ rendering** faggyúolvasztás; **~-seed oil** stillingia-magolaj

tallowy flavour/flavor *élip* faggyús íz

tally I. *v* egybeesik, egybevág, (meg)egyezik, összeillik; feljegyez; megszámol, leellenőriz; megjelöl, megcímkéz, megcéduláz; **II.** *n* címke, cédula; feljegyzés; *any* ellenőrző minta; *fa* méretjegyzék; *geod* mérőlánc-beosztásjel; *hajó* rakományszámlálás; *ip, nyom* másodpéldány, ellenpéldány; **~-man** *fa* méretjegyzék-vezető; **~ roll** *irgép* összeadószalag; **~ sheet** *ép* darabjegyzék; *fa* faméretjegyzék; **~ signal** *hang* cue jel

talose *vegy* talóz

talus *ép* támfal, rézsűbiztosító kőrakás; *geol* lejtőtörmelék; rézsű(zés), töltésrézsű; törmelékkúp, hordalékkúp; **~ breccia** *geol* alapbreccsa; **~ deposits** *geol* deluviális üledék; **~ wall** *ép* ferde homlokfalazású fal

tamarite *ásv* tamarit

tamarugite *ásv* tamarugit

tambour dob; hímzőkeret; *ép* kupoladob; oszloptag; **~ thread** *tex* hímzőfonal

taminy *tex* etamin

tamis *élip* vászonszita; *tex* szitaszövet

Tamman | furnace *koh* Tamman-kemence; **~ temperature** *fiz* Tamman-hőmérséklet

tammy *tex* szitaszövet

tamp tömörít, (be)nyomkod, tömköd; *bány, geof* (le)fojt; *ép* csömöszöl, (le)döngöl, sulykol; **~ a hole** *bány* fúrólyukat lefojt; **~-hole** *bány* gyámlyuk; **~ the ballast** *vasút* vágányt aláver

tamped | concrete *ép* csömöszölt beton; **~ lining** *ép* döngölt bélés

tamper I. *v* kontárkodik, szakszerűtlenül bánik/kezel; *en* áramot lop; **II.** *n at* reflektor *(reaktorban)*; *bány* töltőrúd, töltővessző; *en* áramlopás; *ép* csömöszölőrúd, csömöszölőhenger, csömöszölőberendezés;

döngölő, sulyok; juhlábhenger; *szer, hidr* tömítődugó; *vasút* aláverőcsákány; ~**-crane rammer** *ép* ejtősúlyos tömörítő; ~ **material** *at* reflektorköpeny anyaga; ~ **roller** *ép* döngölőlábas henger; juhlábhenger, tömörítőhenger
tamperproof *en* áramlopás ellen védett
tampin *szer* ólomcsőtágító (fadugó)
tamping tömörítés, (be)nyomkodás, tömködés; *bány* (fúrólyuk)fojtás; *ép* csömöszölés, (le)döngölés; ~ **beam** *ép* tömörítőpalló; ~**-crane rammer** → tamper-crane rammer; ~ **foot** *ép* tüske; ~**-foot compactor** *ép* döngölőlábas tömörítőgép; ~**-foot roller train** *ép* döngölőlábas hengerszelvény; ~ **plate** *ép* ejtőlemez *(tömörítő)*; szabadon eső döngölőlap; ~ **rammer** *ép* döngölő; ~ **rod** *bány* töltőbot; *ép* szurkálórúd *(betonbedolgozáshoz)*; ~ **roller** → tamper roller; ~ **stick** *ép* csőtisztító rúd; ~ **wheel** *ép* juhlábhenger
tampion dugó, dugasz, elzáró; csap; *kat* csődugó, csősapka
tampon I. *v* tamponál; **II.** *n* tampon; *nyom* festéklabda, litografáló (tinta)festékező; ~ **print** *szt* tamponnyomtatás *(vonalkódnyomtatás)*
tan I. *v* (meg)barnít; *bőr* cserez; *ép* enyvez *(műmárványt)*; *hajó, tex* impregnál; **II.** *a* rozsdabarna, sárgásbarna, cserszínű; **III.** *n bőr* barnaság, barna szín; cserkéreg; cserzőanyag; ~**-ball** csergubacs; ~ **bark** tölgycserkéreg; ~ **house** *bőr* cserzőüzem; ~**-liquor** *bőr* cserlé; ~ **mill** *bőr* cserdaráló; cserkéregőrlő berendezés; ~ **ooze** *bőr* cserlé; ~**-pit,** ~**-vat** *bőr* cserzőgödör, cserzőkád; ~ **waste** *bőr* cserkéreghulladék
tandem I. *a el* kaszkádkapcsolású; sorba kapcsolt; *gép* tandem-, iker-, kettős/soros/egymás utáni (elrendezésű/kapcsolású), egymás után *v.* sorba kapcsolt/felállított; **II.** *n* tandemgép; *gép* soros/egymás utáni elhelyezés; tandemfelállítás, tandemkapcsolás; *tex* sziléziai félfehér lenvászon; ~ **accelerator** *el* tandemgenerátor; ~ **airscrew** *rep* egymás mögötti húzó és toló légcsavarok; ~**-arc welding** *heg* tandemívhegesztés; ~ **axle** *gép* kettős tengely; ~ **capacitor** *el* kettős forgókondenzátor; ~ **central office** *távb* tandemközpont; ~ **cold reduction mill** *heng* hideg csőszűkítő hengersor; ~ **compensation** *el* soros kompenzáció; ~ **compensation network** *el* soros kompenzálóhálózat; ~ **connected** *el* sorba kapcsolt; ~ **connection** *el* kaszkádkapcsolás, lánckapcsolás, soros kapcsolás; ~ **convection** *geol* táblás vetődés; ~ **deep well pump** *ol* tandem mélyszivattyú; ~ **die** *alak* többlépcsős szerszám, sorozatszerszám; ~ **disc-harrow** *mzg* kétsoros tárcsás borona; ~ **doubler** *rád, távk* kaszkádfeszültség-kettőző; ~**-drawing machine** *heng* tandemhúzópad; ~ **drive** *gép* kettős áttétel/hajtás; ~ **electrostatic accelerator/generator** *at, el* tandemgenerátor; ~ **engine** *gépk* soros hengerelrendezésű motor; ~ **exchange** *távb* tandemközpont; ~ **furnace** *koh* kétfürdős acélolvasztó kemence; ~ **furnace process** *koh* tandemkemencés eljárás; ~ **generator** *at, el* tandemgenerátor, sorgenerátor; ~**-hoisting system** *bány* kettőskasos szállítás, tandemkasos szállítás; ~**-latch needle** *kh* kétkanalas tű; ~ **mill** *heng* tandemsor; ~ **mirror** *at* kettős mágneses tükör; ~ **mixer** *ép* ikerkeverő; ~ **motor** *gép* ikermotor; ~ **network** *el* csillaghálózat; kaszkádkapcsolás, soros kapcsolás; ~ **office** *távb* közbenső/átmenő központ, tandemközpont; ~ **operation** *távk* tandemüzem, átmenő üzem; ~ **potentiometer** *el* kettős potenciométer, ikerpotenciométer; ~**-powered scraper** *ép* kétmotoros földnyeső; ~ **ripping** *ép* tandemfelszakítás; ~ **rocket** *rak* egymásra helyezett lépcsős *v.* soros rakéta; ~ **roller** *ép* tandem(út)henger; ~**-rotor helicopter** *rep* hosszanti kétrotoros helikopter; ~ **scraper** *bány* ikersaraboló; *ép* kettős földnyeső; ~ **selection** *távb* tandemválasztás; ~ **submerged-arc welding** *heg* tandem fedettívű hegesztés; ~**-trunk exchange** *távb* gyűjtő távolsági központ; ~ **tube drawing** *heng* tandemcsőhúzás; ~**-type accelerator** *at, el* tandemgenerátor; ~ **Van de Graaff (accelerator)** *el* tandemgenerátor; ~ **welding** *heg* tandemhegesztés; ~ **working** *távb* átmenő szolgálat; tandemüzem
tang I. *v* csap/nyelv alakú véggel ellát; menesztővéget alakít; **II.** *n ép* sarokvas *(ajtón)*; *forg* menesztő; szár; szárvég, nyél; *nyom, önt* öntési szegély, szakáll; ~ **end** *forg* menesztős vég; *szersz* nyélbe illő vég
tangency érintkezés, érintés
tangent *mat* érintő, érintő egyenes; tangens, tangensfüggvény, tan; ~ **angle (TA)** *kat* célzószög; ~ **curve** *mat* tangensgörbe; ~**-cut** *fa* húrirányban vágott/fűrészelt; ~ **distance** *geod* tangenstávolság; ~ **forming** *mt* érintőleges alakítás; ~ **function** *mat* tangens, tangensfüggvény, tan; ~ **galvanometer** *el* tangensgalvanométer; ~ **key** *távk* érintős ék; ~ **law** *mat* tangenstétel; ~ **line** *mat* érintési vonal; érintő, érintő egyenes; tangensgörbe; ~ **method** *mat* érintőmódszer; ~ **modulus** *mat* érintőmodulus, tangensmodulus; ~ **osculating circle** *mat* tangenciális/érintőleges simulókör; ~**-plane** *mat* érintősík; ~ **point** *geod* ívkezdetpont, ívvégepont; *mat* érintési/tangenciális pont; ~ **scale** *geod* tangensbeosztás; ~ **screw** *finm* finombeállító csavar, mikrométercsavar; *geod* finommozgáscsavar *(szextánson)*; tangenscsavar; *gép* csiga, végtelencsavar; ~ **spoke** *gép* tangenciálisan elhajló küllő
tangential érintőleges, tangenciális, érintő(i), érintőbe eső, érintési; *mech* csúsztató; ~ **acceleration** *mech* érintő irányú gyorsulás; ~ **admission** *hőt, hidr* érintőleges beömlés; ~ **bearing** *ép* billenősaru *(hídépítésnél)*; ~ **casting** *heg* öntés érintőleges fémhozzávezetéssel; ~ **chaser** *forg* érintős menetkés; ~ **chisel** *bány* tangenciális kés; ~ **coma** *opt* kóma; ~ **curvature** *mat* geodetikus görbület; ~ **cutter** *forg* érintőskés, tangenciális kés; ~ **cutting** *forg* érintőleges/felületi vágás; ~ **die** *forg* tangenciális menetfésű; ~ **faults** *geol* érintőleges vetődéselmozdulások; ~ **field** *opt* tangenciális gyűjtőfelület; ~ **focus** *opt* tangenciális gyújtópont; ~ **force** *fiz* tangenciális/kerületi erő; ~ **growth** *krist* tangenciális/érintőleges növekedés; ~ **modulus of elasticity** *fiz* csúsztató rugalmassági modulus; ~ **pressure** *mech* tangenciális nyomás; ~ **ray** *opt* meridionális sugár; ~ **stress** *mech* tangenciális feszültség, csúsztatófeszültség, nyírófeszültség, keresztmetszet síkjában ható feszültség; ~ **tool** *forg* érintőskés; ~ **turbine** *hidr* tangenciális (beömlésű) turbina
tangentoid *mat* tangensgörbe
tangentoidal curve/line *mat* tangensgörbe, tangensszerű görbe
tangerine mandarin
tangle I. *v* összegubancol, összekuszál; összefonódik, összegubancolódik, összekuszálódik; **II.** *n* csomó, gubanc, kuszaság; *tex* takácsfészek

tangled, tangly *tex* csomós
tank I. *v* tartályba tölt/zár, (tartályban) tárol; (tartályban) kifőz; **II.** *n* recipiens; ciszterna, edény, rezervoár, szekrény, tank; tartály, tartány; medence, kád; *film* hordozható felvevőgép; *foto* tank, kád; *hidr* tó; *kat* harckocsi; harckocsi üzemanyagtartálya; *rád* rezgőkör; *üveg* (olvasztó)kád; *vasút* víztartály *(szerkocsié)*; ~ **bottom** *ép* tartályfenék, medencefenék; ~ **bottoms** *pl vegy* tartályüledék, tartálymaradék; ~ **bottom wax** *ol* tartályviasz *(tartályban kiülepedett paraffin)*; ~ **capacitor** *el* rezgőköri kondenzátor; ~**(-)capacity** tartálytérfogat; *gépk* tartályűrtartalom, tüzelőanyag-tartály űrtartalma; *ol* tartálykapacitás, tartály-befogadóképesség; ~ **car (TC)** tartálykocsi; ~ **circuit (TC)** *rád* tankkör, anódköri rezgőkör; *távk* kimenőoldali rezgőkör; ~ **circuit current** *el* köráram; ~ **container** *ép* folyadékszállító tartály; tankkonténer; ~ **control** *kat* harckocsi kormányberendezése; ~ **cooler** tartályhűtő; *ol* olajhűtővel egybekötött olajtartály; ~ **crystal(l)ization** *krist* kristályosítás tartályban; ~ **crystal(l)izer** *krist* kristályosítótartály; ~ **degasification** *vegy* tartály kiszellőztetése/gázmentesítése; ~ **destroyer (TD)** *kat* önjáró páncéltörő ágyú; tankelhárító önjáró löveg; ~ **development** *foto* napfényelőhívás; tartályos előhívás; ~ **engine** *kat* harckocsimotor; *vasút* szertartányos mozdony; ~ **farm** *at* radioaktív hulladékot tartalmazó tartályok gyűjtőhelye; *ol* tartálytelep, tartálycsoport; ~ **filler** tartálytöltő csonk/tölcsér; ~ **furnace** *ker* kádkemence; ~ **gas** *ol* cseppfolyós szén-dioxid; ~ **ga(u)ge** tartályszintmutató; *gépk* benzinmérő; tartálytartalom-jelző; ~ **ga(u)ging** térfogatmérés tartályban; ~**(-)gun** *kat* harckocsiágyú; páncéltörő ágyú; ~**-heavy** *kat* zömmel harckocsikból álló; ~**-hoop connection** kádabroncskötés, tartányabroncskötés; ~ **inductance** *el* rezgőköri induktivitás; ~ **landing craft (TLC)** *kat* páncélszállító *v.* páncélost partra szállító vízi jármű; ~ **level indicator** tartályszintmutató; ~ **lifter** *el* tartályemelő szerkezet; ~ **line** *távk* negyedhullámú tápvonal; ~ **lubricator** *gép* kenőanyag-tartályos kenő(berendezés); ~ **measurement** tartálymérés; ~ **operation pressure** *rep* üzemi tartálynyomás; ~ **pallet** *ép* folyadék-rakodólap; ~ **plant** tartálytelep; ~ **pressure** *gép* tartálynyomás; ~**-pressure ga(u)ge** *gépk* légfék tartálynyomásmérője; ~ **pressure regulator** *gépk* üzemanyagtartály-nyomásszabályozó; ~ **pressurizating system** *rep* tüzelőanyag-tartály nyomásszabályozó rendszere; ~**-recovery** *kat* harckocsimentő; ~ **rectifier** *el* száraz/fém egyenirányító; ~ **retting** *tex* melegvízáztatás; ~ **sampler** tartálymintavevő; ~**-ship** tartályhajó; ~ **sludge/sump** tartályiszap, tartályüledék; ~ **strapping** *ol* tartálykalibrálás; ~ **switch** *gép* úszós kapcsoló; ~**-top (parcel) carrier** csomagtartó *(benzintankon)*; ~ **tracks** *közl* harckocsilánctalp; ~ **traffic** *közl* harckocsiforgalom; ~ **trailer** tartálypótkocsi *(közúti)*; ~ **transformer** *el* olajtranszformátor, olajszigetelésű transzformátor; ~ **trap** *kat* tankcsapda; ~ **truck** tartálypótkocsi; ~**-type (electrostatic) generator** → ~-type Van de Graaff generator; ~**-type liquid cooler** *gép* nyitott rendszerű folyadékhűtő; ~**-type reactor** *at* tartály típusú reaktor; ~**-type Van de Graaff generator** *el* tank típusú Van de Graaff-generátor, tankgenerátor; ~ **vehicle** *gépk* tartálykocsi; ~ **vent line** *ol* szellőzővezeték; ~**-vent pipe** tartályürítő cső; ~ **voltage** *koh* kádfeszültség; ~ **wag(g)on** *vasút* tartálykocsi; ~ **waste** *vegy* kilúgozás után visszamaradó hulladék; tárolási veszteségek *(tartályban)*; ~ **winding machine** *ép* tartályhuzal-csévélő/feszítőhuzal-csévélő gép; ~ **yard** *ol* védőgödör
tankage tárolás, tartályba töltés, tartály(meg)töltés; (tartály)űrtartalom; *élip* vágóhídi hulladék, húslisztfajta; ~ **capacity** *rep* tüzelőanyag-tartály befogadóképessége
tanker tartályhajó, tankhajó; tartánykocsi, tartálykocsi; ~ **for dusty materials** *ép* poranyagszállító gépkocsi
tanking *ép* függőleges falszigetelés; ~ **loss** *élip* tárolási veszteség
tannage *bőr* cserzés; cserzőanyag
tannate *vegy* tannát
tanned cserzett; ~ **fish skin** *bőr* kikészített halbőr; ~ **lizard skin** *bőr* kikészített gyíkbőr; ~ **through** *bőr* átcserzett
tanner cserző, tímár, bőrkikészítő, bőrmunkás; ~ **scouring machine** *bőr* bőrkitaszító gép, színelőgép; ~**'s tongs** tímárfogó *(nagy)*; ~ **wool** tímárgyapjú
tannery tímárműhely, cserzőműhely, bőrkikészítő műhely/üzem; tímárság; bőrgyár; ~ **effluent/sewage** *bőr* bőrgyári szennyvíz
tannic | acid *vegy* csersav, galluszcsersav; ~ **glue** *bőr* cserzőenyv; ~**-hardened** *bőr* tanninnal cserzett
tannin *vegy* tannin, csersav, cserzőanyag
tanning *bőr* cserzés; *ép* enyvezés *(műmárványé)*; *hajó, tex* impregnálás; ~ **agent** *bőr* cserzőanyag; ~ **bleach** *bőr* cserzőfehérítés; ~ **extract** *bőr* cserzőanyag-kivonat; ~ **machine** *bőr* bőripari gép; ~ **material** *bőr* cserzőanyag; ~ **oil** *bőr* cserzőolaj; ~ **pit** *bőr* cserzőgödör, ültetőgödör; ~ **process** *vegy* cserzés; ~ **tumbler** *bőr* cserződob, cserző forgóhordó; ~ **value** *bőr* átcserzési szám; ~ **waste** *bőr* cserzőipari szennyvíz
tannometer *vegy* cserzősavmérő
tantalian *vegy* tantáltartalmú
tantalic *vegy* tantál(V)-; ~ **acid** *vegy* tantál-pentoxid, tantálsav; ~ **ochre/ocher** *vegy* tantálokker
tantalite *ásv* tantalit
tantalous *vegy* tantál(III)-
tantalum (Ta) *vegy* tantál; ~**-base alloy** *koh* tantálalapú ötvözet; ~ **capacitor** *el* tantálkondenzátor; ~ **capacitor with sintered anode** *el* zsugorított tantálanódú kondenzátor; ~ **pentoxide** *vegy* tantál(V)-oxid, tantál-pentoxid; ~ **resistor** *el* tantálellenállás; ~ **tetroxide** *vegy* tantál(IV)-oxid; ~ **wire** *el* tantálhuzal
tantamount egyenértékű, ekvivalens, egyenlő erejű/értékű/erősségű
tanyard bőrgyár, cserzőműhely
tap I. *v* megcsapol, csapra ver; megkopogtat; (le)csapol, kiereszt, leereszt; *bány* aláváj, aláművel, feltár, megnyit, megüt; lekopogóz; rovátkol; *cipő* megfoltoz; *el* leágaz(tat), elágaz(tat), kivezet, megoszt; *forg* csavarmenetet fúr, anyamenetet vág; *koh* (le)csapol; *távb* lehallgat *(telefont)*; **II.** *n* csap; dugó, dugasz; kúpos pecek; *bőr* kilúgozókád; *cipő* (bőr)folt, (talp)folt, (sarok)folt; féltalp; sarokvas(alás); *el* bekötés, bekötővezeték; bekötési/csatlakozási/leágazási pont; elágaz(tat)ás, leágaz(tat)ás, leágazó vezeték, kivezetés; tekercsmegcsapolás, tekercsleágazás; *forg* (belső) menetmetszés; menetfúró; *gép* dugó; négy-

lapfejű csavar; *hőt* próbacsap; *koh* (meg)csapolás; csapolónyílás, csapolódugó, csapolócső; lecsapolt adag; *rád* tekercselágazás; *szt* megcsapolás, csap, leágaztatás; ~ **a seam** *v bány* telepet lecsapol; ~ **bolt** *szersz* önmenetvágó csavar; ~ **changer** *el* fokozatkapcsoló, megcsapolás-átkapcsoló *(transzformátoron)*; ~ **changing** *el* megcsapolás/terhelés alatti átkapcsolás; ~**-changing equipment** *el* feszültségszabályozó *(transzformátoron)*; ~ **cinder** *koh* csapolási salak; *önt* finomsalak; ~ **cock** *koh* próbavételi csap; ~ **density** rázás utáni sűrűség *(szinterezésnél)*; ~ **down** *v* (le)csapol; leágaztat; ~ **drill** *forg* előfúró *(menetfúráshoz)*; ~**-field control** *el* fordulatszámszabályozás osztott gerjesztéssel; ~**-field motor** *el* osztott gerjesztésű motor; ~ **fitter** *forg* szelepülésmaró készülék; ~ **funnel** *vegy* osztótölcsér; ~ **grease** *vegy* csapzsír; ~ **grinding-machine** *forg* menetfúró köszörű; menetmetsző élezőgép; ~ **gun** → ~-hole gun; ~ **hole** *koh* (le)csapolónyílás; ~**-hole gun** *koh* dugaszológép *(nagyolvasztó csapolónyílásához)*; ~**-hole plate** *koh* csapolónyílás-keret; ~ **joint** elágazás *(csővezetéknél)*; ~ **ladle** *koh* csapolóüst, csapolótégely; ~ **noise** *hang* zörgés; ~**-noise test** *hang* zörgésvizsgálat; ~ **off** *v* → ~ down; ~ **opening** *koh* csapolónyílás; ~ **pipe** *ép* lefolyócső; ~ **remover** *forg* menetfúró kihajtó; ~ **rivet** *szersz* csavarmenetes szegecs; ~ **steel** *koh* menetvágószerszám-acél; ~ **switch** *el* sokérintkezős átkapcsoló *(tekercshez v. ellenálláshoz)*; ~ **system** *ép* csaptelep; ~ **temperature** *koh* csapolási hőmérséklet; ~ **the wire** *v el* áramot lop; *távb* vezetéket lehallgat; ~**-to-tap time** *koh* adagidő; ~**-water (TW)** vízvezetéki víz, csapvíz; ~ **weight** *vegy* 100 g anyag térfogata; ~ **wrench** *szersz* fordítóvas, hajtóvas

tapalp(a)ite *ásv* tapalpit

tape I. *v* megszalagoz, szalaggal/zsinórral megköt/összefűz; (mérőszalaggal) megmér; *el* szigetel, szigetelőszalaggal körültekercsel; *hang* felvesz *(magnóra)*, felvételt készít; **II.** *n el* szigetelőszalag; *hang* szalag *(jelrögzítéshez)*; *szt* lyukszalag; szalag, mágnesszalag; *távb* távírószalag; ~ **antenna** *távk* (acél) szalagantenna; ~ **archives** *pl* szalagtár; ~ **armo(u)ring** *el* szalagpáncélozás; ~ **background noise** *el* szalagalapzaj, szalagzavarháttér; ~ **base** *el* hordozószalag; ~ **break** *hang* szalagszakadás; ~ **cable** *szt* szalagkábel, síkkábel; ~ **cartridge** *szt* szalagkazetta; ~ **cassette** *szt* kazettás szalag; ~ **command** *szt* szalagutasítás; ~ **comparator** *szt* lyukszalag-összehasonlító; ~ **condenser** *tex* szíjas fátyolosztó szerkezet *(kártológépen)*; ~**-controlled** szalagvezérelt, szalagvezérlésű; ~ **control system** szalagvezérlésű rendszer; ~ **core** *el* szalagtekercsmag; ~ **counter** *hang* szalagszámláló; ~ **data processing** *szt* szalagos adatfeldolgozás; ~ **deck** *hang* deck; *szt* szalagos/szalagmeghajtó egység; ~ **delete** szalagtörlés; ~ **density** → ~-packing density; ~ **depth ga(u)ge** *ép* mélységmérő szalag; ~ **drive** *szt* szalagmeghajtó (egység), szalagmechanika; *tex* szalaghajtás; ~ **feed** szalagtovábbító; szalagtovábbítás; ~ **feeder** *távk* szalaghúzó; ~ **feed mechanism** *el* szalagtovábbító (szerkezet); ~ **file** *szt* szalagos adattár; ~ **for shaft depth measuring** *bány* aknamélységmérő szalag; ~ **guide** *hang* szalagvezető; ~ **guide pulley/roller** *hang* szalagvezető görgő; ~ **handling unit** *szt* szalagkezelő egység; ~ **input** *szt* szalagbemenet; ~ **input/tape output (TIP TOP)** *szt* szalagos bemenet-szalagos kimenet, TIP TOP; ~ **instruction** *szt* szalagutasítás; ~ **joiner** *hang* szalag-összeillesztő; ~ **jointing compound** *hang* szalagragasztó; ~ **lifter** *hang* szalagkiemelő; ~ **loading** *hang* szalagbefűzés; ~ **magnetic flux** szalagfluxus; ~ **mark** *szt* szalagjel; ~ **measurement** mérés mérőszalaggal; ~ **memory** *szt* szalagmemória; ~ **microphone** *hang* szalagmikrofon; ~ **moistener** szalagnedvesítő; ~**-operated** *szt* szalagvezérelt; ~**-operated printer** *szt* szalagvezérlésű nyomtató(szerkezet); ~ **order** *szt* szalagutasítás; ~ **output** *szt* szalagkimenet; ~ **overrun** *hang* szalagkifutás; ~ **overrun switch** *hang* szalagvégkapcsoló; ~ **oxide** mágnesréteg; ~**-packing density** *szt* szalagjelsűrűség; ~ **pattern** *el* fólia, fóliával készült huzalozási lemez; ~**-perforator** *szt* lyukszalaglyukasztó, papírszalag-lyukasztó; ~ **printer** *távb* szalagíró; szalagtávíró; ~**-printing apparatus** *távb* szalagra író készülék; ~ **processing** *szt* szalagfeldolgozás; ~**-pulley** *koh* bálavas (tekercs); ~ **puncher** *szt* szalaglyukasztó (egység); ~ **punching** *szt* szalaglyukasztás; ~ **punch method** *szt* szalaglyukasztási módszer; ~ **reader** *szt* lyukszalagolvasó, szalagolvasó; ~**-reading head** *el, hang* szalagolvasó fej; ~**-reamed** *forg* kúposra dörzsölt; ~ **recorder** *hang* magnó; szalagos magnetofon/hangfelvevő; ~**-recorder deck** *hang* (magnó)-deck; ~**-recorder equalization** *el* szalagos hangfelvevő sebességének kiegyenlítése; ~ **recording** *hang* szalagos hangfelvétel, magnófelvétel; *szt* mágnesszalagos jelrögzítés; ~ **reproducer** *szt* szalagmásoló; ~**-rod** *ép* ácsmérték; *geod* szalagos szintezőléc; ~ **rubber** nyersgumi szalag; ~ **run** *el, hang* szalagfutás; ~**-sizing machine** *tex* láncszalagírező gép; ~ **sleeve** *el* elágazó karmantyú; ~ **sound-reproduction** *hang* hangvisszaadás mágnesszalagról; ~ **speed** *hang* szalagsebesség; ~ **splice** *film* szalag-összeillesztés; ~ **splicer** *film, hang* ragasztóprés *(filmhez)*; szalag-összeillesztő; ~ **spool** *hang* szalagtekercsorsó; ~ **start** *hang* szalagindítás; ~ **stop** *hang* szalagleállítás; ~ **store** *szt* szalagtároló; ~**-teleprinter** *távb* szalagos távgépíró; ~ **tension arm/control** *hang* szalagfeszítés-szabályozó; ~ **tensioning** *hang* szalagfeszítés; ~ **threading** *hang* szalagbefűzés; ~ **timer** *hang* szalagóra; ~**-to-card converter** *szt* szalag-lyukkártya átíró *(számítógéphez)*; ~ **transmitter** *távb* lyukasztottszalag-adó; ~ **transport** *hang, szt* szalagtovábbítás; ~ **transport mechanism/system** *hang* futómű; *szt* szalagtovábbító mechanika; ~ **travel** *szt* lejátszási/leolvasási irány *(szalagé)*; ~ **unit** *szt* (mágnes)szalagegység, szalagmeghajtó; ~ **velocity** *hang, szt* szalagsebesség; ~**-wound core** *el* körültekercselt mag; tekercselt vágott szalagmag; ~**-wound resistor** *el* szalagellenállás

tapeless veneer splicer *fa* ragasztószalag nélküli furnérragasztó gép

taper I. *v* kúposra alakít, kúposít, (fokozatosan) elvékonyít/összeszűkít; elvékonyodik, elhegyesedik, keskenyedik, kúposan/csúcsban végződik/kifut; **II.** *a* kúpos, lejtős, csapszerű, kónuszos, ék/kúp alakú, elhegyesedő, csúcsba futó, elvékonyodó, összeszűkülő, hegyes(en kifutó); *fa* sudarlós; **III.** *n* kúposság, kúpos/elhegyesedő/csapszerű rész, (el)vékonyodás, szűkület, keskenység; *el* kábelkötő; *gép* (kazán)csődugó; karmantyús cső, összekötőcső; kónusz; kúpos pecek, tüske; *opt* gyenge fényforrás; *önt* minta kúpossága; ~ **band saw file** *fa* szalagfűrész-reszelő; ~ **bearing** *gép* kúpos csapágy; ~ **bit** *forg* kúpos süllyesztő; ~ **bore** *forg* kúpos furat; ~**-bored spindle nose** *forg* kúpos orsófurat; ~ **charge** *el* fokozatos töltés *(akkumulátoré)*; ~ **curve** *el* szabályozási görbe; ~ **dowel** *forg* kúpos szeg; ~ **factor/figure** *fa* sudarlóssági tényező; ~ **file** *szersz* hegyes (végű) reszelő; ~ **fit** *gép* kúpos illesztés; ~**-flat file** *szersz* hegyes végű lapos reszelő; ~**-foot roller** *talt* sündisznó(láb)-henger; ~ **ga(u)ge** *gép* ékidomszer; kúpos idomszer/kaliber; ~ **gib** → tapered gib; ~ **heating** *koh* fokozatos melegítés; ~ **hole** *forg* kúpos furat; ~ **iron for anvils** *szersz* kúpos üllőbetét; ~**-jet needle** *gép* kúpos fúvókatű; ~ **key** *gép* (feszes) ék; ~ **lock** *élip* kúpos zár; ~**-lock plug ga(u)ge** *gép* kúpos rögzítésű furatidomszer; ~ **mandrel** *forg* kúpos esztergatüske; ~ **of conical end** *tex* kezdőkúp rézsűje/hajlásszöge *(felvetőn)*; ~ **of groove** *heng* üregnyitás; ~ **of pattern** *önt* mintakúposság; ~ **of wedge** *mech* ékferdeség, ék lejtése; ~**-parallel** *szersz* beállítható párhuzamalátét; ~ **pile** *ép* kúpos cölöp; ~ **pin** *gép* kúpos/vékonyodó csap/illesztőszeg; ~**-pin spring shackle** *szersz* kúpos csapszeges rugókengyel; ~ **pipe** *ép, gép* átmeneticső, szűkítőcső; átmenő csőszerelvény; csőátmenet; ~ **pipe-tap** *szersz* kúpos csőmenetfúró; ~ **pipe thread** *gép* kúpos csőmenet; ~ **plug** *gép* kúpos csapforgó; ~**-plug cock** *gép* kúpos elzárócsap; ~**-ring** *ép* csőgyűrűívidom *(alagútívben)*; ékgyűrű, kiegyenlítőgyűrű; *gép* fenékpersely *(tömszelencén)*; kúp(os)-gyűrűs; kúpgyűrű; ~ **rod** *geod* mérővessző; ~ **roller** *gép* kúpos görgő; ~**-roller** *gép* kúpgörgős; ~ **roller-bearing** *gép* kúpos görgőscsapágy; ~**-roller thrust-bearing** *gép* kúpgörgős axiális csapágy; ~ **roughing reamer** *szersz* kúpos nagyoló dörzsár; ~ **seat** *gép* kúpos illesztés; ~ **shaft** *gép* kúpos tengely; ~ **shank** *ép* külső kónusz; ~**-shank** kúpos szárú; ~**-shank reamer** *szersz* kúpos szárú dörzsár; ~ **slot** *el* trapéz keresztmetszetű horony; ~ **socket** *ép* belső kónusz; *forg* kúpos befogóhüvely; ~ **tacker** *cipő* talpfelerősítő gép; ~ **tap** *bány, ol* mentőtüske; *forg* anyamenetfúró; ~ **thread** *gép* kúpos csavarmenet; ~**-turning** *forg* kúpesztergálás; ~**-turning attachment** *forg* kúpeszterga-készülék; ~**-turning lathe** *forg* kúpeszterga; ~**-turning mechanism** *forg* kúpeszterga-készülék; ~ **vice** *szersz* éksatu; ~ **wedge** *szersz* behúzható ék; ~ **winding** *tex* kúpcsévélés; ~ **worm** *élip* kúpos csiga

tapered kúpos, lejtős; ék alakú; ~ **array** *geof* különböző/csökkenő érzékenységű geofonokból álló csoport; ~ **bead seat** *gumi* ferde vállú peremülés; ~ **bobbin** *tex* palackcséve; ~ **brick** *ép* ék alakú tégla; ~ **buffer rod** *kat* kúpos ütközőrúd; ~ **collar** *gép* ékgyűrű, gyűrűék; ~ **column** *ép* kónikus/kúpos oszlop/pillér; ~ **cutter** *forg* kúpos maró; ~**-end package** *tex* kúpos cséve; ~ **gib** *forg* lejtős állítóléc *(holtjáték utánállítására)*; *gép* hossznyírású ék; ~ **hob** *gép* kúpos csigamaró; ~ **journal** *gép* kúpos tengelycsap; ~ **lock** → taper lock; ~ **package** *tex* palackcséve-kiszerelés; ~ **plain tile** *ép* hódfarkú toronycserép; ~ **potentiometer** *el* kúp alakú potenciométer; nemlineáris feszültségosztó/potenciométer; ~ **prop** *bány* hegyezett tám; ~ **reamer** *szersz* kúpos dörzsár; ~ **rudder** *rep* elkeskenyedő kormányfelület; ~ **section of coaxial line** *el* kúpos koaxiális vezeték; ~ **split collet** *gép* kúpos szelepék *(két darabból)*; ~ **sucker rod string** *ol* lépcsős mélyszivattyú-rudazat; ~ **tenon** *fa* ék alakú csap(olás); ~ **transmission line** *el* folyamatos változó hullámvezető; ~ **tube** *tex* kúpos cséve; ~ **tubing string** *ol* teleszkopikus/lépcsős termelőcsőoszlop; ~ **washer** *szersz* kúpos/ferde alátét *(csavar)*; ~ **waveguide** *el* folyamatos változó hullámvezető, változó keresztmetszetű csőtápvonal; ~ **wing** *rep* elvékonyodó szárny, trapézszárny

tapering kúpos kialakítás, kúposítás; elvékonyítás; elvékonyodás; összeszűkítés; összeszűkülés; csúcsosodás; *fa* sudarlósság, sudarasodás; ~ **gutter** szélesedő ereszcsatorna; ~ **motion** *tex* palackcsévélő szerkezet; ~**-motion gear** *tex* kúpos csévélőszerkezet; ~ **operation** *heng* vékonyítási művelet

tapestry I. *v* (ki)kárpitoz, (ki)tapétáz; **II.** *n* kárpit, gobelin, faliszőnyeg; ~ **brick** *ép* sima burkolótégla

taphole → tap hole

taphrogenesis *geol* tafrogenezis

taping összefűzés, megkötözés; mérés *(mérőszalaggal)*, szalagmérés; körültekercselés *(szigetelőszalaggal)*; ~ **machine** *pa* beragasztógép; *tex* szalagcsévélő gép; ~ **wire** *el* tekercselőhuzal

tapioca starch *gyógyv* tápiókakeményítő

tapiolite *ásv* tapiolit

tapped leágazásos; (belső) (csavar)menetes; ~ **actuator** *aut* leágazásos működtetőszerv; ~ **circuit** *el* leágazásos áramkör; ~ **coil** *el* megcsapolt/leágazásos tekercs; ~**-coil oscillator** *el* Hartley-oszcillátor, hárompont- oszcillátor; ~**-condenser oscillator** *el* kapacitív visszacsatolású oszcillátor; ~**-down generator** *el* leágazással csatolt oszcillátor; ~ **head** *szersz* menetes fej; ~ **heater** *hőt* többleágazásos fűtőtest; ~**-out metal** *koh* megcsapolt fém; ~ **potentiometer** *el* megcsapolt/leágazásos potenciométer; ~ **resistor** *el* megcsapolt ellenállás; ~ **transformer** *el* megcsapolt (sokleágazásos) transzformátor; ~**-tuned circuit** *rád* leágazással hangolható rezgőkör

tapper *bány* adagoló; *el, hang* kalapács, verő; *forg* menetfúró (gép); menetmetsző; *gép* billentyű, kalapács, ütő; vezérlőbütyök; *kat* kúpos ütőszeg; *mzg* fejőgép; *pa* behúzópofa *(keresztvágón)*; *rád* kohérerkopogtató; *távb* (morze)billentyű; csengő, kopogó; ~ **casing** *kat* ütőszeghüvely; ~ **tap** *forg* anyamenetfúró

tappet *bány, koh* zúzónyíl; *gép* (mozgató)bütyök, (vezető)bütyök, (mozgató)kar, (vezető)kar; bütyökemelő; emeltyű, (szelep)emelő; kilincs; szelepemelő (betét); *tex* körhagyó *(nyüstmozgatásra)*; *vasút* függőségi kilincs *(biztosítóberendezésben)*; ~ **adjusting-screw** *gépk* szelepemelő-állító csavar; ~**-adjusting spanner** *gépk* szelephézag-állító kulcs, szelep(be)állító kulcs; ~ **circuit controller** *el* kilincsérintkező *(biztosítóberendezéshez)*; ~ **clatter** *gépk* szelepcsattogás *(kotyogás)*; ~ **clearance** *gépk* szelep(emelő-)hézag; ~ **cover** *gépk* szelepkamrafedél; ~ **drum** *gép* hengeres bütyök, bütykös vezérlődob; ~ **ga(u)ge** *gépk* szelephézagmérő; ~ **gear** *gép* bütykös elosztószerkezet/vezérlőszerkezet; ~ **guide** *gépk* szelepemelő fej vezetőperselye; ~ **lever** *gépk* szelepemelő himba; ~ **loom** *tex* excenteres szövőgép; ~ **motion** *gép* bütykös mechanizmus; *tex* excenteres szádképző *(berendezés)*; ~ **nose** *tex* verőcsúcs *(excenteré)*; ~ **plan** *tex* nyüstemelés rendje; ~ **rod** *gép* mozgásátvivő rúd, szelepzáró tolóka *(szivattyúé)*; ~ **roller** *gép* bütyökkel kapcsolódó görgő; ~ **shaft** *gép* bütykös tengely; *tex* vezértengely *(szövőgépen)*; ~ **wrench** *gép* szelephézagállító kulcs

TAPPI (Technical Association of the Pulp and Paper Industry) standard methods *pa* TAPPI-szabvány szerinti vizsgálatok

tapping (le)csapolás, kieresztés, leeresztés; *bány* aláművelés, megnyitás; kopogózás; *el* leágaz(tat)ás, kivezetés, megosztás *(tekercselésé)*; megcsapolás; *forg* menetfúrás, menetvágás; *koh* (le)csapolás; *távb* lehallgatás *(telefoné)*; ~ **arrangement** *koh* megcsapolóberendezés; ~ **attachment** *forg* menetvágó készülék; ~ **bar** *koh* bontórúd, csapolórúd; ~ **bushing** *forg* vezetőpersely *(menetfúróé)*; ~ **chuck** *forg* befogótokmány menetfúróhoz; ~ **clay** *koh* dugaszolómassza; ~ **coil** *el* átkapcsolótekercs *(transzformátoron)*; ~ **device** *forg* anyamenetfúró készülék; menetvágó fej; ~ **die** *forg* menetfúró (fej); ~ **fit** *gép* feszített illesztés; ~ **floor** *koh* csapolótér; ~ **gear** *élip* lerázószerkezet *(porszűrőn)*; ~ **head** *forg* menetvágó fej; ~ **hole** *koh* csapolónyílás; ~ **interval** *el* leágazások feszültségköze; ~ **key** *távb* morzebillentyű; ~ **launder** *koh* csapolócsatorna; ~ **machine** *forg* (csavar)-menetfúró gép; belsőmenet-metsző gép; ~ **of a spring** *hidr* forrásfoglalás; ~ **of slag** *koh* salakcsapolás; ~ **panel** csapolólemez *(gumifánál)*; ~ **pin** → ~ bar; ~ **pit** *koh* csapolóakna; ~ **point** *el* leágazópont; ~ **pole** *el* elágazóoszlop; ~ **sample** *koh* csapolási próba; ~ **side** *koh* csapolási oldal *(öntőcsarnoké)*; ~ **slag** *koh* végsalak; ~ **speed** *forg* menetfúrási fordulatszám; ~**-speed range** *forg* menetfúrási sebességtartomány; ~ **spout** *koh* csapolócsatorna; csapolóvályú, kifolyócsőr; ~ **switch** *el* fokozatkapcsoló; ~ **temperature** *koh* csapolási hőmérséklet; ~ **tool** *forg* csavarmenetfúró szerszám

tar I. *v* (be)kátrányoz; beszurkol; kátrányt főz/készít; **II.** *n* kátrány; ~ **acid** *vegy* savanyú kátrányfrakció, fenolfrakció; ~**-and-sulphur soap** *vegy* kénes kátrányszappan; ~ **asphalt** *vegy* aszfalt-kőszénkátrány keverék; ~ **bitumen** *vegy* kátránybitumen; ~ **board** *ép* kátránylemez, kátránypapír; ~**-bonded brick** *ép* kátránykötésű tégla; ~**-bonded magnesite** *ép* kátránykötésű magnezit; ~ **cement** *ép* kátránycement; ~**-coated chip(ping)s** *pl ép* kátrányos zúzalék; ~ **coke** *vegy* szurokkoksz, kátránykoksz; ~ **colo(u)r** *vegy* kátrányos színezék, kátrányfesték; ~**-dehydrating still** *vegy* kátrányvíztelenítő retorta; ~**-destruction producer** *vegy* kátránybontó gázgenerátor; ~ **distillate** *vegy* kátránypárlat, kátránylepárlási termék; ~ **distillery** *vegy* kátránylepárló üzem; ~ **dolomite brick** *koh* kátrányos dolomittégla; ~ **extractor** *vegy* kátrányfogó; ~**-fat oil** *vegy* kátrányolaj; ~ **filling** *ép* kátrányos kitöltés; ~ **filter** *hidr* kátrányszűrő; ~**-fired** *hőt* kátránytüzelésű; ~ **for steel making purposes** *koh* acélműi kátrány; ~**-gravel roofing** *ép* kavicsolt kátrányos fedéllemez; ~**-grouted stone** *ép* kátránnyal átitatott makadám; ~ **macadam** → tarmacadam; ~ **mastic** *ép* kátrányragacs; ~ **oil** *vegy* kátrányolaj; ~ **paper** *ép* kátránypapír; ~ **penetration macadam** *ép* kátránnyal átitatott makadám; ~ **pitch** *vegy* kátrányszurok; ~ **roofing** *ép* kátrányos fedőlemez; ~ **roofing felt** *ép* kátrányos fedéllemez; ~ **sand** *geol* szurokföld; ~ **stain** *bőr* kátrányfolt; ~ **still** *vegy* kátránylepárló retorta; ~ **tape** *ép* kátrányos szalag; ~ **well** *vegy* kátránygyűjtő (edény)

tarapacaite *ásv* tarapacait

tarbuttite *ásv* tarbuttit

tare I. *v* (ki)tárál; **II.** *n* tára, göngyölegsúly; önsúly; *vegy* táraedény; ~ **allowance** tárasúly leszámítása; ~ **shot** tárázósörét; ~ **weight** göngyölegsúly; önsúly

target I. *v kat* kiválasztja a célt; **II.** *n* cél(pont); *at* bombázott mag, targetmag; cél(tárgy); cél, célmag; *el* csőtárcsa; gyűjtőelektród, kollektor; jelzőtábla; *ép* (mérő)tárcsa, mérési pont; *fiz* antikatód; célanyag, target, céltárgy; sugárzást felfogó felület; target, céltábla; *geod* szintezőléc tárcsája; *kat* céltábla, cél(pont); *rád* anód; fénytányér *(varázsszemen)*; *rendsz* cél; *vasút* (jelző)tárcsa, jelző; ~ **acquisition** *kat* célelfogás, célbefogás; ~**-acquisition system** *kat* automata célfelderítő és célkövető rendszer; ~ **address** *szt* célcím; ~ **aircraft** *rep* célrepülőgép; ~ **angle** *at* anódszög; ~ **area (TA)** *at* célfelület, céltárgy felülete; *kat* tűzszektor, tüzelési szektor; ~ **assembly** *at* céltárgyszerelvény; ~ **bearing** *kat* cél oldalirányszöge; ~ **board** *kat* céltáblalemez; ~**-butt** *kat* lövedékfogó sánc, golyófogó; ~ **coil** *aut* működésjelző tekercs; ~ **computer** *szt* célszámítógép; ~ **coordinator** *aut* célkoordinátor; ~ **course** *kat* célpálya; ~ **date** (kivitelezési) határidő; ~ **detection** *geod* lokátoros célkeresés; ~ **deuteron** *at* céltárgydeuteron; ~ **diagram** *mat* elosztási ábra; szórási diagram; ~ **disc/disk** *kat* célkorong, céltábla; ~ **discrimination** *aut* célfelbontás; ~ **electrode** *el* céltárgyelektród; ~ **element** *fiz* antikatódanyag, anódanyag; targetanyag; ~ **emanation** *at* céltárgysugárzás; ~ **function** *rendsz* célfüggvény; ~ **illuminating laser radar** *fiz* céltárgymegvilágító lézerradar; ~ **indication** *kat* céljelzés; ~ **indicator** *kat* céljelző *(füstbomba)*; ~ **language** *szt* tárgynyelv, célnyelv; ~ **laser illumination** *aut* céltárgy lézersugaras megvilágítása; lézeres célmegvilágítás; ~ **laser radar** *fiz* céltárgykövető lézerradar; ~ **life** *any* kitűzött élettartam; ~ **marker** *kat* célmegjelölő; ~ **marking** *kat* célmegjelölés; ~ **material** *at* célanyag; ~ **nucleus** *at* célmag; céltárgymag, target; ~ **offset** *kat* előretartás; ~ **of the superorthicon** *fiz* szuperortikon targetlemeze; ~ **output** névleges/előírt teljesítmény; *bány* tervezett termelés; ~ **paper** *kat* céltábla-papírlemez; ~ **particle** *at* céltárgyrészecske, target; targetrészecske, bombázott részecske, célrészecske; ~ **pointer** céljelző, célmutató; ~ **program** *szt* tárgyprogram, célprogram; ~ **reel** *rep* célvontató kötéldob; ~ **response** *kat* céltárgyat ért hatások; ~ **rocket** *kat* légi célt képező rakétalövedék; ~ **rod** *geod* tárcsás szintezőléc; ~ **search** *kat* célkeresés; ~**-seeking device** célkereső; ~ **spectral region** *at* céltárgysugárzási tartomány; ~ **speed determination** *aut* célsebesség-meghatározás; ~ **strength** *hang* háttérszórás/célvisszaszórás mértéke; ~ **structure** *rendsz* célstruktúra; ~ **system** *rendsz* célmeghatározó/célmódosító/célkitűző rendszer; célrendszer; ~ **theory** *at* céltárgyelmélet; *mat* céltáblaelmélet; találatelmélet; ~ **tie** *bány* tárcsatartó talpfa; ~ **towing** *rep* célzsákvontatás; ~ **track(ing)** *kat* célkövetés; ~**-tracking beam** *fiz* célkövető (radar)sugár; ~**-tracking laser radar** *fiz* céltárgykövető lézerradar; ~ **tree** *rendsz* célfa

targetable *kat* célra irányítható
targeting *kat* célkiválasztás
tarif *tv* színvisszaadás-javító berendezés *(mozifilm tévévetítéséhez)*
tariff díjszabás, árszabás, tarifa; ~ **duty** beviteli vám; ~ **rate** díjtétel, díjszabás, tarifa
taring (ki)tárázás, göngyölegsúly-kiegyenlítés; ~ **balance** vasúti mérleg
tarmac I. *v ép* kátránymakadámmal burkol/borít; leaszfaltoz; **II.** *n* → tarmacadam
tarmacadam *ép* kátrányos makadám(út); *rep* aszfaltozott futópálya/gurulópálya; ~ **pavement** *ép* kátrányos makadámburkolat
tarmate silk *tex* szennyes selyem
tarn *geol* gleccsertó
tarnish I. *v* (el)fénytelenít, elhomályosít; bevon, befuttat; (el)fénytelenedik, fényét veszti, elhomályosodik; bevonódik; **II.** *n* homály(osság), (el)homályosodás, elfénytelenedés; (finom) bevonat/hártya/patina/réteg; ~ **film** *koh* futtatási hártya; ~**-proof board** *pa* rozsdavédő papírlemez
tarnowitzite *ásv* tarnowitzit
tarpaulin (kátrányos/vízhatlan) ponyva; tarpaulin; *ép* kátránylemez; ~ **beam** *hajó* ponyvatartó rúd
tarragon tárkony; ~ **vinegar** *élip* tárkonyos ecet
tarred kátrányos, szurkos; ~ **board** *pa* kátránylemez; ~ **browns** *ép* bitumenpapír; kátránylemez; ~ **felt** *ép* kátránypapír; ~ **jute braided (tjb)** *ép* kátrányos jutafonattal szigetelt; ~ **rooting-felt** *ép* kátránylemez
tarring (be)kátrányozás; szurkolás; kátrányfőzés
tarry kátrányos; kátrányszerű; kátránytartalmú
tarsia *ép* intarzia *(nagy darabokból)*
tartan *tex* skótmintás (gyapjú)szövet, tartán, sottis
tartar *vegy* borkő, kálium-hidrogén-tartarát; fogkő; ~ **emetic** *vegy* hánytató borkő
tartaric acid *élip* borkősav, dioxi-borostyánkősav
tartrate *vegy* tartarát
tartrated *vegy* tartarátos, tartaráttartalmú
tartronylurea *vegy* tartronil-karbamid, dialursav
tarviated *ép* kátránykötésű
TAS → true airspeed
tasar *tex* tusszahselyem
TASI → time-assignment speech interpolation
task I. *v ip* munkát kiszab, feladattal megbíz/megterhel; **II.** *n ip* elvégzendő (napi) munkamennyiség, kiszabat, norma, szakmány; *szt* program, feladat; ~ **force** *kat* harci kötelék; ~ **management** *szt* feladatirányítás; ~ **queue** *szt* feladatsor; munkák sorbanállása; ~ **setter** *ip* normamegállapító, normás; ~ **switching** *szt* feladatváltás; ~ **variable** *szt* feladatváltozó; ~ **wages** *ip* szakmánybér(ezés); ~ **work** *ip* szakmánymunka
tasmanite *ásv* tasmanit
taste I. *v* (meg)ízlel, (meg)kóstol; vmlyen ízű; **II.** *n* íz; ízlés; szín, szag
tasteless íztelen
tasting effect *élip* ízhatás
TAT → tuned-aperiodic-tuned; → twist against twist
Tatmo steel molibdéntartalmú szerszámacél
tauon *fiz* tau-mezon
taut feszes; ~ **fabric** *tex* sűrű beállítással szőtt szövet; ~**-strip instrument** *metr* feszítettszálas műszer; ~ **tape attachment** *el* szalagfeszítő
tautline cableway *em* kábeldaru
tautochrone *mat, mech* egyenidejű görbe, tautokróna
tautochronous *mat, mech* egyenidejű, tautokrón; ~ **curve** *mat* láncgörbe; ~ **vibration** *mech* tautokron lengés
tautology *szt* tautológia
tautomer *vegy* tautomer, tautomer alak
tautomeric | **form** *vegy* tautomer alak; ~ **isomerism** *vegy* tautomeria; ~ **transformation** *vegy* tautomeriás/tautomer átalakulás
tautomeride *vegy* tautomer
tautomerism *vegy* tautoméria, egyensúly-izoméria
tautozonal *fiz* tautozonális
tavistockite *ásv* tavistockit
taw *bőr* szironybőrt/glaszébőrt kikészít; timsóval cserez
tawed *bőr* gárés/timsós cserzésű bőr; ~ **leather** *bőr* timsós cserzésű *v.* „gárés" bőr, glaszécserzett bőr
tawer *bőr* fehértímár
tawing *bőr* ásványi/timsós cserzés; fehércserzés; ~ **paste** *bőr* „gáre", dagadószer *(glaszécserzéshez)*
tawny cserszínű, sárgásbarna; ~ **chrome yellow** sötét krómsárga
tax indicator *távb* előfizetői beszélgetésszámláló
taxable horsepower adólóerő
taxi I. *v rep* (ki)gurul, kifut; **II.** *a rep* guruló-; **III.** *n* (autó)taxi; ~ **area** *rep* gurulósáv; ~ **channel** *rep* vízirepülőtér gurulómezőnye; ~**-guidance light** *rep* gurulópálya-szegély fény; ~**-holding position** *rep* gurulási határ/váróhelyzet; ~**-in** *rep* begurulás (a parkolóhelyre); ~ **lane** *rep* gurulási nyomvonal; ~**-loop** *rep* kör alakú gurulóút; ~**-out** *rep* kigurulás a futópályára; ~ **pattern** *rep* gurulópályarend, gurulási rend; ~**-route indicator** *rep* gurulási útiránymutató tábla; ~ **stand** taxiállomás; ~ **strip** *rep* gurulópálya, gurulóútsáv; ~ **track** *rep* gurulóút, gurulópálya; ~**-track lights** *rep* gurulópálya szegélyfényei; ~ **truck** teher-taxi; ~ **under own power** *rep* üzemelő hajtóművel történő gurulás; ~ **way** → taxiway
taxiing *rep* gurulás; ~ **control** *rep* kormányzás guruláskor; ~ **distance** *rep* gurulási távolság; ~ **lane** *rep* gurulósáv; siklósáv
taxilights *pl rep* gurulópályafény
taximeter taxaméter
taxiplane *US* légitaxi
taxite *geol* taxit
taxiway *rep* gurulópálya; ~ **centre/center line lights** *rep* gurulóút süllyesztett középvonalfényei; ~ **exit** *rep* gurulóút kijárata; ~ **lights** *rep* gurulóút szegélyfényei, gurulóút-fényrendszer; ~ **reflectors** *rep* gurulóút fényszórói; ~ **shoulder** *rep* gurulóútpadka; ~ **strip** *rep* gurulóútsáv; ~ **stub** *rep* gurulóút-elágazás, gurulóúttoldat
taxrope *gépk* ékszíj
Taylor|-Orovan dislocation *krist* Taylor—Orovan-diszlokáció; ~ **process** *heng* finomhuzalok meleghúzása nehezen alakítható ötvözetekből; ~**'s expansion** *mat, szt* Taylor-sorbafejtés; ~**'s series** *mat, szt* Taylor-sor; ~**-White process** *koh* eljárás gyorsacélok hőkezelésére
Tb → terbium
TB → time base; → torpedo boat; → torpedo bomber; → torsion balance; → triple-braided
TBC → time-base corrector
TBD → torpedo-boat destroyer

TBO → time between overhauls
TBP → true boiling point
tc → true course
Tc → technetium
TC → tank car; → tank circuit; → temperature coefficient; → temperature compensation; → thermocouple; → tone control; → top cap; → total carbon; → transmission control character; ~ **bond** → thermocompression bond
TCA → trichloracetic acid; ~ **cycle** *vegy* Krebs-ciklus
tcc → triple-concentric cable
TCD → thermal conductivity detector
Tchebycheff | **inequality** *mat* Csebisev-egyenlőtlenség; ~**'s approximation/approach** *mat* Csebisev-közelítés, Csebisev-approximáció; ~**'s filter** *mat* Csebisev-szűrő; ~**'s function** *mat* Csebisev-függvény; ~**'s method** *mat* Csebisev-féle egyenletmegoldó módszer; ~**'s polynomials** *mat* Csebisev-polinomok; ~**'s quadrature** *mat* Csebisev-féle kvadratúra
TCI → terrain-clearance indicator
TCM → terminal-to-computer multiplexor
TCNE → tetracyanoethene
TCP → terminal control program; → tricresyl phosphate
TCR → temperature coefficient of resistance
TD → tank destroyer; → technical drawing; → temperature difference; → time delay; → touchdown; → tunnel diode
TDA → tunnel diode amplifier
TDC → top dead centre
TDF → trunk distribution frame
TDM → time-division multiplexing; ~ **bus switching** *szt* TDM sínkapcsolás
TDMA → time-division multiple access
TDMS → telegraph distortion measuring set
TDR → time-delay relay
Te → tellurium
TE → trailing edge; → triple expansion; → twin-engined; ~**-mode/wave** → transverse electric mode/wave
tea *élip* tea; kivonat *(húsé, növényé)*; ~**-firing** *élip* teaaszalás; ~ **paper** *élip* teacsomagoló papír; ~ **roller** *élip* teasodró (gép); ~ **rolling** *élip* teasodrás
TEA → triethanolamine
teaching | **block** *ép* oktatási tömb/épület; ~ **machine** *szt* oktatógép
teachware *szt* teachware, oktatóprogram, általános oktatási anyagok
teak *fa* teakfa, tíkfa, indiaitölgy
teallite *ásv* teallit
team csapat, team; brigád, csoport *(közös munkában)*; munkalánc *(munkáscsapat)*; ~ **shovel** *mzg* lóvontatású saraboló; ~ **working** *ip* együttes/szimultán üzem
teamed fabric *tex* sportszövet
teaming *ép* lovaskocsis földszállítás
teamwork brigádmunka, csoportmunka, csapatmunka
teapot-spout ladle *önt* teáskanna alakú öntőüst
tear I. *v* hasít, tép, repeszt, (szét)szakít; szakad, elkopik; **II.** *n* hasadás, repedés, szakítás, szakadás; elhasználódás, kopás; *hajó* elnyűvés *(kötélé)*; *önt* hasadás; *pa* tépőszilárdság; *tex* finom minőség *(kenderé és lené)*; ~**-and-wear** *any* kopás, avulás; ~**-and-wear allowance** *any* kopástűrés; *szer* kopási ráhagyás; ~ **down** *v bány* omlaszt *(kőzetet főtéről)*; *ép* lebont, elbont; ~**-down** elhasználódás, (el)kopás; szétszerelés; ~**-down stand** szétszerelőpad, szétszerelőállás; ~ **factor** *pa* tépési mutató; ~ **fault** *talt* leveles eltolás *(vetődés)*; ~ **gas** *kat* könnyfakasztó gáz, könnygáz; ~**-gas grenade** *kat* könnygázgránát; ~ **into fibres** *v tex* foszlat, szálakra szed szét; ~ **off** *v* kiszakít; elhasználódik; *rendsz* leszakít *(mágnesről)*; ~**-off reel** *pa* letépő tekercspapír; ~**-proof** *tex* elszakíthatatlan; ~ **propagation** *gumi* beszakadás terjedése; ~ **resistance** *any* kopásellenállás, elhasználódási ellenállás; *gumi* beszakadási szilárdság, szerkezeti ellenállás/szilárdság, bevágásra merőleges szakítószilárdság; *műa, tex* szakítószilárdság; ~ **strength** *tex* szakítószilárdság; ~**-test** *pa* tépőpróba
tearing hasítás, tépés, repesztés, szakítás, szakadás, elkopás; elhasználódás; *gumi* beszakítás; *tv* képszétválás; ~ **away of bank** *geol* leszakadás, leomlás; partcsuszamlás; ~ **down (work)** *ép* bontás(i munka); ~**-length** *pa* szakadási hossz; ~**-machine** *pa* tépőgép; ~ **resistance** *tex* betépési szilárdság; ~ **strength** *bőr* továbbszakítási/kiszakítási szilárdság; *gumi* beszakítóerő; *pa* tépőszilárdság, szakítóerő; ~ **test** *any* szakítóvizsgálat; *gumi* beszakítópróba; ~ **tester** *pa* tépőszilárdság-vizsgáló *(Elmendorf-féle)*; ~ **waste** *ép* bontási hulladék
teary ground *bány* törékeny kőzet
teaseed oil *élip* teamagolaj
teasel I. *v tex* bolyhoz, kártol; **II.** *n* takácsmácsonya; *tex* kárt; ~ **rod** *tex* bolyhozórúd
teaselling, *US* **teaseling** *tex* bolyhozás, kártolás; ~ **roller** *tex* bolyhozóhenger
teaser *film* előzetes; *tex* tépőfarkas; *üveg* kemencefűtő; ~ **winding** *el* segédfázis-tekercselés; szabályozó tekercselés
teat *önt* dudor *(öntvényen)*; ~ **cup** *mzg* fejőcsésze, fejőszerkezet *(fejőgépen)*; ~ **drill** *szersz* vezetőcsapos fúró
teazelling → teaselling
teazle → teasel
technetium (Tc) *vegy* technécium
technical technikai, műszaki; ~ **casing string** *ol* technikai béléscsőoszlop; ~ **coefficient** *rendsz* technológiai együttható/koefficiens; ~ **consultant** műszaki tanácsadó; ~ **data** műszaki adatok, specifikáció; ~ **description** műszaki leírás, műleírás; ~ **development** műszaki fejlesztés; ~ **drawing (TD)** műszaki rajz; ~ **error** technikai hiba; ~ **expression** szakkifejezés; ~ **flight planning** *rep* műszaki repüléstervező szolgálat; ~ **gas-loss** *ol* technológiai gázveszteség; ~ **information (TI)** műszaki információ; ~ **inspection** műszaki ellenőrzés; ~ **jack plane** *fa* kis eresztőgyalu; ~ **leather** műszaki bőr; ~ **maintenance** műszaki karbantartás; ~ **mechanics** *mech* műszaki mechanika; ~ **modifications** műszaki változtatások *(pl. járművön)*; ~ **operating time** műszaki üzemidő; ~ **operator** hangtechnikus; ~ **papers** *pl* műszaki papíráru; ~ **properties** technikai tulajdonságok; ~ **pure** *vegy* technikai tisztaságú; ~ **pure iron** *koh* armco-vas; ~ **solution (of a problem)** műszaki megoldás; ~ **spec(ification)s** műszaki előírások/irányelvek; ~ **stop** *rep* műszaki okból végzett leszállás; ~ **taking-over** műszaki átadás; ~ **term (TT)** szakkifejezés; ~ **tissue** műszaki selyempapír

technically pure *any* ipari tisztaságú, technice purum
technician műszerész; technikus; műszaki szakember
Technicolor process *film* Technicolor eljárás
technics technika; technológia; műszaki tudományok/kifejezések; ~ **of security** biztonságtechnika
technique technika *(eljárás)*; (szakszerű) módszer; *kat* (harc)eljárás; ~ **of measurement** mérési módszer; ~ **of nuclear resonance absorption** *at* magrezonancia-abszorpció módszere, NMR-módszer
technological üzemi, technológiai; ~ **environment** technológiai környezet; ~ **failure** technológiai meghibásodás; ~ **graph** *bány* technológiai gráf; ~ **layout** folyamatábra, technológiai séma; ~ **physics** műszaki fizika; ~ **properties** technológiai jellemzők/tulajdonságok; ~ **section of shaft sinking** *bány* aknamélyítés technológiai szakasza; ~ **test** technológiai kísérlet/próba
technologist technológus
technology műszaki tudományok, technika; technológia(i eljárás); gyártási módszertan; *kat* (harci) technika; ~ **for nuclear weapons** *kat* atomfegyver-technológia
tecnetron *el* teknetron
tectogenesis *geol* tektogenezis
tectonic *geol* tektonikus; ~ **crumble breccia** *geol* tektonikus breccsa; ~ **cycle** *geol* tektonikai ciklus; ~ **earthquake** *geol* diszlokációs/tektonikus (föld)rengés; ~ **movements** *geol* szerkezeti mozgások; diasztrofizmus; ~ **revolution** *geol* tektonikus körfolyamat; ~ **termination** *geol* tektonikus rétegszakadás; ~ **trench** *geol* tektonikus árok
tectonics *geol* szerkezetttan, tektonika
tectonism *geol* kéregmozgások; tektonizmus
tectonophysics *geol* földkéregfizika, tektonofizika
tectosilicates *ásv* tektoszilikátok
tectosphere *geol* asztenoszféra, gyenge öv
ted szénát forgat
TED → transferred-electron devices
tedder *mzg* szénaforgató gép
tee → T; ~**s** *pl ép* T szelvényű idomacél
teel oil *élip* szezámolaj
teem *bány* kimer *(vizet a zsompból)*; *koh* önt *(acélt)*
teemer *koh* öntőmunkás
teeming I. *a* túláradó, telt; **II.** *n ép* kiásott föld eltávolítása; *koh* kokillák megtöltése fémmel; leöntés; ~ **bay** *önt* kiöntőcsarnok; ~ **ladle** *önt* (le)öntőüst; ~ **ladle car** *önt* öntőüstszállító kocsi; ~ **lap** *önt* hidegforradás; leöntési gyűrődés; ~ **platform** *önt* öntőpódium; ~ **truck** *önt* csapolótargonca; leöntőkocsi
Teepol *vegy* Teepol *(mosószer)*
teeth *pl* fogazat, fogazás; → tooth; ~ **with broad gullet** *fa* háromszög alakú fűrészfogazás
Teflon *műa* teflon
tegula *ép* tegula, tetőcserép
tegument burok, hártya
Teklan *műa* Teklan *(műszál)*
tektite *ásv* tektit
tekto → tecto
TEL → tetraethyl lead; → transporter-erector-launcher
telamon *ép* atlasz
telautograph *távk* képtávíró
telautography *távk* képtávírás, képtovábbítás
teleadjusting *el* távbeállítás
teleammeter *el* távjelző ampermérő
teleautomatics *aut* távautomatika
telebanking *szt* bankügyletek távoli bonyolítása
telebooking *szt* elektronikus helyfoglalás
telecamera *film* nagytávolsági fényképezőgép, telekamera; televíziókamera, tévékamera
telecast I. *v* televízión/tévén közvetít; **II.** *n tv* televíziós adás
telecasting *tv* televíziós műsorszórás
telecentric path of rays *opt* telecentrikus sugármenet
telecine | equipment *tv* filmbontó; ~ **projector** *tv* televíziós filmvetítő
telecinema *tv* televíziós mozi/filmközvetítés; ~ **room** televíziós filmvetítő szoba
telecinematography *tv* televíziós filmezés
teleclinometer *geof* mélyfúrási hajlásmérő, teleklinométer
telecommand *aut* távvezérlés
telecommunication távközlés; ~ **access method** *szt* hozzáférési módszer adat-távfeldolgozáshoz; ~ **apparatus** távközlő berendezés; ~ **cable** *el* híradástechnikai kábel; ~ **channel** távközlési csatorna; ~ **control unit** hírközlésvezérlő egység; ~ **engineering** híradástechnika; ~ **equipment** távközlő berendezés; ~ **facility** távközlési eszköz; ~ **measuring technique** távbeszélő-méréstechnika, távközlési méréstechnika; ~ **network** → ~**s network**; ~ **radio receiver** kommunikációs vevő; ~ **radio transmitter** kommunikációs adó; ~**s** távközlés, híradástechnika; ~**s network** távközlő/távközlési hálózat; ~**s satellite** *távk* távközlési műhold; ~ **system** távközlő rendszer
telecommuter *szt* számítógéppel otthon dolgozó
telecommuting *szt* számítógéppel otthon dolgozók távkapcsolata munkahelyükkel
telecompass *geod* táviránytű, távtájoló
teleconference, teleconferencing *szt* telekonferencia, távkonferencia
telecontrol *aut* távellenőrzés; távvezérlés, távirányítás; ~ **engineering** *aut* távirányítás-technika; ~ **sub-station** *aut* távirányított alállomás; ~ **system** *aut* távirányító/távvezérlő rendszer
telecontrolled *aut* távvezérelt
teleconverter *film, tv* fókusztávnyújtó előtét
telecopier *szt* távmásoló
telecrane *em* teleszkópgémes daru
tele-extender → teleconverter
telefax *szt, távk* telefax, fax, távmásoló
telefilm *tv* tévéfilm
Telefunken type homing equipment *kat* célrepülő-készülék
telegauge, *US* **telegage** *aut* távmérő (műszer), távmérő berendezés, teleméter, távkapcsolású mérő- és ellenőrző műszer
telegenic *tv* telegén, televízióra alkalmas
telegon *távk* érintkezésmentes szelszin
telegram távirat
telegraph I. *v* táviratozik; **II.** *n* távírókészülék; távíró; *hajó* parancsközvetítő; ~ **alphabet** *távk* távíróábécé; ~ **apparatus** *távk* távírókészülék; ~ **battery** *távk* távírótelep; ~ **cable** *távk* távíróvezeték; ~ **channel** *távk* távírócsatorna; ~ **circuit** *távk* távíróáramkör; ~ **code** *távk* távírókód; telekód; ~ **cross-fire** *távk* távíróropogás; ~ **current** *távk* távíróáram; ~ **demodulator** *távk* távíró-demodulátor; ~ **distortion**

távk távírótorzítás; ~-**distortion measuring set (TDMS)** *távk* jeleket adó torzításellenőrző berendezés; ~ **distributor** *távk* távíróelosztó; ~ **equation** *távk* távíróegyenlet; ~-**exchange** távíróközpont; ~ **key** *távk* távíróbillentyű, távírókulcs; ~ **language** *távk* telekód; ~ **leg** *távk* távíróvonal *(egy huzal)*; ~ **magnifier** *távk* távíró-erősítő; ~ **modulation** *távk* távíró-moduláció; ~ **modulator** *távk* távíró-modulátor; ~ **network** *távk* távíróhálózat; ~ **noise** *távk* távírózörej; ~ **office** *távk* távíróhivatal, távírda; ~ **panel** parancsadó; ~ **pliers** *pl szer* távírdászfogó; ~ **pole** *távk* távíró-vezetékoszlop; távíróoszlop; ~-**position** távíróállomás; ~ **reel** távíró-tekercselő, távírómotolla; ~ **relay** távírójelfogó; ~ **repeater** távíróismétlő, távíró-erősítő; távírójel-továbbító; ~-**restitution** távíró-demoduláció; távírójelek visszaalakítása; ~-**service** távírószolgálat; ~ **signal** távírójel; ~ **speed** modulációs/táviratozási sebesség; ~ **switchboard** távíróváltó; ~ **tape** távírószalag; ~ **transmitter** távíró-leadókészülék; távíróadó; ~ **wire** távíróhuzal, sürgönydrót; ~ **word** egyezményes távírószó

telegrapher's equation *el* távíróegyenlet

telegraphic apparatus → telegraph apparatus

telegraphist távírász

telegraphy *távk* távírás; táviratozás; telegráfia; ~ **equation** *távk* távíróegyenlet; ~ **facility** *távk* távírási eszköz

teleguided missile *kat* huzalvezérlésű rakéta

teleindication *aut* távjelzés

teleindicator *aut* teleindikátor, távjelző készülék

teleinformatics *szt* távinformatika

teleinquiry *szt* távlekérdezés

telekeyboard *szt* távbillentyűzet

telemail *szt* távposta

telematics *szt* telematika

telemechanic contactors *aut* távvezérlésű kontaktorok

telemechanics *aut* távműködtetés; telemechanika, távmechanika

telemessage *távb* (postán továbbított) telex(üzenet), távirat

telemeter *aut, távk* távmérő (műszer), távmérő berendezés, teleméter, távkapcsolású mérő- és ellenőrző műszer; ~ **channel** *távk* telemetrikus csatorna

telemetered data *rep* telemetrikus adatok

telemetering *aut, távk* távmérés, távolsági mérés; ~ **data transmission** távmérési adatok átvitele; ~ **device/equipment** → telemeter; ~ **hydrophone** *geof* távmérő hidrofon; ~ **instrument** → telemeter; ~ **link** *távk* telemetrikus adatokat átvivő lánc; ~ **pickup** *távk* telemetrikus mérőfej/adófej; ~ **pulse-code system** *távk* kódolt impulzusos távmérő rendszer; ~ **rocket** *kat* telemetrikus rakéta; ~ **system** *aut, távk* távmérőrendszer; ~ **transmitter** *távk* telemetrikus adókészülék

telemetric telemetriai, telemetrikus, információ-távátvivő

telemetry *geod* távolságmérés; *távk* távmérés; telemetria, mérés-távátvitel; ~ **ground unit** *távk* földi telemetrikus egység

telemonitoring *aut* távfelügyelet

telemotor steering gear *rak* távvezérlésű kormánymű

TELENET *szt* TELENET, telenet *(nyilvános csomagkapcsolt hálózat)*

teleobjective *foto* teleobjektív

teleological behavio(u)r *rendsz* teleologikus viselkedés

teleordering *szt* távrendelés

telepack *szt* telepack

telephone I. *v* telefonál; **II.** *n* telefon; távbeszélő; ~ **administration** távbeszélő-igazgatás; ~ **answering machine** telefonüzenet-rögzítő, üzenetrögzítő; ~ **apparatus** telefonkészülék; ~ **booth/box** telefonfülke; ~ **cable** távbeszélőkábel; ~ **call** távbeszélőhívás, (telefon)hívás; telefonbeszélgetés; ~ **capacitor** zajszűrő kondenzátor; ~ **car** távbeszélő-javító kocsi; ~ **cell** távbeszélőkészülék-telep, távbeszélőkészülék-elem; ~ **channel** beszédátviteli távbeszélő csatorna; ~ **charges** telefondíjszabás; ~ **circuit** telefonáramkör; távbeszélő-áramkör; ~ **communication/connection** telefon-összeköttetés; ~ **directory** telefonkönyv; távbeszélőnévsor; ~ **dispatch** távbeszélőn továbbított távirat; ~ **drop** bekötővezeték *(oszlopról állomásra)*; ~ **engineering** távbeszélő-technika; ~ **equipment** telefonberendezés; ~ **exchange** telefonközpont; ~ **extension** alállomás; ~ **fees** *pl* telefondíjszabás; ~ **gas-mask** gázálarcba szerelt telefonkészülék; ~ **hook** távbeszélőhorog, távbeszélőkészülék-kapcsolóhorog; ~ **influence factor (TIF)** távközlés-zavarási tényező; ~ **installation** telefonberendezés; ~ **instrument** telefonkészülék; ~ **interference factor** távközlés-zavarási tényező; ~ **jack** *el* kapcsolóhüvely; ~ **kiosk** telefonfülke; ~ **line** telefonvonal, távbeszélővonal; ~ **message** távbeszélő-közlemény, távbeszélő-távirat; ~ **message recorder** telefonüzenet-rögzítő; ~ **network** telefonhálózat; ~ **number** távbeszélőszám, telefonszám; ~ **of mask** *bány* álarcos telefon; ~ **operator** távbeszélő-kezelő(nő); ~ **pliers** *szer* telefonfogó; ~ **plug** telefondugó; ~ **pole** telefonvezeték-oszlop; ~ **post** *fa* telefonoszlop; ~ **rate(s)** telefondíjszabás; ~ **receiver** telefonhallgató; ~ **recorder** hívásfelvevő; ~ **relay** telefonjelfogó; ~ **repeater (TR)** telefonerősítő; távbeszélő-erősítő; ~ **repeater station** erősítőállomás; ~ **ringer** *távk* csengetőegység; ~ **service** telefonszolgáltatás; ~ **service secrecy** telefonbeszélgetés titkossága; ~ **set (TS)** telefonkészülék; számtárcsás készülék; távbeszélő-készülék; ~ **station** telefonállomás; távbeszélő-állomás; ~ **subscriber** távbeszélő-előfizető; ~ **system** távbeszélőrendszer; telefonközpont-rendszer; személyhívó (berendezés); ~ **tariff** telefondíjszabás; ~ **technique** telefónia; telefontechnika; ~-**telegram** telefontávirat-szolgálat; ~ **transmitter** telefonkagyló, beszélő; ~ **trunk** *kat* központi őrvonal; ~-**voltage form factor** távbeszélő feszültségi tényező

telephonic reception telefonikus vétel

telephoning telefónia, távbeszélés

telephonist telefonkezelő

telephonograph telefonüzenet-rögzítő

telephonometric test telefonometrikus mérés

telephonometry távbeszélő-méréstechnika, távközlési méréstechnika

telephony telefónia, telefontechnika

telephoto *távk* távfénykép; távírón továbbított kép; telefotó; ~ **lens** *foto* teleobjektív

telephotogram *távk* telefotó *(rádión v. tévén továbbított kép)*

telephotography *távk* foto-táviratozás; képtávírás, képtovábbítás; telefotográfia

telephotometer *opt* távfénymérő

telephotometry *opt* mérés távfénymérő segítségével
telepicture process *távk* képtávíró eljárás
teleplayer *US vid* videokészülék
teleprint telexezik; ~ **paper** *pa* telexpapír
teleprinter (TP) telex(gép); ~ **service** telexszolgáltatás
teleprocessing *szt* táv-adatfeldolgozás; távfeldolgozás; ~ **network/system** *szt* táv-adatfeldolgozó hálózat; ~ **of data** *szt* táv-adatfeldolgozás; ~ **terminal** *szt* távvezérelt perifériaberendezés, terminál, végállomás
teleprompter tv-súgógép
telepyrometer távhőmérő
teleradiography *sug* teleradiográfia
Teleran → television radar air navigation
telerecord *tv* felvesz *(tévéműsort)*
telerecording tévéfelvétel; ~ **ga(u)ge** távjelző mérce
teleregulation *aut* távszabályozás
telereporting *hidr* távjelzés
telescience *űr* távirányításos kísérlet-végrehajtás
telescope I. *v* egymásba tol(ódik); teleszkóposan kiugrik; **II.** *n csill, opt* távcső *(egycsövű)*, teleszkóp; ~ **axle** *geod* fekvőtengely; ~ **box** *pa* borítódoboz; ~ **counter** *at* teleszkópos számláló; ~ **feed** *szersz* teleszkópszerű fúróelőtoló (szerkezet); ~ **gas-holder** *ol* gázharang, emelkedő-süllyedő gáztartály; ~ **level** *geod* távcsöves szintező, távcsőlibella; ~**-mount** *kat* távcsőtartó *(lövegen)*; ~ **power** *opt* távcső fényerőssége; ~**-sight** *kat* célzótávcső; ~**-socket** *kat* távcsőtartó szelence; ~ **tangent-screw** távcsőirányító csavar
telescoped joint *gép* egymásba tolható csatlakozás/összekötés
telescopic egymásba tolható, teleszkópos; kihúzható; *csill* teleszkóppal látható; *gép* teleszkóprendszerű; ~ **antenna** *távk* teleszkópantenna; ~ **boiler** *hőt* teleszkópos dobköpenyű kazán; ~ **crane** *em* teleszkópos/teleszkópgémes daru; ~ **damper** *gépk* hüvelyes lengéscsillapító; ~ **dipperstick** *ép* teleszkópos lengőkar; ~ **down/fall pipe** *ép* teleszkópos ejtőcső; ~ **fork** *em* teleszkópvilla; *gépk* teleszkópvilla *(motorkerékpáré)*; ~ **guide** *em* teleszkópos vezeték; ~ **jib troll(e)y crane** *em* teleszkópgémes futómacskás toronydaru; ~ **Kelly guide** *ép* Kelly-teleszkóposzlop; ~ **leg** *kat* változtatható hosszúságú állványláb; ~ **length of prop** *bány* összecsúszott támhossz; ~ **lift frame** *em* teleszkópos emelőoszlop; ~ **mast** *ol* kihúzható/teleszkopikus fúróárboc; *távk* teleszkópárboc; ~ **mast crane** *em* teleszkópgémes daru; ~ **pipe** kihúzható cső; ~ **prop** *bány* teleszkópos tám; ~ **rotary tower** *em* teleszkóp-forgóoszlop; ~ **scraper** *ép* teleszkópládás földnyeső; ~ **shaft** kihúzható tengely; ~ **shear** *mech* kör keresztmetszet mentén ható *v.* koncentrikus nyírás; ~ **shock-absorber** *gépk* hüvelyes/teleszkópos lengéscsillapító; ~ **sight** *kat, opt* irányzótávcső, optikai irányzék; ~ **slewing tower** *em* teleszkóp-forgóoszlop; ~ **sound absorbing facing** *gép* teleszkópos zajszigetelő köpeny; ~ **stack** *gép* zajcsökkentő verőköpeny; ~ **stacker/stacking crane** *em* teleszkóposzlopos emelővillás futódaru; ~ **star** *csill* szabad szemmel nem látható csillag; ~ **tower crane** *em* teleszkóposzlopos toronydaru; ~**-type soaking pit crane** *em* hevítőakna teleszkópdaruja; ~ **uptake** *ép* kihúzható szellőzőcső; ~ **wing** *rep* változtatható fesztávú szárny; ~ **work(ing) platform** *ép* teleszkóposzlopos munkaállvány

telescoping széthúzható; összetolható; teleszkóprendszerű; ~ **antenna** *távk* teleszkópantenna; ~ **arm** *em* teleszkópos kar; ~ **coil transformer** *el* behúzómagos/merülőmagos transzformátor; ~ **derrick** *ol* kihúzható/teleszkopikus fúrótorony; ~ **excavator** *ép* teleszkópgémes kotró; ~ **excavator jib/boom** *ép* teleszkópgém; ~ **length (of prop)** *bány* kihúzási hossz; ~ **mast** → telescopic mast; ~ **screw** *gép* teleszkópos csavar; ~ **sleeve** *kat* hengeroszlop; ~ **stabilizer** *em* teleszkópos kitámasztás *(darué)*; ~ **support** *bány* előtűző biztosítás, nyújtott süveges biztosítás; ~ **system** *gép* kitolási rendszer; ~ **trail** *kat* teleszkóprendszerű talpszár
telescribe *távb* távbeszélgetést rögzít
teleseism *geol* távoli földrengés
teleshopping távárurendelés, távvásárlás
telesignalling *aut* távjelzés
telesoftware *szt* teleszoftver *(képújságrendszerrel terjesztett)*
telespectroscope *opt* telespektroszkóp
telestereoscope *opt* telesztereoszkóp
telesupervision system *aut* távellenőrzési rendszer
teleswitch *aut* távkapcsoló
teleswitching *aut* távkapcsolás
teletachometer *aut* távleolvasású fordulatszámláló
Teletex, teletex *szt* teletex *(intelligens telex)*
teletext *szt, tv* teletext, képújság; ~ **ROM (TROM)** *szt* teletext karaktergenerátor-áramkör, TROM
teletherapy *orv* teleterápia; ~ **shield** *at* teleterápiai védelem
telethermal *bány* teletermális
telethermometer *aut* távhőmérő
teletransmission *aut* távátvitel, távolsági átvitel
teletransmitter *távk* távadó
Teletype, teletype (TTY) telexgép, táv(gép)író, TTY; ~ **code** *szt* telekód; ~ **digit** *távb* távírógépszámjegy; ~ **exchange/service (TELEX)** *távk* telexszolgáltatás; ~ **punched tape** *távb* távíró lyukszalag
teletypesetting *nyom* teletype-szedés
teletypewriter *US* → teleprinter
teletyping *távb* táv(gép)írás(technika)
teleview *ip* televízión át szemlél
televiewer tévénéző; televíziónéző
televised microscopy *opt* televíziómikroszkópia
television (TV) televízió; ~ **aerial/antenna** televíziós antenna; ~ **broadcast** → telecast; ~ **broadcast band** televízió(-adó)sáv, televízió-frekvenciasáv; televízió-frekvenciatartomány; ~ **broadcasting** televíziós műsoradás/műsorszórás; ~ **broadcast station** televízió-adó(-állomás), tévéadó; ~ **cabinet** televíziós szekrény/káva; ~ **cable** *tv* tévékábel; ~ **camera** televízió-kamera, tévékamera; ~ **camera chain** kameralánc; ~ **camera tube** *tv* televíziós képfelvevő cső; ~ **channel** televíziócsatorna; ~ **cinema** televíziómozi; televízió-filmközvetítés; ~ **connection** televízió-összeköttetés; ~**-controlled glide-bomb** *kat* televíziós irányítású siklóbomba; ~ **converter** → ~ standards converter; ~**-directed** *rep* televíziós irányítású; ~ **engineering** televíziótechnika; ~ **equipment** televíziós berendezés; ~ **fill-in station** televíziókitöltő állomás; ~**-frame speed** televíziós képsebesség; ~ **frequency converter unit** televízió-csatornamodulátor; ~ **link** televízió-közvetítővonal; ~ **microscope** *opt* televízió-mikroszkóp; ~ **microscopy** *opt* televíziómikroszkó-

pia; ~ **monitor** *rep* televíziós képellenőrző készülék; ~ **network** televízióhálózat, televízió-rendszer; ~ **pattern generator** televízió-jelgenerátor, televízióvizsgálóábragenerátor; ~**-picture speed** televíziós képsebesség; ~ **picture tube** televízió-képcső; ~ **program line** televízió-műsorközlő vonal; ~ **projector** televíziós képvetítő; ~ **radar air navigation (Teleran)** *rep* navigáció televízió-radar irányítással, teleran navigációs rendszer; ~ **rebroadcasting station** televízióátjátszó állomás; ~ **receiver** televízióvevőkészülék, televíziókészülék, tv-készülék; televíziós vevő; ~ **reception** televíziós vétel; ~ **recording** tv-képrögzítés; ~ **relaying** televíziós közvetítés; ~ **relay line** televízió-közvetítővonal; ~ **remote pick-up truck** külső közvetítőkocsi; ~ **reportage van** külső közvetítőkocsi; ~ **satellite** *tv* műsorszóró műhold; ~ **scanning** képbontás; televíziós képletapogatás; ~ **set** televízióvevő; televízió(készülék), tv-készülék; ~ **signal** televíziós jel, videojel; ~ **sound transmitter** hangadó; ~ **standard** televíziós szabvány; ~ **standards converter** képszabvány-átalakító *(tv-rendszerek között)*; televízió-szabványátalakító; ~ **station** televíziós állomás; ~ **studio** televíziióstúdió; ~ **system** televíziórendszer; ~**-telephone system** televíziós távbeszélőrendszer *(vezetékes)*; ~ **tower** televíziótorony; ~ **transmission** televíziós közvetítés; ~ **transmitter** televízióadó; televíziós adó; ~ **transposer** televízióátjátszó állomás; ~ **tube** (televízió-)képcső; ~ **tuner** televízióhangolási egység; ~ **vision transmitter** képadó; ~ **wave** televízióhullám

televisor televíziókészülék, tv-készülék

televoltmeter *el* feszültségtávmérő; távvoltmérő

telewattmeter *el* távwattmérő; telewattméter

teleworking → telecommuting

telewriter *távb* írást/képet továbbító távíró; ~ **system** *távb* betűnyomtató táviratozás

telex I. *v* telexezik; **II.** *n* **(TX)** előfizetői távgépíró, telex; ~ **code** telexkód; ~ **exchange** távgépíróközpont; telexközpont; ~**-service** előfizetői távgépírószolgálat; telexszolgálat; ~**-system** távgépíróközpont-hálózat, telexhálózat; ~ **teleprinter** telex(gép)

telfer → telpher

telharmonium *hang* telharmónium *(villamos hangszer)*

telinite *ásv* telinit

Tellegen effect *rád* Luxemburg-effektus

teller *pa* papírszámoló

telltale *szt* ellenőrző jelzőindex; *távk* hibabejelentő; ~ **clock** ellenőrző óra; ~ **disc/disk** *távb* jelzőablak; ~ **lamp** jelzőlámpa; ~ **lights** *gépk* ellenőrző lámpák, visszajelzők

tellurate *vegy* tellurát

tellurian *geol* földre vonatkozó

telluric *geol* földi; *vegy* tellúr(VI)-; ~ **acid** *vegy* tellúrsav; ~ **bismuth** *vegy* tellurobizmut, tetradimit; ~ **current** *geof* tellúráram, tellurikus/földi áram; ~ **equipment** *geof* tellurikus mérőberendezés; ~ **field** *geof* tellurikus erőtér, tellúráram-erőtér; ~ **gradient** *geof* földiáram-gradiens, tellurikus gradiens; ~ **iron** *ásv* tellúrvas; ~ **line** *csill* földi vonal; ~ **map** *geof* tellurikus térkép; ~ **method** *geof* földiáramok/tellúráramok módszere, tellurikus módszer; ~ **ochre/ocher** *ásv* tellurit; ~ **potential** *geof* tellurikus potenciál; ~ **sheet** *geof* földi/tellurikus áramtér/árammező

telluride *vegy* tellurid

tellurine *ásv* kovaföld, diatómaföld

tellurite *ásv* tellurit

tellurium (Te) *vegy* tellúr; ~ **dichloride** *vegy* tellúr(II)-klorid; ~ **dioxide** *vegy* tellúr(IV)-oxid, tellúr-dioxid; ~ **monoxide** *vegy* tellúr(II)-oxid, tellúr-monoxid; ~ **tetrachloride** *vegy* tellúr(IV)-klorid; ~ **trioxide** *vegy* tellúr(VI)-oxid, tellúr-trioxid

tellurobismuthite *ásv* tellúrbizmutit

tellurometer *geod* tellurométer

tellurous *vegy* tellúr(IV)-; ~ **acid** *vegy* tellúrossav

telly *tv* tévé

telogene *vegy* telogén reagens

telomer *műa* telomer

telomerization *műa* telomerizáció

telpher *gép* (villamos) futómacska; egytartós futómacska; *vasút* kötélpályakocsi, kötélpályacsille; villamos függővasút; ~ **line** (függő) kötélpálya, függőpálya; ~ **trolley** *gép* függőpálya-futómacska; ~ **tub** *bány* függő teknő

telpherage *ép, vasút* függőpályás teherszállítás

Telstar *távk* Telstar *(műhold)*

TEM mode/wave → transverse electromagnetic mode/wave

temblor *geol* földrengés

temiskamite *ásv* maucherit

témoin *ép* földbáb *(mélység ellenőrzésére)*

temper I. *v* (össze)kever; elegyít; mérsékel; egybehangol; kondicionál *(levegőt)*; *bőr* áztat; *élip* állandó hőmérsékleten tart, temperál; *hők* alakításra előkészít; hőkezel; megereszt; *ker* edz, temperál; **II.** *n* keverék, vegyülék, kellő elegy; összetétel *(tartalom)*; *bőr* felsőbőr feszes fogása, „stand", „standosság"; *cu* mésztej; *ép* habarcs; *forg* köszörűkorong-keménység; *heng* keménység foka; *hők* keménységi állapot; megeresztés; ~ **brittleness** *koh* megeresztési elridegedés/ridegség; ~ **carbon** → ~ graphite; ~ **colo(u)r** *koh* futtatási szín; ~ **embrittlement** *koh* megeresztési ridegség; ~ **etch** *koh* megeresztő maratás; ~ **furnace** *koh* megeresztőkemence; ~**-grade steel** *koh* nemesíthető acél; ~ **graphite** *koh* fészkes/magvas grafit; tempergrafit, temperszén; ~**-hardening** *hők* nemesítés, edzés és megeresztés; ~ **pass rolling** *koh* dresszírozás; ~ **rolling** *heng* hengerlés kis nyomással; ~ **scale** *koh* megeresztéskor keletkező reve; ~**-screw** *ol* utánaengedő csavar *(pennsylvaniai fúrás)*; ~ **time** *koh* megeresztési idő; ~ **tint** *koh* futtatási szín; ~ **tinting** *koh* futtatás, futtatási színeződés *(acélé)*

tempera *vegy* tempera

temperate *met* mérsékelt

temperature hőmérséklet, hőfok; ~**-affected zone** *any* hőhatásra megváltozott szövetszerkezeti övezet; ~ **alarm** túlhevítési vészjelzés; ~ **anomaly** *geof* hőmérsékleti rendellenesség/anomália; ~ **balance** hőmérséklet-kiegyenlítés; ~ **change** hőmérséklet-változás; ~ **coefficient (TC)** *fiz* hőmérsékleti együttható, temperatúrakoefficiens, hőfokváltozási tényező; ~ **coefficient of reactivity** *at* reaktivitás hőmérséklet-tényezője; ~ **coefficient of resistance (TCR)** *el* ellenállás hőmérsékleti együtthatója; ~ **colo(u)r** *koh* izzítási szín; ~**-compensated transistor amplifier** *el* termikus stabilitású hőmérséklet-állandó tranzisztoros erősítő; ~ **compensation (TC)** *fiz* hőkompenzáció; hőmérséklet-kompenzáció, hőmérséklet-kiegyenlít(ő-d)és; ~ **compensation range** *fiz* hőmérséklet-kompenzációs tartomány; ~ **conductivity** *fiz* hőmérséklet-vezetési tényező; ~ **contour** *geof* izometria; ~ **control** hőmérséklet-szabályozás, termoreguláció; ~**-controlled** szabályozott hőmérsékletű, termosztált; ~**-controlled hot forming** *koh* szabályozott hőmérsékletű melegalakítás; ~ **controller** hőmérsékletszabályozó; ~ **controller with thermostat** termosztatikus hőfokszabályozó; ~ **control-lever** *gépk* hőmérséklet-szabályozó kar; ~ **coordination rule** *fiz* hőmérséklet-koordinációs szabály; ~ **correction** *fiz* hőmérsékleti korrekció; ~ **cycle** *fiz* hőmérsékletciklus; ~ **damage** *el* (nagy) hőmérséklet okozta kár(ok); ~**-dependence** *fiz* hőmérsékletfüggés, hőfokfüggő jelleg; ~**-dependent** *fiz* hőfokfüggő, hőmérsékletfüggő; ~ **dependent control element** *aut* hőmérsékletfüggő szabályozó/vezérlő elem; ~ **detector** *aut* hőmérsékletérzékelő; ~ **detector with thermocouple** *aut* hőelemes hőmérséklet-érzékelő; ~ **difference (TD)** *fiz* hőmérséklet-különbség; ~ **differential** *fiz* hőmérséklet-különbség, hőfokesés; ~ **distribution** *geof* hőmérsékleteloszlás; ~ **drop** *en* hőmérsékletesés; hőrés; ~ **energy** *at, fiz* hőmérsékleti energia; ~**-entropy diagram** *fiz* T-S diagram; ~ **equalization** *koh* hőkiegyenlítés; hőmérséklet-kiegyenlítés; ~ **equilibrium** *fiz* hőmérsékleti egyensúly; ~ **equivalent** *el* hőmérsékleti feszültség; ~ **error** *aut* hőmérsékleti hiba; ~ **factor** *at* Deby-hőmérséklet-tényező; *fiz* hőmérsékleti faktor/tényező; ~**-fade** *gépk* fékhatáscsökkenés *(melegedéstől)*; ~ **fluctuation of the pellet** *félv* lapkahőfokingadozás; ~ **fuse** *el* túlmelegedés elleni biztosító; ~ **gradient** *fiz* hőmérsékleti gradiens, hőmérséklet-gradiens, hőfokgradiens; ~**-gradient method** *tex* hőfoklépcsős eljárás; ~**-humidity index (THI)** *met* komfortindex; ~**-increase** *fiz* hőmérséklet-emelkedés; ~**-independent ferrit (TIN ferrit)** *szt* hőmérséklet-független ferrit, TIN-ferrit; ~**-indicating crayon** *fiz* hőmérsékletjelző ceruza, fényceruza; ~ **indicating paint** → ~-sensitive paint; ~ **influence** *fiz* hőmérsékleti hatás; ~ **inversion** *met* hőmérsékleti inverzió; ~ **jump** *koh* hőmérsékletugrás; ~ **lamination** *met* hőmérsékleti rétegeződés; ~ **lapse rate** *met* vertikális hőmérsékleti gradiens; ~ **leap** *koh* hőmérsékletugrás; ~**-limited** *fiz* hőmérséklet által határolt/korlátozott; ~**-limited diode** *rád* zajdióda; ~ **log** *geof* hőmérsékletszelvény; ~ **logging** *geof* hőmérséklet-karottázs, hőmérséklet-szelvényezés; ~ **measurement** hőmérsékletmérés; ~ **meter (TM)** hőmérsékletmérő készülék; ~ **monitoring** hőmérséklet-regisztrálás; ~ **of cooling agent/medium** *félv* hűtőközeg-hőmérséklet *(léghűtésnél)*; ~ **of decomposition** *vegy* lebomlási hőmérséklet; ~ **of embrittlement** *műa* ridegedési hőmérséklet; ~ **of rolling** *heng* hengerlési hőmérséklet; ~ **of saturation** *vegy* telítettségi hőmérséklet; ~ **of the pellet** *félv* lapkahőfok; ~ **of the surrounding air** környező levegő hőmérséklete, külső/ környező hőmérséklet, környezeti hőfok; ~ **on the Kelvin scale** *fiz* abszolút hőmérséklet, Kelvin-hőmérséklet; ~ **outside** külső hőmérséklet; ~ **overshoot** *fiz* hőmérsékleti túllövés; ~**-pressure curve** *fiz* hőmérséklet—nyomás görbe; ~ **radiation** *fiz* hőmérséklet-sugárzás, hőaktinikus sugárzás; hősugárzás; ~ **range** *fiz* hőmérsékleti tartomány; hőmérséklet-tartomány; ~ **ratio** *rep* hőmérsékletviszony; ~ **recorder (TR)** *aut* hőmérséklet-regisztráló, hőmérsékletíró; termográf, regisztráló hőmérő; ~ **refraction** *fiz* inverziós sugártörés; ~ **region** hőmérséklet-tartomány; ~ **relay** *el* hőfokrelé, túlmelegedési relé; hőjelfogó; ~ **rise** *fiz* hőmérsékletemelkedés, hőemelkedés; *rendsz* melegedés *(környezetéhez képest)*; ~ **rise voltage** *el* hőmérséklet-emelkedési feszültség; névleges feszültség, maximális (megengedett) üzemi feszültség; ~ **scanner** *at* hőmérsékletmérő szondasorozat; ~**-sensitive paint** *vegy* hőre érzékeny festék, hőmérsékletjelző festék; ~ **sensor** *aut* hőmérséklet-érzékelő, hőmérséklet-jeladó; ~ **stability** *fiz* hőmérséklet-stabilizálás; ~ **stabilization of transistor switch** *félv* tranzisztoros kapcsoló hőmérséklet-stabilizálása; ~ **stress** *fiz* hő okozta (belső) feszültség; ~ **surface** *geof* izotermafelület; ~ **survey** *geod* hőmérséklet-szelvényezés; ~ **thickness of boundary layer** *fiz* határréteg hőmérséklet-vastagsága; ~ **transmitter** *aut* hőmérséklet-távadó; ~ **variation** *koh* hőmérséklet-változás; ~ **velocity** *fiz* hőmérséklet-sebesség; ~ **voltage** *el* hőmérsékleti/termikus feszültség, hőmérsékleti sebességnek megfelelő feszültség

tempered mérsékelt, temperált; *koh* megeresztett; ~ **hardboard** *fa* extrakemény lemez; ~ **martensite** *koh* lágyított martenzit; ~**-martensite embrittlement** *koh* a megeresztett martenzit törékenysége; ~ **steel** *koh* nemesített acél; ~ **tone scale** *hang* temperált hangsor; ~ **wheat** *mzg* lágyított/kondicionált búza

temperer hőkezelő (munkás)

tempering (össze)keverés; elegyítés, előkészítés alakításra, mérséklés; kondicionálás; *hang* egybehangolás; *hők* hőkezelés; lágyítás, megeresztés; lágyulás; *ker* edzés, temperálás; ~ **bin** *élip* búzapihentető kamra; ~ **charge** *koh* megeresztőkemence-elegy; ~ **colo(u)r** → temper colo(u)r; ~ **furnace** *koh* megeresztőkemence; ~ **hardness** *koh* keménység megeresztés után; másodlagos keménység; ~ **of martensite** *koh* a martenzit megeresztése; ~ **oil** *hők* edzőolaj, megeresztőolaj *(acélgyártásnál)*, quenchelőolaj; ~**-quality metal** *koh* nemesíthető fém; ~ **sand** *önt* benedvesített formázókeverék; ~ **steel** *koh* nemesíthető acél; ~ **tank** *hők* edzővályú, edzőkád, edzőfürdő; hőbeállító fürdő; ~ **temperature** *hők* megeresztési hőmérséklet; ~ **time** *hők* megeresztés időtartama

temperometer temperométer

tempilaq *vegy* hőmérsékletjelző festék

tempilstik hőmérsékletjelző ceruza, fényceruza

template → templet

temple templom; *tex* (gyűrűs) szélfeszítő; ~ **harness-strap** *kat* gázálarcfejszalag; ~ **marks** *tex* szélfeszítő okozta szövethibák

templet másolóvonalzó, görbevonalzó; idomszer; minta; (kivágó)sablon; *ép* áthidaló *(ajtó v. ablak felett)*; huzalrendező lemez *(feszített betonban)*; kőalátét; mesterdarab; mintaív; profilléc; teherelosztó alátét; *forg* másolóidom; *önt* mintadeszka, alak(o)zó; *pa* kitépő mintalap *(négyzetmétersúly meghatározásához)*; ~ **board** *ép, önt* alapozó lap/deszka; *fa* sablondeszka; *pa* viaszozott sablonlemez; ~ **bolt** illesztett/fényes csavar; ~ **casting** *önt* mintadarab szerint készült öntvény; mintadarab szerinti öntés; ~ **ground vibration** *ép* fenékvibrálás; ~ **impulse control** *el* minta szerinti impulzusirányítás/impulzusvezérlés; ~ **milling** *fog* másolómarás; ~ **mo(u)lding** *önt* sablonformázás, öntőforma-készítés sablonnal/

alakzólemezzel; ~ **pipe** kalibercső; ~ **ruler** sablonvonalzó
tempo tempó, ütem
tempolabile *vegy* időben labilis *(vegyület)*
temporal | pulse analysis *el* impulzus-időelemzés; ~ **series** *szt* idősor
temporarily | abandoned face *bány* szünetelő fejtés; ~ **navigable waterway** *hidr* időszakosan hajózható vízi út
temporary ideiglenes, átmeneti; idényszerű; ~ **adjustment** *geod* műszerbeállítás *(felállásonként)*; ~ **bracing of a trench** *ép* ideiglenes árokdúcolás; ~ **bridge** *ép* (ideiglenes) forgalomterelő híd; ~ **building licence/permit** *ép* ideiglenes építési engedély; ~ **check dam** *hidr* hordozható tiltó; ~ **construction** *ép* ideiglenes szerkezet; ~ **data set** *szt* közbenső adattár; ~ **diversion work** *hidr* ideiglenes elterelőmű; ~ **film** ideiglenes korrózió elleni védőréteg; ~ **hardness** *élip* változó keménység *(vízé)*; *vegy* karbonátkeménység, vízkeménység; ~ **lining** *bány* ideiglenes biztosítás; ~ **magnetism** *el* nem állandó mágnesség; ~ **memory** *szt* időleges/átmeneti tároló; ~ **overload capacity** *el* átmeneti túlterhelhetőség; ~ **population** *ép* ideiglenes népesség *(városépítés)*; ~ **prop** *bány* ideiglenes tám; ~ **register** *szt* munkaregiszter, átmeneti regiszter; ~ **result memory** *szt* közbensőeredmény-memória; ~ **roadway** *ép* ideiglenes út *(városépítésben)*; ~ **satellite** korlátozott működési idejű mesterséges hold; ~ **service** ideiglenes üzem; ~ **set** *mech* rugalmas alakváltozás; ~ **spring** *hidr* időszakos forrás; ~ **storage** → ~ memory; ~ **stream** *hidr* időszakos vízfolyás; ~ **structure** *ép* ideiglenes szerkezet/építmény, szükségépület; ~ **support** *ép* ideiglenes alátámasztás/megtámasztás; ~ **threshold shift (TTS)** *hang* időszakos halláskuszöb-eltolódás; ~ **watercourse** *hidr* ideiglenes/időszakos vízfolyás; ~ **way** *ép* ideiglenes munkavágány; ~ **well** *hidr* időszakos forrás
ten *mat* tízes; ~**-cap exploder** *kat* tíz gyújtófejes gyújtógép; ~ **digit** *mat* tízes számjegy; tízesek helye; ~**-digit number** tíz számjegyből álló szám; ~**-digit numerical indicator tube** dekadikus számlálócső; ~**-key keyboard calculator** *szt* tízbillentyűs számítógép; ~**-pin miniature tube** *rád* dekálcső; ~**s complement** *szt* tízes komplemens; ~**'s place** *mat* tízesek helye; ~**-wheel** *gép* tízkerekű
tenacious szívós, kitartó, tapadós, ragadós, makacs
tenaciousness szívósság
tenacity szívósság; *any, mech* húzószilárdság, szakítószilárdság; *tex* szakítószilárdság; ~ **in grams per denier** *tex* szakítószilárdság g/den; ~ **test** *any* szívóssági vizsgálat
tend *mat* konvergál, tart; ~ **a machine** gépen dolgozik; gépet kiszolgál; ~ **to a limit** *fiz* határértékhez közelít/tart; ~ **to infinity** *mat* végtelenhez tart
tendency hajlam, irány; ~ **to crack/split** *any* repedékenység; repedésérzékenység, repedéshajlam
tender I. *v* (fel)kínál, (be)nyújt; *élip* porhanyóvá tesz; **II.** *a élip* porhanyós, puha *(hús)*; **III.** *n* ajánlat, versenytárgyalás, tender; *gép* gépkezelő (munkás); *hajó* segédhajó; *tex* kártolómunkás; *vasút* szerkocsi; ~ **bogie** → ~ truck; ~ **cellar** *vasút* szerkocsiszéntér; ~ **conditions** kiírási/pályázati feltételek; ~ **coupling** *vasút* szerkocsikapcsoló szerkezet; ~ **design** kiírási terv; ~ **engine** *vasút* szerkocsis mozdony; ~ **out** *v* (pályázatot) kiír, ajánlatot beszerez; ~ **roof** *bány* gyenge *v.* nem állékony főte; ~ **shaft** *bány* légakna, segédakna; ~ **ship** *hajó* segédhajó; ~ **shrub** *mzg* gyenge cserje *(fagyérzékeny)*; ~ **truck** *vasút* szerkocsi forgózsámolya
tendered *tex* meggyengült, szakadékony *(kelme)*
tenderer pályázó, ajánlattevő
tendering *tex* károsítás
tending | side kiszolgálóoldal *(gépé)*; kezelőoldal; ~ **to zero** *mat* nullához tartó, zérushoz konvergáló; nullához/zérushoz tartás
tendon *élip* ín; *ép* feszítőbetét; ~ **duct** *ép* kábelcsatorna, feszítőbetét-csatorna; ~ **grouting** *ép* feszítőbetét-injektálás; ~ **profile** *ép* feszítőbetét vonalvezetése/görbülete
tendril *élip* kacs, inda
tenebrescence *fiz* foszforeszcencia kioltása
tenement|-building *ép* többlakásos ház, bérház; ~ **load** *en* lakásterhelés
tengerite *ásv* tengerit
tennantine *ásv* tennantit
tenon I. *v ép* csapoz *(gerendát)*; **II.** *n ép* beeresztés *(fakötés)*; csap *(eresztek, köldökcsap, nyelv)*; fakötés, failleszték; ~**-and-slot mortise** *ép* réscsapolás *(fa)*; ~ **jointing** *ép* csapos kapcsolat *(fa)*; ~**-saw** *fa* csapfűrész
tenoner, tenoning-machine *fa* kelelőgép, csapozógép
tenorite *ásv* tenorit
tense feszes, feszített
tensibility *fiz* nyújthatóság
tensible length *pa* szakítóhossz
tenside *vegy* felületaktív anyag; tenzid
tensile tágítható, nyújtható; *any, mech* húzó-; ~ **behavio(u)r** *gumi* anyag viselkedése húzó igénybevételnél; ~ **crack** *any* húzási repedés; ~ **deformation** *mech* megnyúlás; ~ **elongation** *any* nyúlás szakító igénybevételkor; ~ **failure** *any* szakító igénybevétel okozta anyagtörés; ~ **force** *mech* húzóerő; ~ **impact test** *any* ütve szakító vizsgálat; ~ **load** *any* húzó igénybevétel; ~ **product** *gumi* szilárdsági szorzat *(szilárdság x nyúlás)*; ~ **reinforcement** *ép* húzott vasalás/vasbetét; ~ **rigidity** *any* húzómerevség; ~ **section** *mech* húzott keresztmetszet; ~ **shock test** *any* ütve szakító vizsgálat; ~ **shrinkage stress** *mech* zsugorodási húzófeszültség; ~ **splitting force** *mech* hasító-húzó erő; ~ **splitting reinforcement** *ép* hasító-húzó vasalás; ~ **steel** *ép* húzott vasalás; ~ **stiffness** → ~ rigidity; ~ **strain** *mech* alakváltozás húzó igénybevételnél, rugalmas nyúlás; megnyúlás; ~ **strength (TS)** *mech* húzószilárdság, szakítószilárdság; ~ **strength test** *any* szakítópróba, szakítóvizsgálat; ~**-strength tester** *pa* szakítógép; ~ **stress** *mech* szakítófeszültség, húzófeszültség; ~ **test** *any* szakítópróba, szakítóvizsgálat; ~**-test bar** *any* szakítópróbatest *(rúd)*; ~**-test diagram** *mech* szakítódiagram; ~**-testing instrument/machine** *pa, tex* szakítókészülék, szakítógép; ~**-test piece/specimen** *any* szakítópróbatest; ~ **yield point** *mech* húzó folyáshatár
tensimeter *fiz* tenziméter, telítés-nyomásmérő; *talt* nyúlásmérő; *tex* feszültségmérő
tension I. *v* feszít, nyújt, kihúz; **II.** *n* feszülés; feszesség; *cipő* szoros tűzés; *el* feszültség; *ép, heng* húzás; *mech* (húzó)feszültség; feszítés, húzóerő; igénybevétel; ~ **analyser/analyzer** *any* feszültséganalizátor; ~ **an-**

chor *ol* feszítőhorgony; ~ **bar** *ép* húzott rúd *(pl. rácsos tartóban)*; vonórúd; *kh* lengőhenger; ~ **bolt** feszítőcsavar; ~ **boom** *ép* húzott öv *(hídé)*; ~ **carriage** *gép* feszítősúlykocsi *(drótkötélpályán)*; ~ **chain** *ép* lánc *(lánchídé)*; ~ **cleaving** *any* húzási hasadás; ~ **compensator** *tex* feszültségkiegyenlítő szerkezet; ~ **connection** *ép* húzott kapcsolat; ~ **control** *tex* feszültségszabályozás; ~ **crack** *ép* húzási repedés; *koh* feszültségi repedés; ~**-diagonal** *ép* húzott ferde rúd *(rácsos tartóban)*; húzott rácsrúd *(hídé)*; ~ **end** *em* feszítőfej *(emelőé)*; ~**-equalizing** *mech* feszültségkiegyenlítés; ~ **failure** *any* húzási/szakítási tönkremenetel; *ép* húzási törés, húzott öv kimerülése által bekövetkezett törés; ~ **field** *mech* átlós húzómező; ~ **handle** *bány* dinamométer; ~ **insulator** *el* feszítőszigetelő; ~ **leg platform (TLP)** *ol* tengerfenékhez feszített fedélzet; ~**-load** *ol* húzóterhelés; ~**-member** *ép* húzásra igénybe vett elem (dúc); húzott rúd, húzott szerkezeti tag *(hídé)*; vonórúd; ~ **meter** *távk* rugómérő; ~ **of magnetic tape** *hang* mágnesszalag-feszültség *(magnetofonszalag húzása)*; ~ **of the warp** *tex* láncfeszültség; ~ **of warp** *tex* láncfonalfeszültség; ~**-pile** *talt* húzott *v.* húzásra igénybe vett cölöp; ~ **plate lock-up** *nyom* húzásra működő pillanatzár/gyorselzáró; ~ **pulley** *gép* feszítő szíjtárcsa; *koh* feszítőtárcsa; ~ **range** *tex* feszültség(-érték)határ; ~ **ratchet** *mech* dinamométer; ~**-reducing mill** *heng* feszítéses csőszűkítő sor; ~ **regulation** *pa* húzásszabályozás *(papírgépen)*; ~ **regulator** *vasút* vezetékfeszítő; ~ **reinforcement** *ép* húzott vasalás; ~ **rod** *ép* húzott rúd; vonórúd; ~**-roll** *műa* feszítőhenger, nyújtóhenger; ~ **roller** *gép* szíjfeszítő görgő; ~**-roller mechanism** *kh* kelmehúzó szerkezet; ~ **roof** *ép* függőtető; ~ **shackle** *gép* rugókengyel *(húzott)*; ~ **spring** *gép* előfeszített rugó; ~ **strain** *mech* megnyúlás; ~ **strength** *mech* húzószilárdság, szakítószilárdság; ~ **stress** *rep* húzófeszültség; ~ **test** *any* húzókísérlet, húzópróba; szakítóvizsgálat; ~ **tester** *any* húzógép, szakítógép; *tex* feszültségmérő; ~**-testing machine** → tester; ~ **together** *v ép* összefeszít; ~ **zone** *mech* húzott zóna/tartomány

tensioned rock bolt *bány* előfeszített kőzethorgony

tensioner *tex* fonalfék

tensioning I. *a* feszítő; **II.** *n mech, ép* feszítés; ~ **after hardening of concrete** *ép* utófeszítés; ~ **apparatus** *gép* feszítőkészülék; ~ **bar** *ép* feszítőrúd; ~ **cable** *ép* feszítőkábel; ~ **chain** *ép* feszítőlánc; ~ **device** *ép* feszítőberendezés; ~ **distance** *ép, mech* feszítőút, feszítési megnyúlás; ~ **force** *ép, mech* feszítőerő; ~ **gear** *gépk* láncfeszítő (fogas)kerék *(vezérmű)*; ~ **insert** *gép* feszítőbetét; ~ **insulator** *el* feszítő szigetelő; ~ **jack** *ép* feszítőajtó; ~ **machine** *ép* feszítőgép, feszítőberendezés; ~ **plant** *ép* feszítőelem-gyártó/feszítettelem-gyártó üzem; ~ **prior to pouring the concrete** *ép* előfeszítés; ~ **roller** feszítőgörgő; ~ **strand** *ép* feszítőpászma; ~ **tackle** *ép* feszítő csigasor; ~ **tendon** *ép* feszítőbetét; ~ **value** *ép* feszítőerő/feszítőfeszültség értéke

tensodiffusion *fiz* tenzodiffúzió, feszültség okozta diffúzió

tensoelectric *el* tenzoelektromos; ~ **semiconductor device** *el* tenzoelektromos félvezető eszköz

tensometer *any* tenzométer, nyúlásmérő/feszültségmérő (műszer); ~ **sensing elements** *aut* tenzometrikus érzékelőszerv

tensometric ga(u)ge *any* nyúlásmérő, alakváltozás-mérő

tensor *mat* tenzor, affinor; ~ **algebra** *mat* tenzoralgebra; ~ **analysis** *mat* tenzoranalízis; ~ **density** *mat* tenzorsűrűség; ~ **differential equation** *mat* tenzor-differenciálegyenlet, tenzoriális differenciálegyenlet; ~ **ellipsoid** *mat* tenzorellipszoid; ~ **field** *mat* tenzormező, tenzoreloszlás, tenzortér; ~ **flux** tenzor fluxusa, tenzorfluxus; ~ **force** *at* tenzorerő; ~ **function** *mat* vektor-vektor függvény; ~ **interaction** *at* tenzoriális kölcsönhatás; ~ **of dislocation density** *krist* diszlokációsűrűség tenzora; ~ **of rank 1** *mat* vektor, elsőrendű tenzor; ~ **of the second rank** *mat* másodrendű tenzor; ~ **product** *mat* diád, diadikus szorzat; tenzorszorzat, tenzoriális szorzat; ~ **space** *krist* tenzortér; ~ **transformation** *krist* tenzortranszformáció; ~ **volume** *krist* tenzortérfogat

tensorial *mat* tenzori, tenzor-; ~ **field** *mat* tenzormező, tenzoreloszlás; ~ **flux** *mat* tenzor fluxusa, tenzorfluxus

tent sátor; napellenző ponyva; *foto* hordozható sötétkamra; ~ **board** *tex* sátorlemez; ~ **cloth** *tex* sátor(ponyva)szövet; ~**-peg** sátorcövek; ~ **truck** ponyvás tehergépkocsi

tentative I. *a* kísérleti; **II.** *n* kísérlet; ~ **data** ideiglenes adatok/jellemzők; ~ **design criteria** *ép* ideiglenes tervezési/méretezési követelmények; ~ **specification** ajánlott szabályzat/szabvány; szabványtervezet; ~ **standard** *ép* szabványtervezet, szabványjavaslat, ideiglenes szabvány; ~ **weld** *heg* próbavarrat

tentatively kísérletképpen

tenter I. *v tex* (ki)feszít *(szélességben)*; feszül, nyúlik; **II.** *n pa, tex* feszítőkeret, függesztőrúd; ~ **chain** *tex* láncfeszítő; ~ **dryer** *tex* feszítő-szárító gép; ~**-hook** *tex* feszítőhorog; ~**-hook teaser/willow** *tex* tépőgép

tentering *tex* feszítés; feszítőkeretes szárítás; feszülés, nyúlás; ~**-and-drying machine** *tex* feszítő-szárító gép; ~ **frame** *tex* feszítőkeret; ~ **machine** *tex* feszítő, feszítő-szárító gép

tenth I. *a* tizedik; tized-; **II.** *n* tized; ~**-measure** tizedmérő (óra); ~**-normal** *vegy* tizednormál; ~**-normal solution** *vegy* tizednormál-oldat, 0, 1 N-es oldat; ~**-power (width)** *rád* tizedenergia sávszélesség; ~**-value layer (TVL)** *at* tizedérték-vastagság; ~**-value thickness** → ~-value layer

tenuity finomság, vékonyság; ~ **factor** *fiz* légritkítási együttható

tephigram *met* hőmérséklet-entrópia diagram

tephra *geol* tefra

tephrite *geol* tefrit

tephroite *ásv* tefroit

teratogenic *vegy* teratogén

teratolite *ásv* teratolit

terbia → terbium oxide

terbium (Tb) *vegy* terbium; ~ **oxide** *vegy* terbium(III)-oxid

terebene *vegy* finomított terpentinolaj

terebine *vegy* terpentines hígító

terephthalic acid *vegy* tereftálsav

term I. *v* (el)nevez; **II.** *n* feltétel, kikötés; határidő; időtartam, idő(szak); szakkifejezés; meghatározás *(definíció)*; *at* energianívó, term; *csill* kedvező állás *(bolygóé)*; *fiz, mat* tényező *(kifejezésé, szorzaté)*, term; *mat* elhatárolás; határ; kifejezés; összeadandó; tag *(arányban, egyenletben, összegé)*; ~ **analysis** *fiz* termanalízis, energiaszintek analízise; **~-by-term** *mat* tagonkénti; ~ **diagram** *at* termséma; ~ **displacement** *at* termeltolódás; ~ **of spectrum** *fiz* színkép termje/nívója; ~ **of x** *mat* x-es tag; ~ **separation/splitting** *at* termfelhasadás; **~s of delivery/supply** szállítási feltételek; ~ **symbol** *fiz* termjelölés

terminal I. *a* végső; szélső; *szt* terminális; *vegy* véghelyzetű; **II.** *n* határ; végpont; *el* csatlakozás, csatlakozó, kábelsaru; kapocs, szorító; kivezetés; *ép* csatlakozókapocs, szorító; villámhárító csúcsa; *hajó* fejkikötő; *közl* üzemi pályaudvar; végállomás; *ol* átadóállomás; *rep* forgalmi épület; terminál; *szt* terminál, felhasználói végberendezés; *távb* érintkezőcsúcs; *távk* ívszerelvény forrcsúcsa; ~ **aerodrome** *rep* célrepülőtér, csomóponti repülőtér; ~ **area** *rep* helyi légtér, közelkörzet, közelforgalmi körzet, TMA; ~ **area control** *rep* közelkörzeti légiforgalmi irányítószolgálat; ~ **arrangement** kapocselrendezés *(műszeré)*; ~ **assembly** *el* kapocssorozat, sorozatkapocs; *távk* csatlakozómező; ~ **ballistics** *fiz, rak* végballisztika, célballisztika, atmoszféra sűrű rétegeibe érés/bemerülés ballisztikája; ~ **bank** *távb* ívkoszorú; kapcsolómező; ~ **bar** *el* kivezető sín *(akkumulátoron)*; *ép* szorítóvas; ~ **binding post** *el* kapocscsavar; ~ **block** *el* bevezető kábelfej; forrasztó csúcstömb; kapocsléc, kapocsdeszka; sorozatkapocs; ~ **board** csatlakozódeszka; *el* forrcsúcstábla; kapocsléc, kapocsdeszka, kapocstábla; *szt* modulelemekből összerakható kártya; ~ **bond** *vegy* végállású kötés; ~ **box** *el* elosztószekrény; kapcsolószekrény, kapcsolódoboz; ~ **building** *rep* (utas)forgalmi épület; repülőtéri váróterem; ~ **characteristic** *el* kapocsjelleggörbe; ~ **charge** *el* áramerősség a töltés végén; ~ **cluster** *szt* terminálcsoport; ~ **conelet** *geol* torkolatkúp *(tűzhányó kráterében)*; ~ **connection** *el* bekötési rajz; ~ **connector** *el* szorítókapocs; ~ **contact** *el* vonalbevezetés; ~ **control** *aut* végső fázis irányítása; *vegy* végérték-szabályozás; ~ **control area** → ~ area; ~ **control functions** *szt* terminálvezérlő funkciók; ~ **control program (TCP)** *szt* terminálvezérlő program, TCP; ~ **control unit** *szt* külső állomás vezérlőegysége; ~ **cover** *szt* kivezetősapka; ~ **curvature** *geol* vető melletti hirtelen réteghajlás; ~ **curve** zárógörbe; ~ **dent** *tex* szélső bordafog; ~ **device** *el* csatlakozó; ~ **dive speed** *fiz, rak* zuhanó határsebesség; ~ **elevator** *élip* végállomási siló, átrakodósiló; ~ **emulator program** *szt* terminálemulátor program; ~ **equipment** *távb* központi átkapcsoló-berendezés; *távk* végberendezés; ~ **exchange** *távk* végközpont, primer központ; ~ **half-section** *távk* lezáró féltag; ~ **homing** *rak* önrávezetés a végső röppályaszakaszra; ~ **hood** *el* kapocsszekrény fedele; ~ **impedance** *el* kapocsimpedancia; ~ **installation** *távk* végberendezés; ~ **installation for data transmission** *szt* adatvégállomás; ~ **insulator** *el* végfeszítő szigetelő; ~ **laser level** *fiz* alsó lézersugárzási szint; ~ **lug** *el* érintkezőfül; ~ **marking** *el* kapcsok jelzése; ~ **moment** *mech* befogási nyomaték; ~ **moraine** *geol* végmoréna; ~ **node** *szt* végső csomópont; ~ **nose dive** *rep* zuhanórepülés határsebességgel; ~ **nut** *gépk* akkumulátorpólus-anya; ~ **pair** *el* kapocspár; ~ **panel** *el* kapcsolótábla; ~ **pin** *távk* jelfogóaljzat érintkezője; ~ **point** *mat* végpont, csúcs(pont) *(vektoré)*; ~ **pole** *el* végoszlop; ~ **potential** *el* kapocsfeszültség; ~ **pulley** *bány* visszaterelő dob; ~ **radar control** *rep* közelkörzeti radarirányítás; ~ **reaction** *mech* végreakció; ~ **resistance** *el* záróellenállás; ~ **screw** *el* kapocscsavar, szorítókapocs; ~ **settling velocity** *koh* ülepedési végsebesség; **~-soldering pin** *heg* forrasztócsúcs; ~ **speed** *rep* megengedett legnagyobb sebesség; ~ **statement** *szt* befejező utasítás; ~ **station** *közl* végállomás, fordulóállomás; *ol* fogadóállomás; *szt* külső állomás; *távk* végállomás; ~ **stokehold** fűtőház; ~ **strap** *el* kapocsléc; ~ **strip** *el* csatlakozósáv; *rendsz* forrasztócsúcssáv, kapocsléc; ~ **subword** *szt* szóvégi részszó; ~ **switch** *el* végálláskapcsoló; ~ **symbol** *szt* terminális szimbólum; ~ **tie** *el* szigetelő lekötés; **~-to-computer multiplexor (TCM)** *szt* terminál-számítógép multiplexer, TCM; ~ **tower** *el* végoszlop *(távvezetéken)*; ~ **traffic** *távb* végződő forgalom; ~ **transparency** *szt* áttetsző/rendszerfüggetlen terminál; *távk* átlátszóság; ~ **velocity (TV)** *fiz, rak* végsebesség; **~-velocity control** *rak, rep* sebességszabályozás a végső pályaszakaszon; **~-velocity dive (TVD)** → ~ nose dive; ~ **voltage** *el* kapocsfeszültség; ~ **weather** *rep* közelforgalmi körzeti időjárás; ~ **word** *szt* terminális szó; ~ **yoke** *el* pólushíd

terminally guided conventional submunition *kat* végfázis-vezérlésű hagyományos résztöltet

terminate I. *v* (el)határol, befejez, megszüntet; (be)végződik; végállomásig szállít; *távk* lezár; végződtet; *vegy* lezár; végződik *(szénhidrogénlánc)*; **II.** *a* elhatárolt; ~ **by a nominal characteristic impedance** *v el* névleges impendanciával lezár

terminated | level *távk* lezárt/terhelt végű tápvonal szintje; ~ **line** *szt* lezárt vonalvég; *távk* lezárt/terhelt végű tápvonal

terminating *el* lezárás; lezáró terhelés; ~ **apex** *távk* lezáró csúcs *(rombuszantennán)*; ~ **circuit** *távk* lezáró áramkör; ~ **decimal (fraction)** *mat* véges tizedes tört; ~ **impedance** *el* lezárás; ~ **interface point of the PCM equipment** *távk* PCM berendezés végződő csatlakozási pontja; ~ **pad** *el* zárótag; ~ **plug** *távk* lezáródugó; ~ **position** *el* végállás; ~ **set** *el* négyhuzalos végződés; *távk* véglezáró

termination végződés, elhatárolás, határ; kivezető, befejez(őd)és; *műa* lánczárás; *rád* lezáró terhelés; *szt* lezárás, kivezetés; *távk* lezárás, végződtetés; ~ **charge** törlési/stornírozási költség; ~ **circuit** *el* lezáró áramkör; ~ **of cable** *távk* kábel lezárása; ~ **of construction/work** *ép* építés(i munkák) befejezése; ~ **reaction** *műa* lánczáródási reakció; ~ **symbol** *szt* végjel a szalagon

terminator *csill* terminátor, árnyékhatár; *szt* terminátor *(adatcsoport végét jelző szimbólum)*

terminology terminológia; ~ **bank** *szt* terminológiabank

terminus *közl* végállomás; *mat* végpont, csúcs(pont) *(vektoré)* *vasút* fejállomás

termi-point system *el* zömített kötés

termite shield *ép* termeszek elleni védőréteg

termolecular reaction *vegy* trimolekulás reakció

termwise *mat* tagonkénti; ~ **addition** tagonkénti összeadás; ~ **integration** tagonkénti integrálás

tern háromszoros; *mat* hármas

ternary hármas; *el* ternáris; *koh* háromalkotós; *mat* terner; *szt* hármas számrendszerű; háromértékű; ~

alloy *koh* háromalkotós ötvözet; ~ **azeotrope** *vegy* terner azeotróp, háromkomponensű azeotróp; ~ **code** *szt* hármas számrendszerű kód; ~ **diagram** *koh* háromalkotós diagram; ~ **electrolyte** *el* terner elektrolit; ~ **eutectic** *koh* háromalkotós/terner eutektikum; ~ **fission** *at* hármas hasadás; ~ **logic** *szt* háromértékű logika; ~ **mixture** *vegy* terner/háromkomponensű elegy; ~ **number system** *mat* hármas számrendszer; ~ **relaxation circuit** *el* ternáris relaxációs áramkör; ~ **selector gate** *szt* háromértékű szelektorkapu (T kapu); ~ **signal** *szt* ternáris jel; ~ **steel** *koh* háromalkotós acél; ~ **switching algebra** *szt* hármas számrendszerű kapcsolási algebra; ~ **system** *koh, vegy* háromalkotós rendszer; *mat* hármas számrendszer; *mech* háromösszetevős rendszer; *vegy* háromanyag-rendszer; terner rendszer

terne I. *v* ólom-ón ötvözettel bevon; **II.** *n* ólom-ón ötvözet; ~ **metal** ólom-ón ötvözet; ~ **plate** *heng* ólom-ón bevonatú lemez

terpadiene *vegy* két kettős kötésű terpén

terpane *vegy* m-mentán, 1-metil-3-izopropil-ciklohexán

terpene *vegy* terpén; ~ **alcohol** *vegy* terpénalkohol; ~ **hydrocarbon** *vegy* terpénszénhidrogén; ~ **maleic-anhydride resin** *műa* terpén-malinsavgyanták; ~ **phenolic resin** *műa* terpén-fenolgyanta

terpenic series *vegy* terpénsorozat

terpin → terpinol

terpineol *vegy* terpineol, mentenol

terpinol *vegy* terpin, 1,8-dioximentán

terpinolene *vegy* terpinolén, 1,4(8)-p-mentadién

terpolymer *műa* terpolimer, hármas kopolimer

terra *geol* föld; ~ **alba** *ép* gipsz; ~ **cariosa** *geol* tripoliföld; ~ **miraculosa Saxoniae** *ásv* teratolit; ~ **ponderosa** *geol* súlypát; ~ **rossa** *geol* terra rossa; vörös agyag; ~ **umber** *ásv* umbra, vörösesbarna földfesték

terrace I. *v ép* lépcsőz *(lejtőt)*; **II.** *n bány* teraszos művelés; *ép* épületsor magaslaton; erkély; lapos tető; padka; tornác; *ép, geol* terasz; terepfok; ~ **channel** *hidr* sáncárok; ~ **cover** *geol* teraszüledék; ~ **epoch** *geol* teraszkorszak; ~ **ridge** *hidr* sánctöltés; ~ **roof** *ép* tetőterasz, terasztető

terracing *ép* lépcsőzés; sáncolás *(talajvédelemre)*; teraszkészítés; *hidr* tereplépcsőzés; ~ **plough** *hidr* sáncolóeke

terracotta égetett agyag, terrakotta

terrain terep, talaj; *geol* föld színe; *rep* (leszálló)tér; ~ **anomaly** *geof* terrénanomália; ~**-avoidance system** *rep* föld feletti repülést segítő rendszer; ~**-clearance altitude** *rep* terepszint feletti tényleges magasság; ~**-clearance indicator (TCI)** *rep* föld feletti magasságjelző; rádió-magasságmérő; relatív magasságmérő; ~**-clearance system** *rep* automatikus föld feletti repülést irányító rendszer; ~ **correction** *ép* tereprendezés; *geod* térszínkorrekció, terepjavítás; ~**-correction plan** *ép* tereprendezési terv; ~ **effect** *geof* terrénhatás, terephatás; ~**-effect chart** *geof* terephatás-kiolvasó diagram; ~ **feature** *kat* tereptárgy; ~ **flying** *rep* tereprepülés, vizuális tájékozódással végzett repülés; ~**-formation** *geol* térszínalakulás; ~ **gradient** *geof* terréngradiens; ~ **line** *geol* föld szintvonala; ~ **stairs** *geol* tereplépcső

terramycin *gyógyvvegy, vegy* terramicin

terranean (száraz)földi; föld- *(földi eredetű)*

terrazzo *ép* terrazzo(burkolat); ~ **grinding machine** *ép* terrazzocsiszoló; ~ **jointless floor(ing)** *ép* helyszínen készített terrazzoburkolat; ~ **tile** *ép* mozaiklap; ~ **tile press** *ép* mozaiklapprés

terrestrial földi, kontinentális, terresztrikus; *geol* szárazföldi (eredetű); ~ **background** *at* természetes háttérsugárzás; ~ **control** *rak* irányítás a Földről; ~ **deposit** *geol* szárazföldi lerakódás; ~ **equator** *geol* földi egyenlítő; ~ **eyepiece** *opt* képfordító szemlencse; ~ **facies** *geol* szárazföldi fáciesz; ~ **field** *fiz* földmágneses erőtér; ~ **foodchain** *at* szárazföldi tápláléklánc; ~ **greenhouse effect** *met* üvegházjelenség, üvegházhatás; ~ **heat** *fiz* földhő, geotermikus hő; ~ **heat flow/flux** *geol* földi hőáram; geotermikus áram; ~ **horizon** *csill* látszólagos horizont; ~ **laser communication system** *távk* lézeres földi kommunikációs/távközlési rendszer; ~ **magnetic activity** *el* földmágneses aktivitás; ~ **magnetism** *el* földmágnesség; ~ **meridian** *csill* földi délkör/meridián; ~ **navigation** *rep* vizuális *v.* látás utáni navigáció; ~ **photogrammetry** *geod* földi fotogrammetria; ~ **poles** *geol* Föld-pólusok; ~ **power plant** *en* földhőerőmű; ~ **radiation** *met* Föld sugárzása; ~ **radiocommunication** *távk* földi rádiótávközlés; ~ **service** *távk* földi szolgálat; ~ **telescope** *opt* földi teleszkóp; ~ **wave** *el* felületi hullám

terre-verte *ásv* zöld (festék)

terrigene *geol* terrigén; ~ **mud** *geol* terrigén agyag

terrigenous *geol* terrigén, szárazföldi eredetű; ~ **deposit/sediments** *geol* litorális üledék

territorial területi, territoriális, földi *(területi)*

territory terület, vidék, körzet, territórium; *bány* bányamező; bányatelek

terro-metallic clinkers *pl ép* fekete klinkertégla

terrometer *geof* fémtárgykutató műszer

terry|-cloth/fabric *tex* frottírszövet, frottíranyag; ~ **loom** *tex* frottírszövő gép; ~ **towelling** *tex* frottíráru

tertiary harmadik; harmadlagos; *geol* harmadkori; *vegy* harmadrendű, tercier; ~ **alcohol** *vegy* tercier/harmadrendű alkohol; ~ **amine** *vegy* harmadrendű/tercier amin; ~ **calcium phosphate** *vegy* trikalcium-ortofoszfát; ~ **cementite** *ásv* tercier cementit; ~ **colo(u)r** *opt* harmadlagos szín; **T**~ **era** *geol* harmadkor; ~ **exchange** *távb* gócközpont, tercier központ; ~ **group** *távb* (alap)mestercsoport; ~ **highway** *ép* harmadrendű műút; ~ **migration** *geol* harmadlagos migráció; ~ **production/recovery** *ol* harmadlagos kőolajtermelés; ~ **purification of sewage/waste-water** *környv* harmadlagos szennyvíztisztítás; ~ **purification step** *hidr* harmadik tisztítási lépcső; ~ **storage** *szt* harmadlagos tárolás; ~ **winding** *el* tercier tekercs(elés) *(transzformátoron)*

tertium exclusum, ~ **non datur** *mat* „tertium non datur" elve, harmadik kizárásának elve (törvénye)

tervalent *mat* háromértékű; *vegy* három vegyértékű

tervariant *mat* háromváltozós

terylene *tex* terilén(szál)

teschemacherite *ásv* teschemacherit

teschenite *ásv* teschenit

tesla (T) *fiz* tesla (T)

Tesla | coil *el* Tesla-tekercs; ~ **transformer** *el* Tesla-transzformátor

tessella *ép* mozaikkő

tessellated *tex* kiskockás mintájú; ~ **pavement** *ép* padlómozaik

tessera → tessella
tesseral system *ásv* szabályos rendszer
test I. *v* (ki)próbál; (át)vizsgál; ellenőriz, felmér, tesztel; (ki)kísérletez; analizál; *koh* leűz, finomít; **II.** *n* analízis, kísérleti (anyag)vizsgálat; próba, kipróbálás; minta; kísérlet; vizsgálat, ellenőrzés, tesztelés; *koh* leűzés; próba(olvasztás); *mat* teszt; *vegy* reagens; ~ **aircraft** *rep* kísérleti légijármű; ~ **alphabetic** *szt* alfabetikus ellenőrzés; ~ **amplifier** *el* mérőerősítő; ~ **analysis** vizsgálati eredmények elemzése; ~ **antenna** *távk* mérőantenna; ~ **assembly** *ép* próbaösszeszerelés *(gyártóüzemben)*; ~ **balance** hitelesítő mérleg; ~ **balloon** *met* ballonszonda, vizsgáló léggömb; ~ **bar** *any* rúd alakú próbatest/próbapálca, próbarúd; ~**-bar dividing machine** *any* próbapálcaosztógép; ~**-bed** *gép* fékpad; próbapad; *szt* ellenőrző program, próbaprogram; *vasút* kísérleti állvány; ~**-bench** *el* mérőasztal, mérőberendezés; mérőhely; *gép* próbaállvány; vizsgálópad, próbapad; *gépk* motorfékpad *(teljes berendezés)*; ~ **bit** *szt* ellenőrző kettes számrendszerű számjegy; ~ **board** *el* mérőasztal; *gép* próbaasztal, próbapad; *távk* vizsgálómunkahely; ~ **bolt** *távk* vizsgálótartó; ~ **borehole** *bány* kutató mélyfúrás/mélyfúrólyuk; ~**-boring** *bány* kutatófúrás; ~ **box** *távk* mérőláda; mérőszekrény; süketláda; ~ **brush** *távk* vizsgálókefe; ~ **buzzer** *el* mérővibrátor, mérőzümmögő; ~ **by comparison** *tex* összehasonlító vizsgálat; ~ **by spindle** *tex* fajsúlymérés úszóval; ~ **canary** *bány* próbakanári *(szénházvizsgálathoz)*; ~ **car** *közl* kísérleti kocsi; ~ **card** → ~ pattern; ~ **case** *távk* vizsgálószekrény; ~ **cell** vizsgálókamra; ~ **certificate** vizsgálati bizonyítvány/bizonylat; ~ **chamber** mérőtér; vizsgálókamra; kísérleti tér; ~ **chart** *tv* tesztkép, vizsgálóábra; ~ **check** ellenőrző vizsgálat; ~ **circuit** *el* referencia-áramkör; vizsgálóáramkör; ~ **cock** *ép* próbacsap; *koh* kifúvatócsap *(próbavételhez)*; ~ **coil** *el* mérőtekercs, vizsgálótekercs; ~ **command** *szt* vizsgálati utasítás; ~ **connection** *el* mérőkapcsolás; ~ **cord** *el* mérőzsinór; ~ **coupon** *any* próbatest; ~ **criterion** *mat* próbaváltozó, próbastatisztika; ~ **cube** *any* próbakocka; ~ **cylinder** *any* próbahenger; ~ **data** *gépk* tesztelési adatok; *szt* ellenőrző adatok; ~ **data carrier** *szt* ellenőrzőadat-hordozó; ~ **data generator** *szt* tesztadat-generátor, ellenőrzőadat-generátor; ~ **data log** vizsgálati eredményeket nyilvántartó napló; ~ **desk** *távk* vizsgálóasztal, mérőasztal; ~ **dome** *vák* mérődóm; ~ **drilling** *geof* próbafúrás, kutatófúrás; ~ **drive** *gépk* futópróba, próbaút; ~ **dyeing** *tex* próbaszínezés; ~ **echo** *hang* mérővisszhang; ~ **equipment** vizsgálóberendezés; ~ **explosion** *kat* kísérleti robbantás; ~ **failure load** *any* anyagszakadást okozó próbaterhelés; ~ **film** próbafilm; ~ **flight** *rep* ellenőrző/kísérleti repülés; ~ **for blanks** *szt* üres mezőket kereső ellenőrzés; ~ **for breaking point** *gyógyv* törési próba; ~ **for convergence** *mat* konvergenciakritérium, konvergenciafeltétel; ~ **for fastness** *tex* szilárdságvizsgálat; ~ **for short-circuit** *el* rövidzárlat-vizsgálat; ~ **for sterility** *gyógyv* sterilitásvizsgálat; ~ **for uniformity of weight** *gyógyv* súlyállandósági vizsgálat; ~ **for weldability** *heg* hegeszthetőségi vizsgálat; ~ **frequency** *el* mérőfrekvencia; ~ **function** *mat* próbafüggvény; ~ **gas** *vák* keresőgáz; ~ **ga(u)ge** *metr* ellenőrző idomszer; hitelesítőműszer; ~ **generator** *el* szignálgenerátor, jelgenerátor, tesztgenerátor; ~ **glass** *vegy* kémcső; próbacső; ~ **heating** *ép* próbafűtés; ~ **hole** *at* besugárzási csatorna; kísérleti hurok; *bány* kutató mélyfúrás; *bány, ol* előfúrás; kutatófúrás, próbafúrás; *ép* próbagödör, kutatóakna; ~**-hole log** *geof* próbafúrásszelvény; ~ **hut** *távb* kábelvizsgáló állomás; ~ **indicator** *metr* ellenőrző mérőóra; ~ **in the field** *v metr* újrahitelesít, utánkalibrál; ~ **jack** *távk* vizsgálóhüvely, vizsgálati dugaszolóhüvely *(műszerekhez)*; ~ **jar** *vegy* mérőhenger; ~ **joint** *távk* vizsgálókötés; ~ **latch** *gép* önreteszelésű ellenőrző rendszer; ~ **level** *el* mérőszint; ~ **line** *ép* mérősor; ~ **load** *mech* próbaterhelés; vizsgálati terhelés; *talt* kísérleti terhelés; ~ **loading** *any* próbaterhelés; ~ **load train** *ép* próbaterhelő vonat; ~ **log** kísérleti jegyzőkönyv; mérési/vizsgálati jegyzőkönyv; ~ **loop** *el* mérőhurok; vizsgálóhurok; *ol* hitelesítő gyűrű; ~ **magnetic tape** *hang* mérőszalag; ~ **material** vizsgálandó anyag; ~ **mesh scale** *bány* szitasorozat; ~ **number** *élip* vizsgálati/kísérleti szám; ~ **numeric** *szt* numerikus ellenőrzés; ~ **of divergence** *mat* divergenciakritérium; ~ **of (goodness of) fit** *any* illeszkedésvizsgálat, illesztésvizsgálat; ~ **of hypothesis** *stat* statisztikai próba *(statisztikai bizonyítás)*; ~ **of independence** *mat* függetlenségvizsgálat; ~ **of normality** *fiz* normalitásvizsgálat; ~ **of significance** *mat* szignifikanciapróba, szignifikanciavizsgálat; ~ **on moving threads** *tex* fonalvizsgálat üzem közben; ~ **on stationary threads** *tex* befogott fonal vizsgálata; ~ **operation** ellenőrző művelet; ~ **oscillator** *el, távk* mérőgenerátor, mérőadó, (hitelesített) jeladó generátor, jelgenerátor, szignálgenerátor; ~ **pair of a cable** *el* mérőér; ~ **paper** *vegy* indikátorpapír; kémlőpapír, reagenspapír; ~ **particle** *at* térrészecske, vizsgálórészecske; ~ **pattern** *tv* beállítóábra; tesztkép, vizsgálóábra; ~ **pattern generator** *tv* ábragenerátor; ~ **performance chart** vizsgálatok lefolytatását nyilvántartó lap; ~ **pick** *bány* hegyeskalapács, kutatócsákány; ~ **piece** *any* próbadarab; próbatest, próbapálca; vizsgálati minta; ~ **pilot** *rep* berepülőpilóta; ~ **pit** *bány* kutatóakna, kutatófúrás; *ol* hitelesítő kút; ~ **plan** vizsgálati terv; ~ **plug** *távb* vizsgálódugasz; ~ **point** ellenőrző pont; ~ **point address** *szt* ellenőrző pont címe; ~ **pole** *távk* ellenőrző pózna/rúd *(távíróvezetéké)*, vizsgálóoszlop; ~ **position** mérőasztal, műszerasztal, mérőberendezés, vizsgálópad, próbapad; ~ **pressure (tp)** próbanyomás; ~ **procedure** vizsgálati eljárás; ~ **program** *szt* tesztprogram, vizsgálóprogram, vizsgálati program; ~ **pulse** *el* mérőimpulzus; vizsgálóimpulzus; ~ **rack** *el, gép* mérőhely, vizsgálópad; próbapad; ~ **ratio** tapasztalati tényező; ~ **reactor** *at* anyagvizsgáló reaktor; ~ **reading** mérésleolvasás; ellenőrző leolvasás; ~ **receiver** *távb* ellenőrző hallgató; ~ **record** *hang* próbalemez *(hangvisszaadás vizsgálatához)*; ~ **record sheet** vizsgálati/ellenőrző jegyzőkönyv; ~ **relay** *el* vizsgálójelfogó; ~ **report** vizsgálati jelentés; ~ **result** kísérleti/vizsgálati eredmény; ~**-retest reliability** *any* megbízhatóság vizsgálattól újravizsgálatig eltelt időszakban; ~ **revision** *any* ellenőrző próba, ellenpróba; ~ **rig** próbapad, vizsgálóberendezés; ~ **room** laboratórium; ~ **routine** *szt* tesztprogram, ellenőrző program; ~ **run** *gépk, vasút* futópróba; próbafutam, próbamenet; *ip* garanciális próbaüzemeltetés; kísérleti üzem, próba-

üzem; üzempróba; *szt* tesztprogram-futtatás; ~ **sample** *any* próbadarab; próbatest(pálca); ~ **schedule** ellenőrzési terv; vizsgálati/mérési ütemterv; ~ **scope** kísérlet célja/tartalma; ~ **section** kísérleti szakasz; mérőszakasz; vizsgálati szakasz; ~ **selector** *távk* vizsgáló (vonal)választó; ~ **separator** *ol* mérőszeparátor; ~ **series** kísérletsorozat; ~ **set** vizsgálóberendezés; *el* mérőbőrönd; ~ **set-up** kísérleti elrendezés; ~ **shield** *el* kábelvizsgálati köpeny; ~**-sieving** *ép* szitapróba; ~**-signal (TS)** *el* vizsgálójel, tipikus jel; ~ **site** *kat* lőtér, (rakéta)kísérleti terep; ~ **solution (TS)** *fiz* normál oldat, standard oldat; ~ **specimen** *any* próbadarab, próbatest; ~ **stage** kísérleti stádium; ~ **stand** *el* mérőhely; *gép* próbapad, vizsgálópad; *gépk* fékpad; ~ **station** *el* mérőhely; ~ **statistic/variable** *mat* próbaváltozó, próbastatisztika; ~ **strength** *rendsz* próba ereje; ~ **strip** próbafilm; ~**s without renewal/restoration** *el* helyreállítás nélküli vizsgálatok; ~**s with renewal/restoration** *el* helyreállításos vizsgálatok; ~ **table** mérőasztal; ~ **tank** *ol* mérőtartály; ~ **tape for detecting the DC component** *hang* szimmetriaszalag; ~ **terminal** *el* vizsgálószorító; ~ **thread** *tex* vizsgálati fonal; ~ **through** *v el* kicsönget; ~ **track** *gépk* próbapálya; *hang* ellenőrző csatorna; ~ **transmitter** → ~ oscillator; ~ **trip** *finm* próbamenet; ~ **tube** *vegy* kémcső, próbacső; ~**-tube method** *geof* próbacsőmódszer; ~**-type chart** *orv* látásvizsgálati tábla; ~**-value generating device** *any* vizsgálati értéket adó szerkezetegység; ~ **valve** *ol* vizsgálószelep; ~ **vehicle (TV)** *rep* kísérleti célú repülőgép/repülőszerkezet; ~ **voltage (TV)** *el* szigetelési feszültség; vizsgálati feszültség, próbafeszültség; ~ **voltage symbol** *el* próbafeszültség-jelkép, vizsgálófeszültség-jelkép; ~ **weight** *élip* hl-súly *(gabonáé)*; *gépk* terhelősúly; ~ **weld** *heg* ellenőrző varrat; próbahegesztés; ~ **well** *ol* kísérleti/első fúrás; ~ **wiper** *távk* vizsgálókefe; ~ **wire** *távk* c ág

tested kalibrált, idomszerrel bemért; ~ **chain** kalibrált lánc

tester kísérletező, tesztelő *(személy)*; kísérleti készülék; *any* vizsgálóberendezés; *el* indikátor, detektor; *ép* baldachin; *ip* mintaszedő; *rád* szerviz-vizsgálókészülék

testing teszt; próba, vizsgálat; bemérés *(fúrásnál)*; ellenőrzés; kísérletezés; *talt* kísérlet, vizsgálat; mintavétel; ~ **apparatus** vizsgálókészülék; ~ **body** *gépk* kísérleti karosszéria; ~ **code** *élip* vizsgálati szabályzat; ~ **current** *el* mérőáram; ~ **distribution frame** *távk* vizsgálati vonalrendező/elosztóállvány; ~ **for brittle fracture sensitivity** *koh* ridegtörési vizsgálat; ~ **for counts** *tex* finomsági szám mérése; ~ **for ghosts** *távk* hamis vonalak ellenőrzése; ~ **for pyrogen** *gyógyv* pirogenitási vizsgálat; ~ **gallery** *bány* kísérleti táró; ~ **institute** vizsgálóintézet; ~ **instructions** vizsgálati előírás; ~ **instrument** mérőműszer; vizsgálóberendezés; ~ **laboratory** kísérleti laboratórium; ~ **leads** *pl el* vizsgálóvezetékek, mérőkábel; ~ **machine** → tester; ~ **method** vizsgálati eljárás/módszer; ~ **mounting** kísérleti elrendezés; ~ **of anti-freezing properties** *ol* fagyállóság-vizsgálat; ~ **of dyestuff** *any* színezékvizsgálat; ~ **of materials** *ép* anyagvizsgálat; ~ **of sound absorbent materials** hangelnyelő anyagok vizsgálata; ~ **of water quality** *hidr* vízminőség-vizsgálat; ~ **plant** kísérleti berendezés; ~ **press for props** *bány* támterhelésmérő; ~ **probe** *geof* vizsgálószonda; ~ **real-time system** valós idejű vizsgálati rendszer; ~ **set** *el* mérőműszer; ~ **sifter** *vegy* laboratóriumi síkszita; ~ **to destruction** *any* roncsolásos anyagvizsgálat; ~ **transformer** *el* próbatranszformátor; ~ **value** *szt* vizsgálóérték; ~ **without destruction** *any* roncsolás nélküli anyagvizsgálat; ~ **yarn** *tex* vizsgálati fonal

tetartohedral | class *krist* tetartoéderes osztály; ~ **form** *krist* tetartoéderes forma

tetartohedrism *krist* tetartoédria

tetartohedron *krist* tetartoéder

tetartohedry *krist* tetartoédria

tetartoid *krist* tetartoid; tetraéderes pentagondodekaéder

tetartosymmetry *krist* tetartoszimmetria

tether *tex* pányva

tethered | balloon *rep* kötött léggömb; ~ **satellite** *űr* kötött műhold *(űrhajóhoz)*

tetra- tetra-, négy-

tetraborate *vegy* tetraborát

tetraboric acid *vegy* tetrabórsav, dihidrogén-tetraborát

tetrabromoethane *vegy* tetrabróm-etán, acetilén-tetrabromid

tetrachloroethane *vegy* tetraklór-etán, acetilén-tetraklorid

tetrachloromethane *vegy* tetraklór-metán, szén-tetraklorid

tetrachloroquinone *vegy* klóranil, tetraklór-kinon

tetrachlorosilane *vegy* tetraklór-szilán, szilícium-tetraklorid

tetrachord *hang* négyhúrú

tetrachoric table *mat* négyrekeszes táblázat

tetracuspid hypocycloid *mat* négycsúcsú hipocikloisz, asztroida

tetracyanoethene (TCNE) *vegy* tetraciano-etilén

tetracyclic coordinates *mat* tetraciklikus koordináták

tetracycline *gyógyv* tetraciklin *(antibiotikum)*

tetrad *geod, mat* tetrád, négyes csoport/sorozat; *krist* négyfogású tengely; tetrád; tetragir; *szt* tetráda, négybites csoport; *vegy* négy vegyértékű elem, tetrád; ~ **axis** tetragir, négyfogású tengely; ~ **axis of the second sort** négyfogású szimmetriatengely

tetradecanoic acid *vegy* tetradekánsav, mirisztinsav

tetradymite *ásv* tetradimit, tellurobizmut

tetraethyl | lead (TEL) *vegy* ólomtetraetil; ~ **tin** *vegy* tetraetilón

tetrafluorsilane *vegy* szilícium-tetrafluorid

tetragon *mat* négyszög

tetragonal tetragonális; *krist* négyfogású, négyzetes; tetragires; ~ **bisphenoid** tetragonális/négyzetes biszfenoid; ~ **crystal system** tetragonális/négyzetes kristályrendszer; ~ **dipyramid** tetragonális bipiramis; ~ **disphenoid** tetragonális/négyzetes biszfenoid; ~ **enantiomorphy** tetragonális/négyzetes enantiomorfia; ~ **hemihedry** tetragonális/négyzetes hemiédria; ~ **lattice** tetragonális rács; ~ **net** négyzetes hálózat; négyzetes síkrács; ~ **paramorphy** tetragonális/négyzetes paramorfia; ~ **prism** tetragonális/négyzetes prizma; ~ **pyramid** tetragonális/négyzetes piramis; ~ **scalenohedron** tetragonális/négyzetes szkalenoéder; ~ **tetartohedry** tetragonális/négyzetes tetartoédria; ~ **tetartohedry of the second kind** másodfajú

tetragonális/négyzetes tetartoédria; szfenoidos tetartoédria; ~ **trapezohedron** tetragonális/négyzetes trapezoéder; ~ **twodimensional lattice** négyzetes hálózat/síkrács
tetragonometry *mat* tetragonometria, négyszögek trigonometriája
tetragontrioctahedron *krist* deltoidikozitetraéder; ikozitetraéder
tetragontritetrahedron *krist* deltoiddodekaéder
tetragyre *krist* négyfogású tengely; tetragir
tetragyric *krist* tetragires
tetrahedral I. *a* tetraéderes; **II.** *n mat* négyél, tetraéder; négylapú *(test)*; ~ **angle** *krist* tetraéderszög; *mat* négyél, négyoldalú szöglet; ~ **atom** *vegy* tetraéderes elrendeződésű atom; ~ **atomic radius** *krist* tetraéderes atomsugár; ~ **modification** *krist* tetraéderes módosulat; ~ **pentagon dodecahedron** *krist* tetartoid; tetraéderes pentagondodekaéder; ~ **pyramid** *mat* tetraéder, háromszög alapú gúla; ~ **stacking fault** *krist* tetraéderes halmozási hiba; ~ **structure** *krist* tetraéderes szerkezet; ~ **symmetry** *krist* tetraéderszimmetria; ~ **void** *krist* tetraéderes rácshézag
tetrahedrally symmetric *krist* tetraéderszimmetrikus
tetrahedrite *ásv* fakóérc, tetraedrit
tetrahedron *mat* (szabályos) tetraéder, szabályos négylap; ~ **equation** *krist* tetraéderegyenlet
tetrahexahedron *krist* tetrakiszhexaéder
tetrahydrobenzene *vegy* ciklohexén
tetrahydrofurane (THF) *vegy* tetrahidrofurán, tetrametilén-oxid, oxolán
tetrahydronaphthalene *vegy* tetrahidronaftalin, tetralin
tetrahydroquinone *vegy* ciklohexándion
tetrakisazo dye *vegy* tetrakiszazoszínezék
tetrakishexahedron *krist* tetrakiszhexaéder
tetrakisoctahedron *krist* deltoidikozitetraéder; ikozitetraéder
tetralin *vegy* tetralin, tetrahidronaftalin
tetramethyl | diaminotriphenylmethane *vegy* tetrametildiaminotrifenilmetán; ~ **germanium** *vegy* tetrametilgermánium; ~ **ketazine** *vegy* tetrametil-ketazin; ~ **silane (TMS)** *vegy* tetrametil-szilán, szilícium-tetrametil; ~ **thiuram** *vegy* tetrametil-tiurám
tetramethylene *vegy* ciklobután, tetrametilén; ~ **glycol** *vegy* tetrametilén-glikol; ~ **oxide** *vegy* tetrametilénoxid; ~ **sulfone** *vegy* szulfolán, tetrametilén-szulfon
tetrammine copper(II)sulfate *vegy* tetramminréz(II)-szulfát
tetranitroaniline (TNA) *vegy* tetranitro-anilin
tetraose *vegy* tetróz
tetrapod *hidr* négyláb *(vízépítési betonelem)*
tetrasilane *vegy* tetraszilán
tetrasymmetric *krist* tetraszimmetrikus
tetravalent *vegy* négy vegyértékű
tetrazo|-compound *vegy* tetrazovegyület; ~ **dyes** *vegy* diszazoszínezékek
tetrazole *vegy* tetrazol
tetrode *rád* tetróda, negyedelektródás cső; ~ **transistor** *rád* félvezető-tetróda, tranzisztor-tetróda, kristálytetróda
tetrolic acid *vegy* tetrolsav, metilacetilén-karbonsav
tetronal *vegy* tetronál
tetrose *vegy* tetróz
tetroxide *vegy* tetroxid
tetryl *vegy* tetril, nitramin, tetralit *(robbanóanyag)*
TEV → thermostatic expansion valve
tew I. *v* gyúr, dagaszt; *bőr* kikészít, kidolgoz; *tex* tör *(kendert v. lent)*; **II.** *n* hosszú kovácsfogó; kovácstűzfújtató cső
tewel *ép* kéménynyílás, kürtő; *szell* kifúvónyílás *(fújtatón)*
tex *tex* tex *(fonalfinomság egysége)*
text szöveg; *nyom* text; ~ **card** *szt* szövegkártya; ~ **carrier** *szt* szöveghordozó; ~ **editing** *szt* szövegszerkesztés; ~ **editor** *szt* szövegszerkesztő; ~ **file** *szt* szövegállomány; ~**-in mode** *szt* szövegvételi állapot; ~**-out mode** *szt* szövegküldési állapot; ~ **processing** *szt* szövegfeldolgozás; ~ **processing system (TPS)** *szt* szövegfeldolgozó rendszer, TPS; ~ **processor** *szt* szövegszerkesztő; ~ **reader processor** *szt* szövegolvasó processzor; ~ **retrieval system** *szt* szöveg(vissza)kereső rendszer; ~ **synthesizer** *tv* tv-feliratozó; ~ **tape** *távk* vizsgálószöveg adására alkalmas lyukasztott szalag
textbook kézikönyv, tankönyv, szakkönyv
textile I. *a* textil-; textilipari; **II.** *n tex* szövet, szőhető szálas anyag; textil(áru); ~ **bleaching** textilfehérítés; ~**-crepe** textilkrepp; ~ **dust-collector** tömlős porszűrő; ~ **finishing** textilkikészítés; ~ **glass** üvegszövet; ~ **gum** sűrítőszer *(nyomáshoz)*; ~ **industry** textilipar; ~ **material** textilanyag; ~ **mill** textilgyár; ~ **print** nyomott szövet; ~ **printing** textilnyomás; ~ **pulp** *pa* nemesített cellulóz; ~ **wastes** *pl* textilgyári hulladék
textiline yarn papírkóckeverék-fonal
textilose yarn textilóz
textural | analysis *any* szövetelemzés; ~ **design/effect** *tex* szövött minta; ~ **stress** *krist* texturális feszültség
texture szövet, (szövet)szerkezet; szövetminőség *(fizikai tulajdonságok)*; *any* szerkezet, textúra; *élip* állag; *ép* felületkiképzés; *fa* faszövet; *foto* felületi minőség *(fotopapíré)*; *geol* kőzetszövet; *tex* szövésmód; *vegy* szövetszerkezet; ~ **and structure of rock** *bány* kőzetszövet; ~ **brick** *ép* rusztikázott tégla; ~ **goniometer** *krist* textúragoniométer; ~ **hardening** *koh* szövetszerkezeti edzés; ~ **paints** *pl ép* textilutánzatú festék/festés; ~ **sheet** *koh* textúrás lemez
textured *fa* finom szálú; *tex* texturált, terjedelmesített; ~ **material** *műa* texturált anyag; ~ **runway** *rep* szemcsézett felületű futópálya; ~ **yarn** *tex* texturált fonal
texturize *fiz* szerkezetet kialakít/módosít; *tex* texturál, terjedelmesít
TF → train ferry
TFC → thin-film circuit
TFT → thin-film transistor
Tg point *üveg* átalakulási pont/hőmérséklet
TGA → thermal gravimetric analysis; → thermogravimetric analysis
TGL → touch-and-go landing
Th → thorium
TH → thermite; → total heat; → true heading
thalassocratic motion *geol* tenger átalakító mozgása
thalenite *ásv* thalenit
Thales' | circle *mat* Thalész-féle kör, Thalész-kör; ~ **theorem** *mat* Thalész tétele, Thalész-tétel
thallian *ásv* tallium tartalmú
thallic *vegy* tallium(III)-; ~ **oxide** *vegy* tallium(III)-oxid

thallite *ásv* thallit
thallium (Tl) *vegy* tallium
thallofide cell *távk* tallium-szulfidos fényelem
thallous *vegy* tallium(I)-; ~ **oxide** *vegy* tallium(I)-oxid; ~**-sulphide photocell** tallium-szulfid fényelem
thalweg *hidr* sodorvonal; völgymenet, vízfolyáson lefelé haladó irány
thanatocoenosis *geol* tanatocönózis
thatch I. *v ép* zsúptetőt készít, zsúpol; **II.** *n ép* szalmafedél, szalmatető, nádtető, szalmazsúp; ~ **roof** *ép* nádtető; ~ **roofing** *ép* kévefedések
thatchboard *ép* nádpalló, szalmapalló
thatching *ép* szalmafedés, nádfedés
thaumasite *ásv* thaumasit
thaw I. *v* olvad *(hó v. jég)*; felenged; olvaszt; **II.** *n met* hóolvadás; ~ **point** *met* harmatpont
thawed felengedett *(fagyott anyag)*, felolvadt
thawing olvadás; felengedés; olvasztás; ~ **current** *el* (zúzmara)leolvasztó áram; ~ **kettle** *bány* dinamitfelmelegítő üst; ~ **out of freezing and casing pipes** *bány* fagyasztócső-kiolvasztás; ~ **tank** felengedőtartály *(fagyasztott anyag felengedésére)*
THD → total harmonic distortion
THE → tubular heat exchanger
theatre *ép* színház; *kat* hadszíntér; ~ **gimlet** *szersz* színfalfúró; ~ **of operations** *kat* hadműveleti terület; ~ **of war** *kat* hadszíntér
thebaine *vegy* tebain, paramorfin
theine *vegy* tein, kaffein, koffein, 1,3,7-trimetilxantin
theme téma; tárgy; tétel; *rád* szünetjel
then and only then *mat* akkor és csak akkor, pontosan akkor
thenardite *ásv* thenardit
Thenard's blue *vegy* azúrkék, királykék, leideni kék; Thenard-kék, kobaltkék
theobromine *vegy* teobromin *(alkaloid)*, 3,7-dimetil-xantin
theodolite *geod* teodolit; ~ **goniometer** *geod* kétkörös goniométer *(reflexiós)*, teodolitgoniométer; ~ **magnetometer** *geod* mágneses teodolit; ~ **telescope** *geod* teodolittávcső; ~ **with auxiliary side telescope** *geod* oldalt külpontos távcsövű teodolit
theophylline *vegy* teofillin *(alkaloid)*, 1,3-dimetil-xantin
theorem tétel, tantétel; *mat* állítás; ~ **of areal velocity** *mech* területsebességi tétel, perdülettétel; ~ **of Castigliano** *mech* Castigliano elve; ~ **of coresiduation** *mat* maradéktétel *(algebrai függvényekre és görbékre)*; ~ **of first difference transform** *mat* első differencia transzformációs tétele; ~ **of momentum** *fiz* impulzustétel; ~ **of principal axes** *mat* főtengelytétel; ~ **of reciprocity** *fiz* Betti-tétel, Betti-féle reciprocitási tétel; ~ **of residuation/residues** *mat* maradéktétel *(algebrai függvényekre és görbékre)*, reziduumtétel; ~ **of Thales** *mat* Thalész tétele; ~ **of the equipartition of energy** *fiz* ekvipartíció elve; ~ **of three moments** *mech* Clapeyron-féle egyenlet, háromnyomatéki egyenlet; ~ **of Weierstrass** *mat* Weierstrass tétele, Weierstrass-féle kettőssor-tétel; ~ **on congruence** *mat* egybevágósági tétel
theoretic(al) elméleti, ideális, képzelt, elvont; számított; ~ **air quantity** *fiz* elméleti levegőszükséglet; ~ **ceiling** elméleti csúcsmagasság; ~ **chemistry** elméleti kémia; ~ **combustion temperature** elméleti égési hőmérséklet; ~ **cut-off frequency** *el* elméleti határfrekvencia; ~ **distribution** *rendsz* elméleti eloszlás; ~ **energy yield** *en* elméleti/számított energiahozam/energia-hatásfok; ~ **flue gas quantity** *ép* elméleti égéstermék-mennyiség; ~ **formula** *mat, fiz* elméleti képlet/összefüggés; ~ **load capacity** *el* elméleti terhelési határ; ~ **margin** *távk* elméleti vételhatár; ~ **mixing output** elméleti keverési teljesítmény; ~ **no-load DC voltage** *félv* elméleti üresjárási egyenfeszültség; ~ **nuclear physics** elméleti magfizika; ~ **Patterson function** *krist* elméleti Patterson-függvény; ~ **plate** *ol* elméleti tányér(szám)/tálca(szám); elméleti/ideális tányér; ~ **profile** *ép* előírt/névleges szelvény; ~ **slope** *geol* elméleti rézsű; ~ **stage** elméleti fokozat/stádium; *ol* elméleti tányér(szám)/tálca(szám); ~ **stress** *mech* elméleti igénybevétel
theory elmélet, teória; tan; ~ **of abstract automata** *szt* absztrakt automaták elmélete; ~ **of action at a distance** *fiz* távolhatás-elmélet; ~ **of aggregates** *mat* halmazelmélet; ~ **of automatic control** *rendsz* szabályozáselmélet, automatikus vezérléselmélet; ~ **of automatized systems** *rendsz* automatizált irányítási rendszerek elmélete; ~ **of boundary equilibrium** *geol* határegyensúly-elmélet; ~ **of chance(s)** *mat* valószínűség-elmélet, valószínűség-számítás; ~ **of coding** *mat* információelmélet, hírközlés matematikai elmélete; ~ **of combinations** *mat* kombinatorikus analízis, kombinatorika; ~ **of communication** *szt* információelmélet; távközléselmélet, hírközléselmélet, kommunikációelmélet; ~ **of control systems** *rendsz* szabályozáselmélet, automatikus vezérléselmélet; ~ **of crystal growth** *krist* kristálynövekedési elmélet; ~ **of defects** *krist* rácshibaelmélet; ~ **of dynamics** *szt* dinamikus rendszerek elmélete; ~ **of elasticity** *mech* képlékenységtani elmélet; rugalmasságtan; ~ **of electrical networks** *el* hálózatelmélet, elektromos hálózatok elmélete; ~ **of emission** *el* emisszióelmélet; ~ **of errors** *mat* hibaelmélet, hibaszámítás; ~ **of failure** *mech* törési elmélet; ~ **of flight** *fiz* repülésmechanika, repüléselmélet; ~ **of functions** *mat* komplex függvénytan; ~ **of games** *szt* játékelmélet; ~ **of general systems** *szt* komplex rendszerek elmélete; ~ **of hyperbolic functions** *mat* hiperbolikus függvények elmélete, hiperbolikus trigonometria; ~ **of interlacing** *tex* kötéselmélet; ~ **of lattice** *mat* hálóelmélet; ~ **of light** *fiz* fényelmélet; ~ **of machines** gépek elmélete, géptan; ~ **of mapping** *szt* leképezéselmélet; ~ **of numbers** *mat* számelmélet, aritmetika; ~ **of optimal processes** *rendsz* optimális folyamatok elmélete; ~ **of perturbation** *mat* perturbációelmélet, perturbációszámítás, zavaráselmélet *(Hilbert- vagy Banach-térben)*; ~ **of probability** *mat* valószínűség-elmélet, valószínűség-számítás; ~ **of proportions** *mat* arányszámítás, aránytan; ~ **of quantities** *mat* mennyiségtan; ~ **of queues** *mat* sorbanállás/tömegkiszolgálás *v.* várakozási idő elmélete; ~ **of relativity** *fiz* (Einstein-féle) (általános/speciális) relativitáselmélet; ~ **of reliability** *mat* megbízhatóságelmélet; ~ **of servomechanism** *szt* szabályozáselmélet; ~ **of sets** *mat* halmazelmélet; ~ **of shells** *mech* héjelmélet; ~ **of strength** *any* törési elmélet; ~ **of the energy bands** *fiz* sávelmélet, energiasávok elmélete; ~ **of valence** *vegy* vegyértékelmélet; ~ **of vibrations** *mech* lengéstan
theralite *geol* teralit

therapeutic gyógyászati; ~ **dose** *sug* gyógykezelési dózis; ~ **gel** *gyógyv* gyógyászati gél
therapy gyógymód; ~ **tube** *orv* besugárzó röntgencső, röntgencső besugárzásos terápiához
thermactinic radiation *fiz* hőmérséklet-sugárzás, hőaktinikus sugárzás
thermae *geol* meleg források
thermal I. *a* termikus, termális, termál-, hő-, meleg; hőtani; *hőt* kalorikus; *rep* hőlég-, termik-; **II.** *n fiz* termoelem, hőelem(pár); *rep* termik, hőlég; ~ **absorption** *fiz* hőfelvétel; ~ **absorptivity** *fiz* hőkapacitás; ~ **activation** *fiz* termikus aktiválás; ~ **admittance** *fiz* termikus admittancia, hővezető képesség; ~ **agitation** *at* termikus mozgás; ~ **agitation noise** *fiz* termikus zaj, Johnson-zaj; ~ **ammeter** *el* hődrótampermérer; ~ **analysis** *at, vegy* termoanalízis, termikus analízis; ~ **anemometer** *met* hődrótos anemométer; ~ **anisotropy** *geof* hőmérsékleti/termikus anizotrópia; ~ **balance** *geof* hőmérsékleti egyensúly; *vegy* hőmérleg; ~ **barrier** *at, rep* hőfal, hőgát; *ép* hőszigetelő bevonat; ~ **beacon** *rep* infravörös iránymérő; ~ **bond** *at, vegy* termikus kötés; ~ **breakdown** *félv* termikus átütés, hőátütés, hőmegfutás; ~ **breeder (reactor)** *at* lassúneutronos tenyésztőreaktor, termikus tenyészreaktor; ~ **breeding** *at* lassúneutronos tenyésztés; ~ **bubble** *rep* termik; ~ **camber** *koh* hődomborítás; ~ **capacitance/capacity** *fiz* hőkapacitás; ~ **capture** *at* termikus befogás; ~ **chlorination** *vegy* termikus klórozás; ~ **circuit-breaker** *el* hőkapcsoló, termikus védőkapcsoló; ~ **circulation** *gépk* hűtőberendezés; ~ **coefficient** *fiz* hőtágulási tényező; ~ **coefficient of expansion** *fiz* hőtágulási együttható; ~ **collision** *at* termikus ütközés, lassúneutronütközés; ~ **column** *at, vegy* diffúziós/termikus oszlop; ~ **comparator** *fiz* hőkomparátor; ~ **compensation** *fiz* hőmérséklet-kompenzáció, hőmérséklet-kiegyenlít(őd)és; ~ **conductance/conduction** *fiz* hővezetés; ~ **conductivity** *fiz* hővezető képesség; ~ **conductivity coefficient** *fiz* hővezetési együttható; ~ **conductivity detector (TCD)** *fiz* hővezetés-detektor; ~ **conductivity ga(u)ge** *fiz* hővezetéses nyomásmérő; ~ **constriction** *at* hőhatásra bekövetkező plazmaszűkülés; ~ **contact** *félv* hőátmenet; ~ **contamination** *környv* termikus szennyezés; ~ **control** *ép* hővédelem; ~ **control room** *en* hővezénylő; ~ **convection** *hőt* hőszállítás; termokonvekció, hőáramlás; ~ **converter** *el* hőelemes átalakító, termokereszt; *szt* hőátalakító; ~ **cost equivalent** *en* kalorikus költségegyenérték; ~ **crack** *műa* hő okozta repedés, hőrepedés; ~ **cracking** *vegy* termikus bontás, hőbontás; termikus krakkolás; ~ **cross** → ~ converter; ~ **cross-section** *at* termikus hatáskeresztmetszet; ~ **crystal increasing** *krist* termikus kristálynövekedés; ~ **cut-out** *aut* hőkioldó; motorvédő kapcsoló; ~ **cutting** termikus darabolás/vágás; ~ **cutting of concrete** *ép* termikus betonvágás; ~ **cycle** *at* hőciklus; *fiz* hőtani körfolyamat; *koh* hőmérséklet-idő ciklus; ~ **cycling** *fiz* hőmérséklet-váltásos/hőmérséklet-váltakozásos igénybevétel; ~ **damage** *koh* hőártalom; ~ **data printer** → ~ printer; ~ **decay time** *ol* termikus lebomlási idő; ~ **decay time log** *ol* neutronélettartam-szelvényezés; ~ **decomposition** *fiz* hőbomlás, hőbontás, pirolízis; *koh* termikus bontás; ~ **deflection** *aut* termikus kitérítés; ~ **deformation** *mech* alakváltozás hő hatására; ~ **degradation** *vegy* hőlebontás; ~ **destruction** *élip* hőpusztulás; ~ **detector** *el* félvezetős hőmérséklet-érzékelő, hődetektor; ~ **detector of nuclear radiations** *at* termikusneutron-detektor; ~ **diffusion** *at, vegy* termodiffúzió; ~**-diffusion column** *at* termodiffúziós oszlop; ~ **diffusion method** *at* hődiffúziós izotópszétválasztási módszer; ~ **diffusivity** *fiz* hővezető képesség, hővezetési együttható; ~ **dissociation** *fiz* termikus disszociáció, hődisszociáció; ~ **disturbance** *krist* termikus zavar; ~ **drift** termikus drift; ~ **drying** *bány* hőszárítás; *élip, tex* hővel szárítás; ~ **duct** *rep* torlósugár-hajtómű; ~ **effect voltage** *el* termikus búgás okozta feszültség; ~ **efficiency** *fiz* fajlagos hőteljesítmény; hőhatásfok; ~ **effusion** *fiz* termikus effúzió, szeparációs effektus; ~ **electromotive force,** ~ **emf** *fiz* termoelektromotoros erő; termofeszültség; ~ **electronic motion** *fiz* termikus elektronok mozgása; ~ **emission** *fiz* hőkisugárzás, termikus emisszió; ~ **energy** *fiz* hőenergia, termikus energia; ~ **energy converter** *fiz* termikus energiaátalakító, hőenergia-átalakító; ~**-energy neutron** *at* lassú/termikus neutron; ~**-energy region** *at* lassúneutron-tartomány; termikusenergia-tartomány; ~ **equalization** *koh* hőmérséklet-kiegyenlítődés; ~ **equator** *csill* termikus egyenlítő; ~ **equilibrium** *fiz* hőegyensúly; termikus/hőtani egyensúly; ~ **equivalent** *fiz* hőegyenérték; ~ **etching** *krist* termikus maratás/párologtatás; ~ **excitation** *at, vegy* termikus gerjesztés; ~ **expansion** *fiz* hőkiterjedés; hőtágulás; ~ **expansion coefficient** *fiz* hőtágulási együttható; ~ **expansivity** *fiz* hőtágulási együttható; ~ **explosion** *fiz* hőrobbanás; ~ **exposure** *kat* hatásos termikus sugárzás; ~ **extension** *fiz* hőkiterjedés; ~ **fatigue** *any* hő okozta anyagkifáradás; ~ **fatigue resistance** *koh* hőmérsékletváltozás-állóság; ~ **fission** *at* termikus hasadás; ~ **fission factor** *at* termikus hasítási tényező; ~ **flow** *fiz* termokonvekció, hőáramlás; ~ **flow meter** termikus áramlásmérő; ~ **fluence** *at* termikusneutron-fluens; ~ **flux** *at* lassúneutron-fluxus; *fiz* hőáramlás; ~ **fuse** *el* túlmelegedés elleni biztosító; ~ **generation of vacancies** *krist* termikus lyukképződés; ~ **glow** *fiz* termolumineszcencia, hőlumineszcencia; ~ **glow curve** *fiz* termolumineszcens görbe, glowgörbe; ~ **gradient** *koh* hőmérséklet-gradiens; ~ **gravimetric analysis (TGA)** *vegy* termogravimetria, termogravimetriás elemzés, TGA; ~ **head** *koh* hőmérséklet-gradiens; ~ **henry** *metr* termikus henry; ~ **hum** *el* termikus búgás; ~ **hygrometer** *met* termohigrométer, termikus nedvességmérő; ~ **imaging** *fiz* termográfia; ~ **impulse welding** *műa* műanyaghegesztés hőimpulzussal; ~ **impurity** *környv* termikus szennyezés; ~ **inelastic scattering** *at* termikus rugalmatlan szóródás; ~ **inertia** *fiz* hőtehetetlenség, hőinercia; ~ **instability** *fiz* hőinstabilitás; termikus instabilitás; ~ **instrument** termikus mérőműszer; ~ **insulating material** → ~ insulator; ~ **insulation** *el, ép* hőszigetelés; ~ **insulator** *el, ép* hőszigetelő (anyag); ~ **interaction** *fiz* termikus kölcsönhatás; ~ **ionization** *at* termikus ionizáció; ~ **isolation** *el, ép* hőszigetelés; ~ **junction** *el* hőkereszt; ~ **kinetic energy** *at* hőmozgási energia; ~ **ladle** *önt* hőszigetelt öntőüst; ~ **lag** *fiz* hőtehetetlenség, hőinercia; ~ **lancing** *mt* lángfúrás; ~ **leakage** *at* lassúneutron-veszteség; termikus(neutron-)elszökés; ~ **leakage factor** *at* termikus kiszökési tényező; ~

leakage modulus *any* akkomodációs együttható/koefficiens; ~ **life** *any* élettartam ingadozó környezeti hőmérsékleten; ~ **lift** *rep* termikus felhajtóerő; ~ **limit** *el* melegedési határ, határhőmérséklet; ~ **load(ing)** *at, el* hőterhelés; ~ **log(ging)** *bány, geol* hőmérséklet-szelvényezés; ~ **loss** *fiz* hőveszteség; ~ **luminescence** → ~ glow; ~ **martensite quenching** *koh* martemperálás; ~ **measurement** *geof* termikus mérés; ~ **metamorphism** *geol* termometamorfizmus; ~ **method** *geof* (geo)termikus módszer; ~ **method of rock consolidation** *bány* kőzetszilárdítás termikus módszerrel; ~ **microphone** *rád* hődrótos mikrofon; ~ **motion** *fiz* hőmozgás; ~**-neutron chain-reaction** *at* lassúneutronos láncreakció; ~**-neutron cross-section** *at* lassúneutron-hatáskeresztmetszet; ~**-neutron detector** *at* termikusneutron-detektor; ~**-neutron fission** *at* lassú neutron okozta hasadás; ~**-neutron lifetime** *fiz* diffúziós idő, termikus neutronok élettartama; ~**-neutron reactor** *at* lassúneutronos atomreaktor; ~ **neutrons** *at* lassú/termikus neutronok; ~ **noise** *el, távk* termikus zaj, Johnson-zaj, hőzaj, ellenállászaj; ~ **noise generator** *el* termikus zajgenerátor; ~ **ohm** *hőt* termikus ohm; ~ **output** *at* termikus teljesítmény; ~ **overcurrent relay** *el* termikus túláramrelé; ~ **overload capacity** *el* termikus túlterhelhetőség; ~ **paper** *szt* hőre érzékeny papír; ~ **pile** *el* termikus reaktor; ~ **pit** *fiz* hőnyelő; ~ **plug** *gép* gyújtógyertya alakú mérő hőelem; ~ **pollution** *at* hőszennyezés, termikus szennyezés; ~ **power** *fiz* hőteljesítmény; ~ **power current** *el* hőáram; ~ **power plant/station** *en* hőerőmű; ~ **precipitator** hőpormérő; ~ **prehistory** *műa* „hőtörténet" *(az anyagot előzőleg ért hőhatások)*; ~ **principal conductivity** *fiz* fő hővezető képesség; ~ **printer** *szt* hőnyomtató, termikus nyomtató, termonyomtató; ~ **print-out device** → ~ printer; ~ **process** *vegy* termikus eljárás; ~ **protection** *fiz* hővédelem, termikus védelem; ~ **protection system** *kat* hőpajzs; ~ **punch-through** *el* termikus átütés; ~ **quenching** *el* termikus kioltás; ~ **radiation** *fiz* hőmérsékleti sugárzás, hősugárzás; termikus rádiófrekvenciás sugárzás; ~ **radiator** *fiz* hőmérsékleti sugárzó, hősugárzó; ~ **radiometer** *fiz* hősugárzásmérő; ~ **range** → ~ energy region; ~ **rating** *el* hőterhelhetőség; megengedett melegedés; ~ **reactor** *at* termikus reaktor; ~ **receiver** *távk* termikus vevő *(telefon)*; ~ **receptor of radiation** *fiz* termikus sugárzásérzékelő; ~ **reclaiming process** *gumi* termikus regenerálás; ~ **recovery** *ol* termikus telepművelési rendszer; ~ **refining** *hők, koh* finomító hőkezelés; ~ **reforming** *vegy* termikus reformálás; ~ **regenerator** *en* regenerátor, hőtároló, előmelegítő kamra, periódusos üzemű hőcserélő; ~ **regulator** *el* hőszabályozó; ~ **relay** *el* hőjelfogó; termosztát, hőfokszabályzó; ~ **release** *el* hőkioldó; ~ **resistance** *el* termikus ellenállás, hőellenállás, hővezetési ellenállás; ~ **resistance factor** *el* hővezetési ellenállás tényezője; ~ **resistance test** *el* hőellenállás vizsgálata; ~ **resistor** *távk* termisztor; ~ **response** *at* hőfokváltozási jelleggörbe; hőreakció; ~ **runaway** *el* hőinstabilitás; termikus megfutás; ~ **sensitive resistor** *távk* negatív hőmérsékleti együtthatós tranzisztor; ~ **sensor** *el* termikus érzékelő, hőérzékelő; ~ **servo-switch** *el* bojtár-hőfokkapcsoló; ~ **shield** *at* lassú neutronok elleni sugárvédelem; ~ **shift of a.c. characteristics** *el* együttfutási jelenség; ~ **shock** *fiz* hőlökés, hősokk, lökésszerű hőhatás; *szt* hőártalom; ~ **shock shield** *at* termikussokk-védelem; ~ **short-time current rating** *el* termikus rövid idejű terhelhetőség, termikus átmeneti teljesítmény, termikus/melegedési határáram; ~ **siphon** *at, fiz* termikus szifon, hőszifon, termoszifon; ~ **soaring** *rep* termikrepülés; ~ **spike** hevítési ék; hevítési front csúcsa; *at* pillanatszerű hőfelszabadulás; *krist* termikus zavartartomány; ~ **spray** termikus fémszórás *(bevonat képzésére)*; ~ **spring** *hidr* hévízforrás; ~ **stability** *bány* hőállóság; *fiz* termikus stabilitás; ~ **station** *en* hőerőmű; ~ **storage capacity** *el* hőtárolási képesség; ~ **strain** *any* hőfeszültség; hőhatás okozta deformáció; ~ **stratification** *hidr* hőmérsékleti rétegződés; hőrétegzettség; ~ **stress** *fiz* hőfeszültség, hő okozta feszültség; hőterhelés; ~ **stress analysis** *fiz* hőfeszültségek elemzése; ~**-stress fatigue** *any* anyagkifáradás hőfeszültség következtében; ~ **superconduction/superconductivity** *el* termikus szupravezetés, szuperhővezető képesség; ~ **superconductor** *el* szuprahővezető; ~ **temperature rise** *fiz* hőfokemelkedés; ~ **time constant** *el* hőidőállandó; ~ **time constant of the thermal converter** *el* hőátalakító termikus időállandója; ~ **transfer print** *szt* közvetett hőnyomtatás *(vonalkódnyomtatás)*; ~ **transmittance** *fiz* hőátadás; ~ **treatment** *mt* hőkezelés; ~ **trip** *el* hőkioldó; ~ **tripping** *el* hőkioldás; ~ **tuning** *távk* termikus széthangolódás/elhangolódás; ~ **tuning rate** *távk* termikus elhangolási sebesség; ~ **tuning sensitivity** *távk* termikus hangolásérzékenység; ~ **tuning time** *távk* termikus elhangolási idő; ~ **unit (TU)** *fiz* hőegység; ~ **up-current** *met* termikus feláramlás; ~ **utilization factor** *at* lassúneutron-hasznosítási tényező; termikus hasznosítási tényező; ~ **value** *fiz* fűtőérték; ~ **velocity** *fiz* hőmozgási sebesség; ~ **vibration** *krist* hőrezgés, termikus rezgés; ~ **water(s)** *geol* hévíz, termálvíz; ~ **water spring** *geol* hévízforrás; ~ **water utilization** *hidr* hévízhasznosítás; ~ **water well** *hidr* hévízkút; ~ **wind** *met* termikus szél

thermalization *at* termalizáció, lassítás termikus sebességre; ~ **process** *at* lelassulási/moderálási folyamat

thermalize *at* termikus sebességig lelassít *(neutront)*

thermally termikusan; ~ **sensitive resistor** *el* negatív hőmérsékleti együtthatós tranzisztor

thermatomic (black) *gumi* termatomos korom

thermautostat *el* elektronikus hőmérséklet-szabályozási rendszer

thermic termikus; termál; ~ **bimetal relay** *el* termikus bimetallrelé/kettősfémrelé; ~ **lance** *mt* lángfúró; ~ **overcurrent release** *el* termikus túláramkioldó; ~ **reduction** *koh* termikus redukció

thermion *fiz* termoion, termikusan keltett elektron, termoelektron, hőelektron

thermionic elektronikus; elektron-; ~ **amplifier** *rád* csöves erősítő; elektroncsöves erősítő; ~ **arc** *el* hővillamos ív; ~ **cathode** *el* izzókatód; ~ **conduction** *el* elektronemisszió által létrejött áramvezetés; ~ **converter** *el* termoemissziós generátor; ~ **current** *el* elektronáram; ~ **detector** *rád* detektorcső; dióda; ~ **diode** izzókatódos/termoelektromos dióda; ~ **discharge** *el* izzókatódos kisülés; ~ **effect** *el* izzókatódos elektronemisszió; ~ **electron emission** *el* termikus elektronemisszió; ~ **emission** *el* termikus emisszió, Richardson-jelenség; ~ **emitting cathode** *el* hőemissziós katód, izzókatód; ~ **emitting element** *el* termikus/hőemissziós elem; ~ **energy converter** *el* termomissziós generátor; ~ **grid emission** *el* termikus rácsemisszió; ~ **ion emission** *el* termikus ionemisszió; ~ **ionization vacuum ga(u)ge** *el* izzókatódos ionizációs vákuummérő; ~ **ion source** *el* termikus ionforrás; ~ **oscillator** *el* (elektron)csöves generátor; csőgenerátor; ~ **rectifier** *el* izzókatódos egyenirányító; ~ **relay** *el* jelfogócső, ionjelfogó; ~ **transformer** *el* termionos/elektronikus átalakító; ~ **transistor** *el* termoelektromos tranzisztor; ~ **valve** *el* izzókatódos cső, elektroncső; jelfogócső, ionjelfogó; katódsugárcső, Braun-cső; ~**-valve** *el* elektroncsöves; ~**-valve receiver** *rád* izzókatódos csöves vevő; ~ **voltmeter** *el* elektroncsöves/elektronikus voltmérő; ~ **work function** *el* kilépési munka *(fotoelektroné)*

thermionics *el* (termikus emissziós) elektronika

thermistor *félv* hőfokfüggő ellenállás; negatív hőmérsékleti együtthatós tranzisztor; termisztor, NTK/NTC-ellenállás; ~ **bolometer** *el* termisztorbolométer; ~ **bridge** *el* termisztoros mérőhíd; ~ **disc/disk** *távk* termisztortárcsa; ~ **ga(u)ge** *el* termisztoros nyomásmérő; ~ **heat-detector cell** *el* termisztoros túlhevítés-érzékelő; ~ **mount** *el* bolométeres teljesítménymérő fej; termisztorszerelvény; ~ **resistance** *el* termisztor-ellenállás; ~ **sensor** *el* termisztoros érzékelő; ~**-type thermostat** *el* termisztoros termosztát/hőfokszabályozó; ~ **vacuum ga(u)ge** *el* termisztoros nyomásmérő

thermit(e) (TH) *vegy* termit; ~ **heating** *heg* melegítés termitkeverékkel; ~ **metal** *vegy* termitfém; ~ **mo(u)ld** *vegy* illesztés körüli forma termithegesztéskor; ~ **process** *koh* aluminotermikus eljárás; ~ **welding** *heg* termithegesztés

thermoacoustics *fiz* termoakusztika

thermoammeter *el* hőhatáson alapuló ampermérő

thermoanalysis *fiz* termikus analízis

thermoanalytic(al) *fiz* hőanalitikus, termoanalitikus, termoanalízissel nyert

thermobattery *el* termoelemoszlop, hőelemoszlop

thermocartogram *félv* hőtérkép

thermocell *fiz* termoelem, hőelem(pár)

thermochemical | **gas analyzer** *vegy* termokémiai gázanalizátor; ~ **treatment** *koh* termokémiai kezelés

thermochemistry *vegy* termokémia

thermocline *hidr* hőmérsékleti gradiens a hőmérsékletugrás rétegében; metalimnion

thermocolorimeter *fiz* termokoloriméter

thermocolour, *US* **thermocolor** *vegy* hőfokjelző festék, hőfesték

thermocompensated *fiz* hőkompenzált

thermocompression | **bond, TC bond** *el* termokompressziós kötés, TC kötés; ~ **welding** *heg* hőkompressziós hegesztés

thermoconductometric gas analyzer *vegy* hővezetőképesség-méréses gázelemző

thermocontrol *fiz* hőmérséklet-szabályozás, termoreguláció

thermoconvection *fiz* termokonvekció, hőáramlás

thermocouple (TC) *el* hőelem(pár), termoelem, hőkereszt, termokereszt; ~ **ammeter** *el* hőelemes ampermérő, termoampermérő; ~ **electromotive force** *el* termoelektromotoros erő; ~ **galvanometer** *el* termogalvanométer, hőgalvanométer, hőelemes/hődrótos galvanométer; ~ **ga(u)ge** *el* hőelektromos nyomásmérő; ~ **ga(u)ge head** *el* termoszonda, termoelektromos mérőfej/szonda/érzékelő; ~ **instrument** *el* termokeresztes műszer; termoműszer; ~ **meter** *el* termokeresztes műszer; ~ **pyrometer** *el* hőelemes pirométer; ~**s group converter** *el* termoelemes csoportátalakító; ~ **thermometer** *el* termoelemes/hőelemes hőmérő; ~**-type galvanometer** → ~ galvanometer; ~ **vacuum ga(u)ge** *el* hőelemes/termoelemes vákuummérő; ~ **voltmeter** *el* termofeszültségmérő, termovoltmérő; ~ **wattmeter** *el* termoteljesítménymérő, termowattmérő; ~ **wire** *el* termoelemhuzal

thermocross *el* termokereszt, hőkereszt

thermocurrent *el* termoelektromos/hőelektromos áram, hőáram, termoáram

thermodetector *el* bolométer, hődetektor

thermodiffusion *fiz, koh* termodiffúzió; ~ **coating** *koh* termodiffúziós bevonatkészítés

thermoduric *fiz* hőtűrő, hőellenálló

thermodynamic(al) hőtani, termodinamikai; ~ **concentration** *vegy* termodinamikai koncentráció; ~ **efficiency** *fiz* termodinamikai hatásfok, hőhatásfok; ~ **equilibrium** *vegy* termodinamikai egyensúly; ~ **potential** *vegy* termodinamikai potenciál, szabad energia; ~ **scale of temperature** *fiz* Kelvin-skála, abszolút hőmérsékleti skála; ~ **yield** *fiz* termodinamikai hozam, hőhozam

thermodynamics *fiz* termodinamika, hőtan; ~ **of irreversible processes** *at* nem egyensúlyi termodinamika; ~ **of the nucleus** *at* nukleáris termodinamika, atommag termodinamikája

thermoelastic | **effect** *fiz* termoelasztikus hatás; ~ **stress** *fiz* termoelasztikus feszültség

thermoelasticity *fiz* termoelaszticitás

thermoelectric(al) *el* termoelektromos, hővillamos; ~ **actinometer** *el* hőelektromos sugárzásmérő; ~ **baffle** *vák* Peltier-csapda; ~ **battery** *el* termoelemoszlop, hőelemoszlop; ~ **comparator** termoelektromos komparátor; ~ **converter** termoelektromos átalakító; ~ **cooling** termoelektromos/hővillamos hűtés; ~ **couple** termoelem, hőelem(pár); ~ **cross** termokereszt, hőkereszt; ~ **current** termoelektromos/hőelektromos áram, hőáram, termoáram; ~ **detector** termoelektromos/hővillamos detektor; ~ **effect** *fiz* termoelektromos/hőelektromos effektus/hatás, Seebeck-effektus; ~ **element** *el* termoelem, hőelem(pár); ~ **force** *koh* termoelektromos erő; ~ **generator** *el* termoelektromos átalakító; termoelektromos/hővillamos generátor; ~ **junction** *el* termoelektromos átmenet; ~ **measurement** *el* termoelektromos/hővillamos mérés; ~ **pile** *el* hőelem; ~ **power** *fiz* termoelektromotoros erő, termoerő; ~ **psychrometer** *el* hőelektromos nedvességmérő; ~ **pyrometer** *el* hőelektromos/termoelektromos pirométer; ~ **series** *el* termoelektromos sorozat; ~ **transmitter of thermal flow** *el* termoelektromos hőáram-távadó; ~ **trap** *vák* Peltier-csapda; ~ **voltage** *el* termoelektromotoros erő; termofeszültség

thermoelectrically cooled detector *el* termoelektromosan hűtött detektor

thermoelectricity *el* termoelektromosság, hőelektromosság

thermoelectrode *el* hőelektród

thermoelectrodynamics *fiz* termoelektrodinamika

thermoelectroluminescence *fiz* elektrotermolumineszcencia
thermoelectromotive force *fiz* termoelektromotoros/hőelektromos erő
thermoelectron *el* termoelektron
thermoelectronic emission characteristic *el* izzókatódos emissziós karakterisztika
thermoelectrostatics termoelektrosztatika
thermoelement (couple) *el* termoelem, hőelem(pár)
thermo-e.m.f. → thermoelectromotive force
thermofission *at* lassúneutronos atomhasítás
thermoforming *műa* hőformázás
thermofusion *at* hőhatásra bekövetkező fúzió
thermogalvanometer *el* termogalvanométer, hőgalvanométer, hőelemes/hődrótos galvanométer
thermogram *el* termogram; *met* hőmérsékletíró szalagja/görbéje
thermograph *met* hőmérsékletíró, öníró hőmérő; termográf, regisztráló hőmérő
thermographic detector *el* termográfiai detektor
thermography *nyom* hőnyomtatás; *szt* termográfia
thermogravimetric analysis (TGA) → thermal gravimetric analysis
thermogravimetry *geol, vegy* termogravimetria
thermogrinding *bány* szárítóőrlés
thermoinsulated moisture-tight chamber *el* hőkamra/melegítőkamra és nedvesítőkamra
thermoisopleth *met* hőmérsékleti görbe
thermojunction *el* termoelektromos érintkezőfelület; termokereszt
thermolabile *vegy* hőlabilis, nem hőstabil; ~ **injection** *gyógyv* hőérzékeny injekció
thermoluminescence *fiz* termolumineszcencia, hőlumineszcencia; ~ **curve** *fiz* termolumineszcens görbe, glowgörbe; ~ **detector (TLD)** *at* termolumineszcens detektor; ~ **emission peak** *at* termolumineszcens kibocsátási csúcs
thermoluminescent dosemeter *sug* termolumineszcens doziméter
thermolysis *fiz* termolízis, termikus disszociáció, hődisszociáció
thermomagnetic | **alloy** *koh* hőmágneses ötvözet; ~ **effect** *el* hőmágneses hatás; ~ **gas analyzer** *vegy* hőmágneses gázanalizátor
thermomagnetism *fiz* termomágnesség, hőmágnesség
thermomechanical | **lamination/rolling** *koh* termomechanikus hengerlés; ~ **treatment** *koh* termomechanikus kezelés
thermomechanics *fiz* termomechanika
thermometallurgy *koh* termometallurgia
thermometamorphism *geol* termális metamorfózis, termometamorfózis
thermometer hőmérő; hőmérsékletmérő; ~ **resistor** *el* ellenállás-hőmérő; ~ **shelter** *met* hőmérőházikó; ~ **tube** *el* hőérzékelő pirométercső; tokozott hőfokérzékelő
thermometric | **crayon** *fiz* hőmérsékletjelző ceruza, fényceruza; ~ **depth** *geol* termometrikus mélység; ~ **logging** *bány* hőmérséklet-szelvényezés; ~ **paper** *vegy* hőmérőpapír; ~ **scale** *fiz* hőmérsékleti skála
thermometrograph *fiz* termográf, hőíró, regisztráló hőmérő
thermometry *fiz* hőmérsékletmérés
thermomotor *fiz* hőlégmotor
thermonatrite *ásv* termonatrit
thermonegative *fiz* termoelektromos feszültségi sorban negatív
thermoneutrality *fiz* hősemlegesség
thermonuclear *at* termonukleáris, (mag)fúziós; ~ **apparatus** termonukleáris/fúziós berendezés; ~ **bomb** atombomba; ~ **cycle** termonukleáris körfolyamat; ~ **energy** fúziós energia; ~ **fuel** termonukleáris tüzelőanyag; ~ **fusion** termonukleáris (mag)fúzió; ~ **plant** termonukleáris/fúziós berendezés; ~ **reaction** termonukleáris reakció; ~ **reactor** termonukleáris (fúziós) reaktor; ~ **temperature** termonukleáris reakció-hőmérséklet; ~ **transformation** termonukleáris átalakulás; ~ **weapon** *kat* termonukleáris fegyver
thermonucleonics *at* termonukleáris technika, termonukleonika
thermooil heating system *hőt* termoolaj-fűtőberendezés
thermophone *hang* termofon; *rád* hődrótos fejhallgató/hangszóró
thermophor kiln *koh* thermoforeljárás regenerálókemencéje
thermophorous catalytic cracking *vegy* termofor katalitikus hőbontás
thermophyllite *ásv* termofillit
thermopile *el* termo(elem)oszlop, hőelemoszlop
thermoplast *műa* hőre lágyuló *v.* termoplasztikus műanyag
thermoplastic *műa* hőre lágyuló, hőképlékeny, termoplasztikus; ~ **binding** *nyom* ragasztókötés; ~ **plate** *nyom* hőre lágyuló *v.* termoplasztikus műanyag nyomólemez; ~ **recording** *foto* termoplasztikus feljegyzés; ~ **resin** *vegy* hőre lágyuló műgyanta
thermoplasticity *műa* hőre lágyulás, hőképlékenység; termoplaszticitás, hőre lágyuló tulajdonság
thermopositive el hővillamos feszültségi sorban pozitív
thermopower *el* termoerő
thermopression-bond(ing) *el* termokompressziós kötés
thermoprinter *szt* hőnyomtató
thermoquenching *el* termikus kioltás
thermoregulating valve *gép* hőmérséklet-szabályozó szelep
thermoregulation *fiz* hőmérséklet-szabályozás, termoreguláció
thermoregulator *fiz* hő(fok)szabályozó
thermorelay *el* hőjelfogó, áramerősítő hőrelé
thermos | **flask** *vegy* Dewar-edény, Dewar-(vákuum)-palack, Dewar; termoszpalack; ~**-truck** hűtő teherkocsi *(hűtőgép nélküli)*
thermoscope *fiz* termoszkóp, hőmérséklet-változást jelző műszer
thermoscopic hőmérséklet-változásra érzékeny
thermoset *műa* hőre keményedő (mű)anyag; ~ **extrusion** *műa* csőpréselés, szálpréselés, indasajtolás
thermosetting **I.** *a műa* hőre/hőhatásra keményedő; hővel keményíthető; **II.** *n műa* keményítés hőhatással; ~ **device** *tex* hőrögzítő szerkezet; ~ **material** *műa* hőre keményedő (mű)anyag; ~ **plates** *pl nyom* hőre keményedő műanyag nyomólemez; ~ **resin** *vegy* hőre keményedő műgyanta
thermosiphon *gép* termoszifon; ~ **circulation/cooling** *gépk* termoszifonhűtés
thermosphere *met* ionoszféra, termoszféra, Heaviside-réteg

thermostable *fiz* hőálló, hőstabil; ~ **drilling fluid** *ol* hőstabil fúrási folyadék; ~ **explosive** *bány* hőálló robbanóanyag
thermostat *fiz, gép* hőfokszabályozó, termosztát; *gépk* hűtővíz-szabályozó; ~ **with thermal transducer** *aut* hőmérséklet-érzékelő termosztát
thermostated *fiz* szabályozott hőmérsékletű, termosztált
thermostatic *fiz* termosztatikus; termosztátos; ~ **carburettor/carburetter** *gépk* termosztátos porlasztó; ~ **control** *gép* termosztatikus szabályozás; ~ **controller** *gép* termosztatikus szabályozó; ~ **expansion valve (TEV)** *gép* termosztatikus expanziós szelep; ~ **gas analyzer** *vegy* termosztatikus gázanalizátor; ~ **liquid level control** *gép* termosztatikus szintszabályozó; ~ **relay** *el* termosztátrelé; ~ **throttling valve (TTV)** *gép* termosztatikus szívónyomás-szabályozó; ~ **valve** *gép* termosztatikus szabályozószelep
thermostatically controlled *fiz* szabályozott hőmérsékletű, termosztált
thermostratification *hidr* hőrétegzettség
thermoswitch *el* hőkioldó
thermotensile *fiz* termoduktilis
thermotropic *at* termotropikus
thermovoltage *el* termofeszültség, termoelektromotoros erő
thermovoltmeter *el* termofeszültségmérő, termovoltmérő
thesauric information *szt* szókincs-információ
thesaurus *szt* tezaurusz, fogalomköri szótár
theta | **function** *at, fiz* théta-függvény; ~ **pinch** *at* théta-pinch-effektus
Thévenin's | **equivalent** *el* Thévenin-ekvivalens; ~ **generator** *el* Thévenin-féle (helyettesítő/ekvivalens) generátor; ~ **theorem** *el* Thévenin-tétel
THF → tetrahydrofurane
THI → temperature-humidity index
thiamine *vegy* tiamin
thiazine | **dye** *vegy* tiazinszínezék; ~**s** *vegy* tiazinok
thiazole *vegy* tiazol *(heterociklus)*; ~ **dye** *vegy* tiazolszínezék
thick vastag; sűrű; sűrűn folyó(s); tömény; iszapos, zavaros *(víz)*; ~ **anodizing** *el* mély anodálás/eloxálás, vastag rétegű anodálás/eloxálás; ~**-bedded stratification** *bány* pados rétegzettség; ~**-capping** *bány* vastag takaróréteg; ~ **dipole** *el* vastag dipólus; ~ **file** *szersz* vastagreszelő; ~**-film capacitor** *rád* vastagréteg-kondenzátor; ~**-film composition/ink** vastagrétegpaszta; ~**-film (integrated) hybrid circuit** *el* vastagréteg-hibridáramkör; ~**-film integrated circuit** *szt* vastagréteg-integrált áramkör; ~**-film lubrication** *gép* teljes kenés; ~**-film microcircuit** vastagréteg-áramkör; ~**-film paste** vastagrétegpaszta; ~**-film resistor** vastagréteg-ellenállás; ~**-film technique/technology** vastagréteg-technika; ~ **fire** *hőt* vastag rétegű tüzelés; ~**(-)juice** *cu* sűrűlé; ~ **lens** *opt* vastag lencse; ~ **oil** *vegy* vastag olaj; ~ **place in the yarn** *tex* fonalvastagodás *(hiba)*; ~ **rule** *nyom* vastag lénia; ~**-seam mining** *bány* vastag telepek művelése; ~**-section casting** *önt* vastag falú öntvény; ~ **sheet** *heng* durvalemez; ~ **source** *sug* vastag sugárforrás; ~ **space** *nyom* hárompontos szóköz; ~ **target** *sug* vastag céltárgy; ~ **vellum** *pa* pergamenpapír; ~**-walled casting** *önt* vastag falú öntvény; ~**-wall(ed) (drill) pipe** *ol* vastag falú fúrócső; ~**-walled ionization chamber** *at* vastag falú ionizációs kamra; ~ **weather** *rep* ködös idő
thicken (be)sűrít; tömörít; vastagít; vastagodik, vastagszik; tömörül; sűrűsödik, megsűrűsödik; besűrűsödik; zavarosodik
thickened vastagított, megerősített; ~**-edge slab** *ép* megerősített szélű betonlap; ~**-edge-type concrete pavement** *ép* vastagított peremű betonburkolat; ~**-edge-type section** *ép* megerősített szélű útburkolat-keresztmetszet; ~ **printing colo(u)r** *tex* sűrített nyomószínezék; ~ **pulp** *vegy* besűrített zagy; ~ **red mud** *koh* besűrített iszap; ~ **slime** *bány* nehéz öblítőfolyadék; ~ **sludge/slurry** *hidr* besűrített iszap
thickener sűrítő, dúsító; *koh* sűrítőkád; *pa* besűrítő; *tex* tömörítő; *tex, vegy* sűrítőanyag; sűrítőszer
thickening vastagodás; vastagítás; *hidr* iszapsűrítés; *vegy* (be)sűrítés; (be)sűrűsödés; ~ **agent** *tex* sűrítőszer; ~**-chest** *pa* besűrítőkád; ~ **cone** *vegy* ülepítőtölcsér; ~ **cylinder** *pa* víztelenítőhenger; ~ **power** *vegy* sűrítőképesség
thicket fiatal erdő; sűrű bozót
thickness vastagság; *bány* rétegvastagság; *geol* tárolókőzet-vastagság; *vegy* sűrűség; ~ **board** *önt* lehúzóléc; ~ **chart** *met* relatív örvényesség; ~ **dummy** *nyom* könyvmakett *(szöveg nélkül)*; ~ **ga(u)ge** *metr* hézagmérő; vastagságmérő; ~ **ga(u)ging/measurement** *fiz* vastagságmérés; ~ **map** *bány* vastagságvonalas térkép; ~ **measurement of layers** *el* rétegvastagság-mérés; ~ **measurement with radionuclides** *koh* izotópos vastagságmérés; ~ **meter** *fiz* vastagságmérő; ~ **of half-radioactivity** *at* radioaktív felezési vastagság; ~ **of layer** *el* rétegvastagság; ~ **of reservoir layer** *bány* effektív tárolókőzet-vastagság; ~ **of sheath** *el* burkolatvastagság *(kábelé)*; ~ **ratio** *rep* viszonylagos szelvényvastagság; ~**-setting rod** *gép* vastagságbeállító rúd; ~ **tester** *gép* vastagságmérő; ~ **tolerance meter** *finm* vastagságtűrés-mérő; ~ **vibration** *el* vastagsági/keresztirányú/transzverzális rezgés
thicknesser *fa* vastagsági gyalu
thicknessing *fa* vastagsági; ~ **machine** *fa* vastagsági gyalugép
thickset I. *a mzg* sűrűn ültetett; **II.** *n tex* csíkos pamutbársony, kordbársony
thickweb drill *szersz* vastaglelkű csigafúró
thief *any* próbavevő, mintavevő; ~**-tube** *ol* mintavevő; *vegy* lopó, próbavevő cső; ~ **zone** *ol* nyelési öv/mélység
thiefproof tank lock *gépk* biztonsági (üzemanyag-)tartálysapka
thienyl *vegy* tienilgyök, tiofén egyértékű gyöke
thigh narrowing *kh* combfogyasztás
thill *ker* kocsirúd *(kétágú)*; vékony tűzálló agyagréteg; ~ **rail** kocsirúdkampó, kocsirúdhorog
thimble gyűszű; réz csőkötés/karmantyú; kötélszív; *el* kábelsaru, végelzáró, csatlakozó; *gumi* nyersgumi darab; *kat* puskalövedék acélköpenye; *szer* zárdió; *szersz* csőtágító tüske; gombpréselő forma; ~ **chamber** → ~ ionization chamber; ~ **coupling** *gépk* karmantyús tengelykapcsoló; ~ **emitter** *rád* üregkatód; ~ **ionization chamber** *at* gyűszű alakú ionizációs kamra; gyűszűkamra; ~ **printer** *szt* gyűszűnyomta-

tó; ~ **slag car** *ép* hengeres salakszállító kocsi; ~**-tube boiler** *hőt* Field-kazán; gyűszűcsöves kazán/hőcserélő; ~**-type trap** *vák* hűtőszonda

thin I. *v* hígít, vékonyít; ritkít; gyérít; gyérül, ritkul; *tex* vékonyít; *vegy* hígít; **II.** *a* vékony, keskeny; híg, gyenge; gyér, ritka; sovány *(termőföld)*; tompa *(fény)*; *tex* vékony *(anyag)*; ~ **board** *fa* deszkácska, lemez *(10 mm-nél vékonyabb)*; ~**-bodied oil** *ol* könnyű *v.* kis viszkozitású olaj, „vékony" olaj; ~**-coated electrode** *heg* vékonyan bevont hegesztőpálca; ~ **cocoon** *tex* vékony falú gubó; ~**-current conveying** híg áramú szállítás; ~**-current wet injection method** híg áramú vizes lövellési eljárás; ~**-drawn** *heng* finomra/vékonyra húzott; ~ **fender** *bány* kis védőpillér; ~ **film** *fiz* vékony réteg/film; ~**-film capacitor** *el* vékonyréteg-kondenzátor; ~**-film chromatography** *el* vékonyfilm-kromatográfia; ~**-film circuit (TFC)** *el* vékonyréteg-áramkör; ~**-film distillation** *ol* vékonyfilm-lepárlás, filmlepárlás; ~**-film drier** *ol* vékonyréteges szárító; ~**-film evaporation** *ol* filmbepárlás; ~**-film evaporator** *ol* filmbepárló; ~**-film field effect transistor** *el* vékonyréteg-tranzisztor; ~**-film integrated circuit** *el* vékonyréteg integrált áramkör; ~**-film lubrication** *gép* határkenés; ~**-film magnetic storage** *szt* mágneses vékonyréteges tárolás; ~**-film memory** *szt* vékonyréteg-memória, vékonyhártyás/vékonyréteges memória/tároló; ~**-film microcircuit** → ~-film circuit; ~**-film resistor** *el* vékonyréteg-ellenállás; ~**-film storage** *el* vékonyréteges tárolás; ~**-film store** → ~film memory; ~**-film technique/technology** *el* vékonyréteg-technika; ~ **film thickness measurement** vékonyfilm-vastagságmérés; ~**-film transistor (TFT)** *el* vékonyréteg-tranzisztor; ~ **flame** *heg* szúróláng; ~ **foil** *heng* vékonyfólia; ~**-ga(u)ge welding** *heg* vékonylemez-hegesztés; ~ **glassine** *pa* vékony pergamenpapír; ~**-groundstone plate** *geol* vékony kőzetcsiszolat; ~ **hide** *bőr* lapos nyersbőr *(vékony)*; ~ **juice** *cu* híglé *(cukorgyár)*; ~ **kerf** *bány* keskeny rés; ~**-kerf bar** *bány* vékony réselőkar; ~**-layer chromatography (TLC)** → ~-film chromatography; ~**-layer fill** *ép* feltöltés vékony rétegekben; ~**-liquid** hígfolyós; ~ **out** *v bány* elvékonyodik; *élip* ritkít *(szitabevonatot)*; *mzg* egyel; ~ **pillar** *bány* kis pillér; ~ **place** *tex* vékonyodás *(szövethiba)*; ~ **plank** *fa* vékony deszka *(1"-nál vékonyabb)*; ~ **rule** *nyom* finom lénia; ~ **seam** *bány* zsinór; *geol* vékony telep; ~ **section** vékony csiszolat *(mikroszkópiai vizsgálathoz)*; ~**-section casting** *önt* vékony falú öntvény; ~**-sheet mill** *heng* finomlemez-hengermű; ~ **shell** *fiz* héj *(rugalmasságtanban)*; ~**-shell barrel roof** *ép* dongahéjboltozat; ~**-shell construction** *ép* héjboltszerkezet; ~**-skinned** *élip* vékony héjú; *kat* gyengén páncélozott; ~**-skinned ingot** *önt* vékony megdermedt fémrétegű öntecs; ~ **soil** *mzg* sovány (termő)talaj; ~ **source** *sug* vékony sugárforrás; ~ **space** *nyom* vékony/finom spácium; ~ **stripe** *tex* vékonyodás *(szövethiba)*; ~ **stroke** *nyom* hajszálvonal; ~ **target** *sug* vékony céltárgy; ~ **vault** *ép* héjboltív, héjboltozat; ~**-wall beam** *ép* faltartó; ~**-wall bearing** *gépk* vékony falú csapágy; ~**-wall chamber** → ~-walled ionization chamber; ~**-walled** vékony falú; ~**-walled blast furnace** *koh* vékony falú nagyolvasztó; ~**-walled casting** *koh* vékony falú öntvény; ~**-walled ionization chamber** *at* vékony falú ionizációs kamra; ~**-walled profile** *ép* vékony falú szelvény; ~ **window counter (tube)** *el* vékony ablakú számláló(cső)

thinner hígító; *mzg* ritkító, egyelőgép

thinning hígítás; ritkítás, gyérítés; vékonyítás; gyengítés *(méretben)*; gyérülés, ritkulás; *mzg* erdőirtás; ~ **area** *fa* gyérítési terület; ~ **factor** *ép* hígítási tényező; ~**-out** *bány* kiékülés; telepelvékonyodás

thioacid *vegy* tiokarbonsav

thioalcohol *vegy* tioalkohol, tiol, merkaptán

thioaldehyde *vegy* tioaldehid

thiobenzophenone *vegy* tiobenzofenon

thiocarbamide *vegy* tiokarbamid

thiocarbanilide *vegy* tiokarbanilid, difenil-tiokarbamid

thiocarbonate *vegy* tiokarbonát

thiocarbonyl *vegy* tiokarbonilgyök; ~ **chloride** *vegy* tiokarbonil-diklorid, tiofoszgén

thiocyanate *vegy* tiocianát, rodanid

thiocyanic acid *vegy* tiociánsav

thiocyanogen *vegy* rodán; ~ **value** *élip* rodánszám

thio-ester *vegy* tioészter

thio-ether *vegy* tioéter

thiofuran → thiophene

thioglycolic acid *vegy* tioglikolsav

thioindigo dye *vegy* tioindigó-színezék

thiokol *vegy* tiokol *(etilén-dikloridból polimerizált műanyag)*

thiol *vegy* tiol, tiolalkohol, tiolgyök

thiolic acid *vegy* tiolsav

thionaphthene *vegy* tionaftén *(benzolból és tiofénből felépített heterociklus)*

thionate *vegy* tionát

thione *vegy* tion, tioketon

thionic acid *vegy* tionsav

thionthiolic acid *vegy* tiontiolsav, ditionsav

thionyl *vegy* tionilgyök; ~ **chloride** *vegy* tionil-klorid

thiophene *vegy* tiofén

thiophenol *vegy* tiofenol, fenilmerkaptán

thiophil *vegy* kénkedvelő

thiophosgene *vegy* tiofoszgén, tiokarbonil-diklorid

thiophosphoryl *vegy* tiofoszforilgyök

thioplast *műa* tioplaszt

thiosulphate, *US* **thiosulfate** *vegy* tioszulfát

thiosulphite, *US* **thiosulfite** *vegy* tioszulfit

thiosulphuric, *US* **thiosulfuric acid** *vegy* tiokénsav

thiosulphurous, *US* **thiosulfurous acid** *vegy* tiokénessav

thiourea *vegy* tiokarbamid; ~ **resin** *vegy* tiokarbamid-gyanta

third I. *a* harmadik, harmad-; **II.** *n* harmadrész; ~**-angle projection** *mat* vetítés harmadik képsíkra; ~ **boiling** *cu* utótermék; ~**-brush dynamo** *el* háromkefés generátor; ~ **choice** *pa* (harmadrendű) selejt; ~**-combing wool** *tex* harmadrendű fésűsgyapjú *(bunda hátsó oldalrészéről)*; ~**-degree** *mat* harmadfokú; ~**-degree function** *mat* harmadfokú függvény; ~**-degree polynomial equation** *mat* harmadfokú egyenlet; ~ **dimension** *fiz* harmadik dimenzió; ~**-dimensional** *fiz* háromdimenziós; ~ **generation computer** *szt* harmadik generációs számítógép; ~ **large** *pa* papíralak *(3"x 1 1/2" kártyához)*; ~ **law of motion** *fiz* Newton harmadik axiómája, a kölcsönhatás törvénye; ~ **mining** *bány* pillérvisszafejtés, lábazás; ~**-motion shaft** *gépk* sebességváltó főtengelye; ~ **octave band**

távk harmadoktávsáv; ~ **octave band filter** *távk* tercszűrő; ~**-order aberration** *el* harmadrendű eltérés/torzítás; ~**-order levelling** *geod* harmadrendű szintezés; ~**-order reaction** *vegy* harmadrendű reakció; ~**-order traverse** *szersz* harmadrendű sokszögmenet; ~ **plane of projection** *mat* oldalnézet síkja, harmadik képsík; ~**-point load(ing)** *ép, mech* fesztáv egyharmadában támadó terhelés; ~ **power** *mat* harmadik hatvány; ~ **projection** *mat* oldalnézet, harmadik vetület; ~ **quality** harmadrendű *(áru)*; ~ **rail** *vasút* áramvezető sín; ~**-rail collector** *vasút* sínáramszedő, sínérintkező; ~**-rail insulator** *el* sínszigetelő; ~**-rail system** *el* áramvezető sínes rendszer; ~ **root** *mat* köbgyök; ~**-row hole** *bány* jövesztő fúrólyuk *(külső övben)*; szelvényezőlyuk; ~ **tap** *szersz* harmadik/készrevágó menetfúró, zsáklyukfúró, menetcsiszoló tüske; ~ **wheel** *óra* közkerék, segédkerék; ~ **wire** *távk* vizsgálóvezeték

thirl *bány* áttörés; keresztvágat; lyukasztás

thixotrope *vegy* tixotrop

thixotropic | **liquid** *vegy* tixotrop folyadék; ~ **liquid method** *ép* résfalas építés

thixotropy *vegy* tixotrópia

Thomas | **converter** *koh* Thomas-konverter; Thomas-körte; ~**-Gilchrist process** → ~-process; ~ **meal** *vegy* Thomas-liszt *(bázisos trikalciumfoszfát)*; ~ **pig iron** *koh* Thomas-nyersvas; ~ **process** *koh* Thomas-féle acél-előállítási eljárás; ~ **resistor** *el* Thomas-féle manganinellenállás; ~ **slag** *koh* Thomas-salak, foszforsalak

thomsenolite *ásv* thomsenolit

Thomson | **bridge** *el* Thomson-híd; ~ **coefficient** *el* Thomson-tényező; ~ **compass** *hajó* Kelvin-féle iránytű; ~ **effect** *el* áram-hő kölcsönhatás, Thomson-hatás; ~ **equation** *fiz* Thomson-egyenlet; ~ **factor** *fiz* polarizációs tényező; Thomson-tényező; ~ **meter** *el* elektrodinamikus számláló; ~ **scattering** *fiz* Thomson-szórás, klasszikus szórás; ~ **welding** *heg* ellenállásos tompahegesztés

thomsonite *ásv* thomsonit

thong szíj; ostorhegy; bőrsáv; ~ **beater** *élip* porolószíj *(zsáktisztításhoz)*

thorax *geol* törzs

thoria *vegy* tórium-oxid

thorian *ásv* tóriumtartalmú

thorianite *ásv* torianit

thoriate *el* tóriumoz

thoriated *el* tóriumozott *(rádiócső)*; ~ **cathode** *el* tóriumos katód; ~ **filament** *el* tóriumos izzószál; ~ **tungsten cathode/emitter** *el* tóriumos volfrámkatód

thoride *at* torid

thorite *ásv* torit

thorium (Th) *vegy* tórium; ~**-bearing** *vegy* tóriumtartalmú; ~ **cycle** *at* tóriumciklus; ~ **dioxide** *vegy* tórium-dioxid; ~ **emanation** *at* toron, tóriumemanáció; ~ **fission** *at* tóriumhasadás; ~ **ore** *geol* tóriumérc; ~ **oxide** *vegy* tórium(IV)-oxid, tórium-dioxid; ~ **oxide coated cathode** *el* tórium-oxid katód; ~ **reactor** *at* tóriumreaktor; ~**-series** *vegy* tóriumsorozat

thorn tövis, tüske

thornproof *tex* erős ruhaszövet

thorogummite *ásv* torogummit, nicolayit

thoron (Tn) *vegy* toron, radioaktív tóriumemanáció

thorotungstite *ásv* torotungsztit

thorough teljes, mélyreható, tökéletes; direkt; megállás nélküli, átmenő, folytatólagos

thoroughfare *közl* átjárás, átjáró út; közforgalmú út, főútvonal

thoroughly cured *bőr* keresztülsózott, jól tartósított/konzervált *(nyersbőr)*

thought experiment *mat* gondolati/elképzelt kísérlet

Thoulet solution *vegy* Thoulet-oldat

THP → thrust horse-power

Thr → threonin

thrasher → thresher

thraulite *ásv* thraulit

thread I. *v* felfűz, befűz; *forg* (csavar)menetet vág; menetet esztergál; *foto, hang* befűz *(filmet, szalagot)*; *pa* felvezet *(papírpályát)*; *tex* befűz, ölt; **II.** *n* cérna, szál; *geol* vékony telér; *gép* (csavar)menet; (külső) menetmetszés; bekezdés; lemezvágási forgács; menetcsavarulat; menetszál; *szt* teszteljárásláncı; *tex* (szövő)fonal; ~ **bar** *ép* menetes (feszítő)rúd; ~ **board** *tex* fonalvezető deszka; ~ **brush** *ol* csőmenetkefe; ~**-by-thread lease** *tex* fonalkereszt *(felvetőkereten)*; ~ **calliper** menetmérő; ~ **carrier** *tex* fonalvezető; ~ **carrying guide** *tex* fonalvezető szem; ~ **catcher** macskafogó; ~ **chaser** *forg* menetfésű, fésűs menetkés; ~ **chasing** *forg* menetvágás *(fésűskéssel)*; ~**-chasing** *forg* menetvágó *(fésűs)*; ~**-chasing attachment** *forg* menetvágó készülék; ~**-chasing dial** → ~ indicator; ~ **cleaner** *tex* fonaltisztító; ~ **compound** *ol* menetkenőcs, menetzsír; ~ **count** *tex* szövetsűrűség; ~ **cutter** menetvágó; *tex* fonalvágó *(készülék)*; szálvágó; ~**-cutting** menetvágó; ~**-cutting lathe** *forg* menetvágó/vezérorsós eszterga; ~**-cutting machine** *forg* csőmenetmetsző/menetvágó gép; ~**-cutting tool** csavarmenetvágó szerszám; ~**-dial indicator** → ~ indicator; ~ **electrometer** *el* húros elektrométer; ~ **eye** *tex* fonalvezető; ~ **finger** *tex* fonalvezető; ~ **ga(u)ge** munkaidomszer; ~**-generating** menetvágó; menetmaró; ~ **generator** *forg* lefejtő menetmegmunkáló szerszám; ~ **glazer** *tex* fonalfényesítő; ~ **grinding** menetköszörülés; ~**-grinding** menetköszörülő; ~**-grinding machine** csavarmenetköszörű, menetköszörű; ~**-guidance** *tex* fonalvezetés; ~ **guide** *tex* fonalvégtartó koszorú *(Northrop-szövőszéken)*; fonalvezető; szálvezető; ~**-guide curve-disc** *tex* fonalvezető tárcsa; ~**-guide eyelet** *tex* fonalvezető szem; ~**-guide with adjustable slit plates** *tex* állítható résű fonalvezető; ~ **head** csavarmenetfej; ~ **hob** csavarmenetmaró; ~ **hose** *kh* flórharisnya; ~ **indicator** menetmutató *(esztergán)*; ~ **interval** *opt* száltérköz *(távcsőben)*; ~ **lappet** *tex* fonalvezető lap; ~ **layer** *tex* fonalréteg; ~ **like** *tex* fonalszerű; ~**-like molecule** lineáris molekula; ~ **mark** *pa* (hitelesítő) fémszál *(papírpénzben)*; ~**-milling cutter/machine** *forg* csavarmenetmaró gép; ~ **picker** *tex* fonalhulladék-bontó gép; ~ **plate** *tex* fonalvezető deszka; ~ **plug** menetes dugó, zárócsavar; ~ **plug ga(u)ge** dugós menetidomszer, anyamenet-idomszer; ~**-protecting cap** *ol* (csavar)menetvédő sapka; ~**-protector** *gép* menetvédő kupak; *tex* fonalőr; ~ **reading** *opt* szálleolvasás *(távcsőben)*; ~ **ring ga(u)ge** menetes gyűrűs idomszer; ~ **rolling** *alak* menethengerlés, menetmángorlás; menetmángorló, menethengerlő; ~**-rolling die** *alak* menetmángorló pofa/szerszám; ~**-rolling machine** *alak* csavarmenet-hengerlő gép; ~ **runout** menet kifutása *(csavaron)*; ~**s** *tex* vetések száma cm-enként; ~ **sewing** → ~ stitching; ~-**slipping** *tex* szálelcsúszás, szálelhúzódás; ~**s per inch (TPI)** *gép* 1"-re eső menetszám; ~ **stitching** *nyom* cérnafűzés; ~-**stitching machine** *nyom* cérnafűző gép; *tex* mintázógép *(nyomóhenger készítéséhez)*; ~ **stop** *forg* menetmetsző ütköző; ~ **strength test** *tex* szakítópróba egyes szállal; ~ **sweepings** *tex* söpredékfonal; ~ **templet** *forg* alapos menetidomszer; ~ **tension** *tex* fonalfeszültség; ~-**tension equalizer** *tex* fonalfeszültség-kiegyenlítő; ~ **through** *v ép* befűz, átfűz, behúz *(feszítő betétet)*; ~-**tool ga(u)ge** menetkésidomszer *(élezéshez)*; ~-**trimming device** *tex* szegélynyíró; ~ **waste** *tex* csévehulladék, fonalhulladék; ~ **yarn breakage** *tex* fonalszakadás

threaded *gép* menetes, csavarmenetes; ~ **anchorage** *ép* menetes horgony/lehorgonyzás; ~-**and-coupled pipe** *ol* menetes karmantyús cső; ~ **axle** csavartengely; ~ **bolt** menetes csap(szeg); ~ **coupling** *ép* menetes karmantyú(s toldás); ~ **cuff** *gép* karmantyús csőkapcsoló; ~ **file** *szt* láncolt állomány; ~ **joint** *gép* karmantyús csőkötés; ~ **list** *szt* többszörösen láncolt lista; ~ **pipe** menetes cső; ~ **rivet** menetes szegecs; ~ **rod** *élip* felfüggesztőkengyel *(daratisztítóban)*; *ép* menetes rúd; ~ **shank** menetes tüskeszár; ~ **sleeve** *gép* karmantyús csőkapcsoló; ~ **stud** tőcsavar; ászokcsavar; ~ **surface** *kat* menetes szakasz; ~ **tree** *szt* láncolt fa

threader *forg* (külső) menetmetsző; menetvágó esztergа; *tex* befűzőmunkás(nő)

threading I. *a* csavarmenetvágó, menetvágó; **II.** *n* felfűzés; *forg* menetvágás; *foto, hang* filmbefűzés, befűzés *(szalagé is)*; *pa* felvezetés *(papírgépen)*; *szt* láncolás; *talt* szádpallók befűzése; szádpallók hornyainak egymásba illesztése; *tex* fonalvezetés; öltés, befűzés; ~ **box** *forg* menetvágó előtéthajtás; ~ **die** *forg* menetvágó/menetmetsző fej/(szerszám)pofa; ~ **machine** menetvágó gép; *tex* befűzőgép; ~ **opening die** önnyíló csavarmenetvágó fej; ~ **operation** csavarmenet-vágási művelet; ~ **roll** *alak* menetmángorló; ~ **shuttle** *tex* önbefűző vetélő; ~ **speed** *pa* felvezetősebesség; ~ **tap** *ol* menetfúró; ~ **tool** *forg* menetvágó kés, menetkés; ~ **up** *foto, hang* befűzés

threadless plug/ring ga(u)ge *szersz* lapos kúpos dugós/villás idomszer

thready finish *tex* fonalakat jól láthatóvá tevő kikészítés

threat I. *v kat* fenyeget; **II.** *n kat* fenyegetés

threaten *kat* fenyeget

threble *ol* hármas csőrakat

three három; ~-**abreast seating** *gépk* háromszemélyes ülés *(egymás mellett)*; ~-**action controller** *aut* PID-szabályozó; ~-**address code** *szt* háromcímű kód; ~-**address command** → ~-address instruction/order; ~-**address computer** *szt* háromcímű számítógép; ~-**address instruction system** *szt* háromcímes utasításrendszer; ~-**address instruction/order** *szt* háromcímű utasítás; ~-**ammeter method** *el* három ampermérős teljesítményi módszer; ~-**arc** *mat* trióda, topologikus háromél; ~-**arm crank** háromkarú forgattyú; ~-**arm protractor** *geod* háromkarú szögmérő *(grafikus hátrametszéshez)*; ~-**axis autopilot** *rep* háromtengelyes/háromcsatornás robotpilóta; ~-**axis control** *rep* háromtengely körüli kormányzás/kormányszerv; ~-**axis laser gyro package** háromtengelyű lézerpörgettyű-egység; ~-**axle dump trailer** háromtengelyes billenőszekrényes pótkocsi; ~-**axle low-bed trailer** háromtengelyes tréler; ~-**axle low-loader** háromtengelyes tréler; ~-**axle scraper** háromtengelyes földnyeső; ~-**axle semitrailer tractor** nyerges vontató, háromtengelyes vontató gépkocsi; ~-**axle tandem roller** háromtengelyes henger; ~-**axle vehicle** háromtengelyes jármű; ~-**barrel(l)ed** *kat* háromcsövű; ~-**bay biplane** háromdúcos kétszárnyú repülőgép; ~-**bayed** *ép* háromhajós; háromnyílású *(híd)*; háromtraktusos; ~-**beam problem** *krist* háromsugár-probléma; ~-**bell hopper arrangement** *koh* háromkúpos torokzár; ~-**blade beater** *tex* háromléces verő(gép); ~-**bladed** *rep* háromágú; ~-**bladed airscrew** *rep* háromágú légcsavar; ~-**bladed screw** *hajó* háromlapátú hajtócsavar; háromszárnyas propeller; ~-**body problem** *csill* háromtest-probléma; ~-**bowl mangle** *tex* háromhengeres/háromvályús kalander; ~-**brush scrubber polisher** padlósúroló és -fényesítő gép; ~-**cavity klystron** *rád* háromüreges/háromkamrás/háromrezonátoros klisztron; ~-**cent(e)red curve** *mat* kosárív, kosárvonal; ~-**cent(e)red shackle** csuklós darukengyel; ~-**chamber crystal(l)izer** háromkamrás kristályosító; ~-**channel transmission** *gépk* háromfokozatú sebességváltó; *tv* háromcsatornás átvitel; ~-**circuit transformer** *el* három tekercsrendszeres transzformátor; ~-**coat plaster/work** *ép* háromrétegű vakolat; ~ -**colo(u)r beam splitting system** *tv* színszétválasztó rendszer; ~-**colo(u)red photography** *film, foto* háromszínű fényképészet; ~-**colo(u)r light-signal** *közl* (háromszínű) forgalmi jelzőlámpa; ~-**colo(u)r print** *tex* háromszínes nyomás; ~-**colo(u)r process** *nyom* hármas színnyomás; háromszín-eljárás; ~-**colo(u)r theorem** háromszín-tétel; ~-**component alloy** *koh* háromalkotós ötvözet; ~-**component eutectic** *koh* háromalkotós eutektikum; ~-**component seismometer** három összetevős lyukszeizmométer; ~-**component spray(ing) gun** háromkomponensű szórópisztoly; ~-**component system** *krist* háromanyag-rendszer; terner rendszer; ~-**component tree** *gumi* hármas szemzésű fa; ~-**conductor cable** *el* háromeres kábel/vezeték; ~-**core cable** *el* háromeres kábel; ~-**cornered** *szer* háromélű; ~-**crystal spectrometer** *krist* háromkristályos spektrométer; ~-**cylinder engine** háromhengeres motor; ~-**cylinder steam engine** háromhengeres gőzgép; ~-**D, 3-D** → -dimensional; ~-**decade resistance** *el* háromtizedes-fokozatú ellenállás; ~-**decker** *hajó* háromfedélzetű hajó; ~-**digit group** *mat* triád, három számjegyből álló csoport; ~-**digit number** *mat* háromjegyű szám; ~-**dimensional** térbeli, háromdimenziós; háromkiterjedésű; ~-**dimensional curve** *mat* térgörbe; ~-**dimensional data processing** *szt* háromdimenziós adatfeldolgozás; ~-**dimensional display** *távk* térbeli indikálás; ~-**dimensional effect** *fiz* térhatás; ~-**dimensional film** *film* térhatású film; ~-**dimensional flow** *hidr* háromdimenziós áramlás; háromméretű folyadékmozgás; ~-**dimensional gas** *at* három állapotváltozós gáz; ~-**dimensional lattice** *el* háromdimenziós rács; térrács; ~-**dimensional motion** *rep* háromdimenziós mozgás; ~-**dimensional picture** plasztikus kép; ~-**dimensional polymer** *vegy* háromdimenziós polimer; ~-**dimensional position in-**

formation *rep* háromdimenziós helyzetjelentés; **~-dimensional problem** *mat* térbeli/háromdimenziós feladat; **~-dimensional projector** térhatású filmvetítő; **~-dimensional search radar** *kat* háromdimenziós felderítőradar/keresőradar; **~-dimensional space** háromdimenzionális tér; **~-dimensional state of stress** *mech* térbeli feszültségállapot; **~-dimensional strain** térbeli alakváltozás; **~-dimensional stress-condition** *talt* térbeli feszültségállapot; **~-edged fillet** háromsarkú faléc; **~-edge pebble** *geol* háromélű kavics; **~-eighths rule** *mat* háromnyolcados szabály, Newton-féle háromnyolcados képlet; **~-electrode arrangement** háromelektródos elrendezés; **~-electrode sonde** háromelektródos szonda; **~-electrode tube** *rád* trióda; **~-electron bond** *fiz* háromelektronos kötés; **~-element** háromrészes; *el, gép* háromtagú; **~-element arch** háromrészes ív; **~-element signal** *szt* ternáris/háromelemű jel; **~-engined** hárommotoros; **~-excess code** háromtöbbletes kód, pluszhárom-kód, three-excess kód; **~-fifty** *gép* „háromszázötvenes"; **~-figure number** *mat* háromjegyű szám; **~-filament lamp** takaréklámpa; **~-finger rule** *el* háromujj-szabály; **~-flute countersink** háromélű süllyesztő; **~-fluted tap** háromhornyú menetfúró; **~-fold** → threefold; **~-furnace process** *koh* háromkemencés/triplex eljárás; **~-gang condenser** *el* hármas forgókondenzátor; **~-grid valve** *rád* háromrácsú/ötelektródos elektroncső, pentóda; **~-groove chucking reamer** *forg* háromhornyú/háromélű gépi dörzsár; **~-groove drill** háromélű fúró; **~-gun deflection system** *el* három elektronsugaras eltérítőrendszer; **~-halves power law** *el* háromkettedes szabály, Langmuir—Child-egyenlet; **~-head** *forg* háromorsós; **~-heading system** *bány* hármas párhuzamos vágathajtás; **~-head miller** háromorsós marógép; **~-high** *heng* trió; **~-high bloomer** *heng* háromhengeres/háromállványos blokksor; **~-high blooming mill/train** → ~ bloomer; **~-high mill** *heng* trió hengersor; **~-high rolling stand** *heng* trió hengerállvány, trióállvány; **~-high stand** *heng* trióállvány; **~-hinged arch** *ép* háromcsuklós ív; **~-hinged arch truss** *ép* háromcsuklós ív *(rácstartó)*; **~-hinged frame** *ép* háromcsuklós keret; **~ houses problem** *mat* három ház — három kút problémája; **~-input adder** *szt* hárombemenetű összeadó; **~-jaw chuck** *gép* hárompofás (befogó)tokmány; **~-jawed** hárompofás; **~-junction diode** *el* négyrétegű dióda, Shockley-dióda; **~-junction triode** *el* négyrétegű tranzisztor; **~-knife trimmer** *pa* hármas kivágógép; **~-lamp fitting** háromégős csillár; **~-lane dual carriageway road** *közl* mindkét irányban háromnyomú út; **~-layer electrolysis** háromréteges elektrolízis; **~-leaf filling twill** *tex* háromnyüstös vetüléksávoly; **~-leaf warp twill** *tex* háromnyüstös láncsávoly; **~-leaved twill** *tex* háromfonalas sávoly(kötés); **~-legged** háromlábú; **~-legged crane** *ép* háromlábú daru; **~-legged roller** háromkerekes henger; **~-legged transformer** *el* háromoszlopos transzformátor; **~-level action** *aut* háromállású viselkedés; **~-level laser** *fiz* három energiaszintű lézer; **~-level laser rod** *fiz* háromszintű lézerrúd; **~-level light emitter** *fiz* három energiaszintű fénysugárzó; **~-level maser** *fiz* három energiaszintű mézer; **~-level quantum amplifier** *fiz* három energiaszintű kvantumos erősítő; **~-level scheme** *fiz* három energiaszintű elrendezés; **~-light window** *ép* hármas ablak; **~-line pavement** *közl* hárompályás útburkolat; **~-lip countersink** *forg* háromélű süllyesztő; **~-loop array** *rep* három keretantennás rendszer *(kétsávos térosztóhoz)*; **~-mash process** *vegy* háromfokozatú dekokció; **~-member** *el, gép* háromtagú; **~-member bulkhead** *bány* három gerendasorból álló fapillér; **~-mode control** *aut* hárommódú szabályozás, PID-szabályozás; **~-moment equation** *mech* Clapeyron-egyenlet; **~-necked flask** *vegy* háromnyakú lombik; **~ o'clock welding** *heg* oldalhegesztés; **~-parted** háromrészes, hármas; **~-pass stove** *koh* háromjáratú léghevítő; **~-phase (tp)** *el* háromfázisú; **~-phase alloy** *koh* háromfázisú ötvözet; **~-phase (alternating) current** *el* háromfázisú (váltakozó) áram; **~-phase alternator** *el* háromfázisú generátor; **~-phase bridge-type rectifying circuit** *el* háromfázisú hídkapcsolású egyenirányító kör (Graetz-kapcsolás); **~-phase current** *el* háromfázisú áram; háromfázisú váltakozó áram; **~-phase (current) line** *el* háromfázisú vezeték; **~-phase four-wire system** *el* háromfázisú négyvezetékes rendszer; **~-phase induction regulator** *el* háromfázisú indukciós feszültségszabályozó; **~-phase installation** háromfázisú fogyasztóberendezés; **~-phase multivibrator** háromfázisú multivibrátor; **~-phase output** háromfázisú áram teljesítménye, váltakozóáram-teljesítmény; **~-phase six-wire system** *el* háromfázisú hatvezetékes rendszer; **~-phase welding** háromfázisú hegesztés; **~-piece** háromrészes; **~-piece set** *bány* nem teljes ajtókeret; **~-pin central base** *rád* háromcsapos központi érintkezős csőfej; **~-pin frame** *ép* háromcsuklós keret; **~-pinned arch** *ép* háromcsuklós ív; **~-pin plug** *el* háromágú/háromsarkú dugasz; *távk* háromcsapos dugaszoló; **~-pipe induction system** *ép* háromvezetékes/háromcsöves klímaberendezés; **~-pit system** *bőr* hárommedencés (meszes) rendszer; **~-place number** *mat* háromjegyű szám; **~-plane water-mark** *pa* árnyékolt vízjel; **~-ply (tp)** *fa, tex* háromrét(eg)ű; *geol* hármas rétegződés; **~-ply cloth** *tex* hármas szövet; **~-ply plywood** *fa* háromrétegű furnérlemez; **~-ply roofing** *ép* háromrétegű lemezfedés; **~-pocket grinder** *pa* hárompréses facsiszoló; **~-point adder** *szt* teljes összeadó; **~-point circuit** *el* hárompont-kapcsolás, Colpitts-kapcsolás; Hartley-oszcillátor; **~-point landing** *rep* hárompont-leszállás; **~-point linkage** *mzg* hárompontos felfüggesztés; **~-point mooring** *hajó* háromirányú kikötés; **~-point problem** *geod* hátrametszés három adott pontból *(síkban)*; **~-point support** háromlábú támasz; **~-point switch** → ~-way switch; **~-pole (tp)** hárompólusú; **~-pole plug** *el* háromfázisú dugós csatlakozó; **~-pole socket** *el* háromfázisú dugaszolóaljzat; **~-port slide-valve** *gép* háromnyílású tolattyú; **~-position** *el, gép* háromállású; **~-position balance** *geof* háromállású torziós inga; **~-position control** *aut* háromállású szabályozás; **~-position relay** háromállású/háromfokozatú relé; **~-position signal** *vasút* háromforgalmú jelző; **~-power locomotive** három áramforrásos mozdony; **~-problem in space** *geod* térbeli hátrametszés; **~-pulley idler** háromtárcsás szíjfeszítő; **~-quarter bat** → ~-quarter brick; **~-quarter bound** *nyom* félbőr/félvászon kötés *(a fedél nagy részére átnyúló gerincborítással)*; **~-quarter brick** *ép* háromnegyedes tégla; **~-quarter elliptic**

spring *gépk* háromnegyed-elliptikus rugó; ~**-quarter hose** *kh* térdharisnya; ~**-quarter plate watch** *óra* háromnegyedes hidalású óra; ~**-quarters** *pl* háromnegyed; *ép* háromnegyedes tégla; ~**-quarter set** *bány* nem teljes keretácsolat; ~**-rail crossing** *vasút* háromsínű átszelés; ~**-rate supply** *el* hármas díjszabású áramellátás; ~**-ratio gear** *gépk* háromfokozatú sebességváltó; ~**-ring connection/coupling** háromgyűrűs kapcsolás; ~**-roller drafting** *tex* háromhengeres nyújtás; ~**-roll pad** *tex* háromhengeres fulárd; ~**-roll roller** háromkerekes henger; ~**-roll type machine** háromkerekes henger; ~**-row cam** *tex* hármas excenter; ~**-seater** *gépk, rep* háromüléses; ~**-section** háromrészes *(szűrő)*; ~**-section type window** *gépk* háromrészes ablak; ~**-shaft twill** *tex* háromkötésű sávoly; ~**-shaft weft twill** *tex* háromnyüstös vetüléksávoly; ~**-shift pouring** *ép* háromműszakos/folyamatos betonozás; ~**-side tipper** három oldalra billenő (gép)kocsi; ~**-sixty** *rep* repülőgép 360 fokos fordulója; ~**-slit interference** háromréses interferencia; ~**-span bridge** *ép* háromnyílású híd; ~**-speed gear(-box)** *gépk* háromfokozatú sebességváltó; ~**-speed transmission** *gépk* háromfokozatú sebességváltó; ~**-spindle lathe** *forg* háromorsós eszterga; ~**-square file** háromszögletű műhelyreszelő; ~**-stage** *el* háromfokozatú; ~**-stage cascade generator** háromfokozatú kaszkádgenerátor; ~**-stage compressor** háromfokozatú kompresszor; ~**-stage engine** háromfokozatú gőzgép; ~**-stage rocket** háromfokozatú rakéta; ~**-stand mill** *heng* háromállványos hengersor; ~**-state** ternáris; ~**-step** háromfokozatú, háromlépcsős; ~**-step action** háromállású viselkedés; ~**-step control** háromfokozatú szabályozás; ~**-step controller** háromfokozatú szabályozó; ~**-step relay** háromállású/háromfokozatú relé; ~**-step rocket** háromfokozatú/háromlépcsős rakéta; ~**-step stage** háromlépcsős szint; ~**-stranded** *tex* háromszálú *(fonal)*, hármassodratú, háromágú *(fonal, kötél)*; ~**-strand rod mill** *heng* háromágú huzalhengersor; ~**-strand timing chain** *gépk* háromsoros vezérműlánc; ~**-tank method** háromtartályos eljárás; ~**-term control** *aut* PID-szabályozás, derivatív integráló arányos szabályozás, differenciál-integrál arányos szabályozás; ~**-term controller** *aut* háromjeles szabályozó; PID-szabályozó, derivatív integráló arányos szabályozó; ~**-threaded yarn** *tex* háromágú fonal; ~**-throw** *gép* háromállású *(kapcsoló)*; háromkönyökű *(tengely)*; hárommenetű; ~**-throw crankshaft** *gép* három forgattyúcsapos könyöktengely; ~**-throw points** *pl vasút* szimmetrikus összefont kitérő; ~**-throw pump** *gép* háromhengeres/triplex szivattyú; ~**-throw switch** *el* három áramkörös kapcsoló; ~**-toothed spade** ásóvilla; ~**-to-two folder** *nyom* 3:2 arányú hajtogatógép; ~ **trees** *bány* páros létra, ikerlétra; ~**-unit control-box** *gép* háromoszlopos feszültségszabályozó; ~**-valve** *rád* háromcsöves; ~**-voltmeter method** három feszültségmérős/voltmérős módszer; ~**-wattmeter method** *el* három wattmérős módszer; ~**-way** háromállású, háromfelé ágazó; hárompályás; ~**-way analysis of variance** *mat* szórásnégyzet háromtényezős elemzése; ~**-way classification** osztályozás három ismertetőjel szerint; ~**-way cock** *ép* háromjáratú/háromágú csap; ~**-way cock with motor operator** *ép* háromjáratú csap állítómotorral; ~**-way dump body** *bány* három oldalra dönthető csilleszekrény; ~**-way dump discharge** háromoldali ürítés; ~**-way elbow** nadrágcső, kétágú cső; ~**-way (loud)-speaker system** harmadolt spektrumú hangszórórendszer; ~**-way pipe** hármas elosztócső; ~**-way spout** háromágú kiöntő(csatorna); ~**-way stopcock** *vák* háromutas csap; ~**-way switch** *el* háromállású (át)kapcsoló; *vasút* szimmetrikus kitérő; ~**-way tap** háromágú csap; ~**-way tipper** háromoldali billentés; háromoldalas billentő tehergépkocsi; ~**-way valve** *gép* háromutas/háromjáratú/háromállású szelep; ~**-webbed box girder** *ép* háromgerincű szekrénytartó; ~**-wheeled** háromkerekű; ~**-wheel(ed) roller** *ép* háromkerekű (út)henger; ~**-wheeled vehicle** háromkerekű jármű; ~**-wheeler** háromkerekű jármű, tricikli; ~**-wheel pipe cutter** *szer* tárcsás csővágó; ~**-wing bit** *bány* háromélű fúrófej; *ol* háromszárnyú fúróvéső; ~**-wire** *el* háromerű, háromvezetékes; ~**-wire cable** *el* háromeres kábel/vezeték; ~**-wire meter** *el* háromvezetős fogyasztásmérő; ~**-wire method of thread measurement** három menettűs mérőeljárás menetméréshez; ~**-wire mooring** *rep* háromkábeles léghajó-lehorgonyzás; ~**-wire system** *el* háromvezetős rendszer

threefold | **bag** *pa* hármas tasak; ~ **block** *em* háromtárcsás csigaszerkezet; ~ **gyroide** *krist* háromfogású forgási inverziós tengely; trigiroid; ~ **ring** *krist* hármasgyűrű; ~ **rotatory inverter** → ~ gyroide; ~ **rotor** *krist* háromfogású tengely; trigir

threo | **configuration** *vegy* treokonfiguráció; ~ **diisotactic polymer** *műa* treo-diizotaktikus polimer

threonine (Thr) *vegy* treonin, α-amino-β-oxi-vajsav

threose *vegy* treóz

thresh *mzg* csépel; *pa* porol

thresher cséplő; cséplőfa, cséphadaró; *mzg* cséplőgép; *pa* poroló; *tex* tépőfarkas

threshing | **drum** *mzg* cséplődob; ~ **machine** *mzg* cséplőgép

threshold *at* küszöbérték; *el* határérték; működési szög; *ép* (ajtó)küszöb; *fiz* energiaküszöb, küszöbenergia, energiafal; küszöb(érték); látszólagos holtidő; *foto* feketedési küszöb; *hang* küszöbérték, (hallás)küszöb; *rep* futópályaküszöb; *szt* küszöb; ~ **amplitude** *el* küszöbamplitúdó; ~ **audiogram** *hang* hallásküszöbgörbe; ~ **current** *el* küszöbáram; ~ **current density** *el* áramsűrűség-küszöb; ~ **detector** *at* küszöbdetektor; ~ **displacement pressure** *ol* küszöbnyomás; ~ **dose** *at* küszöbdózis; ~ **effect** küszöbhatás, küszöbeffektus; ~ **element** *szt* küszöbkapu; ~ **energy** *fiz* energiaküszöb, küszöbenergia, energiafal; ~ **facies** *geol* küszöbfáciesz; ~ **flow density** fluxussűrűség-küszöb; ~ **frequency** *el* határfrekvencia, küszöbfrekvencia, levágási frekvencia; ~ **function** *szt* küszöbfüggvény; ~ **gate (circuit)** *el* küszöbkapu; ~ **gate digital circuit** *el* küszöblogika; ~ **illumination** küszöbmegvilágítás; ~ **indicator** *el* küszöbérték-indikátor; ~ **intensity** küszöbintenzitás; ~ **laser pumping** *fiz* lézer szivattyúzási energiaküszöbe; ~ **light(s)** *rep* futópálya-küszöbfény, küszöbfények, futópályavégfény; ~ **limit value** *környv* küszöbérték; ~ **logic** *el* küszöbérték-logika; küszöblogika; ~ **logical elements** küszöblogikai egység/elem; ~ **logic function** logikai küszöbfüggvény; ~ **marking** *rep* küszöbjelzés; ~ **of audibility** *hang* hallásküszöb; ~ **of**

colo(u)r színérzékenységi küszöb; ~ **of detectability** detektálási küszöb; ~ **of detection** *fiz* meghatározás határa; ~ **of discomfort** fájdalomküszöb; *hang* kellemetlenségi küszöb; ~ **of feeling** fájdalomküszöb; ~ **of hearing** *hang* hallásküszöb; ~ **of logic function** logikai függvény küszöbértéke; ~ **of pain** fájdalomküszöb; ~ **of response** *el* érzékenységi/működési küszöb, legkisebb meghúzóáram; ~ **of sensation** érzetküszöb; ingerküszöb; ~ **of sound audibility** → ~ of audibility; ~ **of visibility/vision** *opt* látásküszöb; ~ **operation** *szt* küszöb(művelet); ~ **potential** *el* küszöbpotenciál; ~ **pulse** *el* küszöbimpulzus; ~ **pumping energy** szivattyúzási/pumpálási energiaküszöb; ~ **sensitivity** → ~ of response; ~ **signal** *el, távk* küszöbjel; ~ **signal level** *el, távk* jelszint küszöbértéke; ~ **signal-to-noise ratio** *el, távk* jel-zaj viszony küszöbértéke; ~ **treatment** *vegy* vízkezelés threshold-effektust kiváltó anyagokkal; ~ **tube** *el* limitercső; ~ **value** *aut* határérték; küszöb(érték); ~**-value indicator** *aut* küszöbérték-indikátor; ~ **voltage** *at, félv* küszöbfeszültség; ~ **volume** *vegy* retenciós térfogat

thribble *ol* hármas csőrakat; három fúrócsőből álló rakat

thrilling | drum *tex* mintázóhenger; ~ **stuffer** *tex* mintázógép *(nyomóhenger készítéséhez)*; ~ **tool** *tex* mintázóhenger villás tartója

throat szűkület, torok; *aut* mérőtorok; *cipő* fejkivágás *(cipőfelsőrészé)*; *ép* garat; homorú horony; homorulat; nyakrész; torkolat; vízorr; *fiz* keresztmetszetcsökkenés, fojtási hely; *geol* vulkán torka/krátere; *gép* fúvóka-szájnyílás; garat; hattyúnyak; *gyógyv* szűkület *(ampulláé)*; *hajó* horgonykar tőrésze; köröm *(csonkafáé)*; *heg* varraterősség, varrat legkisebb vastagsági mérete; *hidr* mederszűkület; *hőt* szűkület; *koh* torok *(nagyolvasztóban)*; *rep* kritikus keresztmetszet; ~ **area** *gépk* toroknyílás keresztmetszete; ~ **armo(u)r** *koh* torokvédő öntvény; ~ **clearance** toroknyílás; ~ **crack** *heg* varratfém hosszirányú repedése; ~ **depth** *forg* sugárfúrógép kinyúlása; *heg* állványmélység; elektródkar kinyúlása; ~ **diameter** csigakerék legkisebb átmérője; *koh* torokátmérő; ~ **die** *forg* tengelycsap-befogófej; ~ **gas** *koh* nagyolvasztógáz, torokgáz, kohógáz; ~ **height** *gép* belvilágmagasság; ~ **loudspeaker** orkánhangszóró; ~ **microphone** gégemikrofon; ~ **of a frog** *vasút* könyökponttávolság *(keresztezésé)*; ~ **opening** *koh* adagolónyílás; *rep* toroknyílás; ~ **opening area** *rep* toroknyílás nyitott keresztmetszete; ~ **plate** *vasút* ráklemez; ~ **pressure** *rep* kritikus nyomás; nyomás a toroknyílás keresztmetszetében; ~ **section** *rep* toroknyílás keresztmetszete; ~ **seizing** *hajó* hurokkötés; ~ **stopper** *koh* torokzár *(nagyolvasztón)*; ~ **temperature** *koh* torokhőmérséklet; ~ **transmitter** gégemikrofon; ~ **weld** *heg* teljesen áthegesztődött varrat; ~ **welding** *heg* teljes varratbeégést eredményező hegesztésmód

throated *szersz* egykarú, kinyúló; ~**-type press** egyállványos kinyúlásos prés

thrombin *vegy* trombin *(véralvasztó enzim)*

throstle *tex* előfonógép

throttle I. *v* fojt *(szeleppel)*; elfojt; szűkít; **II.** *n* szűkítőelem, szűkítés; *gép* (le)fojtás; fojtószelep; *gépk* gázszabályozó kar/szelep; „gáz"; ~ **back** *v rep* gázt visszavesz/csökkent; ~ **box** *rep* gázemeltyűtartó; ~ **control** *gépk, rep* fojtószelep-szabályozás, fojtószelep-vezérlés; gázkar, gázpedál; ~ **coupling** *rád* fojtótekercses csatolás; ~ **down** *v* elfojt; lefojt; *gépk* gázt visszavesz; ~ **engine** fojtott motor; ~ **gate (valve)** fojtó tolózár; ~ **governor** *rep* fojtásszabályozó; ~ **lever** *gépk* gázkar, gázemeltyű; *hőt* gőzszabályozó emeltyű; ~ **linkage** gázkarrudazat *(porlasztóhoz)*; ~ **needle** *gépk* porlasztó-fúvókatű; ~ **orifice** fojtónyílás; ~ **pedal** *gépk* gázpedál; ~ **pipe** fojtószelepes cső; ~ **pressure** fojtási/fojtott nyomás; ~ **quadrant** *hőt* gőzszabályozó ívemeltyű; ~ **regulation** *gépk* fojtásos szabályozás; ~ **screw** *gépk* fúvókaszabályozó *(porlasztóé)*; ~ **slide** *gépk* porlasztótolattyú; ~ **slide-valve** *gép* fojtótolattyú; ~ **stop-screw** *gépk* üresjárat-beállító csavar; ~ **throw** *rep* gázkar járata/menete; ~ **valve** *gép* fojtócsappantyú; fojtószelep, szabályozószelep; *rep* gázszabályozó kar; ~ **valve shutter** *gép* fojtószelepes elzáró

throttled-down engine lefojtott motor

throttling (el)fojtás; *gépk* gázadás, gázszabályozás; *rep* fojtásszabályozás; ~ **action** *aut* fojtóhatás, arányos/fojtószelepes szabályozás; ~ **back** *rep* gázviszszavétel, gázcsökkentés; lefojtás; ~ **band** *rep* lefojtási tartomány; ~ **butterfly valve** *rep* pillangószelep; ~ **calorimeter** *fiz* fojtószelepes kaloriméter; ~ **control** *aut* arányos/fojtásos szabályozás; ~ **controller** *aut* arányos/fojtásos szabályozó, P-szabályozó; ~ **curve** *gépk, hőt* fojtási (jelleg)görbe; ~**-down** *gépk* gázelvétel; ~ **element** fojtás, fojtóelem; torlóelem; ~ **governor** önműködő fojtásszabályozó; ~ **groove** *kat* átömlővájat; ~ **index** *at* fojtási fok *(tényező)*; ~ **means** *aut* fojtószerv, szűkítőszerv; ~ **port** *kat* átömlőnyílás; ~ **process** *aut* fojtás; ~ **range** *aut* arányos(sági) tartomány; *rep* fojtószelep járata/menete; gázszabályozási tartomány; ~**-type rotor** *el* áramkiszorításos/széles hornyú forgórész; ~ **valve** *gép* fojtószelep; ~ **zone** *aut* arányos(sági) tartomány

through I. *a* átmenő, áthatoló; *ép* átkötő; *közl* közvetlen; *mech* többtámaszú; **II.** *n* rostán áthullott anyag; *bány* összekötővágat; *élip* átszitálás, átejtés; *ép* átkötőtégla, átkötőkő; ~ **air transportation** *rep* átmenő/tranzit légiszállítás; ~ **axle** (merev) elsőtengely; ~ **beam** *ép* átmenőgerenda, átmenőtartó; ~ **board** *távk* tranzit kapcsolótábla; ~**(-)bolt** átmenőcsavar; ~ **bridge** *ép* többtámaszú híd; ~ **call** *távb* átmenő beszélgetés; ~ **carriage** *vasút* közvetlen kocsi; ~**-centre vector** *krist* szimmetriaközponton áthaladó vektor; ~ **check** átmenő repedés; ~ **circuit** tranzit (áram)kör; átmenő áramkör; ~ **connection** *távk* átkapcsolás; végig felépített összeköttetés; ~ **dial(l)ing** *távk* áttárcsázás; ~ **exchange** *távk* átmenőközpont; közvetítőközpont; ~ **fault** *el* átmenőzárlat; ~**-feed grinding** *forg* áteresztő köszörülés; ~**-feed rate** *forg* anyagelőtolás *(sebessége)*; ~ **flight** *rep* tranzit/átrepülő járat *(átszállás nélküli)*; ~ **folding** *geol* bemélyedő redőzés; ~ **girder** *ép* átmenőgerenda, átmenőtartó; ~ **girder bridge** *ép* középpályás híd; ~**-goods train** *vasút* közvetlen tehervonat; ~ **group connecting filter** *távk* csoportátkapcsoló szűrő; ~ **group connection** *távk* csoportátkapcsolás; ~ **hardening** *koh* (teljes) átedzés; ~**-hardening steel** *koh* átedzhető acél; ~ **heating** átfűtés; ~**-holing** *bány* áttörés; ~ **insulator** *el* átvezető szigetelő; ~ **jack** *távk* tranzithüvely; ~ **level** *távb* mérőszint, vizsgálószint; ~ **line** *hajó* közvetlen vonal; *távb* átmenő áramkör; *vasút* átmenő fővágány/fővonal; **~-line repeater** *távb* közbenső vonalerősítő; **~ opening** *gép* átmenőnyílás; **~-pass channel** *koh* átfolyócsatorna; **~-pipe vehicle** *vasút* fékvezetékes jármű; **~ position** *szt* átfutási hely; *távb* közvetítő munkahely; **~ quenching** *koh* átedzés; **~ route** *közl* átkelési útszakasz főforgalmi úton; **~s** *ép* szitán/rostán áthulló anyagrész; **~-scavenging** *gépk* átöblítés; **~s-channel** *élip* ejtőnyílás *(síkszitán)*; **~ service** közvetlen forgalom; *rep* átrepülőszolgáltatás; **~ signal** *távk, vasút* vonaljelzés; **~ span** *ép* alsópályás nyílás *(hídé)*; **~ station** *rád* átmenőállomás; **~-stone** *ép* átkötőtégla *(légréteges falban)*; **~ switching position** *távb* közvetítő munkahely; **~ system** *ip* kísérőlaprendszer *(szállításnál)*; **~-tear tester** *pa* tépőszilárdság-mérő; **~ the lens (TTH)** *foto* tükörreflexes *(egyaknás)*; **~ track casthouse** *önt* keresztirányú vágányelrendezésű öntőcsarnok; **~ traffic** *közl* átmenő forgalom; tranzitforgalom; **~-traffic road** *közl* átmenő forgalmi út; **~ trunk exchange** *távb* átmenő helyközi központ; tranzithívás; **~ ventilation** átszellőzés; **~ way** → throughway; **~-way stopcock** átmenőcsap; **~-way valve** átmenőszelep; **~ welding** *heg* áthegesztés

throughcut átvágás, átmetszés

throughgrid *rád* rácsáthatás

throughout hardenability *koh* átedzhetőség

throughput átmenőteljesítmény; *at* friss üzemanyagtöltet-mennyiség; *fiz* gázáram; *műa* extrudálóteljesítmény; *pa* átfolyási mennyiség; *szt* áteresztőképesség; **~ time** *koh* adagidő; áthaladási idő

throughway *US közl* autópálya

throw I. *v* (el)dob, hajít; elhajít; (ki)lő; kilövell; fazekaskorongon alakít, korongoz; *fa* dönt *(fatörzset)*; *távb* állít *(kapcsolót)*; *tex* cérnáz; fon; sodor *(selyemszálat)*; *vasút* szalaszt *(kocsit tolatásnál)*; **II.** *n* dobás, vetés, hajítás; lendítés; *bány* elvetési magasság, ugrómagasság; vetődés; *el* horonyosztás, horonylépés; *ép* ívelés *(hídé)*; *film* vetítővászon-távolság *(vetítőgéptől)*; *finm* kézi hajtású órásesztergа; *geol* elmozdulás, csuszamlás; vető; *gép* emelőmagasság; forgattyúkar, löket *(pl. emelőkaré)*; forgattyúsugár; hajlat; könyök *(tengelyen)*; *metr* kilengés *(mutatóé)*; *rep* kormányfelület kitérítése; **~ a bridge** *v ép* hidat ver; **~-away** *nyom* szórólap; **~-away air filter** eldobószűrő; **~-away bit** *bány* nem élesíthető fúróvég; **~ back** *v tex* visszaver, reflektál; **~-back** *gépk* visszakapcsolás; *hang* akusztikus visszavetés; **~-back seat** felhajtható/felcsapható ülés; **~ bearing** forgattyúcsap; **~-crook** fazekaskorong; **~ in/into** *v* bedob; bevet; *rendsz* rákapcsol, bekapcsol; **~-in lever** *gép* bekapcsolókar; **~-lathe** *finm* kézi hajtású órásesztergа; **~ of crank** forgattyúsugár; **~ off** *v* kidob; eldob, bedob; *nyom* levonatot készít; **~-off car** ledobókocsi *(emelőhöz)*; **~-off carriage** *bány* leszórókocsi; **~-off end** ledobófej *(emelőé)*; **~-off point** *em* ledobóhely, leadóhely; **~ off the shuttle** *v tex* vetélőt átdob; **~ off the stitch** *v kh* szemet lever; **~-off trip** *nyom* nyomást kikapcsoló berendezés; **~ of the air stream** vetőtávolság; **~ on** *v forg* előtolást bekapcsol; **~ out** *v élip* kiszakít *(sütőiparban)*; *ép* kiegészít *(épületet szárnnyal)*; *gépk* kinyom, kiold *(tengelykapcsolót)*; *vegy* kicsap; **~-out** kidobás, kiszórás; selejt; *nyom* szétnyitható könyvmelléklet; **~-out cam** *távk* kioldóbütyök; **~-out collar** kinyomógyűrű; **~-out lever** *élip* kiváltókar *(hengerszéken)*; *kat* rögzítőkar; **~ out of balance** *v* egyensúlyból kibillent; **~ out of gear** *v gép* elzár, kikapcsol; megszakít *(összeköttetést)*; **~-out shaft** *gép* tengelykapcsoló pedáltengely; **~-out shield** adagolást/előtolást önműködően kikapcsoló pajzs; *gépk* kidobólap; **~-out sliding muff** *gépk* tengelykapcsoló-hüvely, tengelykinyomó-hüvely; **~-out spiral** kikapcsolóspirális, kifutóbarázda; **~-out stop** *vasút* kikapcsoló ütközőpecek *(önműködő vonókészüléken)*; **~ over** *v vasút* átvált; **~-over catch** átforgatható csappantyú/zárkilincs; **~-over gear** *ol* irányváltó hajtómű; **~-over motion** *gép* átfordítómozgás; **~-over plough/plow** *mzg* váltva forgató eke, váltóeke; **~-over plug** *el* átkapcsolódugasz, átváltó kapcsolódugasz; **~-over relay** *el* billenő jelfogó, kétirányú jelfogó; **~-rod** *vasút* váltóállító/váltóátdobó rúd; **~ screening** dobással végzett osztályozás; **~ spade** szórólapát

thrower dobó; vető; lökő; fazekas, korongos; *bány* tömedékhajító gép; *kat* vető; **~ ammunition** *kat* vetőlőszer; **~ loader** szórószalag; **~ ring** olajszóró gyűrű

throwing dobás, hajítás; vetés; korongolás, feldobás; agyagformálás fazekaskorongon; *bány* hajított tömedékelés; *tex* cérnázás, sodrás, fonás; orsózás *(selyemszálaké)*; **~ angle** *kat* vetőszög; **~-belt** *bány* tömedékhajító szalag; **~ disk** fazekaskorong; **~ engine** fazekaskorong, edényformáló gép; **~-in** bekapcsolás, indítás; **~-in gear** *gép* bekapcsolószerkezet; **~-in of the countershaft** sebességváltó-bekapcsolás; közlőmű-bekapcsolás; **~ lathe** fazekaskorong; **~ machine** *tex* cérnázógép; **~ mill** *tex* cérnagyár; **~ of the points by the train** *vasút* aláváltás *(átváltás jármű alatt)*; **~-out** kidobás, kiszórás; *gép* kikapcsolás; **~ power** szóróképesség *(elektrolité)*; **~ shot** *bány* kivető robbantás; **~ wheel** fazekaskorong

thrown | position *távb* szélső helyzet *(távbeszélőkulcsé)*; **~ side** *geol* levetett rétegoldal; **~ silk** *tex* cérnázott selyem, selyemcérna

throwster *tex* (selyem)cérnázó munkás; **~'s waste** *tex* cérnázási hulladék

thru *US* → through

thrum *tex* besodrás helye a láncon; **~-s** *tex* fonalvégek összessége/sűrűsége

thruput *US* → throughput

thrus *pl US ép* szitán/rostán áthulló *(anyagrész)*

thrust I. *v* tol, lök, taszít; szorít, (bele)nyom; összenyom; **II.** *n* szorítás; taszítás; nyomás; lökés; *bány, geol* vetődés; *geol* oldalirányú kőzetnyomás; rátolódás; *gép* igénybevétel; nyomóerő; tengelyirányú nyomás/erő; tolóerő; *gumi* nyíróerő; *kat* támadás, előretörés; *mech* tengelyirányú erő; vízszintes erő, nyíróerő, összetevő oldalirányú erő; *rep* tolóerő *(sugárhajtóműé)*; vonóerő *(légcsavaré)*; *űr* rakéta-tolóerő; **~ augmentation** *rep* tolóerő-növelés, tolóerő-fokozás; **~ augmenter** *rep* tolóerő-fokozó; **~ ball-bearing** tárcsás/axiális golyóscsapágy; **~ bearing** *gép* axiális csapágy; nyomócsapágy, talpcsapágy; támcsapágy, tárcsás csapágy; *hajó* tolócsapágy; **~-bearing cap** *gép* talpcsapágyfedél; **~-bearing disc/disk/ring** *gép* nyomócsapágygyűrű; **~-block** *ép* cső-(iránytörés)-támasztótömb; *gép* fésűscsapágy; talpcsapágy; ütköző; *gépk* differenciáldió; **~-block bridge** *hajó* propeller-nyomócsapágytartó híd; **~**

boosting *rep* tolóerő-növelés, tolóerő-fokozás; ~ **borer** csősajtoló berendezés; ~ **brake** tengelynyomással működtetett tárcsás fék; ~ **capacity** *gép* tengelyirányú terhelhetőség; ~ **centre/center** *mech* nyírási középpont; ~ **chamber** *rep* rakétahajtómű; ~ **cleavage** *bány* nyomásos vállap; ~ **coefficient** *hajó* propellerterhelési tényező; *rep* tolóerő-tényező *(sugárhajtóműé)*; vonóerő-tényező *(légcsavaré)*; ~ **collar** szorítógyűrű; *hidr* nyomógyűrű; ~ **curve** *rep* tolóerő-diagram *(sugárhajtóműé)*; vonóerő-diagram *(légcsavaré)*; ~ **deduction coefficient** *hajó* szívási tényező; ~ **deflection** *rep* tolóerő-eltérítés; ~ **deflector** *rep* tolóerő-terelőlap; ~ **disc/disk** *gép* nyomótárcsa; ~ **face** ütközőfelület; ~ **fault** *geol* élő vetődés *(nyomás alatt álló)*; ~ **force** *gép* axiális erő; ~ **gear** tolómechanizmus; ~**-grading curve** *ép* boltozatnyomás elosztási görbéje; ~ **horse-power (THP)** *rep* légcsavar vonóteljesítménye *(lóerőben)*; *vasút* mozdonyteljesítmény *(lóerőben)*; ~ **journal** *gép* talpcsap; ~ **leadthrough** *vák* tengelyirányú mozgásbevezető; ~ **level control** tolóerőszint szabályozása; ~ **line (TL)** *mech* nyomásvonal; támaszvonal; *rep* tolóerő hatásvonala; ~ **load** *mech* tengelyirányú terhelés; ~**-mass ratio** *rep* tolóerő és tömeg aránya; ~ **meter** *rep* vonóerőmérő; ~ **misalignment** *rep* helytelen tolóerő-beállítás, aszimmetrikus tolóerős beállítás; ~ **movement leadthrough/transmission** tengelyirányú mozgásbevezető; ~ **nozzle** *rep* propulziós fúvóka/sugárcső; ~ **over** *v geol* áttolódik; ~**-over** *geol* alátolódás; ~ **performance** *rep* tolóerő teljesítménye; ~ **pin** *gép* nyomócsapszeg; ~ **piston** *gép* tolódugattyú; ~ **plane** *geol* rátolódási felület; ~ **plate** *gép* nyomótárcsa; támasztólemez; ~ **plunger** *gép* hidraulikus emelődugattyú; ~ **reverser** *rep* tolóerő-megfordító szerkezet; ~ **ring** *gép* nyomógyűrű; támaszgyűrű; ~ **roller bearing** *gép* görgős támcsapágy/talpcsapágy; ~ **screw** *gép* nyomócsavar; ~ **shaft** *hajó* nyomótengely; ~ **sheet** *geol* rátolódásos réteg-közbetelepülés; ~ **spindle** *gép* nyomócsavar; ~ **spoiler** *rep* tolóerő-irányváltoztató szerkezet; ~ **stop** *forg, gép* ütközős kikapcsoló; ~ **strip** *gép* ütközőléc; ~**-to-power ratio** *rep* tolóerő-teljesítmény aránya; ~**-to-weight ratio** *űr* tolóerő-súly hányados; ~**-transfer ring** *gép* axiális erőátvivő gyűrű; ~ **transmission** *vák* tengelyirányú mozgásbevezető; ~ **unit** *rep* erőgépcsoport; erőmű; hajtómű; ~**-vector control** *rep* tolóerővektor vezérlése; ~**-vectoring nozzle** *rep* tolóerő-terelő gázsugárcső; ~ **washer** *gép* nyomóalátét; ~**-weight ratio** *űr* tolóerő-súly hányados

thrusting motor *em* nyomószerkezet-motor *(lapátos rakodógépé)*

thruway *US közl* autópálya

thucholite *ásv* thucholit

thujone *vegy* tujon

thulian *ásv* túliumtartalmú

thulite *ásv* thulit

thulium (Tm) *vegy* túlium

thumb hüvelykujj; ~**-button** nyomógomb; ~ **head** mángorolt fej; szárnyas csavarfej; ~ **hole** hüvelyknyílás *(papírzacskón)*; ~ **index** *nyom* lépcsős ábécéregiszter, élregiszter *(kézikönyvhöz)*; ~**-knot** *hajó* egyszerű kötés; ~ **latch** tolózár, hüvelykretesz; ~ **lock** csappantyúzár; ~ **piece** *kat* elsütőbillentyű *(géppuskán)*; ~ **pin** rajzszeg; ~ **piston** *hang* kézi nyomógomb *(orgonán)*; ~ **plane** *ép* horonygyalu, falcgyalu *(ívelt felülethez)*; ~ **rule** egyszerű/gyakorlati/tapasztalati szabály, ökölszabály; ~ **test** *tex* kézi szakítópróba; ~**-trigger** *kat* elsütőlap

thumbnut szárnyas/füles anya

thumbscrew szárnyas csavar

thumbtack *US* rajzszeg

thump *távk* koppanás; távírózaj; távírózörej; ~ **filter** kattogásszűrő *(távírójelzavarok ellen)*

thunder *met* mennydörgés

thunderbolt *geol* fulgurit; *met* villámcsapás, lecsapó villám

thundercloud *met* záporfelhő, zivatarfelhő

thundersquall *met* görgővihar

thunderstorm *met* zivatar; ~ **cell** *met* zivatarcella; ~ **front** *met* zivatarfront

thunderstroke *met* villámcsapás

Thuringian stage *geol* thüringiai emelet

thuringite *ásv* türingit

thurl átszúr, lyukaszt; rezgést kelt; rezeg

Thury screw-thread *finm* metrikus órásmenet, Thury-menet, műszerész-csavarmenet

thwacker *ép* széldöngölő *(zsaluzás szélén)*

thwart I. *v hajó* akadályoz; keresztez; **II.** *a hajó* harántirányú, keresztirányú; **III.** *n* ülés *(evezőshajón)*

thyme *élip* kakukkfű, démutka, mézfű; ~ **oil** *vegy* kakukkfűolaj

thymidine *vegy* timidin, timin-dezoxiribozid

thymine *vegy* timin, 5-metil-uracil

thymol *vegy* timol, 1-metil-4-izopropilfenol, p-izopropil-m-krezol; ~ **blue** *vegy* timolkék, timol-szulfonftalein

thymolphthalein *vegy* timolftalein

thymonucleic acid (TNA) *vegy* timonukleinsav

thymotrol *el* tiratronos motor

thyratron *el* tiratron; ~ **control** tiratronos vezérlőkészülék; ~ **firing angle** tiratron gyújtásszöge; ~ **generator** tiratrongenerátor; ~ **motor** tiratronos táplálású motor; ~ **oscillator** tiratronoszcillátor; ~ **relay** tiratronos relé; ~ **transistor** tirisztor, félvezető-tiratron; ~ **tube/valve** tiatron(cső)

thyristor *el* tirisztor, szilíciumos egyenirányító, vezérelt félvezető dióda; ~ **control** tirisztoros vezérlés; ~ **pulse circuit** tirisztoros impulzusáramkör; ~ **shift(ing) register** tirisztoros léptetőregiszter; ~ **speed controller** tirisztoros fordulatszám-szabályozó

thyrite *el* tirit, nemlineáris ellenállás; ~ **arrester** tirittárcsás túlfeszültség-levezető

thyroglobulin *vegy* tiroglobulin(hormon)

thyroid pajzsmirigy-; ~ **dose** pajzsmirigydózis; ~ **seeker** pajzsmirigykereső

thyroxine *vegy* tiroxin

Thyssen gravimeter *fiz* Thyssen-féle graviméter

Ti → titanium

TI → technical information; → time interval; → tuning indicator

tick ketyegés; *élip* szitakeretszeg; ~ **over** *v gépk* alapjáratban jár *(motor)*

ticker *el* berregő, zümmögő, tikkelő; *rád* egyhangú morzeadó; *távb* kopogó; *távk* szaggatóérintkező

ticket I. *v* címkéz *(árut)*; **II.** *n* címke *(árué)*; jegy; *bány* üzemvezetői jogosítvány; *hajó, rep* vezetői engedély/jogosítvány; *távk* hívási bárca; ~ **agent** *rep* légiközlekedési vállalat ügynöksége; ~ **nippers** *pl közl* jegylyukasztó fogó; ~-**office** jegypénztár; ~ **paper-board roll** *pa* jegykartonnyomó tekercs; ~ **punch(er)** *közl* (menetjegy)lyukasztó; ~-**stamping machine** *vasút* jegybélyegző gép

ticketer címkeragasztó *(személy)*

ticketing címkézés; *rep* repülőjegy kiállítása/kitöltése; ~ **circuit** *távk* bárcanyomó áramkör; ~ **machine** *távk* díjszabásnyomtató gép

ticking *el* ketyegés; *tex* csinvat, sávoly; ~ **band** *élip* csinvatszalag; ~ **frequency** *el* ketyegés frekvenciája

tickler *el* áramerősség-szabályozó; *gép* kilincsműves olajozó; *rád* anódköri visszacsatoló tekercs; ~ **coil** anódköri visszacsatoló tekercs; ~-**coil oscillator** *el* induktív visszacsatolású oszcillátor; ~ **needle** *tex* fedőtű

ticky *bőr* kullancsrongálta

tidal apály-dagálynak alávetett; dagályszerű; ~ **bore** áramtörés *(apály- és dagályváltozáskor)*; dagályhullám; ~ **correction** *geof* árapály-korrekció; ~ **current** *hidr* tengerjárási áramlás; ~ **evolution** *csill* árapály okozta változások; ~ **force** *geof* árapálykeltő erő; ~ **friction** *csill* árapálysúrlódás; ~-**levee district** *hidr* betöltésezett dagályöblözet; ~ **marsh** *hidr* dagályjárta terület; dagályöblözet; ~ **model** *hidr* árapály-kisminta; ~ **power** *en, hidr* árapály-energia; ~ **power plant/station** *hidr* árapályerőmű; ~ **range** *hidr* dagálymagasság; ~ **river** *hidr* dagályáramlás; ~ **scour** *hajó* dagályhullám; ~ **traffic** *közl* duzzadásszerű forgalomnövekedés; lökésszerű forgalom; ~ **wave** *hajó* dagályhullám

tide tengerjárás, árapály; dagály; ~-**ball** *hidr* árapályjelzés; ~ **batten** *hajó* dagálymérce; ~ **current** *hidr* tengerjárási áramlás; ~ **energy** árapály-energia; ~ **ga(u)ge** *hidr* árapálymérce; dagálymérce; ~-**generating forces** *csill* árapályt létrehozó erők; ~ **hour** *hajó* révidő; ~ **light** tengerjárásjelző lámpa; ~ **pool** apálykor hátramaradó tócsa; ~**s** *pl hidr* árapály; ~ **table** *hidr* árapály-táblázat

tie I. *v* megköt(öz); leköt; átköt; összekötöz; összeszorít; rögzít, korlátoz, akadályoz; befűz *(cipőt)*; *ép* megerősít *(keresztkötővel)*; *nyom* kiköt *(hasábot)*; *tex* zsinóroz *(jacquard-gépen)*; *vasút* alépítményre talpfát szerel; **II.** *n* kötél, zsineg, szalag, csomó, kötés; *bány* feszke; mosóvályú; süveg; talpgerenda; *el* tápvezeték, bekötővezeték; *ép* csatlógerenda, kötőgerenda; húzott (merevítő)elem; húzott rúd *(rácsos tartóban)*; kengyel *(vasbetonban)*; kőkapocs; vonórúd *(hídon, kazánon)*; *geod* részletpont oldalmérése; *tex* kötésminta; *vasút* talpfa; ~-**and-dye** *tex* jelzőcsomózásos szakaszos szövetfestés; ~-**arm stop** *gépk* kormányütköző; ~ **bar** *ép* falkötővas, vaskapocs; kötőgerenda; összekötőrúd; ~ **beam** *bány* aknarudazat; *ép* kötőgerenda, vonórúd; ~ **bolt**köztartó/összekötő csavar; ~ **brace** *ép* kötővas; merevítő kötőgerenda, keresztmerevítés; ~ **channel** *gépk* összekötő U tartó; ~ **clamping plate** *vasút* szorítólemez; ~-**down** *hajó* kikötés; ~-**down frequency/point** *rád* behangolási alapfrekvencia; ~ **drill** *vasút* talpfafúró; ~-**dye(ing)** → ~-and-dye; ~ **envelope** *nyom* keresztkötés; ~ **fabric** *tex* nyakkendőszövet; ~ **feeder** *el* csatlakozó/bekötő tápvezeték; ~ **gum** gumiszalag; ~-**in** *en* kooperációs vezeték; ~-**in point** *geof* összekötési/korrelációs pont; ~ **line (TL)** *fiz* konnóda; *geod* bemért pontbekötő vonal; *geof* összekötő/szintazonosítási/korrelációs vonal; *szt, távk* közvetlen vonal; ~-**line connection** *távb* közvetlen vonalkapcsolás; ~-**line load control** teljesítményszabályozás; ~ **member** *ép* összekötő rész/elem; ~ **mill** *fa* négy körfűrészes fűrészgép; ~ **nut** *gép* lehorgonyzó anya; ~ **off** *v* köt, megköt, leold, befűz *(kábelt)*; ~-**on label** függőcímke; ~-**packing** *vasút* talpfaaláverés; ~ **plate** *ép* csomóponti lemez, saroklemez; fedőlemez, zárólemez; hevederlemez, merevítőlemez; összekötő heveder; *gép* alátétlemez; kötőlemez; *hajó* szalagvasmerevítés fedélzeti gerendák között; *vasút* (sín)talplemez; sínalátétlemez; ~-**plate mill** *koh* sínalátét-hengerlő sor; ~ **plug** *vasút* talpfaköldök; ~ **point** *mech* bekötési pont; ~ **rod** *ép* húzásra igénybe vett elem *(dúc)*; kötőgerenda, vonórúd, falkötővas; vonórúd, lehorgonyzórúd, zsaluhorgony; *gép* kapcsolórúd, csatolórúd; *vasút* nyomtávrúd; vonórúd; ~ **shoe** *cipő* fűzős cipő; ~-**silk** *tex* nyakkendőselyem; ~ **spacer** *vasút* talpfaosztó léc; ~ **spacing** *vasút* talpfaelrendezés, talpfa(ki)osztás, talpfaköz; ~ **strap** kötőfék; ~ **strip** *ép* keresztfödém; ~-**tamping** *vasút* talpfaaláverés; ~ **thread** *tex* kötőfonal; ~ **tongs** *pl vasút* talpfafogó; ~ **trunk** *szt* összefűző vonal, összekötő fővonal; *távb* társközponti vonal; ~ **up** *v* összeköt; ~-**up** *el* bekötés, felerősítés; *tex* nyüstrend *(szövőgépé)*; ~-**up basin** *hidr* kitérő; ~ **wire** *el* kötőhuzal; ~ **yarn** *tex* kötőfonal

tied megkötött, összekötött; vonóvasas, vonórudas; ~-**and-dyed** *tex* helyenként csomókba kötve festett; ~ **arch** *ép* vonórudas/vonóvasas ív; ~-**arch bridge** *ép* vonórudas/vonóvasas ívhíd; ~ **bulkhead** *ép* hátrahorgonyzott/kihorgonyzott szádfal; ~ **cantilever bridge** *ép* ferdekábeles híd; ~ **column** *ép* közönséges vasbeton oszlop; ~ **foundry** *koh* vertikumi öntöde; ~-**in stove** bekötött léghevítő; ~ **island** szárazfölddel összekötött sziget *(apály idején)*; ~ **letters** *nyom* ligatúrás betűk; ~ **sheet (pile) wall** *ép* hátrahorgonyzott/kihorgonyzott szádfa; ~ **traverses with nodal points** *bány* csomópontos sokszögvonal; ~ **traverses without orientation** *bány* beillesztett sokszögvonal; ~-**up hank** *tex* pászmázott motring

tiemannite *ásv* tiemannit

tier üléssor; galéria, pódium; emeletszint; polcsor; *tex* szánsor *(csipkeverő gépen)*; ~ **array** *távk* függőleges antennasor; függőlegesen sorozott antennarendszer; ~-**collecting spout** *élip* soros gyűjtő lefolyócső, garat; ~ **of rooms** *ép* szobasor; ~ **stand** kis polcos állvány; etazser

tierce *mzg* 42 gallonos boroshordó

tiering | **machine/machinery** *em* raktározógép; ~ **truck** emelővillás targonca

TIF → telephone influence factor

tiffany *élip* selyemszita; *ép* irizáló díszüveg; *tex* selyemgéz szövet

TIG (tungsten inert gas welding) *heg* AVI-hegesztés; ~ **autogenous welding** AVI-autogénhegesztés; ~ **cutting torch** AVI-vágóégő; ~ **fusion welding** AVI ömlesztőhegesztés; ~ **spot welding** AVI-ponthegesztés

tiger | **('s)-eye** *ásv* tigrisszem; ~ **stripes** *tex* csíkosság *(szövethiba)*

tigerite, tigerstone *ásv* tigrisszem

tight szoros, szűk, feszes; tömör, hézagmentes, áthatolhatatlan; légmentes, vízhatlan; erősen meghúzott; *bány* beácsolt *(főte)*; *gép* tömören záró; ~

alignment *rád* finom behangolás; ~ **binding model** „tight binding" közelítéses modell; ~ **blast furnace** *koh* szoros járatú kohó; ~ **control** pontos vezérlés; ~**-core cable** *el* tömör szigetelésű kábel; ~ **corner** *ép* éles kanyar; ~ **coupling** *távk* szoros csatolás; ~ **cure** *gumi* kivulkanizálás *(legnagyobb szilárdságig)*; ~**-edged reel** *nyom* deformált (papír)tekercs; ~ **feed** zárt etetés *(darálógépen)*; ~ **fit** szilárd/hézagmentes szoros illesztés; ~**-fitting bolt** illesztőcsavar; ~ **flank** *bőr* tömött hasszélrész; ~ **flask** *önt* szétszedhetetlen formázókeret; ~ **frames** *pa* deszkacsomagolás *(ládába)*; ~**-furnace operation** szoros kemencejárat; ~ **grain** *bőr* zárt/tömött barka; ~**-joint** tömített kötés; ~ **knot** *fa* jól benőtt ággöcs; kemény ághely/csomó/göcs; ~**-lock coupler** *vasút* szorosra húzott (kocsi)-kapcsoló; ~ **pack** *bány* tömör tömedék; ~ **place in the hole** *ol* fúrólyuk szűk szelvénye; ~ **pulley** *gép* ékelt szíjtárcsa; ~ **riveting** tömítő/tömör szegecselés; ~ **roof** *bány* kemény főte; ~ **sealing** légmentes zárás; ~ **seam** *heg* tömör varrat; ~**-shed side** *tex* felső szádág; ~ **side** feszes oldal *(hajtószíjé, emelőláncé)*; feszes ág *(láncé, kötélé)*; ~ **spiral** *rep* szűk spirális; ~ **stitch** *tex* feszes kötés; ~ **timing** *közl* rövidített menetidő; ~ **turn** éles forduló/kanyar; ~ **weld** *heg* légzáró varrat

tighten rögzít, tömörít, megfeszít; tömít *(dongát)*; meghúz *(csavart)*; megszorít *(csavaranyát)*

tightener szíjfeszítő görgő/tárcsa; fonalfeszítő *(varrógépen)*

tightening megfeszítés; meghúzás *(csavaré)*; tömítés *(dongáé)*; rögzítés; tömörítés; kifeszítés; *bány* vízkizárás; *cu* sűrűre főzés; ~ **apparatus** *tex* feszítőszerkezet *(kalanderen)*; ~ **bolt** feszítőcsavar; ~ **device** vezetékhúzó kompenzátor; ~ **flap** *gépk* tömőzsinór; ~ **hole** *fa* csaplyuk *(ácsolásé)*; ~ **key** *ép* feszítőék; *gép* feszítőkilincs; ~ **pulley** *gép* feszítő szíjtárcsa, feszítőcsiga; ~**-ring** szorítóbilincs; ~ **screw** feszítőcsavar; ~ **torque** *bány* meghúzónyomaték; ~ **wedge** beállító *(szerszámé)*; *gép* állítóék; feszítőék

tightly | **reeled** *pa* keményre tekercselt; ~ **woven construction** *tex* sűrű kötés; ~ **woven fabric** *tex* sűrű szövet

tightness feszesség, szorosság; *gép* tömítőzárás, légmentes zárás; *vák* tömítettség; ~ **against dust** porzáróság; ~ **proving** *vák* tömítettségvizsgálat

tiglic acid *vegy* tiglinsav, transz-2-metil-krotonsav

tilasite *ásv* tilasit

tilde *mat* tilde, hullám

tile I. *v* cseréppel/téglával/csempével fed; **II.** *n ép* agyagcső; alagcső; csempe, burkolólap, mozaiklap, (tető)cserép; műanyag dréncső; *vid* videoeffektus *(azonos méretű és színű négyzetek)*; ~ **adhesive** *ép* csemperagasztó; ~**-and-a-half tile** *ép* széles cserép; ~ **cell** *fa* tégla alakú sejt; ~ **cutter** mozaiklapvágó gép; kézi lapvágó; ~**-cutting device/machine** → ~ cutter; ~**-cutting nippers** *pl szer* csempecsípő fogó; ~ **drainage** kőagyagcsöves alagcsövezés; ~**-drainage machine** *ép* kombinált árokhúzó és alagcsövező gép; ~**-drained area/land** *ép* alagcsövezett terület; ~ **drains for sewage disposal** *hidr* szikkasztó alagcsőhálózat; ~ **floor(ing)** *ép* mozaiklap padló; padlóburkolat *(csempéből)*; padlólap burkolat; ~ **grinder** *ép* műkőlapcsiszoló gép; ~ **grinding machine** *ép* műkőlapcsiszoló gép; ~ **hammer** *szer* csempézőkalapács; ~ **hanging** *ép* függőleges cserépfedés *(falon)*; ~ **laying** *ép* alagcsövezés; ~**-laying attachment** *ép* alagcsőfektető szerelék; ~ **lining** *ép* csempeburkolat, lapburkolat; ~ **lining vibratory/vibrating plate** lapbeágyazó vibrátor; ~ **ore** *ásv* cserepes érc; ~ **pattern** *ép* lapminta, burkolatminta; ~ **press** *ép* cementlapprés; ~**-punching hammer** *szer* csempelyukasztó kalapács; ~ **roofing** *ép* cserépfedés; ~ **scriber** *szersz* csempekarcoló; ~ **(stone) splitter** *szersz* kézi lapvágó; ~ **stove** cserépkályha; ~ **stove gas burner** cserépkályha-gázégő; ~ **underdrain** alagcső

tiled *ép* burkolólapokkal padozott; csempézett; cseréppel fedett; ~ **floor** *ép* burkolt padlózat; mozaikpadló

tiler burkoló *(munkás)*

tilesetter tetőfedő

tiling *ép* befedés csempével/téglával/cseréppel; padlóburkolás csempelapokkal; *hidr* kézi csőfektetés; ~ **batten** *ép* fedélléc, tetőléc

till *geol* rétegezetlen glaciális hordalék, agyaggörgeteg, till; ~ **plain** *geol* abradált/letarolt térszín

tillage tool talajművelő eszköz

tiller markolatrúd; emelőkar; nyél *(szerszámé)*; keresztfogantyú *(fűrészé)*; *hajó* kormánykar, kormányrúd, kormányjárom; *mzg* talajlazító, talajmegmunkáló gép; talajporhanyító, kultivátor; ~ **quadrant** *hajó* kormányív; kormányszegmens; ~ **steering** *hajó* kormányzás kormányrúddal

tilling machine *mzg* talajmegművelő gép

tillite *geol* tillit

tilt I. *v* feldönt; felborít, (fel)billent; lejt; hajlik, (fel)dől, (fel)billen; felborul; *alak* kovácsol, nyújt; *mech* kifordul, kibicsaklik; **II.** *n* billenés, hajlás; dőlés, lejtés, rézsű; meredekség; (kirakat)ponyva; ponyvatető; *el* résferdeség; *ép* kapueresz; *fiz* (impulzus-)tetőlejtés; *geod* dőlésszög, felvétel iránya és vízszintes által bezárt szög; *rep* forgószárny döntése; ~ **angle** dőlésszög; hajlásszög; inklinációs szög; *távk* emelkedési szög *(impulzus homlokáé)*; ~ **beam** *geof* ferde torziósinga-rúd; ~**-beam balance** *geof* ferde/bifiliáris felfüggesztésű torziós inga; ~ **boundary** hajlási határ; *krist* hajlási szemcsehatár; ~ **cloth** sátor(ponyva)-szövet; ~**-container** nagy rakodólap; ~ **control** kormány átfordítási szögének szabályozása; ~ **controls** dinamikus konvergenciaegységek; ~ **cover** vászontető; ~**-deck trailer** *ép* lebillenthető feljárós tréler; ~**-dozer** *ép* billenő tolólapos tológép; ~**-drum mixer** *ép* billenődobos keverőgép; ~ **effect** *geof* ferdeséghatás, szelvényferdeség hatása; ~ **hammer** lengő kalapács/pöröly, billenőkalapács, farkaskalapács; nyeles kalapács; ~ **key** *el* átbillenő nyomógomb; ~ **linen** ponyvavászon; ~ **meter** *geod* klinométer, dőlésmérő; ~ **mo(u)ld billet/ingot** *önt* billenthető öntőformában készült öntecs; ~**-rod mine** *kat* felszedés ellen biztosított akna; ~ **roof** *ép* kis emelkedésű dongatető/dongafedél; ~ **truck** ponyvás tehergépkocsi; ~**-up construction** fekvő helyzetben előre gyártott szerkezet; ~ **wag(g)on** ponyváskocsi; ~ **wing** *rep* billenőszárny

tiltable buktatható; billenthető, dönthető

tilted dőlt, döntött, ferde; lejtős (helyzetű); ~ **block** *geol* lejtős sasbérc; ~ **fillet weld** *heg* ferde sarokvarrat; ~ **fold** ferde redő; ~ **ionospheric layer** *met* ferde ionoszféra; ~ **iron** átkovácsolt vas; ~**-reflecting**

layer *rád* elferdítőréteg *(ionoszférában)*; ~ **source** *távk* ferde állású forrás; ~ **turret** *gép* ferde revolverfej/revolveragy
tilter buktatószerkezet, döntőszerkezet; buktató rakodóhíd; billenőasztal; *heng* bugaforgató; *vasút* kocsikiürítő/vagonkirakodó billentőszerkezet; ~ **(concrete) mixer** *ép* billenődobos keverőgép
tiltgraph *geod* hajlásmérő görbéje
tilth *mzg* talajművelés
tilting lejtés, lejtő; kiborítás, felborítás, (fel)billentés; dőlés, felborulás, billenés; *alak* kovácsolás *(pöröllyel)*; nyújtás; *film* kameradőlés; *koh* (üst)buktatás; fordítás; *mech* kifordulás, kibicsaklás; *távk* hullámhomlok hajlásszöge; ~ **adjustment** hajlásszögbeállítás, dőlésszög-beállítás; buktatásszabályozás *(billenőszerkezeten)*; ~ **basin** hajómosdó, billenőmosdó; ~ **bearing** *ép* billenősaru *(hídépítésnél)*; csuklós saru; *gép* billenő csapágy; ~ **bucket** vízemelő veder; ~ **bucket conveyor** *ép* billenőserleges szállítógép; ~ **bulldozer** *ép* billenő tolólapos tológép; ~ **car** *bány* felfordítható csille; ~ **concrete mixer** *ép* billenődobos betonkeverő; ~ **cowl** felbillenthető burkolat *(robogón)*; ~ **crucible furnace** *koh* billenthető tégelykemence; ~ **device** billentőberendezés, kantolóberendezés, fordítóberendezés; billen(t)őszerkezet; ~ **digester** *pa* bukófőző; ~**-drum (concrete) mixer** *ép* billenődobos keverőgép; ~ **dumper** billenő vagonkiürítő; ~ **equipment** tolólapbillentő berendezés; ~ **failure** *ép, mech* felborulás; ~**-fillet** *ép* ereszcserépsor-magasító léc; vízcsendesítő *(tetőn)*; ~ **fixture** *gép* billenőkészülék, szögasztal; ~**-flap gate** *hidr* ellensúlyos gát; ~ **front end bucket** billenő rakodókanál; ~ **furnace** *koh* billenőkemence, buktatható kemence; ~ **gear** *gép* billenőszerkezet, buktatószerkezet; ~ **hearth** *koh* buktatható kemencefenék; ~ **ladle** *önt* billenő/buktatható öntőüst; ~ **level** *geod* emelőcsavaros szintező/libella; ~**-level screw** *geod* szintezőcsavar; ~ **load** *em* kritikus terhelés, billenőterhelés; ~ **manometer** *fiz* ferdecsöves manométer; ~ **mirror** lengőtükör; ~ **mixer** *ép* billenődobos keverőgép; ~ **moment** *mech* billen(t)őnyomaték; ~ **mo(u)ld** *ép* billenősablon; ~ **open-hearth furnace** *koh* billenő martinkemence; ~**-over** átfordítás; buktatás; ~ **platform** lengőpad; ~ **platform trailer** lebillenthető feljárós tréler; ~ **pot buggy** *önt* billenő öntecsszállító kocsi; ~ **seat** billenőülés; csapóülés; ~ **shank** *önt* ollós billenő öntőüst; ollós öntővilla; ~ **skip** *ép* billenő szkipveder; ~ **skip hoist** *ép* billenőputtonyos anyagfelvonó; ~ **stratum** *geol* ferde réteg(zettség); ~ **table** *ép* billenőasztal, buktatható asztal; billenőszér; ~ **test** *gépk* dőléspróba; ~ **trailer** *ép* billenthető pótkocsi; ~ **valve** *élip* lengőszelep *(futócsőé)*
timber I. *v bány* (be)ácsol; *ép* ácsol; állványoz; dúcol; fával erősít; gerendát rak; **II.** *n bány* bányafa; *ép* építőfa; épületfa; falkötő gerenda; *fa* faanyag; fagerenda; heveder; szálfa; *hajó* törzsborda *(fából)*; ~**(-)arch** faív; ~ **back** *bány* főtefa; ~ **beam** *ép* fagerenda; ~ **bent** fajárom, bak *(hídon)*; ~ **blocking** *bány, ép* ácsolat, gerendázat; *vasút* talpfarakás; ~**-brick** *ép* facsap; ~ **bridge** *ép* fahíd; ~ **building** *ép* faház, faépület; ~**-built** *ép* faépítésű; ~ **bulkhead** *ép* fa szádfal; faszerkezetű ellenfal/támfal *(hídon)*; ideiglenes faszerkezetű töltéselzárás, gerenda válaszfal; ~ **calliper** *fa* rönkátlózó; ~ **carrier** *hajó* faszállító hajó; ~ **cart** *fa* gerendaszállító kocsi; ~ **clamp** famarkoló; ~ **connector** *ép* fakötő kapocs; ~ **construction** faszerkezet; ~ **cottage** faház; ~ **covering** *ép* faborítás; ~ **crib** *hidr* faszekrényes jászolgát; ~**-crib pier** alátámasztó gerenda/szekrénymű *(hídon)*; ~ **cruiser** *fa* fabecslő; ~ **culvert** facsatorna, facsurgó, fafolyóka; faválýú; ~**-deck weir** faborítású gát; ~ **drawer** *bány* farabló; ~ **drawing** *bány* ácsolatrablás; ~ **drill** *fa* fafúró gép; ~ **falsework** *ép* faállvány; ~ **felling** *fa* fadöntés, erdőkitermelés; ~ **float** szálfatutaj; ~**-floating** *fa* úsztatás, tutajozás; ~ **floor** *ép* gerendafödém; ~ **flume** facsatorna; ~ **for paper** papírfa *(anyag)*; ~ **frame** *bány* ajtókötés; *ép* (épület)faváz; *fa* keretfűrész; ~ **frame construction** *ép* favázas építés; ~ **framer** *ép* dúcolóács; ~ **framework** *ép* ácsolat, faállvány; gerendázat; ~ **framing** *ép* ácskeret; faváz; ~ **girder** *ép* fatartó; ~ **grab** *fa* rönkvonszoló kamó; ~ **guniting** bányafa-torkretozás; ~**-haulage vehicle** *fa* szálfakocsi; ~ **hitch** ácscsomó; ~ **hoisting tackle** *bány* rakoncás függeszték; ~ **house** faház; ~ **hut** *ép* fabarakk; ~ **impregration** *bány* bányafatelítés; ~**-industry** faipar; ~ **jack** *bány* süvegfaemelő; *fa* rönkemelő; ~ **joint** *ép* faácsolat kötése; fakötés; ~ **joint by grooving the props** *bány* lengyel kötés; ~**-joist** *ép* fagerenda; födémgerenda; ~**-kiln** *fa* faszárító; ~ **line** *fa* fahatár; ~**-lined** *bány* gerendával burkolt; ~ **lining** *bány* fabiztosítás; *ép* faburkolat; ~ **lock** *ép* szálfazsilip; ~ **man** *bány* fabeadó; ~ **mill** *fa* fűrésztelep; ~ **mo(u)ld** *ép* fasablon; ~ **peg** *ép* facövek; ~ **pile** *ép* facölöp; ~ **plan** *bány* ácsolási szabályzat *(pászport)*; ~ **preserving** *fa* fatartósítás, favédelem; ~ **reclaim/recovery** *bány* ácsolatrablás; ~ **roof constructions** *ép* fa fedélszerkezetek; ~**-room** *hajó* bókonyköz; ~ **saddle** fanyeregtartó; ~ **scaffold** *ép* állvány, állványzat; építőállvány; ~ **set** *bány* fabiztosítás, ajtókeret-ácsolat; *ép* fakoszorú; ~ **setting** *fa, bány* ácsolat/tám felállítása; ~**-setting truck** *bány* ácsolókocsi; ~ **set with grooved props** *bány* lengyel ácsolat; ~ **set with scarf** *bány* fogazott ácsolat; ~**-shed** *fa* szín *(tárolószín)*; ~ **sheet pile** *ép* fa szádpalló; ~ **skeleton** *ép* épületfaváz; ~ **slide** facsúsztatás; facsúsztató; ~ **sole piece** *bány* talpgerenda; ~ **spike** ácsszeg; fakapocs; ~ **stud** faoszlop; ~ **tester** *fa* faelemző, fafurdancs *(fa minőségének megállapítására)*; ~**-treatment** fakezelés, fatelítés; ~ **trestle** faállványzat, fapadozat; ~ **trolley** *vasút* kisvasúti szállítókocsi *(faanyag szállítására)*; ~ **truck** *vasút* faszállító csille/pőrekocsi; rakoncás kocsi; ~ **truss** fagerenda-ácsolat; ~ **truss girder** *ép* farácsos tartó; ~**-ware** faáru; ~ **weir** *hidr* fagát; ~ **wood** haszonfaerdő
timbered *ép* ácsolt; ~ **back** *bány* beácsolt *v.* ácsolattal biztosított főte; ~ **ceiling** *ép* fafödém; ~ **shaft** *bány* kiácsolt akna; ~ **stope** *bány* ácsolt fejtés; ácsolt lépcsőzetes érctárna; ~ **trench** *ép* dúcolt árok
timberer bányaács
timbering pallózat, deszkázat; *bány* ácsolat; *bány, ép* ácsmunka, ácsolás; *ép* állványozás; dúcolás, betonzsaluzás; ~ **material** *ép* ácsolati anyag, ácsfaáru; ~ **of a shaft** *bány* aknaácsolás; ~ **supply** *bány* bányafaellátás
timberless *bány* beácsolatlan
timberman *bány* ácsolóvájár; bányaács; *ép* épületács
timberwork *ép* ácsmunka; ácsolat; faszerkezet, fedélgerendázat; ~ **bridge** *ép* fahíd

timberyard faraktár, (épület)fatelep, máglyatér; *ép* ácstelep
timbre *hang* hangárnyalat; hangszín
time I. *v* időzít; időt mér/meghatároz; szinkronoz; szabályoz; beállít; *foto* időben koordinál; **II.** *n* időtartam, időpont; *csill* idő; *el* veszteségidő, késésidő; *geol* kor; ~ **action (of relay)** *el* meghúzási idő; ~ **advance (of a forecast)** időelőny; ~ **analyzer** *at* időanalizátor; *ip* időelemző; ~**-and-motion planning** funkcionális tervezés *(épületnél)*; ~**-and-range index** *kat* idő- és lőtávolság-leolvasó jel; ~**-antisymmetric** *fiz* idő-antiszimmetrikus, időben antiszimmetrikus; ~**-assignment speech interpolation (TASI)** *távk* TASI *(időosztásos beszédátviteli rendszer)*; ~ **average** időátlag, időközépérték; ~ **average of a periodic quantity** (lineáris) középérték; ~ **average relation** átlagidő-egyenlet; ~ **axis** *fiz* időtengely; ~ **base (TB)** *fiz* időalap; időbázis, időeltérítés, időtengely; *távk* időtengely *(katódsugárcső ernyőjén)*; ~**-base circuit** *el* fűrészfog-generátor; időalap-kapcsolás; ~**-base control** *el* időalap-szabályozás; ~**-base corrector (TBC)** *tv* időalap-korrektor; ~**-base currents** *el* időalap-áramok; ~**-base error** *tv* időalaphiba; ~**-base extension** *ip* időalap-kiterjesztés; ~**-base frequency** *el* fűrészrezgés-frekvencia, kippfrekvencia, eltérítési frekvencia; időalap-frekvencia; ~**-base generator** *távk* időalap-generátor, eltérítésgenerátor; időjel-generátor; időtengely-generátor; ~**-base period** *el* időalap-periódus; ~**-base sweep** *rád* időtengely-kitérítő fűrészfog-oszcillátor; ~**-base unit** *el* időalapadó/fűrészfogfeszültség-adó egység; ~**-base voltage** *el* eltérítőfeszültség; időalap-feszültség, vízszintes eltér(ít)ési feszültség; ~ **behavio(u)r** időbeli viselkedés; ~ **between overhauls (TBO)** *rep* nagyjavítások közötti üzemidő; ~**-bomb** *kat* időzített bomba; ~**-break signal** *geof* időjel; ~**-card** bélyegzőkártya; ~ **channel** *at, távk* időcsatorna; ~ **check** *távb* időszámláló; ~**-check lamp** *távb* beszélgetési időjelző lámpa; ~ **clock** bélyegzőóra; ~ **code** *film, vid* időkód; ~ **component (of four-vector)** *fiz* időkomponens, időjellegű komponens; ~ **compressor (camera)** *film* időrövidítő kamera/felvevőgép, zeitraffer; ~ **compressor-expander** lassító-gyorsító berendezés; ~**-consolidation curve** *talt* konszolidációs görbe; ~ **constant** *el* időállandó; ~ **constant of integrator** integrálási idő; ~ **constant of nuclear reactor** *at* reaktorperiódus, reaktor időállandója; ~**-consuming** *szt* időigényes; ~ **contour** *geof* izokrónvonal; ~**-contour map** *geof* izokróntérkép; ~**-contour method** *geof* izokrónok módszere; ~ **control** *aut* időtervvezérlés; menetrendi vezérlés; *szt* programozott szabályozás; ~**-controlled spray gun** idővezérlésű szórópisztoly; ~ **converter** *el* időátalakító; ~ **co-ordinate** *fiz* időkoordináta; ~ **correction** *geof* időjavítás, időkorrekció; ~**-current acceleration** *el* áramfüggő késleltetésű gyorsítás; ~**-current characteristic** *el* biztosító kiolvadási jelleggörbéje; ~ **curve** *geof* szeizmikus hullámok időgörbéje; ~**-cycle** *aut* időciklus; *bány* munkafolyamat időbeosztása; ~**-cycle control** *aut* időciklus-szabályozás; menetrendi szabályozás, programszabályozás, programvezérlés, programirányítás; ~**-cycle controller** *aut* időciklus-szabályozó; menetrendi szabályozó, programszabályozó; *ol* ciklusszabályozó; ~**-cycling device** *aut* óra, ütemadó; ~ **decay** *geof* elhalási idő; ~ **decoding device** idődekódoló berendezés; ~ **delay (TD)** késleltetés, lassítás, holtidő-késleltetés, késési idő; késleltetési idő; *távb* kapcsolási idő; ~**-delay analyzer** időkésés-analizátor; ~**-delay circuit** késleltető áramkör; futásidő-késleltető kör; ~**-delay device** késleltetőberendezés; ~**-delayed circuit-breaker** időkésleltetett megszakító; ~**-delay gap** *hang* időkésésretesz; ~**-delay network** késleltető áramkör *(passzív)*; ~**-delay operator** *aut* időkésési operátor; ~**-delay relay (TDR)** *el* időkapcsoló; időrelé; késleltetett jelfogó/relé; ~**-delay switch** *el* időkapcsoló, késleltető/időzített kapcsoló/relé; ~**-delay switch for blasting** *bány* időzítő robbantó kapcsoló; ~**-delay unit** késleltetőberendezés; ~**-delay weapons** *kat* késleltetett gyújtású fegyverek; ~**-dependence** *at, fiz* időfüggés; ~**-dependent** *fiz* időfüggő, időben változó, idő függvényében nem állandó, reonom; ~**-dependent behavio(u)r** időtől függő viselkedés; ~**-dependent control element** időfüggő szabályozóelem/vezérlőelem; ~**-dependent reliability** időtől függő megbízhatóság; ~**-depth curve** *geof* mélység-idő görbe; ~ **derivative** *fiz, mat* idő szerint derivált hányados, idő szerinti differenciálhányados; időbeni differenciálás; ~ **derived channel** *szt* időosztásos (átviteli) csatorna; ~ **diagram** idődiagram; ~ **differential** időzítési lépcső, időkülönbség; ~ **dilat(at)ion** *fiz, űr* Einstein-féle idődilatáció; ~ **discriminator** *távk* idődiszkriminátor; ~**-distance curve** *fiz* terjedésiidő-görbe; út-idő görbe; ~ **distribution** idő szerinti eloszlás/megoszlás; ~ **division** *távb* időosztás; ~**-division multiple access (TDMA)** *szt* időosztásos többszörös elérés, TDMA; ~**-division multiplexing (system)** *távk* időosztásos/időmultiplex rendszer; ~**-division multiplex line** *távb* időosztásos multiplexvonal; ~**-division multiplexing (TDM)** *szt* időosztásos multiplex, TDM; ~**-division switching field** *távb* időosztásos kapcsolómező; ~**-division switching** *szt* időosztású kapcsolás; ~**-division system** *távk* időosztásos rendszer; ~ **domain** időtartomány; ~ **domain multiple access** *távk* TDMA; ~**-domain reflectometer** *távk* időtartomány-reflektométer; ~ **drift of gyroscope** *rep* pörgettyű késése; ~**-edge effect** *foto, geof* peremhatás; *mech* szélhatás; ~ **effect** időhatás; ~ **element** *fiz* időelem, elemi időintervallum; időtényező; *kat* késleltetőszerkezet; *szt* időtag; ~**-element error compensator** *tv* időalap-korrektor; ~**-element relay** időrelé, késleltetett relé; ~**-elongation curve** *any* nyúlás-idő görbe, tartósfolyási görbe; ~ **encoding device** időkódoló berendezés; ~ **exposure** *foto* hosszú expozíció *(nagyobb 1/25 s-nél)*; ~ **flow control** programozott átfolyásvezérlés/átömlésvezérlés; ~ **for acceleration** *fiz* (fel)gyorsulás ideje; ~**-free** *mech* időtől független; ~ **function** *rendsz* időfüggvény; ~ **fuse** *bány* nem robbanó zsinór; *kat* időzített gyújtó; ~ **game** *rendsz* időjáték; ~ **gate** időkapuzó, időszelektor; ~ **graph** időgráf; ~**-independent** *rendsz* időfüggetlen; időtől független, szkleronóm; ~**-independent abstract object** *rendsz* időfüggetlen absztrakt objektum; ~ **in rolls** *koh* hengerlési idő; ~ **integral** időintegrál, idő szerinti integrál; ~ **intercept** *geof* időordináta-metszék; ~**-intercept method** *geof* időordináta-metszet módszere; ~ **interval (TI)** időköz; ~**-interval encoder** *ant* időintervallum-kódoló; ~ **interval measuring range** *aut* időintervallum-mérési tartomány; ~**-intervals** *pl távk* óraperiódus; ~**-in-**

terval traffic *vasút* időközös közlekedés; ~ **in the air** *rep* repült órák száma; ~**-invariant system** *szt* időinvariáns rendszer; ~ **jack** időjelzés kapcsolóhüvelye; ~ **jitter** *el* jitter, rángás; ~**-lag** holtidő, késési idő; késés; késleltetés; kapcsolási idő; ~**-lag action** késleltető hatás; késleltetett működés; ~**-lag element** (idő)késéses tag; holtidős rendszer/elem; ~**-lag fuse** *el* lomha biztosító; ~**-lagging** késleltetés; ~**-lag in reading** jelzőműszer késési ideje; ~**-lag of the ignition** gyújtáskésleltetés, gyújtási késés, gyújtás késleltetése; ~**-lag relay** időrelé; késleltetett relé/jelfogó; ~**-lag switch** késleltető/időzített kapcsoló/relé; ~**-lag system** holtidős/időkéséses rendszer; ~**-lapse** gyorsítás; ~**-lapse (motion) camera/equipment** *film* időrövidítő kamera/felvevőgép, zeitraffer; ~**-lapse photography/cinematography** *film* időszűkítő felvétel, zeitraffer-felvétel, gyorsított felvétel; ~ **law of nucleation** *krist* gócképződési időtörvény; ~ **limit** határidő; *el* késleltetés; küszöbidő; ~**-limit acceleration** *el* áramfüggetlen késleltetésű gyorsítás; ~**-limit attachment** *el* időkorlátozó; ~**-limit protection** *aut* késleltetett védelem; ~**-limit relay** *el* időzített/időzíthető/időkorlátozó jelfogó; ~**-limit release** *aut* időzített/időzíthető kioldó; ~**-limit switch** *el* lépcsőházi kapcsoló; ~ **magnifier** *film* lassító/időnagyító (kép)-kamera/filmfelvevőgép, zeitlupe; ~ **magnifying** *film* nagysebességű/zeitlupe/időnagyító fényképezés lassított felvétel készítése céljából; *távk* időtengely széthúzása; ~**-mark** időjel; időbélyegző; ~ **marker** *el* időjel-generátor, időjeladó; *geof* időjeladó/idősávozó berendezés; ~ **marker pulse** *el* időjelző impulzus; ~ **mark frequency** *el* időjelző frekvencia; ~ **mark generator** → ~ marker; ~ **marking** időjelzés, időjelrögzítés; ~ **mark recorder** időjelrögzítő, időjelfelvevő, időjelrekorder; ~ **measurement based on electrochemical principle** *aut* elektrokémiai időmérés; ~**-meter** *el* terhelési időmérő; ~ **metering** időszámlálás; ~ **modulation** időmoduláció; impulzusszélesség-moduláció, PWM; ~ **multiplex** időmultiplex-rendszer; ~**-multiplexed switching (TMS)** *szt* időosztásos kapcsolás; ~ **of advent** *geof* szeizmikus hullámok beérkezési ideje; ~ **of arrival** *rep* érkezési/leszállási idő; ~ **of charging** *koh* berakási idő; ~ **of concentration** *hidr* lefolyási/összegyülekezési idő; ~ **of decay** lefutási/lecsengési idő; ~ **off** *rep* felszállási idő; ~ **of flight** *at, rep* repülésidő, repülési idő; ~**-of-flight analyzer** *at* repülésidő-analizátor; ~**-of-flight (mass) spectrometer** *at* repülésidő-tömegspektrométer; ~**-of-flight spectrography** *at* repülésidő-spektrográfia, sebességspektrográfia; ~ **of formation of nuclei** *krist* gócképződés ideje; ~ **of holding** → ~ of soaking; ~ **of ignition** *gépk* gyújtási időpont; ~ **of interference** *távk* zavarási időtartam; ~ **of landing** *rep* leszállási idő; ~ **of one revolution** *csill* keringési idő; ~ **of operation** *távb* meghúzási/beállási idő; ~ **of origin (TOO)** *rep* közlemény feladási ideje; ~ **of oscillation** *óra* lengési idő; ~ **of period** *fiz* periódusidő; ~ **of persistence** *opt* utánvilágítás(i idő), perzisztencia; ~ **of propagation** *fiz* terjedési idő; ~ **of relaxation** *fiz* eltérítési idő; *mech* relaxációs/pihenési idő; ~ **of response** válaszidő; ~ **of reverberation** *hang* utózengési idő; ~ **of rise** felépülési/állandósulási idő; impulzus felfutási ideje; ~ **of run** *rep* nekifutási idő; ~ **of running** futási idő; ~ **of setting** *ép* cement kötési ideje; ~ **of setting up a call** *távb* hívásfelépítési idő; ~ **of soaking** hőntartási idő; ~ **of takeoff** → ~ off; ~ **of travel** *távk* futásidő; ~ **of treatment** *tex* kezelési időtartam; ~ **of valve opening** *gép* szelepnyitás ideje; ~**-optimal control** időoptimális vezérlés; ~**-out** időzítés; *szt* időhatár, időtúllépés; ~ **out of rolls** *heng* szúrásközidő; ~**-pattern control** programozott szabályozás; menetrendi irányítás, menetrendi (program)szabályozás/programvezérlés; ütemterv szerinti szabályozás; ~**-period counter** *at* kronográfos számláló; ~**-phase displacement** fáziseltolás időben; ~ **plan** ütemterv; ~ **printer** → ~ recorder; ~**-pulse** → timing pulse; ~ **quadrature** negyedperiódusnyi időeltérés/időkitérés; ~ **quantization** időkvantálás; ~ **range** *geol* időszak; ~ **rating** időtől függő teljesítmény; időbérezés; ~ **record** időjelzés, időjelrögzítés; ~ **recorder** kronográf, időregisztráló *(berendezés)*; *ip* munkaidő-ellenőrző óra, blokkolóóra; ~**-recording apparatus** → ~ recorder; ~**-reference** *távk* időreferencia; ~ **reflection** *at* időfüggő visszaverődés; ~**-reflection symmetry** *at* időszimmetria; ~ **relationships** időviszonyok; ~ **relay** → timing relay; ~ **release** késleltetett kioldás; ~**-release clockwork** óraműves időzítőszerkezet/kioldószerkezet; ~ **reserve** *rendsz* időtartalék; ~ **resolution** időbeli felbontóképesség; *at* időfelbontás; ~ **resolution constant** időfelbontó-képességi állandó; ~ **resolving power** időbeli felbontóképesség; ~ **response** időválasz; felépülési/felfutási idő; ~ **reversal** *at* időinverzió; ~**-ring** *kat* gyújtó-időállító gyűrű; ~ **scale** *csill* időskála; *kat* időgyűrűskála; *szt* időlépték; ~**-scale factor** *szt* időlépték-tényező; ~ **schedule** program; *vasút* menetrend; ~**-schedule control** *aut, rendsz* időtervvezérlés; menetrendi vezérlés/szabályozás; menetszabályozás, menetirányítás; programozott szabályozás; programvezérlés; ~**-schedule controller** menetrendi (program)szabályozó; ~**-schedule storage** időtervtároló; ~ **selection** *aut* időkésleltetés kiválasztása; ~**-selection band** cím(ki)választó sáv; ~ **sending** pontos idő közlése; ~ **sequence** kronológia, időszámítás, időrend, időbeli egymásutániság; ~ **sequence chart** idősorrendi diagram, ütemdiagram; ~ **series** *mat* idősor; ~ **series analysis** idősorelemzés; ~ **setting** időzítés; *kat* lövedék-gyújtóbeállítás; ~**-settlement curve** *talt* konszolidációs görbe; ~**-shared amplifier** → ~ sharing amplifier; ~ **sharing (TS)** *szt, távk* párbeszédes üzemmód, időosztás, időszeletelés, TS; ~**-sharing amplifier** *távk* időosztásos erősítő; ~**-sharing computing centre/center** *szt* időmegosztásos számítóközpont; ~**-sharing laser** időosztásos lézer; ~**-sharing operating system (TSOS)** *szt, távk* időosztásos operációs rendszer, TSOS; ~**-sharing operation** *szt, távk* időosztásos üzemmód; ~**-sharing PCM multiplex system** *szt, távk* PCM multiplex rendszer; ~**-sharing system (TSS)** *szt, távk* időosztásos rendszer, TSS; ~**-shell fire** *kat* időzített lövés; ~ **shift** időeltolás; ~ **shift theorem** eltolási tétel; ~ **signal** *rád* pontos idő, pontosidő-adás, időjelzés; ~**-signal injector** időjel-generátor, időjeladó; ~**-signal method** *geol* időjelmódszer; ~**-signal satellite service** műholdas időjelszolgálat; ~**-signal service** időjelszolgálat, pontosidő-szolgálat; ~ **signature** *hang* ütemjelzés; ~ **slicing** *szt, távk* időszeletelés; ~ **slot** *távk* időrés; ~ **space** *mech* időköz; ~**-span** *szt* időtartam; ~

stamp *szt* időbélyeg; ~ **strength** *any* fáradási szilárdság, (élet)tartamszilárdság; ~ **switch** kapcsolóóra, időkapcsoló, timer, időrelé; időzített kapcsoló; óraműves kapcsoló; ~ **switching** *távb* időosztásos kapcsolási mód; ~**-symmetric** időszimmetrikus, időben szimmetrikus; ~**-temperature cycle** hőmérséklet-idő ciklus; ~**-temperature index (TTI)** idő-hőmérséklet-index; ~**-temperature transformation curve** átalakulási diagram; ~ **ticket** munkalap; ~ **to altitude** *rep* magasság elérésének ideje; ~**-to-digital converter** *el* idő-digitális konverter; ~ **to failure** működési idő, élettartam; ~**-to-failure characteristic** hibátlan működés idõjellemzője; ~**-to-failure law** hibátlan működés időeloszlási törvénye; ~**-to-pulse height converter** *el* idő-impulzusamplitúdó konverter; ~**-to-time converter** idő-idő konverter; ~ **transformer** időtranszformátor; ~ **transforming circuit** időtranszformáló áramkör; ~ **transmitter** időgenerátor, időjeladó; ~ **trend** *mat* időbeli trend; ~ **variable** időváltozó; ~**-variable control** idővariábilis szabályozás; időben változó szabályozás; ~**-variable data** időben változó értékek; ~**-variable system** változó paraméterű rendszer; ~**-varied gain-control** időbeli erősítésszabályozás; ~**-varying field** időben változó tér; ~**-varying system** idővariáns rendszer; ~ **vector** idővektor; ~ **wage** időbér; ~ **yield** *mech* képlékeny folyás; lassú alakváltozás; tartós folyás; ~**-yield test** *any* húzóvizsgálat idő függvényében; ~ **zone** időzóna, óraövezet; ~**-zone metering** időtartomány-mérés; *távb* idő- és zónaszámlálás

timed időzített; szinkron(ozott); ~ **acceleration** programozott/idővezérelt gyorsítás; ~ **amplifier** *rád* szelektív erősítő; ~ **approaches** *rep* időben meghatározott megközelítések; ~ **call** *távb* beszélgetésszámlálás idő alapján; ~ **control** időtervvezérlés; programvezérlés; ~**-rated value transmitter** alapértékmenetrend-távadó; ~ **spark(s)** *el* időzített szikra; *gépk* beállított gyújtás

timekeeper óra, időmérő *(berendezés)*, kronométer; *ip* munkaidő-ellenőr; műszakvezető

timekeeping időmérés

timepiece óra, időmérő *(berendezés)*, kronométer

timer kapcsolóóra, időkapcsoló (óra), timer, időrelé; elektromos időadó/időjelző; időzítő(elem), időtartam-kapcsoló, időzítőszerkezet; ellenőrző óra; menetrendadó; programadó; *gépk* gyújtásszabályozó; *rep* programszabályozó egység; *szt* óraregiszter; ~**-circuit** *el* időjeladó kör; időkapcsoló; időzítő-áramkör; szinkronozó; ~ **handle** *gépk* gyújtásállító kar; ~ **shaft** *gép* elosztótengely

timesaving időkímélő, időt megtakarító

timetable menetrend; ~ **poster/sheet** *vasút* fali menetrend, menetrendhirdetmény

timework idő szerint fizetett munka; órabéres munka

timing (idő)vezérlés, ütemezés; időmérés, időzítés; beállítás *(időben)*; időmegszabás; időszámlálás; *gépk* gyújtási időpont beállítása; gyújtásidőzítés; vezérlés; *távk* szinkronozás; ~ **adjustment** *gépk* gyújtásszabályozás; vezérműállítás; ~**-adjustment range** *gépk* gyújtásbeállítás határai; ~**-at end of sequence** *aut* késleltetés a sor(rend) végén; ~ **case** *gépk* vezérműhajtókerék-ház; ~ **chain** *gépk* vezérműlánc; ~ **circuit** időkapcsolás; időzítő-áramkör; időmérő áramkör; ~ **code** időkód; ~ **comparator circuit** *aut* időkéséses referencia-áramkör; ~ **control** időzítésvezérlés; *gépk* előgyújtás-szabályozás; ~ **curve** időjelgörbe; ~ **device** időjeladó; időzítőkészülék; *rep* szinkronozó készülék; *távb* beszédidőmérő óra; ~ **diagram** vezérlési/időzítési diagram; ~ **disc/disk** *gépk* gyújtásszabályozó tárcsa; ~ **dog** időszabályozó bütyök/ütköző; ~ **element** időtag; időzítőelem, időrelé, időtartam-kapcsoló; ~ **gear** *gép* vezérmű; vezérműhajtó, vezértengelyhajtó; vezértengelyre ékelt fogaskerék; *kat* időzítőszerkezet; ~**-gear casing** *gép* vezérműfedél; ~**-gear housing** *gép* vezérműház; ~ **generator** *aut* óra, ütemadó; *el* elektronikus impulzusadó, időjelző; időgenerátor, időjeladó; ~ **impulse** időzítőimpulzus; ~ **interrupter** *távk* időkapcsoló, késleltetőkapcsoló, késleltetőrelé, időzített kapcsoló/relé; időzítőszaggató; ~**-knob** *kat* automatikus tűzgyorsaság-szabályozó gomb; ~ **lever** *gépk* előgyújtás-szabályozó kar; ~ **line** *geof* időjelvonal, idősávvonal; ~ **logic element** *aut* logikai időelem; ~ **machine** *óra* billegő; ~ **magnet** időzítőmágnes, késleltetőmágnes *(relében)*; ~ **marking** *gépk* lendkerékjelzés *(gyújtásbeállításhoz)*; ~ **of ignition** *gépk* gyújtási időpont beállítása; ~ **oscillator** időjel-oszcillátor; ~ **overlap** *gépk* szelepösszenyitás; ~ **pinion** *gépk* vezértengelyhajtás kis fogaskereke; ~ **pip** *rád* időhitelesítő jel *(katódsugárcsövön)*; *távk* időjel; ~ **pulse** időjelimpulzus, ritmusadó/ütemadó impulzus; órajel; ütemimpulzus; ~ **pulse amplifier** időjel-erősítő; ~ **pulse generator** elektromos időadó/időjelző, timer; ~ **pulse rate** ütemfrekvencia; ~ **range** *rád* időzítési sávszélesség; ~ **recovery circuit** órajel-kiválasztó áramkör; ~ **reference** *rep* vonatkoztató időalap; ~ **relay** időtartam-kapcsoló; *távk* időzítő jelfogó; időzítőrelé, időkapcsoló relé, időrelé; *vasút* késleltetett jelfogó; ~ **resistance** késleltető ellenállás; ~ **scale** → time scale; ~ **screw** *finm* szabályozócsavar; ~ **shaft** *gépk* vezértengely; ~ **signal** időzítőjel; órajel; ~ **system** időzítési rendszer; programvezérlési rendszer; ~ **through electronic counting register** elektronikus számlálóműves időmérés; ~ **track** ütemezőcsatorna; ~ **valve** szabályozószelep; ~ **washer** *finm* szabályozógyököcske *(billegőcsavar foglalata)*; ~ **wave** időmérő hullám/jel, időmérési alap

Timken bearing kúpgörgős csapágy

tin I. *v* ónoz; *élip* bádogdobozba zár; tartósít, konzervál; **II.** *n* **(Sn)** ón, cin, (fehér)bádog; bádogdoboz; bádogedény; *élip* konzervdoboz; sütőforma; ~ **alloy** *koh* ónötvözet; ~ **aryl** *vegy* arilón; ~**-based catalyst** *koh* ónalapú katalizátor; ~ **bread** *élip* formában sült kenyér; ~ **bronze** *koh* ónbronz; ~ **can** bádogdoboz; ~ **canister** *élip* konzervdoboz; ~ **coating** ónbevonat; ~ **cray** *koh* ónzörej; ~ **dioxide** *vegy* ón(IV)-oxid; ~ **dross** *koh* ónvakarék; ~ **file** ónreszelő; ~ **foil** ezüstpapír, ónfólia, ónfüst, sztaniol; ~ **foil coating** *rád* sztaniolfegyverzet; ~ **foil condenser** *rád* sztaniolfegyverzetes/fémfóliás kondenzátor; ~ **foil paper** sztaniolpapír, ezüstpapír; ~ **founder** ónöntő; ~ **glaze** ónmáz; ~**-lead alloy** ón-ólom ötvözet; ~**-lead solder** forrasztóón, ónkompozíció; forrasztóötvözet; ~ **leaf** ónfólia, ónfüst; ~ **loaf** *élip* formában sütött kenyér, tepsikenyér; ~**-mill black plate** feketelemez ónozáshoz; ~ **monoxide** *vegy* ón(II)-oxid; ~ **mordant** ónpác; ~**-mordant print** *tex* ónpácos nyomás; ~**-nickel finish** ón-nikkel bevonat; ~**-opener** konzervnyitó; ~ **ore** *ásv* önkő, kassziterit; *koh* ónérc; ~ **pest** *koh* ónpestis; ~ **pickling** *koh* ónozás előtti pácolás; ~ **plague** *koh* ónpestis; ~ **plate** *élip* fehérbádog, fehérlemez; ónozott lemez; ~**-plate bottom** *élip* fehérlemez fenék; ~**-plate mill** *heng* fehérlemez-hengermű; ónozottlemez-hengermű; ~ **plating** ónozás, ónbevonás; ~ **pyrite** sztannit; ~ **scrap** bádoghulladék; ónhulladék; ~ **sheet** vasbádog *(ónozott)*, fehérbádog; ~**-smith** bádogos; ~ **solder** ónfólia; ~ **soldering** *heg* lágyforrasztás; ~**-stone** *ásv* önkő, kassziterit; ~ **sweat** *önt* ónizzadás *(öntvényhiba)*; ~ **tack** kárpitosszeg; ~ **weighting** *tex* ónos nehezítés; ~ **white** *vegy* ónfehér, ón(IV)-hidroxid; ~ **works** óngyár; ~**-zinc finish** ón-cink bevonat

TIN ferrit → temperature-independent ferrit

tincal *ásv* bórax, tinkal

tinctorial | **power** színezőképesség; ~ **value** *tex* színérték *(színezés és nyomás)*

tincture *gyógyv* tinktúra

tinder tapló; *bány* gyújtókanóc; gyújtózsinór; ~ **fungus** taplógomba; ~**-ore** *ásv* taplóérc

tine fog *(villáé)*; *ép* bontófog, lazítófog; *mzg* boronafog, kultivátorfog

tinfoil ónfüst; alufólia

tinge I. *v* árnyal, színez; **II.** *n* színezés, színezet

tinged cotton színfoltos gyapot *(sárgás)*

ting-tang *óra* negyedütő szerkezet

tinkal → tincal

tinker üstfoltozó, üstfoltozás; kontár

tinless purifier *élip* átcsapatcsatorna nélküli daratisztító

tinman bádogos, ónozó; ~**'s circle shears** görbe lemezvágó olló; ~**'s flat hammer** kettős egyengetőkalapács; ~**'s hammer** bádogoskalapács; ~**'s rambling hammer** széles hajlítókalapács; ~**'s rivet** bádogosszegecs; ~**'s shears** bádogosolló; egyenes lemezvágó olló; ~**'s solder** forrasz, lágyforrasz

tinned ónozott; *élip* tartósított, konzervált; ~ **fruit** *élip* gyümölcskonzerv; ~ **meat** *élip* húskonzerv; ~ **plate** bádoglemez, ónozott lemez; ~ **sheet-iron** (ónozott) bádog, fehérlemez; ~ **strip** *koh* ónozott szalag; ~ **wire** ónozott huzal

tinner bádogos, ónozó; ónbányász; ~**-screw** *gép* lemezcsavar; ~**'s shears** → tinman's shears

tinning I. *a* ónozó; **II.** *n* ónozás; bádogosmunka; dobozolás; *élip* tartósítás, konzerválás *(dobozban)*; ~ **metal** *koh* ónozófém; ~ **pot/vat** *koh* ónozóüst

tinny ónos; *bőr* pléhes, bádogszerű; *élip* bádogízű; *koh* óntartalmú

tinplate → tin plate

tinsel *el* litzehuzal; *tex* aranyszövet, ezüstszövet; brokát; flitter, (arany)lametta; ~ **cloth** *tex* brokát(szövet); ~ **conductor/wire** *el* leoni vezeték; ~ **cord** *távb* igen hajlékony zsinór; *tex* nyüstzsinór; ~ **yarn** *tex* fémfonal

tinstone → tin-stone

tint I. *v* színez; árnyal; aláfest *(árnyalatot)*; **II.** *n* szín, színezet; színárnyalat, tónus; színeződés; világos alapszín; *hők* futtatási szín; ~ **of colo(u)r** *tex* színárnyalat; ~ **retention** *tex* színtartóság

tinted *tex* színes, színezett; ~ **glass** festett/színezett üveg; ~ **spectacles** színes szemüveg

tinting I. *a* festék-; **II.** *n* színezés; színeződés; árnyalás; *nyom* tónolás; ~ **identification** azonosságvizsgálat színezéssel; ~ **saucer** festékcsésze *(vízfestékhez)*

tintometer színárnyalatmérő

tiny crack mikrorepedés; hajszálrepedés

tip I. *v* (ki)hegyez; *forg* heggyel ellát; keményfém lapkával ellát; *tex* felszínen fest *(bolyhozott szövetet)*; **II.** *n* végződés; hegy, hegyes vég, csúcs; *bány* meddőhányó; törmelék *(kőfejtőben)*; törmeléklerakó hely; *cipő* cipősarokvas; orr; *el* érintkezőcsúcs; *forg* lapka *(keményfémből)*; vágóél; *heg* hegesztőpisztoly-fúvóka; *pa* könyvkötő lemez; *rep* szárnyvég; *távb* bevezetőcsap; dugóérintkező; *vák* szívócsonk; szívócsőcsúcs; *vasút* buktató; ~ **aileron** *rep* szárnyvégcsűrő; ~ **barrow** *bány* kiborítótalicska; ~ **bearing** *gép* elfordítható csapágy; ~ **box** *gépk* billenő kocsiszekrény; ~ **brazing** keményfém lapkák felforrasztása; ~**-cat folder** *nyom* Tucker-rendszerű hajtogatógép; ~ **chute** *élip* lejtős vályú, csúszda; ~ **circle** *gép* fejkör *(fogaskeréké)*; ~ **clearance** *gép* fogfejhézag; ~ **cone** *gép* fejkúp; ~**-crane** *vasút* vagonbuktató daru; ~ **driven rotor** *rep* lapátvégeken meghajtott forgószárny; ~ **eddy** *rep* szárnyvégörvény; ~**-engagement** *vid* fejbehatolás; ~ **hammer** *szer* kétkarú lengőkalapács; ~ **light** *rep* helyzetlámpa; ~ **lorry** *gépk* billenőplatós tehergépkocsi, billenőkocsi; ~ **loss** *rep* szárnyvégveszteség; ~ **off** *v vák* leszúr; ~**-off** *rád* szétvált forrasztás; *vák* leszúrás; ~**-off burner** *vák* leszúróégő; ~ **of plug** *távb* dugaszhegy; ~ **of pole shoe** *el* pólusvastest; ~ **of the beard** *kh* tű hegye; ~ **over** *v* felborít, kiborít, felbillent *(kocsit)*, feldönt; felbillen, felborul; ~**-over** *ép* kocsibuktató szerkezet; ~**-pan** *bány* billenővályú; ~**-path plane** *rep* légcsavarvég síkja; ~**-penetration** *vid* fejbehatolás; ~**-projection** *vid* fejkiállás; ~**-ring-sleeve** *távk* hegygyűrűtest *(érintkezőkészlet)*; ~ **rocket** *rep* szárnyvégre szerelt rakéta; ~ **section** *rep* szárnyvégmetszet; ~ **shaft** billenőtengely; ~ **speed (ratio)** *rep* légcsavarvég (relatív) kerületi sebessége; ~ **stall** *rep* szárnyvégátesés; ~ **stitcher** *cipő* orrmerevítés-tűző; ~ **terminus** *mat* végpont, csúcs(pont) *(vektoré)*; ~**-to-tip** csúcstól-csúcsig; *rep* teljes szárnyterjedtség; ~ **truck** → ~ lorry; ~ **up** *v* felbillent; oldalt megemel; *ép* bütüre állít; *gép* (át)buktat; ~**-up vehicle discharger** *gépk* billenő kirakószerkezet; ~ **valve** *élip* billenő csappantyú *(szeparátoré)*; ~ **vortex** *rep* szárnyvégörvény; ~ **wag(g)on** *bány* billenőcsille; buktatócsille, buktatókocsi; ~ **welding** *heg* keményfémfelrakó hegesztés; ~ **wire** *távb* a ág

tipless bulb *rád* csúcs/csőr nélküli bura

tipped -végű, -hegyű; *forg* lapkás; ~ **pick** *bány* betétes köröm *(réselőgépé)*; ~ **propeller** *rep* vasalt légcsavar

tipper *bány* csillebuktató; *gépk* billenőplatós tehergépkocsi; billenőszekrényes gépkocsi, billenőkocsi; *mzg* billenő pótkocsi; ~ **car** billenőszekrényes szállítóberendezés; ~ **gear** billentőmű; *gépk* billenőszerkezet *(tehergépkocsin)*; buktatószerkezet; ~ **with interchangeable buckets** *gépk* billenőkeretes gépkocsi

tipping kiborítás; festés; hegyezés; *ép* elferdülés *(süllyedés miatt)*; *forg* keményfém lapka ráhegesztése/ráforrasztása; *hajó* átbillenés *(vízre bocsátáskor)*; *önt* billentés *(üstë)*; ~**-bucket conveyor** *ép, koh* billenőserleges szállítógép; ~**-bucket rain ga(u)ge** *met* önbillenő esőmérő/csapadékmérő; ~ **bucket skip hoist** *ép* billenőputtonyos anyagfelvonó; ~ **cage** *bány* billenőkas; ~ **car** *bány, ép* billenőcsille; billenőkocsi; buktatócsille; ~ **carriage** *élip* buktatókocsi, ledobókocsi; ~-**cart** kordé *(billenő)*; ~ **chute** *bány* billenőcsőrös surrantó; billenőcsúszda; ~ **concrete skip** billenő szállítóedény *(függesztékes)*; ~ **container** billenő szállítóedény *(függesztékes)*; ~ **container vehicle** billenőkeretes gépkocsi; ~ **device** billen(t)őkészülék, buktatókészülék; *bány* csillebuktató; ~ **furnace** *önt* buktatókemence; ~ **gate valve** torlólapos elzáró; ~ **gear** billenőszerkezet *(tehergépkocsin)*; ~ **gear lever** billentőkar *(tehergépkocsin)*; ~-**grate** *vasút* buktatórostély; ~ **hopper** *bány, ép* billenő csilleszekrény; *ép* billenőteknős csille; ~ **lorry** *gépk* billenőplatós tehergépkocsi; billenőszekrényes gépkocsi; ~ **mechanism** billentőmechanizmus; ~-**off** *vák* beszúrás; ~-**pan conveyer** billenőedényes szállítószalag/szállítómű; ~-**plant** *vasút* buktatóberendezés, kocsibuktató; ~ **seal** *élip* buktató légelzáró; ~ **seat** *gépk* előredönthető ülés; ~ **shovel** szétnyitható rakodókanál; ~ **skip** *ép* billenőheveder; billenőteknő *(betonkeverőn)*; ~ **stage** *bány* döntőhíd; *em, gépk* billentőkeret; billentőplató; kocsibuktatós rakodó; ~ **torch** *üveg* leolvasztóégő; ~ **trailer** billenőszekrényes pótkocsi; ~-**tray conveyer** billenővályús szállítómű/szállítószalag; ~ **truck** → ~ lorry; ~ **trunnion** buktatócsap; ~ **weigher** billentőmérleg

tipple I. *v* dönt, billent; **II.** *n bány* aknaház; billenőcsille; buktató; felső kezelőtér; ~ **building** *bány* aknaépület; ~ **framework** *bány* aknatorony; ~ **shaker** *bány* buktató alatt elhelyezett rosta

tippler (kör)buktató; *bány* csillebuktató; *vasút* kocsibuktató; vagonbuktató

tippling-up *tex* lenkóró marokbakötése

tippy | dyeing foltos festődés; ~ **wool** *tex* szálhegyen sötétebbre színezett gyapjú

tiptop elsőrangú, legjobb

TIP TOP → tape input/tape output

TIR → total internal reflection

tire → tyre

tissue *biot* szövet; *el* védőborítás, védőfólia; *fa* sejtszövet, szövedék; *pa* (papír) kéztörlő, (papír) arctörlő, papír zsebkendő; selyempapír; *tex* finom vékony selyemszövet; ~ **dose** *at* szövetdózis; ~ **equivalent detector** *at* szövet-egyenértékű detektor; ~-**equivalent ionization-chamber** *at* sejtszövet-egyenértékű ionizációs kamra; ~-**equivalent material** *at* emberi szövettel egyenértékű anyag; szövet-egyenértékű anyag; ~ **exposure** *at* szövetbesugárzás; ~ **injury** *at* szövetsérülés; ~ **lining** selyempapír bélés; ~-**paper** selyempapír; cigarettapapír; ~-**paper feeler** selyempapírhézagmérő; ~-**paper machine** *pa* selyempapírgép; ~-**rupturing** *élip* szövetroncsolás; szövetroncsoló; ~ **shear test** *tex* szövetnyírópróba

titanate *vegy* titanát

titanaugite *ásv* titánaugit

titania titán-dioxid

titanian titánfehér *(festék)*

titanic *vegy* titán(IV)-; ~ **acid** *vegy* titán-oxid-hidrát, titánsav, titán-dioxid; ~ **iron ore** *ásv* ilmenit

titaniferous titántartalmú; ~ **iron ore** *ásv* titántartalmú vasérc

titanite *ásv* titanit

titanium (Ti) *vegy* titán; ~-**base alloy** titánalapú ötvözet; ~ **carbide** *vegy* titán-karbid; ~ **dichloride** *vegy* titán(II)-klorid; ~ **dioxide** *vegy* titán(IV)-oxid, titándioxid; ~ **(IV) oxide** → ~ dioxide; ~ **metallurgy** titánkohászat; ~ **monoxide** *vegy* titán(II)-oxid, titánmonoxid; ~ **ore** titánérc; ~ **sesquioxide** *vegy* titán(III)-oxid; ~ **sponge** *koh* titánszivacs; ~ **steel** *koh* titánacél; ~ **sublimation pump** *vák* titánszublimációs szivattyú; ~ **sulphate/sulfate** *vegy* titán(III)-szulfát; ~ **tetrachloride** *vegy* titán-tetraklorid, titán(IV)-klorid; ~ **trichloride** *vegy* titán-triklorid, titán(III)-klorid; ~ **white** *vegy* titánfehér *(festék)*

titanoferrite *ásv* ilmenit, titánvasérc

titanous *vegy* titán(III)-

titer → titre

Tithonian stage *geol* titon emelet

Titius-Bode law *csill* Titius—Bode-szabály

title felírás, felirat; cím; filmfelirat; *nyom* címlap; *szt* megnevezés; ~ **domain (name)** *szt* megnevezéstartomány; ~ **heading** *nyom* alcím; ~ **lettering** filmfeliratozás; ~ **page/sheet (tp)** *nyom* címoldal; ~ **signature** *nyom* címnegyed

titler *foto* feliratkészítő gép; ~**s** papíralak *(35"x29")*

titling letters *nyom* címbetűk

titrage *vegy* finomsági szám

titrant *vegy* mérőoldat, titeroldat; titrálószer

titrate *vegy* titrál

titration *vegy* titrálás, térfogatos elemzés; ~ **with colo(u)red indicator** *vegy* színindikálásos titrálás

titre, *US* **titer** arany és ezüst finomsága; dermedéspont *(zsírsavaké)*; *tex* titer, szálfinomság; *vegy* titer, mérőoldatok koncentrációja; ~ **test** titermegállapítás

titrimeter *vegy* potenciometriás titrálóberendezés

titrimetric *vegy* titrimetriás; ~ **standard** titerbeállító alapanyag

titrimetry *vegy* titrimetria, térfogatos elemzés

tixotropy *talt* tixotrópia

TJ → tool joint; → turbojet

tjaele *geol* örökké fagyott talaj, permafroszt, pergeliszol

tjb → tarred jute braided

TKV → tracked vehicle

Tl → thallium

TL → thrust line; → tie line; → total load; → transmission loss

TLC → tank landing craft; → thin-layer chromatography

TLD → thermoluminescence detector

TLU → table look-up

Tm → thulium

TM → temperature meter; → ton-mile; → tone modulation; → trade-mark; → transaction manager; → transverse magnetic; → twist multiplier; → twisting moment; ~-**field** *el* keresztirányú mágneses tér; ~-**mode, TM-wave** *távk* E-módus, E-hullám, TM-módus, TM-hullám, transzverzális mágneses hullám, transzverzális H-módus/H-hullám

TMS → tetramethylsilane; → time-multiplexed switching; → transmission measuring set

Tn → thoron

TNA → tetranitroanilin; → thymonucleic acid

TNT → trinitrotoluene

to-and-fro | bending test *any* alternáló hajlítóvizsgálat; ~ **motion/movement** *mech* alternáló mozgás; ide-oda mozgás, ingamozgás

Toarcian stage *geol* toarci emelet

toast pirít, melegít, süt; hevít; éget, pörköl

TOB → take-off boost

tobacco dohány; ~**-bag** dohányzacskó; ~**-leaf opener** dohány-előkészítő; ~ **liquorer** dohánynedvesítő munkás; ~ **pouch** dohányzacskó; ~ **prize** dohánoprés *(emelőkaros)*; ~ **sauce** dohánypác; dohánylúgvíz; ~**-seed oil** *élip* dohánymagolaj; ~ **stalk** *mzg* dohánykóró; ~**-transplanter** *mzg* dohányültető gép; ~ **wringer** dohánysajtoló
Tobias acid *vegy* Tobias-sav, 2-naftilamin-1-szulfonsav
Tobin bronze tengervíznek ellenálló bronz
TODA → take-off distance available
toddite *ásv* toddit
toddlers *pl* bébicipő
todorokite *ásv* todorokit
toe kiszögellés, kiugrás; talp; fogantyú; *bány* fúrólyuk megtöltött része; hányó lába; *ép* alsó deszka *(faszerkezeten)*; lábazat; *gép* bütyök; tengelycsap *(talpcsapágyban)*; tolóujj; *gumi* abroncsperem elvékonyodása befelé; *hidr* alapsík alvízi éle *(gáté)*; alvízoldali láb *(gáté)*; *hőt* (emelő)bütyök *(forgó gépelemé)*; szelepemelő rúdcsap *(himbás gőzgépen)*; *kh* harisnyafej; ~ **bearing** *gép* talpcsapágy; támcsapágy; ~ **board** *gépk, hang* padlólemez, pedáltalplemez; ~**-bracing machine** *cipő* orrfoglaló gép; ~ **button** lábkapcsoló *(gomb)*; ~**-cap** *cipő* orr-rész, orrboríték, kapli; *gumi* lábujjsapka, peremorrsapka; ~ **circle** *gép* talpponti körcsúszólap; ~ **clip** kerékpárpedál, lábfejtartó; ~ **crack** *heg* külső hosszirányú repedés a varrathatáron; ~**-cut** *bány* alsó rés, talprés; lefelé irányított fúrólyuksorozat; ~ **ditch** *ép* töltés-talpárok, töltés-övárok; ~ **dog** lapát alakú támasztólemez *(gyalugépen)*; ~ **drain** *hidr* talpszivárgó; ~ **end** *vasút* csúcs felőli vég *(keresztezési csúcsbetété)*; ~ **gore** *kh* orrszigony; ~ **guard** *cipő* lábtámasz; orrvédő; ~**-in** *gépk* kerékösszetartás; ~**-lasting machine** *cipő* orrbehúzó gép; ~ **line** *ép* cölöptalpszint; *hidr* körömvonal; ~ **of slope** *ép* rézsűláb; töltésláb; ~**-out** *gépk* kerékszéttartás; ~ **piece** *gumi* lábujjsapka, peremorrsapka; ~ **pin** befogótüske; ~ **piston** *hang* lábemeltyű *(orgonán)*; ~**-plate** talplemez; ~ **puff** *cipő* orrmerevítő anyag, kemény kapli; ~**-puff pasting** *cipő* orrmerevítő-ragasztás; ~ **reinforcement** *kh* lábujjerősítés; ~**'s peak** hegyes cipőorr-rész; ~ **spread** *vasút* keresztezési csúcsrész; ~ **spread of a frog** *vasút* könyöksínek távolsága a keresztezés csúcs felőli végén; ~ **strap** orrszíj; ~ **voussoir** *ép* csapos boltozatvállkő; ~ **wall** *ép* rézsűlábazati támfal; ~ **weld** *heg* szelvény tartóövének szélén elhelyezkedő varrat; ~ **welded** *heg* élével felhegesztett; ~ **wing** *cipő* szárnyas orr-rész
toffee *élip* lágy karamella
toggle I. *v* kipeckel; **II.** *n* kampósrúd; könyökcsukló; *el* bistabil multivibrátor, flip-flop áramkör, trigger; huzalcsíptető; *ép* kettős fecskefarkú kőkapocs; *gép* keresztcsap; könyökcsukló; *szt* flip-flop, pecek, műveletkapcsoló; ~ **block** *bány* mozgópofa; ~ **bolt** füles csap; ~ **circuit** triggeráramkör; ~ **clamp** könyökemelős szorító; ~ **clutch** könyökemelős Dohmen—Leblanc-tengelykapcsoló; ~ **joint** *ép* keresztkötésű illesztés; *gép* könyökcsuklós kötés; ~**-joint** *ép* keresztkötésű; *gép* kampós, könyökcsuklós; ~**-joint brake** könyökemeltyűs fék; ~**-joint sector-lock** kampós váltózár; ~ **lever** *gép* könyökemelő; ~**-lever arm** *gép* könyökemelő karja; ~**-lever grip gear** *gép* könyökemelős biztosítószerkezet; ~**-lever mechanism** *gép* könyökemelős mechanizmus; ~**-lever press** *gép* könyökemelős prés; ~**-operated contact** billenőérintkező; ~**-plate** *élip* tartólemez; ~ **press** *gép* könyökemelős sajtó; ~ **switch** *el* billenőkapcsoló, tömblerkapcsoló; könyökemelős billentyű; ~**-type bar chuck** könyökemelős rúdtokmány
toggling kipeckelés; *bőr* szárítás rámán
tokamak *fiz* tokamak
token *szt* jelzés, jel, token; ~ **bus** *szt* vezérjelsín; ~ **nutrient** *élip* jelképes tápanyag; ~ **passing** *szt* vezérjeles továbbítás; ~ **ring** *szt* token ring, vezérjeles gyűrű-(hálózat)
tolan *vegy* tolán, difenil-acetilén
tolerable | **forepressure** *vák* előnyomástűrés; ~ **value** tűrhető érték
tolerance I. *v* tűrésez, tűrést előír; **II.** *n* tolerancia, tűrés; értéktűrés; eltérés; *mat* toleranciaszint; ~ **analysis** tűrések elemzése; ~ **bridge** tűrésmérő híd; ~ **dose** *at* toleranciadózis; *gyógyv* ártalom nélkül elviselhető adag(olás); ~ **estimation** *mat* toleranciabecslés; ~ **factor** *krist* toleranciafaktor; *mat* tűrési tényező; ~ **for dimensions** *koh* mérettűrés; ~ **indicator** tűrésjelző; ~ **level** *mat* tolerancia(szint), tűrési szint; ~ **limit** *mat* paraméter határértéke; tűréshatár; ~ **on rated capacitance** névleges kapacitástól való megengedett eltérés; ~ **range** tűrésmező, tűréshatár; ~ **standard** *at* megengedett dózis; ~ **system** tűrésrendszer; ~ **test** tűrésvizsgálat, toleranciavizsgálat; ~ **threshold** *mat* tolerancia(szint); ~ **unit** tűrési egység; ~ **zone** tűrés helyzete; tűrésmező
tolerate tolerál, elvisel, tűr
tolidine *vegy* tolidin, di-p-aminoditolyl
toll I. *a* helyközi, távolsági; **II.** *n* útvám, autópályahasználati díj; hídvám, kövezetvám, helypénz; *ép* forgókereszt *(ajtón)*; *távb* beszélgetési díj; ~**-answering jack** *távb* távolsági kezdő kapcsolóhüvely; ~ **board** *távb* interurbán/távolsági kapcsolóberendezés; ~ **break-down** *távb* erőszakos bontás; ~ **busy signal** *távb* helyközi „foglalt" jelzés; ~ **cable** *távb* távkábel, interurbán/távolsági kábel; ~ **call** *távb* helyközi beszélgetés; interurbán/távolsági hívás/beszélgetés; ~ **centre/center** *távb* gócközpont; interurbán központ; ~ **circuit** *távb* távolsági összeköttetés; ~ **final selector** *távb* helyközi vonalválasztó; ~**-free** vámmentes, díjmentes *(út, híd, alagút)*; ~ **gate** *ép* vámkapu *(autópályán)*; ~ **kit** szerszámláda, szerszámtáska; ~ **line** *távb* helyközi/interurbán vonal; ~ **line dial(l)ing** távválasztás; távválasztó (hálózat); ~ **network** helyközi/távolsági hálózat; ~ **operator** helyközi kezelő; ~ **position** helyközi kapcsolási munkahely; ~ **recording** távolsági hívás előjegyzése; ~**-record(ing) exchange** távolsági bejelentő központ; ~**-recording operator** távolsági bejelentő munkahely kezelője; ~ **road** vámos autópálya; ~ **selection** félautomatikus távhívás; ~ **selector** távválasztó; ~ **service** helyközi telefonszolgálat; ~ **switchboard** helyközi kapcsolási munkahely; ~**-switching trunk** interurbán trönk; ~ **tariff** zónadíjszabás; ~ **television** *tv* pénzbedobásra nézhető televízióadás; ~ **test-board** *távb* távolsági vonalvizsgáló asztal; ~ **traffic** *távb* távolsági/helyközi forgalom; ~ **zone** díjövezet
Tolu balsam *vegy* tolubalzsam
toluene *vegy* toluol, metil-benzol; ~ **di-isocyanate** *vegy* toluol-diizocianát

toluenesulphonamide, *US* **toluenesulfonamide** *vegy* toluol-szulfamid
toluenesulphonic, *US* **toluenesufonic acid** *vegy* toluolszulfonsav
toluic acid *vegy* toluilsav, metil-benzoesav
toluidine *vegy* toluidin, amino-toluol
tolunitrile *vegy* tolunitril
toluol *vegy* toluol, metilbenzol
toluquinaldine *vegy* 2,6-dimetilkinolin
toluyl *vegy* toluilgyök
toluylene *vegy* sztilbén, s-difeniletilén, toluilén
tolyl *vegy* tolilgyök
tolylene *vegy* toliléngyök
tolypyrine *vegy* tolipirin, p-tolildimetil-pirazolon
tombac *koh* tombak
tombuoy *hajó* horgonybója
tommy csaposkulcs; rögzítőcsap; forgatónyél; ~ **bar** tüske *(csőkulcshoz)*; ~ **gun** *kat* géppisztoly; ~**-point** *bány* cigányváltó; ~ **screw** satucsavar; sikattyúcsavar
tomography *orv* rétegfelvétel, tomográfia
ton tonna; ~**-kilometre/-kilometer** tonnakilométer; ~**-kilometre capacity** *rep* tonnakilométer-kapacitás; ~**-kilometre load factor** *rep* terhelési/kihasználási tényező tonnakilométerben; ~ **measurement** *hajó* tonnaméret; ~**-mile (TM)** tonnamérföld
tonal *hang* hangszínezeti; tonális; ~ **range** *rád* hangfrekvenciasáv; ~ **value** *foto* tónusérték
tonalite *geol* tonalit
tonality *hang* hangszínezet; tonalitás; *tex* színárnyalat
tone I. *v* hangsúlyt/hangszínt ad; színez, árnyal; színeződik, színben összeillik; **II.** *n* hang *(adott jellegű)*; hangzás; árnyalat, színezés; ~ **arm** hangszedőkar; ~ **colo(u)r** *hang* hangszín; ~**-contrast** színárnyalatellentét; ~ **control (TC)** hangszínszabályozó; ~**-control circuit** *távk* hangszínszabályozó áramkör; ~**-corrected receiver** *rád* sztenóda; ~ **correction** *el* hangszín-kiegyenlítés, hangszínjavítás; ~**-correction mask** *foto* színfokozat-helyesbítő másolóernyő; ~ **down** *v bőr* derít *(savval)*; ~ **equalizer** *el* hangfrekvencia-kiegyenlítő, hanghelyesbítő szűrő; ~**-fixing salt** *foto* aranyfürdős rögzítősó; ~ **frequency** hangfrekvencia; ~ **generator** hanggenerátor; ~ **interval** hangköz; ~ **modulation (TM)** *rád* hangfrekvenciás moduláció; ~ **of coloration** *tex* színárnyalat; ~ **off** *v bőr* egyszínűre fest; leszínez, árnyal; ~ **operated net loss adjuster** *távb* TONLAR; ~ **oscillator/source** hangfrekvenciás generátor, hanggenerátor; ~ **pitch** hangmagasság; ~ **tuning** hangolás; ~**-wheel** *rád* fogaskerék-hanggenerátor; *vid* tone-wheel
toneband *film* hangszalag
toned paper *pa* halvány színű papír
toner járulékos vulkanizálásgyorsító
tong | crane *koh* bugafogó daru; ~**-test ammeter** *el* fogós árammérő
tongs *pl* ferde pofás (kovács)tűzifogó; fogó, csipesz, csőkulcs; ~**-riveting machine** fogószegecselő gép
tongsman *heng* adagolóhengerész; *ol* kulcsos
tongue I. *v* összeköt; eresztékesen illeszt *(deszkát)*; **II.** *n* nyelv, nyúlvány, csap, pecek; *alak* üllő keskeny vége; *bány* heveder; *fa* horonycsap; *geol* apofízis; földnyelv; keskeny öböl; *gép* munkaléc; rögzítőnyelv; *heng* vonóhenger; *kh* tűnyelv; *koh* vonóhenger *(hengerműé)*; *mzg* vonórúd; *távk* horgony, mozgórész *(relében)*; *tex* horonycsap; *vasút* váltócsúcs, váltónyelv; váltócsúcssín; ~**-and-groove** *ép* csap és horony *(„nutféder")*; vályús hornyolás, hornyos ereszték; ~**-and-groove joint** *ép* ereszték- és horonyillesztés; ~**-and-groove method** *heng* hengerlés zárt hengerüregekben; ~ **bender** rugóállító *(jelfogón)*; ~ **file** kisméretű kör keresztmetszetű reszelő; ~ **flame** *heg* hegesztőláng, forrasztóláng; ~ **foreceps** *szersz* nyelvfogó; ~**-like basin** *geol* nyelv alakú medence; ~ **of a crossing** *vasút* keresztezés csúcsa; ~ **pipe** *hang* nyelvsíp; ~ **plane** hornyológyalu; ~ **scraper** *ép* táblás talajnyeső (gép); ~ **truck** vonótaliga
tongued nyelves; ~**-and-grooved lock washer** *gép* nyelves alátét; ~**-and-grooved piling** cölöpszádfal; ~ **flange** tömítőléces karima; ~ **washer** *gép* nyelves alátét
tonguing eresztékes csapolás; csapos illesztés; ~ **cutter** hornyolómaró
tonic I. *a élip* erősítő, felfrissítő; *hang* hangszínezeti; **II.** *n hang* alaphang, tonika
toning *foto* árnyalás, árnyékolás, színezés; *hang* hangszínkorrekció; ~ **bath** *foto* színezőfürdő; ~ **dye** *tex* árnyalószínezék
tonnage tonnatartalom, űrtartalom *(járműé)*; ~ **breadth** *hajó* köbözési szélesség; ~ **deck** *hajó* köbözési fedélzet; ~ **depth** *hajó* köbözési mélység; ~ **factor** *bány* fajlagos térfogat; súlyegységnyi anyag; ~ **length** *hajó* köbözési hosszúság; ~ **measurement** köbözés; ~ **of a train** *vasút* vonatterhelés, vonatsúly; ~ **of furnace** kemence tonnateljesítménye; ~ **output** tonnateljesítmény; ~ **oxygen** *koh* technikai oxigén; ~ **oxygen plant** oxigéngyár; ~ **per cut** *bány* egy fogásra eső tonnatermelés; ~ **per fall** *bány* ciklusonkénti tonnatermelés; ~ **rate** tonnaszám szerinti sebesség
tonne → ton
tonometer *hang* hangszínmérő
TOO → time of origin
too-heavy impression *nyom* túl erős vaknyomás
tool I. *v* (szerszámmal) megmunkál; kocsit/járművet hajt/vezet; *nyom* présel, bordáz; **II.** *n* szerszám; eszköz; kés; szerszámgép; *szt* eszköz(tár), (kisegítő) program(ok); ~ **adapter** szerszámbefogó hüvely; ~**-and-gear wag(g)on** szerelékkocsi; ~**-bag** szerszámtáska; ~ **bit** betétkés; ~ **block** *bőr* barkázófa; *forg* késtartó; ~ **box** szerszámláda, szerszámdoboz, szerszámkészlet; *forg* (szekrényes) késtartó; ~**-box clamping** *forg* késfejrögzítés; ~ **cabinet** szerszámláda; ~ **car** szerszámkocsi; ~ **carrier** szerszámkéstartó; *mzg* szerszámhordozó/eszközhordozó keret; ~**-carrier tractor** *mzg* eszközhordó traktor; ~ **cart** *szer* kétkerekű szerszámkocsi; ~ **case/chest** szerszámláda; ~ **clamp** szerszámkéstartó; ~ **crib** szerszámszekrény, szerszámosláda; ~ **dresser** szerszámköszörűs; ~ **edge** szerszám vágóéle; ~ **engineer** szerszámtechnológus; ~ **engineering** szerszámgyártás; ~ **equipment** szerszámfelszerelés; felszerszámozás; ~ **extractor** szerszámkihúzó fogó; szerencsehorog *(mélyfúrásnál)*; ~ **feed** szerszámelőtolás; ~ **fitter** szerszámlakatos; ~ **gang** szerszámkészlet; szerszámsorozat; ~ **grinder** → ~-grinding machine; ~**-grinding** szerszámélező; ~**-grinding department** szerszámélező műhely; ~**-grinding-machine** szerszámélező gép; szerszámköszörű; szerszámél-köszörűgép; ~

head *forg* késtartó; szerszámtartó, késfej; ~ **holder** szerszámbefogó, szerszámtok; ~ **hole** furat szerszám részére *(revolverfejben)*; ~ **house** szerszámkamra; szerszámtár; ~ **inventory** szerszámkészlet *(gyári)*; ~ **jack** *ol* csavarmenet-lecsavaró berendezés *(pennsylvaniai fúrásnál)*; ~ **joint (TJ)** *ol* fúrócsőkapcsoló, rudazatkapcsoló; szerszámkapcsolás, csőátmenet; ~ **kit** szerszámkészlet *(sorozat)*; ~ **lathe** szerszámműhelyi eszterga; szerszámeszterga; ~ **life** szerszámélettartam; szerszáméltartam; ~ **lift** szerszámkiemelés; ~ **lifter** *forg* késkiemelő; ~ **locator** *forg* késbeállító; ~ **locker** szerszámszekrény; ~ **maintenance** szerszámkarbantartás; ~ **master** szerszámetalon, szerszámmintadarab; ~ **mechanic** szerszámlakatos; ~ **mo(u)ld preheating** *koh* szerszám-előmelegítés; ~ **pad** szerszámtartó tok; ~ **pan** *gép* szerszámtálca; szerszámtartó *(gépállvány oldalán)*; ~ **pitch** *forg* késosztás; ~**-post** *forg* szerszámtartó, késtartó; ~**-post grinder** esztergaszupportra rögzíthető köszörűfej; ~**-preheat furnace** *koh* szerszám-előmelegítő kemence; ~ **pusher** → toolpusher; ~ **rack** szerszámpolc; ~ **repair** szerszámjavítás; ~ **rest** késtartó szán/szupport; ~ **roll** szerszámjegyzék; szerszámjegyleltár; szerszámtasak *(összegöngyölhető)*; ~ **room** szerszámkészítő csarnok; szerszámraktár; ~**-setter** szerszámbeállító géplakatos; ~**-setting ga(u)ge** (kés)beállító idomszer/sablon; ~ **set-up** szerszámgép-beállítás; beállított szerszámkészlet; ~ **shaft** szerszámszár; ~ **shank** szerszámszár; nyél; ~ **sharpener** szerszámélező; ~**-sharpening machine** szerszámél-köszörűgép; ~ **slide** szerszámszán, szupport; késszán; ~ **stand** szerszámállvány; szerszámpolc; ~ **steel (TS)** szerszámacél; ~ **stock** szerszámállomány; szerszámleltár; ~**-table pocket** forgácsgyűjtő tálca/teknő *(szerszámgépasztalon)*; ~ **taper** szerszámkúp; ~**-thread ga(u)ge** élező menetidomszer; ~ **to be fished** *ol* mentendő szerszám; ~ **truck** szerszámkocsi; ~ **velocity** *koh* szerszámsebesség; ~ **vibration** szerszámberezgés; ~ **wag(g)on (TW)** *vasút* szerelőkocsi

tooled | **ashlar** *ép* rovátkolt kváder; ~ **edge** *nyom* aranymetszés

tooler *ép* lapos kőfaragó véső

tooling szerszámozás; hajtás, vezetés *(járműé)*; *nyom* préselés, bordázás; ~ **chart** *ip* műveletterv; ~ **diagram** szerszámozási diagram; ~**-up** felszerszámozás

toolmaker szerszámkészítő; ~**'s lathe** lábhajtású energia; ~**'s shop** szerszámkészítő műhely

toolmaking szerszámkészítés

toolman szerszámlakatos

toolmark *mt* forgácsolási barázda; megmunkálási nyom

toolpusher *bány, ol* fúrómester

toolsmith szerszámkovács

tooth I. *v* fogaz, fogazást vág/metsz; **II.** *n* **(***pl* **teeth)** fog, pecek; bontófog; lazítófog; bütyök; kapcsolókarom *(tengelykapcsolón)*; villa foga/ága; *forg* betétkés; *gép* fog *(fogaskeréké)*; *pa* hollandidob-kés; ~ **addendum** fogfejmagasság; ~**-bar cylinder** szegesdob *(cséplőgépé)*; ~ **block** *forg* fogalakító sablon; ~ **calliper** *forg* fogtoló mérce; ~**-chamfering machine** *forg* fogélgömbölyítő gép; ~ **cutting** *forg* fogazás; ~**-cutting machine** *forg* fogazógép; ~**-edge trimming** *forg* fogélsarkítás; ~ **flank** *gép* fogoldal; ~ **gear** fogaskerék; ~ **generating** lefejtő fogazás; ~**-generating hob** lefejtő fogmaró; ~ **load** fogerő; ~ **pitch** *fa* fűrészfogosztás; *gép* fogosztás *(fogaskeréken)*; ~ **point** fogaskerék fogfeje; reszelő fogéle; ~ **rack** fogasléc; ~ **ratio** *gép* armatúrahorony-szélesség és fogszélesség viszonya; ~ **rest** *gépk* fogütköző; ~ **ripples** *el* horonyfelharmonikusok; ~**-rounding hob** csigamaró fogak legömbölyítéséhez; ~**-saw** (rönkdaraboló) láncos maró; ~ **thickness** *gép* fogvastagság *(fogaskeréké)*; ~ **tip** fogfej *(fogaskeréké)*; ~**-tip reactance** szórthorony-reaktancia

toothed fogas-, fogazott; ~ **bar** fogasléc; ~ **beater** *tex* fogazott verőhenger *(pamutbontó gépen)*; ~ **chain** fogaslánc; ~**-chain-type coal-cutter** *bány* láncos réselőgép; ~ **clutch** *gép* fogazott tengelykapcsoló; ~**-crown bit** *ol* fogaskorona; ~ **crushing roll** fogazott törő; ~ **embankment** *ép* fogazott támfal; ~ **rack** fogasléc; ~ **rail** *vasút* fogazott sín; ~ **rim** fogazott kerékkoszorú, fogkoszorú; ~ **ring** (fogaskerék-)fogkoszorú; ~ **roll** fogazott henger; ~ **sector** fogasív; ~ **segment** fogasív; ~ **shaft** fogastengely; ~ **washer** *gép* recézett alátét; ~ **wheel** *gép* fogaskerék

toother fűrészfogmaró gép

toothing *gép* fogazás; ~ **iron** fogazóvas; ~ **of brickwall** *ép* téglafal csorbázása; ~ **plane** *szer* fogasgyalu

top I. *v* befed, betetőz; *ép* koronáz; *fa* fa koronáját levágja; *ol* lepárol/ledesztillál *(könnyű részt)*; nyersolajból fehérárut lehajt, toppol; **II.** *n* felső vég; tető, csúcs, orom; *bány* aknaszáj; főte; főteoldal, kezelőtér; *fa* fakorona; takaró furnérréteg; *fiz, mech* pörgettyű; *geol* orom, rétegfej; *gép* fej; *gépk* tető; *hajó* árboccsúcs, árbockosár; *koh* felső tuskóvég; torok; *rep* felhőzet teteje; *tex* gerebenezett szalag; kártológép fedele; ~ **anchor** *ol* fejrögzítő; ~**-and-bottomed fired furnace** felső és alsó tüzelésű kemence; ~**-and-bottom press** cikcakk vonalban kivágó prés; ~**-and-bottom smelting** *koh* Orford-eljárás; ~ **antenna** gépkocsi-tetőantenna; ~ **appliance** torokzáró szerkezet; ~**-attachment** gömbfeltét; ~ **band** *cipő* felsőszíj, cipőszárdísz, bordűr; ~ **banding** *cipő* szegőpaszomány, szegőszalag *(cipőfelsőrészen)*; ~ **bar** felső vasbetét; ~ **beam** *ép* torokgerenda, kakasülő; ~ **bell** felültöltő harang; ~**-belt conveyer** *bány* felül terhelt szállítószalag; ~ **bench** *bány* felső pad; ~ **bend** *bány* teknőáthajlás; *el* karakterisztika felső csúcsa; *geol* szinklinális; *hidr* mederkanyar, mederhajlás; ~ **binding** *ép* süvegkötés; ~ **blowing** *koh* átfúvatás felülről; ~**-blown converter** *koh* felső fúvószeles konverter; ~**-blown oxygen** *koh* felülről fúvott oxigén; ~ **bolt** fejigmenetes csavar; ~ **boom** *ép* felső öv; ~**-boom member** *ép* felsőövrúd; ~ **boot** rámás csizma; ~**-bottom suspension** *ép* födémtalp-felfüggesztés; ~ **box** formaszekrény felső része; ~ **brace** *ép* felsőtámasz; keresztfa; ~**-breaking** *bány* főterés; ~ **cager** *bány* felső aknacsatlós; ~ **camber** *rep* szárnyszelvény felső részének íveltsége; ~ **cap (TC)** fejkivezetés *(rádiócsövön)*; ~ **capacity** végkapacitás *(antennán)*; ~ **capping** *bány, geol* fedőréteg; ~ **carriage** *kat* felső lövegtalp; ~**-carriage trunnion** *kat* felsőlövegtalpcsap; ~ **casing** *ol* vezető béléscsőoszlop; ~ **casting** *önt* öntés felülről; ~ **centre/center heading** *ép* felső táróhajtás, tetőtáróhajtás *(alagút)*; ~ **centre/center wing** *rep* felső szárny középrésze; ~ **channel** *gépk* összekötő U tartó; ~**-charge furnace** *koh* felülről adagolható kemence; ~ **chest** *pa* anyagelosztó szekrény, anyagkád; ~ **chisel** kovácsvéső; szegecsfejlevágó véső; ~-**chord** *ép* felső öv; ~ **chute** *koh* felső csúszda; ~ **circle** fejkör; ~ **circumference** fejátmérő oszlop; ~ **closing device** *koh* torokzár; ~ **cloth** *tex* felső szövet *(kettős szövetben)*; ~ **coal** *bány* fedűszén; ~ **coat** *bőr* felső fedőréteg, „deck"; ~-**coating** *tex* felöltőszövet; ~-**composition ring** *opt* távcső összeerősítő gyűrűje; ~ **concrete (layer)** *ép* felbeton (réteg); ~ **cord** *rep* ejtőernyőzsinór; ~ **course** *ép* felső sor; ~ **cut** vágás, korlátozás, limitálás; ~ **cutter-shaft** *pa* felső késtengely; ~ **dead centre/center (TDC)** *gép* felső holtpont; ~ **diameter** *fa* csúcson mért átmérő; fejátmérő oszlop; ~ **die** felső sajtolószerszám; felső süllyesztékfél; ~ **discard** *önt* öntőfej *(kokillán)*; ~ **discard scrap** *önt* fejhulladék; ~ **distillation** *vegy* egyszerű desztilláció; ~-**down design/planning** *szt* fentről lefelé irányuló tervezés; ~-**down method** *szt* felülről lefelé (tervezési) módszer; ~-**down programming** *szt* felülről lefelé tervezés, strukturált programozás; ~ **draining** felszíni víztelenítés; ~-**draw cut** *bány* felső rés, főterés; ~ **dressing** *ép, pa* fedőréteg *(festésnél v. papírgyártásnál)*; *mzg* fejtrágyázás; ~ **drive** *gép* forgató öblítőfej; ~-**driven** *gép* felülről hajtott; ~ **dyeing** *tex* fésültszalag-színezés; ~ **edge** *pa* felső él; ~ **ejector** letolószerkezet; ~ **end** tetőpont; fej, csúcs, felső vég; ~-**end cutting** *fa* levágott szakasz *(favégen)*; ~-**end detection** *rád* felsőkönyök-egyenirányítás; ~-**entry switch** felső huzalbevezetésű kapcsoló; ~ **equipment** *bány* külszíni berendezés(ek); ~ **exhaust** *élip* felső elszívás; ~ **face** szerszámkés elülső felülete; ~ **failure** *bány* főteomlás; ~ **feed** felső betáplálás/etetés; ~ **feeding** *koh* adagolás felülről, felső etetés; *rád* csúcstáplálás; ~ **felt** *pa* szárító nemez, felső nemez; ~ **fence** *vasút* védtetőkorlát; ~ **fermentation** felső erjedés; ~ **finger** *mzg* tapogató *(répafejelőn)*; ~-**fired furnace** *koh* felső tüzelésű kemence; ~-**flange angle** *ép* felsőöv-szögvas; ~-**flange plate** *ép* felső övlemez *(hídon)*; ~ **flask** *önt* felső formaszekrényfél; ~ **force** *műa* felső bélyeg/szerszámrész; ~ **formation** *geol* fedőréteg; ~ **fuller** *szersz* nyeles árkoló; ~ **gallery** *koh* adagolószint, torokszint, pódium; ~ **gas** *koh* torokgáz; ~-**gas cleaning** torokgáztisztítás; ~-**gas main** torokgázvezeték; ~-**gas mud** torokgáziszap; ~ **gate** *bány* felső vágat; légvágat; ~ **gate leaf** *hidr* felső tábla; ~ **gear** *gépk* közvetlen/legnagyobb sebességet adó áttétel; ~ **girth** *fa* felső törzskerület; ~ **grade** legkiválóbb minőség; ~ **groove** *hang* felső barázda, fejbarázda; ~ **hair** *geod* felső szál *(távmérőn)*; ~ **hamper** *hajó* fedélzeti létesítmények; ~-**hat furnace** *koh* harangkemence; ~-**hat section** *rep* kalapszelvény; ~-**head drum** *em* felvonófej hevedertárcsája; ~ **heading** gerinctáró, fejtáró; ~-**heading method** *ép* belga alagútépítési módszer; ~-**heavy** fejnehéz; ~ **hinge** *ép* középső csukló *(háromcsuklós vashídé)*; ~-**hinged sash** *ép* felhajtható ablakszárny; ~-**hinged window** *ép* felhajtható ablak; ~ **hoist** felső csörlő *(emelőn)*; ~ **hold-down** *el* fejrögzítő; ~-**holding** *bány* főte-alátámasztás; ~ **hole** *bány* légfeltörés; összekötő feltörés; sorozat legfelső robbantólyuka; ~-**hung window** *ép* emelkedő szárnyú ablak; ~ **ingot lock** *koh* felső öntecsadagoló tolózár; ~ **jack** *tex* felső emelőrúd/nyüstkiemelő; ~ **jaw** felső pofa; ~ **kerf** *bány* főterés; ~ **landing** *bány* felső kezelőpadozat/ürítőpadozat; ~ **lateral bracing** *ép* felső szélrács; ~ **lateral bracing member** *ép* felső szélrácsrúd; ~ **laterals** *pl ép* felső szélrácsrudazat *(hídon)*; ~ **layer** felső réteg, takaróréteg; *bány* felső pad; ~-**layer stripping** *hidr* talajtakaró lehántása *(tározómedencében stb.)*; ~ **leaf** *bány* felső szelet; ~ **lease** *tex* fonalkereszt *(felvetőkereten)*; ~-**leg narrowing** *kh* szárfelsőrészfogyasztás; ~ **lever** *kat* mellső csukló; ~-**lift scouring** *cipő* felsőfoltcsiszolás; ~-**lift smoothing** *cipő* felsőfolt előfényezése; ~ **light** *ép* felső világítás, tetővilágítás; *hajó* árboclámpa; *rep* legfelső akadályfény; ~ **lighting** *ép* tetővilágítás; ~ **line** *ép* gerincvonal, tetővonal; ~ **liner** *pa* többrétegű karton felső fedőrétege; ~-**lit** *ép* felülvilágítós, felülről világított; ~-**loaded antenna** *rád* felsőellensúlyos antenna; ~ **lode** *bány* fedütelér; ~ **log** *fa* törzs csúcsa alatti rönkkivágás; ~ **machine** *kh* szemátakasztó berendezés; ~-**machine work** *kh* petinéminta; ~ **margin** *nyom* felső szél; ~ **mo(u)lding box** *önt* felső formázókeret; ~ **mouthpiece** *pa* felső zárás; ~ **nozzle baffle** *vák* fúvósapka; ~ **of descent** *rep* süllyedési kezdőmagasság *(az utazószakasz vége)*; ~ **of overcast** *rep* felhőzet teteje *v.* felső határa; ~ **of rail** *vasút* sín feje; ~ **of slope** rézsű felső éle *(földmű)*; ~ **of the cloud** *rep* a felhőzet legfelsőbb rétegének magassága; ~ **of the pulse** *távk* impulzustető; ~ **overhaul** *gépk* „kis" generáljavítás; *rep* „külső" javítás; ~ **paper** *pa* csomagolópapír *(45"x30")*; ~ **petrol tank** benzinejtőtartály; ~ **plane view** *ép* felsőnézet; ~ **plate** *gépk* rugófőlap *(laprugóé)*; *kat* tölténytár adagolólemeze; ~ **platform** *koh* adagolószint; torokhíd; ~-**poured casting** zuhanóöntés; ~ **pouring** *koh* felsőöntés, zuhanóöntés; ~ **pour ladle** *koh* rövid csőrű leöntőüst; ~ **pressure** maximális nyomás; *bány* főtenyomás; *koh* toroknyomás; ~-**printing** *tex* festés szalagban nyomással; ~-**puller hammer** gömbölyítőkalapács; ~ **pumparound reflux** *ol* felsőcirkulációs reflux, fejtermék cirkulációs refluxa; ~ **rake** (hossz)homlokszög; ~ **ram** *műa* (felső) bélyeg, felső szerszámrész; ~ **reinforcement** *ép* felső vasalás *(vasbeton szerkezet)*; ~ **rest** *gép* felső szupport; ~ **ripper** *bány* fenntartó vájár; ~ **road** *bány* fejvágat; ~ **road-bridge** felsőpályás híd; ~ **rock coal** *bány* bőrke; ~ **roll** (leg)felső henger *(mángorlógépé)*; ~ **roll balance** *heng* henger kiegyensúlyozása; ~ **roller** *hidr* fedőhenger; *pa* felső henger; vízjelhenger; ~ **roll pressure** *heng* felső nyomás; ~-**runner burr mill** *élip* felső forgóköves kőjárat; ~ **run of the chain** lánc felső (terhelt) ága; ~**s** → tops; ~ **scalp** *élip* felső átmenet; ~-**sealer** *ép* hézagkiöntő massza *(útburkolat)*; ~ **seam** *bány* fedőtelep; felső telep; ~ **section** *koh* torokszelvény; ~ **sensitive explosive** *bány* brizáns robbanóanyag; ~ **shed** *tex* felső szád; ~ **sheet** *nyom* fedőlap; ~ **shield** *ép* félpajzs; *kat* lövegfedő pajzs; ~ **shot** *foto* felvétel felülnézetből; ~ **side** *hajó* vízvonal feletti oldal; ~-**side view** felülnézet; ~ **sieve** *élip* felső keret, beömlőkeret; ~ **size** *bány* felsőtermény; legnagyobb szemnagyság; ~-**size** rostán maradó; ~ **size of the aggregate** *ép* adalékanyag maximális szemnagysága; ~ **sizing** *pa* felületi enyvezés; ~ **slice** *bány* felső szelet; ~ **slicing** *bány* szeletes fejtés omlasztással; ~ **slicing by rooms** *bány* kamrás szeletes fejtés (felülről lefelé) omlasztással; ~ **slitter-bar** *pa* felső késtengely; hosszvágó felső késtengelye; ~ **speed** *rep* maximális sebesség; ~

spreader *rád* T és L alakú antennák vízszintes része; **~ squeeze** *bány* főtebehajlás; **~-squeeze mo(u)lding machine** felső sajtolású formázógép; **~ stairs of blast-furnace** nagyolvasztó-toroklépcső; **~ step** legfelső lépcsőfok; **~ storey/story** *ép* felső emelet; tetőemelet; **~ surface (of road)** *ép* útburkolat felső rétege; **~ swage** *szer* nyeles idomverő; **~ swage for iron rod** *szer* nyeles kerekidomverő; **~ swage for square iron** *szer* nyeles négyszögidomverő; **~ sweating** *élip* felső rétegbeli izzadás *(búzáé)*; **~ temperature** *ol* tetőhőmérséklet *(kolonnában)*; **~ temperature indicator** *koh* torokgázhőmérséklet-mérő műszer; **~ texture** *tex* színoldal, szövet jobb oldala; **~ thread** *tex* felső szál *(tűzésnél)*; **~ thrust** *rep* maximális tolóerő; **~ timbering** *bány* tám nélküli főtebiztosítás; **~ up** *v* feltölt, utántölt; **~ vat** *pa* anyagkád; **~ vein** *bány* fedűtelér; **~ veneer** *fa* színfurnér, fedőfurnér; **~ view** *ép* alaprajz, felülnézet; **~ wall** *bány* fedő; **~ width** *hidr* koronaszélesség *(árvédelmi gáté, töltésé, földgáté)*; **~ wire** *pa* felső szita; **~ wool** *tex* fésűsgyapjú szalag; **~ yeast** *élip* felső gerjesztésű élesztő

Topatron Topatron *(tömegspektrométer)*

topaz *ásv* topáz

topazolite *ásv* topazolit

topgallant (mast) *hajó* sudárárboc

topical | film filmhíradó; **~ printing** *tex* figurális nyomás

TOPICS → total-on-line program and information control system

toplander *bány* bödönös; felvonókezelő

topless tető nélküli

topmaker *tex* fésűsszalag-készítő *(személy)*

topman *bány* bontómunkás; külszíni munkás; *hajó* árbocőr; *koh* töltésleeresztő munkás

topmast *hajó* árbocsudár

topochemical reaction *vegy* topokémiai reakció

topochemistry *vegy* topokémia

topoclimate *met* topoklíma

topographic helyrajzi, tereprajzi, topográfiai; **~ correction** *geof* térszíni/topografikus korrekció; **~ divide** *hidr* vízválasztó; **~ effect** *geof* környezethatás, topografikus hatás; **~ forms** *geol* terepidomok; **~ irregularity** *geol* felszíni rendellenesség; **~ map** *geod* mérőasztallap; *geof* topográfiai térkép; **~ survey** *geof* környezetfelvétel; terepfelvétel; topográfiai felvétel

topography *geof* felszíni morfológia; tereprajz, terepfelvétel, térképezés, topográfia

topological | mapping *mat* homomorfizmus, topológiai izomorfizmus; **~ one-sphere** *mat* egyszerű zárt görbe, zárt Jordan-görbe; **~ space** *mat* topologikus tér; **~ structure** *mat* topologikus struktúra, topológia; **~ transformation** *mat* homomorfizmus, topológiai izomorfizmus

topologist *mat* topológus

topologization *mat* topologizálás

topologize *mat* topologizál

topology *mat* analysis situs; topologikus struktúra, topológia; **~ on a group** *mat* csoporttopológia

topotactic | reaction *krist* topotaktikus reakció; **~ structure/texture** *krist* topotaktikus szerkezet/textúra

topotaxy *krist* topotaxia

topped levágott; *ép* búbos; **~ crude** *ol* redukált/toppolt/stabilizált kőolaj; **~ crude oil** *ol* atmoszferikus (lepárlási) maradék; **~ fabric** *tex* kettőzött szövet; külső oldalon gumizott szövet

topping *bány* teljes megrakás, tetőzés; toppolás; *ép* felbeton; útburkolat; *hidr* magasítás *(árvédelmi töltésé)*; *ol* atmoszferikus desztilláció; könnyű rész lepárlása, fehéráru lehajtása; **~ boiler** *hőt* előtétkazán; **~ file** *szer* legömbölyített bordázatú tompa végű lapos reszelő; **~-out ceremony** *ép* bokrétaünnep, falegyenünnep; **~ still** *ol* atmoszferikus lepárlóberendezés; **~ turbine** előtétturbina *(fejturbina)*; **~-unit** *em* darugém-emelőegység; **~-up** feltöltés; **~-up with distilled water** feltöltés desztillált vízzel; **~ winch** *hajó* gémbillentő csörlő

topple felborít, kiborít; lebuktat, ledönt

tops *pl geol* strukturális elválások; *ol, vegy* csúcspárlat, fejpárlat; fejtermék, könnyű frakció/párlat; *tex* fésűsgyapjú szalag

topsail *hajó* derékvitorla

topset beds *geol* deltatorkolat felső rétegei

topsoil talajtakaró; humusz; aktív talajréteg; **~ road** földút, homokos-agyagos út

tor hegyes szikla, hegycsúcs

torbanite *ásv* torbanit

torbernite *ásv* torbernit

torch fáklya; zseblámpa; kézilámpa; *heg* hegesztőpisztoly; *koh* égő; *ol* fáklya; **~ battery** *el* rúdelem, botelem; **~ brazing** *heg* forrasztás égővel; **~ bridge** *ol* fáklyahíd; **~ burner** *heg* forrasztópisztoly; kétlyukú égő; **~ cutting** *heg* lángvágás; **~ flame** *heg* hegesztőláng; **~ gas** *ol* fáklyagáz; **~ hardening** *hők* lángedzés; **~ platform** *ol* fáklyafedélzet; **~ weld** *heg* autogénhegesztéssel készült varrat; **~ welding** *heg* autogénhegesztés; gázhegesztés

torching *ép* habarcsolás *(cserépé, paláé)*; *gépk* fellobbanás *(kipufogócsőben)*

torchon-paper érdes rajzpapír

tore *mat* tórusz, gyűrűtest

torii *pl ép* japán kapu

Torkret process *koh* felszórás, torkretálás

tornado *met* forgószél, szélvihar, tornádó; **~ lantern** viharlámpa

toroid gyűrűszerű forgásfelület; toroid(tekercs), gyűrűstekercs; toroida; *fiz* toroidális kamra; *mat* toroid *(felület, görbe)*

toroidal gyűrűs, toroid-; **~ chamber** *fiz* toroidkamra, toroidcső, tórusz; **~ coil** toroid(tekercs), gyűrűs tekercs; **~-core** gyűrűs mag; gyűrűs vasmag; **~-core storage/store** *el* toroidmagos tároló; **~-core transformer** toroidtranszformátor; **~ diffuse-pinch configuration** *fiz* tokamak; **~ field** *át* toroidtér, mágneses tér toroidális része; **~ function** *mat* tóruszfüggvény; **~-intake guide vane** *gép* toroidális vezetőlapát; **~ magnet** *el* gyűrűs mágnes; **~ repeating coil** *el* toroidtranszformátor; **~ storage** *szt* toroidmagos tároló; **~ transformer** *el* toroidtranszformátor; **~ winding** *el* gyűrűs/toroidális tekercselés

toroidally-wound *el* toroid tekercselésű

torpedo I. *v* (meg)torpedóz, torpedóval elpusztít; **II.** *n bány* torpedószegecs, robbanószegecs; *hajó, kat* torpedó; *műa* torpedó *(fröccsöntőgép extruder hengerében)*; *vasút* durrantyú *(jelzőkészülék)*; **~ boat (TB)** *kat* torpedónaszád; **~-boat destroyer (TBD)** *kat* torpedóromboló; **~ body** *gépk* torpedó alakú kocsiszekrény; **~ bomber (TB)** *rep* torpedóvető bombázó repülőgép; ~ **bombing** *rep* torpedóvetés; ~ **bulge** *kat* torpedóvédő kettős fal *(hajótesten)*; ~**-carrier** *rep* torpedóvető repülőgép; ~ **catcher** *hajó* torpedószedő hajó; ~**-depot ship** *hajó* torpedónaszád-anyahajó; ~ **director** *kat* torpedóvető irányzék; ~ **ladle** *önt* mozgó nyersvaskeverő; torpedóüst; ~ **launching** *kat* torpedóvetés; ~**-launching tube** *kat* torpedóvető cső; ~ **net** *kat* torpedó elleni védőháló; torpedóelhárító drótháló; ~ **rivet** torpedószegecs; ~**-spotter reconnaissance aeroplane** *rep* torpedóvető felderítő repülőgép; ~ **tube** *kat* torpedóvető cső

torque *mech* csavarónyomaték, torziós nyomaték; forgatónyomaték; ~ **allowance** csavarónyomaték-ráhagyás; ~ **amplifier** *távk* nyomatékerősítő; ~ **arm** *gép* nyomatékfelvevő rúd; ~ **balance** forgatónyomaték-mérő *(pad)*; ~ **capacity** *el* legnagyobb megengedett nyomaték; lekapcsolási nyomaték; ~ **compensator** *el* telítődő áramváltó; ~ **control angle nut-runner** *szersz* nyomatékmérős csavarbehajtó gép; ~ **control impact wrench** *szersz* nyomatékmérős ütőműves csavarbehajtó gép; ~**-controlled nut-runner** *szersz* nyomatékmérős csavarbehajtó gép; ~ **controller** nyomatékszabályozó kontroller; ~**-controlling device** nyomatékszabályozó szerkezet; ~ **converter** *hidr* hidrotranszformátor, hidraulikus forgatónyomaték-átalakító; ~**-crimped nylon** csavarónyomatékkal hullámosított nejlon; ~ **current constant** *el* nyomatéki áramállandó; ~**-distribution curve** *rep* légcsavar nyomatékeloszlási görbéje; ~ **efficiency** *el* nyomatéki hatásfok; ~**-error constant** forgatónyomaték-eltérési állandó; ~ **generator** *el* állandó nyomatékú generátor; ~ **gradient** fajlagos nyomaték, nyomatéki tényező *(műszeré)*; ~**-grading curve** → ~-distribution curve; ~**-indicating wrench** dinamométerkulcs; nyomatékjelző csavarkulcs; ~ **limiter** nyomatékkorlátozó; ~ **load** terhelőnyomaték; ~ **magnetometer** torziós magnetométer; ~ **measuring device** forgatónyomaték-mérő berendezés; ~ **meter** → torquemeter; ~ **motor** *el* nyomatékmotor; ~ **property** csavarodási képesség; ~ **rating** névleges csavarónyomaték; ~ **ratio** *mech, rep* nyomatéki tényező; ~**-reaction joint** torziós csuklópánt; ~**-reaction stand** torziós nyomatékot mérő berendezés; ~ **screwdriver** *szersz* dinamométeres csavarkulcs; ~ **spanner** nyomatékkorlátozó kulcs; ~**-speed curve** nyomatéki görbe *(fordulatszám függvényében)*; ~ **stand** torziós próbaállvány; ~**-synchro** *el* nyomatékszelszin, nyomatékszinkró; ~ **tube** *gépk* kardáncső, hátsótengely-tolócső; ~**-weight ratio** (fajlagos) nyomatéki tényező; ~ **wrench** *gépk* nyomatékkulcs; ~**-yarn** *tex* csavarodó fonal; csavaros fonal

torquemeter torziómérő, torziós forgatónyomatékmérő *(műszer)*; nyomatékmérő

torquer *el* nyomatékmotor

torr *metr* torr; ~**-litre,** ~**-liter** liter-torr

torrefaction *élip* aszalás; kiégetés, pörkölés

torrefy *élip* aszal, szárít; pörköl

torrent *hidr* torrens, torda, vízár, zuhatag; ~ **works** *ép* vízmosáskötés

torrential | **deposit** *geol* torrenshordalék; ~ **stream** *geol* torrenspatak

Torricellian vacuum Torricelli-űr

Torricelli's theorem Torricelli-tétel

torrid zone *met* forró égöv

torsiograph *mech* torziográf

torsiometer *mech* torziómérő

torsion I. *a* torziós, csavarási, csavaró-; **II.** *n mat* torzió, második görbület; *mech* csavarodás; csavarodottság; elfordulás; tekeredés; torzió, csavarás; *tex* csavarodás; sodrás; sodrat; ~ **angle** *mech* elcsavarodási szög; ~ **balance (TB)** *geof* torziós mérleg; ~ **bar** → ~ rod; ~**-bar anchorage** *gépk* torziósrugó-befogó fej; ~**-bar suspension** *gépk, vasút* torziós rudas felfüggesztés; ~ **bracing** *ép* elcsavarodás elleni merevítés; ~ **ductility** képlékenység csavaró igénybevételkor; ~ **dynamometer** torziós dinamométer; ~ **failure** csavarási törés/tönkremenetel; csavaró igénybevétel okozta anyagtörés; ~ **fatigue test** *any* csavaró fárasztóvizsgálat; ~**-free** csavarásmentes; ~ **galvanometer** torziós galvanométer; ~ **head** torziós mérleg/fej; ~**-head wattmeter** torziós mérőfejű wattmérő; ~ **impact test** *any* dinamikus csavaróvizsgálat; ~ **indicator** csavarásmérő műszer; ~ **meter** → torquemeter; ~ **moment** *mech* csavarónyomaték; ~ **ratio** torziós tényező; ~ **reinforcement** *ép* csavarási vasalás; ~ **rod** *gépk* torziós rúd/rugó; ~ **shaft** torziós tengely; ~ **specimen** *any* csavaró próbatest; ~ **spring** *mech* pálcarugó; torziós rugó/rúd; ~ **test** *any* csavaróvizsgálat; ~ **tester** *any* csavarógép; ~**-testing machine** *any* csavarógép; csavarószilárdság-vizsgáló gép; ~ **theory** *mat* torzióelmélet; ~ **variometer** *el* mágneses torziós mérleg, torziós variométer; ~ **wire** *geof* torziós szál; ~**-wire gravimeter** torziószálas graviméter; ~**-wire magnetometer** torziószálas magnetométer

torsional torziós, csavaró; ~ **axis** *krist* torziós tengely; ~ **buckling** *mech* elcsavarodó kihajlás; ~ **deflection of traverse** sokszögvonal elcsavarodása; ~ **fatigue** *mech* anyagkifáradás csavaró igénybevételkor; ~**-fatigue fracture** *mech* törés csavaró igénybevétel okozta kifáradás következtében; ~**-fatigue strength** *mech* csavarókifáradási határ; ~ **flow** *krist* torziós folyás; ~ **force** *mech* csavaróerő; ~ **load** csavaróterhelés, csavaró igénybevétel; ~ **loading** *rep* torziós terhelés, csavaróterhelés; ~ **moment** *mech* csavarnyomaték, torziós nyomaték; ~ **oscillation** *hajó* torziós lengés, csavarólengés; ~ **pendulum** torziós inga; ~ **resistance** *mech* csavarási/csavaró ellenállás; ~ **rigidity** *mech* csavarómerevség; ~**-rod suspension** torziórudas rugózás/felfüggesztés; ~ **shear** *mech* csavarásból származó nyírás; ~ **stiffness** *mech* csavarási merevség; csavarómerevség; ~ **strain** *mech* csavaró alakváltozás; ~ **strength** *mech* csavarószilárdság; ~ **stress** *mech* csavarófeszültség; ~ **vibration** *mech* csavarólengés, torziós lengés; ~ **vibration damper** *gépk* torziós lengéscsillapító; ~ **vibration ga(u)ge** *fiz* torziós manométer; ~ **wave** torziós hullám

torsionless fibre/fiber *any, tex* torziómentes szál

torsor *mat* impulzor, ejektor, torzor

Torsteel *ép* csavart (hossz)bordás betonacél

tortoise-plate teknősbékalemez

tortoiseshell teknős(béka)páncél; *műa* teknős; ~ **substitute** *műa* teknőcutánzat

Tortonian substage *geol* tortonai emelet, tortonien

tortuosity együttes meghajlás és elcsavarodás; tortuozitás

tortuous kígyózó, tekervényes, görbe, kerülő, kanyargó

torulin B_1-vitamin
torus *ép* oszlopláb párnája, oszlopláb kiduzzadó tagozata, félkörű fríz; *fa* záróhártya *(tórusz)*; *fiz* toroidkamra, toroidcső, tórusz; *mat* gyűrűtest; tórusz, gyűrűs forgástest; ~ **function** *mat* tóruszfüggvény; ~ **ring** *mat* tórusz gyűrűtest
toss I. *v* lök, dob; taszít; hajít; feldob, felvet; **II.** *n* lökés, taszítás, hajítás; vetés, dobás; lengés, vetődés; *mat* érmedobás, fej vagy írás; ~**-bombing** *rep* emelkedő bombázás, felrántva vetés
tossing lökés, lendítés; dobálás; *hajó* hányódás; *koh* fémkimosás; iszapolás, átszűrés; öntisztítás; ~ **of coin** *mat* érmedobás, fej vagy írás
tosyl *vegy* tozil-
TOT → twist on twist
totaigite *ásv* totaigit
total I. *a* totális, teljes, összes; **II.** *n* eredmény; végösszeg; ~ **absorption** *at, opt* teljes elnyelés/abszorpció; ~ **absorption coefficient** *fiz* totális/teljes abszorpciós együttható; ~ **acid number** *vegy* teljes/összes savszám; ~ **air-gas mixture** *fiz* tökéletes (arányú) levegő—gáz keverék; ~ **albedo** *fiz* összalbedo, teljes visszaverő-képesség; teljes/integrált albedo; ~ **amount** teljes összeg/mennyiség; ~ **amount of control** ellenőrzés teljes terjedelme; ~ **average** *ép* teljes átlag; ~ **base number** *vegy* összes/teljes bázisszám; ~ **body counter** *at* teljestest-számláló; ~ **body dose** *at* teljestest-dózis; ~ **body exposure/irradiation** *at* teljestestbesugárzás; ~ **break-time** *el* megszakítási idő; ~ **calculation** *mat* összegszámítás; ~ **capacity** összkapacitás, összteljesítmény; ~ **carbon (TC)** *koh* összes karbon; ~ **cloth** *élip* teljes szitálófelület; ~ **conductance** *el* teljes vezetőképesség; ~ **counter** *el* összegező számláló; ~ **cross section** *fiz* totális/teljes keresztmetszet; ~ **current** *el* teljes áram, összáram; ~ **curvature** *mat* teljes görbület *(felületé)*; ~ **cycle** *aut* összegkiíró művelet; *szt* összeadási ciklus; ~ **deformation** *fiz* teljes alakváltozás; ~ **delay** *aut* késési idő; ~ **depth of well** *ol* fúrás/kút végleges mélysége; ~ **differential** *mat* teljes differenciál; ~ **displacement** *fiz* teljes lökettérfogat; *hajó* teljes vízkiszorítás; ~ **draught/draft** *tex* össznyújtás; teljes nyújtás; ~ **draw-off tray** *ol* teljes folyadékelvételre alkalmas tányér; ~ **dynamic head** *hidr* hasznos emelőmagasság *(szivattyúé)*; manometrikus szállítómagasság; *ol* üzemi nyomómagasság; ~ **efficiency** teljes hatásfok, összhatásfok; ~ **electrode capacitance** *el* csőkapacitás; ~ **electron binding energy** *el* elektron teljes kötési energiája; ~ **energy** *fiz* teljes energia; ~ **error** *el* teljes hiba, összhiba; ~ **exposure** *at* teljes besugárzás; ~ **extension** *fiz* teljes nyúlás; ~ **failure** *mech* teljes tönkremenetel; ~ **flour** *élip* kész liszt; ~ **fluid** *ol* összes folyadékmennyiség *(kút által termelt)*; ~ **flux traversing a given section** *el* villamos gerjesztés, ampermenetszám; ~ **force** *mech* teljes erő; ~ **function** *mat* teljes függvény; ~ **graph** *mat* totális gráf; ~ **harmonic distortion (THD)** *szt* teljes harmonikus torzítás, THD; ~ **head** *ép* emelőmagasság; *hidr* bruttó esés, teljes esés; *mech* össznyomás; ~ **heat (TH)** *fiz* entalpia; ~ **heave** *geol* vízszintes vetődési eltolódás; ~**-immersion jig** *tex* fürdő alatt színező jigger; ~ **impulse** *fiz* teljes impulzus, összimpulzus; ~ **inspection** *mat* teljes körű vizsgálat; ~ **intensity** *geof* totális térerősség; ~**-intensity anomaly** *geof* totális térerősség-anomália; ~**-intensity contour** *geof* totális izodinámvonal; ~**-intensity curve** *geof* totális térerősség-görbe; ~**-intensity map** *geof* totális izodinám-térkép; ~ **internal reflection (TIR)** *fiz* teljes visszaverődés; ~ **ionic concentration** *el* teljes ionkoncentráció; ~ **ionization** *at* teljes ionizáció; ~ **irradiation** *at* teljes besugárzás; ~ **key** *irgép* végösszeg-billentyű; ~ **language** *szt* univerzális nyelv, teljes nyelv; ~ **length** *gyógyv* teljes hossz *(ampulláé)*; ~ **lift** *rep* teljes felhajtóerő; ~ **linear rolling pressure** *mech* teljes/dinamikus lineáris hengernyomás; ~ **load (TL)** *mech* teljes/eredő terhelés; ~ **losses** *pl el* teljes energiaveszteség; ~ **mass** *mech* eredő/teljes tömeg; ~ **mechanical rotation** *el* teljes elfordulási szög; ~ **melting loss** *koh* olvasztási veszteség; ~ **modulation** *el* teljes moduláció; ~ **momentum change** *at, mech* teljes mozgásmennyiség-változás; ~ **normal curvature** *mat* teljes görbület *(felületé)*; ~ **normal pressure** *hidr* hidrosztatikai nyomóerő; víznyomóerő; ~**-on-line program and information control system (TOPICS)** *szt* számítógépes vezetési-irányítási rendszer, TOPICS; ~ **organic matter content** összes szervesanyag-tartalom; ~ **output** össztermelés; összteljesítmény; összhozam; ~ **permanent deformation,** ~ **plastic strain** *any* összes maradó alakváltozás; ~ **pore space** hézagtérfogat; ~ **porosity (TP)** abszolút porozitás; ~ **pressure** *fiz* össznyomás; ~ **probability** *mat* teljes valószínűség; ~ **process time lag** *el* késési idő; ~ **production** *ol* össztermelés; ~ **quality control** teljes minőség-ellenőrzés; ~ **quantum number** *fiz* főkvantumszám; ~ **radiation** *fiz* összsugárzás; ~**-radiation pyrometer** *fiz* összsugárzásmérő/összsugárzó pirométer; ~**-radiation standard** *fiz* abszolút sugárzási standard/etalon; ~**-radiation thermometer** → ~-radiation pyrometer; ~ **range** *aut* teljes skálatartomány; *el* össztartomány; ~ **range of control(ler) output** *aut* szabályozási tartomány; ~ **reaction** *koh* bruttó reakció; ~ **recovery** *ol* összhozam, végső összhozam; ~ **reflection** *opt* teljes visszaverődés; totálreflexió; ~ **reflection layer** *opt* teljes visszaverődési réteg/lemez, totálreflexiós lemez; ~ **reflection method** *opt* totálreflexiós módszer; ~ **refractometer** *opt* totál refraktométer; ~ **removal** *fa* évi teljes fakitermelés; ~ **resistance** *el* összes/teljes/eredő ellenállás, összellenállás; ~ **response** *hang* elektroakusztikai hatásfok *(hangszóróé)*; teljes átvitel *(frekvencia függvényében)*; ~ **roll compressive force** *mech* teljes lineáris hengernyomás; ~ **solid (TS)** *élip* összes szárazanyag; ~ **solubles** *pl bőr* összes kimosható (anyag) *(bőrelemzés)*; ~ **static head** *geod* geodéziai emelőmagasság; ~ **strain** *mech* teljes nyúlás; ~ **sulphur/sulfur** *ol* összkéntartalom; ~ **sum** *mat* végösszeg; ~ **system** *aut* teljes rendszer; ~ **system control program** *aut* összrendszervezérlő program; ~ **temperature** *fiz* teljes/nyugalmi hőmérséklet; ~ **term** *fiz* teljes term; ~ **thickness** *ol* teljes vastagság, összvastagság *(rétegé)*; ~ **throw** *geol* teljes vetődési magasság; ~ **turnover** *rep* teljes átfordulás; ~ **void space** *ol* hézagtérfogat; ~ **volume** teljes térfogat; ~ **weight (TW)** összsúly; ~ **weight (of train)** *vasút* elegysúly, összsúly *(vonaté, kocsié)*; ~ **white count** *at* teljes fehérvérsejt-szám
totality összesség, a teljes egész
totalization *mat* összegzés; totalizálás
totalizing meter *aut* összesítő műszer

totalling, *US* **totaling** *mat* összegzés
totally | disconnected graph *mat* teljesen nem összefüggő gráf, diszkrét gráf; ~ **enclosed** *el* teljesen zárt; ~ **enclosed motor** *el* (teljesen) zárt motor; ~ **ionized gas** *fiz* teljesen ionizált gáz; ~ **orthogonal plane** *mat* teljesen merőleges sík; ~ **positive number** *mat* totálisan pozitív szám
tote box/pan *em* szállítóláda; szállítólap; szállítószekrény; szállítótálca
tottering contact *távk* verődő érintkező
touch I. *v* érint, tapint; felvázol, előrajzol; érintkezik; **II.** *n* érintés, tapintás; *bány* gyújtás; gyújtózsinór; *forg* megmunkálási nyom; *geol* kőzetminta-vizsgálat, próbakő; *hang* billentés; játékbekapcsoló *(orgonán)*; ~**-and-go landing (TGL)** *rep* átstartolás; felszállás leszállásból; ~ **at** *v hajó* kiköt; ~ **down** *v rep* leszáll, földet ér; ~ **hole** *bány* gyújtólyuk; ~ **regulator** *aut* ütéserősség szabályozó; ~ **screen** *szt* érintéses vezérlés aktív képernyőn; ~**-screen terminal** *szt* érintésérzékeny képernyős terminál; ~**-sensitive** *el* szenzoros; *szt* érintésérzékeny; ~**-sensitive screen** *szt* érintésérzékeny képernyő; ~ **spark** *el* megszakítási szikra; ~ **up** *v* retusál; ~ **voltage** *el* érintési feszültség; ~ **welding** *heg* félautomata/érintéses hegesztés
touchdown (TD) *rep* földet érés, leszállás; ~ **air speed** *rep* földet érési sebesség; ~ **point** *rep* földet érési pont; ~ **speed** *rep* földet érési sebesség; ~ **zone** *rep* földet érési zóna; ~ **zone lights** *rep* földet érési zóna fényei
touchiness *gép* túlságos érzékenység
touching *el* érintkezés; ~ **between lines** *el* érintkezés vezetékek között
touchstone *ásv* próbakő, lídiai kő
touchy érzékeny; *gumi* beégésre hajlamos/érzékeny
tough szívós; kemény; durva; *any* rideg törésre érzéketlen; *bőr* szívós; ~ **fracture** szívós törés/töret; ~ **matrix** *any* szívós alapszerkezet; ~ **metal** *any* szívós fém; ~**-pitch copper** *any* műszakilag tiszta réz; ~ **rock** *talt* szívós kőzet; ~ **wheat** *élip* nyirkos búza *(US-ban szabványnak nem megfelelő)*
toughen szívósít; szilárdít; keményít; megkeményedik
toughened glass *üveg* ütésálló/golyóálló üveg
toughening keményítés, szilárdítás; *koh* szívósra buzgatás; ~ **steel** *koh* nemesíthető acél
toughness *any* állékonyság; szívósság; *bány* szilárdság, szívósság; *geol* szívósság; *pa* ellenálló-képesség *(állékonyság)*; ~ **test** *any* szívóssági vizsgálat
tour ciklus *(körfolyamat)*; *gép* menet, fordulat; túra; *ip* műszak(forduló); *ol* műszak, munkaharmad
tourbillon watch *óra* körforgó járatú óra
touring túra-; ~ **aeroplane** *közl* túrarepülőgép
tourmaline *ásv* turmalin
tourmalinization *geol* turmalinizáció
Tournai(sian) division *geol* tournai-i emelet
tow I. *v* vontat; húz; **II.** *n* vontatás; *hajó* hajóvonta; vontatmány, uszályhajó; *tex* kóc, csepü; ~ **cable** vontatókábel; ~ **drag** *rep* vontatási ellenállás; ~**-dumb barge** *hajó* uszály; ~ **hook** *gépk* vonóhorog; ~ **load** vontatott teher; ~ **pick-up** *gépk* alvázkereszttartó, vonóhorogtartó; ~ **rail** *hajó* kötélív; ~ **resistance** *rep* vontatási ellenállás; ~ **shaker** *tex* kócrázó gép; ~ **target** vontatott cél; célzsák; ~**-to-sliver system** *tex* kábelfonású rendszer; ~**-to-top spinning** *tex* centrifugális fonás, fonás közvetlenül kábelből; ~**-to-yarn system** *tex* közvetlen/direkt fonású rendszer; ~ **truck** autómentő; vontatókocsi; ~**-volatile coal** *bány* kis illóanyag-tartalmú szén
towage *bány* láncos vontatás; *hajó* vontatóhajózás
towbar *gépk* vontatórúd
towboat *hajó* vontatóhajó
towed vontatott; ~ **artillery** *kat* vontatott tüzérség; ~ **carriage** *kat* vontatott lövegtalp; ~ **concrete pump** *ép* vontatható betonszivattyú; ~ **machine** vontatott gép; ~ **plate vibrator** *ép* vontatott lapvibrátor; ~ **road grader** *ép* vontatott földgyalu; ~ **rooter** *ép* vontatott talajlazító; ~**-tape vibrating roller** *ép* vibrációs vontatott henger; ~**-type grader** *ép* vontatott földgyalu; ~**-type roller** *ép* vontatott henger; ~**-type tamping-foot roller** *ép* döngölőlábas vontatott henger; ~**-type two-axle scraper** *ép* vontatott kéttengelyes földnyeső; ~**-type vibrating roller** *ép* vibrációs vontatott henger; ~ **vehicle** *közl* pótkocsi
towel törülköző; ~ **rail** *ép* törülközőtartó; ~ **weave** *tex* frottírkötés
towelling, *US* **toweling** *pa* krepp törülközőpapír; *tex* frottír, törülközőanyag, törlőruhaanyag
tower őrtorony; torony; *élip* aszalószárító *(rizs)*; *ép* daruoszlop; *gép* gyám, támaszték; *ol* lepárlótorony; *rád* antennatorony; *rep* irányítótorony; *távk* feszítőoszlop; távvezeték-tartóoszlop; ~ **antenna** *rád* toronyantenna; ~ **beater** *pa* toronyhollandi; ~ **block** *ép* magasépület, toronyház; ~ **bolt** *ép* tolózár, retesz; ~ **cooling** *en* toronyhűtés; ~ **crane** *ép* toronydaru; ~ **crane with lower slewing ring** *ép* forgóoszlopos toronydaru; ~ **crane with upper slewing ring** *ép* forgógémes toronydaru; ~ **diffusion** *élip* toronydiffúzió; ~ **dump** *ép* tornyos (beton)öntő; ~ **extension** *ép* oszloptag; ~ **extension with guide** *ép* kalodás oszlophosszabbítás; ~ **footing** *ép* pilléralapzat; ~**-footing impedance** *ép* levezetési impedancia *(oszlopé)*; ~ **hold-up** *ép* torony felvevőképessége; ~ **house** *ép* magasház; toronyház; ~ **identification** *rep* toronyazonosító jel; ~ **intermediate member/section** *ép* oszloptag; ~**-like** *ép* toronyszerű, toronyféle *(szerkezet)*; ~ **member** *ép* oszloptag; ~ **mix plant** *ép* keverőtorony; ~ **mix plant with mechanized stockpile handling** *ép* vegyes elrendezésű betongyár; ~ **radiator** *rád* toronyantenna; ~ **rock** *geol* kőszirt; ~ **saddle** *ép* kábeltartó saru *(függőhídon)*; ~ **section** *ép* oszloptag; ~ **silo** *mzg* magassiló; ~ **span** *ép* völgyhíd nyílása; ~ **stacking with guide** *ép* kalodás oszlophosszabbítás; ~ **stand** toronyláb; ~ **still** *ol* tornyos lepárlókészülék; ~ **telescope** *csill* toronytávcső; ~**-type antenna** *rád* árbocantenna, antennatorony; ~**-type furnace** *koh* oszlopos kemence; toronykemence; ~**-type looper** *koh* huroktorony; ~ **windmill** *mzg* hollandi szélmalom
towing húzás; vontatás; *hajó* vontatóhajózás; ~ **bit** *hajó* vontatóbak; ~ **cable winch** vontatókábeldob; ~ **capacity** *hajó* vontató képesség; ~ **car** *gépk* autómentő, segélykocsi; ~ **caterpillar tractor** *mzg* lánctalpas vontató; ~ **chain** vontatólánc; vonólánc; ~ **channel** *hidr* vontató medence; ~ **hook** *gépk* vonóhorog; ~ **path** *hidr* parti vontatóút; ~ **plate vibrator** *ép* utánsimító lapvibrátor; ~ **rope** vontatókötél; ~ **train** *hajó* vonta; ~ **tug** *hajó* vontatóhajó; ~ **vehicle** *közl* vontató (jármű); ~ **winch** *hajó* vontatócsörlő

town város; *pa* papíralak *(2"x3")*; ~ **and community planning** *ép* város- és községrendezés; ~ **and country planning** *ép* várostervezés és területrendezés; ~ **body** *gépk* nyitott vezetőüléses kocsiszekrény; ~ **bus** *közl* városi autóbusz; ~ **car** *közl* városi autó/gépkocsi; ~ **construction** *ép* városépítés, várostervezés; ~ **development** *ép* városfejlesztés, városrendezés; ~**-extension planning** *ép* városrendezés; ~ **gas** *bány* városi gáz, világítógáz; *ol* gyártott éghető gáz; ~ **gas engine** *gép* világítógázzal üzemelő motor; ~ **marker** *rep* városjelző; ~ **of medium size** *ép* középváros; ~**-park** *ép* várospark; ~ **picture** *ép* városkép *(városépítés)*; ~ **picture element** *ép* városképi elem *(városépítés)*; ~ **picture factor** *ép* városképi tényező *(városépítés)*; ~ **planner** *ép* várostervező; ~**-planning** *ép* városépítés; várostervezés; ~**-planning authority** *ép* városrendező hatóság/hivatal; ~ **refuse** városi szemét; ~ **sewage/waste-water** *hidr* városi szennyvíz; ~**-structure** *ép* városszerkezet

Townend ring *rep* Townend-gyűrű

Townsend | avalanche *el* Townsend-lavina; ~ **discharge** *el* Townsend-kisülés

towrope *gépk, hajó* vontatókötél; ~ **horse-power** *hajó* vonóteljesítmény *(vontatókötélen)*

toxic *vegy* mérgező, toxikus; ~ **agent (of flotation)** *koh* flotációs méreg; ~ **effect** *gyógyv* toxikus/mérgező hatás; ~ **waste** mérgező hulladék

toxicity *gyógyv* mérgező hatás, mérgező/káros koncentráció; mérgezőképesség; toxicitás

toxicology *gyógyv* toxikológia

toxicometry *gyógyv* toxikometria

toxin *vegy* toxin

toy játék *(játékszer)*; ~ **problem** *szt* játékfeladat

tp → test pressure; → three-phase; → three-ply; → three-pole; → title page; → trolley pole; → two pole

TP → teleprinter; → total porosity; → turning point

TPI → threads per inch

TPS → text processing system

TR → telephone repeater; → temperature recorder; → tracking radar; → transmit-receive; → transmitter-receiver; → trunk relay

trabeated *ép* egyenes gerendás szerkezettel áthidalt

trabeation *ép* gerendaáthidalás

trace I. *v* előrajzol, felrajzol; felvázol; felrak *(felvázol)*; tussal kirajzol, kihúz *(rajzot)*; (át)másol *(rajzot)*; *at* izotóppal jelöl; *el* keres, kutat *(hibát)*; követ; *ép* kijelöl, megjelöl, felrak; kitűz, helyet kijelöl; *forg* kipontoz; *geod* kitűz, traszíroz, nyomdokol; *kat* nyomdokol; nyomjelez; *opt* átvezet *(sugarat)*; **II.** *n* vonal, nyom(vonal); pálya; jel; tervkikészítés *(pauszpapíron)*; *at* részecskenyom; *aut* próbafutás; *ép* (nyom)vonal, pálya; gerendafa, gyámfa, dúc; nyom *(útépítés)*; *fiz* nyom *(katódsugárcső ernyőjén)*; *geof* csatorna; *szt* nyom *(nyomkövető programban)*; *tv* előrefutás *(letapogatásnál)*; ~ **alignement** *geof* nyomvonal *v.* szeizmikus csatorna folytatása/meghosszabbítása; ~ **analyzer** *aut* nyomelemző; ~**-chain** *bőr* istránglánc; ~ **chemistry** *vegy* mikrokémia, nyomelemkémia; ~ **element** *ásv, orv* nyomelem; ~ **fossil** *geol* életnyom; ~ **impurity** *krist* nyomszennyezés; ~ **indication** nyomjelzés; ~ **interval** *geof* szeizmogramcsatornák közti intervallum; ~ **metal** *ásv* nyomfém; ~ **nutrient** *ásv, orv* nyomelem; ~ **of acid** *koh* savnyom; ~ **of a matrix** *krist* mátrix nyoma; ~ **of the ray** *fiz* sugárút, sugárpálya, sugármenet; ~ **of the sketch** *tex* mintafelosztó hálórajz; ~ **out** *v* kijelöl, kirajzol; ~ **program** *szt* nyomkövető (program); ~ **reader** *aut* nyom(vonal)olvasó; ~ **slip** *geol* párhuzamos csúszás/eltolódás *(vetődésekben)*; ~ **strap** *bőr* istrángszíj

tracer előrajzoló; pontozó, nyomjelző; másoló; *at* nyomjelző izotóp; nyomkereső; *el* jelzőfonal *(kábelben, huzalban)*; *forg* tapintó(csap); *ir* meghibásodási nyomkövető berendezés; *kat* nyomjelző lövedék; *műa* töltő, adagoló; *ol* nyomozó ágens *(vegyi)*, indikátor; *szersz* érzékelő léc; másolókészülék; rajzmásoló csúcs/kerék; tapintókörző; vezetőpecek; *távk* hibakereső készülék; *vegy* nyomjelző elem; ~ **atom** *at* nyomjelző atom, tracer; ~ **bullet** *kat* nyomjelző lövedék; ~ **chemistry** *at* nyomjelző elemek kémiája, nyomelemkémia; ~ **compound** *at* jelölt vegyület *(izotóppal v. nyomjelző atommal)*; ~ **contact** *aut* letapintó érintkezője; ~ **diffusion** *at* nyomjelző diffúzió, tracerdiffúzió; ~ **edge** vonalzó éle; ~ **element** *ásv, at* nyomelem, nyomjelző elem; radioaktív indikátor; *kat* fényjelző anyag; ~ **finger** *gép* vezető csap/tapintó; ~ **gas** *vák* keresőgáz; ~ **head** *műa* töltőnyílás, adagolónyílás; ~ **isotope** *at* izotópindikátor, nyomjelző izotóp; ~ **material** *vegy* nyomjelző anyag; ~ **method** *at* nyomjelző-izotópos módszer; ~ **pass** *forg* másoló fogás; ~ **pin** *szersz* vezetőpecek; ~ **projectile** *kat* nyomjelző lövedék; ~ **shell** *kat* nyomjelző gránát; ~ **study** *at* nyomjelző izotópos vizsgálat; ~ **substance** *vegy* nyomjelző/nyomkereső anyag; ~ **technique** *at* nyomjelző izotópos eljárás

tracery *ép* mérmű, áttört csipkézet

trachea retractor *orv* légcsőkampó

tracheal dilator *orv* légcsőtágító

tracheid *fa* tracheida

tracht *krist* kristályalak; „tracht"

trachyandesite *ásv* trachiandezit

trachybasalt *ásv* trachibazalt

trachyte *ásv* trachit

tracing követés; nyomozás; rajzmásolás; rajzmásolat; nyomjelzés; előrajzolás, felrajzolás; felvázolás; kihúzás; *ép* traszírozás, kijelölés; *fiz* detektálás, kimutatás, igazolás; *forg* másolás; *geod* kitűzés, nyomjelzés; vonalvezetés; *ol* csővezeték fűtése; *szt* nyomonkövetés; *tv* előrefutás *(letapogatásnál)*; ~ **cloth (paper)** *pa* átlátszó rajzvászon, lenpausz, vászonoleáta; ~ **distortion** *hang* vezetési torzítás *(hanglemezé)*; ~ **error** *hang* barázdahiba; beállási hiba *(pickupé)*; ~ **facility** *szt* nyomonkövetési lehetőség; ~**-out** előrajzolás; ~ **paper** *pa* másolópapír; oleáta; pauszpapír; ~ **point** *szersz* rajzolótű; ~ **routine** *aut* ellenőrző program; *szt* futásellenőrző/hibakereső program; sorrendellenőrző program; ~ **slide** *forg* másolószán; ~ **table** rajzasztal; *forg* másolóidom-tartó asztal; ~ **wheel** *tex* bejelentő/pontozó kerék

track I. *v* nyomon követ, lenyomoz; *el* áramköröket csatol; *film* követ *(kamerával)*; *hajó* hajót vontat; *kat* követ *(követőradarral stb.)*; *vasút* vágányt fektet; **II.** *n* szállítótargonca; nyom, nyomvonal, csapás; ösvény; pálya; útirány, útvonal; sín *(karnison)*; *at* (részecske)nyom; *bány* frontmező, frontpászta; *el* érintkező nyitási távolsága; *ép* (verseny)pálya; alapárok; csapás; nyomvonal, nyom; *gép* futópálya, terelőpálya; *gépk* hernyótalp, lánctalp; nyomtáv; *hajó* sűrűn használt útirány; vontatóút; *hang* gramofontű vájata, barázda; horonyszélesség, rovátkaszélesség *(hanglemezen)*; *rád* vezetősín; *rep* térképirányszög; *szt* sáv, csík; *távk* jel képe; radarjel hullámfutása; *vasút* sínpálya, vágány; ~ **adhesion** síntapadás; keréktapadás; ~ **adjuster (TA)** lánctalpfeszítő szerkezet; ~ **advancing** sínpálya-hosszabbítás; ~ **alignement** *vasút* vonalkitűzés; ~ **anchoring** *ép* vágányrögzítés sínvándorlás-gátlóval; *hajó* kikötés, kihorgonyzás; ~**-and-guidance laser radar** *távk* követő és vezető lézerradar/lézerlokátor; ~**-and-hold unit** *szt* követő és tartó egység; ~ **angle** *rep* térképirányszög, útirányszög; ~ **back** *v film* távolodik *(kamerával)*; ~ **ballast** *vasút* (zúzottkő) ágyazat, kavicságy, ballaszt; ~**-block** lánctalptag *(harckocsin)*; ~ **bolt** síncsavar; ~**-bond** *vasút* vágánykapcsolás; ~**-brake** *vasút* sínfék; vágányfék; ~ **cable** *em* macskapályakábel *(kábeldaruhoz)*; *ép, vasút* kötélpálya vonókötele; ~**-carrier roller** lánctalphordozó görgő; ~ **centre/center** *vasút* vágánytengely; ~**-chair** *vasút* sínszék; ~ **chamber** *at* nyomkamra; ~ **chart** *hajó* útvonaltérkép; ~ **circuit** *vasút* sínáramkör; ~**-circuit current** *vasút* sínáram *(biztosítóberendezésben)*; ~**-circuit signal(l)ing** *vasút* sínáramjelzés *(biztosítóberendezésben)*; ~**(-)cleaner** *vasút* vágányseprő; ~ **configuration** *szt* csíkhelyzet; ~ **contact** *vasút* sínérintkező; ~ **control** *távk* csatornaellenőrzés; ~ **course** *rep* útvonal irányszöge; ~ **cutter** *bány* sínen járó réselőgép; ~ **detector** *at* nyomdetektor, részecskenyomkamra; ~ **distance** útvonal hossza; *közl* talptávolság *(hernyótalpas járműé)*; *vasút* nyomtáv; ~ **drive** *gép* lánctalphajtás; ~**-engaging field** *vasút* szemaformező, vágányfoglaltsági mező; ~ **entry** *bány* szállítóvágat; ~ **formation** *at* nyomképződés; ~ **frog** *vasút* keresztezési öntvény, csúcsbetét; ~**-ga(u)ge** *vasút* nyomköz; nyomtáv; ~**-guard** *kat* sárhányó *(harckocsin)*; ~ **guidance** *távk* követő irányítás; ~ **in** *v film* közelít *(kamerával)*; ~**-indicator** *vasút* vágányútjelző *(biztosító berendezésben)*; ~ **in nuclear emulsion** *at* részecskenyom; ~ **instrument** *vasút* pályaszerszám; sínérintő; ~ **ladder** *vasút* anyagvágány; ~ **layer** → tracklayer; ~ **length** *at* nyomhossz; ~ **lever** *vasút* menetirányjelző kar; ~**-liner** *vasút* vágányrakó *(munkás, gép)*; ~ **link** *gép* lánc(talp)tag; ~ **loader** sínen járó rakodógép; ~ **marking** *ol* nyomvonaljelzés; ~ **material** *vasút* felépítményi anyag; ~ **motor-car** *vasút* sínautó, vágánygépkocsi; ~**-mounted** *bány* sínen mozgó, csillealjra szerelt; ~**-mounted crane** járműdaru; ~ **of the nucleus** *at* részecskenyom; ~ **overlap** *vasút* nyomtávátfedés; ~ **pattern** *rep* nyomvonalalakzat; ~ **photograph** *at* részecskenyom-felvétel; ~**-pickup system** *bány* rakodás közvetlenül a csillébe; ~**(-)pin** *gép* hernyótalp láncszemcsapja; ~ **pitch** *szt* sávtávolság; *távk* csatornaosztásköz; ~**-plan** *vasút* vágánytábla *(biztosítóberendezésé)*; ~ **plotter** *rep* útvonalrajzoló; ~ **receiver** *rep* iránysávvevő; ~**-recording coach** *vasút* vágánymérőkocsi; ~ **relay** *el, vasút* vágányjelfogó; ~ **renewal** *vasút* vágányfelújítás; ~ **rod** *gépk* keresztrúd *(kormányműé)*; nyomtávrúd; ~**-rod end** *gépk* nyomtávrúdfej; ~**-roller** *gép* lánctámasztó görgő; ~**-scale(s)** *vasút* vágányhídmérleg; ~ **separation** *rep* útvonalak szerinti elkülönítés; ~**-shifter** *vasút* tolópad, vágánytoló; ~ **shifting (in stages)** *vasút* (szakaszos) vágányáthelyezés; ~**(-)shim** *vasút* vágánybélelő lemez, felfagyási alátétlemez; ~ **shoe** *mzg* láncszem *(lánctalpas traktoré)*; ~**(-)shoulder** *vasút* felépítmény nyomközön kívül eső része; ~ **spike** *vasút* sínszeg; ~ **spring** *gép* lánctalprugó; ~ **sprocket** *gép* lánchajtó fogaskerék; *mzg* hajtó lánckerék *(traktoron)*; ~ **station** *rep, távk* célkövető radarállomás; ~ **sweep** *mzg* keréknyom(fel)lazító; ~ **switch** *el, vasút* sínkapcsoló; ~ **tamper** *vasút* vágányaláverő; ~**-tamping** *vasút* vágányaláverés; ~ **tensioner** *gép* láncfeszítő; ~**-tension idler** *gép* láncfeszítő görgő; ~**-tightener wheel** *gép* láncfeszítő kerék; ~**-to-track access time** *szt* mágneslemezen a szomszédos sáv elérési ideje; ~ **transfer bridge** *vasút* hidas vágányáttoló gép; ~ **transfer crane** *vasút* karos vágányáttoló gép; ~ **transmitter** *rep, távk* iránysávadó; ~**-type** lánctalpas (alvázú); ~**-type dozer** lánctalpas tológép; ~**-type excavator undercarriage** lánctalpas kotró-járószerkezet; ~**-type loading shovel** lánctalpas rakodó; ~**-type tractor** lánctalpas vontató; ~**-type trenching machine** lánctalpas árokásó; ~**-type undercarriage** lánctalpas traktor-járószerkezet; ~**-walker** *vasút* vonalbejáró *(őr)*; ~ **welding** sínvezetéses hegesztés; ~**-wheelbase ratio** *gépk* nyomtáv; tengelytávarány; ~ **width** *szt* csíkszélesség

trackage *vasút* vágányzat, vágányrendszer

trackball *szt* pozicionáló gömb

tracked lánctalpas; ~ **lorry** lánctalpas tehergépkocsi; ~ **plant** lánctalpas berendezés/jármű; ~ **tractor** lánctalpas vontató; ~ **vehicle (TKV)** hernyótalpas/lánctalpas jármű

tracker kutató, nyomozó; *hang* vágófejvezető; *távk* célkövető; követőrendszer; ~ **station** *távk* irányító rádióállomás; ~ **wires** *pl el* távműködtető huzal *(pl. kapcsolóé)*

tracking nyomhagyás *(felületen)*; vezetés *(irányítás)*, követés; *at* nyomkövetés; *bány* fasín; *el* kúszóáramút(-képződés), kúszóáram; szivárgási áram; *hang* gramofontű sima futása; *kat, rep* célkövetés; *rád* összehangolás, együttfuttatás *(hangolt köröké)*; *szt* nyomkövetés; *távk* céltárgykövető lokátor; detektálás, kimutatás, igazolás; *tv* sávhelyzet-szabályozás; *űr* követés; *vasút* vasúti vonalvezetés; ~ **and illuminating laser radar** *távk* követő és megvilágító lézerradar; ~ **apparatus** *távk* (cél)követő készülék; ~ **axis** célkövetés tengelye; ~ **beam** *fiz* segédsugár; ~ **chain** *el* követőlánc; ~ **chamber** *at* részecskenyomkamra; ~ **circuit** *el* követőkör, követőrendszer; ~ **current** *el* felületi kúszás; kúszó kisülés árama; kúszóáram; ~ **detector** *at* részecskenyom-detektor; ~ **device** *kat, rep* célkövető készülék; ~ **distortion** *távk* követési torzítás; ~ **error** követési hiba; *el* beállási hiba; szinkronjárási hiba; *rep* irányszögmérési hiba; ~ **frequency** *rád* pontos behangolási frekvencia; ~ **infrared system** *távk* infravörös (cél)követő rendszer; ~ **lag** *távk* követéskésleltetés; ~ **laser radar** *távk* (cél)követő lézerradar; ~ **lidar** *távk* (cél)követő lidar; kísérő lézerlokátor; ~ **loop** *aut* követő kör; ~ **mode switching** *távk* követésimód-átkapcsolás; ~ **network** *távk* követőlánc; ~ **pair** *távk* célkövető állomáspár; ~ **radar (TR)** *távk* célkövető (és tűzvezető) radar/lokátor; ~ **rate** *távk* célkövetési/pályakövetési sebesség; ~ **ratio** *kat* célkövetés sebessége; ~ **resistance** *el* kúszóáram-szilárdság; ~ **shot** *foto* sorozat-

felvétel; ~ **signals** *távk* célkövető állomás jelei; ~ **station** *távk, űr* célkövető/(pálya)követő állomás, földi állomás; ~ **type low-loader** nyomtartó kormányzású tréler
tracklayer *kat* lánctalpas vontató; *vasút* vágányaláverő/vágányrakó munkás; ~**'s hammer** *vasút* felépítményi/sínszegbeverő kalapács
tracklaying | **crane** *vasút* vágányfektető daru; ~ **vehicle** lánctalpas jármű
trackless vágány nélküli; ~ **conveyance/haulage** *bány* rámpás bányászat; ~ **earthmoving** *ép* földmozgatás terepjáró járművekkel; ~ **ramp(borne) mining** *bány* rámpás bányászat; ~ **trolley** trolibusz-áramszedő
trackman *ép, vasút* pályamunkás
trackmotor car *vasút* vágánykocsi, drezina
tract terület, tér(ség); pászta, sáv; *geol* szakasz, körzet; területrész; *szer* szakasz *(csővezetékben)*
traction vontatás; vonás; húzás; nyújtás; *geol* áthúzódás; *gépk* futókerék tapadása; ~ **battery** *el* targoncaakkumulátor; ~**-bond** *vasút* áram-visszavezető sínkötés; ~ **coefficient** *fiz* vontatási/adhéziós tényező; ~ **control** *fiz* vonóerő-szabályozás; ~ **drive** *mech* ékes dörzshajtás; ~**-dynamometer** *forg* húzó dinamométer; ~ **effort/force** → tractive force; ~ **engine** traktor; ~**-eye** vontatófülecs; ~ **generator** *el* vontatógenerátor; ~ **generator station** vasúti erőmű; ~ **lamp** *el* járműlámpa; ~ **load** *el* vontatott teher; *geol* görgetett hordalék *(folyami)*; ~ **mechanism** hajtó mechanizmus; ~ **motor** vontató motor; ~ **power** vontatási teljesítmény; ~ **resistance** *vasút* vontatási ellenállás; ~ **rope** húzókötél; ~ **system** *vasút* vontatási rendszer *(villamos vontatásé)*; ~ **wheel** vonókerék *(mozdonyon)*
tractive vonó; vontató, húzó; húzási; ~ **electromagnet** húzómágnes; ~ **element** vonóelem; ~ **force** vonóerő; *hidr* hordalékmozgató erő; ~ **force recorder** vonóerőíró/vonóerő-regisztráló szerkezet; ~ **power** *vasút* (effektív) vonóerő
tractoil traktorüzemanyag, traktorpetróleum
tractor traktor, vontató; vontatótargonca; *mat* derivált vektor; *rep* húzó légcsavar; *szt* traktor *(nyomtatóban)*; ~ **aircraft** vonólégcsavaros repülőgép; ~ **cabin/canopy** vezetőfülke *(traktoron)*; ~ **cultivator** *mzg* traktorkultivátor; ~ **digger loader** traktorkotró; ~ **dozer** *ép* tológép; ~**-drawn grader** *ép* vontatott földgyalu; ~**-drawn roller** *ép* traktorvontatású/vontatott henger; ~**-drawn scraper** *ép* motoros földnyeső; ~ **driver** traktorvezető; ~ **feed** *szt* traktoros papírtovábbító; ~ **gate** *hidr* görgős zsiliptábla; ~ **haulage** *bány* vágány nélküli szállítás; ~**-mounted backhoe** *ép* függesztett kotrószerelék; ~**-mounted trench excavator** *ép* traktorra szerelt árokásó; ~**-mounted unit** *mzg* traktorra függesztett munkagép; ~ **operator** traktorvezető; ~ **propeller** vonó légcsavar; ~**-pulled carrying scraper** *ép* nyerges vontatott földnyeső; ~ **rake** *mzg* traktorvontatású (széna)gereblye; ~**-scraper** *ép* önjáró földnyeső; ~**-scraper rig** *ép* földnyeső szerelvény; ~ **shovel** homlokrakodó; ~ **spreader** *mzg* traktorvontatású trágyaszóró gép; ~ **traction** traktorvontatás; ~ **trailer** *US* nyerges vontató; ~**-truck** nyerges vontató/tehergépkocsi; ~ **welder** hegesztőtraktor; ~ **winch** csörlős jármű; ~ **with side boom crane** *ép* csőfektető daru; ~ **works** traktorgyár
tractory → tractrix
tractrix *mat* traktrix, húzógörbe; ~ **horn** *hang* traktrixgörbe alakú tölcsér *(hangszóróé)*
trade I. *v* kereskedik; cserél *(árut)*; **II.** *n* kereskedelem; mesterség, ipar, szakma; forgalom; ~ **cloud** *met* passzátfelhő; ~ **effluent** *ép* ipari szennyvíz; ~ **magazine** szakfolyóirat; ~**-mark (TM)** védjegy; gyári bélyeg/jelzés; ~ **name** kereskedelmi elnevezés *(árué)*; ~**-off** *rep* kompromisszum *(tervezésnél)*; ~**-off study** *rep* kompromisszumelemzés; ~**s** *met* passzátszél; ~**-shop system** *ip* műhelyrendszerű gyártás; ~ **wind** *met* passzátszél
trader kereskedő; kereskedelmi hajó
tradesman kereskedő; iparos, mesterember
traffic I. *v* közlekedik; kereskedik; **II.** *n közl* forgalom, közlekedés; *távk* forgalom; ~ **achievement** forgalmi teljesítmény; ~ **aids** *rep* légiforgalmi irányítás eszközei; ~ **arrangement** forgalomszabályozás; ~ **beam** *gépk* tompított fény; ~ **block** *közl* forgalomtorlódás; ~**-bound macadam** *ép* forgalom által tömörített makadám *(útburkolat)*; ~ **capacity** *távk* forgalomkapacitás; ~ **capacity of road** út forgalmi teljesítőképessége; ~ **census** *közl* forgalomszámlálás; ~ **centre/center** *rep* légiforgalmi irányító központ; ~ **channel** *távk* beszélgetési csatorna, forgalmi irány/útvonal; ~ **chart** forgalmi grafikon, menetrend; ~ **circuit** *rep* repülőtéri forgalmi kör; ~ **circus** *közl* körforgalom; ~ **congestion** *közl* forgalmi torlódás; *szt, távk* forgalomtorlódás; ~ **container for door-to-door transport** konténer háztól-házig szállításhoz; ~ **control** *közl* forgalomirányítás; ~ **controller** (légi)forgalmi irányító tiszt; ~ **control light signal** *közl* forgalmi jelzőlámpa(rendszer); ~ **control regulations** *pl rep* légiforgalom-irányítási előírások/szabályzat; ~ **count** *közl* forgalomszámlálás; ~**-counter** forgalomszámláló; ~ **density** *távk* beszélgetéssűrűség; *vasút* forgalomsűrűség, forgalmi terhelés *(vasútvonalé)*; ~ **department** forgalmi osztály *(szállítóvállalatnál)*; *távb* üzemi fenntartó szolgálat; ~ **direction** *gépk* forgalomirányítás; ~ **dislocation** *közl* forgalomelterelés; ~ **distribution exchange** munkaelosztó központ; ~ **distributor** *távk* hívásrendező; ~**-exchange point** *vasút* átmeneti raktár *(határállomáson)*; ~ **flow** *távk* forgalomsűrűség; ~ **guidance** *rep* forgalomirányítás; ~**-handling capacity** *közl, távk* forgalmi kapacitás; ~ **in one direction** egyirányú forgalom; ~ **intensity** *aut, távk* forgalom intenzitása *(kihasználási tényező)*; forgalomsűrűség; ~ **interruption** *vasút* forgalmi akadály; ~ **in transit** *rep* átmenő szállítás, tranzitforgalom; ~ **jam** *közl* forgalomtorlódás, forgalmi dugó; ~ **junction** *közl* forgalmi csomópont; ~ **lane** *közl* forgalmi sáv *(közúti)*; pályaszélesség, nyomszélesség, nyompálya; ~ **lever** *vasút* menetirány-kallantyú; ~ **light(s)** (közúti forgalomirányító) fényjelző készülék; forgalmi jelzőlámpa; villanyrendőr; ~ **line** *közl* forgalmi vonal; útvonal; *vasút* szerelvénysor; ~**-line marking** *közl* útburkolati jelek; ~ **load** *közl* forgalmi terhelés; ~ **loading** *ép* útterhelés; ~**-man** *bány* szállítási felvigyázó; ~ **meter** *távk* forgalommérő; ~ **noise** *közl* forgalmi zaj; *távk* közlekedési zaj; ~ **order** *közl* forgalmi rend; ~ **paint** *közl* festett útburkolati jel; ~ **pattern** *rep* repülőtéri forgalmi kör; ~ **plan** *közl* forgalmi terv; ~ **quantity** *távk* forgalommennyiség; ~ **record** *távk* forgalomszámlálás; ~

regulation forgalomszabályozás; ~ **restriction** forgalomkorlátozás; ~ **road system** forgalmi úthálózat; ~ **routing** forgalmi terv; ~ **sign** közúti jelzőtábla; ~ **signal(s)** → ~ light(s); ~ **sorting** forgalombesorolás; ~ **square** *ép, közl* forgalmi tér; ~ **stream** forgalomáramlás; ~ **street island/refuge** *ép* járdasziget; ~ **stud** beépített útjelző *(macskaszem)*; ~ **survey** *közl* forgalomszámlálás; ~ **termination** *távk* összeköttetés vége; ~ **theory** *távk* forgalomelmélet; ~ **unit (TU)** *távk* foglaltsági mértékegység; forgalomegység; ~ **unit meter** *távk* foglaltságiidő-számláló; ~ **volume** forgalmi volumen; vasutak teljesítőképessége; ~ **zone** *rep* légiforgalom-irányító körzet

trafficator *gépk* irányjelző, index

trafila *élip* makaróni-présforma

tragacanth *gyógyv* tragakant; ~ **gum** *élip* tragant *(mézga)*

traganth → tragacanth

trail I. *v* von, húz, vonszol, vontat; vonul; nyomot hagy maga után; **II.** *n* nyom, lábnyom, uszály; vontatmány; *ép* csapás, nyom, ösvény; ki nem épített út, gyalogút; *hidr* vezetőmű *(folyóban)*; *kat* talpszár; *rep* kondenzcsík; ~ **angle** *rep* visszamaradási szög *(bombáé)*; ~ **assembly** *kat* talpszárszerkezet; ~ **bag** *kat* vontatott célzsák; ~**-boring** *bány* előfúrás; ~**-coupling pin-key** *kat* talpszárkapcsolócsap-biztosító; ~**-end** *kat* talpszárvég; ~ **extension** kerekes póttengely; ~ **flying bridge** felsővezetékes komp; ~ **handhole** *kat* talpszáremelő nyílás; ~ **handle** *kat* lövegtalp fogantyúja; ~ **hinge-pin** *kat* talpszárbekötő tengely; ~ **ridge** hegyi út pereme; ~**-rope** *rep* kikötőkötél *(léggömbé)*; ~ **spade** *kat* talptusa; ~ **switch** *vasút* cigányváltó; hordozható kitérő

trailable points *pl vasút* felvágható/felhasítható váltó

trailbuilder *ép* elfordítható lemezű lánctalpas tológép

trailer *bány* pótkocsi, hozzákapcsolt csille; *el* kefetartó; *film* filmelőzetes; *film, foto* végszalag; *geol* utolsó földlökés/rengéshullám; *gépk* lakókocsi; pótkocsi, utánfutó; *szt* mágnesszalag vége; *vasút* mellékkocsi, motormellékkocsi; vontatmány; ~ **attachment** *gépk* vonókészülék; ~ **brake** *gépk* pótkocsifék; ~ **breakaway** *gépk* pótkocsi leszakadása; ~ **caisson** *kat* lőszeres pótkocsi/félkocsi; ~**-coach** pótkocsi; ~ **combine** vontatott kombájn; ~ **concrete pump** vontatható betonszivattyú; ~ **connection/coupling** *gépk* vonószerkezet; ~ **crane** vontatott daru; ~ **label** *szt* állomány után álló címke *(mágnesszalagon)*, végcímke; ~ **light** *gépk* vontatásjelző háromszögtábla; ~ **load** pótkocsiterhelés; ~ **machine** *mzg* vontatott munkagép; ~ **record** *szt* zárórekord; ~ **reservoir** *gépk* légfék, pótkocsi légtartálya; ~ **tape** *vid* befutószalag; ~ **turck** *US* nyergesvontató; kamion; ~**-type** utánfutó rendszerű *(gép, pótkocsi)*; ~**-type unit** vontatott jármű/egység; ~**-type vibratory roller** *ép* vibrációs vontatott henger; ~ **unit** *mzg* vontatott szerszám; ~ **with uncoupled rear axle** lekapcsolható hátsó tengelyű tréler

trailing I. *a* pót-; vontatott *(tehergépkocsi)*; **II.** *n forg* súrlódás *(visszamenetnél)*; ~ **action** *gépk* csapszegdőlés hatása; ~ **antenna** *távk* uszályantenna; ~ **axle** utánfutó tengely; ~ **bogie** *vasút* futózsámoly; ~ **cable** *bány* vontatókötél; *hajó* úszókábel; *közl* vonszolt kábel *(járműhöz)*; *rep* függőkábel; ~ **contact** *el* követőérintkező, bontás előtt záró érintkező; pótérintkező; ~ **corner** *el* hátsó sarok *(impulzusban)*; ~ **dislocation** *rep* hátsó él *(szárnyé)*; *távk* lefutó él, hátsó (impulzus)él, impulzushát; vezető diszlokáció; ~ **edge (TE)** *fiz* lefutó él, hátsó (impulzus)él, impulzushát; *hajó* kilépőél *(hajócsavarszárnyé)*; *rep* kilépőél, hátsó él *(szárnyszelvényé)*; ~**-edge vortex** *rep* kilépőélnél létrejövő örvény; ~ **effect** mellészólás *(magnetofonban)*; ~ **end** *rep* hátsó vég; ~ **flap** *rep* ívelőlap, íveltségváltoztató lap; ~ **idler** önbeálló vezetőgörgő; ~ **plough/plow** vontatott eke; ~ **points** *pl vasút* gyökmenetben bejárt váltó; ~ **pole tip/horn** *el* lefutó pólusél; ~ **rail** *vasút* lefutósín; ~ **shoe** forgásiránnyal ellentétes fékpofa, hátsó fékpofa; ~ **suction dredge(r)** *ép* vonszoltfejes szívókotró; ~ **tail** *távk* impulzuslefutás; ~ **tooth** rögtörő fog *(boronaalkatrész)*; ~ **track** *vasút* mozdony hátsó forgóállványa/futókerekei; ~ **vortex** *rep* marginális örvény, élről/szélről leszakadó örvény; ~ **vortex drag** *rep* örvénykeltő ellenállás; ~ **weight** adhéziós súly; ~ **wheel** *vasút* futókerék *(kocsimozgatáshoz)*; ~**-wire antenna** *távk* uszályantenna

train I. *v* begyakoroltat, kiképez, treníroz; előkészít, kikészít; *geol* követ; *kat* irányít, szegez *(fegyvert)*; **II.** *n* kíséret; sor, sorozat; *forg* sebességváltó olló; *gép* emeltyűrendszer; fogaskeréksorozat; gépsor; mechanizmus; *heng* hengersor; *óra* járat; *távk* impulzussorozat; *vasút* szerelvény, vonat; *vegy* elegy; ~**-announcing point** *vasút* vonatjelentő őrhely; ~**-announcing signal** *vasút* menetjelzés; ~ **boy** *bány* fékes *(vonaton)*; ~ **brake** *vasút* folytatólagos légnyomású fék; ~ **control** *vasút* vonatbefolyásolás; ~**-control receiver** *vasút* vonatirányító vevő(készülék); ~ **correction** *geod* szögmérő-helyesbítés; ~ **density** *vasút* vonatkövetés; ~ **describer** *vasút* vonatelemző készülék; ~ **diagram** *vasút* menetrendábra, grafikus menetrend; ~ **dispatcher** *vasút* menetirányító; ~ **ferry (TF)** vasúti komphajó; ~ **formation** *vasút* vonatösszeállítás, vonatképzés; ~ **frequency** *rád* csoportfrekvencia; ~**-kilometre,** ~**-kilometer** *vasút* vonatkilométer; ~ **line** *vasút* gyűjtőkábel *(áramszedők között)*; ~ **load** *mech* vonatterhelés, megoszló erőrendszer; ~ **loading** *mech* vonatteher; ~**-meeting** *vasút* vonattalálkozás; ~ **of barges** *hidr* hajóvonat *(vontatott)*; ~ **of bottom-dump wagons** földszállító szerelvény; ~ **of cars** *bány* csillevonat; ~ **of gears** *gép* fogaskerék-sorozat; ~ **of impulses** *el* impulzussorozat; ~ **of loads** *mech* vonatteher; ~ **of ordinary steel** *heng* tömegacél-hengersor; ~ **of paving plant** *ép* betonozó szerelvény/kábeldaru *(útbetonozásra)*; ~ **of platform trailer** utánfutós szerelvény; ~ **of pulses** *el* impulzussorozat; ~ **of pusher barges** *hidr* hajóvonat *(tolatott)*; ~ **of rear-dump trucks** hátrabillenő-teknős szerelvény; ~ **of relays** *el* relésor, jelfogólánc; ~ **of rolls** *heng* hengersor; ~ **of surfacing plant** betonozó szerelvény *(útbetonozásra)*; ~**-order signal** *vasút* rendelkezésjelző; ~**-protecting signal** *vasút* fedőjelző; ~**-pushing engine** *vasút* gurítómozdony; ~ **radio telephone** vonat-rádiótelefon; ~**-running section** *vasút* menetirányítás; ~**-schedule** *vasút* menetrend; ~**-signal(l)ing line** *vasút* vonatjelző távíróvonal; ~**-staff system** *vasút* vonatbotrendszer *(biztosítóberendezés)*; ~ **stopping device** *vasút* vonatbefolyásoló/vonatmegállító berendezés; ~ **subway** *ép* földalatti (gyors)vasút; ~ **succession** vonatok követési rendje;

~ **sway** *vasút* vonatkígyózás; ~ **ticket** *vasút* menetnapló
trained gyakorlott; ~ **crew** *távk* gyakorlott mérőcsoport; ~ **worker** betanított munkás
trainer *kat* oldalirány-beállító; *rep* gyakorló repülőgép, oktatógép; ~ **aircraft** *rep* iskolagép
training kiképzés, edzés; formálás; *kat* kiképzés; *rep* gyakorlás; ~ **airplane** *rep* gyakorló/oktató repülőgép; ~ **depth** *hidr* szabályozási mélység; ~ **embankment** *hidr* vezetőmű, párhuzammű; ~ **flight** *rep* gyakorló repülés; ~ **for sediment** *hidr* mederszabályozás; ~ **gallery** *bány* gyakorlótáró; ~ **gear** *kat* oldalirányzó gép; ~ **kit** gyakorlóberendezés, gyakorlóműszer; ~ **mask** *kat* kiképző gázálarc; ~ **method** *mzg* alakítási mód *(fáé)*; ~ **objective** *kat* kiképzési cél; ~ **off the job** kiképzés munkahelyeken kívül; ~ **on the job** kiképzés munkahelyen; ~ **reactor** *at* tanreaktor, oktatási célra készült reaktor; ~ **ship** iskolahajó; tanulóhajó; ~ **tank** kiképző harckocsi; ~ **vessel** tanulóhajó; ~ **wall** *US hidr* terelőfal, vezetőfal; vezetőmű; ~ **width** *hidr* szabályozási szélesség; ~ **works** *hidr* szorítómű, szabályozómű; vízfolyásrendezés; ~ **workshop** tanműhely
trainman vasúti fékező, vonatkísérő
trainmaster vonatvezető
trait *nyom* rajzvonalkázás, vonal
trajectory röppálya, mozgási pálya; trajektória; *mech* pályagörbe, pálya; *űr* pálya; ~ **chart** röppályagrafikon *(ballisztika)*; ~ **control** *aut* pályavezérlés; ~ **determining laser** *fiz* pályameghatározó lézer; ~ **measurement** *fiz* pályamérés; útmérés, trajektóriamérés; ~ **measuring system** *rak* röppályamérő rendszer; ~ **of rays** *fiz* sugárút, sugárpálya
tram I. *v bány* szállít; *finm* finomra állít, beszabályoz; **II.** *n* közúti/villamos vasút, villamos; *bány* bányacsille; *finm* finom(be)állítás, beszabályozás; *szer* előrajzoló rúdkörző; *tex* selyemvetülék, trámaselyem; ~ **cable** szállítókötél; ~ **crane** futómacska nélküli *v.* kis támközű híddaru; ~**-iron** vándorló vas *(malomipar)*; ~ **point** rúdkörzőcsúcs; ~**-pushing device** *bány* gyámlyukrúd, emelőrúd; ~ **rail** *em* futómacska függősíne; függőpálya *(emelőnél)*; vályús sín; *vasút* közúti vasúti sín; ~ **silk** *tex* selyemvetülék
tramcar *közl* villamos(kocsi)
tramline *közl* villamosjárat, villamosvonal; villamospálya
trammel I. *v* megakadályoz, feltartóztat, gátol; *ép* leköt; **II.** *n* akadály; gátlás; akasztóhorog; háromrétű eresztőháló *(madár- és halfogó)*; *mat* ellipszográf, ellipsziskörző; ~ **compasses** rúdkörző; ~ **points** *pl* előrajzoló rúdkörző; ~**s** → ~ compasses
trammer *bány* szállítócsillés, kapcsos *(munkás)*
tramming *bány* csilletologatás *(üres oldalon)*; csillézés; ~ **drift** *bány* szállító vágat
tramp *hajó* kötetlen útvonalú hajó, tramphajó; ~ **element** *koh* szennyezőelem; ~ **iron** *bány* véletlen szennyeződésű vas; ~ **metal** idegen fémtest; ~ **steamer** tehergőzös, tramphajó
tramroad sínpálya, vágány
tramway *közl* (közúti) villamosvasút, villamos; ~ **car** villamoskocsi; ~ **pole** *vasút* munkavezeték-oszlop; ~ **stop** villamosmegálló
TRAN → transmit
transactinide (element) *vegy* transzaktinida (elem)
transaction *szt* tranzakció, ügylet, végrehajtás; váltózásrekord; ~ **counter** *szt* tételszámláló; ~ **file** *szt* átmeneti/tranzakciós állomány; ~ **identifier** *szt* tranzakcióazonosító; ~ **incarnation** *szt* származtatott tranzakció; ~ **manager (TM)** *szt* tranzakciókezelő, TM; ~ **processing** *szt* tranzakciófeldolgozás
transactional videotex *szt* tranzakciós videotex
transadmittance *el* teljes dinamikus átvezetés, átmenő admittancia, transzadmittancia
transbooster *el* feszültségszabályozó fojtó(tekercs)
transborder átrakó
transceiver *szt* adó-vevő terminál; *távk* adó-vevő (berendezés); ~ **cable** *szt* adó-vevő kábel; ~ **code** *távk* átjátszási kód
transcendent → transcendental
transcendental I. *a mat* transzcendens; **II.** *n mat* transzcendens; transzcendens szám; ~ **element** transzcendens elem; ~ **equation** transzcendens egyenlet; ~ **function** transzcendens függvény; ~ **number** transzcendens szám, transzcendens; ~ **transfer function** transzcendens átviteli függvény
transcoder *szt* kódkonverter, kódfordító
transconductance *el* (cső)meredekség, sztatikus meredekség, transzkonduktancia; teljes dinamikus átvezetés, átmenő admittancia; ~ **distortion** *el* anódáram-torzítás, túlvezérlési torzítás; ~ **in the given point of operation** *el* transzkonduktancia/meredekség adott munkaponton; ~ **of characteristic** *el* jelleggörbe-meredekség
transcontainer *ép* transzkonténer
transcribe *el, szt* átír
transcriber *el, szt* átíró
transcription átírás, leírás; *hang* hangerősítés *(újbóli lejátszáshoz)*; *rád* felvétel *(hangszalagról, rádióból)*
transcrystalline fracture/failure *any* kristályon belüli törés; transzkrisztallin törés
transdistillation átpárolgás
transduce átalakít
transducer *el* átalakító; előmágnesezett fojtótekercs; mágneses erősítő/transzduktor; transzduktor; *szt* (digitális) átalakító, jelátalakító; jelváltó; konverter; ~ **gain** *el* teljesítményátviteli erősítés; ~ **loss** *el* hatásos csillapítás; teljesítményátviteli veszteség; ~ **of small direct-current voltages** *el* kis egyenfeszültség-átalakító; ~ **transfer constant** *el* teljesítményátviteli mérték; ~ **with a pneumatic output** *távk* pneumatikus kimenetű jeladó, pneumatikus távadó
transductor *el* transzduktor, előmágnesezett transzformátor, mágneses erősítő
transept *ép* kereszthajó
transesterification *vegy* átészterezés
transfer I. *v* áthelyez, átszállít, elszállít, átrak, átvisz, áttesz; *foto, nyom* átmásol; *kh* átakaszt *(szemet)*, előrevisz *(hurkot)*; *közl* átszáll; *mat* átvisz *(tagot az egyenlet egyik oldaláról a másikra)*; *szt* mozgat *(adatot)*; *távb* kiközvetít *(hívást)*, átad *(vonalat)*; **II.** *n* átvitel, áttétel, áthelyezés; átszállítás, elszállítás; átrakás; *el* transzfer(álás); *fiz* anyagátvitel; *foto, nyom* másolat; *kh* átakasztás; *közl* átkelés; átszállás; komp; *mat* átvitel *(egyenlet tagjaié, egyik oldalról a másikra)*; transzfer; *rád* átmásolás *(mágneses)*; *szt* átvitel, ugrás; vezérlésátadó utasítás, ugróutasítás; *távb* átkapcsolás; kapcsolás, kiközvetítés; *távk* átvitel, átadás, közvetítés; *vasút* átkapcsolás/átállítás he-

lye; ~ **address** *szt* ugrás címe; ~ **admittance** *el* átviteli vezetőképesség; transzfer admittancia; ~ **arm** *gép* átviteli kar; ~ **base-paper** *nyom* levonókép-nyerspapír; ~ **board** *távb* telefon-kapcsolótábla; ~ **bogie** *önt* öntödei szállítókocsi; ~ **bond** *ép* tapadás, feszítőerő-átadás; ~ **box** osztómű *(terepjáró gépkocsin)*; *távk* átvezető doboz; ~ **bus** *el* átkapcsoló/átvezető sín; segédsín; ~ **calliper** lyukkörző; ~ **cam** *kh* szemáthelyező lakat; ~ **canal** *at* üzemanyagátrakó csatorna; vízcserélő csatorna; ~ **car** *bány* csilletoló pad; szállítócsille; *vasút* átrakókocsi; ~ **carriage** *bány* átrakodókocsi; ~ **case** *gépk* osztómű; ~ **chamber** *műa* ömlesztőkamra *(előkamra)*; ~ **characteristic** *el* átviteli karakterisztika; vezérlési/szabályozási karakterisztika/jelleggörbe; ~ **check** *el* átvitelvizsgálat, átvitel-ellenőrzés; ~ **chute** *bány* átadó/átrakó surrantó; ~ **circuit** *el* átviteli tag; átviteli vonal; ~ **coefficient** *at, aut, rád* átviteli tényező; ~ **command** *el* ugrás(utasítás), ugróutasítás; ~ **constant** *el* átviteli állandó/érték; átviteli mérték; ~ **contact** *el* átkapcsoló érintkező; váltóérintkező, morzeérintkező; ~ **conveyer** átrakószalag; ~ **cull** *műa* fröccskamramaradék; ~ **current** *el* átviteli áram; ~ **effect** *at* átviteli hatás; ~ **ellipse** *űr* átmeneti trajektória/pálya; ~ **factor** *el* átviteli tényező; *távk* áttétel; ~ **flight** *rep* átszállójárat; ~ **from line to line** *aut* futószalagról-futószalagra történő átmenet; ~ **function** *el, mat* átviteli függvény; ~ **function analyzer** átvitelifüggvény-analizátor; ~ **function of closed-loop system** zárt rendszer átviteli függvénye; ~ **function pole** átviteli függvény pólusa; ~ **hammer** *tex* váltókalapács *(Northrop-szövőszéken)*; ~ **holder** műszertartó/műszerhordozó fogantyú; ~ **hole** *gépk* átömlő furat; ~ **hopper** *ép* átadótölcsér; ~ **immittance** *el* transzferimmittancia; ~ **impedance** *távk* átviteli impedancia, transzfer impedancia; ~ **instruction** *szt* átviteli utasítás; ugróutasítás, elágazási utasítás; ~ **instrument** *el* frekvenciafüggetlen mérőműszer; ~ **interpreter** *szt* feliratmásoló; ~ **jack** *kh* szemáthelyező platina; *távb* vonalátadó hüvely; ~ **key** *távb* átadó billentyű; vonalátadó gomb; ~ **ladle** öntvényszállító üst; ~ **lag** *aut* tranziens késés, dinamikus hiba; ~ **length** *ép* feszítőerő-átadási/lehorgonyzási hossz; ~ **lettering system** *nyomd* felragasztható/öntapadós betűk *(pl. Letraset)*; ~ **line** *el* jelvivő vezeték; *gép* automata gépsor; *kh* felverés; ~ **line exchanger** *ol* gyorshűtő *(pirolízisgázoké)*, kvencselő; ~ **locomotive** átállító mozdony; ~ **locus** *el* amplitúdó-fázis jelleggörbe, Nyquist-görbe, Nyquist-diagram; átviteli függvény helygörbéje; ~ **machine** *forg* aggregátgép; ~ **matrix** *at* átviteli/transzfer mátrix; ~**-mo(u)ld** *műa* fröccssajtoló szerszám; ~ **mo(u)lding** *műa* fröccssajtolás; ~ **needle** *kh* szemáthelyező tű; *tex* mozgató tű *(jacquard-gépen)*; ~ **network** *rád* átvivő szűrő; transzduktor; ~ **number** *vegy* átviteli szám; ~ **of control** *rep* irányítás átadása; *szt* ugrás(utasítás), ugróutasítás; vezérlésátadó utasítás; ~ **of energy** *at* energiaközlés, energiaátvitel; ~ **of heat** hőátvitel, hőátadás; ~ **of radar identification** *rep* radarazonosítás átadása; ~ **of solids** tömegtranszport, anyagszállítás, hordalékszállítás; ~ **of the prestressing force** *ép* feszítőerő ráengedés *(betonra)*; ~ **operation** *szt* adatátviteli művelet; ~ **orbit** → ~ ellipse; ~ **paper** *pa* oleáta; pauszpapír; ~ **parameters** transzferparaméterek; ~ **passenger** *rep* átszálló utas; ~ **picture** *nyom* lehúzókép, matrica; ~ **pipette** *vegy* egyjelzésű pipetta; ~ **platform** *vasút* átrakópont; ~ **plunger** *műa* fröccsajtoló dugattyú/bélyeg; ~ **point** *bány* átrakóállomás; *tex* átrakótű; ~ **port** *gép* átömlőcsatorna, átömlőnyílás *(kétütemű motoré)*; ~ **pot** *műa* ömlesztőkamra; ~ **press** több munkahelyes prés; ~ **printing** *tex* lehúzóképes képátvitel; ~ **process** *foto* képmásolási eljárás; *szt* radiális adatmozgatás; ~ **pump** átszivattyúzó szivattyú; ~ **raise** *bány* döntőgurító-aknácska; feltörés; ~ **rate** *szt* átviteli/nyomtatási sebesség; ~ **ratio** *rád* átviteli tényező; ~ **relay** *el* átkapcsoló relé; ~ **signal** *el* átadási jel(zés); ~ **slug** *műa* fröccskamramaradék; ~ **speed** *el* átviteli sebesség; ~ **station** *vasút* átrakodó állomás; rendező pályaudvar; ~ **stitch** *kh* szemáthelyezéses minta; ~ **strength** *ép* feszítőerő-ráengedési szilárdság; ~ **switch** *távk* megszakítás nélküli átkapcsoló; ~ **syntax** *szt* átviteli szintakszis; ~ **system** *el* átviteli rendszer; ~ **table** *el* átviteli táblázat; ~ **technique** transzfertechnika, átviteli módszer/technika; ~ **time** *el* átmeneti/átviteli idő; *szt* adatátviteli idő; ~ **traffic** *v távb* forgalmat tranzitál; ~ **train** *ép* összetolható billenőteknőjű gépkocsiszerelvény; ~ **trajectory** → ~ ellipse; ~ **unit** *vegy* átviteli számegység

transferable költöztethető; ~ **support** *bány* vándorbiztosítás

transference áttétel, átvitel

transfer(o)meter *aut* transzferométer

transferred | **charge call** *távb* R beszélgetés; ~ **constricted arc cutting** *heg* nyílt rövidíves vágás; ~ **electron** *el* transzferált elektron; ~**-electron devices (TED)** *el* elektrontranszfer-eszközök; ~ **information** *szt* átvitt információ

transfiguration átalakulás; átalakítás

transfinite number *mat* transzfinit szám

transfluxor *aut* transzfluxor, többlyukú mag; ~ **memory/store** *aut* transzfluxor memória/tároló

transfocator *opt* transzfokátor, változtatható gyújtótávolságú lencse

transform I. *v* átalakít; átalakul; *el* transzformál; *mat* leképez; transzformál; **II.** *n mat* képfüggvény, transzformált függvény; transzformált *(soré, görbéé, sokaságé)*; ~ **matrix** *mat* transzformációs mátrix; ~ **to canonical form** *v mat* kanonikus alakra hoz, transzformál

transformability *mat* transzformálhatóság

transformable concrete mix plant *ép* átszerelhető betongyár

transformation átalakítás, transzformálás; transzformáció, átalakulás; leképezés; *mat* átírás *(törté)*; transzformáció, transzformálás, átalakítás *(pl. egyenleté)*; ~ **apparatus** *tv* képtranszformátor, képkomparátor, transzformáló/átvetítő komparátor; ~ **carrying circles into circles** *mat* körtartó transzformáció; ~ **chain** *at* (radioaktív) bomlási sor, (radioaktív) átalakulási lánc/sor, radioaktív család; ~ **constant** *at* bomlási állandó; ~ **equation** *mat* transzformációs egyenlet; ~ **factor** *mat* transzformációs együttható; ~ **family** *at* radioaktív család; ~ **formula** átalakulás képlete; ~ **function** *mat* transzformációs/átviteli függvény; ~ **heat** *fiz* átalakulási hő; ~ **of a rational fraction into a continued fraction** *mat* racionális tört lánctörtalakba való átírása; ~ **of axes** *kri* tengely-transzformáció; ~ **of coordinates** *mat* koordinátatranszformáció, koordináták transzformációja; ~ **of energy** *fiz* energiaátalakítás; ~ **of nucleus** *at* (atom)magátalakulás; ~ **of random numbers** *szt* véletlen számok transzformálása; ~ **of similitude/similarity** *mat* hasonlósági transzformáció, hasonlóság; ~ **period** *el* átalakulási periódus/idő; ~ **point** *üveg* átalakulási/átalakítási pont/hőmérséklet; ~ **property** *alak* alakíthatóság; ~ **range** *fiz* átalakulási tartomány; kritikus hőfoktartomány; ~ **rate** *fiz* átalakulási sebesség; ~ **ratio (of a transformer)** *el* áttétel-(viszony) *(transzformátoré)*; ~ **reduction of a common fraction to a decimal fraction** *mat* törtszám átírása tizedes tört alakba; ~ **series** *at* (radioaktív) bomlási sor, (radioaktív) átalakulási lánc/sor; ~ **stress** *koh, krist* átalakulási feszültség; ~ **superplasticity** *műa* fázisátalakulási szuperplaszticitás; ~ **temperature** *fiz* átalakulási hőmérséklet; ~ **theory** *fiz* transzformációelmélet

transformational component transzformációs komponens

transformed | **austenite** *koh* átalakult ausztenit; ~ **domain** *mat* képtartomány; ~ **rock** *geol* átalakult kőzet

transformer *el* áramátalakító; transzformátor, feszültségátalakító, trafó; *fiz* ultrahang-generátor, ultrahangadó, ultrahangsugárzó; *foto* képtranszformátor *(méretátalakító)*; *szt* jelváltó, jelátalakító, transzduktor; ~ **bank** *el* transzformátorcsoport; ~ **booster** *el* segédtranszformátor, booster; ~ **core** *el* transzformátor(vas)mag; ~**-coupled amplifier** *el* transzformátorcsatolású erősítő; ~ **coupling** *el* transzformátorcsatolás, transzformátoros csatolás; ~ **equation** *el* transzformátoregyenlet; ~ **for induction heating** *el* transzformátor indukciós hevítéshez; ~ **generator** *el* frekvenciaváltó; ~ **iron/lamination** *el* transzformátorlemez; ~ **loss** *el* transzformátorveszteség; ~ **of ratio 1:1** *el* csatolótranszformátor; ~ **oil** *el* transzformátorolaj; ~ **plate** *el* transzformátorlemez; ~ **ratio** → transformation ratio; ~**-regulator** fojtótekercs *(hegesztéshez)*; ~ **sheet** transzformátorlemez; ~ **steel** *koh* transzformátoracél; ~ **substation** transzformátorállomás; ~ **swich** *el* transzformátorkapcsoló; ~ **tank** *el* transzformátorszekrény; ~ **tap(ping)** *el* transzformátormegcsapolás; ~ **tests** *el* transzformátormérések; ~ **voltage** *el* transzformátorfeszültség; ~ **welder** hegesztő transzformátor; ~ **winding** *el* transzformátortekercselés; ~ **with closed magnetic circuit** *el* zárt vasmagú/mágneskörű transzformátor; ~ **yoke** *el* transzformátorjárom

transformerless transzformátor nélküli

transforming transzformáció; ~ **camera** *tv* képtranszformátor, képkomparátor, transzformáló/átvetítő komparátor; ~ **function** *mat* leképezésfüggvény; ~ **station** *el* transzformátorállomás

transfuse átönt, átömleszt

transfusion átöntés, átömlesztés

transgranular | **cracking** *any* szemcsén túli repedésképződés; ~ **fracture** *any* szemcsén belüli törés; transzkrisztallin törés

transgressing sea *geol* transzgrediáló tenger

transgression *geol* transzgresszió

transgressive *geol* egyenlőtlen; transzgresszív; ~ **intrusion** *geol* egyenlőtlen intrúzió; ~ **sediments** *geol* transzgressziós üledékek

tranship átrak, átszállít, áthajóz

transhipment átrakás, átszállítás, áthajózás; ~ **station** *közl* átrakóállomás

transhipping | **belt-conveyor/belt-conveyer** átrakószalag; ~ **station** *közl* átrakóállomás

transhorizon propagation *távk* horizonton túli (hullám)terjedés

transient I. *a* átmeneti, átmenő; átfutó; ideiglenes; múló; tranziens; bomlékony; **II.** *n* átmeneti/tranziens állapot/folyamat; ~ **agent** bomlékony hatóanyag; ~ **analyzer** *távk* tranziensanalizátor; ~ **behavio(u)r** tranziens/átmeneti viselkedés; *el* ugrásfüggvényválasz; ~ **character** *el* berezgési jelenség lefolyása, tranziens jelleg; ~ **characteristic** *el* tranziens/átmeneti jelleggörbe; ~ **creep** *el* kezdeti lassú alakváltozás; kezdeti/átmeneti kúszás; ~ **current** tranziens áram; ~ **curve** *geof* tranziens görbe; ~-**decay current** *el* tehetetlenségi áram; ~ **deviation** *el* tranziens/átmeneti eltérés; ~ **distortion** *távk* tranziens torzítás; ~ **effect** *fiz* tranziens/átmeneti hatás; ~ **equilibrium** *at* tranziens/átmeneti egyensúly; ~ **fault** múló hiba; *el* tranziens/átmeneti zárlat; ~ **feed-back** *aut* rugalmas visszavezetés; ~ **field** *el* tranziens tér(erősség); ~**-free current** *el* állandósult áram; ~ **function** *el* impulzusfüggvény, Dirac-delta, deltafüggvény, δ-operátor, δ-szimbólum; ~ **generation** *at* átalakuló atommagnemzedék; átmeneti hőfejlődés; ~ **laser behavio(u)r** *fiz* átmeneti lézerüzemmód; lézer átmeneti állapota/viselkedése; ~ **load** tranziens terhelés; ~ **motion** *fiz* Brown-féle mozgás; ~ **operation** *aut* tranziens üzem; ~ **oscillation** *fiz* tranziens rezgés; ~ **oscillation state** *fiz* átmeneti/tranziens rezgésállapot; ~ **overshoot** *el* tranziens/átmeneti túllendülés; ~ **overvoltage** *el* tranziens/átmeneti túlfeszültség; ~ **part** *el* tranziens/átmeneti összetevő; ~ **performance** *el* tranziens/átmeneti teljesítmény; *mat* tranziens/átmeneti függvény/karakterisztika; ~ **period** felfutási/emelkedési idő, berezgési idő; tranziens/átmeneti periódus, felépülési idő; ~ **phase** átmeneti fázis; ~ **process** átmeneti/tranziens folyamat; bekapcsolási folyamat; ~ **protection** *el* túlfeszültség-védelem; ~ **pulse** *el* bekapcsolási áramlökés; ~ **reactance** *el* tranziens/átmeneti reaktancia; ~ **recovery** *aut* kiegyenlítési folyamat; ~ **response** *aut* tranziens jelenségek átvitele; *el* ugrásfüggvényválasz, átmeneti függvény; válasz-idő függvény, válaszfüggvény; ~ **response analysis** *aut* átmeneti folyamatok analízise; ~ **rise** *el* átmeneti emelkedés; ~ **stability** *el* tranziens/dinamikus stabilitás; ~ **state** *távk* tranziens/átmeneti állapot; ~**-state condition** átmeneti/tranziens állapot; ~ **system deviation** átmeneti szabályozási eltérés, rendszer átmeneti eltérése; ~ **temperature gradient** tranziens hőmérséklet-gradiens; ~ **thermal impedance** tranziens hőimpedancia; ~ **time** *el* felfutási/emelkedési idő, berezgési idő; tranziens/bekapcsolási idő; ~ **vibration** *mech* sajátlengésrész; ~ **vibration state** → ~ oscillation state; ~ **voltage** *el* lökőfeszültség; ~ **wave** haladó hullám

transilluminate átvilágít

transillumination átvilágítás

transinformation *szt* átvitt információ; ~ **content** *szt* átvitt információtartalom

transisobaric displacement of the air *rep* izobáron keresztül történő légáramlás

transistor *el, szt* tranzisztor; ~ **action** *el* tranzisztorhatás; ~ **amplifier** *távk* tranzisztoros erősítő; ~ **analyzer** *el* tranzisztoros analizátor; ~ **bolometer** félvezetős hőmérséklet-érzékelő; ~ **characteristic** *el* tranzisztor-jelleggörbe; ~ **chopper** *aut* tranzisztoros szaggató/chopper; ~ **converter** *szt* tranzisztoros (jel)átalakító; ~ **current gain** *el* tranzisztor áramerősítése; ~ **cut-off (region)** *félv* zárási tartomány tranzisztornál; ~ **dissipation** *el* tranzisztordisszipáció; ~ **electronics** *el* tranzisztorelektronika; ~ **equivalent circuit** *el* tranzisztorhelyettesítő áramkör; ~ **in coaxial packing** *távk* koaxiáltranzisztor; ~ **memory** *szt* tranzisztoros memória; ~ **microphone** *rád* félvezetős mikrofon; ~ **noise** *rád* tranzisztorzaj; ~ **OR gate** *szt* tranzisztoros VAGY kapu; ~ **oscillator** *el* tranzisztoros rezgéskeltő; ~ **parameters** *el* tranzisztorparaméterek; ~ **physics** *el* tranzisztorfizika; ~ **radio (receiver/set)** tranzisztoros rádió(készülék); ~ **resistance** *el* átmeneti ellenállás, határfelületi ellenállás; ~**-resistor logic (TRL)** *szt* tranzisztor-ellenállás logika, TRL; ~ **saturation (region)** *el* túlműködtetési/túlvezérlési tartomány *(tranzisztornál)*; ~ **store** *szt* tranzisztoros tároló; ~ **structure as a photoelectric cell** *el* fototranzisztor; ~ **switch** *el* kapcsolótranzisztor; ~ **switching** *el* kapcsolóüzem tranzisztorral; ~ **tetrode** *félv* félvezető-tetróda, tranzisztortetróda, kristálytetróda; ~**-transistor logic (TTL, T^2L)** *el* tranzisztor-tranzisztor logika, TTL, TL; ~ **with integral screen** *el* integrált árnyékolású tranzisztor

transistorization, transistorisation *el* tranzisztorizálás

transistorized, transistorised *el* tranzisztoros, tranzisztorizált; ~ **antenna amplifier** *távk* tranzisztoros antennaerősítő; ~ **bipolar electronic relay** *aut* tranzisztorizált bipoláris elektronikus relé; ~ **chronometer** *aut* tranzisztorizált időmérő; ~ **circuit** tranzisztoros áramkör; ~ **control amplifier** *el* tranzisztorizált vezérlőerősítő; ~ **data printer** *szt* tranzisztoros adatnyomtató; ~ **flip-flop circuit** *szt* tranzisztorizált bistabil multivibrátor/flip-flop; ~ **ignition (system)** *el* tranzisztoros gyújtás; ~ **impulse-type control** *aut* tranzisztorizált impulzusvezérlés; ~ **level indicator** *aut* tranzisztorizált szintjelző; ~ **linear a.c./AC voltmeter** *el* tranzisztorizált lineáris váltakozófeszültségmérő; ~ **measuring-point amplifier** *aut* tranzisztorizált mérőerősítő; ~ **multivibrator** *el* tranzisztorizált multivibrátor; ~ **on-off controller** *aut* tranzisztorizált kétállású szabályozó; ~ **radio receiver** *rád* tranzisztoros rádió; ~ **relay of signal electrode** *el* jelelektróda/szignálelektróda tranzisztorizált jelfogója/reléje; ~ **sweep generator** *el* tranzisztorizált fűrészrezgésgenerátor

transit I. *v* áthalad, elhalad, átmegy; *csill, geod* áthajt *(távcsövet)*; átvonul, elvonul, áthalad; **II.** *a* tranzit, átmenő, átrepülő; **III.** *n* áthaladás, átmenés; átmenet; *at* (elektron)átfutás; részecske átfutása; *csill* áthaladás, elhaladás, átvonulás; *geod* passzázsműszer; tranzitműszer, tranzitteodolit; *ip, közl* átmenő forgalom, tranzitforgalom; átszállítás, keresztülszállítás, tranzit(álás); *távb* továbbkapcsolás; ~ **airport** *rep* tranzit repülőtér; ~ **angle** *távk* repülési fázisszög; vezetési/repülési szög; ~ **authority** *közl* közlekedési vállalat/hatóság; ~ **call** *távb* átmenő beszélgetés; ~ **circle** *csill* meridiánkör; ~ **circuit** *el* átmenő áramkör; ~ **connection** *el* tranzitkapcsolás; ~ **distortion** *el* futásidő-torzítás, fázistorzítás; ~ **exchange** *távb* közvetítőközpont; tranzitközpont; ~ **functions** *távb* tranzitfunkciók; ~ **goods** *vasút* átmenő áruk; ~ **instrument** *geod* passzázsműszer; ~ **line** *ásv* irányvonal; *ép* átlós vonal; átlóvonal; ~ **memory** *szt* átmeneti memória; ~**-mixed concrete** *ép* transzportbeton, szállítás közben kevert beton; ~**-mixer** *ép* betonkeverő gépkocsi; ~ **mixer with separate engine** *ép* különmotoros betonkeverő gépkocsi; ~**-mix plant** *ép* transzportbetongyár; ~ **period** *vasút* fuvarozási határidő; ~ **position** *el* tranzitmunkahely; ~ **stop** *rep* repülés megszakítása közbenső repülőtéren; ~ **telescope** *csill* átmeneti műszer; ~ **time** *el* repülésidő, repülési/futási idő; *távb* átváltási idő; ~**-time error** *el* futásidő okozta hiba, csoportsebesség-hiba; ~**-time oscillator** *el* haladóhullámú csöves oszcillátor, sebességmodulációs generátor; ~**-time spread** *el* helyreállítható tartalék; ~**-time stereophony** *hang* futásidősztereofónia; ~**-time tube** *el* mikrohullámú/sebességmodulációs cső; ~ **traffic** *rep* átrepülő forgalom; *távb* átmenő forgalom; ~**-type bus** *közl* távolsági autóbusz; ~ **with auxiliary side telescope** *bány* oldalt külpontos távcsövű teodolit; ~ **with stadia wires** *geod* szálkeresztes távolságmérő teodolit

transiting tranzitálás

transition I. *v ép, vasút* ívbe átvezet; **II.** *n* átalakulás; átmenet; áthaladás, átmenés; *at* átmenet; *el* átvezetés; jelátmenet; *film* képátmenet, áttűnés; *vasút* (ív)-átmenet; *vegy* (fázis)átalakulás; ~ **altitude** *rep* átváltási tengerszint feletti *v.* QNH magasság; ~ **behavio(u)r of a transistor** *el* átmeneti viselkedés tranzisztoroknál; ~ **between laser state** *fiz* átmenet lézerállapotok között; ~ **bridging** *el* áthidalás *(vezetéken)*; ~ **by reconstruction** *krist* rekonstruktív átalakulás; ~ **coding** *el* átmenetkódolás; ~ **complex** *vegy* átmeneti komplex vegyület; ~ **conductor** *el* átmeneti típusú vezető; ~ **course** *geol* átmeneti réteg; ~ **current limit** *el* szaggatott áramvezetés határa; ~ **curve** *at* átmeneti görbe; *ép* átmeneti ív; ~ **effect** *at* elektronátmeneti hatás; ~ **element** *vegy* átmeneti elem; ~ **energy** *fiz* átmeneti energia; ~ **factor** *távk* illesztetlenségi tényező; ~ **filter** *hidr* átmeneti szűrő; ~ **fit** *távk* átmeneti illesztés; ~ **flow** *el* átmeneti áramlás; ~ **frequency** *el* tranzitfrekvencia; ~ **function** átmeneti/átviteli függvény; ~ **heat** *fiz* átalakulási hő; fázisátmenet hője; ~ **HL** *el* HL jelátmenet; ~ **LH** *el* LH jelátmenet; ~ **loss** *távk* illesztetlenségi csillapítás; ~ **matrix** *mat* átmeneti mátrix, rendszermátrix; átmenetmátrix *(gráfé)*; *távk* szórási mátrix; ~ **metal** *fiz* átmeneti fém/elem; ~ **phase** *vegy* átmeneti fázis; ~ **piece** *bány* csőátmenet; *el* közdarab; ~ **point (tr.pt.)** *fiz* átcsapási pont *(laminárisból turbulens áramlásba)*; *vegy* átmeneti pont/hőmérséklet; ~ **probability** *at, el* átmeneti valószínűség; ~ **pseudomorphism** *krist* átalakulási pszeudomorfózis; ~ **region** *távk* átmeneti tartomány; ~ **resistance** *el* átmeneti/határfelületi ellenállás; ~ **spiral** *ép* klotoid; ~ **stage** *ol* átmeneti túlnyomásos zóna; ~ **state** *aut, el, vegy* átmeneti állapot; ~ **strip** *rep* átmenősáv; futópályaszegély; ~ **superplasticity** *fiz* fázisátalakulási szuperplaszticitás; ~ **surface** *rep* akadálymentességi átmeneti felület; ~ **table** *aut* átmeneti táblázat/tábla; ~ **temperature** *el* átmeneti hőmérséklet; *fiz* átalakulási pont/hőmérséklet; ~ **time** *aut* beállási/szabályozási idő; *fiz* felfutási/emelkedési idő, berezgési idő; **~-type river course** *hidr* átmeneti jellegű folyószakasz; **~ voltage** *szt* átbillenési feszültség; **~ zone** átmeneti öv/zóna; *ép* átkelési szakasz *(városépítés)*; *távk* átmeneti tartomány

transitional átmeneti; **~ bond** *vegy* átmeneti kötés; **~ element** → transition element; **~ structure** *vegy* átmeneti szerkezet; **~ symmetry** *krist* transzlációs szimmetria; **~ wave** *fiz* átmeneti hullámok

transitive | **closure** *mat* tranzitív zárás; **~ graph** *mat* tranzitív gráf; **~ law** *mat* tranzitív szabály; **~ relation** *mat* tranzitív reláció

transitiveness *mat* tranzitivitás

transitivity *mat* tranzitivitás

transitory → transient

transitron *el* tranzitron; **~ multivibrator** *el* tranzitronos multivibrátor; **~ oscillator** *el* tranzitronoszcillátor

translate *hang* átír *(hangfelvételt)*; *mech* halad(ó mozgást végez); haladó mozgásba hoz; *szt* fordít; *távk* áttesz *(frekvenciát)*; megfejt; továbbít

translater *szt* fordítóprogram

translating | **equipment** *en* áttevőmű; **~ gear wheel** cserekerék *(metrikus menetvágásról hüvelykmenetvágásra való áttéréshez)*; **~ machine** *el, szt* fordítógép; **~ mechanism** *kat* zárkifordító szerkezet; **~ network** *el* (át)kódoló áramkör; **~ program/routine** *szt* fordítóprogram, transzlátor

translation *geol* transzláció; *hang* átírás *(hangfelvétele)*; *mat* eltolás, transzláció; *mech* haladó/transzlációs mozgás, transzláció; *szt* fordítás; *távk* átvitel; értelmezés, lefordítás; kódfejtés; továbbítás; *tex* átnyomás; **~ code** *szt* fordításkód; **~ connection** csatlakozásközvetítő *(rádióállomáshoz)*; **~ crank** *kat* lövegzárforgató kar; **~ direction** *krist* transzlációs irány; **~-equivalent** *krist* transzlációekvivalens; **~ field** *távb* keresőmező; **~ from one code to another** *szt* átkódolás; **~ gliding** *krist* transzlációs csuszamlás; **~ group** *krist* transzlációs csoport; **~ invariance** *krist* transzlációs invariancia; **~ lattice** *krist* transzlációs rács; **~ of data** *szt* adatátalakítás; **~ of origin** *mat* kezdőpont/origó eltolása; **~ of the wave** *fiz* hullámterjedés; **~ period** *krist* transzlációs periódus; **~ plane** *krist* transzlációs sík; **~ roller** *kat* lövegzárcsúsztató görgő; **~ symmetry** *at* transzlációs szimmetria; **~ wave** *távk* szállítóhullám

translational transzlációs, áttételi, átviteli; **~ control** *aut* haladó mozgás vezérlése; **~ energy** *fiz* transzlációs energia; **~ motion** *fiz* transzlációs/haladó mozgás; **~ vibration of molecule** *fiz* molekula transzlációs rezgése; **~ wave** *fiz* transzlációs/haladó hullám

translator *el* digitális jelátalakító/kódátalakító; *fiz* konverter; *szt* fordítóprogram, transzlátor; *távb* transzformátor, átvivőcséve; *távk* átjátszóállomás; **~ circuit** *el* átszámító áramkör; **~ program** *szt* fordítóprogram, transzlátor

translatory átviteli, átvitt, transzlációs; **~ speed** *el* átviteli sebesség; **~ wave** transzlációs/haladó hullám

transliterate *szt* transzliterál

translocate áthelyez

translocation diastase *vegy* transzlokációs diasztáz

translucence *opt* áttetszőség

translucent *opt* áttetsző, fényátbocsátó; **~ body** *opt* áttetsző test; **~ concrete** *ép* üvegbetétes beton, üvegbeton; **~ glass** áttetsző üveg; **~ screen** *tv* átlátszó ernyő

transmigration átvándorlás, áthatolás

transmissibility áteresztés, áteresztőképesség; átvihetőség; *mech* átviteli tényező; dinamikai tényező

transmission átadás, továbbítás; *el* átvitel; *finm* fogaskerékrendszer, futókerékrendszer; *fiz* átbocsátás, áteresztőképesség; terjedés; *foto* fényáteresztő képesség/tényező; *gép* áttétel, hajtómű, közlőmű, transzmisszió; *gépk* sebességváltó (mű); *mech* átvitel *(erőé)*, áttétel, transzmisszió; *rád* (le)adás; közvetítés; *szt* átvitel, adás; *távk* adattovábbítás; átvitel; **~ band** *el* áteresztő tartomány; *távk* átviteli sáv; **~ brake** *gépk* kardán(fék); **~-brake rigging** *gépk* kardánfékrudazat; **~ bridge** *távk* tápláló híd(kapcsolás); **~ case** *gépk* sebességváltó (mű/szekrény); **~ casing** *gépk* forgattyúház; **~ chain** *gép* erőátviteli lánc, hajtólánc; **~ channel** *távk* (adat)átviteli/hírközlési csatorna; **~ circuit** *távk* adóáramkör; **~ code** *távk* átviteli kód; **~ coefficient** *el* áteresztési/átbocsátási tényező, áteresztőképességi együttható, transzmissziótényező; átviteli tényező; *foto* színszűrő együtthatója; **~ control character (TC)** *szt* adatátvitel-vezérlő karakter, TC; **~ control lever** *gépk* sebességváltó-állítókar; **~ control unit** *szt* átvitelvezérlő egység; **~ cross-shaft** *gépk* sebességváltó-kereszttengely; **~ curve** *távk* átviteli jelleggörbe; **~ densitometer** *opt* transzmissziós/áteresztő denzitométer/feketedésmérő; **~ density** → **~** optical density; **~ diagram** *krist* átvilágítási felvétel; **~ direction** *fiz* áteresztőirány, fluxusirány; **~ dynamometer** tengely-csavarónyomatékmérő; **~ efficiency** *távk* átviteli hatásfok; **~ electron microscope** átvilágítási/transzmissziós elektronmikroszkóp; **~ electron microscopy** transzmissziós elektronmikroszkópia; **~ equivalent** *távk* átviteli egyenérték; **~ experiment** *fiz* transzmissziós/áteresztési/átbocsátási kísérlet; **~ factor** *el* áteresztő irányú ellenállás; transzmissziós/áteresztési tényező; *opt* fényátbocsátási tényező; **~ feeder** *el* erősáramú tápvezeték; **~ for data-processing** *szt* adatbeadás; **~ for data-processing by differential modulation** *el* deltamodulációs adatbeadás; **~ for data-processing by keying modulation** *el* billentyűzéses modulációs adatátvitel; **~ frequency meter** *el* átviteli hullámmérő; **~ gain** *távk* átviteli erősítés/nyereség; **~ gear** *gép* előtét-fogaskerék; **~ gear case** *gépk* sebességváltóház; **~ gear ratio** *gép* áttételi viszony; **~ girder** *mech* átviteli tartó; **~ impairment** *el* átviteli jóság csökkentése; **~ layshaft** *gépk* sebességváltó előtéttengely; **~ length** *ép* átadási/lehorgonyzási hossz *(feszítőerőé)*; **~ level** *el* relatív teljesítményszint; *távk* átviteli/adási szint; **~ line** *el* jelvivő vezeték; távvezeték, átviteli vonal, tápvonal; **~ line amplifier** *távk* láncerősítő; **~-line conversion** *rád* vonalimpedancia-transzformálás; **~-line with zero losses** *távk* veszteségmentes tápvonal; **~ loss (TL)** *el* átviteli veszteség/csillapítás; **~ machinery** *gép* hajtómű, közlőmű; **~ matrix** *mat* átviteli mátrix; **~ measurement** *el* áteresztési tényező mérése; **~ measuring set (TMS)** *el* átvitelmérő készülék; **~ medium** *szt* átvivőközeg; **~ microscopy** *opt* transzmissziós/átvilágítási mikroszkópia; **~ mode** *távk* terjedési mód; **~ network** *távk* távvezeték-hálózat; **~ number** *foto* fényátbocsátási érték; **~ of digital information** *szt* számjegyes információátvitel; **~**

of heat *koh* hőátbocsátás; ~ **of information** *szt* információátvitel; ~ **of sound** *fiz* hangátvitel; ~ **oil** *gépk* sebességváltó-olaj; ~ **optical density** *opt* denzitás, feketeség *(áteresztéskor)*; ~ **path** *távk* átviteli út/lánc; ~ **performance** *távk* átviteli minőség; átvivőképesség; ~ **perpendicular** *mech* átviteli függőleges; ~ **pinion** *US gép* sebességváltó nyeles kerék; ~ **primaries** *pl tv* a három alapszínjel; ~ **probability** *vák* áthaladási valószínűség; ~ **pulse technique** *any* ultrahangos/ultrahangáteresztéses anyagvizsgáló módszer; ~ **quality** *távk* átviteli minőség; ~ **radiometric materials testing** *any* radiometrikus/roncsolásmentes anyagvizsgálat; ~ **range** *távk* adó körzete; ~**-range formula** *távk* hatótávolság képlete; ~ **rate** *el, távk* (jel)átviteli sebesség; ~ **ratio** *gépk* áttételi/átviteli viszony; *rád, tv* átviteli/transzmissziós tényező; ~ **resistance** *el* áteresztő irányú ellenállás; ~ **rope** *gép* hajtókötél; ~ **shaft** *gépk* hajtótengely *(független rugózású elsőkerékhajtásnál)*; kardántengely; közlőműtengely; sebességváltó főtengely; ~ **signal** *rád* adásjel; ~ **spectrum** *el* átviteli spektrum; ~ **speed** *el* átviteli sebesség; ~ **speed on a digital section** *el* digitális szakasz átviteli sebessége; ~ **system** *el* átviteli rendszer; átvivő kör; ~ **tape** *távk* feljegyző szalag; ~ **target** *távk* átbocsátási target/célanyag; ~ **technique** *távk* átviteltechnika; ~ **termination** *rád* adás vége; ~ **through optical fibres/waveguides** *fiz* vezetékes optikai átvitel; ~ **time** *el* átviteli idő; ~ **tower** *el* távvezetékoszlop *(nagyfeszültségű)*; ~ **tunnel** *gépk* kardántengely csatornája; sebességváltó burkolat; ~**-type electron microscope** átvilágítási/transzmissziós elektronmikroszkóp; ~**-type frequency meter** *fiz* transzmissziós hullámmérő; ~**-type meter** *rád* átviteltechnikai mérőműszer; ~ **ultrasonic materials testing** *any* ultrahangos/ultrahang-áteresztéses anyagvizsgáló módszer; ~ **unit (TU)** *el* átviteli mérték; ~ **voltage** *el* távvezeték-feszültség

transmissivity → transmittivity

transmissometer (fény)áthatolásmérő (műszer)

transmit átad, átvisz, közöl, közvetít, továbbít; *fiz* átbocsát, keresztülenged, terjeszt, vezet; *hőt* átad; *műa* átenged; *rád* (le)ad, sugároz; *távk* ad, átvisz; ~**-receive switch (TRS)** *rád, távk* adó-vevő váltó, duplexer; ~**-receive tube (TR tube)** *rád, távk* T-R cső, adás-vétel kapcsolócső; ~ **(TRAN)** *szt* adattovábbítás, TRAN; ~ **window** *szt* adási ablak

transmittance *el* átviteli szám, transzmittancia; *fiz* áteresztőképességi együttható; *opt* áteresztési tényező, transzmissziótényező; átlátszóság

transmitted | **carrier system** *távk* átvitt vivőhullámú rendszer; ~ **frequency (band)** *távk* átvitt frekvenciasáv; ~ **frequency range** *távk* üzemi frekvenciasáv; ~ **information** *szt* átvitt információ; ~ **light condenser** *opt* átvilágító gyűjtőlencse/kondenzátor; ~ **light darkfield microscopy** *opt* átmenő fényű sötét látóterű mikroszkópia; ~ **light signal** *opt* emittált fényjel; ~ **pressure** *ép* áthárított nyomás; ~ **wave** *el* átvitt/átmenő hullám

transmitter *aut* (mérő)érzékelő; mérőadó; *szt* átalakító, transzmitter, adó; *távb* beszélőkészülék; kagyló; mikrofon; *távk* adó, leadó *(készülék, állomás)*; távadó, transzmitter; ~ **aerial** *távk* adóantenna; ~ **amplifier** *távk* adóerősítő; ~ **antenna** *távk* adóantenna; ~ **aperture** *távk* adóantenna apertúrája; ~ **camshaft** *távk* adótengely *(start-stop gépen)*; ~ **circuit** *távb* mikrofonáramkör; ~ **clutch** *távb* adómű; ~ **current** *távb* mikrofonáram; ~ **efficiency** *távk* adóhatásfok; ~ **energy** *távk* adóenergia; ~ **filter** *távk* adószűrő; ~ **for guided missiles** *kat* rakétaadó, adó irányított/távirányítású lövedékek számára; ~ **frequency** *rád* adófrekvencia; ~ **frequency tolerance** *távk* megengedett maximális frekvenciaingadozás; ~ **inset** *távb* mikrofonbetét; ~ **noise** *távb* mikrofonbúgás; mikrofonzörej; ~ **of pressure difference** *fiz* nyomáskülönbség-(táv)adó; ~ **power** → transmission power; ~**-receiver (TR)** *rád* adó-vevő (berendezés/készülék); ~**-receiver tube** *rád* kapcsolócső; ~ **with (power) tetrode** *távk* tetródás adó

transmitting I. *a távk* adó(-); **II.** *n* → transmission; ~ **and receiving service** *rep* kétoldalú rádió-összeköttetés; ~ **apparatus** *távk* adóberendezés; ~ **circuit** → transmission circuit; ~**-current response** *el* áramerősség-átvitel; ~ **direction** *fiz* áteresztőirány, fluxusirány; ~**-directional filter** *távk* adóirányszűrő; ~ **distortion** *távb* adótorzítás; ~**-end** *rád* adásoldali; ~ **equipment** *el* átviteltechnikai berendezés; *távk* adóberendezés; ~ **frame** *geof* gerjesztőkeret; ~ **jigger** *el* változtatható csatolótekercs; ~ **key** *távb* morzebillentyű; ~ **level** *rád* adásszint; ~ **light** *opt* átlátszó, transzparens; ~ **loop-aerial** *távk* adó keretantenna; ~ **medium** közvetítő közeg; ~ **paraboloid** *távk* parabola-tükörantenna; ~ **path** *távk* adásirány; ~ **power** *távk* adóteljesítmény; ~**-power response** *távk* teljesítményátvitel; ~ **radio station** *rád* adóállomás; ~**-range attenuation** *távk* adási hatáscsökkenés; ~**-receiving antenna** *távk* adó-vevő antenna; ~**-receiving set** *távb* rádió-távbeszélő, vezeték nélküli telefon; ~ **relay** *el* adójelfogó; ellenőrző/ismétlő jelfogó; ~ **set** *távk* adó, nagyfrekvenciás generátor; ~ **signal** *tv* adójel; ~ **station** *távk* adóállomás; ~ **triode** *el* adótrióda; ~ **tube/valve** *el* adócső; ~**-type** *rád* adóálláshoz használatos; ~**-valve test equipment** *rád* adócsővizsgáló; ~ **voltage** *rád* adófeszültség; ~**-voltage response** *el* feszültségátvitel; ~ **wave** *távk* hordozóhullám, adóhullám; ~ **wire** *távk* adóantenna

transmittivity *fiz* transzmisszivitás, áteresztőképesség(i együttható)

transmountain water diversion *hidr* vízátterelés másik vízgyűjtő területre

transmutable átváltoztatható, átalakítható

transmutation átváltoztatás; *at* átalakítás; transzmutáció, átváltozás, átalakulás; ~ **of atom** atomátalakítás; ~ **of nucleus** (atom)magátalakulás

transmute átváltoztat, átalakít; átváltozik, átalakul

transoceanic | **flight** *rep* interkontinentális járat; ~ **ship/steamer** óceánjáró; ~ **traffic** *távb* tengeren túli forgalom

transom *ép* keresztfa, keresztgerenda, osztófa, szemöldök(fa); ~ **bed** *gép* forgózsámoly ágya; ~ **counter** *hajó* tükörfal; ~ **knee** tükörkönyök *(hajófaron)*; ~ **light** *ép* felülvilágító ajtószárny/ablakszárny; ~ **window** *ép* felülvilágító ablak

transonic transzszonikus, hangsebességhez közeli; ~ **aerodynamics** → transonics; ~ **barrier** *fiz* hanghatár, szonikus határ; ~ **range** *rep* transzszonikus tartomány/zóna; ~ **rocket** transzszonikus rakéta; ~ **speed** *rep* hangsebesség körüli sebesség; ~ **wave** *rep* hangsebesség körüli áramlásban keletkező lökéshullám

transonics *fiz* hangsebesség körüli sebességek aerodinamikája
transoptor *félv* fénycsatolású félvezető eszköz
transparency *at* átlátszóság; *fiz* átlátszóság, áttetszőség; fényáteresztő képesség; *foto* átlátszó/átnézeti kép; diapozitív, dia; *szt* (adat)átlátszóság; ~ **of digital path** *el* digitális út átlátszósága; ~ **to X-rays** röntgensugár-áteresztés
transparent *at, el* átlátszó, áttetsző, transzparens; *fiz* átbocsátó; *szt* átlátszó, transzparens; ~ **body** *opt* átlátszó test; ~ **colour** *vegy* lazúrfesték; ~ **data** *szt* átlátszó adat; ~ **film fibre** *tex* felvágott celofáncsík *(fonáshoz)*; ~ **finishing** *tex* áttetsző/transzparens kikészítés; ~ **mask** *félv* átlátszó maszk; ~ **paper** *pa* pauszpapír, oleáta; ~ **to rays** sugárátbocsátó; ~ **to translucent** *ásv* átlátszó-áttetsző; ~ **tracing-paper** *pa* (átlátszó) pauszpapír
transpiration transzspiráció, párolgás; ~ **coefficient/factor** transzspirációs együttható
transplant áttelepít
transplanting machine *mzg* faátültető gép
transponder impulzusátvivő; *rep* válaszoló adó-vevő; *szt* transzponder, válaszjeladó *(műholdas hírközlés)*; ~ **beacon** *távk* válaszjeladó; válaszoló irányító adóvevő
transport I. *v* (el)szállít, (át)szállít, fuvaroz, továbbít; **II.** *n* közlekedés; tömegszállítás; (el)szállítás, átszállítás, fuvarozás; *at, fiz* transzport, szállítás, terjedés; *szt* átvitel; szalagtovábbítás; ~ **aeroplane/airplane** teherszállító repülőgép; ~ **approximation** *at* közelítő átviteli elmélet; ~ **band** szállítószalag, szállítóheveder, futószalag; ~ **box** szállítóláda; ~ **cask** *élip* szállítóhordó, transzporthordó; ~ **charges** *ip* szállítási díjak; ~ **coefficient** transzportkoefficiens; ~ **contractor** szállítási vállalkozó; ~ **crane** rakodódaru; ~ **cross-section** *at* átviteli (effektív) hatáskeresztmetszet; transzport-hatáskeresztmetszet; ~ **delay unit** *szt* átvitelkésleltető egység; ~ **drum** *em* szállítódob; ~ **enterprise** szállító vállalat; ~ **equation** *at* transzportegyenlet; ~ **factor** *félv* transzporttényező; ~ **kernel** *at* transzportmagfüggvény; *mat* átviteli integrál magja; ~ **layer (T)** *szt* szállítási réteg, transzport szint, T; ~ **mean free path** *at* átlagos szabad úthossz transzportfolyamatra; ~ **means** szállítóeszköz; ~ **number** *vegy* átviteli szám; ~ **of solids** tömegtranszport, anyagszállítás, hordalékszállítás; ~ **path** *at* átviteli úthossz; ~ **peak** szállítási csúcs; ~ **plane** szállító-repülőgép; ~ **problem** *mat* szállítási probléma; ~ **rail** *vasút* rakodóvágány; ~ **reaction** *vegy* transzportreakció; ~ **rocket** *rak* szállító rakéta; ~ **runner** *mzg* szállító taliga *(boronához)*; ~ **service (TS)** *szt* szállítási szolgálat, TS; ~ **service provider** *szt* TS-szolgáltató; ~ **service user** *szt* TS-felhasználó; ~ **ship** szállítóhajó; ~ **table** szállító/továbbító asztal/pálya; ~ **theory** *at* transzportelmélet, átvitelelmélet; ~ **undertaking** szállítóvállalat; ~ **velocity** *mech* szállítósebesség, kényszersebesség; *szt* átviteli sebesség; ~ **water** *élip* úsztatóvíz; ~ **worker** szállítómunkás
transportability tests *pl any* szállíthatósági vizsgálatok
transportable szállítható, szállítóképes, hordozható; ~ **asphalt plant for bituminous mix** *ép* áthelyezhető aszfaltkeverő; ~ **concrete mixing plant** *ép* áthelyezhető betontelep; ~ **transmitter** *távk* mozgó adóállomás
transportation szállítás; *mat* leképezés, transzformáció, vonatkozás, megfeleltetés; ~ **accident** *at* szállítási baleset; ~ **capacity** *hidr* hordalékszállító képesség; ~ **chain** *any* szállítási lánc; ~ **control** forgalomszabályozás; szállításirányítás; ~ **facility** *any* szállítóeszköz; ~ **lag** *rendsz* holtidő, szállítási késleltetés; ~ **matrix** *mat* szállítási mátrix; ~ **network** *mat, rendsz* szállítási hálózat; ~ **of freight** *közl* áruszállítás; ~ **of passengers** *közl* személyszállítás; ~ **problem** *mat, rendsz* szállítási feladat/probléma; transzportfeladat, transzportprobléma; ~ **problem with capacity limits** *rendsz* szállítási feladat kapacitáskorlátokkal; ~ **safety** *at* szállítási biztonság
transported | boulder *geol* vándorkő, hordalékkő; ~ **soil** *geol* másodlagos települési talaj
transporter szállítóberendezés, szállítómű, szállítógép; ~ **bridge** *ép* rakodóhíd; szállítóhíd; ~**-erector-launcher (TEL)** *any* szállító-felállító-indító (állvány); ~ **frame** *bány* csúszdabölcső; ~ **with cantilever boom** *ép* konzolos rakodóhíd; ~ **with hinged boom** *ép* billenőkonzolos rakodóhíd
transporting vehicle *közl* szállítójármű
transpose I. *v* áthelyez, áttesz; transzponál; felcserél; *el, távk* keresztez *(vezetéket)*; *mat* átrendez *(egyenletet)*; átvisz *(tagot az egyenlet egyik oldaláról a másikra)*; *nyom* összekever; **II.** *n mat* transzponált mátrix; *rendsz* transzponált; ~ **of a matrix** *mat* mátrixtranszformáció
transposed | line *távk* keresztezett vonal; ~ **matrix** *mat* transzponált mátrix; ~ **transmission line** *távk* keresztezett légvezeték; ~ **vector** *mat* transzponált vektor
transposer *távk* átjátszóállomás
transposing instruments *pl hang* transzponáló hangszerek
transposition áthelyezés, áttétel; átrakás, átrendezés; felcserélés, helycsere; átrendeződés; *el* fáziscsere; *el, távk* (vezeték)keresztezés; *mat* átvitel *(egyenlet tagjaié, egyik oldalról a másikra)*; transzpozíció, a sorok felcserélése az oszlopokkal *(mátrixé)*; *távb* rejtjelezés áttevése; ~ **bolt** *távk* helycseretartó; ~ **diagram** *távk* keresztezési diagram; ~ **index** *távk* keresztezési index; ~ **insulator** *el* keresztezési szigetelő; ~ **of a telephone line** *távb* transzpozíció; ~ **of wires** *el* keresztezés; ~ **pattern** *távk* keresztezési minta/rendszer; ~ **plan** *távk* keresztezési/indukciómentesítési terv; ~ **point** *távk* keresztezési pont; ~ **point insulator** *el* keresztezési szigetelő; ~ **pole** → ~ tower; ~ **rule** *mat* átviteli szabály *(egyenlet tagjaié, a másik oldalra)*; ~ **scheme** *távk* keresztezési minta; ~ **section** *távk* keresztezési szakasz *(légvezetéké)*; ~ **system** *távk* keresztezési terv/módszer; ~ **tower** *el* keresztezési/fázisforgató oszlop; ~ **twisting** *távk* keresztezési rendszer
transputer *szt* transzputer *(mikrochip)*
transreceiver → transceiver
transrectification *el* anódkönyök-egyenirányítás; ~ **factor** *el* egyenirányítási tényező *(a bemeneti váltakozó áram viszonya a kimeneti egyenáramhoz)*
transship → tranship
transshipment → transhipment
transshipping → transhipping
transsonic → transonic
transudation kiszivárgás, átszivárgás, átivódás; izzadmány

transurane *at* transzurán *(elem)*
transuranic, transuranian *at* transzurán; ~ **element/metal** *at, vegy* uránon túli *v.* transzurán elem
transversal I. *a* keresztirányú, harántirányú, átlóirányú, keresztező, átlós, keresztben menő, transzverzális, kereszt-, haránt-; **II.** *n* vmnek az átlója/keresztezője/transzverzálisa; *hajó, rep* (vízhatlan) keresztfal/keresztgát; *mat* metszésvonal; transzverzális, nagy tengely; ~ **fault** *geol* harántvetődés; ~ **filter** *el* transzverzális szűrő; ~ **flow** *hidr* keresztirányú áramlás; ~ **force** *mech* nyíróerő, hajlítóerő; ~ **gradient** *hidr* keresztirányú esés; ~ **recording** *hang* keresztirányú felvétel, kereszmágnesezés; ~ **seam** *heg, tex* keresztvarrat; ~ **strain** *mech* alakváltozás hajlító igénybevételnél; keresztirányú alakváltozás; ~ **test specimen** *any* keresztirányú próbatest; ~ **vibration** *fiz* transzverzális/keresztirányú rezgés; ~ **wave** transzverzális hullám
transversality *mat* transzverzalitás
transversally-split rim *gépk* harántirányban osztott kerékabroncs/kerékkoszorú
transverse → transversal; ~ **acceleration** *mech* keringő gyorsulás; transzverzális gyorsulás, gyorsulás merőleges komponense; ~ **architrave** *ép* keresztarchitráv; ~ **axis** *mat* főtengely, valós tengely *(hiperboláé)*; ~ **bar** *ép* keresztbetét; ~ **beam travel(l)ing-wave tube** *el* keresztirányú elektronfluxusú haladóhullámú cső; ~ **bearing** *gép* támasztócsapágy; ~ **bending moment** *mech* keresztirányú hajlítónyomaték; ~ **brace** *ép* merevítő kereszttartó; ~ **bracing** *ép* keresztkötés, keresztmerevítés; ~ **component of acceleration** → ~ acceleration; ~ **conductivity** *el* transzverzális/keresztirányú fajlagos vezetőképesség; ~ **construction** *ép* átlós szerkezet; ~ **contraction** *mech* keresztirányú kontrakció/összehúzódás, transzverzális kontrakció; ~ **coordinates** *mat* derékszögű koordináták; ~ **crossing** *közl* derékszögű keresztezés; ~ **cross-talk** *távb* harántáthallás; ~ **current** *el* keresztirányú áram; ~ **diameter** *mat* főátmérő, fokális átmérő *(hiperboláé)*; ~ **differential protection** *aut* keresztkülönbözeti védelem; ~ **diffusion** *el* harántirányú diffúzió; ~ **direct piezoeffect** *krist* transzverzális piezoeffektus; ~ **drain** *ép* gyűjtő *(alagcsövezéshez)*; ~ **drift** *at* keresztirányú vándorlás/elhúzás; ~ **ductility** *any* képlékenység keresztirányban; ~ **dyke/dike** *hidr* keresztgát, terelőmű; ~ **electric mode/wave (TE)** *távk* H módus, TE módus, transzverzális elektromos hullám, TE hullám; ~ **electromagnetic mode/wave (TEM mode/wave)** *távk* alaphullám, transzverzális elektromágneses hullám, TEM hullám, TEM módus; ~ **elevator** *ép* keresztirányú elevátor; ~ **E-mode/E-wave** → ~ electric mode/wave; ~ **equalizer** *vasút* kiegyenlítő keresztrhimba; ~ **failure** *any* keresztirányú anyagtörés; ~ **fault** *geol* harántvetődés; ~ **fibre/fiber** *pa* keresztrost; ~ **field** *el* harántirányú tér, haránterőtér; ~**-field electrooptic modulator** *el* harántirányú teres elektrooptikai modulátor; ~**-field travelling-wave tube** *el* haladóhullámú cső sztatikus harántirányú mezővel; ~ **fillet weld** *heg* homlokvarrat, keresztvarrat; ~ **force** → transversal force; ~ **frame** *hajó* törzsborda, törzsbókony; *rep* gyűrűs törzsborda; ~ **framing** *hajó* harántbordarendszer; keresztbordarendszer; ~ **heating** *el* keresztirányú dielektromos melegítés; ~ **H-mode/H-wave** → ~ electric mode/wave; ~ **joint** *ép* keresztkötés; *rád* kereszthézag; ~ **jointing** *geol* harántelválás; ~ **laser mode** *fiz* tranzverzális lézerhullámtípus; ~ **link** *gépk* keresztlengőkar, keresztrhimba; ~ **load** *el* keresztirányú erő; nyitóerő; ~ **magnetic (TM)** *el* keresztirányú mágneses; ~ **magnetic wave** → TM-mode, TM-wave; ~ **metacentre/metacenter** *hajó* kis metacentrum; ~ **modulus of elasticity** *any* nyírási modulus; ~ **north** *rep* egyezményes észak; ~ **offset of optical fibres/fibers** *el* szálcsatlakozási excentricitás; ~ **oscillation** *mech* harántrezgés; kereszirányú/transzverzális lengés/rezgés; ~ **pitch** harántosztás *(szegecselés)*; *gép* homlokosztás; ~ **planing-machine** *fa* harántgyalu; ~ **plank** *ép* fogófa, fogópár; ~ **plate** *távk* zárólap *(csőtápvonalon)*; ~ **polarization** *fiz* transzverzális/keresztirányú polarizáció; ~ **poling** *ép* bordadeszkázat *(angol ácsolaton)*; ~ **pressure** *mech* oldalirányú nyomás, oldalnyomás; ~ **prestressing** *ép* keresztirányú feszítés; ~ **profile** *ép* keresztszelvény; ~ **radiating antenna** *távk* keresztbesugárzó antenna; ~ **recording** → transversal recording; ~ **reinforcement** *ép* keresztirányú/nyírási vasalás, kengyelezés; ~ **resistance** *any* nyírószilárdság, nyírási ellenállás; *mech* transzverzális/keresztirányú ellenállás; ~ **scale** *metr* keresztlépték; ~ **screen-wiper** *gépk* vízszintesen működő ablaktörlő; ~ **seam** *heg, tex* keresztvarrat; ~ **section** keresztirányú metszet, keresztmetszet; *hajó* bordametszet; ~ **shake** *fa* keresztirányú hasadás; ~ **sleeper** *vasút* keresztalj, talpfa; ~ **spreading blade concrete spreader** *ép* terítőlapátos betonelosztó gép; ~ **spring** *gépk* keresztrugó; ~ **steering** *gépk* keresztkormányzás; ~ **stiffener** *ép* keresztirányú merevítő, harántmerevítő; ~ **stiffening** *ép* kereszirányú merevítés, harántmerevítés; ~ **strength** *mech* hajlítószilárdság; nyírószilárdság, nyírási ellenállás; ~ **stress** *mech* hajlító igénybevétel; ~ **stripe(s) pattern** *tex* keresztcsíkos minta; ~ **structural framing** *rep* keresztbordázat; ~ **test** *any* hajlítóvizsgálat *(szilárdsági)*; ~ **tester** *any* hajlítógéppad; ~ **thrust** *ép* átlóirányú nyomás; ív (vízszintes) oldalnyomása; ~ **tomography** *orv* transzverzális tomográfia/rétegfelvétel; ~ **track recorder** *vid* keresztcsíkos videomagnó; ~ **truss** *ép* kereszttartó *(hídon)*; ~ **valley** *geod* keresztvölgy; ~ **warping** *fa* harántvetemedés; ~ **wave** *fiz* transzverzális hullám, kereszthullám
transversely traversable keresztirányban eltolható
transversing-dial clamp *kat* oldalirányzó kerékrögzítő
transverter *el* forgó (áram)átalakító
trap I. *v* elfog, megfog, (csapdával) fog; elrekeszt, elválaszt, leválaszt; elkülönít; felhalmoz *(nedvességet, gázt)*; leválik; **II.** *n* süllyesztő; csapda; fogó(eszköz); csapóajtó; dobogó *(agyaggalamb-lövészethez)*; kétkerekű könnyű kocsi; *bány* vető; *el* csapda, trap; szűrőtag, szűrőelem; *ép* csapadékelvezető; elzáró; lefolyó *(padlóban)*; szellőzőajtó; szifon, bűzelzáró, csőszifon; *hidr* iszapfogó; légcsapda; *hőt* kondenzedény; *koh* vízzár; *szt* csapda; *tex* szövőfészek; ~ **board** *tex* rendeződeszka; ~**-bottom car** *bány* fenékürítésű csille/kocsi; ~**-bottom waggon** *vasút* fenékcsapóajtós kocsi; ~ **circuit** *távk* szívókör, zárókör; ~**-cut** *mt* fokozatos alak *(drágakőcsiszolás)*; ~**-door** → trapdoor; ~ **hole** *kat* farkasgödör; ~ **nest** *mzg* csapófészek *(tyúknak)*; ~ **out** *v* kicsap; kicsapódik, kiválik, leválik; ~**-point** *vasút* védőváltó; ~ **rejection**

rád hullámcsapdás gyengítés; ~ **rock** *ásv* bazalt, fekete porfírkő, trapp; ~ **separation** *rád* szelektálás hullámcsapdával; ~**-tree** lépfa *(rovarok összegyűjtésére fekve hagyott ledöntött fa)*; ~**-trench** *ép* felfogó árok; ~**-tuff** *geol* bazalttufa; ~**-up** *geol* antiklinális; ~ **window** *élip* kémlelőablak, nézőablak; ~ **with cleanout** *ép* szagelzáró tisztítócsavarral

TRAPATT → trapped plasma avalanche transit-time diode

trapdoor csapóajtó; (színpadi) süllyesztő; *bány* légajtó; *élip* kémlelőnyílás (fedője); *ép* kimászóablak

trapeze *hajó* trapéz *(kiülés segítésére)*

trapeziform *mat* trapéz alakú

trapezium (*pl* ~**s** *v.* **trapezia)** *mat* trapéz; trapezoid; ~ **diagram** *el* trapézdiagram *(oszcilloszkópon)*; ~ **distortion** *el* trapéztorzítás; ~ **effect** *el* trapézhatás *(katódsugárcső)*; ~ **formula/method/rule** *mat* trapézformula, trapézszabály, trapézmódszer

trapezohedron *krist* deltoidikozitetraéder; ikozitetraéder; trapezoéder

trapezoid *mat* trapéz; trapezoid

trapezoidal trapéz alakú; ~ **bucket** *ép* profilputtony; ~ **canal** *ép* trapéz keresztmetszetű csatorna; ~ **deflection** *távk* trapézeltérítés; ~ **formula** *mat* trapézformula, trapézszabály, trapézmódszer; ~ **gasket** → ~ ring; ~ **generator** *el* trapézhullám-generátor, trapézjel-generátor; ~ **impulse** *el* trapézimpulzus; ~ **load** *el* trapézterhelés; ~ **method** → ~ formula; ~ **notch** *hidr* trapéz alakú bukónyílás *(Cipoletti bukón)*; ~ **pulse** *el* trapézimpulzus; ~ **ring** *el* trapéz(-tömítő)gyűrű; ~ **rule** → ~ formula; ~ **screw-thread** *mt* trapézmenet; ~ **speed-time curve** *gép, mat* trapéz alakú sebesség-idő görbe; ~ **thread** *mt* trapézmenet; ~ **truss** *ép* trapéz (alakú rácsos) tartó; ~ **wave** *távk* trapézhullám, trapézjel; ~**-wave generator** *el* trapézhullám-generátor

trapp → trap rock

trapped | **electron** *el* befogott elektron; ~ **mode of waves** *geof* vezetett hullámterjedés; ~ **particle** *el* befogott részecske; ~ **plasma avalanche transit-time diode (TRAPATT)** TRAPATT-dióda; ~**-radiation region** *fiz* van Allen-féle (sugárzási) öv, van Allen—Vernov-gyűrűk; ~ **shuttle** *tex* megakadt vetélő *(szádban)*

trapper *bány* légajtókezelő; *bőr* prémvadász; *tex* fonalcsíptető

trapping (el)fogás, (meg)fogás; csapda; elrekesztés; elválasztás, leválasztás; elkülönítés; *rád* elfogás *(adóállomásé)*; *szt* csapda, visszaállító megszakítás; ~ **centre/center** *el* csapda, trap; ~ **condenser** *ol* hűtőkígyós frakciógyűjtő; ~ **layer** *geol* visszatartó réteg; ~ **level** *at* elektronbefogási szint; ~ **of air** *mt* légzárvány, légbuborék; ~ **region/spot** *el* befogási tartomány/övezet

trappings *pl* (díszes) lószerszám

traprock → trap rock

trash I. *v* megtisztít *(hulladéktól)*; lomtalanít; legalylyaz, megnyeseget; **II.** *n* hulladék, limlom, szemét; *fa* ágfa, rőzse, nyesedék; *mzg* gaz; *pa* eselék; *tex* kizáró jellegű részek *(gyapjúban)*; ~ **boom** *hidr* úszó terelőmű, uszadékterelő tutaj; ~**-catcher** *mzg* gazfogó; ~ **chute** *bány* meddőcsúszda; tömedékcsúszda; ~ **pump** *ép* szennyvízszivattyú; ~ **rack** *hidr* gereb; ~ **rack bar** *hidr* gerebpálca; ~ **spring** *mzg* gyomlenyomó rugó *(ekén)*

trass *ép, geol* trassz; ~ **cement** *ép* trasszcement; ~ **concrete** *ép* trasszbeton; ~ **mortar** *ép* puccolánhabarcs; ~ **powder** *ép* trasszliszt

trave lóvasaló kaloda; *ép* (kereszt)gerenda; gerendamező, gerendaköz

travel I. *v* utazik; fut, jár, megy, halad; közlekedik; *fiz* terjed, mozog, halad; *gép* befut, bejár, megtesz; **II.** *n* járás; út, utazás; *fiz* haladás, mozgás, terjedés; *gép* lökethossz; menet, mozgás, elmozdulás, pálya, út; ~ **crane** futódaru; ~ **end** *gép* út végpontja; ~ **height** *gép* emelőmagasság; ~ **limiter** *gép* úthatároló, útkorlátozó; ~ **mixer** *ép* egyjáratú keverő; ~**-mixing plant** *ép* talajkeverő gép; ~ **plant mixing method** *ép* talajfelemeléses helybenkeverés *(talajkeverési eljárás)*; ~ **shot** *US* sorozatfelvétel; ~ **time** *hang* futási/haladási/terjedési idő *(rezgéshullámé)*; *hidr* levonulási idő; *távk* futásidő; ~**-time curve** *geof* menetidőgörbe, terjedési idő görbéje, hodográf; ~ **unit** *ép* kotróalváz

traveler → traveller

travelled, *US* **traveled** | **distance** megtett út hossza; *rep* berepült távolság; ~ **way** *közl* útpálya

traveller, *US* **traveler** utas; *em* futódaru; futómacska; *gépk* futórész, mozgórész, futómű, futószerkezet; *tex* futó(gyűrű) *(fonó- és cérnázógépen)*; futóka, fonalvezető; hajtókerék *(kézi kötélverő gépen)*; „traveller"; ~ **drag** *tex* gyűrű súrlódási ellenállása *(gyűrűs fonógépen)*; ~ **gantry** *ép* gumikerekes bakdaru; ~ **rail** *em, ép* darusín

travelling, *US* **traveling** utazási; utazó; *bány* járó *(feltörés stb.)*; *em* futószalagos; *gép* vándor-, futó-; ~ **apron** szállítószalag; ~ **arm** *gép* futókar; *gépk* nyomatékfelvevő rúd; ~**-bag** útitáska; *rep* ejtőernyőtok; ~ **barrel** *gép* mozgó henger; ~ **belt** *any* szállítószalag; ~ **bin discharge device** *ép* bunkerürítő kocsi; ~ **block** *em* mozgó/szállító csigasor; *ol* koronacsigasor alsó része; ~**-block line** *em* csigasorkötél *(fúrókötél)*; ~**-block machine** *ép* mobil blokkgyártógép, tojógép; ~ **brake** *em* futóműfék *(emelőn)*; ~ **bridge crane** *em* bakdaru; ~ **cableway** *em* mozgó kábeldaru; ~ **carriage** *bány* futómacska; menekülőszánkó *(mentőcsúszda)*; *finm* mozgókocsi *(írógépé)*; ~ **case** útitáska; ~ **column** *gép* állítható állvány; mozgóállvány; ~ **concrete mixer (plant)** *ép* útépítési betonkeverő gép; ~ **controller** *gép* daruhaladási kormánykapcsoló; ~ **crab** *em* futómacska; ~ **cradle** *ép* mozgó (függő)állvány; ~ **crane** *ép* futódaru, híddaru; ~ **crane with upper trolleyway** *ép* felsőpályás futódaru; ~ **creel** *tex* mozgatható cséveállvány; ~ **depression** *met* (áthelyeződő) depresszió; ~ **detector** *el* dózismérő szonda, detektoros mérőszonda; ~ **diaphragm** *foto* mozgórekesz; ~ **dunes** *geod* vándor homokdombok/dűnék; ~ **excavator** *ép* közúton járó kotró(gép); ~ **field** *el* haladó tér; ~ **field tube** *el* haladóhullámú cső; ~ **formwork** *ép* mozgó zsaluzat; ~ **furnace** *koh* tolólemezes kemence; ~ **gantry crane** *em* bakdaru; ~ **gear brake** *gépk* futóműfék; ~ **grate** *koh* mozgórostély, vándorrostély; ~**-grate stoker** *koh* vándorrostély bolygató szerkezete; ~ **grizzly** *koh* mozgórostély; ~**-head planer** *szersz* álló tárgyasztalú gyalugép; mozgó gyalufejes gyalugép; ~**-head**

~ **lock** *kat* vonószerkezet; ~ **machine** mozgó/önjáró gép; ~ **matte shot** *film* vándormaszkos filmtrükkfelvétel; ~ **mixer (plant)** *ép* útépítési betonkeverő gép; ~ **motion** *em* futás, futó/haladó mozgás; ~ **mo(u)ld** *ép* mozgó sablon; ~**-muffle furnace** *koh* mozgótokos kemence; ~ **nut** *szersz* vándoranya; ~ **oven** *élip* folytonoslapú kemence *(sütőiparban)*; ~ **plane wave** *el* haladó síkhullám; ~**-plate oven** *élip* lemezes szállítószalagos kemence; ~ **platform** *vasút* tolópad, szállítólap; ~**-pulley block** *em* futómacska; ~ **range** hatósugár; ~ **ratio** *el, rád* haladóhullám-arány; ~ **resistance** menetellenállás; ~ **rest** *forg* mozgóbáb; ~ **road** *bány* gyalogjáró *(vágány mellett)*; ~ **roll** mozgó támasztóhenger; ~ **roller-table** guritható görgőasztal; ~ **rope** *ol* csigasormeghajtó kötél; ~ **salesman's problem** *rendsz* utazóügynök problémája *(körbenjárási/körutazási probléma)*; ~ **scaffold** *ép* mozgóállvány, szállítható állvány; ~ **ship elevator** *élip* mozgó hajókirakó felvonó; ~ **shot** *film, tv* kocsizó felvétel; ~ **space** *vasút* áthaladási űrszelvény; ~ **speed** vonulási sebesség; ~ **speed during working** üzemközbeni járműsebesség; ~ **spindle-pin winding** *tex* automata vetülékcsévélő (gép); ~ **stage** → ~ platform; ~ **staircase** mozgólépcső; ~ **table** *vasút* mozgóasztal; tolópad; ~ **time** *közl* menetidő; ~ **transporter** *ép* rakodóhíd; ~**-tray oven** → ~-plate oven; ~ **tripper** *vasút* mozgó rakodószerkezet; ~ **trolley** *szer* kézihajtású futómacska *(emelőszerkezet nélkül)*; ~ **valve** *ol* mozgószelep; ~ **valve test** *ol* mozgószelep-vizsgálat; ~ **velocity** *fiz* hullámsebesség; ~ **warrant** *vasút* kedvezményes viteldíj; ~ **water band screen** *hidr* szalagszűrő; ~ **wave (TW)** *fiz* haladó hullám; mozgóhullám; ~**-wave accelerator** *at* haladó hullámú gyorsító; ~**-wave amplifier** *el, távk* haladó hullámú erősítő; ~**-wave antenna,** ~**-wave klystron (TWK)** *el* haladó hullámú klisztron; *távk* haladó hullámú antenna; ~**-wave magnetron** *el* haladó hullámú magnetron; ~**-wave maser (TWM)** *el* haladó hullámú mézer; ~**-wave maser circuit** *el* haladó hullámú mézerkör; ~**-wave oscillator** *el* haladóhullám-csöves oszcillátor, sebességmodulációs generátor; ~**-wave oscillograph** *el* haladó hullámú oszcillográf; ~**-wave power amplifier** *el* haladó hullámú teljesítményerősítő; ~**-wave resonator** *el* haladó hullámú rezonátor; ~**-wave single-mode laser** *el* egyhullámtípusú vándorhullámú v. haladó hullámú lézer; ~**-wave tube (TWT)** *el* haladó hullámú cső; ~**-wave tube amplifier (TWTA)** *el* haladó hullámú erősítő; ~**-wave tube interaction circuit** *el* késleltető vonal haladó hullámú csőben; ~**-wave tube oscillator** → ~-wave oscillator; ~**-way** *bány* átjáró, frontpászta, járópászta

shaper *szersz* lökőfej-előtolásos harántgyalu; ~**-hearth furnace** *koh* mozgó fenéklapos kemence; ~ **hoist** *em* futómacska; mozgócsörlő; ~ **ladle** *koh* futómacskás öntőüst; ~ **load** mozgóteher *(tartóknál)*;

traversable roof *ép* járművel járható tető

traversal *szt* bejárási út

traverse I. *v* keresztez, (át)metsz; átforgat, elforgat, elfordít, áthajt; elfordul; forog; áthalad, átkel, átmegy; oldalmozgást végez, (oldalt/vízszintesben) fut/leng; *fa* harántgyalul; *forg* előtol; *geod* sokszögel; *geof* harántol, szelvényez; *kat* (oldalirányban) elforgat; *vasút* áttol; **II.** *n* akadály; keresztezés; haladás oldalirányban; átvágás; *ép* (kereszt)gerenda, kötőgerenda; (út)keresztezés; ajtópárkány; átkelőhely; bekötőmű; keresztfolyosó; létrafok; tetőgerenda; *geod* sokszögelés(i menet), sokszögvonal, sokszögmenet, poligon(vonal); sokszögelt terület; *geof* (szeizmikus/villamos) talajhossz-szelvény; *hajó* összesített útirány; *mat* átló; keresztező egyenes, metszésvonal; *rep* konjugált/kapcsolt irányszög; *tex* fonalvezető; ~ **beam** *ép* gerincszelemen-fogófa, „kakasülő", nyeregfa; ~ **brush** forrcsőkefe; ~ **circle** *kat* oldalirányzó sínkör *(lövegtalpé)*; ~ **contraction** *mech* keresztirányú kontrakció/összehúzódás, transzverzális kontrakció; ~ **drill** *szersz* horonyfúró gép; ~ **gallery** *bány* csapásra merőleges vágat; ~**-head shaper** *szersz* lökőfej-előtolásos harántgyalu; ~ **lifting jack** *gépk* szántalpas kocsiemelő; ~ **line** átlós vonal; ~ **measuring** *geod* sokszögmérés; ~ **rod** *tex* fonalvezető; ~ **station** *geod* sokszögelési álláspont, sokszögpont; ~ **stress** *mech* hajlító feszültség; ~ **surveying** *geod* sokszögelés; ~ **table** *geod* sokszögelési számítási segédtáblázat; *vasút* tolópad; ~ **tied at both ends** *geod* kettősen tájékozott sokszögvonal; ~ **tied at one end** egyszeresen tájékozott sokszögvonal; ~ **truck** gerendavas-szállító teherkocsi; ~ **wheel** *kh* létramozgató kerék; mintázó tárcsa

traversellite *ásv* traversellit

traverser keresztező; *ép* hídbetoló pálya; *finm, gép* forgócsap(szeg), lengőcsap; *vasút* tolópad

traversing áthaladás, átkelés; elfordulás; keresztezés; átforgatás, elforgatás, elfordítás, áthajtás; *fa* harántgyalulás; *forg* előtolás, előtoló mozgás; *geod* sokszögelés; *geof* szelvényezés, szelvénymérés, harántolás; *gép* keresztdarab, keresztfa, keresztheveder, keresztrész, keresztrúd, keresztartó; *kat* (oldalirányú) elforgatás, átforgatás *(csőé)*; oldalirányzás; *vasút* mozdonytolás, áttolás; ~ **axle** *kat* oldalirányzógép-orsó; ~**-axle bracket** *kat* oldalirányzógép-orsóburkolat; ~ **bar** *kat* oldalirányzókar *(géppuskáé)*; ~ **brake** *kat* oldalirányzógép-rögzítő; ~**-brake handle** *kat* oldalirányzógép-rögzítőkar; ~ **bridge** *ép* eltolható híd; széttolható mozgóhíd; ~ **chute** *ép* rázott csúszda; ~ **counting glass** *tex* lengő szövetsűrűségmérő; ~ **crane** *ép* futódaru; ~ **dial** *kat* oldalirányzókerék *(géppuskán)*; oldalszögbeosztás; ~ **dustguard** *kat* oldalirányzógép porvédője; ~ **gear** *em* mozgatószerkezet, futószerkezet; *forg* mozgatószerkezet, előtoló mű; *kat* oldalirányzógép; ~**-gear brake** *em* futóműfék *(emelőn)*; ~**-gear crank** *kat* oldalirányzógép rögzítőkarja; ~**-gear housing** *kat* oldalirányzógép-fogaskerékház; ~**-gear release** *kat* oldalirányzógép kioldószerkezete; ~**-gear shaft** *kat* oldalirányzógép-tengely; ~**-gear shaft bracket** *kat* oldalirányzógép-tengelytámasz; ~ **guide** *tex* harántfonal-vezető; ~ **handle** fogantyúrész *(géppuskán)*; ~ **handwheel** *kat* oldalirányzógép-kézikerék; ~**-handwheel crank/handle** *kat* oldalirányzógép kézikerékfogantyúja; ~**-handwheel shaft** *kat* oldalirányzógép gerendelye; ~ **head** *kat* irányzéktoló; ~ **level(l)ing plate** *kat* oldalirányzógép-szintező lemez; ~ **level(l)ing-screw** *kat* oldalirányzógép-szintező csavar; ~ **lever** *kat* oldalirányzókar *(géppuskánál)*; ~ **mechanism** *hang* vezető szerkezet *(gramofonban)*; *kat* oldalirányzógép; *tex* mozgatható berendezés; ~ **motion** *em, forg* keresztirányú mozgás; *tex* fonallerakó szerkezet *(csévélőn)*; ~ **nut** *kat* oldalirányzógép-hajtócsavaranya *(lövegnél)*; ~ **one needle space** *tex* egy lépésnyi eltolás; ~ **operator's seat** *kat* oldalirányzógép kezelőülése; ~ **pintle** *kat* oldalirányzógép-sarkcsap; ~**-pintle nut** *kat* oldalirányzógép-sarkcsapanya; ~**-pintle receptacle** *kat* oldalirányzógép-sarkcsapfészek; ~ **racer** *kat* oldalirányzógép felső hordgyűrűje; ~ **rack** *kat* oldalirányzógép-fogasív; ~**-rack housing drain** *kat* oldalirányzógép-fogasívház olajlefolyócsöve; ~ **roller** *kat* oldalirányzógép-görgő; ~ **roller-pin** *kat* oldalirányzógép-görgőrögzítőcsap; ~ **screw** *kat* oldalirányzó orsó; oldalirányzógép-hajtócsavar *(lövegé)*; ~**-screw jack** *em, gépk* eltolható talpú csavaros emelő; ~ **screw-nut** *kat* oldalirányzógép-hajtócsavaranya; ~ **shaking chute** *ép* lengővályú; ~ **slide** *szersz* hossz-szán; ~ **speed** *em* futómacska-sebesség; ~ **stop** *kat* oldalirányzógép-ütköző; ~ **tube** *kat* oldalirányzógép tartóhüvelye; ~ **with lost points** *geod* vesz(í)tett pontos sokszögelés; ~ **with plane-table** *geod* sokszögelés mérőasztallal; ~ **worm** *kat* oldalirányzógép-csigaorsó; ~ **worm-shaft** *kat* oldalirányzógép csigaorsótengelye

travertin(e) *geol* travertínó, édesvízi mészkő; ~ **dam/terrace** *geol* mésztufa gát

travolator *ép* mozgójárda

trawl I. *v* fenékhálóval halászik; vonóhálóval kifog; (maga után) vontat; **II.** *n* vonóháló, fenékháló; ~ **winch** *hajó* hálóbevonó csörlő

trawler *hajó* vonóhálós hajó

trawley csille

traxial test *any* traxiális vizsgálat, többirányú nyomóvizsgálat

tray tál, tálca; teknő, vályú; (bőrönd)betét; *élip* gyűjtőkeret *(sikszitában)*; szitaasztal; *ker* formázóasztal; *közl* (életmentő) forgórács; *pa* lapos papírdoboz; papírmerítő keret; *tex* legombolyító tál; *vegy* lepárlóoszlop-tányér; tányér *(kolonnában)*; ~**-and-bubblecap tower** *élip* átbuborékoltató torony; ~ **dryer** *élip* tálcás szárító; ~ **efficiency** *vegy* tányérhatásfok; ~ **layout** *vegy* tányérelrendezés; ~ **of ampuls** *gyógyv* ampullatartó tálca; ~ **spacing** *vegy* tálcatávolság *(hűtőtoronyban)*; tányérok távolsága, tányérköz; ~ **water** *pa* szitaasztalvíz; szitaszennyvíz

treacle nádcukormelasz; ~ **stage** *műa* folyékony állapot, szirupállapot

tread I. *v* (rá)tapos, (fel)lép, (rá)lép, lépked; lenyom; **II.** *n* lépés; pedálok taposótávolsága *(kerékpáron)*; keréknyom, kerékvágás; fokszélesség, létrafok; *cipő* talp(felület); *ép* lépcsőfok felső lapja, (lépcső)fellépő; talp(lemez); *gépk, gumi* futófelület; *hajó* gerinchossz, tőkehossz; *közl* nyomtáv, keréktáv; *vasút* keréktalp sínnel érintkező része; ~ **base** *gumi* futógumialjzat, futógumi-mintázat alatti rész; ~ **caterpillar** *gépk* lánctalp; ~**-circle** *vasút* futókör *(keréké)*; ~ **compound** *gumi* futókeverék; ~ **contact** *gép* kapcsolópedál; *vasút* lábműködtetésű érintkező; ~ **design** *gépk, gumi* futófelület-minta; ~ **down** *v* letapos, lenyom, rálép; ~ **groove** *gumi* futóhorony; ~ **life** *gumi* futófelület-élettartam; ~ **of rail** *vasút* sín járósíkja; ~ **pattern** *gépk* futófelület mintázata; ~**-portion** *gépk, gumi* futófelület; ~ **ripple** *gumi* futófodrosodás; ~ **road** kitaposott út; ~ **roller** *gép* alátámasztó görgő; ~ **stock** *gép* futószalag *(gumin)*; ~ **surface** *cipő* járófelület; ~**-tree** *ép* vánkosfa; ~ **wear** *gumi* futófelület kopása

treadable tyre/tire helyreállítható gumiabroncs

treaded spade *szersz* taposóásó

treading fellépés, rálépés, (rá)taposás, lenyomás (lábbal); lépkedés; járás, menés; pedálozás; *önt* (homok)döngölés; *tex* lábító(s mozgatás)

treadle I. *v* lábbal/pedállal/lábítóval hajt, tapos, pedáloz; kitapos; **II.** *n* pedál, taposó, lábító; *vasút* sínérintő *(biztosítóberendezéshez)*; ~ **drive** lábhajtás; ~ **hammer** *szersz* lábítós/pedálos kalapács; ~ **loom** *tex* lábhajtású szövőgép; ~ **machine** *szersz* pedálos hajtókerék; ~ **mechanism** *szersz* lábítós hajtószerkezet; ~ **operation** lábhajtás; ~ **press** lábprés; ~ **rod** pedálrúd; ~**-type accelator** *gépk* talp alakú gázpedál; ~ **valve** *gép* lábítós vezérlésű szelep

treadway bridge *kat* nyompályás híd

treasure finder *geof* fémtárgykereső, metalloszkóp

treasury *pa* papíralak *(45"x36")*; ~ **rating** nyilvántartott motorteljesítmény

treat kezel; megmunkál; feldolgoz; finomít; impregnál; *bány* dúsít; ércet mos *(ülepítőszitán)*; *fa* tartósít; telít; *hidr* kezel, tisztít *(szennyvizet)*; ~ **seed** *mzg* magot csáváz; ~ **with tannic acid** *bőr* csersavval pácol

treated | annulus *ép* injektáló nyílás/gyűrű *(alagút)*; ~ **clay** *talt* aktív agyag; ~ **gas** *ol* kezelt gáz; ~ **grain/particle** *bány* feltárt szemcse; ~ **ring** *ép* injektáló nyílás/gyűrű *(alagút)*; ~ **sewage** *hidr* tisztított szennyvíz; ~ **steel** *koh* hőkezelt acél; ~ **timber** *fa* átitatott/impregnált fa

treating *koh* megmunkálás; ~ **characteristic** *fa* telíthetőségi jellemző; ~ **oven** *műa* szárítószekrény

treatment finomítás; kezelés; impregnálás; megmunkálás; feldolgozás; *bány* dúsítás *(osztályozás)*; *fa* tartósítás, telítés; *koh* kezelés, előkészítés; *szt* kiértékelés, (adat)feldolgozás, elemzés; ~ **against corrosion** *vegy* korrózióvédelem; ~ **ladle** *koh* kezelőüst; ~ **of carries** *szt* átvitelfeldolgozás; ~ **of formation** *ol* tárolókőzet-serkentés; ~ **of surface** felületi/felszíni kezelés; felületmegmunkálás; ~ **of timber/wood** *fa* faanyag kezelése; fatelítés, faimpregnálás; ~ **plant** *hidr* tisztítóberendezés; ~ **tank** *vegy* reakciós tartály; ~ **time** kezelési idő

treble I. *v* megháromszoroz; megháromszorozódik; **II.** *a* háromszoros, hármas; **III.** *n mat* háromszoros (mennyiség); *pa* szárítókeret *(merített papírhoz)*; ~ **back gear** *gép* háromfokozatú előtéthajtómű; ~ **cloth** *tex* háromrét(eg)ű szövet; ~ **coarsing** osztás három ágra *(légáramé bányában)*; ~ **cut** *el* (felül)vágás, korlátozás, limitálás; ~ **loudspeaker** *távk* magashangú hangszóró; ~ **superphosphate** *ásv* háromszoros szuperfoszfát

trebler *el* frekvenciaháromszorozó

trebles *pl bány* diószén

trechmannite *ásv* trechmanit

tree I. *v* felsámfáz; feltengelyez, fával/tengellyel felszerel; fa alakúvá *v.* faszerűvé átalakít/alakul; elágaz(ó-d)ik; **II.** *n* fa; élőfa; bot, gerenda, rúd; tengely; *ásv* dendrit; *cipő* sámfa, kaptafa; *mat* fa, fenyő, gyökerezett fa *(gráfelmélet)*; játékfa, fa *(játéké)*; *szt* fa; ~ **circuit** *távk* elágazó áramkör; ~ **discharge** *el* koronakisülés; ~**-dozer** fadöntő-szerelékes tológép; fairtó; ~ **feller** favágó; fadöntő; ~**-forest** szálerdő; ~ **gum** élőfából származó mézga; ~**-like** faszerű; ~**-nail** *v* faszöggel ráerősít/megerősít/összeszegez, rácsapoz, összecsapoz, rápeckez, összepeckez, összeerősít, rá-

erősít; ~ **network** *szt* fahálózat; ~ **nursery** (fa)csemetekert, faiskola; ~ **planter** faültető (gép); ~ **planting** fásítás; ~**-prop** *bány* fatám; ~ **pusher attachment** fadöntő szerelék; ~ **resin** (természetes) gyanta, fagyanta; ~**-shaped** faszerű; ~ **structure** *szt* fastruktúra; ~**-structured directories** *szt* faszerkezetű katalógusrendszer; ~**-top view** *hidr* felvíz felőli nézet; ~ **wart** *fa* facsomor, fadudor
treed *bány* beácsolt
treeing felsámfázás; feltengelyezés, felrudazás; *fa* ágas-bogas alakulás, elágazódás; *gumi, műa* anyagfáradás *(elágazódásokat mutató)*; *hang* durva felület *(hanglemez-galvanizálásnál)*; ~ **room** *cipő* cipőbevégző-műhely
treeless tract fában szegény terület
trefoil *ép* háromlevelű (lóhere)díszítés
treille *tex* mintás csipke alapszövete
trellis I. *v* lécez, rácsoz; **II.** *n* rács(ozat); rostélyzat; redély *(alakfaneveléshez)*; lugas; *ép* rácsmű, kosármű; ~ **girder** *ép* rácsos tartó; ~ **tower** *ép* rácsszerkezetű torony; ~ **weir** *hidr* sisakrostélygát
trelliswork *ép* áttört fal; rácsozás, rácsozat, rácsmű, rácsos/vázas szerkezet
Tremadoc stage *geol* tremadoci emelet
tremble I. *v* (meg)remeg; (meg)rázkódik; rezeg; **II.** *n* remegés, rezgés
trembler rezgő; *el* egyenáramú csengő; rezgőnyelves megszakító; ~ **bell** *el* egyenáramú csengő; ~ **coil** *el* kalapácsszaggató
trembling bell *el* egyenáramú csengő
tremie *ép* betonozó tölcsér *(víz alatti betonozáshoz)*; ~ **concrete** *ép* víz alatt öntött beton, kontraktorbeton; ~ **method** *ép* kontraktoreljárás; ~**-pipe** *ép* flexibilis tölcsércső *(víz alatti betonozáshoz)*
tremolite *ásv* tremolit
tremor remegés; *geol* rengés
trenail faszeg, (fa)pecek, csapszeg
trench I. *v* ás, árkot ás/húz; árkol, felás; *bány* bevág; *ép* csatornáz; *fa* hornyol, kiváj; *kat* elsáncol, beás; **II.** *n* árok; gödör, verem; árkolás; *bány* bevágás; kutatóárok; külfejtés; *ép* alapgödör; munkagödör; *geol* tektonikus árok; *hidr* árok *(száraz hordalékgyűjtő)*; csatorna, folyóka; *kat* futóárok, sáncárok, lövészárok; sánc mögötti árok; ~ **backfill** *ép* árok vissztöltése; ~ **backfill compactor** *ép* ároktömörítő; ~ **blasting** *bány* árokrobbantás; ~ **boot** *kat* gumicsizma; ~ **brace** *ép* állítható (fém)dúc; árokfaltámasz; árokkitámasztó csavar; ~ **cleaner** csatornatisztító gép; ~ **cleaning bucket** *ép* árokkaparó kanál; ~ **cutting** *ép* árokásás, árokhúzás; ~ **digger** *ép* árokásó, árkoló; árokkotró; ~ **digging** *ép* árokásás *(keskeny, függőleges falú árkoknál)*; ~ **digging attachment** *ép* függesztett árokkotró szerelék; ~ **digging bucket** *ép* profilputtony; ~ **drain** *hidr* szivárgó(árok); ~ **drainage** *hidr* árkos lecsapolás; árokvíztelenítés; ~ **excavating plant** *ép* árokkotró; ~ **excavation** → ~ digging; ~ **excavator** árokkotró; árokásó gép; ~**-forming shovel** *ép* árokásó, mélyásó; ~ **hoe** *ép* mélyásó kotró; *mzg* árkolókapa; ~ **irrigation** *hidr* áztató öntözés; ~**-plough/plow** *ép* árokhúzó/árkoló eke; *kat* árokásó gép; ~ **roller** *ép* ároktömörítő henger; ~ **sampling** *bány* mintavétel kutatóárokból; ~ **sheeting** *ép* árokszádolás; ~ **sheeting and bracing** *ép* árokdúcolás; ~ **sheetpile** *ép* vas szádlemez/szádpalló; ~**-spanning ability** *kat* árokáthidaló képesség; ~ **timbering** *ép* árokdúcolás faanyaggal; ~ **type tunnel construction** *ép* alagútépítés nyitott munkaárokban; ~**-work** *ép* árkolás
trenchant éles, metsző; csípős
trenchcrossing capacity *gépk* árokátkelő képesség
trenched fault *geol* tektonikus árok, graben
trencher *ép* árkoló, árokásó; árokkotró; mélyásó kotró; ~ **excavator** *ép* mélyásó/árokhúzó kotró(gép)
trenching I. *a* árokásó; **II.** *n* (árok)ásás, árkolás, felásás; *bány* kutató bevágás/árkolás; réspróba; *el* kábelárok; *ép* árokvezetés; ~ **clamshell** *ép* ásómarkoló, kotrómarkoló; ~ **grab for slurry wall** *ép* résmarkoló; ~ **machine** *ép* árokásó gép; árokkotró; ~ **machine of the bucket elevator type** *ép* vederláncos árokásó; ~ **plane** *ép* hornyológyalu; ~ **plant** *ép* árokkotró; ~ **shovel** *kat* gyalogsági ásó
trend I. *v* irányul, húzódik, tart, vonul, elterül; **II.** *n* vonulat; irány(zat); *bány* telepdőlés, dőlésirány; *geol* (tektonikai) irány; vonulat; *hajó* horgonylánc és hajó közti szög; horgonyszár vastagodó vége; *ip, mat* trend, irányzat, fejlődési irányvonal; ~ **analysis** *ip* változási irányzat elemzése; ~ **line** *ip, mat* irányzat; trendvonal, tendenciavonal; ~ **of a fault** *geol* vetődés csapása; ~ **of folds** *geol* redővonulat
trepan I. *v mt* gyűrűskéssel kiszúr; körben/gyűrűsen kifúr; körülhornyol; magfúrást végez; *orv* trepanál; **II.** *n bány* földfúró; *mt* gyűrűskés; harangfúró, koronafúró, magfúró; *orv* trepán; *talt* magfúró
trepanning koronafúrás, magfúrás, harangfúrás; *orv* trepanálás, trepanáció; ~ **tool** *mt* körben kifúró szerszám, magfúró/körülhornyoló szerszám
tress fürt; *tex* fonalcsomók a lánc végén
trestle állvány, bak; kecskeláb; *bány* aknakoszorú; padozat; *em* rácsszerkezetű daru; *ép* állvány(zat); állványbak; bakdúc; fahídláb; hatosállás; járom; rácsos pillér; szekrénymű(ves hídpillér); *gép* gépállvány, gépbak; *hajó* keresztárboc; tám(asztó)fa, sólyaoszlop; ~**-bed** tábori ágy; ~ **bent** *ép* kecskebakállvány; ~ **bridge** *ép* állványhíd; járomhíd; völgyhíd; ~**-chain** saroglyalánc; ~ **crane** *ép* bakdaru; ~ **timbering** *ép* bakácsolat; ~ **track excavator** *ép* magasvágányú szárazkotró; ~**-tree** *hajó* árbocmerevítő támaszfa; ~ **weir** *hidr* bakos elzárás
trestlework *ép* hídállvány(zat); rácsos pillér/tartószerkezet
trevette *tex* bársonyhurok-felvágó kés
triac *félv* szimmetrikus tirisztor, szimisztor, triak
triacetate *tex* triacetát
triacetin *vegy* triacetin
triacid(ic) *vegy* háromsavas *(bázis)*
triacontahedral *ásv* triakontaéderes
triad hármság, triász, hármas; *ásv* háromfogású tengely; trigir; *hang* hármashangzat; *kat* hármas tagozódás; *mat* triád *(három számjegyből álló csoport, három vektor diadikus szorzata)*; *tv* triád; *vegy* három vegyértékű elem/gyök
triage osztályozás
triakisdodecahedron *krist* triakiszdodekaéder
triakisoctahedron *krist* triakiszoktaéder
triakistetrahedron *krist* triakisztetraéder
trial I. *a* kísérleti, próba-; **II.** *n* kísérlet, kipróbálás, kivizsgálás, próba, vizsgálat; *gépk* terepverseny, próbaút; *ker* Seger-kúp; ~ **and error** *mat* ismételt közelí-

tés, próbálkozás és hiba; **~-and-error adjustment** *rendsz* szabályozás próbálgatási módszerrel; **~-and-error method** *rendsz* iterációs módszer, fokozatos közelítés módszere; *szt* próbálkozásos hibajavító módszer; **~-and-error solution** *mat* empirikus közelítő megoldás; **~-and-error step** → ~-and-error method; **~ assembly** kísérleti összeszerelés; **~ balance** próbamérleg; **~ bore hole** *bány* próbafúrólyuk; **~ boring** *bány, ép, talt* kutatófúrás; próbafúrás; **~ casting** *koh* próbaöntés, próbaöntvény; **~ coefficient** *aut* próbatényező; **~ contact** *geof* próbaérintkezés, próbabekapcsolás; **~ cut** *fa* próbavágás; **~ die** *any* próbakocka; **~ elevation** *kat* belövési emelkedés; **~ flight** *rep* kísérleti repülés; **~-hole** *bány, ép, talt* próbafúrás; **~ method** próbálgató eljárás, kísérletező módszer; **~ mix(ture)** próbakeverés, próbakeverék; **~ operation** üzempróba; **~ period** próbaidő; **~ pit** *ép* próbagödör, kutatógödör; **~ polygon** *mech* próbaképpen felvett kötélsokszög; **~ pumping** *ol* rétegpróba; **~ ride** *gépk* próbaút; **~ run** *gép* próbamenet, próbaüzem; *gépk, hajó* futópróba, próbaút; *szt* kísérleti futás; **~-shot point (TSP)** *kat* kísérleti belövőpont; **~ solution** *mat* próbaképpen felvett megoldás; *vegy* próbaoldat, alapkeverék, kiindulóanyag, batch; **~ system** *koh* kísérleti elrendezés; **~ thrust line** *mech* próbaképpen felvett nyomásvonal *(ívszerkesztésnél)*; **~ track** *vasút* próbapálya, próbaszakasz; **~ trip** próbamenet; *hajó* futópróba; **~ weld** *heg* kísérleti varrat; **~ well** *ép* kutatóakna

triaminotriphenylcarbinol *vegy* triamino-trifenil-karbinol, pararoz-anilin színezékbázisa

triaminotriphenylmethane *vegy* triamino-trifenil-metán, pararoz-anilin leukobázisa

triangle *mat* háromszög; háromszögű vonalzó *(derékszögű, rajzoláshoz)*; **~ connection** *el* deltakapcsolás, háromszögkapcsolás; **~ gin** *em* háromlábú emelőbak; **~ impulse** *el* háromszögimpulzus; **~ of currents** *el* áramháromszög; **~ of error** *geod* hibaháromszög *(hátrametszéskor)*; **~ of forces** *fiz* erőháromszög; **~ of reference** *mat* vonatkoztatási háromszög, koordináta-háromszög, alapháromszög *(háromszög-koordináták esetén)*; **~ of velocities** *rep* sebességi háromszög; **~ pulse** *el* háromszögimpulzus; **~ (re)solver** *rep* háromszögmegoldó készülék

triangular háromszög(let)ű, háromszög alakú; háromszög-; **~ arrangement** *ol* fúrópontok háromszögű elrendezése; **~ diagram** *vegy* háromszögdiagram; **~ file** *szersz* háromélű reszelő; **~ kelly** *ol* háromszögletű forgatórúd; **~ laser** *fiz* háromszög alakú lézer; háromszöglézer; **~ lattice** *at* háromszögrács-zónaszerkezet, háromszögsejtes zónaszerkezet; **~ marker** *geol* háromszög alakú jel; **~ matrix** *mat* háromszögmátrix, trianguláris mátrix; **~ measuring weir** *hidr* mérőbukó háromszöghoronnyal; Thompson-bukó; **~ multi-wire antenna** *távk* összetett/többhuzalos háromszögantenna; **~-path gas laser** *fiz* háromszög alakú kisütőcsöves lézer; **~ point** *geod* háromszögelési pont; **~ prism** *mat* háromoldalú *v.* háromszög alapú hasáb; **~ pulse** *el* háromszögimpulzus; **~ pulse oscillation** *el* háromszögrezgés; **~ pulse train** *el* háromszögimpulzus-sorozat; **~ pyramid** *mat* tetraéder, háromszög alapú gúla; **~ scraper** *szersz* háromszögletű fémhántoló; **~ section steel** *koh* háromszögacél; **~ signal** *el* háromszögjel; **~ support system** *bány, ép* háromszög-biztosítás; **~ thread** *szersz* éles menet; **~-threaded screw** *szersz* háromszög menetű csavar; **~ wave** *el* háromszöghullám; háromszögrezgés; **~ weir** → ~ measuring weir

triangulate I. *v* háromszögletűre alakít; *geod* háromszögel; **II.** *a* háromszögű; háromszöges

triangulated | bracing *ép* háromszög alakú *v.* átlós merevítés; **~ girder** *ép* háromszög-hálózatú rácsos tartó; **~ roof-truss** *ép* háromszög-hálózatú rácsos tetőszerkezet; **~ structure** *ép* háromszög-hálózatú szerkezet; **~ system** *geod* háromszögelési rendszer

triangulation *geod* háromszögelés; **~ data** *geod* háromszögelési adatok; **~ datum** *geod* háromszögelés kezdőpontja; **~ from photographs** *geod* fényképekről való háromszögelés; **~ net** *geod* háromszögelési hálózat; **~ point/station** *geod* háromszögelési pont

triangulator *geod* háromszögelő, triangulátor

Trias *geol* triász

Triassic period *geol* triászkorszak

triatomic *vegy* három hidroxilcsoportot tartalmazó, háromértékű; háromatomos

triaxial *mech* háromtengelyű; **~ apparatus** *talt* triaxiális készülék; **~ cell** *talt* triaxiális nyomócella; **~ compression device** *talt* háromtengelyű nyomókészülék; **~ compression test** *any* háromtengelyű nyomóvizsgálat; **~ ellipsoid** *mat* háromtengelyű ellipszoid; **~ loading** *talt* háromtengelyű terhelés; **~ pressure** *talt* többirányú nyomás; **~ shear-equipment** *talt* triaxiális nyírókészülék; **~ state of stress** *mech* térbeli feszültségállapot; **~ strain state** *talt* térbeli alakváltozás-állapot; **~ stress** *el* térbeli feszültség

triazine *vegy* triazin

triazole *vegy* triazol

tribasic *vegy* hárombázisos

tribe kőzetcsoport; *mat* Boole-algebra, Boole-háló

tribit *szt* tribit

triblet dörzsár

triboelectric dörzsvillamos, dörzselektromos

triboelectricity, triboelectrification dörzsvillamosság, dörzselektromosság

tribology *fiz* tribológia

triboluminescence *fiz* dörzsölés okozta lumineszcencia; tribolumineszcencia

tribometer *fiz* csúszósúrlódásmérő készülék, tribométer

tribromoaldehyde *vegy* bromál

tribromoaniline *vegy* tribrómanilin

tribromomethane *vegy* bromoform

tribromonitromethane *vegy* brómpikrin

tribromophenol *vegy* tribrómfenol

tribromosilane *vegy* tribróm-monoszilán

tribune szószék, szónoki emelvény, dobogó; *ép* apszis; kórus *(szentélyben)*; püspöki trónus; stallum

tributary I. *a* másodlagos; alkotó, összetevő; **II.** *n hidr* mellékfolyó; mellékvízfolyás; **~ area** *hidr* vízgyűjtő terület; **~ mineral** *bány* kísérő ásvány; **~ station** *szt* alárendelt állomás, alállomás; *távk* mellékállomás

tributer szakmányban dolgozó bányász

trice *hajó* felhúz *(kötéllel)*

trichalcite *ásv* trikalcit

trichlorethene *vegy* triklór-etilén

trichloroacetic acid (TCA) *vegy* triklór-ecetsav

trichloromethane *vegy* triklór-metán, kloroform

trichlorosilane *vegy* triklór-monoszilán

trichroism *krist* trikroizmus
trichromatic | **coefficient** *fiz* trikromatikus koefficiens; ~ **filter** *tv, vid* trikromatikus szűrő; ~ **system** *tv, vid* trikromatikus színmérő rendszer; ~ **unit** *opt* egységnyi színinger
trick I. *v* feldíszít, kicicomáz; kihúz, kirajzol; **II.** *n* fogás, fortély; trükkös játék/szerkezet; *film, foto* trükk; *hajó* őrség, szolgálat *(idő)*; ~ **angle** *film* trükkfelvétel szöge; ~ **cinematography** trükkfilmezés; ~**-flying** műrepülés; ~ **of perspective** *foto* távlati trükk; ~ **printing** *film, foto* trükkmásolás; ~ **recording/shot** *film* trükkfelvétel; ~ **switch** *film* trükk-kapcsoló; ~ **valve** *gép* csatornás tolattyú, trick-tolattyú; ~ **wall** *kh* tűágyborda; ~ **wheel** *kh* mintázókerék; tűzválogató kerék
trickle I. *v* szivárog, csepeg; szivárgást okoz, szivárogtat, csepegtet; **II.** *n* szivárgás, csepegés; ~ **charger** *el* akkumulátortöltő; csepptöltő; ~ **charging** *el* csepptöltés; ~ **furnace** *hőt* Richardson-féle tüzelés; ~ **phase** *ol* csörgedező fázis; ~ **through** *v* átszivárog
trickling | **filter** *vegy* permetező/csepegtető szűrő; ~**-floor loft** *élip* csörgedezőpados gabonaraktár; ~ **iron** *koh* kokszdarabokon keresztül lefolyó vas; ~ **irrigation** *hidr* csörgedeztető öntözés; ~ **tower** *ol* csörgedeztető torony
tricline → triclinic
triclinic *krist* háromhajlású, triklin; ~ **crystal system** *ásv* triklin kristályrendszer; ~ **hemihedry** *krist* triklin hemiédria; ~ **holohedry** *krist* triklin holoédria; ~ **lattice** *krist* triklin rács; ~ **system** *krist* triklin rendszer
tricolour, *US* **tricolor** | **camera** *film* háromszínfelvevő/három-felvevőcsöves kamera; ~ **chromatron** *tv* kromatron; ~ **filter** *tv, vid* trikromatikus szűrő; ~ **kinescope** *tv* háromszínű képcső
tricone | **bit** *ol* háromgörgős véső; ~ **rock-bit** *ol* háromgörgős fúró(véső)
tricostate hárombordás
tricot *kh* trikó, trikókötés; *tex* trikószövet, lánchurkolt kelme; ~ **machine** *kh* láncshurkoló gép; ~ **stitch** *tex* trikókötés; ~**-weaving mill** *kh* kötszövő gyár
tricresyl phosphate (TCP) *vegy* trikrezil-foszfát
tricrystal *krist* trikristály
tricusp *mat* (Steiner-féle) háromcsúcsú hipociklois
tricycle tricikli; ~ **landing-gear/undercarriage** *rep* háromkerekű/orrkerekes futómű
tridecyclic acid *vegy* tridecilsav, n-tridekánsav
tridecylin *vegy* tridecilin, tridecilsav-glicerid
trident I. *a* háromágú, háromhegyű; **II.** *n hajó* háromágú szigony; ~ **of Newton** *mat* Descartes-parabola, Newton-féle trident
tridymite *ásv* tridimit
trieleostearin *vegy* trieleosztearin, glicerintrileosztearát
trier vizsgáló, mintavevő, próbavevő
triethanolamine (TEA) *vegy* trietanol-amin
triethenoid *vegy* háromszor telítetlen, három kettős kötésű
triethyl stibine *vegy* antimon-trietil
triethylaluminium *vegy* trietilalumínium
triethylamine *vegy* trietil-amin
triethylboron *vegy* bór-trietil, trietil-borin
triethylcarbinol *vegy* trietil-karbinol
triethylene glycol *vegy* trietilén-glikol
triethylgermanium chloride *vegy* trietilgermánium-klorid
triethylsilicol *vegy* trietil-szilikol
trieur *élip* triőr, konkolyozó
trifilar gravimeter *geol* trifiláris graviméter
trifluorosilane *vegy* trifluorszilán
trifolium *mat* háromtagú levélgörbe, lóheregörbe
triforium *ép* trifórium
trifurcate(d) háromágú, háromfelé elágazó
trig I. *v* megakaszt, (le)fékez, megköt, (meg)gátol; kiékel, rögzít *(ékkel)*; **II.** *n* kerékfék, kerékkötő; fék; megakasztó, gátló; *vasút* féksaru
trigatron *el* trigátron
trigger I. *v* kiold; kivált; bekapcsol; *szt* indít; *távk* begyújt *(tirátront)*; vezérel, billentyűz; **II.** *n el* bistabil multivibrátor, két stabil állapotú multivibrátor, flipflop áramkör, trigger; *ép* kerékkötő; *foto* kattintó; *gép* kioldó kampó/rugó/ütköző/zár; kioldó, kiváltó, (ki)kapcsoló; *hajó* ászokék *(támasztéka)*; *kat* (elsütő)billentyű; *nyom* matricaemelő nyelv; *rád, távk* kioldó(jel); *szt* (program)indító, trigger; *vasút* fékreteszelő; *vegy* iniciátor, (reakciót) indító szer; ~ **action** *gép* kioldóhatás, indítóhatás; ~**-action relay** *el* billenő jelfogó, billenőrelé, kétirányú jelfogó, átkapcsolórelé, átkapcsoló jelfogó; ~ **amplifier** *távk* indítóerősítő; indítóimpulzus-erősítő; ~ **axis-pin** *kat* elsütőlaptüske, elsütőbillentyű-tengelycsap; ~ **bar** *gép* fékezőrúd; ~ **battery** *rád* előfeszültség-telep; ~ **circuit** *at, el, távk* indítóáramkör, triggeráramkör, bistabil áramkör; *szt* billenőáramkör; ~ **circuit tube** *el* eltérítőcső; ~ **criterion** *el* kapcsolási kritérium; ~ **crystal** *rád* vezérlő kvarckristály; ~ **delay** *távk* kioldáskésleltetés; ~ **electrode** *el, távk* indítóelektród; ~ **element** *el* billenő(áram)kör, billenőfokozat, trigger; ~ **fork** *kat* elsütőkar, elsütővilla; ~ **gate** *távk* indító választóimpulzus; ~**-gate width** *távk* választóimpulzus-tartam; ~ **gear** *gép* kilincsműves fogaskerék; *szersz* előtoló kiskerék *(gyalugépen)*; ~ **generator** *el* indítógenerátor; ~ **guard** *kat* elsütőbillentyű-védőkengyel, sátorvas *(elsütő-billentyűn)*; ~**-guard pin** *kat* sátorvasrögzítő csap; ~**-housing retaining-pin** *kat* billentyűház-rögzítő csap; ~ **impulse** *el* indítóimpulzus, triggerimpulzus; ~ **level** *el* billenési szint; *szt* indítási szint, triggerszint; ~ **lock** *kat* billentyűbiztosító; ~ **logic** *szt* triggerlogika; ~ **mechanism** *gép* kioldó/működtető szerkezet; *kat* elsütőgép-működtető szerkezet; ~**-mechanism cover** *kat* elsütőszerkezet borítólemeze; ~ **output** *szt* triggerkimenet; ~ **pair circuit** *el* bistabil billenőkapcsolás; ~ **pin** *kat* billentyűcsap; ~ **pip** *rád* kioldóimpulzus; ~ **pulse** *el* indítóimpulzus, triggerimpulzus; *el, távk* indító jelfogó; ~ **relay** mechanikus önreteszelő relé; rezgőnyelves jelfogó; ~**-return spring** *kat* billentyű-helyretoló rugó; ~ **safety** *kat* billentyűbiztosító; ~**-safety spring** *kat* billentyűbiztosító rugó; ~ **spark** *fiz* (be)gyújtó szikra; ionizáló előszikra/segédszikra; ~ **triode** *el* kapcsolótrióda; ~ **valve** *el* kisülési cső
triggered | **saw-tooth generator** *el* indított fűrészgenerátor; ~ **spark-gap** *el* vezérelt szikraköz; ~ **sweep generator** *el* indított fűrészgenerátor
triggering gyújtási folyamat; kioldás, kiváltás; *rád* átbillenés; ~ **electrode** *el, távk* indítóelektród; ~ **en-**

ergy *el* indítóenergia, triggerelő energia; ~ **level** *el* billenési szint; ~ **pulse** *el* indítóimpulzus, triggerimpulzus; ~ **unit** *el* indítóegység
trigistor *el* trigisztor
triglyceride *vegy* triglicerid
triglyph *ép* triglifion
trigon háromszög; ~**-trioctahedron** *krist* triakiszoktaéder; ~**-tritetrahedron** *krist* triakisztetraéder
trigonal háromszög(let)ű, háromszög keresztmetszetű; *krist* trigonális, trigires; ~ **bipyramidal class** *krist* trigonális dipiramisos osztály; ~ **bond** *krist* trigonális kötés; ~ **crystal class** *geol* romboéderes/trigonális kristályrendszer; ~ **dipyramid** *krist* trigonális bipiramis; ~ **hemihedry** *krist* trigonális hemiédria; ~ **holohedry** *krist* trigonális holoédria; ~ **mineral system** *geol* trigonális kristályrendszer; ~ **paramorphy** *krist* trigonális paramorfia; ~ **pyramid** *krist* trigonális piramis; ~**-scalenohedral class** *geod* trigonális szkalenoéderes kristályosztály; ~ **system** *krist* trigonális rendszer; ~**-trapezohedral class** *geol* trigonális trapezoéderes (kristály)osztály; ~ **trapezohedron** *krist* trigonális trapezoéder
trigonometric(al) *mat* trigonometriai; ~ **data** *geod* háromszögelési adatok; ~ **equation** *mat* trigonometrikus egyenlet; ~ **form** *mat* trigonometrikus alak *(komplex számé)*; ~ **function** *mat* trigonometrikus függvény, szögfüggvény; ~ **interpolation polynomials** *mat* trigonometrikus interpolációs polinomok; ~ **level(l)ing** *geod* trigonometriai magasságmérés/szintezés; ~ **polynomial** *mat* trigonometrikus polinom; ~ **representation** *mat* trigonometrikus alak *(komplex számé)*; ~ **series** *mat* trigonometrikus sor; ~ **station** *geod* trigonometrikus pont; ~ **survey** *geod* trigonometrikus geodézia
trigonometrically-fixed point *geod* háromszögelt/háromszögelési pont
trigonometry *geod, mat* trigonometria; ~ **in the plane** *mat* síkbeli trigonometria, síkháromszögtan
trigram triód, három számjegyből álló csoport; *távk* hárombetűs valószínűségi szerkezet
trigyre *krist* háromfogású tengely; trigir
trigyric *krist* trigires
trihedral I. *a mat* háromlapú, háromoldalas, háromszög-keresztmetszetű; **II.** *n* → trihedron; ~ **angle** *krist* triéderszög; *mat* háromél, háromoldalú szöglet
trihedron *mat* triéder, háromlap, háromél, háromoldalú hasáb
trihydric | alcohol *vegy* háromértékű alkohol; ~ **phenol** *vegy* háromértékű fenol
triiodosilane *vegy* trijód-monoszilán
trijet *rep* három sugárhajtóműves repülőgép
trilateral háromoldalú, háromlapú
trilateration *geod* háromszögelés szakaszmérésekkel, trilateráció
Trilene → trichlor(o)ethylene
trilevel *ép* háromszintű, háromszintes
Trilex wheel *gépk* Trilex-kerék
trilinearity *mat* trilinearitás
trilinolenin *vegy* trilinolenin, glicerin-trilinolenát
trilinolin *vegy* trilinolin, glicerin-trilinolát
trill machine *tex* szegélyráncoló/plisszírozó gép
trillion *mat* trillió *(10^{18})*; *US* billió *(10^{12})*
trilobe cam *gép* hárombütykös tárcsa, háromemelkedésű bütyköstárcsa

trilock | ga(u)ge *gép* hármas idomszer; ~ **plug ga(u)ge** *gép* hármas furatidomszer
trim I. *v* lenyes, lenyír; „stuccol"; elegyenget; „trimmel"; éleszt *(tüzet)*; leszab; méretre vág; *alak* szélez, körülvág; *bőr* körülvág; lenyes, lenyír; *élip* megtisztít, méretre vág; *ép* ácsol; farag *(követ)*; leköt *(faszerkezetet)*; szegélyez; tataroz; *fa* (meg)farag *(fát)*; bárdol; gyalul; illeszt *(deszkát)*; *forg* élez *(szerszámot)*; éltörést készít; lesorjáz; *gumi* (körül)vág, „stuccol"; körülnyír; *hajó* felszerel; *hajó, rep* kiegyensúlyoz, kiegyenlít, stabilizál, trimmel; *heng* leszélez; széleket levág; *koh* anódot letisztít; *nyom* kimetsz; *rád* utánhangol; *ruh* díszít; szegélyez; *tex* csipkéz; **II.** *n* hulladék *(levágásból)*; *ép* borítás; szegélyezés; *gépk* belső kárpitozás; *hajó* billenés; merüléskülönbözet *(elöl-hátul)*; trimm; *hajó, rep* kiegyensúlyozás, kiegyenlítés, trimmelés; *pa* levágott szél; maximális gyártható szélesség; *rep* kiegyenlítőmű, trimm; *tex* sujtás, paszomány; szegély; ~ **angle** *rep* kiegyenlítési szög; ~ **control** *hajó* merüléskülönbözet szabályozása; ~ **flap** *rep* kiegyenlítőlap; ~**-master** *tex* szegélynyíró; szövettisztító szerkezet; ~ **off** *v alak, forg* lesorjáz, levagdal; ~ **out** *v* kidolgoz *(drágakövet)*; ~ **position** *rep* kiegyenlített/egyensúlyi helyzet; ~**-pot** *szt* beállító potenciométer; ~**s** *film* vágás után kimaradt részek; ~**-saw** *fa* darabolófűrész, csapfűrész; ~ **speed** *rep* kiegyenlített/egyensúlyi üzemben elért sebesség; ~**-stone** *ép* díszítőkő, párkánykő; ~ **tab** → trimming tab; ~ **the beard** *v nyom* öntési bajuszt lever
Trimask film *nyom* trimaszkfilm
trimer *vegy* trimer (vegyület)
trimeric *vegy* trimer
trimerite *ásv* trimerit
trimetal *koh* hármas ötvözet
trimethyl-aminoethanoic acid → trimethylglycine
trimethylaluminium *vegy* trimetil-alumínium
trimethylamine *vegy* trimetil-amin; ~ **hydrochloride** *vegy* trimetil-amin-hidroklorid, trimetil-ammónium-klorid
trimethylammonium chloride *vegy* trimetil-ammónium-klorid, trimetil-amin-hidroklorid
trimethylantimony *vegy* trimetil-antimon, trimetil-sztibin
trimethylbicycloheptene *vegy* bornilén
trimethylbismuthine *vegy* trimetil-bizmutin
trimethylcarbinol *vegy* trimetil-karbinol, tercier butil-alkohol
trimethylene *vegy* trimetiléngyök; ~ **bromide** trimetilén-bromid; ~ **glycol** *vegy* trimetilén-glikol; ~ **radical** *vegy* trimetiléngyök; ~**-trinitroamine** *vegy* trimetilén-trinitroamin
trimethylenecarboxylic acid ciklopropán-karbonsav
trimethylgallium *vegy* trimetilgallium
trimethylglycine *vegy* betain, trimetil-ammonioacetát
trimethylsilicane *vegy* trimetil-szilán
trimethylstibine *vegy* trimetil-antimon, trimetil-sztibin
trimetric *krist, mat* trimetrikus, rombos; ~ **projection** *mat* trimetrikus vetület/vetítés
trimmed levágott szélű; *rep* stabilizált, kiegyenlített; ~ **and erected timber scaffold(ing)** *ép* lekötött és összeszerelt faállvány; ~ **beam** *ép* alátétgerenda, faragott gerenda; *vasút* talpfagerenda; ~ **edges** *pl nyom* vágott szél; ~ **equilibrium flight** *rep* állandósult/

egyenletes repülés; ~ **equilibrium point** *rep* stabil/egyenletes egyensúlyi pont; ~ **joist** *ép* kiváltógerenda; ~ **mica** *ásv* tisztított/hibátlan csillám; ~ **size** *pa* vágott méret; ~ **swimming position** *hajó* ferde úszási helyzet; ~ **tunnel** bélelt alagút

trimmer nyeső; egyengető, egyengetőolló; *alak* szélvágó sajtó; *bány* egyengető fúrólyuk; szénegyengető *(berendezés, munkás)*; *el, rád* beállítókondenzátor; finomhangoló kondenzátor; *ép* fiókgerenda, váltógerenda; *fa* szélezőgép *(hosszirányú fűrészelőgép)*; többpengéjű bütüző körfűrész/himbafűrész; *gép* egyengető; *hajó* kazánfűtő; szénrakodó; *önt* leélezőgép, sorjázógép; *pa, tex* vágógép; *rep* szervokormány/lap; trimmlap, kiegyenlítő lap; *távk* csillapítótag; *tex* szegélynyíró *(szerkezet)*; szövettisztító szerkezet; vágószerkezet *(láncológépen)*; ~ **joint** *ép, fa* egyenes vállú csap; ~ **knife** *szersz* tépőkés, trimmelőkés; ~ **pair** *el* kettős trimmerkondenzátor, párhuzamos kettős kiegyenlítőkondenzátor; ~ **shot** *bány* bővítő robbantás

trimmerman *fa* előrajzoló

trimming *bány* utánszórás; *bőr* lenyesés; lenyírás; trimmelés; „stuccolás"; *el* értékbeállítás; *ép* ácsolás; kiváltás; lekötés *(ácsmunka)*; profilozás, profilképzés; tarkókiváltás *(hídon)*; *fa* bárdolás; deszkaeligazítás; faragás; kikészítés; szélezés; szélezési hulladék; *kh* laza szálak eltávolítása; *mt* egyengetés; eltávolított anyag, nyíradék, hulladék; fáncolás; lesorjázás; leszélezés; rendbehozás; sorjavágás; szegélykörülvágás, körülnyírás; „legárdolás"; „stuccolás"; *rád* finombeállítás; kiegyenlítés; utánhangolás; *tex* bordűr; csipkézés, díszítés; szegélyezés; ~ **capacitor** *el, rád* beállítókondenzátor; finombeállító/finom hangolókondenzátor; ~ **die** *alak* leszélező szerszám, sorjázószerszám; ~ **factory** paszományárugyár; ~ **flap** → ~ tab; ~ **hole** *bány* jövesztő fúrólyuk; ~ **holes** *pl bány* jövesztő koszorú; ~ **inductance** *el* kiegyenlítő/utánhangoló induktivitás; ~ **joist** *ép* kiváltógerenda; ~ **lathe** *szersz* sorjázóeszterga; ~ **loads** *rep* trimmlapterhelések, kiegyenlítőlap-terhelések; ~ **machine** *ép* asztalosipari vágógép; *szersz* leélező/sorjázó/sorjanyíró/papírvágó/széljelző gép; ~ **moment** *rep* kiegyenlítő nyomaték; ~**-off machine** *szersz* kiszúrógép; ~ **of partition walls** *ép* válaszfalak kiváltása; ~ **operation** *alak* sorjátlanítási művelet; ~ **potentiometer** *el* beállítópotenciométer; párhuzamos kapcsolású potenciométer; ~ **press** *szersz* sorjázó/leszélező sajtó/prés; ~ **punch** *szersz* fáncoló nyomófej; ~**s** → trimmings; ~ **saw** *fa* (le)szélezőfűrész, (le)szélezőgép, alakvágó körfűrész; ~ **shears** *pl szersz* szélezőolló; ~ **specimen** *bány* kézidarab; ~ **strip** *rep* kiegyenlítő huzal; ~ **tab** *rep* kiegyenlítőlap, trimmlap *(magassági kormányé)*; ~**-tab control** *rep* kiegyenlítőlap vezérlése; ~ **table** *ép* szélezőbak *(ácsbak)*; ~ **tank** *hidr* kiegyenlítőtartály *(szivattyún)*; ~ **yard** *ép* lekötőhely, ácsmunkahely

trimmings *pl* lenyírt/körülnyírási hulladék *(stucchulladék)*; *gépk* extrák; *tex* paszományáru; ~ **industry** *tex* paszományipar

trimorphism *vegy* trimorfia

trimorphous *vegy* trimorf; ~ **metal** *vegy* három allotróp modifikációjú fém

tringle léc, rúd; függönyrúd; *ép* fedőléc

triniscope *tv* triniszkóp

trinistor *félv* trinisztor

trinitrate *vegy* trinitrát

trinitride *vegy* trinitrid

trinitrobenzene *vegy* trinitro-benzol

trinitroglycerine *vegy* (tri)nitro-glicerin

Trinitron *tv* trinitron

trinitrophenol *vegy* trinitro-fenol, pikrinsav

trinitrotoluene (TNT) *vegy* trinitro-toluol, trotil

trinitrotriphenylmethane *vegy* trinitro-trifenil-metán

trinitroxylene *vegy* trinitro-xilol

trinkets *pl* díszműáru; apró dísztárgyak

trinocular microscope *opt* trinokuláris (összehasonlító) mikroszkóp

trinome *mat* háromtag

trinomial I. *a mat* trinomiális, háromtagú; **II.** *n mat* trinom, háromtagú polinom

trio mill *heng* triójárat

trioctahedral clay mineral *ásv* trioktaéderes agyagásvány

triode *távk* trióda, háromelektródás cső; ~ **amplifier** *távk* triódaerősítő; ~ **cathode follower** *el* triódás katóderősítő/katódkövető (kapcsolás); ~ **detection** *rád* trióda-egyenirányítás; ~ **gas laser** *fiz* triódás gázlézer; ~**-hexode** *rád* trióda-hexóda; ~ **hexode frequency changer/mixer** *rád* trióda-hexóda keverőcső; ~ **laser** *el* triódalézer; ~**-pentode** *rád* trióda-pentóda; ~ **rectification** *rád* triódairányítás; ~**-tetrode** *rád* trióda-tetróda; ~ **transistor** *el* kristálytrióda, tranzisztor; ~ **valve** *vák* trióda, háromelektródás cső

triol *vegy* triol, háromértékű alkohol

triolein *vegy* triolein, glicerin-trioleát

trional *vegy* trionál

triose *vegy* trióz, glicerinaldehid

trioxane *vegy* trioxán

trioxazole *vegy* trioxazol

trioxide *vegy* trioxid

trip I. *v bány* kibillent, kiborít; szétkapcsol; *el* kikapcsol; *ép* átbillent; *finm* elforog; *forg* előtolást kiold; indít; *gép* reteszelést kiold; *hajó* horgonyt felszed; *rád* óraszerkezettel bekapcsol/kikapcsol; **II.** *n* rövid utazás; *at* lassú leállás; *bány* kasmenet; szerelvény; *el* kikapcsolás *(áramé)*; kioldó, kiváltó, (ki)kapcsoló; *élip* döntőszerkezet; *forg* előtolás kikapcsolása; *gép* átkapcsolómű; kilincs, nyelv, pecek; kioldó szerkezet; szelepnyitó berendezés; *hajó, vasút* egyszeri menet két pont között; *közl* fuvarforduló; ~ **amplifier** *at* leállásjel-erősítő *(reaktorban)*; ~**-beam oscillator** *el* szalagsugaras oszcillátorcső; ~ **block** *forg* ütköző automatikus előtolás kikapcsolásához; ~ **circuit** *el* kioldóáramkör; ~ **coil** *el* kioldótekercs, kikapcsolótekercs; ~ **delay** *el* kioldáskésleltetés; ~ **dog** *gép* indítóütköző, bekapcsolóütköző, kioldóütköző; ~ **down** *v* lebocsátkozik *(bányába)*; ~ **dumper** *bány* többcsillés buktató; *vasút* vonatbuktató; ~ **feeder** *bány, vasút* vonattologató; ~**-free** *el* szabadonfutó; ~**-free circuit-breaker** *el* szabadváltású/szabadkioldású megszakító; ~**-free relay** *el* szabadkioldású/szabadonfutó relé; ~ **gas** *ol* kiépítési gázdugó; ~ **gear** *gép* kikapcsolószerkezet, kioldószerkezet; ~ **hook** *gép* kioldóhorog, kikapcsolóhorog; ~ **level** *at* automata leállítást indító teljesítményszint; ~ **lever** *gép* bekapcsolóemeltyű, kioldóemeltyű; bekapcsolókar, kioldókar; *kat* zárkioldó kar; ~ **mechanism** *el, gép* kikapcsolószerkezet; kioldószerkezet; ~**-out torque**

gép kikapcsoló/kioldó nyomaték; ~ **pawl** *szersz* zárókilincs, beugrókilincs; ~ **pin** *gép* ütközőpecek, ütközőcsap; ~ **point** *el* kioldási pont; ~ **pulse** *el* indítóimpulzus; ~ **push-button** *rád* kapcsoló nyomógomb; ~ **relay** *el* kioldórelé; ~**-releasing catch** *távk* kiváltó kulcs; ~ **rider** *bány* csillevonat-kísérő; ~ **rod** *bány* kioldórúd; ~ **rope** *bány* kiegyenlítőkötél, vonókötél; ~ **speed** *közl* utazási sebesség; ~ **spindle** *távk* kefekiváltó (orsó); ~**-spotting hoist** *bány* csillerendező vitla; ~ **switch** *el* kioldókapcsoló; ~ **the press** *v* sajtót megindít; ~ **trigger** *szersz* beugrókilincs, zárókilincs; ~**-unit** *foto* fotocellás lámpasor; ~ **value** *el* kioldási érték; ~ **valve** *el* kioldószelep; ~**-wire feeler** *kat* botlódrótkereső (eszköz)

tripack *foto, film* háromrétegű emulzió; ~ **film** *foto, film* háromrétegű film

tripalmitin *vegy* tripalmitin, glicerin-tripalmitát, palmitin, palmitinsav-glicerin-észter

tripeptide *vegy* tripeptid

triphane *ásv* spodumen

triphase *el* háromfázisú

triphenylamine *vegy* trifenil-amin

triphenylantimony *vegy* trifenil-antimon, trifenil-sztibin

triphenylarsine *vegy* trifenil-arzin

triphenylcarbinol *vegy* trifenil-karbinol

triphenylene *vegy* trifenilén

triphenylmethane *vegy* trifenil-metán; tritán; ~ **dye** trifenilmetán-színezék

triphenylmethyl radical *vegy* trifenil-metil-gyök

triphenylmethylsodium trifenil-metil-nátrium

triphenylsilicol *vegy* trifenil-szilanol

triphenylstibine *vegy* trifenil-antimon, trifenil-sztibin

triphylite *ásv* trifilit

triplane háromfedelű repülőgép

triplate *szt* hármas

triple I. *v mat* megháromszoroz, megháromszorozódik; **II.** *a* hármas; háromszoros, háromlépcsős; **III.** *n mat* monád, hármas, monoid; ~**-action die/press** *alak* hármas sajtolószerszám; ~**-articulation arch** *ép* háromosztású boltív; ~**-axis neutron spectrometer** *fiz, krist* háromtengelyű neutronspektroszkóp; ~ **block** *em* háromköteltárcsás csiga; ~ **bolt cutter** *forg* háromorsós csavarvágó gép; ~ **bond** *vegy* hármas kötés; ~**-braided (TB)** *el* háromszor beszőtt; ~ **carbonate** *vegy* hármaskarbonát; ~**-cavity klystron** *fiz* háromüreges/háromkamrás/háromrezonátoros klisztron; ~**-circuit jack** *távk* háromáramkörös kapcsolóhüvely; ~**-coincidence navigation** *hajó, rep* háromjel-egyeztető navigáció; ~**-combination brake-shoe** *vasút* háromrészes féktuskó; ~**-concentric cable (tcc)** *el* szabályos (sodrású) hármasvezeték; ~**-deck grade separation structure** *ép* háromszintes kereszteződés; ~**-detection receiver** *rád* két keverőfokozatú vevő; ~**-diagonal matrix** *mat* kontinuáns/tridiagonális mátrix; ~ **diffused transistor** *távk* háromszoros diffúziós tranzisztor; ~**-effect evaporator** *vegy* háromfokozatú bepárló *(készülék)*; ~ **entry** *bány* hárompárhuzamos folyosó *(szállítóvágat két légpárhuzamossal)*; ~ **expansion (TE)** *mech* háromirányú kiterjedés; ~**-expansion engine** *gép* háromhengeres/háromfokozatú/triplex gőzgép; ~**-fired furnace** *koh* három égőcsoportos kemence; ~ **fission** *at* hármas *v.* három részre való hasadás; ~**-flue boiler** *hőt* három tűzcsöves kazán; ~ **ganged variable capacitor assembly** *el* hármas forgókondenzátor; ~ **glazing** *ép* háromrétegű üvegezés; ~**-grid** *rád* háromrácsú; ~ **gyrocompass** *rep* hárompörgettyűs iránytű; ~**-indexing centre/center** *forg* hármas osztófej; ~ **integral** *mat* háromszoros/hármas integrál; ~ **jack** *távk* hármas dugaszoló kapcsoló; ~ **joint** *el* hármas csatlakozás; ~**-layer tablet** *gyógyv* háromfázisú tabletta; ~**-length working** *szt* háromszoros szóhosszúságú (pontosságú) feldolgozás; ~ **line** *mat* háromvesszős *v.* háromszor jelzett mennyiség; ~ **linkage** *vegy* hármas kötés; ~ **mirror** *opt* háromszögletű prizma, hármas/irányfordító tükör; ~**-modulation beacon** *rád* háromcsatornás irányítóállomás; ~**-motor** hárommotoros; ~**-pass weld** *heg* háromrétegű hegesztési varrat; ~ **point** *el, fiz* hármaspont *(gáznemű, folyékony és szilárd fázis egyensúlyi hőmérséklete)*; ~**-pole** *el* háromsarkú, hárompólusú; ~**-pole switch** *el* háromsarkú kapcsoló; ~**-pulley drive** *gép* hármas szíjtárcsahajtás; ~ **reduction gear** *gép* háromfokozatú lassító áttétel; ~ **ring** *krist* hármasgyűrű; ~**-rivet joint** *heg* hármas szegecsvarrat; ~**-roll crusher/breaker** *ép* háromdobos kotróládás rakodógép; ~**-roll crushing machine** *ép* háromhengeres törő; ~ **roller-mill** *műa* háromhengeres festékbedörzsölő; ~**-safe boom hoist** *ép* háromszoros biztosítású gémemelőcsörlő; ~**-shaft drive** *gép* háromtengelyű hajtómű; ~**-shear** *gép, mech* háromnyírású *(pl. szegecs)*; ~**-stage** háromfokozatú; ~ **steam engine** háromszoros gőzgép; ~ **superphosphate** *vegy* hármas szuperfoszfát; ~**-thread** *szersz* hárombekezdésű csavarmenet; ~**-thread screw** *szersz* hárombekezdésű csavar; ~ **valve** *vasút* kormányszelep *(légféké)*; ~ **variable condenser** *el* hármas forgókondenzátor; ~ **warp** *pa* háromláncú szita

tripler circuit *el* frekvenciaháromszorozó áramkör

triplet három egységből álló együttes, hármas; *at* triplett, hármas spektrumvonal; *em* háromágú láncos buktatószerkezet, billentő/kirakodó szerkezet; *ép* hármas ablak; *fiz* triplett, három szomszédos spektrumvonal *v.* energiaterm; *mat* hármas; *opt* hármaslencse, triplett; ~ **crystal** *krist* hármas ikerkristály; ~ **positronium** *fiz* ortopozitrónium; ~ **system** *el* triplett rendszer

triplex I. *a* háromfokozatú, háromszoros; **II.** *n* triplex; hármas egység/csoport; háromláb; *üveg* háromrétegű üveg *(szilánkmentes)*; ~ **calculator** *szt* háromfokozatú számítógép; ~ **cardboard** *pa* triplex karton; ~ **glass** *üveg* háromrétegű üveg; ~ **guillotine** *pa* háromszoros vágógép; ~ **paper** *pa* háromrét(eg)ű papír; ~ **projector** *opt* hármas fényszóró; ~ **pump** *ol* triplex szivattyú; ~ **system** *távk* triplex rendszer; ~ **thread** hárombekezdésű csavarmenet; ~ **winding** *el* triplex tekercselés

triplexed autopilot *rep* triplex robotpilóta

triplexer *távk, tv* triplexer

triplicate I. *v* háromszoroz; három példányban készít; **II.** *a mat* háromszori, háromszoros; **III.** *n* három példány; ~ **plungers** *pl gép* hármas dugattyú

tripling *el* háromszorozás *(feszültségé)*

triplite *ásv* triplit

triploidite *ásv* triploidit

tripmeter *gépk* kilométerszámláló *(megtett úté)*

tripod háromláb, háromlábú (műszer)állvány; *bány* háromlábú aknatorony; *film* filmfelvevő állvány;

geod gúla; ~ **beacon** *bány* háromlábú gúla; ~ **bolt** *geod* állványkötőcsavar; ~ **bolt pin** *geod* állványkötő csavarrögzítőszeg; ~ **bush** *foto* háromláb-csatlakozó *(kamerán)*, állványmenet; ~**-carrying case** *geod, kat* állványzatszállító tok; ~ **drill** *bány* háromlábú fúrótorony; ~ **head** *film, foto, geod* gömbcsuklós állványfej; ~ **jack** *szer* háromlábú csavarorsós emelő; ~**-mounted** háromlábra szerelt; ~ **plate** műszerállvány kötőlemeze; ~**-tail skid** *rep* háromdúcos farokcsúszó

Tripoli powder → tripolite

tripolite *ásv* tripoli; *geol* tripoliföld, kovaföld, diatómaföld

tripped drop hammer *ép* szabadoneső verő(kos)

tripper ledobókocsi; *em* szállítóheveder ledobókészüléke, buktatószerkezet; *gép* átkapcsoló készülék; *vasút* kikapcsoló/kioldó készülék; ~ **car** billenőszekrényes kocsi, ledobókocsi; ~ **drum** *bány* szalagbuktató dob

tripping *bány* kibillentés, kiborítás, szétkapcsolás; *el* kikapcsolás, kioldás; *hajó* horgony felszedése; *óra* járatkerék-sietés; ~ **battery** *el* vezérlőáram/működtetőáram telepe; ~ **bus** *el* kioldó gyűjtővezeték; ~ **car** billenőszekrényes kocsi, ledobókocsi; ~ **current** *el* megszólalási áram *(jelfogóhoz)*; ~ **for bit change** *bány* fúrócsere; ~ **lag** *el* kioldási késleltetés; ~ **magnet** *el* kioldómágnes, kikapcsolómágnes; ~ **time** *el* kioldási idő; ~ **voltage** *el* megszólalási feszültség

trippkeite *ásv* trippkeit

tripsometer *gumi* rugalmasságmérő lengőkalapács

tripuhyte *ásv* tripuhyit

trirhombohedral class *krist* romboéderes osztály; romboéderes tetartoédria

triricinolein *vegy* triricinolein, glicerin-triricinoleát

tri-rod coupler *el* háromrudas csatoló

trisaccharide *vegy* triszacharid

trisazo dye triszazoszínezék

trisect három egyenlő részre oszt/bont

trisection *mat* három egyenlő részre osztás; ~ **of (the) angle** *mat* szögharmadolás, triszekció

trisilane *vegy* triszilán

trisilanepropane → trisilane

trisilicylamine *vegy* triszilánamin

trisoctahedron *ásv* triakiszoktaéder

trisodium phosphate (TSP) *vegy* trisó

tristate *szt* háromállapotú; ~ **output** *szt* háromállapotú kimenet

tristearin *vegy* trisztearin, glicerin-trisztearát

tristetrahedron *ásv* triakisztetraéder

tristimulus | **colorimeter** *film* háromszín-koloriméter; ~ **mask colorimeter** *film* maszkmódszerű háromszínkoloriméter; ~ **values** *fiz, tex* alapszín-összetevők

trisymmetric *krist* triszimmetrikus

triterpenes *pl vegy* triterpének

tritet circuit *rád* tritetkapcsolás

trithionate *vegy* tritionát

trithionic acid *vegy* tritionsav

tritiated | **activity** *at* tríciumaktivitás; ~ **release** *at* tríciumkibocsátás; ~ **source** *at* tríciumforrás; ~ **unit** *vegy* tríciumegység; ~ **water** *at* tríciumtartalmú víz, trícium

tritium (T) *fiz* trícium; ~ **unit** *vegy* tríciumegység

tritomite *ásv* tritomit

triton *at* triton, tríciummag

triturate *gyógyv* triturál; *vegy* porít, porrá zúz/morzsol

triturating *élip* áttörés, passzírozás; *gyógyv* triturálás; *vegy* porrá zúzás/morzsolás; ~ **machine** passzírozógép

trituration → triturating

trityl *vegy* trifenilmetilgyök

trivalent *vegy* három vegyértékű

trivector *mat* trivektor, 3-vektor

trivet háromláb; *tex* bársonyhurok-felvágó kés

trivial | **graph** *mat* triviális gráf; ~ **solution** *mat* triviális megoldás *(homogén lineáris egyenletrendszeré)*

triviality *mat* trivialitás

TRL → transistor-resistor logic

trochilus *ép* trochilusz

trochoid *mat* trochoid(vonal), cikloidális görbe

trochoidal | **mass analyzer** *at* cikloispályás tömegspektrométer; ~ **wave** *fiz* cikloishullám; trochoidális hullám

trochotron *at, távk* trochotron; ~ **tube** *távk* trochotron

troctolite *ásv* troktolit, pisztrángkő

troegerite *ásv* trögerit

troilite *ásv* troilit

Trojan group *csill* trójai kisbolygók

trolite trolit *(szigetelőanyag)*

trolitul *műa* trolitul

trolley targonca, (toló)kocsi; kofferkuli; *el* (rúd)áramszedő; *em* futómacska, darukocsi; *közl* trolibusz; villamos(kocsi); *vasút* pályakocsi, kézihajtány; ~ **arm** *el* áramszedő/vezetéktartó kar; ~ **base** *el* áramszedőtalpazat; ~ **block** *em* darukocsis csigasor/csigaemelő; ~ **bow** *el* áramszedő líra; ~ **bus** *közl* trolibusz; ~ **bush** *el* áramszedőgörgő perselye; ~ **car** *közl* villamos(kocsi); ~ **coach** *közl* trolibusz; ~ **collector** *el* görgős áramszedő; ~ **contact** *vasút* áramszedő; ~ **crane with lower slewing assembly** *ép* futómacskás alulforgó toronydaru; ~ **exhaust system** *vák* szivattyúsor; ~ **frog** *közl* munkavezetékváltó szív; ~ **harp** *el* villás görgőtartó/sarutartó *(áramszedőhöz)*; ~ **head** *el* sarus/görgős áramszedőfej; ~ **hoist** *em* csörlőfelvonó; futó csigasor; függő csilleemelő; ~ **jib** *ép* futómacskás gém; ~ **ladle** *önt* függesztett öntőüst; villamos targoncára szerelt öntőüst; ~ **line** *vasút* munkavezeték; ~ **locomotive** *vasút* felsővezetékes villamos mozdony; ~ **motor** *em* futómacska-mozgató motor; ~ **pantograph** *vasút* összecsukló áramszedő; ~**-pole (tp)** *vasút* áramszedő rúd; ~**-retriever** *vasút* áramszedő-lehúzó (kötél); ~ **rope** *em* húzókötél; ~**-shoe** *vasút* áramszedő (csúszó)saru; ~ **system** *el* felsővezeték-rendszer *(villamos járműveknél)*; ~ **train** *vasút* szerelővonat; ~ **wheel** *el* áramszedő görgő; ~ **wire (TW)** *el* (villamos) felsővezeték

TROM → teletext ROM

trombone *távk* U alakú hangoló tápvonalszakasz; ~ **pipe** *szersz* kihúzható cső; ~**-type variable delay line** *távk* trombon típusú változtatható késleltetésű vonal

trommel *bány* dobszita, dob, dobrosta; ~ **screening** *ép* forgódobos osztályozás; ~ **test** *any* dobszilárdságvizsgálat

trompet intersection *ép* trombita alakú kereszteződés/elágazás

trona *ásv* tróna, nátrium-karbonát, természetes szóda, nátrium-szeszkvi-karbonát

trondhjemite *ásv* trondjemit
troop transport *kat* csapatszállítás
troostite *ásv* troostit; ~ **microstructure** *ásv* troostit mikroszerkezete
tropadyne circuit *el* tropadinkapcsolás
tropaeoline *vegy* tropeolin *(monoazoszínezék)*
tropaic acid → tropic acid
Tropenas | converter Tropenas-konverter; ~ **converter process** *koh* besszemerező eljárás
trophity *hidr* trofitásfok
trophogenous layer *hidr* tápanyagot termelő vízréteg; trofogén réteg
tropic I. *a* délszaki, trópusi; **II.** *n csill* térítő; ~ **acid** *vegy* tropasav, α-fenil-hidrakrilsav, alfa-fenil-béta-tejsav; ~ **of Cancer** *csill* Ráktérítő; ~ **of Capricorn** *csill* Baktérítő; ~**-proof** tropikus éghajlatnál alkalmazható; ~**s** *met* trópusok; ~ **temperature lamination** *geol* tropikus rétegződés
tropical tropikus, trópusi; ~ **cloth** *tex* tropikálszövet; ~ **month** *csill* holdhónap; ~ **revolving storm** *met* trópusi forgóvihar; ~ **switch** *el* tropikus kivitelű kapcsoló; ~ **test chamber** mesterséges trópusi klímájú vizsgálókamra; ~ **weight** *tex* tropikus súly *(ruhaszövete)*; ~ **year** *csill* tropikus év
tropicalization trópusállósítás, tropikalizálás *(terméké)*; ~ **test** *any* trópusállósági/tropikalizációs vizsgálat
tropicalize tropikalizál, trópusállóvá tesz
tropicalized trópusálló
tropilidene *vegy* cikloheptatrién
tropine *vegy* tropin, N-metiltropolin
tropopause *met* tropopauza
troposphere *met* troposzféra; ~ **wave** *rád* troposzféra-hullám
tropospheric *távk* troposzferikus; ~ **fall-out** *at* troposzferikus kihullás; ~ **mean residence time** *at* troposzferikus közepes tartózkodási idő; ~ **scatter** *távk* troposzferikus szórás; ~ **wave** *távk* troposzférahullám
Trotter photometer *fiz* Trotter-fotométer, Trotter-fénymérő
trotyl *vegy* trotil
trouble I. *v* megrongál; **II.** *n* akadály, nehézség, zavar; hiba; meghibásodás; *bány* vető; ~**-finder** hibakereső; ~**-free** megbízható; zavarmentes; ~**-free characteristic** hibátlan működési jellemző; ~**-free life** meghibásodásmentes működési időszakasz; ~ **gang** gyorsszerelő brigád *(üzemzavarok elhárítására)*; ~ **hunting** *el* hibakeresés, zavarkeresés; ~ **item** hibás termék; ~ **lamp** zavarjelző lámpa; kézilámpa; ~ **light** vészjelző (fény); ~**-location problem** hibahely-meghatározási feladat; ~**-proof** hibamentes; zavarálló; ~ **recorder** hibafeljegyző készülék; ~ **report** meghibásodásról szóló jelentés; ~**-shooter** *el* hibakereső készülék; ~ **shooting** *el* hibaelhárítás; hibakeresés, hibameghatározás; *szt* hibajavítás; ~ **tracing** *el* hibakeresés, zavarkeresés
troublemaking component üzemzavart okozó alkatrész
troublesome | ground *bány* suvadásos talaj; ~ **zone** *bány* veszélyes övezet; zavart zóna
trough teknőszerűség; serpenyő; bemélyedés; vályú; teknő; árok; *bány* csúszdateknő; iszapülepítő; zagyárok; *élip* sütőteknő; *ép* vápa; *geof* hullámminimum, fázisminimum; *geol* árkos vető; katlan; vályús teknő; *gépk* fenéktér *(két tengely között)*; *koh* csúcskád; *met* barometrikus/légnyomási teknő; ~ **axis** *geol* mélyedés/szinklinális tengelye; ~ **band conveyor** *bány, ép* vályúszalagos szállítóberendezés; ~ **barrier** *bány* teknős porgát; ~ **base** *forg* olajteknős gépalapzat; ~ **belt (conveyer/conveyor)** *bány, ép* vályús szállítószalag; ~ **bridge** *ép* süllyesztett/alsó pályás híd; ~ **chain conveyer** *ép* láncos csúszda; ~ **chute** *ép* csúszda; ~ **coal** *bány* aknaszén; ~ **conveyer/conveyor** *ép* rázott csúszda; ~**-core** *geol* szinklinális teknő magja; ~ **crab** öntödei csille; ~ **dampproofing** *ép* teknőszigetelés; ~ **ditch** *ol* fúróiszap-csatorna, fúróiszapvályú; ~ **feeder** *ép* adagolóteknő; ~ **for signal wire** *vasút* vonóvezeték-csatorna; ~ **furnace** *koh* teknős kemence; ~ **girder bridge** *ép* süllyesztett/alsó pályás gerinclemezes híd; ~ **gutter** *ép* négyszögletes csatorna, attikacsatorna; ~**-gutter tile** *ép* vályús hornyolású cserép; ~ **iron** *ép* zórés vas; ~ **limb** *geol* szinklinális szárnya; ~ **line** *bány* vályúrakat; *geol* alsó szárny *(felső rétegé)*; fekvő szárny; tektonikus völgy/árok (csapás)iránya; *met* teknővonal; ~ **mixer** *ép* teknős keverőgép; vízszintes tengelyű kényszerkeverő; ~ **of low pressure** *met* depressziós/légnyomási teknő; ~ **plate** *ép* zórés vas, teknőlemez *(hídon)*; ~ **press** *alak* teknős sajtológép; ~ **roller** *ép* vályús görgő; ~**-shaking** *pa* teknőrázás *(csomófogónál)*; ~**-shaped paving** *ép* teknő alakú útburkolás, utcai folyóka; ~ **spillway** *ép* árapasztó surrantó; ~ **terminal** *ép* árokbevégződés; ~ **tile** *ép* préselt hornyos cserép; ~**-transporter** *ép* szállítóvályú; vályús szállító(gép); ~ **truss bridge** *ép* süllyesztett/alsó pályás rácsos híd; ~**-type concrete distributor** *ép* tartályos betonterítő kocsi; ~**-type furnace** *koh* alagútkemence; ~ **valley** *geol* teknővölgy; tektonikus völgy; ~ **vault** *ép* dongaboltozat; teknőboltozat; ~ **washer** *koh* csatornamosó
troughed teknős, teknő alakú; ~ **belt/band conveyor/conveyer** *ép* vályús hevederű szállítószalag; ~ **chute** *geol* vályús teknő; ~ **idler** *ép* vályús szalaggörgő; ~ **table** *forg, mzg* teknőasztal, alsófenekes/peremszegélyes asztal
troughing *ép* vályúk sorozata; *távk* kábelágyazás; ~ **pulley** *ép* oldalgörgő *(szállítószalagon)*
trousering *tex* nadrágszövet
trousers *pl ruh* nadrág
Trouton's rule *vegy* Trouton-szabály
troutstone *ásv* pisztrángkő, troktolit
trowel I. *v* lesimít, egyenget; **II.** *n ép* kőműveskanál, vakolókanál, simítókanál, formázó spatulya, „spátli"; *koh* döngölőrúd, salakrúd; *mzg* kerti lapát, ültetőkanál
trowelling, *US* **troweling machine** *ép* gépi simító
troy súlymérték *(drágakövek, nemesfémek mérésére)*
tr.pt. → transition point
TRS → transmit-receive switch
truck taliga, targonca; *bány* platókocsi; *ép* csille, betonkeverő gépkocsi; *film* filmkamera kocsija; *hajó* árbocgomb; *közl* gépkocsi; kocsi, gyűjtőkocsi, fuvaroskocsi; szállítótargonca; *US* tehergépkocsi, teherautó; *vasút* pőrekocsi; ~ **agitator** *ép* agitátor-gépkocsi; kavaróműves billenőteknős gépkocsi; utánkeverő gépkocsi; ~ **attachment** *ép* egybeépített munkaszerelék; ~ **balance** *vasút* forgóállványhimba; ~ **body** *gépk* teher(gép)kocsi-karosszéria; ~ **chassis**

gépk tehergépkocsi-alváz; ~ **crane** *ép* járműdaru; ~ **crane scale** *ép* autódaru-mérleg; ~ **dump** *élip* autódöntő, autóemelő; ~ **engine** *gépk* tehergépkocsi-motor; ~ **equalizer** *gép* forgózsámoly kiegyenlítő himbája; ~ **for semitrailers** *gépk* nyerges vontató; ~-**gardening** *mzg* piacra termelő konyhakertészet, bolgárkertészet; ~ **gun** *kat* keréktalpas löveg; ~ **haul(ing)** tehergépkocsi-szállítás; ~ **lane** *közl* tehergépkocsisáv; ~ **loader** járműdaru; ~ **loading** *közl* gépkocsirakodás; *mech* teherkocsiteher; ~-**mixed concrete** *ép* (járműben kevert) transzportbeton; ~ **mixer** *ép* betonkeverő gépkocsi; ~ **mixer with separate engine** *ép* különmotoros betonkeverő gépkocsi; ~ **mixing** *ép* szállítás közbeni keverés; ~-**mounted attachment** *ép* egybeépített munkaszerelék; ~-**mounted crane** *ép* járműdaru; tehergépkocsi-daru; ~-**mounted drill** *bány* kocsira szerelt fúrókalapács; ~-**mounted excavator** *ép* autókotró; ~-**mounted loading and unloading crane** *ép* járműdaru; ~-**mounted workshop** *szer* műhelygépkocsi; ~ **piston** *fiz* nyitott dugattyú; ~ **retort** *fa* önjáró retorta; ~ **scale** tehergépkocsi-mérleg; autómérleg; ~ **tamping** *vasút* vágányaláverés; ~ **tractor** vontató gépkocsi; ~ **trailer** teherpótkocsi; ~-**type switchgear** *el* kihúzható kapcsoló; ~ **wheel** *gép* futókerék *(emelőnél)*; ~ **with drum agitator** *ép* dobagitátoros gépkocsi; ~ **with dump bodies** *ép* billenőkeretes gépkocsi; ~ **with fast travel crane** *ép* forgódarus gépkocsi; ~ **with loading-type tailboard** *ép* emelővéglapos gépkocsi; ~ **yarn-dryer** *tex* kocsi-fonalszárító

trucker tehergépkocsi-vezető

trucking teherautó-szállítás; ~ **plate** *élip* szállítólemez

truckle I. *v* görgőkön továbbít; **II.** *n* kis kerék

truckman bányakovács; teherautó-vezető

true I. *v* egyenget, elsimít; központosít, centríroz; kiegyensúlyoz; *forg* lehúz *(csiszolókorongot)*; **II.** *a* igazi, valóságos, hű, valódi, eredeti, természetes; pontos; *tex* tisztaselyem; ~ **absorption coefficient** *fiz* valódi/abszolút abszorpciós koefficiens; ~ **airspeed (TAS)** *rep* önsebesség; tényleges sebesség, levegőhöz viszonyított sebesség; ~ **airspeed indicator (TSI)** *rep* levegőhöz viszonyított sebesség jelzőműszere; ~ **altitude** *csill* valódi magasság; ~ **annealing** *koh* teljes lágyítás; ~ **ash** *vegy* kötött hamu; ~ **azimuth** *geod* színfelületi/valódi azimut; ~ **bearing** *geod* földrajzi irányszög; *hajó, rep* kiigazított/valóságos iránymeghatározás; *rep* valódi útirányszög; ~ **boiling point (TBP)** *fiz* valódi forráspont; ~ **boring cutter** *szersz* simító felfúró szerszám; ~ **bottom** *geol* eredeti fenék; ~ **cellulose** *pa* természetes cellulóz; ~ **cellulose content** *pa* valódi cellulóztartalom; ~ **centre/center of impact** *kat* szórásellipszis elméleti központja; ~ **chalk** *vegy* tiszta ásványi kréta; ~ **charge** *el* szabad töltés; ~ **cohesion** *talt* valós kohézió; ~ **coincidences** *pl fiz* valódi/tényleges koincidencia; ~ **colloid** *vegy* eukolloid; ~ **compass bearing** *geod* valóságos irányszög; ~ **complement** *szt* alapszámos komplemens; ~ **coordinates** *fiz* holonóm koordináták; ~ **course (tc)** *hajó* térképútirány; *rep* valódi haladási irány; ~-**cutting angle** *forg* metszőszög; ~ **density** *fiz* elméleti sűrűség; ~ **disabling signal** *szt* tényleges eltiltó jel; ~ **distance** *távk* ferde távolság; ~ **electrooptic effect** *krist* valódi/primer elektrooptikai hatás; ~ **error** *mat* valódi hiba; ~ **fissure vein** *geol* mély repedéses ér; telérhasadék; ~ **flight path** *rep* tényleges repülési útvonal; ~ **fluid** *fiz* newtoni/ideális folyadék; ~ **heading (TH)** *hajó, rep* tényleges irányszög, valóságos útirány; ~ **hemp** *tex* kender; ~ **horizon** *csill* valódi horizont; ~ **input signal** *szt* helyes bemeneti jel; ~ **instruction** *szt* tényleges utasítás; ~-**involute-form circle** *gép* belső kör *(fogazásé)*; ~ **meridian** *geod* valódi/színfelületi délkör; ~ **middlings** *pl bány* összenőtt szén; ~ **north** *geod* földrajzi észak; ~ **off** *v ép* profilba simít, felületet készít; ~ **ohm** *el* valódi ohm; ~ **output signal** *szt* helyes kimeneti jel; ~ **power** *el* hasznos teljesítmény *(váltakozó áramé)*; ~ **purity** *cu* valódi tisztaság; ~ **rake** *szersz* szerszámkés elülső felülete; ~ **ratio** valóságos arány/viszony; ~ **remanence** *fiz* valódi remanencia; ~ **resistance** *fiz* ohmos ellenállás; ~ **resistivity** *el* valódi fajlagos ellenállás; ~ **running** *gép* ütésmentes/központos futás; ~ **section** *geod* torzítatlan hossz-szelvény; ~ **shadow** *el* teljes árnyék, árnyékmag, umbra; ~-**sided image** *opt* egyenes állású kép; ~ **silk** *tex* hernyóselyem; valódi selyem, tisztaselyem; ~ **south** *geod* földrajzi dél; ~ **stress** *fiz* valódi feszültség; ~-**to-scale** léptékhű; ~-**to-shape** alakhű; ~-**to-type** *bőr* mintának megfelelő; ~ **track (TT)** *rep* tényleges/valóságos útvonal; ~ **up** *v* kiigazít *(csiszolókorongot)*; beállít, beigazít, beszabályoz; felszabályoz *(kommutátort)*; tusíroz; ~ **value of reliability characteristic** megbízhatósági jellemző tényleges értéke; ~ **watt** *fiz* valódi watt; ~ **yeast** *élip* valódi élesztők

trueing → truing

truer *forg* köszörükő-lehúzó

truing beállítás, beigazítás; kiegyenesítés; helyesbítés; *ép* profilozás, profilképzés; *forg* finomlehúzás *(köszörűkoronggal)*; szabályozás *(köszörűkorongé)*; *gép* kiegyensúlyozás *(forgó tárgyé)*; ~ **attachment** *forg* koronglehúzó készülék; ~-**up machine** *fa* simítógyalu, egyengetőgyalu

truly machined *forg* pontosan megmunkált

trum saw *fa* kétkezi fűrész

trump kürtő; harsona; *távk* tölcsérnyílás; ~ **pipeline** *ol* olajvezeték-főcső

trumpet *hang* trombita; *koh* kürtő; *önt* középső öntőfej; *távk* tölcsér; *tex* tömörítőtölcsér; ~ **arch** *ép* tölcsérboltozat, tölcsérboltív, legyezőív; ~ **bell** *koh* öntőtölcsér; ~ **cooler** *gépk* csöves hűtő(berendezés); ~-**head drawdown** *hidr* depressziós tölcsér; ~ **intersection** *ép* trombitakereszteződés; ~-**like** tölcsér alakú/formájú; ~ **logging** *ol* mikrolaterolog; ~ **vault** *ép* tölcsérboltozat, legyezőboltozat

truncate I. *v* megcsonkít; levág, lenyes; körülfejt; körülvág, körülmetsz; leélez; **II.** *a* csonka, megcsonkított

truncated csonka, megcsonkított; *bány* faragott; ~ **charge** *bány* csonkított töltet; ~ **cone** *mat* csonka kúp; ~ **equation** *aut* elhanyagolással kapott egyenlet; lerövidített egyenlet; ~ **paraboloid** *mat* csonka paraboloid; ~ **picture** felül levágott kép; ~ **prism** *mat* csonka hasáb/prizma; ~ **pyramid** *mat* csonka gúla; ~ **thread** *szersz* levágott csúcsú menet; ~ **truss** *ép* szegmens alakú rácsos tartó

truncation *szt* levágás, csonkítás; ~ **effect** *fiz* csonkítási effektus; ~ **error** *krist* csonkítási hiba; *mat* elhanyagolási hiba; levágási hiba; *szt* csonkítási hiba; ~ **wave** *fiz* csonkítási hullám

truncheon *fa* bunkó, dorong; fatönk
trundle I. *v* görget, hengerget; gördít, gördül; kocsin szállít; **II.** *n* alacsony kerekű kocsi; targonca, taliga; széles kis kerék, görgő; ~ **wheel** targoncakerék
trunk I. *a távb* távolsági, helyközi; **II.** *n* bőrönd, (utazó)láda; törzs; *bány* akna *(szellőző)*; iszapteknő; vízcsatorna fából; *élip* szellőzőcső, szélcső; *ép* oszloptörzs; *fa* fatörzs, rönk, tuskó; *gép* csöves/üreges dugattyú; *hajó* kormányszárakna; szénakna; *hang* hangtölcsér, szócső; *hidr* szivattyú védődeszkázása; *közl* fő közlekedési út; *szt* gyűjtősín; sín, busz; *távb* központi fővonal; közvetlen vonal; trönk; *vasút* fővonal, „magisztrál"; ~ **answering jack** *távk* távolsági kimenő vonal kérdő kapcsolója; ~ **barring** *távb* lefoglalás *(távhívásnál)*; ~ **board** *bőr* bőrönd(ös) lemez; ~**-busy** *távb* távolsági beszélgetéssel foglalt; ~ **cable** *távb* fővonali kábel; trönkkábel; ~ **call** *távb* helyközi beszélgetés; ~ **circuit** *távk* csatoló/összekötő áramkör *(kereszt-összeköttetés)*; helyközi összeköttetés; ~ **congestion signal** *távb* leterheltségi jel; ~ **connection** *távk* távolsági összeköttetés; ~ **conversation** → ~ call; ~ **conveyer** *bány* fő szállítószalag, gyűjtőszalag; ~ **deck** *hajó* trunkfedélzet; ~ **diagram** *távb* helyközi központ kábelkapcsolási rajza; ~ **dialling** (nemzetközi) távhívás; ~ **distribution frame (TDF)** *távk* tőválasztó állványsor *(automata telefonközpontban)*; ~ **duct** *távk* gyűjtő főcsatorna; ~ **engine** *gép* keresztfej nélküli motor; ~ **exchange** *távb* távolsági/helyközi/interurbán távbeszélő központ; ~ **feeder** *el* fővezeték, összekötő vezeték *(villamos erőművek között)*; ~ **ga(u)ge** *szersz* fatörzsmérő *(vasból)*; ~ **glacier** *geol* főgleccser, vezérgleccser; ~ **haulage** *gépk* távolsági szállítás *(megkülönböztetésül a helyi gyűjtőforgalomtól)*; ~ **hunting** *távb* trönkkeresés *(központban)*; vonalkeresés; ~ **junction circuit** *távk* helyközi összeköttetés; ~ **junction line** helyi vonal; ~ **line** *el, ép* főcső; *hidr, ol* gerincvezeték; *távb* trönkvonal, távolsági/helyközi vonal; *vasút* főág, fővonal; ~**-line board** *távb* interurbán/távolsági kapcsolóberendezés; ~**-line cable** távkábel, interurbán/távolsági/helyközi kábel; ~ **lining** *pa* bőröndpapír; ~**-lining paper** *pa* bőröndpapír; ~ **main** → ~ feeder; ~ **mains** *ép* fővezeték, összekötő vezeték *(villamos erőművek között)*; ~ **network** *távk* távolsági/helyközi hálózat; ~ **of the nucleus** *fiz* atomtörzs; ~ **operator** helyközi kezelő; ~ **pair** *távb* trönk érpár; ~ **pipeline** *ol* fővezeték, fő csővezeték; ~ **piston** *gép* bőrtömítésű hidraulikadugattyú; ~ **record position** *távb* bejelentő munkahely; ~ **relay (TR)** *távb* trönkvonali jelfogó; ~ **road** *közl* főútvonal; országos útvonal; ~ **sewer** *hidr* főcsatorna; ~ **switchboard** *távk* távolsági váltó; ~ **terminal** *távk* távolsági kapcsolókészülék; ~ **zone** *távb* díjövezet
trunked hatch-way *hajó* raktárnyílásakna
trunking *bány* ércmosás mosócsatornában; *élip* szélcső, csővezeték, futócső; *távb* helyi kapcsolás *(központok között)*; ~ **diagram** *távb* kábelkapcsolási rajz; ~ **operator** *távb* (helyközi) kapcsolókezelő; ~ **scheme** *távk* hálózat felépítése; ~ **system** *élip* szálcsőrendszer; ~ **traffic** *távb* átkérő forgalom
trunnion *gép* forgócsap; tengelycsap; *hidr* forgattyúcsap *(szivattyún)*; ~ **axis** *geod* fekvő tengely, H tengely *(teodoliton)*; ~ **bearing** *geod* fekvőtengely-csapágy; *gép* önbeálló csapágy, Sellers-csapágy; ~ **bed** *gép* csapfészek; ~ **block** *kat* állványcsatlakozás; ~ **cap** *kat* csőcsap; ~ **cross** *gép* kardánkereszt; ~ **face** *gép* tengelycsapvég; ~ **latch-plate** *kat* forgócsapzárlemez; ~ **mounting** *gép* forgócsap csapágyazása; ~ **ring** *gép* forgócsapgyűrű; ~ **sight** *kat* mozgatható irányzék; ~ **type clamp** *el* lengő szorító; ~**-type universal joint** *gép* keresztcsapos golyós kardáncsukló
trunnioned csappal ellátott, csapos-; ~ **counterweight** *gép* csuklós ellensúly
truss I. *v ép* függesztőművel ellát; merevít; összehúz, összekötöz; rácsoz; *fa* abroncsol, abroncsoz *(hordót)*; *mzg* báláz *(szénát, szalmát)*; **II.** *n* csomó *(köteg)*; nyaláb; *ép* feszítőmű, rácsos tartó; merevítő tartó; *hajó* keresztvitorlarúd középső vasalása; *mzg* bála *(széna v. szalma)*; ~ **bar of brake** *gépk* fékvonórúd; ~**-beam** *ép* feszített tartó; ~ **bolt**köztartó/összekötő csavar; ~ **bridge** *ép* rácsos híd; ~ **head** alacsony félgömbölyű (szegecs)fej; ~ **joint** *ép* csomópont *(rúdszerkezeteknél)*; ~**-member** *ép* rácsrúd *(tartószerkezet)*; ~ **post** *ép* függesztőoszlop; ~ **principal** *ép* főszaruállás; ~ **rod** *élip* pálcanyaláb *(sikszitán)*; ~**-type lifting frame** *ép* rácsos emelőhimba; ~**-type roof bolting** *bány* feszítőműves kőzethorgonyzás; ~ **web** *ép* rácsos tartó rácsozata *(övek nélküli tartószerkezet)*; ~ **with double-jointed chords** *ép* kettős övű csuklós tartó; ~ **with parallel chords** *ép* párhuzamos övű rácsos tartó
trussed | arch rácsos szerkezetű ív; ~ **arch(ed girder) bridge** *ép* rácsos ívhíd; ~ **arch with parallel booms** *ép* párhuzamos övű rácsos ív(tartó); ~ **beam** *ép* feszítőműves tartó; rácsos tartó; *vasút* fékháromszög; ~ **partition** *ép* rácsozott önhordó válaszfal; ~ **rafter roof** *ép* torokgerendás fedélszék
trussing *ép* merevítés dúcokkal; összeköttetés; rácsozás; tetőszerkezet, szaruzat, fedélszék, rudakból álló merev szerkezet; *fa* abroncsozás; *mzg* bálázás *(szénáé, szalmáé)*; ~ **apparatus** *fa* abroncshúzó csiga *(hordókhoz)*; ~ **belt** *fa* dongahajlító bura; ~ **press** *mzg* bálasajtó; ~ **trivet** *tex* bársonyvágó tolókés
truth igazság; *mat* érvényesség, igazság *(képleté, kifejezésé)*; ~ **function** *mat* igazságfüggvény; ~**-functional (sentential) connective** (logikai) műveletjel, junktor, logikai konstans, igazságfunktor; ~ **mark** *tex* tanúsító jegy *(szöveten)*; ~ **table** *mat* igazságtábla, igazságtáblázat; kombinációs táblázat; logikai értéktáblázat; ~**-table computer** *szt* táblázatos logikai függvényű számítógép; ~**(-)value** *szt* igazságérték, igazságmérték, logikai érték; ~ **value of proposition** *szt* kijelentés igazságértéke
truxillic acid *vegy* truxillsav
truxinic acid *vegy* truxinsav, izotruxillsav
try I. *v* (ki)próbál; kísérletez; átvizsgál, felülvizsgál, megvizsgál; **II.** *n* kísérlet, próba; ~ **ga(u)ge** *szersz* ellenidomszer; ~ **method** próbálgatás; *mat* fokozatos közelítés *(módszere)*; ~ **out** *v* kipróbál; fémet finomít; ~ **square** *szersz* (talpas) acélderékszög; ~ **up** *v fa* gyaluval simít
Try → tryptophan
trying plane *szer* kettős eresztőgyalu
trypaflavine *gyógyv* tripaflavin
trypsin *vegy* tripszin *(fehérjebontó enzim)*
tryptase *vegy* triptáz, tripszináz
trypton tripton

tryptophan (Try) *vegy* triptofán, α-indolil-β-aminopropionsav
trysail *hajó* csonka csúcsvitorla
TS → telephone set; → tensile strength; → test solution; → test-signal; → time sharing; → tool steel; → total solid; → transport service; → twin-screw
tschermakite *ásv* tschermakit
tschermigite *ásv* tschermigit
TSI → true airspeed indicator
TSOS → time-sharing operating system
TSP → trial shot point; → trisodium phosphate
TSS → time-sharing system
tsunami *fiz* tengerrengési hullám, tengerár; *geol* tengerrengés
TT → tank top; → technical term; → true track
TTI → time-temperature-index
TTL → through the lens; → transistor-transistor logic
TTS → temporary threshold shift
TTT curve → time-temperature transformation curve
TTV → thermostatic throttling valve
TTY → teletype
TU → thermal unit; → traffic unit; → transmission unit
tub kis hordó; (fürdő)kád; dézsa, csöbör, veder; köcsög; *bány* acél aknagyűrű; bödön *(aknamélyítéshez)*; csille, csilleszekrény; *hajó* tancsónak, tanulóhajó; *üveg* hűtőteknő; ~ **filling** *koh* torokvedres adagolás; *tex* kalapácsos kallózógép; ~ **haulage** *bány* csilleszállítás; ~**-sized paper** *pa* felületi enyvezésű papír; ~ **sizing** *pa* felületi enyvezés; ~ **tanning** *fa* kádárcserzés; ~**-wheel** *forg* fazékkorong; ~ **wool** *tex* nyírás után mosott gyapjú
tubber bodnár, kádár; *bány* kéthegyű csákány
tubbing bodnármunka, kádármunka; *bány, ép* tübbing; vasbeton/fa aknabiztosító (bélés)gyűrű; ~ **support** *bány* tübbingbiztosítás
tube I. *v* csőbe foglal; *bány* vízhatlanul biztosít, béléscsövez; **II.** *n* cső; csatorna; tubus; leforrasztott cső; *bány* (bánya)csille; bödön; csőrudazat; *el* cső; elektroncső, vákuumcső; *ép* csőalagút; összekötő csatorna; szivárgócső; *fiz* szélcsatorna; *gépk* légtömlő *(gumiabroncsé)*; *hang* síptest; *kat* puskacső; *pa* hüvely; *szt* képernyő, cső; *tex* hüvely; *vasút* földalatti vasút, metró *(Londonban)*; ~ **adapter** *ép* csőadapter, átalakító foglalat; ~**-and-fin radiator** *gépk* csöves hűtő; ~ **artillery** *kat* csöves tüzérség; ~ **base** *rád* csőfej; ~ **beader** *alak* csőprés *(szereléshez)*; ~ **beading** *heng* csőbehengerlés; ~ **bender** *ép* motoros csőhajlító gép; ~ **bending machine** *ép* csőhajlító gép; ~**-bending pliers** *szer* szigetelőcső-hajlító fogó; ~ **bias** *el* csőelőfeszültség; ~ **billet/blank** *önt* csőbuga; ~ **board** *tex* csévélőkarton; ~**-borer** *geol* hengerfúró; ~ **bundle** *ol* csőköteg; ~ **cap** *el* csősapka; *kat* csőfar; ~**-cap pin** *kat* csőfarrögzítő csap; ~**-cell layer** *élip* felhám tömítősejtjei; ~ **characteristic** *el* áram-feszültség karakterisztika, áram-feszültség jelleggörbe; ~ **chromatography** *fiz* üvegcsöves vékonyréteg-kromatográfia; ~ **circuit** *el* elektroncsöves áramkör, nagyfeszültségű áramkör; ~ **cleaner** *kat* puskacsőkefe; ~ **cleaning** *ép* csőtisztítás; ~ **cleaning appliance/device/machine** *ép* csőtisztító készülék; ~ **clip** *ép* csőbilincs; ~ **cluster** *kat* vetőcsőköteg; ~ **coal sorter** *fiz* csöves színosztályozó; ~ **coil** *ép* csőkígyó; ~ **cold bending machine** *ép* motoros csőhajlító gép; ~ **complement** *rád* csőkészlet; ~ **cooled by air circulation** *el* léghűtéses cső; ~ **counter** *at* (sugárzás)számláló, számlálócső; ~ **current** *el* csőterhelés; ~ **cutter** *ép, ol* (kézi) csővágó; ~ **cutting** *önt* csőleszúrás; ~ **draw** *önt* csőhúzó prés; ~ **drawbench** *önt* csőhúzó pad; ~**-drawing** *önt* csőhúzás; ~**-drawing bench** *önt* csőhúzó pad; ~ **draw press** *önt* csőhúzó prés; ~ **drift** *any, önt* csőkiverő tüske; ~ **electrode capacity** *el* csőkapacitás; ~ **electrometer** *el* elektroncsöves elektrométer; ~ **electronics** *el* vákuumcsöves elektronika; ~ **enclosure** *el, rád* csőbura; ~ **end planer** *ép* csővégleélező gép; ~ **envelope** *el, rád* csőbura; ~ **evaporator** *vegy* csöves elgőzölögtető/elpárologtató; ~ **expander** *alak* csővégtágító gép; ~ **expanding** *alak* csőbehengerlés *(szereléskor)*; ~**-expanding mandrel** *heng* csőtágító tüske; ~ **expanding press** *heng* csővégtágító prés; ~**-extruding press** *műa* csőextrudáló prés; csőprés; ~ **extrusion** *önt* csősajtolás; ~ **fitting** *szer* csőillesztés; ~ **flap** *gépk* gumiabroncs-tömlővédő szalag; ~**-flattening test** *any* lapítópróba *(csöveké)*; ~ **focus** *el, rád* csőfókusz, katódsugár-beesési pont; ~ **for diagnosis** *el* diagnosztikai cső; ~**-forming mill** *heng* csőalakító hengersor; ~ **furnace** *vegy* csőkemence, csőkígyós kemence; ~ **fuse** *el* csöves biztosító; ~ **galvanizing** *koh* csőhorganyzás; ~ **ga(u)ge** *fiz* csőmanométer; ~**-grain sample** *élip* mintavevő dárda *(gabonához)*; ~ **holder** *rád* csőfoglalat; ~ **impedance** *rád* beeső ellenállás, csőimpedancia; ~ **ingot** *önt* csőbuga, csőtuskó; ~**-in-tube condenser** *el, rád* kettőscsövű, ellenáramú kondenzátor; ~ **lathe** *szersz* csőeszterga; ~**-length** *opt* tubushossz; ~ **load** *el* csőterhelés; ~ **manometer** *fiz* csöves manométer; ~ **mill** *bány* csőmalom, csöves malom; *élip* csőmalom, csöves őrlőmalom; *heng* csőhengerállvány; ~ **noise** *rád* csőzaj; ~ **of force** *fiz* erőcső, erővonalnyaláb; ~ **out** *v* csővel bélel; ~ **panel** *hőt* csőfal; csőrács; ~ **paper** *pa* csévepapír; ~**-piercing mill** *heng* csőlyukasztó hengerállvány, ferde hengerállvány; ~ **plate** *hőt* csőfal *(kazáné)*; ~ **pointer** *heng* csőhegyező gép; ~ **potential** *rád* (üzemi) csőfeszültség; ~ **press** *heng* csőprés; ~ **railing** *ép* csőkorlát; ~ **railway** *közl* földalatti vasút; ~ **rating** *rád* csőüzemviszony(ok); ~**-reducing machine** *szer* csőszűkítő gép; ~ **return** *ol* fordulókamra, csőkönyök; ~ **ring** *rád* csőmikrofóniától eredő hang; ~ **roll** *pa* regiszterhenger, szitatámhenger; ~ **rolling** *heng* csőhengerlés; ~ **rolling mill** *heng* csőhengermű; ~**-running rod** *szersz* füstcsőáthúzó/füstcsőtisztító kefe/rúd; ~ **sampler** *ép* talajkiszúró/talajmintavevő henger; ~ **saw** *bány* koronafúró; ~ **scaler** *el* csöves számláló, számlálócső; *szersz* (kazán)csőtisztító; ~ **screen** *rád* csőárnyékolás; ~**-sealing machine** tubuszáró gép; ~ **sheet** *hőt* csőfal; csőrács; tűztérernyő; ~ **sinking** → ~-drawing; ~ **sizing** *heng* kalibráló csőhengerlés; ~ **slider** *szersz* csőtolattyú; ~ **socket** *rád* csőfoglalat; *szersz* csőkarmantyú; ~ **spinning** *önt* centrifugális csőöntés; ~ **stand** *rád* röntgencsőtartály; ~ **station** *ép* metróállomás; ~ **stem** *el* csőállvány; *gépk* szelepszár *(tömlőn)*; ~**-still** *ol, vegy* csőkemence *(lepárlás)*; csöves desztilláló készülék; ~ **stopper** *hőt* csőelzáró; ~ **straightener** *heng* csőegyengető gép; ~ **stretch-reducing mill** *heng* húzásos csőszűkítő sor; ~ **support** *el* csőfoglalat; *kat* csőtartó ágy; *szer* csőbilincs; ~**-system** *ép* csővezeték; ~ **tapping** *heng* csőleszúrás; ~ **tester** *rád* csővizsgáló

(készülék); **~-threading machine** *szersz* csőmenetvágó gép; **~ tunnel** *ép* csőalagút, tübbingbéléses alagút; **~-type extractor** *élip* csőextrakciós készülék; **~-upsetting test** *any* csőtágító próba; **~ vice** *szersz* csősatu; **~ voltage** *el* működési feszültség; **~ voltmeter** *el* csővoltmérő; elektronikus voltmérő; **~ winding-machine** *műa* csőtekercselő gép

tubeless tyre/tire tömlő nélküli gumiabroncs

tuber dudor, bütyök; *mzg* gumó, gumós növény

tuberose oil tubarózsaolaj

tubiform cső alakú, csöves

tubing csövezés, csövezet, csővezeték; csőbe felszívás; csővel bélelés; csőrendszer; *bány* béléscsövezés; *ol* termelőcső, felszállócső; *tex* hüvely; tömlő alakú áru; **~ anchor** *ol* termelőcsőhorgony; **~ catcher** *ol* (termelő)csőfogó; **~ clamp** *szer* csőbilincs; **~ coupling** *ol* termelőcső-karmantyú; **~ ga(u)ge** *ol* termelőcső-kaliber; **~ glass** *vegy* üvegcső; **~ head** *bány* termelőcsőfej; **~ head pressure** *ol* kútfejnyomás; **~ joint** → **~** coupling; **~ key** *gép* termelőcsőék; **~-leader** *ép* csőbilincs; **~ machine** *bány, ép* csőlehajtó berendezés; **~ plug** *ol* termelőcsődugó; **~ pressure** *ol* termelőcsőnyomás; **~ programme** *bány, ol* termelőcső (beépítési) terve; **~ pump** *bány, ol* termelőcső-(réteg)szivattyú; **~s** *bány, ol* termelőcsőoszlop; **~ shoe** *ol* termelőcsősaru; **~ slips** *bány, ol* rotari csőék; **~ spear** *bány, ol* csőrák; **~ strap** *szersz* csőbilincs; **~ string** *ol* termelőcsőoszlop

tubingless completion *ol* termelőcső nélküli kútkiképzés

tubular cső alakú, csöves; csővázas; **~ anemometer** *met* csöves szélsebességmérő; **~ antenna mast** *rád* antennacsőárboc; **~ article** *tex* tömlős/csőszerű *v.* tömlő formájú áru; **~ atomizer** *gépk* csöves/gyűrűs porlasztó; **~ bearing** *szersz* cső alakú csapágy; **~ body** *el* üreges test; **~ body bracket** *gépk* kocsiszekrénytartó cső; **~ box spanner** *szer* csőkulcs, pipakulcs; **~ bridge** *ép* csőelemekből álló híd; **~ bushing** *el* cső alakú átvezetés, átvezető hüvely; **~ capacitor** *rád* csőkondenzátor; **~ coil** *ol, vegy* csőkígyó, csőspirális; **~ column** *el* csöves kondenzátor; *ép* (kibetonozott) csőpillér/csőoszlop; *ol, vegy* csöves hűtő; **~ conveyor/conveyer** *ép* tömlőhevederes szállítószalag; **~ discharge lamp** *opt* kisülőcső; **~ electrodynamometer** *el* csöves elektrodinamométer; **~ extension** *el* csőtoldat; **~ fabric** tömlő alakú áru; **~ field** *el* szolenoid (erő)tere; **~ frame** *ép* csőkeret; *gépk* csőkeretes alváz; **~-frame chassis** *gépk* csővázas alváz; **~ girder** *ép* kétfalú/többfalú szekrényes gerenda/tartó; **~ goods** *pl tex* nemeztömlő; **~ guide** *gép* csöves vezeték; **~ heater (furnace)** *ol* csőkemence, csőkígyós kemence; **~ heat exchanger (THE)** *hőt* csöves hőcserélő; **~ (line) lamp** *opt* szoffitalámpa, szuffitalámpa; **~ mast** távcsőállvány; *ép* csőoszlop; *ol* csőfúróárboc; **~ mill** *élip* cső alakú hántológép; **~ mo(u)ld** *önt* csőkokilla; **~ pile** *ép* csőcölöp; **~ preheater** *en* csöves léghevítő, csőköteges előmelegítő; **~ reactor** *ol* csőreaktor; **~ resistor** *el* csúszóellenállás; **~ rivet** *finm* csőszegecs; **~ scaffold(ing)** *ép* csőállvány; **~ scaffold(ing) in alumin(i)um alloy** *ép* alumínium csőállvány; **~ shaft** *finm* csőtengely, üreges tengely; **~ spanner** *szersz* csőkulcs, pipakulcs; **~ spar** *rep* csőfőtartó; **~ spray** *pa* fecskendőcső; permetezőcső; **~ spring** csőrugó; *geol* karsztforrás; **~-steel frame** *ép* acél csőváz; **~ steel (slab) prop** *ép* acélcső födémtámasz *(ideiglenes)*; **~ super-heater** *vegy* csöves túlhevítő; **~ through-bolt** *szersz* üreges távtartó csavar; **~ trimmer** *el, rád* hengeres trimmer *v.* finomhangoló kondenzátor; **~ turbine** *hidr* csőturbina; **~-type air heater** *vegy* csöves léghevítő; **~ vault** *ép* cső-takarékboltozat; **~ waveguide** *távk* csőtápvonal; **~ web** *tex* tömlőáru; tömlőszerű szövet

tubulated tubusolt

tubulating machine *el* csőnyakleforrasztó gép

tuck I. *v* felhúz, behajt, benyomkod, betakar, alátesz; *bány* kötélvéget eldolgoz; *bőr* szappanoldattal kezel *(zsírcserzésű bőrt)*; *tex* ványol, kallóz; **II.** *n* redő, ránc, hajtás; burkolat *(könyvön)*; *kh* szemfeltartás; **~ cam** *kh* feltartó lakat; **~ pointing** *ép* vaskapocs rögzítése habarccsal; **~ position** *kh* felmenő helyzet *(horgas/nyelves tűnél)*; **~ presser** *tex* mintás préskerék; **~-rib fabric** *kh* sima feltartott kötésű kelme; **~ stitch** összehúzó öltés; *kh* feltartott kötés; **~ up** *v*ráncokba rak/szed *(ruhát)*

tucker → tucking blade

tucking | blade *nyom* hajtogatókés; **~ in the hook** *kh* nyitott kanalas (szem)feltartás; **~ on the latch** *kh* zárt kanalas (szem)feltartás

tufa *ásv* tufa, tufakő

tuff *geol* tufa, vulkáni tufa; **~-scattering** *geol* tufaszórás

tuffit *geol* tufit

Tufnol *műa* tufnol *(rétegelt műanyag)*

tuft I. *v tex* csomóz; **II.** *n* bojt; pászma; csomó, köteg; *tex* csomózóhurok; szakáll; **~ and schlieren observations** *rep* áramlásmegfigyelés fonalas és Schlieren-módszerrel; **~ slope** *ép* pázsitos rézsű

tufted carpet *tex* tűzött szőnyeg

tufting machine *tex* csomózógép

tufty *tex* csomós

TUFX → turning fixture

tug I. *v* húz, vontat; **II.** *n* feszítés, húzás, vontatás; vontató(hajó); istráng; *rep* repülőgép-vontató jármű

tugboat *hajó* vontatóhajó

tugger hoist vontató emelődaru

tugging *hajó* vontatóhajózás

tula metal *finm* tulaezüst

tulipwood *fa* tulipánfa (fája) *(ausztrál, brazil fajták is)*

tulle *tex* hálószövet; tüll

tumble I. *v* beomlik; megfordít, kicsap; koptat *(dobban)*; *hajó* bukdácsol; *tex* alternáló mozgást végez; **II.** *n* leesés, (le)zuhanás; **~ card** többmezős kártya; **~-dryer, ~-drier** szárítógép *(háztartási)*; *ip* tömblerszárító; **~ gate** *hidr* billenőlapos gát; **~-home** *hajó* a fedélzet keskenyedése; **~ polishing** *műa* felfényezés dobban, dobfényezés; **~ way** *hidr* vízláda

tumbler billenő kétkerekű kocsi/taliga; zárópecek; *bány* csillebuktató; *bőr* kalló; *el* billenő villanykapcsoló; *gép* rekesztő; *gumi* szaggatógép, stancológép; *kat* ütőszegakasztó; *kh* tűkanál; *pa* fehérítődob; hántológép; *tex* ványolóhordó; **~ bearing** *ép* ingatestes saru; lengő/csuklós csapágy; **~ bracket** *ép* lengőkonzol, lengőkeret; **~-courses** *ép* falazat lejtős (ferde) sorai; **~ device** billen(t)őszerkezet; **~ dryer** → tumble dryer; **~ file** *szersz* hegyes végű nagy madárnyelvreszelő; **~ gear** billenőszerkezet; *forg* fordítókereszt, fordítószív; kapcsoló karoskerék, Norton-kerék; **~-gear latch** *forg* Norton-kerék kilincse; **~**

lever *forg* Norton-kerék kapcsolókarja; ~ **spring** *gép* akasztórugó, rekesztőrugó; ~ **switch** *el* billenőkapcsoló; billentyűs kapcsoló, tömblerkapcsoló; ~ **test** *koh* dobszilárdság-vizsgálat; ~ **yoke gear** homlokkerekes irányváltómű

tumbling bukdácsolás; bedőlés; buktatás, megfordítás; kicsapás; *önt* kidolgozás *(dobban)*; koptatás, fényesítés *(koptatóhordóban)*; ~ **barrel** *műa* fényeződob; *önt* koptatódob, rázódob *(csiszoláshoz)*; öntvénytisztító dob; ~ **block** *vasút* lengőív *(mozdonykormányműben)*; ~ **drum** fényeződob; ~ **gear** billenőszerkezet; *forg* fordítókereszt, fordítószív; kapcsoló karoskerék, Norton-kerék; ~ **mill** *önt* tisztítódob; ~ **pan** *élip* görgetőedény; ~ **powder** *önt* öntvénytisztító por *(koptatóban)*; ~ **shaft** *gép* dobtengely, keverőtengely; körhagyó tengely; ~ **tom** *gép* billenőszerkezet

tumbrel kordé, csille; trágyaszállító kocsi; furgon *(csukott tehergépkocsi)*; *kat* lőszerkocsi

tumid dagadt, duzzadt

tump *ép* aknazsomp

tumulus *geol* lávadomb

tun *élip* erjesztőhordó; ~**-dish** *önt* öntőkád; salakgát, beömlőtölcsér

tuna *élip* tonhal; ~ **oil** tonhalolaj

tunable *rád, távk* hangolható; ~ **cavity** *távk* hangolható üregrezonátor; ~ **chemical laser** *fiz* beszabályozható kémiai (pumpálású) lézer; ~ **coherent light source** *opt* beállítható összetartó fényforrás; ~ **laser** *fiz* hangolható lézer; ~ **laser source** *fiz* beállítható lézersugárzó forrás; ~ **magnetron** *távk* hangolható magnetron; ~ **Raman laser** *fiz* Raman-féle hangolható lézer; ~ **ringing** *rád* hangolható berezgés

tunance *el* párhuzamos rezonancia

tundra *geol, környv* tundra; ~ **gravel** *geol, környv* tundrahordalék

tune I. *v* hangol; beállít; *el, rád* behangol, összhangba hoz; **II.** *n* (össz)hang; ~ **colo(u)r** hangszín; ~ **off** *v rád, távk* elhangol; ~ **out** *v rád* kihangol *(zavart)*; ~ **up** *v gép* rendbe hoz, beállít; *rád* behangol *(maximális teljesítményre)*

tuned *rád* hangolt; ~ **aerial** *rád* hangolt antenna; ~ **amplifier** *el, rád* rezonanciaerősítő, hangolt erősítő, zárókörös csatolás; ~**-anode (circuit)** *el, rád* anódzárókör; hangolt anódkör; ~**-anode circuit oscillator** *el* hangolt anódkörös oszcillátor; ~**-anode coupling** *el* hangoltanód-csatolás; ~ **antenna** *távk* hangolt antenna; ~**-aperiodic-tuned (TAT)** *rád* hangolt-hangolatlan-hangolt; ~ **base circuit** *rád* hangolt bázískör; ~**-base oscillator** *el* hangolt báziskörös oszcillátor; ~ **cell** *távk* hangolt üregrezonátor; ~ **circuit** *el* hangolt kör; ~ **coupling** *el* zárókörös csatolás; ~ **detector** *el* hangolt detektor; ~**-emitter oscillator** *távk* hangolt emitterkörös oszcillátor; ~ **filter** *távk* hangolt szűrő; ~ **grid (circuit) oscillator** *távk* hangolt rácsú oszcillátor; ~ **laser** *fiz* hangolható lézer; ~ **oscillating circuit** *el* hangolt rezgőkör; ~**-plate oscillator** *távk* anódkörben hangolt oszcillátor; ~ **radiofrequency receiver** *távk* egyenes vevő; ~**-reed rectifier** *el* rezgőnyelves/vibrátoros egyenirányító; ~**-reed relay** *el* behangolt rezgőnyelves rezonanciarelé; ~ **relay** *távk* hangolt rezonanciarelé; ~ **torsional vibration damper** *gép* hangolt torziós lengéscsillapító; ~ **transformer** *el* rezonáns transzformátor, rezonanciatranszformátor

tuner hangoló; *rád* hangolóegység, tuner; *tex* segédművezető; ~ **drum** *rád* hangolódob; ~ **tub** *rád* hangolóegység doboza; ~ **with preselection** *rád* emlékező hangolóegység; ~ **with preselection facilities** *rád* programozható hangolóegység

tung-oil *vegy* faolaj; tungolaj, kínai faolaj

tungstate *vegy* volframát

tungsten (W) *vegy* volfrám; ~ **alloy** *heg* volfrámötvözet; ~ **arc** *el* volfrámív; ~**-arc lamp** *opt* volfrám ívlámpa; ~**-arc spot weld(ing)** *heg* volfrámíves ponthegesztés; ~**-arc weld** volfrámíves hegesztéssel készült varrat; ~ **bronzes** *vegy* volfrámbronzok; ~ **carbide** *vegy* volfrámkarbid, vidia; ~ **cathode** *el* volfrámkatód; ~ **contact** *el* volfrámérintkező; ~ **dichloride** *vegy* volfrám(II)-klorid; ~ **dioxide** *vegy* volfrám(IV)-oxid; ~ **disulphide/disulfide** *vegy* volfrám(IV)-szulfid; ~ **filament** *el* volfrám izzószál; ~ **halogen lamp** *el* halogén izzólámpa; ~ **hexachloride** *vegy* volfrám(IV)-klorid; ~**-inert gas welding** → TIG; ~ **lamp** *el* volfrámszálas izzólámpa; ~ **pentachloride** *vegy* volfrám(V)-klorid; ~ **ribbon lamp** *el* volfrámszalaglámpa; ~ **steel** *vegy* volfrámacél; ~ **tetrachloride** *vegy* volfrám(IV)-klorid; ~ **trioxide** *vegy* volfrám(IV)-oxid; ~ **trisulphide/trisulfide** *vegy* volfrám(VI)-szulfid

tungstenian *ásv* volfrámtartalmú

tungstic *vegy* volfrám(VI)-; ~ **acid** *vegy* volfrámsav; ~ **ochre/ocher** tungstit

tungstite *ásv* tungsztit

tuning *el* hangolás, beszabályozás; *hang* hangolás, temperálás; *rád* behangolás, beállítás; ráhangolás; ~ **board** *hang* hangolóállvány, hangolótábla; ~ **capacitor** *rád* hangolókondenzátor; ~ **circuit** *rád* hangolókör; ~ **coil** *rád* hangolótekercs; ~ **control** *rád* hangolásszabályozó; ~ **curve** *rád* hangolási jelleggörbe; ~ **device** *rád* hangolószerkezet; ~ **dial** *rád* hangolóskála; ~ **drift** *rád* elhangolódás, elhangolás; ~ **element** *távk* késleltető elem; ~ **fork** *hang* hangvilla; ~**-fork-controlled oscillator** *távk* hangvilla-generátor, hangvillával vezérelt oszcillátor/adó; ~**-fork generator** *rád* hangvilla-generátor, hangvillával vezérelt oszcillátor/adó; ~ **gear** *távk* hangolószerkezet; ~ **hammer** *szersz* zongorahangoló kulcs; ~**-in** *rád* behangolás, beállítás; ~ **indicator (TI)** *rád* hangolásjelző; varázsszem; ~ **indicator tube** *rád* hangolásjelző cső; ~ **inductance** *rád* hangolótekercs; ~ **knob** *rád* hangológomb; ~ **lamp** *rád* hangolásjelző lámpa; ~ **means** hangolóeszköz; ~ **meter** *rád* hangolásjelző; ~ **note** *rád* hangoló hangfrekvencia; ~ **paddle** *rád* hangolólapát *(üregrezonátorban)*; ~ **piston** *távk* állítható hangolócsap; ~ **plunger** *rád* hangolómag, hangolódugattyú; ~ **probe** *távk* hangolószonda; ~ **property** *távk* hangolhatóság; ~ **range** *rád* behangolási/beállítási tartomány; ~ **ring** *rád* hangológyűrű, egymenetes hangolótekercs; ~ **scale** *rád* behangolóskála, beállítóskála; ~ **screw** *el* hangolócsavar; ~ **sharpness** *távk* élesre hangolás; szelektivitás; ~ **silencer** *távk* némahangoló (berendezés); ~ **switch** *rád* hangolásátkapcsoló

tunnel I. *v* alagutat fúr; **II.** *n* kiüregelés *(hengeres)*; csőcsatorna; alagút; akna; *at* csatorna; *bány* alagút;

altáró; keresztvágat; meddővágat; táró; vágat; *ép, hőt* füstjárat, füstcsatorna; ~**-abutment** *talt* alagútváll; ~ **arch** *ép* alagútboltozat; ~ **band** *élip* alagúti szállítószalag; ~ **blasting** *bány* (nagy)kamrás robbantás; ~ **boring machine** *ép* alagútfúró gép; ~ **breakthrough** *el* alagútletörés; ~ **coefficient** *el* csatornafaktor; ~ **concreting train** *ép* mozgó alagútbetonozó berendezés; ~ **contact** *el* Josephson-kontaktus, alagút-kontaktus; ~ **conveyor/conveyer (belt)** *ép* alagútszalag; ~ **current** *el, félv* alagútáram; ~ **cutting chain gear equipment** *ép* alagútréselő fej; ~ **diode (TD)** *el, félv* tunneldióda, Esaki-dióda, alagútdióda; *szt* alagútdióda; ~ **diode amplifier (TDA)** *el* alagútdiódás erősítő; ~ **diode peak current** *el* csúcsáram; ~ **diode pulse circuit** *el* alagútdiódás impulzusáramkör; ~ **diode store** *szt* alagútdiódás tároló; ~**-drier** *műa* alagútszárító; ~ **drill(ing machine)** *ép* alagútfúró gép/pajzs; ~ **driving** *bány, ép* alagúthajtás; ~ **drying oven** *élip* szárító alagútkemence; ~ **effect** *at* alagúthatás; *el, félv* alagútjelenség, alagúteffektus; ~**-emitter triode** → ~ transistor; ~ **excavator** *ép* alagútkotró; ~**-face** *talt* alagútkapuzat; ~ **for automobile traffic** *ép* gépkocsialagút; ~**-front** *talt* alagútkapuzat; ~ **furnace** *koh* alagútkemence; ~ **heading** *bány* keresztvágat vájvége; táróhajtás; ~ **hole** *bány* kamratöltet; ~ **kiln** *koh* alagútkemence; ~ **liner** *ép* alagútfalazati elem, tübbing; ~ **lining** *ép* alagútfalazat; ~ **miner** *ép* alagútépítő munkás; ~ **model** *fiz* szélcsatornamodell; ~**-opening** *ép* alagút szája, alagútkapuzat; ~ **pouring train** *ép* betonozó szerelvény; ~ **ring** *talt* alagútgyűrű, tübbinggyűrű; ~ **shaft** *ép* alagút szellőzőaknája; ~**-shaft bearing** *hajó* csavartengely/propellertengely csapágya; ~ **shield** *bány, ép* vágathajtó pajzs, fúrópajzs; ~ **shield work** *bány, ép* pajzshajtás(os munka); ~ **slot** *el* zárt horony; ~ **spoil** *ép* kitermelt kőzet/föld; ~ **station** földalatti-állomás, metróállomás; ~ **stove** *koh* alagútszárító; ~ **timbering** *ép* alagútácsolat; ~ **tramway** kéreg alatti villamos(vasút); ~ **transistor** *el* alagúttranzisztor; ~**-type discharge carrier** *hidr* megkerülőtáró, túlfolyótáró; ~**-type tail race** *hidr* alsó üzemvíztáró; ~ **vault** *ép* dongaboltozat; ~ **winding** *el* befűzött tekercselés

tunnelled, *US* **tunneled** | **aqueduct** *hidr* vízellátó alagút; ~ **space** *mat* hordótér

tunneller, *US* **tunneler** *bány* elővájó réselőgép

tunnelling *US* **tunneling** *el, félv* alagútjelenség, alagúthatás; *ép* alagúthajtás; ~ **blasting explosive** *ép* alagútrobbantó anyag; ~ **by mining** *ép* bányászati módszerű alagútépítés; ~ **machine** *ép* vágathajtó/alagútfúró gép; ~ **shield** *bány* hajtópajzs, pajzspalást; ~ **with support (shield) propulsion** *bány* táróhajtás biztosítás-átsajtolással

tup szabadon eső verő(kos)/döngölő; *ép* cölöpverő súly; ejtőkörte; medve *(kovácskalapácsé)*; *ép, mt* (ejtő)kalapács; medve *(kalapácsé)*; öntvényzúzó kos; ütőkos, verőkos; *fa* bunkó, dorong

Turam | **bridge** *geof* Turam-híd; ~ **equipment** *geof* Turam-műszer; ~ **method** *geof* Turam-módszer

turbid örvényes; zavaros *(átlátszatlan)*; homályos *(víz)*; ~ **water** *hidr* zavaros/iszapos víz

turbidimeter *vegy* turbidiméter, (folyadék)zavarosságmérő, opacitásmérő, opaciméter, nefelométer

turbidimetric analysis *vegy* nefelometrikus analízis

turbidimetry *vegy* turbidimetria, zavarosságmérés

turbidity zavarosság, zavarosodás; *tv, vid* (emulziós) életlenség, elmosódottság; ~ **current** *fiz, geol* szuszpenzióáramlás; ~ **meter** → turbidimeter

turbine turbina; ~ **aerator** *hidr* függőleges tengelyű levegőztető; ~ **aero-engine** *rep* turbóhajtómű; ~ **blade** turbinalapát; ~ **blower** turbófúvó; ~ **casting** *rep* turbinaház; ~ **crown** *hidr* járókerék-koszorú; ~ **cylinder** turbinaházhenger; ~ **drilling** *ol* turbinafúrás; ~ **engine** *rep* gázturbinás hajtómű; ~ **flowmeter** *fiz* turbinás áramlásmérő; ~ **grinder** *alak* kézi lyukköszörűgép; ~ **interrupter** *el* turbinás szaggató/megszakító; ~ **load** *hidr* turbinatöltés; ~ **nozzle block** *rep* turbina fúvókaegysége; ~ **pit** *hidr* turbinakamra; ~ **plant** *en* turbinatelep; ~**-powered helicopter** *rep* gázturbina-hajtóműves helikopter; ~ **pump** *hidr* örvényszivattyú, turbinaszivattyú; ~ **scutching machine** *tex* turbinás verőgép; ~ **set** turbinagépcsoport; ~ **setting** turbinaelrendezés; ~ **speed control** turbinafordulatszám-szabályozás; ~ **stator** *rep* turbinaház-állórész; ~**-type flowmeter** *fiz* turbinás áramlásmérő; ~**-type jet engine** *rep* gázturbinás sugárhajtómű; ~ **vibrator** *ép* légturbinás vibrátor

turbo-alternator *el* váltakozó áramú turbógenerátor

turbocharger *gépk* turbó-töltőkompresszor

turbo-compressor turbokompresszor, forgólapátos légsűrítő

turbo-convertor *el* turbógenerátorral kapcsolt áramátalakító

turbo-disperser turbinaszóró

turbodrill *bány, ép* fúróturbina

turbodrilling *bány* turbó-rotarifúrás *(turbinás fúrás)*

turbo-dynamo *el* egyenáramú turbógenerátor; turbódinamó

turbo-electric propulsion *el* turbóelektromos (meg)hajtás

turbofan *rep* turbólapát; turbóventilátoros hajtómű

turbo-feedpump turbótápszivattyú

turbogenerator turbógenerátor

turbojet (TJ) (engine) *rep* gázturbinás sugárhajtómű

turbomixer *ép* tányéros keverőgép; ~ **with friction wheel drive** *ép* dörzstárcsás hajtású tányéros keverőgép; ~ **with rotating mixing compartment** *ép* forgótányéros keverőgép

turbomolecular (drag) pump *rep* turbómolekuláris szivattyú

turboprop *rep* turbólégcsavaros/légcsavaros-gázturbinás hajtómű/repülőgép; ~ **engine** *rep* légcsavaros gázturbina(hajtómű)

turbopump *rep* turbószivattyú

turboramjet *rep* kombinált gázturbinás és torlósugárhajtómű

turborocket *rep* turbórakéta

turboshaft engine *rep* szabadtengelyes gázturbinás hajtómű, szabadturbinás hajtómű

turbosphere *met* turboszféra

turbo-starter *rep* turbóindító

turbosupercharged engine *rep* turbókompresszoros motor

turbosupercharger *rep* turbókompresszor

turbotransmission turbószivattyús erőátvitel; hidrodinamikus hajtómű

turbulator *ép* keverődoboz
turbulence *fiz* örvénylés, turbulencia; → turbulent flow; ~ **amplifier** *el* turbulenciaerősítő; ~ **cloud** *met* turbulenciafelhő; ~**-free flow** *hidr* turbulenciamentes/örvénymentes áramlás; ~ **intensifier** *fiz* turbulenciaerősítő; ~ **radius** *fiz* turbulenciasugár
turbulent nyugtalan; *rep* turbulens, örvényes; ~ **air** *rep* széllökés; turbulens légáramlás/levegő; ~ **boundary layer** *hidr, rep* turbulens határfelület/határréteg; ~ **conduction (of heat)** *fiz* turbulens/látszólagos (hő)vezetés; ~ **dispersion** *környv* turbulens szóródás; ~ **flow** *at, fiz* turbulens áramlás; *hidr* gomolygó/turbulens áramlás; *rep* örvényes/turbulens áramlás; ~ **flux** *met* örvényfluxus; ~ **friction** *fiz* turbulens súrlódás; ~ **heat conduction** → ~ conduction of heat; ~ **layer** turbulens réteg; ~**-layer roasting furnace** *vegy* örvényréteges piritpörkölő kemence *(kénsavgyártás)*; ~ **mixing chamber** *vegy* turbulens keverőkamra; ~ **region** turbulens tartomány/zóna; ~ **throttle** *gép* turbulens fojtószelep; ~ **velocity** *fiz* turbulens áramlási sebesség
turf tőzeg; gyep, pázsit; ~ **board** *bány* tőzeglemez; ~ **cover** gyeptakaró; ~ **pit** *bány* tőzegkitermelő hely; ~ **slope** *ép* gyepesített lejtő; ~ **sod** *ép* gyeptégla; ~ **strip** *ép* gyepszalag, gyepsáv, gyeptekercs
turfary *talt* tőzeges talaj
turfing | **by seeding** gyepesítés magról; ~ **by sodding** gyepesítés gyeptéglával
turgid duzzadt, dagadt, felfúvódott
turgidity duzzadtság *(sejteké)*
turgite *ásv* turgit, hidrohematit
Turing | **computable** *szt* Turing-számítható; ~ **machine** *szt* Turing-gép
Turkey|**-fat ore** *ásv* karbonáttartalmú cinkérc; ~**-red** törökvörös; ~ **red oil** *vegy* törökvörös olaj
Turkish | **carpet** szmirnaszőnyeg, török szőnyeg; ~ **closet** török WC; ~ **knot** *tex* szmirnacsomó
turmeric sárga gyömbérgyökér, kurkuma
turn I. *v* fordít, (körül)forgat; terel; alakít; mozog *(forogva)*; forog, fordul; (meg)változik; lehajlik; *élip* alvaszt *(tejet)*; összefut *(tej)*; *forg* (le)esztergál; esztergálással lemunkál; **II.** *n* hajlat, görbület; forduló, kanyar; váltás; sorrend; *bány* műszak; *el* tekercsmenet; *élip* megfordulás; *gép* csavarodás; fordulat; teljes menet; *nyom* fordított/blokált betű; ~ **about** *v* megfordít, megfordul; forog; ~ **a letter** *v nyom* blokkál; ~ **and bank indicator** *rep* forduló- és bedőlésindikátor; ~**-and-slip indicator** *rep* elfordulás- és csúszásjelző; ~**-around** → turnaround; ~ **bacterium** *élip* bor megfordulását okozó mikroba; ~ **bench** *szersz* asztali eszterga; ~ **bridge** *ép* forgóhíd; ~ **cap** *ép* kéményforgó fejrésze/sisakja; ~ **closure** *el* menetzárlat; ~ **down** *v* lehajt; *rád* lehalkít; ~**-down collar** *ruh* laposan fekvő gallér; ~ **from guide** *v forg* sablonról esztergál; ~ **gate valve** *gép* elfordítható tolózár; ~ **grey** *v fa* szürkefoltossá tesz; ~ **head die** *heng* görgős húzólap; ~ **indicator** *gépk* irányjelző, index; *rep* elfordulásjelző; ~ **into the wind** *v rep* széllel szembefordul; ~**-key** → turnkey; ~ **knob** → turning knob; ~ **mechanism** fordítómű; ~ **off** *v* elfordít *(csapot, elosztófejet)*; elforgat; elcsavar; elzár; elfordul; *szt* kikapcsol; ~**-off** csappal zárható kifolyó(nyílás); *vasút* vágányelágazás; ~**-off angle** *félv* oltási szög; ~**-off behavio(u)r** *félv* kikapcsolási viselkedés; ~**-off circuit** *félv* oltókör; ~**-off condenser** *félv* oltókondenzátor; ~**-off current** *félv* oltóáram; ~**-off delay time** *félv* tárolási idő; ~**-off process** *félv* kikapcsolási folyamat; ~**-off thyristor** *félv* oltótirisztor; ~**-off time** *félv* kikapcsolási idő; ~ **of scales** *metr* mérleg játéka/kilengése; ~ **on** *v* bekapcsol; kinyit; ~**-on process** *el* bekapcsolási folyamat; ~**-on time** *el, félv* bekapcsolási idő; ~**-on transients** *el* bekapcsolási folyamat; ~ **out** *v* előállít, gyárt; elkészít; kifordít; ~**-out** → turnout; ~ **over** *v* megfordít, kicsap; túlcsavar *(csavart)*; áthelyez; átfordul; felborul; *rep* átforgat *(hajtóművet)*; megpörget *(motort)*; ~**-over** → turnover; ~ **overbanked** *v rep* túldöntve fordul; ~ **rate** *rep* fordulási szögsebesség; ~ **round** *v* megfordul; (körbe)forog; megfordít; ~**-round** forduló *(vonaté)*; ~**-round station** visszaterelő állomás *(kötélszállításnál)*; ~**-round time** *vasút* fordulóidő; ~**s** *óra* órásesztergapad; ~**-screw** csavarhúzó; ~ **signal** *gépk* irányjelző, index; ~**s of twist** *tex* sodratszám; ~**s ratio** *el* menetszámáttétel; ~ **switch** *el* forgókapcsoló; ~ **table** → turntable; ~ **the face** *v bány* frontciklust befejez; ~ **to diameter** *v forg* átmérőre leesztergál; ~**-to port** *rep* balforduló; ~ **to starboard** *rep* jobbforduló; ~**-to-turn capacitance** *el* menetek közötti kapacitás; ~**-to-turn fault** *el* menetzárlat; ~**-to-turn insulation** *el* menetszigetelés; ~**-to-turn shunt capacity** *el* menetek közötti kapacitás, menetkapacitás; ~**-tread** *ép* forduló lépcsőfok; ~**-up gums** *tex* szövetszegélyező gumiszalagok; ~**-ups** *gumi* betétszövet visszadolgozott része, visszadolgozott betétszövet; ~**-wrest plough/plow** *mzg* váltva forgató eke
turnable forgatható; forgó *(kondenzátor)*; ~ **anode** *el* forgó anód
turnaround forduló *(vonaté)*; csilleforduló; *rep* 180 fokos forduló; járatforduló; ~ **document** *szt* körbizonylat; ~ **time** *rep* fordulóidő; *szt* átfutási idő, fordulási idő, végrehajtási idő
turnbuckle palackanya; ellenmenetes karmantyús rúdfeszítő; fékrövidítő kengyelcsavar; *gép* feszítőcsavar, feszítőanya; *hajó* kötélfeszítő; ~ **bolt** *gép* feszítőcsavar, feszítőanya; ~ **fork** *gép* feszítőanya villája; ~ **screw** palackanya feszítőcsavarja
Turnbull's blue *vegy* Turnbull-kék, vas-[hexacianoferrát(II)]
turned | **screw** fényes/esztergált csavar; ~ **sorts** *nyom* blokált betűk; ~ **twill** *tex* sávoly *(halszálka)*; ~ **washer** *szersz* esztergált alátét
turner esztergályos; ~ **bars** *nyom* vinkel; ~**'s spoonbit** *szersz* esztergályos-kanálfúró
turnery (fa)esztergálás, műesztergálás; esztergályosság; esztergályosműhely; esztergályos-munkadarab, esztergályosáru
turning forgás; forgatás; lehajlás; fordulás; *élip* alvasztás, összefutás *(tejé)*; *ép* boltozás; terelés; *forg* (hossz)esztergálás; *közl* forduló, kanyar, útelágazás; *mt* alakítás, hajlítás; ~**-bar** motollaléc *(aratógépé)*; ~ **basin** *hajó* fordítóhely; ~ **bend point** *mat* extremális pont; ~ **bolt** *ép* ablakfordító rúdzár, spanyolzár; ~ **can** *tex* szalagrakó forgókanna; ~ **chips** *pl fa* esztergaforgács; ~ **chisel** *szer* lapos esztergályosvéső; ~ **circle** *gépk* fordulókör; ~ **crane** *ép* forgódaru; ~ **diameter** *mt* legnagyobb esztergálási átmérő; ~ **die** *heng* forgó húzókő; ~ **effort** *fiz* forgatóerő; ~ **engine** *gép* segédgép *(nagy gőzgép megforgatására)*; ~ **fix-**

ture (TUFX) *forg* esztergáló készülék; ~ **gouge** *szer* homorú esztergályosvéső; ~ **joint** *gép* csukló(pánt); csuklós kapcsolás/kapcsolat; forgósarok; ~ **knob** *rád* forgatógomb; ~ **lathe** *fa* abroncseszterga; faeszterga; *forg* eszterga; ~ **mill** *fa* esztergályozó üzem, műhely; ~ **moment** *mech* forgatónyomaték; ~ **motor** *gép* forgatómotor; *kat* toronyállító motor; ~**-off** elforgatás; ~**-off the blast** *koh* fúvatás megszüntetése; ~ **pair** *mech* forgató erőpár; ~**-piece** *ép* forgatható sablon *(boltívhez)*; ~ **pin** *geod* forgatószeg *(szintezésnél)*; ~ **place** *közl* fordulóhely; ~ **point (TP)** *geod* kötőpont, szintezési kötőpont; *mat* extremális pont; ~ **pole** *tex* fordítórúd; ~ **power** *mech* forgatóerő; ~ **rest** *fa* késtámasz *(faesztergán)*; ~**s** *pl forg* esztergaforgács; ~**-saw** *ép* asztalosfűrész; ívelőfűrész, homorúfűrész; ~ **scale** *rád* beállítóskála; ~ **speed** *forg* esztergálási fordulatszám; ~ **stability** *rep* forduló stabilitás; ~ **stall** *rep* átesés fordulóban; ~ **test** *rep* forgatásos (egyensúly)vizsgálat; ~ **tool** *forg* esztergakés; *koh* fordítókés; ~ **vane** *rep* forgólapát; ~ **width** *rep* megfordulási terület szélessége/átmérője

turnip-saw blade *mzg* répaszeletelő fűrészlap

turnkey *ép, szt* kulcsra kész; ~ **operation** *szt* kulcsra kész átadás; ~ **system** *szt* kulcsra kész rendszer

turnmeter *rep* a repülőgép szögsebességét mérő műszer; fordulásmérő műszer

turnoff → turn-off

turnout *bány* kitérő; vezetés *(csatornáé)*; *ép, közl* kitérő; leágazás, leágazó; *ip* hozam; teljesítmény; *rep* kifordulás, kilépés; ~ **core box** *önt* kihúzható magszekrény; ~ **per day** napi teljesítmény; ~ **wall** *US ép* szárnyfal

turnover átfordulás, felborulás; felborítás; *bány* forgatókorong; körfolyamat, ciklus; *gép* forgatókar; *ker* átvágódás; *nyom* kimenet(sor); *sug* radioaktív átalakulás; *távk* átbillenés *(multivibrátoré)*; *vegy* átalakulás; ~ **board** *önt* mintázólap; ~ **circuit** *félv* átlendítő áramkör; ~ **frequency** *hang* átmeneti frekvencia; Nyquist-féle frekvencia; ~ **mo(u)lding** *önt* formázás forgatással; ~ **plate** *bány* csilleforgató korong; ~ **rate** *el* forgási sebesség; ~ **table mo(u)ld** *ép* billenőasztal-sablon; ~ **valve** *élip* váltószelep; ~ **voltage** *el* letörési/átütési feszültség; Zener-feszültség

turnpike forgókorlát; útelzáró sorompó; *US* útvámköteles autópálya

turnploughing, *US* **turnplowing** *talt* mélylazítás

turnsheet *bány* forgatólemez

turnsole oil napraforgómag-olaj

turnstile forgósorompó; forgókereszt; *ép* bejárati forgóajtó/forgómű; *forg* csillagkerék; *gép* kereszt alakú forgatókar; ~ **antenna** *távk* keresztantenna, sorompóantenna; keresztdipól, keresztezett dipólus; ~ **array** → ~ antenna; ~ **crane** *ép* forgódaru; ~ **dipole** → ~ antenna

turntable *bány* csilleforgató korong; forgó válogatóasztal; *forg, gép* forgóasztal; karusszel; *hang* lemeztányér, lemezjátszó; *ol* rotariasztal, forgatóasztal; *opt* forgatható tárgyasztal *(mikroszkópé)*; *vasút* fordítókorong *(mozdonyt)*; ~ **builder's/construction crane** *ép* építési födémdaru; ~ **mo(u)lding machine** *mt* körasztalos formázó gép; ~ **pit** *vasút* fordítókorong-alapgödör; ~**-type** *gép* karusszel rendszerű

Turonian stage *geol* turoni emelet

turpentine *vegy* terpentin; ~ **oil** *vegy* terpentinolaj

turquoise *ásv* türkiz *(ékkő)*; *tex* ripszes félselyem; türkizkék; ~ **blue** türkizkék

turret kis torony; hengeres foglalat *(szellőztetőnyílásoké)*; forgótorony; *forg* revolverfej, forgó szerszámfej *(hatszögfej)*; *foto* mozgatható lencsetár; *gép* korona, fejtoldat; *hőt* központi gőzelosztó szelepház; *kat* (löveg)torony; ~ **block** *forg* revolverfej, forgó szerszámfej *(hatszögfej)*; ~ **clamping** *forg* revolverfej-rögzítés; ~ **clock** toronyóra; ~ **coal cutter** *bány* tornyos réselőgép; ~ **drill** *szersz* forgófejes telibefúró gép; ~ **eyepiece** *opt* revolverokulár, revolverszemlencse; ~ **front** *foto* forgó kamerafej; ~ **gun** *kat* forgótoronylöveg; ~ **head** *foto* mozgatható lencsetár, revolverfoglalat; *mt* revolverfej, forgó szerszámfej *(hatszögfej)*; ~**-head glass cutter** *szer* acélkerekes üvegvágó; ~ **lathe** *gép* revolvereszterga; ~ **lathe with numerical control** *szersz* numerikus/számjegyes vezérlésű revolvereszterga(pad); ~ **nut** *szersz* fejtoldatos koronás anya; ~**-port** *kat* toronylőrés *(harckocsin)*; ~ **press** *gép* revolverasztalos kivágóprés; ~ **punch** *szersz* forgó lyukasztószerszám; ~ **saddle** *forg* revolverfejszán; ~**-screw machine** *szersz* revolverautomata; ~ **slide** *forg* revolverfejszán; ~ **stop** *forg* revolverfej-leállító; ~ **tool-post** *forg* forgatható/többszerszámos késtartó; ~**-traversing system** *kat* hidraulikus toronyforgató rendszer *(harckocsin)*; ~ **truck** *ép* magasraktári emelőtargonca; ~**-type vertical mill** *heng* forgó hengerszekrényes függőleges hengersor

turtle *szt* teknősbéka *(rajzológép)*

tusk *ép* csorbázati kő; ~ **tenon** *ép* egyenes vállcsap; *ép, fa* lépcsős csap

tuss *ép* csorbázati kő

tussah silk *tex* vadselyem

tussock bucka, fűcsomó

tussocky zsombékos

tussore *tex* tussahselyem *(anyag)*

tust rojt

tutton salt *vegy* komplex só

tuyère *koh* fúvóforma; fúvóka; ~ **arch** *koh* kastartó boltozat; ~ **block** *koh* fúvókas *(nagyolvasztón)*; ~ **connection** *koh* fúvószerelvény; ~ **iron** *koh* száklyavas; ~ **level** *koh* fúvósík; ~ **plate** *koh* fúvókás fenéklap; ~ **stock** *koh* fúvókas; ~ **zone** *koh* fúvókaöv *(kupolakemencéé)*

TV → television; → terminal velocity; → test vehicle; → test voltage; ~ **game** *szt* tv-játék

TVD → terminal-velocity dive

TVL → tenth-value layer

TW → tailwater; → tap-water; → tool wagon; → total weight; → travelling wave; → trolley wire; → twin wire

TWA → two-way alternative interaction

tweed *tex* tvíd (szövet)

tweel *tex* pamutsávoly

tween deck *hajó* közbenső fedélzet

tweeter *hang* magas hangú hangszóró

tweezers *pl* (műszerész)csipesz

twelfth-measure *finm* tizenkettedmérő

twelve|-channel group *távk* tizenkétcsatornás csoport; ~**-high reversing cluster mill** *heng* tizenkét hengeres hengerállvány; ~ **o'clock-welding** *heg* fej feletti hegesztés; ~ **o'clock wind** *rep* szembeszél, ellenszél; ~**-punch** *heng* tizenkettes lyukasztás, felüllyukasztás

twelvemo *nyom* tizenkettedrét
twenty|-fourmo *nyom* huszonegyedrét; **~-high rolling mill** *heng* húszhengeres hengersor
twibill, twibil szekerce; sarló; bárd *(hentesé)*
twice | differentiable *met* kétszer differenciálható függvény; **~-reflected** *el* kétszer visszavert
twig *fa* ág, gally, rőzse; **~-and-leaf pattern** *tex* húzott minta; **~ bark** *bőr* gallykéreg
twilight *met* szürkület; **~ zone** *rep* átmeneti jelterek
twill cipőbélés *(vászonból, köperből)*; *tex* sávoly *(kötés)*; **~-backed cloth** *tex* bélelt ripsz, struksz; **~ line** *tex* sávoly bordázata; **~ linen** *tex* sávolykötésű lenszövet; **~s** *tex* sávolykötésű szövet; **~-warp back cloth** *tex* vetülékstruksz; **~ weave** *tex* sávolykötés; **~-weft back cloth** *tex* láncstruksz; **~ whipcord** *tex* megerősített sávoly(kötés); **~-woven fabric** → **~s**
twilled | hopsack *tex* sávolypanama; **~ mat** *tex* sávolypanama kötés
twilling | bar *tex* emelőpálca *(jacquard-szövőgépen)*; **~ jacquard** jacquard-gép osztott hasábbal
twin I. *a* kettős, páros, iker; **II.** *n* iker; *krist* iker, ikerkristály; *távk* ikerantenna; **~ aggregate** *krist* ikeraggregátum; **~-arc welding** *heg* ikeríves hegesztés; **~ axis** *krist* ikertengely; **~-axle trailer** utánfutó; **~ baler** *mzg* bálázó, bálakötöző gép; **~ band** *krist* ikersáv; **~-barrel tube** *ép* kétcsöves alagút; **~-boom** *rep* kétfaroktartós; **~ boundary** *krist* ikerhatár; **~ boundary energy** *krist* ikerhatár-energia; **~-break contact** *el* kétmegszakításos érintkező; **~ brick** *ép* kettős méretű tégla; **~ cable** *el, távk* ikerkábel; **~-cable ropeway** kétköteles *v.* német rendszerű függővasút; **~-carbon-arc brazing** *heg* iker széníves keményforrasztás; **~ carbon-arc welding** *heg* iker széníves hegesztés; **~-chain grab** *em* kétláncos markoló; **~-channel stereophony** *hang* kétcsatornás sztereofónia; **~ check** *szt* kettős (hardver)ellenőrzés; **~ columns** *pl ép* kettős pillér; **~-concentric cable** *el* kéterű koaxiális kábel; **~ contact** *el* kettős érintkező; *krist* ikerkontaktus; **~-core** kétmagvú; *el* kéteres *(kábel)*; **~ corner** *krist* ikercsúcs; **~ crankshaft engine** *gépk* két forgattyútengelyes motor; **~ crystal** *ásv, krist* ikerkristály; **~-crystal position** *krist* ikerhelyzet; **~-cylinder piston pump** *ép* ikerdugattyús betonszivattyú; **~ diode** *félv* kettős dióda; *rád* duódióda; **~-disk memory** *szt* ikerlemezes memória/tároló; **~-doubling spindle** *tex* ikercérnázógép; **~ drive** *gép* kettős hajtás, ikerhajtás; *heng* kétmotoros hajtás, twin drive; **~ drum** (kettős) jobb- és balmenetű dob; **~-drum vibrating roller** kettős vibrációs henger; **~ duplex roller** összekapcsolt kettős vibrációs henger; **~ dust-collector** *élip* ikerciklon; **~ edge** *krist* ikerél; **~-elbow fitting** Y cső, nadrágcső; **~ electrons** *pl fiz* pozitron-elektron pár, elektron-pozitron pár, kötésben levő elektronpár; **~ element** *krist* ikerelem; **~ energy** *krist* ikerképződés energiája; **~ engine** *gépk* kéthengeres/ikerhengeres motor; **~-engined (TE)** *rep* kétmotoros, kéthajtóműves; **~-engined aeroplane/aircraft** *rep* kétmotoros repülőgép; **~ entry** *bány* ikervágat; **~-eyelet model** *cipő* kétfűzős cipő; **~-eyelid nozzle** *rep* kettőskagyló típusú fúvóka; kettősöblű vezérelt fúvóka; **~ face** *krist* ikerfelület; ikersík; **~ feeder** *távk* kétvezetékes tápvezeték; **~-filament bulb** *el* kétizzószálas lámpa/izzó; **~ fillet weld** *heg* iker sarokvarrat; **~-flat house** *ép* kétlakásos ház; **~-forked** ikervillás; **~ formation** *krist* ikeres összenövés; ikerképződés; **~-four** *gépk* nyolchengeres V motor *(két sorban négyesével)*; **~ gearing** *vasút* kétoldali fogaskerékhajtás; **~ gliding** *geol* siklatás; **~ hole drilling** ikerfúrás; **~ jack** *távk* hüvelypár; **~-jaw crusher** *ép* kétingás törő; **~-jet aircraft** *rep* kétsugár-hajtóműves légijármű; **~ lamella/lamina** *krist* ikerlamella; **~-law** *krist* ikertörvény; **~-lens camera** *foto* (tükörreflexes) kétaknás fényképezőgép; **~-lens reflex (camera)** *tv* ikerlencsés tükörreflexes kamera; **~ locks** *pl hidr* ikerzsilip; **~-mast working platform** *ép* kétoszlopos munkahíd; **~ mill** *heng* duóhengersor; **~ mo(u)ld** *ép* ikersablon; **~ mo(u)lding machine** iker formázógép; **~ nuclei** *vegy* két kondenzált benzolgyűrű; **~-pipe** ikercső; **~ pipeline** *ol* ikervezeték; **~-piston concrete pump** *ép* ikerdugattyús betonszivattyú; **~ plane** *krist* ikerfelület; ikersík; **~-plate process** *üveg* Pillzington-féle úsztatási eljárás; **~ position** *krist* ikerhelyzet; **~ potentiometer** *távk* kettős potenciométer; **~-powered** kétmotoros; **~-powered grab troll(e)y** *ép* kétmotoros markolós futómacska; **~ power station** *hidr* megosztott/iker vízerőtelep; **~ probe** kettősszonda, ikerszonda; **~ propellers** *pl rep* ikerlégcsavar; **~ pulley block** *em* ikercsigasor; **~-quad** *el* négyes pár; **~ resistance box** *el* kettős ellenállásszekrény/reosztát; **~-roll crusher/breaker** *ép* kéthengeres törő; **~-rope** → two-rope; **~-rotor helicopter** *rep* kétrotoros helikopter; **~ rudder** *rep* kétsíkú oldalkormány; **~-screw (TS)** kétcsavaros; **~-screw extruder** *műa* ikercsigás extruder; **~ set** *ruh* kétrészes kosztüm; **~-shaft** *gép* kéttengelyes; **~-shaft eccentric (type) screen** *ép* kéttengelyes excenterrosta; **~-shaft turbine** *rep* kéttengelyes turbina; **~-simplex pump** egyhengeres iker gőzszivattyú; **~-size** *gép* kétméretű; **~-slab** kétrétegű; **~-sleeper** *vasút* ikeralj; **~ slippage** *krist* ikercsuszamlás; **~-sliver drawing-frame** szalagnyújtó gép; **~-solution developer** *foto* ikeroldatos előhívó; **~-spark ignition** *el* kétszikrás gyújtás; **~-spindle machine** *szersz* ikerorsós szerszámgép; **~-spool axial compressor** *rep* kéttengelyű, axiális sűrítő/kompresszor; **~-spool axial-flow engine** *rep* kéttengelyű, axiálkompresszoros gázturbinás sugárhajtómű; **~-spool engine** *rep* kéttengelyű sugárhajtómű; **~ spot welding** *heg* iker ponthegesztés; **T~s** *csill* Ikrek; **~ steam-engine** ikergőzgép; **~ strand casting machine** *koh* kétszálas folyamatos öntőgép; **~-strand machine** *koh* kétmunkahelyes folyamatos acélöntő gép; **~ striation** *krist* ikersávozás; **~ structure** *krist* ikerépítmény; **~ tackle** *em* ikercsigasor; **~ tail** *rep* kettős függőleges farokfelület; **~ tail wheels** *pl rep* iker/páros farokkerék; **~ tandem engine** *gép* soros hengerelrendezésű kettős motor; **~-tandem landing gear** *rep* iker/páros „tandem" típusú futómű; **~ tape** ikerszalag; **~-throw pump** ikerszivattyú, duplexszivattyú; **~-T network** *távk* kettős T tag; **~-to-turn short** *el* menetzárlat; **~ travel(l)ing crane** iker futódaru; **~ triode** *félv* kettős trióda; **~-tub** két(forgó)dobos *(mosó- és szárítógép)*; **~ tube** *félv* ikercső; **~-type aerial** *távk* ikerantenna, kettős antenna; **~-type engine** → **~ engine**; **~ valve** *félv* ikercső; **~-wall** kétfalú; **~ well** *hidr* iker csőkút; **~-wire (TW)** *el* érpár *(kábelben)*; **~-wire machine** *pa*

kombinált/kétsíkszitás papírgép; ~-**wire paper** *pa* kétoldalas papír; ~-**worm belt loader** *em* szállítócsigás rakodógép
twine I. *v tex* cérnáz; csavarodik; sodor; **II.** *n* zsineg, zsinór, fonadék, cérna; csavarás, sodrás; kanyarulat, kanyargás; ~ **about** *v* (körül)fon; ~ **heald** *tex* cérnanyüst; ~ **holder** *mzg* zsinegkosár *(aratógépen)*; ~ **insulation** *el* kordelszigetelés; ~**s** *pl tex* kötéláru; ~-**tying** *tex* kötöző; összesodró
twiner cérnázógép
twining *tex* sodrás, cérnázás, csavarodás
twinned *krist* hemitrop; ikres; ~ **crystal** *ásv, krist* ikerkristály
twinning *krist* ikerképződés, ikres összenövés; *tv* sorpárosodás; ~ **direction** *krist* ikresedési/ikerképződési irány; ~ **dislocation** *krist* ikerdiszlokáció, kettős diszlokáció; ~ **energy** *krist* ikerképződés energiája; ~ **plane** *krist* ikersík, ikerfelület
twirl kanyargás, kanyarulat; csavarodás; *met* fergeteg, forgószél; *tex* pedrés, tekerés
twist I. *v* sodor; csavar, elcsavar, kicsavar; forgat; kifordít, elfordít *(kulcsot)*; kígyózik, gyűrűzik, csavarodik; elgörbül; *fa* meggörbül, vetődik, vetemedik; *kat* huzagol; *tex* cérnáz, összesodor; **II.** *n* kötél; sodrat, sodrás; *cipő* balra vágó tű; *élip* sodrott perec; *ép* ácsfúró; *félv* csavart tápvonal; *kat* huzagolás *(fegyvercsőé)*; *mech* csavarás, elfordulás, torzió; *rep* elcsavarás; *tex* fonadék; sodrat; zsinór, fonal; ~-**and-steer control** *rep* hossz-keresztvezérlés; ~ **auger/bit** *szersz* csigafúró; ~ **boundary** *krist* csavarási (szemcse)határ; ~ **button** *ruh* szövetgomb; ~ **cable** *el* sodrott kábel; ~-**catch lever** *tex* sodrásmegszakító emeltyű *(szelfaktoron)*; ~ **clamp** *szersz* szorítófogó; ~ **constant** *tex* sodratállandó; ~ **cop** *tex* szelfaktorlánccséve; ~-**cop mule** *tex* láncszelfaktor; ~ **counter** *tex* sodratszámláló; ~ **direction** *tex* sodratirány; ~ **drill** *ol* spirálfúró; *szersz* csigafúró; ~ **factor** *tex* sodrattényező; ~ **gimlet** *szersz* ácsfúró; ~ **grip** *ép* forgó fogantyú *(gázszabályozáshoz)*; ~ **in the yarn** *tex* fonalforgás, fonalsodrat; ~ **joint** szorítókötés; pólyáskötés *(gőzgépen)*; ~ **multiplier (TM)** *tex* sodrattényező; ~ **off** *v* kicsavar; felreped; ~-**off** *ol* fúrócsőelcsavarodás; ~ **of fibre/fiber** *tex* szálgöndörség, rosttekercs; ~ **on twist (TOT)** *tex* azonos sodratirányú cérnázás; ~ **rifling** *kat* (csavar)menetes huzagolás; ~ **setting** *tex* sodratrögzítés; ~ **tester** *tex* sodratszámláló (műszer); ~ **to the left** *tex* balsodrat; ~ **to the right** *tex* jobbsodrat
twisted csavarodott, csavart; *tex* cérnázott; ~ **air-foil** *rep* elcsavart szárny; ~ **bar** *ép* tekertvas, csavartvas, csavart gömbacél, csavart rúd; ~ **curve** *mat* térgörbe *(háromdimenziós euklideszi vagy projektív térben)*; ~ **fibre/fiber** *tex* sodrott rost; ~ **gear** *gép* ferdefogazású kerék; ~ **grains** *krist* elcsavarodott szemcsék; ~ **leather** sodrott szíj, bőrzsinór; ~ **nail wire** *koh* csavart huzal; ~ **pair** *el* sodrott huzalpár/érpár; ~-**pair cable** *el* sodrott érpárú kábel; ~ **rayon yarn** *tex* műselyemcérna; ~ **reinforcing bar** *ép* csavart betonacél; ~ **shell bit** *szersz* csigafúró; ~-**strip ammeter** *el* lágyvasas ampermérő; ~-**strip galvanometer** lágyvasas galvanométer; ~ **transposition** *távk* csavaró keresztezés; ~ **yarn** *tex* cérnázott/sodrott fonal, cérna; ~-**yarn covering** cérnaburkolás, cérnakörülfonás
twister *közl* csuklós jármű; *krist* csavart kristály; *tex* cérnázómunkás, fonómunkás, cérnázógép, fonógép; ~ **head** *tex* (sodró)cső, (sodró)fej; ~-**in** *tex* hozzásodró munkás
twisting I. *a* torziós, csavaró; **II.** *n* kígyózás, gyűrűzés, csavarodás; sodrás, fonás; elgörbülés; csavarás, forgatás; elfordítás; *fa* vetődés, vetemedés; *kat* huzagolás; *koh* elcsavarodás; *tex* cérnázás, összesodrás; ~ **couple** *mech* csavarónyomaték; ~ **die** *alak* sodró/csavaró szerszám; ~ **force** *mech* emelőerő, felhajtóerő; ~ **frame** *tex* cérnázógép; ~-**in** *tex* besodrás; ~-**in frame** *tex* besodró/lánckötöző állvány(zat); ~ **machine** *tex* sodrógép; ~ **moment (TM)** *mech* csavaró/torziós nyomaték; ~ **oscillation** *hajó* torziós/csavaró lengés; ~ **paper** *pa* édességcsomagoló papír; ~ **pitch** *el* sodrási menetemelkedés *(kábelé)*; ~ **pliers** *pl szersz* csavarófogó, sodrítófogó, hajlítófogó; ~ **spindle** *tex* cérnázóorsó; ~ **strain** *mech* torziós alakváltozás; ~ **strength** *any* csavarási szilárdság; ~ **stress** *any* csavarófeszültség, csavaró igénybevétel
twistless *tex* sodratlan
twistor *szt* tvisztor; ~ **memory/store** *szt* tvisztormemória, tvisztortároló
twitch grass eradicator *mzg* rugós fogú borona
twitcher *szersz* posztóolló
twitty *tex* fonalvékonyodás *(hiba)*; túlsodrott fonal
TWK → travelling-wave klystron
TWM → travelling-wave maser
two|-address code *szt* kétcímű kód; ~-**address instruction** *szt* kétcímes utasítás; ~-**and-two twill** *tex* 2/2 sávoly; ~-**aperture (electronic) lens** *fiz* kétnyílású *v.* kettős apertúrájú elektronlencse; ~-**armed lever** *mech* kétkarú emelő; ~-**arm yoke** *gép* villás csuklóagy; ~-**axis autopilot** *rep* kétcsatornás robotpilóta; ~-**axis laser gyroscope** *aut* kéttengelyű lézergiroszkóp/lézerpörgettyű; ~-**axle side-tipping trailer** *gépk* kéttengelyes billenőszekrényes pótkocsi; ~-**axle trailer** *gépk* kéttengelyes pótkocsi; ~-**bank engine** kétsoros motor, V motor; ~-**bar guide** *forg* kettős rúdvezeték; ~-**barrel injection carburet(t)or/carburetter** *gépk* kétkamrás befecskendező porlasztó; ~-**basic transistor** *félv* kettős bázisú tranzisztor; ~-**bath method** *at* kétfürdős eljárás; ~-**beaked anvil** kétszarvú üllő; ~-**beam line storage tube** *el* kételektronsugaras emlékezőcső/raktározócső; ~-**beam maser amplifier** kétsugárnyalábú mézererősítő; ~-**beam oscilloscope** kétsugaras oszcilloszkóp/oszcillográf; ~-**beam problem** *krist* kétsugár-probléma; ~-**blade beater** *tex* kétléces verőgép; ~-**bladed** kétlapátos *(hűtő, szellőző)*; kétágú *(légcsavar)*; ~-**bladed airscrew** *rep* kétágú légcsvar; ~-**blade shutter** *foto* kétlemezes rekesz; ~-**body collision** *at* kéttest-ütközés; ~-**body force** *fiz* kéttest-erő; ~-**body problem** *fiz* kéttest-probléma, Kepler-probléma; ~-**bottom plough/plow** *mzg* kétvasú eke; ~-**cage hoisting** *bány* kétkasos szállítás; ~-**carburet(t)or engine** *gépk* kétporlasztós motor; ~-**casthouse blast furnace** *koh* két csapolóterű kohó; ~-**cavity maser amplifier** csatolt üregrezonátorú mézererősítő; ~-**cent(e)red arch** *ép* kétcsuklós ív; ~-**centre cross-section** *ép* tojásszelvény; ~-**chain curve** kettős S görbe; ~-**chamber lock** *hidr* ikerzsilip; ~-**channel amplifier** *el* kétcsatornás erősítő; ~-**channel switching** *el* kétcsatornás kapcsolás; ~-**circle goniometer** kétkörös (reflexiós) gonio-

méter, teodolitgoniométer; ~**-circuit boiling water reactor** *fiz* kétkörös vízforraló reaktor; ~**-circuit prepayment meter** *el* kétkörös fogyasztásmérő; ~**-circuit winding** *el* hullámos tekercselés; ~**-coat plaster/work** *ép* kétrétegű vakolat; ~**-coil sound** *geof* kéttekercses szonda; ~**-colo(u)red** kétszínű; *bőr* kettős színű *(foltos)*; ~**-colo(u)r effect** *bőr* kétszín-effektus; ~**-colo(u)r process** *nyom* kétszínnyomtatás; ~**-colo(u)r pyrometer** kétszínes pirométer; ~**-colo(u)r tracker** *aut* kétszínes (cél)követő; ~**-colo(u)r tube** *tv* kétszínű televíziós cső; ~**-compartment furnace** *koh* kétkamrás kemence; ~**-component alloy** *koh* kétalkotós ötvözet; ~**-component gun** *ép* kétkomponensű szórópisztoly; ~**-component neutrino** kétkomponensű *v.* longitudinálisan polarizált neutrino; ~**-cord** *tex* kétágú; ~**-cord system** *távk* zsinórpáros rendszer; ~**-course pavement** *ép* kétrétegű kövezet; ~**-course range** *rep* kétsávos térosztó; ~**-cycle** *gépk* kétütemű; ~**-cycle detector** *aut* kétütemű detektor; ~**-cycle engine** *gépk* kétütemű motor; ~**-cylinder concrete pump** *ép* kéthengeres betonszivattyú; ~**-cylinder steering gear** *gépk* kéthengeres kormánymű; ~**-decker** *hajó* kétfedélzetű hajó; ~**-deck oven** kétszintes kemence; ~**-degree-of-freedom laser gyroscope** *rep* két szabadságfokú lézerpörgettyű; ~**-digit group** *mat* diád, két számjegyből álló csoport; ~**-digit integer** *mat* kétjegyű szám/egész; ~**-dimensional** *mat* kétméretű, kétdimenziós; ~**-dimensional airfoil** *rep* kétdimenziós szárnyszelvény; ~**-dimensional array** *szt* kétdimenziós tömb; ~**-dimensional chromatography** kétdimenziós kromatográfia; ~**-dimensional coincidence spectrometer** *fiz* kétdimenziós koincidencia-spektrométer; ~**-dimensional consolidation** kétdimenziós konszolidáció; ~**-dimensional defect** *krist* kétdimenziós hiba; ~**-dimensional flow** *hidr* síkbeli áramlás; ~**-dimensional Fourier transform(ation)** *mat* kétdimenziós Fourier-transzformáció; ~**-dimensional gas** *at, vegy* gázfilm; két állapotváltozós gáz; ~**-dimensional grating** *krist* keresztrács; kétdimenziós rács; ~**-dimensional imperfection** *krist* felületszerű rácshiba; ~**-dimensionally scanning laser sensor** *aut* kétdimenzióban letapogató lézeres érzékelő; ~**-dimensional nozzle** *rep* kétdimenziós fúvóka; ~**-dimensional polar coordinates** (síkbeli) polárkoordináták; ~**-dimensional problem** *mat* síkbeli/kétdimenziós feladat; ~**-dimensional stress** *krist* kéttengelyű feszültség; ~**-dimensional time analyzer** kétdimenziós időanalizátor; ~**-dimensional vector** *mat* kétdimenziós vektor; ~**-dimensional wave** *fiz* hengerhullám, csőhullám; ~**-directional shooting** *geof* lövés-ellenlövéssel végzett mérés; ~ **direction finder** *rád* kétkeretes iránymérő; ~**-division mo(u)ld** *önt* két részből álló öntőforma; ~**-drum crab/hoist** kétdobos csörlő, szkrépercsörlő; ~**-edged knife** kétélű szúrókés; ~**-electrode valve** *el* dióda; ~**-electron shell** *at* K-héj, kételektron-héj; ~**-element aerial** *távk* kételemes antenna; ~**-element regulator** *el* kétkörös szabályozó; ~**-element relay** *el* kettős táplálású jelfogó; ~**-element signal** *szt* bináris jel; ~**-element tube** *rád* dióda; ~**-engined** → twin-engined; ~**-failure algorithm** *szt* kétfajta hiba felderítési algoritmusa; ~**-feed airless spray(ing) gun** *ép* levegő nélküli belsőkeverésű szórópisztoly; ~**-fibre electrometer** *el* kétszálas/Wulf-féle elektrométer; ~**-figure decimal** *mat* kétjegyű tizedes tört; ~**-figure integer** *mat* kétjegyű szám/egész; ~**-flight stair(s)** *ép* kétkarú lépcső; ~**-fluid barometer** *fiz* kétfolyadékos barométer; ~**-flute drill** *szersz* kétélű fúró; ~**-fold** kétágú; ~**-fold axis** *krist* digir; ~**-fold chain** *krist* kettőslánc; ~**-fold root** *mat* kétszeres gyök; ~**-fold rotor** *krist* digir; ~**-fold symmetry** *mat* másodfokú/kettős szimmetria; ~**-fold yarn** *tex* kétágú fonal; ~**-frame laser gyroscope** *fiz* két szabadságfokú lézerpörgettyű; ~**-frequency localizer system** *távk* kétfrekvenciájú iránysávadó rendszer; ~**-frequency selection** *távb* kétfrekvenciás keresés/vonalválasztás; ~**-fuselage plane** *rep* kéttörzsű repülőgép; ~**-grid** *rád* kétrácsos *(cső)*; ~**-group model** *at* kétcsoportos modell; ~**-group theory** *at* kétcsoport-elmélet; ~**-gun oscillograph** *el* kétsugaras oszcillográf; ~**-handed** kétkezes; kétirányú; ~**-handed hammer** *szersz* kétkézi (kovács)kalapács; ~**-headed air spray(ing) gun** *ép* kettőstestű szórópisztoly; ~**-heading entry** *bány* kettősvágat *(szállítóvágat és légpárhuzamos)*; ~**-high** kétszintes; ~**-high bloomer** *heng* kéthengeres bugasor; ~**-high mill stand** *heng* duóhengerállvány; ~**-high rolling mill** *heng* duóhengersor; ~**-hinged arch** *ép* kétcsuklós ív; ~**-hinged arch bridge** *ép* kétcsuklós ívhíd; ~**-hinged arched girder** *ép* kétcsuklós ívtartó; ~**-hinged frame** *ép* kétcsuklós keret; ~**-hole (directional) coupler** *el* kétlyukú iránycsatoló; ~**-image photogrammetry** *geod* előmetszéses fotogrammetria; ~**-input adder** *szt* félösszeadó; ~**-input subtracter** *szt* kétbemenetű kivonó; ~**-jaw chuck** *gép* kétpofás tokmány; ~**-jawed** *gép* kétpofás; ~**-lane** *ép* kétnyomú, két forgalmi sávú *(útpálya)*; *közl* kétpályás *(út)*; ~**-lane canal** *hidr* kétjáratú csatorna; ~**-layer** kétrétegű; kétréteges; kettős rétegű; ~**-layer lattice** *el* kettősrétegű rács; ~**-layer problem** *geof* kétréteges feladat; ~**-layer structure** *krist* kettősrétegű szerkezet; ~**-leafed door** *ép* kétszárnyú ajtó; ~**-legged support** *ép* kétlábú pillér; ~**-level action** *aut* kétállású működés/viselkedés; ~**-level controller** *aut* kétállású szabályozó; ~**-level grammars** *szt* kétszintű nyelvtanok; ~**-level laser** *fiz* két energiaszintű lézer, kétszintes lézer; ~**-level light emitter** *opt* két energiaszintű fénysugárzó (forrás); ~**-level maser** *fiz* két energiaszintű mézer, kétszintes mézer; ~**-level planning** *rendsz* kétszintű tervezés; ~**-level quantum amplifier** *el* két energiaszintű kvantumos erősítő; ~**-level subroutine** *szt* kétszintű szubrutin; ~**-light frame** *ép* egyosztású ablakkeret; ~**-line(d) force polygon** *mech* kétvonalú vektoridom; ~**-line grab bucket** *ép* kétköteles markoló; ~**-line service** *távk* kétvonalas üzem; ~**-lobe cam** *gép* kétemelkedésű bütyköstárcsa; ~**-loop antennas at right angle** *rád* kettős keretantenna; ~**-loop directional finder** *rád* kétkeretes iránymérő; ~**-magazine mixer** *nyom* kétmagazinos szedőgép; ~**-man ladle** *önt* hordozható öntőüst; ~**-man tray** saroglya; ~**-mass exciter** *gép* kéttömegű gerjesztő; ~**-mass surface vibrator** *gép* kéttömegű felületi vibrátor; ~**-mass vibratory screen** *ép* kéttömegű vibrációs rosta; ~**-masted** *hajó* kétárbocos; ~**-medium photogrammetry** *geod* kétközeges fotogrammetria; ~**-mesh filter** *rád* kéttagú szűrő; ~**-moment method** *mech* kétnyomatéki módszer; ~**-motion selector/switch** *távk* emelő-forgó választógép; ~**-motor** *el* kétmotoros; ~**-needle machine** *kh* kétplatinás gép; ~**-operand instruction** *szt* kétoperandusos utasítás; ~-**out-of-five code** *szt* kettő az ötből kód, kvináris kód; ~-**pack materials** *vegy* kétkomponensű vegyszerek *(festék, lakk stb.)*; ~-**pair network** *el* kétkimenetű hálózat, négypólus; ~-**parameter control** *aut* kétparaméteres szabályozás; ~-**part tariff** *távb* alapdíjszabás; ~-**party line** *távb* ikervonal; ~-**pass assembler** *szt* kétmenetű assembler; ~-**pass butt welding** *heg* kétrétegű tompahegesztés; ~-**pass condenser** *hőt* kétfordulós kondenzátor; ~-**pass core** *at* kettős körfolyamú/cirkulációs vasmag; ~-**pass weld** *heg* kétrétegű varrat; ~-**path reception** *távk* térbeli diversity; ~-**pen recorder** *metr* kétíróhegyes feljegyzőkészülék; ~-**person game** *rendsz* kétszemélyes játék; ~-**person zero-sum game** *rendsz* kétszemélyes zérus összegű játék; ~-**phase** *el* kétfázisú; ~-**phase alloy** *koh* kétfázisú ötvözet; ~-**phase asynchronous motor** *el* kétfázisú aszinkronmotor; ~-**phase four-wire system** *el* kétfázisú négyvezetékes rendszer; ~-**phase induction motor** *el* kétfázisú indukciós motor; ~-**phase region** *vegy* heterogén terület; ~-**phase relay** *el* kétfázisú relé; ~-**phase three-wire system** *el* kétfázisú háromvezetékes rendszer; ~-**photon laser** *fiz* kétfotonos lézer; ~-**pi counter** *at* két-pi számláló; ~-**pi detector** *at* két-pi detektor; ~-**piece leg** *ép* kettősláb; ~-**pi ionization chamber** *at* két-pi ionizációs kamra; ~-**pin-driven nut** *szersz* homlokfuratos anya *(két furattal)*; ~-**pinned arch** *ép* kétcsuklós ív; ~-**pinned frame** *ép* kétcsuklós keret; ~-**pin plug** *el* villás dugó, kétágú dugós csatlakozó; ~ **pipe culvert** *ép* kétcsöves áteresz; ~-**pipe heating system** *ép* kétcsöves fűtési rendszer; ~-**pipe system** *ép* kétcsöves rendszer; ~-**place aircraft** *rep* kétüléses repülőgép; ~-**place decimal** *mat* kétjegyű tizedes tört; ~-**place number** *mat* kétjegyű szám; ~-**plate press** *szersz* kétszintes prés; ~-**plex rib** *kh* két tűsoros gépen készült láncfonalas kötöttáru; *tex* kétfonalas ripsz *(szövésnél)*; ~-**plug cementing** *ol* Perkins-féle cementezés(i eljárás); ~-**plus-one address** *szt* kettő plusz egy cím(es); ~-**ply** kétágú; kétrétegű; ~-**ply paper** *pa* duplex/kétrétegű papír; ~-**ply roofing** *ép* kétrétegű tetőlemezfedés; ~-**ply steel** *koh* kétrétegű acél; ~-**point bit** *bány* vésőélű fúrókorona; ~-**point boundary value problem** *mat* két végértékes peremérték-feladat; ~-**point control circuit** *el* kétállású szabályozókör; ~-**point equation/form** *mat* két ponton átmenő egyenes egyenlete; ~-**point landing** *rep* kerékleszállás, kétpontos leszállás; ~-**point regulator** *el* kétállású szabályozó; ~ **points** *mat* pontpár; ~-**pole (tp)** *el* kétpólus; kétpólusú; kétsarkú; ~-**pole network** *el* kétpólus; ~-**pole representation** *el* kétpólus-ábrázolás; ~-**pole socket** *el* kétsarkú dugaszolóaljzat; ~-**port network** *el* kétkimenetű hálózat, négypólus; ~-**position action** *aut* kétállású működés, kétpont-működés; ~-**position action control** *aut* állásos *v.* nem folytonos szabályozás, kétállású szabályozás; ~-**position control** *aut* kétállású szabályozás, kétpont-szabályozás; ~-**position differential gap control** *aut* holtsávos kétállású szabályozás; ~-**position relay element** *el* kéthelyzetű reléelem; ~-**position signal** *vasút* kétállású jelző; ~-**position switch** *el* kétállású/kétutas kapcsoló; ~-**pot paint** *vegy* kétkomponensű festék; ~-**purlin trusses** *ép* kétszelemenes fedélszék; ~-**quadrant duty** *el* kétsíknegyedes üzem; ~-**rail crossing** *vasút* kétsínű átszelés; ~-**ram hydraulic steering gear** *gép* kétdugattyús hidraulikus kormánymű; ~-**rate meter** kétdíjszabásos fogyasztásmérő; ~-**rate tariff** *el* kétdíjtételes díjszabás; ~-**ray oscilloscope tube** *el* kétsugarú oszcilloszkópcső; ~-**region reactor** *at* két térrészes reaktor, kétzónás reaktor; ~-**revolution press** *nyom* kéttúrás gyorssajtó; ~-**ribbed nut** *szersz* kétbordás csavaranya; ~-**rings connection/coupling** antenna; ~-**roll** kéthengeres; ~-**roller bearing** *ép* kétgörgős saru *(hídon)*; ~-**roller calender** *tex* kéthengeres kalander; ~-**rope arm grab** *ép* kétköteles rudas markoló; ~-**rope grab bucket** *ép* kétköteles markoló; ~-**rope suspension grab** *ép* kétköteles markoló; ~-**run welding** *heg* kétrétegű varrathegesztés; ~**'s complement** *szt* kettes komplemens; ~-**seater aircraft** kétüléses repülőgép; ~-**section** kétrészes *(szűrő)*; ~-**section choke** *rád* osztott fojtótekercs; ~-**section goods** *pl tex* kétoldalas áru; ~-**section reflector antenna** *el* kétreflektoros V antenna; ~-**shell grab** *ép* kétpofás markoló; ~-**shift work** kétműszakos üzem; ~-**shot multivibrator** *el* két stabil állapotú multivibrátor; ~-**sided** *tex* két színoldalas; ~-**sided indentity element** *mat* egységelem, egység, neutrális elem; ~-**sided Laplace transformation** *mat* kétoldali/bilaterális Laplace-transzformáció; ~-**sided surface** *mat* kétoldalú felület; ~-**sided target** *el* kétoldalas célanyag; ~-**sideness** *pa, tex* kétoldalúság; ~-**side tapered grinding wheel** *szersz* két oldalon kúpos köszörűkorong; ~ **slag practice** *koh* két salakadagos olvasztástechnológia; ~-**slit interference** *fiz* kettős résű interferencia; ~-**solenoid method** *geof* kétszolenoidos módszer; ~-**source multivibrator** *el* kéttelepes multivibrátor; ~-**span** *ép* kétnyílású *(híd)*; ~-**span beam** *ép* kétnyílású gerendatartó; ~-**spar wing** *rep* kétfőtartós szárny; ~-**speed** kétsebességű; ~-**speed controller** *aut* kétsebességű szabályozó; ~-**speed differential** *gépk* előtétes differenciálmű/kiegyenlítőmű; ~ **speed (hand) drill** *szersz* kétsebességű (kézi) fúrógép; ~-**speed overhead countershaft** *szersz* felső előtéttengely kétlépcsős szíjkoronggal; ~-**spoke** kétküllős; ~-**spool compressor** *rep* kétáramú kompresszor; ~-**spool gas turbine** *en* kétáramú gázturbina; ~-**stage** *szt* kétállapotú; kétfokozatú, kétlépcsős; ~-**stage amplifier** *el* kétfokozatú erősítő; ~-**stage cam** *gépk* lépcsős bütyök *(befecskendező szivattyún)*; ~-**stage compressor** *gép* kétlépcsős/kétfokozatú sűrítő/kompresszor; ~-**stage control** *aut* Bang-Bang típusú irányítás/szabályozás, kétállású szabályozás; ~-**stage desalting** *ol* kétlépcsős sómentesítés; ~-**stage extraction steam-turbine** *en* kettős elvételes gőzturbina; ~-**stage melting process** *koh* kétszakaszos olvasztási eljárás; ~-**stage microscope** *opt* kétfokozatú mikroszkóp; ~-**stage pressure-gas burner** *hőt* kétfokozatú nyomógázégő; ~-**stage process** *vegy* kétlépcsős eljárás; ~-**stage pump** *vák* kétlépcsős/kétfokozatú (forgó)szivattyú; ~-**stage rocket** *rak* kétlépcsős/kétfokozatú rakéta; ~-**stage servomechanism** *gép* kétfokozatú szervomechanizmus; ~-**stage spring** *gépk* kétfokozatú hordrugó; ~-**stand mill** *heng* kétállványos hengersor; ~-**start thread** *szersz* kétbekezdésű csavarmenet; ~-**state** *szt* bináris; ~-**state control** → ~-stage control; ~-**state system** *rendsz* kétállapotú rendszer; ~-**step** kétfokozatú, kétfokú, kétlépcsős; ~-**step action** *aut* kétállású viselkedés; ~-**step action controller** *aut* kétállású szabályozó, kétpont-szabályozó; ~-step action with overlap *aut* kétállású működés átfedéssel; ~-step compressor *félv* kétfokozatú sűrítő; ~-step distance protection set *aut* kétlépcsős távolsági védelem; ~-step process *vegy* kétlépcsős eljárás; ~-step relay *el, távk* kétlépcsős/kétlépéses relé/jelfogó; ~-step rocket *rak* kétlépcsős/kétfokozatú rakéta; ~-step sateen *tex* kétlépéses atlasz; ~-stopper ladle *koh* kétreteszes öntőüst; ~-storey missile *rak* kétlépcsős rakéta; ~-storied *ép, tex* kétemeletes; ~-stroke *gép* kétütemű; ~-stroke engine *gép* kétütemű motor; ~-stroke petrol engine *gép* kétütemű benzinmotor; ~-stub loading case *távk* kétcsonkos pupinfazék; ~-support beam *ép* kéttámaszú tartó; ~ taphole furnace *koh* két csapolónyílású kemence; ~-term(ed) expression *mat* binom, kéttagú kifejezés; ~-terminal *el* kétpólusú, kétsarkú; ~-terminal line *el* két végén táplált vezeték; ~-terminal network *rád, távk* kétpólus; ~-terminal-pair network *el* négypólus; ~-terminal-pair network parameters *el* négypólus-paraméterek; ~-terminal relay network *el* kétpólusú jelfogós áramkör; ~-terminal representation *el* kétpólus-ábrázolás; ~-threads *pl tex* kétágú cérna; ~-throw pump ikerszivattyú, duplexszivattyú; ~-throw switch *el* kétáramkörű kapcsoló; ~-tone finish *gépk* kétszínű fényezés; ~-tone keying/telegraphy *távk* kéthangú távíróátvitel; ~-to-one blend *tex* 2:1 arányú keverék; ~-to-one folder *nyom* 2:1 arányú hajtogatógép; ~-trace method *tv* kétsugaras letapogatás; ~-track recording *tv* kétcsíkos felvétel; ~-trough vibrating conveyor *ép* ikerelrendezésű rezgővályú; ~-truck drying-oven *élip* kétsoros szárítószekrény; ~-tube *rád* kétcsöves; ~-turn loop-aerial *távk* kétmenetes keretantenna; ~-up feeding *nyom* kettős illeszték; ~-valued logic *mat* kétértékű logika; ~-valuedness *mat* kétértékűség; ~-valued variable *szt* bináris változó; ~-valve *rád* kétcsöves; ~-wave rectifier *távk* kétutas egyenirányító; ~-way kétirányú; *el* kétutas *(kapcsoló)*; *mat* kétdimenziós; ~-way alternative interaction (TWA) *szt* váltakozó irányú kölcsönhatás, TWA; ~-way analysis of variance *mat* kéttényezős szórásnégyzet-elemzés; ~-way antenna *távk* duplexer; ~-way break-before-make contact *el* átkapcsoló utánzáró érintkező; ~-way canal *hidr* kétjáratú csatorna; ~-way chute *ép* villás surrantó, kétirányú surrantó; ~-way circuit *el, távk* kétirányú áramkör; ~-way classification két szempontból való osztályozás; ~-way cock *ép* kétjáratú csap; ~-way communication *távb* kétirányú beszélgetés/összeköttetés; ~-way contact *el* átkapcsoló érintkező; ~-way dumping *ép* kétirányú billentés/ürítés; ~-way feed *el* kétirányú táplálás; ~-way framework térbeli keret; ~-way inverter *el* kétutas/kétirányú inverter, irányváltó átalakító; ~-way line *távb* kétirányú vonal; ~-way make-before-break contact *el* átkapcsoló záró-bontó érintkező; ~-way-one repeater *távk* kétirányú erősítő *(egy erősítővel)*; ~-way operation *távb* kétirányú üzem, duplexüzem; ~-way pallet *any* homlokfogású rakodólap; ~-way plough/plow *mzg* váltvaforgató eke; ~-way reinforcement *ép* kereszteződő/kétirányú vasalás; ~-way R/T *rád* kétirányú rádió-távbeszélő összeköttetés/készülék; ~-way set *rád* adó-vevő készülék; ~-way simplex system *távb* kétutas szimplex rendszer; ~-way simultaneous interaction (TWS) *szt* kétirányú egyidejű kölcsönhatás, TWS; ~-way slab *any* két irányban teherbíró lemez; ~-way speaker *hang* kettős hangszóró *(magas és mély hangú)*; ~-way speech *távb* kétutas beszéd; ~-way stabilizator *el* kétoldali terhelő ellenállás; ~-way stopcock *vák* kétutas csap; ~-way switch *el* kétállású/kétutas kapcsoló; *vasút* szimmetrikus váltó; ~-way system flat slab *ép* gombafödém; ~-way tipper *ép* két oldalra billenő kocsi; ~-way traffic *távb* kétirányú forgalom; ~-way transducer *hang* hangszórómikrofon; ~-way truss system *el* térbeli rácsosszerkezet; *ép* tartórácsrendszer; ~-way-two repeater *el* kétirányú *v.* irányelválasztásos erősítő *(két erősítővel)*; ~-way valve *vák* kétutas szelep; ~-webbed *ép* kettős gerincű; ~-wheeled kétkerekű; ~-wheeled concrete cart *ép* japáner; ~-wheeled scraper *ép* nyerges vontatott földnyeső; ~-wheeled tractor egytengelyes vontató/traktor; ~-wheeled trailer egytengelyes pótkocsi; ~-wheel undercarriage *rep* kétkerekes futómű; ~-winged window *ép* kétszárnyú ablak; ~-wire antenna *távk* kéthuzalos antenna; ~-wire circuit *távk* kéthuzalos áramkör; ~-wire line *el* érpár; ~-wire repeater *távk* kéthuzalos erősítő; ~-wire route *el* hurokáramkör; ~-wire system *el* kétvezetős rendszer; ~-wire winding *el* indukciómentes/bifiliáris tekercselés; ~-zone reactor *el* kétzónás reaktor

twofold → two-fold

TWS → two-way simultaneous interaction

TWT → travelling-wave tube

TWTA → travelling-wave tube amplifier

twyere → tuyère

TX → telex

tye *bány* fémmosás *(egy módja)*; *geol* metszőpont

tying (le)kötés, (át)kötés; összekötözés, összeszorítás; megkötözés; rögzítés; korlátozás; akadályozás; kötődés *(csomóba)*; befűzés *(cipőé)*; *ép* megerősítés; *nyom* kikötés *(hasábé)*; *tex* zsinórozás *(jacquard-gépen)*; *vasút* talpfával ellátás *(alépítményé)*; ~-in *gumi* futóelemeket összekötő merevítés *v.* merevítő léc; ~ machine *tex* kötözőgép; ~ to depth *ol* mélységegyeztetés; ~-up *tex* nyüst zsinórozása; ~ wire *ép* kötöződrót; kötözőhuzal

Tyler sieves *bány* Tyler-szitasor

tymp tetőbányafa *(rövid, vízszintes)*; *koh* boltozati ív *(lángkemence csapónyílása felett)*; mellkő *(nagyolvasztóban)*; ~ arch *koh* tetőív; ~-sheet iron mellkővértezet *(nagyolvasztón)*

tympan *nyom* kézisajtó nyomókerete; nyomóformafedél; ~ paper *nyom* borítópapír; ~ sheet *nyom* borítóív

tympanum *ép* timpanon, orommező

Tyndall | beam *fiz* Tyndall-fény; ~ effect *fiz* Tyndall-jelenség; ~ meter *vegy* tindallométer, tindallozásmérő

tyndallimetry *vegy* tindallometria

tyndallisation *gyógyv* tindallozás, frakcionált sterilezés

type I. *v* írógépen ír, gépel; másol; **II.** *n* (írógép)betű; minta; típus; jelleg, fajta, rendszer, minőség *(acélé)*; *nyom* betűtest, betűtípus; szedés; ~ 0 control *aut* 0/nulla típusú szabályozás; ~-A0 wave *távk* csillapítatlan hullám; ~-A1 wave *rád* billentyűzött folyamatos hullám; ~-A3 wave *rád* hanggal modulált hullám; ~-A4 wave képtávíró hullám; ~ action *aut* tipikus jel(be)hatás/jelbemenet; ~-A indicator *távk* A típusú indikátor; ~ approval *ip* approbáció; ~ area *nyom* szedéstükör; ~ **association** *szt* típus-hozzárendelés *(FORTRAN)*; ~**-bar** *távk* betűkar; ~**-bar bit** betűkar tolla *(írógépen)*; ~**-bar disentangler** betűkarkioldó; ~**-B wave** *rád* csillapított hullám; ~ **case** *nyom* szedőszekrény; ~**-casting** *nyom* betűöntés, betűöntöde; ~ **characteristic** *hidr* jellemző fordulatszám; ~ **curves** *pl geof* kiértékelő diagram/görbesereg; ~**-distributing machine** *nyom* betűelosztó gép; ~ **face** *nyom* nyomdabetű, nyomdai betű, betűtípus; ~ **family** *nyom* betűcsalád, garnitúra, betűsorozat; ~ **founder** *nyom* betűöntő; ~ **height** *nyom* betűmagasság, írásmagasság; ~**-high** *nyom* betűmagas, írásmagas; ~ **I error** *mat* elsőfajú hiba; ~ **II error** *mat* másodfajú hiba; ~ **II superconductor** *fiz* másodfajú szupravezető; ~ **input** *aut* tipikus jel(be)hatás/bemenet; ~ **I risk** *mat* elsőfajú kockázat; ~ **metal** *önt* betűfém, betűötvözet; ~ **of circuit** *el* vezetéktípus, vezetékfajta; ~ **of circuit breaker** kapcsolótípus, kapcsolófajta; ~ **of coding** kódolástípus; ~ **of current** *el* áramnem; ~ **of development** *hidr* üzemvízcsatornás vízerőmű; ~ **of eruption** *geol* vulkántípus; ~ **of flow** áramlási mód; ~ **of memory** *szt* memóriatípus; ~ **of paper** *pa* papírfajta, papírféleség, papírminőség; ~ **of structure** *krist* struktúratípus; szerkezeti típus; ~ **of train** *vasút* vonatnem; ~ **of union** *vegy* kötésfajta; ~**-parted manila board** *pa* Unda-karton; ~ **plate** *vasút* mozdonysorozat-jelző tábla; ~ **print** betűnyomtatás; ~ **printer** betűnyomtató; *távk* távgépíró készülék; telex; ~**-printing telegraph** *távk* betűtávíró; ~**-printing telegraphy** *távk* betűnyomtató táviratozás; ~ **rating** *rep* típusminősítés; ~**-setting** → typesetting; ~ **shank** *nyom* betűtörzs; ~ **shuttle** *nyom* szedőgép sorelküldő szerkezete; ~ **signal** *aut* típusjel(zés); ~**-size** *nyom* betűnagyság; ~ **specimen** *nyom* szedésminta, betűminta, próbaszedés; ~ **test** *ip* típusvizsgálat; ~**-test** *v* kipróbál; ~**-test rig** *gumi* köpenypróbagép; ~ **wheel** *irgép* betűkorong, betűkerék

typematic *szt* automatikusan ismétlő *(billentyű)*

typer *szt* eredménynyomtató (gép)

typesetter *nyom* (betű)szedő

typesetting machine *nyom* betűszedő gép

typewriter *irgép* írógép; *szt* konzolírógép, konzol; ~ **cardboard** *pa* írógépkarton; ~ **cloth** írógépszalag; ~ **composition** *nyom* írógépszedés; ~ **ribbon** *irgép* írógépszalag; ~**-style keyboard** *szt* alfanumerikus egyetemes billentyűzet; ~ **terminal** *távk* írógépterminál

typewriting gépírás; ~ **apparatus** távgépíró *(aszinkron)*

typhonic rock *geol* plutói/plutónikus kőzet

typhoon *met* tájfun

typical jellemző, jellegzetes, tipikus; ~ **cross-section** *ép* normál keresztmetszet; ~ **cube** szabványos próbakocka; ~ **dimensions** főméretek; ~ **element** *mat* általános elem; ~ **operation data** *ip* üzemi adatok

typist-duplicating paper *pa* írógép-másolópapír

typo *nyom* gépelési hiba

typographer *nyom* könyvnyomdász

typographic(al) *nyom* nyomdászati, nyomdai; ~ **arrangement** *nyom* szedéselrendezés, szedéskép; ~ **composition** *nyom* nyomdai előállítás, szedés; ~ **photoengraving** *nyom* klisékészítés fényképezés útján; ~ **quality** *nyom, szt* nyomdai minőség

typography *nyom* könyvnyomtatás; nyomdászat, tipográfia

typolithography *nyom* tipolitográfia

typometer *nyom* tipométer

typomorphic *ásv* tipomorf

typotron *aut* typotron, jeladó

tyramine *vegy* tiramin, p-hidroxifenil-etil-amin

tyre, *US* **tire I.** *v* abroncsoz, pántol; autógumit/kerékpárgumit felszerel; **II.** *n* kerékabroncs; *gépk* gumiabroncs, köpeny; ~**-balancing machine** *gépk* kerékkiegyensúlyozó (gép); ~ **bead** *gépk* keréktalpperem; ~**-bending machine** abroncshajlító gép; ~ **brake** abroncsfék; ~**-builder fabric** *tex* vetülékkord *(szövet)*; ~**-building machine** *gumi* köpenyfelépítő pad; ~ **carcass/carcase** *gumi* köpenyváz; ~ **chain** keréklánc; ~**-clip** *vasút* kerékabroncs-biztosító gyűrű; ~ **collapse** *gumi* abroncs-összenyomódás; ~ **cord** *gumi* kordcérna; ~**-cord loom** *gumi* kordszövő gép; ~ **cover** *gépk* gumiabroncsköpeny; ~ **deflection** *gépk* köpeny benyomódása; ~ **dimension** *gépk* gumiabroncsméret; ~ **flank** *gépk* köpeny oldalfala; ~ **footprint** gumiabroncs keréknyoma; ~ **for cross-country work** *gumi* terepgumiabroncs; ~ **ga(u)ge** *vasút* abroncsnyomtáv; ~ **imprint area** gumiabroncs lenyomati felülete; ~**-inflating system** *gépk* gumiabroncstöltő berendezés; ~**-inflation pressure** *közl* abroncsnyomás; ~ **inflator** *gépk* gumiabroncstöltő berendezés; ~ **ingot** *koh* abroncsacél öntecs; ~ **lever** *gépk* köpenyszerelő vas; ~ **lifter** gumiabroncs-szerelő vas; ~ **locking ring** *kat* gumiköpenyrögzítő-karika; ~ **mill** *heng* abroncshengersor; ~ **mo(u)ld** *gumi* forma abroncsvulkanizáláshoz; ~**-mounted excavator** *ép* gumikerekes kotró; ~ **opener** *gépk* abroncslazító gép; ~ **pressure** abroncsnyomás; ~**-pressure ga(u)ge** *gépk* abroncsnyomásmérő; ~ **pump** *gépk* kézipumpa; ~**-recapping machine** *gumi* abroncsfutózó/abroncs-újrabevonó gép; ~ **reclaim** *gumi* abroncsregenerátum; ~ **remover** *gépk* gumiszerelő vas; ~**-repair cement** gumioldat *(gumijavításhoz)*; ~**-repair outfit** *gépk* abroncsjavító készlet; ~ **retreader** *gumi* abroncsfutózó gép; ~**-retreader machine** → ~-recapping machine; ~**-running machine** *gumi* abroncskipróbáló gép; ~ **screaming** *gépk* gumisírás *(kanyarban)*; ~ **scrubbing** *gépk* gumidörzsölés *(rossz kerékbeállítás miatt)*; ~ **seat** *gumi* köpenyülés; ~ **section** *gumi* köpenyszelvény, köpenyprofil; ~**-setting press** *gumi* abroncsfelhúzó sajtó; ~ **shoe** *gépk* abroncsköpeny; ~ **size** *gépk* gumiabroncsméret; ~ **stock** *gumi* köpenyanyag; ~ **testing by ultrasonic transmission method** *aut* ultrahang-átsugárzásos abroncsvizsgálat; ~ **textile** *tex* szövetváz betét *(gumiabroncsban)*; ~**-track** gumikerékre szerelt féllánctalp; ~ **tread** *gumi* (abroncs-)futófelület; ~**-turning lathe** *gép* kerékabroncs-eszterga; ~ **valve** *gépk* tömlőszelep; ~ **wall** *gépk* köpeny oldalfala; ~ **wear** *gépk* gumiabroncskopás; ~ **width** *gépk* teljes köpenyszélesség; ~**-wrap paper** *pa* gumiabroncs-csomagoló papír; ~ **yarn** *tex* kordfonal

tyred wheel *közl* abroncsos kerék

tyrefilling bottle gumiabroncstöltő palack

tyring kerékabroncsozás

tyrolite *ásv* tirolit

tyrosinase *vegy* tirozináz *(tirozint bontó enzim)*

tyrosine *vegy* tirozin, 3-(4-hidroxi-fenil)-alanin

tyrothricin *gyógyv* tirotricin

tysonite *ásv* tizonit

U

U → uranium; ~-**abutment** *ép* ellenfal párhuzamos szárnyfalakkal; ~-**antenna** *távk* U antenna; ~-**bend** *ép* kettős görbület; U hajlat, kettős könyök; ~-**bending press** csőalakító prés; ~-**boat** *hajó* tengeralattjáró; ~-**bolt** U alakú csapszeg/kampó; bilincscsavar; *gépk* rugópánt *(cúgpánt)*; *ol* U csap; ~-**bolt spring** rugónyaláb-összefogó U kengyel; ~-**butt weld** *heg* U varrat; ~-**camp** U kapocs; ~-**ga(u)ge** U nyomásmérő, U csöves folyadékmanométer *(kis nyomások mérésére)*; ~-**groove** U leélezés; ~-**groove seem/weld** *heg* U varrat; ~-**iron** U tartó, U gerenda; ~-**language** *mat* metanyelv, másodrendű nyelv; ~-**leather packing** U alakú tömítés; ~-**link** *el* rövidre záró dugó; *távk* U dugó, átkötő dugó; ~-**link socket** *távk* U hüvely; ~-**magnet** patkómágnes; ~-**matic** *vid* U-matic *(videorendszer 3/4" szalagszélességgel)*; ~-**network** *el* U négypólus; ~-**notch** *koh* U bemetszés; ~ **packing** → ~-leather packing; ~-**Pb method** *bány* urán-ólom módszer; ~-**pipe** *ép* kétkönyökös cső, U alakú cső; leszívócső, szívócső, szivornya, szifon; ~-**section** U keresztmetszetű; ~-**shaped** U alakú; ~-**shaped core** *távk* U mag, U alakú vasmag; ~-**shaped pipe** → U-pipe; ~-**shaped valley** *geol* U alakú völgy, teknővölgy; ~-**socket** *távk* U hüvely; ~-**strap** függőkapocs, kengyelvas; *ép* ácskapocs; ~-**tube** U cső; ~-**tube manometer** U csöves nyomásmérő; ~-**turn** *v közl* megfordul; ~-**type four-terminal network** *el* U négypólus; ~-**value** hőátengedési/hővezetési tényező; ~-**V filter** *foto* UV-szűrő; ~-**washer** U alátét, bemetszett alátétgyűrű; ~ **weld** *heg* U varrat; ~-**wrap** *vid* U szalagvezetés *(helikális képrögzítés)*

u/c → under construction; → undercarriage

UA → ultra-audible; → user agent; → user area

UAE → user agent entity

Ualay camphor *vegy* borneókámfor

UART → universal asynchron receiver/transmitter

Ubbelohde | melting point Ubbelohde-féle olvadáspont; ~ **viscometer** Ubbelohde-féle viszkoziméter

UC → unserviceable; → upper case

UCS → universal character set; ~ **diagram** → uniform chromaticity scale diagram

UD → upper deck

UDC → unidirectional current; → universal decimal classification; → upper dead centre

UDK → user defined key

udograph *met* csapadékfeljegyző műszer

udometer *met* csapadékmérő, pluviométer, esőmérő, ombrométer

UF → urea formaldehyde; → user flag

UFD → user file directory

UFO → unidentified flying object

UFR → urea-formaldehyde resin

UG → underground

ugrandite *ásv* ugrandit-sor

UHF → ultrahigh frequency

UHP furnace *koh* igen nagy teljesítményű ívkemence

UHV → ultrahigh vacuum; → ultrahigh voltage

UIC → user identification code

ULA → uncommitted logic array

ULB → universal library

Ulbricht | sphere Ulbricht-gömb; ~ **sphere photometer** *fiz* gömbfotométer

ULCC → ultralarge crude carrier

ulexine *vegy* ulexin, citizin

ulexite *ásv* ulexit, bróm-nátrokalcit

ullage elszivárgott folyadékmennyiség/terménymenynyiség; *ol* üres tér *(tartályban folyadékszint felett)*

ullmanite *ásv* ullmanit

ulmic acid *vegy* humuszsav

ulmin humusz, felszíni humuszréteg

ULSEL → ultralong spaced electric log

ULSI → ultralarge scale integration

ultimate utolsó, végső; szélső; maximális; ~ **accelerator** *el* kimenőelektród; ~ **analysis** *vegy* elemi analízis; ~ **bearing power** *mech* határteherbírás; ~ **bending moment** *mech* törési nyomaték, határnyomaték; ~ **bending stress** határhajlító feszültség; ~ **capacity** végső teljesítőképesség; ~ **compressive strength** *mech* nyomó határfeszültség, maximális nyomószilárdság; ~ **condition** *mech* törési feltétel; ~ **consumer** végfelhasználó, fogyasztó; ~ **cost** végső önköltség *(készárué)*; ~ **elongation** *any* szakadási nyúlás; ~ **holding power** tapadószilárdság; ~ **limit switch** *el* második/biztonsági végálláskapcsoló; ~ **load** *mech* szakító igénybevétel; törőteher, határteher; törőterhelés; ~ **load method** *ép* határterhelési módszer; ~ **moment** *mech* törőnyomaték, határnyomaték; ~ **pressure** *mech* fajlagos felületnyomás; nyomás határértéke; *vák* végnyomás; ~ **product** végtermék; ~ **resistance** *mech* szilárdsági határ; ~ **shear stress** *mech* törési nyírófeszültség, nyírószilárdság; ~ **strain** *mech* törési alakváltozás, szakadónyúlás; ~ **strength** *mech* szakítóerő, törőszilárdság; ~ **strength design** *mech* törési/képlékeny méretezés; ~ **stress** *mech* törő igénybevétel, törőterhelés, törési feszültség; törőfeszültség *(hajlító, húzó)*; törőszilárdság; ~ **tensile load** *any* szakítóerő, szakítóterhelés; ~ **tensile strength** *mech* szakítószilárdság; törő-húzó szilárdság; ~ **tensile stress (UTS)** *mech* szakító igénybevétel; ~ **vacuum** *vák* végnyomás; ~ **value** határérték

ultor *el* kimenőelektród, nagyfeszültségű anód *(katódsugárcsőé)*

ultraacoustic ultrahangos, ultrahang-

ultraacoustics ultrahangtan, ultrahangtechnika

ultraaudible (UA) *hang* hallhatósági határ fölötti; ultrahang-frekvenciás *(> 20 kHz)*

ultraaudion *rád* visszacsatolt audion

ultrabasic rocks *geol* ultrabázikus kőzet, ultrabázit

ultrablack feketénél feketébb

ultracentrifuge I. *v* ultracentrifugál; **II.** *n vegy* ultracentrifuga

ultracold neutron ultrahideg *v.* igen kis energiájú neutron

ultracondenser *opt* ultrakondenzor

ultradeep well *ol* ultramély kút

ultradispersed ultradiszperz, porfinom

ultradyne *rád* ultradin

Ultrafax *távk* ultrafax *(telefaxrendszer)*

ultrafibre, ultrafiber airfilter ultraszál légszűrő

ultrafilter *vegy* membránszűrő, ultraszűrő, dializáló hártya

ultrafiltration *vegy* ultraszűrés

ultrafine ultrafinom, legfinomabb, ultravékony; **~ filter** *vegy* membránszűrő, ultraszűrő, dializáló hártya; **~ grinding** ultravékony/ultramikroszkópos csiszolat; **~ (ground) section** ultravékony/ultramikroszkópos csiszolat

ultrafinish tükörfényezés

ultragamma rays *pl at* kozmikus sugárzás

ultragravity wave ultragravitációs hullám

ultrahard ultrakemény, különlegesen kemény; **~ material** ultrakemény anyag; **~ radiation** *at* ultrakemény *v.* nagyon nagy energiájú sugárzás; **~ X-rays** *at* különlegesen kemény röntgensugarak

ultraharmonic *fiz* magasabb rendű harmonikus, felharmonikus

ultrahigh igen nagy, ultranagy; **~ frequency (UHF)** *rád, távk* ultranagy frekvencia, mikrohullám, igen nagy frekvencia *(3x10*^{8}*, 3x10*^{9} *Hz)*; **~-frequency amplification** *távk* mikrohullámú erősítés; **~-frequency band** *rád* deciméterhullámok frekvenciatartománya; URH-sáv, ultrarövid-hullámsáv; **~-frequency bandfilter** *távk* mikrohullám-sávszűrő; **~-frequency choke** *távk* mikrohullámú fojtó; **~-frequency converter** *rád* mikrohullámú előtét; **~-frequency engineering** *rád, távk* mikrohullámú technika; URH-technika; **~-frequency glide path equipment** *rád, rep* siklópályaadó, siklószögadó; **~-frequency range** *rád* URH-tartomány; **~-frequency tuner** *rád* mikrohullámú hangolóegység; **~-frequency voltmeter** ultranagy frekvenciás *v.* hiperfrekvenciás katódsugárcső; **~-frequency wave** *rád* deciméterhullám; **~-power (arc) furnace** *koh* igen nagy teljesítményű ívkemence; **~-power tube** *rád* ultranagy teljesítményű cső; **~ pressure** legnagyobb nyomás; **~ reliability** igen nagyfokú megbízhatóság; **~-speed** ultrasebességű; **~-speed aerodynamics** *rep* hiperszonikus sebességek aerodinamikája; **~-speed particle** *at* rendkívül nagy sebességű/energiájú részecske; **~-strength material** *fiz* ultraszilárd anyag; **~ vacuum (UHV)** *vák* ultravákuum, ultranagy vákuum, (UHV); **~ vacuum technics** *vák* ultra(nagy)vákuumtechnika; **~ voltage (UHV)** *el* igen nagy feszültség *(500—2000 kV)*

ultralarge | crude carrier (ULCC) óriás tankhajó *(300 ezer tonna fölött)*; **~ scale integration (ULSI)** *szt* ultranagy bonyolultságú integrációs technológia, ULSI

ultralight *rep* ultrakönnyű

ultralinear amplifier *távk* ultralineáris erősítő

ultralong spaced electric (well) log (ULSEL) *ol* ultrahosszú elektromos szelvényezés

ultralow drift amplifier igen csekély sodródású erősítő

ultramarine *ásv* leideni kék (festék); ultramarin; **~ blue** ultramarinkék; **~ green** ultramarinzöld; **~ pigment** ultramarinpigment; **~ violet** ultramarinibolya; **~ yellow** ultramarinsárga, bárium-kromát

ultrametamorphism, ultrametamorphosis *geol* ultrametamorfózis

ultrametric *mat* ultrametrika, nem arkhimédészi metrika

ultramicroanalysis *vegy* ultramikroanalízis

ultramicrochemistry *vegy* ultramikrokémia

ultramicrofiche (UMF) *szt* ultramikrofiche, UMF

ultramicropipette *vegy* ultramikropipetta, lambdapipetta

ultramicroscope *opt* elektronmikroszkóp; ultramikroszkóp

ultramicroscopic ultramikroszkópos, ultramikroszkopikus; **~ imperfection** *krist* ultramikroszkópos hiba

ultramicrotomy ultramikrotómia

ultramodern ultramodern

ultrapasteurization *élip, vegy* ultrapasztőrözés, uperizálás

ultraphotic radiation ibolyántúli és vörösön inneni sugárzás

ultrapore ultrapórus

ultrapower *mat* ultrahatvány

ultraproduct *mat* ultraszorzat, prímszorzat

ultrarapid | auxiliary memory with direct access *szt* közvetlen hozzáférésű ultrahangos kisegítő memória; **~ development** *foto* ultrarapid (elő)hívás

ultrared (UR) ultravörös, infravörös

ultrarefining *ol* túlfinomítás

ultraroller *pa* gyorsjáratú tekercsvágó gép

ultraselective amplifier *el* igen nagy szelektivitású erősítő

ultrashort nagyon rövid, ultrarövid; **~-lived isotope** *at* nagyon rövid élettartamú izotóp; **~ optical pulse** ultrarövid optikai impulzus; **~ wave (USW)** ultrarövid hullám, URH *(1-10 m)*; **~ wave antenna** *távk* ultrarövid hullámú antenna; **~ wave field-strength** *távk* ultrarövid hullámú térerősség; **~ wave receiver** *távk* ultrarövid hullámú vevő; **~ wave transceiver** *távk* ultrarövid hullámú adó-vevő; **~ wave transmitter** *távk* ultrarövid hullámú adó; **~ wave tuner** *távk* URH tuner

ultrasmooth file *szersz* finomreszelő, kettős simítóreszelő

ultrasoft radiation *at* ultralágy *v.* nagyon kis energiájú sugárzás

ultrasonic I. *a* ultrahangos, ultrahang-; *távk* ultrahang-frekvenciás; **II.** *n távk* ultrahang, ultrahangfrekvencia; **~ analyzer** *any* ultrahangos hibakereső készülék; **~ atomization** ultrahangos (folyadék)porlasztás; **~ bond** *távk* ultrahangos kötés; ultrahangos kötési eljárás; **~ bubble chamber** *fiz* ultrahangos buborékkamra; **~ cal(l)iper** *geof* szonár kalibermérő; **~ centrifuge** ultrahangos centrifuga; **~ checking** ultrahangos ellenőrzés; **~ cleaning** *vegy* ultrahangos zsírtalanítás *(galvanizálásnál)*; ultrahangos/ultraszonikus tisztítás; **~ coagulation** *fiz* ultrahangos koagulálás/kicsapás; **~ corrosion detector** ultrahangos korrózióvizsgáló készülék; **~ crystal(l)ization** *krist* ultrahangos kristályosítás; **~ cutting** ultrahangos megmunkálás/vágás; **~ delay line** *távk* ultrahangos késleltetővezeték, késleltető-műsvonal; **~ depth finder** *hajó* ultrahangos mélységmérő; **~ detector** *távk* ultrahangdetektor; **~ dispersion** *vegy* ultrahangos diszperzió; **~ drilling machine** ultrahangos fúrógép; **~ echo sounder** *hidr* visszhangos mélységmérő; **~ emitter** *fiz* ultrahangsugárzó; **~ emulsifying** *fiz* ultrahangos emulg(e)álás; **~ examination** ultrahangos vizsgálat; **~ flaw detector** ultrahangos anyagvizsgálat, roncsolásmentes anyagvizsgálat ultrahanggal; ultrahangos repedésdetektor/repedésérzékelő; **~ flowmeter** ultrahangos átfolyásmérő; **~**

flowmetering *hidr* ultrahangos vízhozammérés; ~ **frequency** ultrahang-frekvencia; ~ **generator** *el* ultrahang-generátor, ultrahangadó, ultrahangsugárzó; ~ **grating** *fiz* ultrahangrács; ~ **hot welding** *heg* ultrahangos meleghegesztés; ~ **immersion technique** víz alatti ultrahangos anyagvizsgálat, merüléses ultrahang-defektoszkópia; ~ **inspection** → ~ testing; ~ **intensity** ultrahangerősség, ultrahang-intenzitás; ~ **level meter** ultrahangos szintmérő készülék; ~ **logging** *geof* ultrahangkarottázs; ultrahangos szelvényezés; ~ **luminescence** ultrahang-lumineszcencia; ~ **machining** ultrahangos megmunkálás; ~ **material testing apparatus** *any* ultrahangos anyagvizsgáló készülék; ~ **measurement** ultrahangos mérés; ~ **microscope** ultrahangmikroszkóp; ~ **microwelding** *heg* mikrohegesztés ultrahanggal; ~ **oscillator** ultrahang-oszcillátor; ~ **position transmitter** *rád* ultrahangos helyzettávadó; ~ **pulse generator** ultrahang-impulzusgenerátor; ~ **quartz** ultrahang-kvarckristály; ~ **quartz generator** rezgőkristályos ultrahang-generátor; ~ **radiator** ultrahangsugárzó; ~ **receiver** ultrahangvevő; ~ **relay** ultrahangrelé; ~ **scanner** ultrahangos letapogatókészülék; ~ **sealing** *heg* ultrahanghegesztés; ~ **soldering** ultrahangos forrasztás; ~ **sounding** *geof* ultrahangos mélységmérés; ~ **source** ultrahangforrás; ~ **spectroscopy** ultrahang-spektroszkópia, ultrahangos spektroszkópia; ~ **spot welding** *heg* ultrahangos ponthegesztés; ~ **stroboscope** ultrahangos stroboszkóp; ~ **technology** ultrahang-technológia; ~ **test** ultrahangvizsgálat; ~ **testing** *any* ultrahangos anyagvizsgálat, roncsolásmentes anyagvizsgálat ultrahanggal; ~ **testing apparatus** *any* ultrahangos vizsgálóberendezés; ~ **thickness ga(u)ge** ultrahangos vastagságmérő; ~ **thickness measuring** ultrahangos vastagságmérés; ~ **transmitter** ultrahangsugárzó, ultrahangadó; ~ **valve generator** elektroncsöves ultrahang-generátor; ~ **velocity measurement** ultrahangos sebességmérés; ~ **wave** ultrahanghullám; ~ **wave velocity** ultrahanghullám terjedési sebessége; ~ **welding** *heg* ultrahangos hegesztés; ~ **welding machine** *heg* ultrahangos hegesztőgép; ~ **whistle** ultrahangsíp

ultrasonics ultrahangtan, ultrahangtechnika

ultrasonography *sug* ultraszonográfia, ultrahangos feljegyzés

ultrasound *fiz* ultrahang, ultrahang-frekvencia; ~ **generator** ultrahang-generátor, ultrahangadó, ultrahangsugárzó; ~ **source** ultrahangforrás; ~ **wave** ultrahanghullám

ultrastability ultrastabilitás

ultrastable ultrastabil

ultrastrength material ultraszilárd anyag

ultrathin | **laser** ultravékony lézer; ~ **metal aperture** *opt* ultravékony nyílás; ~ **section** ultravékony/ultramikroszkópos csiszolat

ultravacuum *vák* finom vákuum, ultravákuum

ultraviolet (UV) I. *a* ibolyántúli, ultraibolya; **II.** *n* ultraibolya-sugárzás; ~ **astronomy** *csill* ultraibolya-csillagászat; ~ **background** ultraibolya háttér; ~ **cell** *fiz* ultraibolya-fotocella; ~ **dosimeter** ultraibolya-dózismérő; ~ **erasing (UV)** *szt* törlés ultraibolya-sugárral, UV; ~ **film** *foto* ultraibolya-érzékeny film; ~ **filter** *foto* ultraibolyaszűrő; ~ **lamp** UV-lámpa, ultraibolya sugárzó; ~ **laser** ultraibolya lézer, UV-lézer; ~ **light** ibolyántúli fény, ultraibolya fény; ~ **microscope** ultraibolya-mikroszkóp, UV-mikroszkóp; ~ **photography** *foto* ultraibolya-fényképezés; ~ **PROM (UVPROM)** *szt* ultraibolya fénnyel törölhető PROM, UVPROM; ~ **radiation** ibolyántúli/ultraibolya sugárzás; ~ **region** ultraibolya tartomány, UV-tartomány; ~**-sensitive film** ultraibolya-érzékeny film; ~ **sensitivity** ultraibolya-érzékenység; ~ **spectrometer** *fiz* ultraibolya-spektrométer; ~ **spectrometry** *fiz* ultraibolya spektrometria; ~ **spectroscopy** *vegy* ultraibolya-spektroszkópia; ~ **spectrum** ibolyántúli színkép, a színkép ibolyántúli része; ~ **therapy** *orv* ultraibolya-terápia

ultrawhite fehérnél fehérebb

ulvöspinel *ásv* ulvöspinell, ulvit

umber *vegy* umbra, mázfesték *(természetes mangánoxid-hidrátból égetett)*

umbilic *mat* umbilikus pont, köldökpont, körpont, gömbi pont *(felületen)*

umbilical | **cord** *űr* köldökzsinór; ~ **point** *mat* umbilikus pont, köldökpont, körpont, gömbi pont *(felületen)*; ~ **tower** *űr* (feltöltő) kábelárboc

umbra *vegy* umbra, mázfesték *(természetes mangánoxid-hidrátból égetett)*; *at* sugárárnyék; *csill* árnyék; *opt* teljes árnyék; ~ **of sunspot** *csill* napfoltmag

umbrella ernyő, esernyő; ~ **antenna** *távk* ernyőantenna; ~ **roof** *vasút* perontető; ~**-type alternator/generator** *el* ernyős generátor, függőleges tengelyű generátor; ~ **type insulator** *el* ernyőszigetelő; ~ **wire** *heng* esernyőhuzal

UMF → ultramicrofiche

umite *ásv* humit

umkehr effect *met* Götz-hatás, umkehrhatás

umklapp process *fiz* umklappfolyamat, átfordulási hatás

umladung *fiz* töltéscsere, újratöltés, töltéskicserélődés

unaccelerated gyorsulásmentes; ~ **flight** *rep* egyenletes *v.* gyorsítás nélküli repülés

unacceptable elfogadhatatlan; ~ **quality level** elfogadhatatlan minőségszint

unaccompained baggage *rep* kísérő nélküli poggyász

unadulterated hozzákeverés nélküli, hígítatlan, adalékolatlan

unaffected | **by changes of temperature** *tex* hőmérsékletálló; ~ **by frost** fagyálló

unaflow steam engine egyenáramú gőzgép

unaided eye szabad szem

unallocated calling number *távb* nem létező hívószám

unallowed gap tilos (energia)sáv

unalloyability ötvözhetetlenség

unalloyable ötvözhetetlen

unalloyed ötvözetlen, tiszta; ~ **steel** *koh* ötvözetlen acél

unaltered változatlan

unambiguous | **definition** *mat* egyértelmű definíció; ~ **grammar** *szt* egyértelmű grammatika

unambiguousness egyértelműség

unannealed *koh* lágyítatlan, temperálatlan *(acél)*; ~ **malleable iron** *koh* fehérvas, fehér öntöttvas

unarmo(u)red | **cable** *el* páncélozatlan kábel; ~ **lead covered cable** *el* ólomköpenyes kábel, ólomkábel

unarranged molecular field rendezetlen/örvénylő molekuláris tér/mező

unarticulated nem csuklós, merev

unary *koh, vegy* egyalkotós, egyetlen alkotórészből álló; ~ **composition law** *mat* egyváltozós művelet; ~ **operation** *szt* egyoperandusú művelet, monadikus művelet; ~ **predicate** *mat* egyváltozós logikai függvény/predikátum
unascendable chimney *ép* lépcső nélküli kémény
unassignable cause felderíthetetlen ok *(meghibásodásé)*
unassigned reference *szt* hozzárendelés nélküli hivatkozás
unattached bow-wave *rep* szabad homloklökéshullám, fejhullám
unattackable electrode *vegy* indifferens elektród
unattainable vertex *mat* elérhetetlen pont *(gráfé)*
unattended ellátatlan, kezelés/őrizet nélküli; ~ **operation** *szt* felügyelet nélküli működésmód; ~ **service** *távk* felügyelet nélküli üzem
unaudible nem hallható
unauthorized engedély nélküli, jogosulatlan, illetéktelen; ~ **use** jogosulatlan használat
unavailable hozzáférhetetlen; nem kapható; ~ **energy** elveszett *v.* nem hozzáférhető energia; ~ **moisture** *hidr* higroszkópos víz; ~ **time** *szt* nemhasználhatósági idő
unbaffled cylinder *rád* nem árnyékolt henger
unbaked kiégetetlen *(tégla)*
unbalance I. *v* egyensúlyból kimozdít; **II.** *n* kiegyensúlyozatlanság; egyensúly hiánya; egyensúlyvesztés; *el, távk* aszimmetria; *mech* egyensúlyozatlanság; ~ **exciting** lendítőtömeges gerjesztés; ~ **mass** *rep* kiegyensúlyozatlan tömeg; ~ **moment** *rep* kiegyensúlyozatlan nyomaték
unbalanced kiegyensúlyozatlan; *el, távk* aszimmetrikus; ~ **aileron** *rep* kiegyensúlyozatlan csűrőlap; ~ **bridge** *el* kiegyenlítetlen mérőhíd/híd; ~ **cable** *el* aszimmetrikus kábel; ~ **circuit** *el* aszimmetrikus áramkör; ~ **input** *távk* aszimmetrikus bemenet; ~ **load** *el* aszimmetrikus terhelés; ~ **moment** *rep* kiegyensúlyozatlan nyomaték; ~ **network** *el* asszimetrikus hálózat; ~ **rudder** *rep* kiegyensúlyozatlan oldalkormány; ~ **system** *el* aszimmetrikus rendszer *(többfázisú)*; ~ **transmission feeder/line** *távk* aszimmetrikus tápvonal; ~ **water-level** kiegyenlítetlen vízszín; ~ **water-pressure** kiegyenlítetlen víznyomás
unbalancing egyensúly megzavarása
unballast *hajó* fenéksúlyt kirak
unbark *fa* kérget lehánt
unbarked *fa* kérgeletlen, hántolatlan
unbarking machine *fa* kéreghántológép
unbatched processing *szt* egyedi feldolgozás
unbeam *tex* lehengerel
unbend kiegyenesít; egyenget; szabaddá tesz; kiold; feszültségéből enged *(húr v. sodrony)*; *hang* lehangolódik
unbending merev, nem hajlítható
unbiassed, unbiased *mat* torzítatlan; ~ **error** nem rendszeres hiba; ~ **estimate** *mat* torzítatlan becslés; ~ **ferrite** *rád* nem előmágnesezett ferrit; ~ **polarized relay** *távk* billenőrelé, átkapcsoló jelfogó; ~ **sampling** *mat* torzítatlan mintavétel; ~ **signal** *távk* szimmetrikus jel
unbiassedness, unbiasedness *mat* torzítatlanság
unbind kötelet megold, kiszabadít

unbleached *pa, tex* fehérítetlen; ~ **cardboard** *pa* natúrkarton; ~ **kraft paper** *pa* csomagolópapír; natúrbarna papír; ~ **yarn** *tex* nyersfonal
unblind tisztít *(szitát)*
unblock *vasút* szabad utat ad
unblocking feloldó; *el* nyitás, kireteszelés
unboiled silk *tex* lefőzetlen selyem, nyersselyem
unbolt kicsavar, kireteszel
unbonded | **member** *ép* szabadkábeles (feszítettbeton-) elem; ~ **post-tensioning** *ép* szabadkábeles utófeszítés; ~ **tendon** *ép* szabad *v.* nem tapadó *v.* nem injektált feszítőbetét
unboosted rocket indítófokozat/gyorsítófokozat nélküli rakéta
unbound *fiz* kötetlen, szabad, nem kötött; *nyom* fűzött; ~ **level** *at* kötés nélküli szint; ~ **particle** *at* szabad részecske
unbounded *mat* korlátlan, határtalan; ~ **function** *mat* nem korlátos függvény; ~ **interval closed at the left** *mat* balról zárt számköz/intervallum; ~ **set** *mat* nem korlátos halmaz
unboundedness *mat* korlátozatlanság, nemkorlátosság, korlátlanság
unbraced *ép* kifeszítetlen, nem kitámasztott, merevítetlen, dúcolatlan
unbreakable törhetetlen; ~ **watch glass** törhetetlen óraüveg
unbroken | **layer** *geol* törés nélküli réteg; ~**-stream seed** *mzg* folyamatos vetés
unbruised *élip* sértetlen, sérülésmentes
unbuckle kicsatol
unbuilt beépítetlen
unbunching *el* szubkritikus nyalábolás
unbundling *szt* unbundling, külön felszámítás *(szoftverköltségeké)*
unbur bogáncstalanít; ~ **the wool** *tex* (gyapjút) bogáncstalanít
unburnt *ép* kiégetetlen *(tégla)*; ~ **brick** kiégetetlen tégla, vályogtégla
unbutton szegecselést szétbont
uncaging *bány* csillekitolás *(kasból)*
uncalcined *ép, vegy* pörköletlen, nyers; ~ **lead** *koh* ólom(kéneskő)
uncanned fuel element tokozás nélküli üzemanyagelem
uncaping *bány* feltárás
uncase kicsomagol *(ládából)*
uncased | **mole drain** *talt* vakonddrén; ~ **pile** *ép* köpenycső nélküli helyszíni cölöp, fúrt cölöp; ~ **well** *geof* béléscsövezetlen fúrólyuk/fúrás
uncemented nem cementezett; *ép* kittelés nélküli *(ablak)*
uncertain bizonytalan, megbízhatatlan; *opt* életlen
uncertainty *mat* bizonytalanság; *mech* határozatlanság; ~ **phase** *rep* bizonytalansági állapot *(tájékozódásnál)*; ~ **principle** *vegy* Heisenberg-féle határozatlansági elv; ~ **relation** *at* határozatlansági reláció
unchamfered butt *heg* I varrat
unchangeable változ(tathat)atlan, állandó; meg nem változtatható
unchanged változatlan, állandó; ~ **austenite** átalakulásmentes ausztenit
uncharged töltetlen, meg nem töltött; *el* (elektromosan) semleges, töltés nélküli, zérus töltésű; *vegy* töltő-

anyag nélküli; ~ **particle** *at* töltés nélküli *v.* semleges részecske
uncharted *rep* nem feltérképezett, térképezetlen; térképen nem szereplő
unchecked baggage *rep* kézipoggyász
unchoked nozzle *rep* kritikus nyomáskülönbségen aluli fúvóka
unchoking effect fojtóhatás csökkenése
uncial *nyom* unciális *(betű)*
unclad *heng* nem plattírozott
unclamp *szer* kifog *(darabot satuból)*; lefog *(kivesz)*
unclamping *szer* kifogás, lefogás; ~ **lever** *gép* kioldókar
unclassified osztályozatlan; *kat* nyílt, nem titkos
unclean tisztítatlan, tisztátalan
uncleaned tisztítatlan, nyers; ~ **coal** *bány* aknaszén, nyersszén
uncleft wood *fa* gömbfa, szálfa, rönk
unclipped noise *el* egyenirányítatlan zajfeszültség
unclutch *gépk* kikapcsol, kiold *(tengelykapcsolót)*; megszakít *(összeköttetést)*
uncoated csupasz; ~ **electrode** *heg* csupasz elektróda; ~ **mill rice** *élip* csiszolt/fényezetlen rizs; ~ **tablet** *gyógyv* bevonat nélküli tabletta
uncock *kat* ütőszeget fesztelenít
uncoded *szt* kódolatlan
uncog *óra* ütőművet kiold
uncoil legombolyít, letekercsel; *el, tex* kigöngyöl, kifejt
uncoiler lefutó kötél villája; letekercselő gép/motolla
uncoiling letekerés, letekercselés
uncollided neutron *at* ütközést nem szenvedett neutron
uncollimated beam *at* kollimálatlan sugárzás
uncoloured, *US* **uncolored** festetlen, színezetlen
uncombined *vegy* szabad; ~ **heat** *vegy* szabad hő
uncommitted logic array (ULA) *szt* független logikai tömb, ULA
uncompensated kompenzálatlan
uncompleted call *távk* sikertelen hívás
unconditional *szt* feltétel nélküli; ~ **branch** *szt* feltétel nélküli elágazás; ~ **jump** *szt* feltétlen ugrás; ~ **jump instruction** *szt* feltétel nélküli ugróutasítás/ugrás
unconditionally stable *távk* feltétel nélkül stabil *(erősítés)*
unconfined korlátlan, akadálytalan; ~ **aquifer** *hidr* nyílt tükrű víztároló; ~ **charge** *bány* le nem fojtott töltet; ~ **compression strength** egyirányú nyomószilárdság; ~ **compression test** *any* nyomóvizsgálat gátolatlan oldalirányú nyúlással; ~ **groundwater** *hidr, talt* szabad talajvíz
unconfirmed service *szt* meg nem erősített szolgálat
unconformable *geol* egyenlőtlenül rétegződő/fekvő
unconformity *geol* diszkordancia
uncongealable nem fagyasztható
unconnected összefüggéstelen; *el* hálózatról lekapcsolt; *mat* nem összefüggő; ~ **graph** *mat* nem összefüggő gráf; ~ **network** *el* nem összefüggő hálózat
unconsolidated *geol* laza; ~ **clastic sediment** *geol* laza törmelék; ~ **crystal tuff** *geol* kristálytufa; ~ **deposit** *geol* meg nem szilárdult *v.* laza lerakódás; ~ **material** *geol* laza üledékes kőzet; ~ **tuff** *geol* hamutufa; ~ **water reservoir** *bány* rétegvíztároló
uncontaminated szennyezetlen, szennyeződéstől mentes
uncontracted weir *hidr* oldalkontrakció/oldalszűkítés nélküli bukó
uncontrasty *foto, tv* kontraszt nélküli
uncontrollable kormányozhatatlan, szabályozhatatlan; ~ **reaction** *at* szabályozhatatlan reakció
uncontrolled nem vezérelt/szabályozott; akaratlan, nem szándékos; ~ **airport** *rep* nem ellenőrzött repülőtér; ~ **chain reaction** szabályozatlan *v.* nem irányított láncreakció; ~ **crest spillway** *hidr* szabad átfolyás/bukás; ~ **damage** kiküszöbölhetetlen rongálódás; ~ **dumping** *at* nem szabályozott hulladéklerakás; ~ **flow** nem szabályozott áramlás; ~ **ignition** izzófejes gyújtás, izzógyújtás *(motorban)*; ~ **waste deposition** *környv* rendezetlen hulladéklerakás
unconventional warfare *kat* diverzió, lélektani hadviselés
unconverted feldolgozatlan
uncord *tex* felold, kiold
uncorrectable error *szt* nem javítható hiba
uncorrected | air speed *rep* nem helyesbített levegőhöz viszonyított sebesség; ~ **delay** *aut* kiegyenlítetlen futásidő/késleltetés; ~ **depth of tooth** *gép* elemi fogmagasság
uncorrelated nem összefüggő, nem korrelált
uncouple elválaszt, szétválaszt; szétbont; *el* lekapcsol; *gép* szétkapcsol; *gépk* lekapcsol *(pótkocsit)*
uncoupled wheel *vasút* futókerék
uncoupling *el* kicsatolás; ~ **fork** *gép* kiemelővilla, kikapcsolóvilla
uncoursed | masonry *ép* nem sorban rakott terméskő falazat; ~ **rubble masonry** *ép* nem rétegelt szabálytalan terméskő falazat
uncover kinyit, kibont; fedőt levesz; letakarít, szabaddá tesz; *bány* feltár
uncovered kinyitott, kibontott; burkolatlan; *bány* feltárt; ~ **cable** *el* csupasz kábel; ~ **map** *geol* alapkőzet térképe, fedetlen földtani térkép
uncreasable gyűrhetetlen
uncrossed keresztezetlen
uncrushable *tex* gyűrődésmentes, gyűrhetetlen
uncrushed blast-furnace coke *koh* aprítatlan kohókoksz
uncrystallizable, uncrystalizable kristályosíthatatlan
uncrystallized kristályosítatlan
unction kenőcs
unctuous zsíros, olajos; ~ **clay** *talt* kövér agyag; ~ **lustre/luster** zsírfény
uncured *any, hők* (hő)kezeletlen, kidolgozatlan; vulkanizálatlan
uncurl kiegyenesít, kisimít
uncurler *kh* szélkipödrő szerkezet
uncushioned rugózatlan; tompítatlan
uncut *nyom* felvágatlan; ~ **plane-iron** *szersz* egyszerű simító gyaluvas; ~ **velvet** *tex* félbársony
undamaged sértetlen, ép
undamped csillapítatlan; ~ **analytical balance** *metr* csillapítatlan analitikus mérleg; ~ **angular natural frequency** *el* csillapítatlan saját/természetes körfrekvencia; ~ **control** csillapítatlan szabályozás; nem stabil vezérlés; ~ **oscillation** *távk* csillapítatlan rezgés; ~ **vibration** *mech* csillapítatlan lengés; ~ **wave** *fiz* csillapítatlan hullám
undarken világítófestékkel bemázol
undation *geol* undáció
undecagon *mat* tizenegyszög
undecane *vegy* undekán

undecanoic acid *vegy* undekánsav
undecidability *mat* eldönthetetlenség
undecided eldöntetlen, megoldatlan
undecked *hajó* fedélzet nélküli
undecomposable felbonthatatlan
undecomposed bomlatlan
undecorticated *élip* hántolatlan
undecylene *vegy* undecilén
undecylenic acid *vegy* undecilénsav
undecylic acid *vegy* undecilsav, undekánsav
undecylin *vegy* undecilin, undecilinsav-glicerid
undefined határozatlan
undeformable alakváltozás-mentes; nem deformálható
under alsó, alulsó; ~ **construction (u/c)** épülőfélben, készülőben; ~ **leads** ólomzár alatt; ~ **repair** javításban
underannealing *koh* nem teljes lágyítás
underarm height darabmagasság ágy felett *(fúrógépnél)*
underback *élip* szűrőlégyűjtő kád
underbaked *élip* sületlen
underbalanced drilling *ol* kiegyensúlyozatlan fúrás
underbead crack *heg* varratréteg alatti repedés
underbed *ép* habarcságy(azat)
underbelly *rep* repülőgéptörzs hasa/alsó része
underbody *gépk* kocsitest alsó része; *hajó* víz alatti hajótestrész
underbonnet light *gépk* motorházlámpa
underbridge *ép, vasút* aluljáró *(töltés alatti keresztezésnél)*
underbunching *távk* elégtelen kötegelés *(klisztroné)*
underburned nem kellően kiégetett; ~ **brick** *ép* félig/rosszul kiégetett tégla
undercapacity operation részterheléses üzem
undercarriage (u/c) *ép* lánctalpas járószerkezet; *gép* alapváz; tartóváz; *gépk* (kocsi)alváz; *rep* futómű; ~ **axle** *rep* futóműtengely; ~ **bay** futóműrekesz; ~ **brake** futóműfék; ~ **door** futóműrekesz zárónyílása; ~ **leg** futóműtag, futóműszár; ~ **lock** futómű rögzítőzárja; ~ **strut** futóműdúc; ~ **warning** futómű behúzott helyzetére figyelmeztető jelzés; ~ **with winch** alvázkocsis vitla
undercast *bány* léghíd alsó vágata; *rep* repülőgép alatti felhőréteg
underclay *geol* szén alatti agyagréteg
undercloth *tex* együttfutó
undercoat *ép* alapmázolás, alapfestés; alapvakolat, durvavakolat; festékalap
undercompensated | integral control *el* alulkompenzált integráló szabályozás; ~ **meter** *el* alulkompenzált mérőműszer
undercool *hűt* aláhűt, túlhűt
undercooled túlhűtött
undercooling *élip* mélyhűtés; *fiz, hűt* túlhűtés, aláhűtés; ~ **capacity** aláhűthetőség
undercoppered *el* szükségesnél kisebb rézkeresztmetszettel szerelt
undercorrection alulhelyesbítés, alákorrigálás
undercritical operation kritikus alatti üzem
undercroft *ép* altemplom; kripta
undercrossing *ép* aluljáró
undercure I. *a műa* nem teljesen kikeményedett/kibakelizált; **II.** *n* elégtelen vulkanizálás; alávulkanizálás; elégtelen bakelizál(ód)ás
undercurrent rejtett áramlás; ~ **protection** *aut* áramcsökkenési/áramhiányos védelem; ~ **relay** *el* áramhiány-jelfogó; feszültséghiány-relé; ~ **trip** *el* áramhiány-kioldó; ~ **tripping** *el* áramcsökkenési kioldás, áramhiány-kioldás; feszültséghiány-kioldás
undercut I. *v bány* aláréssel, talpon résel; *bány, ép* aláváj, aláás; *forg* aláesztergál, alámar; alámetsz; **II.** *a ép* aláásott, gyengített; *geol* alámosott; **III.** *n* bevágás; alámetszés; bemélyedés; *bány* aláréselés; alsó rés; talprés; *el* beszűkülés *(nyomtatott áramkör)*; *gép* alászúrás; *heg* beégés *(hiba)*; *mt* aláesztergálás; alaköszörülés; aláréselés; kivágás; kivésés; *műa* hátrametszés; ~ **caving** *bány* omlasztás aláréseléssel; ~ **drift** *bány* alsó nyitószinti vágat; ~**-forming attachment** *mt* keresztszán idomkéssel végzendő megmunkáláshoz; ~ **gliding-plane** *geol* alámetsző csúszólap; ~**-slope bank** *hidr* szakadó part; ~**-slope reach of the ravine** *hidr* hordaléktermelő vízmosásszakasz
undercutter *bány* talpréselő gép
undercutting *bány* aláréselés; beréselés; *ép* aláásás; *film* elégtelen vágás *(hangfelvételé)*; *nyom* alámaratás; *ol* roncsolólepárlás, destruktív desztilláció; ~ **tool** alámetsző/aláesztergáló szerszám
underdamped *távk* kritikusnál kisebb csillapítású
underdamping *fiz* kritikus alatti *v.* szubkritikus csillapítás; *távk* alulcsillapítás; elégtelen csillapítás
underdesign *mech* aláméretez
underdeveloped *foto* alulhívott, gyengén előhívott; *ip* fejlődésben elmaradt *(ország)*; ~ **meander** *hidr* fejletlen kanyar
underditch *ép* aláárkol; alagcsövez
underdrain I. *v ép* alácsatornáz, alagcsövez; **II.** *n* föld alatti (levezető) csatorna; alagcső; szivárgócső
underdrainage *ép* talajvíztelenítés; *hidr* alagcsövezés; alagcsővezetés; ~ **system** *hidr* alagcsőhálózat; lecsapoló csőrendszer
underdrained area alagcsövezett/(alá)csatornázott terület
underdrive *gép* alsó hajtás
underearth *bány* tűzálló feküagyag
underestimate alábecsül
underexcitation *el* elégtelen gerjesztés
underexcite *el* elégtelenül gerjeszt
underexpansion *fiz* korlátozott gázkiterjedés
underexpose *foto* alulexponál, alexponál
underexposure *foto* al(ul)exponáltság
underface the mo(u)ld *önt* fekecsel
underfeature *geod* tereprészlet
underfed alulról adagolt/táplált *(tüzelés)*
underfeed aluladagolás, alultöltés; ~ **(stoker) firing** alátoló tüzelés; ~ **stoking** alátoló tüzelés
underfill *koh* töltetlenség
underfilled profil/section *heng* töltetlen szelvény
underfired alsó égésű/tüzelésű; *ép* nem kellően kiégetett *(agyag)*
underfloor | engine *gépk* padló alatti motor; ~ **heating** *ép* padlófűtés; ~ **layout** *gépk* padló alatti (motor)elrendezés; ~ **way** *heng* mélyjárat
underflow *szt* alácsordulás, alulcsordulás
underflowing | irrigation *mzg* talajáztató öntözés; ~**s** *geol* másodlagos (kis) gyűrődések
underframe *gép, gépk, vasút* alváz, kocsikeret; *rep* futómű

underfrequency | **protection** *aut* frekvenciacsökkenési védelem; ~ **relay** *aut* frekvenciacsökkentési relé
underfurrow *mzg* beszánt *(vetőmagot)*
underga(u)ge alulméretes *(pl. fúró)*
undergirder *ép* erősítő szelemen *(kettős ácsolatban)*; mestergerenda *(alagút)*
undergirth *bőr* alsó heveder
underglaze colo(u)r máz alatti festék
undergrade crossing *ép* aluljáró
undergrate | **blast** *ép* aláfúvás; ~ **burning furnace** *ép* alsó égésű tüzelőszerkezet; ~ **firing** *hőt* alsó tüzelés
underground (UG) I. *a* föld alatti; földfelszín alatti; **II.** *n* altalaj; *ép* alagsor, pince; *közl* földalatti *(vasút)*; ~ **aerial** *távk* föld alatti antenna; ~ **blowout** *ol* föld alatti kitörés; ~ **brook** *hidr* búvópatak; ~ **cable** *távb* földkábel; ~ **car park** *közl* föld alatti parkoló; ~ **catchment area** *hidr* felszín alatti vízgyűjtő; ~ **caverne** *bány* zsomboly; ~ **cavity** *bány* bányaüreg; ~ **collector** *vasút* csatornás áramszedő; ~ **development** *bány* belső feltárás; ~ **divide** *hidr* felszín alatti vízválasztó; ~ **explosion** föld alatti robbantás; ~ **fan** *bány* föld alatti kisegítő szellőző; ~ **fire** *bány* bányatűz; ~ **gasification** *ol* mélységi *v.* föld alatti elgázosítás; ~ **gas storage** *ol* föld alatti gáztároló; ~ **haul(ing) unit,** ~ **hauler** föld alatti szállítójármű; ~ **hydraulics** *ol* rezervoármechanika; ~ **hydroelectric station** föld alatti vízerőtelep; ~ **labo(u)r** *bány* föld alatti munka(erő); ~ **leaching** *koh* lúgzás lelőhelyen; ~ **line** földbe fektetett vezeték; ~ **machine** *bány* bányagép; ~ **mining** *bány* föld alatti bányászat; ~ **nuclear weapon test** föld alatti atomfegyver-kísérlet; ~ **opening** *bány* bányatérség; ~ **opening support** *bány* vágatbiztosítás; ~ **penstock** föld alatti nyomócső; ~ **pipe** *mzg* alagcső; ~ **quarry** *bány* föld alatti tömedéktermelés; ~ **reinforcement** alsó rész vastagítása/megerősítése *(vezetékoszlopé)*; ~ **shaft** *bány* vakakna; ~ **share** *mzg* altalajlazító; ~ **shelter** föld alatti légvédelmi óvóhely; ~ **storage** *at* föld alatti tárolás; *hidr* föld alatti tározás; ~ **survey** *bány* bányamérés, felmérés *(föld alatti)*; ~ **surveyor** *bány* bányamérő, markscheider; ~ **tank** földbe süllyesztett (tüzelőanyag-)tartály; ~ **telephone-line** *távb* távbeszélő-kábelvonal; ~ **transporting vehicle** föld alatti szállítójármű; ~ **water** *talt* mélységi víz, rétegvíz; ~ **water control** *bány* bányavízvédelem; ~ **water-level** talajvízszint; ~ **water reserve/resource** *hidr* felszín alatti vízkészlet; ~ **watershed** *hidr* felszín alatti vízválasztó
undergrowth bozót; *fa* aljerdő *(fiatal)*; *tex* pehelyszár
underhair *bőr* alsó szőr, gyapjas szőr *(prémbőré)*
underhand *bány* talppászta; ~ **stope** *bány* fejtési szint; talppásztalépcső; ~ **stoping** *bány* talppásztafejtés; ~ **weld** *heg* alsó helyzetben készült varrat
underhead height *forg* szabad magasság
underhearth cooling *koh* fenékhűtés
underheating aláfűtés
underhole I. *v bány* alárésel, talpon résel; **II.** *n bány* alsó rés
underhung alul megtámasztott, alátámasztott; ~ **door** *ép* alsó görgőkön futó tolóajtó; ~ **mounting** *gép* alsó szerelés, felfüggesztés; ~ **nacelle** *gép* függő/függesztett motorgondola; ~ **slewing jib trolley** *ép* forgógémes futómacska; ~ **trolley** *ép* alulfutó macska; ~ **twin rail trolley** *ép* kéttartós futómacska
underinflated tyre/tire *gépk* puha gumiabroncs
underinflation *gépk* túl kis gumiabroncsnyomás
underlaid work *kh* fekvő minta
underlap *kh* fektetés tű mögött
underlapping *kh* tű alá/mögé fektetés
underlay I. *v bány* alátelepül; *ép* alátámaszt, dúcol; bélel; *nyom* alátétet rak; **II.** *a* lejtős, dőlt; *nyom* dőlt; **III.** *n bány* beesés *(szög)*; elhajlás *(függőlegestől)*, hajlás, dőlés; *ép* alátét, aljzat; *nyom* egyengetőpapír *(nyomáshoz)*; nyomódúcalátét, kliséalátét(-lemez); ~ **lode** *bány* alátelepült telér/telep; fekütelér; ~ **shaft** *bány* lejtős akna
underlayer alj; *bány* alsó termelőszintig mélyített akna; feküréteg; *ép* aláterítés; alsó réteg; ~ **of ballast** *ép* kavics-aláágyazás, kavics-aláterítés
underlaying I. *a* alátelepült; mélyben fekvő; **II.** *n bány* fekü; ~ **metal** *koh* alul fekvő fémréteg; ~ **rock** *bány* fekü
underleap end kezdő vég *(kábelé)*
underlie vmnek az alapját alkotja
underlimb *geol* fekvő redő alsó szárnya
underline I. *v* aláhúz, hangsúlyoz; **II.** *n* aláhúzás; képszöveg, ábraszöveg; ~ **bridge** *közl* felsőpályás híd; ~ **railway-bridge** *közl* felsőpályás vasúti híd; ~ **road-bridge** *közl* felsőpályás közúti híd
underliner *pa* fedőréteg alatti kartonrész
underload *el* aláterhelés; ~ **circuit-breaker** *el* nullaáram-megszakító; ~ **relay** *el* feszültséghiány-kioldó relé; ~ **release** *el* nullaáram-kioldó
underloaded reserve *el* aláterhelt tartalék
underlooker bányamester
underlying | **bedrock** *bány* feküalapkőzet; ~ **beds** *geol* folyamágy; szintben fekvő rétegek; ~ **soil** altalaj
undermanned nem teljes személyzetű
undermatching *el* aláillesztés, alulillesztés, illesztés maximális áramátvitelre
undermine *bány* alárésel, talpon résel; alávájj, aláfejt; *ép* aláás, aláváj; *hidr* aláüregel *(gátat)*
undermining *bány* aláfejtés; *hidr* aláüregelés, kimosás; kiüregelődés
undermoderated alámoderált
undermodulated *távk* nem kimodulált, alulmodulált
undermodulation *távk* kimodulálatlanság
underpaint *ép* aláfest
underpainting *ép* aláfestés
underpass *ép, közl* aluljáró; ~ **approach** *közl* középső sziget
underpick *tex* alsó ütés *(szövőszéken)*; ~ **loom** *tex* alsóvetésű szövőgép
underpin *ép* aládúcol, aláfog; aláfalaz, alátámaszt
underpinning *ép* aládúcolás, aláfogás; aláfalazás, alátámasztás
underpitch groin *ép* fiókboltozat
underplanting *fa* aljzatnövedék
underplaster extension rejtett *v.* vakolat alatti vezeték
underplate alsó rész; alátét, aljzat; *ép* alátét, aljzat; *fa* színfurnérozás alatti falap; talpdeszka; vakfurnér
underpoled copper *koh* hideg törékeny *v.* elégtelenül buzgatott réz
underpower protection *aut* minimális teljesítményvédelem
underpressure *fiz* atmoszféra alatti nyomás; *koh* vákuum; *rep* elégtelen légnyomás
underprop *bány* aláácsol; alátámaszt, dúcol; támot aláver; *ép* alátámaszt, dúcol

underquenching *koh* nem teljes lehűtés edzéskor
underrail height legnagyobb darabmagasság *(karusszelgépen)*
underram height legnagyobb darabmagasság *(harántgyalun)*
underream *bány* bővít *(mély fúrólyukat)*; *ol* alávág, alámetsz *(magot)*
underreamer *bány* bővítővéső
underreaming *bány* alábővítés
underreinforced *ép* alulvasalt
underripe *élip* éretlen
underrunner burr mill *élip* alsó forgóköves kőjárat
underrunning trolley *közl* alsó áramszedő
undersanded *ép* túl kevés finom adalékanyagot tartalmazó
undersaturated telítetlen; ~ **exciter** *el* kis telítésű gerjesztő; ~ **fluid** *ol* nem telített fluidum; ~ **oil** *vegy* telítetlen olaj
undersaturation *élip* elégtelen szénsavazás
underscore *szt* aláhúzás
undersea prospecting *bány* ásványkincskutatás tengerfenéken
underseam *bány* fekütelep
underseeding *met* felhőnukleálás kis adagokkal
underseepage *hidr* fakadóvíz
underset I. *v bány* alátámaszt, aláácsol; *ép* alátámaszt, dúcol; **II.** *n bány* alátelepült réteg; *hidr* alsó áramlás
undershield *gépk* védőlemez *(a kocsi alján)*
undershoot I. *v rep* „rövidre jön be" leszálláskor *(futópálya előtt ér földet)*; **II.** *n* alálendülés, névleges értéktől való eltérés; *el* negatív (impulzus)túllövés, alullövés; ~ **the field** *v rep* rövidre jön be leszálláskor
undershot alul csapó/csapott *(vízikerék)*; ~ **feed** kaparó rendszerű beetetés *(aratócséplőn)*; ~**-type gate** *hidr* vizet alul átbocsátó gát(szerkezet), aluláteresztő gát(szerkezet); ~ **water-wheel** alul csapó/csapott vízikerék
underside alj, alsó felület; fenék *(alsó rész)*; *bány* levetett szárny; *tex* fonákoldal, szövet bal oldala; ~ **gas shielding of the weld joint** *heg* varratgyökvédelem; ~ **view** alulnézet
undersize I. *a* (normál)méreten aluli, előírtnál kisebb; *ép* rostaalji; szitán áthulló, alulméretes; **II.** *n* normálisnál kisebb méret; *ép* rostálási hulladék/maradék; ~ **component** a névlegesnél kisebb méretű alkatrész; ~ **percentage** *ép* áthulló hányad; ~ **pump barrel** *ol* méret alatti mélyszivattyúhenger; ~ **weld** *heg* alulméretes varrat
undersizing alulméretezés; *tex* elégtelen írezés
underskin *koh* kéreg alatti
underslung alul felfüggesztett; tengelyek alatt felfüggesztett *(pl. kocsialváz)*; ~ **crane** függő futódaru
undersoil *ép, geol* altalaj
underspindle height darabmagasság asztal felett *(fúrógépnél)*
underspraying compound *gépk* alvázvédő keverék
understable hiányos ellenállóképességű, nem eléggé stabil
understanding *távb* vételi jóság, érthetőség, hallhatóság
understeer *gépk* alulkormányzottság
understoker alátoló rostély; alsó adagolású tüzelőberendezés; segédkazánfűtő
understratum *met* alacsony sztrátuszfelhő, rétegfelhő
understressed megengedettnél kevésbé igénybe vett *v.* terhelt
undersurface alsó felület
undersurveying *geod* föld alatti felmérés/térképezés
underswing *fiz* negatív (impulzus)túllövés, alullövés
underswung alul beakasztott
undertaking vállalkozás; vállalat, üzem
undertanned *bőr* elégtelenül kicserzett
undertension *el* üzeminél kisebb feszültség, feszültséghiány
undertexture alapszövet; alsó szövet *(kettős szövetben)*
underthroating *ép* vízvezető párkányfedőkő
underthrow *bány* alsó légkeresztezés; ~ **distortion** *távk* amplitúdócsökken(t)ésből eredő torzítás
undertighten gyengén meghúz/megfeszít
undertow *hidr* parton megtörő hullámok visszaáramlása; vízfelszín alatti felületi áramlástól eltérő irányú áramlás
undertravel *ol* lökethossz-csökkenés
undertread *gumi* futógumialjzat, futógumi mintázat alatti része
undertub haulage *bány* alsóköteles szállítás
undertype worm gear *gép* alsócsigás hajtómű/hajtás
undervibration nem kielégítő vibrálás *(betonbedolgozásnál)*
undervoltage *el* üzeminél kisebb feszültség, feszültséghiány; ~ **no-close release** *el* feszültségcsökkenési kioldó visszakapcsolás-gátlóval; ~ **protection** *aut* feszültségcsökkenési védelem, nullafeszültség-védelem; ~ **relay (u.v.r.)** *el* feszültségcsökkenési relé, nullafeszültség-relé; ~ **release/trip** *el* feszültségcsökkenési kioldó; ~ **trip coil** *el* feszültségcsökkenési kioldótekercs; ~ **tripping** *aut, el* feszültségcsökkenési kioldás
underwash kimos, kiüregel; *hidr* alámos
underwashing alámosás, kiüregelés
underwater (UW) I. *a* víz alatti; **II.** *n hidr* alvíz, vízlépcsőt követő szakasz; ~ **acoustics** hidroakusztika, víz alatti akusztika; ~ **aerial** víz alatti antenna; ~ **bank protection** *hidr* víz alatti partvédelem; ~ **blasting** víz alatti robbantás; ~ **bucket/grab** *ép* víz alatti markoló; ~ **bulldozer** *ép* víz alatti tológép; ~ **concreting** *ép* víz alatti betonozás; ~ **cutting** *heg* víz alatti vágás; ~ **cutting burner** *heg* lángvágó pisztoly víz alatti vágáshoz; ~ **handling** *at* víz alatti manipuláció; ~ **ice** víz alatti jég; ~ **laser device** víz alatti lézerkészülék; ~ **maintenance** *at* víz alatti karbantartási művelet; ~ **manifold template** *ol* víz alatti kútközpont; ~ **microphone** víz alatti mikrofon, hidrofon, víz alatti lehallgatókészülék; ~ **photography** víz alatti fényképezés; ~ **pouring of concrete** víz alatti betonozás; ~ **sight distance** látótávolság víz alatt; ~ **sound projector** víz alatti hangsugárzó/szonár, hidroakusztikus adó; ~ **storage** *at* víz alatti tárolás; ~ **television** víz alatti televízió; ~**-to-surface missile** vízalattról-vízfelszínre rakéta; ~ **transducer** *hang* víz alatti ultrahang-generátor
underweb *tex* alsó szövet *(kettős szövetben)*
underweight I. *a* normálisnál könnyebb *v.* kevesebb/kisebb súlyú; súlyhiányos; **II.** *n* súlyhiány; súlycsökkenés
underwidth *tex* szélességhiány
underwing fueling *rep* tüzelőanyag-feltöltés szárny alatti nyíláson át

underworking *bány* aláfejtés
underwrite *hajó* (tengeri) biztosítást köt
undesired carry *el* nem kívánatos átvitel
undetectable felderíthetetlen; *el* detektálhatatlan, kimutathatatlan, kimutathatósági határ alatti; ~ **failure** *el* felderíthetetlen hiba
undetectably low detektálhatatlan, kimutathatatlan, kimutathatósági határ alatti
undeterminable meghatározhatatlan
undetermined határozatlan; ~ **coefficient** *mat* határozatlan együttható
undeterminedness (meg)határozatlanság
undeveloped fejletlen; kiaknázatlan; feltáratlan, fel nem tárt; *film* előhívatlan
undirected irányítatlan; ~ **graph** *mat* irányítatlan gráf; ~ **radiaton** *fiz* nem irányított sugárzás, körsugárzás
undistinguishable megkülönböztethetetlen
undistorted torzítatlan; ~ **ground** *talt* termett talaj; ~ **model** *hidr* torzítatlan kisminta; ~ **modulation** *el* torzításmentes moduláció; ~ **output** *távk* torzításmentes kimenet; ~ **receiving area** *el* torzítatlan/torzításmentes/zavarmentes vételi terület; ~ **transmission** *távk* torzítatlan/torzításmentes átvitel
undisturbed nyugodt, zavartalan; *bány, geol* érintetlen; *talt* nem zavart; ~ **air** *rep* nyugodt/zavartalan/csendes levegő/légkör; ~ **bed** *ol* nem zavart réteg; ~ **bedding** *geol* zavartalan település; ~ **motion** *fiz* zavartalan mozgás; ~ **one-output signal** *el* alapértéken tartott *v.* nem zavart egyes kimenő jel; ~ **rock temperature** *ol* kőzethőmérséklet; ~ **sample** *talt* zavartalan minta; ~ **territory** *bány* kiaknázatlan előfordulás; ~ **zero output** *el* torzításmentes/zavarásmentes zérójel, alapértéken tartott zéró jel
undivided carriageway *ép, közl* osztatlan úttest/útpálya
undo felnyit, felbont; kinyit, kibont; meglazít; kiold, elold; felfejt *(varrást v. kötést)*; *szt* visszacsinál, feloldoz, hatástalanít; ~ **one's belt** *rep* kicsatolja magát
undock hajót dokkból kivezet
undone kibontott, kibomlott
undrained shear strength *talt* állandó víztartalommal meghatározott nyírószilárdság
undrawn filament/yarn *tex* nyújtatlan filamens
undressed feldolgozatlan, megmunkálatlan; faragatlan *(kő)*; *bány, koh* dúsítatlan; *fa* gyalulatlan, „szőrös" *(faanyag)*; *tex* kikészítetlen, írezetlen; ~ **casting** *koh* faragatlan öntvény; ~ **hide** *bőr* nyersbőr; ~ **warp** *tex* írezetlen lánc
unducted fan *rep* ventilátor-légcsavaros hajtómű
undular hullám alakú
undulate I. *v* hullámzik, változik; hullámosít, hullámmozgást végez; **II.** *a* hullámos
undulated *hang* hullámos *(lemez)*; ~**-edge belt** *gép* hullámszegélyes heveder
undulating hullámos; hullámzó; ~ **current** *el* lüktető (egyen)áram; ~ **grades** *vasút* változó esések; ~ **light** villogó/lüktető fény; ~ **line** hullámvonal; ~ **quantity** *mech* lökésszerűen változó mennyiség
undulation hullámzás *(hullámmozgás, ingadozás)*; *bány* egyenetlenség; redőzöttség, hullámosság; ~ **theory of light** *fiz* fény hullámelmélete, Huyghens-elmélet
undulator *met* hullámrajzoló jelíró; *távk* hullámíró, undulátor
undulatory | extinction *fiz* hullámzó kioltás; ~ **radiation** *fiz* hullámsugárzás; ~ **theory of light** *fiz* fény hullámelmélete, Huygens-elmélet
undyeable színezhetetlen, nem színezhető
undyed színezetlen, festetlen
unearth kiás; leföldel *(földet kivesz)*; letakarít, szabaddá tesz
unearthed *el* földtől elszigetelt; *el, rád* földeletlen
unechoic room *fiz* süketszoba
unedged *fa* szélezetlen
unending decimal *mat* végtelen tizedes tört
unenforceable patent hatályba nem léptethető szabadalom
unenriched uranium dúsítatlan/természetes urán
unequal egyenlőtlen, egyenetien; *mat* nem egyenlő; ~ **angle beam** *ép* egyenlőtlen szárú L gerenda; ~ **angle section** *ép* egyenlőtlen szárú szögacél; ~ **angle steel** *ép* egyenlőtlen szárú L acél; ~ **fillet weld** *heg* egyenlőtlen szárú sarokvarrat; ~ **impulse** *el* egyenlőtlenségimpulzus; ~ **leg fillet weld** *heg* egyenlőtlen szárú sarokvarrat; ~ **quantization** *fiz* egyenlőtlen kvantálás; ~ **sided angle** *ép* egyenlőtlen szárú L acél; ~ **spaced scale** *metr* egyenletlen skála
unequigranular egyenlőtlen szemcsenagyságú/szemcséjű/szemcsézetű
unequivocal egyértelmű
uneven egyenetlen, egyenlőtlen; *mat* páratlan; ~ **fracture** egyenetlen törés; ~ **function** *mat* páratlan függvény; ~ **number** *mat* páratlan szám; ~ **page** *nyom* páratlan/jobb oldal; ~ **wear** egyenlőtlen kopás
unevenness *talt* egyenetlenség; ~ **of surface** *talt* talajfelszín egyenetlensége
unexcited *el* gerjesztetlen, nem gerjesztett
unexhaustible kimeríthetetlen
unexpected control váratlan ellenőrzés
unexpired le nem járt, (még) érvényes
unexposed *foto* megvilágítatlan, exponálatlan
unfailed component hibátlan alkatrész
unfasten kiold, lazít *(kötést)*; elold *(kötelet)*; megold *(rögzítést)*; kinyit, kibont; meglazít; kiold, elold; felbont; kicsavar, kireteszel; *gép* szétkapcsol
unfathomable mérhetetlen mélységű
unfavourable, *US* **unfavorable** kedvezőtlen
unfavoured, *US* **unfavored transition** *el* nem megengedett átmenet
unfeasible kivihetetlen
unfeather tollaktól megfoszt; *rep* zászlóállásból visszaállít *(légcsavart)*
unfermented *élip* erjesztetlen, keletlen, kovásztalan
unfilled kitöltetlen; *műa* töltetlen, töltőanyag nélküli; *tex* nehezítetlen; ~ **conductivity band** *el* megengedett *v.* be nem töltött vezetési sáv; ~ **level** *fiz* betöltetlen (energia)szint, üres *v.* be nem töltött nívó
unfinished befejezetlen; kidolgozatlan; *gép* simítatlan; *tex* kikészítetlen, kikészítés nélküli; ~ **bolt** nyers csavar; ~ **casting** *koh* nyersöntvény; ~ **nut** nyers anya; ~ **screw** nyers csavar; ~ **washer** nyers alátét
unfinned rocket *rak* sima rakéta
unfired *el* nem ionizált; *ker* kiégetetlen
unfix levesz, lekapcsol, szétválaszt; rögzítést old
unfixed rögzítetlen, határozatlan; *geol* laza
unflanged *gép* perem nélküli
unfluxed slag *koh* folyósítatlan salak
unflyable *rep* repülésre alkalmatlan

unfocussed, unfocused laser fókuszálatlan lézer
unfolded kifejtett, kibontott, kigöngyölt; *geol* nem gyűrődött
unfolding kibontás, kibontakoztatás
unformatted *szt* nem formatált; ~ **read statement** *szt* formátum nélküli olvasási utasítás; ~ **write statement** *szt* formátum nélküli írásutasítás
unfossiliferous rock *ásv* kövületeket nem tartalmazó kőzet
unfree turbulence kötött örvénylés
unfuelled, *US* **unfueled rocket** feltöltetlen/üres rakéta
unfulled cloth *tex* kikészítetlen gyapjúszövet
unfurl *hajó* kibont, kiterít; ~ **a sail** *hajó* vitorlát bont
unfused projectile *kat* részben szerelt lövedék
ungated period *el* (le)zárási/blokkolási idő/periódus, kapuzatlan idő
ungear *gép* kizár, kiiktat, kikapcsol *(kapcsolódó részeket)*
ungeared *gép* áttétel nélküli, sebességváltó nélküli; közvetlen hajtású *(motor)*
unghwarite *ásv* ungvárit
ungild aranyozást leszed, aranylevonatot leold
unglazed üvegezetlen; fényezetlen; matt; mázatlan; *pa* simítatlan; ~ **paper** *pa* simítatlan papír
unglue enyvezést felold
ungraded osztályozatlan; ~ **iron** osztályozatlan vas
unground *élip* őrletlen
ungrounded *ép* alapozás nélküli; *rád, el* földeletlen; ~ **system** *el* földeletlen/szigetelt hálózat
unguent kenőanyag, kenőcs
unguided nem irányított; ~ **rocket** *rak* távirányítás nélküli rakéta
ungum enyvtelenít, gumitlanít; összeragasztott tárgyakat szétválaszt
unhair szőrtelenít, kopaszt
unhaired fell *bőr* pőre
unhairing kopasztás; *bőr* szőrtelenítés; ~ **knife** *bőr* szőrtelenítő kés
unhandy nehezen kezelhető/kormányozható
unhang kiakaszt, leakaszt
unhardened *koh* edzetlen, lágy; ~ **core** *koh* keményítetlen öntödei mag
unhealthy egészségtelen
unhewn *fa* faragatlan, bárdolatlan, megmunkálatlan
unhinge *ép* kiakaszt, kiemel *(ajtót, ablakot)*
unhinging | chair web blade *forg* kiakasztó fűrészlap; ~ **tang** *szer* kiakasztó kapocs
unhired cab „szabad" taxi
unhitch *vasút* szétkapcsol
unhomogeneity inhomogenitás
unhook kampóról levesz; kiakaszt *(horogból)*
unhoop abroncsot leszed/lever *(hordóról)*
unhulled *élip* hántolatlan
unhusk *élip* kihüvelyez
uni *tex* egyszínű; ~ **dyeing** *tex* egyszínű színezés; ~ **ribbon** *tex* sima/egyszínű szalag
uniaxial *krist* egytengelyű; ~ **compression test** *any* egytengelyű nyomóvizsgálat; ~ **crystal** *krist* egytengelyű kristály; ~ **deformation** *krist* egytengelyű alakváltozás(-állapot); ~ **indicatrix** *krist* egytengelyű indikátrix; ~ **interference figure** *krist* egytengelyű interferencia; ~ **stress** *mech* egytengelyű feszültség; egytengelyű feszütségi állapot
unibolt coupling gyorskapcsoló
unicellular egysejtes, egysejtű; *el* egycellás
unicity *mat* egyértelműség, unicitás *(megoldásé)*; ~ **condition** *mat* egyértelműségi feltétel
uniclinal fold *geol* flexura
unicoherence *mat* unikoherencia
unicoil winding *el* egytekercses gombolyítás
unicoloured, *US* **unicolored** egyszínű
unidentified | flying object (UFO) nem azonosított repülő objektum/csészealj, UFO, ufó; ~ **matter/substance** *vegy* azonosítatlan/azonosíthatatlan anyag, ismeretlen komponens
unidimensional egydimenziós, lineáris, egyenes vonalú; ~ **stretching** *műa, tex* egyirányú nyújtás; ~ **transistor** *el* egydimenziós tranzisztor
unidirected egyirányú
unidirectional egyirányú; irányított; ~ **antenna** *távk* egy irányban sugárzó *v.* egyirányú *v.* irányított antenna, irányantenna; ~ **bus** *szt* egyirányú busz, egyirányú sín; ~ **circuit** *el* egyenirányúan irányított (áram)kör, visszahatásmentes kör; *távk* egyirányú vonal; ~ **current (UDC)** *el* egyenáram; egyenirányú áram; ~ **electrode** *el* záróelektród; ~ **element** *el* egyenirányúan irányított elem; ~ **heat exchanger** *hőt* egyenáramú hőcserélő; ~ **junction** *el* záróirányú átmenet; ~ **microphone** *hang* irányított/irányérzékeny mikrofon; ~ **pressure** *talt* egyoldalú nyomás; ~ **radio directional finder** *távk* egyirányú rádió-iránymérő; ~ **receiver** *távk* irányított/irányérzékeny vevő; ~ **relay** *el* egyenirányúan irányított relé; ~ **rotating louvre/louver** *ép* egy irányban forgó zsalu; ~ **transducer** *távk* egyirányú átalakító; ~ **tyre/tire** *gépk* egyirányú köpeny; ~ **weave** *műa* egy irányban erősített üvegszövet
unidyne reception *rád* kétrácsos csőkapcsolású vétel *(közös anód- és izzítóteleppel)*
UNIFET → unipolar field-effect transistor
unification egyesítés
unified | atomic mass constant *fiz* (egységes) atomi tömegegység; ~ **channel** *hidr* egységes főmeder; ~ **field theory** *fiz* egységes térelmélet; ~ **model of the nucleus** *fiz* egységes/kollektív magmodell; ~ **scale** *fiz, vegy* egységesített atomtömegskála; ~ **screw thread** egységesített csavarmenet *(GB, US, Kanada)*; ~ **system** egyesített rendszer, kevert rendszer
unifilar *el* egyeres *(kábel)*; egyszálas *(antenna)*; ~ **magnetometer** *fiz* egyszálas/unifiláris magnetométer; ~ **suspension** *el* egyszálas lengőtekercs-felfüggesztés; ~ **winding** *el* egyszálas/egyhuzalos tekercselés
uniflow I. *a hőt* egyenáramlású *(kazán)*; egyenáramú, egyhuzatú; **II.** *n* egyenáram; ~ **boiler** *hőt* dob nélküli kazán; ~ **heat exchanger** *hőt* egyenáramú hőcserélő; ~ **steam-engine** egyenáramú gőzgép; ~**-type compressor** egyenáramlású dugattyús hűtőkompresszor
uniform állandó, egyfajta, egyforma, egyenletes, egyenlő; egységes; *bány* nyugodt, zavartalan; *koh* homogén; ~ **acceleration** *mech* egyenletes gyorsulás; ~ **approximation** *szt* egyenletes közelítés, egyenletes megközelítés; ~ **beam** *ép* állandó keresztmetszetű gerenda; ~ **bed** *bány* nyugodt telep; ~ **characteristic** *távk* lapos jelleggörbe; ~**-chromaticity scale diagram, UCS-diagram** *fiz* egyenletes színdiagram, UCS-diagram; ~ **cloth** *tex* egyenruhaszövet; ~ **colo(u)r space** *fiz* egyenletes színtér; ~ **convergence** *mat* egyenletes konvergencia; ~ **corrosion** *koh* egyenletes

korrózió; ~ **current** *bány* permanens áramlás; ~ **diffuser/diffusor** *fiz* egyenletesen szórt test; ~ **diffuse reflection** *fiz* egyenletesen szórt visszaverés; ~ **diffuse transmission** *fiz* egyenletesen szórt áteresztés; ~ **diffusion** *fiz* egyenletes szórás; ~ **distribution** *mat* egyenletes megoszlás/eloszlás; ~ **elongation** *mech* egyenletes nyúlás; ~ **extension** *any, mech* egyenlő mértékű nyúlás; ~ **field** *fiz* homogén erőtér; *mat* mező *(ugyanazon vektor által leírt)*; ~ **flow** *mech* egyenletes áramlás, permanens áramlás; egyenletes sebességű mozgás; ~ **grading** egységes osztályozás; ~ **heating** egyenletes (fel)melegedés; ~ **line** *távk* homogén/egyenletes vonal; ~ **load** *mech* egyenletesen megoszló terhelés; ~ **magnetic field** *fiz* egyenletes mágneses tér; ~ **motion** *mech* egyenletes mozgás; ~ **norm** *mat* gyökös/irracionális kifejezés; ~ **pitch** *rep* egyenletes/állandó állásszög/emelkedés; ~ **point source** *fiz* egyenletes pontszerű sugárzó; ~ **pressure** *fiz* egyenletes/állandósult nyomás; ~ **random noise** *fiz* fehérzaj; ~ **rectilinear motion** *fiz* egyenletes, egyenes vonalú mozgás; ~ **response** *távk* lapos jelleggörbe; ~ **rifling system** *el* állandó szögű huzagolás(i rendszer); ~ **scale** egyenletes skála; ~ **scheme** *távk* egységes számrendszer; ~ **seam** *bány* nyugodt (településű) telep; ~ **seepage** *bány* permanens szivárgás; ~ **settlement** *talt* egyenletes süllyedés; ~ **speed** *mech* egyenletes sebesség; ~ **steady state** *fiz* egyensúlyi állapot; ~ **strength** *any* egyenletes szilárdság; *mech* egyenletesen megoszló erő; ~ **stress** *mech* síkbeli feszültségállapot; ~ **structure** *mat* uniform struktúra, uniformitás; ~ **system** *fiz* négyzetes fényerőszámozás *(fényrekeszen)*; ~ **twist** *el* egyenletes huzagolás; ~ **velocity** *fiz* egyenletes sebesség; ~ **wave guide** *el* homogén hullámvezető

uniformisation → uniformization

uniformitarianism *geol* aktualizmus

uniformity egyenlőség, egyenletesség; egyformaság, egyöntetűség; állandóság; *mat* uniform struktúra, uniformitás; ~ **coefficient** *fiz* egyenletességi tényező; ~ **factor** *fiz* egyenletességi együttható; ~ **of weight (of tablets)** *gyógyv* súlyállandóság; ~ **ratio of illuminance** *foto* világítás egyenletessége

uniformization *mat* uniformizálás

uniformly egyenletesen; ~ **accelerated motion** *mech* egyenletesen gyorsuló mozgás; ~ **bounded** egyenletesen korlátozott; ~ **distributed (linear) load** *mech* egyenletesen megoszló teher; ~ **distributed pressure** *mech* egyenletesen megoszló nyomás; ~ **spun (yarn)** *tex* egyenletes (kifonású) fonal

unify egyesít, egybefoglal, egyneműsít

unijunction transistor *félv* kétbázisú/középemitteres/egyátmenetű tranzisztor

unilateral egyoldalú, féloldalú; egyoldali; ~ **absorption** *vegy* egyoldalú abszorpció *(monoton változású)*; ~ **allowance** *forg* egyoldali ráhagyás; ~ **antenna** *távk* egyirányú antenna; ~ **circuit** *el* aszimmetrikus áramkör; ~ **conductivity** *fiz* egyirányú vezetőképesség; ~ **four terminal network** *el* unilaterális négypólus; ~ **matching** *távk* egyirányú illesztés; ~ **pressure** *bány* egyoldalú nyomás; ~ **quadripole** *el* unilaterális négypólus; ~ **surface** *mat* egyoldalú felület; ~ **tolerance system** egyoldalú tűrési rendszer; ~ **transducer** *el* egyirányú átalakító; ~ **two-terminal-pair network** *el* unilaterális négypólus

unilaterally | compound pitting *fa* egyoldali veremcsoportosulás; ~ **continuous** *mat* egyik oldalról folytonos

unilayer *el* monomolekuláris/egymolekulás réteg

unilinear egyvonalú, egysoros

unimeter voltampermérő, VA-mérő

unimodal | distribution egymódusú eloszlás; ~ **laser** *fiz* egyféle üzemmódú lézer; egyhullámtípusú lézer

unimolecular monomolekuláris, egymolekulás; ~ **film** *any* monomolekuláris réteg/hártya; ~ **layer** *vegy* egymolekulás réteg; ~ **reaction** *vegy* monomolekulás reakció

unimonitored control system *aut* nyílt láncú irányítási rendszer

unimpaired sértetlen, romlatlan; ~ **passage** szabad átjárás

unimpeded magnetization *el* természetes/remanens mágneseződés

unimpregnated impregnálatlan; ~ **roofing felt** *pa* nyers fedéllemez

uninflammable coal rövid lángú szén

uninodal standing wave *fiz* egycsomós állóhullám

uninsulated szigeteletlen; ~ **conductor** *el* csupasz vezeték

unintelligible crosstalk *távb* érthetetlen áthallás

unintended intake *at* baleseti beépülés/inkorporáció

uninterruptable power supply (UPS) *szt* kimaradásmentes *v.* folyamatos üzemű tápegység, UPS

uninterrupted megszakítás nélküli; ~ **current** *el* tartós áram

uninverted crosstalk *távb* érthető áthallás

union egyesítés, egyesülés; kötelék; *gép* csőkötés; hollandi anya; kapcsolódóidom; *gépk* csőcsatlakozó *(tüzelőanyagcső)*; *mat* egyesítés, unió, halmaz; *vegy* kötés; ~**-arc welding** *heg* CO_2-védőgázas mágneses hegesztőporos hegesztés; ~ **body** *gép* csőcsonk; ~ **card** *tex* fedőléces hengeres kártoló(gép); ~ **chuck** *szersz* kétpofás tokmány; ~ **dye** *tex* félgyapjúszínezék; ~ **fabric** *tex* félgyapjú kelme; ~ **grey** *tex* keverékfonal-vetülékű inganyag; ~ **nut** *gép* hollandi anya, csavarzat, csatlakozó karmantyú; ~ **of grammars** *szt* grammatikák egyesítése; ~ **pipe** *gép* összekötő cső; ~ **suit** kezeslábas, overall; ~ **yarn** *tex* keverékfonal

unionized *fiz* ionizálatlan

uniphase egyfázisú

uniplanar egy síkban fekvő; ~ **filament** sík szerelésű izzótest, lapos spirálú izzószál

unipolar *el* egypólusú, egysarkú; unipoláris; *szt* unipoláris, egypolaritású; ~ **conduction/conductivity** *el* unipoláris vezetés; ~ **dynamo** *el* unipoláris generátor; ~ **field-effect transistor (UNIFET)** → ~ **transistor**; ~ **generator** *el* unipoláris generátor; ~ **induction** *fiz* egypólusú/unipoláris elektromágneses indukció; ~ **pulse** *távk* unipoláris impulzus; ~ **pulse train** *távk* unipoláris impulzusfolyam; ~ **signal** *szt* unipoláris jel; ~ **transistor** *el* unipoláris (térvezérlésű/térbefolyásolt) tranzisztor, field effect tranzisztor

unipolarity *el* egysarkúság

unipole *távk* monopolantenna; ~ **antenna** *távk* körsugárzó/unipoláris antenna

unipotential cathode *el* ekvipotenciális katód, közvetett fűtésű katód

uniprogramming system *szt* egyprogramú rendszer

uniquantic *at* egykvantumos
unique egyedülálló; egyetlen példányban gyártott; *mat* egyértékű; egyértelmű; egyértelműen/jól meghatározott, egyetlen; egyféleképpen végezhető; ~ **correspondence** *mat* egyértelmű leképezés *(függvényé)*; ~ **solution** *met* egyértelmű megoldás
uniquely determined *mat* egyértelműen meghatározott
uniqueness *mat* egyértelműség, unicitás *(megoldásé)*; specifitás; ~ **of solution** *mat* megoldás egyértelműsége; ~ **theorem** *mat* egyértelműségi tétel, unicitástétel
uniselector *távk* egyirányú mozgású választógép, uniszelektor, forgókefés kapcsológép
unisol process *vegy* unisol-eljárás *(benzin kéntelenítése metanol-nátronlúg oldattal)*
unison *hang* együtthangzás, oktávharmónia
unistrand egysodratú *(kötél)*; egysoros *(lánc)*
unit I. *a* egységnyi, egyedi; fajlagos; **II.** *n* egység, elem; készülék; berendezés része; *bány* frontfejtés; körzet; munkahely; munkahelycsoport *(egy géppel kiszolgált)*; *gép* egyedi készülék; gépcsoport; *ip* munkahelycsoport; részleg; *kat* egység, alegység; *mat* egyesek helyén álló számjegy; egységelem; *metr* mértékegység; *mt* alkatrész; részegység, szerelvény; *rendsz* elem; igény *(igénylés, igénylő egység)*; szerv; ~ **address** *szt* egységcím, berendezéscím; ~ **address field** *szt* berendezéscím-mező; ~ **air-conditioner** *ép* egyedi klímakészülék; ~ **air cooler** *ép* egyedi léghűtőkészülék; ~ **air dehumidifier** *ép* légnedvesség-csökkentő készülék; ~ **air heater** *ép* egyedi légfűtőkészülék; ~ **angle** *mat* egységnyi szög; ~ **appliance/apparatus** egyedi készülék; ~ **arch** *nyom* U elrendezés; ~ **area** területegység, egységnyi felület/terület; ~ **area acoustic impedance** *fiz* hanghullám-impedancia, fajlagos akusztikai ellenállás/impedancia; ~ **area acoustic resistance** *fiz* fajlagos akusztikai ellenállás; ~ **assembly** *távk* szerelvényegység; ~ **assembly crane** *ép* egységesített daru; ~ **ball** *mat* egységgömb, egységsugarú gömb; ~ **binormal** binormális (vektor); ~ **cable** pászmás kábel; ~ **candle** *gépk* normálgyertya; ~ **capacity** *el* egység-teljesítőképesség; ~**-cast** *önt* egy darabból öntött; ~ **cell** *at* egységcella; *fiz* elemi cella; elemi rács, kristályrácselem; elemi test; ~ **cell dimension** *fiz* rácsparaméter, rácsállandó; ~ **cell vector** *fiz* alaptranszláció-vektor; ~ **charge** (elemi) elektromos töltés, elektron töltése; egységnyi töltés; ~ **circle** *mat* egységkör; ~ **coil** *el* kicserélhető tekercs; ~ **connection** *el* blokkséma, egységkapcsolás; ~ **construction** *távk* blokkszerkezet, külön részegységes kivitel; ~ **cooler** *ép* léghűtőegység, unit cooler; ~ **cost** egységköltség; ~ **cost of operation** fajlagos üzemköltség; ~ **current** *el* egység-áramerősség; ~ **data check** *szt* készülékegység-adatellenőrzés; ~ **deformation** *fiz* fajlagos alakváltozás; ~ **delay circuit** *el* egységnyi késleltetésű/holtidejű (áram)kör; ~ **disk** *mat* egységkör; ~ **disparity code** *szt* egységdiszparitású kód; ~ **distance code** *szt* egységnyi távolságú kód; ~ **drive** *gép* egyedi hajtás; hajtómű; ~ **dry weight** *fiz* száraz térfogatsúly; ~ **element** *mat* egységelem, egység, neutrális elem; *távk* elemegység; ~ **elongation** *mech* fajlagos nyúlás; ~ **equipment** egyedi készülék; ~ **extension** *mech* fajlagos/közepes hosszváltozás; ~ **feeder** *távk* egyszeres/egyes tápvezeték; ~ **fraction** *mat* egész szám reciproka; ~ **function** *fiz* egységnyi impulzusfüggvény/egységlökés; egységugrás-függvény; *mat* egységfüggvény; ~ **function response** *fiz* átmeneti függvény; ~ **heater** hevítőegység; légfűtő berendezés; hőlégfúvó, léghevítő; termoventilátor; ~ **hydrograph** *hidr* egységnyi árhullámkép; ~ **impulse** *el* egységimpulzus; egységlökés; ~ **impulse function** *el* Dirac-delta, deltafüggvény; egységimpulzus-függvény; ~ **impulse response** *el* súlyfüggvény, egységimpulzusra adott válasz; ~ **insulator** szigetelőelem *(láncban)*; ~ **interval** *fiz* egységnyi intervallum; *távk* elemi időköz; ~ **length** hosszegység; ~ **length loop resistance** *el* hosszegységre eső hurokellenállás; ~ **lift** *mech* fajlagos emelőerő; ~ **load** *mech* egységnyi/fajlagos terhelés; egységteher; ~ **mass** *mech* egységnyi tömeg; ~ **matrix** *mat* egységmátrix; ~ **mesh** *mat* elemi hálózat; ~**-moment couple** *mech* egységnyi nyomatékú erőpár; ~ **mo(u)ld** *műa* szabványos szerszámbetétcsésze; ~ **normal deviate** *mat* szabványosított normál változó; ~ **of advance** *bány* lépéshossz; ~ **of drainage capacity** *ép* víznyelés egysége; ~ **of first order** *mat* egyesek helyén álló számjegy; ~ **offset** *aut* egységugrás; ~ **of heat** *metr* hőmennyiség egysége; ~ **of imaginaries** *mat* képzetes egység, i, másodlagos egység; ~ **of information** *szt* információegység; ~ **of length** *metr* hosszegység; ~ **of pressure** *metr* nyomásegység; ~ **of second order** *mat* tízes; ~ **of the water out-flow** *ép* egységcsapoló; ~ **of time** időegység; ~ **operation** alapeljárás; ~ **pier** *ép* monolit pillér; ~ **plane** *fiz* fősík, képfősík; ~ **pole** *el* egységpólus; ~ **pressure** *mech* egységnyi/fajlagos nyomás; ~ **principle** *mzg* Ferguson-rendszer; ~ **principle of construction** *fiz* építőszekrényelv, modulelv; ~ **process** elemi folyamat; ~ **production** egyedi gyártás; ~ **protection** egyedi védelem; ~ **pulse function** *el* Dirac-delta, deltafüggvény; egységimpulzus; egységlökés; ~ **pulse response** *fiz* súlyfüggvény, egységimpulzusra adott válasz; ~ **ramp** *fiz* egységnyi sebességugrás; ~ **record** *szt* rögzített hosszúságú rekord; ~ **second normal** *fiz* binormális (vektor); ~ **separator** *szt* információegység-elválasztó; ~ **set** *mat* egyelemű halmaz; *távb* előfizetői főállomás; ~ **shortening** *mech* fajlagos rövidülés; ~ **skin dose (of Seitz and Wintz)** *fiz* egységnyi bőr(sugár)dózis; ~ **source** *el* egységforrás; ~ **sphere** *mat* egységgömb, egységsugarú gömb; ~**s' place** *mat* egyesek helye; ~ **step** *fiz* egységugrás; ~ **step acceleration** *fiz* egységnyi gyorsulásugrás; ~ **step function** *fiz* egységnyi sebességugrás; egységugrás-függvény; ~ **step response** *fiz* átmeneti/átviteli függvény; ~ **step signal** *fiz* egységugrásjel; ~ **step velocity** *fiz* egységnyi sebességugrás; ~ **strain** *mech* fajlagos nyúlás; ~ **stress** *fiz* területegységre számított feszültség, egységnyi feszültség, fajlagos feszültség; ~ **string** *szt* egyelemű füzér; ~ **substation** *távb* szabványos/egységes alállomás; ~ **switch** *vasút* zárkapcsoló, egységkapcsoló; ~ **switchboard** *vasút* egységelosztó; ~ **system** *el* egységkapcsolás; *metr* mértékrendszer; *nyom* mértékrendszer, egységrendszer *(monotype)*; ~ **testing** *szt* egységtesztelés, modultesztelés; ~ **thickener** *koh* egykamrás ülepítő; ~ **time** időegység, egységnyi idő; ~ **transformation** *mat* azonos leképezés, egységtranszformáció, egységleképezés, azonosság, azonos transzformáció; ~ **transformer** *el* blokktranszformátor; ~**-type press** *nyom* soros/szekciós elrendezésű nyomógép, tandem típusú nyomógép; ~ **value** *aut*

egységnyi érték; ~ **vector** *mat* egységvektor, normált vektor, irányvektor; ~ **ventilating appliance/equipment** *ép* egyedi szellőztetőkészülék; ~ **volume** *fiz* térfogategység; ~ **weight** *talt* sűrűség, térfogatsúly

unitarian *mat* uniter; ~ **transformation** *mat* uniter transzformáció

unitarity *mat* uniterség

unitary egységes; *mat* egységnyi, uniter; egységre vonatkozó; ~ **atomic scattering factor** *fiz* uniter/egységnyi atomfaktor; ~ **geometry** *mat* uniter geometria; ~ **matrix** *mat* uniter/unitáris mátrix; ~ **ratio** mértékegységviszony; ~ **sampling** *mat* közvetlen mintavétel; ~ **structure factor** *krist* uniter/egységnyi struktúrafaktor; ~ **symmetry** uniter szimmetria; ~ **transformation** *mat* uniter/egységnyi transzformáció

unite egyesít, egybefoglal, egyneműsít; összeilleszt; egyesül, egybeolvad

united | **atom model** *fiz* egyesített atommodell; **U~ Product Code (UPC)** *szt* UPC-vonalkód; **U~ States of America Standard Code for Information Interchange (USASCII)** *szt* ASCII kód; **U~ States Standard (USS)** amerikai szabvány, USA szabvány

uniterm indexing *szt* egyfeltételes indexelés

unitgraph *hidr* egységnyi árhullámkép

uniting egyesítés; összeillesztés; egyesülés, egybeolvadás; *tex* összefűzés

unitized | **bathroom unit** *ép* fürdőszoba-térelem; ~ **kitchen unit** *ép* konyhatérelem; ~ **principle (of construction)** *fiz* építőszekrényelv, modulelv

unituning *rád* egygombhangolás

unity egység(esség); ~ **coupling** *távk* ideális csatolás; ~ **element** *mat* egységelem, egység, neutrális elem; ~ **matrix** *mat* egységmátrix; ~ **power factor** *el* egységteljesítmény

univalence, univalency *vegy* egyvegyértékűség

univalent *vegy* egy vegyértékű; ~ **predicate** *mat* egyváltozós logikai függvény/predikátum

univalve *ép* egyszárnyú *(ablak)*

univariant *mech* egy szabadsági fokkal rendelkező

universal egyetemes, általános, univerzális; *el* egyen- és váltakozóáramú; ~ **aggregate system for pneumatic control** *aut* univerzális építőszekrény-rendszer pneumatikus vezérlések számára; ~ **algorithm** *szt* egyetemes/univerzális algoritmus; ~ **analog(ue)-digital transmission circuit** *el* általános analóg-digitális áramkör; ~ **arrow** *mat* univerzális nyíl; ~ **asynchronous receiver/transmitter (UART)** *szt* univerzális aszinkron adó-vevő, UART; ~ **auxiliary relay** *el* univerzális segédrelé/segédjelfogó; ~ **balance** *geof* egyetemes terepmérleg; ~ **bar** *távb* indítósín; ~ **base machine** univerzális gép; ~ **beam mill** *koh* egyetemes gerendahengersor; ~ **bridge** *el* univerzális híd; ~ **business machine** egyetemes irodagép; ~ **characteristic** kagylódiagram *(turbináé, szivattyúé)*; ~ **character set (UCS)** *szt* univerzális karakterkészlet, UCS; ~ **chuck** egyetemes tokmány; ~ **climbing crane** univerzális kúszódaru; ~ **command** *szt* egyetemes utasítás; ~ **computer** egyetemes/univerzális számítógép; ~ **computer-oriented language** *szt* egyetemes számítógép-orientált nyelv; ~ **container** univerzális szállítótartály; ~ **control automation with free program selection** *aut* szabad programválasztású univerzális vezérlőautomata; ~ **coupling** → ~ joint; ~ **decimal classification (UDC)** *szt* egyetemes tizedes osztályozás, ETO; ~ **ditch cleaner** *ép* univerzális ároktisztító gép; ~ **ditch-cleaning machine** *ép* univerzális ároktisztító gép; ~ **dozer blade** *ép* univerzális tolólap; ~ **dredger** *ép* univerzális kotrógép; ~ **driving frame** → ~ pile/piling frame; ~ **driving plant** → ~ pile/piling plant; ~**-equalizer chart** *el* Smith-Volpert diagram; ~ **equivalent circuit** *el* univerzális helyettesítő áramkör *(egyetemes paraméterekkel)*; ~ **erecting mast** *ép* csuklógémes szerelőkosár; ~ **excavator** *ép* egyetemes forgókotró; univerzális kotró; ~ **filter** *el* mindent áteresztő/fáziskiegyenlítő szűrő/hálózat, frekvenciafüggetlen/univerzális szűrő; ~ **finder** *tv* univerzális (kép)kereső; ~ **floor maintenance machine** univerzális padlóápoló gép; ~ **fork-lift** *ép* egyetemes emelőtargonca; ~ **function converter** *mat* univerzális függvényátalakító; ~ **gas constant** *fiz* általános/moláris gázállandó; ~ **grammar** *mat* univerzális grammatika; ~ **gravitation** *mech* általános tömegvonzás; ~ **grinding-machine,** ~ **grinder** *mt* egyetemes köszörű(gép); ~ **hand drill** univerzális kézi fúrógép; ~ **high-lift fork stacking truck** egyetemes emelőtargonca; ~ **Hooke's joint** egyetemes csuklókapcsoló/tengelykapcsoló; ~ **Hors sequence** *mat* kváziazonosság; ~ **impulse model** *el* univerzális impulzusmodell; ~ **indicator** *vegy* univerzális indikátor; ~ **instruction** *szt* egyetemes utasítás; ~ **instrument** egyetemes/univerzális műszer/teodolit; ~ **joint** egyetemes csuklókapcsoló/tengelykapcsoló; kardáncsukló; kardáncsuklós csatlakozás; ~**-joint assembly** *gépk* kardáncsukló *(teljes)*; ~**-joint centre/center cross** *gépk* kardánkereszt; ~**-joint drive** kardánhajtás; ~**-jointed coupling** *gép* csuklós tengelykapcsoló; ~**-joint fork** *gép* kardáncsuklóvilla; ~**-joint shaft** kardántengely, csuklóstengely; ~ **language** *szt* univerzális/teljes nyelv; ~ **laser** *fiz* univerzális lézer; ~ **library (ULB)** *szt* általános könyvtár, ULB; ~ **lifting beam** univerzális emelőgerenda; ~ **logic gates** *el* univerzális kapuk; ~ **machine** univerzális gép; ~ **machine language** *szt* univerzális gépi nyelv; ~ **magnetometer** univerzális magnetométer; ~ **map** *mat* univerzális leképezés; ~ **Markoff algorithm** *szt* univerzális algoritmus; ~ **measuring laboratory-type automaton** univerzális laboratóriumi mérőautomata; ~ **measuring oscilloscope** univerzális mérőoszcilloszkóp; ~ **microcomputer** *szt* általános célú mikroszámítógép; ~ **microscope with automatic exposure** univerzális mikroszkóp automatikus megvilágításszabályozással; ~ **mill** *heng* univerzálsor, egyetemes hengermű/hengersor; ~ **milling machine** egyetemes marógép; ~ **mobile handling crane** univerzális két oldalra rakodó daru; ~ **motor** univerzális motor; ~ **network** → ~ filter; ~ **nutrunner** univerzális csavarbehajtó gép; ~ **opaque illuminator** univerzális opálüveg-illuminátor/mikroszkópmegvilágító; ~ **order** *szt* egyetemes utasítás; ~ **peripheral controller (UPC)** *szt* általános célú perifériavezérlő, UPC; ~ **pile/piling frame** *ép* univerzális verőállvány; ~ **pile/piling plant** *ép* univerzális cölöpverő (gép); ~ **pipe-wrench** *ép* kengyeles egyetemes csőfogó; ~ **plane** *ép* univerzális gyalu; ~ **planer** *gép* univerzális gyalugép; **U~ Postal Union (UPU)** Egyetemes Postaegyesület; ~ **processing element (UPE)** *szt* univerzális mikroszámítógép/miniszámítógép, UPE; **U~ Product Code (UPC)** *szt* egyetemes termékkód, vonalkód; ~ **program trans-**

mitter *tv* egyetemes programadó; ~ **proposition** *mat* univerzális állítás, általános ítélet; ~ **ram** *ép* univerzális cölöpverő; ~ **relay** *el* univerzális relé; ~ **sander** univerzális kézi csiszológép; ~ **semantic theory** *szt* univerzális szemantika(i elmélet); ~ **sentence** *mat* univerzális állítás, általános ítélet; ~ **set** *mat* univerzális/egyetemes halmaz; ~ **shunt** *távk* kombinált sönt; ~ **slabbing mill** *koh* egyetemes lemeznyújtósor; ~ **slewing jib/boom** *ép* univerzális forgógém; ~ **snips** *pl szersz* egyetemes lemezvágó olló; ~ **spanner** *szersz* egyetemes csavarkulcs; ~ **stage (of microscope)** univerzális forgóasztal; ~ **statement** *szt* egyetemes utasítás; ~ **synchronous/asynchronous receiver/transmitter (USART)** *szt* univerzális szinkron/aszinkron adó-vevő, USART; ~ **synchronous receiver/transmitter (USRT)** *szt* univerzális szinkron adó-vevő, USRT; ~ **syntax** *mat* univerzális szintaxis(elmélet); ~ **tester** egyetemes anyagvizsgáló gép; ~ **theodolite** egyetemes/univerzális teodolit; ~ **theory of phonetics** *mat* univerzális fonetika(elmélet); ~ **time (UT)** *csill* nemzetközi világidő *(éjféllel kezdődő greenwichi helyi idő)*; ~ **tool and cutter grinder** univerzális szerszámél-köszörűgép; ~ **tractor** vontatótraktor; ~ **truck** → ~ fork-lift; ~ **Turing machine** univerzális Turing-gép; ~ **two-side loader** *ép* univerzális két oldalra rakodó; ~ **vertical illuminator** univerzális opálüveg-illuminátor/mikroszkópmegvilágító; ~ **vice** *szersz* egyetemes satu; forgatható pofájú satu; ~ **viewfinder** univerzális (kép)kereső; ~ **wall channel(l)er** univerzális falhoronymaró; ~ **wet and dry vacuum/suction cleaner** univerzális nedvesség- és porfelszívó gép; ~ **wrench** egyetemes csavarkulcs *(franciakulcs)*; univerzális kulcs

universality egyetemesség; ~ **of the method** módszer általánossága

universally általánosan, egyetemesen; ~ **quantified formula** *mat* univerzális állítás, általános ítélet; ~ **valid formula** *mat* általánosan/azonosan igaz formula, érvényes *v.* logikailag igaz formula

universe világegyetem; *mat* populáció, alapsokaság, sokaság

univibrator *távk* monostabil multivibrátor; univibrátor

univocal azonos hangzású; *mat* egyértelmű, egyjelentésű

uniwave *rád* egy hullámhosszú; ~ **signal(l)ing** egy hullámhosszú rádió-összeköttetés

UNIX *szt* UNIX operációs rendszer

unjammable lidar mesterséges zavaroktól mentes lézerlokátor

unkilled steel *koh* csillapítatlan acél, nem nyugtatott acél

unknown *mat* ismeretlen; *távk* mérendő; ~ **quantity** *mat* ismeretlen

unlabelled, *US* **unlabeled** *at, el* nem jelzett, jelzetlen, radioaktív izotóppal meg nem jelölt; ~ **basic statement** *szt* címkézetlen alaputasítás; ~ **compound statement** *szt* címkézetlen összetett utasítás; ~ **graph** *mat* betűzetlen gráf

unladen *gépk* terheletlen; ~ **terrain** *geol* terheletlen térszín; ~ **weight** önsúly, üressúly, saját tömeg *(kilogrammban, járműé)*

unlaid *pa* vízjel nélküli

unlatch záróreteszt kinyit

unlatching coil *el* kioldótekercs

unlead *nyom* ritkán szedett sorokat sűrít

unleaded *ol* ólommentes

unleavened *élip* fel nem lazított *(tészta)*; ~ **bread** *élip* kovásztalan kenyér

unlike eltérő, különböző; ~ **charges** *el* ellentétes töltések; ~ **fields** *el* ellentétes polaritású terek

unlime *vegy* mésztelenít

unliming *vegy* mésztelenítés

unlimited határtalan, korlátlan; ~ **ceiling** *rep* felhőtlen égbolt; ~ **route concept** *rep* korlátlan útvonalkiválasztási elv; ~ **storage capacity** *szt* behatárolatlan tárolókapacitás; ~ **visibility** *rep* korlátlan látástávolság

unlined | **canal** *ép* burkolatlan csatorna; ~ **gallery** *ép* burkolatlan alagút; ~ **shaft** *ép* burkolatlan akna; ~ **tunnel** *ép* bélés nélküli *v.* burkolatlan alagút

unlink kibont, szétbont; kikapcsol, szétkapcsol

unload lerak, kirak; kiürít; leterhel *(tehermentesít)*; terhelést megszüntet; mentesít; kirakodik, lerakodik; ~ **command** *szt* ürítési utasítás

unloaded terheletlen, rakomány nélküli, üres; *pa* töltőanyag nélküli; ~ **antenna** *távk* terheletlen antenna; ~ **channel** *távk* terheletlen csatorna; ~ **characteristic** *el* üresjárási jelleggörbe; ~ **organic phase/recycle** *koh* reextraktum; ~ **paper** *pa* töltőanyagmentes papír; ~ **reserve** terheletlen tartalék; ~ **wave-length** sajátrezgési hullámhossz *(terheletlenül)*

unloader kirakodó/kiürítő szerkezet; *szell* nyomás- és teljesítményszabályozó *(kompresszoré)*

unloading kirakodás, lerakodás; tehermentesítés, leterhelés; *at* üzemanyag-kirakás; ~ **area** *bány* ürítőállomás; ~ **auger** *élip* kirakócsiga; ~ **bank** lerakórámpa; ~ **face** *at* reaktorépület kirakodó/berakodó oldala; ~ **machine** *at* üzemanyag-kirakó gép; ~ **platform** *közl* leszállóperon; ~ **plough** vonszoló ürítő *(emelőn)*; ~ **siding** *vasút* kirakó mellékvágány; ~ **station** kirakóállomás *(kötélpályáé)*; ~ **valve** lefúvatószelep; kiegyenlítőszelep

unlock I. *v* kibont, kinyit; kiold; kireteszel; *gép* kizár, kiiktat, kikapcsol *(kapcsolódó részeket)*; **II.** *n szt* elengedés, felszabadítás

unmachinable *mt* forgácsoló megmunkálásra nem alkalmas

unmachined *mt* megmunkálatlan, nyers

unmalleable *mt* kovácsolással nem alakítható

unmanned *rep* pilóta/ember nélküli; ~ **aircraft** pilóta nélküli légi jármű, robotrepülőgép; ~ **flight** műszeres repülés; ~ **rocket** ember nélküli rakéta; ~ **satellite** ember nélküli mesterséges hold

unmapped *szt* leképezés nélküli

unmarked jelöletlen, jelzés nélküli; ~ **joint** *távk* vakkötés *(kábelé)*

unmatched parenthesis *szt* páratlan számú kerek zárójel

unmetalled road burkolat nélküli földút

unmined | **coal** *bány* érintetlen szén(telep); nem művelt széntelep; ~ **territory** *bány* érintetlen terület

unmixed capacity névleges térfogat

unmixing szétesés *(keveréké)*, szétkeveredés

unmod *film* statikus *(hangfeljegyzést nem tartalmazó mágnesfilm)*

unmoderated | **lattice** *at* moderátor nélküli rács; ~ **neutron** *at* lelassítatlan neutron

unmodified módosítatlan; ~ **BCD data** *szt* nem pakolt alakú BCD adat; ~ **instruction** *szt* nyers utasítás; ~ **scattering** *at* energiaváltozás nélküli szóródás
unmodulated *el, távk* modulálatlan; ~ **carrier** *távk* modulálatlan vivőhullám; ~ **groove** néma vájat *(hanglemezen)*; ~ **magnetic tape** *film* statikus mágnesfilm; ~ **power** *rád* vivőhullám-teljesítmény; ~ **pumping energy of laser** lézer modulálatlan szivattyúzásának energiája; ~ **waves** *távk* modulálatlan hullám
unmonitored control system *rendsz* nyíltláncú irányítási rendszer
unmoor *hajó* elold *(kötelet)*
unmounted szereletlen; foglalatlan *(lencse)*; keretezetlen; ~ **crystal** *rád* csupasz kristály
unnamed number *mat* el nem nevezett szám, absztrakt/nevezetlen szám
unobservable system nem megfigyelhető rendszer
unobstructed vision akadálytalan/szabad kilátás
unobtainable beszerezhetetlen, nem kapható; *távb* nem kapcsolható; ~ **number** *távk* nem jelentkező vonal *(hívott nem felel)*
unobtrusive visszahúzódó; kevés helyet elfoglaló
unoccupied el nem foglalt, szabad; ~ **level** *fiz* betöltetlen (energia)szint, üres *v.* be nem töltött nívó
unoil olajtalanít; zsírtalanít
unoperated gap *el* meghúzatlan légrés *(jelfogóé)*
unoxidizable rozsdaálló
unpack I. *v* kicsomagol; **II.** *n szt* lazítás, szétpakolás
unpaired | **electron** *el* páratlan/kötetlen elektron; ~ **nucleons** *el* nem páros/kapcsolt nukleonok
unpatented product nem szabadalmazott termék
unpaved ép, kövezetlen; burkolat nélküli *(út)*; ~ **runway** *rep* burkolat nélküli futópálya
unpayable ore nem műrevaló érc
unperforated perforálatlan
unperturbed *el* nem zavart, zavarmentes, perturbálatlan
unpigmented pigmentálatlan
unpitched sound *hang* zörej, bizonytalan magasságú hang/zaj
unplaned *fa* gyalulatlan, „szőrös" *(faanyag)*
unplastered *ép* vakolatlan
unplated galvanizálatlan
unplug *el* kihúz *(falidugót)*, kihúzza a dugóját *(készüléknek)*, kikapcsol
unpolarized *el* közömbös, semleges; polarizálatlan; ~ **electrolytic capacitor** *el* bipoláris elektrolitkondenzátor
unpolished fényezetlen, polírozatlan
unponderable nem mérhető, súlytalan
unpowered | **conveyor/conveyer** gravitációs szállító-(szalag); ~ **flight** *rep* leállított hajtóművekkel történő repülés; ~ **roller conveyor/conveyer** hajtás nélküli görgőspálya
unpredictable kiszámíthatatlan, előre meg nem mondható, váratlan
unprepared el nem készített; előkészület nélküli; ~ **paper** *foto* nyerspapír
unprinted *nyom* ki nem nyomtatott, kiadatlan; *tex* nem nyomott, sima *(szövet)*
unprocessed feldolgozatlan; ~ **material** feldolgozatlan/nyers anyag
unprotected burkolatlan; védtelen; ~ **file** *szt* nem védett állomány; ~ **flood plain** *hidr* nyílt ártér; ~ **land** *hidr* hullámtér; ~ **level-crossing** *közl* sorompó nélküli (vasúti) kereszteződés
unprovability *mat* bizonyíthatatlanság
unproved be nem bizonyított
unpunched tape *szt* lyukasztatlan szalag
unqualified képesítetlen, szakképzetlen, minősítetlen, szakképzettség nélküli
unquantized nem kvantált, kvantálatlan
unraised *tex* bolyhozatlan
unramifiedness *mat* nemleágazóság
unrammed concrete *ép* döngöletlen beton
unravel kibont, felbont; kibogoz; *kh* felfejt *(kötést)*
unread elolvasatlan; *tex* nem lyukasztandó *(mintakártyában)*
unrecoverable error *szt* helyrehozhatatlan hiba
unrectified *el* egyenirányítatlan
unreel letekercsel, lecsévél, legombolyít; *ol* lecsavar, leteker, legombolyít *(kötelet)*
unreeve kötelet kiemel
unrefined finomítatlan; *ol* nyers; ~ **material** finomítatlan anyag
unreflected assembly *at* reflektor nélküli készülék/berendezés
unregulated szabálytalan *(pl. feszültség)*
unreinforced *ép* vasalatlan, erősítetlen
unrelated (perceived) colo(u)r önálló/izolált színérzet
unreliable *el* nem megbízható, megbízhatatlan, kipróbálatlan; ~ **item** megbízhatatlan termék; ~ **performance** megbízhatatlan teljesítmény
unremitting folytonos, szakadatlan, szüntelen
unrestricted korlátlan, határtalan; korlátozatlan; ~ **area** *at* szabad hozzáférhetőségű terület; ~ **extension** *távb* teljes jogú alállomás; ~ **plastic flow** *geol* tartós folyás; ~ **spreading** *heng* szabad szélesedés
unrib *élip* kierez; ~ **leaves of tobacco** dohánylevelet kierez/kocsánytalanít
unrifled huzagolatlan
unrig *hajó* kötélzetet/felsőárbocot leszerel
unrivet szegecset kivág/eltávolít
unroll kigöngyöl, kibont; *pa* letekercsel, lecsévél, legombolyít; ~ **stand** *pa* tekercsállvány, letekercselő bak
unroof *ép* tetőt leborít/leemel
unrust rozsdátlanít, rozsdamentesít
unsafe veszélyes, nem biztonságos; megbízhatatlan; ~ **pile** veszélyes atomreaktor
unsaponifiable matter *vegy* el nem szappanosítható anyag
unsatisfactory nem kielégítő, alkalmatlan, elégtelen; ~ **reliability** ki nem elégítő megbízhatóság
unsatisfied valency kielégítetlen vegyérték
unsaturated *vegy* telítetlen, nem telített; ~ **acid** *vegy* telítetlen sav; ~ **alloy** telítetlen ötvözet; ~ **fatty-acid** *élip* telítetlen zsírsav; ~ **hydrocarbon** telítetlen szénhidrogén; ~ **logic** *szt* telítetlen logika
unsaturation *vegy* telítetlenség
unscattered radiation *at* szóratlan sugárzás
unscheduled ütemtervben nem szereplő, nem betervezett; menetrendben nem szereplő
unscientific tudománytalan
unscotching *vasút* fékoldás

unscoured *tex* mosatlan
unscraped ingot *önt* hántolatlan tuskó
unscreened átrostálatlan; *pa* osztályozatlan; *rád* árnyékolatlan; ~ **coal** *bány* aknaszén, nyersszén
unscrew kicsavar, lecsavar, szétcsavar; csavart kiold
unscrewing lecsavarás; menetlazítás
unsealed lepecsételetlen, le nem zárt; hitelesítetlen; ~ **radioactive material** nyitott *v.* nem zárt *v.* nem tokozott radioaktív preparátum; ~ **source** nyitott *v.* nem árnyékolt *v.* nem kapszulázott sugárforrás
unseasoned *fa* ki nem száradt, friss termelésű, meg nem állapodott; ~ **wood** nedves/nyers fa
unseaworthy hajózásra alkalmatlan, nem tengerbíró
unsecured nem biztosított/rögzített
unselective nem szelektív
unsensed abort felfedezetlen rendszerhiba
unsensitiveness érzéketlenség
unsensitized paper *foto* fényérzéketlen papír
unserviceable (UC) használhatatlan, üzemképtelen; ~ **beyond repair** megjavíthatatlan
unset | concrete *ép* friss beton; ~ **saw** feszítetlen szalagfűrész
unsettled meg nem állapodott
unsewn binding *nyom* ragasztott kötés
unshared electron-pair *fiz* kötésen kívüli elektronpár; kötetlen elektronpár
unsharp *tex* elmosódott *(minta)*; *tv* életlen
unsharpness *tv* életlenség
unsheathed *bány* hűtőburkolás nélküli *(robbanóanyag)*
unsheeted trench dúcolatlan árok
unshielded *távk* árnyékolatlan, nem árnyékolt; nem védett; ~ **metal-arc welding** csupaszelektródás ívhegesztés; ~ **welding** védőgáz nélküli hegesztés
unshocked lökésmentes, sima, lágy
unshrinkability zsugorodásmentesség
unshrinkable állandósított méretű *(szövet)*; *önt, tex* zsugorodásmentes; ~ **finish** *tex* zsugorodásmentes kikészítés; ~ **steel** zsugorodásmentes acél
unshunted *el* mellékáramkör nélküli, nem söntölt
unsigned number *mat* előjel nélküli szám
unsintered *koh* szinterezetlen
unsized *pa* enyvezetlen; *tex* írezetlen; osztályozatlan; ~ **burden material** válogatatlan elegy
unskilled gyakorlatlan, tapasztalatlan; ~ **labo(u)r/worker** segédmunkás, szakképzetlen munkaerő
unslaked lime *ép* oltatlan mész
unslashed *tex* írezetlen
unsoldering kiforrasztás
unsolvable *mat, szt* megoldhatatlan, nem megoldható; ~ **equation** *mat* megoldhatatlan/ellentmondásos egyenlet
unsorted osztályozatlan, fajtázatlan; *fa* kiosztályozatlan, javaminőségű; *koh, önt* odvas, lunkeres, lyukacsos; ~ **cement** *ép* nem állandó térfogatú cement; ~ **weld** *heg* hibás varrat, tömítetlen varrat
unsoundness *koh, önt* odvasság, lunkeresség, lyukacsosság
unspaced *nyom* ritkítás nélküli
unspecified pontosabban meg nem határozott
unspinnable *tex* fonhatatlan, nem fonható
unspinnableness *tex* kifonhatatlanság
unsplintered glass biztonsági/törhetetlen/szilánkmentes üveg
unspool lecsévél, legombolyít; *ol* lecsavar, leteker, legombolyít *(kötelet)*
unsprung rugózatlan
unsqueezed print *film* torzítatlan kópia
unstability *el* instabilitás; *mech, vegy* instabilitás, labilitás
unstabilized stabilizálatlan; ~ **gasoline** stabilizálatlan benzin; ~ **naphtha/petrol** stabilizálatlan benzin
unstable nem állandó; egyenetlen, változékony, ingatag, instabil; *at* instabil; *bány* nem állékony *(fedü v. fekü)*; *ép* instabil, labilis; *hajó* billenékeny; *tex* nem színtartó; *vegy* instabil, labilis; ~ **arc** *heg* változó ív; ~ **austenite** instabil ausztenit; ~ **condition of working** egyenetlen üzemi/működési állapot; ~ **control operation** labilis szabályozási folyamat; ~ **element** *at* instabil elem; ~ **equilibrium** *mech* labilis egyensúly(i állapot); ~ **equilibrium point** *mech* labilis egyensúlyi pont; ~ **focus** labilis gyújtópont; ~ **governor** instabil szabályozó; ~ **gravimeter** asztatikus graviméter; ~ **ground** *bány* úszóhomok, nem állékony kőzet; ~ **internal state** nem stabilis belső állapot *(relérendszeré)*; ~ **isotope** instabil izotóp; ~ **limit cycle** labilis határciklus; ~ **nodal point** labilis csomópont *v.* elágazási pont; ~ **node** labilis csomópont; ~ **nucleus** instabil mag; ~ **oscillation** *el, fiz* berezgés; ~ **perturbation** instabil preturbáció; ~ **roof** *bány* nem állékony főte; ~ **running** egyenetlen járás/mozgás/fordulatszám; ~ **state** *szt* instabil állapot
unstacker *vasút* mechanikus (oldal)deszka-leválasztó, kiborító szerkezet
unstaggered *rep* nem lépcsőzött *(szárnyak)*
unstainable metal nem rozsdásodó fém
unstall *rep* átesésből kivesz/visszavesz
unstayed mast *távk* szabadon álló antennaárboc
unsteadiness ingadozás, instabilitás; *tv* szabálytalan fényingadozás; ugr(ál)ás *(képé)*; ~ **of light** *fiz* fényingadozás, villódzás, flikker
unsteady nem állandó, ingadozó, bizonytalan, ingatag, változékony, változó; ~ **flight** *rep* nem egyenletes repülés; ~ **flow** nem permanens *v.* instacionárius áramlás; ~ **flow conveying** átmeneti áramképű szállítás; ~ **motion** nemstacionárius mozgás
unsteamed concrete *ép* gőzöletlen beton
unstemmed *bány* fojtás nélküli
unstick I. *v* szétválaszt, leold; *rep* kormányt elenged; **II.** *n rep* felszállás; ~ **an aircraft** *v rep* repülőgépet elemel a földtől; ~ **distance** *rep* felszállás előtti nekifutási távolság; ~ **speed** *rep* elemelkedési sebesség; elvételi sebesség; ~ **time** *rep* felszállási idő
unstiffened suspension bridge *ép* merevítetlen függőhíd
unstitch *tex* öltést felfejt
unstrained alakváltozás-mentes, terheletlen; ~ **member** *ép* vakrúd *(rácsos tartóban)*
unstratified | deposit *bány* nem telepes előfordulás; ~ **language** *szt* önleíró nyelv
unstressed *mech* feszültségmentes; igénybe nem vett; ~ **drawing** *heng* feszültségmentes húzás; ~ **member** feszültségmentes rácsrúd/tag
unsulphated, *US* **unsulfated cement** gipszmentes cement
unsupercharged túltöltés nélküli *(motor)*; ~ **engine** feltöltő nélküli motor; ~ **power** *rep* sűrítő nélküli teljesítmény

unsupported *bány* biztosítás nélküli, ácsolatlan; ~ **catalyst** *vegy* hordozómentes katalizátor; ~ **distance** *bány* be nem ácsolt térköz; ~ **length** *ép* konzolhossz; támaszköz, fesztáv, szabad nyílás; ~ **piston** öntámasztós dugattyú; ~ **roof** *bány* biztosítatlan főte; ~ **sheet** *műa* alátét nélküli lemez

unsurfaced road → unmetalled road

unsusceptibility to shocks and shaking ütés- és rázásállóság

unsweetened | chocolate *élip* kakaótészta; ~ **condensed milk** *élip* sűrített tej, evaporált tej

unswept wing *rep* nem nyilazott szárny

unsymmetric(al) aszimmetrikus, nem részarányos; *vegy* aszimmetriás; ~ **arrangement** *vegy* aszimmetrikus elrendez(őd)és; ~ **bending** ferde hajlítás; ~ **configuration** *geof* aszimmetrikus elektródaterítés; ~ **curve** *el* szabálytalan görbe; ~ **ether** *vegy* vegyes éter; ~ **fed antenna** *el* aszimmetrikusan táplált antenna; ~ **flight** *rep* repülés aszimmetrikus tolóerővel; ~ **grading** *távk* nem homogén lépcsőzés; ~ **gyroscope** *mech* aszimmetrikus pörgettyű; ~ **oscillations** *fiz* aszimmetrikus rezgés(ek); ~ **plasma** *műa* aszimmetrikus plazma; ~ **top** *mech* aszimmetrikus pörgettyű/giroszkóp

untack szegeket kivesz/kihúz; *hajó* szétbont *(árbocköteleket)*

untapered wing *rep* változatlan húrhosszú szárny

untarnishable alloy *koh* homályosodásmentes ötvözet

untempered martensite *koh* lágyítatlan martenzit

untensioned | (bar) reinforcement *ép* feszítetlen vasalás; ~ **steel** *ép* feszítetlen acél/vasalás

unterminated line *távk* terheletlen/lezáratlan vonal

untested kivizsgálatlan, kipróbálatlan

unthrifty *fa* fejlődésképtelen

untight tömítetlen, laza; szivárgó, rosszul záró, áteresztő

untimbered trench *ép* dúcolatlan árok

untimed call *távb* időkorlátozás nélküli beszélgetés

untin ónmentesít

untrapped *ép* bűzelzáró nélküli

untreated kezeletlen, megmunkálatlan, nyers; *fa* telítetlen, nem telített; ~ **gas** *ol* kezeletlen gáz; ~ **sewage** *hidr* nyers szennyvíz

untrimmed *nyom* felvágatlan, körülvágatlan; ~ **floor** *ép* váltógerenda nélküli födém; ~ **sheet size** *pa* nem vágott ívméret

untrue pontatlan; forgás közben ütődő/verődő

untruth of alignment *szersz* beállítás pontatlansága, párhuzamhiba

untuned *rád, távk* hangolatlan; ~ **antenna** *távk* aperiodikus/csillapítatlan antenna; ~ **circuit** *távk* hangolatlan kör; ~ **line** *távk* hangolatlan tápvonal

untwine kibogoz, kibont, szétbont, szétsodor

untwist kibont, szétbont; kibomlik, kicsavarodik; *tex* kisodor

untwisted *tex* sodratlan, cérnázatlan

untwisting of the rope *bány* kötélkisodródás

unused | capacity ki nem használt kapacitás; ~ **time** *szt* kihasználatlan idő

unvarying konstans, állandó, változatlan, invariábilis, rögzített

unventilated szellőzetlen

unvoiced sound *hang* zöngétlen hang

unwanted nem kívánatos; ~ **feedback** *el* káros visszacsatolás

unwater kiszivattyúz; víztelenít

unwatering kiszivattyúzás; víztelenítés

unweathered *geol* el nem mállott; ~ **velocity** *geof* mállott réteg által nem befolyásolt szeizmikus sebesség

unwedge éket kiver

unweighable nem mérhető, súlytalan

unweighted *stat* súlyozatlan; ~ **analysis of variance** *stat* súlyozatlan szórásnégyzet-elemzés; ~ **mean** *mat* súlyozatlan közép; ~ **noise voltage** *hang* súlyozatlan zajfeszültség

unwieldy ügyetlen, nehezen kezelhető

unwind kigöngyöl, szétgöngyöl, letekercsel, lecsavar; *heng* letekercsel; *szt* kifejt *(ciklust)*; *tex* lefejt, lecsévél, legombolyít; ~ **over end** *tex* fejen át lecsévél

unwinder *heng* letekercselő gép

unwinding lecsévélés; *heng* letekercselés; *mat* kifejtés, lefejtés; ~ **device** *pa* letekercselő berendezés

unworkable meg nem munkálható; *bány* nem műrevaló

unyielding rugalmatlan, merev; szilárd; ~ **support** *bány* merev tám; *ép* el nem mozduló *v.* fix alátámasztás

unzoned lens *rád* egyszerű lencseantenna

up I. *a* felfelé menő/haladó; **II.** *adv* fel, felfelé; fenn, fent; ~**-and-down blast roaster** *koh* felső és alsó befúvású pörkölő; ~**-and-down indicator** *finm* felhúzást és lejárást jelző mutató *(óráé)*; ~**-and-down line** *el* fel- és lemenő vezetékvonal; ~**-and-down lock** *rep* futóműhelyzetzár; ~**-and-over (garage) door** *ép* billenő (garázs)kapu; **be** ~ *szt* működőképes, működik; ~ **operation** *szt* fel művelet; ~ **the dip** *bány* dőlésirányban felfelé

upacting pressure nyomástöbblet

UPC → United Product Code; → universal peripheral controller; → Universal Product Code

upcast I. *a* felfelé fordított, felemelt; *bány* felszálló; szellőztető; **II.** *n bány* felszálló/kihúzó légáram; kihúzó légvágat; kihúzóakna, szellőzőakna; *geol* feltolódás; ~ **incline** *bány* lejtősakna; sikló; ~ **leg** emelkedő/szívó ág *(szivornyáé)*; ~ **shaft** *bány* kihúzóakna; ~ **side** *geol* vetődés feldobott (felső) szárnya

up-converter parametric amplifier *el* felfelé transzponáló parametrikus erősítő

up-country az ország belsejében/közepén levő; az ország belsejébe irányuló

up-current *rep* emelőszél, termik; ~ **of air** *rep* légáramlat emelkedése; ~ **soaring** *rep* vitorlázás emelő légáramlatban/termikben

up-cut shears *pl szersz* felfelé vágó olló

update korszerűsít; *szt* felfrissít, naprakészen tart *(állományt)*

updating korszerűsítés; *szt* aktualizálás, naprakész állapotba hozás

up-dip | profile *geof* emelkedésirányú szelvény; ~ **shooting** *geof* emelkedési irányban végzett szeizmikus mérés

up-down counter *el* reverzibilis számláló; *szt* oda-vissza számláló

updraught, *US* **updraft** felfelé irányuló léghuzat/légáramlás; ~ **carburetter** *gépk* felszálló áramú porlasztó; ~ **flue** emelkedő füstcsatorna; ~**-type producer** szívóáramú gázgenerátor

updrive *bány* alulról felfelé hajt
UPE → universal processing element
uperization *élip* uperizáció, ultrapasztőrözés
up-feed *gép* felfelé irányuló etetés/előtolás
up-gear *rep* behúzott futóműves
upgrade I. *v* feljavít; **II.** *n szt, távk* bővítés, kiterjesztés, telefon-mellékállomás; *talt* emelkedő; ~ **section** *ép* emelkedő szakasz
upgraded ore *koh* dúsított érc
upgrading *szt* kiegészítés, számítógép hardver növelése; ~ **of coal** *bány* szénnemesítés
upgrowth növekedés, kifejlődés; fejlesztés *(növelés)*
uphand *heg* jobbra haladó; ~ **forging** kézi kovácsolás; ~ **hammer** ráverő kalapács, pöröly; ~ **welding** felfelé hegesztés
uphead welding *heg* fej feletti hegesztés
upheaval *bány* duzzadás; *geol* talajemelkedés, felemelkedés *(lávadugóé)*
uphill I. *a* (hegynek) felfelé haladó; *bány* felfelé irányított *(pl. fúrólyuk)*; **II.** *adv* hegynek/lejtőn felfelé, hegymenetben; *bány* dőlésben felfelé, emelkedésben felfelé; ~ **casting** *önt* alsó öntés; öntés alulról; ~ **welding** *heg* emelkedő hegesztés
uphold fenntart, karbantart, támogat
up-hole | **depth** *geof* korrekciókarottázs-mélység; ~ **logging** *geof* szeizmikus robbantólyuk-szelvényezés, korrekciókarottázs; ~ **shooting** *geof* korrekciókarottázs, szeizmikus robbantólyuk-szelvényezés; ~ **shot** *geof* korrekciólövés, korrekciós lyukrobbantás; ~ **time** *geol* korrekciókarottázs-idő; ~ **velocity** *geof* korrekciókarottázsból kapott sebesség
upholster *fa, gépk* kárpitoz
upholstered kárpitozott; ~ **furniture** kárpitozott bútor
upholsterer kárpitos; ~**'s hammer** kárpitoskalapács; ~**'s nail-puller** kárpitosszeghúzó
upholstery kárpitosipar; kárpitosműhely; bútorszövet, bútorhuzat, kárpitoskellék; kárpitozás, kárpit *(autóban is)*; üléshuzat; ~ **fabric** bútorszövet, bútorhuzat, kárpitoskellék; ~ **leather** bútorvasettabőr; ~ **pad** kárpitozott üléspárna; ~ **shampooer** kézi samponozógép
upkeep karbantartás; fenntartás; üzemeltetési/üzembentartási költségek
upland I. *a* hegyi, hegyvidéki; felvidéki; **II.** *n geol* felföld, felvidék; ~ **moor** dombláp; ~ **water** felső szakaszról érkező víz *(árapályos folyószakaszon)*
up-leap *geol* vetődés felemelkedő szárnya
upleg *rak* röppálya felszálló ága
uplift (fel)emelkedés, felemelés; felhúzás; *fiz* felhajtóerő; *geol* földkéreg emelkedése; sasbérc, vetődéses szirt; *hidr* emelőhatás *(szivattyúé)*; *talt* felhajtóerő; ~ **pile** *ép* húzott cölöp; ~ **pressure** ellennyomás; felhajtóerő *(vízé)*; ~ **resistance** emelkedési ellenállás; cölöpkihúzási ellenállás
upline *szt* felfelé menő vonal
uplink *távk* sugárnyaláb-fellövés *(műholdra)*
upload *szt* adatáttöltés nagyobb számítógéptárba
upmake I. *v nyom* tördel, betördel; **II.** *n nyom* tördelés
upmaking *nyom* tördelés
up-milling *forg* ellenirányú marás
upmost legfelső, legmagasabb
up-over *bány* aknamélyítés alulról felfelé
upper felső, felülső; felsőbb; ~ **air** *met* légkör magasabb rétegei; ~**-air chart** *rep* magaslégköri térkép; ~**-air data** *rep* aerológiai/magaslégköri adatok; ~**-air research rocket** *met* felsőlégkör-kutató rakéta; ~**-air sounding rocket** *met* magaslégkör-kutató rakéta; ~ **airspace** *rep* magas légtér; ~ **annealing point** *fiz* megeresztési hőmérséklet, feszültségtelenítési pont; ~ **approximate limit** *mat* approximatív limes superior, közelítő felső határérték, lim sup ap; ~ **atmosphere** *csill* felső légkör/atmoszféra; ~ **bainite** *koh* felső bénit; ~ **band** *kat* felső karika; ~**-band spring** *kat* felsőkarika-rögzítő; ~ **bay** *hidr* felső/felvízi öböl; ~ **beam** *gépk* távolsági/országúti fény(vető); ~ **bed** *bány* fedő(réteg), felső réteg; *ép* falazatot lefedő habarcsréteg; ~ **bend** *ép* boltív inflexiója; *talt* nyeregforduló; ~ **boiler** *hőt* felső kazán; ~ **boom** *önt* felső öv *(rácsostartón)*; ~ **bound** *mat* felső határ, (legkisebb) felső korlát, supremum, sup; ~ **boundary** → ~ bound; ~ **brick paving** felső tégla útburkolat; ~ **case (UC)** *nyom* nagybetű, verzál; *szt* nagybetűs; ~ **category temperature** *fiz* felső kategória-hőmérséklet; ~ **chamber** *hidr* felső kamra; ~ **chord** → ~ boom; ~ **climatic category temperature** *fiz* felső kategória-hőmérséklet; ~ **clouds** *met, rep* magaslégköri felhőzet; ~ **cold front** *met, rep* magaslégköri hidegfront; ~ **combustion** *hőt* felső elégés; ~ **component** *fiz* harmonikus/felsőbb hullám; ~ **connection** *el* fejérintkező; ~**-course type** *hidr* felsőszakasz jellegű *(vízfolyás)*; ~ **cretaceous** *geol* felső kréta; ~ **culmination** *csill* felső delelés(pont)/kulmináció; ~ **cut** *szersz* felsővágat *(reszelőn)*; ~ **cut-off frequency** *el* felső határfrekvencia; ~ **dead centre/center (UDC)** *mech* felső holtpont; ~ **deck (UD)** *ép* felső pálya *(hídon)*; *hajó* felső fedélzet; ~ **deck-top** kocsifedélzet *(villamoskocsin, autóbuszon)*; ~ **detection limit** *at* felső detektálási határ; ~ **deviation** *gép* felső méreteltérés; ~ **die** *alak* bélyeg, tüske; felső süllyeszték, nyomófej; ~ **exhaust duct** *ép* felső kiszellőző/elszívó csatorna *(alagútban)*; ~ **falsework** felső szerelőállvány *(hídépítésnél)*; ~ **flask** *önt* formaszekrény felső része; ~ **flight** *rep* magaslégtéri repülés; ~ **floor** (felső) emelet; ~ **gib** *kat* felsőemelő-retesz; ~ **harmonic** *hang* magasabb rendű harmonikus, felharmonikus, felhang; *rád, távk* felhullám; ~ **header** *hőt* felső gőzdob; ~ **hemispherical (luminous) flux** *fiz* felső térfélbe kisugárzott fényáram; ~ **heterodyning** *hang* felső keverés; ~ **index** *mat* felső index; ~ **inwall** *ép* belső falazat felső része; ~ **Jurassic** *geol* felső júra; ~ **knee** *el* felsőkönyök *(mágnesezési görbén)*; ~ **laser level** *fiz* felső lézerszint, felső lézersugárzási szint; ~ **layer** *geol* fedőréteg; *ol* felső réteg/fázis; ~ **leaf** *bány* felső pad; ~ **leather** *cipő* felső(rész)bőr; ~ **leg** *cipő* felsőrész szárrésze; ~ **limit** *el* felső határ, (legkisebb) felső korlát, supremum, sup; *mat* limes superior, felső határérték; ~ **limiting filter** *távk* alul áteresztő szűrő; ~ **machinery** *ép* (forgó) felépítmény *(daru, kotró)*; forgó/kotró felsőváz; ~ **mean-hemispherical candlepower** *fiz* félgömbre vett átlagos alsó fényerő; ~ **millstone** *élip* felső malomkő, forgókő; ~ **part** felső rész, tető; ~ **partial** *hang* felhang; ~ **pile** *tex* felsőhurok *(frottírárué)*; ~ **plate** *geod* alhidádé; *gép* felső lap; ~ **pond/pool** *hidr* felső böge, felső duzzasztott folyószakasz; ~ **pressure limit** *fiz* felső nyomáshatár, kikapcsolási nyomás; ~ **prop (member)** *bány* belsőtám; ~ **quartile** *stat* felső/harmadik kvartilis; ~ **reach** → ~ pond/pool; ~ **roll** *heng* felső henger; ~

rope traction *bány* felsőköteles szállítás; **~-runner burr mill** *élip* felső forgóköves kőjárat; **~-runner mill** *élip* felső forgóköves malom; **~ shed** *tex* felső szád; **~ shield** *kat* felső lövegpajzs; **~ side** felső/jobb oldal, színoldal; **~ sideband** *el* felső oldalsáv; **~ side frequency** *el* felső oldalfrekvencia; **~ spring seat** *gép* felső rugótányér; **~ state** magasabb rendű állapot; **~ stor(e)y** (felső) emelet; **~ strakes** *hajó* felső lemezsorok; **~ surface (of wing)** *rep* felső borítás (szárnyé); **~ threshold of audibility/hearing** (hallási) fájdalomküszöb; **~ tolerance limit** felső tűréshatár; **~ track** *em* felső pálya; **~ transit** *csill* felső delelés; **~ trimming** *bőr* felsőbőr levágása; **~ turntable** fordítólemez *(kotróé)*; **~ valency** *mat* maximális fokszám; **~ water** *hidr* felső víz; **~ water level** *talt* felvízszint; **~ window edge** *szt* ablak felső széle; **~ window edge allocated to the peer entity** *szt* társentitásnak kiosztott felső ablakszél; **~ winds** *rep* magassági szél; **~ wire** *tex* szálfeszítő huzal *(szelfaktoron)*; **~ works** *pl* hajófelsőrész; **~ yield stress** *any, mech* folyás felső határa

uppermost I. *a* legfelső, legmagasabb; **II.** *adv* legfelül

upquenching *koh* edzés lehűtéssel és rákövetkező hirtelen felhevítéssel

upraise I. *v* felemel, felhúz; fejleszt, fokoz; **II.** *n* felemelés; felemelkedés; *bány* aknamélyítés alulról felfelé, feltörés; gurító, emelkedő; **~ room** *bány* kamara emelkedésben

upright I. *a* álló, függőleges, merőleges; **II.** *n ép* álló cső/oszlop/tag; pillér; *forg, gép* oszlop; *vasút* rakonca; **~ casting** függőleges öntés; **~ column-type drilling machine** → **~** drill; **~ converter** *koh* álló/függőleges konverter; **~ course** *ép* éltéglasor; **~ cylinder** *gépk* álló henger; **~ drill** *ép, bány* oszlopos/állványos fúrógép; **~ drilling machine** *ép, bány* függőleges telibefúró gép; **~ drill press** lyukasztóprés; **~ galvanometer** függőlegesen szerelhető galvanométer; **~ piano** pianínó; **~ pipe** *ép* álló szifon, angol szifon; **~ radiator** *gépk* álló hűtő; **~ ray cell** *fa* álló bélsugársejt; **~-reeling hack** *pa* tekercsállvány, letekercselő bak; **~ scourer** *élip* függőleges/álló hámozógép; **~ storage** oszlopos raktározás; **~ winder** *tex* csévélőgép *(állóorsós)*

uprighting *óra* merőleges átjelölés

uprise I. *v* felemelkedik; **II.** *n* felemel(ked)és; *talt* emelkedő, emelkedés

uproot gyökerestől kitép

uprooter *mzg* kiszántógép

UPS → uninterruptable power supply

upscattering *at* felszóródás

upset I. *v* átborít, felborít, felfordít; feldönt; megzavar; torlaszt; *alak, koh* duzzaszt, tömörít, zömít; **II.** *a* duzzasztott, tömörített, zömített; **III.** *n* felborulás, felfordulás; *bány* feltörés szénbe, légösszekötő feltörés, feltöltés; **~ butt welding** *heg* ellenállásos/zömítő tompahegesztés; **~ clamp** *el* rovátkás szorító; **~ forging** zömítő kovácsolás; **~ head** zömítendő fej; **~ metal** zömített fém; **~ rivet** zömített fejű szegecs; **~ time** zömítési idő; **~ weld** zömített/ellenállásos tompahegesztéssel készült varrat

upsetting átborítás, felborítás, felfordítás; megzavarás; *alak* duzzasztás, tömörítés; torlasztás; zömítés; *cu* magassági beállítás *(répavágó késé)*; **~ device** *heng* zömítőkészülék; **~ die(s)** *alak* zömítőszerszám; **~ machine** vízszintes kovácsológép; zömítőprés; **~ moment** *hajó* felborítónyomaték; **~ ratio** zömítési arány; **~ temperature** szétfolyási hőmérséklet *(aszfalté)*; **~ test** *any* zömítőpróba

upshift *gépk* magasabb sebességfokozatba/sebességbe kapcsol

upside | down fejjel lefelé, megfordítva, felfordítva; **~-down** feje tetejére állított, felfordított, megfordított; **~-down flight** *rep* hátrarepülés, hátonrepülés; **~-down image** *tv* (fel)fordított kép

upsignal *vasút* bejárati jelző

up-slide cloud *rep* felsikló felhő

upslope lejtőn felfelé

up-spin neutron *at* felfelé irányuló spinű neutron

upstream I. *a hidr* felvízi, felvízoldali; *ol* szűkítés előtti *(áram)*; **II.** *adv hidr* ár ellen, folyás ellen; felfelé, vízfolyással szemben; **~ apron** *hidr* előfenék, felvízfenék, felső bögefenék, körömfal; **~ blanket** *hidr* szigetelőszőnyeg, felvízoldali vízzáró terítés *(földgátnál)*; **~-end flow control** *hidr* felső vezérlés(ű vízkormányzás); **~ face** *hidr* felvízoldali fal/lejtő/rézsű; homlokfal *(gáté)*; **~ face sealing** *hidr* homlokszigetelés; **~ floor** → **~** apron; **~ navigation** *hajó* hegymenet; **~ pond** *hidr* gát előtti duzzasztott tér; **~ restriction** *el* tápfojtás, belépő fojtás; **~ seal** *hidr* felvízoldali vízzárás; **~ slope** → **~** face; **~ stagnation pressure** *rep* a szembeáramlás torlónyomása; **~ throttle** → **~** restriction; **~ toe** *hidr* alapsík felvízi éle *(gáté)*; felvízoldali láb *(gáté)*

upstroke *gépk* felfelé haladó löket; *ol* fellöket; **~ press** alsó munkahengeres hidraulikus prés

up-stroke *gépk* felfelé haladó löket; **~ press** *műa* alsó nyomóhengeres hidraulikus sajtológép

upsun *rep* nappal szemben

uptake *at* felvétel, megkötés; *bány* kihúzó akna; *ép* felszállócső, felszállóvezeték; füstakna, füstcső; *fiz* felvétel, abszorpció; *koh* felszállócsatorna; *pa* emelkedő csővezeték; **~ factor** *at* megkötési/felvételi tényező; **~ of oxygen** *hidr* oxigénfelvétel; **~ rate** *at* megkötési sebesség

upthrow *bány* felvetett teleprész, felvető; *geol* felvetődés; vetődés emelkedő szárnya

upthrust *geol* sasbérc, vetődéses kiemelkedés

uptime *szt* hasznos működési idő, működőképes állapot ideje

up-to-date korszerű, modern, legújabb; **~ equipment** korszerű berendezés/technika; **~ information** *szt* legújabb/aktuális információ

up-to-the-minute legújabb, legkorszerűbb; **~ data** *rep* aktuális/tényleges/friss meteorológiai adatok

uptrusion *geol* intrúzió

upturn I. *v* felbillent, feldönt, felfordít; **II.** *n* felhajtás; felhajlítás *(szigetelőpapíré, bádogfedésé)*

uptwister *tex* nagy sodratú cérnázó(gép); **~ package** *tex* cérnázócséve

uptwisting cérnázás

UPU → Universal Postal Union

upwall *bány* dőlésben felfelé haladó front

upward felfelé, vízfolyással szemben; **~ air movement** levegővezetés lentről fel; **~ camber** *mech* felhajlás, ív nyílmagassága; **~ compatibility** *szt* felfelé kompatibilitás; **~ compatible** *szt* felfelé kompatibilis; **~ cutting dredger** *bány* magaskotró; **~ dihedral** *rep* pozitív V-állás/V-beállítás; **~ flight** *rep* emelkedés; emelkedő repülés; **~ incline** emelkedés *(úté)*; **~ induction**

mat felszálló indukció; ~ **leg** *rep* röppálya felszálló ága; ~ **migration** *geof* felfelé való vándorlás; ~ **modulation** *rád* pozitív moduláció; ~ **pressure** *ép* felhajtóerő *(talajvízé)*; ~**-rotating troll(e)y jib crane** futómacskás felülforgó toronydaru; ~ **seepage (in the dyke)** *hidr* töltésfelázás; ~ **slicing** *bány* szeletes fejtés alulról felfelé; ~ **slope** emelkedés; ~ **spin** *rep* felrántás, túlhúzás; „gyertya", emelkedő dugóhúzó; ~ **step** *el* emelkedési lépés; ~ **tower crane** forgógémes toronydaru; ~ **trend analysis** növekedési irányzat elemzése; ~ **weld** felfelé hegesztett varrat; ~ **welding** felfelé hegesztés

upwards → upward

up-wind I. *n met* felszálló szél; **II.** *adv rep* áramlással/széllel szemben; ~ **approach** *rep* széllel szembeni megközelítés/bevezetés; ~ **landing** *rep* leszállás ellenszélben

UR → ultrared

uracil *vegy* uracil, 2,4-piramidindiol, 2,4(1H, 3H)-piramidindion

uraconite *ásv* urakonit

uradal *vegy* brómetil-karbamid

Uralian | **emerald** *ásv* demantoid; ~ **stage** *geol* urali emelet

uralite *ásv* uralit

uralitization *geol* uralitosodás

uramil *vegy* uramil, 5-amino-barbitursav

uranate *vegy* uranát

uranian *ásv* uráni-

uranic *vegy* urán(IV)-; ~ **acid** *vegy* uránsav

uranide *vegy* uranid

uraninite *ásv* uránszurokérc, urán-oxid, uraninit

uranite *ásv* uráncsillám

uranium (U) *vegy* urán; ~ **assembly** *at* uránrúdszerelvény; ~**-bearing coal** urántartalmú szén; ~**-bearing deposit** urántartalmú érclelőhely, uránérclelőhely; ~ **compound** *at* uránvegyület; ~ **content** *at* urántartalom; ~ **dioxide** urán-dioxid; ~ **dioxide resistor** *el* urán-dioxid *v.* urdox ellenállás; ~ **disulphide/disulfide** urán-diszulfid; ~ **enriched fuel** *at* uránnal dúsított üzemanyag; ~ **enrichment** *at* urándúsítás; ~ **family** → ~ series; ~ **fission** *at* uránhasadás; ~ **furnace** uránolvasztó kemence; ~**-graphite lattice** *at* urán-grafit rács; ~**-graphite pile** *at* urán-grafit reaktor; ~**-heavy water lattice** *at* urán-nehézvíz rács; ~ **hexafluoride** *vegy* urán-hexafluorid, urán(VI)-fluorid; ~**-lead dating** *geol* ólommódszer, urán-ólom kormeghatározás; ~**-metal lattice** *at* fémurános reaktorrács; ~ **metallurgy** *koh* uránkohászat; ~ **nucleus** *at* uránmag; ~ **octoxide** *vegy* urán(IV, VI)-oxid; ~ **ore** uránérc; ~ **pentachloride** *vegy* urán-pentaklorid; ~ **peroxide** *vegy* urán-peroxid; ~ **pile** *at* uránmáglya; ~ **poisoning** *at* uránmérgez(őd)és; ~ **radioactive family/series,** ~**-radium family/series** uránsorozat; ~ **reactor** *at* urán üzemanyagú reaktor; ~ **recovery** *at* uránvisszanyerés; ~ **rod** uránrúd; ~ **series** uránsor, uránsorozat; ~ **sesquisulphide** *vegy* urán-szulfid; ~ **slug** *at* urántömb, uránhenger; ~ **tetrachloride** *vegy* urán-tetraklorid; ~ **trichloride** *vegy* urán-triklorid; ~ **trioxide** *vegy* urán-trioxid; ~ **yellow** *vegy* uránsárga

uran-mica *ásv* uráncsillám

uranochalcite *ásv* uranokalcit

uranocircite *ásv* uranocircit

uranometry *fiz* asztrometria

uranomolybdate *vegy* uranomolibdát

uranoniobite *ásv* uranoniobit

uranophane *ásv* uranofán

uranopilite *ásv* uranopilit, uránokker

uranospathite *ásv* uranospatit

uranosphaerite *ásv* uranoszferit

uranospinite *ásv* uranospinit

uranothallite *ásv* uranothallit

uranothorite *ásv* uranotorit

uranotile *ásv* uranotil

uranotite *ásv* uranotit

uranous *vegy* urán(IV)-; ~ **sulphate/sulfate** *vegy* uranium(IV)-szulfát

Uranus *csill* Uránusz

uranyl *vegy* uranilgyök; ~ **acetate** *vegy* uranil-acetát; ~ **chloride** *vegy* uranil-klorid; ~ **nitrate** *vegy* uranil-nitrát; ~ **oxide** *vegy* uranil-oxid, uránium(VI)-oxid; ~ **phosphate** *vegy* uranil-foszfát; ~ **sulphate/sulfate** *vegy* uranil-szulfát

urao *ásv* nátrium-karbonát, urao

urate *vegy* karbamát

urban *ép* városi; ~ **area** lakott/városi terület; ~ **bus** *közl* városi busz; ~ **construction** *ép* városépítési munkák; ~ **development** *ép* városfejlesztés; ~ **express-way network** *ép* városi autópálya-hálózat; ~ **network** *távk* városi hálózat; ~ **planner** *ép* várostervező; ~ **rapid transit system** *közl* metró, városi gyorsvasút; ~ **redevelopment** *ép* városfelújítás; ~ **thoroughfare** *közl* városi út; ~ **traffic** *közl* városi forgalom; ~ **transport** *közl* városi tömegközlekedés

urbanite *ásv* urbanit

urbanization urbanizáció

urbanize *ép* urbanizál, városiasít

urdox (resistor) *el* urán-dioxid/urdox ellenállás

urea *vegy* karbamid; ~ **derivatives** *vegy* karbamidszármazékok; ~ **formaldehyde (UF)** *vegy* karbamid-formaldehid; ~**-formaldehyde resin (UFR)** *vegy* karbamid-formaldehid gyanta; ~ **resins** *műa* karbamidgyanták

ureide *vegy* ureid

urethan *vegy* uretán, etil-karbamát

urgency sürgősség; ~ **message** *rep* sürgősségi közlemény

Urgonian stage *geol* urgon réteg

uric acid *vegy* húgysav, 2,6,8-(1H, 3H, 9H)-purinitrion, 9H-purin-2,6,8-triol

uridine *vegy* uridin, uracil-ribozid

uridylic acid *vegy* uridilsav *(nukleotid)*

urography *orv* urográfia, pielográfia

urotropine *vegy* urotropin, hexametilén-tetramin

uroxin *vegy* alloxantin, uroxin

urtite *ásv* urtit

urusite *ásv* sziderონátrit, uruzit

urvölgyite *ásv* úrvölgyit, devillin

usability (fel)használhatóság; ~ **factor** kihasználási tényező

usable (fel)használható

usage használat, kezelés; alkalmazhatóság, alkalmazási terület

USART → universal synchronous/asynchronous receiver/transmitter

USASCII → United States of America Standard Code for Information Interchange

use I. *v* (fel)használ; elhasznál, fogyaszt; **II.** *n* felhasználás, használat; ~ **of intrinsically safe equipment** *el* kettős szigetelés; ~ **of phantom circuits** *el* fantomkihasználás; ~ **of water** vízhasználat; ~ **up** *v* (f)elhasznál, kihasznál; ~ **zoning** *ép* területfelhasználás; ~-**zoning plan** *ép* területfelhasználási terv *(városi)*
used (el)használt, elkopott; ~ **air** fáradt/távozó levegő; ~ **oil** *ol* használt/fáradt olaj, hulladékolaj; ~ **oil preparation** *ol* fáradt/használt olaj feldolgozása; ~ **oil regeneration** *ol* fáradt olaj regenerálása
useful hasznos, kihasználható; ~ **beam** *el* hasznos sugár(nyaláb); ~ **capture** *at* hasznos befogás; ~ **frequency range** *távk* üzemi frekvenciasáv; ~ **grate-area** *hőt* effektív/hasznos fűtőfelület; ~ **heat** *hőt* hasznos hő; ~ **height** *ép* hasznos magasság; ~ **industrial mineral** *bány* hasznosítható ásvány; ~ **life** élettartam, használati idő; hasznos élettartam; ~ **lift** *rep* hasznos felhajtóerő/emelőerő; ~ **load** *ép, fiz* teherbírás, hasznos teher; *rep* hasznos terhelés; ~ **output** *fiz* hasznos/leadott teljesítmény; ~ **power** *fiz* hasznos teljesítmény; ~ **radius** hasznos kinyúlás *(darugémé)*; ~ **redundancy** *szt* hasznos/előrevivő redundancia; ~ **settling-tank** *hidr* ülepítőtér; ~ **signal** *el, távk* hasznos jel; ~ **storage** *hidr* hasznos térfogat; ~ **volume** *ép, fiz* hasznos térfogat; ~ **working surface** *bány* hasznos munkafelület
usefulness használhatóság, hasznosság
useless hasznavehetetlen; használhatatlan, üzemképtelen; hiábavaló; ~ **rock** *bány* meddő
USENET *szt* USENET *(elektronikus postarendszer)*
user használó, felhasználó; fogyasztó *(használó, vásárló)*; ~ **agent (UA)** *szt* felhasználói ügynök, UA; ~ **agent entity (UAE)** *szt* felhasználói ügynök funkcionális eleme, UAE; ~ **agent layer** *szt* felhasználói-(ügynök)-réteg; ~ **area (UA)** *szt* felhasználói terület, UA; ~ **charge** használati illeték; ~ **code** *szt* felhasználó kódja; ~-**defined function** *szt* felhasználói függvény; ~-**defined key (UDK)** *szt* felhasználó által meghatározott kulcs, UDK; ~ **element** *szt* felhasználói elem; ~ **exit information** *szt* felhasználó kimenő információja; ~ **facility** *szt* előfizetői szolgáltatás; ~ **file directory (UFD)** *szt* felhasználói címjegyzék, UFD; ~ **flag (UF)** *szt* felhasználói jelzőbit, UF; ~-**friendly** felhasználóbarát, emberközeli; ~ **group** felhasználói csoport; ~ **guide** felhasználói kézikönyv; ~ **identification code (UIC)** *szt* felhasználói azonosító kód, UIC; ~ **interest profile** felhasználói érdekek; ~ **interface** *szt* felhasználói interfész; ~ **library** *szt* felhasználói könyvtár; ~ **program(me)** *szt* felhasználói program; közhasznú/kiszolgáló program; ~**s class of service** *távk* felhasználói osztály; ~**'s equipment/installation** fogyasztókészülék; ~ **services or facilities** *távk* felhasználói szolgáltatások vagy szolgáltatási lehetőségek; ~**s instructions** használati utasítás; ~**'s manual** felhasználói kézikönyv
using felhasználás, használat; elhasználás; fogyasztás
USRT → universal synchronous receiver/transmitter
USS → United States Standard; ~ **thread** Sellers-menet
USW → ultrashort waves
UT → universal time
utahite *ásv* utahit
utensil szerszám, eszköz; felszerelés; ~**s** háztartási eszközök, konyhaedények
utilance *opt* helyiséghatásfok
utility használhatóság, hasznosság; közszolgáltatás(ok), közmű(vek); *mat* utilitás, hasznosság; ~ **function** *mat* utilitásfüggvény, hasznosságfüggvény; ~ **furniture** típusbútor; ~ **goods** típusáru, tömegáru; ~ **grab** *ép* polipmarkoló; ~ **invention** találmány; ~ **piping** *ép* közművezeték, ellátó vezeték; ~ **power plant** *en* közcélú erőmű; ~ **program** *szt* kezelőprogram, utility-program; kiszolgálóprogram, segédprogram; ~ **routine** *szt* segédrutin; ~ **service** *rep* közszolgáltatás; ~ **theory** *mat* utilitáselmélet *(döntéselméletben)*; ~ **truck/vehicle** könnyű tehergépkocsi, kisteherkocsi, furgon; ~ **waste** hasznosítható hulladékanyag
utilization hasznosítás, felhasználás, kihasználás; ~ **circuit** *el* fogyasztó *(áramkör)*; ~ **engineer** üzemmérnök; ~ **facility** *at* nem speciális nukleáris anyagot termelő reaktor; ~ **factor** kihasználási tényező; *at* hasznosítási tényező; *el* világítás hatásfoka; ~ **of waste(s)** hulladékhasznosítás
utilize hasznosít, értékesít; felhasznál, kihasznál
utilized water resources *hidr* hasznosított vízkészlet
UTS → ultimate tensile strength
UUCP (UNIX to UNIX copy) *szt* UUCP *(elektronikus postarendszer UNIX-os gépekhez)*
UV → ultraviolet; → ultraviolet erasing
uvaleral *vegy* bróm-valerokarbamid, bromural
uvanite *ásv* uvanit
uvarovite *ásv* uvarovit *(kalcium-króm-szilikát)*
uviol lamp ultraibolya lámpa
UVPROM → ultraviolet PROM
u.v.r. → undervoltage relay
uvwxy lemma *szt* uvwxy lemma *(segédtétel)*
UW → underwater

V

V → vanadium; → volt; **~-agent** → V-nerve agent; **~-antenna** *távk* V antenna; **~-beam radar** sugaras lokátor; **~-beam system** V sugárrendszer *(lokátornál)*; **~-belt** *gép* ékszíj; **~-belt disc/disk** *gép* ékszíjtárcsa; **~-belt drive** ékszíj(meg)hajtás; **~-belting** *gép* ékszíj; **~-belt pulley** *gép* ékszíjtárcsa; **~-belt sheave** *gép* ékszíjtárcsa; **~-bend pipe** V alakban meghajlított cső; **~-block** prizma *(hengeres tárgy fúrásához)*; **~-board** V-karton *(időjárás-ellenálló)*; **~-bucket** *ép* profilputtony; **~-bucket conveyer** V-serleges szállítómű; **~-connection** *el* nyitott deltakapcsolás; **~-curve** *el* V görbe; **~-cut** *bány* ék alakú betörés; **~-directional antenna** *távk* V antenna; **~-door** *bány* V kapu; **~-drill** *szersz* V alakú fúró; **~-edge ga(u)ge** V alakú idomszer; **~-edge protractor** V alakú szögfelrakó/szögmérő; **~-eight, ~-8** nyolchengeres V motor; **~-engine** *gép* V hengerelrendezésű motor, V motor; **~-form** háromszög alakú; **~-formation** *rep* ékalakzat, V alakzat; **~ gear** *gép* ékes dörzskerék; **~-groove** V alakú vájat/horony; **~-groove brake** *vasút* ékkerekes *v.* V hornyos fék; **~-groove weld** *heg* V varrat; **~-guide** *forg* V alakú *v.* prizmás vezeték; **~ gutter** *ép* V alakú csatorna, vápacsatorna, bádoghajlat; **~-joint** *heg* V kötés, V varrat; **~-jointed** *fa* ékhornyolt; **~-level** V leélezés; **~-neck** *kh* ék alakú nyakkivágás; **~-nerve agent** *kat, vegy* V-harcianyag, neurotoxikus harcianyag; **~ notch** *hidr* háromszögletű horony *(mérőbukón)*; *koh* V bemetszés; **~-notch** *hidr* V alakú kifolyónyílás, V alakú bukónyílás, Thomson-bukó; **~-notch weir** *hidr* V nyílású mérőbukó, háromszög nyílású mérőbukó, Thomson-bukó; **~-piece** *vasút* csúcsbetét; **~-piece crossing** *vasút* keresztezési csúcsbetét; **~- pulley** *bány* ékszíjtárcsa; **~-ring (gasket)** *el* mikanitgyűrű; trapéz-(tömítő)gyűrű; **~-segregation** *koh* V-dúsulás; **~-shaped** V alakú, ék alakú; **~-shaped brick** *ép* ék alakú tégla; **~-shaped cossette** *élip* háztető alakú szelet; **~-shaped creel** ék alakú cséveállvány; **~-shaped wheel brake** ékhornyos kerékfék; **~- sheave** *bány* ékszíjtárcsa; **~-six engine, V6** *gép* hathengeres V motor; **~ slide** *forg* háromszög alakú vezeték; **~ slide-way** *gép* prizmás vezeték; **~-slot** V alakú horony; **~-strut** V alakú dúc/támasztógerenda; **~-strut landing-gear** *rep* V dúcos futómű; **~-tail** *rep* V alakú farok/rész/vezérsík; **~-thread** éles (csavar)menet; **~-threaded bolt/screw** éles menetű csavar; **~-through barrier** *bány* mélyteknős porgát; **~-twelve engine** *gép* tizenkét hengeres V motor; **~-twin engine** *gép* kéthengeres V motor; **~-type** V elrendezésű; **~-type address constant** V típusú címállandó; **~-type commutator** *el*; **~-type engine** V motor; **~-type snow plough/plow** hókotró szerelék; **~-weapon** *kat* V fegyver, irányított lövedék; **~-weld** *heg* V alakú varrat/illesztés; **~-wheel drive** *gép* ékes dörzshajtás; **~-wraithe** *tex* ék alakú befűzőborda

VA → vertical amplifier; → vinyl acetate; → volt-ampere

vaalite *ásv* vaalit

vacancy *at, el* hiányhely, hibahely, kristályrács-hibahely, zavarhely; lyuk, elektronlyuk, elektronvakancia, defektelektron; rácslyuk; Schottky-defektus, vakancia; **~ diffusion** *at, el* vakanciadiffúzió, lyukdiffúzió, üreshely-diffúzió, diffúzió lyukakon keresztül; **~-interstitial pair** *at, el* lyukinterstíciós pár; **~-interstitial recombination** *at, el* üreshely-köztesatom rekombináció; **~ jog** *at, el* üreshelyi ugrás; **~ migration** *at, el* lyukvándorlás; **~ pair** *at, el* divakancia, vakanciapár; kettős hiányhely/vakancia; **~ recovery** *at, el* üreshelykitöltés, vakanciamegújulás, vakancia-recovery

vacant lakatlan; szabad, üres; *at, el* be nem töltött, el nem foglalt *(elektronhéj)*; *távb* szabad *(vonal)*; **~ electron site** *at, el* lyuk, elektronlyuk, elektronvakancia, defektelektron; **~ level** *távb* üres emelet; **~ line** *távb* szabad vonal; **~ place** *bány* telepmentes hely; **~ position** *at, el* betöltetlen helyzet, lyuk; **~ site** *at, el* üres rácshely, rácshibahely, rácslyuk

vacate kiürít

Vacquier balance *geof* Vacquier-mérleg

vacu-blast outfit *ép* vákuumos (rendszerű) homokfúvó berendezés

vacuometer *fiz* vákuummérő

vacuous üres; **~ set** *mat* üres halmaz; **~ subset** *mat* üres részhalmaz

vacuum *fiz* légüres tér, űr; vákuum; *vák* atmoszféra alatti nyomás; **~ alarm** túlnyomásjelző; **~-annealed alloy** *koh* vákuumban lágyított ötvözet; **~ annealing** *koh* lágyítás vákuumban; **~ annealing plant** *koh* vákuumos lágyítóberendezés; **~ apparatus** légritkító készülék, elszívóberendezés; **~-arc furnace** *koh* ívfényes vákuumkemence; **~-arc melting** *koh* vákuumos ívkemencés leolvasztás; **~ arrester/arrestor** vákuumos túlfeszültség-levezető; **~ augmenter** vákuumfokozó; **~ bell-jar** *vák* vákuumharang; **~ boiler** vákuumbesűrítő; **~ booster** vákuum-gőzsugárszivattyú; **~ box** *pa* szívószekrény; **~ brake** *vasút* vákuumfék, légűrfék, légritkítással működő fék; **~ brush (carpet) cleaner** szőnyegkefélő és felszívógép; **~ bulb** légüres izzólámpa; **~ capacitor** vákuumkondenzátor; **~ carburet(t)or/carburetter** vákuumporlasztó; **~ casting** *koh* vákuumos öntés; **~ casting plant** *koh* vákuumos öntőberendezés; **~ cell** vákuumkamra; vákuumos fotocella; **~ cement** vákuumgitt; **~ chamber** *fiz* vákuumbura, vákuumkamra; *koh* vákuumtér; *rep* magassági kamra; **~ clamping** vákuumos szorítás; **~ cleaner** porszívó; **~ cleavage** vákuumhasadás; **~ clock** vákuumóra; **~ coating** vákuumpárologtatás; **~ coating plant** vákuumpárologtató berendezés; **~ column** vákuum-lepárlótorony; **~ concentration** *élip* sűrítés légritkított térben; vákuumsűrítés; **~ concentrator** vákuumbesűrítő, vákuumbepárló (készülék); **~ concrete** *ép* vákuumbeton, vákuumozott beton; **~ connection** *ép* vákuumcsatlakozás; **~ control** vákuumszabályozás; **~-controlled clutch** *gép* vákuummal működtetett tengelykapcsoló; **~ controller** vákuumszabályozó; **~ crucible** *koh* vákuumüst; **~ cryostat** vákuumkriosztát; **~ crystal(l)ization** vákuumkristályosítás; **~ crystal(l)izer**

vákuumkristályosító; ~ **curry comb** porszívó lóvakaró kefe; ~ **degassed steel** *koh* vákuumban gáztalanított acél; ~ **deposition** vákuumpárologtatás; ~ **desiccator** vákuumexszikkátor; ~ **device** szívófejes emelő; ~ **dezincing** *koh* vákuumos cinktelenítés; ~ **DHH degassing process** *koh* acél gázmentesítése Dortmund-Hörder-Hüttenunion vákuumos eljárással; ~ **die casting** *önt* nyomásos öntés vákuumban; ~ **diffusion weld(ing)** diffúziós vákuumhegesztés; ~ **diode** vákuumdióda; ~ **dislocation** vákuumdiszlokáció; ~ **dissipator** vákuumos szívófej; ~ **distillate** vákuumpárlat; ~ **distillation** vákuumdesztilláció, vákuumlepárlás; ~ **distilling column** vákuum-lepárlótorony; ~ **doughnut** toroidális kamra; ~ **drum filter** *hidr* vákuumdobszűrő; ~**-drum process** *élip* vákuum-dobszárítás; ~ **dryer** vákuumszárító, vákuumos szárító; ~ **drying** vákuumszárítás; vákuumos szárítás; ~ **duant electrometer** vákuumduáns-elektrométer; ~**-dyeing apparatus** *tex* vákuumos színezőberendezés; ~ **ejector** ejektoros légritkító; ~ **electric discharge ga(u)ge** elektromos kisüléses vákuummérő; ~ **engine** vákuummotor; ~ **engineering** vákuumtechnika; ~ **equipment** vákuum-előállító berendezés; ~ **etching** parázsfénykisüléses felülettisztítás; ~ **evaporation** *fiz* vákuumbesűrítés, vákuumbepárlás; ~ **evaporator** vákuumbesűrítő; vákuumbepároló (készülék); vákuumos elpárologtató (berendezés); ~ **factor** vákuumtényező; gáztényező, vákuumfaktor; ~ **fan** *élip* szívóventilátor, exhausztor; ~ **feed** táplálás szívással; ~**-filament lamp** vákuumos izzólámpa; ~ **filler** vákuumtöltőgép; ~ **filling** vákuumimpregnálás, vákuumtelítés, telítés vákuumban; ~ **filter** vákuumszűrő; ~ **filtration** vákuumszűrés; ~ **firing** vákuumizzítás; ~ **flask** vákuumpalack; termosz; Dewar-edény, Dewar-(vákuum)palack, Dewar; ~ **flight path** röppálya légüres térben; ~ **flotation** *bány* vákuumflotálás; ~ **fluorescent display** vákuumfluoreszcens kijelzőcső; ~ **forming** *műa* vákuumformázás (csak negatív, leszívó eljárás); ~ **fuel-feed system** szívással működő üzemanyag-betáplálási rendszer; ~ **furnace** *hőt* vákuumkályha; *koh* vákuumkemence; ~ **furnacing** hevítés vákuumban; ~ **fusion** olvasztás vákuumban; ~ **fusion method** vákuumos olvasztási módszer; ~ **gas oil** vákuumgázolaj; ~ **ga(u)ge** vákuummanométer, vákuummérő; ~ **ga(u)ge control circuit** vákuummanométer szabályozási köre; ~ **ga(u)ge pressure** vákuummetrikus nyomás; ~ **generation** vákuum-előállítás; ~ **governor** vákuumszabályozó; ~ **grease** tömítőzsír; ~ **grease removal** *hidr* vákuumos zsíreltávolítás; ~ **guide** vákuumsaru; ~**-handling of cement** *ép* cement vákuumos szállítása; ~ **heating** vákuumfűtés; ~ **heat treatment** *hők* hőkezelés vákuumban; ~ **hose** vákuumgumicső; ~ **ice machine** vákuumos jéggép; ~ **impregnation** vákuumimpregnálás, vákuumtelítés, telítés vákuumban; ~ **induction furnace** indukciós vákuumkemence; ~**-induction melting** *koh* vákuumos indukciós olvasztás; ~ **ingot casting** *koh* vákuumos tuskóöntés; ~ **installation** vákuumrendszer; ~ **ionization ga(u)ge** ionizációs vákuummérő; ~ **jacket** vákuumköpeny; ~ **joint** vákuumcsatlakozás; ~ **lamp** vákuumlámpa; ~ **lead** vákuumvezeték; ~ **leak** húzósság, szivárgás *(vákuumedényé)*; ~ **lifter (pad)** vákuumos/szívófejes emelő; ~ **lifting** vákuumos emelés; ~ **lifting beam** szívófejes emelőgerenda; ~ **lifting device** szívófejes emelő; ~ **lifting frame** szívófejes emelőkeret; ~ **lift process** *koh* vákuumlopós eljárás; ~ **lightning arrestor** vákuumos túlfeszültséglevezető; ~ **limiter** *vasút* vákuumkorlátozó; ~ **line** vákuumvezeték; ~ **liquid-raiser** pneumatikus vízemelő; ~ **manifold** *vák* villa *(elosztóvezeték)*; ~ **measurement** vákuummérés; ~ **measuring instrument** vákuummérő készülék; ~ **melting** *koh, vák* vákuumolvasztás, olvasztás vákuumban; ~ **melting apparatus/plant** *koh* vákuumos olvasztóberendezés; ~**-melting process** *koh* vákuumos olvasztási eljárás; ~ **metallurgy** vákuumkohászat, vákuummetallurgia; ~ **method** vákuumeljárás; vákuumkutas talajvízszintsüllyesztés; ~ **monitoring instrument** vákuumellenőrző műszer; ~ **oil** vákuumolaj; ~**-operated** *gépk* depressziós; ~**-operated switch** vákuumkapcsoló; ~**-operated (timing) control** *gépk* depressziós (előgyújtás-)szabályozó; ~ **optical bench** vákuumos optikai mérőpad; ~ **outgassing** vákuumos gáztalanítás; ~ **oven** vákuumkályha; ~**-oxygen decarburization process** *koh* VOD-eljárás; ~**-packed** vákuumcsomagolású; ~ **pan** *koh* vákuumüst; *vegy* vákuumos lepárlóberendezés; ~**-pan tank** *cu* vákuum behúzatótartály; ~ **pencil** *vák* szippantó; ~ **photocell** vákuumos fényelem; vákuum-fotocella; ~ **photoemissive cell** vákuumos fénykibocsátó cella; ~ **phototube** vákuum-fotocella; ~ **physics** vákuumfizika; ~ **piping** vákuum-csővezeték; ~ **plant** vákuumrendszer; vákuumozóberendezés; ~ **plasma melting** *koh* vákuumos plazmás leolvasztás; ~ **pneumatic conveyor/conveyer** *v.* **conveying system** pneumatikus uszályürítő/hajóürítő berendezés; ~**-press** vákuumprés, vákuumsajtó; ~**-press for ceramic industry** agyagipari vákuumsajtó; ~ **pressing** sajtolás vákuumban; ~ **printing frame** *nyom* vákuumráma, másolókeret; ~ **process** *ol* vákuumeljárás; ~ **pump** vákuumszivattyú; légszivattyú; ~ **pump oil** vákuumolaj; ~ **pump transporter** pneumatikus uszályürítő berendezés; ~ **putty** vákuumgitt; ~ **radiometer ga(u)ge** sugárzásos vákuummérő; radiometrikus nyomásmérő, Knudsen-féle abszolút nyomásmérő; ~ **receiver** vákuumtartály; ~ **recorder** *aut* vákuumregisztráló készülék; ~ **refining** vákuumolvasztás; *koh* vákuumos finomítás/frissítés; ~**-remelted alloy** *koh* vákuumban átolvasztott ötvözet; ~ **reservoir** vákuumtartály; ~ **runway cleaner** *rep* repülőtéri vákumos rendszerű tisztítógép; ~ **sandblast equipment/outfit** vákuumos (rendszerű) homokfúvó berendezés; ~ **sandblast nozzle attachement** visszaszívó fúvófej; ~ **science** vákuumtechnika; ~ **seal** vákuumzár, vákuumbiztos tömítés; ~ **servo(-mechanism)** *gépk* szervofék, szervoberendezés *(depressziós)*; ~ **shoe** vákuumsaru; ~ **space** vákuumtér, vákuumkamra; ~ **spark** vákuumszikra, szikra(átütés) vákuumban; ~ **spark ion source** nagyfrekvenciás/rádiófrekvenciás ionforrás; ~ **spectrograph** vákuumspektrográf; ~ **steam heating** vákuumgőzfűtés; ~ **stream degassing** *koh* sugárvákuumozás; ~ **stripping** *ol* vákuumsztrippelés; *tex* pneumatikus kárttisztítás; ~ **surface lifting beam** szívófejes emelőkeret; ~ **sweeper** seprő-felszívó gép; ~ **switch** *el* vákuumkapcsoló; ~ **system** vákuumrendszer; ~ **tank** vákuumtartály; ~ **tapping** *koh* vákuumos csapolás; ~ **tar** *ol* vákuumlepárlással nyert kátrány; ~ **technique/technology** vákuumtechnika; ~ **thermos trailer** *gépk* termoszutánfutó *(hőszigetelt)*; ~**-tight** hermetikus, hézagmentes, vákuumbiztos, vákuumzáró; ~**-tightness** vákuumzárás, tömítettség; ~ **till** *vegy* vákuumlepárló készülék; ~ **tower** vákuumtorony; vákuum-lepárlótorony; ~ **trap** *rád* vákuumcsapda; ~ **treatment** *ép, koh* vákuumos kezelés, vákuumkezelés; ~ **tube (VT)** *US* vákuumcső, elektroncső; ~**-tube accelerometer** vákuumcsöves gyorsulásmérő; ~**-tube amplifier (VTA)** (elektron)csöves erősítő; ~**-tube bridge** *távk* csővizsgáló mérőhíd; ~**-tube electrometer** csőelektrométer; ~**-tube electronics** vákuumcsöves elektronika; ~**-tube generator** → valve generator; ~**-tube generator for inductive heating** vákuumcsöves generátor indukciós hevítéshez/fűtéshez; ~**-tube lightning arrestor** vákuumos túlfeszültség-levezető; ~**-tube micrometer** elektroncsöves mikrométer; ~**-tube modulator (VTM)** (erősítőcsöves) aktív modulátor; ~**-tube oscillator (VTO)** → thermionic oscillator; ~**-tube rectifier** *el* vákuumcsöves egyenirányító, kenotron; ~**-tube relay** elektronrelé, elektroncsöves relé; ~**-tube voltmeter (VTVM)** *el* elektronikus voltmérő, csővoltmérő; ~ **tull** *vegy* vákuumlepárló készülék; ~ **tweezers** *vák* szippantó; ~ **two-segment electrometer** vákuumduáns elektrométer; ~**-type noise diode** zajdióda; ~**-type steaming table** *tex* vákuumos gőzölőasztal *(kötöttáruhoz)*; ~ **unit** vákuumpárologtató berendezés; ~ **value of velocity of light** vákuumbeli fénysebesség; ~ **valve** vákuumcső, elektroncső; ~ **wax** *vák* picein; ~ **weld** *heg* vákuumhegesztéssel készült varrat; ~ **well** *bány* vákuumkút

vadose *geol* vadózus; ~ **spring** vadózus forrás; ~ **water** *geol* vadózus víz; ~ **zone** felső talajvízszintövezet

vagabond | **cathode rays** *el* szórt/káros röntgensugarak; ~ **current** *el* kóboráram, parazitaáram, kúszóáram

valance kárpit *(rövid lelógó)*, drapéria; *gépk* sárhányókötél; ~ **lighting** *el* függönyvilágítás

Valanginian stage *geol* valangini emelet

vale *hidr* kis vályú

valence *vegy* vegyérték, vegyértékűség; ~ **angle** *vegy* valenciaszög; vegyértékszög, kötési szög; ~ **band** vegyértéksáv, valenciasáv; ~ **binding** elektronpárképződés; kovalens kötés; ~ **bond** vegyértékkötés, valenciakötés; atomkötés, kovalens kötés; ~**-bond band** vegyértéksáv, valenciasáv; ~ **crystal** vegyértékkristály, valenciakristály; ~ **electron** valenciaelektron, külső héj elektronja; vegyértékelektron; világítóelektron; vezetési elektron; ~ **electron band** vegyértéksáv, valenciasáv; ~ **electron concentration** vegyértékelektron-koncentráció; ~ **force** vegyértékerő; ~ **link(age)** vegyértékkötés, valenciakötés; ~ **semiconductor** vegyértékkötésű félvezető; ~ **shell** *at, vegy* vegyértékhéj, külső elektronhéj; ~ **vibration** vegyértékrezgés, longitudinális rezgés

valency → valence

valentianite *ásv* valentiánit

valentinite *ásv* valentinit

valeraldehyde *vegy* valeraldehid, pantanal

valeramide *vegy* valeramid, valeriánsav-amid

valeric | **acid** *vegy* valeriánsav, pentánsav; ~ **anhydride** *vegy* valeriánsav-anhidrid

valerin *vegy* valerin, valeriánsav-glicerid

valerolactone *vegy* valerolakton

valeryl | **chloride** *vegy* valeril-klorid, valeriánsav-klorid; ~ **radical** valerilgyök

Valette concrete *ép* Valette-beton

valid érvényes; igaz, való; ~ **digit** értékes számjegy *(számé)*; ~ **expression/formula** általánosan/azonosan igaz formula, érvényes *v.* logikailag igaz formula; ~ **patent** érvényes szabadalom; ~ **predicate formula** → ~ expession/formula; ~ **protocol data unit** *szt* érvényes protokoll-adatelem

validation *szt* érvényesítés, helyesség(bizonyítás)

validity *mat* szabatosság *(definícióé)*; érvényesség, igazság *(képleté, kifejezésé)*; *szt* érvényesség

valine *vegy* valin, α-amino-izovaleriánsav

valley völgy; hullámvölgy; vájat; rovátka; horony; *ép* fedélvápa; fedélzug; hajlat; vápa; ~ **between roofs** *ép* tetővápa; ~ **board** *ép* hajlatdeszka; ~ **bog** *környv* tőzegmoholáp; ~ **breeze** *met* völgyszél; ~ **bridge** *ép* völgyhíd, viadukt; ~ **current** *el* minimumáram, völgyáram; ~ **filling** *geol* rétegképződés völgyben; ~ **flat** ártéri völgy; ~ **floor** völgyfenék; ~ **gutter** *ép* hajlatcsatorna; vápacsatorna; ~ **jack (rafter)** *ép* zugszaru, vápaszaru; ~ **point** *el* völgytalppont; ~ **point current** *el* völgyáram; völgyáramérték; ~ **point voltage** *el* völgyfeszültség; ~**-rafter** *ép* vápaszarufa; ~**-section** *geol* völgyszakasz; ~ **slope** *ép* vápahajlás; ~ **tile** *ép* hajlatpala; ~**-tile** *ép* hajlatcserép; ~**-tract river** *geol* középső szakasz jellegű folyó

valleyside fish pond *hidr* hossztöltéses halastó

valonia tannage *bőr* valoneacserzés

valuable capacity értékelhető teljesítőképesség

valuation értékelés; becslés; ~ **figure** *tex* minősítési szám, értékszám; ~ **vector** *mat* adél

value I. *v* értékel; **II.** *n* érték; hosszúság, hossz, abszolút érték, modulus; nagyság; *el* négyzetes középérték; *mat* diszkrét valószínűségi változó értéke; euklideszi norma; játék értéke; *rep* jelentőség, fontosság; ~ **added carrier** *szt* értéknövelt szolgáltatásnál használt hírközlés; ~ **added network (VAN)** *szt* értéknövelő szolgáltatású hálózat, VAN; ~ **added telephone network** *távb* növelt értékű hálózat; ~ **analysis** értékelemzés; ~ **engineering (VE)** értékelemzés; ~ **function** értékfüggvény; ~ **information** értékinformáció; ~ **of gravity** *mech* nehézségi/gravitációs gyorsulás; ~ **of the capacitance** *el* (elektromos) kapacitás, kapacitásérték; ~ **of the game** *mat* játék értéke; ~ **of the invention** a találmány értéke; ~ **returns** *bány* értékhozam; ~ **sampling/scanning** értékletapintás, értékletapogatás; ~**-saving regulation** értéktartó szabályozás

valve szelep; *gép* csap, tolattyú; szelep, cső; szelepvédő, szelepütköző; tolózár, (cső)zár; szerelvény, armatúra, szerelvények; *hang* billentyű *(fúvós hangszeré)*; *koh* üsttolózár; *távk* (elektron)cső, rádiócső; ~ **acceleration** szelepgyorsulás; ~**-actuating gear** szelepvezérlő berendezés; ~**-actuating rocker** szelepvezérlő himba; ~ **actuator** szelepemelő; ~ **adapter** *el* csőadapter, átalakító foglalat; ~ **adjuster** szelepbeállító (szerkezet); ~**-adjusting ball stud** szelephézagbeállító csavar; ~**-adjusting screw** szelephézag-beállító csavar; ~ **adjustment** szelepbeállítás; ~ **ageing** *távk* csőöregedés; ~ **amplifier** *távk* csöves erősítő; ~ **arm** szelepemelő kar; ~ **arrangement** *távk* csőkapcsolásmód; ~**-ball** szelepgolyó; ~ **base** szelepfej *(abroncsé)*; *rád* csőfej; ~ **base ga(u)ge** csőfejkaliber, csőfejidomszer; ~ **battery** csaptelep; ~ **block** szeleptömb; ~ **body** szelepház; *gép* szeleptest; ~ **bonnet** szelepkupak; ~ **bounce** szeleprezgés, szelepugrálás; ~ **box** szelepház; *hajó* szelepszekrény, szelepsor; ~ **burning** szelep beégése; ~ **bush** *gépk* szeleppersely; ~ **cage** szelepkosár; *hidr* szelepfészek, szelepház; *ol* szelepkalitka; ~ **cam** *gép* szelepvezérlő bütyök; ~ **can** szelepfedél; ~ **cap** *gépk* porsapka, szelepsapka *(keréktömlőn)*; szelepfej; ~ **capacitance** *távk* csőkapacitás; ~ **case** *gép* szelepház, szeleptok; ~ **chamber** szelepház; *hidr* (cső)zárkamra; ~ **characteristic** csőjelleggörbe; *el* áram-feszültség karakterisztika/jelleggörbe; ~ **chatter** *gépk* szelepzörej; ~**-chest** szelepes tartály; ~ **clearance** *gép* szelephézag; ~ **clearance adjustment** szelephézagolás; ~ **closing** *gép* szelepzárás; ~ **cock** szelep; ~ **coefficient** k_v-érték; ~ **collar** *gépk* szeleptányér; ~ **complement** *el* csőkészlet; ~ **compressor** szelepes sűrítő; ~ **cone** *gépk* szelepkúp; ~ **control/controlling** *gépk* szelepvezérlés, szelepes vezérlés; ~ **core** *gépk* szeleptű *(tömlőszelepé)*; ~ **cotter** *gépk* szelepék *(rugótányéré)*; ~ **cover** szelepfedél; ~ **detector** elektroncsöves detektor; ~ **diagram** *gép* szelepdiagram; ~ **disc/disk** szeleptányér; ~ **dosimeter** csöves dózismérő/doziméter; ~ **drop** *el* anódfeszültség-esés; ~ **edge** *gép* szelepperem; ~ **effect** *el* szelephatás, egyenirányító hatás; ~ **electrode** *el* csőelektród; ~ **enclosure** szelepház; ~ **extractor** szelepkihúzó készülék; ~ **face** *gép* szelepülés zárófelülete; ~ **failure** *rád* csőhiba; ~ **file** *szersz* kardtűreszelő; ~ **float** *gép* szeleplebegés *(hiba)*; ~ **for stream dividing** *élip* folyásosztó szelep *(futócsőé)*; ~ **gasket** szeleptömítés; ~ **gear** *gép* (szelep)vezérmű; szelepvezérlés; szelepvezérlő szerkezet; ~ **gear drive** vezérműhajtás; ~ **gear rod** szelepvezérlő mű karja; ~ **generator** elektroncsöves generátor; ~ **globe** *gép* szelep gömbháza; ~ **grinder** *gép* szelepcsiszoló készülék; ~ **grinding** szelepcsiszolás; ~ **guard** szelepburkolat; ~ **guide** szelepvezetés; szelepvezeték, tolattyúvezeték; ~**-guide bush** tolattyúvezetőpersely; ~ **guttering** *gépk* szelepgödrösödés; ~ **handwheel** szelepkézikerék; ~ **head** szeleptányér; szelepfej; ~ **hiss** *rád* csőzaj; ~ **holder** *gép* szelepbefogó; *rád* csőfoglalat; ~ **hole** *gépk* szelepnyílás; ~ **hood** szelepfedél; ~ **house** *hidr* csőzárkamra; zárkamra; ~ **housing** szelepház; ~ **insert** *gépk* szelep(fészek)betét; ~**-inserting pliers** *pl* szelepbehelyező fogó; ~ **inside** *gép* szelepbetét *(tömlőszelepben)*; ~**-in-the-head engine** függőszelepes motor; ~ **key** *gép* szelepék; ~ **lap** *gép* szeleptúlfedés; ~ **lever** szelephimba; ~ **lift** szelepemelés, szelepemelkedés, szeleplöket; ~ **lifter** szelepemelő; ~**-lifting pliers/tongs** *pl* szelepkiemelő fogó; ~**-lifting velocity** tolattyúsebesség; ~ **loss** *hidr* csőzárveszteség, csőzárellenállás; tolózárveszteség; ~ **manipulation** *hidr* tolózárműködés; ~ **motion** *gép* szelepvezérlés, szelepvezérlő mű; ~ **mushroom** szelepkúp; ~ **needle** szeleptű; ~ **noise** *rád* csőzaj; ~ **of the rectifier** *el* egyenirányító (cső); ~ **opening** szelepnyitás, szelepnyílás; ~**-opening diagram** *gépk* szelepnyitási diagram; ~**-opening duration** szelepnyitás időtartama; ~**-operating mechanism** szelepvezérlés; vezérmű; ~**-operation class-B** B-üzemmód; ~ **oscillator** elektroncsöves oszcillátor; ~ **overlap** *gép* szeleptúlfedés; ~**-packing ring** szeleptömítő gyűrű; ~ **panel** *rád* csőfoglalat; ~ **paper-bag** szelepes zsák; cementzsák; ~ **parameter** *rád* csőállandó; ~ **passage** szelepnyílás; ~ **piston** szelepes dugattyú; ~ **plate** szeleptányér; ~ **pocket** szelepfészek; ~ **position** szelepállás; ~ **positioner** szelepbeállító; szelephelyzet-szabályozó, szelepállás-szabályozó; ~ **push-rod** szelepemelő rúd; ~ **quality** (elektron)csőjóság; ~ **rack** csőtartó; ~ **reactor** reaktanciacső; ~ **reconditioning** *gépk* szelepfelújítás; ~ **rectifier** elektroncsöves egyenirányító; ~ **refacer** szelepcsiszoló gép; ~ **relay** elektroncsöves relé; ~ **resistance** *hidr* szelepellenállás; ~ **ring** szelepgyűrű; ~ **rocker arm,** ~ **rockers** *pl gépk* szelephimba; ~**-rocker cover gasket** *gép* hengerfejfedél-tömítés; ~**-rod** *vasút* tolattyúrúd; ~**-rod link** tolattyúrúd kulisszája; ~ **room** szelepakna; ~**-sack** *pa* cementzsák; szelepes zsák; ~**s and fittings** csőszerelvény; ~ **screen** *rád* csőárnyékolás; ~ **seal** szeleptömítés; ~ **seat(ing)** szelepülés; ~ **servo** csappantyúállító; ~ **shaft** szelepszár; ~ **shield** elektroncső-árnyékolás; ~ **sinkage** szelepsüllyedés *(szelepülés kopása folytán)*; ~ **socket** elektroncsőfoglalat; ~ **spanner** *szersz* szelepkulcs; ~ **spark gap** előtétszikraköz; ~ **spindle** szeleporsó; ~**-spindle bridge** vezetőbak *(szeleporsóhoz)*; ~**(-)spring** *gép, gépk* szeleprugó; ~**-spring compressor** *gépk* szeleprugó-feszítő; ~**-spring cup** *gépk* szeleprugótányér; ~**-spring dampener** *gépk* szeleprugó-csillapító; ~**-spring retainer** *gépk* szeleprugótányér; ~**-spring seat** *gépk* szeleprugóülés; ~**-steam clearance/gap** *gép, gépk* szelepszár és szelephimba közötti hézag; ~**-steam gap** szelepelválás-csillapító; ~ **stem** *gépk* szeleporsó, szelepszár; ~ **stroke** *gépk* szelep emelkedése/lökete; szelepnyitási magasság; ~ **surge** *gépk* szelepelválás *(szelepemelőtől rugórezonancia következtében)*; ~ **tappet** szelepemelő; ~**-tappet guide** szelepemelő vezeték; ~ **tester** *rád* csővizsgáló; ~ **timing** *gépk* szelepvezérlés; ~ **tip** szelepszárcsúcs; ~ **tower** *hidr* tolózár kezelőtornya; ~ **train** vezérmű; ~ **transmitter** elektroncsöves adó(készülék); ~ **tray** szelepes tányér; ~ **tray column (tower)** szelepestányéros kolonna; ~**-type instrument** elektronikus műszer; ~ **voltage** szelepfeszültség; ~ **voltmeter (VVM)** csöves voltmérő

valveless | dispensing apparatus szelep nélküli adagolókészülék; ~ **engine** szelep nélküli motor; ~ **pump** szelep nélküli szivattyú

valving-up *rád* felcsövezés

vamp I. *v* foltoz *(ruhát)*; (ki)javít; **II.** *n* cipőfejrész; cipőfelsőrész

van I. *v* szállít *(fedett kocsiban)*; *bány* szérel; **II.** *n* furgon, árukihordó (teher)autó; (zárt) tehergépjármű; *bány* kézi szérelés; *em* billenő vályú; *ép* szárnyépület; *mzg* szelelőrosta; szórólapát, szelelőlapát; *vasút* kalauzkocsi, poggyászkocsi; ~ **assaying** ércvizsgálat kézi széreléssel, próbaszérelés

VAN → value added network

vanadate *vegy* vanadát

vanadic *vegy* vanádiumtartalmú, vanádium-; ~ **acid** *vegy* vanádiumsav; ~ **ochre** vanádiumokker

vanadinite *ásv* vanadinit

vanadium (V) *vegy* vanádium; ~ **black** vanádium-anilinfekete; ~ **dichloride** *vegy* vanádium(II)-klorid; ~ **dioxide** *vegy* vanádium(IV)-oxid; ~ **monosulphide/**

monosulfide *vegy* vanádium(II)-szulfid; ~ **oxide** *vegy* vanádium(II)-oxid; ~ **oxychloride** *vegy* vanádium(III)-oxiklorid; ~ **oxydichloride** *vegy* vanádium(IV)-oxidiklorid, vanadiklorid; ~ **pentasulphide/pentasulfide** *vegy* vanádium(V)-szulfid; ~ **pentoxide** *vegy* vanádium(V)-oxid; ~ **sesquioxide** *vegy* vanádium(III)-oxid; ~ **sesquisulphide/sesquisulfide** *vegy* vanádium(III)-szulfid; ~ **steel** vanádiumacél; ~ **tetrachloride** *vegy* vanádium(IV)-klorid; ~ **trichloride** *vegy* vanádium(III)-klorid

vanadous *vegy* vanádium(III)-, vanádium(II)-

vanadyl | chloride *vegy* vanádium(IV)-oxidiklorid, vanadiklorid; ~ **sulphate/sulfate** *vegy* vanádium-oxiszulfát

Van Allen (radiation) belt Van Allen-féle (sugárzási) öv, Van Allen—Vernov-gyűrűk

Van de Graaff | accelerator *at* Van de Graaff-gyorsító; ~ **generator** *at* elektrosztatikus generátor; Van de Graaff-generátor, szalaggenerátor

vandenbrand(e)ite *ásv* vandenbrandeit

Vanderbilt tender hengeres víztartályos szerkocsi

Vandermonde's determinant *mat* Vandermonde-determináns

Van der Pol (s) equation Van der Pol-egyenlet

van der Waals | bond *fiz* van der Waals-kötés; ~ **crystal** *krist* van der Waals-kristály; ~ **equation** *fiz, vegy* van der Waals-egyenlet; ~ **force** *fiz* van der Waals-féle erő

Vandura silk *tex* zselatinselyem

Vandyke *tex* hullámos-bordás szegélykötésminta

vane *geod* felmérési jelzőzászló; nézőke *(alhidáde szintezővonalzójáé)*; *gép* forgólapát; kondenzátorfegyverzet; szárny, lapát; *gépk* hűtővízszivattyú lapátja; *hidr* vitorla; *rep* széliránymutató; szélzászló; terelő(lapát); *távk* választólemez; ~ **anemometer** lapátos/szárnyas szélsebességmérő; szárnykerekes anemométer; ~ **apparatus for measuring** szárnyas (csillapítású) szonda méréshez; ~ **attenuator** lemezes attenuátor; ~ **beam** *élip* szárnygerenda *(szélmalomé)*; ~ **borer** *talt* szárnyas szonda; ~ **cascade** *rep* terelőlapátsor, lapátfokozat; ~ **channel** *rep* lapátok közötti csatorna; ~ **control** perdületszabályozó; ~ **magnetron** lemezes magnetron; ~ **pitch** lapátosztás *(turbinában)*; ~ **pump** forgólapátos szivattyú; ~ **ring** *rep* vezetőlapát-koszorú; ~ **shear strength** *talt* szárnyasszonda-nyírószilárdság; ~**-type relay** szárnyas jelfogó; ~**-type steering gear** lapátos kormánymű; ~**-type supercharger** forgólapátos motorkompresszor; ~ **water-velocity meter** *hidr* szárnyas vízsebességmérő; ~ **wattmeter** lemezes wattmérő; ~ **wheel** szélmotor, szélkerék, szélturbina; lapátkerék

vaned | blast fence *rep* sugárkiáramlást csökkentő rács; ~ **flowmeter** szárnyas (folyadék)áramlásmérő

vaneless diffuser lapát nélküli diffúzor

vanillin *vegy* vanillin, protokatechualdehid-monometiléter

vanish *mat* eltűnik, nullává válik

vanishing *mat* nullává válás, eltűnés; ~ **aspect ratio wing** *rep* végtelen karcsúsági viszonyú szárny, végtelen terjedtségű szárny; ~ **cream** *vegy* sztearátkrém, fehérítőkrém; ~ **point** *mat* eltűnési pont, iránypont; távlatpont

Van Maanen process *környv* Van Maanen-eljárás

vanner *bány* rázószér, iszapszér, szalagszér; *koh* vanner

vanning trough *bány, koh* szérke

vanoxite *ásv* vanoxit

van't Hoff | factor *vegy* van't Hoff-tényező; ~**'s law** *vegy* van't Hoff-törvény; ~**'s reaction isobar** *vegy* van't Hoff-féle reakcióizobár; ~**'s reaction isochore** *vegy* van't Hoff-féle reakcióizochor

vapart mill *bány* centrifugális érctörő, széntörő

vapor *US* → vapour

vaporator gőzölögtető

vaporimeter olajillékonyság-mérő készülék

vaporization desztilláció; elpárolgás, elpárologtatás, elgőzölögtetés; porlasztás; *at* elgőzölgés; ~ **heat** elgőzölgési hő; ~ **loss** elgőzölgési veszteség; ~ **rate** párolgási sebesség

vaporize elpárologtat *(benzint)*; *vegy* elporlaszt

vaporizer elgőzölögtető, elgőzölő; *el* párologtatóforrás; *pa* besűrítő; *vegy* elpárologtató, forraló, visszaforraló

vaporizing | carburetter/carburet(t)or *gép* elpárologtató porlasztó; ~ **oil** motorpetróleum; traktorhajtó petróleum; ~ **oil engine** nehéz tüzelőanyagú motor, nehézolajmotor

vaporous párás, gőzös, gáznemű; ~ **air** nedves levegő; ~ **envelope** *vák* gőzköpeny, gőzpalást, gőzburok

vapotron párologtatásos hűtésű adócső

vapour, *US* **vapor** pára, gőz, kigőzölgés, gőzpárolgás; *rep* légnemű állapotban lévő közeg; ~**-absorption refrigerator** abszorpciós hűtőgép; ~ **barrier** *ép* párazáró réteg, fékezőréteg; ~ **cell** gőzvizsgáló üvegcső; ~ **chromatography** *at* gőzkromatográfia; ~ **compression** *hőt* gőzkompresszió; ~ **compression cycle** *hőt* fordított Carnot-körfolyamat; ~ **concentration** *met* abszolút nedvesség; ~ **conduit** felszálló gőzcső; ~ **control** *ép* páravédelem; ~ **cooling** hűtés elpárologtatással; ~ **cure** vulkanizálás kéngőzben; ~ **degreasing** oldószergőzös zsírtalanítás; ~ **density (VD)** gőzsűrűség; ~ **deposition (of metal)** *koh* fémbevonás gőzöléssel; ~ **draining construction** páraelvezető szerkezet; ~ **extract ventilation system** ködtelenítőberendezés; ~**-free ultimate pressure** permanens gázok parciális végnyomása; ~ **galvanizing** horganygőzös bevonás; ~ **heating** kisnyomású gőzfűtés; ~ **hood** *pa* páraelszívó burok; ~ **jet** gőzsugár; ~ **jet pump** gőzsugárszivattyú; ~**-liquid equilibrium (VLE)** gőz-folyadék egyensúly; ~ **lock** *gépk* gőzzár *(porlasztóban)*; *vegy* gázdugó, gőzdugó; ~ **metal(l)izing** *koh* fémbevonás gőzöléssel; ~ **migration** *ép* páramozgás; ~ **nozzle** gőzfúvóka; ~ **path** *rep* kondenzcsík; ~ **permeability** *pa* vízgőzáteresztő képesség; ~ **phase** gőzfázis; ~**-phase chromatography** gőzfázisú kromatográfia; ~**-phase cracking** *vegy* gőzfázisú hőbontás/krakkolás; ~**-phase inhibitor (VPI)** *koh* gőzfázisú inhibitor; ~**-phase nitration** gőzállapotban való nitrálás; ~**-phase process** gőzfázisú eljárás; ~ **pipe** felszálló gőzcső; gőzvezeték; ~ **pressure (VP)** páranyomás; gőznyomás; *koh* tenzió; ~ **pressure curve** *koh* gőznyomásgörbe; ~ **pressure inequilibrium** egyensúlyi gőznyomás; ~ **pressure lowering** *vegy* gőznyomáscsökkenés; ~ **pressure thermometer** gőztenziós/gőznyomásos hőmérő; ~**-proof** gőzálló, gőzzáró; gőztömör *(tömítés)*; ~ **pump** gőzsugárszivattyú; ~ **reaction method** gőzreakciós módszer; ~ **recovery** *ol* gőzgyűjtés; ~ **rectifier** higanygőz-egyenirányító; ~ **scarf** *rep* kondenzcsík; ~ **separator bend** páraleválasztó könyök; ~ **sheath/shroud** gőzköpeny, gőzpalást, gőzburok; ~**-shielded arc weld** *heg* védőgőzös ívhegesztéssel készült varrat; ~**-shielded arc welding** *heg* védőgőzös ívhegesztés; ~ **slide** *élip* páratolózár; ~ **source** párologtatóforrás; ~**-steam pump** *koh* diffúziós szivattyú; ~ **stream** gőzsugár; ~ **stream pump** gőzsugárszivattyú; ~ **tension inequilibrium** egyensúlyi gőznyomás; ~**-tight layer** *ép* fékezőréteg; párazáró réteg; ~**-tight lighting fitting** gőz ellen tömített lámpatest; ~ **trail** *rep* kondenzcsík; ~ **trap** *rep* olajterelő; ~ **treatment** gőzölés; ~ **ventilated layer** páraszellőző réteg; ~ **ventilating construction** páraszellőző szerkezet; ~ **vents in the roofing** salak- és páraszellőzők; ~ **volume of LPG** *ol* gazolin-gőztérfogat

vapourtight gőzzáró, gázmentes; ~ **layer** párazáró réteg

var → volt-amperes reactive; ~ **furnace** *koh* ívfényes vákuumkemence; ~**-hour meter (VRH)** *el* meddőfogyasztás-mérő

VAR → visual-aural range

varactor (diode) *el* kapacitásdióda, varikap; *el, félv* varaktor(dióda)

variability változtathatóság, változékonyság; *mat* szóródás, diszperzió, variabilitás; *vegy* szabadsági fok; ~ **analysis** változékonyság elemzése; ~ **index** változékonysági mutatószám

variable I. *a* változó, változtatható; ingadozó; *rád, távk* forgó *(kondenzátor)*; hangolható; **II.** *n mat* változó; *met* változó széljárású övezet; ~ **access** *szt* változó hozzáférés; ~ **access time** *szt* változó hozzáférési idő; ~ **address** *szt* változó cím; ~ **admission** *koh* változó beömlés; ~**-angle airplane** *rep* változtatható szárnyállásszögű repülőgép; ~**-aperture shutter** *film* forgófényzár; *foto* változtatható nyílású zár; ~**-area exhaust nozzle** *gép* változtatható keresztmetszetű nyomáscsökkentő fúvóka, szabályozófúvóka; ~**-area recording** *hang* változó szélességű hangrögzítés; ~**-area system** *film* Philips—Miller hangíró rendszer; ~**-area track** *hang* transzverzális hangcsík; ~**-area wing** *rep* változtatható felületű szárny; ~ **attenuator** *el* változtatható (ellenállásláncú) attenuátor; ~**-augmentation afterburner** *rep* szabályozható utánégető; ~ **autotransformer** *el* szabályozható takaréktranszformátor/autotranszformátor; ~ **back-pressure heating turbine** *en* változó ellennyomású főturbina; ~ **bias** *el* változó előfeszültség; ~ **camber** *rep* változtatható íveltség; ~**-camber profile** *rep* változtatható íveltségű szárnyszelvény; ~**-camber wing** *rep* változtatható íveltségű szárny; ~ **capacitance diode (varicap)** *el* változtatható kapacitású dióda, kapacitásdióda, varikap; ~ **capacitor** *el* állítható/változtatható kondenzátor; forgókondenzátor; ~ **capacitor with logarithmic characteristic** *el* logaritmikus forgókondenzátor; ~ **capacity** *el* feszültségfüggő kapacitás; ~**-coefficient system** változó együtthatójú lineáris rendszer; ~ **command** *szt* változó utasítás; ~ **command control** *aut* változó alapelvű *v.* követő szabályozás; ~**-compression engine** *rep* változó/változtatható sűrűsítésű motor/hajtómű; ~ **concentrated load** *mech* mozgó koncentrált teher; ~ **condenser** *el* forgókondenzátor; ~ **coordinate** *mat* futókoordináta, változó koordináta; ~ **correction** *geof* változó értékű korrekció; ~ **costs** változó költségek; ~ **coupling** *gépk* szabályozható (tengely)kapcsoló; ~ **cycle** *szt* változó ciklus/körfolyamat/ütem; ~ **cycle duration** *szt* változó ciklustartam/ciklusidő; ~ **cycle operation** *szt* változó ciklusú/ütemű működés(i mód); ~ **damping system** változó csillapítású rendszer; ~ **delay line** *el* változtatható késleltetésű vonal; ~**-delivery pump** *rep* változtatható teljesítményű szivattyú; ~ **density** változó sűrűség; ~**-density log (VDL)** *ol* VDL-szelvényezés; ~**-density recording** *film* változó feketedésű hangrögzítés; ~**-density sound track** *film* változó feketedésű hangsáv; ~**-density system** *film* változó feketedésű hangírás; ~**-density wind tunnel** *rep* változtatható légsűrítésű szélcsatorna; ~**-elevation beam (VEB)** *rád* változtatható emelkedésszögű sugár; ~ **expansion** változó tágulás; ~ **feedback** *aut* változó/ernyedő *v.* nem arányos visszacsatolás; ~ **feedback controller** *aut* változó visszacsatolású szabályozó; ~ **field** változó tér; ~ **flow control** *hidr, ol* változtatható átfolyásszabályozás; ~**-focus lens** *foto* zoom, „gumilencse", változtatható gyújtótávolságú objektív; ~**-frequency chopper** *el* változtatható frekvenciájú szaggató; ~**-frequency generator** *el* változó frekvenciájú generátor; ~**-gain amplifier** *el* változtatható erősítésű erősítő; ~ **geometry (VG)** *rep* változtatható geometria; ~**-geometry aircraft** → ~-sweep aircraft; ~**-geometry intake** *rep* változtatható keresztmetszetű levegő-beömlőnyílás; ~ **groove pitch** *hang* változó barázdasűrűség; ~**-height cutting** *bány* réselés változó magasságban; ~**-incidence tailplane** *rep* változtatható beállítású vezérsík; ~**-incidence wing** *rep* változtatható beállítású szárny; ~ **inductance** *el* változó/változtatható induktivitás; változtatható önindukció(s tekercs); ~ **inductor** *aut* szabályozható fojtótekercs, szabályozható indukciós tekercs; ~ **in full state** *stat* teljes értékű változó; ~ **inlet control** *rep* előperdítő lapátkoszorú vezérlése; változtatható légbeömlőnyílás vezérlése; ~ **inlet guide vane** *rep* a levegő-beömlőnyílás változtatható mellső terelőlapátsora; ~ **in operational form** *aut* változó operátoros alakban; ~ **in partial state** *stat* részértékű változó; ~ **in standard measure** *stat* szabványosított változó; ~ **instruction** *szt* változó utasítás; ~**-intensity plotter** *geof* intenzitásírásos szelvényrajzoló; ~**-length command/instruction/order** *szt* változó hosszúságú utasítás; ~**-length record** *szt* változó hosszúságú rekord; ~**-length statement** változó hosszúságú utasítás; ~ **modulation** *el* váltakozó moduláció; ~ **motion** *mech* változó mozgás; ~ **mutual conductance tube/valve** *rád* változó meredekségű pentóda; ~**-mu tube** szabályozócső *(erősítése ideálisan logaritmikusan változik)*; *rád* változó meredekségű cső; ~ **nozzle (vn)** *rep* szabályozható/állítható fúvóka; ~ **of integration** *aut* integrációs változó; ~ **order** *szt* változó utasítás; ~ **oscillator** *fiz* változtatható frekvenciájú oszcillátor; ~ **parameter** *mat* változó paraméter; ~ **passband amplifier** *rád* változó áteresztősávú/sávszélességű erősítő; ~ **pattern aerial** *távk* változó iránykarakterisztikájú antenna; ~**-pitch airscrew** *rep* változtatható emelkedésű légcsavar; ~**-pitch grid** *el* szabályozórács; ~**-pitch propeller** *hajó* változó emelkedésű hajócsavar; *rep* változtatható állásszögű légcsavar; ~**-point representation system** *szt* változópontos számrendszer; ~**-pressure wind tunnel** *rep* változtatható nyomású szélcsatorna; ~ **quantity** *mat* váltakozó mennyiség; ~-

rate spring *mech* változó rugóállandójú rugó; ~-**ratio transformer** *el* feszültségszabályozó transzformátor; ~ **recoil** *kat* változó hosszúságú hátrasiklás *(lövegcsőé)*; ~ **recorder** *aut* koordinátaíró; ~ **reluctance** *el* változó mágneses ellenállás; ~-**reluctance pick-up** *hang* elektromágneses hangszedő; ~ **representing predicates** *mat* predikátumváltozó, (logikai) függvényváltozó; ~ **resistance** *el, távk* változtatható/szabályozó ellenállás; ~ **resistance transducer** *el* változó/változtatható ellenállású adó; ~ **resistor** *el* szabályozható/állítható ellenállás; ~ **restriction** *fiz* szalagkapilláris; ~**s analysis** *stat* változók elemzése; ~ **selectivity** *aut* változó szelektivitás; ~ **skies** *pl met, rep* változó felhőzet; ~-**slope delta modulation** *rep* változtatható meredekségű delta moduláció; ~-**slope electron tube**, ~-**slope equalizer** *távk* változó meredekségű elektroncső; ~**s of automatic control** *el* önműködő szabályozás jellemzője; ~**s of state** *el* állapotjellemzők; ~-**span wing** *rep* változtatható/állítható terjedtségű szárny; ~-**speed belt cone** *gépk* fokozat nélküli sebességváltó kúpos szíjtárcsa; ~-**speed case** *gépk* sebességváltó-szekrény; ~-**speed chopper** változtatható frekvenciájú szaggató (chopper); ~-**speed controller** *gépk* beállítható sebességszabályozó; ~-**speed drive** *gép* szabályozható hajtás; változó sebességű hajtás; ~-**speed gear** *gépk* sebességváltó; ~-**speed generator** *el* változtatható fordulatszámú generátor; ~-**speed motor (VSP)** *gép* fokozatosan szabályozható/változtatható fordulatszámú motor; ~-**speed scanning** *tv* változó sebességű letapogatás; ~-**speed servomotor** *gép* változó sebességű szervomotor; ~ **star** *csill* változócsillag; ~ **statement** *szt* változó utasítás; ~ **stator** *rep* változtatható lapátszögű állórész/sztátor; ~-**stroke engine** *gép* változtatható löketű motor; ~-**sweep aircraft** *rep* változtatható szárnynyilazású repülőgép; ~-**sweep wing** *rep* változtatható/állítható nyilazású szárny; ~-**temperature calorimeter** *metr* változtatható hőmérsékletű hőmennyiségmérő; ~-**thrust engine** *rep* változtatható/állítható tolóerejű hajtómű; ~ **time fuse** *rendsz* változtatható kioldásidejű biztosító; ~ **transformer** *el* változtatható/szabályozható (szekunder feszültségű) transzformátor; ~-**turbulence stove** *hőt* változó örvénylésű léghevítő; ~ **valve** szabályozócső; ~ **valve lift** *gép* változó szelepemelkedés *(dízel)*; ~-**velocity picture scanning** *tv* változó sebességű (kép)letapogatás; ~-**voltage control** *el* fordulatszám-szabályozás feszültségváltoztatással; ~-**voltage regulator** *el* beállítható feszültségszabályozó; ~-**voltage transformer** *el* feszültségszabályozó transzformátor; ~ **width maser** *fiz* változtatható sávszélességű mézer; ~ **word length** *szt* változó szóhosszúság; ~ **zone** *met* mérsékelt égöv

Variac *el* szabályozható takaréktranszformátor/autotranszformátor

variance *fiz* fluktuáció, ingadozás; *mat* szórásnégyzet, variancia, négyzetes középeltérés; *vegy* szabadságfokok száma, Gibbs-féle variancia; ~ **analysis** *mat* varianciaanalízis; ~ **method** *at* varianciaeljárás; ~ **of distribution** *mat* négyzetes középeltérés eloszlása; ~ **of random value** *mat* valószínűségi érték négyzetes középeltérése; ~ **ratio** *mat* variációs együttható *(relatív szórás)*

variant I. *a* eltérő, különböző; **II.** *n* variáns, változat

variate *mat, stat* valószínűségi/véletlen/sztochasztikus változó

variation variáció, váltakozás; ingadozás; változat; változás; ~ **calculus** *mat* variációszámítás; ~ **chart** *geod* mágneseselhajlás-térkép; ~ **coefficient of operating time** *távb* tényleges működés relatív szórása; üzemidő relatív szórása; ~ **coefficient of shelf/storage life** *távk* tárolhatósági idő relatív szórása; ~ **in quantity of electrons** *el* elektronok számának változása; ~ **in signal strength** *rád* (el)halkulás, fading; ~ **in the mains voltage** *el* hálózati feszültségingadozás; ~ **ionization potential** *el* variációs ionizációs potenciál; ~ **methods** *szt* variációs módszerek; ~ **of concentration at the electrodes** *el* elektródák körüli koncentrációváltozás; ~ **of constants** *mat* állandók variálása; ~ **of frequency** *el* frekvenciaingadozás; ~ **of gain with the input level** *el* erősítés változása a bemenőszint függvényében; ~ **of growth rate** *el* növekedési sebesség ingadozása; ~ **of latitude** *csill* földrajzi szélesség ingadozása; ~ **of load** terhelésváltozás; ~ **of parameters** *metr* paraméterváltozás; ~ **of sign** *mat* előjelváltás, előjel megváltozása, előjel ellentétesre változása/változtatása; ~ **of the compass** *geod* mágneses deklináció/elhajlás; ~ **order** *ép* változtatási engedély; ~ **problem** *mat* variációs feladat; ~ **ratio** *aut* módosítási tartomány; ~**s** *ép* szerződésen felüli munkák; ~**s equation** *aut* variációs egyenlet, differenciaegyenlet; ~**s of strength of field** *el* térerősségingadozás

varicap → variable capacitance diode

varicolo(u)red különböző színű, tarka; *kat* tereptarka

varicond *el* varikond

varied flow *hidr* permanens változó folyadékmozgás

variegated tarka; erezett; színes; ~ **copper ore** *ásv* bornit, tarkarézkovand

variety változat; fajta; válfaj; változatosság, különféleség; ~ **woodworker** *fa* egyetemes famegmunkáló gép

varifocal lens *foto* változtatható gyújtótávolságú objektív, gumiobjektív, zoom, gumioptika

varimeter → varmeter

variocoupler *rád* változtatható csatolótekercs

variode regulator *el* variódás szabályozó

variolite *ásv* variolit

variolitic structure *geol* ragyás szövetszerkezet

variometer *el* variométer, változtatható induktivitású tekercs; *rep* variométer, függőleges sebességet kijelző műszer; ~ **coil** *el* variométer-tekercs

Variscian *geol* variszkuszi; ~ **orogeny** *geol* variszkuszi hegységképződési ciklus

variscite *ásv* variszcit

varistor *el* feszültségfüggő ellenállás; varisztor; ~ **disc/disk** *távk* varisztortárcsa

VariTyper *nyom* varityper *(írógép)*

Varley loop test *el* mérőhidas hurokvizsgálat; Varley-módszer *(kábelhibahelyek megkeresésére)*

varmeter *el* meddőteljesítmény-mérő, varméter

varnish I. *v* lakkoz, fényez, politúroz; **II.** *n* lakk, kence, (fény)máz; védőréteg *(lakk)*; lenolajkence; ~ **base** *vegy* lakkalapanyag; ~ **coat** *bőr* utolsó fedőréteg *(lakkbőrkészítésnél)*; *el* lakkbevonat; ~-**coated wire** lakkszigetelésű huzal; ~ **coating** *koh* olajkoksz-lerakódás; ~ **colo(u)r** *műa* lakkfesték; ~ **film potentiometer** *el* lakkréteg-potenciométer; ~ **film resistor**

el lakkréteg-ellenállás; ~ **hose** *el* varniscső; ~ **insulation** *el* lakkszigetelés; ~ **lacquer** *fa* politúr; ~ **linseed oil** *vegy* lakklenolaj; ~ **paint** *bőr, el* lakkfesték; ~ **paper** *pa* lakkpapír; ~ **tape** *el* varnisszalag, lakkszövetszalag; ~ **tube** *el* varniscső
varnished lakkozott; ~ **calf** *bőr* borjúlakkbőr; ~ **cambric wire** *el* papírszigetelésű zománcozott huzal; ~ **cloth** *rendsz* lakkszövet; ~ **envelope** *el* fénymázbevonat; ~ **heald** *tex* kencézett nyüst; ~ **wire** *el* lakkszigetelésű huzal
varnisher lakkozómunkás
varnishing lakkozás; ~ **machine** lakkozógép, politúrozógép; *pa* mázológép
varometer → varmeter
varved clay *talt* vékony/rétegekben leülepedett agyag
vary megváltoztat, módosít, váltogat, variál; változik, eltér, különbözik; *mat* minden értéken végigfut
varying változó; ~ **duty** változó igénybevétel; ~ **load** változó terhelés; ~ **voltage control** beállítható feszültségszabályozás; ~ **with time** időfüggő, időben változó, idő függvényében nem állandó, reonóm
vascular system *biot, élip* (víz)edényrendszer
vase váza, virágcserép; *ép* dob *(oszlopfőé)*
vaseline *vegy* (természetes) vazelin; nyerspetrolátum
VASI → visual approach slope indicator
vat I. *v* kádba tesz, kádban erjeszt; **II.** *n* (fa)kád, tartály, üst, teknő, medence *(edény)*, ciszterna; *bőr* cserzőkád; *gépk* önzáró edény; *koh* ércmosó fakád; ércszárító üreg *(kemencében)*; *pa* foszlató, hengerszita; *tex* csáva; csávaszínezék; ~ **behavio(u)r** *tex* csávázhatóság; ~ **brick** piktortégla; ~ **colo(u)r** *tex* csávaszínezék; ~ **colo(u)ring** *tex* csávaszínezés; ~ **dye** *tex* csávaszínezék; ~**-dye** *v tex* csáváz; ~**-dyed** *tex* csávaszínezésű; ~ **dyeing** *tex* csávaszínezés; ~ **dyestuff** *tex* csávaszínezék; ~ **frame** *pa* merítőkeret; ~ **hole** *pa* kádnyílás; ~**-lined board/carton** *pa* gaucsolt karton; ~ **machine** *pa* hengerszitás gép; ~ **paper** *pa* merített papír; ~ **section** *pa* hengerszitaszakasz; ~ **sizing** *pa* felületi enyvezés; ~ **waste** *tex* csávamaradék; lúgos üledék
vatman *pa* merítő(munkás)
vault I. *v* beboltoz; **II.** *n ép* boltozat; ~ **brick** *ép* boltozattégla; ~ **light** *ép* üveg boltozattégla; ~ **of Earth's mantle** *geol* köpenyboltozat; ~ **shuttering** *ép* boltozat zsaluzata
vaulted *ép* boltozatos, bolthajtásos; ~ **cathode electron gun** *el* konkáv katódú elektronágyú
VAW process *koh* VAW-eljárás
VC → variable capacitor; → varnished cambric (insulation); → vinyl chloride; → voice coil; → voltage control
VCC → video compact cassette
VCI → volatile corrosion inhibitor
VCO → voltage-controlled oscillator
VCR → video cassette recorder; ~ **cabinet** *vid* képmagnókáva
VD → vapour density
VdG → Van de Graaff accelerator
VDI → visual display input
VDL → variable-density log
VDR → voltage-dependent resistor
VDT → video display terminal
VDU → visual display unit
VE → value engineering; → volumetric efficiency
veal borjúhús; ~ **box** *bőr* borjúbox; ~**s** *bőr* masztborjúbőr *(hizottborjú-bőr)*
VEB → variable-elevation beam
vectogram *mat* vektordiagram
vectograph *tv* vektordiagram-rajzoló *(oszcilloszkóp)*
vecton *fiz* vekton, vektor jellegű részecske
vector I. *v rep* irányszögek megadásával irányít; **II.** *n mat* elsőrendű tenzor; vektor; *mech* idővektor; *szt* vektor; ~ **addition** *mat* vektorösszeadás, geometriai összeadás; ~ **admittance** *el* komplex vezetőképesség, admittancia; ~ **algebra** *mat* vektoralgebra; ~ **analysis** *mat* vektoranalízis; ~**-bomb sight** *kat* vektorális bombairányzék; ~ **boson** *fiz* vektorbozon; ~ **calculus** *mat, szt* vektorszámítás; ~ **component** *mat* vektorösszetevő, vektorkomponens; ~ **composition** *mat* vektorösszeadás, geometriai összeadás; ~ **computer** *rep* szélháromszög-megoldó tárcsa/eszköz; ~ **couple** *mat* vektorpár; ~ **curve** *mech* vektorgörbe; ~ **diagram** *mech* vektorábra; vektordiagram; ~ **diagram of voltage** *el* feszültség-vektorábra; ~ **field** *mech* vektormező; vektortér; ~ **flux** *mat* fluxus, vektormező fluxusa; vektorfluxus; ~ **function** *mat* vektorfüggvény; ~ **graphics** *szt* vektorgrafika; ~ **impedance** *el* komplex impedancia; ~ **line** *mech* vektor hatásvonala; ~ **matrix difference equation** *mat* vektor-mátrix-differenciaegyenlet; ~ **maximum problem** *mat* vektor-maximumfeladat; ~ **meson** *fiz* vektormezon; ~ **of force** *mech* erővektor; ~ **of four-dimensional force** *mech* négyeserő, az erő négyesvektora, négydimenziós erő; ~ **of magnetic induction** *el* (mágneses) indukciós vektor; ~ **of state** *mech* állapotvektor; ~ **plotting** *mat* vektorszerkesztés; ~ **polygon** *mech* vektorsokszög; ~ **potential** *el* vektorpotenciál; ~**-potential field** vektorpotenciál-tér; ~ **processing** *szt* vektorfeldolgozás; ~ **product** *mat* vektoriális/külső szorzat; ~ **quantity** *mat* vektoriális mennyiség, vektormennyiség; ~ **representation** *mat* vektoriális ábrázolás; ~ **set** *krist* vektorkészlet; ~ **space** *mat* vektortér, lineáris tér; ~ **space method** *mat* vektortérmódszer; ~ **space over the ring** *el* gyűrű feletti vektortér; ~ **sum** *mat* geometriai/vektoriális összeg, vektorösszeg, eredő; ~ **sum of currents** *el* eredő áramerősség; ~ **system** *mat* vektorrendszer; ~ **triangle** *mech* vektorháromszög
vectored | flight/flying *rep* földről irányított repülés; ~ **interrupts** *pl szt* vektoros megszakítás; ~ **quantity** *mat* irányított mennyiség, vektormennyiség; ~ **thrust** *rep* értékben és irányban szabályozott tolóerő
vectorial vektoros; → vector; ~ **particle** *el* vektor, vektor jellegű részecske; ~ **recorder** vektoríró, vektorográf; ~ **resolution** *mech* vektorfelbontás
vectorscope *tv* vektordiagram-rajzoló *(oszcilloszkóp)*
vectorspace → vector space
vee I. *a* V alakú; → V; **II.** *n heng* V állás *(hengerblokké)*
veer elvontat; meglazul, megfordul; irányt változtat; fordít; *hajó* kötelet/sodronyt utánaenged/lazít; *rep* irányt változtat az óramutató járásával megegyező irányban; *vasút* fordul
veering fordítás, elvontatás; lazítás *(kötélé)*; elkanyarodás, megfordulás; meglazulás; szél irányváltozása
vegetable I. *a* növényi; **II.** *n* zöldség, főzelék; ~ **biomass** *biot* növényi biomassza; ~ **charcoal** növényi műszén; ~ **cover** növénytakaró; ~ **dye** *tex* növényi

eredetű színezék; ~ **fat** növényi zsír; ~ **fertilizer** zöldtrágya; ~ **glue** növényi enyv; ~ **irrigation** *hidr* öntözéses zöldségtermesztés; ~ **kingdom** növényvilág; ~ **matter** növényi anyag; ~ **mo(u)ld** kerti föld; ~ **mucilage** *élip* növényi nyálka; ~ **oil** *vegy* növényi olaj, növényolaj; ~ **parchment** *élip* pergamen(t)papír *(növényi anyagból)*; pergamin; vajpapír; ~**-root washer** *élip* növénymosó, zöldségmosó; ~ **size** növényi enyv; ~ **soda** *vegy* növényhamuszóda; ~**-store** *hajó* zöldségraktár; ~ **tallow** *élip* növényi zsír; ~**-tanned sheep leather** *bőr* növényi cserzésű juhbőr; ~ **tanning material** *bőr* növényi cserzőanyag; ~ **washing-machine** *élip* növénymosó gép; ~ **waste** *környv* növényi hulladék; ~ **wax** *vegy* növényi viasz; ~ **weighting** *tex* növényi nehezítés

vegetal cover növénytakaró

vegetation növénytakaró, növényzet; ~ **survey** *bány* geobotanikai felmérés *(külfejtéshez)*

vehicle szállítóeszköz; jármű, kocsi; *any* hordozó, vivő; *műa* diszpergálószer; *nyom* kötőanyag; *rep* légijármű; *vegy* oldószer; ~ **antenna** *távk* járműantenna, ostorantenna; ~ **battery** gépkocsi-akkumulátor; ~**-body washer** *gépk* karosszériamosó berendezés; ~**-borne infrared equipment** *rep* repülőgép-fedélzeti infravörös berendezés; ~**-borne laser equipment** *rep* repülőgép-fedélzeti lézerberendezés; ~ **car** *vasút* járműszállító vagon; ~ **distance stopping** *közl* járműfékút; ~ **for handling containers** konténerátrakó gép; ~ **gas** *ol* vivőgáz; ~ **hoist** kocsiemelő híd *(garázsban)*; ~ **interference** *távk* jármű okozta rádiózavar; ~**-mounted** gépjárműre szerelt; ~**-on-line indicator** *vasút* vágányfoglaltsági jelző; ~ **performance** járműteljesítőképesség; ~**s for injection** *gyógyv* segédanyag injekció készítéséhez; ~ **tunnel** *ép* közúti alagút; ~ **with all-wheel drive** *gépk* összkerékhajtású jármű

vehicular közúti *(híd)*; ~ **load** *mech* járműteher

veil I. *v* fátyoloz, leplez; **II.** *n* fedő; takaró; *tex* fátyol; ~ **cloud** *met* fátyolfelhő

veiling *tex* fátyol(szövet); fátyolozás, leplezés

vein I. *v* erez; **II.** *n* erezés; *bány* ér, telepcsík; *bány, geol* telep, telér; *koh* ér; ~ **accompaniment** *geol* melléktelér, telérág; ~ **blanket** *geol* lapos felületű vízszintes telér; ~ **content** *bány* telértartalom; ~ **dike** *bány* telérdejk; ~ **filling** *bány* telérkitöltés; ~ **fissure** *bány* telérhasadék; ~ **intersection** *bány* telérkereszteződés; ~ **matter** *bány* telérkitöltő meddő, telérmeddő; *geol* eres kőzet; ~ **nearly vertical** *bány* álló telér; ~ **ore** *bány* telérérc; ~**-pumping cure** *élip* gyorspácolás; ~ **quartz** *bány* telérkvarc; ~**-rock** *geol* telérkőzet; ~ **stuff** *bány* telérásvány; telérmeddő; ~ **system** *bány* telérrendszer; ~ **wall** *bány* telérfal

veined erezett, eres; *bőr* eres *(nyersbőrhiba)*; ~ **board** *pa* erezett lemez; ~ **wood** *fa* mintás fa; ~ **woodpaper** *pa* farostpapír

veininess eresség

veining faerezet

veinlet erecske; *bány* piritzsinór; zsinór *(vékony ér)*

veinstaff → vein stuff

veinstone *bány* telérkőzet, erezett kőzet; telérmeddő

veiny *bőr* eres *(nyersbőrhiba)*

Veitch diagram *mat* Veitch-diagram

Velcro tépőzár

Velcroed tépőzáras

vellum *pa* bőrpergament; velinpapír, pauszpapír; ~ **board** *pa* velinkarton; ~ **drawing** pauszrajz; ~ **paper** *pa* velinpapír

velocity *fiz* sebesség; *rep* fordulatszám; ~ **adjustment** kezdősebesség helyesbítése; ~ **amplitude** *hang* sebességamplitúdó; ~ **analyzer** *fiz* sebességanalizátor; ~ **anisotropy** *geof* sebességanizotrópia; ~**-area ga(u)ging station** *hidr* mérési szelvény; ~ **at the surface** *hidr* felszíni sebesség; ~ **component** *mech, rep* sebesség-összetevő; ~ **condition** *geof* sebességviszonyok; ~ **constant** *vegy* reakció sebességi állandója; ~ **conveying** gyors/sebességi szállítás; ~**-depth curve** *geof* sebesség-mélység görbe; ~**-depth law/rule** *geof* sebesség-mélység összefüggés; ~ **detector** sebességjelző; ~ **diagram** *mech* sebességábra; ~ **discontinuity** sebesség-határfelület, sebességhatár; ~ **dispersion** *bány* sebességdiszperzió; ~ **distortion** *távk* fáziseltolási torzítás; ~ **distribution** sebességeloszlás; ~ **distribution function** sebességeloszlási függvény; ~ **error** sebességi eltérés/hiba; sebességhiba; ~ **error coefficient** sebességi hibatényező; ~ **factor (VF)** sebességtényező; sebességi együttható; ~ **feedback** *távk* sebesség-visszacsatolás; ~ **field** *rep* sebességmező; ~ **flowmeter** szárnyas (folyadék-)áramlásmérő; ~ **fluctuation** *hidr* sebességpulzálás; ~ **focus(s)ing mass spectrograph** sebességfokuszálásos tömegspektrográf; ~ **function** sebességfüggvény; ~ **gradient** *geof, hidr, rep* sebességgradiens; ~ **head** *fiz* sebességmagasság; ~ **head flowmeter** sebességnyomás-mérő, torlónyomásmérő; ~ **isotropy** *geof* sebességizotrópia; ~ **lag** *aut* futásidő; sebességi késés/elmaradás; ~ **level** *mech* sebességszint; ~ **limit** *fiz* kritikus sebesség, határsebesség; ~ **logging** *geof* akusztikus sebességszelvényezés; ~ **meter** szárnyas (folyadék-)áramlásmérő; ~ **microphone** *távk* nyomásgradiens-mikrofon; ~**-modulated oscillator** *távk* sebességmodulált oszcillátor; ~**-modulated tube/valve** *távk* sebességmodulált cső; ~ **modulation (VM)** *távk* sebességmoduláció; ~ **node** *fiz* sebességi csomópont; ~ **of advance** *el* eltolódási sebesség; ~ **of crystal(l)ization** *krist, koh* kristályosodási sebesség; ~ **of diffusion** *koh* diffúziósebesség; ~ **of dislocations** *krist* diszlokációk sebessége; ~ **of dyebath exhaustion** *tex* színezékfürdő kihúzási sebessége; ~ **of escape** *rep* szökési sebesség, második kozmikus sebesség; ~ **of exit** *koh* kifutósebesség; ~ **of flow** *koh* áramlási sebesség; ~ **of impact** *any* ütközési sebesség; ~ **of ionization** *el* ionképződési sebesség; ~ **of light** *el, fiz* fénysebesség, elektromágneses hullám (terjedési) sebessége; elektromágneses állandó; ~ **of light in empty/free space** *el* vákuumbeli fénysebesség; ~ **of light in vacuo/vacuum** *el* vákuumbeli fénysebesség; ~ **of nucleus** *krist* gócképződési sebesség; ~ **of nucleus formation** *koh* csíraképződési sebesség; ~ **of propagation** *fiz* terjedési sebesség; ~ **of propagation of sound** *fiz* hangterjedési sebesség, hangsebesség; ~ **of reaction** *vegy* reakciósebesség; ~ **of rising** *hidr* felszálló sebesség; ~ **of sound (propagation)** *fiz* hangterjedési sebesség, hangsebesség; ~ **of stepping** *el* ívcsúcssebesség; ~ **of transmission** terjedési sebesség; ~ **of transport** *fiz* transzportsebesség; ~ **potential** sebességpotenciál, sebességpotenciál-függvény; ~**-potential function** *mech* sebességpotenciál-függvény; ~ **pressure** *fiz* dinamikus nyomás, torlónyomás; ~**-profile method**

geof sebességszelvény-módszer *(többszörös reflexiókhoz)*; ~ **propagation** *fiz* hullámsebesség; terjedési sebesség; ~ **pulsation** *hidr* sebességpulzálás; ~ **range** *fiz* sebességtartomány; ~**-range curve** *at* sebesség-úthossz görbe; ~ **rate constant** *vegy* reakció sebességi állandója; ~ **ratio** *gép* áttételi szám; ~**-reducing dust collector** *ép* porkamra; ~ **resonance** *fiz* fázisrezonancia; ~ **reversal** *geof* sebességinverzió; ~ **rod** *hidr* botúszó; ~ **selector** *at* sebességszelektor; ~ **sensor** *rep* sebességadó; sebességérzékelő elem; ~ **servomechanism** sebességszabályozás; ~ **shooting** sebességfelvétel, sebességlövés; ~ **sorting** *el* sebességválasztás, szétválasztás sebesség alapján; ~ **space** *el* sebességtér; ~ **spectrography** *rep* repülésidő-spektrográfia, sebesség-spektrográfia; ~ **stage of a turbine** *gép* turbina sebességfokozata; ~ **survey** *geof* sebességfelvétel, sebességszelvényezés; ~ **transducer** *aut* sebességjeladó; ~ **triangle** *mech, rep* sebességi háromszög, sebességháromszög; ~ **turbine** *gép* szabadsugár-turbina; ~**-type seismometer** *geol* szeizmikus velociméter, talaj-sebességmérő; ~ **vector** *fiz* sebességi vektor

velodyne *el* velodyn rendszerű integrátor

velofeeder *élip* gyorstápláló

velour *tex* bársony, velúr; ~ **brosselé** *tex* hullámos bolyhú bársonyszövet; ~ **chiffon** *tex* rövid bolyhú bársonyszövet; ~ **col** *tex* félselyem gallérbársony; ~ **finish** *bőr* barkaoldali finomcsiszolás; ~ **panne** *tex* hosszú bolyhú bársony; ~ **paper** *pa* velúrpapír; ~ **par chaine** *tex* láncbársony; ~ **ruban** *tex* bársonyszalag

veloutine *tex* vetülék-bélésbársony

velpel selyemplüss *(kalaphoz)*

velvet *tex* bársony; ~ **brown** *vegy* mangánbarna, oroszbarna *(festék)*; ~ **copper-ore** *ásv* bársonyos rézérc, kalkotrichit; ~ **coupé** *tex* felvágott hurkú bársony; ~ **leather** *bőr* velúrbőr; ~ **loom** *tex* bársonyszövő gép; ~ **nap** *tex* bársony bolyhos felülete; ~ **pile carpet** *tex* velúrszőnyeg, axminoter-szőnyeg; ~ **ribbon** *tex* bársonyszalag; ~ **ride seat** *gépk* különleges rugózott ülés *(traktoron)*; ~ **split** *bőr* velúr hasítékbőr; ~ **weaver** *tex* bársonyszövő

velveteen pamutbársony

velvety bársonyos; ~ **finish** *tex* bársonyszerű kikészítés

vena contracta *hidr* kontrahált szelvény

venasquite *ásv* venasquit

vending-machine (eladó)automata

vendor eladó, termékforgalmazó

veneer I. *v* bevon, lemezel, furnéroz; burkol, borít; **II.** *n fa* borítás, burkolat, bevonat; furnér, (borító)lemez; ~ **bolt** *fa* furnérrönk hámozásra; ~ **butt** *fa* furnérrönk; ~ **clippers** *pl fa* furnérolló; ~**-clipping machine** *fa* furnérszélező olló; ~**-core plywood** *ép* furnér belsővel készült bútorlap; ~ **cramp** *szer* enyvező szorítóbak; ~ **crossing** *fa* furnérrétegelés; ~**-cutter** *fa* furnérvágó gép; ~**-cutting lathe** *fa* furnérhámozó gép; ~ **flitch** *fa* furnérrönk; ~ **jointed** *fa* furnér élgyalu; ~**-jointer** *fa* furnérillesztő gép; ~ **log** *fa* furnérrönk; ~ **mill** *fa* furnérgyár; ~ **of the crust** *geol* földkéreg legfelső rétege; ~**-patching machine** *fa* furnérfoltozó; ~**-peeling machine** furnérhámozó gép; ~**-press** *fa* furnérprés; ~**-saw** *fa* furnérhasító/furnérvágó fűrész; ~ **shell** enyvezettlemez-burkolat; ~ **slicer** *fa* furnérvágó gép; ~**-smoothing machine** furnérsimító gép; ~**-splicer** *fa* furnérillesztő gép; ~**-spoke plane/shave** *fa* furnérhántoló gyalu; ~ **tape** *fa* furnérragasztó szalag; ~**-taping machine** *fa* furnérszalag-ragasztó gép

veneered borított, furnérozott; ~ **core** *fa* falemez hámozott középrésze; ~ **door** *ép* furnérozott/borított ajtó; ~ **wall** *ép* téglaburkolatú fal

veneering furnérozás, bevonás, lemezelés, burkolás, borítás; furnérozómunka; ~ **hammer** *szersz* furnérsimító kalapács; ~ **mill** *fa* furnérgyár; ~ **press** *fa* furnérprés *(borításhoz)*

Venetian *nyom* velencei antikva; ~ **blind** *ép* ablakzsalu; redőny; reluxa; ~ **blind effect** *el* zsalutorzítás; ~ **effect** *el* redőnyhatás; ~ **mosaic** *ép* terrazzoburkolat; ~ **red** *vegy* velencei vörös, vas(III)-oxid, hematit; ~ **shutters** *pl ép* külső ablakzsalu; ~ **white** *vegy* velencei fehér; ~ **window** *ép* háromosztású ablak

Venn-diagram *mat* Venn-diagram

venom méreg, kígyóméreg

venous mercury electrode *el* higanysugár-elektróda

vent I. *v* kiereszt, szellőztet, levegőt kienged; huzatja van *(kéménynek)*; lelevegőzik; **II.** *n* rés, nyílás; torkolat; kifolyó; szellőző; kifolyónyílás, lefolyás *(szivattyúé)*; kifúvás *(formán)*; légző *(szerelvény)*; kijárat; *bány* robbantógyutacs; *ép, szell* szellőz(tet)őnyílás; *geol* kürtő, diatréma; *ol* szaglócső; *önt* légelvezető nyílás *(formán)*; *rep* kiömlőnyílás; szelelőnyílás *(ejtőernyőé)*; ~ **bush** *kat* gyutacshüvely, gyutacspersely; ~ **condenser** párakondenzátor; ~ **duct** légcsatorna; ~ **gas** *at* kéménygáz, hulladékgáz; ~ **header** légtelenítő gyűjtővezeték; ~**-hole** *ép* légtelenítőnyílás, szellőzőnyílás; *gépk* légzőnyílás, szellőzőnyílás; levegőszelep; szellőzőfurat *(tartálysapkán)*; *kat* gyújtólyuk; gyújtózsinór beszerelőnyílása; ~ **line** *ol* légzővezeték; ~ **pipe (VP)** szellőzőcső; *hajó* légzőcső; *ol* szaglócső; ~ **plug** akkumulátor-szellőződugó; szellőzőnyílásos dugó; ~ **screen** fúvónyílásrács; ~ **segment** *el* köztartó betét; ~ **stack** légtelenítőcsonk; ~**-tube** *ép* szellőzőcső, légzőcső; ~ **wire** *önt* levegőszúró *(öntőformához)*

vented | exhaust gázballaszt; ~ **extruder** *műa* gázelvonásos/légtelenítős extruder; ~ **fuel element** szellőztetett fűtőanyagelem; ~ **plug** → vent plug; ~ **tank** *rep* szellőztetett tartály

ventifact *geol* éles/sarkos kavics; homok által erodált kőzet

ventil *hang* szelep; zárószelep *(orgona szélládáján)*; ~ **borer** *talt* szelepes fúró *(homok és kavics kiszedésére)*

ventilable szellőztethető

ventilate szellőztet

ventilated szellőzött; ~ **bale** *mzg* szellőzőcsöves bála; ~ **commutator** *el* léghűtésű kommutátor; ~ **psychrometer** *met* szellőztetett nedvességmérő; ~ **wind tunnel** *rep* ventilációs szélcsatorna *(transzszonikus kísérletekhez)*

ventilating I. *a* szellőző, szellőztető; **II.** *n bány* (ki)szellőztetés; ~ **air current** *bány* szellőztető légáram; ~ **aperture** szellőzőnyílás; ~ **box** szellőzőfazék; ~ **chamber** szellőzőkamra; ~ **cowl** légszívó süveg; deflektor; *rep* szellőző motorburkolat; ~ **curtain** *bány* légválasztó függöny; ~ **district** *bány* légosztály; ~ **duct** *ép* szellőztetőcsatorna, légcsatorna; ~ **entry** *bány* szellőzővágat; ~ **equipment of building-block**

type építőelemes szellőztetőberendezés; ~ **fan** *el* ventilátor *(berendezésben)*; ~ **hole** szellőzőnyílás; ~ **installation** szellőztetőberendezés; ~ **opening** szellőzőnyílás; ~ **panel** *gépk* háromszögletű szellőzőablak, elefántfül; ~ **pipe (VP)** *bány* légcső; *ép* szellőzővezeték; szellőztetővezeték; ~ **plant** szellőzőberendezés; ~ **pressure** *bány* depresszió; ~ **shaft** *bány, ép* szellőztetőakna, szellőzőakna; *ép* szellőztetőkürtő; ~ **slit** szellőztetőnyílás *(harckocsin)*; ~ **tower** porszívó torony; ~ **unit** szellőztetőszekrény; egyedi szellőztetőkészülék; ~ **window** szellőzőablak

ventilation szellőztetés; szellőzés; légosztály; ~ **airflow measuring** légzésiáramlás-mérés; ~ **by suction** *bány* szívó szellőztetés; ~ **dam** *bány* léggát; ~ **degree-hours** *pl* szellőzési hőfokhíd; ~ **door** *bány* légajtó; ~ **engineer** *bány* szellőztetési felelős; ~ **furnace** *bány* szellőztetőkemence; ~ **installation** szellőztetőberendezés; ~ **loss** szellőzési veszteség *(öntőformában)*; ~ **map** *bány* depressziós/légvezetési térkép; ~ **nozzle** *bány* légfúvóka; ~ **pad** *gépk* szélvédőtömítés; ~**-parting** *bány* légáramelosztás; ~ **plant** szellőzőberendezés; ~ **road** *bány* légvágat; ~ **shaft** → ventilating shaft; ~ **slider** *gépk* szellőző tolóablak; ~ **survey** légmérés; *bány* depressziómérés

ventilator szellőzőszerkezet, szellőzőkürtő; szellőző, ventilátor; *bány* szellőztetőgép; *gép* szelelő, szellentyű

venting levegőzés, szellőztetés; gázbeeresztés; *bány* kiszellőztetés; légtelenítés; *önt* légző kiszúrása; levegőelvezető csatorna *(öntőformában)*; ~ **cock** légtelenítőcsap; ~ **line** szellőzővezeték; ~ **valve** lelevegőzőszelep; ~ **wire** *önt* levegőszúró

ventral hasi, has-; *rep* a repülőgéptörzs alsó részében lévő; ~ **duct** *rep* repülőgéptörzs alatti beszívónyílás; ~ **fins** *pl rep* repülőgéptörzs alatti stabilizátor; ~ **parachute** *rep* hasejtőernyő; ~ **strap** *rep* hasheveder; ~ **surface** *élip* hasoldal; ~ **tank** *rep* repülőgéptörzs alatti tüzelőanyag-tartály; ~ **turret** alsó géppuskatorony; ~ **valve** *geol* hasi teknő; nyélteknő

ventube *bány* légcső

Venturi, venturi Venturi-cső; légtorok; ~**-flume** Venturi-mérő(torok); Venturi-csatorna *(vízmennyiség méréséhez)*; ~**-meter** Venturi-mérő; Venturi-cső *(mérésre)*; ~ **nozzle/pipe** Venturi-cső; ~**-tube** Venturi-cső, Venturi-csatorna

venue helyszín; *geol* metamorf zóna

Venus *csill* Vénusz; ~**-hairstone** *ásv* Vénuszhaj

veranda(h) *ép* tornác, veranda

veratrole *vegy* veratrol, pirokatechin-dimetiléter

Verdan system *távb* Verdan-rendszer

verde antico patina *(bronzon)*

Verdet's constant *el* Verdet-állandó

verdigris *vegy* (réz)patina, bázisos rézacetát, (zöld) rézrozsda

verdite *ásv* verdit

verge I. *v* hajlik; vmihez közeledik; *geol* dől; **II.** *n* szél, szegély, perem; *ép* földpadka; kerület *(körvonal)*; oszlopmag, oszloprúd; pálca; pázsitsáv *(gyalogút szélén)*; *óra* orsó *(járásszabályozó)*; ~**-bit** *kh* szemleverő fog, leszedőfésű; ~ **board** *ép* oromdeszka; ~**-boarding** *ép* oromfal; ~ **escapement** *óra* orsójárat; ~ **purlin(e)** *ép* talpszelemen; ~ **tile** *ép* szegélycserép

vergence *hidr* vergencia

verification vizsgálat, felülvizsgálat, megállapítás; (be)igazolás; ellenőrzés, hitelesítés, verifikálás; *fiz* detektálás, kimutatás, igazolás; *szt* megerősítés, ellenőrzés, bizonyítás; ~ **panel (VP)** ellenőrző bizottság

verified hiteles

verifier *bány* kőzetvizsgáló szerszám; *szt* ellenőrző(egység); kártyaellenőrző, lyukasztásellenőrző

verify bizonyít, igazol, megerősít; hitelesít; átvizsgál; *mat, szt* megerősít, ellenőriz, bizonyít

verifying attachment *aut* ellenőrző berendezés, monitor

vermeil I. *a* cinóbervörös; **II.** *n* aranyozott ezüst/bronz/réz

vermicide *vegy* féregölő szer

vermiculate *ép* sarírozott *(kőfelület)*

vermiculated work *ép* sarírozás *(kőfelületé)*

vermiculation *ép* sarírozás *(kőfelületé)*

vermiculite *ásv* vermikulit

vermifuge *vegy* féregűző szer

vermilion cinóber *(festék)*

verminous *mzg* férges

vernal equinox *csill* tavaszi napéjegyenlőség

Vernaz file Vernaz-féle íves vágású reszelő

Verneuil method *ásv* Verneuil-módszer

vernier I. *a* nóniuszos; **II.** *n* finombeállító, nóniusz *(beosztás)*, nóniusztárcsa; ~ **bevel protractor** nóniuszos kúpos szögfelrakó *v.* szögmérő; ~ **calliper** nóniuszos tolómérce; ~ **capacitor** *el* finombeállító kondenzátor; ~ **coil** *el* finombeállító tekercs; ~ **control** nóniuszbeállítás; pontos szabályozás/vezérlés; *rak* rakéta repülési sebességének helyesbítése; ~ **coupling** *gép* nóniuszkapcsoló; ~ **depth ga(u)ge** *rep* nóniuszos mélységmérő idomszer; ~ **dial** nóniuszos körtárcsa; *rád* finombeállító forgatótömb; ~**-dial tuning** *rád* finomhangoló; ~ **drive** finombeállító hajtómű; ~ **height ga(u)ge** *rep* nóniuszos magasságmérő; ~**-plate level** *geod* alhidádélibella; ~ **potentiometer** *rád* finombeállító potenciométer; ~ **reading** *geod* nóniuszleolvasás; ~**-rocket** kormányrakéta; ~ **scale** *geod* nóniuszskála, nóniuszbeosztás; ~ **tuning** *rád* finomhangolás; ~ **zero** *geod* nóniuszindex szerinti nullapont

Vernon-Harcourt lamp pentán lámpa, Vernon—Harcourt lámpa

Verona green veronai föld/zöld

veronal *vegy* veronál, dietil-barbitursav

versatile sokoldalú; változékony; egyetemes *(műszer)*; *gép* csuklós

versatility sokoldalúság

versed | cosine cosinus versus, cos vers (= 1sin); ~ **sine** *ép* ívmagasság, nyílmagasság, felhajlás; *mat* sinus versus, sin vers

versiera *mat* Agnesi-féle görbe

versine *mat* sinus versus, sin vers

version változat, módosítás; kivitel; típus; *rep* változat, módosítás

verso *nyom* hátlap, könyv bal oldala

versor *mat* egységvektor, normált vektor, irányvektor

vertebrate waveguide *fiz* tagos/tagozott hullámvezető

vertex csúcspont, tetőpont, legmagasabb pont; *el* csúcs, csúcspont, szögpont; *ép* ívtetőpont, záradék; *fiz* csomópont, elágazási pont; *mat* csúcs *(háromszögé, kúpszeleté, görbeé, szögé)*; csúcsnál lévő szög *(egyenlő szárú háromszögnél)*; szögpont, szöglet; ~ **angle** *mat* csúcsszög, nyílásszög *(kúpé)*; ~ **equation**

mat csúcsponti egyenlet *(kúpszeleté)*; ~ **feed** *rád* csúcsgerjesztés, csúcstáplálás; ~ **matrix** *mat* szomszédsági mátrix; ~ **set** *mat* ponthalmaz

vertical I. *a* függőleges, álló; **II.** *n* függőleges vonal; *hidr* függély; *rep* függőleges/légnyomási gradiens; ~ **adjustment of rolls** *koh* hengerek függőleges állítása; ~**-adjustment screw** *gép* függőleges beállítócsavar; ~ **aerial photograph** *geod* magassági légifelvétel; ~ **air filter** *ép* homlokbeépítésű cellás szűrő; ~ **alignment (of highways)** *ép* függőleges vonalvezetés; ~ **amplifier (VA)** *tv* képváltó erősítő; ~ **amplitude** *tv* képamplitúdó; ~ **amplitude control** *tv* függőleges/képirányú amplitúdószabályozás; ~ **angle** *geod* magassági szög; *rep* függőleges látószög; magassági/függőleges szög, elevációszög; ~ **angles** *mat* csúcsszögek; ~ **antenna** *távk* függőleges antenna; ~ **arc** *geod* magassági ív; ~ **axis** *geod* állótengely; ~ **axle** *mat* függőleges tengely; ~ **bank** *rep* éles forduló; *talt* földfal; ~ **bar** *távk* crossbar hídrúd; ~ **barrier retrieval system** *kat* rakétabefogó háló; ~**-beam width** *fiz* függőleges sugárkévenyílás; ~ **beater** *tex* függőleges tengelyű bontógép; ~ **benching** *bány* függőleges pados fúrás; ~ **blanking** *tv* függőleges kioltás, képkioltás; ~ **blanking interval** *tv* képkioltási időköz/periódus; ~ **blanking pulse** *tv* képkioltó impulzus; ~ **blanking signal** *tv* képkioltó jel; ~ **board floor** *ép* pallófödém; ~ **boiler** *hőt* állóhengeres kazán; ~ **boom type trenching machine** *ép* árokásó függőleges vederlétrával; ~ **bracing** *ép* függőleges merevítés/keresztkötés; ~ **bucket elevator** *ép* függőleges serleges emelőmű; ~ **burner** *en* mennyezetégő; ~ **calciner** *koh* függőleges égetőkemence; ~ **canroy machine** *tex* kefélőgép; ~ **cement pump** *ép* függőleges cementszivattyú; ~ **centering** *tv* függőleges képállítás; ~ **channel** *élip* függőleges csatorna, ejtőnyílás; ~ **circle** *geod* függőleges kör; ~ **circle level** *geod* függőleges kör libellája; ~ **circle vernier** *geod* magassági kör nóniusza; ~ **clearance** *ép* szerkezeti magasság *(hídé)*; ~ **cleavage** *bány* függőleges vállap; ~ **coil furnace** *ol* függőleges csövű kemence, csőkemence függőleges csőelrendezéssel; ~ **combine** *ip* vertikális kombinát; ~ **component** függőleges összetevő; ~ **continuous casting plant** *koh* függőleges folyamatos öntőgép; ~**-control method** *geod* magassági alappont-meghatározási módszer; ~ **coverage** *távk* magassági szögbefogás; ~ **crater retreat** *bány* hazafelé haladó kráterrobbantásos fejtés; ~ **curve** *vasút* (függőleges) átmeneti ív; ~ **cycle** *aut* vertikális ciklus; ~ **deflecting electrode** → ~ deflection electrode; ~ **deflection** *távk* függőleges eltérítés/kitérítés; ~ **deflection channel** *távk* függőleges eltérítőcsatorna; ~ **deflection coil** *tv* képeltérítő tekercs; ~ **deflection control** *el* képlezáró feszültség; ~ **deflection electrode** *el* függőleges eltérítő lemezpár; ~ **deflection oscillator** *tv* függőleges eltérítő generátor; ~ **deflection unit** *tv* függőleges eltérítő egység; ~ **deflector** *tv* függőleges eltérítő egység; ~ **dip** *ol* függőleges lejtés, dőlés; ~ **dispersion pattern** *mat* függőleges szórási táblázat *(ballisztikában)*; ~ **displacement** *geol* vetődési mélység; ~ **displacement efficiency** *ol* vertikális kiszorítási hatásfok; ~ **dive** *rep* függőleges zuhanórepülés; ~**-down weld** *heg* felülről lefelé hegesztett függőleges varrat; ~**-down welding** *heg* felülről lefelé függőlegesen végzett hegesztés; ~ **drain** *hidr* függőleges szivárgó; ~ **drainage** *hidr* függőleges talajcsövezés; ~ **drill** *szersz* kézi függőleges fúrógép; ~ **drilling machine** *szersz* függőleges telibefúró gép; ~ **duct** *ép* leszállóvezeték; ~ **electric (borehole) logging** *bány* vertikális elektromos szondázás; ~ **elevator** → ~ bucket elevator; ~ **engine** *gép* álló motor; állóhengeres motor; ~ **entry** *bány* függőleges bányatér; ~ **escapement** *óra* függőleges járat; ~ **exciter** *el* függőleges rezgéstengelyű gerjesztő; ~ **exploration** *geof* függőleges/vertikális kutatás; ~ **extent** *bány* (függőleges) mélység; ~ **field effect transistor** *szt* vertikális térvezérelt tranzisztor; ~ **fin** *rep* függőleges vezérsík; ~ **fine-sand classifier** *ép* függőleges ülepítőberendezés; ~ **flash ring** *ép* nyomószegélyes horony; ~ **flat slide gate** *ép* függőleges tolólapos elzáró; ~ **flight gyroscope** *rep* pörgettyűs mesterséges függőleges; ~**-flow sedimentation tank** *hidr* függőleges átfolyású ülepítő; ~**-flow settling tank** *hidr* dortmundi medence; ~ **flue oven** *koh* függőleges melegítőjáratú kemence; ~ **fly-back** *tv* képvisszafutás; ~ **fold** *bány* álló redő; ~ **force (VF)** *geof* függőleges/vertikális térerősség; *mech* függőleges erő; ~ **frequency** *tv* függőleges letapogatási frekvencia; képváltásszám, képfrekvencia; ~ **gradient** *geol* magasság szerinti változás; ~ **gradiometer** *geof* függőleges/vertikális gradiensmérő/gradiométer; ~ **gust** *rep* függőleges széllökés; ~**-gust recorder (VGR)** *met* függőleges széllökéseket feljegyző műszer; ~ **hold** *szt, tv* képernyő függőleges szinkronbeállítása; ~ **hunting** *el* függőleges bizonytalanság; ~ **industry** *ip* vertikális üzem; ~ **intensity** *geof* függőleges/vertikális térerősség; ~**-intensity anomaly** *geof* vertikális térerősség-anomália; ~**-intensity contour** *geof* vertikális izodinámvonal; ~**-intensity curve** *geof* vertikális térerősséggörbe; ~**-intensity map** *geof* vertikális izodinámtérkép; ~ **interrupter contact** *el* emelő érintkező; ~ **interval (VI)** *tv* képkioltási időköz/periódus; ~ **joint** *ép* álló hézag; ~ **journal** *gép* függőleges csap, gyámcsap, talpcsap; ~ **kiln** *hőt* aknakemence; ~ **knife** *mzg* kévefelvágó *(kombájnhoz, állóüzemű cséplésnél)*; ~ **ladder ditcher** *ép* árokásó függőleges vederlétrával; ~ **lagging** *geol* függőleges pallózás; ~ **lift aircraft** *rep* függőlegesen felszálló légijármű; ~ **lift bridge** *ép* emelőhíd; felvonóhíd; ~ **lift gate** *hidr* emelkedő kapu; táblás gát; ~**-lift sliding gate** *hidr* csúszótáblás gát; ~ **light component** *fiz* fényhullám függőleges összetevője; ~ **line** *mat* függőleges vonal; ~ **lining** *ép* függőleges pallózású dúcolás; ~ **log frame** *fa* függőleges keretfűrész; ~**-loop method** *geof* függőleges/vertikális áramhurok módszere; ~ **magnetic transporter** *ép* függőleges szállító rezgővályú; ~ **magnetometer** *el* függőleges/vertikális magnetométer; ~ **member** *mech* keretoszlop; ~ **migration** *ol* függőleges vándorlás, vertikális migráció; ~ **mill** *élip* vízszintes tengelyű kőjárat; ~ **miller** *mt* függőleges marógép, vertikálmaró (gép); ~ **milling machine** *mt* függőleges marógép; ~ **MOS (VMOS)** *szt* vertikális MOS, VMOS; ~ **off-normal contact** *távk* fejérintkező; ~ **opening** *bány* függőleges bányatér; ~ **opening machine** függőleges tengelyű bontógép; ~ **panning film** függőleges panorámafelvétel/követőfelvétel; ~ **pass** *koh* torlóüreg; ~ **pedestal** *tv* függőleges kioltóimpulzus; ~ **photograph** *geod* függőleges tengelyű fénykép; magassági légifelvétel; ~ **photography** *geod* függőleges (tengelyű) légifelvétel, álló tengelyű felvétel; ~ **pipe** *ép* leszállóvezeték; ~ **pipe-line** *ép* felszállóvezeték; ~ **pipe still** *ol* vertikális csőkemence; ~-**pivoted** függőleges forgástengelyű; ~-**pivoted sash** *ép* bukó/billenő szárny; ~ **plain grinder** *mt* állóorsós/függőleges síkköszörű(gép); ~ **plane (VP)** *mech* függőleges sík; ~-**plane directional pattern** *fiz* függőleges sugárzási diagram; ~ **planer** *ép* függőleges gyalugép; ~ **plano-milling machine** *mt* függőleges orsós hosszmaró gép; ~ **plate** *el* függőleges eltérítő lemezpár; ~ **plunger diecasting machine** *önt* függőleges dugattyús nyomásos öntőgép; ~ **polarization** *távk* függőleges polarizáció; ~ **position** *távk* függőleges helyzet, függőleges használati állapot; ~ **pressure gradient** *rep* légnyomás magasság szerinti változása; ~ **prismatic coefficient** *hajó* függőleges teltség; ~ **probable error** *kat* függőleges valószínű eltérés; ~ **projection** *mech* függőleges hajítás; ~ **pulses** *pl tv* függőleges/képirányú szinkronozó impulzus; ~ **pump** *ép* függőleges tengelyű örvényszivattyú; ~ **recording** *hang* Edison-írás; mélyírás; ~ **redundancy check (VRC)** *szt* vertikális redundancia-ellenőrzés, VRC; ~ **reference** *rep* függőleges koordináták; ~ **reference unit** *rep* függőleges koordináták adóegysége; ~ **resolution** *opt* függőleges felbontóképesség; ~ **retort (VR)** *koh* álló retorta; ~ **retrace period** *tv* képirányú visszafutási idő; ~ **retriever** *ép* magasraktári komissiózó targonca; ~-**rising aircraft** *rep* függőlegesen emelkedő/felszálló légijármű; ~ **rod** *mech* (függőleges) rácsoszlop *(rácsos tartóban)*; ~ **rod antenna** *távk* botantenna; ~ **rolls** *pl koh* függőleges hengerek; ~ **sander** *mt* kézi függőleges csiszológép; ~ **sash window** *ép* függőleges tolóablak; ~ **scale** *mat* ordinátatengely; ~ **scanning** *tv* képkioltás, függőleges kioltás/letapogatás; ~ **screw conveyor/conveyer/elevator/lift** *ép* függőleges szállítócsiga; ~ **separation** *geol* levető amplitúdó; *rep* függőleges elkülönítés, magasságok szerinti elkülönítés; ~ **separator** *ol* állószeparátor; ~ **shaft** *bány* függőleges akna; ~-**shaft** *gép* függőleges tengelyű; ~-**shaft alternator** *el* függőleges tengelyű generátor; ~-**shaft motor** *gép* függőleges *v.* álló tengelyű motor; ~-**shaft turbine** *hidr* álló turbina, függőleges tengelyű turbina; ~ **shaper** *mt* vésőgép; ~ **shell seam** *heg* függőleges héjvarrat; ~ **shore** *ép* függőleges feltámasztódúc; ~ **shoring** *ép* aládúcolás, alátámasztás; ~ **shot** → ~ photograph(y); ~ **sight** *kat* függőleges irányzék; ~ **silo** *ép* állósiló; ~ **single pass condenser** *el* toronykondenzátor; ~ **slide** *ép* függőleges szán *(karusszelgépen)*; ~ **sliding sash window** *ép* függőleges tolóablak; ~ **slotting machine** *mt* vésőgép; ~ **spacer** *ép* függőleges távtartó *(betonacél)*; ~ **spacing** *rep* magasság szerinti változás; ~ **speed indicator (VSI)** *rep* függőleges sebesség jelzőműszere, variométer; ~ **spindle motor** *gép* függőleges *v.* álló tengelyű motor; ~ **spindle mo(u)lding-machine** *fa* felső maró; ~ **spindle winder** *tex* csévélőgép *(állóorsós)*; ~ **spin tunnel** *rep* függőleges szélcsatorna dugóhúzó-vizsgálatra; ~ **stabilizer** *rep* függőleges vezérsík; ~ **staff ga(u)ge** *hidr* állómérce; ~ **stalling** *rep* farokracsúszás sebességvesztés közben; ~ **steering** *rep* kormányzás függőleges síkban; ~ **step** *el* emelkedési lépés; ~ **stepping magnet** *el* emelőmágnes; ~ **straight-mo(u)ld machine** *önt* függőleges folyamatos öntőgép; ~ **stripe(s) pattern** *tex* hosszanti csíkozású minta; ~ **stroke** *gép* függőleges állítótávolság; ~-**stud pot** *koh* felsőtüskés kád; ~ **surface grinder** → ~ plain grinder; ~ **sweep** függőleges/képirányú eltérítés; ~ **sweep circuit** függőleges/képirányú eltérítő generátor; ~ **sweep efficiency** *ol* elárasztási hatásfok, vertikális kiszorítási hatásfok; ~ **synchronizing pulse** *tv* képszinkronjel; képváltó jel; ~ **tabulation character (VT)** *szt* függőleges tabulálás, VT; ~ **tail (area)** *rep* függőleges farokfelület; ~ **tail fin** *rep* függőleges vezérsík; ~ **take-off (VTO)** *rep* függőleges felszállás; ~ **take-off and landing (VTOL)** *rep* függőleges fel- és leszállás; ~ **take-off and landing aircraft** *rep* függőlegesen fel- és leszálló légi jármű; ~ **take-off jet** *rep* függőlegesen felszálló sugárhajtóműves repülőgép; ~ **tangent-screw** *geod* függőleges irányítócsavar; ~ **tank** állótartály; ~ **temperature gradient** *rep* hőmérséklet magasság szerinti változása; ~-**thrust washer** *geod* függőleges ütközőlemez *(tachiméteren)*; ~ **tiling** → weather tiling; ~ **transport** *bány* függőleges szállítás; ~ **tube furnace** *vegy* függőleges csövű kemence, csőkemence függőleges csőelrendezéssel; ~ **tube still** *vegy* vertikális csőkemence; ~ **turn** *rep* élére állított forduló; forduló meredek bedöntéssel; ~ **turret lathe** *gép* revolverrendszerű karusszeleszterga; ~-**type evaporator** *ép* meredek nyalábcsöves elpárologtató; ~-**type pipe(-making) machine** *ép* álló/függőleges csőgyártó gép; ~-**up weld** *heg* alulról felfelé hegesztett függőleges varrat; ~-**up welding** *heg* alulról felfelé függőlegesen végzett hegesztés; ~ **variometer** *geof* függőleges változásmérő; ~ **velocity** *rep* függőleges sebesség; ~ **watch** *óra* orsójáratú óra; ~ **web member** *mech* függőleges rácsrúd, rácsoszlop; ~ **weld** *heg* fali varrat; ~ **welding** *heg* függőleges hegesztés; ~ **well** *hidr* függőleges talajcső; ~ **wheel** *finm* gátkerék; ~-**wheel indicator** *finm* álló kerékmutató mű; ~ **wind shear** *rep* függőleges szélnyírás; ~ **wind tunnel** *rep* függőleges szélcsatorna, dugóhúzó-szélcsatorna; ~ **wire** *geod* függőleges szál; ~ **wood(en) plank** *ép* függőleges (dúc)palló; ~ **worm conveyor** *ép* függőleges szállítócsiga

verticality függőlegesség; ~ **survey** eltérésmérés

vertically | **operated camera** *film, tv* függőlegesen dolgozó kamera; ~ **opposite angles** *mat* csúcsszögek; ~ **polarized wave** *távk* függőlegesen polarizált hullám; ~ **sliding sash** *ép* függőleges tolóablakszárny; ~-**split casing** *gépk* függőlegesen osztott ház

verticity forgóképesség, forgás, lengés *(mágnestűé, iránytűé)*

very | **fine drawing** *alak, heng* simító áthúzás, készrehúzás; ~ **fine sand** *talt* homokliszt; ~ **fine screen** *nyom* finom rács/raszter *(716 sor/mm)*; ~ **hard-fired brick** *ép* teljesen kiégetett tégla; ~ **high frequency** → VHF; ~ **high-purity metal** *koh* nagy tisztaságú fém; ~ **high speed integrated circuit (VHSIC)** *szt* nagyon nagy sebességű integrált áramkör, VHSIC; ~ **high vacuum** *fiz* ultravákuum; ~ **large scale integration (VLSI)** *szt* igen nagy bonyolultságú integráltság, VLSI; ~ **light spotted cotton** *tex* enyhén foltos pamut; ~ **long range search aircraft** *rep* nagyon nagy hatótávú kutató légijármű; ~ **long wave (VLW)** *rád* nagyon hosszú hullám; ~ **low frequency (VLF)** *rád* igen kis frekvencia *(10—30 kHz)*; ~ **low frequency amplifier** *el* erősítő igen gyenge frekvenciákhoz; ~ **low temperature cold trap** *vák* mélyhűtött csapda, kifagyasztó; ~ **near infrared (region)** *fiz* nagyon közeli infravörös (tarto-

mány); ~ **open-grained pig iron** *koh* nagyszemcsés nyersvas; ~ **short wave (VSW)** *rád* ultrarövidhullám, URH; ~ **weak signal amplifier** *el* erősítő igen gyenge jelek számára
Very | **light** világítórakéta, jelzőrakéta; jelzőfény; ~ **pistol** jelzőrakéta-kilövő
vesica *ép* halhólyag *(motívum)*
vesicant *vegy* hólyaghúzó szer/harcianyag
vesicle *geol* apró üreg *(kőzetben)*
vesicular hólyag alakú; *ép* légbuborékos *(beton)*; likacsos, üreges; ~ **spaces** *geol* likacsos részek; ~ **structure** *geol* likacsos struktúra
vesiculation likacsosság
vessel edény, tál; csésze; fazék; palack; katlan; üst; *at* reaktoredény, reaktortartály; *hajó* hajó; vízi jármű; *koh* konverter; körte; ~ **bottom** *koh* konverterfenék; ~ **casing** *koh* konverterköpeny; ~ **detection** hajóészlelés *(lokátoros)*; ~ **dimensions** *hajó* hajóméretek; ~**-element** *fa* edényelem; ~ **plane** *szer* edénygyalu
vestiary *ép* öltöző
vestibule *ép* előcsarnok, belépő, előszoba, vesztibül; *vasút* átjáróelőtér; ~ **car** *vasút* zárt előteres személykocsi; ~ **face-plate** *vasút* átjáróelőtér védőkerete; ~ **train** *vasút* hosszátjáratú vonat *(fedett kocsiátjárókkal)*
vestigial | **filter** → ~ sideband filter; ~ **sideband (VSB)** *távk* csonka/kiszűrt/maradék oldalsáv; ~ **sideband demodulator** Nyquist-demodulátor; ~ **sideband filter** oldalsávszűrő; oldalsáv-zárókör, oldalvágó szűrő; ~ **sideband modulation** *távk* maradék oldalsáv modulációja; ~**sideband transmission** *távk* csonka oldalsávos átvitel
vestry *ép* sekrestye
Vesuvian-type volcano *geol* sztratovulkán
vesuvianite *ásv* vezuvián
veszelyite *ásv* veszelyit
VF → velocity factor; → vertical force; → video frequency; → visual field; → voice frequency; → vulcanized fibre
VFR → visual flight rules; ~ **flight** *rep* VFR repülés
VFT → voice-frequency telegraphy
VG → variable geometry; → voltage gain; ~ **plane** → variable-sweep aircraft
VGA → videographics array
VHF, vhf (very high frequency) ultrarövidhullám, méterhullám; igen nagy/magas frekvencia *(30—300 MHz)*; ~ **bandfilter** *rád* URH-sávszűrő; ~ **omnidirectional range** → VOR; ~ **prestage** *rád* URH-előfokozat; ~ **range** *rád* URH-tartomány, ultrarövidhullámú tartomány; ~ **tuner** *rád* URH-hangolóegység; ~ **valve** *rád* síktárcsás cső; ~ **wave** *rád* ultrarövidhullám, URH
VHN → Vickers hardness number
VHS → video home system
VHSIC → very high speed integrated circuit
VI → vertical interval; → viscosity index; → visual indicator; → volume indicator; ~ **improver** *vegy* viszkozitásindexet javító szer
viaduct *ép* völgyáthidalás, völgyhíd, viadukt
vial fiola, ampulla, üvegcse
viameter *geod* hodométer, útmérő
viand étel, élelmiszer
via office *távb* közvetítőközpont
vibracork rezgéscsökkentő parafalemez
vibrate vibrál, remeg, rezeg; *ép* ráz; *fiz* rezeg; *mech* leng
vibrated concrete *ép* vibrált beton
vibrating | **and trowel(l)ing (finishing) machine** *ép* lehúzó- és simítóvibrátor; ~ **arm** *gép* kulissza; ~ **beam** *ép* lehúzóvibrátor; ~ **beam screed** *ép* pallóvibrátor; ~ **block (making) machine** *ép* vibrátoros blokkgyártó gép; ~ **break** *el* kalapácsszaggató; ~ **capacitor** *el* rezgőnyelves kondenzátor; ~ **chute principle** *ép* rázócsúszda-elv; ~ **circular pipeline** *ép* lengőcsöves szállítógép; ~ **coefficient** *geol* rázkódtatási együttható; ~ **coil** *távk* lengőtekercs, oszcillátortekercs; ~**-coil magnetometer** *távk* rezgőtekercses magnetométer; ~ **compaction** *ép* rázótömörítés; vibrációs tömörítés; ~ **compactor** *ép* vibrációs tömörítőgép; ~ **condenser** *távk* rezgőnyelves kondenzátor; ~ **contactor** *el* szaggató; vibrátor; ~ **controller** *aut* vibrációs szabályozó; ~ **conveyer** → ~ conveyor; ~ **conveying** *ép* lengő szállítás; ~ **conveying machine/device** *ép* lengő szállítógép; vibrációs szállítóberendezés; ~ **conveyor** *ép* lengő szállítógép; lengőcsúszda; *koh* rezgő adagoló; ~ **conveyor principle** *ép* rázócsúszda-elv; ~ **conveyor support** *ép* lengő szállítógép alátámasztása; ~ **cylinder** *ép* rázófej; ~ **density transducer** *ol* rezgő sűrűségmérő; ~ **device** *ép* lengőgép; ~ **doctor** *ép* rezgő kaparó; ~ **dryer** *élip* vibrátoros szárító; ~ **engine** *ép* rázó-döngölő (gép); rázómotor; ~ **feeder** *ép* rezgővályús adagoló; ~ **finishing beam** *ép* lehúzóvibrátor; ~ **float** *ép* vibrátoros simító; ~ **galvanometer** *el* rezgőnyelves galvanométer; ~ **grate conveyor** *ép* szállítórosta; ~ **gridroller** *ép* rácsos köpenyű (vibrációs) henger; ~ **group** *ép* csoportvibrátor; ~ **hammer** *ép* vibrációs süllyesztő; ~ **head** → vibrator head; ~ **jack** *ép* rázóbak, vibrobak; ~ **machine with direct balancing mass** *ép* közvetlen tömeg-kiegyensúlyozású lengőgép; ~ **mass** *mech* lengő tömeg; ~ **membrane capacitor** *el* rezgőmembrános kondenzátor; ~ **mixer** *ép* vibrációs keverőgép; ~ **pile driver** → vibratory pile driver; ~ **pin** *rád* rezgőtű; ~ **plate** *ép* lapvibrátor, lemezvibrátor; *hidr* vibrolap; ~ **pneumatic drive** *aut* vibrációs pneumatikus hajtás; ~ **poker** *ép* belsővibrátor; rázófej; ~ **press** *ép* vibroprés; ~ **quartz (crystal)** *el* rezgőkristály, vezérlő kvarckristály; ~ **rectifier** → pendulum rectifier; ~ **reed** rezgőnyelv *(vibrátoré)*; ~**-reed electrometer** *at* dinamikus/rezgőkondenzátoros elektrométer; *el* rezgőnyelves/rezgőmembrános elektrométer; ~**-reed instrument** rezgőnyelves műszer; ~**-reed transmitter** *el* hangvillával vezérelt oszcillátor/adó; ~ **regulator** *aut* vibrációs szabályozó; vibrációs/Tirril-féle szabályozó; ~ **relay** *el* vibrátor, rezgőrelé; ~ **roller** → vibratory roller; ~ **sampler** *bány* vibrátoros mintaszedő/vizsgálókészülék; ~ **screed** *ép* lehúzóvibrátor; ~ **screen** *bány* rezgőszita; *ép* vibrorosta, vibrációs rosta/szita; *koh* rázott/vibrációs szita; *ol* rázószita; ~ **screen with circular movement** *ép* körlengésű vibrációs rosta; ~ **sheepsfoot roller** *ép* vibrációs juhlábhenger; ~ **sieve** *bány, ép* rázószita, rezgőszita, vibrátor; ~ **smoother** *ép* vibrációs simítópalló/finiser; ~ **soil compactor** *ép* talajtömörítő vibrátor; ugróvibrátor; ~ **table** *ép* rázóasztal, vibroasztal; ~ **tamper** *ép* vibrációs döngölő/tömörítőgép; ~ **tandem roller** *ép* vibrációs tandemhenger; ~ **trench roller** *ép*ároktömörítő henger; ~ **trestle** *ép* rázóbak, vibrobak; ~ **trough conveyer/**

conveyor *ép* lengővályú; rezgővályú; ~ **void-forming mandrel** *ép* üregképző vibrotüske; ~ **wire ga(u)ge** *el* rezgőhúros jelátalakító; ~ **wire measuring instrument** *el* rezgőhúros mérőműszer; ~ **wire strain ga(u)ge** *el* rezgőhúros nyúlásmérő

vibration rezgés, rázás; rázkódtatás; rengés; vibrálás; *finm* lengés *(óráé)*; *hajó* rezgés; *mech* lengés, rezgés; *rep* lengés; rezgés, rázás; ~ **absorber** *el* rezgéscsillapító attenuátor; *hajó* rezgéscsillapító; *rep* lengéscsillapító, lökésgátló; rugóstag, olajfék; ~ **absorption** *mech* rezgéscsillapítás; ~ **amplitude** *fiz* amplitúdó; ~ **analyzer** rezgésanalizátor; *any* rezgéselemző; ~ **(and) impact driving** *ép* vibrációs cölöpverés; ~ **coil** → vibrating coil; ~**-compression curve** *geol* vibrációs kompressziós görbe; ~ **damper** *hajó* rezgéscsillapító; *közl* lengéscsillapító, lökésgátló; *mech* lengéscsillapító, rezgéscsillapító; ~ **damping** *mech* rezgéscsillapítás; ~**-detecting laser apparatus** *fiz* lézeres rezgésdetektor/rezgésérzékelő; ~ **detector** *rep* vibrációjelző készülék; ~ **driving** *ép* vibrációs cölöpsüllyesztés; ~ **exciter** *fiz* vibrátor, rezgésgerjesztő; ~ **filter centrifuge** *bány* rezgő-szűrő centrifuga; ~ **frequency** *mech* frekvencia, rezgésszám; ~**-friction damping** *mech* súrlódásos csillapítás; ~ **generator** *fiz* rezgéskeltő (generátor), oszcillátor; ~ **impact screen** *ép* vibrációs rosta; ~ **instrument** *fiz* vibrációs mérőműszer; ~ **insulation** *gumi* rezgésszigetelés; rugózás; ~ **isolation** *mech* lengésszigetelés; rezgéscsillapítás, rezgésszigetelés; ~ **isolator** rezgéscsillapító, lengéscsillapító *(anyag)*; ~ **magnetometer** *el* vibrációs magnetométer; ~ **measurer** *mech* lengésmérő; ~ **measuring apparatus** *fiz* vibrációmérő, vibrométer; ~ **measuring equipment** rezgésmérő/vibrációmérő/rázkódásmérő berendezés; ~ **meter** *fiz* rezgésmérő; vibrációmérő, vibrométer, vibrográf; ~ **mill** *bány* rezgőmalom; ~ **mode** *fiz* rezgésmód; ~ **node** *mech* állóhullám csomópontja; ~ **of concrete** *ép* vibrációs betontömörítés; ~ **period** *mech* lengésidő; ~ **pick-up** *fiz* rezgésérzékelő/rezgésfelfogó/rezgésfelvevő készülék; ~ **plate** → vibrating plate; ~ **point** *gép* rezonanciapont; ~**-proof** rezgésálló, rázásálló, rengésálló; rezgésmentes, rázkódásmentes; ~ **protection** *mt* rezgésvédelem; ~ **range** *fiz* rezgési tartomány, rezgéstartomány; ~ **recorder** *v.* **recording apparatus** *fiz* vibrográf, rezgésregisztráló készülék; ~ **resistance** *el* rázásállóság; ~**-rotation spectrum** *fiz* vibrációs-rotációs színkép; ~**s due to traffic** *ép* forgalom okozta rezgések; ~ **spectrum** *fiz* vibrációs/rezgési színkép; ~ **spectrum analyzer** *fiz* rezgési spektrumanalizátor/színképanalizátor; ~ **strength** *any* rezgésellenállás; *mech* rezgésállóság; ~ **stress** *any* vibrációs igénybevétel; ~ **table** → vibrating table; ~ **term** *fiz* vibrációs term; ~ **test** *any* rázóvizsgálat, rázópróba; *rep* rezgésvizsgálat; ~ **theory** *mech* lengéstan, rezgéstan; ~ **threshold** *geol* vibrációs küszöb; ~ **time** *ép* vibrálási/tömörítési idő; ~ **tomography** *any* vibrációs tomográfia/rétegfelvétel; ~**-type converter with direct current excitation** *aut* egyenáramú gerjesztésű vibrációs átalakító; ~ **welding** *heg* vibrációs hegesztés

vibrational | **absorption** *fiz* vibrációs elnyelés; ~ **compacting** *fiz* vibrációs tömörítés/kompresszió; ~ **densimeter** *ol* rezgő sűrűségmérő; ~ **energy** *at* rezgési energia; ~ **frequency** *fiz* frekvencia, rezgésszám; ~ **level** *fiz* vibrációs szint; ~ **mode** *fiz* rezgési módus, sajátrezgés; ~ **spectrum** *opt* vibrációs/rezgési színkép; ~ **system** *mech* lengőrendszer; ~ **term** *fiz* vibrációs term

vibrationless rezgésmentes; ~ **effect** *hang* hangszínmoduláció; ~ **operation** *gép* rezgésmentes járás

vibrator rázókészülék; vibrátor; *el, távk* áramszaggató, vibrátor; oszcillátor; *ép* vibrálószita; *gép* vibrátor; *hang* vibrátor; *tex* rezgő kés/penge; ~ **coil** → vibrating coil; ~ **compaction** → vibrating compaction; ~ **drive** *ép* vibrátorhajtás; ~ **for soil compaction** *ép* talajtömörítő vibrátor; ~ **head** *ép* rázó tok/fej/hüvely; ~ **invertor** *el* vibrátoros átalakító; ~ **operated pile ram** *bány* vibroverőkos; ~ **rectifier** → pendulum rectifier; ~ **roller** *nyom* rezgőhengeres festéktovábbító; ~ **supply** *rád* vibrátoros áramforrás; ~ **test** *pa* rázópróba; ~ **unit** *fiz* rezgésgerjesztő; ~ **with directed oscillation** *fiz* irányított rezgésű vibrátor; ~ **with rolling unbalance** *ép* pörgettyűs rúdvibrátor

vibratory rezgő, vibráló, vibrációs, lengő; ~ **backfill compactor** *ép* vibrációsároktömörítő/töltéstömörítő; ~ **bowl feeder** *mzg* rázó-adagoló; ~ **compacting/compaction** *bány* vibrációs tömörítés; ~ **compactor** *ép, bány* vibrációs tömörítőgép; ~ **converter** *el* vibrátoros/rezgőnyelves átalakító; ~ **conveying** → vibrating conveying; ~ **densimeter** *ol* rezgő sűrűségmérő; ~ **device** *ép* lengőgép; ~ **drill grab** *ép* vibrációs markoló; ~ **footpath/sidewalk roller** *ép* vibrációs padkahenger; ~ **hopper** *gyógyv* rezgő adagolószerkezet *(tablettázógépen)*; ~ **motion** *ép* vibrációs mozgás; *gép* lengő mozgás; ~ **pan** *el* lapvibrátor; ~ **pile driver** *ép* vibrációs cölöplehajtó gép; ~ **pile extractor** *ép* vibrációs kihúzó; ~ **pile hammer** *ép* vibrációs cölöpverő/kalapács; ~ **pile puller** *ép* vibrációs kihúzó; ~ **plate** *ép* lapvibrátor; ~ **power** *ép* rázóerő; ~ **roller** *ép* vibrohenger, vibrációs henger; ~ **roller combination** *ép* kombinált vibrációs henger; ~ **roller train** *ép* hengerszelvény; ~ **rolling** *ép* vibrációs (út)hengerlés; ~ **rotary table machine** *ép* vibrációs forgóasztalos prés; ~ **scattering machine** *ép* vibrációs szórógép; ~ **screen** → vibrating screen; ~ **spiral elevator** függőleges szállító rezgővályú; ~ **support** vibrobak; ~ **tamper** → vibrating tamper; ~ **unit** *ép* vibrobak; *fiz* ultrahang-generátor, ultrahangadó, ultrahangsugárzó; ~ **welding** rezgőíves hegesztés

vibrocast process *önt* öntés rezegtetett öntőformába

vibroflotation *ép* vibroflotáció

vibrograph *fiz* rajzoló rezgésmérő; rezgésjelző/rezgésregisztráló készülék; vibrográf

vibrolithic *ép* adalékanyaggal döngölt és vibrálással tömörített

vibrometer *fiz* lengésmérő, rezgésmérő (műszer); vibrációmérő, vibrométer

vibromill vibrációs golyósmalom

Vibropac block *ép* (előre gyártott) építőelem, panel

vibropack *el* rezgőnyelves átalakító/egyenirányító/áramirányító

vibropile *ép* vibrocölöp

vibroplate *ép* rázólemez, rázóasztal

vibrorack *ép* vibrobak

vibrotable *ép* rázóasztal, vibroasztal

vibrotamping *bány* vibrációs tömörítés

vibrotron *rád* vibrotron
vibrovacuum | concrete *ép* vibrovákuum eljárással bedolgozott beton; **~-processing** *ép* vibrovákuumeljárás
vicarious element *at* helyettesítő elem
Vicat apparatus/needle/plunger *any* Vicat-készülék, Vicat-tű
vice, *US* **vise I.** *v* satuba fog; **II.** *n* satu, sikattyú; **~ bench** munkaasztal, satupad; **~ cap** *szersz* (lágy) satupofabetét; betétsapka; **~ chuck** *szersz* gépi befogószerkezet; **~ clamp** *szersz* lefogósatu; **~ crank** *szersz* gépsikattyúkar; **~ grip** *szersz* befogópofa, satupofa; **~ screw** *szersz* satucsavar
vicenary (number) system húszas számrendszer
vicinal *fiz* közelségi; *vegy* vicinális, szomszédsági; **~ action** *at* szomszédsági hatás; **~ face/plane** *krist* vicinális lap
vicinity *ép* környék; *mat* szomszédosság *(geometriai)*; **~ map** áttekintő helyszínrajz; **~ of a town** *ép* városkörnyék
vicious circle *mat* circulus vitiosus, körbenforgó okoskodás, petitio principii
Vickers | diamond *krist* Vickers-gyémánt; **~ (diamond) hardness** *any* Vickers-keménység; **~ hardness number (VHN)** *any* Vickers-féle keménységszám; **~ hardness test** *any* Vickers-keménységvizsgálat
victorite *ásv* victorit
victory silver alpakka, argentán, újezüst
victuals *pl* élelmiszerek
video I. *v* videóra felvesz; **II.** *a* video-; **III.** *n* videokazetta; videokészülék, (kazettás) képmagnó, videomagnó, video; **~ amplifier** *tv* videoerősítő; **~ band** *tv* videofrekvenciasáv; **~ bandwidth** *szt* video-sávszélesség; **~ camera** *vid* videokamera; **~ carrier** *tv* videovivő; **~ cassette** *vid* videokazetta; **~ cassette recorder (VCR)** *tv* képmagnó, videomagnó, videorekorder VCR; **~ cassette system** *tv* videokazettás rendszer, VCR rendszer; **~ channel** *tv* videocsatorna, képcsatorna; **~ circuit** *tv* videoáramkör, képáramkör; **~-clipper** *tv* képjellegvágó; **~ compact casette (VCC)** *tv* (kompakt) videokazetta, VCC; **~(-)conferencing** *tv* videokonferencia; **~ conforming** *vid* videofelvétel összeállítása; **~ current** *tv* képáram; **~-delay line** *tv* képfrekvenciás késleltetővonal; **~ detection** *tv* videomoduláció; **~ detector** *tv* képjeldetektor; videodetektor; videomodulátor; **~ disc** → videodisc; **~ display terminal (VDT)** *tv* videodisplay, megjelenítő terminál, videoterminál, VDT; **~ display unit (VDU)** → visual display unit; **~ frequency (VF)** *tv* televíziós frekvencia, képfrekvencia; **~ frequency amplifier** *tv* videofrekvenciás erősítő; **~ frequency oscillator (VFO)** videofrekvenciás oszcillátor; videofrekvencia; **~ game** *szt* tv-játék, videojáték; **~ head** *tv* kamera-előerősítő; **~ home system (VHS)** *vid* VHS videokazetta-rendszer, házi videorendszer; **~ i.f. amplifier** *tv* kép-középfrekvenciás erősítő; **~ impedance** *tv* videoimpedancia; **~ input** *vid* képbemenet; **~ input processor (VIP)** *szt* bemeneti jelfeldolgozó áramkör, VIP; **~ integration** *tv* videointegrálás; **~ level** *tv* képszint; **~ limiter** *tv* videofrekvenciás korlátozó; **~-line booster** *tv* videojel-vonalerősítő, képfrekvenciás vonalerősítő; **~ map** *rep* videomap, fénytérkép *(radarernyőn)*; **~ mapping** *el, rep* panoráma-radarindikáció; video-térképezés; videomapping; **~ mixer** *tv* video-keverőasztal; **~-mixing** *tv* képfrekvencia-keverés; **~ noise** *el* videozaj; **~ output** *el, vid* video-kimenőjel, képkimenet; **~ output stage** *el* video-végerősítőfokozat; **~ pulse** → **~ signal**; **~ recorder** *vid* képmagnó, videomagnó, videorekorder; **~ recording** *tv* képrögzítés, videofelvétel; **~ rover** videorover; **~ search** *vid* képkeresés; **~ signal** *tv* képfrekvenciás/videofrekvenciás jel, videojel; **~-signal processing** *tv* videojelfeldolgozás; **~ switch** *el* képelem-letapogató; **~ tape** → videotape; **~ technique** *el* videofrekvenciás technika; videotechnika; **~ technology** videotechnika; **~ telephone** → videophone; **~ terminal** → video display terminal; *el* katódsugárcsöves kijelzőkészülék; **~ track** *tv* videocsík; **~ transmitter** *tv* képadó, televíziós adó; videojel-adókészülék; **~ tube** *tv* képcső; **~ unit** *tv* videojelegység; **~ viewfinder** *vid* videokereső *(felvevőben)*
videodisc, *US* **videodisk** *tv* videolemez; **~ recorder** *tv* (lemezes) videomagnó
videogram (VRAM) *szt* videogram, VRAM; *vid* műsoros videokazetta/videolemez
videographics array (VGA) *szt* nagyfelbontású színes grafikus rendszer, VGA
videophone *távk* képtelefon, videotelefon
videotape I. *v* videóra felvesz; **II.** *n vid* videoszalag; **~ recorder (VTR)** *vid* képmagnó, VTR; videomagnó; **~ recording** *vid* videofelvétel
videotex *szt* videotex *(teletext és viewdata információs rendszer)*
videotext *szt* videotext *(egyirányú v. kétirányú információs szolgáltatás)*
videowall *tv* videofal *(egy nagy kép több tévén)*
vidicon *tv* vidikon(cső); **~ camera** *tv* vidikonkamera; **~ tube** *tv* vidikon(cső)
Vienna | blue *vegy* kobaltkék; **~ chalk/lime** *vegy* bécsi mész; **~ white** *vegy* bécsi fehér *(festék)*
Vierendeel girder/truss *ép* Vierendeel tartó, kerettartó
vietinghofite *ásv* vietinghofit
view I. *v* megnéz, megszemlél; **II.** *n* kilátás, látvány; kép; távlat, perspektíva; *ép* nézet(rajz); nézőpont, kilátás; *mat* vetület *(képsíkon)*; **~-camera** *foto* panoráma-fényképezőgép; **~ field** látótér; **~ finder** → viewfinder; **~ of the premises** *ép, hidr* helyszíni szemle; **~-size** *foto* látási méret
viewdata képújság, videotext; *szt* párbeszédes videotex, teledata
viewer (tévé)néző; *opt* dianéző (készülék)
viewfinder *foto, tv* (kép)kereső; irányzó képbeállító; *geod* irányzókeret; **~ intervalometer** *geod* sorozatfelvétel-szabályozó készülék; **~ kinescape** *tv* keresőképcső
viewing megtekintés; tévénézés; tévéműsor; **~ angle** nézőszög, nézésszög; látásszög, látószög; **~ distance** nézéstávolság; **~ equipment** *foto* keresőberendezés; **~ glass** *tv* betekintőablak; **~ mirror** *tv* tükrös reflektor; **~ port** *tv* betekintőablak; **~ screen** *opt* nézőraszter; *távk* nézőernyő; *tv* képernyő; **~ storage tube** *tv* képtároló cső; kijelző cső, displaycső; **~ system** *tv* optikai ellenőrző rendszer; **~ tube** *tv* képcső; **~ unit** *tv* indikátor, vizuális kijelzős egység, "display" megjelenítőegység; **~ window** *tv* betekintőablak
viewpoint nézőpont; kilátóhely; szempont, álláspont

vigia *hajó* veszélyre figyelmeztető jel *(tengeri térképen)*
vignette papírkivágás; *foto* háttérbe beolvadó szélű (fény)kép; *nyom* fejléc; iniciálédísz, vignetta, címrajz
Vignole's rail *vasút* Vignole-féle széles talpú sín
vigogne yarn *tex* vigognefonal
vigoureux | print *tex* vigurőnyomás; ~ **yarn** *tex* vigurőfonal
villa *ép* villa
village *ép* község, falu; ~ **development** *ép* községfejlesztés
Villard voltage multiplier circuit *el* Villard-kapcsolás
Villari effect *fiz* Villari-féle magnetostrikciós jelenség
villet *koh* buga
vinculum *mat* fölülhúzás *(mint zárójel)*; vonás, felülvonás
Vindobonian stage *geol* vindobonai emelet
vine *élip* kúszónövény; szőlő(tőke); ~ **black** frankfurti fekete *(pigmentszínezék)*; ~ **hook** *mzg* szárterelő kampó *(burgonyaszedőn)*; ~ **knife** *mzg* szőlőmetsző kés, vincellérkés; ~**-prop** *mzg* szőlőkaró; ~**-ripened** *élip* száron érett *(gyümölcs)*; ~**-stake** *mzg* szőlőkaró; ~ **turner** *mzg* szárforgató, szárelkülönítő
vinegar *vegy* ecet, borecet; ~ **formation** *élip* ecetesedés; ~ **generator** *élip* ecetképző
viner *élip* borsóhüvelyező gép, kóróeltávolító gép, kocsányozógép, fejtőgép
vineyard plough/plow *mzg* szőlőtöltögető eke
vinosity *élip* borjelleg
vinous | fermentation *élip* szeszes erjedés; ~ **flavo(u)r** *élip* boríz
vinyl *vegy* vinil(gyök); ~ **acetate** *vegy* vinil-acetát; ~ **acetonitrile** *vegy* vinil-acetonitril, allilcianid; ~ **acetylene** *vegy* vinil-acetilén; ~ **alcohol** *vegy* vinil-alkohol; ~ **bromide** *vegy* vinil-bromid; ~ **chloride (VC)** *vegy* vinil-klorid; ~ **ether** *vegy* vinil-éter, divinil-éter; ~ **foil** *nyom* vinilfólia; ~ **group** *vegy* vinilcsoport; ~ **halide** *vegy* vinil-halogenid; ~ **iodide** *vegy* vinil-jodid; ~ **polymer** *műa* vinil-polimer; ~ **radical** *vegy* vinilgyök; ~ **resin** *műa, vegy* vinilgyanta; ~ **sheet(ing)** PVC-fólia
vinylene (radical) *vegy* viniléngyök
vinylidene (radical) *vegy* vinilidéngyök
vinylite *vegy* vinilit, vinil-klorid-vinil-acetát kopolimerizátum
violane *ásv* violan
violanthrene *vegy* violantrén, indantrénsötétkék
violent heves; ~ **fermentation** *élip* zajos erjedés; ~ **formation of steam** *vegy* heves gőzképződés; ~ **gale/storm** *met* igen erős vihar; ~ **turbulence** *rep* igen erős turbulencia/örvénylés;
violet ibolyaszín(ű); ~ **carmine** lila-kármin
violin *hang* hegedű
Violle's standard Violle-féle platinaetalon *(fotometrikus egység)*
violoncello *hang* gordonka, cselló
violuric acid *vegy* violursav, izonitro-zobarbitursav
viomycin *gyógyv* viomicin *(antibiotikum)*
VIP → video input processor
virga *met* csapadéksáv, esősáv, virga
virgation elágazódás; forgácsolódás; *geol* gyűrődések hasadása; *met* virgáció
virgin *bány, geol* érintetlen, eredeti, nem művelt, termés-; ~ **aluminium** *koh* kohóalumínium; ~ **coal** *bány* érintetlen szén(telep); ~ **curve of magnetization** *fiz* első mágnesezési görbe, mágnesezési szűzgörbe; ~ **dip** első évi csapolásból nyert fanedv *(terpentin v. gyanta)*; ~ **flux** *at* primer neutronfluxus; ~ **forest** őserdő; ~ **gold** *bány* termésarany; ~ **material** *önt* felhasználatlan (formázó)anyag; ~ **medium** *szt* használatlan adathordozó; ~ **metal** *koh* kohófém, nyersfém; ~ **neutrons** *at* szűz neutronok; ~ **oil** *élip* szűzolaj, legjobb minőségű olívaolaj; *ol* nyers kőolajpárlat; ~ **pulp system** *pa* cellulózfeldolgozó üzem; ~ **rock temperature** *bány* eredeti kőzethőmérséklet; ~ **rubber** rosszul *v.* nem teljesen szárított kaucsuk; ~ **sand** *ker* friss formázóhomok; ~ **seam section** *bány* érintetlen teleprész; ~ **silver** *koh* kohóezüst; ~ **site** *bány* aknatelepítés helye; ~ **soil** *talt* szűztalaj; ~ **state** *fiz* demagnetizált állapot; ~ **strata temperature** *bány* eredeti kőzethőmérséklet; ~ **tape** *el* nyers szalag; ~ **wool** *tex* újgyapjú
virgule escapement *finm* vesszőjárat
virial | coefficient *vegy* viriálkoefficiens; ~ **equation** *vegy* viriálegyenlet
viridian *vegy* króm-oxidzöld
viridine *ásv* viridin
viridite *ásv* viridit
virtual lényeges; hatóképes, hathatós; *el* effektív; *mat* virtuális, lehetséges, látszólagos, képzetes; *szt* virtuális; ~ **address** *szt* virtuális cím; ~ **annihilation** *fiz* virtuális annihiláció/szétsugárzás; ~ **bed descent/drop/slope** *bány* virtuális fenékesés; ~ **call** *szt, távb* virtuális hívás/összeköttetés; ~ **carrier** *el* virtuális vivőfrekvencia; ~ **cathode** *el* virtuális/képzetes katód; ~ **circuit** *el, szt* virtuális áramkör; ~ **current** *rendsz* effektív áramerősség; ~ **decision amplitude/level** *el* látszólagos döntési amplitúdó; ~ **device** *szt* virtuális egység; ~ **displacement** *mech* virtuális elmozdulás; ~ **earth** *el* virtuális földpont; ~ **electrooptic effect** *krist* látszólagos/másodlagos elektrooptikai effektus/hatás; ~ **field** *mech* virtuális tér; ~ **focus** *opt* szórási középpont; virtuális/képzetes fókusz/gyújtópont; ~ **ground** *el* virtuális földpont; ~ **height** *rád* egyenértékű magasság *(ionoszférában)*; ~ **image** *el* virtuális kép; ~ **level** *at* virtuális/kvázisztatikus szint; ~ **machine** *szt* virtuális gép; ~ **memory** *szt* virtuális memória/tár; ~ **meson** *el* virtuális mezon; ~ **particle** *el* virtuális részecske; ~ **photon field** *el* virtuális fotontér; ~ **piezoelectric effect** *el* harmadlagos/látszólagos piezoelektromos hatás; ~ **process** *fiz* virtuális folyamat; ~ **quantum** *fiz* virtuális kvantum; ~ **reactor** *at* képzetes/virtuális reaktor; ~ **resistance** *rendsz* impedancia; látszólagos ellenállás; ~ **resonance** *fiz* látszólagos rezonancia; ~ **ring** *szt* látszólagos gyűrű; ~ **slope** *fiz* elméleti lejtő; ~ **source** *at* virtuális forrás; ~ **storage (VS)** *szt* virtuális tár/memória, VS; ~ **storage access method (VSAM)** *szt* virtuálistár-hozzáférési eljárás, VSAM; ~ **telecommunications access method (VTAM)** *szt* hálózati hozzáférést vezérlő szoftver, VTAM; ~ **temperature** *met* virtuális hőmérséklet; ~ **terminal** *szt* virtuális terminál; ~ **value** effektív érték; ~ **variety** *mat* látszólagos sokaság; ~ **voltage** *el* effektív feszültség; ~ **work** *mech* virtuális munka; ~ **zero point** *fiz* lökőhullám virtuális zéruspontja
virtually inert anode *hajó* virtuálisan inert anód *(katódos védelem)*

virulence virulencia; fertőzőképesség
virus *szt* (program)vírus
vis | **inertia** *fiz* tehetetlenség, inercia, inaktivitás; ~ **viva** *fiz* kinetikus/mozgási energia
visc. → viscosity; → viscous
viscid → viscous
viscoelastic *mech* viszkoelasztikus; ~ **property** *mech* viszkoelasztikus tulajdonság
viscoelasticity *mech* viszkoelaszticitás
viscolization *fiz* homogenizálás, egyneműsítés
viscometer → viscosimeter
viscometry *mech* viszkozimetria
viscoplastic | **fluid** *ol* szerkezeti viszkozitású folyadék; ~ **material** *mech* viszkoplasztikus test
viscose *tex* viszkóz, műselyem, viszkóz műszál; ~ **binder** *pa* cellulóz kötőanyag; ~ **fibre/fiber** *tex* viszkóz műszál; ~ **foil** *pa* celofánív; ~ **rayon/silk** *tex* viszkóz műselyem; ~**-rayon staple** *tex* viszkózszál; ~ **solution** *műa* viszkózus oldat
viscosimeter *mech* viszkóziméter, viszkozitásmérő, nyúlósságmérő
viscosity *fiz* belső súrlódás; *vegy* viszkozitás, nyúlósság, sűrűnfolyósság; ~ **breaking** *ol* viszkozitáscsökkentés hőbontással; ~ **control** *vegy* viszkozitásszabályozás, szabályozás a viszkozitással; ~ **curve** *vegy* viszkozitásgörbe; ~ **depressant** *ol* viszkozitáscsökkentő adalék; ~ **deviation factor** *ol* kőolajviszkozitás-eltérési tényező; ~ **ga(u)ge** *mech* súrlódásos nyomásmérő; ~**-gravity constant** *ol* viszkozitás-fajsúly állandó; ~ **index (VI)** *vegy* viszkozitási index, viszkozitásindex; ~ **manometer** *mech* súrlódásos nyomásmérő; ~ **measurement** *vegy* viszkozitásmérés, viszkozimetria; ~ **meter** *mech* viszkozitásmérő, viszkoziméter; ~ **pole** *vegy* viszkozitáspólus; ~ **pole height** *vegy* viszkozitási pólusmagasság; ~ **pump** *mech* viszkozitásszivattyú; ~ **vacuum ga(u)ge** *mech* belső súrlódáson alapuló nyomásmérő
viscountess *ép* palalemez *(457x254 mm)*
viscous *vegy* nyúlós, ragadós, nagy viszkozitású; viszkózus, sűrűn/nehezen folyó; ~ **damping** *mech* folyadékcsillapítás; lineáris/viszkózus csillapítás; ~ **deformation** *mech* viszkózus deformáció; ~ **flow** *mech* viszkózus áramlás/folyás; ~ **fluid** → ~ liquid; ~ **friction** *mech* viszkózus súrlódás; ~ **hysteresis** *fiz* viszkózus mágneses hiszterézis, mágneses kúszás; ~ **impingement metal air filter** olajos fém légszűrő; ~ **insulating material** *el* viszkózusos v. sűrűn folyós szigetelő(anyag); ~ **liquid** *vegy* viszkózus/nyúlós folyadék; ~ **magnetization** *el* viszkózus mágnesezés; ~**-plastic fluid** *ol* szerkezeti viszkozitású folyadék; ~ **pressure resistance** *hajó* alakellenállás; ~ **resistance** *hajó* viszkózus ellenállás; ~ **slag** *koh* rövid salak; ~ **solution** *műa* viszkózus oldat; ~ **stress** *mech* súrlódási/csúsztatási feszültség viszkózus folyadékban; ~ **tarry residue** *ol* viszkózus kátránymaradvány; ~**-type damper** *mech* folyadékos lengéscsillapító
viscously damped absorber *rep* viszkózus csillapítású lengéscsillapító
vise → vice
Vise(an) division *geol* viséi emelet
visibility láthatóság; *gépk* kilátás *(karosszériakonstrukció szempontjából)*; *közl, rep* látási viszonyok; látótávolság; ~ **angle** *rep* láthatósági szög/szektor; ~ **chart** *rep* látástávolsági térkép; ~ **conditions** láthatósági/látási viszonyok; ~ **curve** *fiz* láthatósági görbe; ~ **diagram** *geod* terepláthatósági vázlat; ~ **factor** látást befolyásoló tényező; láthatósági tényező; ~ **indicator** vizuális indikátor; ~ **marker** *met* látópont; ~ **meter** *met, rep* látási viszonyokat mérő készülék, látástávolság-mérő műszer; ~ **of radiation** *opt* fényhasznosítás, fényhatásfok; ~ **range** látómező, látástávolság; ~ **range marker** *rep* látástávolság-mérő jelzés
visible észrevehető, látható; vizuális *(jelzés)*; ~ **beam laser** *aut* látható sugárzást kibocsátó lézer, fénylézer; ~**-drop lubrication** *gép* látható csepegő olajozás; ~**-drop oil cup** *gép* látható csepegő olajozás; ~ **fat** *élip* adagolt zsír; ~ **horizon** *fiz* látszólagos horizont; *rep* látható látóhatár/horizont; ~ **image** *rep* látható/vizuális ábrázolás/kép; ~ **laser light** *aut* látható lézerfény/lézersugárzás; ~ **laser transition** *aut* látható lézerátmenet; ~ **noise** *tv* televíziós zaj; ~ **radiation** *opt* látható sugárzás; ~ **reading** vizuális leolvasás; ~ **record** *távk* látható feljegyzés; ~ **signal** látjelző; ~ **spectrum** *fiz* látható/optikai spektrum/színkép; ~ **speech** *távk* látható beszéd; ~ **typewriter** látható írású írógép; ~ **under-face** *ép* alulnézet; ~ **UV laser** *aut* látható ultraibolya színképtartományú lézer
visiogenic *tv* képközvetítésre alkalmas
vision látás; ~ **amplifier** videoerősítő; ~ **cable** *tv* videokábel, képkábel; ~ **channel** *tv* videocsatorna, képcsatorna; ~ **circle** látókör; ~ **control supervisor** képmérnök; ~ **distance** látótávolság; ~ **mixer** *tv* keverőasztal, keverőberendezés; videokeverő *(személy)*; ~ **modulation** *tv* képmoduláció; ~ **signal** *tv* képfrekvenciás jel, videojel; ~ **transmitter** *tv* képadó, televízióadó
visiotelephone képtelefon
visiting cardboard *pa* névjegykarton
visitors card *szt* névjegy-megjelenítési szint *(videotexnél)*
visol → vinyl isobutyl ether
visor szemellenző, sapkaellenző; álarc; *ép* alávágott pajzsellenző *(alagútépítésnél)*; *gépk* napellenző; ~ **crane** *ép* forgóharangos daru
vista kilátás, látkép; *ép* fasor; *fa* erdei nyiladék
Vistavision *film* Vistavision *(35 mm-es képfelvevő rendszer)*
visual *opt* látási, optikai, vizuális *(pl. jelzés)*; *rep* látás utáni; ~ **acuity** *opt* látásélesség; látóélesség; ~ **aid** *rep* látás utáni navigáció segédeszköze; ~ **alarm** lámpariasztás; ~ **alarm unit** optikai riasztóberendezés; ~ **alignment** *rád* indikátoros beállítás; ~ **angle** látószög; ~ **approach** *rep* látás utáni megközelítés/bevezetés; ~ **approach and landing chart** *rep* a látvarepülési szabályok szerint végzett megközelítés és leszállás térképe; ~ **approach slope indicator (VASI)** *rep* optikai siklópályajelző rendszer; siklószögfényrendszer; ~ **attachment** *rep* optikai tartozék/rátét; ~**-aural range (VAR)** *rep* lát- és hangjelzéses rádió-helyjeladó; ~ **balance** *geof* közvetlen leolvasású inga; ~ **beacon** *rep* fényjeladó; világítótorony, jelzőtorony; ~ **binary** *csill* szabad szemmel megfigyelhető kettőscsillag; ~ **check** szemrevételezés; ~**-check bearing** *rep* optikai ellenőrző iránymérés; ~ **colorimeter** *opt* vizuális színmérő; ~ **colorimetry** *opt* szubjektív kolorimetria/színmérés; ~ **communication** optikai táv-

közlés; ~ **contact approach** *rep* földlátással végzett megközelítés/bevezetés; ~ **contact flight** *rep* földlátással végzett repülés; ~ **correlation** *geof* látás útján való *v.* vizuális korrelálás/azonosítás; ~ **course** *rep* látjelzéses iránysáv; ~ **critical flicker-fusion frequency** *el* vizuális kritikus fúziós frekvencia; ~ **cut-off voltage** *tv* képlezáró feszültség; ~ **differential refractometer** vizuális differenciálrefraktométer; ~ **display input (VDI)** *szt* display-bemenet, VDI; ~ **display unit (VDU)** *szt* vizuális kijelzőegység/megjelenítő/display, VDU; ~ **efficiency (of radiation)** *opt* fényhasznosítás, fényhatásfok; ~ **engaged signal** *aut* foglaltsági lámpa; ~ **engaged test (with key control)** *aut* optikai/vizuális foglaltsági vizsgálat *(nyomógombbal)*; ~ **estimate** vizuális becslés, becslés szemmérték után; ~ **estimation of intensities** *krist* vizuális intenzitásbecslés; ~ **examination** → ~ inspection; ~ **fatigue** *orv* látási fáradtság; ~ **field (VF)** *opt* látótér; ~ **field meter** *opt* látótérmérő, kampiméter; ~ **fix** *rep* látás után megállapított helyzetpont; ~ **flight** *rep* látás utáni repülés, látással végzett repülés; ~ **flight rules (VFR)** *rep* látvarepülési szabályok, VFR; ~ **frequency** *tv* videofrekvencia; ~ **glidepath indicator system** *rep* siklópályajelző fényrendszer; ~ **ground aid** *rep* földi látjelberendezés; ~ **ground fix** *rep* helymeghatározás földi tájékozódási pontok látása alapján; ~ **guidance** *rep* vizuális irányítás, navigációs tájékoztatás; ~ **guidance of traffic** *közl* optikai forgalomvezetés/vezetősáv; ~ **holding point** *rep* látás utáni repülés várópontja; ~ **indicating direction-finder** *rep* látjelzéses iránymérő; ~ **indicator (VI)** *el* látjelző; *rep* jelzőfény; *szt* indikátor, vizuális kijelzőegység; ~**-indicator homing** *rep* látjelzéses rárepülés; ~ **indicator tube** *rád* hangolásjelző cső, varázsszem; ~ **inspection** *any* szemrevételezés; vizuális vizsgálat; ~ **landing** *rep* látással végzett leszállás; ~ **limitations** *rep* látási korlátozások; ~ **magnitude** *csill* vizuális fényrend; ~ **meteorological conditions (VMC)** *rep* látási meteorológiai körülmények, VMC; ~ **navigation** *rep* látás utáni navigáció; ~ **perception** *opt* vizuális észlelés; ~ **persistence** *opt* szemtehetetlenség; ~ **photometer** *opt* szubjektív/vizuális fotométer; ~ **photometry** *opt* vizuális fotometria; ~ **pinpoint** *rep* látás után megállapított pontos helyzetpont; ~ **plane** *opt* látósík; ~ **presentation** *rep* vizuális adatfeltüntetés/ábrázolás; ~ **purple** *vegy* látóbíbor, rodopszin; ~ **radio range** *rep* látjelzéses rádió-irányadó *v.* rádió-helyjeladó, rádióterosztó adó; ~ **range** látótávolság; *rep* láthatóság határa; ~ **ray** *geod* látósugár; ~ **reference point** *rep* látás utáni tájékozódási pont/hely; ~ **scanner** *szt* optikai olvasó/letapogató; ~ **spectrophotometer** *opt* szubjektív spektrofotométer; ~ **spectrum** *opt* látható színkép; ~ **starsignal** *távk* csillagjelző; ~ **station** *távk* fényjelző állomás; ~ **threshold of illumination** *rep* megvilágítási látóküszöb; ~ **transmitter** *tv* képadó; televíziós adó; ~ **tuning (VT)** *rád* optikai/látható hangolás; ~ **tuning indicator** *rád* vizuális hangolásjelző lengőtekercs *(hangszóróban)*; ~ **video signal** *aut* látjelzés, optikai/vizuális jelzés; ~ **violet** *vegy* rodopszin; ~ **weather conditions** *rep* látás utáni repülési időjárási körülmények

visualization láthatóvá tétel

visualizer *el* indikátor, vizuális kijelzőegység, „display"-megjelenítőegység

vital lényeges, életfontosságú; ~ **area** *at* életbevágó fontosságú berendezések területe; ~ **stain** vitális színezék

vitality *élip* csírázóképesség

vitalize élénkít; *élip* erősít *(tápanyaggal)*

vitamin *vegy* vitamin; ~ **deficiency** vitaminhiány; ~**-destroying enzyme** *vegy* vitaminbontó enzim

vitaminization *élip* vitaminozás, vitamindúsítás

vitellin *vegy* vitellin

vitiated | **air** *bány* megromlott levegő *(robbantás után)*; *környv* elhasznált levegő; ~ **air evacuation** romlottlevegő-elvezetés

viticulture szőlészet

viton *műa* viton *(kaucsukmárka)*

vitreous üveges, üvegszerű; *élip* acélos; ~ **copper** *koh* kalkozin; ~ **electricity** *el* (pozitív) üvegvillamosság; ~ **enamel** *ker* üvegzománc; ~ **fracture** *any* üveges törés; ~ **fusion** *koh* üveges olvadás; ~ **humo(u)r** *élip* üvegtestnedv; ~ **lustre/luster** *ép* üvegfény; ~ **matrix** *geol* üveges alapanyag; ~ **semiconductor** *el* amorf félvezető; ~ **silica** kvarcüveg; ~ **silver-ore** *ásv* argentit; ~ **slag** *koh* hosszú/üveges salak; ~ **state** *fiz* üveges állapot

vitrescent megüvegesedő

vitric tuff *bány* üveges tufa

vitrifiable colo(u)r *ker* máz

vitrification üvegesedés; zománcosítás

vitrified üvegszerűen tömörített; zománcozott; ~ **bond** *koh* keramikus kötés; ~**-bond wheel** *forg* kerámiai kötésű csiszolókorong; ~ **borax** *vegy* üveges (ömlesztett) bórax; ~ **brick** *ép* klinkertégla; ~ **float** *önt* megüvegesedett salak; ~ **material** *any* üvegszerű/amorf anyag; ~ **paper** *pa* ablakpapír; ~ **pipe** *ker* üvegzománcozott kerámiacső

vitrify üvegesedik; (el)üvegesít

vitrifying clay *ker* összesülő agyag

vitrinite *ásv* vitrinit

vitriol (oil) *vegy* vitriol, kénsav

vitriolate *vegy* ...szulfát

vitriolic *vegy* vitriolos

vitrite *ásv* vitrit

vitroclastic *geol* üveges törésű

vitrophyre *ásv* vitrofir *(kőzet)*; ~ **texture** *geol* vitrofiros szövet

Viviani's curve/windows *mat* Viviani-görbe

vivianite *vegy, ásv* vivianit, kék vasérc *(vas(II)-foszfáthidrát)*

vivid élénk *(szín)*

vixen file *szersz* íves vágású reszelő

vizor → visor

VLE → vapour-liquid equilibrium

VLF → very low frequency

VLN converter gőz-oxigénes konverter csekély nitrogéntartalmú acél olvasztásához

VLSI → very large scale integration

VLW → very long wave

VM → velocity modulation

v/m → volts per metre

VM/CMS (virtual machine/conversational monitor system) *szt* VM/CMS operációs rendszer

VMC → visual meteorological conditions

VME *szt* VME operációs rendszer

VMOS → vertical MOS

VMS *szt* VMS operációs rendszer

vn → variable nozzle
v/o → volume per cent
vocoder → voice-operated coder
VOD process *koh* VOD-eljárás
VODAS → voice-operated device anti-sing
voder → voice operation demonstrator
Voerde box *koh* Voerde-üst
VOGAD → voice-operated gain adjusting device
vogesite *ásv* vogezit
voglianite *ásv* voglianit
voglite *ásv* voglit
voice I. *a rep* élőszavas; **II.** *n* hang *(emberi)*; *hang* szólam; *rep* élőszó; hang; ~ **activation** *aut* hangra bekapcsolás, hanggal aktiválás; ~ **answerback** *aut* válaszadás hanggal; ~ **call sign** *rep* (élőszavas) hívónév; ~ **carrier** *hang* hanghordozó, hangvivő; ~ **channel** *távb* hangátvivő/távbeszélő csatorna/vonal; ~ **coder** *el, szt, távk* hangkódoló, vocoder, vokóder; ~ **coil (VC)** *el* lengőtekercs *(hangszóróé)*; *szt* hangtekercs; ~ **communication/contact** *rep* élőszavas összeköttetés, rádió-távbeszélő összeköttetés; ~ **control** *távb* hangmoduláció; ~**-controlled device** hangvezérelt/beszédvezérlésű készülék; ~**-ear measurement** *hang* hang- és fülpróba; ~ **filter** *hang* hangszűrő; ~ **frequency (VF)** *hang* beszédfrekvencia; hangfrekvencia; ~**-frequency amplifier** hangfrekvenciás erősítő; ~**-frequency dial(l)ing** hangfrekvenciás hívás/választás; ~**-frequency multichannel telegraphy** *távb* hangfrekvenciás (sokcsatornás) távíró; ~**-frequency operation** *távk* hangfrekvenciás üzem; ~**-frequency ringer** *el* hangfrekvenciás csengetőgép; ~**-frequency signal(l)ing current** *aut* hangfrekvenciás hívóáram/csengetőáram; ~**-frequency telegraphy (VFT)** *távb* váltakozó áramú távíró; ~**-frequency telephony** *távb* hangfrekvenciás telefónia; ~**-frequency transmission/working** *el* hangfrekvenciás üzem; ~**-frequency trap** *távb* beszédzár; ~ **grade channel** *távb* beszédcsatorna; ~ **input** *szt* hangbemenet, beszédhangos bemenet, hangbevitel; ~ **input device** *szt* hangbeviteli eszköz; ~ **interaction** *aut* hangvezérlés; ~ **intercept** *távb* lehallgatás; ~**-modulated** *hang* hangmodulált, beszédmodulált; ~ **modulation** → speech modulation; ~**-operated coder (vocoder)** *szt, távk* hangkódoló, vocoder, vokóder; ~**-operated device** *el* hangvezérlésű készülék; ~**-operated device anti-sing (VODAS)** *távk* VODAS *(zavarelhárító rendszer)*; ~**-operated gain adjusting device (VOGAD)** *távk* VOGAD; ~ **operation demonstrator** *el* voder, mesterséges emberihang-keltő készülék; ~ **output** *szt* hangkimenet; ~ **processing** *szt* beszédfeldolgozás; ~ **protection** *távb* beszédvédelem; ~ **range** *rád* hangfrekvenciás tartomány; *rep* rádió-távbeszélő összeköttetés hatótávolsága; ~ **recognition** *szt* beszédfelismerés; ~**-spectrography** *hang* hangspektrográfia, beszédspektrográfia; ~ **synthesis** *szt* beszédszintézis; ~ **synthesizer** *szt* beszédszintetizátor; ~ **talk-down** *rep* rádió-távbeszélőn élőszóval utasít/irányít; ~ **transmission** *rep* élőszavas adás, beszédadás; ~ **tube** *hajó, hang* szócső; ~ **unit (VU)** *szt* hangfokozat, VU
voiceband *hang* hangsáv
voiced sound *hang* zöngés hang
voicing *hang* orgonasíp-behangolás
void I. *v* kiönt, kiborít, kiürít; **II.** *a* üres, kitöltetlen; hiányos; **III.** *n* űr, légüres tér, likacs; *at* üreg; *ép* falnyílás; *hidr* takaréküreg; *koh* pórus; *talt* hézag, pórus; légzárvány; ~ **class** *mat* üres osztály, nullosztály; ~ **coefficient** *at* gőzreaktivitási tényező; reaktivitás üregtényezője; *hidr* kavitációs/térfogatkitöltési tényező; ~ **content** pórustérfogat; gőztérfogat; ~ **effect** *at* üregeffektus; ~ **factor** *bány* hézagtényező; ~ **fraction** pórushányad, fajlagos pórustérfogat; ~**-free** hézagmentes, pórusmentes; ~ **patent** érvényét vesztett szabadalom; ~ **ratio** *bány, hidr* hézagtényező; ~**s** *pl ép* hézagtartalom *(adalékanyagé)*; ~**s content** *ép* hézagtartalom; ~ **set** *mat* üres halmaz; ~**s in aggregate** *ép* adalék hézagtérfogata; ~**s of a rock** *ol* kőzet pórusai; ~ **space** *koh, ol* hézagtérfogat; ~**s volume** hézagtérfogat, hézagosság; ~ **water** *talt* pórusvíz
voidage pórustérfogat
voidance tisztítás *(kiürítés)*
Voigt | effect *fiz* Voigt-jelenség; ~ **notation** Voigt-féle jelölés
voile *tex* voál *(könnyű, vászonkötésű anyag)*; ~ **fabric** *tex* voálszövet; ~ **yarn** *tex* voálfonal
Voith inlet *pa* Voith-féle anyagfelfutó
vol. → volume
volatile elpárolgó, párolgó; gáznemű; *vegy* illékony, illó; ~ **acid** *vegy* illósav; ~ **ammonia** *vegy* vízgőzzel illó ammónia; ~ **component/constituent** *vegy* illóanyag; ~ **content** *vegy* illékonyanyag-tartalom, illótartalom; ~ **corrosion inhibitor (VCI)** *koh* gőzfázisú inhibitor; ~ **diluent** *ép* hígító *(bitumené)*; ~ **loss** *vegy* illékonysági veszteség; ~ **matter** *vegy* illóanyag; ~ **medium** *vegy* illó közeg; ~ **memory** *szt* felejtő memória, megszűnő tároló; felejtő tároló; ~ **oil** *vegy* illóolaj; ~ **product** *vegy* illékony termék; ~ **salt** *vegy* repülősó; ~ **solvent** *műa* illékony oldószer; ~ **storage** *szt* felejtő tár; ~ **substance** *vegy* illóanyag; ~ **waste** *környv* gáznemű hulladék
volatility illékonyság; illanóság; fugacitás; ~ **ratio** *ol* relatív illékonyság
volatilization illósítás, elillanás; gőzzé válás *(nem folyékony anyagé)*; elgőzölögtetés *(illósítás)*; *ol* illékonyság, illékonnyá tétel; *vegy* desztilláció; ~ **losses** *pl koh* illanási veszteség
volatilize elillan, elpárolog; feloldódik, gőzzé válik; *vegy* elpárologtat, elgőzölögtet
volatilizing | chlorination *koh* illósító klórozó pörkölés; ~ **oxidizing roasting** *koh* illósító oxidáló pörkölés
volborthite *ásv* volborthit
volcanic *geol* vulkáni; ~ **activity** vulkáni tevékenység, vulkánosság; ~ **agglomerate** vulkáni agglomerátum; ~ **ash** vulkáni hamu; ~ **belt** vulkáni vonulat/öv; ~ **blast** tűzhányókitörés felhője; ~ **blister** hólyagos tufa; ~ **bomb** vulkáni bomba; ~ **breccia** vulkáni breccsa; ~ **butte** vulkáni kúp; ~ **clow** lávaár; ~ **cone** vulkáni kúp; ~ **dome** vulkanikus dagadókúp; ~ **dumpling** gömbös láva; ~ **eruption** erupció, vulkánkitörés; ~ **exhalation** vulkáni exhaláció/kigőzölgés; ~ **form** vulkáni forma; ~ **gas** vulkáni gáz; ~ **glass** vulkánüveg; ~ **layer** vulkáni takaró; ~ **mountain** vulkáni hegység; ~ **mud** vulkanikus iszap; ~ **neck** vulkáni kürtő; ~ **obelisk** lávadugó-képződmény, vulkanikus tű; ~ **pile** vulkanikus dagadókúp;

~ **pipe** vulkáni kürtő; ~ **rock** kiömlési/vulkáni kőzet; ~ **sands** *pl* vulkáni homok; ~ **stock** vulkáni tönk; ~ **tuff** vulkáni tufa; ~ **vent** vulkáni kürtő
volcanism *geol* vulkanizmus, vulkanikus jelenségek
volcanite *geol* vulkáni kőzet, vulkanit
volcano *geol* tűzhányó, vulkán
volcanology *geol* vulkanológia, vulkánismeret
völknerite *ásv* hidrotalkit
volley *bány* egyidejűleg elrobbantott fúrólyukcsoport; ~ **fire** *kat* sorozattűz; ~**-firing machine** *bány* sorozatrobbantó gép
VOLMET broadcast *rep* VOLMET adás
VOLSCAN → volume scanning
volt (V) *el* volt; ~**-ammeter** *el* voltamper-mérő, VA-mérő; ~**-ammeter method** *geof* voltamper-mérő módszer; ~**-ampere (VA)** *el* voltamper; ~**-ampere characteristic** *el* áram-feszültség/volt-amper karakterisztika/jelleggörbe; ~**-ampere-hour** *el* voltamperóra; ~**-ampere meter** *el* voltampermérő; ~**-ampere-ohmmeter** *el* volt-ohm-amper mérő; ~**-amperes reactive (var)** *el* meddő teljesítmény, var; ~**-and-ammeter** → ~-ammeter; ~ **box** *el* feszültségosztó; ~ **efficiency** *el* feszültségkihozatal; ~**-ohm-ammeter** → ~-ampere-ohmmeter; ~**-ohm(-)meter (VOM)** *el* volt-ohm mérő; ~**-ohm-milliammeter (VOM)** *el* voltamper- és ohmmérő; ~**-second** *el* voltszekundum
Volta effect *el* Volta-hatás, Volta-jelenség
voltage *el* feszültség *(voltban)*; ~ **across bridge diagonal** *el* hídfeszültség; ~ **amplification** *el* feszültségerősítés; ~ **amplification factor** *távk* feszültségerősítési tényező; ~ **amplifier** *el* feszültségerősítő; ~ **amplifier stage** *távk* feszültségerősítő fokozat; ~ **amplitude** *el* feszültségamplitúdó; ~ **antinode** *távk* feszültséghas; ~ **at break** *el* megszakítási feszültség; ~ **at the terminals** *el* kapocsfeszültség; ~ **balance** *koh* feszültségmérleg; ~ **between lines/phases** *el* potenciálkülönbség, feszültség; ~ **calibrator** *metr* feszültséghitelesítő készülék; ~ **circuit** *el* feszültségkör; ~ **coefficient** *el* feszültség-együttható, feszültségtényező; ~ **coil** *el* feszültségtekercs; ~ **collapse** *el* feszültségletörlés; ~ **compensation** *el* feszültségkiegyenlítés; ~ **component** *el* feszültség-összetevő, feszültségi komponens; ~ **control (VC)** *el* feszültségszabályozás; feszültségvezérlés, VC; ~**-controlled feed-back** *távk* feszültség-visszacsatolás; ~**-controlled oscillator (VCO)** *el* feszültségvezérelt oszcillátor, VCO; ~ **cutoff** *el* feszültségkiesés; ~ **cutout** *el, távk* feszültségkioldó; ~**-dependent capacitor** *el* kapacitásdióda; ~**-dependent resistor (VDR)** *el* varisztor, negatív együtthatójú ellenállás; ~ **detector** *el* feszültségjelző, feszültségvizsgáló; ~ **diagram** *el* feszültségdiagram; ~**-dip** *távk* feszültségesés *(időben)*; ~ **direction** *el* feszültségirány; ~ **divider** *el* feszültségosztó; ~**-divider circuit** *el* feszültségosztó áramkör; ~**-dividing capacitor** *távk* kapacitív feszültségosztó; ~ **division** *el* feszültségosztás; ~ **division by capacitors** *távk* kapacitív feszültségosztás; ~ **doubler** *rád* feszültségkétszerező; kaszkádrendszerű feszültségkétszerező; ~**-doubler rectifier** *rád* feszültségkettőző egyenirányító; Latour-féle egyenirányító; ~**-doubling circuit** *rád* feszültségkétszerező (kapcsolás); ~ **drop** *el* potenciálesés, feszültségesés, potenciálcsökkenés, feszültségcsökkenés; ~**-dropping resistor** *el* feszültségejtő ellenállás; ~ **efficiency** *el* feszültségkihozatal; ~ **electronic stabilizer** *el* elektronikus feszültségstabilizátor; ~ **endurance** *el* feszültségállóság, feszültségbírás; ~ **equivalent of thermal energy** *félv* hőfokfeszültség; ~ **error** *el* feszültséghiba; ~**-fed antenna** *távk* feszültségre táplált antenna; ~ **feedback** *távk* feszültségvisszacsatolás; ~ **fluctuation** *el* feszültségingadozás; ~ **gain (VG)** *távk* feszültségerősítés; feszültségerősítési tényező; ~ **generator** *távk* feszültséggenerátor; ~ **gradient** *el* feszültséggradiens; ~ **impulse** *el* feszültségimpulzus; ~ **indicator** *el* feszültségjelző; ~ **induced at break** *el* megszakítási feszültség; ~ **inversion** *el* feszültségváltás; ~ **jump** *el* feszültségugrás; ~ **jump change** *el* ugrásszerű feszültségváltozás; ~ **leap** *el* feszültségugrás; ~ **level** *el* feszültségszint; ~ **limiting** *el* feszültségkorlátozás, feszülthatárolás; ~ **loss** *el* feszültségveszteség; potenciálesés, feszültségcsökkenés; ~ **measurement** *el* feszültségmérés; ~ **multiplication** *távk* feszültségsokszorozás; ~ **multiplier** *távk* feszültségsokszorozó (kapcsolás); ~ **multiplying circuit** *távk* feszültségsokszorozó (kapcsolás); ~ **nodal point,** ~ **node** *távk* feszültségcsomópont; ~ **of self induction** *el* önindukciós feszültség; ~ **of the main** *el* hálózati feszültség; ~ **of the space-charge grid** *félv* töltésrácsfeszültség; ~ **output** *el* kimeneti feszültség, feszültségkimenet; ~ **path** *el* feszültségvonal; ~ **peak** *el* csúcsfeszültség, feszültségcsúcs; *távk* beütés; ~ **point** *el* feszültséghaspont; ~ **protection** *el* feszültségvédelem; ~ **pulse** *távk* feszültségimpulzus; lökőfeszültség; ~ **range** *el* feszültségköz, feszültségtartomány; ~ **ratio** *el* áttétel *(transzformátoré)*; feszültségáttételi viszony; ~ **reference tube** *távk* feszültségreferencia-cső; ~**-regulated resistor** *távk* feszültségszabályozott ellenállás; ~ **regulation** *el* feszültségszabályozás; ~ **regulator (VR)** *el* feszültségszabályozó; ~**-regulator tube** *rád* stabilizátorcső; ~ **regulator with magnetization** *el* mágnesezéses feszültségszabályozó; ~ **relay (VR)** *el* túlfeszültségrelé; ~ **requirement** → ~ balance; ~ **resonance** *el* soros rezonancia, feszültségrezonancia; ~**-responsive circuit** *távk* feszültségérzékeny áramkör; ~ **ripple** *el* hullámosság; ~ **sharing** *el* feszültségmegosztás; ~ **source driving** *el* feszültségbefolyásolás; ~ **spread** *el* feszültségingadozás; ~ **stabilizer,** ~ **stabilizing tube** *el* feszültségstabilizáló cső; feszültségstabilizátor; stabilizátorcső *(glimmfeszültségosztó)*; ~ **standing wave ratio (VSWR)** feszültség-állóhullám arány; ~ **step** *el* feszültségfokozat; feszültséglépcső, feszültségugrás; ~ **step function** *el* feszültségugrás; ~ **step-up** *el* feltranszformálás; ~ **supplied by a rectifier** *el* egyenirányítóból nyert egyenfeszültség; ~ **supply** *el* feszültségellátás; tápfeszültség; ~ **surge** *el* feszültséghullám; ~ **temperature coefficient** *félv* hőmérsékleti együttható; ~ **threshold** *el* feszültségküszöb, küszöbfeszültség; ~**-time converter** feszültség-idő konverter/átalakító; ~ **time-to-breakdown curve (VTB curve)** *el* feszültségátütési idő görbéje *(kábelé)*; ~ **to neutral** *el* fázisfeszültség; ~ **transfer factor** *távk* feszültségáttétel *(négypólusé)*; ~ **transformer (VT)** feszültségváltó; ~ **transmission factor** *el* feszültségátvitel; ~**-type telemetering** *el* feszültségtípusú távmérés; ~ **wave** *el* feszültséghullám
voltaic *el* galván-; galvanikus; ~ **arc** *el* (elektromos) ív; Volta-ív; ~ **cell** *vegy* galvánelem, Volta-elem; ~ **current** *el* galvánáram; ~ **pile** *el* Volta-oszlop

voltaite *ásv* voltait
voltameter *el* voltaméter, coulombméter
voltammeter → volt ammeter
voltampere → volt
Volterra | dislocation *krist* Volterra-diszlokáció; ~**(-type) integral equation** *mat* Volterra-típusú integrálegyenlet
voltmeter *el* voltmérő; ~ **multiplier** *távk* voltmérőelőtétellenállás; ~ **with several ranges** *el* többskálás voltmérő
voltolized oil *el, ol* voltolizált olaj
voltzite *ásv* voltzit
voluble gördülő, gördülékeny; folyékony
volume terjedelem, kiterjedés, tömeg, volumen; mennyiség; *hang, rád* hangerő; hangteljesítményszint, volumen, pillanatnyi teljesítményszint; *mat* térfogat, köbtartalom; űrtartalom; *nyom* kötet; ~ **activity** *at* térfogati aktivitás; ~ **adjuster** *hang, rád* hangerő-szabályozó; ~ **anomaly** *krist* térfogati anomália; ~ **batcher** *ép* térfogat szerinti adagoló; ~ **batching** *ép* térfogat szerinti mérőadagolás; ~ **booster** *el* pneumatikus teljesítményerősítő; ~ **capacity** kapacitás, befogadóképesség, felvevőképesség, űrtartalom; ~ **change** térfogatváltozás; volumenváltozás; ~ **charge density** *el* térfogati elektromos töltéssűrűség; ~ **compression** *rád* dinamikakompresszió; ~**-compression factor** *geol* térfogati kompressziós együttható; ~ **compressor** *rád* hangerőkompresszor; kompandor, kompander, dinamikakompressziós erősítő; ~ **constancy/conservation** *mech* térfogat-állandóság, térfogati állandóság, térfogat megmaradása; ~ **contraction** *fiz* térfogatcsökkenés; *hang* hanggyengülés; ~ **control** *rád, távk* erősítésszabályozó; fédingszabályozás; hangerő-szabályozás; ~**-control potentiometer** *rád* hangerő-szabályozó potenciométer; ~ **cost** *ép* beépített légköbméter költsége; ~ **crystal(l)ization** *krist* térfogati kristályosodás; ~ **current** *el* térfogati áram; ~ **decrease** *fiz* térfogatcsökkenés; *hang, rád* hangerőgyengülés; ~ **defect** *koh* térbeli rácshiba; ~ **density** *ol* térfogati sűrűség; térfogatsűrűség; ~ **diffusion** *koh* térfogati diffúzió; ~ **displacement** *mech* kiszorított térfogat; ~ **distortion** *rád* frekvenciagyűjtő/gyengítési torzítás; ~ **dose** *at* térfogatdózis, térfogati dózis; ~ **effect** *el* térfogathatás, volumenhatás; ~ **efficiency** → volumetric efficiency; ~ **elasticity** *any* kompresszibilitás, térfogati rugalmasság, összenyomhatóság; térfogatra számított rugalmasság; ~ **element** *mech* elemi térfogat, térfogatelem; ~ **energy** *mech* térfogati energia; ~ **equivalent** → overall equivalent; ~ **expander** *rád* expandor, dinamikanövelő; hangerőnövelő; ~ **expansion** *rád* dinamikaexpanzió; térfogattágulás; ~ **factor** *ol* térfogati tényező; ~ **flow** *rep* pillanatnyi fogyasztás, pillanatnyi átfolyó mennyiség; tömegforgalom; ~ **flow rate** *ol* térfogatáram; ~ **force** *mech* tömegerő; ~ **freight charge** *rep* térfogatalapú árudíjszabás; ~ **gain/increase** *mech* térfogat-növekedés; ~ **indicator (VI)** *el, rád* beszédszintmérő, hangszintjelző, hangerőjelző, volumenindikátor; kivezérlésjelző; ~ **integral** *mat* térfogati integrál; ~ **ionization** *at* térfogati ionizáció, BranleyLenard-jelenség; ~ **ionization density** *at* térfogati ionizáció sűrűsége, térbeli ionsűrűség; ~ **Joule heat dissipation** *at* Joule-hő térfogati szóródása; ~ **label** *szt* lemezcsomagcímke; ~ **leakage** → insulation leakage; ~ **lifetime** *el* (hordozó-)élettartam; ~ **limiter** *távk* szinthatároló; ~ **loss** *mech* térfogatcsökkenés; ~ **mass** *mech* térfogattömeg; ~ **measure** *mech* űrmérték; ~ **measurement** *fa, hidr* köbözés; ~ **meter** *hidr* köböző vízmérő; *rád* beszédszintmérő; terjedelemmérő; ~ **of blast (air)** *koh* fúvószélmennyiség; ~ **of high dam** *hidr* gáttérfogat; ~ **of information** *szt* információtartalom, információmennyiség; ~ **of sound** *rád* hangerő, hangintenzitás; hangerősségszint; hangosságszint; ~ **of stroke** *mech* lökéstérfogat; ~ **of the sphere** *mat* gömb térfogata/köbtartalma, gömbtérfogat; ~ **of traffic** *közl* forgalom nagysága/mennyisége/volumene; ~ **of water** *hidr* vízforgalom; vízmennyiség; ~ **per cent** *mech* térfogatszázalék; ~ **photovoltaic effect** *opt* térfogati fényelemhatás, fotoelektromos hatás; ~ **power** *mech* térfogategységre eső erő; ~**-production concrete mixer** *ép* nagyteljesítményű betonkeverő; ~ **range** *hang, rád* (hang)dinamika; hangerő-kivezérlés; ~ **range control** *rád* dinamikaszabályozás; ~ **rate of flow** *mech* térfogatáram; ~ **ratio of constituents** *vegy* alkotók térfogatos aránya; ~ **recombination** *at* térfogati rekombináció; *félv* belső rekombináció; térrekombináció; ~ **regulation** *rád* fédingszabályozás; ~ **regulator** *rád* hangerő-szabályozó; ~ **resistivity** *el* fajlagos térfogati ellenállás; térfogati szigetelési ellenállás; ~ **resonance** *el* térfogati rezonancia; ~ **scanning (VOLSCAN)** *rep* légtérellenőrzés *(légtérellenőrző radarrendszer)*; ~ **shrinkage** *ol* (térfogat)zsugorodás; ~ **source** *at* térfogati forrás; ~ **stability** *mech* térfogat-állandóság; térfogatállóság; ~ **traffic flow** *közl* tömegforgalom; ~ **unit (VU)** *rád* hangerőfokozat, VU; ~ **unit meter** *rád* VU-méter; ~ **utilization factor** *koh* térfogat-kihasználási tényező; ~ **velocity** *mech* térfogati sebesség; ~ **weight** *élip* hl-súly *(gabonáé)*; *mech* térfogatsúly
volumenometer *mech* volumenométer, térfogatmérő
volumenometry *mech* térfogatmérés
volumeter *mech* voluméter; ~ **prover** *metr* mérőhitelesítő
volumetric volumetrikus, térfogati, térfogatos; térfogat-; ~ **analysis** *vegy* térfogatelemzés, térfogatos analízis, volumetria; volumetriás analízis; ~ **apparatus** *mech* térfogatmérő; ~ **batcher** → volume batcher; ~ **capacity** → volume capacity; ~ **conveying capacity** *bány* volumetrikus szállítóképesség; ~ **dilatation** *mech* térfogati/köbös tágulás; ~ **discharge rate** *bány* (eredő) szállított anyagmennyiség; ~ **drive** *ol* expanziós termelés; ~ **efficiency (VE)** *el, hidr* volumetrikus/térfogati hatásfok; *ép* szállítási fok; ~ **efficiency of pumping** *ol* mélyszivattyúzás térfogati hatásfoka; ~ **flask** *vegy* mérőlombik, normállombik; ~ **flow** *el* térfogati gázáram; *hidr, koh* átfolyási sebesség; ~ **gas analyzer** *any* volumetrikus-manometrikus gázanalizátor; ~ **heat** *fiz* térfogategységre vonatkoztatott hőkapacitás/fajhő; ~ **manometry** *mech* nyomásmérés, manometria; ~ **measurement** → volume measurement; ~ **method** *geof* térfogatmérő/volumetrikus módszer; ~ **part** *mech* térfogathányad, térfogatszázalék; ~ **precipitation analysis** *vegy* kicsapásos analízis/elemzés, súly szerinti elemzés; ~ **proportioning** térfogat szerinti mérőadagolás; ~ **refrigeration effect** *vegy* volumetrikus hőelvonás; ~ **solu-**

tion (VS) *vegy* mérőoldat, titeroldat; térfogat szerinti oldat; ~ **strain** *fiz* térbeli feszültségállapot; ~ **throughput** *el* térfogati gázáram; ~ **watersweep efficiency** *ol* vízkiszorítás volumetrikus hatásfoka; ~ **weight** → volume weight
volumetry *mech, vegy* térfogatmérés; volumetria
voluminal térfogatos
voluminous terjedelmes, öblös, nagyméretű; ~ **precipitate** *koh* nagy térfogatú csapadék
voluntary rerouting *rep* útvonal önkéntes módosítása/megváltoztatása/átirányítása
volute *ép* voluta, csigavonal; ~ **casing/chamber** *hidr* csigaház; csigaházas nyomótér; ~ **compasses** spirális körző; ~ **pump** *hidr* spirálszivattyú; ~ **spring** tekercsrugó
voluted capital *ép* csigavonalú oszlopfej
VOM → volt-ohm(-)meter; → volt-ohm-milliammeter
vomiting(-)boiler *pa* keringtetőfőző
VOR (VHF omnidirectional range) *rád* VOR *(rádiónavigációs rendszer)*; ~ **aerodrome check point** *rep* repülőtéri VOR ellenőrző pont; ~ **aggregate error** *rep* VOR összhiba; ~ **airborne equipment error** *rep* fedélzeti VOR berendezés hiba; ~ **radial signal error** *rep* VOR radiál jelhiba
vorhauserite *ásv* vorhauserit
vortex (*pl* **vortexes** *v.* **vortices**) forgó, örvény, forgatag; *bány* vortex, örvény *(szérelésnél)*; *hajó* örvény; *hidr, rep* örvény, forgó; ~ **amplifier** örvénykamrás elem, vortex-elem; ~ **band** *rep* örvénysor; ~ **cone** örvénykúp; ~ **currents** *pl mech* örvényáram; ~**-excited oscillation** *ép* szélörvényrezgés; ~ **field** *el* turbulens mozgási erőtér, örvényzóna; ~ **filament** *mech* örvényfonal; ~ **finder** *bány* örvénykereső cső; ~ **flowmeter** *ol* örvényáramlás-mérő; ~**-free flow** örvénymentes áramlás; ~ **frequency** *mech* örvényfrekvencia; ~ **generator** *rep* örvénykeltő; ~ **injector** *ol* örvényinjektor; ~ **law** *mech* perdülésállandóság tétele; ~ **point** *mat* centrum; ~ **region** *mech* örvényzóna; ~ **resistance** *mech* alakellenállás; ~ **ring** *rep* örvénygyűrű; ~ **sheet** *rep* örvénylemez; ~ **street** *rep* kondenzcsík; örvénypálya; ~ **thermometer** *mech* örvényhőmérő; ~ **trunk** *rep* örvényszál, örvénymag; ~ **tube** *mech* örvénycső; *ol* örvényszeparátor; ~ **tube collector** *bány* örvénycsöves porleválasztó; ~**-type flow** örvényes/örvénylő áramlás; ~ **velocity flow meter** → ~ flowmeter; ~ **zone** *hidr, koh* örvénytér, örvényzóna
vorticity *met* örvényesség; ~ **advection** *rep* örvényadvekció; vízszintes örvénylés; ~ **equation** *met* örvényességi egyenlet
vortrap *pa* vortrap, örvényosztályozó
voucher bizonylat, belég; utalvány
vough → vug
voussoir *ép* boltkő; ~ **joint** *ép* boltozati hézag
vowel articulation *távk* magánhangzó-érthetőség
voxel *szt* háromdimenziós képelem/pixel

VP → vapour pressure; → vent pipe; → ventilating pipe; → verification panel; → vertical plane
VPI → vapour-phase inhibitor
vpm → vibrations per minute
VR → variable resistor; → vertical retort; → voltage regulator; → voltage relay
VRAM → videogram
vrbaite *ásv* vrbait
VRC → vertical redundancy check
VRH → var-hour meter
VS → virtual storage; → volumetric solution
VSAM → virtual storage access method
VSB → vestigial sideband
VSI → vertical speed indicator
VSM → variable-speed motor
VSW → very short wave
VSWR → voltage standing wave ratio
VT → vacuum tube; → vertical tabulation character; → visual tuning; → voltage transformer
VTA → vacuum-tube amplifier
VTAM → virtual telecommunications access method
VTB curve → voltage time-to-break-down curve
VTM → vacuum-tube modulator
VTO → vacuum-tube oscillator; → vertical take-off
VTOL → vertical take-off and landing
VTR → videotape recorder
VTVM → vacuum-tube voltmeter
VU → voice unit; → volume unit; ~ **meter** *rád* decibelmérő; VU-méter
vug *bány, geol* bemélyedés; repedés, horpadás, hasadás; üreg *(ércben, kőzetben)*
vuggy lode *bány* láncszerkezetű telér
Vulcan *csill* Vulcanus *(intramerkuriális bolygó)*; ~ **coupling** *gép* Vulkán hajtómű; ~ **fibre/fiber** *műa* vulkánfíber
vulcanisate *vegy* vulkanizátum
vulcanisation → vulcanization
vulcanism *geol* vulkánosság
vulcanite *geol* kiömlési kőzet; *műa* vulkanit
vulcanization *gumi, műa* vulkanizálás, vulkanozás; ~ **of rubber** *gumi, műa* gumivulkanizálás
vulcanize *gumi, műa, vegy* vulkanizál
vulcanized | **fibre/fiber (VF)** *műa* vulkánfíber; ~ **joint** *műa* vulkanizált varrat; ~ **oil** *műa* faktisz; ~ **rubber** *gumi, műa* gumi
vulcanizer vulkanizálókészülék
vulcanizing *gumi, műa* vulkanizálás; ~ **agent** vulkanizálószer; ~ **boiler** vulkanizálókazán; ~ **pan** vulkanizálókatlan, vulkanizálótepsi; ~ **press** vulkanizálóprés
vulcone *gumi* vulcon
vulgar | **fraction** *mat* közönséges tört; ~ **logarithm** *mat* Briggs-féle logaritmus, 10-es alapú logaritmus, lg, $\log_{10}$
vulpinite *ásv* vulpinit
vultex *gumi* vulkanizált latex
VVM → valve voltmeter

W

W → tungsten; → watt; → West; ~**-type engine** W motor; ~ **type optical fibre/fiber** W típusú fényvezető szál
Wabana ore *geol* wabanaérc
WAC → world aeronautical chart
WACK → wait before transmitting positive acknowledgement
wacke *geol* wacke
wad[1] **I.** *v* kóccal/vattával tömít, betöm; *kat* (el)fojt; **II.** *n* kóccsomó, vatta(csomó); tömítőanyag; *kat* fojtás
wad[2] *ásv* mangánhab, mangánfekete, wad
wadded cloth *tex* bélelt szövet
wadding vatta, vatelin, vattabélés; *kat* fojtás; ~ **filter** vattaszűrő
wade (át)gázol
Wadsworth mounting *fiz* Wadsworth-féle diffrakciós rácselrendezés
Waelz process *koh* hömpölygötető eljárás
Wälz process → Waelz process
wafer *el* érintkezőlemez *(kapcsolóhengeren)*; *élip* ostya; *szt* szelet, lapka; ~ **core** *önt* szűkített öntődei mag; ~ **scale integration (WSI)** *szt* szeletszinten integrált (áramkör), WSI; ~ **socket** lapos foglalat; ~ **thinning by polishing** *mt* elvékonyítás csiszolással
waffle *élip* ostyalap, tortalap; ~ **cloth** *tex* sejtkötésű szövet; ~ **slab** *ép* kazettás/bordás panel
waft I. *v* (el)sodor; *hajó* int, zászlóval jelez; **II.** *n hajó* jelzőzászló; *met* széllökés
wage munkabér; ~ **category** bérosztály; ~ **increase** béremel(ked)és; ~ **in kind** természetbeni munkabér; ~ **payroll** bérjegyzék; ~ **per area** terület szerinti szakmánymunkabér/akkordbér; ~**(s) cost** bérköltség; ~**-work** bérmunka
waggle I. *v* billeg, inog; ingadozik; rezeg; *rep* billeg(tet); **II.** *n rep* szárnybillegtetés
waggon, *US* **wagon** szekér; *bány* csille; *ép* kocsi, vontatott szállítókocsi; *gépk* kombi; *vasút* vagon, teherkocsi; ~ **accelerator** *vasút* kocsifelgyorsító berendezés *(gurítódombon)*; ~ **body** *vasút* kocsiszekrény; ~**-building timber** vasútikocsi-építő fa; ~ **card-label** *vasút* rakodójegy; ~ **drill** fúrókocsi *(több fúrókalapács elhelyezésére)*; ~ **dumper** *vasút* vagonbuktató; ~ **for caustic-soda solution** *koh* lúgszállító vagon; ~**-lift** *vasút* kocsifelvonó; ~**-load** kocsirakomány; ~**-loading boom conveyer** leereszthető kocsirakodó szalag; ~ **loading equipment** *vasút* vagonrakodó (berendezés); ~**-mounted** *vasút* kocsira szerelt; ~ **on shuttle-service** *vasút* fordakocsi; ~**-pushing device** *bány* vagonvontató; *vasút* vagontoló készülék; ~**(-)retarder** *vasút* vágányfék; ~ **shake-out** vagonbuktató; ~ **shed** kocsiszín; ~ **sheet** kocsiponyva; ~ **stock** kocsiállag; gördülőanyag-állomány; ~ **tip/tippler** *vasút* vagonbuktató; ~**-tipping device** vagonbuktató (szerkezet); ~ **tippler hoist** vagonbuktató felvonó; ~ **unloader** *vasút* vagonürítő, vagonkirakó gép; ~ **unloader with conveyer screw** csigás vagonkirakó gép; ~ **vault** *ép* dongaboltozat; ~**-way** *ép* hídpályának teherforgalomra fenntartott része; kocsipálya; ~**-weighing machine** *vasút* kocsimérleg, vagonhídmérleg; ~ **with false bottom** *ép, vasút* kettős fenekű csille; ~ **with hinged bottom** *ép, vasút* fenéküritésű csille/kocsi; ~ **with hopper bottom** *ép, vasút* csapóajtós fenekű kocsi/csille
Wagner | earth *el* Wagner-féle földelő segédág/hídág; ~ **filter section** Wagner-szűrőtag; ~**'s interrupter** Wagner-féle kalapács-szaggató
wagnerite *ásv* wagnerit
wagon *US* → waggon
wagonette nyitott kis vasúti kocsi
wagon-lit *vasút* hálókocsi
wagtail *ép* elválasztó léc *(kettős tolóablakban)*
wainscot I. *v ép* fával burkol, faburkolattal ellát; **II.** *n ép, fa* háromélű gyalult tölgyfaléc; lambéria, faburkolat, borítás; ~ **oak** *ép* tölgyfa borításhoz
waist derék; öv; összeszűkülő középrész; *cipő* lágyék, láblágyékrész; *fiz* összehúzódás, pinchképződés, befűződés, helyi keresztmetszet-csökkenés; *hajó* középső fedélzet, hajó középső része; *rep* repülőgéptörzs összeszűkülő szárnyközéprésze; ~ **anchor** *hajó* biztonsági horgony; ~ **belt** *kat* derékszíj; ~ **breast** *hajó* hajóközépről kiadott keresztkötél; ~**-deep** derékig (érő); ~**-high** derékig (érő), derékmagasságú; ~ **sheet** *hőt* hastámlemez *(kazáné)*; ~ **sheet angle-plate** *hőt* hastámszögvas *(kazánon)*
waistband *mech* öv
waistcoat *ruh* mellény
waistcoating *tex* mellényszövet *(mintás fésűsszövet)*
waistline derékvonal
wait I. *v* vár, várakozik; **II.** *n* várakozás; ~ **before transmitting positive acknowledgement (WACK)** *szt* átvitelre várakozás pozitív engedélyezésig, WACK; ~ **cycle** *szt* üres ciklus *(lassú memóriák szinkronizálásához)*; ~**-for graph** *szt* várakozási gráf; ~ **list** *szt* várakozási lista; ~ **loop** *szt* várakozási hurok; ~ **on** *v* kiszolgál; ~ **operation** *szt* várakozási művelet; ~ **state** *szt* várakozási állapot; ~ **state code** *szt* várakozásiállapot-kód; ~ **time** *szt* várakozási idő
waiter key pénztárgép pincérellenőrző billentyűje
waiting I. *a* váró, várakozó; **II.** *n* várakozás; ~ **cycle** várakozási ciklus; ~ **in ingot mo(u)ld** *koh* kokillában várakozás; ~ **line** *mat* sorbanállás, várakozási sor; ~**-line problem** tömegkiszolgálási probléma; ~**-list** várólista; ~ **on cement (WOC)** *ol* cementkötési szünet; ~ **program** *szt* várakozási program; ~**(-)room** váróterem, váró; ~ **status** *rendsz* várakozási állapot; ~ **system** *rendsz* várakozásos rendszer; ~ **time** várakozási idő; *gép* gépállási idő; ~**-time model** várakozásiidő-modell; ~**-time theory** *mat* sorbanállás-elmélet, sorbanállás/tömegkiszolgálás *v.* várakozási idő elmélete
wake *ép* utánfolyás; *hajó* nyomdokvíz, sodor; *hidr* áramlási árnyék; *rep* leáramlás, holttér; örvényzóna; turbulens nyomvonal; ~ **current** *hidr* hajósodor okozta áramlás; ~ **drag** *rep* áramlásleválás előidézte ellenállás; fenékellenállás; ~ **effect** *rep* leáramlási hatás; ~ **method** *rep* impulzusmódszer; ~ **spread** *rep* leáramlás szétterjedése
Wald | criterion *mat* Wald-kritérium; ~**'s sequential analysis** *mat* Wald-féle szekvenciális analízis

Walden inversion *opt* optikai inverzió, Walden-féle inverzió
waldsterben *környv* erdőhalál
wale *ép* süvegfa, fogófa, fogópár, horgonyheveder; *hajó* hullámvető, oldalpalánk; *kh* szemoszlop, szempálca; *tex* borda; kiemelkedő csík/sáv; **~(-)piece** *ép* fogófa, kötőgerenda; *hajó* ütközőgerenda
walings *pl ép* fogófa, fogópár, cimborakötő *(tetőnél)*
walk járás, menet; *ép* fasor, sétány; gyalogló; lépkedő exkavátor/kotró; lépőműves kotró; **~ board/plank** *ép* (járó)palló; **~-in cooler** hűtőszekrény belépő ajtóval
Walker system (of electrical connection) *el* Walker-kapcsolás
walkie-lookie *tv* hordozható televízióadó
walkie-talkie *rád* walkie-talkie, kézi adó-vevő
walking járó; mozgó; *mzg* fogatos *(munkagép)*; **~ beam** *koh* léptethető kemencefenék; *ol* fúrógém, fúró lengőkar; fúróhimba, himba; **~-beam cooling bank** *koh* lépegető hűtőpad, lépegetőrudas hűtés; **~-beam furnace** *koh* mozgógerendás/léptetőgerendás kemence; **~(-)board** *vasút* tetőfutódeszka *(vasúti kocsitetőn)*; **~ crane** kerékpárdaru, velocipéddaru; **~ cycle** *film* mozgás ciklusa *(rajzfilmen)*; **~ distance** *hidr* gyaloglási úthossz; **~ dragline (excavator)** *ép* lépőműves kotró; **~ excavator** *ép* lépkedőexkavátor, lépkedőkotró, lépőműves kotró; **~ line** *ép* járóvonal, (lépcső)osztóvonal; **~ mechanism** *bány* léptető berendezés; **~ plough/plow** *mzg* fogatos eke; **~ rail** *ép* mozgólépcsőkorlát; **~ support** *bány* lépegető keretes biztosítás; **~ thread** *bány* gyalogjáróvágat; **~ underframe** *bány* lépkedő alváz; **~-way girder** *ép* gyalogjárda hossztartója *(hídon)*
Walkman *el, hang* sétálómagnó, walkman
walkmill *tex* kallózógép
walkover *ép* gyaloghíd
walkway sétány; gyalogút; kezelőhíd *(gyárban stb.)*; *ép* (járó)palló
walky *ép* mellette-kísért targonca
wall I. *v bány* aknát biztosít; léggáttal elválaszt; *ép* elfalaz, befalaz; körülfalaz; **II.** *n* fal; védőfal, bástya; *bány* frontfejtés; munkahely; vágatoldal; *ép* fal; homlokdeszkázás; közfal; oldalfal *(gödöré)*; *geol* elválási sík, vetőszárny; **~ accretion** *koh* kemencebélésre tapadt salakréteg; **~ action** *fiz* falhatás; **~ activator** *ép, hang* fali aktivátor, hangvibrátor; **~ advance** *bány* munkahelyi homlok haladása; **~ air-inlet** *ép* falba épített befúvószerkezet; **~ anchor** *ép* falkötő; **~-arch** *ép* ívboltheveder; teherhordó boltív; **~-attachment amplifier** *aut* falhatású elem; **~-attachment effect** *fiz* Coanda-effektus; **~ bars** *pl* bordásfal *(tornaszer)*; **~-base paper** tapéta-alappapír; **~ basin** fali kútkagyló, falikút, kiöntő; **~-beam** *ép* falkötő; falra felfekvő gerenda; **~-board** *ép* építőlemez; falburkoló/födémburkoló lemez; farostlemez; pozdorjalemez; **~ bolt** falicsavar; **~ box** *el* elosztódoboz; *ép* gerendatartó mélyedés *(falban)*; *gép* fali csapágybak; **~ bracket** *el* fali lámpatest, falikar; **~ brick** *ép* falazótégla; **~ carpet** faliszőnyeg; **~-chaser** *ép* falhoronymaró; **~-chipping hammer** *ép* falvéső kalapács; **~ chisel** *ép* falfúró; **~ clamp** *ép* falhorog; **~ cloth** *tex* falkárpit(szövet); **~ column** *ép* épületkeret szélső oszlopa; **~ constraint** *fiz* falhatás; **~ copings** *ép* falfedések; **~ covering** *ép* falburkolás; **~-covering brick** *ép* falburkoló tégla; **~-covering tile** *ép* falburkoló csempe/lap; **~ crest/crown** *ép* falkorona; **~ cycle** *bány* fejtési ciklus; frontciklus; **~ displacement** *krist* határeltolódás, faleltolódás; **~ dowel** *ép* faliék, szegezőék, fali fabetét/tipli/pakli/facsomag; **~-down** *bány* dőlésirányú front; **~-down throw** *bány* levetett szárny; *geol* alsó szárny *(vetőnél)*; **~ drill** *szer* (korona)falfúró; **~-drilling machine** *szer* falfúró, fali fúrógép; **~ duct** *el* fali vezetékcsatorna; **~ edge** *ép* falszegély; **~ effect** *fiz* falhatás; **~ energy** *fiz* Bloch-energia; falenergia; **~-entrance insulator** *rád, el* fali átvezető szigetelő; **~ eye** fali fülecs *(hegyes kapocsvas füleccsel)*; **~ face** *bány* fejtési front; fronthomlok; *ép* falsík; **~ facing** *ép* falburkolat; **~-facing paper** *ép* papírkárpít, tapétapapír; **~ fan** fali szellőző/ventilátor; **~ fitting** *el* fali lámpatest, falikar; **~ flag** *ép* csempe; falburkoló lap; **~ flashings** *ép* falszegélyek; **~ flashings parallel to the eaves** *ép* eresszel párhuzamos (gerinchez eső) falszegélyek; **~ flashings perpendicular to the eaves** *ép* ereszre merőleges falszegélyek; **~ footing** *ép* falalap; lábazati burkolás; **~ form(work)** *ép* falzsaluzat; **~ foundation** *ép* falalap; **~ friction** *ép* falsúrlódás; **~-furring** *ép* vakolatlécezés; **~ gas stove** fali gázfűtőkályha; **~ hanger** falikar; faligyám; **~ heating** falfűtés; **~ hook** *bány* állítóhorog; *ép* falikampó; **~ influence** *fiz* falhatás; **~ instrument** falfúró (gép); **~ insulator** *el* fali szigetelő; **~ interference** *rep* fal zavaró hatása; **~ jet** *fiz* falsugár; **~ joint** *ép* falhézag, fuga; **~-knot** *hajó* feszítőszálcsomó; **~-less counter** *at* fal nélküli számlálócső; **~ line** *ép* falsík iránya; **~-lining** belső borítólemez *(járművön)*; **~ loss** *fiz, koh* falveszteség; **~ method** *bány* frontfejtés, széles homlokú fejtés; **~-mounted cable-line** *távk* fali kábelvonal; **~-mounted grinder, ~-mounted grinding machine** *ép* falcsiszoló gép; **~ mounting** falraszerelés; **~ of the bore hole** *bány* fúrólyukfal; **~ opening** *ép* falnyílás; **~ outlet (box)** *el* dugaszolóaljzat, dugaszaljzat, konnektor; **~-painting** *ép* falfestés; falfestmény; **~ panel** *ép* falpanel, faltábla; **~ piece** *bány* falazott főtebiztosítás *(szárazon rakott v. nem beton)*; **~ pier** *ép* falpillér, faloszlop, pilaszter; **~-pilaster** *ép* falpillér, pilaszter; **~-pillar mo(u)ld** *ép* falazott pillér zsaluzása; **~ planer** *szersz* fali gyalu(pad)/gyalugép; **~ plaster** *ép* falvakolat, vakoló habarcs; **~ plate** fali lap, fallemez; *bány* aknakeret hosszoldali gerendája; *ép* koszorúgerenda *(alagútban)*; párnalemez; szegélygerenda, sárgerenda; *gép* fali csapágytartó lemez; *mzg* alátét; **~ plug** *el* fali csatlakozódugó, falidugó, villásdugó; *ép* fali fabetét, tipli; **~-pocket** *ép* gerendafészek; **~ pot** *ép* üreges fal(azó)blokk; **~ pressure** *bány* oldalnyomás; *gépk* dugattyúgyűrű-falnyomás; **~ pump** fali szivattyú; **~ receptacle** *el* hálózati csatlakozóaljzat; **~ recombination** *at, fiz* falrekombináció, rekombináció a falon; **~-rock** *bány* oldalkőzet; **~-rock alteration** *bány* oldalkőzet-módosulat; **~ saddle** *ép* kettős lejtésű fedőkő; **~ sealing** *bány* falazatszigetelés; **~ shuttering** *ép* falzsaluzat; **~ slewing crane** fali forgódaru; **~ socket** *el* (fali) csatlakozóaljzat, dugasz(oló)aljzat, konnektor; csatlakozódoboz; **~ socket-outlet** *el* fali csatlakozó; **~ sticking** *ol* lyukfalra tapadás; **~ stopping** *bány* főgát *(falazott)*; **~ stress** *rep* falfeszültség; **~ string** *ép* lépcsőfal; pofafal; **~ stuff** *ép* vakolóhabarcs; **~ telephone set** *távb* fali távbeszélő; **~ thick-**

ness falvastagság *(csőé)*; ~ **thickness tester** falvastagságmérő *(csőhöz)*; ~ **tie** *ép* falkötő vas; ~ **tile** *ép* falburkoló lap, csempe; ~ **top** *bány* főte; *ép* falkorona; ~ **tube** bergmanncső, átvezető szigetelőcső; ~-**type hydrant** fali tűzcsap; ~ **up** *v* fallal körülvesz; elfalaz, befalaz
Wallachian orogeny *geol* walachiai (orogén) fázis
wallboard → wall-board
waller *bány* tömedékberakó munkás
wallet board *pa* iratfedélkarton
wallette *ép* kisméretű kísérleti falpillér
walling *bány* aknakeret-ácsolat; meddőfal rakása; *ép* borító pallózat; falanyag; falazás, falazat; ~ **crib/curb** *bány* alapkeret *(aknafalazat alá)*; ~-**off** *bány* elfalazás; ~ **platform** *bány* falazópad(ozat); ~ **scaffold(ing)** *bány* falazópad(ozat), falazóállvány; *ép* építőállvány, ácsoló padozat; ~ **stage** *ép* falazópad, falazóállvány
Wallman amplifier *fiz* kaszkáderősítő
wallpaper I. *v* tapétáz; **II.** *n* tapéta(papír), papírkárpit
wallpapering *ép* tapétázás
walnut *fa* diófa; ~ **capacitor** *el* miniatűr vákuumkondenzátor; ~ **oil** *vegy* dióolaj
walpurgite *ásv* walpurgit
Walsh functions *távk* Walsh-függvények
walt, walty *hajó* billenékeny
WAN → wide area network
wand pálca; *bány* varázsvessző; *szt* vonalkódolvasó, árcédula-olvasó, személyikártya-olvasó eszköz, fényceruza
wander I. *v* vándorol; (be)jár; **II.** *n* vándorlás, járás; ~ **plug** *el* telepdugasz *(anód- v. rácstelephez)*; vonalkapcsoló dugó
wandering I. *a hidr* vándorló *(meder)*; **II.** *n hidr* vándorlás; *rád* elcsúszás, frekvenciaelhúzás; elvándorlás; ~ **coal** *bány* szénfolt, szénlencse; ~ **set** *mat* bolygó halmaz
wane[1] **I.** *v* fogy; **II.** *n csill* apadás; fogyás
wane[2] *fa* fagömbösség, csonka él
waney *fa* fagömbös, csonka élű; ~ **edged** *fa* csonka élűre *v.* gömbösen szélezett
Wankel engine *gépk* Wankel-motor, forgódugattyús motor
wantage rod folyadékszintmérő rúd
war háború; ~-**colo(u)red** *tex* védőszínű, terepszínű; ~ **gas** harcgáz; ~ **nose** *kat* robbanófej; ~ **phone** tábori telefonkészülék; ~-**plane** hadi repülőgép; ~ **test case** *távk* tábori vizsgálószekrény
warble *fiz, rád* vobbuláció; *rád* csicsergés; üvöltő/vobbuláló hang; ~ **carrier system** *rád* vivőfrekvenciaváltoztatással dolgozó jelkulcsrendszer; ~ **tone** *rád* vibráló/üvöltő/vobuláló hang
warbled *rád* frekvencia-modulált
warbler *rád* forgókondenzátor
ward *ép* betegszoba, kórterem; *szersz* bordára illő bemetszés *(kulcstollon)*; kulcsvezető borda
Ward|-Leonard drive *el* Ward—Leonard-hajtás; ~-**Leonard-Ilgner system** *el* Ward—Leonard—Ilgner-rendszer
warding | file *szersz* hézag-műhelyreszelő; ~ **needle file** *szersz* hézagtűreszelő
wardite *ásv* wardit
wardrobe (beépített) szekrény; ruhatár; ~ **trunk** akasztós ruhabőrönd, szekrénykoffer
wardroom *hajó* étkezde; társalgó
ware áru, termék
warehouse I. *v* (be)raktároz, raktárban elhelyez; **II.** *n* (áru)raktár, raktártelep, tárház; ~ **crane** raktárdaru; ~ **machine** raktári állványkiszolgáló gép
warehouseman raktáros, raktárnok
warehousing problem raktározási probléma
warfare *kat* hadviselés
warhead *kat* éles fej *(torpedón)*; robbanófej, robbanótöltet *(rakétában)*
warm I. *v* melegít, felmelegít; (fel)melegszik; **II.** *a* meleg; ~-**air (central) heating** *ép* légfűtés; ~-**air unit** *ép* légfűtő berendezés; ~ **bleach** *pa* meleg fehérítés; ~ **concrete mixer** *ép* melegbeton-keverőgép; ~-**dyeing method** *tex* melegen színező eljárás; ~ **front** *met* melegfront; ~-**front cloud system** *met* melegfront felhőrendszere; ~-**front rain** *met* melegfronti eső; ~-**front-type occlusion** *met* melegfront típusú okklúzió; ~ **laboratory** *fiz* „meleg" laboratórium, közepes aktivitású izotóplaboratórium; ~-**laid surfacing** *ép* melegen beépített burkolat; ~ **occlusion** *met* meleg okklúzió; ~ **pressing** *koh* melegsajtolás; ~ **restart** *szt* rendszer meleg újraindítása; ~ **riveting** *ép* melegszegecselés; ~ **roof** *ép* melegtető; ~ **spring** *geol* langyos forrás; ~ **start** *szt* melegindítás, indítás készenléti üzemmódból; ~ **up** *v* melegít, felmelegít; ~-**up** átmelegítés, felmelegítés; melegedés; ~-**up drift** *rád* frekvenciaelhúzás bemelegedés alatt; ~ **up the engine** *v* motort bemelegít; ~-**up time** *el* felfűtési/bemelegedési idő; ~-**water heating** melegvíz-fűtés; ~-**water supply** melegvíz-ellátás; ~ **working** *mt* melegmegmunkálás
Warman pump *bány* Warman-szivattyú
warmdraw melegen felhúz/ráhúz, felzsugorít
warmer melegítő; *gumi* melegítő henger
warming melegítés; *bány* (ön)melegedés; *koh* átmelegítés; ~ **cup** melegítőcsésze *(izzófejes motoron)*; ~ **mill** *gumi* melegítő hengerszék; ~-**up** felmelegítés; (fel)melegedés; *gépk* motor bemelegítése; *gumi* előmelegítés; ~-**up grade** felmelegedési fok
warn figyelmeztet; jelez *(veszélyt)*; riaszt
warner figyelmeztető; *bány* sújtólégjelző
warning figyelmeztetés; riasztás; riadó; *finm* ütőszerkezet-kioldó; *óra* előesés *(ütőóraban)*; ~ **apparatus** jelzőkészülék; ~ **area** *rep* repülések számára korlátozott terület/légtér; ~ **assembly** figyelmeztetőrendszer; ~ **bell** jelzőcsengő; ~ **broadcast net** *rep* mindenkinek szóló időjárásjelzést sugárzó rádióhálózat; ~ **character** figyelmeztető jel; ~ **circuit** *távk* jelzőkör; ~ **cross** *vasút* figyelmeztető jel *(kereszt)*; ~ **device** monitor, jelzőműszer, ellenőrzőműszer; riasztóberendezés, jelzőberendezés; *rep* figyelmeztető berendezés; ~ **distance** *vasút* előjelző távolság; ~ **flag** *rep* hívásjelző; riasztózászló; ~ **horn** *hajó* jelzőkürt; ~ **lamp** *bány* metánjelző lámpa; ~ **light** optikai jelző, vészjelzőlámpa, figyelmeztető fény; *rep* akadályfény; figyelmeztető helyzetlámpa; ~ **lights** *pl rep* jelzőlámparendszer, helyzetlámparendszer; ~ **message** *rep* figyelmeztető közlemény; ~ **network** *rep* mindenkinek szóló figyelmeztetést sugárzó rádióhálózat; ~ **pipe** *ép* túlfolyócső; ~ **radar** *rep* légtérfelderítő radar; ~ **signal** figyelmeztető jelzőlámpa/jelzés; *bány* jelződuda; *rep* figyelmeztető jelzés, riasztójelzés; *vasút* előjelző; ~ **stage in land drainage** *hidr* bel-

vízi készültség; ~ **station** *rep* figyelmeztetőállomás, riasztóállomás; ~ **system** riasztóberendezés; *rep* jelzőrendszer, riasztórendszer; ~ **wheel** *óra* halasztókerék

warp I. *v mt* elgörbül, (meg)vetemedik; *tex* felvet *(fonalat)*; összesodor *(kötelet)*; **II.** *n fa, mt* elgörbülés, (meg)vetemedés; *hajó* vontatókötél; *tex* lánc(fonal); ~ **and weft** *tex* lánc és vetülék; ~ **ball** *tex* láncgombolyag; ~**-balling machine** *tex* lánctekercselő, lánctekercsberakó gép; ~ **beam** *tex* lánchenger; ~**-beaming machine** *tex* láncfelhengerlő gép; ~**-beam jack** *tex* lánchengerszállító kocsi; ~**-beam weighting motion** *tex* lánchenger-fékberendezés; ~ **chain** *kh* zsinórfektetés; ~ **cheese** *tex* keresztcséveszerű lánchenger; ~ **contraction** *tex* láncbedolgozás; ~ **cop** *tex* láncfonalkopsz *(szelfaktorhoz)*; ~ **drawing** *tex* láncfonalbefűzés; ~**-drawing machine** *tex* befűzőgép; ~ **dressing** *tex* láncírezés; ~**-dyed weft** *tex* lánchengeren színezett vetülékfonal; ~ **dyeing** *tex* lánc(fonal)színezés; ~ **effect** *tex* lánchatás, lánckötés; ~ **end** *tex* láncfonal; ~ **entry** *tex* befűzés mintaeleme; láncfonalbefűzés; ~ **eye** *tex* nyüstszem; ~**-face twill** láncsávoly; ~ **float** *tex* lánc(fonal)lebegés; ~ **gaiter** *tex* láncbefűző *(személy)*; ~ **gaiting** *tex* láncfonalbefűzés; ~**-governing motion** *tex* láncadagoló szerkezet *(szövőgépen)*; ~**-knit(ted)** *kh* láncburkolt, lánckötött; ~**-lace net** *tex* láncburkolt háló; ~ **line** *tex* láncirány, láncvonal; ~ **loom** *kh* láncburkoló gép; ~**-loom tape** *kh* keskeny láncburkolt szalag; ~**-order ticket** *tex* felvetőkártya; ~ **pattern** *tex* láncminta-felvetési rend; ~**-pile fabric** *tex* láncbársony; ~**-preparation** *tex* felvetőüzem(rész); ~**-printed fabric** *tex* láncban nyomott szövet; ~ **replenishment** *tex* láncfonalbefűzés; ~ **ribs** *pl tex* láncbordázás, láncripsz; ~ **roller** *tex* felvetőhenger; ~ **sheet** *tex* felvetőszalag *(láncfonalakból)*; ~ **shrinkage** *tex* láncbedolgozás; ~ **size** *tex* írezőanyag; ~ **sizing** *tex* láncírezés; ~**-sizing frame** *tex* írező gép; ~ **slashing** *tex* írezés; ~ **smash** *tex* tömeges lánc(fonal)szakadás; ~ **spooler** *tex* lánccsévélő (munkás); ~**-spooling machine** *tex* lánccsévélő gép; ~**-stop dropper** *tex* lamella; ~ **streak(s)/stripe(s)** *tex* lánchirányú csíkosság, láncsíkosság *(szövethiba)*; ~ **take-up** *tex* lánc(fonal)bedolgozás; ~ **tear resistance** *tex* láncirányú szakítószilárdság; ~ **tension** *tex* láncfonalfeszültség; ~**-tension rod** *tex* láncfeszítő cső *(kúpos felvetőgépé)*; ~ **texture** *tex* láncirányú sűrűség; ~ **thread** *tex* láncfonal; ~**-thread movement** *tex* szádképzés; ~**-thread row stitching** *tex* pótláncfonalrendszer alászövése/beszövése; ~**-tying machine** *tex* lánccsomózó gép; ~ **weight** *tex* láncfonalsúly; ~ **weighting** *tex* láncfonalfékezés; ~**-weighting arrangement** *tex* láncfeszítő szerkezet; ~ **winder** *tex* lánccsévélő *(munkás)*; ~**-winding machine** *tex* lánccsévélő gép; ~ **yarn** *tex* lánc(fonal); ~ **yarn-beam flange** *tex* lánchengertárcsa

warpage *mt* deformáció; meggörbülés, (meg)vetemedés

warped | **side wall** ferde oldalfal; ~ **surface** *heg* elhúzódott felület; ~ **transition** *hidr* torzfelület

warper *tex* felvető *(munkás)*; felvetőgép; ~ **creel** *tex* láncfelvető állvány; ~ **department** *tex* felvetőüzem(rész); ~ **drum** *tex* felvetődob; ~ **equipment** *ép* lavírozó berendezés; ~ **hawser** *hajó* kikötőkötél; ~**-machine** *tex* felvetőgép; ~ **mill** *tex* felvetőüzem(rész); ~ **movement** *geol* duzzadási emelkedések képződése; földkéregrengés; ~ **plant** *tex* felvetőüzem(rész); ~ **winch** *ép* lavírcsörlő

warping *fa* vetemedés, elgörbülés; *hajó* átállítás kötelekkel *(kikötőben)*; *hang* hanglemez hullámosodása; *tex* felvetés *(szélesen)*; ~ **anchor** *hidr* kukázóhorgony

warpwise *tex* láncirányban

warrant I. *v* biztosít, szavatol; **II.** *n* meghatalmazás; jótállás, biztosíték; (hatósági) bizonyítvány; raktárjegy

warranted calorific value szavatolt fűtőérték

warranty jótállás, szavatosság, garancia; ~ **claim** szavatossági igény; ~ **test** átvételi próba

Warren girder/truss *ép* szimmetrikus rácsozású tartó; Warren-féle rácsos tartó

warrenite *ásv* warrenit

Warrington rope Warrington-kötél

Warsaw notation/symbolism *szt* lengyel/elülső jelölés

wart *fa* görcs, göcs; *orv* szemölcs(össég)

warthaite *ásv* warthait

warwickite *ásv* warwickit

wash I. *v* mos; öblít; *bány* iszapol; mos; osztályoz; *élip* fed, affinál; *koh* dúsít; foszfortartalanít; **II.** *n* mosás; lemosás; moslék; *bány* mosás; *ép* anyagjel(zés) *(rajzon)*; *geol* alluviális réteg; hordaléktalaj; vízmosásos árok/part; *hajó* sodor, hullámcsapdosás; *koh* foszfortalanítás; mosás; *orv* lemosószer, borogatószer; *rep* áramlási zavar; légáramlás; örvénylés, örvényzóna; ~**-and-wear effect** *tex* mosásálló és vasalást nem igénylő hatás; ~**-and-wear fabric** *tex* vasalást nem igénylő áru; ~ **away** *v geol* elmos, kimos, lemos; ~ **back** *v tex* fésülés után mos gyapjút; ~ **basin** *ép* mosdó, mosdókagyló; ~**-bath** *tex* mosófürdő; ~ **boiler** *ép* mosóüst; ~**-boring** *bány* öblítőfúrás; ~**-boring rig** *bány* öblítőfúró berendezés *(kőzetfúráshoz)*; ~**-bowl** *ép* mosogató, mosdó(kagyló); ~ **box** *bány* ülepítőkád, ülepítőgép; ~ **column** *ol* mosótorony, scrubber; ~ **cylinder** *tex* mosódob; ~ **down** *v* lemos, leöblít; ~**-down** lemosás; ~**-down spear** *ol* szelepsúlyvezető tüske; ~**-down toilet** *ép* WC-berendezés, vízöblítéses vécé; ~ **drawing** áttetsző festékkel készült kép; ~ **fault** *bány* telepzavartság *(kimosás által létrejött)*; ~ **fountain** *ép* (csoportos) mosdókút; ~ **gas** *ol* mosott gáz; ~ **gilding** *finm* aranyozás amalgámmal; ~**-hand basin** *ép* mosdó(kagyló), kézmosó; ~**-heating furnace** *koh* revétlenítő kemence; ~ **hole** *bány* derítő, zsomp; ~**-house** mosoda; *bány* osztályozómű, dúsítómű, szénmosó; ~**-in** *rep* pozitív szárnyelcsavarás; ~ **leather** *bőr* mosóbőr; ~ **liquor** *vegy* mosófolyadék; mosóoldat; ~ **load** *hidr* lebegő hordalék; ~**-off relief process** melegvizes eljárás *(pigmentnyomásnál)*; ~ **oil** *ol* mosóolaj, gázmosó olaj; ~ **out** *v* kimos; ~**-out** *at* kimosódás; *bány* erózió; kimosás, elmosás; *ép* kimosódás; pályarongálódás *(víz okozta)*; *hang* kitörlés *(magnetofonon)*; *rep* negatív szárnyelcsavarás; ~**-out cavity** *ol* kaverna; ~**-out door** *ép* szennylényílás; ~**-out heat** *koh* első olvasztás *(martinkemencében)*; ~**-out plug** *ol* öblítődugó; ~ **over** *v* vízzel eláraszt; *ol* átöblít, átmos *(fúrócsövet)*; ~**-over** → washover; ~ **pan** *bány* kéziszérke; ~**-pipe** *geol* öblítőszonda; *ol* fúrócsövet átfúró/kifúró cső; ~ **plain** kavicsmező, homokmező; ~

plate *hajó* lengéscsillapító lemez *(tartályban)*; ~ **point** *forg* vízöblítéses fúrófejcsúcs; ~**-point-penetrometer** *talt* öblítőszonda; ~ **port** fedélzeti vízlefolyó nyílás, fedélzeti lefolyócsőr; ~ **pot** mosóedény; ~**-proof** mosásálló, mosható; ~**-proof finish** *tex* mosásálló kikészítés; ~ **solution** *vegy* mosófolyadék; mosóoldat; ~ **syrup** *cu* fehérszörp; ~ **tower** *ol* mosótorony, scrubber; ~ **valve** mosóvízszelep *(szűrőé)*; ~**-water** *cu* mosóvíz, fedővíz; *geol, hidr* mosóvíz, öblítővíz; ~**-water pump** *koh* mosóvizes szivattyú; ~ **welding** *heg* felületi ömlesztéssel végzett hegesztés

washability moshatóság; *bány* moshatóság; *bány, koh* dúsíthatóság; ~ **characteristics** *pl bány* szénmoshatóság mérőszáma; ~ **curves** *bány* dúsítási/szénmosási görbék; üzemi mosási görbék

washable mosható; ~ **ore** *bány* mosóérc

washboard mosódeszka; *ép* falvédő függőleges deszka *(padlóhoz csatlakozó)*; lambéria; sávosra koptatott kövezet; *fa* hullámos felületű deszka; *hajó* habvédő, hullámvédő; ~ **formation** hullámos rovátkolás

washboarding *ép* hullámosodás *(útburkolaté)*

washed mosott; tisztított; ~ **chip(ping)s** *ép* mosott zúzalék; ~ **clay** *ép* iszapolt anyag; ~ **coal** *bány* mosott szén; ~ **concrete surface** *ép* mosott (adalékanyagos) betonfelület; ~ **dirt** *bány* mosóműi meddő; ~ **electrode** *heg* bevonat nélküli hegesztőpálca; ~**-in aileron** *rep* behúzott csűrőlap; ~ **ingot** *önt* foszfortalanított öntecs; ~**-out** elszíntelenedett; kifakult; *foto* elmosódott; ~**-out surface** *ép* mosott betonfelület; *koh* foltos felület *(öntvényen)*; ~**-out wool** *tex* mosott gyapjú; ~ **tailings** *pl bány* mosóműi meddő

washer mosóberendezés, mosógép; mosómunkás; *gép, szer* alátétkarika, alátéttárcsa; aljlemez, párnalemez; biztosítólemez; csavar-alátétlemez; *távk* termisztorgyűrű; ~ **cutter** *szer* tárcsakivágó; ~ **for tension** *tex* fonalfeszítő karika; ~ **tab** *gép* biztosítónyelv

washery mosoda, mosóüzem; *bány* mosó(berendezés); mosómű; ~ **kettle** mosóüst; ~ **water** *bány* mosóvíz

washing mosás, tisztítás; *bány* nedves előkészítés; öblítés; *élip, cu* fedés; *foto* áztatás; *ol* mosás, öblítés; ~**-active substance** *tex* mosásaktív anyag; ~**-and-screening machine** *ép* mosóvibrátor; ~ **attack** *koh* kimaródás; ~ **bank** *hidr* mart/szaggatott part; ~**-blue paper** *tex* kékítőpapír; ~ **compound** *élip* mosószer; ~ **cylinder/drum** *pa* mosódob; ~ **engine** *pa* mosó hollandi; *pa, tex* mosó berendezés; ~ **fastness** *tex* mosásállóság; ~ **heat** *koh* öblítőbetét; ~ **in rope form** *tex* kötegben mosás; ~ **line** *koh* mosósor; ~**-machine** mosógép; ~ **masticator** aprító-mosó gép; ~ **of a bank** *hidr* partomlás, parterózió; ~**-off** kimosás; *geol* elmosás; ~ **oil** mosóolaj; ~**-out** mosás, öblítés; *rád* törlés; ~**-out of concrete** *ép* beton kilúgozódása; ~**-out of the foundation** *ép* alapozás kimosása; ~ **plant** *bány* ércmosógép; ~ **powder** mosópor; ~ **pump** *pa* mosó szivattyú; ~**-resistant** mosásálló, mosható; ~ **screen** *pa* spriccelő tárcsa; ~ **screw** *ép* csigás osztályozó; nedves spirálosztályozó, homokleválasztó csiga; ~ **soda** *vegy* mosószóda, kristályszóda; ~ **solution** *élip* mosófolyadék; ~ **stage** *koh* mosólépcső; ~**-table** *bány* mosószér; ~ **tank** *tex* mosókád; ~ **tower** *ol* mosótorony; ~**-up basin** mosogató; ~**-up machine** mosogatógép; ~**-up sink** mosogató; ~ **vat** *pa* mosókád; ~ **water** *hidr* mosóvíz

Washington hatching tank *hidr* washingtoni medence

washout → wash-out

washover *bány, ol* körülfúrás; ~ **pipe** *ol* körülfúrócső; ~ **swivel** *ol* öblítőfej

washroom *US* illemhely, mosdó

wastage hulladék, szemét; veszteség; *hidr* csurgalékvíz; ~ **allowance** anyagveszteségi ráhagyás

waste I. *v* elveszteget, elpazarol; elpusztít; felemészt; elront; elhasználódik; elforgácsolódik; elromlik; **II.** *a* értéktelen, selejtes, nem hasznosítható; elhasznált; kihasználatlan; **III.** *n* veszteség, elhasználódás; hulladék, selejt; *bány* lemüvelt terület; meddő(hányó); régi vágat; szénapró; tömedékvágat, berakatbordaköz; *ép, szer* lefolyó; *hidr* szennyvíz; túlfolyó; *koh* huzalhulladék; *nyom* selejtes ív; *tex* hulladék; rongy; ~ **acid** használt sav, hulladéksav; ~ **alkali** hulladéklúg; ~ **analysis** *környv* hulladékvizsgálat; ~ **at cards** *tex* kártolási hulladék; ~ **bank** *ép* depónia; *koh* hányó; ~ **bin** szemétkosár; ~ **bunker** hulladékbunker; ~ **burning** hulladékégetés; ~**-carding engine** hulladékkártoló (gép); ~ **channel** *ép* csatorna; *hidr* szabadzúgó, fölösleges vizet levezető csatorna; ~ **chute** *bány* meddőcsúszda, tömedékcsúszda; meddőgurító; ~ **classification** hulladékosztályozás; ~ **cloth** szövetmaradék; törlőrongy-anyag; ~ **coal** *bány* hányóból szedett szén; ~ **collection** hulladékgyűjtés; ~ **compaction** hulladéktömörítés; ~ **compression** hulladéktömörítés; ~ **container** hulladéktartály; szeméttartály; *at* radioaktívhulladék-tároló; ~ **content** *bány* meddőtartalom; ~ **crib** tömedékszekrény; ~ **crushing** hulladékaprítás; ~ **deposition** hulladéklerakás; ~ **device** *hidr* fölös vizet elvezető berendezés; ~**-discharge channel** *hidr* árapasztó csatorna; ~ **disposal** hulladékeltakarítás; (radioaktív) hulladék eltávolítása/lerakása/elhelyezése; ~ **disposal well** *ol* szennyvízbesajtoló kút; ~ **disposer** hulladékaprító; ~ **ditch** fölös vizet levezető árok; szennyvízlecsapoló csatorna; ~ **dump** *bány* meddőhányó; ~**-edge support** *bány* törőélbiztosítás; ~ **elimination** szemétemésztés, szemételtávolítás; hulladékártalmatlanítás; ~ **exhauster** szemételszívó; ~ **field** *el* szóródási erőtér; ~**-filled basin** *bány* meddőkőzetes medence, meddőteknő; ~**-filling chute** *bány* tömedékgurító; ~ **floor** *bány* tömedékelő padozat; ~**-free technology** hulladékmentes technológia; ~ **from the same working face** *bány* saját meddő; ~ **gas** *at* hulladékgáz; *gépk* kipufogógáz; *koh* füstgáz; *ol* kilépő gáz; ~**-gas analysis** *at* elmenőgáz-analízis; ~**-gas engine** torokgázmotor; ~**-gas heater** füstgázos előmelegítő; ~**-gas recirculation** *koh* hulladékgáz-keringtetés; ~ **head** *önt* öntőfej *(kokillán)*; ~**-heap (dump)** *bány* meddőhányó; ~**-heap ore** *bány* hányóérc; ~ **heat** *koh* fáradthő, hulladékhő, távozó hő; ~**-heat boiler** *koh* rekuperációs kazán, hulladékhő-hasznosító kazán; ~**-heat flue** füstjárat *(hulladékhőt elvezető)*; ~**-heat recovery** hulladékhő-visszanyerés; ~**-heat recuperation/utilization** *koh* hulladékhő-hasznosítás; ~ **hydrolysis** hulladékhidrolízis; ~ **incineration** hulladékégetés; ~ **instruction** *szt* művelet nélküli utasítás; üres utasítás; ~ **line** *geol* erózió síkja; ~ **liquor** *pa* szennylúg; *vegy* elhasznált lúg, hulladéklúg, hulladékfolyadék; ~ **lye** hulladéklúg; ~ **management** *bány* meddőgazdálkodás; *környv* hulladékgazdálkodás; hulladékkezelés; ~ **market** *környv* hulladékbörze; ~ **matter** maradvány; ~ **metal** *koh* fémhulladék, fémveszteség, vakarék; ~ **mill** *bány* tömedékmalom; ~ **of chemical industry** vegyipari hulladék; ~ **of gas** *ol* gázpazarlás, gázveszteség; ~ **of heat** hőveszteség; ~ **oil** *ol* használt olaj, fáradt olaj, desztillációs maradék; ~**-oil preparation** fáradt/használt olaj feldolgozása; ~ **on reeling** *tex* legombolyítási hulladék; ~ **opener** *tex* fonalhulladék-bontó gép; ~ **outlet** *hidr* fenéklebocsátó; ~ **paper** *nyom* makulatúra, papírhulladék, selejtpapír; ~**-paper basket** papírkosár, szemétkosár; ~**-paper pulp** *pa* félanyag; ~ **pass** *bány* meddőgurító; ~ **pickle water** *koh* pácolási hulladékvíz; ~ **pile** *ép* törmelékhalom; ~ **pipe** ejtőcső, esőcső, leszállócső, lefolyócső, kifolyócső; ~ **processing** *at* hulladékkezelés; *környv* hulladékfeldolgozás; ~ **product** selejt, hulladék; ~ **recovery** *környv* hulladékhasznosítás; ~ **recycling** *at, környv* hulladék-újrafelhasználás; ~ **removal** hulladékelhordás; ~**-rock pile** *bány* meddőhányó; ~ **rubber** gumihulladék; ~ **selection** hulladékválogatás; szemétválogatás; ~ **silk yarn** *tex* sappfonal; ~**-size reduction** hulladékaprítás; ~ **sluice** szabadzúgó zsilipje *(vízimalomnál)*; ~ **sorting** szemétválogatás; ~ **space** *el* holttér; ~ **steam** fáradt gőz; ~**-steam heating** fáradtgőz-fűtés; ~ **storage** hulladéktárolás; ~**-storage bunker** szeméttároló; ~ **stuff** selejtpapír; ~ **suspension** *bány* mosalékszuszpenzió; ~ **traffic** *el* meddő forgalom; ~ **transport** hulladékszállítás; ~ **trap** *ép* buraszifon; ~ **treatment** hulladékkezelés, hulladékfeldolgozás; ~ **utilization** hulladékhasznosítás; ~ **valve** *ép, hidr* fölös vizet elvezető szelep; kieresztőszelep; ~ **volume** szeméttérfogat; ~ **water** hulladékvíz; szennyvíz; *bány* bányavíz, csurgalékvíz; iszap; mosalékvíz; *hidr* szennyvíz, vízfelesleg; *pa* szennyvíz; ~**-water cleaning** szennyvíztisztítás; ~**-water disinfection** *környv* szennyvíz-fertőtlenítés; ~**-water disposal** szennyvízelhelyezés; ~**-water filter** szennyvízszűrő; ~**-water gallery** *bány* víztelenítő táró; ~**-water pipe** közcsatorna; ~**-water pretreatment** szennyvíz-előkezelés; ~**-water pump** szennyvízszivattyú; ~**-water purification** szennyvíztisztítás; ~**-water recirculation** szennyvíz-recirkuláció; ~**-water removal** szennyvízelhelyezés; ~**-water stripper** *ol* szennyvízkigőzölő, szennyvízsztrippelő (kolonna/torony); ~**-water thickener** *élip* szennyvízülepítő; ~ **weir** *bány* bukógát; *hidr* bukó; túlfolyó; ~ **well** pöcegödör, űrgödör; ~ **wood** faforgács, hulladékfa; ~**-wood chipper** *pa* hulladékfa-aprító

wastebasket *US* → waste-paper basket

wasted power veszteségi teljesítmény

wasteful resistance *fiz* parazita ellenállás, káros/veszteségi ellenállás

wasteman *bány* szellőztetési felelős

waster selejt; *ép* kőművesvéső; *tex* selejtáru; ~ **gas** távozó gáz

wastewater → waste water

wasteway szennyvízelfolyás; *ép* folyóka; *hidr* túlfolyó, bukó, tehermentesítő mű

wasting *ép* kő kibontása a tömbből; ~ **of water** *hidr* vízpazarlás

watch I. *v* őriz, felügyel; **II.** *n* felügyelet; óra, időmérő (berendezés), kronométer; ~ **bow** zsebórafül; ~ **box** *vasút* pályaőrház; ~ **bracelet** karóraszíj, órakarkötő; ~ **case** óratok; ~**-case mo(u)ld** *gumi* vacskéz *(zsebóra alakú nyitható forma)*; ~**-case tool** óratokigazító; ~**-chain** óralánc; ~**-cleaning pitch** óratisztító bodzabél; ~ **clock** ébresztőóra; őrellenőrző-óra; ~ **collet** óratok; ~ **frequency** *rep* lehallgatófrekvencia; ~**-glass** kémlelőüveg; óraüveg; homokóra; ~**-key** órafelhúzó kulcs; ~**-light** őrfény; éjjeli úszómécs; ~**-maker** órás; ~**-maker's screwdriver** óráscsavarhúzó; ~**-making thread** óráscsavarmenet; ~ **movement** *óra* járat; ~ **pointer** óramutató; ~ **prop** *bány* ideiglenes tám; ~**-rate recorder** órafigyelő készülék; ~**-screw thread** óráscsavarmenet; ~ **station** megfigyelő állomás (tűzoltó); ~ **tackle** *ép* gémbillentő/árboctartó csigasor *(kotrón)*; *hajó* könnyű csigasor, csigázó

watched aggregate szárazbeton

watchman őr; ~**'s house** *vasút* őrház

water I. *v* (meg)nedvesít; vízzel ellát; áztat; vizez, hígít; nedvesedik; *közl* vizet vesz fel; *mzg* eláraszt; öntöz, permetez, meglocsol; *tex* moaréz; tükrös felületet ad *(szövetnek)*; **II.** *n* víz; *ol* talpi víz, feküvíz *(olajhomok alatt)*; ~**-absorbing** nedvszívó, higroszkópos; ~**-absorbing capacity** *bány, ol* vízfelvevő/víztartó képesség; ~**-absorbing measure** *geol* vízfelszívóképességi mérőszám; ~ **absorption** *bány, hidr* vízelnyelés, vízfelvétel; ~**-absorption test** *bány* víznyeletés; ~ **activity** *at* vízaktivitás; ~ **addition** vízhozzáadás; ~ **aerodrome** *rep* vízirepülőtér, vízirepülő-állomás, repülőgép-kikötő; ~ **after-treatment** *ép* nedves utókezelés, nedvesentartás *(betoné)*; ~**-air clarifier** *szell* vizes légtisztító berendezés; ~ **aircraft** *rep* vízirepülőgép, hidroplán; ~**-air heat exchanger** *bány* víz-levegő hőcserélő; ~ **analysis** vízanalitika; vízvizsgálat; ~ **area** *rep* vízirepülőtér vízterülete; ~ **atomizer** *bány* ködfúvóka; *hidr* vízporlasztó; ~**-attaching** vízszívó, higroszkópos; ~ **authority** *hidr* vízgazdálkodási hatóság; ~ **baffler** *hidr* vízterelő; ~**-bag** vízzsák; ~ **balance** *hidr* vízháztartás, vízmérleg; ~ **balance diagram** *hidr* vízgazdálkodási ábra; vízkészletgazdálkodási diagram; ~ **ballast (WB)** *hajó* vízballaszt, vízfenéksúly; ~ **banking** *bány* víztorlasztás; *hidr* vízpangás; ~ **bar** *ép* vízvető *(nyílászárón)*; ~ **barrel** *bány* vízemelő bödön; ~ **barrier** víztömítés; ~**-barring rock** *bány* vízrekesztő kőzet; ~**-based aircraft** *rep* repülőcsónak; vízirepülőgép, hidroplán; ~**-base mud** *geof* vízbázisú öblítőiszap; ~ **basin** *hidr* víztároló, vízmedence, víztározó; ~ **batcher** *ép* vízadagoló; ~ **batcher scale** *ép* vízadagoló mérleg; ~ **batching** *ép* vízadagolás; ~ **bath** vízfürdő; ~**-beam pump** vízsugár-légszivattyú; ~**-bearing** víztartalmú, vízvezető; vízdús; *bány* vízzel telített/elárasztott; *geol* víztartó *(réteg)*; ~**-bearing bed** *ol* vízvezető/víztároló réteg; ~**-bearing fault** *bány* vízvezető vető; ~**-bearing formation** → ~-bearing layer; ~**-bearing ground** *geol* vízdús/víztároló/vízvezető kőzet; ~**-bearing layer** *hidr* víztartó/víztároló/vízadó réteg; ~**-bearing rock** *bány, geol* vízszállító/vízvezető/víztároló kőzet; ~**-bearing stratum** → ~-bearing layer; ~**-binding ability** *ol* víztartó képesség; ~**-binding power** vízlekötő képesség; ~ **blast (pump)** vízsugár légszivattyú; ~ **blooming** *hidr* vízvirágzás; ~ **body** *hidr* víztest, víztömeg; ~ **boiler** vízmelegítő; ~ **boiler reactor (WBR)** *at* forróvizes reaktor; ~ **bomber** *rep* tűzoltó repülőgép; ~**-borne** vízen *v.* vízi úton szállított; *élip* vízben terjedő; ~**-borne sediment** *geol* vízi üledék; ~**-bound macadam** *ép* vízzel kötött makadám(burkolat); ~ **box** *koh* hűtő vízköpeny *(kemencén)*; *tex* nedvesítőteknő, nedvesítővályú; ~ **brake** vízfék; ~ **breaker** *hidr* víztörő gát; ~ **bridge** *koh* vízhűtéses tűzgát; ~ **budget** *hidr* vízháztartás; vízmérleg; ~ **buoyancy** *fiz* vízfelhajtóerő; ~ **butt** vizesveder; ~ **cable** folyamkábel; ~ **canon** vízágyú; *bány* hidromonitor; ~**-carriage system** *ép* házi csatornázás; ~ **carrier (WC)** vízszállító jármű; ~**-carrying bridge** *ép* akvadukt; ~**-carrying capacity** *hidr* vízszállító képesség; ~ **cart** (vizes)lajt; ~ **cartridge** *bány* vízzel telt gyűrűvel körülvett töltény; ~ **catching** *bány* vízelvezetés; ~ **catchment** *bány* zsomp, vízgyűjtő; *hidr* vízkivétel; ~ **cavity** (hűtő) víztér; ~**-cement ratio** *ép* víz-cement tényező; ~ **chamber** *ép* vízzár; *műa* vízköpeny; víztér; ~**-chamber floor** vízkamrafenék; ~ **channel** *at* hűtővízcsatorna; *ép* folyóka; *rep* vízcsatorna; ~ **charge** *hidr* vízdíj; vízszolgáltatási díj; ~**-checked** *ép* vízvájatos hornyolású; ~ **chemistry** *hidr* vízkémia; ~ **circulation** *met* víz körforgása; vízforgalom; ~ **cistern** víztartály; ~ **clarification** víztisztítás; ~ **clarification with activated carbon** *bány* aktívszenes víztisztítás; ~**-clarifying plant** *hidr* derítőtelep; ~ **cleaning** víztisztítás; ~ **clearance of the wing** *rep* víz feletti szárnymagasság; ~**-closet (WC)** *ép* WC-berendezés, vécé, vízöblítéses klozett; ~**-closet flush toilet** WC-berendezés, vécé, vízöblítéses klozett; ~**-closet pan** WC-csésze, WC-kagyló, vécécsésze, vécékagyló; ~ **coat** vízhártya, vízfilm; ~ **cock** vízcsap; ~ **coil for cooling** *ép* közvetett léghűtő *(vízzel)*; ~**-collecting sump** *bány* szivattyúzsomp, vízteknő, vízgyűjtő gödörzsomp; ~**-colour** vízfesték; ~ **column** *hidr* vízoszlop; ~**-column arrester** vízoszlopos túlfeszültséglevezető; ~**-compacted rockfill** *hidr* iszapolt kőhányás; ~ **concentration** *bány* nedves előkészítés, előkészítés nedves úton; ~ **conditioning** *vegy* vízelőkészítés; vízkezelés; ~ **conduit** *hidr* vízvezeték; vízvezető csatorna, vízszállító mű; ~ **cone** *ol* vízkúp; ~ **conservancy** *környv* vízvédelem; ~ **conservation** *környv* vízvédelem; ~**-conservation balance** vízgazdálkodási mérleg; ~ **constable** *hidr* vízőr; ~**-consumer** *környv* vízfogyasztó; ~**-consumption** vízfogyasztás; vízelhasználás; *ép* mértékadó terhelés; ~**-contaminant material** vízszennyező anyag; ~ **contamination** *környv* radioaktívvíz-szennyezés; ~**-content** víztartalom, nedvességtartalom; ~**-content determination** víztartalom-meghatározás; ~**-content measurement** *ol* dielektrometriás folyadék-nedvességmérés; ~ **control** *bány* vízvédelem; ~ **control(ling) dam** *bány* vízgát; ~ **conveyance of a sprinkler lateral** *hidr* szárnyvezeték vízszállítása; ~ **coolant** hűtővíz; ~**-cooled (w.c.)** vízhűtéses, vízhűtésű; ~**-cooled electrode** *koh* vízhűtéses elektród; ~**-cooled engine** *rep* vízhűtésű/vízhűtéses motor; ~**-cooled lattice** *at* vízhűtéses reaktorrács; ~**-cooled motor** *gép* vízhűtéses motor; ~**-cooled resistance** *el* vízhűtéses ellenállás; ~**-cooled roof** *koh* vízhűtéses boltozat; ~**-cooled transformer** *el* vízhűtéses transzformátor; ~**-cooled tube/valve (WCT)** *el* vízhűtéses cső; ~**-cooler** vízhűtő; ~**-cooling** vízhűtés; ~**-cooling jacket** vízhűtőköpeny; ~ **counter with electronic transducer** elektronikus jeladós vízmérő; ~**-course** → watercourse; ~ **crack** *hők* vízedzési repedés; ~**-craft** vízi jármű; ~**-creped paper** nedves krepp-papír; ~ **culture** *mzg* vízkultúra; ~ **curb** *bány* vízgyűjtő koszorú; vízhatlan ácsolatkeret; ~**-cured concrete** *ép* vízben kezelt/kötött beton; ~ **curing** *ép* nedves utókezelés; ~ **cushion** *bány, hidr* vízhenger, vízpárna *(utófenék)*; ~ **cut** *ol* termelési víztartalom, termelt olaj víztartalma; ~ **cycle** hidrológiai körfolyamat; vízforgalom; vízkörforgás; ~ **cyclone** *bány* vizes ciklon; ~ **damage** *hidr* vízkár; ~**-damage prevention** *hidr* vízkárelhárítás; ~ **damming** *bány* víztorlasztás; ~ **deficiency/deficit** *hidr* vízhiány; ~ **delivery** vízszolgáltatás; ~ **demand** vízigény; vízszükséglet; ~ **demineralization** *vegy* vízlágyítás; ~ **design** *tex* moaréminta; ~ **detecting** *ol* víznyomozás; ~ **detection** *pa* víztartalom-meghatározás; ~ **discharge** vízmennyiség, vízhozam; *bány, hidr* vízkifolyás, vízleeresztés; ~**-discharge capacity** *bány* vízadó képesség; ~**-discharge pipe** vízleeresztő, vízszállító cső; ~**-dispersible** vízben diszpergálódó; ~ **dispersion** *élip* vízdiszperzió; ~ **displacement** *fiz* vízkiszorítás; ~**-displacing liquid** *vegy* víztaszító folyadék; ~ **distribution** *hidr* vízelosztás; vízszétosztás; ~ **ditch** *bány* vízcsorga; ~ **diversion** *hidr* vízelterelés, vízterelés; ~**-diverting structure** *hidr* vízterelőmű; ~ **divide** vízválasztó; ~ **divining** *hidr* varázsvesszős vízkutatás; ~ **down** *v* hígít, felvizez; ~ **drain** *gépk* vízleeresztő (cső); ~ **drainage** *ép* alagcsövezés, vízlevezetés; ~**-drain cock** vízleeresztő csap; ~**-drain pipe** víztelenítőcső; ~ **draw-off** *bány* vízelvonás; ~ **dressing** *ép* vízelőkészítés; *tex* nedves appretúra; ~ **drill** *ol* vízöblítéses fúró; ~ **drip** vízcsepegés; *ép* vízorr; vízvezető; ~ **drive** *ol* vízvisszanyomás; ~**-drive (natural) gas reservoir** *ol* víznyomású gáztelep; ~**-drive reservoir** *ol* vízhajtású kőolajtároló; ~ **drop** vízcsepp; ~**-drop doubler** *tex* kettőzőgép; ~ **economics** vízgazdálkodás; ~ **economy balance/budget** vízgazdálkodási mérleg; ~ **ejector** *fiz* vízsugárejektor, vízsugár-légszivattyú; ~ **elevation** *hidr* vízállás; ~ **elevation of sill** *hidr* küszöbmagasság; ~ **elimination** *talt* vízkizárás; ~ **engine** tűzoltó vízszivattyú/fecskendő; ~ **enroachment** *ol* szegélyvíz előnyomulása; ~ **entry** *bány* vízvágat; ~ **entry survey** *ol* vízbelépés meghatározása; ~ **equivalent (WE)** *fiz* hőkapacitás; vízszám, vízegyenérték; ~ **equivalent of snow** *hidr* hó vízértéke; hótakaró vízegyenértéke; ~ **erosion** *geol* talajlesodrás; vízerózió; ~ **exclusion** *bány* vízelzárás; vízkizárás; vízszigetelés; ~ **exhaustor** *ép* vízfelszívó gép; ~ **farm** *hidr* halgazdaság; ~ **fascine** *hidr* rőzsemű; ~ **faucet** vízcsap *(konyhai)*; ~ **feed** vízadagolás, vízellátás, táplálás vízzel; ~ **feeder** *bány* vízforrás; ~ **film** *fiz* vízhártya, vízfilm; ~ **filter** vízszűrő; ~ **finger** *geol* víznyelv; ~**-finished paper** *pa* nedvesen simított papír; ~ **finishing** *tex* vizes kikészítés; ~ **fire-extinguisher** vízzel oltó készülék; ~**-float cock** úszótelep; ~ **flood** *ol* vízár; ~ **flooding** *ol* (ciklikus) vízelárasztás; vízvisszanyomás; ~ **flow** *hidr* vízáramlás; vízmozgás; ~**-flow alarm** vízáramlással működtetett riasztóberendezés; ~**-flow calorimeter** vízátfolyásos kaloriméter, Junkers-kaloriméter; ~**-flow meter** vízmennyiségmérő, vízóra; ~**-flow regulation** *bány* vízrendezés; ~ **flush** vízöblítés *(mélyfúrásnál)*; *bány* ütvefúrás öblítőiszappal; ~**-flush dump** *bány* derítő hányó; ~**-fog** vízköd; ~**-fog pump** vízködszivattyú; ~ **for injection** *gyógyv* injekciós víz; ~ **fountain** ivókút; ~ **furrow** vízzel telt barázda; ~ **gang** *ép* árok, csatorna; lefolyó, folyóka; ~ **gas** *bány, ol* vízgáz; ~**-gas contact** *ol* gáz-víz határ; ~-gas producer vízgázfejlesztő; ~-gas reaction *koh* víz-gáz reakció; ~-gas welding vízgáz hegesztés; ~-ga(u)ge (WG) vízmérő, vízóra; vízállásmutató; vízszintmutató; vízszintmérő; *hajó* vízmélységmérő műszer; ~-ga(u)ge cock vízállásmutató csap; ~-ga(u)ge glass *hidr* vízállásmutató üveg; ~ glass *hidr* vízmérő üveg; *vegy* vízüveg; ~-glass injection *talt* vízüveges talajszilárdítás; ~ grade *bány* vízlefolyást biztosító esés; ~ grate vízhűtéses rostély; ~ guard *hidr* vízőr; ~ gutter *bány* vízcsorga; ~ hammer *bány, ép, hidr* vízlökés, kosütés; *ép, hidr* nyomáslengés; vízi kos; *koh* nyeles kalapács; ~ handling *bány* vízemelés; ~-hardened steel vízedzésű *v.* vízben edzett acél; ~ hardening *hők* vízedzés; ~-hardening steel *hők* vízben edzhető acél; ~ hardness *vegy* vízkeménység; ~-hating *koh* hidrofób; ~ head *bány, hidr* vízoszlopmagasság, nyomómagasság; ~ header vízgát, folyadékgát; vízkamra *(gőzgépé)*; ~ heater (WH) vízmelegítő (berendezés); melegvíztároló, forróvíztároló, bojler; ~ heating vízmelegítés; vízfűtés; ~-holding capacity (WHC) víztartó/vízlekötő képesség; ~ hole *bány* vizes fúrólyuk; *geol* nedves üreg; ~ hone vízkő *(fenéshez)*; ~ horizon *ol* akvifer; ~ horse-power (Whp) *metr* hidraulikai teljesítmény *(lóerőben)*; ~ hose víztömlő, fecskendő tömlő; *gépk* hűtő tömlő; ~ house lakócsónak; ~-hydraulic concrete pump *ép* vízhidraulikus betonszivattyú; ~ impact *bány* kosütés; *hidr* vízütés; ~-impermeability *tex* vízátnemeresztő képesség; ~ in abandoned working *bány* öregségi víz; ~ incursion *talt* elvizesedés; ~ inflow/influx *bány* vízbetörés; vízhozzáfolyás; ~ injection *bány, ol* vízvisszanyomás; *ol* vízbefecskendezés, vízbesajtolás; ~-injection pump vízsugárszivattyú; ~-injection well *ol* vízbesajtoló kút; ~ inlet *hidr* vízkivétel, vízbeömlés; ~-in-oil emulsion *élip* víz-az-olajban emulzió; ~-in-oil mud *ol* invert emulziós öblítőiszap; ~ inrush *bány* vízbetörés; ~-insoluble vízoldhatatlan, vízben nem oldódó; ~ intake *fiz* vízmintavétel; *hidr* vízkivétel, vízbeömlés; ~-intake installation/plant/work *hidr* vízkivételi mű; ~ in the footwall *bány* feküvíz; ~ in the hanging wall *bány* fedővíz; ~ intrusion *ol* elvizesedés; ~ inundation *hidr* vízbetörés; ~ invasion *ol* elvizesedés; ~ jacket *gépk* vízhűtő köpeny, vízköpeny; *koh* vízköpeny; ~-jacketed carburetter *gépk* vízköpenyes porlasztó; ~-jacketed crystal(l)izer *cu* hűtőköpenyes kavaró; ~-jacket(ed) furnace *koh* vízköpenyes kemence; ~-jacketed mo(u)ld *koh* vízzel hűthető öntőforma; ~ jet *bány, hidr* vízsugár; ~-jet arrester vízsugaras túlfeszültséglevezető; ~-jet cleaner *ép* vízsugártisztító berendezés; ~-jet driving *ép* vízsugaras cölöpverő; ~-jet earthing device *el* vízsugárföldelés; ~-jet ejector vízsugár-légszivattyú; ~-jet pump *bány, koh* vízsugárszivattyú; ~-jet vacuum pump vízsugár-légszivattyú; ~-jet washer *ép* vízsugártisztító berendezés; ~-leaf (paper) *pa* enyvezetlen (szűrőképes) papír; ~ leakage *hidr* csurgalékvíz; vízbeszivárgás; vízbetörés; ~ leg *hőt* tűzszekrényt körülvevő víztér; ~-level *bány* alapfolyosó; csapás *(szénbányában)*; *hidr* vízszint, vízállás; vízszintező, vízmérték; víztükör, vízfelszín; ~-level alarm vízállásjelző riasztó; ~-level contour map *ol* vízszinttérkép; ~-level control vízszintszabályozás; ~-level control system *ép* vízhiánybiztosító; ~-level curve vízállásgörbe, vízszintjárás görbéje; *bány* felszíngörbe; ~-level deflection víztükör-elmozdulás *(kiegyenlítőműben)*; ~-level diagram *hidr* felszíngörbe; ~-level fluctuation *hidr* vízjáték, vízingadozás, vízszintingadozás; ~-level ga(u)ge/indicator *hidr* vízállásíró, vízállásjelző; ~-level graph *hidr* vízállásgörbe; ~-level oscillation *hidr* víztükörlengés *(kiegyenlítő műben)*; ~-level recorder vízszintíró, limnográf; ~-level signal(l)ing device *ép* vízhiánybiztosító; ~-level teleindicator *hidr* távjelző vízmérce/vízállásmutató; ~-levigated iszapolt; ~ licence *környv* vízjogi engedély; ~-lifting screw *környv* vízemelő csiga; ~ lime *ép* hidraulikus mész; ~ limitation *környv* vízkorlátozás; ~-line (WL) *hajó* vízvonal; *műa* hűtőcsatorna; *pa* vízjel; ~-line corrosion *koh* vízvonal-korrózió; ~-lined *pa* vízvonalazott; ~-line network *hidr* vízvezeték-hálózat; ~-lines *hajó* szerkesztési vízvonalak; ~ load *hajó* vízrakomány, vízteher; *hidr* víznyomás, vízteher; *rep* hidrodinamikai terhelés; ~ location *geof* vízlelőhely (meghatározása); ~ loss *hidr, ol* vízleadás; ~-loss replacement *hidr* frissvíz-pótlás; ~-loving hidrofil; ~ lowering *ép* talajvízszint-süllyesztés; ~ main vízvezetéki főcső *(utcai)*; ~ management *hidr* vízgazdálkodás; ~-measuring tank *ol* vízmérőtartály; ~ meter (WM) vízfogyasztásmérő, vízmérő (óra), vízóra; ~-meter chamber *bány* vízmérőakna; ~-meter shaft *ép* vízmérőakna; ~ mill vízimalom; ~-moderated reactor *at* vízmoderátoros reaktor; ~ monitor *at* vízmonitor; ~ neutron shield *at* vízneutronvédelem; ~ nozzle *ép* vízvezetéki kifolyó, vízcsap; *forg* kenő-hűtő adagolócső; *gép* porlasztó; ~ of capillarity *ép, talt* kapilláris víz, pórusszeglet-víz; ~ of condensation kondenzvíz; ~ of constitution szerkezeti/molekuláris víz; ~ of crystal(l)ization *koh* kötött nedvesség; *krist* kristályvíz; ~ of drinking-water quality *hidr* ivóvíz minőségű víz; ~ of hydration *koh, vegy* hidratációs víz; ~ of imbibition *bány* bányanedvesség; bányavíz, fakadóvíz; ~ of industrial quality *hidr* ipari minőségű víz; ~ of layers rétegvíz; ~ of setting *ép* kötésvíz; ~ output *hidr* vízhozam; ~ paint *ép* vízzel hígítható festék; ~ parting vízválasztó; ~ passage vízi út; *gépk* vízátömlő furat; *hidr* víz átvezetési helye; ~ percolation vízbeszivárgás; ~ permeability vízáteresztés, vízáteresztő képesség; ~ permeability coefficient *bány* vízáteresztő-képességi együttható; ~-permeable rock *bány* vízáteresztő kőzet; ~ pigment finish *bőr* fehérjebázisú bőrfedőfesték; ~-pipe *ép* csőhálózat; vízcső, vízvezetéki cső; vízvezeték; *mzg* alagcső; ~-piping *ép* vízvezeték(i cső); vízvezető cső; ~ plane (WP) *hajó* víztükör, vízvonal-metszősík; ~-plane coefficient *hajó* teltségi tényező; ~ plant for rolling mills *aut* hidraulikus berendezés hengersorokhoz; ~ pocket *bány* vízleválasztó; *ép* kavicságyteknő; vízzsák; ~ poise hidrométer; ~-pollutant material/matter *környv* vízszennyező anyag; ~ pollution *környv* vízszennyezés, vízszennyeződés; ~-pollution control *hidr* vizek minőségének védelme; vízszennyezés korlátozása; ~ post *hidr* víz(állás)mérce, vízszintmérce; ~-power *hidr* vízerő, vízerőkészlet; ~-power development *hidr* vízerőműrendszer, vízerő-hasznosítás; ~ power plant/station *hidr* vízerőmű; ~-power potential/resources *hidr* vízerőkészlet, vízerőkincs; ~-power scheme *hidr* vízerőműrendszer; ~-power utilization *hidr* vízerő-hasznosítás; ~ **press** *gép* hidraulikus prés; ~**-pressure** *ép, hidr* víznyomás; ~**-pressure system** vízvezeték-berendezés; ~**-pressure test** víznyomáspróba, víznyomás-ellenőrzés, hidraulikus próba; ~ **prospecting** *hidr* vízkutatás; ~ **protection** *hidr* vízvédelem; ~**-protection area** *hidr* vízvédelmi terület; ~ **pulse** *geof* talajvízimpulzus, sebességnövekedés talajvíz miatt; ~ **pump (wp)** vízszivattyú; ~**-pump pliers** *pl szer* állítható csőfogó; ~ **purification** *hidr* vízderítés; víztisztítás, vízelőkészítés; ~ **purification plant** *hidr* víztisztító mű; ~ **qualification** *hidr* vízminősítés; ~ **quality** *hidr* vízminőség; ~**-quantity limiter** *ép* vízmennyiségkorlátozó; ~ **quenching** *hők, koh* vízedzés; ~**-quench pit** *koh* vízhűtéses edzőakna; ~ **raising** *bány* vízemelés; ~**-raising engine** *gép* vízemelő gép; ~**-raising station** *bány* vízmentesítő telep; ~**-ram** *hidr* hidraulikus/vízemelő kos; ~ **rate** *hidr* vízdíj, vízszolgáltatási díj; *ol* vízhozam; ~**-rate ratio** *hidr* transzspirációs együttható; ~ **reactor** *at* vízmoderátoros reaktor; ~ **recirculation** víz újrakeringtetése, vízkeringtetés, vízforgatás; ~ **recooling** *ép* vízvisszahűtés; ~ **recovery** *hidr* vízvisszanyerés; ~ **recycling** *bány* vízkeringtetés; ~ **reflector** *fiz* vízreflektor, vizes reflektor; ~ **regime** *hidr* vízháztartás; ~ **regulating valve** *ép* vízszabályozó; ~ **relations** *pl mzg, hidr* vízháztartás; ~ **rent** *hidr* vízjáradék; ~ **rental** *hidr* vízdíj; ~**-repellency** *tex* víztaszító képesség, vízlepergető tulajdonság; ~**-repellent** vízálló; hidrofób; *tex* vízlepergető, víztaszító *(impregnálószer)*; ~**-repellent finish** *tex* víztaszító/vízlepergető kikészítés; ~**-repellent solution** *ép* impregnálóoldat; ~ **requirement(s)** öntözővíz-szükséglet; vízszükséglet; vízigény; ~ **rescue vehicle** *rep* vízi kutatójármű; ~ **reserve (WR)** *hidr* vízkészlet; ~ **reservoir** *hidr* víztároló, víztározó, vízmedence; ~**-resistance** vízállóság; vízoldali ellenállás; ~**-resistant** vízálló, vízáthatlan; ~**-resistant explosive** *bány* vízálló robbanóanyag; ~**-resisting rock** *bány* vízzáró kőzet; ~ **resistor** *el* vízellenállás; ~ **resources** *pl hidr, környv* vízkészlet, vízkincs; ~ **resources balance** *hidr* vízkészlet-gazdálkodási mérleg; ~ **resources development** *hidr* vízgazdálkodás; vízkészlet-gazdálkodás; ~ **restriction** *környv* vízkorlátozás; ~**-retaining capacity** *ép* víztartás *(cementé)*; *hidr* víztartó képesség; ~**-retaining works** *hidr* duzzasztómű; ~ **retentivity** *tex* vízvisszatartó képesség; ~ **retting** *tex* medenceáztatás; ~ **reuse** *hidr* víz-újrafelhasználás; ~ **rheostat** *el* vízellenállás; ~**-rib tile** *ép* hornyolt tetőcserép; ~ **ring** *koh* vízgyűjtő csatorna; ~**-ring pump** *hidr* vízgyűrűs szivattyú; ~**-rock relationship** *ol* víz-kőzet kölcsönhatás; ~ **rudder** *hajó* mélységi kormány; *rep* vízikormány; ~**s** *pl* víz *(folyóé)*; ásványvíz; gyógyvíz; ~ **sampling** *fiz, hidr* vízmintavétel; ~ **sandblast cleaner** *ép* vizeshomoksugár-tisztítóberendezés; ~ **saturation** *ol* víztelítettség; ~ **saving** *hidr* víztakarékosság; ~**-saving chamber** *hidr* takarékkamra *(hajózsilipen)*; ~ **scarcity** *hidr* vízhiány; ~ **scoop** vízmerő; ~ **seal** *ép* hidraulikus zár, vízzár; vízgát, folyadékgát; *hidr* vízzáró *(betét v. szerkezet)*, vízzárás; ~**-seal attachment** *élip* kotyogó; ~**-sealed bearing** *gép* vízmentes csapágy; ~ **sealing** *bány* vízszigetelés; *ép* víztömítés; ~**'s edge** *hidr* vízvonal; ~ **separator** *bány, hidr* vízleválasztó, vízkiválasztó, vízelválasztó, víztelenítő; ~ **servitude** *hidr* víziszolgalom; ~ **settling** mosóvízderítés; ~ **shield(ing)** *at* sugárvédő vízpajzs/vízköpeny, víz(sugár)védelem; ~ **shooting** *geof* szeizmikus vízrobbantás; ~ **shortage** *hidr* vízhiány; ~**-shower scrubber** permetező-mosó torony *(gázmosó)*; ~ **shut-off (WSO)** *ol* vízzár, vízvezető réteg kizárása; ~ **shutter** *at* vízzár; ~ **sink** *ép* akna *(víznyelő)*; csatorna; ~ **skip** *bány* vizescsille, vizesbödön; ~ **slip** rézsűs kikötőgát; *bány* vizet vezető vető; ~ **slope** *hidr* vízoldali lejtő; ~ **slurry** *at* vizes zagy; ~**-soaked** *fa* vízzel teli, átázott; ~ **softener** *hidr* vízlágyító; ~ **softening** *hidr* vízlágyítás; ~ **softening by ion exchange** *hidr* ioncserés vízlágyítás; ~ **soil stratum** *hidr* vízvezető/víztartó talajréteg; ~**-soluble (WS)** vízben oldható; ~ **solution** *vegy* vizes oldat; ~ **solution reactor** *at* vizes sóoldatos reaktor *(homogén)*; ~**-spray** vízköd; vízporlasztás; ~**-spraying** *bány* ködképzés; ~ **stabilized plasma thrower** *aut* vízzel stabilizált plazmavető; ~ **stage** *bány* vízemelet; *hidr* vízállás; ~**-stage recorder** *hidr* rajzoló mérce; ~ **stagnation** *hidr* vízpangás; ~ **stain** *ép* pác, fapác; ~**-steam mixture injection** *ol* víz-gőz elegy besajtolása; ~ **stemming** *bány* vízfojtás; ~**-still** vízdesztilláló; ~ **stone** vizes lehúzókő *(fenéshez)*; ~ **stop** *hidr* vízzárás; vízzáró betét; vízzáró szerkezet, vízelzáró; ~ **storage** víztárolás; *hidr* víztározás; ~**-storage reservoir** *bány, hidr* víztározó; ~**-storage tank** víztároló, víztartály; ~**-store wellshaft** *ol* tároló kútakna; ~ **stream** *hidr* vízfolyás; ~ **string** *ol* vízzáró béléscsőoszlop; ~ **supplementation** *hidr* vízpótlás; ~ **supply (WS)** *bány, geol* vízutánpótlás; *hidr* vízellátás; vízszállítás; vízszolgáltatás; ~ **surface** *el* félvezetőszelet-felület; *hidr* szabad víz(fel)szín; víztükör, víz felülete; ~**-surface deflection** *hidr* víztükör-elmozdulás *(kiegyenlítőműben)*; ~**-surface oscillation** *hidr* vízszínlengés; ~**-surface slope** *hidr* vízszínesés; ~ **swinging** *bány* vízlengés; ~ **system** *bány* vízrendszer; ~ **system with solute gas** *bány* oldottgázos vízrendszer; ~**-table** vízfelület; *ép* vízvető párkány; *hidr* talajvízszint, vízszín; talajvíztükör; *ol* koronanyílás; ~**-table falling** *talt* talajvízszint-süllyedés; ~**-table fluctuation** *talt* talajvízszint-ingadozás; ~**-table gradient** talajvíztükör esése; ~ **tank (WT)** víztartály; *ép* indítótartály; ~ **tank (box) receptacle** *bány* vízgyűjtő tartály; ~ **tap** vízcsap *(konyhai)*; csapoló; ~**-temperature ga(u)ge** *gépk* hűtővíztávhőmérő; ~**-tender** vízszállító gépjármű; ~ **test** *fiz, hidr* víznyomáspróba, víznyomás-ellenőrzés, hidraulikus próba; *tex* vízpróba; ~ **thread** *tex* waterfonal; ~**-to-air ratio** porlasztási tényező; ~ **torch** *ép* vízsugaras vágógép; ~**(-)tower** *ép, hidr* víztorony; ~ **tracers** *ol* vízjelző anyagok; ~ **tracing** *ol* víznyomozás; ~**-track** *bány* vízcsorga; ~ **traffic** *hidr* hajóforgalom; ~ **trailer** víztartály-pótkocsi; ~**-trap** gőzszárító; vízzár; *bány, hidr* vízleválasztó, vízkiválasztó, vízelválasztó, víztelenítő; *ép* vízfelfogó tartály *(alagútépítésnél)*; ~ **treating** *ol* vízelőkészítés; ~**-treating plant** *ol* vízelőkészítő üzem; ~ **treatment** *hidr* vízkezelés, víztisztítás; ~ **treatment by ion exchange** *hidr* ioncserés víztisztítás; ~ **treatment plant** *hidr* víztisztító mű; ~ **treatment with activated carbon** *hidr* aktívszenes víztisztítás; ~ **trough** *koh* vízgyűjtő csatorna; ~**-tube** vízcső *(kazáné)*; ~**-tube boiler** vízcsöves kazán; ~**-tube fire-box** vízcsöves tűzszekrény; ~ **tunnel** *rep* zárt vízcsatorna; ~ **turbine** *hidr* vízturbina; ~ **twist** *tex* waterfonal; ~ **under overpressure** *bány* feszített tükrű víz; ~ **use** vízhasználat; *hidr* vízelhasználás; ~ **use efficiency (WUE)** *hidr* vízfogyasztási együttható; ~ **user** *hidr* vízhasználó; ~**-use recycling** *hidr* sorozatos víz-újrafelhasználás; ~ **utilization** *hidr* vízhasznosítás; ~ **value** vízszám, vízegyenérték; ~ **valve** *hidr* vízszelep; ~ **vapo(u)r** pára; vízgőz; ~ **vapo(u)r handling/pumping capacity** vízgőzkapacitás; ~**-vapo(u)r permeability** vízgőzáteresztő képesség; ~ **vapo(u)r pressure/tension** *met* vízgőznyomás; ~ **vapo(u)r transmission** vízgőzáteresztő képesség; ~ **varnish** *vegy* vízlakk; ~**-velocity-meter** vízsebességmérő; ~**-wag(g)on** lajt; ~**-wall** vízfal, vízréteg; hűtőrács *(erőműben)*; ~ **wash** *ol* vizes mosás; ~ **washer** vízsugártisztító berendezés; ~ **wasting** vízpazarlás; ~**-water reactor (WWR)** *at* vízhűtéses-vízmoderátoros reaktor; ~**-weed cutter** *mzg* vízinövényvágó gép; ~ **weighting bin** *ép* vízmérő tartály; ~ **well** *ol* vízkút; ~**-well construction** *ol* vízkútszerkezet; ~ **wet reservoir** *ol* víznedves tároló; ~ **wet reservoir rock** *ol* víznedves tárolókőzet; ~ **wheel** *hidr* vízikerék, turbina; ~**-white** *ol* víztiszta; ~**-white oil** *ol* víztiszta fehérolaj; ~ **withdrawal** *hidr* vízkivétel; víznyerés; ~ **with high content of nitrates** *hidr* nitrátos víz; ~ **yardage** *bány* vízpótlék *(bérezésnél)*; ~ **year** *hidr* hidrológiai év; ~ **yield** *ol* vízhozam; ~**-yielding capacity** *ol* vízadó képesség; ~**-zone** *ol* vizes zóna

waterage *hajó* vízi szállítás díja

watercolor vízfesték

watercourse vízáramlás; folyómeder; völgyvonal; vízfolyás; ~ **with a steep slope** *hidr* nagy esésű vízfolyás

waterdrome vízi repülőtér

watered megnedvesített; vizezett; *bány* vízdús; *tex* habosított; ~ **effect** *tex* habos hatás

waterfall vízesés

waterfast vízálló

waterfastness vízállóság

waterfront *hidr* partvonal; vízfront; vízpart

watergate *bány* vízvágat, zsompvágat; *hidr* dagálykapu; vízkapu; zsilipkapu; ~ **valve** *ol* Ludlow-féle tolózár; víztolattyú

waterglass vízüveg

watering (meg)nedvesítés; vízzel való ellátás, áztatás; vizezés, hígítás; nedvesedés; *bány* szénnedvesítés; *mzg* elárasztás; öntözés, permetezés, locsolás; *tex* moarézás; ~ **car** öntöző/locsoló gépkocsi/gépjármű; ~ **nozzle** vízporlasztó fúvóka; ~ **period** *hidr* vízadagolás időtartama; ~**(-)place** üdülőtelep, fürdőhely; gyógyfürdő; ~ **tap** *hidr* kerti csap; ~ **truck** öntöző/locsoló gépkocsi/gépjármű

waterless víztelen; vízben szegény; ~ **gas holder** száraz gáztartály

waterlogged vizenyős; vízzel telített/átitatott; *geol* elmocsarasodott; *ol* elfulladt; ~ **land** *hidr* vizenyős terület

waterlogging *hidr* elvizesedés

watermark *hajó* vízszintmutató, vízmagasságjel; *pa* vízjel; *tex* moaré; ~ **calender** *pa* vízjelkalander; ~ **post** *hidr* víz(állás)mérce, vízszintmérce; ~**-roll** *pa* vízjelhenger

waterproof (wp) I. *v* vízhatlanná tesz, impregnál; **II.** *a* vízhatlan, vízmentes, vízálló, vizet át nem bocsátó, víz át nem eresztő; *bány* vízálló; **III.** *n* vízhatlan szövet; ~ **canvas** *tex* vízhatlan (vitorla)vászon; ~ **chrome-side leather** (vízhatlan) durábel marhafelsőbőr; ~ **coating** *ép* vízzáró vakolat; ~ **concrete** *hidr* vízzáró beton; ~ **finish** *tex* vízmentes/vízhatlan kikészítés; ~ **leather** durábel bőr *(erősen zsírozott krómos cserzésű cipőfelsőbőr)*; ~ **lining** *bány* vízzáró biztosítás; ~ **loam brick** *ép* vízálló vályogtégla; ~ **paper** vízálló papír *(csomagoláshoz)*; aszfaltpapír; ~ **plaster** *ép* vízzáró vakolat; ~ **rock** *bány* vízzáró kőzet; ~ **roofing** *ép* vízhatlan fedés

waterproofed *gumi, tex* vízhatlanná tett; ~ **cement** *ép* vízzáró cement; ~ **mortar** *ép* vízzáró habarcs

waterproofing *bány* vízkizárás; *ép* talajvíz elleni szigetelés, vízszigetelés; *tex* vízhatlanítás, impregnálás; ~ **course** szigetelés, szigetelőréteg; ~ **with mass of material** *ép* tömegszigetelés

waterproofness vízhatlanság, vízállóság

watershed *bány, hidr* vízgyűjtő (terület); *hajó* vízhányó *(hajóablak és ajtó felett)*; *hidr* vízválasztó; ~ **control in sloping country** *hidr* hegy- és dombvidéki vízrendezés; ~ **divide** *környv* vízválasztó; ~ **management** *hidr* vízgyűjtő rendezése

waterside vízpart; folyópart; part; *hajó* vízfelőli oldal

waterspout *ép* lefolyócsatorna; vízköpő; *hajó* vízkifolyó csőr; víztölcsér; *met* tromba; víztölcsér, vízoszlop

watertight (WT) vízzáró, víz(át)hatlan; vízmentes, vízálló; ~ **batten roofing** *ép* lécezett (vízzáró) fedések; ~ **bulkhead (WTB)** *hidr* vízgát; ~ **concrete** *ép* vízzáró beton; ~ **core** *hidr* vízzáró mag *(gátakban)*; ~ **electric detonator** *bány* víznyomásálló villamos gyutacs; ~ **fitting** *el* vízmentes kivitelű szerelvény; ~ **gland** *el* vízzáró karmantyúbetét; ~ **lighting fitting** *el* víz ellen tömített lámpatest; ~ **rock** *bány* vízzáró réteg; ~ **roofings with soldered joints** *ép* forrasztott kötésű (vízhatlan) fedések; ~ **shaft lining** *bány* vízzáró falazat

watertightness vízállóság; *ép* vízzáró szigetelés

waterway *hajó* csurgó; vízlevezető vájat/csatorna; *hidr* vízi út; *talt* átfolyási keresztmetszet; ~ **classes** *hidr* víziút-kategóriák

waterwet *ol* víznedves

waterworks (WW) *hidr* vízmű, vízművek; vízrendezés; ~ **association** *hidr* vízműtársulat

watery vizes, vízi, tengeri, nedves; vizenyős; vízben úszó; híg; ~ **cyclone** *ép* vizes ciklon; ~ **fusion** *krist* kristály megolvadása saját kristályvizében; ~ **graphite** *önt* nedves grafit; ~ **land** *hidr* vizenyős terület; ~ **separator** *ép* vizes leválasztó

watt (W) *el* watt; ~ **consumption** fogyasztás wattban; ~**-hour (Whr)** wattóra (Wh, Wó); ~**-hour meter** fogyasztásmérő

Watt|'s curve *mat* Watt-féle piskótagörbe; ~**('s) governor** Watt-regulátor; ~**'s parallel motion** *gép* Watt-féle mechanizmus

wattage *el* watt-teljesítmény, wattos teljesítmény; wattérték, wattszám; *koh* hatásos teljesítmény

wattful | component *el* wattos összetevő; ~ **current** *el* wattos/hatásos áram; ~ **loss** *el* ohmos veszteség

wattle I. *v* fon *(vesszőből)*, rőzsész, rőzsekolbászt köt; **II.** *n* ágvessző, gally; fonadék; fonott kerítés; ~ **and daub** *ép* tapasztott vesszőfonat, paticsfal; ~ **bark** *bőr* mimózakéreg; ~ **fence** sövénykerítés; ~ **work** *ép* fonott kerítés; *hidr* rakott rőzsemű

wattless *el* meddő, watt nélküli, reaktív; ~ **component** *fiz* meddőkomponens, komplex elektromos mennyiség imaginárius része, wattmentes komponens; ~ **current** *fiz* meddőáram, watt nélküli áram; ~ **power** *fiz* meddőteljesítmény, watt nélküli teljesítmény; ~ **voltage** *el* meddőfeszültség

wattmeter *el* wattmérő, teljesítménymérő; ~ **parallel coil** *el* wattméter feszültségtekercse

wave I. *v* hullámzik, lobog, ingadozik; lenget, lobogtat, hullámosít, forgat; *pa* görgőzik, kollerozik; **II.** *n* ingadozás, lengés, lobogás; hullám(zás); *el, fiz* hullám; *mat* tilde, hullám, ~ *(mint matematikai jel)*; *met* hullám; *tex* íveltség *(elemi szálé)*; ~ **acoustics** hullámakusztika, fizikai akusztika; ~ **action** hullám(be)hatás; hatáshullám; *hidr* hullámverés; ~ **amplitude** *hidr* hullámmagasság; ~ **analysis** hullámalakvizsgálat; ~ **analyzer** hullámalak-vizsgáló; hullámalak-analizátor; ~ **angle** *távk* hullám beesési szöge; ~ **antenna** *távb* Beverage-antenna; hullámantenna; ~ **change** *rád* hullámváltás; ~ **changer** *rád* hullámváltó; ~ **character** *geof* hullámjelleg; ~ **cloud** *met* undulatus, hullámfelhő; ~ **clutter** hullámreflexió, hullám-visszaverődés *(radaré)*; ~ **collector** *rád* vevőantenna; ~ **component** *fiz* hullámkomponens, hullámösszetevő; ~ **converter** *el* módusátalakító; ~**-crest** hullámtaréj; hullámhegy; ~ **damping** *fiz* hullámcsillapítás; ~ **density** *fiz* hullámsűrűség; ~ **detector** *rád* hullámdetektor; ~ **dipole** *rád* egészhullámdipól(us); ~ **director** *rád* direktor, passzív antennaelem; ~ **distortion** *rád* hullámalak-torzítás; ~ **drag** *rep* hullámellenállás; ~**-drag coefficient** *rep* hullámellenállás-tényező; ~ **duct** *el* hullámvezető; ~ **duct in the atmosphere** *fiz* atmoszferikus csatorna; ~ **equation** *at, fiz* hullámegyenlet; Schrödinger-egyenlet, (Schrödinger-féle) hullámegyenlet; ~ **erosion** *hidr* hullámerózió; ~ **filter** *távk* (hullám)szűrő, hullámcsapda; ~ **flow** *rep* hullámáramlás; leáramlás; leáramlásbeli áramlás; ~ **form** *fiz* hullámalak, hullámforma; ~**-form analysis** *fiz* hullámalak-analízis, Fourier-analízis; ~**-form digitalization** *szt* hullámalak-digitalizálás; ~**-form distortion** *el* harmonikus torzítás; ~**-form generator** *fiz* hullámgenerátor; ~**-form monitor** *távk, tv* hullámellenőrző, jelalakellenőrző; ~ **forms of even order** *távk* páros rendű hullámformák; ~ **frequency (W/F)** *fiz* rezgési frekvencia; ~**-front** *fiz* hullámfront, hullám élvonala, hullámhomlok; ~**-front angle** *fiz* hullámhomlokszög; ~**-front chart** *geof* hullámfrontraszter; ~**-front shearing interferometer** *fiz* hullámfront-eltoló interferométer; ~ **function** *fiz* hullámfüggvény, (kvantumtechnikai) állapotfüggvény, Schrödinger-függvény; ~ **guide** → waveguide; ~ **head** *fiz* hullámfront, hullám élvonala, hullámhomlok; ~ **height** *hidr* hullámmagasság; ~ **impedance** *fiz* hullámimpedancia, hullámvezető ellenállása; ~ **impedance at a given frequency** *fiz* karakterisztikus hullámimpedancia; ~ **initiation** *fiz* hullámgerjesztés; ~ **interference** *fiz* hullámmínterferencia; ~**-interference error** *fiz* Heiligtag-jelenség; ~ **length** → wavelength; ~**-like** hullám alakú; ~ **line** hullámvonal; ~**-measuring buoy** *hidr* hullámmérő bója; ~**-mechanical** *fiz* hullámmechanikai, hullámtechnikai; ~ **mechanics** *fiz* hullámmechanika; ~ **meter** → wavemeter; ~ **mode** *fiz* rezgésmódus, hullámmódus, hullámforma; ~ **motion** *fiz* hullámmozgás; *hidr* hullámzás; ~ **normal** *fiz* hullám normálisa; hullámhomlok-merőleges; *krist* hullámsíknormális; ~**-normal velocity** *krist* hullámnormális-sebesség; ~ **number** *fiz, krist* hullámszám; ~ **of action** *fiz* hatáshullám; ~ **of electric type** *el* E módus, E hullám, TM módus, TM hullám, transzverzális mágneses hullám, transzverzális H módus/H hullám; ~**-off** → waveoff; ~ **of magnetic type** *fiz* H módus, TE módus, transzverzális elektromos hullám; ~ **of translation** *fiz* transzlációs/haladó hullám; ~ **onset** *geol, geof* hullámkezdet; ~ **optics** *fiz* hullámoptika; ~ **packet** *fiz* hullámcsomag, hullámnyaláb; ~ **parameters** *távk* hullámparaméterek *(vonalé)*; ~ **part** *fiz* hullámkomponens, hullámösszetevő; ~**-particle** *at* hullámrészecske; ~**-particle duality** *fiz* részecskehullám-dualizmus; ~ **path** *geof* hullámút, hullámpálya; ~ **pattern** *távk* teljes hullámkép; ~ **penetration** *geol* hullámbehatolás (mértéke); ~ **phenomenon** hullámjelenség; ~ **picture** *at* anyaghullámszerűség; ~ **propagation** hullámterjedés; ~**-propagation velocity** *fiz* fázissebesség; hullámterjedési sebesség; ~ **property** *fiz* hullámtulajdonság; ~ **radiation** *fiz* hullámsugárzás; ~ **range** *fiz* hullámtartomány; ~**-range switch** *rád* hullámváltó; ~ **resistance** *fiz* hullámellenállás; ~ **selector** *rád* hullámváltó; ~ **shape** *ol* hullámalak; ~**-shaping circuit** hullámformáló áramkör; ~**s of odd order** *távk* páratlan rendű hullámformák; ~**s of probability** *at, mech* valószínűségi hullámok; ~ **soldering** hullámforrasztás; ~**-spectrum analyzer** *rád* frekvenciaelemző; ~ **surface** *fiz* hullámfelület; hullámfront, hullám élvonala, hullámhomlok; ~ **tail** *távk* kifutási alak *(jelé)*; ~ **theory of light** *fiz* fény hullámelmélete, Huygens-elmélet; ~ **theory of matter** *fiz* anyag hullámelmélete; ~ **tilt** *rád* talajhullám dőltsége; ~ **train** hullámnyaláb; hullámsorozat; ~**-train display (recording)** *ol* hullámképrögzítés; ~**-train log** *ol* hullámképrögzítés; ~ **transit time** *el* hullámfutási idő; ~ **trap (WT)** *el* hullámcsapda; zárókör; ~ **trough** hullámvölgy; ~ **vector** hullámvektor; ~ **velocity** *fiz* hullámsebesség; terjedési sebesség; ~**-velocity anisotropy** *geof* hullámsebesség-anizotrópia; ~ **wash** *hidr* elhabolás *(földgáton, árvédelmi töltésen, parton)*; ~ **winding** *el* hullámos tekercselés

waveband *rád, rep* hullámsáv; ~ **switch** *rád* hullámváltó

waved hullámos; ~ **raising** *tex* hullámos bolyhozás; ~ **roof** *ép* hullámhéjtető; ~ **twill** *tex* cikcakk-sávoly

waveguide *fiz* hullámvezető, csőtápvonal; ~**-absorber** *el* hullámvezető-csillapító; ~ **accelerator** *at* üregrezonátoros részecskegyorsító; ~ **adapter/adaptor** *fiz* tápvonalátmenet; ~ **antenna** *fiz* hullámvezető-antenna; ~ **attenuation** *fiz* tápvonal-csillapítás; ~ **attenuator** *fiz* hullámvezető-csillapító, attenuátor; ~ **axis** *fiz* hullámvezető tengelye; ~ **below cut-off** *távk* eltűnő módusú tápvonal; ~ **bend** *távk* csőtápvonalkönyök; ~ **branch** tápvonal-elágazás; ~ **cable** tápvonalkábel; ~**-coaxial matching/transition** *el* hullámvezető-koaxiálisvezeték illesztése; ~ **construction** *el* hullámvezető-elrendezés; ~ **corner/elbow** *távk* csőtápvonal-könyök; ~ **coupler** *távk* tápvonalcsatoló; ~ **feeder** *távk* üreges tápvonal; ~ **feeding** táplálás hullámvezetővel *(antennáé)*; ~ **filter** *távk* tápvonalszűrő; ~ **flange** hullámvezető-karima; ~ **impedance** *távk* tápvonal-impedancia; ~ **iris** *távk* tápvonalírisz; ~ **junction** tápvonalelágazás; ~ **junction with continuously varying cross-section** *el, távk* folytonos átmenet; ~ **lens** *fiz* hullámvezető-lencse; ~ **line** (cső)-tápvonal, hullámvezető; ~ **low-pass (filter)** *távk* aluláteresztő hullámvezető(-szűrő); ~ **mode** *fiz* hullámvezető-módus; ~ **of circular cross-section** *el* kör keresztmetszetű csőtápvonal; ~ **post** *el* hullámvezető-csap; ~ **prism** *el* hullámvezető-kicsatolás; ~ **shirm** *el* hullámvezető-alátét; ~ **shutter** *el* hullámvezető-rekesz; ~ **stub** *távk* illesztőcsonk, hullámvezető-illesztőelem; tápvonalcsonk, illesztőimpedancia; ~ **switch** *el* tápvonalkapcsoló; ~ **synchrotron** *fiz* hullámvezető-szinkrotron; ~ **tee** *el* T elágazás *(hullámvezetőé)*; ~ **transformer** *el* hullámvezető-transzformátor; ~ **tuner** *el* tápvonalhangoló; ~ **twist** *el* csavart tápvonal; ~ **wavelength** *el* csőtápvonal-hullámhossz; ~ **window** *el* csőtápvonal-ablak; ~ **Y circulator** Y cirkulátor, girátor

wavelength (WL) *el, fiz, rep, távk* hullámhossz; ~ **allocation** *rád* hullámhosszkiosztás; ~ **constant** *fiz* fázistényező; ~ **dispersion** *fiz, távk* hullámhossz-diszperzió; ~ **meter** *fiz, távk* hullámhosszmérő, frekvenciamérő; ~ **scale** *fiz, távk* hullámhossz-skála; ~ **switch** *rád* hullámváltó

wavelet hullám(ocska); ~ **shape** *geof* hullámalak

wavellite *ásv* wavellit

wavemeter *fiz* hullámhosszmérő, frekvenciamérő

waveoff *rep* leszállás megtiltása; utasítás átstartolásra; ~ **signal** *rep* leszállást megtiltó jel(zés)

wavers *nyom* dörzshengerek

waviness hullámosság; ~ **in glass** üveg hullámossága

wavy hullámos; barázdált *(tájék)*; *geol* dombos; *tex* göndör; ~**-edge (coulter) disc/disk** *mzg* hullámos tárcsa; ~ **fracture** hullámos törés; ~ **grain** *fa* habosmintázat(ú); ~ **groove** *hang* hangbarázda; ~ **line** hullámvonal *(aláhúzáshoz)*; ~ **yarn** *tex* hullámszerű fonal

wax I. *v* viaszol, fényez; **II.** *n* viasz; viaszlemez; *bány* agyag *(tömedékeléshez)*; ~ **block photometer** *opt* viasztömbös fénymérő; ~ **cake** paraffin(-prés)pogácsa; ~ **candle** viaszgyertya; ~ **cloth** viaszosvászon; viasszal impregnált szövet; ~ **coating** beviaszolás; viaszbevonat; ~**-coating machine** *pa* viaszmázoló gép; ~ **content** paraffintartalom; ~ **distillate** *ol* paraffinos könnyű olajpárlat; ~ **end** cipészfonal, szurkozott fonal; ~**-free** paraffinmentes; ~**-impregnated** viasszal itatott; ~ **injector** prés viaszbevonásos öntéshez; ~ **lamination** *koh* viaszkasírozás; ~ **mask** viaszminta; ~ **mo(u)lding** viaszmintázás; ~ **oil** viaszolaj; ~**-paper** zsírpapír; cerezinezett papír, viaszpapír; ~**-paper condenser** *el* olajpapír-szigetelésű kondenzátor; ~ **pattern** *önt* viaszminta; ~ **polish** *fa* viaszpolitúr; ~ **seal** viaszpecsét; ~ **vent** *önt* viaszzsinór

waxed viaszos; ~ **leather** vixos bőr; ~ **thread** viaszos lámpabél/gyertyabél/kanóc

waxing viaszolás, fényezés; *film* műsorfilm emulziós oldalát védő viaszréteg; ~ **base-paper** viaszlappapír; ~ **machine** viaszológép; ~ **paper** viaszlappapír

Waxman-Smith's equations *ol* Waxman-Smith egyenletek

waxy paraffintartalmú, viaszszerű, viaszos; ~ **oil** paraffinos olaj; ~ **structure** parafinos struktúra/szerkezet

way út; pálya; távolság; mód, eljárás; haladás, előbbrejutás; irány; *bány* szintesvágat, föld alatti vágat; *gép* ékhorony; ~**-bill** *gépk* menetlevél; *vasút* fuvarlevél; ~ **circuit** *távk* omnibuszrendszer; ~ **in** bejárat; ~ **measurement** útmérés, pályamérés; ~ **of behavio(u)r** viselkedés; ~ **of construction** *hidr* építési mód; ~ **out** kijárat; ~**-point** *rep* útpont; ~**s** *pl forg* vezeték, vezetősín; *hajó* sólyagerendák *(vízrebocsátáshoz)*; ~ **shaft** ereszke; *bány* járóakna; ~ **station** *US* (feltételes) megállóhely, állomás

waymark útjelző (tábla)

wayside I. *a* út menti; útszéli; **II.** *n ép* műútpadka; útszél; ~ **stop** rakodószint

Wb → weber

WB → water ballast; → wet-bulb thermometer; → whale-boat

WB-FM → wide-band frequency modulation

WBR → water boiler reactor

WC → water carrier; → water-closet; → wireless communication

w.c. → water-cooled

WCT → water-cooled tube

WD → wind direction

w.d. → wiring diagram

WDC → world data center

WE → water equivalent

weak gyenge; híg; *bány* törékeny, omlós; ~ **acid** *vegy* gyenge sav; ~ **base** *vegy* gyenge bázis/lúg; ~ **concrete** *ép* sovány beton; ~ **concrete filling** *ép* soványbeton-ágyazás; ~ **convergence** *mat* gyenge konvergencia; ~ **correlation** *mat* gyenge korreláció; ~**-coupled cable** *el* gyengeáramú kábel; ~**-coupled circuits** *el* laza csatolású körök; ~ **coupling** *rád* laza csatolás; ~ **current** *el* gyengeáram; ~**-current cable** *el* gyengeáramú kábel, híradókábel; ~**-current engineering** gyengeáramú elektrotechnika, híradástechnika; ~**-current installation** *el* gyengeáramú berendezés; ~ **directivity pattern antenna** *rád* gyenge irányhatású antenna; ~ **discontinuity** *mat* gyenge szakadás; ~ **electrolyte** *vegy* gyenge elektrolit; ~ **gas** *vegy* gyenge gáz; szegénygáz; ~ **inequality** *mat* gyenge egyenlőtlenség, egyenlőséget is megengedő egyenlőtlenség; ~ **interaction** *at, fiz* gyenge kölcsönhatás; ~ **mixture** *gépk* szegény/híg keverék; ~ **point** *ol* gyengítési pont; ~ **roof** *bány* gyenge főte; ~ **section** mértékadó/veszélyes keresztmetszet; *ol* gyengítési pont; ~**-signal detection** *aut, el* gyenge jel detektálása/érzékelése; ~ **soil** *talt* puha talaj; ~ **solution** *vegy* szegény oldat

weaken (le)gyengít; csillapít; csillapodik; *élip* lágyul *(tészta)*

weakening csillapítás, gyengítés; csillapodás; *élip* lágyulás; ~ **of the cross-section** keresztmetszet-gyengülés, keresztmetszet-csökkenés; ~ **of the X-rays** röntgensugár-gyengítés

weakly gyengén; ~ **acid** *vegy* gyengén savas; ~ **active** *fiz* gyengén radioaktív; ~ **basic** *vegy* gyengén lúgos/bázikus; ~ **caking coal** *koh* sovány szén; ~ **continuous cohomology theory** *mat* gyengén folytonos kohomologiaelmélet; ~ **convergent sequence** *mat* gyengén konvergens sorozat; ~ **oxidizing atmosphere** *vegy* enyhén oxidáló hatású atmoszféra; ~ **penetrating radiation** *at* gyengén áthatoló sugárzás

weakness gyengeség

weapon fegyver; ~ **carrier** *kat* fegyverszállító jármű; ~ **case** *kat* fegyvertáska; ~ **laser system** fegyver lézerrendszere; ~ **of mass destruction** testüregpusztító fegyver; ~**s system** *kat* fegyverrendszer; ~ **station** löveganyagtár

weaponry fegyverek, fegyverzet

wear I. *v* hord(oz), koptat; (el)kopik; **II.** *n* hordás; elkoptatás; kopás; elhasználódás; ~ **and tear** kopás, elhasználódás; *szt* igénybevétel; ~ **away** *v* elkoptat; elhasználódik; ~ **down** *v* elkoptat; *kat* felmorzsol; ~ **in** *v gép* bejárat *(alkatrészt)*; ~ **life** használati idő; *tex* viselés élettartama, viselési/hordási élettartam; ~ **off** *v* tompul *(él)*; lekoptat; lekopik; ~ **of polepiece** *rád* póluskopás *(magnetofonon)*; ~ **of the lining** *koh* tűzállóbélés-kopás; ~ **out** *v* el(kopik), elhasználódik; ~**-out** elhasználódás; ~**-out failure** elhasználódási meghibásodás; ~**-out failure period** elhasználódási meghibásodások szakasza; ~ **resistance** kopási ellenállás, kopásállóság; ~**-resistant** → ~-resisting; ~**-resisting** kopásálló; ~**-resisting alloy** *koh* kopásálló ötvözet; ~**-resisting steel** *koh* kopásálló acél; ~ **test** *any* kopásvizsgálat; koptatókísérlet, koptatópróba; ~**-testing ga(u)ge** *any* elhasználódásvizsgáló, kopásvizsgáló (műszer)

wearability hordhatóság; kopásállóság; használati tulajdonság

wearable viselhető, hordható; kopásálló

wearing (el)kopás, elhasználódás; *talt* (le)kopás, abrázió; ~**-away** *geol* lekopás *(széltől)*; mállás; ~ **course** *ép* burkoló/kopó réteg; ~ **depth** *any, el* megengedett kopási tűrés; ~**-in** bejáratás *(alkatrészé)*; ~**-life** *tex* viselési/hordási élettartam; ~ **property** *tex* viselési tulajdonság; ~ **resistance** *any* kopásállóság; ~ **strength** *any* kopási szilárdság; ~ **surface** *ép* koptató/kopási felület

weather I. *v geol* elmállik; szétmállaszt, elmállaszt; *hajó* szembeszáll/megküzd *(széllel)*; **II.** *n* időjárás, időjárási/meteorológiai viszonyok; *bány* bányalevegő; ~ **accident** *rep* kedvezőtlen időjárás okozta repülőgép-szerencsétlenség; ~ **analysis** *rep* időjárás-elemzés; ~ **analysis centre/center** *rep* időjárás-elemző központ; ~**-avoidance radar** meteorológiai radar; *rep* fedélzeti meteorológiai radar; ~ **away** *v bány, geol* mállik; ~ **bar** *ép* vízvezető, vízvető *(nyílászáró szerkezeten)*; ~**-bound** időjárás okozta; *rep* kedvezőtlen időjárás miatti; ~ **broadcast** → ~ forecast; ~ **bureau** *rep* meteorológiai intézet; ~ **chart** *rep* időjárástérkép, szinoptikus térkép; ~ **check** *ép* vízorr; ~ **code** *rep* meteorológiai kód, szinoptikai kód; ~ **conditions** *met* időjárás, időjárási/meteorológiai viszonyok; ~ **door** *bány* légajtó; ~**-exposure test** *any* atmoszferikus kitéti vizsgálat; viharállósági próba; ~**-eye satellite** meteorológiai műhold; ~ **face** *ép* széloldal, viharoldal; ~**-fast** időjárásálló; ~ **fillet** *ép* cementtapasztás *(lemezborítás helyett)*; ~ **flight** *rep* időjárás-felderítő repülés; kedvezőtlen időjárási viszonyok közötti repülés; ~ **forecast (W/F)** *met, rep* meteorológiai előrejelzés, időjárás-előrejelzés; ~ **forecaster** *rep* időjárás-előrejelzést készítő személy; ~ **front** *met* időjárási front; ~ **ga(u)ge** barométer, légnyomásmérő; ~**-glass** barométer; ~ **groove** *ép* vízorr; ~ **indicator** *rep* meteorológiai/időjárás-kutató radar; ~ **information** *met* meteorológiai előrejelzés, időjárás-előrelejzés; *rep* időjárásról szóló információ; ~ **instrument** *rep* meteorológiai/időjárásjelző radar; ~ **log** *rep* meteorológiai napló, időjárási adatok naplója; ~ **map (WM)** *met* időjárási térkép; *rep* időjárástérkép, meteorológiai/szinoptikus térkép; ~ **message** *rep* meteorológiai közlemény/jelentés; ~ **minima** *pl rep* minimális vízszintes látástávolság; ~ **minimum** *rep* meteorológiai/időjárási minimum; ~ **mo(u)lding** *ép* eresz, koszorúléc, esőléc; vízelvezető párkánytag; ~ **observations** *met* meteorológiai megfigyelések; ~ **observer** *met* meteorológiai megfigyelő, időjárás-megfigyelő; ~ **out** *v* ellenáll *(kibír)*; átvészel, kiáll *(vihart)*; ~ **pits** *geol* kilúgozási/kioldási üregek; ~ **pointing** *ép* ferde hézagolás *(be- és lefelé)*; ~ **prognosis** meteorológiai előrejelzés, időjárás-előrejelzés; ~**-proof** → weatherproof; ~ **radar** meteorológiai radar; *rep* meteorológiai/időjárás-kutató radar; ~ **radar scanner** *rep* meteorológiai radar forgó antennája; ~ **reconnaissance** időjárás-felmérés, időjárás-kutatás; ~ **report** → ~ forecast; ~ **resistance** időjárás-ellenállás; *gumi* időjárásállás, időállás szabadban; ~**-resistant** *ép* viharálló, időjárásálló; ~**-resisting steel** *koh* időjárásálló acél; ~ **satellite** meteorológiai műhold; ~ **service** meteorlógiai/időjárásjelző szolgálat; ~ **sheet** *hajó* vitorlarúd szél felőli állítókötele; ~ **side** *ép* szélnek kitett oldal; széloldal, viharoldal; *rep* szél felőli *v.* szélverte oldal; ~ **slating** *ép* függőleges palaborítás *(falon)*; ~ **stain** *geol* színtelenedés *(mállás folyamán)*; ~ **station (WS)** meteorológiai állomás; ~ **strip** *ép* ajtóborítás, ablakborítás; huzattömítés; ~**-struck** *ép* habarccsal ferdén lefelé hézagolt *(kötés)*; ~**-tight** időjárásálló; ~**-tightness** *ép* légzáróság; ~ **tiling** *ép* függőleges cserépborítás *(falon)*; ~ **track** *rep* időjárás-felderítő útvonal *(indulási repülőtérre visszatéréssel)*; ~ **transmission** *rep* meteorológiai adás; ~ **trend** *rep* időjárás tendenciája/alakulása; ~ **vane** *ép, met* széliránymutató; szélzászló

weatherboard *ép* külső védődeszkázás; vízvető/vízvezető deszka

weatherboarding védődeszkázat; *ép* ráborított zsaluzás; *hajó* deszkaborítás, deszkabélés

weathercock *ép* szélkakas; ~ **instability** *rep* irányinstabilitás; ~ **stability** *rep* iránystabilitás

weathered *ép* viharvert; *geol* elmállott; ~ **crude petroleum** *ol* szellőzött nyersolaj

weathering időjárás hatása; légköri behatás; *bány* (kőzet)mállás; *ép* tetősík hajlása; *geol* elmállás; fizikai mállás; *gumi* pusztulás szabadban; ~ **ageing** *any, ép* atmoszferikus öregedés; ~ **correction** *geof* mállottréteg-korrekció; ~ **process** *fa* elmállasztás; ~ **product** *geol* mállási termék; ~ **quality** *ép* időjárásállóság; ~ **residue** *geol* mállási maradék; ~ **resistance** idő(járás)állóság; ~ **steel** *koh* időjárásálló acél; ~ **test** *koh* atmoszferikus kitéti vizsgálat; légköri korróziós vizsgálat; *tex* levegőálló-képességi próba, öregítővizsgálat *(légköri viszonyok között)*

weatherometer *any* időjárásállóság-mérő készülék

weatherproof (WP) vízáthatlan, vízmentes, vízálló; viharálló, időjárásálló; ~ **cloth** vízhatlan szövet; ~ **fitting** *el* szabadtéri szerelvény; ~ **material** idő(járás)álló anyag; ~ **paper** *ép* kátránypapír, vízálló papír

weavability *tex* szőhetőség

weave I. *v tex* összefonódik; sző, fon; **II.** *n tex* sávoly *(kötés)*; szövés, fonás; szövetkötés; szövetminta *(mintázat)*; ~ **for Turkish/terry towelling** *tex* frottír-

kötés; ~ **of the ground** alapkötés; ~ **sweeps** *pl tex* szövési hulladék; ~ **with x end** x-nyüstös kötés
weaver *tex* szövő; ~**-beam frame** *tex* lánchengerállvány; ~ **comb** *tex* bontófésű; ~**'s beam** *tex* lánchenger; ~**'s implement** *tex* szövőszerszám; ~**'s knot** *tex* takácscsomó; ~**'s tweezers** *pl tex* tisztítócsipesz
weaving *heg* elektródlengetés; *közl* befonódás; *tex* fonás; kötés; szövés; ~**-fault** szövéshiba; ~ **harness** *tex* nyüstfelszerelés; ~ **loom/machine** szövőgép, szövőszék; ~ **mill** *tex* szövöde; ~ **of trimmings** *tex* paszományszövés; ~ **plan** *tex* szövési előírás; ~ **property** *tex* szőhetőség; ~ **repeat** *tex* rapport, mintaelem; ~ **waste** *tex* szövéshulladék; ~ **weld** *heg* keresztirányú mozgatással hegesztett varrat; ~ **welder** *heg* ingatott hegesztőgép
web I. *v* átsző, átfon; **II.** *n* szövedék; háló; *bány* aláréselt szénsáv *(egy munkamenetben lefejtendő)*; csapásirányú repedéshálózat; fogás; lépés *(előrehaladás)*; szénszerkezet; *ép* boltozathomlok(fal); tartó gerinclemeze/gerince; *gépk* merevítőborda; *koh* gerinc; *pa* papírszalag; papírtekercs; *rep* főtartógerinc; merevítőborda; *szer* kulcstoll; *szersz* fúrólélek; fűrész pengéje/lapja; üllő nyaka; *tex* heveder; kártyafátyol; szövedék; szövés kötése/szerkezete; *vasút* forgattyútengely karja; síntalp; tömör tárcsa *(keréké)*; ~ **bar** *ép* ferde/nyíró acélbetét *(vasbeton)*; ~**-break detector** *nyom* papírszakadás-jelző; ~ **buckling** *ép* gerinclemez kihajlása/gyűrődése; ~ **calender** *pa* tekercssimító gép; ~**-fed press** *nyom* rotációs gyorssajtó; ~ **frame** *hajó* keretborda, keretbókony; ~**-framed cross-cut saw** *szersz* keretes fűrészgép; ~ **girder** *ép* lemezelt tartó; ~ **glass** *tex* fonalsűrűségszámláló; ~ **holder** *tex* kelmetartó; **in** ~ *tex* végben *(szövet)*; ~ **machine** *nyom* rotációs gép; ~**-member** *ép* rácsrúd *(tartószerkezet)*; ~ **of a crank** forgattyú karja; ~ **of face** *ép* aláréselt homloksáv; ~ **offset** *nyom* rotációs ofszetnyomógép; ~ **of rail** *vasút* sín gerince; ~ **of wheel** *vasút* tömör keréktárcsa; ~**-plate** *ép* gerinclemez *(hídé, tartóé)*; ~ **reinforcement** *ép* nyíróvasalás, gerincvasalás; ~**-saw** keretes/kávás/rámás fűrész; ~ **speed** *nyom* papírsebesség; ~**-steering device** *nyom* papírpálya-szabályozás; ~ **stiffener** *ép* merevítőszögvas; ~**-system** *ép* rácsozás rendszere; ~ **thickness** *ép, heng* gerincvastagság; *forg* lélekvastagság *(fúrón)*; ~ **weld** *heg* gerincvarrat; ~ **welding** *heg* gerinchegesztés; ~ **width** *bány* fogásmélység
webbed bordázott; kiemelkedő élekkel ellátott; ~ **plate** bordás lemez
webbing átszövés, átfonás; nádfonat; *ép* rácsrudazat elemei; *tex* szövetszalag; ~ **loom** hevederszövő gép
weber (Wb) *fiz* weber, voltszekundum
Weber|-Fechner law Weber—Fechner-törvény; ~ **law** *hidr* Weber-féle modelltörvény; ~ **photometer** *el* Weber-fotométer
webskyite *ásv* webskyit
webster takács
websterite *ásv* websterit
weddelite *ásv* weddellit
wedding royal *pa* papíralak *(24"x20")*
weddings *pl pa* reklámpapír, meghívópapír
Weddle's rule/formula *mat* Weddle-szabály, Weddle-formula
wedge I. *v* (ki)ékel, (alá)ékel, éket bever, beékel; agyagot megmunkál/átgyúr *(fazekas)*; *bőr* hasít; *ép* belefeszül; **II.** *n* ék; *bány* feszítőrúd; *fiz* ék; *gép* keresztnyírású ék; *koh* öntecs, buga; *met* ék, gerinc; *nyom* záróék; *opt* szürkeék; *rep* magasnyomású gerincvonal; *szersz* befogópofa; *távk* kúpos lezáró; ~ **action** ékhatás; ~ **aerofoil** *rep* ék alakú szárnyszelvény; ~ **anchoring (system)** *ép* ékes/kúpos lehorgonyzás *(feszített beton)*; ~ **axe** hasogatófejsze; ~ **bar** ék alakú rostélyrúd; ~ **block** *ol* ékház, ékszék; ~**-boarding** *ép* átlapolt deszkaburkolat; ~ **bolt** becsiszolt kúpos csap; ~ **bond(ing)** *szt* ékes kötés; ~ **clamp** ékkapocs; ~**-cleaving method** *fa* hasogatás ékbeveréssel; ~ **contact** *el* nyelves érintkező; ~ **crib/curb** *bány* alapkoszorú; ~ **cut** *bány* ék alakú *v.* ékes betörés; ~ **dislocation** *krist* éldiszlokáció; ~**-draw apparatus** *bány* ékbehúzó szerkezet; ~**-draw cupping test** *any* ékszerszámos mélyhúzópróba; ~ **drive** *gép* ékes dörzshajtás; ~ **driver** *gép* ékbeverő/ékbehajtó készülék; ~ **friction gear** *gép* kilincsműves dörzshajtás; ~**-gate valve** éktolattyú; ékes tolózár; ~**-grip gear** *em* ékes biztosítószerkezet; ékes fogókészülék; *ép* ékelt fakötés; ~ **hammer** *bány* nagykalapács; ~ **lock** *bány* ékes lakat; ~ **micrometer** ékmikrométer, optikai ékes mikrométer; ~ **of failure** *talt* csúszóék; ~ **out** *v geol* kiékelődik; ~ **phosphorus** ék alakú tömbökbe öntött foszfor; ~ **photometer** *opt* ékes fotométer, fénymérő ék; ~ **plough/plow** *vasút* ékes hóeke; ~ **rangefinder** *opt* optikai ékes távmérő; ~ **ring** *bány* alapkoszorú; ~ **safety gear** *em* ékes fogókészülék; ~ **sensitometer** *opt* optikai ékes szenzitométer/fényérzékenység-mérő; ~**-shaped** ék alakú; ~**-shaped belt** ékszíj; ~**-shaped dam** *bány* vízáthatlan ék alakú gát; ~ **shifter** *tex* élváltó, váltólap; ~ **slit** *opt* ék alakú rés; ~ **spectrograph** *foto* (szürke)ékes spektrográf; ~ **surface** ékoldal; ~ **telemeter** *opt* optikai ékes távmérő; ~ **transition** *hidr* törtlapú/sarkos átmenet *(műtárgyé)*; ~**-type breech-block** *kat* ékzár, zárék; ~ **up** *v* felékel *(kereket, tengelyt)*; *ép* beékel, aláékel; ~ **valve** ékes tolózár; ~ **work** *geol* jégkori letarolás; ~ **yoke** *bány* ékzár
Wedge furnace *koh* Wedge-kemence
wedged-up beékelt
wedging ékelés; ékerősítés; hasítás/repesztés vésővel; *bány* ékfa; jövesztés ékkel; kiékelés, megékelés; ~ **curb/ring** *bány* alapkoszorú; ~ **cut** *geol* benyomódás *(rétegben v. érben)*; ~**-out** *bány* kivékonyodás; ~**-up** *ép* aláékelés, kiékelés, beékelés; *gép* felékelés
weed I. *v* gyomlál, gyomtalanít; **II.** *n* gyom, gaz, dudva; *bány* meddő, meddő kőzet; ~**-burner** *mzg* lángszórós gyomirtó; ~**-burning with a flame thrower** *hidr* lángfúvásos gyomirtás; ~ **control** *mzg, hidr* gyomirtás, gaztalanítás; ~ **extirpator** gyomirtó (gép); ~ **killer** *vegy* gyomirtó (szer); ~ **sprayer** gyomirtó permetező készülék; ~**s screen** *hidr* gazfogó
weeder gyomláló; *mzg* gyomirtó fésű; gyomlálógép, gyomirtó eketest *(kultivátoré)*
weediness *hidr* benőttség
weeding I. *a* gyomláló, saraboló; **II.** *n* gyomlálás, sarabolás; ~ **harrow** *mzg* gyomirtó/gyomláló borona
weekend house *ép* víkendház, hétvégi ház
weekly | maximum demand heti igénygörbe; ~ **quality report** minőség állásáról szóló heti jelentés; ~ **stor-**

age *hidr* heti tározás; ~**-storage reservoir** *hidr* heti tározó
weep I. *v* csepeg, szivárog; csurog; csepegtet; **II.** *n* csurgás, csepegés, szivárgás; ~**-drain** *talt* szivárgó, drén, alagcső; ~ **hole** szivárgónyílás; vízkivezető nyílás *(falban)*; *hidr* megcsapoló nyílás
weeping csepegés, szivárgás; csepegtetés; *élip* víz elválasztódása kocsonyából; *hidr* gyöngyözés; ~ **pipe** gyöngyözőcső, szivárgócső *(nyomáspróbánál)*
weft *tex* felvetőszál; vetülék(fonal); ~ **alignment** *tex* vetülékkiegyenesedés; ~**-backed fabric** *tex* kétvetülékes áru; ~ **bar** *tex* vetülékcsík *(hiba)*; ~ **bobbin** *tex* vetülékcséve; ~ **cop** *tex* szelfaktor-vetülékcséve; ~**-cutting temple** *tex* vetülékvágó ollós szélfeszítő; ~ **detector** *tex* vetülékőr, vetülékfonalőr; ~**-effect** *tex* vetülékkötés, vetülékhatás; ~**-faced** *tex* vetülékoldalú; ~**-feeler (motion)** *tex* vetüléktapintó; ~ **fork** vetülékvilla; ~**-fork grate** *tex* vetülékvilla rácsa; ~**-fork-stop motion** vetülékvilla, vetülékfonalőr; ~ **grid** *tex* vetülékvilla rácsa; ~ **handling** *tex* vetülékbefűzés; ~ **hole** *tex* vetélőszem; ~ **insertion** *tex* vetülékbevezetés; ~ **knitting** *tex* vetülékrendszerű kötés; ~ **pile** *tex* vetülékbársony; ~**-pile tube** *tex* bársonyozó vetéscső; ~ **pirn** *tex* vetülékcséve; ~**-replenishing mechanism** *tex* csévetöltő; ~ **rib weave** *tex* vetülékripsz(kötés); ~**-spinning ring frame** gyűrűs vetülékfonó gép; ~ **spooling** *tex* vetülékfonal-csévélés; ~ **straightener** *tex* vetülékegyengető *(szerkezet)*; ~ **streak** *tex* vetülékcsík *(szövethiba)*; ~**-stripe** *tex* vetülékcsík; ~**-supply mechanism** vetülékváltó szerkezet; ~ **take-up** *tex* vetülékbeugrás; ~**-trail** *tex* vetülékszál; ~ **velvet** vetülékbársony; ~**-way spun** *tex* vetüléksodratú (fonal); ~ **winder** *tex* vetülékátcsévélő berendezés/gép
wefting *tex* vetülék hozzávetése *(szövethez)*
Wehnelt | cutout/interrupter *el* elektrolitikus megszakító, Wehnelt-féle szaggató; ~ **cylinder** *el* Wehnelthenger
wehrlite *ásv* wehrlit
weibullite *ásv* weibullit
Weierstrass | approximation *mat* Weierstrass-approximáció(s tételek); ~**'s double series theorem** Weierstrass tétele *(holomorf függvények egyenletesen konvergens sorairól)*, Weierstrass-féle kettőssor tétel; ~**'s quotient/ratio test** hányadoskritérium *(abszolút konvergenciára)*; ~**'s uniform convergence theorem** → ~'s double series theorem
weigh I. *v* megmér, mázsál; súlyt mér; nyom *(súlyt)*; nehezedik, nehézkedik; tapadása van; **II.** *n* mérés; ~ **anchor** *v* horgonyt felvon/felszed; ~**-bar shaft** állítható tengely *(kulisszás mechanizmuson)*; ~ **batcher** adagolómérleg; súly-adagolóberendezés; ~**-batching** tömeg szerinti mérőadagolás; ~**-batching plant/installation** mérő-adagoló mű; ~ **beam** *élip* tolósúlyos mérleg; *gép* egyensúlyozó kar/rúd/emeltyű; ~ **beam scale for cement** *ép* cementmérleg *(tolósúlyos)*; ~ **bucket** *élip* mérlegserpenyő; ~ **feeder** *ép* adagoló szalagmérleg; ~**-filling** *élip* zsákoló mérlegelés; ~ **hopper** garatmérleg, bunkermérleg, mérőbunker
weighable mérhető
weighbridge hídmérleg, járműmérleg; *vasút* vagonmérleg
weighed portion *koh* bemért mennyiség
weigher mázsáló *(személy)*; önműködő mérleg; ~ **feeder** *élip* mérőtápláló, mérlegtápláló
weighing mázsálás, lemérés *(súlyé)*; nehézkedés; *hajó* horgony felszedése; ~ **batcher** mérleges keverőgép; ~ **beam type jib** *ép* billenőgém; ~ **bottle** *vegy* piknométer; ~ **evapotranspirometer** *mzg* automatikus súlylemérésű talajpárolgás-mérő; ~**-machine** mázsa; mázsáló; mérleg; ~**-ring** gyűrűs dinamométer; ~ **sensibility** mérési pontosság, érzékenység *(mérlegé)*; ~ **system according to moisture content** *ép* nedvességtartalom szerinti mérlegelési folyamat *(betoncentráléhoz, központi keverőtelephez)*; ~**-table** *any* nyomólap *(törőgépé)*
weight I. *v* megterhel *(súllyal)*, nehezít; *mat, stat* súlyoz; **II.** *n* súly, teher, terhelés, nehézség; nyomás, lendület; *bány* fellazulási mag terhelése *(biztosításra)*; főtenyomás; *mat* súlyfüggvény; súlyozó faktor; *szt* helyérték; ~ **aerometer** súlyos aerométer; ~ **allowance** súlyengedmény; ~ **as green** *fa* súly kitermeléskor; ~ **bar** *ol* mélyszivattyú-súlyosbítórúd; ~ **batcher** *ép* adagolómérleg; ~**-bearing/carrying capacity** teherbíró képesség; ~ **box** ballasztszekrény; *élip* díszdoboz *(tartalommal együtt árusítják)*; ~ **burette** súlybüretta; ~ **cage** *rep* ballasztszekrény; ~ **coefficient** *el* súly-teljesítmény arány; *mat* súlyozó együttható; ~ **control** súlyszabályozás; ~ **controller** súlyszabályozó; ~ **curve** *geol* súlygörbe; ~ **deviation** *koh* súlyeltérés; ~ **distribution** súlyelosztás, súlyeloszlás; ~ **drop** *geof* ejtősúlyos mérés; súlyejtés; ~**-drop method** *geof* ejtősúlyos módszer; ~ **equalizer** kiegyensúlyozó; ~ **factor** súly, súlytényező; súlyozó faktor; ~ **feeder** adagoló(berendezés); ~ **foundation** súlyalap; ~ **fraction** súlyrész; ~ **function** súlyfüggvény; ~**-giving finish** *tex* nehezítő kikészítés; ~ **governor** súllyal terhelt fordulatszám-szabályozó; ~**-increase** súlyszaporítás, súlyszaporodás; *tex* nehezítés; ~ **indicator** *geof* terhelésmérő *(fúró)*; ~ **in running order** üzemi súly *(járóműé)*; ~ **in working order** szolgálati súly *(mozdonyé)*; ~ **lever** súllyal terhelt emelő *(biztonsági szelepé)*; ~ **limit** súlyhatár; ~**-load** *koh* súlyakkumulátor; ~**-loaded** súlyterhelésű; ~ **loss** *talt* súlyveszteség; ~ **of burden/charge** *koh* adagsúly; ~ **of roof** *bány* főteomlás; ~ **on bit (WOB)** *ol* fúróterhelés, fúróvésőre engedett terhelés; ~ **output** *bány* súlykihozatal; ~ **per axle** *vasút* tengelynyomás; ~ **per cent** súlyszázalék; ~**-percent concentration** *koh, vegy* súlykihozatal; ~ **per horse-power** teljesítménysúly; ~ **per metre/meter** *koh* folyómétertömeg, folyómétersúly; ~ **per running metre/meter** *mech* folyómétersúly; ~ **per square metre/meter** *koh* négyzetmétersúly; ~ **per unit area** négyzetmétersúly; ~ **per unit length** hosszegységre eső súly; ~**(-)recovery** *bány* súlykihozatal; ~ **restriction** *gépk* súlykorlátozás; ~**-retained curve** *ép* fennmaradó anyag szemeloszlási görbéje; ~**s** *pl* gyorsmérlegek ellensúlyai; mérleg; ~ **stalk** *tex* nyomórúd *(tölcséres csévélőn)*; ~**-stretching** *bány* súlyfeszítés; ~ **tension** *bány* súlyfeszítés; ~ **transference** (fékezési) súlyeltolódás; ~**-variation** *gyógyv* súlyszóródás; ~ **voltameter** *el* terheléses voltaméter
weighted nehezített, súly hatására működő; *mat, stat* súlyozott; ~ **analysis of variance** *mat* súlyozott szórásnégyzet elemzése; ~ **arithmetic average** *mat* súlyozott számtani közép(érték); ~ **arithmetic mean/**

value → ~ mean; ~ **average** *mat* súlyozott középérték; ~**-average molecular weight** *műa* súlyozott molekulasúly-átlag, súly szerinti átlag molekulasúly; ~ **belt tightener** súllyal működő szíjfeszítő; ~ **code** *szt* súlyozott kód; ~ **coordination number** súlyozott koordinációs szám; ~ **creep length** *hidr* súlyozott szivárgási hossz; ~ **current valve** *el* súlyozott áram; ~ **efficiency** mérlegelt hatékonyság; ~ **equivalent continuous perceived noise level** *rep* kiegyensúlyozott egyenértékű folyamatosan észlelt zajszint; ~ **graph** *szt* súlyozott gráf; ~ **lever** súlyemelő *(szerkezet)*; súlykar; ~ **mean** *mat* súlyozott (számtani) közép(érték), súlyozott átlag; ~ **noise voltage** súlyozott zajfeszültség; ~ **power** súlyozott teljesítmény; ~ **reciprocal lattice** súlyozott reciprok rács; ~ **reciprocal space** súlyozott reciprok tér; ~ **regression analysis** súlyozott regresszióelemzés; ~ **reliability** súlyozott megbízhatósági mutatószám; ~ **sampling** súlyozott mintavétel; ~ **signal-to-noise ratio** pszofometrikus jel-zaj viszony; ~ **silk** *tex* nehezített selyem; ~ **valve** ellensúlyos *v.* súllyal terhelt szelep; ~ **voltage** súlyozott feszültség

weighting nehezítés; súlymérés, súlynövelés; terhelés; *fiz* mérlegelés; súlyozás; *mat, stat* súlyozás; *szt* súlyozás; *tex* nehezítés, nehezítőszer; ~ **coefficient/factor** *mat* súlyozási/súlyozó faktor/tényező; súlytényező; ~ **function** *mat* súlyfüggvény; súlyozó függvény; ~ **material** töltőanyag, nehezítő anyag; *ol* fúróiszap-nehezítő/fúróiszapfajsúly-növelő anyag; ~ **motion** súlymérő szerkezet; ~ **network** *távk* súlyozó szűrő; szűrőkör, szűrőtag; ~ **of silk fabric** *tex* selyemszövet nehezítése; ~ **sequence** *mat* súlyozási sorrend; **with flat** ~ súlyozás nélkül

weightless nem mérhető, súlytalan; ~ **fluid** súlytalan folyékony közeg

weightlessness *űr* súlytalanság (állapota)

weightometer *bány* automatikus szalagmérleg regisztrálóval

weighty súlyos, nehéz; nyomós, nyomatékos

weir *hidr* ártéri bukó; bukógát, (duzzasztó)gát; folyami duzzasztómű; ~ **crest** *hidr* bukó koronája, bukóél; gátkorona, töltéskorona; ~ **discharge** *hidr* gáton átbukó vízhozam; ~ **equation** *hidr* bukó-vízhozamegyenlet, bukógát vízhozamegyenlete; ~ **for discharge measurement** mérőbukó; ~ **head** *hidr* átbukási magasság; ~ **nappe** *hidr* nyomott vízsugár; ~ **notch** *hidr* bukónyílás; ~ **profile** *hidr* gátprofil; ~ **sill** *hidr* gátküszöb; ~ **with linear discharge relation** proporcionális/lineáris bukó; ~ **with locking door** *bány* ajtós gát

Weiss | **domain/sphere** *fiz* ferromágneses domén, Weiss-tartomány, Weiss-körzet, (Weiss-)domén; ~ **indices** *fiz* Weiss-féle indexek, Weiss-indexek; ~ **theory** *fiz* Weiss-tartományok elmélete, doménelmélet; ~ **zone** *fiz* Weiss-féle zóna

Weissenberg | **chart** *krist* Weissenberg-hálózat; ~ **goniometer** *krist* Weissenberg-goniométer; ~ **method** *krist* Weissenberg-eljárás; ~ **photograph** *krist* Weissenberg-féle ekvatoriális felvétel

welcome page *szt* üdvözlőoldal *(videotex)*

weld I. *v heg* hegeszt; **II.** *n heg* (hegesztési) varrat; hegesztés; hegesztett kötés; hegesztővarrat; ~ **assembly** *rep* hegesztett szerelvényegység; ~ **backing** *heg* varratalátét; ~ **bath** *koh* hegfürdő; ~ **bead** *heg* hegesztési gyöngy; hegvarrat, varratdudor; ~ **casting** *heg* öntvehegesztés; ~ **cleaning** *heg* hegesztett varrat tisztítása; ~ **controller** *heg* hegesztésiidő-szabályozó; ~ **corrosion** *koh* hegesztési korrózió; ~ **crack** *heg* varratrepedés; ~ **crater** *heg* hegesztési kráter; ~ **decay** *heg, koh* hegesztési korrózió; ~ **deposit** *heg* heganyag; ~ **edger** *szersz* hegvarrathely-véső; ~ **filler material** *koh* hegesztőanyag; ~ **impact resistance** *heg* hegesztett varrat fajlagos ütőmunkája; ~ **interpass temperature** *heg* varratrétegek közötti hőmérséklet; ~ **iron** hegeszthető vas; ~ **junction** *heg* varratcsatlakozás; ~ **layer** *heg* varratréteg; ~ **macrosection** *any* hegesztett varrat makrometszete; ~ **marks** *heg* összefolyási helyek; ~ **material** *koh* heganyag; ~ **metal** *heg* heganyag; varratfém; ~**-metal crack** *heg* a varrat fémjében keletkező repedés; ~**-metal ductility** *any* varratfém alakíthatósága; ~**-metal pool** *heg* hegfürdő, hegesztőfürdő; ~ **microsection** *any* hegesztett varrat mikrometszete; ~ **nugget** *heg* varratlencse; ~ **on** *v* felhegeszt, hozzáhegeszt; ~ **operation** *heg* hegesztési eljárás; ~ **overlay** *heg* varratfelrakás; ~ **pass** *heg* varratréteg; ~ **penetration** *heg* beolvadás; varratbeolvadás; ~ **process** *heg* hegesztési eljárás; ~ **reinforcement** *heg* (hegesztett) varrat megvastagítása; ~ **root** *heg, koh* varratgyök; ~ **spatter** *koh* hegesztési fröcskölés; ~ **steel** hegeszthető acél; ~ **strength** hegesztett varrat szilárdsága; ~ **surfacing** *heg* felrakó hegesztés; ~ **test** *any* hegesztett-varrat-vizsgálat; ~ **test specimen** *koh* hegesztett próbadarab; ~ **throat** *heg* hegesztett varrat vastagsága; ~ **transformer** *el, heg* hegesztőtranszformátor; ~ **upset** *heg* varrathernyó; ~ **void** varratpórus

weldability *heg* hegeszthetőség; ~ **test** *any* hegeszthetőségi próba/vizsgálat

weldable hegeszthető

weldableness *heg* hegeszthetőség

welded *heg* hegesztett; ~ **bridge** *ép* hegesztett híd; ~ **butt joint** *heg* hegesztett tompakötés; ~ **connection** *ép* hegesztett kapcsolat; *heg* hegesztett kötés; ~**-contact rectifier** *el* állandó/forrasztott érintkezőjű egyenirányító; ~ **crucible** *koh* hegesztett tégely; ~ **deposit** *koh* heganyag; ~ **fabric mat** *ép* hegesztett háló; ~ **girder** *ép* hegesztett tartó; ~ **jib** *em* lemezszerkezetű gém; ~ **joint** *heg* hegesztési varrat; hegesztett kötés/kapcsolás/illesztés; ~ **pipe** hegesztett cső; ~ **reinforcement** *ép* hegesztett vasalás; ~ **seam** *heg* hegesztett/hegesztési varrat; ~ **source** *at* lehegesztett forrás; ~ **structure** hegesztett szerkezet; ~ **tube** *koh* hegesztett (acél)cső; ~**-wire fabric** *ép* hegesztett háló

welder *heg* hegesztő gépcsoport; hegesztő(gép); ~**'s helmet** *heg* védőálarc; ~**'s qualifications test** hegesztőminősítő vizsgálat; ~**'s shield** hegesztővédőpajzs; ~ **test** hegesztővizsga; ~ **tuff** *geol* ignimbrit, hegedt tufa, tufaláva

welding *heg* hegesztés; ~ **alloy** *heg* hozaganyag hegesztéshez; ~ **amperage** *el* hegesztőáram-erősség; ~ **apparatus** *heg* hegesztőkészülék; ~ **appliance** *koh* hegesztőszerkezet; ~ **arc** *heg* hegesztőív; ~ **area** *heg* hegesztési terület; ~ **assignment** *heg* hegesztéstechnikai feladat; ~ **bath** *heg* hegesztőfürdő; ~ **bay** hegesztőcsarnok; ~ **bead** *heg* hegesztési gyöngy, varratdudor; ~ **bench** *heg* hegesztőasztal; ~ **blowpipe** *heg* hegesztőégő; hegesztőpisztoly; ~ **burner** *heg* hegesztőégő; hegesztőpisztoly; ~ **by induction heating**

heg hegesztés indukciós hevítéssel; ~ **capability** *heg* hegesztési lehetőség; ~ **carbon** *heg* hegesztő szénelektród; ~ **cartridge** *heg* hegesztőtöltény, hegesztőtöltet; ~ **cavity** *heg* hegesztési üreg; ~ **connector** *heg* hegesztővezeték-összekötő; ~ **constructional steel** *koh* hegeszthető szerkezeti acél; ~ **control** *heg* (áram)megszakító vezérlőegység; ~ **converter** *heg* hegesztőáram-átalakító; hegesztődinamó; ~ **cover lens** *heg* védőüveg hegesztéshez; ~ **crack** *heg* hegesztési repedés; ~ **current** *el* hegesztőáram; ~ **cycle** *heg* hegesztési ciklus; ~ **deformation** *el* hegesztési elhúzódás; ~ **deposit** *el* varratfém; *koh* heganyag; ~ **die** *heg* hegesztőpofa; ~ **dry box** *heg* hegesztőfülke; ~ **duty cycle** *heg* bekapcsolási időtartam hegesztéskor; ~ **dynamo** hegesztődinamó; ~ **electrode** ívhegesztő elektróda; ~ **engineering** hegesztéstechnika; ~ **equipment** hegesztőberendezés; ~ **fault** *heg* hegesztési hiba; ~ **filler metal** *heg* hegesztés hozaganyaga; *koh* hegesztőanyag; ~ **filler wire** *heg* hegesztőhuzal; ~ **fixture (WLFX)** *heg* hegesztőkészülék; ~ **generator** *koh* hegesztőgenerátor; ~ **glass** *heg* színezett védő(szem)üveg; ~ **goggles** *pl heg* védőszemüveg; ~ **groove** *heg* varratvályú; ~ **gun** *heg* hegesztőpisztoly; *műa* forrógázos hegesztőpisztoly; ~ **head** *heg* hegesztőfej; ~ **heat** *heg* hegesztési hő; ~ **hood** *heg* füstszívó hegesztéshez; ~ **in overhead position** *heg* fej feletti hegesztés; ~ **jig** *heg* hegesztőkészülék; ~ **level** *heg* leélezés hegesztéskor; ~ **line** *heg* hegesztéstechnológiai gyártósor; ~**(-)machine** *koh* hegesztőgép; ~ **manipulator** *heg* hegesztőmanipulátor; ~ **material** *koh* hegesztőanyag; ~ **mo(u)ld** *heg* hegesztési méretminta; ~**-on** felhegesztés; ~ **operation** *koh* hegesztési eljárás; ~ **outfit** *heg* hegesztőberendezés; ~**-outfit back-pressure** *heg* hegesztőhelyi vízzár; ~**-outfit pressure regulator** *heg* munkahelyi nyomáscsökkentő szelep; ~ **platform** *heg* munkaemelvény hegesztéshez; ~ **pool** *heg, koh* hegesztőfürdő, hegfürdő; ~ **portal** *heg* hegesztőállvány; ~ **positioner** *heg* hegesztőmanipulátor; ~ **power** *heg* hegesztési hatásfok; ~ **power source/supply/unit** *heg* hegesztő-áramforrás; ~ **pressure** *heg* hegesztőnyomás; ~ **primer** *heg* hegesztési alapozófesték; ~ **process** *heg* hegesztési eljárás; ~ **puddle** *heg* hegesztőfürdő; ~ **rate** *heg* hegesztési sebesség; ~ **reactor** *heg* hegesztéstechnikai fojtótekercs; ~ **rectifier** *heg, koh* hegesztőáram-egyenirányító, hegesztő-egyenirányító; ~ **regulator** *heg* hegesztőáram-szabályozó; ~ **rod** *heg, koh* hegesztőpálca, hegesztőelektród; ~ **run** *heg* varratréteg; ~ **seam** *heg, műa* hegesztési varrat; ~ **sequence** *heg* hegesztési sorrend; ~ **set** *heg* hegesztő gépcsoport; hegesztőaggregát; ~ **shop** *heg* hegesztőműhely; hegesztőüzem; ~ **shrinkage** *heg* hegesztési zsugorodás; ~ **slag** *heg* hegesztési salak; ~ **spatter** *heg* fröcskölődés hegesztéskor, hegesztési fröcskölés; ~ **stress** hegesztés következtében keletkező feszültség, hegesztési feszültség; ~ **test piece** *heg* hegesztett próbadarab; ~ **tip** *heg* hegesztőfúvóka; ~ **tongs** *pl heg* hegesztőpisztoly; ~ **torch** *heg* hegesztőégő, hegesztőbetét, hegesztőpisztoly; ~ **tractor** *heg* hegesztőkocsi; ~ **transformer** *el, heg* hegesztőtranszformátor; ~ **turntable** *heg* forgatható hegesztőasztal; ~ **unit** *heg* hegesztő gépcsoport; ~ **wheel** *heg* görgő alakú hegesztőelektród; ~ **wire** *heg, koh* hegesztőhuzal, hegesztőpálca; ~ **with ultrasound** *koh* ultrahangos hegesztés; ~ **zone** *heg* hegesztési zóna, varratövezet

weldless varrat nélküli; ~ **tube** *koh* varrat nélküli cső

weldment *heg* hegesztett szerkezet/alkatrész; ~ **bend ductility** *heg* hegesztett szerkezet/alkatrész hajlíthatósága; ~ **cracking** *heg* repedésképződés hegesztett szerkezetben

weldor → welder

well[1] **I.** *v* ömlik, bugyog; feltör *(olaj v. forrás)*; **II.** *n* kút, forrás; ciszterna; *at* potenciálárok; *bány* forrás; mélyfúrólyuk; zsomp; *ép* akna; kútalap; *fiz* potenciálgödör, potenciálvölgy; *geof* lyuk, fúrólyuk, fúrás; *hajó* láncszekrény; *koh* medence; *ol* kút, fúrás, szonda; *talt* megcsapoló kút *(artézi nyomás alatt álló vízé)*; ~ **acidizing** *bány* savas kútkezelés; ~**-and-disc/disk integrator** *metr* dörzskeretes integrátor; ~**-base rim** *gumi* mély ágyazású (kerék)pánt; ~ **bore** *ol* fúrás; fúrólyuk; ~ **borer** *ép, ol* kútfúró; ~ **bottom** *ol* kúttalp; ~ **bottom pressure** *ol* talpnyomás; ~ **bottom treatment** *ol* kúttalpkezelés; ~ **capacity** *hidr* fajlagos vízhozam *v.* vízadó képesség; *ol* (fajlagos) kúthozam; ~ **capping** *ol* fúrólyukelfojtás; ~ **casing** *ép* kútbélés; *ép, hidr* béléscső; ~ **cavity** *ol* fúrólyukbeomlás, kiöblösödés; ~ **cleaning (by pumping)** *bány, ol* tisztítószivattyúzás; ~ **collapse** kút beomlása; ~ **completion** *ol* lyukbefejezés; ~ **completion fluid** *ol* lyukbefejező iszap; ~**-completion outfit/rig** *ol* lyukbefejező berendezés; ~ **construction** *bány* kútkiképzés; *ol* (víz)kútszerkezet; ~**-core analysis** *ol* fúrómagvizsgálat; ~ **correlation** *geof* fúrólyukak közti korreláció; ~ **counter** *at* mintatárolós számlálócső; ~ **crystal scintillation detector** *at* üreges kristályos szcintillációs detektor; ~ **curbing** *ép* dúcolás *(árok, munkagödör)*; ~ **cutting** *geof* fúrómag; ~ **cylinder** kúthenger, kútgyűrű; ~ **depth** *bány, ol* fúrólyukmélység; ~ **design** *ol* kútszerkezet; ~ **development** *hidr* tisztító szivattyúzás; ~ **digger** *ép* kútásó *(munkás)*; ~ **drain** lefolyógödör; ~ **drill** *ép* kötélfúró gép; kútfúró szerszám; ~ **driller** *ép* kútfúró berendezés; kútfúró munkás; ~ **drilling** kútfúrás, mélyfúrás *(artézi vízért v. olajért)*; ~**-drilling outfit** *hidr* kútfúró berendezés; ~**-drop culvert** *hidr* aknás csőáteresz; ~ **equipment** *bány* fúrólyukszerkezet; kútkiképzés; *ol* kútszerkezet; ~**-flow test** *ol* kútáramlás-vizsgálat; ~ **foundation** *ép* kútalapozás; ~ **funnel** *bány* forráskráter; ~ **geophone** *geof* lyukgeofon; ~ **grab** *ép* kútfúró markoló; ~ **gravimeter** *ol* fúrólyuk-graviméter; ~**-head** *geol* forrás eredete; *ol* fúrólyuk feje, fúrólyukfej, fúrólyuk szájnyílása, fúrólyukszáj; ~**-head assembly/equipment/set-up** *ol* fúrólyukfej-szerelvény, kútfejszerelvény; ~**-head pressure** *ol* kútfejnyomás; ~**-head temperature** *ol* kútfejhőmérséklet; ~**-hole** *ép* csigalépcső aknája; ~**-in masonry** *ép* falazott kút; ~ **interference** *ol* kutak kölcsönhatása; ~ **killing** *ol* fúrólyukelfojtás; ~ **location** *bány, ol* fúrási hely/pont, fúrópont; ~ **log** *ol* fúrólyukszelvény; ~ **logging** *ol* karottázs, fúrólyuk-szelvényezés; ~**-logging cable** *ol* szelvényezőkábel; ~**-logging crew** *geof* lyukszelvényező csoport, karottázscsoport; ~**-logging geophysics** mélyfúrási geofizika; ~**-logging truck apparatus** *ol* fúrólyuk-szelvényező; ~**-log interpretation** *ol* karottázsszelvény-értelmezés; ~ **loss** *hidr, ol* (víz)kútellenállás; ~ **masonry** *ép* kútkifalazás; ~ **of shut-**

tle *tex* vetélő ürege; ~ **open caisson foundations** *pl ép* kútalapozás; ~ **out** *v* előtör *(víz)*; kiömlik; ~ **parameter** *at* árokparaméter; ~ **pattern** *ol* kúthálózat; ~ **pipe** *ép* kútcső; ~ **pit pump** *hidr* mélykútszivattyú; ~**-point** *ép* pontkút *(szűrőkút)*; *hidr* vákuumkút; ~ **profile** *ol* fúrólyukszelvény; ~ **pump** kútszivattyú; ~ **radius** *ol* kút hatósugara; ~ **resistance** *bány, ol* (víz)-kútellenállás; ~ **reworking** *ol* utólagos kútmunkálat; ~**-screen** *hidr* kútszűrő; ~**-screen jetting** *ol* vízkútszűrő-mosatás; ~**-screen opening** *ol* vízkútszűrő beömlőnyílása; ~ **seat** *gépk* mély ülés; ~ **section** *ol* fúrólyukszelvény; ~ **seismic log(ging)** *ol* szeizmokarottázs; ~ **seismometer** *geod* lyukszeizmométer; ~ **servicing** *ol* kútmunkálat; ~ **shooting** *ol* tárolókőzetrobbantás; ~ **sinker** *ép* kútfúró mester; ~ **sinking** *ép* kútsüllyesztés; ~ **site** *ol* fúrópont; ~ **sounding** *ol* akusztikus nívómérés; ~ **spacing** *ol* kúttávolság, kútköz; ~**-stairs** *pl ép* csigalépcső, aknalépcső; ~ **starting** *ol* kútmegindítás; ~ **stimulation** *bány* kúttisztítás; *ol* kúttalpkezelés; tárolókőzet-serkentés; ~ **stream** *ol* kútáram; ~**-temperature recording** *geol* lyukhőmérséklet regisztrálása; ~**-temperature survey** *geof* lyukhőmérséklet-felvétel, hőmérsékletkarottázs-felvétel; ~ **testing** *geof* fúrólyukvizsgálat, fúrólyuk-szelvényezés, karottázs; ~ **tie** *geof* lyukkorreláció, lyukszelvények összekapcsolása, rétegazonosítás; ~ **torpedoing** *ol* tárolókőzet-robbantás; ~ **tube** *ép* kútcső; *ol* béléscső; fúrócső; ~**-tube filter** *ol* fúrócsőszűrő; ~**-type counter (tube)** *fiz* mintatárolós számlálócső; ~**-type cut** *bány* nagylyukas betörés; ~**-type manometer** *aut* egycsöves/csészés/tartályos nyomásmérő; ~ **up** *v* feltör, előtör, felfakad; ~ **velocity** *geof* lyuksebesség, szeizmokarottázsból kapott sebesség; ~**-velocity log** *geof* szeizmokarottázs-szelvény, szeizmikus lyuksebesség-szelvény; ~**-velocity logging** *geof* szeizmikus fúrólyuk-szelvényezés, szeizmokarottázs; ~**-velocity survey** *geof* szeizmikus rétegsebesség-felvétel *v.* lyuksebesség-felvétel; ~ **wag(g)on** *vasút* mélyített rakfelületű kocsi; ~ **water** kútvíz; ~**-water correlation** *geof* fúrólyukvíz-korreláció; ~**-water rate/yield** *ol* vízhozam; ~ **winch** *ép* kútvitla; ~ **windlass** *ép* kútcsörlő, kútvitla; ~ **with drain pipes** *bány* csápos kút; ~ **with upflow** *bány* felszálló forrás; ~ **workover rig** *ol* lyukbefejező berendezés

well[2] jól; ~**-balanced pick-up** kiegyensúlyozott hangfelvétel; ~**-being** *környv* komfortérzet; ~**-closed formation** *pa* jól zárt felület; ~**-closed surface** *tex* zárt felület; ~**-conditioned** *geod* (közelítőleg) egyenlő oldalú *(háromszögelésnél)*; ~**-cured hide** *bőr* jól konzervált, sóérett nyersbőr; ~**-defined pattern** *tex* éles kontúrú minta; ~**-determined** *mat* egyértelműen meghatározott, egyetlen; jól meghatározott; ~**-done meat** *élip* teljesen átsütött hús; ~**-drained soil** *ép* vizet jól áteresztő talaj; ~ **exhibited** *ol* jól feltárt *(rétegek)*; ~**-focus(s)ed beam** *opt* élesen fókuszolt sugár; ~**-formed sentence** *mat* jól formált mondat; ~**-graded aggregate** *ép* helyes szemszerkezetű adalék; ~**-milled** *pa* zsírosra őrölt; ~**-moderated** jól/helyesen moderált; ~**-ordered** *mat* jól rendezett; ~**-ordered set** *mat* jól rendezett halmaz; ~ **sheared** *ásv* jól hasadó; ~**-worn** erősen használt/elkoptatott

wellhead → well-head

welling | **machine** *élip* besűrítőprés; ~**-up groundwater behind flood dykes** *hidr* fakadóvíz; ~**-up water** *bány* fakadóvíz

wellington (boot) gumicsizma

wellsite *ásv* wellsit

Welsbach burner *hőt* Auer-égő

Welsh plug *önt* magdugó

welt I. *v* beszeg, szegélyez; övez; *cipő* rámán varr; **II.** *n* szegély; *cipő* varrókeret, varróráma; varrótalpkeret; *ép* hézagtakaró léc; *kh* harisnya felső kettős széle; szegély; *nyom* szegély; ~ **cam** *kh* emelőlakat; ~ **groover** *cipő* rámaárkoló készülék; ~ **hammer** *cipő* rámakalapáló; ~**-sewing machine** *cipő* rámafelvarró gép

welted | **edge** kettőzött szegélyű; ~ **standing seaming machine** *ép* állókorcoló gép

welter *cipő* rámafelvarró gép

welting *cipő* beöltő csík *(bizni)*; bőrráma; dudor; ~ **leather** *cipő* rámabőr

Wenko floor *ép* Wenko-födém

Wenlock *geol* wenlocki emelet

Wenlockian stage *geol* wenlocki emelet

Wenner configuration *geof* Wenner-féle elektródelrendezés

Werfenian stage *geol* werfeni emelet

Werner | **complex** *vegy* komplex, komplex vegyület, koordinációs/datív kötésű vegyület; ~**'s theory** *vegy* Werner-féle mellékvegyérték-elmélet

wernerite *ásv* wernerit

west (W) I. *a* nyugati; **II.** *n* nyugat; **III.** *adv* nyugat felé, nyugatra; ~**-bound flight** *rep* repülés nyugati irányba/nyugatra; ~**-edge chock** *bány* törőpillér

Westcott | **convention** *at* Westcott-közelítés *(neutronfluxusra)*; ~ **cross-section** *fiz* effektív termikus kutatáskeresztmetszet, Westcott-hatáskeresztmetszet; ~ **flux** *at* Westcott-fluxus

westerlies *rep* nyugati/nyugatias széljárás

westerly variation *geof, rep* nyugati mágneses eltérés

Western-type loudspeaker *film* Western-hangszóró

Westinghouse brake Westinghouse-fék

weston *film* filmsebesség mértéke

Weston (standard cadmium) cell *fiz* Weston-féle normálelem

Westphal balance *fiz* hidrosztatikus mérleg

Westphalian stage *geol* westfáliai emelet

wet I. *v* benedvesít, megnedvesít, (be)áztat; *bány* nedvesít; öntöz; permetez; *tex* beáztat, dekatál; **II.** *a* nedves, vizes, nyirkos; **III.** *n* nedvesség; *met* eső; páratartalom; ~**-air compressor** nedveslég-sűrítő; ~**-and-dry-bulb hygrometer** légnedvesség-mérő, pszichrométer; harmatpont-meghatározó; ~ **ash collector-scrubber** nedves pernyeleválasztó; ~ **assay** *bány* nedvespróba; ~**-back** *v* újra felnedvesít; ~ **battery** galvántelep; ~**-beaten** *pa* zsírosra őrölt; ~**-black** *v önt* fekecsel; ~**-blacking** fekecs; ~ **blast equipment** *ép* nedveshomok-fúvó berendezés; ~ **blending** *műa* nedves elegyítés töltőanyaggal; ~ **boring** *bány* nedves fúrás; ~**-bottom gas producer** *en* vízzáras gázgenerátor; ~**-bulb depression** *bány* pszichrometrikus depresszió; ~**-bulb potential temperature** *met* nedves potenciális hőmérséklet; ~**-bulb temperature** *bány* nedves hőfok; *met* nedves hőmérséklet; ~**-bulb thermometer (WB)** *met* nedvességmérő hőmérő; ~ **bursting strength** *tex* nedves repesztőszilárdság; ~

(carpet) cleaning machine *ép* nedves szőnyegpadló-tisztító gép; ~ **cell** *vegy* nedves elem; ~ **classification** *bány* nedves osztályozás; ~ **classifier** *el* nedves áramkészülék; ~ **cleaning** *bány* dúsítás nedves úton; nedves dúsítás/előkészítés; ~ **coating** *gyógyv* nedves drazsírozás; ~**-collodion process** *foto* nedves kollódiumos eljárás; ~ **combustion** *környv* nedves/vizes égetés; ~ **comminution** *ép* nedves aprítás; ~ **compression** *ép* nedves üzem; ~ **concrete placing gun** *ép* vizes szóróberendezés; ~ **contact** *távk* kent érintkező; ~ **criticality** *at* hűtőközeg jelenléte melletti kritikus állapot; ~ **crushing** *bány* nedves aprítás; ~ **cuts** *pl ép* víz alatti kotrás, víz alól kotrás; ~ **cutting** *bány* nedves réselés; *ép* vizes/nedves bevágás; ~ **decontamination** *at* nedvesdekontaminálás; ~ **dedusting** *bány* nedves porleválasztás; ~ **deposition** nedves kiülepedés; ~ **discharger** *élip* Elfa, vízsugaras ürítő; ~ **doubling** *tex* nedves sodrás/cérnázás; ~ **drawing machine** *koh* nedveshúzógép; ~**-drawn wire** *koh* folyadékban húzott huzal; ~ **dressing** *bány* dúsítás nedves úton; nedves előkészítés; ~ **drilling** *bány, ép* nedves/vízöblítéses fúrás; ~**-drum meter** nedves gázmérő; ~ **dust-precipitation** *bány* nedves portalanítás; ~ **electrolytic capacitor** *el* nedves elektrolitkondenzátor; ~ **elongation** *tex* nedves nyúlás; ~ **elutriator** *koh* iszapológép; ~ **enamel(l)ing** *önt* nedves zománcozás; ~**-end** *pa* nedves szakasz; ~ **expansion** *pa* nedves nyúlás; ~ **extrusion mo(u)lding** *műa* nedves extrudálás; ~ **fallout** *at* nedves kihullás; ~**-felt** *pa* présnemez; ~ **flare system** *ol* nedves gázt fáklyázó rendszer; ~ **flash-over (voltage)** *el* nedves átívelési feszültség; ~ **flue gas** *en* telített égéstermék; ~ **fog** *met* nedves köd; ~ **gas** *ol* dúsgáz; nedves gáz; ~**-gas drive** *ol* dúsgázbesajtolás; ~**-gas purification** *koh* nedves gáztisztítás; ~**-gas scrubber** *koh* gázmosó; ~**-granulator** *gyógyv* nedves granuláló; ~ **grinder** *szersz* nedveskö-szörű; ~ **grinding** *ép, koh* nedvesőrlés; *forg* nedveskö-szörülés; *pa* nedves foszlatás/csiszolás; ~ **ground** *bány* úszóhomok; vízdús homok; ~ **guniting** *ép* vizes lövellési eljárás; ~ **hopper** *ép* átmeneti betontároló siló; ~ **in-situ combustion** *ol* nedves tűzelárasztás; ~**-in-wet print** → ~-on-wet print; ~**-labile** *vegy* nedveslabilis, pszeudolabilis; ~ **lamination** *koh* nedveskasírozás; ~ **landslide** *ép* kőfolyásm sárfolyás; ~ **lap machine** *fa* nedves falemezgép; ~ **lattice** *at* nedves reaktorrács; ~**(-)lease (of an aircraft)** *rep* személyzetes bérlet *(légijárműé)*; ~ **liming** *cu* nedves defekáció; ~ **liner** *gépk* nedves hengerhüvely; ~**-machine** *pa* víztelenítő gép; ~ **magnetic separation** *koh* nedves mágneses szeparálás; ~ **magnetic separator** *koh* nedves szeparátor; ~ **mass** *rep* feltöltött hajtómű teljes tömege; ~ **mechanical analysis** *geof* hidrometrálás; ~ **method of dust control** *bány* nedves portalanítás; ~ **mine** vizes bánya; ~ **mix** *ép* fölös vízadagolással készített beton; ~ **mixer** *gumi* oldatdagasztó (keverő/gép); ~**-mix shotcrete** *ép* (nedves keverésű) lövellt beton; ~ **mortar** *ép* friss habarcs; ~ **mud** nedvesiszap; ~ **natural gas** *ol* kútfejgáz; nedves földgáz; ~**-negative printing** nedves másolás; ~ **oil** *ol* vizes olaj; ~**-on-wet print** *nyom* nedvesnyomtatás; ~ **oxidation** *hidr* nedves oxidáció; ~**-pan mill** *élip* dagasztógép; *ép* agyagvágó (gép); ~ **parting** *bány* nedves (érc)kiválasztás; ~ **picking** *pa* nedves osztályozás; ~**-pit pump** *hidr* búvárszivattyú; ~ **place** *bány* nedves munkahely; ~ **plaster** *ép* nedves vakolat; ~ **plate** *foto* nedves (emulziójú) üveglemez; ~ **pocket** *élip* nedves fészek; ~ **power** *rep* vízbefecskendezéses teljesítmény; ~ **preparation** *bány* nedves előkészítés; ~ **press** *pa* nedves prés; ~**-pressed board** *pa* gaucsolt karton; ~**-press foreman** *pa* préselő *(munkás)*; ~ **pressing** *bány* nedves brikettezés; ~**-press machine** *pa* víztelenítő gép; ~**-press roll** *pa* nedves préshenger; ~ **process** *bány, koh* nedves eljárás; ~ **processing** *pa, tex* nedves kezelés(i eljárás); ~**-process porcelain** öntött/formázott porcelán; ~ **pulp** *pa* zsíros anyag; ~ **reduction** *ép* nedves aprítás; ~ **refining** *bány* nedves dúsítás; *ol* nedves finomítás; ~ **rendering** *élip* nedves zsír(ki)olvasztás; ~ **rod string weight** *ol* mélyszivattyú-rudazat nedves önsúlya; ~ **rot** *ép* (nedves) rothadás; ~**-rubbing operation** *forg* nedves köszörülés vízálló csiszolópapírral; ~**-rub test** *pa* nedves dörzsölési próba; ~ **running sand** *bány* folyós homok; ~ **sander** *szersz* kézi nedvescsiszoló gép; ~ **screening** *bány, ép* nedvesrostálás, nedvesszitálás; ~ **scrubber** *ol* nedves gáztisztító; ~ **scrubbing** *koh* nedves gáztisztítás; ~ **sedimentation** nedves kiülepedés; ~ **separation** nedves osztályozás; ~ **separator** *koh* nedves szeparátor; ~ **sizing** *bány* nedves osztályozás; ~**-sleeve cylinder** *gép* nedves perselyes/hüvelyes henger; ~ **sludge** *hidr* nedvesiszap; ~ **spark-over voltage** → ~ flash-over voltage; ~ **spinning (WS)** *műa* nedves szálképzés; ~ **spun** *tex* nedves fonású; ~**-stable** *vegy* nedvesstabilis; ~ **stamp-mill** *ép* vizes zúzómű; ~ **steam** nedves gőz; ~**-steam cooled reactor** *at* nedvesgőz-hűtésű reaktor; ~**-steam fixation** *tex* rögzítés telített gőzzel; ~ **steaming** *tex* nedves dekatálás/gőzölés; ~ **stock** *pa* zsíros anyag; ~ **storage** *fa* nedvesen *v.* víz alatt tárolás; ~ **strength** *mech* nedves szilárdság; ~ **strength paper** nedvességszilárdságú papír; ~ **stuff** *pa* zsíros anyag; ~ **suction cleaner** *ép* vízfelszívó gép; ~**-sump lubrication** *gép, rep* folyadéktartályos kenési rendszer; ~ **take-off power** *rep* felszálló motorteljesítmény, hajtómű-teljesítmény vízbefecskendezéssel; ~ **tenacity** *tex* szakítószilárdság nedves állapotban; ~ **thrust** *rep* befecskendezéses/teljesítményfokozásos tolóerő; ~ **treatment** *tex* nedveskezelés; ~ **tumbling** *műa* nedvesfényezés; ~ **twister** *tex* nedves cérnázógép; ~ **unit weight** *bány* nedves térfogatsúly; ~ **wash allowance** *bány* nedvességi súlytöbbletengedmény; ~ **washer** *koh* gázmosó; ~ **web strength** *pa, tex* nedves szakítószilárdság; ~ **weight** *ol* nedves súly

wettability *pa, tex* nedvesülő/nedvesedő képesség; ~ **agent** *ol* nedvesítőszer

wettable *tex* nedvesíthető; *vegy* hidrofil

wetted (meg)nedvesített; *tex* nedvesíthető; ~ **area** *mech* nedvesített felület; ~ **cross-section** *hidr* nedvesített keresztmetszet/keresztszelvény; ~ **perimeter** *hidr* nedvesített kerület; ~ **surface (WS)** *hidr, rep* nedvesített felület; *hőt* vízzel érintkező felület *(kazáné)*; ~**-wall column** *ol* nedvesített falu kolonna

wetting nedvesítés, (be)áztatás, átitatás; felhígítás; nedvesen tartás, benedvesítés; nedvesedés; ~ **ability** *fiz* nedvesítőképesség; *tex* nedvfelvevő képesség; ~ **agent** *ép* plasztifikátor, betonfolyósító; *koh* nedvesítőanyag; ~ **angle** *koh* nedvesedési határszög; ~ **angle of contact** *koh* peremszög; ~ **board** *nyom* nedvesítődeszka; ~ **conveyer** *élip* nedvesítőcsiga; ~**-out** *fiz* levegőkiszorítási képesség *(hajszálcsőből)*; *tex* elő-

nedvesítés, átnedvesítés; ~-**out bath** *tex* nedvesítőfürdő; ~ **power** *élip, koh* nedvesítőképesség; ~ **worm** *élip* nedvesítőcsiga
wf → working face
WF section → wide-flange section
w.f. → wrong fo(u)nt
W/F → wave frequency; → weather forecast
WFNA → white fuming nitric acid
WG → water ga(u)ge; → wire ga(u)ge; → worm gear
WH → water heater; → wheelhouse
whale|-boat (WB) bálnavadászhajó; ~-**oil** *vegy* bálnazsír, bálnaolaj; cetolaj, cetzsír, cetfaggyú
whalebone bálnaszila *(halcsont)*
whaler bálnavadászhajó
wharf I. *v* rakparttá kiépít; rakparton kiköt; **II.** *n* rakpart; *tex* zsinórkerék; ~ **crane** rakparti daru
wharfage rakparthasználati díj
wharve *tex* hajtócsiga *(csévélőorsóhoz)*
Whatman's paper *pa* Whatman-féle papír
WHC → water-holding capacity
wheat búza; ~-**conditioning** *mzg* búzakondicionálás; ~ **feed** *élip* búzaőrlési takarmánycikkek; ~-**germ** *élip* búzacsíra; ~-**germ oil** *élip* búzacsíraolaj; ~-**grader** *mzg* búzaosztályozó; ~ **grits** *pl élip* búzadara; ~ **meal** *élip* 85-95 százalékos búzaliszt; ~-**scourer** *mzg* búzakoptató gép; ~ **starch** búzakeményítő; ~-**straw pulp** búzaszalma-cellulóz; ~ **wheel** *élip* vízikerék *(nedvesítőkészülékben)*
wheatfeed *élip* búzatakarmányliszt
wheatings *pl élip* takarmányliszt
Wheatstone bridge *el* Wheatstone-híd
wheel I. *v* forgat, görget; tengelyen szállít; forog; **II.** *n* kerék; forgás; korong, tárcsa; *gép* fogazás nélküli lánckerék; futógörgő; *gépk* kormánykerék; *tex* fonókerék; ~ **aligner** *gép* kerékpárhuzam-ellenőrző készülék; ~ **alignment** *gép* kerekek párhuzamos állása; ~ **arbor** keréktengely; ~ **arm** (kerék)küllő; ~ **assembly** *rep* kerekes futómű; kerékszerelvény; ~ **axle** keréktengely; ~-**balancing collet/equipment** *forg* korong-kiegyensúlyozó tokmány; ~-**band** kerékabroncs; ~ **barometer** mutatós barométer; ~-**barrow** → wheelbarrow; ~-**base** → wheelbase; ~ **blade** *hajó* keréklapát; ~ **blank** nyerstárcsa *(fogaskeréké)*; ~-**blast equipment** *ép* szemcseszóró/szemcseröpítő berendezés; ~ **block** *gépk* keréktámasz *(ék)*; ~ **body** *gépk* kerékagy, keréktárcsa; ~ **bolt** *gépk* kerékcsavar; ~ **boss** kerékagy *(fogaskeréken)*; ~-**boss (boring) mill** *forg* kerékagyfúró gép; ~ **box** *gép* fogaskerékház; *gépk* kerékdob; ~-**boxing press** *gépk* kerékagybesajtoló prés; ~-**brace** *gépk* kerékkulcs; ~ **brake** *rep* kerékfék; *vasút* (ékes) kerékfék; ~-**brake drum** *gépk* kerékfékdob; ~-**brake lever** *rep* kerékfékemeltyű; ~-**braking cylinder** *gépk* kerékfékhenger; ~-**bushing press** *gépk* kerékagyperselyező sajtó; ~ **camber** *gépk* kerékdőlés; ~ **case** *rep* sebességváltó-szekrény; ~ **casing** *hidr* lapátház; ~ **caster** *gépk* kerék utánfutása; ~ **centre/center** kerékagy; ~ **chock** *rep* kerékféktuskó; ~ **chuck** *forg* lépcsős tokmány; ~ **clutch** *gépk* keréktengely-kapcsoló; ~ **control** *rep* kormánykerék; ~-**counting device** *vasút* tengelyszámláló; ~ **cutter** *finm* modulmaró; ~ **disc/disk** *gépk* keréktárcsa; ~ **discharge** *hidr* turbina víznyelése; ~ **discharge capacity** *hidr* víznyelőképesség; ~ **ditcher** *ép* marótárcsás árokásó; ~ **dobby** *tex* tárcsás nyüstmozgató szerkezetű nyüstösgép; ~-**drive shaft** kerékhajtó tengely; ~ **drum** *gépk* kerékdob; ~-**extension** *mzg* keréktalp-szélesítő; ~ **extractor** *gépk* keréklehúzó; ~ **fairing** *gépk* kerékburkolat; ~ **feed** *gép* kézikerekes előtolás; ~ **fit** *gépk* kerékagyülés; ~ **flange** *vasút* vezető perem, nyomkarima; ~ **fork** *gépk* keréktartó villa; ~ **formula** *ép* kerékképlet; ~ **ga(u)ge** *gépk* előnyom-ellenőrző; *vasút* keréktávolság; ~ **grease** kocsikenőcs; ~ **guard** *ép* kerékvető (cölöp); ~-**head** *forg* csiszolókorong-szupport; ~-**hob** *forg* csigamaró lánckerék megmunkálásához; ~ **hub** kerékagy; *forg* csiszolókorongagy; ~-**hub cap** kerékagysüveg; ~-**hub extractor/puller** kerékagylehúzó; ~ **jewel** kerék(csapágy)kő; ~ **lathe** kerékeszterga *(vasúti)*; ~-**lifting device** *vasút* kerékpáremelő, kerékpársüllyesztő; ~ **load** *gépk, vasút* keréknyomás, keréksúly; kerékterhelés; *mech* kerékteher; *rep* keréknyomás, kerékterhelés; ~ **loader** *bány* kerekes rakodógép; ~ **loading** *forg* csiszolókorong glazúrosodása; ~-**milling machine** kerékmaró gép; ~ **mount** *forg* csiszolókorongagy; ~-**mounted** kerekes; kerékre/kocsira szerelt; ~-**mounted loader** gumikerekes rakodó; ~-**mounting press** kerékfelsajtoló prés; ~ **nut** kerékanya; ~-**nut spanner** *gépk* kerékanyakulcs; ~ **opening** *gépk* keréknyílás *(karosszérián)*; ~ **ore** *bány* kerékérc; ~ **pants** *pl rep* kerékfedő burkolat; ~ **passage** *hidr* turbinacsatorna; ~ **path** keréknyom; ~ **pattern** körábra, kördiagram; ~ **penetration** *forg* köszörűkorong fogásvétele; ~ **pit** *heng* lendkerékgödör; *hidr* lapátház, turbinaakna; ~ **plough/plow** *mzg* taligás eke; ~ **press** *vasút* keréksajtó; ~ **pressure** *gépk* keréknyomás; ~ **printer** *szt* kerekes nyomtató; ~ **puller** *gépk* keréklehúzó; ~-**quartering machine** *forg* keréknegyedelő fúrógép; ~ **race** *hidr* vízikerékfelvízcsatorna; ~-**retracting gear** *rep* futóműbehúzó szerkezet; ~ **reversing** *gép* reverzáló fogaskerék(hajtás); ~-**reversing gear** *gépk* fogaskerekes irányváltómű; ~-**rim** kerékabroncs, keréktalp; ~-**rim handle** *gépk* kerékfelerősítő kézi fogantyú; ~-**rolling mill** *heng* kerékhengermű; ~ **run-out** *gépk* oldalütés, nyolcas *(futókeréké)*; ~ **scraper** kerekes saraboló; ~ **seat** kerékagyülés; *vasút* tengelycsap; ~ **set** *bány* csillekerékpár; *vasút* kerékpár; ~ **shock** *vasút* kerékféktuskó; ~ **shop** kerékgyártó műhely; ~-**sinker** *finm* kerekes maró *(süllyesztő)*; ~-**ski** *rep* keréksítalp, kombinált kerekes talpas futómű; ~ **slip relay** *vasút* kerékcsúszásrelé; ~ **spat** *rep* futókerék áramvonalas burkolata, futókerék-burkolat; ~ **spider** kerékküllőzet, küllős agy; ~ **spin** *gépk* kerékkipörgés; ~ **spindle** keréktengely(csap); ~-**spindle nut** keréktengelyanya; ~ **spoke** kerékküllő; ~ **stand** kerékállvány; csiszolókorong-szupport; ~ **steering** *rep* kerekes kormányzás; ~ **stretcher** *óra* keréknyújtó; ~**s-up landing** *rep* leszállás behúzott kerekekkel/futóművel; ~-**tannage** *bőr* hordós/ványoló cserzés; ~ **the seat** *v* recéz *(cipősarkot)*; ~ **track** *gépk* keréknyom; nyomtáv; ~-**track remover** keréknyom(fel)lazító; ~ **tractor** *mzg* gumikerekes vontató; kerekes traktor; ~ **train** keréksorozat; ~ **transport** szállítás tengelyen; ~-**tread** *vasút* keréktalp; ~-**type water meter** *bány* kerekes vízóra; ~ **undercarriage** *rep* kerekes futómű; kerékszerelvény; ~ **valve** kerékkel állított szelep; ~ **well** *rep* futóműgondola; ~-**window** *ép* mérműves rozettaablak; ~ **wobble** *gépk* kerékkígyózás,

kerékszitálás; ~**-wobble ga(u)ge** *gépk* oldalütésmérő *(kerék ellenőrzésre)*; ~ **works** *pl finm* kerékrendszer *(futószerkezet)*
wheelbarrow talicska, taliga
wheelbase *gépk, rep, vasút* tengelytáv
wheeled kerekes; ~ **bulldozer** gumikerekes tológép; ~ **carrier/chassis/carriage** gumiabroncsos járószerkezet; ~ **gate** görgős zsiliptábla; ~ **loader** gumikerekes rakodó; ~ **loading shovel** gumikerekes rakodó; ~ **mount** kerekes állvány *(géppuskáé)*; ~ **pusher/pushloader** gumikerekes tolótraktor; ~ **scraper pusher** gumikerekes tolótraktor; ~ **tractor(-drawn) scraper** vontatott kéttengelyes földnyeső; ~ **vehicle** kerekes jármű
wheeler kerékgyártó, bognár; kerekes jármű; *ép* talicskázó; ~ **chisel** bognárvéső; ~**s' borer** kerékagyfúró
wheelhouse (WH) *hajó* kormányház
wheeling I. *a* szabadonfutó; **II.** *n* forgatás, görgetés; forgás; tengelyen szállítás; *ép* talicskázás, talicskaszállítás; ~ **step** *ép* csigalépcsőfok, fordulólépcsőfok, ék alakú lépcsőfok
wheelmaker's plane *szersz* görbe kanyarítógyalu/szárnygyalu
wheelwright kerékgyártó, bognár; ~**'s ga(u)ge** kerékgyártó alakzó; ~ **wood** kocsigyártófa
whelps *pl hajó* csörlődobbordázat
whet élesít, fen *(szerszámot)*
whetstone *mt* fenőkő, köszörűkő
whetted élesített
whewellite *ásv* whewellit
whey *élip* (tej)savó
wheying-off *élip* savóelválás
while-you-wait megvárható *(szolgáltatás)*; ~ **photography** polaroid (fényképészeti) eljárás
whine *gumi* nyifog, szűköl *(köpenyzaj)*; *hang* nyávog *(hangfelvétel)*
whinstone *geol* dolerit *(Whin Sill-formáció)*
whip I. *v* ver; *élip* felver *(habbá)*; felverődik; *em* terhet emel *(egyetlen kötélcsigával)*; *gép* ver, csapkod *(szíj, lánc)*; *mzg* csépel; **II.** *n* ostor; szélkerék lapáttartó küllője; állócsiga, vezetőcsiga; *el* rezgő érintkezőnyelv; *élip* hab *(tejszínből, tojásból)*; *em* lóvontatásos emelőcsiga; *hajó* felhúzó kötél; ~ **about** *v* rátekér; ~ **antenna** *távk* ostorantenna; ~**-bit** *ol* terelőfúró; ~ **gin** *em* csigás emelő; ~ **grafting** *mzg* egyszerű párosítás *(oltásmód)*; ~ **leather** *bőr* ostorbőr; ~ **roll** *tex* lengő irányítóhenger; ~ **round** *v tex* körülfon; körülteker; ~ **saw** *fa* nagy kézifűrész *(rönkfűrészelésre)*; ~**-stock** *ol* terelő, terelődik, lyukferdítő *(irányított fúrások iránytartására)*; ~ **tackle** állócsiga, vezetőcsiga; ~ **thread** hímzőfonal *(hímzőládás szövőszéken)*; extra láncfonal
whipcord ostorszíj; *tex* 3/1 láncsávoly; ferde csíkos fésűsszövet
whipper *bány* csillebuktató; körbuktató; *élip* ütőszárnyas keverőgép/dagasztógép
whipping verés, ütés; csapkodás *(laza kötélé, szíjé)*; kötelek/vezetékek/szíjak lógása; *élip* (hab)verés; *nyom* (könyv)fűzés; ~ **crane** billenőgémes daru; ~ **gear** darubillentő mű; ~ **of the (work) roll** *koh* hengeráthajlás; hengerbehajlás; hengerhajlítás
whipple | hammer rugós lengő kalapács; ~**-tree** hámfa, kisafa
Whipple-Murphy truss *ép* nyomott függőleges és húzott ferde rácsrudas tartó
whipstitch(ing) *nyom* fűzés
whipstock bottom-hole orientation *ol* talpi fúrásirányítás
whirl I. *v* forog, pörög; pörget; *hidr* kering; örvénylik; *rep* túlpörget; *tex* fon *(rokkával)*; **II.** *n* forgás, pörgés; *hidr* forgó, örvény; *met* forgószél; *rep* turbulencia; *tex* zsinórkerék *(kötélverő gépen)*; ~**-component** *hidr* keringési összetevő; ~**-gate** *önt* centrifugális salakfogó; ~ **ring** *rep* örvénygyűrű; ~ **tube** örvénycső; ~**-velocity component** keringési sebességi összetevő
whirled | psychrometer *met* parittyás pszichrométer; ~ **thermometer** parittyahőmérő
whirler *gépk* centrifugális gáztisztító; *koh* ciklon; *nyom* pergető-szárítógép; *pa* lakkcentrifuga; őrlő
whirley | bird *szt* mágneslemez, hajlékonylemez; ~ **crane** *em* forgódaru
whirling örvénylés; ~ **current** *el* örvényáram, Foucault-áram; *hidr* örvénytér; ~ **hydrometer** → ~ **psychrometer**; ~ **motion** *hidr* örvénylő mozgás; ~ **psychrometer** *met* parittyás pszichrométer; ~ **runner** salakleválasztó; ~ **test** *hidr* pörgető próba; ~ **thermometer** *met* parittyahőmérő; ~ **wipe** *film* forgó áttűnés; spirális halványulás
whirlpool *hidr, rep* forgó; örvény
whirlwind *met* fergeteg, forgószél
whirring *rád* zizegés
whisk I. *v* leporol, letöröl, söpör; *élip* habot ver; **II.** *n* legyintés; *élip* (hab)verő; kis seprő; ostorvég(bojt); *fa* bognárpad(gyalu); *met* széllökés, hirtelen légáram; *önt* csutak; *tex* fonalgombolyító
whisker habverő; *krist* hajszálkristály; tűkristály; whisker; *rád* detektortű, érintkező
whispering dome/gallery *ép, hang* hanggyűjtő boltozat, suttogókupola, akusztikai folyosó
whistle I. *v* fütyül, sípol; **II.** *n* fütty, fütyülés; síp; *hang* száj, torok; *rád* fütyülés, fütty; *vasút* sípjelzés; ~ **board** *vasút* síposzlop *(jelző)*; ~ **box** zörejelhárító *(lámpán)*; *film* füttyszűrő fojtó; ~ **shield** gőzsíphangterelő
whistlers *pl rád* fütyülés; sípolás *(légköri zavar)*
whistling *rád* fütyülés, fütyülő hang; ~ **(water) ga(u)ge** *bány* sípoló vízmérce
white I. *v nyom* sorokat/szedést ritkít; **II.** *a* fehér; *üveg* átlátszó, színtelen; opál-; **III.** *n* fehér festék; fehérítőszer; tojásfehérje; *koh* fehérizzási hő; *nyom* fehér területrész nyomott íven; ~ **acid** *vegy* ammóniumfluorid folysavas oldata; ~ **alkali** *vegy* tisztított szóda; ~ **annealing** *önt* fehér lágyítás; ~ **arsenic** *vegy* fehér arzénikum, arzén(III)oxid; ~ **balance** *fiz* fehérkiegyenlítés; ~ **board** *pa* finom gaucsolt karton; ~ **boiling** *cu* első termék; *tex* fehérfőzés; ~ **bole** *ásv* kaolin; ~ **carbon** *gumi* fehér szén *(töltőanyag)*; ~ **cast-iron** *koh* fehér öntöttvas; ~ **cement** *ép* fehércement; ~ **clay** *geol* fehér agyag; ~ **coal** vízenergia, „fehér szén"; ~ **coat** *ép* gipszvakolat; ~ **coating** *gyógyv* fehér drazsírozás; ~ **content** *opt* fehértartalom; ~ **copperas** *ásv* cink-szulfát, cinkgálic, fehérgálic; ~ **corundum** → ~ **sapphire**; ~ **damp** *bány* széngázos bányalevegő; ~ **deal** *fa* gyenge minőségű fenyőfa; ~ **dwarf** *csill* fehér törpe; ~ **fir** *ép* gyenge minőségű fenyőfa; ~**-flame heat** *koh* fehérizzítás; ~

frost *met* dér; ~**-fuming nitric acid (WFNA)** *vegy* fehér füstös salétromsav; ~ **glass** opálüveg, tejüveg; ~ **glow** *koh* fehérizzás; ~ **gold** fehérarany; ~ **goods** *pl tex* fehéráru; ~**-heart iron** fehér tempervas; ~**-heart malleable cast-iron** fehértöretű/európai temperöntvény; ~ **heat** *vegy, koh* fehérizzás; ~**-hot** fehérizzásig hevített; fehéren izzó; ~ **iron** *koh* fehér nyersvas, fehérvas; ~ **iron-ore** *ásv* pirit; ~ **iron pyrite** markazit; ~ **lead** *vegy* ólomfehér, bázisos ólom-karbonát, hidrocerusszit; ~ **lead ore** *bány* cerusszit, fehér ólomérc; ~ **level** *film* fehérszint; ~ **light** *fiz* fehér fény; ~ **lime** *ép* tejmeszes, fehérmeszes; ~ **line** *nyom* durchsusz, sorritkító térző; ~ **liquor** *pa* fehérlúg; ~ **metal (WM)** *koh* fehérfém, csapágyfém, babbit; kínaezüst, alpakka; ~ **mica** *ásv* fehér csillám, kálicsillám, muszkovit; ~ **mineral oil** → ~ oil; ~ **mustard-oil** *vegy* fehér mustármagolaj; ~ **nickel** *ásv* kloantit, fehér nikkelkovand; ~ **nitride layer** fehér nitridréteg; ~ **noise** *hang, szt, távk* fehérzaj; ~**-noise limiting circuit** *el* fehérzajt korlátozó (áram)kör; ~ **of egg** *élip* tojásfehérje; ~ **oil** *ol* fehérolaj *(vazelinolaj és paraffinolaj)*; ~**-out** *nyom* sorkizárás; ~**-out lettering** *nyom* negatív nyomás *(fekete alapon fehér)*; ~ **phosphorus (WP)** sárga foszfor; ~ **pig-iron** *koh* fehérnyersvas, acélnyersvas; ~ **print** *foto* fehér fénymásolat; ~ **products** *ol* fehéráruk *(vazelinolaj és paraffinolaj)*; ~ **pyrite** *ásv* markazit; ~ **quantum noise** *hang, távk* kvantált fehérzaj; ~ **radiation** *opt* fehér fény; fehér sugárzás, folytonos *v.* nem sávos sugárzás; ~ **reference level** *tv* fehérszintmaximum, legnagyobb megvilágításnak megfelelő vivőhullám-amplitúdó; ~ **rice** *élip* csiszolt rizs; ~ **rice cone** *élip* rizscsiszoló kúp; ~ **rust** *koh* fehérrozsda; ~**s** *pl nyom* téranyag; űrtöltő anyag; ~ **sapphire** *ásv* kristályos korund; ~ **scale** pikkelyes paraffin; ~ **shift** *hang, távk* fehéreltolódás; ~ **signal** *távk* fehérjel; ~ **spindle oil** *vegy* fehér orsóolaj, vazelinolaj; ~ **spirit** *ol* vegyvizsgáló benzin, (könnyű) oldószerbenzin, könnyűbenzin; ~ **syrup** *cu* fehérszörp; ~ **tellurium** *ásv* szilvanit, írásérc, arany-ezüst-tellurid; ~**-to-black amplitude range** *tv* modulációs mélység; ~**-to-black frequency swing** *tv* fehérből-feketébe ugráshoz tartozó frekvenciatartomány; ~ **vitriol** *vegy* cinkszulfát, fehérgálic; ~ **water** *pa* körvíz; krétaszuszpenzió; ~ **wax** kristályparaffin; ~ **weight** pőresúly; ~ **wood** → whitewood; ~ **wood-pulp** *pa* fehér falemez

Whitehead system *el* Whitehead-kapcsolás

whiten fehérít; *élip* blansíroz; *ép* meszel

whiteness fehérség; *pa* fehérségtartalom

whitening fehérítés; *bőr* blansírozás; bőrhántolási forgács; hántolás; *élip* (rizs)csiszolás; *ép* mésztej; ~ **of casting die** *koh* kokillamáz; ~ **slicker** *bőr* hántolóvas; ~ **steel** *bőr* blansírvas, hántolóvas

whitenings *pl* blansírforgács

whiter-than-white *tv* fehérnél fehérebb

whitesmith bádogos

whitewall tyre/tire fehér oldalú gumiabroncs

whitewash I. *v ép* kimeszel; meszel; **II.** *n* mészvakolás; meszelés; mészvakolat, mész; mésztej; ~ **spraying equipment** meszelőgép

whitewood *fa* fehér fenyőfélék

whiting *ép* fehér mészfesték; meszelés; *tex* fehérítés; *vegy* iszapolt kréta, kalciumkarbonát, spanyolfehér

whitish fehéres

whitlockite *ásv* whitlockit

Whitney key *gép* íves retesz

whitneyite *ásv* whitneyit

whittle I. *v* lefarag, lehánt; farag; **II.** *n* nagy kés, mészároskés; fenőacél, fenőkő

Whitworth|'s (variable-speed) gear *gépk* forgókulisszás sebességváltó; ~ **thread** Whitworth-menet; hüvelykcsavarmenet

whizz I. *v* süvít, fütyül *(golyó)*; centrifugál; **II.** *n* süvítés, fütyülés *(golyóé)*; ~**-pan** *film, tv* lendítés, gyors svenk

whizzer szárító centrifuga

whizzing süvítés, fütyülés *(golyóé)*; centrifugálás

whole I. *a* egész, teljes; **II.** *n* egész (szám); egység; ~**-body burden** *at* teljestest-besugárzás; ~**-body counter** *at* teljestest-számláló; ~**-body dose** *at* teljestest-dózis; ~**-body exposure** *at* teljestest-besugárzás; ~**-body irradiation** *at* teljestest-besugárzás; ~**-body spectrometer** *at* teljestest-számláló; ~ **bound** *nyom* egészbőr/egészvászon kötésű/kötésben; ~ **brick** *ép* egész tégla; ~**-brick wall** *ép* egytéglás fal; ~ **coal** *bány* érintetlen szén(telep); ~**-coiled winding** *el* tekercselés pólusonként egy tekerccsel; ~ **filling** *bány* teljes tömedékelés; ~ **hip** *ép* fedélkonty; ~ **Imperial** papíralak *(32"x22" karton)*; ~**-latex rubber** teljes kaucsuk; ~ **milk** *élip* teljes/lefölözetlen tej; ~**-milk powder** *élip* teljes tejpor; ~ **mine** *bány* feltárt előfordulás *(fejtéskezdésig)*; ~ **multiple** *mat* többszörös, egész számú többszörös; ~ **number** *mat* egész (szám), racionális egész; ~ **plate** *foto* képméret *(8,5"x6,5")*; ~ **stuff** *pa* készanyag; ~ **tone** *hang* egész hang; ~**-tyre/tire reclaim** *gumi* köpenyregenerátum; ~**-wheat bread** korpás búzakenyér; ~**-wheat flour** *élip* korpás őrlésű búzaliszt; ~ **work** *bány* betörés; fejtésre előkészítés; ~ **working** *bány* előkészítő vágatok

wholemeal *élip* korpásliszt

wholesale I. *n* nagybani eladás; **II.** *adv* nagyban(i); ~ **charter rate** *rep* nagybani különjárati díjszabás; ~**-consumer** ipari nagyfogyasztó; ~ **price** nagybani ár; ~ **trade** nagykereskedelem

wholesaler nagykereskedő

wholewheat → whole-wheat

wholly egészen, teljesen; ~**-filled** *bány* teljesen betömedékelt

whorl csigafordulat; spirális; *fa* ággöcs gyűrűzete; *geol* kanyarulat, kanyar; *tex* kézi fonóorsófej *(hegy v. fonórész)*

Whp → water horse-power

Whr → watt-hour

WI → wrought iron

Wichert truss csuklós többtámaszú tartó, Gerber-tartó

wick (lámpa)bél, kanóc; ~**-fed lamp** kanócos lámpa; ~ **lubrication** kanócos olajozás; ~ **lubricator** kanócos olajozó

wicker fűzvessző; fonat, fonadék; *ép* fonott kerítés

wickerwork nádfonat, fonott munka/áru; kosárfonás, kosáráru; *ép* fonott kerítés, partkötés; *fa* fűzfonat; ~ **fence** fonott kerítés

wicket *ép* kerti kapu; *hidr* billenőtábla; ~ **dam** *hidr* bukótáblás gát; ~ **gate** *gépk* tolóablak *(kocsiajtón)*; ~**-gate distributor** *hidr* vezetőkészülék

wide I. *a* széles, tág, terjedelmes, nagy kiterjedésű; **II.** *n* a teljes képnek a képernyőn megjelenő része; *szt* ablak, memóriarész; ~ **amplifier tube** széles sávú erősítőcső; ~**-angle** *foto, opt* széles látószögű; ~**-angle aerial camera** *foto* nagy látószögű fotogrammetriai kamera; ~**-angle antenna** *távk* széles szögben sugárzó antenna; ~**-angle camera** *foto* nagy nyílásszögű fényképezőgép; ~**-angle converter** *foto* nagy látószögű előtétlencse; ~**-angle coordinator** *aut* széles szögű koordinátor; ~**-angled antenna** *távk* széles szögben sugárzó antenna; ~**-angle diagram** *fiz* széles szögű diagram/felvétel; ~**-angle glass** *opt* nagy látószögű távcső; ~**-angle horizon sensor** *aut* széles szögű horizontérzékelő; ~**-angle lens** *foto* nagy látószögű objektív/lencse; ~**-angle lighting fitting** *opt* szélesen sugárzó (lámpatest); ~**-angle objective** *opt* nagy látószögű lencse/objektív; ~**-angle scanner** *távk* nagylátószögű letapogatóantenna; ~**-angle type joint** *gép* nagyszögű kardánkötés; ~**-aperture lens** *opt* nagy látószögű lencse/objektív; ~ **area network (WAN)** *szt* nagy kiterjedésű hálózat, WAN; ~**-band** *el, rád* széles sávú; ~**-band amplifier** *távk* széles sávú erősítő; ~**-band antenna** *távk* széles sávú antenna; ~**-band communication system** *távk* széles sávú telekommunikációs/távközlési rendszer; ~**-band controller** széles sávú szabályozó; ~**-band filter** széles sávú szűrő; ~**-band frequency modulation (WB-FM)** *távk* széles sávú frekvenciamoduláció; ~**-band interference suppression capacitor** *távk* széles sávú zavarszűrő kondenzátor; ~**-band oscillograph** *fiz* széles sávú oszcillográf; ~**-band proportional control** széles sávú arányos szabályozás; ~**-band pulse amplifier** széles sávú impulzuserősítő; ~**-band radio relay link** *távk* széles sávú mikrohullámú lánc; ~**-base rim** *gumi* szélesített pánt; ~**-beam lamp** *opt* széles sugárnyalábú fényszóró; ~**-body aircraft** *rep* szélestörzsű légijármű; ~**-bucket excavator/loader** *ép* rakodókotró; ~**-carriage calculator** *irgép* széles kocsis számológép; ~**-crest weir** *bány* széles koronájú bukó; ~**-cut fuel** *ol, rep* széles frakciójú repülőgépbenzin; *rep* széles lepárlású üzemanyag; ~ **face** *bány* fejtési munkahely, munkahely homloka; ~ **film** *film* széles film *(35 mm felett)*; ~**-flanged** terjedelmes szegélyű; *ép* széles talpú/övű; ~**-flange section (WF section)** *ép* széles talpú/övű szelvény/tartó; ~ **flats** *pl koh* szélesacél; ~**-foot roller** *ép* döngölőlábas henger; ~ **fraction** *ol* széles (határok közötti) párlat; ~**-frequency** *rád* széles sávú; ~**-frequency loudspeaker** *távk* széles sávú hangszóró; ~ **gate** *távk* széles választóimpulzus; ~ **ga(u)ge** *vasút* széles nyomtáv; ~**-ga(u)ge railway** *vasút* széles nyomtávú vasút; ~ **information** *szt* ablakinformáció; ~ **meshed** *el* nagy nyílású, nagy/tág szemű; *ép* nagy lyukú *(rosta)*; *tex* kockamintás; ~**-passband infrared system** *aut* széles sávú infravörös rendszer; ~**-range loudspeaker** *távk* széles sávú hangszóró; ~**-range oscillator** *fiz* széles sávú oszcillátor; ~**-range temperature controller** *aut* széles sávú hőmérsékletszabályozó; ~**-ranging** széles körű, kiterjedt, sokrétű; ~ **screen** *film* szélesvászon; ~**-screen** *film* szélesvásznú; ~**-sector coverage** *rep* széles szektorú letapogatás; ~**-sector vertical coverage** *rep* széles szektorú függőleges letapogatás; ~ **span** *ép* nagy fesztávú; ~**-sparced roof trusses** *ép* ritkaállásos tetőszerkezetek; ~ **spur** *vasút* széles nyomtáv; ~ **strip** *koh* szélesabroncs; szélesszalag; ~**-strip casting machine** *koh* szélesszalag-öntő gép; ~**-strip mill** *koh* szélesszalag-hengersor, szélesabroncssor; ~ **system** *szt* ablakrendszer, ablaktechnika; ~**-track landing gear** *rep* széles nyomtávú futómű; ~**-turn** *rep* nagy sugarú lapos dőlésű forduló; ~ **wale serge** *tex* széles sávolyú szerzsszövet

widely széleskörűen; nagy (táv)közökben/távolságokban; ~ **lattice** *el* ritka rács, nagy paraméterű rács; ~**-spaced** ritka elhelyezésű, nagy távközökkel szerelt, nagytávközű

widen (ki)szélesít, (ki)bővít; (ki)szélesedik; *kh* szaporít; *tex* feszít

widening (ki)bővülés; kiszélesedés; ~ **machine** *kh* szaporítógép; ~ **of the beam** *el* elektronsugár(nyaláb)-kiszélesedés; ~ **of the ring** *vegy* gyűrűbővülés; ~**-out** kibővítés; kitágítás; ~**-out full section of arch** *ép* kilegyezés *(alagút)*; ~ **out (of) a drift** *bány* vágatszélesítés

widespread (széles körben) elterjedt, kiterjedt

widetread axle tengely széles nyomtávra

widework *bány* megszakítatlan homlokú fejtés *(frontfejtés)*; széles homlokú fejtés

Widmannstätten | **figure** *krist* Widmannstätten-kép; ~ **structure** *krist* Widmanstätten-szövet, Widmannstätten-féle szerkezet

widow *nyom* fattyúsor

width szélesség, bőség *(méret)*; ~ **across corners** szögletek között mért távolság; ~ **clipping** impulzusszélesség-korlátozás; ~ **control** *tv* képszélesség-szabályozás; ~ **ga(u)ge** szélességmérő; ~ **modulation** *fiz* impulzustartam-moduláció; ~ **multivibrator** *fiz* szélességszabályozó multivibrátor; ~ **of discharge/opening /gap** *gép* résnyílás; ~ **of drift** *bány* vágatszélesség; ~ **of fabric** *tex* áruszélesség; ~ **of groove** *koh* üregszélesség; ~ **of loom** *tex* szövőgépszélesség, bordaszélesség; ~ **of paper** *pa* papírszélesség; ~ **of sheet** *pa* pályaszélesség *(papírgépé)*; ~ **of spit** *gyógyv* kétcsúcsú ampulla csúcsátmérője; ~ **of the forbidden gap** *fiz* tilossáv-szélesség; ~ **of the resonance** *fiz* rezonanciaszélesség; ~ **of type** *nyom* sortávolság; ~ **over set** vágórészszélesség *(kihajlított fogú fűrésznél)*; ~**-setting** *gép* szélességbeállító

widthwise *tex* szélességirányban

Wiedermann | **effect** *el* Wiedermann-jelenség; ~**-Franz law** *el* Wiedermann—Franz-törvény

Wien | **bridge** *el, távk* Wien-híd, kapacitáshíd; ~**-bridge oscillator** *el, távk* Wien-hidas oszcillátor; ~ **effect** *el* Wien-jelenség, feszültségi effektus; ~**'s law (of radiation)** *fiz* Wien-törvény, Wien-féle sugárzási törvény

Wiener|-Khintchin relation/theorem *aut* Wiener—Hincsin-összefüggés; ~**'s filtering problem** *aut* Wiener-féle szűrőprobléma

Wigner | **effect** *at* Wigner-effektus; ~ **energy** *at* Wigner-energia; ~ **force** *fiz* Wigner-erő; ~ **nuclides** *fiz* Wigner-(atom)magok; ~**-Seitz cell** *krist* Wigner—Seitz-cella

wig-wag *óra* tengelykerék-polírozó; *vasút* integetőjelző *(keresztezésnél)*

wiikite *ásv* wiikit

wilco (will comply) *rep* „legutolsó közleményét értettem és végre fogom hajtani"

wild I. *a* vad, durva; nyers; **II.** *n koh* megolvadt anyag; ~ **bath** *el* forrásban levő galvánfürdő; ~ **bearing** *rep* hibás irányszög; ~ **blowing well** *ol* vad kitöréses kút;

~-cat → wildcat; ~ **flooding** *hidr* vadöntözés; *mzg* árasztó öntözés; ~ **frequency** *rep* stabilizálatlan frekvencia, ingadozó frekvencia, „kalózfrekvencia"; ~ **gasoline** *ol* természetes gazolin; ~ **heat** *koh* izzás; ~ **hole** *bány* engedélyezetlen akna; ~ **mine** *bány* rablóbánya, nem engedélyezett bánya; ~ **pink** vad csattogás *(igen erős motorkopogás)*; ~ **shooting** *film, tv* néma kép, vágókép; ~ **silk** vadselyem; ~ **silkworm** vad selyemhernyó; ~ **steel** *koh* buzgó acél; kokillában hevesen fővő acél; ~ **strain** *at* vad törzs; ~ **track** *film, tv* „csak" hang, hangfelvétel kép nélkül; ~ **type** *at* vad típus; ~ **well** *ol* kitört/erumpáló kút; vad kitöréses kút; ~ **yeast** *élip* vadélesztő

wildcat *geol, ol* felderítő kutatófúrás; kutató próbafúrás; ~ **boring/drilling** *ol* felderítő kutatófúrás; ~ **well** *ol* (kutató) próbafúrás

wildcatting *ol* kutatás próbafúrással

wildness vadság; *koh* olvadt fém forrása/habzása; *pa* felhős átnézet

Wilfley table *bány* rázószér

willemite *ásv* willemit

willey(er) *tex* farkas(ológép)

williamsite *ásv* williamsit

Williot diagram *mech* Williot-féle lehajlási ábra

willow fűzfa; *pa* rongytépő; szitadob; *tex* farkas; portalanító gép; rongyporoló; ~ **bark** fűzfakéreg; ~ **calf** *bőr* barkázott borjúbox; ~ **machine** *pa* rongyfarkasoló (gép); ~ **wool** fűzfagyapot *(fűzfa magszőrei)*

willowed *tex* farkasolt

willower *tex* farkasoló

willowing *tex* farkasoló *(tépőfarkason)*; ~ **drum** *tex* farkasolódob, tépődob

Wilson | attachment *geof* Wilson-féle rátétbusszola; ~ **(cloud) chamber** *at* expanziós ködkamra, Wilson-kamra, Wilson-féle ködkamra; ~ **effect** *el* Wilson-jelenség; ~ **electroscope** Wilson-féle elektroszkóp; ~ **seal** *el* Wilson-tömítés

wilsonite *ásv* wilsonit

wilting percentage/point (WP) *hidr* hervadáspont

Wilton carpet *tex* velúrszőnyeg; Wilton-szőnyeg

wimble *bány* fúrólyuktisztító; kanalas fúró; *ép* ácsfúró; furdancs *(márvány fúrására)*

WIMP (windows, mice, pull-down) menus *szt* WIMP-interfész

win I. *v* nyer; kinyer, kitermel; *bány* jöveszt, előkészít; kinyer, kiaknáz, művel; kitermel, kihajt; **II.** *n* nyereség, haszon; ~ **back** *v* visszanyer; ~ **height** *v rep* magasságot nyer, emelkedik

wince *tex* motolla *(kádban)*; ~ **back** *tex* motolláskád; ~ **dyeing** *tex* motollás kádszínezés; ~**-dyeing machine** *tex* motollás színezőkád; ~ **stand** motollatartó

wincey *tex* wincey *(gyapjút is tartalmazó flanel)*

winceyette *tex* winceyette-flanel

winch I. *v em, rep* csörlővel felemel/gombolyít; **II.** *n bány* járgány; vitla; *gép* csörlő; emelő; emelőcsavar; ~ **drum** *bány* dobmotoros vitla; vitladob; *ép* csörlődob; ~ **for hand drive** kézi csörlő; ~ **head** hornyos kötéldob; ~ **launch** *rep* csörlős indítás; ~ **lorry** *rep* (dob)motoros vitla/tehercsörlő; ~**-man** *bány* vitlakezelő; ~ **squad** *hajó* csörlőkezelő osztag; ~**-start aggregate/truck** *rep* csörlőaggregát; ~ **starting** *rep* csörlés; ~ **towing** *rep* csörlővontatás; ~**-type hammer** szabadon eső verő(kos)

winchester *üveg* palack *(0,5 gallon = 2,27 l)*

Winchester | (disk) *szt* winchester, merev lemez; ~ **technology** *szt* winchestertechnológia

wind[1] **I.** *v* szellőztet; szélnek kitesz; *hang* fúj; **II.** *n* szél; fúvókészülék szele; *el* elektromos szél; *koh* fúvószél; *met* szél; *rep* légáram(lás); ~ **action** *fiz* szélhatás; ~ **axis** *rep* áramlási koordináta-rendszer tengelye; áramlási tengely/irány; széltengely, szélirány; ~ **bag** → ~ gag; ~ **blast** *rep* széláramlás; ~**-blown** szellőzött, szélfútta, szélnek kitett; *gép* levegőfújtatású; ~**-blown sand** futóhomok; ~ **board** *em* széllapát; ~**-bore** csőcsonk; légszivattyú szívócsöve; ~**-borne sediment** *geol* szélhordta üledék; ~ **box** *ép* szélmerevítés, szélrácsrúd; *hidr* légüst; *koh* szélszekrény; szívószekrény; ~**-brace** viharkötőléc; *hajó* fordítókötél; ~**-braced** *ép* szélrácsos; ~**-braced boom** *ép* szélrácsos gerenda; ~**-bracing** *ép* szélrács(ozás); ~ **cap** *ép* szélvédő *(kupak, sisak stb.)*; ~ **channel** *rep* szélcsatorna; ~ **chart** *rep* széltérkép; ~ **chest** *hang* széláda *(orgonán)*; *hidr* légüst; ~ **cone** *met* szélirányjelző, szélzsák; ~ **correction** *rep* széleIterelési korrekció/helyesbítés; ~**-correction angle** *rep* széleltérítési helyesbítés szöge; ~**-cross** *ép* viharkötés; ~ **cutter** *hang* felsőajak *(orgonasipon)*; ~ **data** *rep* adatok a szél sebességéről és irányáról; ~ **deflection** *rep* szélelhajlás, szélirányváltozás; ~ **deposits** *pl talt* szélhordta üledék; ~ **direction (WD)** *met, rep* szélirány; ~**-direction indicator** *kat, rep* szélirányjelző; ~ **disturbance** *geof* széldiszturbancia, szélzaj; ~ **drift** *rep* széleltolás, széleltérítés, szélhordás, szélelsodrás; ~**-driven electric** → ~-electric; ~**-driven plant** *en* szélerőmű, szélenergiát hasznosító erőmű; ~**-driven pump** szélmotoros szivattyú; ~**-driven rain** *ép* csapó eső; ~ **effect** *geof, rep* szélhatás; ~**-electric** *fiz* szélelektromos; ~**-electric generator** *el* szélmotor, szélkerékkel hajtott generátor; ~**-electric set** *en* szélerőmű, szélenergiát hasznosító erőmű; ~ **engine** *gép* szélkerék, szélturbina; szélmotor; ~ **erosion** *geol* defláció; szélerózió; talajelhordás; ~**-excited oscillation** *ép* szél gerjesztette rezgések; szélrezgések; ~**-fire angle** *kat* tüzelési szélszög; ~ **force** *mech* szélerő, szélteher; ~ **furnace** *hőt* természetes huzatú kemence/tüzelőberendezés; ~ **furrow** *geol* szélbarázda; ~ **gag** *hang* szélfogó *(mikrofonhoz)*; ~ **gage** → gauge; ~ **gap** *geol* hágó, vízfolyás nélküli hegyszoros; ~ **ga(u)ge** *met* anemométer, szélsebességmérő; léghuzammérő; ~ **grid** *rep* széliránygörbe-sorozat *(számolótárcsához)*; ~ **indicator** *met* szélirányjelző; ~ **information** *rep* széladatok; ~ **instrument** fúvós hangszer; ~**-laid deposit** *talt* szélhordta üledék; ~ **load (WL)** *ép, mech* szél(pót)teher; szélnyomás; szélterhelés; ~**-mill** → windmill; ~ **moment** *ép, mech* szél(erő)nyomaték; ~ **motor** *gép* szélmotor, szélkerék, szélturbina; ~ **noise** *geof, gépk* szélzaj; ~**-pattern flying** *rep* izobár utáni repülés/navigáció; izobárrepülés, izobárnavigáció; ~ **power** szélenergia; ~**-power chart** *met* szélenergiatérkép; ~**-power engine** → ~ engine; ~**-power plant/station** *en* szélerőmű; ~ **pressure** *mech* szélnyomás; szélterhelés; ~**-proof** *tex* szélátnemeresztő; ~ **radar** *rep* szél irányát és sebességét meghatározó radarállomás; ~ **reference** *rep* széltájékoztatás; ~ **resistance** *mech* szélellenállás; ~**-resistant** *tex* szélátnemeresztő; ~ **road** *bány* légvágat; ~ **rose** *met* szélrózsa; ~ **sail** szélkeréklapát; ~**s aloft** *rep* magassági szél; ~ **shadow** *met* szélárnyék; ~**-shaved** *geol* széltől leborotvált; ~ **shear** *met, rep* szélnyírás; ~ **shift** *met* szélirány hirtelen (meg)változása, szélugrás; ~ **sifter** *bány* szélosztályozó; ~ **sleeve/sock** *met* szélzsák; ~ **speed** *rep* szélsebesség; ~**-speed indicator** *rep* szélsebességjelző, szélsebesség-mutató; ~ **stacker** *mzg* szalmafúvó, pneumatikus szalmakazalozó; ~ **star** szélrózsa; ~ **stocking** → ~ sleeve; ~ **stop** *ép* léghuzattömítés; ~ **suction** *mech* szélszívás, szélszívóhatás; ~ **surface** *ép* szélnyomásnak kitett felület; ~**-swept** széljárta, szeles *(terület)*; ~**-tee,** ~ **T** *rep* T-alakú leszállási irányjelző, T-leszállójel; ~ **tetrahedron** *rep* leszállónyíl; ~ **triangle** *rep* szélháromszög; ~ **trunk** *hang* szélcsatorna *(orgonán)*; ~ **trunking** *élip* fő szélcső, szívócső; ~ **tunnel** *rep* szélcsatorna; ~ **tunnel experiment** *fiz* szélcsatorna-kísérlet, szélcsatornateszt; ~ **tunnel model** *fiz* szélcsatornamodell; ~ **tunnel test** *fiz* szélcsatorna-kísérlet, szélcsatornateszt; ~ **turbine** *en* szélmotor, szélkerék, szélturbina; ~ **vane** szélzászló, szélkakas; *met* szélzsák; ~**-vane sight** *rep* géppuskairányzék; ~ **velocity** *fiz* szélsebesség; ~**-velocity recorder** *met* szélsebességjelző; ~ **vibration** *ép* szél okozta rezgés; ~ **visor** *ép* szélellenző; ~ **volume** *koh* fúvószélmennyiség; szélmennyiség; ~ **way** → ~ road; ~ **wheel** *en* szélmotor, szélkerék, szélturbina; ~ **wheel anemometer** *met* forgóműves szélsebességmérő

wind[2] **I.** *v* csavar, teker(csel); felcsévél; kanyarodik, kanyarog, kígyózik; *bány* kiemel; kiszállít *(aknán)*; *finm* felhúz *(órát)*; *tex* (fel)gombolyít, csévél, motollál, (fel)teker; **II.** *n* tekervény, tekerület; *bány* kasmenet; *gép* kézi tekercselő/csörlő; menet *(fordulat)*, csavarmenet; *tex* gombolyítás, csévélés; sodrat; ~ **by hand** *v rád* kézzel tekercsel; ~ **by machine** *v rád* géppel tekercsel; ~ **close** *v tex* feszesre csévél; ~ **off** *v* lecsavar, leteker; *pa* letekercsel; *tex* lecsévél; ~**-off spool** *tex* lefogyó cséve; ~ **ratio** *tex* csévélési arányszám; ~ **spool** *tex* lefutó cséve; ~ **up** *v* felhúz *(rugót)*; felemel *(csörlővel)*; felteker(csel), felkurblíz; felvon; felszínre hoz; *bány* felhúz; kiszállít *(aknán)*; *rep* átforgat *(légcsavart)*; légcsavart átforgat/átpörget; *tex* felcsévél, felgombolyít; ~**-up roll** *műa* feltekerő henger/görgő

windage *el* légsúrlódás; *fiz* közegellenállás, aerodinamikai ellenállás, légellenállás; *hajó* hajó szélnyomásnak kitett felülete; *kat* lövedék szél okozta eltérítése; *rep* ellenállás légáramlással szemben; széleltérítés, szélelsodrás; ~ **adjustment** *rep* széleltérítési helyesbítés beállítása/bevitele; ~ **diagram** *kat* oldalelhajlásgrafikon; ~ **loss** *el* szellőzési veszteség; ~ **screw** *kat* oldalirányzó csavar

windbreak szélfogó *(pl. erdősáv, kerítés)*; *fa* széldöntvény

winder csörlő; *bány* aknaszállítógép; *ép* csigalépcső; ék alakú lépcsőfok, csigalépcsőfok; *finm* felhúzókulcs; *koh* tekercselőgép; *pa* áttekercselő gép; tekercsvágó; *tex* csévélő (munkás); csévélőgép; ~ **machine** → winding machine; ~**'s waste** *tex* csévélési hulladék

windfall *geol* defláció; *met* csökkenő szél, leszálló széláramlás; ~ **loss** *rep* merülőszél okozta veszteség; ~**s** *fa* széldöntött fák

windfilling *ép* léghuzat elleni ablaktömítés/ajtótömítés

winding[1] fújás; szellőztetés; *hang* fújás

winding[2] csavarás; csavarulat, (fel)tekerés; tekervény; kanyar, kanyarulat; kanyarodás, kígyózás; *bány* aknaszállítás; ereszkeszállítás; *ép* forduló *(lépcsőn)*; *fa* vetődés; *rád, el* tekercselés; tekercsmenet; *tex, el* csévélés; ~ **apparatus** *koh* tekercselőgép, csévélőberendezés; ~ **barrel** *bány* vitladob; *hajó* felvonódob; járgánydob; ~ **bend** meander, kígyózó kanyar *(folyóé)*; ~ **by hand** *el* kézi tekercselés; ~ **cable** szállítókötél; ~ **cable sling** felvonókötél; ~ **capacitance** *el* tekercskapacitás; ~ **capacity** *bány* szállítási teljesítmény; *el, rád* tekercskapacitás; ~ **coefficient** → ~ factor; ~ **compartment** *bány* kasosztály; ~ **course** *geol* kígyózó folyóáramlás; ~ **crown** *finm* felhúzó korona *(óráé)*; ~ **department** *el* tekercselőüzem; ~ **device** *tex* csévélőszerkezet; ~ **diagram** *el* tekercselési terv/rajz; ~ **disc/disk** *el* szalagtányér; ~ **distribution** *rád* tekercseloszlás; ~ **drum** *bány* vitladob; *em* csörlődob; ~ **end** *el* tekercsvég; ~ **engine** *bány* aknaszállítógép; *em* csörlő, emelőgép; ~ **face** *em* felcsavarodás hossza *(emelőnél)*; ~ **factor** *el* tekercselési/kitöltési tényező; ~ **form/former** *el* tekercselősablon; ~ **frame** *tex* keresztcsévélő gép; ~ **gear** *bány* szállítógép, szállítóberendezés; ~ **hoisting the mined material** *bány* bányaszállítás; ~ **hole** *finm* felhúzónyílás; ~ **in coils** *koh* feltekercselés; ~ **inductance** *fiz* tekercsinduktancia; ~ **in sections** *el* tárcsás tekercselés; ~ **interval** *bány* csilleváltási idő *(ki-betolás ideje)*; ~ **machine** *bány* aknaszállítógép; *el, ép* tekercselőgép; *koh* (fel)tekercselőgép; *pa* áttekercselő gép, szállítógép; *tex* keresztcsévélő (gép), csévélőgép; ~ **motion** *tex* csévélőszerkezet *(szelfaktoron)*; ~ **motor** *el* csévélőmotor; ~ **of a screw** csavarmenet; ~**-off** letekercselés; ~**-off roll** *gumi* felcsavaró henger; ~ **paper** *pa* csévepapír; ~ **period** *finm* járástartam *(óráé)*; ~ **pinion** *finm* felső kulcskerék *(felhúzáshoz)*; ~ **pitch** *el* tekercslépés; ~ **plant** *bány* szállítóberendezés; ~ **pump** *hidr* forgólapátos szivattyú; ~ **regulator** *tex* kvandráns *(szelfaktoron)*; ~ **resistance** *el* tekercsellenállás; ~ **rope** *bány* szállítókötél; ~ **run** *bány* kasmenet; ~ **shaft** *bány* főakna; szállítóakna; ~ **shield** *el* tekercsfejvédő lemez; ~ **skip** *bány* aknaszállítószkip; ~ **space** *el* tekercselési tér; ~ **speed** *tex* csévélési sebesség; ~**-speed regulator** *bány* menetszabályozó; ~ **square** *finm* felhúzónégyszög, rugómag négyszöge *(órában)*; ~ **stairs** *pl ép* csigalépcső; íves lépcső; ~ **stem** *finm* felhúzótengely; ~ **step** *el* tekercslépés; *ép* ék alakú lépcsőfok; ~ **system** *el* tekercsfajta; ~ **tension** *tex* csévélési feszültség; ~ **tower** *bány* akna-szállítótorony; ~**-up** *el, ép, tex* felcsévélés, feltekercselés, felcsavarás; ~**-up control** *finm* felhúzórugó feszültségét szabályozó szerkezet; ~ **wire** *heng* tekercshuzal

windlass csörlő; *bány* vitla; *hajó* horgonycsörlő, horgonyemelő, horgonyfelvonó; ~ **bucket** csörlős felvonó vedre; ~**-man** *bány* vitlakezelő

windle *tex* orsó, motolla

windless *bány* szellőzetlen

windmill szélmalom; *rep* autorotáció; forgószárnyas repülőgép, helikopter; légcsavar üresjárata; *szell* ventilátorszárny; ~ **brake condition** *rep* önpörgéses/autorotációs fékezési állapot; ~**-driven generator** *rep* légturbina meghajtású áramfejlesztő; ~ **generator** *el* szélmotoros áramfejlesztő; *gép* szélmotor, szélkerék-

kel hajtott generátor; ~ **motor** *gép* szélmotor, szélkerék, szélturbina; ~ **plane** *rep* helikopter
windmilling *rep* önpörgéses/autorotációs üzemmód; ~ **condition** *rep* önpörgéses üzemmód/állapot; ~ **propeller** *rep* üresen járó légcsavar
window I. *v ép, szt* ablakoz; **II.** *n* ablak; *at, el* ablak *(transzformátoron)*; *ép* ablak, kirakat; *geol* denudációs felület; *met* felhőhézag, felhőnyílás; *rep* (kisméretű) ablak; felhőhézag, felhőnyílás, felhőablak; *szt* ablak; *távk* lokátorzavaró fémszalagok/csíkok; ~ **air-conditioner** *ép* ablakklíma; ~**-air-cooling unit** *ép* ablak-léghűtő; ~ **amplifier** *távk* ablakerősítő, csatornaerősítő; ~ **blind** *ép* ablakfüggöny; spaletta, ablaktábla; ~**-casement** *ép* ablakbélés; ~ **counter tube** *at* ablak nélküli számláló; ~ **cradles machine** *ép* ablaktisztító kocsi; ~ **crank** *gépk* ablakemelő hajtókar; ~ **cross-bar** *ép* ablakkeresztfa; ~**-efficiency ratio** *ép* ablakhatásfok; ~ **fittings** *pl ép* ablakveret; ~ **frame** *ép, gépk* ablakkeret; ~ **furniture** *ép* ablakveret *(vasalás)*; ~ **guide** *ép* tolóablak-vezeték; ~**-guide channel/rail** *gépk* ablakvezető sín; ~**-head** *ép* ablakszemöldök; ~ **in Earth's atmosphere** *met* (légköri) ablak, ablak az atmoszférában; ~**-jamb(e)** *ép* ablakfélfa, ablakdúc, ablakszár(fa); ~ **jamming** *távk* (fém)fóliás lokátorzavaró csíkok, fémfólia csíkok; ~ **knob** *ép* ablakzáró gomb; ~**-ledge** *ép* könyöklő, heveder *(ablakon)*, ablakpárkány; ~ **lift** tolóablak felhúzó fogantyúja/hevedere; ~**-lining** *ép* ablakbélés; ~ **lintel** *ép* ablakáthidaló *(négyszögdíszes)*; ablakkiváltó; ~ **lock** *ép* ablakfordító; ~ **mullion** *ép* ablakelválasztó oszlop; ~ **nail** *ép* üvegezőszeg; ~ **niche** *ép* ablakfülke; ~**-pane** *ép* ablaküvegtábla; ~**-panel** *ép* ablaktábla *(fából)*; ~**-patching and printing machine** *pa* ablakvágó- és nyomógép *(borítékhoz)*; ~ **pier** *ép* ablakpillér; ~**-post** *ép* ablakfélfa, ablakdúc, ablakszár(fa); ~ **rabbet** *ép* ablakütköző; ~ **raiser** *gépk* ablakemelő szerkezet; ~ **reveal** *ép* ablakbélés, ablakfal, ablakkáva; ~**s** *távk* lokátorzavaró (fémfólia) csíkok; ~**-shade** roló, roletta; rolettaszövet; ~**-shutter** *ép* zsalutábla, spaletta; ~**-sill** *ép* ablakpárkány, ablakdeszka, ablakkönyöklő; ~ **space** *el* tekercselési tér *(lemezvasmagban)*; ~**-stool** *ép* tolóablak ablakpárkánya/ablakdeszkája; ~**-type pVT cell** *ol* látóüveges pVT cella/vizsgálóberendezés; ~ **ventilation** *ép* ablakszellőzés
windowing *szt* ablakozás
windowless counter tube *at* ablak nélküli számláló
windrow rend *(gabonáé)*; *rád* szalagprizma; ~ **header** *mzg* rendrakó, rendforgató
windrower *mzg* rendrakó aratógép
windrowing curtain *mzg* rendterelő
windscreen *gépk* szélvédő (üveg); ~ **de-icer** *gépk, rep* szélvédőüveg-melegítő, ablakmelegítő, szélvédő-jégtelenítő; ~ **demister** *gépk, rep* szélvédő-páramentesítő; ~**-head rail** *gépk* szélvédő felső kerete; ~ **washer** *gépk* ablakmosó; ~ **wiper** *gépk* ablaktörlő; ~**-wiper blade** *gépk* ablaktörlő lapát; ~**-wiper interference** *távk* „ablaktörlő"-interferencia
windshield *US* → windscreen
windslab sajtolt hó
windward I. *a rep* szél felőli, széloldali, szélirányba eső; **II.** *n* szél felőli oldal, széloldal; ~ **eddy** *rep* szél felőli *v.* széloldali forgatag/örvény/légörvény; ~ **face** *rep* szél felőli *v.* széloldali homlok/oldal; ~ **tack** szél feletti/felőli fékkötél/szarvkötél
windworn *geol* szél hatására elmállott
windy *met* szeles; ~ **shot** *bány* sikertelen robbantás
wine bor; ~ **brandy** *élip* borpárlat; ~ **fermentation** borászati erjesztés, musterjedés; ~ **lees** *pl* borseprő; ~ **mash** borcefre; ~ **press** *élip* borsajtó; ~**-stone** *vegy* borkő; ~ **vinegar** *élip* borecet; ~ **yeast** *élip* borélesztő
winemaking *élip* borkészítés
winery *élip* pincészet, borüzem
wing *pl* szárny; vitorla; *cipő* szárnybőr *(felsőrészen)*; *ép* (épület)szárny; szárnyfal fedköve *(hídon)*; *gépk* sárhányó; sárvédő; *rep* egyensúlyozó szárnycsonk; szárny; ~ **abutment** *ép* ferde szárnyfal; szárnyfalas hídfő; ~ **air flow** *rep* szárnyat körülvevő áramlás; ~ **angle** *bány* fúróélezési szög; ~**-antenna** szárnysugárzó *(repülőgépen)*; ~ **area** *rep* szárnyfelület; ~ **aspect ratio** *rep* szárnykarcsúság, oldalviszony; ~ **assembly** *rep* szárnyszerelvény, szárnyegység; ~ **attachment** *rep* szárnybekötés; ~ **attachment fitting** *rep* szárny felerősítési/bekötési csomópontja; ~**-bar** *rep* pályaszegély-keresztfénysor; ~ **bracing** *rep* huzalos szárnymerevítés; szárnymerevítő huzal; ~**-bridge** *ép* forgóhíd; ~ **butt** *rep* szárnytő; ~ **cam** *kh* segédlakat, szárnyas emelőlakat; ~ **canopy** *rep* baldachin; ~ **car** *rep* szárnyban lévő motorgondola; szárnyszállító kocsi; ~ **cascade** *rep* szárnyszelvényrács; ~ **cell** *rep* szárnyszekrény, szárnyrekesz; ~ **centre/center panel** *rep* szárnyközép; ~ **clearance** *rep* megengedett szárnyközelség *(talajhoz)*; ~ **clearance light** *rep* szárnyőrfény; ~ **compasses** *pl szersz* állítható hegyeskörző ívvel; ~ **coping** *ép* szárnyfal fedköve; ~ **core** *koh* öntödei mag furat képzéséhez az öntvényben; ~ **covering** *rep* szárnyborítás, szárnyburkolat; ~ **curvature** *rep* szárnygörbület; ~ **dam** *hidr* keresztgát, szárnygát; ~ **de-icer** *rep* szárnyjégtelenítő; ~**-dihedral angle** *rep* szárny V állásának szöge; ~ **dividers** → ~ compasses; ~ **drag** *rep* szárny ellenállása; ~**-embankment** *ép* szárnytöltés; *hidr* bekötőgát; ~ **engine** *rep* szárnyhajtómű; ~ **failure** *rep* szárnytörés; ~ **fairing** *rep* szárny áramvonalas csatlakozása; szárnylegömbölyítés; ~ **fence** *rep* határrétegstabilizátor-lemez; ~ **fillet** *rep* szárny áramvonalas átmenete; ~**-fixing bracket** *gépk* sárhányó rögzítő; ~ **flap** *rep* fékszárny; szárny kilépőélének terelőlapja; ~ **flap indicator** *rep* fékszárny kitérési szögét jelző műszer; ~ **flap operating strut** *rep* fékszárnymozgató rudazat; ~ **flap system** *rep* fékszárnyrendszer; ~ **float** *rep* szárnyúszó; ~ **flutter** *rep* szárnyrezgés, szárny önrezgése; ~ **footing** *ép* szárnyfallábazat; ~ **framework** *rep* szárnyváz, szárnyszerkezet; ~**-furrowing attachment** szárnyas barázdanyitó *(vetőgépen)*; ~**-headed bolt** szárnyas csavar; ~**-heavy** *rep* szárnynehéz; ~ **incidence** *rep* szárny beépítési szöge; ~ **inspection trolley** *rep* szárnyvizsgáló kocsi; ~ **jack** *rep* hidraulikus szárnyemelő; ~ **knob** szárnyas gomb; szárnyas szorítócsavar; ~ **landing** *rep* leszállás a szárnyra; ~ **lift** *rep* szárny felhajtóereje; ~ **loading** *rep* felületi terhelés *(szárnyé)*; ~ **machine-gun** *rep* szárnyba épített géppuska; ~ **mirror** *gépk* visszapillantó tükör; ~**-mounted (aircraft) antenna** *rep* szárnyba épített antenna; ~**-mounted pod** *rep* szárnyba épített hajtóműgondola; ~**-nose section**

rep szárnyorr-rész, szárnyorrbetét; ~**-nose slot** *rep* orr-résszárny; ~ **nut** szárnyas/füles anya; ~ **of a bit** fúró éle; ~ **of horn** *vasút* ágyvezető villatámasztó/villatartó konzol; ~ **of small aspect ratio** *rep* kis kinyúlású szárny; ~**-over** *rep* félbukfenc, félorsó; ~ **panel** *rep* szárnytábla; ~ **petrol tank** *rep* szárnyba épített benzintartály; ~ **plan (form)** *rep* szárny síkbeli alakja; szárnyfelülnézet; ~ **profile** *rep* szárnyszelvény; ~ **pump** *bány* szárnylapátos szivattyú, szárnyszivattyú; ~ **rail** *vasút* könyöksín *(kereszteződésnél)*; vezetősín *(váltóban)*; ~ **rib** *rep* szárnyborda; ~ **root chord** *rep* szárnytő keresztmetszeti húrja; ~**s** *bány* kasszék, kasfogó; *ép* kulisszák *(színházban)*; *hajó* oldalfelület *(raktáré)*; *ruh* könyökvédő ujjak; ~ **screw** szárnyas csavar; ~ **section** *rep* szárnykeresztmetszet; szárnyszelvény; ~ **shafts** *hajó* oldalsó csavartengelyek; ~ **shape** *rep* szárnyalak; ~ **signal** *rep* szárny helyzetlámpája; szárnybillegetéssel adott jelzés; ~ **slide** *rep* oldalcsúszás, szárnyra csúsztatás; ~**-slot** *rep* szárnyrés; ~ **span** *rep* fesztáv, szárnyterjedtség; ~ **spar** *rep* szárnyfőtartó; ~ **spread** *rep* fesztáv; ~ **stabilizing surface** *rep* szárny stabilizáló felülete; ~ **structure** *rep* szárnyszerkezet, szárnyváz; ~ **strut** *rep* szárnydúc; ~ **stull** *ép* feszítőműves ácsolat; ~ **surface** *rep* szárnyfelület; ~ **sweep** *rep* szárny nyilazása; ~**-sweep control** *rep* változtatható nyilazottságú szárny vezérlése; ~ **tab** *rep* szárny kiegyenlítő lapja, szárnytrimmlap; ~ **tank** *rep* szárnytartály, szárnyba épített tüzelőanyag-tartály; ~ **taper** *rep* szárny trapézviszonya/elvékonyodása; ~ **tip** *rep* szárnyvég; ~**-tip aileron** *rep* szárnyvégi csűrő; ~**-tip drop tank** *rep* szárnyvégi ledobható póttartály; ~**-tip flare** *rep* szárnyvégi rakéta; ~**-tip float** *rep* szárnyvégtuskó; ~**-tip pod** *rep* szárnyvégi függesztett gondola/tartály; ~**-tip skid** *rep* szárnyvégcsúszó; ~**-tip tank** *rep* szárnyvégi póttartály; ~**-tip vortices** *rep* szárnyvégekről leváló örvények; ~ **toe** *ép* szárnyfallábazat; *rep* szárnyvég; *vasút* könyöksín behajlított vége; ~**-to-fuselage fillet** *rep* szárny áramvonalas átmenete a törzshöz; ~ **top** fecskefark *(Bunsen-égőn)*; pillangófeltét *(gázégőre)*; ~ **tripper** *bány* kihordó *(szállítószalagon)*; ~ **truss** *rep* szárny-rácsostartó; ~ **tube** *hőt* szélső cső *(kazánban)*; ~ **twist** *rep* szárnyelcsavarás; ~ **unibolt** *ol* gyorskapcsoló; ~ **unit** *rep* szárnyegység; ~ **valve** *ol* válltoló; ~ **wall** *ép, hidr* szárnyfal

winged szárnnyal ellátott, szárnyas; ~ **bomb** *kat* szárnyasbomba; ~ **rocket missile** *kat* szárnyas rakétalövedék

winker *közl* villogó irányjelző

winklerite *ásv* winklerit

winning *ásv* nyereség; *bány* bányaterség; bányaüzem; fejtés; gyűjtő alapvágat; jövesztés; termelés, kinyerés; vágathajtás; *koh* fémkinyerés; ~ **bit** *bány* jövesztőkés; ~ **board** *bány* fejtési kamra; ~ **by blasting** *bány* robbantásos jövesztés; ~ **by pealing** *bány* hántoló jövesztés; ~ **charge** *bány* jövesztő töltet; ~ **chisel** *bány* jövesztőkés; ~ **efficiency** *bány* jövesztési teljesítmény; ~ **in cleat direction** *bány* fejtés fogra; ~ **machine** *bány* jövesztőgép; ~ **on board** *bány* fejtés lapra; ~ **on end** *bány* fejtés fogra; ~ **output** *bány* fejtési teljesítmény; ~**s** *bány* feltáróvágatok

winnow *mzg* kitisztít; szelel *(rostával)*; szitál, szétválaszt

winnower *mzg* gabonarosta

winter tél; ~ **concreting** *ép* téli betonozás; ~ **construction equipment** *ép* téliesítés *v.* téli építés gépei; ~ **grade** *mzg* téli minőség/fajta; *rep* tüzelőanyag téli minősége; ~ **grease** *gép* téli kenőanyag; téli zsír/kenőcs; ~ **hair** *bőr* téli szőr; ~ **half-year** *hidr* téli félév; ~ **harbo(u)r** *hidr* téli kikötő; ~ **hare** *bőr* téli nyúl(bőr); ~ **injury** *mzg* fagykár; ~ **oil** *vegy* téli olaj, alacsony dermedéspontú olaj; ~ **port** *hidr* téli kikötő; ~ **refuge** *hidr* téli menhely; ~ **solstice** *csill* téli napforduló; ~ **specification** téli előírás/specifikáció; ~ **sun scald** *fa* fagy okozta kéregfoltosság; ~ **tyre/tire** *gépk* téli gumi; ~ **window** *ép* kettős ablak

Winter-Eichberg-Latour motor *el* kompenzált repulziós motor

wintergreen oil *vegy* gaultériaolaj, metil-szalicilát

wintering pond *hidr* átteleltető tó; teleltető medence

winterization *gépk, rep* előkészítés téli üzemeltetésre; téliesítés

winterize *gépk, rep* téli üzemre/üzemeltetésre átállít/előkészít; téliesít

winterized | airplane *rep* téli üzemeltetésre előkészített repülőgép; ~ **oil** kifagyasztott olaj *(sztearinmentes)*

winze *bány* gurító

wipe I. *v* elken, töröl; letöröl; eltöröl; **II.** *n* eltörlés, (le)törlés; *el, rád* kioltás; törlés; *film* átúsztatás; *film, foto* képelsötétítés; *foto* redőnyzáras rekesz; ~ **fading** *foto* redőnyzáras rekesz; ~ **off** *v* letöröl; ~ **out** *v* kitöröl; eltöröl; ~**-out** kitörlés; *rád* kioltó interferencia; *távk* elnyomás; ~**-out head** törlőmágnes *(magnetofonban)*; ~**s** tisztítóeszközök *(tisztítókések)*; ~ **slide** *foto* redőnyzáras rekesz; ~ **test** *at* kenet, kenőpróba

wiped | galvanizing *koh* horganyzás törléssel; ~ **joint** *ép* forrasztási dudor

wiper törlő(rongy); *el, távk* (érintkező)kefe; kefeérintkező; *ép* ledobóéke; *fa* dörzsölőmunkás; *gépk* ablaktörlő; *szersz* kaparóvas, vakaróvas; ~ **lubricator** *gép* törlőnyelves olajozó; ~ **release** *távk* kefekiváltó

wiping elkenés, törlés; ~ **action** *gumi* törlőműködés; ~ **contact** *el* csúszóérintkező; ~ **gland** *el* forrhüvely *(kábelhez)*; ~**-off paper** törlőpapír; ~ **solder** *ép* ólomforrasz *(max. 35% ónnal)*; ~ **spring** *távk* csúszórugó

wipped fascine *hidr* rőzsekolbász

wipstock *ol* fúrólyuk-ferdítőpálya

wire I. *v* (be)drótoz; körülkötöz *(huzallal)*; *el* (be)huzaloz, beköt; vezetéket (fel)szerel; *távb* táviratoz; **II.** *n* drót, huzal; huzalrács; sodrony; *el* huzal, kábel; vezeték; *em* elemi szál *(drótkötélben)*; *ép* nagyszilárdságú acélhuzal *(feszített betonszerkezetekben)*; oszloplehorgonyzó kábel; *heg* hegesztőhuzal; *pa* (papírgép)szita; szitahuzal; *rep* feszítőhuzal; *távb* távirat; ~ **aerial** *távk* huzalantenna; ~ **a line** *v távb* rákötöt *(vezetéket)*; ~**-annealing machine** *koh* huzallágyító gép; ~ **antenna** *távk* huzalantenna; ~ **armo(u)ring** *el* körkeresztmetszetű huzalpáncélozás; ~ **bar** *heng, koh* drótbuga; dróttuskó; ~ **basket** *bány* szitakosár; ~ **belt** *gép* acéldrótból font heveder/szalag; ~**-bending machine** huzalhajlító gép; ~ **bond** *vasút* sínillesztést áthidaló huzal; ~**-braided hose** *gumi* páncéltömlő; ~**-braiding** *távk* szövött huzalárnyékolás; ~ **break** *koh* huzalszakadás; ~**-break relay** *el* vonalszakadási jelfogó; ~ **broadcasting** vezetékes rádió; ~

brush drótkefe, huzalkefe; ~**-brush** *v távk* huzalkefével letisztít; ~**-brushing** *koh* drótkefézés; ~ **cable** → ~ rope; ~ **card** *tex* tüskebevonatú bolyhozó; ~ **carrier** *el* huzaltartó görgő; ~**-carrying roll** *pa* regiszterhenger; szitatámhenger; ~ **channel** *rep* vezetékes távközlőcsatorna/távközlővonal; ~**-chase** *ép* kábelcsatorna, vezetékcsatorna; ~ **chuck** szorítóhüvely *(huzalhoz)*; ~ **circuit** *távb* vezetékes összeköttetés; vezetékes távközlési vonal; ~**-cleaning brush** *pa* szitatisztító kefe; ~ **clip** *el* huzalcsíptető; ~ **cloth** drótszövet, sodronyszövet; *pa* 66-os lyukbőségű végtelen szitaszövetszalag; ~ **coating** *műa* kábelborítás; ~**-coating extruder** kábelszigetelő extrúder; ~ **coil** *koh* huzalkarika; ~ **communication** *rep* vezetékes távközlés/híradás/összeköttetés; ~ **communication technique** vezetékes távközlés(technika); ~**-controlled** *rep* vezetékes (táv)irányítású; ~ **core** *el* huzal(vas)mag; ~**-covering machine** *el* beszövőgép; ~**-crimping machine** *alak* rugócsévélő gép; ~**-cut brick** *ép* gépi tégla; ~**-cut gutter tile roofing** *ép* hornyolt (szalag)cserépfedés; ~ **cutter(s),** ~**-cutting pliers** *pl szersz* csípőfogó; huzalvágó/drótvágó olló; ~**-cycle control** *el* huzalozott programvezérlés; ~ **dam** *hidr* drótfonatos vízmosásköto gát; ~ **diagonal** *rep* feszítőhuzal keresztkötése; ~**-direction** *pa* gépfutási irány, gyártási irány; hosszirány; ~**-draw** → wiredraw; ~**-drawing** → wiredrawing; ~ **drill** *szersz* kis átmérőjű fúró; ~ **enamel** *el* huzallakk; ~**-end** *pa* szitaszakasz; *távk* érintővég *(keféé)*; ~ **fabric** *ép* hegesztett vastagbetétháló; huzalháló; *koh* betonacélháló; ~ **fairing** *rep* feszítőhuzal áramvonalas burkolata; ~ **fastening** *élip* drótkosár *(pezsgőn)*; ~**-feed** huzaladagoló; huzalbetáplálás, huzalbevezetés; *forg* finomrúd-előtolás; ~ **ferrule** kötélvégeket összekötő/biztosító fémgyűrű; ~**-finder** *távk* kábelérvég-kereső, vezetékvég-kereső; ~**-flattening mill** *heng* huzallapító hengersor; ~ **frame** *pa* szitaszakaszállvány; ~**-frame** fémkeretes; ~ **frog** *el* huzalszorító béka; ~ **ga(u)ge (WG)** *koh* huzalméretsor; *szersz* huzalátmérő-szabvány; huzalidomszer; huzalvastagság-mérő; *távk* vezetékméret; ~ **gauze** *bány* szitakosár; *koh* fémszálú (szita)szövet, fémháló; huzalszövet; ~**-gauze electrode** *el* fonatburkolatú elektród; ~**-gauze grid** *el* hálórács; ~**-gauze lantern** *bány* Davy-lámpa; ~ **gear** *vasút* huzalműködtetés; ~ **glass** *ép* drótüveg, huzalbetétes üveg, huzalüveg; ~ **grating/grid** *el* fémhálórács; ~**-guide** huzalvezető szem/görgő; *pa* szitaszabályozó *(henger)*; ~**-guided** *el* vezetékes irányítású; ~**-guided missile** *rak* vezetékes (táv)irányítású rakéta; ~**-guide roll** *pa* szitavezető henger; ~ **hoop** *gép* huzalgyűrű *(gumiköpenyperemé)*; ~ **joint** kötés, huzal-összeköttetés, vezetékösszeköttetés *(készülékben)*; ~ **lath** *ép* fémháló, drótháló; ~**-lattice wall** *ép* rabicfal; ~**-like tape** lapos huzal *(magnetofonhoz)*; ~ **line** → wireline; ~ **link telemetry** *aut* vezetékes távmérési technika, vezetékes telemetria; ~ **loop** *vák* lovas; ~ **mark** *pa* szitamarkírozás; ~ **mesh** drótfonat, drótháló; *ép* hegesztett vasbetétháló; ~**-mesh belt conveyor/conveyer** *ép* sodronyhevederes szállítószalag; ~**-mesh grid** *el* hálórács; ~**-mesh guard-rail** *ép* drótfonat (út)korlát; ~**-mesh number** szitafinomságszám; ~**-mesh pallet** *ép* rácsos szekrényes rakodólap; ~**-mesh screen** *pa* szitaosztályozó; ~**-mesh type electrode** *el* hálóelektród; ~ **mill** *heng* huzalhengersor; ~ **nail** *szersz* drótszeg, közönséges szeg; huzalszeg; ~ **netting** drótháló, drótfonat; *ép* hegesztett vasbetétháló *(vasbetonhoz)*; *koh* huzalszövet; ~ **obstacle** *kat* drótakadály; ~ **patenting furnace** *koh* huzalpatentozó kemence; ~ **peeling machine** *koh* huzalhántoló gép; ~ **pistol** *heg* fémhuzalporlasztó; fémszóró pisztoly; ~ **pit** *pa* szitateknő; ~ **pointer** *koh* huzalhegyező gép; ~ **printer** *szt* tűs nyomtató; ~ **propellant holder** *kat* póttöltet; ~ **radio** vezetékes rádió; ~ **recorder** *hang* huzalos hangfelvevő készülék *v.* magnetofon; ~ **reel** *koh* dróthengersori motolla; huzalmotolla; ~ **regulation** *pa* szitaszabályozás; ~ **resistance** *fiz* huzalellenállás; ~ **resistor** *el* huzalellenállás; ~**-rim** → ~-frame; ~ **rod** *koh* huzalalapanyag; ~ **rod for screws** *koh* csavarhuzal; ~**-rod mill** *koh* finom- és drótsor; ~ **roll** *pa* szitafeszítő-henger; ~**-rolling mill** *koh* drótsor; ~ **rope** acélkötél; drótkötél; sodronykötél; ~**-rope cable** sodronykötél; ~ **rope centre/center** *bány, ol* acélkötél-lélek; ~**-rope laying** kötélsodrás; ~**-rope rail** drótkötélpálya; ~**-rope twisting** kötélsodrás; ~**-rope way (WW)** *ép, közl* (drót)kötélpálya; ~ **screen** *élip* drótrosta, drótszita; ~ **service** *távk* vezetékes híradás; ~**-sewn** *cipő* fémhuzalvarrású; ~ **shot** *koh* huzalszemcse; ~ **side** *pa* szitaoldal; ~ **skinner** *el* csupaszító; ~ **solder** *heg* forrasztódrót; forrasztóhuzal; ~ **spacing** *el* vezetők közti távolság, huzaltávolság; ~ **spike** *szersz* drótszeg; ~**-splice detector** *el* huzalszakadás-jelző; ~**-spooling machine** huzaltekercselő gép; ~**-spring relay** *el* huzalrugós jelfogó; kötőtűjelfogó; ~ **stabbing** *nyom* drótfűzés, irkafűzés, kapocsfűzés; ~**-staple** fűzőkapocs; ~**-stapling** → ~-stitching; ~**-stitcher** *nyom* drótfűzőgép; ~**-stitching** *nyom* huzalfűzés, drótfűzés; ~ **store** *el* (mágnes)huzaltároló; ~ **straightening and cutting machine** *szersz* huzalegyengető és -vágó gép; ~**-strainer** *el* vezetékfeszítő; ~**-strand** *bány* pászma; *el* sodrott vezető; ~**-stretcher** *el* huzalszorító béka; vezetékfeszítő; ~ **string** *hang* sodronyhúr; ~**-stringing rig** *pa* szitatámasztó berendezés; ~ **stripper** *szersz* csupaszítófogó; ~ **suction-roll** *pa* szitaszívóhenger; ~ **suspension** *el* huzalfelfüggesztés, feszítőhuzalos felfüggesztés; ~ **suspension-bridge** *ép* kábelhíd; ~ **table** *pa* szitaasztal; ~**-tapping** *el* vezetékleágazás, vezetékmegcsapolás; *távb* lehallgatás *(illetéktelenül)*; ~ **telegraph** *rep* vezetékes távíró; ~ **telephony** vezetékes telefónia; ~ **television** vezetékes televízió; ~**-tensioner** *el* vezetékfeszítő; ~**-tension table** *szersz* vezetékfeszítő készülék; ~ **texture** *mech* húzási textúra, huzaltextúra, dróttextúra; ~ **thread guide** fonalvezető horog/hurok; ~**-to-earth capacity** *fiz* földkapacitás; ~**-to-wire capacitance** *el* huzalok közötti kapacitás; ~ **tramway** drótkötélpálya; ~**-twisting machine** *koh* huzalsodró berendezés; ~ **up** *v el* összeköt, közbekapcsol, közbeiktat, bekapcsol; ~**-welding machine** *koh* huzalhegesztő gép; ~ **winding** *el* huzaltekercs(elés); ~**-winding machine** *ép* huzaltekercselő gép; ~**-wound** *el* huzaltekercselésű; ~**-wound armature** *el* huzaltekercselésű armatúra; ~**-wound potentiometer** *el* huzalpotenciométer; ~**-wound resistor** *el* huzalellenállás; ~ **wrap** *el* csavart kötés; ~**-wrap method** *el, szt* rácsavart (vezeték)kötési mód; ~**-wrapped dam** *hidr*

drótfonatos vízmosásköttő gát; **~-wrapped punched pipe** *ol* huzalszűrő; **~-wrapping** *el, szt* rácsavart kötési mód; *ép* (körül)kengyelezés *(vasbeton)*
wired *el* vezetékes, huzalozott; **~ broadcasting** vezetékes rádió; **~ communication link** *el* vezetékes összeköttetés; **~ glass** *üveg* huzalbetétes üveg, drótüveg, huzalüveg; **~ logic** *el* huzalozott logika; **~ memory** *el* huzalozott memória; **~-on rim** *gépk* huzalbetétes abroncs; **~ photograph** fényképtávirat; **~-program computer** *szt* huzalozott program(ozás)ú számítógép; **~ program control** *el* huzalozott programvezérlés; **~ radio** vezetékes rádió; **~ storage circuit** *el* huzalozott memória; **~ time schedule control** *el* huzalozott programvezérlés; **~-to component** *el* kívülről kötendő áramköri elem; **~ tube** *rád* bekötött cső, beforrasztott (elektron)cső; **~ wireless** vezetékes rádió
wiredraw *heng, koh* drótot/huzalt húz/készít
wiredrawing huzalhúzás, dróthúzás; **~ bench** dróthúzó pad; **~ die** huzalhúzó kaliber/kő; **~ machine** *koh* huzalhúzó/dróthúzó gép; **~ reel** *koh* húzótárcsa; **~ soap** *koh* húzószappan
wiredrawn *alak, hang* huzallá húzott
wireless I. *a* drót nélküli; **II.** *n* rádió; *rep* rádiótávirat; *rep, távk* rádiótávírás; **~ beacon** *el* rádióiránysáv-adó, rádiófrekvenciás irányadó; **~ bearing** *távk* (rádió-)helymeghatározás; **~ communication (WC)** *rep, távk* rádiótávközlés, rádióhírközlés; **~ compass** *rep* karkötőtájoló; **~ control** *aut* drót nélküli vezérlés; rádió-távvezérlés; **~ control of (underground) winning machines** *aut, bány* jövesztőgépek drót nélküli vezérlése; **~ direction finder** *távk* rádió-iránymérő *(készülék)*; **~ engineer** rádiómérnök; rádiótechnikus, rádióműszerész; **~ engineering** rádiótechnika; **~ frequency** *el* nagyfrekvencia, rádiófrekvencia; **~ home constructor** rádióamatőr; **~ installation** rádióállomás, rádióberendezés; **~ message** rádiótávirat, radiogram; **~ operator** *hajó, rep* rádiótávírász, rádiós; **~ person calling** *távk* vezeték nélküli hívás, rádióhívás; **~ pliers** *pl szer* rádiófogó; **~ receiver** rádióvevő; **~ sender** *el* rádióadó, transmitter; **~ set (WS)** rádiókészülék; **~ station (WS)** rádióállomás; **~ system** *rep* vezetékes távközlőrendszer; **~ telegraphy (WT)** *távk* rádiótávírás, vezeték nélküli távírás; rádiótávíró; **~ telephone** *távk* rádió-távbeszélő, rádiótelefon, vezeték nélküli telefon; **~ telephony (WT)** *távk* rádiótelefónia; **~ terminal** *szt* rádió-összeköttetéses terminál, rádióterminál; **~ tower** *távk* rádió-antennatorony; **~ transmitter** *távk* rádióadó; **~ waves** *el* rádióhullámok
wireline *el, távk* (elektromos) vezeték; *ol* huzal; **~ bar** *ol* nehezék; **~ blowout preventer** *ol* huzal-kitörésgátló; **~ core barrel** *ol* gyorsmagszedő; **~ coring tool** *ol* gyorsmagszedő; **~ cutter** *ol* huzalvágó; **~ depth indicator** *ol* huzalmélységmérő; **~ formation tester** *ol* kábeles formációvizsgáló; **~ hanger** *ol* simarúdakasztó; **~ operations** *ol* huzalos kútmunkálatok; **~ preventer** *ol* kábel-kitörésgátló; **~ retrievable gas lift valve** *ol* huzalos segédgázszelep; **~ socket** *ol* huzalrögzítő; **~ stem** *ol* nehezék; **~ stuffing box** *ol* huzaltömszelence; **~ tools** *ol* kábelszerszámok, huzalszerszámok; **~ tool string** *ol* huzalszerszám-összeállítás; **~ unit** *ol* huzalvitla; **~ weight indicator** *ol* huzalterhelés-mérő
wireman's tent *heg* kábelforrasztó sátor
wirephoto *távk* távfénykép, távírón továbbított fénykép
wiring *el* (be)drótozás; huzalozás; vezeték; vezetéképítés, vezetékfektetés; *gépk* kábelelzés; *távb* táviratozás; **~ capacity** *el* huzalozási kapacitás; **~ diagram (w.d.)** *el* huzalozási/kapcsolási/szerelési/bekötési rajz/vázlat; **~ die** drótbetétes peremhajlító/csövelő szerszám; **~ error** *el* elkötés; **~ hose** → **~ tube**; **~ layout** *el* kapcsolási/szerelési/bekötési vázlat/rajz; **~ plate** *el* vezetékelosztó lemez; **~ point** *el* bekötési hely; **~ press** *ép* korcolósajtó; **~ punch** huzalhajlító szerszám; **~ scheme** → **~ diagram**; **~ table** *el* huzalozási táblázat; **~ tube** *el* szigetelőcső; varniscső
wiry drótszerű; *tex* merev
WISC → writ(e)able instruction set computer
wishbone villás elágazás; *gépk* háromszög alakú keresztlengőkar; **~ cross-arm** *el* háromszigetelős kereszttartó; **~ lever** villás kar
witch *tex* nyüstemelő szerkezet; **~ of Agnesi** *mat* Agnesi-féle görbe
withamite *ásv* withamit
withdraw visszavon, visszatart; visszahúz, lehúz, kiiktat, kikapcsol; hátrafelé halad; *bány* kihúz *(támfát/csillét a kasból)*; kinyer, visszanyer; kirabol *(ácsolatot)*; *kat* visszavonul; *ol* kihúz, kiépít *(béléscsövet)*; **~ from operation** kivon a forgalomból
withdrawable kihúzható, kivonható; *bány* kinyerhető; **~ rockbolt** *bány* oldható kőzetcsavar
withdrawal visszahúzódás; visszavonás; visszavétel; lehúzás; *bány* kinyerés, fejtés; kivonás; rablás; *ép* hátralépés; *kat* visszavonulás; *ol* termelés; **~ bearing** *gépk* oldócsapágy; **~ cycle** *ol* visszatermelési ciklus; **~ fork** *gép* kikapcsoló/szíjáttoló villás emelőkar; **~ mechanism** *gépk* tengelykapcsoló-kiemelő szerkezet; **~ of the electrode bundles** *el* elektródcsomag-kiszerelés; **~ of water** *bány* vízelvonás; **~ resistance** *ép* kihúzással szembeni ellenállás *(vasbetété)*; **~ roll** *koh* húzógörgő *(folyamatos öntőgépen)*; **~ roller** *heng* kimenőhenger, kihúzóhenger; szélhenger; **~ sleeve** *gépk* tengelykapcsoló-kiemelő hüvely; **~ speed** *koh* húzási sebesség; **~ test** *ép* kihúzó kísérlet
withdrawing visszavonás, visszatartás; visszahúzás; lehúzás; kiiktatás, kikapcsolás; *bány* kinyerés, visszanyerés; **~ device** kihúzó szerkezet; **~ gear** *bány* farabló szerkezet; **~ lever** *gép* villás szíjváltókar; **~ machine** *koh* kihúzószerkezet; **~ piles** *pl ép* cölöpkihúzás
withe *ép* kürtőcsoport belső válaszfala
wither elszárad, leszárad; elhervaszt, elszárít; *élip* fonnyaszt
withered leaf *élip* fonnyasztott levél
withering leszáradás; *élip* fonnyasztás; **~ loft** *élip* fonnyasztószín; **~ machine** *élip* fonnyasztógép; **~ rack** *élip* fonnyasztóállvány
witherite *ásv* witherit, bárium-karbonát
withheld patent visszatartott szabadalom
withhold visszatart; megakadályoz
within | sound/hearing *hang* hallótávolságon belül, hallótávolságon; **~-the-row cultivation** *mzg* sorközkapálás
withstand kibír *(terhelést, feszültséget)*; ellenáll *(statika)*
witness *ép* földbáb, földbaba *(leásási mélység ellenőrzésére)*; **~ mark** *bány* őrpont; *geod* biztosítójel *(há-*

romszögelési ponton); ~ **test** *el* átvételi próba/ellenőrzés
wittichenite *ásv* wittichenit
wittite *ásv* wittit
wizard *tex* nyüstemelő
WL → waterline; → wavelength; → wind load
WLFX → welding fixture
WM → water meter; → weather map; → white metal
WMRM → write many, read many
woad I. *v tex* festőfűvel/festőcsüllenggel színez; **II.** *n* festőfű, festőcsülleng
woaded | blue *tex* festőfűkék, festőcsüllengkék *(színezék)*; ~ **logwood black** *tex* festőfűfekete, festőcsülleng-fekete *(színezék)*
WOB → weight on bit
Wobbe index *ol* Wobbe-szám
wobble I. *v* inog; ingadozik, imbolyog, támolyog; **II.** *n* ingadozás, imbolygás; *fa* fűrészrezgés; *fiz* vobbulálás, vobbuláció; ~ **bond** *szt* tartóvezetékes kötés; ~ **coefficient** *ép* súrlódási tényező a feszítőkábelek helyi/szekunder görbületéből; ~ **factor** *fiz* vobbulálási/vobbulációs tényező; ~ **frequency** *távk* lebegtetési/üttetési frekvencia; vobbulációs frekvencia; ~ **meter** *hajó* lengésmérő; ~ **modulation** *fiz* vobbuláció; ~ **plate** *gép* támolygótárcsa, támolygókorong; ~**-plate engine** *gép* támolygótárcsás motor; ~ **pump** *ol* támolygótárcsás szivattyú; ~ **rate** *rád* frekvenciamoduláció mélysége; ~ **saw** *ép* lengőfűrész, ingafűrész, himbás fűrész; ~ **tone** *rád* üvöltő/vobbuláló/lebegő hang
wobbler *gép* támolygókorong; *heng* hengercsaprózsa *(három v. négyhornyos)*; *koh* kapcsolócsap; kapcsolórózsa; *távk* vobbulátor; ~ **spindle** *koh* kapcsolóorsó; ~**-spindle balancing** *koh* kapcsolóorsó kiegyensúlyozása
wobbling imbolygás, támolygás; *fiz* vobbuláció; *gép* támolygó forgás, sántaforgás, bukdácsoló mozgás; *hajó* imbolygás; *rád* frekvenciaingadozás, frekvenciahintázás, lebegtetés; ~ **drum** *gép* támolygó dob; ~ **voltage** *el, fiz* vobbuláló feszültség
wobbulated *el, rád* vobbulált, frekvenciamodulált *(periodikusan)*
wobbulation *el, fiz* vobbuláció, lebegtetés; ~ **wobbulator** *el, rád, tv* vobbulátor
WOC → waiting on cement
Woehler diagram *koh* Wöhler-görbe
Wofatox *vegy* Wofatox
woggle joint *rád* hajlítható csuklós csatlakozó
wöhlerite *ásv* wöhlerit
Wohlwill process *koh* Wohlwill-eljárás
wolf *tex* farkas, farkasológép; ~ **furnace** *koh* bucakemence; ~ **note** *hang* lebegés; ~**'s jaw** *gép* farkaspofafogó
Wolf | numbers *csill* Wolf-féle (napfolt)számok; ~**-Rayet star** *csill* Wolf-Rayet csillag
wolfram → tungsfen
wolframic volrám-; ~ **acid** *vegy* volfrámsav
wolframite *ásv* volframit
wolfsbergite *ásv* wolfsbergit
Wollaston | prism *fiz* Wollaston-prizma; ~ **wire** Wollaston-huzal
wollastonite *ásv* wollastonit, kalcium-metaszilikát
wolnyn *ásv* wolnyn
womp *opt, tv* erős fényfolt

won material *bány* fejtmény; készlet
wood erdő; *ép* épületfa; *fa* fa; faanyag; nyersfa, tűzifa; rönk; ~ **acid** faecet; ~ **alcohol** *vegy* faszesz, metil-alkohol; ~**-ash** fahamu; ~ **barker** *pa* hántológép; ~ **barking** *pa* fahántolás; ~ **barrel** fahordó; ~ **belt** erdősáv; ~**-bending machine** fahajlító gép; ~ **block** *ép* fakocka *(útburkolathoz)*; *fa* fatuskó, fatömb; *nyom* fadúc, fa nyomódúc; ~**-block paving** *ép* fakocka burkolat; ~ **brattice** fagát; ~ **brick** *ép* fapakli *(aláékelő fa)*; ~**(-)carving** fafaragás, fametszés, faszobrászat; ~ **cellulose** *vegy* facellulóz; ~ **cement** hidegenyv, facement; ~ **char/charcoal** faszén; ~ **chemistry** fakémia; ~**-chipper** *pa* baltázógép, faaprító gép, korongbalta; ~ **chips** *pl fa* (aprított) fahulladék; aprítékfa, faapríték; ~ **chopper** → ~-chipper; ~ **cleaver** *fa* daraboló/darabhasító szerszám, fahasító fejsze; ~**-coal** *bány* lignit; ~ **concrete** *ép* faforgácsbeton; ~**-containing paper** *pa* fatartalmú papír; ~ **covering** *ép* faborítás; ~ **cut** → woodcut; ~ **cutter** → woodcutter; ~ **depot** *fa* faraktár; ~ **disbarking** *fa, pa* háncstalanítás, kéregtelenítés; ~ **divider** *szer* fakörző; ~ **drill** fafúró (gép); ~ **dust** *műa* faliszt; ~ **dye** fapác; ~ **engraving** *nyom* fametszés; fametszet; ~ **felt-board** *pa* falemez; ~ **fibre/fiber** *pa* cellulóz; ~**-filled** *fa* fabetétes; ~ **filling** *fa* betéttábla; ~ **filter** *ol* faszűrő; ~ **flour** *műa* faliszt; ~ **for household use** tüzelőfa; ~**-free** *pa* famentes; ~**-free paper** *nyom* famentes papír; ~ **glue** faragasztó anyag; ~**-grained paper** *pa* faerezésű papír; ~**-grain finish** faerezés *(festésen)*; ~ **grapple/grab** *ép* famarkoló; ~ **grinder** faőrlő gép; ~ **gum** famézga; ~ **hatchet** *szersz* erdei szekerce; ~**-house** faház; ~ **joint** *ép* failleszték; fakötés; ~**-lath cone** *tex* felvetőmotolla/felvetőhenger kúpos része; ~ **lathing** *ép* falécezés; ~ **letters** *pl nyom* plakátbetű, fabetű; ~ **level** *ép* kőműves-vízszintmérő; ~ **mallet** *fa* asztalosfabunkó; ~ **mast** *ol* faárboc, fafúrótorony árboca; ~**-meal** *műa* faliszt; ~ **miller** famaró (gép); ~ **mo(u)ld** *ép* fasablon; *önt* faforma; ~ **mo(u)lding** *fa* díszléc; ~**-naphtha** → ~ alcohol; ~ **oil** kínai faolaj, kínafaolaj; ~ **opal** *bány* faopál; ~**-packed reamer** fabetétes dörzsár; ~ **pad** *ép* faék, fapakli; ~**-panel(l)ing** *ép* betéttáblás faburkolat/faburkolás; kitöltés betétlécekkel; ~ **parenchyma** → ~ fibre; ~ **particle board** *pa* forgácslemez; ~ **plastic** *műa* fa műanyag, műanyagfa, fabakelit; ~ **plug** *bány, geod* mérésipont-jelölő cövek; *ép* fapakli, aláékelő fa; ~ **preservative** *ép* fakonzerváló szer; ~**-printing** *nyom* nyom(tat)ás fadúcról/fametszetről; ~ **product** *fa* faipari termék, faáru; ~**(-)pulp** *műa* pulp; *pa* facellulóz; ~**-pulp case** *pa* facsiszolatláda; ~**-pulp digester** *pa* cellulózfőző; ~**-pulp grinder** *pa* faanyag-köszörülő; ~**-pulp mill** *pa* cellulózgyár; ~**-pulp paper** *nyom* fatartalmú papír; ~ **rasp** faráspoly; ~ **ray** fa bélsugara; ~ **resin** fagyanta; ~ **roofing** *ép* fafedések; ~ **room** *fa* faelőkészítő; fatisztító/fahántoló üzem; ~ **saccharification** *vegy* facukrosítás; ~**-screw** facsavar; ~**-seasoned** erdőn kiszárított; ~**-shaped** faszerű; ~ **shavings** *pl* fagyapot, csomagolóforgács; gyaluforgács; ~ **shears** *pl* faolló, ágolló, furnérolló; ~ **sheathing** *ép* faborítás; ~ **sheet-pile** *ép* fa szádfal; ~ **shingle** → wooden shingle; ~ **shop** famegmunkáló műhely; ~**-spirit** → ~ alcohol; ~**-splitting machine** *fa* faaprító gép; ~ **square** *szersz* faderékszög; ~ **stage** *ép* faállvány; ~**-stave flume** *ép* facsatorna

(dongás); ~**-stave pipe** *hidr* facső; ~**-strip flooring** *ép* hajópadló; ~ **structure** faszerkezet; ~ **sugar** *vegy* facukor; ~ **tar** *vegy* fakátrány; ~ **thread** facsavarmenet; ~ **tin** *ásv* rostos kassziterit; ~**-troughing** *távk* faágy(azás) *(kábelfektetésnél)*; ~**-turner** faesztergályos; ~**-turning** faesztergályozás, faesztergálás; ~**-turning lathe** faeszterga; ~ **turpentine** terpentinolaj *(fáé)*; ~ **type** *nyom* fabetű; ~ **utilization** fahasznosítás; ~ **vinegar** *élip* faecet; ~ **waste** fahulladék; ~ **wool** *fa* fagyapot; ~**-wool machine** *fa* fagyapotgép; ~**-wool slab** *ép* farostlemez

Wood|'s alloy *el* Wood-fém, Wood-ötvözet; ~**'s glass** *sug* feketeüveg, Wood-üveg; ~**'s lamp** Wood-cső; ~**'s metal** → ~'s alloy

woodblock → wood block

woodcraft *US* erdőismeret; famegmunkálás, faművészet; famunka

woodcut fametszetnyomat

woodcutter fadöntő, favágó *(munkás, gép)*; *nyom* fametsző

woodcutting favágás; *nyom* fametszés

wooded erdősített; ~ **area** erdős terep

wooden fás, fából készített, fából való; fa-; ~ **article** faáru; ~ **bar** *bány* süvegfa; ~ **beam** fatartó; ~ **beck** fakád; ~ **block** → wood block; ~ **bobbin** *tex* fahüvelyes cséve; ~ **box** faláda; ~ **calliper** *fa* faátaló *(rönkvastagságmérő)*; ~ **case** faláda; ~ **cent(e)ring** *ép* faállvány; ~ **centre/center** *pa* fahüvely; ~ **check** *hidr* fatiltó; ~ **chest** faláda; ~ **core** *pa* fahüvely, faduda; ~ **crib** *bány* máglya, fapillér; *hidr* faszekrényes mű; ~ **cross-arm** *távk* keresztfa; ~ **derrick** *ol* fa fúrótorony; ~ **disc/disk** fakorong; ~ **falsework** *ép* faállvány; ~ **filler** fabetét; ~ **floor** *ép* fafödém; ~ **flume** *ép* deszkacsatorna; facsatorna; ~ **formwork** *ép* fazsaluzat; ~**-frame house** *ép* favázas építmény; ~ **gate** *hidr* fatiltó, fazsiliptábla; ~ **girder** *ép* fatartó; ~ **glazing bar** *ép* fa ablakosztóborda; ~ **hammer** fakalapács; *tex* ütőkalapács; ~ **heads** *pa* deszkavédők *(tekercspapír hengervégeire)*; ~ **inserts** *ép* fabetétek; ~ **lining** *ép* faburkolat; ~ **mo(u)ld** → wood mo(u)ld; ~ **nail** faszeg; ~ **network** *fa* fafonat; ~ **pallet** *ép* rakodólap fából; ~ **peat** *bány* fás(odott) tőzeg; ~ **peg** facövek; faszeg; ~ **piece** faelem; ~ **pile** → wood pile; ~ **pin** faszeg; ~ **railway/railroad tie** *vasút* talpfa; ~ **rammer** *ép* fasulyok; ~ **rib** *ép* faborda; ~ **rim** *gépk* fatárcsa; ~ **shingle** *ép* fazsindely; ~ **sleeper** *vasút* talpfa; ~ **spoke** faküllő; ~ **stairs** *ép* falépcsők; ~ **support** *bány* ácsolat; ~ **truss** *ép* fa rácsostartó; ~ **tube** fahüvely; ~**-ware** faáru; ~ **wedge** faék

wooder bányaács

woodland erdőség

woodlike faszerű

woodmite faféreg

woodpecker welding *heg* többimpulzusos hegesztés

woodpile *ép* facölöp; *fa* famáglya

woodrock *ásv* hegyi fa

Woodruff | key *gép* Woodruff-ék; ~ **keyseat milling cutter** *gép* íves reteszhorony-maró

woodshed faraktár, fáskamra, fészer

woodsman erdei favágó

woodward erdész; erdőkerülő

woodwork *ép* ácsmunka, asztalosmunka; *fa* faüzem

woodworker ács; asztalos; fafeldolgozó *(ember)*; famegmunkáló gép

woodworking fafeldolgozás; famegmunkálás; ~ **industry** faipar, fafeldolgozó/famegmunkáló ipar; ~ **machine** faipari gép; ~ **ripsaw** pallófűrész, hasítófűrész

woody erdős; fás; ~ **fracture** palás törés; ~ **tissue** *fa* sérült szövedék

woodyard fatelep, faraktár

woofer *rád* mély hangú hangszóró; ~**-tweeter** *rád* kétcsatornás hangszórópár, mélyhang-magashang hangszórópár

wool gyapjú; ~**-beating mill** *tex* gyapjúkallózó műhely; ~ **blender** gyapjúkeverő munkás; ~ **body** gyapjútomp *(kalap)*; ~**-card** *tex* gyapjúkártáló (gép); ~**-clipping machine** *bőr* szőrmenyíró gép; ~ **covering** juh gyapjúbundája; ~**-dyed** *tex* szálban színezett *(gyapjú)*; ~ **fat** *vegy* gyapjúzsír, lanolin; ~**-fell** *bőr* gyapjas bőr, irha; ~ **felting** *tex* gyapjúnemezel(őd)és; ~**-frame tenter** *tex* gyapjúszárító keret; ~ **pitch** gyapjúzsírszurok; ~ **pulling** *bőr* gyapjatlanítás *(juhbőré)*; ~ **scouring** *tex* gyapjúmosás; ~**-scouring wastes** *pl hidr* gyapjúmosó szennyvize; ~ **skep** *tex* gyapjúkosár; ~**-spinning mule** *tex* (önműködő) gyapjúfonó gép, gyapjúszelfaktor; ~ **stock** gyapjúkészlet; ~**-washing machine** gyapjúmosó gép; ~ **wax** gyapjúzsír; ~ **weaver** gyapjúszövő; ~ **yarn** *tex* kártoltgyapjú-fonat; ~ **yield** gyapjúhozam

woolen *US* → woollen

woollen, *US* **woolen** gyapjúból való; gyapjú; ~ **blended yarn** *tex* kevert anyagú fonal; ~ **cloth** kártoltgyapjú-szövet; *élip* gyapjúszita, gyapjúbevonat; ~ **stuff weaver** gyapjúszövő

woolliness *hang* visszhang, utórezgés; *tex* puhaság *(fonalé)*

woolly *fa* szőrös, gyalulatlan *(faanyag)*; *tex* bolyhos, gyapjas; ~ **flour** *élip* bolyhos liszt

woolpack *tex* gyapjúbála; ~ **cloud** *met* gomolyfelhő

word *szt* (gépi) szó; kódszó; ~ **address** *szt* szócím; ~ **address selector** *szt* szócímválasztó; ~ **articulation** *távk* szóérthetőség; ~ **boundary** *szt* szóhatár; ~ **buffer** *szt* szövegszerkesztő szótárolója; ~**-by-word encoding** *szt* (kód)szavankénti/direkt kódolás; ~ **count** *szt* szószám *(szövegszerkesztőnél)*; ~ **format** *szt* szószerkezet, szóformátum; ~ **frequency techniques** *szt* természetes nyelvű visszakeresés; ~ **interleaving** *szt* időrésenkénti besorolás; ~ **length** *szt* szóhossz(úság); ~ **of fixed length** *szt* fix hosszúságú szó; ~ **of variable length** *szt* változó szóhossz; ~**-organized computer** *szt* szószervezésű számítógép; ~**-organized store/storage** *szt* szószervezésű tároló; ~**-oriented computer** *szt* szószervezésű számítógép; ~ **processing** *szt* szövegszerkesztés; ~ **processing system** *szt* szövegfeldolgozó rendszer; ~ **processor** *szt* szövegfeldolgozó, szövegszerkesztő; ~ **recognizer** *szt* szövegfelismerő; ~ **size** *szt* szóhossz; ~**s per minute (WPM)** szó per perc, szó percenként; ~ **structure** *szt* szószerkezet, szóformátum; ~ **time** szóidő, ciklusidő; *szt* szó futásideje; ~ **wrap** *szt* automatikus soremelés

work I. *v* dolgozik; feldolgoz; alakít, termel, kezel; üzemel; működik; *bány* kinyer; kitermel; művel; *élip* beolt; erjed; erjeszt; hat; *fa* dolgozik; *gép* jár, működik, üzemben van; működtet; *műa* megmunkál; *tex* hímez, csipkéz; **II.** *n* alkotás, mű; kezelés; munka, munkálat, művelet; termék, gyártmány; megmunkálandó tárgy, munkadarab; *bány* osztályozatlan nyersérc; *fiz* munka; *ip* mű; *koh* munka; *tex* hímzés; **~-and-roll/tumble** *nyom* buktatás; **~-and-turn** *nyom* dupla ív beforgatása *(„stürcölés")*, átfordítás; **~-and-twist/whirl** *nyom* beforgatás; **~ arbor** *mt* felfogótüske; **~ area** *szt* munkaterület, munkatároló; **~ carrier** *forg* menesztőtárcsa; **~-carrying head** munkadarab-befogó fej; **~ coil** *el, hők, koh* hevítőinduktor; **~ conditions of switching device** *el* kapcsoló/reléberendezés munkafeltételei; **~ current** → working current; **~ cycle** *bány* fejtési körfolyam; *bány, mt* munkafolyamat; *mt* munkaciklus; **~ database** *szt* felfrissítési adatokat tartalmazó adatbázis; **~ deck** *ép* emelhető munkaállvány; szerelőkosár; **~ deflector** tárgykiemelő; **~ down** *v geol* lesüpped; **~ driver** *gép* menesztő; **~-driving arm** *forg* menesztőkar; **~ due to friction** *mech* súrlódási munka; **~ electrode** *el* fűtőelektród *(nagy frekvenciás)*; **~ equation** *mech* munkaegyenlet; **~ expenditure** munkaigény, munkaszükséglet; **~ file** *szt* munkaállomány; **~ function** *el* elektronaffinitás; kilépési munka; **~-hardened steel** *koh* hidegen szilárdított acél; **~ hardening** *koh* alakítási keményedés; felkeményedés; *mech* hidegkeményedés, önedzés; **~-hardening capacity** *koh* keményedőképesség; *mech* önedző képesség; **~-hardening coefficient** *mech* megszilárdulási együttható; szilárdulásnövekedés; **~-hardening curve** *fémkohmech, mech* keményedési görbe; **~-hardening range** *mech* alakváltozásos szilárdulási tartomány; **~ hardness** *mech* hidegkeménység; **~ head** *forg* tárgyorsó *(fej)*, daraborsó *(fej)*; **~-head transformer** *el* illesztőtranszformátor *(indukciós hevítésnél)*; **~-holding fixture** *szersz* befogókészülék; **~ horse** *tex* záróló állvány; **in ~** működő; **~ in** *v* bedolgoz; *tex* belesző; **~-in** *ép, gumi* bedolgozás; **~-in depot** *fa* farakodótéri munka; **~-in factor** *ép* bedolgozási tényező *(beton)*; **~-in-progress** folyamatban levő munka; **~ input** *el, mech* bemenő energia; **~ lead** *koh* kohóólom; **~ load** → workload; **~ locating fixture** befogókészülék; **~ manager** *koh* üzemvezető; **~-movement chart** *élip* technológiai folyamatábra; **~ of cohesion** *mech* kohéziós energia; **~ of deformation** *koh* alakváltozási munka; **~ off** *v* feldolgoz; ledolgoz, lemunkál; leválik; felszívódik; **~ of friction** *mech* súrlódási munka; **~ of nucleation** *krist* gócképződési munka; **~ of rolling** *koh* hengerlési munka; **~ of water-engineering** *bány* vízi létesítmény; vízimunka; **~ on live parts** *v el* feszültség alatt (álló részeken) dolgozik; **~ out** *v* kidolgoz; *mat* kidolgoz; megfejt; megold; **~ out a mine** *v* bányát kitermel, fejtési mezőt lemővel/lefejt; **~ overtime** *v* túlórázik; **~ plane** *opt* munkasík *(világítástechnikában)*; **~ platform** → **~** deck; **~ point (WP)** *mech* támadáspont *(erőé)*; *távk* munkapont *(rádiócsőé)*; **~ protection training course** *bány* munkavédelmi oktatás; **~ region** *fiz* működési/üzemi tartomány; **~-rest blade** *forg* vezetőél, támasztóél *(csúcs nélküli köszörűn)*; **~ roll** → working roll; **~s** → works; **~ schedule** *ép* (építési) ütemterv; **~ school** műhelyoktatáson alapuló iskola; **~ site** munkahely; **~-space efficiency** *koh* munkatérhatásfok; **~ spindle** *forg* tárgyorsó, daraborsó; **~ station** → workstation; **~ study** *ip* munkaelemzés; **~ table** tárgyasztal; **~ the treadle** *v* lábítót lenyomja; **~ time** → working time; **~ time underground** *bány* föld alatti munkaidő; **~-to-break** szakítómunka; **~ tour** műszak; **~ train** *vasút* anyagvonat; önkezelési vonat; **~ up** *v* kiépít, kialakít; *fa* méretre felszab; **~ with live circuits** *v el* feszültség alatt dolgozik, lekapcsolás nélkül dolgozik

workability bedolgozhatóság, feldolgozhatóság; *bány* jöveszthetőség; kitermelhetőség; *mt* megmunkálhatóság; **~ agent** *ép* (beton)folyósító, plasztifikátor; **~ index** *bány* műrevalósági mutató; **~ of concrete** *ép* beton bedolgozhatósága

workable megmunkálható; bedolgozható, feldolgozható, megdolgozható; kifizetődő; *bány* kiaknázható, műrevaló; **~ alloy** *koh* alakítható ötvözet; **~ control range** *el* kivezérlési tartomány; **~ reserve** *bány* ipari készlet; műrevaló készlet; **~ thickness** *bány* fejtésre érdemes (réteg)vastagság

worked *mt* megmunkált; **~-out** *bány* lemővelt; **~-out area** *bány* fejtési üreg; felhagyott műveletek; lemővelt terület; **~ penetration** *ol* penetráció törés után *(kenőzsírok mechanikai igénybevétele utáni penetrációérték)*; **~ rubber** ledolgozott/képlékenyített kaucsuk; **~ seam thickness** *bány* művelt vastagság; **~ shift** *bány* teljesített műszak; **~ stone** *ép* faragott kő

worker munkás, dolgozó; **~s' accommodation** *ép* munkásszálló; **~s' staff** *bány* (munkás)létszám

workface → working face

workforce munkaerő

working I. *a* működési; ható; hatást kifejtő; üzemben lévő, üzemelő; üzemi; *bány* működő; termelő; *gép* működő, járó; **II.** *n* munka; működés; megmunkálás; menet *(járás)*; *alak* alakítás; *bány* (bánya)művelés; (bánya)művelet; (fejtési) vágat, kiaknázás; fejtés; föld alatti bányatérség; főtejelzés *(nyomás jele)*; *élip* erjedés; táblázás *(cukorka)*; *fa* dagadás; összeaszás; *ip* üzem *(működés, járás)*; üzemel(tet)és; *koh* megmunkálás; **~ agent** *fiz* munkaközeg; **~ agent for the gas lifting** *ol* segédgáz; **~ area** *bány* munkatérség; **~ area of a shot** *bány* robbantólyuk munkaterülete; **~ barrel** *hidr* munkahenger; **~ beam** *ol* fúrógém, fúró-lengőkar; **~ blade** *foto* fedőszárny; **~ by thrusts** *bány* omlasztott fejtés; **~ capital** *ip* forgótőke, működő tőke; **~ chamber** *bány* fejtési kamra; *ép* munkakamra, keszon; **~ characteristic** *aut, el* üzemi/működési/dinamikus jelleggörbe; **~ compartment** *bány* fejtési munkahely; **~ condition** üzemi állapot; **~ conditions** üzemi feltételek; munkafeltételek; **~ contact** *aut* munkaérintkező; **~ control** *finm* járás ellenőrzése; **~ cost** *ip* önköltség, termelési költség; **~ current** *el, távb* jeláram; üzemáram, munkaáram; **~-current method** *távb* jeláramú üzemmód; **~-current relay** *aut* munkaáramú relé/jelfogó; **~-current trip** *aut* munkaáramú kioldó; **~ curve** *aut* üzemi jelleggörbe, munkajelleggörbe; *fiz* dinamikus karakterisztika/jelleggörbe, munkagörbe; *koh* munkavonal; **~ cycle** → work cycle; **~ cylinder** *hőt, gépk* (működtető) henger, munkahenger; **~ data** *ip* termelési adatok; **~ day** munkanap; **~ deck** → work deck; **~ depth** *mzg* szántási mélység; **~ depth of teeth** *szersz* elméleti fogmagasság; **~ design** *ép* kiviteli terv; **~ diagram** teljesítménygrafikon; **~ directory** *szt* munkakönyvtár; **~ distance** *el* akciótávolság, hatótávolság; *opt* működési távolság; **~ district** *bány* fejtési körlet; **~ drawing** *ép* műhelyrajz; részletterv, műhelyterv; **~ dress** munkaruha; **~ electrode** *koh* munkaelektród; **~ expense** *bány* termelési költség; **~**

face (wf) *bány* fejtési front/homlok; munkafelület; munkahelyi homlok; *talt* kitörési keresztmetszet; ~ **feed of compound slide** *forg* keresztszán-előtolás; ~ **field** *bány* fejtési mező; szintmező; ~ **flank** *gép* működő fogfelület *(fogaskeréké)*; ~ **floor** *bány* fejtési/művelési szint; *élip* silóföldszint; *ép* munkapadozat; *ol* munkapad; ~ **fluid** *rep* munkaanyag; munkafolyadék; munkaközeg; *vák* hajtóközeg, munkaközeg; ~ **frequency range** *távk* üzemi frekvenciasáv; ~ **gallery** *bány* fejtési vágat; ~ **ga(u)ge** *ol* munkaidomszer; ~ **handle** kezelőfogantyú; ~ **head** *ol* dinamikus nívó; ~ **height** *bány* fejtési magasság; munkahely magassága; nyers kitörési magasság; ~ **horizon** *bány* fejtési szint; ~ **hours** *pl* munkaidő; *mt* munkaóraszükséglet; ~ **house** *élip* silótorony; ~ **hypothesis** munkahipotézis; ~**-in** → work-in; ~**-laser material** aktívlézer-anyag; ~ **level** *bány* fejtési szint, munkaszint; ~ **lever** *gép* kezelőfogantyú, indítófogantyú; ~ **life** élettartam; használhatósági idő; *rep* szolgálati idő; ~ **lighting** üzemi világítás; ~ **line** *el* terhelési vonal; *hidr* géplánc; ~ **lining** *koh* koptatóbélés; ~ **map** *ép* kiviteli helyszínrajz; ~ **material/medium** *bány* munkaszuszpenzió; *vák* munkaközeg, hajtóközeg; ~ **memory** *szt* munkamemória; operatív/belső/központi memória; ~ **method** *bány* fejtésmód; ~ **mining** *bány* művelés; ~ **(of) a bed/layer/seam** *bány* telepfejtés; ~ **of furnace** *koh* kemencejárat; ~ **of lodes** *bány* telérbányászat; ~ **of mineral deposits** *bány* bányászat; ~ **of the melt** *koh* adagvezetés; ~ **of vein deposits** *bány* telérbányászat; ~ **oscillator** *távk* üzemi oszcillátor; ~**-out** kidolgozás, kiképzés; *bány* mezőbe egyenesen haladó fejtés; ~ **panel** *bány* fejtési mező; ~ **period** munkaszakasz, munkaperiódus; működési időszakasz; ~ **permit** *hidr* üzemeltetési engedély; ~ **pit** *bány* főakna, termelőakna; munkagödör; ~ **place** *bány* fejtési/fejtő munkahely, vájvég; ~ **plan** munkaterv; *bány* fejtési terv; ~ **plane** *fiz* referenciasík, mérősík; *opt* munkasík *(világítástechnikában)*; ~ **platform** → work deck; ~ **point** → work point; ~ **population** *ép* városalakító népesség *(városépítés)*; ~ **position** *el* üzemi állás/helyzet; *hidr* üzemállás; ~ **pressure (WP)** üzemi nyomás; ~**-pressure ga(u)ge** *gépk* fékmunkanyomás-mérő; ~ **principle** működési elv; ~ **process** *bány* munkafolyamat; ~ **process of manual character/nature** *bány* kézi jellegű munkafolyamat; ~ **profile** *gép* dolgozó fogoldal; működő szelvény; ~ **program** munkaprogram, munkarend; ~ **radius** hatósugár; ~ **range** hatósugár *(darué, kotróé)*; munkaterület, munkakör; működési terület; *rep* hatótávolság, hatástáv, hatósugár; ~ **reliability** üzembiztonság; ~ **reserve** *bány* hidegtartalék; ~ **resistance** megmunkálási ellenállás; ~ **ring** külső tömítőgyűrű; ~ **roll** *koh* munkahenger; ~ **run** *koh* kemencejárat; ~ **scaffold** *bány* munkapadozat; ~ **section** *bány* fejtési körlet; *fa* kitermelendő szakasz; *rep* munkarészszakasz; ~ **sequence** *bány* munkarend; ~ **shaft** munkakamra *(keszonban)*; ~ **sheave** *szersz* szíjtárcsa; ~ **shift** műszak; ~ **side** munkaszélesség; ~ **space** munkatér; *bány* (fejtési) munkahely; ~ **speed** üzemi fordulatszám; ~ **standard** *el* házi szabvány; másodlagos etalonrendszer; ~ **standard of light** *opt* használati etalonlámpa; másodlagos normállámpa; ~ **steam** munkagőz; ~ **storage/store (WS)** → ~ memory; ~ **stress** *fiz* megengedett feszültség; ~ **stress design** *mech* üzemi igénybevételre való méretezés; ~ **stroke** *gépk, gép* hasznoslöket; munkalöket; ~ **substance** munkaközeg; ~ **synoptic map** *rep* szinoptikus alaptérkép/munkatérkép; ~ **temperature** *el, gép* üzemi/működési hőmérséklet; *koh* munkahőmérséklet; ~ **time** (üzemi) munkaidő; üzemidő; ~ **time for irrigation** *hidr* öntözési üzemidő; ~ **time of a sprinkler lateral** *hidr* szárnyvezeték üzemideje; ~ **time recorder** üzemidőfeljegyző készülék; ~ **time-table** szolgálati menetrendkönyv; ~ **to the rise** *bány* felfelé haladó fejtés; siklóművelés; ~ **under the main level** *bány* ereszkés művelés; ~ **up the wall** *koh* kerületi járat; ~ **upwards** *bány* felfelé haladó fejtés; ~ **value** üzemi érték *(nyomásé/feszültségé)*; ~ **voltage (WV)** üzemi/működési feszültség; ~ **voltage to ground** *el* üzemi feszültség a földhöz képest; ~ **volume** *koh* hasznos térfogat; ~ **water level** *hidr* üzemvízszint; ~ **wave** *rád* tényleges hullám; ~ **with a basic slag** *koh* bázikus salakvezetés; ~ **with an acid slag** *koh* savas salakvezetés

workload *mech, rep* hasznos/megengedhető/üzemi terhelés, munkaterhelés; ~ **carrying capacity** üzemi terhelhetőség

workman munkás, kézműves, dolgozó

workmanship mesterség; szakszerűség, szakképzettség; hozzáértés; kivitelezés módja, kivitel

workover | **fluid** *ol* lyukbefejező iszap; ~ **job** *ol* utólagos kútmunkálat; ~ **rig** *ol* lyukbefejező berendezés

workpiece munkadarab

workplace munkahely

workprint műhelyrajzmásolat

workroom munkahely; műhely

works gyár, üzem; telep; művek; gépgyár; erőműtelep; *finm* szerkezet *(óráé)*; ~ **accident** üzemi baleset; ~ **coke** gázgyári koksz; ~ **engineering specifications** *koh* üzemi műszaki előírások; ~ **invention** üzemi/szolgálati találmány; ~ **live roller table** *heng* munkagörgősor; ~ **load** *en* üzemi terhelés; ~ **management** üzemvezetőség; ~ **manager** műszaki vezető; ~ **number** gyártási szám; ~ **outfit** *ip* gyárberendezés/gyárfelszerelés; ~ **scrap** *koh* visszatérő hulladék; ~ **test** gyári próba/ellenőrzés/tesztelés

workshop kisipari műhely; (gép)műhely; üzem *(telep, gyár)*; javítóműhely; ~ **building** műhelyház; ~ **crane** műhelydaru; ~ **drawing** műhelyrajz; ~ **hygiene** üzemegészségügy; ~ **instrument** üzemi mérőműszer/ellenőrzőszer; ~ **train** *vasút* műhelyvonat; ~ **truck** *hidr* műhelygépkocsi; ~ **welding** üzemi hegesztés *(nem helyszíni)*

workspace (WS) *szt* munkaterület, munkatároló, WS

workstation *szt* munkahely, munkaállomás; munkahely, munkaállomás

worktable support asztalmerevítő *(harántgyalun)*

workwoman munkásnő

world világ; ~ **aeronautical chart (WAC)** *rep* repülőnavigációs világtérkép; ~ **curve** *fiz* világvonal; ~ **data center (WDC)** *szt* nemzetközi adatközpont, WDC; ~ **fair** világkiállítás; ~ **geographic reference (grid) system** *rep* földrajzi koordináták szerinti tájékozódás világrendszere; ~ **line** *fiz* világvonal; ~ **radius** *fiz* világsugár

worm *gép* csiga *(csavar)*; csőkígyó, csőspirális; menetes orsó; *tex* hernyó; ~**-and-roller steering gear** *gépk* csigagörgős kormánymű; ~**-and-wheel steering gear**

gépk csigás-fogasíves kormánymű; ~**-and-wormwheel pulley block** *em* csavaros csigasor; ~ **auger** csigafúró; ~**-bit** *talt* vágóél *(fúrón)*; ~ **box** *élip* csigaház; ~ **channel** *fa* szújárat, szurágás; ~ **conveyer** *em* szállítócsiga; ~**-down calibre/caliber** kikopott üreg; ~ **drive** *gép* csavarhajtás, csiga(kerék)-hajtás; ~**-driven** csigahajtású, csavarhajtású; ~**-drum** csigahordó; ~ **elevator** *em* függőleges szállítócsiga; ~ **feed** csigás adagolás; ~ **feeder** adagolócsiga, etetőcsiga, csigaadagoló; ~ **ga(u)ge** csigamenetidomszer; ~ **gear (WG)** *gép* csigakerékhajtás; ~**-gear control** *gép* csigahajtásos beállító szerkezet; ~**-gear drive** *gép* csiga(kerék)hajtás; ~**-gearing** *gép* csigahajtás; ~ **grinder** csigacsiszoló gép; ~**-grinding machine** csigaköszörű; ~ **hob** fogazó csigamaró; ~**-housing** csigaorsóház; ~ **lift** *em* függőleges szállítócsiga; ~ **mill** keverőcsiga; ~ **milling cutter** tárcsás maró csigafogazáshoz; ~ **pipe** csőkígyó; ~ **pulley block** csavaros csigasor; ~ **rack** *gép* csigahajtásos fogasléc; ~ **roll** spirálhenger; ~**-screw conveyor/conveyer** *em* szállítócsiga; ~ **segment** csigalapát; ~**'s eye perspective/view** *foto* alulnézet, békaperspektíva; ~**-shaft** csigaorsótengely; *gépk* kormánytengely; ~ **thread** csigamenet; ~**-thread tool ga(u)ge** csigamarómenetmérő; ~ **washer** *élip* mosócsiga; ~**-wheel** *gép* csavarkerék, csigakerék; ~**-wheel hob** csigakerékmaró; ~**-wood oil** *élip* ürömolaj, vermutolaj

WORM → write once, read many

worming(s) *el* töltősodrat *(kábelben)*; *hajó* tömítőfonal *(zsinórban, erek között)*

wormwood *élip* üröm, ürömfű

wormwork öntőforma

wormy surface hámlás *(öntvényhiba)*

worn használt, elkoptatott, elkopott, kikopott; *forg* letompult; ~**-down** *gumi* lefutott; ~**-down hollow** *heng* kikopott üreg; ~**-out** (el)kopott

worsted *tex* fésűsgyapjú fonal/szövet, kamgarn; ~ **cloth** *tex* fésűsgyapjú szövet; ~ **industry** *tex* fésűsgyapjúipar; ~ **tissue** *tex* fésűsgyapjú szövet; ~ **wool** *tex* fésűsgyapjú; ~ **yarn** *tex* fésűsfonal; ~ **yarn count** *tex* fésűsgyapjú-fonalszámozás

wort *élip* sörlé; ~ **cooler** *élip* sörléhűtő; ~**-copper** *élip* komlófőző (réz)üst

worth érték; ~ **of a game** *mat* játék értéke

wortle *koh* húzóvas

wound gomblyított *(huzal)*; tekercselt, csévélt; *műa* tekercseléssel előállított *(formatest)*; ~ **roller** *gép* sodrott görgő; ~ **rotor (WR)** *el* csúszógyűrűs forgórész; tekercselt forgórész

wove *pa* sima, velin-; ~**-mo(u)ld** *pa* velinmerítő szita; ~ **paper** *pa* velinpapír

woven szövött, szőtt; ~ **cloth** *tex* szövet; ~ **fabric** *tex* szövet, szövött áru; ~ **felt** műszaki szövet; ~ **hairs** *pl tex* szőrszövet; ~ **magnetic static memories** *aut* (fel)-fűzött mágneses statikus memória; ~ **material** *tex* szövött kelme; ~ **roller coat** *tex* tömlő (hengerbevonat); ~ **steel fabric** *ép* hegesztett háló; ~ **welt** *kh* szövött szegély; ~ **wire** drótfonat, drótháló; ~**-wire cloth** drótszövet; ~ **wire-cloth sieve** drótfonatos szita; ~**-wire fabric** sodronyszövet

wovenboard *ép* fonott kerítés *(fém- v. facsíkokból)*

wow *hang* vonítás, nyávogás; *rád* frekvenciaingadozás; ~ **and flutter meter** *rád* nyávogásmérő

wp → water pump; → waterproof

WP → waterplane; → weatherproof; → white phosphorus; → wilting point; → work(ing) point; → working pressure

WPC → writ(e)able personalized chip

WPM → words per minute

WR → water reserve; → wound rotor

wrack → wreck

wrap I. *v* borít; betekercsel; becsavar *(burkol)*; *csom* becsomagol; begöngyöl, beburkol; bevon *(felületet)*, befed, ráhajt; *ép* bevon; borít; *tex* körülhurkol; **II.** *n* burkolat, borítás, takaró; *em* menetsor *(drótkötélen)*; *gumi* átfogási ív *(dobon v. tárcsán)*; peremtekercselő szalag; ~**-around** *szt* körbefűzés, görgetés; ~**-around strain ga(u)ge** tekercslapos nyúlásmérő; ~ **in** *v* beburkol; ~ **reel** *tex* mérő motolla; ~**-round** *gépk* hátragörbített; ívelt; ~**-round windscreen** *gépk* ívelt szélvédő; ~ **tensioner** *tex* áthurkolásos fonalfék; szalagfék; ~ **up** *v* becsomagol

wrapped (be)burkolt, (be)göngyölt; ~ **cathode** *el* csöves/sodrott katód; ~ **wire screening** *távk* fonott huzalárnyékolás

wrapper szivarburkoló dohánylevél; borítás, burkolás; *csom, pa* csomagolópapír; *ép* borítás; burkolás; *gép* köpeny; *gumi* kísérő szövet; *mat* burkolófelület; *tex* bútorhuzat; csomagolóvászon; ~ **selector** dohánylevél-válogató munkás

wrapping burkolás; burkolat; áthurkolás; *alak* domborítás *(szerszámban)*; *csom* csomagolás; kiszerelés; *ép* burkolás, burkolat; ~ **machine** tekercselőgép; *csom, pa* csomagológép; ~ **paper** borítópapír, csomagolópapír; ~ **tape** *el* bandázsoló szalag; ~ **test** *any* hajtogató próba; ~ **tissue-paper** csomagoló selyempapír

wreath koszorú, füzér, girland, tekerület; *ép* lépcsőkorlát íves része; *üveg* üveghullám *(hiba)*; ~ **filament** *el* zegzugos izzószál

wreathe koszorúz, körülövez; körülcsavar, betekercsel; elcsavar; összefonódik, tekeredik; *mzg* eltorlaszol *(liszt malomkőlyukat)*

wreathed column *ép* csavarttörzsű oszlop

wreck I. *v* összetörik *(jármű)*; összeroncsol, tönkretesz; *gépk* autóbontással foglalkozik; *hajó* hajótörést szenved; zátonyra fut; **II.** *n* roncs *(hajó, jármű)*; *bány* beszakadás, omlás; *hajó* hajóroncs; hajótörés; *rep* repülőgéproncs; repülőgéptörés; ~ **cemetery** autótemető

wreckage roncs *(hajóé, járműé)*; *ép* bontás; *hajó* hajótörés, zátonyra futás; *rep* repülőgéproncs, repülőgépmaradvány

wrecked | concrete *ép* betontörmelék; ~ **vehicle** *gépk* összetört gépjármű/kocsi, (autó)roncs

wrecker *ép* bontómunkás; bontószerszám; *gépk* autóbontó; autómentő; ~ **attachment** *ép* faldöntő szerelék; ~ **tank** *kat* páncélosmentő, mentőpáncélos; ~ **truck** mentő tehergépkocsi

wrecking *ép* bontás; *hajó* zátonyra futás, hajótörés; ~**-and-breaking hammer** *ép* pneumatikus bontókalapács; ~**-and-drill hammer** *ép* pneumatikus kőzetfúró kalapács; ~**-car** *vasút* segélykocsi; ~ **crane** segélydaru; ~ **crew** *rep* műszaki mentőszemélyzet, mentőcsoport; ~ **train** segélyvonat; ~ **truck** *rep* műszaki segélygépkocsi

wrench I. *v* elcsavar; elgörbül, eltorzít; **II.** *n ép* csőfogó; *fiz* (el)csavarás, (el)csavarodás, torzió; *mech* erő-

csavar, dinám; *szersz* (villás)kulcs; csavarkulcs; ~ **fit** szoros illesztés; ~ **hammer** csavarkulcsos kalapács; ~ **off** *v* túlhúz *(csavart, anyát)*; ~ **opening** csavarkulcsméret; ~ **plane** *geol* leveles eltolás síkja
wrenching iron törővas, feszítővas
wrest I. *v* elcsavar, kiforgat; **II.** *n* elcsavarás; *fa* fűrészfogterpesztő, foghajtogató; *hang* hangolókulcs
wring I. *v* kicsavar, kifacsar; kisajtol; **II.** *n* facsarás, szorítás
wringer facsaróberendezés *(mosógéphez)*; facsarógép; *foto* mángorlóhenger; ~ **roll** *koh* facsaróhenger
wringing kicsavarás; *tex* facsarás; ~ **fit** *gép* akadó illesztés; ~ **machine** *élip* facsarógép
wrinkle I. *v* ráncol, redőz; összegyűr; ráncolódik; *ép* gyűrődik *(tartószerkezet)*; **II.** *n* ránc, redő; gyűrődés; egyenetlenség *(felületen)*; ~ **finish/paint** *ép* zsugorlakk, jégviráglakk; ~ **recovery** *tex* gyűrődés utáni kisimulás; ~ **resistance** *tex* gyűrődésmentesség; ~**-resistant** *tex* gyűrhetetlen; ~**-resistant finish** *tex* gyűrhetetlen/gyűrődésmentes/gyűrődésálló kikészítés; ~**s of cord** *gumi* kordredő, kordránc
wrinkled *bőr* ráncos bőrű; *pa* ráncosított
wrinkling ráncosodás, gyűrődés *(uráné is)*; *ép* vékony tartóelemek gyűrődése
wrinkly *tex* gyűrött; ráncos
wrist csukló; *gép* keresztfejcsap, dugattyúcsap; ~ **pin** *gép* csuklócsapszeg; dugattyúcsap; keresztfejcsap(szeg); segédforgattyú-csapszeg *(csillagmotoré)*; ~**-pin end** keresztfej felőli vég *(hajtórúdé)*; ~**-pin end of selection** *távk* választásvég; ~**-pin ends per inch** *tex* láncfonalsűrűség hüvelykenként; ~**-pin hole** csapszegfurat *(dugattyún, keresztfejen v. hajtókaron)*; ~ **strap** *óra* karóraszíj; ~**-twist steering** *rep* kormánykerék nélküli kormányzás
wristwatch karóra
write I. *v szt* kiír; **II.** *n szt* kiírás; *tex* (kikészítési) folt; ~ **after read** *szt* olvasás utáni visszaírás; ~ **amplifier** *szt* íróerősítő; ~ **data** *szt* írásadat; ~**-enable notch** *szt* írásengedélyező ablak *(hajlékonylemezen)*; ~**-enable signal** *szt* írásengedélyező jel; ~ **head** *szt* írófej; ~**-in amplifier** *rád* beíró erősítő; ~ **instruction** *szt* írásutasítás; ~ **lock-out** *szt* írásvédelem; ~ **many, read many (WMRM)** *szt* többször írható, többször olvasható optikai lemezes tároló; ~**-once** *szt* egyszer írható; ~ **once, read many (WORM)** *szt* egyszer írható, többször olvasható optikai lemezes tároló, WORM; ~ **only** *szt* csak írható; ~**-permit ring** *szt* írógyűrű; ~**-protect hotch** *szt* írásvédelmi ablak; ~**-protect ring** *szt* írógyűrű; ~ **pulse** *el* íróimpulzus; ~**-read head** író-olvasó fej; ~ **recovery time** *szt* feléledési idő; ~ **ring** *szt* írógyűrű; ~ **statement** *szt* írásutasítás; ~ **time** *szt* írási idő
writ(e)able | instruction set computer (WISC) *szt* beírható utasításkészletű számítógép, WISC; ~ **personalized chip (WPC)** *szt* beírható módon meghatározott chip (WPC)
writing írás; *szt* beírás; ~ **access time** *szt* elérési idő íráskor; ~ **action** *szt* beírás; ~ **board** *pa* írókarton; ~ **cycle time** *szt* írásciklusidő; ~ **head** *szt* írófej; ~ **in operator form** *mat* operátoros írásmód; ~ **mechanism** *rád* íróműn; ~ **of a pattern wheel set-up** *kh* mintázóhenger-előírás; ~**-paper** írópapír; ~ **pulse** *szt* íróimpulzus; ~ **speed** *el, szt* írási sebesség; ~ **tube** *szt* megjelenítő
written-out programme *szt* lemásolt/kiírt program
wrong rossz, helytelen, hibás, téves; ~ **connection** *távk* téves kapcsolás; ~ **fo(u)nt (w.f.)** *nyom* hamis/idegen betű; ~ **lead** *nyom* hibás papírvezetés; ~**-reading** *nyom* oldalfordított; ~ **side** bal oldal, fonákoldal; *pa* szitaoldal; ~ **track** *vasút* helytelen vágány
wrongly-aimed headlight *gépk* rosszul beállított fényszóró
Wronskian *mat* Wronski-determináns
wrought feldolgozott, megmunkált; kovácsolt; *koh* alakítható; ~ **alloy** *koh* alakítható ötvözet; ~ **diamond** csiszolt gyémánt; ~ **iron (WI)** *koh* kovácsolt/hegesztett vas; kovácsvas; ~ **iron kettle** *koh* kovácsoltvas üst; ~ **metal** *koh* kovácsolható fém; ~**-out** *bány* lefűvelt; ~ **shuttering** *ép* gyalult zsaluzat; ~ **steel** *koh* hegesztett vas; kovácsolt/lágy acél
WS → water supply; → water-soluble; → weather station; → wet spinning; → wetted surface; → wireless set; → wireless station; → working storage; → workspace
WSI → wafer scale integration
WSO → water shut-off
WT → water tank; → watertight; → wave trap; → wireless telegraphy; → wireless telephony
WTB → watertight bulkhead
WUE → water use efficiency
wulfenite *ásv* wulfenit, sárga ólomérc
Wurmian stage *geol* würmi eljegesedés
Wurth throat stopper *koh* Wurth-torokzár
Wurtz synthesis *vegy* Wurtz-szintézis
wurtzite *ásv* cink-szulfid, wurtzit
wüstite *ásv* wüstit
WV → working voltage
ww → wire-rope way; → wire-wound
WW → waterworks
WWR → water-water reactor
wye → Y
wyomingite *ásv* wyomingit
WYSIWYG ('what you see is what you get') *szt* nyomtatási kép megjelenítése képernyőn

X

X X *(jel)*; *mat* X; ~ **and Y switching circuit** *el* X-Y kapcsolóáramkör; ~**-axis** *krist* elektromos tengely; X tengely; *mat* abszcisszatengely, X tengely, vízszintes tengely; ~**-band** *rád* X sáv; ~**-bayed building** *ép* X hajós épület; ~**-bit** *bány* keresztvésőfej, kereszt alakú fúrófej/fúrókorona; ~**-brace** *ép* andráskereszt, andráskereszt-kötés; ~**-bracing** → X-trace; ~**-chambered shuttle-box** *tex* X fiókos váltóláda; ~**-cut** *krist* X metszet *(kvarckristályon)*; ~**-cut crystal** *ásv* X metszésű kristály; ~**-engine** X motor; ~**-frame** *ép* átlós kereszttartójú alváz; ~**-frame brace** *bány* átlós feszíték; ~**-irradiation** röntgenbesugárzás; ~**-line draught/draft** *tex* X-soros befűzés; ~**-place table of logarithms** X-jegyű logaritmustábla; ~**-plate** *ép* vízszintes kitérítő lemez; *távk* vízszintes eltérítő lemez, X lemez; ~**-pronged fork** *tex* X fogazású vetülékvilla; ~**-punch** *heg* X-lyukasztás, tizenegyes lyukasztás; ~**-ray** → X-ray; ~**-roll arrangement** *koh* X-hengerelrendezés; ~**-scan** *film* X-típusú letapogatás; ~**-scope** X-típusú képcső; ~**-shaped twin** X-alakú ikerkristály; ~**-stopper** *rád* zajkorlátozó; ~**-tgd** → cross tongued; ~**-type engine** X motor; ~**-unit** *fiz* X-egység; ~**-way cable conduit** *távk* X-nyílású tömbcsatorna; ~**-Y function recorder** kétváltozós függvényregisztráló; ~**-Y plane** (x,y) sík; ~**-Y plotting** ábrázolás két koordinátatengelyen; ~**-Y printer** X-Y nyomtató; ~**-Y recorder** X-Y koordinátaíró; regisztráló berendezés

xanthate *vegy* xantát

xanthene *vegy* xantén, diphenilen-metán-oxid; ~ **dye** *vegy* xanténszínezék

xanthic acid xantogénsav

xanthine *vegy* xantin, 2,6-dioxipurin

xanthite *ásv* xantit

xanthoconite *ásv* xantokonit, rittingerit

xanthone *vegy* xanton, dibenzo-γ-piron

xanthophyllite *ásv* xantofillit

xanthoproteic | reaction *vegy* xantoprotein-reakció; ~ **test** *vegy* xantoprotein-próba

xanthosiderite *ásv* xantosziderit; *koh* sárgaérc

xanthosine xantozin, xantin-ribozid

xanthydrol *vegy* xanthidrol

Xe → xenon

xenoblast texture *ásv* xenoblaszt szerkezet

xenoblastic texture *bány* xenoblasztos szövet

xenocryst *geol* xenokristály

xenol *vegy* xenol

xenolith *ásv* xenolit; *bány* xenolit

xenomorphic *bány* allotriomorf; *geol* xenomorf; ~ **crystal** *ásv* allotriomorf kristály

xenon (Xe) *vegy* xenon; ~ **build-up** *at* xenonfelgyülemlés, xenon-„build-up"; ~ **effect** *at* xenonmérgezettség; ~ **equilibrium** *at* xenonegyensúly; ~ **instability** *at* xenoninstabilitás; ~**-lamp** *opt* xenonlámpa; ~ **oscillation** *at* xenonlengés; ~ **override** *at* xenon reaktivitástartaléka, xenonmérgezettség-csökkentő eljárás; ~ **poisoning** *at* xenonmérgezettség; ~ **poisoning computer/predictor** *at* xenonmérgezettség-előrejelző analóg számítógép

xenonian *ásv* xenontartalmú

xenosaprobic *környv* xenoszaprobikus

xenotime *ásv* xenotim

xenyl *vegy* xenilgyök

xenylamine *vegy* xenilamin

xerographic printer *szt* xerografikus nyomtató

xerography *nyom* xerográfia, szárazmásolás

xeroplate *foto* xerolemez

xeroprinting *foto* xerográfiai másolás

xeroradiography *foto* xeroradiográfia

Xerox, xerox I. *v* (xerox) fénymásol(atot készít), xeroxoz, xeroxot készít vmről; **II.** *n* xerox (gép), xerox-(másolat); ~ **machine** fénymásoló gép, xerox másoló, xeroxgép, xerox

xilidine *vegy* xilidin, aminoxilol

xilitic lignite *bány* lignit

Xiphonite *ásv* xifonit

xonotlite *ásv* xonotlit

xophonic *rád* pszeudosztereofonikus

XOR | gate *v.* **logic element** *szt* KIZÁRÓ VAGY-kapu

X-ray I. *v* (meg)röntgenez, átvilágít; **II.** *n fiz, sug* röntgensugár, X-sugár; ~ **absorptiometry** *fiz* röntgenabszorpciós színképelemzés/spektrálanalízis; ~ **absorption** *at* röntgenabszorpció; ~ **absorption (spectrochemical) analysis** röntgenabszorpciós színképelemzés/spektrálanalízis; ~ **analysis** *fiz* röntgenspektroszkópia, röntgenspektrál-analízis; ~ **apparatus** röntgenkészülék, röntgengép; ~ **apparatus without break** *el* félhullámú üzemű röntgenkészülék; ~ **astronomy** röntgenasztronómia, röntgencsillagászat; ~ **background** röntgenháttér; ~ **burn** röntgenégés, röntgensugárzás által okozott égési seb; ~ **calorimetry** röntgenkalorimetria; ~ **cent(e)ring device** röntgensugár-központosító; ~ **control** *any* röntgensugaras ellenőrzés; ~ **crystal density method** röntgensugaras kristályszerkezet-vizsgálat; ~ **crystallographic analysis** röntgen kristályszerkezet-meghatározás, röntgenkrisztallográfia(i analízis); ~ **crystallography** röntgenkrisztallográfia; röntgensugaras kristályszerkezet-vizsgálat; ~ **diagram** röntgendiffrakciós kép; ~ **diffraction** *fiz* röntgendiffrakció, röntgensugár-elhajlás; ~ **diffraction camera** röntgendiffrakciós kamera; ~ **diffraction method** röntgendiffrakciós vizsgálat; ~ **diffraction microscopy** röntgendiffrakciós mikroszkóp; ~ **diffraction pattern** röntgendiffrakciós diagram/röntgenkép; ~ **diffraction phase analysis** röntgensugár-diffrakciós fázisanalízis; ~ **diffractometer** röntgen(sugár-)diffraktométer; röntgensugaras elhajlásmérő; ~ **dose** röntgendózis; ~ **dosemeter** röntgendoziméter; ~ **dosimetry** röntgendozimetria; ~ **emission spectrum** röntgenemissziós spektrum; ~ **equipment** röntgenkészülék; ~ **examination** röntgenvizsgálat; ~ **film** röntgenfilm; ~ **fine structure** röntgenszerkezet, röntgen-finomszerkezet; ~ **flaw detector** röntgensugaras hibakereső készülék; ~ **flow detection** röntgensugaras hibakeresés; ~ **fluorescence analyzer** röntgenfluoreszencia-analizátor; ~ **fluorescence spectrometer** röntgensugaras fluorescencia-spektrométer; ~ **fluorescene** röntgenfluoreszencia; ~ **fluorescent** röntgenfluoreszcens; ~ **fluorescent analysis** röntgenfluoreszcencia-analízis, röntgenfluoreszcens analízis; ~ **generator** röntgenfeszültség-forrás, röntgengenerátor; ~ **goniometer with (Geiger-Müller) counter** számlálócsöves/GM-csöves röntgengoniométer; ~ **goniometry** röntgengoniometria; ~ **hardness** röntgensugárkeménység, röntgensugár-áthatolóképesség; ~ **image** röntgenkép, röntgenfelvétel; ~ **image amplifier (tube)** röntgen-képátalakító/röntgen-képerősítő cső; ~ **image converter** röntgen-képátalakító/röntgenképerősítő cső; ~ **image intensifier (tube)** → ~ image amplifier; ~ **inspection** hibakeresés röntgensugarakkal; ~ **intensification** röntgensugár-erősítés; ~ **investigation** röntgenvizsgálat; ~ **irradiation** röntgenbesugárzás; ~ **laser** röntgensugár-lézer; ~ **limit** röntgenhatár; ~ **line** röntgenvonal; ~ **machine** röntgenkészülék, röntgengép; ~ **metallography** röntgenfémszerkezetvizsgálat, röntgendefektoszkópia; ~ **microscope** röntgenmikroszkóp; ~ **obliged weld** *heg* röntgenvizsgálattal ellenőrizendő varrat; ~ **output** röntgensugár-teljesítmény; ~ **pattern** röntgendiffrakciós kép; röntgenszínkép; ~ **photogrammetry** röntgenfotogrammetria; ~ **photography** röntgenográfia, röntgenfelvételi technika; ~ **photon** röntgenkvantum, röntgenfoton; ~ **physics** röntgenfizika, röntgensugarak fizikája; ~ **picture/photograph** → X-ray image; ~ **plate** röntgenlemez; ~ **protection** röntgensugár-védelem; ~ **protective glass** röntgensugárvédő kontaktüveg; ~ **quantum** röntgenkvantum, röntgenfoton; ~ **radiation** röntgensugárzás, X-sugárzás; ~ **radiography** *any* röntgenvizsgálat; ~ **radiometer** röntgensugárzás-mérő; ~ **rubber** röntgengumi; ~**s** *pl* röntgensugárzás; ~ **scanning analysis** rétegfelvétel, tomográfia; ~ **sounding** *any* röntgendefektoszkópia; ~ **source** *csill* röntgensugárforrás; ~ **spectrochemical analysis** → ~ spectroscopic analysis; ~ **spectrography** *vegy* röntgen(sugár)spektrográfia; ~ **spectrometer** röntgenspektrográf; ~ **spectroscopic analysis** röntgenspektroszkópia, röntgen-spektrálanalízis; ~ **spectrum** röntgenspektrum, röntgenszínkép; ~ **stereogrammetry** röntgen-sztereogrammetria; ~ **stereoscopy** röntgensztereoszkópia; ~ **structure** röntgenszerkezet, röntgen-finomszerkezet, röntgen-finomstruktúra; ~ **structure investigation** röntgensugaras kristályszerkezet-vizsgálat; ~ **study** röntgenvizsgálat; ~ **telescope** röntgenteleszkóp; ~ **testing** röntgen-anyagvizsgálat; ~ **testing of welds** hegesztett varratok röntgenvizsgálata; ~ **therapy** röntgenbesugárzás; ~ **topogram** röntgentopogram; ~ **topography** röntgentopográfia; ~ **tube** *el* röntgencső

XRCD method *krist* röntgensugaras kristályszerkezet-vizsgálat

xylane *fa, vegy* xilán

xylanthrax faszén

xylem *fa* xilém; ~ **ray** *fa* xilém bélsugara

xylene *vegy* xilol, dimetilbenzol; ~ **musk** xilolpézsma

xylenol *vegy* xilenol; ~ **resin** *műa, vegy* xilenolgyanta

xylite *ásv* xilotil; *bány, vegy* xilit

xylograph fametszet

xylography fafaragás; *nyom* fametszés

xyloid fa-, fából való; fás

xyloidin(e) nitrocellulóz, xiloidin

xylol *vegy* (technikai) xilol

Xylonite *műa* celluloid

xylopal *ásv* faopál

xylose *vegy* xilóz, facukor

xylotile *ásv* xilotil

xylotomy *fa* xilotómia

xylylene (radical) *vegy* xililéngyök

xylyl (radical) *vegy* xililgyök

xyst *ép* fasor; oszlopcsarnok; xüsztosz

xyster *orv* kaparókés, csontkaparókanál; raspatórium

Y

Y → yttrium; **~-antenna** *távk* Y antenna; **~-axis** *krist* mechanikai tengely, y tengely; *mat* y-tengely, ordinátatengely, függőleges tengely; *rep* repülőgép keresztengelye; y-tengely, függőleges tengely; **~-block** *önt* Y alakú próbaöntvény *(a mechanikai tulajdonságok meghatározásához)*; **~-branch** *ép* nadrágcső, Y idom(darab), Y elágazó(idom); **~-connection** *el* csillagkapcsolás; **~-cut** Y metszet *(kvarckristályon)*; **~-cut crystal** Y metszésű kristály; **~-drain** Y alakú alagcső/lefolyócső; **~-engine** Y (alakú) motor; **~-grid** *rep* derékszögű koordinátahálózat, koordinátarendszer; **~-guidance** iránysávtól mért távolságjelzés; **~ junction** *közl* útelágazás, ferde betorkollás; **~-level** *geod* feltétlibella, eltolható libella; **~-mill** héthengeres hideghengersor; **~-model carburetter** Y mintájú (kettős) porlasztó; **~-moment** *rep* függőleges tengelyhez viszonyított nyomaték; **~-network** *távk* T tag; **~-parameter equivalent circuit** *el* y-paraméteres ekvivalens áramkör; **~-parameters** y paraméterek, admittanciaparaméterek; **~-particle** *at* hiperon, Y részecske; **~-pipe** Y cső, nadrágcső; Y alakú cső; **~-plate** *távk* függőleges kitérítő lemez; **~-punch** Y lyukasztás, tizenkettes lyukasztás, felüllyukasztás; **~ rectifier** *el* csillagkapcsolású egyenirányító; **~-shaped** Y alakú; **~-shaped crystal** Y metszésű kristály; **~-signal** *tv* világosságjel; **~-strut** *rep* Y alakú dúc; **~-system** *el* csillagkapcsolás; **~-type address constant** *szt* Y típusú címállandó; **~-voltage** *el* fázisfeszültség, feszültségkülönbség a föld és fázisvezeték között

yacht I. *v* vitorlázik; **II.** *n* luxushajó; versenyvitorlás; jacht

Yagi antenna *távk* Yagi-antenna

yank I. *v* (meg)ránt; **II.** *n* rántás; *rep* felrántás, túlhúzás; **~ back** *v rep* maga felé húz *(kormányt)*; **~ the stick back** *v rep* botkormányt hirtelen maga felé rántja

Yankee | cylinder *pa* önlevevő gép szárító hengere; **~ machine** *pa* önlevevős papírgép

yapp *nyom* hajlékony bőrkötés

yard I. *v* karámoz; *fa* felraktároz, behord *(telepre)*; **II.** *n* udvar; karám, kifutó; bot, rúd; *ép* ácsudvar; építési telep; *fa* fatelep; *hajó* hajóműhely, dokk; keresztárboc, árbockeresztrúd; *ip* (munka)telep, műhely; *metr* yard *(3 láb = 36 hüvelyk = 0,9144 m)*; *vasút* (állat)felhajtótér; rendező pályaudvar; **~ crane** *hajó* hajógyári daru; **~ crutches** *pl hajó* vitorlarúdtartó; **~-dyed fabric** *tex* fonalban festett szövet; **~ engine** *vasút* tolatómozdony, rendezőmozdony; **~ for burden (materials)** *koh* anyagtér; **~ foreman** *vasút* térmester; **~ gully** *ép* udvari lefolyó; **~-line valve** *hidr* földvezetékszelep; **~ locomotive** *vasút* rendezőpályaudvari mozdony, rendezőmozdony; **~ lumber** *fa* légszáraz szerfa; **~-master** *vasút* tolatásvezető; **~ pump** házi szivattyú; **~s** *pl tex* áruhossz, szövethossz *(yardban)*; **~-seasoned** *fa* raktáron/fatelepen szárított; **~-tackle** *hajó* vitorlarúd-csigasor; **~ track** *vasút* rendezővágány; **~ trap** *hidr* udvari lefolyó bűzelzárója

yardage *bány* nehézségi pótlék; szakmány(bér); *ép* térfogat köbyardban; *tex* anyagmennyiség *(yardban)*; *vasút* felhajtás *(állatoké)*; **~ contract work** *bány* méterszakmány; **~ goods** *tex* méteráruk; **~ piece work** *bány* méterszakmány

yarder *tex* árumérő, hosszmérő gépen dolgozó *(munkás)*

yarding|-in transit *vasút* rendezés angol tolatással; **~ sled** *fa* közelítő/mozgató szántalp

yardman (gyár)udvari/műhelyi/telepi munkás, telepes; *hajó* vitorladarura beosztott matróz; *vasút* állomási munkás, tolató

yardstick egy yardos mérőrúd

yarn fonal; *műa* rost; *tex* kötélág; **~-abrader** *tex* fonalkoptató készülék; **~ appearance** *tex* fonal külső képe; **~ balance** *tex* fonalmérleg; **~-beam** *tex* láncheger; **~-beam press** *tex* lánchengerprés; **~ bleacher** *tex* fonalfehérítő munkás; **~ board** *pa* cérnázólemez; **~-bundling press** *tex* fonalcsomagoló prés; **~ case** *tex* fonalláda *(csévélőgépen)*; **~ changer** *kh* csíkozó készülék; **~ cleaner** *tex* fonaltisztító; **~ clearer** szálvezető/fonalvezető lap *(tisztítóréssel)*; **~-conditioning machine** *tex* fonalnedvesítő gép; **~ conductor** *tex* fonaltölcsér; **~ cone** *tex* fonalkúp; **~ conversion factor** *tex* fonalfinomság-átszámítási kulcs; **~ count** fonalszám, fonalfinomsági szám; **~ counter** *tex* fonalvizsgáló (számláló), fonalszámellenőrző; **~ damping** *tex* fonalnedvesítés; **~ detector** *kh* fonalőr; **~ distributor** *tex* fonalkiosztó *(munkás)*; **~-dryer** *tex* fonalszárító; **~-dyed (YD)** *tex* fonalban színezett; **~ dyeing** *tex* fonalszínezés; **~ elongation** *tex* fonalmegnyúlás; **~ elongation at break/rupture** *any* szakadási nyúlás; **~ evenness** *tex* fonalegyenletesség; **~ eye** *tex* fonalvezető; **~(-feed) finger** *tex* fonalvezető; **~-feed guide** *tex* fonalvezető; **~ finishing** *tex* fonalkikészítés; **~ hook** *tex* fonalhorog; **~ hurdle** fonaltartó állvány *(karbonizáló v. nedvesítő gépé)*; **~ in hanks** *tex* fonal motringban; **~ in the grey** *tex* nyersfonal; **~ package** *tex* (fonal)kiszerelési egység; cséve(test); fonalkiszerelés; **~-piecing** *tex* fonalösszesodrás; **~ printing** *tex* fonalnyomás; **~ quadrant** *tex* fonalmérleg; **~ reeler** *tex* fonalgombolyító; **~ rest** *tex* láncfonal-irányító henger *(felvetőgépen)*; **~-roller** *tex* lánchenger; **~ scale** *tex* fonalmérleg; **~-singeing machine** *tex* fonalpörkölő gép; **~ size** *tex* fonalfinomság; fonalszám, fonalfinomsági szám; **~ slip** *tex* fonalcsúszás; **~ soaker** *tex* fonalnedvesítő; **~ soaking** *tex* fonalnedvesítés; **~ speed** *tex* fonalsebesség; **~ steeper** *tex* fonalnedvesítő; **~ steeping** *tex* fonalnedvesítés; **~ sticking** *tex* fonal megakadása *(fonalvezető csőben)*; **~-stop motion** *kh* fonalőr; **~ storage** *tex* fonaltárolás; **~-strand** *tex* fonalköteg; **~-strength tester** *tex* fonalerősség-meghatározó; fonalszakító gép; fonalvizsgáló (készülék); **~-tension bowl** *tex* fonalfeszítő csiga/henger; **~-tension device** *tex* fonalfék; **~ testing** *tex* fonalvizsgálat; **~ yield of spinning** *tex* fonási hozam

Yates pick *tex* Yates-ütőszerkezet

yaw I. *v hajó* csellengni; oldalt kitér; *rep* legyez(őmozgást végez); **II.** *n hajó* csellengés, csellengőlengés *(hajólengés)*; oldaleltérés, oldalkitérés; *rep* (függőleges) tengely körüli elmozdulás, legyezés; *tex* szövethiba, elvékonyodás; ~ **angle** *rep* legyezőmozgás szöge; szélszög, legyező szöge; ~ **axis** *rep* függőleges tengely; legyezőmozgás tengelye; ~ **control** *rep* legyezőmozgás vezérlése; oldalkormányzás, függőleges tengely körüli kormányzás; ~ **damper** *rep* legyezőmozgás-csillapító; ~ **damping** *rep* legyezőmozgás-csillapítás; ~ **displacement** *rep* a függőleges tengelyhez viszonyított szögelfordulás, legyezőmozgás; ~ **error** *rep* legyezőmozgási hiba; ~ **gyroscope** *rep* iránypörgettyű; ~ **indicator** *rep* legyezőszög-indikátor; ~ **meter** *rep* elfordulásmérő, kitérésjelző; ~ **plane** *rep* legyezőmozgás síkja; ~ **rate** *rep* legyezési sebesség, legyezőmozgás intenzitása/mértéke; ~**-rate control** *rep* legyezőmozgás szögsebességének vezérlése; ~ **rate gyroscope** *rep* iránystabilizációs pörgettyű

yawed *rep* nyilazott; oldalra csúsztatott/csúszott; ~ **flight** *rep* csúsztatott repülés

yawing *hajó* csellengés, csellengőlengés *rep* függőleges tengely körüli elmozdulás, legyezés; ~ **acceleration** *rep* legyezőmozgás szöggyorsulása; ~ **instability** *rep* legyezőinstabilitás, kígyózás; ~ **moment** *rep* legyezőnyomaték; ~ **motion** *rep* legyezőmozgás; ~ **plane** *rep* legyezőmozgás síkja; ~ **stability** *rep* iránytartási stabilitás; ~ **velocity** *rep* irányváltozási sebesség

yawmeter *rep* elfordulásmérő, kitérésjelző

yawn I. *v* hézaggal/lazán felfekszik; **II.** *n* rés, hézag, pontatlan felfekvés

Yaxley (rotary) switch *rád* Yaxley-tárcsáskapcsoló

Yb → ytterbium

yd → yard

YD → yarn-dyed

Yeakly hammer *koh* Yeakly-kalapács

year év; *csill* keringési idő; ~ **of construction** építési év

yeast I. *v élip* élesztővel beolt; **II.** *n élip* élesztő; ~ **adenylic acid** *élip* élesztő-adenilsav; ~ **goods** *élip* élesztővel lazított lisztes áruk; ~ **nucleic acid** *vegy* élesztő-nukleinsav; ~**-powder** *élip* sütőpor; ~ **starter** *élip* élesztő tisztatenyészet

yellow I. *v* megsárgít, sárgára fest/színez; (meg)sárgul; **II.** *a* sárga (színű); **III.** *n* sárga (festék/szín/színezék); ~ **acid** *vegy* sárga sav, 1,3-dioxinaftalin-5,7-diszulfonsav; ~ **body** *gyógyv* corpus luteum; ~ **brass** 17-37% cinket tartalmazó sárgaréz; ~**-brown** sárgásbarna; ~ **copper(-ore)** *ásv* kalkopirit; ~**-cross gas** *kat* sárgakeresztes gáz; ~ **deal** *fa* középminőségű fenyő; ~**-earth** *geod* okkerföld; ~**-filter** *foto, opt* sárga színszűrő; ~ **gold** sárga arany; ~ **heat** *koh* sárga izzás; ~ **lead-ore** *ásv* wulfenit; ~ **metal** sárga bronz; ~ **ochre/ocher** földsárga, aranyokker; ~ **ore** *ásv* kalkopirit; ~ **pine** *fa* simafenyő; ~ **prussiate of potash** *vegy* sárga vérlúgsó, kálium-ferro-cianid; ~ **pyrite** *ásv* kalkopirit; ~ **quartz** *ásv* citrin, hamis topáz; ~ **rain** *környv* sárga eső; ~ **spinel** *ásv* rubicell; ~ **spot** *opt* sárga folt, macula lutea; ~**-straw pulp** *pa* szalmafélanyag, sárga szalmaanyag; ~ **tellurium** *ásv* írásérc, szilvanit; ~ **ultramarine** *vegy* sárga ultramarin (festék)

yellowcake *at* „yellowcake", sárga sütemény

yellowing sárgulás

Yershov's method *szt* Jersov-módszer

yield I. *v bány* (meg)duzzad *(talp)*; leül, megszáll *(főte)*; utánenged; *ép* (el)szakad; (el)törik; (le)süllyed; (meg)lazul, (meg)nyúlik, enged; megereszkedik, ülepedik; *ip* ad, eredményez, hoz; terem; jövedelmez, fizet; kinyer; szolgáltat; *mech* (meg)folyik, folyási állapotba kerül; folyik *(acél)*; **II.** *n* hozam, (termés)-eredmény, (ki)termelés; termelékenység; *any* folyás; maradó alakváltozás; *bány* engedékenység; főteülepedés; kihordás; talpduzzadás; tömegkihozatal; *ép* megereszkedés, ülepedés; *hidr* vízszolgáltatás, vízhozam; *kat* pusztító hatás; *koh* fémkinyerés, (fém)kihozatal; *mech* folyás; *ol* hozam, kitermelés; *szt* kihozatal; *tex* felhúzhatóság *(színezéké)*; ~ **by weight** *bány* súlykihozatal; ~ **capacity** *ép* habarcskiadósság; ~ **condition/criterion** *koh* képlékenységi feltétel; ~ **cross-section** *at* neutronhozam-hatáskeresztmetszet; ~ **curve** *el* hozamgörbe, kinyerési görbe; ~ **distribution** *el* hozameloszlás; ~ **electrons** *v* elektronokat átad; ~ **factor (of a catchment)** *hidr* (lefolyási) vízhozam; ~ **function** *bány* kihozatali függvény; *el* hozamfüggvény, haszonfüggvény; *mech* folyási függvény; ~ **limit** *mech* folyási határ, képlékenységi küszöb, kritikus folyásfeszültség; ~**-mass curve** *at* neutronhozam-tömeg görbe; ~ **of metal** *el* fémkinyerés, (fém)kihozatal; ~ **of resonance radiation** *hang* rezonanciahozam; ~ **of the forest** *fa* erdő hozama, a kitermelhető fa; ~ **of the pelt** *bőr* pőrehozam; ~ **of wells** *hidr* kút vízadóképessége, kúthozam; ~ **per ionpair** *at* hozam per ionpár; ~ **per manshift** *bány* munkahelyi teljesítmény; ~ **point (YP)** *fiz* folyási határ, folyáshatár, folyási hőmérséklet; képlékenységi küszöb, kritikus folyásfeszültség; *koh* (kifejezett) folyási határ; ~ **point at elevated temperature** *koh* melegfolyási határ; ~ **probability** *el* kinyerési valószínűség; ~ **production** *bány* termelés; ~ **properties** *fiz* folyási tulajdonságok; ~ **rate** *rep* jövedelmezőség mértéke; ~ **ratio** *any* folyási határ és húzószilárdság viszonyszáma; ~ **sress at elevated temperature** *fiz* melegfolyási határ; ~ **strain** *talt* folyási alakváltozás; ~ **strength (YS)** → ~ point; ~ **stress** *fiz, koh* folyási határ/feszültség; ~ **surface** *fiz* folyási feszültségi felület; ~ **temperature** *fiz* folyási hőmérséklet, folyási határ/pont; ~ **timbering** *bány* engedékeny ácsolat; ~**-time diagram** *aut* út-idő diagram; ~ **to axial compression** *v mech* kihajlik; ~ **value** *fiz* folyási feszültség/hatás, folyáshatár, képlékenységi küszöb, kritikus folyásfeszültség; *műa* alsó folyási határ

yielding *bány, ép* engedékeny; omlós; *hang* akusztikusan lágy; *koh* dús; ~ **capacity of support** *bány* engedékenység; ~ **medium** folyós/képlékeny közeg; ~ **pillar** *bány* engedékeny szénpillér; ~ **rock bolt** *bány* engedékeny kőzethorgony; ~ **roof** *bány* omlós/gyenge/leülő főte; ~ **support** *bány* engedékeny biztosítószerkezet

YIG → yttrium iron garnet; ~ **filter** *távk* YIG-szűrő

ylem *fiz* kiindulási/kezdeti plazma

yoderite *ásv* yoderit

yohimbine *vegy* yohimbin

yoke I. *v* összeerősít, (járommal) összeköt/egybekapcsol; **II.** *n* járom, iga; kaloda, keret; rögzítő; *bány* járomgerenda; műszak; *el* járom *(elektromágnesé, transzformátoré)*; mágneskoszorú; *ép* harangláb; járomfa; kalodafa, kalodadeszka; süveggerenda, szemöldökfa; *geod* hold *(területmérték)*; *gép* bilincs, (szorító)kengyel; emelőhimba; kulisszás keresztfej, kulisszakő; villa; *hajó* kormányiga; *rep* kormány-

rúd; *szt* együtt mozgó írófejcsoport/olvasófejcsoport; *távb* pólusszán; ~ **assembly** *távk* eltérítőtekercs-szerelvény; ~**-holder spring** *finm* könyökrugó, tirettrugó, váltórugó; ~ **lever** villás emelőkar; ~**-mark** *bőr* járomtörés; ~ **of boat-rudder** *hajó* kormányjáromfa, kormányzsinór; ~ **pocket** *em* kengyelnyílás; ~ **power** *fiz* ingaerő; ~ **ring** hornyolt gyűrű; ~ **riveter** *ép* ütveszegecselő gép; ~ **suspension** *vasút* járomfelfüggesztés
yoked bottle bilincszáras palack
yoking harness igás szerszám
yolk *élip* tojássárgája; *tex* gyapjúizzadmány; ~ **coal** nemsülő szén
Yorkshire | bond *ép* gót/lengyel téglakötés fajta *(2 futósor, 1 kötősor)*; ~ **warp dressing** *tex* színes láncfelvetés
yoshino japán papír *(eperfaháncsból)*
young fiatal; új; *geol* juvenilis; ~ **blow** *koh* korán leállított fúvatás; ~ **blown heat** *koh* részlegesen átfúvatott olvasztási adag; ~ **dough** *élip* be nem érett tészta; ~ **flood** *hidr* alacsony dagályvíz; ~ **iron** *koh* pépes vas; ~ **tide** *hidr* dagály kezdete
Young|-Helmhotz theory *fiz* Young-Helmholtz elmélet; ~**('s) double slit** → ~'s interferometer; ~**('s) equation** *bány, fiz* Young-egyenlet; ~**('s) interferometer** *opt* kétrészes interferométer, Young-féle interferométer; ~**('s) modulus** *fiz* rugalmassági modulus, Young-féle modulus
youth fare *rep* ifjúsági díjszabás
YP → yield point
yperite *kat, vegy* mustárgáz
Ypresian stage *geol* yprézi emelet
yrneh *el* yrneh, reciprok henry
YS → yield strength
ytterbia *vegy* itterbium-oxid
ytterbian *vegy* itterbiumtartalmú
ytterbium (Yb) *vegy* itterbium; ~ **oxide** *vegy* itterbium(III)-oxid
yttria *vegy* ittrium-oxid
yttrian *vegy* ittriumtartalmú
yttrium (Y) *vegy* ittrium; ~ **ferrite** *vegy* ittrium-ferrit; ~ **iron garnet (YIG)** *el* ittrium-vas gránát; ~ **oxide** *vegy* ittrium(III)-oxid
yttrocerite *ásv* ittrocerit
yttrocrasite *ásv* ittrokrázit
yttroersite *ásv* ittroerszit
yttrogummite *ásv* ittrogummit
yttrotantalite *ásv* ittrotantalit
yttrotitanite *ásv* ittrotitanit
Yucca fibre/fiber *tex* jukkarost
yuft *bőr* bagaria
Yukawa | kernel *at* Yukawa-magfüggvény; ~ **meson/particle** *at* mag-pi-mezon, mag- π-mezon, magpion, magmezon, Yukawa-mezon, Yukawa-részecske; ~ **potential** *at* Yukawa-potenciál
yukon → Yukawa meson/particle
yu-stone *ásv* drágakő minőségű jade
YUV signal *tv* PAL-rendszerű színjel

Z

Z-axis *krist* optikai tengely; *mat* z tengely; *rep* repülőgép függőleges tengelye; **~-axis modulation** *el* fényességmoduláció; **~-bar** Z vas, Z szelvény(ű vas), Z idom(vas); Z acél; **~-beam** *geof* Z alakú torziósingarúd; **~-beam balance** *geof* Z inga; **~-bit** *bány, ol* Zublin-fúró; **~-connection** *el* cikcakk-kapcsolás; **~-coordinate** *rep* térbeli koordináta-rendszer függőleges koordinátája; **~-correction** *rep* Z helyesbítés/korrekció; **~-cut** Z metszés; **~-cut crystal** *krist* Z metszésű kristály; **~-factor** *ol* gázeltérési tényező; **~-iron** → Z-bar; **~(-)marker (beacon)** *rep* Z helyjeladó, Z marker; **~-mouthed chisel** *forg* Z élű véső; **~ of A** → zone of action; **~-position** *távk* Z állapot; **~-profile** → ~-section; **~-section** Z szelvény(vas), Z (alakú idom)vas; **~-set** *mat* zéróhalmaz; **~-shaped crystal** *krist* Z metszésű kristály; **~-strut** *rep* Z szelvényű dúc; **~-time** *rep* greenwichi idő; **~-transform** *aut* Z-transzformált; **~-turn, ~-twist** *tex* Z-sodrat

Zambesi black *tex* Zambézi-fekete *(diazotálható színezék)*

zap *szt* törlés, visszaállítási lehetőség, bekapcsoláskori teljes törlés

zapon zaponlakk; **~ foil** *el* zaponfólia; **~ lacquer** zaponlakk

zaratite *ásv* zaratit

zatacode *szt* zatakód

zawn *bány* üreg

ZD → zenith distance; → zero-defect

zebra | crossing *közl* zebra, gyalogátkelőhely; **~ rock** csíkos kőzet

Zechstein *geol* zechstein

zed → Z; **~s** Z-vasáru, Z-vasak

zee → Z

Zeeman | effect *fiz* Zeeman-hatás, Zeeman-effektus, Zeeman-jelenség; **~ laser** Zeeman-féle lézer

zein *vegy* zein, kukoricaprolamin

Zeisel's method *vegy* Zeisel-módszer

Zener | breakdown *el* Zener-letörés; **~ current** *el* Zener-áram; **~ diode** *el* Zener-dióda; **~ effect** *el* Zener-hatás, Zener-jelenség; **~ reference diode** *el* vonatkoztató dióda *(Zener-hatásra)*; **~ resistance** *el* Zener-ellenállás; **~ voltage** Zener-feszültség

zenith csúcspont; *csill* zenit; **~ distance (ZD)** *csill* zenittávolság; **~ telescope** *csill* zenittávcső, zenitteleszkóp; **~ tube** *csill* zenitteleszkóp

Zeno's paradox *mat* Zénón paradoxonja

zeolite *ásv* zeolit; **~ cement** *ép* zeolitcement; **~ process** *vegy* zeolitos vízlágyítás; **~ trap** *vák* zeolitos csapda; **~ water** *geol* zeolitos víz

zeolitization *geol* zeolitosodás

zephyr *tex* zefír

Zepp(elin) antenna *távk* Zeppelin-antenna

zero I. *v* nullára állít, nulláz, visszaállít (nullára); **II.** *n mat* nulla, zéró, zérus; nullelem, nullvektor *(vektortérben)*; gyök, nullahely, zérushely *(polinomé v. függvényé)*; *metr* nullapont, kezdőfok, kezdőpont; *rep* nulla, zéró, zérus; *szt* gyorsműködésű tároló, gyorstároló, gyorstárolás, zéró várakozási idő; **~-access memory/storage** *szt* gyors elérésű/hozzáférésű memória/tároló; **~ access store** *szt* azonnali hozzáférésű tároló; **~ activity** *at* nullaktivitás; **~ address** *rep* kezdő cím(zés); **~-address command** *szt* cím nélküli utasítás; **~ address instruction/order** *szt* cím nélküli utasítás; **~ adjuster** *metr* nullázó, zéruspont-beállító, nullaállító; **~-adjusting** *metr* nullapont-beállítás, nullaállítás, visszaállítás nullára; **~-adjusting capacitor** *el* nullázó kondenzátor; **~ adjustment** nullakorrekció; *metr* nullapont-beállítás, nullaállítás, visszaállítás nullára; **~ admission** nullatöltés *(gőzé)*; **~ alternating stress** *el* pulzáló feszültség; **~ altitude** *geod* kiinduló magassági pont; *rep* talajszint; **~-angle cut** *krist* X metszet *(kvarckristályon)*; **~ azimuth** *rep* kezdő/nulla oldalszög/irányszög/azimut; **~ balance** *el* nullakiegyenlítés; zéróra/nullára való kiegyenlítés; **~-balance amplifier** *el* nullaáram-erősítő, zérusindikáló erősítő; **~ balancing** → **~** balance; **~ band** *távk* zérussáv; **~ bank** *rep* bedőlésmentesség; **~ beat** *rád* együteműség, zérusfrekvenciájú lebegés/beat; zéróütés, szinkronizmus; **~ beat frequency** *rád* azonos lebegés nélküli frekvencia; **~-beat indicator** *el* lebegésmérő, interferenciamérő; **~ beat indicator wavemeter** *el* lebegéses hullámmérő; **~ beating** → **~** beat; **~-beat method** *el* zéruslebegéses/lebegésmentes módszer; **~-beat reception** *rád* homodin/szinkron vétel; lebegés nélküli vétel; **~ bias** *el* zéruselőfeszültség; **~ capacitance** *el* nullakapacitás; **~ ceiling** *rep* nulla felhőalap; **~-centre, ~-center** középnullás *(műszer)*; **~ clearing** *el* nullatisztítás; **~ compression** *szt* nullaelnyomás, zéruselnyomás; **~ conductor** *el* nullavezető; **~ control** *el* zéruspont-szabályozás, zérusszabályozás; **~ couple** *mech* nullértékű erőpár; **~ creep** nullapont-eltolódás, nullapontelvándorlás *(műszeren)*; **~-crossing detector** *el* nulldetektor; **~ current** *el* zérusáram; **~-cut crystal** *el* hőérzéketlen metszésű kristály; **~ datum** *geod* vonatkoztató alapsík; **~-decrement** *rád* csillapítás nélküli; **~ defect** hibamentesség; **~-defect (ZD)** *szt* selejtmentes, ZD; **~ detector** *el* nullázó műszer; **~ dimension** *fiz* zérus dimenzió/kiterjedés; **~-dimensional** *fiz* nulldimenziós; **~ direction** *mat* polártengely, kezdőirány, nullirány; **~-disparity code** *szt* zérus diszparitású kód; **~ drift** *el* nullaponthiba; zéruspont-eltolódás, nullapont-eltolódás; zéruspontvándorlás, nullapontvándorlás; *rep* széleltérítés nélküli állapot; **~ droop** → **~** drift; **~ element** *mat* nulla, nullelem; nullvektor *(vektortérben)*; **~ elimination** *szt* nullaelnyomás, zéruselnyomás; **~ energy** *mech* nullaenergia; **~-energy** *at* zérus teljesítményű; **~-energy level** *at, el* nullenergiaszint, nullenergia-nívó; **~-energy reactor** *at* zérus/zéró teljesítményű reaktor, nullenergiás reaktor, zéróreaktor; **~-error** nullaponthiba, zérusponthiba; **~ error position system** *aut* pozícióhiba *v.* arányos eltérés nélküli rendszer; **~-field** *el* térerősségmentes, erőtérmentes, (erő)tér nélküli, zérus terű/térerősségű; **~-field emission** *el* tér nélküli emisszió; **~-field laser bandwith** *fiz* nullaterű lézer (sugárzási) sávszélessége; **~-field maser** *fiz* zérus erőterű mézer, zérusmezős mézer; **~ frequency (ZF)** *el* zérusfrekvencia; **~-frequency current** *el* egyenáram; **~ fuel mass** *rep* repülőgéptömeg tüzelőanyag nélkül;

~ **fuel weight** *rep* repülőgépsúly üzemanyag nélkül; ~ **function** *mat* nullafüggvény, zérusfüggvény; ~ **g/G** *űr* súlytalanság (állapota); ~ **gas** *fiz* gáz környezeti nyomáson; túlnyomás nélküli gáz; ~ **gravity** *űr* súlytalanság (állapota); ~ **ground speed hover** *rep* sebesség nélküli lebegés; ~ **hour** *kat* támadás kezdete/időpontja, Cs idő; ~ **impedance termination** *el* rövidzár; ~ **indication with luminous quartz** *el* villanókvarcos záruspontjelzés; ~ **indicator** *el* null(a)indikátor, nullajelző műszer; ~**-indicator amplifier** *el* null(a)-áram-erősítő; ~ **instability** *el* drift; ~ **instrument** nullázó műszer; ~ **landing** *rep* leszállás nulla látástávolság és felhőalap mellett; ~ **level** *el* alapszint, nullaszint, zérusszint; ~**-level address** *szt* közvetlen operandus; ~**-level sensitivity** *el* zérusszint-érzékenység; ~ **lift** *fiz* zérus felhajtóerő; ~**-lift** *rep* felhajtóerő nélküli; ~**-lift angle** *rep* felhajtóerő nélküli állásszög; ~**-lift condition** *rep* felhajtóerő hiánya; ~**-lift drag** *rep* felhajtóerő nélküli homlokellenállás; ~**-lift line** *rep* felhajtóerő nullavonala; ~ **line (ZL)** *geod* alapvonal; kezdővonal, kiindulóvonal; *el, mat* nullavonal; *mech* semleges tengely; ~ **line of furnace** *koh* kemence nullavonala; ~**-loss circuit** *el* veszteségmentes áramkör; ~**-loss line** *el* veszteségmentes vonal; ~ **map** *mat* null-leképezés; ~**-mass** nulla/zérus tömegű, tömeg nélküli; ~ **matrix** *mat* zérusmátrix, null(a)-mátrix; ~ **memory source** *szt* zérus memóriájú forrás; ~ **meridian** *csill* kezdő délkör/meridián; ~ **method** *el* nullamódszer, kiegyenlítő/kompenzációs módszer; nullpontmódszer, nullázómódszer; ~ **offset** → ~ drift; ~ **offset control** *el* integrálszabályozás, asztatikus szabályozás; ~ **of function** *mat* függvény zérushelye; ~ **of multiplicity two** *mat* kétszeres gyök; ~ **option** *at* teljes nukleáris leszerelés; ~**-order reaction** *vegy* nullarendű reakció; ~ **output** *el, szt* zéró (kimenő)jel; ~ **pause** *el* nullaátmenet; ~ **phase-sequence component** *el* zérus sorrendű összetevő; ~ **phase-sequence coordinate system** *mat* zérus sorrendű koordináta-rendszer; ~ **phase-sequence impedance** *el* zérus sorrendű impedancia; ~ **phase-sequence protection** *el* zérus sorrendű védelem; ~ **phase-sequence reactance** *el* zérus sorrendű reaktancia; ~ **phase-sequence relay** *el* zérus sorrendű relé; ~ **pitching acceleration** *rep* kezdő hosszdőlési mozgási gyorsulás; ~ **point** null(a)pont, nullátmenet, zéruspont; ~**-point adjustment** mechanikus nullázás; ~**-point correction** *aut* nullpontkorrekció; ~**-point determination** *el* nullapontelemzés, nullapont-meghatározás, nullázás; ~**-point energy** *at* energia abszolut nulla fokon; *el* nullaponti energia; zéruspont-energia, nullapont-energia; ~**-point entropy** *fiz* nullponti entrópia, zéruspont-entrópia; ~**-point error (of the levelling rod)** *geod* szintezőléc nullponti hibája; ~**-point resistance** *el* nullpont-ellenállás; ~ **position** *fiz* nullaállás; nyugalmi helyzet, középhelyzet, alapállás; ~ **potential** *el* nullapotenciál; ~**-power** *at* zérus teljesítményű; ~ **power-factor characteristic** *el* cos $\varphi = 0$ karakterisztika; ~ **power level** *távk* alapszint; ~**-power reactor** → ~-energy reactor; ~**-prime meridian** *csill* kezdő délkör; ~ **radiation level** *el* nulla sugárzási szint; ~ **reader** *el* nulla(le)olvasó, nullaletapogató; *rep* nullajelző műszer, nullamutató; ~ **reading** *el* nullaleolvasás, nullaállás; ~**-reading instrument** nullahelyzet-leolvasásos készülék, nullaleolvasó; ~ **release** *at* nullkibocsátás; ~ **resetting** *el* nullapont-beállítás, nullaállítás, visszaállítás nullára; ~ **resetting device** *el* zéruspont-visszaállító berendezés; ~**-resistance ammeter** *el* nulla-ellenállású ampermérő; ~ **restorer** *el* nullaállító; ~ **root** *mat* nulla(drendű) gyök; ~ **sequence** *el* zérus-fázissorrend; ~ **sequence component** *el* zérus sorrendű összetevő, egyenáramú összetevő; ~ **sequence current** *el* zérus sorrendű áram; ~ **sequence field impedance** *el* zérus sorrendű impedancia; ~ **sequence reactance** *el* zérus (fázis)sorrendű reaktancia; ~ **sequence relay** *el* zérus sorrendű relé/jelfogó; ~**-set** *mat* záróhalmaz; ~**-setter** nullaállító; ~ **setting** nullára állítás, nullázás, nullapontbeállítás; alapállás *(fotogrammetriában)*; ~**-setting accuracy** zérusra állási pontosság; ~**-setting device** zérusbeállító berendezés; ~**-setting error** *rep* zérusbeállítási hiba; ~ **sharpening** *rád, rep* minimumélesítés; ~**-shift method** → ~ method; ~**-signal area** *rep* néma kúp; ~**-signal current** *el* nyugalmi (anód)-áram; ~**-signal direction finding method** *el* iránymérés minimummal; ~ **solution** *mat* triviális megoldás *(homogén lineáris egyenletrendszeré)*; ~ **stability** *távk* zéruspont/nullapont stabilitása; ~ **state** *el* nulla/zérus/zéró állapot; ~**-sum game** *mat* nulla/zérus összegű játék; ~ **suppression** *szt* nullaelnyomás; ~**-temperature energy** *krist* nullpontenergia; ~ **thrust** *rep* nulla tolóerő; üresjárat; ~**-thrust** *rep* tolóerő nélküli; ~**-thrust pitch** *rep* vonóerő nélküli légcsavarállásszög; ~**-time reference** *távk* kiindulási időpont; ~ **torque pitch** *rep* teljesítmény nélküli légcsavarállásszög; ~**-type direction finder** *távk* minimumkereső iránymérő; ~ **valency** *vegy* nullavegyérték; ~**-valent** *vegy* vegyérték nélküli, 0 vegyértékű; ~ **variation** *el* nullponthiba, zérusponthiba; ~ **vector** *mat* nullelem, nullvektor *(vektortérben)*; zérusvektor; ~ **visibility** *rep* nulla látástávolság; ~ **water level** *hidr* nulla vízállás; ~ **welding** *heg* hűtött elektródos hegesztés; intenzív elektródhűtésű ponthegesztés; ~ **with diagonal bar** *szt* átlósan áthúzott nulla; ~**-zero** *rep* alacsony felhőzet és rossz látási viszonyok, nulla látástávolság és felhőalap; ~**-zero weather** *rep* nulla látástávolság és felhőalap melletti időjárási körülmények; ~ **zone** *csill, rep* kiindulási zóna

zeroaxial *mat* koordináta-rendszer kezdőpontján áthaladó

zerofill *szt* nullával feltölt

zeroing alapállás beállítása; nullázás, nullára állítás; visszaállítás

zeroize nullára állít, nulláz; *szt* nullával feltölt

zeroizing → zeroing

Zerol gear *gép* Zerol-kerék

zeroth *fiz, mat* nulladik; nulladrendű; ~ **law (of thermodynamics)** *fiz* termodinamika nulladik főtétele; ~**-order** nullarendű, zérusrendű; legegyszerűbb; ~**-order approximation** *mat* nulladrendű közelítés; ~**-order servo-mechanism** *gép* legegyszerűbb szervomechanizmus

zeta | **function** *mat* zéta-függvény, S-függvény; ~ **potential** *vegy* elektrokinetikai potenciál, zéta-potenciál

Zeuner valve diagram *gép* Zeuner-diagram, Zeuner-féle tolattyúdiagram

zeunerite *ásv* zeunerit

ZF → zero frequency

zibeline *tex* hosszúbolyhú kalapplüss

zigzag I. *v* zegzugosan/cikcakkban halad/vezet; **II.** *a* zegzug(os), cikcakk(os); **III.** *n* zegzugvonal; *el* zegzug kapcsolás; *vasút* bajuszkitérő csonkavágány; ~ **anchor bar** *ép* cikcakk alakú nyírási együttdolgoztató vasalás; ~ **antenna** *távk* cikkcakk/zegzug antenna; ~ **band-pass filter** *távk* zegzug sávszűrő; ~ **circuit** *el* zegzug kapcsolás; ~ **classifier** *bány* cikkcakk-osztályozó; ~ **comb** *tex* szabályozó fésűborda *(felvető gépen)*; ~ **connection** *el* zegzug kapcsolás; ~ **harrow** *mzg* cikcakk borona; ~ **radiator** *el* cikcakk sugárzó; ~ **reed** *geod* törtvonalú (hegy)gerinc; ~ **reflection** *rád* többszörös visszaverődés; ~ **twill weave** *tex* cikcakk sávoly

Zimmermann(-type) process *hidr* Zimmermann-féle eljárás

zinc I. *v* (be)cinkez, (be)horganyoz; **II.** *n* **(Zn)** *vegy* cink, horgany; *el* cinklemez; ~ **acetate** *vegy* cinkacetát; ~ **alkyls** *vegy* cink-alkilek; ~ **alloys** *koh* cinkötvözetek, horganyötvözetek; ~ **aluminite** *ásv* cinkaluminit; ~ **and cadmium pollution** *hidr* cink- és kadmiumszennyeződés; ~**-base alloy** *koh* cinkalapú ötvözet; ~**-base die casting** *koh* horganyöntvény; ~ **bath** *koh* horganyfürdő; ~**-bearing alloy** cinktartalmú ötvözet; ~**-blende** *bány* szfalerit, cink-szulfid; ~ **block** *nyom* cinkklisé; ~ **bloom** *bány* cinkvirág; ~ **carbonate** *koh* cink-karbonát; ~ **casting** *koh* horganyöntvény; ~ **chloride** *vegy* cink-klorid, cinkvaj; ~ **chromate** *vegy* cink-kromát; ~ **chromate primer** *ép* cinkkromát alapozófesték; cinksárga, horganysárga; ~**-coated copper wire** horganyzott rézhuzal; ~**-coated sheet** horganyzott lemez; ~**-coated steel sheets** *ép* horganyzott acéllemez táblafedés; ~ **coating** horganyzás; ~ **coating kettle** *koh* horganyzókád; ~ **coating of tubes** csőhorganyzás; ~ **coating shop** horganyzóüzem; ~ **compounds** *vegy* cinkvegyületek; ~**-copper alloy** *koh* cink-réz ötvözet; ~ **cuttings** *pl koh* cinkforgács; ~ **distillation retort furnace** *koh* Faber du Faur-kemence; ~ **dust** *bány* cinkpor; ~ **engraving** *nyom* cinkográfia *(eljárás)*; ~ **equivalent** *koh* cinkérték; ~ **ethyl** *vegy* cinketil; ~ **extraction** *koh* cinkelőállítás; ~ **ferrite** *vegy* cinkferrit; ~ **flora** *geof* cinkflóra; ~ **flotation concentrate** *koh* cinkszínpor; ~ **flower** *bány* cinkvirág; ~ **hydroxide** *vegy* cink-hidroxid; ~**-melting blast furnace** *koh* cinkkohászati aknás kemence; ~ **metallurgy** *koh* cinkkohászat; ~ **output** *koh* cinkkihozatal; ~ **oxide** *vegy* cink-oxid; ~**-oxide dust** *vegy* cinkszürke; ~ **peroxide** *vegy* cink-peroxid; ~ **phosphate** *vegy* cink-foszfát, foszforsavas cink; ~**-plate** *v* (be)horganyoz; ~**(-)plating** horganyzás, horganybevonás; ~ **powder** → ~ dust; ~ **production** *koh* cinkelőállítás; ~ **protector** *hajó* horgany védőlap; ~ **removal** *koh* cinktelenítés; ~**-rich flue dust** *koh* cinkben dús szállópor; ~**-rich paint** *ép* cinkporfesték; ~ **roof covering** *ép.* cink tetőfedés; ~ **scum** *koh* Parkes-hab; ~ **shavings** *pl koh* cinkforgács; ~ **sheet roofing** *ép* horganylemez fedés; ~ **shingle** *ép* cinkzsindely; ~ **silicate** *koh* cink-szilikát; ~ **sludge** *koh, vegy* cinkiszap; ~ **smelter** *koh* cinkkohó; ~ **spar** *ásv* cinkpát, smithsonit; ~ **spinel** *ásv* cinkspinell, gahnit; ~ **stearate** *vegy* cink-sztearát; ~ **storage battery** *el* cinkakkumulátor; ~ **sulphate/sulfate** *vegy* cink-szulfát; ~ **sulphide/sulfide** *vegy* cink-szulfid; ~ **telluride** *el, félv* cink-tellurid; ~ **value** *koh* cinkérték; ~ **vapo(u)r** *koh* cinkgőz; ~ **vitriol** *ásv* cink-szulfát, cinkvitriol, goslarit; ~ **white** *ép* „semmi" *(festék)*; *vegy* cinkfehér, horganyfehér, cink-oxid; ~ **yellow** *ép* cinksárga; ~ **yield** *koh* cinkkihozatal

zincate *vegy* cinkát

zincian cinktartalmú

zincic → zincous

zinciferous cinktartalmú

zincing *koh* horganyzás

zincite *ásv* vörösrézérc, cinkit

zinckenite *ásv* zinckenit

zinco *nyom* cinkklisé

zincographer *nyom* cinkgráfus

zincography *nyom* cinkográfia *(eljárás és üzem)*

zincogravure *nyom* nyomat cinkkliséről

zincosite *ásv* cinkozit

zincous cinkes; cinktartalmú, horgonytartalmú; cink-, horgany-

zingiberene zingiberén *(monociklusos szeszkviterpén)*

zinnwaldite *ásv* zinnwaldit

Zintl | border/line *krist* Zintl-határ; ~ **phase** *krist* Zintl-fázis

ZIP (Zone Improvement Plan) ~ **code** *US* (postai) irányítószám

zip fastener cipzár; villámzár, húzózár

zippeite *ásv* zippeit

zipper villámzár, húzózár, cipzár

zircalloy *at* zircalloy, cirkóniumötvözet

zircite → zirconia

zircon *ásv* cirkon

zirconate *vegy* cirkonát

zirconia *vegy* cirkónium(IV)-oxid, cirkónium-dioxid

zirconian *koh* cirkontartalmú

zirconic acid *vegy* cirkóniumsav

zirconium (Zr) *vegy* cirkónium; ~ **dichloride** *vegy* cirkónium(II)-klorid; ~ **dioxide** → zirconia; ~ **getter** *vák* cirkóniumgetter; ~ **lamp** *fiz* cirkónium-ívlámpa; ~ **sulphate/sulfate** *vegy* cirkónium(IV)-szulfát; ~ **tetrachloride** *vegy* cirkónium(IV)-klorid; ~ **trichloride** *vegy* cirkónium(III)-klorid

zirconyl *vegy* cirkonilgyök; ~ **chloride** *vegy* cirkonil-klorid, cirkónium(IX)-oxiklorid; ~ **sulphide/sulfide** *vegy* cirkonil-szulfid, cirkónium(IV)-oxiszulfid

zirkelite *ásv* zirkelit

zirkite → zirconia

ZL → zero line

ZM → zone metering

Zn → zinc

Zobel filter section *el* Zobel-szűrőtag

zodiac *csill* állatkör, állatöv, zodiákus

zodiacal *csill* állatövi; ~ **light** *csill* állatövi/zodiakális fény; ~ **sign** *csill* állatövi jel, zodiákusjel

zoisite *ásv* zoizit

zonal övezeti, zonális, zóna-; *ép* körzeti *(városépítésben)*; ~ **arrangement** *geol* zonalitás; *távk* zónaszerkezet, zónafelépítés; ~ **axis** *krist* zónatengely; ~ **circulation** *met* nyugat-keleti levegőáramlás; ~ **climate** *környv* zonális klíma; ~ **dislocation** *rep* övezeti diszlokáció; ~ **extinction** *krist* zónakioltás; ~ **extinction law** *krist* zónakioltási törvény; ~ **index** *met* zonális index; ~ **melting** *krist* zónaolvasztás; zónaolvasztási eljárás; ~ **quadrupole** *el* zonális kvadrupólus; ~ **segregation** *krist* makrodúsulás; ~ **structure** *krist* zónaszerkezet, zónafelépítés; ~ **symmetry factor** *krist* zónaszimmetria-faktor; ~ **texture** *krist* zónatextúra

zonality *geol* övezettség, öves/sávos szerkezet/jelleg, zonalitás
zonation *geol* zónásság; *hidr* zonáció; *krist* zónaszerkezet, zónafelépítés
zone I. *v* övezetekre/sávokra/zónákra oszt, övez; *ép* körzetekre beoszt; **II.** *n* öv, övezet, zóna, szakasz, körzet; gyűrű; mező; *el* sáv; tartomány; tér; *ép* körzet *(városépítés)*; *geol* alemelet; zóna; *ker, koh* szakasz; *környv* zóna; *közl, távb* díjövezet; díjszabási távolság; *mat* gömböv; öv, övezet, zóna; *met* égöv, földöv; *rep* légtér, sáv, jeltér; zóna, övezet; *szt* zóna, körzet; *távk* gócközet; sáv; *vegy* minta több komponensét tartalmazó övezet *(adszorbensoszlopon)*; ~ **antenna** *távk* zónaantenna; ~ **assembly** *krist* zónacsoport, zónatársulás; ~ **axis** *krist* zónatengely; ~ **centre/center** *távb* gócközpont; körzeti telefonközpont; ~**-centre exchange** *távk* zónaközpont; ~**-chart method** *geof* szektorhatásmódszer; ~ **cleaning (method)** *el* zónás tisztítási eljárás; ~ **exchange** *távb* gócközpont, tercier központ; ~ **for damage prevention** *környv* kárelhárítási körzet; ~ **for water protection** *környv* vízvédelmi övezet; ~ **heating** *műa* zónafűtés; ~ **index** *krist* zónaindex; ~ **law** *krist* zónatörvény; ~ **level(l)ing** *el, krist* zónakiegyenlítés, zónanivellálás; zónás adalékolás; ~ **marker** *rep* Z marker/helyjeladó; ~**-melted metal** *koh* ötvözet szerint olvasztott fém; ~**-melting** *el, krist* zónaolvasztás; zónaolvasztási eljárás; zónás olvasztás; ~ **melting purification** *el, krist* zónafinomítás, zónaraffinálás; ~ **melting technique** *el, krist* zónás ömlesztett eljárás; ~ **melting without crucible** *el, krist* tégely nélküli zónaolvasztás; ~ **metering (ZM)** *távb* zónadíjszabás; ~ **of a crystal** *el, krist* kristályzóna; ~ **of action, Z of A** *el* szabályozási sáv, határsáv; ~ **of advance** *el* előzóna, előresietési zóna; ~ **of approach** *rep* megközelítési/bevezetési övezet/zóna; *távk* hatósáv; ~ **of audibility** *hang* hallhatósági tartomány; ~ **of capillarity** *geol* kapilláris zóna/öv; ~ **of cementation** *geol* cementációs zóna; ~ **of deformation** *krist* deformációs zóna; ~ **of dispersion** *kat* szórássáv; ~ **of disturbance** *geol* zavargási öv; ~ **of effective fire** *kat* tűzhatáskörzet; ~ **of faults** *geol* törési zóna; ~ **of flow** *geol* felszíni mozgásban levő zóna; ~ **of flowage** *geod* földkéreg áramlási/folyási övezete; ~ **of fracture** *geol* földkéreg törési övezete; ~ **of fractured rocks** *geol* lazulási mag; ~ **of fragmentation** *geol* roncsolási övezet; ~ **of fusion** *el, krist* olvadt zóna; *koh* olvasztási zóna; ~ **of intersection** *rep* keresztezési hely/zóna; ~ **of invasion of bore-hole fluid** *ol* fúróiszap által elárasztott zóna, fúróiszap benyomulása a lyukkörzetbe; ~ **of linearity** *mat* linearitási tartomány; ~ **of loosened rocks** *geol* csökkent feszültségű kőzettartomány; ~ **of lost returns** *ol* iszapveszteség helye/öve; ~ **of navigation** hajózási zóna; ~ **of negative pressure** *met, rep* szívási zóna; ~ **of obstacles** *kat* műszaki záróöv; ~ **of (oil-)saturation** *ol* olajos zóna; ~ **of oxidation** *geol* oxidációs öv; *koh* oxidációs tér/szakasz/övezet; ~ **of preparation** *bány* feltárási körzet; *koh* előkészítési szakasz; ~ **of protection** *hidr* védőövezet; *környv* tájvédelmi körzet; ~ **of reduction** *koh* redukciós övezet/szakasz/tér; színítési szakasz; ~ **of saturation** *ol* telítettségi öv/zóna; ~ **of sensitivity** érzékenységi tartomány; ~ **of silence** *rád, rep* néma kúp; ~ **of slag formation** *koh* salakképződési zóna; ~ **of sorption** *koh* szorpciós zóna; ~ **of surging** *geol* duzzadásos öv; ~ **of waste** *geol* fogyási övezet; *rep* néma kúp; ~ **of weathering** *geol* mállási zóna/öv; ~ **plate** *opt* zónalemez, zónalencse; ~ **pole** *el, krist* zónapólus; ~ **position indicator (ZPI)** *távk* sávindikátor; ~ **punching** *szt* zónalyukasztás *(lyukkártyán)*; ~ **purification** → ~ refining; ~ **rate** *távb* körzeti díjszabás; ~ **refining** *el, krist* zónafinomítás, zónaraffinálás, zónás tisztítás; ~ **sampling** *ol* rétegmintázás; ~ **selector** *el, távk* övezetválasztó *(távtárcsázáshoz)*, sávválasztó; ~ **signal** *rep* jeltér jele; ~ **standard time (ZST)** *rep* zónaidő; ~ **symbol** *el, krist* zónaszimbólum; ~ **time (ZT)** *csill* zónaidő, helyi idő
zoned gyűrűs, öv(ezet)es; zónás; ~ **drainage** *hidr* többsávos vízrendezés; ~ **format** *szt* zónás alak; ~ **lens** *távk* gyűrűs lencseantenna
zoning I. *a* városépítési; **II.** *n* övezetekre/sávokra osztás, zónabeosztás, övezetbeosztás, szakaszolás, övezeti rendszer; *ép* körzetekre/övekre osztás *(városépítésben)*; *krist* zónaszerkezet, zónafelépítés; *rád* lencseantenna fázisfront-kiegyenlítése; *rep* övezetbeosztás, zónázás, zónákra osztás; ~ **regulations** *ép* (építési) övezeti előírások; ~ **switch** *távk* zónaátkapcsoló
zonolite mica *ásv* zonolit, vermikulit-csillámpor
zoogene zoogén, állati eredetű
zoolite *geol* zoolit
zoological állattani; ~ **film** *hidr* biológiai hártya
zoology állattan, zoológia
zoom I. *v* zümmög, búg; *film, foto* zoommal vesz fel; *rep* gyertyát repül, hirtelen/meredeken emelkedik; **II.** *n film, foto* gumiobjektív, zoom; *rep* gyertya, meredek emelkedés; ~**-bombing** *kat* zuhanóbombázás; ~ **finder** *film, foto* univerzális (kép)kereső; ~ **high-resolution television camera** *tv* gumioptikás televíziós kamera; ~ **lens** *film, foto* gumiobjektív, zoom; ~ **off/up** *v* felránt; meredeken emelkedik
zoomar *US film, foto* gumiobjektív
zoomass *környv* zoomassza
zooming zümmögés; *rep* (függőleges) felrántás, gyertyarepülés
zoop *hang* lemezzaj
zooplankton *hidr* zooplankton
zoosterol *vegy* zooszterin, állati szterin
Zores-iron *ép* zórés acél/vas
ZPI → zone position indicator
Zr → zirconium
ZST → zone standard time
ZT → zone time
z-transform *aut* z-transzformált
Zublin-bit *ol* Zublin-fúró
zulu time *rep, távk* világidő
zunyite *ásv* zunyit
zurlite *ásv* zurlit
zussmanite *ásv* zussmanit
zwieselite *ásv* zwieselit
zwitterion *vegy* zwitterion, pozitív és negatív töltést hordozó ion, belső só
zyme *vegy* enzim, fermentum
zymogen *élip* zimogén, előenzim
zymogenic *élip* erjesztő
zymology *élip, vegy* erjedéstan, zimológia
zymolytic reaction *vegy* enzim által katalizált reakció
zymometer *élip* erjedésfokmérő
zymosis *vegy* erjedés